HAUFE
IFRS-KOMMENTAR

HAUFE IFRS-KOMMENTAR

herausgegeben von

NORBERT LÜDENBACH
WOLF-DIETER HOFFMANN

Haufe Gruppe
Freiburg · München · Berlin · Würzburg

Zitierweise: *Autoren* in Haufe IFRS-Kommentar § ... Rz ...

Bibliografische Information der Deutschen Bibliothek
Die Deutsche Bibliothek verzeichnet diese Publikation in der Deutschen Nationalbibliografie; detaillierte bibliografische Daten sind im Internet über http://dnb.ddb.de abrufbar.

HAUFE IFRS-KOMMENTAR

ISBN 978-3-648-00811-9 Bestell-Nr. 01148-0009

Anschrift
Haufe-Lexware GmbH & Co. KG
Munzinger Straße 9, 79111 Freiburg

Kommanditgesellschaft, Sitz und Registergericht Freiburg, HRA 4408
Komplementäre: Haufe-Lexware Verwaltungs GmbH, Sitz Freiburg,
Registergericht Freiburg, HRB 5557; Martin Laqua

Geschäftsführung: Isabel Blank, Jörg Frey, Birte Hackenjos, Matthias Mühe,
Markus Reithwiesner, Joachim Rotzinger, Dr. Carsten Thies
Beiratsvorsitzende: Andrea Haufe

Steuernummer: 06392/11008
Umsatzsteuer-Identifikationsnummer: DE 812398835

Redaktion: Dr. Thomas Hermann, Sabine Seidl-Josuttis, Dorothea Borner-Burger (Assistenz)
E-Mail: IFRS@haufe.de; Internet: www.haufe.de/finance

Idee und Konzeption: Norbert Lüdenbach, Wolf-Dieter Hoffmann, Michael Bernhard, Freiburg

Zur Herstellung der Bücher wird nur alterungsbeständiges Papier verwendet.

VORWORT zur 9. AUFLAGE

In der **letzten** Auflage unseres Kommentars hatten wir Hiob als Zeugen angerufen. Es ging um die **Vergänglichkeit** geschriebener Texte, die trotz Einritzung in unveränderbaren Fels und Anfüllung mit Blei der Vergänglichkeit ausgeliefert sind. Die geforderte Aktualität der Botschaft ließ Hiobs Wunschgebilde als schönen Traum erscheinen.

Über 2000 Jahre später ging es einer anderen Berühmtheit der Weltgeschichte nicht anders. Johann Wolfgang von **Goethe** ereiferte sich über die mangelnde Aktualität der Tageszeitung, wenn er den ihm naheliegenden Vertreter des Wirtestandes in „Die Mitschuldigen“ sagen lässt:

> *„Die Zeitung heutzutag ist unerträglich kalt, das neuste was man hört, ist immer Monats alt. Der Zeitungsschreiber selbst ist würklich zu beklagen, gar öfters weiß er nichts und oft darf er nichts sagen.“*

Dieser Verriss betraf eine Tageszeitung, die man damals schon mit altbackenen Berichterstattungen niemandem mehr anvertrauen wollte. In dieses Zeitraster können wir uns auch bei der alljährlichen Neuauflage der IFRS-Kommentierung hineinversetzen. Das Druckstück „Kommentar“ mit weit über 2.000 Seiten kann mit der Tageszeitung bez. des Erscheinungszeitraums sicherlich nicht mithalten. Doch einige Monate nach dem Redaktionsschluss (wiederum der 01.01.) ist die Kommentierung schon nicht mehr ganz heiß. Die Botschaft ist „immer Monats alt“. Unser unbedingtes Ringen nach Aktualität ist nun einmal den unüberwindbaren Gesetzen der Zeit und der Technik unterworfen. Es verbleibt bei der Berücksichtigung aller einschlägigen Verlautbarungen des IASB und des nunmehr sogenannten International Financial Standards Interpretation Committee, untermalt mit fachliterarischen Beiträgen und anderen zugehörigen Quellen, die bis zum Redaktionsschluss bekannt geworden sind.

Dabei handelt es sich um eine stattliche Anzahl von Verlautbarungen aus London:

Veröffentlichungen des IASB in 2010	
Änderungen an Standards	
Amendments to IFRS 1 Limited Exemption from Comparative IFRS 7 Disclosures for First-Time Adopters	Januar 2010
Improvements to IFRSs	Mai 2010
Amendments to IFRS 7 Financial Instruments: Disclosures	Oktober 2010
Additions to IFRS 9 Financial Instruments: Classifying and measuring financial liabilities	Oktober 2010
Amendments to IFRS 1: Severe Hyperinflation and Removal of Fixed Dates for First-time Adopters	Dezember 2010
Amendments to IAS 12 – Deferred Tax: Recovery of Underlying Assets	Dezember 2010

Sonstige Veröffentlichungen	
Conceptual Framework Phase A: Objective and Qualitative Characteristics	September 2010
Management Commentary	Dezember 2010
Exposure Drafts (ohne die noch in 2010 in endgültigen Standards eingegangenen)	
ED/2010/1 – Measurement of Liabilities in IAS 37	Januar 2010
ED/2010/2 – Conceptual Framework for Financial Reporting: The Reporting Entity	März 2010
ED/2010/3 – Defined Benefit Plans. Proposed amendments to IAS 19	April 2010
ED/2010/4 – Fair Value Option for Financial Liabilities	Mai 2010
ED/2010/5 – Presentation of Items of Other Comprehensive Income	Mai 2010
ED/2010/6 – Revenue from Contracts with Customers	Juni 2010
ED/2010/7 – Measurement Uncertainty Analysis Disclosure for Fair Value Measurements	Juli 2010
ED/2010/8 – Insurance Contracts	Juli 2010
ED/2010/9 – Leases	August 2010
ED/2010/13 – Hedge Accounting	Dezember 2010
Discussion Papers	
DP/2010/1 – Extractive Activities	April 2010
Draft Interpretations	
DI/2010/1 Stripping Costs in the Production Phase of a Surface Mine	August 2010

An der äußeren Aufmachung der Printausgabe unseres Kommentars haben wir festgehalten, uns also weiterhin einer einfachen und leserfreundlichen Diktion unter ständiger Verwendung der Aufzählungstechnik, der Erläuterung anhand von Beispielen, Tabellen und Buchungssätzen bedient. In der Online-Fassung des Haufe IFRS-Kommentars ist die „Checkliste IFRS-Anhangsangaben" enthalten.

An dieser Stelle haben wir unseren Mitautoren für die einwandfreie, man kann sagen: freundschaftliche, Zusammenarbeit zu danken. Unser Dank gilt weiterhin

den redaktionellen und technischen Mitstreitern Dr. Thomas Hermann, Monika Gabrysiak, Sabine Seidl-Josuttis und Dorothea Borner-Burger.
Die oben dargestellte Flut von neu zu kommentierendem Stoff hat unseren Kommentar an den Rand des noch in **einem** Band darzustellenden Inhalts geführt. Wir mussten uns schweren Herzens zu einer Eliminierung der Querschnittparagrafen durchringen, weil sie nicht unmittelbar der Kommentierung der einzelnen IFRS-Standards dienen, nämlich des

- § 43 zur Rechnungslegung der öffentlichen Verwaltung (IPSAS),
- § 51 Bilanzpolitik und Bilanzanalyse,
- § 52 IFRS-Rechnungslegung und Controlling.

Wir haben für diese Entscheidung von den bisherigen Autoren Barbara Weißenberger, Stefan Rammert, Heinz Kußmaul und Jörg Henkes volles Verständnis gefunden. Uns bleibt nur ein besonderes Wort der Anerkennung für ihr Entgegenkommen und natürlich der Dank für die zu den Vorauflagen erbrachten Leistungen.
Wie immer nehmen wir Verbesserungshinweise unserer Leser gerne und dankend entgegen.

Düsseldorf und Freiburg i. Br., *Norbert Lüdenbach*
im Februar 2011 *Wolf-Dieter Hoffmann*

Aus dem VORWORT zur 1. AUFLAGE

Wir gehen von der Unumkehrbarkeit der Entwicklung hin zu den *International Accounting Standards (IAS)* aus. Der Haufe IAS-Kommentar soll die Umsetzung dieses Prozesses in Deutschland begleiten und fördern. Unser Kommentar richtet sich an:

Unser Kommentar richtet sich an:

- die **Neueinsteiger** in die IAS-Rechnungslegungswelt; ihnen werden geläufige Begriffe aus IAS-Sicht, dabei aber standardübergreifend, vorgestellt.
- die angehenden oder bereits gestandenen **IAS-Experten**; diese finden ausführliche Kommentierungen zum gesamten Spektrum der IAS.

Die Kommentierung eignet sich also gleichermaßen für

- die Abschlussersteller in den Unternehmen,
- die Wirtschaftsprüfer,
- die Analysten und Firmenkundenbetreuer in den Banken.

Oberstes Gebot des gesamten Kommentars ist die Praxistauglichkeit. Diesem Ziel dienen

- kritische **Analyse** des Regelungsgehaltes;
- Problemlösung anhand von **Beispielen**;
- detaillierte Benutzerführung durch **Verweise**;
- Darstellung der verfügbaren **bilanzpolitischen** Spielräume;
- umfangreiche **Formulierungshilfen** für den Anhang;
- **Aktualität** der Darstellungen unter Einbeziehung der veröffentlichten *Exposure Drafts*.

Bonn und Freiburg, *Norbert Lüdenbach*

März 2003 *Wolf-Dieter Hoffmann*

NUTZUNGSTIPPS

Sobald Sie mit Hilfe des Inhaltsverzeichnisses, des umfangreichen Stichwortverzeichnisses oder der „Zuordnung der Standards zu den Paragrafen" den Sie interessierenden Paragrafen gefunden haben, empfehle ich Ihnen als Erstes die Lektüre des Abschnittes **„Zusammenfassende Praxishinweise"**. Dort werden die Ergebnisse knapp dargestellt und wie von einer Drehscheibe gehen die internen Verweise auf die relevanten Randziffern innerhalb des ausgewählten Paragrafen (Rz. . .). Die einzelnen Themen sind konzeptionell und optisch durch Verweise zwischen den verschiedenen Paragrafen (→ § ... Rz ...) vernetzt.
Neben den Erläuterungen in den Paragrafen unterstützt Sie beim Erstellen der *notes* die ausdruck- und abspeicherfähige „Checkliste der IFRS-Abschlussangaben" in der zugehörigen Online-Version.
Unser **besonderer Service** für Sie als Kunden des Haufe IFRS-Kommentar: Im Rahmen Ihres Print-Abonnements ist das **Bezugsrecht für die Online-Version des Kommentars enthalten**.

Die zusätzlichen Vorteile der Online-Version:

- Sie werden zeitnah über alle relevanten Neuerungen informiert
- Die Standards und Interpretationen werden regelmäßig für Sie aktualisiert
- Sie erhalten ein ortsunabhängiges Recherche-Medium
- Die Checkliste zu den IFRS-Abschlussangaben ist integriert.

Hinweise zur Anwendung dieser Checkliste finden Sie unter § 5 Rz 8 ff.
Sofern Sie nicht bereits bei der Vorauflage die Online-Version genutzt haben, erhalten Sie mit dem beiliegenden Freischaltungsformular Ihren Zugang. Die Details zur Freischaltung entnehmen Sie bitte der vorderen inneren Umschlagklappe.

Unser Ehrgeiz ist auf laufende Verbesserung ausgerichtet. Anregungen sind daher herzlich willkommen. Bitte senden Sie diese über das Mailfach IFRS@Haufe.de an uns.

Viel Erfolg mit dem Haufe IFRS-Kommentar!

Freiburg i. Br., März 2011 *Dr. Thomas Hermann*

AUTORENVERZEICHNIS

Bianca BRENDEL; Allianz SE, München

Dr. Dieter CHRISTIAN; BDO Auxilia Treuhand GmbH, Wien

Dr. Christian FINK; Freudenberg & Co. Kommanditgesellschaft, Weinheim

Dr. Jens FREIBERG; BDO Deutsche Warentreuhand AG, Düsseldorf

Prof. Dr. Wolf-Dieter HOFFMANN; WP/StB; Rüsch Hoffmann Sauter, Honorarprofessor der Universität Freiburg i.Br.

Dr. Christoph HÜTTEN; SAP AG, Walldorf

Dr. Christian JANZE; M.Sc.; Wirtschaftsprüfungsgesellschaft Ernst & Young AG, Hannover

Dr. Norbert LÜDENBACH; WP/StB/CPA; BDO Deutsche Warentreuhand AG, Düsseldorf

Prof. Dr. Raimund RHIEL; außerpl. Professor der Universiät Marburg

Dr. Roman SAUER; Allianz SE, München

Prof. Dr. Sven STERZENBACH, HS Heilbronn

INHALT

ZUORDNUNG DER STANDARDS ZU DEN PARAGRAFEN

ZUORDNUNG DER PARAGRAFEN ZU DEN STANDARDS

ANWENDUNGSÜBERSICHT IFRS

Anwendungshinweise

Sofern in Spalte B keine Jahreszahl angegeben ist, ist der betroffene Standard oder die Interpretation im Jahr 2010 verpflichtend anzuwenden. Sofern ein späteres Jahr angegeben ist, besteht die Möglichkeit zur früheren freiwilligen Anwendung. Änderungen von Standards und Interpretationen sind durch den Buchstaben A im Anschluss an die Nummerierung des betreffenden Standards bzw. der Interpretation gekennzeichnet.

Auf Geschäftsjahre, die am oder nach dem 31.12.2009 beginnen, sind die IFRS in folgenden Fassungen verpflichtend anzuwenden:

A		B	C
Bezeichnung		**bei kalendergleichem Geschäftsjahr nicht ab 2010 (oder früher) anzuwenden, sondern erst ab:**	**Veröffentlichung im Amtsblatt der Europäischen Union**
International Financial Reporting Standards (IFRS)			
IFRS 1	*First-time Adoption of IFRS"s*		
IFRS 1 A	*Amendments to IFRS 1 and IFRS 6*		27.1.2006
IFRS 1 A	*Cost of an Investment in a Subsidary, Jointly Controlled Entity or Associate*	2009	24.1.2009
IFRS 1 R	*First-time Adoption of International Financial Reporting Standards*	2010	26.11.2009
IFRS 1 A	*Severe Hyperinflation and Removal of Fixed Dates for First-Time Adopters*	2012	voraussichtlich 3. Quartal 2011
IFRS 1 A	Amendments to IFRS 1 Limited Exemption from Comparative IFRS 7 Disclosures for First-time Adopters	2011	1.7.2010
IFRS 1 A	*Amendments to IFRS 1 Additional Exemptions for First-time Adopters*	2010	24.6.2010
IFRS 2	*Share-based Payment*		11.2.2005
IFRS 2 A	*Vesting Conditions and Cancellations*	2009	17.12.2008
IFRS 2 A	*Amendments to IFRS 2 Group Cash-settled Share-based Payment Transactions*	2010	24.3.2010
IFRS 3	*Business Combinations*		
IFRS 3 R	*Business Combinations*	2010	12.6.2009
IFRS 4	*Insurance Contracts*		
IFRS 4 A	*Amendments to IAS 39 and IFRS 4: Financial Guarantee Contracts*		27.1.2006

Auf Geschäftsjahre, die am oder nach dem 31.12.2009 beginnen, sind die IFRS in folgenden Fassungen verpflichtend anzuwenden:

A		B	C
Bezeichnung		**bei kalendergleichem Geschäftsjahr nicht ab 2010 (oder früher) anzuwenden, sondern erst ab:**	**Veröffentlichung im Amtsblatt der Europäischen Union**
IFRS 5	*Non-current Assets Held for Sale and Discontinued Operations*		
IFRS 6	*Exploration for and Evaluation of Mineral Resources*		24.11.2005
IFRS 6 A	*Amendments to IFRS 1 and IFRS 6*		27.1.2006
IFRS 7	*Financial Instruments: Disclosures*		27.1.2006
IFRS 7 A	*Reclassification of Financial Assets*		16.10.2008
IFRS 7 A	Amendment to IFRS 7 Improving Disclosures about Financial Instruments	2009	1.12.2009
IFRS 7 A	Amendments to IFRS 7 Financial Instruments: Disclosures	2012	voraussichtlich 2. Quartal 2011
IFRS 8	*Operating Segments*	2009	22.11.2007
IFRS 9	*Financial Instruments*	2013	verschoben
International Accounting Standards (IAS)			
IAS 1	*Presentation of Financial Statements*		
IAS 1 A	*Amendment to IAS 1: Capital Disclosures*		27.1.2006
IAS 1 R	*Presentation of Financial Statements*	2009	18.12.2008
IAS 1 A	*Puttable Financial Instruments and Obligations Arising on Liquidation*	2009	22.01.2009
IAS 2	*Inventories*		

Auf Geschäftsjahre, die am oder nach dem 31.12.2009 beginnen, sind die IFRS in folgenden Fassungen verpflichtend anzuwenden:

A		B	C
Bezeichnung		**bei kalendergleichem Geschäftsjahr nicht ab 2010 (oder früher) anzuwenden, sondern erst ab:**	**Veröffentlichung im Amtsblatt der Europäischen Union**
IAS 7	*Statement of Cash Flow (Cash Flow Statements)*		
IAS 8	*Accounting Policies, Changes in Accounting Estimates and Errors*		
IAS 10	*Events after the Balance Sheet Date*		
IAS 11	*Construction Contracts*		
IAS 12	*Income Taxes*		
IAS 12 A	*Deferred tax: Recovery of Underlying Assets*	2012	voraussichtlich 3. Quartal 2011
IAS 16	*Property, Plant and Equipment*		
IAS 17	*Leases*		
IAS 18	*Revenue*		
IAS 19	*Employee Benefits*		
IAS 19 A	*Amendment to IAS 19: Actuarial Gains and Losses, Group Plans and Disclosures*		24.11.2005
IAS 20	*Accounting for Government Grants and Disclosure of Government Assistance*		
IAS 21	*The Effects of Changes in Foreign Exchange Rates*		
IAS 21 A	*Amendment to IAS 21: Net Investment in a Foreign Operation*		9.5.2006
IAS 23	*Borrowing Costs*		

Auf Geschäftsjahre, die am oder nach dem 31.12.2009 beginnen, sind die IFRS in folgenden Fassungen verpflichtend anzuwenden:

A		B	C
Bezeichnung		**bei kalendergleichem Geschäftsjahr nicht ab 2010 (oder früher) anzuwenden, sondern erst ab:**	**Veröffentlichung im Amtsblatt der Europäischen Union**
IAS 23 R	*Borrowing Costs*		17.12.2008
IAS 24	*Related Party Disclosures*		
IAS 24 R	*Related Party Disclosures*	2011	20.7.2010
IAS 26	*Accounting and Reporting by Retirement Benefit Plans*		
IAS 27	*Consolidated and Separate Financial Statements*		
IAS 27 R	*Consolidated and Seperate Financial Statements*	2010	12.6.2009
IAS 27 A	*Cost of an Investment in a Subsidiary, Jointly Controlled Entity or Associate*		24.1.2009
IAS 28	*Investments in Associates*		
IAS 29	*Financial Reporting in Hyperinflationary Economies*		
IAS 31	*Interests in Joint Ventures*		
IAS 32	*Financial Instruments: Disclosure and Presentation*		
IAS 32 A	*Puttable Financial Instruments and Obligations Arising on Liquidation*		22.1.2009
IAS 32 A	*Amendment to IAS 32 Financial Instruments: Presentation: Classification of Rights Issues*	2011	24.12.2009
IAS 33	*Earnings per Share*		
IAS 34	*Interim Financial Reporting*		
IAS 36	*Impairment of Assets*		

Auf Geschäftsjahre, die am oder nach dem 31.12.2009 beginnen, sind die IFRS in folgenden Fassungen verpflichtend anzuwenden:

	A	B	C
Bezeichnung		**bei kalendergleichem Geschäftsjahr nicht ab 2010 (oder früher) anzuwenden, sondern erst ab:**	**Veröffentlichung im Amtsblatt der Europäischen Union**
IAS 37	*Provisions, Contingent Liabilities and Contingent Assets*		
IAS 38	*Intangible Assets*		
IAS 39	*Financial Instruments: Recognition and Measurement*		
IAS 39 A	*Amendment to IAS 39: Transition and Initial Recognition of Financial Assets and Financial Liabilities*		26.10.2005
IAS 39 A	*Amendment to IAS 39: Cash Flow Hedge Accounting of Forecast Intragroup Transactions*		22.12.2005
IAS 39 A	*Amendment to IAS 39: The Fair Value Option*		16.11.2005
IAS 39 A	*Amendments to IAS 39 and IFRS 4: Financial Guarantee Contracts*		27.1.2006
IAS 39 A	*Eligible Hedged Items*	2010	16.9.2009
IAS 39 A	*Reclassification of Financial Assets*		16.10.2008
IAS 39 A	*Reclassification of Financial Assets – Effective Date and Transition*		10.9.2009
IAS 40	*Investment Property*		
IAS 41	*Agriculture*		
AIP	*Annual Improvements to IFRS's 2009*	In der Regel 2009	24.1.2009
AIP	*Annual Improvements to IFRS's 2010*	In der Regel 2011	19.2.2011

Auf Geschäftsjahre, die am oder nach dem 31.12.2009 beginnen, sind die IFRS in folgenden Fassungen verpflichtend anzuwenden:

A		B	C
Bezeichnung		**bei kalendergleichem Geschäftsjahr nicht ab 2010 (oder früher) anzuwenden, sondern erst ab:**	**Veröffentlichung im Amtsblatt der Europäischen Union**
Interpretations			
IFRIC 1	*Changes in Existing Decommissioning, Restoration and Similar Liabilities*		
IFRIC 2	*Members' Shares in Co-operative Entities and Similar Instruments*		8.7.2005
IFRIC 3	*Emission Rights*	zurückgenommen am 23.6.2005	
IFRIC 4	*Determining whether an Arrangement contains a Lease*		24.11.2005
IFRIC 5	*Rights to Interests arising from Decommissioning, Restoration and Environmental Rehabilitation Funds*		24.11.2005
IFRIC 6	*Liabilities arising from Participating in a Specific Market – Waste Electrical and Electronic Equipment*		27.1.2006
IFRIC 7	*Applying the Restatement Approach under IAS 29 Financial Reporting in Hyperinflationary Economies*		9.5.2006
IFRIC 8	*Scope of IFRS 2*	Abgelöst durch Änderung an IFRS 2 (2010)	9.9.2006
IFRIC 9	*Reassessment of Embedded Derivatives*		9.9.2006
IFRIC 9 A	*Amendments to IFRIC 9 and IAS 39 Embedded Derivatives*	2009	1.12.2009
IFRIC 10	*Interim Financial Reporting and Impairment*		2.6.2007
IFRIC 11	*IFRS 2 – Group and Treasury Share Transactions*	Abgelöst durch Änderung an IFRS 2 (2010)	2.6.2007

Auf Geschäftsjahre, die am oder nach dem 31.12.2009 beginnen, sind die IFRS in folgenden Fassungen verpflichtend anzuwenden:

A		B	C
Bezeichnung		**bei kalendergleichem Geschäftsjahr nicht ab 2010 (oder früher) anzuwenden, sondern erst ab:**	**Veröffentlichung im Amtsblatt der Europäischen Union**
IFRIC 12	*Service Concession Arrangements*		26.3.2009
IFRIC 13	*Customer Loyalty Programmes*		17.12.2008
IFRIC 14	*IAS 19 – The Limit on a Defined Benefit Asset, Minimal Funding Requirements and their Interaction*		17.12.2008
IFRIC 14 A	*Amendment to IFRIC 14 Prepayments of a Minimum Funding Requirement*	2011	20.7.2010
IFRIC 15	*Agreements for the Construction of Real Estate*	2009	23.7.2009
IFRIC 16	*Hedge of a Net Investment in a Foreign Operation*		5.6.2009
IFRIC 17	*Distributions of Non-cash Assets to Owners*		27.11.2009
IFRIC 18	*Transfer of Assets from Customers*		1.12.2009
IFRIC 19	*Extinguishing Financial Liabilities with Equity Instruments*	2011	24.7.2010
SIC 7	*Introduction of the Euro*		
SIC 10	*Government Assistance – No Specific Relation to Operating Activities*		
SIC 12	*Consolidation – Special Purpose Entities*		
SIC 12 A	*Amendment to SIC 12: Scope of SIC-12 Consolidation – Special Purpose Entities*		26.10.2005
SIC 13	*Jointly Controlled Entities – Non-Monetary Contributions by Venturers*		
SIC 15	*Operating Leases – Incentives*		

Auf Geschäftsjahre, die am oder nach dem 31.12.2009 beginnen, sind die IFRS in folgenden Fassungen verpflichtend anzuwenden:

A		B	C
Bezeichnung		**bei kalendergleichem Geschäftsjahr nicht ab 2010 (oder früher) anzuwenden, sondern erst ab:**	**Veröffentlichung im Amtsblatt der Europäischen Union**
SIC 21	*Income Taxes – Recovery of Revalued Non-Depreciable Assets*		
SIC 25	*Income Taxes – Changes in the Tax Status of an Entity or its Shareholders*		
SIC 27	*Evaluating the Substance of Transactions Involving the Legal Form of a Lease*		
SIC 29	*Disclosure – Service Concession Arrangements*		
SIC 31	*Revenue – Barter Transactions Involving Advertising Services*		
SIC 32	*Intangible Assets – Web Site Costs*		

A Grundlagen der Rechnungslegung

§ 1 RAHMENKONZEPT *(FRAMEWORK)*

Inhaltsübersicht **Rz**

Schrifttum: ANTONAKOPOULOS, Würdigung der Erfolgsbehandlung nach IFRS anhand der Neubewertung nach IAS 16, PiR 2005, S. 104ff.; BRÜCKS/RICHTER, Business Combination (Phase II), KoR 2005, S. 407; DOBLER/HETTICH, Geplante Änderungen der Rahmenkonzepte von IASB und FASB – Konzeption, Vergleich, Würdigung IRZ 2007, S. 29ff.; ERCHINGER/MELCHER: Fehler in der internationalen Rechnungslegung – Bilanzierung, Prüfung und Berichterstattung, KoR, 2008, S. 616ff.; FISCHER, Der Standardentwurf Conceptual Framework for Financial reporting – The Reporting Entity (ED/2010/2), PiR 2010, S. 112ff.; HOFFMANN/LÜDENBACH, Beschreiten wir mit der Internationalisierung den Königsweg?, DStR 2002, S. 871ff.; KÜTING/GATTUNG, Der Principle Override nach IFRS – vom Mythos einer fairen Rechnungslegung, PiR 2006, S. 33ff. und S. 49ff.; KÜTING/WEBER/BECKER, Fast-close, Beschleunigung der Jahresabschlusserstellung, StuB 2004, S. 1; LÜDENBACH, Zusammenfassung einer Verbindlichkeit und eines Swap zu einem einigen Bilanzierungsobjekt, PiR 2005, S. 95ff.; LÜDENBACH/HOFFMANN, Enron und die Umkehrung der Kausalität bei der Rechnungslegung, DB 2002, S. 1169ff.; LÜDENBACH/HOFFMANN, Imparitätische Wahrscheinlichkeit, Zukunftswerte im IAS-Regelwerk, KoR 2003, S. 5ff.; LÜDENBACH/HOFFMANN, Vom Principle-based zum Objective-oriented Accounting, KoR 2003, S. 387ff.; PELGER, Entscheidungsnützlichkeit in neuem Gewand: Der Exposure Draft zur Phase A des Conceptual Framework-Projekts, KoR 2009, S. 156ff.; RUHNKE/NERLICH, Behandlung von Regelungslücken innerhalb der IFRS, DB 2004, S. 389; SUNDER, Regulatory Competition for Low Cost-of-Capital Accounting Rules, Journal of Accounting and Public Policy, 2002, S. 147ff.; WATRIN/STROHM, Principles-based Standards – Paradigmenwechsel der US-Rechungslegung? KoR 2006, S. 123ff.; ZÜLCH, Die Rechnungslegungsnormen des IASB, PiR 2005, S. 1ff.

Vorbemerkung

Die folgende Kommentierung bezieht neben dem *Framework* auch IAS 1 und IAS 8 ein, um wesentliche Fragen der Regelanwendung *(materiality, true and fair presentation* usw.), welche die IFRS fragmentiert in diesen Standards behandeln, in ihrem sachlichen Zusammenhang zu erläutern (Rz 50ff.).

Die Kommentierung berücksichtigt alle bis zum 1.1.2011 verabschiedeten Änderungen, Änderungsentwürfe, Ergänzungen und Interpretationen.

Das *Framework* wird sowohl in der im September 2010 verabschiedeten Fassung (Zitat: „*Framework* 2010“) als auch in der Vorgängerversion (Zitat: „Framework 1989)“ kommentiert. Da das Projekt zur Neufassung des *Framework* in verschiedene, überwiegend noch nicht abgeschlossene Phasen eingeteilt ist (Rz 117), sind wesentliche Teile des *Framework* 1989 bisher unverändert, aber mit abweichenden Paragrafen im *Framework* 2010 enthalten. In diesen Fällen werden beide Fassungen zitiert.

1 Zielsetzung, Regelungsinhalt, Begriffe

1.1 Das *Framework* als Leitlinie für Regelsetzung und Regelanwendung

Das Regelwerk des IASB besteht aus drei Kernelementen (Rz 52): 1

- Die **Einzelstandards** – **IAS** bzw. **IFRS** – enthalten die Regeln zu Ansatz, Bewertung, Ausweis und Erläuterung der Posten der Rechnungslegung.
- Diese Standards werden in **Detailfragen** ergänzt durch Interpretationen – **SIC** bzw. **IFRC** – sowie ggf. durch *application* und *implementation guidances*.
- Das *Framework* (Rahmenkonzept) enthält übergreifende Überlegungen, etwa zum Zweck und zu Grundanforderungen der Rechnungslegung sowie zur Definition der Gegenstände der Rechnungslegung (Bilanzierungsobjekt usw.).

Die übergreifenden Überlegungen des *Framework* sollen gem. *Framework* 1989.1/*Framework* 2010.*Introduction* in verschiedener Hinsicht als **Leitlinie** dienen: 2

- dem **Regelgeber** bei der Entwicklung der Einzelstandards,
- dem **Bilanzersteller und Abschlussprüfer** bei der Anwendung der Einzelstandards sowie der Lösung noch ungeregelter Fragen,
- dem **Abschlussadressaten** bei der Interpretation von Abschlüssen.

Im Rahmen dieser Zielsetzung behandelt das *Framework* zwei **große Regelungsbereiche:** 3

- ausgehend vom Zweck des Jahresabschlusses die **konzeptionelle Basis** der Rechnungslegung, d.h. ihre Ziele, Grundannahmen, Anforderungen (Rz 5ff.);
- die **Definitions-, Ansatz- und Bewertungskriterien** der Abschlussposten in (Rz 81ff.).

Im **ersten** Bereich geht es etwa um das Prinzip der **Entscheidungsnützlichkeit** ***(decision usefulness)*** oder um die Rolle des **Vorsichtsprinzips**. Der **zweite** Bereich behandelt z.B. die Frage, was einen **Vermögenswert** oder eine **Schuld** definiert, wann sie konkret **bilanzierungs**fähig sind und welche Maßstäbe für ihre **Bewertung** infrage kommen.

Für beide Bereiche stellt sich das **Verhältnis zu den Einzelregelungen,** d.h. den Standards (IAS/IFRS) und den Interpretationen (SIC/IFRIC), wie folgt dar:

- Das *Framework* legt **Prinzipien** und **Maximen** fest.
- Die Einzelregelungen **konkretisieren** diese, sie gehen als spezielleres Recht dem *Framework* vor (*Framework* 1989.2/*Framework* 2010.*Introduction*).

1.2 Das *Framework* im Kontext von IAS 8 und IAS 1

Die Anwendung des IFRS-Regelwerks im konkreten Abschluss steht unter zahlreichen Vorbehalten. Regeln brauchen z.B. nicht auf **unwesentliche** Sachverhalte (Rz 61ff.) angewandt zu werden. Umgekehrt dürfen sie nicht angewendet werden, wenn damit eine tatsachengetreue Darstellung verfehlt würde. Diese Vorbehalte der Regelanwendung werden teils im *Framework*, teils in IAS 1 und in IAS 8 formuliert und konkretisiert. In der Bilanzierungspraxis muss aber der sachliche Zusammenhang beachtet werden. Unsere Kommentierung folgt diesem Sachgedanken und bezieht unter Rz 50ff. die überlappenden Regelungen aus IAS 1 und IAS 8 ein (→ § 24 Rz 4). 4

2 Anforderungen an die Rechnungslegung

2.1 Ziele und Bestandteile des Abschlusses

5 Als Zweck bzw. **Zielsetzung von allgemeinen Abschlüssen** (*General Purpose Statements*) wird im *Framework* die Befriedigung von **Informations**bedürfnissen durch **entscheidungsnützliche** Informationen definiert (*decision usefulness*) *Framework* 1989.12ff./*Framework* 2010.OB1ff. Hierbei wird in der alten Fassung noch ein Gleichklang des Informationsbedürfnisses von Anteilseignern, Darlehensgebern, Öffentlichkeit usw. unterstellt (*Framework* 1989.10). Die Neufassung ist in dieser Hinsicht etwas differenzierter: Potenzielle und aktuelle Fremd- und Eigenkapitalgeber werden als primäre Adressaten bestimmt. Deren Informationsinteresse sei auf die Fähigkeit des Unternehmens zur Generierung zukünftiger Zahlungsüberschüsse gerichtet. Informationen hierüber **können** auch für weitere Gruppen (etwa Regulatoren) wichtig sein. Allgemeine Abschlüsse sind aber nicht primär für die Interessen solcher sonstigen Gruppen bestimmt (*Framework* 2010.OB10).

6 Als entscheidungsnützlich gelten Informationen über

- die **Finanzlage**, dargestellt insbesondere in der **Bilanz** (→ § 2),
- die **Ertragslage** ***(performance)***, dargestellt insbesondere in Gesamtergebnisrechnung und **GuV** (→ § 2), und
- die **Änderung der Finanzlage**, dargestellt insbesondere in der **Kapitalflussrechnung** (→ § 3).

7 Ergänzt werden diese vier Kernelemente des Jahresabschlusses durch

- die *notes and disclosures* (Anhang; → § 5) sowie
- eine **Eigenkapitalveränderungsrechnung** (→ § 20),

bei **börsennotierten** Unternehmen außerdem durch

- einen **Segmentbericht** (→ § 36) und
- eine **Ergebnis-pro-Aktie**-Darstellung (→ § 35).

2.2 *Framework* und IFRS-Rechnungslegung im Vergleich zum HGB

2.2.1 Ebenen eines Vergleichs

8 Ein **Vergleich** mit den Konzepten der **handelsrechtlichen** Rechnungslegung erlaubt eine Verdeutlichung des Inhalts und der Bedeutung des *Framework*. Ein solcher Vergleich birgt jedoch zugleich die Gefahr in sich, abstrakt zu bleiben. Unterschiedliche Konzepte müssen nicht zu unterschiedlichen Einzelregelungen führen. Die Konzepte können so unbestimmt sein, dass sie alle möglichen Lösungen zulassen, oder umgekehrt kann die Lösung so zwingend sein, dass sie durch mehrere Konzepte zu begründen ist.

Ein **Beispiel** für die zweite Variante wäre das Niederstwertprinzip *(lower of cost or market)* bzw. die Abschreibung im Vorratsvermögen. Sie lässt sich mit Blick auf den **Gläubigerschutz** und einen niedrigen Vermögensausweis in der Bilanz (HGB) ebenso begründen wie mit Blick auf die zutreffende **Periodisierung** von Wertminderungen in der GuV (IFRS). Die Erläuterung und der Vergleich der **konzeptionellen Basis** bedürfen daher einer Ergänzung um die Erläuterung und den Vergleich der **Einzelregelungen**.

Auch dieser Vergleich bezieht sich noch auf die Normebene. Verglichen wird, was sein **soll.** Die Frage, wie sich dazu verhält, was tatsächlich **ist**, eröffnet eine notwendige **dritte** Möglichkeit der Erläuterung und des Vergleichs. 9

Die nachfolgenden Überlegungen zum **Vergleich mit dem Handelsrecht** bewegen sich demgemäß auf **drei Ebenen:**

- Ebene 1: **konzeptionelle Basis** des Jahresabschlusses (Rz 10f.),
- Ebene 2: Umsetzung in konkrete **Einzelregelungen** (exemplarisch; Rz 17ff.),
- Ebene 3: Bilanzierungspraxis, d.h. **Sein statt Sollen** (Rz 24ff.).

2.2.2 Konzeptionelle Basis

Die **handelsrechtliche Einzelbilanz** soll unter anderem dienen: 10

- der Ermittlung des ausschüttungsfähigen Gewinns und der Steuern **(Zahlungsbemessungsfunktion)**,
- der Information von Gläubigern und Selbstinformation des Managements **(Informationsfunktion)** und
- der Rechenschaftslegung des Managements gegenüber den Aktionären und Gesellschaftern **(Rechenschaftsfunktion).**

Eine Pluralität der Bilanzierungszwecke ist dadurch nicht gegeben. Dominierender Zweck der handelsrechtlichen Einzelbilanz ist die Ermittlung und Begrenzung des **ausschüttungsfähigen Gewinns**. Vor diesem Hintergrund spielen **Gläubigerschutz** und **Vorsichtsprinzip** ihre prägende Rolle. Der Kaufmann soll sich eher zu arm als zu reich rechnen. Der Gewinn und damit jedenfalls bei Kapitalgesellschaften der ausschüttungsfähige Betrag soll eher zu niedrig als zu hoch ausgewiesen werden. 11

Der **Zusammenhang** zwischen 12

- Begrenzung des ausschüttungsfähigen Gewinns,
- Gläubigerschutz und
- Vorsichtsprinzip

ist allerdings **nicht zwingend.**

Die Aktivierungswahlrechte des § 248 Abs. 2 HGB (immaterielle Anlagen) und des § 274 HGB (aktive latente Steuern) belegen, dass für die Ausschüttungsbemessung nicht notwendig der Bilanzansatz begrenzt werden muss. Werden immaterielle Anlagen und latente Steuern in der Handelsbilanz aktiviert, so ist ein entsprechender Betrag im Eigenkapital gegen **Ausschüttungen zu sperren** (§ 268 Abs. 8 HGB). Analoge Regelungen sind auch für andere Ansatzfälle sowie den Bereich der Bewertung denkbar. Z.B. kann man eine Bewertung bestimmter Wertpapiere zu ihrem über den Anschaffungskosten liegenden Stichtagskurs ohne Gläubigergefährdung erlauben, wenn mit dem Zuschreibungsbetrag eine Ausschüttungssperre einhergeht.

Überdies entspringt die Annahme, eine vorsichtige Bewertung würde dem Gläubigerschutz am besten entsprechen, einem substanzwertorientierten, **statischen** Ansatz. Wenn sich nach einem bestimmten Normverständnis der Kaufmann eher zu arm als zu reich rechnen soll, so steht damit die **Vermögenslage** im Brennpunkt des Interesses. Die Diskrepanz zur Theorie und Praxis der Unternehmensbewertung ist offensichtlich. Die Bewertung eines Unternehmens konzentriert sich gerade umgekehrt auf Ertragskraft und **Ertragsaussichten**. Bei Kauf- und Investitionsentscheidungen über ein Unternehmen spielt der Ertrags- 13 oder DCF-Wert die entscheidende Rolle, und *cash-flow*-Betrachtungen dominieren die Kreditvergabepraxis. Ein substanzwertorientiertes Vorsichtsprinzip kann vor diesem Hintergrund kaum noch als Instrument des Gläubigerschutzes favorisiert werden.

14 Bereits **Eugen Schmalenbach** hatte in diesem Sinne argumentiert: Eine **dynamische Bilanz**, die nicht den Vermögensstatus in den Mittelpunkt stelle, sondern einen vergleichbaren **Periodenerfolg**, genüge nicht nur der Selbstinformation des Kaufmanns, sondern auch den Gläubigerschutzerfordernissen am besten. Da nur ein nachhaltiger Periodenerfolg die Liquidität der Unternehmung sichere, diene eine die Erfolgsentwicklung in den Mittelpunkt stellende Bilanzierung auch den Gläubigern in besserer Weise. Sie setze diese und den Kaufmann in die Lage, rechtzeitig zu erkennen, ob der Betrieb in gleicher Weise fortgeführt werden könne oder ob gegensteuernde Maßnahmen einzuleiten seien.[1]

15 Die Grundentscheidungen der **IFRS-Rechnungslegung** fallen stärker zu Gunsten einer so verstandenen **dynamischen Betrachtung** aus. Nicht die Ermittlung und Begrenzung eines ausschüttungsfähigen Gewinns, sondern die Vermittlung **entscheidungsnützlicher Informationen** ist Zweck der IFRS-Rechnungslegung. Die ökonomischen Entscheidungen der Abschlussadressaten setzen bei der Beurteilung der *cash*-**Generierung** des Unternehmens ein (F.15). Da sich in dieser Hinsicht der Informationsbedarf von (potenziellen) Gläubigern nicht grundlegend von dem von (potenziellen) Eigenkapitalgebern unterscheidet, kann weder der Gläubigerschutz noch das Vorsichtsprinzip ein übergeordneter Gesichtspunkt sein.

16 Stattdessen gibt es zwei **qualitative** Anforderungen an entscheidungsnützliche finanzielle Informationen: Die Informationen sollen

- **relevant** sein, d.h. einen Wert für Vorhersagen und Nachprüfung früherer Einschätzungen (*predictive and confirmatory value*) haben (*Framework* 2010.QC6 ff.),
- eine **tatsachengetreue** Darstellung (*faithful presentation*) liefern, also eine Darstellung, die vollständig, neutral und – soweit bei Schätzungen und anderen ermessensbehafteten Vorgängen möglich – fehlerfrei ist (*Framework* 2010.QC6 ff.).

Nur **ergänzend** (*enhancing*) sind gem. *Framework* 2010.QC4 ff. demgegenüber zu berücksichtigen:

- **Vergleichbarkeit** im externen und zeitlichen Abgleich (*comparability*);
- intersubjektive **Nachprüfbarkeit** (*verifiability*);
- **Verständlichkeit** (*understandability*) und
- **Zeitnähe** (*timeliness*).

In der alten Fassung des *Framework* waren diese zuletzt aufgeführten Anforderungen noch als **gleichrangig** zur Relevanz und Verlässlichkeit/Tatsachentreue angeführt (*Framework* 1989.25 ff.). Die Bedeutung der neuen **Rangordnung** erläutert *Framework* 2010.QC 31 ff. beispielhaft wie folgt:

- Das (durch entsprechende Standards zugelassene) Weglassen von Informationen zu inhärent **komplexen** Phänomenen würde Abschlüsse verständlicher machen, aber auf Kosten der Tatsachentreue.

---

[1] SCHMALENBACH, Grundlagen dynamischer Bilanzlehre, ZfHF 1919, S. 1 ff. u. S. 55 ff.

- Wegen des **Vorrangs** der Tatsachentreue kann daher im Konfliktfall bei der Standardentwicklung und -anwendung auf die Verständlichkeit **keine Rücksicht** genommen werden Der ohnehin als schon kenntnisreich und fleißig unterstellte Bilanzadressat (*users who have a reasonable knowledge and analyse the information diligently*) muss dann eben Rat bei spezialisierten **Beratern** suchen (*may seek the aid of an adviser*).

Zwei weitere **Unterschiede** zwischen den Alt- und Neureglungen betreffen Folgendes:

- Die glaubwürdige oder **tatsachengetreue** Darstellung war nach *Framework* 1989.33 nur ein **Unterbegriff** der Verlässlichkeit (*reliability*). Mit der Hochstufung der tatsachengetreuen Darstellung zur Grundanforderung soll keine wesentliche inhaltliche Änderung verbunden sein, aber der uneinheitlich verwendete Begriff der *reliability* durch einen präziseren ersetzt werden (*Framework* 2010,BC3.20ff.). Ob eine größere Präzision tatsächlich gegeben ist, mag man bezweifeln.
- Das im *Framework* 1989.37 noch enthaltene **Vorsichtsprinzip** (*principle of prudence*) wird in der Neufassung aufgegeben, da es mit der Anforderung der Neutralität nicht vereinbar sei (*Framework* 2010.BC3.27ff.) Die praktischen Konsequenzen für Regelentwicklung und -anwendung scheinen aber derzeit noch gering. Vorräte etwa sind weiterhin mit Anschaffungs-/Herstellungskosten oder mit dem niedrigeren Stichtagswert anzusetzen (→ § 17 Rz 15), ein gestiegener Stichtagswert bleibt als Bewertungsmaßstab unzulässig. Ist eine solche Differenzierung von Wertänderungen nach ihrem Vorzeichen neutral? Welchem anderen Gedanken als dem der Vorsicht könnte sie entspringen?

Das die handelsrechtliche Rechnungslegung dominierende **Vorsichtsprinzip** spielt im IFRS-System nun jedenfalls formell keine Rolle mehr. Praktisch bleibt wie vorher zu untersuchen, ob es nicht auf der Ebene der Einzelstandards (etwa bei der Bewertung von Vorräten) gleichwohl zur Anwendung gelangt.

2.2.3 Umsetzung der Basiskonzepte in Einzelregelungen

Der bisher dargestellte Kontrast von HGB und IFRS bezog sich hauptsächlich auf die **konzeptionelle** Basis. Am Beispiel des Vorsichtsprinzips bzw. der Vorratsbewertung wurde dies schon problematisiert: Verlässt man diese Ebene und richtet das Augenmerk auf die **konkreten** Regelungen, so relativieren sich die Unterschiede weiter. Am deutlichsten wird dies am Umgang mit dem **Imparitätsgedanken.** 17

In der konzeptionell vom Vorsichtsprinzip geprägten **handelsrechtlichen** Rechnungslegung spielt der **Imparitätsgedanke** eine tragende und durchgängige Rolle: 18

- Verbindlichkeiten sind auch dann zu passivieren, wenn eine Inanspruchnahme ungewiss ist, Forderungen erst dann zu aktivieren, wenn sie gewiss sind.
- Drohende Verluste aus schwebenden Geschäften sind zurückzustellen, Gewinne erst zu berücksichtigen, wenn der Schwebezustand des betreffenden Geschäfts beendet ist.
- Passive latente Steuern unterliegen einem Bilanzierungsgebot, aktive latente Steuern einem Aktivierungswahlrecht, das überdies nur insoweit ausgeübt werden kann, wie die Realisierung der latenten Steuerentlastung in hohem Maße wahrscheinlich ist.

19 Im *Framework* haben das **Vorsichtsprinzip** und der **Imparitäts**gedanke hingegen nur eine **untergeordnete** Bedeutung. In der Frage der konkreten Bilanzierungsfähigkeit wird nicht zwischen Vermögenswerten und Schulden unterschieden. In beiden Fällen kommt es auf die **Wahrscheinlichkeit (probable)** des mit dem Vermögenswert oder den Verbindlichkeiten verbundenen *in-* oder *outflow* von **Nutzen** an (F.83). Die Anforderungen des *Framework* an die **Wahrscheinlichkeit** bleiben jedoch **dunkel.** Es wird eher tautologisch darauf hingewiesen, dass Wahrscheinlichkeit etwas mit Ungewissheit zu tun hat: „*The concept of probability is used in the recognition criteria to refer to the degree of uncertainty that the future economic benefits associated with the item will flow to or from the enterprise*" (F.85).

20 Konkreter sind in dieser Hinsicht z.T. die Ausführungen der Einzelstandards, etwa wenn IAS 37.16 die für die Rückstellungsfähigkeit zu fordernde **Wahrscheinlichkeit** in Form einer 51-%-Regel *(more likely than not)* normiert (→ § 21 Rz 37ff.), während für den Ansatz von Vermögenswerten Gewissheit oder Quasi-Gewissheit *(certain or virtually certain)* verlangt wird (IAS 37.33).

In der Konkretisierung der Einzelstandards tritt jedoch an die Stelle der konzeptionell im *Framework* vorgesehenen Gleichbehandlung von Vermögenswerten und Verbindlichkeiten eine differenzierte, **teils widersprüchliche Imparitätsregel**:[2]

- Ein **explizites Imparitätsprinzip** findet sich hinsichtlich der konkreten Bilanzierungsfähigkeit in IAS 37. Dort wird die für eine Aktivierung notwendige Wahrscheinlichkeitsschwelle höher gesetzt als die vergleichbare Schwelle für die Passivierung (→ § 21 Rz 118).
- **Implizite Imparitätsanforderungen** finden sich auf Bewertungsebene, indem gem. IAS 11.32 Verluste aus Fertigungsaufträgen sofort in voller Höhe, Gewinne hingegen nur nach Auftragsfortschritt zu realisieren (→ § 18 Rz 38ff.), passive latente Steuern gem. IAS 12.24 in voller Höhe, aktive hingegen gem. IAS 12.29a nur nach Maßgabe ihrer wahrscheinlichen Realisierung zu erfassen sind (→ § 26 Rz 48).
- Ein **Verzicht auf Imparität** kennzeichnet hingegen die Bilanzierung von schwebenden Finanzgeschäften (Finanzderivaten), indem dort nicht mehr zwischen Aktiva und Passiva differenziert wird (→ § 28 Rz 229).

21 Insgesamt liefert das IFRS-Regelwerk **divergierende** Antworten auf die **Imparitätsfragen**, die sich im Umgang mit Ungewissheiten stellen. Dabei mag die **Inkonsistenz** zwischen paritätischen *Framework-* und imparitätischen Einzelregelungen ebenso noch angehen wie die Tatsache, dass einer expliziten imparitätischen Behandlung der Rückstellung dem Grunde nach ein nur impliziter imparitätischer Umgang mit dem Ungewissheitsproblem bei der Bewertung von Rückstellungen, latenten Steuern und Fertigungsaufträgen gegenübersteht. Eine konzeptionelle Inkonsistenz auf der Ebene der Einzelregelungen entsteht jedoch, wenn im Falle des *fair value* von Finanzinstrumenten das Imparitätsprinzip aufgegeben und nicht mehr zwischen Aktiva und Passiva differenziert wird.

22 In **statischer Betrachtung**, also nach Maßgabe des Ist-Zustandes, weist also das IFRS-Regelwerk **Inkonsistenzen** zwischen *Framework* und Einzelregelungen und innerhalb der Einzelregelungen selbst auf.

---

2 Vgl. LÜDENBACH/HOFFMANN, KoR 2003, S. 5.

Eine **positive** Interpretation ist nur in **dynamischer Sicht** möglich. Das *Framework* ist keine Beschreibung des Ist-Zustandes des IFRS-Regelwerks. Es enthält im Sinne einer **Präambel** Absichten und Richtungsvorgaben, an denen sich der Board bei der Entwicklung weiterer Regeln und die Anwender bei der Lösung noch ungeregelter Fragen im Zweifel orientieren sollen. Die Grenzen einer solchen Orientierung sieht der Board selbst, wenn er auf Konflikte zwischen Einzelstandards und *Framework* hinweist und auf sein Bemühen, „die Zahl der Konfliktpunkte zwischen diesem Rahmenkonzept und den *international accounting standards* mit der Zeit (zu) verringern" (*Framework* 1989.3). Ob diese Hoffnung erfüllt werden kann, mag dahinstehen.[3] 23

2.2.4 Bilanzierungspraxis – Sollen und Sein

Das *Framework* beschreibt eher Ziel- als Ist-Zustände. Dementsprechend ist auch die Aussage, IFRS sei informations- und kapitalmarktorientiert, das HGB dagegen gläubigerorientiert, zunächst nur ein (möglicher) Befund zu **Regelunterschieden** und nicht notwendigerweise eine Beschreibung der **Rechnungslegungswirklichkeit.** 24

Mit der Qualifizierung der internationalen Rechnungslegung als kapitalmarktorientiert geht implizit oder explizit die **Behauptung** einher, die handelsrechtliche Bilanzierung sei der internationalen Rechnungslegung mindestens insofern unterlegen, als sie dem Kapitalmarkt **weniger** (Quantität) oder **schlechtere** (Qualität) Informationen liefere. Diese Behauptung soll nachfolgend untersucht werden.[4] 25

Die **quantitative** Annahme wird dabei nicht weiterverfolgt. Sie würde u.a. zuverlässige empirische Aussagen über das tatsächliche (nicht das selbst eingeschätzte) Informationsverarbeitungsverhalten der Kapitalmarktteilnehmer voraussetzen. Dabei müsste zwischen verschiedenen Gruppen von Kapitalmarktteilnehmern unterschieden[5] und auch das Problem der Verständlichkeit und des *information overload*[6] (Rz 64) ins Auge gefasst werden. 26

Hinsichtlich der **Qualität** der Information können die Kriterien aus dem *Framework* herangezogen werden. Die Überlegenheit der internationalen Rechnungslegung müsste darin ihren Ausdruck finden, dass ihre Informationen relevanter, verlässlicher, vergleichbarer sind oder dass – bezogen auf die Bilanzpolitik – die internationale Rechnungslegung stärker die Möglichkeiten des Managements beschränkt, irrelevante, unzuverlässige oder nicht vergleichbare Informationen zu liefern. 27

---

3 Kritisch z.B. ERNST & YOUNG, International GAAP 2008, S. 124, die im gegenwärtigen Framework hauptsächlich eine Ex-post-facto-Rechtfertigung schon getroffener Entscheidungen sehen.

4 Vgl. HOFFMANN/LÜDENBACH, StuB 2002, S. 541 ff.

5 Vgl. FASB, SFAC 2, Qualitative Characteristics of Accounting Information, §§ 40ff., wo z.B. understandability als user-specific quality beschrieben wird.

6 Aufschlussreich hinsichtlich der Kontraproduktivität zu vieler Informationen z.B. die Ausführungen in IAS 32.45: „Determination of the level of detail to be disclosed about particular financial instruments is a matter for the exercise of judgement ... It is necessary to strike a balance between overburdening financial statements with excessive detail that may not assist users of financial information and obscuring significant information as a result of too much aggregation." Eine ähnliche Aussage enthält IFRS 6 BC.52b (→ § 42 Rz 28).

28 Dabei scheint das **Relevanzkriterium** allerdings wegen des unvermeidlich hohen Abstraktionsgrades und der zum Teil zirkulären Begriffszüge[7] am wenigsten geeignet, konkrete Qualitätsvergleiche vorzunehmen. Dem Grunde nach handelt es sich eher um eine **Maxime**, einen Leitgedanken jeder ergebnisorientierten Kommunikation, als um eine konkrete Anforderung an die Rechnungslegung Ansichten über das, was konkret als bilanzierungs-, wert- oder ausweisrelevant gilt, unterliegen überdies im Zeitablauf starken Änderungen.

29 Ein Qualitätsvergleich fokussiert sich damit auf die zwei eng verbundenen Kriterien der **Zuverlässigkeit/tatsachengetreuen Darstellung** und **Vergleichbarkeit**. Im Sinne von *Framework* 1989.31 ff. ist unter Zuverlässigkeit *(reliability)* eine von materiellen Fehlern und Verzerrungen freie Information zu verstehen. Entsprechendes trifft nach *Framework* 2010.QC112ff. für die tatsachengetreue Darstellung zu (Rz 16). Dabei gilt aber auch nach Ansicht des IASB: *„To a large extent financial reports are based on estimates, judgments and models rather than exact depictions. The Conceptual framework establishes the concepts that underlie those estimates, judgments and models. The concepts are the goal, towards which the Board and (!) preparers of financial reports strive. As which most goals the Conceptual Framework's vision of ideal financial reporting is unlikely to be achieved in full ...“*[8]

30 Mehr Verlässlichkeit/Tatsachentreue führt i. d. R. zugleich zu mehr **Vergleichbarkeit** von Informationen, d. h. zur schon gleich gerichteten oder jedenfalls gleichnamig zu machenden Abbildung gleichartiger Vorgänge an verschiedenen Bilanzierungszeitpunkten (Konsistenz) oder zwischen verschiedenen Unternehmen.

Identifizierbare Ungleichheiten sind, von Kostengesichtspunkten abgesehen, nicht problematisch: Wendet etwa ein Unternehmen die *fair-value*-Methode für *investment properties* an, ein anderes die Kostenmethode (→ § 16 Rz 43), legen aber beide den Stichtagszeitwert offen, so gilt: Die Nichtvergleichbarkeit kann relativ leicht diagnostiziert und analytisch beseitigt werden.[9] Aus dieser Sicht ist daher nur zu fordern: *„Users need to be able to identify differences between the accounting policies for like transactions and other events by the same enterprise from period to period and by different enterprises. ... the disclosure of the accounting policy used by the enterprises, helps to achieve comparability“* (*Framework* 1989.40).

31 Zurückbezogen auf die **Bilanzpolitik**[10] (→ § 50ff.) ergeben sich hieraus zwei Schlüsse:

- **Echte, stichtagsnachverlagerte Wahlrechte** sind, sofern ihre Ausübung für den sachverständigen Bilanzleser erkennbar ist (vgl. z. B. §§ 284 Abs. 1 u. 2 Nr. 1 und 3, 285 Nr. 5 HGB), zunächst eher ein Kosten- als ein Qualitätsproblem. In arbeitsteiliger Betrachtung wird das Kostenproblem auch in zweiter Linie nicht zum Qualitätsproblem. Zwar würde auch der sachverständige Kleinaktionär eine analytische Aufbereitung zu einer Strukturbilanz usw. aus Kostengründen nicht vornehmen können, die Geschäftszahlen der kapital-

7 Vgl. z. B. F.26 mit relevance als Voraussetzung von usefulness und usefulness als Begriffsmerkmal von relevance: „To be useful, information must be relevant to the decision-making needs of users. Information has the quality of relevance when it influences the economic decisions of users ...“

8 FASB, SFAC 2, Qualitative Characteristics of Accounting Information, § 59.

9 Ebenda, § 118.

10 HOFFMANN/LÜDENBACH, StuB 2002, S. 541.

marktorientierten Gesellschaften werden aber regelmäßig von Finanzinstitutionen analysiert und publiziert. In diesem institutionellen Rahmen wirkt der Preis für die Herstellung von Vergleichbarkeit nicht mehr prohibitiv.
- Über die Qualität eines Rechnungslegungssystems für kapitalmarktorientierte Gesellschaften entscheiden deshalb eher das Maß der **unechten Wahlrechte** und die Anreize, die das System für **stichtagsvorverlagerte Wahlrechte** setzt.

Exemplarisch lassen sich diese Schlussfolgerungen wie folgt darstellen: 32
- Die Ausübung echter Wahlrechte ist **erkennbar** und verfehlt deshalb die gewünschte Informationswirkung. Wer in ertragsschwachen Zeiten dazu übergeht, Aufwendungen für die Erweiterung des Geschäftsbetriebs zu aktivieren oder Anlagegüter nicht mehr degressiv abzuschreiben oder erstmalig von Gliederungserleichterungen Gebrauch zu machen, muss dies in Bilanz und Anhang zeigen. Er bringt bei den Kapitalgebern erst recht die Alarmglocken zum Klingen.
- Wer die Grenze zwischen Instandhaltung und Herstellung anders zieht als in früheren Jahren, die Gemeinkostenzuschläge der Erzeugnisse höher als zuvor einschätzt, notleidende Kundenforderungen gegenüber verbundenen Unternehmen debitorisch ausweist, kann dies hingegen **weitgehend unbemerkt** tun. Lästige Fragen werden vermieden. Mit **unechten Wahlrechten** lässt sich geräuschlose und demzufolge auch **effiziente Bilanzpolitik** betreiben.

Einige für die **Bilanzanalyse** zentrale Elemente des Jahresabschlusses – wie der Entwicklungstrend der Umsätze, die Höhe der Perioden- und Stichtagsliquidität, die EK-Quote usw. – lassen sich stichtagsnachverlagert nur noch in Grenzen beeinflussen. Eine **vorverlagerte** Bilanzpolitik (Sachverhaltsgestaltung), die über Käuferincentives Umsätze vorverlagert, über den Abbau strategischer Vorräte operativen *cash flow* und Stichtagsliquidität schafft, über die Auslagerung von Schulden auf nicht konsolidierungspflichtige *special purpose entities* die Bilanzsumme senkt und damit die Eigenkapital-Quote erhöht, kann diese Grenzen transzendieren, und zwar weitgehend ohne sich als Bilanzpolitik zu erkennen geben und damit die Wirkung konterkarieren zu müssen. 33

Für den **Vergleich** von HGB und IFRS ist also primär zu fragen, ob das eine System unechte Wahlrechte und stichtagsvorverlagerte Gestaltungen mehr begünstigt als das andere. 34

Hinsichtlich der **unechten Wahlrechte** ist eine eindeutige Antwort kaum möglich. Zum einen ist jedes rechtliche Regelungssystem, die internationale Rechnungslegung ebenso gut wie die handelsrechtliche, mit dem **Kategorisierungs- und Subsumtionsproblem** konfrontiert.[11] Ob Aktien handelsrechtlich noch Anlagevermögen (gemildertes Niederstwertprinzip) oder schon Umlaufvermögen (strenges Niederstwertprinzip), ob sie nach internationaler Rechnungslegung noch *available for sale* oder schon *trading* sind (→ § 28 Rz 142 und 147), ist wie unzählige andere Fragen ermessensabhängig. Insoweit nehmen sich die Systeme grundsätzlich nichts, und wo sie sich unterscheiden, etwa beim höheren Detaillierungsgrad der angelsächsischen Regeln, ist dieses Mehr eine zweischneidige Sache, weil mehr Einzelfallgerechtigkeit unter realen, d. h. politisch-lobbyistischen, Bedingungen auch mehr Zufälligkeit der Ergebnisse bedeutet. 35

11 Ausführlich: HOFFMANN/LÜDENBACH, DStR 2002, S. 871 ff.

36 Neben der allgemeinen **Ermessensproblematik**, die sich wie in jedem rechtlichen Regelungssystem auch bei der Bilanzierung stellt, erwachsen der Rechnungslegung besondere Probleme aus dem Erfordernis der **Bewertung** der subsumierten Sachverhalte. Jedes Rechnungslegungssystem kennt eine Reihe von Bewertungssachverhalten, bei denen ein hoher Grad an Ermessen erforderlich ist. Wie, d. h. mit welchen Methoden und vor allem mit welchen Prämissen, im Falle nicht marktnotierter Aktien der handelsrechtliche Niederstwert oder der IFRS-*fair-value* zu bestimmen ist, entzieht sich weitgehend objektiver Festlegung. Als Objektivitätsvorteil des HGB mag insofern allerdings die Begrenzung nach oben durch das **Anschaffungskostenprinzip** gelten. Auf diese Weise ist das Intervall, in dem Bewertungsmanipulationen vorgenommen werden können, nicht nur nach unten (null), sondern auch nach oben (Anschaffungskosten) eingegrenzt, während es im *fair-value*-Ansatz nach oben offen ist.

37 Deutlicher ist genau in dieser Hinsicht die Begünstigung **stichtagsvorverlagerter Gestaltung** durch die internationale Rechnungslegung. Der methodische Ansatz der internationalen Rechnungslegung ist ein sog. mixed model (Rz 102). Einige Sachverhalte, z. B. Sachanlagevermögen wie Pipelines, Stromleitungen usw., unterliegen dem Anschaffungskostenprinzip, andere Sachverhalte, z. B. Derivate, der *fair-value*-Bewertung und damit bei Fehlen notierter Marktpreise der nach oben weit offenen Manipulationsgefahr. Aus der Sicht eines Managements, das kurz- bis mittelfristige Erfolge versprochen hat, ist daher das *mixed model* ein System, das bestimmte Gestaltungen (Investments in Derivate usw.) gegenüber anderen Gestaltungen (Investments in Pipelines usw.) prämiert. Im deutschen Rechtskreis sind derartige „Prämierungen" bislang nur auf dem Gebiet der Steuerbilanz bekannt. Wenn West-Immobilien anders bewertet werden als Ost-Immobilien (Prämierung durch Sonderabschreibungen), führt dies zur **Umkehrung der Kausalität**: Nicht der Ort der Immobilieninvestition entscheidet über ihre Bewertung, sondern die Bewertung entscheidet über den Ort der Investition.

38 Der Bundesverband Deutscher Banken erkennt in seiner Stellungnahme zur Umsetzung der EU-*fair-value*-Richtlinie in deutsches Recht ähnliche Gefahren eines *mixed model*. Der Bundesverband wendet sich gegen den *fair-value*-Ansatz auch für Derivate:

„Die bisherigen Erfahrungen mit IAS 39 zeigen, dass dies zu erheblichen Ergebnisverzerrungen und damit zu Verwirrung bei den Kapitalmarktteilnehmern führt. Darüber hinaus entstehen in den Unternehmen bei der Ergebnissteuerung Zielkonflikte, die die Aufgabe der Rechnungslegung, geschäftliche Aktivitäten adäquat abzubilden, in Frage stellt. Es entsteht die Gefahr, dass die dienende Funktion der Rechnungslegung in eine Gestaltungsfunktion mutiert, die selbst Realitäten schafft."[12] Etwa in der Weise (wie bei Enron), dass ein Management nicht mehr in bilanzpolitisch-unattraktive Pipelines, sondern in über Volatilitätsannahmen und andere Parameter bilanzpolitisch leicht beeinflussbare Derivate investiert.[13]

---

12 Das Zitat ist der Stellungnahme auf der Homepage des DRSC entnommen. Ähnlich Kley, Die Fair Value-Bilanzierung nach IAS, DB 2001, S. 2257 ff.

13 Vgl. Lüdenbach/Hoffmann, DB 2002, S. 1169 ff.

Die mit dem Begriff der **kapitalmarktorientierten Rechnungslegung** implizit oder explizit einhergehende Behauptung einer **höheren Qualität** der internationalen gegenüber der handelsrechtlichen Bilanzierung ist unbewiesen. In Teilen beruht sie auf einer **Verwechslung von Sollen und Sein**. In Teilen resultiert sie aus einer lehrbuchartigen Fokussierung auf echte und **stichtagsnachverlagerte Wahlrechte**, während die Praxis der Bilanzpolitik von **unechten** und **stichtagsvorverlagerten** Gestaltungen lebt. 39

In Teilen ergibt sie sich schließlich aus einer Ausklammerung des **menschlichen Faktors**, des zum Eigentümerinteresse in Konflikt stehenden Managerinteresses. Zu diesem **Interessenkonflikt** sind im Gefolge der neoinstitutionalistischen Finanzierungstheorie und der *agency*-Theorie viele gewichtige Konzepte entwickelt worden. Insbesondere die *shareholder-value*-Doktrin hat bis hin zu Änderungen des Aktienrechtes *(stock options)* eine große Wirkung gehabt. Die Implikationen für die Bilanz- und Bilanzpolitiklehre sind bisher eher stiefmütterlich behandelt worden. Tatsächlich aber ist die Bilanz das **Medium**, mit dem das Management unter realen Bedingungen mittelfristige und vorübergehende **Marktwertsteigerung** auf Kosten langfristiger Eigentümerinteressen betreiben kann. Aus der Sicht der neoinstitutionalistischen Finanzierungstheorie wäre daher c. p. jenes Rechnungslegungssystem zu bevorzugen, das den Gestaltungsspielraum des Managements geringer hält, möglichst **wenig subjektive** und möglichst **viele objektive** Bewertungsmaßstäbe vorsieht, z. B. also Investments in Sachanlagen nicht gegenüber Finanzinvestments prämiert. 40

Gemessen an diesen Kriterien weist die internationale Rechnungslegung im Vergleich zur handelsrechtlichen einige gravierende **Defizite** auf. Eine offene Frage ist, ob diese Defizite durch korrespondierende Vorteile aufgewogen oder gar überkompensiert werden. 41

2.3 *Rule- and principle-based accounting*

In der Folge von Enron und verschiedenen anderen US-Skandalen ist das stark **kasuistische** System der US-GAAP in Kritik geraten. Wie diese Skandale – ebenso aber beständig z. B. das Steuerrecht – zeigen, laden kasuistische Regeln zur gezielten **Umgehung** ein. Wenn eine *special purpose entity*, die Schulden und Risiken übernommen hat, bei fehlender Mehrheitsbeteiligung nur dann konsolidiert werden musste, wenn die nominellen Mehrheitseigner weniger als 3 % des Gesamtkapitals finanzieren, versuchte man, knapp oberhalb dieser Grenze zu bleiben, um so Verluste und Schulden *off-balance* zu bringen, d. h. im Konzernabschluss nicht mehr zu zeigen.[14] 42

In der angelsächsischen Diskussion wird in solchen Zusammenhängen kritisch auch von einem *cook book accounting* gesprochen. Einzelverbote, die zeigen, was schädlich ist, legen zugleich nahe, welche Kochrezepte gerade noch verdaulich sind. Der IASB hat die auch in den USA aufkommenden **Zweifel** am Sinn kasuistischer Regelungen zunächst genutzt, um als Gegenentwurf zum *case-* oder *rule-based accounting* ein *principle-based accounting* zu propagieren. Vor 43

---

[14] Die 3-%-Regel ist – nach Enron – aufgehoben worden. Zu den neuen Vorschriften der FASB Interpretation No. 46, Consolidation of Variable Interest Entities, MELCHER/PENTER, DB 2003, S. 513 ff.

dem *Committee on Banking, Housing and Urban Affairs* des US-Senats hat der IASB-Chairman am 14. Februar 2002 daher wie folgt argumentiert:[15]

> *„The IASB has concluded that a body of detailed guidance (sometimes referred to as bright lines) encourages a rule-book mentality of ‚where does it say I can't do this?'. We take the view that this is counter-productive and helps those who are intent on finding ways around standards more than it helps those seeking to apply standards in a way that gives useful information. Put simply, adding the detailed guidance may obscure, rather than highlight, the underlying principle. The emphasis tends to be on compliance with the letter of the rule rather than on the spirit of the accounting standard."*

Das damit propagierte Konzept des *principle-based accounting* hat inzwischen weiten Widerhall gefunden. Sowohl der FASB[16] als amerikanisches Pendant zum IASB, also auch die SEC[17], und der Deutsche Standardisierungsrat[18] haben sich des Themas mit unterschiedlichen Hoffnungen und Befürchtungen angenommen. Die Unterschiede rühren erkennbar auch aus divergierenden Begriffsverständnissen. Die wesentlichen Interpretationen lassen sich anhand von Abbildung 2 kurz wie folgt unterscheiden:

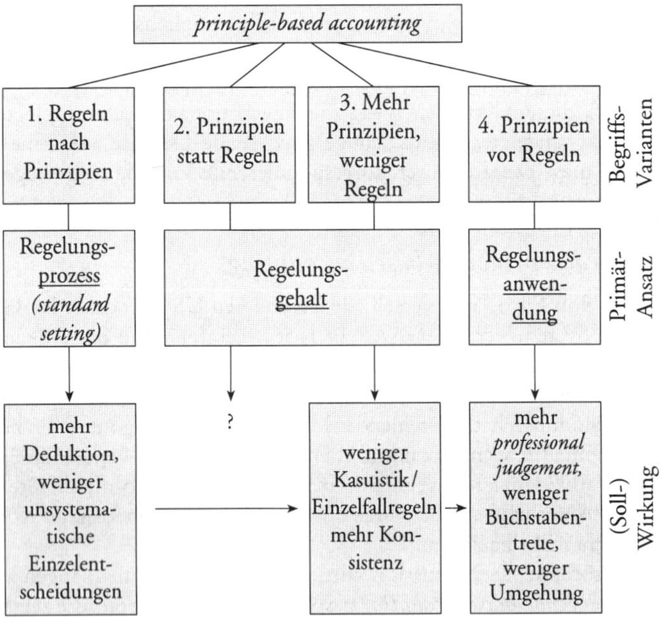

Abb. 2: *Principle-based accounting*[19]

---

15 www.iasc.org.uk unter Archive 2002/Speeches.

16 FASB, Proposal: Principle-Based Approach to Accounting to U. S. Standard Setting, www.FASB.org.

17 SEC, Study Pursuant to Section 108(d) of the Sarbanes-Oxley Act of 2002, www.sec.gov/news/studies/principlesbasedstand.htm.

18 DSR-E, Grundsätze ordnungsmäßiger Rechnungslegung (Rahmenkonzept).

19 Quelle: LÜDENBACH/HOFFMANN, KoR 2003, S. 387 ff.

Ohne Kasuistik geht es also nicht, aber diese Kasuistik soll nicht „wild" werden. Der hauptsächliche Diskussionsstoff rankt sich daher um den dritten Strang. Hier betont der IASB, dass im Vergleich zum IFRS-Regelwerk die gegenwärtigen „US-GAAP *tends, on the whole, to be more specific in its requirements and includes much more detailed implementation guidance.*"[20] Eine Forderung nach mehr Prinzipien und weniger Einzelregeln hat allerdings etwas Unverbindliches. Die rechte **Mischung** von Prinzip und Regel, das richtige Maß an Detaillierung lässt sich nicht operational beschreiben. Deutlich wird dies, wenn man die folgende Vorhaltung von SUNDER gegenüber dem FASB näher untersucht: 44

> *„Instead of writing a rule, which ‚says, you shall not steal', the FASB has wrapped itself up in the endless case of listing all the acts and circumstances that might constitute ‚stealing'. It is a loosing game for rule writers. Every rule that covers a new contingency creates a new gap. If you write a rule, ‚you can't steal a shirt', sooner or later someone asks, ‚where does it say you can't steal shirt buttons'.*[21]"

Die Problemlage ist zutreffend beschrieben. **Schwieriger**, als es der plastische Vergleich von SUNDER nahelegt, ist allerdings die **Lösung**: So sehr eine fallbasierte Rechnungslegung Gefahr läuft, intelligent umgangen zu werden, so sehr ist andererseits ein prinzipienbasiertes System in Gefahr, unverbindlich zu bleiben und allen alles zu erlauben. Greift man in dieser Hinsicht das Beispiel von SUNDER auf, so könnte man drei Normbereiche zunehmender Konkretisierung unterscheiden: 45

- Obersatz: Schädige und gefährde keinen anderen.
- Mittelsätze: Stiehl nicht. Rase nicht im Verkehr usw.
- Untersätze: Stiehl keine Kleidung, keine Lebensmittel usw., fahre in Ortschaften nicht über 50, auf Landstraßen nicht über 100 usw.

Am Beispiel des Stehlens besteht weder für einen Obersatz noch für einen Untersatz ein Bedarf. Das Prinzip der mittleren Ebene ist klar genug. Das Verkehrsbeispiel ist schon komplizierter. Der Mittelsatz ist noch zu unverbindlich: Es muss definiert werden, was Rasen bedeutet, und dies in Abhängigkeit von bestimmten Fällen, also anders für innerörtliche als für Landstraßen oder für Autobahnen. Andererseits können auch 60 km auf der Landstraße bei dichtem Nebel zu schnell sein, weshalb die Straßenverkehrsordnung ihre Einzelregeln zu Recht durch eine Generalnorm ergänzt. Schließlich berücksichtigen das Diebstahl- und Verkehrsbeispiel noch nicht besondere Ausnahmefälle, etwa den Mundraub oder die mit Blaulicht durch den Ort rasende Feuerwehr. 46

Schon diese kleinen Realitätsausschnitte sind zu komplex, um in ein einfaches Schema von *principle-based* oder *rule-based* gezwängt zu werden. Fast immer ist das eine wie das andere gefordert. Insoweit wird man die beiden Pole nicht als Alternativen denken, sondern nach der richtigen **Mischung** fragen müssen. Wie viel Einzelregelung braucht und wie viel verträgt die Rechnungslegung? Jede allgemeine Antwort scheint falsch, da die richtige Dosis nur fallweise (kasuistisch?) zu finden ist. Hierzu ein Beispiel: 47

---

20 IASB, ähnlich FASB, Proposal, S. 8.

21 SUNDER, Regulatory Competition for Low Cost-of-Capital Accounting Rules, Journal of Accounting and Public Policy, 2002, S. 147ff.

48 **Beispiel**

Das *Framework* enthält den Grundsatz „substance over form“ (*Framework* 1989.35/*Framework* 2010.4.6). Danach ist der wirtschaftliche und nicht der rechtliche Gehalt eines Geschäftsvorfalls zu würdigen, etwa – entsprechend auch dem Handelsrecht – wirtschaftliches Eigentum zu bilanzieren. Damit ist nur die Bilanzierungsmöglichkeit von **Leasing**gegenständen vorentschieden. Wann sie tatsächlich zu bilanzieren sind, bedarf der Konkretisierung.

Das HGB verzichtet auf eine solche Konkretisierung und unterwirft damit die handelsrechtliche Praxis faktisch dem Steuerrecht der einschlägigen BMF-Erlasse (→ § 15 Rz 80).

IAS 17 gibt hingegen Kriterien für die Zurechnung eines Leasinggegenstandes und ist insoweit vordergründig ein Beispiel für eine notwendige Kasuistik. Bei zweiter Betrachtung verzichtet IAS 17 (anders als US-GAAP) auf ganz konkret quantifizierte Kriterien (z. B. der Vertragsdauer relativ zur Nutzungsdauer; → § 15 Rz 34 f.) und liefert stattdessen eher einen Kriterienkatalog, der im Rahmen einer Gesamtwürdigung zu berücksichtigen ist. Der zu beurteilende Einzelfall wird einerseits kaum kasuistisch vorentschieden (Unterschied zu US-GAAP), andererseits aber auch nicht im luftleeren Raum belassen (Unterschied zu HGB), da der Kriterienkatalog die Gesamtwürdigung strukturiert und zeigt, welche Argumente abzuwägen sind.

49 Die Leasingregeln sind eine u. E. relativ gelungene Mischung von Prinzipien und Regeln. Entsprechendes gilt z. B. auch für die *special purpose entities* (→ § 32 Rz 68), bei denen eben nicht (wie bei Enron in den US-GAAP) ein 3 %iges Kochbuch-Rezept geliefert, sondern eine Gesamtwürdigung verlangt wird.

Andere Beispiele aus dem IFRS-Regelwerk sind jedoch **weniger erfreulich**: etwa der von Detailregelungen, Ausnahmen und Rückausnahmen durchsetzte IAS 39 (→ § 28). Viele Regelungen sind zudem in eine *Application Guidance* ausgelagert (Rz 54). Dies macht den Standard selbst übersichtlicher und gibt ihm den Anschein eines stärker *principle-based accounting*, dient aber nicht der Lesbarkeit. Notwendige Erklärungen und Konkretisierungen zu den vielen in IAS 39 enthaltenen abstrakten Definitionen und Regeln finden sich nicht mehr leicht zugänglich an Ort und Stelle, sondern sind nur durch Parallellektüre der *Application Guidance* und zusätzlich einer *Guidance on Implementing* zu finden. Zentrale Definitionen sind außerdem nicht in IAS 39, sondern in IAS 32 enthalten, sodass die Parallellektüre tatsächlich zu einer Mehrfachlektüre mutiert. Es ist eine Aufgabe dieser Kommentierung, auf diese Art Getrenntes wieder zusammenzuführen, weil das eine ohne das andere nicht interpretierbar und anwendbar ist.

Eine **unübersichtliche Arbeitsteilung** von *(principle-based)* Standard und (kasuistischen) Anhängen oder Ergänzungen wird auch in IAS 18 (→ § 25) praktiziert. Der IASB hält auch dort an der Selbstinterpretation seines Normenwerkes als *principle-based*, d. h. nichtkasuistisch, fest. Gleichwohl erkannte er in der (ohne materielle Folgewirkung der zwischenzeitlich aufgehobenen) Einleitung zu IAS 18 die Notwendigkeit an, die Fragen der Ertragsrealisierung nicht nur in allgemeiner Weise zu erörtern, sondern „außerdem praktische Hinweise zur Anwendung“ zu geben. Diese Hinweise enthält der Appendix (*Illustrative Exampels*) zu IAS 18, wo relevante Felder in einer Art „ABC der Zweifelsfälle“

kasuistisch abgehandelt werden. Den drohenden **Widerspruch** zwischen offizieller Prinzipienbasierung und tatsächlicher Kasuistik verdeckte eine Formulierung in der Einleitung des *Appendix* zu IAS 18: „Der Appendix dient lediglich der Veranschaulichung und ist nicht Teil der Vorschriften. Der Appendix konkretisiert die Ertragsrealisierungskriterien der Vorschriften, indem er ihre Bedeutung anhand einiger Geschäftssituationen verdeutlicht."
Ein derartiger Vorbehalt, der das Ziel der Prinzipienbasierung betont, die Praxis aber auf die im *Appendix* oder in den *Application* und *Implementation Guidances* formulierten „regelbasierten" Vorschriften oder „Beispiele" verweist, tendiert zum Leerlauf[22] und dient auch nicht der Verständlichkeit des Regelsystems.

3 Anwendung des IFRS-Regelwerks in der Praxis

3.1 Überblick

Ein IFRS-Abschluss muss nach IAS 1.16 im Anhang eine Erklärung über die Erfüllung aller Anforderungen *(requirements)* der IFRS enthalten. Nur dann darf ein Abschluss als IFRS-Abschluss bezeichnet werden. Welche Anforderungen das IFRS-Regelwerk ausmachen, wird jedoch nicht in IAS 1, sondern in IAS 8.7ff. erläutert (→ § 24 Rz 3). Die dabei in IAS 8 verwendeten Konzepte *(materiality, true and fair presentation)* etc. werden allerdings nicht in IAS 8, sondern im *Framework* oder wiederum in IAS 1 erläutert. Die enge Verbindung der drei Standards zeigt sich auch bei anderen Aspekten. Nur im Zusammenhang dieser drei Standards findet der Bilanzierende Antworten auf folgende zentrale Fragen: 50

- Welches sind die **auf einen IFRS-Abschluss anwendbaren Regeln** bzw. unter welchen Voraussetzungen darf ein Abschluss als IFRS-Abschluss bezeichnet werden (IAS 1.15ff., IAS 8.7ff. und *Framework* 1989.2ff.)?
- Wie sind die Regeln anzuwenden bzw. unter welchen **Vorbehalten** steht die **Regelbefolgung?** Wichtige Vorbehalte sind
  - die Wesentlichkeit *(materiality*; IAS 1.29ff., IAS 8.8, *Framework* 189.29f./*Framework* 2010.QC11 und 4.39); Rz 61ff.),
  - die Kosten-Nutzen-Abwägung (*Framework* 1989.44/*Framework* 2010.QC35ff.; Rz 65ff.),
  - das Prinzip der *true and fair* bzw. *faithful presentation* (IAS 1.15ff.; IAS 8.10ff., *Framework* 1989.46/*Framework* 2010.QC12ff.; Rz 67ff.).
- Wie ist im Falle unspezifischer oder **fehlender Regelung** zu verfahren (IAS 8.10ff. unter Benutzung von Konzepten, die nur in IAS 1 und im *Framework* erläutert sind)?

Das IFRS-Regelwerk fragmentiert diese Themen, indem es sie an verschiedenen Stellen mit teils gleichen, teils unterschiedlichen Aussagen und Schwerpunkten behandelt. Das kommentierende Schrifttum hat hier die Aufgabe der **Defrag-** 51

---

22 Ähnlich Brücks/Richter, KoR 2005, S. 407, zum Änderungsentwurf zu IFRS 3 (Business Combination Phase II): „Dabei ist bemerkenswert, dass die Application Guidance umfangreicher ist als der Standard selbst. Die Regelungen eines Standards durch Beispiele zu verdeutlichen ist grundsätzlich sinnvoll. Angesichts des Umfangs der Regelungen ist indes zu befürchten, dass die Regelungen der künftigen Standards – US-amerikanischer Tradition folgend – in den Hintergrund treten und der Standard mehr durch Beispiele als durch die im Standard aufgestellten Regelungen lebt."

mentierung; es hat zusammenzuführen, was zusammengehört. In diesem Sinne behandelt unsere Kommentierung die vorgenannten Punkte einheitlich, und zwar überwiegend in diesem Paragrafen. Es wird deshalb verwiesen

- zu den **anwendbaren Regeln** auf Rz 52,
- zum Vorbehalt der *materiality* und der **Kosten-Nutzen**-Abwägung auf Rz 59ff.,
- zum Vorbehalt der *true and fair presentation* auf Rz 66ff.,
- zum Vorgehen bei **Regelungslücken** auf Rz 74.

Das dem ersten Punkt verwandte Thema der Stetigkeit der Regelanwendung wird wegen seiner buchungstechnischen Nähe zur Bilanzkorrektur und zur Revision von Schätzungen behandelt in → § 24 Rz 7ff.

3.2 Auf einen IFRS-Abschluss anwendbare Regeln

52 IAS 1.7 enthält eine Legaldefinition derIFRS. Diese sind vom IASB angenommene Standards und Interpretationen. Sie enthalten *(comprise):*

- *International Financial Reporting Standards* (**IFRS**),
- *International Accounting Standards (IAS)* und
- Interpretationen des IFRS Interpretation Committee (**IFRIC**) oder des früheren Standing Interpretations Committee (**SIC**).

Soweit es im Einzelfall zu Widersprüchen zwischen den IFRS/IAS einerseits und den IFRIC/SIC andererseits kommt, ist nach der Rangordnung der Regeln (**Normenhierarchie**) zu fragen. Zwei Auffassungen sind diskussionswürdig:

- Die IFRIC/SIC **verdrängen** als „lex specialis" die evtl. entgegenstehenden Regelungen der IFRS/IAS.
- Die IFRIC/SIC sind nicht spezialrechtliche Sonderregeln, die etwa branchenspezifische oder sonstige Ausnahmen von den allgemein in den IFRS/IAS niedergelegten Regeln formulieren; sie sind vielmehr entsprechend ihrer Bezeichnung „bloße" **Interpretationen** der vorrangig zu beachtenden Standards.

Im Schrifttum wird dieser Frage nur vereinzelt nachgegangen. Soweit aus den wenigen Stellungnahmen eine herrschende Meinung überhaupt abzuleiten ist, fällt sie zu Gunsten der zweiten Auffassung aus.[23] Zur praktischen Bedeutung der Frage folgendes Beispiel:

Beispiel
Die C GmbH ist eine Zweckgesellschaft *(special purpose entity)* mit einem begrenzten Zweck (→ § 32 Rz 57ff.). An ihr sind A mit 51 % und B mit 49 % beteiligt. Die Gesellschaft ist nur über Eigenkapital finanziert. Der Gesellschaftsvertrag sieht für alle wesentlichen Entscheidungen Einstimmigkeit vor. Die Geschäftsführung ist paritätisch mit je einem Vertreter von A und B besetzt. Die Geschäftsführungsordnung verlangt ebenfalls Einstimmigkeit. Der Gesellschaftsvertrag sieht die Gesamtvertretung der Gesellschaft durch beide Geschäftsführer vor.

[23] Vgl. z.B. Bohl, in: Beck'sches IFRS-Handbuch, § 1 Tz 118; Zülch, PiR 2005, S. 1ff.; Lüdenbach, IFRS, 4. Aufl., 2005, S. 43.

- Nach IAS 27 und IAS 31 ist die C GmbH kein Tochterunternehmen der A, sondern ein **Gemeinschaftsunternehmen** von A und B (→ § 34 Rz 50ff.). B müsste daher keine Vollkonsolidierung vornehmen, sondern könnte zwischen *equity*- und Quoten-Konsolidierung wählen (→ § 34 Rz 61).
- Nach SIC 12 sind jedoch Zweckgesellschaften bei demjenigen **voll zu konsolidieren**, der die Mehrheit der Chancen trägt (→ § 32 Rz 68). Im Beispiel wäre dies A, da 51 % der laufenden und Liquidationsergebnisse zu seinen Gunsten bzw. Lasten gehen.

Der insoweit bestehende **Widerspruch** ist alternativ wie folgt zu lösen:

- In Anwendung der ersten Auffassung würden die in SIC 12 enthaltenen Risiko-Chancen-Kriterien an Stelle des allgemeinen Kontrollkriteriums von IAS 27 und IAS 31 treten. Für den Bereich des SPEs würde SIC 12 als „lex specialis" IAS 27 und IAS 31 insoweit verdrängen.
- In Anwendung der zweiten, von uns vertretenen Auffassung bleibt es beim Vorrang von IAS 27 und IAS 31. Die SIC sind auch ihrer Bezeichnung nach nur Interpretationen und keine spezialrechtlichen Sonderregeln, die Ausnahmen von den allgemeinen Regeln formulieren.

IFRS ist einerseits der **Oberbegriff** für alle Regeln, andererseits die **Bezeichnung** für einzelne Standards, die der IASB nach seiner Neupositionierung in 2002 verabschiedet hat. Die weiterhin gültigen Standards des alten Board sind demgegenüber IAS. Abbildung 3 zeigt das Verhältnis der Begriffe heute und in x Jahren. 53

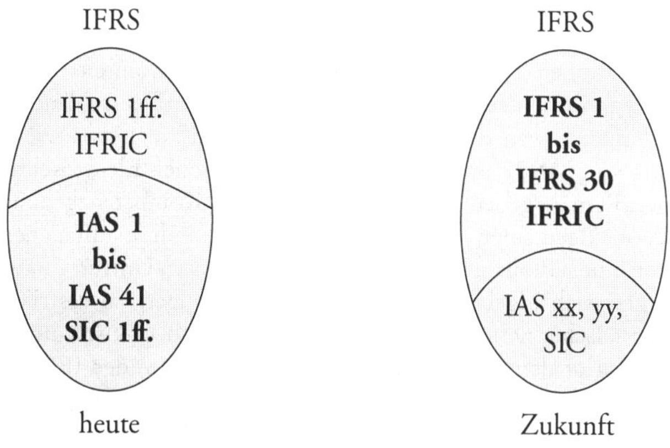

Abb. 3: Verhältnis IFRS zu IAS im Zeitablauf[24]

Die Legaldefinition von IAS 1.7 beantwortet allerdings nicht die Frage, wie mit den „Ergänzungen" umzugehen ist, die im Rahmen des *improvement project* sprunghaft zugenommen haben (Rz 49). Wichtige Standards wie IAS 39 kommen nicht mehr ohne *Application Guidances, Implementation Guidances, Illus-* 54

[24] Quelle: LÜDENBACH, IFRS, 5. Aufl., 2008.

trative Examples etc. aus (Rz 49). Die Verbindlichkeit dieser Zusatzregeln ist abgestuft zu beurteilen:

- Die *Application Guidances* zu IAS 32, IAS 33 und IAS 39 gelten ausweislich ihrer jeweiligen Einleitung als integraler Bestandteil *(integral part).*
- Die *Guidances on Implementing* zu IAS 1, IAS 8, IAS 27, IAS 28, IAS 31, IAS 39 und IFRS 1 ergänzen die Standards, sind aber kein Bestandteil *(accompanies but is not part).*
- Entsprechendes gilt für die *Illustrative Examples* zu IAS 33, den Appendix zu IAS 18 usw. sowie
- die *Basis of Conclusions.*[25]

Mit der Unterscheidung zwischen (integralem) Bestandteil und Ergänzung kann die **Praxis** in vielen Fällen nichts anfangen. Ist der zu beurteilende Fall auch im Standard oder der *Application Guidance* selbst behandelt, ergibt sich hieraus auch die Verbindlichkeit der Implementierungsanweisung bzw. der Illustration. Findet sich der Fall nur in den Ergänzungen, wird man für die Schließung der insoweit bestehenden Regelungslücke regelmäßig nicht die eigene Lösung gegenüber derjenigen nach den Vorgaben des IASB als überlegen unterstellen können. Im Sinne dieser faktischen Verbindlichkeit erwähnt auch IAS 8.7 die *Implementation Guidances* (Anwendungsleitlinien) unter den zwar nicht anzuwendenden *(application)*, aber zu berücksichtigenden *(consideration)* Regelungen.

Eine faktische Verbindlichkeit wird z.T. auch den sog. **Non-IFRICs** zugesprochen. Hierbei handelt es sich um Anfragen an das IFRS Interpretation Committee (früher IFRIC), das dieses nicht in sein Arbeitsprogramm aufnimmt. Der Begründung der Nichtaufnahme *(Agenda Rejection)* spricht der Vorsitzende selbst einen Status zu, der mit den *Implementation Guidances* zu den IAS/IFRS vergleichbar sei.[26]

Den Interpretationen (und Nicht-Interpretationen) des Committee gesellen sich noch **Stellungnahmen nationaler Standardsetter** (in Deutschland etwa DSR und IdW) hinzu. Soweit diese nationale Belange betreffen, etwa wie RIC 2 die Anwendung von IAS 37 und IFRIC 6 auf die deutschen Elektroschrottentsorgungsvorschriften, ergeben sich keine besonderen Kompetenzprobleme. Eine Interpretation allgemeiner, auch in vielen anderen Ländern auftauchender Probleme durch eine nationale Instanz entspricht nicht dem Universalitätsanspruch der IFRS. Der sich ergebenden Gefahr zu großzügiger, zu restriktiver oder grundlegend falscher nationaler Auslegungen könnte theoretisch durch ein Monitoring der nationalen „Standards“ durch den IASB bzw. den IFRIC begegnet werden. Der IASB sieht sich angesichts der daraus resultierenden *„overwhelming workload“* nicht zu einer solchen Überwachung in der Lage.[27]

55 Das gleichwohl bestehende Bedürfnis der Praxis nach Eindeutigkeit und Einheitlichkeit der Auslegung von Standards hat in einer immer größer werdenden Zahl von Anfragen an den IASB, speziell das Committee, seinen Ausdruck gefunden. Die meisten Anfragen werden jedoch nicht zuletzt angesichts begrenzter Ressourcen des Committee mit sog. *Agenda Rejections* (Non-IFRICs) bedacht.

---

25 Zur Hierarchie dieser Normen im Einzelnen ZÜLCH, PiR 2005, S. 1ff.

26 Vgl. dazu SCHREIBER, BB 2006, S. 1842ff.

27 Vgl. IFRIC, Update März 2006.

In den letzten Jahren hat das Committee im Durchschnitt jeweils mehr als 20 Non-IFRICs pro Jahr veröffentlicht.
Ein wichtiger Teil dieser nicht erledigten Fälle ist jedoch ab 2007 zum Gegenstand eines *Annual-Improvements*-Prozesses geworden. Das offizielle Ziel dieses Prozesses formuliert der IASB in der Einleitung zum ED des ersten, im Oktober 2007 vorgelegten *annual improvements Project* wie folgt: *„to provide a streamlined process for dealing efficiently with a collection of miscellaneous, non-urgent but necessary minor amendments to IFRSs"*. Kleinere Änderungsnotwendigkeiten sollen gesammelt und einmal jährlich als Entwurf eines Omnibus-Standards *(omnibus exposure draft)* veröffentlicht werden. Der jährliche Standard soll teils klarstellende Änderungen enthalten, teils Inkonsistenzen zwischen bestehenden Regeln beseitigen, dabei aber über redaktionelle Korrekturen *(editorial corrections)* hinausgehen. Änderungen unterliegen daher dem allgemeinen Konsultationsprozess *(due process)*, der zur Beschleunigung der Veröffentlichung jedoch von 120 auf 90 Tage verkürzt ist.
Die Inhalte der Annual Improvements Projekte werden in den einzelnen Paragrafen dieses Kommentars, die des ED insbesondere in den jeweiligen Unterkapiteln „Anwendungszeitpunkt, Rechtsentwicklung" gewürdigt.[28]

56 Ein besonderes Problem ergibt sich noch daraus, dass die Anwendungsleitlinien und einige *appendizes* (ebenso wie das *Framework* und die jeweiligen *Basis of Conclusions)* im Rahmen des formellen **EU-Anerkennungsprozesses** *(endorsement)* nicht in europäisches Recht transformiert, z. B. nicht im Amtsblatt der EU in allen Amtssprachen veröffentlicht werden.[29] Die EU-Kommission hält hierzu in einem Arbeitspapier vom November 2003 Folgendes fest:[30]

> *„Das Rahmenkonzept als solches ist kein IAS oder eine Interpretation und muss folglich auch nicht in das Gemeinschaftsrecht übernommen werden. Nichtsdestoweniger bildet es die Grundlage für die Urteilsbildung bei der Lösung von Rechnungslegungsproblemen. Dies ist vor allem in Situationen wichtig, in denen es keinen spezifischen Standard ... gibt. In diesen Fällen fordern die IAS von der Unternehmensleitung, ihren Sachverstand bei der Entwicklung und Anwendung von Bilanzierungsgrundsätzen einzusetzen. ... Im Rahmen einer derartigen Urteilsbildung fordern die IAS von der Unternehmensleitung, u. a. die Definitionen, Ansatzkriterien und Bewertungskonzepte des Rahmenkonzepts zu berücksichtigen. Findet ein IAS oder eine Interpretation auf einen Abschlussposten Anwendung, ist die Unternehmensleitung in gleicher Weise gehalten, den auf diesen Posten anzuwendenden Bilanzierungsgrundsatz auszuwählen, indem sie auch die Anhänge zu dem Standard, die nicht Bestandteil des IAS sind (wie die Grundlage für Schlussfolgerungen), und die Anleitung zur Umsetzung berücksichtigt, die für den*

---

28 Vgl. dazu SEMJONOW, PiR 2007, S. 281 ff., und LÜDENBACH/FREIBERG, BB 2007; BÖMELBURG/LANDGRAF/EBERHARDT, PiR 2008, S. 331; FINK, PiR 2008, S. 281.

29 Zu den Schwierigkeiten der Übersetzung: NIEHUS, DB 2005, S. 2477.

30 Kommentare zu bestimmten Artikeln der Verordnung (EG) Nr. 1606/2002 des Europäischen Parlaments und des Rates vom 19. Juli 2002, betreffend die Anwendung internationaler Rechnungslegungsstandards, und zur Vierten Richtlinie 78/660/EWG des Rates vom 25. Juli 1978 sowie zur Siebenten Richtlinie 83/349/EWG des Rates vom 13. Juni 1983 über Rechnungslegung. http://europa.eu.int/comm/internal_market/accounting/docs/ias/200311- comments/ias-200311-comments_de.pdf.

entsprechenden IAS veröffentlicht wurden. Angesichts seiner Bedeutung bei der Lösung von Rechnungslegungsfragen wurde das IASB-Rahmenkonzept diesem Arbeitspapier [übersetzt] angefügt. Die Anwender von IAS sollten zudem einzelne IAS und Interpretationen einsehen, um sicherzustellen, dass [nicht übersetzte] etwaige Anhänge und Umsetzungsleitlinien bei der Bestimmung der angemessenen Anwendung der IAS entsprechend berücksichtigt werden."

Die Kommission konzedierte angesichts der inhärenten Widersprüche dieses Vorgehens jedoch weiter:

„*Die in diesem Arbeitspapier zum Ausdruck gebrachten Auffassungen entsprechen nicht unbedingt denen der Mitgliedstaaten und sollten für diese keinerlei Verpflichtungen darstellen. Auch greifen sie nicht der Interpretation durch den Europäischen Gerichtshof vor, die er – in seiner Funktion als letztverantwortliche Instanz für die Auslegung des Vertrages und des Sekundärrechts – für die betreffenden Fragen vornehmen könnte.*"

57 In einer schwer durchschaubaren Formulierung gibt IAS 8.7 im Übrigen folgende Anweisung:

„*Bezieht sich ein Standard oder eine Interpretation ausdrücklich auf einen Geschäftsvorfall oder auf sonstige Ereignisse oder Bedingungen, so ist bzw. sind die Bilanzierungs- und Bewertungsmethode bzw. -methoden für den entsprechenden Posten zu ermitteln, indem der Standard oder die Interpretation unter Berücksichtigung aller relevanten Umsetzungsleitlinien des IASB für den Standard bzw. die Interpretation zur Anwendung kommt.*[31]"

Kürzer formuliert: Wenn es eine Regel für einen Geschäftsvorfall gibt, ist diese anzuwenden. Oder noch kürzer: Regeln sind zu beachten.

58 Für die am Bilanzstichtag **noch nicht** endorsten Standards und Interpretationen gilt nach einer EFRAG-Vorgabe folgende Regel:

- Bis zur Bilanzfreigabe (*issuance*; → § 4) endorste Standards etc. sind anzuwenden.
- Umgekehrt bei bis dahin noch nicht endorsten.

Wegen der aktuellen Situation des *endorsements* wird verwiesen auf die „Anwendungsübersicht" (S. 17).

3.3 Vorbehalte der Regelanwendung

3.3.1 *Materiality*, Kosten-Nutzen-Abwägung, *fast close*

59 Den bilanzierenden oder prüfenden Anwender soll das *Framework* in zweifacher Weise **unterstützen:**

- bei der **Anwendung** der Einzelstandards,
- bei der Lösung noch **ungeregelter** Fragen.

60 Der zweite Punkt wird unter Rz 74 behandelt. Der erste Punkt betrifft u. a. die Frage, ob im Einzelfall auf die Anwendung einer Regelung verzichtet werden kann. Das *Framework* hält hierzu als **Beschränkungen** fest:

- *materiality*: „Ein wichtiger Faktor für die Relevanz und Entscheidungsnützlichkeit einer Information ist ihre Wesentlichkeit. Auf unwesentliche Sach-

---

31 Im Original: „When a Standard or an Interpretation specifically applies to a transaction, other event or condition, the accounting policy or policies applied to that item shall be determined by applying the Standard or Interpretation and considering any relevant Implementation Guidance issued by the IASB for the Standard or Interpretation."

verhalte müssen die Regeln nicht angewendet werden" (*Framework* 1989.29, weniger dezidiert *Framework* 2010 QC.11 und 4.39 Rz 61ff.).

- **Kosten/Nutzen**: „Die Abwägung von Nutzen und Kosten ist weniger eine qualitative Anforderung (an die Rechnungslegung) als vielmehr ein vorherrschender Sachzwang. Der aus einer Information abzuleitende Nutzen muss höher sein als die Kosten für die Bereitstellung der Information" (*Framework* 1989.44; ähnlich *Framework* 2010.QC 35ff.; Rz 65).
- **Zeitnähe:** Informationen sind entscheidungsnützlich, wenn sie relevant und verlässlich sind. Berichterstattung vor Klärung aller Sachverhalte gefährdet die Verlässlichkeit, Berichterstattung nach abschließender Klärung kann dazu führen, dass Information durch Zeitablauf ihre Relevanz verloren hat. Eine Abwägung zwischen beiden Kriterien ist im Einzelfall vorzunehmen (*Framework* 1989.43, ähnlich *Framework* 2010.QC 29). In jüngerer Zeit fällt sie zunehmend zugunsten der Zeitnähe aus (*fast-close*-Abschlüsse) (→ § 4).[32]

Ebenso wie die Norm der *true and fair presentation* (Rz 66ff.) sind Zeitnähe, Kosten-Nutzen-Kalkül und *materiality* nicht dazu angetan, Einzelregeln nach Belieben außer Kraft zu setzen. Sie erlauben aber andererseits, praxisgerechte Lösungen zu finden, wo das Festhalten am Buchstaben nicht mehr zu vertreten wäre. In diesem Sinne wird man etwa eine einfache Währungsumrechnung von Tochterunternehmen nach der Stichtagsmethode einer sehr kostenintensiven Umrechnung nach der Zeitbezugsmethode jedenfalls dann vorziehen können, wenn der zusätzliche Informationsnutzen gering und/oder das Tochterunternehmen materiell nicht bedeutsam ist (→ § 27 Rz 87ff.).

Der Grundsatz der Wesentlichkeit *(materiality)* überlagert vor allem die **Ausweis- und Bewertungsvorschriften** zum Jahresabschluss. Er kann es gebieten oder zulassen, 61

- i.d.R. separat auszuweisende, aber im konkreten Fall **unwesentliche Posten** mit anderen Posten **zusammenzufassen (Ausweis;** IAS 1.29ff.),
- auf eine an sich gebotene, im konkreten Fall aber **unwesentliche Abzinsung** einer Rückstellung zu **verzichten (Bewertung;** IAS 37.46).

Für den Bilanz**ansatz** ist der *materiality*-Grundsatz **nur ausnahmsweise** wichtig. In der Buchhaltung und damit im Jahresabschluss sind sämtliche Geschäftsvorfälle zu berücksichtigen. Das **Vollständigkeitsgebot** lässt keine Ausnahmen („Kleine Beträge buchen wir erst gar nicht.") zu. In der praktischen Arbeit kann es aber vorkommen, dass die Bilanz schon fertiggestellt ist und erst danach eine das alte Jahr betreffende Rechnung eingeht. Ob man hier die Bilanz noch einmal aufrollen, den bisher nicht berücksichtigten Kreditor einbuchen und die Folgewirkungen auf Umsatzsteuerverrechnungskonto, Erfolgstantiemen, Steuerrückstellungen usw. berücksichtigen muss, ist eine Frage der Wesentlichkeit, die individuell beantwortet werden muss.

Die hohe Bedeutung des *materiality*-Grundsatzes für die IFRS-Rechnungslegung zeigte sich bis 2002 auch aus dem einleitenden Hinweis in jedem Standard: „*International Accounting Standards* brauchen nicht auf unwesentliche Sachverhalte angewendet zu werden." Diese Hinweise sind weggefallen und durch IAS 8.8 ersetzt worden: Danach müssen IFRS nicht angewendet werden, „*when the effect of applying them is immaterial.*" 62

---

32 KÜTING/WEBER/BOECKER, StuB 2001, S. 1.

Der *materiality*-Grundsatz durchzieht die kaufmännische Rechnungslegung jedweder Provenienz. Das gilt für diejenige nach dem HGB – auch wenn das dort nicht so ausgedrückt wird –, insbesondere auch für das Regelungswerk der IFRS. Dementsprechend ist die tägliche Arbeit im Rahmen der Rechnungslegung und der Abschlussprüfung geradezu durchdrungen von der bewussten oder unbewussten Anwendung der *materiality*.

63 Trotz der Bedeutung des Grundsatzes wird man eine scharfe **Definition** der Wesentlichkeit in den IFRS-Vorschriften vergeblich suchen. Was wesentlich oder unwesentlich ist, ist Sache der **Beurteilung im konkreten Einzelfall** und damit einer abschließenden Regelung nicht zugänglich. Oder mit den Worten des *Framework* 2010.QC11; *„Materiality is an entity-specific aspect of relevance based on the nature or the magnitude, or both, of the entity's financial report. Consequently the Board cannot specify a uniform quantitative threshold for materiality or predetermine what could be material in a particular situation.“*

Diese Beurteilung des Einzelfalls hat sich an den Zwecken der Bilanz und damit an den Bedürfnissen der Bilanzadressaten zu orientieren. „Informationen sind wesentlich, wenn ihr Weglassen oder ihre fehlerhafte Darstellung die auf der Basis des Abschlusses getroffenen Entscheidungen der Adressaten beeinflussen könnten“ (*Framework* 1989.30/*Framework* 2010.QC11).

Eine **Quantifizierungsvorgabe** ist hieraus nicht ableitbar. Im Schrifttum sind zaghaft tastende Versuche festzustellen, eine Quantifizierung anhand von Bezugsgrößen (**relative** Quantität) festzuzurren:

- die Größe eines bestimmten Postens der Bilanz oder GuV im Verhältnis zur Bilanzsumme oder den Umsatzerlösen,
- die Größe einer einzelnen Position (z.B. Forderung gegen den Kunden X) im Verhältnis zum entsprechenden Bilanzposten (Forderungen aus Lieferungen und Leistungen),
- die relative Wirkung der Anwendung/Nichtanwendung einer Regel auf das Eigenkapital, den Jahresüberschuss vor oder nach Steuern oder die Bilanzsumme.[33]

Konkrete Ergebnisse, die auch nur annähernd eine Quantifizierung erlauben könnten, sind dem einschlägigen Schrifttum nicht zu entnehmen. Jedenfalls ist bei der Anwendung des *materiality*-Vorbehalts eine **Gesamtbetrachtung** erforderlich.[34]

Aus der deutschen zivilrechtlichen **Rechtsprechung** sind folgende Urteile zum Wesentlichkeitsprinzip ergangen:[35]

- LG Frankfurt/Main:[36] Eine Fehlerrelation zur Bilanzsumme von weniger als 1 % ist unwesentlich.
- LG München („Siemens“):[37] Fehler sind unwesentlich, wenn
  - die Relation zum Jahresüberschuss weniger als 10 % beträgt,
  - die Relation zur Bilanzsumme weniger als 5 % beträgt,

---

33 Vgl. hierzu und zu empirischen Untersuchungen einschlägiger Art OSSADNIK, Grundsatz und Interpretation der „materiality“, WPg 1993, S. 617.

34 Vgl. hierzu das instruktive Beispiel zur Einbeziehungspflicht von Tochtergesellschaften in einen Konzernabschluss (→ § 32 Rz 99ff.).

35 Vgl. hierzu WOLF, StuB 2009, S. 909.

36 Urteil vom 3.5.2001, DB 2001, S. 1483.

37 Urteil vom 12.4.2007, BB 2007, S. 2510; bestätigt vom OLG München, BB 2008, S. 440.

- auch in Kombination beider Abschlussgrößen die Relation bestimmte Grenzwerte nicht übersteigt.

• OLG Frankfurt/Main:[38] Eine Fehlerrelation zur Bilanzsumme unter 0,5 % mit nicht drohender Auswirkung auf die Liquidität ist unwesentlich.

Fraglich ist, ob aufgrund solcher **quantitativer** Betrachtungen (allein) die Wesentlichkeit im Rahmen von Jahres- oder Konzernabschlüssen beurteilt werden kann oder soll. Die US-amerikanische Justiz verfolgt hier mitunter andere Wege zur Beurteilung des *materiality*-Begriffs, und zwar durch Heranziehung **qualitativer** Beurteilungskriterien auf der Grundlage des Anwendernutzens eines Jahresabschlusses. In einer Reihe von Verfahren vor amerikanischen Gerichten haben sich die Beschuldigten gegen die Vorwürfe der Bilanzfälschung mit den „üblichen" Quantitäten – „nur" 3 % der Umsatzerlöse, „nur" 5 % der Bilanzsumme – verteidigt.[39]

Dem folgten aber die Gerichte regelmäßig unter Bezugnahme auf die in SAB 99 aufgeführten qualitativen Beurteilungskriterien nicht. Soweit eine Abweichung von den Regeln dazu führt (oder bewusst ausgenutzt wird):

- einen Verlust in einen Gewinn **umzukehren**,
- die **Änderung** eines **Trends** zu verschleiern,
- **Analysten-** oder Bank**vorgaben** einzuhalten,
- Zielvorgaben zur Gewährung eines **Bonus** für das Management zu erreichen,

ist die Berufung auf fehlende *materiality* nach **quantitativen** Maßstäben unzulässig. Die Begründung ist einsichtig: Auf die Quantität einer Abweichung kommt es dann nicht mehr an, wenn es nicht um ein Mehr oder Weniger, sondern um ein Ja oder Nein (Zielvorgabe erreicht oder nicht erreicht, Trend bestätigt oder nicht bestätigt) geht.

Beispiel

Die Citizens Utilities Co. hat mehr als 50 Jahre lang hintereinander immer einen Zuwachs an Umsatz ausgewiesen. Um diesen Trend beizubehalten, hat die Gesellschaft die Erfassung von Umsatz von einem Jahr in das nächste verschoben. Es handelte sich um „nur" 1,7 % der Umsatzerlöse. Dadurch sollten aber der Bruch der über 50-jährigen Erfolgsgeschichte verheimlicht und die positiven Analystenerwartungen bestätigt werden.
Gerichte und SEC haben diese Verstöße als *material* betrachtet.

Die qualitative Beurteilung kann nicht nur eine aus quantitativer Sicht unbedeutsame Unrichtigkeit wesentlich werden lassen. Umgekehrt kann sie auch zu einer großzügigeren Beurteilung führen. „Außerordentliche" Ergebnisse bzw. Ergebnisse aus aufgegebenen Geschäftsbereichen (→ § 29 Rz 15) haben z.B. keine oder nur geringe Bedeutung für die Prognose der zukünftigen Entwicklung eines Unternehmens. Bei gleicher Quantität ist daher eine Unrichtigkeit hier eher zu tolerieren als bei rekurrierenden Posten bzw. fortgeführten Tätigkeiten.[40]

---

38 Urteil vom 18.3.2008 („Kirch/Deutsche Bank"), NZG 2008, S. 429.

39 Vgl. hierzu im Einzelnen ZABEL/BENJAMIN, Reviewing Materiality in Accounting Fraud, New York Law Journal 2002, January 15.

40 Vgl. ERCHINGER/MELCHER, KoR, 2008, S. 616ff.

64 Zur eher großzügigen Auslegung des *materiality*-Grundsatzes im Bereich der Bewertungen (bei der Bilanz und der GuV) und bei Fragen des Konsolidierungskreises kommt entscheidend noch der Bereich der **Angaben** (***notes and disclosures***; → § 5 Rz 16) hinzu. Die gegenüber dem HGB **unglaubliche Fülle** von Angabevorschriften in den verschiedenen Standards gibt erst recht Anlass, die *materiality* als Beurteilungsmaßstab in ökonomisch sinnvoller Weise walten zu lassen. Die weiteren Paragrafen dieses Kommentars werden in diesem Sinne Gewichtungen vornehmen und diese an Beispielen aus der Praxis erläutern.
Die aus der (unvermeidlichen) Unschärfe des *materailty*-Begriffs resultierende Rechtsunsicherheit für die Unternehmen und Abschlussprüfer ist im Bereich der **Anhangsangaben** besonders misslich. Die IFRS kennen unzählige Angabevorschriften, von denen je nach Art der Unternehmenstätigkeit im jeweiligen Geschäftsjahr oft noch 100 oder mehr infrage kommen. Stellt die DPR als Enforcementstelle nach § 342b HGB dann eine fehlende (oder fehlerhafte) Anhangsangabe fest, ist eine von ihr in **qualitativer** Hinsicht angenommene Wesentlichkeit schwer zu widerlegen. Der **Beweis**, dass die geforderte Information nicht einmal potenzielle Relevanz für (aktuelle und potenzielle) Kapitalgeber haben könnte, ist kaum zu erbringen.

- Die Position des Unternehmens ist dann bez. fehlender oder unzutreffender Anhangsangaben tendenziell schlechter als bei einem Verstoß gegen **Ansatz**- oder **Bewertungs**vorschriften. Hat ein Unternehmen etwa von 100 gleichartigen Anlagegegenständen drei nicht oder in zu geringer Höhe angesetzt, ist bei einer Fehlergröße von nicht mehr als 3 % die Wesentlichkeit quantitativ schnell zu verneinen.
- Fehlen bei 100 Anhangsangaben drei Angaben, scheitert wegen der Unmöglichkeit, die Wichtigkeit der Angaben **objektiv** zu quantifizieren, eine entsprechende (quantitative) Argumentation.
- Die stattdessen notwendige qualitative Würdigung führt aber meist und damit auch auf Seiten der Enforcementinstanz zu **subjektiven** Urteilen. **Zurückhaltung** beim Rückschluss vom Fehlen einzelner Anhangsangaben auf die Fehlerhaftigkeit der Rechnungslegung wäre daher u. E. hier geboten.

Unabhängig davon, ob der Abschluss einem Enforcement unterliegt, bleibt es dem pflichtgemäßem Ermessen der Rechnungsleger und Abschlussprüfer anvertraut, inwieweit sie „an sich" vorgeschriebene Angaben im Hinblick auf eine vorliegende Unwesentlichkeit einfach unterlassen (können). In diesem Zusammenhang muss gebührend der immer bedeutsamer werdende Aspekt des *information overload* beachtet werden (Rz 26), also das Problem der „Fütterung" der Abschlussadressaten mit so vielen Informationen, dass sie vor lauter Bäumen den Wald nicht mehr erkennen können. Aber auch diesbezüglich sind einer halbwegs tragbaren **Objektivierung** äußerst **enge Grenzen** gesetzt. In der zivilrechtlichen Rechtsprechung ist der durchschnittlich begabte Steuerberater und dessen Verantwortungsbereich mitunter herangezogen worden. Ähnlich verhält es sich mit der Figur eines *average prudent investors (api)* oder mit dem „Otto-Normalanleger" bis hin zum „professionellen Bilanzanalytiker".[41] Die jüngste Entwicklung der internationalen Rechnungslegungsszenerie ist sicher-

[41] Diese Begriffe sind entnommen dem Aufsatz OSSADNIK, Grundsatz und Interpretation der „materiality", WPg 1993, S. 618.

lich nicht mehr auf den „Durchschnittsverbraucher" ausgerichtet. Es bleibt eigentlich nur die Frage offen, ob der genannte „professionelle Bilanzanalytiker" überhaupt noch in der Lage ist, die von den Standardsettern vorgesehenen Informationen einigermaßen zutreffend zu verarbeiten.

Im Übrigen ist der *materiality*-Grundsatz sehr stark korreliert mit dem **Kosten-Nutzen-Gedanken** in (Rz 60). Die *„balance between benefit and cost"* kann in ökonomischer Terminologie auf den Grenznutzen zusätzlicher Information durch Einsatz eines weiteren Kostenelementes transformiert werden. Ein Element des Grenznutzens ist auch die **Zeitnähe (*timeliness*)** der Information. Der Rechnungsleger soll eine Balance zwischen Richtigkeit der Abschlussinformationen und Zeitnähe zum Abschlussstichtag finden. Der *fast close*, als herrschende Praxis der Großunternehmen, hat in dieser Abwägung die Gewichte zugunsten der Schnelligkeit verschoben. Wer zu spät informiert, den bestraft die Börse. Aus der nach dem *Framework* alles entscheidenden Sicht der Anleger ist die Verschiebung der Gewichte daher gerechtfertigt. 65

Dem bewussten Missbrauch des *materiality*-Prinzips will IAS 8.8 einen Riegel vorschieben: Danach sind auch immaterielle Abweichungen von den Standards untersagt, wenn dadurch eine bestimmte Darstellung *(particular presentation)* erreicht werden soll. Ein relevantes Anwendungsfeld können **qualitative** Kriterien bieten (Rz 63).

3.3.2 *True and fair presentation, faithful presentation*

In der Diskussion um eine prinzipienbasierte und nicht kasuistische Rechnungslegung hat auch die Forderung eine Rolle gespielt, Prinzipien (bedingt) vor Regeln zu setzen, d.h. den Regeln dann nicht mehr zu folgen, wenn gerade dies der Vermittlung eines tatsachengetreuen Bildes entgegenstünde. Angesprochen ist damit ein bedingter Vorrang *(override)* des Prinzips der *true and fair presentation* (*Framework* 1989.46) bzw. *faithful presentation* (*Framework* 2010,QC12) vor den Einzelregeln (Rz 71). 66

Im *Framework* 1989.46 wird zum Prinzip der *true and fair presentation* nur Folgendes aus: „Abschlüsse verfolgen häufig (sic!) das Konzept, ein den tatsächlichen Verhältnissen entsprechendes Bild der Vermögens-, Finanz- und Ertragslage des Unternehmens . . . zu vermitteln *(showing a true and fair view ... or presenting fairly)*. Obwohl sich dieses Rahmenkonzept nicht direkt mit solchen Überlegungen befasst, führt die Anwendung der grundlegenden Anforderungen und der einschlägigen Rechnungslegungsstandards im Regelfall (sic!) zu einem Abschluss, der das widerspiegelt, was im Allgemeinen (sic!) als Vermittlung eines den tatsächlichen Verhältnissen entsprechenden Bildes verstanden wird (sic!)." 67

Diese sehr zurückhaltende Aussage wird in **IAS 1** deutlich verschärft. Drei Äußerungen stehen im Mittelpunkt:

- „Abschlüsse haben die Vermögens-, Finanz- und Ertragslage sowie die *cash flows* eines Unternehmens den tatsächlichen Verhältnissen entsprechend (im englischen Original: *fairly)* darzustellen" (IAS 1.15).
- „Unter **nahezu allen** Umständen wird ein den tatsächlichen Verhältnissen entsprechendes Bild durch Übereinstimmung mit den anzuwendenden IFRS erreicht" (IAS 1.17).

- „In **äußerst seltenen** Fällen, in denen das Management zu dem Schluss kommt, dass die Einhaltung einer in einem Standard oder einer Interpretation enthaltenen Bestimmung so irreführend wäre, dass es zu einem Konflikt mit dem im Rahmenkonzept geschilderten Zweck der Jahresabschlüsse käme, hat ein Unternehmen von der Anwendung dieser Standardbestimmung etc. nach Maßgabe von IAS 1.20 abzusehen (IAS 1.19). Diese Abweichung ist nach Grund, Art und quantitativer Wirkung im Anhang zu erläutern" (IAS 1.20). Eine Abweichung ist nur dann zulässig, wenn sie nicht durch nationales Recht verboten ist, wobei dieser Gesetzesvorbehalt, anders als in der EU, z. B. für IFRS-Anwender in Kanada und Australien eine Rolle spielt.[42]

Strukturell weist diese Argumentation eine starke Ähnlichkeit mit der vorreformatorischen Verfassung von Normsystemen auf:

- Satz 1 (Allgemeiner Imperativ): „Handle richtig."
- Satz 2 (**Katechismusregel**): „Wenn du alle Einzelgebote befolgst, handelst du in nahezu allen Fällen richtig." Oder umgekehrt: „Richtig ist in fast allen Fällen, was die Einzelgebote vorschreiben."
- Satz 3 (**Ausnahmeregel**): „Nur in äußerst seltenen Fällen ist es notwendig und zulässig, nach eigenem Gewissen und Urteil gegen ein Einzelgebot zu handeln."

68 Aus funktionaler Sicht bringen solche auf Katechismusregeln konzentrierte Normsysteme den **Vorteil** einer höheren **Uniformität** des (öffentlichen) Handelns. **Nachteilig** ist, dass die **Einzelregelfixierung** *(case law)* lediglich zur formellen Regeltreue motiviert und damit Ausweichverhalten, **Umgehung**, Lückenausnutzung usw. begünstigt. Der reformatorische Gegenentwurf zu solchen Katechismussystemen betont deshalb die Notwendigkeit und Überlegenheit **materieller** Prinzipientreue und die Bedeutung des eigenen Urteils. Der Gegenentwurf führt aber tendenziell zu chaotischeren Zuständen, in denen unter Berufung auf Prinzip und eigenes Urteil jeder tun kann, was er will.

Vieles spricht daher für die Notwendigkeit einer Katechismusregel. Worauf es dann aber ankommt, ist, **Missverständnisse** über die Rolle des Imperativs, hier *true and fair view/presentation* bzw. *faithful presentation,* zu vermeiden. Qualifizierungen der internationalen Rechnungslegung als im Vergleich zum HGB kapitalmarktorientierter, entscheidungsnützlicher, *„truer and fairer"* usw. beruhen allzu häufig auf einer **Verwechslung von Sollen und Sein** (Rz 24 ff.).[43] Eindeutig **soll** die internationale Rechnungslegung all dies sein; ob sie es wirklich **ist**, steht auf einem anderen, größtenteils noch unbeschriebenen Blatt. Nach unserer Auffassung gibt es genügend **andere Vorteile** der internationalen Rechnungslegung. Sie konkretisiert wichtige Fragen, welche die EU-Bilanzrichtlinie und HGB nicht oder nur ganz abstrakt behandeln (z. B. wirtschaftliches Eigentum beim Leasing). Sie dient der länderübergreifenden Vereinheitlichung und ist geeignet, eine babylonische Sprachverwirrung zu beenden. Einen darüber hinausgehenden Vorzug in Form einer **höheren Wirklichkeitstreue** muss man hingegen von der Internationalisierung der Rechnungslegung nicht unbedingt erwarten.

---

42 Vgl. KÜTING/GATTUNG, PiR 2006, S. 49 ff.

43 Vgl. HOFFMANN/LÜDENBACH, StuB 2002, S. 541 ff.

In dieser Richtung sind Katechismusregeln u.E. aber auch nicht angelegt, da sie **keinen empirischen Gehalt** haben. Die Aussage in IAS 1.17, der zufolge die korrekte Anwendung der Einzelvorschriften in nahezu allen Fällen zu Abschlüssen führe, die ein den tatsächlichen Verhältnissen entsprechendes Bild vermitteln, hat nicht den Charakter einer Tatsachenbehauptung. Sie ist nicht so zu verstehen, als ob die Befolgung der IFRS **beobachtbar** zu einer wirklichkeitstreuen Abbildung führe. Die Aussage hat vielmehr einen **normativen und definitorischen Gehalt**: Als wirklichkeitsgetreue Abbildung ist per Definition anzuerkennen, was in Befolgung der IFRS-Regeln zustande gebracht wird. Diese normative und definitorische Aussage entzieht sich wie jeder derartige Satz einer Widerlegung durch empirische Beobachtung.

Aus dieser grundsätzlichen Sicht hat das Konzept der *true and fair/faithful* 69
presentation nach unserer Auffassung hauptsächlich die Funktion einer **rechtfertigenden Maxime:**

- auf **Theorieebene** in der Konkurrenz verschiedener Rechnungslegungssysteme,
- auf der **Anwendungsebene** in der Diskussion über im Einzelfall ausnahmsweise zulässige, notwendige oder zu rechtfertigende Regelbrüche.

Auf der **Theorieebene** wird der Ausgang jeden Vergleichs mit anderen Rech- 70
nungslegungssystemen vorentschieden. Wenn das IFRS-Regelwerk, d.h. die Summe der IFRS-Einzelregeln, normativ festlegt, was *true and fair* ist, steht die Antwort, ob die Handelsbilanz genauso *true and fair* ist, schon fest: Sie kann dies nur insoweit sein, als sie dem IFRS-Regelwerk nicht widerspricht. Auf diese Weise werden nicht zwei Regelsysteme gegen ein unabhängiges Drittkriterium verglichen, sondern ein System gegen die Regeln des anderen. In einer Religionsanalogie wäre dies etwa so, als ob die Regeln des katholischen Katechismus Christlichkeit definieren würden und anschließend auf dieser Definitionsbasis die Christlichkeit von Katholiken und Protestanten verglichen würde. Man dürfte nicht überrascht sein, wenn Protestanten in einem solchen Vergleich schlechter abschnitten.

Auf der **Anwendungsebene** besteht eine latente Gefahr im Missbrauch des 71
true-and-fair-Konzeptes durch Einzelne, um Regeln für ihre Zwecke zurechtzubiegen, zu umgehen und zu missachten. Die Gefahr wird dadurch begrenzt, dass das *true-and-fair*-Konzept **kein *overriding principle*** ist, das nach Belieben Vorrang vor den Einzelbestimmungen hat. In fast allen Fällen *(„virtually all circumstances“)* sind die Einzelregelungen zu beachten, Abweichungen demzufolge nur in äußerst seltenen Fällen *(„extremely rare circumstances“)* zulässig, und zwar erst dann, wenn die irreführende Wirkung der Regelbefolgung so groß wäre, dass sie nicht schon durch Anhangsangaben geheilt werden könnte. Hierbei begründet gem. IAS 1.22b die mit den Einzelregeln konforme Bilanzierung ähnlicher Sachverhalte durch andere Unternehmen eine widerlegbare Vermutung gegen die Zulässigkeit eines *principle override*.

Soweit ein zulässiger **Ausnahmefall** vorliegt, ist die Abweichung von den Einzelregeln **offenzulegen, zu begründen** und in der Wirkung auf Periodenergebnis, Vermögenswerte, Schulden, Eigenkapital und *cash flow* zu quantifizieren (IAS 1.18). Der missbräuchlichen Verwendung des *true-and-fair*-Arguments wird auch durch diese bilanzpolitischer Verschleierung entgegenwirkende Anforderung der „Schattenbilanzierung“ ein relativ stabiler Riegel vorgeschoben.

72 Es bleiben dem Anwender allerdings andere Argumente, insbesondere das der fehlenden **Wesentlichkeit** (***materiality***; Rz 61). Auf unwesentliche Sachverhalte brauchen die Einzelregeln nicht angewendet zu werden. Eine derartige Vorschrift ist sinnvoll und eigentlich unvermeidlich. Sie sorgt jedoch dafür, dass neben der verriegelten *true-and-fair*-Tür eine andere weit geöffnet wird.

73 In Deutschland wurde das *overriding principle* anlässlich des Transformationsprozesses der 4. EG-Richtlinie in das HGB durch das Bilanzrichtliniengesetz im Schrifttum kontrovers und umfassend diskutiert. Die Lösung des deutschen Gesetzgebers bestand darin, die einschlägige *true-and-fair-view*-Vorgabe in Artikel 2 Abs. 5 der 4. Richtlinie gerade nicht zu transformieren. Die nationaldeutsche Lösung nach § 264 Abs. 2 S. 2 HGB besteht in einer Anhangangabe. IAS 1.19 entspricht demgegenüber den Richtlinienartikeln. Zu den sich daraus ergebenden Unterschieden ein Fallbeispiel:[44]

Beispiel

Die X-AG bilanziert in ihrem Eigentum befindliche Lizenzen und Patente. Der fortgeführte Buchwert beläuft sich auf 500.000 EUR. Ein speziell beauftragter vereidigter Gutachter ermittelt den aktuellen Verkehrswert mit 50 Mio. EUR. Im Hinblick auf das anstehende Kreditrating will die AG auf Drängen der Bank ihr Eigenkapital (bisher 0,5 Mio. EUR) erhöhen.

Beurteilung

Es wird eine GmbH & Co KG gegründet, alleinige Kommanditistin ist die AG. Das bar einbezahlte Kommandit-Haft- und Pflichtkapital beträgt 1.000 EUR. Die AG bringt die immateriellen Vermögenswerte zum Verkehrswert von 50 Mio. EUR gegen Gewährung von Gesellschaftsrechten in die Pflichteinlage der KG (Sachkapitalerhöhung) ein. Dadurch werden ein Gewinn und eine entsprechende Eigenkapitalerhöhung von 49,5 Mio. EUR generiert. Im Anlagespiegel erfolgt eine „Umbuchung“ von „Immaterielle Vermögenswerte“ auf „Anteile an verbundenen Unternehmen“. Das ausgewiesene Eigenkapital in der Bilanz der AG erhöht sich von 0,5 auf 50 Mio. EUR.

Aus Sicht der in den einschlägigen deutschen Kommentierungen[45] festgehaltenen handelsrechtlichen Einzelregeln ist die Einbringung von Sachanlagen gegen Gewährung von Gesellschaftsrechten ein tauschähnliches Gebilde, das eine Gewinnrealisierung rechtfertigt. Im Beispielsfall dient die „Gewinnrealisierung“ jedoch ausschließlich der Umgehung des Anschaffungskostenprinzips. Die deutsche Umsetzung des *true-and-fair-view*-Prinzips liefe nun maximal darauf hinaus, die Gestaltung einmalig(!) im Jahr der Durchführung im Anhang zu erläutern. Ein *overriding principle*, wie es etwa IAS 1.17 in *extremely rare circumstances* vorsieht, soll hingegen bei gleicher Wertung die Umgehung des Zuschreibungsverbotes dauerhaft verhindern.

Die unterschiedliche Umsetzung des *principle override* der EU-Richtlinien in England und Kontinentaleuropa wird in der Literatur z. T. als Ausdruck unter-

---

44 Angelehnt an einen Praxisfall, den – heute noch lesenswert – SEIFRIED in DB 1990, S. 1473, 1525, vorgestellt hat.

45 Z. B. ADLER/DÜRING/SCHMALTZ, 6. Aufl., § 255 HGB Tz 97 m. w. N.

schiedlicher Rechtssysteme angesehen, wobei der Anwender **romanischen Rechts** Normen **teleologisch**, nach ihrem Sinn und Zweck, auslegt, der Anwender des angelsächsischen *case* und *common law* zu entsprechenden Überlegungen erst durch den *principle override* angehalten wird. Rückgewendet auf die IFRS könnte auch deren in IAS 1.17ff. niedergelegter *principle override* als Anleitung verstanden werden, in seltenen Fällen mit Rücksicht auf den Regelungszweck eine Vorschrift gegen den Wortlaut auszulegen. Aus dieser Perspektive soll das *true-and-fair-view*-Prinzip im Übrigen noch eine disziplinierende Wirkung haben: Die Standards dürfen nicht missbräuchlich angewandt und ausgelegt werden. Einer Einstellung „Zeig mir, wo steht, dass ich das nicht darf" soll der Sinn der Vorschriften entgegengehalten werden können.[46]

3.4 Regelungslücken, insbesondere Anwendung amerikanischer Vorschriften

Das **Steuerrecht** lehrt eindrucksvoll, dass auch das **dichteste Netz von Einzelregeln** die Vielfalt der Lebenssachverhalte nur unvollständig einfängt. 74

Auch der IFRS-Anwender wird – ebenso wie die Kommentatoren dieses Werks – immer wieder Fälle finden, die im IFRS-Regelwerk nicht oder nicht vollständig behandelt sind.[47] Zum Umgang mit solchen Fällen gibt IAS 8.10 einige Hinweise: Soweit für einzelne Bewertungs- oder Bilanzierungsfragen keine speziellen *(specific)* Vorschriften (IFRS, IAS, IFRIC, SIC) existieren, soll die Geschäftsführung eigene Methoden entwickeln, die sicherstellen, dass die Abschlussinformationen relevant bzw. verlässlich sind. Als verlässlich gilt eine Bewertung dann, wenn sie

- die Vermögens-, Finanz- und Ertragslage tatsachengetreu *(faithful)* darstellt,
- dabei den wirtschaftlichen Gehalt widerspiegelt *(substance over form)*,
- neutral bzw. unverzerrt,
- vorsichtig
- und in jeder wesentlichen Hinsicht vollständig ist.

Bei der Beurteilung, ob den Anforderungen der Relevanz und der Verlässlichkeit Genüge getan wird, ist nach folgender **Priorität** vorzugehen:

- **Primär** sind Regelungen in **anderen** Standards zu würdigen (IAS 8.11a),
- **sekundär** die Kriterien des ***Framework*** (IAS 8.11b).
- **Zusätzlich können** nach IAS 8.12. berücksichtigt werden
  - die Standards **anderer Standardsetter** (z.B. FASB, IDW, DRS), die auf ähnlicher konzeptioneller Basis ihre Standards entwickeln,
  - das **Schrifttum,**
  - akzeptierte **Branchenpraktiken.**

Nicht ganz klar ist, ob bei diesen Ausführungen auch an die Anwendung unscharfer Regeln (faktische Wahlrechte, Ausfüllung unbestimmter Rechtsbegriffe) oder nur an das völlige Fehlen einer Regel gedacht ist.[48] Für die zweite Interpretation spricht, dass IAS 8.11a und 8.12 die Hinzuziehung anderer Standards (nicht anderer Regeln) zu gleichen oder ähnlichen Fragen empfehlen und 75

---

46 Ausführlich zum Ganzen: Küting/Gattung, PiR 2006, S. 49ff.

47 Vgl. hierzu aus wissenschaftlicher Sicht Ruhnke/Nerlich, DB 2004, S. 389.

48 Vgl. Ruhnke/Nerlich, DB 2004, S. 389.

IAS 8.10 das Fehlen eines spezifisch anwendbaren Standards (nicht einer spezifischen Regel) unterstellt. Die **praktische Bedeutung** dieser Interpretationsfrage ist aber aus zwei Gründen **gering**:

- Die in IAS 8.10f. genannten Kriterien sind selbst unscharf. Einen großen Beitrag zur Lösung des Problems unscharfer Regeln könnten sie daher kaum leisten.
- Die in IAS 8.10 genannten Kriterien entsprechen im Wesentlichen den Anforderungen des *Framework* an die Aufstellung von Abschlüssen (F.26ff. i.V.m. F.1d). Soweit also die wirtschaftliche Betrachtungsweise bei der Anwendung unscharfer Regeln sich nicht aus IAS 8.10b (ii) ergäbe, würde Gleiches aus F.35 folgen.

Beispiel

IAS 17 knüpft die Zurechnung eines Leasinggegenstandes u.a. an die Frage, ob die Vertragsdauer den größten Teil *(major part)* der Nutzungsdauer des Leasingobjektes abdeckt (→ § 15 Rz 38).

Die Bestimmung der Nutzungsdauer ist Schätzungsfrage und als solche in IAS 8.32ff. von der Anwendung der Bilanzierungsmethoden unterschieden. Nach Durchführung dieser Schätzung lässt sich das Verhältnis von Vertrags- zu Nutzungsdauer rechnerisch bestimmen. Angenommen, es betrüge 88 %, dann stellt sich die Frage, ob 88 % *major part* sind oder nicht. Unterliegt diese Frage den Regelungen von IAS 8.10f., ist zu untersuchen, ob eine Qualifizierung von 88 % als *major part* zu relevanteren und tatsachengetreueren Informationen führt als ein gegenteiliger Schluss.

Unterliegt die Frage nicht den Regeln von IAS 8.10f., sind die gleichen Überlegungen nach F.26ff. geboten.

Unabhängig von der anzuwendenden Rechtsquelle ist das Ergebnis offen, weil die Frage, was relevant, tatsachengetreu usw. ist, bei der Beantwortung mindestens so viele Ermessensspielräume aufwirft wie die Frage, was einen *major part* darstellt.

Allerdings könnte bei Anwendbarkeit von IAS 8 der Schluss naheliegen, wegen IAS 8.11 auf die analogen amerikanischen Vorschriften zum Leasing zurückzugreifen. Diese sehen eine Zurechnung des Leasingobjektes zum Leasingnehmer bereits bei 75 % vor. IAS 8.11 enthält jedoch keinen **Zwang** zur Berücksichtigung von Vorschriften anderer Standardsetter, sondern nur ein **Wahlrecht (*may consider*)**. Die Berufung auf US-GAAP leistet also nur dann eine Lösung, wenn dies vom Bilanzierenden so gewünscht ist. Auch ohne Anwendbarkeit von IAS 8.11 wird dem Bilanzierenden aber niemand verwehren können, sich bei Ermessenfragen in der Welt umzuschauen, um herauszufinden, wie andere es halten, und deren Festlegungen, soweit sie nicht erkennbar inkonsistent sind, zu übernehmen.

Zu einem ähnlichen Problem im Falle der Definition von *investment properties* vgl. → § 16 Rz 16.

76 Im Umgang mit nicht oder unvollständig geregelten Fällen enthält die **Prioritätenliste** in 8.11f. wenig mehr als die methodische Empfehlung, allgemeine Verfahren der **Auslegung** und **Lückenfüllung** durch Fallanalogie (IAS 8.11a), Sys-

temanalogie (IAS 8.12) oder wiederum durch Berufung auf allgemeine Prinzipien (IAS 8.11b) zu beachten. Die letztgenannte Variante, die Berufung auf allgemeine Rechtsprinzipien, setzt deren Existenz voraus. Hieran wird wegen des Mangels an ausreichender Rechtsgeschichte der IFRS z. T. gezweifelt.[49]

Dass sich unter Berufung auf Analogfälle und/oder allgemeine Prinzipien vieles und viel Verschiedenes **begründen** lässt, ist ständige Erfahrung bei der Anwendung von Steuerrecht, HGB, Gesellschaftsrecht usw. Für die IFRS kann nichts anderes gelten. Ein methodisches Vorgehen der Lückenschließung führt zu begründeten und vertretbaren, selten zu zwingenden Lösungen.

Im konkreten Vorgehen der Lückenschließung durch Berufung auf Analogie und Prinzipien sind zu unterscheiden:[50]

- **Einzelanalogie:** Die für Tatbestand A geregelte Rechtsfolge wird auf den **verwandten** Tatbestand B übertragen, wobei die Begründung insbesondere auf die Verwandtschaft der Sachverhalte konzentriert ist.
- **Gesamtanalogie:** Aus mehreren Regelungen wird ein **allgemeiner** Rechtssatz abgeleitet, der dann auf den ungeregelten Sachverhalt angewendet wird.

Zu zwingenden Lösungen führt auch nicht die Bezugnahme auf **andere Standardsetter.** Ein Rechnungslegungssystem wäre nicht mehr international, wenn es z. B. deutschen Anwendern vorschriebe, deutsche Standardsetter zu beachten, und australischen Unternehmen aufgäbe, ggf. ganz anderen Auffassungen australischer Standardsetter zu folgen.

Theoretisch ebenso wenig gerechtfertigt ist es aber, transnational einen dieser anderen Standardsetter wegen angenommener besonderer konzeptioneller Nähe bevorzugt zu berücksichtigen. Praktisch wird allerdings in Bezug auf **US-GAAP** bzw. die amerikanischen Standardsetter so verfahren, weil dort in gleicher Weise der Informationszweck der Rechnungslegung und der *true-and-fair*-Gedanke gelte. Entsprechende Argumente würdigen nicht, dass – jedenfalls nach eigenem Bekunden des IASB (Rz 42 f.) – sich das

- **IFRS-Regelwerk** konzeptionell durch einen ***principle-based-Ansatz*** vom
- stärker ***rule-based-Ansatz*** der **US-GAAP**

unterscheidet.

Würde man die konzeptionelle Nähe an diesem Kriterium bemessen, käme das **HGB** bzw. seine Interpretationen durch den Deutschen Rechnungslegungsstandardisierungsrat **DSR** und durch das Institut der Wirtschaftsprüfer **IDW** eher zum Zuge als die Interpretationen der amerikanischen Standardsetter. Angesichts der meist sehr systematischen und weniger kasuistischen Argumentationen der deutschen Standardsetter wäre dies u. U. auch die bessere Lösung. Tatsächlich sind aber alle derartigen Überlegungen nur optional relevant, da die **Berücksichtigung anderer Standardsetter** in IAS 8.12 nur als **weiches Zusatzkriterium** vorgesehen ist, das festhält, worüber man bei der Urteilsfindung noch nachdenken könnte oder sollte. Erst wenn sich in international operierenden Industrien eine Praxis herausbildet, nicht oder ungenügend in IFRS geregelte Bereiche durch fremde Vorschriften zu ergänzen, wenn die fremde Regelung also den Status einer **Branchenpraxis** gewinnt, wird aus der Übernahmeoption ein faktischer Zwang. Im Hinblick auf die Bedeutung der USA für die Kapitalmärkte

49 So Ruhnke/Nerlich, DB 2004. S. 389.
50 Ruhnke/Nerlich, DB 2004, S. 389.

sind die so faktische Verbindlichkeit gewinnenden Regelungen meist amerikanischen Ursprungs.

Bei der Anwendung lückenfüllender amerikanischer Regeln besteht dann die Gefahr, dass der **Konsistenzvorbehalt** von IAS 8.12 nicht immer beachtet wird und der amerikanische Regelsatz auch in den nicht mit IFRS kompatiblen Teilen Anwendung erlangt. In → § 25 Rz 89 wird dieses Kompatibilitätsproblem am Beispiel der Erlösrealisierung von Softwareunternehmen diskutiert, in → § 25 Rz 62 am Beispiel der Bilanzierung von Filmrechten.

Von starken Branchenkonventionen abgesehen, muss man aber die **Ausführungen von IAS 8.10ff. eher als formale denn als inhaltliche Vorgaben** betrachten. Sie zeigen, entlang welcher Überschriften die Argumentation strukturiert werden kann. Wer als **Anwender** also eine bestimmte Lösung favorisiert, muss in erster Linie deren Entscheidungsnützlichkeit und Verlässlichkeit begründen und deren Widerspruchsfreiheit zum *Framework* dartun. Wenn er daneben noch in anderen Systemen fündig wird – in US-GAAP, in UK-GAAP, German-GAAP oder Australian-GAAP –, dann hat er sein Soll erfüllt.

77 Für den **Kommentator** stellt sich im gleichen Kontext noch ein anderes Problem: Soll er **Eindeutigkeit** herstellen, wo Eindeutigkeit nicht gegeben ist? Unter dieser Fragestellung sollen zwei Beispiele betrachtet werden:

Beispiel
Leasing

Wie unter Rz 75 dargestellt, hängt die Zurechnung eines Leasinggegenstandes u.a. davon ab, ob die Vertragslaufzeit den „**überwiegenden Teil**" der Nutzungsdauer umfasst (→ § 15 Rz 34).

- Denkbar wäre (in Entsprechung zum deutschen Steuerrecht), einen Wert von mehr als 90 % als überwiegend anzusehen. Die analoge Verwendung der Steuerregeln lässt sich z.B. aus der insoweit gegebenen konzeptionellen Übereinstimmung („wirtschaftliches Eigentum", „*substance over form*" usw.) rechtfertigen.
- Andererseits käme aber auch eine 75-%-Grenze in Entsprechung zu US-GAAP in Frage. Auch hier ist das Argument der konzeptionellen Übereinstimmung („*decision usefulness*" etc.) leicht einsetzbar.

Konzern

IFRS 3 behandelt u.a. die Kapitalkonsolidierung (Reserven- und Firmenwertaufdeckung) bei Unternehmenszusammenschlüssen und nimmt **Zusammenschlüsse unter gemeinsamer Kontrolle** (konzerninterne Umstrukturierungen) ausdrücklich aus dem Anwendungsbereich heraus, ohne an anderer Stelle eine Regelung zu treffen (→ § 31 Rz 179).

- Denkbar wäre, bei der konzerninternen Verschmelzung wie im deutschen Umwandlungsrecht wahlweise Buchwertfortführung oder Aufdeckung von Firmenwert und stillen Reserven des verschmolzenen Unternehmens zuzulassen.
- Denkbar wäre auch die Vorgabe einer Buchwertfortführung mangels „Dritttransaktion" mit außen Stehenden.

- Denkbar wäre schließlich noch die Aufdeckung stiller Reserven als zwingend anzusehen, und zwar ggf. auch bei der aufnehmenden Gesellschaft (sog. *fresh-start*-Methode).

Der kommentierende Umgang mit derartigen Unbestimmtheiten, Lücken usw. kann vereinfacht dargestellt in drei Formen erfolgen:

- **Eine Lösung** wird als richtig begründet (z.B. Vertragslaufzeit: 90 % der Nutzungsdauer).
- **Mehrere Lösungen** werden als zulässig begründet (ggf. mit Hinweis, welche Lösung der Kommentator aus welchen Gründen subjektiv vorziehen würde).
- Die **Willkürlichkeit** einer **eindeutigen** Lösung wird begründet. Das Lösungsfeld wird ggf. eingegrenzt (z.B. überwiegender Teil der Nutzungsdauer heißt jedenfalls nicht weniger als 51 %), der Anwender ggf. mit Beurteilungsmaßstäben (Argumentationshilfen) versehen, im Übrigen aber zur **Ermessensausübung im Einzelfall** aufgefordert.

Das Vorgehen **in diesem Kommentar** ist überwiegend vom zweiten oder dritten Typ. Es ist getragen von der **Überzeugung, dass der Kommentator sich nicht an die Stelle des Regelgebers setzen sollte.** Wenn das IASC bzw. der IASB eine 90-%-Grenze für die Zurechnung von Leasinggegenständen gewollt hätte, hätte es diese Regel formulieren können. Es hat dies aber (im Übrigen nach der Historie von IAS 17 ganz bewusst) nicht getan und dem Anwender damit Ermessensspielräume gelassen. Sie zu rauben stünde u.E. dem Kommentator nicht zu, da er sich damit in die Rolle des Regelgebers begäbe.

Im Übrigen verfolgt das **IFRS-Regelwerk** auf weiten Strecken bewusst einen **Kriterien- und Indikatorenansatz**, der Umstände benennt, die bei der Beurteilung bzw. Gesamtwürdigung eines Falls eine Rolle spielen können. U. E. widerspräche es diesem Konzept der Gesamt- und Einzelfallwürdigung, wenn derartige Indikatoren durch den Kommentator in eindeutige Vorschriften umgedeutet würden.

Die prüfende – eher als die rechnungslegende – **Praxis** scheint gleichwohl ein starkes Interesse an der einheitlichen Ausübung von Ermessen oder anders ausgedrückt an der Reduzierung der Ermesssensspielräume durch **einheitliche** Auslegung zu haben. Seinen Ausdruck findet dieses Interesse in den **„Hausmeinungen"** der großen Prüfungsgesellschaften, die sich häufig bei Abstimmung untereinander zu **hausübergreifenden** Meinungen verfestigen. Der Gleichbehandlung vergleichbarer Sachverhalte dient dieses Vorgehen und wäre aus dieser Sicht zu begrüßen. Aus rechtlicher Sicht bestehen jedoch **Bedenken**:

- Der IASB und andere Standardsetter legen bei der Verabschiedung von Normen großen Wert auf eine breite öffentliche Teilnahme, die insbesondere durch Stellungnahmen zu *Exposure Drafts* zustande kommt. Die Verabschiedung von Hausmeinungen oder hausübergreifenden Meinungen unterliegt hingegen weder **öffentlicher Transparenz**, noch bezieht sie die anderen an der Rechnungslegung Beteiligten und Interessierten (Unternehmen, Analysten, Lehrstühle etc.) mit ein.
- Vorrangige Aufgabe der Abschlussprüfung bleibt die Prüfung der **Ordnungsmäßigkeit** des Jahresabschlusses. Diese ist jedenfalls aus der Sicht des Einzelsachverhalts so lange gegeben, wie die Bilanzierung den Ermessensspielraum nicht überschreitet, also **vertretbar** bleibt. Ob sie innerhalb des Ermessens-

spielraums die (in der Hausmeinung der Prüfungsgesellschaften) angenommene beste Lösung darstellt, also nicht nur vertretbar, sondern **optimal** ist, entscheidet nicht über die Ordnungsmäßigkeit des Abschlusses.

3.5 *Substance over form*[51]

78 Nach dem Prinzip der **wirtschaftlichen Betrachtungsweise** – *substance over form* - entscheidet nicht die rechtliche Form, sondern der Gehalt und die wirtschaftliche Realität von Geschäftsvorfällen über deren Bilanzierung (*Framework* 1989.35/*Framework* 2010.4.6). Die Bedeutung dieses Grundsatzes bzw. sein **Verhältnis** zu den **Einzelregeln** wird im Vergleich zum Prinzip der *true and fair presentation* besonders deutlich:

- Hinsichtlich der Forderung nach true and fair presentation und derjenigen nach Beachtung der **Einzelregeln** besteht ein potenzielles **Konfliktverhältnis**, das im *Framework* (daneben in IAS 1.13ff. und IAS 8.10ff.) zu Gunsten der Einzelregeln entschieden wird (Rz 66f.). Es ist daher von seltenen Ausnahmen abgesehen nicht zulässig, unter Berufung auf *true and fair presentation* die Anwendung einer dazu in (vermutetem) Konflikt stehenden Einzelregelung auszuschließen (Rz 66).
- Das Verhältnis von Grundsätzen und Einzelregelungen ist aber **vielschichtiger**: Es erschöpft sich nicht in potenziellen Konflikten, für die Vorrangregelungen zu treffen sind. In anderen Fällen stehen Grundsatz und Einzelregelung vielmehr in einem Verhältnis der **Komplementarität**. Für den Grundsatz der ***substance over form*** gilt dies in besonderer Weise:
  - Die Einzelregelungen treffen vor allem **Rechtsfolgen**bestimmungen zum Ansatz und zur Bewertung bestimmter **Geschäftsvorfälle**.
  - **Vor** ihrer Anwendung ist aber zu klären, welche **Art** von Geschäftsvorfall oder -vorfällen überhaupt vorliegt. Nach dem Grundsatz *substance over form* ist diese vorgeschaltete Klärung nicht an der rechtlichen Form, sondern am wirtschaftlichen Gehalt festzumachen.

Aus **dieser** Sicht ist eine wirtschaftliche Betrachtungsweise nicht nur zulässig, sondern immer dort, wo die Möglichkeit der Abweichung des formalrechtlichen vom wirtschaftlichen Gehalt besteht, zwingend. Hierzu folgendes Beispiel:

Beispiel
U schließt mit der Bank B zeitgleich und fristenkonform einen ersten Vertrag über ein variabel verzinsliches Yen-Darlehen und einen zweiten über einen *cross-currency*-Swap ab. In der wirtschaftlichen Gesamtwirkung stellen die Verträge U so, als ob er ein festverzinsliches Euro-Darlehen aufgenommen hätte.
Fraglich ist, ob die Bilanzierung dieser wirtschaftlichen Betrachtungsweise folgen kann, also statt zwei Finanzinstrumenten (nach komplizierten Regeln) eines (nach einfachen) zu erfassen ist. Ein Lösungshinweis ergibt sich aus IAS 39.IG.B.6. In dem dort dargestellten Fall ist Unternehmen A Gläubiger eines an B gewährten Euro-Festzinsdarlehens und Schuldner eines von B gewährten variabel verzinslichen Darlehens mit jeweils gleicher Laufzeit und

51 Die nachfolgenden Überlegungen sind entnommen aus LÜDENBACH, PiR 2005, S. 95ff.

gleichen Beträgen, wobei zugleich eine Aufrechnungsabrede getroffen wird. Der IASB erkennt in dieser Konstruktion nicht zwei Geschäftsvorfälle (zwei Darlehensverträge), sondern einen (Zinsswapvertrag). Als Begründung führt er an:

- gleichzeitiger und abgestimmter Abschluss der Verträge,
- Identität der Vertragspartner,
- Fehlen einer substanziellen Geschäftsnotwendigkeit *(substantive business purpose)* für die Aufteilung der Transaktion auf zwei Verträge.

Die Anwendung dieser Kriterien auf den hier zu beurteilenden Fall ergibt:

- Darlehens- und Swapvertrag werden gleichzeitig und abgestimmt abgeschlossen.
- Die Vertragspartner beider Geschäfte sind identisch.
- Das wirtschaftliche Ergebnis – Festzinsdarlehen in Euro – hätte auch durch Abschluss nur eines Geschäftes erreicht werden können.

Der wirtschaftlichen Betrachtungsweise folgend ist daher ein Euro-Festzinsdarlehen zu bilanzieren.

Ähnliche Hinweise zur Zusammenfassung von Verträgen finden sich z.B. in IAS 11 für Fertigungsaufträge (→ § 18 Rz 44) und in SIC 27 für *cross-border*-Leasing (→ § 15 Rz 166). Die Praxis neigt dazu, solchen Überlegungen zur

- Zusammenfassung zivilrechtlich getrennter Vorgänge,
- Segmentierung zivilrechtlich einheitlicher Vorgänge,
- Umdeutung zivilrechtlicher Veräußerungsverträge in wirtschaftliche Nutzungsüberlassungen u.U. (→ § 25 Rz 83ff.)
- und zu vielen anderen Anwendungsfällen des *substance-over-form*-Prinzips

nur dort zu folgen, wo der IASB **konkrete** Vorgaben gibt, im letztgenannten Fall etwa durch IFRIC 4. U. E. ist dieser Grundsatz auch dort ernst zu nehmen, wo es spezielle Regelungen zu seiner Umsetzung (noch) **nicht** gibt.

Bemerkenswert ist in diesem Zusammenhang die im Referentenentwurf des Bilanzrechtsmodernisierungsgesetzes (BilMoG) zunächst vorgesehene Neufassung von § 246 Abs. 1 Satz 1 HGB-E mit der zugehörigen Begründung, die auf die wirtschaftliche Betrachtungsweise mit der Umschreibung *„substance over form"* verweist: „Letztendlich geht es darum, Geschäftsvorfälle und andere Ereignisse nicht allein entsprechend ihrer rechtlichen Form, sondern auch gem. ihrem wirtschaftlichen Gehalt zu beurteilen."

3.6 *Going-concern*-Prinzip, Bilanzierung und Prüfung in der Insolvenz

Im *Framework* 1989.23/*Framework* 2010.4.1 wird das *going-concern*-Prinzip als eine **Basisannahme** *(underlying assumption)* der Rechnungslegung angeführt. Inhaltlich enthalten IAS 1.25f. drei Vorgaben zur Fortführungsprämisse: 79

- **Zeithorizont:** Eine Bilanzierung unter *going concern* ist nur zulässig, wenn mindestens für 12 Monate von der Fortführung des Unternehmens ausgegangen werden kann.
- **Anhangsangabe bei Unsicherheit:** Wenn Prognose und Planung zwar mit (ganz) überwiegender Wahrscheinlichkeit eine Fortsetzung über mehr als

12 Monate belegen, gleichwohl wesentliche Zweifel bleiben, ist dies im Anhang offenzulegen.

- **Andere Rechnungslegungsgrundlage:** Ist nicht mehr mit hinreichender Sicherheit von einer Fortführung auszugehen, ist die dann gebotene Änderung der Bilanzierungsgrundlage inhaltlich offenzulegen. Welche Grundlage hier infrage kommt, lässt der Standard offen. Anders als für den handels- bzw. gesellschaftsrechtlichen Einzelabschluss (§ 71 GmbHG, § 270 AktG) fehlt es an Sonderregeln. Bei freiwilliger Liquidation gelangen aber ohnehin in hohem Maße die Regeln von IFRS 5 zur Anwendung (→ § 29 Rz 1 ff.), sodass ggf. gar nicht auf eine andere Grundlage zurückgegriffen werden muss. Bei Insolvenz kommt es auf die Umstände des Einzelfalls an.

80 In der **Insolvenz** bestehen folgende Besonderheiten: Nach § 155 Abs. 1 Satz 1 InsO berührt die Insolvenz die Rechnungslegungspflichten des Insolvenzschuldners nicht. Mit Übergang der Verwaltungs- und Verfügungsrechte (§ 80 InsO) sind diese Pflichten durch den Insolvenzverwalter und nicht mehr durch die Organe der Gesellschaft zu erfüllen. Sie betreffen i. V. m. § 155 Abs. 2 InsO den letzten Jahres-/Konzernabschluss samt Lagebericht der werbenden Gesellschaft für den Zeitraum bis zum Tag vor Eröffnung des Insolvenzverfahrens, also für ein Rumpfgeschäftsjahr.

Der **Insolvenzverwalter** hat außerdem originär nach § 155 Abs. 1 Satz 1 InsO Rechungslegungspflichten, die die Insolvenzmasse betreffen, zu erfüllen. Er ist i. V. m. § 155 Abs. 2 InsO demnach u. a. verpflichtet,

- auf den Zeitpunkt der Verfahrenseröffnung eine handelsrechtliche Eröffnungsbilanz und
- für den Schluss eines jeden Geschäftsjahres einen Jahres-/Konzernabschluss nebst Lagebericht

aufzustellen.

Die Prüfungspflicht der Abschlüsse in der Insolvenz von Kapitalgesellschaften und KapCo-Gesellschaften richtet sich nach § 155 Abs. 3 InsO i. V. m. § 270 Abs. 3 AktG und § 71 Abs. 3 GmbHG und §§ 316 ff. HGB und kann nur in besonderen Fällen durch gerichtliche Entscheidung aufgehoben werden.

Liegen die Voraussetzungen für eine Befreiung nicht vor, stellt sich die Frage nach dem Inhalt des Bestätigungsvermerks. Betroffen ist vor allem die Nennung der materiellen Rechtsgrundlagen des Abschlusses im einleitenden Teil des Bestätigungsvermerks. Im Falle eines auf Liquidation angelegten Verfahrens gilt hier für den IFRS-Konzernabschluss Folgendes:

- Nach IAS 1.25 f. ist bei Abkehr von der *going-concern*-Prämisse auf anderer, im Anhang offenzulegender Grundlage zu bilanzieren, wobei die IFRS aber anders als etwa § 270 Abs. 2 AktG und § 71 Abs. 2 GmbHG die andere Grundlage nicht konkretisieren.
- Unter diesen Umständen kann und muss das Unternehmen bzw. der Insolvenzverwalter i. V. m. IAS 8.10 und IAS 1.19 zur Lückenfüllung bzw. tatsachengetreuen Darstellung ggf. von einzelnen Standards abweichen und andere Rechnungslegungsmethoden anwenden. Abstrakt bleibt er dabei in den IFRS, da IAS 1.25 ein solches Vorgehen fordert, konkret wendet er aber gerade nicht mehr alle „IFRS wie von der EU angenommen" an, wobei er die Abweichungen im Anhang erläutern muss.

Für den beschreibenden Teil des Bestätigungsvermerks wäre daher u. E. folgende Formulierung angemessen:
„Die Aufstellung von Konzernabschluss und Konzernlagebericht erfolgte nach den in der EU anzuwendenden IFRS, jedoch mit liquidationsspezifischen, im Einzelnen im Anhang dargestellten Modifikationen, und den ergänzend nach § 315a Abs. 1 HGB anzuwendenden handelsrechtlichen Vorschriften.“

4 Definitionen, Ansatz und Bewertung von Abschlussposten

4.1 Überblick

Die vorstehend erläuterte konzeptionelle Grundlage der Rechnungslegung bewegt sich – vergleichbar dem HGB – auf höchstmöglichem **Abstraktionsniveau** (z. B. Entscheidungsrelevanz oder Vorsichtsprinzip) und taugt deshalb selten zur Lösung eines bestimmten Falles in der Praxis. 81

In seinem zweiten Teil befasst sich das *Framework* zur näheren Konkretisierung mit **Definitionen**, vor allem aber mit Grundvoraussetzungen für den **Ansatz** in der Bilanz und mit der zugehörigen **Bewertung**. Man kann von der **mittleren** Ebene zwischen der Grundkonzeption und den Einzelfallregeln in den Standards sprechen. 82

Dabei geht es um den **Inhalt** von Vermögenswerten und Schulden (Aktiva und Passiva) bzw. Erträgen und Aufwendungen und um deren **Abbildung** im Jahresabschluss unter Heranziehung eines einheitlichen Wertmaßstabes (Währung). 83

Beispiel
- Die seit langem aufgebaute Stammkundenbeziehung stellt einen wirtschaftlichen Wert, aber häufig keinen Vermögenswert *(asset)* dar.
- Die Belastung aus einer künftigen Werkschließung, die noch nicht bekannt gemacht worden ist (→ § 21 Rz 92), stellt keine Verbindlichkeit *(liability)* dar.

Hat man sich auf dieser Grundlage für einen Bilanz- oder GuV-Ansatz entschieden, stellt sich die Frage nach der **Bewertung**. 84

Beispiel
- Soll das bebaute Grundstück am Marienplatz in München zu dem seit der Währungsreform 1948 fortgeführten DM-Eröffnungsbilanzwert *(at cost)* mit 100.000 EUR oder zum Verkehrswert *(fair value)* von 25 Mio. EUR in die Bilanz eingestellt werden?
- Soll die US$-Anleihe zum Anschaffungskurs von 90 USD oder zum aktuellen Kurs *(fair value)* von 103 USD bewertet werden?

4.2 Die abstrakte Bilanzierungsfähigkeit[52]

4.2.1 Vermögenswerte *(assets)*

85 Die abstrakte Bilanzierungsfähigkeit wird im Ausgangspunkt nach drei Kriterien **definiert** (*Framework* 1989.49a/*Framework* 2010.4.4a und 4.38). Danach liegt ein **Vermögenswert (asset)** vor, wenn

- eine vom betreffenden Unternehmen kontrollierte ökonomische Ressource
- aufgrund früherer Begebenheiten
- künftige wirtschaftliche Nutzenzuflüsse erwarten lässt.

86 Abgesehen von einer kaum vermeidbaren **Abstraktheit** der Begriffe fällt bei dieser Definition ein gewisser **tautologischer** Gehalt auf: Eine (wirtschaftliche) Ressource soll dann vorliegen, wenn künftige Nutzenzuflüsse möglich sind. Dies ist das Kennzeichen jeder (werthaltigen) Ressource. Eher nichts sagend ist auch das Kriterium der **früheren** Begebenheit. Ohne eine solche kann kaum irgendein ökonomischer Effekt entstehen. Insgesamt ist so gesehen die Grundlagendefinition des Vermögenswertes **ohne größere Aussagekraft.**[53]

Im Rahmen der Überarbeitung des Rahmenkonzeptes – Phase B (Rz 117) – befasst sich der Board u. a. mit einer **Neudefinition** des *asset*. Nach einer Arbeitsversion[54] soll ein *asset* eine aktuell vorhandene Ressource sein, auf dessen Zugriff das Unternehmen ein Recht oder eine anderweitig privilegierte Stellung habe. Zur Anwendung dieser Arbeitsdefinition bringt der IASB als Beispiel einen Terminkontrakt zwischen einem Landwirt und einem dessen Produkte zu Dosengemüse verarbeitenden Abnehmer: Ökonomische Ressource sei

- für den Abnehmer das Versprechen des Landwirts, die Produkte zum Terminpreis zu liefern,
- für den Landwirt das Versprechen des Abnehmers, die Waren gegen diesen Preis abzunehmen.

Das Vertragsrecht gewähre für die jeweilige Partei die Mittel, diese Ressource auch zu kontrollieren. Damit lägen Vermögenswerte vor. Ein **schwebender** Kontrakt wäre auf dieser Basis anders als im gegenwärtigen Recht (→ § 13 Rz 43) nicht **saldiert** zu betrachten, sondern auch bei Ausgeglichenheit von Leistung und Gegenleistung als Vermögenswert anzusehen.

87 Nach *Framework* 1989.83/*Framework* 2010.4.44 sind dann zusätzlich noch folgende Kriterien zu erfüllen, wenn es denn zu einem Bilanzansatz *(recognition)* kommen soll:

- Es muss eine **Wahrscheinlichkeit** *(it is probable)* für den ökonomischen Nutzenzufluss bestehen,
- der Vermögenswert muss **verlässlich bewertet** werden können *(„measured with reliability“)*.

88 Das Kriterium der **„Wahrscheinlichkeit“**, auf das in diesem Kommentar immer wieder einzugehen ist (→ § 21 Rz 36ff.), erscheint also bereits im *Framework* mit einer zusätzlichen Erläuterung in *Framework* 1989.85/*Framework* 2010.4.40 (Rz 20). Hier wird relativ umfangreich auf die Unsicherheit *(uncertainty)* der

---

52 Siehe hierzu die kompakte Darstellung bei FISCHER, IAS-Abschlüsse von Einzelunternehmungen, 2001, S. 68.

53 Ähnlich ERNST & YOUNG, International GAAP 2008, S. 120: „The asset definition is completely circular.“

54 IFRS, Update Juli 2006.

ökonomischen Zukunft eingegangen. Es sollen Einschätzungen über den Grad der **Unsicherheit** betreffend die **zukünftigen** wirtschaftlichen Nutzenzuflüsse gemacht werden, und zwar generell bei der Erstellung eines Jahresabschlusses. Konkrete Lösungen für ein Bilanzierungsproblem werden damit nicht geliefert. Auch die Bezugnahme auf Wahrscheinlichkeits**grade** kann praktische Bedeutung nur dann gewinnen, wenn das Gesetz der großen Zahl gilt. Ansonsten sind Aussagen über Wahrscheinlichkeiten ausschließlich subjektive Einschätzungen[55] (→ § 21 Rz 94ff.).

Für die herkömmliche deutsche Bilanzrechts-Denkschule ungewohnt ist die **zuverlässige Bewertbarkeit** als Ansatzkriterium. Vergleichbares gilt für den Spezialfall des Ansatzes von Rückstellungen gem. IAS 37 (→ § 21 Rz 51). Allerdings geht mit dieser Ansatzvorschrift die Gefahr einher, schon bei nicht allzu großer Interpretation in vielen Fällen von Vermögensgegenständen und Schulden eine Bilanzierung generell auszuschließen. Dem will F.86 vorbeugen, indem er das Erfordernis der **Schätzung** bei der Bilanzierung im Allgemeinen nicht als ansatzhemmend qualifiziert. Wenn nämlich eine verlässliche Schätzung ausnahmsweise unmöglich ist, kommt allenfalls eine Anhangangabe in Betracht. Bemerkenswert ist dabei die **Imparität** des Wahrscheinlichkeitsbegriffes;[56] siehe auch Rz 20, 96 sowie → § 21 Rz 111. 89

Die künftigen wirtschaftlichen Vorteile *(economic benefits)* können nach *Framework* 1989.55/*Framework* 2010.4.10 in **verschiedener Form** dem Unternehmen zufließen: 90

- durch Produktion von Gütern und Dienstleistungen (und deren anschließendem Verkauf),
- durch Tausch gegen andere Vermögenswerte,
- durch Begleichung von Schulden,
- durch Verteilung (Auskehrung) an die Eigentümer.

4.2.2 Schulden *(liabilities)*

Die Definition und die Ansatzkriterien für die **Schulden** ähneln spiegelbildlich denjenigen für Vermögenswerte. Nach *Framework* 1989.49b/*Framework* 2010.4.4b liegt eine Schuld *(liability)* vor, wenn 91

- eine (gegenwärtig) vorliegende Verpflichtung *(present obligation)* des Unternehmens,
- beruhend auf Vergangenheitsereignissen *(arising from past events)*,
- zu einem mutmaßlichen *(expected)* Abfluss von Ressourcen führt, mit denen wirtschaftliche Vorteile (für das Unternehmen) verbunden sind *(embodying economic benefits)*.

Nach diesen Definitionsnormen werden dann in *Framework* 1989.91/*Framework* 2010.4.46 die **Ansatzkriterien** für Schulden weiter erläutert. Danach ist ein Ansatz vorzunehmen, 92

- wenn ein Abfluss von wirtschaftliche Vorteile enthaltenden Ressourcen
- aufgrund der Begleichung der Schuld erfolgen wird und
- der Erfüllungsbetrag *(amount of settlement)* zuverlässig bewertet werden kann.

---

55 LÜDENBACH/HOFFMANN, KoR 2003, S. 5.

56 LÜDENBACH/HOFFMANN, KoR 2003, S. 5.

93 Negativ bez. des Ansatzes werden Schulden aus **schwebenden Geschäften** (***unperformed contracts***) genannt mit dem Beispiel der Bestellung von noch ungeliefertem Material. In besonderen, im *Framework* nicht weiter definierten Umständen kann allerdings auch eine Passivierung solcher Verpflichtungen erfolgen, allerdings mit gegenläufiger Aktivierung der zugehörigen Vermögenswerte oder sonstigen Ausgaben. Mit Letzterem ist das Erfordernis einer **zutreffenden Periodenabgrenzung (*accrual*)** angesprochen.

4.2.3 Vergleich zum HGB

94 Bei einem Vergleich zu den Ansatzkriterien nach dem HGB – und der Definition des Vermögensgegenstandes – kann eine weitere Fassung des *asset*-Begriffs im *Framework* festgestellt werden. Das gilt allerdings nur im Hinblick auf die Begrifflichkeiten und deren Auswertung. Will man diese abstrakten Kriterien in einem konkreten Bilanzierungsfall anwenden, dann versagen regelmäßig die Unterscheidungsmerkmale. Unwillkürlich erinnert man sich an die mit hohem theoretischem und intellektuellem Aufwand im deutschen Bilanzschrifttum ausgebreitete Unterscheidung zwischen **Vermögensgegenstand** (Handelsrecht) einerseits und **Wirtschaftsgut** (Steuerrecht) andererseits. Auch dieser hat zur Lösung eines konkreten Bilanzierungsfalls kaum jemals irgendeine Argumentationshilfe geleistet.

Beispiel
Ein Werbefeldzug schafft Potenzial zur Generierung zukünftiger ökonomischer Nutzenzuflüsse (Umsatzerlöse). Da jedoch eine verlässliche Bewertung unmöglich erscheint, scheidet eine Bilanzierung aus (so die Begründung für den Nichtansatz nach IFRS). Nach HGB bzw. EStG würde man die mangelnde Verkehrsfähigkeit oder Einzelveräußerbarkeit als Aktivierungshindernis anführen. Das Ergebnis bleibt das Gleiche.

95 Aus der Sicht der Bilanzierungspraxis lässt sich allenfalls ein entscheidender Unterschied zwischen dem *asset*-Begriff der IFRS und dem Vermögensgegenstand des HGB herauskristallisieren: Nach IFRS sind erheblich **mehr Ermessensspielräume** im Hinblick auf das genannte Wahrscheinlichkeitskriterium vorhanden, die im Einzelfall entgegen der HGB-Regel einen Ansatz auf der Aktivseite erlauben und auf der Passivseite entbehrlich machen.

96 Ungewöhnlich für die deutsche Bilanzrechtslehre ist die **Rückkoppelung der Bewertung auf den Ansatz** in den Fällen, in denen der Bewertungsprozess erheblich erschwert ist (*Framework* 1989.86ff./*Framework* 2010.4.41ff.). Danach ist die Ausübung von vernünftigen **Schätzungen** ein wesentlicher Bestandteil der Erstellung von Jahresabschlüssen. Die Schätzung darf nicht deren Zuverlässigkeit beeinträchtigen. Wenn allerdings eine solche vernünftige Schätzung nicht möglich ist, darf der (aktive oder passive) Gegenstand nicht angesetzt werden. Als Beispiel wird das Ergebnis eines Gerichtsverfahrens genannt, das entweder die abstrakten Bilanzierungsvoraussetzungen eines Vermögenswertes oder einer Schuld erfüllt. Wenn indes – wie häufig der Fall – eine Prognose des Wertes zuverlässig nicht möglich ist, kommt ein Bilanzansatz nicht in Betracht; stattdessen sind Erläuterungen im Anhang zu machen. Diese Regel aus dem

Framework passt nicht nahtlos zur Spezialvorschrift für Schulden in IAS 37.25 (→ § 21 Rz 51), der zufolge nur in extrem seltenen Fällen eine Einschätzung der künftigen Verpflichtung unmöglich sein soll (vgl. auch Rz 89).

Aus Spezialvorschriften sind folgende **Aktivierungsgebote** zu nennen: 97

- Guthaben aus Steuerlatenz *(deferred tax assets)* gem. IAS 12.24 und 34 (→ § 26 Rz 48).
- Öffentliche Zuwendungen *(government grants)*, die zur Kompensation zugehöriger Aufwendungen bezahlt werden (IAS 20.12; → § 12 Rz 21).
- Der derivative *goodwill* (IFRS 3.32; → § 31 Rz 126).
- Entwicklungskosten *(development costs)* unter bestimmten Voraussetzungen (IAS 38.45; → § 13 Rz 29ff.).

Nicht ansetzbar sind: 98

- Eventualforderungen, die nicht so gut wie sicher sind gem. IAS 37.31 (→ § 21 Rz 112.), allerdings mit der Ausnahme einer Kompensationsforderung bei der Bewertung von Rückstellungen *(reimbursement)* gem. IAS 37.53 (→ § 21 Rz 146f.).
- Besondere Fälle von Guthaben aus der Steuerlatenz gem. IAS 12.24 (→ § 26 Rz 48).
- Der originäre *goodwill* gem. IAS 38.48 (→ § 13 Rz 59).
- Eigene Forschungskosten *(research costs)* gem. IAS 38.54 (→ § 13 Rz 26).
- Selbst erstellte Marken, Werbekampagnen, Kundenkarteien u. Ä. gem. IAS 38.63 (→ § 13 Rz 32).

4.3 Eigenkapital *(equity)*

Für die deutsche Betrachtungsweise eher ungewöhnlich ist die förmliche Aufnahme des **Eigenkapitals** in den Definitionskatalog (*Framework* 1989.49c/ *Framework* 2010.4.4c): 99

- Das Eigenkapital ist das **restliche Interesse** an den Vermögensgegenständen des Unternehmens nach Abzug aller Verbindlichkeiten.

Im Weiteren (*Framework* 1989.65ff./*Framework* 2010.4.20ff.) werden/wird die **Aufgliederung** des Eigenkapitals nach den verschiedenen Kriterien (Gewinnrücklagen, Neubewertungsrücklagen etc.) angesprochen, die gesetzlichen oder satzungsmäßigen Gründe für eine Rücklagenbildung abgehandelt und schließlich die Selbstverständlichkeit zum Ausdruck gebracht, dass das Eigenkapital von dem Ansatz und der Bewertung der Vermögensgegenstände und Schulden abhängt. Nur zufällig soll – eine weitere Selbstverständlichkeit – das Eigenkapital mit dem Marktwert des Unternehmens übereinstimmen. Zur Abgrenzung von Eigen- und Fremdkapital vgl. → § 20 Rz 3ff.

4.4 Grundlagen der Bewertung

4.4.1 Ausgangsgrößen

100 Gem. *Framework* 1989.100/*Framework* 2010.4.55 stehen **vier Bewertungsmaßstäbe** zur Auswahl, und zwar **einheitlich** für Vermögenswerte *(assets)* und Verbindlichkeiten *(liabilities)*.[57]

Bewertungsmaßstäbe	**Vermögenswerte** *(assets)*	**Schulden** *(liabilities)*
Anschaffungs-, Herstellungskosten *(historical costs)*	Zahlungsbetrag oder bei Tausch Zeitwert *(current value)*	Für das Eingehen der Verpflichtung erhaltener Betrag oder, wenn Gegenleistung fehlt, der Zahlungsbetrag
Aktueller Wiederbeschaffungswert *(current cost)*	Zahlungsbetrag bei einer fiktiven Wiederbeschaffung des Vermögenswertes	Undiskontierter Zahlungsbetrag bei fiktiver aktueller Begleichung der Verpflichtung
Realisierbarer Wert *(realisable value)*	Aktueller Veräußerungswert bei normalem Geschäftsgang	Undiskontierter Zahlungsbetrag zur Erfüllung im normalen Geschäftsgang
Gegenwartswert *(present value)*	Barwert für erwartete, im normalen Geschäftsgang generierte Zahlungseingänge	Barwert der erwarteten, im normalen Geschäftsgang anfallenden Zahlungsausgänge

4.4.2 Sonderbewertungsvorschriften in einzelnen IFRS

101 Allerdings gehen die einzelnen IFRS von **speziellen Vorschriften** für einzelne Vermögenswerte und Schulden aus, sodass die Bewertungsmaßstäbe des *Framework* eher von programmatischer als von praktischer Bedeutung sind.

4.4.3 Zwischen Anschaffungskosten- und *fair-value*-Konzept

102 Außerhalb des *Framework* vollzieht sich eine schleichende Umorientierung der IFRS weg vom **Anschaffungs**kostenkonzept hin zum Konzept der Bilanzierung zu **Zeitwerten**. Als Beleg für dieses schrittweise Vorgehen seien aufgeführt:

- Eher unbeschränkte Zulässigkeit der Neubewertung für Gruppen von sächlichem Anlagevermögen (→ § 8 Rz 68ff.).
- Wahlrecht zwischen Anschaffungskosten- und *fair-value*-Modell für *investment properties* bei implizierter Bevorzugung des letztgenannten Modells (→ § 16 Rz 43).

---

57 Tabelle in Anlehnung an LÜDENBACH, IFRS, 6. Aufl., 2010, S. 61.

- Überwiegende Bewertung von Finanzinstrumenten zum *fair value* (→ § 28 Rz 32).
- Uneingeschränkter *fair-value*-Ansatz für landwirtschaftliche und biologische Vermögenswerte nach IAS 41.12f. (→ § 40 Rz 2).
- Wahlrecht im Rahmen des Übergangs auf die IFRS-Rechnungslegungswelt (→ § 6 Rz 42).

Diese schrittweise Neuorientierung geht einher mit der kaum widerlegbaren Vermutung *(extremely unlikely)*, der zufolge das Unternehmen den *fair value* immer zuverlässig ermitteln kann (→ § 28 Rz 110).

Die „Philosophie" der IFRS-Rechnungslegung bewegt sich damit hin zu einer **Gesamtunternehmensbewertung**. Das zeigt sich z. B. auch in der

- Ausgestaltung des *impairment*-Tests zum Erfordernis einer außerplanmäßigen Abschreibung unter Bezugnahme auf den Gesamtwert einer *cash generating unit* (→ § 11 Rz 115);
- „schleichenden" Aktivierung eines originären *goodwill* im Rahmen des *impairment-only approach* (→ § 31).

Diese vordergründig sinnvoll erscheinende Entwicklung führt in der aktuellen Ausprägung zu einem *mixed model* (Rz 37), das erhebliche **Anwendungsprobleme** in sich birgt. Im Wesentlichen geht es dabei um folgende Aspekte:

- Die **expliziten** Wahlrechte erschweren trotz Offenlegungspflicht im Anhang den zwischenbetrieblichen Vergleich (Beispiel: *investment properties*; Rz 102).
- Die **tatbestandlichen Subsumtionsmöglichkeiten** schaffen ein Quasi-Wahlrecht für die Anwendung des einen oder anderen Modells (Beispiel: Klassifizierung von Finanzinstrumenten; → § 28 Rz 29ff.).
- Die **Ermittlung** des *fair value* ist in weiten Bereichen ermessenbehaftet (Beispiel: Anwendung von Optionspreismodellen; → § 28 Rz 231 ff.).
- Dieser Tatsache kann sich das Management elegant und unbeanstandet bedienen, um die **Geschäftspolitik** an den bilanzpolitischen Gestaltungsmöglichkeiten auszurichten (Beispiel: Enron; → § 28 Rz 105f.).

Jedenfalls bewegt sich die IFRS-Bilanzierung in einer **Mehrfach-Mixtur** (→ § 28 Rz 3) von

- Anschaffungskostenprinzip,
- Marktpreisorientierung,
- *fair-value*-Ermittlung nach Berechnungsmodellen,
- erfolgswirksamer oder -neutraler Verbuchung der *fair-value*-Änderung (→ § 28 Rz 29).

Dieses „System" eröffnet spürbar mehr **bilanzpolitische Gestaltungsspielräume** als das herkömmliche Anschaffungskostenmodell. Die IFRS-Regeln wollen diesem Aspekt u.a. durch umfangreiche **Offenlegungen** im Anhang gegensteuern, sind dabei aber postwendend mit dem Problem der Überforderung der Abschlussadressaten *(information overload)* konfrontiert (Rz 64).

Diese Entwicklungsrichtung der internationalen Rechnungslegungs-Szene mag man bedauern oder gutheißen. Jedenfalls müssen sich die Anwender *(user)* dieses herrschenden Misch-Systems dessen Implikationen bewusst sein.

4.5 Erfolgswirksame Positionen, Ergebnis

4.5.1 Überblick

103 Wie das HGB kennen die IFRS eine **Gewinn- und Verlustrechnung (GuV), die** nach IFRS entweder selbstständig oder als Teil der Gesamtergebnisrechnung geführt wird. In der Gesamtergebnisrechnung sind auch **erfolgsneutrale Eigenkapitalveränderungen** außerhalb der externen Transaktionen mit gesellschaftlicher Grundlage (Einlage, Gewinnausschüttungen) zu erfassen. Hierzu wird verwiesen auf Rz 115 und → § 20 Rz 81.

4.5.2 Definitionen

104 Als **Erträge** *(income)* gelten (*Framework* 1989.70a/*Framework* 2010.4.25a):

- Zuwächse an wirtschaftlichen Vorteilen,
- in einer Rechnungslegungsperiode,
- aufgrund von Zuflüssen oder Wertsteigerungen von Vermögenswerten
- oder der Abnahme von Verbindlichkeiten,
- die das Eigenkapital erhöhen.

105 Die **Aufwendungen** *(expenses)* werden gerade spiegelbildlich-negativ definiert.

106 In beiden Fällen sind Transaktionen mit **Anteilseignern** – Dividenden, Einlagen – aus dem Begriffsinhalt ausgeschlossen.

107 Die **Ertrags**definition (Rz 104) umfasst (*Framework* 1989.74/*Framework* 2010.4.29):

- Einnahmen bzw. Umsatzerlöse *(revenue)*, also Zuflüsse aus der normalen Geschäftstätigkeit (→ § 25), sowie
- Gewinne *(gains)*, die nach *Framework* 1989.75f./*Framework* 2010.4.30f. wiederum
  - **identisch** sein können mit den *revenues*,
  - aber auch aus dem Abgang von **langfristigen** Vermögenswerten entstehen
  - oder aus **Neubewertungen** resultieren (→ § 8 Rz 68ff.).

108 Die **Aufwands**definition (Rz 105) umfasst (*Framework* 1989.78/*Framework* 2010.4.39):

- (Einmal-)Verluste *(losses)*,
- Aufwendungen *(expenses)* aus laufender Geschäftstätigkeit (Vertriebskosten, Löhne, Abschreibungen), die üblicherweise zu Geldabflüssen führen.

109 **Verluste** ***(losses)*** umfassen begrifflich auch **Aufwendungen** ***(expenses)*** und können, müssen aber nicht im üblichen Geschäftsverlauf anfallen.

110 Verluste *(losses)* entstehen aber auch im **außerordentlichen** und im **Langfrist**bereich und können realisiert oder unrealisiert (z.B. Erhöhung des Umrechnungskurses für Verbindlichkeiten in Fremdwährung sein).

111 Aufwendungen werden in der GuV in **unmittelbarer Zuordnung***(direct association)* zu den daraus resultierenden Erträgen erfasst. Man spricht hier gemeinhin von *matching principle* (*Framework* 1989.95/*Framework* 2010.4.53). Danach sollen die Aufwendungen zur Erstellung von Gütern dann ergebniswirksam werden, wenn diese zum Verkauf gelangen. Voraussetzung ist allerdings immer, dass die betreffenden Positionen *(items)* als Vermögenswert oder Schuld ansetzbar sind.

4.5.3 Kapitalerhaltungskonzeptionen

Die Rechnungslegungspraxis interpretiert den Gewinn primär als Überschuss der Erträge über die Aufwendungen einer Periode, d.h. aus Sicht der **GuV**. Im Rahmen der Doppik lässt sich der Gewinn jedoch auch aus der Perspektive der **Bilanz** interpretieren, und zwar als die um Entnahmen/Ausschüttungen und Einlagen bereinigte Differenz von Reinvermögen (Kapital) am Periodenende gegenüber dem Periodenanfang (so § 4 Abs. 1 Satz 1 EStG). 112

Aus der bilanziellen Sicht definiert die Erhaltung des Kapitals die Nulllinie, oberhalb derer Gewinn und unterhalb derer Verlust entstanden ist. Fraglich ist, ob diese Nulllinie bei Preisänderungen **nominal** oder **real** interpretiert werden muss, ob also etwa inflationsbedingte Werterhöhungen Gewinn oder **Scheingewinn** sind.

Framework 1989.104ff./*Framework* 2010.4.59ff. treffen im Rahmen dieser Fragestellung folgende **Unterscheidung**: 113

- **Finanzwirtschaftliches Kapitalerhaltungskonzept:** Gewinn = Zunahme des nominalen Geldkapitals.
- **Leistungswirtschaftliches Kapitalerhaltungskonzept:** Gewinn = Erhaltung der physischen Produktionskapazität bzw. vereinfacht: Gewinn = Erhaltung des Geldkapitals abzüglich zu eliminierender Scheingewinne aus **Preissteigerungen**.

Eine **Präferenz** für ein bestimmtes Kapitalerhaltungskonzept hat der Board nach *Framework* 1989.110/*Framework* 2010.4.65, abgesehen von Fällen der **Hochinflations**rechnungslegung (→ § 27 Rz 71 ff.), **„derzeit nicht"**. Diese Aussage ist offenbar programmatisch gemeint. Sie soll Optionen offenhalten. In den Einzelstandards finden sich jedoch mit der genannten Ausnahme keine Regelungen zur Kaufkraftanpassung. Im Übrigen sind selbst die programmatischen Ausführungen eher oberflächlich, da sie sich mit den verschiedenartigen Varianten einer leistungswirtschaftlichen Kapitalerhaltung nicht befassen bzw. das leistungswirtschaftliche Konzept auf eine Preis- und Kaufkraftanpassung reduzieren. In der derzeitigen Form stellen die Überlegungen zur Kapitalerhaltung eher einen überflüssigen **Fremdkörper** im *Framework* dar. 114

4.6 Statische und dynamische Bilanzierung: *asset liability* vs. *revenue expense approach*

Die IFRS enthalten (bislang) **kein durchgängiges System** der Ertrags- und Aufwandsvereinnahmung und der **Definition** der anzusetzenden Vermögenswerte und Schulden: 115

- IAS 20 lässt etwa im Interesse der zutreffenden **Aufwandsverteilung** den Ausweis erhaltener Investitionszuwendungen als Schulden *(liabilities)* auch dort zu, wo keine oder eine nur unwahrscheinliche Rückzahlungsverpflichtung besteht und daher die Definitionskriterien einer Schuld i.S.v. IAS 37 nicht erfüllt sind (→ § 12 Rz 26).
- Erwartete **Gewinne** aus **schwebenden** Geschäften begründen nach IAS 37 (→ § 21) im Allgemeinen keinen Vermögenswert, nach IAS 39 (Finanzderivate; → § 28 Rz 254) und IAS 11 (Fertigungsaufträge; → § 18 Rz 21) sind sie jedoch als Vermögen anzusetzen.

Mit den Begriffen **dynamische** und **statische** Bilanztheorie sind diese Unterschiede nur unvollkommen zu fassen. Eher geht es um die Unterscheidung zwischen

- ***revenue expense approach***, der die Änderung von Vermögen/Schulden als sekundäre/abhängige und Ertrag/Aufwand als primäre/unabhängige Variable ansieht, und
- ***asset liability approach***, der zunächst Vermögen/Schulden definiert und dann Erträge/Aufwendungen abgeleitet aus der Veränderung von Vermögen/Schulden behandelt.

Das gegenwärtige System folgt in wechselnder Akzentuierung **beiden** Ansätzen:

- Die Aktivierungspflicht für schwebende Gewinne aus Finanzderivaten kann als Ausdruck des *asset liability approach* angesehen werden. Der zum Bilanzstichtag erwartete Vorteil aus einem noch schwebenden Kontrakt ist eine vermögenswerte Position, die bei börsengehandelten Kontrakten besonders deutlich als solche zu erkennen ist, aber auch ohne eine solche Börsennotierung in einer streng stichtagsorientierten Vermögensrechnung angesetzt werden muss. Mit der Entscheidung für einen solchen Ansatz ist nach den Gesetzen der Doppik auch ein Ertrag in der GuV auszuweisen.
- Die Nichtaktivierung von schwebenden Gewinnen aus Warenverkaufsgeschäften ist demgegenüber Ausdruck eines *revenue expense approach*, der im konkreten Fall vorsieht, Erträge erst mit Übergang aller Risiken auf den Käufer anzusetzen und abgeleitet auch erst dann eine Forderung einzubuchen.

Ein **Paradigmenwechsel** hin zu einem durchgängigen *asset liability approach* soll durch das *performance project* erreicht werden. In diesem Zusammenhang soll auch die (oben vernachlässigte) Kategorie der „erfolgsneutralen" Erträge und Aufwendungen *(other comprehensive income)* besser als bisher systematisiert werden. Dabei wäre etwa zu klären, ob erfolgsneutral gegen das Eigenkapital gebuchte Ergebnisse spätestens bei Abgang des Vermögenswertes (oder der Schuld) zwingend erfolgswirksam zu behandeln wären (sog. *recycling* über die GuV) oder wie bisher in einigen Fällen (Neubewertung Sachanlagen; → § 8 Rz 68, versicherungsmathematische Gewinne aus Pensionsrückstellungen; → § 22 Rz 50) davon abgesehen, in anderen (bestimmte Finanzinstrumente; → § 28 Rz 160) darauf bestanden wird.[58]

5 IFRS für den Mittelstand

116 Auf → § 50 wird verwiesen.

6 Rechtsentwicklung

117 IASB und der amerikanische FASB verfolgen seit Oktober 2004 gemeinsam ein Projekt zur Überarbeitung ihrer Rahmenkonzepte. Ein einheitliches Konzept soll Deduktionsbasis für zukünftige, konvergente Rechnungslegungsstandards sein.[59] Das Projekt ist in 8 Phasen eingeteilt:

---

58 Vgl. zum Ganzen auch ANTONAKOPOULOS, PiR 2005, S. 104ff.

59 Vgl. dazu allgemein KAMPMANN/SCHWENDLER, KoR 2006, S. 521ff., sowie speziell zum Konvergenzaspekt WATRIN/STROHM, KoR 2006, S. 123ff.

- Phase A: Zielsetzung und qualitative Eigenschaften des Jahresabschlusses,
- Phase B: Abschlussposten und deren Ansatz,
- Phase C: Bewertung,
- Phase D: Berichterstattende Einheit,
- Phase E: Darstellung des Abschlusses und Angabepflichten einschließlich Grenzen des Jahresabschlusses,
- Phase F: Zielsetzung und Status des Rahmenkonzepts,
- Phase G: Anwendung auf Non-Profit-Unternehmen,
- Phase H: Sonstiges.

Phase A wurde im September 2010 mit dem *Framework* 2010 beendet. Wesentliche inhaltliche und terminologische Änderungen gegenüber dem *Framework* 1989 sind:

- Festlegung aktueller und potenzieller Eigen- und Fremdkapitalgeber als primäre Adressaten des Jahresabschlusses (Rz 5),
- Ersetzen der qualitativen Anforderung der Verlässlichkeit *(reliability)* durch die der glaubwürdigen Darstellung (Rz 16),
- Streichung des Vorsichtsprinzips (Rz 16),

Phase B betrifft u. a. die abstrakte und konkrete Bilanzierungsfähigkeit, also etwa die Frage, ob Gewinnchancen aus schwebenden Verträgen einen Vermögenswert darstellen, der zu aktivieren ist (Rz 86). Hier ergeben sich nach Maßgabe des *asset-liability*-Ansatzes (Rz 115) unmittelbare Verbindungen zu den Ertragsrealisierungsgrundsätzen.

Zu **Phase C** wurde im November 2005 ein Diskussionspapier „*Measurement Basis for Financial Reporting – Measurement on Initital Recognition*" vorgelegt. Hierin wird der verlässlich ermittelbare *fair value* als Maßstab der Zugangsbewertung präferiert. Bei mangelnder Verlässlichkeit sollen Ersatzmaßstäbe (z. B. Anschaffungs-/Herstellungskosten) herangezogen werden, wobei im Approximationsinteresse ggf. wie bei einer *fair-value*-Bewertung Transaktionskosten (Anschaffungsnebenkosten) nicht angesetzt, sondern unmittelbar als Aufwand verbucht würden. Ein Aufwand/Ertrag im Zugangszeitpunkt *(day-one profit or loss)* ergäbe sich im Übrigen auch, wenn der *fair-value*-Ansatz der empfangenen Leistung vom Wert der entrichteten Leistung abweicht.[60]

Phase D betrifft u. a. die Abgrenzung des Konsolidierungskreises, etwa bei Zweckgesellschaften (→ § 32).

Zu Phase E bis **H** liegen noch keine Ergebnisse vor.

7 Zusammenfassende Praxishinweise

Zu Einzelheiten zur Zielsetzung, zum Regelungsinhalt und zu den Begrifflichkeiten des *Framework* vgl. Rz 1 ff. **118**

Die Zielsetzung des Jahres- bzw. Konzernabschlusses nach dem *Framework* liegt in der Bereitstellung entscheidungsnützlicher Informationen durch die einzelnen **Bestandteile** eines solchen Abschlusses (Rz 5 ff.).

In herkömmlicher Betrachtungsweise ist das IFRS-Rechnungslegungssystem eher **dynamisch** als statisch ausgerichtet (Rz 8 ff.).

---

60 Vgl. zu Einzelheiten des Projekts SCHMIDT, KoR 2006, S. 65 ff.

Zu einzelnen **qualitativen Anforderungen** im *Framework* – Relevanz, Zuverlässigkeit, Verständlichkeit, Vergleichbarkeit, Vorsicht – vgl. Rz 16.

Trotz der angeblichen oder wirklichen Zurückdrängung des **Vorsichtsprinzips** verbleibt gleichwohl im IFRS-Regelwerk eine imparitätische Berücksichtigung von **Unsicherheiten** (Wahrscheinlichkeiten) bei der Beurteilung von Sachverhalten und der Bewertung von Bilanzposten (Rz 17ff.).

Bei der gängigen Beuteilung der **Qualität** des IFRS-Regelwerks wird häufig nicht zwischen Sollen und Sein unterschieden (Rz 24ff.). Das zeigt sich insbesondere bei der Fülle von **Ermessensspielräumen**, die dem Management bei der Rechnungslegung eingeräumt werden (Rz 36ff.).

Der IASB propagiert – insbesondere seit Enron – das *principle-based accounting* in Abgrenzung zum *cookbook accounting* nach US-GAAP (Rz 42ff.). Dieser Vorgabe kommt der IASB allerdings nur **bedingt** nach. **Beleg**ist etwa IAS 39 mit einer relativ kurzen „Grundsatz"-Regelung, der indes umso ausführlicher Anwendungshilfen beigefügt werden.

Bei der **praktischen** Umsetzung des IFRS-Regelwerks sind folgende Regeln beachtlich (Rz 50ff.):

- Welches sind die **anwendbaren** Regeln?
- **Wie** sind die Regeln und unter welchen **Vorbehalten** anzuwenden?
- Wie ist bei **fehlender** Regelung zu verfahren?

Die einschlägigen Vorgaben sind teils im *Framework*, teils in IAS 1 und in IAS 8 geregelt. Die vorliegende Kommentierung fügt diese zusammengehörigen Aspekte **zusammen** (Rz 50ff.).

Wichtige Vorbehalte der Regelanwendung sind das **Wesentlichkeits**prinzip *(materiality)*, der **Kosten-Nutzen-Aspekt** und die **Zeitnähe** (Rz 59ff.).

Erheblichen Interpretationsbedarf des Regelanwenders erfordern die Vorgabe der *true and fair presentation* (Rz 66ff.) sowie die Füllung von **Regelungslücken** (Rz 74ff.).

Eher noch unbestimmter als nach HGB sind die **Ansatz**vorschriften (abstrakte Bilanzierungsfähigkeit) für Vermögenswerte und Schulden (Rz 85ff.). Wegen der abstrakten Begriffsdefinitionen ist in der Bilanzierungspraxis immer ein Blick auf einschlägige **Spezialregelungen** zum Ansatz von Vermögenswerten und Schulden erforderlich (Rz 97f.).

Die **Bewertungs**grundlagen der IFRS – Anschaffungs- oder Herstellungskosten, *fair value*, Neubewertung etc. – sind in Rz 100ff. dargestellt.

Zu den die **Ergebnisrechnung** betreffenden Begriffsinhalten wird auf Rz 103ff. verwiesen.

§ 2 DARSTELLUNG DES ABSCHLUSSES

Inhaltsübersicht **Rz**

Schrifttum: FREIBERG, Ausweis von Derivaten im *statement of financial position*, PiR 2010, S. 299ff.; FREIBERG, Ausweis von Verbindlichkeiten als lang- oder kurzfristig?, PiR 2010, S. 142ff.; HEIDEN, Pro-forma-Kennzahlen aus Sicht der Erfolgsanalyse, in: BRÖSEL/KASPERZAK (Hrsg.), Internationale Rechnungslegung, Prüfung und Analyse, 2004, S. 593ff.; HILLEBRANDT/SELLHORN, Pro-forma-Earnings: Umsatz vor Aufwendungen?, KoR 2002, S. 153ff.; HOFFMANN/LÜDENBACH, Internationale Rechnungslegung: kapitalmarkt- oder managerorientiert? StuB 2002, S. 541ff.; KÜTING/REUTER, Erhaltene Anzahlungen in der Bilanzanalyse, KoR 2006, S. 1ff.; LÖW, Ausweisfragen in Bilanz und GuV bei Financial Instruments, KoR, Beilage 1 zu Heft 3 2006; LÜDENBACH, Ausweis von FuE-Kosten in der GuV nach Gesamtkosten- oder Umsatzkostenverfahren, PiR 2007, Heft 3; LÜDENBACH, Offenes Absetzen erhaltener Anzahlungen vom Vorratsvermögen, PiR 2006, S. 28ff.; LÜDENBACH, Rumpf- oder 18-monatiges Geschäftsjahr bei Änderung des Bilanzstichtags vom Jahres- auf den Halbjahresultimo?, PiR 2007, S. 292ff.; LÜDENBACH/HOFFMANN, Verbindliches Mindestgliederungsschema für die IFRS-Bilanz, KoR 2004, S. 89ff.; VATER, Financial Covenants im IFRS-Abschluss, PiR 2010, S. 128ff.; ZÜLCH/FISCHER, Die Neuregelungen des überarbeiteten IAS 1, PiR 2007, S. 257ff.

Vorbemerkung
Die Kommentierung bezieht sich auf IAS 1 und berücksichtigt alle Ergänzungen, Änderungen und Interpretationen, die bis zum 1.1.2011 beschlossen wurden. Einen Überblick über ältere Fassungen sowie über diskutierte oder schon als Änderungsentwurf vorgelegte künftige Regelungen enthalten Rz 87ff.

1 Zielsetzung und Regelungsinhalt von IAS 1

1.1 Anforderungen an Zweck, Inhalt und Gliederung des Jahresabschlusses

1 IAS 1 verfolgt das ausdrückliche Ziel, im Interesse der inneren (interperiodischen) und äußeren (zwischenbetrieblichen) Vergleichbarkeit von Abschlüssen Grundregeln für **Inhalt** und **Form** von Jahresabschlüssen festzulegen (IAS 1.1). In diesem Rahmen werden drei Themenschwerpunkte behandelt:

- **Allgemeine** Überlegungen: Zweck des Jahresabschlusses, *fair presentation* (→ § 1 Rz 66).
- **Inhalt des Jahresabschlusses:** Pflichtbestandteile, Darstellungsprinzipien, Darstellungsstetigkeit (Rz 16), Saldierungsverbot (Rz 22), Wesentlichkeit (Rz 20), Vorjahresvergleich.
- **Gliederung** und Inhalt von Bilanz (Rz 28), GuV (Rz 52), Eigenkapitalveränderungsrechnung (→ § 20) und Anhang (→ § 5).

1.2 Verhältnis von IAS 1 zum *Framework* und zu IAS 8

Dem in IAS 1.1. festgehaltenen Ziel der **inneren und äußeren Vergleichbarkeit** sind in gleicher Weise auch das *Framework* und IAS 8 verpflichtet (IAS 8.1). Zwischen diesen drei Regelungen bestehen vor allem in der Frage der Anwendung und Auswahl von Bilanzierungsmethoden *(application and selection of accounting policies)* starke **Überlappungen.** 2

- Welches die **auf einen IFRS-Abschluss anwendbaren Regeln** sind bzw. unter welchen Voraussetzungen ein Abschluss als IFRS-Abschluss bezeichnet werden darf, wird sowohl in IAS 1.15ff. als auch in IAS 8.7ff. und im *Framework* behandelt (→ § 1 Rz 52).
- Jede (ökonomisch sinnvolle) Regelanwendung steht unter dem **Vorbehalt der materiality**. Auf unwesentliche Sachverhalte brauchen komplexe Regeln nicht angewandt zu werden. Ausführungen zur *materiality* finden sich sowohl in IAS 1.29ff. als auch in IAS 8.8 und wiederum im *Framework* (→ § 1 Rz 61).
- Die (sinnvolle) Anwendung der Rechnungslegungsregeln unterliegt weiterhin dem **Vorbehalt der true and fair presentation.** Ausführungen hierzu finden sich in IAS 1.15ff., IAS 8.10ff. und im *Framework* (→ § 1 Rz 66).
- Schließlich gibt der Zweck der inneren Vergleichbarkeit der Regelanwendung eine **Stetigkeitsvorgabe**. Regeln sollen konsistent angewendet werden. Dieses Problem wird in IAS 1.45 und im *Framework* (→ § 1 Rz 16), hauptsächlich aber in IAS 8.14ff. behandelt (→ § 24 Rz 5ff.).

Diese im Regelwerk fragmentierten Themen sind zusammenzuführen, soweit nicht ausnahmsweise eine ganz unterschiedliche Schwerpunktsetzung die Fragmentierung sachlich rechtfertigt. In diesem Sinne behandelt unsere Kommentierung die vorgenannten Punkte überwiegend einheitlich. Es wird deshalb verwiesen 3

- zu den anwendbaren Regeln auf → § 1 Rz 52,
- zum Vorbehalt der *materiality* auf → § 1 Rz 61,
- zum Vorbehalt der *true and fair presentation* auf → § 1 Rz 66,
- zu den zulässigen Ausnahmen vom Stetigkeitsgebot auf → § 24 Rz 17.

Hingegen werden in diesem Paragrafen behandelt:

- Grundregeln zu Inhalt und Struktur des Jahresabschlusses, d.h.
  - die notwendigen **Abschlussbestandteile** (Rz 4),
  - die besondere Ausprägung des **Stetigkeitsgebots bei Ausweisfragen** (Rz 16),
  - die **Zusammenfassung und Untergliederung von Posten** der Bilanz und der GuV (Rz 20),
  - das **Saldierungsverbot** (Rz 22),
- die **Mindestgliederung der Bilanz** (Rz 40),
- die **Mindestgliederung der GuV** (Rz 52) bzw. **Gesamtergebnisrechnung** (Rz 79).

Jeweils in einem eigenen Paragrafen werden dagegen dargestellt:

- die in IAS 7 enthaltenen Regelungen zu **Kapitalflussrechnung** (→ § 3),
- die quer über alle Standards vorkommenden Angabepflichten für den **Anhang** (→ § 5),

- im Zusammenhang mit IAS 32 (Definition und Abgrenzung des Eigenkapitals) und IAS 1 (Gliederung des Eigenkapitals) die **Eigenkapitalveränderungsrechnung** (→ § 20).

2 Grundregeln für den IFRS-Abschluss

2.1 Abschlussbestandteile

4 Nach IAS 1.10 besteht der IFRS-Abschluss aus folgenden Bestandteilen:

- **Bilanz** (Rz 28),
- **Gesamtergebnisrechnung** (Rz 79),
- **GuV** (sofern nicht in die Gesamtergebnisrechnung integriert) (Rz 52),
- **Eigenkapitalveränderungsrechnung** (Rz 79),
- **Kapitalflussrechnung** (→ § 3),
- **Anhangsangaben** (→ § 5).

Die im September 2007 vorgelegte Neufassung von IAS 1 empfiehlt abweichend von der Vorgängerversion folgende Bezeichnungen:

- **statt „Bilanz"** *(balance sheet)* *„Darstellung der Vermögenslage" (statement of financial position)*
- statt **„Kapitalflussrechnung"** *(cash flow statement)* **„Darstellung der Zahlungsströme"** *(statement of cash flows).*

Die Wahl **anderer**, z.B. der bisherigen, Bezeichnungen ist aber ausdrücklich **erlaubt** (IAS 1.10).

5 Für **deutsche IFRS-Anwender**, die ihren Konzernabschluss als börsennotierte Unternehmen ab 2005 pflichtweise, als nicht börsennotierte Unternehmen wahlweise nach IFRS aufstellen, schreiben § 315a Abs. 1 und 3 HGB i.d.F. d. BilReG zusätzlich die Erstellung eines **Konzernlageberichts** vor. Dieser Abschlussbestandteil unterliegt nicht den IFRS-Regeln (IAS 1.13; → § 7 Rz 15).

2.2 Identifizierung der Abschlussbestandteile

6 Jeder Abschluss**bestandteil** ist unverwechselbar zu bezeichnen. Die folgenden Angaben sind, da für das Verständnis notwendig, in jedem Abschlussbestanteil zu leisten (IAS 1.51):

- Name des berichtenden Unternehmens,
- Bilanzstichtag bzw. Berichtsperiode und
- Berichtswährung und Rundungseinheit (z.B. TEuro oder Mio. Euro).

Für die zusätzlich in IAS 1.51 geforderte Angabe, ob es sich um einen Konzern- oder Einzelabschluss handelt, reicht u.E. ein einmaliger Hinweis im Abschluss aus.

Die Bezeichnung des Abschlusses oder des jeweiligen Abschlussbestandteiles kann bei **Non-Profit-Unternehmen** angepasst werden (IAS 1.5). Die Rechnungslegung einer gemeinnützigen, nicht kaufmännischen **Stiftung** könnte etwa als „Jahresrechnung", die Bilanz als „Vermögensrechnung" bezeichnet werden. Sinnvoll erscheint ein solches Vorgehen aber nicht, da die Verwendung besonderer Begriffe den Eindruck fehlender IFRS-Konformität erweckt.[1]

---

1 Zur Rechnungslegung von Stiftungen vgl. IDW HFA 5.

2.3 Übereinstimmungserklärung *(compliance statement)*

Der Abschluss und seine Bestandteile müssen nicht schon in ihrer Überschrift **als IFRS-konform identifiziert** werden. Die Bezeichnung *„Konzernabschluss der XY zum 31.12.01"* reicht bspw. aus. Die Bezeichnung *„IFRS-Konzernabschluss der XY zum 31.12.01"* ist weder notwendig noch üblich. 7
IAS 1.16 verlangt stattdessen eine ausdrückliche und vorbehaltslose Aussage im Anhang, dass der Abschluss in **Übereinstimmung** (*compliance*) mit den IFRS erstellt wurde. Zur Frage, welche Standards und sonstigen Verlautbarungen des IASB das verbindliche Regelwerk IFRS ausmachen, wird auf → § 1 Rz 52 verwiesen, zu den Folgen einer (fehlenden) *compliance*-Erklärung für die Frage, ob ein Unternehmen Erstanwender *(first-time adopter)* ist, auf → § 6 Rz 6.
Da auf der Basis der EU-IAS-Verordnung und ihrer Umsetzung in § 315a HGB (→ § 7 Rz 9) zur Erfüllung der gesetzlichen Rechnungspflichten IFRS insoweit anzuwenden sind, als die Standards von der **EU anerkannt *(endorsed)*** wurden, empfiehlt das ARC *(Accounting Regulatorys Committee)* folgende Fassung des *compliance statement*: „Dieser Abschluss ist in Übereinstimmung mit den IFRS, soweit diese von der EU angenommen wurden, erstellt." *(„This financial statement is prepared in accordance with IFRSs as adopted by the EU."*[2]*)*

2.4 Angabe von Vorjahreswerten

8 Die Angabe von Vorjahreswerten ist abweichend vom HGB für **alle Elemente** des Jahresabschlusses, insbesondere auch für den **Anhang** geboten (IAS 1.38). Hieraus ergibt sich etwa die Notwendigkeit, abweichend vom HGB einen Anlagespiegel auch für das Vorjahr darzustellen (§ 14 Rz 28).

9 Für nichtquantitative Informationen *(„narrative information")* gilt IAS 1.38 im Allgemeinen nicht. Lediglich im Einzelfall kann es auch hier sinnvoll oder notwendig sein, beide Jahre in Beziehung zu setzen (IAS 1.40).

> **Beispiel**
> Ende 01 geht eine Klage gegen U ein. Das Risiko des Prozessverlustes wird als außerordentlich gering *(remote)* angesehen, daher wird weder eine Rückstellung passiviert noch eine Anhangsangabe vorgenommen (→ § 21 Rz 112). Ende 02 wird das Risiko immer noch als gering, aber nicht mehr als *remote* angesehen, daher wird im Anhang über das Risiko berichtet (→ § 21 Rz 172). Sinnvollerweise wird dabei darauf verwiesen, dass die Klage schon zum vorherigen Stichtag anhängig war, das Risiko aber damals noch als außerordentlich gering eingestuft werden konnte.

10 Es gilt für die Rechenwerke des Abschlusses der Grundsatz der Ausweis- bzw. Darstellungsstetigkeit (IAS 1.45). Wird in begründeten Fällen (Rz 16) die Darstellung des Abschlusses geändert, sind auch die Vorjahresbeträge **neu zu gliedern** (IAS 1.41), außer wenn dies *impracticable,* d.h. mit vertretbarem Aufwand nicht durchführbar wäre. Mindestens in den Fällen, in denen sich die Umglie-

[2] Sitzung vom 30. November 2005: http://europa.eu.int/comm/internal_market/accounting/docs/arc/2005-11-30-summaryrecord_en.pdf.

derung auf die **Bilanz** bezieht, ist ergänzend zu der sonst geforderten Darstellung von zwei Bilanzstichtagen (aktuelles Jahr und Vorjahr) als drittes auch die **Eröffnungsbilanz** des Vorjahres darzustellen (IAS 1.10f. und IAS 1.39, Rz 18).

11 IAS 1.38ff. behandelt nur Einschränkungen der Vergleichbarkeit durch Änderungen auf der **Abbildungsebene** (Bilanz usw.). Die Vergleichbarkeit kann aber auch durch Veränderungen auf der **Sachverhaltsebene** leiden. Hierzu folgendes Beispiel:

> **Beispiel**
> Anfang 02 wird ein bedeutendes Tochterunternehmen erworben. Seine Einbeziehung in den Konzernabschluss führt zu gravierenden Änderungen in Umsatz, Materialaufwand usw.
> Die Veränderungen zum Vorjahreswert (Umsatzwachstum usw.) sind unter diesen Umständen wenig aussagekräftig.
> Eine Anpassung der Vorjahresbeträge ist jedoch nicht geboten, da derartige Fälle nicht in den Anwendungsbereich von IAS 1.41 fallen. Gegen zusätzliche Informationen (Pro-forma-Zahlen des Vorjahres) ist hingegen nichts einzuwenden. Sie werden im konkreten Fall der Änderung des Konsolidierungskreises z.B. durch IFRS 3 angeregt (→ § 31 Rz 210).

2.5 Länge der Berichtsperiode, Änderung des Geschäftsjahres[3]

12 Nach IAS 1.36 Satz 1 beträgt der **regelmäßige Berichtszeitraum 12 Monate.** Unter *materiality*-Vorbehalt kann er mit Rücksicht auf Branchenusancen nach IAS 1.50 im Einzelfall auch 52 Wochen umfassen.

Für den Fall einer **Änderung des Geschäftsjahres** trifft IAS 1.36 Satz 2 folgende Regelungen:

„*Wenn sich der Bilanzstichtag eines Unternehmens ändert und der Abschluss für einen Zeitraum aufgestellt wird, der länger oder kürzer als ein Jahr ist, hat ein Unternehmen zusätzlich zur Berichtsperiode, auf die sich der Abschluss bezieht, anzugeben:*

- *a) den Grund für die Verwendung einer längeren bzw. kürzeren Berichtsperiode; und*
- *b) die Tatsache, dass Vergleichsbeträge … nicht vollständig vergleichbar sind.*“

Im Vordergrund steht die Regelung der Rechtsfolgen (Anhangsangaben) einer Umstellung des Geschäftsjahres. Diese Rechtsfolgenregelung erfolgt unter der Prämisse, dass durch die Umstellung des Geschäftsjahres eine **Übergangsperiode** entsteht, deren Dauer

- **weniger** als 12 Monate (Rumpfgeschäftsjahr) oder
- **mehr** als 12 Monate (extralanges Geschäftsjahr)

betragen kann. Eine Präferenz für eine der beiden Alternativen ist nicht zu erkennen. Für einen „reinen“, nicht der Erfüllung gesellschaftsrechtlicher Vorgaben oder nationaler Publizitätspflichten dienenden IFRS-Abschluss ergibt sich somit bei Änderung des Bilanzstichtags ein **Wahlrecht** zwischen Rumpf- und extralangem Geschäftsjahr.

3 Vgl. zum Nachfolgenden Lüdenbach, PiR 2007, S. 292ff.

Bei in Erfüllung **nationaler** Aufstellungs- bzw. Publizitätspflichten erstellten Abschlüssen kann dieses Wahlrecht **eingeschränkt** sein. Für eine in der EU ansässige Gesellschaft ist etwa folgende Arbeitsteilung zu beachten (→ § 32 Rz 88f.): 13

- **Ob** die Gesellschaft zur Erstellung eines Konzern- oder Einzelabschlusses verpflichtet ist, bestimmt sich nach dem **einzelstaatlichen Recht**, das infolge der Vierten und Siebten EU-Richtlinie erlassen wurde.
- **Wie** er zu erstellen ist, ergibt sich hingegen aus den **IFRS**, wenn diese pflichtweise (kapitalmarktorientierte Konzerne) oder freiwillig (sonstige Konzerne, je nach EU-Land auch Einzelabschlüsse) anzuwenden sind.

Die IFRS bestimmen dann nur den **Modus**, in dem eine nach nationalem Recht gegebene Rechnungslegungspflicht zu erfüllen ist. Sie werden zum Substitut für einen sonst nach nationalem Recht zu erstellenden Abschluss nach nationalem Recht. Aus dieser **Substitutionsrolle der IFRS** ergibt sich im deutschen Fall Folgendes:

- Die **Beschränkung** des Berichtszeitraums auf maximal 12 Monate ist nicht nur als ein die Konzernrechnungslegungspflicht betreffender GoB anerkannt.[4] Sie ergibt sich i.V.m. § 240 Abs. 2 Satz 2 HGB auch aus der Pflicht, den Konzernabschluss auf den Stichtag des Jahresabschlusses des Mutterunternehmens aufzustellen (§ 299 Abs. 1 HGB).
- Würde nun bei der Umstellung eines bisher kalendergleichen Geschäftsjahres auf ein z.B. jeweils von Juli bis Juni laufendes auf die Bildung eines Rumpfgeschäftsjahres verzichtet und stattdessen der Übergang durch einen 18 Monate umfassenden Berichtszeitraum abgebildet, entspräche dies zwar den IFRS, nicht aber dem Handelsrecht.
- Die handelsrechtlich vor Beginn des neuen Turnus bestehende Pflicht zur Konzernrechnungslegung auf den 31.12. bliebe in diesem Fall unerfüllt.
- Der geforderten Arbeitsteilung zwischen Handelsrecht (Konzernrechnungslegungspflicht) und IFRS (Modus der Erfüllung) würde in diesem Fall nicht Genüge getan, da ein für den 18-monatigen Berichtszeitraum 1.1.X0 bis 30.6.X1 erstellter IFRS-Konzernabschluss **kein Substitut** für einen zum 31.12.X0 zu erstellenden handelsrechtlichen Konzernabschluss darstellen kann.

Wegen der **Überlagerung** der IFRS durch das deutsche Recht ist daher bei Änderung des Bilanzstichtags die Bildung eines **Rumpfgeschäftsjahres** geboten.

Beispiel
Die X als Mutterunternehmen des X-Konzerns beschließt am 1. November 01 mit Wirkung ab 02/03 an die Stelle des bisherigen kalendergleichen Geschäftsjahres ein vom 1. Juli bis 30. Juni laufendes zu setzen. Die X ist konzernrechnungslegungspflichtig, jedoch nicht kapitalmarktorientiert. Die Rechnungslegungslegungspflicht wird nach § 315a Abs. 3 HGB auf IFRS-Basis erfüllt. Die X möchte unter Berufung auf IAS 1.36 auf die Bildung eines Rumpfgeschäftsjahres verzichten, stattdessen einen Konzernabschluss für den 18-monatigen Zeitraum 1.1.01 bis 30.6.02 vorlegen.

---

4 Vgl. ADS, 6. Aufl., § 299 HGB, Tz. 15.

Beurteilung
Der X-Konzern hat zu jedem Bilanzstichtag zu entscheiden, ob er eine durch das Handelsrecht gegebene Konzernrechnungslegungspflicht nach HGB oder wahlweise nach IFRS erfüllt. Erst der nach IFRS aufgestellte Konzernabschluss befreit von der Aufstellung eines handelsrechtlichen Konzernabschlusses. Würde nun auf den 31.12.01 kein IFRS-Konzernabschluss erstellt, träte die Befreiungswirkung nicht ein. Das Unternehmen bliebe in der Pflicht der Erstellung eines handelsrechtlichen Konzernabschlusses gleichen Datums. Ist dies nicht gewollt oder unter dem Gesichtspunkt der Bilanzierungskontinuität nicht zulässig, muss stattdessen ein IFRS-Konzernabschluss auf den 31.12.01 und sodann für das Rumpfgeschäftsjahr 1.1. bis 30.6.02 aufgestellt werden.

14 Das vorstehende Ergebnis ist Folge der handelsrechtlichen Beschränkung des Berichtszeitraums auf maximal 12 Monate. In einigen **angelsächsisch** geprägten Ländern sieht das nationale Recht keine solche Beschränkung vor, sondern präferiert bei Umstellung des Geschäftsjahres eher ein extralanges Übergangsjahr, dem dann auch nach IFRS gefolgt werden kann.

In **Österreich** ist die Lage nicht ganz eindeutig. Für den handelsrechtlichen Konzernabschluss sieht § 251 Abs. 1 UGB durch Verweis auf § 193 Abs. 3 UGB eine Beschränkung auf 12 Monate vor. In § 245a UGB, dem Pendant zum deutschen § 315a HGB, fehlt der Verweis auf § 193 Abs. 3 UGB. Ob aus diesem Fehlen der Schluss zu ziehen ist, dass für einen IFRS-Konzernabschluss die 12-Monats-Beschränkung nicht gilt, hängt von der Interpretation von § 193 Abs. 3 UGB ab.

- Sieht man hierin nur die Deklaration eines ohnehin geltenden GoB, bleibt der fehlende Verweis in § 245a UGB ohne Bedeutung; wie in Deutschland würde eine Beschränkung auf 12 Monate gelten.
- Spricht man der gesetzlichen Regelung konstitutiven Charakter zu, spricht der fehlende Verweis in § 245a UGB für eine Anwendung der „reinen“ IFRS.

3 Grundregeln der Gliederung der Abschlussbestandteile

3.1 Überblick

15 Für die Aufbereitung der Abschlussbestandteile gelten folgende gemeinsame **Regeln:**

- **Darstellungsstetigkeit** (IAS 1.45; Rz 16),
- **Zusammenfassung** und **Untergliederung** von Posten nach Maßgabe der Wesentlichkeit (IAS 1.29; Rz 20),
- (eingeschränktes) **Saldierungsverbot** (IAS 1.32; Rz 22),

3.2 Darstellungsstetigkeit

16 Ähnlich wie im Handelsrecht (§ 265 Abs. 1 HGB) gilt für den IFRS-Abschluss ein mit Ausnahmen versehener Grundsatz der Darstellungs- bzw. Ausweisstetigkeit: Die Darstellung und der Ausweis von Posten sind gem. IAS 1.45 beizubehalten. Eine **Abweichung** von der vorjährigen Gliederung ist nur dann **zulässig, wenn** entweder

- ein **IAS/IFRS** eine geänderte Darstellung fordert (IAS 1.45b) oder
- die geänderte Darstellung, insbesondere aufgrund veränderter operativer Sachverhalte, eine **angemessenere Präsentation** verspricht (IAS 1.45a).

Zur Konkretisierung dieser Kriterien wird auf → § 24 Rz 22ff. verwiesen.

Der Grundsatz der Darstellungsstetigkeit kann auf **verschiedene Ebenen** bezogen werden. Am Beispiel der **Bilanz** wäre Folgendes zu beachten: 17

- Auf der **obersten Ebene** dürfte nicht unbegründet zwischen einer **Bilanzgliederung nach Fristigkeit** (lang- vs. kurzfristige Vermögenswerte bzw. Schulden) und einer nach **Liquiditätsnähe** gewechselt werden (Rz 28ff.).
- Auf der **mittleren Ebene** dürften z.B. nicht unbegründet in einem Jahr technische und sonstige Anlagen in **einem** Posten und im anderen Jahr unter **verschiedenen** Posten dargestellt werden.
- Auf der **unteren Ebene** wäre ein unbegründeter Ausweis von Transportfahrzeugen in einem Jahr als technische und im anderen Jahr als sonstige Anlagen unzulässig.

Bei zulässigem (begründetem) Wechsel sind auch **die Vergleichsinformationen (Vorjahre) anzupassen** (IAS 1.41). Mindestens in den Fällen einer Umgliederung der **Bilanz** ist nach IAS 1.39 ergänzend zu der sonst geforderten Darstellung für zwei Bilanzstichtage (aktuelles Jahr und Vorjahr) als drittes Element auch die **Eröffnungsbilanz** des Vorjahres anzugeben (Rz 10). Dies gilt auch dann, wenn die Darstellung nicht freiwillig, sondern als Folge neuer oder ergänzter, pflichtweise retrospektiv anzuwendender Standards geändert wird. 18

Noch keine einheitliche Auffassung besteht hinsichtlich der Frage, ob bei jeder retrospektiven Änderung einer Rechungslegungsmethode, also auch bei einer, die nicht die Bilanz, sondern die Gesamtergebnisrechnung, Kapitalflussrechnung, Segmentrechnung oder den Anhang betrifft (IAS 8.14), eine dritte Bilanz erforderlich ist.

- Nach **wörtlicher Auslegung** von IAS 1.39 führt jeder retrospektive *change in accounting policy* mit Auswirkung auf die *financial statements* gem. IAS 1.10 (also z.B. auch nur auf den Anhang) zu einer dritten Bilanz (EöB des Vorjahres). Eine dritte Bilanz wäre daher im Abschluss 2009 z.B. erforderlich wegen erstmaliger Anwendung von IFRS 8 (Segmentbericht) und/oder des geänderten IFRS 7 (Anhangsangaben zu Finanzinstrumenten).
- **Ratio legis** von IAS 1.39(c) ist aber, Investoren und Gläubigern eine Beurteilung der tatsächlichen Entwicklung des Unternehmens im Zeitablauf auf Basis gleicher Rechnungslegungsmethoden zu ermöglichen (IAS 1.BC31). Nach diesem Zweck bestünde eine Verpflichtung zur Veröffentlichung einer dritten Bilanz nur, wenn ein *change in accounting policy* unmittelbar die Darstellung innerhalb der Bilanz (Ansatz, Bewertung oder Ausweis) beträfe. Die im vorigen Punkt angesprochenen (Beispiel-)Fälle würden somit keine Verpflichtung zur Veröffentlichung einer dritten Bilanz nach sich ziehen.
- Zwischen diesen beiden konträren Auslegungen ist u.a. noch eine **Zwischenposition** diskussionswürdig, die zwischen „primären" Abschlussbestandteilen (Rechenwerke i.S.v. IAS 1.10a-d) und den Anhangsangaben (IAS 1.10e) unterscheidet. Änderungen, die ausschließlich die Anhangsangaben betreffen (etwa IFRS 8 und *Amendment* IFRS 7), wären danach kein verpflichtender Auslöser für eine dritte Bilanz. Allerdings wäre auch nach dieser Position bei

erstmaliger Anwendung von IAS 1 rev. 2007 in 2009 eine dritte Bilanz erforderlich, da erstmalig eine Gesamtergebnisrechnung verpflichtend ist.

Bei einer Bilanzänderung stellt sich die Frage, welche Anhangsangaben zu den geänderten Posten zu leisten sind. Zwingend sind jedenfalls die Angaben gefordert, welche die Bilanzposten disaggregieren, also etwa den Posten Vorräte nach seiner Zusammensetzung erläutern. U. E. sind aber auch alle sonstigen Angaben erforderlich, die auf Bilanzposten bezogen sind, etwa eine Aufschlüsselung der Fälligkeit von Verbindlichkeiten nach IFRS 7 (→ § 28 Rz 315) oder des Gesamtvermögens nach Segmenten gem. IFRS 8 (→ § 36 Rz 92).

19 Für den **Anhang** hat die Darstellungsstetigkeit hauptsächlich auf der obersten Ebene (Struktur des Anhangs) Bedeutung. Die nächsten Ebenen folgen entweder den Rechenwerken (Bilanz, GuV usw.) oder haben ohnehin individuellen Gehalt und entziehen sich damit der Stetigkeitsanforderung.

Das Gebot der Darstellungsstetigkeit wandelt sich ausnahmsweise in ein Gebot einer **geänderten** Darstellung, wenn sich die Verhältnisse auf der Sachverhaltsebene so grundlegend gewandelt haben, dass eine Anpassung auf der Abbildungsebene notwendig ist (IAS 1.46).

Beispiel

Die Stadtwerke AG hat ihren Bereich Personenbeförderung mit Beschluss vom 1.12.02 und Wirkung ab 30.12.02 abgespalten. In den Vorjahren wurde in der Bilanz bei den Sachanlagen zwischen Fahrzeugen, Gebäuden und sonstigen Sachanlagen unterschieden, in der GuV zwischen Erlösen aus Energieversorgung, Transporterlösen und sonstigen Erlösen.

Mit der Abspaltung des Personenbeförderungsbereichs sinkt das Volumen der Positionen Fahrzeuge bzw. Transporterlöse unter das anderer in den sonstigen Sachanlagen bzw. Erlösen subsumierten Gruppen. Ein separater Ausweis wäre daher irreführend. Die Posten „Fahrzeuge" bzw. „Transporterlöse" sind in die sonstigen Sachanlagen bzw. Erlöse einzubeziehen, die Vorjahresbilanz ist entsprechend umzuklassifizieren.

Im Abgangsjahr sind die Ergebnisse aus dem abgehenden Bereich als Ergebnis aus *discontinued operations* zu erfassen (→ § 29).

3.3 Zusammenfassung und Untergliederung von Posten

20 Ihrer Art oder Funktion nach **unterschiedliche Gruppen von Geschäftsvorfällen** sind im Abschluss **gesondert** darzustellen, soweit sie wesentlich sind (IAS 1.29). Unwesentliche Beträge können auch dann zusammengefasst werden, wenn sie art- oder funktionsverschieden sind. Die Wesentlichkeit ist abgestuft zu beurteilen (→ § 1 Rz 59ff.). Ein Betrag, der zu gering ist, um in der **Bilanz** oder der GuV separat ausgewiesen zu werden, kann noch wesentlich genug sein, um im **Anhang** gesondert erläutert zu werden (IAS 1.30).

21 Das **Wesentlichkeitsurteil** ist auf die Verhältnisse des Einzelfalls gerichtet und daher notwendig stark **ermessensbehaftet** (→ § 1 Rz 61). Eine Selbstbindung dieses Ermessens durch Quantifizierung, z. B. durch Festlegung einer 5-%-Grenze im konzerneinheitlichen Bilanzierungshandbuch, ist nur eingeschränkt möglich, da je nach Art des betroffenen Geschäftsvorfalls auch ein höherer oder niedrigerer Wert angezeigt sein kann.

Beispiel
Das Bilanzierungshandbuch der U gibt die Gliederung des Umlaufvermögens in Vorräte, Kundenforderungen, Zahlungsmittel und sonstige Vermögenswerte vor. Unterpositionen, die weniger als 10 % der sonstigen Vermögenswerte ausmachen, sollen auch im Anhang nicht weiter aufgeschlüsselt werden.
Die U hat unbedingte *(Forwards)* und bedingte Termingeschäfte (Optionen) abgeschlossen, deren Stichtagswert *(fair value)* jeweils 8 % der Position sonstige Vermögenswerte beträgt.
Die U sieht im Hinblick auf die Unterschiedlichkeit bedingter und unbedingter Termingeschäfte eine Zusammenfassung beider Posten nicht als geboten an und verzichtet, da jede Position für sich die 10-%-Grenze unterschreitet, auf eine Aufschlüsselung im Anhang.

Beurteilung
Die Auffassung, bedingte und unbedingte Termingeschäfte seien separat zu würdigen, ist ebenso vertretbar wie die Gegenauffassung.
Der Bilanzansatz eines Termingeschäftes zum *fair value* sagt indes nur wenig über maximale Gewinnchancen und Verlustrisiken aus. Im Risikoteil des Anhangs sind daher nach IFRS 7 entsprechende Angaben gefordert. Die darin zum Ausdruck kommende besondere Bedeutung von Derivaten wirkt u. E. auf den Erläuterungsteils des Anhangs zurück. Es wäre unangemessen, die Finanzderivate in der Anhangserläuterung der sonstigen Vermögenswerte nicht zu erwähnen und dem durchschnittlich kundigen *(average prudent)* Bilanzadressaten Informationen über die Existenz der Derivate lediglich im Risikoteil zu bieten.

3.4 Saldierung von Posten

Die **Saldierung** von Vermögenswerten und Schulden bzw. Erträgen und Aufwendungen ist nur **ausnahmsweise** erlaubt, wenn eine entsprechende Regelung in einem Einzelstandard getroffen wird (IAS 1.32). Derartige Regelungen sind außerhalb von IAS 1 enthalten in: 22

- IAS 11 für aus Teilabrechnungen vereinnahmte Zahlungen auf **Fertigungsaufträge** (→ § 18 Rz 75),
- IAS 12 für **Steuer**ansprüche und -schulden (→ § 26 Rz 130),
- IAS 20 für **Investitionszuwendungen** bei Kürzung der Anschaffungs- oder Herstellungskosten (→ § 12 Rz 26),
- IAS 32.42 für aufrechnungsfähige **Forderungen und Verbindlichkeiten** (→ 28 Rz 64).

In der **GuV** können bzw. sollen gem. IAS 1.34 und 1.35 saldiert werden: 23

- Erlöse mit Erlös**minderungen** (→ § 25 Rz 105),
- Erlöse aus dem **Abgang von Anlagevermögen** mit dem Restbuchwert (wegen einer spezifischen Ausnahme vgl. Rz 59),
- Aufwendungen aus rückstellungspflichtigen Geschäftsvorfällen mit Erträgen aus korrespondierenden **Erstattungsansprüchen** gegenüber **Versicherungen,** Subunternehmern usw. (→ § 21 Rz 147).

Nach IAS 1.35 sind außerdem, soweit nicht wesentlich, saldierungsfähige Gewinne und Verluste aus **ähnlichen Aktivitäten**, z. B.

- Wechsel**kursgewinne** mit Wechsel**kursverlusten**,
- Gewinne aus der **Zeitbewertung** von Handelswerten mit entsprechenden Verlusten,
- Verluste aus dem **Abgang von Anlagevermögen** mit entsprechenden Gewinnen,
- Aufwendungen aus der Bildung von **Wertberichtigungen** auf Forderungen mit Erträgen aus der Auflösung von Wertberichtigungen,
- Zuführungen zu **Rückstellungen** mit Auflösungen,

saldiert auszuweisen.

24 **Klärungsbedürftig** ist der in IAS 1.35 enthaltene **besondere Vorbehalt der Wesentlichkeit.** IAS 8.8 stellt sämtliche Vorschriften des Regelwerks unter den *materiality*-Vorbehalt (→ § 1 Rz 59ff.). Einer besonderen „Erlaubnis" zur Saldierung unwesentlicher Geschäftsvorfälle bedürfte es insoweit nicht. Wenn IAS 1.35 dennoch die Saldierungsfähigkeit unwesentlicher Vorfälle betont, macht dies unter folgender Lesart Sinn:

- Elementares Gliederungsprinzip der Bilanz und GuV ist die Unterscheidung von Positionen **unterschiedlichen Vorzeichens**, d.h. der Vermögenswerte gegenüber den Schulden, der Erträge gegenüber den Aufwendungen. Die Aggregierung von Posten gleichen Vorzeichens ändert an der Bilanzsumme, an der Höhe der Erträge bzw. Erlöse und an darauf bezogenen **Kennziffern** (Eigenkapitalquote, Umsatzrendite etc.) nichts.
- Eine Saldierung von Vermögenswerten mit Schulden oder von Aufwendungen mit Erträgen **berührt** hingegen die Kerngrößen des Abschlusses und die darauf bezogenen **Kennziffern.**
- Es versteht sich daher nicht von selbst, dass unter ähnlichen Wesentlichkeitsanforderungen, nach denen eine Aggregierung von Geschäftsvorfällen gleichen Vorzeichens zulässig ist, auch eine Saldierung von Vorfällen **unterschiedlichen** Vorzeichens infrage kommt. Es bedarf hierzu einer **besonderen** Vorschrift, die in IAS 1.35 enthalten ist.

Die erweiterte Saldierungsmöglichkeit verdient auch wegen der **Abweichung** vom allgemeinen Handelsrecht[5] besondere Beachtung. Sie öffnet bilanzpolitische **Kompensations**möglichkeiten. Unklar ist, wie weit diese Möglichkeiten reichen, ob etwa Währungsverluste gegenüber dem Yen mit Währungsgewinnen gegenüber dem Dollar saldiert werden können.

An derartigen **Unklarheiten** leidet das Saldierungsverbot allerdings in Bezug auf die **gesamte** GuV. Die in der *Guidance on Implementing IAS 1* enthaltene Beispiel-GuV enthält u.a. folgende Posten:

- **Bestandsänderungen** fertige und unfertige Erzeugnisse: Eine Saldierung von Bestandserhöhungen bei fertigen Erzeugnissen (Ertrag) mit Bestandsminderungen bei unfertigen Erzeugnissen (Aufwand) ist danach zulässig.
- Für den Posten **Steueraufwand** *(income tax expense*; IAS 1.82d) und das
- **Ergebnis aus *equity*-Beteiligungen** (IAS 1.82c) ist u.E. eine Saldierung ebenfalls zulässig.
- **Finanzergebnis *(finance cost)***: Die herrschende Meinung interpretierte diesen nach IAS 1.82b geforderten Posten in der Vergangenheit als eine Saldo-

5 Für Banken handelsrechtlich allerdings ebenfalls Saldierungsmöglichkeiten und sog. Überkreuzkompensationen nach § 340c HGB.

größe, die u. a. Zinsaufwendungen mit Zinserträgen saldiert. Hieran kann nach Änderung von IFRS 7 nicht mehr festgehalten werden (Rz 70).

In Bezug auf die GuV ist im Übrigen die genaue **Reichweite des Saldierungsverbotes unbestimmt**. Wegen der Saldierung für Ergebnisse aus der *fair-value*-Bewertung von **Anlageimmobilien** vgl. → § 16 Rz 117.

Die Saldierung von Posten der **Kapitalflussrechnung** wird nicht in IAS 1, sondern in IAS 7.22 geregelt (→ § 3 Rz 40). 25

Keine Saldierung stellt dar und ist damit nicht nur zulässig, sondern u. E. geboten,[6] die „Verrechnung" von 26

- Forderungskonten mit korrespondierenden **Wertberichtigungs**konten (IAS 1.33),
- zu Anschaffungs-/Herstellungskosten geführten Konten des **Vorrats**vermögens mit Konten, auf denen die **aufgelaufene außerplanmäßige Abschreibung** festgehalten ist (IAS 1.33).

Ein **offenes Absetzen** erhaltener Anzahlungen vom Vorratsvermögen analog § 268 Abs. 5 Satz 2 HGB soll nach vor allem in der deutschen IFRS-Auslegung vertretener Auffassung kein *offsetting* (Tatbestandseite) und damit zulässig (Rechtsfolge) sein.[7] Die angenommene Rechtsfolge steht – unabhängig von der Interpretation der Tatbestandseite bzw. des Saldierungsbegriffs – im Widerspruch zu den Gliederungsvorschriften des IAS 1.60: Danach hat ein (nicht als Finanzinstitution tätiges) Unternehmen „kurzfristige und langfristige Vermögenswerte sowie kurzfristige und langfristige Schulden als getrennte Gliederungsgruppen in der Bilanz darzustellen". Ein offenes Absetzen widerspricht dieser **zwingenden Gliederungsvorschrift**. Es würde kurzfristige Schulden (erhaltene Anzahlungen) mit den Vorräten in einer Gruppe zusammenfassen, somit kurzfristige Vermögenswerte und kurzfristige Schulden nicht mehr wie verlangt in getrennten Gliederungsgruppen ausweisen. Nicht (notwendig) aus Sicht des Saldierungsverbots, dafür aber aus Sicht der Gliederungsgebote der IAS 1.60ff. ist daher ein offenes Absetzen **unzulässig.**[8] 27

4 Gliederung der Bilanz

4.1 Gliederung nach Fristigkeit oder nach Liquiditätsnähe

IAS 1.60 unterscheidet zwei Arten der Bilanzgliederung: nach 28

- **Fristigkeit** oder
- **Liquiditäts**nähe

der Vermögenswerte und Schulden.

Die Gliederung nach **Liquiditätsnähe** ist der **Ausnahmefall** ***(exception)***. Die Beanspruchung des Ausnahmestatus ist an den Nachweis des besseren Informationsgehalts gebunden. 29

Einen besseren Informationsgehalt erkennt der IASB bei **Banken** und ähnlichen Finanzinstituten an, hingegen regelmäßig nicht bei Unternehmen, die Waren oder Dienste innerhalb eines klar identifizierbaren Geschäftszyklus *(operation*

---

6 Nach anderer Auffassung besteht ein „Verrechnungs"-Wahlrecht, ADS International, Abschn. 7, Tz 41.

7 KÜTING/REUTER, KoR 2006, S. 1ff., sowie ADS International, Abschn. 15, Tz 14.

8 Zu Einzelheiten: LÜDENBACH, PiR 2006, S. 28ff.

cycle) anbieten (IAS 1.63). Gem. RIC 1.23 steht neben Banken auch Versicherungen sowie Investment-/Beteiligungsgesellschaften, deren Vermögenswerte und Schulden nahezu vollständig aus Finanzinstrumenten bestehen, die Gliederung nach Liquiditätsnähe offen. Wegen der Gliederung von Bankbilanzen wird auf → § 38 verwiesen.

30 Für Unternehmen **anderer Dienstleistungssektoren, Handelsunternehmen** und **produzierende Unternehmen** ist eine **Fristigkeitsgliederung** geboten. Eine **Mischung** von Liquiditäts- und Fristengliederung *(mixed basis of presentation)* ist zulässig, wenn zum Konsolidierungskreis sowohl Finanzinstitute als auch Produktions- oder Handelsunternehmen gehören (IAS 1.64).

4.2 Kriterien der Kurz- und Langfristigkeit

31 Die Unterscheidung in Kurz- und Langfristigkeit der Vermögenswerte und Schulden verlangt zunächst nach einer **Definition der Kurzfristigkeit**. Für die **Aktivseite** wird diese in IAS 1.66 wie folgt gegeben:
Ein Vermögenswert ist kurzfristig, wenn er
(a) ein **Zahlungsmittel** oder Zahlungsmitteläquivalent ist oder
(b) zum Verkauf oder Verbrauch innerhalb des normalen Verlaufs des ***operation cycle*** **(Geschäftszyklus)** bestimmt ist oder
(c) für **Handelszwecke (*trading purposes*)** gehalten wird oder
(d) seine Realisation innerhalb von **12 Monaten** nach dem Bilanzstichtag zu erwartet ist.

32 Das Verhältnis der vier Möglichkeiten ist teils durch **Überlappungen**, teils durch **Vorrangigkeiten** gekennzeichnet:

33 **(a) Zahlungsmittel und (d) 12-Monats-Regel:** Als **Zahlungsmitteläquivalente** sind i. d. R. nur solche Finanzwerte anzusehen, die eine ursprüngliche Laufzeit von **maximal 3 Monaten** haben, also z.B. monatliche oder quartalsmäßig fällige Festgelder, Geldmarktfondsanteile ohne längere Kündigungsfristen usw. (IAS 7.7). Bei mehr als 3-monatiger ursprünglicher Laufzeit, aber unter 12-monatiger Restlaufzeit liegt Kurzfristigkeit i.S. von (d) vor. Zahlungsmittel oder Zahlungsmitteläquivalente, deren Verfügbarkeit z.B. auf Grund von Verpfändungen über 12 oder mehr Monate **beschränkt** ist, gelten als langfristig (IAS 1.66d).

34 **(b) Geschäftszyklus und (d) 12-Monats-Regel:** Entscheidend für das Verhältnis dieser beiden Alternativen ist der Begriff des Geschäftszyklus. Er erfasst am Beispiel eines Produktionsunternehmens den Zeitraum zwischen dem Erwerb von Materialien, die in die Herstellung eingehen, und deren Realisation in Geld durch Veräußerung der Erzeugnisse. Insbesondere in Fällen **langfristiger Fertigung**, z.B. bei Bauunternehmen, kann dieser Zyklus mehr als 12 Monate betragen. Aber auch bei „normaler“ Fertigung kann die Verbrauchszeit von Vorräten und die Laufzeit von Forderungen aus Lieferung und Leistung über den 12-Monats-Zeitraum hinausreichen. Da die Vorräte bzw. Kundenforderungen aber gerade den *operation cycle* markieren, greift die 12-Monats-Regel in diesen Fällen nicht.

- **Vorräte** und **Kundenforderungen** gelten folgerichtig auch dann als kurzfristig, wenn die Realisationsperiode **mehr als 12 Monate** beträgt (IAS 1.68). Sie werden daher in der Bilanz insgesamt als kurzfristig ausgewiesen. Im **Anhang** ist jedoch offenzulegen, für welche Teile der Vorräte und Forderungen eine Realisierung erst nach 12 Monaten erwartet wird (IAS 1.61 und 1.65). Sind die Forderungen gestundet oder haben sie von Anfang an eine ungewöhnlich lange Laufzeit, kommt ein Ausweis unter den kurzfristigen Vermögenswerten nicht in Frage.[9]

- In allen **anderen** relevanten Fällen gelangt hingegen die **12-Monats-Regel** zur Anwendung. Soweit Wertpapiere keine Laufzeit (Aktien) oder zwar eine Laufzeit (Renten) haben, aber nicht bis zur Fälligkeit gehalten werden sollen, ist dabei darauf abzustellen, ob die Realisation innerhalb von 12 Monaten nach dem Bilanzstichtag erwartet wird.

IAS 1.66a spricht im Singular von „**dem** Geschäftszyklus" des Unternehmens. Fraglich könnte daher sein, ob in einem Unternehmen bzw. Konzern mit verschiedenen Geschäftsfeldern und demgemäß mit einer **Mehrzahl** von Geschäftszyklen zwingend die 12-Monats-Regel anzuwenden und demgemäß etwa Teile der Vorräte als langfristig auszuweisen sind. Der deutsche RIC hat zur Klärung eine entsprechende Anfrage an den IFRIC gerichtet, die dieser im Wege einer Non-Interpretation (→ § 1 Rz 54) beantwortet hat: Danach ist IAS 1.66a (und analog IAS 1.69a für Schulden) auch bei einer Mehrzahl von Geschäftszyklen anzuwenden; der sich erst binnen mehr als 12 Monaten umschlagende Teil des Vorratsvermögens ist daher bspw. nicht als langfristig auszuweisen.[10]

(c) Handelszwecke und (d) 12-Monats-Regel: Handelswerte *(held-for-trading assets* bzw. *liabilities)* i.S.v. IAS 39 (→ § 28 Rz 142ff.) waren nach früherem Wortlaut von IAS 1 als kurzfristig einzustufen. Eine solche Klassifizierung war insbesondere bei langlaufenden Derivate-Kontrakten dann nicht sachgerecht, wenn sie ökonomisch der Absicherung langfristiger Positionen (z.B. Absicherung eines lang laufenden Kredits durch einen Zinsswap) dienen, mangels Erfüllung der Voraussetzungen eines *hedge accounting* daher als *held-for-trading* zu klassifizieren sind. Das *Annual Improvements Project* 2008 hat diesen Mangel beseitigt. Nach den geänderten Fassungen von IAS 1.68 und 1.71 sind nur noch manche *(some) held-for-trading assets* oder *liabilities* als kurzfristig einzuordnen, ein langlaufendes, ökonomisch der Sicherung dienendes Derivat hingegen nicht bzw. nicht in vollem Umfang (Rz 36).

Bei **ausgereichten Annuitätendarlehen** und ähnlichen Finanzanlagen ist eine **Separierung des kurzfristigen Teils** (Fälligkeit in den nächsten 12 Monaten) gegenüber dem langfristigen Teil geboten. Der kurzfristige Teil *(current portion)* wird unter kurzfristigen Vermögenswerten ausgewiesen.

Schulden sind gem. IAS 1.69 als kurzfristig zu klassifizieren, wenn bzw. insoweit sie **35**

- innerhalb des gewöhnlichen Verlaufs des *operation cycle* oder
- innerhalb von **12 Monaten** nach dem Bilanzstichtag fällig sind oder aufgrund von dem Unternehmen nicht kontrollierter Umstände und Handlungen (z.B. ordentliche Kündigung durch Vertragspartner) fällig werden können.
- sie (z.B. als Derivat) für **Handelszwecke** gehalten werden.

Auch auf der **Passivseite** gilt als **Grundregel** die **12-Monats-Frist**. Wichtige **Ausnahmen** sind **Verbindlichkeiten aus Lieferungen und Leistungen** sowie **Rückstellungen** für operative Kosten, z.B. Gewährleistungsrückstellungen oder Urlaubsrückstellungen. Sie werden nach dem Geschäftszyklus und somit unab-

[9] Vgl. Bohl/Mangliers, in: Beck'sches IFRS-Handbuch, 2. Aufl., 2006, § 1, Tz 123.
[10] IFRIC, Update Juni 2005.

hängig von den 12 Monaten beurteilt (IAS 1.70). Entsprechend den Regelungen für die operativen Vermögenswerte (vgl. Rz 34) ist jedoch auch für die operativen Schulden eine Aufteilung in den innerhalb von 12 Monaten fälligen Teil sowie den erst danach fälligen Teil im Anhang geboten (IAS 1.61),

36 Wie bei Finanzanlagen (Rz 34) ist bei **Darlehensverbindlichkeiten** gem. IAS 1.71 eine **Aufspaltung** in den Tilgungsanteil der nächsten 12 Monate *(current portion of non-current liability)*, auszuweisen als kurzfristige Verbindlichkeit, und den später zu tilgenden Teil des Darlehens *(non-current portion)* vorzunehmen.

Offen ist, ob diese Aufteilungspflicht auch für derivative Kontrakte gilt.

Beispiel

Zur Sicherung eines variabel verzinslichen Darlehens mit einer Laufzeit von 5 Jahren und jährlichen Zinszahlungen wird ein fristengleicher Zinsswap (zahle fix, erhalte variabel) abgeschlossen. Der Swap hat am Bilanzstichtag einen negativen *fair value*.

Fraglich ist, ob die derivative Verbindlichkeit insgesamt als langfristig ausgewiesen werden kann oder ob eine Aufteilung des bilanzierten *fair value* auf den in 12 Monaten fälligen Zinstausch einerseits und die späteren Termine andererseits vorzunehmen ist.

Für eine Aufteilung spricht die allgemeine Vorgabe von IAS 1.71, **gegen** sie IAS 1.BC38c, der bez. Derivaten jeweils nur im Singular von Fälligkeit spricht. Das IFRIC fühlte sich nicht zuständig, da jede Aussage eher Anwendungshilfe (*application guidance*), damit allgemeiner Natur und somit nicht eine in den Verantwortungsbereich des IFRIC fallende Interpretation sei. Auch eine Klarstellung im Rahmen eines *Annual Improvements Project* wird ausgeschlossen.[11]

Soweit eine Aufteilung vorgenommen wird, ist sie ungleich **komplexer** als bei Annuitäten- oder Ratendarlehen, da nicht auf den Tilgungsanteil der nächsten Periode abgestellt werden kann, sondern der insgesamt bilanzierte *fair value* des Derivats nach Fälligkeiten der Zahlungsströme in seine rechnerischen Bestandteile zu zerlegen ist. Dabei muss ggf. zwischen **bedingte**n Vereinbarungen (etwa Zinsbegrenzungen, als *caps* oder *floors*) und **unbedingten** Termingeschäften (etwa *Swaps*) unterschieden werden. Im ersten Fall bedarf es einer Aufteilung des Gesamtwerts über ein **Optionspreismodell**, im zweiten Fall über die **relativen Barwerte** der erwarteten Austauschrelationen.[12]

Für langlaufende **Wandelschuldverschreibungen** und andere *convertible instruments*, die der Inhaber schon binnen der nächsten 12 Monate wandeln könnte, während bei Nichtwandlung die Rückzahlung erst nach 12 Monaten erfolgt, stellte sich folgendes Problem:

- Würde die Wandlung jeder anderen Form der Erfüllung (*settlement*), insbesondere der durch Geldzahlung, gleichgestellt, müsste der Ausweis unter kurzfristigen Verbindlichkeiten erfolgen;

11 Vgl. IFRIC/IASB, Information for Observer, March 2007, sowie IASB, Information for Observers, March 2008.

12 Vgl. im Einzelnen FREIBERG, PiR 2010, S. 299ff.

- würde umgekehrt auf den Abfluss von Zahlungsmitteln oder anderen Vermögenswerten abgestellt, wäre die Verbindlichkeit langfristig.

Das *Annual Improvements Project* 2009 entscheidet sich hier für die zweite Alternative. Durch eine Ergänzung von IAS 1.69d wird klargestellt:

Kann der Inhaber eines *convertible instrument* binnen 12 Monaten lediglich die Umwandlung in Eigenkapital, jedoch nicht die Rückzahlung in Geld oder anderen Vermögenswerten verlangen, ist die Verbindlichkeit langfristig.

Bei Darlehen sind außerdem diverse **Sonderregelungen für Prolongations- und** 37
Revolvierungsfälle zu beachten: Ursprünglich langfristige Schulden, deren Tilgung innerhalb von 12 Monaten nach dem Bilanzstichtag ansteht, dürfen ausnahmsweise dann weiterhin als langfristig ausgewiesen werden, wenn eine Vereinbarung über Umschuldung, Revolvierung usw. spätestens bis zum Bilanzstichtag getroffen ist. Eine Vereinbarung nach dem Bilanzstichtag, aber vor Bilanzfertigstellung reicht nicht aus (IAS 1.76). Kann innerhalb einer **Rahmenkreditvereinbarung** eine **Prolongation oder Revolvierung** über 12 Monate einseitig in Anspruch genommen werden und besteht die Absicht, entsprechend zu verfahren, ist ein Kredit trotz kürzerer einzelvertraglicher Restlaufzeit als langfristig zu klassifizieren (IAS 1.73).

Entsprechendes gilt u. E. jedoch nicht, wenn eine bereits am Stichtag ausgeübte oder in den nächsten zwölf Monaten ausübbare Prolongationsoption unter dem Vorbehalt wesentlich (i. S. v. IAS 39.40) **abweichender Konditionen** steht. Hier liegt im eigentlichen Sinne keine Verlängerung, sondern eine **Umschuldung** vor. Die bestehende Verbindlichkeit (mit einer Restlaufzeit von weniger als zwölf Monaten am Bilanzstichtag) wird erfüllt, eine neue begründet. Ein Ausweis der am Bilanzstichtag bestehenden Verbindlichkeit als langfristig scheidet aus.[13]

Schulden, die wegen Verletzung bestimmter Bedingungen (*breach of covenants*) 38
auf erste Anforderung zu zahlen sind, müssen nur dann nicht als kurzfristig ausgewiesen werden, wenn der Gläubiger spätestens bis zum Bilanzstichtag den Verzicht auf sein Anforderungsrecht erklärt hat (IAS 1.75).[14]

Beispiel

Die U GmbH nimmt am 31.12.01 ein endfälliges Darlehen mit 5-jähriger Laufzeit auf. Der Darlehensvertrag enthält sog. *financial covenants*, nach denen U die Einhaltung bestimmter Finanzkennzahlen, z. B. einer Mindesteigenkapitalquote, während der Vertragslaufzeit zusichert. Bei Verletzung der Bedingungen *(breach of covenants)* hat der Gläubiger ein außerordentliches Kündigungsrecht, das wie folgt gestaltet ist:

- Maßgeblich für die Einhaltung/Nichteinhaltung der Kennzahlen ist eine auf den Jahresabschluss und dessen Prüfung aufbauende Bescheinigung des Abschlussprüfers.
- Nach Zugang dieser Bescheinigung hat der Gläubiger zur Ausübung seines Kündigungsrechtes einen Monat Zeit.
- Übt er es nicht oder nicht in dieser Frist aus, läuft das Darlehen nach seinen ursprünglichen Bedingungen weiter.

13 Vgl. Freiberg, PiR 2010, S. 142ff.

14 Vgl. allgemein zu financial covenants: Vater, PiR 2010, S. 128ff.

Das Geschäftsjahr 02 bringt einen unerwartet starken Konjunktureinbruch. Bereits Ende Dezember ist das Unterschreiten der zugesicherten Eigenkapitalquote eindeutig. Der proaktive Vorstand geht daher mit ausgereiften und plausiblen Plänen für eine Erholung im Folgejahr unverzüglich auf den Gläubiger zu. Dieser ist von dem Vortrag so überzeugt, dass es schon im Januar 03 und damit noch vor Aufstellung und Prüfung des Jahresabschlusses zu folgender Verzichtserklärung des Gläubigers kommt: Der Gläubiger wird in 03 unter Berufung auf die Verletzung der *covenants* im Jahresabschluss 02 nicht kündigen.

Beurteilung

Die Vereinbarung von *covenants*, also die explizite vertragliche Regelung außerordentlicher Kündigungsrechte, hat noch keinen Einfluss auf die Bestimmung der Restlaufzeit. Solange der Eintritt der zu einer außerordentlichen Kündigung berechtigenden Bedingungen nicht überwiegend wahrscheinlich ist, erfolgt die Beurteilung der Restlaufzeit auf Basis der ordentlichen Kündigungsregeln.

Sobald der *breach of covenants* überwiegend wahrscheinlich wird oder sogar gewiss ist, entscheidet hingegen die außerordentliche Kündigungsmöglichkeit über die Restlaufzeit.

Am 31.12.02 ist eine Verletzung der *covenants* gewiss und damit die ordentliche Fälligkeit für die Beurteilung der Restlaufzeit nicht mehr maßgeblich.

Der vom Gläubiger nach dem Stichtag ausgesprochene Verzicht auf Ausübung der Kündigungsmöglichkeit ändert hieran nichts. Wie bei Prolongation eines kurzfristigen Kredits oder der mehr als 12-monatigen Verlängerung einer Kontokorrentlinie gilt: Nur wenn die entsprechenden Vereinbarungen vor dem Stichtag getroffen wurden, sind sie im Jahresabschluss bereits zu berücksichtigen. Eine Vereinbarung nach dem Stichtag ist auch dann nicht zu berücksichtigen, wenn sie noch in den Aufstellungszeitraum fällt. Die Ausübung eines einseitigen Rechts oder der Verzicht auf dessen Ausübung ist keine den Wert, Ansatz oder Ausweis erhellende Tatsache, sondern eine ändernde, und damit im Jahresabschluss nicht zu berücksichtigen.

Vgl. hierzu auch das Beispiel in → § 4 Rz 37.

Keine eindeutigen Regelungen bestehen für eine lediglich innerhalb der nächsten 12 Monate zu **erwartende** Verletzung von *covenants.*

Beispiel

Der Gläubiger eines langfristigen Darlehens hat ein außerordentliches Kündigungsrecht, wenn die Eigenkapitalquote des Unternehmens im Jahres- oder Quartalsabschluss unter 20 % sinkt. Seit dem Zeitpunkt der Darlehensvergabe ist die Eigenkapitalquote kontinuierlich von 25 % auf am Bilanzstichtag 31.12.01 20,1 % gesunken. Bei weiterhin schlechtem Ergebnis ist mit überwiegender Wahrscheinlichkeit damit zu rechnen, dass die vertragliche Eigenkapitalquote zum 31.3.02 erstmals unterschritten wird.

U. E. ist in derartigen Fällen am Bilanzstichtag (im Beispiel 31.12.01) noch keine Umklassifizierung in eine kurzfristige Verbindlichkeit geboten, da die für den

Folgezeitraum erwartete Verletzung der *covenants* Ergebnis der Nachstichtagsentwicklung ist, also **friständernden**, nicht lediglich fristerhellenden Charakter hat. Eine **spiegelbildliche Problemlage** ergibt sich, wenn ein Unternehmen ein von *covenants* abhängiges **Recht** auf **Verlängerung** eines ansonsten kurzfristig fälligen Darlehens hat.

Beispiel
Das Unternehmen hat als Schuldner eines planmäßig am 1.8.02 fälligen Darlehens ein Recht auf Verlängerung um 24 Monate, wenn die Eigenkapitalquote des Unternehmens per 30.6.02 über 20 % steigt. Seit Darlehensaufnahme vor zwei Jahren ist die Quote kontinuierlich von 15 % auf 19,9 % am Bilanzstichtag 31.12.01 gestiegen. Bei weiterhin gutem Ergebnis wird mit überwiegender Wahrscheinlichkeit die zur Vertragsverlängerung berechtigende Eigenkapitalquote zum 30.6.02 erreicht.

In Anwendung der obigen Überlegungen gilt u.E. hier: Am Bilanzstichtag ist noch keine Umklassifizierung in eine langfristige Verbindlichkeit möglich, da die für den Folgezeitraum erwartete Realisierung der *covenants* **Nachstichtagscharakter** hat.

Nicht eindeutig geregelt ist die Behandlung der Penionsrückstellungen und 39
sonstiger Rückstellungen für **Leistungen an Arbeitnehmer** (→ § 22).

- Der Hinweis in IAS 1.70, dass einige Rückstellungen/Abgrenzungen für Personalaufwendungen *(some accruals for employee costs)* Teil des *working capital* und damit des Geschäftzyklus sein könnten, und zwar auch dann, wenn sie nicht binnen 12 Monaten fällig seien, bezieht sich nicht auf kurzfristige Leistungen i.S. von IAS 19.7 und 8. Diese sind ohnehin als binnen 12 Monaten fällig definiert. Überlegungen zum später fälligen Teil würden daher ins Leere laufen. U. E. zielt die Bemerkung in IAS 1.70 z.B. auf Tantieme- oder Urlaubsrückstellungen mit einer (teilweisen) Restlaufzeit von mehr als 12 Monaten. Sie können (insgesamt) als kurzfristig ausgewiesen werden. Im Anhang, aber nicht auf Bilanzebene ist eine Aufteilung in den kurz- und langfristigen Teil geboten (vgl. Rz 34 und Rz 35).
- Bei **Pensionsrückstellung** stellt sich hingegen die Frage, ob eine Aufteilung in den kurz- und langfristig fälligen Teil wie bei Ratendarlehen schon auf Bilanzebene notwendig ist. IAS 19.118 verzichtet explizit auf eine Regelung dieser Frage *(„This standard does not specify whether an entity should distinguish current and non-current portions")* und verweist damit indirekt auf IAS 1. Dort ist die Frage aber konkret nur für Finanzverbindlichkeiten geregelt (IAS 1.71; vgl. Rz 36). Der herrschenden Praxis folgend halten wir daher eine Aufteilung der Pensionsrückstellungen auf Bilanzebene für zwar zulässig, aber nicht geboten (ähnlich RIC 1.32). Hierfür sprechen regelmäßig auch *materiality*-Überlegungen. Aus Wesentlichkeitsgesichtspunkten kann im Übrigen auch eine Aufschlüsselung im Anhang meist unterbleiben, um die ohnehin umfangreichen Angabepflichten zu Pensionen, ihrer Entwicklung in der abgelaufenen Periode und zum Pensionsaufwand gem. IAS 19.120ff. (→ § 22 Rz 85ff.) nicht noch zu erweitern.

4.3 Mindestgliederung der Bilanz

40 IAS 1.54 enthält eine Liste der Posten, die zwingend in der **Bilanz selbst (*on the face of the balance sheet*)** auszuweisen sind. Die Systematik der Liste erschließt sich nicht unmittelbar. Da bestimmte Posten, etwa (übrige) Finanzanlagen, in der Liste nicht enthalten sind, könnte man eine unvollständige Auflistung von Bilanzposten annehmen, aus denen sich ein verbindliches Mindestgliederungsschema nicht ableiten ließe. Eine solche Sichtweise halten wir für unzutreffend.[15] Im Zusammenspiel mit IAS 1.60 lässt sich aus IAS 1.54 vielmehr eine für Industrie-, Handels- und Dienstleistungsunternehmen **verbindliche Mindestgliederung** ableiten. Beispielhaft sei dies zunächst an zwei Aspekten dargestellt:

- IAS 1.54 verlangt einen Posten „Finanzielle Vermögenswerte", der jedoch nicht die separat auszuweisenden *at-equity*-Beteiligungen (IAS 1.54e), Forderungen (IAS 1.54h) und Zahlungsmittel (IAS 1.54a) umfassen darf und deshalb den Charakter „übrige finanzielle Vermögenswerte" hat.
- Nach IAS 1.60 sind (mit den genannten Ausnahmen) kurz- und langfristige Vermögenswerte separat auszuweisen. Die „übrigen finanziellen Vermögenswerte" sind mithin in „übrige langfristige finanzielle Vermögenswerte/übrige Finanzanlagen" und „übrige finanzielle kurzfristige Vermögenswerte" zu unterteilen.
- IAS 1.55 sieht die Angabe von Überschriften und Zwischensummen vor, wenn eine solche Darstellung relevant für das Verständnis ist. Bei einer Gliederung der Bilanz nach Fristigkeit verdichtet sich u. E. diese Vorgabe zu einem Gebot, langfristige Vermögenswerte unter dieser oder einer gleichwertigen Überschrift (z.B. Anlagevermögen) zusammenzuführen und jeweils eine Zwischensumme der Bilanz zu bilden. Entsprechendes gilt für die kurzfristigen Vermögenswerte bzw. das Umlaufvermögen.
- Im Zusammenspiel der Vorschriften sind daher im finanziellen Anlagevermögen mindestens die Positionen *equity*-Beteiligungen und übrige Finanzanlagen (gesondert) auszuweisen. Freiheiten bestehen dann lediglich noch in der Bezeichnung. Statt von übrigen Finanzanlagen mag von übrigen finanziellen Vermögenswerten des Anlagevermögens oder von übrigen langfristigen finanziellen Vermögenswerten gesprochen werden. Entsprechende Überlegungen lassen sich wiederum auf das kurzfristige Vermögen/Umlaufvermögen übertragen.

41 Pointiert zusammengefasst können die Regelungen von **IAS 1.51, IAS 1.68 und IAS 1.69** u. E. als eine Art **Gleichungssystem** verstanden werden, das nicht mehr Variable als Gleichungen enthält und deshalb – allgemeine Vorbehalte wie den der *materiality* außen vor gelassen – in seiner **Lösung eindeutig** ist.

Eine nach **Fristigkeit** gegliederte Bilanz muss danach, soweit entsprechende Geschäftsvorfälle vorliegen, **mindestens folgende** Posten enthalten:

- im **langfristigen Vermögen *(non-current assets)***
  - immaterielle Anlagen (IAS 1.54c)
  - Sachanlagen (IAS 1.54a)
  - *investment properties* (IAS 1.54b)

[15] Vgl. LÜDENBACH/HOFFMANN, KoR 2004, S. 89. Die nachfolgenden Ausführungen stützen sich im Wesentlichen auf diesen Beitrag.

- *at-equity*-Beteiligungen (IAS 1.54e)
- übrige Finanzanlagen (IAS 1.54d i.V.m. IAS 1.60)
- latente Steuern (IAS 1.54o i.V.m. IAS 1.60 und IAS 1.56)

• im **kurzfristigen Vermögen** ***(current assets)***
- Vorräte (IAS 1.54g)
- Forderungen (IAS 1.54h)
- übrige finanzielle Vermögenswerte (IAS 1.54d i.V.m. IAS 1.60)
- übrige Steuerforderungen (IAS 1.54n)
- sonstige nichtfinanzielle Vermögenswerte (IAS 1.54g und d i.V.m. IAS 1.60)
- Zahlungsmittel (IAS 1.54i)

• im **Eigenkapital**
- eingezahltes Kapital und Rücklagen (inkl. noch nicht ausgeschüttete Gewinne; IAS 1.54r)
- nicht beherrschende Anteile (IAS 1.54q)

• in den **langfristigen Schulden**
- langfristige finanzielle Verbindlichkeiten (IAS 1.54m i.V.m. IAS 1.60)
- langfristige Rückstellungen (IAS 1.54l i.V.m. IAS 1.60)
- latente Steuern (IAS 1.54o i.V.m. IAS 1.60 und IAS 1.56)

• in den **kurzfristigen Schulden**
- Verbindlichkeiten L+L und sonstige (IAS 1.54k)
- übrige kurzfristige finanzielle Verbindlichkeiten (IAS 1.54m i.V.m. IAS 1.60)
- kurzfristige Rückstellungen (IAS 1.54l i.V.m. IAS 1.60)
- Steuerverbindlichkeiten (IAS 1.54n)

Fehlanzeigen (Leerposten) sind nicht anzugeben. Zu beachten ist aber die Angabepflicht für das **Vorjahr**. 42

Latente Steuern sind nach unserer Interpretation von IAS 1.56 den langfristigen Vermögenswerten/Schulden zuzurechnen (→ § 26 Rz 130). Isoliert betrachtet könnte das in IAS 1.70 enthaltene Verbot eines Ausweises latenter Steuern im kurzfristigen Bereich auch als Rechtfertigung für einen Ausweis außerhalb des Anlage- und Umlaufvermögens bzw. außerhalb der langfristigen/kurzfristigen Schulden verstanden werden. Die Passivseite der Bilanz wäre danach in Eigenkapital, langfristige Schulden, kurzfristige Schulden und latente Steuern zu untergliedern. Die (deutsche) IFRS-Praxis ist bis 2004 häufig in dieser Weise verfahren. Der ab 2005 geltenden Fassung von IAS 1 würde dieses Vorgehen aber widersprechen, da mit den genannten Ausnahmen für Finanzinstitute (Rz 29) keine Abweichung von der Fristigkeitsgliederung vorgesehen ist. Im Rahmen des *convergence project* wird jedoch diskutiert, **zukünftig** entsprechend den amerikanischen Regelungen die kurz- und langfristigen Teile der latenten Steuern ggf. separat auszuweisen (→ § 26 Rz 132). 43

Die aus vorstehenden Überlegungen entwickelte Mindestgliederung der **Passivseite** mit **primärer** Untergliederung der Schulden in lang- und kurzfristig und erst **sekundärer** Untergliederung nach Art der Schuld (Verbindlichkeit, Rückstellung, Steuerschuld) und/oder Liquiditätsnähe hat sich inzwischen auch in der Praxis durchgesetzt. 44

45 Abgrenzungsprobleme bereitet die Unterscheidung von **Forderungen** (***receivables***) und **Verbindlichkeiten** (***payables***) gegenüber sonstigen **finanziellen** Vermögenswerten und Schulden.

Nach IAS 1.78b gehören zu den Forderungen Vorauszahlungen bzw. **geleistete Anzahlungen** (***prepayments***). Der Begriff der Forderungen wäre danach sehr weit zu interpretieren. Andererseits differenziert IAS 39 zwischen Darlehens-/Kredit-Forderungen *(loans)* und „eigentlichen“ Forderungen *(receivables).* Aus dieser Perspektive ist eine Darlehensforderung im langfristigen Teil „übrige Finanzanlage“, im kurzfristigen, innerhalb der nächsten 12 Monate fälligen Teil „übriger finanzieller Vermögenswert“.

Eine Analogbewertung auf der Passivseite führt zur Differenzierung zwischen Verbindlichkeiten (aus Lieferungen und Leistungen, aus erhaltenen Anzahlungen und im Voraus vereinnahmten Mieten usw.) und sonstigen finanziellen Schulden (aus Darlehensbeziehungen, Derivaten usw.).

46 Erhaltene und geleistete **Anzahlungen** sind im Einzelnen wie folgt auszuweisen (zur Bewertung und zu Diskontierungsgesichtspunkten vgl. → § 17 Rz 20):

- **Erhaltene** Anzahlungen auf **Fertigungsaufträge** nach IAS 11 sind unter den in → § 18 Rz 75ff. dargelegten Voraussetzungen mit Forderungen aus Fertigungsaufträgen zu saldieren. Ansonsten sind sie als kurzfristige Verbindlichkeiten auszuweisen.
- **Erhaltene** Anzahlungen auf **Vorräte** (Waren oder Erzeugnisse) sind aus den unter Rz 27 dargelegten Gründen weder saldierungsfähig noch offen absetzbar. Sie werden passivisch ausgewiesen, wegen des Zusammenhangs mit dem Geschäftszyklus (Rz 34) ebenfalls unter den kurzfristigen Schulden.
- **Geleistete** Anzahlungen auf **Vorräte** sind als kurzfristige Vermögenswerte darzustellen.
- **Geleistete** Anzahlungen auf **Anlagen** sind u.E. unabhängig davon, ob die Anlage binnen 12 Monaten angeschafft wird, im langfristigen Bereich auszuweisen.[16] Offensichtlich hängen sie weder mit dem Geschäftszyklus zusammen noch dienen sie Handelszwecken. Unklar könnte sein, ob die Verrechnung mit der Kaufpreisverbindlichkeit binnen 12 Monaten eine Realisation i.S. von IAS 1.66 darstellt. U. E. ist der Realisationsbegriff jedoch enger als Erledigung durch fristgerechte Rückzahlung zu interpretieren.

Vorauszahlungen oder im Voraus getätigte Einnahmen auf Dienstleistungen oder Nutzungsüberlassungen **(Rechnungsabgrenzungsposten** i. S. d. Handelsrechts) gelten nach IFRS als Vermögenswerte oder Schulden. Sie sind jedenfalls dann im **kurzfristigen** Bereich auszuweisen, wenn die Gegenleistung binnen 12 Monaten fällig ist. Bei längerer Frist kann ein (Teil-)Ausweis im **langfristigen** Bereich geboten sein.

47 Das Ergebnis vorstehender Überlegungen ist im nachfolgenden Gliederungsschema wiedergegeben. Das Eigenkapital ist abweichend vom nicht verbindlichen *Guidance on Implementing IAS 1* nicht in gezeichnetes Kapital, Kapitalrücklagen, Gewinnrücklagen und Jahresergebnis gegliedert. Die **Mindest**gliederung interpretiert *„capital and reserves“* (IAS 1.54r) vielmehr i. S. d. englischen Rechnungslegungspraxis als Summe aller Eigenkapitalpositionen (vor Minderheitenanteil). Interpretiert man *„reserves“* enger als „Rücklagen“, müssen Bilanz, Ge-

16 Gl. A. HEUSER/THEILE, IFRS-Handbuch, 3. Aufl., 2009, Tz 4148.

winnvortrag und Jahresergebnis (oder Bilanzgewinn) zusätzlich ausgewiesen werden. Zu weiteren Untergliederungsmöglichkeiten wird auf → § 20 verwiesen.

48 Nicht berücksichtigt sind **besondere Posten** z.B. für Forderungen aus langfristigen **Fertigungsaufträgen** (→ § 18 Rz 75), **biologische** Vermögenswerte (→ § 40) oder **Investitionszuschüsse** (→ § 12 Rz 26). Insoweit wird auf die Einzeldarstellungen verwiesen. Einbezogen sind hingegen die zur Veräußerung bestimmten Anlagen/Anlagengruppen und die mit ihnen verbundenen Schulden. Unter den in → § 29 Rz 6ff. und Rz 38f. beschriebenen sachlichen und zeitlichen Voraussetzungen verlangt IFRS 5.38 den separaten Ausweis in der Bilanz, entweder als **Unterposition** der kurzfristigen Vermögenswerte und Schulden oder wie in unserem Schema als **eigenständige** Position. Aufschlüsselungen sind im Anhang vorzunehmen. Abweichend vom nachfolgenden Schema ist ein gesonderter Ausweis auf Bilanzebene dann entbehrlich, wenn nur einzelne, auch in Summe nicht wesentliche Vermögenswerte und Schulden, zum Abgang bestimmt sind.

LANGFRISTIGES VERMÖGEN	
immaterielle Vermögenswerte *(intangible assets)*	xx
Sachanlagen *(property, plant, equipment)*	xx
Finanzimmobilien *(investment properties)*	xx
at-equity-Beteiligungen *(at-equity investments)*	xx
sonstige Finanzanlagen *(other non-current financial assets)*	xx
latente Steuern *(deferred tax assets)*	xx
	XXX
KURZFRISTIGES VERMÖGEN	
Vorräte *(inventories)*	xx
Forderungen L+L *(trade receivables)*	xx
sonstige kurzfristige finanzielle Vermögenswerte *(other current financial assets)*	xx
Steuerforderungen *(current tax assets)*	xx
sonstige nichtfinanzielle Vermögenswerte *(other non-financial assets)*	xx
Zahlungsmittel *(cash and cash equivalents)*	xx
	XX
ZUR VERÄUSSERUNG BESTIMMTE ANLAGEN *(non-current assets classified as held for sale)*	XXX
SUMME VERMÖGENSWERTE	ZZZ

EIGENKAPITAL	
eingezahltes Kapital und Rücklagen *(issued capital and reserves)*	xx
nicht beherrschende Anteile *(non-controlling interests)*	xx
	XXX
LANGFRISTIGE SCHULDEN	
langfristige finanzielle Verbindlichkeiten *(non-current financial liabilities)*	xx
langfristige Rückstellungen *(non-current provisions)*	xx
Abgegrenzte öff. Investitionszuwendungen *(deferred government grants related to assets)*	xx
latente Steuern *(deferred tax liabilities)*	xx
	XXX
KURZFRISTIGE SCHULDEN	
kurzfristige Verbindlichkeiten L+L und sonstige *(trade and other payables)*	xx
übrige kurzfristige finanzielle Verbindlichkeiten *(other current financial liabilities)*	xx
kurzfristige Rückstellungen *(current provisions)*	xx
Steuerschulden *(current tax liabilities)*	xx
	XXX
SCHULDEN I. V. M. ZUR VERÄUSSERUNG BESTIMMTEN ANLAGEN *(liabilities directly associated with non-current assets classified as held for sale)*	XXX
SUMME EIGENKAPITAL UND SCHULDEN	ZZZ

Tab. 1: Grundstruktur der Bilanz in Kontoform

Das Schema ist in Kontoform gegliedert. Andere Gliederungsformate, insbesondere eine **Staffelform,** sind ebenfalls zulässig. In Staffelform könnte eine nach Fristigkeit gegliederte Bilanz etwa in folgender Grundstruktur präsentiert werden:

kurzfristige Vermögenswerte	xx	
– kurzfristige Schulden	–xx	
= kurzfristige Vermögenswerte/Schulden (netto)		xxx
+ langfristige Vermögenswerte	yy	
– langfristige Schulden	–yy	yyy
= Eigenkapital		zzz

Tab. 2a: Grundstruktur der Bilanz in Staffelform: Kurzform

langfristige Vermögenswerte		xx
kurzfristige Vermögenswerte	x	
– kurzfristige Verbindlichkeiten	–x	
= kurzfristige Vermögenswerte/Schulden netto *(net current assets* oder *net current liabilities)*		xx
gesamte Vermögenswerte minus kurzfristige Schulden *(total assets less current liabilities)*		xxx
– langfristige Schulden		yyy
= Eigenkapital		zzz

Tab. 2b: Grundstruktur der Bilanz in Staffelform: erweiterte Form

4.4 Ergänzungen des Mindestgliederungsschemas

49 Das **Mindest**gliederungsschema ist nach IAS 1.57f. durch weitere Untergliederung der Posten zu **erweitern**, soweit die zur Zusammenfassung in einem Posten vorgesehenen Geschäftsvorfälle sich nach Größe, Art oder Funktion genügend *(sufficiently)* unterscheiden und deshalb ein separater Ausweis für die Vermögenslage relevant ist. Diese Formulierung eröffnet erhebliche Ermessensspielräume, die von der Praxis zugunsten einer hoch aggregierten Bilanz genutzt werden, die das Mindestgliederungsschema überhaupt nicht oder nur wegen besonderer Eigenheiten des Geschäfts ergänzt. Ein Beispiel für den zweiten Fall ist die Lufthansa, die ihr Sachanlagevermögen wie folgt untergliedert:

- Flugzeuge und Reservetriebwerke
- Reparaturfähige Flugzeugersatzteile
- Übriges Sachanlagevermögen

In den meisten anderen Fällen wird die Untergliederung in den Anhang verlagert. So gilt etwa in Bezug auf Finanzinstrumente eine Untergliederung der lang- und kurzfristigen Finanzposten der Bilanz nach den Bewertungskategorien von IAS 39 zwar als zulässig,[17] ist in der Praxis aber kaum aufzufinden. Diese bevorzugt eine **aggregierte** Bilanz mit einer tabellarischen **Überleitungsrechnung** von den Bewertungskategorien auf die Bilanzposten im **Anhang**. Dies entspricht auch der Zielsetzung von IFRS 7.8. Für ein Beispiel hierzu wird auf → § 28 Rz 299 verwiesen, für die analoge Problematik in der GuV auf Rz 74.

4.5 Ausweiswahlrechte

50 IAS 1.77ff. enthält Aufgliederungen, die **wahlweise** in der **Bilanz** oder im **Anhang** vorzunehmen sind. Die Praxis entscheidet sich in folgenden Fällen überwiegend für eine Aufgliederung im Anhang:

---

17 Vgl. Löw, KoR 2006, Beilage 1 zu Heft 3.

- **Sachanlagevermögen** (IAS 1.78a; → § 14 Rz 24ff.),
- **Forderungen** (nach Kundenforderungen, Forderungen gegenüber nahestehenden Personen, geleisteten Anzahlungen bzw. Vorauszahlungen und sonstigen Beträgen; IAS 1.78b),
- **Vorräte** (z.B. nach Waren, fertige und unfertige Erzeugnisse, Roh-, Hilfs- und Betriebsstoffen; IAS 1.78c; → § 17 Rz 36),
- **Rückstellungen** nach solchen gegenüber Arbeitnehmern *(employee benefits)* und sonstigen (IAS 1.78d; → § 21 Rz 167ff.),
- **Eigenkapital** nach eingezahltem Grundkapital, Kapitalrücklage, Gewinnrücklagen (IAS 1.78e; → § 20 Rz 81ff.).

5 Gliederung der GuV bzw. des GuV-Teils der Gesamtergebnisrechnung

5.1 GuV und Gesamtergebnisrechnung

51 Mit der ab 2009 anzuwendenden Fassung von IAS 1 (Rz 87) ist aus dem **Wahlrecht** zur Aufstellung einer Gesamtergebnisrechnung *(statement of comprehensive income)* eine **Pflicht** geworden (Rz 79). Diese Pflicht kann auf zwei Arten erfüllt werden (Rz 81):

- Nach dem ***two statement approach*** bleibt die GuV ein selbstständiges Rechenwerk, dessen Saldo (Gewinn oder Verlust) in die Gesamtergebnisrechnung übertragen wird.
- Nach dem ***one statement approach*** ist die GuV ein unselbstständiger Teil der Gesamtergebnisrechnung,

Die **Gliederungsvorschriften** für die selbstständige GuV in der ersten Alternative **entsprechen** jedoch denen für den GuV-Teil in der zweiten Alternative. Insoweit bleibt zunächst die Gliederung der GuV bzw. des GuV-Teils zu kommentieren. Soweit dabei nachfolgend von der „GuV" geredet wird, ist zugleich der „GuV-Teil" der Gesamtergebnisrechnung gemeint. Wegen der Gesamtergebnisrechnung im Übrigen wird auf Rz 79ff. verwiesen.

5.2 (Faktische) Mindestgliederung

52 Wie bei der Bilanz bestehen auch für die GuV *(income statement)* erhebliche **Ausweiswahlrechte** zwischen Untergliederung im **Rechenwerk** selbst oder im **Anhang.** Als Minimum muss die GuV gem. IAS 1.82 und 83 nur ausweisen

- im **operativen Bereich**
  - Erlöse und
- im **Finanzbereich**
  - das Ergebnis aus *equity*-Beteiligungen und
  - das übrige Finanzergebnis
- das Ergebnis aus **einzustellenden Geschäftsbereichen**
- den **Steueraufwand**
- den **Jahresüberschuss/Jahresfehlbetrag**
- daran den **Minderheitenanteil** und den **Anteil der Eigenkapitalgeber** der Muttergesellschaft.

In Verbindung mit der in IAS 1.85 geforderten Bildung von verständnisfördernden Zwischensummen wäre ohne materiell bedeutsame *discontinued operations* folgende **Minimalgliederung** denkbar:

Erlöse *(revenues)*
- Aufwendungen
= operatives Ergebnis
+/- Ergebnis aus *equity*-Beteiligungen
+ (übrige) Finanzerträge *(financial revenues)*
- (übrige) Finanzaufwendungen *(financial costs)*
= Ergebnis vor Steuern
- Steuern
= Jahresüberschuss
- davon nicht beherrschende Anteile
= den Eigenkapitalgebern der Muttergesellschaft zuzurechnender Gewinn

Die Aufgliederung der operativen Aufwendungen, entweder in der Art des **Umsatzkostenverfahrens** oder alternativ des **Gesamtkostenverfahrens** (IAS 1.99) kann formell wahlweise in der **GuV** oder im **Anhang** erfolgen. Der Ausweis innerhalb der GuV selbst wird in IAS 1.100 empfohlen *(encouraged)*. Jedenfalls in der IFRS-Praxis von Publikumsgesellschaften hat sich diese Empfehlung zu einem **faktischen Mindestgliederungsgebot** verdichtet. Die Grundformel – „Erlöse minus Aufwendungen gleich operatives Ergebnis" – ist offenbar zu minimalistisch, als dass man sie den Bilanzadressaten zumuten möchte und könnte. 53

Die in der deutschen IFRS-Praxis gewählten Ausweisformulare weisen insgesamt eine **große Ähnlichkeit zum Handelsrecht** aus. Wie im HGB erfolgt eine Aufteilung in den betrieblichen (operativen) Bereich, den Finanzbereich und den (Ertrag-)Steuerbereich. Wie im HGB kann der operative Bereich **umsatzkosten**orientiert oder **kostenarten**orientiert untergliedert werden. 54

Abweichend vom Handelsrecht ist der Ausweis **außerordentlicher Posten** jedoch nicht zulässig (IAS 1.87). 55

Zu den aus diesen Überlegungen abgeleiteten nachfolgenden *Gliederungen* ist noch Folgendes anzumerken: 56

- Eine **weitere Untergliederung** kann im Einzelfall ebenso notwendig sein wie eine **Zusammenfassung** von Posten (Rz 49 sowie Rz 63 ff.).
- Die Zwischensumme operatives Ergebnis ist im Standard nicht explizit vorgesehen, wird aber in der Praxis häufig verwandt. Die *Basis for Conclusions* haben keine Einwände gegen eine solche Praxis, verlangen aber, in eine entsprechende Zwischensumme auch operative Aufwendungen unregelmäßiger Art oder solche ohne Zahlungsmittelabfluss einzubeziehen. Unzulässig sei es daher, als operatives Ergebnis ein Ergebnis **vor** Restrukturierungsaufwendungen, außerplanmäßigen oder planmäßigen Abschreibungen auszuweisen (IAS 1.BC56).
- IAS 1.82b fordert den separaten Ausweis der ***finance cost.*** Die amtliche deutsche Übersetzung zu IAS 1 (1997) spricht von Finanzierungsaufwendungen. Die exemplarischen GuVs in der *Guidance on Implementing IAS 1* enthalten keinen korrespondierenden Posten *financial income* bzw. finan-

ziellle Erträge. Mit ***financial cost*** ist gleichwohl keine **Saldogröße** gemeint. Finanzerträge und Finanzaufwendungen sind separat auszuweisen (Rz 70).

- IAS 1.82d verlangt den gesonderten Ausweis des **Steueraufwands *(tax expense)***. Die infrage kommenden Steuerarten sind nicht spezifiziert. Eine Einbeziehung von Substanz- und Verkehrssteuern (z.B. Grundsteuern und Kfz-Steuern) könnte daher zulässig oder geboten erscheinen. Eine daraus resultierende Vermischung gewinnabhängiger mit sonstigen Steuern ist aber u.E. nicht gewollt.[18] Die exemplarischen GuVs in der *Guidance on Implementing IAS 1* sehen deshalb jeweils nur einen Posten „*income tax expense*", d.h. nur den Ausweis der Gewinnsteuern vor.

57 Hiernach ergeben sich – zunächst unter Ausklammerung der *discontinued operations* (Rz 49) – die beiden nachfolgenden **Gliederungsvorschläge.** Hinsichtlich des Inhalts der Posten wird auf Rz 59 verwiesen.

Gesamtkostenverfahren *(nature of expense method)*	
Umsatzerlöse *(revenue/turnover)*	xx
Bestandsveränderung Erzeugnisse *(changes in inventories of finished goods and work in progress)*	xx
andere aktivierte Eigenleistungen *(work performed by the enterprise and capitalised)*	xx
sonstige betriebliche Erträge *(other income)*	xx
Materialaufwand *(raw material and consumables used)*	xx
Personalaufwand *(employee benefit expense)*	xx
Abschreibungen *(depreciation and amortisation expense)*	xx
sonstige betriebliche Aufwendungen *(other expenses)*	xx
operatives/betriebliches Ergebnis *(results of operating activities)*	**xxx**
Ergebnis aus *at equity* bewerteten Beteiligungen *(share of income of associates and joint ventures accounted for using the equity method)*	xx
übrige Finanzerträge *(other financial revenues)*	xx
übrige Finanzaufwendungen *(other financial costs)*	xx
Ergebnis vor Ertragsteuern *(profit before tax)*	**xxx**
Ertragsteuern *(income tax expense)*	xx
Jahresüberschuss *(profit after tax)*	**xxx**
Gewinnanteil nicht beherrschende Gesellschafter *(profit attributable to non-controlling interest)*	xx
Gewinnanteil Eigenkapitalgeber der Muttergesellschaft *(profit attributable to equity holders of the parent/group profit)*	**xxx**

Tab. 3: Gesamtkostenverfahren

18 Vgl. Heuser/Theile, IFRS-Handbuch, 4. Aufl., 2009, Tz 4240.

Umsatzkostenverfahren *(cost of sales method)*	
Umsatzerlöse *(revenue/turnover)*	xx
Herstellungskosten der zur Erzielung der Umsatzerlöse erbrachten Leistungen *(cost of sales)*	xx
Bruttoergebnis vom Umsatz ***(gross profit)***	xx
Vertriebskosten *(distribution costs)*	xx
allgemeine Verwaltungskosten *(administrative expenses)*	xx
sonstige betriebliche Erträge *(other income)*	xx
sonstige betriebliche Aufwendungen *(other expenses)*	xx
operatives/betriebliches Ergebnis ***(results of operating activities)***	**xxx**
Ergebnis aus *at equity* bewerteten Finanzanlagen *(share of income of associates and joint ventures accounted for using the equity method)*	xx
übrige Finanzerträge *(other financial revenues)*	xx
übrige Finanzaufwendungen *(other financial costs)*	xx
Jahresüberschuss vor Ertragsteuern ***(profit before tax)***	**xxx**
Ertragsteuern *(income tax expense)*	xx
Jahresüberschuss ***(profit after tax)***	**xxx**
Gewinnanteil nicht beherrschende Gesellschafter *(profit attributable to non-controlling interest)*	xx
Gewinnanteil Eigenkapitalgeber der Muttergesellschaft ***(profit attributable to equity holders of the parent/group profit)***	**xxx**

Tab. 4: Umsatzkostenverfahren

Wegen der funktionalen Gliederung lässt das **Umsatzkostenverfahren** die Höhe der **Personalaufwendungen** und **Abschreibungen** nicht erkennen. IAS 1.104 erkennt ähnlich wie § 285 Nr. 8 HGB die besondere Bedeutung dieser Größen an. Bei Anwendung des Umsatzkostenverfahrens sind daher diese beiden Aufwandsarten zwingend im **Anhang** anzugeben.

Sobald ein Teilbereich eines Unternehmens mit Geschäftsfeldqualität durch 58
Veräußerung oder Aufgabe eingestellt wird, ist gem. IFRS 5.33a und IAS 1.82e in der GuV eine Unterscheidung zwischen den Ergebnissen aus **fortgeführten** Tätigkeiten und denen aus **aufgegebenen** Bereichen vorzunehmen. Zu den sachlichen und zeitlichen Voraussetzungen im Einzelnen wird auf → § 29 Rz 43ff. und Rz 14ff. verwiesen. Es genügt die Darstellung des Gesamterfolges aus den Einstellungen *(post tax profit or loss from discontinued operations)* in einer Zahl bzw. Zeile der GuV. Wahlweise in der GuV oder im Anhang ist diese Größe aufzuschlüsseln. Ein Muster für die Aufschlüsselung ist in → § 29 Rz 43 wiedergegeben. Nachfolgend der Mindestausweis in der GuV:

Umsatzkostenverfahren *(cost of sales method)*	
1. Fortgeführte Bereiche ***(continuing operations)***	
Umsatzerlöse *(revenue/turnover)*	xx
....	xx
Ergebnis vor Ertragsteuern ***(profit before tax)***	**xxx**
Ertragsteuern *(income tax expense)*	xx
Ergebnis aus fortgeführten Bereichen ***(profit from continuing operations)***	**xxx**
2. Aufgegebene Bereiche ***(discontinued operations)***	
Ergebnis aus aufgegebenen Bereichen ***(profit from discontinued operations)***	**xxx**
3. Ergebnis ***(profit for the period)*** (= Summen 1 und 2)	**XXX**
davon Gewinnanteil nicht beherrschende Gesellschafter *(profit attributable to non-controlling interest)*	xx
davon Gewinnanteil Eigenkapitalgeber der Muttergesellschaft *(profit attributable to equity holders of the parent/group profit)*	**xx**

Tab. 5: GuV-Mindestausweis für aufgegebene Bereiche

5.3 Inhalt der operativen Posten im Umsatz- und Gesamtkostenverfahren

59 Die Definition der **Umsatzerlöse (revenues)** ist schon im englischen Orginaltext der IFRS, erst recht in den deutschen Übersetzungen uneinheitlich (vgl. im Detail → § 18 Rz 1 ff.). Für Zwecke der GuV-Gliederung lassen sich die Umsatzerlöse unter Rückgriff auf IAS 18.7 als Erlöse aus der „gewöhnlichen Tätigkeit" *(ordinary activities)* des Unternehmens bestimmen. Die deutsche Fassung benutzt den Singular (Tätigkeit) und spricht eher dafür, nur **Kerngeschäftserlöse** als Umsatzerlöse anzusehen, **andere Erlöse** hingegen in den **sonstigen betrieblichen Erträgen** auszuweisen.[19] Die englische Fassung gebraucht den Plural *(activities)* und lässt u. E. die Einbeziehung wiederkehrender Erlöse aus Neben- oder Hilfstätigkeiten (z. B. Vermietung) in die Umsatzerlöse als vertretbar zu.
Soweit im Rahmen eines ***„two business model"*** bei Autovermietern und ähnlichen Unternehmen die Veräußerung zuvor (kurzfristig) vermieteter Anlagen gleichwertiger Teil des Geschäftsmodells ist, führen Veräußerungen nicht zu sonstigen betrieblichen Erfolgen, sondern zu Umsatzerlösen, der Buchwertabgang demzufolge zu Umsatzkosten oder Materialaufwand (→ § 17 Rz 4).

---

19 So SCHLÜTER, in: BECK'SCHES IFRS-Handbuch, 2. Aufl., 2006, § 15, Tz 14.

Im **Umsatzkostenverfahren** bestimmen sich die weiteren operativen Posten wie folgt: 60

- Die **Umsatzkosten** (Herstellungskosten der zur Erzielung der Umsatzerlöse erbrachten Leistungen) umfassen neben den Einzel- auch die produktionsbezogenen Gemeinkosten der in der Periode zu Umsatzerlösen gewordenen Leistungen. Zu den Gemeinkosten zählen in jedem Fall die planmäßigen Abschreibungen auf Sach- und immaterielle Anlagen (darunter z.B. auch Abschreibungen auf in Vorperioden aktivierte Entwicklungskosten; Rz 58f.). Bei außerplanmäßigen Abschreibungen ist ein separater Ausweis vertretbar.
- **Vertriebskosten** umfassen sowohl Einzelkosten (z.B. Handelsvertreterprovisionen) als auch Gemeinkosten (etwa Werbeaufwendungen oder Personal- und Sachkosten der Marketingabteilung usw.).
- **Allgemeine Verwaltungskosten** umfassen die Verwaltungsaufwendungen, die weder einen Produktionsbezug haben (also nicht Umsatzkosten sind) noch Vertriebskosten darstellen.
- **Sonstige betriebliche Aufwendungen** umfassen u.a. nicht den Funktionsbereichen (Produktion, Vertrieb, Verwaltung) zurechenbare Mieten und Leasingraten, Verluste aus dem Abgang von Sach- und immateriellen Anlagen, Dotierungen nicht produktionsbezogener Rückstellungen, nicht aktivierbare Aufwendungen für Forschung und Entwicklung (Rz 58f.). Unscharf ist die Abgrenzung zum **Finanzergebnis**: Währungsverluste oder Verluste aus dem Abgang von Finanzinstrumenten werden daher uneinheitlich z.T. im Finanzergebnis z.T. unter sonstigen betrieblichen Aufwendungen ausgewiesen (Rz 77). Für die Abgrenzung zwischen Zinsaufwendungen und sonstigen betrieblichen Aufwendungen ist der Charakter des Zinses als laufzeitabhängiges Entgelt für Fremdkapitalüberlassung maßgeblich. Avalprovisionen führen daher unabhängig von ihrer Bezeichnung (z.B. als „Avalzinsen") nicht zu Zins-, sondern zu sonstigem Aufwand.
- Entsprechende Probleme stellen sich bei der Abgrenzung **sonstiger betrieblicher Erträge** zu Finanzergebnissen. Avalprovisionen führen beim Bürgen zu sonstigen Erträgen, Währungsgewinne und Gewinne aus dem Abgang von Finanzinstrumenten werden in der Praxis unterschiedlich behandelt. Je nach Interpretation der Umsatzerlöse (Kerngeschäft oder auch revolvierende Neben- und Hilfstätigkeiten; Rz 59) sind unter sonstigen betrieblichen Erträgen auch Mieteinnahmen anzusetzen. Unabhängig davon umfasst der Posten auch Wertaufholungen auf Sach- und immaterielle Anlagen sowie Erträge aus der Auflösung abgegrenzter Investitionszuwendungen.[20]

Das IFRIC-Update Oktober 2004 hat sich mit der Frage befasst, **ob ungewöhnliche Ergebnisse/Aufwendungen**, etwa aus der außerplanmäßigen Abschreibung von Vorräten oder Anlagen oder aus Abfindungen von Arbeitnehmern, in einer nach dem Umsatzkostenverfahren erstellten GuV separat, d.h. nicht den Funktionsbereichen (Herstellung, Vertrieb usw.) zugeordnet, ausgewiesen werden können. Ob eine solche *mixed presentation* mit der **Kombination** von funktionaler Gliederung (Umsatzkostenverfahren) und Kostenartengliederung

20 Vgl. SCHLÜTER, in: BECK'SCHES IFRS-Handbuch, 2. Aufl., 2006, § 15, Tz 96.

(Gesamtkostenverfahren) zulässig ist, wurde zunächst offengelassen. Derzeit sind also beide Sichtweisen vertretbar.[21]

61 Im **Gesamtkostenverfahren** bestimmen sich die den Umsatzerlösen (Rz 59) folgenden operativen Posten wie folgt:

- **Bestandsänderungen Erzeugnisse** sind der Saldo aus der Veränderung des betreffenden Postens in der GuV. Eine Differenzierung nach Veränderungsursache (Wert oder Menge) ist ebenso wenig vorgesehen wie eine nach fertigen und unfertigen Erzeugnissen.
- **Andere aktivierte Eigenleistungen** sind der Gegenposten für Aufwendungen auf selbst erstellte und zur Eigennutzung bestimmten langfristigen Vermögenswerten. Hierunter fallen auch aktivierte Entwicklungsaufwendungen (Rz 64).
- In die **Materialaufwendungen** sind außerplanmäßige Abschreibungen auf Vorräte nicht zwingend einzubeziehen. IAS 1.87a verlangt eine Angabe wesentlicher außerplanmäßiger Abschreibungen in der GuV selbst oder im Anhang. Jedenfalls bei ungewöhnlicher Höhe der außerplanmäßigen Abschreibungen ist die zweite Variante u. E. vorzuziehen, da sie dem Zweck von IAS 1.87a, regelmäßige von wesentlichen unregelmäßigen Aufwendungen zu unterscheiden, am besten entspricht.
- **Personalaufwendungen** umfassen alle Löhne, Gehälter und sozialen Leistungen für das Personal. Der Aufwand aus der Aufzinsung von Pensionsrückstellungen kann alternativ als Teil des Finanzergebnisses ausgewiesen werden (IAS 19.119 i. V. m. IAS 19.120Ag).
- In die **Abschreibungen** sind (wesentliche) außerplanmäßige Abschreibungen auf Sach- und immaterielle Anlagen nicht zwingend einzubeziehen, da IAS 1.87a wahlweise eine separate Angabe in der GuV oder im Anhang vorsieht. Werden die außerplanmäßigen Abschreibungen aus der Position Abschreibungen ausgegliedert, sollte Letztere im Interesse der Klarheit die Bezeichnung „planmäßige Abschreibungen" erhalten.
- Der Posten **sonstige betriebliche Aufwendungen** ist weiter gefasst als im Umsatzkostenverfahren. Im Gesamtkostenverfahren sind hier etwa auch die nicht in Abschreibungen bestehenden Sachkosten des Vertriebs oder der allgemeinen Verwaltung darzustellen. Wie im Umsatzkostenverfahren ergeben sich im Übrigen aber Abgrenzungsprobleme gegenüber dem Finanzergebnis bei Währungsverlusten etc. (Rz 60).
- Der Posten **sonstige betriebliche Erträge** entspricht im Wesentlichen dem des Umsatzkostenverfahrens (Rz 60).

62 Nach IAS 23 (→ § 9 Rz 12ff.) sind **Zinsen**, die im Rahmen der Herstellung qualifizierter Vermögenswerte (insbesondere Sachanlagen) anfallen, zu aktivieren.

Für die buchungstechnische Behandlung im **Gesamtkostenformat** kommen zwei Methoden infrage:

- Nach der **Nettomethode** werden die aktivierten Zinsen nicht in der GuV erfasst. In Höhe des zu aktivierende Teils der entstandenen Zinsen ist kein Zinsaufwand zu buchen (per Anlagevermögen an Geld) oder ein insoweit

---

21 Restriktiver Brücks/Diehm/Kerckhoff, in: Thiele/von Keitz/Brücks (Hrsg.): Internationales Bilanzrecht, IAS 1, Tz 285.

bereits gebuchter Zinsaufwand (per Zinsaufwand an Geld) zu stornieren (per Anlagevermögen an Zinsaufwand).

- Nach der **Bruttomethode** wird der Zinsaufwand ungekürzt im Finanzergebnis ausgewiesen. In Höhe des aktivierten Teils steht ihm jedoch ein Ertrag aus aktivierten Eigenleistungen gegenüber (per Anlagevermögen an aktivierte Eigenleistungen).

Die Nettomethode ist u.E. vorzuziehen. Zu ihren Gunsten kann der **Vergleich zwischen Gesamt- und Umsatzkostenverfahren** angeführt werden: Beide Methoden gliedern den operativen Teil der GuV unterschiedlich, während im Finanzergebnis und unter den Steuern nicht nur gleiche Postenbezeichnungen gewählt werden, sondern im Interesse einer vergleichenden Erfolgsanalyse auch der gleiche Inhalt präsentiert werden sollte.

- Dem **Umsatzkostenverfahren** ist aber die **Nettomethode** immanent. Als Umsatzkosten oder sonstigen operative Kosten werden nur die Aufwendungen in der GuV erfasst, die in der Periode zu Verbrauch geführt haben. Die Neutralisierung der aktivierten Zinsaufwendungen durch einen Gegenposten für aktivierte Eigenleistungen scheidet im Umsatzkostenverfahren daher aus. Hilfsweise könnte zwar ein „technischer" Ertrag unter den sonstigen betrieblichen Erträgen ausgewiesen werden, ein solcher technischer Posten wäre aber dem Umsatzkostenverfahren systemfremd. Somit ist im Umsatzkostenverfahren nur der Nettoausweis sachgerecht.
- **Folgerichtig** ist dann, auch im **Gesamtkostenverfahren** die **Nettomethode** anzuwenden, um zu keinem anderen Inhalt des Postens „Zinsaufwand" zu gelangen.

Dem **analytischen** Interesse des Bilanzadressaten an einer Erfolgsspaltung ist am meisten gedient, wenn in beiden GuV-Varianten aktivierte Zinsen einheitlich nach der Nettomethode behandelt werden.

5.4 Ergänzende Posten zu regelmäßigen Erfolgsquellen[22]

5.4.1 Möglichkeiten und Grenzen der Erweiterung

Da IAS 1 im Unterschied zu § 275HGB keine feste Gliederungsvorgabe für die GuV enthält, verfährt die Praxis uneinheitlich u.a. hinsichtlich der Frage, in welchem Umfang das in Rz 57 dargestellte Grundformat des Umsatz- oder Gesamtkostenverfahrens individuell **erweitert** werden kann. Für die unregelmäßigen Erfolgsquellen (außerplanmäßige Abschreibungen usw.) sind IAS 1.97f. (Rz 67), für die hier interessierenden regelmäßigen Erfolgsquellen IAS 1.85 einschlägig. Danach sind zusätzliche Posten in der GuV darzustellen, wenn eine solche Darstellung für das **Verständnis der Elemente der Ertragskraft** des Unternehmens relevant ist. Das „zusätzlich" bezieht sich vorrangig auf die in IAS 1.82 zunächst zugelassene Beschränkung des operativen Bereichs auf die Umsatzerlöse und das operative Ergebnis. Eine Aufgliederung des betrieblichen Bereichs nach GKV oder UKV (IAS 1.99) stellt daher schon den wichtigsten Anwendungsfall von IAS 1.85 dar. Eine über IAS 1.99ff. hinausgehende **weitere Untergliederung** ist aber nach allgemeiner Auflassung zulässig. Welche **Grenzen** dabei zu beachten sind, soll an folgendem Beispiel dargestellt werden: 63

22 Nachfolgende Ausführungen überwiegend entnommen aus LÜDENBACH, PiR 2007, Heft 3.

Beispiel
A ist ein forschungs- und entwicklungsintensives Unternehmen der Automobilzulieferindustrie. Mehr als die Hälfte der bei A (hauptsächlich als Gehälter für die FuE-Abteilung) anfallenden FuE-Kosten erfüllt die Aktivierungskriterien von IAS 38.
Aus Imagegründen möchte A jedermann auf den ersten Blick dartun, wie forschungs- und entwicklungsintensiv das Unternehmen ist.
Wichtig für ihn ist deshalb ein separater Ausweis der FuE-Aufwendungen in der GuV, wobei in den FuE-Posten möglichst sämtliche FuE-Aufwendungen einfließen sollen. Von der optimalen Umsetzungsmöglichkeit dieses Ziels macht A das GuV-Format (Umsatz- oder Gesamtkostenverfahren) abhängig.

5.4.2 Beurteilung eines separaten FuE-Ausweises nach dem Gesamtkostenverfahren (GKV)

64
- Bei im Fall der A überwiegend **von eigenen Mitarbeitern** erbrachten FuE-Leistungen stellt sich die Frage, ob die FuE-Kosten hauptsächlich unter sonstigen betrieblichen Aufwendungen oder unter Personalaufwand zu erfassen sind. Eine explizite Auseinandersetzung mit der Abgrenzung beider Aufwandsposten enthält IAS 1 nicht. Da § 275 Abs. 1 HGB im Wesentlichen den Anforderungen von IAS 1 an das GKV entspricht, kann hilfsweise zunächst auf das handelsrechtliche Schrifttum zurückgegriffen werden. Danach stellen die **sonstigen betrieblichen Aufwendungen** einen **Restposten** dar. Vorrangig sind die anderen Posten zu besetzen. Unter dem Posten **Personalaufwand** sind deshalb **sämtliche** Löhne und Gehälter auszuweisen, **unabhängig von den Zwecken**, denen die Arbeitsleistung gedient hat.[23]
- Für IFRS kann u. E. nichts anderes gelten: Nach IAS 1.99 sind die Aufwendungen entweder nach **Kostenarten** (GKV) oder **Funktionsbereichen** (UKV) zu untergliedern. Der Ausweis **einiger** Personalaufwendungen nach ihrer Funktion – hier FuE-Gehälter – und **anderer** ohne Rücksicht auf ihren Zweck käme einer *mixed presentation* gleich. Der IFRIC hat einer solchen *mixed presentation* selbst bei **unregelmäßigen**, nach IAS 1.97f. gesondert anzugebenden Aufwendungen, seine Zustimmung nicht erteilen wollen (Rz 60). Erst recht muss man daher bei **regelmäßigen** Erfolgsfaktoren Bedenken gegen ein solches Vorgehen haben. Im Beispielsfall würden daher die im jeweiligen Jahr erbrachten FuE-Leistungen zur Hauptsache **(Löhne und Gehälter der FuE-Abteilung)** im **Personalaufwand**, zu einem geringeren Teil im **sonstigen** betrieblichen Aufwand auszuweisen sein, der aktivierte Teil dieser Kosten würde unter anderen aktivierten Eigenleistungen erfasst.
- Daneben wäre noch die **Abschreibung** der in Vorjahren aktivierten Entwicklungsaufwendungen in der GuV enthalten. Aus den gleichen Gründen wie beim Personalaufwand wäre eine funktionale Umgliederung u. E. unzulässig.
- Auch eine Bezugnahme auf die nach IAS 1.85 gebotene Einfügung zum Verständnis der Ertragslage notwendiger **zusätzlicher** Posten kann keine

23 ADS, 6. Aufl., § 275 HGB, Tz 111 und 140.

Zusammenfassung sämtlicher FuE-Aufwendungen in einer Position rechtfertigen. Der vorrangige **Regelungszweck** von IAS 1.85 wird bereits durch die Verwendung des GKV- oder UKV-Grundformats erfüllt. Weitergehende Untergliederungen sollten nicht in der Weise erfolgen, aus den jeweiligen Kostenarten einer nach GKV gegliederten GuV die FuE-Teile auszugliedern und als neuen funktionalen Posten darzustellen. Ein solches Vorgehen würde den Inhalt der **Grundposten verfälschen**, etwa weil unter „Personalaufwand" tatsächlich nur noch Teile des Personalaufwands gezeigt würden, unter „Abschreibungen" nur noch bestimmte Abschreibungen.

5.4.3 Beurteilung des separaten FuE-Ausweises nach dem Umsatzkostenverfahren (UKV)

- Vorrangige Aufwandsposition des UKV sind die **Umsatzkosten**. Sie enthalten die Herstellungskosten aller in der jeweiligen Periode erbrachten Leistungen. Da zu den Herstellungskosten gem. IAS 2 auch die **Gemeinkosten** rechnen, fließen die planmäßigen **Abschreibungen** auf in der Produktion eingesetzte Anlagegüter in die Umsatzkosten ein. Betroffen hiervon sind nicht nur Maschinen, Produktionsgebäude usw., sondern ebenso die Produktionszwecken dienenden **immateriellen** Anlagen. Die planmäßigen Abschreibungen auf die in den Vorjahren aktivierten Entwicklungsaufwendungen stellen demnach bei der A (Rz 63) Umsatzkosten dar. **65**
- Die im Geschäftsjahr angefallenen, aber **nicht aktivierten FuE-Aufwendungen** wären im Grundformat des UKV als **sonstige betriebliche Aufwendungen** darzustellen, sofern sie nicht ausnahmsweise auf den Verwaltungsbereich (etwa Eigenentwicklung einer Fakturierungssoftware) oder den Vertrieb (etwa Eigenentwicklung einer Vertriebsplanungssoftware) entfallen.
- Sind die FuE-Kosten
  - wie etwa in der **Pharmaindustrie** ganz überwiegend **nicht aktivierungsfähig** (→ § 13 Rz 35), fördert es die Darstellung der Ertragslage, wenn abweichend vom Grundformat eine **separate** Position „FuE-Aufwendungen" eingeführt wird.
  - wie im Beispielfall **überwiegend aktivierungsfähig**, fließen sie erst mit einem Zeitversatz als Abschreibung in die GuV und dann in die Grundposition Umsatzkosten ein. Ein gesonderter Posten FuE-Aufwendungen würde daher nur den kleinen, nicht aktivierten Teil darstellen und gerade **keinen besseren Einblick** in die Ertragslage gewähren, wie IAS 1.85 für zusätzliche Posten fordert.
- In **der Auto- und Autozulieferindustrie** (→ § 13 Rz 35) wird allerdings in einzelnen Fällen doch eine Zusammenfassung aller FuE-Aufwendungen in einer Position vorgenommen. Diese Position enthält dann die nicht aktivierten FuE-Kosten zuzüglich der Abschreibungen auf in Vorjahren aktivierte Entwicklungskosten. Bei in den genannten Industrien tendenziell hohen Aktivierungsquoten ist der Beitrag dieses Postens zur Erklärung der gegenwärtigen Ertragskraft zweifelhaft, eine Legitimation gem. IAS 1.85 daher nicht gegeben, da der Posten wesentliche Beträge, nämliche die aktivierten Entwicklungsleistungen des Geschäftsjahres, gerade nicht zeigt, dafür umgekehrt in der Vergangenheit erbrachte Entwicklungskosten über die Abschrei-

bung einbezieht.[24] Überdies entspricht das genannte Vorgehen nicht der **Grundanforderung des UKV**, in die Umsatzkosten **alle Herstellungskosten** der im Geschäftsjahr abgesetzten Leistungen, also auch die **planmäßigen Abschreibungen auf aktivierte FuE-Leistungen**, einzubeziehen. Ihre Ausklammerung aus den Umsatzkosten verfälscht die im UKV anzusetzende Zwischensumme „Bruttoergebnis vom Umsatz".

5.4.4 Ergebnis

66 Aus dem Beispiel ergibt sich folgendes verallgemeinertes **Fazit**:

- Das **GKV** ist nach Kostenarten gegliedert. Eine **Ausgliederung** von Kostenteilen aus den Grundpositionen (Personalaufwand, Abschreibungen) **in einen funktionalen Posten** (z.B. FuE) würde das nicht nach Funktion und Verwendungszweck der jeweiligen Kostenart fragende Schema der GKV **verfälschen**, da die Grundpositionen entgegen ihrer Bezeichnung nur noch Teile des Personalaufwands, der Abschreibungen usw. enthielten.
- Das **UKV** verlangt **vorrangig** den zutreffenden Ausweis der **Umsatzkosten** und des **Bruttoergebnisses** vom Umsatz. Diese Vorgabe wird nicht erfüllt, wenn die planmäßige Abschreibung auf in Vorjahren aktivierten Aufwendungen (im Beispiel Entwicklungskosten) mit funktionsgleichen nicht aktivierungsfähigen Aufwendungen des Geschäftsjahres in einer separaten Position zusammengefasst wird. Der **Inhalt der Umsatzkosten** oder des Bruttoergebnisses vom Umsatz würde **verfälscht**. Belässt man andererseits wie geboten die planmäßigen Abschreibungen in den Umsatzkosten, ist der **individuell eingefügte Zusatzposten irreführend**, weil er nach Ausklammerung der planmäßigen Abschreibungen tatsächlich nur einen Teil der namensgebenden Funktionskosten enthält. Die Ergänzung des Grundformats der UKV um spezielle Funktionsposten ist daher u.E. nur dann angemessen, wenn die betreffenden Kosten nicht in wesentlichem Umfang aktiviert werden und sich daher kein Konflikt zu den Umsatzkosten ergibt.
- Eine *mixed presentation* ist abzulehnen (Rz 64). Dem widerspricht auch IAS 1.IG nicht. Die dort beispielhaft präsentierte rudimentäre GuV nach dem Umsatzkostenverfahren enthält den Gesamtkostenposten „Abschreibungen" u.E. nur im didaktischen Interesse einer einfachen Überleitung von der Beispiel-GuV auf die Beispiel-Kapitalflussrechnung.

5.5 Ergänzende Posten oder Angaben zu unregelmäßigen Erfolgskomponenten

67 IAS 1.97 verlangt die Offenlegung materiell **bedeutsamer *(„material")*** Erträge und Aufwendungen in der GuV selbst oder im Anhang. Die Vorschrift **ergänzt** die nach IAS 1.99 gebotene **Aufschlüsselung** des operativen Bereichs nach dem Umsatz- oder Gesamtkostenverfahren. Während IAS 1.99 auf die strukturierte Darstellung der regelmäßigen Erfolgsquellen ausgerichtet ist, sind Regelungsobjekt von IAS 1.97 die **unregelmäßigen** Erfolgskomponenten. Die beispielhafte Konkretisierung in IAS 1.98 erwähnt demgemäß folgende Fälle:

---

[24] A. A. Schlüter, in: Beck'sches IFRS-Handbuch, 2. Aufl., 2006, § 15, Tz 101.

- **außerplanmäßige** Ab- und Zuschreibungen auf Vorräte und Sachanlagen (→ § 11 Rz 179),
- **Restrukturierungsaufwendungen** (→ § 21 Rz 89),
- Erfolge aus der **Veräußerung von Sachanlagen und Investments** (→ § 14 Rz 25),
- Erfolge aus der Erledigung von **Rechtstreitigkeiten** (→ § 21 Rz 167),
- Erfolge aus der Auflösung von **Rückstellungen** (→ § 21 Rz 167).

Die Aufzählung hat keinen abschließenden Charakter. Weitere Angabepflichten können sich daher aus **Analogwertungen** ergeben. Betroffen sind u. E. insbesondere:

- außerplanmäßige Ab- und Zuschreibungen sowie Veräußerungserfolge aus **immateriellen** Anlagen,
- außerplanmäßige Abschreibungen und Zuschreibungen auf **Forderungen**.

Zur Art der Darstellung in der GuV selbst enthält IAS 1 keine Vorgaben. Eine Ergänzung des Gliederungsschemas durch **zusätzliche** Posten kommt ebenso in Frage wie (in der Praxis unüblich) die Aufnahme von **Davon-Angaben**. Wegen Details wird auf die 4. Auflage verwiesen, zur Problematik solcher Posten im Umsatzkostenverfahren auf Rz 60. 68

Eine **saldierte Darstellung** von vergleichbaren Aufwendungen und Erträgen in der **GuV** (z.B. Kursverluste mit Kursgewinnen) ist unter dem Vorbehalt der Wesentlichkeit zulässig (Rz 23). 69

5.6 Aufschlüsselung des Beteiligungs- und Finanzergebnisses in der GuV oder im Anhang

Der Inhalt des Postens **Finanzergebnis** *(financial cost)* ist nicht definiert. Die zunächst herrschende Meinung hatte den Begriff als eine **Saldogröße** interpretiert. An dieser Auffassung kann seit IFRIC-Update Oktober 2004 nicht mehr festgehalten werden. Der IFRIC interpretiert unter Verweis auf das in IAS 1.32 enthaltene Saldierungsverbot den in IAS 1.81 verlangten Posten *„finance cost"* als *„gross finance cost"* (Finanzaufwendungen) und verlangt daher die **separate** Angabe der *finance revenues* (Finanzerträge). Der Saldo beider Positionen kann bis 2007 zusätzlich als Nettofinanzergebnis *(net finance cost)* angegeben werden. Nach Erlass von IFRS 7 waren wegen einer Bezugnahme in IFRS 7.IG 13 auf das Nettofinanzierungsergebnis erneut Zweifel aufgekommen, ob eine Saldierung nicht doch zulässig sei. Das IFRIC-Update September 2006 und schließlich seine Umsetzung durch die Neufassung von IFRS 7.IG13 im Rahmen des *Annual Improvements Project* 2008 hat jedoch die frühere Entscheidung bestätigt. Eine Saldierung in der GuV bleibt unzulässig.[25] 70

Ob in der Mindestgliederung für die beiden unsaldierten Positionen der adjektivische Zusatz „übrige" notwendig ist, hängt von der Interpretation der daneben auszuweisenden Ergebnisse aus ***equity-Beteiligungen*** ab.

Drei Lesarten kommen infrage:

- Wie alle anderen Beteiligungsergebnisse (Dividenden und Abschreibungen bei der Anschaffungskostenbewertung, Änderungen des Stichtagswertes bei der *fair-value*-Bewertung) wird auch das Ergebnis aus *equity*-Beteiligungen

25 Vgl. BOHL/MANGLIERS, in: BECK'SCHES IFRS-Handbuch, 2. Aufl., 2006, § 2, Tz 136.

als **Teil des Finanzergebnisses** interpretiert. Das Finanzergebnis ergäbe sich danach in der **Mindestgliederung** wie folgt:

10a)	+/- Ergebnis aus *equity*-Beteiligungen
10b)	+ übrige Finanzerträge
10c)	- übrige Finanzaufwendungen
10	= Finanzergebnis

- Anders als das Ergebnis aus einfachen Anteilen spiegelt das Ergebnis aus *equity*-Beteiligungen unmittelbar den Periodenerfolg der Untergesellschaft wider. Es ist unabhängig von der Ausschüttungs- und Thesaurierungspolitik und unabhängig von der Marktbewertung der Untergesellschaft. Das **Ergebnis aus *equity*-Beteiligungen** ist daher bei der Obergesellschaft nicht als Finanzergebnis, sondern entweder als **operatives Ergebnis oder** als **Ergebnis sui generis** zu interpretieren. Die **Mindestgliederung** wäre danach wie folgt:

10	+/- Ergebnis aus *equity*-Beteiligungen
11a)	+ Finanzerträge
11b)	- Finanzaufwendungen
11	= Finanzergebnis

- Beteiligungen, d. h. Anteile an assoziierten Unternehmen und Gemeinschaftsunternehmen, setzen einen maßgeblichen Einfluss oder eine gemeinschaftliche Kontrolle voraus. Im Unterschied zu einfachen Finanzinvestments i. S. v. IAS 39 wird daher eine Einflussnahme auf die operativen Geschäfte der Untergesellschaft vorausgesetzt. Aus dieser Sicht sind die (übrigen) Beteiligungsergebnisse mit dem Ergebnis aus *equity*-Beteiligungen **Teil des Beteiligungsergebnisses.** Die **Mindestgliederung** sähe danach wie folgt aus:

10a)	+/- Ergebnis aus *equity*-Beteiligungen
10b)	+/- übriges Beteiligungsergebnis
10	= Beteiligungsergebnis
11a)	+ Finanzerträge
11b)	- Finanzaufwendungen
11	= Finanzergebnis

71 Die Mindestgliederung lässt jedoch in keiner der drei Varianten erkennen, welchen Beitrag das Zinsergebnis (Zinsaufwand und Zinsertrag), die Abschreibungen auf Finanzanlagen, die Erfolge aus der *fair-value*-Bewertung von Finanzinstrumenten usw. zum Finanzergebnis geleistet haben. Der in IAS 1.85 f. und 1.97 enthaltenen Forderung, die Erfolgsquellen *(elements of finanical performance)* in der GuV oder im Anhang offenzulegen, genügt die Mindestgliederung daher noch nicht.[26]

26 Zur Erfolgsstrukturanalyse eines IFRS-Abschlusses: KIRSCH, DB 2002, S. 2449 ff.

Eine **Erweiterung der Gliederung** in der GuV oder im Anhang ist nötig. 72
Folgende **Kriterien** sind u. E. relevant:

- Das Zinsergebnis hat, da es unmittelbar aus laufenden vertraglichen Ansprüchen oder Verpflichtungen resultiert, einen anderen Charakter als Abschreibungen und Zuschreibungen bzw. *fair-value*-Änderungen. Letztere unterscheiden sich wiederum wegen ihres vorläufigen Charakters von endgültig feststehenden Gewinnen oder Verlusten aus der Veräußerung von Finanzvermögen sowie aus Dividendenerträgen. Aus dieser Sicht wäre (in verkürzter, saldierter Betrachtung) folgende **Unterteilung nach der Art der Ergebnisse** möglich:

+/- Ergebnis aus *equity*-Beteiligungen
+/- Zinsergebnisse
+/- Ergebnisse aus Ab- und Zuschreibungen sowie aus *fair-value*-Bewertung
+/- Veräußerungsergebnisse, Dividenden, Darlehens- und Kreditausfälle.

- Diese Unterteilung würde aber andererseits der Unterschiedlichkeit der betroffenen Vermögenswerte nicht Rechnung tragen. In der Position Ab- und Zuschreibungen würden z.B. Wertänderungen von Beteiligungen mit der Wertänderung von Fremdkapitalinstrumenten (Anleihen, Darlehen usw.) und von Derivaten zusammengefasst. Endgültige Ergebnisse aus Beteiligungen, neben Dividenden also Veräußerungsgewinne oder -verluste, würden demgegenüber in der dritten Position mit endgültigen Verlusten aus Darlehen und Krediten vermischt. Eine **Gliederung nach Art des Vermögenswertes** könnte daher als vorzugswürdig erscheinen und würde (in verkürzter und saldierter Darstellung) wie folgt aussehen:

+/- Ergebnis aus *equity*-Beteiligungen
+/- übriges Beteiligungsergebnis (Abschreibungen, Zuschreibungen, Dividenden, Veräußerungsergebnisse)
+/- Ergebnis aus übrigen Anteilen
+/- Zinsergebnis
+/- übriges Finanzergebnis (Derivate usw.)

Gegen eine derartige Gliederung könnte wiederum eingewandt werden, dass sie 73
z.B. im Beteiligungsergebnis **vorläufige** Bewertungserfolge mit **endgültigen** vermischt. Eine **Kombination** beider Systematiken, d.h. die Verwendung eines primären und eines sekundären Gliederungsformats für die GuV, läge deshalb nahe, würde aber in ihrer Unübersichtlichkeit der *Framework*-Anforderung nach Verständlichkeit nicht mehr genügen.[27]

Eine **Zusammenfassung** der vorstehenden Überlegungen führt zu folgendem 74
Befund:

[27] Vgl. hierzu in der 4. Aufl. Rz 73.

- Das in IAS 1.85f. und IAS 1.97 enthaltene Gebot einer erfolgsquellenorientierten Aufgliederung des Ergebnisses und damit auch des Finanzergebnisses ist zu **abstrakt**.
- **Konkretisierungen** ganz unterschiedlicher Richtung sind begründbar.
- Der hohe Abstraktionsgrad der gegenwärtigen Regelung begünstigt **individuelle** Lösungen.

Im Übrigen gilt für den Ausweis der Finanzerträge und -aufwendungen in der **GuV** eine ähnliche Problematik wie für den Ausweis der Finanzinstrumente in der **Bilanz**: Die Ausweisvorschriften haben keinen Bezug zu den Bewertungskategorien des IAS 39 und den mit ihnen verbundenen Erfolgswirkungen. Insoweit ist auch hier eine **Überleitungsrechnung** im Anhang die beste und ab 2007 durch IFRS 7.20 (als optionale Alternative zu einer unübersichtlichen GuV-Untergliederung) vorgesehene Lösung. Wegen Einzelheiten wird auf → § 28 Rz 299ff. verwiesen.

5.7 Die deutsche IFRS-Praxis, Pro-forma-*earnings*

75 Die deutsche IFRS-Praxis bietet in der Gliederung der GuV ein recht uneinheitliches Bild:

- **Umsatzerlöse**

  Als Eingangsgröße der GuV werden nicht immer die Umsatzerlöse verwendet. Verkehrsunternehmen verfahren etwa z. T. wie folgt:

Erlöse aus Verkehrsleistungen
+ andere Betriebserlöse
= Umsatzerlöse

  Versorgungsunternehmen wenden z. T. folgendes Schema an:

Umsatzerlöse
- Mineralölsteuer/Erdgassteuer/Stromsteuer
= Umsatzerlöse (ohne Mineralöl-/Erdgas-/Stromsteuer)

  Unstrittig zählen Umsatzsteuern aufgrund ihres durchlaufenden Charakters nicht zu den Umsatzerlösen. U. E. reicht die abweichende Ausgestaltung der Verbrauchsteuern (i. d. R. kein offener Rechnungsausweis, statt Preis Mengenabhängigkeit, keine Bindung an den Verkehrsakt) nicht aus, um die unsaldierte Größe vor Abzug der Steuern als Umsatzerlös zu bezeichnen. Eine andere Auffassung mag aber wie im Handelsrecht[28] vertretbar sein.

76
- **Operative Aufwendungen**

  Nach einer empirischen Untersuchung[29] wird in 2/3 der Fälle das Gesamtkostenverfahren, in 1/3 das Umsatzkostenverfahren verwendet.

  Innerhalb des jeweiligen Systems sind die regelmäßigen Untergliederungen relativ einheitlich. Unterschiedliche Bedeutung wird aber der in IAS 1.86

28 Vgl. FÖRSCHLE, in: Beck'scher BilKom, 6. Aufl., § 275, Tz 66f. und 248.

29 GRÜNBERGER, StuB 2002, S. 885ff.

enthaltenen Aufforderung zugemessen, unregelmäßige Ergebnisbestandteile separat aufzuweisen.

Außerplanmäßigen Abschreibungen auf Firmenwerte werden etwa regelmäßig gesondert ausgewiesen, z. T. aber innerhalb, z. T. außerhalb des Ergebnisses aus betrieblicher Tätigkeit.

- **Beteiligungs- und Finanzergebnis** 77

  Bei erster Betrachtung hat sich für die Aufgliederung der Beteiligungs- und Finanzergebnisse ein relativ einheitliches Schema herausgebildet. Soweit in der GuV nicht ganz auf die Aufschlüsselung des Finanzergebnisses verzichtet wird (ausnahmsweise), dominiert auf GuV-Ebene folgende Darstellung:

Ergebnis aus *equity*-Beteiligungen
übriges Beteiligungsergebnis
Zinsergebnis
übriges Finanzergebnis

  Der Inhalt des Postens „Finanzergebnis" unterscheidet sich aber. Gewinne und Verluste aus der Veräußerung von Finanzanlagen oder Wertpapieren des Umlaufvermögens werden etwa z. T. aggregiert im Finanzergebnis berücksichtigt, während andere hier nur die Finanzanlagen berücksichtigen und Gewinne und Verluste aus dem Abgang von kurzfristigen Finanzinvestitionen unter den sonstigen betrieblichen Erträgen und Aufwendungen ausweisen.

Das sich insgesamt ergebende disparate Bild hat nur **wenig mit bilanzpolitischen** Erwägungen zu tun. Die bilanzpolitische Aufbereitung des Ergebnisses in nachhaltige und nicht nachhaltige Komponenten, Ergebnisse vor (planmäßigen oder außerplanmäßigen) Abschreibungen und Ergebnisse nach Abschreibungen erfolgt weniger durch Einführungen besonderer Posten oder Zwischensummen in der GuV als in **betriebswirtschaftlichen Nebenrechnungen,** die der Darstellung von sog. **bereinigten Ergebnissen** (Pro-forma-*earnings)* dienen. Die dabei am weitesten verbreiteten Kennzahlen sind das EBIT *(earnings before interest and taxes)* und das EBITDA *(earnings before interest, taxes, depreciation and amortisation).* Die Grundlagen zur Berechnung dieser Größen werden häufig nicht oder unzureichend erläutert.[30] Die Präsentation **bereinigter** Ergebnisse verbessert regelmäßig nicht die Informationslage der Bilanzadressaten, sondern ist bilanzpolitisch motiviert. Eindrucksvoll ist in dieser Hinsicht die Berichtspraxis der Top-100-NASDAQ-Unternehmen (US-GAAP). Im Jahr 2002 betrug deren Gesamtverlust 82 Mrd. US-Dollar, während ein Pro-forma-Gewinn von 19 Mrd. US-Dollar berichtet wurde.[31] 78

Im Unterschied zum handelsrechtlichen Abschluss unterliegt die Aufnahme von für sinnvoll erachteten Überschriften, Zwischensummen, Zusatzbezeichnungen in die IFRS-GuV keinen sehr restriktiven Vorschriften. Gegen die Kennzeichnung des Vorsteuerergebnisses als EBIT oder den Ausweis einer Zwischensumme vor Abschreibung und Steuern als EBITDA innerhalb der GuV selbst ist daher formell nichts einzuwenden. Sachgerecht erscheint ein solches Vorgehen

30 Hillebrandt/Sellhorn, KoR 2002, S. 153 ff.

31 Heiden, in: Brösel/Kasperzak (Hrsg.), S. 593 ff.

jedoch nicht unbedingt, da es die **Grenzen zwischen Ergebnissen und Pro-Forma-Ergebnissen verwischt.** Wegen der Zulässigkeit einer Zwischensumme operatives Ergebnis wird auf Rz 56 verwiesen.

6 Gesamtergebnisrechnung

6.1 Verhältnis zur Eigenkapitaländerungsrechnung

79 Zu Änderungen des **Reinvermögens** eines Unternehmens zwischen zwei Stichtagen kommt es – Fehlerkorrekturen und Methodenänderungen ausgeklammert (→ § 24) – durch

- das in der Berichtsperiode erzielte Gesamtergebnis, d.h. die Summe aus **realisierten** (in der GuV berücksichtigten) Erfolgen und (direkt im Eigenkapital verbuchten) **Einkommen (*other comprehensive income*)**, und
- **Transaktionen** mit den **Anteilseignern** in der Form von Kapitalzuführungen und -rückzahlungen und von Dividenden.

80 Mit Wirkung **ab 2009** ergibt sich hier tendenziell (vgl. aber → § 20) folgende **Arbeitsteilung** (IAS 1.81):

- In der **Eigenkapitaländerungsrechnung** sind die Transaktionen mit **Gesellschaftern** im Detail darzustellen, während das Gesamtergebnis dort nur noch als Saldo berücksichtigt werden darf.
- Die Aufschlüsselung dieses Saldos ist dann der **pflichtweise** aufzustellenden **Gesamtergebnisrechnung** vorbehalten.

6.2 Darstellungswahlrechte im Verhältnis zur GuV

81 Für die Darstellung der Gesamtergebnisrechnung besteht die Wahl zwischen zwei **Formaten** (Rz 51):

- Nach dem sog. ***„one statement approach"*** werden die GuV-wirksamen Aufwendungen und Erträge und die nicht in der GuV berücksichtigten Einkommensbestandteile *(income and expenses recognised directly in equity* bzw. *other comprehensive income)* in einem **einheitlichen** Rechenwerk erfasst, dessen Summe das Gesamtergebnis *(comprehensive income)* ist, oder
- gemäß dem sog. ***„two statement approach"*** wird in einem ersten Rechenwerk – der GuV – das Periodenergebnis entwickelt, in einem zweiten – der Gesamtergebnisrechnung – die Entwicklung des Gesamtergebnisses aus dem Saldo der GuV und den Einzelposten der nicht in der GuV berücksichtigten Ergebnisse *(other comprehensive income)* dargestellt.

Das **direkt im Eigenkapital** berücksichtigte Einkommen *(other comprehensive income)* umfasst u.a. (Rz 75):

- Neubewertung von sachlichem und immateriellem Anlagevermögen (→ § 8 Rz 68),
- versicherungsmathematische Gewinne oder Verluste bei Option zur sofortigen erfolgsneutralen Erfassung (§ 22 Rz 50),
- erfolgsneutrale Wertänderung von nicht bestimmten, nicht Handelszwecken dienenden Finanzinstrumenten (→ § 28) und *cash flow hedges* usw. (→ § 28 Rz 254).

Die Komponenten des *other comprehensive income* können wahlweise nach oder vor Steuern gezeigt werden. Im zweiten Fall sind die Steuern – analog zur GuV – in einer Gesamtsumme zu erfassen (IAS 1.81).
Zusätzlich sind außerhalb des abgestimmten Rechenwerkes die Ergebnisse je Aktie anzugeben (→ § 35 Rz 54).

Tabellen 6 und 7 zeigen den **Aufbau** einer **Gesamtergebnisrechnung** nach dem *one* und *two statement approach* (IAS 1.82). Wegen des Formats des Eigenkapitalspiegels wird auf → § 20 Rz 52 verwiesen. **82**

Gesamtergebnisrechnung für das Geschäftsjahr 02 *(statement of comprehensive income)*		
	02	01
I. Gewinn und Verlust		
1. Umsatzerlöse	xx	xx
....		
....		
14. Jahresüberschuss/Jahresfehlbetrag	**xx**	**xx**
II. Sonstiges Ergebnis		
1. +/- Überschuss/Fehlbetrag aus Neubewertung Sachanlagen	xx	xx
2. +/- Überschuss/Fehlbetrag aus erfolgsneutral zum *fair value* bewerteten Finanzinstrumenten	xx	xx
3. +/- Überschuss/Fehlbetrag aus *cash flow hedges*	xx	xx
4. +/- Versicherungsmathematische Gewinne/Verluste aus leistungsorientierten Pensionsplänen	xx	xx
5. +/- Währungsumrechnungsdifferenz wirtschaftlich selbstständiger ausländischer Einheiten	xx	xx
6. - Steuern auf sonstiges Ergebnis	-xx	-xx
7. Sonstiges Ergebnis nach Steuern	**xx**	**xx**
III. Gesamtergebnis (Summen I.14 und II.7)	**XXX**	**XXX**
vom Jahresüberschuss/-fehlbetrag zuzurechnen		
Eigenkapitalgebern der Muttergesellschaft	xx	xx
Minderheitsgesellschaftern	xx	xx
	xx	**xx**

Gesamtergebnisrechnung für das Geschäftsjahr 02 *(statement of comprehensive income)*		
	02	01
vom Gesamtergebnis zuzurechnen		
Eigenkapitalgebern der Muttergesellschaft	xx	xx
nicht beherrschenden Gesellschaftern	xx	xx
	xx	xx

Tab. 6: Gesamtergebnisrechnung *(one statement approach)*

Gesamtergebnisrechnung für das Geschäftsjahr 02 *(statement of comprehensive income)*		
	02	01
I. Jahresüberschuss/Jahresfehlbetrag	xx	xx
II. Sonstiges Ergebnis		
+/- Überschuss/Fehlbetrag aus Neubewertung Sachanlagen	xx	xx
+/- Überschuss/Fehlbetrag aus erfolgsneutral zum *fair value* bewerteten Finanzinstrumenten	xx	xx
+/- Überschuss/Fehlbetrag aus *cash flow hedges*	xx	xx
+/- Versicherungsmathematische Gewinne/Verluste aus leistungsorientierten Pensionsplänen	xx	xx
+/- Währungsumrechnungsdifferenz wirtschaftlich selbstständiger ausländischer Einheiten	xx	xx
- Steuern auf sonstiges Ergebnis	-xx	-xx
= Sonstiges Ergebnis nach Steuern	xx	xx
III. Gesamtergebnis (Summen I und II)	XXX	XXX
vom Gesamtergebnis zuzurechnen		
nicht beherrschenden Gesellschaftern	xx	xx
= Eigenkapitalgebern der Muttergesellschaft	xx	xx

Tab. 7: Gesamtergebnisrechnung *(two statement approach)*

Das Gesamtergebnisformat macht durch die Konzentration auf die Einkommensquellen das Verhältnis von **realisierten** zu **unrealisierten** Gewinnen deutlicher als der bisher dominierende und bis 2008 zulässige Ausweis der unrealisierten Gewinne in der Eigenkapitaländerungsrechnung. Sie lässt z.B. auf einen Blick erkennen, ob positive GuV-Ergebnisse durch negative unrealisierte Verluste überkompensiert wurden und somit in Summe ein negatives Einkommen angefallen ist. Fraglich ist aber, ob die Kategorie *other comprehensive income*, in der die ergebnisunwirksamen Vermögensänderungen erfasst werden, schon ausreichend in das Bewusstsein der (deutschen) Bilanzadressaten gedrungen ist.[32] 83

6.3 *Recycling/reclassification* von sonstigen Ergebnissen, Aufschlüsselung in GuV oder Anhang

Bei der erfolgsneutralen Berücksichtigung von 84

- Wertänderung von bestimmten **Finanzinstrumenten** (→ § 28 Rz 147) und
- ***cash flow hedges*** usw. (→ § 28 Rz 254) sowie
- **Währungsumrechnungsdifferenzen** im Konzern (→ § 27 Rz 50)

wird die entsprechende **Rücklage** im Eigenkapital nur als „**Parkposition**" genutzt. Mit

- Abgang der veräußerbaren Wertpapiere,
- Eintritt der durch *cash flow hedges* gesicherten Transaktion,
- Entkonsolidierung des ausländischen Tochterunternehmens

wird die Rücklage erfolgswirksam gegen Ertrags- bzw. Aufwandsposten der GuV aufgelöst. Dieser Vorgang wurde (und wird in der Praxis auch weiterhin) als ***recycling*** des *other comprehensive income* bezeichnet. IFRS 1.93 kennzeichnet ihn als Umgliederungsanpassung *(reclassification adjustment)* und verlangt die Offenlegung in der Gesamtergebnisrechnung oder im Anhang.

Recycling bedeutet:

- Ein zuvor bereits als **Teil** des sonstigen **Gesamtergebnisses** (und damit auch des „totalen" Gesamtergebnisses) berücksichtigter Vorgang
- wird nunmehr als **Teil** der **GuV** (und damit wiederum des „totalen" Gesamtergebnisses) berücksichtigt.

Hier ist eine **Doppelerfassung** zu vermeiden.

Beispiel

Am 1.1.01 erwirbt U mit mittelfristiger Halteabsicht Aktien (→ § 28 Rz 147) zu 100.

Am 31.12.01 notiert es mit 115 (sonstiges Ergebnis: 15).

In 02 wird es für 125 veräußert (Ertrag lt. GuV 25).

In 01 wird ein Betrag von 15 als sonstiger Teil des Gesamtergebnisses berücksichtigt, in 02 ein Betrag von 25 im GuV-Teil des Gesamtergebnisses. In der Summe beider Perioden beträgt das Gesamtergebnis aber nicht 15–25 = 40, sondern nur 25. Dies ist nur darzustellen, wenn in 02 ein Gesamtergebnis von

---

32 Vgl. empirisch LEIBFRIED/AMANN, KoR 2002, S. 191ff, konzeptionell ZIMMERMANN/VOLMER, PiR 2006, S. 105ff. Danach erzielten die DAX-100-Unternehmen in 2001 in Summe bei positivem GuV-Ergebnis ein insgesamt negatives Gesamteinkommen. Die Autoren sehen jedoch die öffentliche Wahrnehmung eher auf Ergebnis und Umsatzzahlen fokussiert. Die Komponenten des other comprehensive income kämen zu kurz.

10 ausgewiesen, d.h. ein Betrag von -15 als sonstiger Teil des Gesamtergebnisses berücksichtigt wird. Die Gesamtergebnisrechnung 02 stellt sich somit wie folgt dar:

	Vor *recycling*	*recycling*	Gesamt
Ertrag GuV 02	+10	+15	+ 25
sonstiges Ergebnis 02	0	-15	- 15
Gesamtergebnis 02	+ 10	0	+10

Bei Erstellung von **Quartalsabschlüssen** (→ § 37) kann das sonstige Gesamtergebnis vor *recycling* auch Beträge enthalten, die noch im gleichen Geschäftsjahr *recycled* werden. Bei der Währungssicherung von Anschaffungsgeschäften kommt statt (sofortigem) *recycling* auch die Einbuchung der angeschafften Vorräte oder Anlagen zum Sicherungskurs in Frage. Diese wird als *basis adjustment* (Buchwertanpassung) bezeichnet (→ § 28 Rz 254) und ist ebenfalls offenzulegen (IFRS 1.IG Part I).

85 Die Offenlegung des ***recycling*** kann wahlweise in der Gesamtergebnisrechnung oder im Anhang erfolgen. Im Beispiel unter Rz 78f. erfolgt die Offenlegung in der Gesamtergebnisrechnung durch Einfügung einer Art „Umbuchungsspalte". Die Praxis dürfte im Interesse, die Bilanzadressaten von der ohnehin noch ungewohnten Gesamtergebnisrechnung zu entlasten, eine Offenlegung im **Anhang** bevorzugen. Sie hat beispielhaft folgendes Format:

Komponenten des sonstigen Gesamtergebnisses	02		01	
1. Währungsdifferenzen ausländ. Töchter		6.000		– 2.000
2. versicherungsm. Verluste Pensionspläne		–333		– 667
3. erfolgsneutral zum *fair value* bewertete Finanzinstrumente				
3a) Gewinn des Jahres vor *recycling*	1.333		30,667	
3b) abzüglich in die GuV umklassifizierter Gewinne *(reclassification adjustments)*	– 25.333	– 24.000	– 4.000	26.667
4. *cash flow hedges*				
4a) Verlust des Jahres vor *recycling*	– 4.667		– 4.000	
4b) in die GuV umgegliederte Verluste *(reclassification adjustments)*	3.333		0	

4c) mit Anschaffungskosten verrechnete Verluste *(basis adjustments)*	667	– 667	0	– 4.000
Sonstiges Ergebnis vor Steuern		– 19.000		20.000
Steuern auf sonstiges Ergebnis		+ 6.000		– 6.500
Sonstiges Ergebnis		**– 13.000**		**13.500**

6.4 Offenlegung der Steuern auf das sonstige Ergebnis

Nach IAS 1.90 ist der auf jede Komponente des sonstigen Gesamtergebnisses entfallende **Steuerertrag oder -aufwand** entweder in der Gesamtergebnisrechnung selbst oder im Anhang auszuweisen. Aus den unter Rz 85 genannten Gründen ist die Offenlegung im **Anhang** vorzuziehen. Nachfolgend ein Beispiel für die Offenlegung im Anhang: 86

	02			01		
	Vor Steuern	Steuern	Netto	Vor Steuern	Steuern	Netto
Währungsumrechnung ausl. Töchter	5.334	-1.334	4.000	10.667	-2.667	8.000
cash flow hedges	-667	167	-500	-4.000	1.000	-3.000
versicherungsmath. Verluste	933	-333	600	3.367	-667	2.700
	5.600	-1.500	4.100	10.034	-2.334	7.700

Der informatorische Sinn einer solchen Offenlegung ist schwer erkennbar. In den Stellungnahmen zum *Exposure Draft* wurde etwa kritisiert, dass hier eine postenbezogene Aufschlüsselung verlangt werde, die in der GuV aus guten Gründen nicht gefordert sei. Der IASB hat dieser Kritik nicht entsprochen, sie vielmehr mit wenig überzeugendem pauschalem Verweis auf Anforderungen der Bilanzadressaten und mögliche Unterschiede zwischen den für GuV und *other comprehensive income* geltenden Steuersätzen zurückgewiesen (IAS 1.BC68).

7 Anwendungszeitpunkt, Rechtsentwicklung

IAS 1 ist für alle Abschlüsse anzuwenden, deren Berichtszeitraum ab dem 1. Januar 2009 beginnt (IAS 1.139). 87

Gegenüber IAS 1 rev. 2003 unterscheidet sich die aktuelle Fassung von IAS 1 an folgenden Punkten: 88

- **Eigenkapitaländerungsrechnung/Gesamtergebnisrechnung:** Bis einschließlich 2008 besteht ein Wahlrecht, die Aufgliederung des Gesamtergebnisses nach Jahresergebnis *(profit)* einerseits und den einzelnen Bestandteilen des sonstigen Ergebnisses *(other comprehensive income)* im Eigenkapitalspiegel oder in einer Gesamtergebnisrechnung darzustellen. Ab 2009 ist zwingend eine Gesamtergebnisrechnung aufzustellen. In der Eigenkapitaländerungsrechnung werden dann nur noch die Transaktionen mit Gesellschaftern aufgegliedert (Rz 79 sowie → § 20 Rz 53).

- **Vorjahresvergleichszahlen Bilanz:** Bei Umklassifizierungen sind neben den Vorjahresbilanzzahlen auch die Anfangsbilanzwerte des Vorjahres (= Schlussbilanzwerte Vorvorjahr) anzugeben (Rz 10).
- **Neubezeichnungen:** Die Neufassung von IAS 1 führt zur Umbenennung einiger Abschlussbestandteile, insbesondere des „*balance sheet*" in „*statement of financial position*", jedoch ohne Verpflichtung zur Verwendung der Neubezeichnungen (Rz 4).[33]

89 Das im Oktober 2008 veröffentlichte DP *Preliminary Views on Financial Statement Presentation* sieht verbindlichere und grundlegend andere Gliederungsschemata vor. Im Interesse der **Konsistenz** der Rechenwerke soll etwa die bisher aus der Kapitalflussrechnung bekannte Gliederung in operative, finanzielle und investive Bereiche auf Bilanz und GuV übertragen werden (vgl. Tab. 8).

Bilanz	**Gesamtergebnisrechnung**	**Kapitalflussrechnung**
Geschäft *(business)* Operatives Vermögen/Schulden Investives Vermögen/Schulden	**Geschäft *(business)*** Operative Erträge und Aufwendungen Investive Erträge und Aufwendungen	**Geschäft *(business)*** Operativer CFL Investiver CFL
Finanzierung Finanzielles Vermögen Finanzielle Verbindlichkeiten	**Finanzierung** Erträge aus finanz. Vermögen Aufwendungen aus finanz. Verb.	**Finanzierung** CFL aus finanz. Vermögen CFL aus finanz. Verb.
Ertragsteuern	**Ertragsteuern** auf fortgeführte Bereiche	**Ertragsteuern**
Aufgegebene Geschäftsbereiche	**Aufgegebene Geschäftsbereiche** nach Steuern	**Aufgegebene Geschäftsbereiche**
	sonstiges Ergebnis (O.C.I.) nach Steuern	
Eigenkapital	**Gesamtergebnis**	**CFL aus Eigenkapital**

Tab. 8: Gliederungen nach DP *Preliminary Views on Financial Statement Presentation*

33 Zum Unterschied zwischen IAS 1 rev. 2003 und der Neufassung von IAS 1: ZÜLCH/FISCHER, PiR 2007, S. 257ff.

Die Grundentscheidung des DP *Preliminary Views on Financial Statement Presentation* ist durch einen im Juli 2010 vorgelegten *Staff Draft on financial statement presentation* bekräftigt worden. Ein zur öffentlichen Kommentierung bestimmter *Exposure Draft* ist jedoch erst für 2011 angekündigt.

Der IASB hat im Mai 2010 den ED/2010/5 *Presentation of Items of Other Comprehensive Income* herausgegeben. Danach soll der *one-statement approach* (Rz 51) verpflichtend werden, d.h., die Gewinn- und Verlustrechnung und die Entwicklung des sonstigen Gesamtergebnisses sollen zukünftig in getrennten Abschnitten einer einzigen fortlaufenden Darstellung erfolgen. Im Übrigen sieht der Entwurf noch Folgendes vor: 90

- Der offizielle **Titel** der einheitlichen Erfolgsrechnung soll „Darstellung der Gewinne oder Verluste und sonstiges Gesamtergebnis" lauten, das Unternehmen aber eine **andere Überschrift** (etwa „Gesamtergebnisrechnung") wählen können.
- Die Posten des sonstigen Gesamtergebnisses sollen danach gruppiert werden, ob sie ***„recycled"*** (umklassifiziert) werden oder nicht (Rz 84).
- Bei einer (wahlweise zulässigen) Vorsteuerdarstellung der Posten des sonstigen Gesamtergebnisses sollen die Ertragsteuern zwischen den später zu *„recyclenden"* und den anderen Posten aufgeteilt werden.

8 Zusammenfassende Praxishinweise

Ein **vollständiger IFRS-Abschluss** umfasst neben Bilanz, Gesamtergebnisrechnung (mit separater oder integrierter GuV) und Anhang auch eine Eigenkapitaländerungs- und eine Kapitalflussrechnung (Rz 4). Bei deutschen Anwendern ist er um einen **Lagebericht** zu ergänzen (Rz 5). 91

Der IFRS-Abschluss muss eine ausdrückliche und **vorbehaltslose** Erklärung der **Übereinstimmung** mit dem Regelwerk enthalten (Rz 5). 92

Für die Aufbereitung des Abschlusses gelten die Grundsätze der Darstellungsstetigkeit und der Wesentlichkeit. In der **praktischen Arbeit** hat der *materiality*-Aspekt vor allem bei den **Anhangsangaben und beim Ausweis** eine starke **Entlastungswirkung.** Für die meisten Bilanz- und GuV-Posten kommt eine Vielzahl von Anhangsangaben und Aufgliederungen in Frage, aber nur wenige sind u.U. wesentlich (Rz 20). 93

Zu beachten ist das **Saldierungsverbot**. Seine Reichweite ist jedoch unbestimmt (Rz 22). 94

Mit wenigen Ausnahmen muss jeder Teil des IFRS-Abschlusses, also auch der Anhang, Vorjahresangaben enthalten. 95

Im Ausweis unterscheidet sich die IFRS-**Bilanz** i.d.R. durch eine deutlich **geringere Untergliederung** von der **Handelsbilanz**. Die meisten Untergliederungen der dritten Ebene (Zusammensetzung der Sachanlagen, Zusammensetzung der Vorräte usw.) können in den Anhang verlagert und dort je nach Wesentlichkeit erläutert werden (Rz 28 und 50). Bei der **GuV** bestehen theoretisch ähnliche Möglichkeiten, die in der Praxis jedoch kaum genutzt werden (Rz 29). 96

Die Bilanz ist – mit Ausnahmen für Finanzinstitute – **nach Fristigkeit zu gliedern** (Rz 28ff.), der operative Bereich der GuV entweder nach **Umsatz-** 97

kosten- oder nach **Gesamtkosten**verfahren (Rz 57). Ein willkürlicher Wechsel ist wie auch bei anderen Gliederungsfragen von GuV und Bilanz wegen des **Gebotes der Darstellungsstetigkeit** (Rz 16) nicht zulässig.

98 Aus dem Zusammenwirken verschiedener Vorschriften ergibt sich eine **verbindliche Mindestgliederung der Bilanz** (Rz 41).

99 In der **GuV** bestehen **mehr Spielräume**. U. E. ist unklar, wie das **Finanzergebnis** aufzugliedern ist (Rz 70ff.) und in welchem Maße die im Grundformat des Umsatz- oder Gesamtkostenverfahrens (Rz 57) präsentierten Aufwendungen um besondere Posten für regelmäßige (Rz 63) bzw. **unregelmäßige** Aufwendungen (Rz 67) zu ergänzen sind.

100 Die **Zusammenfassung** von GuV-Ergebnis *(profit/loss)* und erfolgsneutralem sonstigem Gesamtergebnis *(other comprehensive income)* zum **Gesamtergebnis** kann **wahlweise** in **zwei** Rechenwerken (GuV und Gesamtergebnisrechnung) oder in einem einheitlichen Rechenwerk (Verzicht auf die GuV) vorgenommen werden (Rz 81). Offenzulegen ist in jedem Fall die **Umqualifizierung** schon als *other comprehensive income* berücksichtigter Beträge in die GuV (etwa der Währungsdifferenzen bei Veräußerung eines Tochterunternehmens) (Rz 78f.). Offenlegungspflichtig ist auch die auf den Bestandteilen des *other comprehensive income* lastende Steuer (Rz 86).

§ 3 KAPITALFLUSSRECHNUNG (*STATEMENT OF CASH FLOWS*)

Inhaltsübersicht Rz

Vorbemerkung

Schrifttum: LÜDENBACH, Bilanzpolitik hinsichtlich Zinsen in der Kapitalflussrechnung, PiR 2006, S. 76; PILHOFER, Konzeptionelle Grundlagen des neuen DRS 2 zur Kapitalflussrechnung im Vergleich mit den international anerkannten Standards, DStR 2000, S. 292 ff.; SCHEFFLER, Kapitalflussrechnung – Stiefkind in der deutschen Rechnungslegung, BB 2002, S. 295 ff.; SCHEFFLER, Was der DPR aufgefallen ist: Die vernachlässigte Kapitalflussrechnung, DB 2007, S. 2045 ff.; STAHN, Der Deutsche Rechnungslegungsstandard Nr. 2 (DRS 2) zur Kapitalflussrechnung aus praktischer und analytischer Sicht, DB 2000, S. 233 ff.; WYSOCKI, DRS 2: Neue Regeln des Deutschen Rechnungslegungs Standards Committee zur Aufstellung von Kapitalflußrechnungen, DB 1999, S. 2373 ff.

Vorbemerkung

Die Kommentierung bezieht sich auf IAS 7 in der aktuellen Fassung und berücksichtigt alle Ergänzungen, Änderungen und Interpretationen, die bis zum 1.1.2011 beschlossen wurden.

Einen Überblick über diskutierte oder schon als Änderungsentwurf vorgelegte zukünftige Regelungen enthalten Rz 176 ff.

1 Zielsetzung, Regelungsinhalt und Begriffe

1.1 Wirtschaftlicher Gehalt

1 Die Kapitalflussrechnung ist wie Bilanz, Gesamtergebnisrechnung sowie Eigenkapitalveränderungsrechnung bzw. *statement of changes in equity* (→ § 2 Rz 79 ff.) **Pflichtbestandteil** des IFRS-Abschlusses (IAS 1.10d). Der wirtschaftliche Gehalt der Kapitalflussrechnung liegt in der Bereitstellung von Informationen über die Veränderungen der Zahlungsmittel eines Unternehmens, ursächlich getrennt nach den Bereichen

- betriebliche Tätigkeit (*operating activities*),
- Investitionstätigkeit (*investing activities*),
- Finanzierungstätigkeit (*financing activities*),

innerhalb der abgelaufenen Periode.

2 Die Notwendigkeit zur Aufstellung einer Kapitalflussrechnung ergibt sich aus dem zeitlichen Auseinanderfallen von Erträgen und Aufwendungen einerseits sowie Einnahmen und Ausgaben andererseits, dessen Grund in der Anwendung des *accrual principle* in Bilanz und Gesamtergebnisrechnung liegt (→ § 1 Rz 16). Diese Problematik verschärft sich durch die zunehmende Tendenz zur Verwendung von **Zeitwerten** (*fair values*), durch die es zum Ausweis von realisierbaren,

aber noch nicht endgültig (durch Verkauf etc.) realisierten Ergebnissen kommt, denen regelmäßig kein entsprechender Zahlungsmittelfluss in der gleichen Periode gegenübersteht.[1]

In der Kapitalflussrechnung werden die **Bewertungsmaßnahmen zurückgenommen**, weil nur Zahlungsströme (Einnahmen und Ausgaben) betrachtet werden. Unterschiedliche Rechnungslegungssysteme und subjektive Einschätzungen, die zu abweichenden Bilanzierungs- und Bewertungsmaßnahmen führen, haben keinen Einfluss auf diese Zahlungsströme, wie in folgendem Satz treffend zum Ausdruck gebracht wird: „*Profits are someone's opinion ... whereas cash is a fact.*"[2] Die Kapitalflussrechnung ist damit der **einzige Bestandteil des Abschlusses**, der ohne wesentliche Aufbereitungsmaßnahmen **international vergleichbar** ist. Für bisher in der HGB-Welt bilanzierende Unternehmen, die eine Kapitalflussrechnung nach DRS 2 erstellt haben, besteht beim Übergang auf einen IFRS-Abschluss im Bereich der Kapitalflussrechnung (→ § 6) deshalb **kaum Umstellungsbedarf** (zu verbleibenden Unterschieden siehe Rz 169ff.). 3

Die Kapitalflussrechnung nach IFRS ist **von allen Unternehmen** ungeachtet ihrer Rechtsform, Größe, Branche oder Börsennotierung sowohl für Einzel- als auch Konzernabschluss verpflichtend aufzustellen. Die Aufstellung hat in der **Staffelform** zu erfolgen (IAS 7.App.A). 4

Branchenspezifische Regelungen hinsichtlich der Gliederung und des Ausweises bei Finanzinstitutionen werden - anders als nach deutschen Standards (Rz 171) - nur vereinzelt im Standard aufgeführt.[3]

Auch im Rahmen der **Zwischenberichterstattung** ist eine Kapitalflussrechnung in verkürzter Form Pflichtbestandteil (IAS 34.8d; → § 37 Rz 9).

Die Kapitalflussrechnung hat die **Herkunft** und **Verwendung** der **liquiden** Mittel, also die Ein- und Auszahlungen, getrennt nach laufender Geschäftstätigkeit, Investitionen und Finanzierung, zu zeigen. 5

Aus den Anforderungen an den wirtschaftlichen Gehalt der Kapitalflussrechnung ergibt sich unmittelbar die Forderung nach einer **Bruttodarstellung**: Eine Saldierung von Zahlungseingängen und Zahlungsausgängen ist nicht zulässig (für Ausnahmen vgl. Rz 40ff.).

Im Übrigen unterliegt die Kapitalflussrechnung den **allgemeinen Prinzipien** des Abschlusses, also etwa dem „*materiality*"-Prinzip (→ § 1 Rz 60), und dem Stetigkeitsgebot (→ § 2 Rz 2 sowie → § 24 Rz 5ff.). Betroffen von der **Stetigkeitsanforderung** sind u. a. die faktischen oder echten Wahlrechte hinsichtlich

- der Definition des **Finanzmittelfonds** (Rz 15ff.),
- des Ausweises von **Zinsaufwendungen** im operativen oder finanziellen Bereich (Rz 106ff.),
- der Darstellung der *cash flows* aus der betrieblichen Tätigkeit nach der **direkten** oder **indirekten** Methode (Rz 53) sowie
- weiterer Ausweis**wahlrechte**.

Soweit im Interesse der besseren Darstellung Ausweis oder Abgrenzung eines Postens **geändert** werden soll (Rz 109), unterliegt dies als *change in accounting*

---

1 Beeindruckendes Beispiel ist das Bilanzierungsverhalten von Enron, vgl. LÜDENBACH/HOFFMANN, DB 2002, S. 1169.

2 SMITH, Accounting for growth. Stripping the camouflage from company accounts, 1992, S. 200.

3 Siehe PwC, IFRS für Banken, 4. Aufl., 2008, S. 1184ff.

policy den Regelungen von IAS 8.28ff. Die Anpassung ist, soweit überhaupt zulässig, also retrospektiv unter Änderung der **Vorjahresvergleichszahlen** vorzunehmen (→ § 24 Rz 26). Zum bilanzpolitischen Umgang mit dem Stetigkeitsgebot im Bereich der Kapitalflussrechnung wird auf das Beispiel in Rz 110 verwiesen.

1.2 Zielsetzung

6 Programmatisches Ziel eines IFRS-Abschlusses ist die *fair presentation* (→ § 1 Rz 66ff.). Der Abschluss hat die Vermögens-, Finanz- und Ertragslage sowie die Veränderung des Finanzmittelbestandes eines Unternehmens den tatsächlichen Verhältnissen entsprechend darzustellen (IAS 1.15). Die Kapitalflussrechnung als Mittelherkunfts- und Mittelverwendungsrechnung ist das **Hauptinstrument zur Bereitstellung von Informationen zur Finanzlage**.

7 Die Adressaten eines IFRS-Abschlusses sind i. d. R. nicht nur an der Vermögens- und Ertragslage eines Unternehmens interessiert, sondern benötigen ebenfalls ein Bild von der **aktuellen und zukünftigen Finanzlage** eines Unternehmens. Die Kapitalflussrechnung nach IAS 7 ist zwar eine **vergangenheitsorientierte** Darstellung. Neben der Möglichkeit, frühere Beurteilungen und Planungen mit tatsächlichen Werten vergleichen zu können (Plan- bzw. Soll-Ist-Vergleich), sollen durch die Analyse der Vergangenheit jedoch auch **Rückschlüsse auf zukünftige Zahlungsströme** ermöglicht werden.

8 Im Einzelnen werden nach IAS 7 folgende Ziele genannt (IAS 7.4):

- Bereitstellung von Informationen bezüglich von Änderungen des Reinvermögens eines Unternehmens und seiner **Vermögens- und Finanzstruktur (einschließlich Liquidität und Solvenz)**.
- Bewertung der **Fähigkeit** des Unternehmens zur Beeinflussung der **Höhe** und des **zeitlichen Anfalls** von *cash flows.*
- Beurteilung der **Fähigkeit** eines Unternehmens, **Zahlungsmittel** und Zahlungsmitteläquivalente zu **erwirtschaften**.
- Entwicklung von **Modellen** zur Beurteilung und zum Vergleich des Barwertes der **künftigen *cash flows*** verschiedener Unternehmen.
- **Vergleichbarkeit der Darstellung der Ertragskraft** verschiedener Unternehmen durch Eliminierung von Effekten aus der Verwendung unterschiedlicher Bilanzierungs- und Bewertungsmethoden.

9 Die Kapitalflussrechnung hat somit sowohl **statische** als auch **dynamische** Aspekte. Zum einen bietet sie einen Vergleich zwischen der Liquidität zu Anfang und zu Beginn der Periode (**komparativ-statischer Aspekt**). Hauptzweck ist jedoch die Darstellung und Aufgliederung der wesentlichen Zahlungsströme während des Geschäftsjahres (**dynamischer Aspekt**).

1.3 Abgrenzung von anderen *cash-flow*-Definitionen

10 IAS 7 kommt mit relativ wenigen Begriffsdefinitionen aus. Der Begriff der *cash flows* wird nachfolgend erläutert, die übrigen Definitionen bei der Besprechung des Finanzmittelfonds (Rz 15ff.) sowie der Bereiche der betrieblichen Tätigkeit, Investitions- und Finanzierungstätigkeit (Rz 46ff.).

11 Der **Begriff der Kapitalflussrechnung** ist nicht sehr glücklich, da es nicht um den Fluss von **Kapital**, sondern von **Zahlungsmitteln** („*cash*") im weitesten

Sinne geht. Der englische Begriff *„statement of cash flows“* ist daher aussagekräftiger. Im deutschen Sprachgebrauch finden sich Begriffe wie *cash-flow*-Rechnung, **Geldflussrechnung** oder **Finanzierungsrechnung**[4], die eine zutreffendere Übersetzung des englischen Ausdruckes darstellen. Da jedoch sowohl die offizielle Übersetzung von IAS 7 als auch der deutsche Standard DRS 2 mit dem Wort „Kapitalflussrechnung“ übertitelt sind, soll diese Bezeichnung auch im Folgenden Verwendung finden.

Der zentrale Begriff der Kapitalflussrechnung ist der *„cash flow“*, der als „**Zufluss und Abfluss von Zahlungsmitteln und Zahlungsmitteläquivalenten**“ bezeichnet wird (IAS 7.6). Es geht hier also um sämtliche Mehrungen und Minderungen von Bestandteilen des Zahlungsmittelfonds innerhalb einer Periode (Rz 15ff.). 12

Der Begriff des *cash flow* wird einerseits in unterschiedlichen Konzepten einer Kapitalflussrechnung verwendet, spielt andererseits auch über die Kapitalflussrechnung hinaus eine wichtige Rolle, z.B. beim Nutzungswert des *impairment*-Tests (→ § 11 Rz 112ff.) oder bei der Bestimmung von *fair values* nicht börsennotierter Finanzinstrumente (→ § 28 Rz 106ff.). Die in IAS 7 verwendete Definition sollte daher gegen folgende in der Praxis zur Anwendung kommende Größen **abgegrenzt** werden: 13

- **Überschuss** der einnahmewirksamen Erträge über die ausgabewirksamen Aufwendungen (häufig auch als „**Brutto-*cash-flow***“ bezeichnet): Nach dieser Definition stellt der *cash flow* eine nach der indirekten Methode (siehe Grundschema unter Rz 59) ermittelte Größe dar, indem dem Jahresergebnis die nicht zahlungswirksamen Aufwendungen wieder hinzugerechnet und nicht zahlungswirksame Erträge in Abzug gebracht werden.
- **Jahres-*cash-flow* nach DVFA/SG:**[5] Diese Größe entspricht in der Terminologie von IAS 7 dem *cash flow* aus der betrieblichen Tätigkeit, also nur einem Teilbereich der gesamten *cash flows*.
- ***Cash flow* nach DVFA/SG**: Diese Größe ist aus dem Jahres-*cash-flow* nach DVFA/SG abgeleitet, allerdings um ungewöhnliche zahlungswirksame Aufwendungen und Erträge bereinigt („**normalisierter *cash flow***“ aus betrieblicher Tätigkeit).
- **Netto-*cash-flow***: Diese Definition wird in der Praxis häufig mit dem in IAS 7 verwendeten Begriff der *cash flows* aus der betrieblichen Tätigkeit (Rz 46ff.) gleichgesetzt.
- *Free cash flow*: Dieser umfasst nach einer gängigen Grundkonzeption (*entity*-Konzept) denjenigen Teil der gesamten *cash flows*, über den **frei verfügt** werden kann, ohne die zukünftige Entwicklung des Unternehmens zu beeinträchtigen. Die *free cash flows* stellen insoweit finanzielle Überschüsse nach Investitionen und Unternehmenssteuern, jedoch vor Zinsen dar. Sie sind derjenige Betrag, der zur Bedienung des Kapitaldienstes (Eigen- und Fremdkapitalgeber) zur Verfügung steht. **Unternehmensindividuell** werden häufig Modifikationen vorgenommen, insbesondere eine Bereinigung der *cash flows* aus der Investitionstätigkeit um die Beträge, die für den Erwerb oder die

---

4 Die an der Ausarbeitung der deutschen Stellungnahme SG/HFA 1/1995 maßgeblich beteiligte Gruppe nannte sich „Arbeitskreis Finanzierungsrechnung“. Auch einige größere deutsche Unternehmen verwenden den Begriff „Finanzierungsrechnung“ für ihre Kapitalflussrechnung.

5 Siehe hierzu ausführlich die Veröffentlichung der DVFA und SG, WPg 1993, S. 599ff.

Veräußerung von Tochterunternehmen und sonstigen Geschäftseinheiten (Rz 127 ff.) ausgegeben bzw. eingenommen wurden.

- *Expected* und *traditional cash flow*: Beide Begriffe zielen auf die Abbildung von Unsicherheiten in zukünftigen Zahlungsströmen ab. Im *expected-cash-flow*-Ansatz wird die Mehrwertigkeit unterschiedlicher Annahmen hinsichtlich der zukünftigen Entwicklung berücksichtigt, er stellt den wahrscheinlichkeitsgewichteten *cash flow* dar. Im *traditional-cash-flow*-Ansatz wird als zukünftiger Zahlungsstrom derjenige mit der höchsten Eintrittswahrscheinlichkeit angesetzt. Zur Anwendung kommen zukunftsorientierte *cash-flow*-Rechnungen z.B. beim *impairment*-Test und bei der Bestimmung von *fair values* durch Kapitalwertverfahren.

14 Im Vergleich zu den vorstehenden Definitionen hat der *cash flow* nach IAS 7 im Wesentlichen zwei Merkmale:

- Er ist vergangenheitsorientiert und stellt die Veränderung der liquiden Mittel für eine abgelaufene Rechnungslegungsperiode dar.
- Er ist ein sich aus drei Teilbereichen (betriebliche Tätigkeit, Investitions- und Finanzierungstätigkeit) ergebender Gesamtwert aller Nettozu- oder -abflüsse der abgelaufenen Periode.

2 Der Finanzmittelfonds

2.1 Bestandteile des Finanzmittelfonds

15 Die Kapitalflussrechnung ist eine **Stromgrößenrechnung**, bei der für einen **abgegrenzten Vermögensteil** (ein „**Finanzmittelfonds**"[6]) Zu- und Abgänge durch die Veränderung aller Nichtfondspositionen erklärt werden. Der Wahl und Abgrenzung der zu dem Finanzmittelfonds gehörenden Bestandteile kommt somit **zentrale Bedeutung** zu. Innerhalb der verschiedenen Rechnungslegungssysteme (sowohl IFRS, US-GAAP als auch HGB/DRS) wird der Finanzmittelfonds mit der Beschränkung auf **verfügbare liquide Mittel** sehr eng abgegrenzt. Diese Abgrenzung hat den Vorteil einer Vermeidung von Bewertungseinflüssen (Rz 3, 29 ff.) und führt im Ergebnis zu einer hohen Vergleichbarkeit hinsichtlich der Finanzlage verschiedener Unternehmen.

16 Für die Kapitalflussrechnung ist daher ein Fonds zu verwenden, der nur aus Zahlungsmitteln (*cash*) und Zahlungsmitteläquivalenten (*cash equivalents*) besteht. Diese beiden Bestandteile sind wie folgt definiert (IAS 7.6):

- Zu den Zahlungsmitteln gehören **Barmittel** und **Sichteinlagen**.
- Als Zahlungsmitteläquivalente gelten solche „**kurzfristigen, äußerst liquiden Finanzinvestitionen**, die jederzeit in bestimmte Zahlungsmittelbeträge umgewandelt werden können und **nur unwesentlichen Wertschwankungen** unterliegen".

Die Qualifizierung von Zahlungsmitteläquivalenten als Teil des Finanzmittelfonds setzt die kumulative Erfüllung der folgenden Eigenschaften voraus (IAS 7.7):

- Sie dienen dazu, kurzfristigen Zahlungsverpflichtungen nachkommen zu können, und werden gewöhnlich nicht zu Investitions- oder anderen **Zwecken** gehalten und

[6] Dieser Begriff wird jedoch nicht explizit in IAS 7 verwendet; anders DRS 2.6.

- können ohne Weiteres in einen bestimmten Zahlungsmittelbetrag umgewandelt werden, weil sie nur **unwesentlichen Wertschwankungsrisiken** unterliegen.
- Sie besitzen „im Regelfall“ eine **Restlaufzeit** von nicht mehr als etwa drei Monaten, gerechnet vom Erwerbszeitpunkt.

Besonderheiten in der Abgrenzung des Finanzmittelfonds können sich auch aufgrund von Krisen am Finanzmarkt ergeben (Rz 27).

Sofern **Kontokorrentkredite** einen integralen Bestandteil des *cash managements* des Unternehmens bilden, sind auch solche kurzfristigen Verbindlichkeiten dem Finanzmittelfonds (als Negativposten) zuzuordnen („Nettokonzept“; IAS 7.8). Die Abgrenzung der zum *cash management* gehörenden Kredite führt in der Praxis häufig zu Abgrenzungsproblemen; hierunter leidet die Vergleichbarkeit mit anderen Unternehmen.[7] 17

Zahlungsmitteläquivalente zeichnen sich neben der notwendigen Zweckbestimmung (Rz 21) durch zwei Eigenschaften aus: Sie sind zum einen ohne Weiteres in Zahlungsmittel umwandelbar (Kriterium der **Liquidität „ersten Grades“**) und unterliegen zum anderen nur geringen Bewertungsschwankungen (Kriterium der **Vermeidung von Bewertungseinflüssen**). Sie beschränken sich daher auf bestimmte monetäre Vermögenswerte im Bereich der Finanzinvestitionen. Bewertungsabhängige monetäre Vermögenswerte, z.B. Forderungen aus Lieferungen und Leistungen, sowie nicht monetäre Vermögenswerte, z.B. Vorräte, scheiden dagegen als Zahlungsmitteläquivalente aus. Entsprechendes gilt für kurz laufende Wechsel, Wertpapiere und Termingelder, die das Kriterium der Liquidität „ersten Grades“ nicht erfüllen. Voraussetzung für eine Qualifizierung von Zahlungsmitteläquivalenten als Teil des Finanzmittelfonds ist, dass *„the amount of cash that will be received must be known at the time of the initial investment“*.[8] Ein jederzeitiges Umwandlungsrecht in liquide Mittel bedingt wegen des immanenten Wertänderungsrisikos keine automatische Qualifizierung als Teil des Finanzmittelfonds. 18

Beispiel
U hat frei verfügbare Liquidität in börsennotierte Wertpapiere, für die ein aktiver Markt besteht, gebunden. Es besteht jederzeit die Möglichkeit einer Veräußerung der Wertpapiere zum aktuellen Marktpreis. Eine Zuordnung der Wertpapiere zum Finanzmittelfonds scheidet dennoch wegen des bestehenden Wertänderungsrisikos aus.

Als weiteres Abgrenzungskriterium dient die **Restlaufzeit**. Nach der **Regelvermutung** kann eine Finanzinvestition nur dann als Zahlungsmitteläquivalent gelten, wenn sie eine Restlaufzeit von nicht mehr als drei Monaten aufweist (IAS 7.7). Dabei kommt das „statische Restlaufzeitkonzept“ zur Anwendung, d.h., abgestellt wird immer auf die Restlaufzeit zum Erwerbszeitpunkt, nicht zum jeweiligen Bilanzstichtag. Dagegen gilt bei der Bestimmung der Restlaufzeiten von Forderungen und Verbindlichkeiten nach HGB das dynamische

7 Aus diesem Grund ist die Einbeziehung von Kontokorrentverbindlichkeiten nach US-GAAP nicht zulässig.

8 Vgl. IFRIC, Update July 2009.

Restlaufzeitkonzept, das sich an der verbleibenden Restlaufzeit zum jeweiligen Bilanzstichtag orientiert.

19 Der Begriff „im Regelfall" lässt **Ausnahmen** zu: Längere oder kürzere Restlaufzeiten sind anwendbar, wenn hierdurch unternehmensindividuelle Besonderheiten oder bestimmte Anlageformen besser Berücksichtigung finden können. In diesem Fall sind Bestandteile des Zahlungsmittelfonds im Anhang anzugeben; dazu ist eine Überleitungsrechnung zwischen Zahlungsmittelfonds und den entsprechenden Bilanzposten vorzunehmen (IAS 7.45–47). Für die verbale Beschreibung der Zusammensetzung des Finanzmittelfonds bietet sich im Anhang der Bereich der Bilanzierungs- und Bewertungsmethoden (Rz 152) an (→ § 5 Rz 23), während die Überleitungsrechnung in tabellarischer Form entweder bei den Erläuterungen zu den liquiden Mitteln oder in einer eigenen *note* zur Kapitalflussrechnung vorgenommen werden sollte.

In der Praxis ergeben sich bei der zutreffenden Abgrenzung des Finanzmittelfonds regelmäßig Schwierigkeiten. Insbesondere die ermessensbehaftete Ausweitung des Zeitraumes der **Restlaufzeit** einer Finanzinvestition ist einer kritischen Prüfung zu unterziehen.[9]

20 **Anlagekonten** mit einer Laufzeit von mehr als drei Monaten erfüllen die laufzeitabhängige Regelvermutung nicht. Auch eine **tägliche** Möglichkeit zur **Verfügung** über die angelegten Mittel ändert nichts an der Verletzung der Regelvermutung. Das Recht auf tägliche Verfügung ist einem jederzeitigen Kündigungsrecht gleichzusetzen. Analog zu bestehenden Kündigungsrechten bei langfristigen Darlehensbeziehungen, die wegen des bestehenden Ermessens hinsichtlich einer Ausübung nicht zu einer Umqualifizierung in den kurzfristigen Bereich der Bilanz führen, bedingt eine tägliche Verfügbarkeit bei einem langfristigen Anlagekonto keine Klassifizierung als Teil des Finanzmittelfonds. Die Formulierung der Drei-Monats-Grenze als Regelvermutung impliziert vielmehr Folgendes:[10]

- Auch Geldanlagen mit einer Restlaufzeit **länger** als **drei** Monate können Teil des Finanzmittelfonds sein.
- Eine entsprechende Qualifizierung setzt jedoch die **Widerlegung** der Regelvermutung voraus.
- Aufgrund des bestehenden **Regel-Ausnahme-Verhältnisses** ist eine Widerlegung allerdings nur dann anzuerkennen, wenn deutlich bessere Gründe für als gegen eine Qualifizierung längerfristiger Anlageformen als Finanzmittelfonds sprechen.

Maßstab der Widerlegung sind die weiteren kumulativ zu erfüllenden Voraussetzungen an Zahlungsmitteläquivalente. Die Anlage darf insbesondere keinen wesentlichen Wertschwankungsrisiken unterliegen (Rz 16).[11] Unterliegt eine Anlage kurzfristigen Marktwertschwankungen oder verfügt sie nicht über ausgezeichnete Bonität, scheidet eine Qualifizierung als Teil des Finanzmittelfonds unabhängig von der Restlaufzeit aus.

---

9 So führte die Abgrenzung des Finanzmittelfonds in häufigen Fällen zu Fehlerfeststellungen bzw. Hinweisen durch die deutsche „Enforcement"-Stelle DPR; vgl. SCHEFFLER, DB 2007, S. 2046.

10 Vgl. LÜDENBACH, PiR 2009, S. 180f.

11 So auch klarstellend IFRIC, Update July 2009.

Für die Zuordnung von Zahlungsmitteläquivalenten zum Finanzmittelfonds ist das Merkmal der **Zweckbestimmung**, also die Frage, ob die Anlage tatsächlich dazu dienen soll, kurzfristigen Zahlungsverpflichtungen nachzukommen oder nicht umgekehrt zu Finanzinvestitionszwecken gehalten wird, besonders kritisch. 21

Die Zweckbestimmung ist eine **innere Tatsache** (Absicht), die jedoch in möglichst hohem Maße an äußeren Umständen objektiviert werden muss. Zur Objektivierung kann zunächst auf die Planungen des Managements abgestellt werden. Diese sind für den Fall vorzeitig kündbarer, ansonsten aber langlaufender Anlagekonten allerdings nicht eindeutig. Zwar kann das Basisszenario der Liquiditätsplanung eine Verwendung des Anlagebetrags zur Bedienung kurzfristiger Zahlungsverpflichtungen vorsehen; es sind aber auch Alternativszenarien möglich, bei denen dies gerade nicht der Fall ist. Besteht lediglich eine **bedingte Absicht**, den Anlagebetrag als Finanzinvestition länger als drei Monate stehen zu lassen, scheidet eine Qualifizierung als Finanzmittelfonds aus.

Eine bedingte Absicht zur Alternativverwendung kann auch nicht mit dem Hinweis auf die (angeblich) geringe Wahrscheinlichkeit einer Nichtnutzung der Mittel zur Bedienung kurzfristiger Zahlungsverpflichtungen als unwesentlich qualifiziert werden.

Beispiel[12]

U legt im Dezember 01 eine verfügbare Liquidität von 1 Mio. EUR auf einem sog. Anlagekonto bei seiner Hausbank an. Die Konditionen des Kontos sind wie folgt:

- planmäßige Laufzeit zwölf Monate,
- tägliche Verfügungsmöglichkeit, jedoch nur über den Gesamtbetrag,
- Verzinsung 3 %, wenn die planmäßige Laufzeit eingehalten wird,
- keine Verzinsung, wenn bis Ablauf von drei Monaten verfügt wird,
- Verzinsung von 1,5 %, wenn nach Ablauf von drei Monaten, aber vor Ablauf der zwölf Monate verfügt wird.

Erhöhungen des Anlagebetrags sind während der Laufzeit nicht zulässig. Auf ein bei der gleichen Bank geführtes Drei-Monats-Festgeldkonto werden Zinsen von 1,5 % gewährt.

Nach dem Basisszenario (auskunftsgemäße Wahrscheinlichkeit 90 %) der Liquiditätsplanung wird das Unternehmen nach drei Monaten den angelegten Betrag benötigen. Es besteht aber abhängig von der Umsatzentwicklung eine signifikante Chance (auskunftsgemäß jeweils 5 %), den Anlagebetrag mehr als drei oder sogar zwölf Monate stehen zu lassen (Alternativszenarien). Das Management hat sich für das Anlagekonto entschieden, da es im Vergleich zum Festgeldkonto eine Chance (maximal um 1,5 % höhere Verzinsung) bietet. Das Management möchte das Anlagekonto in der Kapitalflussrechnung als Teil des Finanzmittelfonds ausweisen.

Der Wahrscheinlichkeitseinschätzung des Managements widersprechen die Konditionen des Anlagekontos im Vergleich zum Drei-Monats-Festgeld. Bei Kündigung des Anlagekontos binnen drei Monaten entsteht ein Zinsnachteil

12 Entnommen aus LÜDENBACH, PiR 2009, S. 180f.

von 1,5 % gegenüber dem Festgeld, erst bei voller Ausschöpfung der zwölf Monate ein Vorteil von 1,5 %. Bei im Objektivierungsinteresse zu unterstellendem rationalem Verhalten des Managements macht die Investition in das Anlagekonto daher unter den angegebenen Wahrscheinlichkeiten keinen Sinn. Die Widerlegung der Drei-Monats-Regel gelingt nicht.

22 Sofern Bestandteile des Finanzmittelfonds **Verfügungsbeschränkungen** unterliegen, ist ihre Liquidität durchaus als zweifelhaft anzusehen.[13] Zwei alternative Darstellungsformen lassen sich unterscheiden: Die Bestandteile werden

- weiterhin dem Finanzmittelfonds zugerechnet oder
- von dem Finanzmittelfonds ausgeschlossen.

Unabhängig von der gewählten Darstellungsform sind im **Anhang** Angaben zu den Verfügungsbeschränkungen zu machen (Rz 156). U. E. ist die zweite Darstellungsvariante, also der Ausschluss aus dem Finanzmittelfonds, wegen der strengen Anforderungen an diesen (Rz 18) vorzuziehen.

Beispiel

Die Anlagenbau AG hat für die Entwicklung eines neuen Produkts eine besicherte und entwicklungsspezifische Produktfinanzierung über 10.000 EUR bei der Hausbank aufgenommen. Die Gelder werden in einem getrennten Konto gehalten und stehen nur zweckentsprechend zur Verfügung. Bis zum Ende der laufenden Berichtsperiode wurden 3.000 EUR für die Entwicklung verbraucht, auf dem Konto stehen daher zum Stichtag noch 7.000 EUR.

Werden die liquiden Mittel aus der Produktfinanzierung nicht dem Finanzmittelfonds zugerechnet, sind 3.000 EUR dem operativen *cash flow* (Zahlungsmittelabfluss) und 10.000 EUR dem Finanzierungsbereich (Zahlungsmittelzufluss) zuzuordnen. Es verbleibt eine positive Bilanz von 7.000 EUR als Zahlungsmittelzufluss, die getrennt vom Finanzmittelfonds auszuweisen ist.

Alternativ kann der verbleibende Finanzierungsbetrag auch dem Finanzmittelfonds zugerechnet werden. Im Rahmen der Überleitung des Finanzmittelfonds vom Periodenbeginn bis zum -ende ist dieses Delta allerdings gesondert darzustellen.

Der Nachteil der zweiten Darstellung liegt in der Verrechnung des Zahlungsmittelzuflusses aus Finanzierungstätigkeit mit dem Finanzmittelfonds. Der Zuwachs an finanziellen Mitteln steht wegen der speziellen Verwendungsabsicht dem Unternehmen aber gerade nicht zur freien Verfügung.

23 Sind Bestandteile des Finanzmittelfonds verpfändet, unterliegen also besonderen Verfügungsbeschränkungen, scheidet eine Erfassung im Finanzmittelfonds wegen der fehlenden Liquidität aus. Die Zweckbestimmung obliegt nicht mehr dem Management (Rz 21), eine wesentliche Voraussetzung für eine Qualifizierung als Teil des Finanzmittelfonds ist daher verletzt.

---

13 Vgl. PwC, IFRS Manual of Accounting 2010, Kap. 30.170f.

Beispiel
Die A AG hat für die zugesagte Altersversorgung ausgewählter Mitarbeiter finanzielle Mittel verpfändet. Eine Zuordnung der verpfändeten Gelder zum Finanzmittelfonds scheidet aus.
Der Unterschied zwischen dem in der Bilanz gem. IAS 1.54 als Zahlungsmittel und Zahlungsmitteläquivalente ausgewiesenen Betrag (inkl. der verpfändeten Liquidität) und dem in der Kapitalflussrechnung ausgewiesenen Finanzmittelfonds (exkl. der verpfändeten Liquidität) ist im Anhang im Rahmen einer Überleitung gem. IAS 7.45 offenzulegen (Rz 150ff.).

In der Praxis werden in Einzel- oder Teilkonzernabschlüssen häufig auch die 24
Mittelanlagen bei der Konzernobergesellschaft im Rahmen eines sog. *cash pooling* als Bestandteil des Finanzmittelfonds berücksichtigt. Obwohl solche Geldanlagen durchaus einen mit Sichteinlagen vergleichbaren Charakter haben können, ist ihre Einbeziehung kritisch zu würdigen. IAS 7.6 lässt als Zahlungsmitteläquivalent nur solche Mittel gelten, die

- **hoch liquide**, d.h. jederzeit (*readily*) in Geld umtauschbar sind **und**
- nur **unwesentlichen** (*insignificant*) **Wertänderungsrisiken** unterliegen.

Eine jederzeitige Umtauschbarkeit in Geld setzt u.E. voraus, dass eine Forderung ohne Risikoabschlag **an einen Dritten gegen Geld verkauft** werden könnte. Im Allgemeinen ist dies nur bei an aktiven Märkten notierten Forderungen (etwa Geldmarktfondsanteilen) gegeben.
Wertänderungsrisiken lassen sich nur dort negieren, wo Schuldner eine **Mindestbonität** haben, die jede Wertberichtigungsüberlegung von vornherein überflüssig macht. Dies gilt regelmäßig nur für Forderungen gegen eine (gesunde) Bank. Derartige Forderungen (Bankkonten) werden nicht auf Wertberichtigung geprüft und auch in die Pauschalwertberichtigungen nicht einbezogen. Bei Forderungen gegen Nichtbanken ist dies i.d.R. anders.
Beide Voraussetzungen sind u.E. kaum je erfüllt, wobei schon die **Nichterfüllung einer Voraussetzung** die konzerninternen Forderungen aus dem Finanzmittelfonds **ausschließen** würde. Eine großzügigere Betrachtung ist u.E. auch nicht durch Rückgriff auf die allgemeine Aussage von IAS 7.46 gerechtfertigt, wonach eine *„variety of cash management practices"* besteht, die sich in unterschiedlichen Abgrenzungen des Finanzmittelfonds ausdrückt.

Eigenkapitalinstrumente, also etwa als Aktien verbriefte Anteile am Eigen- 25
kapital eines anderen Unternehmens (→ § 28 Rz 20) gehören nicht in den Finanzmittelfonds; hiervon ausgenommen sind in bestimmten Fällen rückzahlbare Aktien (*redeemable shares*) mit kurzer Restlaufzeit und festgelegtem Einlösungszeitpunkt (IAS 7.7). In der deutschen Rechts- und Bilanzpraxis spielen sie kaum eine Rolle.

Keine Zahlungsmittelzu- bzw. -abflüsse sind Bewegungen **zwischen** den Kom- 26
ponenten des Finanzmittelfonds, die nur Folge des *cash management* sind. Entsprechendes gilt für Umgliederungen zwischen den Zahlungsmitteln und den Zahlungsmitteläquivalenten (z.B. durch den Erwerb von kurzfristigen, äußerst liquiden Finanzinvestitionen ohne Wertschwankungen durch Bargeld).

Anteile an Geldmarktfonds und geldmarktnahen Fonds waren bislang als Zah- 27
lungsmitteläquivalente bzw. Teil des Finanzmittelbestands i.S.d. Kapitalfluss-

rechnung akzeptiert. Voraussetzung war und ist nach IAS 7.7, dass die Fondsanteile **keinem signifikanten Wertänderungsrisiko** unterliegen (Rz 16). In Abhängigkeit von der Finanzmarktsituation ist diese Voraussetzung kritisch zu überprüfen. Sind danach Fondsanteile aufgrund ihrer Wertschwankungen nicht mehr dem Finanzmittelbestand zuzuordnen, müssen Einzahlungen in und Auszahlungen aus den Fonds als *cash flow* aus **Finanzierungstätigkeit** berücksichtigt werden (IAS 7.16).

28 Im Zuge einer Finanzmarktkrise kann im Übrigen, wie die Beispiele Lehman Brothers (*chapter 11 filing*) und der Banken Islands (allen voran die Kaupthing Bank) zeigen, auch die Praktikerregel, Forderungen an Banken unterlägen keinen Wertberichtigungsrisiken, nicht mehr ungeprüft angewandt werden.

2.2 Bewertungsrechnung

29 Veränderungen des Zahlungsmittelfonds werden vor allem durch Vorgänge in den Bereichen der betrieblichen, Investitions- und Finanzierungstätigkeit herbeigeführt („Ursachenrechnung"; vgl. Rz 35). Daneben kann sich der Bestand an Zahlungsmitteln und Zahlungsmitteläquivalenten auch aus Gründen verändern, die ihn selbst betreffen und die im Rahmen einer sog. **Bewertungsrechnung** zusammengefasst werden. Hierzu gehören:

- Währungsdifferenzen auf den Finanzmittelfonds (IAS 7.28; Rz 95 ff.).
- Sonstige bewertungsbedingte Änderungen des Finanzmittelfonds.
- Bestimmte konsolidierungsbedingte Veränderungen des Finanzmittelfonds (Rz 141 ff.).
- Änderungen in der Zusammensetzung bzw. Abgrenzung des Fonds (Rz 15 ff.).

30 **Währungsdifferenzen** entstehen durch das Halten von Beständen des Zahlungsmittelfonds in Währungen, die von der Konzernberichtswährung abweichen. Die exakte Ermittlung der Auswirkungen der Wechselkursschwankungen auf den Zahlungsmittelfonds wirft gewisse praktische Probleme auf; häufig wird daher in diesen Fällen mit Näherungslösungen gearbeitet (Rz 95 ff.).[14]

31 Sonstige **bewertungsbedingte** Änderungen sind im Standard nicht explizit genannt. Trotz der engen Definition des Zahlungsmittelfonds sind (meist negative) Bewertungseinflüsse nicht vollständig auszuschließen. Hierzu gehören z. B. die Einlösungsrisiken bei Schecks und Wechseln sowie die Zahlungsunfähigkeit von Banken oder Wertpapieremittenten, bei denen das Unternehmen entsprechende Geldanlagen getätigt hat.

32 Bei dem Erwerb von voll- und quotenkonsolidierten **Tochter-** bzw. **Gemeinschafts**unternehmen werden auch deren jeweilige Bestände des Zahlungsmittelfonds in den Konzernabschluss übernommen. Die damit verbundene Veränderung des Fonds wird allerdings regelmäßig nicht im Bereich der Bewertungsrechnung erfasst; vielmehr werden die übernommenen Fondsbestände von den Auszahlungen für den Erwerb der Tochter-/Gemeinschaftsunternehmen abgesetzt (Rz 127 ff.). Dagegen sind solche Fälle in die Bewertungsrechnung aufzunehmen, bei denen im Jahr des Erwerbs **zunächst eine Einbeziehung** im Wege der Voll-

---

[14] Siehe z. B. den ausführlichen Vorschlag in MANSCH/WYSOCKI, Finanzierungsrechnung im Konzern, S. 40.

oder Quotenkonsolidierung **unterbleibt**, diese jedoch zu einem späteren Zeitpunkt erfolgt (Rz 141 ff.).

Zu nennen sind insbesondere folgende Vorgänge: 33

- Sukzessiver Anteilserwerb (→ § 31 Rz 149 ff.).
- Kriterien für die Einbeziehung als Tochterunternehmen (IAS 27.13) bzw. als Gemeinschaftsunternehmen (IAS 31.24) werden nicht im Jahr des Erwerbs, sondern erst zu einem späteren Zeitpunkt erfüllt (→ § 31 Rz 28).
- Aus Gründen der Wesentlichkeit (→ § 1 Rz 61 ff.) ist im Jahr des Erwerbs eine Einbeziehung unterblieben.

Entsprechende Vorgänge sind im Falle des Ausscheidens aus dem Konsolidierungskreis zu erfassen.

Änderungen der **Definition** des Finanzmittelfonds sind als *change in accounting policy* (→ § 24 Rz 22) anzusehen. Hierzu sind umfangreiche Offenlegungspflichten vorgesehen (IAS 7.47 unter Verweis auf IAS 8).[15] 34

3 Darstellung der Kapitalflussrechnung

3.1 Übersicht

3.1.1 Grundstruktur der Kapitalflussrechnung

Aufgrund der weitgehenden Loslösung von spezifischen **Bewertungs- und Periodisierungskonzepten** („*cash is cash*") und einer Vereinheitlichung der Definition des Finanzmittelfonds (Rz 16) kommt der **Gliederung** der Kapitalflussrechnung (unter Einbeziehung der im Anhang erfolgenden Zusatzangaben) entscheidende Bedeutung für die Aussagefähigkeit einer Kapitalflussrechnung zu. Die Gliederung basiert auf der Unterscheidung zwischen Positionen des Finanzmittelfonds einerseits und Nichtfondspositionen andererseits. Hieraus ergibt sich folgende **Zweiteilung** der Kapitalflussrechnung: 35

- In einer **Ursachenrechnung** (auch Ursachen- oder Investitions- und Finanzierungsnachweis genannt) werden die Auswirkungen der Veränderungen der Nichtfondspositionen dargestellt, soweit sie zu entsprechenden *cash flows*, d.h. zu einer Veränderung einer Position des Finanzmittelfonds geführt haben. Hierbei sind durch angemessene Untergliederung die wesentlichen Quellen der Zahlungsströme (Mittelherkunft) und die entsprechende Verwendung der Fondsmittel offenzulegen.
- In einer als **Fondsänderungsnachweis** oder **Finanzmittelnachweis** bezeichneten Rechnung werden die Veränderungen der Finanzmittelfondspositionen zwischen Beginn und Ende einer Periode dargestellt. Dabei sind neben den aus der Ursachenrechnung stammenden *cash flows* auch Effekte aus der Umrechnung von Fondsbestandsteilen, die in ausländischer Währung geführt werden, von Bewertungsmaßnahmen im Bereich des Finanzmittelfonds und von Veränderungen des Finanzmittelfonds durch bestimmte Veränderungen des Konsolidierungskreises zu berücksichtigen (siehe hierzu ausführlich unter Rz 29 ff.).

---

[15] Vgl, MEYER, in: THIELE/VON KEITZ/BRÜCKS (Hrsg.), Internationales Bilanzrecht, 2008, IAS 7, Tz 198 f.

36 Nach einhelliger internationaler Praxis, der auch die IFRS folgen, ist für die Ursachenrechnung das „**Aktivitätsformat**" (*activity format*) zu wählen. Dabei erfolgt eine **Aufgliederung** in die drei Bereiche

- betriebliche Tätigkeit,
- Investitionstätigkeit,
- Finanzierungstätigkeit (dazu weiterführend Rz 46ff.).

Gesondert darzustellen und ggf. zu erläutern ist der Einfluss von unrealisierten Wechselkursänderungen auf den Finanzmittelbestand (Rz 96).

37 Die Kapitalflussrechnung wird üblicherweise in **Staffelform** unter Gegenüberstellung der **Vorjahresvergleichszahlen** aufgestellt. Eine **Änderung der Gliederung** gegenüber der Vorperiode ist anzugeben und die Darstellung der Vorperiode anzupassen (IAS 1.38).

38 Die **Grundstruktur** der Kapitalflussrechnung ist demnach die folgende:

	Jahr 02	**Jahr** 01
cash flows aus der betrieblichen Tätigkeit	....	....
cash flows aus der Investitionstätigkeit	....	....
cash flows aus der Finanzierungstätigkeit	....	....
Summe der *cash flows*	....	....
Wechselkursbedingte und sonstige Veränderungen des Finanzmittelfonds (Bewertungsrechnung)	....	....
Veränderungen des Finanzmittelfonds gesamt	....	....
Finanzmittelfonds zum Anfang der Periode	....	....
Finanzmittelfonds zum Ende der Periode	....	....

39 Eine weitere **Untergliederung** der Kapitalflussrechnung ist in allen drei Tätigkeitsbereichen durch die Bildung von **Hauptklassen** an *cash flows* vorgesehen (IAS 7.18 und 7.21). Geschäftsvorfälle, denen *cash flows* aus **mehreren Bereichen** zuzuordnen sind, dürfen dabei aufgeteilt werden (IAS 7.12). Um auf die Bedürfnisse der jeweiligen Unternehmen flexibel eingehen zu können (IAS 7.11), wird jedoch **kein verbindliches Mindestgliederungsschema** vorgegeben (anders etwa der deutsche Standard DRS 2; siehe Rz 172).

Durch die in IAS 7 genannten Beispielkataloge hat sich allerdings bei der Mehrzahl der Unternehmen ein gewisses Maß an Einheitlichkeit herausgebildet. Daneben führen verbindliche Zusatzangaben, z.B. bei dem Erwerb und der Veräußerung von Tochterunternehmen (Rz 127ff.), sowie die Möglichkeit, weitere Angaben **wahlweise** direkt in der Kapitalflussrechnung offenzulegen (z.B. Zins- und Dividendenzahlungen sowie Ertragsteuern), zu einer für alle Unternehmen identischen Erweiterung der Kapitalflussrechnung. Gleichwohl ist aufgrund des Fehlens einer verbindlichen Mindestgliederung, aber auch wegen der Vielzahl an Wahlrechten (v. a. Ausweis der Zins- und Dividendenzahlungen in allen drei Bereichen), ein **Vergleich** zwischen verschiedenen Unternehmen häufig nur schwer möglich.

3.1.2 Saldierung von *cash flows*

Die Kapitalflussrechnung ist nach dem **Bruttoprinzip** aufzustellen (Verbot der **Saldierung** von Einzahlungen mit Auszahlungen). Jedoch sind folgende **Ausnahmen** vorgesehen: 40

- Ein- und Auszahlungen **im Namen von Kunden**, wenn die *cash flows* eher auf Aktivitäten des Kunden als auf Aktivitäten des Unternehmens zurückzuführen sind.
- Einzahlungen und Auszahlungen für **Posten mit großer Umschlaghäufigkeit, großen Beträgen und kurzen Laufzeiten.**

Die Bezeichnung „im Namen von Kunden" weist auf treuhänderische Tätigkeiten hin, so etwa das beispielhaft aufgeführte Inkasso von Geldern für Grundstückseigentümer. Im Übrigen handelt es sich bei den in IAS 7.23 gegebenen Beispielen überwiegend um Regelungen für **Finanzinstitutionen** im weitesten Sinne (Banken, Kreditkarten- und Anlagegesellschaften). Der erwähnte Fall des Kaufes und Verkaufes von Finanzinvestitionen (Eigenhandel) ist allerdings auch bei Unternehmen außerhalb des Bereiches der Finanzinstitutionen anzutreffen. 41

Daneben werden zusätzlich für Finanzinstitutionen weitere **Ausnahmen** von dem Saldierungsverbot zugelassen (IAS 7.24): 42

- Einzahlungen und Auszahlungen für die Annahme und die Rückzahlung von Einlagen mit fester Laufzeit.
- Platzierung von Einlagen bei und Rücknahme von Einlagen von anderen Finanzinstitutionen.
- Kredite und Darlehen für Kunden und die Rückzahlung dieser Kredite und Darlehen.

Diese Ausnahmen sind aufgrund der Masse an Geschäftsvorfällen im Bereich der Finanzinstitutionen geboten, ohne die Aussagefähigkeit der Kapitalflussrechnung zu gefährden.

Trotz Saldierungsverbot wird bei Anwendung der **indirekten Methode** im Bereich der betrieblichen Tätigkeit (Rz 59ff.) regelmäßig eine **Saldierung** von Ein- und Auszahlungen vorgenommen. Dies ist durch die bei der indirekten Methode anzuwendende **Ermittlungstechnik** begründet, bei der - unter Bereinigung von Effekten durch Wechselkursschwankungen und Veränderungen des Konsolidierungskreises - lediglich eine Betrachtung der **Netto**veränderung der betroffenen Bilanzpositionen stattfindet. 43

Darüber hinaus ist u.E. in begründeten Fällen eine Durchbrechung des Saldierungsverbots zulässig. Beispielhaft sind hier die Verrechnung von Zahlungen aus dem **Sicherungsgeschäft** mit Zahlungen aus dem Grundgeschäft im Falle von *qualifying hedges* (Rz 83) sowie die Saldierung von Erlösen aus dem **Verkauf** von Vermögenswerten mit den unmittelbar damit zusammenhängenden Ausgaben (Rz 81) zu nennen. In **wesentlichen** Fällen ist allerdings eine Beschreibung dieser Saldierung im Rahmen der Erläuterungen zu den Bilanzierungs- und Bewertungsmethoden (Rz 152) erforderlich. 44

Eine Notwendigkeit zur Saldierung von *cash flows* ergibt sich ggf. auch im Finanzierungsbereich bei kurzfristigen (Re-)Finanzierungen durch **(Sola-)Wechsel** (*promissory notes*), also Zahlungsversprechen des Ausstellers, eine bestimmte Geldsumme zu einem bestimmten Zeitpunkt an den durch die Wechselurkunde Legitimierten zu zahlen, mit einer Laufzeit unter einem Jahr. Werden über die 45

Berichtsperiode verteilt mehrere Wechsel begeben und auch wieder beglichen („revolviert"), ist u. E. eine saldierte Darstellung der Zahlungsmittelzu- und -abflüsse geboten,[16] die nur das Delta der Verpflichtung aus (Sola-)Wechseln vom Beginn bis zum Ende der Periode zeigt. Voraussetzung für eine Saldierung ist allerdings eine große Umschlagshäufigkeit, große Beträge und kurze Laufzeiten der Finanzierungsquellen (IAS 7.22(b)).

3.2 *Cash flows* aus der betrieblichen Tätigkeit

3.2.1 Wesentliche Elemente

46 Im Bereich der betrieblichen Tätigkeit (*operating activities*) sind solche *cash flows* auszuweisen,

- die aus den **wesentlichen erlöswirksamen Tätigkeiten** stammen
- und **nicht** dem Investitions- oder Finanzierungsbereich zuzuordnen sind (IAS 7.6).

47 Diese Definition lässt zwei wesentliche Bestandteile erkennen:

- eine **Positivabgrenzung** für die Einnahmen aus der Umsatztätigkeit und die damit verbundenen Ausgaben (Material, Personal usw.) sowie
- eine **Negativabgrenzung** für alle Vorgänge, die nicht dem Investitions- oder Finanzierungsbereich zuzuordnen sind („Lumpensammlerfunktion").

48 Im Rahmen des ersten *Annual Improvements Project* (AIP 2008) des IASB wurde eine Klarstellung des IAS 7.14 in Bezug auf die Abgrenzung von *cash flows* aus der Veräußerung von Sachanlagevermögen gem. IAS 16 vorgenommen (als Folge der Änderung von IAS 16.68A). Danach gilt:

- Werden vormals eigengenutzte Sachanlagen veräußert, erfolgt eine Klassifizierung des entstehenden Zahlungsmittelzuflusses im Investitionsbereich.
- Anderes gilt für Sachanlagen, die vorher zur Erzielung von Mieteinnahmen verwendet wurden und für die eine Veräußerungsabsicht besteht. Korrespondierend zu den Zahlungsmittelzuflüssen aus der Vermietung sind Zuflüsse aus der Veräußerung dem operativen Bereich zuzurechnen.

49 Im Rahmen des zweiten *Annual Improvements Project* (AIP 2009) wurde darüber hinaus eine Klarstellung von IAS 7.16 vorgenommen (Rz 68). Zahlungsmittelabflüsse, die nicht zum Zugang eines aktivierungsfähigen Vermögenswerts führen, sind nicht dem Investitionsbereich zuzuordnen. Auszahlungswirksamer Aufwand ist – auch wenn dieser wirtschaftlich als Investition eingestuft wird (z. B. Marketing, Mitarbeiterschulung, Grundlagenforschung etc.) – im Bereich der betrieblichen Tätigkeit auszuweisen.

50 Die in IAS 7.14 genannten Beispiele lassen sich wie folgt **zusammenfassen**:

- Einzahlungen aus **betrieblichen Erlösen** (Verkauf von Gütern, Erbringung von Dienstleistungen, Nutzungsentgelte, Honorare, Provisionen und sonstige Erlöse).
- Auszahlungen an **Lieferanten und Beschäftigte**.
- Zahlungen in Zusammenhang mit **Ertragsteuern** (Rz 117 ff.).
- Ein- und Auszahlungen für **Handelsverträge** (Rz 51).
- **Sonstige Ein- und Auszahlungen**, die nicht dem Investitions- oder Finanzierungsbereich zuzuordnen sind (z. B. Zahlungen an und von Versicherungs-

[16] Gl. A. PwC, IFRS Manual of Accounting 2010, Kap. 30.161.

unternehmen für Prämien, Schadensregulierungen, Renten und andere Versicherungsleistungen).

Als Beispiel für „Handelsverträge", wie der englische Begriff *contracts for dealing or trading purposes* etwas unscharf übersetzt wird, ist der **Handel mit Wertpapieren und Anleihen** genannt (IAS 7.15). Um eine „betriebliche" Tätigkeit handelt es sich allerdings nur dann, wenn die gehaltenen Wertpapiere weder dem Finanzmittelfonds (Rz 15ff.) noch dem Bereich der Anlage von Finanzmitteln (Investitionsbereich; siehe Rz 73) zuzuordnen sind. Daneben ist im Bereich der betrieblichen Tätigkeit auch der **Handel mit derivativen Finanzinstrumenten** aufzuführen (IAS 7.16g; Rz 83; → § 28 Rz 284). 51

Zu den **„sonstigen" Ein- und Auszahlungen** gehören neben Zahlungen in Zusammenhang mit Versicherungen bspw. auch Spenden, Ein- und Auszahlungen in Zusammenhang mit Gerichtsverfahren sowie Auszahlungen für Geldbußen und sonstige Strafen. 52

Für die **Darstellung der** *cash flows* aus der betrieblichen Tätigkeit ist ein **Wahlrecht** vorgesehen, die direkte (Rz 54ff.) oder die indirekte (Rz 59ff.) Methode anzuwenden (IAS 7.18). Diese beiden Methoden, die zum gleichen Ergebnis (Mittelzu-/Abfluss) führen müssen, sollen im Folgenden vorgestellt werden. 53

3.2.2 Direkte Methode

Bei der direkten Methode werden **die Hauptklassen (*major classes*) der** Bruttoeinzahlungen und Bruttoauszahlungen **gesondert** aufgeführt (IAS 7.18a). Was unter dem Begriff „Hauptklassen" zu verstehen ist, wird im Standard IAS 7 nicht näher definiert. Da in der Praxis bisher nur eine kleine Minderheit der Unternehmen die direkte Methode wählt, bieten sich auch hier nur wenige Anhaltspunkte für eine bevorzugte Auslegung dieses Begriffes. In der Literatur lassen sich unter anderem folgende **Gliederungsmöglichkeiten** finden: 54

- Gliederung anhand der wesentlichen **Personengruppen und Organisationen**, mit denen das Unternehmen Zahlungsmittelbewegungen hat (Kunden, Lieferanten von Waren und Dienstleistungen, Mitarbeiter, staatliche Behörden).
- Gliederung der Auszahlungen nach **Kostenarten** analog zum Gliederungsschema des Gesamtkostenverfahrens in der GuV (z.B. Auszahlungen für Roh-, Hilfs- und Betriebsstoffe, für bezogene Leistungen und Waren, Personal, sonstige Auszahlungen).
- Gliederung der Auszahlungen nach **Funktionsbereichen** analog zum Gliederungsschema des Umsatzkostenverfahrens in der GuV (z.B. Auszahlungen für den Produktions-, Vertriebs- und Verwaltungsbereich, sonstige Auszahlungen).[17]

Besondere praktische Probleme bereitet häufig die Ermittlung der Zahlungsströme, da das Rechnungswesen üblicherweise auf die Erfassung von Aufwendungen und Erträgen, nicht aber von Ein- und Auszahlungen ausgerichtet ist. Neben der **originären Ermittlung** der *cash flows*, bei der die Zu- und Abgänge der Fondsbestandskonten erfasst und den Aktivitätsbereichen zugeordnet werden, wird daher auch eine **derivative Ermittlung** für zulässig erachtet. Bei 55

[17] Zu den Gliederungen nach Kostenarten und Funktionsbereichen vgl. das ausführliche Schema bei MANSCH/WYSOCKI (Hrsg.), Finanzierungsrechnung im Konzern, S. 15–19.

letzterer Methode werden alle wesentlichen Erträge und Aufwendungen zunächst als ein- bzw. auszahlungswirksam behandelt und anschließend unter Verwendung zusätzlicher Informationen in *cash flows* überführt (IAS 7.19b).
Die Technik der **derivativen** Ermittlung lässt sich am Beispiel der Einzahlungen von Kunden wie folgt darstellen:

Umsatzerlöse	......
Erhöhung (–)/Verminderung (+) der Kundenforderungen	......
Erhöhung (–)/Verminderung (+) der Wertberichtigungen auf Kundenforderungen	......
Erfolgsneutrale Veränderungen der Kundenforderungen (Umgliederungen/Währungsdifferenzen etc.)	......
Einzahlungen von Kunden	......

56 Die Frage des separaten Ausweises von **Umsatzsteuerein- bzw. -auszahlungen**, die sich i.d.R. bei der direkten Ermittlung des Kapitalflusses innerhalb der betrieblichen Tätigkeit ergibt, wurde an das IFRIC adressiert.
Das IFRIC misst der Tatsache einer möglichen unterschiedlichen Behandlung (Bruttoausweis oder Saldierung von Umsatzsteuerzahlungen) nur eine geringe Bedeutung bei (*„while different practices may emerge, they are not expected to be widespread")*.[18]
Der **geringe praktische** Anwendungsbereich ergibt sich bereits aus der dominierenden Bestimmung des operativen *cash flow* gem. der **indirekten** Methode, nach der geschuldete Umsatzsteuerzahlungen keine Relevanz haben. Für Anwender der **direkten** Ermittlung der *operating cash flows* ergibt sich ein Wahlrecht: Zahlungsmittelzu- bzw. -abflüsse aus Umsatzsteueransprüchen/-verpflichtungen können saldiert dargestellt oder separat ausgewiesen werden.

Beispiel
Die Feuerwerk AG erzielt ihren Netto-Jahresumsatz in Höhe von 100 Mio. EUR ausschließlich im Dezember. Die Kunden zahlen auf die erworbenen Produkte Umsatzsteuer in Höhe von 19 Mio. EUR. Bei gleichem Umsatz im Vorjahr betrug der Steuersatz 16 %. Der Zahlungseingang aus dem direkten Verkauf von Endverbraucherprodukten erfolgt in der laufenden Periode, eine Weiterleitung der eingenommenen Umsatzsteuer erst in der nächsten Periode nach dem Bilanzstichtag. Für die Erfassung des Geschäftsvorfalls sind folgende Alternativen (in Mio. EUR) zu unterscheiden:

---
[18] IFRIC, Update August 2005.

Direkte Methode (Variante 1)		Direkte Methode (Variante 2)	
Umsatz vor USt 02	100	Umsatz inkl. USt	119
erhaltene USt 02	19		
Abführung der im Dez 01 vereinnahmten Umsatzsteuer in 02 an Finanzamt	– 16	Abführung der im Dez 01 vereinnahmten Umsatzsteuer in 02 an Finanzamt	– 16
Zahlungsmittelveränderung	103	Zahlungsmittelveränderung	103

Unter Informationsgesichtspunkten weist keine Methode deutliche Vorteile auf. Die **direkte Methode** wird **in IAS 7.19 empfohlen** („*Enterprises are encouraged to report cash flows form operating activities using the direct method ...*"). Die direkte Ermittlung liefert Informationen, die die Abschätzung künftiger *cash flows* erleichtern und bei Anwendung der indirekten Darstellungsform nicht verfügbar sind. Die Empfehlung des IASB hat aber de lege lata **keine rechtliche** Relevanz. Die direkte Methode wird nicht in den Status einer „*benchmark*"-Methode erhoben. 57

Zu Gunsten einer verpflichtenden Anwendung der direkten Methode de lege ferenda werden Konsistenzargumente angeführt, da die beiden **anderen Bereiche** (Rz 74, Rz 85) der Kapitalflussrechnung zwingend bereits jetzt in der direkten Weise zu erstellen sind. Gegen eine derartige Rechtsänderung spricht aber andererseits der unklare Informationsvorteil. Die indirekte Methode hat informatorisch den Vorzug, zwei Rechenwerke des Jahresabschlusses, nämlich GuV und Kapitalflussrechnung, zu verbinden und etwa im konkreten Fall zu erläutern, warum sich aus einer positiven Ergebnisentwicklung eine negative *cash*-Entwicklung des betrieblichen *cash flow* ergibt.[19]

Aus diesem Grund ist selbst bei Anwendung der direkten Methode nach US-GAAP eine Überleitungsrechnung vom Jahresergebnis zum Mittelzufluss aus laufender Geschäftstätigkeit und damit de facto die zusätzliche Anwendung der indirekten Methode erforderlich (ASC Topic 230.10.45–29); eine vergleichbare Angabepflicht sehen allerdings weder IAS 7 noch DRS 2 vor.

Eine Verpflichtung zur direkten Ableitung des operativen *cash flow* ist allerdings im Rahmen des „*Financial Statement Presentation*"-Projekts des IASB angedacht (Rz 178).

Da in IAS 7 kein verbindliches Gliederungsschema vorgegeben ist, kann i. d. R. für die direkte Methode auf folgende an DRS 2 angelehnte Gliederung zurückgegriffen werden: 58

19 So auch SCHEFFLER, DB 2007, S. 2047.

1.		**Einzahlungen von Kunden** für den Verkauf von Erzeugnissen, Waren und Dienstleistungen
2.	–	**Auszahlungen an Lieferanten und Beschäftigte**
3.	+	**Sonstige Einzahlungen**, die nicht der Investitions- oder Finanzierungstätigkeit zuzuordnen sind
4.	–	**Sonstige Auszahlungen**, die nicht der Investitions- oder Finanzierungstätigkeit zuzuordnen sind
5.	=	*Cash flow* aus betrieblicher Tätigkeit

Die Verwendung eines Postens für **außerordentliche** Ein- oder Auszahlungen ist abweichend von DRS 2 gem. IAS 1.87 (vgl. → § 2 Rz 55) nicht zulässig.

3.2.3 Indirekte Methode

59 Bei der indirekten Methode erfolgt die Ermittlung nicht auf Grundlage originär ermittelter *cash flows*; vielmehr werden die *cash flows* aus anderen im Rechnungswesen verfügbaren Rechengrößen abgeleitet. Die Konzeption geht zunächst von einer unterstellten Übereinstimmung des Periodenergebnisses mit den *cash flows* aus der betrieblichen Tätigkeit aus. Anschließend ist das Jahresergebnis um bestimmte Beträge zu bereinigen. In Form einer **Überleitungsrechnung** wird somit das Periodenergebnis in eine *cash-flow*-Größe überführt. Für die Überleitungsrechnung ist keine verbindliche Gliederung vorgesehen; aus den Ausführungen des Standards lässt sich jedoch folgendes **Grundschema** darstellen (IAS 7.20):

Indirekte Methode: Grundschema

Periodenergebnis	....
Nicht zahlungswirksame Aufwendungen und Erträge	....
Veränderungen des Nettoumlaufvermögens	....
Umgliederungen zu anderen Tätigkeitsbereichen	....
cash flows aus der betrieblichen Tätigkeit	....

60 Bei der Überleitung sind in einem **ersten Schritt** die Aufwendungen und Erträge zu berücksichtigen, die nicht zu entsprechenden Auswirkungen auf den Zahlungsmittelfonds geführt haben (**finanzmittelfondsneutrale Aufwendungen und Erträge**). Hierzu nennt IAS 7.20 folgende Beispiele:

- **Abschreibungen** auf das Anlagevermögen sowie entsprechende **Zuschreibungen** (→ § 10; → § 11).
- Erfolgswirksame **Veränderung latenter Steuern** (→ § 26).
- Veränderung **langfristiger Rückstellungen**, die nicht Bestandteil des Nettoumlaufvermögens sind (→ § 21).
- Ergebnisse aus **assoziierten** Unternehmen, die nach der *at-equity*-Methode (→ § 33) bilanziert werden (Rz 124).
- Unrealisierte Gewinne und Verluste aus **Währungsdifferenzen** (→ § 27).

Daneben sind folgende weitere Beispiele aufzuführen: 61

- Bildung und Auflösung von **Wertberichtigungen**, z. B. auf Vorräte, Kundenforderungen und Wertpapiere des Umlaufvermögens.
- Nach der *percentage-of-completion*-Methode (→ § 18) realisierte Teilgewinne.
- Auflösung von Passivposten aus der Gewährung **öffentlicher Zuschüsse** (→ § 12 Rz 25 ff.).

In einem **zweiten Schritt** sind die ergebnisneutralen, jedoch zahlungswirksamen 62
Veränderungen des Nettoumlaufvermögens (***net working capital***) zu berücksichtigen. Eine ergebnisneutrale Erhöhung der *assets*, z. B. durch Kauf von Vorräten, oder eine Verminderung der *liabilities* durch Schuldentilgung führt zu einem Abfluss von Zahlungsmitteln. Dagegen bewirkt eine Verminderung von *assets* oder eine Erhöhung von *liabilities* einen Zufluss an Zahlungsmitteln. Die Ermittlung der *cash flows* wird üblicherweise im Wege der **Differenzenbildung** durch die Gegenüberstellung von Anfangs- und Endbestand der einzelnen Positionen des *net working capital* vorgenommen. Hierbei sind allerdings folgende **Bereinigungen** zu beachten:

- Die Höhe von Vermögenswerten und Schulden des *net working capital* kann sich durch **ergebniswirksame Bewertungsmaßnahmen** verändert haben, die nicht zahlungswirksam geworden sind (z. B. Abwertung von Vorräten oder Bildung/Auflösung von Wertberichtigungen auf Kundenforderungen). Die hierfür anfallenden Beträge sind nicht in der Zeile „Veränderung des Nettoumlaufvermögens", sondern bei den zahlungsunwirksamen Aufwendungen und Erträgen zu berücksichtigen.
- Veränderungen des *net working capital* aufgrund von **Veränderungen des Konsolidierungskreises** (→ § 32 Rz 94 ff.) sind nicht im Bereich der betrieblichen Tätigkeit, sondern bei der Investitionstätigkeit zu erfassen (Rz 127 ff.).
- Einflüsse aus der **wechselkursbedingten Veränderung** (→ § 27) von Positionen des Nettoumlaufvermögens sind zu eliminieren. Solche Währungsdifferenzen entstehen zum einen durch das Halten monetärer Vermögenswerte und Schulden in Fremdwährung (z. B. Kundenforderungen, Wertpapiere oder Lieferantenverbindlichkeiten), zum anderen durch die Umrechnung von Abschlüssen einbezogener Tochter- und Gemeinschaftsunternehmen, deren funktionale Währung von derjenigen des Konzernabschlusses abweicht.

In einem **dritten Schritt** sind gewisse Erträge und Aufwendungen, die zwar im 63
Jahresergebnis enthalten, aber deren *cash flows* nicht dem Bereich der betrieblichen Tätigkeit zuzuordnen sind, getrennt zu berücksichtigen. Dies gilt insbesondere für **Erlöse aus dem Abgang von Vermögenswerten des Anlagevermögens**, die im Bereich der Investitionstätigkeit zu erfassen sind. Zu diesem Zweck sind die mit den Abgängen verbundenen Gewinne und Verluste aus dem Bereich der betrieblichen Tätigkeit auszusondern. Gleiches gilt, wenn von dem Wahlrecht des Ausweises von **Zins- und Dividendenzahlungen** im Bereich der Investitions- oder Finanzierungstätigkeit Gebrauch gemacht wird (Rz 106 ff.).

Bei dem in IAS 7.App.A dargestellten Grundschema der indirekten Methode 64
wird als Ausgangsgröße das **Periodenergebnis vor Steuern** (***net income before taxation*** bzw. *earnings before taxes*) gewählt. U. E. ist es mangels Definition der Startgröße *profit and loss* (IAS 7.18(b)) jedoch auch zulässig, eine andere Ergebnisgröße als Ausgangsbasis für die Überleitungsrechnung zu wählen. Somit

ergeben sich folgende Alternativen für die Ausgangsgröße der indirekten Ermittlung des *cash flow* aus der betrieblichen Tätigkeit:

- **Ertragsteuerzahlungen** werden in einer separaten Zeile innerhalb der *cash flows* aus der betrieblichen Tätigkeit ausgewiesen. Als Ausgangsgröße könnte in diesem Fall das **Ergebnis vor Steuern** (*earnings before taxes – EBT*) gewählt werden.
- Werden neben Ertragsteuerzahlungen auch Ein- und Auszahlungen für **Zinsen** im Bereich der betrieblichen Tätigkeit in eigenen Zeilen ausgewiesen, so kann die Überleitungsrechnung mit einem **Ergebnis vor Steuern und Zinsen** (*earnings before interest and taxes – EBIT*) beginnen. Da Abschreibungen ohnehin nicht zahlungswirksam werden, bietet es sich auch an, das **Ergebnis vor Zinsen, Steuern und Abschreibungen** (*earnings before interest, taxes, depreciation and amortisation* – **EBITDA**) zu wählen.
- Bei Handelsunternehmen wird auch die in der Praxis besonders relevante Ergebnisgröße **Rohertrag** als Ausgangsbasis verwendet.
- Im Falle eines **Ergebnisabführungsvertrages** sollte als Ausgangsgröße das Ergebnis **vor** Ergebnisabführung bzw. Verlustübernahme Verwendung finden, um die eigene Finanzkraft des Unternehmens bzw. Teilkonzerns zu verdeutlichen. Eine Gewinnabführung an den Eigenkapitalgeber ist analog zu Dividendenausschüttungen vorzugsweise als *cash flow* aus Finanzierungstätigkeit zu behandeln (Rz 116). Für den Fall der Verlustübernahme dürfte der zutreffende Ausweis umstritten sein (Rz 114).
- Schließlich ist es auch zulässig (wie nach DRS 2.27), das Ergebnis **nach** Steuern (*net income*) als Ausgangsgröße zu verwenden.

65 Eine andere Auffassung wird derzeit von der SEC vertreten. Im Rahmen einer Durchsicht von IFRS-Abschlüssen derjenigen Unternehmen,[20] die bislang wegen einer Börsennotierung in den USA zu einer *reconciliation* auf US-GAAP verpflichtet waren, nimmt der *Staff* der SEC folgende Position ein: Gem. IAS 7.18(b) beginnt die Gewinn- und Verlustrechnung mit der Größe *profit and loss*, welche allerdings in IAS 7 nicht definiert wird. Mangels Konkretisierung in IAS 7 sei nach Ansicht des *Staff* daher über einen **Rückgriff** auf IAS 8.11(a) **analog** die Definition von *profit and loss* für die Gewinn- und Verlustrechnung aus IAS 1.82 heranzuziehen und somit das Ergebnis **nach** Steuern (*net income*) als Ausgangsgröße zu verwenden.[21]

Unmittelbar von der vorstehenden Auslegung der SEC betroffen sind nur Unternehmen, welche die amerikanische Börse in Anspruch nehmen. Fraglich ist allerdings, inwieweit Auslegungen der SEC Bindungswirkung für die IFRS entfalten können. Mit der Ankündigung, die IFRS (in der englischsprachigen Fassung des IASB) als Zulassungsvoraussetzung für amerikanische Börsen anzuerkennen,[22] drückt die SEC ebenfalls ihr Interesse an der Teilnahme des „*standard setting process*" des IASB aus.

Abstrahiert von der Auslegung der SEC, spricht für einen Rückgriff auf das Ergebnis nach Steuern auch der **Vorteil** der indirekten Ermittlung des *cash flow* aus der operativen Tätigkeit (Rz 57). Soll die Kapitalflussrechnung zwei Rechen-

---

20 SEC, Staff Observations in the Review of IFRS Financial Statements, 2. Juli 2007.

21 Gl. A. PwC, IFRS Manual of Accounting 2009, Kap. 30.76.

22 SEC, Press release 2007–235, vom 15. November 2007.

werke des Jahresabschlusses, nämlich GuV und Kapitalflussrechnung, verbinden und den Zusammenhang von Ergebnisentwicklung und Finanzlage erläutern, bietet sich als Ausgangspunkt für die Kapitalflussrechnung das **Ergebnis** der **GuV** an.

Aus dem Beispiel im Anhang zu IAS 7 in Verbindung mit Elementen aus dem Gliederungsschema von DRS 2 ergibt sich folgende **detaillierte Darstellungsmöglichkeit**: 66

1.		**Periodenergebnis vor Steuern**
		Anpassungen I
2.	+/–	Abschreibungen/Zuschreibungen auf Vermögenswerte
3.	–/+	Gewinn/Verlust aus dem Abgang von Vermögenswerten
4.	–/+	Wechselkursbedingte Gewinne/Verluste
5.	+/–	Sonstige zahlungsunwirksame Aufwendungen/Erträge (bspw. Abschreibung auf ein aktiviertes Disagio)
	=	*Zwischensumme I*
		Anpassungen II
6.	–/+	Zunahme/Abnahme der Vorräte, der Forderungen aus Lieferungen und Leistungen sowie anderer Aktiva, die nicht der Investitions- oder Finanzierungstätigkeit zuzuordnen sind
7.	+/–	Zunahme/Abnahme der Verbindlichkeiten aus Lieferungen und Leistungen sowie anderer Passiva, die nicht der Investitions- oder Finanzierungstätigkeit zuzuordnen sind
8.	+/–	Zunahme/Abnahme der Rückstellungen
	=	*Zwischensumme II („cash generated from operations“)*
9.	–/+	Gezahlte/erhaltene Zinsen
1-0.	–/+	Gezahlte/erhaltene Steuerzahlungen
1-1.	=	*Cash flow* aus betrieblicher Tätigkeit

Wird als Ausgangspunkt nicht das Ergebnis vor Steuern, sondern das **Periodenergebnis** gewählt (Rz 78), entfällt die Zeile „Gezahlte/erhaltene Steuerzahlungen“ und ist stattdessen eine Zeile Veränderung der Steuerforderung/Schulden notwendig, die dann auch die latenten Steuern einbeziehen muss.

3.3 *Cash flows* aus der Investitionstätigkeit

Investitionstätigkeiten (*investing activities*) umfassen gem. IAS 7.18 den **Erwerb und die Veräußerung** von 67

- **langfristigen Vermögenswerten** (***long term assets***), Sach- und immaterielle Anlagen sowie Finanzanlagen und

- **sonstige Finanzinvestitionen** in Schuld- oder Eigenkapitalinstrumente, die nicht zu den Zahlungsmitteläquivalenten gehören.

In diesem Bereich werden somit aufgeführt:

- Auszahlungen für solche Ressourcen, die zur Erzielung künftiger Erträge und *cash flows* getätigt wurden (**Investitionen**).
- Einzahlungen aus dem späteren Abgang dieser Ressourcen (**Veräußerungserlöse**).

68 Zur Klarstellung des geltenden Rechts erfolgte im Rahmen des *Annual Improvements Projects 2009* eine Änderung von IAS 7.16. Eine Zuordnung eines Zahlungsmittelabflusses zum investiven Bereich ist danach nur zulässig, wenn die Ausgaben als **Vermögenswert** *(asset)* angesetzt und nicht aufwandswirksam (*expense*) verrechnet werden.

Beispiel

U lässt Anfang 01 eine neue Marke schützen und „investiert" im Verlauf von 01 in erheblichem Maße in die Bekanntheit dieser Marke, Ende 01 ist die Marke gut am Markt etabliert.

Ökonomisch mag man die Aufwendungen als Investition in und bilanziell (i. S. v. IAS 38) als Herstellungskosten der Marke werten. Herstellungskosten auf eigene Marken sind nach IAS 38.63 jedoch nicht aktivierungsfähig (→ § 13 Rz 32). Daher darf die Investition auch in der Kapitalflussrechnung nicht als investiver *cash out flow* berücksichtigt werden. Vielmehr liegt ein operativer *cash out flow* vor.

69 Die Begrenzung auf aktivierungsfähige Auszahlungen schließt eine Erfassung von **Anschaffungsnebenkosten** im Zuge einer *business combination* zum investiven Bereich aus. Nach IFRS 3.53 sind Anschaffungsnebenkosten nicht Teil der *consideration transferred* und daher aufwandswirksam zu verrechnen (→ § 31 Rz 39). Ein entsprechender Ausschluss gilt hingegen nicht für den Erwerb eines *at equity* bewerteten Anteils. Im Rahmen der Zugangsbewertung sind auch Anschaffungsnebenkosten im Beteiligungsansatz zu aktivieren (→ § 33 Rz 49).

70 Ein Abgrenzungsproblem zwischen operativem und investivem *cash flow* stellt sich auch für Zahlungsmittelabflüsse eines **Konzessionärs** einer **Dienstleistungsvereinbarung** im Anwendungsbereich von IFRIC 12 (→ § 18 Rz 66 ff.). Die Interpretation lässt offen, ob mit der Klassifizierung als *financial* oder *intangible asset* auch eine Rückwirkung für den Ausweis von Auszahlungen innerhalb der Kapitalflussrechnung verbunden ist.

U. E. sind Zahlungsmittelabflüsse des Konzessionärs während der Entwicklungsphase im operativen Teil der Kapitalflussrechnung auszuweisen.[23] Dies entspricht der **Tauschfiktion** für die Erfassung eines *financial* und/oder *intangible asset*. Der Zugang ist nicht oder nur mittelbar Folge eines Zahlungsmittelabflusses, sondern erfolgt gegen Errichtung der Infrastruktur. Der Ausweis von Ausgaben als Teil der *investing activities* setzt den unmittelbaren Ansatz eines Vermögenswerts voraus (IAS 7.16). An einem entsprechenden Zusammenhang

[23] Vgl. Freiberg, PiR 2010, S. 234 ff.

fehlt es, was auch an dem betragsmäßigen Auseinanderfallen von Ausgabe und Zugangswert deutlich wird.

Der Begriff **„langfristige Vermögenswerte"** bezieht sich auf den Erwerb und die Veräußerung von Sachanlagen. Es ist somit nicht auf die theoretische Nutzungsdauer, sondern die **Zweckbindung** der erworbenen Ressourcen abzustellen. Aus diesem Grund sind zum Beispiel Grundstücke, die zum Zwecke des Weiterverkaufs erworben wurden, als Vorräte anzusehen und die mit dem Erwerb und der Veräußerung solcher Grundstücke verbundenen Zahlungen nicht im Bereich der Investitions-, sondern der betrieblichen Tätigkeit auszuweisen. 71

Auch die im Zuge einer Kapazitätserweiterung anfallende zusätzliche **Mittelbindung** im Bereich des kurzfristigen Vermögens (Vorräte, Kundenforderungen) ist im Bereich der **betrieblichen** Tätigkeit auszuweisen. 72

Die **„sonstigen Finanzinvestitionen"** umfassen alle Anlagen von Zahlungsmitteln in solchen finanziellen Vermögenswerten, die einerseits nicht unter den Begriff des Zahlungsmittelfonds (Zahlungsmittel und Zahlungsmitteläquivalente) fallen, andererseits jedoch auch nicht den Sachanlagen zuzuordnen sind. Es geht im Wesentlichen um erworbene Eigenkapitaltitel, nicht dem Finanzmittelfonds zuzurechnende Festgeldguthaben, Wertpapiere und sonstige Forderungen mit einer Restlaufzeit von mehr als drei Monaten. Hierfür kommen insbesondere solche Finanzinstrumente in Frage, die als zum Verkauf stehend (*available for sale*) zu klassifizieren sind. 73

Soweit **Finanzinstrumente** (*trading assets*, Derivate etc.) für Handelszwecke (*„for dealing or trading purposes"*) gehalten werden, sieht IAS 7.15 die Einbeziehung in den *cash flow* aus betrieblicher Tätigkeit vor.

Dies erklärt sich wie folgt: Werden Finanzinstrumente ausschließlich mit einer **Weiterveräußerungsabsicht** erworben, also gerade keine Investitionen in langfristig dem Unternehmen zur Verfügung stehende Vermögenswerte getätigt, sind Veräußerungserlöse als Spekulations-/Arbitragegewinne des betrieblichen Ergebnisses anzusehen und damit alle Mittelzu- und -abflüsse der betrieblichen Tätigkeit zuzurechnen.[24]

Fraglich ist die Behandlung von Derivaten, die vom Unternehmen als *hedging instruments* (IAS 39.71) eingesetzt werden, aber die formalen Anforderungen an das *hedge accounting* nicht erfüllen (IAS 39.88) und deshalb nach IAS 39.9 als *trading assets* zu qualifizieren sind. U. E. ist der in IAS 7.15 verwendete Begriff *„dealing or trading purposes"* **unabhängig** von der Qualifizierung nach IAS 39 auszulegen. Wenn die engen Voraussetzungen von IAS 39.88 an ein *hedge accounting* (prospektive und retrospektive Effektivität etc.) fehlschlagen, schlägt dies u.E. somit nicht zwangsläufig auf die Zuordnung der Zahlungsströme aus dem Derivat durch. Falls das Unternehmen Derivate real zu Sicherungszwecken einsetzt, ohne formal die Voraussetzungen von IAS 39 zu erfüllen, ist der Zahlungsstrom aus den Derivaten gleichwohl nicht bzw. nur dann im Ergebnis der betrieblichen Tätigkeit auszuweisen, wenn auch der gesicherte bzw. zu sichernde Zahlungsstrom dort auszuweisen ist.

---

24 Im Rahmen der Mindestgliederung des deutschen Standards DRS 2 werden die „sonstigen Finanzinvestitionen" auch als „Finanzmittelanlagen im Rahmen der kurzfristigen Finanzdisposition" bezeichnet. Dieser Begriff erscheint weiter als der nach IAS 17, da er auch die trading assets einbezieht.

74 Für die Darstellung der *cash flows* aus der Investitionstätigkeit ist zwingend die **direkte Methode** (Rz 54ff.) vorgeschrieben (IAS 7.21). Ein Mindestgliederungsschema wird dabei nicht vorgegeben, jedoch sind wesentliche Bestandteile in Form eines (nicht abschließenden) Katalogs aufgeführt (IAS 7.16):

- Beschaffung bzw. Veräußerung von **Sachanlagen, immateriellen und anderen langfristigen Vermögenswerten**.
- Erwerb bzw. die Veräußerung von **Eigenkapital- oder Schuldinstrumenten** anderer Unternehmen und von Anteilen an *joint ventures*.
- **Gewährung bzw. Tilgung von Krediten und Darlehen** an Dritte.
- **Termingeschäfte** und andere **derivative Finanzinstrumente**.

75 Bei der Ermittlung der Höhe der Auszahlungen ist regelmäßig auf die zur Bestimmung der **Anschaffungskosten** zu erfassenden Beträge (→ § 8 Rz 11ff.) abzustellen, auch wenn die erstmalige Erfassung von Anschaffungskosten in der Bilanz und die Darstellung der Auszahlung in der Kapitalflussrechnung durchaus in verschiedenen Perioden erfolgen kann. Im Falle der Gewährung **öffentlicher Investitionszuschüsse** besteht in der Bilanz ein Ausweiswahlrecht. Die Darstellung in der Kapitalflussrechnung ist nicht geregelt (zu den entsprechenden Möglichkeiten siehe → § 12 Rz 32).

76 Bei den Sachanlagen und immateriellen Vermögenswerten sind auch Auszahlungen für **aktivierte Entwicklungskosten** (→ § 13 Rz 26ff.) sowie für **selbst erstellte Sachanlagen** (aktivierte Eigenleistungen) auszuweisen. Auszahlungen für nicht aktivierungsfähige **Forschungs-und Entwicklungskosten** sowie **Ingangsetzungsaufwendungen** (*start-up costs*) sollten dagegen nicht unter den *cash flows* aus der Investitionstätigkeit aufgeführt, sondern dem Bereich der betrieblichen Tätigkeit zugeordnet werden.

77 Fraglich ist die Berücksichtigung von **Zinsen**, die nach IAS 23 (→ § 9 Rz 12ff.) aktiviert wurden, bei den Auszahlungen für Sachanlagen und immaterielle Vermögenswerte (Rz 107). Ein Ausweis solcher Zinszahlungen im Bereich der Investitionstätigkeit ist zulässig. Jedoch entstehen erhebliche **Abgrenzungsprobleme**, wenn die Zinszahlungen nicht eindeutig einem *qualifying asset* zugeordnet werden können (anteilige Verteilung von Zinskosten nach IAS 23.17; → § 9). Insbesondere bei Auseinanderfallen von Zeitpunkt der Aktivierung der Zinsen und Zeitpunkt der entsprechenden Auszahlung besteht die Gefahr einer willkürlichen Zuordnung von Zinsen zu den *qualifying assets* und damit zu Verschiebungen von *cash flows* zwischen dem betrieblichen Bereich und dem Bereich der Investitionstätigkeit.

78 Die im **Anlagespiegel** (→ § 14 Rz 28) ausgewiesenen Zu- und Abgänge weichen im Regelfall von den entsprechenden Aus- bzw. Einzahlungen in der Kapitalflussrechnung der gleichen Periode ab. Diese Problematik wird allerdings in der Praxis, wie in vielen veröffentlichten Kapitalflussrechnungen offenbar wird, häufig verkannt. Bei den Zugängen sind insbesondere dann Abweichungen festzustellen, wenn die Auszahlung in anderen Perioden erfolgt, als die entsprechende Aktivierung der Anschaffungskosten oder wenn die Transaktion völlig zahlungsunwirksam durchgeführt wird. Für letzteren Fall ist insbesondere das *finance leasing* (→ § 15) zu nennen, bei dem es zwar zur Aktivierung von Anschaffungskosten, nicht jedoch zum Abfluss von Zahlungsmitteln kommt (siehe auch Rz 144).

Bei Aus- und Einzahlungen für den Erwerb von **Eigenkapitalinstrumenten** anderer Unternehmen und von **Anteilen an *jointly controlled entities*** sind ungeachtet der Konsolidierungsmethode alle Erwerbe und Verkäufe zu berücksichtigen. Für den Erwerb und die Veräußerung von **Tochterunternehmen** sind gesonderte Angabepflichten vorgesehen (Rz 127ff.), ebenso bei der Veräußerung von Eigenkapitalinstrumenten im Rahmen von *discontinued operations* (Rz 160). Der Erwerb **eigener Anteile** fällt nicht in den Bereich der Investitionstätigkeit. Dieser Erwerb ist explizit im Katalog der *cash flows* aus der Finanzierungstätigkeit genannt (Rz 87). 79

Als Einzahlungen aus der Veräußerung von Vermögenswerten des **Investitionsbereiches** sind sämtliche in Form von Zahlungsmitteln zufließenden Erlöse zu berücksichtigen. Häufig sind diese Erlöse nur unzureichend im Rechnungswesen erfasst. Hilfsweise kann daher der Erlös (zumindest im Bereich des Anlagevermögens) als Summe aus den abgehenden Restbuchwerten – ausgewiesen im Anlagespiegel – und den aus dem Abgang der Vermögenswerte entstandenen Veräußerungsgewinnen (abzüglich etwaiger Verluste) berechnet werden. Dabei können allerdings Erfassung des Abgangs der Vermögenswerte und die Zahlung des Verkaufserlöses in unterschiedlichen Perioden liegen. 80

Nicht explizit geregelt ist die Behandlung von Ausgaben in Zusammenhang mit der **Veräußerung von Vermögenswerten,** z. B. Verkaufsprovisionen und direkt zurechenbare Beratungskosten. Eine Absetzung von den Verkaufserlösen erscheint zulässig (Rz 44). 81

Die Ein- und Auszahlungen für den Erwerb bzw. die Veräußerung von **Schuldinstrumenten** anderer Unternehmen (Anleihen) sowie für die Gewährung bzw. Tilgung von **Darlehen und Krediten an Dritte** umfassen alle Formen der Vergabe von Fremdkapital an Dritte. Danach ist der Rückerwerb **eigener** Schuldinstrumente oder Kredite nicht im Bereich der Investitions-, sondern bei der Finanzierungstätigkeit darzustellen. 82

Auch die mit dem Erwerb und der Veräußerung von **derivativen Finanzinstrumenten** (→ § 28 Rz 219ff.) verbundenen Aus- bzw. Einzahlungen sind im Bereich der Investitionstätigkeit auszuweisen. Der in IAS 7.16 aufgestellte Katalog nennt als Beispiele Zahlungen für Termin-, Options- und Swapgeschäfte. Es besteht jedoch ein **Wahlrecht**, solche Ausgaben auch im Bereich der **Finanzierungstätigkeit** darzustellen. Neben diesem allgemeinen Wahlrecht bestehen spezifische Wahlrechte in folgenden Fällen: 83

- Abschluss von Verträgen zu **Handelszwecken** (Rz 73):
  Werden derivative Finanzinstrumente nicht zur Sicherung von Grundgeschäften abgeschlossen, sondern ist der Handel mit derivativen Finanzinstrumenten Teil der unternehmerischen Tätigkeit (vor allem Kreditinstitute und Versicherungsunternehmen), so sind die mit den derivativen Finanzinstrumenten verbundenen Zahlungen im Bereich der **betrieblichen** Tätigkeit auszuweisen (Rz 51).
- **Sicherung von Grundgeschäften**:
  Wird ein Vertrag als Sicherungsgeschäft für ein bestimmbares Grundgeschäft abgeschlossen, so werden die Zahlungen aufgrund des Vertrages in dem gleichen Bereich ausgewiesen wie das gesicherte Grundgeschäft. U. E. sollte das Sicherungsgeschäft dabei die Voraussetzungen für einen *qualifying hedge* i. S. d. IAS 39.88 erfüllen (→ § 28 Rz 257), die Erfüllung ist aber keine zwin-

gende Voraussetzung (Rz 73). Da mittels eines **Sicherungszusammenhangs** zwischen Grund- und Sicherungsgeschäft eine Bewertungseinheit hergestellt wird, können Ein- und Auszahlungen in saldierter Form in der Kapitalflussrechnung ausgewiesen werden (Rz 44).

84 Unklar bleibt, ob sich der im Zusammenhang mit Sicherungsgeschäften verwendete Begriff „Vertrag" (*contract*) nur auf den Abschluss von Verträgen über **derivative** Finanzinstrumente beziehen soll. Dies legt die englische Originalfassung von IAS 7.16 nahe, da das Wort *contracts* lediglich bei diesen Finanzinstrumenten genannt wird. U. E. sollte dies jedoch auch für **originäre** Finanzinstrumente i. S. v. IAS 39.72 gelten, die zur Absicherung von Grundgeschäften verwendet werden.

Beispiel

Ein in EUR bilanzierendes Unternehmen nimmt ein USD-Darlehen (originäres Finanzinstrument) auf, um eine Währungssicherung für eine zukünftige Umsatzeinzahlung in USD vorzunehmen. Liegen die Voraussetzungen für die Bildung eines Sicherungszusammenhangs vor, so sind die bei Tilgung des Darlehens anfallenden Auszahlungen wie folgt aufzuteilen: Der Rückzahlungsbetrag, umgerechnet zu Einstandskursen, wird der Finanzierungstätigkeit zugeordnet, während der Währungsgewinn oder -verlust gemeinsam mit den Einzahlungen aus den Umsatzerlösen im Bereich der betrieblichen Tätigkeit auszuweisen ist.

85 Die Darstellung der *cash flows* aus Investitionstätigkeit erfolgt zwingend nach der **direkten** Methode (Rz 74). Eine Verknüpfung des sehr kurzen Beispiels aus dem Appendix zu IAS 7 mit den in DRS 2.32 enthaltenen Gliederungsgedanken führt zu folgendem Vorschlag (Rz 67):

1.		Einzahlungen aus Abgängen von Gegenständen des Sachanlagevermögens
2.	–	Auszahlungen für Investitionen in das Sachanlagevermögen
3.	+	Einzahlungen aus Abgängen von Gegenständen des immateriellen Anlagevermögens
4.	–	Auszahlungen für Investitionen in das immaterielle Anlagevermögen
5.	+	Einzahlungen aus Abgängen von Gegenständen des Finanzanlagevermögens
6.	–	Auszahlungen für Investitionen in das Finanzanlagevermögen
7.	+	Einzahlungen aus dem Verkauf von konsolidierten Unternehmen und sonstigen Geschäftseinheiten
8.	–	Auszahlungen aus dem Erwerb von konsolidierten Unternehmen und sonstigen Geschäftseinheiten
9.	+/-	Einzahlungen/Auszahlungen aus Positionen, die nicht der betrieblichen Tätigkeit oder der Finanzierungstätigkeit zuzuordnen sind
10.	=	*Cash flow* aus der Investitionstätigkeit

Soweit einzelne Positionen nur **unwesentliche** Beträge enthalten, etwa kaum in immaterielles Vermögen investiert wurde, scheint die Zusammenfassung in einem Posten „Sonstige Einzahlungen" oder „Sonstige Auszahlungen" sinnvoll.

3.4 *Cash flows* aus der Finanzierungstätigkeit

Unter **Finanzierungstätigkeiten** (***financing activities***) sind solche Aktivitäten zu verstehen, „die sich auf den Umfang und die Zusammensetzung der **Eigenkapitalposten** und der **Ausleihungen** des Unternehmens auswirken" (IAS 7.6). Der mit „Ausleihungen" übersetzte englische Begriff *borrowings* ist dabei allerdings nach IAS 7 wesentlich weiter zu fassen als in der HGB-Sprachwelt und besser mit dem Begriff „**Finanzschulden**" zu umschreiben. Dabei ist die Verzinslichkeit ein wichtiges Merkmal. Die *cash flows* aus der Finanzierungstätigkeit umfassen somit sämtliche Ein- und Auszahlungen, die das Eigenkapital und die Finanzschulden betreffen. Dieser Bereich wird häufig auch mit „**Außenfinanzierung**" umschrieben, während die Innenfinanzierung in den beiden anderen Bereichen stattfindet. 86

Ebenso wie bei der Investitionstätigkeit sind die *cash flows* aus der Finanzierungstätigkeit nach der **direkten Methode** darzustellen (Rz 74). Eine Mindestgliederung wird innerhalb von IAS 7 (nur beispielhaft im Appendix A) nicht vorgegeben. Folgende Beispiele für *cash flows* sind in dem Beispielkatalog von IAS 7.17 genannt: 87

- Einzahlungen aus der Ausgabe von **Anteilen** oder anderen **Eigenkapitalinstrumenten**; dazu gehören Bareinzahlungen aus ordentlichen Kapitalerhöhungen, Einzahlungen in die Kapitalrücklage, Nachschüsse und Ertragszuschüsse. U. E. sind auch die Erlöse aus der Veräußerung eigener Anteile sowie der Emission von **Genussscheinen**, die die Kriterien für die Einordnung als Eigenkapital (→ § 20 Rz 4) erfüllen, hier aufzuführen.
- Auszahlungen an Eigentümer zum **Erwerb** oder Rückerwerb von **(eigenen) Anteilen** an dem Unternehmen.
- Einzahlungen aus der Ausgabe von **Schuldverschreibungen**, Schuldscheinen und Rentenpapieren sowie aus der Aufnahme von **Darlehen**.
- Auszahlungen für die Rückzahlung von **Ausleihungen**.
- Auszahlungen von Leasingnehmern zur Tilgung von Verbindlichkeiten aus *financial leases*.

Der **Erwerb eigener Anteile** (***treasury shares***) führt nicht zu einer Aktivierung eines Vermögenswerts, sondern ist als Abzug vom Eigenkapital auszuweisen (IAS 32.33). Der Erwerb solcher Anteile stellt demgemäß eine Reduzierung des Eigenkapitals dar (→ § 20 Rz 72). Entsprechende Auszahlungen sind daher dem *cash flow* der Finanzierungstätigkeit zuzuordnen (IAS 7.17). 88

Eine Besonderheit ergibt sich für die Zuordnung von Zahlungsmittelzu- bzw. -abflüssen aus Transaktionen zwischen **Konzern**unternehmen und **Minderheits**gesellschaftern. Schon im April 2003 beschäftigte sich das IFRIC mit offenen Fragen der Behandlung innerhalb der Kapitalflussrechnung.[25] Aufgrund der geplanten Änderungen aus dem *Business Combinations Project (Phase II)* hat das IFRIC die Anfrage zunächst allerdings zurückgestellt (*agenda rejection*). 89

---

25 Vgl. IFRIC, Update April 2003.

Mangels konkreter Vorgaben in IAS 7 konnten daher nach **bislang** geltendem **Recht** (bis 2009) alle Auszahlungen, die den (Stimmrechts-)Anteil des Konzerns (sowohl durch Aufwärtskonsolidierung als auch durch Aufstockung) erhöhen, dem **Investitionsbereich** zugeordnet werden (IAS 7.39). Im Gegenzug sind alle Einzahlungen, die im Rahmen einer Reduzierung des (Stimmrechts-)Anteils einhergehen, ebenfalls der Investitionstätigkeit zuzuordnen.
Mit Inkrafttreten der geplanten Neuregelungen zu IFRS 3 und IAS 27 ergibt sich – mit Umsetzung der Einheitstheorie[26] – allerdings folgende Unterscheidungsnotwendigkeit:

- Führt ein Zahlungsmittelab- oder -zufluss aus der Veränderung einer Anteilsquote zu einem *change in control*, ist dieser Teil ein *investing cash flow* (IAS 7.39),
- bei Transaktionen unter Eigenkapitalgebern (**ohne Veränderung** der Kontrolle) handelt es sich im Gegenzug um *financing cash flows* (IAS 7.42A).

90 Verbindlichkeiten gegenüber **verbundenen Unternehmen** und sonstigen nahestehenden Personen sollten in Verbindlichkeiten aus Lieferungen und Leistungen (betriebliche Tätigkeit) einerseits und Finanzschulden (Finanzierungstätigkeit) andererseits **aufgespalten** werden. Zum zweiten, dem der Finanzierungstätigkeit zuzurechnenden Bereich gehören etwa langfristig zur Verfügung gestellte Gelder von Gesellschaftern und sonstigen nahestehenden Personen, unabhängig davon, ob diese verzinslich sind.

91 Der Bereich der Außenfinanzierung umfasst üblicherweise auch Auszahlungen für **Dividenden** sowie sonstige Eigenkapitalabflüsse. Bezüglich des Ausweises von Dividenden ist jedoch ein ausdrückliches (u. E. unnötiges) Wahlrecht vorgesehen (IAS 7.31; siehe hierzu ausführlich unter Rz 116).

92 Bei der Rückzahlung von **Annuitätendarlehen** und insbesondere bei *zero bonds* enthalten die gezahlten Beträge neben einem Tilgungs- auch einen Zinsanteil. Der Tilgungsanteil ist im Bereich der Finanzierungstätigkeit auszuweisen, für den Zinsanteil besteht ein Wahlrecht (Rz 106 und Rz 111).

93 Auch der Ausweis von **Zinseinzahlungen** darf wahlweise im Bereich der Finanzierungstätigkeit erfolgen (Rz 106). Dies widerspricht dem o. g. Grundverständnis der Finanzierungstätigkeit, die nur die Einzahlungen von Eigenkapital- und Fremdkapitalgebern umfasst.
Dieses Wahlrecht lässt sich (eine Identität von Soll- und Habenzins vorausgesetzt) wie folgt begründen: Bei vorübergehender Anlage überschüssiger Zahlungsmittel erzielen die Zinseinnahmen die gleiche Zahlungswirkung wie die Ersparnis von Zinsausgaben, wenn die Zahlungsmittel stattdessen zur Rückzahlung von verzinslichen Finanzschulden verwendet worden wären. Auch in der Praxis ist die Einbeziehung sowohl von Zinseinnahmen als auch -ausgaben anzutreffen. Der Begriff **„Finanzierungstätigkeit"**, der nur den Bereich der Mittelherkunft umfasst, wird folgerichtig von einigen Unternehmen dann durch den Terminus **Finanztätigkeit** ersetzt, um auch die Mittelverwendung (Zinseinnahmen) zu dokumentieren.

94 Das **Gliederungsschema** für die direkte Bestimmung des *cash flow* aus Finanzierungstätigkeit kann aus dem Appendix zu IAS 7 unter Rückgriff auf DRS 2.35 wie folgt entwickelt werden:

---

26 Hierzu insbesondere LÜDENBACH/HOFFMANN, DB 2005, S. 1805 ff.

1.		Einzahlungen aus Eigenkapitalzuführungen (Kapitalerhöhungen, Verkauf eigener Anteile etc.)
2.	–	Auszahlungen an Unternehmenseigner und Minderheitsgesellschafter (Dividenden, Erwerb eigener Anteile, Eigenkapitalrückzahlungen, andere Ausschüttungen)
3.	+	Einzahlungen aus der Begebung von Anleihen und der Aufnahme von (Finanz-)Krediten
4.	–	Auszahlungen aus der Tilgung von Anleihen und (Finanz-) Krediten
5.	=	*Cash flow* aus Finanzierungstätigkeit

4 Einzelprobleme

4.1 *Cash flows* in Fremdwährung

4.1.1 Grundproblem

IAS 21 (Auswirkungen von Änderungen der Wechselkurse; → § 27) ist nicht auf die Kapitalflussrechnung anzuwenden (IAS 21.7). Gemäß IAS 7.27 sind jedoch Zu- und Abflüsse von Zahlungsmitteln in abweichenden Währungseinheiten unter Berücksichtigung von IAS 21 mittels geeigneter Methoden in die funktionale Währung umzurechnen (→ § 27 Rz 12ff.). Dies gilt in besonderem Maße für den Konzernabschluss, in den **ausländische Tochterunternehmen** einzubeziehen sind (IAS 7.26). 95

Die Umrechnung von *cash flows* aus einer Fremdwährung in die funktionale Währung nach den Kursen des jeweiligen Zahlungszeitpunkts stößt in der Praxis (bei vielen Fremdwährungstransaktionen) auf große Schwierigkeiten. **Näherungslösungen** sind deshalb zulässig, etwa die Verwendung des **Jahresdurchschnittskurses** bei sehr **stabilem** Wechselkurs oder die Verwendung von **Monats- oder Quartalsdurchschnittskursen** (→ § 27 Rz 49) bei **volatileren** Kursen. 96

Im Rahmen der Kapitalflussrechnung sind **nicht realisierte** Gewinne/Verluste von Wechselkursänderungen des Finanzmittelfonds als **Sonderposten** zu berücksichtigen, um eine Überleitungsrechnung der Zahlungsmittel bzw. -äquivalente vom Periodenbeginn bis zum Periodenende zu ermöglichen. Ein möglicher Ausgleichsbetrag zwischen Durchschnittskurs und Stichtagskurs ist im Anschluss an die *cash flows* aus der betrieblichen Investitions- und Finanzierungstätigkeit gesondert anzugeben (IAS 7.28).

Zum Grundproblem der Währungsdifferenzen im Finanzmittelfonds folgendes Beispiel: 97

Beispiel

U hat u.a. ein USD-Bankkonto mit 100 TUSD, das in der Periode nicht bewegt wird. Der Wechselkurs USD/EUR hat sich über das Geschäftsjahr zu Gunsten des Euro entwickelt. Galt am Jahresanfang noch ein Kurs von

1,00 EUR = 1,00 USD, verschlechterte sich der Dollarkurs zunehmend bis auf einen Jahresendwert von 0,80 EUR = 1,00 USD. In Euro gerechnet beträgt das Bankguthaben:

- 100 TEUR zum Jahresanfang,
- 80 TEUR zum Jahresende.

In der GuV ergibt sich somit ein Wechselkursverlust von 20.
Unter Vernachlässigung anderer Aktivitäten und Finanzmittel ergibt sich folgende Kapitalflussrechnung:

	indirekte Methode	**direkte Methode**
Jahresfehlbetrag	–20	
+ Anpassung w/nicht zahlungswirksamer Währungsverlust	20	
= CFL aus betrieblicher Tätigkeit	0	0
+ CFL aus Investitionstätigkeit	0	0
+ CFL aus Finanzierungstätigkeit	0	0
= CFL der Periode	0	0
+ Finanzmittelfonds Jahresanfang	100	100
– Währungsbedingte Änderung Finanzmittelfonds	-20	-20
= Finanzmittelfonds Jahresende	80	80

Ohne den „Ausgleichsposten“ für die währungsbedingte Änderung des Finanzmittelfonds ergäbe sich ein falscher Jahresendbestand der Finanzmittel von 100.
In der **indirekten** Methode sind aus dem als Ausgangspunkt dienenden Jahresergebnis zudem die Währungsverluste zu eliminieren, da sich sonst rechnerisch ein tatsächlich gar nicht vorhandener negativer CFL aus betrieblicher Tätigkeit ergäbe. Bei der direkten Methode ist eine derartige Korrektur nicht notwendig.

4.1.2 Wechselkurseffekte in den vier Bereichen der Kapitalflussrechnung

98 Wie das Beispiel unter Rz 97 zeigt, betreffen Währungsdifferenzen nicht nur den Finanzmittelfonds. Als **Quellen** für Währungsdifferenzen innerhalb der Kapitalflussrechnung sind vielmehr zu unterscheiden:

- Auswirkungen von Wechselkursänderungen auf in fremder Währung gehaltene Zahlungsmittelbestände,
- Wechselkursänderungen im Rahmen der betrieblichen Tätigkeit (indirekte Methode),
- Wechselkursänderungen im Rahmen der Finanzierungstätigkeit,
- Wechselkursänderungen im Rahmen der Investitionstätigkeit.

Den nach der **indirekten** Methode ermittelten *cash flow* aus der betrieblichen Tätigkeit betreffen die Währungsergebnisse in **zweifacher** Weise:

- Der Jahresüberschuss oder die sonstige Ausgangsgröße der indirekten *cash-flow*-Ermittlung enthält Währungsgewinne oder -verluste, die als nicht zahlungswirksame Größen bei der Ermittlung des *cash flow* aus der betrieblichen Tätigkeit ab- bzw. zuzurechnen sind.
- Bei den Anpassungen der Ausgangsgröße um Veränderungen der Vorräte, Debitoren, Kreditoren und Rückstellungen (*working capital*) ist aus Währungssicht Folgendes zu berücksichtigen: Soweit die Posten aus der Umrechnung von Abschlüssen ausländischer Tochterunternehmen herrühren, vermischen sich zahlungsstromkorrigierende Veränderungen (z. B. Erhöhung der Debitoren als Gegenposten zu Umsatz auf Ziel) mit wechselkursbedingten.

Beispiel
Ein Unternehmen hat eine in 24 Monaten fällige, in US-Dollar valutierende Kundenforderung von 100 TUSD, die zum Stichtag erfolgswirksam von 100 TEUR auf 80 TEUR abgewertet wird.

Problem
Wird in der Entwicklung des *cash flow* aus dem Jahresergebnis zunächst ein „Währungsgewinn" als ertrags-, aber nicht zahlungswirksam eliminiert und dann wegen der scheinbaren Verminderung der Forderungen ein weiterer Abzugsposten gebildet, erfährt der gleiche Geschäftsvorfall zweimal eine Neutralisierung.

Mögliche Lösungen
Die Währungsgewinne/Verluste sind hinsichtlich ihrer Ursachen zu untersuchen und dann nur solche Gewinne/Verluste zu neutralisieren, die sich nicht in Beständen des *working capital* widerspiegeln.
Alternativ ist die Veränderung der Debitoren darauf zu untersuchen, ob sie Zahlungsvorgänge widerspiegelt oder nur Währungsbewertungseffekte.

	falsch	zutreffend	
Jahresfehlbetrag	–20	–20	–20
+ Anpassung nicht zahlungswirksamer Währungsverlust	20	0	20
+ Anpassung Verminderung Debitoren	20	20	0
= *cash flow* aus betrieblicher Tätigkeit	20	0	0

Zu den Wechselkurseffekten, die (auch) die Investitions- oder Finanzierungs- 99
tätigkeit betreffen, folgende Beispiele:

Beispiel
Ein in US-Dollar geführtes Konto über 100 TUSD hat zum Jahresanfang in Euro einen Wert von 100 TEUR und zur Jahresmitte wechselkursbedingt nur noch einen Wert von 90 TEUR.

Fall 1
Das Konto wird zur Jahresmitte für die Anschaffung einer Maschine aus den USA für TUSD 100 = TEUR 90 vollständig verwendet. In der GuV entsteht

ein Währungsverlust von TEUR 10 (Abschreibung der Maschine nachfolgend vernachlässigt).

Fall 2
Das Konto wird zur Jahresmitte für die Rückzahlung eines Euro-Darlehens von TEUR 90 vollständig verwendet. In der GuV entsteht ein Währungsverlust von TEUR 10.
Die *cash-flow*-Rechnungen der beiden Fälle nach der indirekten Methode sind wie folgt:

	Fall 1	**Fall 2**
Jahresfehlbetrag	–10	–10
+ Anpassung w/nicht zahlungswirksamer Währungsverlust	10	10
= CFL aus betrieblicher Tätigkeit	0	0
+ CFL aus Investitionstätigkeit	-90	0
+ CFL aus Finanzierungstätigkeit	0	-90
= CFL der Periode	–90	–90
+ Finanzmittelfonds Jahresanfang	100	100
- Währungsbedingte Änderung Finanzmittelfonds	-10	-10
= Finanzmittelfonds Jahresende	0	0

4.1.3 Umrechnung selbstständiger Tochterunternehmen

100 Die *cash flows* selbstständiger Tochterunternehmen, deren funktionale Währung nicht mit der Währung der Konzernmutter (Euro) übereinstimmt, sind in die Berichtswährung des Konzerns (EUR) umzurechnen. Soweit der Konzern den *cash flow* aus der betrieblichen Tätigkeit nach der indirekten Methode entwickelt und nicht disaggregiert auf den *cash-flow*-Rechnungen der einzelnen Unternehmen des Konzerns aufbaut, sondern aggregiert aus dem Konzernergebnis entwickelt, ergibt sich folgendes Problem:
In der Anpassung des Jahresergebnisses um die Veränderungen des *working capital* gehen Umrechnungseffekte aus den Beständen der ausländischen Tochterunternehmen ein, denen ggf. keine realen Bewegungen des *working capital* entsprechen.

Beispiel
Fall 1
Ein selbstständiges amerikanisches Tochterunternehmen hat die Vorratshaltung mit TUSD 100 konstant gehalten. Der Wechselkurs USD/EUR hat sich über das Geschäftsjahr zu Gunsten des Euro entwickelt. Galt am Jahresanfang noch ein Kurs von 1,00 EUR = 1,00 USD, verschlechterte sich der Dollarkurs zunehmend bis auf einen Jahresendwert von 0,80 EUR = 1,00 USD. In Euro gerechnet betragen die Vorräte somit:
- 100 TEUR zum Jahresanfang,
- 80 TEUR zum Jahresende.

Problem
Da die amerikanische Tochter aus Konzernsicht eine selbstständige Einheit ist, wird die Währungsdifferenz zwischen den Bilanzstichtagen aus Konzernsicht als Teil der erfolgsneutralen Währungsumrechnungsdifferenzen im Eigenkapital erfasst (IAS 21.39c).
Da der Wechselkurseffekt nicht in der GuV enthalten ist, erfolgt keine Neutralisierung innerhalb der Zeile „Nicht zahlungswirksame Währungsergebnisse" in der Entwicklung des *cash flow* aus betrieblicher Tätigkeit (IAS 7.App.A).
Bei einer Betrachtung des Jahresanfangs- und -endbestands innerhalb der Zeile „Veränderung Vorräte" der amerikanischen Tochter in Konzernwährung würde sich scheinbar ein Korrekturbedarf von +20 (Bestandsminderung, daher Aufwand, aber keine Ausgabe) ergeben. Tatsächlich ist der Bestand in USD konstant geblieben, insoweit überhaupt kein das Jahresergebnis mindernder Aufwand entstand.
Mögliche Lösung
Die das Tochterunternehmen betreffenden währungsinduzierten Veränderungen des *working capital* sind gesondert festzustellen. Nur die sonstigen Veränderungen in der Überleitung vom Jahresergebnis zum *cash flow* aus betrieblicher Tätigkeit sind anzusetzen.

	falsch	**zutreffend**
Jahresergebnis	0	0
+ Anpassung nicht zahlungswirksamer Währungsverlust	0	0
+ Anpassung Verminderung Vorräte	20	0
= *cash flow* aus betrieblicher Tätigkeit	20	0

4.1.4 Abstimmung des wechselkursbedingten Ausgleichspostens

Eine Überleitung des Zahlungsmittelbestands vom **Anfang** bis zum **Ende** der Berichtsperiode kann i. d. R. nur unter Zuhilfenahme eines wechselkursbedingten Ausgleichspostens vorgenommen werden (Rz 38). Um eine Vermengung dieses Postens mit anderen (nicht zugeordneten) Zahlungsmittelzu- bzw. -abflüssen zu vermeiden, ist in den internen Arbeitspapieren eine **Herleitung** des wechselkursbedingten Korrekturbetrags notwendig. 101

Soweit es nur eine **überschaubare** Zahl wesentlicher Währungsvorgänge gibt (z.B. nur eine wichtige ausländische Tochtergesellschaft, daneben nur einige wenige Währungsvorgänge bei der Mutter), kann eine Einzelanalyse nach den in den vorstehenden Kapiteln wiedergegebenen Beispielen ausreichen. Soweit eine **große Zahl** wesentlicher Währungsvorgänge anfällt, sind komplexere Hilfsrechnungen nötig.

Hierbei lassen sich **zwei Varianten** unterscheiden:

- eine detaillierte Aufschlüsselung der Wechselkursdifferenzen je Tochterunternehmen nach Funktionsbereichen (Rz 102) oder

- eine aggregierte und vereinfachte Überleitung des Finanzmittelbestands anhand der Stichtagskurse zu Periodenbeginn und -ende (Rz 103).

102 Die US-GAAP-Regeln zur Kapitalflussrechnung regen eine detaillierte **Bestimmung** der wechselkursbedingten Wertänderung des Finanzmittelfonds für jede wesentliche in ausländischer Währung operierende Tochtergesellschaft nach folgendem Muster an (ASC Topic 830.230.55–15):

			LW		EUR
1.	Anfangsbestand Finanzmittel in Landeswährung		xxx		
2.	x	Kursänderung des Geschäftsjahres	ww		
3.	=	*Währungsdifferenz Anfangsbestand*			zzz
4.	*Cash flow* aus der betrieblichen Tätigkeit in LW		xxx		
5.	x	Kurs am Schlussbilanztag	yy		
6.	=	*Cash flow* aus der betrieblichen Tätigkeit in EUR, gerechnet zu Jahresendkursen			zzz
7.	–	*Cash flow* aus betrieblicher Tätigkeit lt. Kapitalflussrechnung		–	zzz
8.	=	*Währungseffekt aus betrieblicher Tätigkeit*			zzz
9.	*Cash flow* aus Investitionstätigkeit in LW		xxx		
10.	x	Kurs am Schlussbilanztag	yy		
11.	=	*Cash flow* aus der Investitionstätigkeit in EUR, gerechnet zu Jahresendkursen			zzz
12.	–	*Cash flow* aus Investitionstätigkeit laut Kapitalflussrechnung		–	zzz
13.	=	*Währungseffekt aus Investitionstätigkeit*			zzz
14.	*Cash flow* aus der Finanzierungstätigkeit in LW		xxx		
15.	x	Kurs am Schlussbilanztag	yy		
16.	=	*Cash flow* aus der Finanzierungstätigkeit in EUR, gerechnet zu Jahresendkursen			zzz
17.	–	*Cash flow* aus Finanzierungstätigkeit laut Kapitalflussrechnung		–	
18.	=	*Währungseffekt aus Finanzierungstätigkeit*			zzz
19.	**Wechselkursbedingte Änderung Finanzmittelfonds (3 + 8 + 13 + 18)**				**xxx**

Die Berechnung erfolgt auf Basis einzelner Tochterabschlüsse in Landeswährung. Schwierigkeiten liegen in der Praxis bei der Gewinnung und Aufbereitung der notwendigen Daten. Unter Kosten-Nutzen- und *materiality*-Gesichtspunkten kann eine derartige Abstimmung insbesondere dann entbehrlich sein, wenn die ausländischen Tochterunternehmen zwar wesentlich, die Wechselkursveränderungen der Periode aber nicht signifikant sind.

Zur Überleitung des Anfangsbestands auf den Endbestand des Finanzmittelfonds ist mindestens eine **Verprobung** der Position „Wechselkursbedingte Änderungen des Finanzmittelfonds" anhand einer aggregierten Ermittlung erforderlich. Gesucht ist die **tatsächliche Höhe** der wechselkursbedingten Änderung des Finanzmittelfonds innerhalb einer Rechnungsperiode ohne die Zuordnung anderer nicht wechselkursbedingter Differenzen. 103

Hierzu ist theoretisch eine **Umrechnung** von Zahlungen aus Fremdwährungstransaktionen mit dem Wechselkurs des jeweiligen Zahlungszeitpunktes notwendig. Eine **vereinfachende** Bestimmung der wechselkursbedingten Umrechnungsdifferenz mit einem (oder mehreren) Durchschnittskurs(en) ist aber zulässig, wenn der Verlauf des Wechselkurses vom Periodenbeginn zum -ende keine hohe Volatilität aufweist.

Die Bestimmung der wechselkursbedingten Änderung des Finanzmittelfonds folgt damit der Behandlung von Währungsdifferenzen in der **GuV**, die häufig zu Jahresdurchschnittskursen umgerechnet werden und nur bei stärkeren Schwankungen und/oder saisonalem Verlauf der Geschäfte mit dem Kurs des Transaktionstages oder dem Durchschnittskurs eines kleineren Zeitintervalls umzurechnen sind (→ § 27 Rz 34 und 49).

In der kommentierenden Literatur wird unter Rückgriff auf einen Periodendurchschnittskurs eine **vereinfachte** direkte Berechnung der wechselkursbedingten Veränderung des Finanzmittelfonds vorgeschlagen:[27]

1.	Anfangsbestand Finanzmittel in Landeswährung
2.	x (Periodendurchschnittskurs – Kurs am Periodenbeginn)
3.	= *Wechselkurseffekt des Anfangsbestands*
4.	Endbestand Finanzmittel in Landeswährung
5.	x (Kurs am Periodenende – Periodendurchschnittskurs)
6.	= *Wechselkurseffekt des Endbestands*
7.	**Kursbedingte Wertänderung des Finanzmittelfonds (3 + 6)**

Beispiel

U hat am Jahresanfang bei einem Kurs von 1,00 EUR = 1,00 USD ein Bankguthaben von 100 TUSD = 100 TEUR. Bis zum Jahresende werden hieraus im Rahmen der betrieblichen Tätigkeit 50 TUSD ausgegeben.

- Der Jahresendkurs beträgt 0,80 EUR = 1,00 USD.
- Der Jahresendbestand beträgt somit 50 TUSD = 40 TEUR.

[27] MANSCH/STOLBERG/WYSOCKI, WPg 1995, S. 202.

Die Finanzmittel haben sich in EUR gerechnet um 60 vermindert. Hiervon sind 50 TUSD × 0,9 = 45 TEUR zahlungsbedingt und 15 TEUR währungsbedingt.
Der währungsbedingte Betrag ermittelt sich wie folgt:

Anfangsbestand	100	TUSD
x (Durchschnittskurs – Kurs Jahresanfang)	–0,1	EUR/USD
= Wechselkurseffekt Jahresanfangsbestand	–10	TEUR
Endbestand	50	TUSD
x (Kurs Jahresende – Durchschnittskurs)	–0,1	EUR/USD
= Wechselkurseffekt Jahresendbestand	–5	TEUR
Kursbedingte Änderung Finanzmittelfonds	–15	TEUR

Bei stärkeren Schwankungen des Fremdwährungskurses und/oder saisonalem Verlauf der Geschäfte ist die wechselkursbedingte Differenz ggf. quartals- oder monatsweise zu bestimmen.

4.2 Außerordentliche Posten

104 In der GuV ist ab 2005 ein gesonderter Ausweis außerordentlicher Posten **nicht mehr zulässig** (→ § 2 Rz 55). Dem folgt IAS 7 bez. der Kapitalflussrechnung durch Streichung von IAS 7.29. Für die Zeit **davor** galt: Die mit den außerordentlichen Posten verbundenen *cash flows* sind den drei Tätigkeitsbereichen zuzuordnen und gesondert anzugeben, um daraus Rückschlüsse auf zukünftig nicht mehr anfallende *cash flows* ziehen zu können. Üblicherweise erfolgt eine gesonderte Angabe je außerordentlichen Posten innerhalb einer eigenen Zeile der Kapitalflussrechnung. Stattdessen kann aber auch im Anhang eine entsprechende Nennung erfolgen.

105 Im Rahmen der GuV sind gem. IAS 1.86 **sonstige wesentliche Posten** gesondert aufzuführen (→ § 2). Eine entsprechende explizite Vorschrift fehlt für den Bereich der Kapitalflussrechnung.[28] Nach dem Prinzip der **Wesentlichkeit** (IAS 1.29) können entsprechende Angaben dennoch notwendig oder sinnvoll sein (→ § 2 Rz 20).

4.3 Zins- und Dividendenzahlungen

4.3.1 Zinszahlungen

106 Sowohl für die Gesamtsumme der erhaltenen als auch der gezahlten **Zinsen** ist eine **gesonderte Angabepflicht** vorgesehen (IAS 7.31). Eine Angabe kann wahlweise in der Kapitalflussrechnung selbst oder im Anhang erfolgen.
Gemäß US-GAAP sowie dem in DRS 2 vorgesehenen Regelfall sind sämtliche Zinszahlungen (sowie Dividendeneinnahmen) innerhalb der betrieblichen Tätigkeit auszuweisen (*inclusion concept*). IAS 7 sieht diesen verpflichtenden Ausweis lediglich für **Finanzinstitutionen** vor (IAS 7.33). Dagegen wird allen übrigen Unternehmen ein umfassendes **Wahlrecht** eingeräumt. Theoretisch ist sowohl

28 Anders etwa DRS 2.25 und DRS 2.32.

für Zinseinnahmen als auch für Zinsausgaben ein Ausweis **in allen drei Bereichen** möglich.

In der Praxis sind insbesondere folgende **Varianten** anzutreffen: 107

- Ausweis von Zinseinnahmen **und** -ausgaben im Bereich der **betrieblichen** Tätigkeit *(inclusion concept)*.
- Ausweis der Zins**ausgaben** im **Finanzierungs**bereich sowie der Zins**einnahmen** entweder im Bereich der **betrieblichen** oder der **Investitions**tätigkeit.
- Ausweis von Zinseinnahmen **und** -ausgaben im Bereich der **Finanzierungs**tätigkeit (Rz 93).

Eine Besonderheit ergibt sich allerdings für **Fremdkapitalkosten** im Zusammenhang mit der Anschaffung oder Herstellung von besonderen Vermögenswerten (*qualifying assets*) gem. IAS 23.4 (→ § 9 Rz 10). 108

- Bei einer aufwandswirksamen Verrechnung erfolgt eine Erfassung der Zinszahlungen entweder im operativen Bereich oder im Bereich der Finanzierungstätigkeit,
- wohingegen bei einer Berücksichtigung der Fremdkapitalkosten als Anschaffungs- oder Herstellungskosten ein Ausweis im Investitionsbereich geboten ist.

Unabhängig von der Zuordnung zu den Funktionsbereichen ist der gesamte Betrag an Fremdkapitalkosten als Summe der Zinszahlungen der Periode auszuweisen.

IAS 7.31 verlangt explizit, für Zinsen und erhaltene Dividenden das einmal ausgeübte Wahlrecht auch in Folgeperioden entsprechend fortzuführen. Die Regelung hat deklaratorische Bedeutung. Sie schafft kein neues Recht, sondern betont den allgemeinen **Stetigkeitsgrundsatz** (→ § 2 Rz 16) für die Darstellung des Abschlusses (IAS 1.45) und die zugrunde liegenden Bilanzierungs- und Bewertungsmethoden (IAS 8.6). 109

Eine Durchbrechung der Stetigkeit ist daher nach den allgemeinen Grundsätzen zulässig und geboten, wenn ein Abweichen von der bisherigen Behandlung „dazu führt, dass der Abschluss **zuverlässigere und relevantere Informationen** über die Auswirkungen von Geschäftsvorfällen, sonstigen Ereignissen oder Bedingungen auf die Vermögens-, Finanz- oder Ertragslage oder *cash flows* des Unternehmens vermittelt" (IAS 8.14b).

Der Ausweis der Zinsen in den unterschiedlichen Bereichen der Kapitalflussrechnung darf somit im Einzelfall **geändert** werden. Der Grundsatz der Ausweisstetigkeit verhindert lediglich einen **ständigen Wechsel**:[29]

Beispiel 110

Die vor zwei Jahren gegründete Ökotec-AG hat bislang keine wesentlichen Umsätze getätigt, aber einige aussichtsreiche Patente entwickelt. Ende 01 geht die AG ohne Belastung der Bilanz mit Finanzschulden an die Börse. Der Emissionserlös aus dem Börsengang von 100 Mio. EUR wird Ende 02 für Investitionen verwendet. Anfang 03 tätigt die AG weitere 100 Mio. EUR Investitionen aus Fremdmittelaufnahmen. Der Sollzins beträgt 8 % der Habenzins 5 %.

[29] Zum Ganzen LÜDENBACH, PiR 2006, S. 77ff.

Das Jahresergebnis der Jahre 01–03 entwickelt sich wie folgt:

	01	02	03
EBITDA	–5	0	7
Abschreibung	0	–3	–15
Zinsergebnis	0	5	–8
Jahresergebnis	–5	2	–16

Nachhaltig positive Jahresergebnisse werden erst in einigen Jahren erwartet. Die Aktionäre sind allerdings weniger an langfristigen Erwartungen als an der jeweiligen Entwicklung des operativen *cash flow* im Verhältnis zum Vorjahr interessiert. Unter diesen Bedingungen möchte die Ökotec-AG die Darstellung der Kapitalflussrechnung optimieren.
Für den Abschluss 02 werden die folgenden Darstellungsalternativen diskutiert:

	Variante 1: Zinsen als Teil des operativen *cash flow* (cf)		**Variante 2: Nichterfassung der Zinsen im operativen *cash flow***	
Abschluss 02	01	02	01	02
Jahresergebnis	–5	2	–5	2
Abschreibung	0	3	0	3
Zinsergebnis	0	0	0	–5
Operativer cf	–5	5	–5	0

Alternative 1 ist bilanzpolitisch vorzugswürdig und wird von der Ökotec-AG genutzt. Für den Abschluss 03 ergibt sich allerdings folgendes Bild:

	Variante 1: Zinsen als Teil des operativen *cash flow* (cf)		**Variante 2: Nichterfassung der Zinsen im operativen *cash flow***	
Abschluss 03	02	03	02	03
Jahresergebnis	2	–16	2	–16
Abschreibung	3	15	3	15
Zinsergebnis	0	0	–5	8
Operativer cf	5	–1	0	7

Die zweite Alternative führt zu einer positiveren Darstellung der Finanzlage der Ökotec-AG. Die Ökotec-AG wechselt daher im Jahr 03 und führt im Anhang Folgendes aus: „Im Interesse einer besseren Darstellung der Finanzlage und zur Erhöhung der externen Vergleichbarkeit (*benchmarking*) wird der Branchenpraxis folgend ab 03 das Zinsergebnis im *cash flow* aus Finanzierungstätigkeit ausgewiesen. Die Vorjahreszahlen wurden entsprechend angepasst."

Zu den Zinseinnahmen und -ausgaben sind alle *cash flows* zu rechnen, die sich auch in den entsprechenden Positionen der GuV – ggf. phasenverschoben – niederschlagen könnten. Hierzu gehören neben den nominalen Zinsen z. B. auch Zahlungen für **Agios** bzw. **Disagios** sowie Kosten im Zusammenhang mit der Ausgabe von Finanzschulden (*debt issuance costs*). **Kapitalisierte Zinskosten** werden dagegen nicht im Zinsergebnis ausgewiesen; dennoch führen sie zu entsprechenden Zinsausgaben (zur Ausweisproblematik siehe Rz 77). Die deutsche IFRS-Rechnungslegungspraxis favorisiert den Ausweis im Bereich der betrieblichen Tätigkeit.[30] 111

Beispiel
Die A-AG legt einen 10-jährigen Zerobond mit einem Rückzahlungsbetrag von 200.000 GE auf und erhält bei Ausgabe 101.670 GE. Der effektive Zinssatz der Verbindlichkeit ist 7 % p.a., der Abschlag auf den Rückzahlungsbetrag also 98.330 GE.
Im Ausgabezeitpunkt ist der Zahlungsmittelzufluss von 101.670 GE als *cash flow* aus Finanzierungstätigkeit zu erfassen. Bis zur Rückzahlung fallen keine weiteren Zahlungsströme an, der Buchwert der Verbindlichkeit wird allerdings erfolgswirksam auf den Rückzahlungsbetrag aufgezinst.
Bei Fälligkeit erfolgt ein Zahlungsmittelabfluss von 200.000 GE, der sowohl Rückzahlung der erhaltenen Barmittel (in Höhe von 101.670 GE) als auch deren Verzinsung (in Höhe von 98.330 GE) widerspiegelt.

Die Differenz zwischen Zahlungsmittelzu- und -abfluss ist als (endfällige) Zinszahlung anzusehen und daher dem gewählten Bereich zuzuordnen. Die Rückzahlung des erhaltenen Betrages ist hingegen dem Finanzierungsbereich zuzuordnen. Aus der Perspektive des Investors gilt mit der Ausnahme einer Klassifizierung des Ausgabebetrages im *cash flow* der Investitionstätigkeit Entsprechendes.

4.3.2 Dividendenzahlungen

Sowohl für Dividendeneinnahmen als auch für Dividendenauszahlungen besteht eine **gesonderte Angabepflicht** (IAS 7.31), die durch Einfügen separater Zeilen in der Kapitalflussrechnung oder Erläuterung im Anhang erfüllt werden kann. Ebenso wie bei Zinszahlungen ist es dem aufstellenden Unternehmen, sofern es sich nicht um eine Finanzinstitution handelt, **freigestellt**, welchem Tätigkeitsbereich Dividendeneinnahmen und -ausgaben zugeordnet werden sollen. 112

Der **Begriff der „Dividende"** ist in IAS 7 nicht näher definiert. Er sollte relativ weit gefasst werden und sämtliche ordentlichen und sonstigen Gewinnausschüttungen bzw. -gutschriften (z. B. bei Personengesellschaften) umfassen. Gleiches gilt für empfangene Einnahmen als Folge von Erträgen aus **Ergebnisabführungsverträgen** und spiegelbildlich für Zahlungen aufgrund von **Gewinnabführungen** an den Gesellschafter (Dividendenauszahlung). 113

Strittig dürfte dagegen sein, ob im Falle einer **Verlustübernahme** negative Dividendeneinnahmen bzw. -ausgaben angenommen werden sollen oder es sich vielmehr um Eigenkapitalzuführungen handelt, die folgerichtig dem Bereich der 114

[30] Vgl. VON KEITZ, Praxis der IASB-Rechnungslegung, 2. Aufl., 2005, S. 226.

Investitionstätigkeit (Auszahlungen an Tochterunternehmen) bzw. der Finanzierungstätigkeit (Einzahlungen durch Eigenkapitalgeber) zuzuordnen wären. *Cash flows* aus empfangenen **Liquidationsraten** und Beträgen aus ordentlichen **Kapitalherabsetzungen** sollten u.E. als Einzahlungen im Investitionsbereich ausgewiesen werden.

115 Nach dem *„inclusion concept“* (Rz 106) sollten Dividendeneinnahmen dem Bereich der **betrieblichen Tätigkeit** zugeordnet werden. Dies gilt in besonderem Maße für Dividenden aus assoziierten Unternehmen und nicht konsolidierten Tochterunternehmen, da hier aufgrund des maßgeblichen Einflusses bzw. der *control* regelmäßig ein unmittelbarer Bezug zu der eigenen betrieblichen Tätigkeit besteht.[31] Fasst man dagegen das Erzielen von Dividendeneinnahmen lediglich als Ergebnis der **Finanzmitteldisposition** auf, so bietet dies eine Grundlage für die Zuordnung zum Bereich der **Investitionstätigkeit**.

116 **Ausgezahlte Dividenden** sollten dem Bereich der **Finanzierungstätigkeit** zugeordnet werden, da es sich um eine Transaktion mit Eigenkapitalgebern handelt. Dennoch ist alternativ ein Ausweis im Bereich der betrieblichen Tätigkeit möglich (IAS 7.34). Die hierfür gegebene Begründung lautet: Mit diesem Ausweis kann die „Fähigkeit eines Unternehmens, Dividenden aus laufenden *cash flows* zu zahlen, leichter beurteilt werden“. Dieses Argument erscheint nicht durchschlagend, da zur Beurteilung der Dividendenfähigkeit alle drei Tätigkeitsbereiche heranzuziehen sind. Ferner ist nicht ersichtlich, warum der **Erwerb eigener Aktien** (z.B. zum Einzug) im Bereich der Finanzierungstätigkeit auszuweisen ist (Rz 87), während für den wirtschaftlich vergleichbaren Vorgang der Dividendenzahlung ein Wahlrecht besteht. Sowohl nach US-GAAP als auch gem. DRS 2 wird daher ein solches Wahlrecht nicht eingeräumt und damit eine bessere zwischenbetriebliche Vergleichbarkeit ermöglicht.

4.4 Ertragsteuern

117 Die in der Kapitalflussrechnung zusammengefassten Transaktionen lassen sich in ergebnis**wirksame** und ergebnis**neutrale** Geschäftsvorfälle gliedern (→ § 20 Rz 2). Die ergebniswirksamen Geschäftsvorfälle führen regelmäßig – wenn auch häufig phasenverschoben - zu entsprechenden Auswirkungen auf steuerliche Ergebnisse. Die daraus resultierenden **Ertragsteuerzahlungen** sind für Zwecke der Kapitalflussrechnung **gesondert anzugeben** (IAS 7.35).

118 Nicht unter die Auszahlungen für Ertragsteuern fallen **für Rechnung Dritter** einbehaltene Kapitalertrag- und Quellensteuern auf Ausschüttungen von Dividenden und sonstige Zahlungen (z.B. Zinsen, Lizenzen). Diese Steuern sind dem Bereich zuzuordnen, in dem auch die korrespondierenden Nettozahlungen ausgewiesen werden.

119 Im Regelfall sind die Ertragsteuerzahlungen bei den *cash flows* aus der betrieblichen Tätigkeit auszuweisen. Theoretisch besteht allerdings die Pflicht der Zuordnung von Ertragsteuerzahlungen auch zu den beiden anderen Bereichen, wenn entsprechende Geschäftsvorfälle identifiziert werden können. In der Praxis ist dies nur schwer möglich, wie der Standard selber ausführt.

---

[31] So auch der englische Standard FRS 1, der alle übrigen Dividendeneinnahmen dem Sonderbereich *„Returns on investment and servicing of finance“* zuordnet.

Neben **praktischen Problemen** der Erfassung, die noch über die Komplexität der Steuerüberleitungsrechnung (*tax rate reconciliation*; → § 26 Rz 140f.) hinausgehen, bestehen auch **konzeptionelle Schwierigkeiten**. Ungeklärte Fragen betreffen z.B. die Behandlung der Wirkung gespaltener Steuersätze, die Zuordnung der Steuerentlastungswirkung aus den Abschreibungen des Anlagevermögens (Investitionsbereich oder betriebliche Tätigkeit?) oder aus anrechenbarer fiktiver Quellensteuer aus Dividendenzahlungen, die Klassifizierung der Steuermehrbelastung durch nicht anrechenbare Quellensteuern aus im Konzernabschluss eliminierten Dividendenzahlungen oder die Frage, welche Auswirkung die Nutzung von steuerlichen Verlustvorträgen oder die innerjährliche Verlustverrechnung zwischen den Tätigkeitsbereichen auf die Verteilung der Steuerzahlungen haben soll. Die **Praxis** kümmert sich daher zu Recht nicht sehr um die Zuordnung von Ertragsteuern zu den nichtoperativen Bereichen.[32] 120

Für die gesonderte Angabe der Ertragsteuerzahlungen im Bereich der betrieblichen Tätigkeit bieten sich folgende **Darstellungsmöglichkeiten** an: 121

- Angabe in einer **eigenen Zeile in der Kapitalflussrechnung**. Diese Möglichkeit ist insbesondere dann empfehlenswert, wenn die indirekte Methode zur Anwendung kommt und mit einem Periodenergebnis vor Steuern (EBT, EBIT oder EBITDA; Rz 64) beginnt.
- Angabe im **Anhang** bei den Erläuterungen zu den **Ertragsteuern** (→ § 26 Rz 137f.).
- Angabe im Anhang bei den **separaten** Erläuterungen zur Kapitalflussrechnung.

4.5 Anteile an Tochterunternehmen, assoziierten Unternehmen und Joint Ventures

Gemäß der Darstellung des Konzerns als **wirtschaftliche Einheit** ist die Kapitalflussrechnung so aufzustellen (IAS 27.24), als ob die einbezogenen Unternehmen insgesamt ein einziges Unternehmen wären. Obwohl in IAS 7 - anders als etwa in DRS 2 - nicht explizit erwähnt, gilt dabei der **Grundsatz der Einheitlichkeit des Konsolidierungskreises** für die Kapitalflussrechnung ebenso wie für den übrigen Konzernabschluss. Für die Kapitalflussrechnung sind somit Zahlungsströme und Zahlungsmittelbestände für die gleichen Unternehmen zu berücksichtigen wie für die übrigen Bestandteile des Konzernabschlusses. 122

Die Mittelherkunfts- und Mittelverwendungsrechnung aus Konzernsicht setzt in der Praxis oftmals auf der bereits konsolidierten Bilanz und GuV auf. Vor allem Bilanz-Bewegungen im Bereich des *working capital* (den *current assets and liabilities*) benötigen noch weitere Informationen aus den Tochterunternehmen (Währungsschwankungen etc.), um den Verlust von Informationen durch Saldierung und falschen Ausweis von Zahlungsmittelzu- oder -abflüssen zu vermeiden (vgl. Rz 95ff.). 123

Aufgrund der Einheitlichkeit des Konsolidierungskreises richtet sich die Methodik der Einbeziehung in die Konzernkapitalflussrechnung nach der **Form der Kapitalkonsolidierung** (Voll- (→ § 31), *at-equity*- (→ § 33) oder Quoten- 124

32 Vgl. von Keitz, Praxis der IASB-Rechnungslegung, 2005, S. 226 (nur Zuordnung zum operativen Bereich feststellbar).

(→ § 34) Konsolidierung). Bei der Anwendung der Anschaffungskosten- und der *at-equity*-Methode bleiben die Zahlungsströme und die Zahlungsmittel dieser Unternehmen in der Kapitalflussrechnung des Konzerns **unberücksichtigt**. Lediglich Zahlungsströme zwischen dem Konzern und den assoziierten bzw. sonstigen nicht konsolidierten Tochterunternehmen schlagen sich in der Konzern-Kapitalflussrechnung nieder (z.B. die Zahlung von **Dividenden**). Die aus der Anwendung der *at-equity*-Methode stammenden Ergebnisse werden dagegen mangels Zahlungswirksamkeit ebenso wenig einbezogen wie **Abschreibungen auf Beteiligungsbuchwerte**. Ferner werden Zahlungen im Bereich der Liefer- und Leistungsbeziehungen sowie der Finanzierungstätigkeit (Eigenkapitalein- und -auszahlungen sowie Darlehensgewährungen) wie bei Konzernfremden berücksichtigt.

125 Wird im Falle von Gemeinschaftsunternehmen die bislang per Wahlrecht noch zulässige **Quotenkonsolidierung** angewendet (→ § 34 Rz 61 ff.), folgt ihr auch die Kapitalflussrechnung. Dabei werden sowohl der Zahlungsmittelbestand als auch die für seine Veränderung ursächlichen *cash flows* anteilig in die Konzernkapitalflussrechnung übernommen. In Höhe der Beteiligungsquote erfolgt somit eine Behandlung wie für voll konsolidierte Tochterunternehmen, während i.H.d. Fremdquote *cash flows* mit Konzernfremden unterstellt werden.

126 Im Bereich der Gemeinschaftsunternehmen sind **besondere Angabepflichten** im Falle des Erwerbs oder der Veräußerung solcher Unternehmen zu beachten (Rz 131). Ferner ist eine Angabe zu der **beschränkten Verfügungsmöglichkeit** über Zahlungsmittelbestände dieser Unternehmen erforderlich (Rz 156).

4.6 Änderungen des Konsolidierungskreises

4.6.1 Erwerb und Veräußerung von Tochterunternehmen und sonstigen Geschäftseinheiten

127 Der Erwerb und die Veräußerung bedeutender Tochterunternehmen oder Geschäftseinheiten und die damit verbundenen Zahlungsströme können erheblichen Einfluss auf die Darstellung der Kapitalflussrechnung haben. Zur Unterscheidung dieser *cash flows* von den übrigen Zahlungen aus Investitionstätigkeit bestehen daher für diese Vorgänge **umfangreiche Angabepflichten** (IAS 7.40ff.).

128 Die Unterscheidung zwischen Tochterunternehmen (*subsidiaries*) und sonstigen Geschäftseinheiten (*other business units*) erfolgt nach der **Art des Erwerbs bzw. der Veräußerung**. Bei dem Erwerb bzw. der Veräußerung eines Tochterunternehmens werden gesellschaftsrechtliche Anteile gekauft bzw. verkauft (*share deal*; → § 31 Rz 65). Der Begriff des „Tochterunternehmens" ist dabei in Übereinstimmung mit den Vorschriften für die Vollkonsolidierung auszulegen (IFRS 3 und IAS 27.4; → § 32 Rz 7).

129 Die Ausführungen innerhalb von IAS 7.40ff. zum **Erwerb** von Tochterunternehmen bieten hinsichtlich des Ausweises von Auszahlungen Gestaltungspotenzial. Wird der Begriff *subsidiary* in Übereinstimmung mit den Vorgaben von IFRS 3 ausgelegt, wird auch das Bestehen eines *business* vorausgesetzt (→ § 31 Rz 16). An einer solchen Forderung fehlt es allerdings innerhalb der Definition von IAS 27.

Wird ein Vermögenswert (etwa eine Immobilie) in einem rechtlichen **Mantel** erworben, die *business*-Qualität (i.S.v. IFRS 3) aber verneint, ergeben sich besondere Ausweisfragen in der Kapitalflussrechnung:

- Handelt es sich bei dem Vermögenswert (hinter dem rechtlichen Mantel) um eine für die betriebliche Nutzung vorgesehene Sachanlage, kommt innerhalb des **investiven** Bereichs ein Ausweis als Erwerb eines Vermögenswerts oder eines Tochterunternehmens infrage (Rz 85).
- Wurde der Vermögenswert mit einer Weiterveräußerungsabsicht (etwa ein Grundstück im Vorratsvermögen) erworben, stellt sich überdies die Frage ob der Ausweis der Auszahlung im **operativen** oder **investiven** Bereich erfolgen soll (Rz 71).

Wir halten eine von der rechtlichen **Ausgestaltung** der Transaktion **abstrahierende** Klassifizierung der Auszahlung für vorzugswürdig. Auszahlungen für den Erwerb von Anteilen an Unternehmen, die nicht als *business* gem. IFRS 3 qualifizieren, sind als Erwerb von Sachanlagen und nicht als Erwerb von Tochterunternehmen zu behandeln.

Unter dem Begriff des Erwerbs oder der Veräußerung von „sonstigen Geschäftseinheiten“ (*other business units*) sind u.E. solche Geschäftsvorfälle zu verstehen, bei denen keine Anteile, sondern eine **Gesamtheit von Vermögenswerten** (und ggf. Schulden) erworben bzw. veräußert werden (*asset deal*; → § 31 Rz 65). Der Übergang vom Erwerb einer Geschäftseinheit zum Erwerb mehrerer einzelner Vermögenswerte ist fließend und dürfte unternehmensindividuell definiert werden. Wird bei der Akquisition ein **Firmenwert** übertragen, so lässt dies auf den Erwerb einer sonstigen Geschäftseinheit schließen. 130

IAS 7 spricht nur von Tochterunternehmen und sonstigen Geschäftseinheiten, nicht dagegen von **Gemeinschaftsunternehmen** (***jointly controlled entities***). Der Wortlaut der Vorschrift legt somit folgenden Schluss nahe: Der Erwerb und die Veräußerung von Gemeinschaftsunternehmen seien unter den „normalen“ Aus- und Einzahlungen für Finanzinvestitionen im Bereich des Anlagevermögens (Rz 74) auszuweisen. Andererseits erfolgt die Einbeziehung der Gemeinschaftsunternehmen in den Konzernabschluss bei Anwendung der (bei Anwendung von IAS 31 noch zulässigen) Quotenkonsolidierung (→ § 34 Rz 61) nach der **gleichen Technik** wie die von voll konsolidierten Tochterunternehmen, allerdings nur **anteilig (entsprechend der Beteiligungsquote)**. Deshalb sollten auch für Gemeinschaftsunternehmen, die nach geltendem Recht noch wahlweise quotal einbezogen werden, entsprechende Angaben erfolgen. Dieser Forderung wird in der Praxis bereits teilweise entsprochen. 131

Im Einzelnen werden folgende Angaben im Zusammenhang mit Unternehmenserwerben und -veräußerungen von IAS 7.40 gefordert: 132

- Gesamter Kauf- oder Veräußerungs**preis**.
- In Form von Zahlungsmitteln und Zahlungsmitteläquivalenten gezahlter **Teil** des Kauf- bzw. Veräußerungspreises.
- Mit dem Erwerb bzw. der Veräußerung übernommene bzw. abgegebene **Bestände** an Zahlungsmitteln und Zahlungsmitteläquivalenten.
- Beträge der **nach Hauptgruppen gegliederten** Vermögenswerte und Schulden, die erworben bzw. abgegeben wurden.

133 Die geforderten Angaben gehen über die im Rahmen von *business combinations* (→ § 31 Rz 210ff.) ohnehin gebotenen Erläuterungen hinaus. Unter gewissen Umständen ist es sinnvoll, diese zusätzlichen Angaben mit den Anhangsangaben nach **IFRS 3** zu **verbinden**.

134 Die für den Bereich der Kapitalflussrechnung verlangten Angaben lassen eine wichtige **konzeptionelle Unterscheidung** zu der in den übrigen Bereichen des Konzernabschlusses geltenden Fiktion des Einzelerwerbs von einzelnen Vermögenswerten und Schuldposten (→ § 31 Rz 12ff.) erkennen. Im Rahmen der Kapitalflussrechnung sind die für den Erwerb bzw. die Veräußerung geflossenen Zahlungsmittel **in einer Summe** anzugeben und vollständig dem **Investitionsbereich** zuzuordnen.

> **Beispiel**
> Im Rahmen eines Unternehmenserwerbes werden auch Vorräte und Kundenforderungen erworben. Ausgaben für diese Positionen sind im üblichen Geschäftsgang der betrieblichen Tätigkeit zuzuordnen. Im Falle eines Unternehmenserwerbes gehören jedoch auch diese *cash flows* in den Bereich der Investitionstätigkeit.

135 Deshalb sind die bei Anwendung der indirekten Methode zu berücksichtigenden Veränderungen des *net working capital* um Effekte aus der Veränderung des Konsolidierungskreises zu bereinigen (Rz 62). Die Verpflichtung zur Angabe der beizulegenden **Zeitwerte** für die einzelnen Hauptgruppen von Vermögenswerten und Schulden erleichtert dabei dem externen Leser das Nachvollziehen dieser Bereinigungsrechnung.

136 Die Angabe der Beträge aus den Erwerben bzw. Veräußerungen von Tochterunternehmen und sonstigen Geschäftseinheiten hat in einer **gesonderten Zeile** der Kapitalflussrechnung zu erfolgen, da IAS 7.39 ausdrücklich eine gesonderte Darstellung (*presentation*) und nicht lediglich eine Angabe (*disclosure*) fordert.

137 Die **Saldierung** der Beträge für Erwerbe mit denen für Veräußerungen ist als Ausfluss des Bruttoprinzips (Rz 40) explizit **nicht gestattet** (IAS 7.41).

138 Die für den Erwerb bzw. für die Veräußerung geflossenen Beträge stellen Netto-*cash-flows* dar, d.h., sie sind mit den erworbenen bzw. abgegebenen Beständen an Zahlungsmitteln **saldiert** auszuweisen. Keine Saldierung erfolgt allerdings dann, wenn die erworbenen Unternehmen im Jahr des Ersterwerbs nicht voll- oder quotenkonsolidiert werden. Erfolgt dann in späteren Jahren eine Einbeziehung im Rahmen der Voll- oder Quotenkonsolidierung, so ist die Veränderung der Zahlungsmittelbestände im Rahmen der Bewegungsrechnung unter den **konsolidierungskreisbedingten** Veränderungen des Zahlungsmittelfonds darzustellen (Rz 32f.).

Erfolgt der Erwerb im Wege einer **unbaren** Transaktion (Rz 144ff.) oder werden Zahlungen nur in **anderen Perioden** als derjenigen des Erwerbs geleistet, so kann es durch die Übernahme der in den erworbenen Unternehmen enthaltenen Positionen an Zahlungsmitteln im Extremfall sogar zu einem Nettozugang an Zahlungsmitteln kommen, obwohl ein Investitionsvorgang stattgefunden hat. In Veräußerungsfällen sind entsprechende Vorgänge möglich.

- In der Kapitalflussrechnung ist nur der Betrag der erworbenen bzw. abgegebenen Bestände an Zahlungsmitteln darzustellen. Der Teil der Anschaffungskosten eines Unternehmenserwerbs, der im Erwerbszeitpunkt unbar erfolgt (*deferred and other non-cash consideration*), ist nicht zu berücksichtigen. Erfolgt in späteren Perioden eine Zahlung (z.B. bei gestundetem Kaufpreis; → § 31 Rz 38) ist der Zahlungsmittelabfluss in diesen Perioden dem Finanzierungsbereich zuzurechnen.

- Sieht ein Vertrag über einen Anteils- oder Unternehmenserwerb eine Verpflichtung zur evtl. Zahlung nachträglicher Anschaffungskosten vor (*contingent consideration*; → § 31 Rz 57ff.), unterliegt die bedingte Zahlungsverpflichtung einer erfolgswirksamen Fortschreibung. Abweichungen zwischen dem ursprünglich bei der Erstkonsolidierung angesetzten Betrag und dem später tatsächlich gezahlten Betrag sind danach eher dem betrieblichen Bereich zuzuordnen.
- Werden im Rahmen des Unternehmenserwerbs i.S. e. Mehrkomponentengeschäfts (*multi element transaction*; → § 31 Rz 120) auch ausstehende Verpflichtungen des erworbenen Unternehmens erfüllt bzw. Vermögenswerte übernommen, erfolgt eine Klassifizierung des Zahlungsmittelzu- bzw. -abflusses separat, also in von der *business combination* abstrahierter Betrachtung. Werden z.B. Finanzverpflichtungen des erworbenen Unternehmens getilgt, ist der anteilig hierfür aufgewendete Zahlungsmittelabfluss dem Finanzierungsbereich zuzuordnen.

Die zusätzliche **Anhangsangabe** für den Erwerb von Tochterunternehmen und sonstigen Geschäftseinheiten könnte wie folgt formuliert werden: 139

Formulierungsbeispiel für Angaben nach IAS 7.40

Im Geschäftsjahr 01 erwarb der Konzern die Anteile an der A-AG und der B-GmbH sowie den Geschäftsbetrieb der C-GmbH im Wege eines *asset deal*. Für die Erwerbe der Anteile und des Geschäftsbetriebes war insgesamt folgender Kaufpreis zu entrichten:

In bar	10.000
Ausgabe neuer Aktien	5.000
Kaufpreis gesamt	15.000

Im Einzelnen wurden folgende Vermögenswerte und Schulden, jeweils bewertet mit ihren Zeitwerten, erworben:

Liquide Mittel	1.000
Kundenforderungen	1.000
Sachanlagen	14.000
Vorräte	10.000
Sonstige Vermögensgegenstände	2.000
Finanzschulden	– 8.000
Lieferantenverbindlichkeiten	– 6.000
Pensionsrückstellungen	– 1.000
	13.000
Firmenwert	2.000
Kaufpreis gesamt	15.000

In der Kapitalflussrechnung sind die Erwerbe im Bereich der Investitionstätigkeit wie folgt berücksichtigt:	
In bar zu entrichtender Kaufpreis	10.000
Abzüglich erworbene liquide Mittel	– 1.000
Abfluss von Zahlungsmitteln	9.000

140 Für die **Veräußerung** von Tochterunternehmen und sonstigen Geschäftseinheiten ist eine entsprechende Textierung möglich. Handelt es sich bei der Veräußerung um einen Fall von *discontinued operations* (→ § 29 Rz 43), so kann sinnvoller weise in diesem Fall die Angabe auch bei den übrigen Erläuterungen zu diesen Vorfällen erfolgen (Rz 160).

4.6.2 Erst- bzw. Entkonsolidierung ohne Erwerb bzw. Veräußerung einer Tochter

141 Der Konsolidierungskreis eines Konzerns kann sich nicht nur durch Zukäufe oder Desinvestitionen verändern (Rz 127ff.). Auswirkungen auf den Konsolidierungskreis kann auch der **erstmalige** Einbezug eines bisher aus **Wesentlichkeitsgründen** (oder anderen Gründen) nicht konsolidierten Tochterunternehmens innerhalb der laufenden Berichtsperiode haben (Rz 32f.). Auch diese Fälle sind nach der Theorie des Konzerns als wirtschaftliche Einheit innerhalb der Kapitalflussrechnung zu berücksichtigen.

142 In IAS 7 wird zu der Behandlung von Änderungen des Konsolidierungskreises **ohne** einen Investitions- oder Desinvestitionsvorgang nicht Stellung genommen. Auch in den sonst vergleichbaren Regelungen der US-GAAP (ASC Topic 230) oder des DRSC (DRS 2) wird die Änderung des Konsolidierungskreises ohne das Vorliegen einer Transaktion nicht behandelt.

Im Jahr der Erstkonsolidierung erscheinen in der Konzernbilanz sämtliche Vermögenswerte und Schulden der Tochter als **Zugänge**. In der Kapitalflussrechnung können diese Zugänge aber nicht der Investitionstätigkeit zugeordnet werden, weil es an einem **Zahlungsstrom** mit einem Dritten fehlt (Rz 67).

Zu Veränderungen des Finanzmittelbestandes innerhalb der Periode kommt es durch die dem Tochterunternehmen **zuzurechnenden** Zugänge der Zahlungsmittel und -äquivalente. Diesen steht kein periodenbezogener Zahlungsvorgang entgegen.[33]

143 Die Veränderung des Finanzmittelbestandes einer Konzernunternehmung kann in solchen Fällen ohne einen **weiteren Erläuterungsposten** innerhalb der Kapitalflussrechnung nicht mehr erklärt werden. U. E. ist für Veränderungen des Konsolidierungskreises ohne Investitions- bzw. Desinvestitionsvorgang ein weiterer **Ausgleichsposten** innerhalb der Kapitalflussrechnung (vgl. die Behandlung der Währungsdifferenzen, Rz 95ff.) zu berücksichtigen.

---

33 Bieg/Regnery, BB 1993, Beilage 6.

Die Mindestgliederung der Kapitalflussrechnung ist dann wie folgt:[34]

	Jahr 02	Jahr 01
cash flows aus der betrieblichen Tätigkeit	....	....
cash flows aus der Investitionstätigkeit	....	....
cash flows aus der Finanzierungstätigkeit	....	....
Summe der *cash flows*	....	....
Wechselkursbedingte Veränderungen des Finanzmittelfonds	....	....
Konsolidierungskreisbedingte Veränderungen des Finanzmittelfonds	....	....
Veränderungen des Finanzmittelfonds gesamt	....	....
Finanzmittelfonds zum Anfang der Periode	....	....
Finanzmittelfonds zum Ende der Periode	....	....

Für eine erstmalige Nichteinbeziehung gilt das Vorstehende spiegelbildlich.

4.7 Nicht zahlungswirksame Transaktionen

144 In der Kapitalflussrechnung schlagen sich die Geschäftsvorfälle des Geschäftsjahres und der Vorperiode lediglich dann nieder, wenn sie **zahlungsmittelfondswirksam** geworden sind, d. h. unmittelbar zu einer Ein- oder Auszahlung geführt haben. Dieses Vorgehen entspricht der Systematik der Kapitalflussrechnung. So darf z. B. der Erwerb eines Anlagegegenstandes im Wege des *finance lease* (→ § 15 Rz 19ff.) gedanklich nicht in einen Liquiditätsabfluss für den Erwerb des Vermögenswertes und einen gleichzeitigen Liquiditätszufluss in gleicher Höhe durch Gewährung einer Finanzierung durch den Leasinggeber aufgespalten werden, obwohl wirtschaftlich der *finance lease* regelmäßig die gleichen zukünftigen Bilanzierungs- und Zahlungsauswirkungen hat wie der fremdfinanzierte Kauf desselben Anlagegegenstandes. Zu Gestaltungsmöglichkeiten vgl. Rz 164.

145 Vor dem Hintergrund einer Vielzahl möglicher Sachverhaltsgestaltungen ist es jedoch zur Gewährleistung einer *fair presentation* (→ § 1 Rz 66) erforderlich, **zusätzliche Angaben** über wesentliche nicht **liquiditätswirksame Geschäftsvorfälle** zu machen. Diese Angaben sollen nicht in der Kapitalflussrechnung selbst, sondern **an anderer Stelle des Jahresabschlusses** gemacht werden. Hierzu bieten sich zum einen im Anhang die Erläuterungen zu solchen Bilanzpositionen an, die von nicht liquiditätswirksamen Transaktionen betroffen sind (z. B. beim Leasing in den Erläuterungen zum Sachanlagevermögen oder bei den entsprechenden Verbindlichkeiten gegenüber den Leasinggebern). Zum anderen ist eine gesammelte Angabe sämtlicher wesentlicher unbarer Transaktionen in einer separaten Anhangangabe möglich. Die Darstellung kann **verbal** oder – bei Vorliegen mehrerer Geschäftsvorfälle – auch **in tabellarischer Form** erfolgen.

146 In IAS 7 werden folgende **Beispiele für unbare Transaktionen** aufgeführt:

[34] Vgl. Bieg/Regnery, BB 1993, Beilage 6, S. 11.

- Erwerb von Vermögenswerten durch **Schuldübernahme** oder durch *finance leases* (→ § 15 Rz 116ff.).
- **Erwerb eines Unternehmens gegen Ausgabe von Anteilen** (→ § 31 Rz 42ff.).
- **Umwandlung** von Schulden in Eigenkapital.

147 Als weitere wesentliche Beispiele sind zu nennen:

- **Erwerb/Veräußerung** von Vermögenswerten (z. B. Anlagevermögen, Vorräte) **auf Ziel**, d. h. Zahlung erst in einem zukünftigen Geschäftsjahr.
- **Tausch** von Vermögenswerten (Aktivtausch) oder Schulden (Passivtausch) (→ § 8 Rz 48f.).
- Erklärung der **Aufrechnung** von Forderungen mit Verbindlichkeiten.
- **Einlagen** einzelner Vermögenswerte oder die Einbringung von Geschäftsbetrieben mit oder ohne Gewährung zusätzlicher Anteile (→ § 20 Rz 67f.).
- **Schuldenerlass** durch Gläubiger (→ § 28 Rz 85).
- **Ausgabe von *stock options*** an Mitarbeiter (→ § 23).
- Umgliederungen zwischen Posten des Eigenkapitals, z. B. bei **Kapitalerhöhung aus Gesellschaftsmitteln** oder vereinfachter Kapitalherabsetzung (→ § 20 Rz 76f.).

148 Ferner können, auch wenn nicht explizit in IAS 7 genannt, neben unbaren Geschäftsvorfällen zum besseren Verständnis der Kapitalflussrechnung auch **wesentliche Umgliederungsvorgänge** Erwähnung finden, so z. B. die Umwidmung von Anlage- zu Umlaufvermögen oder die Umgliederung von kurzfristigen Lieferantenverbindlichkeiten in langfristige Darlehen.

149 Bei **gemischten Transaktionen**, bei denen nur ein Teil des Geschäftsvorfalls zahlungswirksam geworden ist, muss nur der zahlungswirksame Teil in die Kapitalflussrechnung aufgenommen werden, während der unbare Teil lediglich im Anhang offenzulegen ist. Sinnvollerweise sollten allerdings im Anhang aus Gründen der Verständlichkeit sowohl der zahlungswirksame als auch der nicht zahlungswirksame Teil genannt werden, um den Bezug zur Kapitalflussrechnung herstellen zu können.

5 Angaben

5.1 Besonderheiten für die Kapitalflussrechnung

150 Nach der Systematik der meisten IFRS-Standards ist als vorletztes Kapitel ein eigener Abschnitt enthalten, in dem in zusammengefasster Form die erforderlichen Anhangsangaben (*disclosures*) aufgelistet werden (→ § 5). Von dieser allgemeinen Systematik weicht IAS 7 ab, in dem Angabepflichten in diversen Abschnitten des Standards genannt werden und lediglich eine **Restposition „Sonstige Angaben“** (IAS 7.48ff.) verbleibt. Ursache hierfür ist zum einen die Abhandlung einer Reihe von Einzelproblemen in eigenen Unterkapiteln des Standards und die jeweilige Nennung der Auswirkung auf den Anhang unmittelbar in jedem **Unterkapitel**. Zum anderen darf eine Vielzahl von Angaben **wahlweise** entweder in der Kapitalflussrechnung selbst oder im Anhang gemacht werden.

151 Im Folgenden wird eine **Systematisierung** der Anhangsangaben präsentiert, gegliedert nach den Bereichen allgemeine Bilanzierungs- und Bewertungsmethoden, Pflichtangaben sowie freiwillige Angaben. Über diese Angaben hinaus sollte

im Interesse einer *fair presentation* auch eine **Kommentierung** der Kapitalflussrechnung vorgenommen werden, indem z.B. die wesentlichen Beträge näher aufgegliedert und Veränderungen zum Vorjahr erläutert werden. Für diese Kommentierung bietet sich, falls keine Erläuterung in einem Lagebericht erfolgt, ebenfalls der Anhang an.
Auf die **Checkliste „Abschlussangaben"** wird verwiesen (→ § 5 Rz 8).

5.2 Allgemeine Bilanzierungs- und Bewertungsmethoden

Die Kapitalflussrechnung ist integraler und eigenständiger **Bestandteil** des Jahresabschlusses. Neben den Erläuterungen zu den allgemeinen Bilanzierungs- und Bewertungsmethoden (*accounting policies*; ausführlich → § 5 Rz 26) im Bereich der Bilanz und der GuV ist daher im Anhang auch eine Darstellung der wesentlichen bei der Erstellung der Kapitalflussrechnung angewandten **Grundsätze** erforderlich. Zu den wichtigen Angaben gehören: 152

- die **Zusammensetzung** der Bestände an Zahlungsmitteln und Zahlungsmitteläquivalenten (IAS 7. 45),
- die Nennung der gewählten **Darstellungsform** (direkte oder indirekte Methode im Bereich der betrieblichen Tätigkeit).

Des Weiteren sollte aufgezeigt werden,

- wie die von IAS 7 gewährten **Wahlrechte** von dem aufstellenden Unternehmen ausgeübt wurden,
- nach welcher Methode die **Währungsumrechnung** im Falle von *cash flows* von ausländischen Tochterunternehmen erfolgte,
- welche **Änderungen** der Zusammensetzung des Zahlungsmittelbestandes, der Form der Darstellung oder der Ausübung von Wahlrechten im Vergleich zur Vorperiode vorgenommen worden sind.

In der **Praxis** sind Erläuterungen zu den in der Kapitalflussrechnung angewandten *accounting principles* allerdings recht selten zu finden. Eine Musterformulierung könnte wie folgt lauten: 153

Accounting principles im Bereich der Kapitalflussrechnung

Die Kapitalflussrechnung wird in Übereinstimmung mit den Bestimmungen von IAS 7 erstellt.

Die Kapitalflussrechnung ist in die drei Bereiche der betrieblichen Tätigkeit sowie der Investitions- und Finanzierungstätigkeit unterteilt. Im Falle von gemischten Geschäftsvorfällen wird, soweit erforderlich, eine Zuordnung zu mehreren Tätigkeitsbereichen vorgenommen. Die Darstellung des *cash flow* aus der betrieblichen Tätigkeit erfolgt nach der indirekten Methode.

Der Finanzmittelfonds ist definiert als der Saldo aus den liquiden Mitteln sowie sämtlicher Wertpapiere mit einer Restlaufzeit (zum Erwerbszeitpunkt) von weniger als drei Monaten abzüglich der in den kurzfristigen Finanzschulden enthaltenen Verbindlichkeiten aus Kontokorrent-Verhältnissen, die Bestandteil des unternehmensweiten *cash management* sind.

Als Finanzschulden i.S.d. Finanzierungsrechnung werden sämtliche Verbindlichkeiten gegenüber Kreditinstituten sowie verzinsliche Darlehen, die von Gesellschaftern und Lieferanten gewährt wurden, bezeichnet.

Zins- und Dividendeneinnahmen werden im Bereich der betrieblichen Tätigkeit ausgewiesen, während Zins- und Dividendenzahlungen unter den *cash flows* aus der Finanzierungstätigkeit Berücksichtigung finden.
Steuerzahlungen werden in voller Höhe im Bereich der betrieblichen Tätigkeit ausgewiesen, da eine Zuordnung zu einzelnen Geschäftsbereichen praktisch nicht durchführbar ist.
Cash flows von ausländischen, nicht in Euro bilanzierenden Tochterunternehmen werden zu Jahresdurchschnittskursen in die Konzernberichtswährung umgerechnet.
Die Zusammensetzung des Zahlungsmittelfonds, die allgemeine Darstellungsform der Kapitalflussrechnung sowie die Ausübung der Ausweiswahlrechte blieben im Vergleich zu der Vorperiode unverändert.

154 Verwendet das aufstellende Unternehmen **eigene Definitionen**, so z.B. für die Zwischensumme „*free cash flow*" (Rz 13), sollte das obige Formulierungsbeispiel um unternehmensspezifische Besonderheiten ergänzt werden.

5.3 Pflichtangaben

155 Der Standard IAS 7 sieht eine Reihe von Pflichtangaben vor, die **wahlweise**[35] entweder in der Kapitalflussrechnung selbst oder im Anhang genannt und die der nachfolgenden Auflistung entnommen werden können. Soweit bereits ausführliche Erläuterungen in vorangegangenen Kapiteln gegeben wurden, erfolgt hier lediglich ein entsprechender Verweis:

- Erhaltene und gezahlte **Zinsen** (IAS 7.31; Rz 106ff.).
- Erhaltene und gezahlte **Dividenden** (IAS 7.31; Rz 112ff.).
- Aus- und Einzahlungen in Zusammenhang mit **Ertragsteuern** (IAS 7.35; Rz 117ff.).
- Erwerb und Veräußerung von **Tochterunternehmen und sonstigen Geschäftseinheiten** (IAS 7.39; Rz 127ff.).
- **Nicht zahlungswirksame Transaktionen** (IAS 7.43; Rz 144ff.).
- Betragsmäßige Angabe der **Zusammensetzung des Finanzmittelfonds** sowie **Überleitung** der Beträge des Zahlungsmittelfonds der Kapitalflussrechnung **zu den entsprechenden Bilanzbeträgen** (IAS 7.45; Rz 15ff.).
- Betragsmäßige Angabe der **Änderungen der Zusammensetzung des Finanzmittelfonds** (IAS 7.47; Rz 34).
- Angabe über Zahlungsmittelbestände, die **Verfügungsbeschränkungen** unterliegen (IAS 7.48).

Die Pflicht zur Angabe **außerordentlicher** Posten entfällt ab 2005 (Rz 104ff.).

156 Explizit im Standard werden Beschränkungen aufgrund von **Devisenverkehrskontrollen** (mangelnde Transferier- oder Konvertierbarkeit) oder anderer **gesetzlicher Beschränkungen** genannt. Des Weiteren sollten hierzu jedoch auch Beschränkungen aufgrund **vertraglicher Restriktionen** oder **faktischer Umstände** gerechnet werden. Verfügungsbeschränkungen über Zahlungsmittel oder Zahlungsmitteläquivalente verhindern einen Einbezug in den Finanzmittelfonds (Rz 16ff.).

---

[35] Das Wahlrecht ergibt sich aus der Formulierung „angeben" (disclose). Dagegen macht der Begriff „darstellen" (present) eine Angabe in der Kapitalflussrechnung erforderlich.

Zu den **vertraglichen** Restriktionen zählen u.a. Klauseln in Darlehensverträgen (sog. *covenants*), die z.B. das Vorhalten eines bestimmten Zahlungsmittelbestandes vorschreiben, sowie Beschränkungen bei Akkreditiven und Lombardkrediten. Im Bereich der **faktischen** Umstände ist die Zusammenfassung aufgrund der Einheitstheorie der Zahlungsmittelbestände sämtlicher einbezogener Tochterunternehmen und der Konzernmutter im Konzernabschluss zu einem einzigen Wert zu berücksichtigen. Dennoch kann die individuelle Situation bei einzelnen Konzerngesellschaften (z.B. Tochterunternehmen in existenzieller Krise) zu einer Einschränkung oder einem Entzug der von diesem Tochterunternehmen gehaltenen Zahlungsmittelbestände führen.

Werden **Gemeinschaftsunternehmen** in den Konzernabschluss nach der Methode der Quotenkonsolidierung einbezogen (→ § 34 Rz 61 ff.), so werden die Zahlungsmittelbestände anteilig in der Bilanz und auch der Kapitalflussrechnung berücksichtigt (Rz 125). Aufgrund der gemeinschaftlichen Führung solcher Unternehmen zusammen mit Konzernfremden kann der Konzern nicht alleine über die ausgewiesenen Zahlungsmittelbestände verfügen und sollte daher solche Bestände als verfügungsbeschränkt betrachten (so offenbar auch DRS 2.53; Rz 175).[36]

Für die Angabe der vorgenannten Punkte bietet es sich an, eine eigene **Position** **157**
„Erläuterungen zu der Kapitalflussrechnung" im Anhang zu schaffen. Alternativ können einige dieser Punkte auch in den Erläuterungen zu einzelnen Positionen der Bilanz (z.B. liquide Mittel, Finanzschulden, Steuerrückstellungen) oder der GuV (z.B. Zins- und Beteiligungsergebnis, Steueraufwand) aufgeführt werden.

Neben IAS 7 fordern auch **andere Standards** Angaben in Zusammenhang mit **158**
cash flows oder regen solche auf freiwilliger Basis an. Hier sind folgende Angabepflichten zu nennen:

- **Segmentberichterstattung** (→ § 36) **159**
  Eine Angabe von *cash flows* pro Segment könnte dem externen Leser eine Einschätzung geben, welche Segmente zusätzliche Zahlungsmittelbestände generieren (*cash cows*) und welche Bedarf an Zahlungsmitteln haben (*cash users*). Der noch bis 2008 anwendbare Standard IAS 14 zur Segmentberichterstattung schrieb jedoch **keine Pflicht zur Angabe von Segment-*cash-flows*** vor. Allerdings wurden bestimmte Pflichtangaben gefordert, die gewisse Anhaltspunkte für Segment-*cash-flows* boten.
  Gemäß den Vorschriften über die Segmentberichterstattung waren bislang Angaben zu den **Zugängen zum Anlagevermögen** (IAS 14.57) sowie zu den **Abschreibungsbeträgen** pro Segment (IAS 14.58) zu machen. Ferner bestand eine Pflicht zur Angabe wesentlicher **nicht zahlungswirksamer Aufwendungen** (IAS 14.61); eine entsprechende Pflicht für nicht zahlungswirksame Erträge existierte nicht. Allerdings wurden die Unternehmen ermutigt, diese Angabe auf freiwilliger Basis zu machen (IAS 14.62).
  Auch bei Erstellung der Segmentberichterstattung nach IFRS 8 (anwendbar ab 2009) wird die Offenlegung von Segment-*cash-flows* nicht explizit gefordert. Allerdings sind weiterhin Angaben zu machen zu:

[36] Ein Vergleich mit dem entsprechenden Standard nach US-GAAP ist an dieser Stelle nicht sinnvoll, da US-GAAP die Anwendung der Methode der Quotenkonsolidierung für nicht zulässig erachten.

- den **Zugängen zum Anlagevermögen** (IFRS 8.24b), die nach IFRS 8 im Zuge einer Negativabgrenzung (nicht Finanzinstrumente, Steuerlatenzposten, Aktivposten aus Pensionsplänen gem. IAS 19.54–58 sowie Ansprüche aus Versicherungsverträgen) zu bestimmen sind,
- wesentlichen **nicht zahlungswirksamen Aufwendungen** (IFRS 8.23i) sowie
- den **Abschreibungsbeträgen** pro Segment (IFRS 8.23e) (→ § 36 Rz 83).

Die Angabe der Beträge nach IFRS 8.23–24 erübrigt sich, wenn das Unternehmen auf **freiwilliger Basis** die *cash flows* je Segment offenlegt (vgl. Rz 162). Ein Beispiel für die Darstellung von Segment-*cash-flows* kann Appendix A zu IAS 7 entnommen werden.

160 • Discontinued operation (→ § 29 Rz 48)

Die *cash flows* einer *discontinued operation* sind separat anzugeben und den drei Tätigkeitsbereichen zuzuordnen (IFRS 5.33c). Neben den Angaben für die Berichtsperiode sind dabei auch die Vorperioden entsprechend aufzubereiten (IFRS 5.34). Ein externer Leser hat somit einen Anhaltspunkt dafür, welche Zahlungsströme dem Unternehmen zukünftig nicht mehr zur Verfügung stehen werden.

Die Angabe der *cash flows* der *discontinued operation* darf wahlweise im Anhang oder in der Kapitalflussrechnung selbst erfolgen (IFRS 5.33c). Es bieten sich daher folgende Möglichkeiten an:

- Im Anhang bei den übrigen Angaben zu den *discontinued operations,*
- als **Davon-Vermerk** in der Kapitalflussrechnung,
- im Rahmen der Angaben zur **Segmentberichterstattung** (vgl. Rz 159), falls *discontinued operation* und Segment übereinstimmen.

161 • **Zwischenberichterstattung** (***interim financial reporting***) (→ § 37 Rz 9)

Sofern Unternehmen aufgrund gesetzlicher Bestimmungen oder freiwillig Zwischenberichte nach IFRS erstellen, müssen diese nach IAS 34.12 i.V.m. IAS 1.111 eine verkürzte Kapitalflussrechnung nach den Grundsätzen von IAS 7 enthalten. Es fehlt allerdings an detaillierten Vorgaben hinsichtlich des **Umfangs** der notwendigen Angaben im Zwischenbericht.

Als **Mindest**angaben sind

- die *cash flows* der **drei Aktivitätsbereiche** (Summenzeilen der ungekürzten Kapitalflussrechnung),
- eine **Zusammensetzung** und Überleitung des **Finanzmittelfonds** vom Beginn bis zum Ende der jeweiligen Berichts- bzw. Vergleichsperiode,
- die währungs- und konsolidierungskreisbedingten, liquiditätsunwirksamen **Veränderungen** des Finanzmittelfonds

anzugeben. Die Mindestangabe der *cash flows* der drei Aktivitätsbereiche ergibt sich verpflichtend aus IAS 34.10.[37] Eine Ausweitung/Erweiterung der Angaben ist geboten, falls eine Verkürzung der Kapitalflussrechnung zu unverständlichen oder gar irreführenden Informationen führt. Das Mindestgliederungsschema stellt sich wie folgt dar:

---

[37] So auch Committee of European Securities Regulators (CESR), decision ref.EECS/1209–10: Half-yearly consolidated cash flow statement, vom 19. Juni 2009.

	Berichts-periode x2	Vergleichs-periode x1
cash flows aus der betrieblichen Tätigkeit	....	....
cash flows aus der Investitionstätigkeit	....	....
cash flows aus der Finanzierungstätigkeit	....	....
Summe der *cash flows*	....	....
Wechselkursbedingte Veränderungen des Finanzmittelfonds	....	....
Konsolidierungskreisbedingte Veränderungen des Finanzmittelfonds	....	....
Veränderungen des Finanzmittelfonds gesamt	....	....
Finanzmittelfonds zum Anfang der Periode	....	....
Finanzmittelfonds zum Ende der Periode	....	....

5.4 Freiwillige Angaben

Der Standard IAS 7 ermutigt die aufstellenden Unternehmen, **auf freiwilliger Basis** Angaben zu folgenden Punkten zu machen: 162

- Betrag der nicht ausgenutzten **Kreditlinien** unter Angabe aller Beschränkungen dieser Kreditlinien.
- *Cash flows* aus **quotal konsolidierten Gemeinschaftsunternehmen**, gegliedert nach Tätigkeitsbereichen (Rz 175).
- Aufteilung der *cash flows* in solche zur **Erweiterung der Kapazität** und solche zur **Kapazitätserhaltung**.
- *Cash flows* aus den drei Tätigkeitsbereichen, aufgeteilt auf die **Unternehmenssegmente** (Rz 159).

In der Praxis sind die Angaben zu den Kreditlinien sowie zur Kapazitätserhaltung selten zu finden.

6 Gestaltungshinweise

Da die Kapitalflussrechnung weitestgehend losgelöst von Bewertungswahlrechten (Rz 3) und subjektiven Einschätzungen ist, bestehen die wesentlichen **Gestaltungsmöglichkeiten** im Bereich der **Gliederung**. Aufgrund des Stetigkeitsgebotes müssen die von IAS 7 zur Verfügung gestellten **Wahlrechte** bereits bei der **erstmaligen Aufstellung** der Kapitalflussrechnung ausgeübt werden. Dabei sind folgende wesentliche Aspekte zu beachten: 163

- **Umfang der Gliederung**: Da nach IFRS keine Mindestgliederung vorgegeben ist, bestehen Gestaltungsfreiheiten (Rz 172). Zur Herstellung einer besseren Vergleichbarkeit mit anderen Unternehmen könnte es ratsam sein, das nach DRS 2 vorgesehene Mindestschema sowie branchenübliche Ausweise von Mitbewerbern zu beachten.
- **Direkte versus indirekte Methode** (Rz 54ff.): Im Bereich der betrieblichen Tätigkeit besteht ein Wahlrecht, welche der beiden Methoden zur Anwen-

dung kommt. Die direkte Methode dürfte im Regelfall aufwendiger sein; da sie aus diesem Grund in der Praxis selten verwendet wird, bietet sie andererseits die Möglichkeit, sich von der Mehrheit der Mitbewerber als progressiver Rechnungsleger abzuheben.

- **Ort des Ausweises von Pflichtangaben**: Diverse Angaben können entweder in der Kapitalflussrechnung selbst oder an verschiedenen Stellen im Anhang gemacht werden (Rz 155).
- **Zusammensetzung des Finanzmittelfonds**: Bei der Einbeziehung gewisser Wertpapiere sowie von Verbindlichkeiten in den Finanzmittelfonds sind weitere Gestaltungsspielräume gegeben (Rz 17 und Rz 19).
- **Ausweis von Zins- und Dividendenzahlungen**: Hier ist nach IAS 7 ein umfangreiches Wahlrecht gegeben (Rz 106ff.). Soll ein möglichst hoher *cash flow* aus der betrieblichen Tätigkeit ausgewiesen werden, so empfiehlt es sich, Zins- und Dividendeneinnahmen im Bereich der betrieblichen Tätigkeit und die entsprechenden Ausgaben im Bereich der Finanzierungstätigkeit auszuweisen. Zur Erlangung eines möglichst niedrigen (regelmäßig) negativen *cash flow* aus der Investitionstätigkeit wären Zins- und Dividendeneinnahmen dagegen vorzugsweise diesem Bereich zuzuordnen.
- **Ermittlungstechnik bei Konzern-Kapitalflussrechnungen**: Konzern-Kapitalflussrechnungen können zum einen originär auf Basis einer reinen Konzernbuchhaltung, bei der nur Vorgänge mit Konzernfremden abgebildet werden, erstellt werden. Diese Methodik ist allerdings in der Praxis bisher kaum anzutreffen. Ferner ist eine derivative Ableitung der Kapitalflussrechnung auf Basis vorliegender Bilanzen und GuV durch Überleitung des Konzernergebnisses zum *cash flow* möglich. Daneben bietet sich die Möglichkeit, Kapitalflussrechnungen originär auf Ebene jeder Konzerngesellschaft zu erstellen und diese anschließend zu einer Konzern-Kapitalflussrechnung zu konsolidieren, indem Zahlungsvorgänge zwischen Unternehmen des Konsolidierungskreises eliminiert werden. Diese Methode ist aufwendiger als die derivative Methode, bietet allerdings die Möglichkeit, die für die Konzernunternehmen oder sonstigen Teileinheiten erstellten Kapitalflussrechnungen auch für andere Zwecke, z.B. eine marktwertorientierte Unternehmenssteuerung, zu verwenden.

164 **Sachverhaltsgestaltungen** sind vor allem im Bereich der **unbaren Transaktionen** möglich (Rz 144ff.). Hervorstechendes Beispiel ist der *finance lease* (→ § 15 Rz 19ff.), bei dem - ebenso wie beim Kauf durch Schuldübernahme oder durch Ausgabe neuer Anteile - trotz Anschaffung eines Vermögenswertes keine entsprechende Ausgabe im Bereich der Investitionstätigkeit ausgewiesen wird (Rz 78). Die Leasingraten führen später zu Ausgaben im Bereich der Finanzierungstätigkeit (für den Ausweis des Zinsanteils besteht allerdings ein Wahlrecht; Rz 106ff.). Im Falle eines **operativen Leasing** (*operating lease*) werden die Leasingraten dagegen im Bereich der **betrieblichen Tätigkeit** als Ausgaben ausgewiesen. Während einerseits von vielen Unternehmen das operative Leasing bevorzugt angestrebt wird, um günstigere Bilanzrelationen darzustellen, Kreditlinien zu schonen und die Investitionsquote gering zu halten, wird andererseits die negative Beeinflussung der für einige Analysten wesentlichen Größe „*cash flows* aus der betrieblichen Tätigkeit" häufig verkannt.

Bei **Folgeabschlüssen** ist insbesondere bei Verwendung der indirekten Methode eine Erstellung der Kapitalflussrechnung erst dann möglich, wenn Bilanz sowie GuV bereits aufgestellt sind. Gewisse Tätigkeiten, z.B. die Ermittlung von Angaben zu den Veränderungen im Konsolidierungskreis und zu *discontinued operations* sowie die Erläuterungen zu wesentlichen nicht zahlungswirksamen Vorgängen, können allerdings häufig **vorverlagert** werden. Ferner muss zur Vermeidung von Verzögerungen das Berichtswesen die Erfassung einer Vielzahl von Informationen zusammen mit den entsprechenden Bilanz- bzw. GuV-Positionen sicherstellen. Dabei ist es häufig empfehlenswert, die Erfassung von Angaben zu Zinsen, Dividenden, Ertragsteuern und Erlösen aus Anlageverkäufen durch Verwendung von **Formularen zur Entwicklung der entsprechenden Bilanzpositionen** (z.B. Eigenkapitalspiegel, Entwicklung der Finanzschulden, Entwicklung der Ertragsteuerrückstellungen unter Einbeziehung der entsprechenden Forderungskonten) zu unterstützen. 165

7 ABC der Kapitalflussrechnung

166

Agien	Zahlungen für Agien gehören zu den Zinseinnahmen und -ausgaben und sind daher wie diese den drei Bereichen der Ursachenrechnung zuzuordnen (Rz 111).
Angaben im Anhang	IAS 7 sieht eine Reihe von Pflichtangaben vor (Rz 155), die entweder in der Kapitalflussrechnung selbst oder im Anhang erledigt werden können.
Außerordentliche Posten	Der Ausweis von außerordentlichen Posten in der Kapitalflussrechnung ist nicht zulässig (Rz 104).
Betriebliche Tätigkeit	Als *operating cash flows* sind Ein- und Auszahlungen auszuweisen (Rz 46ff.), • die aus den wesentlichen erlöswirksamen Tätigkeiten stammen (positive Abgrenzung) und • nicht den anderen Bereichen zuzuordnen sind (negative Abgrenzung).
cash flow	Im Rahmen der Kapitalflussrechnung gibt der *cash flow* die Veränderungen der Zahlungsmittel eines Unternehmens getrennt nach den Bereichen • betriebliche Tätigkeit (*operating activities*), • Investitionstätigkeit (*investing activities*) und • Finanzierungstätigkeit (*financing activities*) in der abgelaufenen Periode an (Rz 1 und Rz 10ff.).

Direkte Methode	Während die *cash flows* aus der Investitions- und Finanzierungstätigkeit zwingend nach der direkten Methode (gesonderte Erfassung der Ein- und Auszahlungen) zu erfassen sind, besteht für *operating cash flows* ein Wahlrecht, welches i. d. R. trotz Empfehlung des IASB nicht zugunsten der direkten Methode ausgeübt wird (Rz 54ff.).
Disagien	Siehe oben Agien.
Discontinued operations	*Cash flows* aus *discontinued operations* sind für jeden der drei Bereiche der Kapitalflussrechnung gesondert anzugeben (Rz 160), in der Kapitalflussrechnung selbst oder im Anhang (→ § 29 Rz 43).
Dividenden	Es besteht eine separate Angabepflicht für alle vereinnahmten und gezahlten Dividenden (Rz 112). Hinsichtlich des Ausweises besteht ein Wahlrecht: • Einnahmen sind entweder der betrieblichen Tätigkeit oder der Investitionstätigkeit (Rz 115) und • Ausgaben der Finanzierungstätigkeit oder der betrieblichen Tätigkeit zuzuordnen (Rz 116).
Eigene Anteile (*treasury shares*)	Auszahlungen für den Erwerb eigener Anteile sind der Finanzierungstätigkeit zuzurechnen (Rz 88).
Ertragsteuern	Ertragsteuerzahlungen sind im Rahmen der Kapitalflussrechnung gesondert anzugeben (Rz 117). Im Regelfall bietet sich eine Zuordnung zum *cash flow* der betrieblichen Tätigkeit an (Rz 119).
Finance lease (Zugang von Vermögen durch)	Der Erwerb eines Anlagegegenstandes im Wege des *finance lease* (→ § 15 Rz 19ff.) führt nicht (unmittelbar) zu einem Zahlungsmittelabfluss, daher ist keine Ausgabe im Bereich der Investitionstätigkeit auszuweisen (Rz 164).
Finanzierungstätigkeit	Der *cash flow* aus Finanzierungstätigkeit enthält Ein- und Auszahlungen an Gesellschafter (EK-Geber) und Gläubiger (FK-Geber) des Unternehmens (Rz 86ff.).
Finanzmittelfonds	Bestandteile des Finanzmittelfonds sind sowohl Zahlungsmittel (Barmittel und Sichteinlagen) als auch kurzfristige, äußerst liquide Finanzinvestitionen (Zahlungsmitteläquivalente), die jederzeit in Zahlungsmittel umgewandelt werden können und nur geringen Wertschwankungen unterliegen (Rz 15ff.).
Finanzmittelnachweis	Darstellung der Veränderungen der Finanzmittelfondspositionen von Periodenanfang bis -ende (Rz 35ff.).

Gliederungsschema	IAS 7 schreibt kein Gliederungsschema vor, enthält aber Beispielformate, die sich in der Praxis weitestgehend durchgesetzt haben (Rz 39).
Indirekte Methode	Nur die *cash flows* aus der betrieblichen Tätigkeit dürfen indirekt, d. h. abgeleitet aus anderen im Rechnungswesen verfügbaren Rechengrößen, bestimmt werden (Rz 59). Ausgangsgröße ist das Periodenergebnis.
Investitionstätigkeit	Im *cash flow* der Investitionstätigkeit werden aufgeführt • Auszahlungen für Ressourcen, die zur Erzielung künftiger Erträge und *cash flows* benötigt werden (Anschaffung von Anlagen) und • Einzahlungen, die aus dem Abgang der Ressourcen entstehen (Veräußerung von Anlagen) (Rz 67ff.). Besonderheiten ergeben sich im Rahmen des *finance lease*.
Konzern-*cash-flow*	Nach dem Konzept der wirtschaftlichen Einheit ist die Konzernkapitalflussrechnung aufzustellen, als ob die einzeln einbezogenen Unternehmen ein einziges Unternehmen wären (Rz 122ff.). In der Praxis dominiert für die Erstellung eine (derivative) Ableitung auf Basis der vorliegenden GuVs und Bilanzen durch Überleitung des Konzernergebnisses zum *cash flow* (Rz 123).
Nicht zahlungswirksame Transaktionen	In der Kapitalflussrechnung sind nur zahlungswirksame Transaktionen zu berücksichtigen (Rz 144). Bei gemischten Transaktionen (teils bar, teils unbar) ist nur der zahlungswirksame Teil zu erfassen. Ggf. sind allerdings Anhangsangaben für nicht zahlungswirksame Transaktionen erforderlich (Rz 145ff.).
Periodenergebnis	Das Periodenergebnis ist Ausgangspunkt der Bestimmung des *cash flow* aus der betrieblichen Tätigkeit, aber in IAS 7 nicht definiert. Daher bieten sich unterschiedliche Auslegungen an (Rz 64ff.). Vereinzelt wird gefordert von dem Ergebnis nach Steuern auszugehen, mangels Festlegung des IASB scheinen auch andere Referenzgrößen vertretbar.
Saldierung	Die Kapitalflussrechnung ist eine Bruttorechnung, Saldierungen von Ein- und Auszahlungen daher verboten. Ausnahmen gelten • für Ein- und Auszahlungen im Namen von Kunden und • für Posten mit großer Umschlaghäufigkeit, großen Beträgen und kurzen Laufzeiten (Rz 40ff.).

Segmentbericht	Eine Segmentkapitalflussrechnung wird weder von IAS 14 noch von IFRS 8 gefordert, kann aber freiwillig erstellt werden (Rz 159).
Sonderposten	Im Rahmen des Finanzmittelnachweises sind ggf. Sonderposten für Währungsdifferenzen (Rz 95 ff.) und Änderungen des Konsolidierungskreises (Rz 127 ff.) erforderlich, um eine Überleitungsrechnung des Finanzmittelfonds von Periodenanfang bis -ende zu gewährleisten.
Stetigkeit	Die Zuordnung von Ein- und Auszahlungen in die drei Bereiche der Ursachenrechnung unterliegt dem Stetigkeitsgrundsatz. Eine Durchbrechung ist nur zulässig, wenn der Abschluss danach zuverlässigere und relevantere Informationen widerspiegelt (Rz 109 f.).
Unternehmens-zusammenschluss	Im Fall eines Unternehmenszusammenschlusses (*business combination*) ergeben sich besondere Anforderungen an die Kapitalflussrechnung im Zusammenhang mit den Anschaffungskosten und dem übernommenen Finanzmittelfonds (Rz 138).
Ursachenrechnung	Darstellung der Zahlungswirkung von nicht dem Finanzmittelfonds zugeordneten Positionen in der abgelaufenen Periode (Rz 35 ff.).
Währungs-differenzen	Werden Zahlungsmittel in Fremdwährungen gehalten oder Transaktionen in Fremdwährung geschlossen, ergibt sich ggf. die Notwendigkeit zur Berücksichtigung eines Sonderpostens, um eine Überleitungsrechnung des Finanzmittelfonds von Periodenanfang bis -ende zu gewährleisten (Rz 95 ff.).
Zahlungsmittel-äquivalente	Zugelassen sind solche Finanzmittel, die • hoch liquide, d. h. jederzeit (*readily*) in Geld umtauschbar sind und • nur unwesentlichen (*insignificant*) Wertänderungsrisiken unterliegen (Rz 18 ff.).
Zinszahlungen	Für die Gesamtsumme der erhaltenen wie auch der gezahlten Zinszahlungen besteht eine separate Angabepflicht (Rz 106). Mit Ausnahme von Finanzinstitutionen ist die Erfassung von Zinszahlungen in allen Bereichen der Ursachenrechnung erlaubt (Rz 107).
Zwischenbericht	Bei der Veröffentlichung von IFRS-Zwischenberichten ist eine verkürzte Kapitalflussrechnung zu veröffentlichen (Rz 161)

8 Vergleich mit dem HGB

Kapitalflussrechnungen wurden in Deutschland bis **Ende der 90er Jahre** nahezu ausschließlich auf **freiwilliger Basis** erstellt. Hierbei sollte die gemeinsame Stellungnahme 1/1995 des Instituts der Wirtschaftsprüfer und der Schmalenbach-Gesellschaft Berücksichtigung finden. Erst das KonTraG verpflichtete erstmals amtlich notierte Gesellschaften, für ihre Konzernabschlüsse auch eine Kapitalflussrechnung aufzustellen. Ab dem Jahr 2003 wurde durch das TransPuG die Verpflichtung zur Aufstellung einer Konzern-Kapitalflussrechnung auf alle börsennotierten Unternehmen ausgedehnt und gleichzeitig die Kapitalflussrechnung zu einem **gleichrangigen Bestandteil des Konzernabschlusses** neben Bilanz, GuV, Eigenkapitalspiegel und Segmentberichterstattung aufgewertet. Aufgrund der Bestimmungen des BilReG müssen auch nichtkapitalmarktorientierte Unternehmen seit dem Jahr 2005 Konzern-Kapitalflussrechnungen aufstellen. 167

Die Erstellung der Kapitalflussrechnung sollte auf Grundlage des im Mai 2000 öffentlich bekannt gemachten Deutscher Rechnungslegungs Standard Nr. 2 (DRS 2) „Kapitalflussrechnung" erfolgen. DRS 2 stellt einerseits einen **eigenen deutschen Standard zur Kapitalflussrechnung** dar. Andererseits können wegen der umfangreichen Wahlrechte auch solche Unternehmen, die einen Konzernabschluss nach IFRS oder US-GAAP aufstellen, eine **mit DRS 2 kompatible Kapitalflussrechnung** vorlegen. Darüber hinaus verlangt DRS 2 die Erfüllung aller Angabepflichten, die entweder nach US-GAAP **oder** nach IFRS erforderlich sind (Meistregelungsprinzip[38]). Schließlich fordert DRS 2 noch einige weitere Angaben, die über US-GAAP und IFRS hinausgehen. 168

Folgende wesentliche Unterschiede zwischen IFRS und den deutschen Regelungen bestehen: 169

- **Aufstellungspflicht** 170
  Im Bereich des HGB ist die Kapitalflussrechnung bislang nur für **Konzernabschlüsse** vorgeschrieben (§ 297 Abs. 1 Satz 1 HGB). Nach IFRS ist eine Kapitalflussrechnung auch für Einzelabschlüsse aufzustellen.
- **Gesonderte Standards für spezifische Branchen** 171
  In Deutschland existieren Spezialstandards für Kapitalflussrechnungen von **Kreditinstituten** (DRS 2–10) und **Versicherungen** (DRS 2–20). Vergleichbare Standards nach IFRS liegen nicht vor.
- **Mindestgliederung** 172
  DRS 2 sieht für alle drei Tätigkeitsbereiche sowie sowohl für die direkte als auch für die indirekte Methode im Bereich der betrieblichen Tätigkeit eine **verbindliche Mindestgliederung** vor, die gegebenenfalls durch weitere Angaben zu erweitern ist.
  Im Bereich der IFRS ist dagegen kein obligatorisches Mindestgliederungsschema vorgesehen. Anhaltspunkte ergeben sich lediglich aus den Beispielen im Appendix zu IAS 1 sowie aus dem **Katalog an typischen Bestandteilen der einzelnen Tätigkeitsbereiche** (IAS 7.14 ff.).

---

[38] Wysocki, DB 1999, S. 2374; Wysocki kritisiert diese Regel zu Recht, da die SEC Kapitalflussrechnungen nach IAS 7 ohnehin anerkennt und das DRSC eine völlige Kompatibilität mit US-GAAP (ASC Topic 230) aus diesem Grund nicht hätte herstellen müssen.

Die im Vergleich zu DRS 2 größere Flexibilität bietet die Möglichkeit zur Streichung einzelner Zeilen, sofern diese unwesentliche Beträge aufweisen. So verbleiben z.B. im Bereich der Investitionstätigkeit nach gesondertem Ausweis der Erwerbe von Tochterunternehmen häufig nur noch geringe Beträge für den Erwerb von immateriellen Vermögensgegenständen und Finanzanlagen. Im Bereich der IFRS könnten daher diese Beträge mit den Auszahlungen im Bereich des Sachanlagevermögens zusammengefasst werden, während die verbindliche Mindestgliederung nach DRS 2 dies nicht zulässt.

173 • **Ausweis von Dividendenzahlungen**
Gemäß DRS 2 sind gezahlte Dividenden als Auszahlungen im Bereich der **Finanzierungstätigkeit** auszuweisen (DRS 2.37). Dagegen ist nach IAS 7.34 **alternativ** eine Zuordnung zu dem Bereich der **betrieblichen Tätigkeit** zulässig (siehe unsere Kritik unter Rz 116).

174 • **Zahlungen im Zusammenhang mit Minderheitsgesellschaftern**
Nach dem deutschen Standard sind Einzahlungen aus Eigenkapitalzuführungen von Minderheitsgesellschaftern und Auszahlungen an diese im Rahmen der Kapitalflussrechnung oder im Anhang anzugeben (DRS 2.51). Eine vergleichbare Vorschrift existiert nach IFRS nicht.

175 • **Zahlungsmittelbestände von quotal einbezogenen Unternehmen**
Der deutsche Standard sieht die Angabe derjenigen Bestände des Finanzmittelfonds vor, die aus quotal einbezogenen Gemeinschaftsunternehmen stammen. Eine vergleichbare Angabe ist in IAS 7 nicht explizit vorgesehen; im Rahmen der Erläuterungen zu Beständen an Zahlungsmitteln, die **Verfügungsbeschränkungen** unterliegen, dürfte allerdings auch nach IAS 7.48 eine Angabepflicht bestehen (Rz 125 und Rz 156).

9 Anwendungszeitpunkt, Rechtsentwicklung

176 Der Standard ist für alle Berichtsperioden ab dem 1.1.1994 anzuwenden (IAS 7.53).

177 Eine grundlegende Revision des Standards ist kurzfristig nicht zu erwarten. Dennoch sind mittelfristig Anpassungen des IAS 7 aus dem *Revenue Recognition Project* zu erwarten. Nach wie vor wird diskutiert, ob mittel- bzw. eher langfristig die indirekte Methode für den operativen Bereich (Rz 59ff.) nicht mehr zulässig sein soll. Eine endgültige Entscheidung ist erst mit der Beendigung des *Joint Project on Revenue Recognition* des IASB und FASB zu erwarten.

178 Im Oktober 2008 hat der Board ein Diskussionspapier „*Preliminary Views on Financial Statement Presentation*“ veröffentlicht. Aufgrund zahlreicher Kritik aus der Praxis und dringenderer anderer Projekte wurden die Arbeiten aber zunächst zurückgestellt. Die im DP noch vorgesehenen Änderungen wurden allerdings in einen am 1.7.2010 veröffentlichten *Staff Draft* (als Vorstufe eines *Exposure Draft*) übertragen.

Im Zuge der Vereinheitlichung der Anforderungen an die Berichterstattung sind auch Änderungen der Kapitalflussrechnung zur Diskussion gestellt:

- **Bereiche der Kapitalflussrechnung**: Das Gliederungsschema der Kapitalflussrechnung soll sich an der Darstellung der Bilanz und der (zukünftigen) Gesamteinkommensrechnung orientieren, daher werden neue Kategorien eingefügt. Folgende Gliederung ist aktuell angedacht:

- Business-**Bereich**:
  - *Operating cash flows*
  - *Investing cash flows*
- Financing-**Bereich:**
  - *Financing asset cash flows*
  - *Financing liability cash flows*
- *Income taxes*
- *Discontinued operations*

Aufgrund des veränderten Ausweises ergäben sich auch Rückwirkungen auf die Zuordnung zu den einzelnen Bereichen.

- **Begrenzung des Finanzmittelfonds:** Als Teil des Finanzmittelfonds sollen künftig – im Einklang mit der Anforderung an einen geplanten separaten bilanziellen Ausweis – Zahlungsmitteläquivalente nicht mehr aufgenommen werden. Ausgangspunkt der Kapitalflussrechnung wären somit allein die Barmittel und Sichteinlagen eines Unternehmens.
- **Verpflichtung zur direkten Bestimmung** des operativen *cash flow*: Eine indirekte Bestimmung des operativen *cash flow* (ausgehend von einer Ergebnisgröße) soll künftig nur noch ergänzend zur Bestimmung des direkten operativen *cash flow*. gefordert werden (SD.170).

Mit Anwendung von IAS 27 (rev. 2008) und IFRS 3 (rev. 2008) ergeben sich Folgeänderungen (*consequential amendments*) von IAS 7 (betreffend IAS 7.39–42B). 179

10 Zusammenfassende Praxishinweise

„*Cash is king*" – nach dieser Devise sollte der in der deutschen Rechnungslegung eher **vernachlässigten** Kapitalflussrechnung im Rahmen des IFRS-Abschlusses die gebührende Aufmerksamkeit geschenkt werden. Spektakuläre Unternehmenszusammenbrüche und der Niedergang der *new economy* haben Folgendes deutlich gemacht: Am Ende machen nicht etwa zweifelhafte Bilanzierungspraktiken und *equity stories*, sondern selbst erwirtschaftete Zahlungsüberschüsse den Erfolg eines Unternehmens aus (Rz 3). Zur Erläuterung von Zahlungsströmen der Vergangenheit, aber auch zur Prognose zukünftiger Einnahmeüberschüsse kommt daher der Erstellung einer aussagefähigen Kapitalflussrechnung **gesteigerte Bedeutung** zu. 180

Die Kapitalflussrechnung ist eine Stromgrößenrechnung, durch die für einen abgegrenzten Vermögensteil („Finanzmittelfonds") die Zu- und Abgänge im Gefolge der Veränderungen aller Nicht-Fondspositionen erklärt werden. Einzelheiten zur Abgrenzung des **Finanzmittel**fonds sind unter Rz 15ff. dargestellt. 181

Besonderheiten ergeben sich durch eine sogenannte **Bewertungsrechnung** (Rz 29ff.).

In der Grundstruktur werden die *cash flows* aus der **betrieblichen**, der **Investitions**- und der **Finanzierungs**tätigkeit unter Gegenüberstellung der Vorjahreszahlen in Staffelform wiedergegeben (Rz 35ff.).

Zur **Zusammensetzung** der *cash flows* aus der

- betrieblichen Tätigkeit vgl. Rz 46ff.,
- Investitionstätigkeit vgl. Rz 67ff.,
- Finanzierungstätigkeit vgl. Rz 86ff.

Die *cash flows* aus der betrieblichen Tätigkeit können nach der **direkten** (Rz 54) oder **indirekten** Methode (Rz 59ff.) ermittelt und dargestellt werden.
Besonderheiten ergeben sich aus der Ermittlung der *cash flows* von

- Fremdwährungsfällen (Rz 95ff.),
- außerordentlichen Posten (Rz 104ff.) – nicht mehr ab 2005,
- Zinszahlungen (Rz 106ff.),
- Dividendenzahlungen (Rz 112ff.),
- Ertragsteuern (Rz 117ff.),
- Anteilen an Tochterunternehmen, assoziierten Unternehmen und Joint Ventures (Rz 122ff.),
- Erwerb und Veräußerung von Tochterunternehmen und sonstigen Geschäftseinheiten (Rz 127ff.),
- nicht zahlungswirksamen Transaktionen (Rz 144ff.).

Wegen Einzelheiten betreffend die **Angaben** zur Kapitalflussrechnung vgl. Rz 150ff. Ein **Vergleich** mit den Vorgaben nach dem HGB bzw. dem DRS 2 ist in Rz 167ff. dargestellt.

182 Aufgrund der Wahlrechte und des fehlenden Mindestgliederungsschemas in IAS 7 werden in der Praxis unterschiedliche Formate von Kapitalflussrechnungen verwendet. Nachfolgend erfolgt die Darstellung eines (an einen DAX-Konzern angelehnten) Beispiels ohne Vorjahrszahlen und ohne *discontinuing operations*. Zu Letzterem wird auf → § 29 Rz 48 verwiesen.

				in Mio. EUR	
1.		**Periodenergebnis nach Steuern**		280	Es ist zulässig, eine beliebige Ergebnisgröße als Ausgangsbasis für die Überleitungsrechnung zu wählen (Rz 64)
		(Anpassungen I)			
2.	+/-		Abschreibungen/Zuschreibungen auf Vermögenswerte	900	nicht zahlungswirksam (Rz 60)
3.	–/+		Gewinn/Verlust aus dem Abgang von Vermögenswerten, die nicht zu Handelszwecken gehalten werden	–50	nicht dem Bereich der betrieblichen Tätigkeit zuzuordnen (Rz 63)
4.	–/+		Wechselkursbedingte Gewinne/Verluste	50	nicht zahlungswirksam oder nicht der betrieblichen Tätigkeit zuzuordnen (Rz 95ff.)
5.	+/-		Sonstige zahlungsunwirksame Aufwendungen/Erträge	–180	nicht zahlungswirksam (Rz 60)
	=	*Zwischensumme I*		*1.000*	
		(Anpassungen II)			
6.	–/+		Zunahme/Abnahme der Vorräte, der Forderungen aus Lieferungen und Leistungen sowie anderer Aktiva, die nicht der Investitions- oder Finanzierungstätigkeit zuzuordnen sind	–100	nicht zahlungswirksame Veränderungen des *working capital* (Rz 62)
7.	+/-		Zunahme/Abnahme der Verbindlichkeiten aus Lieferungen und Leistungen sowie anderer Passiva, die nicht der Investitions- oder Finanzierungstätigkeit zuzuordnen sind	200	
8.	+/-		Zunahme/Abnahme der Rückstellungen	150	nicht zahlungswirksame Zuführungen/Auflösungen von Rückstellungen (Rz 60)
	=	*Zwischensumme II („cash generated from operations")*		*1.250*	

			in Mio. EUR	
9.	–/+	Zinsaufwand/Zinsertrag	100	Ausweis alternativ unter Investitions- oder Finanzierungstätigkeit (Rz 106ff.).
10.	–/+	Gezahlte/erhaltene Steuerzahlungen	0	wenn Ergebnis nach Steuern Ausgangspunkt, entfällt die Zeile „Gezahlte Steuern“ (Rz 66)
11.	=	*Cash flow* aus betrieblicher Tätigkeit	1.350	
12.		Einzahlungen aus Abgängen von Gegenständen des Sachanlagevermögens und immateriellen Vermögens	50	Für die Darstellung der *cash flows* aus der Investitionstätigkeit ist zwingend die direkte Methode vorgeschrieben (Rz 74ff.)
13.	–	Auszahlungen für Investitionen in das Sachanlagevermögen und immaterielle Vermögen	–750	
14.	+	Einzahlungen aus Abgängen von Gegenständen des Finanzanlagevermögens	25	
15.	–	Auszahlungen für Investitionen in das Finanzanlagevermögen	–50	
16.	+	Einzahlungen aus dem Verkauf von konsolidierten Unternehmen und sonstigen Geschäftseinheiten	125	
17.	–	Auszahlungen aus dem Erwerb von konsolidierten Unternehmen und sonstigen Geschäftseinheiten	–100	
18.	+/-	Einzahlungen/Auszahlungen aus Positionen, die nicht der betrieblichen Tätigkeit oder der Finanzierungstätigkeit zuzuordnen sind	–100	
19.	=	*cash flow* aus der Investitionstätigkeit	-800	
20.		Einzahlungen aus Eigenkapitalzuführungen (Kapitalerhöhungen, Verkauf eigener Anteile etc.)	25	Ebenso wie bei der Investitionstätigkeit sind die *cash flows* aus der Finanzierungstätigkeit nach der direkten Methode darzustellen (Rz 87ff.)
21.	–	Auszahlungen an Unternehmenseigner und Minderheitsgesellschafter (Dividenden, Erwerb eigener Anteile, Eigenkapitalrückzahlungen, andere Ausschüttungen)	–125	
22.	+	Einzahlungen aus der Begebung von Anleihen und der Aufnahme von (Finanz-)Krediten sowie *finance-lease*-Verbindlichkeiten	0	Ebenso wie bei der Investitionstätigkeit sind die *cash flows* aus der Finanzierungstätigkeit nach der direkten Methode darzustellen (Rz 87ff.)
23.	–	Auszahlungen aus der Tilgung von Anleihen und (Finanz-)Krediten sowie *finance-lease*-Verbindlichkeiten	–400	
24.	=	*Cash flow* aus Finanzierungstätigkeit	-500	
25.	**Zahlungswirksame Veränderung aus Geschäftstätigk. (11 + 19 + 24)**		50	
26.	+	Zahlungsmittel 1.1.	540	Anfangsbestand der Periode
27.	+	Veränderung Zahlungsmittel aus erstmaliger Konsolidierung/Nichtkonsolidierung bisher wegen Unwesentlichkeit/Wesentlichkeit nicht/voll konsolidiertes Tochterunternehmen	60	Wertänderung ohne *cash flow* (Rz 141ff.)
28.	+	Veränderung Zahlungsmittel durch Wechselkursänderungen	–50	Wertänderung ohne *cash flow* (Rz 95ff.)
29.	=	**Zahlungsmittel 31.12.**	600	Endbestand der Periode
30.	**Zusätzliche Angaben**			
a)	Gezahlte Ertragsteuern		100	Der Standard IAS 7 sieht eine Reihe von Pflichtangaben vor, die wahlweise entweder in der Kapitalflussrechnung selbst oder im Anhang genannt und die der Auflistung in Rz 155 entnommen werden können
b)	Gezahlte Zinsen		125	
c)	Einzahlungen aus Zinsen		50	

§ 4 EREIGNISSE NACH DEM BILANZSTICHTAG

Inhaltsübersicht Rz

Schrifttum: HOFFMANN, Die voraussichtlich dauernde Wertminderung bei börsenorientierten Aktien, DB 2008, S. 260; HOMMEL, Schätzungen von Rückstellungen in Fast-Close-Abschlüssen, BB 2004, S. 1671; HOMMEL/BERNDT, Wertaufhellung und funktionales Abschlussstichtagsprinzip, DStR 2000, S. 1745; KÜTING/WEBER/BOECKER, Fast Close – Beschleunigung des Jahresabschlusserstellung: (zu) schnell am Ziel?!, StuB 2003, S. 1; LÜDENBACH, Bilanzierungsfehler bei fast close, PiR 2007, S. 25; LÜDENBACH, Erfolgswirksamkeit und Realisationszeitpunkt empfangener Ausschüttungen?, PiR 2007, S. 233; LÜDENBACH, Im Aufhellungszeitraum ergehendes Urteil im Aktivprozess, PiR 2007, S. 143; LÜDENBACH, Wertberichtigung bei Fertigungsaufträgen, PiR 2007, S. 364; MOXTER, Unterschiede im Wertaufhellungsverständnis zwischen den handelsrechtlichen GOB und den IAS/IFRS, BB 2003, S. 2559.

Vorbemerkung
Die Kommentierung bezieht sich auf IAS 10 in der aktuellen Fassung und berücksichtigt alle Ergänzungen, Änderungen und Interpretationen, die bis zum 1.1.2011 beschlossen wurden. Zur Rechtsentwicklung wird auf Rz 54 verwiesen.

1 Zielsetzung, Regelungsinhalt, Begriffe

1 Der Jahresabschluss nach IFRS ist auf Grundlage der Verhältnisse aufzustellen, wie sie **am** Bilanzstichtag bestehen. IAS 10 regelt in diesem Zusammenhang die bilanzielle Erfassung und Berichterstattung (Rz 49ff.) von Ereignissen **nach** dem Bilanzstichtag. Daneben behandelt IAS 10 die Frage, welche Auswirkungen Ereignisse nach dem Bilanzstichtag auf den Grundsatz der **Unternehmensfortführung** haben. Der Regelungsinhalt von IAS 10 wird nach deutscher Sprachregelung mit dem Stichwort „**Wertaufhellung**" charakterisiert, womit auch der Bilanzansatz angesprochen ist (Rz 33).

2 In ökonomischer Betrachtung entspringt der Regelungsgehalt von IAS 10 dem die Bilanzierung durchdringenden Tatbestand der menschlichen **Unsicherheit** über die Entwicklung der Zukunft. Die Zukunft wird jedoch unentwegt durch die Gegenwart eingeholt, d.h., das unsichere **Ereignis** tritt ein oder der **Kenntnisstand** über einen bestimmten Zustand – z.B. Preisentwicklung für Rohstoffe, Zahlungsfähigkeit eines Kunden – wächst im Zeitverlauf.

Andererseits muss die laufende buchmäßige Erfassung der Geschäftsvorfälle eines Unternehmens periodisch **angehalten** werden – monatlich, vierteljährlich, jährlich –, um über das Ergebnis informieren zu können. Dieses „Anhalten" erfolgt zu einem **Stichtag**, bedarf zur Ausfertigung des gewählten Produktes „Jahresabschluss" oder „Zwischenabschluss" (→ § 37 Rz 17) allerdings eines bestimmten Zeitrahmens, des **Wertaufhellungszeitraums** (Rz 5ff.).

3 Die Stichtagsperspektive provoziert zunächst die Frage, ob das Vorliegen des Ereignisses zu diesem Termin (**objektive** Betrachtung) oder der nach überliefertem deutschem Rechtsverständnis Kenntnisstand oder das Kennenmüssen der Bilanzierenden (**subjektive** Betrachtung) den Maßstab für den Bilanzansatz und die -bewertung liefert. Der Wortlaut von IAS 10 bietet keine Klärung. IAS 8.5 enthält eine Definition des Bilanzierungsfehlers, stellt jedoch auf den Informationsstand ab, der bei Bilanzfreigabe vernünftigerweise verfügbar war, damit also auf das **Kennenmüssen**.

4 Sofern dann Klarheit über das Vorliegen eines Zustandes (z.B. eines schadhaften Produktionsloses) bereits **am** Stichtag oder doch erst **danach** besteht, ist die bilanzielle Abbildung nach IAS 10.3 wie folgt vorzunehmen:

- Vorliegen **am** Stichtag → Einbuchung als *adjusting event.*
- Vorliegen **nach** dem Stichtag → Anhangerläuterung bei Wesentlichkeit als *non-adjusting event.*

2 Aufhellungszeitraum

2.1 Ökonomische Zwangsläufigkeiten, *fast close*

Das Informationsgeschehen generell unterliegt dem **Zeitdruck**. Je früher die Information über einen Sachverhalt vorliegt, desto wertvoller ist sie und umgekehrt. Der „klassische" Kaufmann tut sich keinen Gefallen, wenn er mit der Erstellung des Jahresabschlusses lange zuwartet. Je früher er über das Ergebnis seines Wirtschaftens in der Vergangenheit informiert ist, desto eher kann er die Weichen für die Zukunft stellen. 5

Viel mehr noch dringen die **Kapitalmärkte** auf schnelle Information. Sie nehmen keine Rücksicht auf rechtliche Strukturen, die die Handlungsabläufe zwischen Bilanzstichtag und „Verabschiedung" des Abschlusses regeln.

Für börsennotierte Unternehmen und ihre Tochtergesellschaften ist die Aufstellung des Jahresabschlusses mit Veröffentlichung in den Medien bereits **wenige Wochen** nach Bilanzstichtag *(fast close)* inzwischen zur Regel geworden. Bei einem mehrstufigen Konzern müssen demzufolge die ersten Teilabschlüsse von Enkel- oder Tochterunternehmen bereits **wenige Tage** nach Schluss des Geschäftsjahres konsolidierungsbereit vorliegen. Zu diesem Zweck wird meistens noch **vor Ende** des alten Geschäftsjahres ein vorläufiger Abschluss aufgestellt *(hard close)*.[1] Endgültige Entscheidungen über den Wertansatz können allerdings nur **nach** dem Bilanzstichtag getroffen werden. Dies gilt insbesondere für folgende Bereiche: 6

- Bewertung von ausstehenden **Forderungen**,
- Bewertung von **Vorräten**,
- Bemessung der **außerplanmäßigen** Abschreibungen von Beteiligungen,
- Bilanzierung von **Rückstellungen**.[2]

Durch den Trend zum *fast close* wird der Aufhellungszeitraum erheblich **verkürzt**. Damit ist freilich die Gefahr der **Verminderung** der **Qualität** und der **Verlässlichkeit** der Jahresabschlussdaten verbunden. Diese Gefahr kann einerseits durch die Optimierung von Prozessen und durch geeignete Organisationsstrukturen vermindert werden. Andererseits ist der Bilanzierende durch das *Framework* ausdrücklich dazu angehalten, den Gesichtspunkt der Zeitnähe *(timeliness)* gebührend zu berücksichtigen (→ § 1 Rz 65). Die **Abwägung** zwischen Verlässlichkeit und Zeitnähe des Jahresabschlusses hat der Bilanzierende nach pflichtgemäßem Ermessen zu treffen. Eine maximale Ausdehnung der Wertaufhellungsfrist wird dabei die Ausnahme sein.

---

1 Vgl. KÜTING/WEBER/BOECKER, StuB 2003, S. 1.
2 Vgl. HOMMEL, BB 2004, S. 1671.

7 Hierzu folgendes Beispiel:

> **Beispiel**[3]
> U organisiert sein Rechnungswesen „kostenorientiert", also auf Sparflamme. Gleichwohl will U der SAP gleichkommen und den Jahresabschluss zum 31.12.01 den Gesellschaftern und der Hausbank am 20.1.02 präsentieren.
> Eine Forderung aus Warenlieferung vom 30.12.01 wird vom Kunden am 18.1.02 bemängelt; er kündigt eine Kürzung des Rechnungsbetrages bei der Zahlung um 50 % an. Am 25.1.02 wird der Vorgang bei U aufgegriffen und die Berechtigung der Kundenrüge erkannt. Das Ergebnis hätte bei Wesentlichkeit des Betrages entsprechend niedriger ausgewiesen werden müssen.
> **Unproblematisch** ist der kurze Zeitraum, also der *fast close* an sich. Das lässt sich aus F.43 ableiten (→ § 1 Rz 60). Kritisch ist die fehlende **Sorgfalt** bez. des Umgangs mit Informationen.[4] Der Vorteil der Zeitnähe des Abschlusses darf nicht einseitig zu Lasten der Qualität gehen. Es liegt ein **subjektiver** Fehler vor, der nicht dem Regelungsbereich des IAS 10, sondern des **IAS 8** unterliegt (→ § 24 Rz 32ff.).

2.2 Rechtliche Strukturen

8 Aufhellende Informationen gehen im Allgemeinen während des **gesamten** Erstellungszeitraums zu. Damit stellt sich die Frage, bis zu welchem Zeitpunkt aufhellende Informationen zu berücksichtigen sind. Nach IAS 10.7**endet** der Aufhellungszeitraum mit der Freigabe des Jahresabschlusses zur Veröffentlichung (*when the financial statements are authorized for issue*, IAS 10.3). Dieser Zeitpunkt ist im Anhang offenzulegen (Rz 49). Bis dahin müssen sämtliche Informationen über die Verhältnisse des Bilanzstichtags berücksichtigt werden; danach erlangte Informationen sind nach IAS 10 unbeachtlich (Rz 11).

9 Der Zeitpunkt der **Beendigung** der Abschlusserstellung und damit dessen „Freigabe" *(issue)* hängt von den jeweiligen **rechtlichen** Gegebenheiten des einzelnen Unternehmens ab. Bei einer Aktiengesellschaft ist das der Tag, an dem der Gesamtvorstand den Jahresabschluss (§ 170 Abs. 1 AktG) bzw. den Konzernjahresabschluss (§ 377 Abs. 1 Satz 1 AktG) dem Aufsichtsrat zur Prüfung bzw. Billigung vorlegt (§ 171 Abs. 1 Satz 1 AktG). Das Gleiche gilt bei einer mitbestimmten **GmbH** (§ 25 MitbestG) und bei einer GmbH mit einem fakultativen Aufsichtsrat. Der Aufhellungszeitraum nach IFRS endet hier mit der Vorlage des Abschlusses durch den Vorstand an den **Aufsichtsrat** (IAS 10.6). Im Allgemeinen entspricht damit der Zeitpunkt der Freigabe zur Veröffentlichung dem Tag der Unterzeichnung des Jahresabschlusses durch den Vorstand/die Geschäftsführung. Werterhellende und -begründende Ereignisse danach können nicht mehr berücksichtigt worden sein. Unerheblich für das Ende des Aufhellungszeitraumes ist insoweit die Genehmigung des Jahresabschlusses durch den **Aufsichtsrat**.

---

3 Nach LÜDENBACH, PiR 2007, S. 25.

4 So LÜDENBACH, PiR 2007. S. 26.

Das Ende des Wertaufhellungszeitraums wird in IAS 10.6 – für das nach deutschem Recht gültige Trennungssystem der Board-Struktur – durch folgendes (leicht verändertes) **Beispiel** für eine Aktiengesellschaft veranschaulicht: 10
(Für die Abläufe bei **anderen** gesellschaftsrechtlichen Strukturen vgl. Rz 11).

Beispiel

31.12.00	Bilanzstichtag
28.2.01	Fertigstellung des Entwurfs des Jahresabschlusses durch den Vorstand
16.3.01	Ende der Prüfungshandlungen des Jahresabschlussprüfers
18.3.01	Freigabe des Jahresabschlusses durch den Vorstand zur Weiterleitung an den Aufsichtsrat (Unterzeichnung)
19.3.01	Testat des Abschlussprüfers
01.4.01	Genehmigung durch den Aufsichtsrat

Lösung
Der Aufhellungszeitraum endet hier mit der Unterzeichnung des Jahresabschlusses durch den Gesamtvorstand am 18.3.01.[5] Die Billigung des Abschlusses durch ein anderes Organ der Gesellschaft ist nicht mehr Bestandteil der Abschlusserstellung.

Zu den Besonderheiten für die Bestimmung des Wertaufhellungszeitraums bei der IFRS-**Eröffnungsbilanz** wird auf → § 6 Rz 37ff. verwiesen.
Die vorstehende Darstellung ist im Wesentlichen an den strukturellen Gegebenheiten einer **deutschen Aktiengesellschaft** ausgerichtet. Je nach Rechtsform können sich Besonderheiten ergeben:[6]

- Bei der **GmbH** ohne pflichtmäßige oder freiwillige Bestellung eines Aufsichtsrates obliegen die Feststellung des Jahresabschlusses und die Billigung des Konzernabschlusses der Gesellschafterversammlung (§ 46 GmbHG). Entsprechend hat die Geschäftsführung diesem Organ die Jahresabschlüsse zuzuleiten.
- Bei **Personenhandelsgesellschaften** obliegt die Erstellung des Jahresabschlusses den geschäftsführenden Gesellschaftern, die Feststellung ist der Gesellschafterversammlung anvertraut. Dies gilt nicht nur für den Einzel-, sondern auch für den Konzernabschluss und den befreienden Einzelabschluss für Zwecke der Handelsregisterpublizität (→ § 7 Rz 11).

Vom vorstehend dargestellten „schulmäßigen" Verlauf wird in der Praxis z.T. 11
abgewichen. Bei wenig formalisierten gesellschaftsrechtlichen Strukturen werden potenzielle Streitpunkte zwischen Geschäftsführung, Aufsichtsrat und Gesellschafterversammlung im Vorfeld auf der Basis vorläufiger Abschlüsse und

---

5 A. A. BOHL/MANGLIERS, in: BECK'SCHES IFRS-Handbuch, 3. Aufl., 2009, § 2, Tz 51: Datum des Bestätigungsvermerks; vermittelnd HEUSER/THEILE, IFRS-Handbuch, 4. Aufl., 2009, Tz 711: Der Vorstand kann nur den testierten Abschluss dem Aufsichtsrat weiterleiten. In der Praxis besteht dieses Problem häufig schon deshalb nicht, weil beide Daten identisch sind.

6 Vgl. hierzu ADS INTERNATIONAL, Abschn. 2, Tz 42ff.

Berichte (**„Korrekturexemplare“**) geklärt. Die Geschäftsführung gibt den Abschluss formal (durch Unterschrift) erst nach Rückmeldungen zum Korrekturexemplar frei. Der Aufhellungszeitraum endet u.E. hier erst mit der **formalen Freigabe** (Unterschriftsleistung) und nicht schon mit der Überlassung des Korrekturexemplars.

- Dies ergibt sich zunächst aus dem Beispiel in IAS 10.5, wonach **Entwurfsexemplare irrelevant** sind.
- Systematisch bestätigt wird dies durch IAS 10.17f. Hiernach ist im **Anhang** anzugeben, wann und von welchem Organ der Abschluss freigegeben wurde (Rz 49). Die Abschlussadressaten sollen dadurch die Reichweite des Aufhellungszeitraums, also den verarbeiteten Informationsstand, ersehen. Wenn die Geschäftsführung bzw. der Vorstand den vorläufigen Abschluss am 1. März an den Aufsichtsrat weiterleitet, ihn aber mit Datum 15. März **unterschreibt**, steht sie für die Berücksichtigung aller bis zu diesem Zeitpunkt aufgetretenen wesentlichen Aufhellungsereignisse ein. Der Aufhellungszeitraum kann mithin nicht schon vorher, etwa mit dem Zeitpunkt der Übersendung eines Korrekturexemplars, beendet gewesen sein.

12 Im Falle der angelsächsischen (und schweizerischen) **Board-Struktur** mit internen und externen Mitgliedern *(board of directors)* ist der Board insgesamt für die Beschlussfassung über den Abschluss zuständig. Bis dahin läuft die Aufstellungsfrist. Sofern die Genehmigung der Gesellschafter erforderlich ist, endet die Aufstellung mit Weiterleitung an die Gesellschafter (IAS 10.5).

Nach deutscher Rechtslage bedarf es zur rechtlichen Gültigkeit eines Jahresabschlusses bzw. der Billigung eines Konzernabschlusses immer der entsprechenden **Zustimmung** des zuständigen Organs (Aufsichtsrat oder Gesellschafterversammlung). Bis dahin kann der Vorstand/die Geschäftsführung einen Jahres- bzw. Konzernabschluss förmlich noch **ändern**, die bisherige Unterzeichnung unter Inkaufnahme einer Nachtragsprüfung sozusagen widerrufen.[7] Dies muss auch für die **Konzern**abschlüsse nach den IFRS gelten, die förmlich nicht festgestellt, sondern „nur“ gebilligt werden. Die Frage ist dann, ob im Falle einer entsprechenden Neuaufstellung des Jahresabschlusses der Wertaufhellungszeitraum bis zur erneuten Unterzeichnung und Weitergabe an den Aufsichtsrat/die Gesellschafterversammlung erweitert wird. Dafür spricht die rechtliche Struktur nach deutschem Recht,[8] dagegen spricht die dem Regelungsgehalt von IAS 10.5 bzw. 10.6 zugrunde liegende Vorstellung, die das *„issue“* eher als einmaligen Vorgang ansieht.

13 Durch Auflagen einer *enforcement*-Instanz (SEC oder deutsche Prüfstelle für Rechnungslegung) muss möglicherweise ein fehlerhafter Abschluss zwingend geändert werden *(reissuance)*. Dies kann und wird in der Praxis häufig erst Jahre später erfolgen. In diesem Fall dürfen inzwischen eingetretene **neue Erkenntnisse**, z.B. im Rahmen von Schätzungsverfahren, nicht in den geänderten Jahresabschluss einfließen.[9] Es handelt sich um eine Analogie zu IFRS 1.31 (→ § 6 Rz 37) und fällt **nicht** unter den Wertaufhellungsgedanken und damit nicht unter den Anwendungsbereich von IAS 10.

---

7 IDW, RS HFA 6, WPg 2001, S. 1085 mit entsprechender Nachtragsprüfung nach § 316 Abs. 3 HGB.

8 Entsprechend ADS INTERNATIONAL, Abschn. 2, Tz 55f.

9 ADS INTERNATIONAL, Abschn. 2, Tz 59.

2.3 Praktische Probleme

2.3.1 Der Erstellungsvorgang

Es erscheint nicht praxisgerecht, ansatz- und wertaufhellende Ereignisse **generell** 14
bis zum Tag der Unterzeichnung des Jahresabschlusses zu beachten. Im Allgemeinen wird der Jahresabschluss nicht an einem einzigen Tag aufgestellt; vielmehr erstrecken sich die Jahresabschlussarbeiten in der herkömmlichen Arbeitsweise (vgl. aber Rz 6) über einen Zeitraum von **mehreren Wochen**, in dem die Wertansätze der verschiedenen Jahresabschlussposten sukzessive ermittelt werden. Es ist dem Bilanzierenden nicht zuzumuten, unmittelbar vor der Unterzeichnung des Jahresabschlusses sämtliche Jahresabschlussposten noch einmal im Hinblick auf mögliche Änderungen erneut zu überprüfen. Zumutbar ist nur die Berücksichtigung solcher Informationen, die bis zum Zeitpunkt der Bearbeitung des **jeweiligen Jahresabschlusspostens** tatsächlich erlangt wurden.[10] **Bedeutsame Fälle** sind allerdings bis zu dem Tag im Jahresabschluss zu berücksichtigen, an dem die Aufstellung im Ganzen abgeschlossen ist.[11]

2.3.2 Verspätete Erstellung

Die IFRS vermeiden eine exakte zeitliche Begrenzung des Aufhellungszeitraums. 15
Insoweit ist es auch ungeklärt, ob wertaufhellende Umstände auch dann noch zu berücksichtigen sind, wenn der Jahresabschluss **nicht innerhalb** der einem **ordnungsmäßigen Geschäftsgang** entsprechenden Zeit, sondern **verspätet** aufgestellt worden ist. Nach der älteren BFH-Rechtsprechung waren aufhellende Tatsachen unabhängig von der fristgerechten Bilanzerstellung zu berücksichtigen.[12] Nach der jüngeren Rechtsprechung endet der Aufhellungszeitraum jedenfalls zu dem Zeitpunkt, an dem Bilanzierende spätestens eine Bilanz hätten aufstellen **müssen**, „weil hier, je weiter der Aufstellungstag hinausgeschoben wird, die kaum noch kontrollierbare Gefahr besteht, dass … Umstände, die den Wert am Bilanztag erhellen, mit solchen, die eine spätere Wertänderung anzeigen, unzulässigerweise vermischt werden."[13] Die Bilanz sei dabei spätestens **innerhalb eines Jahres** nach dem Bilanzstichtag aufzustellen.[14]
Handelsrechtlich gilt für große und mittelgroße Kapitalgesellschaften sowie Personenhandelsgesellschaften i.S.v. § 264a HGB, entsprechend § 264 Abs. 1 HGB, eine Frist von drei Monaten, während für kleine Kapitalgesellschaften eine Frist von sechs Monaten einzuhalten ist. Für die Aufstellung von Konzernabschlüssen sieht § 290 Abs. 1 HGB eine Frist von fünf Monaten vor. Die **IFRS lassen offen,** innerhalb welcher Zeit der Jahresabschluss fristgerecht aufzustellen ist und mit welcher Zeitdauer der Aufhellungszeitraum definiert wird.

---

10 Vgl. Moxter, Bilanzrechtsprechung, 6. Aufl., 2007, S. 283; der BFH ist dieser Vorgabe allerdings nicht gefolgt (Urteil v. 15.9.2004, I R 5/04, DStR 2005, S. 238).

11 Vgl. Adler/Düring/Schmaltz, Rechnungslegung und Prüfung, 6. Aufl., § 252, Tz 77.

12 Vgl. Ciric, Grundsätze ordnungsmäßiger Wertaufhellung, S. 80.

13 BFH, Urteil v. 12.12.1972, VIII R 112/69, BStBl II 1973, S. 555.

14 Vgl. BFH, Urteil v. 3.7.1991, X R 163–164/87, BStBl II 1991 S. 802.

2.3.3 Informationen nach Freigabe (Zweifachdatierung)

16 Fraglich im Einzelfall kann sein, ob anlässlich eines **besonderen** Ereignisses nach der Verabschiedung des Abschlusses (*authorized for issue*, Rz 8) Änderungen erfolgen und veröffentlicht werden dürfen.

Beispiel

Ein Konzern strebt im Ausland die Börsenzulassung an. In Begleitung des Börsenzulassungsprospekts vom 15.4.02 will der Vorstand den am 15.2.02 verabschiedeten Abschluss zum 31.12.01 in zwei Punkten ändern:

- Vollzug eines Unternehmenserwerbs am 31.3.02 *(non-adjusting event)*.
- Erfassung einer am 31.12.01 durch ein Kommunikationsproblem nicht erfassten Rückstellung für eine Patentverletzungsklage der großen brasilianischen Tochtergesellschaft *(adjusting event)*; vgl. Rz 4.

Lösung

Gegen die Veröffentlichung eines geänderten Abschlusses zum 31.12.01 spricht die Zweckrichtung des IAS 10.18 (Rz 11). Der Adressat des Abschlusses soll nicht zur Weiterverfolgung anderer Abschlüsse auf den gleichen Stichtag gezwungen werden. Plastisch formuliert: Mit dem Bilanzieren als stichtagsbezogenem Vorgang soll es einmal ein Ende haben. Die gewünschten Zusatzinformationen können dann nur als Ergänzung des Jahresabschlusses im Börsenzulassungsprospekt erfolgen.

Allerdings **verbietet** IAS 10 förmlich **nicht** die Veröffentlichung eines geänderten Abschlusses. Dabei muss auf jeden Fall der Änderungsgehalt gegenüber dem „offiziell" verabschiedeten *(„authorized")* Abschluss dargelegt werden.

Beide Varianten unterscheiden sich bez. des Unternehmenserwerbs formal, aber kaum **inhaltlich**, da die Adressaten übereinstimmend informiert werden. Die Angabepflicht nach IAS 3.59b stellt ein *non-adjusting event* dar, der keine Auswirkung auf Bilanz- und Ergebnisrechnung hat. Im nächsten Jahresabschluss ist die Erstkonsolidierung abzubilden. Anders verhält es sich bez. der nicht gebildeten Rückstellung. Dieser Vorgang kann nur als Fehlerberichtigung im Jahresabschluss zum 31.12.02 erfasst werden (→ § 24 Rz 51 ff.). Bei Einbuchung in einen geänderten („inoffiziellen") Abschluss zum 31.12.01 würden die Rückstellung und der Aufwand in keinem „offiziellen" Abschluss erfasst.

Für ein *non-adjusting event* (Rz 4) – hier Unternehmenserwerb nach dem Bilanzstichtag – könnte auch eine Ergänzung in einem separaten Bereich des Abschlusses infrage kommen. Eine solche Zusatzinformation wird von IAS 10 nicht förmlich ausgeschlossen. In der Folge erhielte der Jahresabschluss (im Anhang) ein weiteres Datum, im Beispiel vielleicht den 1.4.02. Mit diesem Nachtrag wäre der Abschluss **doppelt** datiert (*dual dating*). U. E. wäre diese Handhabung wegen des zusätzlichen Informationsgehalts durchaus vertretbar.

3 Abgrenzung wertaufhellender und wertbeeinflussender Ereignisse

3.1 Systematik

Die Erfassung der objektiven Verhältnisse des Bilanzstichtags erfordert eine **Differenzierung** zwischen Ereignissen – einerlei ob wirtschaftlich vor- oder nachteilig –, die 17

- weitere substanzielle Hinweise zu **Gegebenheiten** (*conditions*, Rz 18) liefern, die bereits am Bilanzstichtag vorgelegen haben (IAS 10.3a, *adjusting events, wertaufhellende* Ereignisse) – mögliche Folge: Berücksichtigung im Zahlenwerk;
- **Gegebenheiten** anzeigen, die nach dem Bilanzstichtag eingetreten sind (IAS 10.3b, *non-adjusting events, wertbeeinflussende* Ereignisse) – mögliche Folge: **Anhang**sangabe (Rz 49ff.).

Die genannten „Ereignisse" (*events*) müssen **im** Wertaufhellungszeitraum (Rz 8) eingetreten sein. Nach dessen Ende kann es nur noch Berichtigungen von Abschlüssen zur **Fehlerkorrektur** nach IAS 8 geben (→ § 24 Rz 32ff.). „Ereignisse" können auch **Informationen** (Erkenntnisse) sein, die das Management, gleich aus welchen Quellen, erfährt.[15] Der üblicherweise verwendete Begriff „Wertaufhellung" umfasst auch den Bilanz**ansatz** (Rz 33).

Die in Rz 17 aufgezählten Unterscheidungskriterien enthalten drei **undefinierte** Begriffe: 18

- „*conditions*" (Gegebenheiten, Zustände, Verhältnisse)
- „*provide evidence*" (Klarheit verschaffen)
- „*are indicative*" (anzeigen).

Die beiden letztgenannten Begriffe kann man als Umschreibung für den **Wertaufhellungsvorgang** bezeichnen und sind inhaltlich unproblematisch. Anders kann es sich bei den *conditions* verhalten. Neben eindeutigen Sachverhalten – Abbrennen der Fabrik (Rz 20) – gibt es „Zustände", die sich im Zeitverlauf entwickeln – Preisverfall, Rohstoffknappheit (Rz 26). Bei den letztgenannten „Verhältnissen" sind oft eindeutige Lösungen nicht zu finden (Rz 36). Der Grund liegt letztlich in den physikalischen Gesetzmäßigkeiten des Phänomens „Zeit", das sich mit dem künstlichen Gebilde „Stichtag" logisch-systematisch nicht verträgt (Rz 2).

Hier mag letztlich auch der Grund für die mangelnde Konsistenz der BFH-Rechtsprechung zu diesem Bilanzierungsbereich[16] und für den Verzicht des IASB zu einer vertiefenden Systematik liegen. Stattdessen besinnt sich der Standardsetter auf die **Kasuistik** durch Aufzählung von Beispielen in IAS 10.9. Dem folgt die nachstehende Kommentierung unter Erweiterung um weitere Beispielsfälle. 19

3.2 Kasuistik (Beispiele)

3.2.1 Lehrbuchfälle

Der folgende Sachverhalt stellt einen Standardfall mit Lehrbuchcharakter dar. 20

---

15 ADS INTERNATIONAL, Abschn. 2, Tz 70.

16 HOFFMANN, in: LITTMANN/BITZ/PUST, EStG, §§ 4, 5, Tz 485ff.

> **Beispiel**
> Im Holzlager einer Niederlassung hat sich am 30.12.00 ein Brand ereignet. Der Bilanzierende erfährt davon erst am 10.1.01.
> Die nach dem Bilanzstichtag erlangte Information ist durch Abschreibungen auf die beschädigten Holzbestände zum 31.12.00 zu berücksichtigen, da es sich um substanzielle Hinweise zu Gegebenheiten handelt, die bereits am Bilanzstichtag objektiv vorgelegen haben und am Bilanzstichtag bei angemessener Sorgfalt erkennbar waren. Ergebnis: *adjusting*.

Für das gegenteilige Ergebnis steht ein anderer Standardfall, betreffend eine Forderung.

> **Beispiel**
> Auf eine Forderung wurde zum Bilanzstichtag eine Wertberichtigung vorgenommen, weil der Schuldner am 30.12.00 einen Insolvenzantrag gestellt hat. Nach dem Bilanzstichtag wird der Schuldner durch eine Erbschaft oder einen Lotteriegewinn jedoch wieder zahlungsfähig.
> Die Notwendigkeit einer Wertberichtigung auf die Forderung zum 31.12.00 bleibt hiervon unberührt; denn Ereignisse wie z.B. eine Erbschaft oder ein Lotteriegewinn nach dem Bilanzstichtag enthalten nichts, was einen Rückschluss auf den objektiven Wert der Forderung zum Bilanzstichtag des abzuschließenden Geschäftsjahres ermöglichen könnte.

Die Sachverhaltsgestaltung und die Lösung gleichen eher einer Denksportaufgabe als einem Beitrag zur Abbildung der Wirklichkeit des Wirtschaftslebens; denn dort gewinnt ein insolventer Schuldner nie fristgerecht im Lotto oder erbt vom Onkel aus Amerika. Interessanter, weil wirklichkeitsnäher, sind eher zweifelhafte Sachverhalte, deren Zuordnung zu „*adjusting*" und „*non-adjusting*" eine differenzierte, dem Sachverhalt angepasste Beurteilung verlangt.

3.2.2 Praktische Fälle

3.2.2.1 Schadensfälle nach dem Bilanzstichtag

21 In Fällen von **Produktionsschäden** ist die Feststellung häufig schwierig, ob die Verursachung vor oder nach dem Bilanzstichtag erfolgt ist.

> **Beispiel**
> Eine Ende Dezember in Betrieb genommene Fertigungsanlage fällt im Wertaufhellungszeitraum als Totalschaden aus. Die Nachuntersuchung zeigt Konstruktionsfehler, gibt aber auch Bedienungsfehlern eine gewisse Mitschuld.
>
> **Lösung**
> Aus theoretischer Sicht könnte man versucht sein, zwischen dem Einfluss des Gebrauchs nach dem Bilanzstichtag (wertbeeinflussend) und dem Einfluss der Konstruktionsfehler (werterhellend) zu trennen. Praktisch wird eine solche Aufteilung kaum gelingen.

Sowohl nach IFRS als auch nach HGB/EStG ist die Zerstörung deshalb nach der für vorrangig erachteten Ursache zu klassifizieren, d.h. entweder insgesamt als wertaufhellendes Ereignis oder insgesamt als wertbeeinflussendes. Eine andere Lösung kann man sich schon aus Vereinfachungsgesichtspunkten nicht vorstellen.

Ein weiteres Beispiel zu einem ähnlichen Sachverhalt ist in → § 21 Rz 116 dargestellt.

3.2.2.2 Forderungsausfälle nach dem Bilanzstichtag

Auch bei Forderungsausfällen kann es ungewiss sein, ob der **Insolvenzantrag** 22
eines Kunden nach dem Bilanzstichtag durch wertbeeinflussende Ereignisse hervorgerufen wurde oder ob der Insolvenzantrag lediglich eine wertaufhellende Tatsache ist, weil der Kunde schon am Bilanzstichtag unerkannt zahlungsunfähig war. Mit Recht betonen die IFRS in diesen Fällen den **Vereinfachungs**grundsatz: Eine kurz nach dem Bilanzstichtag eingetretene Insolvenz des Schuldners belegt den Wertverlust der Forderung und damit das Abschreibungserfordernis (IAS 10.9b). Diese Sichtweise entspricht auch derjenigen des HGB.

3.2.2.3 Gerichtsurteile nach dem Bilanzstichtag

Nach IAS 10 bestehen keine Bedenken, die nach dem Bilanzstichtag eingetrete- 23
nen Ereignisse als **Beweisanzeichen** für die Beurteilung der am Bilanzstichtag gegebenen Wertverhältnisse heranzuziehen. Insoweit kann z.B. die **Wahrscheinlichkeitsbeurteilung** bei der Rückstellungshöhe (→ § 21 Rz 118) durch den Hinweis auf nach dem Bilanzstichtag eintretende Ereignisse unterstützt werden (IAS 10.9a). Gegebenenfalls sind Rückstellungen mit dem erst nachträglich festgestellten wirklichen Wert anzusetzen, wenn durch die Ereignisse nach dem Bilanzstichtag die Verpflichtung der Höhe nach genau festgestellt wird. Dies gilt insbesondere für erst nach dem Bilanzstichtag ergehende rechtskräftige Urteile im Rahmen von **Passivprozessen**. Dahinter verbirgt sich der rechtstheoretische Gehalt eines Gerichtsurteils, das nur **feststellt**, was rechtens ist, nicht aber selbst Recht **schafft**, und damit ein wertaufhellendes Ereignis darstellt.

Beispiel
Die K-AG produziert und vertreibt seit Juni 02 einen neu entwickelten Kühlschrank, der im Wesentlichen auf der patentrechtlich geschützten Technologie eines Konkurrenten basiert. Im Jahresabschluss zum 31.12.02 hat die K-AG zunächst entsprechend IAS 37.39 eine Rückstellung in Höhe von 600 TEUR gebildet. Am 10.1.03 erhebt der Patentinhaber eine Patentverletzungsklage gegen die K-AG. Am 1.3.03, aber noch vor Aufstellung des Jahresabschlusses, wird die K-AG zur Zahlung von Patentverletzungsansprüchen in Höhe von 900 TEUR rechtskräftig verurteilt.
Die gebildete Rückstellung ist in der Bilanz zum 31.12.02 auf 900 TEUR zu erhöhen, weil durch die rechtskräftige Verurteilung eine bereits am Bilanzstichtag bestehende Verpflichtung in entsprechender Höhe bestätigt wird, weshalb sich die ursprünglichen Schätzungen der K-AG als unzutreffend herausgestellt haben (IAS 10.9a).

Das vorstehende Beispiel betrifft die Bilanzierung der **Höhe** nach. In gleicher Weise ist für den Bilanz**ansatz** zu verfahren, wenn also durch Gerichtsurteil die Verpflichtung nur dem Grunde nach festgestellt wird.

24 Die sich anschließende Frage betrifft den spiegelbildlichen **Aktivprozess**: Ist ein vergleichbares rechtskräftiges Urteil, das im Aufhellungszeitraum ergeht, ebenfalls als ansatzbegründend zu werten?[17]

Gegen eine Gleichbehandlung könnten folgende Argumente sprechen:

- In **kasuistischer** Sicht die Beschränkung des Beispielkatalogs in IAS 10.9 auf den Passivprozess.
- In **systematischer** Sicht die unterschiedliche Behandlung von Schulden und Vermögenswerten in IAS 37: Vermögenswerte sind nur anzusetzen, wenn sie so gut wie sicher sind (*vitually certain*, → § 21 Rz 112); umgekehrt sind Schulden bereits bei Erfüllung des „*more likely than not*"-Kriteriums (→ § 21 Rz 36) anzusetzen.

Für die Gleichbehandlung von Aktiv- und Passivprozess spricht:

- Das Beispiel des Passivprozesses in IAS 10.9a legt die Rechtswirkung eines Gerichtsurteils aus: Dieses begründet kein Recht, sondern **bestätigt** einen (hier unterstellt) am Bilanzstichtag bestehenden Rechtsanspruch. Zwischen Aktiv- und Passivprozess kann hier nicht unterschieden werden.
- IAS 37 erlaubt **keinen Analogieschluss**, da die Regelungszusammenhänge mit IAS 10 nicht berücksichtigt werden. Wenn im Wertaufhellungszeitraum die am Bilanzstichtag bestehende Forderung durch rechtskräftiges Urteil nicht nur *virtually certain*, sondern überhaupt *certain* geworden ist, dann besteht kein Ansatzhemmnis mehr.

Der am Bilanzstichtag eine *condition* (Rz 18) darstellende Rechtszustand wird durch das *event* „Urteil" (Rz 17) als vorhanden bestätigt. Deshalb kann das Urteil nur bessere Erkenntnisse liefern, nicht dagegen die bestehenden Verhältnisse ändern. Oder umgekehrt: Sollte durch ein Gerichtsurteil eine Änderung der Verhältnisse eintreten, müsste dies auch für das Urteil im Passivprozess gelten. Diese Sicht wird durch die Vorgabe in IAS 10.3 bestätigt, derzufolge wirtschaftlich vorteilhafte und nachteilige Ereignisse in gleicher Hinsicht zu berücksichtigen sind (Rz 17).[18]

Voraussetzung ist allerdings die **Rechtskraft** eines Urteils. Ist ein solches bis zum Ende des Wertaufhellungszeitraums noch nicht gegeben, bleibt es bei der Unsicherheit und dann gilt

- im Passivprozess das Kriterium des *more likely than not*,
- im Aktivprozess das Kriterium des *virtually certain*.

Da der Ausgang von Rechtsprozessen vor Gericht **nie** so gut wie sicher ist, kommt eine Aktivierung der Forderung nicht Betracht.

Die BFH-Rechtsprechung folgt **nicht** den vorgenannten Kriterien. Sie lässt eine Aktivierung am Bilanzstichtag aufgrund eines die Forderung bestätigenden Urteils im Wertaufhellungszeitraum nicht zu. Das Urteil ist also aus Sicht des BFH ansatzbegründend.[19]

---

17 Vgl. hierzu Lüdenbach, PiR 2007, S. 144.

18 So auch ADS International, Abschn. 2, Tz 78; Lüdenbach, PiR 2007, S. 145.

19 Vgl. BFH, Urteil v. 26.4.1989, I R 147/84, BStBl II 1991 S. 213.

Das Gleiche wie für das rechtskräftige Urteil gilt für den gerichtlichen oder außergerichtlichen **Vergleich**, eine **Klagerücknahme**[20] oder ein **Schuldanerkenntnis** innerhalb oder außerhalb eines Gerichtsverfahrens.

3.2.2.4 Eingänge und Wertsteigerungen von Forderungen nach dem Bilanzstichtag

Bei der Forderungsbewertung müssen nach IAS 10.2 auch Ereignisse berücksichtigt werden, welche die Zahlungsfähigkeit des Schuldners am Bilanzstichtag belegen. Nach dem Bilanzstichtag, aber noch vor der Aufstellung des Jahresabschlusses eingegangene **Zahlungen von Schuldnern** können solche wertaufhellenden Ereignisse darstellen. Sofern die Zahlungsfähigkeit nicht ausnahmsweise durch ein nach dem Bilanzstichtag eingetretenes Ereignis wiederhergestellt wurde (Rz 20), lassen sich aus dem Forderungseingang nach Bilanzstichtag **Rückschlüsse** auf das Nichtbestehen eines Risikos am Bilanzstichtag ziehen. Eine Wertberichtigung (Abschreibung) auf diese Forderung kann dann in der Bilanz zum abgeschlossenen Geschäftsjahr nicht vorgenommen werden. 25
Umgekehrt stellt ein **nicht** zu berücksichtigendes Ereignis *(non-adjusting event)* die Wiederherstellung der Zahlungsfähigkeit des Schuldners durch Kapitalmaßnahmen **nach** dem Bilanzstichtag dar, ebenso die Beseitigung des Ausfallrisikos durch einen Bürgen:

Beispiel
U hat am Bilanzstichtag Forderungen gegen die Bank X. Deren Überleben ist zweifelhaft. Nach dem Bilanzstichtag stellt sich die Bank unter den „Risikoschirm" des Staates. Der Staat führt frisches Kapital zu und übernimmt Garantien für die Verbindlichkeiten der X.
Die Lösung entspricht derjenigen im Beispiel unter Rz 34. Bei der Bewertung zum Bilanzstichtag darf dieser Vorgang nicht berücksichtigt werden.

3.2.2.5 Preisentwicklung nach dem Bilanzstichtag

Die tatsächliche Entwicklung in der Zeit zwischen Bilanzstichtag und dem Tag der Aufstellung des Jahresabschlusses kann auch ein Beweis für eine bereits am Bilanzstichtag gegebene **Wertminderung** von bilanzierten Vermögenswerten sein (IAS 10.9bii). 26

Beispiel
A hat im Juni 06 modische Ski-Pullover für die Saison 06/07 zu Anschaffungskosten in Höhe von 100 EUR/Stück erworben. Bis zum 31.12.00 konnte nur 1 % der Pullover zum vorgesehenen Preis in Höhe von 150 EUR/Stück verkauft werden. Im Winterschlussverkauf nach dem Bilanzstichtag, aber noch vor dem Tag der Aufstellung des Jahresabschlusses, wurden die restlichen Pullover zum Preis von 20 EUR/Stück veräußert.

---

20 So auch ADS International, Abschn. 2, Tz 81.

Lösung
In der Bilanz zum 31.12.00 sind die auf Lager befindlichen Pullover entsprechend IAS 2.28 (→ § 17 Rz 26) mindestens auf den Nettoveräußerungserlös in Höhe von 20 EUR/Stück abzuschreiben. Die tatsächlich erzielten Preise nach dem Bilanzstichtag dienen insofern als Nachweis für den Nettoveräußerungswert am Bilanzstichtag, da sich die Absatzschwierigkeiten nicht erst durch einen nach dem Bilanzstichtag eingetretenen Modewandel ergeben haben. Vielmehr waren die Pullover bereits am Bilanzstichtag nicht werthaltig.

27 Das vorstehende Beispiel mit den Pullovern befasst sich mit **inhomogenen** Gütern. Einen vergleichbaren Fall liefert der Verkauf von Eigentumswohnungen im Anwendungsbereich von IAS 2 (→ § 18 Rz 15).

Beispiel[21]
Bauträger B hat im Bestand fertige und unfertige Eigentumswohnungen. Nach den am Bilanzstichtag 31.12.01 gültigen Verkaufsprospekten gibt es praktisch keine Nachfrage mehr. Eine Neuauflage der Prospekte im Wertaufhellungszeitraum mit einer Preissenkung von 10 % belebt spürbar die Nachfrage.

Lösung
Auch hier deutet das Kundenverhalten im Erhellungszeitraum auf die überhöhten Preise am Bilanzstichtag hin. Eine Abschreibung auf die jetzigen Angebotspreise (→ § 17 Rz 26) ist geboten.

28 Anders verhält es sich bei Preissenkungen für Rohstoffe und Erzeugnisse mit regelmäßigen Preisnotizen.

Beispiel
Stahlbieger S hat am Bilanzstichtag einen Bestand an Rohstahl mit einem Einkaufswert von 100 Mio. EUR. Geplant war ein Weiterverkauf zu 105 Mio. EUR. Dies entspricht auch der Preisnotiz der Agenturen am Stichtag. Tatsächlich wird der Bestand danach im Wertaufhellungszeitraum wegen eines Preisrückgangs nur für 95 Mio. EUR veräußert.

Lösung
Bei einem homogenen Gut wie Baustahl gibt die Preisentwicklung nach dem Stichtag für die Bewertung nichts her. Unerheblich ist dabei auch der Grund für die Preisänderung: Einschätzung der Marktteilnehmer oder fundamental geänderte Bedingungen. Der Stichtagswert stellt die beste Objektivierungsgrundlage dar (IAS 10.11). Eine Abschreibung nach IAS 2.28 (→ § 17 Rz 26) ist unzulässig.

---

21 Das Beispiel und die folgenden Ausführungen unter Rz 27 und Rz 28 beruhen auf dem Beitrag von LÜDENBACH, PiR 2010, S. 268.

Der Widerspruch in den Lösungen zwischen Rz 27 und Rz 28 besteht nur scheinbar: 29

- Bei inhomogenen Gütern ohne Preisnotiz können im Wertaufhellungszeitraum festgestellte Preisanpassungen die Wertverhältnisse am Stichtag erhellen. Im Beispiel ist dies durch die Nachfrageentwicklung vor und nach dem Stichtag belegt.
- Bei homogenen Gütern mit Preisnotizen oder gar Börsenpreisen stellt der objektiv festgestellte Preis am Stichtag die beste Bewertungsgrundlage dar. Vgl. hierzu weiter unter Rz 30.

3.2.2.6 Zufallskurse am Bilanzstichtag

Die Bestimmung eines niedrigeren Stichtagswertes scheint unproblematisch, 30 wenn ein **Börsenkurs oder Marktpreis** zum Stichtag existiert. Der Börsen- oder Marktpreis ist „ein objektiver Wert, der nicht auf der persönlichen Auffassung des einzelnen Kaufmanns über die künftige wirtschaftliche Entwicklung, sondern auf der allgemeinen Auffassung beruht, wie sie in der Marktlage am Bilanzstichtag zum Ausdruck kommt“[22]. Hat ein Vermögenswert einen Börsen- oder Marktpreis, schlagen sich in ihm regelmäßig alle am Bilanzstichtag vorliegenden den Kurs oder den Preis beeinflussenden Umstände über die künftige Entwicklung nieder. Das Sinken von Marktwerten nach dem Bilanzstichtag spiegelt Umstände wider, die nach dem Bilanzstichtag eingetreten sind und infolgedessen nicht auf den Bilanzstichtag zurückbezogen werden dürfen (IAS 10.11). Ähnlich stellt sich die Argumentation in IAS 39.61 dar (→ § 28 Rz 124ff.).

Im Einzelfall, insbesondere bei auf geringem Niveau noch aktiven Märkten, kann 31 jedoch der Stichtagskurs **Zufallscharakter** haben. Zu fragen ist dann, ob **ausnahmsweise** die Kurs- bzw. Preisentwicklung nach dem Bilanzstichtag für die Bewertung zum Stichtag heranzuziehen ist. IAS 10.22g verneint dies. Außergewöhnlich große Preisschwankungen für Vermögenswerte *(assets)* und Wechselkurse nach dem Bilanzstichtag sind lediglich als *„nonadjusting events“* im Anhang zu berichten (Rz 4). Von Börsen- oder Marktpreisen ist nicht die Rede.

Nach Ansicht des BFH ist der am Bilanzstichtag geltende **Börsen- oder Marktpreis dann nicht maßgebend**, wenn die kurs- beziehungsweise preisbestimmenden Umstände „zwar am Stichtag offenbar schon vorlagen, aber noch nicht allgemein erkennbar waren und deshalb im Stichtagspreis noch keinen Ausdruck finden konnten“. Aus diesem Grunde könne die Preisentwicklung kurz vor, insbesondere aber kurz nach dem Bilanzstichtag dann „nicht außer Betracht bleiben ..., wenn sie offenbar nicht erst durch nach dem Bilanzstichtag eingetretene Tatsachen ausgelöst worden ist“. Da es freilich schwierig zu erkennen sei, „auf welchen an einem bestimmten Stichtag vorliegenden Tatsachen ein Marktpreis beruht“, sei es zulässig „bei Waren, deren Preise stark schwanken, insbesondere bei Importwaren ... die Preisentwicklung an den internationalen Märkten etwa vier bis sechs Wochen vor und nach dem Bilanzstichtag“ zu berücksichtigen.[23]

---

[22] BFH, Urteil v. 17.7.1956, I 292/55 U, BStBl II 1956 S. 379; bestätigt durch das BFH-Urteil v. 26.9.2007, I R 58/06, BStBl II 2009 S. 294.

[23] BFH, Urteil v. 17.7.1956, I 292/55 U, BStBl III 1956 S. 379. Vgl. hierzu BFH, Urteil v. 26.9.2007, I R 58/06, DB 2008 S. 214, mit Anm. v. HOFFMANN, DB 2008, S. 260.

Entsprechende Regelungen finden sich für die IFRS z.B. für die Bewertung von anlässlich eines Unternehmenskaufs ausgegeben Anteilen gem. IFRS 3.33 (→ § 31 Rz 43).

3.2.2.7 Gewinnbeteiligungen

32 Vergütungen an Mitarbeiter, die vom Ergebnis des abgelaufenen Geschäftsjahres abhängen – Tantiemen, Boni u. Ä. – sind nach IAS 10.9d noch in alter Rechnung zu berücksichtigen (IAS 19.17; → § 22 Rz 76).

3.2.2.8 Strafbare Handlungen

33 Der Aufhellungsgrundsatz des IAS 10 beschränkt sich wie im HGB nicht auf die **Bewertung** von Vermögenswerten und Schulden; er gilt vielmehr auch für die Frage des **Bestehens** von Vermögenswerten und Schulden. Analog zur Differenzierung zwischen wertaufhellenden und wertbeeinflussenden Ereignissen ist zwischen **bestandsaufhellenden** und **bestandsbeeinflussenden** Umständen zu unterscheiden. Demnach sind solche bis zur Aufstellung des Jahresabschlusses bekannt gewordenen Ereignisse zu berücksichtigen, aus denen Schlüsse über das Bestehen oder Nichtbestehen eines Vermögenswertes oder einer Schuld am Bilanzstichtag gezogen werden können (IAS 10.9a).

Beispiel
Ein Pharmaunternehmen hat sich im Verlauf des Jahres 01 der betrügerischen Handlung schuldig gemacht: Ärzte wurden bestochen, damit Produkte des Pharmaunternehmens und nicht die der preisgünstigeren Konkurrenz verschrieben werden. Zum Bilanzstichtag 31.12.01 wurde entsprechend IAS 37.14 keine Rückstellung gebildet, da die Unternehmensleitung von der Nichtentdeckung der strafbaren Handlungen ausgegangen ist. Kurz nach dem Bilanzstichtag wird jedoch der Betrug von den Krankenkassen bemerkt.

Lösung
Im Rahmen der Ansatzaufhellung ist eine entsprechende Rückstellung für Schadenersatzverpflichtungen im Jahresabschluss des abgeschlossenen Geschäftsjahres zu bilden. Die Entdeckung der betrügerischen Handlung ist insoweit ein Ereignis nach dem Bilanzstichtag, das lediglich die objektiven Gegebenheiten am Bilanzstichtag erhellt, ohne sie zu beeinflussen (IAS 10.9e).

3.2.2.9 Vertragsverhandlungen über den Bilanzstichtag hinaus

34 Nach dem Bilanzstichtag eingetretene Ereignisse, die **keinen Rückschluss** auf die Verhältnisse des Bilanzstichtags zulassen, dürfen nicht in der Bilanz zum abgeschlossenen Geschäftsjahr berücksichtigt werden.

Beispiel
Sachverhalt
Eine Fleischfabrik erteilt im Juli 00 einen Auftrag zum Bau eines Fleisch-Kühllagers. Für den Fall eines Vertragsrücktritts werden Vertragsstrafen in Höhe von 1 Mio. EUR vereinbart. Aufgrund der im September 00 einge-

tretenen BSE-Krise möchte die auftragerteilende Fleischfabrik den Auftrag stornieren. Es werden mit dem Bauunternehmen entsprechende Verhandlungen aufgenommen. Am Bilanzstichtag (31.12.00) sind diese Verhandlungen noch nicht abgeschlossen. Erst nachdem im Februar 01 andere Bauaufträge erteilt werden, verzichtet das Bauunternehmen auf Berechnung der vertraglich vereinbarten Stornierungskosten.

Lösung
Da das Unternehmen nach den Vertragsbestimmungen bei Vertragskündigung eine Stornierungsgebühr in Höhe von 1 Mio. EUR schuldete, musste es am Bilanzstichtag mit einer Inanspruchnahme der vertraglichen Rechte durch den Auftragnehmer rechnen. Der mit der Erteilung weiterer Bauaufträge verbundene Verzicht auf Berechnung der Stornierungsgebühr ist damit ein Ereignis nach dem Bilanzstichtag, das die objektiv gegebenen Verhältnisse am Bilanzstichtag nicht erhellt, sondern nachträglich verändert hat.

Auch insoweit ergibt sich **kein Unterschied** zum handelsrechtlichen Wertauf- 35
hellungsgrundsatz. Der BFH hat in einem wirtschaftlich identischen Fall entschieden, eine nach dem Bilanzstichtag erfolgte Vertragsaufhebung sei, „weil rechtsgestaltend, keine aufhellende Tatsache, die bei Aufstellung der Bilanz zu berücksichtigen wäre“.[24]

Ähnlich verhält es sich bez. des Wertaufhellungskriteriums in folgendem Fall- 36
beispiel:

Beispiel[25]
Ein Maschinenbauunternehmen baut im Kundenauftrag eine Spezialmaschine. Vor Fertigstellung verschlechtert sich die wirtschaftliche Situation des Kunden erheblich. Einen anderen Kunden kann der Hersteller mit der schon weit fortgeschrittenen Arbeit nicht bedienen. Die beiden Vertragspartner treten in Verhandlungen ein, die sich über den Bilanzstichtag hinweg hinziehen. Im Ergebnis mindert der Hersteller den Kaufpreis um einen erheblichen Teilbetrag gegenüber dem ursprünglich vereinbarten. Für den daraus resultierenden Restkaufpreis erhält der Hersteller eine Bankbürgschaft am 10.1. nach dem Bilanzstichtag 31.12.
Die Bürgschaft ist wertbegründend. Am Bilanzstichtag war die Forderung des Herstellers gegenüber dem Kunden (noch) nicht werthaltig.

Ein Ereignis kann nicht nur ansatz- und wertbegründend, sondern auch **ausweis-** 37
begründend sein.

Beispiel[26]
Der Darlehensvertrag der S AG mit der B-Bank mit einer Restlaufzeit von 5 Jahren ab dem Bilanzstichtag 31.12.01 enthält sog. *Financial Covenants.*

---

24 BFH, Urteil v. 17.11.1987, VIII R 348/82, BStBl II 1988 S. 430.
25 Anlehnung an LÜDENBACH, PiR 2007, S. 364.
26 Nach LÜDENBACH, StuB 2009, 621, mit dem dortigen Lösungsvorschlag.

Aufgrund eines massiven Auftragseinbruchs im 2. Halbjahr 01 kann die S AG nach hochgerechneten Zahlen im Abschluss per 31.12.01 die bedungene Eigenkapitalquote nicht einhalten. Der B-Bank steht auf dieser Datenbasis ein außerordentliches Kündigungsrecht zu. Zur Vermeidung der Kündigung tritt der Vorstand der S AG noch vor Weihnachten mit einem Business Plan für das Jahr 02 an die B-Bank heran. Diese verzichtet nach Beratung im Kreditausschuss am 25.1.02 auf die Ausübung des Kündigungsrechts, das allerdings für den Abschluss zum 31.12.02 bei Nichteinhaltung der bedungenen Eigenkapitalquote wieder auflebt.
Der Abschluss zum 31.12.01 wird am 31.1.02 erstellt. Fraglich ist der Ausweis der Bankschuld als *current* oder *non-current* (→ § 2 Rz 35).
Das außerordentliche Kündigungsrecht hat in abstrakter Perspektive keinen Einfluss auf den Ausweis. Solange der Bedingungseintritt nicht wahrscheinlich ist, erfolgt die Bestimmung von „*current*" und „*non-current*" auf Basis der vereinbarten (Regel-)Laufzeit. Umgekehrt wird das außerordentliche Kündigungsrecht dann ausweisbestimmend, wenn der *Breach of Covenants* höchst wahrscheinlich oder gar sicher ist. Letzteres ist im Beispiel der Fall.
Der Verzicht der Bank auf Ausspruch der außerordentlichen Kündigung nach dem Bilanzstichtag stellt keine **erhellende** Tatsache dar, sie **begründet** vielmehr das bilanzrechtlich verstandene Rechtsverhältnis. Am Stichtag bestand objektiv der Tatbestand des außerplanmäßigen Kündigungsrechts, mit dessen Ausübung der Vorstand der S AG rechnen musste. Der Ausweis des Darlehens ist unter „*current*" vorzunehmen. Vgl. hierzu auch das Beispiel unter → § 2 Rz 38.

3.2.2.10 Dividenden beim leistenden und empfangenden Unternehmen

38 Wenn im Wertaufhellungszeitraum (Rz 8) ein Ausschüttungsbeschluss gefasst wird, darf keine **Dividendenverbindlichkeit** in der Bilanz des ausschüttenden Unternehmens zum abgeschlossenen Geschäftsjahr erfasst werden (IAS 10.12). Der nach dem Bilanzstichtag erfolgte Gewinnverwendungsbeschluss hat insoweit nach IFRS keine ansatzaufhellende Wirkung. Am Bilanzstichtag war noch kein Bilanzposten existent, der durch einen nach dem Bilanzstichtag erfolgten Dividendenbeschluss aufgehellt wird. Der Betrag der nach dem Bilanzstichtag beschlossenen Dividenden ist im Anhang zu nennen (IAS 10.13).

39 Nach IAS 18.30c sind bei einem Beteiligungsunternehmen **Dividendenansprüche** – gegen Kapital- und Personengesellschaften (Rz 40) – erst mit Entstehen des Rechtsanspruchs auf Zahlung zu erfassen. Eine phasengleiche Dividendenvereinnahmung kommt damit nach IFRS – einerlei, ob bei Mehrheits- oder Minderheitsbeteiligung[27] – nicht in Betracht (→ § 25 Rz 60).[28] Insoweit ergibt sich ein Unterschied zur handelsrechtlichen Bilanzierung bei Ausschüttung von Tochtergesellschaften: Nach dem EuGH-Urteil im „Tomberger-Fall"[29] verstößt die phasengleiche Dividendenvereinnahmung nicht gegen die Vorschriften der

27 Lüdenbach, PiR 2007, S. 233.
28 So auch IDW in Vorbemerkung zu RS HFA 2 n. F.; vgl. dazu Lüdenbach, PiR 2007, S. 233.
29 Vgl. EuGH, Urteil v. 27.6.1996, Rs. C-234/94, BB 1996, S. 1492.

4. EG-Richtlinie. Der BGH bestätigte daraufhin die handelsrechtliche Verpflichtung zur phasengleichen Vereinnahmung der Dividende unter den folgenden Voraussetzungen:
Die Muttergesellschaft ist zu 100 % an einer Kapitalgesellschaft beteiligt.
Das Tochterunternehmen ist ein abhängiges Konzernunternehmen.
Die Gesellschafterversammlung des abhängigen Tochterunternehmens hat über die Feststellung des Jahresabschlusses und die Gewinnverwendung für das abgelaufene Geschäftsjahr beschlossen, bevor die Prüfung des Jahresabschlusses der Muttergesellschaft beendet ist.
Mutter- und Tochtergesellschaft haben ein übereinstimmendes Geschäftsjahr.[30]
Dem Mehrheitsgesellschafter wird dadurch allerdings nicht die Möglichkeit genommen, je nach bilanzpolitischem Kalkül die Bilanzerstellung und damit den Gewinnverwendungsbeschluss des Tochterunternehmens zeitlich zu verzögern, um die Erfassung des Dividendenanspruchs in das folgende Jahr zu verlagern. Bei Mehrheitsbeteiligung kommt deshalb der Bestimmung der Dividendenrealisierung der Charakter eines faktischen Wahlrechts zu. Das Verbot der phasengleichen Dividendenvereinnahmung entsprechend IAS 18.30c dient der **Ausschaltung** entsprechender Sachverhaltsgestaltungen und der Objektivierung des Gewinnrealisierungszeitpunkts. Dieser Vorgabe folgt auch der BFH für die Steuerbilanz.[31]

U. E. gelten die vorstehenden Hinweise zur Dividendenvereinnahmung auch für 40
Gewinnausschüttungen von **Personen**gesellschaften. Auch für diese ist nach deutschem Gesellschaftsrecht eine Feststellung des Jahresabschlusses erforderlich. Erst dann liegt für den Gesellschafter ein Rechtsanspruch auf Dividendenauszahlung bzw. -gutschrift vor (→ § 20 Rz 44).[32]

Während das Entgelt für die Überlassung von **Fremdkapital** (Zins) bei gegebe- 41
nem Kapital und Zinssatz ein Produkt der **Zeitdauer** der Kapitalüberlassung ist, kann das Entgelt für **Eigen**kapitalüberlassung (Dividende) dem Zeitraum der Überlassung bzw. der Beteiligung i.d.R. zeitlich **nicht zugeordnet** werden. Gerade deshalb schafft erst die Anknüpfung von IAS 18.30c an einen formalrechtlichen Akt, den Ausschüttungsbeschluss, ein verlässliches Kriterium für die Bilanzierung. Diese Verlässlichkeit wird in IAS 18.32 zugunsten der inhaltlich zutreffenden Zuordnung der Dividende *(accrual principle)* z.T. aufgegeben. Danach gilt:

- Dividendenausschüttungen, die sich auf den Gewinn aus der Zeit vor Beteiligungserwerb beziehen, werden nicht als Ertrag vereinnahmt, sondern von den Anschaffungskosten der Beteiligung abgezogen,
- es sei denn, eine solche Zuordnung könnte nur willkürlich erfolgen. Nach ED IFRS 1 und IAS 27 amend soll die Differenzierung nach dem Zeitpunkt des Beteiligungserwerbs aufgegeben werden (→ § 32 Rz 173). Als Folgeänderung bleibt das *accrual principle* nur für die Stückzinsen erhalten (IAS 18.3251).

---

30 Vgl. BGH, Urteil v. 12.1.1998, II ZR 82/93, DStR 1998, S. 383.
31 BFH, Beschluss v. 7.8.2000, GrS 2/99, BStBl II 2000 S. 632.
32 A. A. zum HGB IDW, RS HFA 18, Tz 13.

Beispiel
U hält Anteile an
- A seit 1.1.02,
- B seit 1.7.01.

Beide Unternehmen stellen ihre Bilanzen für das kalendergleiche Geschäftsjahr 01 im März 02 unter Berücksichtigung des Gewinnverwendungsvorschlags auf und beschließen jeweils am 10.4.02 eine entsprechende Ausschüttung für 01
Das Geschäftsjahr des U läuft vom 1.4. bis zum 31.3.

Beurteilung
Nur die inhaltliche Zuordnung der Dividende der A bereitet keine Schwierigkeiten. Die am 10.4.02 beschlossene Ausschüttung aus dem Bilanzgewinn 31.12.01 kann nur die in 01 oder den Vorjahren erwirtschafteten Ergebnisse betreffen. Da U den Anteil an A erst am 1.1.02, also **nach** dem 31.12.01 erworben hat, stellt die Dividendenzahlung keinen Ertrag dar. Sie ist vielmehr als Kürzung der Anschaffungskosten zu behandeln.
Für die Dividende der B besteht diese Eindeutigkeit nicht, da U schon **während** der Hälfte des Kalenderjahres 01 an B beteiligt war. Falls B keine Zwischenberichte erstattet, ist die Frage, ob die Dividende über dem Ergebnis des zweiten Halbjahres 01 liegt, also aus nacherwerblichem Gewinn gedeckt ist, nicht zu beantworten. Liegen Zwischenberichte vor, kann eine derartige Zuordnung gleichwohl schwierig und willkürlich sein, etwa weil B bestimmte Bewertungen (etwa *impairment*-Tests) nur einmal pro Jahr vornimmt. U kann aufgrund dieser in IAS 18.32 anerkannten Schwierigkeiten die Dividende der B für 01 gem. IAS 18.32 voll als Ertrag behandeln.

3.2.2.11 Sanierungsmaßnahmen

42 Bilanzielle Sanierungsmaßnahmen für notleidende Unternehmen werden nach der Interessenlage der handelnden Personen stets mit **Rückwirkung** auf einen Bilanzstichtag vereinbart. So soll ein im Wertaufhellungszeitraum förmlich vereinbarter Barzuschuss des Mutterunternehmens zu Gunsten einer Tochtergesellschaft oder ein zur Beseitigung einer Überschuldung ausgesprochener Forderungsverzicht noch „in alter Rechnung" in das Rechenwerk des zu sanierenden Unternehmens eingebucht werden. Eine „Rückwirkung" kann dabei mit dinglicher Wirkung nicht erfolgen, es kann sich lediglich um **schuldrechtliche** Beziehungen handeln, z.B. dem Erlass von Zinsen. Eine Rückwirkung auf den Bilanzstichtag aus Rechtsgründen ist deshalb nicht möglich.[33]
Anders muss die Beurteilung ausfallen, wenn zwar förmlich – durch entsprechende Vertragsabschlüsse – erst im Wertaufhellungszeitraum die Sanierungsmaßnahmen im Einzelnen bestimmt werden, vor dem Bilanzstichtag jedoch das Sanierungserfordernis und die **-bereitschaft** (des Mutterunternehmens) schon vorlagen. Den förmlichen Abschluss im Wertaufhellungszeitraum des neuen Jahres bestätigt dann lediglich die schon am Bilanzstichtag vorliegende Situation.

33 ADS INTERNATIONAL, Abschn. 2, Tz 110.

Die bilanzwirksame Sanierungsmaßnahme ist noch in alter Rechnung als *adjusting event* zu verbuchen. Umgekehrt kommt u. E. eine so verstandene Rückwirkung in Form eines *adjusting events* nicht in Betracht, wenn Sanierungsverhandlungen mit Drittgläubigern erst nach dem Bilanzstichtag erfolgreich sind und z.B. zu einem bedingten Forderungserlass einer Bank führen.[34] In der Bilanzierungspraxis wird dieser Vorgabe allerdings eher nicht gefolgt.

3.2.2.12 Behördliche Genehmigungen nach dem Bilanzstichtag

Behördliche Genehmigungen nach dem Bilanzstichtag sind ansatzbegründend *(nonadjusting)*, wenn sie aufgrund von Ermessensentscheidungen der Behörde erfolgen und am Bilanzstichtag noch keine „belastbare" Kenntnis über die mutmaßliche Entscheidung der Behörde vorliegt.[35] Als Beispiel mag die Zustimmung im Rahmen eines Fusionskontrollverfahrens im Zuge eines Unternehmenserwerbes oder die Ministererlaubnis bei zuvor ergangener Untersagung eines Unternehmenszusammenschlusses gelten. 43

Anders kann es sich verhalten *(adjusting event)*, wenn die behördliche Genehmigung nur noch eine Formsache darstellt, da alle Tatbestandsvoraussetzungen am Bilanzstichtag erfüllt sind.[36]

4 Abweichen vom Grundsatz der Unternehmensfortführung aufgrund von Ereignissen nach dem Bilanzstichtag

Ereignisse nach dem Bilanzstichtag können nach IAS 10 auch Auswirkungen auf den Grundsatz der **Unternehmensfortführung** haben: Der Jahresabschluss nach IFRS ist unter der Annahme der Unternehmensfortführung *(going concern)* aufzustellen (F.23; → § 1 Rz 16). Von der Fortführungshypothese ist allerdings **abzusehen**, wenn die Unternehmensleitung entweder beabsichtigt, das Unternehmen aufzulösen, den Geschäftsbetrieb einzustellen oder keine realistische Alternative hierzu hat (IAS 10.14). Insoweit ergibt sich **kein Unterschied zum HGB**. 44

Nach IFRS kann sich auch aus einer **nach** dem Bilanzstichtag eingetretenen Verschlechterung der Vermögens-, Finanz- und Ertragslage die Notwendigkeit ergeben, die Unternehmensfortführung zu **überprüfen** (IAS 10.15). Sind die Auswirkungen von Ereignissen nach dem Bilanzstichtag so gravierend für die Vermögenslage, dass die Annahme der Unternehmensfortführung nicht länger angemessen ist, erfordert dies ein Abgehen von der Fortführungshypothese und von den bisherigen Wertansätzen zum Bilanzstichtag (IAS 10.15). Eine ausschließliche Berücksichtigung im Anhang reicht dann nicht mehr aus.[37] 45

Damit wird eine wichtige **Ausnahme** vom Grundsatz der Erfassung der Verhältnisse des Bilanzstichtags und der ausschließlichen Berücksichtigung von ansatz- bzw. wertaufhellenden Ereignissen formuliert. 46

---

34 So auch ADS International, Abschn. 2, Tz 112.

35 Im Ergebnis bestätigt durch das BFH-Urteil v. 25.6.2009, IV R 3/07.

36 So auch ADS International, Abschn. 2, Tz 87.

37 So auch Bischof/Boleczik, in: Baetge et. al., Rechnungslegung nach IAS, 2. Aufl., IAS 10, Tz 29.

Beispiel
Kurz vor Ende der Aufstellung des Jahresabschlusses zum 31.12.06 werden am 26. Februar 07 die gesamten Produktionsanlagen und Produktionsbestände der A-AG durch eine Flutkatastrophe zerstört. Da kein Versicherungsschutz bestand, sieht die Unternehmensleitung keine realistische Alternative zur Einstellung des Geschäftsbetriebs.

Lösung
Die A-AG darf den Jahresabschluss zum 31.12.06 nach IFRS nicht mehr unter der Annahme der Unternehmensfortführung aufstellen. Obwohl die Flutkatastrophe ein Ereignis des neuen Jahres und damit wertbeeinflussend ist, sind sämtliche Produktionsanlagen und Produktionsbestände in der Bilanz zum 31.12.06 mit dem Liquidationswert anzusetzen, d.h. vollständig abzuschreiben.

47 Dem IASB zufolge ist in diesem **besonderen** Fall ein Abweichen von der Maßgeblichkeit der objektiven Verhältnisse des Bilanzstichtags unerheblich, da der Jahresabschluss **keinen Informationswert** hätte, wenn er unter der Annahme der Unternehmensfortführung und der Nichtberücksichtigung der Ereignisse nach dem Bilanzstichtag aufgestellt würde.[38]

5 Steuerlatenz

48 Die weitgehend identische Interpretation des Wertaufhellungsgesichtspunkts nach IFRS und EStG lässt eine Steuerlatenzrechnung regelmäßig vermeiden.

6 Angaben

49 Nach IAS 10 sind im Anhang folgende Angaben zu machen:

- **Zeitpunkt** der **Freigabe** des Jahresabschlusses zur Veröffentlichung samt dem dabei handelnden **Organ** (IAS 10.17 S 1);
- Möglichkeit *(power)* zur **Änderung** des freigegebenen Abschlusses (IAS 10.17 S 2);
- Erläuterung von wesentlichen **wertbeeinflussenden** Ereignissen (IAS 10.21);
- **Aktualisierung** der Anhangsangaben aufgrund von wertaufhellenden Ereignissen (IAS 10.19).

50 Der **Freigabezeitpunkt** ist u.E. identisch mit dem Ende der Wertaufhellungsfrist (Rz 8). Das handelnde Organ nach deutschem Recht ist der Vorstand bzw. die Geschäftsführung, der bzw. die für die Abschlusserstellung verpflichtet sind. Diesen kommt die *authorisation* i.S.d. IAS 10.17 S 1 zu. Die Änderungskompetenz des Aufsichtsrats bzw. der Gesellschafterversammlung ist in IAS 10.17 S 2 berücksichtigt. Diese Organe können die *authorisation* nicht vernehmen, denn sonst wäre IAS 10.17 S 2 ohne Anwendungsbereich.

---

[38] Ausdrücklich heißt es in IASC Insight, December 1998, 5: „When events indicate that the going concern assumption is not appropriate, it is irrelevant to distinguish whether these events occurred before or after the balance sheet date. Information based on a going concern basis is no longer useful to users of financial statements."

Durch die Angabe des **Unterzeichnungsdatums** wird der Abschlussadressat darüber informiert, welche Ereignisse nach dem Bilanzstichtag berücksichtigt sind und welche Ereignisse nicht bilanziell erfasst wurden (IAS 10.18). 51

Materiell bedeutsame ansatz- oder wert**beeinflussende** Ereignisse sind im Anhang zu erläutern, um eine sachgerechte Beurteilung des Jahresabschlusses zu ermöglichen. Dabei sind anzugeben: 52

- die **Art** des Ereignisses (IAS 10.21a) und
- eine **Schätzung** der finanziellen Auswirkungen oder eine Aussage über die Unmöglichkeit einer solchen Schätzung (IAS 10.21b).

Formulierungsbeispiel
Unsere Fertigungsanlage in der Niederlassung Süd wurde am 12.1.04 durch eine Überschwemmung erheblich beschädigt. Seitdem liegt diese Produktionslinie still. Der Schaden wird auf 1 Mio. EUR geschätzt. Inwieweit der Schaden versichert ist, lässt sich derzeit nicht zuverlässig abschätzen. Auswirkungen auf die Unternehmensfortführung ergeben sich jedoch nicht.

Darüber hinaus fordert IAS 1 (→ § 5) **umfassende** Anhangsangaben, wenn der Jahresabschluss nicht unter der Annahme der **Unternehmensfortführung** erstellt wird oder die Unternehmensleitung erhebliche Zweifel an der Fortführbarkeit hat. 53

Auf die **Checkliste „Abschlussangaben“** wird verwiesen (→ § 5 Rz 8).

7 Anwendungszeitpunkt, Rechtsentwicklung

IAS 10 ist auf Jahresabschlüsse für Geschäftsjahre anzuwenden, die am 1. Januar 2005 oder später begonnen haben. 54

Änderungen der Standardfassung sind derzeit nicht geplant.

8 Zusammenfassende Praxishinweise

Im Regelfall **endet** der Aufhellungszeitraum mit der Unterzeichnung des Jahresabschlusses durch das hierfür zuständige Organ (Vorstand, Geschäftsführung) und der Weitergabe zur Feststellung bzw. Billigung an den Aufsichtrat bzw. die Gesellschafterversammlung (Rz 8ff.). 55

IAS 10 **unterscheidet** ähnlich dem HGB zwischen (Rz 18)

- wert**aufhellenden** Ereignissen *(adjusting events)* – mögliche Folge: Berücksichtigung im Zahlenwerk – und
- wert**beeinflussenden** Ereignissen – mögliche Folge: Anhangsangabe.

Der Aufhellungsgedanke bezieht sich dabei nicht nur auf die **Wert**ermittlung, sondern auch auf den Bilanz**ansatz**. Die Unterscheidung zwischen *adjusting* und *non-adjusting* ist häufig schwierig und kasuistisch vorgespurt (Rz 21ff.).

Die IFRS regeln nicht, innerhalb welchen **Zeitraums** der Jahresabschluss zu erstellen ist (Rz 15).

Im Hinblick auf den immer mehr um sich greifenden *fast close* relativiert sich zunehmend das Problem der Bestimmung eines Wertaufhellungszeitraums (Rz 5).

Wegen der Anhangsangaben vgl. Rz 49ff.

§5 ANHANG *(NOTES AND DISCLOSURES)*

Inhaltsübersicht **Rz**

Vorbemerkung

Schrifttum: Freiberg, Anhangangaben zu sonstigen finanziellen Verpflichtungen aus schwebenden Verträgen, PiR 2008, S. 273ff.; Hoffmann/Lüdenbach, Die bilanzielle Abbildung der Hypothekenkrise und die Zukunft des Bilanzrechts, DB 2007, S. 2213; Hoffmann/Lüdenbach, Internationale Rechnungslegung: Kapitalmarkt- oder managerorientiert?, StuB 2002, S. 541ff.; Hoffmann/Lüdenbach, Zur Offenlegung der Ermessensspielräume bei der Erstellung des Jahresabschlusses – Rechnungslegung in euklidschen Räumen?, DB 2003, S. 1965ff.; Kirsch, Offenlegung von Einschätzungen und Prognosen des Managements nach IAS 1 (rev.) für das langfristige Vermögen, StuB 2004, S. 471ff.; Loitz/Weber, Herausforderungen bei der Anhangerstellung nach IFRS, eine empirische Untersuchung, DB 2008, S. 2149ff.; Paredes, Blinded by the Light: Information Overload and its Consequences for Securities Regulation, Washington University Law Quarterly 2003, S. 417ff.; Teitler, Offenlegung über die Hauptquelle von Schätzungsunsicherheiten nach IAS 1, IRZ 2006, S. 179ff.; Tsai/Klayman/Hastie, Effects of Amount of Information on Judgment Accuracy and Confidence, www.chica-gogsb.edu/

research/workshops/marketing/archive/WorkshopPapers/S06/Tsai.pdf; Zeyer/Maier, Pflichtangaben nach § 315a Abs. 1 HGB im IFRS-Abschluss, PiR 2010, S. 189ff.

Vorbemerkung
Die Kommentierung bezieht sich auf IAS 1 und berücksichtigt alle Ergänzungen, Änderungen und Interpretationen, die bis zum 1.1.2011 beschlossen wurden. Einen Überblick über ältere Fassungen sowie diskutierte oder schon als Änderungsentwurf vorgelegte zukünftige Regelungen enthalten Rz 76ff.

1 Zielsetzung, Regelungsinhalt, Begriffe

1.1 IAS 1: Der Anhang als fünfter (sechster) Abschlussbestandteil

1 IAS 1.10 bestimmt, dass der vollständige IFRS-Abschluss folgende Bestandteile enthalten muss:

- **vier** (ggf. fünf) **Rechenwerke** (Bilanz, Kapitalflussrechnung, Eigenkapitalveränderungsrechnung und Gesamtergebnisrechnung sowie – falls nicht in die Gesamtergebnisrechnung integriert – GuV)[1]
- einen **Anhang** bzw. **Anhangsangaben** ***(notes and disclosures)***

2 Das **deutsche** Bilanzrecht kennt in Ergänzung seiner Rechenwerke (rechtsformabhängig) einen Anhang (und einen Lagebericht). Das **IFRS-Regelwerk** schreibt (rechtsformunabhängig) die Ergänzung um *notes and disclosures* vor Der erste Begriff verdeutlicht eher die Technik der Verbindung von Rechenwerk und Anhang, der zweite Begriff gibt eher die Funktion des Anhangs wieder:

- **Anmerkungen (notes):** Jeder erläuterungsbedürftige Abschlussposten (aus Bilanz, GuV, Kapitalflussrechnung) ist **technisch** mit einem **Querweis** ***(cross-reference)*** zu sämtlichen im Anhang seiner Erläuterung dienenden Informationen zu versehen (IAS 1.113). Werden bspw. die latenten Steuern unter Ziffer 24 des Anhangs erläutert, findet der Bilanzleser sowohl auf der Aktivseite als auch auf der Passivseite der Bilanz in einer zusätzlich zur Textspalte und zur Zahlenspalte eingefügten Anmerkungsspalte die Ziffer 24.
- **Offenlegungen *(disclosures)*:** Dem Anhang kommt die **Funktion** zu, die Zahlen der Rechenwerke, d.h. ihr Zustandekommen (Methoden) und ihren Inhalt (Zusammensetzung), zu erläutern sowie zusätzliche Informationen zu liefern, die nicht Teil der Finanzbuchhaltung bzw. der anderen Abschlussbestandteile sind (IAS 1.112).

3 Der **Wortgebrauch der deutschen IFRS-Praxis** ist uneinheitlich. In Bezug auf die einzelnen Erläuterungen wird teils von „Angaben", teils mit gleicher Bedeutung von „Anhangsangaben", teils mit wiederum gleicher Bedeutung von „*notes*" gesprochen. „*notes*" und „Anhangsangaben" werden andererseits aber auch für den fünften Teil des Jahresabschlusses, d.h. die Summe der „Angaben" bzw. den „Anhang" benutzt. Die Praxis kann mit derartigen Unschärfen gut leben, da sich i.d.R. ohne weiteres aus dem Kontext ergibt, was gemeint ist.

4 Insoweit ist auch in **diesem Kommentar** kein akademischer Sprachpurismus betrieben worden und eine gewisse Begriffsvielfalt zu finden. Einzig die betref-

1 Bei börsennotierten Gesellschaften außerdem Segmentrechnung (→ § 36 Rz 5).

fenden Unterkapitel der einzelnen Paragrafen dieses Kommentars sind im Interesse der schnellen Orientierung einheitlich mit „Angaben“ überschrieben. Für die Wahl gerade dieses Begriffes als Kapitelüberschrift sprach auch, dass im IFRS-Regelwerk häufiger als im HGB **zwei Alternativen** bestehen:

- Alternative I: hoch aggregierte Bilanz oder GuV mit Erläuterung der Postenzusammensetzung im Anhang (**Angabe** im **Anhang**),
- Alternative II: stark untergliederte Bilanz oder GuV (**Angabe** in der **Bilanz** oder GuV selbst) mit entsprechend weniger Erläuterungsbedarf für den Anhang.

Das IFRS-Regelwerk spricht oder sprach in diesem Zusammenhang von Informationen und Angaben *(informations and disclosures)*, die alternativ *„in the notes“* oder *„in the statement of financial position/income statement“* zu machen sind. In derartigen **Wahlrechtskontexten** sind „Angaben“ mithin nicht zwangsläufig zugleich „Anhangsangaben“, sondern wahlweise auch Untergliederungen der Bilanz, GuV usw. Ein **Beispiel** für ein solches Wahlrecht wäre die Untergliederung der Vorräte. Nach IAS 1.54g reicht ein zusammengefasster Bilanzposten „Vorräte“ aus, der dann aber im Anhang i. d. R. nach seinen Bestandteilen („Roh-, Hilfs- und Betriebsstoffe“ usw.) zu erläutern wäre (→ § 17 Rz 36). Wird die Untergliederung hingegen schon auf Bilanzebene vorgenommen, besteht für diese Anhangsangaben kein Bedarf mehr. 5

1.2 Arbeitsteilung zwischen IAS 1, IFRS 5 und den anderen Standards

IAS 1 ist der **allgemeine** Standard, der festlegt, 6

- welche **Posten** zwingend innerhalb der Rechenwerke selbst und welche wahlweise auch im Anhang **aufzuschlüsseln** sind,
- welche **weiteren Mindestangaben** der Anhang geben soll und
- wie der Anhang zweckmäßigerweise zu **gliedern** ist.

Die konkreten Anforderungen ergeben sich hingegen zum größten Teil aus den **anderen** Standards. IAS 1 enthält eher die abstrakten Überschriften, die einzelnen Standards eher den Text, der diesen Überschriften zu folgen hat. In diesem Sinne lässt sich beispielsweise 7

- aus IAS 1.119 entnehmen, **dass** die Bilanzierungsmethoden für Sachanlagen im Anhang anzugeben sind,
- während die Frage, **was** genau anzugeben ist für die Sachanlagen in IAS 16 beantwortet wird.

Diese **Arbeitsteilung** macht doppelten Sinn. Sie betont zum einen den integrativen Zusammenhang von Bilanzierung und Erläuterung. Sie hebt sich zum andern von einer falschen **Checklistenpraxis** ab, die zum Abhaken drängt, wo einzelfallbezogene *materiality*-Überlegungen (Rz 16) angezeigt wären. Nur im integrativen Arbeitskontext zur Erstellung der Rechenwerke (Bilanz, GuV usw.) und unter dem *materiality*-Vorbehalt kann eine Checkliste sinnvoll eingesetzt werden. Nur so sollte auch die **Checkliste „Abschlussangaben“** in diesem Kommentar verwendet werden. 8

Im HGB sind die Anhangsangaben überwiegend in einem besonderen Abschnitt (§§ 284–288 HGB sowie für den Konzern §§ 313 f. HGB) geregelt. Auch inhaltlich und in der Bilanzierungspraxis führt der handelsrechtliche Anhang in gewisser Weise ein separates Dasein. Er ist so gesehen nicht Anhang, sondern 9

Anhängsel. Die Praxis „bilanziert erst einmal“, bevor sie sich „noch um den Anhang kümmert“. Im IFRS-System sind die spezifischen *notes and disclosures* hingegen dort behandelt, wo auch die spezifischen Bilanzierungs- und Bewertungsfragen geregelt sind, also in den jeweiligen Einzelstandards.[2] Auch inhaltlich besteht ein engerer Zusammenhang zwischen Angaben und Bilanz, da viele Untergliederungen wahlweise hier oder dort vorgenommen werden können.

10 Für die **Praxis** folgt daraus: Eine Arbeitsteilung (bei der Abschlusserstellung oder -prüfung) der Art „erst Bilanz, dann Anhang“ oder „Meier Anlagevermögen, Müller Anhang“ macht wenig Sinn. Der IFRS-Anhang will ernst genommen und integral mit dem jeweiligen Posten bearbeitet werden. Dieser Logik der Praxis folgt auch der **Aufbau dieses Kommentars.** Die spezifischen Angaben werden nicht in diesem Kapitel, sondern in den postenbezogenen Paragrafen behandelt. An diesen Stellen des Kommentars wird, da die Praxis sich mit Prosa zuweilen schwerer tut als mit Algebra, mit eher gerafften **Checklisten** und dafür ausführlicheren **Formulierungsbeispielen** gearbeitet. Das vorliegende Kapitel kann sich demgemäß auf Ausführungen zur Funktion des Anhangs und zu seinen allgemeinen, nicht fallspezifischen Strukturen und Inhalten beschränken.

11 Die Arbeitsteilung zwischen IAS 1 und den speziellen Standards ist allerdings nicht in jeder Hinsicht eindeutig. Als problematisch stellt sich die Vorgabe von IAS 1.112 (c) zur **Vollständigkeit** der Berichterstattung dar. Danach hat der Anhang jede Information zu geben, „die nicht an anderer Stelle des Jahresabschlusses präsentiert wird, aber relevant für das Verstehen *(understanding)* des Jahresabschlusses ist.“ Die Regelung hat abstrakt den Charakter einer **Auffangvorschrift:** Für das Verständnis der Vermögens-, Finanz- und Ertragslage notwendige Informationen sind danach auch dann zu geben, wenn sie nicht spezifisch in einzelnen Standards verlangt werden. Fraglich bleibt dann konkret allerdings, welche Informationen für das Verständnis relevant sind.

- Bei ausufernder Interpretation droht die Gefahr des *information overload* (Rz 66),
- bei restriktiver Interpretation bliebe die Vorschrift ohne Anwendungsbereich.
- Eine mittlere, u. E. sachgerechte Interpretation zielt auf Analogieschlüsse; wo für den zu beurteilenden Sachverhalt keine spezifischen **Angabepflichten** bestehen, wohl aber für **analoge Sachverhalte**, ist IAS 1.112c anzuwenden. Ein Beispiel wird unter Rz 71 gegeben.

12 Analoge Abgrenzungs- bzw. Arbeitsteilungsprobleme können sich auch im Verhältnis der speziellen Standards zu IFRS 5 ergeben. Hierzu wird auf → § 29 Rz 50 verwiesen.

13 Die Erweiterung des Anhangs um **freiwillige Angaben** ist u. E. jedenfalls insoweit zulässig, als dadurch Systematik und Verständlichkeit des Anhangs nicht gefährdet werden (IAS 1.113).[3] Hingegen sind umfangreiche „Nebendarstellungen“, z. B. in der Form eines Umwelt- oder Sozialberichts, oder auch der von § 315a HGB für deutsche Anwender verlangte **Lagebericht** gem. IAS 1.13f.

---

2 Eine wichtige Ausnahme sind Finanzinstrumente: Ansatz und Bilanzierung in IAS 39, Angaben in IFRS 7 (→ § 28).

3 Ähnlich KUPSCH, HdJ, IV/4 Tz 68 für den HGB-Anhang: „Der gesetzlich normierte Informationsgehalt der Berichterstattung darf durch die inhaltliche Ausweitung des Anhangs nicht beeinträchtigt werden. Insoweit steht der Grundsatz der Klarheit und Übersichtlichkeit einer Aufblähung des Anhangs durch freiwillige Zusatzangaben entgegen.“

nicht Bestandteil des IFRS-Abschlusses und sollten daher u.E. auch durch Bezeichnung und Positionierung davon unterschieden werden.

Machen nicht börsennotierte Gesellschaften freiwillige Angaben zu Segmenten (IFRS 8) oder dem Ergebnis pro Aktie (IAS 33), gilt: Soweit diese Angaben den Vorgaben von IFRS 8 bzw. IAS 33 voll entsprechen, sind sie als Teil des IFRS-Abschlusses, ansonsten außerhalb zu präsentieren.[4]

2 Funktion der „Prosa" im Jahresabschluss

Der Jahresabschluss besteht primär aus bestimmten Rechenwerken (Bilanz, GuV 14
usw.). Diese Rechenwerke enthalten

- Größen, die nach bestimmten Ansatz- und Bewertungs**methoden** zustande gekommen sind,
- dabei in bestimmter Weise zu Posten **aggregiert** wurden und
- insgesamt die Verhältnisse (Lage usw.) des Unternehmens nur unter einschränkenden Prämissen (z.B. **Stichtagsprinzip**, Beschränkung auf in **Geldeinheiten** messbare Größen, *going-concern*-Prinzip) wiedergeben.

Aus diesen Eigenschaften und Grenzen der buchhalterischen Abbildung der 15
Unternehmenswirklichkeit ergibt sich die **Hauptfunktion** der Prosa im Jahresabschluss. Der Anhang soll die anderen Abschlussbestandteile **erläutern, entlasten und ergänzen**. Er soll insbesondere Antwort auf folgende Fragen geben:

- Wie sind die Zahlen der Rechenwerke zustande gekommen? (**Methoden und ggf. Prämissen**; IAS 1.112a)
- Was enthalten die Zahlen in den Rechenwerken? (Erläuterung bzw. **Disaggregierung** der Posten; IAS 1.112c)
- Was enthalten die Zahlen der Rechenwerke demgegenüber (noch) nicht? (Ereignisse **nach dem Stichtag**, Eventualverbindlichkeiten, nicht quantifizierbare oder **monetär nicht** quantifizierbare Größen; IAS 1.112b)

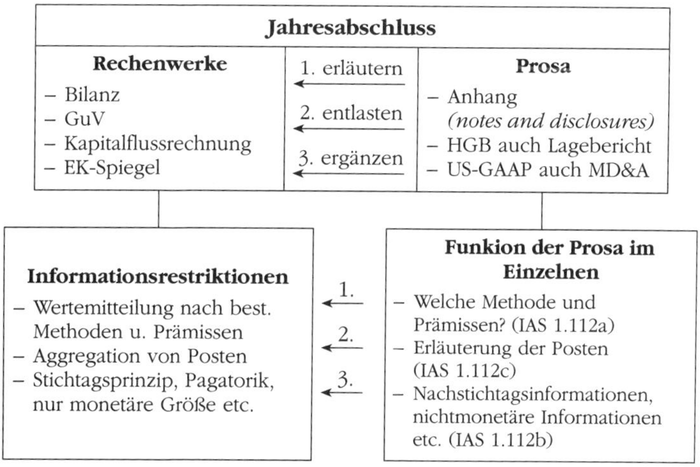

Abb. 1: Rechenwerke und Prosa im Jahresabschluss

[4] Gl. A. KPMG, Insights into IFRS, 2008/2009, Tz 5.8.10.50.

Der Anhang hat hingegen **keine Kompensationsfunktion.**[5] Eine falsche, nicht den Einzelregeln der Standards folgende Bilanzierung kann nicht durch korrigierende Anhangsangaben geheilt werden (IAS 1.18). Nur ganz ausnahmsweise ist eine Abweichung von den Einzelregeln zulässig. Die Abweichung ist dann nach Grund, Art und quantitativer Wirkung im Anhang anzugeben (IAS 1.20; → § 1 Rz 67).

16 Der Anhang ist wegen der Fülle der dem Grunde nach vorgeschriebenen Angaben ein besonders wichtiges Anwendungsobjekt des *materiality*-Gedankens. Eine vorrangig quantitative bzw. prozentuale Definition, wie sie bei Bilanz- und GuV-Positionen Sinn machen kann, ist dabei weniger angezeigt als ein qualitatives Verständnis, das auf die Art des Sachverhaltes abstellt, somit einzelfallbezogen, damit aber notwendig auch sehr subjektiv ist.[6] Auf die Erläuterungen in → § 1 Rz 61 ff. wird verwiesen.

3 Gliederungsstruktur des IFRS-Anhangs

17 In teilweiser Entsprechung zu den vorstehenden theoretischen Überlegungen findet sich in IAS 1.114. eine **Gliederungsvorgabe** für den Anhang. Er trennt im Wesentlichen zwischen

- **allgemeinen Angaben**, darunter
  - eine Angabe der Übereinstimmung mit IFRS (→ § 1 Rz 50 ff.) sowie
  - eine Zusammenfassung der wichtigsten Bilanzierungsmethoden *(summary of significant accounting policies)*,
- **Postenerläuterungen** in der Reihenfolge der Rechenwerke und der Posten innerhalb dieser Rechenwerke und
- **sonstigen Angaben**, u. a.
  - zu Eventualschulden und sonstigen finanziellen Verpflichtungen,
  - zum Risikomanagement der Gesellschaft.

18 Unser nachfolgender Vorschlag zur Umsetzung dieser Vorgabe (aus deutscher Sicht um Ausführungen zu § 315a HGB ergänzt; → § 7 Rz 13 ff.) präsentiert entsprechend der angelsächsischen Praxis und der Vorgehensweise deutscher Großunternehmer die GuV bzw. Gesamtergebnisrechnung **vor** der Bilanz. Eine andere Reihenfolge der Rechenwerke ist zulässig, dann aber auch im Anhang zu beachten (IAS 1.105c).

Beispiel

I. ALLGEMEINE ANGABEN

1. Übereinstimmung mit IFRS (Rz 70)
(Ggf. ergänzen um Angaben zur erlaubten vorzeitigen Anwendung eines Standards.)
2. Konsolidierungskreis- und Konsolidierungsmethoden (→ § 32 Rz 94 ff.)
3. Bilanzierungs- und Bewertungsmethoden (Rz 24)

---

5 So auch ADS International, Abschn. 24, Tz 3, und KLEEKÄMPER et al., in: BAETGE et al. (Hrsg.), Rechnungslegung nach IAS, 2. Aufl., IAS 1, Tz 19.

6 In diesem Sinne HEERING/HEERING, StuB 2004, S. 149 ff.

II. ERLÄUTERUNG DER ABSCHLUSSPOSTEN
ERLÄUTERUNG DER GESAMTERGEBNISRECHNUNG
4. bis xx
ERLÄUTERUNG DER BILANZ
xx. bis xx.
ERLÄUTERUNG DER KAPITALFLUSSRECHNUNG
xx. bis xx. (→ § 3)

III. SONSTIGE ANGABEN
(Die Reihenfolge der sonstigen Angaben ist nicht vorgeschrieben oder empfohlen. Nachfolgend eine mögliche Variante.)
xx. Ereignisse nach dem Bilanzstichtag, Erfolgsunsicherheiten (→ § 4 Rz 49)
xx. Eventualverbindlichkeiten, sonstige finanzielle Verpflichtungen (→ § 21 Rz 172)
xx. Risikomanagement, Derivate (→ § 28 Rz 286ff.)
xx. Management des wirtschaftlichen Eigenkapitals (Rz 20)
xx. Segmentbericht (falls Gesellschaft börsennotiert) (→ § 36 Rz 85ff.)
xx. Anzahl der Arbeitnehmer (ggf. bei Erläuterung GuV bzw. Personalaufwand; Rz 72)
xx. Honorierung Abschlussprüfer (Rz 72)
xx. *Compliance*-Erklärung zum *Corporate Governance Codex* (Rz 72)
xx. Beziehungen zu nahestenden Personen (→ § 30)
xx. Vorstand und Aufsichtsrat (Mitglieder und Bezüge) (IAS 24, § 314 Abs. 1 Nr. 6 HGB; Rz 72)
xx. Dividendenvorschlag/-beschluss (IAS 1.138)
xx. Sitz, Rechtsform, Geschäftszweck, Mutterunternehmen und oberstes Mutterunternehmen (IAS 1.138)
xx. Aufstellung Beteiligungsbesitz (Rz 72)

Die in IAS 1.138 enthaltenen Angabepflichten zu den **Dividenden** beziehen sich auf bis zur förmlichen Freigabe des Abschlusses vorgeschlagene oder beschlossene Ausschüttungen, die gem. IAS 10.12 in der IFRS-Bilanz noch nicht als Fremdkapital ausweisfähig sind (→ § 4 Rz 38). Der Bilanzadressat soll hier über die am Bilanzstichtag noch nicht feststehende, aber danach konkretisierte zukünftige Minderung des Eigenkapitals informiert werden. 19

Seit 2007 (Rz 76) hat das Unternehmen Angaben zum Management des wirtschaftlichen **Eigenkapitals** zu machen, den angestrebten und erreichten Eigenkapitalquoten etc. der Thesaurierungspolitik usw. (IAS 1.134ff.) Im Einzelnen wird hierzu auf → § 20 Rz 91 verwiesen. 20

Unser Gliederungsvorschlag enthält keine Position für die Eigenkapitalveränderungsrechnung. Die Erläuterung folgt i.d.R. zusammen mit derjenigen zum Posten „Eigenkapital" (→ § 20 Rz 87ff.). 21

Ebenfalls nicht vorgesehen ist eine Erläuterungsposition zu **Verfügungsbeschränkungen, gewährten Sicherheiten** usw. Der Grund liegt darin, dass derartige Verfügungsbeschränkungen nicht in Summe, sondern bei den betreffenden Aktivposten anzugeben sind (→ § 14 Rz 25). 22

4 Der allgemeine Teil des Anhangs

4.1 Überblick

23 Der **allgemeine** Teil des Anhangs umfasst mindestens

1. Angaben zum Geschäftsjahr (kalendergleich oder abweichend) und zur Währungseinheit (z.B. „TEUR"),
2. die kurze Versicherung der **Übereinstimmung** des Abschlusses mit den IFRS (IAS 1.14; Rz 70 und → § 1 Rz 50),
3. Angaben über die **erstmalige** Anwendung eines neuen Standards bzw. einer Neufassung eines bestehenden Standards,
4. Angaben über die **Nichtanwendung** neuer/geänderter Standards, die pflichtweise noch nicht anzuwenden sind, aber hätten angewandt werden können *(early application*; → § 24 Rz 59),
5. im Konzernabschluss Angaben zu **Konsolidierungskreis** und **Konsolidierungsmethoden** (→ § 32 Rz 188),
6. allgemeine Angaben zu den angewandten **Bilanzierungs- und Bewertungsmethoden** (Rz 26),
7. spezielle Angaben zur Ausübung des **Ermessens** bei der Anwendung der Bilanzierungs- und Bewertungsmethoden (Rz 44),
8. Angaben zu Fehler- bzw. Anpassungsrisiken, die sich aus (zukunftsbezogen) **geschätzten Werten** ergeben (Rz 50).

24 Hinsichtlich der Punkte 2 bis 4 führen die angegebenen Verweisstellen der anderen Paragrafen dieses Kommentars weiter. Nachfolgend werden die Punkte 5 bis 7 behandelt. Für die Angaben zu Punkt 7 ist eine Positionierung innerhalb des allgemeinen Teils des Anhangs weder empfohlen noch vorgeschrieben. Wegen des sachlichen Zusammenhangs mit Punkt 6 erfolgt jedoch eine zusammengefasste Darstellung.

4.2 Allgemeine Angaben zu Bilanzierungs- und Bewertungsmethoden

25 Nach IAS 1.112a soll der Anhang informieren

- über die **Grundlagen** der Aufstellung des Abschlusses und
- über die **besonderen Bilanzierungs- und Bewertungsmethoden.**

26 IAS 1.117 differenziert in etwas anderer Begrifflichkeit zwischen angewandten „Bewertungsgrundlagen" und „angewandten Bilanzierungs- und Bewertungsmethoden". Die Termini sind wie folgt zu **interpretieren**: Den Begriff „Bewertungsgrundlage" *(measurement basis)* verwendet IAS 1.117 für Anschaffungs- oder Herstellungskosten, Tageswert, Nettoveräußerungswert, beizulegenden Zeitwert oder erzielbaren Betrag. Wenn der Abschluss mehrere dieser Bewertungsgrundlagen enthält (Normalfall), fordert IAS 1.117 einen Hinweis auf die für die einzelnen Kategorien von Vermögenswerten und Schulden angewandten Bewertungsgrundlagen.

27 Zu den Bilanzierungs- und Bewertungsmethoden verweist IAS 1.119 auf die Angabe, ob **Sachanlagen** zu Anschaffungs-/Herstellungskosten oder zum Neuwert angesetzt werden (→ § 8 Rz 68).

Unklar bleibt zunächst, wie **spezifisch** die Informationen über Bilanzierungs- und Bewertungsmethoden in anderen Fällen ausfallen müssen:

- Die Angabe, dass Handelszwecken dienende Finanzinstrumente *(trading assets)* zum beizulegenden Zeitwert erfasst werden, wäre Bewertungs**grundlage**, also nicht Bewertungs**methode**.
- **Spezifisch** wäre demnach die Angabe, dass der beizulegende Zeitwert aus dem Börsenkurs oder im DCF-Verfahren abgeleitet wird.
- **Noch spezifischer** wäre allerdings der Hinweis, in welcher Variante und mit welchen Zins- und Cash-Prämissen das DCF-Verfahren angewandt wurde.

Die Angaben zu den Bewertungsgrundlagen und die Methodenangaben sollen gem. IAS 1.114b (und IAS 1.117) im allgemeinen Teil des Anhangs (vor den Postenerläuterungen) gemacht werden. Diese **Zusammenfassung** allgemeiner und spezifischer Angaben ist wenig schlüssig und **wenig leserfreundlich**. Sie begünstigt folgende **Praxis**: 28

Auf Seite 1 (des „Musteranhangs") wird „scheinspezifisch" angegeben, dass „Gebäude abgeschrieben" (und zwar „linear über eine Nutzungsdauer von 10–45 Jahren") oder dass „Handelswerte zum beizulegenden Wert" bilanziert werden (und zwar „vorzugsweise zum aktiven Marktpreis, in Ermangelung eines solchen jedoch nach anderen anerkannten Methoden"). Auf Seite 6 bei den Gebäuden bzw. auf Seite 20 bei den Finanzinstrumenten erfolgt dann aber ebenfalls keine wirkliche Spezifizierung. Dort ist stattdessen entweder gar nichts oder noch einmal die gleiche **Nichtinformation** zu lesen (Rz 30).

Da ein solches Vorgehen jedoch Praxis der Großunternehmen und durch IAS 1 begünstigt ist, nach anderer Auffassung sogar verlangt wird, wird unter Rz 70 ein dieser Praxis entsprechendes Formulierungsbeispiel wiedergegeben. 29

Der **informatorische Sinn** der herrschenden Darstellungsweise ist **schwer zu erkennen**. Das Formulierungsbeispiel unter Rz 70 enthält, bis auf die wenigen fett markierten Stellen, im Grunde nur eine einzige Aussage: „**Es wurde bilanziert, und zwar nach IFRS.**" Ein darüber hinausgehender Informationsgehalt ist jedenfalls in Aussagen der Art, 30

- dass Zinsen abgegrenzt wurden (also Bilanz und nicht Einnahmen-Ausgaben-Rechnung),
- dass abnutzbares Anlagevermögen über die Nutzungsdauer abgeschrieben wurde (also Aufwand periodisiert),
- dass Forderungen erforderlichenfalls wertberichtigt wurden (also Vorsichtsprinzip),

kaum zu erkennen.

Der **Methodenteil** ist dementsprechend allzu oft **eine Ansammlung von Selbstverständlichkeiten**. Dort, wo (wie im Beispiel an den fettmarkierten Stellen) tatsächliche Informationen bereitgestellt werden könnten, sind die Angaben häufig sehr unbestimmt. Das Publikum erfährt z.B., dass immaterielle Vermögenswerte über 2 bis 10 Jahre abgeschrieben wurden. Auskünfte über die gewichtete durchschnittliche Abschreibungsdauer oder mindestens darüber, ob mehrheitlich eher über vorsichtige 2 oder eher über unvorsichtigere 10 Jahre abgeschrieben wurde, werden hingegen i.d.R. nicht gegeben. 31

Der Anwender hat jedoch mit solchen von DAX-Werten gesetzten Vorbildern, die z.T. als *best practice* gelten, zu leben und dies ggf. recht komfortabel. Analysten, Banken und, sofern vorhanden, das Laienpublikum sind derartige Nichtinformationen gewöhnt. Warum sich also solchen Gewohnheiten widersetzen? Der mittelständische Anwender und sein (durch *peer review* und *enfor-* 32 *cement* geplagter) Wirtschaftsprüfer bewegen sich jedenfalls auf der sicheren Seite, wenn sie diesen Gewohnheiten entgegenkommen, zumal die Selbstverständlichkeiten ein eindrucksvolles Berichtsvolumen gewährleisten. Sie machen den Geschäftsbericht opulent, ohne wirklich zu informieren.

33 Ein **systematischeres Vorgehen** könnte sich hingegen an folgenden Überlegungen orientieren: Der Anhang hat u.a. die Funktion, das Zustandekommen der Zahlen im Abschluss, d.h. die Methoden zu erläutern. Hierbei ist zwischen drei Ebenen zu unterscheiden:

- Ebene 1: **Zwingende Vorschriften** wurden beachtet.
- Ebene 2: **Echte Wahlrechte** wurden wie folgt ausgeübt.
- Ebene 3: **Ermessen (unechte Wahlrechte)** wurde wie folgt angewendet.

34 **Ebene 1** ist bereits durch die allgemeine Versicherung, dass der Abschluss nach IFRS aufgestellt wurde, abgedeckt. Jede weitere Ausführung ist (für den kundigen Bilanzadressaten) redundant.

35 **Ebene 2** betrifft Fälle wie die Neubewertung (statt AK-/HK-Bewertung) von Anlagevermögen (→ § 8 Rz 68ff.) oder die *fair-value*-Bewertung von *investment properties* (→ § 16 Rz 43ff.). Derartige Wahlrechte sind i.d.R. **einheitlich** innerhalb eines Bilanzpostens anzuwenden. Die gewünschte Neubewertung eines Grundstückes erfordert z.B. die Neubewertung aller Grundstücke (→ § 8 Rz 74). Hingegen können technische Anlagen und Maschinen unabhängig davon, wie bei Grundstücken verfahren wird, weiter zu Anschaffungs- oder Herstellungskosten fortgeführt werden. Wegen des Postenbezugs ist daher die Platzierung von Angaben der Ebene 2 bei den Postenerläuterungen (statt im allgemeinen Teil) die sachgerechte und leserfreundliche Variante.

36 **Ebene 3** betrifft die Anwendung der Methoden auf den konkreten Einzelfall, also bei Sachanlagen etwa die Darstellung, über welchen Zeitraum genau (oder durchschnittlich oder hauptsächlich) die wichtigsten Gebäude, Maschinen usw. abgeschrieben wurden.

37 Nach der hier vertretenen Auffassung besteht für Detailangaben der Ebene 1 mangels Informationsgehalt kein wirklicher Bedarf,[7] während Angaben der Ebenen 2 und 3 postenbezogen und daher bei den Postenerläuterungen erfolgen sollten. Ein allgemeiner Teil „Methoden" wäre daher überflüssig. Unsere Ansicht steht jedoch im Widerspruch zur herrschenden Theorie und Praxis. Dem Anwender kann daher mit Rücksicht auf die herrschenden Verhältnisse bestenfalls eine **mittlere Lösung** wie im folgenden Formulierungsbeispiel empfohlen werden.

Beispiel

BILANZIERUNGS- UND BEWERTUNGSMETHODEN

Erträge und Aufwendungen werden periodengerecht erfasst.

Immaterielle und Sachanlagen werden zu Anschaffungs- oder Herstellungskosten angesetzt und, soweit abnutzbar, linear über die Nutzungsdauer

7 In der Tendenz ähnlich Ernst & Young, International GAAP 2008, S. 243: „In deciding whether a particular accounting policy should be disclosed, IAS 1 requires consideration of whether disclosure would assist in understanding how transactions, other events and conditions are reflected in the reported financial performance and position. Disclosure of particular accounting policy is especially useful to users when those policies are selected from alternatives allowed in standards and interpretations."

abgeschrieben. Wertminderungen werden durch außerplanmäßige Abschreibungen berücksichtigt.
Vorräte werden zu Anschaffungskosten auf Basis von **Durchschnittspreisen** oder zu Herstellungskosten angesetzt. Auf niedrigere Nettoveräußerungspreise wird abgeschrieben.
Finanzvermögen wird **am Erfüllungstag** zum i.d.R. den Anschaffungskosten entsprechenden *fair value* aktiviert. Für die **Folgebewertung** wird wie folgt unterschieden: Forderungen und Fälligkeitswerte mit den amortisierten Anschaffungskosten oder dem niedrigeren erzielbaren Betrag, veräußerbare Werte (*available-for-sale assets*) und Handelswerte *(trading assets)* mit dem verlässlich zu bestimmenden beizulegenden Zeitwert, Wertänderungen veräußerbarer Werte werden bis zur Veräußerung oder außerplanmäßigen Abschreibung erfolgsneutral, Wertänderungen von Handelswerten sofort erfolgswirksam erfasst.
Derivative Finanzinstrumente werden ausschließlich zur Sicherung von Zins- und Währungsrisiken eingesetzt. Sie werden zunächst zum i.d.R. den Anschaffungskosten entsprechenden beizulegenden Zeitwert erfasst, in der Folge zum beizulegenden Zeitwert. Im Falle einer wirksamen Absicherung von beizulegenden Zeitwerten gleichen sich die Zeitwertschwankungen des gesicherten Postens und die des Finanzinstrumentes in der GuV aus. Zeitwertschwankungen aus einer wirksamen *cash-flow*-Sicherung werden bis zur Durchführung des Grundgeschäfts erfolgsneutral in den Rücklagen erfasst.

Rückstellungen
Pensionsrückstellungen werden nach dem Anwartschaftsbarwertverfahren für leistungsorientierte Versorgungspläne gebildet. Der in den Pensionsaufwendungen enthaltene Zinsanteil wird im Finanzergebnis ausgewiesen.
Sonstige Rückstellungen für Verpflichtungen, die voraussichtlich nicht bereits im Folgejahr zu einer Vermögensbelastung führen, werden i.H.d. Barwertes gebildet.
Verbindlichkeiten aus Finanzierungsleasingverträgen werden zum Vertragsabschlusszeitpunkt mit dem Barwert der Leasingraten, übrige Verbindlichkeiten zum Vereinnahmungsbetrag, beide nachfolgend zu fortgeführten Anschaffungskosten angesetzt.
Latente Steuern werden gem. IAS 12 für Bewertungsunterschiede zwischen den Steuerbilanzen der Einzelgesellschaften und dem Konzernabschluss gebildet. Steuerliche Verlustvorträge, die wahrscheinlich zukünftig genutzt werden können, werden i.H.d. latenten Steueranspruchs aktiviert.

Die **spezifischen** Angaben würden in dieser Variante bei den Postenerläuterungen erfolgen, z.B. bei Gebäuden durch Angabe der durchschnittlichen oder hauptsächlichen Nutzungsdauern, bei Handelswerten durch Angabe, ob der beizulegende Zeitwert hauptsächlich aus Marktwerten bestimmt wurde usw. **38**
Die **allgemeinen** Angaben sind in Sonderfällen zu ergänzen. Etwa wäre prominent vorab darzustellen, wenn der Abschluss wegen bevorstehender oder eingeleiteter Liquidation nicht mehr nach Maßgabe der *going-concern*-Prämisse, sondern mit *break-up*-Werten erstellt würde (IAS 1.23).

4.3 Angaben zur Ausübung des Ermessens

4.3.1 Überblick

39 Bilanzierung ist Rechtsanwendung und könnte angesichts der Vielfalt der Lebenssachverhalte auch dann nicht ohne Ermessensentscheidungen auskommen, wenn der Jahresabschluss eine rein **vergangenheitsorientierte** Veranstaltung wäre.

40 Tatsächlich enthält der Jahresabschluss aber sehr viele **zukunftsgerichtete** Werte, etwa Niederstwerte, die auf den geschätzten zukünftigen Nutzwert abstellen, Rückstellungen, die nach der voraussichtlichen zukünftigen Belastung bewertet werden, oder *fair values*, die sich aus der Anwendung von Zukunftserfolgsverfahren (DCF- und Ertragswertmethoden) ergeben.

41 Idealtypisch ist der Jahresabschluss damit von zwei Arten von Ermessensentscheidungen geprägt:

- der **Auslegung** unbestimmter Begriffe und Regeln,
- der Vornahme von (zukunftsgerichteten) **Schätzungen** im Einzelfall.

42 Dieser Einteilung entsprechend verlangt IAS 1 in zweifacher Weise die Offenlegung von Ermessen:

- Nach IAS 1.122 sind in der Zusammenfassung der signifikanten Bilanzierungsmethoden*(in the summary of significant accounting policies)* die wichtigsten Ermessensentscheidungen *(judgements)* offenzulegen, die bei der Anwendung der **Bilanzierungs- und Bewertungsmethoden** vorgenommen wurden (Rz 44).
- Nach IAS 1.125 sind Informationen über die zukunftsbezogenen **Schlüsselprämissen *(key assumptions)*** und über andere Hauptquellen *(key sources)* der Unsicherheit von **Schätzungen** anzugeben (Rz 50).

43 Fraglich ist, wie in dieser Einteilung ein dritter wichtiger Bereich des Ermessens zu berücksichtigen ist, die **Auswahl von Schätzverfahren**. Folgende **Beispiele** sind einschlägig:

- Die Anschaffungskosten eines Anlagegegenstandes sind über die Nutzungsdauer auf systematischer Basis abzuschreiben. Als Schätzverfahren für die systematisch richtige Verteilung kommen infrage: lineare Abschreibung, geometrisch-degressive Abschreibung, arithmetisch-degressive Abschreibung, leistungsabhängige Abschreibung (→ § 10 Rz 24 ff.).
- Der *fair value* einer nicht marktnotierten Option ist zu bestimmen: Als Schätzverfahren kommen u. a. infrage das Black-Scholes-Modell oder das Binomial-Modell (→ § 28 Rz 231 ff.).

In beiden Beispielen ist eine zwischen den zwei Grundfällen liegende Art der Ermessenentscheidung gefordert: Einerseits geht es in beiden Beispielen um die **Vornahme einer Schätzung**, deren mathematisches Ergebnis ebenso von den gewählten Prämissen wie von den angewandten Schätzverfahren abhängig ist. Insoweit ist eine Nähe zu den in IAS 1.125 geforderten Angaben gegeben. Für eine entsprechende Einordnung spricht auch, dass in diversen Einzelvorschriften, etwa in IAS 40.75d, die Offenlegung der Schätzverfahren und der Schlüsselprämissen als Einheit begriffen wird. Andererseits geht es in den beiden Beispielen aber gerade nicht mehr um die im Mittelpunkt von IAS 1.125 stehenden Prämissen des Einzelfalls, also etwa die geschätzte Nutzungsdauer des Anlagengegenstandes oder die angenommene Volatilität des Basiswertes der Option,

sondern um die **Methode** der Verarbeitung dieser Prämissen. Insoweit ist eine begriffliche Nähe zu den in IAS 1.122ff. behandelten Bilanzierungs- und Bewertungsmethoden gegeben.
Angesichts dieser Zwischenstellung halten wir die Behandlung der Schätzverfahren im Zusammenhang der Angabepflichten von IAS 1.125 für ebenso zulässig wie eine Behandlung im Kontext der Angaben von IAS 1.122. Die praktische Bedeutung der Zuordnung zu dem einen oder dem anderen Kontext liegt darin, dass IAS 1.125ff. eher eine quantifizierte Form der Offenlegung des Ermessens verlangt, während nach IAS 1.122ff. in jedem Fall allgemeine Beschreibungen ausreichen.

4.3.2 Auslegungsbedürftige Regeln, unbestimmte Rechtsbegriffe, Regelungslücken

Als Bestandteil der Angaben zu den Bilanzierungs- und Bewertungsmethoden *(in the summary of significant accounting policies)* sind die bedeutsamsten Ermessensentscheidungen *(judgements with the most significant effect)* anzugeben, die bei der Regelanwendung getroffen wurden (IAS 1.122). Ermessensentscheidungen, die sich auf die Schätzung von Werten beziehen, sind gesondert in IAS 1.125 geregelt. Regelungsinhalt von IAS 1.122 ist demgemäß die Auslegung unbestimmter Rechtsbegriffe incl. der rechtlichen Gesamtwürdigung von Geschäftsvorfällen nach allgemeinen Kriterien wie etwa dem des „wirtschaftlichen Gehalts“ einer Transaktion. 44

IAS 1.123f. führen zur Erläuterung der verlangten Anhangsangaben u.a. folgende Beispiele an: 45

- Ausbuchung oder Fortführung veräußerter finanzieller Vermögenswerte je nach Urteil, ob **„so gut wie alle Risiken“** aus dem **finanziellen Vermögenswert** (*substantially all of the risks*) transferiert wurden (→ § 28 Rz 61ff.),
- wirtschaftliches Eigentum bei Leasing, je nach Urteil, wer **„so gut wie alle Risiken und Chancen“** des **Leasingobjekts** trägt (→ § 15 Rz 22ff.),
- Vollkonsolidierung von Gesellschaften, deren Stimmrechtsmehrheit bei Konzernfremden liegt, je nach Urteil, ob die **„Substanz der Beziehung“** ein **Kontrollverhältnis** auch ohne Mehrheitsbesitz indiziert (→ § 32 Rz 32ff.).

Angaben sind nur für die Ermessensentscheidungen geboten, die für Bilanz, GuV usw. die **größte Bedeutung** ***(most significant effect)*** haben. Eine Angabe zu den Leasingverhältnissen ist daher z.B. nur dann erforderlich, wenn sich die Gesellschaft in erheblichem Maße als Leasingnehmer oder Leasinggeber betätigt. 46

Mit der Bindung der Angabepflichten an das **Signifikanzkriterium** entsteht in den Fällen eine gewisse **Zirkularität**, in denen die in ihrer Anwendung zu erläuternden Rechnungslegungsregeln gerade selbst den Begriff der Signifikanz verwenden. Unter anderen ist dies bei vielen Regeln zum Sachanlagevermögen der Fall: 47

Beispiel

- Der Tausch von Sachanlagen ist nach IAS 16.25 dann erfolgsneutral zu behandeln, wenn er zu keiner **signifikanten** Änderung der *cash flows* führt (→ § 14 Rz 13f.).
- Teile eines Vermögenswertes sind nach IAS 16.43 separat abzuschreiben, wenn sie einen **signifikanten** Kostenanteil haben (→ § 10 Rz 7).

- Eine gewählte planmäßige Abschreibungsmethode kann nach IAS 16.61 dann nicht beibehalten werden, wenn das Muster der Abnutzung sich **signifikant** ändert (→ § 10 Rz 39).
- Ein *impairment*-Test zur Feststellung des außerplanmäßigen Abschreibungsbedarfs ist nach IAS 36.9ff. dann angezeigt, wenn sich Nutzungs- und Umfeldbedingungen **signifikant** ändern (→ § 10 Rz 39).

In allen genannten Fällen ist eine **zweistufige Auseinandersetzung** mit dem **Signifikanzkriterium** geboten.

- Primär ist bei Anwendung der Regeln aus IAS 16 eine Auslegung erforderlich, was signifikant ist.
- Nach IAS 1.122 ist sodann auf einer zweiten Stufe zu beurteilen, ob die ermessensbehaftete Auslegung des Signifikanzbegriffs eine signifikante Wirkung auf den Abschluss hat. Auch auf dieser zweiten Stufe ist der Begriff der Signifikanz auslegungsbedürftig.

Stärker verallgemeinert zeigt das Beispiel, dass auch die **Offenlegung des Ermessens selbst ermessensbehaftet** ist. Die unvermeidliche Subjektivität bei der Aufstellung des Jahresabschlusses lässt sich auch auf der Ebene des Anhangs bzw. der Offenlegungen nicht lösen.

48 Regelungszweck von IAS 1.122 kann daher nicht eine **Schattenbilanzierung** sein, die im Anhang zeigt, wie Bilanz, GuV usw. aussähen, wenn Ermessen anders/besser ausgeübt worden wäre.[8] Bescheidener, aber realistischer Zweck ist die **konkretisierte Offenlegung** der Tatsache, **dass** die **Bilanzierung ermessensbehaftet und damit subjektiv** ist.

- Eine solche Offenlegung muss insofern konkret sein, als sie sich nicht mit dem allgemeinen Verweis auf die Ermessensabhängigkeit jeglicher Bilanzierungsbemühungen begnügen darf, sondern sie muss **Stellen** nennen, an denen im fraglichen Abschluss wichtige Ermessensentscheidungen getroffen wurden.
- Diese Offenlegung verlangt aber andererseits **keine Quantifizierungen,** aus denen sich Als-ob-Bilanzierungen ableiten ließen. Wären solche Angaben verlangt, hätte der IASB das in IAS 1.125ff. angewandte quantifizierende Vokabular auch in IAS 1.122 bis 124 eingesetzt. Er hat dies nicht getan, sondern für die geforderte Offenlegung als Teil der *summaries* der *accounting policies verbale* Beschreibungen genügen lassen. Zu Ausnahmen, die sich bei Finanzinstrumenten aus IFRS 7 ergeben, wird auf § 28ff. verwiesen.

49 Zu den Methodenangaben gehören u. E. auch Ausführungen zur Ausfüllung von **Regelungslücken** durch Rückgriff auf andere IFRS-Standards, Branchenübung oder Verlautbarungen anderer Standardsetter (IAS 8.10ff.; → § 2). Soweit bspw. Filmrechte nach den US-GAAP-Vorgaben bilanziert werden (→ § 25 Rz 62), ist dies darzustellen.

4.3.3 Schätzungen, Bewertungsunsicherheiten

50 Die Bestimmung der Niederstwerte im Anlage- und Umlaufvermögen, die Festlegung des wahrscheinlichsten Erfüllungsbetrages von Rückstellungen, die Ermittlung eines *fair value* im Ertragswert- oder DCF-Verfahren, die Optionswert-

8 Hoffmann/Lüdenbach, DB 2003, S. 1965ff.

bestimmung mit Hilfe des Black-Scholes-Modells und viele andere bilanzielle Bewertungs- und Ansatzentscheidungen sind durch **Schätzunsicherheiten** ***(estimation uncertainties)*** charakterisiert. IAS 1.125 verlangt die Offenlegung von Informationen über die **Schlüsselprämissen und Hauptunsicherheitsquellen**, die mit derartigen Schätzungen verbunden sind.

Die Offenlegungspflicht ist an folgende Voraussetzungen gebunden: 51

- Es gibt ein **signifikantes Risiko**
- einer **wesentlichen Anpassung**
- des von der Schätzung betroffenen **Buchwertes** eines Vermögenswertes oder einer Schuld
- innerhalb des **nächsten Geschäftjahres**.

Die Beurteilung, wann ein Risiko signifikant bzw. wann eine Wertanpassung als wesentlich gilt, ist selbst in hohem Maße ermessensbehaftet. Insoweit ist wie bei den Offenlegungen nach IAS 1.122 die Ermessensabhängigkeit des Jahresabschlusses lediglich von der Bilanz auf eine andere Ebene transferiert, ohne dort ermessensfrei gelöst werden zu können (Rz 47).

Im Unterschied zu den Angaben über Ermessen bei der Auslegung unbestimmter Rechtsbegriffe sind die Angabepflichten nach IAS 1.125 nicht auf die bedeutsamsten *(most significant)* Fälle beschränkt. Angaben sind vielmehr für **alle** geschätzten Vermögenswerte und Schulden notwendig, die ein signifikantes Anpassungsrisiko haben. Eine allgemeine Einschränkung ergibt sich aus dem in IAS 1.125 betonten *materiality*-Vorbehalt (→ § 1 Rz 61 ff.). Eine spezielle **Einschränkung in zeitlicher Hinsicht** vorgenommen: Nur das Risiko einer signifikanten Anpassung innerhalb des nächsten Geschäftsjahres (i. d. R. also binnen der nächsten 12 Monate) führt zu einer Offenlegungspflicht. 52

Aus diesem Zeitkriterium ergeben sich sachlich **kaum zu rechtfertigende** Differenzierungen: 53

Beispiel

U ist wegen Produkthaftung am 1.10.01 verklagt worden. Die Klageschrift legt die Vorwürfe wenig detailliert dar. U hat bis zum Bilanzstichtag eine detaillierte Erwiderungsstrategie ausgearbeitet. U hält eine Verurteilung für sehr unwahrscheinlich *(remote)*, passiviert daher zum 31.12.01 keine Rückstellung und leistet auch keine Anhangsangaben nach IAS 37. Angesichts der notorischen Überlastung der Gerichte ist mit einem Urteil nicht vor Mitte 04 zu rechnen.

Für die Angabepflichten nach IAS 1.116 bedeutet dies Folgendes:

- Keine Angaben zum 31.12.01 und 31.12.02, da mit einer wesentlichen Änderung der Beurteilung und damit mit einer wesentlichen Buchwertanpassung in den nächsten 12 Monaten nicht zu rechnen ist.
- Evtl. Angaben zum 31.12.03, da mit einem Urteil in 04 zu rechnen ist und es somit durch einen nicht auszuschließenden negativen Ausgang des Verfahrens innerhalb von 12 Monaten zu einer wesentlichen Anpassung des Buchwertes der Schuld kommen kann.

Der Versuch einer Rechtfertigung des 12-Monats-Kriteriums findet sich in den *Basis of Conclusions* zu IAS 1. Danach solle eine Beschränkung des Zeithorizonts die Zahl der potenziell angabepflichtigen Unsicherheiten limitieren und durch diese Limitierung auf wenige Fälle zu konkreteren *(more specific)* Angaben führen (IAS 1.BC84). Der IASB geht ohnehin vom Schätzerfordernis nur für **einige** Vermögenswerte und Schulden *(some assets and liabilities)* aus (IAS 1.BC80). In Verbindung mit dem 12-Monats-Kritierum würde sich danach der Kreis der angabepflichtigen Unsicherheiten so stark reduzieren, dass keine ermessensbehaftete Auswahl der bedeutsamsten Fälle mehr notwendig wäre.

54 Dieser Versuch des IASB, das Ermessensproblem der zweiten Stufe (Rz 51) zu lösen, kann nicht überzeugen. Die in IAS 1.123 genannten Fälle von Schätzwerten im Sachanlage- und Vorratsvermögen (Niederstwertbestimmung) sowie bei den Rückstellungen sind keine Sonderfälle. Schätzgrößen sind ebenso der Niederstwert immaterieller Anlagen, der Ansatz und die Bewertung aktiver latenter Steuern, der auch bei Fehlen von Marktwerten gebotene oder zulässige *fair-value*-Ansatz von *investment properties, financial assets*, Finanzderivaten und *financial liabilties*, die Wertberichtigungen auf Forderungen und weitere Fälle. Schätzungsfrei bleiben nur einige Nominalwerte der Bilanz (Geldkonten, Lieferantenverbindlichkeiten etc.).

55 Bei einer so umfassenden Rolle der Schätzwerte kann nicht mehr begründet werden, dass nur die Bewertung **einiger (some)** Vermögenswerte und Schulden das Ergebnis von Schätzungen unter Unsicherheit sei. **Weite Teile der Bilanz** sind vielmehr das Ergebnis von **Bewertungen unter Unsicherheit**. Eine detaillierte und quantifizierte Offenlegung all dieser Unsicherheiten kann weder von den Bilanzierern praktikabel geleistet noch von den Bilanzadressaten praktikabel verarbeitet werden. Eine **Beschränkung auf die wesentlichsten Fälle** wäre notwendig, und zwar unabhängig davon, ob ein Anpassungsrisiko sich innerhalb der nächsten 12 Monate oder erst danach ergibt:[9]

Beispiel

Größter Anlagewert eines Mobilfunkunternehmens ist eine UMTS-Lizenz, die per 31.12.01 auf die Notwendigkeit einer außerplanmäßigen Abschreibung getestet wird. Das UMTS-Netz soll in 04 in Betrieb gehen.

Der *value in use* der Lizenz hängt wesentlich von Annahmen über weit in der Zukunft liegendes Nutzungsverhalten der Kunden ab. Frühestens ab 05 werden die diesbezüglichen Planannahmen ihren ersten ernsthaften Realitätstest erfahren.

Per 31.12.01, 02 und 03 wäre danach kein Risiko einer signifikanten Anpassung des Buchwerte innerhalb der nächsten 12 Monate gegeben. Angaben zu den bei der Bestimmung des *value in use* zugrunde gelegten Prämissen wären nach dem Wortlaut von IAS 1.116 nicht erforderlich.

Sachgerecht erscheint eine solche Lösung nicht. Wenn die Mobilfunklizenz der wichtigste Anlagegegenstand des Unternehmens ist, sollte im Interesse der viel berufenen *decision usefulness* gerade die Bewertungsunsicherheit bei diesem Vermögenswert einer Offenlegung bedürfen.

---

9 Ähnlich mit z.T. anderer Begründung KIRSCH, StuB 2004, S. 481.

Zu konkretem **Inhalt und Form** der Offenlegung hält IAS 1.125 Folgendes fest: 56

- Die risikobehafteten Vermögenswerte und Schulden sind in der Weise zu **identifizieren**, dass
  - die **Art der** von signifikanten Anpassungsrisiken betroffenen Vermögenswerte oder Schulden sowie
  - deren **Buchwerte**

  angegeben werden.
- Die bei den identifizierten Vermögenswerten oder Schulden konkret vorliegenden Schätzunsicherheiten können je nach den Umständen *(according to the circumstances)* in verschiedener **Form** präsentiert werden (IAS 1.129), z.B. durch Offenlegung der
  - **Art** der Annahmen und der Unsicherheit,
  - **Sensitivität** der Buchwerte gegenüber den Prämissen,
  - erwarteten **Lösung** der Unsicherheit in den nächsten 12 Monaten,
  - **Änderungen,** die **in den Prämissen** schon zuvor unsicherer Werte vorgenommen wurden.

Die Auflistung hat keinen abschließenden Charakter. Unter den beispielhaft genannten Darstellungsformen ist eine Präferenzreihenfolge nicht erkennbar. 57

IAS 1.130 enthält eine **implizite Schutzklausel**. Offenbar im Interesse der Geheimhaltung betrieblicher Informationen wird eine Offenlegung von Unternehmensplanungen*(budget informations)* und Prognosen nicht verlangt. Insbesondere die Bestimmung des *value in use* des *goodwill* und anderer Anlagegegenstände fußt aber in aller Regel auf Unternehmensplanungen, da der *value in use* regelmäßig nur auf der Ebene der zahlungsmittelgenerierenden Einheit und damit auf der Grundlage von Budgetplanungen für die relevanten Unternehmensbereiche bestimmt werden kann. Die Hauptunsicherheit, nämlich die Annahmen über die zukünftigen Erträge und Aufwendungen, ist dann in diesen Fällen nicht offenlegungspflichtig. Der Regelungszweck von IAS 1.125 wird damit konterkariert. An die Stelle einer konkretisierenden Offenlegung der den Buchwerten zugrunde liegenden Prämissen können verallgemeinerte Aussagen mit zweifelhaftem Informationswert treten. 58

Beispiel

Die U hat in 01 einen etwa gleich großen Wettbewerber X erworben. Größter Einzelwert in der Bilanz per 31.12.01 ist der aus der Unternehmensakquisition stammende *goodwill.* Er wird per 31.12.01 auf einen außerplanmäßigen Abschreibungsbedarf getestet (→ § 31 Rz 144). Ein Abschreibungsbedarf wird hierbei verneint.

Grundlage dieses Tests sind die Unternehmensplanungen *(budget informations)* für das erworbene Unternehmen. Sie sind nach IAS 1.121 nicht offenlegungspflichtig.

Das bestehende Risiko der Anpassung des *goodwill* innerhalb der nächsten 12 Monate kann daher in Anlehnung an IAS 1.120a im Anhang wie folgt „offengelegt werden“:

„Der *goodwill* wurde auf ein *impairment* getestet. Ein außerplanmäßiger Abschreibungsbedarf ergab sich hierbei nicht. Grundlage des *impairment*-Tests waren Annahmen über die zukünftige Ertrags- und Aufwandsentwick-

> lung des Konzernbereichs X. In dem Maße, in dem die tatsächliche Entwicklung hinter diesen Annahmen zurückbleiben sollte, können sich Anpassungsnotwendigkeiten zum nächsten Bilanzstichtag ergeben."

59 Der Gegenpol zu solchen informationsarmen Angaben wäre eine in IAS 1.129a beispielhaft vorgeschlagene **Sensitivitätsanalyse,** die in der Praxis aber nur selten präsentiert wird.[10]

> **Beispiel**
> Das Mobilfunkunternehmen K weist per 31.12.01 noch 15 Mrd. EUR für UMTS-Lizenzen und für Firmenwerte aus Tochterunternehmen aus. In 02 schreibt es 10 Mrd. EUR darauf ab.
> Eine Sensitivitätsanalyse (wie variiert ein Output-Wert mit der Veränderung seiner Input-Werte?) per 31.12.01 hätte dem Publikum zeigen können, wie sich der Wert von Lizenzen und *goodwill* ändert, wenn
> - sich die Inbetriebnahme der UMTS-Netze um 1 Monat, 2 Monate, 3 Monate usw. verzögert,
> - sich der prognostizierte Pro-Kopf-Monats-Absatz um 1 Minute, 2 Minuten, 3 Minuten usw. ändert,
> - dabei der Minutenpreis wettbewerbsbedingt um 1 Cent, 2 Cent, 3 Cent usw. sinkt,
> - sich der Marktzins und damit mittelbar der Diskontierungszins um 0,1 Prozentpunkte, 0,2 Prozentpunkte, 0,3 Prozentpunkte usw. ändert,
> - sich (bei Einkauf von technischem Equipment in den USA) der Wechselkurs gegenüber dem Dollar um 1 Cent, 2 Cent, 3 Cent verschlechtert
> - usw., usw., usw.
>
> Die Grenzen einer solchen Sensitivitätsanalyse liegen in der Verständlichkeit der Darstellung: Jeder einzelne Input-Parameter lässt sich z. B. im zweidimensionalen Diagramm gegen die bilanzielle Bewertung (Output) abtragen. Die zusammengefasste Betrachtung (multiparametrische Sensitivitätsanalyse) führt bei zwei Parametern in den dreidimensionalen Raum, bei drei und mehr in euklidsche Räume, die kaum mehr als nachvollziehbare, d. h. verständliche, Erläuterung von Bewertungsunsicherheiten taugen würden.[11]
> Der Gegenpol wäre folgende nichtssagende Alternative als Anhangsangabe: „Der Buchwert von 15 Mrd. EUR steht unter der Prämisse bestimmter Inbetriebnahmezeitpunkte, Absatzgrößen, Stückpreise, Marktzinsen und Wechselkurse. Bei gleichzeitiger und gleichgerichteter Änderung mehrerer Prämissen kann der Wert auch gegen null laufen."

IFRS 7 verlangt mit Wirkung in bestimmten Fällen einen Sensitivitätsanalyse für **Finanzinstrumente** (→ § 28 Rz 316)

60 Zur **Positionierung** der Angaben zu den Schätzunsicherheiten im Anhang enthält IAS 1 keine Aussage. Infrage kommen

---

10 Vgl. TEITLER, IRZ 2006, S. 179ff.

11 Vgl. im Einzelnen HOFFMANN/LÜDENBACH, DB 2003, S. 1965ff.

- eine **zusammengefasste Darstellung** im oder nach dem Methodenteil (Rz 17ff.) oder
- **Einzeldarstellungen** im Zusammenhang der Erläuterung des jeweiligen Bilanzpostens.

Für die zweite Variante spricht, dass einige auf bestimmte Bilanzpositionen bezogene Einzelstandards in spezifizierter Weise die allgemeinen Anforderungen von IAS 1.125 spezialrechtlich wiederholen. Wichtige Beispiele sind etwa die Angabepflichten, die sich aus IAS 40.75d, IFRS 7.27 und IFRS 2.46f. für die Bestimmung des nicht aus Marktpreisen abgeleiteten *fair value* von *investment properties* (→ § 16 Rz 79ff.) Finanzinstrumenten (→ § 28 Rz 292) und Aktienoptionen (→ § 23 Rz 197ff) ergeben. Aus den unter Rz 37 dargelegten Gründen halten wir eine Positionierung derartiger Angaben bei den jeweiligen Postenerläuterungen für sachgerechter als eine Behandlung im allgemeinen Teil des Anhangs.

Im Verhältnis zu den spezialrechtlichen Vorschriften gilt: IAS 1.125 hat einerseits Auffangcharakter, für Unsicherheiten, deren Offenlegung nicht schon nach Einzelstandards gefordert ist, steht andererseits aber auch in einem Komplementärverhältnis zu den Einzelstandards:

Beispiel

Soweit Rückstellungen für virtuelle Aktienoptionen eine wesentliche Bedeutung für den Abschluss haben, geht mit der Unsicherheit bei der Bestimmung der Volatilität ein entsprechendes Risiko der Anpassung der Rückstellung in den nächsten 12 Monaten einher. Ergänzend zu der Angabe der Volatilität und deren Herleitung nach IFRS 2 kann dann eine Offenlegung des damit verbundenen Anpassungsrisikos der Rückstellung geboten sein

4.3.4 Zusammenfassende Beurteilung

Die Offenlegung von Ermessensspielräumen ist dem Grunde nach zu **begrüßen**. 61
Sie ist ein notwendiges Korrektiv gegen die plakative Verwendung von Begriffen wie *true and fair presentation*. Bei deren Gebrauch wird zuweilen Sollen mit Sein verwechselt (→ § 1 Rz 24ff.).[12] Wie *true and fair* eine Rechnungslegung ist, entscheidet sich vor allem daran, welchen Ermessensgebrauch und Ermessensmissbrauch sie zulässt. Hier ist das IFRS-System einerseits gegenüber dem handelsrechtlichen System im Vorteil, weil es sich in Teilen mehr auf Einzelfallregeln und damit weniger auf unbestimmte Rechtsbegriffe verlässt.

Andererseits weist das IFRS-System aber auch systematische Nachteile gegen- 62
über dem HGB aus; Letzteres ist mit einer planmäßigen Abschreibung auf den *goodwill* oder mit einer Anschaffungskostenbewertung von Finanzinstrumenten weniger ermessensabhängig und manipulationsanfällig als der *impairment only approach* für den *goodwill* (→ § 31) oder die Zeitbewertung für Finanzinstrumente (→ § 28 Rz 108). Der bessere Einblick in die Ermessensausübung ist für jedes Rechnungslegungssystem sachgerecht, wenn auch die Schwerpunkte diesbezüglich differieren. Allerdings sind diesem Vorhaben **Grenzen** gesetzt. Je

12 HOFFMANN/LÜDENBACH, StuB 2002, S. 541ff.

vielfältiger Lebenssachverhalte werden, je komplexer die verlangten (oder zugelassenen) Bewertungsverfahren, je mehr Prämissen sie verlangen, umso wichtiger, aber auch umso schwieriger ist eine nachvollziehbare Darstellung der Ermessensspielräume. Einen Königsweg gibt es nicht. Immer ist eine **Abwägung** nötig zwischen einem Zuviel und einem Zuwenig an Informationen.
Der Altmeister der deutschen Bilanzwissenschaft, WILHELM RIEGER, hat die Bilanzierungspraxis so gekennzeichnet: „Die Jahresbilanz ist also ein Gemisch von Wahrheit und Dichtung. Die ... daraus abzuleitende Konsequenz wäre nicht etwa, dass wir uns nach einer anderen Art des Jahresabschlusses umsehen, sondern das resignierte Bekenntnis, dass es im Leben der Unternehmung eine wahre und richtige Abrechnung überhaupt nicht gibt.“[13]

63 Diese Erkenntnis entspricht allerdings nicht den **Erwartungen des breiten Publikums**. Wo Soll und Haben pfenniggenau aufgehen, Bilanz und GuV das gleiche Ergebnis zeigen, die segensreiche Erfindung der Doppik ihres Amtes waltet, neigt das Publikum zu dem Schluss, das Zahlenwerk habe, soweit es denn nicht betrügerisch manipuliert sei, eine absolute Exaktheit. Eine wichtige Aufgabe des Anhangs wäre, immer wieder gegen diese Erwartungshaltung vorzugehen und an prominenter Stelle zu betonen, dass viele Ansätze und Werte das Ergebnis von Interpretationen und Schätzungen sind, die auch deutlich anders hätten ausfallen können.

64 In dieser Hinsicht überzeugt die Lösung von IAS 1 **theoretisch** mehr als die des Handelsrechts, das in § 321 Abs. 2 Satz 4 HGB die Offenlegung der Ermessensspielräume nur für den Prüfungsbericht und damit nur für einen privilegierten Adressatenkreis (Aufsichtsrat, Hausbanken usw.) vorsieht. Eine derartige informationelle Diskriminierung der Anteilseigner ist weder politisch noch kapitalmarkttheoretisch zu rechtfertigen.[14]

65 Eine **praktische Besserstellung** wird der Adressat des IFRS-Abschlusses jedoch nur dann erhalten, wenn das Management sich nicht hinter im Grunde genommen nichtssagenden Wertmaßstäben und Beschreibungen – angemessen, ausreichend und vertretbar[15] – verschanzt, sondern deutlich macht, welche Posten des Abschlusses in besonderem Maße ermessensbehaftet sind, und dass bei einer – vom Regelwerk nicht verlangten – einseitig vorsichtigen Ausübung des Ermessens ein Abschluss statt mit einer schwarzen auch mit einer roten Zahl hätte enden können.

4.4 *Information overload*

66 Der IASB verfährt im Konzert mit anderen Standardsettern nach der Maxime: Immer mehr Informationen in immer **mehr** Berichten – Jahresabschlüssen, Quartalsberichten, Ad-hoc-Mitteilungen usw. – erhöhen die Effizienz der Kapitalmärkte. Empirisch belegen lässt sich diese Wirkungsannahme nicht. Sie vernachlässigt die Restriktionen der **Informationsverarbeitung**. Selbst unter der heroischen Annahme, das Management würde der fairen Information des Kapitalmarktes uneingeschränkten Vorrang vor Eigen- und Unternehmensinte-

13 RIEGER, Einführung in die Privatwirtschaftslehre, 2. Aufl., S. 212.
14 Vgl. HOFFMANN/LÜDENBACH, DB 2003, S. 781 ff.
15 Vgl. HOFFMANN, DB 2000, S. 485 ff.

ressen geben, also nicht die Gelegenheit nutzen, brisante Informationen zwischen einer Unzahl irrelevanter, aber gesetzlich geforderter zu verstecken, kann die **Qualität** von Investorentscheidungen mit der Zahl der Informationen **abnehmen**. Verhaltenswissenschaftliche Studien beschreiben den Zusammenhang zwischen der **Menge** relevanter Informationen und der **Qualität** der Entscheidungen durch eine inverse, nach unten geöffnete U-Kurve.[16] Professionelle Pferdewetter sagen das Ergebnis eines Rennens zunächst besser voraus, wenn ihnen mehr Informationen gegeben werden. Eine weitere **Erhöhung** der Zahl der Informationen – schon über die Zahl von 5 hinaus – **senkt** die Vorhersagequalität. Beinahe ebenso wichtig ist aber: Das Vertrauen in das **eigene** Urteil steigt beständig mit der Zahl der Informationen. Bei großen Informationsmengen ist die Prognose daher objektiv sehr schlecht, das Vertrauen in sie aber umgekehrt sehr hoch.[17] Die Realität und deren Einschätzung driften gefährlich auseinander.

Die Gründe für die nachteilige Wirkung zu großer Informationsmengen lassen 67
sich in komplexen **sozialpsychologischen** Termini ausdrücken, inhaltlich geht es vor allem um Folgendes: Im wahren Leben (außerhalb akademischer oder regulatorischer Modellwelten) sind die Ressourcen der Informationsverarbeitung **beschränkt**. Bei immer mehr Informationen wird daher ein immer größerer Teil ausgeblendet. Nur **zufällig** sind im verbleibenden Teil die Informationen mit der höchsten Relevanz enthalten. Der Verweis auf die ohnehin nur bei einigen großen, regelmäßig von Analysten gecoverten Unternehmen gegebene Arbeitsteiligkeit der Informationsverarbeitung löst das Problem daher nicht. Für Experten mag die inverse U-Kurve zwar erst weiter rechts fallen, am Grundzusammenhang ändert sich nichts. In der informationsarbeitsteiligen Perspektive verschärft sich eher noch das Problem des Auseinanderdriftens von objektiver und subjektiver Qualität der Informationsverarbeitung. Jeder **verlässt** sich auf die Profis, seien diese nun Prüfer, Enforcementinstitutionen oder Ratingagenturen, aber jede dieser Instanzen ist ebenfalls im Dilemma begrenzter Zeit und Ressourcen gefangen.

Die vorgenannten Zusammenhänge sind längst bekannt. Die Politik kritisiert ein 68
Zuviel an Informationen. EU-Kommissar McCreevy outed sich etwa angesichts der Einführung der IFRS in der EU als Nichtmitglied des Clubs der Transparency Freaks:

> „*I wonder whether a flood of information is really the answer. ... Yet often the real problem in the digital age is how best to sift the mass of information that is available. How to find the needle in the haystack. Too much information may mean many investors will have to rely more heavily on professional analysts. ... I am not a fully paid-up member of the Transparency Freaks Club.*[18]"

Auch die Standardsetter selbst nehmen von Zeit zu Zeit das Unwort „*information overload*“ in den Mund. Den Zeigefinger richten sie dabei aber eher auf die Unternehmen. Die Information, dass drei Finger in die eigene Richtung weisen, bleibt zumeist unverarbeitet. Während die Postmoderne in allen möglichen anderen Gebieten der Entbürokratisierung das Wort redet, rudert die Prüfungs-,

16 PAREDES, 2003, S. 417ff.

17 TSAI/KLAYMAN/HASTIE, Workshop Paper, o. J.

18 MCCREEVY, Rewarding excellence in legibility of accounts: meeting the IFRS challenge. www.iasplus.com/europe/0611mccreevy.pdf.

Enforcement- und Rechnungslegungsszene mit hohem Tempo in die andere Richtung, teils als Getriebene, teils als Handelnde. Dem Vorwurf, große Unternehmenskrisen seien nicht früh genug im Abschluss evident geworden, mag man nicht die Grenzen des eigenen Tuns entgegenhalten. Wohlfeiler ist das Versprechen immer engmaschiger (und damit immer bürokratischerer) Regulierung.

69 Auch die Aktivitäten des IASB fügen sich in dieses Bild. Im Regelwerk, genauer nur in den *Basis for Conclusions*, kommt der Begriff *information overload* ganze dreimal vor, einmal als zitierte, vom IASB aber zurückgewiesene Kritik an neuen Offenlegungspflichten (IAS 19. BC85E), die beiden anderen Male umgekehrt in der Zurückweisung eines Verlangens nach mehr Offenlegung (IFRS 4.BC201c und IFRS 6.BC52c). Es soll an dieser Stelle nicht vertieft werden, warum die beiden Fälle, in denen der IASB sich selbst auf die Gefahr des *information overload* beruft und ein Weniger an Angaben rechtfertigt, gerade Standards betreffen, die für lobbyistisch gut organisierte Branchen (Versicherungen bzw. Öl- und Mineralindustrie) gelten. Wichtiger sind folgende strukturelle Punkte:

- Die Masse der Anhangsangaben ergibt sich nicht aus den allgemeinen Vorschriften von IAS 1, sondern aus den **themenspezifischen** Standards, also aus IFRS 2 bis IFRS 8, IAS 2 bis IAS 41 und IFRIC 1 bis IFRIC 14.
- Aus **isolierter** Perspektive des jeweiligen Standards bzw. Regelungskontextes sprechen immer gute Gründe für eine Vielzahl an Anhangsangaben. Entsprechend nimmt die Zahl der verlangten Angaben mit beinahe jedem neuen oder neu gefassten Standard zu.
- Das **Gesamtbild *(big picture)*** spricht aus den o.g. Gründen aber gerade für eine Beschränkung der Anhangsangaben.
- Diese **Beschränkung** könnte der IASB **selbst** vornehmen.
  - In einer moderaten Variante könnte er im **kasuistischen** System bleibend neue Angaben nur dann zulassen und vorschreiben, wenn an anderer Stelle mindestens eine Angabepflicht entfiele.
  - In einer radikalen Variante würde er den gesamten kasuistischen Ansatz aufgeben zu Gunsten eines tatsächlich **prinzipienorientierten** Ansatzes, der außer ein paar wenigen Basisangaben nur die Darstellung der für das Verständnis der Rechenwerke des Abschlusses und die Beurteilung der Lage des Unternehmens wichtigsten Informationen im Anhang vorschreiben würde.
- Zu einer derartigen Selbstbeschränkung kann sich der IASB aber ebenso wenig wie andere Standardsetter durchringen. Es bleibt dem Anwender überlassen, aus einer Unzahl von möglichen Anhangsangaben unter *materiality*-Gesichtspunkten eine Auswahl zu treffen. Hierbei muss der redliche Anwender jedoch mit Prüfungs- und Enforcementinstanzen rechnen, die checklistenorientiert arbeiten und die Berufung auf *materiality* nur ausnahmsweise akzeptieren. Der unredliche Anwender mag dies auch als Chance begreifen, das für das Publikum Brisante unter lauter Nichtssagendem zu verstecken.[19]

[19] Vgl. zum Ganzen auch HOFFMANN/LÜDENBACH, DB 2007, S. 2213.

4.5 Formulierungsbeispiel für den allgemeinen Teil des Anhangs

Wie unter Rz 28ff. und Rz 66 dargestellt, sollte aus systematischer Sicht der Anhang frei von Selbstverständlichkeiten der Art „Abnutzbares Anlagevermögen wurde abgeschrieben“ bleiben. Die herrschende Praxis interpretiert die Anforderungen von IAS 1 aber anders. Nachfolgend ein dieser Praxis entsprechendes Formulierungsbeispiel für den allgemeinen Teil des Anhangs, nämlich die Angabe 70

- der Übereinstimmung mit IFRS (→ § 1 Rz 50),
- der im Geschäftsjahr erstmalig angewandten Standards, Änderungen und Ergänzungen von Standards und der Bedeutung zukünftiger Standards, Änderungen und Ergänzungen (→ § 24 Rz 59), wobei eine Beschränkung auf die Fälle, die das Unternehmen überhaupt potenziell berühren, in der Praxis zwar nicht üblich, unter dem allgemeinen *materiality*-Vorbehalt aber zulässig ist; Angaben zu Änderungen von IFRS 1 sind bspw. unter *materiality*-Gesichtspunkten für ein längst auf IFRS übergegangenes Unternehmen nicht notwendig, ebenso wenig bei einem reinen Handelsunternehmen ohne wesentliches selbst erstelltes Anlagevermögen; Angaben zur Neufassung von IAS 23, betreffend die pflichtweise Aktivierung von Zinsen auf Herstellungsvorgänge;
- zu den Bilanzierungs- und Bewertungsmethoden (Rz 25),
- zu Ermessen bei der Auslegung von Regeln (Rz 44) und der Vornahme von Schätzungen (Rz 50).

Beispiel

1. Übereinstimmung mit IFRS, angewandte Standards, Bedeutung zukünftiger Standards

Der Konzernabschluss wurde nach den *International Financial Reporting Standards* (IFRS), wie sie in der Europäischen Union (EU) anzuwenden sind, und den ergänzend nach § 315a Abs. 1 HGB zu beachtenden handelsrechtlichen Vorschriften aufgestellt. Alle vom *International Accounting Standards Board* (IASB) herausgegebenen, für das Geschäftsjahr geltenden IFRS wurden von der Europäischen Kommission für die Anwendung in der EU übernommen. Der Konzernabschluss entspricht damit auch den IFRS.

Für das Geschäftsjahr 2010 waren erstmals folgende Standards bzw. wesentliche Änderungen und Ergänzungen bestehender Standards anzuwenden:

- *Amendment to* IFRS 1 *Relating to Oil and Gas Assets and Determining whether an Arrangement contains a Lease*
- *Amendment to* IFRS 2 *Relating to Group cash-settled share-based Payment transactions*
- IFRS 3 *Business Combinations rev. 2008*
- IAS 27 *Consolidated and Separate Financial Statements rev. 2008*
- IAS 39 *Financial Instruments: Recognition and Measurement Amendments for eligible hedged items*
- IFRIC 17 *Distribution of Non-cash Assets to Owners*
- IFRIC 18 *Transfers of Assets from Customers*

- Div. Änderungen durch das in 2009 verabschiedete *Annual Improvements Project*.

Von den *Amendments* zu IFRS 1. IFRS 2 und IAS 39 ist das Unternehmen in 2010 nicht betroffen, ebenso wenig von IFRIC 17 und IFRIC 18 und IFRIC 3. Die Neufassungen von IAS 27 betreffen das Unternehmen insofern, als Verlustanteile nicht beherrschender Gesellschafter nun auch insoweit zu berücksichtigen sind, als dadurch der Anteil der beherrschenden Gesellschafter negativ wird. Wegen der betroffenen Unternehmen wird auf die Ausführungen zum Eigenkapital verwiesen.

Erst nach 2010 anzuwenden sind:

- IFRS 1 *First-time Adoption of International Financial Reporting Standards*
- *Limited Exemption from Comparative*
- IFRS 7 *Disclosures for First-time Adopters*
- IFRS *Amendments Transfers of Financial Assets,*
- IFRS 9 *Financial Instruments – Classification and Measurement*
- IAS 24 *Related Party Disclosures rev. 2009*
- IFRIC 19 *Extinguishing Financial Liabilities with Equity Instruments*

Größere Auswirkungen wird nur IFRS 9 haben. Das Maß der Auswirkungen kann wegen der Abhängigkeit von der Entwicklung des Portfolios finanzieller Vermögenswerte und des auf sie angewandten Geschäftsmodells aber derzeit noch nicht abgeschätzt werden.

2. Bilanzierungsmethoden

Gliederungsmethoden

Die Bilanz wird nach **Fristigkeit** gegliedert. Die GuV ist nach dem **Umsatzkostenverfahren** aufgebaut. Die *cash flows* aus der betrieblichen Tätigkeit werden nach **der indirekten Methode** ermittelt.

Aufwands- und Ertragsrealisierung

Umsatzerlöse bzw. sonstige betriebliche Erträge werden mit Erbringung der Leistung bzw. mit Übergang der Gefahren auf den Kunden realisiert. Betriebliche Aufwendungen werden mit Inanspruchnahme der Leistung bzw. zum Zeitpunkt ihrer Verursachung ergebniswirksam. Zinserträge und -aufwendungen werden periodengerecht erfasst.

Immaterielle Vermögenswerte

Erworbene immaterielle Vermögenswerte werden zu Anschaffungskosten, selbst erstellte immaterielle Vermögenswerte, aus denen dem Konzern wahrscheinlich ein künftiger Nutzen zufließt und die verlässlich bewertet werden können, mit den Herstellungskosten der Entwicklungsphase aktiviert und jeweils über eine **Nutzungsdauer von zwei bis zehn Jahren** planmäßig linear abgeschrieben. Die Herstellungskosten umfassen dabei alle direkt dem Herstellungsprozess zurechenbaren Kosten sowie angemessene Teile der fertigungsbezogenen Gemeinkosten. Finanzierungskosten werden nicht aktiviert. Geschäftswerte aus der Konsolidierung und der Bewertung nach der *equity*-Methode werden gem. IFRS 3 nicht planmäßig abgeschrieben.

Sachanlagen
Materielle Vermögenswerte, die im Geschäftsbetrieb länger als ein Jahr genutzt werden, sind mit ihren Anschaffungs- bzw. Herstellungskosten, abzüglich planmäßiger linearer Abschreibungen, bewertet. Die Herstellungskosten umfassen alle direkt dem Herstellungsprozess zurechenbaren Kosten sowie angemessene Teile der fertigungsbezogenen Gemeinkosten. Finanzierungskosten werden nicht angesetzt. Die zugrunde gelegten Nutzungsdauern entsprechen den erwarteten Nutzungsdauern im Konzern. Ausschließlich auf steuerlichen Regelungen beruhende Abschreibungen werden nicht angesetzt. Für Gebäude werden Nutzungsdauern zwischen **10 und 45 Jahren** zugrunde gelegt, Bauten und Einbauten auf fremden Grundstücken werden entsprechend der Laufzeit der Mietverträge bzw. einer niedrigeren Nutzungsdauer abgeschrieben. Als Nutzungsdauer für technische Anlagen und Maschinen werden **bis zu zehn Jahre** angesetzt. Betriebs- und Geschäftsausstattung wird bei normaler Beanspruchung über **drei bis zehn Jahre** abgeschrieben.
In den Sachanlagen sind geleaste Objekte aus *finance leases* enthalten. Ihr Erstansatz erfolgt mit dem Zeitwert oder dem niedrigeren Barwert der Mindestleasingzahlungen. Die Fortschreibung entspricht der der übrigen Sachanlagen.

Außerplanmäßige Abschreibung
Immaterielle Vermögenswerte sowie Sachanlagen werden zum Bilanzstichtag außerplanmäßig abgeschrieben, wenn der „erzielbare Betrag“ des Vermögenswerts unter den Buchwert gesunken ist. Der „erzielbare Betrag“ wird als der jeweils höhere Wert aus Nettozeitwert *(fair value less cost to sell)* und Barwert des erwarteten Mittelzuflusses aus dem Vermögenswert *(value in use)* ermittelt.

Finanzanlagen[20]
Finanzanlagen werden **am Erfüllungstag**, d.h. zum Zeitpunkt des Entstehens bzw. der Übertragung des Vermögenswerts, zum *fair value* aktiviert. Für die weitere Bewertung wird gem. IAS 39 zwischen Forderungen, Fälligkeitsinvestments, veräußerbaren Werten (und im Umlaufvermögen ausgewiesenen Handelswerten) unterschieden. Forderungen und Fälligkeitswerte werden mit den amortisierten Anschaffungskosten oder dem niedrigeren erzielbaren Betrag angesetzt, veräußerbare Werte (und Handelswerte) mit dem beizulegenden Zeitwert, sofern dieser verlässlich bestimmbar ist. Wertschwankungen veräußerbarer Werte zwischen den Bilanzstichtagen werden erfolgsneutral in die Rücklagen eingestellt. Die erfolgswirksame Auflösung der Rücklagen erfolgt entweder mit der Veräußerung oder bei nachhaltigem Absinken des Marktwertes.

20 I. d. F. IAS 39 vor Verabschiedung des ab 2013 anzuwendenden IFRS 9.

Von der Möglichkeit, finanzielle Vermögenswerte bei ihrem erstmaligen Ansatz als erfolgswirksam zum beizulegenden Zeitwert zu bewertende finanzielle Vermögenswerte zu designieren (*fair value option*) wurde weder bei den Finanzanlagen noch bei den kurzfristigen finanziellen Vermögenswerten Gebrauch gemacht.

Vorräte

Der Ansatz der Vorräte erfolgt zu Anschaffungskosten, die auf Basis von **Durchschnittspreisen** ermittelt werden, oder zu Herstellungskosten. Die Herstellungskosten umfassen alle direkt dem Herstellungsprozess zurechenbaren Kosten sowie angemessene Teile der fertigungsbezogenen Gemeinkosten. Finanzierungskosten werden aktiviert. Die Bewertung zum Bilanzstichtag erfolgt zum jeweils niedrigeren Betrag aus Anschaffungs-/Herstellungskosten einerseits und realisierbarem Nettoveräußerungspreis andererseits.

Kurzfristige finanzielle Vermögenswerte[21]

Kurzfristige finanzielle Vermögenswerte umfassen Forderungen, Wertpapiere sowie Bankguthaben und Kassenbestände. Alle kurzfristigen finanziellen Vermögenswerte werden **am Erfüllungstag**, d. h. zum Zeitpunkt des Entstehens der Forderung bzw. der Übertragung des wirtschaftlichen Eigentums, zunächst mit ihrem *fair value* angesetzt, der i. d. R. den Anschaffungskosten entspricht. Nach IAS 39 werden die finanziellen Vermögenswerte in der Folgezeit unterschieden in Forderungen, zu Handelszwecken gehaltene Vermögenswerte, bis zur Endfälligkeit gehaltene und zur Veräußerung verfügbare Vermögenswerte. Forderungen sowie bis zur Endfälligkeit gehaltene Vermögenswerte werden zu jedem Bilanzstichtag zu fortgeführten Anschaffungskosten bewertet. Zu Handelszwecken und zur Veräußerung verfügbare Vermögenswerte werden dagegen am Bilanzstichtag zum beizulegenden Zeitwert angesetzt, wobei die Wertänderung veräußerbarer Werte erfolgsneutral erfasst wird. Neben den erforderlichen Einzelwertberichtigungen wird erkennbaren Risiken aus dem allgemeinen Kreditrisiko durch Bildung von pauschalierten Einzelwertberichtigungen Rechnung getragen. In Fremdwährung valutierende Forderungen werden zum Mittelkurs am Bilanzstichtag bewertet. Flüssige Mittel sind zu fortgeführten Anschaffungskosten angesetzt. Fremdwährungsbestände sind zum Mittelkurs am Bilanzstichtag bewertet.

Derivate

Derivative Finanzinstrumente werden im Konzern ausschließlich entsprechend einer konzerninternen Richtlinie zur Sicherung von Zins- und Währungsrisiken auf Basis einer vom Vorstand definierten und von einem Gremium überwachten Sicherungspolitik eingesetzt. Gemäß IAS 39 werden alle Finanzderivate im Zugangszeitpunkt zum *fair value*, i. d. R. entsprechend den Anschaffungskosten, erfasst und in der Folge zum Bilanzstichtag zum beizulegenden Zeitwert bewertet. Soweit die eingesetzten Finanzinstrumente wirksame Sicherungsgeschäfte im Rahmen einer Sicherungsbeziehung nach

21 I. d. F. IAS 39 vor Verabschiedung des ab 2013 anzuwendenden IFRS 9.

den Vorschriften von IAS 39 sind, führen die Zeitwertschwankungen nicht zu Auswirkungen auf das Periodenergebnis während der Laufzeit des Derivates. Sicherungsgeschäfte werden entweder zur Absicherung beizulegender Zeitwerte oder zur Absicherung künftiger *cash flows* abgeschlossen. Im Falle einer wirksamen Absicherung von beizulegenden Zeitwerten gleichen sich die Zeitwertschwankungen des gesicherten Vermögenswertes bzw. der gesicherten Schulden und die des Finanzinstrumentes in der GuV aus. Zeitwertschwankungen aus einer wirksamen *cash-flow*-Sicherung werden erfolgsneutral in der entsprechenden Rücklagenposition erfasst. Ist der gesicherte Zahlungsstrom eine Investition, so wird das Grundgeschäft mit dem Sicherungskurs eingebucht. Soweit die eingesetzten Derivate nicht als wirksame Sicherungsgeschäfte, sondern als Handelsgeschäfte nach IAS 39 qualifiziert werden oder die Sicherung in Teilen ineffektiv ist, sind Zeitwertschwankungen unmittelbar als Gewinn oder Verlust in der GuV zu berücksichtigen.

Rückstellungen
Die Bewertung der Pensionsrückstellungen beruht auf dem in IAS 19 vorgeschriebenen Anwartschaftsbarwertverfahren für leistungsorientierte Altersversorgungspläne. Der in den Pensionsaufwendungen enthaltene Zinsanteil wird als **Zinsaufwand im Finanzergebnis** ausgewiesen. Sonstige Rückstellungen werden gebildet, soweit eine aus einem vergangenen Ereignis resultierende Verpflichtung gegenüber Dritten besteht, die künftig wahrscheinlich zu einem Vermögensabfluss führt, und sich diese Vermögensbelastung zuverlässig schätzen lässt. Musste die Rückstellungsbildung unterbleiben, weil eines der genannten Kriterien nicht erfüllt ist, sind die entsprechenden Verpflichtungen unter den Eventualschulden ausgewiesen, soweit nicht eine Wahrscheinlichkeit der Inanspruchnahme ganz gering ist. Rückstellungen für Verpflichtungen, die voraussichtlich nicht bereits im Folgejahr zu einer Vermögensbelastung führen, werden i. H. d. Barwertes des erwarteten Vermögensabflusses gebildet. Der Wertansatz der Rückstellungen wird zu jedem Bilanzstichtag überprüft. Rückstellungen in Fremdwährung sind zum Stichtagskurs umgerechnet.

Verbindlichkeiten
Verbindlichkeiten aus Finanzierungsleasing-Verträgen werden zum Vertragsabschlusszeitpunkt mit dem Barwert der Leasingraten, übrige Verbindlichkeiten werden zum Rückzahlungsbetrag bzw. zu fortgeführten Anschaffungskosten angesetzt. In Fremdwährung valutierende Verbindlichkeiten werden zum Mittelkurs am Bilanzstichtag bewertet.

Latente Steuern
Latente Steuern werden gem. IAS 12 für Bewertungsunterschiede zwischen den Steuerbilanzen der Einzelgesellschaften und dem Konzernabschluss gebildet. Steuerliche Verlustvorträge, die wahrscheinlich zukünftig genutzt werden können, werden i. H. d. latenten Steueranspruchs aktiviert.

3. Schätzungen und Beurteilungen des Managements
Bei der Aufstellung des Konzernabschlusses sind zu einem gewissen Grad Annahmen zu treffen und Schätzungen vorzunehmen, die sich auf Höhe und

> Ausweis der bilanzierten Vermögenswerte und Schulden, der Erträge und Aufwendungen sowie der Eventualverbindlichkeiten der Berichtsperiode auswirken. Durch von den Annahmen abweichende Entwicklungen können die sich tatsächlich einstellenden Beträge von den ursprünglich erwarteten Schätzwerten abweichen. Die auf eine Sicht von 12 Monaten am stärksten von einem entsprechenden Risiko betroffenen Vermögenswerte und Schulden des Konzernabschlusses sind die *goodwills* und die Rückstellungen für Passivprozesse. Hinsichtlich der Prämissen, die bei der Werthaltigkeitsprüfung der *goodwills* zugrunde gelegt wurden, wird auf die Erläuterung des immateriellen Anlagevermögens verwiesen. Den Prozessrückstellungen liegen rechtliche Einschätzungen unserer Anwälte zugrunde. In allen Fällen wurden bis zum Zeitpunkt der Aufstellung des Konzernabschlusses vorliegende werterhellende Umstände berücksichtigt.

5 Angaben zu Zahlungspflichten aus schwebenden Geschäften[22]

71 IAS 1.114(d)(i) sieht eine Angabe der **nicht bilanzierten vertraglichen Verpflichtungen** vor. Zweck einer solchen Offenlegung ist die Darstellung der künftigen Liquiditätslage des Unternehmens. Unklar ist allerdings der **Status** der vorgenannten Vorschrift; platziert ist sie im Kapitel „Struktur des Anhangs".

- Nach einer möglichen Interpretation hält IAS 1.114(d)(i) lediglich fest, an welcher Gliederungsstelle nach anderen Standards geforderte Angaben zu nicht bilanzierten finanziellen Verpflichtungen aus schwebenden Verträgen zu platzieren sind.
- Nach anderer Lesart wären entsprechende Angaben auch dann verlangt, wenn sie nicht explizit in anderen Standards vorgeschrieben sind.

Für die zweite Interpretation spricht die Vorgabe von IAS 1.112(c) zur **Vollständigkeit** der Berichterstattung. Nach ihr hat der Anhang jede Information zu geben, *„that is not presented elsewhere in the financial statements but is relevant to an understanding of them."* U. E. hat i. V. m. dieser Regelung IAS 114(d)(i) den Charakter einer Auffangvorschrift (Rz 11): Soweit Angabepflichten zu Zahlungsverpflichtungen schwebenden Geschäften nicht in anderen Standards enthalten sind, ergeben sie sich aus IAS 1. im Einzelnen ist danach wie folgt zu differenzieren:

Aus den Einzelstandards ergeben sich Angabepflichten für

- *operating leases* beim Leasingnehmer (IAS 17.35a) (→ § 15 Rz 187)
- **schwebende Beschaffungsgeschäfte** über
  - **Sachanlagen** (IAS 16.74c) (→ § 14 Rz 25),
  - *investment properties* (IAS 40.75h) (→ § 16 Rz 118),
  - **Agrarprodukte** (IAS 41.49(b) (→ § 40 Rz 68),
  - **immaterielle Anlagen** (IAS 38.122e) (→ § 13 Rz 92).

---

22 Zum Ganzen: Freiberg, PiR 2008, S. 273ff.

- bislang nicht ausgereichte, aber rechtsverbindlich **zugesagte Kredite** (IFRS 7.B10) (→ § 28 Rz 312).

Nicht durch Einzelstandards geregelt sind hingegen Zahlungsverpflichtungen betreffend

- **Bestellungen** auf **Vorräte** im Anwendungsbereich von IAS 2
- **Bestellungen von nicht aktivierungsfähigen** Leistungen.

Nach der hier vertretenen Auffassung kann eine Angabe allerdings auch in den beiden letzten Fällen wegen des Auffangcharakters von IAS 1.114(d)(i) nicht unterbleiben.

6 Besondere Angabepflichten für deutsche IFRS-Anwender

Das Bilanzrechtsreformgesetz sieht mit Wirkung ab 2005 eine Befreiung des deutschen IFRS-Anwenders von den **Konzernanhangsvorschriften der §§ 313 und 314 HGB** vor (→ § 7 Rz 8ff.). Dieser Grundsatz erfährt fünf in § 315a HGB geregelte **Ausnahmen:** 72

- Soweit nicht schon nach IFRS verlangt, sind im Konzernanhang die nach § 313 Abs. 2 bis 3 HGB geforderten Angaben zu den konsolidierten und nichtkonsolidierten **Beteiligungen** zu machen, d.h., bei Tochterunternehmen, assoziierten Unternehmen und Gemeinschaftsunternehmen sind Name und Sitz sowie Anteil am Kapital anzugeben, bei anderen Beteiligungen (mit mindestens 20 % Anteilsquote) sind zusätzlich die Höhe des Eigenkapitals und das Ergebnis des letzten Geschäftjahres angabepflichtig.
- Nach § 314 Abs. 1 Nr. 4 HGB ist die **durchschnittliche Zahl der Arbeitnehmer** der in den Konzernabschluss einbezogenen Unternehmen während des Geschäftsjahrs, getrennt nach Gruppen, auszuweisen.
- Nach § 314 Abs. 1 Nr. 6 HGB sind die **Organbezüge** anzugeben.
- Für jedes in den Konzernabschluss einbezogene börsennotierte Unternehmen ist gem. § 314 Abs. 1 Nr. 8 HGB anzugeben, ob die nach § 161 des Aktiengesetzes vorgeschriebene **Erklärung zum Corporate Governance Codex** abgegeben und den Aktionären zugänglich gemacht worden ist.
- Nach § 314 Abs. 1 Nr. 9 HGB ist nur für Konzerne, deren Mutterunternehmen einen organisierten Markt i.S.d. § 2 Abs. 4 WPHG in Anspruch nehmen, das im Geschäftsjahr als Aufwand erfasste Honorar für den Konzernabschlussprüfer aufzuschlüsseln nach
  - Abschlussprüfungen,
  - sonstigen Bestätigungs- oder Bewertungsleistungen,
  - Steuerberatungsleistungen,
  - sonstigen Leistungen gegenüber Mutter- oder Tochterunternehmen.

Soweit gem. § 325 Abs. 2a HGB für Zwecke der vollen Bundesanzeigerpublizität ein IFRS-Einzelabschluss erstellt wird (→ § 7 Rz 4), finden die Vorschriften des § 285 Satz 1 Nrn. 7, 8 Buchstabe b, 9 bis 11a, 14 bis 17 HGB, des § 286 Abs. 1 und 3 HGB sowie des § 287 HGB Anwendung.

Die vorgenannten Angaben **ergänzen** die nach IAS 1 verlangten Offenlegungen. Fraglich ist ihre Positionierung. Infrage kommt die Darstellung

- in einem gesonderten Teil außerhalb des IFRS-Anhangs, ähnlich dem von deutschen IFRS-Anwendern verlangten Lagebericht, der gem. IAS 1.13 kein Teil des IFRS-Abschlusses ist, oder
- innerhalb des IFRS-Anhangs.

Nur die zweite Variante entspricht u.E. dem Regelungszweck von § 315a Abs. 1 HGB. Gegen die Einbeziehung in den Anhang bestehen auch aus Sicht von IAS 1 keine Bedenken, da die ergänzenden Angaben die in IAS 1.113 geforderte Systematik des Anhangs nicht gefährden (Rz 13).

Die nach § 315a HGB geforderten Angaben sind aus Sicht des IFRS-Regelwerks als freiwillig zu werten. Aber auch für freiwillig gegebene Informationen müssen nach IAS 1.38 (→ § 2 Rz 8) nicht nur die Daten der aktuellen Periode, sondern auch die des Vorjahres angegeben werden. In der deutschen IFRS-Praxis wird die Pflicht zu Vorjahreswerten bei den Angaben zum Beteiligungsbesitz zu wenig beachtet.[23]

7 Unterlassung nachteiliger Angaben – explizite und implizite Schutzklauseln

73 Das Handelsrecht sieht die **Unterlassung** von Angaben vor:

- nach einer Generalklausel: Die Unterlassung von Angaben gem. § 286 Abs. 1 HGB ist für das Wohl der Bundesrepublik oder eines ihrer Länder erforderlich (Unterlassung im **öffentlichen Interesse**).
- nach spezifizierten Regeln: Angaben zur Aufgliederung der Umsatzerlöse (§ 286 Abs. 2 HGB) sowie bestimmte Angaben zu Beteiligungsgesellschaften (§ 286 Abs. 3 HGB) bzw. zum Konsolidierungskreis (§ 314 Abs. 3 HGB) können unterbleiben, wenn die Offenlegung nach vernünftiger kaufmännischer Beurteilung dem Unternehmen bzw. Konzern erhebliche Nachteile zufügen könnte (Unterlassung im **Unternehmensinteresse**).

74 Die Frage des **öffentlichen Geheimhaltungsinteresses** spielt im IFRS-Regelwerk keine Rolle. Gleichwohl könnte etwa ein für die Bundesrepublik tätiges Rüstungsunternehmen durch die §§ 93ff. StGB angehalten sein, zur Vermeidung von Landesverrat die durch einen Segmentbericht geforderten Detailangaben zum Produktionsprogramm zu unterlassen. Bei einem derartigen Konflikt zwischen beachtlichem nationalem Recht und den Anforderungen des IFRS-Regelwerks bleibt das nationale Recht u. E. vorrangig.[24] Die nach IFRS erforderlichen Angaben müssen dann unterbleiben und die nach IAS 1.14 verlangte *compliance*-Erklärung (Rz 18 und Rz 26) im Anhang muss entsprechend eingeschränkt werden. Dies gilt jedenfalls für den **pflichtweise** zu erstellenden IFRS-Konzernabschluss kapitalmarktorientierter Konzerne.

Für den **freiwilligen** Konzernabschluss sowie den **freiwilligen** zur Erfüllung der Bundesanzeigerpublizität veröffentlichten **IFRS-Einzelabschluss** (→ § 7 Rz 10ff.) ist eine andere Wertung denkbar: Landesverrat bzw. die Offenbarung von Staatsgeheimnissen kann insofern auch durch völligen Verzicht auf eine IFRS-Bilanzierung vermieden werden. In diesem Sinne trifft § 325 Abs. 2a Satz 5 HGB folgende

---

23 Dazu sowie allgemein zu den Pflichtangaben nach § 315a HGB: Zeyer/Maier, PiR 2010, S. 189ff.

24 Mit anderer Begründung, aber gleichem Ergebnis Haller, in: Baetge et al. (Hrsg.), Rechnungslegung nach IAS, 2. Aufl., IAS 14, Tz 14.

Regelung: „Kann wegen der Anwendung des § 286 Abs. 1 HGB auf den Anhang die in Satz 2 Nr. 1 genannte Voraussetzung nicht eingehalten werden, so entfällt das Wahlrecht nach Satz 1." Die Gesetzesbegründung zum Kabinettsentwurf des Bilanzrechtsreformgesetzes führt hierzu noch Folgendes aus: „Steht ausnahmsweise das durch § 286 Abs. 1 HGB geschützte öffentliche Interesse einer nach den IAS erforderlichen Berichterstattung entgegen, so ist die befreiende Offenlegung eines IFRS-Einzelabschlusses nicht möglich. Diese in Satz 5 getroffene Regelung misst einerseits dem öffentlichen Interesse gegenüber dem IFRS-Einzelabschluss das gleiche Gewicht bei wie gegenüber dem (HGB-)Jahresabschluss zu, vermeidet es andererseits, dass ein den IFRS nicht vollständig entsprechender Einzelabschluss nach Absatz 2a Satz 1 in eine Pflichtveröffentlichung des Unternehmens Eingang findet."

Eine § 325 Abs. 2a Satz 5 HGB entsprechende Regelung ist in § 315a HGB (**freiwilliger IFRS-Konzernabschluss**) nicht enthalten. Unmittelbar ist eine derartige Bestimmung auch nicht erforderlich, da die Vorschriften zum Konzernanhang keine Analogregelungen zu § 286 Abs. 1 HGB enthalten. Gleichwohl stellt sich auch in Konzernabschlussfällen die Frage einer Güter- und Rechtsabwägung zwischen Informationspflichten des Rechnungslegungsrechtes einerseits und straf- oder ordnungsrechtlich bewehrten Geheimhaltungspflichten andererseits. In Anwendung des in der Gesetzesbegründung des Bilanzrechtsreformgesetzes zum Ausdruck kommenden Rechtsgedankens wird man auch hier die Inanspruchnahme des Wahlrechtes zur **freiwilligen IFRS-Konzernbilanzierung** gem. § 315a Abs. 3 HGB daran binden müssen, dass Angaben nicht im öffentlichen Interesse unterbleiben.

Zur Unterlassung von Angaben im **Unternehmensinteresse** kennt das IFRS-Regelwerk eine explizite und eine implizite Vorschrift: **75**

- Ausdrücklich geregelt ist folgender Fall: Für die aus einem Streit *(dispute)* mit einer anderen Partei resultierenden **Rückstellungen** oder Eventualverbindlichkeiten sind die nach IAS 37.84ff. verlangten Angaben (z.B. erwartete Belastung) dann nicht zu machen, wenn dadurch die Position des Unternehmens im Streitfall ernsthaft beeinträchtigt werden kann. Die Inanspruchnahme dieser Ausnahmevorschrift ist gem. IAS 1.131 anzugeben.
- Eine implizite Schutzklausel enthält IAS 1.130: Die in IAS 1.125 verlangte Offenlegung von Informationen über die Schlüsselprämissen und Hauptunsicherheitsquellen von **Schätzwerten** wird eingeschränkt. Eine Offenlegung von **Unternehmensplanungen** ***(budget informations)*** und Prognosen ist nicht verlangt. Insbesondere die Bestimmung des *value in use* des *goodwill* und anderer Anlagegegenstände fußt aber in aller Regel auf Unternehmensplanungen, da der *value in use* regelmäßig nur auf der Ebene der Zahlungsmittel generierenden Einheit und damit auf der Grundlage von Budgetplanungen für die relevanten Unternehmensbereiche bestimmt werden kann (→ § 11 Rz 36). Die Hauptunsicherheit, nämlich die Annahmen über die zukünftigen Erträge und Aufwendungen, ist dann in diesen Fällen nicht offenlegungspflichtig (Rz 58).

Die Möglichkeit, Angaben im Unternehmensinteresse zu unterlassen, wird bereits im **Handelsrecht** restriktiv interpretiert. Soweit es um Beteiligungsverhältnisse und den Konsolidierungskreis geht, wird sie gem. § 313 Abs. 3 S. 2 HGB und § 286 Abs. 3 Satz 3 HGB kapitalmarktorientierten Unternehmen generell verwehrt. Dieser Ausschluss gilt durch den Verweis in § 315a Abs. 1 HGB auf § 313 HGB auch für die kapitalmarktorientierten Unternehmen, die ab 2005/2007 ihren Konzernabschluss nach IFRS erstellen müssen. Fraglich ist, wie der für den **freiwilligen IFRS-Anwender** in § 315a Abs. 3 HGB i.V.m. § 315 Abs. 1 HGB enthaltene Verweis auf § 313 HGB sowie der in § 325 Abs. 2a HGB enthaltene Verweis auf § 286 Abs. 3 HGB zu interpretieren ist.

- Dem Wortlaut nach könnte es insofern bei der Möglichkeit der Inanspruchnahme der Schutzklausel bleiben. Die IFRS-*compliance*-Erklärung wäre auch hier entsprechend einzuschränken.
- Eine zweite Lesart scheint aber ebenso möglich: Wenn schon die Unterlassung von Angaben im öffentlichen Interesse zum Wegfall des Wahlrechtes zur IFRS-Bilanzierung führt (Rz 74), sollte dies erst recht für die Unterlassung von Angaben im Unternehmensinteresse gelten.

Für die erste und gegen die zweite Lesart spricht u. E., dass das IFRS-Regelwerk zwar das öffentliche Geheimhaltungsinteresse nicht anerkennt, aber punktuell in IAS 37 und allgemein in IAS 1 die Interessen des Unternehmens an einer Nichtveröffentlichung berücksichtigt. Diesem Gedanken würde Rechnung getragen, wenn in Ausnahmefällen Angaben gem. § 314 Abs. 3 HGB und § 286 Abs. 3 HGB unterblieben.

8 Anwendungszeitpunkt, Rechtsentwicklung

76 IAS 1 ist für alle Abschlüsse anzuwenden, deren Berichtszeitraum ab dem 1. Januar 2009 beginnt. Eine frühere Anwendung wird empfohlen (IAS 1.127). Die Vorschriften über die *Capital Disclosures* gelten schon ab 2007 (Rz 20).

77 Die Neufassung von IAS 1 unterscheidet sich von IAS 1 rev. 2003 nur in einem wesentlichen Punkt. Mit der verpflichtenden Einführung der Gesamtergebnisrechnung sind zusätzliche Angabepflichten geschaffen worden, die etwa die Zusammensetzung des sonstigen Einkommens *(other comprehensive income)* betreffen oder die auf diesem Einkommen lastende Steuer. Wegen Einzelheiten hierzu wird auf → § 2 Rz 51 und Rz 79 verwiesen.

78 Wegen der im Zeitablauf erweiterten Angabevorschriften nach anderen Standards, etwa IFRS 7 für Finanzinstrumente, wird auf die entsprechenden Paragrafen dieses Kommentars verwiesen.

79 Für Schätzunsicherheiten sollen im speziellen Fall der nicht aus Marktpreisen abgeleiteten *fair-value*-Ermittlung die Angabepflichten gem. ED/2009/5 und ED/2007/7 zukünftig wesentlich erweitert werden.

9 Zusammenfassende Praxishinweise, Verweis auf Checkliste „Abschlussangaben“

80 Aus den ökonomischen Grenzen des Informationsgehalts von Bilanz und GuV und der anderen Rechenwerke des Jahresabschlusses (Rz 62) ergibt sich die **Hauptfunktion** des Anhangs. Er soll insbesondere Antwort auf folgende Fragen geben (Rz 15):

- Wie sind die Zahlen der Rechenwerke zustande gekommen? (**Methoden und ggf. Prämissen)**

- Was enthalten die Zahlen in den Rechenwerken? (**Disaggregierung der Posten)**
- Was enthalten die Zahlen der Rechenwerke demgegenüber (noch) nicht? (Ereignisse **nach dem Stichtag**, Eventualverbindlichkeiten usw.)

Diesen funktionalen Überlegungen entspricht der in IAS 1.114 enthaltene **Gliederungsvorschlag** für den Anhang (Rz 17). Er trennt im Wesentlichen zwischen

- **allgemeinen Angaben, darunter**
  - eine Angabe der Übereinstimmung mit IFRS (→ § 1 Rz 50ff.) sowie
  - Methodenangaben,
- **Postenerläuterungen** und
- **sonstigen Angaben.**

Die **Postenerläuterungen** und **sonstigen** Angaben sind überwiegend nicht in IAS 1, sondern in den spezifischen Standards geregelt und von uns dort auch kommentiert (Rz 9). 81

Der **allgemeine** Teil des Anhangs umfasst 82

- die kurze Versicherung der Übereinstimmung des Abschlusses mit IFRS sowie Angaben zur Auswirkung im Geschäftsjahr erstmalig angewandter bzw. in zukünftigen Geschäftsjahren erstmalig anzuwendender neuer bzw. revidierter Standards (Rz 70),
- im Konzernabschluss Angaben zu Konsolidierungskreis- und Konsolidierungsmethoden (→ § 32 Rz 188),
- allgemeine Angaben zu den angewandten Bilanzierungs- und Bewertungsmethoden (Rz 26 und Rz 70),
- spezielle Angaben zur Ausübung des Ermessens bei der Anwendung der Bilanzierungs- und Bewertungsmethoden (Rz 44 und Rz 70),
- Angaben zu Fehler- bzw. Anpassungsrisiken, die sich aus (zukunftsbezogenen) geschätzten Werten ergeben (Rz 50 und Rz 70).

Für die **allgemeinen Angaben zu den Bilanzierungs- und Bewertungsmethoden** wird unter Rz 70 ein **Formulierungsbeispiel** gegeben, das der ganz herrschenden Praxis entsprechend viele Selbstverständlichkeiten enthält (Rz 30). 83

Als Bestandteil der Angaben zu den Bilanzierungs- und Bewertungsmethoden *(in the summary of significant accounting policies)* sind die bedeutsamsten Ermessensentscheidungen *(judgements with the most significant effect)* anzugeben, die bei der Regelanwendung getroffen wurden (Rz 44).

Im Unterschied zu den Angaben über das Ermessen bei der **Auslegung unbestimmter Rechtsbegriffe** sind die Angaben zum Ermessen bei der Schätzung **unsicherer Werte** nicht auf die bedeutsamsten *(most significant)* Fälle beschränkt. Angaben sind vielmehr für **alle** geschätzten Vermögenswerte und Schulden notwendig, die ein signifikantes Anpassungsrisiko haben (Rz 52). 84

Eine **allgemeine** Einschränkung ergibt sich aus dem *materiality*-Vorbehalt, dem IAS 1.116 wie jede andere Regel unterliegt. Eine **spezielle** Einschränkung wird in **zeitlicher** Hinsicht vorgenommen: Nur das Risiko einer signifikanten Anpassung innerhalb der nächsten 12 Monate führt zu einer Offenlegungspflicht. Aus diesem Zeitkriterium ergeben sich sachlich kaum gerechtfertigte Differenzierungen (Rz 53).

Zu konkretem **Inhalt und Form** der für Schätzwerte geforderten Offenlegung hält IAS 1 Folgendes fest (Rz 56):

- Die risikobehafteten Vermögenswerte und Schulden sind in der Weise zu **identifizieren**, dass
  - die **Art** der von signifikanten Anpassungsrisiken betroffenen Vermögenswerte oder Schulden sowie
  - deren **Buchwerte** angegeben werden (IAS 1.116a und b).
- Die bei den identifizierten Vermögenswerten oder Schulden konkret vorliegenden Schätzunsicherheiten können je nach den Umständen *(according to the circumstances)* in verschiedener **Form** präsentiert werden, z.B. durch Offenlegung
  - der **Art** der Annahmen und der Unsicherheit,
  - der **Sensitivität** der Buchwerte gegenüber den Prämissen.

Die Angabepflichten zu den Schätzwerten werden zum Teil durch die in IAS 1.130 implizit enthaltene **Schutzklausel** konterkariert. Die Offenlegung von Budgetinformationen ist danach nicht verlangt. Der wichtige Bereich des nur auf der Ebene der Zahlungsmittel generierenden Einheit durchzuführenden *impairment*-Tests wird auf diese Weise von einer konkretisierten Angabepflicht ausgenommen. Explizite und implizite Schutzklauseln bestehen auch für andere Bereiche (Rz 73).

Für **deutsche Anwender** bestehen einige besondere Angabepflichten, u.a. ist eine Aufstellung des Beteiligungsbesitzes geboten (Rz 72).

Auf die **Checkliste „Abschlussangaben“** wird verwiesen (Rz 8).

§ 6 ERSTMALIGE ANWENDUNG

Inhaltsübersicht **Rz**

Schrifttum: Andrejewski/Böckem, Einzelfragen zur Anwendung der Befreiungswahlrechte nach IFRS 1, KoR 2004, S. 332; Beck, Anwendung der IFRS im Rahmen der Zwischenberichterstattung nach § 40 BörsG verpflichtend, DB 2005, S. 1477; Böcking/Busam/Dietz, IFRS 1 First-time Adoption of International Financial Reporting Standards vom 19.6.2003, Der Konzern 2003, S. 457; Burger/Schäfer/Ulbrich/Zeimes, Die Umstellung der Rechnungslegung nach IFRS 1, WPg 2005, S. 1193; Hachmeister/Kunath, Die Bilanzierung des Geschäfts- oder Firmenwerts im Übergang auf IFRS 3, KoR 2005, S. 62; Hayn/Bösser/Pilhofer, Erstmalige Anwendung von International Financial Reporting Standards (IFRS 1), BB 2003, S. 1607; Lüdenbach, Neueinschätzungen und Fehlerkorrekturen in der IFRS-Eröffnungsbilanz, PiR 2006, S. 13; Lüdenbach/Hoffmann, Der lange Schatten des Übergangs auf die IAS-Rechnungslegung, DStR 2002, S. 231; Lüdenbach/Hoffmann, Der Übergang von der Handels- zur IAS-Bilanz gem. IFRS 1, DStR 2003, S. 1498; Pellens/Detert, IFRS 1, First-time Adoption of International Financial Reporting Standards, KoR 2003, S. 369; Theile, Erstmalige Anwendung der IAS/IFRS, DB 2003, S. 1745; Zeimes, Zur erstmaligen Anwendung der International Financial Reporting Standards gem. IFRS 1, WPg 2003, S. 982.

Vorbemerkung

Die Kommentierung bezieht sich auf IFRS 1 in der aktuellen Fassung und berücksichtigt alle Ergänzungen, Änderungen und Interpretationen, die bis zum 1.1.2011 beschlossen wurden.

Einen Überblick über die Rechtsentwicklung und über als Änderungsentwurf vorgelegte zukünftige Regelungen enthalten Rz 122ff.

1 Zielsetzung, Regelungsinhalt und Begriffe

1 Aus deutscher Sicht stellt sich das Erfordernis des Übergangs auf die IFRS-Welt nur noch bei nicht kapitalmarktorientierten Konzerngesellschaften, die das Wahlrecht zur Anwendung der IFRS (§ 315a Abs. 3 HGB) in Vorjahren noch

nicht ausgeübt haben. Nach der EU-Verordnung unterliegen mit gewissen Ausnahmen alle **kapitalmarktorientierten** Unternehmen schon seit 2005 mit ihrem **Konzernabschluss** einer Rechnungslegungspflicht nach IFRS. Einzelheiten hierzu vgl. → § 7 Rz 8ff.

IFRS 1 trifft Regelungen für Bilanzansatz, -bewertung und -ausweis, aber auch für die anderen Rechenwerke des Abschlusses und für den Anhang beim Übergang vom nationalen Recht auf die IFRS. Mit jedem Übergang ist eine Änderung der Rechnungslegungsmethoden verbunden. Solche Änderungen unterliegen, wenn sie sich **innerhalb** der IFRS-Welt vollziehen, den Regelungen des IAS 8.14ff. Beim Wechsel vom **nationalen** Recht zu den IFRS hat hingegen IFRS 1 als lex specialis Vorrang. 2

Im Interesse der **weltweiten** Anerkennung der IFRS ist der Standard IFRS 1 ausgerichtet auf die 3

- Nützlichkeit und Transparenz für die Anwender (IFRS 1.BC 7ff.);
- Vergleichbarkeit innerhalb der Gruppe von Erstanwendern;
- zwischenperiodische Vergleichbarkeit betreffend den jeweiligen Erstanwender;
- Lieferung eines angemessenen Startpunktes der Rechnungslegung auf der Grundlage der IFRS;
- Vermeidung von **Aufwendungen** des Anwenders, welche den **Nutzen** für den Adressaten (der Rechnungslegung) **übersteigen**.

Der **Hauptteil** der Standards mit der Darstellung der Grundlagen des Übergangsverfahrens auf der Basis der Retrospektion (Rz 30) wird ergänzt durch Anhänge (Rz 28): 4

- Appendix A: Begriffsdefinitionen
- Appendix B: Ausnahmen von der Retrospektion (Rz 32ff.)
- Appendix C: Optionale Erleichterung für Unternehmenszusammenschlüsse (Rz 54ff.)
- Appendix D: Optionale Erleichterungen für andere Standardregeln (Rz 41ff.)
- Appendix E: Optionale (kurzfristige) Erleichterungen mit Übergangscharakter (derzeit ohne Anwendungsbereich).

Die Appendices sind im weiteren Text zitiert mit dem jeweiligen großgeschriebenen Buchstaben und der betreffenden Nummer.

IFRS 1 ist spürbar vom Bestreben des Board getragen, das Übergangsprocedere im Interesse der weltweiten Verbreitung der IFRS zu **erleichtern**. Die ganze Rechnungslegungswelt wird zum Eintritt in die IFRS-Gesellschaft eingeladen, denn ehrgeiziges Ziel des Board ist es, Lösungen zur Rechnungslegung für jedes Unternehmen auf der ganzen Welt vorzulegen („*to find solutions that will be appropriate for any entity, in any part of the world*", IFRS 1.BC3). Das **generelle** Ziel der IFRS nach Bereitstellung qualitativ hochwertiger Informationen bleibt selbstverständlich unberührt. 5

Durch die Vielzahl von optionalen Erleichterungen ist die **zwischenbetriebliche** Vergleichbarkeit sowohl zwischen den bisherigen IFRS-Anwendern und den Neueinsteigern als auch zwischen den Neueinsteigern untereinander weitgehend auf der Strecke geblieben.[1]

---

1 Ähnlich THEILE, DB 2003, S. 1745; HAYN/BÖSSER/PILHOFER, BB 2003, S. 1607, 1612.

2 Persönlicher und zeitlicher Anwendungsbereich von IFRS 1

6 Der Standard ist gem. IFRS 1.2 von einer „*entity*“ (Rz 12) anzuwenden auf

- den **erstmaligen** IFRS-Jahres- oder Konzernabschluss (Rz 14) und
- die **Zwischenberichterstattung** gem. IAS 34 (→ § 37), sofern das Unternehmen diese freiwillig oder verpflichtend schon im **erstmaligen** IFRS-Berichtsjahr abliefert (Rz 17).

Zur Auslegung des Kriteriums „**erstmalig**“ äußert sich der Board in IFRS 1.3 **eindeutig**: Ohne eine **ausdrückliche** und **vorbehaltslose Aussage** gem. IAS 1.16, derzufolge ein Abschluss – einschließlich der Anhangsangaben (IFRS 1.BC5) – den Vorschriften der IFRS entspricht (*compliance statement*, → § 2 Rz 7), gilt er nicht als IFRS-Abschluss. Umgekehrt: Nur mit dieser eindeutigen Aussage kann das/der betreffende Unternehmen/Konzern die IFRS-Rechnungslegungswelt betreten, und zwar durch das Tor der erstmaligen Anwendung nach IFRS 1 (IFRS 1.BC5). Diese Anforderung wirkt zwar sehr formal, aber aus Sicht des Board liefert sie einen **einfachen Prüfmaßstab (simple test)** mit einer **unmissverständlichen Antwort**.

7 Zur erstmaligen Anwendung kommt es daher **auch** in folgenden Fällen (beispielhafte Aufzählung in IFRS 1.3):

- Das bisherige Rechenwerk stimmte zwar in allen Belangen mit den IFRS überein, enthielt aber **keine ausdrückliche und vorbehaltlose** Übereinstimmungserklärung;
- die IFRS-Rechnungslegungsregeln sind bislang nur für den **internen Gebrauch** – z. B. die Erarbeitung eines *reporting package* durch ein Konzernunternehmen zur Einbeziehung in einen Konzernabschluss – angewandt worden und standen weder den Unternehmens**eignern** (Aktionären) noch **anderen** Bilanzadressaten zur Verfügung;
- das Unternehmen/der Konzern war börsennotiert und wendete nach nationalem (z. B. deutschem; → § 7 Rz 8) Recht die IFRS-Rechnungslegung an und war dabei auch Erstanwender nach IFRS. Nach Zurücknahme der Börsenzulassung (*delisting*) erfolgt die Rechnungslegung **erneut** nach nationalem Recht, z. B. HGB. **Später** wurde nach nationalem Recht wieder die Rechnungslegung nach IFRS zwingend. Dann ist dem IFRS *Interpretations Committee* zufolge[2] erneut der Fall einer Erstanwendung gegeben. Diese Auffassung des *Committee* ist allerdings unverbindlich, vielmehr wird die Aufnahme des Themas durch den IASB in das *Annual Improvements Project* empfohlen;
- das Unternehmen hat bislang überhaupt keinen Jahresabschluss erstellt (IFRS 1.3d); vgl. hierzu aber Rz 12.

Zweifelhaft kann folgende Fallgestaltung sein:

> **Beispiel**
> **Sachverhalt**
> Eine Konzernmuttergesellschaft erstellt seit Jahren einen HGB-Konzernabschluss und veröffentlicht diesen im elektronischen Bundesanzeiger. Zum

[2] IFRIC, Update September 2010.

31.12.01 und 02 erstellt sie auf Wunsch der Hausbank zusätzlich IFRS-Konzernabschlüsse, die das *compliance statement* (Rz 6) enthalten. Diese Abschlüsse enthalten jedoch Ergebnisse und Bilanzwerte, die der Öffentlichkeit nicht bekannt gemacht werden sollen. Die IFRS-Abschlüsse werden daher nur der Hausbank und einem Lieferanten zur Verfügung gestellt, nicht dagegen den Gesellschaftern und der Öffentlichkeit. Zum 31.12.03 wird erstmals statt des HGB-Konzernabschlusses ein solcher nach IFRS erstellt und im elektronischen Bundesanzeiger veröffentlicht.
Die Frage ist, ob dieser IFRS-Konzernabschluss einen Erstanwendungsfall darstellt.

Lösung

Dagegen spricht der Wortlaut von IFRS 1.3b): Die IFRS-Abschlüsse 01 und 02 sind bereits „externen Adressaten" bekannt gemacht worden, der IFRS-Abschluss 03 würde demzufolge keine Erstanwendung mehr darstellen.
Die Besonderheit des Falles besteht aber in der nur „kleinen", vom Unternehmen selbst bestimmten Publizität der IFRS-Abschlüsse 01 und 02. Demgegenüber ist die „große", gesetzlich vorgesehene Publizität weiter nach HGB erfüllt worden. Würde man nun den IFRS-Abschluss 03 nicht als Erstanwendungsfall werten, käme die ganz überwiegende Zahl der Bilanzadressaten niemals in den Genuss der durch Appendices C und D vorgesehenen Erleichterungen zum Übergang von HGB auf IFRS. Eine solche Umgehung der Erleichterungsvorschriften widerspricht u.E. dem an allererster Stelle von IFRS 1 genannten Regelungszweck der **Transparenz** (IFRS 1.1a). Überdies sieht IFRS 1 kein Nebeneinander von nationaler Rechnungslegung und IFRS vor. Das nationale Recht wird vielmehr im Begriff der „vorherigen Rechnungslegungsgrundsätze" (*previous* GAAP) als „die Rechnungslegungsbasis eines erstmaligen Anwenders unmittelbar vor der Anwendung der IFRS" definiert (App. A). IFRS 1 unterstellt mithin die Aufgabe der alten Rechnungslegung mit dem „Datum des Übergangs auf die IFRS" *(„date of transition to IFRSs")*. Wird stattdessen für einige Jahre ein Nebeneinander praktiziert und in Umgehungsabsicht der Übergang zu den IFRS gegenüber dem größeren Teil der Bilanzadressaten erst verzögert vollzogen, liegt eine Erstanwendung erst zu dem Zeitpunkt vor, zu dem der IFRS-Abschluss den nationalen Abschluss in der großen Publizität ersetzt.

Umgekehrt liegt **kein** Fall der erstmaligen Anwendung und damit des Regelungsbereichs von IFRS 1 vor, wenn das Unternehmen in verschiedenen Bereichen des Abschlusses gegen IFRS-Rechnungslegungsregeln **verstoßen** hat, aber gleichwohl im Anhang wahrheitswidrig die IFRS-**Übereinstimmung** *(compliance)* behauptet. 8

Insgesamt fährt der Board hinsichtlich der Festlegung des Anwendungsbereichs eine **klare** Linie. Entscheidendes Kriterium für die erstmalige Anwendung ist die ausdrückliche und vorbehaltlose Aussage der IFRS-**Übereinstimmung**. 9

Beispiel
Ein Unternehmen plant eine vollständige Umstellung auf IFRS. Die bisherigen Jahresabschlüsse enthalten Abweichungen von den IFRS-Regeln. Gleichwohl sind sie als IFRS-Abschlüsse überschrieben und enthalten im Anhang eine ausdrückliche Bestätigung der Übereinstimmung mit den IFRS.
Eine Gewichtung der Abweichungen nach ihrer Wesentlichkeit ist nicht erforderlich. Das Unternehmen ist kein Erstanwender. Es muss notwendige Bereinigungen nach IAS 8 als „Fehlerkorrekturen" in der Periode vornehmen und kenntlich machen, in der diese festgestellt werden (IFRS 1.BC6).

Es kommt also entscheidend auf die Sicht und die Aussage des **berichterstattenden** Unternehmens an. Behauptet dieses in einem früheren Jahresabschluss die volle Übereinstimmung desselben mit den IFRS gem. IAS 1.16 (→ § 1), so genügt das für den Ausschluss vom Statut des Erstanwenders nach IFRS 1.[3] Das gilt selbst dann, wenn gerade aus diesem Grund der Abschlussprüfer sein **Testat eingeschränkt** hat (IFRS 1.4(c)).[4] Andererseits führen frühere Abweichungen von einzelnen IFRS im (engen) Rahmen des IAS 1.19 nicht notwendigerweise in den Anwendungsbereich von IFRS 1.[5]

10 Die Aufzählung in IFRS 1.3 ist nur **beispielhaft**. Nicht förmlich angesprochene Sachverhalte sind nach dem Sinn des Regelungsgehaltes zu lösen.

Beispiel
Eine deutsche Konzernmuttergesellschaft muss erstmals am 31.12.05 einen Konzernabschluss nach IFRS vorlegen. Eine Tochtergesellschaft will sich dem Vorhaben für ihren Teilkonzernabschluss anschließen. Bisher hat sie keinen solchen Abschluss nach HGB erstellt, sondern nur *reporting packages*.

Lösung
IFRS 1.3 reflektiert nur einen Übergang vom bisherigen Abschluss auf den IFRS-Abschluss; der Übergang von einem (rechtlichen) Nichtabschluss auf den IFRS-Abschluss ist insoweit beispielhaft aufgeführt, als (nur) *reporting-packages* nach **IFRS** erstellt wurden.
Der Fall ist mit dem argumentum de maiore ad minus zu lösen: Wenn schon das Erstellen eines (als höherwertig geltenden) IFRS-*reporting-package* zur erstmaligen Anwendung nach IFRS 1 führt, muss dies erst recht für ein bislang ausschließliches HGB-*package* gelten. Die Tochtergesellschaft ist für ihren Teilkonzernabschluss Erstanwender.

11 Die IFRS-Rechnungslegung soll konzeptionell den **wirtschaftlichen** Gehalt eines Geschäftsvorfalls abbilden (Grundsatz der *substance over form;* → § 1 Rz 48). Auch bei der Bestimmung des IFRS-Erstanwenders darf deshalb nicht die „Rechtsform" allein der Definition zugrunde gelegt werden. Ein typisches Fallbeispiel stellt die Rechtsfigur des umgekehrten Unternehmenserwerbs *(re-*

3 Vgl. Zeimes, WPg 2003, S. 982, 983.
4 Kritisch hierzu Theile, DB 2003, S. 1745, 1746.
5 Zeimes, WPg 2002, S. 1002; Hayn/Bösser/Pilhofer, BB 2003, S. 1607, 1608.

serve acquisition) gem. IFRS 3.21 dar (→ § 31 Rz 194ff.). Als Erstanwender gilt in diesen Fällen der „bilanzielle Ersterwerber"*(acquirer for accounting purposes).*[6]

> **Beispiel**
> **Sachverhalt**
> Die A GmbH (EK 3 Mio. EUR, Umsatz 30 Mio. EUR) hat zum 31.12.01 einen IFRS-Abschluss mit Übereinstimmungsvermerk gem. IAS 1.16 veröffentlicht. Im Januar 02 gründen die Gesellschafter der A GmbH die B AG mit einem Grundkapital von 100.000 EUR. Zur Gründung legen sie alle Anteile an der A GmbH in die B AG ein. Diese erstellt zum 31.12.02 erstmals einen IFRS-Konzernabschluss.
>
> **Lösung**
> Die B AG ist zwar rechtlicher Erwerber, wirtschaftlich aber als erworbenes Unternehmen zu betrachten (→ § 31 Rz 194). Die B AG ist trotz des erstmaligen unter ihrem Namen veröffentlichten IFRS-Konzernabschlusses kein Erstanwender i.S.v. IFRS 1.3 und muss die Wertansätze des Tochterunternehmens A GmbH übernehmen.[7]

Anders verhält es sich u.E., wenn ein neu gegründetes Unternehmen das bisherige „Geschäft" von einem anderen **übernimmt**, dabei aber der IFRS-Rechnungslegung unterliegt oder diese freiwillig anwendet. Nach dem Regelungsinhalt des IFRS 1 in formaler Betrachtung (*scope*) könnte diese Gesellschaft ebenfalls als IFRS-Erstanwender angesehen werden. So lautet auch bei wörtlicher Lektüre IFRS 1.3D (Rz 7). Allerdings passt diese Falllösung nicht in das ganze Regelwerk von IFRS 1. Vergleichszahlen (Rz 14) nach IFRS 1.21 können – als Beispiel – nicht geliefert werden. Ebenso wenig ist die Übergangsperiode mit drei Bilanzen (Rz 16) darstellbar. Daher ist die neu gegründete Gesellschaft u.E. kein IFRS-Erstanwender. Abgesehen davon kommen auch entsprechende Bilanzierungsprobleme bez. der Rückwirkung in diesem Fall nicht zum Tragen.[8] 12

Die Übergangsvorschriften nach IFRS 1 sind von einer *„entity"* (Unternehmen) zu erfüllen (Rz 6). Der Begriffsinhalt bleibt jedoch an dieser Stelle wie auch in den übrigen Standards undefiniert. Im hier kommentierten Zusammenhang kann man die *entity* als **Berichtssubjekt** (*reporting entity*) festmachen. Dazu folgendes Beispiel:[9] 13

> **Beispiel**
> Die MU AG ist seit einigen Jahren ein börsennotiertes Unternehmen. Tochterunternehmen hatte die MU AG bisher nicht. Zum 1.1.10 erwirbt sich jedoch eine 100 %ige Beteiligung an der TU GmbH. Bis einschließlich 09

---

6 So auch IDW, RS HFA 19, Tz 3 (WPg 2006, S. 137).
7 So auch Deloitte, iGAAP 2010, Tz 5.2.6.
8 So auch Deloitte, iGAAP 2010, Tz 5.2.6.
9 Nach Lüdenbach, PiR 2010, S. 144. Dieser Fundstelle sind auch die nachstehenden Erläuterungen entnommen.

hat die MU AG lediglich einen HGB-Jahresabschluss erstellt. Zum 31.12.10 soll erstmals ein Konzernabschluss nach IFRS aufgestellt werden.
In diesem Zusammenhang sind eine Reihe von Fragen zu klären.

Die **Konzernrechnungslegungspflicht** selbst ist nach § 315a Abs. 1 HGB zu bestimmen. Bei kapitalmarktorientierten Gesellschaften ist ein IFRS-Konzernabschluss geboten (→ § 32 Rz 6). Die Erstellungspflicht trifft nach § 315a Abs. 1 HGB i. V. m. der IAS-VO die MU AG als Mutterunternehmen.
Die eigentliche Frage geht aber dahin, ob

- die berichtspflichtige *entity* erst am 1.1.10 mit dem Erwerb einer Tochtergesellschaft **entsteht** oder
- bereits zuvor die bestehende *entity* in Gestalt der MU AG als *entity* in anderer Ausrichtung und Qualität **weitergeführt** wird.

Von der Beantwortung dieser Fragen hängt ab

- die Darstellung der **Eröffnungsbilanz** (Rz 16),
- die Angabe von **Vorjahresvergleichszahlen** (Rz 14),
- die **Überleitung** von der bisher nach nationalem Recht erfolgten Rechnungslegung (Rz 94).

Wenn das berichterstattungspflichtige Unternehmen/der Konzern (*entity*) erst zum 1.1.10 entstanden ist, gilt:

- Der 1.1.10 stellt das Datum sowohl der **IFRS**-Eröffnungsbilanz als auch der Eröffnungsbilanz des **Unternehmens** selbst dar.
- Der Abschluss zum 31.12.10 enthält dann **keine** Vergleichszahlen für das Vorjahr.
- Eine **Überleitungsrechnung** für das Eigenkapital (Rz 108) entfällt.

Wenn umgekehrt die erstmalige Erfüllung des Konzerntatbestands lediglich als **Fortsetzung** der bisherigen Unternehmenstätigkeit in anderem Umfang und Qualität gesehen wird, gilt:

- Die IFRS-Eröffnungsbilanz ist auf den **1.1.09** (Rz 16) zu erstellen.
- Im Konzernabschluss für 10 sind nach IFRS 1.21 als **Vergleichszahlen** für das Vorjahr die noch zu ermittelnden einzelbilanziellen IFRS-Werte der MU AG anzugeben (Rz 14).
- Eine **Überleitungsrechnung** für das Eigenkapital und das Gesamtergebnis für 09 ist vom zuvor einzelbilanziell ermittelten HGB- auf den IFRS-Wert nach IFRS 1.24 vorzunehmen (Rz 108).

Der Sachverhalt wird mit anderer Zielrichtung in IFRS 1.D17 S. 2 angesprochen (Rz 86). Danach kann **tatbestandlich** folgende Konstellation vorliegen:

- **Ein einziges** berichterstattendes Unternehmen (*reporting entity*)
- kann für **unterschiedliche Berichtsobjekte** (*entities*) – Konzern- und Einzelabschluss –
- zu **unterschiedlichen Zeitpunkten** auf die IFRS übergehen.

Bei der daraus abgeleiteten separaten Betrachtung von Konzern- und Einzelabschluss gilt für die MU AG u. E.:

- Am 1.1.10 ändern sich nicht lediglich **Qualität** und **Ausdehnung** eines bereits zuvor bestehenden Berichtsobjekts (*entity*),
- vielmehr **entsteht** die für den Anwendungsbereich von IFRS 1 maßgebliche *entity* (jetzt der Konzern) erst zu diesem Stichtag.

Nach dieser Entscheidung für das „Ob" und „Wann" der IFRS-Erstanwendung muss konsequenterweise das „Wie" in der **Trennung** von Einzel- und Konzernabschluss erfüllt werden:

- Eine **Überleitungsrechnung** (Rz 108) entfällt, da der Konzern vor dem 1.1.10 noch nicht vorhanden war.
- Aus dem gleichen Grund entfällt die **Angabepflicht** für Vorjahresvergleichszahlen (Rz 14), allerdings mit **freiwilliger** Angabe von Vorjahreszahlen nach HGB gem. IFRS 1.22 (Rz 12).

3 Die Abbildung des Übergangsprozesses

3.1 Die „Drei-Bilanzen-Periode"

3.1.1 Jahresabschluss

In IFRS 1.6 i.V.m. IFRS 1.21 ist die formale Abwicklung des Übergangsprocederes vom bisherigen (*previous* GAAP) Abschluss in die IFRS-Rechnungslegung dargestellt. Die Schnittstelle = Übergangszeitpunkt *(date of transition)* stellt dabei eine IFRS-**Eröffnungsbilanz** (IFRS 1.6) dar. Deren Bedeutung erschließt sich zunächst durch die Vorgabe nach IFRS 1.21 hinsichtlich der Präsentation von drei Bilanzen. Dies ist den ab diesem Zeitpunkt gültigen Regelungen in IAS 1.10f und IAS 1.39 geschuldet, wonach bei Abschlussänderungen (→ § 2 Rz 10) und Darstellungsänderungen (→ § 2 Rz 18) auch die Eröffnungsbilanz der Vorperiode zu veröffentlichen ist. Ein **mehrjähriger** Periodenvergleich darf ebenfalls geliefert werden, der Zwei-Perioden-Vergleich stellt die Mindestnorm dar. Das Stetigkeitsgebot für die Bilanzierung und Bewertung nach IAS 8 (→ § 24 Rz 7) gilt bez. der nach altem Recht angewandten Methoden nicht (IFRS 1.11). Deshalb ist darüber nicht zu berichten. Wegen der Angabepflicht von Vorjahresvergleichszahlen s. Rz 108. 14

Das Erfordernis der Vergleichszahlen nach IFRS 1.21 für die GuV bzw. die Gesamteinkommensrechnung erfordert die Erstellung von **zwei** GuVs und damit nach den Gesetzen der Doppik zwingend die Erstellung und Veröffentlichung von **drei** Bilanzen, die sämtlich den IFRS-Vorgaben zu genügen haben. 15

Außerdem sind zu veröffentlichen:

- zwei *cash-flow*-Rechnungen,
- zwei Eigenkapitalveränderungsrechnungen (→ § 2 Rz 79),
- zugehörige Erläuterungen.

Vorjahreswerte nach früherem Recht sind als solche zu kennzeichnen und ohne Quantifizierung an die IFRS-Werte anzugleichen (IFRS 1.22). Die Vorjahreswerte sind nicht zwingend auf Basis des Kalenderjahres dazustellen. Bei **Rumpfgeschäftsjahren** sind die dortigen Werte zu verwenden.[10]

Beispiel

Soll zum 31.12.02 erstmals eine IFRS-Bilanz erstellt und veröffentlicht werden, bedarf es der Darstellung der GuV für die Geschäftsjahre 01 und 02. Deshalb muss eine IFRS-Eröffnungsbilanz zum 1.1.01, zeitlich identisch mit der Schlussbilanz zum 31.12.00 sowie eine Bilanz zum 31.12.01 erstellt

10 Ernst & Young, International GAAP 2009, Kap 5: s2.2.3.

> werden. In der Periode 01 und zum 31.12.01 ist also zweigleisig zu verfahren: Es bedarf eines „normalen“ HGB-Abschlusses und eines nach IFRS, Letzterer als Vergleichsperiode im erstmaligen Abschluss zum 31.12.02. Sofern bislang nach früherem Recht keine Abschlüsse *(financial statements)* veröffentlicht worden sind, ist dies anzugeben (IFRS 1.28).

16 **Dreh- und Angelpunkt** des Übergangsprocederes stellt die IFRS-**Eröffnungsbilanz** dar, weil sich in ihr alle nach IFRS 1 zu beachtenden Ansatz- und Bewertungsregeln niederschlagen.[11] In der Folge sind dann (z.B.) Abschreibungen (im Beispiel ab dem Jahr 01) neu zu berechnen. Deshalb bedarf der Übergang vom HGB in die Rechnungslegungswelt der internationalen Standards einer **rechtzeitigen** Planung.

Obwohl sich in der IFRS-Eröffnungsbilanz (im obigen Beispiel 1.1.01) bereits das gesamte Ansatz- und Bewertungsgerüst auf der Grundlage der IFRS niederschlägt, gilt (nur) der Abschluss zum 31.12.02 als **„erstmaliger IFRS-Abschluss“**; dieser Stichtag stellt das *reporting date* i.S.d. IFRS 1.7 dar. Entsprechend kann man das Geschäftsjahr 02 (im Beispiel unter Rz 15) als *reporting period* bezeichnen.

Schematisch lässt sich die Übergangsperiode wie folgt darstellen:

<table>
<tr><td colspan="2">Übergangszeitpunkt
(date of transition)
1.1.01</td><td colspan="2">„Vergleichsbilanz“
31.12.01</td><td colspan="2">Erstanwendungszeitpunkt
(reporting date)
31.12.02</td></tr>
<tr><td></td><td colspan="2">Vergleichszeitraum des Umstellungsjahres 01
(transition period)</td><td colspan="2">Berichtszeitraum 02
(reporting period)</td><td></td></tr>
<tr><td colspan="2">IFRS-Eröffnungsbilanz</td><td colspan="2">Letzte HGB-Bilanz</td><td colspan="2">Erster veröffentlichter IFRS-Abschluss</td></tr>
</table>

Tab. 1: Übergangsperioden auf IFRS

3.1.2 Zwischenberichterstattung

17 IFRS 1.32 verlangt für die **Zwischenberichterstattung** (→ § 37) innerhalb des Berichtszeitraumes vor dem Erstanwendungszeitpunkt (Rz 16):

- Überleitungsrechnungen für das **Eigen**kapital und das **Ergebnis** der Zwischen- und Gesamtperiode des Vorjahres.
- Angaben zur Herstellung der **Vergleichbarkeit** des Zwischenabschlusses mit dem vergleichbaren Vorjahresabschluss, der nach den IFRS erstellt wurde.
- Überleitungsrechnungen nach Maßgabe von IFRS 1.24 und IFRS 1.25 (Rz 94), also für das **Eigenkapital** im Beispiel unter Rz 16 vom 1.1.01 sowie 31.12.01 und 31.12.02 und für die **GuV** 01.
- Änderungen in der Ausübung von **Bilanzierungswahlrechten** und der Auswahl von **Übergangserleichterungen** (Rz 115) sind nach Maßgabe des *An-*

[11] Zeimes, WPg 2002, S. 1001, 1003.

nual Improvements Project 2010 und nach Maßgabe von IFRS 1.23 (Rz 94) dort zu vermerken (IFRS 1.32c).

Außerdem sind nach IFRS 1.33 zusätzliche Angaben zu **wesentlichen** Geschäftsvorfällen zu machen, um die **zwischenperiodische** Vergleichbarkeit herzustellen.

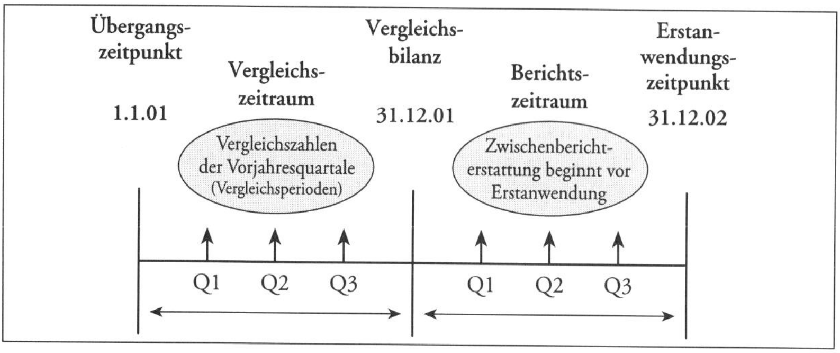

Abb. 1: Übergangsperioden auf IFRS mit Zwischenberichterstattung

Die **Vorjahresinformationen** gem. IFRS 1.21 (Rz 14) gelten auch für Zwischenberichte. Erfolgt die erstmalige Anwendung der IFRS wie üblich in einem Jahresabschluss, so sind für die Zwischenberichte des Folgejahres die Zwischenperioden des Vorjahres entsprechend darzustellen. Durch die zeitliche Nähe des ersten IFRS-Jahresabschlusses zum ersten IFRS-Zwischenbericht können erhebliche Schwierigkeiten entstehen. Es empfiehlt sich daher, mit der IFRS-Umstellung nicht erst im Hinblick auf einen Jahresabschluss zu beginnen, sondern vielmehr zumindest für interne Zwecke auch vorher veröffentlichte Zwischenberichte des Umstellungsjahres bereits auf IFRS überzuleiten.

Beispiel

Zum 31.12.02 soll der erste IFRS-Abschluss vorgelegt werden. Das Unternehmen berichtet quartalsweise.

Die Umstellung erfolgt im Zuge der Abschlussarbeiten für das Jahr 02 in den ersten Monaten des Jahres 03. Die laufende Buchhaltung verbleibt auf HGB. Es werden drei Bilanzjahre (00, 01, 02) umgestellt, danach werden hieraus die Bewegungsrechnungen abgeleitet (GuV, Kapitalflussrechnung, Eigenkapitalentwicklung).

Mit großer Erleichterung wird der Jahresabschluss Ende März 03 der Börse zugeleitet und veröffentlicht. Mitte Mai soll der Quartalsabschluss zum 31.3.03 vorgelegt werden. Dabei stellt sich die fehlende Umstellung der Vorjahreszahlen zum 31.3.02 auf IFRS heraus.

Ein **Sonderproblem** kann entstehen, wenn das Unternehmen im Berichtszeitraum der Umstellung (z.B. 01) noch Zwischenberichte nach HGB erstellt und sich (z.B.) im August 01 zum Übergang auf die IFRS-Rechnungslegung per 31.12.01 entscheidet.

Beispiel

- Zum 31.3., 30.6. und 30.9.01 Zwischenberichte nach HGB
- Erstellung der IFRS-EB zum 1.1.00
- Veröffentlichung der IFRS-Jahresabschlüsse für 00 und 01 Anfang 02
- Zwischenabschluss nach IFRS zum 31.3.02 mit übergeleitetem Vorjahresvergleich.

Lösung

Dieser Sachverhalt ist in IFRS 1.32 **nicht geregelt**. Er geht vom Regelfall der IFRS-Rechnungslegung im Berichtszeitraum (Rz 16) und angepassten Vorjahreszahlen aus. Denkbar wäre das Erfordernis eines *restatement* der Zwischenabschlüsse für 01. U. E. ist diese Lösung nicht sachgerecht, da sie den Anwendernutzen kaum stärker fördert (*cost-benefit*-Aspekt, vgl. → § 1 Rz 65) als die nach IFRS 1.33 möglichen (und gebotenen) Angaben.

18 Die Verpflichtung zur Zwischenberichterstattung mit Vorjahresvergleich sieht auch das Transparenzrichtlinien-Umsetzungsgesetz vor (→ § 37 Rz 42).
Auch von der CESR, der Dachorganisation der Europäischen Börsen, wurde eine **Empfehlung** abgegeben, bereits im Jahr des ersten IFRS-Abschlusses die Zwischenberichte in Übereinstimmung mit IFRS zu erstellen. In Deutschland folgt die allgemeine Pflicht zur Zwischenberichterstattung aus § 40 BörsG. Die Frankfurter Börse ist der Empfehlung der CESR jedoch nicht nachgekommen und verlangt erst für den ersten Zwischenbericht, der dem Bilanzstichtag des ersten IFRS-Abschlusses **folgt**, eine Übereinstimmung mit IFRS.[12] Somit sind die Zwischenberichte, die vor Veröffentlichung des ersten IFRS-Abschlusses erstattet werden, nicht in Übereinstimmung mit den IFRS aufzustellen.[13]
Andererseits sind die innerhalb der Drei-Bilanzen-Periode veröffentlichten Abschlüsse als „**vorläufig**" zu bezeichnen, da noch Unsicherheiten über anzuwendende IFRS bestehen können sowie auch seitens des Unternehmens selbst die Möglichkeit besteht, Bilanzierungs- und Bewertungsmethoden innerhalb der Periode zu verändern. In beiden Fällen müsste die IFRS-Eröffnungsbilanz angepasst werden. Erst mit der Fertigstellung des ersten IFRS-Abschlusses werden auch die IFRS-Eröffnungsbilanz und alle aufgestellten Abschlüsse innerhalb des Zeitraums bis zum ersten Abschlussstichtag endgültig.[14]

3.2 Der Inhalt der IFRS-Eröffnungsbilanz

19 Inhaltlich sind für die Erstellung der **IFRS-Eröffnungsbilanz** nach IFRS 1.10 folgende **Regeln** (zu den Ausnahmen siehe unter Rz 26ff.) zu beachten:

- Alle Vermögenswerte und Schulden sind nach den Vorgaben der IFRS **anzusetzen**.
- Alle Vermögenswerte und Schulden, die nach IFRS nicht bilanziert werden dürfen, sind zu **eliminieren**.

12 Vgl. Rundschreiben v. 6.2.2004, download: http://deutsche-boerse.com.
13 Beck, DB 2005, S. 1477.
14 Kamping/Jaenecke, WPg 2005, S. 424.

- Bislang (z. B. nach HGB) angesetzte Vermögenswerte und Schulden, die auch nach IFRS anzusetzen sind, müssen **umgegliedert** werden, wenn die jeweiligen Inhaltsvorgaben unter Gliederungsgesichtspunkten differieren *(different type)*.
- Die **Bewertungs**vorgaben der IFRS für die Vermögenswerte und Schulden sind zu beachten.
- An die **bisherige** – auch IFRS-konforme – Bilanzierungsweise ist das Unternehmen/der Konzern nicht im Sinne eines **Stetigkeitsgebotes** gebunden.

Beispielsweise sind folgende Fragen zu klären: 20

- Sind nach HGB nicht bilanzierungsfähige **Entwicklungskosten** nach IAS 38 anzusetzen (→ § 13 Rz 26ff.)?
- Sind in der Handelsbilanz zu Anschaffungskosten bewertete Aktien in der IFRS-Bilanz nach IAS 39 mit dem höheren **Zeitwert** zu berücksichtigen (→ § 28 Rz 142ff.)?
- Sind handelsrechtlich als Eigenkapital qualifizierte **Genussrechte** nach IAS 32.11 als Fremdkapital zu qualifizieren (→ § 20 Rz 17ff.)?
- Ist ein **Leasingverhältnis**, das nach HGB bislang als *operating leasing* beim Leasingnehmer nicht bilanziert worden ist, nunmehr gem. IAS 17 als Finanzierungsleasing zu qualifizieren und in der Bilanz anzusetzen (→ § 15 Rz 106ff.)?
- Enthalten Bilanzposten separat auszuweisende kurz- und langfristige Bestandteile, die entsprechend den neuen Gliederungsvorschriften der Bilanz gem. IAS 1 zu beachten sind?

Aber auch der umgekehrte Fall kann vorkommen, nämlich die **Eliminierung** von im HGB-Abschluss angesetzten Posten. Ein Beispiel stellen die Sonderposten mit Rücklageanteil und Aufwandsrückstellungen dar (Rz 43).[15]

3.3 Behandlung des Unterschiedsbetrags

3.3.1 Einstellungen in das Eigenkapital

In der Regel werden sich – auch unter Beachtung der Ausnahme- und Erleichterungsvorschriften – **Wertunterschiede** zwischen der „Schlussbilanz" nach HGB (im Beispiel unter Rz 16 zum 31.12.00) und der IFRS-Eröffnungsbilanz zum 1.1.01 ergeben. Diese sind – unter Durchbrechung des Bilanzenzusammenhangs – **erfolgsneutral** in das **Eigenkapital** (*directly in equity*) einzubuchen. 21

IFRS 1.11 schlägt dabei die Kategorie **Gewinnrücklage** *(retained earnings)* als Regel – oder in einer anderen Eigenkapitalposition (Rz 23), wenn diese besser geeignet ist – vor. Für bestimmte Finanzinstrumente ist eine **besondere** Eigenkapitalkategorie vorgesehen (Rz 116). Es ist folglich nicht erlaubt, die Abweichungen aus der Anpassung der früheren HGB-Werte an die IFRS-Vorgaben als **besondere** Eigenkapitalkategorie nachhaltig offenzulegen. Die im Anhang darzustellende **Überleitungsrechnung** (Rz 108ff.) bleibt davon allerdings unberührt. Sofern sich ein Sollsaldo des Unterschiedsbetrages ergibt und keine Rücklagen bestehen bzw. diese nicht ausreichen, um den Saldo zu verrechnen, sollte u. E. das Konto **„Verlustvortrag"** belastet werden. 22

15 Zeimes, WPg 2003, S. 982, 983.

23 Die Erfassung in einer **anderen** Eigenkapitalkategorie (Rz 22) kommt bspw. in folgenden Fällen (weitere Beispiele in → § 20 Rz 81) in Betracht:

- Anwendung der Neubewertungsmethode bei Sachanlagevermögen gem. IAS 16 (→ § 8 Rz 68ff.).
- Wertänderungen bei zur Veräußerung verfügbaren finanziellen Vermögenswerten *(available for sale)* gem. IAS 39 (→ § 28 Rz 151).
- Bestimmte Wertänderungen aus *cash-flow*-Sicherungsgeschäften gem. IAS 39 (→ § 28 Rz 254).

3.3.2 Steuerlatenz

24 In der Regel werden die umstellungsbedingten Abweichungen zwischen HGB- und IFRS-Bilanz in den nationalen **Steuerbilanzen** nicht nachvollzogen werden können. Es kommt also zu einem Auseinanderfallen – wenn nicht schon bereits vorhanden – zwischen **steuerlichem Buchwert *(tax base)*** und **IFRS-Bilanzwert** (→ § 26 Rz 9ff.). IFRS 1 sieht hinsichtlich der **Steuerlatenz**rechnung keine Besonderheit vor, d.h., IAS 12 ist uneingeschränkt anwendbar. Soweit also der Unterschiedsbetrag zwischen dem HGB und den IFRS-Ansätzen steuerlich nicht aufgehoben werden kann (was in aller Regel der Fall sein dürfte, Ausnahme: z.B. Ausbuchung von Aufwandsrückstellungen), ist insoweit i.H.d. anzunehmenden Steuersatzes **eine aktive oder passive Steuerlatenz zu bilden**. Diese verringert den in das Eigenkapital einzustellenden Umstellungseffekt.

Beispiel[16]

Die nach IAS 19 berechnete Altersversorgungsverpflichtung zum Stichtag der IFRS-Eröffnungsbilanz beträgt 100, der bisherige HGB-Ansatz – identisch mit dem vollen steuerlichen Teilwert nach § 6a EStG – beträgt 80 und der Steuersatz 30 %.

Es ist zu buchen:

Konto	Soll	Haben
Gewinnrücklage	20	
Pensionsrückstellung		20
Aktive Steuerabgrenzung	6	
Gewinnrücklage		6

Sofern die auftretenden Differenzen durch die Anwendung von **Erleichterungswahlrechten** entstehen, ist die entstehende aktive oder passive latente Steuer ebenfalls durch Gegenbuchung in die Gewinnrücklagen einzubuchen.

25 Wie alle anderen Anpassungen werden auch die latenten Steuern regelmäßig gegen **Gewinn**rücklagen gebucht. Ausnahmen bestehen dort, wo auch der Grundsachverhalt gegen eine **spezielle Eigenkapitalkategorie** zu buchen ist, etwa nach IFRS 1.IG59 bei *available-for-sale assets* (→ § 28 Rz 147). Auch die latente Steuer wird dann gegen diese Kategorie eingebucht.

Die Veränderung latenter Steuern zwischen Eröffnungsbilanzzeitpunkt und Folgestichtag (Ende der *transition period*, Rz 16) unterliegt den normalen Regeln

16 Nach LÜDENBACH/HOFFMANN, DStR 2003, S. 1498, 1500.

von IAS 12 (→ § 26). Wegen in der *transition period* beschlossenen Steuersatzänderungen wird auf → § 26 Rz 115 verwiesen.

4 Die retrospektive Anwendung der IFRS und ihre Grenzen

4.1 Das Problem

Die **Grundregel** in IFRS 1.7 i.V.m. IFRS 1.10 verlangt die Beurteilung eines in der IFRS-Eröffnungsbilanz (Rz 16) abzubildenden Geschäftsvorfalls aus Vorjahren nach Maßgabe der IASB-Standards, die in der ersten Berichtsperiode nach IFRS (*reporting period*; Rz 16) gültig sind (im Beispiel unter Rz 15 die auf Zeiträume ab dem 1.1.02 anzuwendenden Standards). Diese sog. **Retrospektion** (Rz 30) verlangt den Ansatz und die Bewertung eines Vermögenswertes bzw. einer Schuld in der IFRS-Eröffnungsbilanz so, als ob schon immer nach den aktuell gültigen IFRS bilanziert worden wäre. Diese Vermögenswerte und Schulden sind bis zu ihrer erstmaligen Erfassung zurückzuverfolgen, um alsdann ihre IFRS-Konformität zu prüfen. Gegebenenfalls ist ein Unterschiedsbetrag festzustellen und auf die IFRS-Eröffnungsbilanz fortzuschreiben. 26

Beispiel 1
Ein Unternehmen erstellt am 31.12.04 seinen ersten IFRS-Abschluss, demnach seine IFRS-Eröffnungsbilanz zum 1.1.03 (Rz 16). Das Unternehmen hat seit 1.3.01 eine Maschine gemietet. Im handelsrechtlichen Abschluss ist dieser Geschäftsvorfall als *operating lease* (→ § 15 Rz 19) behandelt worden, sodass die Maschine nicht bilanziert wird. Gemäß den Regelungen des IAS 17 erfüllt die Anmietung der Maschine jedoch die Kriterien eines *finance lease* (→ § 15 Rz 22). Das Unternehmen hat die Maschine rückwirkend zum 1.3.01 gem. IAS 17 zu bilanzieren und demnach in der IFRS-Eröffnungbilanz anzusetzen.

Die Grundregel der retrospektiven Betrachtung aller Geschäftsvorfälle kann somit zu einer komplexen Rückwirkung führen.

Beispiel 2
Bei der B-GmbH sind in den Jahren 01 bis zur Patentierung Ende 05 umfangreiche **Entwicklungskosten** auf einen neuartigen Antrieb angefallen. Die Kosten wurden nach HGB nicht aktiviert. Anfang 03 erwirbt die A-AG die B-GmbH. Nach bisherigen Rechnungslegungsvorschriften werden die Entwicklungsergebnisse auch im Rahmen der Erstkonsolidierung der B nicht aktiviert. Zum 1.1.07 erstellt die A-AG die IFRS-Eröffnungsbilanz. Bei retrospektiver Anwendung von IFRS 3 ist in der IFRS-Eröffnungsbilanz wie folgt zu verfahren:

- A hat für die durch den Unternehmenskauf erworbenen Entwicklungsergebnisse zunächst den *fair value* zum Erstkonsolidierungszeitpunkt zu bestimmen. Eine solche Bewertung ist stark ermessensbehaftet und kann außerordentlich aufwendig sein (→ § 31 Rz 68ff.).

- Dem so ermittelten Wert sind sodann die in 03 bis 05 entstandenen Entwicklungskosten hinzuzurechnen.
- Auf den Gesamtbetrag sind schließlich für 06 planmäßige Abschreibungen vorzunehmen.

IFRS 1 gewährt gegenüber einem solchen Vorgehen Erleichterungen, die allerdings gerade im Bereich der Entwicklungskosten nicht sehr umfassend sind (Rz 62).

27 Die in der ersten Berichtsperiode (IFRS 1.7) gültigen Standards sind in allen im Übergangszeitraum zu erstellenden Bilanzen anzuwenden. Die IFRS unterliegen aber einer stetigen **Weiterentwicklung**. Deshalb steht für den IFRS-Erstanwender zum Zeitpunkt der Erstellung der IFRS-Eröffnungsbilanz nicht fest, welche Standards für die erste IFRS-Berichtsperiode anzuwenden sind. Ein Unternehmen ist deshalb verpflichtet, nach bestem Wissen die Regelungen anzuwenden, deren Gültigkeit es für die erste Berichtsperiode nach IFRS erwartet. Eine IFRS-Eröffnungsbilanz ist deshalb bis zur Feststellung des ersten IFRS-Abschlusses insoweit vorläufig.
Die Übergangsvorschriften in anderen Standards sind beim Umstieg auf das IFRS-Rechenwerk unerheblich (IFRS 1.9).

4.2 Die konzeptionellen Grundlagen der Erleichterungen

28 Die im vorstehenden Beispiel angedeutete **Vergangenheitserforschung** bereitet in der Praxis erhebliche Schwierigkeiten, die aber nach Auffassung des Board den Übergang auf die IFRS nicht verhindern dürfen (Rz 5). Zur Erleichterung des Übergangsverfahrens geht IFRS den Weg einer festen **Regel** mit spezifizierten **Ausnahmen** (*limited* oder *targeted exemptions*; IFRS 1.IN4 und IFRS 1.IN5, Rz 41 ff.). Die Ausnahmen betreffen im Wesentlichen Fälle, in denen die Vergangenheitsforschung nach Meinung des IASB **schwierig** und **kostenintensiv** ist. Die Praktikabilitätsfrage wird **typisiert** vom IASB als Regel**geber** entschieden und stellt sich damit dem Regel**anwender** nicht mehr; er muss keine Voraussetzungen erfüllen, um in den Genuss der Ausnahmen zu kommen. Andererseits darf der Erstanwender keine weiteren Ausnahmen von der Regel der retrospektiven Anwendung aller IFRS definieren.

29 Wie alle Standards unterliegt aber auch IFRS 1 dem allgemeinen Vorbehalt der *materiality*, wie er unter anderem im *Framework* und in IAS 1 festgeschrieben ist. Deshalb steht dem IFRS-Erstanwender die (begrenzte) Möglichkeit eines **Verzichts** auf die retrospektive Anwendung einzelner Standardinhalte offen.

Beispiel
Ein Unternehmen wendet IAS 16 retrospektiv an und prüft in diesem Zusammenhang die Aktivierung von Großreparaturen gem. IAS 16.14 (→ § 8 Rz 38) rückwirkend für vergangene Perioden. Die Überprüfung muss nur so weit in die Vergangenheit hinein erfolgen, wie der aus der rückwirkenden Betrachtung einer weiteren Periode in der Vergangenheit erwartete Effekt noch eine materielle Auswirkung auf den Buchwert des Anlagevermögens in der IFRS-Eröffnungsbilanz hat (IFRS 1.IG7).

4.3 Zum Begriffsinhalt der rückwirkenden Betrachtung

Die Konzeption des Übergangsverfahrens wird im Schrifttum häufig mit dem Begriffspaar **retrospektiv vs. prospektiv** gekennzeichnet: Eine solche Charakterisierung ist teilweise **irreführend.**[17] Nach IFRS 1 werden **„rückwirkend"** (retrospektiv) die IFRS-Vorschriften anstelle der Landesvorschriften (*previous* GAAP) auf die in der IFRS-Eröffnungsbilanz abgebildeten Sachverhalte angewandt (Rz 26). Maßgeblich sind jedoch die im Erstanwendungszeitpunkt (*reporting date*, Rz 16) gültigen Standards und nicht etwa die früher bei Verwirklichung des Sachverhalts gültigen Standards (IFRS 1.8). Die **Vergangenheitserforschung** erfolgt also nur auf der **Sachverhaltsebene**. Die frühere **Rechtslage** ist hingegen unerheblich. 30

Folgendes Beispiel zum Sachverhalt 31

Beispiel

Der X-Konzern hat nach HGB den *goodwill* aus Unternehmenszusammenschlüssen (Akquisition) mit den Gewinnrücklagen verrechnet.

- Betroffen sind z.T. vor dem 1.1.95 entstandenen *goodwills*. Für diese konnte (musste aber nicht) die *goodwill*-Verrechnung nach der älteren Version der IAS-Regeln ein laufender IFRS Anwender die Rücklagenverrechnung beibehalten (früher gültiger IAS 22.99).
- Für nach dem 1.1.95 vollzogene Unternehmenszusammenschlüsse war die Rücklagenverrechnung des *goodwill* nach dem damals gültigen IAS 22 hingegen nicht mehr zulässig.
- Vorbehaltlich der Inanspruchnahme besonderer Erleichterungen des IFRS 1 (Rz 54ff.) muss X beide Verrechnungen im HGB-Abschluss beim Übergang nach IFRS rückgängig machen, da die aktuelle Version der IFRS (IFRS 3 statt IAS 22) eine Rücklagenverrechnung nicht mehr vorsieht.

5 Verbote der retrospektiven Anwendung (*exceptions*)

5.1 Überblick

IFRS 1.13 und IFRS 1.B1 **verbieten** *(prohibit)* die **retrospektive** Anwendung von Standards für die Erstellung der IFRS-Eröffnungsbilanz bei den folgenden Sachverhalten:[18] 32

- Ausbuchung von Finanzinstrumenten (IFRS 1.B2 und 1.B3; Rz 33ff.),
- Bilanzierung von Sicherungsbeziehungen (*hedge accounting*; IFRS 1.B4-B6; Rz 36),
- Vornahme von Schätzungen (IFRS 1.14-16; Rz 37),
- einige Aspekte der Darstellung von nicht kontrollierenden Anteilen im Konzernabschluss (IFRS 1B7; Rz 40).

Diese **Verbote** – Ausnahmen von der retrospektiven Anwendung – bestehen zwingend und unabhängig von der Inanspruchnahme der **Erleichterungen**

---

17 Vgl. LÜDENBACH/HOFFMANN, DStR 2003, S. 1498, 1501.

18 ZEIMES, WPg 2003, S. 982, 989.

(**optionaler Verzicht** auf die Anwendung des gültigen Standards auf den früheren Sachverhalt; Rz 41ff.). Der Grund für das Verbot liegt in der sonst (bei retrospektiver Anwendung) möglichen **Neueinschätzung** eines Bilanzierungssachverhaltes; dadurch könnte mit dem besseren (späteren) Wissensstand eine vorteilhaftere Bilanzierung erzielt werden (IFRS 1.IN 5). Für jeden neuen IFRS will der Board über eine Ausnahme von der retrospektiven Anwendung entscheiden (IFRS 1.BC14; Rz 123).

Bei den beiden erstgenannten Ausnahmen handelt es sich weniger um Retrospektionsverbote als vielmehr um eine **Erweiterung** des Anwendungsbereiches der Übergangsbestimmungen von IAS 39 (→ § 28 Rz 324ff.).

5.2 Ausbuchung von Finanzinstrumenten

33 Nach IAS 39.106–107 dürfen nicht derivative Finanzinstrumente, die in Übereinstimmung mit dem bis 2004 anwendbaren IAS 39 ausgebucht worden waren, **nicht wieder angesetzt** werden. Das gilt selbst dann, wenn die Ausbuchung nach den Regelungen des IAS 39.15–42 **nicht erlaubt** ist. Dem IFRS-Erstanwender soll die Neuwürdigung der nach früher angewandten Regeln ausgebuchten Finanzinstrumente ebenfalls erspart werden (IFRS 1.B2). Alle vor dem 1.1.2004 ausgebuchten Posten dürfen deshalb nicht wieder eingebucht werden, und zwar auch dann nicht, wenn diese **Ausbuchung** (*derecognition*) den Regeln von IAS 39 **widerspricht**. Die Vorschriften des IAS 39.15–42 zur Ausbuchung von Finanzinstrumenten (→ § 28 Rz 61ff.) sind von einem erstmaligen Anwender prospektiv, also nur für Geschäftsvorfälle anzuwenden, die ab dem 1.1.2004 auftreten (IFRS 1.B2). Alle Finanzinstrumente, die nach vorherigen Rechnungslegungsvorschriften aufgrund einer Transaktion vor diesem Zeitpunkt ausgebucht worden sind, dürfen in der Eröffnungsbilanz nicht erfasst werden. Wegen des Zeitablaufs ist das fixe Datum des 1.1.2004 gegenstandslos geworden. Im ED 2010/10 schlägt der Board ein **flexibles Datum** in Form des Übergangszeitpunkts (Rz 16) auf die IFRS-Rechnungslegung (*date of transition*) vor (ED IFRS 1 B2).

Der erstmalige Anwender muss jedoch bspw. (IFRS 1.IG53)

- alle nach Ausbuchung noch existierenden **Finanzderivate** (→ § 28 Rz 219ff.), die im Zusammenhang mit dem ausgebuchten Finanzinstrument stehen, erfassen und
- alle **Zweckgesellschaften** (*special purpose entities*; → § 32 Rz 57ff.) selbst dann auf Konsolidierungspflicht prüfen, wenn diese bereits vor dem Übergangszeitpunkt auf IFRS existierten und nicht konsolidiert waren oder Finanzinstrumente enthielten, die nach HGB *(previous GAAP)* ausgebucht worden waren.

Beispiel (nach dem genannten Vorschlag des Board in ED 2010/10)
Das Unternehmen geht am 1.1.2009 auf die IFRS-Rechnungslegung über = Datum der IFRS-Eröffnungsbilanz (Rz 16). Am 15.10.2008 hat A langfristige Forderungen an eine neu gegründete Zweckgesellschaft verkauft. Zum 1.1.2010 erstellt das Unternehmen seine IFRS-Eröffnungsbilanz. Der Forderungsverkauf erfüllt nicht die Kriterien für eine Ausbuchung nach IAS 39. Dennoch darf der Forderungsverkauf in der IFRS-Eröffnungsbilanz nicht

wieder eingebucht werden. Dieses Verbot einer Würdigung nach IFRS gilt jedoch nur für den Forderungsverkauf. Sofern die Zweckgesellschaft, der diese Forderungen verkauft wurden, vom Unternehmen A gem. SIC 12 beherrscht wird, ist die Zweckgesellschaft in der IFRS-Eröffnungsbilanz zu konsolidieren.
Die vorstehenden Daten entsprechen dem ED 2010. Für zuvor gültige Anwendungsfälle gelten die beiden Daten mit 15.10.2003 und 1.1.2004.

Für finanzielle Vermögenswerte und finanzielle Schulden gelten somit die Ausbuchungsvorschriften des IAS 39 (→ § 28 Rz 61 ff.) erst für Sachverhalte, die ab dem 1.1.2010 auftreten. Zum alten Rechtsstand vgl. Rz 33. 34

Der IFRS-Erstanwender hat jedoch auch das **Wahlrecht** zur retrospektiven Anwendung der Ausbuchungsregeln des IAS 39.15–42, also auf Sachverhalte, die vor dem Übergangszeitpunkt (Rz 16) zu einer Ausbuchung eines Finanzinstruments geführt haben. Dabei kann er einen beliebigen Zeitpunkt vor dem Datum der IFRS-Eröffnungsbilanz als Startpunkt für die Anwendung dieser Regeln wählen. Voraussetzung ist allerdings die Verfügbarkeit aller zur Regelanwendung erforderlichen Informationen im Transaktionszeitpunkt (IFRS 1.B3). Diese Vorgabe zielt ebenfalls (Rz 32) auf die Verhinderung **bilanzpolitischer** Gestaltungen aufgrund eines besseren Kenntnisstands zum (späteren) Zeitpunkt. Dieses Wahlrecht stellt in systematischer Betrachtung keine (zwingende) *exception* (Rz 32), sondern eine *exemption* (Rz 41) dar. 35

Beispiel
Ein Unternehmen veräußert im Wege eines unechten Factoring am 1.11.01 seinen Forderungsbestand in Höhe von 1 Mio. EUR an eine Bank. Die Forderungen sind am 31.3.02 fällig. Im handelsrechtlichen Abschluss wurde die Forderung ausgebucht. Das Unternehmen erstellt zum 1.1.04 seine IFRS-Eröffnungsbilanz.

a) Wenn das Unternehmen die Regelungen des IAS 39 prospektiv anwendet, sind in der Eröffnungsbilanz keine Anpassungen vorzunehmen. Die Forderung bleibt ausgebucht.
b) Bei retrospektiver Anwendung der Regelungen des IAS 39 muss die Forderung rückwirkend zum 1.11.01 eingebucht werden, da man beim *Factoring* nicht alle wesentlichen mit den Forderungen verbundenen Risiken übertragen hat (→ § 28 Rz 70).

5.3 Bilanzierung von Sicherungsbeziehungen

Gemäß IFRS 1.B4 sind alle Finanzderivate zum Zeitpunkt der IFRS-Eröffnungsbilanz mit dem beizulegenden **Zeitwert** zu bewerten. Etwaige nach HGB „gespeicherte“ (abgegrenzte) Verluste und Gewinne aus Finanzderivaten sind zu eliminieren. 36

Beispiel
Sachverhalt
Die B-GmbH kauft eine Maschine für 95.000 EUR und verkauft diese für 110.000 USD an die A corp. in den USA. Die Maschine wird direkt in die USA geliefert, B weist die Maschine nicht im Vorratsvermögen aus, da es sich

um ein Streckengeschäft handelt. Zur Absicherung des Verkaufsgeschäfts schließt B ein Devisentermingeschäft ab. Aufgrund einer Verschlechterung des USD-Kurses beträgt der umgerechnete Verkaufsbetrag am 31.12. nur noch 90.000 EUR. Das Devisenderivat hat zum Abschlussstichtag einen Wert von 15.000 EUR. Nach vorherigen Grundsätzen wurde die Transaktion als Bewertungseinheit betrachtet und nicht bilanziert. Die Transaktion erfüllt nicht die Anforderungen für eine Bilanzierung als Sicherungsgeschäft nach IAS 39.

Lösung
In der IFRS-Eröffnungsbilanz ist das Devisenderivat i. H. v. 15.000 EUR zu aktivieren und eine Drohverlustrückstellung i. H. v. 5.000 EUR zu bilden.

Die nach vorherigen Rechnungslegungsvorschriften bilanzierten **Sicherungsbeziehungen** im Sinne eines *hedge accounting* dürfen nur dann als solche in der IFRS-Eröffnungsbilanz beibehalten werden, wenn sie die Voraussetzungen nach IAS 39 seit ihrer Einbuchung erfüllen (→ § 28 Rz 233 ff.).[19] Deshalb sind bspw. nach vorherigem Recht abgebildete Sicherungsbeziehungen in Form eines *macro hedging* bilanziell nicht als Sicherungsbeziehung nach IFRS abbildbar. Gleichwohl können **einzelne Posten** eines *macro hedging* – nicht die Nettoposition selbst – als Sicherungsbeziehung in die IFRS-Eröffnungsbilanz übernommen werden, sofern sie nach HGB als gesichertes Grundgeschäft angesehen wurden (IFRS 1.B5) und die *hedging*-Voraussetzungen nach IAS 39 (→ § 28 Rz 233 ff.) erfüllt sind. Auf die Sicherungszusammenhänge, die nicht die Voraussetzungen des IAS 39 erfüllen, sind die Übergangsregeln von IAS 39 anzuwenden (IFRS 1.B6).

5.4 Schätzungen, Wertaufhellung, Fehlerkorrektur

37 Eine weitere Ausnahme vom Retrospektionsgrundsatz betrifft das Thema der **Wertaufhellung** für im Schätzungsweg *(estimates)* ermittelte Bilanzansätze. Zwischen dem Erstellungsdatum der IFRS-Eröffnungsbilanz und demjenigen der Erstellung des erstmaligen IFRS-Abschlusses liegt ein Zeitraum von mehr als zwei Jahren (siehe das Zeitfenster im Beispiel unter Rz 15 f.). Die in diesem Zeitraum naturgemäß vorliegende **bessere Erkenntnis** bez. zukunftsbezogener Abschlussposten darf gem. IFRS 1.14 nicht in die Wertansätze der IFRS-Eröffnungsbilanz einfließen. Folglich muss sich der erstmalige Anwender bei deren Erstellung trotz besserer Kenntnisse so unwissend geben, wie er es am Ende des Wertaufhellungszeitraums nach vorherigem Bilanzrecht war.

Beispiel
In der Handelsbilanz zum 31.12.01 ist für einen ledigen, kinderlosen Geschäftsführer eine Pensionsrückstellung von 1 Mio. EUR ausgewiesen. Nach IAS 19 hätte der Wert wegen Berücksichtigung des Gehaltstrends 1,2 Mio. EUR betragen. Für 03 wird erstmalig nach IFRS bilanziert.

19 ZEIMES, WPg 2003, S. 982, 989; vgl. hierzu auch HAYN/BÖSSER/PILHOFER, BB 2003, S. 1607.

Der Geschäftsführer ist im Dezember 01 von einem Virus infiziert worden, an dem er im Februar 02 verstirbt. Die Handelsbilanz ist im *fast close* im Januar 02 aufgestellt, geprüft und veröffentlicht worden.
In der zum 1.1.02 aufzustellenden IFRS-Eröffnungsbilanz ist eine Pension von 1,2 Mio. EUR anzusetzen, als ob zu diesem Stichtag schon nach IFRS bilanziert worden wäre (Retrospektion).
Die Pensionsberechnung erfolgt auf Basis der allgemeinen Sterbetafeln. Die rückblickend bessere Erkenntnis über die tatsächlich schon am 31.12.01 verringerte Lebenserwartung des Geschäftsführers wird erst nach Veröffentlichung des HGB-Abschlusses erlangt und ist wegen IFRS 1.14 nicht zu berücksichtigen.

Sachverhaltsvariante
Der Geschäftsführer ist im Februar 02 tödlich verunglückt.
Dieser Umstand ist nicht werterhellend, sondern wertbegründend und daher schon nach den allgemeinen Regeln von IAS 10.9 (→ § 4 Rz 17) nicht per 31.12.01 zu berücksichtigen.

Gemäß IFRS 1.14 und IFRS 1.15 sind demnach die zum Stichtag der IFRS-Eröffnungsbilanz erfolgten **Schätzungen** für Zwecke der (damaligen) HGB-Schlussbilanz *(previous GAAP)* unverändert zu übernehmen, es sei denn, eine damalige Schätzung habe einem **Fehler** *(error)* unterlegen. IFRS 1 bestätigt im Ergebnis also die Regeln nach IAS 10: Der **Wertaufhellungszeitraum endet** auch für die IFRS-Eröffnungsbilanz mit dem Datum der Erstellung der HGB-Schlussbilanz zum betreffenden Stichtag (→ § 4 Rz 10). 38

Beispiel
In der Handelsbilanz zum 31.12.01 sind im Zuge von Umweltauflagen langfristige Rückstellungen für vertraglich vereinbarte Rücknahmeverpflichtungen von Altprodukten enthalten. Bei Bildung der Rückstellung wurde eine Rücknahme von 1.000 Stück unterstellt. Im Jahr 02 stellt sich heraus, dass die zurückzunehmende Menge bei 600 liegt. Ein Fehler bei der Berechnung seitens der Gesellschaft liegt nicht vor. Die Bilanzierungsvorschriften nach Handelsrecht stimmen insoweit mit den Regelungen des IAS 37 (→ § 21 Rz 113ff.) überein. Ein Unterschied besteht hinsichtlich der Abzinsungen, die nach HGB jedoch nicht vorgenommen werden. In der IFRS-Eröffnungsbilanz muss das Unternehmen die Rückstellung abzinsen. Trotz dieser Anpassung, die auf die Unterschiede der Bewertungsregeln zurückzuführen sind, muss weiterhin die ursprünglich zugrunde gelegte Menge von 1.000 für die Bewertung herangezogen werden, da hier IFRS und HGB keine Unterschiede in den Bilanzierungsregeln aufweisen.

39 Zu differenzieren ist allerdings nach dem Wertaufhellungs**tatbestand**.

> **Beispiel**
> **Sachverhalt**
> Am 30.4.03 (alternativ am 28.2.03) ergeht ein positives Gerichtsurteil in einem Aktivprozess. Der Jahresabschluss nach HGB zum 31.12.02 wurde am 31.3.03 erstellt. Die IFRS-Eröffnungsbilanz datiert auf den 1.1.01 (Rz 16).
>
> **Lösung**
> Nach IAS 10.8 ist der positive Prozessausgang wertaufhellend zu berücksichtigen (→ § 4 Rz 23). Umgekehrt gilt der Prozessausgang nach HGB als wertbegründend. Auch ein positives Urteil zwischen dem 1.1.03 und dem 31.3.03 hätte nach HGB keinen Ansatz erlaubt. Die „Nichtverlängerung" der Wertaufhellungszeiträume gem. IFRS 1.14 (Rz 38) geht demnach ins Leere. Für die HGB-Bilanz ist keine Schätzung erfolgt, folglich kann sie auch nicht für Zwecke des Übergangsverfahrens beibehalten werden (IFRS 1.16). Der positive Prozessausgang ist u.E. in der IFRS-Eröffnungsbilanz als Aktivposten anzusetzen – unabhängig vom handelsrechtlichen Wertaufhellungszeitraum.

Immer dort, wo die IFRS-Vorschriften **Schätzungen** verlangen, die nach **Handelsrecht nicht gefordert** waren, reicht der Wertaufhellungszeitraum bis zur Erstellung der IFRS-Eröffnungsbilanz. Als Beispiel dienen Annahmen zu Karriere- und Gehalts**trends**, die nur nach IFRS in die Ermittlung der **Pensionsrückstellung** einfließen. Da insoweit in den handelsrechtlichen Bilanzen überhaupt keine Schätzungen vorgenommen wurden, kann sich auch **keine Bindungswirkung** für die IFRS-Rechnungslegung ergeben. Praktisch bedeutet dies: Wenn laufende IFRS-Bilanzierer per 31.12.01 mehrheitlich von erheblichen Lohnsteigerungen in 02ff. ausgegangen sein sollten, die tatsächliche Einkommensentwicklung in 02 und 03 aber ein anderes Bild ergibt, hat ein für 05 erstmalig nach IFRS bilanzierendes Unternehmen moderatere Annahmen zur Gehaltsentwicklung zugrunde zu legen.
An den ursprünglichen Schätzungen ist dann nicht festzuhalten, wenn sie **falsch** waren, also das zum Zeitpunkt der Erstellung der HGB-Bilanz vorhandene oder bei ordentlichem Vorgehen erlangbare Wissen nicht zutreffend berücksichtigten (→ § 24 Rz 32ff.). Zu der damit angesprochenen **Korrektur von Bilanzierungsfehlern** folgendes Beispiel:

> **Beispiel**[20]
> **Sachverhalt**
> U bilanziert für 03 erstmals nach IFRS. In der HGB-Bilanz zum 31.12.01 hat U drohende Verluste aus einem schwebenden Geschäft angesetzt, angesichts einer ohnehin bescheidenen Ertragslage aber nur spärlich dotiert. Die Verluste sind Mitte 03 tatsächlich in einem weit über dem Rückstellungsbetrag liegenden Maß eingetreten.

20 Entnommen aus LÜDENBACH, PiR 2006, S. 13.

U möchte im Übergang vom 31.12.01 (HGB-Schlussbilanz) auf den 1.1.02 (IFRS-Eröffnungsbilanz) die Rückstellung entsprechend erhöhen, und zwar wie alle Eröffnungsbilanzanpassungen erfolgsneutral gegen Gewinnrücklagen. Auf diese Weise würde der in 03 tatsächlich eingetretene Verlust voll gegen die Rückstellung verrechnet werden können und die IFRS-GuV des Jahres 03 entsprechend günstiger ausfallen.
U möchte dabei nicht den Eindruck erwecken, seine frühere handelsrechtliche Bilanzierung sei schon nach dem damaligen Kenntnisstand fehlerhaft gewesen, er möchte sich vielmehr auf die bessere Erkenntnis berufen, die Ende 03 – zum Zeitpunkt der Aufstellung der IFRS-Eröffnungsbilanz – vorliegt.

Beurteilung
Die Berufung auf die bessere Erkenntnis ist unzulässig.
Soweit die ursprünglich für HGB-Zwecke vorgenommene Schätzung vertretbar war, bleibt diese gem. IFRS 1.15 bindend.
Falls die Schätzung schon nach HGB fehlerhaft war, d.h. dem seinerzeit verfügbaren Kenntnisstand nicht gerecht wurde, ist eine Anpassung vorzunehmen und dabei gem. IFRS 1.26 deutlich als Korrektur einer fehlerhaften Handelsbilanz kenntlich zu machen.

Wie das Beispiel zeigt, ist wie folgt zu differenzieren:

- Soweit eine ursprüngliche Schätzung zwar optimistisch (bzw. aggressiv), aber gerade noch **vertretbar** war, liegt kein Fehler vor. Für die IFRS-Bilanzierung ist die **handelsrechtliche Schätzung** zu **übernehmen**.
- Soweit der vertretbare Ermessensspielraum überschritten wurde, also ein **Fehler** vorlag, ist für IFRS an dieser fehlerhaften Bilanzierung **nicht festzuhalten**.

Die zweite Alternative eröffnet allerdings keine Möglichkeit zur „geräuschlosen“ Richtigstellung. Nach IFRS 1.24 hat U im Abschluss 03 Überleitungsrechnungen vom handelsrechtlichen Eigenkapital vom 31.12.01 bzw. 31.12.02 zum IFRS-Eigenkapital 1.1.02 bzw. 31.12.02 aufzustellen und zu **erläutern** (Rz 114). Normaler Inhalt der Überleitungen und der Erläuterungen sind die Ansatz- und Bewertungsunterschiede zwischen Handelsrecht und IFRS.
Die dabei erfolgende **Fehlerkorrektur** nach IFRS 1.26 ist von **Änderungen** der Bilanzierungs- und Bewertungsmethoden **abzugrenzen**. Die Fehlerkorrektur darf nicht in einer Sammelposition „Anpassung von sonstigen Rückstellungen wegen abweichender Bewertungsvorschriften“ versteckt werden. In der Überleitung muss der Fehler der handelsrechtlichen Bilanzierung deutlich durch eine eigene Zeile in der Überleitungsrechnung und eine eigene Erläuterung erscheinen.
Die vorstehenden Anweisungen zum Schätzungsverfahren in IFRS 1.14 bis IFRS 1.16 sind für die drei Bilanzen der Übergangsperiode (Rz 16) jeweils anzuwenden (IFRS 1.17).

5.5 Nicht kontrollierende Anteile im Konzernabschluss

40 Folgende Vorschriften des IAS 27 (→ § 32 Rz 151) muss ein IFRS-Erstanwender gem. IFRS 1.B7 (c) nur **prospektiv** vom Übergangszeitpunkt (Rz 16) an anwenden:

- Die Aufteilung im Konzernabschluss von Gewinn und Verlust und der übrigen Einkommensbestandteile auf Muttergesellschaft und nicht kontrollierende Gesellschafter (Minderheitenanteile), auch wenn dadurch ein Negativausweis der Minderheitenanteile entsteht (IAS 27.28 rev. 2008) (→ § 32 Rz 157).
- Änderungen der Beteiligungsquote ohne Kontrollverlust der Muttergesellschaft (IAS 27.30f. rev. 2008) (→ § 32).
- Im Fall des Kontrollverlustes der Muttergesellschaft die Einzelheiten der Entkonsolidierungsbuchungen (IAS 27.34 – 37 rev. 2008) sowie die Vorgaben nach IFRS 5.8A (→ § 29 Rz 16).

Alle vorstehenden Angabepflichten betreffen nach dem 30.6.2009 beginnende Geschäftsjahre mit früherer Anwendungsoption bei Anhangerläuterung, aber nur dann, wenn IAS 27 ebenfalls für Geschäftsjahre vor diesem Zeitpunkt angewandt wird (IFRS 1.36 i.V.m. IFRS 1.C1).

6 Optionale Erleichterungen *(exemptions)*

6.1 Überblick

41 IFRS 1.D1. listet abschließend eine ganze Anzahl von **Wahlrechten** auf. Danach brauchen auf die in der IFRS-Eröffnungsbilanz zu berücksichtigenden Sachverhalte die IFRS nicht rückwirkend angewandt zu werden. Am bedeutendsten sind die Wahlrechte im Zusammenhang mit dem **sächlichen** und dem **immateriellen** Anlagevermögen (Rz 42ff.) sowie für **Unternehmenszusammenschlüsse** (Rz 54ff.). Die betreffenden Wahlrechte können **ohne** die Erfüllung von **Bedingungen** (Rz 28) und **einzeln** in Anspruch genommen werden. Der Erstanwender kann sich die Rosinen aus den Wahlrechten im Sinne einer bilanzpolitischen Optimierung herauspicken (IFRS 1.18). Ein weiteres Wahlrecht ergibt sich als Rückausnahme von einer *exception* bei der Ausbuchung von Finanzinstrumenten (Rz 35).

Wenn ein Sachverhalt von zwei optionalen Erleichterungen betroffen ist, kann der Erstanwender mangels Hierarchie der Optionen zudem frei wählen, ob er nur eine oder beide in Anspruch nimmt.

Beispiel

Unternehmen A hat vor der Umstellung auf IFRS 100 % der Anteile an der B erworben. Zu den erworbenen Vermögenswerten gehört auch ein Gebäude mit einem Buchwert zum IFRS-Eröffnungsbilanzstichtag nach bisherigem Recht von 150. Sofern A von der Befreiung der rückwirkenden Anwendung von IFRS 3 Gebrauch macht (Rz 54), kann es das Gebäude mit einem nach angemessener linearer Abschreibung ermittelten Buchwert (Rz 43) von 150 in der Eröffnungsbilanz ansetzen. Zulässig ist aber auch ein Ansatz mit dem Zeitwert von 200 als Ersatz für die Anschaffungs- und Herstellungskosten. Die Inanspruchnahme der rückwirkenden Anwendung des IFRS 3 verhindert die Anwendung der weiteren Befreiungsvorschrift des Ersatzes für Anschaffungs- und Herstellungskosten nicht.

Empirisch nehmen deutsche IFRS-Anwender insbesondere das Wahlrecht für **Unternehmenszusammenschlüsse** (Rz 54) und (eingeschränkt) für **Pensionsrückstellungen** (Rz 80) in Anspruch.[21]

6.2 Sachanlagevermögen und immaterielle Vermögenswerte

Bei **langlebigen** Vermögenswerten wie den Sach- und immateriellen Anlagen kann die retrospektive Ermittlung der Anschaffungs- oder Herstellungskosten *(cost-based measurement)* unzumutbaren Aufwand bez. der Datenermittlung verursachen.[22] IFRS 1.D5ff. sehen daher folgende **Wahlrechte** in der IFRS-Eröffnungsbilanz vor: 42

- Die Werte der IFRS-Eröffnungsbilanz werden auf der Basis der **fortgeführten Anschaffungs-/Herstellungskosten** ermittelt (Rz 43).
- In der IFRS-Eröffnungsbilanz erfolgt eine Bewertung mit dem *fair value (deemed cost)* (IFRS 1.D5).
- Die Übernahme des Ergebnisses einer vor der IFRS-Rechnungslegungsperiode durchgeführten **Neubewertung** ist zulässig, sofern der Wertansatz bei großzügiger Betrachtung *(broadly)* dem *fair value* entsprach oder auf einem Indexierungsverfahren zur Neubewertung nach Maßgabe der IFRS-Regeln beruhte *(deemed cost)* (IFRS 1.D6).
- Schließlich kann eine *fair-value*-Bewertung vor dem Übergangszeitpunkt aus **besonderem Anlass** (*event driven*) – z.B. einem Börsengang oder einer Privatisierung, so die vom Standard benannten Beispiele, aber vielleicht auch einer gesellschaftsrechtlich begründeten Umwandlung oder einer finanziellen Reorganisation zur Bilanzsanierung – in die IFRS-Eröffnungsbilanz übernommen werden *(deemed cost)*. Nach der Standardänderung im *Annual Improvements Project 2010* (IFRS 1.D8) ist diese Bewertung auch möglich, wenn der besondere Anlass **innerhalb** der Übergangsperiode stattfindet. Die *deemed cost* sind dann zum Zeitpunkt des Anlasses einzubuchen; die Differenz zum bisherigen Buchwert ist in den Gewinnrücklagen oder einer anderen Eigenkapitalkategorie auszuweisen. In den früheren Bilanzen – z.B. der Eröffnungsbilanz (Rz 16) – sind die dort gewählten Werte beizubehalten. Zum Anwendungszeitpunkt vgl. Rz 125, zu den betroffenen Bilanzposten vgl. Rz 52.

Zur Ermittlung des *fair value* gelten die allgemeinen Regeln (IFRS 1.19).
Diese Wahlrechte beziehen sich auf (IFRS 1.D7)

- **Sachanlage**vermögen gem. IAS 16 (→ § 14),
- als **Finanzinvestitionen** gehaltene Immobilien gem. IAS 40 (→ § 16),
- **immaterielle** Vermögenswerte, für die es einen aktiven Markt gibt, gem. IAS 38 (→ § 13 Rz 79).

Die „*deemed cost*" in der vorstehenden Auflistung sind funktionell als **Ersatz**-Anschaffungs- oder Herstellungskosten mit entsprechendem Ausweis im Anlagespiegel (→ § 14 Rz 28) zu verstehen; die Ausübung dieser Wahlrechte führt also z.B. nicht zur Anwendung des *fair-value*-Modells bei den Folgebewertungen (vgl. Rz 66). Als kumulierte Abschreibungen sind im Anlagespiegel nur die

21 Haller/Froschhammer/Denk, KoR 2010, S. 557.

22 Der IASB wertet also das Fehlen einer ordnungsmäßigen Anlagebuchführung als eine lässliche Sünde.

ab dem Übergangszeitpunkt verrechneten Abschreibungen zu zeigen (IFRS 1.IG9).

43 Die Fortführung eines **HGB-Buchwertes** ist zwar nicht ausdrücklich erlaubt, aber dann zulässig, wenn der HGB-Wert nicht wesentlich vom IFRS-Wert abweicht (IFRS 1.IG7).[23] Dies ist bei degressiven Abschreibungen auf bewegliche Vermögenswerte meistens gegeben (→ § 10 Rz 26), bei **steuerlichen Sonderabschreibungen** indes nicht, sodass diese Abschreibungen zu eliminieren und die Vermögenswerte (rückwirkend) nach den Regelungen der IFRS abzuschreiben sind. Der IFRS-Erstanwender kann die gesamten Abschreibungsverfahren losgelöst von der bisherigen steuerlichen Dominierung **neu** bestimmen.

Beispiel
Ein Unternehmen hat zwischen 1970 und 1980 sukzessive sein innerstädtisches Betriebsareal verkauft, um sich in einem neu erschlossenen Industriegebiet am Stadtrand zu etablieren. Die Gewinne aus den innerstädtischen Grundstücksverkäufen sind nach § 6b EStG neutralisiert worden. Diese Möglichkeit besteht nach den IFRS nicht. Die Buchwerte sind für Zwecke der erstmaligen IFRS-Bilanzierung ausgehend von den Ursprungswerten zu korrigieren, d. h. fiktiv so abzuschreiben, als ob die steuerlichen Abschreibungen nicht vorgenommen worden wären.

Der Retrospektion sind nach IFRS 1.D8 zeitliche Grenzen durch **besondere** (*event-driven*) **Bewertungsanlässe** wie Privatisierungen oder Börsengänge (Rz 42) gesetzt.

Beispiel
Die Deutsche Telekom AG wurde zum 1.1.1993 privatisiert. Sie braucht zuvor erfolgte Bewertungsvorgänge nicht zu beachten. Für frühere volkseigene Betriebe der DDR endet die Retrospektion am 1.7.1990 (DM-Eröffnungsbilanz).

Vorausgesetzt ist für beide Fälle eine *fair-value*-Bewertung nach den damals gültigen *(under previous GAAP)* Verfahren.

44 Keine Übergangserleichterung ist für (frühere) ***impairment*-Abschreibungen** im Bereich der Sachanlagen und der immateriellen Anlagegegenstände nach IAS 36 vorgesehen (Rz 116). Deshalb kann es fraglich sein, wie in früheren Zeiten erfolgte, außerplanmäßige Wertminderungsabschreibungen in der IFRS-Eröffnungsbilanz (Rz 16) abgebildet werden müssen.

Beispiel
Ein 15 Jahre vor dem Übergang angeschafftes Gebäude war im Jahr 06 nach der Anschaffung gem. den Regeln des im Übergangszeitpunkt gültigen IAS 36 (Rz 28) außerplanmäßig abzuschreiben gewesen (→ § 11 Rz 6). In der Zeit danach war eine sukzessive Werterhöhung festzustellen, die aus der allgemeinen Wertsteigerung für Gebäude resultierte; ein „*triggering event*“

23 Andrejewski/Böckem, KoR 2004, S. 332.

(→ § 11 Rz 171) lag nicht vor. Das Unternehmen bewertet die Sachanlage nach dem *cost model* des IAS 16 (→ § 8 Rz 11ff.).

Bei strenger Beachtung der Retrospektionsvorgabe ist die Bewertung unter Berücksichtigung der früheren *impairment*-Abschreibung vorzunehmen und umgekehrt eine Zuschreibung zu unterlassen, weil kein *„triggering event"* bis zum Zeitpunkt der IFRS-Eröffnungsbilanz (Rz 16) vorliegt. IFRS 1 beschränkt den *impairment*-Test nicht nur auf den Übergangszeitpunkt (der IFRS-Eröffnungsbilanz). Eine solche rückwirkende Betrachtung erscheint allerdings als wenig praktikabel. U. E. sollte die Anwendung des IAS 36 auf den Zeitpunkt der IFRS-Eröffnungsbilanz beschränkt werden. Ein solches Vorgehen kann sich auf IFRS 1.IG39 berufen.

Eine weitere Besonderheit bildet die Bilanzierung von **Entsorgungs- und Entfernungsverpflichtungen** als Bestandteil der Anschaffungs- bzw. Herstellungskosten von Sachanlagen (→ § 21 Rz 80ff.; IFRS 1.D21; IFRIC 1). Die retrospektive Anwendung wird in vielen Fällen als **undurchführbar** (*not practicable*) angesehen. Deshalb gewährt IFRIC 1 eine Erleichterung: Der IFRS-Erstanwender muss in diesem Fall in der IFRS-Eröffnungsbilanz (Rz 16) die Entsorgungsverpflichtung mit dem Zeitwert zurückstellen. Der Buchwert des zugrunde liegenden Sachanlagevermögens kann dann aber mit dem Wert aktiviert werden, der sich ergeben hätte, wenn man die erwartete künftige Entsorgungsverpflichtung bereits im Zugangszeitpunkt des Vermögenswertes aktiviert und seit diesem Zeitpunkt planmäßig abgeschrieben hätte. 45

Folgende **Bearbeitungsschritte** sind dabei zu beachten:[24]

- Der Wert der Rückbau**verpflichtung** wird ohne Zwischenschritte unmittelbar auf den **Zeitpunkt** der IFRS-Eröffnungsbilanz (Rz 16) ermittelt, in dem die aus der Sicht dieses Stichtags zukünftig zu erwartenden *cash outflows* mit dem an diesem Stichtag geltenden Satz diskontiert werden.
- Der **ursprüngliche Zugangsbetrag** der Rückbaukosten wird (retrograd) aus dem Wert der Rückbauverpflichtung in der IFRS-Eröffnungsbilanz abgeleitet. Die Berechnung erfolgt durch Diskontierung der Rückbauverpflichtung vom Eröffnungsbilanz- auf den Anschaffungs-/Herstellungszeitpunkt.
- Von diesem Wert sind die planmäßigen **Abschreibungen** bis zum Stichtag der IFRS-Eröffnungsbilanz zu verrechnen.

Wird **nicht** von diesem Wahlrecht Gebrauch gemacht, ist **retrospektiv** wie folgt vorzugehen:

- Jede Rückbauverpflichtung und der korrespondierende Aktivansatz sind zunächst aus Sicht des Entstehungszeitpunktes mit den zu diesem Zeitpunkt geltenden *cash-flow*-Erwartungen und Diskontierungssätzen zu **bewerten.**
- Sodann ist zu jedem folgenden Stichtag jede **Änderung** der *cash-flow*-Erwartungen und/oder der Diskontierungssätze durch ein fiktive (weil vor der IFRS-Eröffnungsbilanz liegende) Buchung „Anlagevermögen an Rückbauverpflichtung" (bei Minderung: umgekehrt) zu berücksichtigen.

[24] KESSLER/LEINEN, KoR 2005, S. 456.

- Die neue Höhe der Rückbauverpflichtung ist ab diesem Stichtag (fiktiv) mit dem neuen Zinssatz fortzuführen, der **neue** Wert der Anlage nach der Restnutzungsdauer ab **Änderung** abzuschreiben.
- Am nächsten Stichtag sind entsprechende **Anpassungen/Neuberechnungen** durchzuführen.

U. E. sollte das Vereinfachungswahlrecht in aller Regel ausgeübt werden.

Beispiel

Ein Unternehmen erstellt seine IFRS-Eröffnungsbilanz zum 1.1.04. Das Unternehmen hat zum 1.1.01 Mietereinbauten i. H. v. 500 TEUR aktiviert und schreibt diese über 10 Jahre linear ab. Laut Mietvertrag sind die Einbauten bei Beendigung des Mietverhältnisses zum 31.12.10 zu entfernen. Zum IFRS-Eröffnungsbilanzstichtag schätzt das Unternehmen die im Jahr 10 zum Rückbau anfallenden Aufwendungen auf 50 TEUR. Für handelsrechtliche Zwecke wurden ratierlich bis zum 31.12.03 15 TEUR zurückgestellt.

- Bei unterstelltem Finanzierungszinssatz von 5 % für eine 7-jährige (Rest-)Laufzeit ab 1.1.04 beträgt der Barwert der Verpflichtung in der IFRS-Eröffnungsbilanz 35 TEUR. Dieser Betrag ist zum 1.1.04 in der Bilanz auszuweisen.
- Der Barwert von 35 TEUR ist sodann mit dem am 1.1.01 für eine 10-jährige Laufzeit geltenden Zinssatz unter Berücksichtigung des Zinsstruktureffektes von 6 % (→ § 11 Rz 58) auf den 1.1.01 zu diskontieren. Folglich sind rückwirkend zum 1.1.03 30 TEUR zu den ursprünglichen Kosten von 500 TEUR hinzuzuaktivieren.
- Der zusätzlich aktivierte Betrag von 30 TEUR ist im Anschluss bereits über drei Jahre bis zum IFRS-Eröffnungsbilanzstichtag abzuschreiben. Die kumulierte Abschreibung beträgt 9 TEUR.

In der Überleitung vom HGB auf die IFRS-Eröffnungsbilanz zum 1.1.04 ist wie folgt zu buchen:

Konto	Soll	Haben
Sonstige Gewinnrücklagen (bzgl. Rstlg)	20	
Entsorgungsverpflichtung		20
Mietereinbauten	30	
Sonstige Gewinnrücklagen (bzgl. Mietereinbauten)		30
Sonstige Gewinnrücklagen (bzgl. Abschr.)	9	
Kumulierte Abschreibungen		9

46 Die genannten Wahlrechte (Rz 42) können gem. IFRS 1.18 für **jeden Einzelposten** des Anlagevermögens unterschiedlich ausgeübt werden (Rz 41, 49). Dadurch **unterscheidet** sich die gem. IFRS 1 durchgeführte Neubewertung von der allgemein nach IAS 16.31 zulässigen **Neubewertung** (→ § 8 Rz 68ff.); bei dieser ist der Übergang für die jeweilige Bilanz-Gesamtposition *(entire class)* nur **einheitlich** möglich, also ganz oder gar nicht.

Diese Vorgabe gilt in der Konsequenz auch für **Großreparaturen**, die einer gesonderten Aktivierung und Abschreibung zugänglich sind (→ § 8 Rz 38).

47 Nach Maßgabe des *components approach* (→ § 8 Rz 34) ist ein nach HGB einheitlicher Vermögenswert zur Berechnung der planmäßigen Abschreibung

aufzuteilen, wenn einzelne Bestandteile des Vermögenswertes einen signifikanten Anteil an den Gesamtkosten des Vermögenswertes ausmachen (→ § 10 Rz 7ff.). In der Folge muss dementsprechend eine differenzierte Abschreibungsverrechnung erfolgen (IFRS 1.IG12).

Der Komponentenansatz bedarf bei aller formalen Abweichung gegenüber der bisherigen HGB-Handhabung einer **sinnvollen Interpretation** im Hinblick auf die damit zu erzielende *faithful presentation* (IAS 16.BC26). Eine **kleinliche** Betrachtungsweise ist im Rahmen der generell dem Schätzungsermessen unterliegenden Abschreibungsverrechnung unangebracht. Wegen Einzelheiten vgl. → § 10 Rz 9ff., wo auch die Unwesentlichkeit der Abweichungen in der Abschreibungshöhe bei künstlicher „Zerlegung" eines Vermögenswertes dargelegt ist. Der *materiality*-Aspekt (→ § 1 Rz 61ff.) wird hier eigens in Erinnerung gerufen (IFRS 1.IG7).

Nicht zufällig betont deshalb der Board das **vernünftige Ermessen** (*judgement*) zur Definition der separat abzuschreibenden Einheit eines Vermögenswertes (IFRS 1.IG12). Hinzu kommen die generell erleichterungsorientiert ausgestalteten Übergangsregeln für Sachanlagen (Rz 42).

So sind **Neubewertungen** nach Maßgabe der **früheren** Rechnungslegungsvorschriften (z.B. HGB) akzeptabel, wenn sie bei großzügiger Betrachtung *(broadly)* mit den IFRS-Wertermittlungsregeln kompatibel sind (IFRS 1.D6). Der *materiality*-Gedanke wird hier noch spürbar verstärkt. Insgesamt ist u.E. auch bez. des *components approach* bei sonst möglicher Fortsetzung der HGB-Bilanzierung des Anlagevermögens in der IFRS-Bilanzwelt (Rz 43) eine **großzügige** Betrachtungsweise angezeigt.

Die hilfsweise vorgeschlagene **Zeitwertbewertung**[25] braucht dann u.U. nicht als „Lösung" zur Umgehung des rückwirkenden Komponentenansatzes herangezogen zu werden. Im Übrigen wäre auch eine einschlägige Wertermittlung nicht ohne Heranziehung von Vergangenheitsereignissen durchführbar (z.B. Ermittlung des technischen Zustandes der Klimatisierung eines Hotels).

Nach dieser generellen Vorgabe kann in aller Regel ein gewerblich genutztes **Gebäude**, das bisher nach HGB (ohne steuerliche Sonderabschreibungen, Rz 43) abgeschrieben worden ist, mit seinem Restbuchwert nach Maßgabe der übrigen Kriterien (→ § 10 Rz 5) in seine „Komponenten" als künftige (unter IFRS gültige) Abschreibungsbemessungsgrundlagen „zerlegt" werden. Entsprechendes gilt für eine **industrielle Anlage** (→ § 10 Rz 14).

Im Falle der **Generalüberholung** ist zunächst der Zeitpunkt der letzten Rückführung festzustellen. Liegt dieser **lange** zurück, kann auf die separate Abschreibungsverrechnung mit Beginn der IFRS-Bilanzierung verzichtet werden (Rz 29). Bei einer erst **jüngst** erfolgten Generalüberholung nennenswerten Umfangs sind die entsprechenden Kosten relativ leicht zu greifen und in die neue Anlagenrechnung zu überführen.

Eine etwa durchzuführende Neubewertung nach der Vorgabe von IFRS 1 darf **48**
auch **nicht** mit ihrem Ergebnis in eine **besondere Rücklage** eingestellt werden (vergleichbar der Neubewertungsrücklage gem. IAS 16.39; → § 8 Rz 70), sondern wird in die Gewinnrücklage gebucht (Rz 22). Anders verhält es sich, wenn im Rahmen des Übergangs auf IFRS (gleichzeitig) die Neubewertung als zuge-

[25] Andrejewski/Böckem, KoR 2004, S. 335.

lassene Folgebewertung (→ § 8 Rz 68ff.) gewählt wird. Lediglich im **Anhang** des ersten IFRS-Abschlusses (Rz 108ff.) wird der Neubewertungsbetrag separat aufgeführt. Andererseits ist mit der Aufstockung nach IFRS eine Erhöhung der Abschreibungsbemessungsgrundlage verbunden.

49 Der IFRS-Erstanwender hat also (z.B.) die **Wahl**, eines oder mehrere Grundstücke mit oder ohne Gebäude insoweit aufzuwerten, als hier erhebliche stille Reserven enthalten sind (Rz 46).

Beispiel[26]
Die Textileinzelhandels GmbH besitzt ein Grundstück am Marienplatz in München mit erheblichen stillen Reserven im Grundstück und im Gebäude. Daneben besitzt sie ein Fabrikareal in Zwickau, bei dem ebenfalls stille Reserven vorliegen mögen, deren Ermittlung jedoch aus verschiedenen Gründen sehr aufwendig wäre.
Zur Erhöhung des Eigenkapitalausweises beschränkt sich die Gesellschaft in der IFRS-Eröffnungsbilanz auf den Ansatz des *fair value* für den Grund und Boden am Marienplatz. Das dortige Gebäude wird wegen der künftigen Ergebnisbelastung durch höhere Abschreibungen und das Areal in Zwickau aus Kostengründen mit den HGB-Buchwerten, die grosso modo den IFRS-Werten entsprechen, in die IFRS-Welt überführt.

50 Diese Wahlrechte gelten für (IFRS 1.D5ff.)

- **sächliches** Anlagevermögen (Rz 42; → § 14),
- **Finanzimmobilien** gem. IAS 40 (*investment properties*; IFRS 1.D7(a); → § 16),
- **immaterielle Anlagegüter** (IFRS 1.D7(b); → § 13).

Bei **Finanzimmobilien** bleibt das Wahlrecht für die **Folgebewertung** (→ § 16 Rz 43ff.) unberührt. Der Anwender kann also als Ersatz-Anschaffungskosten (*deemed cost*; Rz 42) den *fair value* zum Übergangstag (Rz 14) wählen und dann auf dieser Basis unter Anwendung einer passenden Abschreibungsmethode das *cost model* (→ § 16 Rz 43ff.) weiterführen. Ebenso kann man bei der Folgebewertung nach dem *fair-value*-Ansatz (→ § 16 Rz 52) verfahren.

Bei **immateriellen Anlagen** ist allerdings eine Neubewertung nur für solche Vermögenswerte zulässig, die auf einem aktiven Markt gehandelt werden. Diese Voraussetzung ist kaum jemals erfüllt (→ § 13 Rz 79, 33), sodass ein erstmaliger IFRS-Anwender immaterielle Vermögenswerte in der IFRS-Eröffnungsbilanz mit fortgeführten Anschaffungs- oder Herstellungskosten bewerten muss.

51 Die bestehenden **Wahlrechte** – mit entsprechenden bilanzpolitischen Ansätzen – können anhand folgender beispielhafter Übersicht verdeutlicht werden:

26 Nach LÜDENBACH/HOFFMANN, DStR 2003, S. 1498, 1502.

					Bilanzpolitische Ansätze in der IFRS-Eröffnungsbilanz		
	Anschaffungskosten	fortgeführte AK nach HGB 31.12.03	fortgeführte AK nach IFRS 31.12.03	beizulegender Zeitwert	A Eigenkapitalstärken	B Wenig Belastung für Zukunft	C Wenig Umstellungsaufwand
Grundstück 1	500	500	500	1.000	1.000	1.000	500
Gebäude	1.000	600	650	1.200	1.200	600	600
Maschine	300	100	110	150	150	100	100
GESAMT					2.500	1.850	1.300

Fraglich ist der **Umfang** der Neubewertung mit den *deemed cost* (Rz 42) bei den **besonderen Bewertungsanlässen** (*event driven*) nach IFRS 1.D8 (Rz 42). In den anderen Neubewertungsfällen gilt die **Beschränkung** nach IFRS 1.D7 auf Sachanlagen und immaterielle Vermögenswerte. IFRS 1.D8 erlaubt dagegen den Ansatz der *deemed cost* für **alle** Vermögenswerte und Schulden. Die gliederungstechnische Stellung von IFRS 1.D8 hebt sich von den Paragrafen IFRS 1.D5 bis IFRS 1.D7 ab. Dies **bestätigt** einen Sonderstatus für den Umfang des Anwendungsbereiches der *deemed cost.* Diese Lösung erhärtet sich vor dem Hintergrund des „*events*“: Wenn schon der Sonderanlass – z. B. die Umwandlung nach deutschem Recht (Rz 42) – eine Neubewertung erlaubt oder gar fordert, kann diese schlechterdings nicht auf einen Teilbereich der Vermögenswerte und Schulden beschränkt bleiben. Auch die differenzierende Argumentation in IFRS 1.BC46 und in IFRS 1.JG50 spricht für eine Sonderstellung von IFRS 1.D8 gegenüber IFRS 1.D5 bis IFRS 1.D7. 52

6.3 Beteiligung an Tochterunternehmen im Einzelabschluss der Mutterunternehmung

Mit einer in den Anwendungsbereich des IFRS 5 fallenden Ausnahme (→ § 29 Rz 4) gilt: Gemäß IAS 27.37 sind die Anteile an Tochterunternehmen im Einzelabschluss des Mutterunternehmens etc. entweder zu **Anschaffungs**kosten (nach Maßgabe der IFRS-Regeln) oder in **Übereinstimmung** mit **IAS 39** zu bilanzieren (→ § 32 Rz 169). 53

Nach Ansicht des IASB sind in bestimmten Fällen die Ermittlung und Anpassung der Anschaffungskosten auf den nach IAS 27 geforderten Wert jedoch sehr schwierig oder sogar unmöglich, da notwendige Informationen nicht generiert werden können. Konkret geht es um die bislang gültige Vorgabe, derzufolge die Anschaffungskosten auf eine neu erworbene Beteiligungsgesellschaft (nicht Portfolio-Besitz) um die nach dem Erwerb erfolgten Ausschüttungen aus präakquisitorischen Gewinnen zu kürzen sind (→ § 32 Rz 173). Nach dem *Amendment* zu IFRS 1 und IAS 27 vom Mai 2008 wird jede Dividende im Zeitpunkt des Gewinnausschüttungsbeschlusses ergebniswirksam vereinnahmt (→ § 32 Rz 173 und von der Indikation für einen *impairment*-Test der Beteiligung begleitet (→ § 11 Rz 21).

Im Anwendungsbereich von IFRS 1 stellt dieses *Amendment* nach IFRS 1.D14 folgende Bewertungsansätze in der IFRS-Eröffnungsbilanz (Rz 19) als Wahlrecht zur Disposition:[27]
Das Unternehmen hat auf der **ersten** Ebene des Wahlrechtes eine unter Stetigkeitsgesichtspunkten für Folgeperioden und Folgeanschaffungen bindende Wahl zwischen
1. der *fair-value*-Bilanzierung (als *available for sale asset*) (→ § 28 Rz 151) oder
2. der Bilanzierung zu Anschaffungskosten *(at cost)*

zu treffen.
Bei Wahl der Anschaffungskostenbilanzierung kann diese in der IFRS-Eröffnungsbilanz (Rz 16) auf drei Arten dargestellt werden (Wahlrecht der **zweiten** Ebene) (IFRS 1.D15):
- Anschaffungskosten gem. IAS 27 (retrospektive Anwendung von IAS 27)
- *fair value* nach IAS 39
- HGB-Buchwert als Ersatzwert für die Anschaffungskosten *(deemed cost)*

Die Variante 2b) unterscheidet sich von der Variante 1 zwar nicht in der Erstbewertung (in der IFRS-Eröffnungsbilanz), aber in der Folgebewertung. Nach Variante 1 ist der *fair value* fortzuschreiben, d. h., zu jedem Stichtag ist eine neue *fair-value*-Bewertung geboten. Nach Variante 2b gilt der *fair value* in der Eröffnungsbilanz als fiktive Anschaffungskosten. Fortschreibungen finden dann nur noch um Abgänge (Teilveräußerungen) und außerplanmäßige Abschreibungen statt.
Variante 2a) und 2c) können etwa dann zu unterschiedlichen Werten in der IFRS-Eröffnungsbilanz führen, wenn die Beteiligung im Tausch gegen andere Vermögenswerte erworben, nach HGB buchwertfortführend behandelt wurde, nach IFRS aber gewinnrealisierend abzubilden gewesen wäre (→ § 8 Rz 48).
Die Wahlrechte soll gelten für **Beteiligungen** an
- Tochterunternehmen (→ § 32 Rz 7 ff.),
- assoziierten Unternehmen (→ § 33 Rz 7 ff.),
- Gemeinschaftsunternehmen (→ § 34 Rz 11 ff.).

Fraglich ist, ob die genannten Wahlrechte für die drei Kategorien einheitlich ausgeübt werden müssen. Dafür spricht die nahtlose Verzahnung im Wortlaut: „*Investments in subsidiaries, jointly controlled entities and associates*".
Die Ausübung der Wahlrechte ist im Anhang offenzulegen (IFRS 1.31). Die Neufassung des Standards nach dem *Amendment* vom Mai 2008 ist auf nach dem 30.6.2009 beginnende Geschäftsjahre anzuwenden oder mit Anhangsangabe früher (IFRS 1.38).

6.4 Unternehmenszusammenschlüsse

6.4.1 Die Ausnahmeregelungen

54 Der Board geht von nutzenübersteigenden Kosten aus, wenn auf **Unternehmenszusammenschlüsse** in der Zeit vor dem Übergang auf IFRS der einschlägige Standard IFRS 3 angewandt wird. Diese Sicht wird auch von der überwältigenden Mehrheit der in 2005 auf die IFRS-Rechnungslegung übergegangenen deutschen

[27] Vgl. ZÜLCH/HOFFMANN, PiR 2008, 237.

Konzerne geteilt. 83 % von 103 haben die optimale Erleichterung für Unternehmenszusammenschlüsse in Anspruch genommen.[28]

Nach IFRS 1.C1 werden deshalb folgende **Alternativen des Übergangs** angeboten:

- IFRS 3 in der am Stichtag der erstmaligen IFRS-Bilanz (*reporting date*; Rz 16) gültigen Fassung (Rz 31) wird auf **alle** vergangenen Unternehmenszusammenschlüsse angewandt oder
- das **bisher gewählte Konsolidierungsverfahren wird beibehalten** (IFRS 1.C4); damit bleibt sowohl die „**Klassifikation**" des Unternehmenszusammenschlusses („normale" und umgekehrte Akquisition, Interessenzusammenführung, eigentliche Fusion) als auch die **buchmäßige Behandlung** des durch die Konsolidierungsbuchungen aufgedeckten *goodwill* (z.B. Rücklagenverrechnung) unangetastet (IFRS 1.C4g u. i).

Zu den Besonderheiten wegen der **immateriellen** Vermögenswerte s. Rz 67.

Unter Berücksichtigung von IFRS 1.C1 eröffnen sich aber noch **mehr Optionen.** 55
Der Erstanwender muss **nicht alle** Unternehmenszusammenschlüsse der Vergangenheit **gleich** behandeln. Das Unternehmen kann sich auch dafür entscheiden, ältere *goodwills* mit den angepassten HGB-Werten fortzuführen, auf jüngere hingegen IFRS 3 anzuwenden. Was „älter" ist, **entscheidet der Anwender** selbst. IFRS 1.C1 will lediglich ein **willkürliches** Nebeneinander von HGB- und IFRS-*goodwill* verhindern und normiert deshalb einen **zeitlichen** Schnitt: Wenn einmal die Entscheidung zugunsten der Anwendung von IFRS 3 auf einen bestimmten Unternehmenszusammenschluss gefallen ist, dann sind alle **nachfolgenden** Unternehmenszusammenschlüsse im Übergangsverfahren gem. IFRS 3 abzubilden.

Wenn ein IFRS Erstanwender sich für eine rückwirkende Anwendung entschei- 56
det, muss er auch IAS 27 (überarbeitet 2008) von diesem Zeitpunkt der Vergangenheit an anwenden.

Beispiel[29]

Die X-AG hat von 1989 bis 2003 jedes Jahr eine Unternehmensakquisition getätigt. Sie hat folgendes Wahlrecht:

- Die *goodwills* der Jahre 1989 bis 198x-1 werden nach HGB fortgeführt.
- Der *goodwill* des Jahres 198x wird nach IFRS 3 ermittelt; damit
- sind zwingend auch die *goodwills* der Jahre 198x+1 nach IFRS 3 zu bestimmen.

Insgesamt bestehen also folgende **Wahlrechte** für den Übergang einer Konzern- 57
muttergesellschaft[30] auf die IFRS-Rechnungslegung:

- Alle Akquisitionen der Vergangenheit werden nach IFRS 3 (→ § 31) konsolidiert.
- Alle Akquisitionen der Vergangenheit werden unter Berücksichtigung bestimmter Anpassungen nach dem bisherigen Konsolidierungsverfahren weitergeführt (s. Rz 61).

---

[28] HALLER/FROSCHHAMMER/DENK, KoR 2010, S. 557.

[29] Nach LÜDENBACH/HOFFMANN, DStR 2003, S. 1498, 1502.

[30] ZEIMES, WPg 2003, S. 982, 986.

- Retrospektive Anwendung von IFRS 3 erfolgt auf Unternehmenszusammenschlüsse ab einem bestimmten Zeitpunkt (Rz 55).
- Weitere Optionen gem. Darstellung in → § 31.

Diese Wahlrechte sowie die nachstehend dargestellten Ausnahmen (Rz 61 ff.) gelten nach IFRS 1.C5 für **alle Konsolidierungsfälle**, also auch für **assoziierte** (→ § 33) und **Gemeinschafts**unternehmen (→ § 34).

Bei retrospektiver Anwendung speziell des IFRS 3 müssen für einen IFRS-Erstanwender, anders als bei einem bereits nach IFRS bilanzierenden Unternehmen, die notwendigen Informationen für die rückwirkende Anwendung nicht schon zum Zeitpunkt der Erstkonsolidierung bzw. Wertminderungsüberprüfungen in der Vergangenheit vorgelegen haben (IFRS 1.BC 32–34).[31]

Beispiel

Das Unternehmen A erstellt zum 1.1.06 seine IFRS-Eröffnungsbilanz. Zum 1.1.03 hat das Unternehmen A 100 % der Anteile an der B-AG erworben. Im handelsrechtlichen Konzernabschluss wird der entstandene *goodwill* von 150 TEUR planmäßig über 15 Jahre abgeschrieben. Zum 1.1.06 sind bereits 30 TEUR abgeschrieben. Unternehmen A hat bislang keine Zeitwerte oder Nutzungswerte der B-AG aus der Vergangenheit vorliegen. Unternehmen A plant eine rückwirkende Anwendung des IFRS 3. Gemäß der Übergangsvorschrift des IFRS 3.85 wäre dies nur möglich, wenn bereits zum Erstkonsolidierungszeitpunkt (1.1.03) die Informationen für die Durchführung eines Werthaltigkeitstests nach IAS 36 vorgelegen hätten. Diese Übergangsvorschrift gilt jedoch nicht für das Unternehmen A als IFRS-Erstanwender. A kann die Daten für die notwendigen Werthaltigkeitsüberprüfungen auch rückwirkend seit dem 1.1.03 ermitteln.

58 vorläufig frei

59 Eine Erleichterung ist auch für die Einbeziehung eines bisher **nicht konsolidierten** Tochterunternehmens in die IFRS-Konzerneröffnungsbilanz in IFRS 1.C4 vorgesehen. Wegen Einzelheiten wird auf → § 31 Rz 201 verwiesen.

60 Bei Investments in **assoziierte** Unternehmen mit einer *impairment*-Abschreibung vor dem Übergangszeitpunkt (Rz 16) können sich Schwierigkeiten wegen des Wertaufholungsverbots für den *goodwill* (→ § 11 Rz 171) ergeben.

Beispiel

Sachverhalt

- Unternehmen A erwirbt am 1.1.01 einen Anteil am assoziierten Unternehmen B zu 3.000 = Buchwert.
- Vom Kaufpreis entfallen 1.000 auf das anteilige Nettovermögen, auf den „eingebetteten"" (→ § 33 Rz 55) *goodwill* also 2.000.
- Nach früherem GAAP war dieser Vorgang wie folgt zu behandeln:
  - der „eingebettete" *goodwill* ist linear mit 10 % p.a. abzuschreiben;
  - die Werthaltigkeit ist für das gesamte Investment zu prüfen;

31 Baetge/Bischof/Matena, IFRS 1 in: Baetge et al. (Hrsg.), Rechnungslegung nach IAS, IFRS 1 Tz 60.

- – eine Wertminderung (*impairment*) ist vorrangig dem *goodwill* zu belasten, was dessen weitere planmäßige Abschreibung vermindert;
- – einmal erfolgte Wertminderungsabschreibungen unterliegen keinem Wertaufholungsgebot.
- Zum 31.12.01 war eine Wertminderungsabschreibung nach früheren GAAP auf den „eingebetteten" *goodwill* von 1.000 erforderlich. Dieser betrug dann noch 1.000 und war danach mit 100 p.a. planmäßig abzuschreiben. Am 1.1.07 – dem Tag der IFRS-Eröffnungsbilanz – beträgt der Buchwert des *goodwill* noch 500, das Nettovermögen wird unverändert gegenüber dem Erwerbszeitpunkt mit 1.000 angenommen, der Buchwert des Gesamtinvestments beträgt am Übergangstag (Rz 16) somit 1.500.
- Zum Übergangszeitpunkt wird ein *impairment*-Test durchgeführt (Rz 68), der einen Gesamtwert des Investments von 3.000 ergibt.
- A will den Gesamtwert von 3.000 in die IFRS-Eröffnungsbilanz einstellen, die *goodwill*-Abschreibung also rückgängig machen.

Lösung

- Bei Inanspruchnahme der **Erleichterung** für den Übergang ist A nach IFRS 1.C5 i.V.m. IFRS 1C4(g) an die Regeln des früheren GAAP gebunden, d.h., eine Wertaufholung der *goodwill*-Abschreibung ist unzulässig.
- A kann aber auch **retrospektiv** (Rz 26) den gesamten Vorgang den am 1.1.07 gültigen Standardregeln unterwerfen. Diese sehen (unterstellt nach aktuellem Recht) für die Wertaufholung keine eindeutige Lösung vor (→ § 33 Rz 97). Eine Zuschreibung auf den Gesamtwert des Investments ist deshalb bei Verzicht auf die Erleichterung gut vertretbar.

6.4.2 Notwendige Anpassungen

Die Zielsetzung der Übergangserleichterung für die Abbildung von **Unternehmenszusammenschlüssen** wird durch die unter Rz 57 dargestellten Wahlrechte erreicht. Diese beziehen sich im Wesentlichen auf die *goodwill*-Bilanzierung. Andererseits ergeben sich auf der Grundlage der umfangreichen Vorgaben in IFRS 1.C4 mit ihrer eher verwirrenden Gliederung **Komplizierungen**, an deren Sinnhaftigkeit bei Gewichtung gegenüber dem materiellen Gehalt der genannten „Hauptwahlrechte" – z.B. Übernahme einer früheren Rücklagenverrechnung des *goodwill* (Rz 54) – man zweifeln darf (Rz 107). Für die Bilanzierung der Vermögenswerte und Schulden der konsolidierungspflichtigen **Tochterunternehmen** gelten explizit die Befreiungsregelungen des IFRS 1 und implizit der *materiality*-Grundsatz (→ § 1 Rz 59ff.).[32] 61

Bei prospektiver Anwendung des IFRS 3 (Rz 57) sind folgende Anpassungen erforderlich: Die nach **HGB** *(previous GAAP)* bei **erstmaliger** Kapitalkonsolidierung angesetzten Vermögenswerte und Schulden sind als Bewertungsausgangsgröße (*deemed cost*; Rz 42) zu betrachten. Ab diesem Zeitpunkt sind diese *deemed cost* nach den Vorgaben der IFRS zu bewerten und so (als fortgeführte *deemed cost)* in die IFRS-Eröffnungsbilanz (Rz 16) zu übernehmen (IFRS 1.C4e). 62

---

32 Vgl. hierzu die Darstellungen bei KIRSCH, StuB 2003, S. 913, 915; THEILE, DB 2003, S. 1745, 1747; ZEIMES, WPg 2003, S. 982, 986.

Beispiel
Ein Unternehmen erstellt seine IFRS-Eröffnungsbilanz (Rz 14) zum 1.1.06. Zum 31.12.03 hatte es im Wege einer Fusion eine bisherige Tochtergesellschaft buchwertneutral übernommen. Am 1.1.03 hat die bisherige Tochter eine selbst erstellte Anlage zu Teilkosten von 800 TEUR aktiviert, Abschreibung auf 10 Jahre linear. Bei der erstmaligen Einbeziehung in den Konzernabschluss am 31.12.03 betrug der Buchwert 720. Die Vollkosten zur Erstellung der Maschine beliefen sich auf 1.200 TEUR. Die Buchwerte der Vermögenswerte und Schulden bei erstmaliger Konsolidierung des Tochterunternehmens, die nach IFRS mit fortgeführten Anschaffungskosten als *deemed cost* (Rz 43) bewertet werden, bilden die Grundlage für die weitere Bilanzierung in der IFRS-Eröffnungsbilanz, für die fragliche Anlage also 720 TEUR.
Bei nach IFRS akzeptablem Abschreibungsverfahren wird die Anlage in der Eröffnungsbilanz – nach zwei weiteren Jahresabschreibungen von je 80 – mit 560 TEUR bilanziert. Wäre die Anlage erst nach dem Unternehmenszusammenschluss gebaut worden, hätte das Unternehmen die Anlage entweder nachträglich zu Vollkosten, vermindert um planmäßige Abschreibungen, oder zum beizulegenden Zeitwert am Stichtag der IFRS-Eröffnungsbilanz bilanzieren müssen.

Nach HGB im vorherigen Konzernabschluss nicht angesetzte Bilanzposten, welche die Ansatzkriterien nach IFRS erfüllen, sind im konsolidierten IFRS-Erstabschluss (nur) dann anzusetzen, wenn sie im **Einzelabschluss** der Tochtergesellschaft **hätten angesetzt werden müssen** (IFRS 1.C4).

Beispiele
- **Entwicklungskosten** nach IAS 38, welche die dortigen Ansatzkriterien erfüllen (→ § 13 Rz 29).
- **Leasingverträge**, die nach HGB nicht angesetzt wurden, aber die Ansatzkriterien nach IAS 17 erfüllen (→ § 15 Rz 22ff.).
- Posten aus der **Steuerlatenzrechnung** (Rz 24).

Entstehende Unterschiedsbeträge sind in der IFRS-Eröffnungsbilanz (Rz 16) gegen die **Gewinnrücklagen** zu buchen (Rz 22); eine Ausnahme besteht jedoch für die Unterschiedsbeträge, die aus immateriellen Vermögenswerten resultieren. Diese sind in den *goodwill* umzugliedern bzw. aus ihm herauszurechnen (Rz 67).

63 Ebenso können nach nationalem Recht im Rahmen eines Unternehmenszusammenschlusses **Schulden** bilanziert worden sein, die nicht den Kriterien nach IFRS für eine Bilanzierung entsprechen. In diesen Fällen darf eine Anpassung des vorherigen *goodwill* nicht erfolgen.

Beispiel
Unternehmen A erstellt zum 1.1.07 seine IFRS-Eröffnungsbilanz. A hat zum 1.7.06 die B-GmbH erworben. Nach nationalen Rechnungslegungsvorschriften bilanziert A zum 1.7.06 eine Restrukturierungsrückstellung von 100, die nicht die Ansatzkriterien nach IAS 37 erfüllt. Zum 31.12.06 hat A bereits 60

> der Restrukturierungskosten verbraucht. A erwartet noch weitere Aufwendungen von 40, die zum 31.12.06 ebenfalls nicht als Schuld nach IAS 37 gelten.
> - A darf in seiner IFRS-Eröffnungsbilanz zum 1.1.07 keine Rückstellung bilanzieren.
> - Zudem darf es den *goodwill*, der zum 1.1.06 nach vorherigen Rechnungslegungsvorschriften aufgrund der Restrukturierungsrückstellung um 100 erhöht wurde, nicht verändern.
> - A muss den *goodwill* jedoch auf seine Werthaltigkeit prüfen.
> - Die Restrukturierungsrückstellung ist in der IFRS-Eröffnungsbilanz in die Gewinnrücklagen umzubuchen.

Bei einem früheren Unternehmenszusammenschluss sind möglicherweise immaterielle Vermögenswerte nicht vom *goodwill separiert* worden. Dabei verbleibt es gem. IFRS 1.C4f auch in der IFRS-Eröffnungsbilanz (Rz 16), soweit diese Vermögenswerte im **Einzel**abschluss des erworbenen Unternehmens **nicht angesetzt** werden dürfen. 64

> **Beispiele**
> Kundenlisten, Marken, Warenzeichen, Verlagsrechte (→ § 13 Rz 32).

Eine weitere Anpassung (gegenüber der bisherigen HGB-Konsolidierung) ist für Fälle einer nach IFRS zwingenden (nicht: erlaubten) *fair-value*-Bilanzierung geboten (IFRS 1.C4d). 65

> **Beispiele**[33]
> - Für den Handel bestimmte Finanzinstrumente *(trading)* nach IAS 39.69 (→ § 28 Rz 142ff.).
> - Zum **Verkauf** bereite Finanzinstrumente *(available for sale)* nach IAS 39.69 (→ § 28 Rz 147ff.).[34]
> - Zum Verkauf anstehende **langfristige** Vermögenswerte nach IFRS 5 (→ § 29).

Davon zu **unterscheiden** sind – außerhalb des Übergangsprozesses stehende – Wahlrechte der *fair-value*-Bilanzierung (Beispiel: Finanzimmobilien; *investment properties)* nach IAS 40 (→ § 16 Rz 43ff.). Hier kann ein „originäres" **Wahlrecht** zum Übergang auf den *fair value* in der IFRS-Eröffnungsbilanz (Rz 16) ausgeübt werden (vgl. Rz 42). 66

Der gegebenenfalls aus der Kapitalkonsolidierung resultierende *goodwill* – auch der im Rahmen der *equity*-Bilanzierung (→ § 33 Rz 54) im Beteiligungsansatz enthaltene – ist **unverändert** in die IFRS-Eröffnungsbilanz (Rz 16) zu übernehmen, **es sei denn** (IFRS 1.C4g), 67

---

[33] Nach LÜDENBACH/HOFFMANN, DStR 2003, S. 1498, 1503; THEILE, DB 2003, S. 1745, 1749.

[34] Die übliche erfolgsneutrale fair-value-Bewertung führt gem. IFRS 1.IG59 zu einer Erfassung des Anpassungsbetrages im other comprehensive income (→ § 20 Rz 81).

- **immaterielle** Vermögenswerte sind durch die Neuklassifizierung nach IFRS in der IFRS-Eröffnungsbilanz (erstmals) anzusetzen oder umgekehrt (Rz 62) oder
- eine nachträgliche **Kaufpreisänderung** durch die Vertragsvorgaben des Unternehmenszusammenschlusses ist zu beachten oder
- eine ***impairment*-Abschreibung** (→ § 11 Rz 10ff.) ist vorzunehmen (zwingender *impairment*-Test).

Im erstgenannten Fall erfolgt die Anpassung zwischen immateriellem Vermögenswert und *goodwill innerhalb* dieser Posten direkt, gegebenenfalls sind auch Anpassungen der Steuerlatenzposten (Rz 24) und der Minderheitenanteile erforderlich (IFRS 1.C4(g)(i)).
Hierzu folgende Beispiele:

Beispiel 1

Zu Beginn des Jahres 01 hat die M AG 80 % der Anteile am Kapital der T zum Preis von 2.000 TEUR erworben. Das bilanzielle Eigenkapital der T belief sich zum Erwerbszeitpunkt auf 1.000 TEUR, davon 400 TEUR Stammkapital. Stille Reserven wurden nur in einem Grundstück i.H.v. 200 TEUR identifiziert. Die T ist nach wie vor Eigentümerin des Grundstücks. Bei der Erstkonsolidierung der T wurden Entwicklungskosten i.H.v. 300 TEUR nicht aktiviert, sodass dieser Betrag in den *goodwill* eingegangen ist. Gemäß IAS 38 ist dieser Betrag jedoch ansatzpflichtig; die Nutzungsdauer beträgt 10 Jahre.
Bei erstmaliger Konsolidierung unter HGB wurde folgender *goodwill* ermittelt:

		EUR
	Bilanzielles Eigenkapital	1.000.000
+	stille Reserven	200.000
=	neu bewertetes Eigenkapital	1.200.000
–	Anteile fremder Gesellschafter (20 %)	240.000
=	konsolidierungspflichtiges Kapital	960.000
=	Anschaffungswert der Beteiligung	2.000.000
=	*goodwill*	1.040.000

Der *goodwill* wurde in der Folge über 20 Jahre abgeschrieben mit jährlich 52 TEUR. Zum 31.12.05 beträgt der *goodwill* in der Handelsbilanz 780 TEUR. Die Entwicklungskosten betrafen ein Produkt, welches seit 1.1.01 verkauft wird und für 10 Jahre vertrieben werden soll. Nach IAS 38 wäre eine Abschreibung linear über 10 Jahre angemessen. Folglich würde der Buchwert der Entwicklungskosten zum 31.12.05 150 TEUR betragen. Der *goodwill* wäre somit wie folgt in der IFRS-Eröffnungsbilanz zu berichtigen:

	EUR
Stand der aktivierten Entwicklungskosten	150.000
abzgl. latente Steuern	– 60.000
Nettoeffekt aus der Aktivierung von Entwicklungskosten	90.000
abzgl. Anteile fremder Gesellschafter (20 %)	– 18.000
Verminderung des *goodwill* aufgrund Entwicklungskosten	72.000
goodwill vor Anpassung	780.000
abzgl. Minderungsbetrag aus Umgliederung	– 72.000
goodwill in der IFRS-Eröffnungsbilanz	708.000

Beispiel 2
Ein Unternehmen hat in seinem Abschluss zum 31.12.03 einen immateriellen Vermögenswert mit einem Wert von 100 bilanziert. Dieser wurde zum 1.1.01 im Rahmen eines Unternehmenszusammenschlusses mit 150 TEUR bewertet und seitdem linear über 15 Jahre abgeschrieben. Zudem hat das Unternehmen aus dem Zusammenschluss einen *goodwill* von 500 TEUR aktiviert. Der immaterielle Vermögenswert erfüllt nicht die Aktivierungsvoraussetzungen nach IAS 38 für eine Aktivierung. Außerdem liegt der Zeitwert nur bei 75 TEUR.
In der IFRS-Eröffnungsbilanz wird er i. H. v. 100 TEUR gegen den *goodwill* ausgebucht. Es erfolgt keine Aufteilung der Ausbuchung in andere Gewinnrücklagen (25 TEUR) und *goodwill* (75 TEUR).

Wenn **kein *goodwill*** aufgrund früherer Rücklagenverrechnung **verfügbar** ist, entfällt eine Möglichkeit der Umbuchung von immateriellen Vermögenswerten in den *goodwill* (IFRS 1.C4c i).[35] Die Verrechnung erfolgt dann gegen die Gewinnrücklagen.
Kaufpreisänderungen in Bezug auf einen **vor** dem Übergangsstichtag (Rz 14) liegenden Unternehmenszusammenschluss (→ § 31 Rz 48 ff.) sind wie folgt zu behandeln:[36]

- Bei **rücklageverrechnetem *goodwill*** wird auch die Kaufpreisanpassung gegen die Rücklagen gebucht, unabhängig davon, ob die Anpassung vor oder nach dem Übergangsstichtag erfolgt (IFRS 1.C4(i)(ii)).
- Ein **nicht** rücklageverrechneter aus dem HGB übernommener *goodwill* ist bereits in der IFRS-Eröffnungsbilanz (Rz 14) anzupassen, soweit die Kaufpreisanpassung bis dahin bekannt (verlässlich zu schätzen) ist. Wird eine verlässliche Schätzung der Kaufpreisanpassung erst zu einem späteren Zeitpunkt möglich, ist die Anpassung des *goodwill* nach IFRS 3.34 f. (→ § 31 Rz 57 ff.) vorzunehmen.

Besondere Aufmerksamkeit ist dem zum Zeitpunkt der IFRS-Eröffnungsbilanz 68
nach Maßgabe der damaligen Verhältnisse (IFRS 1.IG 41) durchzuführenden **Werthaltigkeitstest** nach IAS 36 (IFRS 1.C4(g)(ii)) zu widmen. Dazu müssen Zahlungsmittel generierende Einheiten (CGU) definiert werden, auf die der vorhandene *goodwill* aufzuteilen ist (→ § 11 Rz 115). Dabei hat die Aufteilung retrospektiv anhand der ursprünglichen Synergieerwartungen zu erfolgen.[37] In der Praxis dürfte es aber akzeptabel sein, die *goodwill*-Aufteilung in der ursprünglichen Form nach vorherigen Rechnungslegungsgrundsätzen zu belassen.

Sonstige Anpassungen des *goodwill* sind **nicht** erforderlich, insbesondere auch 69
nicht bez. einer früheren Rücklagenverrechnung oder bereits vorgenommener Abschreibungen (IFRS 1.C4(h)(i)).

---

35 Vgl. LÜDENBACH/HOFFMANN, DStR 2003, S. 1498, 1503.

36 Vgl. IDW, RS HFA 19, Tz 5.

37 Anderer Auffassung sind HACHMEISTER/KUNATH, KoR 2005, S. 71 ff. Nach Auffassung dieser Autoren ist zum Zeitpunkt der Verteilung ein fiktiver Anschaffungsvorgang zu unterstellen. Nach dieser Sichtweise erhält jedoch immer die Einheit mit dem größten absoluten Wertbeitrag den höchsten Anteil am goodwill. Dies widerspricht dem Gedanken der Verteilung nach Synergieerwartungen zum Akquisitionszeitpunkt.

Bei früherer Rücklagenverrechnung (nach HGB) des *goodwill* aus einem Unternehmenszusammenschluss sind spätere **Abgänge** des betreffenden Tochterunternehmens oder Wertminderungen (bei Nicht-Vollkonsolidierung) erfolgsneutral (zu Lasten der Gewinnrücklagen) zu erfassen (IFRS 1.C4(i)).

70 Eine Besonderheit liefert noch der Fall der **erstmaligen Einbeziehung** einer Beteiligungsunternehmung in den Konzernabschluss zum Übergangsstichtag, also in die IFRS-Eröffnungsbilanz (Rz 16). Auf den Einzelabschluss des Beteiligungsunternehmens ist IFRS 1 anzuwenden. Der als *deemed cost* (Rz 42) anzusetzende *goodwill* entspricht dem Unterschiedsbetrag aus dem Beteiligungs-Buchwert beim Mutterunternehmen und dem (anteiligen) Nettoreinvermögen des Tochterunternehmens, welches nach den Grundsätzen der IFRS zu ermitteln ist. Weitere Anpassungen – verstanden als Grundlage der Erstkonsolidierung – sind nicht erforderlich.[38] Es handelt sich dabei nicht um einen Anwendungsfall von IFRS 3 im Rahmen der Übergangsregeln.[39]

Beispiel

Die A-GmbH erstellt zum 1. Januar 06 ihre IFRS-Eröffnungsbilanz. Nach HBG wurde das Tochterunternehmen T bislang nicht in den Konzernabschluss einbezogen. T wurde lediglich mit einem Beteiligungsbuchwert von 180 bilanziert.

Im Rahmen der Erstellung der IFRS-Eröffnungsbilanz muss für T ein IFRS-**Einzel**abschluss erstellt werden, um das Netto-Reinvermögen zu ermitteln. Dazu werden annahmegemäß Vermögenswerte von 450 und Schulden von 300 bilanziert. Dementsprechend ist in der IFRS-Eröffnungsbilanz ein *goodwill* von 30 anzusetzen, vorbehaltlich eines noch durchzuführenden Werthaltigkeitstests nach IAS 36 (Rz 68).

Zum **zeitversetzten** Übergang auf IFRS innerhalb eines Konzerns vgl. Rz 85.

71 Nicht in IFRS 1 geregelt ist das Problem eines früher im Rahmen eines Unternehmenserwerbs nicht gebildeten **Steuerlatenz**postens.

Beispiel

Vor dem Übergang auf die IFRS-Rechnungslegung hat ein Unternehmen eine Akquisition (*business combination*; → § 31) getätigt, will aber darauf IFRS 3 nicht retrospektiv anwenden (Rz 54). Nach Maßgabe der früheren Bilanzierungsmethode sind die immateriellen Vermögenswerte in Übereinstimmung mit den Regeln von IFRS 3 (→ § 28 Rz 89ff.) identifiziert worden. Allerdings unterblieb die Erfassung einer passiven Steuerlatenz (Rz 24) im Hinblick auf den Steuerbuchwert von null (→ § 26 Rz 17).

Als Korrekturschritte bieten sich zwei Lösungen zur Einbuchung der passiven Steuerlatenz an:

- Erhöhung des *goodwill*,
- Minderung der Gewinnrücklage.

[38] Theile, DB 2003, S. 1745, 1750.

[39] So Zeimes, WPg 2003, S. 982, 985.

In der Oktobersitzung 2005[40] hat sich der Board mit dem Thema befasst, hat aber keine Lösung im Wege einer *Technical Correction* der diesen Fall nicht behandelnden Standards vorgeschlagen.

Eine andere Anpassung der aktiven Steuerlatenz im Gefolge eines Unternehmenszusammenschlusses kann sich bei späterer **Gesundung** des mit Verlustvorträgen erworbenen Unternehmens ergeben (→ § 31 Rz 200). Die entsprechende Erhöhung des Steuerlatenzpostens ist ergebniswirksam zu verbuchen. Gleichzeitig ist der Buchwert des *goodwill* aufwandswirksam zu verringern. Im Falle der Eigenkapitalverrechnung nach vorherigen Rechnungslegungsgrundsätzen ist keine korrespondierende erfolgswirksame Korrektur des *goodwill* (→ § 26 Rz 69) vorzunehmen.[41] 72

Die Behandlung eines **negativen** Unterschiedsbetrages aus einem Unternehmenszusammenschluss vor dem Übergangsstichtag (Rz 14) ist in IFRS 3 (→ § 31 Rz 126ff.) geregelt. Demnach ist ein negativer Unterschiedsbetrag direkt erfolgswirksam zu vereinnahmen. Dem hat der IFRS-Erstanwender mangels Ansatzfähigkeit zu folgen,[42] und zwar durch Einstellung in die Gewinnrücklagen. 73

Bei allen Anpassungsbuchungen, die sich in einer Eigenkapitalveränderung niederschlagen, sind **Steuerlatenzen** (Rz 14) und **Minderheitenanteile** *(non-controlling interests)* (→ § 31) zu berücksichtigen (IFRS 1.C4(k)).[43] 74

Beispiel

Unternehmen A erstellt zum 1.1.03 seine IFRS-Eröffnungsbilanz. Zum 1.1.01 hat A 75 % der Anteile an der B-GmbH erworben. Nach vorherigen Rechnungslegungsvorschriften wurde ein immaterieller Vermögenswert i.H.v. 100 angesetzt, der jedoch nicht den Aktivierungsvoraussetzungen nach IFRS entspricht. Steuerlich wurde der Sachverhalt nicht aktiviert, sodass sich bei einem Steuersatz von 30 % eine passive latente Steuer i.H.v. 30 ergibt. Zum Eröffnungsbilanzstichtag beträgt der Buchwert des immateriellen Vermögenswertes 80 und derjenige der passiven latenten Steuer 24.

Es sind in der IFRS-Eröffnungsbilanz folgende Anpassungsbuchungen vorzunehmen:

- per *goodwill* 42 (immaterieller Vermögenswert (80) abzgl. latente Steuern (24) abzgl. Minderheitenanteil (14))
- an passive latente Steuer 24
- per Minderheitenanteil 14 (25 % von (80 abzgl. 24)
- an immaterieller Vermögenswert 80

In der Praxis beschränken sich die Anpassungen (Rz 61ff.) in vielen Fällen auf die **Entwicklungskosten**. Deren Bilanzansatz ist indes stark ermessensbehaftet 75

[40] IASB, Update Oktober 2005.
[41] So IDW, RS HFA, 19, Tz 5.
[42] Vgl. IDW, RS HFA, 19, Tz 9.
[43] HAYN/BÖSSER/PILHOFER, BB 2003, S. 1607, 1611.

(→ § 13 Rz 34), sodass vielfach im Rahmen der Ermessensausübung des Managements jeder Anpassungsbedarf für den *goodwill* vermieden werden kann.[44]

76 In tabellarischer Form sind die Bilanzierungsanweisungen zu **Unternehmenszusammenschlüssen** gem. IFRS 1 bei prospektiver Anwendung von IFRS 3 folgendermaßen zusammenzufassen:[45]

<table>
<tr><td colspan="3">A. Unternehmen wird bereits nach bisherigen Rechnungslegungsgrundsätzen konsolidiert</td></tr>
<tr><td colspan="3">Beibehaltung der durchgeführten Konsolidierungsmethode nach nationalem Bilanzrecht</td></tr>
<tr><td>Vermögenswerte und Schulden (außer immaterielle Vermögenswerte)</td><td>Immaterielle Vermögenswerte</td><td>Goodwill</td></tr>
<tr><td></td><td colspan="2">goodwill wurde in bisheriger Bilanz erfasst</td></tr>
<tr><td rowspan="3">Bilanzierung aller Vermögenswerte und Schulden, die nach IFRS zu bilanzieren sind.
Bewertung aller Vermögenswerte und Schulden, deren Folgebewertung auf den Anschaffungskosten basiert, mit den fortgeführten deemed cost. Die deemed cost sind die Werte, mit denen die Vermögenswerte und Schulden in der Erstkonsolidierung nach nationalem Recht bilanziert wurden.
Vermögenswerte und Schulden, deren Folgebewertung nicht auf den Anschaffungskosten basiert (z.B. fair value), sind mit den
nach IFRS geforderten Werten zu bilanzieren, selbst wenn sie im Rahmen des Unternehmenszusammenschlusses erworben wurden.</td><td>Immaterielle Vermögenswerte (sowie damit im Zusammenhang stehende latente Steuern und Minderheitenanteile), die nicht den Anforderungen des IAS 38 entsprechen, müssen in den goodwill umgegliedert werden;
die den Anforderungen des IAS 38 entsprechen, aber nach nationalem Recht im goodwill ausgewiesen wurden, müssen in immaterielle Vermögenswerte umgegliedert werden.
Aber:
Keine Umgliederung von erworbenen F + E im Rahmen einer business combination aus dem goodwill in die immateriellen Vermögenswerte, wenn diese nicht die Kriterien einer Bilanzierung beim Tochterunternehmen erfüllen (Unterschied zu IFRS 3.45).</td><td>Goodwill wird mit dem Buchwert nach nationalem Recht in die IFRS-Eröffnungsbilanz übernommen, nachdem folgende Maßnahmen durchgeführt wurden;
Umgliederungen in immaterielle Vermögenswerte et vice versa (siehe Spalte „Immaterielle Vermögenswerte“);
Berücksichtigung von Kaufpreisänderungen zwischen dem Datum des Unternehmenszusammenschlusses und dem Datum der IFRS-Eröffnungsbilanz;
Durchführung eines Wertminderungstests nach IAS 36 impairment of assets.
„Negativer“ goodwill wird gegen die Gewinnrücklagen der IFRS-Eröffnungsbilanz ausgebucht.</td></tr>
<tr><td colspan="2">goodwill wurde in bisheriger Bilanz mit dem Eigenkapital verrechnet</td></tr>
<tr><td>Es folgt keine Umgliederung von immateriellen Vermögenswerten.</td><td>Die zwischenzeitliche Klärung von Kaufpreisänderungen wird mit den Gewinnrücklagen verrechnet.
Keine erfolgswirksame Ausbuchung des goodwill bei Abgang des Tochterunternehmens.</td></tr>
</table>

[44] So LÜDENBACH/HOFFMANN, DStR 2003, S. 1498, 1503.
[45] Nach ZEIMES, WPg 2003, S. 988.

B. Unternehmen wird nach bisherigen Rechnungslegungsgrundsätzen nicht konsolidiert, wohl aber nach IFRS 3	
Die Vermögenswerte und Schulden des Tochterunternehmens werden mit den Werten übernommen, mit denen sie in einer IFRS-Bilanz des Tochterunternehmens unter Berücksichtigung der konzerneinheitlichen Methoden bilanziert würden.	Im Fall eines erworbenen Tochterunternehmens: Bestimmung des *goodwill (deemed cost)* als Differenz zwischen dem gem. IFRS bilanzierten Nettovermögen und den Anschaffungskosten dieses Tochterunternehmens. Im Falle eines selbst gegründeten Tochterunternehmens kein *goodwill*.

Tab. 2: Bilanzierung von Unternehmenszusammenschlüssen gem. IFRS 1 bei prospektiver Anwendung von IFRS 3

6.4.3 Rechenschema

Zur Ermittlung des *goodwill* aus Unternehmensakquisitionen kann danach folgendes **Rechenschema** gem. IFRS 1.C4g i dienen:[46] 77

Beispiel

	In der HGB-Schlussbilanz 31.12.01 ausgewiesener *goodwill*
–	darin enthaltene immaterielle Einzelwerte (Rz 62)
+	evtl. latente Steuern und Minderheitenanteile darauf
+/–	zwischenzeitlich eingetretene Kaufpreisanpassungen (Rz 67)
=	IFRS-*goodwill* vor *impairment*
–	eventuelles *impairment* (Rz 67)
=	*goodwill* in IFRS-Eröffnungsbilanz 1.1.02+1

Zur Anwendung des Schemas folgendes **Beispiel**:[47] 78

Beispiel

U hat am 1.1.02 das Unternehmen Z mit einem Eigenkapital von 0,8 Mio. für einen Kaufpreis von 2 Mio. erworben. Das Sach- und Finanzvermögen enthielt keine stillen Reserven. Jedoch verfügte das Unternehmen über einen wertvollen Kundenstamm (Wert 0,5 Mio.) sowie selbst entwickelte Patente (Entwicklungskosten 0,2 Mio., Zeitwert 0,5 Mio.). In der HGB-Konzernbilanz des Erwerbers wurden diese immateriellen Werte unter den *goodwill* subsumiert. Der *goodwill* wird nach HGB über 10 Jahre abgeschrieben. Eine Wertminderung liegt nicht vor.

Nachfolgend zunächst die Berechnungen nach HGB und nach IFRS retrospektiv:

46 Nach LÜDENBACH/HOFFMANN, DStR 2003, S. 1498, 1503. Ein anderes Beispiel bringt KIRSCH, StuB 2003, S. 913, 916f.

47 Nach LÜDENBACH/HOFFMANN, DStR 2003, S. 1498, 1503.

	HGB	IFRS retrospektiv
Kaufpreis	2.000	2.000
– diverses Vermögen	800	800
– Kundenstamm		500
– Entwicklungskosten		500
= *goodwill* zum Erwerbzeitpunkt	1.200	200
– Abschreibung (2/10)	240	0
= *goodwill* 31.12.03	960	200

Bei rückwirkender Anwendung von IFRS 3 ergeben sich aus der rechten Spalte die Werte für die IFRS-Eröffnungsbilanz.
Bei Inanspruchnahme der Erleichterungen, also keine Anwendung von IFRS 3 in der IFRS-Eröffnungsbilanz, ist wie folgt zu differenzieren:

- Der Kundenstamm wäre zwar beim Erwerber, aber nicht bei erworbenen Unternehmen nach IFRS bilanzwirksam gewesen (Rz 64). Eine Anpassung findet deshalb nicht statt.
- Die Entwicklungskosten wären beim erworbenen Unternehmen nach IAS mit 0,2 Mio. anzusetzen (Rz 62), jährliche Abschreibung 40 bei 5 Jahren Nutzungsdauer („*accordingly*").

Danach ergibt sich folgende Rechnung:

goodwill nach HGB zum 31.12.03	960
– Entwicklungskosten (in der IFRS-Eröffnungsbilanz (Rz 16) anzusetzen)	–120
+ passive latente Steuern hierauf (50 %)	+ 80
= *goodwill* IFRS vor *impairment*	920

Eine Anpassung der kumulierten Abschreibung des *goodwill* findet nicht statt. An Stelle der Anpassung tritt der *impairment*-Test. IFRS 1 lässt offen, ob dies auch für die Entwicklungskosten gilt.
Der *impairment*-Test ist gem. den Vorschriften des IAS 36 durchzuführen und dies ist unabhängig davon, ob Anzeichen für eine Wertminderung vorliegen. Für die Durchführung des Tests sind die Verhältnisse zum Übergangszeitpunkt zugrunde zu legen. Aufgrund der Verpflichtung zur Übernahme von Schätzungen müssen die für den *impairment*-Test getroffenen Annahmen mit den Annahmen nach vorherigen Rechnungslegungsgrundsätzen übereinstimmen (z. B. keine Berücksichtigung neuerer Planungsanpassungen).

79 Der erstmalige IFRS-Anwender hat das Wahlrecht, auf die rückwirkende Anwendung des IAS 21 für die **Währungsumrechnung** des *goodwill* zu verzichten (IFRS 1.C2). Er kann aber auch die rückwirkende Umrechnung gem. IAS 21 entweder

- für alle Unternehmenszusammenschlüsse vor dem IFRS-Eröffnungsbilanzstichtag oder
- für alle Unternehmenszusammenschlüsse, bei denen sich das Unternehmen für die rückwirkende Anwendung des IFRS 3 entschieden hat,

wählen (IFRS 1.C3).

6.5 Sonstige Erleichterungen

6.5.1 Pensionsverpflichtungen

IAS 19 erlaubt die vorläufige Nichterfassung versicherungsmathematischer Gewinne und Verluste, die einen sogenannten **Korridor** übersteigen (→ § 22 Rz 49f.). Demgegenüber gewährt IFRS 1.D10 S. 3 die Möglichkeit eines *fresh start*, also einer stichtagsbezogenen Erfassung aller Gewinne oder Verluste im Eigenkapital auch dann, wenn das Unternehmen in späteren Perioden das Korridorverfahren anwenden will. Die Anhangsangaben nach IAS 19.120A (p) (→ § 22 Rz 85) sind ab dem Übergangszeitpunkt für jedes folgende Geschäftsjahr zu machen (IFRS 1.D11). Entsprechend sind die Pensionsverpflichtungen (*defined benefit obligations*) und das Planvermögen (*plan assets*) erstmalig nach IAS 19 bewertet worden (→ § 22 Rz 9 sowie → § 22 Rz 60). 80

Das Wahlrecht aus IFRS 1.D1C S. 1 (Weiterführung der Korridor-Methode) hat für den bisherigen **HGB-Anwender** nur dann eine praktische Bedeutung, wenn tatsächlich die Altersversorgungsverpflichtung rückwirkend bis zur Begründung nach IAS 19 berechnet wird. Eine solche Vorgehensweise wäre nur bei einem Unternehmen denkbar, das erst wenige Perioden vor dem Übergang auf die IFRS-Rechnungslegungswelt Altersversorgungsverpflichtungen begründet hat. Ansonsten gilt: Der bisherige HGB-Anwender hatte seine Pensionsverpflichtungen zum Jahresende als Ist-Werte zu bestimmen und demgemäß keine Planrechnungen aufzustellen, die zu einer Soll-Ist-Abweichung hätten führen können. Die Frage einer Korridorbetrachtung läuft für ihn deshalb ins Leere.[48] Das Übergangswahlrecht ist (wenn überhaupt) nur für solche Rechnungslegungssysteme von Bedeutung, die wie IAS 19 oder US-GAAP (SFAS 87) den Pensionsaufwand zum Jahresanfang auf der Basis „biometrischer und finanzieller Parameter" und von Planrenditen rechnen. Dem „normalen" HGB-Anwender bleibt nur die Lösung des *fresh start*.

Wegen Besonderheiten bei zeitversetztem Übergang innerhalb eines **Konzerns** vgl. Rz 88.

Das versicherungsmathematische Gutachten hat alle Parameter in der Form zu berücksichtigen, wie sie zum Zeitpunkt der IFRS-Eröffnungsbilanz vorlagen. Die der HGB-Berechnung zugrunde liegenden **Schätzungen** sind **unverändert** beizubehalten. Der Zinssatz zur Diskontierung von Pensionsverpflichtungen gilt nicht als Schätzung. Er muss dem Zinssatz langfristiger erstklassiger Industrieanleihen zum Zeitpunkt der IFRS-Eröffnungsbilanz entsprechen. 81

Für die **Berechnungen** anlässlich des Übergangsprozesses reicht **ein** Gutachten aus. Die drei Bilanzstichtage (Rz 14ff.) können durch Vor- und Rückrechnungen abgedeckt werden (analog IAS 19.57, IFRS 1.IG21).[49] 82

---

48 Ähnlich KIRSCH, StuB 2003, S. 913, 918, sowie LÜDENBACH/HOFFMANN, DStR 2003, S. 1498, 1503.

49 Vgl. THEILE, DB 2003, S. 1745, 1750.

6.5.2 Umrechnungsdifferenzen

83 Währungsdifferenzen aus **selbstständigen** ausländischen Töchtern sind nach IAS 21.30 erfolgsneutral in einer **gesonderten** Eigenkapitalposition zu kumulieren (→ § 27 Rz 50; IFRS 1.D12). IFRS 1.D13 erlaubt auch hier einen *fresh start* ohne Berücksichtigung aufgelaufener Differenzen. Die (bislang) „gespeicherten" Differenzen sind folglich in die Gewinnrücklagen umzubuchen.[50] Bei der späteren Entkonsolidierung z.B. wegen Veräußerung der Tochterunternehmung (IAS 21.37) werden dann nur noch die kumulativen Umrechnungsdifferenzen erfolgswirksam erfasst, die seit dem Zeitpunkt der IFRS-Eröffnungsbilanz aufgetreten sind (→ § 27 Rz 54).[51]

6.5.3 Zusammengesetzte Finanzinstrumente

84 Finanzinstrumente – wie bspw. Wandelanleihen, Aktienanleihen – weisen sowohl Eigen- als auch Fremdkapitalcharakter auf (→ § 28 Rz 141 ff.). Diese Instrumente sind nach IFRS teilweise im Eigen- und teilweise im Fremdkapitel zu erfassen.[52] Die aus dem Fremdkapitalanteil entstehenden Zinsverpflichtungen sind im Zeitverlauf erfolgswirksam zu erfassen. Die Ergebniswirkungen vergangener Perioden sind in den Gewinnrücklagen enthalten. Nach IFRS 1.D18 braucht allerdings der Erstanwender diese kumulierten Zinseffekte der Fremdkapitalkomponente nicht getrennt zu erfassen, sofern die Fremdkapitalkomponente im Übergangszeitpunkt auf IFRS bereits getilgt ist.

6.5.4 Zeitversetzter Übergang auf IFRS von Konzernunternehmen

85 Im Bereich von **Konzern**unternehmen sowie von **assoziierten** und **Gemeinschafts**unternehmen ist im Übergangsverfahren eine Erleichterung je nach der **Zeitfolge** vorgesehen:

IFRS 1.D16 regelt die Fälle, in denen ein Tochterunternehmen etc. zeitlich **nach** der Muttergesellschaft erstmals einen IFRS-Abschluss veröffentlichen will (z.B. wegen eigener Börsennotierung). Stellt ein Tochterunternehmen zeitlich **nach** dem Mutterunternehmen auf die IFRS um, dann kann es unverändert die bisher in den Konzernabschluss des Mutterunternehmens eingebrachten Bilanzwerte weiterführen.

Beispiel

Die M-AG veröffentlicht ihren ersten IFRS-Konzernabschluss für das am 31.12.02 endende Geschäftsjahr. M stellt daher zum 1.1.01 ihre IFRS-Eröffnungsbilanz auf. Das Tochterunternehmen B muss für die Konzernkonsolidierung ebenfalls ab dem 1.1.01 ein IFRS-Reporting (Rz 10) erstellen.

B erstellt aufgrund eines eigenen Börsengangs seinen ersten IFRS-Abschluss für das am 31.12.04 endende Geschäftsjahr. Für Konsolidierungszwecke bezüglich des Konzernabschlusses der M-AG hat B bei einigen Gegenständen des Sachanlagevermögens am 1.1.01 eine Erleichterung in Anspruch genommen und den beizulegenden Zeitwert als fiktive Anschaffungskosten gewählt.

---

50 Theile, DB 2003, S. 1745, 1751.

51 Kirsch, StuB 2003, S. 913, 918.

52 Vgl. hierzu Zeimes, WPg 2003, S. 982, 985.

Seit dieser Zeit wird auf der Grundlage dieser *deemed cost* die Folgebewertung zu fortgeführten Anschaffungskosten gem. IAS 16.30 (→ § 14 Rz 18) vorgenommen. Da B zum 31.12.04 seinen ersten IFRS-Abschluss veröffentlicht, muss es eine IFRS-Eröffnungsbilanz zum 1.1.03 erstellen (Rz 16). Wenn B in seiner IFRS-Eröffnungsbilanz ebenfalls die Erleichterung für das Sachanlagevermögen in Anspruch nehmen möchte und den beizulegenden Zeitwert als *deemed cost* heranzieht, müsste es das Sachanlagevermögen zum 1.1.03 entsprechend neu bewerten. IFRS 1.D16(a) erlaubt jedoch die Übernahme der zum 1.1.01 ermittelten *deemed cost,* fortgeschrieben auf den 1.1.03, in die IFRS-Eröffnungsbilanz. Diese Werte sind identisch mit denen, die B an die Muttergesellschaft zu diesem Zeitpunkt berichtet.

Wenn eine Muttergesellschaft **nach** ihrem Tochterunternehmen auf IFRS umstellt, ist das Vermögen der Tochter gem. IFRS 1.D17 auf Basis der eigenen IFRS-Buchwerte in den Konzernabschluss einzubeziehen. Die Wahlrechte nach IFRS 1.D1 (Rz 41) bestehen nicht, da das Tochterunternehmen selbst bereits nach IFRS bilanziert.[53] **86**

Die IFRS-Buchwerte des Tochterunternehmens müssen jedoch im Hinblick auf **Konzernrechnungslegungs**vorschriften (Einheitlichkeit der Bilanzierungsmethoden, Zwischengewinneliminierung) **angepasst** werden:

Beispiel

Das Tochterunternehmen hat für seine *investment properties* die Bewertungsmethode der fortgeführten Anschaffungskosten gewählt (→ § 16 Rz 49). Der Konzern entscheidet sich für die *fair-value*-Bewertung (→ § 16 Rz 52). Eine Vereinheitlichung der Bilanzierungs- und Bewertungsmethoden (→ § 32 Rz 113) ist notwendig. Abweichend vom IFRS-Einzelabschluss des Tochterunternehmens gehen die *investment properties* mit dem *fair value* in die Eröffnungsbilanz des Konzerns ein.

Beispiel

Das Tochterunternehmen hat vor dem Stichtag der Konzerneröffnungsbilanz Anlagen vom Mutterunternehmen zum Zeitwert (Aufdeckung stiller Reserven) erworben.

Für die Eröffnungsbilanz ist der Zwischengewinn zu eliminieren. Die Anlagen sind mit ihrem retrospektiv aus Konzernsicht ermittelten IFRS-Wert anzusetzen.

Für nach Eröffnungsbilanzzeitpunkt des Mutterunternehmens **getätigte** Geschäfte des Tochterunternehmens ergeben sich die gleichen rechtlichen Konsequenzen ohne Rückgriff auf IFRS 1.D17 aus den allgemeinen Vorschriften von IAS 27, also z.B. konzerneinheitliche Bewertung (→ § 32 Rz 113) und Zwischengewinneliminierung (→ § 32 Rz 136).

[53] So IDW, RS HFA 19, Tz 16, WPg 2006, S. 1379.

87 Das Problem des **zeitversetzten** Übergangs auf die IFRS-Bilanzwelt im Konzern kann sich auch in der Konstellation des folgenden Beispiels ergeben.

> **Beispiel**
> Die Muttergesellschaft M berichtet nach IFRS in konsolidierter Form. Zwei Tochtergesellschaften, T 1 und T 2, deren Abschlüsse in den IFRS-Konzernabschluss einbezogen worden sind, sollen verkauft werden. Sofern eine börsennotierte Gesellschaft T 1 und T 2 erwirbt, wird die Börsenaufsicht einen konsolidierten Abschluss von T 1 und T 2 in Form eines *combined statement* (→ § 32 Rz 92) für die beiden Schwestergesellschaften verlangen. T 1 und T 2 haben bisher *reporting packages* (Rz 7) zur Einbeziehung in den Konzernabschluss der M erstellt, also keinen kompletten IFRS-Einzelabschluss, oder einen kombinierten Abschluss gefertigt und veröffentlicht.
> Das von der Börsenaufsicht geforderte *combined statement* ist ein IFRS-Erstanwendungsfall, d. h. die „kombinierte Einheit" ist ein IFRS-Erstanwender. Die Frage ist dann, inwieweit die Ausnahmeregeln (*exemptions*) angewandt werden dürfen.
> **Sicht 1**
> Der Sachverhalt erlaubt einen Analogieschluss zu IFRS 1.D17 S. 2 (Rz 13): Die neue „Einheit" entspricht funktionell einer Muttergesellschaft i. S. d. IFRS 1.D17 S. 2. Deshalb sind die bisherigen Bewertungsmaßstäbe weiterzuführen und erlauben **keine** Anwendung der Erleichterungsvorschriften (*exemptions*) in IFRS 1.D16 (Rz 85).
> **Sicht 2**
> Die „kombiniert" bilanzierte Einheit als Rechnungslegungssubjekt ist (unstreitig) IFRS-Erstanwender und kann deshalb die Erleichterungen (*exemptions*) für die Erstanwender (Rz 41) beanspruchen. An die Einschätzung in IFRS 1.D17 S. 2 ist die Einheit nicht gebunden.
> U. E. ist Sicht 2 vorzugswürdig.

88 Zum Ausschluss der Erleichterungsrechte des IFRS 1.D1 gem. IFRS 1.D17 besteht eine **Rückausnahme**. Die in IFRS 1.D1 festgehaltenen Wahlrechte für **Unternehmenszusammenschlüsse vor** dem Übergangszeitpunkt des Mutterunternehmens bleiben bestehen (IFRS 1.IG30a S. 1). Dazu zählen sowohl der Erwerb des Tochterunternehmens durch die Muttergesellschaft selbst als auch Unternehmenserwerbe des Tochterunternehmens. In diesen Fällen können die Wahlrechte von IFRS 1.C1 (Rz 54) in Anspruch genommen werden.

> **Beispiel**
> TU ist seit 01 Tochterunternehmen von MU. TU stellt zum 1.1.03 auf IFRS um. In 01 hatte es das Enkelunternehmen EU erworben, in der Eröffnungsbilanz zum 1.1.03 von den Erleichterungen des IFRS 1.C1 aber keinen Gebrauch gemacht (Rz 54).
> Stellt MU zu einem späteren Zeitpunkt auf IFRS um, etwa mit Eröffnungsbilanzdatum 1.1.05, leben für den Gesamtkonzernabschluss die im Teilkonzernabschluss nicht wahrgenommenen Erleichterungen des IFRS 1.C1 wieder auf.

Für **nach** Eröffnungsbilanzzeitpunkt des Mutterunternehmens getätigte **Unternehmenserwerbe** ist IFRS 1 nicht mehr einschlägig. Daher gilt auch die vorgenannte Erleichterung nicht.

Die Vorschrift des IFRS 1.D17 – Fall des Übergangs der Mutter **nach** der Tochter (Rz 85) – kann zu einer Konkurrenz mit den Wahlrechten des IFRS 1 zur Anwendung des *fresh start* bei **Pensionsverpflichtungen** führen (Rz 80). Hat das Tochterunternehmen Pensionsrückstellungen nach der Korridor-Methode (→ § 22 Rz 49) bilanziert, müssen diese Werte von der Muttergesellschaft übernommen werden (IFRS 1.D17). 89

Wenn die Muttergesellschaft jedoch – was üblich ist – die *fresh-start*-Methode nach IFRS 1.D10 anwendet, so gilt das für **alle** Pensionspläne, also auch für denjenigen des Tochterunternehmens. U. E. geht hier eine Anwendung des IFRS 1.D17 vor, sodass der *fresh start* für alle Konzernunternehmen mit Ausnahme des Tochterunternehmens gilt. Sofern allerdings das Mutterunternehmen **nach** dem Übergang auf IFRS die Korridormethode **nicht** anwendet, sind die versicherungsmathematischen Gewinne und Verluste des Tochterunternehmens (bei der Folgekonsolidierung) nach IFRS 1.D17 als Konsolidierungsanpassung *(adjustment)* vollständig zu erfassen.[54]

Beispiel

Die Muttergesellschaft M AG nimmt die Erleichterungsvorschrift des IFRS 1.D10 in Anspruch und erfasst in der Eröffnungsbilanz im Rahmen der Bilanzierung der Pensionsverpflichtungen alle versicherungsmathematischen Gewinne und Verluste (Rz 80). In der Folgezeit wendet die M AG nicht die Korridor-Methode an, sondern wählt die sofortige Erfassung aller versicherungsmathematischen Gewinne und Verluste in der Gewinn- und Verlustrechnung (→ § 22 Rz 50). Das Tochterunternehmen A GmbH bilanziert bereits nach IFRS und wendet die Korridor-Methode an, nach der versicherungsmathematische Gewinne und Verluste nicht erfasst, sondern innerhalb bestimmter Grenzen (Korridor) außerhalb der Bilanz geführt werden.

Lösung

In ihrer IFRS-Konzerneröffnungsbilanz hat die M AG auch die versicherungsmathematischen Gewinne und Verluste der A GmbH zu erfassen, da die M AG in der Folgezeit nicht die Korridor-Methode anwendet.

Ein weiterer Sachverhalt zu Problemen bei **unterschiedlichen Übergangszeitpunkten** bei mehreren Berichtsobjekten (Einzel- oder Konzernabschluss) ist unter Rz 13 kommentiert.

6.5.5 Aktienbasierte Vergütungen

Die Übergangsvorschriften in IFRS 2 (→ § 23) für die Unternehmen, die bislang schon die IFRS-Rechnungslegung angewandt haben, sollen auch für die Erstanwender gelten (IFRS 1.BC63B). Das bedeutet eine **retrospektive** Anwendung nach der Regel, aber mit folgenden **Wahlrechten** (IFRS 1.D2): 90

[54] IDW, RS HFA 19, Tz 21.

- Aktienkursbasierte Eigenkapitalinstrumente, die **vor** dem 8.11.2002 zugesagt worden sind, sollen (Empfehlung) nach den Regeln von IFRS 2 angesetzt werden.
  Alle aktienkursbasierten Eigenkapitalinstrumente, die **nach** dem 7.11.2002 zugesagt worden sind, aber vor dem IFRS-Eröffnungsbilanzstichtag (*date of transition*; Rz 14) oder vor dem 1.1.2005 (das spätere Datum ist gültig) ausübbar *(vested)* geworden sind, sollen (Empfehlung) nach den Regeln von IFRS 2 angesetzt werden.
- Wenn – nach der Empfehlung – IFRS 2 auf die vorgenannten Eigenkapitalinstrumente angewandt werden soll, ist dies nur zulässig, wenn das Unternehmen **öffentlich** den *fair value* dieser Instrumente bekannt gegeben hat.
- Entscheidet sich der Erstanwender nicht für die (rückwirkende) Anwendung von IFRS 2, so hat er gleichwohl die dort vorgesehenen **Anhangsangaben** (→ § 23 Rz 209) zu tätigen.
- Bei **Änderung** der Ausübungsbedingungen von Eigenkapitalinstrumenten, auf die IFRS 2 noch nicht angewandt worden ist, entfällt die Anwendung der entsprechenden Vorschriften in IFRS 2.26–29 (Rz 74 ff.) dann, wenn die Änderung entweder nach dem Datum der IFRS-Eröffnungsbilanz oder dem 1. Januar 2005 (der spätere Termin ist maßgeblich) durchgeführt wird.
- Die übrigen aktienkursbasierten Vergütungsformen (mit **Barausgleich)** sind im Rahmen des Übergangs auf die IFRS-Rechnungslegung (retrospektiv) anzuwenden, es sei denn, der Barausgleich erfolgt nach dem 31.12.2004. Anhangerläuterungen können hier entfallen (IFRS 1.D3).

Beispiel

Sachverhalt

IFRS-Eröffnungsbilanz zum 1.1.04, Erstanwendungszeitpunkt 31.12.05 (→ § 6 Rz 16).

- Zusage von Aktienoptionen am 10.11.02.
- Ende der Sperrfrist am 10.11.05.

Lösung

IFRS 2 ist im Jahresabschluss einschließlich der Vorjahreszahlen bez. dieser Aktienoptionen anzuwenden.

Sachverhalt

Die Zusage der Option erfolgt vor dem 8.11.02 **oder** der Ausübungszeitpunkt (Ende der „Sperre") liegt vor dem 1.1.05.

Lösung

Die Anwendung von IFRS 2 wird empfohlen, es genügt aber eine Offenlegung im Anhang.

Die genannten Wahlrechte können fallweise für jede „Kategorie" der ausgegebenen Eigenkapitalinstrumente ausgeübt werden.[55]

---

55 ANDREJEWSKI/BÖCKEM, KoR 2004, S. 332; IDW, ERS HFA 19, Tz 22 (WPg 2006, S. 137).

6.5.6 Bestimmung von Leasingverträgen

IFRIC 4 enthält Vorschriften zur „Entschleierung" **verdeckter** Leasingverhältnisse (→ § 15 Rz 5ff.). Gemäß IFRS 1.D9 können bei der IFRS-Erstanwendung die Übergangsvorschriften von IFRIC 4.17 angewandt werden (→ § 15 Rz 190). Danach dürfen die zum Zeitpunkt der IFRS-Eröffnungsbilanz (Rz 16) vorliegenden Verhältnisse zur Qualifikation des betreffenden Vertragsverhältnisses als Leasing (oder nicht) Verwendung finden (Wahlrecht). In IFRS 1.D9A wird dem Erstanwender ein weiteres **Wahlrecht** gewährt, wenn er nach seinen bisherigen Rechnungslegungsregeln in Übereinstimmung mit IFRIC 4 die (Nicht-)Qualifikation als Leasingverhältnis vorgenommen hat. In dieser Konstellation kommt es nicht drauf an, ob die Qualifikation nach bisherigen GAAP zum durch IFRIC 4 geforderten (→ § 15 Rz 190) oder einem anderen, nach den nationalen Regeln zulässigen Zeitpunkt erfolgte. Auch bei abweichendem Beurteilungsdatum kann die nach altem Recht getätigte Beurteilung im Übergangsverfahren beibehalten werden. 91

6.5.7 Versicherungsverträge

Für Versicherungsverträge (→ § 39) entfallen bei der Erstanwendung von IFRS 4.40-45 eine Reihe von Anhangsangaben für die **Vorjahresperiode**. Dieses Wahlrecht gilt gem. IFRS 1.D4 auch im Rahmen der IFRS-Erstanwendung. 92

6.5.8 Kategorisierung von Finanzinstrumenten

Die von IAS 39 geforderte Kategorisierung von Finanzinstrumenten bei der erstmaligen Erfassung ist entscheidend für deren Bewertung in der **Folgezeit** (→ § 28 Rz 29ff.). IFRS 1.D19 bietet dem IFRS-Erstanwender ein von diesem Grundsatz abweichendes **Wahlrecht** an. Danach kann ein Unternehmen in der IFRS-Eröffnungsbilanz die Kategorisierung **unabhängig** von der früheren Erfassung unter den bisherigen Regeln vornehmen. Für die Kategorisierung in der IFRS-Eröffnungsbilanz gilt gem. IFRS 1.IG56 Folgendes:[56] 93

- Die Einordnung in die Kategorie „*held to maturity*" (→ § 28 Rz 133ff.) erfolgt nach der Einschätzung der Bedingungen (bspw. der Halteabsicht) zum Zeitpunkt der IFRS-Eröffnungsbilanz.
- Die Einordnung in die Kategorie „*loans and receivables*" (→ § 28 Rz 115ff.) kann nur erfolgen, wenn zum Zeitpunkt der Ersterfassung nach IAS 39 bereits die Kriterien für diese Kategorie vorgelegen haben.
- Derivative Finanzinstrumente (→ § 28 Rz 228ff.) sind der Kategorie „*held for trading*" zuzuordnen (mit Ausnahme von Sicherungsbeziehungen nach IAS 39).
- Die Einordnung in die Kategorie „*at fair value through profit or loss*" (→ § 28 Rz 31) kann nur bei Erfüllung bestimmter Kriterien in der Vergangenheit oder durch entsprechende Kategorisierung zum IFRS-Eröffnungsbilanzstichtag erfolgen.

Im Anhang sind nach IFRS 1.29 **anzugeben**:

- der *fair value* jeder Kategorie im Zeitpunkt der Einordnung,
- der Buchwert in den früheren Bilanzen.

---

56 Einzelheiten bei KUHN, DB 2005, S. 1348.

In der **Folgeänderung** zu IFRS 9 erlauben IFRS 1.D19 bis IFRS 1.D19B die Vornahme der **Kategorisierungen** nicht nach den Verhältnissen bei der Ersteinbuchung, sondern nach denjenigen zum Eröffnungsbilanzstichtag (Rz 19).

94 Die Einschätzung darüber, ob ein **eingebettetes Derivat** vom Basisvertrag zu trennen ist (→ § 28 Rz 97), muss zum Zeitpunkt des Vertragsabschlusses und nicht des IFRS-Eröffnungsbilanzstichtags erfolgen (IFRIC 9.BC12 sowie IFRS 1. IG55).

6.5.9 Ersteinbuchung von Finanzinstrumenten zum beizulegenden Zeitwert

95 Alle Finanzinstrumente sind bei **erstmaliger** Bilanzierung mit dem beizulegenden Zeitwert zu erfassen, der in aller Regel den Anschaffungskosten entspricht (→ § 28 Rz 99ff.). Es gibt – sehr selten – auch Transaktionen, bei denen die Anschaffungskosten eines Finanzinstruments vom beizulegenden Zeitwert abweichen. Zur Vermeidung der Erforschung lange zurückliegender Transaktionen erlaubt IFRS 1.D20 – ähnlich wie die Übergangsregeln zu IAS 39 (→ § 28 Rz 99) – eine **prospektive** Anwendung (Erfassung eines von Gewinnen oder Verlusten infolge eines vom *fair value* abweichenden Transaktionspreises) für Geschäfte nach dem 25.10.2002 bzw. 1.1.2004. Wegen des Zeitablaufs (Rz 33) sind diese beiden bisher bestehenden fixen Daten gegenstandslos geworden. Im *Amendment* zu IFRS 1 vom Dezember 2010 ist stattdessen ein flexibles Datum in Form des Übergangszeitpunktes (Rz 16) auf die IFRS-Rechnungslegung (*date of transition*; IFRS 1.D20) festgelegt worden. Der Anwendungszeitpunkt der geänderten Regel ist bei freiwilliger vorzeitiger Anwendung auf Wirtschaftsjahre mit Beginn nach dem 30.6.2011 festgesetzt. Diese Übergangserleichterung wurde substanziell durch IFRS 9 (→ § 28 Rz 335ff.) nicht verändert.

6.5.10 Finanzielle oder immaterielle Vermögenswerte bei *public private partnerships*

96 Ein erstmaliger IFRS-Anwender kann gem. IFRS 1.D22 die Übergangsvorschriften des IFRIC 12 betreffend die Bilanzierung von Infrastrukturkonzessionsverträgen bei *public private partnerships* (→ § 18 Rz 66) anwenden, d.h.

- alle finanziellen und immateriellen Vermögenswerte, die zum Zeitpunkt des IFRS-Eröffnungsbilanzstichtags (Rz 16) vorhanden sind, zum **Buchwert** nach vorherigen Rechnungslegungsvorschriften erfassen und
- diese Vermögenswerte zu diesem Zeitpunkt auf **Werthaltigkeit** testen; sofern dieser Test auf den IFRS-Eröffnungsbilanzstichtag nicht möglich ist, muss er auf den Beginn der Berichtsperiode (Rz 16) erfolgen.

6.5.11 Fremdkapitalkosten

97 Ein IFRS-Erstanwender muss gem. IFRS 1.D23 die Fremdkapitalkosten erst bei Sachverhalten aktivieren, die ab dem späteren der beiden Zeitpunkte 1.7.2009 oder dem IFRS-Eröffnungsbilanzstichtag (Rz 16) anfallen (→ § 9 Rz 41).
Anstelle des 1.1.2009 kann auch jeder Zeitpunkt in der Vergangenheit für den Beginn der Aktivierung von Fremdkapitalkosten gewählt werden (IFRS 1.35).

Anderes gilt, wenn nach bisherigem Recht, z.B. § 255 Abs. 3 HGB, Zinsen auf im Bau befindliche Anlagen aktiviert worden sind. Dann kann dieser Wert bei nicht allzu großer Abweichung von den Bewertungsregeln nach IAS 23 (→ § 9 Rz 12ff.) in die IFRS-Eröffnungsbilanz (Rz 16) eingestellt werden. Möglich ist u.E. die Anwendung der *exemption* mit völligem Verzicht auf die Aktivierung von Zinsen. Unzulässig wäre die Beibehaltung der nach HGB aktivierten Zinsen und Nichtmehraktivierung nach der IFRS-Eröffnungsbilanz.

6.5.12 Mineralvorkommen

Wird im Industriebereich „Öl und Gas" (→ § 42 Rz 4) bei der Mineraliengewinnung nach bisherigem Recht die *full cost method* (→ § 42 Rz 12) angewandt, kann der dortige Buchwert im Statut „*exploration and evaluation*" **weitergeführt** werden (IFRS 1.D8A). In der späteren Entwicklungsphase befindliche Posten (*amounts*) dürfen insgesamt wertmäßig unverändert auf die nach IFRS-Regeln definierten Vermögenswerte (→ § 1 Rz 85ff.) durch eine **Verhältnisrechnung** unter Berücksichtigung der Reserven an Öl und Gas aufgeteilt werden. Vgl. hierzu weitere Hinweise unter → § 42 Rz 16, zum Übergangsverfahren → § 42 Rz 31. 98

Bei Anwendung dieser Erleichterung muss das Unternehmen für die Bewertung der **Entsorgungskosten** die allgemeinen Regeln von IAS 37 (→ § 21 Rz 113ff.) anwenden, darf also IFRIC 1 (→ § 21 Rz 159) und IFRS 1.D21 (Rz 45) nicht anwenden (IFRS 1.D21A). Der Unterschiedsbetrag zwischen dem Wertansatz nach früherem Recht und IAS 37 ist zum Übergangszeitpunkt (Rz 16) in die Gewinnrücklage einzustellen.

6.5.13 Kundenzuschüsse nach IFRIC 18

Zur Kommentierung von IFRIC 18 wird verwiesen auf → § 25 Rz 113. Die dortigen Übergangsbestimmungen (→ § 25 Rz 123) sind nach IFRS 1.D24 auch auf Erstanwendungsfälle anzuwenden. Dabei ist der Erstanwendungszeitpunkt auf den 1.7.2009 oder das spätere Datum des IFRS-Übergangszeitpunktes (Rz 16) anzunehmen. Der Erstanwender kann auch ein beliebiges Datum vor dem Datum der IFRS-Eröffnungsbilanz wählen. 99

6.5.14 Umschuldungen

Die Umwandlung von Fremd- in Eigenkapital (*debt for equity swap*) ist in Teilbereichen durch **IFRIC 19** geregelt (→ § 28 Rz 200). Die Interpretation ist für nach dem 30.6.2010 entstandene Sachverhalte anzuwenden (IFRIC 19 App.). Diese Übergangsbestimmung kann nach IFRS 1.D25 auch in Erstanwendungsfällen genutzt werden. 100

6.5.15 Preisregulierte Märkte (*rate regulated activities*)

Zum Begriffsinhalt der regulierten Märkte wird verwiesen auf → § 13 Rz 16. Der dort kommentierte Standardentwurf liegt in der endgültigen Fassung noch nicht vor. Andererseits will der IASB Unternehmen/Konzernen, die solchen Regelungen bilanziell gefolgt sind, den Übergang auf die IFRS nicht erschweren. Deshalb können nach Maßgabe des *Annual Improvements Projects 2010* Gegenstände („*items*") des sächlichen (→ § 14) und immateriellen (→ § 13) Anlagevermögens 101 mit deren Buchwerte als *deemed cost* (Rz 42) in die IFRS-Eröffnungsbilanz (Rz 16) eingestellt werden (IFRS 1.D8B), auch wenn sie nach den generell gültigen IFRS-Regeln **nicht aktivierbare Kostenelemente** (→ § 8 Rz 11ff.) enthalten. Die Inanspruchnahme dieser Erleichterung kann objektbezogen erfolgen, muss also nicht alle „*items*" umfassen. Zum Übergangszeitpunkt (IFRS-Eröffnungsbilanz) ist ein *impairment*-Test für die nach dem Wahlrecht in die IFRS-Eröffnungsbilanz aufgenommenen „*items*" vorzunehmen. Im Anhang sind der Vorgang selbst und die Bewertungsbasis nach früherem Recht zur Bestimmung des Buchwertes darzulegen (IFRS 1.31B).

6.5.16 Übergang aus hyperinflationären Wirtschaftsräumen

102 Nach dem *Amendment* zu IFRS 1 vom Dezember 2010 soll auch Unternehmen/Konzernen, die in hochinflationären Wirtschaftsräumen (→ § 27 Rz 74) agieren, der Übergang auf die IFRS-Rechnungslegung erleichtert werden. Voraussetzung ist die Charakteristik der **funktionalen Währung** (→ § 27 Rz 8) dieser Einheit als **hochinflationär**. Eine bedeutende Hochinflation (*severe hyperinflation*) liegt bei kumulativer Erfüllung folgender beider Merkmale vor (IFRS 1.D27):

- Ein verlässlicher **Preisindex** (→ § 27 Rz 74) ist nicht verfügbar.
- Ein **Austausch** zwischen der hochinflationären und einer relativ stabilen Währung ist nicht möglich.

Der hochinflationäre Charakter der funktionalen Währung **normalisiert** sich dann, wenn eines oder beide der vorgenannten Merkmale nicht mehr bestehen (IFRS 1.D28). Sofern das „Normalisierungsdatum" **identisch** ist mit dem Übergangszeitpunkt (Rz 16) auf die IFRS-Rechnungslegung oder diesem **vorausgeht**, kann der *fair value* als Ausgangswert (*deemed cost*) für alle vor dem Normalisierungszeitpunkt gehaltenen Vermögenswerte und Schulden angesetzt werden (IFRS 1.D29), also nicht nur für diejenigen, die nach allgemeinen Regeln einer *fair-value*-Bewertung unterliegen (Rz 42). Wenn das Normalisierungsdatum in die zwölfmonatige Vergleichsperiode (*transition period*) fällt (→ § 2 Rz 8ff.), kann sich die Darstellung der Letzteren auf einen Zeitraum von weniger als zwölf Monaten beschränken, also ein Quasi-Rumpfgeschäftsjahr dargestellt werden (IFRS 1.D30). Gegebenenfalls sollte das Unternehmen auch nicht IFRS-konforme Erläuterungen (Rz 108) zu den Vorjahresangaben nach IFRS 1.22 (Rz 13) in Betracht ziehen (IFRS 1.BC63J). Über die Entwicklung von der hochinflationären zur relativ stabilen Währung ist mit Begründungen im Anhang des IFRS-Erstabschlusses (Rz 42) zu berichten (IFRS 1.31C).

Die neuen Regeln des *Amendment* sind (bei Möglichkeit freiwilliger vorzeitiger Anwendung) für Geschäftsjahre mit Beginn nach dem 30.6.2011 zu beachten.

6.5.17 Vorjahresvergleich, insbesondere zu Finanzinstrumenten

103 Der erstmalige IFRS Abschluss verlangt – wie sonst auch jeder IFRS-Abschluss – einen **Vorjahresvergleich** (Rz 14), was durch IFRS 1.21 (Rz 13) bestätigt wird. Entsprechend ist nach IFRS 1.7 ein **Stetigkeitsgebot** im Übergangszeitraum (Rz 16) zu beachten.

Nach IFRS 1.E1 und IFRS 1.E2 gilt folgende **Besonderheit** für Vorjahres-Vergleichsangaben nach IFRS 9 (→ § 28 Rz 338): Bei Übergang auf die IFRS-Rechnungslegung für Geschäftsjahre vor dem 1.1.2012 und Anwendung von IFRS 9

(→ § 28 Rz 360) ist wie sonst eine **Vergleichsperiode** darzustellen (Rz 15). Die Vorjahresvergleichszahlen müssen dabei nicht mit den Inhalten von IFRS 7 und IFRS 9 übereinstimmen, soweit sich die Angaben auf Vermögenswerte beziehen, die in den Anwendungsbereich von IFRS 9 fallen.

Wenn die Übereinstimmung mit IFRS 9 und IFRS 7 durch die Ausübung dieses Wahlrechts nicht gegeben ist, muss wie folgt vorgegangen werden:

- Anwendung der **früher** (z.B. nach HGB) angewandten Ansatz- und Bewertungsregeln auf die Vorjahresvergleichszahlen;
- Angabe dieser **Tatsache** mit Darstellung der Grundlagen zur Bereitstellung dieser Daten;
- Bereitstellung zusätzlicher Informationen gem. IAS 1.17(c), wenn sonst die **Verständlichkeit** für den Anwender nicht gewährleistet ist.

Der letztgenannte Hinweis bezieht sich auf die komplexen Vorgaben zur Handhabung der Übergangsregeln in IFRS 1.E2(c). Dabei sind Anpassungen zwischen der Schlussbilanz, der Vergleichsperiode (*transition period*, Rz 16) und der Eröffnungsbilanz für den ersten IFRS-Berichtszeitraum (*reporting period*, Rz 16) vorzunehmen. 104

In der Schlussbilanz der *transition period* sind die Vorjahreszahlen nach den früher angewandten „GAAP" enthalten. In der Eröffnungsbilanz für die erste *reporting period* nach IFRS müssen die Werte und Angaben mit IFRS 7 und IFRS 9 übereinstimmen. Die entsprechenden Unterschiede sind nach IAS 8 unter Praktikabilitätsvorbehalt als **Wechsel** der **Bilanzierungsmethode** (→ § 24 Rz 26) zu behandeln und die Angaben nach IAS 8.28(a) – (e) zu machen. Die Angabe nach IAS 8.28(f)(i) beschränkt sich auf die Schlussbilanz der *transition period* (Rz 16).

Die in allen Fällen zu erstellende **Überleitungsrechnung** vom alten zum neuen Recht (Rz 108) auf den Schlussbilanzstichtag der Vergleichsperiode muss bei Inanspruchnahme der vorgenannten Erleichterung um die Abweichungen zwischen Schlussbilanz der Vergleichsperiode und der Eröffnungsbilanz der Berichtsperiode (Rz 98f.) ergänzt werden. In diese ist der Bilanzierungs-Methodenwechsel als Angabepflicht nach IAS 8.28 (Rz 92f.) einzubauen. 105

Beispiel

Erste IFRS-Berichtsperiode ist das Jahr 2011. Das Unternehmen entscheidet sich für die vorzeitige Anwendung von IFRS 9, möchte aber die Vergleichszahlen (Jahr 2010) nicht IFRS 9 unterwerfen, sondern nach HGB abbilden. Neben die allgemeine Überleitung vom 31.12.2010 HGB auf den 1.1.2011 IFRS (IFRS 1.24(a)(ii)) tritt eine spezielle Überleitung für die dem IFRS 9 unterliegenden Finanzinstrumente (IFRS 9.E2(c) i.V.m. IAS 8).

Die höchst komplexen Regeln in IFRS 1.E1 und IFRS 1.E2 legen einen **Verzicht** auf das dort gewährte Wahlrecht nahe. Dazu müssen bereits in der IFRS-Eröffnungsbilanz (Rz 16) die Regeln von IFRS 7 und IFRS 9 angewandt werden, was leichter zu bewerkstelligen sein sollte als die Bewältigung der Übergangsvorschriften nach Rz 98f. Als Ausnahme kann man sich eine Konstellation vorstellen, in der in der IFRS-Eröffnungsbilanz (z.B.) finanzielle Vermögenswerte enthalten sind, die bis zum Schlussbilanzdatum der entsprechenden Vergleichsperiode **wegfallen**. 106

6.6 Beurteilung

107 Die vorstehenden Regelungen gelten nicht, wenn statt IFRS 9 der Vorgängerstandard IAS 39 angewandt wird (IFRS 1.BC89). Die vorstehend (Rz 41 ff.) dargestellten Optionen schaffen spürbare **Erleichterungen** für den Erstanwender des IFRS. Dieser Zielvorgabe werden indes bedeutende **Opfer** gebracht (Rz 5).

Bei der Abbildung von **Unternehmenszusammenschlüssen** (insbesondere) kann von einer **unternehmensübergreifenden Vergleichbarkeit** – auch innerhalb des Kreises der Erstanwender – keine Rede sein (Rz 54 ff.).[57] Vergleichbar bleiben nur die Abschlüsse der betreffenden Einheit im **Zeitverlauf**. Bei der hohen Gewichtung von Unternehmenszusammenschlüssen im Rahmen der kapitalmarktorientierten Rechnungslegung kommt dieser Kritik an der IFRS-Übergangsregelung besondere Bedeutung zu. Vor diesem Hintergrund wirkt die Komplizierung für in aller Regel geringfügige Tatbestände (Rz 61) in Teilen unangemessen.

7 Angaben

108 Im erstmaligen IFRS-Abschluss müssen nach IFRS 1.20 sämtliche Anhangsangaben nach Maßgabe der **anderen Standards** enthalten sein. Außerdem ist nach IFRS 1.21 der übliche **Vorjahresvergleich** (Rz 14) vorzunehmen. Zu den Erläuterungen zählen auch die Angaben zu den Bilanzierungs- und Bewertungsmethoden gem. IAS 1.108 (→ § 5 Rz 25), in denen auch die Inanspruchnahme der Wahlrechte des IFRS 1 erläutert werden muss.[58] Nach IFRS 1.22 können auch als solche bezeichnete Vergleichsinformationen, die aus früherer Zeit stammen und nicht IFRS-konform sind, angegeben werden.

Zusätzlich hat jeder Erstanwender gem. IFRS 1.23 eine **Erläuterung des Übergangs** zu geben, um dadurch den Einfluss des Übergangsverfahrens auf die Darstellung der Vermögens-, Finanz- und Ertragslage aufzuzeigen. Dazu verlangt IFRS 1.24 folgende Angaben:

- Das Eigenkapital der „technischen" HGB-Schlussbilanz (im Beispiel unter Rz 110 der 31.12.01) ist auf den Ausweis in der IFRS-Eröffnungsbilanz zum 1.1.02 **überzuleiten** (*reconciliation*).
- Entsprechend ist für den **Folgestichtag** (oben der 31.12.02) zu verfahren.
- Ebenso ist **das Jahresergebnis**, für das letztmals ein nationaler Abschluss erstellt wird (im Beispiel 02), überzuleiten.

109 Da die Form der Anwendung des IFRS 1 zu den wesentlichen Bilanzierungs- und Bewertungsmethoden gehört, ist die Inanspruchnahme der Wahlrechte des IFRS 1 ebenfalls im Anhang des ersten IFRS-Abschlusses zu erläutern (IAS 1.108).

---

[57] HAYN/BÖSSER/PILHOFER, BB 2003, S. 1607, S. 1613.

[58] BURGER/SCHÄFER/ULBRICH/ZEIMES, WPg 2005, S. 1193.

Nachfolgend eine **Musterformulierung**[59] **(jeweils ohne Steuerlatenz):** 110

Beispiel
Beim Sachanlagevermögen haben wir die in früheren Jahren vorgenommenen steuerlichen Sonderabschreibungen aus dem Rechenwerk eliminiert, die bisher angewandte degressive Abschreibungsmethode rückwirkend auf linear umgestellt und die angenommenen Nutzungsdauern neu festgelegt. Die Buchwerte haben sich demnach wie folgt entwickelt:

	31.12.02			31.12.01		
	HGB	IFRS	Eigen-kapital-änderung	HGB	IFRS	Eigen-kapital-änderung
Grundstücke	XX	YY	ZZ	XX	YY	ZZ
Maschinen	XX	YY	ZZ	XX	YY	ZZ
Ausstattung	XX	YY	ZZ	XX	YY	ZZ
			Σ			Σ

Im Bereich des **immateriellen** Anlagevermögens haben sich für selbst erstellte Vermögenswerte folgende Abweichungen zwischen HGB (bislang keine Aktivierung) und IFRS ergeben:

	31.12.02	31.12.01
Aktivierung eines neu entwickelten Herstellungsverfahrens mit Anmeldung für das Patentregister	XX	XX
Aktivierung eines mit Hilfe von IT-Spezialisten von Drittfirmen erstellten Auftragsbearbeitungsprogrammes, das in 05 in Betrieb gehen soll	YY	XX
Eigenkapitaländerung	Σ	Σ

Die aktivierten Herstellungskosten berücksichtigen die angefallenen Aufwendungen der letzten 5 Jahre vor dem 31.12.05 gem. Kostenträgerrechnung. Zuvor sind keine diesen Projekten zuzuordnende Aufwendungen entstanden. Die planmäßigen Abschreibungen werden ab Nutzungsbeginn verrechnet.
Für die **Anteile an assoziierten** Unternehmen mit einer Beteiligungsquote zwischen 20 und 50 % am stimmberechtigten Kapital sind wir zur *equity*-Bilanzierungsmethode übergegangen. Danach ergeben sich folgende Abweichungen in den Bilanzansätzen:

[59] Nach LÜDENBACH/HOFFMANN, DStR 2003, S. 1498, 1504.

	31.12.02			31.12.01		
	HGB	IFRS	Eigen-kapital-änderung	HGB	IFRS	Eigen-kapital-änderung
	XX	YY	Σ	XX	YY	Σ

Unfertige Aufträge werden nunmehr nach der *percentage-of-completion*-Methode bewertet.
Es ergeben sich folgende Abweichungen zwischen HGB und IFRS:

	31.12.02			31.12.01		
	HGB	IFRS	Eigen-kapital-änderung	HGB	IFRS	Eigen-kapital-änderung
	XX	YY	Σ	XX	YY	Σ

Die **Rückstellungen für Altersversorgungsverpflichtungen** sind nach IFRS (neu) bewertet worden. Danach ergeben sich folgende Abweichungen zum HGB:

	31.12.02			31.12.01		
	HGB	IFRS	Eigen-kapital-änderung	HGB	IFRS	Eigen-kapital-änderung
	XX	YY	Σ	XX	YY	Σ

Zusammengefasst ergeben sich folgende Änderungen im **Eigenkapitalausweis:**

	31.12.02	31.12.01
Sachanlagevermögen	Σ	Σ
Immaterielle Anlagegüter	Σ	Σ
etc.		

Auch die Vorjahres-GuV nach dem HGB ist auf IFRS für den gleichen Zeitraum umzurechnen:

Beispiel 2 (für die Formulierung) Für die Vorjahresperiode 04 ergeben sich folgende Ergebnisunterschiede:			
	HGB	IFRS	Diff.
Planmäßige Abschreibungen auf Sachanlagen	X	Y	Z
Aktivierung von Herstellungskosten für selbst geschaffene immaterielle Vermögenswerte	X	Y	Z
Beteiligungsbuchwert für assoziierte Unternehmen	X	Y	Z
Unfertige Erzeugnisse	X	Y	Z
Rückstellung für Altersversorgungsverpflichtungen	X	Y	Z
Aufwand/Ertrag aus Steuerlatenz Jahresergebnis	Σ	Σ	Σ

Außerdem sind (eher seltene) wesentliche Änderungen bez. der **Kapitalflussrechnung** (→ § 3) zu erläutern (IFRS 1.25), bspw. für den Ausweis der aktivierten Entwicklungskosten in der Investitionstätigkeit (→ § 3 Rz 76). 111

Außerplanmäßige Abschreibungen (*impairment losses*) oder **Wertaufholungszuschreibungen** *(reversal)*, die in der IFRS-Eröffnungsbilanz (Rz 16) vorgenommen werden, sind nach Maßgabe der Angabepflicht nach IAS 36 (→ § 11 Rz 179ff.) im Geschäftsjahr, das mit der Eröffnungsbilanz beginnt (im Beispiel unter Rz 15 das Jahr 2004), offenzulegen[60] (IFRS 1.24c). 112

Die Überleitungsrechnung (Rz 108) muss so **erläutert** werden, dass der Abschlussadressat die wesentlichen **Anpassungen** bei der Bilanz und der GuV erkennen und insbesondere zwischen Änderungen bez. der **Rechnungslegungsregeln** und **sonstigen Änderungen** (z.B. Fehlerkorrektur) unterscheiden kann (IFRS 1.25). 113

Zusätzliche Anhangsangaben sind nach IFRS 1.30 dann zu machen, wenn für **sächliches** Anlagevermögen der **Zeitwert** ***(fair value)*** als neue Kostenbasis gilt (Rz 42), und zwar für jeden ausgewiesenen Posten der Gesamtbetrag des *fair value* und dessen Überleitung auf den bisherigen Buchwert. 114

Bei Anwendung des Ersatzwertes für **Beteiligungen** im Einzelabschluss (Rz 53) sind folgende Angaben zu machen (IFRS 1.31):

- der Gesamtbetrag des bisherigen Buchwertes (z.B. nach HGB),
- der Gesamtbetrag des Ansatzes mit dem *fair value*,
- der Gesamtbetrag der Anpassungen gegenüber dem bisherigen Buchwert (z.B. nach HGB).

Die Übergangsperiode lässt sich in **Geschäftsjahren** (Rz 16) und **Zwischenberichts**perioden (Rz 17) definieren. Für ein Geschäftsjahr kann es im Übergangsverfahren keine Änderung der Bilanzpolitik oder Wahlrechtsausübung geben, da der erste Bilanzstichtag nach „neuem Recht" am Ende des (erstmaligen) 115

60 Zeimes, WPg 2003, S. 990.

Berichtszeitraums liegt (vgl. die Skizze in Rz 16). Allerdings ist das Unternehmen möglicherweise bei der **Zwischenberichterstattung** bereits auf die IFRS-Rechnungslegung übergegangen, womit insoweit eine Erstanwendung vorliegt. Dann darf für den erstmaligen Jahresbericht (im Beispiel unter Rz 16 der 31.12.02) die Bilanzpolitik bzw. die Wahlrechtsausübung, die für den Zwischenbericht ausgeübt wurde, in einer aktualisierten Überleitungsrechnung (IFRS 1.27A) unter sinngemäßer Anwendung von IFRS 1.23 (Rz 94) geändert werden. Die entsprechenden Pflichten nach IAS 8 (→ § 24 Rz 58ff.) sind hier nicht zu beachten (IFRS 1.27). Zum Anwendungszeitraum vgl. Rz 125.

Beispiel
Für den ersten IFRS-Zwischenbericht wurde mangels vorliegenden Datenmaterials als Eröffnungsbilanzwert für die Sachanlagen der retrospektiv nach IAS 16 ermittelte Buchwert angesetzt. Im ersten Jahresbericht erfolgte für den Grund und Boden die Bewertung stattdessen zum *fair value* als *deemed cost* (Rz 42).

Korrekturen von **grundlegenden Fehlern** nach bisheriger HGB-Bilanzierung sind getrennt von den übrigen Umstellungseffekten darzustellen (IFRS 1.26; Rz 73).[61]

8 Bilanzpolitische Aspekte

8.1 Wichtige Bilanzposten ohne Übergangserleichterung

116 Aus der HGB-Perspektive sind bei folgenden **wesentlichen Bilanzposten** keine Übergangserleichterungen vorgesehen, d.h., der frühere und noch nicht abgewickelte Sachverhalt ist nach den zum Übergangszeitpunkt gültigen IFRS-Regeln abzubilden:[62]

- **Entwicklungskosten**, soweit nicht die Ermessensausübung eine Aktivierung als unzulässig erscheinen lässt (Rz 75);
- **Fertigungsaufträge** i.S.d. IAS 11 (→ § 18), die mit fortlaufender Umsatz- und Ertragsrealisation auszuweisen sind;
- übriges **Vorratsvermögen** gem. IAS 2 (→ § 17);
- **über** den Anschaffungskosten notierende **Finanzinstrumente**, die gem. IAS 39 als veräußerbare Werte *(available for sale)* oder Handelswerte *(trading)* zum höheren *fair value* (→ § 28 Rz 32) anzusetzen sind; dabei sind die bis zur IFRS-Eröffnungsbilanz eingetretenen Wertänderungen bei den veräußerbaren Werten entgegen der Grundregel nicht in die Gewinnrücklagen (Rz 21) einzustellen, sondern **separat** im Eigenkapital zu erfassen (IFRS 1.IG59);
- Eliminierung von **Aufwands-** und u.U. nach IAS 37 nicht ansetzbaren **Verbindlichkeitsrückstellungen** (→ § 21);
- bestimmte **Schuldinstrumente** (z.B. Genussrechte), die handelsrechtlich als Eigen-, nach IAS 32 als Fremdkapital zu qualifizieren sind (→ § 20 Rz 4ff.);

61 Zeimes, WPg 2003, S. 990.
62 In erweiterter Darstellung s. auch ADS International, Abschn. 3a, Tz 41ff.

- **Leasinggegenstände**, deren wirtschaftliches Eigentum nach IAS 17 anders zu beurteilen sein kann als nach HGB (bzw. StB; → § 15 Rz 106), wodurch etwa ein im *sale-and-lease-back*-Verfahren bereits *off-balance* gebrachter Vermögenswert unversehens wieder *on-balance* geraten kann;[63]
- **latente** Steuern (Rz 24);
- zur **Veräußerung anstehende langfristige** Vermögenswerte gem. IFRS 4;
- **aktienkursorientierte Vergütungsformen** gem. IFRS 2 (Rz 90).

Ebenso wenig ist eine Übergangserleichterung für die Regelungen des IAS 36 → § 11) betreffend die ***impairment*-Abschreibungen** vorgesehen (Rz 44).
Aus den vorstehend aufgeführten Bilanzposten ergeben sich mangels Sonderregelung in IFRS 1 keine speziellen **bilanzpolitischen** Ansatzpunkte. Solche ergeben sich vielmehr in erster Linie aus den unter 6. (Rz 41 ff.) dargestellten Wahlrechten.

8.2 Gestaltungsansätze in den Übergangsregeln

Optionen sind die Hebel der Bilanzpolitik. Letztere muss deshalb an einschlägigen Erleichterungen in IFRS 1.D1 ansetzen (Rz 41 ff.). **117**
Besonders reichlich mit Wahlrechten gesegnet ist der gesamte Bereich des **Anlagevermögens** (Rz 42 ff.). Hier kann der bisherige HGB-Buchwert in weiten Bereichen weitergeführt werden (Rz 43), andererseits kommt praktisch jedes andere Bewertungsmodell auf den IFRS-Startpunkt in Betracht, also auch die Neubewertung oder das *fair-value*-Modell (Rz 42). Dem *cherry-picking* – also Auswahl passender Objekte (Rz 46) – sind dabei keine Grenzen gesetzt (vgl. das Beispiel in Rz 49). Der IFRS-Erstanwender kann dadurch u. a. eine optimierende **Bilanzstruktur** im erstmaligen Abschluss anstreben. Dabei können allerdings Ergebniswirkungen durch Mehrabschreibungen in Folgejahren auftreten. Eine solche unterbleibt aber bei Aufwertung einzelner wertvoller Grundstücke.

Möglich ist auch eine von den bisher angewandten **steuerlichen Abschreibungsverfahren** losgelöste Abschreibungspolitik (Rz 43). **118**

Einen noch bedeutenderen bilanzpolitischen Hebel liefert das Konglomerat der Übergangsregeln für die **Unternehmenszusammenschlüsse** (Rz 54 ff.).[64] So kann ein früher nach HGB *(previous GAAP)* mit den Rücklagen verrechneter *goodwill* reaktiviert werden mit der Folge eines höheren Eigenkapitalausweises bei gleichzeitigem Verzicht auf eine planmäßige Abschreibung nach IFRS 3 (→ § 31 Rz 144). Allerdings muss dabei das Obligo einer späteren *impairment*-Abschreibung in Kauf genommen werden. **119**

Umgekehrt kann nach IFRS 1 ein bislang nach HGB aktivierter *goodwill* aus dem Unternehmenszusammenschluss nicht rückwirkend gegen das Eigenkapital verrechnet werden. **120**

---

63 Dazu: LÜDENBACH/HOFFMANN, Der lange Schatten des Übergangs auf die IAS-Rechnungslegung, DStR 2002, S. 231 ff. Im Übrigen enthält IFRS 1.IG14 folgende spezielle Regelung: Werden Leasingverträge durch eine Vertragsänderung „IFRS-konform“ gemacht, ist für die Zurechnung des wirtschaftlichen Eigentums nicht die ursprüngliche Vertragsfassung, sondern die Änderungsfassung zugrunde zu legen.

64 Vgl. zu Folgendem HAYN/BÖSSER/PILHOFER, BB 2003, S. 1607, 1611.

121 Eine vorausschauende bilanzpolitische Planung kann sich auch auf den *impairment*-Test für den *goodwill* beziehen; zu Einzelheiten vgl. → § 11 Rz 112.

9 Anwendungszeitpunkt, Rechtsentwicklung

122 Der im November 2008 verabschiedete Standard IFRS 1 löst die Fassung aus 2003 ohne inhaltliche Änderung (Rz 4) ab und ist für Bilanzierungszeiträume, die nach dem 30.6.2009 beginnen, verpflichtend (IFRS 1.34).

Der Standard enthält **Übergangs**vorschriften betreffend:

- Fremdkapitalkosten (Rz 97)
- Minderheitenanteile nach IFRS 3 gem. IFRS 1.36 (→ § 32 Rz 192)
- Beteiligungsbuchwert für Tochterunternehmen etc. (Rz 40, Rz 53) gem. IFRS 1.38
- Zurechnung des Gesamteinkommens zwischen Mehrheits- und Minderheitsbeteiligten nach IAS 27 (→ § 32 Rz 155) gem. IFRS 1.39 (Rz 40)
- Neufassung von IAS 27 (→ § 32 Rz 192).

123 Änderungen von IFRS 1 sind insoweit zu erwarten, als **künftige Standards** Interpretationen oder deren Änderungen wirksam werden. Der Board will dann von Fall zu Fall entscheiden, ob eine retrospektive – die Regel – oder eine prospektive Anwendung dieses neuen Standards in Betracht kommt. Im letztgenannten Fall wird IFRS 1 angepasst werden (IFRS 1.BC14).

124 Im Januar 2010 hat der Board den Effekten der Finanzkrise folgend einen Änderungsstandard zu IFRS 7 (Erläuterungen zu Finanzinstrumenten) verabschiedet. Wegen der überaus kurzen Anwendungsfrist ist nach IFRS 7.44G eine Ausnahme von der Präsentation der zugehörigen **Vorjahreszahlen** vorgesehen. Diese Erleichterung wird auch dem Erstanwender zugestanden, soweit sein erster Berichtszeitraum (Rz 16) nach dem 30.6.2010 beginnt, also bei kalendergleichem Wirtschaftsjahr die Periode 2009. Eine frühere Anwendung ist unter Anhangsangabe zulässig.

Das *Amendment* zu IFRS vom Dezember 2010 zu Änderungen bei Übergang aus hochinflationären Währungsräumen (Rz 102) und zur Aufhebung der festen Daten für die Ersteinbuchung von Finanzinstrumenten (Rz 95) ist für Wirtschaftsjahre mit Beginn nach dem 30.6.2011 anzuwenden. Eine frühere Anwendung ist unter Anhangsangabe erlaubt.

125 Der Board hat im Rahmen des *Annual Improvements Project* 2010 (ED 2009/11) weitere Änderungsvorschläge mit Anwendungspflicht für Geschäftsjahre mit Beginn nach dem 31.12.2010 (ED IFRS 1.39E) verabschiedet. Dabei geht es um Ereignisse **innerhalb** der Übergangsperiode (Rz 14), und zwar

- bei Änderungen der Bilanzierungsmethoden (Rz 115),
- zur Bewertung besonderer Anlässe (Rz 42),
- beide Vorgänge auch für die Zwischenberichterstattung (Rz 17).

Diese Vorgänge sollen erläutert und in der Überleitungsrechnung gesondert dargestellt werden (Rz 115). Anzuwenden sind diese Regelungen bei Geschäftsjahresbeginn nach dem 31.12.2010 (IFRS 1.39E). Eine frühere Anwendung ist unter Anhangsangabe zulässig.

10 Zusammenfassende Praxishinweise

IFRS 1 regelt den Übergang vom bisherigen Rechnungslegungssystem *(previous GAAP)* auf die (erstmalige) Anwendung der IFRS. Der **Erstanwender** ist dabei derjenige, der sich in seinem Rechnungslegungswerk als solcher bezeichnet (Rz 6ff.). 126

Im Zeitverlauf beansprucht der **Übergangsprozess** zwei Jahre und damit drei Bilanzen. Ausgangspunkt ist eine IFRS-**Eröffnungsbilanz**. **Vorjahresvergleichszahlen** auch für die GuV sind zwingend (Rz 14ff.).

Nach der Regel sind in der IFRS-Eröffnungsbilanz die Vermögenswerte und die Verbindlichkeiten nach den **Vorgaben der IFRS** anzusetzen, auszuweisen und zu bewerten (Rz 19).

Soweit sich dabei ein **unterschiedlicher** Bilanzausweis gegenüber den bisherigen Ansätzen ergibt, ist dieser Unterschiedsbetrag in der IFRS-Eröffnungsbilanz im **Eigenkapital** auszuweisen (Rz 21ff.).

Die sogenannte **retrospektive** Umstellung für Sachverhalte aus der Vergangenheit, die in der IFRS-Eröffnungsbilanz abzubilden sind, unterscheidet sich nach IFRS 1 verschiedentlich gegenüber den bisherigen Regeln nach SIC 8.

Für bestimmte Bilanzposten (Finanzinstrumente und Sicherungsbeziehungen) **verbietet** IFRS 1 eine retrospektive Betrachtungsweise *(exceptions)*. Bei der Vornahme von **Schätzungen** ist der Erkenntnisstand der ursprünglichen Bilanzierung nach den früheren Regeln (HGB) zu beachten (Rz 32ff.).

In wichtigen Bilanzbereichen werden **optionale Erleichterungen** (*exemptions*) von der retrospektiven Bilanzierung in der IFRS-Eröffnungsbilanz gewährt: sächliches und immaterielles Anlagevermögen, Finanzinvestitionen in Grundstücken, Konsolidierungsverfahren bei Unternehmenszusammenschlüssen (Rz 54ff.).

Hier können im Zuge der Umstellung auf das IFRS-Regelwerk interessante **bilanzpolitische** Spielräume genutzt werden (Rz 116ff.).

Die großzügige Übergangsregelung für die **Konsolidierungsvorgänge** bei Unternehmenszusammenschlüssen verhindert nachhaltig die unternehmensübergreifende Vergleichbarkeit von IFRS-Abschlüssen (Rz 107).

Dies ist das Opfer für die **weltweit ausgerichtete Einladung** des Board zum Übergang in die IFRS-Rechnungslegungswelt (Rz 3).

Im **Anhang** des ersten veröffentlichten IFRS-Abschlusses (Rz 16) ist neben den üblichen Angaben eine **Überleitungsrechnung** von der „technischen" HGB-Schlussbilanz auf die IFRS-Eröffnungsbilanz und für den Folgestichtag sowie für die GuVs des letzten HGB-Jahres durchzuführen (Rz 108ff.).

Eine ganze Anzahl von Bilanzposten erfahren durch IFRS 1 **keine Übergangserleichterung**; sie sind unter Rz 116 aufgeführt.

Die Übergangsregelungen bieten insgesamt bemerkenswerte **bilanzpolitische** Anknüpfungspunkte (Rz 117ff.).

§ 7 IFRS-RECHNUNGSLEGUNG NACH DEUTSCHEM RECHT

Inhaltsübersicht Rz

Schrifttum: DEILMANN, EHUG: Neuregelung der Jahresabschlusspublizität und mögliche Befreiung nach § 264 Abs. 3 HGB, BB 2006, S. 2349; GROTTKE/HÖSCHELE, Die internationalen Stellungnahmen zum ED Management Commentary, Eine quantitative und qualitative Auswertung, PiR 2010, S. 149ff.; HOFFMANN/LÜDENBACH, Bilanzrechtsreformgesetz – Seine Bedeutung für den Einzel- und Konzernabschluss, GmbHR 2004, S. 145; HOFFMANN/LÜDENBACH, Der Übergang zu den IFRS mit Rückfahrkarte, BB 2005, S. 96; KÜTING/RANKER, Tendenzen zur Auslegung der endorsed IFRS als sekundäres Gemeinschaftsrecht, BB 2004, S. 2510; PELLENS/JÖDICKE/RICHARD, Solvenztests als Alternative zur bilanziellen Kapitalerhaltung, DB 2005, S. 1393; UNREIN, Der ED zum Management Commentary-Projekt des IASB, PiR 2009, S. 259.

1 Überblick

1 Der Inhalt dieses Paragrafen behandelt zwei schwer kompatible Beziehungspunkte kaufmännischer Rechnungslegung aus deutscher Sicht:

- die **Globalisierung** der Kapitalmärkte mit der damit einhergehenden **Internationalisierung** der Rechnungslegung;
- den **Gesetzesvorbehalt**, dem das Rechnungslegungssystem unterworfen ist.

2 Die gesetzlich geregelte Rechnungslegung für Kapitalgesellschaften in Deutschland auf der Grundlage der 4. und 7. EG-Richtlinie wird im weltweiten Konzert der Bilanzierung als **minderwertig** angesehen, was auch in der Regierungsbegründung des BilMoG zum Ausdruck kommt. Deshalb wird dem **international** agierenden Unternehmen bzw. Konzern die Möglichkeit eröffnet, Konzernabschlüsse auf der Grundlage der IFRS vorzulegen, ohne zusätzlich noch die gleiche Pflichtübung nach nationalem Recht (HGB) absolvieren zu müssen. Diese Erlaubnis richtet sich an international tätige Konzerne in **zweierlei** Ausrichtung:

- an die **deutsche Zwischenholding** eines international agierenden Konzerns mit der Konzernspitze außerhalb der EU (insbesondere also Japan, Schweiz, USA);
- an international tätige Konzerne mit **Sitz** der Konzernspitze in **Deutschland**.

3
- Der erstgenannte Adressatenkreis zur Befreiung von der (Teil-)Konzernrechnungslegung nach deutschem oder EU-Recht wird durch die auf der Basis des § 292 HGB ergangene **Konzernabschlussbefreiungsverordnung** (KonBefrV) vom 15.11.1991 erfasst (Rz 5).
- Konzernmutterunternehmen mit Sitz in Deutschland müssen bei Kapitalmarktorientierung bzw. dürfen in den übrigen Fällen nach Maßgabe des **§ 315a HGB** ihre Rechnungslegungspflicht auf der Grundlage der IFRS erfüllen (Rz 9).

4 Aus Sicht der **Abschlussprüfung** ergibt sich die Zusatzproblematik der Beachtung der internationalen Prüfungsstandards (ISA) sowie der passenden Formulierung des Bestätigungsvermerkes (Rz 14f.).

2 Befreiender Konzernabschluss eines Drittlandunternehmens für die deutsche Zwischenholding

2.1 Konzeptionelle Grundlage

5 Das EU-Konzernrechnungslegungsrecht und diesem folgend das HGB beruhen konzeptionell auf dem Erfordernis der Erstellung eines **Teilkonzernabschlusses** auf jeder Stufe eines tief gegliederten Konzerns (§ 290 Abs. 1 HGB). Zur Vermeidung einer wenig sinnvollen Anwendung dieses sogenannten Tannenbaumprinzips ist generell eine **Befreiung** von dieser Verpflichtung nach § 291 und § 292 HGB möglich, wenn auf einer höheren Konzernstufe ein Konzernabschluss erstellt wird, der die Unternehmen der darunter liegenden Konzernebenen mit einbezieht.

Dieses Befreiungskonzept ist ebenso wie die **größenabhängigen** Befreiungen durch § 315a Abs. 1 HGB in den IFRS-Abschluss übernommen worden. Wegen Einzelheiten wird auf → § 32 Rz 88ff. verwiesen.

2.2 Inhalt

Die deutsche **Zwischenholding** eines nicht im EU-Bereich bzw. europäischen Wirtschaftsraum angesiedelten Mutterunternehmens eines international tätigen Konzerns kann von der den deutschen Konzernbereich umfassenden Rechnungslegungsverpflichtung unter folgenden Voraussetzungen **befreit** werden: 6

- Es muss das Recht eines Mitgliedstaates der EU dem befreienden Konzernabschluss entweder zugrunde gelegt oder zur Herstellung der **Gleichwertigkeit** herangezogen werden.
- Das Recht dieses EU-Mitgliedstaates muss die 7. EG-Richtlinie **richtlinienkonform** in nationales Recht transponiert haben.
- Der befreiende Konzernabschluss muss bestimmte **Anforderungen** bez. des Inhalts, der Prüfung und der Offenlegung erfüllen.[1]
- Im **Anhang** des Jahresabschlusses (nicht des Konzernabschlusses) des zu befreienden Unternehmens (deutsche Landesholding) müssen der Name und Sitz des Drittlandunternehmens, dessen Konzernabschluss die Befreiung hervorrufen soll, angegeben werden.
- Zum Anhang muss eine Darstellung der vom deutschen Recht abweichenden Bilanzierungs-, Bewertungs- und Konsolidierungs**methoden** erfolgen.
- **Minderheitsgesellschafter** der deutschen Zwischenholding dürfen keinen Teilkonzernabschluss verlangen.

Entscheidend für die Befreiung ist allerdings die Erfüllung des **Gleichwertigkeitskriteriums**. Dabei ist zunächst in dem umständlichen Aufbau der KonBefrV das dem Vergleich zugrunde liegende Recht eines EU-Mitgliedstaates herauszufiltern. Dieser Schritt kann allerdings in aller Regel entfallen, da das ausländische Mutterunternehmen seinen Konzernabschluss nach **IFRS** erstellt.[2] 7

3 Die Inkorporierung der IFRS in deutsches Recht

3.1 Überblick über die Rechtsentwicklung

Das Bilanzrechtsreformgesetz (Rz 3) (Zitat: BilReG) sieht (u.a.) die **pflichtgemäße** oder **optionale** Anwendung der IFRS-Regeln für deutsche Kapitalgesellschaften, Kap-&-Co.-Gesellschaften sowie betreffende Konzerne vor. Mit diesem Gesetz ist die sog. IAS-Verordnung der EU[3] (IAS-VO) in das deutsche Rechnungslegungsrecht überführt worden. Die europäische Kommission entscheidet unter Beteiligung der Mitgliedstaaten in einem besonderen Komitologieverfahren über die Anwendung der IFRS-Regeln. Dieses *„endorsement"* transferiert die betreffenden IFRS-Rechnungslegungsregeln in unmittelbar gel- 8

---

1 Vgl. Wollmert/Oser, DB 1995, S. 53.

2 Wegen der kaum praktikablen und auch sicherlich nicht praktizierten „Vergleichsrechnungen" zu einzelnen EU-Mitgliedstaaten siehe Wollmert/Oser, in: Baetge u.a., Rechnungslegung nach IAS, Kap. VI Tz 12ff.

3 Verordnung EG Nr. 1606/2002 vom 19.7.2002, ABlEG L 243 vom 11.9.2002, S. 1.

tendes Recht für die pflichtmäßigen oder freiwilligen Anwender[4] (Rz 9ff.). Dadurch unterliegen die („endorsten") IFRS auch der richterlichen Gewalt des EuGH und der nationalen Gerichte.[5]

Über die Übernahme der bis zum 31.12.2009 vom IASB verabschiedeten IFRS-Standards und Interpretationen in das europäische Recht informiert die Rechtsstandübersicht am Anfang dieses Kommentars.

Schwierigkeiten bei diesem **Zusammenspiel** zwischen einem Standardsetting-prozess angelsächsischer Provenienz und dem Gesetzesvorbehalt nach Maßgabe der europäischen Rechtskultur können sich dann ergeben, wenn

- ein Standard vom IASB verabschiedet, aber von der EU noch nicht anerkannt, oder
- ein Standard von der EU abgelehnt

worden ist. IAS 1.16 verlangt eine (vollständige) *compliance*-Erklärung, der zufolge **sämtliche** Standards bei der Präsentation des Jahresabschlusses mit zugehörigen Bestandteilen beachtet worden sind (→ § 2 Rz 7). Bei fehlendem *Endorsement* eines bestimmten Standards würde die Anwendung der *compliance*-Regel einen Verstoß gegen europäisches Recht bedeuten. Dessen Befolgung bewirkt umgekehrt keinen „rechtsgültigen" IFRS-Abschluss. Aus diesem Zirkel[6] kann kaum durch eine logisch stringente Strategie ausgebrochen werden; gefragt ist eine **pragmatische** Lösung, welche die jeweilige Sachverhaltskonstellation berücksichtigt. Dabei ist insbesondere die regelmäßig vom IASB erlaubte frühere Anwendung **vor** dem „Pflichttermin" beachtlich.

Beispiel[7]

Variante 1

Ein in 01 verabschiedeter Standard wird zwischen dem 31.12.01 (Bilanzstichtag) und dem 12.2.02 (Erstellungstag) in das europäische Recht übernommen.

Variante 2

Wie Variante 1, nur ist die Übernahme am 12.2.02 noch nicht erfolgt.

Variante 3

Wie Variante 3, doch bis zum 12.2.02 ist das *Endorsement* abgelehnt worden.

Lösung Variante 1

Die Anwendung auf das Geschäftsjahr 02 ist unproblematisch. Europarechtlich bestehen auch keine Bedenken gegen die Anwendung in 01.[8]

Lösung Variante 2

Die U-Kommission differenziert:[9]

- Bei inhaltlicher Kohärenz mit endorsten Standards und/oder bei Übereinstimmung mit IAS 8.10 (→ § 1 Rz 75) kann der neue Standard (wenigstens) zur Lückenfüllung übernommen werden.
- Sofern der neue Standard einem früheren inhaltlich widerspricht, darf der neue nicht angewandt werden, selbst wenn vom Board die übliche Rück-

4 BUCHHEIM/GRÖNER/KÜHNE, BB 2004, S. 1783.
5 Im Einzelnen hierzu SCHÖN, BB 2004, S. 763.
6 Dargestellt im Einzelnen von BUCHHEIM/GRÖNER/KÜHNE, BB 2004, S. 1783.
7 Ähnlich HEUSER/THEILE, IFRS-Handbuch 4. Aufl. 2009, Tz 63.
8 Vgl. hierzu BUCHHEIM/GRÖNER/KÜHNE, BB 2004, S. 1783.
9 Vgl. → § 32 Rz 89, das dortige Zitat.

wirkung zugestanden worden ist. Allerdings soll mit Überleitungsrechnungen und Erläuterungen ein Widerspruch übersprungen werden können, insbesondere wenn die Auswirkung der unterschiedlichen Standardinhalte unwesentlich ist.[10]

Lösung Variante 3

Nach Auffassung der EU-Kommission gilt:[11]

- Bei inhaltlichem Widerspruch des neuen Standards gegenüber dem gültigen (endorsten) darf nur die vorherige Version angewandt werden.
- Ist der abgelehnte (neue) Standard mit den endorsten kohärent und steht im Einklang mit IAS 8.10 (→ § 1 Rz 75), kann sich das Unternehmen am neuen Standard zur Lösungsfindung orientieren.

Der Lösungsvorschlag (der EU-Kommission) mag widersprüchlich wirken, doch ist dies der erwähnten pragmatischen Vorgehensweise geschuldet und aus Sicht der Rechtsanwender hinnehmbar.

Wegen weiterer Besonderheiten bei der **Zwischenberichterstattung** wird auf → § 37 Rz 3 verwiesen.

3.2 IFRS-Bilanzierungspflicht börsennotierter Konzerne

Die **pflichtmäßige** Erstellung eines Konzernabschlusses nach Maßgabe der IAS-VO in Form des BilReG (Rz 8) gilt für kapitalmarktorientierte Unternehmen ab dem Geschäftsjahr 2005, genauer ab dem Bilanzstichtag 31.12.2005, bei abweichendem Bilanzstichtag für den nächstfolgenden einschlägigen Termin. Unter kapitalmarktorientierten Unternehmen ist nach § 315a HGB ein Mutterunternehmen zu verstehen, das am jeweiligen Bilanzstichtag einen **organisierten Markt** i.S.d. § 2 Abs. 1 Satz 1 WpHG in Anspruch nimmt oder bis zum jeweiligen Bilanzstichtag die Zulassung eines Wertpapiers zum Handel an einem organisierten Markt **beantragt** hat.[12] Zur Entwicklung der Rechtslage wird auf die Vorauflage verwiesen. 9

Nicht in die IFRS-Bilanzierungspflicht einbezogen worden sind solche Konzernmuttergesellschaften, deren eine oder mehrere **Tochtergesellschaften** ihrerseits am Kapitalmarkt notiert sind. Folgende Konstellation ist daher denkbar:

Beispiel

Die Finanzanstalt X (Anstalt des öffentlichen Rechts) hält alle Anteile an den Sparkassen des Landes Y. Einige dieser Sparkassen nehmen den Kapitalmarkt über Anleihen in Anspruch und haben daher nach § 153 Abs. 1 HGB i. V. mit Art. 57 EGHGB ihren (Teil-)Konzernabschluss ab 2007 nach IFRS aufzustellen. Die Finanzanstalt unterliegt nicht dieser Pflicht. Unter dem Einfluss der kleineren „Mitgliedssparkassen" will sie auch freiwillig keinen IFRS-Konzernabschluss aufstellen.

---

10 BUCHHEIM/KNORR/SCHMIDT, KoR 2008, S. 376.

11 Vgl. → § 32 Rz 89 das dortige Zitat.

12 § 293 Abs. 5 HGB stellt nur auf den deutschen organisierten Markt ab. HEUSER/THEILE (GmbHR 2005, S. 1539) sehen darin einen Verstoß gegen Art. 6 Abs. 4 der 7. EG- Richtlinie, der auf einen Markt in einem MITGLIEDSSTAAT abhebt.

Der HGB-Konzernabschluss der X hat keine befreiende Wirkung für den IFRS-Teilkonzernabschluss der größeren Sparkassen, die den Kapitalmarkt in Anspruch nehmen. Diese müssen daher ab 2007 einen IFRS-Teilkonzernabschluss erstellen.

Auch eine (mittelständische) **GmbH** ist kapitalmarktorientiert, wenn sie Schuldtitel emittiert hat. Sie kann dann keine Befreiung von der Aufstellungspflicht eines IFRS-Konzernabschlusses in Anspruch nehmen. Das gilt auch, wenn sie als Mutterunternehmen ihrerseits als Tochtergesellschaft in einen Konzernabschluss der Obergesellschaft einbezogen wird.[13]
Wegen der **Arbeitsteilung** zwischen IFRS und HGB im Bereich der Konzernrechnungslegung vgl. → § 32 Rz 6.

3.3 Freiwilliger IFRS-Konzernabschluss nichtbörsennotierter Gesellschaften

10 Andere als die unter Rz 9 genannten Muttergesellschaften – sog. nichtkapitalmarktorientierte – **können** (optional) einen befreienden, d.h. an die Stelle des handelsrechtlichen Konzernabschlusses tretenden, IFRS-**Konzern**abschluss erstellen (§ 315a HGB). Dabei sind alle „endorsten" Standards (Rz 8) anzuwenden. Damit entspricht der Regelungsgehalt des BilReG dem von der IAS-VO der EU eingeräumten Mitgliedstaatenwahlrecht (Rz 8).

3.4 Einzelabschluss

11 Artikel 5 der IAS-VO (Rz 8) ermächtigt die Mitgliedstaaten zu einer Frei- bzw. Vorgabe (Option oder Pflicht) der IFRS für den Einzelabschluss. Das BilReG gibt dieses Mitgliedstaaten**wahlrecht nicht** an deutsche Unternehmen weiter. Diese müssen unverändert einen Jahresabschluss nach HGB erstellen und dem elektronischen Bundesanzeiger (eBanz) einreichen. Wenn ein auf freiwilliger Basis nach § 325 Abs. 2a HGB erstellter IFRS-Einzelabschluss zusätzlich zur Offenlegung eingereicht wird, entfällt die Veröffentlichung des HGB-Abschlusses im eBanz.[14]
Die Nichtgewährung des Befreiungseffektes eines IFRS-Einzelabschlusses wird von der Gesetzesbegründung in **zwei Argumentationslinien** dargelegt:

- Der HGB-Jahresabschluss diene der Feststellung des **ausschüttungsfähigen Gewinns**; als Ausschüttungsbemessungsgrundlage sei ein IFRS-Abschluss wegen des dort u.U. erfolgten Ausweises nicht realisierter Gewinne nicht geeignet.
- Der **Maßgeblichkeitsgrundsatz** für die steuerliche Gewinnermittlung nach § 5 Abs. 1 S. 1 EStG könne nicht auf der Grundlage eines IFRS-Einzelabschlusses Geltung bekommen, weil
  - die vorverlagerte Erfassung von Gewinnen dem Leistungsfähigkeitsgrundsatz widerspreche,
  - der nationale Steuergesetzgeber sich indirekt seiner Kompetenzen entledige,
  - verstetigte Steuerlasten und -aufkommen zu sichern seien.

13 Heuser/Theile, GmbHR 2005, S. 1539.

14 Hoffmann/Lüdenbach, NWB Kommentar Bilanzierung, 2. Aufl., § 325, Tz 24.

Hiergegen lässt sich vortragen:[15]

- Die **Ausschüttungsbemessung** kann durch andere Instrumentarien an den effektiv realisierten Gewinnen ausgerichtet werden. Beispiel: Einrichtung einer **Ausschüttungssperre** durch Zwangsbildung von Rücklagen analog § 268 HGB. Alternativ könnte das maximale Ausschüttungsvolumen nicht mehr durch den buchmäßigen Nettovermögensbestand, sondern vorrangig durch die Nichtgefährdung der **Solvenz** definiert werden. Derartige Regelungen haben sich in anderen Rechtssystemen, etwa in Neuseeland (*Companies Act* 1993 *section* 4), seit Längerem bewährt.[16]
- Das Steuerrecht kennt heute schon in Teilbereichen die Erfassung **vorverlagerter** Gewinne, etwa durch das Ansatzverbot für Drohverlustrückstellungen gem. § 5 Abs. 4a EStG.
- Die Verstetigung des **Steueraufkommens** wird durch die nach IFRS gebotene Teilgewinnrealisierung im Bereich langfristiger Auftragsfertigung eher gewährleistet als die nach HGB/EStG verlangte Vorgehensweise (→ § 18).
- Die **steuerliche Gewinnermittlung** hat sich bereits jetzt schon in weiten Bereichen von den handelsrechtlichen Vorgaben gelöst. Der konsequente Schritt läge in der rechtlichen Verselbstständigung der steuerlichen Gewinnermittlung, z.B. auch durch eine modifizierte Einnahmen-Ausgaben-Rechnung. Allerdings erscheinen die IFRS nicht gänzlich ungeeignet als Ausgangspunkt zur Ableitung einer Steuerbilanz.
- Der letztgenannte Gesichtspunkt hebelt auch das Argument der **fehlenden Gesetzgebungskompetenz** aus.

Die Zweigleisigkeit von handelsrechtlichem Einzel- und IFRS-Konzernabschluss 12
kann Irritationen bei den Bilanzadressaten auslösen:

Beispiel[17]
Der XYZ-Konzern besteht aus der großen Muttergesellschaft X und den kleinen Tochtergesellschaften Y und Z. Die Tochtergesellschaften tragen gemeinsam nur zu weniger als 10 % zum Konzernergebnis bei. Der handelsrechtliche Einzelabschluss der X weist dennoch ein gravierend anderes Ergebnis aus als der IFRS-Konzernabschluss. Ursächlich sind u. a. unrealisierte Gewinne aus Wertpapieren, die nur im Konzernabschluss als Erfolg berücksichtigt werden, außerdem geringere, da lineare Abschreibungen im Konzern, schließlich noch Umrechnungsgewinne bei Fremdwährungsforderungen, deren Ausweis das handelsrechtliche Imparitätsprinzip verbietet. Bei den Bilanzadressaten sorgen die großen Abweichungen zwischen Einzel- und Konzernabschluss für Irritation.

Einen Ausweg aus diesem Dilemma bietet der durch Bilanzrechtsreformgesetz eingeführte und durch das Gesetz über elektronische Handelsregister und Genossenschaftsregister sowie das Unternehmensregister (EHUG) geänderte § 325 Abs. 2a HGB. Im Beispiel ist die X zwar weiterhin verpflichtet, einen handelsrechtlichen Einzelabschluss zu erstellen und beim elektronischen Bundesanzei-

15 HOFFMANN/LÜDENBACH, GmbHR 2004, S. 145, 146.
16 Einzelheiten hierzu bei PELLENS/JÖDICKE/RICHARD, DB 2005, S. 1393.
17 Aus LÜDENBACH, IFRS, 6. Aufl., 2010, S. 28.

ger einzureichen. Sie kann jedoch von einer Bekanntmachung im elektronischen Bundesanzeiger absehen, wenn sie dort stattdessen den **IFRS-Einzelabschluss bekanntmacht** (§ 325 Abs. 2a HGB).

3.5 Ergänzende handelsrechtliche Vorgaben

3.5.1 Überblick

13 Sowohl die pflichtgemäße (Rz 9) als auch die befreiende optionale Erstellung eines Konzernabschlusses nach den Vorschriften der IFRS wird von zusätzlichen rein **handelsrechtlichen** Vorschriften flankiert, die von den betreffenden Mutterunternehmen zu beachten sind. Insbesondere geht es um

- den Anhang,
- den Konzernlagebericht gem. § 315 HGB, der als Pflichtbestandteil im IFRS-Regelwerk nicht vorgesehen ist (Rz 17 und c),
- die Erstellung des Konzernabschlusses in Euro unter Verwendung der deutschen Sprache (§ 244 i.V.m. § 298 Abs. 1 HGB), während das IFRS-Regelwerk „währungsoffen“ und „sprachneutral“ ist.

Diese (handelsrechtlichen) Vorgaben beruhen auf der

- Bilanz- und Konzernbilanzrichtlinie (Modernisierungsrichtlinie[18]),
- *fair-value*-Richtlinie

der EU.

3.5.2 Anhangsangaben

14 Anhang (§ 285 HGB) und Konzernanhang (§ 314 HGB) sind bez. Finanzinstrumenten sowie Personalkosten, Arbeitnehmerzahl, Organbezügen und Abschlussprüferhonorierung um einige zusätzliche Angaben gem. „Bilanzrechtsreformgesetz“ „angereichert“ worden. Im Einzelnen wird verwiesen auf → § 28 Rz 322 sowie auf → § 5 Rz 72. Auffallend ist die bei den DAX-Konzernen durchweg unterlassene Vorjahresangabe zum Konzernanteilsbesitz.[19]

3.5.3 Lagebericht und *management commentary*

15 Nach § 315a Abs. 1 HGB ist der verpflichtende IFRS-Konzernabschluss **kapitalmarktorientierter** Unternehmen um einen Konzernlagebericht nach § 315 HGB zu erweitern. Für **andere** Unternehmen gilt gem. § 315a Abs. 3 Satz 2 HGB: Der freiwillige IFRS Konzernabschluss befreit nur dann von der Aufstellung eines HGB-Konzernabschlusses, wenn auch er um einen Konzernlagebericht nach § 315 HGB erweitert wird.

Wegen inhaltlicher Anforderungen an den Konzernlagebericht wird auf die Kommentierungen des HGB verwiesen.[20]

16 Zwischen dem **IFRS-Anhang** und dem **Konzernlagebericht** können sich insbesondere bei Risiko- und Risikomanagementangaben zu Finanzinstrumenten im Verhältnis von § 315 Abs. 2 Nrn. 2a und 2b HGB zu IFRS 7 **Überlappungen**

---

18 Richtlinie vom 18.6.2003, 2003/51 EG ABlEG L 178, S. 16, 16. Richtlinie vom 27.9.2001, 2001/65 EG ABlEG L 283, S. 28.

19 ZEYER/MAIER, PiR 2010, S. 191.

20 HOFFMANN/LÜDENBACH, NWB Kommentar Bilanzierung, 2. Aufl. 2011, § 315; Haufe HGB Kommentar, 1. Aufl. 2010, ebenda.

ergeben (→ § 28 Rz 322f.). Die drohende Redundanz kann nicht durch einen Verweis des Konzernlageberichts auf den Anhang vermieden werden, da nach DRS 15.10 der Konzernlagebericht ohne Rückgriff auf den Konzernabschluss verständlich sein muss. Durch IFRS 7.BG ist jedoch umgekehrt ein Verweis vom Anhang auf den Lagebericht erlaubt.

Der IASB hat im Dezember 2010 ein *Practice Statement „Management Commentary, A Framework for Presentation“* (PS) herausgegeben, das Leitlinien für einen IFRS-kompatiblen Lagebericht enthält. Das Statement ist kein IFRS, seine Anwendung somit **freiwillig** (PS.IN2 und PS.4). Die Nichtanwendung hat demzufolge keine Auswirkungen auf die Übereinstimmung *(compliance)* des Abschlusses mit den IFRS (→ § 2 Rz 7). Der *management commentary* ergänzt den Abschluss (*Financial Statements*), ist aber nicht dessen Bestandteil (PS. 10). 17

Wenn ein *management commentary* aufgestellt wird, soll das Unternehmen allerdings erklären, in welchem Umfang dieser dem *Practice Statement* entspricht (PS. 10). U. E. gilt dies zumindest auch dann, wenn in englischer Sprache mit dem Jahresabschluss ein Konzernlagebericht nach § 315a i.V.m. § 315 HGB präsentiert und dieser als ***„management commentary“*** bezeichnet wird.

Von allgemeinem Interesse ist dann, ob ein § 315 HGB und DRS 15 bzw. DRS 5 entsprechender Konzernlagebericht den Anforderungen des *Practice Statement* genügt. Nach Ansicht des **DRSC** gilt hier: „Die Anforderungen des *Practice Statement* stehen gemeinhin nicht im Widerspruch mit den handelsrechtlichen Vorschriften. Im Hinblick auf eine Berichterstattung über Managementziele und Strategien enthält das *Practice Statement* allerdings einen über die HGB-Vorschriften hinausgehenden Berichtsinhalt.“[21] 18

Mit dem **speziellen** Verweis auf **Managementziele und Strategien** sind PS.27 und 28 angesprochen. Hiernach soll das Management seine Ziele und Strategien so darstellen, dass Prioritätensetzungen, für deren Umsetzung erforderliche Ressourcen sowie der sachliche und zeitliche Inhalt von Erfolgsmaßstäben erkennbar werden. Eine Ergänzung der handelsrechtlich geforderten Lageberichtsinhalte um solche Elemente ist regelmäßig nicht schwer zu bewerkstelligen

Als Begründung für die vom DRSC angenommene **allgemeine Übereinstimmung** könnte dienen: Wer die detail- und umfangreicheren und deshalb scheinbar schärferen bzw. fortgeschritteneren Vorgaben von DRS 15 und DRS 5 beachtet, wahrt zugleich die abstrakteren und deshalb offenbar lascheren bzw. rückständigeren Vorgaben des *Practice Statement.* Oder einfacher: Wer das Große, nämlich die DRS, beachtet, tut sogar noch mehr als vom Kleinen, nämlich dem *Practice Statement,* gefordert.

Bei zweiter Betrachtung liegt aber gerade in dem „Mehr“ das Problem. Das *Practice Statement* ist **prinzipienorientiert,** beschränkt sich auf Leitlinien der Berichterstattung, die DRS sind **regelbasiert,** enthalten eine Fülle von Einzelangaben. Jedenfalls in der Praxis werden DRS 15 und DRS 5 häufig i.S. e. Checkliste verstanden, nach der etwa auch noch ein mit gesetzlich feststehenden Abnahmepreisen tätiger Windkaftanlagenbetreiber, dessen einzige relevanten und damit berichtswürdigen Risiken das Wetter („Windhöffigkeit“) und die technischen Störungen sind, über Konjunkturentwicklung, Weltwirtschaft, Eurokrise usw. schwadroniert. Der prinzipienorientierte Ansatz des *Practice State-*

21 DRSC, Newsletter v. 8. 12. 2010.

ment verbietet aber gerade ein solches Vorgehen, damit im Wust des Irrelevanten nicht das eigentlich Wichtige verloren geht (oder versteckt wird), „*Management should also avoid generic disclosures that do not relate to the practices and circumstances of the entity and immaterial disclosures that make the more important information difficult to find*“ (PS.23(c)).

An einem anderen Beispiel folgt hieraus: Wer als Bank in der Hypothekenkrise seinen Lagebericht mit Inhalten der folgenden Art füllt – „Personalrisiko: Zum Management der Personalrisiken gehört nicht nur die Notwendigkeit einer angemessenen Personalausstattung zur Umsetzung der betrieblichen und strategischen Erfordernisse, sondern auch die Aufrechterhaltung der erforderlichen Kenntnisse und Erfahrungen der Mitarbeiter, die sie zur Erfüllung ihrer Aufgeben und Verantwortlichkeiten benötigen“ – um zwischen Nichtssagendem dieser Art ein paar wenige Worte über die Liquiditätszusagen für irische Zweckgesellschaften unterzubringen,[22] die das Unternehmen wenige Wochen später an den Rand des Ruins treiben, mag die Anforderungen an den handelsrechtlichen Lagebericht erfüllen, würde aber jedenfalls die Vorgaben des *Practice Statement* verletzen.

Zukunftsgerichtet kann sich hieran eine zarte Hoffnung knüpfen: Wenn zunächst die Global Player und später andere Unternehmen auf Übereinstimmung mit dem *Practice Statement* zielen, mag dies zu einer anderen, viel stärker als bisher durch Wesentlichkeitsüberlegungen geprägten Auslegung und Anwendung von DRS 15 und DRS 5 führen.[23]

3.5.4 Publizität

19 Bei Einbeziehung des **Einzel**abschlusses einer nach HGB zur Rechnungslegungspublizität verpflichteten Gesellschaft in den IFRS-Konzernabschluss nach deutschem Recht entfällt nach § 264 Abs. 3 HGB die **Veröffentlichungspflicht.**[24] Diese Befreiung gilt nicht bei Einbeziehung in den IFRS-Abschluss eines ausländischen Mutterunternehmens.

3.5.5 Bilanzeid

3.5.5.1 Sachlicher Anwendungsbereich

20 Die gesetzlichen Vertreter einer Kapitalgesellschaft, haben gem. Abs. 2 Satz 3 schriftlich zu versichern (sog. Bilanzeid), dass

- der **Jahresabschluss** nach bestem Wissen ein den tatsächlichen Verhältnissen entsprechendes Bild vermittelt (Abs. 2 Satz 1) oder der Anhang die Angaben nach Abs. 2 Satz 2 enthält und
- im **Lagebericht** nach bestem Wissen der Geschäftsverlauf einschließlich des Geschäftsergebnisses und die Lage der Kapitalgesellschaft so dargestellt ist, dass ein den tatsächlichen Verhältnissen entsprechendes Bild vermittelt wird, und dass die wesentlichen Chancen und Risiken beschrieben sind.

Für den **Konzernabschluss und -lagebericht** gilt Entsprechendes (§ 297 Abs. 2 Satz 4 und § 315 Abs. 1 Satz 6 HGB).

---

22 Im Detail Hoffmann/Lüdenbach, DB 2007, S. 2213ff.

23 In der Tendenz ähnlich: Grottke/Höschele, PiR 2010, S. 149ff.; Hoffmann/Lüdenbach, NWB Kommentar Bilanzierung, 2. Aufl. 2011, § 289, Tz 47aff.

24 Deilmann, BB 2006, S. 2349; Hoffmann/Lüdenbach, NWB Kommentar Bilanzierung, 2. Aufl. 2011, § 264, Tz 37ff.

3.5.5.2 Persönlicher Anwendungsbereich

Ein Bilanzeid ist zu leisten, von 21
- Kapital- oder KapCo-Gesellschaften,
- die einen organisierten Markt
- als Inlandsemittent i.S.d. § 2 Abs. 7 WpHG (Deutschland als Herkunftsstaat oder europäischer Herkunftsstaat, aber Zulassung zum organisierten Markt nur im Inland)

in Anspruch nehmen.

3.5.5.3 Form und Inhalt der Versicherung

Die als „Versicherung der gesetzlichen Vertreter" zu kennzeichnende Erklärung kann in Anlehnung an **DRS 16 Tz 56** wie folgt lauten: 22

> **Beispiel**
> *„Nach bestem Wissen versichern wir, dass gem. den anzuwendenden Rechnungslegungsgrundsätzen der (Konzern-)Jahresabschluss ein den tatsächlichen Verhältnissen entsprechendes Bild der Vermögens-, Finanz- und Ertragslage des Konzerns vermittelt und im (Konzern-)Lagebericht der Geschäftsverlauf einschließlich des Geschäftsergebnisses und die Lage der Gesellschaft (des Konzerns) so dargestellt sind, dass ein den tatsächlichen Verhältnissen entsprechendes Bild vermittelt wird, sowie die wesentlichen Chancen und Risiken der voraussichtlichen Entwicklung des Konzerns im verbleibenden Geschäftsjahr beschrieben sind."*

Die Versicherung bezieht sich auf die **Einheit** von **(Konzern-)Jahresabschluss** und **Lagebericht** und ist daher nur einmal, nicht separat in zwei Teilen abzugeben. Sie muss in schriftlicher Form, daher nach § 126 Abs. 1 BGB mit eigenhändiger Unterschrift versehen, erbracht werden. Bei Platzierung im Jahresabschluss ist die Unterschrift unter den Jahresabschluss zugleich als Unterschrift unter den Bilanzeid anzusehen.
Der Bilanzeid ist von **allen Mitgliedern** des Vorstands oder sonstigen Geschäftsführungsorgans zu leisten, unabhängig von der internen Geschäftsverteilung.

4 Prüfung und Bestätigungsvermerk

Die erforderliche Abschlussprüfung ist nach den **deutschen Prüfungsgrundsätzen** (§§ 316 bis 324 HGB) durchzuführen.[25] Es handelt sich um eine **Pflichtprüfung** nach den §§ 316ff. HGB. Im Prüfungsbericht kann auf die Beachtung der International Standards on Auditing (ISA) hingewiesen werden.[26] 23

5 Übergang vom HGB auf die IFRS-Rechnungslegung

Hierzu wird verwiesen auf → § 6. 24

25 IDW, PS 201, Tz 20.
26 IDW, PS 400, Tz 30.

6 Rückkehr von den IFRS zum HGB

6.1 Gestaltungsüberlegungen

25 Die **Option** zur Anwendung der IFRS-Rechnungslegungsregeln insbesondere für nicht kapitalmarktorientierte Konzerne (Rz 10) beflügelt wie jedes andere gesetzliche Wahlrecht das Denkvermögen von Rechtsgestaltern, hier im Bereich der **Bilanzpolitik** (→ § 51). Vergleichbar den Gestaltungsstrategien im Rahmen der Unternehmensbesteuerung muss immer auch das Thema der „*option-out*" mit in die Planungsüberlegungen einbezogen werden. Ob nun der Wechsel zur IFRS-Rechnungslegung (insbesondere im Konzern) sinnvoll ist oder nicht, mag sich erst im Laufe von einigen Jahren herausstellen. Auch für den Einzelabschluss (Rz 11) kann sich im Hinblick auf Publizitätswirkungen ein Übergang auf die IFRS-Rechnungslegung als sinnvolle bilanzpolitische Gestaltung präsentieren. Ob aber das Glück von Dauer ist, weiß man vielleicht erst in drei Jahren.

26 **Beispiele**[27]

- Ein **nicht kapitalmarktorientierter Konzern** verspricht sich derzeit Vorteile beim Rating, bei der besseren Vermarktung seiner Rechnungslegung etc. Ob sich diese Erwartungen erfüllen, wird von der Konzernleitung mit einer gewissen Skepsis beurteilt.
- Ein **kapitalmarktorientierter Konzern** tendiert zu einem Delisting seiner Aktien von der Börse oder plant den Rückkauf bzw. eine Tilgung seiner börsennotierten Anleihe. Die als unerwünscht angesehene pflichtmäßige (Rz 9) Rechnungslegung nach IFRS kann dann eingestellt werden.
- Ein **nicht kapitalmarktorientiertes** Unternehmen bzw. ein solcher Konzern ist notorisch bei seinen Bankgesprächen von der niedrigen **Eigenkapitalquote** geplagt. Ein wertvolles Grundstück mit einem älteren Lagergebäude in bester Lage am Elbufer von Hamburg bietet sich als Gestaltungsvehikel zur Hebung von stillen Reserven an. Nach erfolgter *fair-value*-Bewertung (→ § 6 Rz 51) will sich das Unternehmen/der Konzern dann wieder aus der IFRS-Welt verabschieden.
- Ein Unternehmen leidet nachhaltig unter der nicht ausreichenden Dotierung des Rückstellungsausweises für **Altersversorgungsverpflichtungen**. Eine angemessene Zuführung würde das laufende Ergebnis unerwünscht belasten. Deshalb soll im Zuge eines Übergangs auf die IFRS-Rechnungslegung die erforderliche Erhöhung der Pensionsrückstellung erfolgsneutral gestaltet werden (→ § 6 Rz 80).

6.2 Regeln für den ungeregelten Bereich

27 Die IFRS können (und wollen natürlich auch) nicht diese Rückkehr aus ihrem eigenen Rechnungslegungsbereich regeln. „Zuständig" ist hierfür das HGB, das indes förmlich diesen Sachverhalt nicht behandelt. Andererseits ist eine Rückkehr in die HGB-Welt nach früherer IFRS-Anwendung nicht verboten. Die also erlaubte, aber ungeregelte Rückkehr muss deshalb in ihrer Rechtsstruktur auf Analogieschlüsse und allgemeine Aspekte der Rechnungslegungsgrundlage gestützt werden.

[27] In Anlehnung an HOFFMANN/LÜDENBACH, BB 2005, S. 96.

Der Rückgriff auf die Übergangsvorschriften in IFRS 1 für den umgekehrten Weg (→ § 6) liegt sachlich nahe, allerdings scheidet u.E. eine unmittelbare Analogwertung im Hinblick auf die speziellen Zielsetzungen des Übergangsverfahrens (→ § 6 Rz 3ff.) aus. Aber immerhin können einige Grundgedanken des IFRS 1 zur „Rückkehrmechanik" durchaus herangezogen werden:

- **Retrospektion** (→ § 6 Rz 26): Der Erstanwender muss so bilanzieren und bewerten, als ob er schon immer die IFRS-Standards und sonstigen Regelungen in der (aktuellen) gültigen Fassung (anders als nach SIC 8 mit der Vorgabe der Anwendung des bei Verwirklichung des Sachverhalts gültigen Standards) angewendet hätte (IFRS 1.10).
- **Erfolgsneutralität** (→ § 6 Rz 21ff.): Die entstehenden Unterschiede in den Wertansätzen zur bisherigen Bilanzierung sind nicht erfolgswirksam im ersten Berichtsjahr zu behandeln, sondern gegen die Gewinnrücklagen zu buchen (IFRS 1.11).
- **Vorjahresvergleich** (→ § 6 Rz 11): Dem ersten IFRS-Berichtszeitraum sind auch die Vorjahresvergleichszahlen in der GuV nach Maßgabe einer IFRS-Bilanzierung beizufügen (IFRS 1.36).
- **Überleitungsrechnung** (→ § 6 Rz 108f.): Im Anhang ist das Übergangsverfahren durch eine entsprechende Überleitungsrechnung hinsichtlich ihrer Auswirkung auf das Eigenkapital und die Vorjahres-GuV darzustellen (IFRS 1.38).

Danach ergeben sich folgende **Fragestellungen** für den Wechsel zurück von den IFRS nach den HGB: 28

- Soll eine retrospektive Anwendung des HGB erfolgen, also nach Rückkehr so bilanziert werden, als ob nie die HGB-Welt verlassen worden wäre?
- Sollen die dann (erneut) entstehenden Ansatz- und Bewertungsunterschiede erfolgswirksam oder -neutral behandelt werden (im letzteren Fall unter Gegenbuchung in den Gewinnrücklagen)?
- Muss im ersten HGB-Abschluss auch ein Vorjahresvergleich bei der GuV in vollem Umfang möglich sein?
- Ist das Übergangsverfahren hinsichtlich der Auswirkungen auf das Eigenkapital und die GuV-Rechnung zu erläutern?

Zu diesen Fragen ist nach Grundlagen für Analogieschlüsse zu forschen.

6.3 Die wichtigsten Problemfelder

6.3.1 Retrospektion

Hierzu liefern einschlägige Vorschriften in den Artikeln 24 Abs. 1–4 EGHGB Anhaltspunkte zu Analogieschlüssen. Die dortigen Regelungen für den **damaligen** Übergang vom früheren Aktiengesetz auf das HGB in der Form des Bilanzrichtliniengesetzes (BiRiLiG) zum 31.12.1986/1.1.1987 besagen zusammengefasst etwa Folgendes: 29

- Ein von dem bisherigen Recht abweichender Wertansatz auf der **Aktivseite** kann beibehalten werden, wenn er niedriger ist als der jetzt (nach BiRiLiG) vorgeschriebene.
- Der **umgekehrte** Fall – bislang gegenüber den BiRiLiG-Werten zu hoher Bilanzansatz – ist förmlich nicht geregelt; gültig sind deshalb die nach dem BiRiLiG vorgeschriebenen Wertansätze.

- Für die **Schulden** gilt: Wenn bislang höhere Werte (als nach BiRiLiG zulässig) bilanziert waren, können diese beibehalten werden.
- Im **umgekehrten** Fall – bislang gegenüber den BiRiLiG-Werten zu niedriger Bilanzansatz – ist der jetzt (nach dem BiRiLiG) zutreffende höhere Wert anzusetzen.

Hinter den vorstehenden Regeln verbirgt sich insbesondere das **Niederstwertprinzip.** Dieses kann und muss auch u. E. beim Übergang von IFRS auf HGB als **Leitmotiv** beachtet werden. Darauf folgt zunächst:

- Überhöhte Aktivwerte sind abzuwerten.
- Zu niedrige Aktivwerte können beibehalten werden.
- Zu niedrig bewertete Schulden sind zu erhöhen.
- Zu hoch angesetzte Schulden können beibehalten werden.

6.3.2 Erfolgsneutralität der Anpassung

30 U. E. sollte der Rückkehrprozess zum HGB die Spuren der zwischendurch durchgeführten IFRS-Rechnungslegung möglichst vollständig beseitigen. Deshalb dürfen auch die erforderlichen Anpassungen nicht das Ergebnis des Übergangsjahres belasten. Die danach gebotene **erfolgsneutrale** Verbuchung der Anpassungserfordernisse im Eigenkapital stellt sich systematisch als punktuelle Durchbrechung der **Bilanzidentität** i.S.d. § 252 Abs. 1 Nr. 1 HGB dar, die wiederum auf die Ausnahmevorschrift in § 252 Abs. 2 HGB gestützt werden kann. Auch für diesen Lösungsvorschlag gibt es Analogvorgaben in Art. 24 Abs. 3 u. 4 EGHGB, wonach zwingende oder mögliche Wertanpassungen ebenfalls gegen die Gewinnrücklagen zu buchen waren. Entsprechendes sehen die Art. 66 und 67 EGHGB für den Übergang auf einzelne BilMoG-Vorschriften vor.

31 Zum Ganzen folgende Beispiele:[28]

Beispiele
Sachverhalt
U hat im bisherigen IFRS-Abschluss selbst geschaffene immaterielle Anlagegüter aktiviert und nach dem *percentage-of-completion*-Verfahren unfertige Bauleistungen teilgewinnrealisiert. Außerdem hat er punktuell eine stille Reserve im Grundbesitz „gehoben“.
Lösung
Diese Aktivierungen sind im ersten HGB-Abschluss zu Lasten der Gewinnrücklagen bzw. des Gewinnvortrages rückgängig zu machen.
Sachverhalt
Einer angedrohten Inanspruchnahme aufgrund von Produkthaftpflicht hat das Unternehmen bislang unter den IFRS-Regeln keine überwiegend wahrscheinliche Erfolgsaussicht zugemessen. Die andere Partei hat den Fall gerichtshängig gemacht.
Lösung
Nach HGB wird der anhängige Passivprozess als ansatzbegründend angesehen. Die bislang nicht gebuchte Rückstellung ist im HGB-Übergangsjahr zu Lasten der Gewinnrücklagen einzubuchen.

---

28 HOFFMANN/LÜDENBACH, BB 2005, S. 96.

Sachverhalt
Die Altersversorgungsverpflichtungen des Unternehmens aufgrund einer Direktzusage sind auf der Grundlage von IAS 19 mit 100 bewertet. Die Anwendung des Teilwertverfahrens nach § 6a EStG führt zu einer Bewertung von 70.
Lösung
Eine Pauschalbetrachtung – Beibehaltung mit 100 oder Neubewertung mit 70 – ist u.E. nicht sachgerecht. Vielmehr ist zu differenzieren: Das HGB sieht in § 253 Abs. 1 Satz 2 nur eine bestimmte Bewertungsmethode für laufende Renten, nicht dagegen für Anwartschaften vor; für Letztere gilt nur die Berücksichtigung vernünftiger kaufmännischer Beurteilung. Deshalb ist auch nach HGB für Anwartschaften das dem IAS 19 zugrunde liegende Anwartschafts-Barwertverfahren zulässig. Der Abzinsungsfaktor ist dabei nach den augenblicklichen Kapitalmarktverhältnissen zu bestimmen, also keineswegs nach der starren Regel des § 6a EStG. Umgekehrt können aufgrund des Stichtagsprinzips in § 252 Abs. 1 Nr. 3 HGB die nach IAS 19 zu berücksichtigenden Anwartschaftszuwächse bis zum Beginn der Rente nicht in die Berechnung einfließen.[29]
Deshalb muss der Unterschiedsbetrag von 30 „zerlegt" werden. Die auf den Rentenzuwachs entfallende Rückstellung von (angenommen) 10 ist erfolgswirksam zugunsten der Gewinnrücklagen aufzulösen. Die übrigen nach IFRS der Pensionsrückstellung zugrunde gelegten Bewertungsparameter können dagegen weitergeführt werden (im Beispiel also mit 90).
Sachverhalt
Ein Leasingvertrag ist bislang nach IAS 17 als *finance lease* behandelt worden. Nach den steuerlichen Regeln, die von der Finanzverwaltung aufgestellt worden sind, ist dagegen ein *operate lease* mit Zurechnung beim Leasinggeber anzunehmen. Wegen des degressiven Verlaufs der Leasingraten ist der Passivposten in der IFRS-Bilanz niedriger als der Aktivposten.
Lösung
Das HGB enthält sich – auf der Grundlage der 4. EG-Richtlinie – jeglicher Regelung bez. der Leasingbilanzierung. Die Bilanzierungspraxis in Deutschland geht für Zwecke der Handelsbilanz von den steuerlichen Vorgaben aus, auch im Interesse einer Vereinheitlichung von Handels- und Steuerbilanz. Diese Vorgehensweise ist aber nicht zwingend nach HGB vorgeschrieben. Deshalb halten wir eine Übernahme der Zurechnungskriterien (für die Bestimmung des wirtschaftlichen Eigentums) nach den Regeln von IAS 17 im Einzelfall für HGB-konform. Das gilt auch für die Besonderheit im vorstehenden Sachverhalt einer „umgekehrt" imparitätischen Bewertung nach den IFRS. Der genannte Effekt dreht sich im Zeitverlauf wieder um. Eine rein stichtagsbezogene Betrachtungsweise würde in eine unzulässige kasuistische Differenzierung ausarten.
Umgekehrt scheint auch eine Übernahme der steuerlichen Betrachtungsweise in den ersten HGB-Abschluss als zulässig. Die Buchwertanpassung hat dann zu Gunsten der Gewinnrücklagen zu erfolgen.

[29] Sofern man auch nach HGB eine Berücksichtigung von künftigen Wertänderungen der Pensionsanwartschaften für zulässig erachtet, kann der Wert im Beispiel von 100 auch nach HGB weitergeführt werden (diese Berechnungsmethode der Pensionsrückstellungen befürwortet z.B. Schulze-Osterloh, BB 2004, S. 2567).

6.3.3 Vorjahresvergleichszahlen

32 U. E. brauchen Vorjahresvergleichszahlen für die GuV auf HGB-Grundlage gem. § 265 Abs. 2 S. 2 nicht dargestellt zu werden. Grund: Die Vergleichbarkeit im Übergangsjahr fehlt, deshalb muss eine Angabe unter entsprechender Anhangerläuterung entfallen. Auch dieser Lösungsvorschlag findet seine Unterstützung in Art. 67 Abs. 8 S. 2 EGHGB.

6.3.4 Erläuterungen und Überleitungsrechnungen

33 U. E. ist eine **quantifizierende** Überleitungsrechnung für das Eigenkapital und die GuV-Rechnung geboten. Diese Auffassung kann sich auf den Rechtsgedanken in § 284 Abs. 2 Nr. 3 bzw. § 13 Abs. 3 HGB stützen, nämlich die erforderliche Erläuterung **geänderter** Bilanzierungs-, Bewertungs- und Konsolidierungsmethoden in ihrem Einfluss auf die wirtschaftliche Situation des Unternehmens bzw. Konzerns. Als weiterer Beleg für diese Auffassung lässt sich § 297 Abs. 1 HGB bez. des Eigenkapitalspiegels als Pflichtbestand eines Konzernabschlusses heranziehen.

6.4 Ergebnis

34 Der Weg hinein in die IFRS-Rechnungslegungswelt stellt sich nicht als Einbahnstraße dar. Eine Rückkehr ist ohne weiteres nicht nur zulässig, sondern kann auch in einem geordneten rechtlichen Rahmen abgewickelt werden.

7 Anwendungszeitpunkt, Rechtsentwicklung

35 Das BilReg (Rz 8) verlangt von kapitalmarktorientierten Konzernen regelmäßig ab dem Bilanzstichtag 31.12.2005 (Rz 9) die Erstellung eines IFRS-Konzernabschlusses; in Sonderfällen gilt als Stichtag der 31.12.2007.
Im Dezember 2010 hat der IASB einen nicht verbindlichen Leitfaden zum *management commentary* herausgegeben (Rz 17).[30] Zur Frage nach dem Verhältnis zum gem. § 315a HGB für die Erfüllung inländischer Rechnunsglegungspflichten geforderten Konzernlagebericht wird auf Rz 17 verwiesen.

8 Zusammenfassende Praxishinweise

36 An die Stelle des HGB-Konzernabschlusses tritt ab dem Geschäftsjahr 2005, in Sonderfällen ab 2007, der **pflichtmäßige** (Rz 9) oder **optionale** (Rz 10) IFRS-Konzernabschluss.
Für den **Einzelabschluss** bleibt es beim HGB-Zwang (unverändert genannt: **Jahres**abschluss). Lediglich bez. der Handelsregister-Publizität ist eine freiwillige Rechnungslegung („**Einzel**abschluss") nach IFRS vorgesehen (Rz 11). **Ergänzende handelsrechtliche** Vorgaben sind auch beim befreienden IFRS-Konzernabschluss bez. des Anhangs (Rz 14) und des Lageberichtes (Rz 15) zu beachten.
Eine Rückkehr zum HGB für die optionalen (Rz 10) IFRS-Anwender ist gesetzlich ungeregelt, aber zulässig (Rz 25 ff.).

---

30 Unrein, PiR 2009, S. 259; Unrein, PiR 2011, Heft 3.

Bewertungsmethoden

§ 8 ANSCHAFFUNGS- UND HERSTELLUNGSKOSTEN, NEUBEWERTUNG

Inhaltsübersicht Rz

Vorbemerkung

Schrifttum: Freiberg, Gewinnrealisation bei Tauschgeschäften nach IFRS, PiR 2007, S. 171; Graumann, Bilanzierung der Sachanlagen nach IAS, StuB 2004, S. 709; Hoffmann, Aktivierung von Gemeinkosten bei Anschaffungen, PiR 2007, S. 27; Hoffmann, Anschaffungskosten bei Leistungen an Dritte, PiR 2006, S. 270; Hoffmann, Retrograde Bewertung des Vorratsvermögens, PiR 2006, S. 240; Janssen, Aktivierung und Abschreibung von Großinspektionen, PiR 2005, S. 46; Lüdenbach, Verwaltungsgemeinkosten und Beschäftigungsgrad bei der Bestimmung der Herstellungskosten von Vorräten, PiR 2006, S. 61; Lüdenbach/Freiberg, Verdeckte Einlagen im Einzelabschluss nach IFRS, BB 2007, S. 1545; Ruhnke/Schmidt/Seidel, Ergebnisneutrale oder ergebniswirksame Auflösung zuvor ergebnisneutral gebildeter latenter Steuern nach IFRS?, KoR 2005, S. 82; Schmidt/Seidel, Planmäßige Abschreibungen im Rahmen der Neubewertung des Sachanlagevermögens gem. IAS 16, BB 2006, S. 596.

Vorbemerkung

Die Kommentierung bezieht sich auf die besprochenen Standards (Rz 2) und berücksichtigt alle Ergänzungen, Änderungen und Interpretationen, die bis zum 1.1.2011 beschlossen wurden.

1 Überblick

1.1 Regelungsbereich der Zugangsbewertung

1 Bei der **Zugangsbewertung** gehen die IFRS konzeptionell anders vor als das HGB. Letzteres zieht die dieses Bewertungsverfahren ausfüllenden Begriffe „Anschaffungs- und Herstellungskosten“ (algebraisch ausgedrückt) vor die Klammer (§ 253 HGB), um sie im Anschluss daran in § 255 HGB zu definieren. Dadurch werden die entsprechenden Inhalte für alle infrage kommenden Bilanzpositionen vereinheitlicht. Allerdings gelingt dies dem HGB auch insoweit nicht durchgehend, als bei wichtigen Bilanzpositionen die Begriffsinhalte für die Anschaffungs- oder Herstellungskosten nicht mehr „passen“: Auf originär begründete Forderungen, Rückstellungen, Verbindlichkeiten sind die Begriffsinhalte der Anschaffungs- oder Herstellungskosten nur sehr bedingt anwendbar.

Die IFRS geben sich diesbezüglich eher pragmatisch. Im *Framework* sind keine vergleichbaren Definitionen und allgemeinen Anwendungsvorschriften enthalten (abgesehen von der Auflistung innerhalb des Katalogs der Bewertungsmaßstäbe in F.100a (→ § 1 Rz 100ff.). Stattdessen enthalten **einzelne Standards** zu verschiedenen Bilanzpositionen die Regeln für die Zugangsbewertung. Insbesondere geht es um 2

- IAS 2.8 für das **Vorrats**vermögen (*inventories*; → § 17 Rz 15ff.),
- IAS 16.15 für Grundstücke, Maschinen, Ausstattung *(property, plant and equipment)*, also **sächliches** Anlagevermögen (→ § 14 Rz 10ff.),
- IAS 38.25 für **immaterielle** Vermögenswerte (*intangible assets*; → § 13 Rz 62ff.), soweit nicht im Rahmen eines Unternehmenszusammenschlusses (IAS 38.33; → § 13 Rz 15ff.),
- IFRS 3 für den **Unternehmenserwerb** (*acquisition*; → § 31 Rz 99ff.),
- IAS 40.20 für als **Finanzinvestitionen** gehaltene Immobilien *(investment property*; → § 16 Rz 23ff.).

Nach F.101 gehen die Unternehmen als Bewertungsgrundlage *(measurement basis)* im Allgemeinen von den *historical cost* aus. Diese sind nach deutscher Sprachregelung identisch mit den **Anschaffungs- oder Herstellungs**kosten. 3

Der Bilanz**ansatz** 4

- für **sächliches** Anlagevermögen nach IAS 16.7 (→ § 14 Rz 7),
- für **immaterielles** Anlagevermögen nach IAS 38.18 (→ § 13 Rz 18),
- für als **Finanzinvestitionen** gehaltene Immobilien nach IAS 40.16 (→ § 16 Rz 21)

setzt nach Maßgabe des *Framework* (F.83; → § 1 Rz 85) die

- Wahrscheinlichkeit des künftigen Nutzenzuflusses und
- verlässliche Bewertbarkeit

voraus.

1.2 Ökonomischer Grundgehalt der Zugangsbewertung

Eine nahtlose materielle Übereinstimmung zwischen HGB/EStG einerseits und IFRS andererseits besteht in der **ökonomischen Konzeption**, die der bilanzmäßigen Erfassung von Anschaffungs- und Herstellungskosten zugrunde liegt: Die Aufwendungen sind der Rechnungsperiode zu belasten, in denen die Unternehmensleistungen, die die zugehörigen Aufwendungen verursacht haben, erfasst werden. In deutscher Terminologie spricht man von der **erfolgsneutralen** Abbildung des Anschaffungs- oder Herstellungsprozesses,[1] im IFRS-Bereich von *matching principle* (→ § 1 Rz 111). 5

1.3 Neubewertung zum *fair value* im Vergleich zum Anschaffungskostenprinzip

In der HGB-Bilanzwelt determiniert die Ausgangs- oder Zugangsbewertung mit den Anschaffungs- oder Herstellungskosten die **Folgebewertung**: Bis zum Abgang des betreffenden Vermögenswertes (oder auch der Verbindlichkeit) hat dieser Ausgangswert seine Hand mit im Bilanzspiel. Die planmäßigen Abschrei- 6

---

[1] Hoffmann, § 6, in: Littmann/Bitz/Pust, EStG-Kommentar, Tz 151, 254.

bungen sind auf dieser Basis bis zum Buchwert null zu verrechnen, außerplanmäßige Abschreibungen werden von diesem Wert aus vorgenommen und etwaige spätere Wertaufholungen sind nach oben durch die fortgeführten Ausgangswerte „gedeckelt". Das ist auch die (noch) überwiegende Betrachtungsweise der IFRS.

7 Das **Neubewertungskonzept** der IFRS (Rz 68ff.) löst sich von diesem periodenübergreifenden Determinismus des HGB-Anschaffungskostenprinzips für die Folgebewertungen. Sofern die Voraussetzungen für die Neubewertung *(revaluation)* vorliegen und die entsprechende Bilanzierungsoption zur Ausübung gelangt, werden Zugangswerte sozusagen über Bord geworfen und es beginnt für den betreffenden Vermögenswert eine neue „Bilanzepoche". Von dieser **neuen Basis** aus sind planmäßige (→ § 10) und außerplanmäßige **Abschreibungen** (→ § 11) zu verrechnen (Rz 81 ff.).

8 Das Neubewertungskonzept (mit dem *fair value)* lässt sich als **gegenwartsbezogen**[2] charakterisieren, im Gegensatz zu dem **vergangenheitsbezogenen** Anschaffungskostenprinzip. Schon deswegen wirkt das Erstere höherwertig, doch soll schon an dieser Stelle der entscheidende Schwachpunkt (→ § 1 Rz 102) nicht unterdrückt werden, nämlich die **Ermittlung** des *fair value*, wenn – wie meistens – objektive Marktwerte nicht vorliegen. Zum Zeitpunkt des Zugangs entspricht der *fair value* den Anschaffungs- oder Herstellungskosten (→ § 28 Rz 99ff.).

9 Allerdings enthält **auch das Anschaffungskostenprinzip** Elemente der **Zukunftsorientierung** und damit des Marktpreises. Das ist dann der Fall, wenn es abzuschätzen gilt, ob der nach Maßgabe der früheren Anschaffungs- oder Herstellungskosten, abzüglich etwa vorgenommener planmäßiger Abschreibungen, bestehende Buchwert (auf Dauer) nicht höher ist als der augenblickliche Zeitwert *(fair value)*.

Der **Unterschied** zwischen den beiden Rechnungslegungskonzepten ist der folgende: Wenn der Marktwert **über** den fortgeführten Anschaffungs- oder Herstellungskosten liegt, ist dies nach dem Anschaffungskostenprinzip ohne Bedeutung für die Bilanzierung. Umgekehrt bei der *fair-value*-Bewertung: Dieser fordert (unter dieser Voraussetzung) eine **Erhöhung** des Buchwertes über die Anschaffungskosten hinaus. „Nach **unten**" besteht konzeptionell kein Unterschied zwischen den beiden Systemen.

10 Der deutschen Bilanzrechtstradition ist die Marktbewertung also insofern ungeläufig, als eine Bilanzierung **über** die fortgeführten Anschaffungs- oder Herstellungskosten hinaus nicht möglich ist. Eine solche Bilanzierung verstößt nach deutschem Bilanzverständnis gegen das **Realisationsprinzip**. Allerdings wird in der Rechnungslegungspraxis durch kreative Bilanzgestaltung bei bilanziellen Notlagen nicht selten im Grunde genommen gegen das Realisationsprinzip verstoßen. Beispiele hierfür sind *sale-and-lease-back*-Verfahren und die Einbringung von Vermögenswerten mit stillen Reserven – z.B. die Grundstücke von Brauereien oder Nutzungsrechte an Fußballstadien – in Tochtergesellschaften gegen Gewährung von Gesellschaftsrechten.

---

2 Vgl. MUJKANOVIC, Fair Value im Financial Statement nach IAS, 2002, S. 113.

2 Inhalt der Anschaffungskostenbilanzierung

2.1 Die Anschaffungskosten

Die IFRS sprechen in diesem Bereich der Ausgangsbewertung häufig schlicht von *cost*, was im deutschen Sprachbereich häufig mit dem unschönen Begriff „historische Kosten“ umschrieben wird.[3] Eine systematische **Trennung** von **Anschaffungs-** und **Herstellungs**kosten erfolgt nicht (im Gegensatz zu § 255 HGB). 11

Die **Anschaffungskosten** *(costs of purchase)* sind insbesondere angesprochen in

- IAS 2.9f. für Vorräte (→ § 17 Rz 15),
- IAS 16.15 für sächliches Anlagevermögen (→ § 14 Rz 10),
- IAS 38.25ff. für immaterielle Vermögenswerte bei Einzelerwerb (außerhalb eines Unternehmenszusammenschlusses; → § 13 Rz 62ff.),
- IAS 40.21 für die als Finanzinvestitionen gehaltenen Immobilien (→ § 16 Rz 23ff.).

Die Anschaffungskosten umfassen folgende **Kosten-Elemente** (insbesondere für Vorräte und Sachanlagen):[4]

	Anschaffungspreis (IAS 2.20, 16.16, 38.27ff.)	
	=	vertragliches Hauptentgelt einschließlich Einfuhrzöllen und Verbrauchsteuern
	–	erstattungsfähige Einfuhrzölle und Verbrauchsteuern
+	**Anschaffungsnebenkosten** (IAS 2.10, 16.16, 38.27)	
	=	Ausgaben zur Erlangung, Verbringung und Inbetriebnahme bzw. Einlagerung (häufig Resultat des finalen Charakters der Anschaffungskosten (Rz 17))
	+	geschätzte Kosten der Entfernung, der Entsorgung oder Grundsanierung, für die eine Rückstellung zu bilden ist (IAS 16.16c i. V. m. IFRIC 1; → § 21 Rz 80)
	+	u. U. Gemeinkosten (Rz 13)
	+	anschaffungsbezogene Fremdkapitalkosten *(borrowing costs)* für Vermögenswerte *(assets*; IAS 23.8f.; → § 9 Rz 12)
–	**Anschaffungspreisminderungen** (IAS 11 bzw. 16.15 i. V. m. 16.28)	
	–	Nachlässe und Erstattungen auf Anschaffungspreis und Anschaffungsnebenkosten (Rabatte, Skonti, Boni; → § 17 Rz 18)
	–	bestimmte Investitionszulagen und -zuschüsse *(government grants)* von öffentlichen Körperschaften, für die kein passivischer Rechnungsabgrenzungsposten gebildet wurde (IAS 20.24; → § 12 Rz 26).
=	**Anschaffungskosten**	

Tab. 1: Zusammensetzung der Anschaffungskosten

---

3 Unschön deshalb, weil „historisch“ im deutschen Sprachgebrauch eine andere Bedeutung hat und überdies Anschaffungs- oder Herstellungskosten als Vergangenheitsgröße immer „historisch“ sind (Pleonasmus).

4 In Anlehnung an FISCHER, IAS-Abschlüsse von Einzelunternehmungen, 2001, S. 75f.

12 Der **Vergleich zum HGB** fällt gemischt aus. Überwiegend enthält das Tableau gewohnte Bestandteile der Anschaffungskostendefinition. In der obigen Tabelle entsprechen allerdings folgende Positionen **nicht** oder **nicht vollständig** dem Anschaffungskostenbegriff des HGB:

- die anschaffungsbezogenen **Fremdkapitalkosten** *(borrowing costs)* gem. der Aktivierungspflicht nach IAS 23 (→ § 9 Rz 12ff.),
- die Kosten des **Abbruchs** oder der **Entsorgung** (Rz 57) durch Rückstellungsbildung nach IAS 16.16(c) i. V. m. IFRIC 1 (→ § 21 Rz 80).

13 Anschaffungskosten sind nur in Form von **Einzel**kosten *(directly attributable)* aktivierbar, Gemeinkosten damit von der Aktivierung ausgeschlossen (anders als im Rahmen der Herstellung, Rz 31). Dabei ist begrifflich zu unterscheiden nach

- „**echten**" Gemeinkosten: nur aufgrund bestimmter Annahmen über Kostenstellenschlüsselungen einem beschafften Produkt zuordenbar, und
- „**unechten**" Gemeinkosten: „an sich" einem Beschaffungsvorgang direkt zurechenbar, mangels entsprechender Aufzeichnungen tatsächlich nicht direkt erfasst.

Beispiel[5]
Sachverhalt
Der inländische Porzellanhersteller P bestellt nach ausführlichen Machbarkeitsstudien *(feasibility studies)* in Korea eine neue Produktionsanlage. Zur Überwachung des Herstellungsverfahrens reist ein bei P beschäftigter **Ingenieur** wiederholt nach Korea. Nach den Zeitaufzeichnungen hat er die Hälfte der Jahresarbeitszeit mit dieser Überwachung verbracht. Daneben hat sich die **Einkaufsabteilung** unter vielen anderen Projekten auch mit diesem beschäftigt, u. a. mit der Ausschreibung, der erforderlichen Logistik, der Finanzierung (Leasing oder Kauf), der Frage der Währungssicherung usw.

Lösung
Die Kosten der **Machbarkeitsstudie** sind mit der Anlage nicht unmittelbar verbunden – die Entscheidung hätte aufgrund der Studie auch anders ausfallen können – und deshalb nicht **aktivierbar**.[6] Dies entspricht der Lösung für die Erstellung von Webseiten (→ § 13 Rz 41). Die Reisekosten des **Ingenieurs** sowie die Hälfte seines Jahresgehalts sind der Maschinenanlage einzeln ohne Rückgriff auf Schlüsselungsgrößen zuzuordnen und deshalb aktivierungspflichtig nach § 255 Abs. 1 HGB bzw. IAS 16.16b. Gehaltsaufwendungen des Ingenieurs wären zwar auch ohne die Arbeiten in Korea angefallen, was aber die Einbeziehung in die Anschaffungskosten der Anlage nicht hindert.[7]
Die Kosten der **Einkaufsabteilung** können nach irgendwelchen Annahmen auch dem Korea-Projekt zugeordnet werden. Soweit es sich um Sachkosten – z. B. für die Abschreibung und Beheizung der Räume, in denen der Einkauf tätig ist, – handelt, liegen „echte" Gemeinkosten vor, die nicht „einzeln" der Beschaffung der koreanischen Anlage zuzuordnen bzw. nicht *directly attrib-*

---

5 Vgl. Hoffmann, PiR 2007, S. 27.
6 KPMG, Insights into IFRS 2008/2009, Tz 3.2.30.60; anders BFH, Urteil v. 27.3.2008, VIII R 62/05, BStBl II 2010 S. 159.
7 KPMG, Insights into IFRS 2008/2009, Tz 3.2.30.50.

utable sind. Eine anteilige Aktivierung auf die Produktionsanlage kommt nicht in Betracht.
Die **Lohnkosten** sind dem Grunde nach durch Zeitaufschreibungen dem jeweiligen Anschaffungsvorgang zuzuordnen. Dies würde aber eine Detaillierung voraussetzen, und zwar nicht nur nach den Projekten (koreanischen Anlage vs. sonstige Einkäufe), sondern ebenso nach der Art der Tätigkeit – Suchkosten für die Ausschreibung einerseits, Organisation der Logistik des Transport andererseits – unterscheiden. Entsprechende Zeitaufschreibungen sind im Unternehmen nach der internen Organisation nicht vorgesehen. Insoweit liegen „an sich" aktivierungspflichtige (unechte) Gemeinkosten vor.

Für fehlende Zeitaufschreibungen, die zu unechten Gemeinkosten führen, kann es zwei Gründe geben:

- Die innerbetriebliche Organisation bez. der Kostenerfassung ist objektiv betrachtet **unzulänglich.**
- Die getrennte Erfassung **rentiert** sich auch nach überbetrieblichen Maßstäben nicht und wird branchenüblich unterlassen.

Daraus folgt für Bilanzierungszwecke die (abstrakte) Antwort:

- **Einerseits** ist nicht dem Schlendrian Folge zu leisten, d. h., eine Aktivierung darf nicht deswegen unterbleiben, weil die entsprechenden Aufzeichnungen nicht vorliegen. Eindeutig ist diese Lösung allerdings nicht, da die IFRS in einem vergleichbaren Kontext – bei **Entwicklungskosten** – die Aktivierung gerade an eine zuverlässige Ermittlung im Rahmen der Kostenrechnung (IAS 38.62) knüpft (IAS 38.57 f.; → § 13 Rz 35).
- **Andererseits** dürfen die Anforderungen an die zutreffende Erfassung nicht überzogen werden. Wenn das Unternehmen auf entsprechende getrennte Aufzeichnungen aus Kostengründen verzichtet, ist dem auch bei der Bilanzierung nach Maßgabe von *cost benefit* (→ § 1 Rz 65) jedenfalls dann zu folgen, wenn ein solches Vorgehen kaufmännischer Übung entspricht.

Es verbleibt eine **Grauzone.**

Aktivierungspflichtige Gemeinkosten bei Anschaffungsvorgängen müssen nicht **extern** (durch Lieferanten) entstehen – das zeigt das vorstehende Beispiel. Sie müssen auch nicht einen **Grenzkosten**charakter („*incremental*") aufweisen, also durch den Anschaffungsvorgang **zusätzlich** verursacht werden. 14

Beispiel[8]
Sachverhalt
Das Industrieunternehmen U kauft eine neue Maschinenanlage, die vom Lieferunternehmen auch installiert wird. Zur Überwachung der Montage stellt U einen eigenen Arbeitnehmer (Ingenieur) für 6 Wochen von seiner sonstigen Arbeit frei.

Lösung
Die gesamten zeitanteiligen Lohnkosten für den Ingenieur sind zu aktivieren, obwohl sie auch ohne die Montageübernahme angefallen wären.

8 Nach KPMG, Insights into IFRS 2008/2009, Tz 3.2.30.50.

15 Bei Neuinstallation einer Maschinenanlage entstehen u.U. Kosten für die Kommissionierung der Anlage, Neuausrichtung von Transportbändern, Probeläufe für die neuen Maschinen, Testen des Ausstoßes etc.
U. E. sind diese Kosten dem Anschaffungsvorgang direkt zuordenbar und deshalb aktivierungspflichtig.[9] Nach Beendigung dieser „regulären" Testperiode – wenn die Maschinenanlage wie vorgesehen arbeitet – endet der „Aktivierungszeitraum".[10] Anders verhält es sich, wenn entgegen der Planung aus unglücklichen Umständen heraus diese Testphase zeitlich überschritten wird. Hier liegt eine Parallele zum übermäßigen Ausschuss von (fehlerhaften) Erzeugnissen im Produktionsprozess vor (*„abnormal waste"*) (IAS 16.22).
Ungewöhnliche (*abnormal*) Kosten durch Materialverschleiß oder unnötigen Arbeitsaufwand gehören nach IAS 16.22 nicht zu den Herstellungskosten (Rz 26).

Beispiel[11]
Bei einem Bauvorhaben wird der Rohbau verspätet und mangelhaft erstellt. Die Ausbauhandwerker verlangen Schadensersatz für die Verzögerung und berechnen Zusatzkosten für sonst nicht anfallende Nachbesserungen.
Hier liegt ein nach IAS 16.22 *abnormal waste of labour* vor.

Opportunitätskosten sind auch im Falle von Umbaukosten mit zeitweiser **Stilllegung** des Geschäftsbetriebes nicht aktivierbar.

Beispiel[12]
Unternehmer A betreibt eine Supermarktkette und hat einen neuen Standort für eine Filiale erworben. Zum Umbau etc. wird der Verkauf für 3 Monate stillgelegt. Die damit verbundenen Kosten für Fremdleistungen und eigene Arbeitskräfte sind als Anschaffungs- oder Herstellungskosten zu aktivieren, nicht der entgangene Gewinn wegen der Schließung.

Zu weiteren Beispielen wird verwiesen auf
- „Vorratsvermögen" (→ § 17 Rz 17),
- „Sachanlagevermögen" (→ § 14 Rz 11),
- „immaterielle Anlagewerte" (→ § 13 Rz 66).

16 Zur Bestimmung der Anschaffungskosten im Rahmen von **Unternehmenszusammenschlüssen** wird verwiesen auf → § 31 Rz 39ff.
Zur **Aufteilung** eines einheitlichen Erwerbspreises auf mehrere Vermögenswerte – Grund und Boden und Gebäude – wird verwiesen auf → § 16 Rz 28.
Der Anschaffungskostenbegriff umfasst auch den Gegenwert für ein vom Unternehmen ausgegebenes aktienkursorientiertes **Eigen- oder Fremdkapitalinstrument,** das dem Anwendungsbereich von IFRS 2 (→ § 23) unterliegt (IAS 16.6).

17 Der Inhalt der Anschaffungskosten beschränkt sich nach der tabellarischen Darstellung unter Rz 11 nicht auf die Ausgaben zur Erlangung der Verfügungs-

9 So KPMG, Insigths into IFRS 2008/2009, Tz 3.2.40.10ff.
10 Ernst & Young, International GAAP 2008, S. 960.
11 In Anlehnung an Deloitte, iGAAP 2010, Tz 6.422B.
12 Nach PwC, IFRS Manual of Accounting 2008, Tz 16.92.

macht über den betreffenden Vermögenswert (regelmäßig Kaufpreis), sondern bezieht sich auch auf Aufwendungen, die der Versetzung des betreffenden Vermögenswertes in einen **betriebsbereiten Zustand** aus Sicht des Erwerbers dienen. So IAS 16.16b für Sachanlagen (→ § 14 Rz 10), IAS 38.27b für immaterielles Anlagevermögen (→ § 13 Rz 65) sowie IAS 2.10 für Vorräte (→ § 17 Rz 16). Dahinter verbirgt sich das ökonomische Kalkül des Erwerbers: Er will nicht einfach einen Vermögenswert als wirtschaftlicher Eigentümer besitzen, sondern diesen zweckentsprechend verwenden können. Dazu können bei ihm Ausgaben an Dritte anfallen, also nicht dem eigentlichen Veräußerer des Vermögenswertes zufließen.

Beispiel[13]
Ein Unternehmen erwirbt ein unbebautes Grundstück, das illegal mit Wohn- und Bauwagen besetzt war. Zur planmäßigen Nutzung als Bauland bedurfte es der zwangsweisen Räumung des Grundstücks. Dafür musste er an dritte Personen Zahlungen leisten.

Die Aufwendungen für die Räumung sind als Bestandteil der Anschaffungskosten zu werten. Bei rationalem Verhalten der Vertragsparteien hat er das Grundstück im Umfang der zu erwartenden Räumungskosten „billiger" eingekauft. Umgekehrt wäre ein höherer Marktpreis für das unbesetzte Grundstück an den Veräußerer zu bezahlen gewesen, wenn dieser bereits die Räumung besorgt hätte. Anders ausgedrückt: Das Kalkül des Erwerbers ging auf den Erwerb eines „lastenfreien" Grundstücks. Die Räumungskosten sind insofern zur Herstellung der „Betriebsbereitschaft" des Grundstückes angefallen.
Bezüglich der Herstellung der Betriebsbereitschaft ist nach IAS 16.16(b) nicht auf die objektive Funktionsfähigkeit, sondern auf die konkret beabsichtigte (subjektive) Nutzung abzustellen (*„intended by management"*).

Beispiel[14]
Im Interesse eines einheitlichen Marktauftritts werden alle Fahrzeuge des Energieversorgers E AG – mit Ausnahme der Vorstandslimousinen – mit firmentypischen Farben und mit dem Firmenlogo umlackiert. Das gilt auch für Altfahrzeuge.

Lösung
Die (objektive) Betriebsbereitschaft der Autos ist mit der Zulassung zur Nutzung auf öffentlichen Straßen erfüllt. Diese Zwecksetzung wird ergänzt durch den Werbeeffekt der Umlackierung. Dieser letztere Zweck ist nicht von ganz untergeordneter Bedeutung, sodass diese Aufwendungen bei den Neufahrzeugen unter die Herstellung der Betriebsbereitschaft subsumiert werden können. Bei den Altfahrzeugen geht es bei der Umlackierung nur um den Werbezweck. Das könnte die Aktivierbarkeit argumentativ unterstützen. Dagegen sprechen die im Verhältnis zum Wert des Fahrzeugs niedrigen Kosten der Umlackierung. Andererseits werden die Kriterien der Aktivier-

13 Nach BFH, Urteil v. 18.5.2004, IX R 57/01, BStBl II 2004 S. 872.
14 Ähnlich LÜDENBACH, StuB 2010, S. 317.

barkeit **nachträglicher** Herstellungskosten (Rz 33) nicht erfüllt. Wir neigen in diesem Fall zur sofortigen Aufwandsverrechnung.
Keinen Beurteilungsmaßstab stellt der Werbecharakter des einheitlichen Außenauftritts dar. Die in IAS 16.19(b), IAS 2.16(d) und IAS 38.67(a) enthaltenen Aktvierungsverbote für Werbe- und Vertriebsaufwendungen sind nicht funktional zu verstehen und stehen bspw. auch einer Aktivierung des Gebäudes der Vertriebsabteilung nicht im Wege.

Man kann in Übereinstimmung mit dem HGB/EStG vom finalen (zielgerichteten) Charakter der Anschaffungskosten ausgehen. In anderen Bereichen der IFRS-Rechnungslegung außerhalb der eben zitierten drei Standards ist bez. der Anschaffungskosten nur von *„cost"* die Rede, die Aufwendungen für die Herstellung der Betriebsbereitschaft werden hier nicht genannt. Beispiel:

- Anteile an Tochterunternehmen im Einzelabschluss gem. IAS 27.37 (→ § 32 Rz 169).
- Für die Bilanzierung von Tochterunternehmen im Konzernabschluss gem. IFRS 3.29ff. vgl. → § 31 Rz 39.

Trotz des an diesen Stellen der IFRS fehlenden Bezugs auf die Herstellung der Betriebsbereitschaft ist den dort jeweils genannten *„cost"* das genannte finale Element zu eigen.

Beispiel[15]
Ein Unternehmen M hält eine Beteiligung von 40 % des Nennkapitals einer assoziierten Gesellschaft nach Maßgabe von IAS 28. Weitere 20 % werden von X, 40 % von Y gehalten. M erwirbt den bisher von X gehaltenen Anteil. Y erhebt rechtliche Einwendungen gegen den Erwerb, weil er der Auffassung ist, nach Maßgabe des Gesellschaftsvertrags hätte X seine Anteile je zur Hälfte M und Y anbieten müssen. M bestreitet dies. Zur Vermeidung langwieriger Auseinandersetzungen zahlt M aber einen Betrag an X gegen die Zusage, den strittigen Erwerbsanspruch nicht geltend zu machen.
Die Frage geht nach der Aktivierbarkeit dieses „Einigungsgeldes" im Einzelabschluss des Mutterunternehmens.

Das sog. „Einigungsgeld" stellt einen Bestandteil der Anschaffungskosten für den Anteilserwerb des M dar, denn es dient **final** der Erreichung einer ungestörten Mehrheitsbeteiligung am Tochterunternehmen. Allerdings sind solche Zahlungen an dritte Personen nur dann den Anschaffungskosten zuzuordnen, wenn sie in einer **zeitlichen Nähe** zum eigentlichen Anschaffungsvorgang (regelmäßig Kauf) stehen.

15 Vgl. HOFFMANN, PiR 2006, S. 272.

Dazu noch ein weiteres Beispiel:

Beispiel
Sachverhalt
K betreibt Kraftwerke. Zum geplanten Neubau eines Wasserkraftwerkes kauft er von der Gemeinde G umfangreiche brachliegende Grundstücke. Am Flussufer hat allerdings der Angelsportverein e. V. sein Vereinsheim errichtet. Im Zuge des Grundstückserwerbes verpflichtet sich K zur Übernahme der Abbruchkosten für das Vereinsheim und einen Neubau an anderer Stelle.

Lösung
Auch hier ist die Kostenübernahme an Dritte für die Verlegung des Vereinsheimes final mit dem Anschaffungsvorgang für die Grundstücke verbunden und deshalb aktivierungspflichtig.

Wegen der Aktivierungsfragen bei weiteren **Sonderfällen** eines Anschaffungsvorgangs wird verwiesen auf Rz 48ff. Zu speziellen Geschäftspraktiken bei der Beschaffung von **Vorräten** vgl. → § 17 Rz 20, zu Zinseffekten vgl. → § 17 Rz 19.

2.2 Die Herstellungskosten

Die **Herstellungskosten** *(costs of conversion)* sind insbesondere angesprochen in 18
- IAS 2.10 Vorräte (→ § 17 Rz 15),
- IAS 16.16(b) Sachanlagen (→ § 14 Rz 10),
- IAS 38.65ff. immaterielle Vermögenswerte (→ § 13 Rz 62ff.),
- IAS 40.22 für die als Finanzinvestitionen gehaltenen Immobilien (→ § 16 Rz 33).

Die aktivierungspflichtigen bzw. aktivierbaren **Kostenelemente** können für 19
Vorräte und Sachanlagen wie folgt tabellarisch dargestellt werden:[16]

Kostenkomponenten (nach IAS 2.12ff. bzw. 16.16f.)		
	Materialeinzelkosten	Pflicht
+	anteilige Materialgemeinkosten	
+	Fertigungseinzelkosten	
+	anteiliger Werteverzehr von eingesetztem Anlagevermögen	
+	anteilige Entwicklungs-, Konstruktions- und Versuchskosten	
+	Sondereinzelkosten der Fertigung	
+	anteilige Sondergemeinkosten der Fertigung	
+	fertigungsbezogene Verwaltungskosten (Rz 21)	
+	u. U. fertigungsbezogene Sozialaufwendungen (Rz 22)	
+	Entsorgungs- und Entfernungskosten (IAS 16.16(c) i. V. m. IFRIC 1; → § 21 Rz 80)	

16 In Anlehnung an Fischer, IAS-Abschlüsse von Einzelunternehmungen, 2001, S. 77.

+	herstellungsbezogene Fremdkapitalkosten (nach IAS 23; → § 9 Rz 10) von Vermögenswerten *(assets)*, deren endgültige Betriebs- oder Verkaufsbereitschaft durch verschiedene Maßnahmen über geraume Zeiträume hergestellt werden muss (Ausnahme nach IAS 2.18, Rz 25)	
=	**Herstellungskosten**	
	• überhöhte Kosten (unnötiger Arbeitsaufwand durch Fehlarbeiten, außerplanmäßige Abschreibungen auf Fertigungsanlagen etc.) • Leerkosten infolge von Überkapazitäten (Rz 24; → § 17 Rz 16) • allgemeine Verwaltungs- und Sozialaufwendungen • Fremdkapitalkosten (soweit nicht aktivierbar → § 9 Rz 11) • Vertriebskosten • Anlauf- und Vorproduktionskosten • eigene Forschungs-, Entwicklungs- und Versuchskosten ohne unmittelbaren Fertigungsbezug • Ertrag- und Substanzsteuern, die nicht im Fertigungsbereich begründet sind • kalkulatorische Kosten	Verbot

Tab. 2: Zusammensetzung der Herstellungskosten

Für die selbst erstellten **immateriellen** Vermögenswerte gelten bez. der Gemeinkostenverrechnung Besonderheiten (IAS 38.66; → § 13 Rz 71).

20 Vergleicht man diese Aktivierungsregeln nach **IFRS** mit denjenigen nach **HGB** und der zugehörigen Kommentierung, so sticht sofort die **nahe Verwandtschaft** der Begrifflichkeiten ins Auge. Schon deswegen erscheint unter Einbeziehung der Wahlrechte eine Übereinstimmung zwischen handelsrechtlicher Ermittlung der Herstellungskosten und derjenigen nach IFRS ohne weiteres gestaltbar, allerdings mit der Differenzierung in IAS 2.16: Danach sollen nur **produktionsbezogene** Verwaltungskosten aktivierbar sein. Der Unterschied zwischen produktionsbezogenen und nicht produktionsbezogenen Verwaltungskosten lässt sich etwa an **Beispielen** der Kosten der Abteilung Lohn- und Gehaltsbuchhaltung veranschaulichen. Soweit die Kosten anteilig auf die Buchung der Löhne für Produktivkräfte entfallen, sind sie aktivierungspflichtig und im Rahmen des Betriebsabrechnungsbogens den Erzeugnissen zuzurechnen, soweit sie auf die Buchung der Löhne und Gehälter von Vertriebspersonal/Verwaltungspersonal entfallen, besteht ein Aktivierungsverbot.[17] Ein weiteres Beispiel sind Vergütungen an den Produktionsvorstand einerseits und den Finanzvorstand andererseits.

21 Mit der nach IAS 2.16(c) sowie IAS 2.19 erforderlichen Unterscheidung zwischen **produktionsbezogenen und übrigen Verwaltungskosten**[18] **wird** in der Praxis großzügig umgegangen, wenn die entsprechenden Kostenrechnungssysteme nicht auf diese Aufteilung ausgerichtet sind. Nach dem *materiality*-Gedanken (→ § 1 Rz 61 ff.) können relativ pauschale Zuschläge (Schlüsselung der

17 Nach LÜDENBACH, IFRS, 6. Aufl., S. 190.

18 KÜTING/HARTH, Herstellungskosten von Inventories and Self-Constructed Assets nach IAS und US-GAAP, BB 1999, S. 2393.

Verwaltungskosten nach dem Verhältnis von Produktivkräften zur Zahl sonstiger Arbeitnehmer) eine sinnvolle (einfache) Lösung ergeben.[19]

22 Der Unterschied zum HGB liegt in der „**Vollkostenpflicht**" der IFRS, die zu einer Einbeziehung der (produktionsbezogenen) Gemeinkosten zwingt. Unklar ist die Regelung für Kosten des **sozialen** Bereiches.[20] Auch hier bietet eine pauschale Aufteilung nach dem Anteil der Produktivkräfte eine gangbare Lösung.

23 Wegen der Unterscheidung von **Forschungs- und Entwicklungskosten** im Zusammenhang mit immateriellen Vermögenswerten (→ § 13 Rz 26ff.).

24 Spezifische Anweisungen zur Kostenrechnung für Zwecke der Bilanzbewertung enthalten die Vorschriften in IAS 2.13 und 2.14. Danach sind die fixen Gemeinkosten auf der Basis einer **normalen Produktionsauslastung** *(normal capacity)* den Produkten zuzurechnen, wobei eine solche „Normalität" im Anschluss daran noch weiter beschrieben wird. Im Wesentlichen handelt es sich dabei um Anweisungen, die vergleichbar auch in der einschlägigen deutschen Kommentarliteratur zu finden sind.[21] Die auf das produzierte Stück bezogenen Gemeinkosten sind nicht deswegen aktivierbar, weil das Produktionsvolumen (viel) zu gering ist, um die Kapazitäten auszulasten (IAS 2.13). Die sog. Leerkosten sind deshalb nicht aktivierbar (→ § 17 Rz 16). Wenn sich also z.B. die normale Kapazitätsauslastung auf 80 % beläuft, in der betreffenden Periode aber nur 50 % erreicht, sind 3/8 der fixen Produktionsgemeinkosten nach IAS 2.13 nicht aktivierbar.[22] Bei **Überbeschäftigung** erfolgt keine Anpassung an die Normalbewertung, weil hier auf das einzelne Produkt bezogen die fixen Gemeinkosten sinken, eine Überbewertung also nicht vorliegt.

In IAS 2.14 wird das Problem der **Kuppel**produktion angesprochen, für die eine Zuordnung von Gemeinkosten *ex definitione* nicht schlüssig vorgenommen werden kann. Gefordert wird ein vernünftiges und stetiges *(rational and consistent)* Vorgehen. Beispielhaft werden folgende Vorgehensweisen genannt:

- Beide Produkte sind wesentlich: Die Gemeinkostenzuordnung erfolgt nach dem Verhältnis der Verkaufspreise der Produkte.
- Bei der Herstellung eines Hauptprodukts fällt ein wertmäßig unbedeutenderes Nebenprodukt an: Es wird mit seinem Nettoveräußerungspreis bewertet, und dieser Wert wird bei der Ermittlung der Herstellungskosten des Hautprodukts abgezogen.

25 **Fremdkapitalkosten**, die der Finanzierung des (Anschaffungs- oder) Herstellungsvorgangs dienen, sind bei besonderen Vermögenswerten *(qualifying assets)* in den Herstellungskosten einzubeziehen (→ § 9 Rz 12ff.).

26 **Nicht** in die Herstellungskosten einzubeziehen sind nach IAS 2.26:

- **ungewöhnliche** *(abnormal)* Beträge für Ausschussmaterial, Fertigungslöhne und sonstige Produktionskosten (Rz 15),
- **Lagerkosten**, soweit nicht produktionsbezogen, also z.B. Kosten des Ausgangslagers,

---

19 LÜDENBACH, PiR 2006, S. 61.

20 Vgl. JACOBS, in: BAETGE u.a., Rechnungslegung nach IAS, 2. Aufl., 2002, zu IAS 2, Tz 30.

21 ADLER/DÜRING/SCHMALTZ, 6. Aufl., § 255 HGB, Tz 162; ELLROTT/BRENDT, in: BECK'SCHER Bilanzkommentar, 6. Aufl., § 255 HGB, Tz 501.

22 LÜDENBACH, PiR 2006, S. 61.

- **Verwaltungsgemeinkosten**, die nicht dem Herstellungsprozess zuzuordnen sind,
- **Verkaufskosten.**

27 **Nicht** zu den Anschaffungs- oder Herstellungskosten zählen (IAS 16.19) solche, die weitgehend denjenigen der **Ingangsetzung** und **Erweiterung** des Geschäftsbetriebes nach § 269 HGB a.F. entsprechen. Es handelt sich um Kosten der

- Neueröffnung einer Produktionsstätte,
- Einführung neuer Produkte oder Dienste,
- örtlichen Betriebsverlegung,
- Gewinnung neuer Absatzkanäle.

28 Während eines Herstellungsprozesses können „beiläufige“ *(incidental)* Einnahmen anfallen.

Beispiel
Sachverhalt
Der Bauunternehmer vermietet den Kran stundenweise an Ausbauhandwerker. Ein Objektentwickler kauft eine Sporthalle zum Umbau in einen Supermarkt. Bis zum Erhalt der Baugenehmigung vermietet er die Halle an lokale Sportvereine.

Lösung[23]
Die Einnahmen sind zu realisieren, also nicht an den Herstellungskosten zu kürzen.

29 Die Verrechnung von Herstellungskosten **endet** mit der Inbetriebnahme des hergestellten Vermögenswertes (IAS 16.20), auch wenn dieser noch nicht seine volle Leistungsfähigkeit erreicht hat, noch Anlaufverluste entstehen oder eine Neuausrichtung der Unternehmenstätigkeit (weitere) Kosten verursacht.

30 Die deutsche handels- und steuerrechtliche Bilanzierungspraxis zur Ermittlung der Herstellungskosten von Erzeugnissen ist ungewöhnlich **streitunanfällig.** Mit Ausnahme eines auf der Basis des Maßgeblichkeitsprinzips im Gefolge der Einführung des Bilanzrichtliniengesetzes in das deutsche Recht ergangenen Urteils[24] hat es praktisch keinen vor Gericht ausgetragenen Streit bis in die letzte Instanz gegeben. Auch Auseinandersetzungen zwischen Abschlussprüfern und geprüften Unternehmen sind an dieser Stelle eigentlich nie nach außen bekannt geworden. Sinnvollerweise ist hier eine pragmatische Vorgehensweise üblich. Dieser Gedanke sollte auch Pate bei einem Übergang vom HGB auf eine IFRS-Bilanzierung stehen.

31 Einen **Vergleich** zwischen den nach der deutschen Bilanzwelt und den nach derjenigen der IFRS bestehenden Einbeziehungspflichten bzw. -wahlrechten und -verboten gibt die nachstehende Tabelle.[25] Sie ist ausgerichtet auf das **Vorrats**vermögen gem. IAS 2, kann indes unmittelbar auf das **Sach**anlagevermögen

23 KPMG, Insights into IFRS 2008/2009, Tz 3.2.120.10.

24 Vgl. BFH, Urteil v. 21.10.1993, IV R 87/92, BStBl II 1994 S. 176.

25 Nach Jacobs/Schmitt, IAS 2, in: Baetge u.a. (Hrsg.), Rechnungslegung nach IAS, Tz 59 unter Abänderung der HGB-Spalte nach BilMoG für die Gemeinkosten.

übertragen werden (IAS 16.16ff.). Für das **immaterielle** Anlagevermögen vgl. Rz 19 und → § 13 Rz 71.

	Herstellungskosten		
	nach § 255 Abs. 2 und 3 HGB	**nach R 6.3 EStR 2008**	**nach IAS 2**
Einzelkosten:			
Materialeinzelkosten	Pflicht	Pflicht	Pflicht
Fertigungskosten	Pflicht	Pflicht	Pflicht
Sondereinzelkosten der Fertigung	Pflicht	Pflicht	Pflicht
Gemeinkosten:			
Materialgemeinkosten	Pflicht	Pflicht	Pflicht
Fertigungsgemeinkosten	Pflicht	Pflicht	Pflicht
Werteverzehr des Anlagevermögens	Pflicht	Pflicht	Pflicht
Verwaltungskosten des Material- und Fertigungsbereichs	Pflicht	Pflicht	Pflicht
Allgemeine Verwaltungskosten	Wahlrecht	Wahlrecht	anteilig Pflicht*
Kosten für freiwillige soziale Leistungen	Wahlrecht	Wahlrecht	anteilig Pflicht*
Kosten für soziale Einrichtungen	Wahlrecht	Wahlrecht	anteilig Pflicht*
Kosten für betriebliche Altersvorsorge	Wahlrecht	Wahlrecht	anteilig Pflicht*
Ertragsteuern	Verbot	Verbot für ESt, Wahlrecht für GewSt vom Ertrag	Verbot
Verwaltungskosten des Vertriebsbereichs	Verbot	Verbot	Verbot
Fremdkapitalkosten	Wahlrecht	Wahlrecht	Pflicht oder Verbot (→ § 9 Rz 33)
Forschungs- und Entwicklungskosten:			
Grundlagenforschung	Verbot	Verbot	Verbot
Kosten der Neuentwicklung	Verbot	Verbot	Pflicht unter best. Vor.
Kosten der Weiterentwicklung	Wahlrecht	Pflicht	Pflicht unter best. Vor.
Vertriebskosten	Verbot	Verbot	Verbot

Tab. 3: Umfang der Herstellungskosten nach HGB, R 6.3. EStR 2008 und IFRS

* soweit produktionsbezogen (vgl. Rz 21)

Wegen Sonderfällen der Aktivierbarkeit von Vertriebskosten vgl. → § 17 Rz 25.

2.3 Die Abgrenzung von Erhaltungs- und Herstellungsaufwand

2.3.1 Sächliches Anlagevermögen

2.3.1.1 Laufender Unterhalt

32 Der Aktivierungsansatz in IAS 16.7 und IAS 38.21 ist nicht vergangenheitsbezogen (Rz 8), sondern orientiert sich an dem allgemeinen *asset*-Begriff in F.49a mit der Bezugnahme auf die **künftigen ökonomischen Vorteile**, die dem Unternehmen zufließen sollen (→ § 1 Rz 87). Auch die Unterscheidung von **Erhaltungs-** und **Herstellungs**aufwand versuchen die IFRS auf dieser Basis, also nach Maßgabe der generell gültigen **Ansatzkriterien** zu „lösen".
Dadurch soll eine Inkonsistenz mit den einschlägigen Vorgaben im *Framework* vermieden werden (IAS 16 BC.10a; → § 1 Rz 85). Unausgesprochen steht dahinter auch die „Philosophie" des *principle based accounting* (→ § 1 Rz 42ff.). Die Lösung konkreter Bilanzierungsfälle soll nicht anhand einer dem Anwender vorgegebenen Einzelfallbetrachtung, sondern nur nach Maßgabe der allgemeinen Ansatzkriterien geliefert werden.

33 Deshalb unterbleibt eine **nähere Definition** des Unterscheidungsmerkmals von Herstellungs- und Erhaltungsaufwand. Andererseits kann nicht gänzlich auf die Darlegung von einschlägigen Bilanzierungs**sachverhalten** verzichtet werden:

- Die **laufenden** Unterhaltungsaufwendungen für einen Vermögenswert *(the day to day servicing)* sind als Aufwand zu behandeln; sie umfassen die zugehörigen Lohn- und Materialkosten und kleinere Ersatzteile (IAS 16.12).
- **Teile** *(parts)* von einzelnen Vermögenswerten (Rz 34) müssen zu bestimmten Zeitintervallen **ersetzt** werden (Beispiel: Hochofenauskleidung, Inneneinrichtung eines Flugzeugs). Andere Bestandteile eines Vermögenswertes werden nicht regelmäßig ersetzt (Beispiel: Innenwände eines Gebäudes). Diese **Teile** eines Vermögenswertes sind bei Ersatzbeschaffung zu aktivieren, wenn sie das generell gültige Ansatzkriterium in IAS 16.7 (Rz 34; → § 14 Rz 7) erfüllen (IAS 16.13).
- **Größere Inspektionen** ohne konkreten Reparaturbedarf sind als Ersatzbeschaffung zu aktivieren, wenn die genannten Ansatzkriterien erfüllt sind (IAS 16.14; Rz 38).

Klarheit für den Anwender schafft eigentlich nur das **erste** der drei vorstehend aufgeführten Abgrenzungsmerkmale: Der **laufende Unterhalt** ist nicht aktivierungspflichtig. Bei den beiden weiteren Punkten werden dem Anwender **tautologische** Darlegungen geliefert: Eine Aktivierung hat zu erfolgen, wenn die Ansatzkriterien erfüllt sind.

Angesichts dieser Unklarheiten kann sich ein Rückgriff auf die bis 2004 geltende Fassung von IAS 16 empfehlen. Als weitere Beispiele für nachträglichen Herstellungsaufwand sind dort Maßnahmen genannt, welche

- die Kapazität erweitern,
- die Nutzungsdauer verlängern oder
- eine substanzielle Verbesserung der Qualität bringen.

Die Neufassung von IAS 16 hat u.E. eher redaktionellen als materiellen Charakter. In den o.g. Fällen liegt regelmäßig eine **Erhöhung** des **Nutzens** gegenüber dem früheren Zustand vor. Damit ist der Aufwand zu aktivieren.

> **Beispiel**
> Die spanische Fluggesellschaft Iberia aktiviert gem. Geschäftsbericht für 2005 Aufwendungen zur Kapazitätserweiterung oder Verbesserung der Effizienz (vermutlich Spritverbrauch).

Aktivierungspflichtige Herstellungskosten können auch **nach** Inbetriebnahme einer Anlage durch Gesetzesauflage entstehen, z. B. zum Feuerschutz, zur Umweltverträglichkeit etc.

2.3.1.2 Komponentenansatz

In den vorstehend genannten Ansatzkriterien kommt auch ohne besondere Hervorhebung der Komponentenansatz *(components approach)* zum Tragen, wie er in der Bemessungsgrundlage für die **laufenden Abschreibungen** seinen Niederschlag gefunden hat (→ § 10 Rz 7 ff.). Der Board enthält sich einer Lösung der Frage, ob (z. B.) das Triebwerk und der Rahmen eines Flugzeuges getrennte Vermögenswerte oder Bestandteile eines einheitlichen Vermögenswerts „Flugzeug“ darstellen (IAS 16.44). Er spricht von Teilbereich einer Einheit *(part of an item)*, der bei unterschiedlicher Lebensdauer **separat abzuschreiben** ist (→ § 10 Rz 7 ff.). Die separate Abschreibung führt auch zu einer gesonderten Erfassung eines Erfolges beim **Abgang** eines *part of an item* (→ § 10 Rz 8). Folgerichtig kann dann auch eine Generalüberholung *(major inspection)* das Ansatzkriterium erfüllen (Rz 38). 34

Die **bisherige** Nichtidentifizierung eines wesentlichen Bestandteils einer (z. B.) Maschinenanlage für Zwecke der (separaten) Abschreibungsverrechnung hindert nicht an einer entsprechenden Erfassung als **Abgang**, wenn dieser Maschinen-Bestandteil ersetzt wird.[26] Dann muss der bisher nicht getrennt erfasste Buchwert des abgetrennten Teils geschätzt werden. Diese Schätzung kann u. U. auf der Basis der Wiederbeschaffungskosten dieses Teils abzüglich der Abschreibungen seit Ingebrauchnahme erfolgen. Das neu beschaffte Teilstück *(part)* ist getrennt von der Gesamtanlage zu aktivieren und abzuschreiben.

Dabei kann auch der günstige oder ungünstige Ertragsbeitrag eines Teilbereichs einer Einheit (*item*) bezogen auf Marktbedingungen eine separate Abschreibungsverrechnung erfordern, sofern diese Einheit im *operating lease* (→ § 15 Rz 148) genutzt wird (IAS 16.44).

Die unbestimmte und in Teilbereichen tautologische (Rz 33) Begriffsbildung führt zu einer **ermessensbehafteten** Bilanzierungsgrundlage, vgl. hierzu auch IAS 16.9: Ermessensentscheidungen sind ausdrücklich verlangt *(judgement is required)*. 35

Das deutsche Rechnungslegungsrecht versucht traditionell mit viel Akribie, diesen **Ermessensspielraum** durch eine Komposition abstrakter Regeln verbunden mit konkreten Handlungsweisen **einzuengen**. Vorreiter ist dabei der BFH,[27] der das Abgrenzungsproblem zwischen Herstellungs- und Erhaltungsaufwand unter Auslegung der Definitionsnorm in § 255 Abs. 1 u. 2 HGB zu lösen ver- 36

---

26 So ERNST & YOUNG, International GAAP 2008, S. 982.

27 Zuletzt die BFH-Urteile v. 12.9.2001, IX R 39/97 und IX R 52/00, BStBl II 2003 S. 569 ff., sowie das diese Urteile weitgehend bestätigende BMF-Schreiben v. 18.7.2003, BStBl I 2003 S. 386.

sucht. Die HGB-Bilanzierung muss sich zwar nicht an den Befunden des BFH zwingend ausrichten, folgt ihr indes zumindest in der früheren Ausprägung durch IDW-Verlautbarung.[28] Für die IFRS-Rechnungslegungspraxis stellt sich aus Sicht des deutschen Anwenders die Frage, inwieweit die BFH-Kriterien auch nach IFRS beachtlich sind, woraus dann Folgeentscheidungen für die Steuerlatenzrechnung gezogen werden müssen (→ § 26 Rz 16ff.).

Der Vergleich zu den (expliziten) IFRS-Regeln (Rz 33) fällt wie folgt aus:

- Bezüglich des laufenden Unterhaltungsaufwandes *(day to day service)* gibt es keinen Unterschied, mit einer Ausnahme: Wenn der laufende Unterhalt zeitlich und sachlich mit Herstellungsaufwand verknüpft ist, gilt nach HGB/EStG[29] Zusammenfassung der Aufwendungen, nach IFRS[30] dagegen Trennung.
- Umgekehrt ist die turnusmäßig nach einigen Jahren durchzuführende Neuauskleidung des Hochofens mit feuerfestem Material nach IAS 16.12 aktivierbar, nach deutschem HGB und EStG dagegen nicht.
- Generalüberholungen *(major inspections)* sind nach IAS 16.14 zu aktivieren (Rz 38), nach HGB/EStG dagegen nicht.
- Die genannte BFH-Rechtsprechung ist primär auf die Verhältnisse eines **Gebäudes** ausgerichtet, die IFRS-Regeln sind allgemeiner gehalten. Zur Konkretisierung werden lediglich die wenig verallgemeinerungsfähigen Verhältnisse eines **Flugzeuges** ins Visier genommen.

Soweit nach der BFH-Rechtsprechung und dieser folgend der handelsrechtlichen Rechnungslegungspraxis eine **Nachaktivierung** als Herstellungsaufwand in Betracht kommt, sind u.E. in aller Regel auch die (abstrakten, vgl. Rz 32) Ansatzkriterien nach IAS 16.7 erfüllt:[31] Es genügt die Wahrscheinlichkeit des künftigen Nutzenzuflusses. Nach BFH/HGB ist aktivierungspflichtiger Herstellungsaufwand anzunehmen bei:

- Neuschaffung,
- Erweiterung (IAS 16.10: *„add to"*),
- über den ursprünglichen Zustand hinausgehender wesentlicher Verbesserung eines Wirtschaftsguts/Vermögensgegenstands.[32]

Beispiel

Die Flughafen-AG erneuert die rechte Landebahn. Der weitere Sachverhalt soll wie folgt variiert werden:

- Es liegt ein Vollverschleiß vor.
- Eine auf die bisherige Asphaltdecke „aufgepfropfte" weitere Decke soll den Betrieb mit schwereren Flugzeugen ermöglichen.
- Die linke Landebahn wird verlängert, um die Flugsicherheit angesichts der zu wartenden schwereren Flugzeuge, die die rechte Landebahn benutzen sollen, zu gewährleisten.

---

28 Stellungnahme des wohnungswirtschaftlichen Fachausschusses beim IDW I/1996, FR 1997, S. 288.

29 BFH, Urteil v. 25.8.2009, IX R 20/08, BStBl II 2010 S. 125.

30 Deloitte, iGAAP 2010, Tz 6.3.54.

31 Ähnlich Scheffler/Glaschke, StuB 2006, S. 496; a.A. Scheinpflug, in: Beck'sches IFRS-Handbuch, 3. Aufl., 2009, § 5, Rz 88.

32 Dem folgt in Teilbereichen die deutsche IFRS-Bilanzierungspraxis, vgl. Keitz, von, Praxis der IASB-Rechnungslegung, 2. Aufl., 2005, S. 56.

Lösungshinweise

- Bei Vollverschleiß der bisherigen Landebahn liegt ein Abgang des vorhandenen Vermögenswertes verbunden mit dem Zugang eines neuen vor („Zweit"-Herstellung).
- Die Verstärkung der Asphaltdecke auf der rechten Landebahn erschließt zusätzliche Einnahmequellen durch den Betrieb mit größeren Flugzeugen. Dadurch werden künftig zusätzliche Einnahmen *(increased future economic benefits)* ermöglicht. Also liegen Herstellungskosten vor.
- Die Verlängerung der linken Landebahn hängt zusätzlich mit der Befestigung der rechten zusammen und teilt deren bilanzrechtliches Schicksal: Es liegen Herstellungskosten vor.

Am ehesten bestehen Abgrenzungsprobleme bez. der – in deutscher Terminologie – wesentlichen **Verbesserung.**

Beispiel[33]
Eine Supermarktkette baut eine Verkaufsfiliale grundlegend zur besseren Warenpräsentation um und installiert eine Cafeteria im Untergeschoss. Nach den Budgets ist mit einer Umsatzsteigerung von 15 % zu rechnen, weil neue Kundenkreise angesprochen werden.
Die Kosten des Umbaus können genau bestimmt werden; außerdem werden mit dem Umsatzwachstum von 15 % künftige wirtschaftliche Nutzungen (Rz 4) geschaffen. Die Umbaukosten sind zu aktivieren.

Zweifelhaft ist die Lösung nach IFRS z.B. für eine Fassadenrenovierung, u.U. mit Anbringung eines bislang nicht vorhandenen Dämmschutzes. U. E. sind derlei Unterhaltsmaßnahmen nicht aktivierbar.

Die Abgrenzungsmerkmale von Erhaltungs- und Herstellungsaufwand sind 37
nicht auf die **Definition** des **Vermögenswerts** (z.B. Gebäude oder Flugzeug) ausgerichtet (Rz 32). Gleichwohl ist die Tendenz zu einer „Atomisierung" des Vermögenswerts (Rz 34) unübersehbar (→ § 10 Rz 8). Dieser *components approach* führt i.d.R. zu einer **Beschleunigung** des **Abschreibungsverlaufs**, aber auch zu einer **„schnelleren" Aktivierung** bei **Ersatzbeschaffungen**.

Beispiel
In der früheren BFH-Rechtsprechung bis Anfang der 70er Jahre wurde ein Gebäude systematisch **„atomisiert"**. Man wertete z.B. die Heizungs- und die Elektroanlage als eigenständiges Wirtschaftsgut. Entsprechend wurde der Ersatz der alten Heizungsanlage durch eine neue als aktivierungspflichtig angesehen. Nach der jetzigen Rechtslage ist es gerade umgekehrt: Das Gebäude ist **weiter** definiert und umfasst auch die Heizungs- und die Elektroanlage (vgl. zur Abschreibungsverrechnung hierzu die Beispiele in → § 10 Rz 9). Wird eine dieser Anlagen ersetzt, liegt Erhaltungsaufwand vor (abge-

33 Nach PwC, IFRS Manual of Accounting 2008, Tz 16.73.

sehen von dem Fall der Ersetzung der nicht mehr funktionsfähigen Anlage in zeitlichem Zusammenhang mit dem Gebäudeerwerb).
Dazu ein **Gegenbeispiel** nach IAS 16.13:

Sachverhalt

- Die Innenausstattung eines Flugzeugs wird regelmäßig erneuert, z.B. durch Einbau neuer Sitze.
- Die Nutzungsdauer des Flugzeugs ist wesentlich länger als der Erneuerungsrhythmus für die Innenausstattung.

Bilanzierungsfolge

- Die Innenausstattung wird als Teil eines Vermögenswerts *(component)* betrachtet mit der Folge einer vom Flugzeug getrennt zu ermittelnden Abschreibungsdauer. Die Ersetzung der Innenausstattung ist dann jedes Mal aktivierbar. Ein etwaiger Restwert der alten Einrichtung ist als Abgang auszubuchen. Vgl. aber zur Praxis → § 10 Rz 12.
- Ebenso kann ein Triebwerk als ein solches *component* angesehen werden (IAS 16.44).

Weiteres Beispiel

Ein Fußballstadion hat eine Nutzungsdauer von 25 Jahren, die Bestuhlung von 10 Jahren. Letztere ist als *part* des *item* „Stadion" von diesem getrennt nach Maßgabe der zugehörigen Anschaffungskosten auf 10 Jahre abzuschreiben.

Weiteres Beispiel aus der BFH-Rechtsprechung[34]

- Die Karosse eines Autos und der Motor sind **ein** (einziges) Wirtschaftsgut.
- **Folge**: Der Einbau eines Austauschmotors ist Erhaltungsaufwand.

Weitere Beispiele aus der deutschen Rechnungslegungspraxis

- Die Turbine einer industriellen Großanlage kann als Bestandteil des Vermögensgegenstands „Hauptmaschine" angesehen werden.[35]
- Der PC-Arbeitsplatz – ausgestattet mit Zentraleinheit, Bildschirm, Tastatur etc. – kann als einheitlicher Vermögensgegenstand gewertet werden.[36] Aber auch die „Zerlegung" dieses Arbeitsplatzes in selbstständige Vermögensgegenstände ist für richtig erachtet worden.[37]
- Ein mobiles Autotelefon soll einen eigenständigen Vermögensgegenstand darstellen.[38]

IAS 16 liefert zu den beiden letztgenannten Beispielen keine verbindlichen Vorgaben. Der Anwender kann im Rahmen des Ermessensspielraums (Rz 35) daher

---

34 BFH, Urteil v. 30.5.1974, IV R 56/72, BStBl II 1974 S. 520.

35 Koths, JbFStR 1996, S. 178; vgl. hierzu auch Heuser/Theile, IAS/IFRS-Handbuch, 4. Aufl., 2009, Tz 1115.

36 So FG München, EFG 1993, S. 214, und OFD Berlin, DB 1997, S. 1741. So auch BFH, Urteil v. 19.2.2004, VI R 135/01, DStR 2004, S. 81.

37 FG Rheinland-Pfalz, DStRE 2001, S. 1143.

38 BFH, Beschluss v. 20.2.1997, II B 98/96, BStBl II 1997 S. 360; weitere Beispiele bei Hoffmann, § 6, in: Littmann/Bitz/Pust, EStG, Tz 696.

u. E. vielfach auch den Vorgaben des HGB/EStG folgen, dies gilt auch für den Begriffsinhalt der sogenannten **anschaffungsnahen Herstellungskosten** mit der gesetzlichen 15-%-Grenze.[39]

Zum Komponentenansatz sind weitere Beispiele in → § 10 Rz 9ff. bez. der **Abschreibungs**verrechnung wiedergegeben.

2.3.1.3 Regelmäßige Generalüberholungen oder Großinspektionen

Teile bestimmter Anlagegüter bedürfen („*condition*") regelmäßig einer **Generalüberholung** oder **Großinspektion** (IAS 16.14). Typisches Beispiel sind Verkehrsflugzeuge (D-Check) *(overhaul)*. Die Kosten für diese Generalüberholung sind **separat** als *inspection component* zu aktivieren, wenn 38

- die Großreparatur in regelmäßigen Abständen durchgeführt wird,
- die Anlage nur nach der Großreparatur weiterbetrieben werden kann,
- zuvor aktivierte Kosten der Großreparatur abgeschrieben und
- die allgemeinen Ansatzkriterien erfüllt sind.

Die Fluggesellschaften[40] werten die größeren Inspektionen als *component*, allerdings mit unterschiedlicher Begriffsabgrenzung:

- Die Alitalia behandelt den D-Check *(overhaul)* und die *IL-Inspections* als Komponente mit einer Abschreibungsdauer zwischen 5 und 8 Jahren.
- Ähnlich verfährt British Airways unter Einbeziehung der entsprechenden Ersatzteile und verbucht umgekehrt die übrigen Ersatzteile und die Kosten unter den *„power by hour"*-Verträgen (Inspektionen nach Maßgabe der Flug- bzw. Nutzungszeit) als Aufwand bei Anfall.
- Anders verfährt Singapore Airlines: Sie aktiviert auch die Aufwendungen für die *„power by hour"*-Verträge.

Die **Abschreibung** erfolgt durchweg nach Maßgabe des jeweiligen Inspektionsintervalls.

Nicht eindeutig ist der Inhalt von *„condition"* (in der offiziellen deutschen Übersetzung „Voraussetzung"). Die wohl herrschende Lesart versteht darunter eine rechtlich vorgeschriebene Inspektion (z. B. „TÜV"). Die Anwendungsbeispiele beziehen sich dementsprechend auf derlei Überwachungsmaßnahmen wie dem erwähnten D-Check für Verkehrsflugzeuge. *„Condition"* kann aber auch ökonomisch verstanden werden, nämlich als Erfüllung aller Voraussetzungen für den sicheren kommerziell ausgerichteten Betrieb einer Anlage.

Nach HGB/EStG sind die Aufwendungen für solche Generalüberholungen bei Anfall ergebniswirksam zu verbuchen. In zwischenperiodischer Betrachtung ist die Aufwandsverteilung nach IFRS **gleichmäßig**, nach HGB **„sprunghaft"**. Das gleiche zwischenperiodische Ergebnis könnte nach HGB in anderer Darstellungsform durch zeitanteilige Zuführung zu einer Aufwandsrückstellung erreicht werden, die allerdings nach dem BilMoG nicht mehr zulässig ist.

Als „Komponente" der Anschaffungs- oder Herstellungskosten eines Anlagegutes kommen also nicht nur **physische**, sondern auch **virtuelle** Bestandteile

---

[39] Gemäß § 6 Abs. 1 und 1a EStG i. d. F. d. Steueränderungsgesetzes 2003; ANDREJEWSKI/BÖCKEM (KoR 2005, S. 78) halten eine Grenzmarke von 5 % für vertretbar. Dabei stützen sie sich auf die „Signifikanzgrenze" für Bestandteile der Anschaffungs- und Herstellungskosten, die nicht getrennt zu aktivieren sind (→ § 10 Rz 7ff.). Die letztgenannte Grenze wird durch die internationale Praxis in einem analogen Fall nicht bestätigt.

[40] Vgl. die Beispiele in → § 10 Rz 12.

infrage. Zur Separierung einer solchen „Generalüberholungskomponente" innerhalb der Zugangsbewertung dient ein Vergleich mit der TÜV-Überwachung von Autos: Ein Pkw, der gerade den TÜV absolviert hat, ist höherwertig als ein vergleichbarer ohne TÜV-Abnahme.

Beispiel[41]

- Im Anschaffungspreis einer langlebigen, regelmäßig Großinspektionen zu unterziehenden Anlage ist schon eine bis zum ersten wirklichen Inspektionstermin abzuschreibende Inspektionskomponente enthalten (eingepreist).
- Mit tatsächlicher Durchführung des ersten Inspektionstermins ist der Restbuchwert der kalkulatorisch im Kaufpreis enthaltenen Komponente auszubuchen und durch die tatsächlichen Kosten der ersten Inspektion zu ersetzen.
- Im zweiten tatsächlichen Inspektionstermin wird ein eventueller Restbuchwert der ersten tatsächlichen Inspektion ausgebucht und durch die Kosten der zweiten Inspektion ersetzt usw.

Buchmäßige Abwicklung: Ein Flugzeug wird Anfang 01 für 32,25 Mio. EUR angeschafft. Davon entfallen geschätzt

- 10 Mio. EUR auf die Triebwerke, welche eine Nutzungsdauer von 5 Jahren haben,
- 20 Mio. EUR auf den Rumpf mit einer Nutzungsdauer von 20 Jahren,
- 2,25 Mio. EUR auf die Inspektionskomponente.

Eine Großinspektion soll (bei planmäßigen jährlichen Flugstunden) alle 2¼ Jahre erfolgen. Tatsächlich ist die Zahl der jährlichen Flugstunden höher, sodass die erste Großinspektion bereits Ende 02 fällig ist. Ihre Kosten sind – anders als erwartet – 2,5 Mio. EUR. Die Buchungen ergeben sich dann wie folgt:

Datum	Konto	Soll	Haben
Anfang 01:	Flugzeug	32,25 Mio. EUR	
	Bank		32,25 Mio. EUR
31.12.01 bis 02:	Abschreibung Rumpf	1 Mio. EUR	
	Flugzeug		1 Mio. EUR
	Abschreibung Triebwerke	2 Mio. EUR	
	Flugzeug		2 Mio. EUR
	Abschreibung Inspektionskomponente	1 Mio. EUR	
	Flugzeug		1 Mio. EUR
Zusätzlich zum 31.12.02:	Restbuchwertabgang Inspektionskomponente	0,25 Mio. EUR	
	Flugzeug		0,25 Mio. EUR
	Flugzeug	2,5 Mio. EUR	
	Bank		2,5 Mio. EUR

41 Janssen, Aktivierung und Abschreibung von Großinspektionen, PiR 2005, S. 46.

Von den separat zu aktivierenden und abzuschreibenden Kosten der Generalüberholung **abzugrenzen** sind die **Komponenten** einer Anlage, deren Nutzungsdauern sich von der „Hauptanlage" unterscheiden (Rz 34ff.), im vorherigen Beispiel etwa Rumpf und Triebwerk des Flugzeuges.
Eine detaillierte Kommentierung des *components approach* enthält → § 10 Rz 7ff. Wegen Besonderheiten im Übergangsverfahren nach IFRS 1 wird verwiesen auf → § 6 Rz 47.

2.3.2 Immaterielle Vermögenswerte

39 Wie für sächliches gelten auch für immaterielles Anlagevermögen keine besonderen Ansatzregeln (→ § 13 Rz 18ff.) betreffend die **nachträglichen** Aufwendungen auf einen bereits vorhandenen Vermögenswert. Solche Aufwendungen sollen allerdings nur **selten** (*only rarely*) die Ansatzkriterien erfüllen (IAS 38.20). Der Komponentenansatz (Rz 32ff.) gilt nicht für immaterielle Vermögenswerte.

2.4 Verfahren zur Ermittlung der Anschaffungs- und Herstellungskosten

2.4.1 Überblick

40 Nach HGB und, diesem folgend, dem EStG sind folgende **Bewertungsverfahren** zu unterscheiden[42] und mit den IFRS-Regeln zu konfrontieren:

	HGB	IFRS
Einzelbewertung	**§ 252 Abs. 1 Nr. 1**	2.23 i.V.m. F.82
Durchschnittsbewertung	**§ 240 Abs. 4 2. Alt. i.V.m. § 256 S. 2**	2.25
Gruppenbewertung	**§ 240 Abs. 4 1. Alt. i.V.m. § 256 S. 2**	2.24
Festwert	**§ 240 Abs. 3 i.V.m. § 256 S. 2**	*materiality*[43] IAS 16.9
Verbrauchsfolgebewertung	**§ 256**	2.25
Retrograde Bewertung	Häufig im Einzelhandel[44]	

41 Die vorstehende Tabelle zeigt die weitgehende Übereinstimmung zwischen HGB (und damit auch EStG) und IFRS. Ausgangspunkt ist nach beiden Rechnungslegungssystemen der **Einzelbewertungs**grundsatz. Nach § 252 Abs. 1 Nr. 1 HGB sind die Vermögenswerte **„einzeln"** zu bewerten. Dies gilt nach IFRS uneingeschränkt für sächliches (IAS 16.30 *„an item"*) und immaterielles

[42] Zum Folgenden vgl. Hoffmann, § 6, in: Littmann/Bitz/Pust, EStG-Kommentar, Tz 65ff. Siehe auch Jacobs/Schmitt, IAS 2, in: Baetge u.a., Rechnungslegung nach IAS, 2. Aufl., 2002, Tz 82ff.

[43] Zutreffend Lüdenbach, IFRS, 6. Aufl., 2010, S. 194 Festwerte sind auch nach HGB nur bei untergeordneter Bedeutung („Unwesentlichkeit") zulässig. Vgl. auch → § 14 Rz 8.

[44] Vgl. Hoffmann, PiR 2006, S. 240.

Anlagevermögen (IAS 38.18 *„an ... asset“*). Für den Bereich des **Vorrats**vermögens geht IAS 2.24 systematisch von einer *specific identification of their individual costs* aus, die bei nicht austauschbaren *(not interchangeable)* Gütern und bei Gütern und Dienstleistungen für besondere Projekte *(specific projects)* möglich ist. In deutscher Terminologie kann man von nicht vertretbaren Gütern sprechen. Beispiele sind Juwelen, hochwertige Uhren, Sonderanfertigungen von Pkws (*„stretched“*), Bauträgerobjekte u. a.

42 Umgekehrt ist eine **Abweichung** vom Einzelbewertungsgrundsatz zulässig, wenn es sich um austauschbare *(interchangeable)* Güter in großer Stückzahl handelt (IAS 2.24). Dann sind nach IAS 2.25 **vereinfachende** Verfahren zulässig, nämlich nach

- dem gewogenen Durchschnitt,
- *first in, first out* (Fifo).

2.4.2 Einzelne vereinfachende Verfahren

2.4.2.1 Durchschnittsmethode

43 Bei der Durchschnittsmethode erfolgt die Bewertung des Bestandes am Bilanzstichtag mit den gewogenen durchschnittlichen Anschaffungs- oder Herstellungskosten des Anfangsbestandes zuzüglich der Zugänge während des Jahres.

Beispiel[45]			
Anfangsbestand		1.000 kg à 10,00	= 10.000
Zukauf 1	+	2.000 kg à 12,00	= 24.000
Zukauf 2	+	1.500 kg à 13,00	= 19.500
Zukauf 3	+	2.500 kg à 14,50	= 36.250
Summe		7.000 kg	= 89.750

Durchschnittswert: 89.750 : 7.000 = 12,82

44 Die Durchschnittsmethode gibt nicht die tatsächlichen Einstandskosten wieder, kommt diesen aber bei stabilen Preisen sehr nahe. Bei steigenden Preisen gefährdet die Durchschnittsmethode tendenziell die Substanzerhaltung, bei fallenden Preisen kommt es in der Tendenz zu einer Überbewertung.

2.4.2.2 Die Fifo-Methode

45 *First in, first out*: Es wird bei der Bilanzbewertung unterstellt, dass sich die Lagerzugänge mit den -abgängen synchron verhalten; je früher der Zugang, desto früher der Verbrauch.

---

[45] Die nachfolgenden Beispiele sind entnommen von Mayer-Wegelin, in: Küting/Weber, Handbuch der Rechnungslegung, 5. Aufl., § 256 HGB, Tz 12ff.

Beispiel (für Perioden-Fifo)			
Anfangsbestand		1.000 kg à 10,00	= 10.000
Zukäufe	+	1.500 kg à 15,00	
Abgang	./.	1.000 kg à 10,00	
Abgang	./.	500 kg à 15,00	
Endbestand		1.000 kg à 15.00	= 15.000

46 Bei steigenden Preisen ist die Substanzerhaltung tendenziell noch mehr gefährdet als bei der Durchschnittsmethode, umgekehrt wurden bei fallenden Preisen stille Reserven gebildet. Das Fifo-Verfahren fördert den Einblick in die Vermögenslage des Unternehmens, aber zu Lasten des Einblicks in die Ertragslage.
Zur buchtechnischen Darstellung des Übergangs von der Durchschnitts- auf die Fifo-Methode wird auf das Beispiel in → § 24 Rz 30ff. verwiesen.

2.4.2.3 Die Lifo-Methode

47 *Last in, first out*: Es wird bei der Bilanzbewertung unterstellt, dass sich die Lagerabgänge im Zeitverlauf gerade gegensätzlich zu den -zugängen verhalten; je später der Zugang, desto früher der Verbrauch. Diese Methode ist ab 2005 nicht mehr zulässig.

2.5 Sonderfälle

2.5.1 Tauschgeschäfte

48 Bei der Abbildung von Tauschgeschäften im Jahresabschluss ist von **zwei** wesentlichen **Grundüberlegungen** auszugehen, die miteinander verknüpft sind:

- Wenn zwei Kontrahenten sich über die Wertdifferenz des potenziellen Tauschgutes einig sind, können sie ohne (wirtschaftliche) Beschränkung nach „oben" **jeden Kaufpreis** förmlich festlegen.

> **Beispiel**
> Der Profifußballklub FC Forza Italia ist bereit, Spieler S an den Klub Real Espana gegen Eintausch von Spieler T abzugeben. Man einigt sich im Verhandlungsweg auf einen „Mehrwert" von S gegenüber T von 8 Mio. EUR (Tausch mit Baraufgabe, *exchange for a combination of monetary and non-monetary assets*). Die Kaufpreise können dann ohne Restriktion durch wirtschaftliches Eigeninteresse auf 18 Mio. EUR für S und 10 Mio. EUR für T oder z.B. auf 58 bzw. 50 Mio. EUR festgelegt werden.

- Aus dem vorstehend dargestellten ökonomischen determinierten Tatbestand folgt die Frage, ob und gegebenenfalls in welcher Höhe eine **Gewinnrealisierung** anzunehmen ist.

49 Das **handels**rechtliche Schrifttum war traditionell **vorsichtig** ausgerichtet und verneinte einen Gewinnrealisierungsakt, wandelte seine Auffassung dann zu

einem **Wahlrecht** zwischen Buchwertfortführung und Gewinnrealisierung.[46] Das **Steuerrecht** geht seit dem Tauschgutachten des BFH[47] vom Erfordernis der **Gewinnrealisation** auf der Basis der gemeinen Werte aus.[48] Dem entsprechen die IFRS konzeptionell, wenn sie in IAS 16.24–26 für sächliches Anlagevermögen und in IAS 38.45–47 für immaterielle Vermögenswerte die Bewertung zum *fair value* des erworbenen bzw. hingegebenen Vermögenswertes als Regelmaß vorschreiben.

Die **Einzelheiten**[49] der Bewertungsvorgaben mit Beispielen sind dargestellt für

- **sächliches** Anlagevermögen in → § 14 Rz 13f.,
- **immaterielles** Anlagevermögen in → § 13 Rz 74.

Ein Tauschvorgang kann sich nicht nur **innerhalb** der beiden eben genannten Bereiche von Vermögenswerten vollziehen, sondern auch **dazwischen**, also z.B. Tausch eines immateriellen gegen einen sächlichen (Anlage-)Wert (IAS 16.24 sowie IAS 38.45) oder mit oder gegen eine als Finanzinvestition gehaltene Immobilie (IAS 40.27).

2.5.2 Einlagen, Einbringungen

50 IFRS 2 (→ § 23) befasst sich auch mit der Bewertung von **Einlagen** bzw. **Einbringungen** einzelner Vermögenswerte gegen Gewährung von Gesellschaftsrechten (Sachkapitalerhöhung).

Aus Sicht der Gesellschaft liegt eine Anschaffung gegen aktien- bzw. anteilsbasierte **Vergütung** vor (→ § 23). Die Bewertung hat primär mit dem *fair value* des eingebrachten Vermögenswertes zu erfolgen (→ § 23 Rz 62). Den hierin zum Ausdruck kommenden **Tauschgedanken** – Anschaffung eines Vermögenswertes gegen Hingabe von Gesellschaftsrechten – mag man für richtig oder für falsch halten. Aus Konsistenzgründen wird man ihm jedenfalls auch beim einlegenden Unternehmen (**Gesellschafter)** folgen müssen: Anschaffung der Anteile gegen Hingabe des Vermögenswertes. Einen niedrigeren Buchwert unterstellt, kommt es dann beim einlegenden Unternehmen zur **Gewinnrealisierung**. Nicht anzuwenden sind die Bewertungsregeln des IFRS 2 für **Unternehmenszusammenschlüsse** (IFRS 2.5); diese Fälle unterliegen den Vorgaben von IFRS 3[50] (→ § 31 Rz 99).

51 Die **verdeckte** Einlage ohne Ausgabe von Gesellschaftsrechten ist hingegen weder in IFRS 2 noch in einem anderen Standard förmlich geregelt. Nach der in IAS 8.11 vorgegebenen Auslegungshierarchie (→ § 1 Rz 74) sind vorrangig Regelungen zu ähnlichen Vorgängen in anderen Standards heranzuziehen. Dazu könnte vielleicht IAS 31.48 i.V.m. SIC 13 (→ § 34 Rz 45ff.) dienen: Soweit die Einbringung zugunsten der „eigenen" Beteiligung erfolgt, scheidet eine Gewinnrealisierung beim Einbringenden aus und hat die Gesellschaft die Buchwerte des einlegenden Unternehmens fortzuführen; umgekehrt ist eine Gewinnrealisierung beim einlegenden und ein Zeitwertansatz beim aufnehmenden Unternehmen im Umfang der Fremdbeteiligungsquote vorzunehmen.

---

46 Einzelheiten bei ADLER/DÜRING/SCHMALTZ, 6. Aufl., § 255 HGB, Tz 89ff.

47 BFH, Urteil v. 16.12.1958, ID 1/57 S, BStBl III 1959 S. 30.

48 Einzelheiten bei HOFFMANN, in: LITTMANN/BITZ/PUST, EStG, § 6, Tz 195ff.

49 Vgl. auch FREIBERG, PiR 2007, S. 171.

50 Vgl. LÜDENBACH, PiR 2006, S. 93.

Vorzugswürdig erscheint allerdings eine Auslegung, die sich **unmittelbar** auf den Regelungsgehalt von IFRS 2 stützen kann,[51] und zwar ausgehend von der Bewertung des Zugangsobjektes (Rz 50) mit dem *fair value*, soweit dieses die Ansatzkriterien erfüllt. Dieser Bewertungsmaßstab gilt aber auch für nicht aktivierbare Leistungsbezüge, z.B. Dienstleistungen und Nutzungsvergütungen (abgesehen von Mitarbeitervergütungen, → § 23).

Voraussetzung zur Anwendung von IFRS 2 ist die Gewährung von Anteilen (*share based*, IFRS 2.2), also eine sog. **offene** Einlage. Das schließt eine „gemischte" Einlage – gegen (neue) Gesellschaftsrechte **und** Einstellung in die Rücklage – nicht aus. Im Extremfall kann die Anteilskomponente deshalb z.B. 1.000 EUR und die „Rücklagenkomponente" z.B. 999.000 EUR betragen. IFRS 2 ist dann anwendbar.[52] Von dieser Grenzmarke ausgehend ist der Schritt in die „reine" verdeckte Einlage ohne (minimale) Gewährung von Gesellschaftsrechten unter *substance-over-form*-Gesichtspunkten nicht mehr weit. 52

Die **erfolgsneutrale** Zugangsverbuchung (im Eigenkapital) wird auch im **Umkehrschluss** zu den (unentgeltlichen) Zuwendungen der öffentlichen Hand gestützt. Nach heftiger Debatte hat sich der Board für eine erfolgswirksame Vereinnahmung dieser Zuschüsse entschieden (→ § 12 Rz 19), u.a. weil sie nicht von Anteilseignern geleistet werden (IAS 20.15a). Entsprechend ist auch F. 70a zu lesen (→ § 1 Rz 106). 53

Ein weiteres Argument für eine Zugangsverbuchung mit dem Wert der empfangenen Gegenleistung kann aus IFRS 2.BC31 abgeleitet werden. Die Ratio von IFRS liegt danach in der buchmäßigen Abbildung der von der Gesellschaft **erhaltenen Güter** und **Dienstleistungen**, unabhängig davon, ob die Gesellschaft dafür Eigenkapitalinstrumente ausgibt. Diese Lösung wird durch IFRIC 11 **bestätigt** (→ § 23): Aktienorientierte Vergütungen an Mitarbeiter von Tochterunternehmen sind bei Letzterem als Eigenkapitalzugang zu verbuchen, auch wenn zu dieser Transaktion Eigenkapitalinstrumente der Muttergesellschaft eingesetzt werden. Dieser Eigenkapitalzugang beim Tochterunternehmen kann dann nur in die Rücklagen (= verdeckte Einlage) eingebucht werden. 54

Entsprechend sind u.E. **Nutzungsvorteile** aus z.B. unentgeltlicher Überlassung von Gebäuden oder Liquidität (unverzinsliche Darlehen) als Einlage beim empfangenden Unternehmen zu verbuchen. Das steuerliche Verbot der Nutzungseinlage[53] ist demgegenüber nicht einschlägig, da dessen Ratio (profiskalisch) gegen die Nichtversteuerung von Nutzungsmöglichkeiten ausgerichtet ist. 55

Soweit das Steuerrecht einen anderen Erstansatz verlangt als die IFRS, kommt es gem. IAS 12.22c) nicht zu einer **Steuerlatenzrechnung** (→ § 26 Rz 45).

2.5.3 Abbruchkosten

Speziell im Fall von Grundstücken gehen Abbruchkosten häufig einher mit Neuanschaffungen oder -herstellungen. Die IFRS behandeln diesen Themenkomplex nicht im Einzelnen, anders als etwa das deutsche Einkommensteuer- 56

---

[51] Nach LÜDENBACH/FREIBERG, BB 2007, S. 1545.

[52] Eine Parallele zu § 20 Abs. 1 UmwStG.

[53] BFH, Beschluss v. 26.10.1987, GrS 2/86, BStBl II 1988 S. 348.

recht.[54] Die zitierte BFH-Rechtsprechung und die zugehörigen Verwaltungsanweisungen berücksichtigen sinnvoll die wirtschaftlichen Begleitumstände des Grundstückerwerbs und des nachfolgenden Gebäudeabrisses. U. E. können diese Kriterien einer Lösung nach den IFRS auf der Basis des **Wertschöpfungsgedankens** zugrunde gelegt werden.

Beispiel
Sachverhalt
Ein Gebäude wird abgerissen, um einem Neubau Platz zu machen. Die bisherigen Gebäudebestandteile sind nicht mehr verwertbar und werden entsorgt.
Lösung
Mit dem Abbruch ist keine Wertschöpfung für den Neubau verbunden, der Restbuchwert des Gebäudes und die Abbruchkosten sind in vollem Umfang als Aufwand zu behandeln.
Anders wäre die Lösung, wenn Teile des abgebrochenen Gebäudes für den Neubau verwendet werden können, die also noch vorhandenen Werte in den Neubau eingehen. Letzteres ist auch dann der Fall, wenn Mauerreste etc. recycelt werden, denn dadurch wird die Anschaffung und Verwendung „externer" Baumaterialien – Kies und Sand – erspart.

Nach anderer Ansicht werden die Abbruch- und Entsorgungskosten **insgesamt** als Bestandteil der Herstellungskosten des Neubaus nach IAS 16.17b (*costs of site preparation*) angesehen.[55]
Ein weiterer typischer Themenbereich bezieht sich auf den **Abriss** eines Gebäudes in nahem zeitlichen Zusammenhang mit dem Erwerb des zugehörigen Grundstücks. Indiziell ist der Erwerb im Hinblick („*final*", Rz 17) auf den beabsichtigten Neubau erfolgt; der alsbald nach dem Erwerb erfolgte Abriss des noch auf dem Grundstück befindlichen Gebäudes spricht eindeutig für die Erwerbsabsicht nur des Grund und Bodens, um hierauf ein neues Gebäude zu errichten. Der Kaufpreis für das Grundstück mit dem Altbau entfällt in vollem Umfang auf den Grund und Boden.[56] Dabei ist unerheblich, ob mit dem Neubau alsbald nach dem Abriss des Altbaus begonnen wird oder nicht.

2.5.4 Entfernungs- und Rückbauverpflichtungen

57 Der Betrieb größerer Anlagen ist häufig mit der **Verpflichtung** zur **Entfernung** oder zum **Rückbau** verbunden. Wegen Beispielen vgl. → § 21 Rz 80. Insofern liegt hier der Sachverhalt anders als bei den Abbruchkosten (Rz 56), die nicht auf gesetzlicher oder vertraglicher Verpflichtung entstehen, und **vor** dem Nutzungsbeginn anfallen. Die geschätzten Kosten sind gem. IAS 16.16c (Rz 19) zu aktivieren. Wegen der Zugangsbewertung im Übrigen wird verwiesen auf → § 21 Rz 80ff., wegen der Folgebewertung auf → § 21 Rz 158ff.

---

54 Grundlage ist der Beschluss des BFH v. 12.6.1978, GrS 1/77, BStBl II 1978 S. 620; vgl. hierzu auch Beiser, DB 2004, S. 2007.
55 KPMG, Insights into IFRS 2008/2009, Tz 3.20.30.100; Witteler/Lewe, DB 2009, S. 2451.
56 Ähnlich ADS International, Abschn. 9, Tz 34.

2.5.5 Machbarkeitsstudien

Zweifelhaft ist die Aktivierbarkeit von dem Anschaffungsvorgang **vorgelagerten** Machbarkeitsstudien *(feasibility assessments)*. Ein Analogieschluss zur Entwicklung einer Webseite (→ § 13 Rz 41) verneint die Aktivierbarkeit,[57] umgekehrt der Vergleich mit den als aktivierbar angesehenen Kosten einer *due diligence* im Rahmen eines Unternehmenserwerbs (→ § 31 Rz 39), der allerdings künftig nicht mehr als Anschaffungskostenbestandteil gelten soll. U. E. spricht der Anschaffungskostenbegriff **gegen** die Aktivierbarkeit der Kosten einer Machbarkeitsstudie, da diese erst den Anschaffungsvorgang in die Tat umsetzt oder eben nicht. 58

2.5.6 Umplanungen

Während der Bauphase eines größeren Gebäudekomplexes können sich wesentliche Umplanungen ergeben. Dabei ist die Aktivierung von „Doppelkosten" zu vermeiden. 59

Beispiel[58]

Sachverhalt

H baut ein Hotel. Während der Bauphase kommen Zweifel an der Rentierlichkeit auf. H entscheidet sich für eine Umplanung zu einem Seniorenwohnheim.

Lösung

Die ursprünglichen Planungskosten sind abzuschreiben, die Kosten der Umplanung zu aktivieren.

2.5.7 Ersatzleistungen bei Abgangsverlusten

Schadensersatz- oder **Versicherungs**leistungen im Zusammenhang mit Anlageabgängen sind erfolgswirksam zu vereinnahmen.[59] Eine Rücklage für Ersatzbeschaffung nach EStG kennen die IFRS nicht. 60

Beispiel

Sachverhalt

- Ein Gebäude wird durch Brand vollständig zerstört.
- Buchwert 600
- Versicherungsentschädigung 1.000
- Wiederherstellungskosten 900

---

57 So KPMG, Insights into IFRS 2008/2009, Tz 3.2.30.60.

58 Nach KPMG, Insights into IFRS 2008/2009, Tz 3.2.30.110.

59 So KPMG, Insights into IFRS 2008/2009, Tz 3.2.430.10 mit den nachfolgenden Beispielen.

Lösung

- Folgende Buchungen sind vorzunehmen:

Konto	Soll	Haben
Aufwand	600	
Gebäude		600
Geld	1.000	
Ertrag		1.000
Gebäude	900	
Geld		900

- Diese Buchungen können in verschiedenen Perioden anfallen.

2.5.8 Bedingte Kaufpreisbestandteile

2.5.8.1 Systematik

61 Bedingte Kaufpreisbestandteile (*contingent considerations*) werden lediglich in IFRS 3 zum **Unternehmenserwerb** behandelt (→ § 31 Rz 57ff.). Zur Bestimmung der Anschaffungskosten von Vermögenswerten außerhalb eines Unternehmenserwerbs fehlen entsprechende Regelungen in den einschlägigen Standards IAS 16 (→ § 14), IAS 38 (→ § 13), IAS 40 (→ § 16) und IAS 2 (→ § 17).

Beispiel

- Der Bauträger B verkauft das Bürohochhaus an einen Investmentfonds zu 100 unter Berücksichtigung einer aktuellen Vermietungsquote von 68 % der Gesamtfläche. Sofern innerhalb von zwei Jahren eine Quote von 92 % mit durchschnittlich 30 EUR/m^2 p. m. erreicht wird, erhöht sich der Kaufpreis um 20 auf 120. Sonst bleibt es bei dem ursprünglichen Preis von 100.
- Der Stahlproduzent S verkauft eine Menge an Rohstahl zu 1.000 EUR. Der Preis ändert sich nach Maßgabe des durchschnittlichen Umrechnungskurses EUR/USD im nächsten Halbjahr nach dem Verkauf.

Nach IFRS 3.2 (b) kann der Regelungsgehalt des IFRS 3 nicht auf den Erwerb von Vermögenswerten außerhalb einer *business combination* angewandt werden. Es bleibt also nur ein nicht zwingender **Analogieschluss** mit den in → § 31 Rz 57ff. dargestellten Regeln.

U. E. sollte allerdings eher eine Analyse der Vorgaben für die Bestimmung der Anschaffungs- und Herstellungskosten, z.B. in IAS 16, herangezogen werden. Das wäre auf der Basis der Definitionsnorm von IAS 16.6 (Rz 11) möglich, wonach zu den „*costs*" neben der Barvergütung auch **andere** Gegenleistungen gehören. Solche anderen könnten nicht nur **unbedingt** (Tauschfälle), sondern auch **bedingt** sein, wenn man lediglich auf den Wortinhalt abstellt. In dieser Sichtweise würde also die Einräumung eines bedingten Anspruchs nicht mit dem endgültigen, nach (Nicht-)Eintritt der Bedingung feststehenden Wert, sondern wie in IFRS 3 mit dem **wahrscheinlichkeitsgeprägten** Zeitwert der bedingten Vereinbarung berücksichtigt (→ § 31 Rz 58). U. E. hat allerdings diese Auslegungsmöglichkeit wenig Substanz, da die bedingten Kaufpreisbestandteile in

IFRS 3 besondere Regelungen erfahren haben, die vergleichbar in den Standardsetzungsprozess von IAS 16 usw. nicht eingeflossen sind. Deshalb sollte man, von Tauschfällen abgesehen, eher vom „*cash*" als von normalem und wesentlichem Bestandteil der Anschaffungskosten ausgehen. Diese sind dann durch die Gesamtheit der **tatsächlich** geleisteten Vergütungen vom Verkäufer gekennzeichnet, unabhängig vom Zeitpunkt der Zahlung.

Dieser Gedanke erfährt Unterstützung durch die Rechtsfigur der **zusätzlichen** Anschaffungskosten (Rz 17) und der **nachträglichen** Herstellungskosten (Rz 33). Unter dieser Annahme wären spätere Zahlungen aufgrund des Eintritts oder Nichteintritts der Kaufpreisbedingung erfolgsneutral als (Korrektur der) Anschaffungskosten zu behandeln. Dabei kann eine Einbuchung der **bedingten** Verbindlichkeit gegen die Anschaffungskosten bereits dann erfolgen, wenn der Eintritt der Bedingung überwiegend **wahrscheinlich** ist. Sobald das Ergebnis der Bedingung endgültig feststeht, muss dann eine erfolgsneutrale Anpassung von vorläufigen **Anschaffungskosten** und vorläufiger **Verbindlichkeit** erfolgen.

Ein anderer Lösungsansatz könnte die **Passiv**seite als dominierend ins Visier nehmen und die Standardregelungen für die **Verbindlichkeiten** als Wertbestimmungsgröße durchforsten. Dann sind folgende Fragen zu klären: 62

- Liegt ein **Derivat** vor, dessen Wert nicht von **parteispezifischen**, sondern von „**externen** Variablen" abhängt, z. B. dem Währungskurs, dem Zinsindex etc. (so im Beispiel unter Rz 64 die zweite Variante)? Dann ist es für die Qualifizierung als Finanzderivat i. S. v. IAS 39 und IFRS 9 **unerheblich**, ob eine Bindung an **finanzielle** oder **nichtfinanzielle** Variablen vorliegt.
- Der bedingte Kaufpreis kann auch einen *earn-out*-Charakter haben (so im Beispiel unter Rz 64 die erste Variante). Dann kommt es darauf an, ob eine **gewinnabhängige** Bedingungsvariable als finanzielle oder nichtfinanzielle Verbindlichkeit zu werten ist (→ § 28 Rz 174). Hierbei besteht ein faktisches Wahlrecht.
- Entscheidet man sich für „finanziell", liegt eine derivative Finanzverbindlichkeit vor, die mit ihrem *fair value* im Zugangszeitpunkt einzubuchen ist (IAS 39.43 bzw. IFRS 9.5.1.1.).[60]
- Entscheidet man sich für „nichtfinanziell", dann kommt man zur Lösung der bedingten Kaufpreisbestandteile bei einem **assoziierten** Unternehmen (→ § 33 Rz 50), also: Einbuchung der Kaufpreisverbindlichkeit bei überwiegend wahrscheinlichem Eintreten und späterer Korrektur nach Maßgabe des effektiven Betrags. Genauso vertretbar ist allerdings auch eine Einbuchung zunächst nur der unbedingten Verpflichtung, mit entsprechend späterer Anpassung bei Eintreten der Bedingung.

2.5.8.2 Einzelfälle

Die vorstehende Systematik zur Erfassung bedingter Kaufpreisbestandteile belegt deren nicht eindeutige Bestimmbarkeit nach dem Regelwerk der IFRS. Immer sind wenigstens zwei vertretbare Lösungen möglich. Vom Rechtsanwender kann deshalb nur eine konsistente Behandlung im Zeitverlauf zwingend erwartet werden. 63

---

60 So FREIBERG, PiR 2010, S. 358.

Nachfolgend sind einige Beispiele wiedergegeben, deren Lösungen u.E. **vorzugswürdig**, aber keineswegs als ausschließlich zu werten sind.

64 Nicht zwingend muss der Erwerb eines Vorratsvermögens (Rohmaterial oder Ware) gegen einen **festen** Kaufpreis erfolgen. Denkbar ist auch eine **Beteiligung** des Verkäufers am **Erlös** des Erwerbers aus dem verkauften Rohmaterial oder der Handelsware bzw. im Fall einer geringen Wertschöpfung auch die Beteiligung am Erlös aus den gefertigten Erzeugnissen.

Beispiel

Der Fleischverarbeiter V verkauft an den Wursthersteller K börsengehandelte Schweinebäuche, die Letzterer zu Lyonerwurst verarbeitet. Die Lieferung erfolgt auf Ziel mit einer Zahlungsfrist von einem Monat. Als Basiskaufpreis wird ein Betrag von 100 vereinbart, der sich jedoch in dem Maße verändert, wie zwischen Lieferung und Fälligkeit der Verbindlichkeit der Börsenpreis für Schweinebäuche variiert. Der endgültige Kaufpreis beträgt also 100, multipliziert mit der Änderung der Preisnotiz für die Schweinebäuche.

Die Frage ist, inwieweit die Variabilität der Preisvereinbarung in die Anschaffungskosten des Rohmaterials (hier Schweinebäuche) einzubeziehen ist. Folgende Lösungen sind vertretbar:

1. Vorrang der **Aktivseite**, Vernachlässigung des Finanzderivats (Rz 61):
   - Das Vorratsvermögen und die korrespondierende Verbindlichkeit sind **zunächst** mit dem Wert von 100 zu erfassen.
     - Die **Änderung** des Erfüllungsbetrags zwischen Liefer- und Fälligkeitsdatum ist durch „Fortschreibung“ der **Verbindlichkeit** zu berücksichtigen.
     - Der **Anschaffungskostenbegriff** in IAS 2.10 umfasst *„all costs of purchase“* (→ § 8 Rz 11). Danach erfolgt die Fortschreibung der Verbindlichkeit gegen die Anschaffungskosten der Vorräte und damit mittelbar (bei Verbrauch der Vorräte) gegen den Materialaufwand.
2. Vorrang der **Passivseite** (Rz 62):
   - Die Verbindlichkeit wird entsprechend den Regelungen von IAS 39 zu strukturierten Produkten in ein Basisinstrument (Verbindlichkeit von 100) und ein eingebettetes Finanzderivat (Termingeschäft auf die Entwicklung der Schweinebauchpreise) gesplittet. Da das Derivat von der Börsenkursentwicklung abhängt, also nicht an eine parteispezifische Variable gebunden ist, unterliegt es IAS 39 und ist mit seinem *fair value* (im Beispiel von null) einzubuchen. Veränderungen des *fair value* führen dann zu Aufwand oder Ertrag und berühren die Anschaffungskosten der Vorräte nicht mehr.

65 Der endgültige Kaufpreis kann statt an eine **externe** Variable (Börsenkurs etc.) auch an den **individuellen** Weiterveräußerungserfolg und damit eine **parteispezifische** Variable geknüpft sein.

Beispiel

Ein Bauträger erwirbt Bauland. Der Kaufpreis wird als Variable, fällig in 18 Monaten, festgelegt. Es gilt der höhere Wert

- von 100 oder
- von 10 % des Bruttoverkaufserlöses des Bauträgers.

Hier enthält die Kaufpreisvereinbarung einen **Festbetrag** von 100, außerdem im Unterschied zum Beispiel unter Rz 20 eine **asymmetrische Stillhalterposition**, da der endgültige Kaufpreis zwar höher, aber nicht niedriger als 100 sein kann.

1. Vorrang der **Aktivseite**, Vernachlässigung des Finanzderivats (Rz 61):
   - Das Vorratsvermögen und die korrespondierende Verbindlichkeit sind zunächst mit dem Wert von 100 zu erfassen, sofern nicht bereits im Zugangszeitpunkt mit überwiegender Wahrscheinlichkeit von einem höheren Bruttoverkaufserlös als 1.000 und somit einem höheren Kaufpreis als 100 ausgegangen wird.
     - Die **Änderung** des Erfüllungsbetrags zwischen Liefer- und Fälligkeitsdatum ist durch „Fortschreibung" der Verbindlichkeit zu berücksichtigen.
     - Der Anschaffungskostenbegriff in IAS 2.10 kann angeführt werden, weil er *„all costs of purchase"* (→ § 8 Rz 11) umfasst. Danach erfolgt die Fortschreibung der Verbindlichkeit gegen die Anschaffungskosten der Vorräte und damit mittelbar (bei Verbrauch der Vorräte).
2. Vorrang der **Passivseite** (Rz 62):
   - Es ergibt sich nur dann eine andere Lösung als zuvor, wenn die Bindung an den Bruttoverkaufserlös als finanzielle Variable gewürdigt wird. Die Verbindlichkeit wird dann entsprechend den Regelungen von IAS 39 zu strukturierten Produkten in ein Basisinstrument (Verbindlichkeit von 100) und ein eingebettetes Finanzderivat (Stillhalterposition) gesplittet.

Bei einem unterstellten Zugangswert von 10 für das Derivat ist vom Bauträger beim Zugang zu buchen:

Konto	Soll	Haben
Grundstück	110	
Geld		100
Derivat		10

Die weitere Wertentwicklung des Derivats würde zu Aufwand oder Ertrag führen.

Qualifiziert man die dem Derivat zugrunde liegende Variable hingegen als nichtfinanziell, scheidet wegen der Parteispezifik der Ansatz einer derivativen Finanzverbindlichkeit aus.

Unabhängig von den vorstehenden Lösungsalternativen gilt aus Sicht des Veräußerers noch Folgendes: Der Landverkauf ist mit einem **Restrisiko** bez. des endgültigen Kaufpreises verbunden. Dieses ist indes relativ **geringfügig** und verhindert nicht den Übergang des wirtschaftlichen Eigentums und damit die Umsatzrealisation (→ § 25 Rz 62). Anders wäre es, wenn die wesentlichen Risiken beim Baulandverkäufer verblieben (→ § 25 Rz 38), dann entfiele bei diesem die Umsatzrealisation und beim Bauträger der Anschaffungsvorgang. Es läge ein nicht bilanzierbares schwebendes Geschäft vor.

66 Anders als in den Beispielen unter Rz 64 und Rz 65 sind bedingte Kaufpreisbestandteile zu behandeln, wenn die Erfüllung der Bedingung mit einem **veränderten** Vermögenswert verbunden ist.

Beispiel
Der Bauentwickler A kauft vom Grundstücksbesitzer B ein Bauerwartungsland. Die Erteilung eines Baurechts ist zweifelhaft. A zahlt zunächst X EUR *„up front"*, d.h. für das „nackte" Land, und (bedingt) einen zusätzlichen Betrag Y EUR, sofern das Baurecht erteilt wird.
Sobald das Baurecht vorliegt, entsteht ein Gut **anderer Marktgängigkeit**. Es liegt dann ein herstellungsähnlicher Transformationsprozess vor. Die wegen der Erteilung des Baurechts entstehenden Zahlungsverpflichtungen sind daher erfolgsneutral als nachträgliche Anschaffungs- oder Herstellungskosten zu berücksichtigen.

Beispiel
Der Pharmaproduzent A erwirbt vom Biotech-Unternehmen B das Patent mit Vermarktungsrechten eines in Entwicklung befindlichen Arzneimittels. Dafür leistet A eine Vorauszahlung (*up front*). Eine weitere Zahlung ist dann vereinbart, wenn das Arzneimittel zum Verkauf durch die Zulassungsbehörde bereit ist.

67 Das Grundstück mit Baurecht und das Patent mit Zulassung sind von anderer **Marktgängigkeit** als ohne. Deshalb bezieht sich die *up-front*-Zahlung auf das Grundstück bzw. Patent ohne entsprechendes Recht. Diese ist als Zugang zu verbuchen. Die bedingte weitere Zahlung führt erst mit Erteilung der Baugenehmigung bzw. der Zulassung zu einer Verbindlichkeit und zu Anschaffungs-/Herstellungskosten eines **anderen** Vermögenswertes, der allerdings buchtechnisch mit den bisherigen verbunden werden kann. Der bedingte Vertragsbestandteil repräsentiert ein nicht bilanzierbares **schwebendes** Geschäft (→ § 1 Rz 93); erst mit Bedingungseintritt entstehen hierfür Anschaffungskosten und Verbindlichkeiten. Wahrscheinlichkeitsüberlegungen zum Bedingungseintritt sind nicht erforderlich.

3 Die Neubewertungskonzeption *(revaluation)*

3.1 Überblick

68 In Abweichung vom Anschaffungskostenprinzip (Rz 6) **erlauben** die IFRS eine **Neubewertung** *(revaluation)* über die Anschaffungs- und Herstellungskosten **hinaus**:
- IAS 16.31 für sächliches Anlagevermögen als „einfaches" Wahlrecht (→ § 14 Rz 18),
- IAS 38.75 für immaterielle Anlagegüter „einfaches" Wahlrecht (→ § 13 Rz 77ff.) gegenüber dem bzw. vom Anschaffungskostenverfahren.

Anzuwenden ist die Neubewertungskonzeption auch auf im *finance lease* finanzierte Anlagegüter (→ § 15 Rz 120).

In der deutschen IFRS-Rechnungslegungspraxis wird das Neubewertungsverfahren nur ganz **ausnahmsweise** und dann beschränkt aufgrund und Boden angewandt.[61] Der SME-Standard erlaubt die Anwendung der Neubewertungsmethode nicht (→ § 50 Rz 7).

Als Neuwert gilt der *fair value* des betreffenden Vermögenswertes am Tage der Neubewertung abzüglich danach entstehender Abschreibungen und außerplanmäßiger Wertminderungen (*impairment losses*; IAS 16.31 bzw. IAS 38.75). *Fair value* ist der Betrag, zu dem der Vermögenswert unter informierten und handlungsbereiten Fremden ungezwungen ausgetauscht werden kann (IAS 16.6 bzw. 38.8) – kurz der (beizulegende) Zeitwert. 69

Wegen der Verfahren zur Bestimmung des *fair value* speziell im Bereich des Sachanlagevermögens wird verwiesen auf → § 16 Rz 77.

Der Neubewertungsbetrag „nach oben" ist **erfolgsneutral** („außerhalb von Gewinn und Verlust") im Eigenkapital einer **Neubewertungsrücklage** *(revaluation surplus)* zuzuführen (IAS 16.39, IAS 38.85). So ist auch die Umwidmung von Grundstücken, die als Finanzinvestitionen gehalten werden, nach IAS 40.61 geregelt (→ § 16 Rz 108f.). Zur Neubewertung „nach unten" vgl. Rz 85ff. Diese Zuführung ist in der Gesamteinkommensrechnung (→ § 2 Rz 82) gesondert zu zeigen (IAS 16.40A). 70

Besonderheiten aus der Neubewertung ergeben sich für

- die planmäßige Abschreibung (Rz 81ff.),
- die außerplanmäßige Abschreibung (Rz 85ff.),
- den Abgang (Rz 90),
- die Steuerlatenzrechnung (Rz 89).

Für **landwirtschaftliche Produkte** gilt nach IAS 41.12f. generell eine Marktbewertung (→ § 40 Rz 19ff.). 71

3.2 Besonderheiten für immaterielle Anlagewerte

Konzeptionell stimmen die Vorschriften zur Neubewertung *(revaluation)* von **sächlichem** Anlagevermögen *(property, plant and equipment)* in IAS 16 mit denjenigen zu den **immateriellen** Vermögenswerten *(intangible assets)* in IAS 38 überein (→ § 13 Rz 77ff.). Allerdings besteht eine entscheidende **Besonderheit**: IAS 38.75 verlangen zur Bestimmung des *fair value* eines immateriellen Vermögenswertes eine Bezugnahme auf einen **„aktiven Markt"** (IAS 38.7). Ein solcher liegt bei kumulativer Erfüllung folgender Tatbestände vor: 72

- Handel mit homogenen Gütern;
- Käufer und Verkäufer sind üblicherweise verfügbar;
- Preise werden der Öffentlichkeit verfügbar gemacht.

Diese Voraussetzung ist allerdings für immaterielle Vermögenswerte nur in **Ausnahmefällen** gegeben; als Beispiel werden frei handelbare Taxi- und Fischerei-Lizenzen sowie Produktionsquoten genannt. Für die in Wirklichkeit wichtigen „*intangibles*" – Warenzeichen, Veröffentlichungsrechte, Patente, Handelsmarken –

[61] S. MÜLLER/WOBBE/REINKE, KoR 2008, S. 637.

kann es keinen solchen „aktiven Markt“ geben; die Neubewertungsmethode scheidet demgemäß aus.
Generell sind die tatbestandlichen Voraussetzungen zur Anwendung des Neubewertungsverfahrens bei immateriellen Vermögenswerten weitaus **enger** als für sächliches Anlagevermögen (→ § 13 Rz 79).

3.3 Vorgehensweise am Beispiel des sächlichen Anlagevermögens

3.3.1 Voraussetzungen

73 Die **Option** zur Neubewertungsmethode ist von folgenden **Voraussetzungen** abhängig:

- Die Neubewertung ist im Zeitverlauf mit hinreichender **Regelmäßigkeit** vorzunehmen, damit der (neu bewertete) Buchwert *(carrying amount)* nicht wesentlich vom beizulegenden Zeitwert *(fair value)* am jeweiligen Bilanzstichtag abweicht (IAS 16.31).
- Die Neubewertung muss mit der nötigen **Häufigkeit** erfolgen (IAS 16.34). Maßgeblich ist eine **wesentliche** Abweichung des beizulegenden Zeitwerts *(fair value)* zum Buchwert *(carrying amount)*. Je nach Vermögenswert kann eine **jährliche** Anpassung (bei hoher Wert-Volatilität) erforderlich sein, sonst soll ein **Intervall** von drei bis fünf Jahren genügen.
- IAS 16 verbietet nicht den **Wechsel** zwischen den beiden Verfahren (Anschaffungskosten- bzw. Neubewertungskonzept). Es gilt allerdings das **Stetigkeitsgebot** nach IAS 8.14 (→ § 24 Rz 15). Als Rechtfertigung für einen Methodenwechsel gilt die bessere oder verlässlichere Darstellung von Geschäftsvorfällen (→ § 24 Rz 22).

74
- Die Neubewertung darf nicht für einen einzelnen Vermögenswert erfolgen, sondern nur für eine ganze **Gruppe** (*entire class*; IAS 16.36) – ohne geografische Beschränkung.[62] Solche Gruppen können – nicht müssen – wie folgt nach IAS 16.37 für **sächliches Anlagevermögen** gebildet werden:
  - Grund und Boden,
  - Grundstücke,
  - Maschinen,
  - Schiffe,
  - Flugzeuge,
  - Motorfahrzeuge,
  - Einrichtungen, Anlagen,
  - Büroausstattung.
- Es ist auch zulässig, den Aggregationsgrad zu verringern,[63] also nicht alle Motorfahrzeuge, sondern nur die Pkws und nicht die Lkws oder nur Bürogebäude ohne Fabriken.[64]

---

62 KPMG, Insights into IFRS 2008/2009, Tz 3.2.370.10.
63 So auch HEUSER/THEILE, IAS/IFRS-Handbuch, 4. Aufl., 2009, Tz 1182.
64 PwC, IFRS Manual of Accouting 2008, Tz 16.182; dort auch das folgende Beispiel.

Beispiel
Ein Industrieunternehmen ist in verschiedenen Ländern produktiv tätig, ihm gehören eine große Anzahl von Produktions- und Lagergebäuden, die regelmäßig in Industriegebieten gelegen sind, außerdem Bürogebäude in der Innenstadtlage.
Die Unterscheidungsvorgabe in IAS 16.37 ist recht großzügig: *„A similar nature and use in an entity's operations."* Deshalb können die Bürogebäude als *„class"* i.S.v. IAS 16.36 angesehen werden und einer Neubewertung unterliegen, während umgekehrt die Produktions- und Lagergebäude weiterhin nach dem Anschaffungskostenmodell bewertet werden. Die Differenzierung erfordert einen sachlichen Grund (wie im Beispiel); umgekehrt kommt eine Art Zufallsauswahl nicht in Betracht, also z.B. eine Aufwertung aller Grundstücke mit Gebäude, die eine gerade Straßennummerierung tragen.

- Für **immaterielle Vermögenswerte** kann folgende Unterteilung in Betracht kommen (IAS 38.119):
  - Marken,
  - Publizierungsrechte,
  - EDV-Software,
  - Lizenzen,
  - Patente,
  - Entwicklungskosten etc.
- Die Neubewertung muss für die jeweilige Gruppe **gleichzeitig** erfolgen. 75
  Dabei ist allerdings auch ein **rollierendes** System zulässig (IAS 16.38), also z.B. ein Drittel aller Maschinen pro Jahr. Die IFRS gehen offensichtlich stillschweigend davon aus, dass die Neubewertung für jeden Vermögenswert der neu bewerteten *class* zumindest nicht zu einer Abwertung führt (eine Werterhöhung oder unveränderter Buchwert). Jedenfalls ist der Fall der Wertminderung im Zuge der Neubewertung nicht detailliert geregelt (Rz 86).

3.3.2 Die Wertbestimmung und Erstverbuchung

- Für **Grundstücke und Gebäude** ist vom **Marktwert** auszugehen, der übli- 76
  cherweise von Sachverständigen zu ermitteln ist (IAS 16.32). Weitere Anweisungen (z.B. Ertragswertverfahren, Indizierungen etc.) enthalten die IFRS nicht. Alle sachgerechten Bewertungsverfahren sind daher zulässig. Wegen Einzelheiten zur Wertermittlung von Grundstücken wird verwiesen auf → § 16 Rz 77ff.
- Für **Maschinen und Ausstattung** ist der durch **Schätzung eines Gutachters** 77
  (appraisal) zu ermittelnde Marktpreis maßgebend. Ist eine Marktpreisschätzung nicht möglich, sind die fortgeführten Wiederbeschaffungskosten *(depreciated replacement cost)* anzusetzen (IAS 16.33).

Zur buchmäßigen Abwicklung der Neubewertung folgendes **Beispiel**[65] betref- 78
fend einen planmäßig auf 10 Jahre abzuschreibenden Vermögenswert, der Ende 03 eine Neubewertung erfährt (**„Bruttoverfahren"**; IAS 16.35(a)):

---

65 So Epstein/Mirza, Interpretation and Application of IAS 2002, S. 301.

Beispiel

Jahr	AK	Abschreibung alt	Buchwert alt	Neubewertung	Abschreibung neu	Buchwert neu
00	40					
00–02		12				
03			28			
03				50		
00–02					15	
03						35

Die Differenz in den **aufgelaufenen** Abschreibungen von 3 (15–12) ist passivisch dem Abschreibungskonto zuzuschreiben, ebenso aktivisch der Neubewertungs-Bruttowert von 10. Die Differenz von 7 – die Buchwerterhöhung auf 35 statt 28 – ist einem besonderen Eigenkapitalkonto (Neubewertungsrücklage, *revaluation surplus*) gutzuschreiben (Rz 70).
Die **Buchungssätze** Ende 03 lauten:

Konto	Soll	Haben
Anlageverm.	10	
Aufgelaufene Abschreibung		3
Neubewertungsrücklage		7

79 Die Neubewertung planmäßig abschreibbarer Anlagegegenstände kann gem. IAS 16.35(b) alternativ auch nach einer Art „**Nettoverfahren**" verbucht werden (vgl. Rz 93):

Beispiel
Im vorhergehenden **Beispiel** wird die aufgelaufene Abschreibung (= kumulierte Wertberichtigung im Beispiel Rz 93) der Periode 00–02 von 12 gegen die Anschaffungskosten (AK) verbucht. Im Anlagespiegel (→ § 14 Rz 28) sind die Anschaffungs- und Herstellungskosten entsprechend zu kürzen. Sie werden durch den Neubewertungsbetrag ersetzt. Der Buchwert von 28 ist um 7 (zu Gunsten der Neubewertungsrücklage) auf 35 zu erhöhen.

80 Letztlich unterscheiden sich die beiden Verfahren nicht materiell, sondern nur im **Ausweis der aufgelaufenen Abschreibungen im Brutto-Anlagespiegel**. Nach der vorstehenden Darstellung ist der *fair value* nach Maßgabe der Neubewertung retrospektiv, gekürzt um die zusätzlichen Abschreibungen für die zurückliegende Periode zwischen Anschaffung und Neubewertung, einzubuchen. Dabei ist zwischen den Brutto-Wiederbeschaffungskosten *(gross replacement cost)* von 50 und den (rückwirkend) abgeschriebenen Wiederbeschaffungskosten *(depreciated replacement cost = sound value)* von 35 zu unterscheiden. Den letztgenannten Betrag kann man cum grano salis als zeitanteilig abgeschriebenen *fair value* des gebrauchten Anlagegutes (Wiederbeschaffungskosten „gebraucht") bezeichnen. Zur buchmäßigen Abwicklung der Neubewertung genügt also die Angabe **eines *fair value*** allein nicht.

3.3.3 Die planmäßigen Folgeabschreibungen

Die IFRS enthalten **keine** bestimmte Regelung zur Verrechnung planmäßiger (und außerplanmäßiger) Abschreibungen **nach Neubewertung** (*revaluation*). Deshalb ist die Lösung nur aufgrund allgemeiner betriebswirtschaftlicher Kriterien möglich. Folgende **Berechnungsparameter** sind dabei zu beachten (→ § 10 Rz 6): 81

- Abschreibungs**volumen** (Rz 82; → § 10 Rz 20),
- Abschreibungs**methode** (→ § 10 Rz 24),
- Abschreibungs**periode** (Nutzungsdauer; → § 10 Rz 31),
- Erfolgswirksamkeit (Rz 83),
- Steuerlatenz (Rz 89),
- Neubewertung „nach unten" (Rz 85f.).

Die IFRS bieten insbesondere auch keine Hinweise zur Neudefinition des **Abschreibungsvolumens** *(depreciable amount)* im Gefolge der Neubewertung.[66] Werden die jährlichen Abschreibungen nach der Neubewertung in der bisherigen Höhe weiterverrechnet, ist am Ende der planmäßigen Nutzungsdauer noch ein **ungeplanter Restwert** vorhanden. Die Frage ist dann, ob dieser Restbetrag aufwandswirksam auszubuchen oder mit der Neubewertungsrücklage (Rz 70) zu verrechnen ist. U. E. sollte die Abschreibungsrate p.a. nach Neubewertung so bemessen werden, dass am Ende der Nutzungsdauer **der geplante Restwert** (meist null) **erreicht wird** (vgl. das Beispiel in Rz 93). Das Gleiche muss für die Restabschreibung nach einer Wertaufholungszuschreibung gelten (→ § 11 Rz 178). 82

Von den IFRS unbeantwortet (Bestätigung in IAS 12.64) bleibt auch die Frage nach der **Ergebnisrelevanz** einer ggf. (Rz 82) zu verrechnenden **Zusatzabschreibung** auf der Grundlage des *fair value* als neuer Abschreibungs-Bemessungsgrundlage. Im deutschen Schrifttum wird nur teilweise auf dieses Problem eingegangen.[67] 83

Denkbare Vorgehensweisen wären danach:

- erfolgs**wirksame** Behandlung des erhöhten Abschreibungsbetrages (Buchung „Abschreibung an Anlagevermögen") mit oder ohne gleichzeitiger Reduzierung der Neubewertungsrücklage durch zusätzliche Buchung „Neubewertungsrücklage an Gewinnrücklagen";
- erfolgs**neutrale** Behandlung des erhöhten Abschreibungsbetrages durch Buchung „Neubewertungsrücklage an Anlagevermögen".

Konsequent zur erfolgsneutralen Einstellung des Aufwertungsbetrages in die Neubewertungsrücklage (Rz 70) wäre die **erfolgsneutrale** Verrechnung der Zusatzabschreibung (aufgrund der Neubewertung) zu Lasten dieser Rücklage. Dies entspräche auch der Anweisung in IAS 36.60, der zufolge außerplanmäßige Abschreibungen wegen Wertminderung *(impairment)* bei vorheriger Neubewertung zu Lasten der Neubewertungsrücklage zu verbuchen sind.

Aus **Vereinfachungsgründen** ist die **erfolgswirksame** Verrechnung der Zusatzabschreibung (vgl. auch das Beispiel in Rz 93) zu favorisieren. Die (konsequente, Rz 83) **erfolgsneutrale** Verrechnung der Zusatzabschreibung bewirkt im Peri- 84

---

66 Vgl. MUJKANOVIC, Fair Value im Financial Statement nach IAS, 2002, S. 142ff.

67 Ausführlich behandelt MUJKANOVIC, Fair Value im Financial Statement nach IAS, 2002, S. 143ff., die Thematik; vgl. hierzu kritisch SCHMIDT/SEIDEL, BB 2006, S. 596.

odenverlauf einen **höheren Gewinnausweis** (vgl. das Beispiel in Rz 94). Sie wird im internationalen Schrifttum befürwortet[68] oder als zulässig erachtet.[69] Wegen der Folgewirkung auf die **Steuerlatenz**rechnung vgl. Rz 89.

3.3.4 Neubewertung „nach unten“

85 Eine Neubewertung „nach unten“ kann u. E. nur **nach früherer gegenläufiger Neubewertung** erfolgen. Der Neubewertungs-Buchwert ist unter dieser Annahme durch die fortgeführten Anschaffungs- oder Herstellungskosten „nach unten“ gedeckelt. Diese Auffassung stützt sich auf den Aussagegehalt von IAS 36 (→ § 11), wonach eine außerplanmäßige Abschreibung (für den einzelnen Vermögenswert) aufgrund einer Wertänderung gegenüber dem Buchwert **zwingend** ist und deshalb dem optionalen Neubewertungsverfahren vorgeht (vgl. auch Rz 75).

86 Die hier vertretene Auffassung kann **indirekt** auch aus IAS 16.40 und IAS 36.60 abgeleitet werden: Danach ist die Neubewertung „nach unten“ **ergebniswirksam** zu behandeln (vergleichbar einer *impairment*-Abschreibung; → § 11 Rz 5), sofern die zulässige Wertaufholungsrücklage größer oder gleich dem Abwertungserfordernis ist. Ein solcher dem betreffenden Vermögenswert zuzuordnender Betrag innerhalb der Wertaufholungsrücklage kann nur durch eine (vorgängige) Neubewertung „nach oben“ entstanden sein. Soweit eine dem (wegen Wertminderung) abzuschreibenden Vermögenswert zuzuordnende Neubewertungsrücklage vorhanden ist, muss die Abschreibung gem. IAS 36.60 zu Lasten dieser Rücklage (erfolgsneutral) verbucht werden. Vergleichbar ist das Konzept des Übergangs durch Umwidmung von Grundstücken nach IAS 40 (→ § 16 Rz 106 ff.).

---

68 So PwC, IFRS Manual of Accounting 2008, Tz 16.214 und 16.254.

69 KPMG, Insights into IFRS 2008/2009, Tz 3.2.380.10.

Hierzu folgende schematische Darstellung:[70] 87

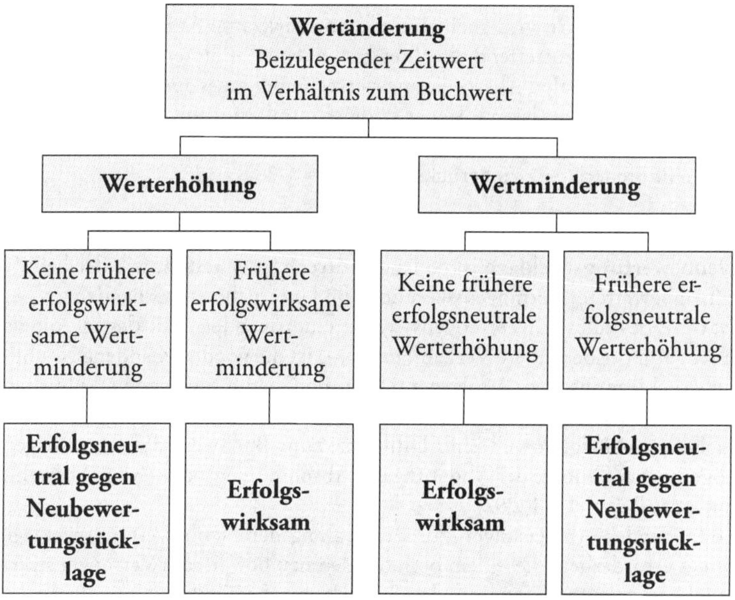

Beispiel 88

Sachverhalt

Buchwert Anfang 07 nach Neubewertung	100
Zuzuordnende Neubewertungsgrundlage	40
Zeitwert Ende 07	50

Lösung

Inanspruchnahme der Rücklage	40
Erfolgswirksame Abschreibung	10
Buchwert Ende 07 (neu)	50

3.3.5 Steuerlatenz

Nach (deutschem und meist auch ausländischem) Steuerrecht ist eine Neubewertung nicht zulässig. Bei planmäßig abzuschreibenden Anlagegegenständen kommt es dann bei einer Neubewertung „nach oben“ notwendig zu einer **passiven Steuerlatenz** (→ § 26, 123). Nach IAS 12.61 ist die passive Steuerlatenz der Neubewertungsrücklage zu belasten. Die Gegenbuchung zum Aufwertungsbetrag erfolgt also immer „gesplittet“ – teils zugunsten der Neubewertungsrücklage, teils als passive Steuerlatenz. 89

70 Nach WAGENHOFER, International Accounting Standards, 3. Aufl., 2001, S. 302.

Die **Auflösung** des Passivpostens für die Steuerlatenz folgt nach Auffassung des Board[71] der ergebnis**neutralen** Zuführung, ist also ebenfalls ergebnisneutral zu verrechnen. Umgekehrt wird auch eine ergebnis**wirksame** Auflösung des Steuerlatenzpostens für zutreffend erachtet.[72] Bei einer – unterstellt zulässigen (Rz 83) – erfolgsneutralen Abschreibungsverrechnung muss auch die Auflösung des Passivpostens für die latente Steuer erfolgsneutral erfolgen.
Für **nicht abnutzbare**, neu bewertete Vermögenswerte (Grund und Boden) ist ebenfalls eine Steuerlatenz zu berücksichtigen (→ § 26 Rz 122).

3.3.6 Abgang (*realisation*)

90 Die **Neubewertungsrücklage** ist so lange **aufrechtzuerhalten**, wie der betreffende (neu bewertete) Vermögenswert noch im Unternehmen vorhanden ist. Bei **Realisation** des diesem Vermögenswert zuzuordnenden Rücklagen-Anteils durch **Abgang** (insbesondere Verkauf, *disposal*) ist die noch vorhandene Neubewertungsrücklage insoweit erfolgsneutral in die Gewinnrücklage umzubuchen (IAS 16.41). Auch ohne Abgang (bei noch bestehender Nutzung) ist diese Umbuchung zulässig, soweit eine Differenz zum Buchwert des zugehörigen Vermögenswertes infolge der Änderung der Abschreibungsbasis (Rz 83) besteht. Vgl. auch das Beispiel in Rz 92.
Die vorstehenden Anweisungen zur Behandlung der Neubewertungsrücklage machen es erforderlich, diese dem betreffenden neu bewerteten Vermögenswert **inhaltlich zuzuordnen** (ebenso das Steuerlatenz-Passivum). Sinnvollerweise geschieht dies in einem besonderen Teil der Anlagebuchhaltung. Systematisch störend ist dabei die Bezugnahme in IAS 16.39 und 16.40 auf **das** neu bewertete „*asset*", während nach IAS 16.36 nur eine ganze Gruppe *(entire class)* von Vermögenswerten neu bewertet werden darf (Rz 74). Praktisch bleibt deshalb nur die Möglichkeit, die Neubewertungsrücklage in **pauschalierter** Form der neu bewerteten Gruppe von Anlagegütern zuzuordnen.

3.4 Berechnungsbeispiele

3.4.1 Zusammenfassung der Regeln

91
- Der Grundkonzeption nach (IAS 16.39) soll die Neubewertung einschließlich der Folgebewertungen **erfolgsneutral** behandelt werden (Rz 70). Konsequent ist allerdings die Neubewertung „nach oben" dann **erfolgswirksam** zu behandeln, wenn sie eine frühere „nach unten" rückgängig macht, die ihrerseits erfolgswirksam war (Rz 87).
- Außerdem wird in IAS 16.40 das Konzept der **Erfolgsneutralität durchbrochen**, wenn die einem „nach unten" neu bewerteten Vermögenswert zuzuordnende Neubewertungsrücklage nicht ausreicht, um den Abwertungsbedarf aufzufangen (Rz 91).
- Das nach einer Neubewertung „nach oben" neu zu definierende **Abschreibungsvolumen** wäre an sich konsequenterweise erfolgsneutral der Neube-

---

[71] Diskussion in der April-Sitzung 2003. Dieser Auffassung folgen auch SCHILDBACH (WPg 1998, S. 942) sowie SCHULZ-DANSO, in: BECK'SCHES IFRS-Handbuch, 3. Aufl., 2009, § 25, Tz 116.

[72] So in einer tief gehenden Analyse RUHNKE/SCHMIDT/SEIDEL, KoR 2005, S. 82. Diese Variante ist als Beispiel unter Rz 93 buchmäßig dargestellt.

wertungsrücklage zu belasten (Rz 83). Es fehlt allerdings in den IFRS eine solche Anweisung. In der Praxis wird deshalb mehrheitlich oder ausschließlich eine erfolgswirksame Verrechnung des zusätzlichen Abschreibungsvolumens vorgenommen.

- Die **Steuerlatenz** aus der Neubewertung ist ebenfalls erfolgsneutral zu Lasten der Neubewertungsrücklage als Passivum zu erfassen (Rz 89).
- Die **Neubewertungsrücklage** ist bis zum **Abgang** des betreffenden Vermögenswertes nachzuhalten und dann, soweit noch vorhanden, in die Gewinnrücklage umzubuchen (Rz 90).

3.4.2 Verkauf eines aufgewerteten Vermögenswerts (ohne Abschreibung)

92

Beispiel

- Kauf eines Vermögenswertes (Land) in 01 für 10.
- Neubewertung in 11 auf 100.
- Verkauf in 12 für 100.
- Keine planmäßige Abschreibung.
- Steuersatz 40 %.

Buchungen

Periode	Konto	Soll	Haben	Ergebniswirkung
01	Anlagevermögen	10		keine
	Geld		10	
11	Anlagevermögen	90		keine
	Neubewertungsrücklage		54	
	latente Steuern		36	
12	Geld	100		keine
	Anlagevermögen		100	
	Neubewertungsrücklage	54		keine
	Gewinnrücklage		54	
	latente Steuern	36		keine
	tatsächlicher Steueraufwand		36	

Beurteilung

In zwischenperiodischer Betrachtung ist durch den ganzen Vorgang ein Gewinn von 90 vor Steuern realisiert worden, der indes insgesamt nie ausgewiesen wird. **Grund**: Die buchmäßige Gewinnrealisierung wird durch die vorgängige erfolgsneutrale Neubewertung verhindert. Ebenso wenig erfolgt ein Ausweis der effektiven Steuerbelastung, denn konsequenterweise wird dieser Steueraufwand durch die Auflösung des Passivpostens für Steuerlatenz ebenfalls eliminiert. In der Totalperiode steigt die Gewinnrücklage (zutreffend) um 54, aber ohne (vorherigen) Erfolgsausweis in der Gewinn- und Verlustrechnung.

Sinnvoll, aber in den IFRS so nicht geregelt, wäre u. E. eine erfolgswirksame Auflösung der Neubewertungsrücklage, ebenso eine erfolgswirksame Behandlung der Bildung und Auflösung des Passivpostens für Steuerlatenz. In der Totalperiode würde dann der effektive Gewinn nach Steuern von 54 zutreffend (erfolgswirksam) ausgewiesen.

3.4.3 Abschreibungsverrechnung nach Neubewertung

93 Vernachlässigt man das Problem der konkreten Zuordnung der Neubewertungsrücklage (Rz 90), ist die umfassende Darstellung einer Neubewertung von planmäßig abzuschreibendem Vermögenswert dem nachstehenden zusammenfassenden **Beispiel**[73] zu entnehmen, dem folgende **Annahmen** zugrunde liegen:

Beispiel Buchungsfolgen nach einer Neubewertung – erfolgswirksame Abschreibungsverrechnung

- Anschaffung eines Sachanlagegegenstands zu Beginn der Periode 1 zu 1.000.
- Planmäßige lineare Abschreibung auf eine Nutzungsdauer von 5 Jahren in IFRS- und Steuerbilanz.
- Der Anlagegegenstand gehört zu einer regelmäßig neu bewerteten Gruppe von Vermögenswerten.
- Ende Periode 2 betragen die *gross replacement cost* (Rz 80) 2.400.
- Ende Periode 2 beträgt der *sound value* (Rz 80) 1.440 (rückwirkende Abschreibung insgesamt also 2 × 480 = 960); Mehrabschreibung 2 × 280 = 560.
- Steuersatz 40 %.
- Die Neubewertung erfolgt nach dem Bruttoverfahren (Rz 78), d.h., die kumulierte Wertberichtigung (aufgelaufene Abschreibung) wird von 400 um 560 auf die Differenz von *gross replacement cost* und *sound value* erhöht (960).
- Die Neubewertungsrücklage wird nach dem Quasi-Wahlrecht in IAS 16.41 beibehalten (Rz 90).
- Die Neubemessung der planmäßigen Abschreibung erfolgt dergestalt, dass der ursprünglich geplante Restwert (null) am Ende der unveränderten Nutzungsperiode erreicht wird (Rz 82).
- Die Zusatzabschreibung aufgrund der Neubewertung wird erfolgswirksam verbucht (Rz 83).
- Die Auflösung der Steuerlatenz wird ebenfalls erfolgswirksam verbucht (Rz 89).
- Der effektive Steueraufwand von 400 wird nur in der Zusammenfassung am Schluss des Beispiels erfasst.

Periode (Jahresende)	AW	Jahresabschreibung	Kum. Wertb.	RBW	Steuerbuchwert	NBR	Steuerlatenz	Steuerertrag lt. GuV	Erfolgswirkung
1	1.000	200	200	800	800	–	–	–	–200
2	1.000	200	400	600	600	–	–	–	–200
Neub.	2.400	–	960	1.440	600	504	336	–	–
3	2.400	480	1.440	960	400	504	224	112	–368
4	2.400	480	1.920	480	200	504	112	112	–368
5	2.400	480	2.400	0	0	504	0	112	–368
Gesamt	2.400	1.840	2.400	0	0	504	0	336	–1.504

73 Ausgehend von MUJKANOVIC, Fair Value im Financial Statement nach IAS, 2002, S. 148.

Legende:

AW	Ausgangswert für die Abschreibungen
Kum. Wertb.	Kumulierte Wertberichtigung
NBR	Neubewertungsrücklage
Neub.	Neubewertung
RBW	Restbuchwert
Steuerertrag	Veränderung der Steuerlatenz

Erläuterungen

- Die Neubewertungszuschreibung Ende der 2. Periode in Höhe von 840 (bisheriger Restbuchwert 600, *sound value* 1.440) wird erfolgsneutral dem Passivposten für Steuerlatenz und der Neubewertungsrücklage zugeführt (Rz 70, 89).
- Die kumulierte Wertberichtigung bis Ende 02 von 400 wird im Zuge der Neubewertung um die „fehlende" Abschreibung aus den Perioden 1 und 2 von je 280 auf 560 erhöht. Kontostand danach 960.
- Die Erhöhung des AW von 1.000 auf 2.400 *(gross replacement cost)* wird gegengebucht auf

Kum. Wertb.	560
NBR	504
Steuerlatenz	336
	1.400

- Die planmäßige Abschreibung wird ab der 3. Periode auf 480 erhöht, um Ende der 5. Periode planmäßig null zu erreichen (Rz 82).
- Die Abschreibungen werden auch nach Neubewertung erfolgswirksam verbucht (Rz 84), ebenso die sich im Zeitverlauf einstellende Minderung des Passivpostens für Steuerlatenz (Rz 89). Abwandlung unter Rz 94.
- Der Steuerbuchwert wird nur statistisch weitergerechnet.
- Der gesamte Vorgang – Investition, Neubewertung und Abschreibungsverrechnung auf der Basis der Neubewertung – hat dann am Ende der 5. Periode folgende Auswirkung auf den **Eigenkapitalausweis:**

Aufwand Abschreibung	–	1.840
Steuerminderung aus Latenz	+	336
Tatsächliche Steuerminderung	+	400
	–	1.104
Restliche Neubewertungsrücklage (vor Umbuchung in Gewinnrücklage)	+	504
Weniger Eigenkapital = 60 % der abgeschriebenen Anschaffungskosten	–	600

Ergebnis

Der gesamte Vorgang wird im Zeitverlauf **ergebnismäßig unzutreffend** ausgewiesen. Als **Hilfslösung** kommt die erfolgswirksame Auflösung der Neubewertungsrücklage in Betracht (vgl. Rz 92).

Nun wird das Beispiel in Rz 93 umgestellt auf eine – u. E. konsequente, aber so nach IFRS nicht geregelte – **erfolgsneutrale** Abschreibungsverrechnung (vgl. Rz 83).

94 **Buchungsfolgen nach einer Neubewertung – erfolgsneutrale Abschreibungsverrechnung**

Beispiel

Periode (Jahresende)	AW	Jahresabschreibung	Kum. Wertb.	RBW	Steuerbuchwert	NBR	Steuerlatenz	Steuerertrag daraus	Erfolgswirkung
1	1.000	200	200	800	800	-	-	-	-200
2	1.000	200	400	600	600	-	-	-	-200
Neub.	2.400	-	960	1.440	600	504	336	-	-
3	2.400	480	1.440	960	400	336	224	0	-200
4	2.400	480	1.920	480	200	168	112	0	-200
5	2.400	480	2.400	0	0	0	0	0	-200
Gesamt	2.400	1.840	2.400	0	0	0	0	0	-1.000

Erläuterungen

- Die erfolgswirksamen Abschreibungen werden auf der Basis der Anschaffungskosten verrechnet.
- Die Mehrabschreibung nach erfolgsneutraler Neubewertung (Rz 70) wird erfolgsneutral zu Lasten der NBR verbucht.
- Der Passivposten für latente Steuern wird ebenfalls erfolgsneutral gebucht.
- Es verbleibt am Periodenende bei einer Eigenkapitalverminderung i. H. d. Anschaffungskosten abzüglich der effektiven Steuerminderung (wie im Beispiel unter Rz 93), allerdings mit **zutreffendem zwischenperiodischen Erfolgsausweis.**
- Der gesamte Vorgang – Investition, Neubewertung und erfolgswirksame Abschreibungsverrechnung nur auf der Basis der Anschaffungskosten – hat dann am Ende der 5. Periode folgende Auswirkungen auf den **Eigenkapitalausweis:**

Aufwand Abschreibungen (erfolgswirksam)	- 1.000
effektive Steuerminderung	+ 400
tatsächlicher Ergebnisbeitrag = Minderung des Eigenkapitals	- 600

Ergebnis

Der gesamte Vorgang wird im Zeitverlauf **ergebnismäßig zutreffend** ausgewiesen.

3.4.4 Abgang eines abzuschreibenden Vermögenswerts

95 Die **Beispiele** in Rz 93 und 94 werden für den Fall des **Abgangs** eines neu bewerteten Vermögenswertes nachstehend weiterentwickelt.

Beispiel

Annahmen

Abgang Ende 05, Erlös 1.000

Erfolgswirksame bzw. alternativ erfolgsneutrale Abschreibungsverrechnung nach Neubewertung (Rz 93)

Lösung

Es sind folgende **Buchungen** in den Spalten des Beispieles in Rz 93 und 94 vorzunehmen:

Konto	Soll	Haben	Ergebnisauswirkung
Kum. Wertb.	2.400		keine
AW		2.400	
Anlageabgang	0		keine
AW		0	
NBR	504		keine
Gewinnrücklage		504	

Umb. NBR nur bei erfolgswirksamer Abschreibungsverrechnung

Erläuterungen

Die Investition und Desinvestition haben buchmäßig im Zeitverlauf zu einem Gewinn/Verlust von 0 geführt (AK 1.000, Verkaufserlös 1.000). **Ausgewiesen** wird folgendes Ergebnis im Zeitverlauf:

	erfolgswirksame Mehrabschreibung (Rz 93)	erfolgsneutrale Mehrabschreibung (Rz 94)
Abschreibung	- 1.840	- 1.000
Auflösung passive Steuerlatenz	+ 336	0
Abgang Restbuchwert		
Verkaufserlös	+ 1.000	+ 1.000
tatsächliche Steuern	0	0
Ergebnis zwischenperiodisch	**- 504**	**0**

Das (buchmäßig ausgewiesene) Negativergebnis im Zeitverlauf wird im Falle der erfolgswirksamen Abschreibungsverrechnung durch die positive Gewinnrücklage „kompensiert".

Ergebnis

Auch bei abnutzbaren Anlagegütern (zu nicht abnutzbaren vgl. Rz 92) führt die erfolgsneutrale Zuschreibung im Zuge einer Neubewertung (*revaluation*) zu einem (negativ) verzerrten Ergebnis, sofern die Abschreibungen weiterhin erfolgswirksam verrechnet werden.

4 Angaben

96 Es wird **verwiesen** auf die Kommentierung mit **Formulierungsbeispielen** zu den in diesem Paragrafen des Kommentars überwiegend angesprochenen IFRS:

- immaterielles Anlagevermögen, IAS 38 (→ § 13 Rz 91 ff.)
- Sachanlagen, IAS 16 (→ § 14 Rz 24 ff.)
- Vorratsvermögen, IAS 2 (→ § 17 Rz 38).

5 ABC der Zugangs- und Neubewertung

97

Abbruchkosten	als Bestandteil der Herstellungskosten (Rz 56)
Abgangsverluste	Ersatzleistungen sind erfolgswirksam zu vereinnahmen (Rz 60)
Anschaffungs- und Herstellungskosten	Verfahren zur Ermittlung (Rz 43 ff.)
Anschaffungs- und Herstellungskosten für immaterielle Vermögenswerte	keine Besonderheit (Rz 39)
Anschaffungskosten	Umfang (Rz 11)
Anschaffungskosten	Beschränkung auf Einzelkosten (Rz 13)
Anschaffungskosten	Aufteilung bei mehreren Vermögenswerten (Rz 16)
Anschaffungskosten	bei Unternehmenszusammenschlüssen (Rz 16)
Anschaffungskosten	finaler Charakter (Rz 17)
Anschaffungskosten	bei Zahlungen an Dritte (Rz 17)
Anschaffungskosten	Versetzung in betriebsbereiten Zustand (Rz 17)
Anschaffungskosten	zeitweise Stilllegung (Rz 15)
Bedingte Kaufpreisbestandteile (*contingent considerations*)	differenziert zu beurteilen (Rz 61 ff.)
Bewertungsverfahren	zur Ermittlung von Anschaffungs- und Herstellungskosten (Rz 40 ff.)
Durchschnittsmethode	zur Ermittlung der Herstellungskosten (Rz 43)

Einlagen, Einbringungen	Bewertungsvorgaben (Rz 50ff.)
Entfernungs- und Rückbauverpflichtungen	als Bestandteil der Herstellungskosten (Rz 57ff.)
Erweiterungskosten	sind aktivierungspflichtig (Rz 36)
Fifo-Methode	zur Ermittlung der Herstellungskosten (Rz 45)
Gemeinkosten	nicht aktivierbar als Anschaffungskosten (Rz 13)
Gemeinkosten	Trennung zwischen echten und unechten (Rz 13)
Generalüberholungen	als Bestandteil der Herstellungskosten (Rz 38)
Herstellungskosten	Anwendungsbereiche (Rz 18)
Herstellungskosten	Umfang (Rz 19)
Herstellungskosten	Unterschied zwischen HGB und IFRS (Rz 20)
Herstellungskosten	keine Einbeziehung von Leerkosten (Rz 24)
Herstellungskosten	bei Kuppelproduktion (Rz 24)
Herstellungskosten	Einbeziehung von Fremdkapitalkosten (Rz 25)
Herstellungskosten	nicht einzubeziehen (Rz 26f.)
Herstellungskosten	tabellarische Übersicht nach IAS 2, HGB und EStG (Rz 31)
Herstellungskosten	Abgrenzung von Erhaltungs- und Herstellungsaufwand (Rz 32ff.)
Komponentenansatz	besondere Aktivierung (Rz 34ff.)
Lifo-Methode	nicht zulässig (Rz 47)
Machbarkeitsstudien	sind nicht aktivierbar (Rz 58)
Neubewertungskonzeption	(Rz 68ff.)

Neubewertungskonzeption	Besonderheiten für immaterielle Anlagewerte (Rz 72ff.)
Neubewertungskonzept	im Gegensatz zur Anschaffungskostenbilanzierung (Rz 6ff.)
Neubewertungsmethode	buchmäßige Abwicklung (Rz 76ff.)
Neubewertungsmethode	Voraussetzungen (Rz 73)
Tauschgeschäfte	als Realisationstatbestand (Rz 48ff.)
Umplanungen	sind aktivierbar (Rz 59)
ungewöhnliche Kosten ***(abnormal waste)***	nicht aktivierbar (Rz 15)
Unterhaltsaufwendungen, laufende	nicht aktivierbar (Rz 33)
Versetzung in betriebsbereiten Zustand	Bestandteil der Anschaffungskosten (Rz 17)
wesentliche Verbesserung	ist aktivierungspflichtig (Rz 36)
Zugangsbewertung	Anwendungsbereiche (Rz 4)

6 Anwendungszeitpunkt, Rechtsentwicklung

98 Die in diesem Paragrafen des Kommentars überwiegend angesprochenen Standards für

- Vorratsvermögen nach IAS 2 (→ § 17),
- immaterielles Anlagevermögen IAS 38 (→ § 13),
- Sachanlagen IAS 16 (→ § 14)

sind ab dem 1. Januar 2005 anzuwenden. Grundlegende Neufassungen dieser Standards stehen nicht an. Wegen Änderungen durch das *Annual Improvements Project 2008* wird verwiesen auf → § 14 Rz 22 und → § 13 Rz 49.
Ab 2009 sind Finanzierungszinsen unter bestimmten Voraussetzungen zwingend in die Anschaffungs- oder Herstellungskosten einzubeziehen (→ § 9).

7 Zusammenfassende Praxishinweise

99 In diesem Paragrafen des Kommentars sind **zwei unterschiedliche Bewertungskonzepte** abgehandelt:

- das Anschaffungskostenprinzip (Rz 11ff.),
- das Neubewertungskonzept (Rz 68ff.).

Dabei werden folgende **Bilanzposten** angesprochen:

- immaterielles Anlagevermögen (IAS 38),
- sachliches Anlagevermögen (IAS 16),
- Vorräte (IAS 2).

Nicht behandelt werden in diesem Paragrafen des Kommentars:

- die als Finanzinvestitionen gehaltenen Immobilien (IAS 40→ § 16),
- landwirtschaftliche Vermögenswerte (IAS 41→ § 38),
- zum Verkauf bestimmte Anlagewerte (IFRS 5→ § 29).

Weitgehend in Übereinstimmung mit dem HGB **dominiert** in den drei behandelten Bilanzpositionen das **Anschaffungskostenprinzip** (Rz 11ff.). Es gilt als Regelbewertungskonzept. **Erlaubt** ist als Bilanzierungsalternative für die beiden Positionen des Anlagevermögens auch die **Neubewertung** zum Marktwert (*fair value*; Rz 68ff.). Dabei kommt dieses Verfahren bei **immateriellen Vermögenswerten** – als förmlich erlaubte Ausnahme *(allowed alternative treatment)* – kaum jemals in Betracht (Rz 72). Die praktische Anwendbarkeit des Neubewertungsverfahrens *(revaluation)* beschränkt sich deshalb auf das **sächliche Anlagevermögen**.

Das auch nach den IFRS (noch) **dominierende Anschaffungskostenprinzip** – wenigstens in den drei im Wesentlichen hier angesprochenen Bilanzpositionen – unterscheidet sich vielfach nur unwesentlich von den Regelungen des HGB. Zu nennen sind dabei insbesondere:

- der Inhalt des Anschaffungskostenbegriffs (Rz 11ff.),
- der Inhalt des Herstellungskostenbegriffs (aber Wahlrecht für Gemeinkosten nach HGB, Aktivierungspflicht nach IFRS; vgl. Rz 18ff.),
- die Einbeziehung von Gemeinkosten in die Herstellungskosten auf der Basis einer normalen Produktionsauslastung (Rz 24),
- die nachträglichen Herstellungskosten (Rz 36),
- die Abgrenzung von Erhaltungs- und Herstellungsaufwand (Rz 32ff.),
- die Aufwendungen im zeitlichen Zusammenhang mit einer Anschaffung (Rz 37),
- die Verfahren zur Ermittlung der Anschaffungs- oder Herstellungskosten (Durchschnittsmethode, Verbrauchsfolgeverfahren etc.), aber nicht mehr Lifo (Rz 40ff.),
- die Anhangsangaben.

Eine Besonderheit gegenüber dem HGB-Regelwerk stellt der *components approach* dar (Rz 34ff.).

Bei einem **Übergang** von HGB auf IFRS (→ § 6) ohne Ausübung des Wahlrechts der Neubewertung ergeben sich demgemäß in vielen Fällen **keine signifikanten Anpassungserfordernisse.** Allerdings ist die Ausübung des **Wahlrechts zur Neubewertung** im Zuge der IFRS-Einführung u.U. dann eine sinnvolle bilanzpolitische Gestaltung – etwa bei umfangreichem innerstädtischem Immobilienbesitz mit stillen Reserven –, wenn eine Erhöhung des Eigenkapitalausweises gewünscht wird oder eine Verminderung der Eigenkapitalziffer (etwa durch Anpassung der Pensionsrückstellung; → § 22 Rz 47) vermieden werden soll. Wegen weiterer bilanzpolitischer Möglichkeiten im Übergangsprozess vgl. → § 6 Rz 117.

§9 FINANZIERUNG DER ANSCHAFFUNG ODER HERSTELLUNG

Inhaltsübersicht **Rz**

Schrifttum: Esser/Schulz/Danso/Woltering, Neuregelung zur Behandlung von Fremdkapitalkosten nach IAS 23 (rev. 2007); Heintges/Urbanczik/Wulbrand, Neuregelung des IAS 23, DB 2009, 633; Lüdenbach, Aktivierung von Zinsen aus Betriebsmittelkrediten, PiR 2006, S. 237; Schmachtenberg/Meixner/Schäfer, Die Folgebewertung von Mobilfunklizenzen nach HGB, IFRS und US-GAAP, KoR 2005, S. 512; Vater, Überarbeitung von IAS 23 „Fremdkapitalkosten", WPg 2006, S. 1337; Zeyer/Eppinger/Seebacher, Ausgewählte Fragestellungen zur Aktivierung von Fremdkapitalkosten nach IAS 23 (rev. 2007), PiR 2010, S. 67.

Vorbemerkung

Die Kommentierung bezieht sich auf IAS 23 in der aktuellen Fassung und berücksichtigt alle Ergänzungen, Änderungen und Interpretationen, die bis zum 1.1.2011 beschlossen wurden.

Wegen der Rechtsentwicklung wird auf Rz 40 verwiesen.

1 Überblick

1.1 Regelungsbereich

1 IAS 23 befasst sich mit der bilanzmäßigen Abbildung der Aufwendungen für die **Fremd**finanzierung *(borrowing costs)*. Die Kosten des **Eigenkapitals** sind nach IAS 23.3 vom Regelungsgehalt ausgeschlossen. Betroffen sind Anschaffungs- und Herstellungskosten für besondere Vermögenswerte *(qualifying assets)*.

1.2 Das ökonomische Ausgangsproblem und die Lösungsansätze

1.2.1 Die Regelungen im deutschen Bilanzrecht

2 Die Ausgangsidee zur bilanzmäßigen Behandlung der Aufwendungen für die Finanzierung des Geschäftsbetriebes ist nach deutscher Rechnungslegungstradition recht einfach: Finanzierungskosten stellen **periodengerecht** zu ermittelnden **Aufwand** dar. Diese gerade wegen ihrer Schlichtheit qualitativ nicht zu unterschätzende Regel – bilanzpolitisch zu nutzende Ermessensspielräume bestehen bis dahin nicht – wird indes nicht konsequent durchgehalten. Nach § 255 Abs. 3 HGB besteht optional die Möglichkeit, Fremdkapitalzinsen, die der Finanzierung der **Herstellung eines Vermögensgegenstandes** dienen, als fiktive Herstellungskosten dieses Vermögensgegenstandes zu aktivieren. Dem folgt das **Steuerrecht** für Zwecke der steuerlichen Gewinnermittlung in Richtlinie 6.3 Abs. 4 EStR 2008.

3 Dieses Bewertungswahlrecht gilt allerdings nur für die Ermittlung der **Herstellungskosten**. Gleichwohl wird auch die Aktivierung von Finanzierungskosten auf **Anschaffungen** in Ausnahmefällen für zulässig erachtet,[1] und zwar im Rahmen von Anschaffungsvorgängen von Gegenständen mit längerer Bauzeit. Begründung: Die zu leistenden Anzahlungen und die damit verbundenen Finanzierungskosten vermindern den Kaufpreis, weil bei Finanzierung durch den Lieferanten dieser seine damit verbundenen Kosten in den Kaufpreis einkalkuliert hätte.

1.2.2 Angelsächsisches Denkmuster: *matching principle*

4 Die letztgenannte Argumentation deutet bereits die Bemühung des Für und Wider der Aktivierung von Finanzierungskosten bei der Bilanzierung einzelner Vermögenswerte an. Die in der angelsächsischen Rechnungslegungswelt angestellten Überlegungen wägen ebenfalls ab, setzen aber an anderen Ausgangsüberlegungen an. Es geht dabei um die Zielsetzung der erfolgsneutralen Abbildung von Anschaffungs- und Herstellungsvorgängen im Rechenwerk des Unternehmens. Alle Aufwendungen zur Beschaffung oder Herstellung eines Vermögenswertes bis hin zur vollständigen Funktionsfähigkeit sollen erfolgsneutral behandelt werden. In diesem Zusammenhang wird auch die Frage diskutiert, ob die Opportunitätskosten der **Eigenkapitalfinanzierung** nicht im Interesse der Gleichbehandlung mit den Fremdkapitalkosten und der zwischenbetrieblichen Vergleichbarkeit ebenfalls zu aktivieren seien (Rz 6). Die jeweiligen Herstellungskosten sollen nicht deswegen **differieren**, weil das eine Unternehmen mit

---

1 ADLER/DÜRING/SCHMALTZ, 6. Aufl., § 255 HGB, Tz 36 m.w.N.; a.A. ELLROTT/BRENDT, in: BECK'scher Bilanzkommentar, 7. Aufl., § 255 HGB, Tz 501; HOFFMANN/LÜDENBACH, NWB Kommentar Bilanzierung, 2. Aufl. 2011, § 255, Tz 26.

Eigen- und das andere einen vergleichbaren Vermögensgegenstand mit Fremdkapital finanziert. Solche Überlegungen könnten noch weiter spezifiziert werden, und zwar insbesondere in Fällen langfristiger Auftragsfertigung.
Die angelsächsische Denkweise ist in diesem Zusammenhang stark von dem *matching principle* (→ § 1 Rz 111) dominiert. Alle Produktionseinsätze zur Herstellung und zum Verkauf eines Vermögensgegenstandes sollen in dem Zeitraum aufwandswirksam werden, in dem die entsprechenden Umsatzerlöse anfallen.

Aus Sicht des Auftraggebers (z.B. des Energieversorgungsunternehmens) stellt 5
sich dann die bilanztechnische Situation wie folgt dar: Zahlt er mit Vorauskasse und verzichtet deshalb auf Zinserträge oder erhöht seinen Zinsaufwand, erhält er das Kraftwerk billiger, seine Anschaffungskosten sinken. Man kann dann von einer **temporären Verzerrung des Ergebnisausweises** sprechen, weil der Verzicht auf die Erträge der möglichen Geldanlage bzw. die Erhöhung des Zinsaufwandes in der Bauphase zu einer Gewinnverlagerung in die Zukunft führen. Umgekehrt: Erfolgt die Finanzierung durch den Auftragnehmer, werden die Aufwendungen des Auftraggebers in Gestalt höherer Anschaffungskosten und damit Abschreibungen in die Zukunft verlagert; der Zinsertrag „heute" bleibt ihm erhalten.[2]

1.2.3 Das Grundproblem: Werterhöhung durch Fremdfinanzierung

Nie ernsthaft in Betracht gezogen wurde die Aktivierung von Opportunitäts- 6
kosten der **Eigen**kapitalfinanzierung. Damit ist auch das eigentliche **Grundproblem** der Diskussion angesprochen: Sofern die Anschaffung oder Herstellung eines bestimmten Vermögenswerts mit Eigenkapital finanziert wird, kommt kaum jemand auf die Idee der Aktivierung von Opportunitätskosten. Umgekehrt bei **Fremd**kapitalfinanzierung: Hier ist eine Aktivierung geboten (ab 2009). Im Ergebnis werden Ausgangswert der Bewertung und damit auch die folgenden Buchwerte umso **höher** geschraubt, je **mehr** die Finanzierung mit **Fremdkapital** erfolgt. Die Fremdfinanzierung wird insoweit temporär ihres Kostencharakters beraubt – wenn man nicht dem *matching principle* auch insoweit einen Vorrang einräumt (Rz 4).

Andererseits können sich etwa bei **langfristiger Auftragsfertigung** die Finan- 7
zierungskosten in der Summe des bedungenen Werklohnes niederschlagen. Muss der Auftragnehmer, also der Hersteller z.B. eines Kraftwerks, die Finanzierung selber bereitstellen – neuerdings beim Bau von Autobahnen und Bundesstraßen nicht unüblich –, so wird der Werklohnanspruch um die entsprechenden Finanzierungskosten höher sein als in dem Fall, in dem (traditionell) der Auftraggeber die Finanzierung des Fertigungsauftrages übernimmt. Im Bereich öffentlicher Auftraggeber ist auch noch eine umgekehrte Verhaltensweise denkbar: Um Haushaltsmittel nicht verfallen zu lassen, erfolgt eine **Anzahlung** bis zur Höhe des gesamten Angebotspreises vor Baubeginn, um dadurch die beim Auftragnehmer entstehende Verminderung der Finanzierungskosten bzw. Möglichkeit zur zinsbringenden Anlage der Mittel in der Auftragsvergabesumme zu reduzieren. Während der Erstellungsphase werden dann die Herstellungskosten entsprechend niedriger sein.

2 Zur Bilanzierung beim Auftragnehmer → § 18 Rz 57.

2 Zentrale Begriffe

2.1 Finanzierungskosten

8 Die IFRS sprechen von **Finanzierungskosten** (*borrowing costs*), die neben den **Zinsen** auch andere zugehörige **Aufwendungen** umfassen (IAS 23.5), nicht indes die Opportunitätskosten der Eigenkapitalfinanzierung (Rz 1). Als Beispiele werden in IAS 23.6 (**Fassung** durch *Annual Improvements Project* 2008) genannt:

- kalkulierter Zinsaufwand unter Anwendung der **Effektivzins**methode (→ § 28 Rz 40),
- Zinsanteil der **Leasing**raten (→ § 15 Rz 57),
- bei **Fremdwährungs**finanzierung die Währungsdifferenzen, **soweit** sie wirtschaftlich als Korrektur des Zinsaufwands angesehen werden können (z.B. Kreditaufnahme niedrig verzinslich in Yen bei erwarteter und tatsächlicher Aufwertung des Yen).[3]

Die **Währungsdifferenzen** (aus Krediten in Fremdwährung) enthalten regelmäßig einen Zinskorrektur-**Anteil**. Das berücksichtigt der Wortlaut von IAS 23.6(e) („*to the extent*"). Danach sind nicht **alle** Währungsdifferenzen als Zinskorrektur anzusetzen. Zur Ermittlung[4] kann ein Vergleich mit einem in Bonität und Laufzeit entsprechenden Kredit in der funktionalen Währung des Unternehmens dienen, ebenso ein Vergleich von Forward-Kursen im Zeitpunkt der Kreditaufnahme. Entsprechende Berechnungen gestalten sich als hochgradig ermessenshaft. Jede vernünftig begründete und konsistent angewandte Methode zur Ermittlung des Korrekturbetrags ist zulässig und im **Anhang** zu erläutern.[5] Nicht zu den Finanzierungskosten zählen Avalprovisionen für erhaltene Bürgschaften; das Gleiche gilt für Aufzinsungen von langfristigen Rückstellungen (→ § 21 Rz 126ff.).[6] Zur Berücksichtigung von Zinsaufwand bei Fertigungsaufträgen i.S.d. IAS 11 wird verwiesen auf → § 18 Rz 63. Nicht zu den Finanzierungskosten zählen Aufwendungen und Erträge aus vorzeitiger Kündigung und Rückzahlung von Krediten.[7]

9 IAS 23 behandelt – im Gegensatz zu IAS 39 – nicht derivative Finanzierungsstrukturen, etwa Zinsswaps (→ § 28 Rz 9). Deshalb ist der Frage nachzugehen, ob und inwieweit sich der Begriffsinhalt der *borrowing costs* an der Bilanzierungsmethode dieser Finanzinstrumente ausrichten muss. Dem Regelungsbereich von IAS 23 unterliegen nur Zinsaufwendungen im Zusammenhang mit der Finanzierung (Rz 16) qualifizierter Vermögenswerte, die gebaut oder hergestellt werden (Rz 10). Bei **derivaten** Finanzinstrumenten bedarf es eines **direkten** Zusammenhangs mit solchen Maßnahmen. Dann unterliegen die Gewinne oder Verluste aus dem Derivat der Aktivierungspflicht (Rz 12). Nicht erforderlich ist das Vorliegen einer **Sicherungsbeziehung** nach IAS 39.88 (→ § 28 Rz 254). Existiert eine solche, ist für den ineffektiven Teil regelmäßig dieser direkte Zusammenhang nicht gegeben.[8]

---

3 IFRIC update, January 2008; vgl. auch ADS International, Abschn. 9, Tz 50.
4 Vorschlag in IDW RS HFA 37.9; ein ausführliches Berechnungsbeispiel bei DELOITTE, iGAAP 2010, 29.21.
5 IFRIC, Update January 2008.
6 So auch ZEYER/EPPINGER/SEEBACHER, PiR 2010, S. 67.
7 DELOITTE, iGAAP 2010, 29.321.
8 IDW RS HFA 37.12; HEINTGES/URBANCZIK/WULBRAND, DB 2009, S. 634.

Insbesondere bei Einsatz eines **Zinsswaps** (→ § 28 Rz 252) kann ein aktivierungspflichtiger Zinsaufwand durch die laufenden Zinszahlungen und die Zinsabgrenzungen vorliegen. Entsprechendes gilt für die Gewinne oder Verluste aus einem Sicherungsinstrument gegen **Währungs**risiken.[9] Die *fair-value*-Änderungen des Sicherungsinstruments aufgrund von Änderungen des Basiswerts (Marktzins, Währungskurs) sind dagegen nicht in das Aktivierungsvolumen einzubeziehen, da sich darin der Barwert **künftiger** (nicht mehr auf den Herstellunsgzeitraum einfallender) Zahlungsströme widerspiegelt.[10]

Beispiel
U finanziert den Bau eines Bürohauses mit einem variabel verzinslichen Darlehen und sichert das Risiko aus der variablen Verzinsung über einen Swap ab. Im wirtschaftlichen Ergebnis beider Geschäfte zahlt U einen festen Zinssatz. Diese (feste) Zinszahlung ist, soweit sie auf den Herstellungszeitraum entfällt, (Rz 25ff.), aktivierungspflichtig. Die Trennung von Grundgeschäft und Swap nach IAS 39 (→ § 28 Rz 254) ist für IAS 23 unerheblich, da es hier um die Aktivierung des Zinsaufwands für einen begrenzten Zeitraum (die Herstellungsphase) und nicht um die erfolgswirksame oder -neutrale Abbildung von Zeitwertschwankungen des Swaps geht.[11]

Die vorstehende Lösung – Aktivierungspflicht – gilt nicht für Aufwendungen aufgrund der **vorzeitigen** Beendigung des **Sicherungsgeschäfts**. Die damit verbundenen Ein- oder Auszahlungen reflektieren die Erwartungen über die Entwicklungen der **Zinsraten**. Mit der Zahlung werden Änderungen der künftigen *cash flows* vorweggenommen.
Durch eine Sondervorschrift in IFRIC 1.8 ist der **Aufzinsungsbetrag** für langfristige Rückstellungen betreffend Rückbauverpflichtungen u.a. nicht aktivierbar (→ § 21 Rz 161). Dagegen erfüllen u.E. Sonderformen von Dividenden, die nach IAS 32.35 und IAS 32.36 im Aufwand zu verrechnen sind, die Definition von Fremdkapitalkosten i.S.d. IAS 23.5 (Rz 8)[12], ebenso der Zinsanteil aus Wandelanleihen (→ § 2 Rz 8).[13]

2.2 Qualifizierte Vermögenswerte

Die Pflicht zum Bilanzansatz von Finanzierungskosten für Anschaffungs- und Herstellungsvorgänge beschränkt sich auf **qualifizierte Vermögenswerte** (*qualifying assets*). Diese sind nach IAS 23.5 durch eine **längere Periode** (*substantial period*) zwischen Herstellungsbeginn und Nutzbarkeit (Anlagevermögen) bzw. Verkaufsfähigkeit (Vorratsvermögen) gekennzeichnet. 10
Keine direkte Auslegungshilfe liefert der Standard zum Begriffsinhalt von „*substantial period*“, sondern überlässt die inhaltliche Ausfüllung „prinzipienorientiert“ dem Anwender. Dabei sind nach IAS 23.5 ein **objektives** Merkmal („*necessarily*“) - die Art des Vermögenswerts – und ein **subjektives** Moment („*intended*

9 So auch Schönbrunn, in: Baetge et al., IAS, 2. Aufl., IAS 23, Tz 5.
10 KPMG, Insights into IFRS 2008/2009, Tz 4.6.400.20.
11 Dafür auch Ernst & Young, International GAAP 2008, S. 1118.
12 So IDW RS HFA 37.10.
13 So Heintges/Urbanczik/Wulbrand, DB 2009, S. 639.

use") - Verwendung zum Eigennutzen oder Schaffung eines verkaufsfähigen Zustands - zu beachten. Negativ betrachtet scheiden gebrauchsfertig angeschaffte Anlagegüter, Rohmaterialien und Handelswaren aus dem Anwendungsbereich aus, da sie „sofort" zur **beabsichtigten Verwendung** bereitstehen (IAS 23.7). Anders verhält es sich bei

- einem Reifungsprozess unterliegenden Vorräten (Rz 31),
- der Herstellung von Gebäuden, Maschinen und
- (aktivierbaren; → § 13 Rz 26ff.) Entwicklungskosten.

Diese sind zu Beginn ihrer Verwendung noch nicht **nutzungs-** oder **verkaufsfähig**. Dazwischen liegt das objektive Merkmal des **Zeitbedarfs**, der mit diesen qualitativen Überlegungen allerdings noch nicht bestimmt ist. Wenn man sich in diesem Bereich des *materiality*-Gedankens bemächtigt, bleibt bei einem Zeitraum von dreieinhalb Monaten kein Zwang zur Aktivierung. Bei acht Monaten kann es sich schon anders verhalten, d.h., die Aktivierungspflicht ist zweifelhaft, bei 14 Monaten ist die *substantial period* ziemlich sicher gegeben.

In solchen Fällen neigt die menschliche Psyche zur Verwendung **runder** Zahlen. 37 Wochen wird niemand als „Periode mit Substanz" definieren wollen. Viel eher wird das volkstümliche Dutzend (an Monaten) oder die Hälfte davon (weil einfach durch 2 zu dividieren) Akzeptanz bei den Rechtsanwendern finden. Dabei nimmt die Zwölf-Monats-Frist bei der Rechnungslegung schon deshalb die Favoritenrolle ein, weil sie den regelmäßigen Arbeitsrhythmus bestimmt.

Jedenfalls dürfen Äußerungen von Standardisierern oder Kommentaren oder die Hausmeinungen der großen Wirtschaftsprüfungskonzerne nicht das **unternehmerische Ermessen** präjudizieren. Allenfalls widerlegbare Vermutungen dieser vorgegebenen Instanzen sind akzeptabel. Eine solche von zwölf Monaten liegt sicher nicht außerhalb der Vorstellungswelt der Verfasser des IAS 23.[14]

Maßgeblich muss bei der Fristbestimmung immer die **notwendige** Zeitperiode zwischen Beginn (Rz 25) und Ende (Rz 29) der Aktivierungsphase sein. Erfüllt der Herstellungsprozess durch Einfluss von Sonderfaktoren einen **„unnötigen"** Zeitraum, kann dieser nicht einen *qualifying* asset aus der Taufe heben.

Beispiel

Das Unternehmen F errichtet eine neue Produktionshalle in Schnellbauweise. Die geplante Herstellungsfrist beläuft sich auf siebeneinhalb Monate, was vom Management als nicht *„substantial"* qualifiziert wird. Durch den Einspruch eines Nachbarn muss der Neubau für sieben Monate stillgelegt werden.

Alternativ:

Während der Bauphase stellt sich die ungenügende Fundamentierung heraus. Die Gewinnung von Bodenproben, statische Neuberechnungen, Beschaffung anderen Materials verzögert den Bau um sechsdreiviertel Monate.

Der Neubau stellt in beiden Sachverhaltsvarianten kein *qualifying asset* dar. Die Bauverzögerungen sind nicht „notwendiger" Natur.

14 In diesem Sinne IDW RS HFA 37.5: widerlegbare Vermutung bei mehr als einem Jahr; ebenso Heintges/Urbanczik/Wulbrand, DB 2009, S. 633; a.A. KPMG, Insights into IFRS 2008/2009, Tz 4.6.360.40: 6 Monate.

> Aus dem Beispiel folgt auch: Die Bestimmung des **notwendigen** Zeitraums muss vom Management bei **Beginn** der Herstellungsvorgänge etc. vorgenommen werden. Die bessere Erkenntnis ex post ist unbeachtlich.
> Zeitliche Unterbrechungen können je nach Sachverhalt auch **notwendiger** Bestandteil des Herstellungsprozesses sein (Rz 28). Dann ist die Unterbrechung unerheblich.

Beispiele für *qualifying assets* sind nach IAS 23.7: 11
- Vorratsvermögen als Bauträgerobjekt oder bei langfristiger Lagerung (Wein, Käse, Whisky), (Rz 31),[15]
- industrielle Fertigungsanlagen,
- Energieerzeugungsanlagen,
- immaterielle Vermögenswerte,
- Anlageimmobilien, die nach IAS 40 im *cost model* (→ § 16 Rz 43) bewertet werden.

Weitere Spezifizierungen:
- Baumaßnahmen zur Nutzung durch das Unternehmen, wenn Zahlungen nach Leistungsfortschritt zu erbringen sind,
- Sonderanfertigungen zum Verkauf oder zur Leasing-Nutzung,
- Grundstücksentwicklungen, also Parzellierung, Erschließung u. Ä.

Keine Bedeutung haben die Vorschriften von IAS 23 für langfristige Fertigungsaufträge i.S. von IAS 11, da hier nicht Herstellungskosten (und somit auch keine Zinsen der Herstellungsphase), sondern anteilige Umsätze aktiviert werden. Wegen Einzelheiten wird auf → § 18 Rz 63 verwiesen.

Nicht als *qualifying assets* (Rz 10) gelten:
- Vorratsgrundstücke, die noch nicht für Bauzwecke entwickelt werden (IAS 23.19),
- industrielle Serienproduktion mit kurzfristiger Fertigstellung des Produktes (IAS 23.4b, gilt u.E. auch für Handelswaren),
- der Erwerb bereits gebrauchsfertiger – lang- und kurzfristiger – Vermögenswerte (IAS 23.5; vgl. Beispiel → § 16 Rz 32),
- Anlageimmobilien, die nach IAS 40 im *fair value model* (→ § 16 Rz 43) bewertet werden (IAS 23.4a),
- biologische Vermögenswerte i.S.d. IAS 41 (→ § 40, IAS 23.4a),
- bereits in Gebrauch genommene Gegenstände (so auch IAS 23.7).

3 Der Bilanzansatz

3.1 Das System

Die Bilanzierungs**pflicht** von Fremdkapitalzinsen als Bestandteil der Anschaffungs- **oder** Herstellungskosten ist in IAS 23.8ff. wie folgt aufgebaut: 12
- **Direkt** der Anschaffung oder der Herstellung zuzuordnende Finanzierungskosten sind **insgesamt** (IAS 23.8),
- Kosten **nicht direkt** zurechenbarer Finanzierungsvolumina *(borrowed generally)* anteilig

[15] So auch VATER, WPg 2006, S. 1340.

beim erworbenen oder herzustellenden Vermögenswert *(qualifying asset)* zu aktivieren (IAS 23.14). Vgl. hierzu das Beispiel unter Rz 23. Der SME-Standard verbietet demgegenüber die Aktivierung von Finanzierungsaufwand (→ § 50 Rz 7). Was dem **Grunde** nach als Aktivierungspotenzial infrage kommt, ist unter Rz 8f. dargestellt.

13 Die Aktivierung ist auch bei einer **Wertminderung** des betreffenden Vermögenswerts unter dem Buchwert fortzusetzen. Die *impairment*-Abschreibung ist auf den Vermögenswert in seiner Gesamtheit zu verrechnen.[16] Die noch zu aktivierenden Zahlungsmittelabflüsse aus den Fremdkapitalkosten sind zur Ermittlung des erzielbaren Betrags nach IAS 36.39b und IAS 36.42 zu berücksichtigen (→ § 11 Rz 46).[17]

Die gesamte Struktur des Standardinhalts ist auf die Verhältnisse von **Sachanlage**vermögen ausgerichtet. Der Standard gilt aber auch für bestimmtes **Vorratsvermögen** (Rz 10) und **Entwicklungskosten** (Rz 10). Die Besonderheiten sind in Rz 31 dargelegt.

3.2 Ermittlung des Aktivierungsvolumens

14 Zu den vorstehenden Bilanzierungskriterien geben die IFRS-Regeln noch nähere Definitionen und Erläuterungen. Danach sollen die direkt zurechenbaren Finanzierungskosten gem. IAS 23.10 diejenigen sein, die das Unternehmen bei Verzicht auf das betreffende Investment erspart hätte (Rz 16). **Speziell** aufgenommene Finanzierungskredite können ohne Weiteres direkt dem betreffenden **qualifizierten Vermögenswert** (*qualifying asset*) zugeordnet werden (IAS 23.12). Auch spezifische Ausnutzung bestehender **Kreditlinien** oder deren Verlängerung ist direkt zurechenbar.[18]

15 Schwierigkeiten können sich bei **nicht** bestehendem **sachlichem** Zusammenhang zwischen der Kreditaufnahme und der (qualifizierten) Anlageinvestition ergeben.[19]

Beispiel

Die Spedition S finanziert die Anschaffung von 100 neuen (gebrauchsfertigen) Lastwagen am 1.1.02 mit einem Abzahlungsbankkredit. S verfügt über kein weiteres verzinsliches Fremdkapital.

Am 1.7. beginnt S mit dem Neubau einer Abfertigungshalle (*qualifying asset*, Rz 10), der komplett mit neuem Eigenkapital (Kapitalerhöhung durch Bareinlage) finanziert wird.

Die Lastwagen sind keine *qualifying assets*, da sie mit Anschaffung sofort einsatzfähig sind (Rz 11). Eine Aktivierung der Zinsen scheidet hier aus.

Der Neubau stellt zwar ein *qualifying asset* dar, ist aber gerade nicht mit Fremdkapital finanziert worden. Ein **Veranlassungszusammenhang** der Finanzierung besteht nur beim Eigenkapital, dessen Kosten jedoch nicht aktivierbar sind (Rz 1). Infrage kommt aber eine mittelbare Zurechnung von Fremdfinanzierungskosten nach IAS 23.10 Satz 1 und IAS 23.14 (Rz 16).

---

16 Ernst & Young, International GAAP 2008, S. 1114; PwC, IFRS Manual of Accounting 2008, Tz 16.140.

17 IDW RS HFA 37.31.

18 Schönbrunn, in: Baetge et al., IAS, 2. Aufl., IAS 23, Tz 15.

19 Zu diesem Problem mit umfassendem Beispiel vgl. Lüdenbach, PiR 2006, S. 237.

Nach IAS 23.10 sind aktivierbar die Fremdkapitalkosten, die bei Nichttätigung der Investition **vermieden** worden wären *(would have been avoided)*. Nach diesem Konzept der Vermeidbarkeit löst auch jede aus Eigenmitteln bestrittene Anlageinvestition insoweit einen Fremdfinanzierungsbedarf aus, als bei Nichtdurchführung der Investition die Eigenmittel zur Rückführung anderer Fremdfinanzierungen hätten verwendet werden können. Deshalb wäre im Beispiel unter Rz 15 eine entsprechende Tilgung des Abzahlungskredites für die Lastwagen möglich gewesen, wenn nicht in das Gebäude investiert worden wäre. Die wegen der – vermeidbaren – Nichtrückführung des Abzahlungskredites entstandenen Zinsaufwendungen sind zeitanteilig beim Gebäudeneubau aktivierbar. 16

Es stehen also nach IAS 23 **zwei** Aktivierungskonzepte nebeneinander: 17

- der **Veranlassungszusammenhang** bei Objektfinanzierung von qualifizierten Vermögenswerten,
- die **Vermeidbarkeit** von Kosten bei allgemeinen Finanzierungen.

Das Verhältnis beider Konzepte ist z.T. widersprüchlich. Immer wenn überhaupt Fremdkapitalkosten anfallen – auch solche aus **früheren**, noch nicht getilgten Objektfinanzierungen für nicht qualifiziertes Anlage- oder Vorratsvermögen –, stellen sich **vermeidbare** Kosten mangels Tilgung von Verbindlichkeiten ein. Gleichwohl sind die für früher hergestellte qualifizierte Vermögenswerte aufgenommenen und nach Fertigstellung weiterlaufenden Objektdarlehen bei späteren Investitionen nach IAS 23.9 nicht zu berücksichtigen, im Gegensatz zur Objektfinanzierung nicht qualifizierter Anlage- und Umlaufgüter.

Letztlich verbleiben angesichts dieser beiden nicht aufeinander abgestimmten Konzepte im Beispiel unter Rz 15 **zwei** vertretbare **Auslegungsmöglichkeiten**: 18

- Weil durch den Nichtverzicht auf den Gebäudeneubau (qualifizierter Vermögenswert) der Abzahlungskredit für die Lastwagen (nicht qualifizierter Vermögenswert) **nicht zurückgeführt** worden ist, sind die durch die Lastwagenbeschaffung (!) veranlassten Zinsaufwendungen beim Neubau zu aktivieren.
- Die Zinsen für den Abzahlungskredit sind **objektbedingt** dem Lastwagenkauf zuzuordnen und deshalb nicht aktivierbar.

U. E. ist die erste Auslegung vorzugswürdig, weil jede Zuordnung von Krediten bzw. Kreditmitteln in hohem Maße willkürlich ist („Geld hat keinen Marschallstab“),[20] das opportunitätskostenorientierte Konzept der vermeidbaren Kosten hingegen ohne solche Willkür auskommt.

IAS 23.11 befasst sich mit dem Fall einer **zentralen Finanzierungs-Koordinierungsstelle** im Konzern. Hier sollen die Finanzierungskosten nach **billigem Ermessen** *(exercise of judgement)* dem Erwerb oder der Herstellung des entsprechenden besonderen Vermögenswertes *(qualifying asset)* zugeordnet werden. Die Anweisungen zu **Konzernsachverhalten** sind aber wenig bestimmt. Nach IAS 23.15 ist unter bestimmten Umständen *(in some circumstances)* der **gewichtete Durchschnitt** der Konzernfinanzierung, in anderen Fällen nur derjenige der **betreffenden Einheit** zu berücksichtigen, allerdings nur dann, 19

[20] Ausführliches Beispiel bei LÜDENBACH, StuB 2009, S. 503.

wenn das einzelne Konzernunternehmen sich selbstständig finanziert.[21] Ansonsten gilt: **Jede** vernünftige Methode ist anwendbar.[22]

Im **Konzernabschluss** sind nur die **konzernextern** aufgenommenen Kredite mit deren Konditionen zu berücksichtigen. Bei konzerninternem Weiterreichen der Kredite mit abweichenden Konditionen sind diese auf die **externen** zu korrigieren.

20 **Zwischenfinanzierungserträge** durch temporäre Anlage von aufgenommenen, aber noch nicht in vollem Umfang benötigten Krediten sind von den aktivierbaren Kostenbestandteilen abzuziehen (IAS 23.12f.). Damit soll der Möglichkeit vorgebeugt werden, möglichst hohe Finanzierungsaufwendungen zu aktivieren, denen auf der Gegenseite entsprechende Zinserträge gegenüberstehen.

21 Die Ergebniswirkungen einer **Ausbuchung** von Darlehensschulden nach IAS 39.41 (→ § 28 Rz 87) reflektieren den Unterschied zwischen Vertragszins und erwarteter Zinsentwicklung und ist deshalb nicht einem Investitionsprojekt in qualifizierte Vermögenswerte zuzuordnen.[23]

22 Bei einer „**Globalfinanzierung**“ (*general borrowing*) ist eine **Verhältnisrechnung** vorzunehmen, und zwar mit dem gewogenen Durchschnitt der gesamten Fremdfinanzierungskosten eines Wirtschaftsjahrs ohne diejenigen für spezielle Finanzierungszwecke besonderer (*qualifying*) Vermögenswerte. Solche speziellen Finanzierungen für *non qualifying assets* sind dagegen aus dem gesamten Kostenblock **nicht** herauszunehmen.[24] Bei dieser Berechnung dürfen die zu aktivierenden Finanzierungskosten die tatsächlich in der **Periode angefallenen nicht** übersteigen (IAS 23.14). Zur Klarstellung verlangt IAS 23.16 einen **Niederstwerttest** in dem Sinne, dass der betreffende Buchwert unter **Einbeziehung** der aktivierten Fremdkapitalkosten den am Markt erzielbaren Wert (*recoverable amount*; → § 11 Rz 5) nicht übersteigen darf.

23 Zur Ermittlung des **anteiligen** aktivierbaren Finanzierungsaufwands bei einer „**Mischfinanzierung**“ nach IAS 23.14 folgendes Beispiel:

Beispiel
Sachverhalt

	EUR	EUR
Die X-AG baut im Verlauf des Geschäftsjahres 01 eine Fertigungsstraße mit Herstellungskosten/Finanzierungsvolumen von:	10.000.000	
Folgende Kredite/Darlehen stehen hierfür zur Verfügung:		

21 IDW RS HFA 37.22; dort sind auch Anhaltspunkte für das Vorliegen einer konzernUNabhängigen Finanzierung der betreffenden Einheit aufgelistet.

22 Eine tabellarische Darstellung möglicher Zuordnungen von Zinsaufwand findet sich in Zeyer/Eppinger/Seebacher, PiR 2010, S. 69.

23 IDW RS HFA 37.16.

24 IASB, Update July 2009; IFRIC, Update November 2009.

	Zinssatz		Zinsaufwand p. a.
Ein speziell für die Fertigungsstraße aufgenommenes Darlehen wird zum 1.1. voll ausbezahlt.	7 %	7.000.000	490.000
Der Rest wird finanziert über:		Durchschnittliche Inanspruchnahme	
– Kontokorrentkredit	12 %	2.000.000	240.000
– allgemeines Betriebsmitteldarlehen	10 %	4.000.000	400.000
Durchschnittszins/Summen	10,67 %	6.000.000	640.000
Die Auszahlungen an den Hersteller erfolgen am:			
1.1.		4.000.000	
1.7.		3.000.000	
31.12. (Schlusszahlung)		3.000.000	
		10.000.000	
Die noch nicht in Anspruch genommene Auszahlung des am 1.1. erhaltenen Darlehens wird wie folgt verwendet:			
Kürzung der Kontokorrentinanspruchnahme:	12 %	2.000.000	240.000
Festgeldanlage	4 %	1.000.000	40.000
		3.000.000	280.000

Die gesamten Zinsaufwendungen im Jahr 01 übersteigen annahmegemäß EUR 510.000 (Rz 23).

Lösung

Die Bauzeitzinsen ermitteln sich wie folgt:			
Aus dem speziell hierfür aufgenommenen Darlehen vom 1.1. bis 1.7.:	7 %	7.000.000	490.000
abzüglich des „Anlageertrags“ vom 1.1. bis 1.7.			
Kürzung der Kontokorrentinanspruchnahme:	12 %	2.000.000	–120.000
Festgeld	4 %	1.000.000	–20.000

Restfinanzierung ab 1.7.	10,67 %	3.000.000	160.000
Aktivierungsfähige Bauzeitzinsen gesamt:			510.000

Die Schlusszahlung am 31.12. hat auf die Bauzeitzinsen keinen Einfluss mehr.

Der durchschnittliche Finanzierungskostensatz beläuft sich auf 10,67 % (Anhangsangabe, Rz 38).

24 An die Ermittlung des anteiligen gewogenen Kostensatzes – abgeleitet aus den gesamten Zinsaufwendungen der Periode – sollten aus Praktikabilitätsgründen keine zu hohen (genauen) Anforderungen gestellt werden. Bei **komplizierten Finanzierungsstrukturen** ist eine vereinfachte Ermittlung des anzuwendenden Zinssatzes fast schon zwingend, da dessen Ermittlungsaufwand schnell einmal in einem groben Missverhältnis zu dem zusätzlichen Informationsnutzen gem. F.44 stünde (→ § 1 Rz 65). Die Praxis scheint dem zu folgen. Das IFRIC hat in einer *Agenda Decision* auf IAS 23.11 verwiesen, wonach die Zuordnung von *general borrowings* stark ermessensbehaftet ist. Deshalb sei eine Aufnahme in die Agenda nicht sinnvoll.[25] Auch der IASB will sich mit diesem Thema nicht befassen.[26] IAS 23.18 erlaubt deshalb auch ein Näherungsverfahren zur Ermittlung der Bemessungsgrundlage für die aktivierungspflichtigen Fremdkapitalkosten i. H. d. **durchschnittlichen Buchwerts** im Wirtschaftsjahr. Dabei sind möglicherweise „aperiodisch" – zu Beginn oder Ende des Aktivierungszeitraums – anfallende Auszahlungen getrennt zu berücksichtigen; der vom Standard beabsichtigte Vereinfachungseffekt wird dadurch allerdings unterlaufen.

3.3 Der Aktivierungsbeginn

25 Aktivierungsfähig sind nur die **während** des Herstellungs- bzw. Anschaffungs**zeitraums** anfallenden Fremdkapitalkosten. Von Bedeutung sind daher

- Beginn (Rz 26) und
- Ende (Rz 29) des Herstellungs-/Anschaffungszeitraums sowie
- die Behandlung von Unterbrechungen (Rz 28).

26 Aktivierbar sind die ab Beginn der Anschaffung/Herstellung anfallenden Fremdkapitalkosten. Voraussetzung für eine Aktivierung ist nach IAS 23.17 daher, wann

- mit der Herstellung/Anschaffung des Vermögenswerts begonnen worden ist *(commencement date)*, z. B. durch Einholung behördlicher Genehmigungen oder bei Grundstücken die Einrichtung der Baustelle, Abbruch von Bauhindernissen,[27] **und**
- zinstragende Auszahlungen, z. B. für Planungskosten, entstehen.

Dabei müssen die Vorbereitungshandlungen **konkret** auf den Herstellungsprozess gemünzt sein (IAS 23.19).

---

25 Non-IFRIC, IFRIC, Update November 2009.

26 IASB, Meeting Juli 2009.

27 Vater, WPg 2006, S. 1340.

Beispiel
Sachverhalt
A beginnt am 1.7. mit den Vorbereitungen zum Bau eines Gebäudes. Das Baudarlehen hat er im Hinblick auf einen erwarteten Anstieg der Zinsen bereits zum 1.6. aufgenommen. Erste Auszahlungen entstehen am 1.8.

Lösung 1
Die Zinsaufwendungen für Juni sind nicht aktivierbar, weil mit der Herstellung noch nicht begonnen wurde (IAS 23.17c).
Die Zinsaufwendungen für Juli betreffen zwar schon den Zeitraum nach Herstellungsbeginn. Da aber noch keine Auszahlungen für den Bau angefallen sind, können die Zinsen für Juli der Herstellung nicht zugerechnet werden (IAS 23.17a).

Lösung 2
Eine andere Lösung[28] kann u. U. auf der Grundlage von IAS 23.13 gefunden werden. Dort ist der hier dargestellte Sachverhalt einer Kreditaufnahme vor Eintritt des eigentlichen Finanzierungsbedarfes, also der ersten Auszahlung auf das Investitionsgut, angesprochen. Auch der Investitionsbeginn ist – anders als in IAS 17.20c – nicht förmlich als Aktivierungsvoraussetzung genannt. Danach sind dem Grunde nach die Zinsen seit Aufnahme des Darlehens am 1.6. aktivierbar, allerdings unter Kürzung um den Zinsertrag aus der Zwischenanlage des noch nicht benötigten Darlehensteiles.
U. E. ist die Lösung 1 wegen des eindeutigen Wortlauts von IAS 23.17 vorzugswürdig.

Der Aktivierungsbeginn bei **Fremdherstellung** eines qualifizierten Vermögenswerts setzt nach IAS 23.17 die Erfüllung folgender Tatbestände voraus:[29] 27

- Ausgaben für den Vermögenswert durch Anzahlung.
- Anfall von Fremdkapitalkosten für die Finanzierung der Anzahlung.
- Arbeitsbeginn des Herstellers.

Der letztgenannte Tatbestand ist nicht zwingend mit dem Zeitpunkt der Anzahlung identisch und möglicherweise vom auftraggebenden Unternehmen schwer festzustellen.[30]

3.4 Unterbrechung des Herstellungsprozesses

Für den Fall der **Unterbrechung** (*suspension*) eines Herstellungsprozesses sieht IAS 23.20 ein Verbot der Aktivierung von Finanzierungsaufwendungen für diesen Zeitraum vor. Eine solche Unterbrechung ist allerdings nach IAS 23.21 nicht bei **zeitlichen Verzögerungen** anzunehmen. Als „unschädliches" Beispiel wird der Bau einer Brücke genannt, wenn die Bauarbeiten wegen Hochwassers unterbrochen werden müssen, wobei es darauf ankommen soll, ob Hochwasser in dieser Region üblich (unschädliche Unterbrechung) oder unüblich (schädliche Unterbrechung) ist. 28

---

28 Die von IDW RS HFA 37.26 abgelehnt wird.
29 IDW RS HFA 37.27.
30 So die Bedenken von Heintges/Urbanczik/Wulbrand, DB 2009, S. 637.

3.5 Ende der Aktivierungsfrist

29 Die Möglichkeit zur Aktivierung von Fremdkapitalkosten **endet** (*cessation of capitalisation*), sobald alle notwendigen Handlungen zur Versetzung in den beabsichtigten Zustand (Nutzungsmöglichkeit) oder der Verkauf (Absatzreife) erfolgt sind (IAS 23.22). Noch ausstehende behördliche Abnahmen u. Ä. oder geringfügige Anpassungen oder Ausschmückungen hindern die Beendigung des Herstellungsprozesses und damit die Möglichkeit zur Aktivierung von Zinsen nicht (IAS 23.23).

Dabei kommt auch eine anteilige Fertigstellung mit entsprechender anteiliger Beendigung des Aktivierungszeitraums in Betracht. Als **Beispiel** hierfür wird ein Industriepark mit verschiedenen Gebäuden in IAS 23.25 genannt, in dem jedes Gebäude ein *qualifying asset* darstellt und jedes für sich genutzt werden kann. Entsprechend endet der Aktivierungszeitraum gem. IAS 23.24 individuell für jeden festgestellten qualifizierten Vermögenswert.

Anders ist hingegen der Fall einer Fertigungsstraße mit aufeinander abgestimmten Maschinen, Transportbändern und Robotern zu würdigen. Hier endet der Aktivierungszeitraum erst mit der Funktionsfähigkeit der **Gesamtanlage**. IAS 23.25 erwähnt dabei als Beispiel ein Stahlwerk.

30 Das Abstellen auf die **Einsatzfähigkeit** der Gesamtinvestition erleichtert die Aktivierung von Zinsen auf Anschaffungsfälle. Musterbeispiel sind die im Auktionsverfahren angeschafften UMTS-Lizenzen.

- Mit Erteilung des Zuschlags bei der Auktion war der Anschaffungsvorgang der Lizenz beendet. Aus isolierter Sicht der Lizenz hätten daher keine Zinsen aktiviert werden können.
- Andererseits war zum Zuschlagszeitpunkt noch keine technische Infrastruktur (UMTS-Sendemasten, UMTS-fähige Mobiltelefone) vorhanden.
- Stellt man nun für die Einsatzfähigkeit der Lizenzen auf diejenige der technischen Infrastruktur ab, so waren alle Kosten der für den Erwerb der Lizenzen aufgenommenen Darlehen bis zur Errichtung der Infrastruktur aktivierbar (Wahlrecht bis 2008, jetzt Ansatzpflicht, Rz 40).

Die Mobilcom AG hatte auf dieser Basis bis zum Entscheid über den Ausstieg aus dem UMTS-Geschäft 400 Mio. EUR an Zinsen p.a. aktiviert.[31] Die Lizenzen wurden also in der bilanziellen Abbildung täglich um weit mehr als 1 Mio. EUR wertvoller.

3.6 Sonderfall Vorratsvermögen

31 Die Aktivierungspflicht von Fremdkapitalkosten bezieht sich auch auf „qualifiziertes", länger dauernden Fertigungsprozessen unterliegendes **Vorrats**vermögen (Rz 10), etwa

- Bauerstellung **ohne** Kundenauftrag als Bauträger
- **lagerungs**bedürftige Konsumgüter (Wein, Käse, Whisky u. Ä.).

Nicht betroffen sind langfristige Fertigungsaufträge i. S. v. IAS 11 (→ § 18 Rz 63).

32 Unproblematisch erscheint die Aktivierung des Zinsaufwands bei **Bauträgerobjekten**, also der Bauerstellung ohne spezifischen Kundenauftrag (→ § 18 Rz 14; → § 17 Rz 8). In diesen Fällen liegt regelmäßig eine Projektfinanzierung

31 Vgl. hierzu SCHMACHTENBERG/MEIXNER/SCHÄFER, KoR 2005, S. 515.

vor, die eine unmittelbare Aufwandszurechnung erlaubt. Die Aktivierungsfrist endet (Rz 29) auch dann in dem Zeitpunkt, in dem das Gebäude (z.B. mit Eigentumswohnungen) fertiggestellt ist, wenn Käufer für das Objekt oder für Teilbereiche noch nicht gefunden worden sind. Nach IAS 23.23 markiert die Vervollständigung der **physischen Erstellung** – nicht der kommerziellen Verwertung – das Ende der Aktivierungsfrist für den Zinsaufwand. Auf den erfolgten Verkauf kommt es also nicht an.

Eine längerfristige Produktion von **Vorratsvermögen**, die *qualifying assets* 33
begründet, liegt auch bei Konsumgütern mit den einen Verkauf erst ermöglichenden Reifeprozessen vor (Rz 10), z.B. Whisky „18aged". Sofern spezielle Bankfinanzierungen den Lagerungsprozess begleiten oder allgemeine Bankmittel in Anspruch genommen werden (Rz 22), sind die entsprechenden Aufwendungen zu aktivieren. Dies gilt aber auch bei Finanzierung durch den **Kunden**.

Beispiel

Sachverhalt

Ein Weinkontor in Hamburg kauft gegen Barzahlung bei der Chateau Lafite SA 100 Barrique Bordeaux Premier Cru Jahrgang 2009 und erwirbt daran das Eigentum mit Besitzkonstitut. Der Hersteller verwahrt die Fässer und baut den Wein aus. Im Oktober 2010 erfolgten der Flaschenabzug und die Lieferung nach Hamburg.

Der Listenpreis für 1 Fass vor dem Flaschenabzug beträgt 121.000 EUR. Das Weinkontor bezahlt im Oktober 2007 den „Kaufpreis" von 100.000 EUR und erhält den Wein im Oktober 2009 in abgefülltem Zustand frei Haus.

Lösung

Die SA bucht (vereinfacht ohne Monatsbetrachtung, vgl. auch → § 25 Rz 104)

Periode	Konto	Soll	Haben
2007	Geld	100.000	
	Anzahlung		100.000
2008	Zins	10.000	
	Anzahlung		10.000
2009	Zins	11.000	
	Anzahlung		11.000
2009	Debitor	121.000	
	Anzahlung		121.000

Der Zinsbetrag (Aufzinsung Rz 8) von insgesamt 21.000 EUR ist von der SA zu aktivieren. Die Aktivierung endet mit dem verkaufsfertigen Zustand („*intended use*"), also der Flaschenabfüllung. Die Aktivierung beginnt mit der Abfüllung in das Barrique.

Eine Vorauszahlung des Abnehmers kann auch **vor** Aufnahme der eigentlichen 34
Produktionstätigkeit erfolgen.

Beispiel
Sachverhalt
Die Sun Earth AG bestellt zur Produktion von Solarmodulen Silizium zur Lieferung zwei Jahre später. Die Siliziumerstellung benötigt einen Zeitraum von wenigen Tagen, nach denen sofort die Auslieferung an die Sun Earth erfolgt. Diese zahlt den Listenpreis von 121.000 EUR abzüglich 21.000 EUR „Vorauszahlungsrabatt“, also 100.000 EUR bei Bestellung.

Lösung
Das Silizium stellt anders als der Bordeaux-Wein im Beispiel unter Rz 33 kein *qualifying asset* dar, da die Produktion keinen längeren Zeitraum benötigt (Rz 10). Die Aufzinsungen (wie im Beispiel unter Rz 33) sind als Aufwand zu behandeln.

3.7 Behandlung in der Kapitalflussrechnung

35 Auf → § 3 Rz 77 wird verwiesen.

4 Latente Steuern

36 Folgende Datenkonstellation kann typischerweise vorliegen: Im IFRS-Konzernabschluss werden Finanzierungskosten aktiviert, nicht dagegen im HGB-Einzelabschluss und in der Steuerbilanz. Folge ist die Bildung einer **passiven** Steuerlatenz (→ § 26).

5 Angaben

37 Folgende Anhangsangaben sind nach IAS 23.26 vorgeschrieben:
- die Höhe der aktivierten Fremdkapitalkosten, u.U. im Anlagespiegel (→ § 14 Rz 28) darstellbar,
- der angenommene Finanzierungskostensatz (Rz 23).

38 Die Berichterstattungspraxis ist regelmäßig sehr kurz und einfach aufgezogen. Entsprechend kann etwa wie folgt formuliert werden:

39 **Beispiel**
Von den gesamten Finanzierungsaufwendungen in Höhe von TEUR X sind TEUR Y als Anschaffungs- oder Herstellungskosten aktiviert worden. Der Finanzierungskostensatz beträgt Z %.

6 Anwendungszeitpunkt, Rechtsentwicklung

40 IAS 23 ist auf Geschäftsjahre mit Beginn nach dem 31. Dezember 2008 anzuwenden. Eine frühere Anwendung ist unter Anhangsangabe erlaubt.
Die gültige Standardfassung hat IAS 23 rev. 1993 abgelöst. Der wesentliche Grund für die Neufassung liegt in der beabsichtigten **Konvergenz** mit den einschlägigen Regeln nach US-GAAP (SFAS 34).

Die zu erzielende Konvergenz bezieht sich allerdings nur auf die **Eliminierung** des **Wahlrechts** zur sofortigen Aufwandsverrechnung von Finanzierungskosten zugunsten der Aktivierungspflicht. Weitere Divergenzen zum bestehenden SFAS 34 werden dagegen nicht behandelt, die Konvergenz also gerade nicht erreicht.[32] Deswegen und wegen der zusätzlichen Kosten für die Anwender, die nicht mehr die einfachere direkte Aufwandsverrechnung der Zinsen wählen können, haben 3 Board-Mitglieder der Standardneufassung ihr Plazet verweigert.
Ebenfalls mit Wirkung ab 1.1.2009 ist die beispielhafte Aufzählung von möglichen Ausprägungen des Zinsbegriffs in IAS 23.6 durch das *Annual Improvements Project 2008* geändert worden (Rz 8). Eine frühere Anwendung unter Offenlegung ist zulässig.

IAS 23 sieht folgende **Übergangs**vorschriften vor: 41

- Sofern mit der Anwendung der Standard-Neufassung eine Änderung der Bilanzierungsmethode verbunden ist (→ § 24 Rz 18) – also bei bisheriger Aufwandsverrechnung der Finanzierungskosten –, hat das Unternehmen/der Konzern mit der standardentsprechenden Aktivierung der Finanzierungskosten zu beginnen, sobald für die betroffenen Vermögenswerte *(qualifying assets)* die Aktivierungspflicht (*commencement date*, Rz 26) nach dem 31.12.2008 beginnt (IAS 23.27).
- Wahlweise kann das Unternehmen/der Konzern (mit bisheriger Aufwandsverrechnung der Finanzierungskosten) auch ein **beliebiges** Datum zuvor (vor dem 1.1.2009) wählen und den Standardinhalt auf alle betroffenen Vermögenswerte, also die Aktivierungspflicht (Rz 26) ab diesem (selbst gewählten) Datum anwenden (IAS 23.28).

Beispiel 42

Sachverhalt

U hat bisher alle Finanzierungskosten im Aufwand verrechnet. U will möglichst umfangreich von der Aktivierungspflicht Gebrauch machen und legt deshalb den 15.5.2002 als „Stichtag" des Aktivierungsbeginns fest. Außerdem wendet U die Standardneufassung zum 31.12.2008 (vorzeitig, Rz 40) an.

Lösung

Die Änderung der Bilanzierungsmethode muss gem. IAS 8.22 retrospektiv und erfolgsneutral unter Anpassung der Vorjahreszahlen erfolgen (→ § 24 Rz 26).
U muss die korrigierten Buchwerte aller *qualifying assets* (Rz 10) ab dem 15.5.2002 zurückverfolgen, also auch unter Berücksichtigung von Abschreibungen, und diese Buchwerte in die korrigierte und zu veröffentlichende (→ § 2 Rz 10) Eröffnungsbilanz zum 1.1.2007 einstellen und dann (erfolgswirksam) weiterentwickeln (vgl. das Beispiel in → § 24 Rz 27). Auf die Nichtdurchführbarkeit *(impractibility)* der Datenerhebung (→ § 24 Rz 28) kann U sich hier nicht berufen, denn er hat ja den (vorzeitigen) Anwendungstermin (hier 15.5.2002) selbst ausgewählt.

32 VATER, WPg 2006, S. 1337.

43 Anwenderfreundlicher – weil am einfachsten – ist die Wahl der ersten Variante in Rz 41. Dann muss der Anwender erst die nach dem 31.12.2008 – oder einem früheren freiwilligen Anwendungszeitpunkt (Rz 40) – begonnenen Investitionen (Rz 26) beachten.

Beispiel
Sachverhalt
Der Energieerzeuger E (Wirtschaftsjahr gleich Kalenderjahr) baut seit dem 17.1.2006 ein neues thermisches Kraftwerk. Die Fertigstellung ist zum 31.3.2010 geplant. Der Buchwert für die im Bau befindliche Anlage am 31.12.2007 beträgt 550 Mio. EUR. Zinsen sind nicht aktiviert. E möchte auch möglichst wenige Zinsen für dieses Projekt aktivieren, um den Finanzierungsbedarf nicht offenlegen zu müssen.

Lösung
E wählt als Anwendungszeitpunkt für den neuen Standard das am 1.1.2009 beginnende Geschäftsjahr (Rz 40). Die bis zur Fertigstellung noch anfallenden Zinsen muss E gem. IAS 23.27 nicht aktivieren (Rz 41), da dies erst für Neuinvestitionen im ersten Anwendungszeitraum vorgeschrieben ist.

Bei Ausübung des rückwirkenden Ansatzwahlrechts (vgl. das erste Beispiel) im Fall bisheriger Aufwandsverrechnung müssen die Zahlenwerke der Vorperiode gem. IAS 1.10 und IAS 1.39 **angepasst** werden (→ § 2 Rz 10).
Ein Anpassungsbedarf entfällt in aller Regel für die Unternehmen, die bereits nach der Vorgängerversion der IAS 23 das damalige Aktivierungs**wahlrecht** ausgeübt hatten.

7 Zusammenfassende Praxishinweise

44 Die Bewertungspflicht mit Finanzierungskosten (Rz 8f.) bezieht sich auf qualifizierte Vermögenswerte (Rz 10ff.). Bei Letzteren handelt es sich regelmäßig um herzustellende Sachanlagen, im Einzelfall allerdings auch um Entwicklungskosten und Vorratsvermögen.
Die anzusetzenden Finanzierungskosten umfassen die direkt zurechenbaren, aber auch die nicht direkt zuzuordnenden allgemeinen Finanzierungskosten (Rz 12ff.). Das bereitet insbesondere in Fällen einer sogenannten Globalfinanzierung Schwierigkeiten; hier ist eine Verhältnisrechnung zur Ermittlung des durchschnittlichen Finanzierungskostensatzes vorzunehmen (Rz 22ff.). Der Aktivierungsbeginn liegt regelmäßig beim Beginn der Herstellung, in Sonderfällen der Anschaffung, und endet mit der vorgesehenen Nutzungsmöglichkeit bzw. der Absatzreife (Rz 25ff.). Im Unterschied zum HGB/EStG mit dem dortigen Aktivierungswahlrecht schreibt IAS 23 mit Wirkung ab 2009 eine Aktivierung pflichtmäßig vor.

§ 10 PLANMÄSSIGE ABSCHREIBUNGEN

Inhaltsübersicht **Rz**

Schrifttum: ANDREJEWSKI/BÖCKEM, Praktische Fragestellungen der Implementierung des Komponentenansatzes nach IAS 16, KoR 2005, S. 75; BECK, Änderungen bei der Bilanzierung von Sachanlagen nach IAS 16 durch den Komponentenansatz, StuB 2004, S. 590; FOCKEN/SCHAEFER, Umstellung der Bilanzierung des Sachanlagevermögens auf IAS/IFRS – ein Praxisbeispiel, BB 2004, S. 2343; HOFFMANN/LÜDENBACH, Abschreibung von Sachanlagen nach dem Komponentenansatz von IAS 16, BB 2004, S. 375; JANSSEN, Aktivierung und Abschreibung von Großinspektionen, PiR 2005, S. 46; LÜDENBACH, Anschaffungszeitpunkt und Abschreibungsbeginn bei Probebetrieb, StuB 2009, S. 273 ff.

Vorbemerkung

Die Kommentierung bezieht sich auf die einschlägigen Standards in den aktuellen Fassungen und berücksichtigt alle Ergänzungen, Änderungen und Interpretationen, die bis zum 1.1.2011 beschlossen wurden.

1 Überblick

1.1 Regelungsbereich

1 Nach der Zugangsbewertung eines (aktiven) Vermögenswertes *(asset)* stellt die Vornahme **planmäßiger Abschreibungen** eine der möglichen **Folgebewertungen** dar. **Andere** Folgebewertungen sind

- der *fair-value*-Ansatz im Rahmen einer Neubewertung (→ § 8 Rz 68ff.);
- die *fair-value*-Bewertung von Immobilien, die als Finanzinvestitionen gelten (→ § 16 Rz 52);
- die *fair-value*-Bewertung von biologischen Vermögenswerten und landwirtschaftlichen Erzeugnissen gem. IAS 41 (Rz 31), s. aber Rz 2;
- die außerplanmäßige Abschreibung und die Wertaufholung (→ § 11);
- Übergangserleichterungen anlässlich der erstmaligen IFRS-Anwendung (→ § 6 Rz 3ff.).
- Sonderfall der Bewertung im Falle eines aufzugebenden Geschäftsfeldes *(discontinued operations)* oder einer aufzugebenden Sachgesamtheit *(disposal group)* gem. IFRS 5.25 (→ § 29 Rz 28).

2 **Planmäßige Abschreibungen** sind nach den IFRS vorzunehmen bei

- sächlichem Anlagevermögen gem. IAS 16.43 (→ § 14 Rz 18);
- immateriellem Anlagevermögen gem. IAS 38.97 (→ § 13 Rz 81);
- im *finance lease* genutztem Anlagevermögen (→ § 15 Rz 121ff.);
- Immobilien, die als Finanzinvestitionen gelten, soweit nach dem *cost model* bewertet, gem. IAS 40.50 (→ § 16 Rz 49ff.);
- landwirtschaftlich genutzten Vermögenswerten, die nicht mit dem *fair value* bewertet werden können, gem. IAS 41.30 (→ § 40).

3 Diese Auflistung zeigt den **strukturellen Unterschied** zwischen dem Aufbau der IFRS einerseits und dem HGB andererseits. Die IFRS können nicht die elegante Lösung des HGB zu **positionenübergreifenden** Abschreibungsregeln liefern (vgl. § 253 Abs. 2 Satz 1 HGB). Die nachstehend darzustellenden Abschreibungsverfahren und -inhalte nach IFRS sind bei den oben genannten Bilanzpositionen dennoch weitestgehend **inhaltsgleich**. Aus diesem Grund werden sie in diesem Paragrafen des Kommentars auch **zusammenfassend** dargestellt.

4 Nach IAS 38 sind immaterielle Anlagen von **unbestimmter** Lebensdauer *(indefinite life)*, nach IFRS 3 ist der *goodwill* nicht planmäßig abschreibbar (Rz 35).

1.2 Ökonomische Konzeption der Abschreibungsverrechnung

5 Konzeptionell beruht die Berechnung von planmäßigen Abschreibungen für Vermögensgegenstände auf dem *matching principle* (→ § 1 Rz 111): Die Kosten von Anlagegütern sind denjenigen Rechnungsperioden **anzulasten** (Kostenverrechnungseffekt), in denen der **Nutzen** aus diesen Vermögenswerten gezogen wird. Unabhängig von der Abschreibungsmethode sollen systematisch die **Kosten** eines Anlagegutes auf die **Nutzungsdauer** verteilt werden[1] (IAS 16.50 für sächliches und IAS 38.97 für immaterielles Anlagevermögen mit bestimmter

1 Vgl. detailliert SCHILDBACH, WPg 2005, S. 555.

Lebensdauer). Zur Ermittlung des konkreten Abschreibungsbetrages bedarf es der Festlegung folgender **Berechnungsparameter**:

- Abschreibungsvolumen (*depreciable amount*; Rz 20ff.),
- Abschreibungsmethode (*pattern*; Rz 24ff.),
- Nutzungsdauer (*useful life*; Rz 31ff.).

Der durch die Abschreibung zu mindernde Buchwert soll den **Verbrauch ökonomischen Nutzens** des betreffenden Vermögenswertes (Werteverzehr) widerspiegeln, und zwar auch, wenn der Verkehrswert *(fair value of the asset)* den Buchwert übersteigt (IAS 16.52). Gemeint ist Folgendes: Eine planmäßige Abschreibung ist für einen (abnutzbaren) Sachanlagenwert auch dann vorzunehmen, wenn aus exogenen Gründen – Inflation, Marktveränderungen – eine den Buchwert übersteigende Werterhöhung eintritt. Bei immateriellen Vermögenswerten ist umgekehrt in ähnlichen Fällen die laufende Abschreibung „anzuhalten“ (IAS 38.103). 6

1.3 Aufteilung des Vermögenswerts für Abschreibungszwecke (*components approach*)

Die Abschreibungsverrechnung ist für jeden **Teilbereich** eines Vermögenswertes *(each part of an item)* getrennt *(separately)* zu bestimmen (IAS 16.43), wenn diese Teile einen **wesentlichen** Teil der Anschaffungskosten ausmachen. Der Board unterstellt in diesen Fällen eine für den jeweiligen Teilbereich **unterschiedliche Nutzungsdauer**, die **nicht** durch eine gewogene Durchschnittsrechnung zutreffend abgebildet werden könne (IAS 16.BC26). Auf eine selbstständige Nutzbarkeit kommt es ebenso wenig an wie auf eine mögliche Einzelveräußerung. Als Beispiel werden in IAS 16.44 der Flugzeugkörper und die Triebwerke „separiert“. So verstandene Teilbereiche (also die Summe der Triebwerke) können dann allerdings zusammengefasst abgeschrieben werden (IAS 16.45). Der verbleibende Rest *(remainder)* des Vermögenswertes, d.h. die in einer Einzelbetrachtung unbedeutenden Teile, ist dann als Sammelposten abzuschreiben. 7

Wahlweise ist eine getrennte Abschreibungsverrechnung möglich, wenn die separierte Bemessungsgrundlage im Verhältnis zum gesamten Vermögenswert geringe Anschaffungs- oder Herstellungskosten aufzuweisen hat (IAS 16.47). Wo die **Geringfügigkeitsgrenze** liegt, bleibt offen, bedarf also einer sinnvollen Auslegung durch den Standardanwender. Dazu muss er das Adjektiv „*significant*“ auslegen, wozu ihm IAS 16 keine Hilfe anbietet. Eine **Analogie** zu anderen Regelungsbereichen, bei denen die IFRS die „Signifikanz“ als Unterscheidungskriterium bemühen, liegt nahe. Diesbezüglich ist auf die gemischte Nutzung von *investment properties* i.S.v. IAS 40 – als Renditeliegenschaft und zur Eigennutzung – hinzuweisen. Nach IAS 40.10 muss der selbst genutzte Anteil *insignificant* sein, wenn die gesamte Immobilie als *investment property* anzusehen ist. Die im Vereinigten Königreich, in Hongkong und in Neuseeland diesbezüglich festgelegten Grenzmarken bewegen sich zwischen 15 und 20 % (→ § 16 Rz 16).[2]

---

[2] Die von ANDREJEWSKI/BÖCKEM (KoR 2005, S. 78) als vertretbar erachtete Grenzmarke von 5 % (Verhältnis der „insignifikanten“ Teile zu den gesamten Anschaffungs- oder Herstellungskosten) wird insofern nicht bestätigt. Unterhalb der 5-%-Marke wird man allerdings problemlos von „insignificant“ ausgehen können.

8 Die Aufteilung eines Vermögenswertes zur Bestimmung des Abschreibungsverfahrens hat ihren systematischen Hintergrund in dem so genannten *components approach* (→ § 8 Rz 37), wie er z.B. auch in IAS 16.13 zum Ausdruck kommt. Dabei wird der einheitliche Vermögenswert *(asset)* nach der Definition in F.49a i.V.m. F.83 (→ § 1 Rz 85ff.) für Zwecke der Folgebewertung **„atomisiert"**. Das bezieht sich auf die **Ersatzbeschaffung** (→ § 8 Rz 37), auf die Abschreibung (hier behandelt) und auf die Abgangserfassung gem. IAS 16.70 (→ § 8 Rz 95). Für Zwecke der planmäßigen Abschreibung folgt daraus in aller Regel eine jeweils zu **unterscheidende Nutzungsdauer**. Wegen der Parallelproblematik der Abgrenzung von Erhaltungs- und Herstellungsaufwand wird verwiesen auf → § 8 Rz 34ff.

9 Die Annahme einer **getrennten Nutzungsdauer** für Teile einer größeren Anlage ist technisch und wirtschaftlich **zutreffend** (Rz 10). Die Frage ist allerdings, **wie weit** man bei der praktischen Anwendung die Separierung des Vermögenswertes für Abschreibungszwecke betreiben muss bzw. kann. Hierzu folgendes Beispiel:[3]

Beispiel

Ein Gebäude lässt sich im Falle einer gewerblichen Nutzung bez. der Herstellungskosten aus technischer Sicht wie folgt aufgliedern:

Komponente	**Herstellungskosten in %**	**Mindest- und Höchstnutzungsdauer nach WertR**	**Abschreibung % bei Höchstnutzungsdauer**
Mauerwerk	30	80 / 120	0,83
Dach	5	20 / 30	3,33
Fassade	8	40 / 60	1,67
Fenster	7	20 / 40	2,5
Bauwerk	50		
Heizung/Lüftung/Klima	10	20 / 40	2,5
Sanitär	5	40 / 60	1,67
Elektro	10	40 / 60	1,67
Innenausbau	20	10 / 40	2,5
Technik	45		
Außenanlage	5	40 / 50	2,0
	100		

Die angenommenen **Höchst**nutzungsdauern gem. Wertermittlungsrichtlinien (WertR) führen zu einer gewichteten Abschreibung von 1,83 %. Die **Mindest**nutzungsdauern ergäben eine gewichtete Abschreibung von 4,08 % p.a. Innerhalb dieser Bandbreite bewegt sich also der Ermessensspielraum des Manage-

3 Nach Beck, StuB 2004, S. 590, der allerdings eine büromäßige Nutzung unterstellt.

ments bei der Bestimmung der Abschreibungshöhe auf der Grundlage des *components approach*. Deshalb stellt sich die Frage, ob eine u.U. zeit- und kostenaufwendige „Gebäudezerlegung" nach der Vorgabe des obigen Beispiels sinnvoll ist, also insbesondere dem *cost-benefit*-Gedanken (→ § 1 Rz 65) entspricht und für die *fair presentation* (→ § 1 Rz 66) benötigt wird.
Vor diesem Hintergrund halten wir folgende **Vereinfachungsrechnung** nach Maßgabe des vorstehenden Beispiels für angemessen:

Zusammengefasste Komponenten	**Abschreibung bei**		**∅ Abschreibung**
	Höchstnutzung	**Mindestnutzung**	
Bauwerk	1,45 %	2,35 %	2,00 %
Technik und Außenanlage	2,20 %	6,00 %	4,00 %

Die im Beispiel für ein Fabrikgebäude angenommenen Aufteilungs-Prozentsätze können und müssen im Einzelfall an die technischen und insbesondere auch wirtschaftlichen (Rz 10) Gegebenheiten **angepasst** werden. Jedenfalls ist eine eher **geringe Sensitivität** der „Komponentenzerlegung" ersichtlich. Eine Aufteilung in „Bauwerk" und „Technik" sollte in vielen Fällen den Vorgaben des *components approach* genügen, ohne förmlich das Verbot der schlichten Durchschnittsbetrachtung (IAS 16.BC26) zu unterlaufen. Bei der Beurteilung müssen auch die technischen und wirtschaftlichen Gegebenheiten des vom Board den Überlegungen zugrunde gelegten Beispiels eines Flugzeuges (IAS 16.13 und 16.44) beachtet werden. Die „Komponenten" eines Gebäudes mit seiner Technik sind stärker miteinander verwoben als Flugzeugrahmen, -triebwerk und -bestuhlung (Rz 12).

Das Beispiel unter Rz 9 hebt speziell auf die **technische** Nutzungsdauer der 10
einzelnen Gebäudebestandteile ab. Diese Vorgehensweise passt auf Fabrikationshallen und sozialen Wohnungsbau (u. U. mit Differenzierungen bez. der Kostenkomponenten). Bei wettbewerbsintensiv genutzten Immobilien ist dagegen die **wirtschaftliche** Nutzungsdauer für die Beurteilung dominant. Für ein großstädtisches Hotel oder Bürogebäude haben die Innenausbauten, also die nicht tragenden Wände, die Deckenverkleidung, die Böden usw., eher „dekorativen" Charakter. Sie sind nach 15 Jahren längst nicht technisch verbraucht, wirken aber optisch nicht mehr einladend, sondern alt und unzeitgemäß. Im Wettbewerb um Hotelgäste oder Büromieter müssen sie dann ohne Rücksicht auf ihre technische Lebensdauer ausgetauscht werden.
Eine „Durchschnittsabschreibung" ist unter diesen Umständen unzutreffend, der Komponentenansatz wirtschaftlich berechtigt.

Beispiel[4]
Ein großstädtisches Bürogebäude (oder Hotel) hat ohne Grund und Boden und ohne Außenanlage Anschaffungs- und Herstellungskosten (AHK) von

[4] Für die Überlassung des Beispiels danken wir Herrn Dipl.-Ing. ARMIN BRETT, öffentlich bestellter und vereidigter Sachverständiger/Chartered Valuation Surveyor, Stuttgart.

10 Mio. EUR. Daraus ergibt sich folgende Aufgliederung bez. der wesentlichen Bauteile:

Komponenten	Komponenten-AHK	Nutzungsdauer	Abschreibung %	AfA
Tragwerk Fundamente, Wände, Stützen, Decken usw.	3.500.000	80	1,25	43.750
Gebäudehülle Bedachung, Fassade, Fenster, Eingänge	2.000.000	25	4,00	80.000
Technische Gebäudeausrüstung Heizung, Kühlung, Lüftung, Sanitär, Elektro, Aufzüge usw.	2.000.000	20	5,00	100.000
Innenausbau („Dekoration")	2.500.000	15	6,67	166.750
Gesamt	10.000.000			390.500
	gewichtete Abschreibung			3,91 %
	gerundet			**4,00 %**
	gewichtete Nutzungsdauer			25

Je nach der für das Bauwerk anzusetzenden Nutzungsart und -dauer kann aber auch eine **Gesamtbetrachtung** infrage kommen.

Beispiel
Zu bestimmen ist die Abschreibung eines in Massivbauweise erstellten **Fabrikgebäudes** mit einer technischen Nutzungsdauer von 100 Jahren. Der Bilanzierende geht von einer erforderlichen Generalüberholung nach 40 Jahren aus, um das Gebäude an die dann aktuellen Nutzungsbedürfnisse anzupassen. Dabei werden nach Einschätzung des Bilanzierenden zwar Eingriffe an den technischen Einrichtungen im Vordergrund stehen, aber in diesem Zusammenhang auch Wände aufgestemmt oder versetzt, Treppen und Eingänge neu gestaltet usw. Er unterstellt deshalb insgesamt eine wirtschaftliche Nutzungsdauer von 40 Jahren. Den zu erwartenden Restwert berücksichtigt er durch Kürzung der Abschreibungsbemessungsgrundlage.

11 Auch bei einem **Fahrzeug** (Auto) kann trotz unterschiedlicher Nutzungsdauer von Motor, Getriebe und Karosserie eine **einheitliche** Abschreibung mit folgender Begründung gerechtfertigt sein: Abgesehen vom für die planmäßige Abschreibung nicht relevanten Fall eines vorzeitigen Motor- oder Getriebeschadens auf den ersten 100.000 oder 150.000 km wird ein solcher Totalschaden i.d.R. nicht repariert, sondern führt zur Verschrottung des Fahrzeuges. Die längere

technische Lebensdauer der Karosserie ist daher wirtschaftlich irrelevant. Die gesamte Abschreibung ist über die ungefähr gleich einzuschätzende Nutzungsdauer von Motor und Getriebe vorzunehmen.

Anders stellt sich hingegen der in IAS 16.44 behandelte Fall eines **Flugzeugs** dar. 12
Die Komponenten Rahmen, Triebwerke, Inneneinrichtung unterscheiden sich nach der Vorstellung des Board nicht nur in ihrer technischen Nutzungsdauer erheblich. Das Ende der Lebensdauer von Triebwerken und Inneneinrichtung markiert auch nicht das wirtschaftliche Ende des Flugzeuges. Angesichts des hohen Wertes des Rahmens kann während eines normalen „Flugzeuglebens“ mehrfach ein Austausch von Triebwerken erfolgen. Gleiches gilt für die Inneneinrichtung, die ständige Anpassungserfordernisse im Hinblick auf die geänderte Kundennachfrage aufweist. Die unterschiedlichen Abschreibungen sind so gesehen wirtschaftlich gerechtfertigt.

Das vom Board selbst beigesteuerte Beispiel belegt allerdings auch das Erfordernis einer sinnvollen **Beschränkung** bei der „Zerlegung“ des *asset* „Flugzeug“ (IAS 16.13).

Beispiel

Die Inneneinrichtung des Airbus 380 wird (unterstellt) in drei **Varianten** geliefert:

First Class:	Designer-Möbel mit separatem Bett
Business Class:	Höhenverstellbare Sessel, umschlagbar als Schlafgelegenheit
Economy Class:	Reihensitze („Holzklasse“)

Die First-Class-Einrichtung sollte entsprechend der Vorstellung von Innenarchitekten nach sieben Jahren wegen der modischen Anforderungen des erlesenen Kundenkreises komplett ausgetauscht werden. In der Business Class genügt eine neue Polsterung der Sitze nach 10 Jahren, in der „Holzklasse“ kann ein Austausch der gesamten Bestuhlung nach 14 Jahren erfolgen (→ § 8 Rz 37).

Das Management muss nun eine sinnvolle Lösung für die Anwendung des *component approach* unter Berücksichtigung von *cost-benefit-* und *materiality-*Überlegungen (→ § 1 Rz 59ff.) anstellen. Die Ergebnisse dieser Überlegungen lassen sich anhand der Geschäftsberichte von Flugverkehrsgesellschaften[5] wie folgt darstellen:

- Der Rahmen und die Triebwerke werden zwar als getrennte Komponenten geführt, aber durchweg mit gleicher Nutzungsdauer abgeschrieben (also entgegen der Annahme des Board in IAS 16.44).
- Größere Ersatzteile und Reservetriebwerke werden als eigenständiger Vermögenswert im Anlagevermögen geführt und abgeschrieben.
- Die Generalüberholungen und Großinspektionen werden als gesonderte Komponente geführt (→ § 8 Rz 38) und abgeschrieben.

5 Aus den Geschäftsberichten für 2008/2009 der Iberia, British Airways, Singapore Airlines, Air Berlin, Deutsche Lufthansa.

Die am „Musterfall" des Verkehrsflugzeuges durch den Board vorgeschlagene „Zerlegung" des Vermögenswertes in seine Komponenten scheint deshalb in der Praxis sehr zurückhaltend ausgeübt zu werden. Das erlaubt eine entsprechend großzügige – vielleicht auch sinnvolle – Anwendung auch auf andere Großobjekte, wie z.B. Gebäude (Rz 10).

13 Eine **industrielle Anlage** lässt sich unschwer in Dutzende von „Komponenten" zerlegen. Zur Herstellung einer chemischen Substanz[6] werden Pumpen, Röhren, Messgeräte und dergleichen mehr, vor allem aber ein Reaktor benötigt, in dem sich der chemische Prozess abwickelt. Eine sinnvolle Lösung vor dem Hintergrund des *„components approach"* führt zu einer Zweiteilung der Anlage in „Reaktor" und „Rest". Der gesamten Anlage wird eine Lebenszeit von 20 Jahren, dem Reaktor von 8 Jahren bis zu einer Grundüberholung zugestanden. Zur Vereinfachung kann auf eine weitere „Zerlegung" der restlichen Anlage verzichtet werden, obwohl z.B. ein Manometer mitunter schon nach 6–10 Jahren ersetzt werden muss. Die Generalüberholung des Reaktors ist folgerichtig zu aktivieren (→ § 8 Rz 38). Nach HGB/EStG wäre eine Nutzungsdauer von vielleicht 10 Jahren angenommen worden mit Verrechnung der Generalüberholung im Aufwand.

14 Ein industrielle Großanlage stellt sich mit der Vielzahl wesentlicher Bestandteile ähnlich wie ein Gebäude dar (vgl. vorstehendes Beispiel unter Rz 10 zum Bürogebäude).

Beispiel

Eine Müllverbrennungsanlage mit Energie- und Wärmeerzeugung besteht aus folgenden wesentlichen Bestandteilen:

- Entladehalle
- Abfallbunker
- Rostfeuerung
- Schlackenaustragung
- Dampferzeugung
- Elektrofilter
- Energienutzung
- Speisewasserwärmer
- Katalysator
- Abgaswäscher
- Rückstromwirbler/Gewerbefilter
- Kamin
- Emissionsmessstation

Nun kann man mit einiger Akribie und Sachverstand jedem dieser Teilbereiche eine mutmaßliche individuelle Nutzungsdauer zuordnen. Die Frage ist nur, ob dies technisch garantierbar und wirtschaftlich sinnvoll ist. Letzteres zielt auf das *cost-benefit*-Argument (→ § 1 Rz 65), Ersteres auf die mangelnde Prognosemöglichkeit. Ob die Rostfeuerung 10 oder 15 Jahre genutzt werden kann, wird niemand definitiv „festlegen" wollen, sofern nicht Ersatzintervalle (wie beim Flugzeug) regulatorisch vorgegeben sind. Gleiches gilt etwa für die Frage, ob mit dem kompletten Ersatz der Rostfeuerung auch die mit ihr verbundene Schlackenaustragung erneuert werden muss.

U. E. bietet sich eine im Ansatz vergleichbare Lösung wie für das Bürogebäude (vgl. Beispiel Rz 10) an, nämlich eine Aufteilung nach **Bauwerken** (Entladehalle, Abfallbunker, Kamin, Messstation) und nach **„Technik"** (Rest). Der letzt-

6 Beispiel nach FOCKEN/SCHAEFER, BB 2004, S. 2343 f.

genannte Teil dürfte – anders als beim Bürogebäude – den Löwenanteil der Gestehungskosten ausmachen. Die Gesamtabschreibung wird dann vom Bereich „Technik“ und der dafür festzulegenden Nutzungsdauer dominiert.

Die Beispiele unter Rz 9ff. zeigen das Erfordernis einer **sinnvollen Interpretation** der Separierungsvorgabe für Zwecke der Bestimmung der Nutzungsdauer nach IAS 16.43. Eine solche Festlegung kann immer nur nach den **individuellen Verhältnissen** vorgenommen werden. Das ist der Grund, weshalb sich IAS 16 weitgehend einer Einzelfallbetrachtung enthält. Klar ist (nur) der **Grundsatz**: Der Vermögenswert ist für Zwecke der Abschreibungsbemessung getrennter Betrachtungen zu unterziehen, wenn wesentliche Kostenbestandteile *(significant cost)* unterschiedliche wirtschaftliche Nutzungsdauern haben. 15

An solcher Unterschiedlichkeit wird es bei kleineren **beweglichen** Vermögenswerten häufig fehlen, weil der nicht vorzeitige Ausfall einer Hauptkomponente zumeist das Ende der Nutzung des gesamten Vermögenswertes besiegelt (Rz 10). Bei **Gebäuden** kann man auf Erfahrungsgrundsätze zurückgreifen: Nur eine Minderheit der mehr als 50 Jahre alten Geschäfts- oder Industriegebäude ist nicht grundlegenden Generalüberholungen unterzogen worden, die sich zumeist nicht in der Erneuerung der technischen Anlagen erschöpft haben, sondern zugleich mit Substanzeingriffen einhergingen. Aus dieser Sicht kann eine 50-Jahres-Frist (je nach Gebäudeart auch ein kleineres Intervall) eine sinnvolle Schätzgröße für die wirtschaftliche Nutzungsdauer der gesamten Hauptkomponenten des Gebäudes sein (Rz 9).

Aus Sicht der deutschen Rechnungslegungspraxis „passt“ dieser *components approach* für die Abschreibung gut auf die immer systematisch schwer einzuordnenden **Mietereinbauten** (in fremde Gebäude), **Ladeneinrichtungen** und auf **Betriebsvorrichtungen**. Diese nach den steuerlichen Vorgaben vom Gebäude zu unterscheidenden Wirtschaftsgüter mögen aus der Sicht der IFRS mit dem Gebäude einen einheitlichen Vermögenswert bilden, der indes dann für Abschreibungszwecke, aber auch bei der Ersatzbeschaffung (→ § 8 Rz 37) ganz nach Vorbild der deutschen steuerlichen und damit praktisch auch handelsrechtlichen Betrachtungsweise zu separieren ist. Auf diese Weise gelingt dann auch leichter die Vermeidung einer **Steuerlatenz**rechnung mangels Buchwertunterschieden (→ § 26 Rz 17).

Beispiel für Mietereinbauten

Die Klimaanlage des Gemüsegroßhändlers in einer gemieteten Lagerhalle lässt sich unschwer als *component* definieren. Deshalb (gesonderte) Aktivierung mit planmäßiger Abschreibung und Aktivierung auch der Neuanschaffung nach Verbrauch. Wegen der Abschreibungsdauer vgl. Rz 34 zur vertraglichen Nutzungsbeschränkung wegen Zeitablaufs.

Ähnlich verhält es sich im Falle einer Lagerhalle, die vom Mieter zu einer Tennisanlage umgebaut wird: Der besondere Bodenbelag ist mit den Herstellungskosten zu aktivieren, ebenso der spätere Ersatz des nicht mehr bespielbaren Bodens.

Aus der Rechtsprechung und dem Schrifttum zum deutschen Steuerrecht können auch in anderen Unternehmensbereichen Schlüsse zur sinnvollen „Zerlegung“ 16 eines Vermögenswertes gezogen werden. Die Systematik ist in den beiden Rechnungslegungswelten zwar verschieden, inhaltlich sind indes durchaus Überschneidungen festzustellen. Im deutschen Steuerrecht sucht man nach der Definition des **Wirtschaftsgutes**, das dann einheitlich abgeschrieben wird. Nach dem *components approach* ist der Umfang des Vermögenswertes unbedeutend, es geht „nur" um die Bestimmung der **Nutzungsdauer** und diese eben definiert nach unterscheidbaren Teilbereichen (dieses Vermögenswertes).

Beispiel
Ein automatisch gesteuertes, nicht begehbares **Hochregallager** (steuerlich Betriebsvorrichtung) besteht aus folgenden Wirtschaftsgütern (steuerlich) oder *assets* bzw. *parts* (Rz 7):

- Betonhülle mit Fundament
- Lagergestell
- Regalbediengeräte
- Förderbänder
- Steuersystem und Software

Die steuerliche Abschreibung wird für die einzelnen Wirtschaftsgüter nach Maßgabe der individuellen Nutzungsdauern verrechnet. Diese Vorgehensweise kann nach dem *components approach* beibehalten werden.

Bei komplexen Anlagen incl. „technischer" Immobilien (Rz 10) wird sich in diesem Sinne häufig eine **Übereinstimmung** von HGB/EStG und IFRS-Komponentenansatz ergeben. Die Frage nach den Abgrenzungsmerkmalen zwischen Wirtschaftsgut/Vermögensgegenstand einerseits und *asset* bzw. *part of an item* andererseits ist hier eher akademischer Natur.

17 Hierzu noch ein weiteres Beispiel:

Beispiel
Das Rohrnetz eines Wasserversorgungsunternehmens besteht im Wesentlichen aus Hauptleitungen, Versorgungsleitungen und Hausanschlüssen.[7] Die Hauptleitungen mit einem Durchmesser über 600 mm dienen der weiträumigen Wasserverteilung, die kleineren Versorgungsleitungen führen das Wasser durch die einzelnen Straßen. Von dort aus zweigen die Hausanschlüsse ab. Die nach deutschem Steuerrecht zu lösende Frage ist, ob das gesamte Versorgungsnetz ein einheitliches Wirtschaftsgut darstellt. Ist das der Fall, muss auch die Abschreibung einheitlich für das gesamte Netz verrechnet werden. Der BFH sieht einerseits das Rohrleitungsnetz als „einheitliches Ganzes", erkennt umgekehrt aber auch die Möglichkeit einer Aufteilung des Netzes aufgrund von Sonderfunktionen, größerem Rohrdurchmesser etc. Mit anderen Worten: Wirtschaftlich sinnvolle Abgrenzungsmerkmale können zur „Zerlegung" des Wirtschaftsgutes „Rohrnetz" in seine Bestandteile führen. Daraus lassen sich auch Erkenntnisse für die Zuordnung unterschiedlicher Abschreibungsdauern eines Rohrleitungsnetzes nach dem *components ap-*

[7] BFH, Urteil v. 11.1.1991, III R 60/89, BStBl II 1992, S. 5.

proach gewinnen. So sind möglicherweise für die drei genannten Hauptbestandteile unterschiedliche Nutzungsdauern feststellbar, z.B. wegen verschiedener Materialien, unterschiedlicher Ablagerung von Schadstoffen etc. Außerdem können Umleitungen oder Schachtbauten vom eigentlichen Rohrleitungsnetz bez. der Nutzungsdauer abgegrenzt werden.
Ähnliche Probleme ergeben sich beim Leitungsnetz eines Fernwärmeunternehmens.[8] Hier kann man eine Trennung zwischen Übergabestation, Haupttrasse, Verteilerbauwerk, Umformerstation, Direktanschlüssen etc. vornehmen. Im Anschluss daran wäre zu fragen, ob diese Teilbestandteile des Netzes unterschiedliche Nutzungsdauern haben oder nicht.

Anschaulich für die Problematik der Wirtschaftsgutszerlegung ist das Beispiel von **Flugbetriebsflächen**. 18

Beispiel[9]
Flugzeugbetriebsflächen lassen sich systematisch zerlegen in
- Start- und Landebahnen *(runways)*,
- Rollwege *(taxiways)*,
- Stellflächen *(ramps)*.

Eine unterschiedliche Nutzungsdauer der drei Flugbetriebskomponenten liegt auf der Hand: Die Start- und Landebahnen sind dem höchsten Verschleiß ausgesetzt, die Stellflächen, auf denen sich die Flugzeuge nicht bewegen, am wenigsten; dazwischen liegen hinsichtlich der Abnutzung die Rollwege mit langsamer Bewegung der Flugzeuge.
Liegen zwei Start- und Landebahnen mit unterschiedlicher Länge vor, kann die Abschreibungsdauer ebenfalls differieren. Auf der langen Strecke landen und starten die schwereren Flugzeuge mit höherem Abnutzungseffekt.

Die **physikalischen** Eigenschaften des Anlagegutes können auch in anderen Fällen als Komponentenbestandteil definiert werden.

Beispiel
Die Flughafenbetriebs-AG „betreibt“ Gepäcktransportbänder. Diese lassen sich physisch zerlegen in
- „harte“ Teile, also Beton und Stahl, und
- „weiche“ Teile, also Gummi und Kunststoff.

Die „harten“ Teile haben eine wesentlich längere Lebensdauer als die „weichen“ mit entsprechender Differenzierung der Abschreibungssätze.

Wegen weiterer Beispiele zum *components approach* und sinnvoller Lösungen wird verwiesen auf → § 8 Rz 34ff.

8 BFH, Urteil v. 25.5.2000, III R 65/96, BStBl II 2000, S. 628.
9 Aschendorf, StBp 1996, S. 188.

1.4 Ausweis

19 Die Abschreibungsverrechnung hat (**erfolgswirksam**) in der GuV zu erfolgen (IAS 16.48f. für sächliches und IAS 38.99 für immaterielles Anlagevermögen) und ist dort – beim Gesamtkostenverfahren – **gesondert** darzustellen (→ § 2 Rz 57). Wegen der Abschreibungsverrechnung nach **Neubewertung** vgl. → § 8 Rz 81 ff.

Der Abschreibungsaufwand (z.B. einer Maschine) kann allerdings in die **Herstellungskosten** von Erzeugnissen eingehen. In diesem Fall ist die Abschreibung im Ergebnis insoweit nicht aufwandswirksam. Buchtechnisch wird dies im Gesamtkostenverfahren nicht durch eine Kürzung der Abschreibungsverrechnung (für die Maschine), sondern durch Einbeziehung dieser anteiligen Abschreibung in die Herstellungskosten der Erzeugnisse dargestellt (IAS 16.49) sowie IAS 38.99.

2 Die einzelnen Berechnungsgrößen

2.1 Das Abschreibungsvolumen (*depreciable amount*)

20 Das Abschreibungsvolumen bestimmt sich primär nach den **Anschaffungs- oder Herstellungskosten** (*cost*), also nach der Ausgangs- bzw. Zugangsbewertung (→ § 8 Rz 1 ff.), ggf. gem. IAS 16.28 gekürzt um Investitionszuschüsse bzw. -zulagen, insbesondere durch die öffentliche Hand (*government grants*; → § 12 Rz 25 ff.). Eingeschlossen sind nach IAS 16.58f. dabei für sächliches Anlagevermögen auch die **Entsorgungs- und Abbruchkosten** (→ § 8 Rz 19, → § 21 Rz 82). Diese Abschreibungsbasis mindert sich um den mutmaßlichen **Restwert** (***residual value***) des betreffenden Anlagewertes bei seinem späteren Abgang (IAS 16.6). Dieser ist indes bei **sächlichem Anlagevermögen** meist unwesentlich und kann dann vernachlässigt werden (IAS 16.53). Der Restwert *(residual value)* entspricht dem mutmaßlichen Betrag, den das Unternehmen am Ende der Nutzungsperiode abzüglich der Abgangskosten realisieren kann (IAS 16.6; IAS 38.8).[10] Dieser Betrag ist aus Sicht des Bilanzstichtages so zu ermitteln, als ob der betreffende Anlagewert bereits das Alter und den Abnutzungsgrad zum Zeitpunkt des mutmaßlichen Abgangs hätte (IAS 16 BC29). Dadurch sollen der Kostenverrechnungseffekt der Abschreibung (Rz 5) betont und außerbetriebliche Wertbestimmungsfaktoren (z.B. Inflation) aus der Abschreibungsbemessungsgrundlage ausgeschaltet werden.

Der typische Fall eines bei der Abschreibungsbemessung zu berücksichtigenden **Restwertes** (nach Nutzungsbeendigung) ist der **Schrottwert** eines Schiffes oder Flugzeuges.

> **Beispiel**
> Die in Rz 12 in der Fußnote aufgeführten Fluggesellschaften berücksichtigen bei der Bemessung des Abschreibungsvolumens der Flugzeuge durchweg einen Restwert nach Ende der Nutzungsdauer von 10 bis 20 % der Anschaffungskosten.

10 Vgl. KPMG, Insights into IFRS 2007/2008, 3.2.150.30.

Im Einzelnen:

- Die Lufthansa AG[11] schreibt den Flugzeugrahmen in 12 Jahren auf einen Restwert von 15 % des Ausgangsbetrages ab.
- Die Iberia, Lineas Aereas des Espa a AG,[12] schreibt den Flugzeugrahmen auf 18 bis 22 Jahre ohne Restwert ab, die Restwerte werden nicht genannt.
- Die Singapore Airlines[13] schreibt das gesamte (neue) Flugzeug auf 15 Jahre mit 10 % Restwert ab.
- Die Air Berlin unterstellt für Flugzeuge und Triebwerke eine Nutzungsdauer von zehn Jahren „unter Berücksichtigung von geschätzten Restwerten".[14]

Ein nennenswerter Restwert ist auch dann zu berücksichtigen, wenn ein Verkauf vor Ende der mutmaßlichen Nutzungsdauer des Vermögenswertes **geplant** ist.

Beispiel
Sachverhalt
Ein Autovermieter (rent a car) nutzt neu gekaufte Pkws regelmäßig 2 Jahre und verkauft sie dann auf dem Sekundärmarkt.

Lösung
Die Abschreibung (auf 2 Jahre) muss sich am mutmaßlichen Wiederverkaufspreis ausrichten.

Sofern in der Abschreibungsbemessungsgrundlage Kosten der **Entsorgung, Entfernung und Rekultivierung** enthalten sind, führt eine Änderung bez. der dafür ursprünglich geschätzten Kosten zu einer Anpassung der Abschreibungsverrechnung, und zwar zeitanteilig im Verhältnis zur Gesamtnutzungsdauer (→ § 21 Rz 158ff.).

Für **immaterielle Vermögenswerte** ist nach IAS 38.100 von einem Restwert von **21**
null auszugehen (→ § 13 Rz 81), es sei denn:

- es besteht ein **Vertrag** mit einem Dritten über den Erwerb des immateriellen Vermögensgegenstandes am Ende der Nutzungsdauer oder
- für den immateriellen Vermögensgegenstand besteht ein **„aktiver" Markt**, aus dem heraus der Restwert abgeleitet werden kann, oder mit einem solchen Markt ist am Ende der Nutzungsdauer zu rechnen.

Die vorgenannten **Ausnahmevorschriften** (Regel: Restwert null) werden in der Praxis selten vorkommen. Wegen weiterer Besonderheiten bez. planmäßiger Abschreibungen für immaterielle Vermögenswerte vgl. → § 13 Rz 81 ff.

Insgesamt besteht hinsichtlich der Bestimmung des Abschreibungs**volumens** keine nennenswerte Abweichung vom **deutschen** Recht, wo ebenfalls ein Restwert (Schrottwert) nur in Ausnahmefällen aus der Abschreibungsbemessungsgrundlage herausgerechnet werden muss.[15] Eine weitere Einnahme stellen die mutmaßlichen Entsorgungs- und Abbruchkosten dar (Rz 20), die vergleichs-

---

11 Geschäftsbericht 2008.

12 Geschäftsbericht 2008.

13 Geschäftsbericht 2007/2008.

14 Geschäftsbericht 2008.

15 BFH, Urteil v. 22.7.1971, IV R 74/66, BStBl II 1971, S. 800. Anders BFH, Beschluss v. 7.12.1967, GrS 1/67, BStBl II 1968, S. 268. Speziell für Schiffe werden von der Finanzverwaltung Restwerte (Schrottwerte) festgelegt; vgl. OFD Hamburg, DStR 2002, S. 1220.

weise nach deutscher Übung durch den Aufbau von Rückstellungen abgebildet werden (→ § 21 Rz 158ff.). **Eiserne Bestände** im Produktionsprozess (→ § 17 Rz 9) sind als Komponente (Rz 7) ausgehend von den Anschaffungs- oder Herstellungskosten auf den Restwert abzuschreiben.

22 Zur Neubestimmung des Abschreibungsvolumens nach vorhergehender **Neubewertung** (*revaluation*; → § 8 Rz 81ff.).

23 Die laufende Abschreibungsverrechnung ist (vorzeitig, also vor Erreichen des Restwertes) zu **beenden** bei **Qualifikations**änderung des betreffenden Vermögenswerts. Eine solche ist denkbar bei

- als **Finanzinvestitionen** gehaltenen Immobilien *(investment properties)*, wenn vom *cost model* zum *fair value model* gewechselt wird (→ § 16 Rz 55);
- zur Veräußerung bestimmten **langfristigen** Vermögenswerten nach IFRS 5 (→ § 29 Rz 31).

2.2 Die Abschreibungsmethode (*pattern*)

24 Die IFRS legen sich nicht auf die Anwendung einer bestimmten Abschreibungs**methode** fest. IAS 16.60 (für **sächliches** Anlagevermögen) sowie IAS 38.97 (für **immaterielle** Vermögenswerte) verlangen die Anwendung eines Abschreibungsverfahrens, das den **Werteverzehr** des Anlagegegenstandes durch **Nutzung** im Unternehmen in **systematischer Form** widerspiegelt. Dabei kann die Methode entweder ausschließlich nach dem **Zeitverlauf** oder aber nach der **effektiven Nutzung** innerhalb der gesamten Nutzungszeit definiert werden.

25 Im Einzelnen werden in IAS 16.62 folgende **Methoden** unterschieden:

- die lineare Methode (*straight line method*),
- die degressive Methode (*diminishing balance method*),
- die verbrauchsabhängige Abschreibung (*sum of the units method*).

Die ersten beiden Methoden sind allein nach dem **Zeitverlauf** definiert, die verbrauchsabhängige Methode dagegen nach der **effektiven Nutzung**. Die Auswahl der Methode soll nach der erwarteten ökonomischen **Nutzenabgabe** gewählt werden; nähere Anleitungen dazu ergehen nicht. Dabei müssen die Methoden im Zeitverlauf **stetig** angewandt *(consistently applied)* werden, es sei denn, die erwartete Nutzenabgabe hat sich gegenüber der ursprünglichen Einschätzung geändert. Zur Frage, ob die Festlegung einer Methode für Zugänge des Jahres 01 die Abschreibungsmethode für solche der Jahre 02ff. determiniert, wird auf → § 24 Rz 13 verwiesen.

26 Insgesamt ist bei **sächlichen** Anlagegegenständen (IAS 16) eine **Bevorzugung** bei der Auswahl einer der drei genannten Abschreibungsmethoden **nicht** ersichtlich. Von einem generellen **Verbot** der degressiven Methode nach IFRS kann aber keine Rede sein. Vielmehr ist im Einzelfall zu prüfen, ob dieses Abschreibungsverfahren den Werteverzehr angemessen widerspiegelt. Die deutsche IFRS-Rechnungslegungs**praxis** wendet weitaus überwiegend die lineare Methode an.[16] Als Erklärung kann folgende offenbar bei Erstellungen und Prüfungen geltende „Regel" dienen: Wer degressiv abschreibt, muss dies begründen; wer linear abschreibt, dem bleibt die Begründung erspart.

---

16 Keitz, von, Praxis der IASB-Rechnungslegung, 2003, S. 51; Müller/Wobbe/Reinke, KoR 2008, S. 638.

Anders lautet die Regel für die Abschreibung auf **immaterielle Anlagegüter** (IAS 38.97). Auch hier soll die Abschreibungsmethode die erwartete Nutzenabgabe durch den Vermögenswert widerspiegeln. Sofern dieser nicht verlässlich bestimmt werden kann, wird die **lineare Methode** (*straight line method*) präferiert (→ § 13 Rz 81).

Die Aufzählung in IAS 16.62 der Abschreibungsmethoden (für sächliches Anlagevermögen) ist nicht **abschließend** (*these methods include ...*). Auch nach HGB besteht keine Festlegung einer oder mehrerer bestimmter Methoden, etwa nach der Aufzählung in Rz 25. Jedes betriebswirtschaftlich sinnvolle Abschreibungsverfahren ist zulässig. Diese „offene" Regel ist auch in der **„Generalnorm" der Abschreibungsverrechnung** nach IFRS begründet, der zufolge die Abgabe des wirtschaftlichen Nutzens durch die Abschreibungsverrechnung im Jahresabschluss wiedergegeben werden soll (Rz 5).[17] 27

Zu jedem Bilanzstichtag ist die Abschreibungsmethode dahingehend zu **überprüfen** (*review*), ob sie noch die effektive Nutzenabgabe widerspiegelt (IAS 16.61 für sächliches bzw. IAS 38.104 für immaterielles Anlagevermögen). Bei wesentlichen Änderungen ist die Methode **anzupassen.** Es handelt sich dann um eine **Änderung von Schätzungen** i.S.v. IAS 8.26 (→ § 24 Rz 10ff.) mit der Folge einer Neuausrichtung des verbleibenden Abschreibungsvolumens auf die Restnutzungsdauer einschließlich der Periode, in der die Änderung vollzogen wurde (vgl. auch Rz 32). Zur Anhangerläuterung vgl. Rz 44. 28

Die nach deutschem Recht übliche Sofortabschreibung der **geringwertigen** Wirtschaftsgüter (des Anlagevermögens) bei einem Anschaffungswert bis zu 410 EUR und der **Sammelabschreibung** für Anschaffungswerte bis 1.000 EUR kennt in den IFRS keine Parallele. Nach dem *materiality*-Grundsatz (→ § 1 Rz 61ff.) kann diese Vorgehensweise i.d.R. jedoch auch in die IFRS-Bilanzwelt transferiert werden.[18] Ähnliches gilt für die – nach deutschem Begriffsverständnis – Festbewertung (→ § 14Rz 8). 29

Nur in extremen Fällen ist eine andere Beurteilung geboten. Ein solcher Ausnahmefall wäre eine Videothek, deren Anlagevermögen zur Hauptsache aus Verleihkassetten, Regalen und anderen Anlagegütern mit einem Anschaffungsbetrag von unter 1.000 EUR besteht. Die Sofortabschreibung des Anlagevermögens würde dauerhaft die Darstellung „Vermögenslage" und zumindest in den Anfangsjahren auch die Abbildung der Ertragslage materiell verzerren.

Auch eine Art **Sammelbewertung** in Form zusammengefasster Abschreibung kann aus Vereinfachungsgründen in Betracht kommen. 30

Beispiel[19]
Ein Hotel ersetzt regelmäßig im Abstand von wenigen Jahren die Bettwäsche und die Handtücher und ähnliche Anlagegüter.

---

17 So auch Ballwieser, in: Baetge 2. Aufl., IAS 16, Tz 47; ADS International, Abschn. 9, Tz 81.

18 So auch Lüdenbach, IFRS, 6. Aufl., 2010, S. 106. Nach ADS International, Abschn. 9, Tz 97, soll die Sofortabschreibung „grundsätzlich unzulässig, jedoch ausnahmsweise zulässig sein". Auch ein größerer Betrag als 410 EUR kann als unwesentlich angesehen werden, so Ballwieser, in: Baetge et al. (Hrsg.) IAS, 2. Aufl., IAS 16, Tz 21, und PELLENS et al., Internationale Rechnungslegung, 7. Aufl., 2008, S. 313.

19 Nach PWC, IFRS Manual of Accounting 2008, Tz 16.278.

> Die entsprechenden Anschaffungskosten sind je Gruppe – z. B. Bettwäsche insgesamt – zu aktivieren und auf die Nutzungsdauer abzuschreiben.

Die deutsche IFRS-Praxis schreibt die niedrigwertigen Anlagegüter voll im Zugangsjahr ab.

> **Beispiel**
> Geschäftsbericht der BMW AG für 2006:
> *„Expenditure on low value non-current assets is written off in full in the year of acquisition."*

Die oben angeführten Kriterien zur Bestimmung der Abschreibungsmethode sind sehr **interpretationsbedürftig.** Entsprechende Vorgaben zur „wirtschaftlichen Nutzung", zum „wirtschaftlichen Nutzungsverlauf", zum „Nutzenverschleiß" und zum „Erfolgsbeitrag des Vermögenswertes" sind in der Praxis nicht eindeutig quantifizierbar. Die Komplexität liegt aber eher auf der Sachverhalts- als auf der Regelebene. Das HGB samt kommentierendem Schrifttum kann daher auch keine bessere Lösung anbieten.

2.3 Die Nutzungsdauer (*useful life*)

2.3.1 Das Schätzungserfordernis

31 Die Bestimmung der voraussichtlichen Nutzungsdauer eines abnutzbaren Anlagegegenstandes *(useful life)* nach IAS 16.50 (für sachliches Anlagevermögen) und IAS 38.97 (für die immateriellen Vermögenswerte) ist ein typischer Anwendungsfall von **Schätzungsprozessen** und damit der Ausübung von **Ermessensspielräumen** durch das Management überlassen.

32 In der Definitionsnorm von IAS 16.6 (sächliches Anlagevermögen) und IAS 38.8 (immaterielles Anlagevermögen) wird *useful life* alternativ als mutmaßliche Nutzungsdauer (**zeitlich**) oder als **produktionsbezogen** nach der Anzahl ausgebrachter Stückzahlen umschrieben.

Vergleichbar sind die Hinweise in IAS 16.56f. für das **sächliche** Anlagevermögen, wenn von beabsichtigter Nutzung, physischem Verschleiß, Unterhaltungsmaßnahmen, Marktänderungen oder rechtlichen Nutzungsbeschränkungen die Rede ist. Selbstverständlich fehlt auch nicht der Hinweis auf die Erfahrungen in der Vergangenheit, die bei der Bestimmung der Nutzungsdauer zu beachten sind.

Noch ausführlicher als für die sächlichen sind die Erläuterungen in IAS 38.90 zur Nutzungsdauer der **immateriellen** Anlagegüter, wo zusätzlich noch vom Produktlebenszyklus, von der Stabilität der Branche, in der der betreffende Vermögenswert eingesetzt ist, von Aktionen und Reaktionen der Konkurrenten und dergleichen mehr die Rede ist. Ein „Begleitheft" zu IAS 38 enthält eine Anzahl illustrativer Beispiele (*Illustrative Examples* IE).[20] Wegen weiterer Einzelheiten vgl. → § 13 Rz 81 ff.

---

20 Vgl. z. B. auch Ballwieser, in: Baetge et al., 2. Aufl., IAS 16, Rz 41.

Der **Schätzungscharakter** für die Nutzungsdauer macht nach IAS 16.51 deren (wenigstens) jährliche Überprüfung erforderlich (Rz 39). Bei Neueinschätzung ist IAS 8 (→ § 24 Rz 10ff.) anzuwenden (Rz 28). Danach führt die Neueinschätzung nicht zu einer Anpassung des Buchwertes auf den Betrag, der sich ergeben hätte, wenn von Anfang an mit der revidierten Nutzungsdauerannahme gerechnet worden wäre. Die Neueinschätzung wirkt vielmehr nur prospektiv, d.h. führt zur Änderung des jährlichen Abschreibungsbetrages in den Folgeperioden.

Vor diesem (ökonomisch zwingenden) Hintergrund behilft sich die Rechnungslegungs**praxis** in weiten Bereichen der Anlagenwirtschaft mit mehr oder weniger fest vorgegebenen Nutzungsdauern. So sind in den von den größeren Unternehmensgruppen regelmäßig verwendeten **Bilanzierungshandbüchern** (*manuals*) feste Abschreibungsdauern (und -methoden) vorgegeben, von denen nach den internen Vorgaben nur in extremen Ausnahmefällen abgewichen wird. Vergleichbare Dienste leisten die **AfA-Tabellen** der deutschen Finanzverwaltung, an der sich auch die handelsrechtliche Bilanzierungspraxis orientiert. Für Gebäude und für *goodwill* macht der Steuergesetzgeber genaue Vorgaben über die anzunehmende Abschreibungsdauer. In Ermangelung eines möglichen Gegenbeweises – über künftige Verhältnisse kann niemand Beweis führen – hält sich die handels- und steuerrechtliche Bilanzierungspraxis an diese Vorgaben. In der IFRS-Rechnungslegungswelt besteht jedenfalls keine Bindung an solche Richtgrößen. Zum Teil wird man ihre Übernahme aber auch ablehnen müssen, jedenfalls nicht pauschal befürworten können, etwa bei den typisierten steuerlichen Gebäudeabschreibungsdauern von 25, 40 bzw. 50 Jahren. Wird in der **internen Kostenrechnung** mit anderen Abschreibungszeiträumen kalkuliert, sollten diese auch in der externen IFRS-Rechnungslegung beachtet werden. Ein Zwang hierzu besteht allerdings nicht. 33

2.3.2 Vermutungsregeln für immaterielle Vermögenswerte

Für den Bereich des **sächlichen** Anlagevermögens kennen die IFRS keine festen Vorgaben oder Vermutungsregeln über die anzuwendende Nutzungsdauer, wohl aber für die **immateriellen Vermögenswerte** (→ § 13 Rz 81), soweit diese bestimmbare *(definite)* Nutzungsdauern aufweisen (→ § 13 Rz 83ff.). Im speziellen Fall einer vertraglichen oder gesetzlichen **Zeitbeschränkung** eines Nutzungsrechtes (IAS 38.94) darf die Abschreibungsdauer den vorgegebenen Zeitrahmen nicht übersteigen. Als Ausnahme wird die mögliche **Verlängerung** ohne wesentliche zusätzliche Kosten genannt. Wegen Einzelheiten vgl. → § 13 Rz 81ff. 34

Auffallend ist ein Hinweis in IAS 38.93, der in dieser Form für sächliches Anlagevermögen nach IAS 16 fehlt: Danach mag die Nutzungsdauer für **immaterielle** Anlagewerte zwar durchaus **lang** (wenn nicht unbestimmt; Rz 35) sein; die erforderliche Schätzung soll dann aber **vorsichtig** (*prudent*) sein, umgekehrt aber auch keinen **unrealistisch kurzen** Zeitraum auswählen. Im Übrigen ist auf → § 13 Rz 81ff. zu verweisen.

Nach IFRS 3 ist für die Geschäftsjahre ab 2005 (Rz 46) entsprechend SFAS 142 generell auf die planmäßige Abschreibung beim *goodwill* (→ § 31) zu verzichten. Entsprechendes gilt gem. IAS 38.91 für **immaterielle** Vermögenswerte nur 35 dann, wenn diese eine unbestimmte (*indefinite*) Nutzungsdauer haben (→ § 13 Rz 83).

2.3.3 Grund und Boden bei *finance lease*

36 Eine unbestimmte Nutzungsdauer weist auch **Grund und Boden** (*land*) auf (IAS 17.15A). In Fällen des *finance lease* bestimmt sich die Abschreibungsdauer aber nach der (kürzeren) Vertragslaufzeit (IAS 17.27f.). Auf die **objektive** Nutzungsdauer – die bei Grund und Boden unbeschränkt ist – kommt es nicht an. Das *usefull life* (Rz 31) ist hier **subjektiv** bestimmt. Der wirtschaftliche Vorteil aus dem Leasingobjekt „Grund und Boden" erschöpft sich in der Vertragslaufzeit. Dann kann es auch für Grund und Boden zu einer planmäßigen Abschreibung kommen. Anders wäre es bei einem „automatischen" Eigentümerübergang nach Ende der Vertragslaufzeit oder einer günstigen Kaufoption. Auf → § 13 Rz 83 und → § 15 Rz 74 wird verwiesen.

2.3.4 Der Abschreibungsbeginn

37 Den Abschreibungs**beginn** regeln IAS 16.55 für sächliches und IAS 38.97 für immaterielles Anlagevermögen. Danach soll die Abschreibung dann beginnen, wenn der (immaterielle) Vermögenswert **genutzt** werden kann *(available for use)*. Maßgeblicher Zeitpunkt ist dabei der Beginn der operativen Einsatzfähigkeit nach der Vorstellung des Managements. Das wird auch nach HGB-Maßstäben als möglich erachtet, allerdings soll die **Beendigung** des Anschaffungs- oder Herstellungsvorgangs die eher zu beachtende Methode darstellen. **Steuerlich** beginnt die Abschreibung mit Vollendung der Anschaffung oder Herstellung und nicht mit der Ingebrauchnahme.[21]

> **Beispiel**
> Ein typischer praktischer **Anwendungsfall** zur Bestimmung des *available for use* stellen die UMTS-Mobilfunklizenzen der Telekommunikationsindustrie dar. Diese sind nach **IFRS** bzw. **US-GAAP** erst dann abzuschreiben, wenn das Netz funktionsfähig ist. Nach deutschem **Handels-** und **Steuerrecht** soll die Abschreibung bereits mit dem Erwerb der Lizenz beginnen (→ § 9 Rz 30).

Die Abschreibung beginnt also mit der Nutzungs**möglichkeit**, nicht mit der effektiven Nutzung.

> **Beispiel**[22]
> U schafft eine neue Computeranlage an und lässt sie vom Serviceunternehmen anschließen. Zur effektiven Nutzung kommt es vorerst nicht, weil im Zuge einer unvorhergesehenen Unternehmensakquisition das gesamte IT-Umfeld neu konfiguriert werden soll.
> Die Abschreibung beginnt bereits mit der Nutzungsmöglichkeit.

---

21 SCHMIDT/KULOSA, EStG, 28. Aufl., § 7, Tz 90.

22 Nach KPMG, Insights into IFRS, 2007/2008, Tz 3.2.220.20; ebenso für eine maschinelle Anlage PwC, IFRS Manual of Accounting 2008, Tz 16.236.

Zur erheblichen Verzögerungen zwischen (Zugang) Aktivierung und Abschreibungsbeginn kann es auch bei technischen Anlagen kommen, wenn vertraglich eine bestimmte Leistung vereinbart ist, die erst nach längerem **Probebetrieb** erreicht wird.[23]

38 Die IFRS kennen keine Vereinfachung bez. des **unterjährigen** Abschreibungsbeginns vergleichbar der früheren **Sechs-Monats-Regel** nach R 44 Abs. 2 EStR 2001. Nach dem *materiality*-Grundsatz (→ § 1 Rz 59) bestehen im IFRS-Bereich keine Bedenken gegen Vereinfachungen also z. B. nicht gegen die Pro-rata-Regel auf Monatsbasis.

2.3.5 Anpassungen

39 Die angenommene Abschreibungs**dauer** ist – vergleichbar der Abschreibungs**methode** (Rz 28 und 32) – zu überwachen und gegebenenfalls anzupassen, sofern die bisherige **Schätzung** der Nutzungsdauer von der neu vorgenommenen wesentlich (*significantly*) abweicht (IAS 16.52 für das sächliche Anlagevermögen und IAS 38.104 für die immateriellen Vermögenswerte, ebenso nach einer außerplanmäßigen Abschreibung gem. IAS 36.63 (→ § 11 Rz 7)). Die (qualitative) Indikation der außerplanmäßigen **Wertminderung** (*impairment*) eines Vermögenswertes (→ § 11 Rz 15 ff.) deutet nach IAS 36.17 auf das Erfordernis einer Anpassung der Bemessungsgrundlagen für die **planmäßige** Abschreibung hin (→ § 11 Rz 24). Dabei stellt die zeitweise **Nichtnutzung** oder Ausmusterung keinen Grund zur Aussetzung der Abschreibungsverrechnung dar (IAS 16.55 für sächliches, IAS 38.117 für immaterielles Anlagevermögen). Die **Anpassung** gem. IAS 8.38 ist nicht rückwirkend, sondern für das Jahr der Anpassung und für die folgenden Jahre vorzunehmen (Rz 28; → § 24 Rz 50). Zur Anhangerläuterung siehe Rz 44.

2.4 Sonderfall: Planmäßige Abschreibung nach Neubewertung (*revaluation*) und Wertaufholung

40 Hierzu wird auf die Darstellung in → § 8 Rz 81 ff. **verwiesen.**

2.5 Sonderfall: Steuerliche Abschreibungen

41 Nach dem Prinzip der umgekehrten **Maßgeblichkeit** nach Rechtslage vor Ergehen des BilMoG erlauben §§ 254, 279 Abs. 2 HGB a. F. den Ansatz rein **steuerlich** motivierter (**Subventions**-)Abschreibungen im handelsrechtlichen Einzelabschluss, um so auch die „Anerkennung" des Steuerrechts zu erreichen. Diese Sonderabschreibungen können unter bestimmten Voraussetzungen gem. Art. 67 Abs. 4 HGB auch unter den BilMoG-Regeln beibehalten werden.[24] Im handelsrechtlichen Konzernabschluss sind steuerrechtliche Abschreibungen nach der Neufassung des § 298 Abs. 1 HGB durch das TransPuG hingegen nicht mehr zulässig. Maßgeblichkeitsgesichtspunkte spielen auch im Regelwerk der IFRS keine Rolle. Die steuerlichen Subventions-Abschreibungen entsprechen **nicht** dem Nutzungsverlauf der Anlagegüter (Rz 24) und sind deshalb unzuläs-

---

23 Ausführliches Beispiel bei LÜDENBACH, StuB 2009, S. 273 ff.

24 Vgl. HOFFMANN/LÜDENBACH, in: NWB Kommentar Bilanzierung, 2. Aufl. 2011, Art. 67 EGHGB, Tz 20 ff.

sig; sie müssen folglich z. B. beim Übergang vom HGB in die IFRS-Rechnungslegungswelt **rückwirkend eliminiert** werden (→ § 6 Rz 43), soweit nicht für Geschäftsjahre ab 1.1.2003 (Art. 54 Abs. 1 EG HGB) bereits im HGB-Konzernabschluss entsprechend verfahren wurde. Die **planmäßigen** Abschreibungen sind konzernbilanziell deshalb ohne Berücksichtigung der steuerlichen Abschreibungen zu verrechnen.

Beispiel

Ein Gebäude wird mit Herstellungskosten von 10 Mio. EUR errichtet. Auf diesen Betrag wurde im HGB-Einzelabschluss eine Sonderabschreibung von 2 Mio. EUR gem. § 6b EStG vorgenommen. Entsprechend mindert sich das Volumen für die planmäßige Abschreibung (Rz 20 ff.) in der Handelsbilanz. Nach IAS 16 ist dagegen die planmäßige Abschreibung ausgehend von den ungekürzten Herstellungskosten zu verrechnen mit der Folge einer passiven Steuerlatenz (→ § 26).

Es ist wie folgt zu rechnen:

Stichtag	Buchwert/Abschreibung HB/StB	IFRS	Latente Steuern Steuersatz 40 %
	EUR	EUR	EUR
1.1.01	10.000.000	10.000.000	0
6b-Abschreibung	–2.000.000	0	–800.000
planmäßige Abschreibung 2 %	–160.000	–200.000	+16.000
Stand 31.12.01	7.840.000	9.800.000	–784.000
planmäßige Abschreibung	–160.000	–200.000	+16.000
Stand 31.12.02	7.680.000	9.600.000	768.000

42 Unter die **steuerlichen** Abschreibungen fallen u. a.:[25]

- Abzüge von den Anschaffungs- oder Herstellungskosten
  - nach § 6b EStG
  - Ersatzbeschaffung nach R 6.6 (4) EStR 2008
- Erhöhte Absetzungen (an Stelle der normalen Abschreibungen)
  - nach § 7h EStG: Gebäude in Sanierungsgebieten
  - nach § 7i EStG: Baudenkmale

Daneben kommt noch eine Vielzahl von **anderen** steuerlichen Subventionsabschreibungen in Betracht, die nach **früherer** Gesetzeslage zu einer Buchwertminderung über die planmäßige Abschreibung hinaus geführt haben und deshalb dem Grunde nach etwa beim Übergang auf die IFRS-Bilanzierung (→ § 6 Rz 43) beachtet werden müssen. Allerdings vermindern sich die Buchwertunterschiede im Zeitverlauf auch ohne Abgang des betreffenden Vermögenswertes, sodass unter *materiality*-Gesichtspunkten (→ § 1 Rz 61 ff.) in der Praxis ab einem im

---

25 Vgl. Ellrott/Lorenz, in: Beck'scher Bilanzkommentar, 6. Aufl., § 254.

Einzelnen zu definierenden Zugangsjahr auf die Erforschung früher einmal vorgenommener steuerlicher Subventionsabschreibungen verzichtet werden kann.

Die übrigen **Besonderheiten** der steuerlichen Abschreibungsverrechnung sind wie folgt zu beurteilen: 43

- Die **degressive** Abschreibung auf **bewegliche** Sachanlagegüter ist auch nach IAS 16.62 (Rz 25f.) zulässig und keine rein steuerliche Abschreibung.
- Die **typisierte Gebäude**abschreibung in linearer Form auf 50 bzw. 40 Jahre nach § 7 Abs. 4 EStG entspricht einer Nutzungsdauer, die häufig auch nach IAS 16.6 (Rz 32) verwendet werden kann.
- Die **degressive Gebäude**abschreibung nach § 7 Abs. 5 EStG ist nur dann IFRS-konform, wenn sie der tatsächlichen Nutzungsabgabe (Rz 25) entspricht. Das wird regelmäßig nicht der Fall sein.[26]

3 Anhangsangaben

Die Grundidee der Anhangerläuterungen zu den Abschreibungsmethoden und -dauern liegt nach IAS 16.73 bzw. 38.118 darin, deren **Schätzungs**charakter und die damit verbundenen **Ermessensspielräumen offenzulegen**. Vor diesem Hintergrund sind im Einzelnen folgende **Anhangsangaben** (betreffend die planmäßigen Abschreibungen) beachtlich: 44

Für **sächliches** Anlagevermögen (IAS 16.73):

- die angewandten Bewertungsmethoden,
- die Bestimmung der Nutzungsdauer bzw. Abschreibungsrate,
- die aufgelaufenen Abschreibungen (Bestandteil des Anlagespiegels),
- die laufende Jahresabschreibung (Bestandteil des Anlagespiegels),
- die Auswirkung von Änderungen der Abschreibungsmethode oder -dauer (Rz 28 u. 38), die eine wesentliche Auswirkung auf künftige Perioden haben (IAS 16.76 unter Bezugnahme auf IAS 8; → § 24 Rz 22ff.).

Für den *goodwill* aus Unternehmenszusammenschlüssen wird verwiesen auf → § 31. Soweit die planmäßige Abschreibung (noch) verrechnet wird (Rz 35), bestehen folgende Angabepflichten:

- die angenommene Abschreibungsdauer,
- für den Fall, dass die Nutzungsdauer auf über zwanzig Jahre geschätzt wird, die dafür gegebenen Gründe zur Widerlegung der Vermutung unter Darlegung der Bestimmungsgründe für die angenommene (20 Jahre übersteigende) Nutzungsdauer,
- bei Nichtanwendung der linearen Abschreibungsmethode die Darlegung der Berechnungsbasis mit Begründung, dass diese Basis geeigneter ist als die lineare Abschreibungsmethode.

Für die **zeitlich beschränkt** nutzbaren **immateriellen** Vermögenswerte (IAS 38.118; → § 13 Rz 81) – vgl. aber Rz 35 wegen der Einschränkung der planmäßigen Abschreibungsverrechnung – sind folgende Angaben zu beachten:

- die angenommene Nutzungsdauer bzw. Abschreibungssätze,
- die Abschreibungsmethoden,

---

26 ADLER/DÜRING/SCHMALTZ (6. Aufl., § 254 HGB a.F., Rz 33) sehen diese Abschreibungsmethode als HGB-konform an, werten sie also nicht zwingend als steuerliche Abschreibung.

- die aus Vorjahren aufgelaufenen Abschreibungen und die Jahresabschreibung (Anlagespiegel),
- die Position in der GuV, in der die Abschreibungen enthalten sind,
- die wesentliche Auswirkung von Änderungen der Abschreibungsmethode oder -dauer (Rz 28 u. 38) auf das Ergebnis künftiger Perioden (IAS 16.76 unter Bezugnahme auf IAS 8; → § 24 Rz 22ff.).

Wegen der **übrigen Angabepflichten** wird verwiesen auf

- → § 13 Rz 91 für immaterielle Anlagewerte,
- → § 14 Rz 25 für sächliches Anlagevermögen.

Auf die **Checkliste „Abschlussangaben"** wird verwiesen (→ § 5 Rz 8).

45 **Beispiel für die Anhangerläuterung**

Die Bewertung der Sachanlagen und der immateriellen Anlagewerte erfolgt auf der Basis von Anschaffungs- oder Herstellungskosten, abzüglich planmäßiger linearer Abschreibung. Die angenommenen Nutzungsdauern sind im Wesentlichen die Folgenden:

Gebäude	25–50 Jahre
technische Anlagen und Maschinen	3–10 Jahre
Kraftfahrzeuge	4–5 Jahre
EDV-Ausstattung	3–5 Jahre
Telekommunikationsanlagen	3 Jahre
Mietereinbauten	10 Jahre
selbst erstellte Software	5 Jahre
erworbene Software und zugehörige Lizenzen	5 Jahre

Die Nutzungsdauer für eine von uns erworbene Konzession zum Betrieb einer Wasserkraftanlage haben wir entsprechend der Dauer der Betriebsgenehmigung auf 35 Jahre abgeschrieben.

Die Jahresabschreibungen und die insgesamt aufgelaufenen Abschreibungen für die einzelnen Positionen des Sachanlagevermögens sind aus dem Anlagespiegel ersichtlich.

Weitere Beispiele für die einschlägigen Fälle – insbesondere auch zum **Anlagespiegel** – sind in → § 14 Rz 27ff. wiedergegeben.

4 Anwendungszeitpunkt, Rechtsentwicklung

46 Anzuwenden ist ab

- 1. Januar 2005 (Beginn des Wirtschaftsjahres) IAS 16, betreffend sächliches Anlagevermögen (→ § 14 Rz 29),
- 31. März 2004 (Beginn des Wirtschaftsjahres) IAS 38, betreffend immaterielle Anlagewerte (→ § 13 Rz 94),
- 1. Januar 2003 (Beginn des Wirtschaftsjahres) IAS 41, betreffend landwirtschaftlich genutzte Vermögenswerte (→ § 40 Rz 69).

5 Zusammenfassende Praxishinweise

Der **Anwendungsbereich** für die planmäßige Abschreibung als Bestandteil der Folgebewertung ist dargestellt in Rz 1 ff. 47

Der **Abschreibungsbetrag** für den jeweiligen Vermögenswert ist zu bestimmen aus folgenden Berechnungsparametern:

- Abschreibungsvolumen *(depreciable amount*; Rz 20 ff.),
- Abschreibungsmethode (*pattern*; Rz 24 ff.),
- Nutzungsdauer (*useful life*; Rz 31 ff.).

Die **erfolgswirksame** (Rz 19) Buchwertminderung durch die Abschreibung soll den im Zeitverlauf erfolgenden **Verbrauch ökonomischen Nutzens** des betreffenden Vermögenswertes widerspiegeln (Rz 5 f.).

Unabhängig vom Definitionsgehalt eines Vermögenswertes kommt im Einzelfall eine **getrennte Abschreibungsverrechnung** von Teilbereichen nach dem *components approach* in Betracht. Eine sinnvolle Lösung kann dazu nur einzelfallbezogen gefunden werden (Rz 9 ff.).

Bei der Konkretisierung der eben genannten Berechnungsparameter für die Bestimmung des **Abschreibungsbetrages** ergeben sich in vielen Fällen Übereinstimmungen mit den Regeln nach deutschem HGB; eine **zwingende** Anpassung der Abschreibungsgrundlagen beim Übergang von HGB auf IFRS (→ § 6) ist insoweit nicht ersichtlich (Rz 20 ff.). Wichtige Ausnahmen:

- Die **steuerlichen** Subventionsabschreibungen (Rz 41).
- Die **Aufteilung** eines Vermögenswertes nach unterschiedlichen Teil-Nutzungsdauern (Rz 9 ff.).

Für **immaterielle** Vermögenswerte teilweise und für den *goodwill* aus Unternehmenszusammenschlüssen generell ist ab 2005 eine **planmäßige Abschreibung nicht mehr** vorzunehmen (Rz 35).

Für die zeitlich **begrenzt** nutzbaren **immateriellen** Vermögenswerte bestehen verschiedene **Sonder**regeln für die Abschreibungsverrechnung (Rz 34).

Die **Anhangsangaben** lassen sich weitgehend in Form eines Anlagespiegels darstellen. Daneben sind Angaben zur Abschreibungsmethode und zum Nutzungszeitraum erforderlich (Rz 44 ff.).

§ 11 AUSSERPLANMÄSSIGE ABSCHREIBUNGEN, WERTAUFHOLUNG

Inhaltsübersicht **Rz**

Vorbemerkung

Schrifttum: AICPA, Practice Aid, Assets acquired in a business combination to be used in research and development activities, 2001; BIEKER/ESSER, Der Impairment-Only-Ansatz des IASB: Goodwillbilanzierung nach IFRS 3 „Business Combinations", StuB 2004, S. 433; BRÜCKS/KERKHOFF/RICHTER, Impairmenttest für den Goodwill nach IFRS, KoR 2005, S. 1; DOBLER, Folgebewertung des Goodwill nach IFRS 3 und IAS 36, PiR 2005, S. 24; FREIBERG, Diskontierung in der internationalen Rechnungslegung, Herne 2010; FREIBERG/LÜDENBACH, Bestimmung des Diskontierungszinssatz nach IAS 36, KoR 2005, S. 479; FROWEIN/LÜDENBACH, Das Sum-of-the-parts-Problem beim Goodwill-Impairment-Test, Marktbewertung als Programm oder Ideologie, KoR 2003, S. 261; GALLI, Individuelle finanzielle Spielerbewertung im Teamsport, FB 2003, S. 810; HAAKER, Die Zuordnung des Goodwill auf Cash Generating Units zum Zwecke des Impairment-Tests nach IFRS, KoR 2005, S. 426; HACHMEISTER/KUNATH, Die Bilanzierung des Geschäfts- oder Firmenwerts im Übergang auf IFRS 3, KoR 2005, S. 62; KIRSCH/KOELEN/TINZ, Die Berichterstattung der DAX-30-Unternehmen in Bezug auf die Neuregelung des impairment only approach des IASB, KoR 2008, S. 88 u. S. 188; KÜTING, Der Geschäfts- oder Firmenwert in der deutschen Konsolidierungspraxis 2008, DStR 2009, S. 1863; KÜTING/WIRTH, Firmenwertbilanzierung nach IAS 36 unter Berücksichtigung von Minderheitenanteilen an erworbenen Tochterunternehmen, KoR 2005, S. 199; KÜTING/WIRTH, Goodwillbilanzierung im neuen Near Final Draft zu Business Combinations Phase II, KoR 2007, S. 460; LÜDENBACH/FROWEIN, Der Goodwill-Impairment-Test aus Sicht der Rechnungslegungspraxis, DB 2003, S. 217; LÜDENBACH/HOFFMANN, Strukturelle Probleme bei der Implementierung des Goodwill-Impairment-Tests – Der Ansatz von IAS 36 im Vergleich zu US-GAAP, WPg 2004, S. 1068; PELLENS/SELLHORN, Minderheitenproblematik beim Goodwill Impairment Test nach geplanten IFRS und geltenden US-GAAP, DB 2003, S. 405 ff.; PELLENS u. a., Goodwill Impairment Test – Ein empirischer Vergleich der IFRS- und US-GAAP-Bilanzierer im deutschen Prime Standard, BB-Spezial 10/2005, S. 12; SCHMUSCH/LAAS, Werthaltigkeitsprüfung nach IAS 36 in der Interpretation von IDW RS HFA 16, WPg 2006, S. 1048; ZÜLCH/LIENAU, Die Ermittlung des value in use nach IFRS, KoR 2006, S. 319.

Vorbemerkung
Die Kommentierung bezieht sich auf IAS 36 in der aktuellen Fassung und berücksichtigt alle Ergänzungen, Änderungen und Interpretationen, die bis zum 1.1.2011 beschlossen wurden.

1 Zielsetzung, Regelungsinhalt, Begriffe

1.1 Regelungsbereich

Wie das HGB und das EStG sehen die IFRS das Erfordernis einer außerplanmäßigen Abschreibung (steuerlich Teilwertabschreibung), sofern der Buchwert den – in der deutschen Terminologie – niedrigeren beizulegenden Wert überschreitet. Werden **konzeptionelle Unterschiede** zwischen den unterschiedlichen Rechnungslegungssystemen zunächst zurückgestellt, ergibt sich folgender (rein formaler) Befund: Der HGB-Text überlässt es der Kommentarliteratur[1], der 1

[1] Z. B. HOFFMANN/LÜDENBACH, NWB Kommentar Bilanzierung 2. Aufl. 2011, § 253, Tz 105 ff.

Rechtsprechung[2] und dem Anwender, wie er diesen niedrigeren beizulegenden Wert zu ermitteln hat.

2 IAS 36 geht gerade den umgekehrten Weg. In einer äußerst umfangreichen Darstellung werden die einschlägigen Regeln zur Bestimmung der erforderlichen Abschreibung auf den niedrigeren beizulegenden Wert – bezeichnet als erzielbarer Betrag *(recoverable amount)* – abgehandelt. Schon aufgrund des bloßen Volumens von IAS 36 könnte man bei erster Durchsicht den Eindruck gewinnen, dass diesbezüglich keine Frage offenbleibt (Rz 10). Mehr noch als sonst stellen sich die IFRS hier als eigentliche **Rezeptur** – vergleichbar den US-GAAP – dar.

3 IAS 36 ist auf **alle Vermögenswerte** mit folgenden **Ausnahmen** anzuwenden (IAS 36.2):

- Vorratsvermögen gem. IAS 2 (→ § 17),
- Vermögenswerte im Rahmen von Fertigungsaufträgen gem. IAS 11 (→ § 18),
- Aktivposten aus Steuerlatenzen gem. IAS 12 (→ § 26),
- Vermögenswerte, die aus Arbeitnehmervergütungen resultieren, gem. IAS 19 (→ § 22),
- Finanzinstrumente nach IAS 39 (→ § 28),
- als Finanzinvestitionen gehaltene Immobilien *(investment properties)* gem. IAS 40, soweit nach dem *fair value model* bewertet (→ § 16),
- bestimmte Vermögenswerte im Zusammenhang mit landwirtschaftlicher Bewirtschaftung gem. IAS 41 (→ § 40),
- zur Veräußerung bestimmte langfristige Vermögenswerte *(non-current assets classified as held for sale)* gem. IFRS 5 (→ § 29),
- bestimmte Vermögenswerte im Rahmen von Versicherungsverträgen gem. IFRS 4 (→ § 39 Rz 2).

Anteile an Tochter-, assoziierten und Gemeinschaftsunternehmen, die im Einzelabschluss (*separate financial statements*) wahlweise einer Bewertung *at cost* unterzogen werden (IAS 27.38), sollten nach einem Änderungsvorschlag im *Annual Improvements Project* ED 2009/11 nicht (mehr) IAS 36 unterliegen, sondern nach IAS 39 bilanziert werden (ED IAS 27.38D). Im Zuge des weiteren Projektverlaufs wurde der Änderungsvorschlag zurückgezogen.[3]

4 **Positiv** verbleiben demnach im **Anwendungsbereich von IAS 36** (Rz 9):

- Das sächliche Anlagevermögen *(property, plants and equipment)* gem. IAS 16.53 (→ § 14),
- das immaterielle Anlagevermögen *(intangible assets)* gem. IAS 38.111 (→ § 13),
- als Finanzinvestitionen gehaltene Immobilien, die nach dem *cost model* bewertet werden (→ § 16 Rz 43 ff.),
- der *goodwill* aus Unternehmenszusammenschlüssen gem. IFRS 3.55 (→ § 31),
- die Beteiligungen gem. IAS 27, 28 und 31 im Einzelabschluss (→ § 32).

Im Konzernabschluss nach der *equity*-Methode bewertete Anteile an assoziierten Unternehmen und Gemeinschaftsunternehmen liegen ohne explizite Anführung ebenfalls innerhalb des *scope* von IAS 36 (IAS 28.33; → § 33 Rz 94).

---

2 Überblick über die BFH-Rechtsprechung zur Teilwertabschreibung bei HOFFMANN/LÜDENBACH, NWB Kommentar Bilanzierung 2. Aufl. 2011, § 253, Tz 112 f.

3 Vgl. IFRIC, Update January 2010.

Im **Mittelpunkt** der praktischen Anwendung von IAS 36 steht der Wertminderungstest für den *goodwill* bzw. für einen *goodwill* einschließende große Gruppen von Vermögenswerten (Rz 24 und 112). Der Aufbau des Standards stellt umgekehrt die Wertminderung **einzelner** Vermögenswerte (Rz 14) in den Vordergrund (Vorrang der Einzelbewertung) und erklärt die dort festgelegten Regeln im Wesentlichen auf den *goodwill* und Gruppen von Vermögenswerten für anwendbar (Rz 6). Unsere Kommentierung folgt zunächst dem Aufbau des Standards (Rz 112), betont aber die praktischen und theoretischen Unterschiede beider Anwendungsfälle.

1.2 Wesentliche Begriffsinhalte zur außerplanmäßigen Abschreibung

Ein **Wertberichtigungsaufwand** bzw. eine außerplanmäßige Abschreibung *(impairment loss)* liegt gem. IAS 36.59 vor, wenn für den betreffenden Vermögenswert (Rz 26) 5

- der erzielbare Betrag *(recoverable amount)*
- niedriger ist als der Buchwert *(carrying amount)*.

Dem **erzielbaren** Betrag kommt in den IFRS keine eigenständige Bedeutung zu, er ist gem. IAS 36.6 der höhere Wert aus den beiden folgenden:

- Nutzungswert *(value in use)* (Rz 36) oder
- beizulegender Zeitwert abzgl. Veräußerungskosten *(fair value less costs to sell)* (Rz 27).

Der **beizulegende Zeitwert** abzgl. Veräußerungskosten (nachfolgend auch Nettoveräußerungswert) entspricht dem Marktwert oder einem Marktwertsurrogat abzüglich Veräußerungskosten (IAS 36.6).

Der **Nutzungswert** (*value in use*) ergibt sich aus dem Barwert der geschätzten künftigen Mittelzuflüsse aus der fortgesetzten Nutzung eines Vermögenswertes oder einer Zahlungsmittel generierenden Einheit (*cash generating unit*; Rz 83 ff.), zuzüglich des Erlöses aus dem späteren Abgang (IAS 36.5).Eine Wertminderung mit entsprechendem **Abschreibungs**erfordernis liegt vor, wenn und soweit der Buchwert den erzielbaren Betrag übersteigt (IAS 36.8).

1.3 Die ökonomische Konzeption

Der Ansatz des höheren Betrages aus 6

- Nutzungswert *(value in use)* und
- Nettoveräußerungswert *(fair value less costs to sell)*

entspricht konzeptionell der Logik einer **Unternehmensbewertung** (Rz 39 ff.).[4]

Bei der Unternehmensbewertung gilt:

- Liegt der Wertbeitrag aus einer fortgeführten Nutzung im Unternehmen (Nutzungswert) über dem Nettoveräußerungswert, ist die Weiterführung des Unternehmens rational und der Unternehmenswert deshalb durch den Nutzungswert bestimmt.
- Liegt umgekehrt der Nettoveräußerungswert über dem Wert, der sich aus der fortgeführten Nutzung im Unternehmen ergibt, ist die Veräußerung – auch

[4] So LÜDENBACH, IFRS, 4. Aufl., 2005, S. 98; KÜMPEL, BB 2002, S. 983, 984; DYCKERHOFF/LÜDENBACH/SCHULZ, FS für KLAUS POHLE, 2003, S. 33.

wenn zum Stichtag nicht vollzogen – rational und daher der Unternehmenswert durch den erzielbaren Wert bei Veräußerung gegeben.

IAS 36 wendet diese Überlegungen an auf

- **einzelne** Vermögenswerte (Rz 10ff.),
- Zahlungsmittel generierende Einheiten (CGU) **ohne** zugeordneten *goodwill* (Rz 83ff.),
- Zahlungsmittel generierende Einheiten (CGU) **mit** zugeordnetem *goodwill* (Rz 112ff.),
- **Gruppen** von Zahlungsmittel generierenden Einheiten mit zugeordnetem *goodwill* (Rz 128)

und verlangt auf der **jeweiligen** Ebene die Untersuchung, ob die **Weiternutzung** des Vermögenswertes bzw. der Teileinheit (Nutzungswert) oder die (fiktive) **Veräußerung** (Nettoveräußerungswert) zu einem höheren Betrag führt und deshalb als Vergleichsgröße *(recoverable amount)* dem Buchwert gegenüberzustellen ist. Wenn entweder der Nutzungswert oder der Nettoveräußerungswert den Buchwert übersteigt, bedarf es **keiner Ermittlung** des jeweils anderen Wertes (IAS 36.19). Zur Widerlegung des Bestehens eines *impairment* müssen daher nicht zwangsläufig Nutzungswert und Nettoveräußerungswert bestimmt werden. Übersteigt einer der beiden Werte den zu testenden Buchwert, können weitergehende Untersuchungen unterbleiben. Differenziert nach der Abgrenzung des zu testenden Objekts bietet sich daher das folgende Prüf- und Entscheidungsdiagramm an:

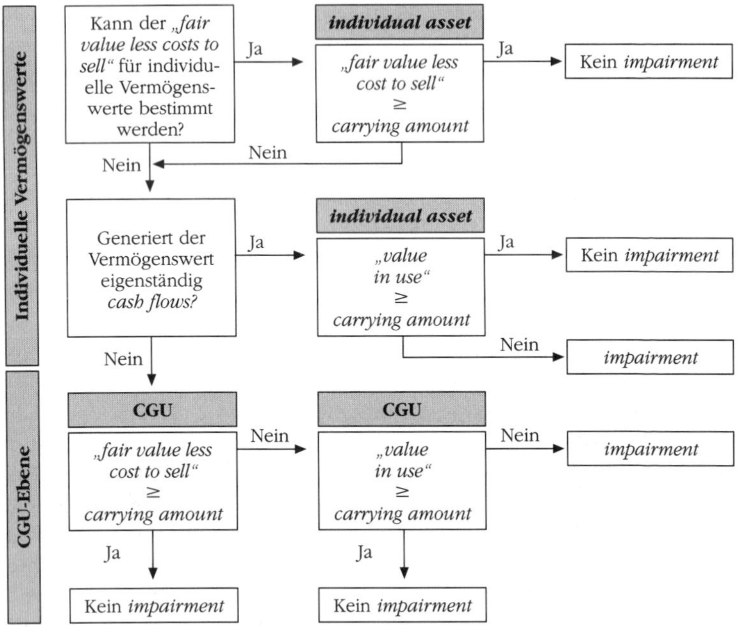

Abb. 1: Entscheidungsbaum *impairment*

1.4 Buchmäßige Erfassung

Der gem. den nachfolgend (Rz 10ff.) dargestellten Arbeitsschritten ermittelte Abschreibungsbedarf oder Wertberichtigungsaufwand (*impairment loss*; Rz 5) ist buchmäßig so zu behandeln (IAS 36.60 und 104): 7

- (Ergebnis**wirksame)** Verrechnung im Aufwand *(expense)*, soweit der betreffende Vermögenswert nach dem *cost model* (fortgeführte Anschaffungskosten) gem. F.101 bewertet wird (→ § 8 Rz 2).
- (Ergebnis**neutrale)** Verrechnung im sonstigen Gesamtergebnis (*other comprehensive income*; → § 2 Rz 81) mit der Neubewertungsrücklage, soweit der betreffende Vermögenswert unter dem Neubewertungskonzept *(revaluation model)* bewertet wird (→ § 8 Rz 83).
- Im letztgenannten Fall darf gem. IAS 38.61 die ergebnisneutrale Behandlung allerdings den Umfang des dem betreffenden Vermögenswert zuzuordnenden **Rücklagenbetrags** nicht übersteigen (→ § 8 Rz 86).
- Sofern der Wertverlust – definiert einschließlich zugehöriger Aufwendungen – höher ist als der Buchwert (gem. IAS 36.62), darf ein **Passivposten** – somit eine Schuld – nur unter Berücksichtigung anderer Standardvorgaben (nach IAS 37; → § 21) angesetzt werden.
- Nach Durchführung der Wertminderungsabschreibung ist gem. IAS 36.63 die **Basis** für die **laufende Abschreibung** neu zu bestimmen (→ § 10 Rz 39).

1.5 Besondere Bedeutung der Anhangsangaben

Trotz der umfangreichen Vorgaben des Standards ist die Durchführung des *impairment*-Tests in einem erheblichem Umfang durch Ermessensausübung des bilanzierenden Unternehmens geprägt. Bereits für die Feststellung, ob eine (außerplanmäßige) Wertberichtigung **dem Grunde nach** indiziert ist, vermeidet der Standard konkrete Vorgaben (i. S. v. *bright lines*). Für die Bestimmung einer Wertberichtigung **der Höhe nach** wird die Notwendigkeit von Schätzungen, Durchschnittsbildungen und rechnerischen Vereinfachungen explizit herausgestellt (IAS 36.23). Neben den nach IAS 36 explizit geforderten Angaben zeitigen auch die nach IAS 1 bestehenden Offenlegungspflichten zu den Hauptquellen von **Schätzunsicherheiten** (*estimation uncertainty*) Relevanz (IAS 1.125). 8

Zur Wahrung der Mindestansprüche an die **Objektivierbarkeit** der vorgenommenen Bilanzierungsentscheidungen bedarf es standardisierter Offenlegungspflichten. Nur über ausreichende Anhangsangaben lässt sich die **Plausibilität** der Bilanzierung feststellen. Der hohe Subjektivitätsgrad der Bewertung von Vermögenswerten wird dadurch zwar nicht vermieden, die Objektivierbarkeit der Bilanzierungsentscheidung aber insbesondere durch Hinweis auf sensitive Schätzungen und Ermessensentscheidungen ermöglicht (ausführlich Rz 179ff.). 9

2 Die Durchführung des *impairment*-Tests

2.1 Überblick

Die Vorgaben zum *impairment*-Test nehmen innerhalb der IFRS eine Sonderrolle ein. In der Rezeption stellen die Vorgaben von IAS 36 auf einen Vergleich 10 des Buchwerts eines Vermögenswerts mit dessen Marktwert (i.S.e. Nettoveräußerungspreises) bzw. Nutzungswert ab. Der Nutzungswert ist verpflichtend als Barwert der erwarteten Zahlungsströme aus Sicht des Unternehmens zu bestimmen (Rz 36). Der Nettoveräußerungspreis kann ebenfalls unter Rückgriff auf zahlungsstromorientierte Bewertungsverfahren ermittelt werden (Rz 28); auch ein beobachtbarer Marktwert entspricht letztlich dem Barwert der erzielbaren Zahlungsströme, allerdings aus der Perspektive der (agierenden) Marktteilnehmer. Die Durchführung des *impairment*-Tests verlangt daher die Gegenüberstellung eines **Buchwerts** (*accounting measure*) mit dem **Barwert** der erwarteten Zahlungsströme (*cash flow measure*) aus der (optimalen) Verwertung. Die gebotene Gegenüberstellung der beiden Größen wird innerhalb von IAS 36 mit detaillierten Vorgaben versehen. Neben den Ausführungen im Standard selbst sind ausführliche Regeln im Appendix, aber auch in den *Basis for Conclusions* und den *Illustrative Examples* beachtlich. Das Volumen von IAS 36 zusammen mit den Appendices ist daher beeindruckend. Die IFRS befleißigen sich hier einer ausführlichen Kommentierung mit umfangreichen Berechnungsbeispielen (Rz 2), lassen aber dennoch zahlreiche Anwendungsfragen offen, weil die Vorgaben zum *impairment*-Test quer (i.S.e. Schnittmenge) zu den sonstigen IFRS-Regeln liegen.

Somit bleibt die große Herausforderung für die Praxis, **gangbare Wege** zur Bewältigung des *impairment*-Tests zu finden.

11 Bereits für die Feststellung, ob ein Vermögenswert auf eine potenzielle Wertminderung zu untersuchen ist ,also ein Anlass für ein *impairment* besteht, ist der **differenzierende Aufbau** des Werthaltigkeitstestes *(impairment test)* beachtlich. Zur Aufspürung *(identifying)* einer möglichen Wertminderung werden die Vermögenswerte (Rz 4) in **zwei Kategorien** aufgeteilt (hier sog. „qualifizierte" und „unqualifizierte").

- Für folgende **„qualifizierte"** (immaterielle) Vermögenswerte, die nicht oder noch nicht planmäßig abzuschreiben sind, ist **jährlich** – unabhängig vom Vorliegen eines diesbezüglichen Anhaltspunktes *(indication)* – ein (**quantitativer)** Werthaltigkeitstest durchzuführen (IAS 36.10; Rz 26ff.):
  - immaterielle Anlagewerte, die wegen unbestimmter Nutzungsdauer nicht planmäßig abzuschreiben sind *(indefinite usefull life*; → § 13 Rz 83);
  - im Rahmen einer *business combination* aufgedeckte *goodwills,* die ebenfalls keiner planmäßigen Abschreibung unterliegen (→ § 31; Rz 62ff.);
  - immaterielle Anlagewerte, die noch nicht zur Nutzung zur Verfügung stehen und deshalb **noch nicht** planmäßig abzuschreiben sind, z.B. aktivierte Entwicklungskosten (→ § 13 Rz 26ff.) oder Lizenzen, die mangels technischer Ausrüstung noch „brachliegen" (→ § 10 Rz 37).
- Für die **übrigen „unqualifizierten"** Vermögenswerte – immaterielle Anlagen, die (schon) der planmäßigen Abschreibung unterliegen, Zahlungsmittel generierende Einheiten ohne zugeordneten *goodwill* (Rz 83), außerdem alle Sachanlagen – geben sich die Vorgaben von IAS 36 **moderater** (IAS 36.9):
  - Zu jedem Bilanzstichtag – auch für den Zwischenabschluss (→ § 37) – ist zunächst nur eine überschlägige (**qualitative)** Einschätzung hinsichtlich der Werthaltigkeit *(assessment)* anhand ausgewählter Indikatoren vorzunehmen (Rz 15ff.).

- Bestehen nach dieser Einschätzung **Anzeichen** (*indications*) für eine Wertminderung, ist zur Ermittlung des erzielbaren Betrages *(recoverable amount)* in die eigentlichen Berechnungen *(formal estimate)* einzusteigen (**quantitativer** Test; IAS 36.8; Rz 26ff.).

Bezüglich der Wertminderungs-Indikatoren werden die beiden Kategorien von Vermögenswerten in IAS 36.12 (Rz 14) wieder zusammengeführt, d.h., die Indikatoren gelten für beide Kategorien. Neben der verpflichtenden Durchführung eines jährlichen Tests sind qualifizierte Vermögenswerte zusätzlich bei Feststellung eines Wertminderungsindikators auf Werthaltigkeit zu testen.

Der bei den qualifizierten Vermögenswerten mindestens einmal pro Jahr durchzuführende quantitative Test kann zu einem **beliebigen Zeitpunkt**, d.h. auch unterjährig, erfolgen, allerdings in zeitlich konsistenter Form (IAS 36.10). Häufig wird bei börsennotierten Gesellschaften, deren Geschäftsjahr dem Kalenderjahr entspricht, der 30.9. gewählt, weil zu diesem Datum ohnehin ein Zwischenbericht (→ § 37) zu erstellen ist und das ermittelte Ergebnis dann in die Jahres-Gesamtrechnung einfließen kann. Sinnvoll ist eine Durchführung des Tests nach Abschluss des jährlichen Planungszyklus für das Unternehmen bzw. den Konzern.

Unmittelbar vor der Umqualifizierung eines Vermögenswertes oder einer „Gruppe“ von Vermögenswerten als „zur Veräußerung nach IFRS 5 (→ § 29) bestimmt“ ist nach IFRS 5.18 ein Wertminderungstest vorzunehmen (→ § 29 Rz 31). Für Vermögenswerte im Anwendungsbreich von IFRS 6 sind wesentliche Vereinfachungen vorgesehen (→ § 42 Rz 21). Wegen gewisser Erleichterungen für das sonstige Vermögen vgl. Rz 24.

Wegen der Wertermittlung generell und speziell für immaterielle Vermögenswerte überhaupt wird verwiesen auf → § 31 Rz 220ff.

Die Bearbeitungsschritte stellen sich wie folgt dar: 12

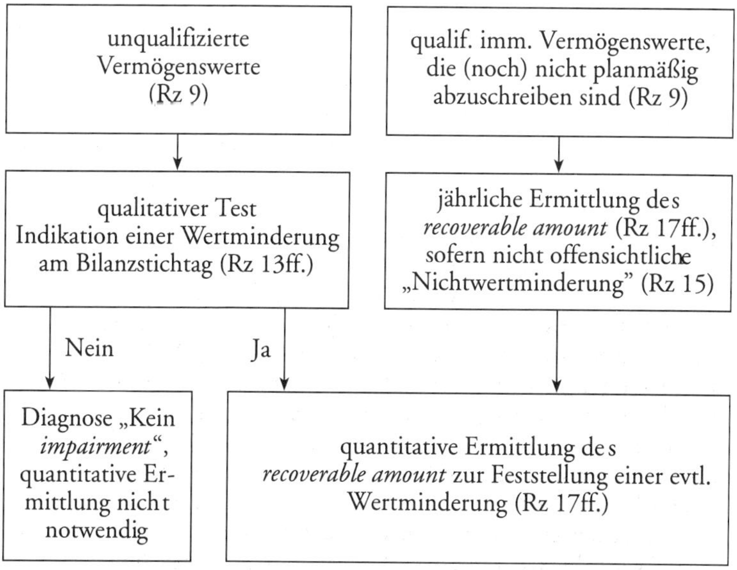

Tab. 1: *Impairment*-Test bei unqualifizierten Vermögenswerten

13 Für weite Bereiche des von IAS 36 angesprochenen Anlagevermögens (Rz 4) kann es im Rahmen einer Einzelbetrachtung beim (**überschlägigen**) qualitativen Wertminderungstest *(assessment)* bleiben. Zwar besteht die theoretische Möglichkeit, jeden einzelnen Vermögenswert bei Vorliegen eines Verdachtsmoments für eine Wertminderung einer Einschätzung zu unterziehen, diese liefe aber ins Leere, da regelmäßig kein Nutzungswert auf Ebene des einzelnen Vermögenswerts bestimmt werden kann. Selbst wenn also ein Nettoveräußerungspreis feststellbar wäre (was für immaterielles Vermögen mangels aktiven Marktes nahezu ausscheidet) und dieser den Buchwert unterschreiten würde, müsste noch ein Nutzungswert bestimmt werden. Die für die Bestimmung des Nutzungswerts notwendigen, direkt zurechenbaren Zahlungsströme liegen für einen einzelnen Vermögenswert i. d. R. nicht vor (für Ausnahmen siehe Rz 79); daher ist auf eine zahlungsmittelgenerierende Einheit abzustellen (Rz 6). Der Katalog von potenziellen Wertminderungsindikatoren nach IAS 36.12–14 (Rz 15 ff.) findet daher i. d. R. für CGUs Anwendung.

14 Nach IAS 36.66 ist der Wertminderungstest dennoch konzeptionell **vorrangig** für den **einzelnen** Vermögenswert vorzunehmen (Rz 4). Nur sofern dies unmöglich ist – praktisch die Regel –, kommt die **zahlungsmittelgenerierende Einheit** (*cash generating unit*, CGU) ins Spiel (Rz 6 und Rz 83 ff.). Eine direkt zuordenbare Wertminderung eines einzelnen Vermögenswerts (etwa der Untergang eines Vermögenswerts) kann somit nicht durch ein Abstellen auf eine größere Einheit vermieden werden.

Beispiel

Unternehmen U setzt für die Produktion fünf vergleichbare Maschinen ein, die zusammen in einer Produktionshalle stehen. Zur Fertigstellung des Produkts werden noch weitere Ressourcen benötigt. Insgesamt ist das Geschäft des U hoch ertragreich, der Barwert der erwarteten künftigen Zahlungsströme übersteigt die Anschaffungskosten der Einsatzfaktoren um ein Vielfaches.

Aufgrund eines Bedienungsfehlers durch nicht ausreichend geschultes Personal wird eine der fünf eingesetzten Maschinen vollständig zerstört und hat lediglich Schrottwert, leistet auch keinen Beitrag mehr zur künftigen Ertragssituation.

U hat den Wert der Maschine auf den Schrottwert zu berichtigen. Auch wenn der Barwert der Zahlungsströme aus dem Einsatz von vier Maschinen die Anschaffungskosten für alle fünf übersteigt, kann eine Wertminderung nicht unterbleiben, da die zerstörte Maschine nicht mehr an der Nutzenschöpfung teilhat, also nicht mehr Teil der zahlungsmittelgenerierenden Einheit und somit einer Einzelbewertung zu unterziehen ist.

2.2 Indikation und Kontraindikation einer Wertminderung (*impairment*)

2.2.1 Die Wertminderungsindikatoren

15 IAS 36.12 listet für **alle** dem Standardregelungsbereich unterliegenden Vermögenswerte Anhaltspunkte *(indications)* auf, die auf eine Wertminderung hin-

deuten können. Die Liste der potenziellen Anhaltspunkte differenziert zwischen **externen** (nicht im Einflussbereich des Unternehmens stehende) und **internen** (unternehmensspezifischen) Anlässen, ist allerdings nicht als abschließend anzusehen (IAS 36.13).

Externe Informationsquellen:

- Außergewöhnliche Minderung des Marktwertes eines Vermögenswertes, der die normale Wertminderung durch Abnutzung deutlich übersteigt;
- wesentliche Änderungen im Unternehmensumfeld technischer, marktmäßiger, wirtschaftlicher oder gesetzlicher Provenienz;
- Erhöhung der Marktzinssätze oder anderer Marktrenditen unter Berücksichtigung der erforderlichen Risiko- und Komplexitätszuschläge im Vergleich zu den bei der internen Kalkulation angewandten Diskontierungsraten mit der Folge einer wesentlichen Senkung des Nutzungswertes;
- das ausgewiesene Eigenkapital des Unternehmens ist höher als die Marktkapitalisierung.

Interne Informationsquellen:

- Überalterung oder körperliche Beschädigung des Vermögenswertes;
- wesentliche Änderungen des betrieblichen Umfeldes, in dem der betreffende Vermögenswert eingesetzt wird;
- das interne Berichtswesen deutet auf eine schlechtere Leistungsfähigkeit des Vermögensgegenstandes hin;
- Bei Beteiligungen im Einzelabschluss an Tochtergesellschaften sowie Anteilen an assoziierten (→ § 33) und gemeinschaftlich kontrollierten Unternehmen (→ § 34) („Investment"), aus denen Dividenden bezogen werden und
  - der Beteiligungsbuchwert höher ist als die Buchwerte des Investments im konsolidierten Abschluss oder
  - die Dividende das gesamte *comprehensive income* (→ § 2 Rz 79) des Investments in der Periode, in der die Dividende anfällt, übersteigt.

Abstrahierend können die Indikatoren wie folgt strukturiert werden:

- Einmalereignisse,
- „schleichende" Entwicklung (Trend).

Alle diese Anhaltspunkte bedürfen einer sinnvollen Interpretation. So genügt die Feststellung eines höheren Eigenkapitals gegenüber der **Marktkapitalisierung** nicht zur Feststellung einer generellen Überbewertung. Zusätzlich sind Kontrollprämien, Volatilität des Aktienkurses, Dauer der „Unterbewertung" etc. zu berücksichtigen. Speziell auch die *sum-of-the-parts*-Thematik (Rz 137) kommt hier ins Spiel. Eine Rechtfertigung für einen die Marktkapitalisierung übersteigenden Eigenkapitalausweis kann u. U. im Diversifizierungsabschlag (*conglomerate discount*) gefunden werden (Rz 141 ff.). Entsprechendes gilt für die Beobachtung **gestiegener Marktzinssätze**. U.U. zeitigt eine Variation (i. d. R. ein Anstieg) der beobachtbaren Marktzinssätze keine Relevanz für die erwartete Rendite eines Vermögenswerts. Dies gilt insbesondere, wenn nur ein Anstieg der kurzfristigen Zinssätze vorliegt, der Zeitraum der Nutzung des Vermögenswerts aber langfristig ist und daher der erzielbare Betrag nicht oder nur unwesentlich beeinflusst wird (IAS 36.16).

Einen weiteren besonders wichtigen Indikator für einen Wertminderungstest **16**
stellen mögliche **staatliche Eingriffe** in die Preisgestaltung dar, also z. B. bei der Telekommunikation und der Energieversorgung. Auch andere Indikationen sind

beachtlich, z. B. die beabsichtigte **Veräußerung** von Vermögenswerten oder die Aufgabe von Unternehmensbereichen (→ § 29 Rz 3), wobei hier wie folgt zu differenzieren ist: Soweit die Voraussetzungen von IFRS 5

- **bereits** erfüllt sind, kommt das dort enthaltene Niederstwertprinzip – Buchwert oder niedrigerer *fair value less costs to sell* – zum Tragen; der Nutzungswert *(value in use)* spielt keine Rolle mehr;
- **noch nicht** erfüllt sind, liefert die Veräußerungsabsicht lediglich einen Hinweis auf einen möglichen Abwertungsbedarf nach IAS 36.

17 Auch das **innerbetriebliche** Berichtswesen ist nach IAS 36.14 auf Anzeichen für eine Wertminderung von Vermögenswerten hin durchzusehen. Dabei sind insbesondere **negative Abweichungen** der Ist-Größen von *cash flows* oder Ertragsgrößen gegenüber Budgetansätzen von Bedeutung. Bezüglich der Feststellung eines eventuellen Wertberichtigungsbedarfs knüpft der Standard an die Ausgestaltung des internen Berichtswesens an, ohne selbst Mindestanforderungen an die Berichtstiefe zu stellen.

18 IAS 36 vermeidet in Bezug auf das Vorliegen von Anzeichen für eine Wertminderung, die sich aus dem internen Berichtswesen ergeben, die Vorgabe **quantitativer Größen** (*bright lines*). Besondere Bedeutung kommt der Feststellung von **negativen Abweichungen** zwischen Ist und Soll zu. Nach IAS 36.12f ist nicht jede negative Abweichung beachtlich, sondern nur solche mit **Signifikanz** (*significant changes*). Aufgrund der fehlenden Konkretisierung des Signifikanzkriteriums innerhalb von IAS 36, aber auch der IFRS überhaupt,[5] halten wir – i. S. e. einer stetigen Auslegung von unbestimmten Rechtsbegriffen (IAS 8.13; → § 24 Rz 14) – eine Orientierung an vergleichbaren unternehmensspezifischen Auslegungen der Vorgaben der IFRS für geboten. Wird etwa im Bereich der Finanzinstrumente eine Abweichung des Marktwerts von den Anschaffungskosten von mehr als 20 % für signifikant gehalten (→ § 28 Rz 163), bindet diese Interpretation des Signifikanzkriteriums auch für den *impairment*-Test nach IAS 36.

19 Die Identifikation eines Wertminderungsanlasses zieht eine verpflichtende Beurteilung nach sich, welche Vermögenswerte und/oder zahlungsmittelgenerierende Einheiten von einer möglichen Wertminderung betroffen sind. Ergibt sich eine Indikation aus einer internen Informationsquelle (also unternehmensspezifisch), bestehen i. d. R. keine Schwierigkeiten hinsichtlich der Bestimmung der zu testenden Vermögenswerte. Anderes gilt ggf. bei externer Evidenz für eine Wertminderung. Kann die Auswirkung einer auf externer Information beruhenden Indikation nicht isoliert, also einzelnen Vermögenswerten bzw. CGUs zugewiesen werden, folgt u. E. hieraus die Pflicht für einen **generellen Werthaltigkeitstest**, der alle (!) zahlungsmittelgenerierenden Einheiten (auch solche ohne zugeordneten *goodwill*) umfasst.

Beispiel
Die börsennotierte U als Holdinggesellschaft hat drei Tochtergesellschaften (A, B und C), die gleichzeitig auch die CGUs des Konzerns darstellen. Das Tochterunternehmen A wurde gegründet, die Unternehmen B und C erworben. Im Zuge des Erwerbs von B und C wurde ein derivativer *goodwill* von

[5] Vgl. IFRIC, Agenda Decision; IFRIC, Update July 2009, mit Bezug auf Finanzinstrumente.

160 GE (je 80 GE für B und C, kein *goodwill* für A) angesetzt. Das Konzerneigenkapital zu Beginn und zum Ende der Periode beträgt inkl. *goodwill* von 160 GE nahezu unverändert 400 GE. Das um den *goodwill* bereinigte Nettovermögen der CGUs beläuft sich am Periodenende auf jeweils 80 GE.
Im Laufe der aktuellen Berichtsperiode haben sich die Ertragsaussichten der Gruppe massiv verschlechtert. Der Marktwert des Eigenkapitals (Anzahl ausstehende U-Aktien x Aktienkurs U) ist daraufhin von 500 GE am Beginn der Periode auf 300 GE am Periodenende gefallen.
U behandelt den Rückgang in der Marktkapitalisierung als Anlass für einen Werthaltigkeitstest der gesamten Gruppe und bestimmt zunächst den erzielbaren Betrag von Tochterunternehmen B und C i. H. v. 120 GE (CGU B) bzw. 100 GE (CGU C). Da der Buchwert der CGU B (80 GE + 80 GE) den erzielbaren Betrag um 40 GE übersteigt, schreibt U den B zugeordneten *goodwill* zur Hälfte ab. Auch für den *goodwill* der CGU C wurde ein Wertberichtigungsbedarf von 60 GE (160 GE – 100 GE) festgestellt und entsprechend erfasst. Auch für CGU A ist ein Werthaltigkeitstest geboten, obwohl die bereits erfasste Wertminderung für CGU B und CGU C nach erster oberflächlicher Betrachtung einen weiteren Wertminderungsbedarf widerlegt.

Von dem Indikatorenkatalog des IAS 36 ausgenommen sind – trotz Anwendung zur Bestimmung einer evtl. Wertminderung der Höhe nach – nach der **equity-Methode** bewertete Anteile im Konzernabschluss. Für die Feststellung einer eventuellen Wertminderung dem Grunde nach sind die Vorgaben für Finanzinstrumente einschlägig (→ § 33 Rz 94). Ebenfalls ausgenommen sind Vermögenswerte, die in den Anwendungsbereich des IFRS 6 fallen (→ § 42 Rz 21). 20

Negative Indikatoren dürfen nicht unbeachtet bleiben (saldiert werden) mit gegenläufigen positiven. Vielmehr gilt eine Art **Imparität** bei der Wertung der Indikatoren. 21

Beispiel
U ist seit Langem Marktführer im Bereich der Mäusefallenproduktion. Der Hauptwettbewerber hat allerdings ein Produkt auf der Grundlage neuerer technologischer Erkenntnisse auf den Markt geworfen, das in Fachkreisen große Anerkennung findet. Andererseits weisen die effektiven Produktions- und Verkaufszahlen von U im laufenden Jahr einen erheblichen Überhang über den Budgetvorgaben aus. Deshalb sieht das Management keinen Anlass für einen Wertminderungstest bez. der Produktionsanlagen für die Mausefallen.
Gleichwohl ist ein Wertminderungstest durchzuführen, in dem die künftigen *cash flows* unter Berücksichtigung des neuen Konkurrenzprodukts prognostiziert werden müssen.
Eine „Kontraindikation“ wie für den *goodwill* und für immaterielle Vermögenswerte mit unbestimmter Nutzungsdauer (Rz 24) ist für die Sachanlagen etc. („unqualifizierte“ Vermögenswerte; Rz 11) nicht vorgesehen.

22 Die Indikatoren, die eine potenzielle Evidenz für einen Wertberichtigungsbedarf liefern, stimmen nicht exakt mit denen überein (IAS 36.112), die nach IAS 36.111 für die Beurteilung einer evtl. **Wertaufholung** heranzuziehen sind (Rz 171). Im Falle der Wertaufholung fehlt bei den externen Informationsquellen der Verweis auf das Verhältnis von Buchwerten zu Marktwerten. Insoweit ist hier ein anderer Maßstab zugrunde zu legen als für die Feststellung einer Wertminderung (Rz 172).

23 Unabhängig von der späteren Erfassung einer Wertminderung löst die Identifizierung eines externen oder internen Indikators (Rz 15) eine Pflicht zur **Neubeurteilung** der Angemessenheit der planmäßigen Abschreibung hinsichtlich

- der verbleibenden wirtschaftlichen Nutzungsdauer (*remaining useful life*),
- eines eventuellen Restwerts (*residual value*) und
- der gewählten Abschreibungsmethode (*depreciation method*)

aus (IAS 36.17). Die Effekte der Neubeurteilung auf die Folgebewertung (→ 10 Rz 91) sind als *changes in accounting estimates* gem. IAS 8.32, insbesondere IAS 8.36 und 8.37 zu behandeln (→ § 24 Rz 50). Sie sind prospektiv, d. h. im Ergebnis der laufenden oder künftiger Perioden zu erfassen (Rz 80). Die erfolgswirksame Korrektur eines Vermögenswerts wegen eines *change in accounting estimates* ist erst im Anschluss an ein evtl. *impairment* vorzunehmen („*if no impairment loss is recognised*"), setzt also die Durchführung eines Tests voraus und kann einen solchen auch nicht ersetzen.

2.2.2 „Kontraindikation" bei qualifizierten Vermögenswerten

24 Von potenzieller praktischer Relevanz ist der spezielle Hinweis in IAS 36.15 auf den **Wesentlichkeits-Gedanken** (*concept of materiality*), der auch als Ausdruck des *cost-benefit*-Kriteriums verstanden werden kann (→ § 1 Rz 60). Die Herausstellung des Wesentlichkeits-Konzeptes an dieser Stelle muss mehr bedeuten als nur eine Wiederholung der generell gültigen Vorgabe in F.29 (→ § 1 Rz 61 ff.). Auf die (hier sog.) **qualifizierten** Vermögenswerte (Rz 11):

- immaterielle Vermögenswerte mit unbestimmter Nutzungsdauer,
- noch nicht genutzte immaterielle Werte,
- *goodwill*

ist IAS 36 besonders ausgerichtet. Gleichwohl sieht der Board die mit einem quantitativen Wertminderungstest verbundenen Kosten und gewährt deshalb bez. des Jahresrhythmus für den *impairment*-Test (Rz 11) gewisse Erleichterungen durch einen Blick **zurück**:

Wenn bisherige Berechnungen *(calculations)* einen wesentlich über dem Buchwert liegenden erzielbaren Wert, also eine **signifikante „Bewertungsreserve"**, ergeben haben **und** wegen im Wesentlichen unveränderten wirtschaftlichen Umfeldes vom Weiterbestehen dieser Datenkonstellation ausgegangen werden kann, ist eine förmliche Neuberechnung *(re-estimate)* entbehrlich. Für den *goodwill* wird diese Erleichterung in IAS 36.99 (Rz 49) für *immaterielle* Vermögenswerte mit unbestimmter Nutzungsdauer in IAS 36.24 (→ § 13 Rz 83) konkretisiert.

IAS 36.16 führt zwei **Beispiele** für die Erleichterung an:

- Trotz Erhöhung der kurzfristigen Marktzinsen kann eine neue Diskontierungsrechnung zur Ermittlung des Nutzungswertes entbehrlich sein, wenn die vorherige Kalkulation zutreffend den langfristigen Zinssatz verwendete, dieser unverändert ist und auch die *cash-flow*-Erwartungen sich nicht verschlechtert haben.

- Ebenso kann eine Neuberechnung entfallen, wenn zwar der langfristige Marktzins steigt, aber die Erhöhung entweder sehr gering ausfällt oder mit einer Erhöhung der Zinsen eine kompensatorische Erhöhung der *cash-flow*-Erwartungen einhergeht (Rz 15).

Die beiden Beispiele belegen den nur **geringfügigen Anwendungsbereich** der Erleichterungsvorschrift jedenfalls in konjunkturabhängigen und schnelllebigen Branchen. Im ersten Beispielsfall reicht die Konstanz der langfristigen Zinsen nicht; zusätzlich dürfen sich die *cash-flow*-Erwartungen selbst, d.h. deren Höhe und zeitliche Konfiguration, nicht wesentlich verschlechtert haben. Bei auf diese Weise gesicherter Konstanz des Nutzungswertes darf außerdem das ihm gegenüberzustellende buchmäßige Nettovermögen nicht wesentlich gestiegen sein, da sich die Wertminderung aus der Differenz beider Größen ergibt. Der zweite Beispielsfall hat eine noch geringere praktische Bedeutung, da hier nur selten gegebene Negativkorrelationen von Zins- und Netto-*cash-flow* angenommen werden müssen.

2.2.3 Zwischenbefund

Die Vorgaben bez. der Feststellung, ob dem Grunde nach Anlass für eine Wert- 25
minderung besteht, erfolgen für den einzelnen Vermögenswert (unter der Überschrift „*Identifying an asset that may be impaired*“), zeitigen regelmäßig allerdings nur für die zahlungsmittelgenerierende Einheit, somit eine Gruppe von Vermögenswerten, Relevanz (Rz 13). Trotz des Umfangs der Vorgaben fehlt es an **konkreten Vorgaben** (i.S.v. *bright lines*), wann eine Wertberichtigung bzw. ein Test hinsichtlich einer solchen indiziert ist. Wegen der Unbestimmtheit der Standardvorgaben obliegt es regelmäßig der Einschätzung des Unternehmens, ob Anzeichen für eine Wertminderung bestehen. Allerdings bleibt diesbezüglich zwischen zwei **Perspektiven** zu unterscheiden:

- Liegen **externe** Informationen für eine evtl. Wertminderung vor, kann ein *impairment*-Test nur unterbleiben, wenn die (marktbezogene) Evidenz unternehmensspezifisch widerlegt werden kann. Insoweit besteht zunächst ein Anlass, der allerdings entkräftet werden kann.
- Das Vorliegen **interner** Informationen, die auf eine potenzielle Wertminderung hinweisen, bestimmt sich in Abhängigkeit des internen Berichtswesens und der Steuerung des Unternehmens.

Aus der einen Perspektive ist somit ein bereits bestehender Anlass zu widerlegen, aus der anderen das Bestehen einer Indikation zunächst festzustellen. In beiden Fällen kommt der Berichterstattung des Unternehmens gem. IAS 36.130a über den Umgang mit externen und internen Informationsquellen besondere Bedeutung zu (Rz 182).

2.3 Ermittlung des erzielbaren Betrags (*recoverable amount*)

2.3.1 Zwei Wertmaßstäbe

Zur Ermittlung des Stichtagswertes, des *recoverable amount* (erzielbarer Betrag), 26
stehen **zwei Größen** (Rz 36ff.) zur Verfügung (Rz 6):

- „Nutzungswert"(value in use)
- „beizulegender Zeitwert abzüglich Veräußerungskosten" bzw. in Kurzform „Nettoveräußerungswert" (*fair value less costs to sell*).

Einer von beiden Werten muss mindestens so hoch sein wie der Buchwert (IAS 36.19); ansonsten ist eine Abschreibung vorzunehmen (Rz 5). In der Grundkonzeption ist für die Bestimmung eines eventuellen *impairment* daher nur eine Gegenüberstellung von zwei Werten erforderlich. Konzeptionell vorrangig, praktisch aber meist nachrangig (Rz 14), erfolgt die Bestimmung des erzielbaren Betrags auf Ebene des einzelnen Vermögenswerts (IAS 36.22).

- Keine besonderen Schwierigkeiten ergeben sich, wenn für einen Vermögenswert dessen Nettoveräußerungswert beobachtbar ist und dieser auch den Buchwert übersteigt. Weitere Überlegungen hinsichtlich eines möglichen *impairment* können dann unterbleiben (IAS 36.19).
- Schwierigkeiten bestehen, wenn für einen einzelnen Vermögenswert zwar ein Nettoveräußerungswert beobachtbar ist, dieser aber den Buchwert unterschreitet und deshalb die Bestimmung des Nutzungswerts angezeigt ist.

Regelmäßig scheitert die Bestimmung eines Nutzungswerts auf **Ebene** des einzelnen **Vermögenswerts** mangels Unabhängigkeit des Zahlungsstromprofils des zu beurteilenden Vermögenswerts von anderen Vermögenswerten. Anstelle der Einzelbewertung tritt dann die Notwendigkeit zur Bestimmung des erzielbaren Betrages und der Vergleich mit dem Buchwert für eine Gruppe von Vermögenswerten.

2.3.2 Basis: Nettoveräußerungswert

27 Die Vorgaben in IAS 36 (IAS 36.25–29) verpflichten zur Bestimmung des Nettoveräußerungswertes zur Beachtung der folgenden **Bewertungshierarchie** (Rz 137):

- Vorrangig ist auf einen beobachtbaren Preis abzüglich Veräußerungskosten nach Maßgabe eines **bindenden Angebotes** bzw. eines **bereits abgeschlossenen** Vertrages zwischen unabhängigen Parteien abzustellen (IAS 36.25).
- Sekundär kann für die Bestimmung die Preisbildung auf einem **aktiven** Markt (gem. IAS 36.6) unter Berücksichtigung der Verkaufskosten herangezogen werden (IAS 36.26).
- Nachrangig ist eine **Ableitung** aus bestmöglichen Informationen. Hierbei sind zeitnahe Transaktionen ähnlicher Vermögenswerte in der Branche zu berücksichtigen (IAS 36.27).

Für die wenigsten materiellen und besonders immateriellen Vermögenswerte lassen sich Preisstellungen auf einem aktiven Markt beobachten. Der IASB qualifiziert die vorstehende Wertermittlungshierarchie daher mit einem Vorbehalt (IAS 36.BCZ18): **Marktpreise** (aus liquiden Märkten) lassen sich nur in seltenen Fällen feststellen. Die – abstrakt zutreffenden – Erläuterungen in IAS 36.25–29 zur Ermittlung des Nettoveräußerungswertes – am ehesten im unwahrscheinlichen Fall eines vorliegenden Kaufvertrages möglich – tragen zur Lösung praktischer Fälle tatsächlich wenig bei. Hierzu folgendes **Beispiel:**[6]

---

6 Nach DYCKERHOFF/LÜDENBACH/SCHULZ, FS für KLAUS POHLE, 2003, S. 36.

Beispiel
Ein Unternehmen beschafft Anfang Dezember einen PC, einen Pkw der Oberklasse zum Listenpreis und eine spezielle CNC-Maschine. Die Buchwerte per 31.12. werden durch planmäßige Abschreibung mit 1/12 der Jahresabschreibung (pro rata temporis) ermittelt. Für die Nettoveräußerungswerte soll Folgendes gelten:

- PCs unterliegen einem raschen technologischen Wandel. Der Markt für Gebraucht-PCs ist wenig liquide. Der Nettoveräußerungswert beträgt daher nur noch etwa 1/2 der Anschaffungskosten.
- Für Fahrzeuge der Oberklasse gibt es zwar einen hinreichend liquiden Gebrauchtmarkt. Dieser ist jedoch ein Käufermarkt. Für ein nur 1Monat altes Fahrzeug der Oberklasse sind nicht mehr als 75 % der Anschaffungskosten zu erzielen.
- Bei der CNC-Maschine handelt es sich um eine Spezialanfertigung. Diese ist, falls überhaupt, nur mit einem symbolischen Wert zu veräußern.

Häufig liefert der **Nettoveräußerungswert** wegen fehlender beobachtbarer Marktpreise also keinen Beitrag zur Durchführung des *impairment*-Tests für einen einzelnen Vermögenswert. Wenn der betreffende Vermögenswert tatsächlich zum Verkauf steht, unterliegt er im Übrigen dem besonderen Regelungsbereich von IFRS 5 (→ § 29).[7] Wurde ein Vermögenswert erst gerade (bzw. nahe zum Stichtag) erworben, kann der gezahlte Kaufpreis als Anhaltspunkt für den Nettoveräußerungswert herangezogen werden, nachdem ein Abschlag für notwendige Veräußerungskosten berücksichtigt wurde (IAS 36.28). 28

Selbst wenn ein Preis für einen vergleichbaren/ähnlichen Vermögenswert (etwa aus einer aktuellen Transaktion) beobachtbar ist, kann dieser nicht ohne Weiteres als Anhaltspunkt für den Nettoveräußerungswert herangezogen werden. Der Rückgriff auf einen beobachtbaren Preis setzt ein Zustandekommen als Ergebnis einer Transaktion über einen vergleichbaren Vermögenswert innerhalb derselben Industrie voraus (IAS 36.27). Auch wenn ein beobachtbarer Preis nicht als verlässliche Schätzung in Betracht gezogen wird, ist dieser bei der *fair-value*-Bestimmung dennoch gebührend – etwa zur **Kalibrierung** des über ein Bewertungsverfahren bestimmten Ergebnisses – zu berücksichtigen. 29

Die Vorgaben von IAS 36 lassen neben einer marktbasierten Bestimmung des Nettoveräußerungswerts auch den Rückgriff auf Bewertungsverfahren zu. Durch die **Gleichstellung** der Angabepflichten für die beiden Bewertungsverfahren (Rz 26) im *Annual Improvements Project* 2008 (Rz 139) hat der IASB den Nettoveräußerungswert als Bewertungsmaßstab gleichsam geadelt, also dem Nutzungswert (Rz 36) gleichgestellt. Der Einsatz von Bewertungsverfahren setzt allerdings. den Rückgriff auf Annahmen voraus, die eine Bestimmung valider Werte sicherstellen. Für die Bestimmung des Nettoveräußerungswerts ist daher das jeweils am besten geeignete einzelne **Bewertungsverfahren** (*single valuation technique*) anzuwenden oder, falls notwendig, auf eine gewichtete **Kombination** aus mehreren Verfahren (*multiple valuation techniques*) abzustel- 30

[7] Vgl. HEUSER/THEILE, IAS/IFRS-Handbuch, 4. Aufl., 2009, Tz 1555.

len.[8] Das Auswahlkriterium für ein Bewertungsverfahren stellt die Verfügbarkeit von am **Markt** beobachtbaren (Bewertungs-)Parametern und Prämissen dar. Von den verschiedenen infrage kommenden Bewertungsverfahren ist dasjenige heranzuziehen, welches im konkreten Bewertungsfall am meisten auf marktbasierten Inputparametern aufbauen kann.

31 Anwendbar sind eine **Multiplikator**-Bewertung (vergleichende Marktbewertung) oder ein **DCF**-Modell (*mark-to-model*). Bei der Ermittlung des Nettoveräußerungswerts mittels Bewertungsverfahren sind allerdings im größtmöglichen Umfang beobachtbare Marktdaten zu verwenden. Ohne Marktbasierung des Bewertungsverfahrens und der gewählten Parameter entspricht das Ergebnis nicht dem Wert, den der Markt (bzw. hypothetische Marktteilnehmer) und nicht das Management beilegen würde. Die **Beweislast** für die Verwendung marktbasierter Inputs liegt beim Unternehmen; ohne den Nachweis scheidet eine Bestimmung des erzielbaren Betrags über den *fair value less costs to sell* i.d.R. aus; es ist dann der Nutzungswert zu ermitteln (IAS 36.20).

32 Bei Bestimmung des Nettoveräußerungswerts über ein DCF-Verfahren können zwar die **Restriktionen**, die IAS 36 für die Ermittlung des Nutzungswertes im DCF-Verfahren vorsieht (Rz 36), **unbeachtet** bleiben, allerdings tritt an deren Stelle eine andere Einschränkung: Ohne **marktbasierte** Inputs für das Bewertungsverfahren (bei einer DCF-Bewertung nicht nur des Diskontierungszinses, sondern auch der *cash-flow*-Annahmen) wird der Anforderung in IAS 36.27 zur Ermittlung des am Bilanzstichtag erzielbaren Wertes aber nicht Genüge getan. Wird das Ergebnis der Bewertung (unzulässigerweise) dennoch als Nettoveräußerungswert bezeichnet, kommt es zu einer „**Fehletikettierung**".[9] In einer Situation, in der der Markt die *cash-flow*-Aussichten deutlich schlechter einschätzt als das besser informierte Management, müsste danach entgegen der besseren internen Information den externen Annahmen gefolgt werden. Beruht umgekehrt die *cash-flow*-Projektion auf den internen Management-Planungen, wird nicht oder nur zufällig ein marktbasierter Veräußerungspreis berechnet. Wegen der formalen Anerkennung einer Bestimmung des Nettoveräußerungswerts über Bewertungsverfahren (Rz 31) bestehen zwar dem Grunde nach keine Bedenken mehr gegen ein solches Vorgehen, gleichwohl bleibt ein solches Vorgehen im konkreten Fall nur zulässig, wenn in möglichst weitgehendem Umfang marktbasierte Inputparameter verwendet werden oder das Gesamtergebnis an einer beobachtbaren Marktbewertung kalibriert wird.

33 Der Nettoveräußerungswert – als **Bewertungsmaßstab** (*measure*) – bestimmt sich als der Betrag, der dem Unternehmen aus einer tatsächlichen Veräußerung am Bewertungsstichtag zufließen könnte. Von dem erzielbaren Veräußerungserlös sind daher noch direkt zurechenbare (**Einzel-)Kosten** (*incremental costs directly attributable*) eines unterstellten Verkaufs (etwa Rechtskosten, Verkehrssteuern etc.) sowie alle Kosten, die mit der Herstellung der Verkaufsbereitschaft entstehen (Demontagekosten, Kosten für Entsorgung etc.), in Abzug zu bringen (IAS 36.6). Unerheblich sind – neben mit dem Verkauf verbundenen Finanzierungskosten und Ertragsteueraufwendungen – Gemeinkosten, somit Kosten, die nicht direkt zurechenbar sind (Abfindungen für Mitarbeiter, Organisationskosten etc.).

---

8 Vgl. Freiberg, Diskontierung in der Internationalen Rechnungslegung, Rz 304.

9 Freiberg/Lüdenbach, KoR 2005, S. 486.

Die Vorgaben zum *impairment*-Test vermeiden eine allgemeine (quantitative) Festlegung der in Abzug zu bringenden Veräußerungskosten (*costs to sell*). Als Ausgangspunkt für die Bestimmung der notwendigen Veräußerungskosten kann auf einen **prozentualen Anteil** (etwa 1–3 %[10]) an dem beizulegenden Zeitwert des Bewertungsobjekts abgestellt werden. Die getroffene Einschätzung ist allerdings kritisch zu hinterfragen und anhand beobachtbarer Transaktionen zu plausibilisieren.

Jedenfalls darf sich die Ermittlung des Nettoveräußerungswertes nicht **allein** auf Zurechnung von *cash flows* zu den einzelnen Vermögenswerten stützen, auch wenn diese Zuordnung auf verlässlicher Basis möglich sein sollte.[11] IAS 36.27 S. 2 verlangt eine „Gegenprobe" zum Ergebnis der *cash-flow*-Rechnung in Form von Vergleichswerten für Preise ähnlicher Vermögenswerte in der betreffenden Branche (Rz 29). Die Kontrollrechnung stellt eine hohe Schranke für die DCF-orientierte Wertermittlung nach IAS 36 dar. Über die Einzelheiten der Ermittlung des Nettoveräußerungswertes ohne Ableitung aus Marktpreisen ist im Anhang gem. IAS 36.134e zu **berichten** (Rz 183). 34

Wegen unseres Vorbehaltes gegen die generelle Ermittlung des beizulegenden Wertes *(recoverable amount)* einer *cash generating unit* auf der Basis des Nettoveräußerungswertes wird verwiesen auf Rz 137.

Die Verabschiedung **allgemeiner Leitlinien** für die Ermittlung von beizulegenden Zeitwerten (*fair value measurement;* → § 31 Rz 216) über Bewertungsverfahren zeitigt auch Bedeutung für die Bestimmung des Nettoveräußerungswertes nach IAS 36. Durch eine Verlagerung der bislang in den Einzelstandards enthaltenen Vorgaben für die Messung des *fair value* „vor die Klammer" der Einzelregeln wird die Bewertungskonsistenz innerhalb der internationalen Rechnungslegung erhöht.[12] Ob die Neuregelungen allerdings einen entscheidenden Objektivierungsbeitrag leisten, insbesondere für den *impairment*-Test, bleibt fraglich.[13] 35

2.3.3 Basis: Nutzungswert

Die Ermittlung des **Nutzungswertes** (*value in use*) sieht nach IAS 36.30ff. von vornherein den Rückgriff auf ein Barwertkalkül vor und schließt andere Bewertungsverfahren (markt- oder kostenbasierte Bewertung) aus. IAS 36 übernimmt an dieser Stelle Gedanken der ertragsorientierten **Unternehmensbewertung** (Rz 6, Rz 86), allerdings mit detaillierten **Berechnungsvorgaben** – anders als im Fall der Bestimmung des Nettoveräußerungswertes (Rz 28ff.). Die Bestimmung des Nutzungswerts bedingt regelmäßig ein Verlassen der Ebene des **einzelnen** Vermögenswerts hin zu einer Bewertung einer zahlungsmittelgenerierenden **Einheit** (IAS 36.67). Die Bestimmung des Nutzungswerts setzt daher folgende Arbeitsschritte voraus: 36

- (1) Bestimmung und Abgrenzung der auf eine evtl. Wertminderung zu testenden zahlungsmittelgenerierenden Einheit (Rz 83ff.).

---

10 Vgl. SCHMUSCH/LAAS, WPg 2006, S. 1052.

11 So aber IDW, RS HFA 16, Tz 82.

12 Vgl. HITZ, KoR 2006, S. 357ff.; LÜDENBACH/FREIBERG, KoR 2006, S. 437ff.

13 Ausführlich LÜDENBACH/FREIBERG, KoR 2006, S. 437ff.

- (2) Bestimmung des Buchwerts (*carrying amount*) der Vermögenswerte der Einheit (Rz 98ff.).
- (3) Berechnung des Nutzungswerts über Rückgriff auf ein Barwertkalkül (Rz 22cff.).
- (4) Vergleich von Buchwert und Nutzungswert und Bestimmung eines evtl. Wertberichtigungsbedarfs.

Wird der Nutzungswert ausnahmsweise für einen einzelnen Vermögenswert bestimmt (Rz 79), sind die gleichen Schritte zu berücksichtigen, lediglich die Abgrenzung der zahlungsmittelgenerierenden Einheit reduziert sich auf einen einzelnen Vermögenswert.

37 Die **Einschätzung** des *value in use* über den Rückgriff auf ein Barwertkalkül hat auf der Basis folgender Berechnungsgrundlagen zu erfolgen (IAS 36.30):

- Ermittlung der künftigen Zahlungsein- und -ausgänge *(cash flows)* aufgrund der weiteren Nutzung des Vermögenswertes;
- Annahmen *(expectations)* über mögliche Veränderungen (mengen- oder zeitmäßig) dieser *cash flows*;
- Anwendung der passenden risikofreien Diskontierungsrate auf diese künftigen Zahlungsflüsse;
- Berücksichtigung des dem Vermögenswert innewohnenden Risikos;
- Beachtung anderer einschlägiger Faktoren (etwa Marktliquidität, Länderrisiken etc.).

IAS 36 gibt zur Spezifizierung dieses Bewertungs-Ansatzes ausführliche Anweisungen (IAS 36.36 bis IAS 36.57), die sich **systematisch unterscheiden** lassen in Vorgaben zur

- Planung des **Zahlungsstroms** (Rz 46) und
- Ermittlung des **Diskontierungssatzes** (Rz 57).

Der Nutzungswert ist in IAS 36 als unternehmensspezifischer Wert (*entity specific value*) vor Berücksichtigung des Einflusses von Steuern charakterisiert. Die Barwertberechnung beruht gem. IAS 36.33a daher auf unternehmensinternen Prämissen (*management's best estimate*).

2.3.4 Zwischenbefund

38 Die Regeln zur Bestimmung des erzielbaren Betrags bzw. seiner beiden Ausformungen sind **unterschiedlich intensiv**:[14]

- Umfangreich sind die Ausführungen zur vorgegebenen Bestimmung des Nutzungswerts über diskontierte *cash flows* (Barwertkalkül),[15]
- eher kurz die standardspezifischen Angaben zur Herleitung des beizulegenden Zeitwerts abzüglich Veräußerungskosten.

Der Nutzungswert ist nach IAS 36 als unternehmensspezifischer Wert verpflichtend über ein Barwertkalkül zu bestimmen. Der Nettoveräußerungswert entspricht demgegenüber einem um Veräußerungskosten gekürzten (hypothetischen) Marktpreis. Liegt für das Bewertungsobjekt weder ein Kaufangebot noch ein aktiver Markt vor (Rz 30), kann die Wertbestimmung zwar ebenfalls über ein Barwertkalkül erfolgen (IAS 36.BCZ32), hierbei sind jedoch z. B. unternehmensspezifische Ertragspotenziale (Synergien i. e. S.) nicht berücksichtigungs-

---

14 Vgl. Freiberg/Lüdenbach, KoR 2005, S. 479ff.

15 Vgl. Bieker/Esser, StuB 2004, S. 454ff.

fähig. Die Barwertberechnung ist nur Bewertungsverfahren, Bewertungsmaßstab ist der *fair value*.[16]

3 Rückgriff auf ein Barwertkalkül

3.1 Nutzungswert und DCF-bestimmter *fair value less cost to sell*

Allgemeine Leitlinien für die Barwertermittlung finden sich im Anhang von IAS 36. Sie gelten explizit nur für die Barwertermittlung des Nutzungswerts. Für eine Barwertermittlung des *fair value less cost to sell* im DCF-Verfahren (Rz 31) sind die **Leitlinien** nur insoweit bedeutsam, als sie allgemein ökonomisch anerkannte Grundsätze der Barwertemittlung wiedergeben, also etwa den Grundsatz der Äquivalenz zwischen Diskontierungs- und *cash-flow*-Annahmen (Rz 44). Unterschiede zu einer Barwertermittlung des Nutzungswerts bestehen demgegenüber vor allem in folgenden Punkten: 39

- Nur bei der Bestimmung des *fair value less costs to sell*, sind – auch hinsichtlich des Zahlungsstroms – zwingend im maximalen Umfang **marktbasierte Inputs** zu verwenden (Rz 54).
- Nur bei der Bestimmung des Nutzungswertes bestehen starke **Restriktionen** für die Berücksichtigung von Erweiterungsinvestitionen (Rz 48)

Für die Praxis sind beide Punkte zu beachten. Wer den für die Nutzungswertbestimmung bestehenden Restriktionen entgehen will und sich für einen im DCF-Verfahren ermittelten *fair value less costs to sell* entscheidet, hat dafür einen „**Preis**" zu entrichten. Er muss etwa von einer eher fundamentalwertorientierten Bewertung auf der Basis der „besseren unternehmensinternen Erkenntnisse" zu einer marktorientierten Bewertung übergehen, die auch vermeintliche „irrationale Einschätzungen" des Marktes auf der Inputparameterseite berücksichtigt.

3.2 Allgemeine Leitlinien

Folgende **Elemente** sind nach den Leitlinien von IAS 36 (Rz 22c) bei der Bestimmung des Barwerts zu berücksichtigen (IAS 36.A1): 40

- Eine Schätzung des künftigen *cash flow* bzw. in komplexeren Fällen von Serien künftiger *cash flows*, die das Unternehmen durch die Vermögenswerte zu erzielen erhofft.
- Erwartungen im Hinblick auf eventuelle wertmäßige oder zeitliche Veränderungen dieser *cash flows*.
- Der Zinseffekt, der durch den risikolosen Zinssatz des aktuellen Marktes dargestellt wird.
- Der Preis für die mit dem Vermögenswert bzw. zahlungsmittelgenerierenden Einheit verbundene Unsicherheit.
- Andere, manchmal nicht identifizierbare Faktoren (wie Illiquidität), die Marktteilnehmer bei der Preisgestaltung der künftigen *cash flows*, die das Unternehmen durch die Vermögenswerte zu erzielen erhofft, widerspiegeln würden.

16 Vgl. Freiberg, Diskontierung in der Internationalen Rechnungslegung, Rz 333.

Die Barwertermittlung setzt somit die Schätzung bzw. Kenntnis

- der Höhe und des zeitlichen Anfalls des zukünftigen **Zahlungsstroms** (Rz 46f.) und
- des geeigneten **Diskontierungszinssatzes** (Rz 57f.)

voraus.

41 Wesentliche Voraussetzung für den Rückgriff auf ein Barwertkalkül ist die Kenntnis bzw. mindestens jedoch die Möglichkeit zur verlässlichen **Schätzung** des künftigen Zahlungsstroms. Für das nicht-finanzielle Vermögen mangelt es regelmäßig – anders als für finanzielle Vermögenswerte (→ § 28) – an vertraglich fixierten Zahlungsströmen über die gesamte verbleibende (wirtschaftliche) Restnutzungsdauer. Eine Schätzung der künftigen Zahlungsströme ist daher erforderlich. Die Prognose zukünftiger Zahlungsströme ist – mangels vollkommener Information – nur unter **Unsicherheit** hinsichtlich des **zeitlichen Anfalls** und der tatsächlichen **Höhe** möglich. In Abhängigkeit von der Ausgestaltung des Zahlungsstromprofils eines Bewertungsobjekts kann entweder auf den **Modalwert** (IAS 36.A4ff.) mit dem wahrscheinlichsten Zahlungsstrom (*best estimate*) oder auf den **Erwartungswert** (IAS 36.A7ff.) mit dem nach Wahrscheinlichkeiten gewichteten (*expected*) Zahlungsstrom zurückgegriffen werden.

Bestehenden Unsicherheiten in Bezug auf die Schätzung sind u. E. vorrangig im Rahmen der Bestimmung des Zahlungsstroms Rechnung zu tragen,[17] da eine Korrektur des Zinssatzes um Prognoseunsicherheiten nicht objektivierbar zu begründen ist (ausführlich → § 31 Rz 109, für ein Beispiel → § 31 Rz 232). Insoweit halten wir hinsichtlich des Zahlungsstroms einen Rückgriff auf einen Erwartungswert als Ergebnis einer **mehrwertigen Planung** durch Gewichtung einzelner Szenarien mit ihren Wahrscheinlichkeiten i. d. R. für geboten.

42 Die Erzielung von Zahlungsströmen in der Zukunft ist mit **Opportunitätskosten** verbunden, deren Höhe sich danach richtet, welcher (Zins-)Ertrag bzw. welche Rendite erwirtschaftet werden könnte, wenn die Zahlungsmittel bereits zum Bewertungsstichtag realisiert wären. Der **Zeitwert des Geldes** (*time value of money*) ohne Berücksichtigung von Risiko bestimmt sich unter Rückgriff auf den risikolosen Zinssatz. Zukünftige Zahlungsströme sind i. d. R. jedoch unsicher, es besteht daher zum Zeitpunkt der Bewertung eine künftige **Ergebnisvariabilität** (→ § 21 Rz 140). Abhängig von dem Bewertungsobjekt ist daher das spezifische Risiko entweder im Zahlungsstrom oder im Diskontierungszinssatz zu berücksichtigen.[18]

- Bei Berücksichtigung des spezifischen Risikos in den Zahlungsströmen werden diese durch eine Risikokorrektur in ein **Sicherheitsäquivalent** überführt. Der Barwert ergibt sich dann aus der Diskontierung des Sicherheitsäquivalents mit dem risikolosen Zinssatz.
- Bei der Abbildung des spezifischen Risikos im Kapitalisierungszinssatz wird der risikolose Zinssatz um eine **Risikokomponente** adjustiert. Der Barwert der Zahlungsströme bestimmt sich aus der Abzinsung mit einem risikoadjustierten Zinssatz.

Sicherheitsäquivalent- und Risikozuschlagsmethode lassen sich in einem Barwertkalkül theoretisch ineinander überführen und führen zu äquivalenten Werten. Die

---

17 Gl. A. FASB, Understanding the issues, May 2001, S. 1ff.

18 Ausführlich FREIBERG, Diskontierung in der Internationalen Rechnungslegung, Rz 333.

unterschiedlichen Risikokomponenten, die im Rahmen des spezifischen Risikos zu berücksichtigen sind, können nur schwerlich und überdies kaum nachvollziehbar in den Zahlungsströmen abgebildet werden. In der praktischen Anwendung kommt dem Sicherheitsäquivalent daher lediglich eine geringe Bedeutung zu (→ § 31 Rz 109f.). Der Diskontierungszinssatz sollte u.E. somit den Zeitwert des Geldes und das spezifische Risiko des Bewertungsobjekts widerspiegeln.

Eine **Doppelerfassung** (*double counting*) der einzelnen Elemente (Rz 39) des Barwertkalküls sowohl im Zähler als auch im Nenner der Berechnung ist zu vermeiden (IAS 36.A15). Daher erfolgt die methodisch zutreffende Berücksichtigung der einzelnen Komponenten **entweder** im Zahlungsstrom **oder** im Diskontierungszinssatz. Folgende Ausgestaltungsalternativen des Barwertkalküls sind – abstrahiert von IAS 36 – allgemein zulässig:[19] 43

<table>
<tr><th colspan="2" rowspan="2">Bewertungskomponenten des Barwertkalküls</th><th>Modalwert</th><th colspan="2">Erwartungswert</th></tr>
<tr><th>traditional cash flow</th><th>Risikozu- bzw. -abschlag</th><th>Sicherheitsäquivalent</th></tr>
<tr><td>1.</td><td>Schätzung des Zahlungsstroms</td><td>Zähler</td><td rowspan="2">Zähler</td><td rowspan="3">Zähler</td></tr>
<tr><td>2.</td><td>Erwartung bzgl. des zeitlichen Anfalls/der Höhe des Zahlungsstroms</td><td rowspan="3">Nenner</td></tr>
<tr><td>3.</td><td>Risiko des Bewertungsobjekts</td><td rowspan="2">Nenner</td></tr>
<tr><td>4.</td><td>Zeitwert des Geldes</td><td>Nenner</td></tr>
<tr><td>5.</td><td>Marktunvollkommenheiten</td><td colspan="3">wahlweise Zähler oder Nenner</td></tr>
</table>

Im Rahmen der Barwertermittlung für den *impairment*-Test nach IAS 36 halten wir den Rückgriff auf den Erwartungswert (so auch IAS 36.BC59) und einen risikoadjustierten Diskontierungszinssatz für vorzugswürdig.

Zur Gewährleistung der rechentechnischen Konsistenz des Barwertkalküls ist – nach Maßgabe des **Äquivalenzprinzips** – eine Abstimmung der Zahlungsstromgröße (dem Zähler) und des Diskontierungszinssatzes (dem Nenner) erforderlich. Insbesondere die folgenden Anforderungen sind für eine Barwertermittlung in der Rechnungslegung zu berücksichtigen: 44

- **Laufzeit**äquivalenz: Der Zinssatz als Vergleichsmaßstab einer Alternativanlage muss sich sowohl auf den gleichen Zeitraum wie die zu diskontierenden Zahlungsströme beziehen als auch die gleiche zeitliche Struktur (Zeitpunkte der Zahlungsmittelzu- oder -abflüsse) aufweisen. Eine Laufzeitäquivalenz zwischen Zahlungsstrom und Zins ist nur dann gegeben, wenn der Zinssatz die Rendite eines identischen Ertragsstroms mit der gleichen Laufzeit abbildet (Rz 57).

[19] In Anlehnung an Ballhaus/Futterlieb, KoR 2003, S. 572.

- **Kaufkraft**äquivalenz: Im Zinssatz und im Zahlungsstrom sind die gleichen Erwartungen bez. der erwarteten Geldwertänderung (Inflation oder Deflation) zu berücksichtigen. Entweder sind Zahlungsstrom und Diskontierungszinssatz als reale Größen, also als kaufkraftkonstante Werte einer bestimmten Periode, oder als nominale Größen unter Berücksichtigung sich verändernder Kaufkraft zu bestimmen (für ein Beispiel der nichtfinanziellen Verbindlichkeiten vgl. → § 21 Rz 131).
- **Verfügbarkeit**s- bzw. **Steuer**äquivalenz: Aus Kongruenzgründen kann die Bestimmung eines Barwerts auf zwei Arten erfolgen: Abzinsung von Vor-Steuer-*cash-flows* mit Vor-Steuer-Zinssätzen oder von Nach-Steuer-*cash-flows* mit Nach-Steuer-Zinssätzen (Rz 68). Im Rahmen der bilanziellen Abbildung von Vermögenswerten und Schulden sind insbesondere Unternehmensteuern zu berücksichtigen. Persönliche Steuern (der Anteilseigner) sind nicht relevant, da sie regelmäßig nicht die Gesellschafts-, sondern die Gesellschafterebene tangieren.
- **Unsicherheit**säquivalenz: Der Zinssatz drückt die Rendite einer Alternativanlage aus, welche im Vergleich zum Bewertungsobjekt das gleiche Chancen-Risiko-Profil aufweist. Das im Zinssatz ausgedrückte Risiko ist hierbei als Summe der möglichen Abweichungen der tatsächlichen von der erwarteten Rendite, also als (Ergebnis-)Variabiliät zu verstehen. Unterliegen Zahlungsstrom und Zinssatz unterschiedlichen Unsicherheitsdimensionen, ist entweder ein Unsicherheitsaufschlag auf den Zinssatz oder ein -abschlag auf die Zahlungsströme vorzunehmen (Rz 36f).
- **Währung**säquivalenz: Zahlungsstrom und Zinssatz müssen hinsichtlich der Erfassung von Länder- und Währungsrisiken übereinstimmen. Zur Wahrung der Kongruenz des Barwertkalküls müssen Zahlungsstrom und Diskontierungszins in gleicher Währung und unter Berücksichtigung länderspezifischer Risiken bestimmt werden (Rz 45).

45 Der relevante Zinssatz als Renditeerwartung einer Alternativanlage ist unter Beachtung der **Gegebenheiten des Landes** zu bestimmen, in dem die erwarteten zukünftigen Zahlungsströme generiert werden. In jedem Land ergeben sich individuelle spezifische Risiken in Bezug auf die Währung, die jeweilige Politik und die Marktsituation. Für die Barwertermittlung ergeben sich daraus ggf. folgende Komplikationen:

- Die Zahlungsströme des Bewertungsobjekts stimmen in der Währung mit der beobachtbaren Rendite einer Alternativanlage überein, werden aber in einem anderen Land (mit anderem Länderrisiko) als die Alternativanlage realisiert.
- Zahlungsströme werden in der Währung des Landes geplant, in dem das Bewertungsobjekt genutzt wird. Da allerdings nicht der Barwert in Landeswährung, sondern in einer abweichenden (der funktionalen) Währung gesucht ist, ergibt sich die Notwendigkeit einer währungsbedingten Umrechnung entweder der Zahlungsströme (künftige Wechselkurse unter Berücksichtigung des Risikos der Doppelerfassung, IAS 36.BCZ49) oder des Barwerts (Stichtagskurs).

Im ersten Fall fehlt im Kalkül die Berücksichtigung einer **länderspezifischen Risikokorrektur** bez. des politischen Risikos und der relevanten Marktrisiken, im zweiten Fall fehlt die Berücksichtigung eines **Währungs**- bzw. **Wechselkursrisikos**. In beiden Fällen ist daher eine Anpassung entweder der Zahlungsströme oder des Zinssatzes erforderlich, wobei die herrschende Meinung zu einer Risikokorrektur im Diskontierungszinssatz tendiert.[20] Besondere Fragen für den *impairment*-Test ergeben sich, wenn Währungsrisiken über den Einsatz von gegenläufigen Sicherungsbeziehungen „*gehedgt*" werden und auch bilanziell die Vorgaben des *hedge accounting* (→ § 28 Rz 41 ff.) Anwendung finden (Rz 99f).

3.3 Unterschiedliche Anforderungen an den Zahlungsstrom

3.3.1 Restriktive Anforderungen für die Bestimmung des Nutzungswerts

Die Schätzung der erwarteten Zahlungsströme obliegt dem Management des Unternehmens. Folgende Grundanforderungen sind bei der Bestimmung des Nutzungswerts zu beachten: 46

- Die Annahmen über die künftigen Zahlungsmittelströme sollen auf vernünftigen und vertretbaren Schätzungen des Managements erfolgen. Größeres Gewicht ist allerdings **externen** Erkenntnissen zu widmen (IAS 36.33a).
- Die Annahmen über die künftigen Zahlungsströme sollen auf den neuesten vom Management genehmigten **Budgets** (*management approach*) beruhen (IAS 36.33b), dabei aber vom gegenwärtigen Zustand bzw. der Ertragskraft des Bewertungsobjekts ausgehen. Auszahlungen für Restrukturierungen oder Erweiterungsinvestitionen finden keinen Eingang in die Bestimmung der Zählergröße des Barwertkalküls. Wegen des Objektivierungscharakters der Bezugsnahme auf die Budgets vgl. Rz 188.
- Der Detailplanungszeitraum der *cash-flow*-Projektionen soll eine **Fünf-Jahres-Periode** nicht übersteigen, es sei denn, eine längere Periode ist gerechtfertigt (IAS 36.33b). Die Annahmen über die künftigen Zahlungsströme jenseits des detaillierten (i.d.R. fünfjährigen) Planungshorizontes dürfen nicht auf **Wachstumsannahmen** beruhen, die über die langfristig erwartete Branchenwachstumsrate hinausgehen, es sei denn, eine höhere Wachstumsrate ist gerechtfertigt (IAS 36.33c).

Für die Bestimmung des Nutzungswerts über ein Barwertkalkül ist – eine verbleibende Restnutzungsdauer > fünf Jahre unterstellt – ein **Zweiphasenmodell** zugrunde zulegen. Hinsichtlich der Differenzierung des gesamten Betrachtungszeitraums in zwei Phasen gilt: 47

- In der **ersten Phase** (Detailplanungszeitraum) sind die erwarteten finanziellen Überschüsse detailliert für jedes Bewertungsobjekt zu prognostizieren.
- Die **zweite Phase** (Restwertzeitraum) umfasst die kaum übersehbare und damit unsichere Zukunft, die sich an den Detailplanungshorizont anschließt. Für diesen Zeitraum wird der erwartete Restwert bestimmt, der den Wert des Bewertungsobjekts im Anschluss an den Detailplanungszeitraum repräsentiert.

Für die Bestimmung des Restwerts sind die erwarteten finanziellen Überschüsse aus der Detailplanungsphase mit einer angemessenen **Wachstumsrate** fortzuschreiben. Die im Restwertzeitraum zugrunde zu legende Wachstumsannahme ist (etwa über den Lebenszyklus des Produkts, Branchenerwartungen

[20] Vgl. DAMODARAN, Estimating equity risk premiums, Stern School of Business, New York, Working Paper 1999, zum Download: http://pages.stern.nyu.edu/~adamodar/, S. 3 ff.; PEEMÖLLER/KUNOWSKI/HILLERS, WPg 1999, S. 621 ff.; SCHMUSCH/LAAS, WPg 2006, S. 1058.

etc.) zu objektivieren. I.d.R. sind – wegen der Restriktionen hinsichtlich der Annahmen des Zahlungsstroms (Rz 48) – rückläufige oder konstante Wachstumsraten heranzuziehen. Nur ausnahmsweise ist der Rückgriff auf zunehmende Zahlungsströme zulässig (IAS 36.33). Beachtlich sind auch Wechselwirkungen zur Festlegung des Planungshorizonts: Die Länge des Planungshorizonts bestimmt sich in Abhängigkeit der zum Bewertungsstichtag noch verbleibenden wirtschaftlichen (Rest-)Nutzungsdauer des Bewertungsobjekts.

48 Die geplanten Zahlungsmittelströme umfassen als Nettogröße neben dem Zufluss aus der fortgesetzten Nutzung des Bewertungsobjekts alle *cash outflows*, die sich aus der **fortlaufenden Nutzung** ergeben und auf einer vernünftigen und vertretbaren Basis (zu Besonderheiten bei *corporate assets* vgl. Rz 108) zugeordnet werden können (IAS 36.39). Auch ein am Ende der wirtschaftlichen Nutzungsdauer erwarteter Restwert ist nach Abzug evtl. Verwaltungskosten als *cash inflow* zu erfassen. Der heranzuziehende Zahlungsstrom ist als **Vorsteuergröße** konzipiert und umfasst den Saldo der erwarteten einnahmewirksamen Erträge über die ausgabewirksamen Aufwendungen (zu weiteren Definitionen von *cash flows* → § 3 Rz 13). Nicht mit in die Bestimmung fließen ein: Ein- und Auszahlungen im Zusammenhang mit

- der Finanzierung und Finanzierungsaktivitäten (IAS 36.50a) und
- Steuern (IAS 36.50b).

Mit in die Prognose des erwarteten Zahlungsstroms sind hingegen Zahlungsmittelabflüsse für die regelmäßige Wartung und Instandhaltung aufzunehmen (IAS 36.41). Auszahlungen für **Erweiterungs**investitionen sind nur für die Fertigstellung von Anlagen im Bau zulässig (IAS 36.42), in allen sonstigen Fällen auszuklammern. Die zukünftigen Zahlungsströme aus dem betreffenden Vermögenswert sollen im Übrigen auf der Basis des **augenblicklichen** Zustands geschätzt werden, d.h., künftige Unternehmensrestrukturierungen, Verbesserungsinvestitionen u.Ä. sind nicht zu berücksichtigen (IAS 36.44). Investive *cash flows* dürfen deshalb das Niveau von Erhaltungsaufwand nicht übersteigen (Rz 132f.), somit nicht zu einer Veränderung des wirtschaftlichen Nutzens führen (IAS 36.49). Bei der Bestimmung des Nutzungswertes eines einzelnen Vermögenswertes sind diese Restriktionen i.d.R. sinnvoll und unproblematisch. Regelmäßig ist der Nutzungswert aber nur für CGUs bestimmbar. IAS 36.74 verweist für diesen Fall auf die Vorgaben zur Nutzungswertbestimmung einzelner Vermögenswerte und damit auch auf die vorgenannten Restriktionen. Bei der Nutzungswertbestimmung einer CGU erscheinen diese Einschränkungen aber nicht immer sinnvoll und häufig unpraktikabel (Rz 131).

49 Der Ausschluss von **investiven Auszahlungen** bezieht sich u.E. auf Ausgaben, die den Ansatz eines Vermögenswerts nach sich ziehen und nicht **aufwandswirksam** verrechnet (*expensed as incurred*) werden (so auch IAS 7.16; → § 3 Rz 68). Künftige Auszahlungen, die im Zusammenhang mit dem Vertrieb von Produkten (etwa Werbeausgaben, aber auch Forschungs- und nicht aktivierbare Entwicklungskosten; → § 13 Rz 26ff.), somit der Generierung künftiger Zuflüsse stehen, sind daher in die Bestimmung des Nutzungswerts einzubeziehen. Ein Verstoß gegen das Verbot zum Einbezug von investiven Auszahlungen (IAS 36.44) liegt u.E. nicht vor.

Beispiel
Das Geschäftsmodell des U verlangt jährliche Ausgaben für die Weiterentwicklung der bestehenden Produktpalette. In einer ökonomischen Wertung stellen die Auszahlungen Investitionen dar, bilanziell scheidet eine Aktivierung der Auszahlungen allerdings aus. Für Zwecke der Klassifizierung der Zahlungsmittelabflüsse scheidet eine Erfassung als investiver *cash flow* aus, es liegt ein operativer Zahlungsfluss vor. Für die Bestimmung eines Nutzungswerts erfasst U die Auszahlungen korrespondierend zu den erwarteten Einnahmen.

Lediglich geplante, aber noch nicht verpflichtende Auszahlungen und Einsparungen im Zusammenhang mit einer Restrukturierung sind in der Prognose des künftigen Zahlungsstroms nicht zu berücksichtigen. Voraussetzung für die Aufnahme von entsprechenden Zahlungsmittelflüssen ist das Bestehen einer **faktischen Verpflichtung** zum Bewertungsstichtag (vgl. hierzu → § 21 Rz 89ff.). Erwartete Einsparpotenziale und Effizienzsteigerungen als Folge einer Restrukturierung sind daher nur zu erfassen, wenn die **Tatbestandsmerkmale** zur Erfassung einer Restrukturierungsrückstellung gegeben sind (zu besonderen Fragen der Konsistenz von *carrying amount* und Barwertkalkül siehe Rz 99). 50

Für die Bestimmung des Nettozahlungsstroms im Detailplanungszeitraum kann – vergleichbar dem Vorgehen zur Bestimmung des operativen *cash flow* (→ § 3 Rz 53) – auf eine **direkte** oder **indirekte Ermittlung** zurückgegriffen werden. Eine direkte Bestimmung setzt das Aufstellen eines Finanzplans voraus, in dem alle zukünftigen Ein- und Auszahlungen erfasst werden. Liegen die notwendigen Informationen für eine direkte (originäre) Bestimmung der erwarteten *cash flows* nicht vor, ist unter Anwendung der indirekten Methode eine Ableitung aus anderen im Rechnungswesen verfügbaren Rechengrößen geboten. Ausgehend von einer Ergebnisgröße kann durch 51

- Bereinigung nicht zahlungswirksamer Aufwendungen und Erträge und
- Berücksichtigung von nicht ergebniswirksamen Ein- und Auszahlungen

in Form einer **Überleitungsrechnung** das Periodenergebnis in eine *cash-flow*-Größe überführt werden. Als Ausgangspunkt bietet sich das Ergebnis vor Abschreibungen, Zinsen und Steuern (*earnings before interest, taxes, depreciation and amortisation*; EBITDA) an. Folgende Anpassungen sind – soweit dem Bewertungsobjekt zuzurechnen – noch zu berücksichtigen:

Ergebnis vor Zinsen, Steuern und Abschreibungen	
+/–	Zahlungsunwirksame Aufwendungen/Erträge
–	Investitionen
+/–	Minderung/Erhöhung des Nettoumlaufvermögens einschließlich Zahlungsmitteln und Zahlungsmitteläquivalenten
=	Zahlungsstrom

Die Berücksichtigung von Anpassungen einer (geplanten) Ergebnisgröße steht unter dem Vorbehalt der **Wesentlichkeit**. Da die Vorgaben zum *impairment*-

Test die Notwendigkeit zur Schätzung und Vereinfachung anerkennen (Rz 8), kann eine geplante Ergebnisgröße auch unmittelbar als Surrogat für den erwarteten *cash flow* herangezogen werden.

52 Zur Bestimmung des relevanten Zahlungsstroms des Bewertungsobjekts ist bestehenden **Interdependenzen** zwischen dem Rendite-Risiko-Profil einzelner (nichtfinanzieller) Vermögenswerte und der betrieblichen Geschäftstätigkeit Rechnung zu tragen. Durch die Kombination mehrerer Vermögenswerte im Rahmen der betrieblichen Geschäftstätigkeit ergeben sich regelmäßig **Synergien** als Erfolgs- und Risikoverbundeffekte. Im Barwertkalkül des Nutzungswerts finden aber auch unternehmensspezifische (echte) Synergien Beachtung.

53 Wird der erwartete Zahlungsstrom eines Bewertungsobjekts in einer **Fremdwährung** erzielt, verpflichten die Vorgaben zur Bestimmung des Nutzungswerts auf eine Barwertbestimmung in der Währung des Landes, in dem die Zahlungsströme generiert werden. Der sich – unter Wahrung der Währungsäquivalenz (Rz 44) – ergebende Barwert in Fremdwährung ist mit dem (beobachtbaren) Devisenkassakurs am Bewertungsstichtag umzurechnen (IAS 36.54).

3.3.2 Marktbasierung als Zulassungsvoraussetzung bei der Ermittlung des Nettoveräußerungswerts

54 Für die Bestimmung des Nettoveräußerungswerts über ein Barwertkalkül fehlt es an konkreten **Restriktionen**. Im Rahmen der Ermittlung des bewertungsrelevanten Zahlungsstroms sind daher nur die allgemeinen Leitlinien für Barwertkalküle beachtlich (Rz 36ff.). Einerseits bestehen daher weniger Restriktionen für die Ausgestaltung des Barwertkalküls, andererseits unterliegt der im DCF-Verfahren bestimmte *fair value less costs to sell* wegen der zwingenden **Kalibrierung** des Bewertungsergebnisses mit beobachtbaren Marktpreisen einer bedeutsamen Einschränkung. Die Zulässigkeit des Rückgriffs auf ein Barwertkalkül steht unter dem Vorbehalt der geforderten Marktbasierung der getroffenen Annahmen. Im Zahlungsstrom sind ausschließlich Erwartungen des Marktes zu berücksichtigen (Rz 39). Der Nettoveräußerungswert ist als objektivierter Wert zu bestimmen, Synergieeffekte finden keine bzw. nur insoweit Berücksichtigung, als auch ein (hypothetischer) Marktteilnehmer von der Realisierbarkeit dieser Synergien ausgeht. Ist keine verlässliche Bestimmung des Zahlungsstroms aus Sicht (hypothetischer) Marktteilnehmer für ein Bewertungsobjekt möglich, scheidet der Rückgriff auf ein Barwertkalkül aus (Rz 31).

3.4 Gleichlautende Anforderungen an den Diskontierungszinssatz

3.4.1 Verpflichtende Marktbasierung

55 Der Nettoveräußerungswert ist definiert als (hypothetischer) **Marktpreis**. Wird dieser im Barwertkalkül bestimmt, ist wegen der Marktorientierung des Bewertungsmaßstabs auch der Diskontierungszinssatz aus dem Markt abzuleiten. Im Kapitalisierungszins ist der Preis abzubilden, den Unternehmensexterne für die Übernahme eines äquivalenten Risikos verlangen würden. Bei der Bestimmung des Nutzungswerts im Barwertkalkül ist nicht ohne Weiteres von einer einfachen Übernahme von Marktzinsen auszugehen. Der Nutzungswert ist ein **unter-**

nehmensspezifischer Wert. Hinsichtlich der erwarteten Nutzenzuflüsse haben daher auch nur unternehmensinterne Prämissen Relevanz (Rz 46ff.). Unter **Kongruenz**gesichtspunkten sollte daher auch der Diskontierungszins unternehmensspezifische Kapitalkosten widerspiegeln (Rz 22cff.). Die Vorgaben der IFRS tragen der Konsistenzanforderung des Barwertkalküls allerdings keine Rechnung.[21] Auch für die Bestimmung des Diskontierungszinssatzes für die Barwertbestimmung des Nutzungswerts sind marktübliche, risikoäquivalente Parameter zu berücksichtigen (IAS 36.55ff. i.V.m. IAS 36.A15ff.).[22]

Auf den ersten Blick erscheint die Diskontierung unternehmensinterner Erwartungen mit marktüblichen Kapitalkosten **nicht konsistent**: Nutzenzuflüsse, die unternehmensspezifisch und nicht marktbasiert geplant sind, werden mit marktüblichen und nicht mit unternehmensspezifischen Kapitalkosten diskontiert. Schlüssiger könnte der Gedanke erscheinen, unternehmensinterne Erwartungen bez. zukünftiger *cash flows* mit unternehmensinternen (Grenz-)Kapitalkosten abzuzinsen. Der IASB begründet die Verwendung eines marktbasierten Diskontierungszinssatzes mit fehlender **Objektivierbarkeit** eines unternehmensspezifischen Satzes (IAS 36.BCZ54). Diese Begründung ist nicht sehr überzeugend. Im Vergleich zu sonstigen Subjektivitäten, die im Barwertkalkül im Rahmen der Ermittlung des Nutzungswerts enthalten sind (Abgrenzung der CGU, Rz 83; Prämissen hinsichtlich der zukünftigen *cash flows*. Rz 46ff. usw.), erscheint die Bestimmung einer *entity specific discount rate* eher leichter objektivierbar. 56

Der britische Standardsetter, der ASB, führt im Kontext mit IAS 36 vergleichbaren Regelungen (FRS 11) eine andere Begründung an: Der Nutzungswert soll **unternehmensspezifisch** nur hinsichtlich der *cash flows* sein. Hinsichtlich des Zeitwerts des Geldes (*time value of money*) wird kein Raum für unternehmensspezifische Perspektiven gesehen. Es gilt: *„value in use becomes the market value of the cash flows expected by the entity“*.[23] Unabhängig von der Begründung gilt im Ergebnis: Sowohl für den *fair value less costs to sell* als auch für den Nutzungswert sind **marktbasierte** (objektivierbare) **Zinssätze** für die Diskontierung zugrunde zu legen.

3.4.2 Erfassung des systematischen Risikos über den Kapitalisierungszins

Wird für die Berechnung im Barwertkalkül auf den Erwartungswert des Zahlungsstroms abgestellt und bleibt eine Risikoadjustierung dem Zinssatz vorbehalten (Rz 36f), ist das spezifische Risiko des Bewertungsobjekts im Kapitalisierungszinssatz zu erfassen. Ausgehend von dem **risikolosen Zinssatz** (Rz 58), der den Zeitwert des Geldes zum Bewertungsstichtag ausdrückt, ist eine Erhöhung um einen **Risikozuschlag** (Rz 59) geboten (IAS 36.55b). 57

Aus **Kongruenz**gesichtspunkten sind im Rahmen eines Barwertkalküls im Zähler (den *cash flows*) und im Nenner (dem Diskontierungszinssatz) die gleichen Prämissen hinsichtlich der zukünftig erwarteten Geldentwertung und Währungen zu berücksichtigen (Rz 44). Zur Wahrung der **Laufzeitäquivalenz** ist der Diskontierungszinssatz in Abhängigkeit der unterstellten wirtschaftlichen (Ge-

---

21 So FREIBERG/LÜDENBACH, KoR 2005, S. 479ff.

22 Dies bestätigend IASB, Insight October 2001, S. 13f.

23 Vgl. ASB, Discounting in Financial Reporting, Working Paper, London 1997, S. 11.

samt-)Nutzungsdauer des Bewertungsobjekts festzulegen (Rz 72). Die erwarteten Zahlungsströme für einen Vermögenswert/eine CGU

- mit begrenzter Nutzungsdauer (i.d.R. ohne *goodwill*) sind mit den laufzeitäquivalenten risikolosen Marktzinssätzen (*spot rates*) abzuzinsen.
- mit unbegrenzter Nutzungsdauer (i.d.R. inkl. *goodwill*) sind in zwei Phasen zu unterscheiden (Rz 47).

58 Ausgangsgröße eines jeden Barwertkalküls ist der **risikolose** Zinssatz (Basiszinssatz), der als Mindestentgelt für die Überlassung eines bestimmten Kapitalbetrags für eine vorher vereinbarte Zeitspanne zu interpretieren ist *(time value of money)*.

- Der Basiszinssatz spiegelt die (**Mindest**-)Verzinsung einer Anlage wider, die keinerlei (bedeutsame) Ausfall-, Zinsänderungs- und Währungsrisiken aufweist. Den besten Anhaltspunkt für risikolose Kapitalanlagen bilden i.d.R. Staatsanleihen *(government bonds)*, die unter der Voraussetzung eines stabilen politischen Systems als „quasi"-risikolose Anleihen charakterisiert werden.
- Mit **zunehmender Laufzeit** steigt die geforderte effektive Verzinsung einer Kapitalanlage. Diese Laufzeitabhängigkeit des Basiszinssatzes lässt sich in einer **Zinsstrukturkurve** nachvollziehen.

Die Bestimmung eines risikolosen Zinssatzes als Basiszinssatz für die Diskontierung in der Rechnungslegung ist, auch weil in Europa eine große Zahl von staatlichen Anleihen mit optimaler Bonität existiert,[24] nicht unproblematisch. Mit Ausnahme der Unsicherheitsäquivalenz sind bei der Auswahl des risikolosen Zinssatzes alle Anforderungen an die rechentechnische Konsistenz der Barwertberechnung zu berücksichtigen. Darüber hinaus sind für Länder und Währungsräume ohne „quasi"-risikolose Staatsanleihen (aufgrund politischer, finanzieller, ökonomischer oder institutioneller Risiken) besondere Anpassungen der beobachtbaren Marktzinssätze erforderlich (Rz 44). Zur Bestimmung **laufzeitspezifischer Basiszinssätze** kann auf täglich aktualisierte, öffentlich zugängliche Zerobondstrukturkurven zurückgegriffen werden.

59 Neben dem Zeitwert des Geldes ist zusätzlich das **spezifische Risiko** der *cash flows* in die Berechnung einzubeziehen. Bezüglich des Risikos ist – den Grundlagen der **Portfoliotheorie**[25] folgend – zu differenzieren zwischen

- dem unsystematischen Risiko, das durch Kombination mit anderen Vermögenswerten diversifiziert, ,und
- dem systematischen Risiko, das auf diese Weise nicht verringert werden kann.

Eine Kompensation der Opportunitätskosten einer Investition in spezifische Vermögenswerte wird auf einem Kapitalmarkt im Gleichgewicht nur für das systematische Risiko gewährt. Die relevanten Kapitalkosten des Bewertungsobjekts sind vorrangig auf Basis der Renditeprofile risikoäquivalenter Alternativanlagen zu bestimmen. Den besten Anhaltspunkt für den Diskontierungszinssatz bieten hierbei Kapitalkosten, die aus **aktuellen Markttransaktionen** abgeleitet oder für vergleichbare zahlungsmittelgenerierende Einheiten eines am Markt notierten Unternehmens beobachtbar werden können (IAS 36.56). Da auf CGU-Ebene regelmäßig keine Kapitalkosten für aktuelle Markttransaktionen oder vergleichbare CGUs beobachtbar sind (IAS 36.57 i.V.m. IAS 36.A), ist hilfsweise

---

24 Kritisch wegen eines bestehenden Gestaltungsspielraums BAETGE, WPg 2009, S. 13ff.

25 Vgl. FREIBERG, Diskontierung in der Internationalen Rechnungslegung, Rz 164.

auf das Konzept der gewogenen, durchschnittlichen Kapitalkosten (**WACC**) zurückzugreifen. Die Kapitalkosten für eine zahlungsmittelgenerierende Einheit setzen sich dann aus **zwei** Komponenten zusammen, den Kosten für eingesetztes Eigenkapital und den Kosten für investiertes Fremdkapital, und reflektieren somit den **Mittelwert der Grenzkosten** aller Kapitalquellen.

3.4.3 Bestimmung der gewogenen, durchschnittlichen Kapitalkosten (WACC)

Die gewogenen, durchschnittlichen (Gesamt-)Kapitalkosten (WACC) ergeben sich aus der Summe 60

- des Produkts von **Eigenkapital**kosten (*rE*) und dem Anteil des Eigenkapitals (*E*) am Gesamtkapital (*V*) und
- des Produkts von **Fremdkapital**kosten (*rD*), *tax shield* (*1 – s*) und dem Anteil des Fremdkapitals (*D*) am Gesamtkapital (*V*):

$$WACC = r_E \times \frac{E}{V} + r_D \times (1-s) \times \frac{D}{V}$$

Legende:

WACC:	Gewogene, durchschnittliche Kapitalkosten
r_E:	Eigenkapitalkosten
r_D:	Fremdkapitalkosten
E:	Marktwert des Eigenkapitals
D:	Marktwert des Fremdkapitals
V:	(Gesamt-)Wert des Bewertungsobjekts
s:	Steuersatz

Die notwendigen Komponenten zur Bestimmung der gewogenen durchschnittlichen Kapitalkosten sind regelmäßig nicht bekannt.

- Die **Eigenkapitalkosten** lassen sich nur durch Modellierung der Renditeerwartung der Eigenkapitalgeber in Abhängigkeit von deren Risikoerwartung schätzen (Rz. 61).
- Im Bereich des Fremdkapitals eines Unternehmens sind regelmäßig verschiedene Finanzierungsquellen zu unterscheiden. Die (gesuchten) **Fremdkapitalkosten** bestimmen sich durch Gewichtung der Grenzkosten der einzelnen Finanzierungsquellen eines Unternehmens mit deren Marktwert.
- Unbekannt ist auch das Verhältnis von **Eigen-** bzw. **Fremdkapital** zum Gesamtwert, somit die zu unterstellende Kapitalstruktur.

Innerhalb der **Eigen**- und **Fremd**kapitalkosten sind **unterschiedliche Risikozuschläge** zu berücksichtigen: Eigenkapitalgeber sind in einem viel stärkeren Maße an den operativen (unternehmerischen) Risiken beteiligt. Die risikoäquivalente Renditeforderung der Eigenkapitalgeber umfasst neben der Entschädigung für den Zeitwert des Geldes (Rz 58) auch eine Risikokompensation. Anders als Fremdkapitalgeber haben Eigenkapitalgeber keinen vertraglich fixierten Anspruch auf künftige Zahlungsströme, ihnen steht nur ein Residualanspruch nach Bedienung des Kapitaldienstes für Fremdkapital zu. Allgemein anerkannt basiert die Bestimmung der Eigenkapitalkosten – mangels besser geeigneter Alternativen – auf dem *Capital Asset Pricing Model* (**CAPM**). Durch Abstellen auf das CAPM 61 lassen sich – unter restriktiven Voraussetzungen – objektivierbare Risikozuschläge auf den Zeitwert des Geldes ermitteln, die einem pauschalen und ermessensbehafteten Risikozuschlag vorzuziehen sind. Die Bestimmung der Eigenkapitalkosten setzt die Kenntnis

- des risikolosen (laufzeitäquivalenten) Zinssatzes, welcher den Zeitwert des Geldes in dem Land (Rz 58), in dem der Zahlungsstrom generiert wird, ausdrückt,
- des Erwartungswerts der Rendite des Marktportefeuilles, welche das Rendite-Risiko-Profil des Marktumfeldes beschreibt,
- des Betafaktors, welcher Maßstab für das (systematische) Risiko des Bewertungsobjekts ist,

voraus. Der Risikozuschlag basiert auf der Marktrisikoprämie, welche sich aus der Differenz zwischen der Marktrendite für riskante Anlagemöglichkeiten und dem risikolosen Zinssatz ergibt. Diese Differenz wird mit dem **Betafaktor**, in dem sich das im Vergleich zur Marktrendite höhere (ß > 1) oder geringere Risiko (ß < 1) ausdrückt, multipliziert. Der Betafaktor ist somit Maßstab für das **systematische Risiko** eines Bewertungsobjekts (in der theoretischen Rezeptur: Wertpapiers). Das unsystematische Risiko wird vom Markt nicht vergütet: Der Rückgriff auf das CAPM impliziert eine Tendenz des unsystematischen Risikos im Zuge eines vollständig diversifizierten Portefeuilles gegen null. Bei (unterstellter) Gültigkeit der Annahmen des CAPM kann – im Kapitalmarktgleichgewicht – ein linearer Zusammenhang zwischen dem Erwartungswert der Rendite für ein risikobehaftetes Investment (j) und seinem systematischen Risiko nachgewiesen werden:

$$\mu_j = i_{rf} + (\mu_M - i_{rf}) \times \beta_j \quad mit \quad \beta_j = \frac{\operatorname{cov}(\tilde{r}_j ; \tilde{r}_M)}{\delta_M^2}$$

Legende:

μ_j:	Erwartungswert der Rendite des Investments *j*
i_{rf}:	Risikoloser Zinssatz
μ_M:	Erwartungswert der Rendite des Marktportefeuilles (= Marktrisikoprämie)
β_j:	Betafaktor *j*
r_j:	Rendite des Investments *j*
r_M:	Rendite des Marktportefeuilles
δ_M^2:	Kovarianz der Rendite des Investments *j* und des Marktportefeuilles

Lassen sich für das Bewertungsobjekt nicht unmittelbar Renditen von Alternativanlagen am Markt beobachten, kann hilfsweise auf Renditen vergleichbarer Bewertungsobjekte zurückgegriffen werden. Zur Bestimmung der Eigenkapitalkosten können als Anhaltspunkte für den Betafaktor eine einzelne **Vergleichsanlage** (*Pure Play-Beta*), der Durchschnitt einer Gruppe von Referenzunternehmen (*Peer Group-Beta*) oder eine ausgewählte Branche (*Industry-Beta*) herangezogen werden. Der Rückgriff auf geschätzte oder aber pauschal bestimmte Betafaktoren scheidet aus.

In Abhängigkeit von dem Bewertungsobjekt wird die Höhe des Betafaktors durch das operative **Geschäfts**risiko und das **Kapitalstruktur**risiko (*gearing*) bestimmt. Während sich in dem operativen Risiko die Unsicherheit und das Risiko der zukünftigen Zahlungsströme ausdrückt, reflektiert das Kapitalstrukturrisiko den nachrangigen Anspruch der Eigenkapitalgeber. Mit zunehmendem Verschuldungsgrad steigt die Risikoposition der Eigenkapitalgeber und rationales Handeln unterstellt, somit auch deren Renditeforderung bei Risikoaversion. Unter restriktiven Annahmen gilt: Der Marktwert eines (verschuldeten) Bewertungsobjekts setzt sich aus dem Marktwert eines (fiktiv) vollständig eigenfinanzierten Bewertungsobjekts und dem Barwert der aus der anteiligen Fremdfinanzierung entstehenden Steuervorteile (*tax shield*) zusammen. Es gilt: 62

$$r_{E,V} = r_{E,U} + (r_{E,U} - r_D) \times (1 - s) \times \frac{D}{E}$$

Legende:

$r_{E,V}$:	Eigenkapitalkosten des verschuldeten Bewertungsobjekts
$r_{E,U}$:	Eigenkapitalkosten des unverschuldeten Bewertungsobjekts
r_D:	Fremdkapitalkosten
E:	Marktwert des Eigenkapitals
D:	Marktwert des Fremdkapitals
s:	Steuersatz

Ein Rückgriff auf die unternehmensspezifische Kapitalstruktur scheidet aus (IAS 36.A19). Für die Bestimmung des Kapitalstrukturrisikos ist daher auf die **Erwartungen** (hypothetischer) **Markt**teilnehmer zurückzugreifen, somit die Kapitalstruktur von beobachtbaren Vergleichsanlagen heranzuziehen.

Da für das relevante Bewertungsobjekt am Markt regelmäßig keine völlig vergleichbaren (risiko- und laufzeitäquivalenten) Anlagealternativen beobachtet werden können, ist ggf. eine **Adjustierung** eines am Markt abgeleiteten Betafaktors notwendig, insbesondere in Abhängigkeit der „Größe" (*size premium*).[26] Wegen der dennoch eingeschränkten Möglichkeit zur Objektivierung der zugrunde gelegten Betafaktoren ist eine **Plausibilisierung** geboten. Nach dem Theorem der **Wertadditivität** gilt:[27] Die gewichtete Summe der Einzelteile entspricht dem Wert des Ganzen. Auch hinsichtlich des systematischen Risikos einzelner Bewertungsobjekte und des Gesamtunternehmens besteht daher eine additive Beziehung. Das gewichtete arithmetische Mittel der Betafaktoren für alle Bewertungsobjekte eines Unternehmens entspricht allerdings nur im theoretischen (Ideal-)Fall dem Gesamtbetafaktor. Im Normalfall scheidet der Gesamtbetafaktor zur alleinigen Plausibilisierung der ermittelten spezifischen Eigenkapitalkosten daher aus. 63

Die Bestimmung der **Fremdkapitalkosten** ist abhängig von der **Bonität** des Bewertungsobjekts. Fremdkapitalgeber partizipieren zu einem geringeren Teil an dem unternehmerischen Risiko als Eigenkapitalgeber. Zur Bestimmung des Fremdkapitalkostensatzes sind die Grenzkosten der einzelnen (Fremd-)Finan- 64

---

[26] Etwa durch Berücksichtigung eines Größenkorrekturfaktors „(P)", AICPA, Practice Aid, Tz 5.3.90.

[27] Vgl. FREIBERG, Diskontierung in der Internationalen Rechnungslegung, Rz 345f.

zierungsquellen des Unternehmens mit ihrem Anteil am gesamten Fremdkapital (unter Berücksichtigung der jeweiligen Laufzeit) zu gewichten. Für nichtfinanzielle Verbindlichkeiten werden die relevanten Kapitalkosten i.d.R. unter der Annahme einer Ablösung finanzieller Verbindlichkeiten abgeleitet. Vom Einbezug in den Fremdkapitalkostensatz ausgenommen sind explizit Schuldposten, die dem Leistungsbereich des Unternehmens zugeordnet werden und daher bereits im Zahlungsstrom Berücksichtigung erfahren. Die Fremdkapitalkosten setzen sich aus dem Basiszinssatz zzgl. eines spezifischen Bonitätsaufschlags (vgl. IAS 39.AG82) zusammen.

65 Auch der **Marktwert** des **Eigenkapitals** ist (als gesuchte (Teil-)Größe des Barwertkalküls) bei der Bestimmung der gewogenen durchschnittlichen Kapitalkosten regelmäßig nicht bekannt. Er ergibt sich ausgehend vom Gesamtwert, also dem Barwert der erwarteten Zahlungsströme, abgezinst mit den gewogenen Kapitalkosten, nach Abzug des Marktwerts des Fremdkapitals. Aufgrund der Interdependenz zwischen der notwendigen Input-, gleichzeitig aber auch der gesuchten Outputgröße „Unternehmenswert" ergibt sich für das Barwertkalkül ein **Zirkularitätsproblem**. Zu dessen Vermeidung kann vereinfachend eine im Planungszeitraum realisierbare Zielkapitalstruktur (ein zukünftig zu erreichendes Verhältnis von Eigen- zu Fremdkapital) unterstellt werden, welches ebenfalls marktbasiert (etwa unter Berücksichtigung branchenüblicher Verschuldungsgrade, ausgehend von einer Peer Group) zu bestimmen ist. Voraussetzung für den Rückgriff auf eine Zielkapitalstruktur ist das „Einfrieren" der Kapitalstruktur über den Planungshorizont hinaus durch die Unterstellung einer unternehmenswertabhängigen Finanzierung.

66 Der spezifische Diskontierungszinssatz entspricht der am Markt abgeleiteten **Renditeerwartung** für eine **Alternativanlage**. Die erzielbare Rendite einer Alternativanlage wird auch durch Steuern als betriebswirtschaftlich notwendige Ausgaben gegenüber dem Fiskus beeinflusst. Die Vernachlässigung von Steuern bei der Bestimmung der Renditeerwartung des Marktes entspricht nicht der Realität, Marktteilnehmer verfolgen das Ziel einer **Nettogewinnmaximierung**, berücksichtigen in ihrer Renditeerwartung also den Einfluss von Steuern.

Insoweit für die Festlegung des angemessenen Diskontierungszinssatzes die geforderte Marktbasierung berücksichtigt wird, ist auch dem Einfluss von Steuern Rechnung zu tragen. Der relevante Steuersatz für die Bestimmung des Abzinsungssatzes ist – in Abhängigkeit von der herangezogenen Alternativanlage – marktbasiert zu bestimmen, der Rückgriff auf die unternehmensspezifische Steuersituation scheidet aus.[28] Regelmäßig ist auf den allgemeinen (Unternehmens-)Steuersatz der Jurisdiktion, in der die Zahlungsströme generiert (und besteuert) werden, zurückzugreifen.

67 Der geforderte Marktbezug des Diskontierungssatzes verlangt (gem. IAS 36.56) eine Ableitung des spezifischen Risikos des Bewertungsobjekts aus **risikoäquivalenten Alternativanlagen**. Ein Verteilen der am Markt abgeleiteten (Gesamt-)Kapitalkosten eines Unternehmens (Unternehmens-WACC) auf CGUs und/oder Vermögenswerte ist nicht (oder nur unter Vereinfachungsgesichtspunkten, Rz 8) zulässig, da dies dem spezifischen Risiko des jeweiligen Bewer-

28 Wohl a. A. Ernst&Young, International GAAP 2011, Tz 18:s.4.4, die auf die *„relevant tax rate for the reporting entity"* verweisen.

tungsobjekts nicht gerecht wird. Die Bestimmung der spezifischen Kapitalkosten muss disaggregiert pro Einzelobjekt erfolgen. Zur **Plausibilisierung** ist der herangezogene Diskontierungszinssatz des Bewertungsobjekts folgenden Zinssätzen gegenüberzustellen (IAS 36.A17):

- durchschnittliche gewogene Kapitalkosten des Unternehmens;
- Grenzfremdkapitalzins für die Neuaufnahme von Darlehen;
- beobachtbare marktübliche Zinssätze für Vermögenswerte und Unternehmen.

Darüber hinaus ist auch ein Vergleich mit veröffentlichten Kapitalkosten anderer Unternehmen geboten. Der Rückgriff auf unternehmensspezifische Abzinsungssätze scheidet aus.

3.4.4 Zusammenhang zwischen Vor- und Nachsteuerbetrachtung

Aus **Kongruenz**gründen kann die Bestimmung eines Barwerts auf zwei Arten erfolgen: Abzinsung von 68

- Vor-Steuer-*cash-flows* mit Vor-Steuer-Zinssätzen oder von
- Nach-Steuer-*cash-flows* mit Nach-Steuer-Zinssätzen (Rz 43).

Die Anwendung der ersten Methode (Vor-Steuer Barwertermittlung) bereitet insofern Schwierigkeiten, als am Markt nur **Renditen nach Steuern** beobachtbar sind und somit ein Vor-Steuer Diskontierungszins noch abzuleiten wäre. Durch eine Berechnung vor Steuern kommt steuerlichen Wertbeiträgen aus Finanzierungsaspekten kein eigener Wert mehr zu. Der Diskontierungszinssatz vor Steuern ist – unter Berücksichtigung des Standard-CAPM – unabhängig von der unterstellten (Ziel-)Kapitalstruktur.

Für den Nutzungswert sieht IAS 36 eine Bestimmung ohne den Einfluss von Steuern vor (Rz 37). Zur Wahrung der Konsistenz des Barwertkalküls ist mit dem Zähler (den *cash flows*) dann auch der Nenner (der Diskontierungszinssatz) als **Vor-Steuer-Größe** zu bestimmen (IAS 36.50b, IAS 36.55). 69

Im Rahmen der Bestimmung der risikoäquivalenten Kapitalkosten sind daher Vor-Steuer-Renditeforderungen am Kapitalmarkt abzuleiten. Am Markt sind aber i.d.R. nur Renditen nach Unternehmensteuern beobachtbar. Erforderlich ist somit eine Überleitung der *pre-tax* auf die *post-tax discount rate*. Werden die gewogenen Kapitalkosten als Ausgangspunkt verwendet, ist bei einer Vor-Steuer-Betrachtung nicht nur der berücksichtigte Steuervorteil der Fremdfinanzierung herauszurechnen. Die am Markt beobachtbaren Eigenkapitalkosten (Basiszins und Marktrendite für risikobehaftete Anlagen) sind ebenfalls Nach-Steuer-Größen und daher zu adjustieren. Dies kann geschehen durch eine

- **einfache Division** (Nach-Steuer-Zins / (1 – Steuersatz) = Vor-Steuer-Zins) oder
- **iterative** Betrachtung.

Die einfache Division führt nur dann zu annähernd richtigen und damit brauchbaren Ergebnissen, wenn die aus dem Bewertungsobjekt resultierenden steuerlichen **Abschreibungsvorteile** zeitlich gleichmäßig anfallen (lineare Abschreibung im Planungszeitraum). Der Idealfall stellt ein Barwertkalkül mit uniformen Zahlungsströmen (etwa eine „ewige“ Rente) dar. Die iterative Betrachtung ist hingegen zwingend, wenn keine steuerliche Abschreibungsmöglichkeit des Bewertungsobjekts oder umgekehrt sofortige Absetzbarkeit (z.B. originärer immaterieller Vermögenswert) gegeben ist. 70

Beispiel
Der Diskontierungssatz (WACC) nach Steuern beträgt 10 %. Der Steuersatz ist 40 %.
Festzustellen ist der *value in use* einer Gruppe von Vermögenswerten, mit einem *cash flow* von 800, 600 und 550 in den drei folgenden Perioden.
Soweit der Vermögenswert bzw. sein festzustellender Nutzungswert über die 3 Jahre steuerlich linear abzuschreiben ist, führen Nach-Steuer-Diskontierung mit 10 % und Vor-Steuer-Diskontierung mit 10 % / (1–0,4) = 16,7 % zum annähernd gleichen Ergebnis.
Bei sofortiger Absetzbarkeit des festzustellenden Nutzungswertes führt hingegen ein iterativ ermittelter Steuersatz von 13,6 % zum zutreffenden Wert.
Eine iterative Berechnung ist ebenfalls notwendig, wenn der steuerlich linear absetzbare Betrag und der Nutzungswert deutlich auseinanderliegen.

Zur iterativen Berechnung folgendes Beispiel:

Beispiel
Der Buchwert der CGU beträgt incl. *goodwill* 600. Dieser Betrag ist steuerlich über 3 Jahre Restnutzungsdauer abschreibbar. Investitionen sind während des Detailplanungszeitraums von 3 Jahren nicht vorgesehen, danach in einer Höhe von 60 p.a., wobei vereinfachend eine gleich hohe jährliche Abschreibung angenommen wird.
Der Kapitalisierungssatz wurde aus Marktdaten abgeleitet und setzt sich nach Steuern (d.h. so, wie die Parameter beobachtbar sind) wie folgt zusammen:
Basiszins + Betafaktor × Marktrisikoprämie = 4 % + 1,5 × 4 % = 10 %

Nachsteuerrechnung: i = 10 %

Jahr	**1**	**2**	**3**	**ewige Rente**
operativer *cash flow* vor Steuern	100	100	100	100
- Steuern darauf 40 %	–40	–40	–40	–40
- Steuerentlastung aus Abschreibung (40 % von 200 bzw. 60)	80	80	80	24
investiver *cash flow*				-60
= *cash flow* nach Steuern	**140**	**140**	**140**	24
Barwert ewige Rente für 10 %				**240**
× Diskontierungsfaktor für 10 %	0,9091	0,8264	0,7513	0,6830
= diskontierter *cash flow*	127	116	105	164
value in use (Summe diskontierter *cash flows* nach Steuern)	**512**			

Vorsteuerrechnung bei *grossing-up*: i = 10 % (1–40 %) = 16,67 %

Jahr	1	2	3	ewige Rente
cash flow vor Steuern	100	100	100	40
Barwert ewige Rente für 16,67 %				240
× Diskontierungsfaktor (für 16,67 %)	0,8571	0,7347	0,6297	0,5397
= diskontierter *cash flow*	86	73	63	240
value in use (Summe diskontierter *cash flows)* bei grossing-up	**463**			

Vorsteuerrechnung mit iterativ ermitteltem i = 14,25 %

Jahr	1	2	3	ewige Rente
cash flow vor Steuern	100	100	100	40
Barwert ewige Rente für 14,25 %				281
× Diskontierungsfaktor (für 14,25 %)	0,8753	0,7661	0,6706	0,5869
= diskontierter *cash flow*	85	73	62	281
value in use (Summe diskontierter *cash flows)* für iterativen Zins	**512**			

Wird – den Vorgaben von IAS 36 folgend – auf einen aus Kapitalmarktdaten abgeleiteten Diskontierungszinssatz abgestellt, drückt dieser die Rendite einer **Alternativanlage** nach (Unternehmens-)Steuern aus. Aus **Konsistenz**gründen ist im Rahmen der Barwertermittlung bei Rückgriff auf einen Nachsteuer-Zinssatz auch von Nachsteuer-Zahlungsströmen (Nettorechnung) auszugehen. Der Barwert eines Bewertungsobjekts kann aber auch in einer Bruttorechnung (vor Abzug von Steuern) bestimmt werden. Beide Verfahren führen – zumindest in der Theorie – zum gleichen Ergebnis, wenn die Verfügbarkeitsäquivalenz im Zahlungsstrom und Zinssatz gleichermaßen berücksichtigt wird. Für die (rechnerische) Bestimmung des Nutzungswerts kann daher – unter Berücksichtigung der Restriktionen hinsichtlich des Zahlungsstroms (Rz 46ff.) – auch auf eine **Nettorechnung** abgestellt werden, für die Offenlegung des Diskontierungszinssatzes im Anhang wäre allerdings eine Umrechnung in eine Bruttogröße geboten. 71

3.5 Festlegung des Planungshorizonts

3.5.1 Bestimmung des „führenden" Vermögenswerts

72 Wegen der mit dem Zeithorizont abnehmenden Prognosesicherheit ist bei der *cash-flow*-Planung ein Phasenmodell anzuwenden. Für die DCF-Ermittlung des Nutzungswerts ist dieses sogar explizit vorgeschrieben und in verschiedenen Einzelheiten normiert. Zu unterscheiden ist danach zwischen dem (Rz 46)

- Detailplanungszeitraum für maximal **fünf Jahre**, es sei denn, eine längere Periode ist gerechtfertigt (IAS 36.33b);
- Anschluss einer **Rente** (mit oder ohne Wachstum) für die Restdauer der Nutzung.

Der Gesamtnutzungszeitraum ist bei einer zahlungsmittelgenerierenden Einheit durch die Lebensdauer des **führenden** (*leading*) Vermögenswertes zu bestimmen. Bei unbestimmter Lebensdauer eines Vermögenswerts (Marken oder *goodwill*) ist nicht zwangsläufig auch der Gesamtplanungszeitraum unbegrenzt,[29] da die Nutzungsdauer nicht **unbegrenzt** (*infinite*), sondern lediglich **unbestimmt** (*indefinite*) ist (IAS 38.91; → § 13 Rz 83). Innerhalb einer zahlungsmittelgenerierenden Einheit mit *goodwill* oder einem immateriellen Vermögenswert mit unbestimmter Nutzungsdauer kann daher ein anderer, einer planmäßigen Wertminderung unterliegender Vermögenswert als *leading asset* zu identifizieren sein. Nur in Ausnahmefällen – der Identifizierung eines Vermögenswerts mit unendlicher Nutzungsdauer – schließt sich daher an die Detailplanung eine ewige Rente (mit oder ohne Wachstum) an (Rz 47). Dementsprechend verweisen die Vorgaben zum *impairment*-Test nicht auf das *leading asset*, sondern unterstellen implizit die Bestimmung des Planungshorizontes durch den längstlebenden Vermögenswert (IAS 36.49). Die Identifizierung des führenden Vermögenswerts ist nicht auf bilanziell erfasste Werte begrenzt, auch – wegen eines konkreten Bilanzierungsverbots (etwa für immaterielle Vermögenswerte, → § 13 Rz 32) – nicht aktivierte Vermögenswerte können als führender Vermögenswert definiert werden.

73 Der angesetzte Gesamtnutzungszeitraum entscheidet auch darüber, welche Investitionen als Ersatzbeschaffungen in der operativ angelegten *cash-flow*-Planung berücksichtigt werden dürfen.

Beispiel[30]

Sachverhalt

Eine Stahl produzierende CGU besteht aus

• einem Gebäude	- Restnutzungsdauer	35 Jahre
• einem Hochofen	- Restnutzungsdauer	20 Jahre
• diversen Maschinen	- Restnutzungsdauer	10 Jahre

29 Gl. A. KPMG, Insights into IFRS 2010/11, Tz 3.10.230.70; wohl a. A. Bartels/Jonas, Beck'sches IFRS-Handbuch, 3. Aufl. 2009, § 27, Tz 65.

30 Nach Dyckerhoff/Lüdenbach/Schulz, FS für Klaus Pohle, 2003.

Zwei **Lösungen** scheinen vertretbar:

	BW	**RND**	**Nutzungsdauer CGU**	
			Alt. 1: RND *„leading asset"* = RND Hochofen = 20 J.	Alt. 2: RND = 35 J. = RND Gebäude
Gebäude	10	40	Veräußerung nach 20 J.	
Hochofen	80	20		Ersatz in 20 J., Veräußerung 15 J. später
Maschinen	50	10	Ersatz nach 10 J.	Ersatz in 10 , 20 J. und 30 J., Veräußerung 5 J. später

In der ersten Lösung beträgt die Gesamtplanung 20 Jahre. Da das Gebäude dann noch nicht verbraucht ist, muss in der *cash-flow*-Planung eine Einnahme aus der Veräußerung des Gebäudes fingiert werden. Die Maschinen sind andererseits schon nach 10 Jahren zu ersetzen. Die Ausgaben dafür haben aus Sicht der CGU nicht investiven, sondern operativen Charakter. Sie dienen der Erhaltung des Betriebs der CGU und sind daher zu berücksichtigen.
In der zweiten Lösung muss die Neuanschaffung eines Hochofens nach 20 Jahren sowie dessen Veräußerung nach weiteren 15 Jahren fingiert werden.

Je nach Definition der **Planungsdauer** sind unterschiedliche und unterschiedlich viele **Ersatzintervalle** zu berücksichtigen, entsprechende Auszahlungen für den „Ersatz" von Vermögenswerten am Ende der wirtschaftlichen Nutzungsdauer als Erhaltungsaufwand zu erfassen (Rz 48). Bei eher kurzen Intervallen stellen sich dann sehr schwierige Fragen nach den Veräußerungswerten der länger nutzbaren Vermögenswerte. Bei sehr langen Intervallen muss andererseits ein häufiger Ersatz der kurzlebigeren Vermögenswerte geplant werden. In beiden Fällen treten also spezifische Schätzprobleme auf. Es muss mit **Fiktionen** gearbeitet werden.

Am **Ende** der Detailprognosephase ist ein **Residualwert** des Bewertungsobjekts anzusetzen, regelmäßig nicht als Ausstiegs- bzw. Liquidationswert (IAS 36.52), sondern unter der Annahme der **Fortführung** (*going concern*). Die Kalkulation beruht – unter Voraussetzung eines „eingeschwungenen Zustands" (*steady state*) – auf dem Zahlungsstrom der **letzten Detailplanungsphase** und einer **Wachstumsrate**.[31] Der Rückgriff auf einen durchschnittlichen Zahlungsstrom, der über die Detailplanungsphase bestimmt wurde, scheidet aus. Für Unternehmen in der ***start-up*-Phase** sind realistische Annahmen hinsichtlich des künftigen Ertrags- 74

[31] Vgl. FREIBERG/LÜDENBACH, KoR 2005, S. 479ff.

potenzials zu unterstellen oder das besondere Risiko (i.S.d. Variabilität) im Diskontierungszins zu berücksichtigen.[32]

3.5.2 Keine Restriktionen für den Nettoveräußerungswert

75 Mangels bestehender Restriktionen kann für die (rechnerische) Bestimmung des Nettoveräußerungswerts eine unendliche (Nutzungs-)Dauer des Bewertungsobjekts unterstellt werden. In dem Barwertkalkül sind allerdings entsprechende Annahmen für (Erhaltungs-)Investitionen aus der Sicht (hypothetischer) Marktteilnehmer zu treffen. Die Prämisse einer unendlichen Nutzungsdauer steht somit wie alle Inputfaktoren der Bestimmung des Nettoveräußerungswerts unter dem Vorbehalt der Marktbasierung (Rz 31).

4 Wertminderung des einzelnen Vermögenswerts

4.1 Keine Einzelbewertung bei Verbundeffekten

76 Hinsichtlich der nach IAS 36 vorrangig heranzuziehenden Einzelbewertung nichtfinanzieller Vermögenswerte ist zwischen dem **betriebsnotwendigen** (operativ eingesetzten) und dem **nicht** betriebsnotwendigen **Vermögen** zu unterscheiden.

- **Nichtbetriebsnotwendiges Vermögen** kann in absehbarer Zeit veräußert und wieder ersetzt werden. Eine Bewertung zielt daher i.d.R. auf das Erfolgspotenzial aus einer marktmäßigen Verwertung ab, da weder direkt noch indirekt ein Bezug zur operativen (Gesamt-)Tätigkeit des Unternehmens besteht. Abweichungen zwischen dem unternehmensspezifischen Nutzungswert und dem Nettoveräußerungswert bestehen nicht oder nur in geringem Maße.
- **Operative Produktionspotenziale** (das betriebsnotwendige Vermögen) steuern durch den Einsatz im Leistungsverbund einen Beitrag zum (Gesamt-)Unternehmenswert bei. Für die Einzelbewertung nichtfinanzieller Vermögenswerte gelten daher Restriktionen, wenn aus der Kombination des zu bewertenden Vermögenswerts mit anderen Produktionsfaktoren Erfolgs- oder Risikoverbundeffekte resultieren.

Aufgrund der bestehenden Interdependenzen zwischen dem Rendite-Risiko-Profil einzelner (nichtfinanzieller) Vermögenswerte und der betrieblichen Geschäftstätigkeit unterliegt die Barwertbestimmung des betriebsnotwendigen Vermögens besonderen Restriktionen. Durch die Kombination mehrerer Vermögenswerte im Rahmen der betrieblichen Geschäftstätigkeit ergeben sich regelmäßig (unechte) Synergien als **Erfolgs-** und **Risikoverbundeffekte**, die eine Partialisierung (i.S.e. Einzelbewertung) erschweren. Anders als unternehmensspezifische (echte) Synergien, die nur in die Bestimmung des Nutzungswerts Eingang finden (Rz 51), sind Erfolgs- und Risikoverbundeffekte einzelner Vermögenswerte in einem objektivierten Wert und damit sowohl im Nutzungs- als auch Nettoveräußerungswert zu berücksichtigen. Eine Einzelbewertung ohne Berücksichtigung bestehender Verbundeffekte führt zu einem Missverhältnis zwischen dem Ge-

32 AICPA, Practice Aid, Tz 5.3.88.

samtwert des Unternehmens und der Summe der Werte der einzelnen Vermögenswerte (*sum-of-the-parts-Problem).*

Dem bestehenden Interdependenzproblem tragen die Vorgaben von IAS 36 77
Rechnung, indem die Ebene des *impairment*-Tests von dem einzelnen Vermögenswert auf die zahlungsmittelgenerierende Einheit (Rz 83ff.) verlagert wird (Rz 6). Der Rückgriff auf eine **Marginalbewertung** eines einzelnen Vermögenswerts durch Separierung eines spezifischen Zahlungsstroms scheidet – anders als bei der Zugangsbewertung, etwa im Rahmen einer *business combination* (→ § 31 Rz 99) – für die Bestimmung eines evtl. *impairment* aus (IAS 36.67).[33]

Auf Ebene des einzelnen Vermögenswerts ist daher folgende Differenzierung geboten:

- Die Notwendigkeit einer außerplanmäßigen Abschreibung wird widerlegt, wenn ein beobachtbarer Marktpreis den Buchwert des Vermögenswerts übersteigt.
- Wird für die Bestimmung des erzielbaren Betrags auf ein Barwertkalkül zurückgegriffen, verlagert sich der Werthaltigkeitstest von dem einzelnen Vermögenswert auf eine größere zahlungsmittelgenerierende Einheit, wenn das Bewertungsobjekt nicht unabhängig von anderen Einsatzfaktoren einen Zahlungsstrom erzielt.

Die folgenden Methoden zur (Einzel-)Bewertung eines Vermögenswerts sind daher – unabhängig von der Verwendung im Rahmen einer Erstkonsolidierung (→ § 31 Rz 102f.) – für den *impairment*-Test **nicht einschlägig:**[34]

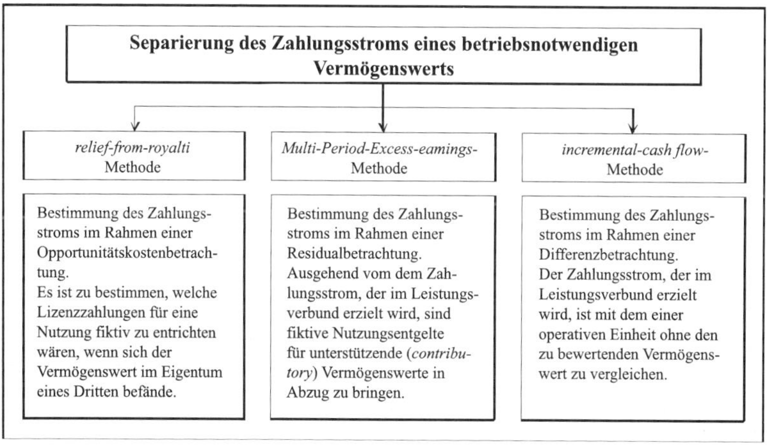

Insbesondere für immaterielle Vermögenswerte, die nur im Verbund mit anderen Einsatzfaktoren genutzt werden (nicht lizenzierte Marken, angesetzte Kundenbeziehungen, Technologie etc.), scheidet eine Einzelbewertung unter Rückgriff auf (artifizielle) Bewertungsverfahren aus.

---

33 A.A. BARTELS/JONAS, Beck'sches IFRS-Handbuch, 3. Aufl. 2009, § 27, Tz 48ff.

34 Wohl a.A. IdW, RS HFA 16, Tz 82.

78 Voraussetzung für die Bestimmung des erzielbaren Betrags auf Ebene des einzelnen Vermögenswerts ist die Möglichkeit zur Erzielung von Zahlungsmittelzuflüssen aus der Verwertung unabhängig von dem Einsatz anderer Vermögenswerte. Abzustellen ist auf **externe Zahlungen** (*cash inflows ... received from parties external to the entity*), die unabhängig von der unternehmensinternen Verwendung erzielt werden (IAS 36.69). Hinreichender Beleg für die Zulässigkeit einer Einzelbewertung ist das Bestehen eines **aktiven Markts** für den erzielbaren Output des Bewertungsobjekts (IAS 39.70). Für die meisten Vermögenswerte scheidet die Zulässigkeit einer Bestimmung des erzielbaren Betrags über ein Barwertkalkül aus.[35]

79 Nur ausnahmsweise lässt sich auf Ebene des einzelnen Vermögenswerts ein von dem Einsatz anderer Produktionsfaktoren unabhängiger Zahlungsstrom feststellen. Für eine Einzelbewertung über Barwertkalküle ist das Bestehen von **Verbundeffekten** mit anderen Vermögenswerten der Einheit zu widerlegen. Der entsprechende Nachweis kann regelmäßig nur für Vermögenswerte erbracht werden,

- die anderen Parteien **zur Nutzung überlassen** sind und daher einen Zahlungsstrom generieren, der unabhängig von der unternehmensinternen Verwendung sind, aber dennoch
- weiterhin dem **Anwendungsbereich von IAS 36** unterliegen und nicht von einem *scope out* betroffen sind (Rz 3).

Regelmäßig qualifizieren sich als Finanzinvestitionen gehaltene Immobilien, die nach dem *cost model* bewertet werden (→ § 16 Rz 43ff.), für eine Einzelbewertung nach IAS 36. Auch für im Rahmen der *equity*-Methode bilanzierte Beteiligungen kann – das Bestehen besonderer Verbundeffekte ausgeklammert (→ § 33 Rz 94ff.) – ein unabhängiger Zahlungsstrom aus dem anteilig dem Investor zustehenden Ausschüttungen bestimmt werden.

4.2 Änderung der planmäßigen Abschreibung als Folge einer Wertminderungsindikation

80 Die fehlende Möglichkeit einer Einzelbewertung schließt eine Wertberichtigung eines nur im Verbund mit anderen Einsatzfaktoren nutzbaren (einzelnen) Vermögenswerts nicht aus. Generiert ein Vermögenswert keine unabhängigen Zahlungsströme, verlagert sich die Ebene des *impairment*-Tests von der Ebene des einzelnen Vermögenswerts auf die einer zahlungsmittelgenerierenden Einheit. Bei Bestehen eines „Saldierungskissens" (Rz 127) scheidet eine außerplanmäßige Abschreibung aus. Das Vorliegen einer Wertminderungsindikation (Rz 15) verpflichtet aber unabhängig von der Erfassung eines evtl. *impairment* auf eine Neueinschätzung der **Angemessenheit** der bislang unterstellten Annahmen der planmäßigen **Folgebewertung** für jeden Vermögenswert einer zahlungsmittelgenerierenden Einheit (Rz 23).

81 Die Revision von Schätzungen betreffend die Folgebewertung von Vermögenswerten ist i. d. R. **erfolgswirksam** in der Periode selbst und in den noch erwarteten Folgeperioden vorzunehmen (IAS 8.36) und bleibt nur ausnahmsweise erfolgsneutral (→ § 24 Rz 50). Geänderte Annahmen zur Folgebewertung sind

---

[35] Gl. A. KPMG, Insights into IFRS 2010/11, Tz 3.10.50.20.

rückwirkend auf den Anfang der Periode zurückzubeziehen (IAS 8.38). Eine notwendige höhere Abschreibung wegen einer Neueinschätzung der Annahmen zur Folgebewertung wird also bereits in der laufenden Periode erfolgs- und bilanzwirksam. Eine rückwirkende Anpassung scheidet allerdings aus, wenn die Umstände für die Neueinschätzung (der Wertminderungsindikator) erst nach dem Bilanzstichtag auftreten, somit kein werterhellender, sondern ein wertbegründender Indikator vorliegt.

Beispiel
MU hat am Anfang der (Vergleichs-)Periode das *business* der TU erworben. Für die bestehenden Dauervertrags- und Abonnementkunden, deren Verträge kurzfristig kündbar sind, wurde unter Abstellen auf eine empirisch beobachtbare *churn rate* ein Wert von 22,7 GE bestimmt (→ § 31 Rz 231). Der Bewertungshorizont wurde mit fünf Jahren festgelegt und auch als Grundlage für die Folgebewertung als Zeitraum der planmäßigen Abschreibung herangezogen.
Für Zwecke der Folgebewertung stellt TU eine eigene CGU dar, der die Kundenbeziehung zugeordnet wird. Während der (Berichts-)Periode führt ein Wettbewerber eine neue Technologie ein. Die bisherigen Kunden der TU wandern daraufhin in erheblichem Umfang ab. Ein *impairment*-Test für die CGU TU rechtfertigt keine Abschreibung. Eine Neueinschätzung der Nutzungsdauer des Kundenstamms rechtfertigt aber eine Verkürzung von ursprünglich fünf auf zwei Jahre. Der immaterielle Vermögenswert ist daher in der aktuellen Periode abzuschreiben, allerdings nicht als Folge eines *impairment*, sondern als Folge einer Neueinschätzung der Nutzungsdauer gem. IAS 38.104.

Eine Wertberichtigung aufgrund einer **Neueinschätzung** der zugrunde gelegten Annahmen der (Folge-)Bewertung ist nicht als *impairment* zu erfassen und auszuweisen. Geboten ist eine Behandlung gem. IAS 8.39 als Revision einer Schätzung (*change in accounting estimates*). Einschlägig sind daher auch die geforderten Offenlegungspflichten des IAS 8 (→ § 24 Rz 60; → § 24 Rz 62). 82

5 Die Zahlungsmittel erzeugende Einheit (*cash generating unit*, CGU)

5.1 Festlegung einer Untergrenze

„An sich" ist der Wertminderungstest primär auf den einzelnen Vermögenswert (Rz 6 und Rz 14) auszurichten (IAS 36.66). **Ein** im Unternehmen genutzter Vermögenswert kann allerdings i.d.R. Zahlungsströme nur im **Verbund** mit anderen entsprechenden Vermögenswerten generieren (Ausnahmen: der einzelne Lkw der Spedition oder das Taxi; IAS 36.22). Um dann gleichwohl ein Ertragswertkonzept – also die Vorgehensweise mithilfe der Ermittlung künftiger Zahlungsströme – aufrechtzuerhalten, ist der aus HGB-Sicht geläufige **Einzelbewertungsgrundsatz** zu verlassen (Rz 92). Sofern der erzielbare Betrag *(recoverable amount)* für den betreffenden Vermögenswert nicht individuell ermittelt werden kann (Rz 76ff.), ist hilfsweise der erzielbare Wert einer *cash generating* 83 *unit* zu bestimmen, und zwar derjenigen, zu welcher der betreffende Vermögenswert gehört *(the asset's cash generating unit)*. Der Werthaltigkeitstest (Rz 5) **verlagert** sich dann mit unveränderten Begrifflichkeiten (IAS 36.7) vom einzelnen Vermögenswert auf die CGU (IAS 36.74).

Der mögliche Abschreibungsaufwand kann also nach der Gesamtkonzeption von IAS 36 (zur Kritik vgl. Rz 137) entfallen auf (Rz 6):

- **einzelne** Vermögenswerte (Rz 10–44)
- eine Zahlungsmittel generierende Einheit (*cash generating unit*, **CGU) ohne** zugeordneten *goodwill* (Rz 83–45)
- eine **CGU mit** zugeordnetem *goodwill* (Rz 112–56)
- **Gruppen** von CGUs mit zugeordnetem *goodwill* (Rz 128).

„*Goodwill*" kann dabei auch in der **Mehrzahl** verstanden werden (→ § 31 Rz 137).

84 Die *cash generating unit* (CGU) ist nach IAS 36.6 die **kleinste** identifizierbare Gruppe von Vermögenswerten, welche durch die fortgeführte Nutzung **Liquiditätszuflüsse** erzeugt, die ihrerseits weitgehend *(largely)* unabhängig von den Geldzuflüssen anderer Vermögenswerte sind (vgl. auch Rz 117). Bei der Aufteilung eines Unternehmens ist die zahlungsmittelgenerierende als kleinste Einheit mit unabhängigen Zahlungsströmen abzugrenzen (IAS 36.68). Die Vorgaben von IAS 36 verpflichten – anders als für die Zuordnung von *goodwill* zu CGUs (Rz 115 ff.) – auf einen *bottom-up approach* für die Abgrenzung. Entscheidend ist nicht die Steuerung oder Überwachung durch das Management, sondern die Möglichkeit einer Gruppe von Vermögenswerten zur Erzielung von unabhängigen Zahlungsmittelzuflüssen.

Dazu liefern die *Illustrative Examples* (IE) **Beispiele**.

Beispiel 1

Ein **Bergwerksunternehmen** unterhält eine eigene Eisenbahnlinie zur Unterstützung der Abbautätigkeit. Die Eisenbahn könnte nur zu einem Schrottwert verkauft werden. Zahlungsmittelüberschüsse lassen sich der Eisenbahnlinie nicht getrennt von den Einnahmen aus dem Bergwerk zuordnen.

In diesem Fall kann der erzielbare Wert *(recoverable amount)* der Eisenbahnlinie nicht ermittelt werden, deshalb ist dieser Wert der *cash generating unit* zuzuordnen, zu der die Eisenbahnlinie gehört, und das ist das **gesamte** Bergwerksunternehmen.

Beispiel 2

Eine **Omnibus-Gesellschaft** bedient fünf Linien für eine politische Gemeinde. Die Vermögensgegenstände und die Geldflüsse können jeder dieser Routen separat zugeordnet werden. Eine der Routen operiert unter einem nennenswerten Verlust.

Das Unternehmen hat keine Option, die fragliche Buslinie aufzugeben. Deshalb generieren die fünf Linien nur **insgesamt** die Zahlungsmittelüberschüsse. Deshalb ist als *cash generating unit* die **Busgesellschaft** insgesamt anzunehmen.

Beispiel 3
Eine **Lebensmittelhandelskette** besitzt mehrere Filialen, die zum Teil in denselben Städten angesiedelt sind. Preispolitik, Marketing, Werbung und Personal werden zentral entschieden. Trotz des gemeinsamen Managements stellt jede Filiale eine eigene CGU dar, da die Filialen typischerweise eine unterschiedliche Kundenbasis haben und somit jede Filiale unabhängig Zahlungsmittelzuflüsse (*cash inflows*) generiert. Daran bestanden indes Zweifel. Der RIC präsentierte in seiner Anfrage an den IFRIC (IFRIC *submission*) unterschiedliche Praktiken. Danach würden die Läden einer Einzelhandelsfilialkette insgesamt als CGU betrachtet, weil sie u. a. durch Preisfestsetzung, Kundenbindungsprogramme u. Ä. als einheitliches Gebilde dem Kunden gegenüber auftreten. Im Rahmen einer Nicht-Interpretation hat sich der IFRIC bez. der *cash outflows* geäußert: Gemeinsame Ausgaben der Filialen für logistische Infrastruktur, Marketing u. Ä. sind zur Bestimmung der CGU unbeachtlich; nach IAS 36.68 kommt es nur auf die *cash inflows* an. Bezüglich der *cash inflows* besteht eine notwendige „Unabhängigkeit" von anderen Einheiten, wenn die Mehrheit der Zuflüsse auf der eigenen Kundenbasis beruht.

Beispiel 4
Ein **Einproduktunternehmen** besteht aus einem Komponentenwerk und zwei Endproduktionswerken. Das Komponentenwerk liefert ausschließlich Teile an die beiden Produktionswerke. Die Produktionsmengen in den beiden Werken werden durch die Zentrale abhängig von der kurzfristigen Nachfrage vor Ort und der Lieferbereitschaft der beiden Werke festgelegt. Da die künftigen Einzahlungen der beiden Werke damit stark zusammenhängen, sind sie jedenfalls in einer CGU zusammenzufassen. Wenn es für die Teile, die das Komponentenwerk erzeugt, einen aktiven Markt gibt (Rz 87), ist das Werk eine selbstständige CGU, ansonsten bilden alle drei Werke eine einzige CGU.

Beispiel 5
Ein Zeitungsverlag besitzt 150 Magazin-Titel, davon 70 gekauft und als immaterieller Vermögenswert (→ § 13) bilanziert. Die *cash inflows* vom Verkauf der Titel und der Werbung können jedem Titel direkt zugeordnet werden. Die Titel werden nach Kundensegmenten gemanagt. Dabei lässt sich der erzielbare Wert (Rz 5) für jeden Titel ermitteln. Trotz der gegenseitigen Beeinflussung der Titel aufgrund der Werbeeinnahmen sind die *cash inflows* aus den direkten Verkäufen und den Werbeeinnahmen für jeden Titel individuell bestimmbar. Die einzelnen Magazine werden im Übrigen auch jedes für sich eingestellt.
Jeder Magazin-Titel stellt „wahrscheinlich" eine CGU dar.

Dabei ist keineswegs im Verlagswesen jeder Zeitschriftentitel zwingend als CGU anzusehen; es geht immer um die Identifizierung von weitgehend unabhängigen Zahlungsmittelzuflüssen.

Beispiel
Ein Verlag publiziert im Bereich einer Großstadt zehn Zeitungen zur Verteilung in Vorstädten, die in vier Regionen eingeteilt sind. Jede dieser Zeitschriften hat einen eigenen Titel und wird nicht außerhalb dieses Gebietes vertrieben. Der Vertrieb erfolgt kostenfrei an die örtlichen Bewohner, d.h., die gesamten Umsatzerlöse rekrutieren sich aus Werbeeinnahmen.
Zur Bestimmung einer CGU ist deshalb eine Analyse der Zahlungsflüsse aus den Werbeeinnahmen erforderlich:
- Ca. 90 % der Verkäufe stammen aus „gebündelten" Werbungen, die in allen in dem betreffenden Stadtgebiet erscheinenden (also auch von anderen Verlagen vertriebenen) Zeitschriften geschaltet werden.
- Ca. 6 % der Umsätze kommen von „gebündelten" Werbungen in sämtlichen der genannten Zeitungen.
- Ca. 4 % der Werbeeinnahmen werden nur in einer Zeitschrift geschaltet.

Da ca. 90 % der gesamten Werbeeinnahmen „gebündelt", d.h. unabhängig vom jeweiligen Titel, resultieren, stellen alle zehn Titel im Beispiel zusammen „wahrscheinlich" eine CGU dar.

5.2 Anforderungen an die CGU-Abgrenzung

85 Eine *cash generating unit* kann nach der **beispielhaften** Aufzählung in IAS 36.130 (d) (Rz 52) definiert sein als
- Produktlinie,
- Produktionsanlage,
- Geschäftsbereich,
- geographisches Gebiet,
- operatives Segment gem. IFRS 8 (→ § 36 Rz 19ff.).

Für Zwecke des *goodwill-impairment*-Tests darf die CGU, der *goodwill* zugeordnet wird, nicht größer als ein **Segment** sein (IAS 36.80b; Rz 117). Anders als bei der Abgrenzung der CGU, die *bottom-up* erfolgt, gilt für die Zuordnung von *goodwill* ein *top-down approach*. Die vom Segment ausgehende Definition der CGU kann auch „gemischt" erfolgen, also einerseits als mit dem Segment identifiziert, andererseits auch auf einer Untergliederung eines operativen Segments beruhen.

Beispiel
Die Unternehmensgruppe U unterscheidet in einem Produkt-Segment einzelne CGUs in geografischer Untergliederung nach Regionen, etwa Deutschland, Niederlande und Belgien. In weiterer Untergliederung wurde innerhalb dieser regionalen Strukturierung nach einzelnen Produktionsstandorten (Werk 1 bis x) differenziert. Für die Bestimmung der kleinsten zahlungsmittelgenerierenden Einheit werden die Werke einer Region zusammengefasst, weil die *cash inflows* nicht als unabhängig angesehen werden. Gerechtfertigt wird diese Einschätzung mit der Interdependenz der einzelnen Fertigungsschritte. Das vertriebene Produkt wird nicht in einem Werk erstellt, sondern ist das Ergebnis des Zusammenwirkens unterschiedlicher Produktionsstandorte. Weitere Gründe sind das Vorliegen einer einheitlichen Gebührenabrechnung, technische Annäherung, die Nutzung einer einheitlichen Infrastruktur sowie das gemeinsame Management.

Die Abgrenzung der zahlungsmittelgenerierenden Einheit ist – trotz der konzeptionellen Verpflichtung auf einen ***bottom-up approach*** – ermessensbehaftet. Die Bestimmung umfasst insbesondere zwei Stufen: 86

- Auf welcher Aggregationsebene von einzelnen gruppierten Vermögenswerten kann ein Zahlungsstrom identifiziert werden und
- ist der identifizierte Zahlungsstrom weitestgehend (*largely*) unabhängig von dem Einsatz weiterer Produktionsfaktoren?

Im Zweifelsfall besteht daher die Tendenz zur **Zusammenfassung** von Vermögenswerten zu eher größeren als kleineren CGUs. Zur Vermeidung einer allzu weiten Aggregation (etwa auf Ebene des Gesamtunternehmens) werden die abstrakten Begriffsmerkmale in IAS 36.70 weiterentwickelt und der Ermessensspielraum eingeschränkt.

Sofern ein „**aktiver Markt**" für Produktions-Output des Vermögenswertes oder der Gruppe von Vermögenswerten besteht, ist diese Gruppe als *cash generating unit* anzusehen, und zwar auch dann, wenn die Produktion tatsächlich ausschließlich **intern** verwandt, also weiterverarbeitet wird. Das ist dann der Fall, wenn – ausnahmsweise – ein Kaufangebot eines Dritten für einen bestimmten Vermögenswert oder eine Gruppe von Vermögenswerten vorliegt (IAS 36.71). Die Bewertung einer solchen CGU im vertikal integrierten Konzern hat nur dann auf der Basis der internen Verrechnungspreise zu erfolgen, wenn diese **fremdüblich** sind. Ist dies nicht der Fall, muss das Management eine bestmögliche Schätzung der *arm's length* erzielbaren Preise vornehmen und den erzielbaren Betrag auf dieser Grundlage ermitteln. 87

Beispiel

Die Brems AG stellt Bremssysteme für Pkws und Lkws her. Sie hat sich insbesondere auf sog. gemischte Systeme für den Lkw-Bereich spezialisiert, bei denen die Radbremse mit Bremsflüssigkeit unter Zuhilfenahme von Druckluft zugespannt wird. Die für das System notwendigen Bremsschläuche werden im Unternehmen selbst hergestellt. Dazu dienen fünf identische Maschinen. Die Bremsschläuche werden fast ausnahmslos zur Herstellung eigener Bremssysteme genutzt, stehen aber auch zum Verkauf an weitere Unternehmen zur Verfügung. Aus diesem Veräußerungspotenzial können mögliche *cash flows* abgeleitet werden.

Da ein „aktiver Markt" für die Produktion der Gruppe „Bremsschläuche" besteht, ist dieser Bereich als CGU anzusehen, auch wenn die Produkte ausschließlich intern weiterverarbeitet werden (IAS 36.71).

Die **Abgrenzung** einer *cash generating unit* ist im **Zeitverlauf** beizubehalten, außer bei einer gerechtfertigten Änderung (IAS 36.72). Abweichungen von der bisherigen Abgrenzung sind erläuterungspflichtig. 88

Die Identifizierung einer CGU bereitet vor allem Probleme bei 89

- **vertikaler** Integration eines Unternehmens über aufeinander folgende Produktionsstufen sowie bei
- **horizontaler** Integration über Technologie- oder Absatzverbund verschiedener Endleistungen.[36]

---

[36] Zur Identifizierung der CGU in Abhängigkeit von der Integrationsform des Unternehmens: LÜDENBACH/FROWEIN, DB 2003, S. 217ff.

Beispiel

Ein Unternehmen produziert wesentliche Bauteile zur Gewinnung regenerativer Energien, und zwar zum einen Turbinen für Windkraftanlagen, zum anderen für die Photovoltaik benötigte Solarmodule und Wechselrichter. Wechselrichter werden für den Anschluss der Solarmodule ans Netz benötigt. Solarmodule entstehen durch Laminierung und Rahmung von Solarzellen. Disaggregiert man das Unternehmen in Schritten, so lassen sich folgende Unterscheidungen treffen:

- Photovoltaische Produktion und Windkraftturbinenproduktion stehen ohne Produktionsbezug (unterschiedliche Technologien) und ohne Absatzverbund nebeneinander. Sie sind die zwei Hauptbereiche eines insofern agglomerierten Unternehmens.
- Solarmodule und Wechselrichter sind komplementäre Produkte, bei denen ein Absatzverbund wahrscheinlich ist. Sie stellen die zwei Teilbereiche des insoweit horizontal integrierten Bereichs Photovoltaik dar.
- Zellfabrikation und Modulfabrikation führen in dieser Reihenfolge zum Produkt „Solarmodul". Sie stellen insoweit die Unterbereiche des vertikal integrierten Teilbereichs „Solarmodul" dar.

	Annahmen	Nutzungswert		BW	Abschreibung			
		auf Basis Verr.-preis Zelle	auf Basis Markt-preis Zelle		Alt. 1	Alt. 2	Alt. 3	Alt. 4
Zellfabrikation	70 % an Modul (zu 80 % v. Marktpreis) 30 % an Fremde (zu Marktpreis)	120	170	100				0
+ Modulfabrikation		60	50	100				50
= Solarmodul			220	200			0	
+ Wechselrichter	70 % für Modulkunden		80	100			20	20
= Photovoltaik			300	300		0		
+ Windkraft			90	100		10	10	10
= Gesamt			390	400	10	10	30	80

Die vorstehende Tabelle zeigt bestimmte Annahmen hinsichtlich des erzielbaren Betrags und Buchwerts für die genannten Bereiche. Unter der Annahme, dass 70 % der Zellen unternehmensintern zu Modulen weiterverarbeitet (dabei jedoch ein interner Verrechnungspreis von nur 80 % des Marktpreises erhoben wird) und 30 % an Fremde zum Marktpreis abgegeben werden, stellt sich einerseits die Frage, ob beide nur im Verbund oder separat betrachtet werden können, andererseits die Frage, auf welcher Preisbasis eine separate Betrachtung durchzuführen wäre. Die Antwort auf beide Fragen findet sich in IAS 36.70f. Bei vertikal integrierter Produktion kann die Vorstufe separat betrachtet werden, wenn es einen aktiven Markt für ihre Produkte gibt. Dies gilt selbst dann, wenn sie faktisch zu 100 % an die nachgelagerte Stufe abgegeben würde. Eine separate Betrachtung erfordert auch eine separate Bewer-

tung. Diese dürfen gem. IAS 36.71 nicht auf der Basis „falscher“ Verrechnungspreise durchgeführt werden. Insoweit ist der erzielbare Betrag auf Basis der Markt- und nicht der Verrechnungspreise zu bestimmen.
Zwischen den Modulen und den Wechselrichtern soll annahmegemäß ein Absatzverbund bestehen, weil bspw. Abnehmer aus Gründen der Transaktionskostenreduzierung Solarmodule nur bei dem Produzenten kaufen wollen, der auch Wechselrichter anbietet. Im Falle einer solchen horizontal integrierten Produktion lässt sich keine generelle Aussage zum Verbundproblem treffen.
Eine Würdigung kann vor dem Hintergrund der in den *Illustrative Examples* zu IAS 36 (Rz 32) gegebenen Beispiele versucht werden. Das dortige Beispiel 3 behandelt eine Einzelhandelskette. Hier wird die Identifizierung des einzelnen Ladens als CGU mit der jeweils unterschiedlichen Kundenbasis begründet. Im Umkehrschluss könnte man bei weitgehend gleicher Kundenbasis einen Verbund annehmen. Dieser Umkehrschluss würde jedoch im Widerspruch zu Beispiel 4 IAS 36 IE 17 stehen, in dem es um die Zeitschriftentitel eines Verlagshauses geht. Wenn diese Titel nach Kundensegmenten gemanagt werden und deshalb das Anzeigeneinkommen von der Anzahl der anderen eigenen Titel im gleichen Segment abhängt, die *cash flows* dennoch als weitgehend unabhängig gelten, sofern nur die Entscheidungen über die Fortführung bzw. Einstellung eines Titels auf individueller Basis getroffen werden.
Zurückbezogen auf das Beispiel wird damit die strategische Ausrichtung zum entscheidenden Kriterium bei horizontal integrierter Produktion. Würden Solarmodule und Wechselrichter strategisch als Verbund gemanagt, z.B. Wechselrichter nur deshalb in das Produktionsangebot aufgenommen, damit die Modulkunden nicht zu anderen Herstellern abwandern, so wäre von einem Verbund auszugehen. Ein starkes Indiz hierfür wäre etwa die bewusste Inkaufnahme von Verlusten in der Wechselrichterproduktion. Erfolgt die Entscheidung für oder gegen die Fortführung der Wechselrichterproduktion hingegen unabhängig von der Modulproduktion, weil z.B. kein starker Absatzverbund vorliegt, kann die Wechselrichterproduktion eine eigene CGU darstellen. Ähnlich wie bei der Abgrenzung eines operativen Segments nach IFRS 8 spielen somit Managementgesichtspunkte, das getrennte oder separate Monitoring der Bereiche, das getrennte oder separate Treffen von Entscheidungen über die Fortsetzung der Bereiche eine entscheidende Rolle (IAS 36.69). Die Identifizierung der CGU erhält an dieser Stelle ein stark subjektives Moment, woraus sich einerseits Gestaltungsspielräume, andererseits praktische Beurteilungsschwierigkeiten ergeben.
Nach allem am einfachsten zu beurteilen ist im Beispiel die Produktion der Windkraftanlagen. Sie stellt aufgrund eigener Produktionstechnologie, eigenen Kundenkreises usw. eine eigene CGU dar. Allgemein dürfte in der Praxis die Beurteilung der Selbstständigkeit von CGUs dort am einfachsten fallen, wo eine agglomerierte Produktionsform vorliegt.
Der Umfang der CGU beschreibt den Umfang des Saldierungsbereiches von Buchwertgewinnen und -verlusten. In der obigen Tabelle sind insofern vier Abschreibungsalternativen aufgeführt. Alternative eins scheidet aus, da jedenfalls Windkraft und Photovoltaik voneinander abgegrenzt werden kön-

nen. Da außerdem Zelle und Modul gegeneinander abgrenzbar sind, ist unter der Prämisse, dass auch der Wechselrichter einen eigenständigen Bereich darstellt, Alternative vier die beste Lösung. Sie enthält die kleinsten Saldierungsbereiche und führt damit zur potenziell höchsten außerplanmäßigen Abschreibung.

90 Zum Problem der **vertikalen und horizontalen Integration** folgendes weiteres Beispiel aus dem Bereich der Energieerzeugung und -verteilung:

Beispiel

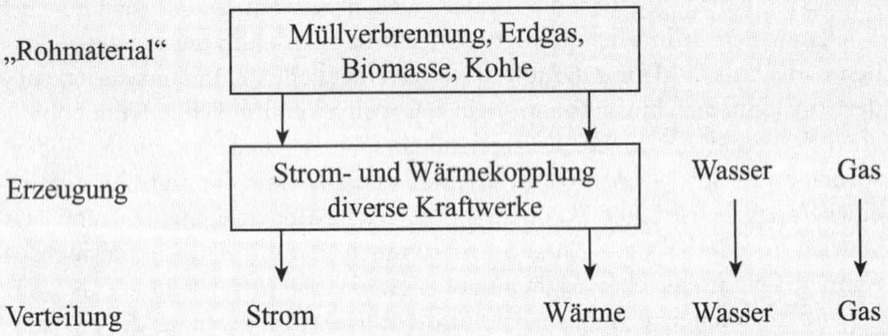

Unproblematisch bez. der CGU-Definition erscheinen die Bereiche „Wasser" und „Gas". Nennenswerte Produktion im eigentlichen Sinn ist damit nicht verbunden, das Verteilungsproblem dominiert. Die Erzielung der Liquiditätszuflüsse erfolgt – definiert durch den Abnehmerkreis – separat. „Wasser"und „Gas" sind deshalb als CGU und identisch als Segment (→ § 36) definierbar.

Schwieriger stellt sich die Situation im Bereich „Strom" und „Wärme" dar. Das oben dargestellte „Rohmaterial" wird im Wege der Strom- und Wärmekopplung in verschiedenen kleineren Kraftwerken erzeugt (Verbundproduktion). Nach IAS 36.70 ist eine Qualifikation als CGU dann zwingend, wenn ein aktiver Markt für das betreffende Erzeugnis besteht. Dies ist für den Strom über die Strombörsen und wegen der weiträumigen Übertragungsfähigkeit der Fall, nicht dagegen für die Wärmeerzeugung. Technisch bedingt kann aber die gekoppelte Produktion von Strom und Wärme nicht in irgendeiner sinnvollen Form in zwei CGUs zerlegt werden.

Die nächste Frage richtet sich nach der Definition jedes Kraftwerks als CGU. Auch dies erscheint nicht möglich, denn der an den Kunden gelieferte Strom ist nicht individuell einem bestimmten Kraftwerk zuzurechnen. Auch ein individueller Marktauftritt ist wegen der räumlichen Nähe der Kraftwerke nicht möglich.

Folgerung für die Definition der CGU: Es lässt sich lediglich **eine** CGU „Strom/Wärme" definieren, und zwar unter Zusammenfügung der beiden vertikalen Strukturelemente „Erzeugung" und „Verteilung". Diese Definition der CGU ist indes nur zulässig, wenn nicht für Zwecke der Segmentberichterstattung eine Separierung von „Strom" und „Wärme" erforderlich ist (Rz 85).

Die **Unbestimmtheit** innerhalb von IAS 36 hinsichtlich der **Abgrenzung** der CGU (Größe, Region etc.) führt in der **Praxis** zu unbefriedigenden Lösungen: Unternehmen aus vergleichbaren Branchen tendieren offensichtlich zu unterschiedlichen Abgrenzungen ihrer Zahlungsmittel generierenden Einheiten. 91
Eine Untersuchung des Bilanzierungsverhaltens von großen **Handelsketten** zeigt etwa folgende Angaben hinsichtlich der Abgrenzung von zahlungsmittelgenerierenden Einheiten:[37]

Unternehmen	**Art der CGU**	**Abgrenzung der CGU**		
		Niederlassungen*	Marken je Land**	*operating units****
Metro	ohne *goodwill*		X*	
	inkl. *goodwill*		X*	
Ahold	ohne *goodwill*	X		
	inkl. *goodwill*			X
Delhaize Group	ohne *goodwill*	X		
	inkl. *goodwill*			X
PPR	ohne *goodwill*		X	
	inkl. *goodwill*		X	

* z.B. Kaufhof Köln Hohe Straße
** z.B. Kaufhof Deutschland
*** z.B. Kaufhof

Während einige Unternehmen eine Überwachung ihrer zahlungsmittelgenerierenden Einheiten davon abhängig machen, ob *goodwill* alloziert worden ist, nehmen andere keine Unterscheidung vor. Definiert man die CGU im Beispiel von Handelsketten als eigenständig Zahlungsmittel generierende Einheiten, stellt u.E. jede Niederlassung für sich eine CGU dar (so auch Ahold und Delhaize Group). Für den Bilanzadressaten kommt es somit zu einer eingeschränkten Vergleichbarkeit der *impairment*-Auswirkungen unterschiedlicher Unternehmen gleicher Branchen. Ergänzend stellt sich weiterhin folgende Frage: Falls sich eine Bilanzierungspraxis durchsetzt, ist dies die i.S.d. **Informationseffizienz** (*decision usefulness*) die **beste** oder vielmehr diejenige, die **zuerst** von einigen wenigen Großunternehmen verwendet wurde?

Eine *cash generating unit* wird in der Praxis regelmäßig eine recht **große „Einheit"** sein (Rz 85). Dies führt dann zu einem (einer **Einzelbewertung** widersprechenden; Rz 83) bilanztechnischen **Ausgleich** von Wertminderungen eines Vermögenswertes durch andere mit gestiegenem Wert (Rz 95). Nur ausnahmsweise stellt wegen der Verpflichtung auf einen *bottom-up approach* das gesamte Unternehmen die *cash generating unit* dar. Die IASB-„Philosophie" bewegt sich an dieser Stelle (außerplanmäßige Abschreibung) gerade in entgegengesetzter 92

[37] Vgl. DELOITTE, „On your marks ... Get set?", Major European retailers position themselves in the early stages of the race to implement IFRS.

Richtung wie bei der planmäßigen Abschreibung. Hier wird der einzelne Vermögenswert nach dem *components approach* in seine Bestandteile zerlegt (→ § 10, Rz 7), beim *impairment*-Test gilt demgegenüber ein Unternehmens**teil** bzw. u. U. das **gesamte** Unternehmen als Bemessungsgröße.

Beispiel

Der börsennotierte Fußballclub London United Ltd. betreibt das Fußball-Profi-Geschäft mit folgenden wesentlichen Umsatzträgern:

- Zuschauereinnahmen,
- Fernsehübertragungsrechte,
- Werbeeinnahmen,
- Fanartikelverkauf.

Diese Bereiche können nicht separat als *cash generating unit* definiert werden, da deren *cash flows* gegenseitig abhängig sind (Rz 84). Das gesamte Geschäft steht und fällt mit dem Erfolg der Profimannschaft insgesamt. Eine Wertminderung des Spielers X (dessen „Spielberechtigung") ist trotz seiner notorisch schlechten Leistung nicht individuell zurechenbar.[38] Ein *impairment* ist allenfalls für den gesamten Club festzustellen, wenn er nicht die Champions-League-Teilnahme erreicht oder in die 2. Liga absteigt.

In Ausnahmefällen ist allerdings auch der Wertansatz für einzelne Spieler einem **individuellen** Wertminderungstest unterziehbar (Rz 30aff.).

Beispiel

Der für 10 Mio. EUR eingekaufte Spieler Y mit einer Vertragslaufzeit von noch 3 Jahren wird wegen Überbesetzung des linken Mittelfeldes für die restliche Vertragslaufzeit an den Verein Z „ausgeliehen". Verein Z zahlt hierfür eine monatliche „Miete" i. H. v. 60 % der Festbezüge des Spielers X. Hier sind die *cash flows* für den betreffenden Spieler eindeutig identifizierbar, sodass der erzielbare Betrag auf Ebene des Spielers als eindeutige Größe dem Buchwert *(carrying amount)* gegenübergestellt werden kann (Rz 5). Wird der betreffende Spieler demgegenüber auf die Transferliste gesetzt, also zum „Verkauf" freigegeben, unterliegt er nicht mehr dem Regelungsbereich von IAS 36 (Rz 3), sondern gilt als zur Veräußerung bestimmter langfristiger Vermögenswert *(non-current asset classified as held for sale)* gem. IFRS 5 (→ § 29). Die Bewertung hat dann zum Nettoveräußerungswert zu erfolgen (IFRS 5.15). Bei ablösefreiem Transfer beträgt dieser null, ansonsten sind Bewertungsmodelle für Profisportler heranzuziehen.[39]

93 Entgegen der konzeptionellen Vorgabe zum Rückgriff auf einen *bottom-up approach* zur CGU-Abgrenzung erfolgt die Bestimmung zahlungsmittelgenerierender Einheiten wegen der bestehenden Ermessensspielräume regelmäßig in einem *top-down*-Verfahren. Für die Abgrenzung kann exemplarisch dann etwa wie folgt vorgegangen werden:

---

38 Einzelheiten bei LÜDENBACH/HOFFMANN, DB 2004, S. 1442.

39 GALLI, KoR 2003, S. 810.

Beispiel
Das in der Telekommunikationsindustrie tätige Unternehmen U richtet die CGU-Abgrenzung an der Segmentberichterstattung aus. Ausgehend von den berichteten Segmenten erfolgt eine Disaggregation nach einem Tannenbaumprinzip. Die zahlungsmittelgenerierenden Einheiten ergeben sich auf der untersten Berichtsebene. Für die so zunächst bestimmte Untergrenze wird disaggregiert beurteilt, ob eine weitere Unterscheidung – in Abhängigkeit von der Erzielung unabhängiger *cash inflows* – möglich ist, und ggf. weiter differenziert.
In Erweiterung der Angabepflichten wurden (etwa von der France Telekom SA im Geschäftsbericht 2005) 38 CGUs aufgeführt, und zwar der Segmentierung folgend (Rz 117), die sich regelmäßig an der nationenbezogenen Geschäftstätigkeit ausrichtet, z. B.:
- 16 CGUs für den Mobilfunkbereich,
- 1 CGU für eine erworbene Tochter,
- 4 GCUs für den Privatkundenbereich in Frankreich, dem UK, den Niederlanden und Spanien,
- je 2 CGUs für den Festnetz- und Mobilbereich in Polen, dem Senegal, Jordanien und Mauritius.

5.3 Die Zuordnung der Vermögenswerte zur *cash generating unit* (CGU)

5.3.1 Überblick

Ist die Identifizierung einer *cash generating unit* gelungen, muss im nächsten 94
Bearbeitungsschritt der erzielbare Wert *(recoverable amount)* mit dem Buchwert *(carrying amount)* der gesamten „**Einheit**" verglichen werden (IAS 36.74–79). Der entsprechende Vergleich setzt allerdings eine Zuordnung der Vermögenswerte und somit die Bestimmung des Buchwerts der zahlungsmittelgenerierenden Einheit voraus.

Der Buchwert *(carrying amount)* der bestimmten zahlungsmittelgenerierenden 95
Einheit umfasst nur Vermögenswerte, die zur Erzielung des künftigen Zahlungsstroms benötigt werden und der CGU direkt oder aber im Zuge einer verlässlichen und konsistenten Verteilung zugeordnet werden können. Besondere Vorgaben bestehen für die Zuordnung von
- gemeinschaftlich genutzten Vermögenswerten (*corporate assets*, Rz 108) und
- *goodwill* (Rz 112).

Die vollständige Erfassung aller für die Erzielung eines Zahlungsstroms erforderlichen Vermögenswerte ist sicherzustellen (IAS 36.77), im Umkehrschluss sind nicht die für die Erzielung des unabhängigen Zahlungsstroms erforderlichen Vermögenswerte aus der CGU auszuklammern (Rz 97).

Beispiel
Unternehmen U nimmt die Abgrenzung von zahlungsmittelgenerierenden Einheiten auf Ebene rechtlicher Einheiten vor. Tochterunternehmen TU erzielt mit eigenen Kunden einen Zahlungsstrom und wird daher als eigenständige CGU geführt. Die Bilanzsumme von TU entspricht nicht oder

> zufällig dem heranzuziehenden Buchwert (*carrying amount*) der CGU. U muss ggf. Anpassungen für nichtbetriebsnotwendiges Vermögen der TU vornehmen und/oder Vermögenswerte, die nicht von TU als rechtlicher Eigentümer gehalten, im Rahmen der Produktion aber dennoch genutzt werden, hinzurechnen.

96 Nicht in den Buchwert der zahlungsmittelgenerierenden Einheit aufzunehmen sind Verbindlichkeiten, es sei denn – i.S.e. **Rückausnahme** –, der erzielbare Betrag einer CGU kann nur unter Berücksichtigung einer Verbindlichkeit bestimmt werden (IAS 36.76). Die Berücksichtigung des Buchwerts von Verbindlichkeiten (als Minderung des Gesamtbuchwerts der CGU) ist zulässig, wenn bei einer unterstellten Veräußerung ein potenzieller Erwerber die Verbindlichkeit mit übernehmen müsste (Rz 103 ff.).

97 Ebenfalls nicht Teil des Buchwerts einer zahlungsmittelgenerierenden Einheit sind Vermögenswerte (und ggf. Schulden), die vom Anwendungsbereich des IAS 36 ausgeschlossen sind (Rz 3). Für diese Vermögenswerte (etwa das Vorratsvermögen oder Finanzinstrumente) sind evtl. Wertberichtigungen unter Berücksichtigung der einschlägigen Vorgaben zu bestimmen. Werden dennoch Vermögenswerte (und ggf. Schulden), die nicht den Vorgaben von IAS 36 unterliegen, in die Bestimmung des Buchwerts einer zahlungsmittelgenerierenden Einheit aufgenommen, sind aus **Konsistenz**gründen auch die Rückwirkungen dieser Vermögenswerte auf die Bestimmung des erzielbaren Betrags zu berücksichtigen. Darüber hinaus ergeben sich Besonderheiten für die Verteilung eines evtl. Wertberichtigungsbedarfs (Rz 148).

5.3.2 Notwendige Konsistenz zwischen Buchwert und erzielbarem Betrag

98 Soweit sich der mögliche Abschreibungsbetrag – also die negative Differenz aus Buchwert *(carrying amount)* und erzielbarem Wert *(recoverable amount)* – für **einen** Vermögenswert nur über die (gesamte) *cash generating unit* ermitteln lässt, ergeben sich zunächst zwei Problembereiche:

- Der Abschreibungsbedarf der **gesamten** CGU ist nach IAS 36.75 durch Gegenüberstellung der beiden genannten Beträge *(carrying amount* und *recoverable amount)* zu ermitteln. Hierbei stellt sich die Frage, **welche Vermögenswerte** in die Gesamtbuchwertermittlung einzubeziehen sind (Rz 99).
- Eine danach festgestellte Gesamtwertminderung ist auf die verschiedenen Vermögenswerte zu **verteilen**. Hierbei stellen sich Fragen nach der Reihenfolge der Verteilung bzw. dem Verteilungsschlüssel (Rz 148).

99 Der Gesamtbuchwert der *cash generating unit* umfasst gem. IAS 36.76 alle Vermögenswerte, die dieser **direkt** zuzurechnen sind oder auf einer vernünftigen und (im Zeitverlauf) konsistenten Basis (durch Schlüsselung) zugeordnet werden können. Bei der **indirekten** Zuordnung sind angesprochen:

- Der *goodwill* aus einem Unternehmenszusammenschluss (Rz 112 ff.),
- Vermögenswerte, die auch von anderen *cash generating units* genutzt werden (sog. **gemeinschaftliche** Vermögenswerte, *corporate assets*; IAS 36.100 ff.; Rz 108).

Die Zuordnung von Vermögenswerten (und ggf. Schulden) zu einer zahlungsmittelgenerierenden Einheit steht unter einem besonderen **Konsistenzvorbehalt**: Die Bestimmung des erzielbaren Betrags berücksichtigt die gleichen Vermögenswerte/Schulden (bzw. deren Zahlungsströme), die auch Teil der zahlungsmittelgenerierenden Einheit sind (IAS 36.75).

Der Buchwert einer zahlungsmittelgenerierenden Einheit ist **unabhängig** von 100
der Bestimmung des erzielbaren Betrags – als Nettoveräußerungs- oder Nutzungswert – festzulegen. Es lässt sich daher für jede zahlungsmittelgenerierende Einheit **nur ein Buchwert** (*carrying amount*) feststellen. Eine abweichende CGU-Abgrenzung hinsichtlich der Vermögenswerte (und ggf. Schulden) scheidet u. E. daher aus.[40]

Besondere Anforderungen hinsichtlich der Wahrung der Konsistenzanforderung 101
ergeben sich, wenn der Buchwert einer *cash generating unit* neben direkt zuordenbaren Vermögenswerten

- Finanzanlagen, etwa *working capital* mit direktem Bezug zur Leistungserstellung (Rz 102),
- Verbindlichkeiten aus der Finanzierung der Produktionsfaktoren (Rz 103),
- Verbindlichkeiten und Rückstellungen (Rz 104f.), die auch ein potenzieller Erwerber einer CGU mit übernehmen müsste (IAS 36.79), neben Pensionsverpflichtungen insbesondere Rückbauverpflichtung (→ § 21 Rz 80)

umfasst.

Sofern aus Praktikabilitätsgründen bestimmte Vermögenswerte oder Schulden mit ihren **Buchwerten** in der CGU enthalten sind (IAS 36.79), müssen die zugehörigen Komponenten aus den *cash-flow*-Planungen eliminiert werden. Konzeptionell verlangt der *impairment*-Test der Rezeptur nach (Rz 10) eine Gegenüberstellung eines **Buchwert**s (*accounting measure*) mit dem **Barwert** der entsprechenden Zahlungsströme (*cash flow measure*), sich hieraus ergebende Inkonsistenzen sind als Nebenwirkung (etwa für bilanzielle Sicherungszusammenhänge, Rz 107) in Kauf zu nehmen. Eine **Inkonsistenz** bei Durchführung des *impairment*-Tests droht auch seitens der **Steuer**effekte (Rz 134). Die *cash flows* zur Ermittlung des erzielbaren Ertrages (*recoverable amount*, Rz 11) sind auf **Vorsteuerbasis** anzusetzen (Rz 36). Beim Vergleich mit dem Buchwert der CGU müssen deshalb aus dieser die Steuerposten eliminiert werden.

Die Erfassung von Finanzanlagen und insbesondere ***working capital*** (etwa als 102
Saldo aus kurzfristigen Forderungen und Verbindlichkeiten aus Lieferung und Leistung) im Buchwert einer zahlungsmittelgenerierenden Einheit scheidet – wegen des Ausschlusses vom Anwendungsbereich des IAS 36 (Rz 3) – konzeptionell aus (Rz 97). Erfolgt (etwa aus Praktikibilitätsgründen) dennoch eine Berücksichtigung im Buchwert einer zahlungsmittelgenerierenden Einheit, ist eine kongruente Erfassung im erzielbaren Betrag geboten. Wird der erzielbare Betrag über ein Barwertkalkül bestimmt (Rz 22cff.), ist eine verlässliche Separierung der auf die Finanzanlagen entfallenden Zahlungsströme zur Vermeidung eines *double counting* erforderlich, andernfalls ist der Buchwert der CGU ohne die Erfassung von Finanzanlagen und *working capital* zu bestimmen.

---

40 Gl. A. Ernst&Young, International GAAP 2011, Tz 18:s.4.2.1; a. A. PwC, Manual of Accounting IFRS 2011, Tz 18.225.6.

Beispiel
Der Buchwert einer CGU ohne *working capital* beträgt 1.000 GE. Zum Bewertungsstichtag beläuft sich der Saldo des *working capital* auf 100 GE, für das Ende der nächsten Periode wird eine Erhöhung auf 150 GE erwartet. Wird der Bestand von *working capital* im Buchwert einer zahlungsmittelgenerierenden Einheit berücksichtigt, ist der erwartete Zahlungsstrom der CGU für die erste Periode – nur i. H. d. Veränderung (Rz 50) – um 50 GE zu reduzieren. Ohne Erfassung des *working capital* im *carrying amount* der zahlungsmittelgenerierenden Einheit ist eine Reduzierung um 150 GE geboten.

U.U. kann die Berücksichtigung von *working capital* in einer CGU zu einem **negativen Buchwert** (kurzfristige Verbindlichkeiten > kurzfristiges + langfristiges Vermögen) führen. Ein entsprechendes Verhältnis befreit nicht von der Verpflichtung auf einen *impairment*-Test für die CGU, ein evtl. Abschreibungsbedarf ist ohne Berücksichtigung des *working capital* zu bestimmen.

103 Finanzielle Verbindlichkeiten, die im Zusammenhang mit der **Finanzierung** einzelner Vermögenswerten stehen (etwa aus Leasingverhältnissen, → § 15 Rz 15 ff.), sind nicht in den Buchwert einer CGU aufzunehmen. Nach IAS 36.50a sind Zahlungsmittelabflüsse im Zusammenhang mit Finanzierungsaktivitäten nicht für die Bestimmung des Zahlungsstroms eines Barwertkalküls in Abzug zu bringen (Rz 48). Verbindlichkeiten mit Finanzierungscharakter sind daher aus Konsistenzgründen auch nicht im Buchwert der CGU zu berücksichtigen, somit nicht abzuziehen. Werden dennoch Verbindlichkeiten aus der Finanzierung von Vermögenswerten der CGU vom Buchwert in Abzug gebracht, sind – entgegen der Vorgaben von IAS 36.50a – die erwarteten Zahlungsströme um Auszahlungen im Zusammenhang mit den Verbindlichkeiten zu kürzen.

104 **Pensionsverpflichtungen** eines Unternehmens gegenüber Mitarbeitern, die einer abgegrenzten zahlungsmittelgenerierenden Einheit (etwa einer rechtlichen Einheit) zugeordnet werden, können – entgegen dem bestehenden Finanzierungscharakter – ausnahmsweise im Buchwert der CGU Berücksichtigung finden (IAS 36.79). Bei der aus Konsistenzgründen gebotenen Berücksichtigung der mit der Verpflichtung verbundenen Zahlungsmittelabflüsse ergeben sich wegen der Differenzierung in den Anteil, der (als laufende Pensionsanspruch) auf die CGU entfällt, und den für die Erfüllung der Verpflichtung erforderlichen Teil besondere Schwierigkeiten. Die unterschiedlichen Bewertungsansätze für bestehendes **Planvermögen** (beizulegender Zeitwert, → § 22 Rz 22) und die Pensionsverpflichtung (Anwartschaftsbarwert, → § 22 Rz 27) erhöhen die Komplexität zusätzlich. Wird der Buchwert einer Pensionsverpflichtung dennoch von dem Buchwert einer CGU in Abzug gebracht, ist u. E. eine Erfüllungs- bzw. Ablösungsfiktion zu unterstellen. Mit Abzug des Buchwerts wird die zum Stichtag bestehende Verpflichtung erfüllt; in künftigen Perioden ist den Anspruchsberechtigten (den Mitarbeitern) eine höhere Vergütung (i. S.e. Gehaltszahlung) zuzuweisen.

105 Für **Rückbauverpflichtungen** und vergleichbare **nichtfinanzielle Verpflichtungen** ist eine Anpassung des Buchwerts einer zahlungsmittelgenerierenden Einheit vorgegeben (so das Beispiel in IAS 36.78). Instruktiv ist dies insbesondere

für Rückbauverpflichtungen, die wegen der Erfassung als Teil der AK/HK (IAS 16.16c, → § 21 Rz 158) den Bilanzsansatz eines Vermögenswerts erhöhen. Aus Konsistenzgründen ist Berücksichtigung der nichtfinanziellen Verpflichtung auch der geschätzte Ressourcenabfluss für die Erfüllung der Verpflichtung in der Bestimmung des erwarteten Zahlungsstroms der CGU einzubeziehen. Hinsichtlich des **Mengen- und Preisgerüsts** der Bewertung (*outflow of resources*) ergeben sich keine Unterschiede zwischen der Bewertung der nichtfinanziellen Verbindlichkeit und der Anpassung des Zahlungsstroms der CGU. Eine bedeutsame Abweichung zeitigt sich jedoch in Bezug auf den Barwert erst in **späteren** Perioden fällig gestellter Abflüsse.

- Für die Barwertbestimmung einer nichtfinanziellen Verbindlichkeit ist auf einen laufzeitäquivalenten, risikolosen Zins abzustellen (→ § 21 Rz 126ff.),
- bei Einbezug des erwarteten Ressourcenabflusses in das Barwertkalkül zur Bestimmung des erzielbaren Betrags ist auf einen Marktzinssatz zurückzugreifen, der die Renditeerwartung einer Alternativanlage widerspiegelt (Rz 59).

Regelmäßig ist der Diskontierungszinssatz für das Barwertkalkül zur Bestimmung des erzielbaren Betrags – wegen eines Rückgriffs auf die gewogenen, durchschnittlichen Kapitalkosten (Rz 60) – betragsmäßig höher als der Zinssatz für die Barwertbestimmung nichtfinanzieller Verbindlichkeiten. Durch die Berücksichtigung des Buchwerts nichtfinanzieller Verbindlichkeiten im *carrying amount* der zahlungsmittelgenerierenden Einheit wird somit ein **Abwertungspuffer** durch Barwertbestimmung geschaffen.

Beispiel

Unternehmen U hat eine in 10 Jahren fällige Entsorgungsverpflichtung, die zu einem erwarteten Ressourcenabfluss von 1.000 GE führt. Der risikolose Zinssatz zum Stichtag beträgt 5 %, der Diskontierungszinssatz für das Barwertkalkül der CGU, der die Verpflichtung zuzurechnen ist, 10 %. Die nichtfinanzielle Verpflichtung ist mit einem Wert von 613,9 GE zu passivieren und mindert bei Einbezug in die CGU deren Buchwert in gleicher Höhe. Der (isolierte) Einfluss auf den im Barwertkalkül bestimmten erzielbaren Betrag beträgt allerdings nur 385,5 GE. Durch den Einbezug der Entsorgungsverpflichtung in die zahlungsmittelgenerierende Einheit ergibt sich ein Abwertungspuffer für die sonstigen Vermögenswerte von 228,4 GE.

Der *impairment*-Test auf Ebene der zahlungsmittelgenerierenden Einheit verlangt eine **Gegenüberstellung** des Buchwerts mit dem erzielbaren Betrag, aggregiert für eine Gruppe von Vermögenswerten und ggf. Schulden (Rz 10). Bei Bestimmung des erzielbaren Betrags über den Rückgriff auf ein Barwertkalkül ist der Zahlungsstrom der CGU mit einem Diskontierungszins abzuzinsen, der das Rendite-Risiko-Profil einer **Alternativanlage** zum Bewertungsobjekt (der CGU) widerspiegelt (Rz 58ff.). **106**

Zur Bestimmung der Wertansätze (Buchwerte) der einzelnen Vermögenswerte innerhalb der zahlungsmittelgenerierenden Einheit (erworbenes Immaterialvermögen, nichtfinanzielle Verbindlichkeiten, Leasinggegenstände) muss der Abzinsung des jeweiligen Zahlungsstroms aus **Äquivalenz**gründen (Rz 43) ein Diskontierungszins zugrunde gelegt werden, der von demjenigen für die zahlungsmittelgenerierenden Einheit abweicht.[41]

Beispiel
Für die Bewertung einer im Rahmen einer *business combination* erworbenen Marke mit unbestimmter Nutzungsdauer wird ein Diskontierungszins von 15 % (= WACC i. H. v. 12 % zzgl. eines Zuschlags von 3 %) herangezogen (→ § 31 Rz 110). Da die Marke keine Zahlungsströme erzielt, die unabhängig von dem Einsatz anderer Vermögenswerte sind, ist die Werthaltigkeit auf der Ebene einer zahlungsmittelgenerierenden Einheit zu testen (Rz 83). Wegen der (unterstellt) unbestimmten Nutzungsdauer, stellt sie einen qualifizierten Vermögenswert i. S. d. IAS 36 dar (Rz 11). Die Werthaltigkeit der CGU ist mindestens einmal in der Periode nachzuweisen.
Der Diskontierungszins der CGU mit der zugeordneten Marke wird mit den WACC gleichgesetzt. Der Zahlungsstrom der Marke wird daher für Zwecke des *impairment*-Tests zur Bestimmung des erzielbaren Betrags mit 12 % abgezinst. Der Buchwert der Marke wurde hingegen durch Abzinsung mit einem Zins von 15 % bestimmt.

Das Auseinanderfallen der Zinssätze (CGU vs. individuelle Ebene) führt zur **zeitlichen Distorsion** und zeitigt u. U. erhebliche Relevanz für den *impairment*-Test. Für ein weiteres Beispiel zur zeitlichen Verzerrung vgl. Rz 99f.

Beispiel
Im Rahmen der Einzelbewertung (über die *relief-from-royalty*-Methode; → § 31 Rz 221ff.) wird der Marke ein Zahlungsstrom von 100 GE (als ewige Rente) beigemessen. Für die Zugangsbewertung ergibt sich daher – ohne weitere Berücksichtigung von steuerlichen Wertbeiträgen (→ § 31 Rz 108) – ein *fair value* und somit ein Buchwert der Marke von 666,7 GE. Wird der erwartete Zahlungsstrom auch als Teil der CGU berücksichtigt, beläuft sich der Wertbeitrag der Marke zum erzielbaren Betrag wegen des niedrigeren Abzinsungssatzes auf Ebene der CGU auf 833,3 GE.

Durch die unterschiedlichen Diskontierungszinssätze, die auf Ebene des einzelnen Vermögenswerts/der einzelnen Schuld und einer CGU bei einer DCF-Bewertung heranzuziehen sind, kommt es zu

- einem **Abwertungspuffer**, wenn der Zins der CGU kleiner/größer ist als der eines Vermögenswerts/einer Schuld.
- einer **zusätzlichen** (Abwertungs-)**Belastung**, wenn der Zins der CGU größer/kleiner ist als der eines Vermögenswerts/einer Schuld.

107 Die Konsistenzanforderung in der Bestimmung des Buchwerts und des erzielbaren Betrags der zahlungsmittelgenerierenden Einheit gilt auch für bilanzielle **Sicherungszusammenhänge** (*hedge accounting*, → § 28 Rz 41ff.). Wird im Zahlungsstrom des Barwertkalküls zur Bestimmung des erzielbaren Betrags der

41 Ausführlich FREIBERG, Diskontierung in der Internationalen Rechnungslegung, Rz 72ff.

Effekt aus einer ökonomischen Sicherung (etwa Fremdwährungssicherung) erfasst, ist auch der Bilanzansatz des Sicherungsinstruments (*hedging instrument*) – unabhängig von einem Ausweis als Vermögenswert oder Schuld – im Buchwert der CGU zu berücksichtigen. Wird der Buchwert des Sicherungsinstruments nicht in den *carrying amount* der zahlungsmittelgenerierenden Einheit aufgenommen, bleiben auch die Auswirkungen auf den Zahlungsstrom für die Barwertbestimmung außen vor. Eine gegenteilige Auffassung verstößt gegen die an den *impairment*-Test gestellten Konsistenzanforderungen und ist daher abzulehnen.

Qualifiziert sich eine geschlossene Sicherungsbeziehung – wegen fehlender Möglichkeit zum *net settlement* - für die **own use exemption** (→ § 28 Rz 222ff.), wird als (derivatives) *hedging instrument* also ein Warentermingeschäft eingesetzt, scheidet während des Schwebezustands der Bilanzansatz eines Vermögenswerts/einer Schuld aus. Die Auswirkungen auf den Zahlungsstrom können aber dennoch erfasst werden.

5.3.3 Gemeinschaftlich genutzte Vermögenswerte

Gemeinschaftlich genutzte Vermögenswerte (etwa Konzernzentrale, EDV-Ausrüstung, Forschungseinrichtung etc.) erzeugen per definitionem keine eigenständigen *cash flows*, und ihr Buchwert kann nicht in voller Höhe einer bestimmten CGU oder einer Gruppe von CGUs zugeordnet werden (IAS 36.100). Daher bietet sich die Verwendung von **Schlüsselgrößen** an, wie sie zur Verteilung von Gemeinkosten auf Kostenstellen verwendet werden. Eine mögliche Wertminderung dieses *corporate asset* ist dann den betreffenden CGUs (oder Gruppen) anteilig anzulasten (IAS 36.101). Die Erfassung von *corporate assets* im Buchwert der CGU ist unabhängig davon geboten, ob ein *triggering event* (Rz 15) für ein *impairment* vorliegt oder eine periodische Verpflichtung (Rz 11) zum *impairment*-Test (etwa für *goodwill*) besteht. 108

Das spezielle Problem des Wertminderungstestes besteht hier in der **Zuordnung** der *corporate assets* zu einer CGU. Dazu macht IAS 36.102 folgende Vorgaben:

- Ist eine vernünftige und zeitlich dauerhafte Zuordnung eines Teilbereiches (*portion*) des *corporate asset* zur CGU möglich, muss der Wertminderungstest-Vergleich vom (anteiligen) Buchwert und Nutzungswert (Rz 5) für die betreffende CGU unter Einbezug dieses Teilbereichs vorgenommen werden.
- Ist eine solche (direkte) Teil-Zuordnung zur überprüften CGU nicht möglich, muss der *impairment*-Test zunächst ohne den gemeinsam genutzten Vermögenswert erfolgen und buchmäßig erfasst werden.
- Schließlich ist so lange nach einer Gruppe von CGUs zu fahnden, bis eine (Teil-)Zuordnung des gemeinsam genutzten Vermögenswertes gelingt.
- Alsdann ist der Wertminderungstest für diese CGU-Gruppe unter Einbeziehung des betreffenden (Teilbereiches des) *corporate asset* durchzuführen.

Mit der letztgenannten Vorgabe landet man in der Praxis häufig erneut beim **Gesamtunternehmen** als Zuordnungseinheit (so auch das *Illustrative Example* Nr. 8 in IAS 36 IE 69ff.).

Für die (anteilige) Zuordnung eines gemeinschaftlich genutzten Vermögenswerts 109
auf einzelne CGUs ist eine **stetige Basis** (etwa Buchwert, Umsatzerlöse oder eine andere repräsentative Größe) zugrunde zulegen. Eine Aufteilung eines *corporate*

asset nach Tragfähigkeit des bestehenden CGUs scheidet u.E. aus. Der Verteilungsschlüssel ist als relative Größe zu bestimmen, ggf. ist daher eine Gewichtung geboten. Auch wenn sich das Verhältnis der Schlüsselgröße von Periode zu Periode ändert, ist an der gewählten (Aufteilungs-)Basis festzuhalten.

Beispiel

Unternehmen U hat drei zahlungsmittelgenerierende Einheiten A, B und C. Der Buchwert eines *corporate asset*, welches von allen drei CGUs genutzt wird, beträgt in der Periode x0 1.000 GE (bzw. in Periode x1 950 GE). U entscheidet sich für eine Verteilung anhand der Buchwerte der jeweiligen CGU. Da die Nutzungsdauern der einzelnen CGUs unterschiedlich sind, ist eine Gewichtung geboten.

Periode x0	**CGU A**	**CGU B**	**CGU C**	**Total**
Buchwert in GE	2.000	4.500	3.500	10.000
Verbleibende Nutzungsdauer in Jahren	12	15	7	
Gewichteter Anteil der CGU in %	20,7 %	58,2 %	21,1 %	100 %
Pro-rata-Anteil am *corporate asset* in GE	207	582	211	1.000
Buchwert nach Zuordnung *corporate asset* in GE	2.207	5.082	3.711	11.000
Periode x1				
Buchwert in GE	1.800	4.200	3.000	9.000
Verbleibende Nutzungsdauer in Jahren	11	14	6	
Gewichteter Anteil der CGU in%	20,5 %	60,9 %	18,6 %	100 %
Pro-rata-Anteil am *corporate asset* in GE	195	578	177	950
Buchwert nach Zuordnung *corporate asset* in GE	1.995	4.778	3.177	10.000

110 Eine anteilige Erfassung des *corporate asset* im Buchwert der CGU rechtfertigt keine vollständige Eliminierung von (Konzern-)**Umlagen** im Zahlungsstrom, die innerhalb einer (Unternehmens-)Gruppe für die Nutzung von gemeinschaftlichen Vermögenswerten erhoben werden. Eliminierungspflichtig sind lediglich die folgenden Komponenten einer – als künftigen Zahlungsabfluss geplanten – Umlage (analog zur Zerlegung von Leasingzahlungen → § 15 Rz 80; ausführlich auch → § 31Rz 124):

(1) Für die getätigte Investition in den gemeinschaftlich genutzten Vermögenswert ist eine angemessene **Verzinsung** *(return on)* zu „verdienen".

(2) Für planmäßig nutzbares Vermögen ist zusätzlich eine Kompensation für die physische **Abnutzung** (*return of*) zu berücksichtigen.

Neben einem *return on* und einem *return of* kann eine vereinbarte Umlage aber auch (bzw. oder nur) erforderliche **Erhaltungsaufwendungen** für das *corporate asset* umfassen. Notwendige Auszahlungen für Instandhaltung sind im Zahlungsstrom trotz Einbezug des gemeinschaftlich genutzten Vermögenswerts nicht zu korrigieren. Auch eventuell in die Umlage eingepreiste (konzerninterne) Margen sind nicht eliminierungspflichtig (IAS 36.70).

Beispiel (Fortsetzung von Rz 48a)
U belastet die drei CGUs mit einer jährlichen Konzernumlage, die von einer erwarteten Verzinsung der Investition (ursprüngliche Höhe 1.000) von 6 % und einer Nutzungsdauer des *corporate asset* von 20 Jahren ausgeht. Zusätzlich werden noch 5 % der Investitionskosten als jährlich benötigter Erhaltungsaufwand eingepreist. Die Gesamthöhe der jährlichen Umlage beträgt daher 160 GE (= 1.000 x 6 % + 1.000 x 5 % + 1.000 x 5 %). Für die Verteilung wendet U einen vereinfachten, konstanten Schlüssel von jeweils 25 % für die CGUs A und C und 50 % für CGU B an.
Die jährliche Umlage, die auch der Planung zugrunde gelegt wird, beträgt für CGU A 40 GE. Mit anteiligem Einbezug des gemeinschaftlich genutzten Vermögenswerts ist eine Anpassung der geplanten Zahlungsmittelabflüsse geboten. Infrage kommt – unter Berücksichtigung der konzerninternen Gewichtung – ein „Herausrechnen" der eliminierungspflichtigen Komponenten oder aber eine vollständige Eliminierung der 40 GE und anschließender Berücksichtigung eines anteiligen Erhaltungsaufwands. Im zweiten – aus Arbeitsökonomie vorziehungswürdigen – Fall ergäbe sich für Periode x0 eine Korrektur um 29,7 GE, nur der anteilige Erhaltungsaufwand von 10,3 GE (= 20,7 % x 1.000 x 5 %) wird als künftiger Abfluss berücksichtigt.

Die rechentechnische Konsistenz des *impairment*-Tests kann auch gewährleistet 111
werden, wenn anstatt der anteiligen Erfassung eines *corporate asset* im Buchwert der CGU der erwartete Zahlungsstrom aus einer CGU um ein (fiktives) **Nutzungsentgelt** (*corporate asset recharge*) gemindert wird. Da sich – unabhängig von dem rechnerischen Vorgehen – allerdings im Vergleich zu einer anteiligen Erfassung im Buchwert aus allgemeinen Kongruenzanforderungen kein abweichendes Ergebnis einstellen kann, scheidet eine (ausschließliche) Anpassung des Zahlungsstroms für gemeinschaftlich genutzte Vermögenswerte i. d. R. aus. Sollte dennoch auf *corporate asset recharges* zurückgegriffen werden, sind diese unter Rückgriff auf den gemeinschaftlich genutzten Vermögenswert (spezifischer *return on* und *return of*) und nicht auf Marktraten (*market prices*) zu bestimmen.

5.4 Die Sondervorschrift für den *goodwill*

5.4.1 Die Durchführung des *impairment*-Tests

Auf der gleichen logischen Gliederungsebene wie die gemeinschaftlich genutzten 112
Vermögenswerte (*corporate assets*; Rz 108) erscheint zunächst eher unscheinbar auch der *goodwill* aus einem Unternehmenszusammenschluss als Rechengröße innerhalb eines *impairment*-Tests (IAS 36.77). Das **überrascht** insofern, als letztlich der *impairment*-Test für den *goodwill* materiell im Mittelpunkt von

IAS 36 steht. Letzteres erklärt sich aus der „Adoption" des sog. *impairment only approach* nach US-GAAP, also dem Verzicht zur Verrechnung laufender Abschreibungen für diesen *goodwill* (→ § 31), was umgekehrt die **laufende Überwachung** der Werthaltigkeit des *goodwill* erforderlich macht.
Die umsetzungstechnische Vorgehensweise des IASB ist dabei eine andere als diejenige des FASB. Dieser regelt die außerplanmäßige *goodwill*-Abschreibung (sowie die Abschreibung immaterieller Vermögenswerte unbestimmter Nutzungsdauer; Rz 11) aufgrund des *impairment*-Tests in einem **besonderen** Standard; demgegenüber **integriert** der IASB die diesbezüglichen Regeln. IAS 36 enthält also „flächendeckend" die Regeln für die Ermittlung eines außerplanmäßigen Abschreibungsbedarfes und dessen Abbildung im Jahresabschluss. Diese Integration gelingt nicht reibungslos, d.h. führt zu **Inkonsistenzen** (Rz 130ff.) und **Redundanzen**, die das Verständnis des Anwenders und die Arbeit des Kommentators nicht erleichtern.

113 Der *goodwill* aus einem Unternehmenszusammenschluss ist der Mehrwert, den der Erwerber in der Erwartung künftiger Gewinne über die erworbenen und identifizierbaren Vermögenswerte abzüglich der Schulden hinaus vergütet (IAS 36.81). Daraus folgt das Grundproblem der bilanziellen Abbildung eines solchen Unternehmenserwerbes, nämlich die **Aufteilung** des bezahlten Gegenwertes auf die erworbenen Vermögenswerte abzüglich der Schulden einerseits und auf den *goodwill* andererseits (**Kaufpreisallokation**; → § 31 Rz 68ff.). Der *impairment*-Test für den *goodwill* weist gewisse Parallelen zu dieser Kaufpreisallokation auf, muss aber dabei folgende Besonderheiten beachten:

- Der **Bewertungsanlass** beim Unternehmenserwerb liegt im Kauf bzw. Erwerb der Kontrollmehrheit. Beim *impairment*-Test bedarf es der Definition besonderer Bewertungsanlässe und -intervalle.
- Bei der Erst-Allokation des Kaufpreises auf die Vermögenswerte etc. im Gefolge des Unternehmenserwerbes etc. liegt als Berechnungsgrundlage der **Kaufpreis** vor. Beim *impairment*-Test fehlt diese Richtgröße.
- Der Wertminderungstest ist bei Vorliegen eines besonderen **Anhaltspunktes** (*indication*; IAS 36.90), ansonsten im **Jahresrhythmus** zu einem beliebigen Zeitpunkt *(at any time)* durchzuführen, allerdings in zeitpunktbezogen konsistenter Form (Rz 11). Der Zeitpunkt kann für die jeweilige (*goodwill*-tragende) CGU individuell bestimmt werden (IAS 36.96).
- Bei Neuklassifizierung von Anlagevermögen als sog. **Abgangsgruppe** (*disposal group*) i.S.d. IFRS 5 ist zwingend auch unterjährig ein *impairment*-Test durchzuführen (→ § 29 Rz 32).
- Sofern der *goodwill* nach dem Unternehmenserwerb der CGU noch **nicht zugeordnet** ist, muss gleichwohl ein Wertminderungstest (ohne diesen *goodwill)* erfolgen (IAS 36.88).
- Der *impairment*-Test kann **stufenförmig** aufgezogen werden (IAS 36.97): vom einzelnen Vermögenswert, über die den *goodwill* tragende CGU hin zur CGU-Gruppe, der ein *goodwill* zugeordnet ist.

114 Der mindestens jährlich durchzuführende *impairment*-Test ist ein sehr **aufwendiges** Verfahren. Zur „Erleichterung" wird eine „Vorgangs"-Betrachtung (IAS 36.99) **erlaubt.** Danach kann (Wahlrecht) der **zuletzt ermittelte** erzielbare Wert (Rz 5) in die neue Periode übernommen werden, wenn folgende Kriterien **kumulativ** erfüllt sind, was allerdings nur selten der Fall sein wird (Rz 24):

- Die Vermögenswerte und Schulden der zu testenden Einheit haben sich gegenüber dem letztmaligen Prüfungszeitpunkt **nicht nennenswert verändert**.
- Die letzten vorliegenden Berechnungen über den erzielbaren Betrag haben einen **hohen Überschuss** (*substancial margin*) dieses Wertes über den Buchwert ergeben.
- Eine Analyse der **seitherigen Entwicklung** des ökonomischen Umfelds bestätigt die geringe Wahrscheinlichkeit, dass der Buchwert der Einheit den erzielbaren Betrag übersteigt.

Weitere Besonderheiten ergeben sich hinsichtlich der **Steuerlatenz** (→ § 26) und der Berücksichtigung von **Minderheitsinteressen** (Rz 157; → § 31). Wegen des Übergangs auf das neue Verfahren vgl. Rz 191.

5.4.2 Die Allozierung des *goodwill* aus *einer business combination*

IAS 36 geht systematisch vom Wertminderungsbedarf des **einzelnen** Vermögenswertes aus (Rz 10ff.), gelangt dann allerdings im Hinblick auf den investitionstheoretischen Ansatz für den Wertminderungstest (Rz 36) in den Bereich einer **Gesamtbewertung** durch das Vehikel der *cash generating unit* (CGU; Rz 83). Beim quantitativen (Rz 11) Werthaltigkeitstest für den *goodwill* kommt es zwingend zu einer solchen **Teil-Unternehmensbewertung**, sodass die technische Abwicklung des Wertminderungstestes für den *goodwill* aus einem Unternehmenszusammenschluss auf der Grundlage von DCF-Verfahren als lösbar erscheint. **115**

Allerdings soll sich der Wertminderungstest nicht auf der Ebene des Gesamtunternehmens (Konzerns) bewegen, sondern eben auf der niedrigeren einer *cash generating unit*, die ohnehin in den meisten Fällen als Bewertungseinheit benötigt wird (Rz 83ff.). Bewertungsobjekt ist also nicht der **gesamte** *goodwill* des Unternehmens oder Konzerns. Die sich dann als entscheidend herausstellende Frage ist die der **Zuordnung** eines solchen *goodwill* auf die für den Wertminderungstest insgesamt benötigte *cash generating unit*. Anders ausgedrückt: Welchen gegebenenfalls für Zwecke des *impairment*-Tests bereits identifizierten oder im Zuge des Unternehmenszusammenschlusses neu zu definierenden CGUs oder einer Gruppe von CGUs ist der konkrete (Teil-)*goodwill* zuzuordnen? **116**

IAS 36.80 gibt hierauf zunächst folgende Antwort: **117**

- Die Zuordnung des *goodwill* ist unabhängig von derjenigen für die Einzelvermögenswerte und Schulden vorzunehmen, und zwar zu der CGU (Gruppe von CGUs; Rz 128), die vermutlich von den **Synergieeffekten** des Unternehmenszusammenschlusses profitiert, und zwar unabhängig davon, ob Interessen nicht beherrschender Gesellschafter (Rz 157ff.) davon betroffen sind (IAS 36.92 bzw. IAS 36.C2 rev. 2008).
- Die betreffende CGU (Rz 83) darf nicht größer sein als ein operatives **Segment** (IFRS 8; → § 36 Rz 19ff.), das noch nicht für die Berichterstattung mit anderen Segmenten **zusammengefasst** worden ist (→ § 36 Rz 34).
- Nach unten (aus Sicht der Unternehmenshierarchie) wird die **niedrigste** konzerninterne Berichtsebene genannt, bei der der *goodwill* systematisch überwacht *(monitored)* wird.

118 Für (derivativen) *goodwill* scheidet eine Einzelbewertung aus (IAS 36.80), eine Zuordnung zu einer zahlungsmittelgenerierenden Einheit ist daher geboten. Der *goodwill* entspricht dem Mehrwert, den der Erwerber in der Erwartung künftiger Ergebnispotenziale über das erworbene Nettovermögen hinaus vergütet (IAS 36.81). Neben *going-concern*-Erwartungen stellt er insbesondere erwartete Synergiepotenziale aus dem Zusammenwirken einzelner Unternehmensbereiche dar. Für die Zuordnung dem Grunde nach ist eine Orientierung an den erwarteten **Synergieeffekten** geboten. Ein allgemeiner Verteilungsschlüssel für die Zuordnung der Höhe nach wird nicht vorgegeben. Die Verteilung eines derivativen *goodwill* auf einzelne CGUs steht daher zunächst im Ermessen des Managements, zumindest solange die Zuordnung allgemeinen **Plausibilitätsanforderungen** genügt.

Beispiel

Unternehmen M mit den beiden Geschäftsbereichen/Produkten A und B erwirbt das Geschäft des Hauptkonkurrenten N. N operiert in einer anderen Region. M will in Teilbereichen Kunden von N auf A-Produkte transferieren. Umgekehrt sollen die Marken und Produktlinien von N durch M nicht gefördert werden. Der wesentliche Teil des erworbenen *goodwill* ist auf die bestehenden A-CGUs von M zu verteilen, die von den erwarteten Synergien des Unternehmens profitieren sollen.

Die Produkte des Bereichs lassen sich nicht an N-Kunden vertreiben. Auch wenn der Bereich B sehr profitabel ist und ein „breites" Saldierungskissen (Rz 126) aufweist, scheidet eine Zuordnung des erworbenen *goodwill* aus.

119 Innerhalb des Standards fehlt es an einer Vorgabe zur Auslegung von ***„not larger than"***. Zwei mögliche Lesarten bieten sich an:

- Lesart 1: Bei Interpretation von *„not larger than"* im **algebraischen Sinne** als „kleiner gleich" (<=) wäre etwa auf Umsatz, Ergebnis oder eine sonstige Größe abzustellen und insofern zu untersuchen, ob der Umsatz oder die sonst angewandte Größe der für Zwecke der Zuordnung von *goodwill* zu identifizierenden CGU kleiner als die entsprechende Größe für das operative Segment ist. Es fehlt in IAS 36.80b allerdings überhaupt an Vorgaben, welche Größen/Kennzahlen einschlägig wären. Damit käme beinahe jede infrage. Die Festlegung wäre vollkommen willkürlich möglich; damit ist das Kriterium nicht operationabel.
- Lesart 2: Bei Interpretation von *„not larger than"* als **echte** oder **unechte Teilmenge** würde eine Schnittmenge nicht ausreichen: Nach entsprechender Lesart wäre die *goodwill* tragende CGU immer ein Ausschnitt aus einem operativen Segment (echte Teilmenge) oder maximal mit diesem identisch (unechte Teilmenge).

Die erste Lesart widerspricht u.E. unter teleologischen Gesichtspunkten dem Verhältnis von IAS 36.80b zu IAS 36.80a. Nach IAS 36.80a ist für den *impairment*-Test auf den *„lowest level"*, also die unterste Einheit, abzustellen, auf der *goodwill* überwacht wird. IAS 36.80b soll diese Vorschrift lediglich in der Weise flankieren, dass auch bei einem Verzicht auf eine Überwachung einzelner *goodwills* die *goodwill* tragende CGU nicht einen höheren Level haben kann als ein (*reportable*) Segment (nach dem *Annual Improvements Project* 2009, unabhängig davon, ob es *reportable* ist).

Diese Auslegung wird durch IAS 36.BC137 bis IAS 36.BC150b bestätigt. In diesen Erläuterungen des für die Ebene des *impairment*-Tests gewählten Ansatzes geht es sowohl in der Auseinandersetzung mit Stellungnahmen zum Exposure Draft als auch im vorgenommenen Rechtsvergleich zu US-GAAP und schließlich auch in den Klarstellungen, warum es auf das Merkmal *reportable* nicht ankommt, beständig nur um die Frage, auf welchem Level der *goodwill* zu testen ist. In IAS 36.BC150B kommt die Gleichsetzung von *„not larger"* mit *„not on a higher level"* etwa in folgenden Formulierungen zum Ausdruck: *„The Board noted that aggregating operating segments for goodwill impairment testing into a unit larger than the level at which goodwill is monitored contradicts the rationale underlying IAS 36,..."* 120

Das *„larger than"* ist somit i.S.e. **hierarchischen Struktur**, bei der (Ober-)Einheiten (hier *level*) aus Untereinheiten (*lower level*) bestehen, so zu verstehen, dass der *level* auf dem der *goodwill* getestet wird, zwar eine Untereinheit eines Segments oder das Segment selbst sein darf, aber weder eine Einheit, die über dem Segment anzusiedeln ist, noch eine Einheit, die quer zum Segment liegt. In der Terminologie der Mengenlehre lässt sich dies auch wie folgt ausdrücken: Eine *goodwill* tragende CGU kann nur **echte Teilmenge** bzw. maximal **identische Menge** (unechte Teilmenge) eines Segments sein, aber nicht eine das Segment lediglich überlappende Schnittmenge.

Die letztgenannte Größe war im Vorfeld der Neufassung von IAS 36 im Hinblick auf die stärker quantifizierende Vorgabe in SFAS 142 besonders umstritten. Dort ist nämlich die Grenze nach unten durch die **erste** Berichtsebene **unterhalb** eines Segments angesiedelt. Der IASB hat sich standhaft gegen diese Begrenzung gewandt (IAS 36 BC167). Allerdings verlangt IAS 36 keine Staffelung der Berichtstiefe so weit nach unten, dass nur wegen des erforderlichen *impairment*-Tests für den *goodwill* eine eigenständige Berichtsebene in die Konzernstruktur eingeführt werden muss (IAS 36.82). Die Bezugnahme auf das innerbetriebliche Berichtswesen *(management approach)* ist im Übrigen organisatorisch zwingend, denn ohne ein solches können die anspruchsvollen Vorgaben des *impairment*-Tests speziell für den *goodwill* ohnehin nicht erfüllt werden. 121

Andererseits darf die Zuordnung des *goodwill* nicht den internen Rentabilitätsvorgaben **widersprechen**. Dazu folgendes Beispiel: 122

Beispiel

Das Unternehmen U hat drei Segmente nach der Vorgabe von IFRS 8 (→ § 36 Rz 15ff.). Jedes Segment verfügt über zwei an Produktgruppen orientierte Subeinheiten. Ein erworbener *goodwill* soll für vier der sechs Untereinheiten Synergien bereitstellen. Die Untereinheiten berichten ihre Leistungszahlen unmittelbar an die oberste Managementebene. Allerdings ist die Rentabilitätsvorgabe für das in den sechs Untereinheiten investierte Kapital anlässlich der Akquisition vom Topmanagement angehoben worden. Diese Vorgabe kann als *goodwill*-Allokation gewertet werden, denn der *goodwill* wird „indirekt" überwacht.

123 Bezüglich der laufenden Überwachung des *goodwill* knüpft letztlich der Standard an das **interne Berichtswesen** des Konzerns/Unternehmens an (IAS 36.BC143), allerdings ohne dessen Struktur für den Test verbindlich zu erklären.[42] Dazu müsste das interne Berichtswesen der anspruchsvollen Aufgabe der Abbildung von **Synergien** gerecht werden. Anders formuliert: Wenn das interne Reporting zwei CGUs **getrennt** erfasst, hindert dies die Überwachung eines durch die Synergien zwischen beiden CGUs entstandenen *goodwill*. Jedenfalls lässt sich ein „Spannungsfeld"[43] zwischen der Vorgabe (IAS 36.80) zur Verwendung der niedrigsten Überwachungsebene des *goodwill* im internen Berichtswesen und der Vorgabe *„that are expected to benefit from the synergies of the combination"* nicht verleugnen. Ein Lösungsansatz für dieses Problem bietet die Zuordnung eines *goodwill* auf **mehrere** CGUs (Rz 128), die gemeinsam überwacht werden.

124 Der Begriff „CGU" (Rz 84) beruht auf der Möglichkeit des Absatzes von Produkten auf Märkten. Damit ist der betriebliche **Leistungsprozess** angesprochen, der regelmäßig in der Abgrenzung von **Segmenten** durch das Management gesteuert wird. Die danach erforderliche Steuerung der Konzerneinheit unter Berücksichtigung der spezifischen Chancen und Risiken legt die Bestimmung der CGU auf der Grundlage einer **sektoralen** (produktorientierten) Segmentierung (→ § 36 Rz 20) nahe.[44] Diese theoretische Vorgabe wird durch die in Deutschland praktizierte internationale Rechnungslegungspraxis bestätigt. Mehrheitlich erfolgt die Abgrenzung der CGUs anhand der Segmente und darin wieder überwiegend in **sektoraler** Ausrichtung. Die **regionale** Segmentierung ist in diesem Zusammenhang von untergeordneter Bedeutung.[45]

Im Ergebnis löst sich die *goodwill*-Bilanzierung von der einzelerwerbsorientierten Buchwertfortschreibung. Der einzelne Erwerbsvorgang stellt nicht den Mittelpunkt der Werthaltigkeitsprüfung dar.[46]

125 Die Definition einer CGU im **Großkonzern** wird sich i.d.R. an der Organisationsstruktur ausrichten. Im Falle einer Matrixorganisation bietet sich folgendes Schema an:

Beispiel
Ein global tätiger Versicherungskonzern ist **sachlich** „gegliedert" in die Versicherungsbranchen mit jeweiliger Zuständigkeit eines Vorstandsressorts:
- Leben und Kranken *(„life")*
- Sach und Kfz
- Kredit
- Vermögensverwaltung *(„asset management")*

Geographisch sind den Vorständen zugeordnet:
- Westliches Europa
- US-Amerika
- Südamerika

42 Hachmeister/Kunath, KoR 2005, S. 69.
43 Hachmeister/Kunath, KoR 2005, S. 70.
44 So Haaker/Paarz, KoR 2005, S. 194.
45 Pellens u.a., BB-Spezial 10/2005, S. 12.
46 Küting/Wirth, KoR 2005, S. 199.

> - Naher Osten
> - Ferner Osten
>
> Entsprechend bietet es sich an, eine CGU „Naher Osten, Sach" zu definieren. Eine „Unter-CGU" wäre allerdings erforderlich, wenn aus politischen Gründen die Staaten Israel und Zypern, die zu diesem geografischen Segment gehören, völlig getrennt vom übrigen Bereich gesteuert werden.

In der IFRS-Rechnungslegungspraxis der deutschen Großkonzerne wird die CGU überwiegend als recht umfangreich definiert.[47] Dabei bewegt sich die Anzahl der CGUs keineswegs proportional zur Größe des Unternehmens/Konzerns.

> **Beispiel**
>
> Ein Unternehmen betreibt in Deutschland 100 Fitness-Studios in guten Innenstadtlagen. Das zentrale Management beschränkt sich auf die Hilfestellung bei der individuellen Ausstattung des jeweiligen Studios. Mit Sportartikel- und Inneneinrichtungs-Herstellern besteht eine zentral ausgehandelte Rabattvereinbarung.
>
> Die Generierung der Zahlungsmittel ist hier für jedes Studio weitgehend unabhängig. Es liegt jeweils eine CGU vor. Anders könnte es sich verhalten, wenn die Benutzung des Studios von einem Dauervertrag abhängig ist und dieser zur Nutzung jeder der deutschen Einheiten berechtigt. Sofern die Kunden diese Möglichkeit auch nennenswert nutzen und/oder diese Möglichkeit maßgeblich für den Vertragsschluss ist, liegt insgesamt nur eine CGU vor.

Die Definition der Einheit, die potenziell dem *impairment*-Test des *goodwill* 126
unterliegt, hat erhebliche bilanz**analytische** und **-politische** Bedeutung. Je größer die definierte Einheit ist, desto eher werden Wertminderungen in einer bestimmten „Untereinheit" durch positive Wertbeiträge des übrigen Bereichs **kompensiert**. Man spricht hier (IAS 36 BC167) von „Kissen" *(cushions)*, die den Wertminderungsverlust ausgleichen. Das gilt schon für die Aufteilung des Unternehmens/Konzerns in *cash generating units* überhaupt (Rz 92), unter Einbeziehung des dieser CGU zuzuordnenden *goodwill* kommt diesem Aspekt besondere gestalterische und bilanzpolitische Bedeutung zu.
Hierzu folgendes Beispiel:[48]

> **Beispiel**
>
> - Die Bau AG gliedert ihr Geschäft in die Segmente Tief- und Hochbau.
> - Die Hochbau wird weiter nach den Komponenten Wohnungs-, Büro- und Industriebauten unterteilt.
> - Im Wohnungsbau wird in einer dritten Ebene noch zwischen Einfamilienhäusern und Geschosswohnungsbauten unterschieden.

---

47 PELLENS u. a., BB-Spezial 10/2005, S. 12.

48 Entnommen LÜDENBACH/HOFFMANN, WPg 2004, S. 1068, 1073.

Vor einigen Jahren wurde die Geschosswohnungsbaufirma G erworben. Der *derivative goodwill* wurde für US-GAAP-Zwecke der *reporting unit* (nach IAS 36 die CGU) „Wohnungsbauten" zugeordnet. Der Geschosswohnungsbau entwickelte sich jedoch schlechter als erwartet. Zu einer außerplanmäßigen Abschreibung auf den *goodwill* kam es dennoch nicht, da der Einfamilienhausbau stark steigende Ergebnisse abwirft und somit saldiert, d.h. auf Ebene der *reporting unit* Wohnungsbau keine Einbußen der Ertragskraft festzustellen sind. Bei der IFRS-Umstellung stellt sich die Frage, ob der *goodwill* nunmehr einer kleinen Einheit, nämlich der CGU Geschossbau, nicht nur zugeordnet werden darf, sondern muss mit der Folge eines *impairment* auf dieser kleineren Ebene.
Ob dieses „Saldierungs-Kissen" also nach IFRS fortgeführt werden kann, hängt von der Verfügbarkeit der aus dem Reportingsystem der Einheit entstehenden Informationen ab, die für den *impairment*-Test verwendet oder mit geringem Aufwand angepasst werden können.
Eine dadurch indizierte Intensivierung des Controlling-Umfeldes wäre sicherlich ein positiver Nebenaspekt des Übergangs auf die IFRS-Rechnungslegung.

127 Der Effekt des „Saldierungskissens" (*cushion*) provoziert auch **bilanzpolitische** Überlegungen bereits bei der Erst-Allokation eines *goodwill* für Zwecke der Kapitalkonsolidierung (→ § 31 Rz 68ff.). Die *cash generating units* und die zugehörigen Berichtssysteme können auf die künftige Vermeidung von Wertminderungsabschreibungen ausgerichtet werden.

Beispiel
Ein europäisches Software-Unternehmen erwirbt eine zu konsolidierende Beteiligung in den USA mit folgenden Konzernbereichen und den zugehörigen Profitabilitäten:

	Profit	
Bereich	**USA**	**Welt**
A Lizenzierung	--	--
B *professional services*	+/-	+
C *maintenance*	++	--

- Definiert man die USA durch entsprechende Ausgestaltung des konzerninternen Berichtswesens insgesamt zur CGU, kann es u.U. zu einem *goodwill impairment* kommen.

- Denkbar ist auch die Einrichtung einer zweistufigen Berichtsebene für die USA-Akquisition, nämlich eine Trennung nach den drei Spartenbereichen. Dann ist der *goodwill* dem Bereich *„maintenance*-USA" zuzuordnen mit der Folge einer (voraussichtlichen) Nichtabschreibung des *goodwill* in der Zukunft.
- Schließlich ist eine durchgehende Zuordnung der USA-Akquisition zu den drei Sparten denkbar. Dann wäre der *goodwill* der Sparte *„maintenance*-Welt" zuzuordnen mit der Folge eines möglichen *goodwill impairment* bei negativer Entwicklung dieser Sparte überhaupt.

Die Frage der Definition von „Saldierungs-Kissen" als bilanzpolitisches Instrument stellt sich im Übrigen nicht nur bei einer Neuakquisition eines Unternehmens, sondern auch generell beim **Übergang** vom Abschluss nach bisherigem nationalen Recht auf denjenigen nach IFRS (→ § 6 Rz 116). Das zeigt sich gut am Beispiel eines Stromerzeugungs- und -verteilungsunternehmens mit einem defizitären Bereich, der nicht unbedingt als solcher (durch außerplanmäßige Abschreibung) in Erscheinung treten soll.

Beispiel
Ein Energieversorgungs- und -verteilungsunternehmen produziert Strom aus:
- Kernkraftwerken,
- herkömmlichen thermischen Kraftwerken,
- Laufwasser-Kraftwerken,
- (neuerdings) Biomasse.

Die letztgenannte Erzeugungseinheit hat einen vorwiegend politischen Hintergrund: Umweltschutzorientierte Strömungen sollen von negativen Verhaltensweisen gegen das Kraftwerkunternehmen abgehalten werden. Ergänzend hierzu ist ein zusätzliches Vorstandsressort eingerichtet worden, das auch im Sinne einer politischen Quotenbetrachtung besetzt wird. Mit nachhaltig negativen Ergebnissen aus dem Erzeugungsbereich „Biomasse" ist zu rechnen.
Bei Definition des Biomasse-Kraftwerks als eigene CGU wird es relativ kurzfristig zu einer entsprechenden Wertminderungs-Abschreibung kommen. Zur Vermeidung kann eine CGU „Erneuerbare Energien" eingerichtet werden, die neben dem Biomasse-Kraftwerk auch seit langem installierte Laufwasser-Kraftwerke mit anhaltender Profitabilität umfasst. Das „Kissen" dieser Laufwasser-Kraftwerke verhindert dann eine außerplanmäßige Abschreibung auf das Biomasse-Kraftwerk.
Eine andere Alternative bestünde in der Unterteilung des gesamten Unternehmens/Konzerns in die Bereiche
- Energieerzeugung (umfassend auch den Bereich „Biomasse"),
- Energieverteilung.

Dann würde das „Saldierungs-Kissen" noch weiter gezogen.

128 Die Allozierung eines im Wege des Unternehmenszusammenschlusses *(business combination)* aufgedeckten *goodwill* ist nicht zwingend auf die Ebene jeder CGU herunterzubrechen. Es genügt eine Zuordnung auf **Gruppen** von CGUs *(groups of units)* gem. IAS 36.80. Dadurch wird die Möglichkeit eröffnet, die Überwachung des *goodwill* primär an den **internen Berichts- und Überwachungsstrukturen** auszurichten (Rz 122). Umgekehrt ist dann allerdings eine Neuausrichtung der *goodwill*-Zuordnung erforderlich, wenn die Berichtsstrukturen ihrerseits neu definiert werden (Rz 151). Nach IAS 36.87 ist dann der vorhandene Buchwert des *goodwill* nach Maßgabe der relativen *fair values* neu zuzuordnen *(relative value approach)*. Die Entscheidung auf eine Neuausrichtung des internen Reportings stellt keinen *change in accounting policy* (→ § 24 Rz 26) dar, eine retrospektive Anpassung scheidet daher aus.

Beispiel[49]

Der deutsche Telekommunikationskonzern T hat den osteuropäischen Festnetzbetreiber Eastcom erworben. Bislang war die Segmentierung konzernweit in jedem Land u.a. in die CGU „Festnetz" erfolgt. Diesem ist der *goodwill* aus der Akquisition zugeordnet worden. Künftig wird das Segment „Festnetz" landesspezifisch in zwei Segmente unterteilt: national und international. Das stark regulierte nationale Geschäft soll berichtstechnisch von dem unregulierten internationalen Geschäft getrennt werden. Der *goodwill* ist dann nach Maßgabe der relativen *fair values* auf das nationale und das internationale Geschäft des neu erworbenen osteuropäischen Festnetzbetreibers aufzuteilen.

129 Für aus der Zeit **vor** dem *impairment only approach* entstandenen *goodwill* gilt der Übergangsstichtag als **Quasi-Anschaffungszeitpunkt**. Im Gefolge sind die betreffenden „Alt-*goodwills*" den CGUs zuzuordnen (Rz 115ff.). Diese Zuordnung stellt sich als fiktiver Anschaffungsvorgang dar, der nach der Erwerbsmethode (→ § 31 Rz 12ff.) abzubilden ist. Dazu muss als fiktiver Kaufpreis der erzielbare Betrag (Rz 5) des jeweiligen „Alt-*goodwill*" dem Buchwert der betreffenden CGU ohne die darin enthaltenen *goodwills* gegenübergestellt werden. Die daraus resultierende Differenz entspricht den Synergieeffekten des betreffenden *goodwills* im Übergangszeitpunkt.

Eine Hochrechnung bzw. Zuschreibung des effektiv bilanzierten *goodwill* auf diesen neu errechneten Betrag kommt allerdings nicht in Betracht. I.d.R. werden die effektiven Buchwerte niedriger liegen als die neu errechneten Werte des oder der Alt-*goodwills*. Deshalb muss in diesen Fällen eine Abstockung dieses Buchwerts erfolgen, nach welcher Form, ist in IAS 36 nicht geregelt und kann deshalb vom Anwender willkürfrei entschieden werden.[50]

49 Nach Lüdenbach/Frowein, DB 2003, S. 219.

50 Hachmeister/Kunath (KoR 2005, S. 72) schlagen anhand eines Berechnungsbeispiels eine proportionale Abstockung vor und lehnen damit den relativen Ansatz und damit einen Analogieschluss auf die Berechnungsvorgaben für den Abgang eines goodwill (Rz 151) ab (IAS 36.86f.).

5.5 Zweckentsprechende Anwendung von Barwertkalkülen

5.5.1 Umsetzungsprobleme in der praktischen Anwendung

Zur Ermittlung des erzielbaren Betrages (Rz 5) des *goodwill* – also der Betrag, auf den gegebenenfalls die außerplanmäßige Abschreibung primär (Rz 148) vorzunehmen ist – rekurriert IAS 36.74 auf die allgemeinen Vorschriften zum *impairment*-Test (IAS 36.19–57; Rz 36f.). Die dortigen Vorgaben sind auf den **einzelnen** Vermögenswert ausgerichtet. Das provoziert die Frage, ob die dortigen rechnerischen Vorgaben auch für den *goodwill-impairment*-Test (Rz 112) einschlägig sind. 130

Nach IAS 36.33 (Rz 22f.) muss die *cash-flow*-Planung

- für die i. d. R. bis zu **fünfjährige** Detailplanungsperiode auf Basis des *management forecast*,
- für die **Anschlussphase** i. d. R. durch den Ansatz einer konstanten (je nach Marktreife auch negativen) Wachstumsrate, die im Allgemeinen das Marktwachstum nicht überschreiten soll,
- erfolgen.

Reales Unternehmens-Wachstum setzt in aller Regel **Erweiterungsinvestitionen** voraus. Zu fragen ist deshalb, wie sich die (im *management forecast)* zulässige Berücksichtigung von Wachstum zur prinzipiell vorgesehenen Beschränkung der Planung auf operative *cash flows* verhält. Drei Interpretationen bieten sich an:[51] 131

- Die strenge **Beschränkung** auf operative *cash flows* gilt nur für das *impairment* von einzelnen *assets* oder von *asset*-Gruppen, nicht jedoch für eine *goodwill*-tragende CGU.
- Das Wachstum wird als vollständig **fremdfinanziert** unterstellt. Die Finanzierungs-*cash-flows* werden dann eventuell ebenso wie die investiven *cash flows* aus der Planung ausgeblendet (IAS 36.50).
- Aus dem *management forecast* werden die Erweiterungsinvestitionen und Finanzierungen **herausgerechnet**, in diesem Falle müssen aber auch die Umsätze bzw. Deckungsbeiträge eliminiert werden, die sich ohne Durchführung von Erweiterungsinvestitionen nicht realisieren ließen.

Die **dritte** Interpretation führt zu einer **artifiziellen Planung**, die mit dem realen Businessplan kaum noch Berührungspunkte hat. Auch die **zweite** Interpretation führt zu ökonomisch **unsinnigen** Ergebnissen; gegen sie spricht auch das Verständnis des *goodwill-impairment*-Tests als Quasi-Kaufpreisallokation. Vom als Ausgangsgröße zu bestimmenden DCF-Wert der CGU ist das Nettovermögen, also der Saldo von Vermögenswerten und Schulden, abzuziehen. Ein derartiger Rechengang wäre inkonsistent, wenn nicht ebenso in der Ausgangsgröße die Schuldenseite über die Finanzierungs-*cash-flows* berücksichtigt würde.

Gegen die **erste** Interpretation spricht andererseits der **eindeutige Wortlaut** von IAS 36.74. Ohne jegliche Einschränkung wird die sinngemäße Anwendung der in IAS 36.19 bis 57 aufgestellten Regeln verlangt. Überdies ist nach IAS 36.76 unter erneutem Verweis auf IAS 36.28 und 43, von Ausnahmen abgesehen, der *recoverable amount* einer CGU ohne Berücksichtigung von **Verbindlichkeiten** zu bestimmen. Lediglich aus praktischen Gründen *(„practical purposes")* könne die

---

51 LÜDENBACH/HOFFMAN, WPg 2004, S. 1068, 1075.

Berücksichtigung der Verbindlichkeitenseite manchmal *(„sometimes")* zulässig sein (IAS 36.79). Auf diese Weise ergibt sich immerhin eine **Ausnahmeoption,** die jedoch wiederum dem Wortlaut nach nur die Erweiterung der operativen um finanzielle *cash flows*, hingegen nicht die Berücksichtigung investiver *cash flows* erlaubt.

Nur bei einer nicht mehr ausschließlich am **Wortlaut** orientierten Auslegung von IAS 36 wäre daher bei der DCF-orientierten Bestimmung des *recoverable amount* einer CGU die Einbeziehung von **Investitionen** zulässig. Dem Grundsatz, dass die Grenze des Wortsinnes im Allgemeinen auch die Grenze der Auslegung ist,[52] würde nicht mehr voll entsprochen, an Stelle einer Auslegung i. e. S. also eine eher regelberichtigende Lesart gewählt. Ein derartiges Vorgehen kann u. E. bestenfalls ultima ratio sein. Zuvor ist deshalb zu prüfen, ob über die angemessene Interpretation der o. g. Ausnahmen vom Stichtagsprinzip eine widerspruchsfreie Lösung zu erzielen ist.

132 Nach IAS 36.42 und 49 sind (auf der Ebene einzelner Vermögenswerte) investive *cash flows* ausnahmsweise dann zu berücksichtigen, wenn sich die Anlage im Bau befindet oder die Investition den Charakter von **Erhaltungs**aufwand hat (Rz 36 ff.). Aus dieser Sicht ist zunächst zu prüfen, ob auch eine CGU einen „Anlagen im Bau"-analogen Status haben kann.

Hierzu folgendes Beispiel:[53]

Beispiel

Ein Mobilfunkbetreiber erreicht derzeit erst eine 80-%-Netzabdeckung. Er will mittelfristig weitere Sendemasten errichten, um auf eine 90-%-Abdeckung zu kommen. In erster Betrachtung könnte man das Netz als noch unfertig bzw. im Bau befindlich verstehen. Die Aufwendungen für den weiteren Ausbau und die voraussichtlich entgegenstehenden Einnahmen wären daher im *cash flow* zu berücksichtigen. Bei zweiter Betrachtung stellen die 90 % aber ebenso wenig eine objektive Grenzgröße dar wie die 80 %. Ökonomische Einschätzungen haben bisher zu 80 % Abdeckung geführt, werden mittelfristig zu 90 % führen und eventuell langfristig zu einer noch höheren *coverage*. Es erscheint daher willkürlich, die 80 % als unfertig, die 90 % hingegen als fertig zu definieren.

133 Eine ähnliche Problematik kann sich stellen, wenn ein Hersteller, um frühzeitig auf einem neuen Markt präsent zu sein, zunächst mit einer Kapazität unterhalb der optimalen Betriebsgröße arbeitet, später aber bei unterstelltem Wachstum des Marktes diese Größe erreichen will. Fraglich wäre auch hier, was die **optimale Betriebsgröße** definiert. In beiden Fällen scheint die Übertragung der Regelungen für **einzelne** Vermögenswerte auf die CGU zwar möglich, jedoch nur in der Weise, dass unterschiedliche Lösungen und damit ein erhebliches Maß an Subjektivität unvermeidlich sind.

---

52 Vgl. ZIPPELIUS, Juristische Methodenlehre, 8. Aufl., 2003, S. 47.

53 Entnommen LÜDENBACH/HOFFMANN, WPg 2004, S. 1068, 1076; ähnliche Überlegungen zum Problem der Eliminierung von Erweiterungsinvestitionen aus dem DCF-Verfahren stellen an BRÜCKS/KERKHOFF/RICHTER, KoR 2005, S. 5 f.

Ähnliche Schwierigkeiten ergeben sich bei der Übertragung der Regelungen zum **Erhaltungsaufwand** auf CGUs. Hierzu folgendes Beispiel:

Beispiel
Das Tochterunternehmen eines deutschen Automobilherstellers in China, das einen Marktanteil von 15 % hat, wird als eine CGU identifiziert. Im Rahmen der *impairment*-Ermittlung wird der DCF-Wert der CGU berechnet. Hierbei stellt sich die Frage, welche Investitionen als Erhaltungsaufwand zu berücksichtigen sind. Eine am Erhalt der absoluten Unternehmensgröße orientierte Variante würde als „Erhaltungsaufwand" nur solche Investitionen gelten lassen, die die Aufrechterhaltung des Produktionsvolumens (auf einem zeitgemäßen technologischen Niveau) gewährleisten. Auf dem boomenden chinesischen Automobilmarkt würde der Marktanteil des Tochterunternehmens aber innerhalb kürzester Zeit auf einen Bruchteil der Ausgangsgröße schrumpfen. Dies entspräche weder der Realität, noch würde diese Vorgehensweise den Fundamentalwert der CGU widerspiegeln. Mögliche Konsequenz wäre daher eine zweite, an der relativen Unternehmensgröße orientierte Variante, die als „Erhaltungsaufwand" auch solche Investitionen gelten lassen würde, die der Aufrechterhaltung des Marktanteils dienen.

Zöge man im Gegensatz dazu einen Hersteller auf einem beinahe gesättigten Markt, heran, käme nur die um die **technologische Komponente** erweiterte Sicht des Erhaltungsaufwands infrage. Dieses Beispiel verdeutlicht, wie sehr eine Beschränkung der investiven Ausgaben auf den Erhaltungsaufwand (vom Standardsetter so vorgesehen) Interpretationsprobleme provoziert.

Eine Inkonsistenz ist auch hinsichtlich der Berücksichtigung von **Steuerlatenzen** beim *impairment*-Test im Vergleich bzw. im Gefolge der Latenzrechnung bei der **Kaufpreisallokation** beim Unternehmenszusammenschluss festzustellen. Im Fall eines *share deal* (→ § 31 Rz 1) ergibt sich regelmäßig eine passive Steuerlatenz, weil die Verteilung des Kaufpreises auf die (indirekt) erworbenen Vermögenswerte im Konzernabschluss von den Buchwerten im Einzelabschluss und damit auch in der Steuerbilanz der erworbenen Gesellschaft nach oben abweichen. Die dann zu bildende passive Steuerlatenz **erhöht** c. p. den *goodwill* aus dem Unternehmenserwerb gegenüber einer (potenziell) „steuerfreien" Kaufpreisallokation. Vgl. hierzu das Beispiel in → § 26 Rz 67. Anders ausgedrückt: In den Unternehmenskaufpreis ist der Steuereffekt aus einem späteren Abgang des erworbenen *asset* bereits eingepreist. 134

Demgegenüber ist der *impairment*-Test auf **Vorsteuerbasis** vorzunehmen (Rz 57 und Rz 130). Danach wären passive Steuerlatenzen aus dem Buchwert *(carrying amount)* der CGU auszuschließen mit der Folge einer gleich hohen Minderung des *goodwill* in der CGU. Anders ausgedrückt: Schon beim ersten pflichtmäßigen *impairment*-Test (Rz 11) nach der Unternehmensakquisition mindert sich der *value in use* des *goodwill* um den Wert der passiven Steuerlatenz innerhalb der betreffenden CGU. Die Wertminderung ist indes nicht wirtschaftlich, sondern lediglich „technisch" bedingt – eben wegen der Vorgabe einer Vorsteuerrechnung im Rahmen des *impairment*-Tests.

Zur Vermeidung dieser Inkonsistenz sind zwei Lösungsmöglichkeiten diskutabel:

- In Sonderfällen sind nach IAS 36.78 (Rz 47) auch Verbindlichkeiten in den Buchwert der CGU aufzunehmen. Als Verbindlichkeit soll dann auch die passive Steuerlatenz gelten. Allerdings wird eine Schuld aus der passiven Steuerlatenz von einem fiktiven Käufer der CGU gerade nicht übernommen (zu einem ähnlichen Fall bei der Definition einer Abgangsgruppe nach IFRS 5 vgl. → § 29 Rz 42).
- Vorzugswürdig ist die unveränderte Beibehaltung der weitergerechneten Steuerlatenz aus der Erstkonsolidierung im Buchwert der CGU, wodurch der *goodwill* ungeschmälert erhalten bleibt. Dieser förmliche Verstoß gegen IAS 36.76b gewährleistet eine wirtschaftlich sinnvolle Vorgehensweise beim *impairment*-Test.

135 Um die jeweilige methodische Stringenz zu behalten und **Verwechslungen** beim *impairment* von *goodwill* einerseits und **Einzel**vermögenswerten andererseits zu vermeiden, haben die amerikanischen Standardsetter folgerichtig für beide Problemkreise **eigene** Standards formuliert. Im IASB war man dagegen der Ansicht, dass beide Sachverhalte theoretisch zusammengehören und deswegen unter Zuhilfenahme der Verweistechnik **integrativ** zu berücksichtigen sind. Diese Vorgehensweise führt jedoch zu offensichtlichen (redaktionellen) **Inkonsistenzen**, bspw. bei der Behandlung von Verbindlichkeiten bzw. Finanzierungs-*cash-flows* (Rz 130).

In der praktischen Anwendung der DCF-Methode auf den *goodwill-impairment*-Test sind **zwei** Varianten denkbar:[54]

- Der Konzeption von IAS 36 folgend ist ein *entity-value* zu ermitteln, d. h. die Summe der DCF-Werte für Eigen- und Fremdkapitalinvestoren durch Diskontierung der an beide Gruppen fließenden Zahlungsströme mithilfe der gewichteten Kapitalkosten (WACC) (Rz 57).
- Die Überführung in einen *equity-value* der CGU ist im Einzelfall durch Abzug der verzinslichen Schulden möglich (Rz 61), scheitert jedoch häufig schon an der fehlenden Zurechenbarkeit der Schulden, entspricht im Übrigen auch nicht der inzwischen herrschenden Praxis der Unternehmensbewertung.

Folgende Grundsätze aus der **Unternehmensbewertung** sind u. E. beachtlich:

- Sowohl Nettoveräußerungs- als auch Nutzungswert eines Vermögenswertes sind **unabhängig** von der individuellen **Finanzierung** desselben (Prämisse der Irrelevanz der unternehmensindividuellen Kapitalstruktur).
- Ohne den Einfluss von **Steuern** entsprechen sich die Kapitalkosten eines rein eigenfinanzierten und eines gemischt finanzierten Vermögenswertes.[55] Die Verwendung eines Vorsteuer-Barwertkalküls macht den Diskontierungszinssatz unabhängig von Finanzierungsüberlegungen.

5.5.2 Rückgriff auf den Nettoveräußerungswert als Ausweg?

136 Die bestehenden Probleme aufgrund der Inkonsistenzen und einschränkenden Vorgaben für die DCF-Wertermittlung des Nutzungswerts könnten durch die Heranziehung des **Nettoveräußerungswertes** (*fair value less costs to sell;* Rz 26)

---

54 Vgl. LÜDENBACH/FROWEIN, DB 2003, S. 219ff.

55 Vgl. FREIBERG/LÜDENBACH, KoR 2005, S. 479ff.

anstelle des *value in use* als Wertmaßstab (*measure*) **vermieden** werden. Die Logik dieser Ausweichlösung wäre wie folgt:

- Das DCF-Verfahren zur Bestimmung des *value in use* ist durch restriktive, häufig **nicht praktikable** Bestimmungen reguliert.
- Diesen Restriktionen **entgeht** man, wenn die DCF-Methode – wie in anderen Kontexten, etwa bei der Kaufpreisallokation (→ § 31 Rz 68ff.) – zur Bestimmung des *fair value* (hier: *less costs to sell)* verwendet wird. Bei diesem Einsatz der DCF-Methode sind die in IAS 36.30ff. für den „*value in use*-DCF" festgehaltenen Vorgaben obsolet (Rz 46ff.). Zu beachten wäre lediglich die pauschale und interpretationsfähige Anforderung von IAS 36.27, für die *fair-value*-Bestimmung die besten verfügbaren Informationen zu verwenden.

U. E. ist eine solche „Ersatzlösung" aus folgenden Gründen in konzeptioneller Hinsicht (Rz 139) problematisch:[56] 137

- Der begriffliche Gegensatz von „*to sell*" und „*in use*" reflektiert den *going-concern*-Aspekt: **Primär** ist der Wert „im laufenden Gebrauch" *(use)* bestimmend und nur im **Ausnahmefall** soll der mögliche Verkauf *(sell)* einer Wertermittlung zugrunde gelegt werden.
- Ein solcher **Ausnahmefall** wird hinsichtlich der Wertermittlungsgrundlage dann auch in IAS 36.25–27 durchdekliniert, und zwar in folgender Hierarchie (Rz 27):
  - festes Kaufangebot,
  - unmittelbarer Preisvergleich auf einem aktiven Markt mit dem dort gültigen Angebotspreis,
  - die Bedingungen der jüngsten bekannt gewordenen Transaktion,
  - die bestmögliche Information über den erzielbaren Preis anlässlich einer **Veräußerung** (*from the disposal*).
- Der Standard-Wortlaut (IAS 36.27) betont konsequent den **Veräußerungsgesichtspunkt** (*to sell*).
- Selbst wenn man das Veräußerungsthema des IAS 36.27 nur als Fiktion ansieht, verbleibt die Vorgabe, ein Bewertungsverfahren müsse den am Bilanzstichtag erzielbaren Veräußerungspreis reflektieren: Ein auf den **Planungen** des Managements aufbauendes DCF-Verfahren kann in systematischer Betrachtung diesen Wert – den stichtagsbezogenen Marktpreis – gerade nicht liefern, sondern nur die langfristige **Entwicklung** der CGU abbilden. Das beweist schon die *sum-of-the-parts*-Thematik, der zufolge die DCF-basierte Wertermittlung für die einzelnen CGUs häufig einen höheren Wert als die Börsenkapitalisierung ergibt.[57] Die Einschätzungen des Marktes sind m. a.W. – abgesehen von den Zinsen (Rz 146) – regelmäßig unbekannt und können nicht als Berechnungsparameter in die Bewertungsformel einfließen. Im Ergebnis wird durch diese Vorgehensweise ein Veräußerungswert ermittelt, der in Wirklichkeit den vom Management definierten **Fortsetzungswert** (*going-concern*-Betrachtung) darstellt.
- Der Gebrauchswert *(value in use)* wird vom Standard schon durch das schiere **Volumen** der Einzelanweisungen (IAS 36.30–57) als der absolut herrschende Regelfall zur Ermittlung des *recoverable amount* (Rz 26) dargestellt.

---

56 Wegen abweichender Ansichten wird auf Rz 28 verwiesen.

57 Frowein/Lüdenbach, KoR 2003, S. 261; ausführlich Freiberg/Lüdenbach, KoR 2005, S. 479ff.

- Die Anweisungen über die Durchführung der DCF-Verfahren zur Ermittlung des *value in use* sind bewusst extrem **detailliert** ausgefallen – ob im Einzelnen sinnvoll oder nicht (Rz 130), mag hier dahingestellt bleiben. Der Board hätte sich diese **Mühe ersparen** können, wenn durch Heranziehung des Nettoveräußerungswertes die DCF-Verfahrensweise „ungebremst" angewendet werden dürfte.

138 Intendiert war vom Standardsetter die Ermittlung des *value in use*. Allerdings kann man der Praxis nicht vorwerfen, dass sie den unpraktikablen Restriktionen des Nutzungswerts zunehmend durch die Anwendung der Barwertmethode zur Berechnung des Nettoveräußerungswerts ausweicht. Wenn das Ergebnis dieser Berechnungen aber gerade kein hypothetischer Marktwert ist, drängt sich der Eindruck der **Fehletikettierung** auf.[58] Als Ausweg aus diesem Zwiespalt zwischen überreglementiertem Nutzungswert einerseits und unreglementiertem, teilweise fehletikettiertem Nettoveräußerungswert andererseits käme ein weniger reglementiertes, den Bedürfnissen der Praxis besser entsprechendes Nutzungswertverfahren infrage.[59]

139 Durch die Änderung des IAS 36.134 im Rahmen des *Annual Improvements Project 2008* (Rz 191) sind die **Anhangsangaben** bez. der DCF-Ermittlung des Nettoveräußerungswertes mit denen für den *value in use* gleichgestellt worden. Darin kann eine Reaktion des Board auf die „Umgehung" der überzogenen Anforderungen an die Ermittlung des *value in use* in der Rechnungslegungspraxis gesehen werden. Auf der Bewertungsebene gilt dann die Anwendung der DCF-Verfahren zur Ermittlung des Nettoveräußerungswertes als legitim und muss durch entsprechende Anhangerläuterungen „erkauft" werden. Mit einer prinzipienorientierten Rechnungslegung (→ § 1 Rz 42ff.) hat eine solche Interpretation wenig gemeinsam.

5.6 Notwendige Plausibilisierung/Kalibrierung des Bewertungsergebnisses

5.6.1 Unterschiedliche Anforderungen an Nutzungs- und Nettoveräußerungswert

140 Unabhängig davon, ob über den Rückgriff auf ein Barwertkalkül der Nutzungswert oder der Nettoveräußerungswert bestimmt wurden, ist u.E. eine **Plausibilisierung** des Bewertungsergebnisses, somit des erzielbaren Betrags (*recoverable amount*), der Höhe nach geboten. Als mögliche **Quellen** für eine Beurteilung der systematischen Richtigkeit kommen beobachtbare Markt- oder Transaktionspreise für identische Bewertungsobjekte auf einem aktiven (Referenz-)Markt in Betracht. Falls sich die wirtschaftlichen Umstände seit der letzten Transaktion/Notierung signifikant geändert haben, ist der letzte verfügbare Preis sachgerecht anzupassen. Infrage kommen z.B. Zu- und Abschläge in Abhängigkeit von der Entwicklung eines Referenzindex oder von dem Bewertungsobjekt ähnlichen Vermögenswerten.

141 Als (Mindest-)Quellen für eine Plausibilisierung des Ergebnisses eines Barwertkalküls und der sensitiven Bewertungsannahmen sind u.E. die **Marktkapitalisierung** (so weit eine Notierung besteht) und (Ergebnis-)**Multiplikatoren** (etwa

[58] Freiberg/Lüdenbach, KoR 2005, S. 479ff.

[59] Freiberg/Lüdenbach, KoR 2005, S. 479ff.

EBITDA, EBIT, Umsatz etc.) heranzuziehen. Der Rückgriff auf die Marktkapitalisierung ist – auch wenn dieser eine Aufsummierung aller CGUs voraussetzt – u.E. dabei **vorrangig** vor einem Rückgriff auf Multiplikatoren, da Referenzgröße und Bewertungsobjekt unmittelbar übereinstimmen.

- Wird auf die Marktkapitalisierung – als *equity-value*-Größe – abgestellt (Rz 142), ist bei Bestimmung des erzielbaren Betrags als *entity-value*-Größe zusätzlich der Marktwert des **Fremdkapitals** hinzuzurechnen und der beizulegende Zeitwert von Vermögenswerten, die nicht in den *impairment*-Test einbezogen wurden, abzuziehen.
- Auch für den Rückgriff auf (Ergebnis-)Multiplikatoren (Rz 147) besteht eine Kongruenzanforderung hinsichtlich der Ausprägung der Ergebnisgröße als Marktwert des **Eigenkapitals** (*equity value*) oder Gesamtunternehmenswerts (*entity value*).

Wegen der konzeptionellen Unterschiede zwischen Nutzungs- und Nettoveräußerungswert ergeben sich allerdings **abweichende** Anforderungen an die Plausibilisierung.

- Erfolgt die Bestimmung des erzielbaren Betrags über den Nutzungswert, ist eine Beurteilung der Planannahmen des Managements hinsichtlich der **Validität**, somit eine Plausibilisierung geboten.
- Anderes gilt für die Bestimmung des Nettoveräußerungswerts über ein Barwertkalkül: Entsprechend dem zeitlichen Bezug der *fair-value*-Ermittlung (strenges Stichtagsprinzip) und der sachlichen Zielsetzung (Bestimmung des Werts, zu dem das Bewertungsobjekt am Markt gehandelt werden könnte) sind beobachtbare Transaktionspreise, auch wenn nur für ähnliche Vermögenswerte (*similar assets*) feststellbar, bei der *fair-value*-Bestimmung zur **Kalibrierung** der DCF-Bewertung zu berücksichtigen.

Die Verpflichtung auf eine Kalibrierung der im Zähler erfassten Prämissen des Barwertkalküls (den Annahmen zum Zahlungsstrom) entspricht dem Nachrang der DCF-Bewertung zur Bestimmung des beizulegenden Zeitwerts. Der Rückgriff auf ein Barwertkalkül zur Bestimmung des Nettoveräußerungswerts ist – anders als die Bestimmung des Nutzungswerts – materiell nachrangig, also nur **ultima ratio**.[60]

5.6.2 Rückgriff auf Marktkapitalisierung

Die Bewertungshierarchie zur Bestimmung des Nettoveräußerungswerts (Rz 27) **142**
verpflichtet zum Abstellen auf den (Angebots-)Preis (*current bid price*), der zum Bewertungsstichtag bei einer Veräußerung erzielt werden kann (IAS 36.26). Anders als für Finanzinstrumente (IAS 39.AG72) fehlt es allerdings an einer Spezifizierung, ob – bei Abstellen auf einen beobachtbaren Marktpreis für eine CGU – die Referenzgröße

- ausschließlich über die Multiplikation der ausstehenden Aktien/Anteile mit dem Kurs zum Stichtag (wegen des strengen **Stichtagsprinzips** scheidet ein Rückgriff auf Durchschnittsgrößen aus) zu bestimmen ist oder
- ob das Produkt aus Anteilen und Kurs nur eine **wertbildende Komponente** darstellt und daher noch weitere Bestandteile heranzuziehen sind.

---

60 Vgl. Lüdenbach/Freiberg, PiR 2008, S. 370ff.

In den vergleichbaren – gem. IAS 8.11 analog anwendbaren (→ § 1 Rz 74) – Vorgaben der US-GAAP wird diesbezüglich Folgendes ausgeführt (ASC Topic 350.20.35–22): „*However, the market price of an individual equity security (and thus the market capitalization of a reporting unit with publicly traded equity securities) may not be representative of the fair value of the reporting unit as a whole.*" Der Rückgriff auf die Marktkapitalisierung (als *equity value*) entspricht dem Wert, den ein Marktteilnehmer für einen Anteil an dem Unternehmen (= 1 Aktie) bezahlen würde, aber nicht dem Wert, der für alle bzw. mindestens für die Mehrheit der Anteile zu entrichten wäre.

143 Hinsichtlich der Anpassung der als Produkt aus ausstehenden Anteilen und Anteilswert zum Stichtag ermittelten Referenzgröße zur Plausibilisierung/Kalibrierung des erzielbaren Betrags ist u. E. zwischen Nutzungs- und Nettoveräußerungswert zu unterscheiden. Als weitere mögliche wertbildende Komponenten kann

- eine **Kontrollprämie** (*control premium*) herangezogen werden, da das Bewertungsobjekt nicht ein Anteil, sondern die Mehrheit der Anteile ist, und ggf. auch
- ein **Diversifizierungsauf- bzw. -abschlag** (*conglomerate discount*[61]) berücksichtigt werden, der ein seitens des Marktes antizipierten Mehrwert der einzelnen Teile über den Gesamtwert einer allzu diversifizierten Einheit ausdrückt.

U.U. sind beide Komponenten miteinander verknüpft, drückt also eine Kontrollprämie bereits eine Anpassung für eine Diversifizierung aus. Ohne eine eindeutige Kontraindikation halten wir aber eine separate Berücksichtigung beider Komponenten für zulässig.

144 Die Vorgaben zur Durchführung des *impairment*-Tests enthalten keinen Hinweis auf die Notwendigkeit, aber auch nicht die Zulässigkeit einer Berücksichtigung von **Kontrollprämien**. Neben den Hinweisen, die sich aus den US-GAAP (Rz 142) ergeben (ASC Topic 350.20.35–23), wird die Bedeutung einer *control premium* explizit im Zusammenhang mit dem Anteil nicht beherrschender Gesellschafter (*non-controlling interests*) im Rahmen einer *business combination* angeführt (IFRS 3.B44; IFRS 3.B45). Die Festlegung einer Kontrollprämie der Höhe nach ist ermessensbehaftet, empirische Erhebungen zeigen je nach Land und Branche, aber auch Zeitpunkt der Transaktion unterschiedliche Schätzungen von Kontrollprämien. Soweit möglich ist vorrangig auf **implizite** Kontrollprämien, die seitens des Unternehmens als *acquirer* in *business combinations* vergütet wurden, Bezug zu nehmen. Alternativ ist auf die aktuellsten verfügbaren Erhebungen für vergleichbare Branchen und Länder zurückzugreifen. Als Richtgröße kann eine **Bandbreite** von 10 %-30 % über dem Marktpreis als Kontrollprämie gelten.[62]

145 Rechtfertigung für eine Differenz zwischen Marktkapitalisierung und der Summe der CGU-Werte (als *equity value*) kann auch die Vornahme eines **Diver-**

---

61 Vgl. CAMPA/KEDIA, JoF 2002, S. 1731 ff.; KRISHNASWAMI/SUBRAMANI, JFE 1999, S. 73 ff.; RAGHURAM/SERVAES/ZINGALES, JoF 2000, S. 35 ff.

62 Eine engere Bandbreite von 18 %-23 % ergibt sich für einen längeren Zeitraum nach einer empirischen Erhebung von PwC, Signs of the times Valuation Methodology Survey 2009/2010, S. 74.

sifizierungsabschlags (*conglomerate discount*) sein. Bewertungsobjekt sind die CGUs und nicht das Gesamtunternehmen; nimmt der Markt Abschläge auf diversifizierte Unternehmen vor, ist der höhere, hypothetisch durch eine Zerschlagung des Unternehmens erzielbare, Wert anzusetzen. Problematisch ist für die Bewertung und die Dokumentation durch das Management insofern „nur“ die Annahme, eine **Zerschlagung** des Unternehmens sei eine wertsteigernde und damit eine eigentlich notwendige Maßnahme, die allerdings nicht durchgeführt wird. In verschiedenen empirischen Analysen werden unterschiedliche Abschläge ermittelt, die in einer **Bandbreite** von 6 %-20 % liegen.[63]

Hinsichtlich der Berücksichtigung der **wertbildenden Komponenten** ist allerdings **146**
eine Unterscheidung zwischen Nutzungs- und Nettoveräußerungswert geboten.

- Der ***value in use*** entspricht dem Barwert der erwarteten Zahlungsmittelüberschüsse inkl. Synergien aus der Sicht des Managements. Wird auf die Marktkapitalisierung als Referenzgröße abgestellt, scheidet u. E. sowohl die Erfassung einer Kontrollprämie als auch eines Diversifizierungsabschlags aus,[64] da diese eine Wertbildung durch eine Transaktion unterstellen. Für die Plausibilisierung des Nutzungswerts sind die Erwartungen des Managements an den Erwartungen des Marktes zu messen.
- Der **Nettoveräußerungswert** ergibt sich als erzielbarer Preis aus einer Transaktion, somit sind auch die weiteren wertbildenden Faktoren zu berücksichtigen. Anders als für den Nutzungswert ist die Referenzgröße aber nicht zur Plausibilisierung, sondern zur Kalibrierung der Bewertung heranzuziehen.

Unter Berücksichtigung der vorstehenden Überlegungen ergibt sich für die Referenzgröße des *fair value less costs to sell* (vereinfachend nur als *equity value*) folgende Überleitung, ausgehend von der Börsenkapitalisierung:

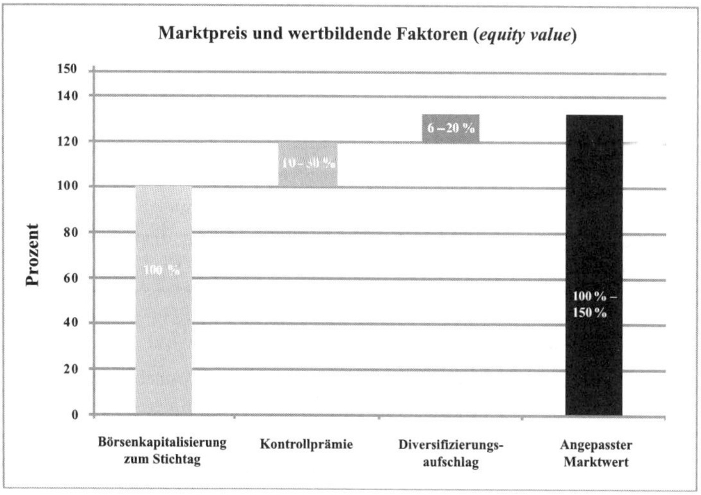

---

63 Z. B. Weiner, The Conglomerate Discount in Germany and the Relationship to Corporate Governance; SFB 649 Discussion Paper 2005–063; Berlin 2005; Ammann/Hoechle/Schmid, Is there Really no Conglomerate Discount?, St. Gallen 2008.

64 Gl. A. KPMG, Insights into IFRS 2010/11, Tz 3.10.350.20.

Bei Bestimmung des Nettoveräußerungswerts ist jede weitere **Differenz** zwischen dem Unternehmenswert als Summe der einzelnen Barwerte je CGU und dem Gesamtwert des Unternehmens ein Hinweis für die Ermittlung eines von den individuellen Erwartungen der Gesellschaft abhängigen Fundamentalwerts und gerade keines hypothetischen Marktwerts.[65] Entweder hat der Markt andere Erwartungen hinsichtlich zukünftiger *cash flows* oder er würde einen höheren Risikozuschlag erheben.

5.6.3 Vergleich über (Ergebnis-)Multiplikatoren

147 Neben einem Rückgriff auf die Marktkapitalisierung bietet sich eine **Plausibilisierung** des Nutzungswerts bzw. eine **Kalibrierung** des Nettoveräußerungswerts über den Rückgriff auf (implizite) (Ergebnis-)Multiplikatoren an. Multiplikatoren sind jedoch jeweils nur in **Bandbreiten** beobachtbar, da sich für die Vergleichsunternehmen häufig sehr unterschiedliche Werte feststellen lassen. Außerdem stehen für jedes Vergleichsunternehmen **mehrere** Multiplikatoren zur Auswahl (z.B. Umsatzmultiplikator, EBITDA-Multiplikator etc.). Selbst bei einer Entscheidung für das „am besten passende" Vergleichsunternehmen lassen sich daher unterschiedliche Werte rechtfertigen. Nur für den seltenen Fall durchgängiger, eindeutig in einer engen Bandbreite bestimmbarer Multiplikatoren ergibt sich daher ein klarer Objektivierungsbeitrag. In allen anderen Fällen kann ein Abstellen auf Multiplikatoren nur auf „offensichtliche" **Unstimmigkeiten** in der Bewertung hinweisen.

Beispiel
Der erzielbare Betrag der CGU A wird als *entity value* mit 1.000 GE bestimmt. Der (nicht abgezinste) Restwert am Ende des Detailplanungszeitraums wird i.H.v. 1.500 GE geschätzt. Das aktuelle EBITDA der Geschäftseinheit A beträgt 90 GE, für den Restwert wird ein Anstieg auf 120 GE unterstellt. Eine Erhebung von EBITDA-Multiplikatoren vergleichbarer Unternehmen führt zu einer Bandbreite von 4 bis 9.
Aus den Annahmen des Managements von A ergeben sich implizite EBITDA-Multiplikatoren von 11,1 (= 1.000 / 90) auf Basis des aktuellen *enterprise/ entity value* und 12,5 (= 1.500 / 120) für den Restwert. Die festgestellte Differenz verpflichtet auf eine kritische Überprüfung der getroffenen Annahmen.

5.7 Verteilung des Wertminderungsaufwands

148 Der für eine *cash generating unit* mit zugeordnetem *goodwill* (oder *corporate asset*; Rz 108) ermittelte *impairment*-Aufwand – definiert aus der Differenz zwischen erzielbarem Betrag für die CGU oder die Gruppe der CGUs abzüglich des zugehörigen Buchwertes – ist in folgender **Reihenfolge** zu berücksichtigen (IAS 36.104):

- Reduktion des zugehörigen *goodwill* und dann
- Zuordnung des gegebenenfalls verbleibenden Betrags ratierlich auf die **übrigen** Vermögenswerte.

---

65 Vgl. FREIBERG, Diskontierung in der Internationalen Rechnungslegung, Rz 356.

Die Gegenbuchung (Aufwandsverrechnung) ist wie beim *impairment* für den **einzelnen** Vermögenswert (Rz 7) vorzunehmen. Nach unten ist die Abschreibung auf null begrenzt, eine zusätzliche Rückstellung ist nur bei Erfüllung der Ansatzvoraussetzungen (→ § 21 Rz 18ff.) zulässig.
Die **Verteilung** der Wertminderung auf die übrigen Vermögenswerte ist nach IAS 36.105 anteilig auf den erzielbaren Ertrag (Rz 5) – der höhere Betrag aus dem beizulegenden Zeitwert abzüglich Veräußerungskosten bzw. Nutzungswert – des einzelnen Vermögenswertes vorzunehmen, soweit dieser ermittelbar ist („*if determinable*"). Soweit danach die Wertminderung dem einzelnen Vermögenswert nicht zuzuordnen ist, muss diese den übrigen Vermögenswerten der CGU pro rata zugewiesen werden. Eine **willkürliche** Zuordnung des Abwertungsbedarfs innerhalb der Vermögenswerte der CGU ist unzulässig (IAS 36.106).[66]

149 Die *impairment*-Abschreibung kann nur den Vermögenswerten zugeordnet werden, die dem **Regelungsbereich** von IAS 36 unterliegen. Negativ: Die in Rz 3 genannten Vermögenswerte – liquide Mittel, Finanzinstrumente, Vorräte – bleiben von der außerplanmäßigen Abschreibung für die CGU verschont. Allerdings unterliegen sie vorrangig einem Wertminderungstest nach dem einschlägigen Standard, also für Vorräte IAS 2 (→ § 17 Rz 26).[67] Ein **Schuld**ausweis für einen den Buchwert übersteigenden Wertminderungsbedarf kann nur bei Vorliegen der Ansatzvoraussetzungen des IAS 37 (→ § 21 Rz 7ff.) erfolgen (IAS 36.108).
Zum Ganzen folgendes **Beispiel**:[68]

Beispiel

Sachverhalt (Grundvariante)

Die A AG hat am 1.1. des Geschäftsjahres die B AG zu 100 % zu Anschaffungskosten i.H.v. 5.000 TEUR erworben und führt sie als Einheit X. Keine andere Einheit zieht Nutzen aus dem Zusammenschluss. Zum Erwerbszeitpunkt betragen die beizulegenden Zeitwerte der identifizierbaren Vermögenswerte (inkl. immaterieller Vermögenswerte) 4.500 TEUR, der identifizierbaren Schulden 800 TEUR und der identifizierbaren Eventualschulden 200 TEUR.
Der Einheit X ist daher der *goodwill* aus dem Unternehmenserwerb i.H.v. 1.500 TEUR (= 5.000 TEUR – (4.500 TEUR – 800 TEUR – 200 TEUR)) zuzuordnen.
Am Ende des Geschäftsjahres fallen Abschreibungen auf offengelegte stille Reserven i.H.v. 300 TEUR an. Der beizulegende Zeitwert der Einheit X abzüglich Verkaufskosten ist 4.000 TEUR, ihr Nutzungswert 3.820 TEUR. Besteht eine Wertminderung? Falls ja, wie ist zu buchen? (Mögliche Steuereffekte bleiben unberücksichtigt.)

66 Vgl. mit Beispiel FREIBERG, PiR 2009, S. 145.
67 Vgl. FREIBERG, PiR 2009, S. 145.
68 Nach DOBLER, PiR 2005, S. 27.

	Vermögenswerte – Schulden – Eventualschulden	***goodwill***	**Summe**
Bruttobuchwerte	3.500	1.500	5.000
Kumulierte Abschreibungen	300		300
Buchwerte	3.200	1.500	4.700

Der Buchwert der Einheit inkl. *goodwill* übersteigt den erzielbaren Betrag (4.700 TEUR > 4.000 TEUR). Es resultiert ein Wertminderungsaufwand von 700 TEUR, der in voller Höhe gegen den *goodwill* zu buchen ist und diesen auf 800 TEUR mindert.
Buchung:
Per Wertminderungsaufwand *goodwill* an *goodwill* 700 TEUR

Sachverhalt (Abwandlung A)
In Abwandlung zur Grundvariante sei der erzielbare Betrag der Einheit X 2.864 EUR. Vereinfachend liegen nur drei Vermögenswerte Vw(1), Vw(2) und Vw(3) vor. Ihre Buchwerte betragen 1.575 TEUR, 2.100 TEUR und 525 TEUR, ihre erzielbaren Beträge liegen erheblich unter dem Buchwert.

Lösung
Der Wertminderungsaufwand beträgt 1.836 TEUR. Dieser Betrag übersteigt den aktivierten *goodwill*. Dieser ist gem. IAS 36.104 voll abzuschreiben. Der Restbetrag des Wertminderungsaufwands i. H. v. 336 verteilt sich im Verhältnis der Buchwerte – d. h. 3 : 4 : 1 – auf die drei Vermögenswerte.
(1) Wertminderungsaufwand *goodwill* an *goodwill* 1.500
(2) Wertminderungsaufwand Vw(1) an Vw(1) 126
Wertminderungsaufwand Vw(2) an Vw(2) 168
Wertminderungsaufwand Vw(3) an Vw(3) 42

Sachverhalt (Abwandlung B)
Anders als in Fall (a) verbergen sich hinter Vw(3) nur liquide Mittel oder Forderungen, deren erzielbarer Betrag mit 525 TEUR bewertet wird. Die erzielbaren Beträge von Vw(1) und Vw(2) liegen weiterhin deutlich unter ihrem Buchwert.

Lösung
Der Restbetrag des Wertminderungsaufwands ist nur gegen Vw(1) und Vw(2) zu verbuchen. Der Betrag von 336 TEUR lässt sich im Verhältnis 3 : 4 auf Vw(1) und Vw(2) verteilen.
Buchungen:
(1) Wertminderungsaufwand *goodwill* an *goodwill* 1.500
(2) Wertminderungsaufwand Vw(1) an Vw(1) 144
Wertminderungsaufwand Vw(2) an Vw(2) 192

Eine außerplanmäßige Wertminderungsabschreibung für den einzelnen Vermögenswert kann nach IAS 36.107b unterbleiben, wenn die getestete CGU insgesamt keinen Wertverlust erlitten hat (Rz 95). Eine Neueinschätzung der zugrunde gelegten Annahmen für die (Folge-)Bewertung bleibt aber verpflichtend (Rz 80ff.). Dazu folgendes Beispiel nach IAS 36.107: 150

Beispiel

Eine Maschine ist beschädigt worden, arbeitet aber noch, wenn auch mit geringerer Effizienz. Die Maschine erzeugt Liquiditätszuflüsse nur im Rahmen einer Produktionslinie, deren Zahlungsmittelzuflüsse weitgehend unabhängig von denjenigen anderer des betreffenden Unternehmens sind. Diese Produktionslinie insgesamt ist nicht wertgemindert.

Annahme 1

Das Management will die Maschine weiter wie bisher nutzen.

Lösung

Eine Wertminderungsabschreibung kommt nicht in Betracht, da die gesamte Produktionslinie Gewinn bringend arbeitet.

Annahme 2

Die Maschine soll demnächst mangels ausreichender Verwertbarkeit ersetzt werden.

Lösung

Es ist gem. IFRS 5 (→ § 29 Rz 34) eine Abschreibung auf den Verkaufswert (i. d. R. wohl Schrottwert) vorzunehmen.

5.8 Abgang einer *cash generating unit* mit zugeordnetem *goodwill*

Beim Verkauf eines Geschäftsbereiches *(operation)* innerhalb einer CGU ist der dieser CGU zugeordnete *goodwill* in den Buchwert des abgehenden Bereiches **anteilig** einzubeziehen. Dieser Anteil bestimmt sich nach den **relativen** Werten des verkauften Geschäftsbereichs einerseits und der zurückbehaltenen andererseits (IAS 36.86).[69] Dem Unternehmen ist allerdings der Nachweis einer besseren Aufteilungsmethode vorbehalten, eine willkürliche Neuverteilung scheidet aber aus. Die Möglichkeit einer alternativen Verteilung stellt eine **Ausnahmeregel** dar, die nur in bestimmten Fällen und überdies bei Nachweis der besseren Eignung zulässig ist (IAS 36.BC156). 151

5.9 Reorganisation von *cash generating units* mit zugeordnetem *goodwill*

Ändern sich die Berichtstrukturen im Unternehmen, werden etwa Segmente neu definiert, sind davon auch bisher vorgenommene ***goodwill*-Zuordnungen** betroffen. Der vorhandene *goodwill* ist auf die neuen Einheiten überzuleiten. Einschlägig für die Neuverteilung von *goodwill* auf CGUs sind die Vorgaben von IAS 36.87. Hiernach gilt Folgendes: „Wenn ein Unternehmen seine Berichtsstruktur in einer Art **reorga-** 152

[69] Ausführlich hierzu WIRTH, Firmenwertbilanzierung nach IFRS 2005, S. 291 ff.

nisiert, die die Zusammensetzung einer oder mehrerer zahlungsmittelgenerierender Einheiten, zu denen ein Geschäfts- oder Firmenwert zugeordnet ist, ändert, muss der Geschäfts- oder Firmenwert zu den Einheiten neu zugeordnet werden. Diese Neuzuordnung hat unter Anwendung eines **relativen Wertansatzes** zu erfolgen, der dem ähnlich ist, der verwendet wird, wenn ein Unternehmen einen Geschäftsbereich innerhalb einer zahlungsmittelgenerierenden Einheit veräußert." Die Vorgaben werden an einem Beispiel illustriert, welches integraler Bestandteil der Vorschrift ist.

> **Beispiel**
> Der *goodwill* wurde bisher der zahlungsmittelgenerierenden Einheit A zugeordnet. Dieser *goodwill* kann nicht identifiziert oder mit einer Gruppe von Vermögenswerten auf einer niedrigeren Ebene als A verbunden werden, außer willkürlich. A muss geteilt und in drei andere zahlungsmittelgenerierende Einheiten, B, C und D, integriert werden. Da der A zugeordnete *goodwill* nicht unwillkürlich identifiziert oder mit einer Gruppe von Vermögenswerten auf einer niedrigeren Ebene als A verbunden werden kann, wird er auf der Grundlage der relativen Werte der drei Teile von A, bevor diese Teile in B, C und D integriert werden, zu den Einheiten B, C und D neu zugeordnet.

Ausgangspunkt einer Reallozierung von bislang einer CGU zugeordnetem *goodwill* ist – wie in IAS 36.87 vorgesehen – die alte Organisationsstruktur **vor** Reallozierung, nicht ein Zustand **nach** Reorganisation.

153 Ein Rückgriff auf die unbestimmte Formulierung von IAS 36.87 Satz 2 HS 2, „es sei denn, das Unternehmen kann beweisen, dass eine andere Methode den mit den reorganisierten Einheiten verbundenen Geschäfts- oder Firmenwert besser widerspiegelt", lässt **keine willkürliche** Neuverteilung zu. Die Möglichkeit einer alternativen Verteilung stellt eine **Ausnahmeregel** dar, die nur in bestimmten Fällen und überdies bei Nachweis der besseren Eignung zulässig ist.

Für die Beurteilung der Zulässigkeit eines alternativen Allokationsverfahrens ist die Konsistenz mit dem Charakter des *goodwill* bedeutsam, d.h. die Berücksichtigung der inhaltlichen Ausgestaltung des *goodwill* zu betrachten.[70] Im Mittelpunkt stehen hier die Synergiepotenziale (als eine Komponente des *core-goodwill*; → § 31 Rz 27) aus einem Unternehmenszusammenschluss. Die Zuordnung des *goodwill* ist danach auf diejenigen CGUs vorzunehmen, auf deren Ebene er überwacht, gesteuert und genutzt werden kann, d.h., die Zuordnung muss sich nach der Realisierbarkeit und Steuerbarkeit des *goodwill* richten (Rz 117).

154 Im Rahmen einer Abwägung von strategischen und organisatorischen Beweggründen ergeben sich folgende (alternative) Methoden zur Neuverteilung:

- Alternative 1:[71] Im Rahmen der Neuverteilung des *goodwill* wird auf **relative Unternehmenswerte** der **empfangenden CGUs** als Verteilungsschlüssel zurückgegriffen. Ähnlich der Erstverteilung des *goodwill* muss eine Analyse der Nutzungsmöglichkeiten innerhalb der aufnehmenden CGUs erfolgen. Der Teilbereichswert stellt aber nicht in jedem Fall ein Indiz für Nutzungs- und Integrierbarkeitsmöglichkeiten dar.

---

70 Vgl. grundlegend HERMENSK/KLEIN, KoR 2010, S. 6–12.

71 Vgl. PELLENS/FÜLBIER/GASSEN/SELLHORN, Internationale Rechnungslegung, 7. Aufl. 2008, S. 728.

- Alternative 2:[72] Als Bezugspunkt für die Neuverteilung werden die **abgehenden**, untergeordneten **CGUs** gewählt, welche im Rahmen der Reorganisation neu zuzuordnen sind. Dieses Vorgehen beruht auf der Annahme, dass der *goodwill* eng mit den untergeordneten CGUs verbunden ist und somit vermutlich an der Stelle am besten weiter genutzt und integriert werden kann, an welcher die untergeordneten CGUs eingegliedert werden sollen.

Alternative 2 entspricht dem Grunde nach der **Veräußerungsfiktion** (IAS 36.87 Satz 2 HS 1) und ist u.E. verpflichtend, es sei denn, die Angemessenheit wird eindeutig widerlegt.

155 Der Rückgriff auf Alternative 1 steht unter folgender **Einschränkung**: Ein höherer erzielbarer Betrag (der empfangenden CGU) kann keinesfalls automatisch einen Hinweis für höhere Realisations- bzw. bessere Integrationsmöglichkeiten darstellen. Ausgehend von zwei unterschiedlich großen empfangenden CGUs wäre argumentierbar, dass die verhältnismäßig kleinere CGU den größeren Anteil an *goodwill* alloziert bekommt, da Synergiepotenziale hier besser realisierbar wären (z.B. durch bessere Überwachungs- und Steuerungsmöglichkeiten der erwarteten *cash flows* aus dem *goodwill*).

Die Verknüpfung von erwarteten Zahlungsströmen aus dem *goodwill* und Buchwerten der Vermögenswerte einer CGU, die durch ein solches Vorgehen herbeigeführt werden, ist aber nicht sachgerecht und führt im Rahmen des *impairment*-Tests zu willkürlichen Ergebnissen. Darüber hinaus wäre die Interpretierbarkeit im besten Fall stark eingeschränkt, wenn nicht unmöglich. Nur wenn das Verhältnis der Teilbereichswerte tatsächlich auch über die zukünftige Integrierbarkeit bzw. die geplante Verwendung des *goodwill* Aufschluss gibt, ist ein entsprechendes Vorgehen u.E. als zulässig zu erachten.

156 Die im individuellen Fall angemessene Allokationsmethode hängt von der Motivation der Reorganisation ab. In Abhängigkeit der Motivation für eine Restrukturierung bzw. Reorganisation des Steuerungssystems ergibt sich Folgendes:

Motivation der Restrukturierung/Reorganisation	**Beispielhafte Ziele der Restrukturierung**	**Verteilung des *goodwill* nach**
Organisatorisch	• Optimierung der Produktions- und Vertriebsorganisation • Änderung des organisatorischen Aufbaus zur Vermeidung von Kompetenzstreitigkeiten und Ineffizienzen sowie Koordinationsaufwands	Alternative 2

[72] Vgl. Wirth, Firmenwertbilanzierung nach IFRS, 2005, S. 342–348; weitere Beispiele vgl. Küting/Weber/Wirth, KoR 2008, S. 148–151; Küting/Weber/Wirth, DStR 2004 S. 879f.

Motivation der Restrukturierung/Reorganisation		**Beispielhafte Ziele der Restrukturierung**	**Verteilung des *goodwill* nach**
Strategisch mit direktem *goodwill* Bezug	Integrationspunkt wird verändert, aber keine vollständige Abkehr vom ursprünglichen Realisationskonzept des *goodwill*	• Kosteneinsparung (Reduktion von Personal- und Materialkosten) • Verbesserung der Umsatzstrukturen • Änderung von Standortstrukturen	Alternative 2
Strategisch mit indirektem *goodwill* Bezug	Durch Reorganisation soll der *goodwill* anderweitig als bisher genutzt werden	• Konzentration auf das Kerngeschäft • Aufnahme strategischer Kooperationen • Wachstum (neue Märkte) und Innovation	Alternative 1, soweit Höhe der Teil-CGU-Werte tatsächlicher Indikator für zukünftige Nutz-/Realisierbarkeit des *goodwill* ist

Bei der Auswahl ist die Methode zu präferieren, die die wahren Beweggründe und Ziele der Restrukturierung sachgerecht auf bilanzieller Ebene darstellt. Im Zweifelsfall ist u.E. eine Reallozierung auf Grundlage der relativen Werte (be-)**vor** Reorganisation abzustellen.

5.10 Anteile nicht beherrschender Gesellschafter (*non-controlling interests*)

157 Eine Besonderheit bez. des *impairment*-Tests gilt im Falle eines Konzernabschlusses, bei dem Anteile nicht beherrschender Gesellschafter (*non-controlling interests*; NCI) zu berücksichtigen sind. Hier umfasst der aufgedeckte und im Konzernabschluss zu aktivierende *goodwill* nicht notwendig (→ § 31 Rz 130) den auf NCI entfallenden Anteil. Die im Zuge des Unternehmenszusammenschlusses erworbenen Vermögenswerte *(assets)* sind umgekehrt in voller Höhe (also ohne Abzug des NCI) angesetzt worden (IAS 36.94 bzw. IAS 36.C4 rev. 2008). Deshalb enthält bei Anwendung der *purchased-goodwill*-Methode der Buchwert einer CGU, der ein entsprechender *goodwill* zugeordnet ist, folgende Wertansätze:

- den **gesamten** Buchwert der Nettovermögenswerte, unabhängig, ob diese auf die Mutterunternehmung oder auf die Minderheitengesellschafter entfallen, sowie
- (nur) den **Anteil** der Mutterunternehmung (*controlling interest*) am *goodwill*.

Nach IAS 36 rev. 2008 ist wahlweise im Konzernabschluss auch die proportionale Hochrechnung des auf die Minderheiten entfallenden *goodwill* zulässig (*full-goodwill*-Methode; → § 31 Rz 130).

Für Zwecke des *impairment*-Tests ist unabhängig von der bilanziellen Abbildung im Erwerbszeitpunkt (Rz 157) in einer Art **Schattenrechnung** (*notionally)* der gesamte, somit auch auf NCI entfallende, *goodwill* in den Buchwert der (den *goodwill* tragenden) CGU einzurechnen, um dann einen Vergleich mit dem erzielbaren Betrag *(recoverable amount)* durchzuführen. Erst nach Maßgabe dieser Vergleichsrechnung ist gegebenenfalls der Wertminderungsverlust der CGU (Rz 148) zu erfassen, d. h. zunächst durch Abzug beim *goodwill* (IAS 36.92 bzw. IAS 36.C5 rev. 2008). Dazu ist allerdings wiederum eine Vergleichsrechnung vorzunehmen, nämlich durch Gegenüberstellung des gesamten (fiktiven) Minderungsbetrages zu demjenigen, der auf die anteiligen Interessen des Mutterunternehmens einerseits und der Minderheiten andererseits entfällt (IAS 36.93 bzw. IAS 36.C6 rev. 2008). **158**

Beispiel[73]

Sachverhalt (ohne Berücksichtigung von Steuereffekten)

Mutterunternehmung X erwirbt 80 % der Kapital- und Stimmrechtsanteile am Unternehmen Y für 1.600 TEUR zum 1.1.x0. Zu diesem Stichtag beträgt der *fair value* der Nettovermögenswerte 1.500 TEUR. Die Erstkonsolidierung stellt sich wie folgt dar:

- *goodwill* 400 TEUR (Differenz zwischen den Anschaffungskosten von 1.600 TEUR und 80 % des *fair value* der identifizierbaren Nettovermögenswerte von Y).
- Identifizierbare Nettovermögenswerte der Y mit einem *fair value* von 1.500 TEUR.
- Im Eigenkapital zu passivierender Anteil der NCI von 300 TEUR (entspricht 20 % des Gesamtbetrages der identifizierbaren Vermögenswerte).

Die gesamten Vermögenswerte von Y stellen die kleinste Gruppe von Vermögenswerten dar, die weitgehend unabhängig *cash flow*-Zugänge für die Unternehmensgruppe generieren. Y ist deshalb eine CGU. Ein jährlicher *impairment*-Test ist mindestens durchzuführen (Rz 112).

Ende 03 wird der erzielbare Betrag der CGU Y mit 1.000 TEUR ermittelt. Die Abschreibung auf die erworbenen Vermögenswerte wird linear mit 10 % ohne Berücksichtigung eines Restwertes vorgenommen.

Durchführung des *impairment*-Tests

Ein Teil des erzielbaren Betrages der CGU von 1.000 TEUR ist dem nicht bilanzierten Anteil der NCI am *goodwill* zuzuordnen (IAS 36.92; Rz 148). Der Vergleich des Buchwertes der CGU mit dem erzielbaren Betrag von 1.000 TEUR muss also im Rahmen einer Schattenrechnung unter Berücksichtigung des auf NCI entfallenden Anteils angepasst werden. Dazu folgende Berechnungsgrundlage nach Maßgabe einer proportionalen Hochrechnung:

[73] Nach IAS 36 IE.62ff. (Beispiel 7). Ein anderes Beispiel liefert DOBLER, PiR 2005, S. 28.

1.1.x0	*goodwill* TEUR	Nettovermögenswerte TEUR	Gesamt TEUR
Bruttobuchwert	400	1.500	1.900
Aufgelaufene Abschreibung	–	–150	–150
Nettobuchwert	400	1.350	1.750
Nicht bilanzierter Anteil NCI am *goodwill*	100	–	100
Angepasster Buchwert	500	1.350	1.850
Erzielbarer Wert			1.000
Wertminderungsverlust			850

Gem. IAS 36.104 ist der Wertminderungsverlust von 850 TEUR zunächst beim *goodwill* abzusetzen (Rz 148), der danach null beträgt. Dabei reduziert sich der Brutto-*goodwill* (unter Einbeziehung des NCI) von 500 TEUR, ist aber nur mit dem anteiligen Interesse des Mutterunternehmens X an der Tochter Y buchmäßig zu erfassen, also 400 TEUR. Der verbleibende Wertminderungsverlust von 850 TEUR minus 500 TEUR = 350 TEUR ist als Minderung des Buchwertes der identifizierbaren Vermögenswerte nach folgendem Schema zu buchen:

1.1.x0	*goodwill* TEUR	Nettovermögenswerte TEUR	Gesamt TEUR
Nettobuchwert	400	1.350	1.750
Außerplanmäßige Abschreibung (Wertminderungsverlust)	– 400	– 350	– 750
Buchwert nach außerplanmäßiger Abschreibung	–	1.000	1.000

159 Bei Anwendung der wahlweise zulässigen (Rz 157) *full-goodwill*-Methode ist nach Maßgabe von IAS 36 IE 68 A Beispiel 7A (Fassung nach IAS 36 rev. 2008, Rz 191) wie folgt zu rechnen:

Beispiel

Mutterunternehmen X erwirbt 80 % der Kapital- und Stimmrechte am Unternehmen Y für 2.100 TEUR zum 1.1.x0. Zu diesem Stichtag beträgt der *fair value* der Nettovermögenswerte 1.500 TEUR. Der auf die Minderheitsinteressen entfallende *fair value* von Y beträgt insgesamt 350 TEUR – ermittelt aus einem dividendengestützten DCF-Verfahren.[74]

Daraus ergibt sich

	TEUR
Kaufpreis-Anteil	2.100
fair value des Minderheitenanteils	350
Gesamtwert der Akquisition	2.450
fair value des Nettovermögenswerts	1.500
goodwill	950

Die erworbene Tochtergesellschaft Y soll eine CGU darstellen, die aber auch Synergieeffekte auf andere CGUs der Mutterunternehmung bewirkt. Dieser Teil des *goodwill* beträgt 500 TEUR, bei der erworbenen Tochtergesellschaft Y verbleiben 450 TEUR.

Der erforderliche Wertminderungstest zum 31.12.03 für die erworbene Tochterunternehmung Y ermittelt einen erzielbaren Betrag (Rz 5) von 1.650 TEUR, der Buchwert beträgt ohne *goodwill* 1.350 TEUR.

Der *impairment*-Test zum 31.12.03 ist in TEUR wie folgt vorzunehmen:

	goodwill	Nettovermögen	Gesamt
Buchwert	450	1.350	1.800
Erzielbarer Betrag			1.650
Wertminderungsverlust			150

Dieser Verlust ist nach IAS 36.104 vorab dem auf die erworbene Tochtergesellschaft entfallenden *goodwill* zu belasten.

Y ist – unterstellt – eine eigene CGU (vgl. oben). Dann muss gem. IAS 36.C8 (rev. 2008) nach dem Gewinnverteilungsschlüssel (hier gleich dem Beteiligungsverhältnis) der Wertminderungsverlust wie folgt aufgeteilt werden:

	TEUR	%
Muttergesellschaft	120	80
NCI	30	20
impairment	150	100

[74] Nach Interpretation von KÜTING/WIRTH, KoR 2007, S. 464.

160 Für **unterschiedlich hohe Minderheitenanteile** innerhalb der zu testenden CGU mit *goodwill* ist nach IAS 36.C9 (rev. 2008) (Rz 191) wie folgt vorzugehen:[75]

- Im **ersten** Schritt ist der Wertminderungsaufwand dem Teil der CGU zuzuordnen, der einen Anteil NCI aufweist, und sodann dem anderen Teil ohne einen solchen.
- Im **zweiten** Schritt ist bei der Teil-CGU mit NCI der Abschreibungsaufwand nach der Gewinnverteilungsregel zuzuteilen.

Als Verteilungsmaßstab wird dabei allerdings nur der relative Anteil des *goodwill* der CGU-Teileinheiten vor der Wertminderungsverbuchung genannt. Unklar bleibt, ob die Verteilung lediglich auf die Muttergesellschaft und NCI vorzunehmen oder ob sie spezifisch den Teil-CGUs zuzuordnen ist. U. E. ist der ersten Variante der Vorzug zu geben mit der Begründung: Die Allokation des *goodwill* soll auf der Ebene der CGU erfolgen (Rz 117); diese Vorgabe muss dann auch für die Zuordnung des Abschreibungsbedarfes gelten.[76]

Beispiel (nach IAS 36.IE68 F rev. 2008, Rz 95)

Anders als im Beispiel unter Rz 159 stellt die erworbene Tochtergesellschaft Y mit ihren Vermögenswerten einen Teilbereich einer CGU dar; sie schafft Liquiditätszuflüsse nur zusammen mit anderen Teilen der Unternehmensgruppe, die zusammen eine CGU Z bilden. Zurück zum Beispiel unter Rz 159: Der Teil-*goodwill* aus der Akquisition von 500 TEUR wird (unverändert) den anderen CGUs der Unternehmensgruppe zugeordnet, die sich Synergien aus der (neuen) Tochter Y versprechen. Die CGU Z enthält aus früheren Akquisitionen einen *goodwill* von 800 TEUR. Vom gesamten *goodwill* aus der Akquisition von Y (= 950 TEUR) entfallen 500 TEUR auf andere CGUs. Die verbleibenden 450 TEUR an *goodwill* aus der Akquisition erhöhen den Gesamt-*goodwill* der CGU Z auf 1.250 TEUR.

Der obligatorische Wertminderungstest zum 31.12.03 (Rz 11) ergibt für die CGU Z einen erzielbaren Betrag von 3.300 TEUR, die Nettovermögenswerte weisen ohne *goodwill* einen Buchwert von 2.250 TEUR aus. Der Wertminderungsbedarf errechnet sich dann in TEUR wie folgt:

	goodwill	**Nettovermögen**	**Gesamt**
Buchwert	1.250	2.250	3.500
Erzielbarer Bertrag			3.300
Wertminderungsverlust			200

Nach IAS 36.104 ist der Verlust vorab dem *goodwill* der CGU Z zu belasten. Wenn – wie hier – die teilweise im NCI-Besitz befindliche Tochtergesellschaft Y einen Teil einer größeren CGU darstellt, ist der Wertminderungsverlust **zunächst** den Bestandteilen der CGU Z zuzuordnen, z.B., nach dem Verhältnis von deren Werten, und **dann** auf die Mehrheitsinteressen und NCI an der Tochtergesellschaft Y zu verteilen.

75 Vgl. Küting/Wirth, KoR 2007, S. 466.

76 So Küting/Wirth, KoR 2007, S. 466.

Unterstellt sollen 40 % des Wertminderungsverlustes auf die Tochtergesellschaft Y entfallen = 80 TEUR. Dieser ist dann wie folgt zu verteilen:

	TEUR
Mehrheitsanteil 80 %	64
NCI 20 %	16
Anteiliger Wertminderungsverlust	80

Der restliche Abwertungsbedarf von 120 TEUR ist (vorab) der CGU Z zuzuordnen.

161 Wegen der buchmäßigen Erfassung und Verteilung des nach der *goodwill*-Abschreibung verbleibenden Wertminderungsverlustes vgl. Rz 148 und Rz 7.
Erfolgt keine Bilanzierung des auf NCI entfallenden *goodwill* (vgl. Rz 158 und Rz 191), kann nach IAS 36.C10 (rev. 2008; Rz 191) eine Wertberichtigung nur das auf die Muttergesellschaft entfallende Ergebnis belasten. Die Hochrechnung des fiktiven Anteils der NCI am *goodwill* (Rz 158) darf sich **nicht bilanziell auswirken**; sie dient lediglich der Ermittlung eines Wertminderungsbetrages überhaupt.

162 Nach dem **späteren Erwerb** zusätzlicher (z.B. sämtlicher) Anteile eines bereits beherrschten (Tochter-)Unternehmens (*subsidiary*) von den nicht beherrschenden Gesellschaftern (*non-controlling interests*) scheidet beim *goodwill-impairment*-Test ein *grossing-up* (Hochrechnung des *goodwill* um die Anteile nicht beherrschender Gesellschafter) aus.[77]

Beispiel
Unternehmen MU hält nach einem Erwerb 80 % der Anteile an TU. Im Zuge des Erwerbs wurde ein *goodwill* nur i.H.d. Anteils von MU (80 %) aufgedeckt. Der aktivierte *goodwill* betrug 800 GE. Für Zwecke des *impairment*-Tests wurde bislang der bilanzierte *goodwill* um den in einer Schattenrechnung erfassten Anteil der nicht beherrschenden Gesellschafter (20 %) i.H.v. 200 GE hochgerechnet. Ein Wertberichtigungsbedarf wurde seit Erwerb nicht festgestellt.
In x1 erwirbt MU 10 % der Anteile der nicht beherrschenden Gesellschafter. Da es sich bei der Transaktion lediglich um eine (statuswahrende) Aufstockung handelt, zeitigt der Erwerb lediglich Auswirkung auf das Eigenkapital (Verhältnis *controlling* zu *non-controlling interest*, → § 31 Rz 155). Eine Aufdeckung eines weiteren *goodwill* scheidet aus, allerdings ist eine Anpassung der Schattenrechnung erforderlich.
Für den nächsten *impairment*-Test ist der bilanzierte *goodwill* (i.H.d. ursprünglichen 80 %) nur noch um den noch bestehenden Anteil der *non-controlling interests* (somit 10 %) hochzurechnen. Werden die noch ausstehenden Anteile der nicht beherrschenden Gesellschafter erworben, scheidet eine Hochrechnung (*grossing-up*) des bilanzierten *goodwill* überhaupt aus.

[77] Gl. A. Oser, PiR 2009, S. 83; a. A. Wirth, in FS Küting, Stuttgart 2009, S. 387f.

163 Nach IAS 36.92 besteht – für Zwecke des *goodwill-impairment*-Tests – eine Verpflichtung zur Hochrechnung des Geschäfts- oder Firmenwerts nur bei **Existenz** von nicht beherrschenden Gesellschaftern („... *non-wholly-owned...*"). Das *grossing-up* soll verhindern, dass *cash inflows* der CGU mit zugeordnetem *goodwill*, die den nichtbeherrschenden Gesellschaftern zustehen, eine Wertminderung des auf *controlling interest* entfallenden *goodwill* kompensieren. Existieren **keine Minderheiten**, so stehen die *cash inflows* der CGU ausschließlich dem *controlling interest* zu und dienen der Realisierung des Buchwerts der CGU.

164 Für einen bilanzierten *goodwill* besteht auch im Falle des Erwerbs zusätzlicher Anteile, in deren Kaufpreis erneut ein (anteiliger) *goodwill* bezahlt wurde, eine Anschaffungskostenrestriktion. Eine spätere Erhöhung durch den Erwerb von Anteilen nicht beherrschender Gesellschafter scheidet aus. Transaktionen zwischen *controlling* und *non-controlling interest* berühren nur das Eigenkapital und führen zu einer **„stillen Zwangsreserve"** im *goodwill*, die ein zusätzliches „*cushion*" bei der künftigen Überprüfung der Werthaltigkeit des Geschäfts- oder Firmenwerts bedingt. Beim Erwerb zusätzlicher Anteile ist ein bezahlter Unterschiedsbetrag erfolgsneutral mit den Rücklagen des Konzerns zu verrechnen.

165 Auswirkungen ergeben sich – nach erfolgter Aufstockung des Anteils – auch für das spätere Ausscheiden einer CGU mit zugeordnetem *goodwill* aus dem Konsolidierungskreis, somit die **Entkonsolidierung**. Ein evtl. Veräußerungserfolg ist um den auf *non-controlling interests* entfallenden *goodwill* höher, da der im Kaufpreis der Aufstockungstranche bezahlte *goodwill* nicht aktiviert, sondern (erfolgsneutral) mit Rücklagen verrechnet werden musste.

6 Darstellung der Arbeitsschritte in tabellarischer Form

166

Lfd. Nr.	Art	IAS 36
I. Gesamte Arbeitsschritte in Zusammenfassung		
1	Feststellung der Anhaltspunkte für eine Wertminderung	9
2	Ermittlung des *carrying amount*	6
3	Ermittlung des *fair value less costs to sell*, falls größer Buchwert, kein *impairment*, falls niedriger, Fortsetzung mit Nr. 4	25 ff.
4	Ermittlung des *value in use*	30 ff.
5	Vergleich von 3 und 4	6
6	Der höhere Wert von 3 und 4 im Vergleich zu 2	6
7	Wenn 6 niedriger ist als 2: Abschreibung wegen *impairment*	59
II. Ermittlung des *fair value less costs to sell*		
8	Vorhandensein eines unbeeinflussten Kaufkontraktes	25
9	Wenn nicht 8, dann Ermittlung des Marktpreises, abzüglich Veräußerungskosten	26

Lfd. Nr.	Art	IAS 36
10	Wenn nicht 9, dann Ermittlung durch bestmögliche Information unter der Preisvergleichsmethode ggf. Barwertkalkül	227
11	Ermittlung der Verkaufskosten	28 f.
III. Ermittlung des *value in use*		
12	Feststellung (d. h. Schätzung) der künftigen Zahlungsein- und -ausgänge bis zur Veräußerung	30
13	Bestimmung des zutreffenden Diskontierungssatzes	30
14	Einzelheiten zur Ermittlung der künftigen Liquiditätsflüsse *(cash flow projections)*	31–49
15	Einzelheiten zur Bestimmung des Diskontierungssatzes	55–57
IV. Übergang zur *cash generating unit*		
16	Nichtermittelbarkeit der wertgeminderten *assets*	66 f.
17	Identifizierung der *assets* oder der *group of assets* als *cash generating unit*	70–73
18	Zuordnung von „übergeordneten" Vermögenswerten *(goodwill* und *corporate assets)*	80, 100
19	Vergleich von *carrying amount* und *recoverable amount* der *cash generating unit* und gegebenenfalls Wertminderungsabschreibung	104
V. Rückkehr zum Einzelgegenstand		
20	Führt die Rechnung nach lfd. Nr. 19 zu einem Abschreibungsbedarf, dann ist die Abschreibung zunächst auf den *goodwill* vorzunehmen, alsdann ein noch verbleibender Abschreibungsbetrag auf die Vermögenswerte der Einheit *(cash generating unit)* nach dem Verhältnis des Buchwertes.	104

Dazu noch ein Praxis**beispiel**, dem zufolge eine vernünftige Lösung in Übereinstimmung von nationalem Recht (hier: HGB) und IFRS in aller Regel zu finden ist. **167**

Beispiel
Die ABC GmbH ist mit drei Produktlinien am Markt vertreten. Zum Ende des Geschäftsjahres erwirbt sie je 50 neue Büro-PCs (zusammen 150) für die Vertriebsorganisationen der drei Produktbereiche. Bis zum Bilanzstichtag ereignet sich noch Folgendes:

- Wegen der allgemeinen Tendenz auf dem PC-Markt betragen die Wiederbeschaffungspreise zum Bilanzstichtag nur die Hälfte der Anschaffungspreise.

- 25 PCs im Bereich B werden durch einen Wasserschaden vernichtet.
- Die Produkte des Bereichs C geraten unter Toxizitätsverdacht, der Markt bricht (zunächst) zusammen.

Vorgehensweise

- Im Produktbereich A wird der höhere Buchwert angesetzt.
- Im Produktbereich B werden die 25 schrottreifen PCs ausgebucht.
- Der Produktbereich C gibt 25 PCs an den Produktbereich B ab. Für die anderen 25 PCs wird noch überlegt. Soweit der Produktbereich C mit geänderten Formeln und auf kleinerem Niveau fortgesetzt werden soll und dabei positive Erträge, jedenfalls mittelfristig, wieder erwartet werden, wird von einer Abschreibung der PCs abgesehen. Soweit man eher die Einstellung des Produktbereichs C für wahrscheinlich hält, wird zunächst die zukünftige Verwendung der 25 PCs in den anderen Produktbereichen geprüft. Nur soweit auch dieses verneint wird, wird man eine Abschreibung vornehmen, jedoch nicht auf den Wiederbeschaffungswert oder den *value in use*, sondern auf den Nettoveräußerungswert, da die 25 PCs in diesem Falle gerade nicht mehr dauernd dem Betrieb dienen sollen.

Die theoretisch so im Vordergrund stehenden Größen des Wiederbeschaffungswertes bzw. *value in use* spielen in keinem der drei Fälle eine Rolle. In der IFRS-Bilanz kommen trotz theoretisch ganz unterschiedlicher Ausgangspunkte die gleichen Bilanzierungsentscheidungen zum Tragen wie im handelsrechtlichen Abschluss.

Das vorstehende Beispiel belegt, dass es nach HGB/EStG und IFRS meistens nur bei wirklich **eindeutigen** Fällen – weitere Beispiele: Schließung einer Fabrik oder Verkaufsfiliale, Entzug einer Lizenz – zu außerplanmäßigen Abschreibungen kommt. Dann bedarf es auch der ganzen Rechenkünste im Gefolge des zweiten Prüfungsschrittes (Rz 26ff.) nicht. Wer umgekehrt in das Dickicht des zweiten Prüfungsschrittes eindringen muss, kann mit der deutschen Denkweise allein keine Lösung erarbeiten.

7 Zusammenfassende Beurteilung

7.1 Zweifel am Objektivierungsbeitrag

168 Die Durchführung des *impairment*-Tests (Rz 11, Rz 26ff.) ist mit einer Fülle von **Rechenaufgaben** verbunden. Der „*input*" in die zugehörigen Formeln ist ermessensabhängig. Weitere **Ermessensspielräume** für das Management eröffnen sich bez. der Definition von Zahlungsmittel erzeugenden Einheiten (*cash generating units;* Rz 83ff.) und der diesen zuzuordnenden Bestandteile des *goodwill* (Rz 112ff.) und der allgemein genutzten Vermögenswerte (*corporate assets;* Rz 108).

Der ganze Arbeitsprozess ist aufwändig und rechtfertigt sich aus theoretischer Sicht nur in extremen Fällen. Ansonsten wird man sich mit sehr viel einfacheren Überlegungen im Rahmen der qualitativen Bewertungsvorstufe (Rz 11, Rz 15ff.) begnügen.

Insgesamt betrachtet erscheint es fraglich, ob durch die umfangreichen Berechnungsvorgaben und die noch umfangreicheren Anhangsangaben (Rz 179ff.) die erwünschte **Objektivierung** der Rechnungslegung in diesem besonders wichtigen Teilbereich nennenswert gefördert werden kann. Die Bilanzierungs**praxis** scheint jedenfalls anderen Gesetzmäßigkeiten zu folgen. Hier kommt es zu umfangreichen *impairment*-Abschreibungen,[78] wenn

- entweder der neu angetretene Vorstandsvorsitzende die von ihm noch nicht zu verantwortende Vorjahresbilanz „bereinigt"
- oder die Analysten auf ein „Großreinemachen" *(„big bath")* bestehen.

Umgekehrt unterbleibt eine solche außerplanmäßige „Großabschreibung", wenn

- die Vertragsverlängerung des Vorstandsvorsitzenden ansteht,
- die „Braut geschönt" werden muss, z. B. anlässlich einer „Fusion unter Gleichen".

Kurzgefasst: *Impairment*-Abschreibungen erfolgen,[79] wenn sie

- „politisch" erwünscht sind oder
- sich partout nicht mehr vermeiden lassen.

7.2 Spezielle Probleme im Rahmen der Finanzmarktkrise

Die ökonomischen Verwerfungen in der Realwirtschaft als Folge der Finanz- 169
marktkrise bereiten dem Wertminderungsprozess eine zentrale Rolle im Rahmen der Abschlusserstellung. Ausgangspunkt einschlägiger Überlegungen sind die **Wertminderungsindikatoren** (Rz 15), davon insbesondere:

- Anstieg der Marktzinssätze,
- erhebliche Änderungen des Marktumfeldes, in dem das Unternehmen tätig ist,
- negative Differenz zwischen Marktkapitalisierung und ausgewiesenem Eigenkapital (Rz 15).

Entsprechende Prüfungen der Werthaltigkeit finden regelmäßig auf der Ebene der **CGUs** statt (Rz 83). Dabei verwenden die Unternehmen/Konzerne in den meisten Fällen ein DCF-Verfahren auf der Grundlage des WACC-Ansatzes. Durch die Finanzmarktkrise werden die Berechnungsparameter tendenziell wie folgt in der gleichen Richtung beeinflusst:

- Die unternehmensspezifischen **Wachstumserwartungen** fallen niedriger aus.
- Die Risikoprämien auf den Zinssatz führen zu **steigenden Diskontierungssätzen.**

Sofern der erzielbare Wert (Rz 26) als Nettoveräußerungswert definiert wird 170
(Rz 27), ist ein solcher unterstellter **Marktpreis** (im Barwertverfahren ermittelt) kritisch zu hinterfragen:

- Handelt es sich wirklich um einen **objektivierten** Wert oder das Ergebnis einer **unternehmensspezifischen** Barwertberechnung, welche die Einschätzung der Marktteilnehmer aus dem Bewertungskalkül ausblendet?
- Darf die **Summe** der so ermittelten Marktwerte die Börsenkapitalisierung (bzw. den Gesamtwert des Unternehmens) übersteigen (Rz 15)?

U. E. bedarf die errechnete Summe der Marktwerte, sofern sie die Börsenkapitalisierung (Unternehmenswert) übersteigt, einer besonderen **Rechtfertigung** (Rz 66aff.). Denn der Markt hegt in diesem Fall andere Erwartungen über künftige *cash flows* oder verlangt einen höheren Risikozuschlag.

---

[78] Zur Praxis bei deutschen DAX-Unternehmen im Geschäftsjahr 2006 vgl. Küting, DStR 2008, S. 1795, mit dem Ergebnis: sehr geringe Abschreibungen.

[79] Küting, DStR 2008, S. 1800.

Empirisch ist kein Gleichklang zwischen *impairment*-Abschreibung und Rückgang der Marktkapitalisierung festzustellen.[80] Genauer: Der Rückgang der Marktkapitalisierung hat keine Entsprechung in den *goodwill impairments* gefunden. Der Untersuchung liegen die im Dow Jones STOXX 600 gelisteten Unternehmen zugrunde. Sie bezieht sich auf die Stichtage 31.12.08 und 31.3.2009. Für Deutschland bestätigt eine andere Studie die relativ geringfügigen *goodwill*-Abschreibungen in 2008.[81]

8 Wertaufholungszuschreibung (*reversal of an impairment loss*)

171 Nach Durchführung einer außerplanmäßigen Abschreibung als *impairment loss* ist zu **jedem Bilanzstichtag** eine **Überprüfung** dahingehend vorzunehmen, ob dieser Wertverlust immer noch besteht (IAS 36.110). Nach IAS 36.112 sind dazu „spiegelbildlich" *(mirror)* zum *impairment*-Test entsprechende Informationen aus externen und internen Quellen zu beziehen, die nach IAS 36.9 einen Abwertungsbedarf indiziert haben (Rz 15ff.). Es ist also ebenfalls (in umgekehrter Richtung) ein zweistufiger Test (Rz 11) durchzuführen:

- Ermittlung von Anzeichen *(indications)* einer Werterhöhung,
- zusätzlich (ggf.) Neuberechnung des erzielbaren Betrages *(recoverable amount)*.

Die „Indikation" nach dem ersten Test-Schritt kann (ebenfalls spiegelbildlich; Rz 24) Anlass zur Neubestimmung der Berechnungsgrundlagen für die planmäßige Abschreibung (→ § 10 Rz 20ff.) sein (IAS 36.113).

172 Eine bedeutsame Abweichung der Indikatoren ergibt sich im Hinblick auf **externe** Informationsquellen, die Anlass für eine evtl. Wertaufholung geben (Rz 22). Der Verweis auf das Verhältnis von Buchwerten zu Marktwerten fehlt für die Beurteilung einer Wertaufholung. U.E. scheidet eine Wertaufholung aus, wenn bei unverändertem (bzw. nahezu übereinstimmendem) Marktwert der Buchwert nur wegen planmäßiger Abschreibung geringer ist. Die Zuschreibung wegen Wertaufholung verlangt **besondere Evidenz**, nicht zuschreibungsfähig ist daher die Buchwertminderung aufgrund des planmäßigen Werteverzehrs.

Beispiel

Zum Periodenende x0 ist der Buchwert einer CGU auf den erzielbaren Betrag, der dem Marktwert entspricht, gemindert worden. Der Marktwert in x0 betrug zum Zeitpunkt der Abwertung ca. 1.000 GE. Zum nächsten Stichtag haben sich keine besonderen Schwankungen des Marktwertes ergeben, der Wert der CGU beträgt unverändert ca. 1.000 GE. Der Buchwert hat sich zum Anfang der Periode allerdings wegen planmäßiger Abschreibung einzelner Vermögenswerte um 200 GE reduziert. Die Differenz zwischen Buch- und Marktwert liefert keine ausreichende Evidenz für eine Zuschreibung, da es an einem Anzeichen für eine Werterhöhung fehlt.

---

80 HOULIHAN LOKEY, The European Goodwill Impairment Study 2009.

81 KÜTING, DStR 2009, S. 1863.

Die Rückgängigmachung der außerplanmäßigen Abschreibung ist technisch durch Anhebung des (abgeschriebenen) Buchwertes *(carrying amount)* auf den *recoverable amount* vorzunehmen (IAS 36.114). Diese Zuschreibung wird als *reversal of an impairment loss* definiert. Voraussetzung für die Vornahme einer Wertaufholungszuschreibung ist eine Neueinschätzung des erzielbaren Betrages *(a change in the estimates)* seit dem letzten berücksichtigten Wertminderungsverlust. Diese Neueinschätzung kann auf verschiedenen Faktoren beruhen (IAS 36.115), z.B. einer Änderung des Zinsfußes für die Bewertung der Liquiditätszuflüsse. Unzulässig ist allerdings die Annahme eines früheren Liquiditätszuflusses (als Grundlage für die Wertaufholung). 173

Der Zuschreibungsbetrag ist „gedeckelt“: Der Höchstbetrag der Zuschreibung ist der fiktive Buchwert, der sich zum Zuschreibungszeitpunkt ohne vorgängige außerplanmäßige Abschreibung ergeben hätte (IAS 36.117). Die gegebenenfalls vorzunehmende planmäßige Abschreibung (→ § 10) ist nach Vornahme der außerplanmäßigen Abschreibung mit einer Art **Schattenanlagebuchführung** zu begleiten, die periodisch den höchstmöglichen Zuschreibungsbetrag (= Buchwert ohne vorgängige außerplanmäßige Abschreibung) nachhält. 174

Die **planmäßige** Abschreibung in der Schattenanlagebuchführung ist zu unterscheiden von derjenigen, die **nach** erfolgter außerplanmäßiger (effektiv) zu verrechnen ist. Diese richtet sich gem. IAS 36.121 nach dem „neuen“ Buchwert, indem das restliche (geminderte) Abschreibungsvolumen systematisch auf die Restnutzungsdauer verteilt wird (→ § 8 Rz 81).

Die Wertaufholungszuschreibung ist gem. IAS 36.119 als **Ertrag** in der GuV auszuweisen (mit Anhangsangabe; Rz 179), es sei denn, die Bilanzierung erfolgt unter Ausübung des Wahlrechtes der **Neubewertung** (→ § 8 Rz 68ff.) gem. IAS 16.31 (Sachanlagevermögen) bzw. IAS 38.75 (immaterielles Anlagevermögen). In diesem Fall ist die Rückgängigmachung der außerplanmäßigen Abschreibung (Zuschreibung) zu Gunsten der Neubewertungsrücklage zu verbuchen (→ § 8 Rz 86f.), es sei denn, die Wertminderung ist zuvor erfolgswirksam erfasst worden (IAS 36.120). 175

Bei der Wertaufholungszuschreibung ist auch die **dreifache Gliederung** des Wertminderungsbereiches (spiegelbildlich) zu beachten, die für die Erfassung des Wertminderungsverlustes gültig ist (Rz 166): 176

- einzelner Vermögenswert,
- Gesamtheit von Vermögenswerten in einer *cash generating unit* (CGU) bzw. einer Gruppe von CGUs ohne *goodwill*,
- der einer CGU oder einer Gruppe CGUs zugeordnete *goodwill.*

Gegenüber der ansonsten spiegelbildlichen Behandlung der Wertminderungsabschreibung gilt für die Wertaufholungszuschreibung nur eine **Besonderheit**: Ein früher einmal außerplanmäßig abgeschriebener *goodwill* wird nicht mehr zugeschrieben (IAS 36.124). 177

Wegen Besonderheiten bei der **Quartalsberichterstattung** wird verwiesen auf → § 37 Rz 34.

9 Steuerlatenz

Zu einer Steuerlatenzrechnung kommt es immer dann, wenn eine *impairment*-Abschreibung nach IFRS nicht betragsmäßig ihre Entsprechung in der steuerlichen Abschreibung findet (bzw. einer vergleichbaren Abschreibung nach dem 178

Steuerrecht eines ausländischen Staates, in dem z.B. die Tochtergesellschaft eines deutschen Konzerns angesiedelt ist). Das kann u.a. dann der Fall sein, wenn das Kriterium der „**dauernden**" Wertminderung nicht vorliegt. Diese Unterscheidung besteht allerdings eher nur in der Theorie. Denn aus praktischer Sicht wird eine *impairment*-Abschreibung nach IFRS in aller Regel nur bei einer wirklich massiven Wertminderung erfolgen, deren Dauercharakter kaum jemals streitig sein dürfte (Rz 167f.). Ganz abgesehen davon entzieht sich das Kriterium „dauernd" ohnehin einer einigermaßen rationalen Quantifizierung.
Systematisch gilt:

Teilwertabschreibung *impairment loss*	ja nein	→	passive Steuerlatenz
Teilwertabschreibung *impairment loss*	nein ja	→	aktive Steuerlatenz

Wegen der Steuerlatenzrechnung nach IFRS überhaupt vgl. → § 26.

10 Angaben

179 IAS 36 (Rz 95) ist auf die Einführung des *impairment only approach* – der Verzicht auf eine planmäßige Abschreibung für den aus einem Unternehmenszusammenschluss entstandenen *goodwill* (→ § 31 Rz 126) und immaterielle Vermögenswerte mit unbestimmter Lebensdauer (→ § 13 Rz 83) – ausgerichtet. Der Board hat dabei versucht, dieses Konzept in den früheren IAS 36 (1998) zu integrieren, d.h. eine einheitliche Regelung für die Behandlung von außerplanmäßigen Wertminderungen einzelner Vermögenswerte einerseits und des *goodwill* andererseits zu finden. Damit verbundene Inkonsistenzen sind fast schon zwingende Folge; unter Rz 130ff. werden Beispiele gegeben. Der Bereich der Anhangerläuterungen in IAS 36.126ff. beweist durch seine **Unübersichtlichkeit** und **Angabenfülle** die Fragwürdigkeit des genannten Integrationsversuchs, also der einheitlichen Regelung aller denkbaren außerplanmäßigen Wertminderungsverluste.
Die Anhangsangaben sind, soweit eine Systematisierung überhaupt möglich ist, zu **teilen** in:

- **einzelne** Vermögenswerte *(individual asset)*,
- **Gruppe** von Einzelvermögenswerten *(class of assets)* ähnlicher Art und Nutzung,
- *cash generating units* (CGUs) **ohne** zugeordneten *goodwill* bzw. ohne immaterielle Vermögenswerte mit unbestimmter Nutzungsdauer,
- CGUs **mit** zugeordnetem *goodwill* und immateriellen Vermögenswerten mit unbestimmter Nutzungsdauer.

Angabepflichtig sind dabei nicht für einzelne Vermögenswerte, sondern **gruppiert** (IAS 36.126):

- der Betrag aller außerplanmäßigen Abschreibungen und Wertaufholungszuschreibungen unter Angabe der Position in der **GuV**, in welcher die betreffenden Beträge enthalten sind (Rz 7).

- der Betrag aller außerplanmäßigen Abschreibungen und Wertaufholungszuschreibungen für neu bewertete (Rz 171) Vermögenswerte, die direkt im **Eigenkapital** verbucht worden sind (Rz 7).

Die beiden vorgenannten Angaben können in **tabellarischer** Form z.B. innerhalb des Anlagespiegels (→ § 14 Rz 28) gemacht werden.

Im Falle der **Segmentberichterstattung** (→ § 36) sind die Wertminderungsverluste getrennt für die einzelnen operativen Segmente nach IFRS 8 (→ § 36 Rz 20) anzugeben (IAS 36.129).

Bei **wesentlichen** Beträgen sind zusätzlich noch folgende Erläuterungen zu den außerplanmäßigen Abschreibungen und den Wertaufholungszuschreibungen **einzelner** Vermögenswerte, der CGUs und der *goodwills* erforderlich (IAS 36.130): 180

- die Ereignisse und die Umstände, die hierzu geführt haben,
- der entsprechende Betrag,
- die Art des Vermögenswertes (nicht beim *goodwill),*
- die Zugehörigkeit zu den Berichtssegmenten (Rz 179),
- Definition des erzielbaren Betrages als Nettoveräußerungswert oder Nutzungswert (Rz 11),
- bei Definition des erzielbaren Betrages als Nettoveräußerungswert: Grundlage der Bestimmung des Nettoveräußerungswertes, insbesondere Erläuterung, ob dieser auf der Grundlage eines aktiven Marktes bestimmt worden ist,
- im Falle der Bestimmung des erzielbaren Betrages nach dem Nutzungswert (Rz 11): Angabe der angewandten Diskontierungsrate für die laufende und die vorherige Einschätzung (wenn vorhanden).

Für eine *cash generating unit* (Rz 83) gelten folgende zusätzliche Angabepflichten (IAS 36.130): 181

- die Beschreibung der CGU (ob Fabrikanlage, Produktlinie, Geschäftsfeld, geographisches Gebiet oder operatives Segment nach IFRS 8; → § 36 Rz 20);
- Darstellung der Abschreibungs- oder Zuschreibungsbeträge für die Gruppe der Vermögenswerte *(class of assets)*, ggf. für das operative Segment nach IFRS 8 (Rz 83),
- ggf. Darstellung der Änderung hinsichtlich der Aggregation von Vermögenswerten gegenüber der früheren Einschätzung unter Angabe der Gründe für die Änderung der CGU-Definition.

Sofern keine Angaben über die **aggregierten Wertminderungsverluste** und Zuschreibungen nach Maßgabe von IAS 36.130 (Rz 84) erfolgt sind, müssen hilfsweise folgende Angaben gemacht werden (IAS 36.131). Es sind dann offenzulegen: 182

- die wichtigsten Bereiche von Einzelvermögenswerten *(main classes of assets)*, die von Wertminderungsabschreibungen und Wertaufholungszuschreibungen betroffen sind,
- die wichtigsten Umstände, die zur Wertminderungsabschreibung und Wertaufholungszuschreibung geführt haben.

Außerdem sind die Tatsachen einer noch nicht erfolgten Zuordnung eines *goodwill* zu einer CGU oder Gruppe von CGUs und die hierfür maßgeblichen Gründen (Rz 112) anzugeben.

Für jede *cash generating unit* oder Gruppe von CGUs mit **zugeordnetem *goodwill*** oder immateriellen Vermögenswerten unbestimmter Nutzungsdauer sind die nachstehenden Angaben zu machen, vorausgesetzt, die Buchwerte der 183 *goodwills* etc. innerhalb der CGU sind im Verhältnis zum Gesamtbetrag des *goodwill* und der zeitlich unbestimmt nutzbaren immateriellen Vermögenswerte **wesentlich** (*significant*; IAS 36.134):

- Buchwert des der CGU oder der Gruppe der CGUs zugeordneten *goodwill* und der zeitlich unbestimmt nutzbaren immateriellen Vermögenswerte,
- die Grundlage zur Bestimmung des erzielbaren Betrages der CGU bzw. Gruppe von CGUs.
- Wenn die Ermittlung des erzielbaren Betrages der CGU bzw. der Gruppe von CGUs auf dem **Nutzungswert** (Rz 36) beruht:
  - Beschreibung der Grundannahmen *(key assumptions)* des Managements zur Bestimmung der *cash-flow*-Projektionen nach Maßgabe der letzten verfügbaren Budgets (Grundannahmen sind solche mit der höchsten Sensitivität für die Bestimmung der erzielbaren Beträge).
  - Beschreibung der Vorgehensweise des Managements bez. der einschlägigen Annahmen zur Wertbestimmung, und zwar ob sie auf Vergangenheitserfahrung oder auf externen Informationsquellen beruhen, ob sie der früheren Vorgehensweise entsprechen und wenn nicht, warum sie von dieser abweichen oder externe Informationsquellen nicht benutzen.
  - Zeitraum der *cash-flow*-Projektionen nach Maßgabe der einschlägigen Budgets und zusätzlich im Falle einer längeren Periode als fünf Jahre eine Erklärung dafür, warum diese längere Periode gerechtfertigt ist.
  - Die in den *cash flows* extrapolierte Wachstumsrate jenseits der budgetierten Periode einschließlich einer Begründung für die Anwendung einer Wachstumsrate, die den langjährigen Durchschnitt der Wachstumsrate für die Produkte, die Branche oder die landesspezifische Größe, innerhalb deren das Unternehmen/Konzern arbeitet, übersteigt.
  - Die auf die *cash-flow*-Projektionen angewandte Diskontrate (vor Steuern).
- Wenn die Ermittlung des erzielbaren Betrages der CGU bzw. Gruppe von CGUs auf dem **Nettoveräußerungswert** beruht (Rz 26), die Methode zu dessen Bestimmung und bei Fehlen von Marktpreisen zusätzlich Folgendes:
  - Eine Beschreibung der Grundannahmen *(key assumptions)* zur Bestimmung des *fair value* durch das Management.
  - Darlegung der Vorgehensweise des Managements zur Wertbestimmung; bez. der zugrunde liegenden Annahmen ist darzulegen, ob diese auf Vergangenheitserfahrung oder externen Informationsquellen beruhen, und wenn nicht, wie sich diese von der bisherigen Erfahrung bzw. den externen Informationsquellen unterscheiden.
  - Nach IAS 36.134 sind ab 2009 bei Verwendung des **Nettoveräußerungswertes** nach Maßgabe eines DCF-Verfahrens die vorstehend genannten Angabepflichten für den **Nutzungswert** zu befolgen (Rz 139).
- Die Änderungen der **Grundannahmen** des Managements bez. der Annahmen zum Übersteigen des Buchwertes über den beizulegenden Wert; dann sind anzugeben:
  - die Höhe des Unterschiedsbetrages,
  - der den Grundannahmen zugeordnete Wert,
  - die zugehörige Sensitivität, bei der der erzielbare Betrag den Buchwert erreicht.

Bei Aufteilung des *goodwill* und der immateriellen Vermögenswerte mit unbestimmter Nutzungsdauer auf verschiedene CGUs oder Gruppen von CGUs kann ein einzelner zugeordneter Betrag im Verhältnis zu dem Gesamtbetrag (des *goodwill* und der immateriellen Vermögenswerte) geringfügig sein. Dies ist dann unter Angabe der jeweils zugeordneten Buchwerte des *goodwill* und der zeitlich unbestimmt nutzbaren immateriellen Vermögenswerte offenzulegen (IAS 36.135). **184**

Zusätzlich sind Angaben erforderlich, wenn der erzielbare Wert dieser CGUs bzw. Gruppen derselben nach Maßgabe der gleichen Grundannahmen bestimmt worden ist und der gesamte Buchwert von *goodwill* und immateriellen Vermögenswerten unbestimmter Nutzungsdauer bedeutend *(significant)* im Verhältnis zum gesamten Buchwert dieser Vermögenswerte ist. Dann sind offenzulegen:

- jeweils getrennt der aggregierte Buchwert des *goodwill* und der immateriellen Vermögenswerte unbestimmter Lebensdauer innerhalb der betreffenden CGUs bzw. Gruppen von CGUs,
- Beschreibung der Grundannahmen,
- Beschreibung, ob diese Grundannahmen auf Vergangenheitserfahrung oder externen Informationsquellen beruhen, und wenn nicht, warum dies der Fall ist,
- bei einer möglichen Änderung dieser Grundannahmen die unter Rz 182 genannten weiteren Angaben,
- die Identifizierung des erzielbaren Wertes *(recoverable amount)* als Nettoveräußerungswert *(fair value less costs to sell)* oder Nutzungswert *(value in use)*,
- die weitere Definition des Nettoveräußerungswertes, d.h. die Methode der Ermittlung,
- der Diskontierungssatz im Falle der Anwendung des Nutzungswertes.

Als Praxis**beispiel** für die Darlegung des Wertminderungstestes für **Einzelvermögenswerte** bzw. von **Gruppen** solcher Vermögenswerte (Rz 179) ist nachstehend die Berichterstattung der Mobilcom AG für das Geschäftsjahr 2001 zu den außerplanmäßigen Abschreibungen wegen der besonderen wirtschaftlichen Situation (Rz 188) wiedergegeben: **185**

Beispiel

Im Geschäftsjahr 2001 wurden folgende außerplanmäßige Abschreibungen *(impairment losses)* vorgenommen:

	31.12.2001 TEUR	31.12.2000 TEUR
Immaterielle Vermögensgegenstände	3.629	0
Sachanlagen	6.763	0
	10.392	0

Die außerplanmäßigen Abschreibungen auf immaterielle Vermögenswerte betreffen nicht mehr genutzte Software.

Die außerplanmäßigen Abschreibungen auf Sachanlagen beruhen darauf, dass im Konzern sechs Standorte für *Switche* (Festnetzbereich) geschlossen wurden. Damit wurden z.T. vorhandene parallel betriebene Standorte verschiedener Konzerntöchter auf den benötigten Umfang reduziert.
Der für die außerplanmäßig abgeschriebenen Switche verbleibende Restwert entspricht dem Nettoveräußerungswert. Dieser wurde unter Berücksichtigung eines vorliegenden Angebots zum Rückkauf der *Switche* durch einen Hersteller ermittelt. Da der Angebotspreis des Herstellers mit dem Abschluss eines weiteren Geschäfts verknüpft war, wurde ein weiterer Abschlag auf den erfahrungsgemäß am Markt erzielbaren Nettoveräußerungswert vorgenommen.
Die außerplanmäßigen Abschreibungen sind in dem Posten Abschreibungen in der Konzern-GuV enthalten.
Aufgrund der geänderten UMTS-Marktbedingungen hat der Konzern eine Überprüfung des erzielbaren Betrags aus der UMTS-Lizenz und dem aktivierten UMTS-Netz nach IAS 36 (*impairment*-Test) durchgeführt. Grundlage dafür bildete die *cash-flow*-Prognose auf Basis des langfristigen Businessplans, wobei die Segmente Mobilfunk und UMTS als die Zahlungsmittel generierende Einheit betrachtet wurden. Die Aufstellung des Businessplans erfolgte entsprechend der durch den Vorstand der MC AG vorgenommenen Einschätzung der ökonomischen Rahmenbedingungen des UMTS-Marktes. Im Hinblick auf die Spezifika des neuen Geschäftsfeldes wurde hierbei der Planungshorizont bis zum Ende der Laufzeit der UMTS-Lizenz und darüber hinaus eine unendliche Rente zugrunde gelegt. Die *cash flows* wurden vor Steuern und Zinsen geschätzt und mit einem gewichteten Kapitalkostensatz (WACC) abgezinst. Der *impairment*-Test führte zu dem Ergebnis, dass keine außerplanmäßigen Abschreibungen vorzunehmen sind.

Die vorstehend wiedergegebene Angabe erklärt sich vor dem Hintergrund des enormen Buchwertes für die Lizenz und der zugehörigen Fremdfinanzierung. Außerdem ist der Hinweis auf den 19-jährigen Planungshorizont (Ablauf der Lizenz) beachtlich (Rz 86f.). Die nach IAS 36 verlangten Angaben des absoluten Abschreibungsbetrages fehlt in der vorstehenden Anhangpassage. Sie kann stattdessen auch im Anlagespiegel offengelegt werden (Rz 179).

186 Zur vorgegebenen Berichterstattung im Anhang im Falle von CGUs mit zugeordnetem *goodwill* folgendes (gekürztes) Beispiel nach IAS 36.IE.80ff. (*Example* 9):

Beispiel
Sachverhalt
Konzern M mit international angesiedelter Produktion hat
- die regionale Segmentierung (→ § 36 Rz 24) betreffend
  - Europa
  - Nord-Amerika
  - Asien

- den *goodwill* für Zwecke des *impairment*-Tests folgenden Einheiten (CGUs) zugeordnet (= Buchwert)
  - A in Europa
  - B in Europa
  - C in Nord-Amerika (erworben im Dezember 02)
  - Gruppe an CGUs in Asien mit dem Geschäftsbereich XYZ.
- Die im Dezember 02 erworbene Einheit arbeitet mit hohen Margen und Wachstumsraten dank eines Patents mit 10-jähriger Restlaufzeit.
- Während des Jahres 03 stellt M keinen *impairment* für die einzelnen CGUs fest.

Anhangerläuterungen (nur für die CGU XYZ)

Der *goodwill* ist für Zwecke des *impairment*-Tests den CGUs zugeteilt worden (vgl. Sachverhaltsdarstellung).

Der Buchwert des *goodwill* für C und XYZ ist im Vergleich zum gesamten Buchwert wesentlich, nicht dagegen für A und B. Andererseits ist der erzielbare Wert *(recoverable amount)* von A und B nach den gleichen Grundannahmen ermittelt worden und der gesamte *goodwill* für A und B ist wesentlich.

Geschäftsbereich XYZ

Der erzielbare Betrag des Geschäftsbereichs ist auf der Basis des Nutzungswertes ermittelt worden. Die *cash-flow*-Projektionen beruhen auf den vom Vorstand genehmigten Budgets einer 5-Jahres-Periode mit einem Diskontierungssatz von 8,4 %. Die *cash flows* jenseits der 5-Jahres-Frist sind auf der Basis einer stetigen Wachstumsrate von 6,3 % p. a. extrapoliert. Diese übersteigt die langfristige Durchschnitts-Wachstumsrate des Marktsegmentes des XYZ-Geschäftsbereiches wegen der sich abzeichnenden Änderung des Käuferverhaltens. Nach Auffassung des Vorstands führt eine denkbare Änderung in den Grundannahmen *(key assumptions)* zur Ermittlung des erzielbaren Betrages nicht dazu, dass der Buchwert von XYZ den erzielbaren Betrag übersteigt.

Die Ausgangsbasis zur Wertbestimmung der Grundannahmen *(key assumptions)* stellt sich für die Einheit XYZ wie folgt dar:

Grundannahmen	Ausgangsbasis für die Wertbestimmung
Budgetierte Bruttomargen	Realisierte durchschnittliche Bruttomargen in der Periode vor der budgetierten Periode, ergänzt durch einen Verbesserungseffekt wegen zusätzlicher Effizienz. Die Werte beruhen auf Vergangenheitserfahrung außer für die Effizienzsteigerung, bez. derer das Management mit 5 %iger Verbesserung p. a. rechnet.
Wechselkurs Yen/USD	Durchschnittserwartungen über die Budgetperiode – beruhend auf externer Informationsquelle.

Grundannahmen	Ausgangsbasis für die Wertbestimmung
Budgetierter Marktanteil	Durchschnittlicher Marktanteil in der Periode vor der budgetierten Periode nach Maßgabe der Vergangenheitserfahrung. Mögliche Produktverbesserungen verbunden mit verbesserter Wettbewerbsfähigkeit sind dabei nicht berücksichtigt.

187 Das vorstehende Beispiel bezieht sich lediglich auf eine (gruppierte) CGU. Bei einem international tätigen Konzern kann sich die Anzahl der CGUs durchaus auf zwei Dutzend erhöhen. Bei wörtlicher Befolgung der Vorgaben zu den Anhangerläuterungen (nur) nach IAS 36.134 (Rz 89) droht wie sonst kaum an anderer Stelle der IFRS der *information overload* (→ § 1 Rz 64), nahe verbunden mit dem Aspekt der *cost-benefit*-Abwägung. Auf jeden Fall muss versucht werden, mehrere oder alle CGUs gemeinsam betreffende Angaben zur Vermeidung von Wiederholungen „vor die Klammer" zu setzen. Z.B.:

- Der Diskontierungszinssatz beträgt X %.
- Der Budgethorizont übersteigt in keinem Fall 5 Jahre.

188 Der **Nutzen** (*benefit*) dieses Angabekonvoluts für den Adressaten der Rechnungslegung ist auch inhaltlich nicht über jeden Zweifel erhaben.

Die Bezugnahme auf die „offiziellen" Budgets als Grundlage der offenzulegenden Bewertungsschritte wird vom IASB vermutlich als dem **Objektivierungsziel** der Rechnungslegung dienend angesehen (Rz 36). Das trifft dem Grunde nach zu. Die Verwendung der „offiziellen" Budgets verhindert die Erstellung spezieller Ertragsszenarien für Zwecke des *impairment*-Testes. Andererseits darf der notorisch **optimistische** Unterton der Budgetierungspraxis nicht übersehen werden. Abgesehen von „politischen" Sonderfällen muss eigentlich jede unternehmerische Planung irgendwann einmal positive Ergebnisbeiträge darstellen. Wenn ein Vorstand auf Dauer in einem Bereich oder gar für das Gesamtunternehmen immer nur rote Zahlen prognostiziert, stellt er sich als ökonomischer Sonderling dar, der nicht mehr lange vom Rest der interessierten Welt geduldet wird.

Bezeichnend in diesem Zusammenhang ist auch die empirische Feststellung[82] zu den in Deutschland und Nachbarländern angenommenen **Zinssätzen** zur Diskontierung (Rz 57). Diese schwanken in geringem Umfang branchenspezifisch und -übergreifend. Man will hier offensichtlich nicht aus dem Gehäuse der Peer-Gruppe ausscheren. Die **bilanzpolitische** Stellschraube liegt deshalb bei der Budgetierung, weil hier unternehmensübergreifende „Standards" nicht denkbar sind.

Der in das Budgetierungsverfahren eingebaute **Optimismus** verträgt sich schlecht mit dem auch der IFRS-Rechnungslegung nicht unbekannten Vorsichtsprinzip (→ § 1 Rz 16) und erst recht nicht mit dem Erfordernis der jährlichen Überprüfung eines außerplanmäßigen Abschreibungsbedarfs (Rz 11). Das Praxisbeispiel unter Rz 185 beweist den hier abstrakt dargestellten Optimismusgehalt,

82 KPMG, Kapitalkosten- und Impairment-Test-Studie 2008.

den man im Nachhinein – 18 Monate später waren die UMTS-Lizenzen für das betreffende Unternehmen wertlos – auch als Euphorie bezeichnen kann.
Die deutsche IFRS-Rechnungslegungspraxis erfüllt die Angabepflichten zum *impairment*-Test überwiegend nur sehr unvollständig. Der Grund liegt u.a. im Interpretationsgehalt des *„significant"* in IAS 36.134 (Rz 87).[83]
Ein ganz ähnliches Bild zeichnet die Empirie bei 32 börsennotierten Konzernen im Vereinigten Königreich:[84]

- Die Erläuterungen sind überwiegend unspezifisch, d.h. unter Verwendung von Textbausteinen erzählend (*„boiler plate"*).
- Quantifizierungen erfolgen kaum; stattdessen wird auf die Zukunftserwartungen des Managements verwiesen.
- Nur eine Minderheit liefert nähere Informationen, bezogen auf die jeweiligen CGUs.

Insgesamt bleibt also fraglich, ob das offensichtlich verfolgte Ziel der Objekti- 189
vierung bei der Rechnungslegung zum *impairment*-Test durch die Hypertrophierung von Angabevorschriften erreicht werden kann. Eine einfachere Lösung bestünde jedenfalls bei börsennotierten Unternehmen in einem (offenzulegenden) **Vergleich** zwischen der **Börsenkapitalisierung** des Konzerns einerseits und der **Summe** des im Rahmen des jährlichen Tests ermittelbaren *recoverable amount* (Rz 5) aller *cash generating units* (*sum-of-the-parts*-Problem) andererseits (Rz 15).[85] Liegt der letztgenannte Betrag spürbar höher als die Marktkapitalisierung, dann erhielte der Abschlussadressat eine sehr viel objektivere und nicht zuletzt leicht erfassbare entscheidungsnützliche Information.
Auf die **Checkliste „Abschlussangaben"** wird verwiesen (→ § 5 Rz 8).

11 Einzelfälle der Wertminderungsbilanzierung (ABC)

190

Angabepflichten im Anhang	(Rz 179ff.)
anlassbezogener Wertminderungstest	Anwendungsbereich (Rz 11)
Anwendungsbereich von IAS 36	Aufzählung in Rz 4
aufgedeckter *goodwill*	jährlicher Wertminderungstest (Rz 11)
Ausnahmen (von der Standardanwendung)	Aufzählung in Rz 3
Bearbeitungsschritte	zur Ermittlung des Wertminderungsbedarfes (Rz 12)
Begriffsinhalte zur außerplanmäßigen Abschreibung	siehe Rz 5

[83] Nach der empirischen Untersuchung aus dem DAX-30-Bereich durch KIRSCH/KOELEN/TINZ, KoR 2008, S. 88 und S. 188.
[84] http://www.frc.org.uk/images/uploaded/documents/Review%20of%20goodwill%20 impairment%20disclosures%20(Oct%202008).pdf.
[85] FROWEIN/LÜDENBACH, KoR 2003, S. 261.

Buchmäßige Erfassung	teilweise erfolgswirksam, teilweise erfolgsneutral (Rz 7)
cash generating unit (CGU)	siehe Zahlungsmittel generierende Einheit
DCF-Verfahrensregeln	(Rz 130ff.)
durchschnittliche Kapitalkosten (WACC)	(Rz 57)
goodwill	Durchführung des *impairment*-Tests (Rz 112)
goodwill	Anlass zur Durchführung des *impairment*-Testes (Rz 112)
goodwill	Allozierung auf die zahlungsmittelgenerierende Einheit (Rz 115ff.)
goodwill	Zuordnung zu den Segmenten (Rz 117)
goodwill	Überwachung durch das interne Berichtswesen (Rz 123)
goodwill	Abbildung von Synergien (Rz 123)
goodwill	Zuordnung auf Gruppen von Zahlungsmittel generierenden Einheiten *(goups of units)* (Rz 128)
goodwill	Übergang auf die IFRS-Rechnungslegung (Rz 60)
***goodwill-impairment*-Test**	Anwendung der DCF-Verfahrensregeln (Rz 130ff.)
***goodwill-impairment*-Test**	Steuerlatenzen (Rz 134)
***goodwill-impairment*-Test**	auf Vorsteuerbasis (Rz 134)
***goodwill-impairment*-Test**	Nettoveräußerungswert statt Nutzungswert (Rz 135)
immaterielle Anlagewerte, die noch nicht zur Nutzung zur Verfügung stehen	jährlicher Wertminderungstest (Rz 11)
immaterielle Anlagewerte mit unbestimmter Nutzungsdauer	jährlicher *impairment*-Test (Rz 11)
***impairment*-Test**	im Zusammenhang mit dem Übergang auf die IFRS-Rechnungslegung (Rz 75)
***impairment*-Test**	Arbeitsschritte (Rz 166)

impairment-Test	Gesamtbeurteilung (Rz 168)
***impairment*-Test bei Minderheitsinteressen**	(Rz 157ff.)
Indikationen für das Vorliegen einer Wertminderung	(Rz 15f.)
jährlicher *impairment*-Test	Anwendungsbereich (Rz 11)
Kontraindikation der Wertminderung	selten gegeben (Rz 24)
Nettoveräußerungswert (*fair value less costs to sell*)	Anwendungsbereich (Rz 27ff.)
Nutzungswert (*value in use*)	Berechnungsgrundlagen (Rz 36ff.)
Nutzungswert (*value in use*)	Diskontierungssatz (Rz 57)
Nutzungswert (*value in use*)	Berechnungsbeispiel (Rz 68)
Nutzungswert (*value in use*)	Planungshorizont zur Ermittlung (Rz 72)
Nutzungswert (*value in use*)	Wachstumsrate (Rz 74)
Nutzungswert (*value in use*)	Residualwert (Rz 68)
Prüfdiagramm	zur Feststellung des Abschreibungsbedarfes (Rz 6)
qualitativer Wertminderungstest (überschlägig)	Anwendungsbereich (Rz 13)
Risikozuschläge zu den Eigen- und Fremdkapitalkosten	Einzelheiten (Rz 61)
Unternehmensbewertung	entspricht konzeptionell der Wertminderungsfeststellung (Rz 6)
Verteilung des Wertminderungsaufwandes	auf die einzelnen Vermögenswerte (Rz 148)
Wertaufholungszuschreibung	(Rz 171)
Wertminderungsabschreibung	Steuerlatenz (Rz 178)
Wertminderungstest	siehe *impairment*-Test
Zahlungsmittelerzeugende Einheit	gesamtes Unternehmen (Rz 92)
Zahlungsmittelerzeugende Einheit	Zuordnung der Vermögenswerte allgemein (Rz 98ff.)
Zahlungsmittelerzeugende Einheit	gemeinschaftlich genutzte Vermögenswerte (Rz 108)
Zahlungsmittelerzeugende Einheit	Zuordnung einzelner Vermögenswerte (Rz 99)

Zahlungsmittelerzeugende Einheit	indirekte Zuordnung (Rz 99)
Zahlungsmittelerzeugende Einheit	Beispiele (Rz 84ff. und Rz 125)
Zahlungsmittelerzeugende Einheit (*cash generating unit*, CGU)	Überblick (Rz 83ff.)
Zahlungsmittelerzeugende Einheit	bei Fußballproficlubs (Rz 92)
Zahlungsmittelgenerierende Einheit	Bestimmung oder Definition (Rz 125ff.)
Zahlungsmittelgenerierende Einheit	Saldierungskissen als bilanzpolitischer Gestaltungsansatz (Rz 127)
Zahlungsmittelgenerierende Einheit	Abgang mit zugeordnetem *goodwill* (Rz 151)
Zeitpunkt	zur jährlichen Durchführung des Wertminderungstestes (Rz 11)
Zinsstrukturkurve	(Rz 58)

12 Anwendungszeitpunkt, Rechtsentwicklung

191 IAS 36 ist synchron mit IFRS 3 anzuwenden (→ § 31 Rz 212) und damit auch IAS 38 (→ § 13 Rz 94). Die am 10.1.2008 veröffentlichte Neufassung von IFRS 3 mit Änderungen von IAS 36 bezieht sich auf den *goodwill-impairment*-Test bei Vorliegen von Minderheitsinteressen, nunmehr als *non-controlling interests* bezeichnet (Rz 157). Die Neufassung von IAS 36 rev. 2008 ist auf nach dem 30.6.2009 beginnende Geschäftsjahre anzuwenden. Sofern das Wahlrecht zur früheren Anwendung von IFRS 3 (→ § 31 Rz 215) ausgeübt wurde, muss auch IAS 36 rev. 2008 angewandt werden (IAS 36.140 B rev. 2008).
Im *Annual Improvements Project 2009* ist die Regelung über die Zuordnung eines *goodwill* zur CGU mit prospektiver Anwendung ab 2010 präzisiert worden (Rz 126).
Ab Geschäftsjahresbeginn nach dem 31.12.2008 gilt im Einzelabschluss der Dividendenbezug von Beteiligungsunternehmen u.U. als Indikation für eine Wertminderung (Rz 15).

13 Zusammenfassende Praxishinweise

192 IAS 36 will eine **integrierte** Vorgabe für die Ermittlung einer Wertminderungsabschreibung *(impairment)* für folgende Teilbereiche des Aktivvermögens einer Unternehmung/eines Konzerns liefern (Rz 26):

- einzelne Vermögenswerte *(assets)*,
- zahlungsmittelgenerierende Einheiten (*cash generating units*, CGUs),
- den diesen CGUs zugeordneten *goodwill.*

Insbesondere ist IAS 36 ausgerichtet auf die **nicht mehr planmäßig abzuschreibenden** Vermögenswerte:

- *goodwill* aus einem Unternehmenszusammenschluss,
- immaterielle Vermögenswerte mit unbestimmter Nutzungsdauer (Rz 11).

Diese Vorgabe beruht auf dem *impairment only approach.* Die **nicht** von IAS 36 erfassten Vermögenswerte sind in Rz 3 aufgeführt.

Zur **Durchführung** des *impairment*-Tests werden die infrage kommenden Vermögenswerte wie folgt gruppiert (Rz 11):

- qualifizierte Vermögenswerte,
  - immaterielle Anlagewerte mit unbestimmter Nutzungsdauer,
  - immaterielle Anlagewerte, die noch nicht genutzt werden,
  - im Rahmen eines Unternehmenszusammenschlusses aufgedeckte *goodwills*,
- übrige (unqualifizierte) Vermögenswerte.

Für die letztgenannten **(unqualifizierten) Werte** ist ein überschlägiger qualitativer Test durchzuführen, wenn entsprechende Anzeichen einer Wertminderung vorliegen. Ist dies der Fall, muss in Einzelberechnungen eingetreten werden (Rz 15).

Für die **qualifizierten Vermögenswerte** ist immer bei Vorliegen entsprechender Anzeichen, mindestens aber einmal im Jahr ein quantitativer Wertminderungstest durchzuführen (Rz 24).

Beim Wertminderungstest ist der **erzielbare** Wert *(recoverable amount)* dem **Buchwert** (*carrying amount*) gegenüberzustellen. I.d.R. wird der erzielbare Betrag als **Nutzungswert** (*value in use*) auf der Grundlage von entsprechenden *cash-flow*-Berechnungen ermittelt (Rz 36). Daneben kommt zur Bestimmung des erzielbaren Betrages auch der **Nettoveräußerungswert** in Betracht (Rz 26). Diese der **Unternehmensbewertung** nachgebildete Vorgehensweise macht regelmäßig die Bildung von **zahlungsmittelgenerierenden Einheiten** (*cash generating units*, **CGUs)** erforderlich, da dem einzelnen Vermögenswert in aller Regel keine individuellen *cash flows* zugeordnet werden können (Rz 83ff.).

Zur Bestimmung des erzielbaren Betrags ist regelmäßig auf eine **DCF-Bewertung** zurückzugreifen (Rz 39). Bei der Ermittlung des **Nutzungswertes** muss auf ein **Barwertkalkül** zurückgegriffen werden; dabei gebietet der Standard erhebliche Restriktionen (etwa für Erweiterungsinvestitionen; Rz 48). Bei der DCF-Bestimmung des *fair value less costs to sell* sind hingegen zwingend im maximalen Umfang **marktbasierte Inputs** zu verwenden (Rz 54). Für die Praxis gilt danach. Wer den für die Nutzungswertbestimmung bestehenden Restriktionen entgehen will und sich für einen im DCF-Verfahren ermittelten *fair value less costs to sell* entscheidet, muss hierfür einen „**Preis**" bezahlen, also etwa von einer eher fundamentalwertorientierten Bewertung auf Basis der „besseren unternehmensinternen Erkenntnisse" zu einer marktorientierten Bewertung übergehen, die auch vermeintliche „irrationalen Einschätzungen" des Marktes auf der Inputparameterseite berücksichtigt.

Soweit einzelne Vermögenswerte nicht eindeutig einer CGU zugeordnet werden können – **gemeinschaftlich genutzte** Vermögenswerte *(corporate assets)* –, muss eine Zuteilung nach bestimmter Schlüsselung erfolgen (Rz 108).

Besondere Behandlung erfährt der aus einem Unternehmenszusammenschluss resultierende *goodwill* (Rz 112ff.).

Je nach Gestaltung der sog. **Saldierungskissen** (Rz 126) lässt sich bei der im Rahmen der Unternehmensakquisition erforderlichen Zuordnung der *goodwills* auf eine CGU das künftige **Abschreibungserfordernis** in gewissem Umfang steuern (Rz 127).

Im Zuge einer **Reorganisation** der internen Steuerung bzw. des *reportings* kann auch ein bereits einer CGU zugeordneter *goodwill* **neu verteilt** werden (Rz 152ff.).

Besonderheiten ergeben sich auch im Zusammenhang mit einem *goodwill*, der auf *non-controlling interest* entfällt, dieser kann wahlweise bei der Erstkonsolidierung mit angesetzt werden, ist bei späterer Aufstockung aber erfolgsneutral mit den Rücklagen zu verrechnen (Rz 157ff.).

Die DCF-Verfahren zur Ermittlung des erzielbaren Wertes einer *goodwill*-tragenden CGU sind nicht durchgängig **kompatibel** mit wirtschaftlich vernünftigen Ausgangsüberlegungen (Rz 130f.).

Die umfangreichen **Arbeitsschritte** im Zuge des *impairment*-Tests sind tabellarisch in Rz 166 dargestellt.

Nach erfolgter außerplanmäßiger Wertminderungsabschreibung ist jährlich ein Test zur Überprüfung einer etwa erforderlichen **Wertaufholungszuschreibung** (***reversal***) durchzuführen (Rz 171).

Eine geradezu erdrückende Fülle von **Angabevorschriften** zum *impairment* macht eine sinnvolle Interpretation des *materiality*-Grundsatzes im konkreten Fall erforderlich (Rz 179ff.).

§ 12 ÖFFENTLICHE ZUWENDUNGEN (*GOVERNMENT GRANTS*)

Inhaltsübersicht **Rz**

Vorbemerkung

Schrifttum: EISOLT, Bilanzierungsfragen bei der Abwasserabgabe-Verrechnung, WPg 2005, S. 19; FREIBERG, Bilanzierung von öffentlichen Investitionszuwendungen nach gegenwärtigem und zukünftigem Recht, PiR 2005, S. 94; HOFFMANN, Kundengebundene Werkzeuge, PiR 2007, S. 294; KÜTING/KOCH, Neukonzeption der Bilanzierung von Zuwendungen der öffentlichen Hand, DB 2006, S. 742; KÜTING/KOCH, Öffentliche Zuwendungen im Jahresabschluss nach IFRS, DB 2006, S. 569; ROHATSCHEK, Bilanzierung von zinslosen bzw. niedrigverzinslichen Darlehen nach IAS 20 neu, IRZ 2009, S. 149; TJADEN, Bilanzierungsfragen bei Zuwendungen der öffentlichen Hand, WPg 1985, S. 33.

Vorbemerkung
Die Kommentierung bezieht sich auf IAS 20 in der aktuellen Fassung und berücksichtigt alle Ergänzungen, Änderungen und Interpretationen, die bis zum 1.1.2011 beschlossen wurden.
Einen Überblick über diskutierte oder schon als Änderungsentwurf vorgelegte zukünftige Regelungen enthält Rz 49.

1 Zielsetzung, Regelungsinhalt und Begriffe

1 IAS 20, der Standard zu den öffentlichen Zuwendungen (*government grants*), will den Adressaten des Jahresabschlusses Aufschlüsse über die **Hilfestellung** der öffentlichen Hand geben, die sich im Jahresabschluss eines Unternehmens/Konzerns niedergeschlagen haben. Dadurch soll die **Vergleichbarkeit** innerhalb des Unternehmens zwischenperiodisch und mit anderen Unternehmen hergestellt werden (IAS 20.5).

2 Als Zuschuss gelten **Hilfeleistungen** (*assistances*) der öffentlichen Hand durch **Transfer von Ressourcen** als Ausgleich für (*in return*) die Einhaltung bestimmter Bedingungen (IAS 20.3). Negativ werden diese Zuwendungen von den normalen Einnahmen abgegrenzt, die das Unternehmen im kaufmännischen Geschäftsverkehr mit öffentlichen Institutionen (*government*) erhält. Auf die **Bezeichnung** dieser Zuschüsse kommt es dabei nicht an (IAS 20.6).

3 IAS 12 vermeidet ein spezifisches Eingehen auf die **Vielfalt** der öffentlichen Förderungsmaßnahmen. Stattdessen zieht er allgemeine Begriffsdefinitionen heran und grenzt nicht behandelte Probleme im Zusammenhang mit der Wirtschaftstätigkeit der öffentlichen Hand aus. Zu solchen **ausgegrenzten** Gebieten zählen explizit:

- der in Hochinflationsländern relevante Fall der Bilanzierung zu indizierten Zeitwerten (IAS 20.2a).
- Begünstigungen irgendwelcher Art im Rahmen der Einkommensbesteuerung (IAS 20.2b; → § 26 Rz 58).
- Zuwendungen an Unternehmen mit landwirtschaftlicher Produktion (IAS 20.2d; IAS 41.34; → § 40).
- Beteiligungen der öffentlichen Hand am Unternehmen als Gesellschafter (IAS 20.2c).

Der letztgenannte Punkt schließt die in **privatwirtschaftlicher** Rechtsform geführten Gesellschaften, an denen die öffentliche Hand beteiligt ist, nicht aus dem Anwendungsbereich von IAS 20 aus,[1] soweit sie einer „normalen" Wirtschaftstätigkeit nachgehen und dabei einen Zuschuss bestimmter Art erhalten (Beispiel: Energieversorgung). Vielmehr geht es um die Beteiligung „als solche". Im Rahmen der Verabschiedung von IAS 20 ist die Herausnahme der Beteiligungen der öffentlichen Hand aus dem Regelungsbereich intensiv diskutiert worden mit dem Ergebnis, dass das öffentliche Investment in das Nennkapital eines Unternehmens nicht von IAS 20 erfasst wird (F.65 *„funds contributed by shareholders"*).

1 PFITZER/WIRTH/STASS, in: BAETGE u.a., Rechnungslegung nach IAS, zu IAS 20 Rz 5.

IAS 20.3 liefert folgende **Begriffsdefinitionen**: 4

- Als **öffentliche Hand** (*government*) werden generell **staatliche Instanzen** bezeichnet, einerlei ob diese auf lokaler, nationaler oder internationaler Ebene agieren. Es ist auch unerheblich, in welcher Rechtsform die öffentliche Hand dabei auftritt, z.B. in Form einer öffentlich-rechtlichen Körperschaft. Nach der hier vertretenen Auffassung gehört zu den so bezeichneten *government agencies* auch eine privatwirtschaftlich organisierte Förderungsinstitution (**Beispiel**: Tourismus-Förderungs-GmbH).
- Als **öffentliche Beihilfen** (*government assistance*) wird in IAS 20.3 die Gewährung von **wirtschaftlichen Vorteilen** an ein Unternehmen oder eine Gruppe von Unternehmen verstanden, wenn diese bestimmte Kriterien erfüllen. Nicht unter den Begriffsinhalt von *government assistance* fallen **indirekte** Vorteilsgewährungen der öffentlichen Hand durch Zurverfügungstellung von Infrastruktur in Entwicklungsgebieten oder generelle Ermöglichung von wirtschaftlicher Betätigung (IAS 20.38). 5
- Der **eigentliche** Inhalt von IAS 20 bezieht sich auf die **öffentlichen Zuwendungen** (*government grants*). Es handelt sich um Hilfeleistungen der öffentlichen Hand in Form **der Übertragung von Mitteln** (*transfer of resources*; IAS 20.3) an ein Unternehmen. Dieser Transfer kann in bar, durch Aufrechnung, durch Forderungsverzicht (z.B. auf Steuern), durch Gewährung eines un- oder niedrig verzinslichen Darlehens (Rz 41) u. Ä. erfolgen und soll eine „Gegengabe“ (*return*) für die Einhaltung bestimmter Bedingungen in der Vergangenheit oder Zukunft durch das Unternehmen im Rahmen seiner Tätigkeit (Rz 8) darstellen (**Beispiel**: Neubau einer Fabrik mit Schaffung von X Arbeitsplätzen). 6

Die öffentlichen Zuwendungen sind also definiert als **Unterbegriff** der öffentlichen **Beihilfe** (*assistance*). Öffentliche Beihilfen ohne Zuwendungscharakter sind nur im Rahmen der **Anhangangaben** (Rz 42) nach den inhaltlichen Vorgaben von IAS 20.34ff. offenzulegen. Beispielhaft werden dort (IAS 20.35) genannt: kostenlose technische oder Marketing-Beratung oder Gewährung von Bürgschaften. Diese sollen sich einer Bewertung entziehen und sind deshalb nicht bilanzierbar. Zu den „*service concession arrangements*“ wird verwiesen auf → § 18 Rz 66.

- Die öffentlichen Zuwendungen (*grants*) werden dann in IAS 20.3 weiter **untergliedert** in: 7
  - Zuwendungen, die sich auf **Vermögenswerte** (Rz 25ff.) beziehen, die das Unternehmen unter bestimmten Bedingungen erwerben oder herstellen will: nach deutschem Recht **Investitionszulagen** oder **Investitionszuschüsse** (*grants related to assets*; Rz 45).

Beispiel 1

Der Automobilkonzern B erstellt eine neue Fabrik in Leipzig. Dafür erhält er eine Investitionszulage nach den gesetzlichen Vorschriften sowie einen Investitionszuschuss aus dem Regionalförderungsprogramm des Freistaates Sachsen.

- **Erfolgsbezogene Zuwendungen: Aufwands- oder Ertragszuschüsse** (*grants related to income*); sie sind negativ definiert als solche, die sich nicht auf Vermögenswerte beziehen (Rz 20ff.).

Beispiel 2

Der vor der Insolvenz stehende Bau-Großkonzern H erhält von der Bundesregierung eine „**Soforthilfe**" in bar zur Rettung der Arbeitsplätze.

Beispiel 3

Das Biotechnologieunternehmen X erhält vom Bundesforschungsministerium für Forschungsleistungen betreffend ein neues Produktionsverfahren einen laufenden „**Aufwandszuschuss**" für eine Periode von drei Jahren.

- **„Erlassfähige" Darlehen**, also solche Darlehen, auf die der Darlehensgeber unter bestimmten vorgeschriebenen Bedingungen verzichtet (*forgivable loans*).

Beispiel 4

Das Biotechnologieunternehmen Y baut in Hamburg ein neues Großlabor zur Entwicklung einer neuen Produktionstechnik. Die Freie und Hansestadt Hamburg gewährt ein unverzinsliches Finanzierungsdarlehen mit der Auflage, dieses dann zurückzuzahlen, wenn das Projekt gewinnbringend vermarktet werden kann.

Beispiel 5

Die Freie Hansestadt Bremen gewährt dem Biotechnologieunternehmen Z für den Bau eines Großlabors einen (zinslosen) Zuschuss. Dieser ist dann nicht rückzahlbar, wenn das Forschungsergebnis aus diesem Labor nicht gewinnbringend vermarktet werden kann.

Beispiel 6

Ein weiteres Beispiel stellt die **Abwasser-Abgabe-Verrechnung**[2] dar: Bei Errichtung einer Abwasserreinigungsanlage können die für die 3 Jahre vor Inbetriebnahme der Anlage entstandenen Abwasserabgaben „verrechnet" werden, d.h., sie werden zurückbezahlt.

Die Qualifikation der Zuwendung ist nicht nach dem Fördermechanismus (z.B. direkte Geldzahlung vs. Zinsverbilligung vs. Abgabenermäßigung etc.) vorzunehmen, sondern nach dem Förderobjekt. Für ein Beispiel zur Zinsverbilligung wird auf Rz 37 verwiesen, für eine Abgabenermäßigung auf das nachfolgende Beispiel.

2 Vgl. hierzu Eisolt, WPg 2005, S. 1114.

Beispiel[3]
Nach dem öffentlichen Förderprogramm ist das Unternehmen zur Nichtabführung der Umsatzsteuerschuld berechtigt. Diese Vergünstigung bezieht sich auf eine Investition in Sachanlagevermögen bis zu einem Betrag von 40 % der Anschaffungs- oder Herstellungskosten. Die zunächst nicht bezahlte Steuerschuld ist fünf Jahre später zu entrichten.
Es handelt sich um eine **Investitionszuwendung** (Rz 25ff.). Der Zuwendungsbetrag ist nach den beiden Ausweismöglichkeiten des IAS 20.24 abzubilden (Rz 26). Dadurch soll nach den Wünschen des Board (IAS 20.BC4) ein **fiktiver Zinsaufwand** ausgewiesen werden, um andererseits den öffentlichen **Zuwendungscharakter** herauszustellen.

In SIC 10.1 sind als **Anlässe** zur Gewährung von öffentlicher Beihilfe (*government assistance*; Rz 5) folgende Fälle aufgeführt: 8

- Geschäftstätigkeit in **besonderen Branchen**,
- Weiterführung der Geschäftstätigkeit nach der **Privatisierung**,
- Tätigkeitsbeginn oder -fortsetzung in **unterentwickelten Regionen**.

Die Zuwendung der öffentlichen Hand muss sich auf die **laufende Geschäftstätigkeit** des Unternehmens beziehen (Rz 6). Diese Bedingung wird durch die Betätigung in bestimmten Regionen oder industriellen Sektoren erfüllt (SIC 10.3). Der in Deutschland üblichen **Unterscheidung** nach **Zuschüssen** und **Zulagen** (vgl. die beiden alternativen Förderungsmöglichkeiten im Beispiel in Rz 7) kommt nach IAS 20 keine Bedeutung zu (Rz 45).

Der Standard ist **nicht** auf Zuwendungen im Regelungsbereich von IAS 41 (*agriculture*) anzuwenden (→ § 41 Rz 2). 9

2 Ansatz

2.1 Zeitliches Kriterium

Öffentliche Zuwendungen sind nach IAS 20.7 zu dem Zeitpunkt bilanzansatzfähig, an dem gewährleistet ist (*reasonable assurance*), dass 10

- das Unternehmen die Voraussetzungen erfüllt und
- die Zuwendungen auch tatsächlich zufließen (also z.B. die Anträge gestellt werden).

Beide Ansatzkriterien sind gleichermaßen bedeutsam. Dabei ist es unerheblich, in welcher **Technik** die Zuwendung gewährt wird. Es kann sich um eine **Barzahlung** handeln oder aber auch um den Erlass einer **Verbindlichkeit** gegenüber der öffentlichen Hand (IAS 20.9). Auch die Übertragung von **Sachwerten** materieller und immaterieller Art kommt in Betracht (Rz 30).

Unklar ist der der *reasonable assurance* beizumessende „Sicherheitsgrad“.[4] (*Reasonable assurance* entspricht einem *sufficient degree of certainty* gem. F.93.) Man kann ihn mit „*probable*“ i.S. von IAS 18.14 identifizieren, doch ist mit dieser zirkulären Tautologie für die Bilanzierungspraxis wenig gewonnen. Umgekehrt:

---

[3] Nach Ernst & Young, International GAAP 2009, S. 1424.

[4] Zu den „Sicherheitsgraden“ überhaupt und der diesbezüglichen Terminologie vgl. ADS International, Abschn. 11 Tz 19f.; Küting/Koch, DB 2006, S. 569.

Der typische Auslegungsbedarf mit **Ermessensspielraum** des Managements kommt einmal mehr zum Tragen (→ § 1 Rz 36). Die häufig im Schrifttum dargebotenen Wahrscheinlichkeits-Prozentsätze sind weder aus dem Regelwerk ableitbar noch in der Anwendung operationabel (→ § 21 Rz 37ff.). Allenfalls kommen Negativkriterien in Betracht: noch nicht ausgeschöpfter Förderungstopf der Regierung, kein Fristversäumnis etc.

11 Das **zeitliche** Ansatzkriterium der *reasonable assurance* wird in IAS 20 nicht weiter definiert. Zurückzugreifen ist deshalb auf das Definitionsgefüge im *Framework* (→ § 1 Rz 87ff.). Insbesondere geht es dabei um die Auslegung des **Wahrscheinlichkeits**gehaltes bez. der künftigen wirtschaftlichen Vorteile in F.82ff.IAS 20.8 begnügt sich über die Wiederholung der *reasonable assurance* hinaus in diesem Zusammenhang mit einem **negativen** Ansatzkriterium: Die bereits erfolgte Vereinnahmung des Zuwendungsbetrages erlaubt **nicht** den zwingenden Schluss, dass die mit der Zuwendung verbundenen Auflagen auch erfüllt sind oder später erfüllt werden. Sollte Letzteres nicht der Fall sein, wäre die vereinnahmte Zuwendung als Verbindlichkeit zu passivieren. Zur geplanten Änderung vgl. Rz 18.

Zu unterscheiden sind öffentliche Zuwendungen mit **Rechtsanspruch** (**Beispiel**: Investitionszulage nach dem InvZulG) – bei Erfüllung bestimmter Voraussetzungen – von denjenigen, deren Gewährung von **Ermessensausübungen** einer Behörde abhängen. Die Erstgenannten sind bei Erfüllung der rechtlichen Kriterien anzusetzen, die Letztgenannten erst nach Ergehen eines entsprechenden Bewilligungsbescheides anzusetzen.[5]

12 Bei Zuschussgewährung im **„Windhundverfahren"** Auslobung eines Zuwendungshöchstbetrages mit Vergabe nach Antragseingang – hängt der Bilanzansatz von dem noch nicht anderweitig ausgeschöpften Förderungsvolumen ab. Bei Genehmigungsvorbehalt einer übergeordneten Behörde muss deren Genehmigung vorliegen.[6]

13 **Erlassfähige Darlehen** (Rz 7) sind zu dem Zeitpunkt als öffentliche Zuwendung zu behandeln, in dem die Bedingungen für den Erlass mit *reasonable assurance* (Rz 10f.) erfüllt werden (zur geplanten Änderung vgl. Rz 18). Die Erlassbedingungen müssen also noch nicht eingetreten sein. Liegt eine solche *reasonable assurance* vor, wird das Darlehen nicht mehr als Schuldposten ausgewiesen (IAS 20.10). Auf den Zeitpunkt des tatsächlichen Erlasses kommt es ebenso wenig an wie auf die Bezeichnung „Darlehen" (Beispiele 4 und 5 in Rz 7).

2.2 Eventuelle Rückzahlungsverpflichtung

14 IAS 20.11 weist auf die Angabepflicht für **Eventualverbindlichkeiten** (*contingent liabilities*) nach IAS 37 hin (→ § 21 Rz 106), die aus bereits gewährten öffentlichen Zuwendungen (*grants*; Rz 6f.) resultieren kann. Das ist insoweit berechtigt, als jede öffentliche Förderungsmaßnahme nur unter **Bedingungen** erteilt wird, wovon die meisten sich auf zukünftiges Verhalten beziehen (**Beispiel**: Aufrechterhaltung von Arbeitsplätzen). Solange überhaupt **kein** Anlass besteht, an der Einhaltung der Bedingungen zu zweifeln, ist die *contingent liability* weder angabe- noch bilanzierungspflichtig. Ist die Einhaltung der Bedingungen zwar

5 Pfitzer/Wirth/Stass (Fn 1).
6 ADS International, Abschn. 11 Tz 11: „kaum noch Zweifel bestehen".

wahrscheinlicher, aber die Nichteinhaltung **nicht völlig unwahrscheinlich (remote)**, verbleibt es bei einem Anhangvermerk (Rz 42). Anders, wenn die Nichteinhaltung wahrscheinlich ist (→ § 21 Rz 37ff.); dann ist die Rückzahlungsverpflichtung als Verbindlichkeit auszuweisen. Der Ausweis im Jahresabschluss richtet sich dann nach den Regeln der Verbindlichkeits- und Rückstellungsbilanzierung (IAS 37.14) bzw. den Anhangangaben (IAS 37.84ff.). Auf die Darstellung in → § 21 Rz 164ff. wird verwiesen.

Hängt die Rückzahlungsverpflichtung von dem Entstehen **künftiger Gewinne** ab und ist diese Verpflichtung aus diesen Gewinnen zu bestreiten, dann darf nach deutscher Rechtsauffassung u.U. eine Verbindlichkeit erst bei Eintritt der Bedingung (Gewinnsituation) bilanziert werden.[7] Den IFRS ist unmittelbar eine solche Vorgabe nicht zu entnehmen. Die der deutschen Auffassung entsprechende Behandlung lässt sich allerdings durch das *matching principle* begründen (IAS 20.16): Der Aufwand ist der Periode zuzuordnen, in welcher der entsprechende Ertrag entstanden ist.[8] Bis dahin ist ein rückzahlbarer Zuschuss oder ein „erlassfähiges Darlehen“ (Rz 7) als Verbindlichkeit auszuweisen. Unerheblich ist in diesem Zusammenhang die rechtliche Ausgestaltung der Eventual-Rückzahlungsverpflichtung als **auflösend oder aufschiebend** bedingt. Denn in der rechtlichen Gestaltung können durch Ausformulierung beide Techniken zum gleichen Ergebnis führen.[9] 15

Eine **Anhangsangabe** oder die **Passivierung** einer Rückzahlungsverpflichtung entfällt dann, wenn sich die öffentliche Hand mit ihrer Zuwendung am **wirtschaftlichen Erfolg** des bezuschussten Projekts beteiligt (**Beispiel**: öffentliche Forschungszuschüsse; vgl. die Beispiele 4 u. 5; Rz 7). 16

Die **erstmalige** Bilanzierung von Rückzahlungsverpflichtungen für öffentliche Zuwendungen (*government grants*) lässt sich ausnahmsweise als Berichtigung einer Schätzung (*revision to an accounting estimate*) nach IAS 8.23ff. darstellen (→ § 24 Rz 10ff.). Meistens wird allerdings ein neuer Sachverhalt vorliegen, der auch ohne besondere Regeln bilanzieller Berücksichtigung bedarf. 17

2.3 Geplante Anpassungen der Ansatzvorschriften

Der Board will die Überarbeitung oder Ersetzung von IAS 20 (Rz 49) gemeinsam mit dem FASB zusammen mit dem *Revenue Recognition Project* (→ § 25 Rz 123) betreiben. Die Ansatzkriterien (Rz 10ff.) sollen nach Maßgabe der schon jetzt in IAS 41.34f. für bestimmte biologische Vermögenswerte enthaltenen Vorschriften (→ § 40 Rz 71f.) geändert werden.[10] Wegen des Projektverlaufs vgl. Rz 49. 18

IAS 41.34f. unterscheiden bez. der zum *fair value* bewerteten biologischen Vermögenswerte zwischen

- **unbedingten** und
- **bedingten**

Zuwendungen.

---

7 Die Auffassungen sind diesbezüglich sehr differenziert. Der BFH hat (in handelsrechtlicher Argumentation) im Urteil v. 17.12.1998, IV R 21/97, BStBl II 2000 S. 451, auf Rückstellungsbildung erkannt. Vgl. auch die Fallbeispiele unter Rz 48.

8 So auch Pfitzer/Wirth, (Fn 1), Tz 29, mit Hinweisen zum Schrifttum sowie das in Fn 11 zitierte BFH-Urteil.

9 Vgl. BFH, Urteil v. 17.12.1998, IV R 21/97, BStBl II 2000 S. 116 (Fn 10); so auch Grote, in: Thiele/von Keitz/Brücks, Internationales Bilanzrecht, IAS 20, Tz 122.

10 Vgl. Küting/Koch, DB 2006, S. 742.

Im **weiteren** Sinne ist beinahe jede Zuwendung bedingt, nämlich an die Erfüllung von Fördervoraussetzungen gebunden. Im **engeren** Sinne lässt sich aber am Beispiel der **Investitionszuwendungen** folgende Unterscheidung vornehmen:

- Die Zuwendung ist **unbedingt** i.e.S., wenn mit Durchführung der förderfähigen Investition keine weiteren Auflagen mehr zu erfüllen sind;
- sie ist **bedingt**, wenn auch nach Vornahme der Investition noch bestimmte Auflagen zu erfüllen sind, etwa eine Mindestverbleibensdauer des Investitionsguts im Betrieb zu gewährleisten ist und bei Verstoß gegen diese Bedingung eine Rückzahlungspflicht besteht.

Im ersten Fall sind die Bedingungen mit der Investition bereits erfüllt. Zu buchen ist dann: per Forderung auf Zuwendung an Ertrag.
Bei zeitlich noch nicht erfüllter Bedingung ist mit Geldeingang zu buchen: per Geld an Verbindlichkeit, bei Erfüllung der Bedingung: per Verbindlichkeit an Ertrag. In beiden Fällen entfällt die Periodisierung nach geltendem Recht (Rz 26).

Beispiel[11]
An die Investitionszulagengewährung für die Maschine eines Unternehmens A ist ein 5-jähriger Verbleibezeitraum gem. InvZulG 2005 geknüpft (bedingte Zuwendung). A tätigt die Investition in Höhe von 4 Mio. EUR in 2005. Die Zulage wird in 2007 in Höhe von 25 % gewährt. Die Buchungen sind wie folgt:
In 2005: per Maschine 4 Mio. EUR an Bank 4 Mio. EUR
In 2007: per Kasse 1 Mio. EUR an bedingte Schuld 1 Mio. EUR
(da die Fördervoraussetzungen, z.B. Ablauf der 5-jährigen Verbleibensfrist, noch nicht endgültig erfüllt sind, insoweit noch eine bedingte Rückzahlungspflicht besteht)
Erst Ende 2010, wenn die mit der Förderung verbundenen Auflagen erfüllt sind, findet eine Ertragsvereinnahmung statt:
per bedingte Schuld 1 Mio. EUR an sonstiger betrieblicher Ertrag 1 Mio. EUR
Ohne Bindung der Zusage an eine besondere Auflage wäre in 2005 zu buchen: per bedingte Schuld 1 Mio. EUR an sonstiger betrieblicher Ertrag 1 Mio. EUR

Demgegenüber ist auf biologische Vermögenswerte, die *at cost* bewertet werden, derzeit noch IAS 20 anzuwenden.

3 Ausweis

3.1 Allgemeines Kriterium: Ergebniswirksame Zuordnung zu den bezuschussten Aufwendungen im Zeitverlauf (*matching principle*)

19 IAS 20.12 spricht sich für die **erfolgswirksame** Behandlung des Zuschusses als einzige Bilanzierungsmöglichkeit aus. Die offensichtlich im Board vor der Verabschiedung geführte heftige Diskussion – s. IAS 20.14f. – lehnt die **direkte**

11 Entnommen aus: Freiberg, PiR 2005, S. 94.

Vereinnahmung im Eigenkapital = *capital approach* (→ § 20 sowie SIC 10.3) ab. Insoweit besteht also eine nahtlose Übereinstimmung mit den deutschen Bilanzierungsregeln. Dieser sogenannte *income approach* wird weiter in IAS 20.12 in Verbindung mit IAS 20.16 bis 20.19 in einer **periodisierenden** Betrachtung spezifiziert („*to match*"). Die mit den öffentlichen Zuwendungen korrespondierenden Kosten (im weiteren Sinne auch als Investitionsausgaben verstanden) sollen durch die buchmäßige Behandlung des Zuschusses **ergebnismäßig** kompensiert werden (vgl. das Beispiel in Rz 21). Dies entspricht der Vorgabe in F.95 (→ § 1 Rz 111). Insoweit besteht ein konzeptioneller Unterschied zu der in Deutschland zumindest als **Wahlrecht** in der Handels- und Steuerbilanz möglichen sofortigen Vereinnahmung von Investitionszuwendungen.[12] Umgekehrt entspricht die (auch) nach deutscher Auffassung zu präferierende ratierliche Vereinnahmung der eben genannten Vorgabe nach IAS 20.12. Zum Vergleich mit den deutschen Bilanzierungsregeln siehe Rz 43ff.

Die periodengerechte Zuordnung der Zuschüsse nach dem *matching principle* erfordert bei Investitionszuwendungen buchungstechnisch den Ansatz eines **passiven Abgrenzungspostens** oder eine aktivische Kürzung von den Anschaffungs- oder Herstellungskosten (Rz 21, 26). Beide Posten stellen konzeptionell nach dem IFRS-*Framework* einen Fremdkörper dar.[13] Auch deshalb soll IAS 20 grundlegend überarbeitet werden (Rz 18).

3.2 Zuwendungen zum Einkommen (*grants related to income*)

IAS 20.20 bis IAS 20.22 unterscheiden – nicht sehr trennscharf – zwei Typen von Zuwendungen zum Einkommen (besser: Aufwandszuschüsse; siehe Rz 7), die bei Erfüllung der Ansatzvoraussetzungen (Rz 10f.) sofort ergebniswirksam zu erfassen sind: 20

- solche für **bereits entstandene Aufwendungen** oder **Verluste** (ohne zugehörige künftige Aufwendungen);
- unter bestimmten Umständen zugesagte **unmittelbare finanzielle Hilfe** (Beispiel 2 unter Rz 7; vgl. Rz 21).

Beide Ausweistypen sind praktisch häufig nicht zu unterscheiden. Das ist allerdings von geringer praktischer Relevanz, denn in beiden Fällen ist der Ansatz **zeitlich** bei Erfüllung der Voraussetzungen i.S.d. IAS 20.7 (Rz 10f.; voll ergebniswirksam unter den sonstigen betrieblichen Erträgen) vorzunehmen (IAS 20.21).

Zukunftsbezogene Zuwendungen zum Einkommen (Ertrags- bzw. Aufwandszuschüsse siehe Rz 7) sind nach IAS 20.12 **periodengerecht** entsprechend den zugehörigen Aufwendungen zu vereinnahmen (Rz 19). Eilt die Zuschussgewährung den Aufwendungen zeitlich voraus, ist die „Überzahlung" als Rechnungsabgrenzungsposten (*deferred income*) zu passivieren und zeitanteilig (zur Parallele im deutschen Recht Rz 43ff.) oder in sonstiger systematischer Weise aufzulösen. Der Ausweis in der GuV (bzw. dem GuV-Teil der Gesamtergebnisrechnung) kann dabei wahlweise nach IAS 20.29 als Kürzung von den Aufwendungen (Nettoausweis) oder unter den sonstigen Erträgen (*other income*) 21

---

12 Zur handelsrechtlichen Bilanzierung siehe ELLROTT/BRENDT, BECK'scher Bilanzkommentar, 6. Aufl., § 255 Tz 115ff.

13 FREIBERG, PiR 2005, S. 94.

erfolgen (Bruttoausweis). Im Einzelfall kann gem. IAS 20.31 eine Anhangerläuterung zum gewählten Ausweis erforderlich sein.

Beispiel[14]
Ein Unternehmer erhält im Jahr 01 eine Zusage der Regierung über einen Zuschuss von 30 zur Beseitigung von Umweltschäden auf fünf Jahre. Der Zuschuss wird in 01 mit 15 und in 04 mit weiteren 15 ausbezahlt. Die Kosten betragen 15. Die Ergebnisauswirkung beträgt:

Jahr	Kosten	Vereinnahmung	Forderung	passive Abgrenzung
01	1	2	15	28
02	2	4	15	24
03	3	6	15	18
04	4	8	0	10
05	5	10	0	0
Gesamt	15	30		

Je nach Zahlungszeitpunkt ist für den Überschuss eine Abgrenzung als Vermögenswert oder passive Rechnungsabgrenzung (*deferred income*) vorzunehmen.

22 Das Hauptproblem bei der Bearbeitung von Zuwendungen zum Einkommen besteht in der richtigen **periodischen Zuordnung** (*matching*).[15] Dies gilt insbesondere bei der Bezuschussung von längerfristigen Entwicklungsprojekten. Als Illustration kann das Beispiel eines Zuschusses für Fortbildungsmaßnahmen (*training*) dienen. Dazu kommen folgende zeitliche Kriterien in Betracht:

- Zuordnung zu den direkten Kosten der Ausbildung;
- Zuordnung zu den Lohnkosten für die fortzubildenden Beschäftigten während der Laufzeit des Projektes;
- zeitliche Zuordnung zu den erhofften Erfolgen der Fortbildungsmaßnahmen;
- zeitliche Zuordnung über die Laufzeit des Fortbildungsprojektes in gleichmäßiger Verteilung;
- Zuordnung über den Zeitraum, in dem der Zuschuss geleistet wird;
- Vereinnahmung bei Zahlung des Zuschusses.

Die letztgenannte Variante scheidet nach IAS 20.12 aus (Rz 21).

Alle übrigen Zuordnungsvarianten können unter Berücksichtigung der konkreten Umstände zutreffend sein. Vor diesem Hintergrund ist der **zeitlichen Konsistenz** bei der Wahl der Zuordnungsmethode besonderes Gewicht beizumessen (Stetigkeitsgebot → § 24 Rz 7ff).

23 IAS 20 erwähnt förmlich nicht die Zuschüsse für **entgangene Einnahmen** (**Beispiele**: unentgeltliche Schülerbeförderung, Altölbeseitigung, Stilllegungsprämien). Diese sind wirtschaftlich den eigentlichen Aufwandszuschüssen ver-

---

[14] Nach Epstein/Mirza, Interpretation and Application of IAS 2002, S. 95, zu IAS 20.17: „recognition … as income in the same period as the relevant expense".

[15] Vgl. hierzu die Darstellung bei Ernst & Young, International GAAP 2008, S. 2132. Auf die dortigen Ausführungen stützt sich die nachfolgende Darstellung.

gleichbar und fallen deshalb ebenfalls unter die Zuschüsse zum Einkommen (Rz 48, dort die Beispiele „Verzicht auf Milch- oder Mehlproduktion").

Wegen des möglichen Ausweises als Umsatzerlös wird verwiesen auf → § 25 Rz 115. 24

3.3 Investitionszuwendungen (*grants related to assets*)

3.3.1 Im Anschaffungskostenmodell

Investitionszuschüsse (Rz 7) – begrifflich hier auch umfassend die Investitionszulagen nach deutschem Steuerrecht – sind buchmäßig als **Kompensation der zugehörigen** Abschreibungen zu behandeln (IAS 20.12, IAS 20.17). Die nach R 34 Abs. 2 EStR mögliche sofortige **erfolgswirksame Behandlung** kommt **nicht** in Betracht. Insofern stimmen umgekehrt die Regeln von IAS 20 mit der IDW-Stellungnahme, HFA 1/1984, überein (Rz 44).[16] Bei der Zugangsbewertung soll ein *impairment*-Test gem. IAS 36 (→ § 11 Rz 11 ff.) als zwingend eingeführt werden.[17] Eine mit dem Ansatz des Zuschusses u.U. einhergehende Verbindlichkeit (Rz 18) ist derselben Zahlungsmittel generierenden Einheit (→ § 11 Rz 99 ff.) wie der bezuschusste Vermögenswert zuzuordnen. 25

Diese Periodisierung **proportional zum Abschreibungsverlauf** kann in zweierlei Form buchtechnisch dargestellt werden (IAS 20.24): 26

- Ausweis als **passiver Rechnungsabgrenzungsposten** (*deferred income*) mit abschreibungsproportionaler Auflösung (Bruttomethode);
- **Kürzung** von den **Anschaffungs- oder Herstellungskosten** mit der Folge niedrigerer Abschreibungsverrechnung (Nettomethode).

Die beiden Methoden gelten als *gleichwertig*, also kein „*benchmark treatment*". Das ist insofern zutreffend, als beide Methoden eine periodengerechte Aufwands- bzw. Ertragsverrechnung gewährleisten (Rz 19). Zu Darstellungs**beispielen** vgl. Rz 34. Dabei ist die spezialrechtliche Passivierungsvorgabe in IAS 20.24 systemwidrig, weil das IFRS-Regelwerk keine passive Abgrenzung kennt, sondern Schulden. Man mag das *deferred income* deshalb vielleicht als „technische Schuld" bezeichnen.[18]

In der **HGB-Praxis** gibt es **keine einheitliche Ausweisregel**. Z. T. werden die passivierten Zuschüsse bzw. Zulagen innerhalb der **Rechnungsabgrenzungsposten** ausgewiesen oder im **Anhang** genannt, z.T. erfolgt die Darstellung als **Sonderposten** zwischen Eigen- und Fremdkapital (Rz 44). Nach IFRS ist der **Ansatz** eines Sonderpostens zwischen Eigen- und Fremdkapital nicht zulässig. Einen besonderen Ausweis für Abgrenzungsposten sieht das Bilanzgliederungsschema ebenfalls nicht vor. Üblich ist daher die Einordnung unter langfristigen Schulden (→ § 2 Rz 31 ff.).

Die **Ergebnisauswirkung** beider Methoden ist die gleiche, soweit – sinnvollerweise – die Auflösung des Passivpostens abschreibungsproportional erfolgt (so die Regel nach IAS 20.17 „*usually*"). Der Gegenausweis innerhalb der GuV hat unter den sonstigen Erträgen einerseits (Bruttoverfahren) oder als Kürzung von den Abschreibungen andererseits (Nettoverfahren) zu erfolgen (IAS 20.26 ff.).

---

16 WPg 1984, S. 613; siehe hierzu TJADEN, WPg 1985, S. 36.

17 IASB, Update Juli 2004.

18 So FREIBERG, PiR 2008, S. 208.

Zur Behandlung in der **Kapitalflussrechnung** vgl. Rz 32 sowie → § 3 Rz 61.

27 **Änderungen** bei der Abschreibungsmethode bzw. die Neueinschätzung der Nutzungsdauer (→ § 10 Rz 39) führen zur korrespondierenden Anpassung des passiven Abgrenzungsbetrages.

28 Bei Zuwendungen für nicht **abschreibbare** Vermögensgegenstände (Grundstücke) löst IAS 20.18 das Periodisierungsproblem anhand der damit in aller Regel verbundenen Auflage.

Beispiel[19]
Wenn der Zuschuss für einen Grundstückserwerb (auch kostenlose Übereignung des Grundstücks) von der Errichtung eines Gebäudes in bestimmter Lage abhängt, ist er über die Nutzungsdauer des Gebäudes hinweg zu vereinnahmen.

Weiteres Beispiel[20]
Ein Unternehmer erhält unentgeltlich ein Stück Land mit einem Verkehrswert von 120 zur Erschließung. Bedingung ist die Beschäftigung von heimischen Arbeitern während der Arbeitsdauer von drei Jahren. Die Auflage der Regierung sieht einen festen Mindestlohnaufwand von 60 vor, der im Zeitverlauf wie folgt anfällt und eine entsprechende Zuschussvereinnahmung auslöst:

Jahr	Kosten	Zuschuss
01	10	20
02	10	20
03	40	80
	60	120

3.3.2 Im *fair-value*-Modell

29 Öffentliche Zuwendungen zu Anlagegrundstücken (*investment properties*), die im *fair-value*-Modell bewertet werden (→ § 16 Rz 52), können einerseits Anschaffungs- bzw. Herstellungskosten **mindern**, andererseits in Analogie zu Vorgaben für den Bereich der landwirtschaftlichen Produktion nach IAS 41.34 (→ § 40 Rz 63) **ertragswirksam** vereinnahmt werden. Welche Lösung vorzuziehen ist, hängt von den Umständen ab. Wenn die öffentlichen Zuwendungen **allen** vergleichbaren Investitionen offenstehen (z.B. nach dem Investitionszulagengesetz), aber ein **neues** Wirtschaftsgut voraussetzen, sinkt der *fair value* „automatisch" mit der Ingebrauchnahme. Die Anschaffungs-/Herstellungskostenminderung gleicht diese Minderung aus. Wenn die Zuwendungen gleichermaßen für **gebrauchte** „Wirtschaftsgüter" gelten, tritt kein Wertverlust ein. Eine ertragswirksame Buchung des Zuschusses ist dann vorzuziehen.

---

19 Nach IAS 20.18. So auch SCHEINPFLUG, in: BECK'sches IFRS-Handbuch, § 4 Tz 271; sowie KPMG, Insights into IFRS 2006/2007, 4.3.20.20; teilweise a.A. PFITZER/WIRTH/STASS, in: BAETGE u.a., Rechnungslegung nach IAS, IAS 20 Tz 41, und ADS INTERNATIONAL, Abschn. 11 Tz 51.

20 Nach EPSTEIN/MIRZA, Interpretation and Application of IAS 2002, S. 953.

Beispiel[21]
Sachverhalt
Das Unternehmen erstellt am 30.12. ein Gebäude in einem Fördergebiet für einen Preis von 450 und erhält hierfür wie andere Investoren einen Zuschuss von 1/3 (150). Am 31.12. beträgt der Marktpreis vergleichbarer Neugebäude 480. Die öffentliche Zuwendung wird nur auf Neugebäude gewährt und ist ansonsten mit keiner Auflage verbunden.

Lösung
Am 30.12. wird der Zuschuss herstellungskostenmindernd verbucht und das Gebäude mit 300 (2/3 von 450) bewertet, am 31.12. mit 320 (2/3 von 480) wird ein Werterhöhungsertrag von 20 verbucht.

Sachverhaltsvariante
Der Zuschuss von 1/3 wird auch für die Anschaffung gebrauchter Gebäude gewährt.

Lösung
Am 30.12. wird der Zuschuss ertragswirksam verbucht und das Gebäude mit 450 bewertet, am 31.12. mit 480 und ein Werterhöhungsertrag von 30 verbucht.
Das im Vergleich zur ersten Variante um 160 höhere Ergebnis erklärt sich wie folgt: Da auch gebrauchte Gebäude förderfähig sind, bewirkt die Ingebrauchnahme keine Minderung des erzielbaren Marktwertes.

Beispiel
Sachverhalt
Das Unternehmen erhält von der öffentlichen Hand Bauland mit einem *fair value* von 100. Die Auflage besteht im Bau von Häusern mit niedrigen Mieten. Es handelt sich um ein *investment property*, für das die *fair-value*-Folgebilanzierung gewählt wird.
Die Baukosten betragen 350, das fertige Projekt – Land und Häuser – hat einen *fair value* von 480.

Lösung
Möglich erscheint eine Passivierung des erhaltenen Zuschusses von 100 als Betriebseinnahme oder als Abzug von den Herstellungskosten. In beiden Fällen realisiert das Unternehmen einen Gewinn von 130, der sich aus dem „Zuschusseinkommen" für das Bauland von 100 und dem Wertzuwachs von 30 zusammensetzt.

21 In Anlehnung an KPMG, Insights into IFRS 2008/2009, Tz 4.3.70.20; dies gilt auch für das folgende Beispiel.

3.4 Sonderprobleme

3.4.1 Zuwendung nichtmonetärer Güter

30 IAS 20.23 befasst sich mit dem Sonderfall der Zuwendung **nichtmonetärer** Güter mit den Beispielen Grund und Boden und sonstigen Ressourcen. In diesem Fall werden zwei Bilanzierungsmöglichkeiten zur Wahl gestellt (→ § 13 Rz 73):

- Einbuchung des **Zeitwertes** (*fair value*) des betreffenden Vermögensgegenstandes.
- Einbuchung mit einem **symbolischen** Wert (*nominal amount*).

Die Gegenbuchung erfolgt entsprechend derjenigen bei Gewährung eines Barzuschusses.

Buchungssatz also: per Anlagevermögen (z. B.) an Rechnungsabgrenzungsposten „*deferred income*" (Rz 26).

Für **bestimmte** immaterielle Vermögenswerte (*intangible assets*) nennt IAS 38.33 Beispiele, die nach Maßgabe des vorstehenden Wahlrechts bilanziert werden können: Landungsrechte für Flugzeuge,[22] Lizenzen zum Radio- und Fernsehbetrieb, Import-Lizenzen u. Ä.

Emissionsrechte (sog. Treibhausgasemissionsberechtigung)[23] sind – u. E. auch nach Rücknahme von IFRIC 3 (→ § 13 Rz 44) – als öffentlicher Zuschuss (*government grant*)[24] anzusetzen (zu passivieren), soweit der *fair value* des Emissionsrechtes den vom Unternehmen zu bezahlenden Betrag übersteigt. Der passive Abgrenzungsposten ist dann folgerichtig über die Bewilligungsdauer des betreffenden Emissionsrechts hinweg ergebniswirksam zu vereinnahmen. Die Option in IAS 20.23 für den symbolischen Wert (*nominal amount*) gilt nach der Rücknahme von IFRIC 3 ebenfalls. Zur Bilanzierung des Emissionsrechtes als immaterieller Vermögenswert wird verwiesen auf → § 13 Rz 44, wegen der *service concession arrangements* auf → § 18 Rz 66. Wegen weitergehender Überlegungen des Boards zur bilanziellen Abbildung von Treibhausgasemissionsberechtigungen vgl. → § 13 Rz 45a.

3.4.2 Latente Steuern

31 IAS 20 befassen sich nicht mit Problemen der Steuerlatenzrechnung. Deshalb ist zu diesem Thema IAS 12 heranzuziehen, wo **zeitliche Unterschiede** (*temporary differences*) allgemein behandelt werden und damit auch solche nach IAS 20 umfassen (→ § 26 Rz 16 ff.).

Dabei ist im **Zugangszeitpunkt** wie folgt zu differenzieren:

- **gleicher Ausweis in IFRS- und Steuerbilanz,** unsaldiert mit Passiv-Sonderposten oder saldiert als Kürzung der Anschaffungs- oder Herstellungskosten (Rz 25 f.) → keine temporäre Differenz, keine Steuerlatenz.
- **unterschiedlicher Ausweis**, z. B. Passiv-Sonderposten in der Steuerbilanz, Kürzung von den Anschaffungs- oder Herstellungskosten in der IFRS-Bilanz oder umgekehrt (Rz 25 f.) → zusammengefasst keine temporäre Differenz, keine Steuerlatenz.

---

22 Vgl. hierzu OLBRICH/DALLMAYR/ZILCH, BFuP 2009, 207.

23 Einzelheiten zum Inhalt des rechtlichen Rahmens bei GÜNTHER, KoR 2003, S. 432.

24 So die Auffassung des IASB im Protokoll des Board-Meetings vom September 2005.

- **sofortige erfolgswirksame – allerdings steuerfreie – Vereinnahmung** in der Steuerbilanz (Investitionszulage, Rz 45), ratierlich in der IFRS-Bilanz (Rz 25) → Differenz bereits bei Zugang, aber permanent, da steuerfrei, deshalb nach IAS 12.22c und IAS 12.33 keine (aktive) Steuerlatenz.
- **sofortige erfolgswirksame – allerdings steuerpflichtige – Vereinnahmung** in der Steuerbilanz (Investitionszuschuss, Rz 45), ratierlich in der IFRS-Bilanz (Rz 25), erfolgswirksame Vereinnahmung bereits beim Zugang, deshalb Steuerlatenz gem. IAS 12.22b (→ § 26 Rz 46).

In den drei erstgenannten Fällen können an sich unterschiedliche Abschreibungsfristen oder -verfahren zwischen IFRS- und Steuerbilanz (ggf. mit entsprechend unterschiedlicher Auflösung des Passiv-Sonderpostens; Rz 26) in der **Folgebewertung** zu temporären Differenzen führen. Dafür darf indes nach IAS 12.22c (→ § 26 Rz 45) keine Steuerlatenzrechnung erfolgen.

3.4.3 Ausweis in der Kapitalflussrechnung

Nach IAS 20.28 sollen bei **größeren Geldbewegungen** im Zusammenhang mit öffentlichen Zuwendungen diese in der Kapitalflussrechnung (→ § 3 Rz 75) gesondert gezeigt werden, und zwar unabhängig davon, ob die Zuschüsse zu Investitionen von den Anschaffungs- oder Herstellungskosten des bezuschussten Vermögensgegenstandes gekürzt oder als passiver Rechnungsabgrenzungsposten ausgewiesen werden (Rz 26). Empfohlen wird in IAS 20.28 die getrennte Darstellung des Liquiditäts**zuflusses** durch den öffentlichen Zuschuss einerseits und des Liquiditäts**abflusses** infolge der Investition andererseits. 32

Die IFRS behandeln aber nicht die Frage der Darstellung bzw. des Ausweises **innerhalb** der *cash-flow*-Rechnung. Die Problematik stellt sich insbesondere für die Zuschüsse für Investitionen (Rz 25) mit der Notwendigkeit, die Ausweisalternativen (Rz 26) konsistent in der *cash-flow*-Rechnung abzubilden.

Folgende Lösungen sind denkbar:[25]

- bei Bilanzausweis des Investitionszuschusses als **passive Abgrenzung**: Vereinnahmung des Zuschusses mit zahlungsunwirksamer Auflösung im Zeitverlauf – beides im **operativen** Bereich;
- bei Kürzung des Zuschusses von den Anschaffungs- oder Herstellungskosten: weniger Abschreibung im **operativen** Teil bei geringerer Auszahlung im Bereich der **Investitionstätigkeit**;
- Darstellung des Zuschusses im **Finanzierungsbereich**.

Ohne konkrete Regelung innerhalb der IFRS erscheinen alle diese betriebswirtschaftlich vertretbaren Lösungen als zulässig.

3.4.4 Rückzahlung von Zuwendungen

Geregelt ist in IAS 20.32 auch die **Rückzahlung** für beide Typen der öffentlichen Zuwendungen: 33

- **Ertragsbezogene** Zuwendungen (Rz 21) sind zunächst mit einem etwa noch offenen passiven Abgrenzungsposten (Bruttomethode) zu verrechnen und im Übrigen als Periodenaufwand zu erfassen.

---

25 Der DRS 2 enthält sich einer Stellungnahme zu dieser Problematik.

- **Investitions**zuwendungen sind bei einer Rückzahlungsverpflichtung entweder dem Buchwert zuzuschlagen (bei Anwendung der Nettomethode Rz 26) oder von dem Buchwert des noch vorhandenen passiven Abgrenzungspostens zu kürzen. Die im Hinblick darauf „fehlenden" Abschreibungen sind unmittelbar aufwandswirksam nachzuholen. Dieser Sachverhalt gilt als eine Änderung eines bisher der Abschlusserstellung zugrunde gelegten Schätzungsverfahrens (→ § 24 Rz 10ff.).

Beispiel für ertragsbezogenen Zuschuss

Das Unternehmen hat einen Zuschuss von 1.000 Einheiten aus dem Regionalförderungsprogramm für die Schaffung einer neuen Produktlinie erhalten. Die damit verbundene Auflage sieht die Schaffung von 20 neuen Vollarbeitsplätzen vor, die für wenigstens fünf Jahre aufrechterhalten werden müssen. Zu Beginn des 4. Jahres wird das Projekt eingestellt mit der Folge der Rückzahlung des gesamten Förderungsbetrages durch das Unternehmen.

Die bilanzmäßige Entwicklung ist die folgende:

Jahr	**+ Zuschuss – Rückzahlung**	**Passive Abgrenzung**	**Ertrag**	**Aufwand**
01	+ 1.000	800	200	
02		600	200	
03		400	200	
04	– 1.000	– 400		600
	0		600	600

34 Die bilanzmäßige Entwicklung ist bei Anwendung der **Brutto**methode = Passivierung des Zuschusses als **Rechnungsabgrenzung** (*deferred income*; Rz 26):

Beispiel für Finanzierungszuschuss

Das Unternehmen erhält vom Umweltamt einen Investitionszuschuss von 200 Einheiten zur Finanzierung einer neuen Rauchgasentschwefelungsanlage. Deren Nutzungsdauer beträgt 10 Jahre mit linearer Abschreibung, Anschaffungskosten 1.000 Einheiten. Anfang 04 muss wegen Nichteinhaltung der Grenzwerte der Zuschuss in voller Höhe zurückgezahlt werden.

Jahr	**Abschreibung –**	**Buchwert Anlage**	**Auflösung +**	**Buchwert Abgrenzung**	**Saldiertes Ergebnis –**
Zugang		1.000		200	
01	100	900	20	180	80
02	100	800	20	160	80
03	100	700	20	140	80
04	100	600		–140	160
Ergebnisauswirkung zwischenperiodisch	400		60		400

Bei Anwendung der **Netto**methode unter Kürzung der Anschaffungs- oder Herstellungskosten (Rz 26) entwickelt sich der Bilanzausweis wie folgt:

Jahr	Abschreibung		Buchwert	Ergebnis
Zugang			800	
01	80		720	80
02	80		640	80
03	80		560	80
04	100	laufendes Jahr	600	160
	60	Nachholung		
Ergebnis-auswirkung zwischen-periodisch	400			400

Die Rückzahlung einer Investitionszuwendung kann Anlass zu einer **Werthaltigkeitsprüfung** (*impairment test*) für den betreffenden Vermögensgegenstand sein. 35

Beispiel[26]
Ein Brückenbau war finanziert mit einem öffentlichen Zuschuss, der während der Bauzeit zurückzugewähren ist. Wenn die Finanzierung des Gesamtprojektes nicht mehr gewährleistet ist, muss eine Abschreibung auf den *recoverable amount* gem. IAS 36.58 erfolgen (→ § 11 Rz 5).

3.4.5 Verteilung bei gebündelten (*package*) Förderungsmaßnahmen

IAS 20.19 behandelt den Fall von gebündelten Förderungsmaßnahmen (**Beispiel:** Investitionszuschuss verbunden mit Forschungsunterstützung). Hier ist eine sorgfaltige Unterscheidung der Zuschusskomponenten erforderlich, die zu einer differenzierenden buchmäßigen Behandlung führen kann. Feste Kriterien zur Vornahme der Aufteilung werden nicht gegeben, sodass jede betriebswirtschaftlich sinnvoll erscheinende zulässig ist. 36

Beispiel[27]
Ein Unternehmer erhält einen Förderungsbetrag von 120. Davon sind 80 bestimmt zum Erwerb eines Gebäudes zur Unterbringung von Studenten aus der Dritten Welt. Die restlichen 40 sind für den Unterhalt der Studenten während vier Jahren bestimmt.
Der Teilbetrag von 80 ist über die Nutzungsdauer des Gebäudes entsprechend der ausgemachten Abschreibungsmethode, der Teilbetrag von 40 über den Unterhaltszeitraum von vier Jahren (ergebnismäßig) zu vereinnahmen.

26 Nach Epstein/Mirza, Interpretation and Application of IAS 2002, S. 956.
27 Nach Epstein/Mirza, Interpretation and Application of IAS 2002, S. 953.

3.4.6 Zinsgünstige öffentliche Darlehen

37 **Bis** 2008 galt: Der Vorteil aus un- oder unterverzinslichen Darlehen (ERP-Mittel usw.) war nach IAS 20.37 nicht zu berücksichtigen. Bei ohne Agio oder Disagio gewährten Darlehen ist mithin der Auszahlungsbetrag zu passivieren und als Zinsaufwand in den jeweiligen Perioden nur der vertraglich vereinbarte Zins zu berücksichtigen.

In dieser Handhabung erkannte der Board eine **Inkonsistenz** zu den Regeln von IAS 39. Auch zinsverbilligte Darlehen stellen **Finanzinstrumente** dar und unterliegen deshalb dem Regelungsgehalt von IAS 39 (→ § 28 Rz 6). Die Zugangsbewertung hat zum *fair value* zu erfolgen (→ § 28 Rz 99), der bei niedrig oder unverzinslichen Verbindlichkeiten (oder Forderungen) niedriger sein muss als der Nominalwert. Dieser Vorgabe folgt mit pflichtmäßiger Anwendung ab 2009 (Rz 49) IAS 20.10A: Handelt es sich bei dem Darlehensgeber direkt oder indirekt um eine öffentliche Instanz (*government*), ist der Anwendungsbereich von IAS 20 eröffnet. Die Zuwendung (*grant*) liegt im **Unterschied** zwischen dem **vereinbarten** Zins (z. B. auch 0 %) für ein gewährtes Darlehen und dem bonitätsgerechten **Markt**zins (*market rate*).

Deshalb ist im ersten Schritt zur bilanziellen Abbildung der Marktzins zu bestimmen, um diesen dann als Differenzbetrag zum vereinbarten Zins in Beziehung zu setzen. Unter *market rate* ist der laufzeitäquivalente risikolose Zins zuzüglich eines Aufschlags (*credit spread*) für das individuelle Ausfallrisiko zu verstehen. Der dem Unternehmen zufließende Vorteil (*benefit*) zwischen dem so verstandenen Marktzins und dem vereinbarten Zins ist durch Vergleich des **Buchwerts** bei Darlehenshingabe (dem im Barwertkalkül mit marktgerechter Diskontierung ermittelten *fair value*) und dem erhaltenen Betrag zu ermitteln. Die so berechnete Zuwendung (Barwert der Zinsverbilligung) ist dann nach dem Regelungsgehalt des IAS 20 bilanziell abzubilden (vgl. dazu das Buchungsbeispiel unter Rz 38).

Einer Definition bedarf auch der „**Markt**" bzw. der **Marktzins**. Man könnte den „Markt" als Sammelsurium der im Internet leicht ermittelbaren Förderungsprogramme verstehen, also einen spezifischen Markt für Förderkredite als Bezugsgröße verwenden. Dann wäre allerdings beim „Endabnehmer" (dem investitionsbereiten Unternehmen) der Anwendungsbereich von IAS 20 verbaut, denn konsequenterweise erhielte dieses Unternehmen gemessen an den Verhältnissen des spezifischen Markts gerade keinen zinsvergünstigten Kredit. U. E. ist diese Interpretation des Begriffs „Markt" nicht zutreffend, wir sehen die öffentliche Zuwendung in der Differenz zwischen dem auf nicht öffentlich subventionierten Märkten nach der individuellen Bonität des Unternehmens zu zahlenden Zins und dem effektiv zu entrichtenden.

Zur Anwendung von IAS 20.10a bei dem das begünstigte Darlehen durchleitenden Kreditinstitut wird auf Rz 39 verwiesen.

38 Liegt nach den vorstehenden Ausführungen ein Zinsvorteil vor, stellt sich weiter die Frage nach

- der bilanziellen **Abbildung** dieses Vorteils sowie verbunden damit
- der **Zugangs**- und **Folge**bewertung des Darlehens.

Zum **zweiten** Punkt verweist IAS 20.10A auf IAS 39. Danach sind Darlehen nicht mit dem vereinnahmten Betrag, sondern mit dem *fair value* einzubuchen (→ § 28 Rz 99), im Falle einer Zinsvergünstigung also mit einem niedrigeren Betrag als dem Nominal- bzw. Rückzahlungsbetrag. Im Rahmen der Effektivzinsmethode (→ § 28 Rz 40) ist die anfängliche Differenz dann (neben der Nominalverzinsung) über die Laufzeit des Darlehens aufwandswirksam zu erfassen.

Zum **ersten** Punkt bestimmt IAS 20.10A nur: „*The benefit is accounted for in accordance with this standard.*" Eine spezifische Rechtsfolgenregelung wird also nicht getroffen, stattdessen auf die allgemeinen Regeln von IAS 20 verwiesen. Hiernach ist eine Unterscheidung zwischen

- **Investitions**zuwendungen (*grants related to assets*) (Rz 25) und
- **Aufwands**zuwendungen (*grants related to income*) vorzunehmen (Rz 20).

Der erste Fall ist bei zinsvergünstigten **Investitions**darlehen, der zweite u. a. bei zinsvergünstigten **Betriebsmittel**krediten einschlägig. Zu beiden Fällen sowie zum Zusammenspiel mit IAS 39 die beiden nachfolgenden Beispiele:

Beispiel

Das Unternehmen U erhält am 1.1.01 ein zinsloses öffentliches Betriebsmitteldarlehen über 10 Mio. mit einer Laufzeit von 2 Jahren. Die Hausbank würde für den gleichen Kredit 10 % in Rechnung stellen. Der Barwertvorteil beträgt 1,73. Dieses Betriebsmitteldarlehen dient der Finanzierung eines Sockelbetrags für das Vorratsvermögen sowie der Finanzierung von Kundenforderungen.

Das Darlehen ist nicht dem Erwerb oder der Herstellung eines bestimmten Vermögenswerts zuzuordnen. U. E. handelt es sich um eine Zuwendung zum **Einkommen**. Nach den in Rz 21 dargestellten Regeln muss der Zinsvorteil in systematischer Form (IAS 20.12.) über die vereinbarte Laufzeit des Förderkredits verteilt vereinnahmt werden.

Im vorliegenden Fall scheint eine Auflösung nach der Effektivzinsmethode gerechtfertigt zu sein. Erfolgt die Gegenbuchung zur Auflösung des passiven Rechnungsabgrenzungspostens als Kürzung des Zinsaufwands, ergibt sich auf diese Weise per Saldo der tatsächliche Zinsaufwand (im Beispiel null). Diese Lösung kann sich auf IAS 20.29, IAS 20.30 sowie IAS 20.31 stützen, wonach bei Zuwendungen zum Einkommen ein Nettoausweis zulässig ist. Wahlweise kann aber auch ein Bruttoausweis erfolgen bzw. der Abgrenzungsposten über sonstige betriebliche Erträge aufgelöst werden (Rz 21). In dieser Variante verbleibt im Zinsergebnis der marktkonforme Zinsaufwand.

Das **Darlehen** entwickelt sich wie folgt:

Jahr	1.1.	Effektivzins	Tilgung	31.12.	Zinsaufwand
1	8,2645	0,8265		9,0910	0,8265
2	9,0910	0,9091		10,0000	0,9091
3	10,0000		–10,0000	0,0000	

2. Der **passive Abgrenzungsposten** entwickelt sich bei Anwendung der Effektivzinsmethode wie folgt:

1.1.01	1,7365
Auflösung 01	– 0,8265
31.12.01	0,9091
Auflösung 02	– 0,9001
31.12.02	– 0,0000

3. Es ergeben sich folgende **Buchungen**:

Datum	Konto	Soll	Haben
1.1.01	Geld	10,000	
	Darlehen		8,2645
	pRAP		1,7355
31.12.01	Zinsaufwand	0,8265	
	Darlehen		0,8625
	pRAP	0,8265	
	Zinsaufwand/Sonstiger Ertrag		0,8265
31.12.02	Zinsaufwand	0,9091	
	Darlehen		0,9091
	pRAP	0,9091	
	Zinsaufwand/Sonstiger Ertrag		0,9091

Beispiel[28]

Die U erhält ein endfälliges unverzinsliches Darlehen von EUR 100.000 auf 5 Jahre zur Finanzierung eines beweglichen Anlageguts. Der bonitäts- und marktgerechte Zinssatz beträgt 6 %, der Barwert des Darlehens somit 74.726.

Darlehenszugang

Datum	Konto	Soll	Haben
1.1.01	Bank	100.000	
	Finanzverbindlichkeit		74.726
	deferred income bzw. AK/HK		25.274

Auflösung
deferred income

Datum	Konto	Soll	Haben
	deferred income in Summe 01 bis 05	25.274	
	sonstige Erträge		25.274

Aufzinsung Darlehen

Datum	Konto	Soll	Haben
	Zinsaufwand in Summe 01 bis 05	25.274	
	Finanzverbindlichkeit		25.274

28 Ähnlich Bömelburg/Landgraf/Eberhardt, PiR 2008, S. 335; zu einer ausführlicheren Darstellung anhand eines Beispiels vgl. Rohatschek, IRZ 2009, S. 149.

Die sog. **Netto**methode ist hier nicht dargestellt; vgl. hierzu das Beispiel unter Rz 34. Der Ergebniseffekt zeigt sich in diesem Fall einerseits in der linearen Kürzung der Abschreibung über die Darlehenslaufzeit. Dieser steht die akzelerierende Aufzinsung nach der Effektivzinsmethode nach Maßgabe von IAS 39 (→ § 28 Rz 40) gegenüber. Über die Gesamtperiode (hier 5 Jahre) gleicht sich der Ergebnisunterschied aus, in der Einzelperiode ergeben sich Abweichungen zwischen linearer Abschreibungsänderung und nach Effektivzinsmethode verteiltem Aufzinsungsaufwand.
Bei der **Brutto**methode kann dieser innerperiodische Ergebniseffekt durch gleichzeitige Anwendung der Effektivzinsmethode auf beide Bilanzposten – Finanzverbindlichkeit und *deferred income* – vermieden werden.
Bei Unterschieden zwischen der Nutzungsdauer des Investitionsobjekts und der Laufzeit des Darlehens führt nur die Bruttomethode zu sachgerechten Ergebnissen.

Die von der öffentlichen Hand durch Zinsbegünstigung geförderten Kredite 39
werden regelmäßig durch die zuständige **Hausbank** „durchgeleitet". Die Frage ist, ob und inwieweit IAS 20.10A (auch) auf das eingeschaltete Kreditinstitut anzuwenden ist. Im Rahmen einschlägiger Förderungsmaßnahmen in Deutschland wird unterschieden zwischen

- Verwaltungskrediten,
- Treuhandkrediten (durchlaufenden Krediten),
- Weiterleitungskrediten.

Zivilrechtlich verbergen sich hinter diesen Varianten unterschiedliche Ausprägungen eines Treuhand- oder treuhandähnlichen Vertrags. Inhaltlich unterscheiden sich diese Verträge nach dem Umfang der vom Kreditinstitut übernommenen Verpflichtungen, die sich regelmäßig, aber nicht immer, auf die Verwaltung des Kredits und die Übernahme eines geringfügigen Ausfallrisikos beschränken. Beim Treuhandkredit geht die beauftragte Bank kein Eigenrisiko bez. des Forderungsausfalls ein.

Die in den anderen beiden Varianten bestehende Risikobeteiligung macht dann, wenn sie gering ist, u. E. eine differenzierende Beurteilung der drei Vertragsvarianten nicht notwendig. In der wirtschaftlichen Substanz unterscheiden sich diese Varianten dann nicht so sehr, dass eine unterschiedliche Beurteilung erforderlich wäre. Auch aus dieser Sicht verbleiben wir bei unserem Vorschlag zur ausschließlichen bilanziellen Erfassung der Zinssubvention beim Kreditnehmer (Rz 37).

3.4.7 Private Zuschüsse

IAS 20 und auch andere IFRS befassen sich nicht mit **privaten Zuschüssen**, die 40
umgekehrt im deutschen Rechnungslegungsrecht einige Bedeutung erfahren haben. So hat der IDW-HFA hierzu eine grundlegende Stellungnahme erarbeitet,[29] die Finanzverwaltung hat in Richtlinie 6.5 EStR 2008 für den Fall der

[29] WPg 1996, S. 709.

Investitionszuschüsse nicht zwischen öffentlichen und privaten Mitteln unterschieden, und auch der BFH[30] hat sich bereits mehrfach mit diesem Themenkomplex auseinandersetzen müssen.
Aus Sicht des **Übergangs von der deutschen Rechnungslegung** auf diejenige nach den IFRS stellt sich die Frage nach der **unveränderten** Übertragbarkeit bzw. den erforderlichen **Anpassungen**. Die IFRS kennen keine speziellen Regelungen für die **privaten** Zuschüsse. Das IFRIC hat einen Analogieschluss des Regelungsgehalts von IAS 20 bez. der Zuschüsse aus Kassen der öffentlichen Hand auf solche von privatwirtschaftlicher Seite abgelehnt.[31] Der Grund liegt in wesentlichen Unterschieden (gemeint ist im **wirtschaftlichen** Gehalt) zwischen den öffentlichen Zuschüssen und den so bezeichneten in der Privatwirtschaft. Der IFRIC bezieht sich dabei insbesondere auf Beiträge von Kunden.
U. E. trifft diese Einschätzung des IFRIC zu. Zuschüsse der öffentlichen Hand werden unentgeltlich, private Zuschüsse hingegen i.d.R. im Rahmen eines Leistungsaustauschverhältnisses gewährt. Der im deutschen Sprachgebrauch mitunter verwendete „Zuschuss" für Leistungen von Kunden an Lieferanten oder Ähnliches vernebelt diesen wesentlichen wirtschaftlichen Unterschiedsgehalt. Dazu folgende Beispiele:

- Bei **Werkzeugkosten**zuschüssen in der Zulieferindustrie (→ § 18 Rz 70) handelt es sich um eine verdeckte Leasingzahlung.
- Bei **Baukosten**zuschüssen eines Mieters im Zusammenhang mit einer langfristigen Anmietung eines neuen Gebäudes bzw. Gebäudeteils handelt es sich um eine Mietvorauszahlung (→ § 15 Rz 150).
- Bei **Werbekosten**zuschüssen von (z.B.) Lebensmittelherstellern an Großverbrauchermärkte liegen Erlösschmälerungen des Herstellers vor (→ § 25 Rz 114).
- Beim **Baukosten**zuschuss an Energie- oder Wasserversorgungsunternehmen liegen bei Letzteren Umsatzerlöse vor, die möglicherweise auf die Vertragslaufzeit zu verteilen sind (→ § 25 Rz 113).

3.4.8 Ausweis im Gliederungsschema

41 Weder aus IAS 20 selbst noch aus den Gliederungsvorschriften in IAS 1 (→ § 2 Rz 28ff.) lässt sich ableiten, inwieweit die Gliederungssystematik bei den **Investitionszuwendungen** (Rz 25) nach *current/non-current* bzw. (bei Banken) nach der Liquiditätsnähe im Rahmen der Zuschussbilanzierung zu berücksichtigen ist (IAS 1.53). Dieses Thema stellt sich allerdings dann nicht, wenn von dem Ansatzwahlrecht für Investitionszuschüsse durch Saldierung mit den Anschaffungs-, Herstellungskosten Gebrauch gemacht wird (Rz 26). Die Ausweisalternative als passiver Rechnungsabgrenzungsposten (*deferred income*) für solche Investitionszuschüsse ist u.E. teilweise im *current*-Bereich (soweit Auflösung in den nächsten 12 Monaten), im Übrigen im *non-current*-Bereich anzusiedeln. Letzteres gilt auch für passiv abgegrenzte Zuschüsse zum Einkommen, die zukunftsbezogen und deshalb passiv als *deferred income* abzugrenzen sind (Rz 21).

---

30 Z.B. Fördermittel nach dem Krankenhausgesetz (BFH, Urteil v. 26.11.1996, VIII R 58/93, BStBl II 1997 S. 390) oder für Werkzeugkostenbeiträge in der Automobilindustrie (BFH, Urteil v. 29.11.2000, I R 87/99, DB 2001, S. 674).

31 IFRIC, Update Juli 2007.

Zu den Ausweisoptionen bei den Zuwendungen zum **Einkommen** innerhalb der GuV wird verwiesen auf Rz 21. Der Ausweis der Auflösung des Passivpostens für **Investitionszuwendungen** ist in Rz 26 dargestellt.

4 Angaben

Nach IAS 20.39 sind im **Anhang** folgende Angaben zu machen: 42

- Angewandte **Bilanzierungsmethoden** und die Art der Darstellung im Jahresabschluss,
- **Art und Umfang** der bilanzierten Zuschüsse sowie gegebenenfalls Hinweise auf sonstige Formen öffentlicher Beihilfen (*government assistance;* Rz 5),
- **noch nicht erfüllte Auflagen** und sonstige Eventualverpflichtungen, die mit im Abschluss berücksichtigten Unterstützungen durch öffentliche Beihilfen zusammenhängen (**Beispiel**: Schaffung oder Aufrechterhaltung von Arbeitsplätzen; Rz 14).

Auf die **Checkliste „Abschlussangaben"** wird verwiesen (→ § 5 Rz 8).

Formulierungsbeispiele
Investitionszuschüsse und -zulagen werden als passiver Rechnungsabgrenzungsposten (*deferred income*) erfasst; die Auflösung erfolgt entsprechend der angenommenen Nutzungsdauer des betreffenden Vermögensgegenstandes zu Gunsten der „Sonstigen betrieblichen Erträge". Zuschüsse des Forschungsministeriums zu Gunsten unseres Projektes XY werden ebenfalls als „Sonstige betriebliche Erträge" dargestellt.
Die Investitionszuschüsse sowie die Zuschüsse für unsere Forschungsaufwendungen sind mit einer Reihe von Auflagen verbunden. Diese können wir nach jetzigem Kenntnisstand erfüllen. Sollte dies nicht gelingen, müssten wir mit Rückzahlungsverpflichtungen von etwa 10 Mio. EUR rechnen. Dieses Obligo haben wir nicht passiviert.

5 Vergleich mit dem HGB

5.1 Überblick

43 Der Vergleich mit dem HGB fällt differenziert aus: Bei den **Aufwands- bzw. Ertragszuschüssen** (*grants related to income*) ergibt sich im Ergebnis kein Unterschied, im Übrigen auch nicht zum deutschen Steuerrecht. Allerdings ist nach deutschem Rechnungslegungsrecht herrschender Meinung zufolge eine Saldierung der Zuschüsse mit der Aufwendung unzulässig (Rz 21).

44 Die **Investitionszuschüsse** sind zumindest nach Auffassung der Stellungnahme IDW HFA 1/84[32] in einem besonderen Passivposten, der förmlich nicht als Rechnungsabgrenzungsposten bezeichnet wird, auszuweisen. Die Kürzung von den Anschaffungs- bzw. Herstellungskosten als Ausweisalternative sieht diese HFA-Stellungnahme nicht vor (das Wahlrecht nach IAS 20.24; Rz 26). Allerdings besteht eine starke Einflussnahme des Steuerrechts, das in R 6.5 EStR 2008

32 WPg 1984, S. 612.

die Kürzung von den Anschaffungs- oder Herstellungskosten als Ausweis zulässt mit der Folge, dass zur Vereinheitlichung der handels- und steuerrechtlichen Bilanzierung auch in der Handelsbilanz in praxi diese Ausweismöglichkeit entgegen der zitierten Anweisung in HFA 1/84 gewählt wird.[33] Die Einkommensteuerrichtlinien – bestätigt durch die BFH-Rechtsprechung – sehen auch noch die Möglichkeit einer sofortigen **erfolgswirksamen Vereinnahmung** von Investitionszuwendungen vor, die nach den IFRS nicht in Betracht kommt.

45 Keine Unterscheidung kennen die IFRS zwischen Investitions**zulagen** und **-zuschüssen**. Nach deutschem Recht wird hier begrifflich unterschieden: Zulagen sind „steuerfrei", d.h. kürzen nicht die Anschaffungs- oder Herstellungskosten, anders als die Zuschüsse. Beide öffentlichen Förderungsmaßnahmen sind als *grants related to assets* qualifiziert (Rz 8).
Investitionszulagen kürzen nach § 9 InvZulG 1999 nicht die Anschaffungs- oder Herstellungskosten und werden deshalb häufig als Ertrag sofort in vollem Umfang vereinnahmt (entgegen der zitierten Stellungnahme HFA 1/84). Diese sofortige Vereinnahmung ist jedenfalls nach IFRS **unzulässig**.

46 Ein **entscheidender Unterschied** zur Rechtslage nach HGB und EStG besteht im **Regelungsumfang**: Die IFRS beschränken sich auf **öffentliche** Zuschüsse; die deutschen Regeln umfassen sämtliche Zuschüsse unabhängig von der Quelle (Rz 40).

47 Ein weiterer Unterschied zum HGB ergibt sich aus dem Umfang der **Anhangsangaben** (Rz 35). Nach deutschem Recht ist (lediglich) die Bilanzierungsmethode gem. § 284 Abs. 2 Nr. 1 HGB anzugeben.

5.2 Synoptische Tabelle von Bilanzierungsfällen und -lösungen (ABC)

48

siehe Rz - ...	Sachverhalt	Lösung	Fundstelle	Lösung nach IFRS
20	**Milchproduktion,** fünfjähriger Verzicht	Passive Abgrenzung mit ratierlicher Auflösung	BFH, Urteil v. 17.9.1987, IV R 49/86, BStBl II 1988, 327	Wie BFH IAS 20.12 IAS 20.16 IAS 20.29
20	**Mühlenbetrieb,** dreißigjähriger Verzicht	Passive Abgrenzung mit ratierlicher Auflösung	BFH, Urteil v. 22.7.1982, IV R 111/79, BStBl II 1982, 655	Wie BFH IAS 20.12 IAS 20.16 IAS 20.29
20	**Ausbildungsplätze,** Zuschuss für die Bereitstellung	Passive Abgrenzung mit ratierlicher Auflösung	BFH, Urteil v. 5.4.1984, IV R 96/82, BStBl II 1984, 552	Wie BFH IAS 20.12 IAS 20.16 IAS 20.29
26	**Tiefgarage,** öffentlicher Zuschuss zum Bau	Abzug von den Herstellungskosten	BFH, Urteil v. 23.3.1995, IV R 58/93, BStBl II 1995, 702	Wie BFH IAS 20.24
26	**Krankenhausgesetz,** Fördermittel	Passivierung als Sonderposten	BFH, Urteil v. 26.11. 1996, VIII R 58/93, BStBl II 1997, 390	Wie BFH IAS 20.24

33 Vgl. Ellrott/Brendt, Beck'scher Bilanzkommentar, 6. Aufl., § 255, Tz 115.

siehe Rz - ...	Sachverhalt	Lösung	Fundstelle	Lösung nach IFRS
21	**Zinsverbilligungszuschuss** aus öffentlichen Kreditprogrammen, die als Einmalzahlung gewährt werden	Passivierung als Abgrenzung mit zeitanteiliger Auflösung	BMF, Schreiben v. 11.3.1985, DB 1985, 733. BFH, Urteil vom 24.06.2009 IV R 26/06, DStR 2009, 1629.	Wie BMF IAS 20.12 IAS 20.16 IAS 20.29
20	**Arbeitsplätze**: Zuschuss zum Erwerb einer Maschine wegen Aufrechterhaltung von Arbeitsplätzen über 10 Jahre	Wahlrecht zur Kürzung von den Anschaffungskosten oder sofortige Gewinnvereinnahmung	BFH, Urteil v. 22.1.1992, X R 23/89, BStBl II 1992, 488	Nach IAS 20.12 20.24 keine sofortige Vereinnahmung, sondern Verteilung auf Dauer der Verwendung
36	**Umweltbelastungen,** Finanzierung der Beseitigung	Tilgung der Verbindlichkeit aus der D-Mark-Eröffnungsbilanz	Bardy, DB 1994, 1989	In IAS 20 direkt nicht geregelt. U. E. teils Aufwandszuschuss, teils Investitionszuschuss. Fall des IAS 20.19
14f. 33	**Forschungszuschüsse** mit bedingter Rückzahlungsverpflichtung	Rückstellung bis zum Entfallen der Rückzahlungsverpflichtung	BFH, Urteil v. 17.12.1998, IV R 21/97, DStR 1999, 451. Durch § 5 Abs. 2a EStG ist BFH-Urteil überholt	*forgivable loan.* Nach IAS 20.16 wie BFH

6 Anwendungszeitpunkt, Rechtsentwicklung

Der Standard ist für alle Berichtsperioden ab dem 1.1.1994 anzuwenden (IAS 20.41). 49

Der Board erachtet allerdings IAS 20 als überholt und inkonsistent mit dem *Framework* (→ § 1). Deshalb soll IAS 20 durch einen neuen Standard ersetzt werden. Daran arbeiten der IASB und der FASB gemeinsam im Rahmen des *convergence project*. Zum Inhalt des Änderungsprogramms wird verwiesen auf Rz 18. Der Board hat eine vorläufige Suspendierung des Projekts beschlossen, bis eine Entscheidung zu ähnlichen Problemkreisen nach IAS 37 (→ § 21) gefallen ist.[34]

Die in Rz 37 dargestellte Abbildung zinsverbilligter oder zinsloser Förderkredite der öffentlichen Hand ist für Geschäftsjahre anzuwenden, die nach dem 31.12.2008 beginnen. Die Anwendung ist prospektiv vorzunehmen, d.h., sie gilt für die ab diesem Zeitraum neu gewährten Darlehen. Für frühere Darlehensgewährungen kann unter Anhangangabe die neue Rechtslage ebenfalls angewandt werden (IAS 20.43).

7 Zusammenfassende Praxishinweise

IAS 20 behandelt die öffentlichen Zuwendungen (*government grants*) ohne solche im Bereich der Landwirtschaft (IAS 41) in Form des Transfers von Ressourcen an ein Unternehmen (Rz 6). Diese Zuwendungen lassen sich wie folgt **untergliedern** (Rz 7): 50

---

34 IASB, Update Februar 2006.

- Zuwendungen, die sich auf Vermögenswerte beziehen (*grants related to assets*), nach deutscher Terminologie Investitionszuschüsse **und** -zulagen,
- Zuwendungen zum Einkommen: Aufwands- oder Ertragszuschüsse (*grants related to income*),
- erlassfähige Darlehen (*forgivable loans*).

Der **Ansatz** hat zu erfolgen (Rz 10), wenn das Unternehmen die rechtlichen und tatsächlichen Voraussetzungen erfüllt und die Beantragung des Zuschusses als gesichert erscheint.

Mögliche Rückzahlungsverpflichtungen sind als **Eventual**verbindlichkeiten oder als **Rückstellungen** auszuweisen (Rz 14).

Die Zuwendungen sind **ergebniswirksam** (auch durch Veränderung der Abschreibungsbemessungsgrundlage) und nicht direkt im Eigenkapital zu verbuchen (Rz 19).

Ertragszuschüsse sind **periodengerecht** in der GuV auszuweisen (Rz 20f.).

Investitionszuschüsse und -zulagen (nach deutscher Sprachregelung) sind entweder als **Kürzung** von den Anschaffungs- oder Herstellungskosten des bezuschussten Vermögenswertes oder als **passive Rechnungsabgrenzungsposten** (*deferred income*) zu erfassen (Rz 25ff.).

Zugewendete **nichtmonetäre** Güter sind zum Zeitwert oder zu einem symbolischen Wert einzubuchen (Rz 30).

Steuerlatenzen können sich dem Grunde nach bei Investitionszulagen und -zuschüssen ergeben. Doch darf eine aktive Steuerlatenz bei der Zugangsbewertung nicht angesetzt werden (Rz 31).

Ungeklärt bleibt der Ausweis in der **Kapitalflussrechnung** (Rz 32).

Die **Rückzahlung** von Zuwendungen ist recht detailliert nach verschiedenen Varianten geregelt (Rz 33).

Über weite Strecken ergeben sich **keine nennenswerten Abweichungen** zwischen deutscher Rechnungslegungspraxis und IAS 20. Ausnahmen:

- Die IFRS kennen keine Unterscheidung zwischen Investitions**zulagen** einerseits und -**zuschüssen** andererseits (Rz 45).
- Die Zuschüsse von **privater** Seite sind nicht durch IAS 20 geregelt. Unter Heranziehung des *matching principle* bestehen keine Bedenken, die Regeln in IAS 20 auch auf private Zuschüsse anzuwenden (Rz 40).
- Die **Anhangsangaben** nach IFRS sind gegenüber dem HGB umfangreicher (Rz 42).

C Bilanzierung der Aktiva

§ 13 IMMATERIELLE VERMÖGENSWERTE DES ANLAGEVERMÖGENS

Inhaltsübersicht **Rz**

Vorbemerkung

Schrifttum: BURGER/ULBRICH/KNOBLAUCH, Zur Reform der Bilanzierung von Forschungs- und Entwicklungsaufwendungen nach IAS 38, KoR 2006, S. 729; ESSER/HACKENBERGER, Immaterielle Vermögenswerte des Anlagevermögens und Goodwill in der IFRS-Rechnungslegung, DStR 2005, S. 708; GREINERT, Herstellungskosten einer Marke, KoR 2003, S. 328; GREINERT, Nutzungsdauer einer Marke im Konzernabschluss, BB 2004, S. 483; HALLER/FROSCHHAMMER/GROSS, Die Bilanzierung von Entwicklungskosten nach IFRS bei deutschen börsennotierten Unternehmen, DB 2010, S. 681; HERMES/JÖDICKE, Bilanzierung von Emissionsrechten nach IFRS, KoR 2004, S. 287; HITZ, Capitalize or expense, IRZ 2007, S. 319; HOFFMANN, Aktivierung von Gemeinkosten bei Anschaffungen, PiR 2007, S. 27; HOFFMANN/LÜDENBACH, Die Abbildung des Tauschs von Anlagevermögen nach den neu gefassten IFRS-Standards, StuB 2004, S. 337; HOFFMANN/LÜDENBACH, Die Bilanzierung von Treibhausgas-Emissionsrechten im Rechtsvergleich, DB 2006, S. 57; HOMBERG/ELTER/ROTHENBURG, Bilanzierung von Humankapital nach IFRS am Beispiel des Spielervermögens im Profisport, KoR 2004, S. 249; KÜTING, Die Bedeutung immaterieller Vermögenswerte in der deutschen IFRS-Bilanzierungspraxis, PiR 2008, S. 315; LÜDENBACH/HOFFMANN, „Der Ball bleibt rund" – Der Profifußball als Anwendungsfeld der IFRS-Rechnungslegung, DB 2004, S. 1442; LÜDENBACH/PRUSACZYK, Bilanzierung von Kundenbeziehungen in der Abgrenzung zu Marken und Goodwill, KoR 2004, S. 204; LÜDENBACH/PRUSACZYK, Bilanzierung von „In-Process Research and Development" beim Unternehmenserwerb nach IFRS und US-GAAP, KoR 2004, S. 415; NEBE/ELPRANA, Bilanzierung von Subscriber Acquisition Costs im IFRS-Abschluss von Internetunternehmen, KoR 2006, S. 477; QUITMANN/JAENECKE, Bilanzierung von E-Books in der Verlagsbranche nach IFRS, KoR 2010, S. 88; ROGLER, Bilanzierung von CO_2-Emissionsrechten, KoR 2005, S. 255; ROHR, Bilanzierung von Kundengewinnungskosten in der mobilen Telekommunikation, IRZ 2006, 211; SCHMACHTENBERG/MEIXNER/SCHÄFER, Die Folgebewertung von Mobilfunklizenzen nach HGB, IFRS und US-GAAP, KoR 2005, S. 512; WULF, Bilanzierung immaterieller Vermögens-

werte nach IFRS, KoR 2009, S. 109.
Weitere Schrifttumsnachweise vgl. die Vorauflage.

Vorbemerkung
Die Kommentierung bezieht sich auf IAS 38 in der aktuellen Fassung und berücksichtigt alle Ergänzungen, Änderungen und Interpretationen, die bis zum 1.1.2011 beschlossen wurden.
Einen Überblick über ältere Fassungen sowie über diskutierte oder schon als Änderungsentwurf vorgelegte zukünftige Regelungen enthalten Rz 94 ff.

1 Überblick

1.1 Regelungsbereich

Den immateriellen Vermögenswerten *(intangible assets)* wird allgemein wachsende Bedeutung als **Werttreiber** des Unternehmens zugesprochen. Die materiellen Werte gehen in ihrer Bedeutung für die Wertschöpfung des Unternehmens zurück. Vielfach wird deswegen die unzulängliche Abbildung dieser immateriellen Vermögenswerte in den Bilanzen nationaler und internationaler Prägung bedauert und zur Diskussion über die Möglichkeiten einer verbesserten Darstellung dieser Unternehmenswert-Träger im Jahresabschluss aufgerufen.[1] Das IASC war diesen Aufforderungen nach langwierigen Diskussionen und Entwurfsfassungen mit dem Standard IAS 38 (1998) im Jahr 1998 nachgekommen. Hierzu wird auf die Kommentierung in der 2. Aufl. verwiesen. Die Neufassung von IAS 38 ist primär als Ergänzung zu IFRS 3 konzipiert. Auf die zugehörige Kommentierung in (→ § 31) sei an dieser Stelle bereits hingewiesen. 1

Der Anwendungsbereich von IAS 38 erstreckt sich auf **immaterielle Vermögenswerte** aller Art und aller Unternehmen mit folgendem **Ausnahmekatalog** (IAS 38.2): 2

- solche, die von einem **anderen** Standard (Rz 3) behandelt werden,
- Finanzvermögen nach IAS 32 (→ § 28),
- Kosten zur Entwicklung und Ausbeutung von Mineralvorkommen, Öl, Gas und ähnlichen Produkten,
- Kosten der Erforschung und Wertbestimmung von Mineralvorkommen gem. IFRS 6 (→ § 42),
- für Versicherungsgesellschaften die aus den Versicherungsverträgen resultierenden Vermögenswerte gem. IFRS 4 (→ § 39 Rz 2).

Wegen einer geplanten Ergänzung des Ausnahmekatalogs wird auf Rz 16 verwiesen.

Die folgenden **anderen** Standards befassen sich mit immateriellen Vermögenswerten: 3

- IAS 2 (→ § 17): zum Verkauf im normalen Geschäftskreislauf bestimmte Vermögenswerte (Umlaufvermögen);
- IAS 12 (→ § 26): Abgrenzung für latente Steuern;
- IAS 17 (→ § 15): Leasingverhältnisse;

---

1 Küting/Ulrich, DStR 2001, S. 953; umfassend Dawo, Immaterielle Güter in der Rechnungslegung nach HGB, IAS/IFRS und US-GAAP, 2003. Wegen empirischen Materials bez. des Umfangs der immateriellen Vermögenswerte bei den DAX-Unternehmen vgl. Krietz/Padberg, StuB 2004, S. 681; Wulf, KoR 2009, S. 109.

- IAS 19 (→ § 22): Vermögenswerte aus Personalvergütungssystemen;
- IFRS 3 (→ § 31): *goodwill* aus Unternehmenszusammenschlüssen;
- IFRS 5: zum Verkauf bestimmte Anlagegüter (*non-current assets for sale*; → § 29);
- IFRS 6 (→ § 42): Exploration von Mineralvorkommen.

4 Das immaterielle Vermögen wird durch die IFRS inhaltlich **weit** gefasst. So spricht IAS 38.5 beispielhaft von Kosten der Werbung, Ausbildung, Forschung und Entwicklung. In IAS 38.9 wird eine große Anzahl von immateriellen **Gütern** (*items*) aufgeführt, die **nicht alle** notwendig die nachstehend darzustellenden Bilanzansatzkriterien erfüllen (Rz 18):

- wissenschaftliches oder technisches Wissen,
- neue Verfahrensweisen,
- Lizenzen,
- intellektuelles Kapital,
- Marktkenntnisse,
- Handelsmarken,
- Copyrights,
- Filmrechte,
- Kundenlisten,
- Fischereilizenzen,
- Importquoten,
- Kunden- und Lieferantenbeziehungen,
- Marktanteile,
- Verkaufsrechte.

Die vorstehende Aufzählung ist **nicht** als **abschließend** zu verstehen. Es fehlen u. a. die Entwicklungskosten (Rz 26), die Profisportler (Rz 42), Emissionsrechte (Rz 44) und Rechte aus schwebenden Verträgen (Rz 43).

5 Immaterielle Güter sind nur dann Vermögenswert und damit in der Bilanz nur als solche (**abstrakt) ansetzbar**, wenn sie folgende **Voraussetzungen** kumulativ erfüllen:

- Identifizierbarkeit, d. h. insbesondere Abgrenzbarkeit vom *goodwill* (IAS 38.11 und IAS 38.12, Rz 17),
- Kontrolle/Verfügungsmacht des Unternehmens über die betreffenden Güter (IAS 38.13ff.; Rz 15).

Hinzu kommen die beiden folgenden Kriterien der **konkreten** Aktivierbarkeit (Rz 18f.):

- künftiger ökonomischer Nutzen (IAS 38.21a; Rz 6),
- verlässliche Messbarkeit der Anschaffungs- oder Herstellungskosten (IAS 38.21b).

6 Wegen der verschiedenen **Arten** des Zugangs wird auf Rz 62 verwiesen.

Nach IAS 38.15 sollen die **Ausbildungsqualität der Mitarbeiter** und die **Begabung des Managements** normalerweise *(usually)* nicht Definitionsmerkmal der Verfügungsmacht erfüllen, da Mitarbeiter kündigen und ihr Wissen damit dem Unternehmen entziehen können, vgl. hierzu Rz 72. Gleiches gilt nach IAS 38.16 „grundsätzlich" für **Kundenloyalität bzw. Stammkundenbeziehungen**. Gleichwohl sollen Transaktionen über entsprechende Werte, z. B. Veräußerungen von Kundenlisten, ein Beleg dafür sein, dass ein Unternehmen auch ohne einen recht-

lich geschützten Anspruch faktische Verfügungsmacht über derartige Kundenbeziehungen hat (Rz 14).
Die diesbezüglichen Ausführungen in IAS 38 sind
- teilweise **überflüssig**, insofern originäre Kundenbeziehungen durch IAS 38.63 ohnehin mit einem Bilanzierungsverbot belegt sind;
- teilweise **apodiktisch**, indem die Tatsache, dass Kundenbeziehungen Gegenstand von Markttransaktion sind oder sein könnten, als „Beleg" für faktische Kontrolle genommen wird. Eine tatsächliche und konkrete Würdigung, welche Art von Verfügungsmacht ein Unternehmen über seine Stammkunden haben sollte, würde damit obsolet. An ihre Stelle träte die unwiderlegbare Annahme, dass alles, was im Geschäftsverkehr einen Preis haben könnte, auch faktischer oder rechtlicher Verfügungsmacht unterliegt.[2]

Auch der in IAS 38.17 aufgeführte Definitionsbestandteil des **künftigen wirtschaftlichen Nutzens** ist tautologisch und überflüssig, denn ohne einen solchen kann ein bilanzierungsfähiger Vermögenswert ohnehin nicht vorliegen (F.89; → § 1 Rz 86).
Aus **systematischer** Sicht der abstrakten und konkreten Bilanzierungsfähigkeit lassen sich die in IAS 38 enthaltenen Bilanzansatzegeln daher kaum erklären. Die Frage der Bilanzansatzfähigkeit ist vielmehr in weiten Teilen **kasuistisch** geregelt. Dies gilt u. a. für
- die Abgrenzung zwischen Forschung und Entwicklung (Rz 26),
- spezielle Bilanzierungsverbote betreffend originäre Kundenbeziehungen, Marken usw. (Rz 32),
- die vom Einzelerwerb unterschiedenen Ansatzkriterien immateriellen Vermögens, das im Rahmen eines Unternehmenserwerbs zugeht (→ § 31).

Nach IAS 38.4 ist in vielen Fällen der **körperliche Gehalt** eines Vermögens- 7
wertes von seinem immateriellen Wert abzugrenzen. Als Beispiel wird eine Compact-Disc für die Anwendung in einem Computer genannt oder auch ein Film. Hier schlägt sich der immaterielle Wert „körperlich" in einem greifbaren Vermögenswert nieder. Die **Abgrenzung** hat gem. IAS 38.4 nach dem **wichtigeren** Bestandteil zu erfolgen.[3]

1.2 Abgrenzung materiell – immateriell sowie Vermögenswerte mit beiden Elementen

Der (bilanzierbare) immaterielle Vermögenswert *(intangible asset)* wird in 8
IAS 38.8 **definiert** als identifizierbarer, nichtmonetärer Vermögenswert **ohne physische Substanz.** Unwesentliche Komponenten materieller Art – Diskette oder CD-ROM als Trägermedium eines EDV-Programms – beeinträchtigen nicht die Qualifizierung als immateriellen Vermögenswert insgesamt.[4] Umgekehrt liegt im Falle einer computergesteuerten Maschinenanlage (insgesamt) eine Sachanlage (→ § 14) vor (IAS 38.4). Die **Abschreibung** kann u. U. nach dem

---

2 Siehe hierzu auch Heuser/Theile, IAS/IFRS-Handbuch, 4. Aufl., 2009, Tz 1015.
3 So auch der BFH zu Gunsten des immateriellen Gehaltes von Computerprogrammen (BFH, Urteil v. 28.7.1994, III R 47/92, BStBl II 1994 S. 873).
4 So Heuser/Theile, IAS/IFRS-Handbuch, 4. Aufl., 2009, Tz 1013.

Komponentenansatz für beide Teile *(parts)* differenziert erfolgen[5] (vgl. das Beispiel in → § 10 Rz 16).
Zu differenzieren ist zwischen der eine Maschine steuernden Software und einer Steuerungssoftware für eine komplette Produktionsanlage.[6]

Beispiel
Ein Roboter enthält Bearbeitungsprogramme, die Signale von einer zentralen Steuerungsanlage empfangen. Die Lackieranlage eines Automobilherstellers wird mithilfe von 35 Robotern betrieben, die von einem Programmserver gesteuert werden. Dieser versorgt das gesamte Netzwerk der Produktionsanlage mit Förderbändern, Materialzufuhr etc. Die der Serviceleistung zugrundeliegenden Programme stellen immaterielle Anlagegüter dar, die Bearbeitungsprogramme der einzelnen Roboter gehen im materiellen Vermögen auf.

9 Nach US-GAAP stellt sich das Problem der Trennung von körperlichen Vermögenswerten und diese steuernden oder ergänzenden Computerprogrammen im Zusammenhang mit der kasuistisch geregelten **Erlösrealisierung**. Daran können sich jedoch Überlegungen für die spiegelbildliche Behandlung beim Kunden anschließen.
Der FASB[7] unterscheidet:

- rein körperliche Vermögenswerte;
- körperliche Vermögenswerte, zu deren Funktion Software notwendig *(essential)* ist;
- Software, welche die Funktionalität körperlicher Vermögenswerte fördert, dafür aber nicht notwendig und auch bei anderen physischen Anlagen einsetzbar ist.

10 In der wirtschaftlichen Realität z.B. eines Industrieunternehmens kommt der **ersten** Variante mit bestimmten Ausnahmen (etwa Möbel) eine immer geringere Bedeutung zu. Ein technisches Investitionsgut (z.B. Telefonanlage) ohne Computersteuerung kann man sich nur noch vorstellen, wenn der Empfänger selbst die Software in das gelieferte körperliche Produkt einbauen will.
Die Realität spielt sich in der **zweiten** Variante ab.

Beispiel

- Ein Pkw der Oberklasse ist mit EDV-Bestandteilen geradezu vollgestopft; deren Ausfall lässt den Wagen stillstehen.
- Ähnliches gilt für den Lkw-Sattelzug.
- Der Personenaufzug in einem Hochhaus kann nur mit Steuerungssoftware sinnvoll betrieben werden.
- Der Lastenaufzug in der Fabrik wird ebenfalls elektronisch auf (z.B. Gewicht) geprüft.
- Ähnliches gilt für den Gabelstapler.

---

5 So auch SCHEINPFLUG, in: BECK'sches IFRS-Handbuch, 3. Aufl., 2009, § 4, Tz 10.
6 Vgl. THIELE/KÜHLE, in: THIELE/KEITZ, VON/BRÜCKS, Internationales Bilanzrecht, IAS 38, Tz 160.
7 FASB Accounting Standard Update (ASU) No. 2009–14.

In den Beispielen ist die EDV-Komponente von unterschiedlichem Gewicht im Verhältnis zum körperlichen Vermögenswert: Bei Gabelstaplern ist sie spürbar geringer als beim Personenaufzug. Letzterer ist insoweit gleichwertig mit dem Pkw und Lastenaufzug. Entsprechend verhalten sich die Kostenrelationen. Aus Lieferantensicht werden alle aufgeführten Beispielfälle als einheitlicher sachlicher Vermögenswert angesehen (ebenso nach HGB/EStG). Das gilt auch für den Roboter im Beispiel unter Rz 8.

Daraus eröffnet sich folgender Anwendungsbereich für die Verrechnung der laufenden Abschreibung (→ § 10 Rz 16) bez. der Dreierkonstellation unter Rz 8 und den Anwendungsbeispielen unter Rz 10: 11

- Der physische Vermögenswert ohne (wertmäßig) signifikanten Software-Anteil ist einheitlich nach seiner technischen und wirtschaftlichen Nutzung abzuschreiben.
- Beim physischen Vermögenswert mit (wertmäßig) signifikantem Software-Anteil kann der Komponentenansatz zur Abschreibungsverrechnung (→ § 10 Rz 7ff.) infrage kommen. Die Aufteilung in zwei oder mehrere Anschaffungskosten-Bereiche mag dabei gelingen. Zweifelhaft ist, ob dabei ein nennenswert unterschiedlicher Abschreibungsverlauf abgeleitet werden kann. Die Steuerungssoftware eines Pkw weist zumindest keine kürzere Lebensdauer auf als die physische Substanz. Deshalb ist die Abschreibungsdauer durch den Lebenszyklus der Letzteren bestimmt.
- Die *stand alone* verwendbare Software geht nicht in die Anschaffungskosten der körperlichen Einheit ein und ist separat zu aktivieren und abzuschreiben.

Im Ergebnis führt auch ein hoher Software-Gehalt eines körperlichen Anlagegutes i.d.R. nicht zu einer Separierung in zwei oder mehrere Vermögenswerte. Ebenso wenig sind daraus sinnvoll Komponenten mit unterschiedlichem Abschreibungsverlauf ableitbar.

Als spezieller Abgrenzungsbereich zwischen „materiell" und „immateriell" stellt sich das **E-Book** heraus, und zwar im Vergleich mit der gängigen **Druck**version eines Buches. Letztere wird bei den Verlagen als Produkt im Umlaufvermögen trotz der auch dort enthaltenen immateriellen Komponenten bilanziert, also dem Anwendungsbereich von IAS 2 (→ § 17 Rz 4ff.) unterworfen. Dies rechtfertigt sich aus dem überwiegend physischen Charakterzug eines Buches, das aus Sicht des Verlages einmalig durch Verkauf genutzt werden kann. 12

Beim E-Book muss unterschieden werden zwischen den **digitalisierten** Inhalten und dem eigentlichen **Lesegerät**. Letzteres ist im Handel wie ein Buch erhältlich, sei es mit aufgespielten Inhalten oder ohne solche. Der Handel verkauft das Lesegerät insoweit vergleichbar einem Notebook mit oder ohne aufgeladener Software. Deshalb ist es wie das Druckstück nach IAS 2 zu bilanzieren.

Der **immaterielle** „Teilbereich" des E-Books – regelmäßig im Branchenjargon auch so bezeichnet – ist als digitalisierte Monografie mit der **Herstellung** einer Software vergleichbar, die durch Freigabe des Zugangscodes an den Buchinteressenten in einer Art Lizenz Umsätze generiert. Das so verstandene E-Book ist deshalb dem **immateriellen** Anlagevermögen zuzuordnen.[8] Zur Abschreibung vgl. Rz 82.

---

8 QUITMANN/JAENECKE, KoR 2010, S. 88.

13 Wegen des **nichtmodularen** Aufbaus der IFRS insgesamt enthält der Definitionskatalog in IAS 38.8 zahlreiche Wiederholungen aus anderen Standards. Zur Vermeidung von Doppelkommentierungen sind folgende **Verweise** sinnvoll:

- Forschung *(research)* und Entwicklung (*development*; Rz 26ff.)
- Abschreibung *(amortisation;* → § 10)
- Abschreibbarer Betrag (*depreciable amount*; → § 10 Rz 20)
- Abschreibungsmethode (*pattern*; → § 10 Rz 24)
- Nutzungsdauer (*useful life*; → § 10 Rz 31)
- Anschaffungs- oder Herstellungskosten *(cost;* → § 8 Rz 11ff.)
- Restwert (*residual value*; → § 10 Rz 21)
- Zeitwert (*fair value*; → § 8 Rz 68ff.)
- Aktiver Markt (*active market*; → § 8 Rz 72)
- Wertminderungsverlust (*impairment loss*; → § 11 Rz 10ff.)
- Buchwert (*carrying amount*; → § 11 Rz 5)

1.3 Weitere Spezifizierungen

14 In den IAS 38.12ff. sind in Form von Erläuterungen weitere Spezifizierungen für den **Begriffsinhalt** des immateriellen Vermögenswertes aufgeführt. Die **Identifizierbarkeit** (Rz 5) verlangt zunächst (negativ) eine klare Unterscheidungsmöglichkeit des betreffenden Vermögenswertes vom *goodwill* (Rz 17). **Positiv** ist das Kriterium der Identifizierbarkeit erfüllt, wenn der immaterielle Vermögenswert (IAS 38.12)

- vom Unternehmen **abtrennbar** (*separable*) ist, d.h. als solcher – unabhängig vom gesamten Unternehmen – übertragen, lizenziert, verpachtet oder getauscht werden kann, und zwar selbstständig (*individually*) oder zusammen mit einem anderen Vermögenswert oder einer Schuld, **oder**
- aus gesetzlichen oder vertraglichen **Berechtigungen** (*contractual or other legal rights*) resultiert, und zwar unabhängig davon, ob diese übertragbar oder vom Unternehmensvermögen oder anderen Rechten oder Verpflichtungen separierbar sind.

Beispiel

Sachverhalt

Die Großspedition S hat mit dem Automobilhersteller B einen Rahmenvertrag über den Transport von Neu- und Gebrauchtwagen in Europa abgeschlossen. Der Vertrag hat eine Laufzeit von sechs Monaten. In diesem Rahmenvertrag sind das Entgelt pro Fahrzeug und die Transportbedingungen, nicht jedoch die Transportmenge geregelt. Ausdrücklich ist von B keine Zusage über die zu transportierende Menge erteilt.

Lösung

Ein Ansatz in der Bilanz der S kommt wegen des speziellen Bilanzierungsverbotes von IAS 38.63 (Rz 32) für originäre Kundenbeziehungen höchstens dann infrage, wenn S den Rahmenvertrag entgeltlich erworben hat, sei es im

Rahmen eines Unternehmenserwerbs oder indem sie der vorher für B tätigen X-Spedition den Rahmenvertrag „abgekauft" hat.
Die Gewinnerwartungen aus dem Rahmenvertrag sind jedoch nicht rechtlich gesichert.[9] Der Rahmenvertrag ist lediglich Konditionenvertrag, kein Auftragsbestand.
Ein immaterieller Vermögenswert wäre also nicht anzusetzen. Nach IAS 38.16 läge jedoch in der Zahlung von S an X ein Hinweis auf eine faktische Kontrollmöglichkeit. Diese Erweiterung des Kontrollbegriffs (Rz 15) nimmt dem Kriterium jeden Gehalt und ist daher abzulehnen.[10] Die Zahlung eines bestimmten Betrages für den Rahmenvertrag ist nicht ungewöhnlich. Derartige Zahlungen für die Erlangung von Verkaufsgelegenheiten oder Gewinnchancen ohne Kontrolle über diese haben eher den Charakter von nichtaktivierbaren Werbe- bzw. Vertriebskosten (Rz 48 ff.).

Als weiteres Beispiel mögen der **Marktanteil**[11], ein **Standortvorteil**[12] oder ein **Kundenstamm**[13] dienen: Diese sind nicht separierbar und nicht rechtlich geschützt (Rz 14). Ein immaterieller Vermögenswert liegt nicht vor.
Vgl. hierzu auch die Erläuterungen mit weiteren Beispielen in → § 31.
Bei der derzeitigen Überarbeitung des **Rahmenkonzeptes** (→ § 1 Rz 117) ist auch eine Neudefinition des Vermögenswertes vorgesehen (→ § 1 Rz 86).

Das Definitionsmerkmal der „**Kontrolle**" (Beherrschung) bedeutet im Normalfall das Innehaben von gesetzlich bestimmten **Rechten**, die vor Gericht durchsetzbar sind und anderen Personen den Zugang zu diesen Erfolgsquellen *(benefits)* verunmöglichen (IAS 38.13). Notwendig ist die rechtliche Erzwingbarkeit allerdings nicht. Als Beispiele nennt IAS 38.14 **technisches** und **Vermarktungs**-Know-how, das vom Unternehmen durch gesetzliche Rechte wie die Copyrights, Wettbewerbsbeschränkungen oder Vertraulichkeitsauflagen an das Personal genutzt werden kann. Umgekehrt liegt üblicherweise *(usually)* keine ausreichende Kontrolle des Unternehmens bez. der künftigen ökonomischen Vorteile eines ausgebildeten **Mitarbeiterstammes** oder der technischen und **Management**-Kapazität vor, weil diese kündigen können (IAS 38.15). 15
Zum Kontrollkriterium folgendes Beispiel:

Beispiel
Sachverhalt
Der Fußballprofiverein Emma 05 AG (E) schließt mit der Sportrechteverwertungs GmbH (G) einen Exklusiv-Rahmenvertrag über die Gestaltung der Werbeaktivitäten des Vereins in den nächsten 5 Jahren. Die GmbH zahlt bei Vertragsabschluss an E eine *signing fee* von X EUR und erhält während der

---

9 Urteil des FG Düsseldorf vom 20.3.2003, DStRE 2003, S. 1141; Urteil des Niedersächsischen FG v. 18.3.2004, EFG 2004, S. 1428.
10 Zur Kritik im Einzelnen LÜDENBACH/PRUSAZYK, KoR 2004, S. 204.
11 ERNST & YOUNG, International GAAP 2008, S. 873.
12 THIELE/KÜHLE, in: THIELE/KEITZ, VON/BRÜCKS, Internationales Bilanzrecht, IAS 38, Tz 142.
13 Allerdings beschränkt durch die Möglichkeit einer Übertragung auf eine dritte Person (IAS 38.BC 13) eher ein Ausnahmefall (so auch PwC; IFRS Manual of Accounting 2008, 15.51). Anders verhält es sich bei einem fest kontrahierten Auftragsbestand.

Vertragslaufzeit von den Werbepartnern erfolgsabhängige Vergütungen nach Maßgabe der vermittelten Verträge.

Lösung
Wegen des Exklusivvertrages kontrolliert die G während der Vertragslaufzeit die gesamten Werbemaßnahmen der E. Anders wäre die Beurteilung eines Nichtexklusivvertrages mit einer entsprechend vermutlich niedrigeren *signing fee*. Hier wird eher eine Werbemaßnahme (Vertriebskosten) der G vorliegen (vgl. Beispiel unter Rz 14).
Die Aktivierbarkeit scheitert möglicherweise auch in der „Exklusivvariante" an der verlässlichen Messbarkeit der Anschaffungskosten (anders bei einem in Raten abzuzahlenden Festpreis).

16 Den Sonderfall eines Vermögenswertes *(assets)* sieht der Board im Standardentwurf „*Rate-regulated Activities*" (ED/2009/8). Dieser Standardentwurf befasst sich mit der Bilanzierung in **preisregulierten Märkten**. Das ist typischerweise bei netzgebundenen Leistungen der Fall, wenn z. B. zur Verhinderung von Monopolen Preise für die Nutzungen von Strom-, Gas oder Telekommunikationsnetzleistungen aus Gründen des Konsumentenschutzes von einer übergeordneten Instanz (Regulierungsbehörde, etwa die Bundesnetzagentur) festgelegt werden. Der Anwendungsbereich des Standards soll nach den Überlegungen des Board geöffnet sein, wenn:

- eine Regulierungsbehörde *(authorised body)* die **Abnehmerpreise** für ein Produkt oder eine Dienstleistung bestimmen kann und
- dieser Preis *(rate)* die dem Unternehmen anfallenden **Kosten** der Herstellung der Güter oder Bereitstellung der Dienstleistungen deckt und einen Ertrag ermöglicht.

In diesem ökonomischen Umfeld können aus Sicht des Board Vermögenswerte und Schulden **regulierungsspezifisch** entstehen:

- Vermögenswerte, weil durch die Regulierungstätigkeit *(the regulator's promise)* Kundenbeziehungen entstehen, die dem Unternehmen eine Kontrolle über künftige wirtschaftliche Vorteile verschaffen;
- Schulden, weil in bestimmten Regulierungsformen das Unternehmen unter bestimmten Voraussetzungen zur Rückzahlung vereinnahmter Beträge verpflichtet ist.

Um in den so definierten Bereich als Vermögenswert und Schulden zu gelangen, müssen dem Board zufolge **zwei Voraussetzungen** erfüllt sein:

- Die Regulierungsbehörde ist zur Festsetzung von **verbindlichen** Preisen berechtigt, die von den Anbietern den Verbrauchern in Rechnung gestellt werden dürfen.
- Die festgesetzten Preise erlauben dem Anbieter eine **Deckung** seiner **Kosten** zuzüglich eines angemessenen Gewinnzuschlags *(fair return)*.

Zu einem nach Auffassung des Boards entstehenden Vermögenswert folgendes Beispiel:

Beispiel[14]
Das dem Regulierungsgeschehen unterworfene Unternehmen liefert Strom in ein bestimmtes Gebiet; infolge eines starken Sturmes sind Hochspannungsmasten zerstört worden. Deshalb erlaubt die Regulierungsbehörde eine Preiserhöhung für die Stromlieferungen auf fünf Jahre, um die Wiederherstellungskosten zuzüglich einer Gewinnmarge in fünf Jahren zu amortisieren.
Daraus soll dem Board zufolge ein Vermögenswert entstehen, der dem erwarteten Gegenwartswert des von der Regulierungsbehörde zugestandenen Zusatzbetrags entspricht.
Dieser Vermögenswert entsteht unabhängig davon, ob das Energieversorgungsunternehmen die Ersetzung der Strommasten als laufenden Aufwand oder die Zerstörung als Abgang und die Neuinstallation als Zugang behandelt.

Der so verstandene Vermögenswert bewegt sich möglicherweise außerhalb des Anwendungsbereiches von IAS 38, was durch eine Ergänzung von IAS 38.2 (Rz 2) dargestellt werden soll.
Die Diskussion in verschiedenen Board-Meetings im Jahre 2010 verlief ausgesprochen kontrovers.[15] Insbesondere konnte keine Einigung über die Erfüllung der Voraussetzungen für das Vorliegen eines *asset* bzw. einer *liability* erzielt werden. Ebenso wenig besteht im Board Einigkeit über die weitere Vorgehensweise bez. des Standardentwurfs überhaupt. Die Tendenz des Boards scheint in Richtung einer Verschiebung des Projekts auf die Zeit nach 2011 zu gehen mit einer schlichten Ergänzung des IAS 38.

1.4 Abgrenzung zum *goodwill*

Die Definitionskriterien für immaterielle Vermögenswerte erfahren besonderes 17
Gewicht im Hinblick auf die erforderliche **Abgrenzung** zum *goodwill* aus einem Unternehmenszusammenschluss (→ § 31 Rz 68). Diese Abgrenzung ist im Einzelfall schwierig und weitgehend durch Rückgriff auf Bewertungsmodelle vorzunehmen:

Beispiel
Bei der Akquisition eines Mobilfunkbetreibers wird auch die zugehörige staatliche **Lizenz** und natürlich der **Kundenstamm** in Form der vertragsmäßig im Netz telefonierenden Abonnenten erworben.
Neben der installierten Technik machen diese beiden (potenziellen) immateriellen Vermögenswerte *(intangibles)* den eigentlichen Wert des Unternehmens aus. Deren bewertungstechnische Separierung vom *goodwill* ist möglich. Fraglich ist jedoch, ob diese Trennung ausreicht. Gem. IAS 38.34 ist dies der Fall, wenn der Vermögenswert vertraglich oder rechtlich begründet ist, wie z.B. bei Lizenzen und Abonnementskunden. Auf die Prüfung der wirtschaftlichen Separierbarkeit i.S. einer gesonderten Verwertungsfähigkeit kommt es dann nicht mehr an.

Auf die Beispiele und umfassenden Erläuterungen in → § 31 wird verwiesen.

---

14 ED/2009/8 I.E., S. 18ff.
15 IASB, Updates Februar 2010, Juli 2010, September 2010.

2 Bilanzansatz

2.1 Die Tatbestandsmerkmale allgemein

18 Ein immaterieller Vermögenswert ist – anders als nach HGB (Rz 26) – dann anzusetzen (Rz 5), wenn folgende **Voraussetzungen kumulativ** vorliegen (IAS 38.21):

- Die Kriterien für das Vorliegen eines Vermögenswertes (**abstrakte** Aktivierbarkeit) sind erfüllt, d. h., der immaterielle Einzelwert ist vom *goodwill* unterscheidbar (IAS 38.11 ff.) und wird vom Unternehmen kontrolliert (IAS 38.13 ff.).
- Mit Wahrscheinlichkeit *(probable)* fließen in der Zukunft ökonomische Vorteile dem Unternehmen zu, die diesem Vermögenswert zuzuordnen sind (IAS 38.21a).
- Die Anschaffungs- oder Herstellungskosten für diesen Vermögenswert können zuverlässig *(reliably) ermittelt* werden (IAS 38.21b).

19 Im Rahmen eines **Unternehmenszusammenschlusses** wird die Wahrscheinlichkeit eines Nutzenzuflusses als gegeben unterstellt (Rz 23), bei **Herstellung** oder **Einzelanschaffung** ist sie Ermessenssache.
Auf externe Erkenntnisquellen soll dabei besonderes Gewicht gelegt werden (IAS 38.23); u. E. ist dies selbstverständlich.

2.2 Einzelerwerb – Abgrenzung zur Herstellung

20 In konkreteren Beurteilungsbereichen bewegt sich dann IAS 38.25 f., wenn er von dem **getrennten Erwerb** eines immateriellen Vermögenswertes spricht. Die in diesem Fall eindeutigen Bewertungsmaßstäbe (Rz 65) lassen den Bilanzansatz als unproblematisch erscheinen.
Ein Einzelerwerb (Anschaffung) kann nur für einen bereits **vorhandenen** Vermögenswert erfolgen. Hieran fehlt es, wenn Dritte lediglich als Subunternehmer in den eigenen Herstellungsprozess eingeschaltet werden. Der Unterscheidung von Anschaffung und Herstellung kommt wegen des kasuistischen Ansatzverbotes bez. der Herstellungskosten für bestimmte immaterielle Vermögenswerte (Rz 32) Bedeutung zu.

Beispiel
Die X-AG produziert einen Film. Sie beauftragt das Y-Studio mit der Erstellung.
Überträgt Y einen fertigen Film bzw. die damit verbundenen Urheber- und Verwertungsrechte an X, ist X als Käufer anzusehen. Leistet Y hingegen zwar einen bedeutenden Anteil an der Gesamtproduktion, werden aber andere Anteile (etwa der Schnitt oder die Vertonung) von anderen Zulieferern von X erstellt oder ist der Regisseur im Auftrag der X tätig, liegt eine Auftragsproduktion vor. X ist Hersteller, nicht Erwerber.

Beispiel
Die TV-AG erwirbt von der UEFA die Übertragungsrechte an der Fußball-Europameisterschaft. Das Recht der Fernsehverwertung existierte schon vor der Transaktion. Es lag bei der UEFA. Durch den Vertrag wird es auf die TV-AG übertragen bzw. von dieser erworben.[16]

Ein weiteres Beispiel für das Erfordernis und die Problematik der Abgrenzung von Anschaffung und Herstellung bieten die **Belieferungsrechte**. 21

Beispiel
Sachverhalte
- Wirt C räumt Brauerei A entgeltlich ein Bierlieferungsrecht ein.
- Brauerei A überträgt dieses Bierlieferungsrecht entgeltlich an Brauerei B.
- Die Bundesrepublik überträgt (durch Versteigerung) an D eine UMTS-Lizenz, also das Belieferungsrecht von Telefonkunden mit Funkleistungen.

Beurteilung
- Unproblematisch ist der zweite Fall: **derivativer** Erwerb (Anschaffung).
- Im ersten Fall spricht für **originären** Erwerb die Neuschaffung eines bisher noch nicht vorhandenen Vermögenswertes. Als Beleg mögen die Platzierungsgebühren *(placement oder slotting fees)* im Einzelhandel dienen (→ § 25 Rz 114). Diese werden als Erlösminderung bzw. Vertriebskosten behandelt. Eine Aktivierung kann nur als **Vorauszahlung** mit Periodenabgrenzungscharakter in Betracht kommen; Voraussetzung ist die Verpflichtung des (Vertriebs-)Partners zur Erbringung bestimmter Leistungen für eine bestimmte Dauer.
- Im dritten Fall spricht für den **originären** Erwerb die „Neuschaffung" der Funklizenz, denn die Bundesrepublik hat zuvor keine Telefonkunden mit UMTS beliefert. Für den **derivaten** Erwerb spricht hingegen das bislang bei der Bundesrepublik abstrakt vorhandene Recht. Anders als im ersten Fall räumt nicht ein Kunde (Gastwirt bzw. Handelsunternehmen) dem Unternehmer das Recht ein, sondern ein Dritter (die Bundesrepublik). Demgegenüber hat der Gastwirt im ersten Fall kein Recht zur „Selbstbelieferung" – auch nicht abstrakt; hier fehlt die dritte Partei – anders als im zweiten und dritten Fall.

Aus den vorstehenden Beispielen ergibt sich folgendes **Fazit**: Derivativ – und damit als immaterieller Vermögenswert aktivierbar – sind Belieferungs- und ähnliche Rechte bei „Gestaltungen" mit **drei** Parteien:
- einer Partei mit abstrakter oder konkreter Lieferungsmöglichkeit (originär Lieferberechtigte),
- einer Partei, die beliefert wird (Abnehmer, Kunde),
- einer Partei, die von der ersten das Recht auf Belieferung der zweiten erwirbt (derivativ Lieferberechtigte).

16 BRÖSEL/ZWIRNER, Medien Wirtschaft 2004, S. 21 ff.

Zweifelhaft ist die Behandlung von Zwei-Parteien-Beziehungen, etwa bei Vereinbarung eines Belieferungsrechtes zwischen Produzent und Kunden. Bei **enger** Auslegung liegt keine Anschaffung vor, weil es am Erwerb einer schon vorhandenen Rechtsbeziehung fehlt. Bei **weiter** Auslegung – ähnlich der BFH-Rechtsprechung – wäre auch in der Einräumung eines Rechts durch den Verpflichteten eine Anschaffung zu sehen.

> **Beispiel**
> **Variante 1**
> Eine Brauerei erwirbt von der Fifa das Recht zur Bierbelieferung bei der Fußballweltmeisterschaft. Das Recht lag abstrakt bei der Fifa. Dritte Partei sind die Besucher der Weltmeisterschaftsspiele. Der Erwerb des Rechtes durch Anheuser-Busch ist derivativ. Bitburger erwirbt dann von Anheuser-Busch eine „Unterlizenzierung" zur Bierlieferung. Auch dieser Erwerb ist derivativ.
> **Variante 2**
> Eine Brauerei „erwirbt" von einem Wirt ein Bierbelieferungsrecht. Vertragsbeziehungen zu einer dritten Partei (den Kneipenbesuchern) begründet die Brauerei nicht. Nur bei weiter Interpretation des Anschaffungsbegriffs liegt ein Erwerb vor.

2.3 Erwerb im Rahmen eines Unternehmenszusammenschlusses

22 Die bilanzielle Abbildung eines Unternehmenserwerbs kreist immer um die zentrale Frage, wie der in aller Regel über den Buchwert des erworbenen Unternehmens hinaus bezahlte Kaufpreis auf die erworbenen Einzelvermögenswerte aufzuteilen ist (**Kaufpreisallokation**; → § 31 Rz 12). Im ersten Schritt werden gewöhnlich **stille Reserven** in den beim erworbenen Unternehmen aktivierten Sach- und immateriellen Werten erfasst. Im zweiten Schritt geht es um das „Aufspüren" bislang nicht angesetzter **immaterieller** Vermögenswerte, um schließlich einen etwa noch **vorhandenen** Restbetrag dem *goodwill* zuzuordnen. Die Suche nach bislang nicht bilanzierten immateriellen Vermögenswerten ist dabei nach HGB und war bisher nach IFRS nicht sonderlich intensiv gepflegt worden („im Zweifel *goodwill*"). Denn schließlich sind bzw. waren sowohl der *goodwill* als auch etwa von ihm zu trennende immaterielle Vermögenswerte planmäßig abzuschreiben.

23 Ab 2005 ist diese großzügige Betrachtungsweise nach IFRS obsolet. Die **Unterscheidung** zwischen Einzelgütern und dem *goodwill* ist ab diesem Zeitpunkt **zwingend**, weil nach IFRS 3 eine planmäßige Abschreibung auf den *goodwill* nicht mehr zulässig ist (→ § 31). IFRS 3 fördert dabei der Tendenz nach die Erfassung von (bislang) beim erworbenen Unternehmen nicht angesetzten immateriellen Vermögenswerten. Gemäß IFRS 3.46 muss in diesen Fällen – abgesehen vom Erfordernis der zuverlässigen Messbarkeit des *fair value* – nur noch **eines** der beiden folgenden Ansatzkriterien gültig sein (Rz 14; → § 31 Rz 74):

- vertragliche oder rechtliche Fundierung des Vermögenswerts **oder**
- Separierbarkeit vom Unternehmen durch Verkauf, Übertragung, Lizenzierung, Verpachtung und Tausch.

Die Wahrscheinlichkeit der zukünftig gegebenen ökonomischen Vorteile (IAS 38.33) und die zuverlässige Ermittelbarkeit (IAS 38.35) werden als gegeben **unterstellt** (Rz 18).[17] Eine **Widerlegung** dieser Annahmen ist nur für den Fall der Bewertung eines immateriellen Vermögenswertes mit **begrenzter** Nutzungsdauer möglich.

Wegen weiterer Einzelheiten zum Bilanzansatz von immateriellen Vermögenswerten anlässlich eines Unternehmenszusammenschlusses wird verwiesen auf → § 31. Dort wird insbesondere auch auf die Frage eingegangen, wie das Merkmal der **rechtlichen Fundierung** eines Vermögenswertes zu interpretieren ist, ob es bspw. auch bei den Teilen einer Stammkundschaft besteht, die zwar in der Vergangenheit (und vermutlich erneut in der Zukunft) in einem Vertragsverhältnis zum Unternehmen standen (stehen), aber aktuell keinen Auftrag erteilt haben. Wenn auch derartige Beziehungen als rechtlich fundiert angesehen werden, kommt es hinsichtlich der Ansatzmöglichkeit nicht mehr auf die separate Verwertungsmöglichkeit (außerhalb eines Liquidationsszenarios) an.[18] 24

Zur Ortung von Sachverhalten, die einen vom *goodwill* separierbaren immateriellen Vermögenswert darstellen (oder das Gegenteil), gibt die **frühere BFH-Rechtsprechung** vielerlei Anhaltspunkte. Der Grund liegt in der bis 1986 nicht zulässigen planmäßigen Abschreibung eines *goodwill* für steuerliche Zwecke. Bemerkenswerterweise stellt IFRS 3 insoweit für die Zeit ab 2005 wieder die „Rechtslage" her, die vor dem 1.1.1987 für das deutsche Einkommensteuergesetz galt (Rz 83). 25

2.4 Entwicklungskosten

2.4.1 Die Trennung von Forschung und Entwicklung

§ 248 Abs. 2 HGB a.F. bzw. § 5 Abs. 2 EStG verbieten einen Ansatz für **selbst geschaffene** immaterielle Vermögensgegenstände. Dies wird u.a. mit der mangelnden physischen Substanz und/oder der nicht möglichen zuverlässigen Bewertbarkeit mangels eines Markttestes begründet. 26

Solche Überlegungen sind auch den IFRS nicht fremd. In IAS 38.51 wird die Schwierigkeit zur Ermittlung der Ansatzkriterien für selbst geschaffene immaterielle Vermögenswerte betont, sei es nun, dass die Identifizierbarkeit oder zuverlässige Bewertung angesprochen ist.

Um diesen Schwierigkeiten zu begegnen, sind **zwei Phasen** der Herstellung eines immateriellen Vermögenswertes zu unterscheiden (IAS 38.52):[19]

- Forschungsphase,
- Entwicklungsphase.

In der **Forschungs**phase kann der künftige ökonomische Vorteil als Ansatzkriterium (Rz 18) nicht dargelegt werden (IAS 38.55). Ein Bilanzansatz scheidet demgemäß aus (IAS 38.54). Für den **derivativen** Erwerb eines Forschungs- und Entwicklungsprojektes gilt indes nach IAS 38.42 das Ansatzverbot nicht (Rz 36).

Dem folgt der SME-Standard durch Verbot des Ansatzes selbst erstellter immaterieller Vermögenswerte (→ § 50 Rz 7). 27

[17] Wegen Einzelheiten in kritischer Betrachtung vgl. HOMMEL/BENKEL/WICH, BB 2004, S. 1267.
[18] Vgl. im Einzelnen auch LÜDENBACH/PRUSACZYK, KoR 2004, S. 204.
[19] Vgl. im Einzelnen auch LÜDENBACH/PRUSACZYK, KoR 2004, S. 415.

Die IFRS sehen noch weitere Schwierigkeiten: Sofern die Forschungs- nicht von der Entwicklungsphase **unterschieden** werden kann, gilt das ganze Projekt als in der Forschungsphase angefallen (IAS 38.53). Das kann besonders dann der Fall sein, wenn der **sequenzielle** Ablauf – zuerst Forschung, dann Entwicklung – im Prozessverlauf nicht eingehalten wird bzw. werden kann.[20] Wenn in diesem Sinne die Prozesse **alternierend** verlaufen, lässt sich die Forschungs- nicht mehr von der Entwicklungsphase abgrenzen (Beispiel unter Rz 40). Die Aufwendungen sind dann **insgesamt** als laufender Aufwand zu behandeln.

28 Zur **Abgrenzung** der Forschungs- von der Entwicklungsphase werden in IAS 38.56 Beispiele für **Forschung**saktivitäten aufgelistet:

- Tätigkeiten zur „Eroberung“ neuen Wissens;
- Untersuchungen, Bewertungen und Endauswahl von neuen Forschungsergebnissen und zugehörigem Know-how;
- Untersuchungen betreffend Alternativen für Produktionsmaterial, Produktionsverfahren, Systeme und Dienstleistungen;
- die Anwendung verbesserter Materialien, Produkte etc.

Zur **Trennung** von Forschungs- und Entwicklungsaufwand Folgendes:

> **Beispiel**
> Ein Hersteller von Offset-Druckmaschinen will seit langem die Verwendung von Wasser im Druckprozess (neben den Farben) obsolet machen. Die physikalisch-technischen Untersuchungen gelten so lange als „Forschung“, wie die Anwendung der Ergebnisse im Druckverfahren nicht gesichert erscheint. Sobald dies der Fall ist, gehen die weiteren Arbeiten in die Entwicklungsphase über. Ab diesem Augenblick ist sich das Management eines positiven *return on investment* sicher.

29 Anders als nach derzeit (1.1.2009) noch gültigem HGB und EStG besteht eine **Ansatzpflicht** für die innerhalb der **Entwicklungsphase** selbst geschaffenen immateriellen Vermögenswerte, wenn folgende **Voraussetzungen kumulativ** erfüllt werden, wobei eine nicht näher umschriebene Beweisführung bzw. Darlegungspflicht *(„demonstrate“)* durch das Unternehmen gefordert wird (IAS 38.57):

- technische **Machbarkeit** (*technical feasibility*) zur Fertigstellung des Projekts in dem Sinne, dass es zur ökonomischen Verwertung durch Eigennutzung oder Verkauf zur Verfügung steht;
- beabsichtigte **Vollendung** (*intention to complete*) des Projektes und Verwertung durch Verkauf oder Eigennutzung;
- **Fähigkeit** (*ability*) zur Eigennutzung oder zum Verkauf des immateriellen Vermögenswertes (fertiges Produkt oder Verfahren);
- Darlegung des künftigen **ökonomischen Vorteils** (*benefit*) – bestimmt nach Maßgabe von IAS 36 (→ § 11 Rz 15ff.), ggf. im Rahmen einer CGU (→ § 11 Rz 83) –, wobei u.a. das Unternehmen den Nachweis des Vorliegens eines Marktes für den immateriellen Vermögenswert selbst oder die von diesem zu

20 Burger/Ulbrich/Knoblauch, KoR 2006, S. 732: „Produktentwicklung ist in den seltensten Fällen ein geradliniger Prozess.“

generierenden Produkte liefern muss bzw. – im Falle der Eigennutzung – dass der betreffende Vermögenswert nutzbringend ist (*usefulness*);

- **Verfügbarkeit** (*availability*) der erforderlichen technischen, finanziellen und anderen **Ressourcen** zur Vollendung des Projekts – darzulegen bzw. nachzuweisen (*demonstrate*) durch einen *business plan* oder eine Finanzierungszusage (IAS 38.61);
- zuverlässige **Ermittlung** (*measure*) der dem immateriellen Vermögenswert während der Entwicklungsphase zuzuordnenden Kosten – zu ermitteln durch ein Kostenrechnungssystem (IAS 38.62).

Beispiele für die Entwicklungsprozesse liefert IAS 38.59:

- Entwurf, Fertigung und Testen von Vorprodukten, Prototypen etc.
- Entwurf von Schablonen, Formen und Werkzeugen für neue Technologien
- Pilotprojekt für eine neue Produktionsanlage
- Entwurf, Fertigung und Testen neuer Materialien, Produktionsprozesse u. Ä.

In einem „lebenden" Unternehmen werden **laufend** Verbesserungen technischer und organisatorischer Art „entwickelt" und installiert. Solche Entwicklungen sind nicht identifizierbar (Rz 14) und scheiden als immaterielle Vermögenswerte aus. Vielmehr muss es sich im Einzelfall um ein **größeres** Projekt handeln.

Beispiel
Ein Automobilhersteller entwickelt einen bislang als Serienprodukt nicht verfügbaren 18-Zylinder-Motor. Diese Entwicklung ist als *asset* identifizierbar. Anders verhält es sich bei der Erprobung einer Neuanfertigung der Drosselklappe für einen bereits „laufenden" Motor.

Die vorstehenden Kriterien des **Ansatzes** von Entwicklungskosten entsprechen in weiten Bereichen den allgemein gültigen nach dem *Framework* (F.49a und 83; → § 1 Rz 85ff.). Sie können als Konkretisierung der Vorgaben des *Framework* angesehen werden. Wenn danach die Ansatzkriterien nicht erfüllt sind, dürfen (auch) die Entwicklungskosten nicht aktiviert werden.

In der **zeitlichen** Abfolge kann bez. der Aktivierbarkeit von eigenen Forschungs- und Entwicklungskosten wie folgt differenziert werden: 30

- Forschungskosten sind explizit nicht aktivierbar (Rz 26) und
- Entwicklungskosten in einer frühen Phase (Rz 29) sind nicht aktivierbar.[21]
- Anzusetzen sind hingegen Entwicklungskosten in einer späteren Phase.

Zum Ganzen folgendes **Schaubild:**[22]

[21] Ähnlich Burger/Ulbrich/Knoblauch, KoR 2006, S. 734.
[22] Nach Lüdenbach, IFRS, 5. Aufl., 2008, S. 91.

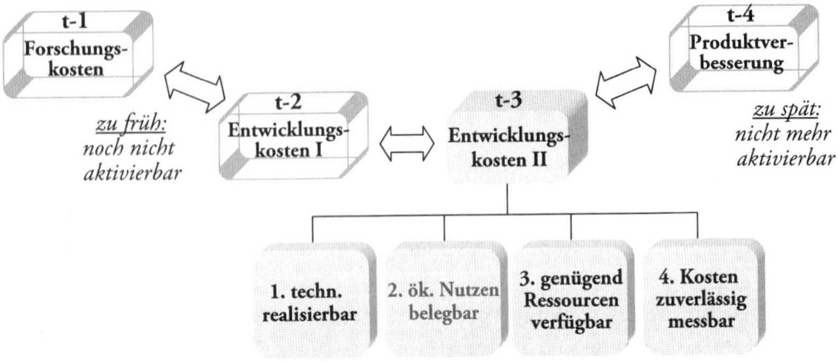

ABER: Keine Aktivierung, wenn Forschungs- und Entwicklungsphase nicht trennbar

31 Begrifflich sind die Entwicklungskosten nicht auf technische Prozesse im engeren Sinn beschränkt. Die Schaffung einer **Website** kann in die Phasen „Forschung“ und „Entwicklung“ eingeteilt werden (Rz 41). Der Aktivierung des Entwicklungsbereiches steht bei Erfüllung der Ansatzkriterien (Rz 29) nichts im Wege.

Auch **Humankapital** kann entwickelt werden, z. B. im Falle von Profisportlern (Rz 42) oder Künstlern.

> **Beispiel**
> Der Musicalproduzent X entdeckt in der Chorbesetzung eine besonders begabte Nachwuchssängerin mit attraktivem Äußeren. Sie wird auf 8 Jahre in die Exklusivdienste des Produzenten genommen und erhält auf dessen Kosten Gesangs- und Schauspielunterricht. Diese Kosten können bei Erfüllung der Ansatzkriterien (Rz 29) aktiviert werden.

32 Unabhängig von der Unterscheidung zwischen Forschung und Entwicklung und den Ansatzkriterien für die Entwicklungskosten (Rz 29) sind nach IAS 38.63 folgende Werte *(items)* bei **Selbsterstellung** (anders bei Anschaffung; Rz 36) **nicht ansetzbar**:

- Marken, Warenzeichen,
- Druck- und Verlagsrechte,
- Kundenlisten, Kundenbeziehungen,
- ähnliche Werte.

Fraglich ist, was unter ähnlichen Gegenständen „*(items similar in substance)*“ zu verstehen ist. § 248 Abs. 2 HGB, der den Inhalt von IAS 38.63 übernimmt, spricht von „vergleichbar“. Als Beispiel für ein „Ähnlichkeitsmuster“ mag die explizit aufgeführte „Kundenliste“ gelten.

Beispiel[23]
Eine Ehevermittlungsagentur bietet „Herren mit gehobenen Ansprüchen" kostenpflichtig ihre Dienste an. Voraussetzung für den Geschäftserfolg ist ein umfangreicher Pool heiratswilliger Damen, die den „gehobenen Ansprüchen" genügen. Bei der Erstellung dieses Pools sind hohe Aufwendungen angefallen. Die heiratswilligen Damen sind keine Kunden. Die Erstellung des Pools ist daher keine Erstellung einer Kundenliste. Es besteht eher Ähnlichkeit zu einer Liste spezialisierter Lieferanten. Lieferantenlisten sind in Abs. 2 Satz 2 jedoch nicht genannt. Fraglich ist, ob sie und damit auch der Pool des Ehevermittlungsinstituts als Kundenlisten „ähnlich (genug)" anzusehen sind. Dagegen spricht die Unterschiedlichkeit der Märkte (Absatz- vs. Beschaffungsmarkt).

Zum speziellen Fall der **Kundengewinnungskosten** (*subscriber acquisitions costs*) wird verwiesen auf Rz 48.

Die Ansatzregeln für die originären Forschungs- und Entwicklungskosten werden in der nachstehenden Skizze dargestellt: **33**

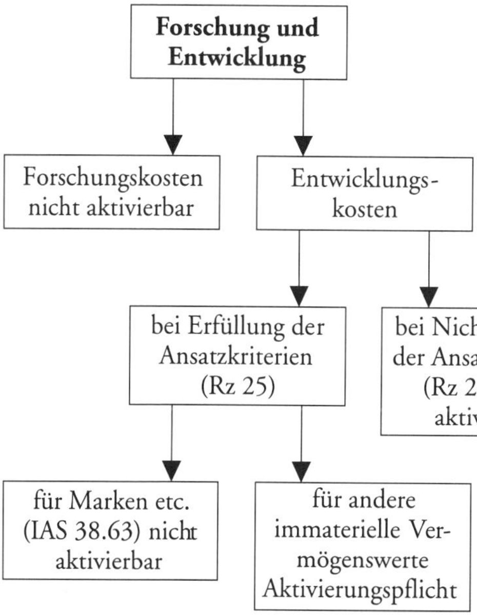

Die **generelle** Aussage „Entwicklungskosten sind nach IFRS aktivierbar" trifft also **nicht** zu:

- Nur in eingeschränktem Umfang erfüllen die Entwicklungskosten die Ansatzkriterien (Rz 29).
- Analog § 248 Abs. 2 HGB gilt ein spezifisches Ansatzverbot für bestimmte Vermögenswerte (Rz 32).

---

23 Nach HOFFMANN/LÜDENBACH, NWB Kommentar Bilanzierung, § 248, Rz 10.

2.4.2 Faktisches Ansatzwahlrecht

34 Die unter Rz 29 dargestellten Ansatzkriterien suchen nach einem **Ausgleich** zwischen den Relevanz- und Zuverlässigkeitsanforderungen der Rechnungslegung (→ § 1 Rz 15). Aus der ersten Perspektive sollen möglichst **alle** wichtigen **Werttreiber** mit Vermögenswertqualität, aus der zweiten nur in ihrem Nutzen **objektivierbare** Vermögenswerte in der Bilanz erscheinen.

Das Ergebnis ist eine Kompromisslösung mit einer erheblichen Anzahl von **Ermessensspielräumen**. Dabei ist das bilanzpolitische Ziel einer Nichtaktivierung spürbar leichter zu erreichen als umgekehrt. Im erstgenannten Fall genügt die Darlegung einer Unmöglichkeit zur Trennung von Forschung und Entwicklung (Rz 27). Oder aber ein nachvollziehbarer Nachweis der Erfüllung aller sechs Aktivierungskriterien (Rz 29) für die Entwicklungskosten wird nicht erbracht. Besteht umgekehrt die bilanzpolitische Vorgabe in der Aktivierung, bedarf es regelmäßig einer weiten Auslegung der diesbezüglichen Begriffsinhalte.[24] Die Möglichkeit oder sogar Notwendigkeit der Ermessensausübung führt in Anbetracht der dabei gegebenen Spielräume im Ergebnis zu einem faktischen **Ansatzwahlrecht** der Entwicklungskosten (Rz 29).[25] Dieses Wahlrecht kann branchenbezogen oder branchenübergreifend unterschiedlich ausgeübt werden, wodurch ein Vergleich der Jahresabschlüsse ungemein erschwert wird. Eine branchenübergreifende **Bilanzanalyse** erfordert insoweit u.U. die **Eliminierung** aller aufgrund der Anhangsangaben zu ermittelnden immateriellen Vermögenswerte. Die branchenspeziellen Unterschiede in der bilanziellen Abbildung von Entwicklungskosten können u.U. auch eine ökonomische **Rechtfertigung** für sich in Anspruch nehmen:

- Bei der Entwicklung eines neuen Arzneimittels droht praktisch in jeder Bearbeitungsstufe die Gefahr des Scheiterns. Erst mit der behördlichen Zulassung ist dieses Risiko ausgeschaltet.
- Bei der Entwicklung einer neuen Generation des „Golf" oder des „Airbus" sind die technische Realisierbarkeit und die Zulassung zum Verkehr weitgehend gesichert.

35 Als **Beispiele** für die unterschiedliche Qualifikation von Entwicklungskosten bei der bilanziellen Abbildung mögen vor dem Hintergrund der Vorgaben in IAS 38.57 (Rz 29) folgende Fälle dienen:

- Sowohl die **technische** Machbarkeit als auch ein späterer ökonomischer Nutzen können branchentypisch bestätigt oder bestritten werden. Typisches Beispiel ist die **Pharmaindustrie**: Hier können die ausstehenden Ergebnisse klinischer Tests das Management veranlassen, die Beweisbarkeit hinsichtlich der technischen Fertigstellung und der ökonomischen Verwertungsmöglichkeit eines schon weitgehend erforschten neuen Präparats zu bestreiten. Die

---

24 Burger/Ulbrich/Knoblauch, KoR 2006, S. 734.

25 So auch Thiele/Kühle, in: Thiele/von Keitz/Brücks, Internationales Bilanzrecht, IAS 38, Tz 268. Empirisch (2005–2007) aktivieren 55 % bis 62 % der deutschen börsennotierten Konzerne überhaupt Entwicklungskosten (Haller/Froschhammer/Gross, DB 2010, S. 683).

Folge ist: Alle Entwicklungskosten bis zur Verkaufsfreigabe durch die zuständige Behörde werden als Aufwand verbucht.[26]

Beispiel
(Roche Holding AG, Geschäftsbericht 2008):
Das immaterielle Anlagevermögen des Konzerns enthält keine aktivierten internen Entwicklungskosten, da die Kriterien für eine Aktivierung nicht erfüllt sind.

- In der **Automobilindustrie** wird das Kriterium der technischen Machbarkeit anders ausgelegt: Von den insgesamt anfallenden Forschungs- und Entwicklungskosten wird ein hoher, z. T. über 50 % hinausgehender Teil aktiviert.[27]
- Wieder umgekehrt kann in einer beliebigen Branche die Aktivierung eines Entwicklungsprojekts an einer einigermaßen verlässlichen **Kostenzuordnung** wegen ungelöster Schlüsselungsprobleme von Gemeinkosten scheitern.
- Eine **Trennung** der Forschungs- von der Entwicklungsphase (Rz 27) ist objektiv unmöglich.

Beispiel
Die Software-GmbH bringt Anfang 03 ein neues *business-to-business*-Produkt auf den Markt. Die FuE-Aufwendungen der Jahre 00, 01 und 02 belaufen sich jeweils auf 500 TEUR. Der als Aktivierungsobergrenze dienende erzielbare Betrag *(recoverable amount)* wird Ende 01 auf 500 TEUR und Ende 02 auf 900 TEUR geschätzt. Das Projekt hat in 00 als Forschungsvorhaben begonnen und ist in den Jahren 01, stärker noch in 02 in die Entwicklungsphase übergegangen.
Die Software-GmbH hat drei **Alternativen** der bilanzmäßigen Abbildung:
- Sie erfasst die gesamten 1.500 TEUR als Aufwand, weil Forschung und Entwicklung in einem zyklischen oder iterativen Zusammenhang betrieben würden und daher der Übergang zwischen Forschungs- und Entwicklungsphase fließend und eine klare Trennung nicht möglich sei. Nach IAS 38.54 müssten deshalb sämtliche Aufwendungen als Forschungsaufwendungen behandelt und von der Aktivierung ausgeschlossen werden.
- Die Software-GmbH definiert die Aufwendungen bis einschließlich 01 noch als Forschungsaufwendungen und findet Gründe für den Beginn der Entwicklungsphase Ende 01/Anfang 02. Die Software-GmbH behandelt demgemäß 1.000 TEUR als Forschungsaufwand der ersten beiden Jahre und aktiviert 500 TEUR als Entwicklungsleistung im dritten Jahr.
- Die Software-GmbH legt den Schnittpunkt zwischen Forschungs- und Entwicklungsphase auf den Jahreswechsel 00/01 (auch ein unterjähriger Zeitpunkt käme infrage). Sie behandelt demgemäß 500 TEUR als auf-

[26] Diese Vorgehensweise wird weltweit von der forschenden Pharmaindustrie praktiziert. Vgl. Hüttche, KoR 2005, S. 321; Ernst & Young, International GAAP 2008, S. 894f. Die dort aktivierten Entwicklungskosten entfallen auf EDV-Software.

[27] Nach der statistischen Erhebung von Hitz, IRZ 2007, S. 319 für den internationalen Bereich, bestätigt von Küting für die deutsche IFRS-Bilanzierungspraxis, PiR 2008, S. 315; Petersen/Zwirner/Busch, PiR 2010, S. 7. Nach Haller/Froschhammer/Gross knapp die Hälfte, DB 2010, S. 687.

wandswirksam und aktiviert 500 TEUR in 01 und weitere 500 TEUR in 02. Der Aktivierungsbetrag von insgesamt 1.000 TEUR liegt jedoch über dem *recoverable amount* von 900 TEUR per 31.12.02. Unter Anwendung von IAS 36 „Wertminderung von Vermögenswerten" werden deshalb weitere 100 TEUR abschreibungsweise in den Aufwand genommen. Insgesamt werden 600 TEUR (500 in 00, 100 in 02) aufwandswirksam behandelt.

2.4.3 Derivativer Erwerb von Forschung und Entwicklung

36 In **Anschaffungs**fällen – insbesondere beim **Unternehmenserwerb** – gelten andere Ansatzkriterien:

- Für Einzelanschaffungen bringt der Kaufpreis die Wahrscheinlichkeit des Nutzenzuflusses (Rz 18) zum Ausdruck (IAS 38.25).
- Für den Zugang im Rahmen eines Unternehmenserwerbs wird auf → § 31 verwiesen.

Die Ansatzrestriktion für die eigene **Forschungs**tätigkeit (Rz 27) und einzeln bestimmte Vermögenswerte (Rz 32) ist hier aufgehoben.

2.5 Selbst geschaffene Software

37 Zu diesem, einen breiten Anwendungsbereich ausfüllenden Bilanzierungsproblem enthalten die IFRS anders als US-GAAP keine speziellen Regelungen. Man kann versuchen, die allgemeinen Definitions- und Ansatzkriterien für immaterielle Vermögenswerte auf die Software-Erstellung zu transportieren. Zu unterscheiden ist dabei zwischen selbst erstellter Software für Vermarktungszwecke – die unter IAS 2 oder IAS 11 fallen (Rz 3) – und der als **Anlagevermögen** im eigenen Haus anzuwendenden. Im letztgenannten Fall geht es um die Abgrenzung der Forschungs- von der Entwicklungsphase (Rz 27).

38 Die Aktivierungsmöglichkeit für selbst geschaffene Software beginnt frühestens mit der **technischen Machbarkeit** (*feasibility*) des Projekts, verbunden mit der **Wahrscheinlichkeit des kommerziellen Erfolgs**. Dazu bedarf es eines Detailprogrammes oder eines Arbeitsmodelles. Die weiteren dort genannten Kriterien sind Anwendungsfälle der Definitions- und Ansatznormen allgemein. Allerdings sind in diesen Fällen besondere Schwierigkeiten damit verbunden, die Generierung **künftigen ökonomischen Nutzens** durch das Programm nachzuweisen bzw. darzulegen *(demonstrate)*. Insbesondere kann es an einer Ansatzmöglichkeit dann fehlen, wenn die rechtliche Ausschlussmöglichkeit zur Kontrolle über das Programm und zur Abschottung gegenüber anderen Anwendern fehlt. Folge ist dann die Verbuchung der Aufwendungen auch in der Entwicklungsphase als laufender Aufwand. Klare Trennlinien sind dabei nicht ersichtlich.

Eher kommt eine Aktivierung für **erworbene** Software in Betracht, und zwar als **Bestandteil der zugehörigen Hardware** mit der Folge, dass die Bilanzierung sich an den Regeln des IAS 16 (→ § 14 Rz 10ff.) orientiert. Diese Vorgehensweise erscheint nach herkömmlichem deutschem Bilanzierungsverständnis als unpassend, da Hard- und Software als **getrennte** Vermögenswerte angesehen werden.

Insgesamt erscheinen die Bilanzierungsregeln insbesondere für die selbst erstellte, intern genutzte Software nach den IFRS als ausgesprochen **fließend** – allerdings mit einem **Vorbehalt**: Waren einmal entsprechende Ausgaben als Aufwand verbucht worden, kann in späteren Jahresabschlüssen diese Entscheidung nicht wieder umgedreht werden (IAS 38.71; Rz 63; siehe aber auch Rz 79).

Beispiel
Sachverhalt
Die Software-GmbH beginnt Anfang 03 mit den Forschungen zu einem neuen Produkt, das aus mehreren Modulen bestehen und, wenn alles klappt, 05 auf den Markt kommen soll. Die FuE-Aufwendungen der Jahre 02 bis 04 werden voraussichtlich jeweils 500 TEUR betragen. Die Software-GmbH diskutiert zwei Projektplanungsalternativen:
Nach Plan I sollen, da die relevanten Schwierigkeiten tatsächlich in den Modulen und nicht in deren Zusammenführung vermutet werden, die Module bis Ende 04 separat entwickelt und ein detailliertes Gesamtdesign sowie ein dokumentierter Gesamtprobelauf erst Ende 04 durchgeführt werden.
Nach Plan II soll bereits Ende 02 ein erstes Design für das Gesamtprodukt fertiggestellt und einem ersten Probelauf unterzogen werden, wobei wegen der dabei noch zu erwartenden Probleme in den Modulen selbst weniger deren Details als das (ohnehin so gut wie feststehende) Zusammenwirken der Module dokumentiert werden sollen.

Lösung
Die Komplettierung des detaillierten Programmdesigns gilt i. d. R. als Nachweis der technischen Realisierbarkeit. Da die GmbH ihren eigenen Plankriterien und -definitionen folgend erst Ende 04 ein detailliertes Programmdesign fertig gestellt und erprobt hat, sind die insgesamt 1,5 Mio. EUR Aufwendungen der Jahre 02 bis 04 als Aufwand zu behandeln. Wäre man stattdessen nach der ersten Planvariante verfahren, könnten 1 Mio. EUR der Jahre 03 und 04 aktiviert werden.

Das vorstehende Beispiel belegt deutlich die im Bereich der Softwareentwicklung bestehenden Probleme zur einigermaßen trennscharfen Abgrenzung der Forschungs- von der Entwicklungsphase.

Eine in Betrieb befindliche Software bedarf der laufenden **Pflege** (*update*). Davon **39**
zu unterscheiden sind **Neuimplementierungen** von Funktionalitäten.

Beispiel[28]
Ein Versandantiquariat für Bücher und Schallplatten will sein Angebot über die bisher beachtete deutsche Grenze in den internationalen Bereich ausdehnen. Dazu bedarf es der Installation weiterer Funktionalitäten bez. Sprache, Logistik, Zahlungsverkehr etc. Der Aufwand für die Installation weiterer Funktionen überschreitet den für die Herstellung der ursprünglichen Version.

---

28 Ein ausführliches Beispiel bei LÜDENBACH, StuB 2010, S. 361.

Diese Softwareentwicklung bedeutet eine Kapazitätserweiterung und substanzielle Verbesserung der vorhandenen Software. Nach IAS 38.20 sollen solche Aufwendungen bei bereits vorhandenen immateriellen Anlagegütern nur selten (*only rarely*) die Ansatzkriterien erfüllen (→ § 8 Rz 39). U. E. liegt in diesem Beispielfall keine Erweiterung des bisherigen Vermögenswertes vor, sondern eine Neuschaffung unter Verwendung der bisherigen Software. Die neue Software ist – wie die Aufwandsverhältnisse zeigen – entscheidend geprägt durch die Neuentwicklung. Soweit bei Letzterer keine Forschungskosten angefallen sind, erfüllen die Aufwendungen für die Neuentwicklung die Ansatzkriterien eines immateriellen Vermögenswertes.

40 In der Bilanzierungspraxis von Softwareunternehmen wird überwiegend auf die Aktivierung von Entwicklungskosten **„verzichtet"**. Die Begründung lässt sich anhand des folgenden Schaubildes darstellen:[29]

Beispiel

Trennung Forschung und Entwicklung

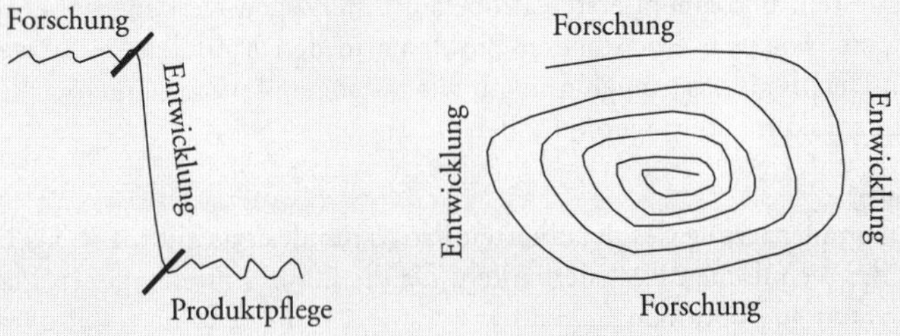

Waterfall-Method *Extreme-Programming*

Nach früherem, inzwischen als **überholt** geltendem Modell lässt sich der Prozess der Herstellung und Pflege von Software in drei Phasen einteilen:

- Eine eher ruhige, konzeptionelle Phase, in der die Kreativität, die Gewinnung grundlegender Ideen und Lösungsvorstellungen im Vordergrund stehen;
- eine sich daran anschließende, stark strukturierte und temporeiche Phase der programmtechnischen Umsetzung dieser Grundlagen;
- eine wiederum ruhigere Phase der Produktentwicklung.

Die Aufwendungen der mittleren Phase sind als Entwicklungskosten gut von den anderen Phasen trennbar und daher aktivierungspflichtig.

Die **neuere** Praxis **verwirft** dieses **„Wasserfall-Modell"** als überholt und betont inzwischen den Charakter der Prozesse. Ideen**gewinnung** (Forschung) und Ideen**umsetzung** (Entwicklung) sind im Modell des Extreme Programming nicht mehr **sequenziell** (IAS 38.52 unterstellt), sondern zyklisch bzw. iterativ angeordnet. Die Trennbarkeit von Forschungs- und Entwicklungsphase ist nicht gegeben. Alle Aufwendungen sind als Aufwand zu verbuchen (Rz 27).

---

[29] Nach LÜDENBACH, IFRS, 6. Aufl., 2010, S. 93.

2.6 Ausdehnung des Forschungs- und Entwicklungsbegriffs – das Beispiel der Erstellung einer Webseite

Die Begriffe Forschung und Entwicklung beziehen sich nicht nur auf die „klassischen" Fälle der Arzneimittelforschung in der Pharmaindustrie oder die Entwicklung neuer Modelle in der Automobilbranche. Die zugehörigen Aufwendungen sind inhaltlich gem. IAS 38.52 **weit** gefasst („*broader meaning*"). Allgemein stehen „Forschung und Entwicklung" für die **Herstellung** eines immateriellen Vermögenswertes. Dabei kann die Forschungsphase als die frühe, konzeptionelle Phase der Herstellung und die Entwicklung als die fortgeschrittene, verwertungsnahe Phase angesehen werden.[30] Am deutlichsten wird diese Verallgemeinerung der beiden Begriffe am Beispiel der in SIC 32 enthaltenen Regelungen zur Erstellung einer Webseite: 41

Beispiel

Planung	→	Forschung, daher Aufwand
Machbarkeitsstudie, Definition Hard-/Software-anforderungen		
Applikation, Infrastruktur-Entwicklung		
a) Hardwarekauf	→	a) Hardware = Sachanlage IAS 16
b) Entwicklung und Test der Software	→	b) Software: ggf. als Entwicklung aktivieren
Grafikdesign		
Layout, Farben etc.	→	ggf. als Entwicklung aktivieren
Content-Entwicklung		
a) Werbung (Produkte, Fotos)	→	a) Vertriebskosten, daher Aufwand
b) Informationen über das Unternehmen	→	b) kein identifizierbarer Nutzen, daher Aufwand
c) Direktbestellungen	→	c) ggf. als Entwicklung aktivieren
Operating/Updates etc.	→	Erhaltungsaufwand

Mit der Verallgemeinerung des Forschungs- und Entwicklungsbegriffs könnte auch die Herstellung einer Marke, die Schaffung von Kundenbeziehungen etc. in eine frühe, konzeptionelle und eine fortgeschrittene Phase eingeteilt werden. Konsequent wäre die Aktivierungsfähigkeit von später anfallenden Aufwendungen auf die Etablierung einer Marke und die Schaffung eines Kundenkreises. Dieser systematisch in IAS 38 angelegten Konsequenz begegnet IAS 38.63 mit einem kasuistischen **Bilanzierungsverbot** für selbst geschaffene **Marken** und **Kundenbeziehungen** (Rz 32).

[30] LÜDENBACH, IFRS, 6. Aufl., 2010, S. 93.

2.7 Sonderfälle

2.7.1 Profisportler

42 Profisportler erfüllen die Ansatzkriterien für immaterielle Vermögenswerte (Rz 5).[31] Eine Aktivierung ist bei entgeltlichem Erwerb der **Nutzungsberechtigung** (Transferentschädigung) vorzunehmen.[32] Auch die Ansatzkriterien für Entwicklungskosten (Rz 26 ff.) können im Einzelfall erfüllt sein. Diese sind nicht auf die „klassische" Produktentwicklung beschränkt (Rz 31).

> **Beispiel**
> Der 18-jährige Fußballprofi P gilt als besonders talentiert. Der Profiverein K entschließt sich nach Abschluss eines 6-jährigen Dienstvertrages für eine besondere Förderkampagne: Abstellung eines Physiotherapeuten, Spezialtrainer für die muskuläre Entwicklung, Wintertraining in Florida etc. Dadurch soll die Bundesligatauglichkeit spätestens mit Vollendung des 21. Lebensjahres erreicht werden.
> Die Ansatzkriterien für die Entwicklungskosten sind erfüllt (Rz 29).

2.7.2 Nutzungsrechte

43 (Nutzungs-)Rechte können käuflich nach § 453 BGB erworben werden. Ihr Wert beruht auf einem mit dem Eigentümer bzw. Rechteinhaber abgeschlossenen Nutzungsverhältnis, z. B. einem Mietvertrag. Ein Mietvertrag ist der typische Fall eines wegen der Ausgeglichenheitsvermutung von Ansprüchen und Leistungen (Synallagama) **nicht bilanzierbaren schwebenden** Geschäftes. Deshalb kann die Aktivierung eines Nutzungsrechtes nur im Hinblick auf den **besonderen ökonomischen** Gehalt des betreffenden Vertrages infrage kommen. Die (abstrakte) Aktivierbarkeit des Nutzungsrechtes hängt von der Erfüllung der *asset*-Kriterien ab (→ § 1 Rz 85 ff.). Entscheidend geht es dabei darum, ob in saldierter Betrachtung künftige (positive) Nutzenzuflüsse vorliegen. Einem Mietvertrag auf der Grundlage der **Marktverhältnisse** kommt kein ökonomischer Wert zu: Aufwendungen und Erträge sind ausgeglichen, eine Aktivierung des Nutzungsrechtes scheidet auch deshalb aus, weil eine Zahlungsverpflichtung in gleicher Höhe zu passivieren wäre.
Anders kann es sich verhalten, wenn Leistung und Gegenleistung aus dem schwebenden Vertrag **nicht ausgeglichen** sind, also z. B. der Mietzins für den Mieter im Verhältnis zur Marktlage **günstig** ist.

---

31 HOMBERG/ELTER/ROTHENBURGER, KoR 2004, S. 249; LÜDENBACH/HOFFMANN, DB 2004, S. 1442. Dort wird auch zu den Fragen der Folgebewertung, insbesondere impairment-Abschreibungen, Stellung genommen.

32 ERNST & YOUNG, International GAAP 2008, S. 873; THIELE/KÜHLE, in: THIELE/KEITZ, VON/BRÜCKS, Internationales Bilanzrecht, IAS 38, Tz 152.

Beispiel[33]
Sachverhalt
Der Reiseveranstalter Dreamtour AG bietet mehrtägige Ausflüge auf Luxusyachten im Mittelmeer an. Die AG benötigt zu einer solchen Veranstaltung mit ausgewähltem Teilnehmerkreis einen Liegeplatz im Hafen von Portals Nous auf Mallorca. Die gesamten dortigen Liegeplätze sind auf Jahre hinaus vermietet. Über einen Broker gelingt es der AG, einen Liegeplatzvertrag mit der Restlaufzeit von 10 Jahren gegen eine „Einmalprämie" zu Gunsten des bisherigen Mieters M zu übernehmen. Die Dreamtour AG tritt in den Mietvertrag mit der Marina Portals Nous Gestion y Administracion S. A. ein und zahlt an diese die laufenden Mietraten von 150 TEUR p.a. M wird aus dem Mietvertrag entlassen.

Die Einmalzahlung an den bisherigen Mieter reflektiert die den Marktverhältnissen nicht entsprechende Miethöhe und macht ein *asset* identifizierbar. Wegen der Behandlung beim Veräußerer des Nutzungsrechts wird auf (→ § 25 Rz 65) verwiesen, betreffend den „Erwerb" eines Mietvertrages im Rahmen einer *business combination* auf → § 31.

2.7.3 Emissionsrechte (Umweltverschmutzung)

Im Rahmen des Kyoto-Protokolls haben sich die EU und ihre Mitgliedstaaten zu einer Reduktion des Ausstoßes von Treibhausgasen bis zum Jahr 2012 verpflichtet. „Technisch" soll diese Verringerung der Emissionsmengen mit Hilfe von handelbaren **Emissionsrechten** erfolgen.[34] Grundlage ist das sogenannte *cap-and-trade*-System. Das Emissionsziel *(cap)* wird national auf die einzelnen Emittenten heruntergebrochen. Diese Grundausstattung kann dann am Markt gehandelt werden. 44

Ein IFRIC 3 hatte sich des Themas speziell angenommen. Im Juni 2005 hat der Board diese Standardinterpretation aufgehoben. Die bilanzielle Abbildung ist daher nach den allgemeinen Kriterien von IAS 38 i.V.m. IAS 37 (→ § 21) vorzunehmen. Dabei kann von folgenden ökonomischen **Grundlagen** des *cap-and-trade*-Systems ausgegangen werden:

- Zwangsweise Teilnahme.
- Kostenlose oder entgeltliche Zuteilung eines Emissionszertifikats durch die öffentliche Hand.
- In einer Handelsperiode (erstmalig 1.1.2005 bis 31.12.2007) werden zu Beginn die Rechte vergeben (in der BRD zunächst kostenlos), am Ende der Periode werden die tatsächlichen Emissionen erfasst.
- Die Teilnehmer können Rechte kaufen und verkaufen.
- Die Teilnehmer können entsprechend der Höhe ihrer Rechte Schadstoffe emittieren, weniger emittieren und entsprechende Rechte verkaufen oder

---

33 LÜDENBACH/HOFFMANN, DStR 2006, S. 1382; ähnlich der BFH, Urteil v. 15.12.1993, X R 102/92, BFH/NV 1994, S. 543. Der BGH hat im Urteil vom 14.6.2004, II ZR 121/02, DStR 2004, S. 1662, einen günstigen Mietvertrag mit dem kapitalisierten Wert als mögliche Sacheinlage in eine Kapitalgesellschaft gewertet.

34 Einzelheiten hierzu bei SCHMIDT/SCHNELL, DB 2003, S. 1449; GÜNTHER, KoR 2003, S. 432; HERMES/JÖDICKE, KoR 2004, S. 287.

übertragen oder mehr emittieren und entsprechend Rechte kaufen oder eine Pönale bezahlen.

- Nach dem Ende jeder Handelsperiode müssen die Teilnehmer Emissionsrechte in Höhe ihrer tatsächlichen Emissionen abliefern; geschieht dies nicht, ist eine Pönale in bar zu zahlen oder künftig eine geringere Zuteilung hinzunehmen.

Die Abbildung im Jahresabschluss muss nach Maßgabe der vorstehend aufgeführten **ökonomischen** Grundlagen erfolgen. Dabei stellt sich zunächst die Frage nach der **Vermögenswert**-Eigenschaft der Emissionsrechte (→ § 1 Rz 85f.) unter der Annahme einer **kostenlosen** Zuteilung. Im Schrifttum wird diese ohne weitere Problematisierung bejaht. Gleichwohl bleiben auf der Grundlage des dem System innewohnenden ökonomischen Gehalts daran Zweifel angebracht.

Beispiel[35]
U hat vor der Einführung des *cap-and-trade*-Systems zuletzt (in 01 bis 04) jährlich 100.000 t CO_2 emittiert. Aufgrund eines weiter zurückliegenden Basisjahres werden U mit der Einführung in 05 in gleicher Menge Zertifikate unentgeltlich zugeteilt. U beabsichtigt, diese Zertifikate selbst zu nutzen und nicht in den Handel zu geben.
An der Vermögenssituation von U hat sich durch die Zuteilung nichts verändert. Die Verbriefung in einer Ausstoßgenehmigung dient lediglich dem systemimmanenten (aus der Verknappung resultierenden) Börsenhandel. Dieser ist aber für U mangels entsprechender Absichten nicht von Bedeutung.

Der Vermögenswert setzt nach dem Definitionsgehalt von IAS 38.8 (Rz 5) und *Framework* F.49a (→ § 1 Rz 85) erwarteten ökonomischen **Nutzen** voraus. Ein solcher liegt im vorliegenden Beispiel kaum vor. Die Berechtigung zum Schadstoffausstoß gleicht der Konzession zum Betrieb eines Unternehmens (z.B. Gaststättenkonzession). Solche Konzessionen sind bislang nicht als Vermögenswert in Erscheinung getreten.

45 Auf der **Bewertungs**ebene ist zwischen **entgeltlich** erworbenen (an der Börse zugekauften) und **unentgeltlich** behördlich zugeteilten Rechten zu unterscheiden. Anschaffungskosten sollen bilanztheoretisch eine periodengerechte Zuordnung des **Verbrauchs** der mit diesen Kosten beschafften Ressourcen bewirken. Bei Aktivierung der unentgeltlich zugeteilten Rechte würden nebeneinander Bilanzwerte ausgewiesen, die einerseits auf **effektiven** Ausgaben und andererseits auf **fiktiven** Werten beruhen – eine sehr ungewöhnliche Konstellation. Im **Branchenvergleich** käme es zu erheblichen Verzerrungen im Vergleich bspw. zur Telekommunikationsbranche mit den dort aktivierten, weil entgeltlich erworbenen Mobilfunklizenzen.

35 Nach Hoffmann/Lüdenbach, DB 2006, S. 57.

Diesem **Vorbehalt** entsprechen die bilanziellen Abbildungsregeln in den USA für das dort praktizierte *cap and trade system* im Zusammenhang mit dem *scheme for acid rain.*[36]

- Die Bilanzierung hat nach dem **Anschaffungskostenprinzip** zu erfolgen.
- **Unentgeltlich** zugeteilte Rechte sind entsprechend mit null zu bewerten.
- **Kostenpflichtige** Erwerbe durch behördlich organisierte Auktionen oder von anderen Teilnehmern sind zum Anschaffungspreis anzusetzen.
- Der **Verbrauch** der Genehmigungen durch den Ausstoß von Gasen ist über die Nutzungsperiode der Genehmigung nach der Durchschnittskostenmethode dem Ergebnis zu belasten.
- Der etwaige Mehrausstoß gegenüber den vorhandenen Genehmigungen soll mit den geschätzten Kosten als **Rückstellung** eingebucht werden.

U. E. bedarf die Aktivierung von unentgeltlich zugeteilten Emissionsrechten einer **besonderen** Rechtfertigung. Diese wird in IAS 20.23 i.V.m. IAS 38.44 (→ § 12 Rz 30) gegeben. Es besteht danach ein **Wahlrecht** zur Einbuchung der unentgeltlich zugeteilten Rechte zum **Zeitwert** einerseits (*fair-value*-Modell) und zu den **Anschaffungskosten** (null) andererseits (Anschaffungskostenmodell). Im erstgenannten Fall ist ein **passiver Abgrenzungsposten** (*deferred income*) zu bilden und entsprechend der Nutzungsdauer von einem Jahr zu Gunsten des Ergebnisses aufzulösen (→ § 12 Rz 30). Andererseits ist bei Wahl des *fair-value*-Zugangswertes eine **verbrauchsabhängige** Abschreibung vorzunehmen. Am Ende der Zuteilungsperiode (unterstellt Wirtschaftsjahr = Kalenderjahr) werden die unentgeltlich zugeteilten Rechte nach beiden Zugangsregeln aktivisch und passivisch mit null ausgewiesen. In zwei gemeinsamen Sitzungen des FASB und des IASB präferieren (*tentatively*) die beiden Boards eine *fair-value*-Bewertung beim Zugang und in der Folge.[37]

Die Emissionsrechte sind **börsenmäßig** handelbar. Durch (entgeltlichen) Zu- und Verkauf können die am Bilanzstichtag vorhandenen Emissionsrechte u.U. nicht mehr der einen oder anderen Kategorie zugeordnet werden. In diesem Fall bietet sich die Bewertung nach einem **Verbrauchsfolgeverfahren** an. Unter Analogie zu IAS 2.25 zur Bewertung von Vorratsvermögen (→ § 17 Rz 16) halten wir die Anwendung der Durchschnitts- und der Fifo-Methode für zulässig. Zu den Bestandteilen der Anschaffungskosten vgl. Rz 73.

Die **Neubewertungsmethode** (→ § 8 Rz 68ff.) ist nur bei **längerfristiger** Nutzung von Vermögenswerten sinnvoll anwendbar. Sie scheidet u.E. bei den Emissionsrechten mit einem Lebenszyklus von 12 Monaten aus.

Für die am Bilanzstichtag bestehende **Rückgabepflicht** von Emissionsberechtigungen nach Maßgabe des effektiven Schadstoffausstoßes sind (Verbindlichkeits-)Rückstellungen zu bilden (→ § 21 Rz 18ff.). Dabei ist im **ersten** Prüfungsschritt stichtagsbezogen für den Bilanzansatz ein Abgleich zwischen dem **effektiven** Schadstoffausstoß und den **vorhandenen** Emissionsrechten durch- 46

[36] Es handelt sich nicht um einen „offiziellen" Rechnungslegungsstandard des FASB oder der EITF, sondern die Federal Energy Regulatory Commission (FERC) schlägt dies in einem sogenannten Uniform System of Accounts (USofA) vor. Das System ist dargestellt in den EITF-Abstracts Issue Nr. 03–14 und den zugehörigen Informationen; siehe hierzu auch VÖLKER-LEHMKUHL/LÖSLER, DB 2005, S. 457.

[37] IASe, Updates Oktober und November 2010.

zuführen. Sofern der Ausstoß die verbriefte Menge übersteigt, muss die Rückgabe im Folgejahr (am 30.4.) mit noch **zuzukaufenden** Rechten bestückt werden. Für die **Bewertung** der gesamten **Rückgabeverpflichtung** – dem zweiten Prüfschritt zur Rückstellungsbildung – hatte sich der zurückgezogene IFRIC 3 für einen *fair-value*-Ansatz ausgesprochen. Dadurch standen am Bilanzstichtag „voll" (mit dem aktuellen Börsenkurs) bewertete Verpflichtungen den überwiegend zu null aktivierten Berechtigungen gegenüber. Zur Vermeidung dieses „*mismatch*" bedarf es einer wirtschaftlich sinnvollen Interpretation der Bewertungsvorgaben in IAS 37.36f. (→ § 21).[38]

Ausgangspunkt der Bewertung von Rückstellungen ist die bestmögliche **Schätzung** (→ § 21 Rz 113) des zur Regulierung der betreffenden Verbindlichkeit erforderlichen Aufwands am Bilanzstichtag. Die vom Unternehmen zu erbringenden „Ausgabe" *(expenditure)* beläuft sich auf die Abgabe von Emissionsrechten. Soweit diese unentgeltlich erworben worden sind, lässt sich „*expenditure*" durchaus auch als unentgeltlicher Vorgang interpretieren: „Mich kostet die Rückgabe eines Wertgegenstandes nichts, wenn ich diesen kostenlos erhalten habe."

Die (aufgehobenen) Vorgaben des IFRIC 3 orientieren sich demgegenüber am Wortlaut des Interpretationsparagrafen IAS 37.37 zur Bestimmung der bestmöglichen Schätzung. Diese soll sich an dem Betrag orientieren, den das Unternehmen für die Begleichung der Verpflichtung **selbst** aufwenden muss oder an einen **Dritten** zu bezahlen hat, damit dieser die Verpflichtung erfüllt. Die letztgenannte Variante der Entledigung von der Verbindlichkeit kommt im Emissionshandel indes nicht in Betracht. Die Emissionsrechte sind nämlich vom emittierenden Unternehmen **selbst** zurückzugeben. Dieses kann also seine Rückgabeverpflichtung nicht durch Bezahlung oder Übertragung eines anderen Vermögenswertes erfüllen, sondern nur durch Rückgabe der Emissionsrechte selbst, die i.d.R. überwiegend kostenlos zugeteilt worden sind. Deshalb ist IAS 37.37 Satz 1 im vorliegenden Fall nicht einschlägig. Das *best estimate* muss sich an anderen Kriterien ausrichten.

Die bei der Rückstellungsbewertung nach IAS 37.37 zum Ausdruck kommende Idee des **Fremdvergleichs** bleibt auch in anderen – eher gängigen – Sachverhalten unbeachtet, d.h., es wird durchaus nach Maßgabe einer **Sachleistungsverpflichtung** bewertet.

Beispiel

Der Einzelgewährleistungsfall eines Herstellers von Spezialmaschinen wird in der Praxis nur durch eigenes Personal bewerkstelligt. Ansonsten müssten erst für teures Geld irgendwelche Arbeiter eines anderen Unternehmens mühsam in die Besonderheiten der betreffenden Spezialmaschine eingewiesen werden. Die erforderliche Reparatur etc. kann durch die entsprechend ausgebildete eigene Mannschaft sehr viel kostengünstiger ausgeführt werden. Eine Bewertung zum Fremdvergleichspreis *(fair value)* für einen solchen Gewährleistungsfall wäre geradezu absurd (eben „*mismatch*").

38 Vgl. hierzu HOFFMANN/LÜDENBACH, DB 2006, S. 57.

Zumindest in der Praxis verhindert also die Auslegung der bestmöglichen Schätzung durch IAS 37.37 nicht die Anwendung einer vernünftigen Rückstellungsbewertung außerhalb der *fair-value*-Vorgabe. Dieser Gedanke muss auch bei der Bewertung der Rückgabeverpflichtung von Emissionsrechten Platz greifen. Bewertet wird die Rückstellung demnach mit den Erwerbskosten für etwa erforderliche **Zukäufe**, ansonsten mit den Anschaffungskosten der **vorhandenen** Rechte, die einzeln oder nach einem Verbrauchsfolgeverfahren zu ermitteln sind. Dieser Lösungsvorschlag geht im Ergebnis konform zu den Vorgaben des IDW[39] und des BMF[40]. Die Bewertung der Rückstellung richtet sich nach den Regeln einer **Sachleistungsverpflichtung** auf der Grundlage der dafür entstehenden Kosten. Sofern unentgeltlich erworbene Rechte zur Rückgabe bestimmt sind, muss entsprechend mit **null** bewertet werden, im Übrigen zu dem am Bilanzstichtag gültigen Börsenkurs. Bei Anwendung einer **Verbrauchsfolgefiktion** schlagen sowohl der HFA des IDW als auch der BMF eine Art Lofo-Verfahren *(lowest in – first out)* vor: Die unentgeltlich erworbenen Rechte werden zuerst zurückgegeben. Mit Erfüllung der Rückgabepflicht am 30.4. des Folgejahres ist eine etwa gebildete Rückstellung **aufzulösen**.

FASB und IASB bevorzugen als Ergebnis ihrer beiden Sitzungen (Rz 45) eine *fair-value*-Bewertung der Rückgabeverpflichtung, allerdings gedeckelt auf die Bewertung der zugeteilten oder gekauften Emissionsrechte. Auf die Bewertung der etwaigen zusätzlichen Rückgabeverpflichtung konnten sich die Board-Mitglieder einstweilen nicht einigen.

Zur **buchmäßigen** Abwicklung folgendes Beispiel mit den beiden Bilanzierungs- **47**
varianten (Rz 45):[41]

Beispiel

Durchgängiger Sachverhalt

Ein Anlagebetreiber ist auf einen jährlichen Schadstoffausstoß von 10.000 Tonnen CO_2 taxiert. Für das Kalenderjahr = Wirtschaftsjahr 01 erhält er unentgeltlich 9.709 Emissionsberechtigungen (EB). Deren Börsenpreis beträgt am 1.1.01 und 31.12.01 10 EUR. Der Ausstoß in 01 beträgt 10.000 Tonnen.

Alternative 1

Die erhaltenen EB sind am 31.12.01 noch vorhanden. Es müssen 291 Rechte zugekauft werden.

[39] IDW, RS HFA 15, Tz 18, WPg 2006, S. 574.

[40] Schreiben v. 6.12.2005, DB 2005, S. 2717.

[41] Auf der Datengrundlage des BMF-Schreibens v. 6.12.2005, DB 2005, S. 2717.

Anschaffungskostenmodell

Bilanz zum 31.12.01

Aktiva								**Passiva**
	Datum	Bezeichnung	Betrag		Datum	Bezeichnung	Betrag	
			EUR				EUR	
(1)	1.1.	Zugang Rechte	0	(1)	1.1.	Zugang RAP	0	
(3)	31.12.	Kapital	2.910	(2)	31.12.	RSt für Zukauf	2.910	
			2.910				2.910	

GuV 01

Aufwendungen								**Erträge**
	Datum	Bezeichnung	Betrag		Datum	Bezeichnung	Betrag	
			EUR				EUR	
(2)	31.12.	Aufwand für Zukauf	2.910	(3)	31.12.	Verlust	2.910	
			2.910				2.910	

***fair-value*-Modell**

Bilanz zum 31.12.01

Aktiva								**Passiva**
	Datum	Bezeichnung	Betrag		Datum	Bezeichnung	Betrag	
			EUR				EUR	
(1)	1.1.	Zugang Rechte	97.090	(1)	1.1.	Zugang RAP	97.090	
(3)	31.12.	Verbrauch Rechte	–97.090	(2)	31.12.	Auflösung RAP	–97.090	
(5)	31.12.	Kapital	2.910	(4)	31.12.	RSt für Zukauf	2.910	
			2.910				2.910	

GuV 01

Aufwendungen				Erträge			
	Datum	Bezeichnung	Betrag		Datum	Bezeichnung	Betrag
			EUR				EUR
(3)	31.12.	Verbrauch Rechte	97.090	(2)	31.12.	Auflösung RAP	97.090
(4)	31.12.	Aufwand für Zukauf	2.910	(5)	31.12.	Verlust	2.910
			100.000				100.000

Alternative 2

In 2005 wurden zuerst 1.000 EB verkauft (hier erfolgsneutral behandelt) und 500 EB zu je 8 EUR gekauft.

Am Bilanzstichtag sind 9.209 EB vorhanden, es fehlen also 791 EB. Dafür ist eine Rückstellung zu bilden. Nach dem Vorschlag des BMF, den wir zur Vermeidung des angesprochenen *„mismatch"* (Rz 46) für sinnvoll erachten, wird die Rückgabeverpflichtung in folgender Reihenfolge bestückt:

	Rechte	Anschaffungskosten
• unentgeltlich erworbene Rechte	8.709	0
• Zukauf	500	4.000
• weitere Abgabepflicht	791	7.910
	10.000	11.910

Anschaffungskostenmodell

Bilanz zum 31.12.01

Aktiva				Passiva			
	Datum	Bezeichnung	Betrag		Datum	Bezeichnung	Betrag
			EUR				EUR
(1)	1.1.	Zugang Rechte	0	(1)	1.1.	Zugang RAP	0
(2)	31.12.	Geld aus Verkauf	8.000	(4)	31.12.	Bildung RSt	4.000
(3)	31.12.	Kauf Rechte	4.000	(5)	31.12.	Bildung RSt	7.910
(3)	31.12.	Geld aus Kauf	– 4.000				
(7)	31.12.	Kapital	3.910				
			11.910				11.910

GuV 01

Aufwendungen				Erträge			
	Datum	Bezeichnung	Betrag		Datum	Bezeichnung	Betrag
			EUR				EUR
(4)	31.12.	Bildung RSt	4.000	(2)	31.12.	Umsatzerlöse	8.000
(5)	31.12.	Bildung RSt	7.910	(7)	31.12.	Verlust	3.910
			11.910				11.910

fair-value-Modell

Bilanz zum 31.12.01

Aktiva				Passiva			
	Datum	Bezeichnung	Betrag		Datum	Bezeichnung	Betrag
			EUR				EUR
(1)	1.1.	Zugang Rechte	97.090	(1)	1.1.	Zugang RAP	97.090
(2)	31.12.	Geld aus Verkauf	8.000	(4)	31.12.	Teil-Aufl. RAP	–10.000
(3)	31.12.	Abgang Rechte	–10.000	(6)	31.12.	Rest-Aufl. RAP	–87.090
(5)	31.12.	Geld	–4.000	(8)	31.12.	Bildung RSt	4.000
(5)	31.12.	Kauf Rechte	4.000	(9)	31.12.	Bildung RSt	7.910
(7)	31.12.	Verbrauch Rechte	–87.090				
(10)	31.12.	Kapital	3.910				
			11.910				11.910

GuV 01

Aufwendungen				Erträge			
	Datum	Bezeichnung	Betrag		Datum	Bezeichnung	Betrag
			EUR				EUR
(3)	31.12.	Abgang Rechte	10.000	(2)	31.12.	Umsatzerlöse	8.000
(7)	31.12.	Verbrauch Rechte	87.090	(4)	31.12.	Teil-Aufl. RAP	10.000
(8)	31.12.	Bildung RSt	4.000	(6)	31.12.	Rest-Aufl. RAP	87.090
(9)	31.12.	Bildung RSt	7.910	(10)	31.12.	Verlust	3.910
			109.000				109.000

Alternative 3
In 2005 wurden 1.000 EB verkauft (hier erfolgsneutral behandelt) und dann 1.500 EB zu 8 EUR gekauft, Bestand am Jahresende also 10.209.
Die Rückgabeverpflichtung ist nach dem Vorschlag zur Alternative 2 wie folgt zu bestücken:

	Rechte	Anschaffungskosten
• unentgeltlich erworbene Rechte	8.709	0
• Kauf	1.291	10.328
	10.000	10.328

Anschaffungskostenmodell

Bilanz zum 31.12.01

Aktiva | **Passiva**

	Datum	Bezeichnung	Betrag		Datum	Bezeichnung	Betrag
			EUR				EUR
(1)	1.1.	Zugang Rechte	0	(1)	1.1.	Zugang RAP	0
(2)	31.12.	Geld aus Verkauf	8.000	(4)	31.12.	Bildung RSt	10.328
(3)	31.12.	Kauf Rechte	12.000				
(3)	31.12.	Geld	–12.000				
(5)	31.12.	Kapital	2.328				
			10.328				10.328

GuV 01

Aufwendungen | **Erträge**

	Datum	Bezeichnung	Betrag		Datum	Bezeichnung	Betrag
			EUR				EUR
(4)	31.12.	Bildung RSt	10.328	(2)	31.12.	Umsatzerlöse	8.000
				(5)	31.12.	Verlust	2.328
			10.328				10.328

fair-value-Modell

Bilanz zum 31.12.01

Aktiva				Passiva			
	Datum	Bezeichnung	Betrag		Datum	Bezeichnung	Betrag
			EUR				EUR
(1)	1.1.	Zugang Rechte	97.090	(1)	1.1.	Zugang RAP	97.090
(2)	31.12.	Geld aus Verkauf	8.000	(4)	31.12.	Teil-Aufl. RAP	–10.000
(3)	31.12.	Abgang Rechte	–10.000	(8)	31.12.	Bildung RSt	10.328
(5)	31.12.	Kauf Rechte	12.000	(6)	31.12.	Rest-Aufl. RAP	–87.090
(5)	31.12.	Geld	–12.000				
(7)	31.12.	Verbrauch Rechte	–87.090				
(9)	31.12.	Kapital	2.328				
			10.328				10.328

GuV 01

Aufwendungen				Erträge			
	Datum	Bezeichnung	Betrag		Datum	Bezeichnung	Betrag
			EUR				EUR
(3)	31.12.	Abgang Rechte	10.000	(2)	31.12.	Umsatzerlöse	8.000
(8)	31.12.	Bildung RSt	10.328	(4)	31.12.	Teil-Aufl. RAP	10.000
(7)	31.12.	Verbrauch Rechte	87.090	(6)	31.12.	Rest-Aufl. RAP	87.090
				(9)	31.12.	Verlust	2.328
			107.418				107.418

2.7.4 Kundengewinnungskosten (*subscriber acquisition costs*)

48 Unter *subscriber acquisition costs* (SAC) versteht man die bei Telekommunikationsunternehmen und Internetprovidern verbreiteten Maßnahmen zur **Gewinnung neuer Kunden**. Musterbeispiel ist die Abgabe eines verbilligten oder

unentgeltlichen Mobiltelefons bei Abschluss eines zweijährigen Nutzungsvertrages mit dem Mobiltelefonanbieter gegen eine Mindestgebühr und zusätzliche Berechnung von Gesprächseinheiten während der Vertragslaufzeit. In das ökonomische Kalkül des Serviceanbieters fließen dabei nicht nur die erwarteten Einnahmen aus der zweijährigen Bindung des Kunden ein, sondern auch **„nachvertragliche“** Einnahmen, die sich aus einem empirisch belegbaren Prozentsatz trotz Kündigungsmöglichkeit fortgesetzter Verträge ergeben. Die Erfahrung beweist die Fortführung des Vertrages durch die so gewonnenen Kunden.

Aus Sicht der **Bilanz** stellt sich die Frage nach dem Vorliegen eines Vermögenswertes, der i. H. d. **nicht gedeckten Kosten** des abgegebenen Mobilfunktelefons anzusetzen wäre. Aus Sicht der **GuV** stellt sich das Problem der passenden zeitlichen Zuordnung von Aufwand nach Handels- und Steuerrecht durch **aktive Abgrenzung** der Kundengewinnungsaufwendungen.[42]

Diese Lösung der aktiven Rechnungsabgrenzung stellen konzeptionell die IFRS nicht zur Verfügung. Deshalb ist vorrangig die Frage nach der Aktivierbarkeit dieses Aufwandes als **immaterieller** Vermögenswert zu prüfen. Die abstrakte Aktivierbarkeit erscheint im Hinblick auf die spezielle *asset*-Definition eher unproblematisch (Rz 5). Entsprechendes gilt für die Kriterien der konkreten Aktivierbarkeit (Rz 18). Die Frage ist allerdings, ob das kasuistische Ansatzverbot für „Kundenlisten“ und substanziell ähnliche Vermögenswerte nach IAS 38.63 hier einschlägig ist (Rz 32). Die Frage hat **zwei** Dimensionen:

- Liegt überhaupt ein selbst erstellter Vermögenswert vor? Je nach Interpretation des Anschaffungsbegriffs (Rz 21) wird man dies bejahen oder verneinen.
- Falls ein Herstellungsvorgang angenommen wird, stellt sich die Frage, ob Kundenbeziehungen als „substanziell ähnliche Vermögenswerte“ i. S. d. IAS 38.63 anzusehen sind. Eine Erläuterung hierzu findet sich in IAS 38.BCZ45 nicht. Insoweit besteht auch hier Auslegungsspielraum. Dabei sprechen Argumente für und gegen eine Anwendung des Aktivierungsverbots in IAS 38.63 auf die *subscriber acquisition costs*. Eine Aktivierung ist daher vertretbar.[43] Nicht ausgeschlossen erscheint überdies die Aktivierung durch Interpretation von *„prepayment“* i. S. d. IAS 38.70 für die Erwerbskosten des abgegebenen Mobiltelefons (Rz 50).

Die planmäßige **Abschreibung** ist dabei nicht notwendig linear (Rz 81) und auch nicht auf die rechtliche Vertragslaufzeit beschränkt vorzunehmen (Rz 82).

2.7.5 Werbemaßnahmen

Speziell für **Werbe**aufwand stellt sich allerdings die Frage nach der **zeitlichen** Zuordnung. In der Praxis wird hier verschieden vorgegangen. Das IFRIC stellt dies anhand von **Verkaufskatalogen** dar. Die zugehörigen Ausgaben werden in der Praxis nach Feststellung des IFRIC teils als Vorratsvermögen, teils als Vorauszahlung (IAS 38.70), teils direkt als Aufwand behandelt. Im Fall der Aktivierung erfolgt die Aufwandsverrechnung teilweise bei Abgabe der Kataloge, teilweise wird eine Abschreibung über die Nutzungsdauer praktiziert.[44] 49

42 BMF, Schreiben v. 20.6.2005, BStBl I 2005 S. 801.

43 Gl. A. NEBE/ELPRANA, KoR 2006, S. 484.

44 IFRIC, Update September 2006.

Generell scheint die Frage der **zeitlichen** Zuordnung (→ § 1 Rz 16) im Bereich der Werbemaßnahmen und -gegenstände klärungsbedürftig. Dazu folgende Beispiele:

Beispiel
Sachverhalt
Der Großkonzern A zahlt an die Betreibergesellschaft einer Fußball-Großarena einen Betrag X. Dafür erhält der Großkonzern das Recht, die Fußball-Großarena auf zehn Jahre mit ihrem eigenen Firmennamen zu kombinieren.

Sachverhalt
Ein Reiseveranstalter lässt im Herbst 01 Kataloge drucken, die ihm im Dezember geliefert werden. Die Zahlung erfolgt im Januar 02. Ab Februar 02 werden die Kataloge an Reisebüros verteilt.
Im Nutzungsrecht der Großarena als Werbeinstrument des Großkonzerns A könnte man einen immateriellen **Vermögenswert** erkennen (Rz 5), denn ein künftiger ökonomischer Nutzen aus diesem „Namensrecht" lässt sich nicht bestreiten. Entsprechendes gilt für die Kataloge.
Dem Bilanzansatz eines immateriellen Vermögenswertes beugt indes IAS 38.69c vor. Danach sind Ausgaben *(expenditures)* für Werbung und Promotion in der Periode aufwandswirksam zu erfassen, in der sie angefallen *(incurred)* sind.
Dabei sah der Board – offensichtlich angeregt durch die zitierten Diskussionen des IFRIC – ein Problem im Bedeutungsgehalt von *„incurred"*. Durch die *Annual Improvements* 2008 (IAS 38.70 und IAS 38.BC46C) ist stattdessen die Aktivierung von **Vorauszahlungen** (*prepayments*) auf Werbemaßnahmen vorgeschrieben. Vorauszahlungen sollen so lange vorliegen, bis die Sach- oder Dienstleistungen, auf die sie entfallen, empfangen werden. Demzufolge entsteht der Aufwand

- beim Bezug von **Sachwerten** (*„goods"*) im Augenblick des Zugangs (*„access"*),
- für **Dienstleistungen** mit Erhalt (*„receive"*).

Für das obige Beispiel in Bezug auf die Kataloge bedeutet dies: Mit Erhalt der Kataloge im Dezember ist der Werbeaufwand zu buchen. Die erst nach dem Bilanzstichtag erfolgende Verteilung der Kataloge ändert daran nichts. Die Kataloge sind zu keinem Zeitpunkt aktivierbar. Dies entspricht einer Lösung des BFH.[45]
Anders verhält es sich nach der Neuformulierung in den *Annual Improvements* 2008 für IAS 38.69 bez. der Werbemöglichkeit in der Fußballarena, die als **zeitraum**bezogene Dienstleistung der Betreibergesellschaft zu verstehen ist. Danach ist die Vorauszahlung für die zehnjährige Nutzungsdauer im Zeitverlauf abzuschreiben, möglicherweise unter Berücksichtigung eines Zinseffektes. Entsprechend lautet die Lösung für das Beispiel unter Rz 50.
Die Neuerungen der *Annual Improvements 2008* sind bei Geschäftsjahresbeginn nach dem 31.12.2008 anzuwenden, unter Anhangsangabe auch früher.

45 BFH, Urteil v. 25.10.1963, IV 433/62 S, BStBl III 1964 S. 138.

Abgrenzungsprobleme ergeben sich für den Werbeaufwand auch gegenüber **speziellen Leistungen** an Kunden, wie sie im Verhältnis zwischen Herstellern und Einzelhandelsketten üblich sind (sogenannte *placement fees*; → § 25 Rz 114). Danach zahlen die Lieferanten der Einzelhandelsketten an diese einen bestimmten Betrag für die besonders günstige Platzierung von Verkaufsartikeln innerhalb des Supermarktes. Üblicherweise sind diese Zahlungen als besondere Form von **Rabatten** anzusehen und deshalb vom Umsatzerlös (des Lieferanten, Herstellers) zu kürzen. 50

Die Frage ist, ob nicht solche **verkaufsfördernden** Maßnahmen im weitesten Sinne auch einen immateriellen **Vermögenswert** begründen können. Dazu folgendes Beispiel:

Beispiel

Sachverhalt

M stellt exklusive Wohnmöbel her und gewährt den Möbelhändlern eine als Rabatt bezeichnete Vergütung. Im Gegenzug verpflichten sich die Händler zur Präsentation der betreffenden Einbaumöbel für zwei Jahre in ihren Verkaufsräumen. Die Kosten der Aufstellungsarbeiten werden vom Lieferanten (Möbelfabrikanten) getragen, der dafür fremde Dienstleister beauftragt.

Lösung

Nach den hier einschlägigen Vorgaben der US-GAAP in EITF 01–9 (→ § 25 Rz 114) besteht eine Vermutung des Vorliegens einer Umsatz kürzenden Rabattierung, da die Vergütung an den eigenen Kunden (hier den Möbelhändler) erfolgt. Die Widerlegung der Vermutung bedarf der Feststellung einer besonderen Leistung, die dem Grunde und der Höhe nach von dem eigentlichen Umsatzgeschäft des Lieferanten (Hersteller) zu trennen ist. Wenn die Trennbarkeit dem Grunde und der Höhe nach feststeht und insoweit eine eigenständige Leistung anzunehmen ist, muss weiter die Frage nach der Aktivierbarkeit dieser Leistung als immaterieller Vermögenswert oder als Abgrenzungsposten untersucht werden.

Für die Trennbarkeit dem Grunde nach spricht die gegebenenfalls vorliegende Ausstellung der betreffenden Möbel auch an anderen Orten als in den Verkaufsräumen von Möbelhändlern, also z. B. in Bahnhofs- oder Flughafenpassagen. In diesem Fall liegt die Trennbarkeit dem Grunde nach vor. Zur Bestimmung der Höhe dieses „Trennungselementes“ bedarf es der Heranziehung von Marktpreisanalogien, z. B. auf der Grundlage der Mietzahlungen für die Ausstellungsräume in Schaufensterpassagen mit hoher Kundendurchdringung. Danach wäre die **abstrakte** Aktivierbarkeit gegeben.

Über die **konkrete** Aktivierungsmöglichkeit braucht vermutlich nicht weiter nachgedacht zu werden. Offensichtlich folgt der Board in seiner Änderung von IAS 38.69 (Rz 49) nicht den vorstehend dargestellten Überlegungen in EITF 01–9: Erhaltene Vermögenswerte und Dienstleistungen in Bezug auf künftige Werbe- und Verkaufsförderungsmaßnahmen stellen keinen eigenständigen Vermögenswert dar.

Allerdings kommt hier u. E. wiederum der Aspekt des *prepayment* und damit der Aktivierung eines gesonderten Vermögenswertes in Betracht. Dieses *prepayment* ist im „Rabatt“ und in der Übernahme der Montagekosten für

> die Einbaumöbel enthalten. Dieses *prepayment* (IAS 38.70) wäre dann ab Beginn der Aufstellungsfrist zeitanteilig im Aufwand zu verrechnen (vergleichbar der Lösung in Rz 49 bei der Fußballarena).

51 Wegen der Behandlung von Vertriebskosten in speziellen Branchen (hier Bauträgerbereich) wird verwiesen auf → § 17 Rz 25.

2.7.6 Nicht zur Nutzung bestimmte Vermögenswerte

52 Die Überschrift lässt aufhorchen: Der Erwerb eines nicht zur Verwendung bestimmten Vermögenswertes macht auf den ersten Blick keinen ökonomischen Sinn. Auf den zweiten Blick verbergen sich dahinter wettbewerbsstrategische Maßnahmen, die zum Erwerb von – in angelsächsischer Terminologie – defensiven Maßnahmen führen, die möglicherweise zu *defensive assets* führen. Aussagekräftiger ist die Bezeichnung „*locked-up assets*", womit der Ausschluss eines Wettbewerbers vom Marktgeschehen bezeichnet wird. **Nicht nutzen** soll den Vermögenswert der Konkurrent.

> **Beispiel**[46]
> Der international aufgestellte Spirituosenhersteller und -händler kauft die Edelbranntwein E GmbH & Co. KG. In deren Produktsortiment befindet sich die Wodkamarke „Barbaroff". Für diese hat das erwerbende Unternehmen keine Verwendung, da es bereits Wodka international unter der Marke „Dimitrov" verkauft. Die mit der Edelbranntwein E GmbH & Co. KG erworbene Marke „Barbaroff" soll deshalb kurzfristig stillgelegt, aber nicht verkauft werden, um nicht einem anderen Konkurrenten einen Markteintritt zu verschaffen.

> **Beispiel**
> Der forschende Pharmakonzern P hat ein Projekt zur Bekämpfung von Leberkrebs in der Pipeline. Die erste Projektphase zur Neuentwicklung ist absolviert, der Patentschutz erteilt. Die klinische Erprobung steht bevor. Ein biotechnisches Unternehmen hat den gleichen Forschungsweg patentieren lassen. Der Pharmakonzern erwirbt deshalb dieses Patent zur „Stilllegung", gleichzeitig verpflichtet sich das Biotec-Unternehmen zur Unterlassung weiterer Forschungen auf dem Gebiet des Leberkrebses.

53 Bezüglich des möglichen Bilanz**ansatzes** ist auf die Definitionskriterien des immateriellen Vermögenswertes zurückzukommen (Rz 5ff.). Unstreitig erwirbt der Käufer in beiden Beispielfällen die Kontrolle über den Vermögenswert. Damit will er aber auch künftigen ökonomischen Nutzen realisieren, allerdings nicht durch die Nutzung der Marke selbst, sondern durch den Marktausschluss der erworbenen Marke bzw. des Patents. Nicht mögliche andere Marktteilnehmer sollen den Nutzen haben, sondern der Erwerber durch einen erweiterten

---

46 Nach HOFFMANN, PiR 2009, S. 87.

Marktzugang. Einem Bilanzansatz für solche „defensiven" Vermögenswerte stünde aus dieser Perspektive heraus betrachtet kein Hindernis entgegen.[47]
Man kann dem wirtschaftlichen Erwerbsmotiv folgend die Erwerbskosten auch als solche auf die **eigenen** vorhandenen Vermögenswerte erkennen. Handelt es sich dabei um Marken, sind diese Aufwendungen spezialgesetzlich nicht aktivierbar (Rz 32). Der Erwerb einer Konkurrenzmarke kann deshalb auch als Aufwand zur Stärkung der eigenen Marke angesehen werden und deshalb dem Aktivierungsverbot unterliegen. Der aus dem Vermögenswert nach dem Definitionsmerkmal des Framework (→ § 1 Rz 85) entstehende ökonomische Nutzen wird in dieser Sichtweise nur mittelbar bei der eigenen Marke realisiert.
Folgt man der erstgenannten Betrachtungsweise, also Aktivierung mit den irgendwie zu ermittelnden Anschaffungskosten auf die stillzulegende Marke, stellt sich die Frage der **Folgebewertung.** Dabei könnte man an eine sofortige außerplanmäßige Abschreibung denken, weil eben die Nutzung nicht erfolgt. Eine andere Lösung verlegt die Abschreibungsdauer auf die „Verflüchtigung". Der Wert der Marke sinkt im Zeitverlauf, weil sie mangels Nutzung und Bewerbung in Vergessenheit gerät.
Die Anschaffungskosten sind im zweiten Beispielfall unter Rz 52 – gezielter Erwerb eines Patentes – leicht bestimmbar und als Zugangsbewertung zu verwenden (Rz 65ff.). Anders verhält es sich im ersten Beispielfall, dem Unternehmenserwerb. Hier ist der Gesamtkaufpreis auf die erworbenen Vermögenswerte, also auch auf die nicht zur Verwendung bestimmte Wodkamarke „Barbaroff", zu verteilen. Maßstab ist der *fair value*, was nicht unbedingt in diesen Fällen zu einer sinnvollen Lösung führt (→ § 31 Rz 73ff.).
Ein ähnlich gelagertes Problem entsteht beim **Unternehmenserwerb** in Stilllegungsabsicht (→ § 31 Rz 16ff.). Aus dieser Absicht folgt nicht zwingend der Verzicht auf die Nutzung einzelner Vermögenswerte. Die Zerschlagungsabsicht des Unternehmens reicht aus.

2.7.7 Betreibermodelle (*public private partnership*)

Bei unmittelbarer Zahlung der Nutzer von Infrastrukturmaßnahmen (z.B. Autobahn) an den privaten Betreiber steht diesem nach IFRIC 12 ein immaterieller Vermögenswert zu, der über die Laufzeit (Rz 81) abzuschreiben ist. Wichtigster Anwendungsbereich sind Fälle, in denen der Nutzungsberechtigte die Infrastruktur auf eigene Rechnung hergestellt hat. Wegen Einzelheiten wird deshalb verwiesen auf → § 18 Rz 66. **54**

2.7.8 EU-Chemiekalienverordnung REACH

Das IFRIC hat in einer sogenannten *Agenda Rejection* (*Non-IFRIC*)[48] die Aufnahme der EU-Verordnung zur ***Registration, Evaluation, Authorisation and Restriction of Chemicals*** – REACH – in sein Arbeitsprogramm zurückgewiesen. Das IFRIC verweist zur Begründung auf den Regelungsgehalt von IAS 38, ohne weitere Hinweise dazu zu geben. In diese Bresche ist der RIC mit dem Anwen- **55**

---

47 So auch IASB, Update December 2008; EITF des FASB in einem Abstract vom 10.9.2008, issue No. 08–7.

48 IFRIC, Update July 2009.

dungshinweis IFRS (2009/01) gesprungen. Dazu hat er detailliert den Inhalt des REACH dargestellt, soweit er für die bilanzielle Abbildung von Bedeutung ist. Durch die REACH sollen Hersteller und Importeure die gefährlichen Eigenschaften von Chemikalien ermitteln und die Wirkungen auf die menschliche Gesundheit und auf die Umwelt abschätzen. Diesem Ziel dient die Registrierung. Für besonders gefährliche Stoffe wird in Ergänzung hierzu ein Zulassungsverfahren eingeführt. Die Hersteller und Importeure sind auch zur Information über gefährliche Eigenschaften und über die sichere Verwendung von Chemikalien verpflichtet. Mit der Registrierung erhält das Unternehmen das Recht zur Einfuhr und/oder Herstellung und Vermarktung der Chemikalie in der EU. Die damit verbundenen Aufwendungen kann ein Unternehmen durch Teilung mit anderen Unternehmen vermindern. Dazu stellt die EU-Verordnung eine gemeinsam nutzbare Datenbank zur Verfügung.
Wer sich später um die Registrierung bemüht als andere Unternehmen, ist zu einer anteiligen finanziellen Erstattung der Registrierungskosten des „Vordermanns“ verpflichtet. Der „Nachzügler“ erhält die Registrierung, wenn die betreffende Chemikalie schon beim früheren Registranten erfasst ist. Die Registrierung stellt also **kein Ausschließlichkeitsrecht** einer Person, vergleichbar einem Patent, dar. Die vorstehend erwähnte Zulassung für besonders gefährliche Stoffe ist analog zu denjenigen für die Registrierung zu behandeln.
Nach Auffassung des RIC erfüllt die Registrierung die Definitionskriterien für immaterielle Vermögenswerte

- nach IAS 38.8 (Rz 8): „... identifizierbarer, nicht monetärer Vermögenswert ohne physische Substanz“,
- des IAS 38.12b (Rz 14): Rechtsanspruch, unabhängig von der Übertragbarkeit oder Separierbarkeit vom Unternehmen oder von anderen Rechten,
- des IAS 38.13 (Rz 15), der Beherrschung dieser Rechte mit der Folge einer Generierung künftigen wirtschaftlichen Nutzens durch Herstellung oder Import der betreffen Chemikalien mit anschließendem Verkauf.

Daraus folgert der RIC eine **Separierbarkeit** vom *goodwill* durch die produktspezifisch mögliche Zurechnung der Ausgaben, die nicht allgemein der Aufrechterhaltung des Geschäftsbetriebes dienen.
Auch die Ansatzkriterien nach IAS 38.21 (Rz 18) sieht der RIC als gegeben an. Dabei lässt er offen, ob die Registrierung als Anschaffung (Rz 20ff.) des Rechtes oder als Teil der Entwicklungskosten (Rz 71) bei der Herstellung einer neuen Chemikalie zu betrachten ist. Keine eindeutige Stellungnahme enthält der RIC-Anwendungshinweis zur Nutzungsdauer. U. E. liegt der Fall einer unbestimmten Lebensdauer (Rz 83) unter Berücksichtigung der möglichen Erneuerung der Registrierung nach IAS 38.96 (Rz 84) vor.
Die Vergütung des Registrierungs-Nachfolgers für die überlassene Information an den Vorgänger ist bei Letzterem dem RIC zufolge als Umsatzerlös zu behandeln.

2.7.9 Humankapital

56 Menschliches Wissen und Können gelten allgemein als wesentlicher Bestandteil unternehmerischen Vermögens. Dessen Förderung durch Ausbildung, Fortbildung, Training und dgl. mehr ist indes nach IAS 38.10 nicht aktivierbar, weil dem

Unternehmen normalerweise *(usually)* die **Kontrolle** über diese „Ressource" nicht zukommt (Rz 5). Die übrigen Ansatzkriterien – künftiger Nutzenzufluss und Identifizierbarkeit (Rz 14) – können dagegen als erfüllt angesehen werden.

> **Beispiel**
> Ein Reisebüro bezahlt regelmäßig einem bestimmten Mitarbeiterstamm einen einmonatigen Aufenthalt in einem der bevorzugten Destinationen des Reisebüros (z.B. Sri Lanka oder Sizilien). In dieser Zeit ist der Mitarbeiter von der Arbeit freigestellt. Im Gegenzug verpflichtet er sich zu einem Kündigungsverzicht für das Arbeitsverhältnis auf drei Jahre. Bei gleichwohl erfolgender Kündigung (durch den Arbeitnehmer) ist er zeitanteilig zur Erstattung der Aufenthaltskosten verpflichtet.

Durch die getroffene Vereinbarung kann u.E. der **Kontroll**tatbestand (Rz 5) als erfüllt angesehen werden.[49] Damit sind die Ansatzkriterien vollumfänglich gegeben.

Ausbildungskosten können auch als **Nebenkosten** des **Erwerbs** eines immateriellen Vermögenswertes anfallen. **57**

> **Beispiel**
> Die Spedition S möchte in das Geschäftsfeld des Transports von explosionsgefährdeten Chemikalien vorstoßen. Die dazu erforderliche Lizenz bedarf umfangreicher Trainingsmaßnahmen für die Fahrer und das Bewachungspersonal im Terminal.

Die Aufwendungen für die spezifische Fortbildung der Mitarbeiter stellen dem Erwerb der Lizenz direkt zurechenbare Nebenkosten nach IAS 38.66a dar und sind deshalb aktivierungspflichtig. Die sonst als Aktivierungshemmnis angesehene Nichtkontrollierbarkeit des Ausbildungsaufwandes (Rz 15) greift hier nicht. Ebenso wenig ist das Aktivierungsverbot nach IAS 38.67c einschlägig.

Anders verhält sich u.U. die bilanzielle Abbildung externer **Weiterbildungsmaßnahmen**, die das Unternehmen im Interesse einer qualitativ hochwertigen Bedienung seiner Kunden finanziell fördert. Die Frage ist, ob darin ein *asset* erkannt werden kann. Die Aktivierungskriterien des künftigen Nutzens und der Identifizierbarkeit sind nach IAS 38.15 darstellbar (Rz 14), allerdings fehlt es nach diesem Paragrafen möglicherweise an der erforderlichen **Kontrolle** (Beherrschung) der Ertragsquelle, da ein durchsetzbarer Rechtstitel nicht verfügbar ist (Rz 15): Die Mitarbeiter können jederzeit das Unternehmen kurzfristig verlassen.

> **Beispiel**
> Die Einzelhandelskette E hat ein neues Warenlogistikprogramm installiert. Zu dessen Handling werden die betroffenen Mitarbeiter einer zweitägigen Einführung unterzogen; die entsprechenden Aufwendungen für die Schu-

[49] Ähnlich MINDERMANN, BFuP 2009, S. 174.

lungsräume, die Verpflegung und die Opportunitätskosten für den Arbeitsausfall sind nach IAS 38.67c) nicht aktivierbar.

58 Die beiden Beispiele unter Rz 56f. mit dem vorstehenden Negativfall können deshalb als *„unusual"* i.S.d. IAS 38.15 angesehen werden und damit die Aktivierbarkeit auch von Ausbildungskosten in besonderen Fällen belegen. Dazu noch ein zusammenfassendes Beispiel:

Beispiel

Die mittelgroße Anwalts- und Steuerberatungskanzlei K will in den Bereich der Wirtschaftsprüfung expandieren. Drei Berufsträger sind willens und in der Lage, die Zulassung zum Prüferberuf („Lizenz") durch Ablegung des Berufsexamens zu erlangen.

Die Geschäftsführung der Kanzlei trifft dann folgende Beschlüsse:

- Die betreffenden drei Mitarbeiter werden für vier Monate freigestellt, um sich in externen Kursen auf das Examen vorzubereiten.
- Die Kanzlei übernimmt die damit verbundenen Kosten.
- Im Gegenzug verpflichten sich die drei Kandidaten, für drei Jahre nach Ablegung des Wirtschaftsprüferexamens ihre Stelle nicht zu wechseln. Bei vorzeitiger Kündigung muss der betreffende Arbeitnehmer zeitanteilig die für ihn angefallenen Fortbildungskosten an den Arbeitgeber zurückzahlen.

Durch die arbeitsrechtlichen Bindungsverträge wird der Wissenszuwachs „beherrschbar" und in eine Art wirtschaftliches Eigentum des Unternehmens (Kanzlei) transferiert.

Die Herstellungskosten sind dem Vermögenswert „Wirtschaftsprüferkonzession" zuzurechnen, der die Ansatzkriterien für die immateriellen Vermögenswerte (Rz 14) erfüllt. Die Aktivierungsschranke des IAS 38.69b) kommt nicht zum Tragen. Vorgängig ist IAS 38.66a) anzuwenden. Zusätzlich ist auch das Kontrollkriterium erfüllt (Rz 56).

2.7.10 *Goodwill*

59 Der **selbst geschaffene *goodwill*** ist nicht ansetzbar (IAS 38.48). Zur Ermittlung des **derivativen *goodwill*** wird auf → § 31 Rz 126ff. verwiesen.

2.7.11 Aktivierungsverbote

60 Abgesehen vom Forschungsaufwand (Rz 26) und kasuistischen Sonderregeln (Rz 32) sind mangels Vorliegen der **generellen** Ansatzkriterien (Rz 18) folgende Aufwendungen gem. IAS 38.69 **nicht** aktivierbar:

- Kosten der Unternehmensgründung *(start-up costs)*,
- Ausbildungskosten (vgl. aber Rz 56ff.),
- Werbeaufwand, Verkaufsförderung (vgl. aber Rz 49),
- Umzugs- und Umorganisationskosten.

3 Bewertung

3.1 Überblick

IAS 38 enthält verstreut über weite Teile des Standards umfangreiche Vorschriften zu den Bewertungs**folgen** eines einmal vorgenommenen Bilanzansatzes von immateriellen Vermögenswerten. Hinzu kommen Einzelheiten zur **Zugangs**bewertung, die an die Ansatzvorschriften anknüpfen. Aus systematischer Sicht ist dabei die Parallele zu IAS 16 *„property, plant and equipment"* (→ § 14 Rz 9ff.) beachtlich. Die entsprechenden Bewertungskriterien für die immateriellen Vermögenswerte sind **weitgehend identisch** mit denjenigen für die materiellen. In diesem Kommentar wird dieser Parallelität Rechnung getragen: In → §§ 8–11 sind die einschlägigen Bewertungsvorschriften für die **beiden Standards** vor die Klammer gezogen worden. Die nachfolgenden Kommentierungen enthalten somit nur die **Besonderheiten** für immaterielle Vermögenswerte *(intangibles)*. **61**

3.2 Zugangsbewertung

3.2.1 Allgemeine Regeln

Ausgangsgröße der Bewertung (Zugangsbewertung) sind nach IAS 38.24 die Anschaffungs- oder Herstellungskosten *(cost;* → § 8 Rz 11ff.). Es ist dabei zu unterscheiden zwischen **62**

- **Einzelanschaffung** (*separate acquisition*; IAS 38.25ff.; Rz 20, Rz 65).
- Anschaffung im Rahmen eines **Unternehmenszusammenschlusses** (*acquisition as part of a business combination*; IAS 38.33ff.; Rz 22, Rz 69).
- **Herstellung** (*internally generated intangible assets*; IAS 38.51ff.; Rz 26ff., Rz 71).
- **Zuwendung** der öffentlichen Hand (*acquisition by way of a government grant*; IAS 38.44; Rz 73).
- **Tausch** (*exchanges of assets*; IAS 38.45ff.; Rz 74).
- **Einlagen** (Einbringungen; Rz 75).

In IAS 38.71 ist ein **Aktivierungsverbot** für die Fälle angeordnet, in denen das Unternehmen zuvor Entwicklungskosten u. Ä. als Aufwand behandelt hat (Rz 27) und es sich dann später anders überlegt. Diese Aufwendungen sind auch gem. IAS 38.57 nicht etwa im Wege des *restatement* (→ § 24) oder die Neubewertung zu aktivieren (Rz 79). **63**

Nachträgliche Aufwendungen auf einen immateriellen Vermögenswert sind ansetzbar, wenn sie die allgemeinen Kriterien nach IAS 38.18 und IAS 38.21 (Rz 18) erfüllen. Die einzige nähere Spezifizierung enthält IAS 38.18: Nach der Zugangsbewertung sind Erweiterungen und der Ersatz von Teilen anzusetzen. Damit ist eine praktisch anwendbare Wegleitung nicht verbunden. Diese ist allerdings in IAS 38.20 enthalten. Danach kann nur selten *(only rarely)* ein nachträglicher Aufwand auf einen immateriellen Vermögenswert aktiviert werden. Auf die in IAS 38.63 genannten Vermögenswerte (Rz 32) kommt eine nachträgliche Aktivierung ohnehin nicht in Betracht. **64**

3.2.2 Einzelanschaffung

65 Die Bewertungsbasis der **Anschaffungskosten** ist hier unproblematisch (verlässlich), insbesondere im Falle der Gegenleistung in bar (IAS 38.26). Bestandteile der Anschaffungskosten (→ § 8 Rz 11 ff.) sind (IAS 38.27 ff.):

- der **Anschaffungspreis** einschließlich Einfuhrzöllen und nicht erstattungsfähigen Verbrauchsteuern abzüglich etwa gewährter Skonti und Preisnachlässe sowie
- etwa anfallende **direkt zurechenbare** Aufwendungen zur Herstellung der Betriebsbereitschaft.

Die direkt zurechenbaren Aufwendungen werden wie folgt **beispielhaft** bezeichnet:

- Arbeitnehmervergütungen, die unmittelbar (also nicht über Kostenstellenschlüsselung) anfallen, um den Vermögenswert „zum Laufen“ zu bringen, sowie
- Beratungskosten,
- Kosten eines Funktionstestes.

66 Auch hier stellt sich das Problem der Abgrenzung von **Einzel**- und **Gemeinkosten**, das in → § 8 Rz 13 näher behandelt ist.

Beispiel
Sachverhalt
Die Rechtsabteilung des Konzern X hat zusammen mit einem spezialisierten Anwalt den entgeltlichen Erwerb eines Warenzeichens von einem Konkurrenzunternehmen begleitet. Die Wirtschaftsprüfungsgesellschaft Y hat in diesem Zusammenhang zu Händen der Konzernbilanzabteilung eine Stellungnahme über die Bestimmbarkeit der Nutzungsdauer (Rz 81 ff.) erstellt.

Lösung

- Das Beratungshonorar der Anwaltskanzlei ist dem Erwerb des Warenzeichens direkt zuzurechnen und deshalb als Anschaffungsnebenkosten zu aktivieren.
- Die Rechtsabteilung des Konzerns hat in dieser Zeit eine Fülle anderer Rechtsfragen bearbeitet, eine direkte Zurechnung der anlässlich des Warenzeichenerwerbs entstandenen Aufwendungen ist nicht möglich, eine Aktivierung scheidet aus.
- Die Stellungnahme der Wirtschaftsprüfungsgesellschaft ist nicht zum Erwerb des Warenzeichens oder zur Gewährleistung von dessen bestimmungsmäßiger Nutzung ergangen, sondern resultiert aus einer Folgetätigkeit nach dem Erwerb. Eine Aktivierung kommt nicht in Betracht.

Die Aktivierung **echter** Gemeinkosten (→ § 8 Rz 13) kommt jedenfalls nach dem eindeutigen Wortlaut *(directly attributable)* von IAS 38.27 nicht in Betracht, auch nicht über den Umweg von IAS 8.11[50], da dieser nach IAS 8.10 nur beim Fehlen einer spezifischen Vorschrift in einem Standard anwendbar ist. Das ist aber hier gerade nicht der Fall.

Fraglich ist allerdings, inwieweit im vertriebsnahen Bereich die Herstellung der Betriebsbereitschaft mit dem Ansatzverbot für **Vertriebskosten,** z.B. Werbekosten (Rz 60), **kollidiert**. 67

Beispiel

Sachverhalt

Die K AG stellt hochpreisige Kosmetikartikel her. Die Marketingabteilung empfiehlt den Erwerb einer Konkurrenzmarke. Dazu hat sie umfangreiche Recherchen, Feldstudien etc. durchgeführt. Der Erwerb erfolgt zu einem Kaufpreis X. Mit der Ausarbeitung des Vertrages wurde das spezialisierte Anwaltsbüro Y beauftragt. Die Vertriebsabteilung der K startet mit Hilfe einer Werbeagentur eine umfangreiche Publicitykampagne zur Durchdringung des betreffenden Marktes mit Hilfe der erworbenen Marke.

Lösung

Nach IAS 38.27 sind nur die direkt zurechenbaren Anschaffungskosten aktivierbar, also der Erwerbspreis und die Vergütung für die Inanspruchnahme des Anwaltsbüros. Daneben sind – soweit direkt zurechenbar – auch die Kosten der Versetzung in die Betriebsbereitschaft zu aktivieren. Das ist bei den Kosten der Werbeagentur der Fall, nicht dagegen bei denjenigen der Vertriebsabteilung, die noch eine Fülle anderer Projekte betreibt (echte Gemeinkosten → § 8 Rz 13).

Die vorstehende Lösung beruht auf der **isolierten** Betrachtung von IAS 38.27. Die Kosten für das Engagement der Werbeagentur könnten aber mit dem Ansatzverbot in IAS 38.69 (Rz 60) in Konflikt geraten. Tatsächlich erscheint die Formulierung in IAS 38.27 betreffend die Herstellung der Betriebsbereitschaft *(preparing ... for intended use)* eine eher restriktive Auslegung nahezulegen. Aktivierbar sind danach nur die **Vorbereitungs**kosten für die endgültige Nutzung. Die erworbene Marke ist auch ohne die umfangreiche Werbekampagne nutzbar. Bei einer extensiven Interpretation dieses „*preparing*" könnte das Ansatzverbot für Werbekampagnen nach IAS 38.69 mit Hilfe gezielter Erwerbe von Markenrechten umgangen werden.

Nicht zu den Anschaffungskosten rechnen gem. IAS 38.29: 68

- Kosten der Produkteinführung (u.a. Werbung, *promotion)*,
- Umzugskosten,

[50] So aber SCHEINPFLUG, in: BECK'sches IFRS-Handbuch, 3. Aufl., § 4, Tz 51. Eine Aktivierbarkeit von herstellungsbezogenen Gemeinkosten befürworten auch THIELE/KÜHLE, in: THIELE/KEITZ, VON/BRÜCKS, Internationales Bilanzrecht, IAS 38, Tz 196; u.E. wird dies durch den Wortlaut von IAS 38.29c oder IAS 38.28a oder IAS 38.27b („directly") ausgeschlossen („other general overhead costs"). Wie hier PwC, IFRS Manual Accounting 2008, 15.117 und 15.120 i.V.m. 15.159; ERNST & YOUNG, International GAAP 2008, S. 899.

- Anpassungsmaßnahmen an neue Vertriebskanäle,
- allgemeine Verwaltungskosten.

69 **Nachträgliche** Aufwendungen auf einen immateriellen Vermögenswert dienen nach typisierender Vermutung in IAS 38.20 dem laufenden Unterhalt. Entsprechende Aufwendungen sind als Erhaltungsaufwand (→ § 8 Rz 32ff.) anzusehen.[51] Negativ betrachtet sind nur nachträgliche Aufwendungen aktivierbar, wenn sie die ursprüngliche Ertragskraft des Vermögenswertes erhöhen.

Das soll nur selten *(only rarely)* in Betracht kommen. Die Ansatzkriterien des IAS 38.18 müssen dabei erfüllt sein. In Fällen der Softwareentwicklung kann man sich eine aktivierungspflichtige Ausnahme von der Regelvermutung in IAS 38.20 am ehesten vorstellen,[52] wenn z.B. eine Standardsoftware entwickelt und verkauft bzw. lizenziert worden ist und anwenderseitig Nachfrage nach einer Weiterentwicklung auftritt. Laufende Anpassungen an die technische Entwicklung und Ausmerzung von Programmierungsfehlern stellen demgegenüber Erhaltungsaufwand dar.

Folglich ist die Aktivierbarkeit von **Rückstellungs**erfordernissen als Anschaffungskosten vergleichbar der Regelung für sächliches Anlagevermögen (→ § 21 Rz 84). Für beide Vermögenskategorien gilt inhaltlich der gleiche Anschaffungskostenbegriff (IAS 16.6 und IAS 38.8; → § 8 Rz 11). U. E. stellen die Rückbauverpflichtungen etc. und deren Aktivierungspflicht **kein Sonderrecht** für den Bereich des sächlichen Anlagevermögens dar. Auch die Anschaffung von immateriellem Anlagevermögen kann mit Verpflichtungen verbunden sein, die den Ansatzkriterien von Rückstellungen gem. IAS 37.14ff. (→ § 21 Rz 18ff.) genügen. U. E. gebietet die – vom Board immer wieder betonte – Prinzipienorientierung der IFRS einen „Übergriff" von einer expliziten Standardregel in einen vergleichbaren, aber nicht förmlich geregelten Sachverhalt, der einem anderen Standard unterliegt. Wir messen deshalb der in IAS 16.16c dargestellten Aktivierungspflicht von ungewissen, aber notwendig mit einem Anschaffungs- oder Herstellungsvorgang verbundenen Verpflichtungen **allgemeine** Bedeutung bei (→ § 21 Rz 82).

Beispiel

Ein Flughafenbetreiber sieht sich schon seit langem politischem Druck zur Reduzierung von Fluglärm ausgesetzt. Deshalb widerruft die zuständige Genehmigungsbehörde mit Verfügung vom 15.7.01 die Nachtfluggenehmigung, bietet allerdings den Abschluss eines öffentlich-rechtlichen Vertrages an. Dieser sieht die Neugenehmigung des Nachtbetriebes ab 1.1.02 unter besonderen Auflagen vor. Insbesondere hat die Flughafenbetriebsgesellschaft in den Gebäuden der Anlieger besondere schalldämmende Fenster einzubauen. Dieser Einbau muss bis zum 31.12.05 erfolgt sein. Die Flughafenbetriebsgesellschaft akzeptiert dieses Vertragsangebot.

51 Ähnlich SCHRUFF/HAAKER, in: BALLWIESER et al., Wiley Kommentar, 5. Aufl., 2009, Abschn. 9, Tz 81.

52 Vgl. THIELE/KÜHLE, in: THIELE/KEITZ, VON/BRÜCKS, Internationales Bilanzrecht, IAS 38, Tz 177ff.

Lösung
Die Verpflichtung ist ein Vergangenheitsereignis, dem sich der Flughafenbetreiber aufgrund der vertraglichen Bindung am 31.12.01 nicht mehr entziehen kann (→ § 21). Die spätere Fälligkeit ist durch Abzinsung zu berücksichtigen (→ § 21). Die ungewisse Verbindlichkeit (Rückstellung) ist als Bestandteil der Anschaffungskosten für den immateriellen Vermögenswert „Betriebsgenehmigung" zu aktivieren. Die Buchung lautet: „per immaterielles Anlagevermögen an Rückstellung".

Die Aktivierbarkeit von Aufwendungen **endet**, wenn der betreffende immaterielle Vermögenswert bestimmungsgemäß nutzbar ist (IAS 38.30). Deshalb scheiden bspw. folgende Aufwendungen aus der Aktivierbarkeit aus:
- laufende Unterhaltsaufwendungen,
- Kosten der Ingebrauchnahme,
- Anlaufverluste,
- Neben- und Gemeinkosten (IAS 38.31).

Beispiel
- Die Updates eines EDV-Programms sind als notwendige Bestandteile für die laufende Nutzung nicht aktivierbar.
- Die Kosten der Einführung eines neuen Kassensystems bei einem Lebensmittelfilialisten (Schulung der Mitarbeiter, Umstellung der Verkaufstheken etc.) sind als Posten der Ingebrauchnahme nicht aktivierbar.
- Die Aufwendungen für die Markteinführung einer patentierten neuen Produktionstechnik, die von einem Konkurrenzunternehmen erworben worden ist, sind als Anlaufverluste nicht aktivierbar.

Bei Einräumung einer unverzinslichen oder niederverzinslichen Zahlungsfrist ist der **Zinsanteil** aus den Anschaffungskosten zu eliminieren, also der Barwert zu aktivieren. Die Differenz ist über die Laufzeit als Zinsaufwand zu behandeln, wenn nicht eine Aktivierung nach IAS 23.8 geboten ist (→ § 9 Rz 12).

3.2.3 Anschaffung im Rahmen eines Unternehmenszusammenschlusses

Allgemeiner Maßstab für die Zugangsbewertung im Rahmen eines Unternehmenserwerbs ist der *fair value*. Dieser Bewertungsmaßstab gilt auch für immaterielle Vermögenswerte (IAS 38.33). 70

Durch Abzug des *fair value* des erworbenen Nettovermögens vom Kaufpreis ergibt sich unter Berücksichtigung latenter Steuern der positive *goodwill* oder der negative Unterschiedsbetrag. Ein positiver *goodwill* ist mit diesem Differenzwert anzusetzen, ein negativer Unterschiedsbetrag erfolgswirksam zu vereinnahmen (→ § 31 Rz 140).

Die Ermittlung des *fair value* der immateriellen Einzelwerte ist regelmäßig nur über **Bewertungsmodelle** möglich. Die hierzu in IAS 38.35-41 enthaltenen Hinweise gehören sachlich zum Thema „Unternehmenszusammenschluss" und sind deshalb in → § 31 Rz 73ff. **kommentiert**. Im *Annual Improvements Project 2009* ist eine Anpassung des Wortlautes von IAS 38.40 und 38.41 erfolgt, derzufolge DCF- und kostenorientierte Bewertungsverfahren als zulässig erwähnt werden.

3.2.4 Herstellung

71 IAS 38.65 bis IAS 38.67 enthalten Anweisungen zur Ermittlung der **Herstellungskosten** für einen immateriellen Vermögenswert. Aktivierbar sind nur die direkt zurechenbaren Einzelkosten unter Einbeziehung der sogenannten **unechten** Gemeinkosten (→ § 8 Rz 13). **Echte** Gemeinkosten sind nicht nach IAS 38.66 aktivierbar.[53] Auch Zinsen sind im Rahmen der Regeln des IAS 23 (→ § 9 Rz 8ff.) in die Herstellungskosten einzubeziehen. Zur Abgrenzung der einzelnen aktivierbaren Kostenbestandteile der Herstellung folgendes Beispiel:

Beispiel

Bei der Entertainment Software GmbH sind die Entwickler A-1 bis A-n mit der Entwicklung diverser Sportspiele (Bereich A), die Entwickler B-1 bis B-n mit der Entwicklung diverser Kriegsspiele (Bereich B) beschäftigt. Im Interesse einer funktionalen Arbeitsteilung arbeitet Entwickler A-1 nicht ständig am Programm a-1, sondern an bestimmten Aspekten dieses Programms, zu anderen Zeiten an ähnlichen Aspekten des Programms a-2 usw.

Neben den Angestellten der beiden Produktionslinien gibt es Mitarbeiter im Bereich C, die beide Entwicklungen überwachen, auf Synergien prüfen etc. Überdies beschäftigt das Unternehmen Mitarbeiter im Bereich D, die Kostenrechnungen, Bilanzen etc. erstellen.

Die Kosten der Mitarbeiter der Bereiche A und B haben, bezogen auf das Zurechnungsobjekt „Produktionslinie Sportspiele“ bzw. „Produktionslinie Kriegsspiele“, Einzelkostencharakter, bezogen auf das einzelne Programm (a-1 usw.) jedoch Gemeinkostencharakter. Bei entsprechender Stundenaufzeichnung dürften die Kosten aber als direkt zurechenbar gelten.

Bei den im Bereich C arbeitenden Personen, deren Tätigkeit schon bezogen auf die Zurechnungsobjekte Produktlinie A und B Gemeinkostencharakter hat, ist es fraglicher, ob noch eine hinreichend direkte Zurechnung zu den Einzelprodukten möglich ist.

Bei den Mitarbeitern der Abteilung D scheidet sie jedenfalls aus.

72 IAS 38.67 enthält eine Auflistung von nicht in die Herstellungskosten des Immaterialgutes einzubeziehenden Aufwendungen:

- IAS 38.67a: Allgemeine Vertriebs- und Verwaltungsgemeinkosten *(overheads)*.
- IAS 38.67b: Vergebliche Aufwendungen *(inefficiencies)* und Verluste *(losses)* vor Fertigstellung des immateriellen Vermögenswertes.
- IAS 38.67c: Ausbildungskosten *(training staff)* zum Betrieb des Vermögenswertes.

Diese Kasuistik des Verbots kann widersprüchlich zum Aktivierungsgebot in IAS 38.66a sein, wenn die Ausbildungskosten direkt dem Erwerb eines immate-

[53] A. A. Scheinpflug, in: Beck'sches IFRS-Handbuch, 3. Aufl., 2009, § 4, Tz 65, mit der u.E. unzutreffenden Bezugnahme auf IAS 2 (→ § 8 Rz 13); wie hier Ernst & Young, International GAAP 2008, S. 899.

riellen Anlagegutes zuzurechnen sind. Vgl. hierzu die Erläuterungen unter Rz 56ff.

3.2.5 Zuwendung der öffentlichen Hand

Bei der **unentgeltlichen** Zuwendung eines immateriellen Vermögenswertes durch die **öffentliche Hand** besteht ein Ansatzwahlrecht zum beizulegenden Zeitwert oder zu einem symbolischen Preis (IAS 38.44 bzw. IAS 20.27; → § 12 Rz 30). In der Regel wird sich in Ermangelung eines „aktiven" Marktes i.S.d. Definitionsnorm nach IAS 38.8 (→ § 16 Rz 77ff.) kein Zeitwert *(fair value)* ermitteln lassen, sodass nur eine Aktivierung mit den direkt zurechenbaren Kosten (z.B. für die Vorbereitung zur beabsichtigten Nutzung) in Betracht kommt. Eine Ausnahme können möglicherweise die **Emissionsrechte** beanspruchen (Rz 45). 73

3.2.6 Tausch

Die Grundkonzeption der Zugangsbewertung von Tauschvorgängen stützt sich auf das *fair-value*-Konzept (→ § 8 Rz 48f.). Die Anwendung für **materielle** und **immaterielle** Vermögenswerte ist **identisch** geregelt. Auf die eingehende Kommentierung zu den materiellen Vermögenswerten ist deshalb zu verweisen (→ § 14 Rz 13). Entscheidend kommt es auf die Ermittlung des *fair value* der beiden Tauschgegenstände an, die i.d.R. nur durch Bewertungstechniken erfolgen kann. 74

In Weiterführung des Beispieles in → § 8 Rz 48f. folgende Fallgestaltung:[54]

Beispiel für Tauschvorgänge für immaterielle Vermögenswerte

Das Tauschgeschäft mit den beiden Super-Fußballprofis mit einer Baraufgabe gem. Beispiel 1 in → § 8 Rz 48 ist wie folgt strukturiert:

I ⇒ ⇒ ⇒ S ⇒ ⇒ ⇒ E

I ⇐ ⇐ ⇐ T + 8 Mio. ⇐ ⇐ ⇐ E

Der Verein E ist im Besitz des Angebots eines Werbe-Sponsors, das Budget um jährlich jeweils 3 Mio. EUR zu erhöhen. Umgekehrt erwartet der Verein I von der Verpflichtung des Publikumslieblings T durch Verkauf von mehr Eintrittskarten und Fanartikeln eine Zunahme des jährlichen Gewinnes um 5 Mio. EUR.

Beurteilung

Das Geschäft ist für beide Unternehmen (Vereine) von eminentem wirtschaftlichem Gehalt. Fußballprofis werden bilanzmäßig als immaterielle Vermögenswerte (Spielberechtigung) geführt. Auch beim Tausch immaterieller Vermögenswerte ist eine verlässliche Bestimmbarkeit des *fair value* Voraussetzung für die Gewinnrealisierung. Nach IAS 38.47 ist primärer Bewertungsmaßstab der *fair value* des hingegebenen Vermögenswertes, es sei denn, derjenige des erhaltenen ist klarer ersichtlich (→ § 14 Rz 14).

Feststellbare Marktpreise von Profifußballern der 1. Liga liegen zwischen 100 TEUR und 4 Mio. EUR und bieten deshalb keine Bewertungsgrundlage.

[54] HOFFMANN/LÜDENBACH, StuB 2004, S. 340.

Es kommt gem. IAS 38.47 i. V. mit IAS 38.41b nur eine *fair-value*-Ermittlung über Bewertungstechniken (*cash-flow*-orientierte Verfahren) infrage. Aufgrund der Angebote des Werbesponsors und der angenommenen Erhöhung der Karten- und Fanartikelverkäufe könnte man daran denken, künftige *cash flows* zu schätzen und daraus durch Diskontierung einen Barwert zu ermitteln.
Allerdings sind alle Überlegungen betreffend die Sponsoren bzw. Zuschauer-/Fanartikeleinnahmen Differenzüberlegungen. Sie geben nur Auskunft darüber, zu welcher **Änderung** der *cash flows* der Tausch plangemäß führt. Eine absolute Höhe der *cash flows* ergibt sich hieraus gerade nicht. Eine derartige Zurechnung von *cash flows* zu einem einzelnen Spieler ist auch nicht möglich, da Fußball eben ein Mannschaftssport ist und die Mannschaftserfolge die Einnahmen determinieren. Der Beitrag des einzelnen Spielers zu diesen Einnahmen lässt sich nicht bestimmen.
Es scheidet auch die Gewichtung von Wahrscheinlichkeiten und deren Zuordnung zu den verschiedenen Schätzwerten (→ § 14 Rz 14) als Bewertungsverfahren aus. Eine Bestimmung des *fair value* ist deshalb nicht möglich.[55] Eine Gewinnrealisierung wäre demnach nicht zulässig, eine Buchwertfortführung geboten.
Die Vereine könnten jedoch auf folgende Gestaltung verfallen: Für mindestens einen der Spieler werden alternative Angebote eruiert. Mit der Behauptung, dass Angebote der Vereine X und Y über Z Mio. EUR für den Spieler S vorliegen, könnte man einen entsprechenden Marktwert zu begründen versuchen. Eine prüferische Frage wäre dann, welche Anforderungen an das behauptete Angebot zu stellen sind. Reichen entsprechende Schlagzeilen im *Corriere dello Calcio* aus oder muss ein rechtsverbindliches Angebot vorliegen?
Wenn man der zweiten Auffassung zuneigt, sollten börsennotierte und deshalb ab 2005 zu IFRS-Konzernbilanzen verpflichtete Fußballunternehmen zukünftig nur noch selten Phantasiewerte für getauschte Spieler ansetzen können.

3.2.7 Einlage/Einbringungen

75 Auf → § 8 Rz 50 wird verwiesen.

3.3 Folgebewertung

3.3.1 Überblick – Verweise

76 Konzeptionell und weitgehend auch inhaltlich stimmen die Vorschriften über die **Folgebewertung** von immateriellen Vermögenswerten mit denen für das materielle Anlagevermögen überein. Deswegen sind im Rahmen dieser Kommentierung zur **Vermeidung von Wiederholungen** die beiden Standards IAS 16 und IAS 38 in den §§ 8 bis 11 **zusammengefasst** worden. Dabei geht es um die

[55] Möglicherweise a. A. GALLI, FB 2003, S. 810.

- Bewertung zu den fortgeführten **Anschaffungs- und Herstellungskosten** (IAS 38.74; → § 8 Rz 11ff.);
- **Neubewertung** (IAS 38.75; → § 8 Rz 68ff.; Rz 65ff.);
- **planmäßige** Abschreibung (IAS 38.97; → § 10 Rz 20);
- **außerplanmäßige** Abschreibung wegen Wertverlustes (IAS 38.111 i.V.m. IAS 36.60; → § 11 Rz 11ff.);
- Bestimmung der **Nutzungsdauer** (Rz 83);
- Wertaufholungs**zuschreibungen** (IAS 38.111 i.V.m. IAS 36.117ff.; → § 11 Rz 178ff.);
- **Finanzierungskosten** der Anschaffung oder Herstellung (→ § 9).

Eine entscheidende **Besonderheit** (der immateriellen im Unterschied zu den materiellen Anlagewerten) betrifft die Frage, ob der betreffende immaterielle Vermögenswert eine **zeitlich begrenzte** (*finite*; Rz 81ff.) oder eine **zeitlich unbestimmte** (*indefinite*; Rz 83ff.) Nutzungsdauer (*usefull life*) aufweist (IAS 38.88).

3.3.2 Besonderheiten bei der Neubewertung

In der nachstehenden Kommentierung zu IAS 38 werden nur die **Spezifika** der Folgebewertungen für die immateriellen Vermögenswerte dargestellt, die eine Abweichung bzw. Distanzierung von den Vorschriften für die **materiellen** Anlagegüter enthalten. Zum Neubewertungskonzept generell → § 8 Rz 68ff. 77

Unter Rz 26ff. ist die der HGB-Lösung in gewisser Weise vergleichbare Zurückhaltung der IFRS gegen einen Ansatz von **selbst hergestellten** immateriellen Vermögenswerten des Anlagevermögens dargestellt worden. Diese „Reserve" setzt sich auch im Rahmen der Folgebewertungsregeln fort. Gegenüber denjenigen für materielle Anlagegegenstände (→ § 8 Rz 68ff.) sind folgende **Vorbehalte** bez. der Neubewertung zu beachten: 78

- Die **Neubewertung** (*revaluation*; IAS 38.75) darf nicht zu einer **Umkehrung** des früheren Nichtansatzes in der Bilanz führen (IAS 38.76). 79
- Die Neubewertung ist nur zulässig, wenn die **Zugangsbewertung zu den Anschaffungs- oder Herstellungskosten** erfolgt ist (IAS 38.76). Allerdings macht dann IAS 38.77 hierzu eine **Einschränkung**: Sofern während (z.B.) des Entwicklungsprozesses in Ermangelung der Ansatzkriterien zunächst die entsprechenden Kosten nicht aktiviert worden sind, dann kann die Neubewertung unter Einbeziehung dieser damaligen Kosten erfolgen (wenig plausible Abweichung von der Regel in IAS 38.71; Rz 63).

Beispiel

Sachverhalt

Software-Entwicklungskosten sind in der Periode 01–03 im Aufwand verrechnet worden. Per Ende 04 sind die Ansatzkriterien (Rz 29ff.) erfüllt. Zu diesem Stichtag geht das Unternehmen für EDV-Software auf die Neubewertungsmethode über. Dabei gelingt die Darstellung eines „aktiven Marktes" (vgl. unten).

Lösung

Die in den Perioden 01–03 als Aufwand verbuchten Entwicklungskosten können (re)aktiviert werden.

- Ein weiterer **Vorbehalt** bez. der **Neubewertung** ergibt sich durch die Anforderungen in IAS 38.78 bez. des **„aktiven Marktes"** nach der Definition in IAS 38.8 (→ § 8 Rz 72). Ein solcher Markt soll für immaterielle Anlagegüter **ungewöhnlich** sein, wenn auch nicht von vornherein unmöglich. Als positive Beispiele werden Taxi- und Fischereilizenzen oder Produktionsquoten genannt. Ebenso liegt ein aktiver Markt beim Handel von Treibhausgas-Emissionsrechten vor (Rz 44). Umgekehrt wird ein aktiver Markt für Warenzeichen, Verlags- und Filmrechte, Patente oder Handelsmarken ausgeschlossen. Das soll auch dann gelten, wenn solche immateriellen Vermögenswerte zwar wertmäßig durch einen Verkauf unter Dritten nachgewiesen werden, solche Verkäufe aber ziemlich selten erfolgen. Dann entfällt also die Möglichkeit einer Bilanzierung unter Neubewertungsgesichtspunkten (IAS 38.81).
- **Fällt** das Bewertungskriterium des „aktiven Marktes", der einmal der Neubewertung zugrunde lag, **später weg**, dann ist gleichwohl der (früher) neu bewertete Betrag abzüglich der nachfolgenden Regel- und Wertminderungsabschreibungen anzusetzen (IAS 38.82). In diesem Fall soll allerdings ein **Indiz** (→ § 11 Rz 21) für einen generellen Wertverlust des immateriellen Vermögenswertes vorliegen (IAS 38.83). Und schließlich kann die Neubewertungsmethode **wieder aufleben**, wenn in der Folgezeit sich wieder ein „aktiver Markt" herausbildet (IAS 38.84).
- Die Neubewertung soll zeitlich umso **häufiger** erfolgen, je volatiler sich die *fair values* der betreffenden Vermögenswerte verhalten (IAS 38.79).
- Die Neubewertung hat für alle anderen Vermögenswerte dieses Typs *(all the other assets in its class)* zu erfolgen (IAS 38.72), soweit für **alle** diese Werte ein aktiver Markt (→ § 8 Rz 72) besteht (IAS 38.73).

80 Umgekehrt sind folgende Vorgaben bez. der Neubewertung von immateriellen Vermögenswerten **identisch** mit denen zu **Sachanlage**werten (→ § 8 Rz 68):

- **Regelmäßige Anpassung** der (neu bewerteten) Buchwerte an die Entwicklung der *fair values* (IAS 38.70; → § 8 Rz 73).
- Anpassung der kumulierten **Abschreibung** (IAS 38.81; → § 8 Rz 78ff.).
- **Gleichzeitige** Neubewertung der gesamten Gruppe (z.B. Warenzeichen; IAS 38.72; → § 8 Rz 74).
- **Erfolgsneutrale** Einbuchung des Neubewertungsbetrages in das Eigenkapital (IAS 38.85; → § 8 Rz 70).
- Die buchmäßige Behandlung der Neubewertung **„nach unten"** (IAS 38.86; → § 8 Rz 85).

Insgesamt sind die tatbestandlichen Voraussetzungen für die Anwendung des Neubewertungsverfahrens bei den immateriellen Vermögenswerten spürbar **enger** gesetzt als für sächliches Anlagevermögen (→ § 14 Rz 18; → § 8 Rz 68).

3.3.3 Besonderheiten bei der planmäßigen Abschreibung

81 Bei einer zeitlich **beschränkten** Nutzungsdauer (Rz 76) sind **planmäßige** Abschreibungen (*amortisation*) vorzunehmen (IAS 38.97). Wegen der allgemeinen Regeln zur Festlegung der Abschreibungs**höhe** wird verwiesen auf → § 10 Rz 20ff., wegen des Abschreibungs**beginns** auf → § 10 Rz 37 mit den dortigen Beispielen, wegen vorzeitiger **Beendigung** auf → § 10 Rz 23 betreffend die zur

Veräußerung bestimmten langfristigen Vermögenswerte i.S.v. IFRS 5 und zur **Restwert**bestimmung auf → § 10 Rz 21.

Zur Bestimmung der **Nutzungsdauer** werden in IAS 38.90 eine ganze Reihe von möglichen Bestimmungsfaktoren aufgeführt (z.B. Produktzyklen, technische Überholung, Stabilität der Industrie, Handlungsweisen von Konkurrenten etc.). Hierzu im Einzelnen (abgesehen von den Beispielen unter Rz 85):

- Eine widerlegbare Vermutung einer **Höchstnutzungsdauer** (1998) gilt nicht (IAS 38.97).
- Bei schnelleren technologischen Veränderungen – Beispiel **Computersoftware** – muss von einer kurzen Nutzungsdauer ausgegangen werden (IAS 38.92).
- Für **vertragliche** oder **gesetzliche** Nutzungsrechte *(contractual or other legal rights)* ist die Abschreibung auf die entsprechende Nutzungsperiode vorzunehmen, es sei denn, das Nutzungsrecht ist erneuerbar *(renewable)* und es bestehen klare Anhaltspunkte *(evidents)* für die künftige Erneuerung des Rechtes ohne wesentliche Kosten für das Unternehmen (IAS 38.94). Ein typisches Beispiel dazu liefern die sog. *subscriber acquisition costs* im IFRS-Abschluss von Internetunternehmen (Rz 48).
- Ein **Restwert** von null am Ende der angenommenen Nutzungsdauer soll die Regel sein (IAS 38.100; → § 10 Rz 5), allerdings mit Ausnahmen: Vereinbarungen mit einer außen stehenden Person zur Übernahme des immateriellen Vermögenswertes zu einem bestimmten Betrag oder Vorliegen eines „aktiven Marktes" für einen solchen Vermögenswert nach Ende der Nutzungsdauer. Der Restwert ist jährlich zu überprüfen (IAS 38.102).
- Für den **Niederstwerttest** wegen Wertverlusten *(impairment losses)* verweist IAS 38.111 auf die entsprechenden Vorschriften in IAS 36 (→ § 11 Rz 11ff.).
- Die Abschreibung darf nicht **unterbrochen** werden, wenn ein Vermögenswert mit begrenzter Nutzungsdauer vorübergehend nicht genutzt wird (IAS 38.117), es sei denn IFRS 5 ist anzuwenden (→ § 29 Rz 31).

Der SME-Standard sieht für nicht verlässlich schätzbare Nutzungsdauern eine Abschreibungsfrist von zehn Jahren vor (→ § 50 Rz 7).

Für die Abschreibungs**methode** gibt es nur die Vorgabe der Berücksichtigung **82**
des **Werteverzehrs** (IAS 38.98), allerdings wird die **lineare** Verrechnung favorisiert (IAS 38.97). In einer Non-Agenda-Entscheidung[56] konnten sich die IFRIC-Mitglieder nicht zu einer Interpretation der „Berücksichtigung des Werteverzehrs" durchringen. Verwiesen wird stattdessen auf die erforderlichen Anhangserläuterungen (Rz 92). Gegenstand der Diskussion war die Abschreibungsmethode für **Maut**straßen (Rz 54). Deren Werteverzehr kann nach dem **Zeitverlauf** (lineare Abschreibung) oder nach der effektiven **Nutzung** durch Autofahrer (verbrauchsabhängige Abschreibung) bestimmt werden (→ § 10 Rz 25). U. E. ist die zweitgenannte Lösung vorzugswürdig, die erstgenannte allerdings auch zulässig. Beim **E-Book** (Rz 12) wird die nutzungsabhängige Abschreibung praktiziert.[57]

Ein Ausnahmefall dürfte bei aktivierten **Filmrechten** vorliegen. Eine branchenspezifische Regelung findet sich nur für US-GAAP. Danach hat sich der Ab-

---

[56] Januar 2010.

[57] QUITMANN/JAENECKE, KoR 2010, S. 89.

schreibungsverlauf an den Erfahrungssätzen und dem zeitlichen Anfall der Erlöse der verschiedenen Verwertungsstufen (Kino, Video, Pay-TV) zu orientieren.[58]

Die Abschreibungsmethode soll den Werteverzehr des genutzten Vermögenswertes möglichst genau widerspiegeln (→ § 10 Rz 24). Die auf einen nicht verlässlich bestimmbaren Wertverlust ausgerichtete lineare „Vorzugsabschreibung" ist deshalb im Einzelfall an den **tatsächlichen Wertverlauf** anzupassen. Insoweit kann auch die degressive Abschreibungsmethode in Betracht kommen.

Beispiel

U erwirbt im Rahmen einer Unternehmensakquisition einen zeitlich beschränkt vorhandenen Kundenstamm (→ § 31). Zur Kaufpreisallokation erfolgt eine Bewertung unter der Annahme eines bestimmten „Schwundes" *(churn rate)*: im 1. Jahr 20 %, im 2. Jahr 12 % der Kunden etc.

Die Abschreibungsmethode muss „verbrauchsabhängig" (hier degressiv) verrechnet werden. Im Rahmen der Kaufpreisallokation ist eine verlässliche Bewertung unter der Prämisse eines degressiven Nutzenverlaufs *(cash inflow)* unterstellt worden; dieser Annahme ist aus Konsistenzgründen bei der Abschreibungsbemessung zu folgen.

3.3.4 Vermögenswerte unbestimmter Lebensdauer

83 Bei unbestimmter Nutzungsdauer kommt eine **planmäßige** Abschreibung **nicht** in Betracht (IAS 38.107). Der SME-Standard kennt demgegenüber keine immateriellen Anlagegüter mit unbestimmten Nutzungsdauern (→ § 50 Rz 7). Dabei bedeutet „unbestimmt" *(indefinite)* nicht „unbeschränkt" *(infinite*; IAS 38.91). Nach IAS 38.BC60ff. kann eine zeitlich **unbekannte** Nutzungsdauer vorliegen, wenn unter Berücksichtigung aller einschlägigen Bestimmungsgrößen das Ende der Nutzungsdauer, d.h. der Generierung positiver *cash flows,* nicht voraussehbar ist. Damit wird nicht die Vergänglichkeit aller menschlichen Schöpfungen negiert, sondern unterschieden zwischen

- Fällen, in denen ein **Ende** der Nutzung **absehbar** ist, wobei verbleibende Unsicherheiten hinsichtlich des genauen Endpunktes Sache der sachgerechten Schätzung sind, und
- Fällen, in denen bis zum Vorliegen besserer Erkenntnis von einer **Dauernutzung** auszugehen ist.

Beispiel

Der Konzern **Player** hat das Unternehmen **Wave** erworben. Zum Vermögen der **Wave** gehören u.a. die Parfummarken E-611 und **AIDA**.

Unter diesen Marken werden seit mehr als 50 Jahren Parfums verkauft. Ein Ende der wirtschaftlichen Nutzung dieser Marken ist nicht abzusehen.

Player hat daher die im Rahmen der Kaufpreisallokation mit dem *fair value* anzusetzenden Marken als *indefinite life intangibles* zu qualifizieren und nicht planmäßig abzuschreiben.

---

58 ZWIRNER, KoR 2002, S. 245.

Fallvariante
Zwei Jahre nach Erwerb beschließt **Player** die Marke **AIDA** mittelfristig auslaufen zu lassen, da sie überwiegend nur noch ein älteres Publikum anspricht.
Mit dem Beschluss, die Marke nicht mehr auf Dauer zu nutzen, wird sie zu einem *definite life intangible*. Die Restnutzungsdauer der Marke ist zu schätzen, der Wert über diese Dauer abzuschreiben.
Auch Grund und Boden *(land)* weist eine unbestimmte Nutzungsdauer auf (IAS 17.15A). Soweit über Grund und Boden mit Gebäuden ein langfristiger Leasingvertrag abgeschlossen ist, kann bei *finance lease* eine planmäßige Abschreibung auf Grund und Boden über die Vertragsdauer in Betracht kommen (→ § 15 Rz 74).

Bei immateriellen Vermögenswerten unbestimmter Lebensdauer sind **jährlich**, bei entsprechender Indikation und Quartalsberichterstattung auch in **kürzeren** Intervallen (→ § 11 Rz 12),

- ein **Wertminderungstest** nach Maßgabe von IAS 36 (→ § 11 Rz 27ff.; IAS 38.108) und
- eine **Überprüfung** der Hypothese unbestimmter Nutzungsdauer (IAS 38.109)

vorzunehmen. Sollte sich eine Umqualifizierung von „unbestimmt" auf „zeitlich beschränkt" ergeben, wäre dies als Schätzungsrevision *(changing in accounting estimates)* gem. IAS 8.36 (→ § 24 Rz 50) zu behandeln.

Bei nicht verlängerbarer **vertraglicher** oder **gesetzlicher** Nutzungsbeschränkung darf die Nutzungsperiode den rechtlich vorgegebenen Zeitraum nicht übersteigen, allerdings kann die Nutzungsdauer auch kürzer als die von Rechts wegen bestehende Erlaubnis sein. Viele Rechte sind jedoch **erneuerbar** (*renewable*). Die Einbeziehung weiterer Nutzungsperioden in die Bestimmung der Nutzungsdauer ist dann erlaubt, wenn diese Erneuerung für das Unternehmen nur mit unbedeutenden Kosten verbunden ist (IAS 38.94). Als Beispiel mögen die Landerechte für Flugzeuge[59] (→ § 12 Rz 30) und die Berechtigung zur Mauterhebung dienen. Ähnlich hat sich der FASB im Board-Meeting vom 13.9.2005 ausgedrückt. Außerdem sollen die Kosten der Erneuerung aktiviert und über die Restnutzungsperiode abgeschrieben werden. **84**

Nach IAS 38.95 sind sowohl **rechtliche** als auch **wirtschaftliche** Faktoren als Bestimmungsgröße für die Nutzungsdauer eines immateriellen Vermögenswertes heranzuziehen. Soweit das Recht nicht verlängerbar ist, bestimmt der „kürzere Faktor" von beiden die Nutzungsdauer.

Aus einer **vertraglich** unbeschränkten Nutzungsdauer darf nicht zwingend auf eine (ökonomisch) **effektive** geschlossen werden.

---

[59] OLBRICH/DALLMAYR/ZILCH, BFuP 2009, S. 207.

Beispiel[60]
Sachverhalt
Ein Hochseefischereiunternehmen fischt in den Hoheitsgewässern verschiedener Staaten. Einer dieser Staaten will die Fangquoten zurückführen, um die Fischbestände zu schonen. Nach einem entsprechenden „Programm“ muss jedes Fischereiunternehmen eine „Dauerlizenz“ (zeitlich nicht beschränkt) beantragen. Diese Lizenz beschränkt die Fangquoten für die betreffenden Fischarten, und die Fangquote ändert sich jedes Jahr.

Lösung
Das Unternehmen kann nicht ohne weiteres von einem zeitlich unbeschränkten Fischereirecht ausgehen. Es hat alle einschlägigen Informationen zu sammeln und zu gewichten, um die effektive Nutzungsdauer der Lizenz abzuschätzen. Dazu gehört auch die Vorausschau über die Höhe der möglichen Fischbestände.

In IAS 38.96 werden weitere Hinweise zur möglichen **Erneuerung** von gesetzlichen oder vertraglichen Nutzungsrechten gegeben. Dazu sollen vorliegen:
- insbesondere auf **Vergangenheitserfahrung** gestützte Anhaltspunkte *(evidence)* für die Erneuerungsabsicht überhaupt und gegebenenfalls für das Einvernehmen einer dritten Partei;
- ausreichend Anhaltspunkte für die Einhaltung der **Erneuerungsbedingungen** durch das Unternehmen;
- das Entstehen nur **unbedeutender** Kosten für die Erneuerung im Verhältnis zu dem künftigen ökonomischen Vorteil.

Beispiel
Ein Konzern verfügt über eine Mobilfunklizenz. Sie läuft in 15 Jahren ab und ist nach dem Ablauf gegen eine geringfügige Registrierungsgebühr verlängerbar.
Bei der Bestimmung der Nutzungsdauer kann scheinbar ohne Probleme von der Konzessionsverlängerung ausgegangen werden. Das Problem steckt andererseits in der technischen Entwicklung: Möglicherweise wird nach 15 Jahren mit einem anderen technischen Standard telefoniert werden, für den die Lizenz nicht gilt. Oder: Die Lizenz gilt auch für diesen neuen Standard, dieser (oder aber der bisherige) macht indes die Installation von neuen Fernmeldeausrüstungen für das gesamte Lizenzgebiet erforderlich. U. U. ist dann das Kriterium der „niedrigen Kosten“ nicht erfüllt, die Konzession ist längstens auf die erstmalige Nutzungsperiode hin abzuschreiben.

Zur Bestimmung der Nutzungsdauer von Mobilfunklizenzen ist entscheidend auf den **Inhalt** der erteilten Berechtigung abzuheben. Danach erlauben die Lizenzen[61]

---

60 Nach KPMG, Insights into IFRS 2007/2008, Tz 3.3.190.70.
61 Vgl. hierzu SCHMACHTENBERG/MEIXNER/SCHÄFER, KoR 2005, S. 522.

- in den USA die Nutzung eines bestimmten **Frequenzspektrums** unabhängig von der angewandten Technologie,
- in Europa die Nutzung einer bestimmten **Technologie** innerhalb der zugeteilten Frequenzen.

Für die US-Lizenzen wird in der Praxis von einer **unbestimmten** Nutzungsdauer ausgegangen.

3.3.5 Beispiele zur Bestimmung der Nutzungsdauer

Bei der Bilanzierungspraxis wird man sich an den Beispielen (*illustrative examples*, IG) orientieren, die dem Standard beigefügt sind (Rz 84). Aus Sicht der praktischen Anwendung ist allerdings die mitunter deutlich feststellbare „Hineinlegung" der Lösung in den Sachverhalt beachtlich. 85

Beispiele
Sachverhalt
Eine Gesellschaft, die das *direct-mail*-Marketing betreibt, erwirbt eine Adressenliste von möglichen Kunden und erwartet von ihr einen ökonomischen Vorteil für wenigstens ein und höchstens 3 Jahre.

Lösung
Nach der bestmöglichen Einschätzung des Managements ist die Nutzungsdauer auf 18 Monate festzulegen.

Sachverhalt
Ein Unternehmen hat im Rahmen eines Unternehmenskaufs ein patentiertes technisches Verfahren erworben und erwartet davon Einnahmen *(cash inflows)* für wenigstens 15 Jahre. Es besteht eine Vereinbarung mit einem Interessenten, der das Patent nach 5 Jahren zu 60 % des heutigen *fair value* erwerben will. Das Unternehmen beabsichtigt den Verkauf des Patents nach Ablauf der 5-Jahres-Frist.

Lösung
Das Patent ist planmäßig auf 5 Jahre abzuschreiben, und zwar unter Berücksichtigung eines Restwertes i. H. d. 60 % des *fair value* im Erwerbszeitpunkt.

Sachverhalt
Ein Unternehmen erwirbt ein Copyright mit einer gesetzlich geschützten Laufzeit von 50 Jahren. Eine Analyse des Kundenverhaltens ergibt eine beschränkte Nutzungsdauer des Copyrights von nur noch 30 Jahren.

Lösung
Die der planmäßigen Abschreibungsdauer zugrunde liegende Nutzungsdauer beträgt 30 Jahre.

Sachverhalt
Ein Unternehmen hat eine Rundfunklizenz erworben, die in 5 Jahren ausläuft. Alle 10 Jahre kann diese Lizenz erneuert werden, wenn das Unternehmen eine bestimmte Mindestleistung zugunsten der Kunden etc. erbringen kann. Die Lizenz wird zu einem geringen Betrag erneuert und war zuvor bereits zweimal erneuert worden. Die Gesellschaft will diese Lizenz zeitlich unbe-

schränkt weiter beanspruchen und ist in der Lage, die Auflagen der Behörde zu erfüllen. Die Sendetechnik ist in der voraussehbaren Zukunft nicht durch eine andere Technologie zu ersetzen.

Lösung
Die Rundfunklizenz hat eine zeitlich unbestimmte Nutzungsdauer, und eine planmäßige Abschreibung ist nicht erforderlich.

Sachverhalt
Die Rundfunklizenz im vorliegenden Beispiel wird nicht mehr erneuert, sondern durch die Verleihungsbehörde versteigert. Die Restlaufzeit der bestehenden Lizenz beträgt 3 Jahre.

Lösung
Die Lizenz hat keine unbeschränkte Nutzungsdauer mehr. Die Abschreibung ist auf die restlichen 3 Jahre planmäßig vorzunehmen.

Sachverhalt
Ein Warenzeichen hat eine Restlaufzeit von 5 Jahren, ist aber alle 10 Jahre zu einer geringen Gebühr zu erneuern. Die das Warenzeichen kaufende Gesellschaft will dieses über die förmliche Laufzeit hinaus nutzen und ist dazu auch fähig. Eine Untersuchung des Lebenszyklus des Produkts, des Marktes und des Wettbewerbsumfeldes ergibt eine zeitlich unbestimmte Nutzungsdauer des Warenzeichens.

Lösung
Eine planmäßige Abschreibung kommt nicht in Betracht.

Sachverhalt
Ein Warenzeichen war unter der Annahme einer unbestimmten zeitlichen Nutzungsdauer erworben worden. Unerwarteter Wettbewerb ist jüngst in den Markt eingedrungen und wird die künftigen Verkäufe dieses Produktes reduzieren. Das Management geht von einer weiteren Nutzbarkeit des Patents auf unbestimmte Zeit, allerdings mit einem geringeren Einnahmevolumen *(cash inflow)*, aus.

Lösung
Es ist ein *impairment*-Test nach IAS 36 durchzuführen (→ § 11).

Sachverhalt
Im Rahmen eines Unternehmenserwerbes hat eine Gesellschaft das Warenzeichen für eine Produktlinie erworben und ist zunächst von einer unbestimmten Nutzungsdauer ausgegangen. Planmäßige Abschreibungen wurden bis dahin nicht vorgenommen. Nun aber hat das Management eine Beendigung der einschlägigen Produktion in den nächsten 4 Jahren vorgesehen.

Lösung
Ein *impairment*-Test und eine planmäßige Abschreibung des verbleibenden Buchwertes auf 4 Jahre sind vorzunehmen.

> **Hinweis**
> Abgesehen von den beiden letzten Beispielen ist auch bei allen anderen das Erfordernis einer *impairment*-Abschreibung zu prüfen.

Schwieriger wird die Bestimmung der möglichen Nutzungsdauer von immateriellen Vermögenswerten in der wirtschaftlichen Wirklichkeit. Als Beispiel sei das Thema der **Marken**[62] herausgegriffen. Vereinfacht dargestellt ist die rechtliche Struktur auf ein exklusives zehnjähriges Nutzungsrecht aufgrund Registereintragung ausgerichtet. Eine Verlängerung kann indes unbeschränkt in Anspruch genommen werden. Die **rechtliche** Beurteilung schränkt also die Nutzungsdauer nicht ein.

Bei der **ökonomischen** Beurteilung sind zunächst die **Gedächtnisinhalte** anzusprechen, es ist also der Frage nachzugehen, was der potenzielle Konsument mit Porsche, Reval oder Lindt in Verbindung bringt. Die Nutzungsdauer einer Marke ist dabei nicht mit einem speziellen Produkt notwendig verknüpft, das zeigen die drei genannten Beispiele. Sofern also überhaupt Sportwagen, Zigaretten oder Schokolade am Markt untergebracht werden können, ist keine zeitliche Beschränkung der Markennutzung aus wirtschaftlicher Sicht feststellbar. Das Management des betreffenden Unternehmens wird dann, sofern weiterhin diese Produkte unter bestimmten Marken vertrieben werden sollen, die Gedächtnisinhalte des Publikums durch entsprechende Werbemaßnahmen etc. aufrechterhalten.

Für Marken ist deshalb i. d. R. eine **bestimmte** Nutzungsdauer **nicht definierbar**, sodass eine planmäßige Abschreibung nicht in Betracht kommt (→ § 10 Rz 31 ff.). Allerdings ist die Nutzungsdauereinschätzung jährlich zu **überprüfen**. Soweit etwa das Management beschließt, die Marke nur noch über einen **bestimmten Zeitraum weiterzuführen**, ergibt sich ab dann eine bestimmbare (Rest-)Nutzungsdauer. Häufig wird mit einer solchen Änderung der Einschätzung zugleich das Erfordernis einer außerplanmäßigen Abschreibung (*impairment*; → § 11 Rz 11 ff.) einhergehen. Die planmäßige Abschreibung nach Maßgabe der Restnutzungsdauer erfolgt dann auf Basis des Buchwerts nach außerplanmäßiger Abschreibung.

Vor dem Hintergrund der unbestimmten Nutzungsdauer mit der Folge einer nicht mehr planmäßigen Abschreibung von immateriellen Vermögenswerten richtet sich der Blick des **deutschen** IFRS-Anwenders auf die Rechtslage, die nach dem EStG vor dem 1.1.1987 bestand (Rz 25). Bis dahin konnte steuerlich ein derivativer *goodwill* aus einem Unternehmenserwerb nicht planmäßig abgeschrieben werden – genau wie jetzt nach IFRS 3 (→ § 31). **86**

Damals bestand eine steuerliche Interessenlage darin, immaterielle Vermögenswerte zu identifizieren, die eine beschränkte Nutzungsdauer hatten und deshalb planmäßig abzuschreiben waren. Solche immateriellen Wirtschaftsgüter wurden mitunter auch als „firmenwertähnlich“ bezeichnet. Hierzu liegt eine umfangreiche **BFH-Rechtsprechung** vor.[63] In aller Regel hat der BFH hier, falls ein immaterielles Wirtschaftsgut überhaupt feststellbar war, Abnutzbarkeit mit der

---

[62] Vgl. hierzu GREINERT, BB 2004, S. 483.

[63] Einzelheiten bei HOFFMANN, in: LITTMANN/BITZ/PUST, §§ 4, 5 EStG, Tz 686.

Folge einer planmäßigen Abschreibung festgestellt (Beispiel: Bierlieferungsrecht einer Brauerei).[64] Als Ausnahme – keine planmäßige Abschreibung – sind Geschäftsbeziehungen zu Lieferanten und Abnehmern zu nennen;[65] diese stellen ein immaterielles Wirtschaftsgut dar, das insoweit nicht abzuschreiben ist, als es sich auf eine nicht abschätzbare längere Nutzungsdauer erstreckt. Die Frage ist allerdings, ob es sich hierbei überhaupt um einen vom *goodwill* separier- und identifizierbaren (Rz 14) Vermögenswert handelt. Die Antwort hierauf wird in → § 31 gegeben.

3.3.6 Außerplanmäßige Abschreibung

87 Auf → § 11 Rz 12 und → § 11 Rz 25 wird verwiesen.

4 Abgang

88 Der Abgang („Ausmusterung") eines immateriellen Vermögenswertes ist **erfolgswirksam** (Veräußerungserlös abzüglich Restbuchwert) zu verbuchen (IAS 38.113). Ein solcher Abgang ist auch anzunehmen, wenn dieser Vermögenswert keine künftigen ökonomischen Vorteile mehr liefert (IAS 38.112). Der **Zeitpunkt** des Abgangs richtet sich gem. IAS 38.114 nach den Realisationskriterien in IAS 18 (→ § 25 Rz 17); das gilt auch bspw. für eine Abzinsung bei unüblichem Zahlungsziel (→ § 25 Rz 78) gem. IAS 38.116. Irgendwelche Besonderheiten der IFRS gegenüber der deutschen Bilanzwelt sind insoweit nicht zu verzeichnen.

5 Ausweis

89 Die immateriellen Vermögenswerte mit längerfristiger Nutzung im Unternehmen sind nach IAS 1.68c **getrennt** von den materiellen Anlagegütern (Sachanlagen) auszuweisen (→ § 2 Rz 41). Insoweit kann die Gliederungsvorgabe in § 266 Abs. 2 HGB unmittelbar übernommen werden.

Allerdings ist nach IAS 38.119 im Anhang (ersatzweise auch in der Bilanz) eine **Untergliederung** nach den verschiedenen Arten immaterieller Vermögenswerte vorzunehmen. IAS 38.119 liefert dabei eine **beispielhafte** Vorgabe:

- Warenzeichen,
- Publizierungsrechte,
- Computersoftware,
- Lizenzen, Verkaufsrechte,
- Copyrights, Patente u. Ä.,
- Rezepturen, Formeln, Modelle, Prototypen u. Ä.,
- in Entwicklung befindliche immaterielle Vermögenswerte.

90 Bei Bedarf können diese genannten Gruppen noch weiter aufgegliedert werden. Der Ausweis im **Anlagevermögen** (*non-current*) (→ § 2 Rz 28) ist wohl die Regel, aber nicht zwingend. Emissionsrechte sind u. E. als *current* anzusehen (Rz 44).

---

[64] BFH, Urteil v. 26.2.1975, I R 72/73, BStBl II 1976 S. 13.

[65] BFH, Urteil v. 16.9.1970, I R 196/67, BStBl II 1971 S. 175.

Eine **Umgliederung** im Bilanzausweis ist dann vorzunehmen, wenn immaterielle Vermögenswerte des Anlagevermögens zum Verkauf gestellt werden *(non-current assets held for sale)*. Der Ausweis muss dann gem. IFRS 5.38 getrennt von den übrigen Vermögenswerten erfolgen (→ § 29 Rz 40; → § 14 Rz 27).

Sinnvoll erscheint eine **Trennung** der Entwicklungskosten für die noch in Entwicklung befindlichen Produkte (ohne planmäßige Abschreibung) und solche für bereits genutzte Produkte.[66]

6 Angaben

Im **Anhang** sind gem. IAS 38.118 – **unterteilt** nach selbst geschaffenen und sonstigen immateriellen Vermögenswerten[67] – anzugeben (vgl. auch → § 10 Rz 44 sowie → § 14 Rz 27): 91

- ob die Nutzungsdauer unbestimmt oder zeitlich beschränkt ist;
- die angewandten Nutzungsdauern bzw. Abschreibungsprozentsätze;
- die Abschreibungsmethoden;
- der Bruttobuchwert und die aufgelaufenen Abschreibungen zu Beginn und zum Ende des Wirtschaftsjahres (Bestandteil des Anlagespiegels);
- der GuV-Posten, in dem die planmäßigen Abschreibungen enthalten sind;
- ein Vergleich der Buchwerte zum Beginn und zum Ende der Rechnungsperiode mit Darstellung der
  - Zugänge unter separatem Ausweis der selbst erstellten Vermögenswerte und derjenigen, die durch einen Unternehmenszusammenschluss erworben worden sind;
  - zum Verkauf gem. IFRS 5 (→ § 29 Rz 37) bestimmten Posten;
  - übrigen Abgänge;
- Neubewertungs-Zuschreibungen nach IAS 38.75ff. unter Berücksichtigung von außerplanmäßigen Abschreibungen einschließlich der Darstellung dieser Vorgänge, soweit diese direkt in der Eigenkapitalveränderung erfasst worden sind;
- außerplanmäßige Abschreibungen, die in der GuV enthalten sind;
- Wertaufholungszuschreibungen auf frühere außerplanmäßige Abschreibungen, die in der GuV enthalten sind;
- Höhe der planmäßigen Abschreibung;
- Währungsumrechnungsdifferenzen;
- andere Buchwertänderungen während der Rechnungsperiode.

Wegen der üblichen Darstellung in Form eines **Anlagespiegels** bzw. **-gitters** wird verwiesen auf → § 14 Rz 27ff. Dort ist auch ein **Formulierungsbeispiel** für die übrigen Anhangsangaben wiedergegeben.

Außerdem sind wesentliche Auswirkungen einer **Neueinschätzung** i.S.d. IAS 8 (→ § 24 Rz 50) von Abschreibungsperioden, Abschreibungsmethoden und anzunehmenden Restwerten darzustellen (→ § 10 Rz 44; IAS 38.121).

Weiterhin sind anzugeben gem. IAS 38.122: 92

---

66 So die Vorgehensweise z.B. im Anhang des Konzernabschlusses der Volkswagen AG.

67 Diese Unterteilung wird in der deutschen Rechnungslegungspraxis überwiegend nicht beachtet; vgl. Haller/Froschhammer/Gross, DB 2010, S. 684.

- für einen immateriellen Vermögenswert mit **unbestimmter** Nutzungsdauer der Buchwert und die Gründe für die Annahme dieser unbestimmten Nutzungsdauer sowie Angabe der tragenden Gründe für diese Annahme;
- eine Darstellung, der Buchwert und die verbleibende Abschreibungsperiode eines bestimmten immateriellen Vermögenswertes, der **bedeutend** ist für die Vermögenslage des Unternehmens (z.B. Mobilfunklizenzen, Spielberechtigungen für Fußballprofis);
- für immaterielle Vermögenswerte, die durch einen **öffentlichen Zuschuss** (→ § 12) erworben und zum *fair value* angesetzt worden sind (z.B. Emissionsrechte, Rz 44),
  - der ursprünglich angesetzte *fair value*,
  - der laufende Buchwert,
  - die Angabe, ob sie nach dem erstmaligen Ansatz zu fortgeführten Anschaffungskosten bewertet worden sind oder ob zur Neubewertungsmethode übergegangen worden ist;
- Nutzungs**beschränkungen**, Verpfändungen u. Ä.;
- wichtige **Vertragsbeziehungen** betreffend den immateriellen Vermögenswert.
- Bestellobligo.

Weitere (detaillierte) Angaben sind erforderlich für die (unwahrscheinlichen) Fälle einer Anwendung der **Neubewertungsmethode** (IAS 38.124; Rz 77ff.).
Angabepflichtig ist auch nach IAS 38.126 der **Gesamtbetrag** der Forschungs- und Entwicklungsaufwendungen, die im Geschäftsjahr dem Aufwand belastet worden sind (Rz 26ff.).
Auf die **Checkliste „Abschlussangaben“** wird verwiesen (→ § 5 Rz 8).

7 Einzelfälle der Bilanzierung von immateriellen Vermögenswerten (ABC)

93

Abgang	erfolgswirksame Verbuchung (Rz 88)
Abschreibung, außerplanmäßige	(Rz 87)
Abschreibung, planmäßige	(→ § 10 und Rz 81)
aktiver Markt	Voraussetzung zur Anwendung der Neubewertungsmethode (Rz 79)
Anhangsangabe	(Rz 91)
Anlaufkosten	sind nicht aktivierbar (Rz 60)
Anschaffung, Einzelanschaffung	(Rz 20 und 63)
Anschaffungs- oder Herstellungskosten	(→ § 8 Rz 11ff.)
Ausbildungskosten	sind nicht aktivierbar (Rz 60)

Ausbildungsqualität des Mitarbeiterstamms	nicht aktivierbar (Rz 6)
Ausweis in der Bilanz	(Rz 89)
Belieferungsrechte	(Rz 21)
Druckrechte	sind nicht aktivierbar bei originärem Erwerb (Rz 32), anders bei entgeltlichem Erwerb
E-Books	(Rz 12)
Einlagen	(Rz 75)
Emissionsrechte (Umweltverschmutzung)	(Rz 44)
Entwicklungskosten	unter bestimmten Voraussetzungen aktivierbar (Rz 26ff.)
erneuerbare Rechte	(Rz 84)
EU-Chemikalienverordnung	Aktivierbarkeit zweifelhaft (Rz 55)
Filmherstellung	(Rz 20)
Forschung	nicht aktivierbar (Rz 26ff.)
Gemeinkosten	„echte" bei Anschaffung aktivierbar (Rz 66)
goodwill, Abgrenzung zum	(Rz 17)
Herstellung	(Rz 71)
Humankapital	kann u. U. entwickelt werden (Rz 31); u. U. aktivierbar (Rz 56)
Identifizierbarkeit	(Rz 14)
Kataloge	nicht aktivierbar (Rz 49)
Kaufpreisallokation	(Rz 22)
Konzessionen, entgeltlich erworben	aktivierbar (Rz 84)
Konzessionen, hergestellt	aktivierbar, wenn mit Auflagen verbunden (Rz 69)
Kundengewinnungskosten	(Rz 48)
Kundenlisten, Kundenbeziehungen, Kundenstamm	sind nicht aktivierbar bei originärem Erwerb (Rz 6; Rz 14), anders bei entgeltlichem Erwerb
Landerechte für Flugzeuge	unbestimmte Nutzungsdauer (Rz 84)

Lizenzen	Aktivierung bei entgeltlichem Erwerb (Rz 21)
Management, Begabung	nicht aktivierbar (Rz 6)
Marken	sind nicht aktivierbar bei originärem Erwerb, anders bei entgeltlichem Erwerb (Rz 32)
Marktanteil	nicht aktivierbar (Rz 14)
Mauterhebungsrecht	unbestimmte Nutzungsdauer (Rz 84)
Neubewertung	(Rz 77)
Nutzungsdauer, bestimmt oder unbestimmt	(Rz 83 ff.)
Nutzungsdauer, Bestimmung	Beispiele (Rz 85)
Nutzungsrechte	u. U. aktivierbar bei entgeltlichem Erwerb (Rz 43)
preisregulierte Märkte	besondere Vermögenswerte gelten nicht als immateriell (Rz 16)
Profisportler	(Rz 42)
Restwertbestimmung	als Bestandteil des Abschreibungsvolumens (Rz 81)
Schulungskosten	Aktivierungsverbot (Rz 60)
Software, selbst geschaffene	(Rz 37 ff.)
Standortvorteil	nicht aktivierbar (Rz 14)
subscriber acquisition costs	(Rz 48)
Tausch	(Rz 74)
Umzugs- und Umorganisationskosten	sind nicht aktivierbar (Rz 60)
Unternehmenszusammenschluss, Erwerb im Rahmen eines	(Rz 22)
Verkaufsförderung	nicht aktivierbar (Rz 60)
Verkaufskataloge	nicht aktivierbar (Rz 49)
Verlagsrechte	nur bei Anschaffung aktivierbar (Rz 32)
Vertriebskosten	Abgrenzung zur Verkaufsförderung mit u. U. gegebener Aktivierung (Rz 50)
Warenzeichen	nur bei Anschaffung aktivierbar (Rz 32)

Webseite	(Rz 41)
Werbeaufwand	ist regelmäßig nicht aktivierbar; aber Ausnahme denkbar (Rz 49)
Wertminderungsverlust siehe Abschreibung, außerplanmäßige	
Zuwendungen der öffentlichen Hand	(Rz 73)

8 Anwendungszeitpunkt, Rechtsentwicklung

Wegen des Anwendungszeitpunkts der Standards und der Übergangsvorschriften wird auf die Vorauflage verwiesen. 94

Eine Erweiterung des **Separierbarkeitskriteriums** (Rz 23) und der **Bewertungsmaßstäbe** (Rz 70) ist im *Annual Improvements Project 2009* mit Wirkung ab 1.1.2010 erfolgt. Ein Standardentwurf ED/2009/8 befasst sich mit Bilanzierungsfragen bei preisregulierten Märkten (Rz 16). 95

9 Zusammenfassende Praxishinweise

Aus Sicht der deutschen Bilanzwelt lässt sich der Regelungsgehalt von IAS 38 betreffend die immateriellen Vermögenswerte wie folgt zusammenfassen: 96

- Inhaltlich **unterscheiden** sich die Merkmale des Begriffs „immaterieller Vermögenswert" (Rz 8ff.) nach HGB von demjenigen nach IFRS nicht nennenswert. Was bisher nach HGB dem Grunde nach, d.h. abstrakt, als bilanzierbar angesehen worden ist, kann deshalb weitgehend unbesehen auch in die IFRS-Bilanzwelt transferiert werden.
- Auch mit den konkreten Bilanz**ansatzkriterien** (Rz 18ff.) von IAS 38 hat man aus deutscher Sicht keine nennenswerten Probleme, sofern man sich nicht zu sehr auf abstrakte Begriffsmerkmale versteift.
- Ein entscheidender Unterschied zwischen HGB/EStG einerseits und IFRS andererseits resultiert jedoch aus dem generellen **Aktivierungsverbot** für immaterielle Vermögenswerte nach HGB/EStG. Nach IAS 38 besteht dies nur in Einzelfällen (Kundenlisten, Marken; Rz 32).
- Für andere Fälle besteht nach IAS 38 ein **Aktivierungsgebot** der Kosten, die ab dem Zeitpunkt anfallen, ab dem die Erstellung des immateriellen Vermögenswertes sich in der Entwicklungsphase befindet und bestimmte Zusatzkriterien erfüllt sind (Rz 26ff.). Hier bieten die IFRS Handreichungen zur Abgrenzung zunächst der Forschungs- von der Entwicklungsphase (Rz 28). Forschungsaufwendungen sind nicht aktivierbar. Für die Aufwendungen in der Entwicklungsphase liefert IAS 38 einen reichhaltigen Katalog, der zur Bejahung des Bilanzansatzes abgearbeitet werden muss (Rz 29). Im Ergebnis kristallisiert sich ein weitgehendes Ermessen des Managements heraus, sodass man zu Recht von einem **effektiven Ansatzwahlrecht** für selbst geschaffene

immaterielle Vermögenswerte, insbesondere in Form von Entwicklungsaufwendungen, sprechen kann (Rz 34ff.).

- Nicht spezifisch ist die Aktivierungsmöglichkeit von **selbst geschaffener Computer-Software**„geregelt" (Rz 37ff.).
- Die Zugangsbewertung erfolgt sowohl nach IFRS als auch nach HGB auf der Basis von weitestgehend identischen definierten oder definierbaren **Anschaffungskosten. Herstellungsfälle** und damit Herstellungs**kosten** sind nur nach IFRS berücksichtigungsfähig (Rz 61ff.). Die Einbeziehung von Kosten der allgemeinen Verwaltung in die Herstellungskosten ist nicht zulässig (Rz 71).
- Die **Folgebewertung** kann als **Wahlrecht** in Form der **Neubewertung** (*revaluation*) vorgenommen werden (Rz 77ff.), das aber bei immateriellen Vermögenswerten nur als große Ausnahme in Betracht kommt, weil hier das Kriterium des „aktiven Marktes" i.d.R. fehlt.
- Immaterielle Vermögenswerte **unbestimmter** Nutzungsdauern sind nicht planmäßig abzuschreiben. Mit dem Abschreibungsverzicht verbunden ist die Verpflichtung eines jährlichen Wertminderungstestes (Rz 83).
- Planmäßige und außerplanmäßige **Abschreibungen** für zeitlich begrenzt nutzbare Vermögenswerte sind wie nach deutschem Handelsrecht vorzunehmen, ebenso Wertaufholungszuschreibungen nach vorhergehender außerplanmäßiger Abschreibung (Rz 76, mit den dortigen Verweisen).
- Umfangreiche **Anhangsangaben** sind für alle immateriellen Vermögenswerte, insbesondere aber für solche unbestimmter Nutzungsdauer, vorgeschrieben (Rz 89).

Nicht aktivierbar sind

- der intern geschaffene *goodwill* (Rz 59),
- die selbst geschaffenen Marken, Buch- und Verlagsrechte, Kundenbeziehungen u. Ä. (Rz 32),
- die Gründungs- und Aufbaukosten, Ausbildungskosten, Werbemaßnahmen, Reorganisation (Rz 63),
- die Forschungskosten (Rz 26),
- bestimmte Entwicklungskosten (Rz 33).

§ 14 SACHANLAGEN

Inhaltsübersicht **Rz**

Schrifttum: FREIBERG, Gewinnrealisation bei Tauschgeschäften nach IFRS, PiR 2007, S. 171; GRAUMANN, Bilanzierung der Sachanlagen nach IAS, StuB 2004, S. 709; HOFFMANN, Aktivierung von Gemeinkosten bei Anschaffungen, PiR 2007, S. 27; HOFFMANN/LÜDENBACH, Die Abbildung des Tauschs von Anlagevermögen nach den neu gefassten IFRS-Standards, StuB 2004, S. 337; LÜDENBACH, Anlagen im Bau, PiR 2006, S. 149; MÜLLER/WOBBE/REINKE, Empirische Analyse der Bilanzierung des Sachanlagevermögens nach IFRS, KoR 2008, S. 630.

Vorbemerkung

Die Kommentierung bezieht sich auf IAS 16 in der aktuellen Fassung und berücksichtigt alle Ergänzungen, Änderungen und Interpretationen, die bis zum 1.1.2011 beschlossen wurden.

1 Überblick

1.1 Regelungsbereich

IAS 16 umfasst das Teilgebiet der Bilanz, das nach deutscher Sprachregelung als 1
„**Sachanlagen**" umschrieben wird. Es entspricht in etwa dem so überschriebenen Gliederungsteil in § 266 Abs. 2 HGB (Rz 24). Besonderheiten gelten für den Posten „Anlagen im Bau":

- Bei Eigenerstellung durch individuelle Auftragsvergabe an Handwerker entstehen aktivierungspflichtige Herstellungskosten.

- Bei schlüsselfertiger Erstellung eines Bauwerks durch einen Generalunternehmer liegt ein Anschaffungsfall vor; hier beschränkt sich die Aktivierung während der Bauphase auf geleistete Anzahlungen.[1]

Im Bereich der **Immobilien** des Anlagevermögens findet IAS 16 nur auf die vom Eigentümer selbst genutzte Immobilie *(owner-occupied properties)* unbeschränkt Anwendung. Bei fremd vermieteten oder spekulativ gehaltenen Immobilien (*investment properties* gem. IAS 40) ist IAS 16 bei Wahl des *cost model* nach IAS 40.56 anzuwenden (→ § 16 Rz 49).

2 **Ausgeschlossen** vom Anwendungsbereich von IAS 16 sind

- **landwirtschaftlich** und biologisch „orientierte" Vermögenswerte gem. IAS 41 (→ § 40 Rz 1),
- **Mineralgewinnungsrechte** und die Aufwendungen zur Gewinnung von Mineralien und ähnlichen nicht regenerativen Ressourcen (→ § 41).

Allerdings sind solche Sachanlagegegenstände für diese beiden ausgeschlossenen Bereiche doch nach IAS 16 zu bewerten, wenn die betreffenden Vermögenswerte eine Art **Hilfsfunktion** für die landwirtschaftliche Tätigkeit etc. ausüben (→ § 40 Rz 5).

3 In der **Definitionsnorm** IAS 16.6 werden die in IAS 16 behandelten Vermögenswerte wie folgt umschrieben:

> „*... vom Unternehmen gehalten zur Nutzung in der Produktion oder zum Angebot von Gütern und Diensten, zur Vermietung und für Verwaltungszwecke.*"

Vorausgesetzt wird dabei generell eine Nutzungsdauer von **mehr als einer Rechnungsperiode** (IAS 16.6). Dieses Sachverhaltsmerkmal lässt sich nahtlos in dasjenige nach § 247 Abs. 2 HGB integrieren.

1.2 Begriffsinhalte

4 Soweit im Definitionskatalog von IAS 16.6 Bestandteile der planmäßigen und außerplanmäßigen Abschreibungsverrechnung angesprochen sind, wird auf die Kommentierung in → § 8, → § 10 und → § 11 **verwiesen.**

Im Einzelnen:

- Planmäßige Abschreibung *(amortisation*; → § 10).
  - Abschreibbarer Betrag *(depreciable amount;* → § 10 Rz 20).
  - Abschreibungsmethode *(pattern;* → § 10 Rz 24).
  - Nutzungsdauer *(useful life;* → § 10 Rz 31).
  - Anschaffungs- oder Herstellungskosten *(cost;* → § 8 Rz 11 ff.).
  - Restwert *(residual value;* → § 10 Rz 20).
- Sonstige Definitionen
  - Zeitwert *(fair value;* → § 8 Rz 69).
  - Aktiver Markt *(active market*; → § 28 Rz 106 f.).
  - Wertminderungsverlust *(impairment loss*; → § 11 Rz 5).
  - Buchwert *(carrying amount*; → § 11 Rz 5).

5 Anders als IAS 38 zu den immateriellen Vermögenswerten *(intangible assets)* enthält IAS 16 zum sächlichen Anlagevermögen keine weiteren Spezifizierungen über den Begriffsinhalt eines Vermögenswertes (→ § 13 Rz 14 ff.).

---

[1] Vgl. LÜDENBACH, PiR 2006, S. 149.

1.3 Abgrenzung zum Vorratsvermögen

Der Standard-Regelungsinhalt definiert **nicht** den Inhalt bzw. Umfang eines Vermögenswertes „Sachanlagevermögen". Das bleibt dem individuellen Beurteilungsvermögen *(judgement)* anvertraut (IAS 16.9). 6

In IAS 16.8 werden **Ersatzteile** und **Hilfsmittel** *(spare parts, servicing equipment)* besonders erwähnt: Solche für den **laufenden** Gebrauch sind als **Vorratsvermögen** auszuweisen (→ § 17 Rz 1) und bei Verbrauch als Aufwand zu verbuchen. Bei Verwendung innerhalb eines Zeitraumes von mehr als einem Jahr können sie hingegen auch **Anlage**vermögen darstellen; Letzteres ist der Fall, wenn diese Ersatzteile etc. nur in Verbindung mit einem Vermögenswert genutzt werden können.

Beispiel[2]
Sachverhalt
Ein Unternehmen befasst sich mit Wartungsarbeiten für Flugzeuge. Dazu hält es die für den laufenden Unterhalt von Kundenflugzeugen benötigten Teile bereit. Außerdem bevorratet es längerlebige Ersatzteile für die eigenen Flugzeuge.

Lösung
Die erstgenannte Kategorie der Ersatzteile gehört zum Vorratsvermögen (→ § 17 Rz 3), die zweitgenannte zum Anlagevermögen.[3] Sofern die Ersatzteile in beiden Bereichen verwendet werden und deshalb insoweit nicht unterschieden werden können, sind sie dem Vorratsvermögen zuzuordnen.

Einerseits legt IAS 16 besonderen Wert auf die genaue Ermittlung der Nutzungsdauer, andererseits ist eine großzügige Verfahrensweise in der Praxis festzustellen (→ § 10 Rz 12). Tatsächlich erscheint hier eine zu kleinliche Betrachtungsweise nicht angebracht.

Beispiel[4]
Im Anlagevermögen eines Flugverkehrsunternehmens werden Ersatzteile mit unterschiedlicher Nutzungsdauer geführt:
- Drehteile *(rotatable spare parts)*,
- sonstiges Reparaturmaterial *(repairable spare parts)*.

Wegen weiterer Beispiele zur Abgrenzung von Anlage- und Vorratsvermögen wird verwiesen auf → § 17 Rz 4.

---

2 Nach KPMG, Insights into IFRS 2008/2009, Tz 3.8.30.20.
3 So auch PWC, IFRS Manual of Accounting 2008, S. 16.006.
4 Nach dem Geschäftsbericht 2005 der IBERIA, Lineas Aèreas de Espana SA, S. 107. Entsprechend verfährt British Airways gem. Geschäftsbericht 2005/2006.

2 Bilanzansatz

7 Die Bilanzierung dem **Grunde nach** richtet sich nach den allgemeinen Kriterien in F.49ff. (→ § 1 Rz 85ff.). Eher im Sinne einer **Klarstellung** verlangt IAS 16.7 einen Bilanzansatz (für sächliches Anlagevermögen), wenn

- mit Wahrscheinlichkeit künftiger ökonomischer Nutzen für das Unternehmen dem betreffenden Vermögensgegenstand zugeordnet werden kann und
- die Anschaffungs- bzw. Herstellungskosten zuverlässig ermittelbar sind.

Das letztgenannte Kriterium dürfte in aller Regel erfüllt sein; zum Aspekt der „Wahrscheinlichkeit" wird verwiesen auf → § 21 Rz 37ff.

Aus **Sicherheitsgründen** oder für den **Umweltschutz** angeschaffte oder hergestellte Anlagegüter sind auch dann anzusetzen, wenn sie keinen unmittelbaren ökonomischen Nutzen verschaffen (IAS 16.11), aber mittelbar dem Unternehmen dienen, etwa durch Stärkung des Image bei freiwilligen Umweltschutzmaßnahmen oder durch Erhaltung der Betriebserlaubnis bei Pflichtmaßnahmen.

8 IAS 16.9 erlaubt eine **Sammelerfassung** von **untergeordneten** Vermögenswerten *(unsignificant items)* nach vernünftiger kaufmännischer Einschätzung *(professional judgement)*. Beispielhaft werden genannt: Gussformen und Werkzeuge (→ § 8 Rz 40). Weitere Beispiele sind Paletten und „umlaufende" Warenumschließungen im Rahmen des sog. Pfandkreislaufes in der Getränkewirtschaft (→ § 25 Rz 30). Eine stückweise Inventarisierung erfolgt hier regelmäßig nicht; stattdessen wird mit **Festwerten** *(minimum value)* bilanziert.[5] Zu den geringwertigen Wirtschaftsgütern des Anlagevermögens vgl. → § 10 Rz 29.

3 Bewertung

3.1 Überblick

9 In IAS 16.15ff. sind die Vorschriften zu den **Bewertungsfolgen** eines einmal vorgenommenen Bilanzansatzes von Gegenständen des Sachanlagevermögens niedergelegt. Aus systematischer Sicht ist dabei die Parallele zu IAS 38.60ff. (→ § 13 Rz 61) beachtlich. Die entsprechenden Bewertungskriterien für die **materiellen** Vermögenswerte sind weitgehend **identisch** denjenigen für die **immateriellen.** In diesem Kommentar ist der Parallelität dadurch Rechnung getragen, dass in → §§ 8–11 die einschlägigen Bewertungsvorschriften für die beiden Standards vor die Klammer gezogen worden sind. Auf diese wird jeweils **verwiesen.**

3.2 Zugangsbewertung

3.2.1 Allgemein

10 Ausgangsgröße der Bewertung (Zugangsbewertung) sind nach IAS 16.14 die **Anschaffungs- oder Herstellungskosten** (*cost;* → § 8 Rz 11ff.). Öffentliche **Investitionszuschüsse** *(grants related to assets)* können (Ausweiswahlrecht) von den Anschaffungs- oder Herstellungskosten des bezuschussten Vermögenswertes abgezogen oder als passiver Sonderposten ausgewiesen werden (→ § 12 Rz 26).

---

5 Ernst & Young, International GAAP 2008, S. 954.

Im Rahmen von **Anschaffungs**vorgängen – dem Regelfall der Zugangsbewertung im Bereich des Sachanlagevermögens – sind nur Einzelkosten aktivierbar und u.U. Finanzierungszinsen (→ § 9 Rz 12ff.), ggf. unter Einbeziehung der sogenannten unechten Gemeinkosten. Dazu wird auf die Ausführungen und das Beispiel in → § 8 Rz 13 verwiesen. 11

Unklar ist, wie weit für **Herstellungs**prozesse von Sachanlagen (echte) Gemeinkosten aktivierbar sind. IAS 16.22 hält fest:

„Die Ermittlung der Herstellungskosten für selbst erstellte Vermögenswerte folgt denselben Grundsätzen, die auch beim Erwerb von Vermögenswerten angewendet werden. Wenn ein Unternehmen ähnliche Vermögenswerte für den Verkauf im Rahmen seiner normalen Geschäftstätigkeit herstellt, sind die Herstellungskosten eines Vermögenswertes normalerweise dieselben wie die für die Herstellung der zu veräußernden Gegenstände (siehe IAS 2).“

Zwei Lesarten dieser Vorschrift sind erwägenswert:

- IAS 16.22 Satz 1 lässt i.V.m. IAS 16.16b nur die Aktivierung direkt zurechenbarer Kosten (Einzelkosten) zu. Satz 2 erlaubt ausnahmsweise die Eigennutzung sonst zum Verkauf bestimmter Erzeugnisse.
- IAS 16.22 Satz 1 regelt nicht im Detail die Übereinstimmung mit Anschaffungsfällen, sondern nur im Grundsatz *(principle)*. Satz 2 zeigt am Beispiel (!) eines üblicherweise zum Verkauf bestimmten Erzeugnisses die Möglichkeit von Aktivierung von Gemeinkosten im Unterschied zum Anschaffungsvorgang.

Dazu folgendes Beispiel:

Beispiel[6]

Sachverhalt

Das Unternehmen L produziert auf kundenspezifische Anforderungen Lastwagen. Im betreffenden Jahr erstellt L einen Lastwagen zur Eigennutzung sowie unter Heranziehung eigenen Personals nach selbst erstellten Plänen eine Krananlage.

Lösung

- Der Lastwagen ist nach IAS 16.22 Satz 2 mit den Vollkosten zu aktivieren.
- Bei der Krananlage sind zwei Lösungen (Aktivierung mit oder ohne Gemeinkosten) vertretbar. Eine Auffassung im Schrifttum sieht (auch für die Krananlage) eine Gemeinkostenaktivierung als zwingend an.[7] Soweit sie sich zur Begründung auf IAS 2 bezieht, ist dies u.E. nicht zutreffend, da IAS 16.22 keinen Generalverweis auf IAS 2 enthält. Vielmehr beschränkt sich der dortige Verweis auf die selbst erstellten Anlagegüter, die auch im normalen „Geschäft“ verkauft werden, wozu die Krananlage nicht zählt.

---

6 HOFFMANN, PiR 2007, S. 27.

7 So SCHEINPFLUG, in: BECK'sches IFRS-Handbuch, 3. Aufl., 2009, § 5, Rz 24.

3.2.2 Nachträgliche Anschaffungs- oder Herstellungskosten, Komponentenansatz

12 Auf die Kommentierung in → § 8 Rz 32ff. wird verwiesen.

3.2.3 Tausch

13 Die Grundkonzeption der Zugangsbewertung beim **Tausch**[8] *(exchange of one non-monetary asset for another)* stützt sich auf das *fair-value*-Konzept (→ § 8 Rz 48f.) mit der (regelmäßigen) Folge einer Gewinn- bzw. Verlust**realisierung** (→ § 25 Rz 101) bei Abweichen des *fair value* für den hingegebenen Vermögenswert von dessen Buchwert (IAS 16.24).[9] Der *fair value* ist ausnahmsweise **nicht** anzuwenden, wenn

- der Tauschakt keinen **wirtschaftlichen Gehalt** *(commercial substance)* hat oder
- der *fair value* weder des erhaltenen noch des hingegebenen Vermögenswertes **zuverlässig bestimmbar** ist.

Zum *fair-value*-Ansatz beim Tausch müssen also **beide** Kriterien – wirtschaftlicher Gehalt, zuverlässige Bestimmbarkeit – tatbestandlich vorliegen. Wenn nicht, ist die Zugangsbewertung für den erworbenen Vermögenswert mit dem **Buchwert** des aufgegebenen vorzunehmen.

Ob ein Tausch einen **wirtschaftlichen Gehalt** hat, richtet sich nach der erwarteten Änderung des künftigen **Liquiditätsflusses** (*cash flow*; IAS 16.25). Ein wirtschaftlicher Gehalt liegt demnach vor, wenn

- die *cash flows* der hingegebenen Vermögenswerte bez. Risikogehalt, Zeitpunkt oder Höhe eine andere Zusammensetzung (*configuration*) als die *cash flows* der erhaltenen Vermögenswerte aufweisen,
- der **unternehmensspezifische Wert** (*entity-specific value*) des betroffenen Unternehmensteiles sich durch den Austauschvorgang verändert
- und der Unterschied in Bezug auf die *fair values* der beiden Austauschgegenstände **bedeutend** (*significant*) ist.

Der „**unternehmensspezifische** Wert" wird im Definitionskatalog IAS 16.7 mit dem aus der dauerhaften Nutzung eines Vermögenswertes resultierenden *cash flow* umschrieben. IAS 36 bezeichnet die entsprechende Größe als *value in use* (→ § 11 Rz 5). Dieser unterscheidet sich vom Verkehrswert dadurch, dass auch Synergien und sonstige Vorteile einbezogen werden, die zwar beim bilanzierenden Unternehmen, aber nicht bei jedem Nutzer entstünden. Die erforderliche *cash-flow*-Berechnung muss **Steuer**effekte berücksichtigen *(post-tax cash flows)*, braucht aber nicht zu detailliert auszufallen.

Das **Zusammenspiel** der **beiden** (kumulativ) geforderten Kriterien für den *fair-value*-Ansatz (wegen der verlässlichen Bestimmbarkeit vgl. Rz 14) soll anhand des folgenden Beispiels dargestellt werden:

---

8 Hoffmann/Lüdenbach, StuB 2004, S. 337.

9 So auch der BFH in Auslegung des handelsrechtlichen Realisationsprinzips, Urteil v. 25.1.1984, I R 183/81, BStBl II 1984 S. 422.

Beispiel
Die Brauerei B-AG verlegt auf Drängen der Stadt F ihre Produktion vom Innenstadtbereich in ein neu erschlossenes Industriegebiet mit günstigem Autobahnanschluss. Die Produktionslinien können neu ausgerichtet, die Logistik effizienter gestaltet werden. Wirtschaftlicher Gehalt nach IAS 16.25 kann dem Umzugsvorgang nicht abgesprochen werden. Nach langen Verhandlungen erzielt die B-AG einen Tauschwert für den **Grund und Boden** von 386 EUR/m² für 10.000 m² Fläche = 3.860.000 EUR (Tauscherlös). Die Bodenrichtwertkartei weist in der betreffenden Lage einen Preisrahmen zwischen 290 EUR/m² und 410 EUR/m² auf. Der Buchwert beträgt 500.000 EUR. Das neue Gelände im Industriegebiet umfasst nur noch 8.500 m², für die ein Einvernehmen über 110 EUR/m² als Tauschwert (= 935.000 EUR) mit der Stadt erreicht wird. Der m²-Preis von 110 EUR für das neu erschlossene Gelände entspricht den vorläufig festgesetzten Bodenrichtwerten, da kaum Nachfrage nach Grund im neuen Industriegebiet besteht. Die B-AG erhält von der Stadt den Unterschiedsbetrag von 2.925.000 EUR und bucht:

Konto	Soll	Haben
Kasse	2.925.000	
Zugang Grund und Boden	935.000	
Veräußerungserlös		3.860.000
Abgangsaufwand	500.000	
Restbuchwert		500.000

Die Gewinnrealisierung von 3.360.000 EUR entsteht durch die *fair-value*-Bewertung, die dank Vorliegens beider Kriterien – wirtschaftlicher Gehalt, Ermittelbarkeit – geboten ist. Die gewählten Buchungen beruhen auf den im Vertrag genannten Beträgen. Wegen der Ermittelbarkeit der *fair values* der beiden Tauschobjekte und des jeweiligen Vorrangs vgl. Rz 14. Zur Barkomponente des Geschäftes vgl. das Beispiel weiter unten.

Beispiel
Der Deal mit der Stadt umfasst auch das **Gebäude**, also die bisherige Produktionsstätte im Stadtbereich (Restbuchwert 7.420.000 EUR) und den Neubau im Industriegebiet. Als „Pauschalvergütung“ für Umzugs- und Nebenkosten erhält die B-AG weitere 3.500.000 EUR. Die Abbruchkosten (400.000 EUR) für das bisher genutzte Fabrikgebäude übernimmt die Stadt. Ob man hinsichtlich dieser Kosten ein Tauschgeschäft annimmt, hängt davon ab, ob die Leistungen der Stadt als Teil einer „Paketlösung“ betrachtet werden. Verneint man dies, ist der Restbuchwert des Gebäudes ergebniswirksam auszubuchen. Die Pauschalvergütung stellt einen Investitionszuschuss gem. IAS 20.3 dar, der erfolgsneutral zu vereinnahmen ist (→ § 12 Rz 25ff.).

Das Kriterium des wirtschaftlichen Gehalts *(commercial substance)* lag im Fall des Brauereigrundstückes schon im Hinblick auf die geänderten Produktionsverfahren (mit evidenter Auswirkung auf die *cash flows)* vor. Das muss nicht zwingend bei jedem Tauschgeschäft der Fall sein.

Beispiel
Das Taxiunternehmen T gibt dem Autohändler die bisher genutzte Limousine zurück und erhält dafür einen gebrauchten Kombi-Wagen. Bargeld wird nicht bewegt.

Lösung
Eine erhebliche Änderung des *cash flow* wird sich für den Taxibetrieb aus dem Austausch der beiden Autos im Allgemeinen nicht ergeben. Dann kommt die *fair-value*-Bewertung nicht in Betracht. Anders kann es allerdings sein, wenn der Erwerb des Kombis im Hinblick auf die geplante Erweiterung der Angebotspalette (Spezialtransporte) erfolgt ist.

Die vorstehenden Kriterien gelten auch für die in der Realität dominierenden Tauschgeschäfte mit **Baraufgabe** (*combination of monetary and non-monetary assets*; IAS 16.24). Vgl. hierzu auch das Beispiel in → § 8 Rz 48.

Beispiel
Der Geschäftsführer der Maschinenbauunternehmung M erhält einen neuen Dienst-Pkw, Typ Mercedes S-Klasse, mit einem Listenpreis von 80 TEUR und gibt den bisherigen Wagen, Typ BMW 740, mit 20 TEUR in Zahlung. Im Internethandel wird der BMW mit 12 TEUR taxiert. Die Händler-Rabatte für die Mercedes-Wagen der S-Klasse schwanken nach einem Bericht der Fachpresse zwischen 3 % und 11 % der Listenpreise.

Lösung
Dem Tauschvorgang mit wesentlicher Baraufgabe (→ § 8 Rz 48) kommt wirtschaftlicher Gehalt *(commercial substance)* aus Sicht des Unternehmens zu, denn die *cash flows* verändern sich schon wegen der Barzahlung von 60 TEUR.
Sowohl der Verkaufspreis des Mercedes als auch der Abgabepreis des BMW sind zuverlässig ermittelbar. Das Schätzverfahren für den Mercedes erlaubt verlässliche Wahrscheinlichkeitsquantifizierungen, und für den BMW liegt bei einer Trefferquote von 23 Stück im Internet-Handel ein Marktpreis vor. Letzterer beträgt 12 TEUR, sodass die Zugangsbewertung für den Mercedes mit 72 TEUR vorzunehmen ist (8 TEUR Weniger-Marktpreis für den BMW als offiziell gutgeschrieben = Händlerrabatt für den Mercedes).

Anders verhält es sich in Fällen von **Geringfügigkeit**.

Beispiel
Das EDV-Systemhaus tauscht beim Heizölhändler H einen neuwertigen PC mit Anschaffungspreis von 2.800 EUR gegen ein neu konfiguriertes Gebrauchtgerät mit geringfügig höherer Taktgeschwindigkeit aus. H zahlt dafür 250 EUR.

Lösung
Die Baraufgabe ist unbedeutend. Die künftigen *cash flows* ändern sich nicht signifikant. Eine *fair-value*-Bewertung des Tauschvorgangs kommt nicht in Betracht, obwohl die Wertermittlung für beide Objekte verlässlich möglich ist.

Der Tausch ist in der Praxis in aller Regel mit einer **Zahlungskomponente** verbunden. Ist diese in Relation zu den Werten der getauschten Güter nicht unbedeutend, ändert sich bereits die **zeitliche** Konfiguration des *cash flows* (Rz 13). In den meisten Tauschfällen wird deshalb das Tatbestandsmerkmal des **wirtschaftlichen Gehaltes** (*commercial substance*) erfüllt sein.

Eine Buchwertfortführung kann dann nur noch bei fehlender **Verlässlichkeit** der *fair-value*-Bestimmung (Rz 13) infrage kommen. **14**

Das **Fehlen von Marktpreisen** begründet nach IAS 16.26 keine Zweifel an einer verlässlichen Bewertbarkeit, wenn alternative Verfahren eine Intervallschätzung des *fair value* ermöglichen und

- die Varianz der Werte innerhalb des Intervalls unbedeutend *(not significant)* ist oder
- den verschiedenen Schätzungswerten begründete Wahrscheinlichkeiten zur Gewichtung zugeordnet werden können.

Sofern für beide Tauschgegenstände die *fair values* verlässlich bestimmbar sind,

- definiert der Wert des **abgegebenen** Vermögenswertes die Anschaffungskosten des erworbenen.
- Dagegen ist der *fair value* des **erhaltenen** Vermögenswertes maßgeblich, wenn dessen (Wert-)Ermittlung eindeutiger ist.

Die *fair-value*-Bewertung gilt auch für die Fälle der **Einlage** von Sachanlagen in ein Gesellschaftsvermögen gegen Gewährung von Gesellschaftsrechten, die nach deutschem Bilanzverständnis als „tauschähnlich" gelten (→ § 33 Rz 48). Auf → § 8 Rz 50 wird verwiesen.

Als **Fazit** aus Sicht der Rechnungslegungspraxis kann bez. der Abbildung von **Tauschvorgängen** Folgendes festgehalten werden: **15**

- Erforderlich ist eine **zweigliedrige Tatbestandsanalyse**, nämlich den wirtschaftlichen Gehalt (*commercial substance*) und die Verlässlichkeit der *fair-value*-Ermittlung.
- Beide Tatbestände müssen vorliegen, wenn der Tauschvorgang zum *fair value* und damit ergebnisrealisierend verbucht werden soll (Rz 13).

Durch den zunehmend verbreiteten **Internethandel** und die damit entstehenden **Sekundärmärkte** wird die *fair-value*-Ermittlung erleichtert. Sie wird auch durch die „milden" Anforderungen in IAS 16.26 (Rz 14) gefördert. Bei **Grundstücken** stehen Bodenrichtwerte und Sachverständigengutachten als Bewertungsgrundlage zur Verfügung (→ § 16 Rz 77ff.).

Ausgeschlossen von dem *fair value* bleiben dann nur Bereiche wie **Spezialmaschinen**, die indes wiederum kaum jemals Gegenstand eines Tauschgeschäftes sein können. Das Erfordernis des wirtschaftlichen Gehaltes *(commercial substance)* wird bei den in der Praxis dominierenden Tauschgeschäften mit **Barzahlungskomponente** (Rz 14) wegen der damit verbundenen Änderungen der den Tauschgegenständen zuzuordnenden *cash flows* – abgesehen von unbedeutenden

Größenordnungen – immer erfüllt sein. Als relevantes **Gegenbeispiel** kann man eigentlich nur **Grundstückstauschgeschäfte** von **Landwirten** im Flurbereinigungsverfahren nennen, die deren *cash flow* kaum verändern.[10]
Letztlich bleibt die Anwendung der **Buchwertlösung** für Tauschvorgänge im Bereich des sächlichen Anlagevermögens materiell unbedeutenden Austauschvorgängen vorbehalten (Beispiel in Rz 13: Computertausch).

3.2.4 Einlagen/Einbringungen

16 Es wird verwiesen auf → § 8 Rz 50.

3.2.5 Bedingte Kaufpreisbestandteile

17 Es wird verwiesen auf → § 8 Rz 61.

3.3 Folgebewertung

18 Konzeptionell und weitgehend auch inhaltlich stimmen die Vorschriften für die **Folgebewertung** von sächlichem Anlagevermögen mit denen für das immaterielle Anlagevermögen überein. Deswegen sind im Rahmen dieser Kommentierung zur **Vermeidung** von **Wiederholungen** die beiden Standards IAS 16 und IAS 38 und ergänzende Standards insoweit **zusammengefasst** worden. Dabei geht es um die:

- Bewertung zu den fortgeführten Anschaffungs- und Herstellungskosten gem. IAS 16.30 (→ § 8 Rz 11ff.);
- Neubewertung gem. IAS 16.31 (→ § 8 Rz 68ff.), nach dem SME-Standard nicht erlaubt (→ § 50 Rz 7);
- planmäßige Abschreibung (IAS 16.43; → § 10);
- außerplanmäßige Abschreibung wegen Wertverlustes (IAS 16.63f. i.V.m. IAS 36.88ff.; → § 11 Rz 11ff.);
- Wertaufholungs-Zuschreibungen (IAS 16.63 i.V.m. IAS 36.94ff.; → § 11 Rz 178);
- Finanzierungskosten der Anschaffung oder Herstellung (→ § 9).
- Sonderfall für Anlagegüter innerhalb eines aufzugebenden Geschäftsfeldes *(discontinued operations)* oder einer aufzugebenden Sachgesamtheit *(disposal group)* gem. IFRS 5.15 (→ § 29 Rz 30ff.).

19 Wegen der **steuerlichen Subventionsabschreibungen** (§ 254 HGB) vor Inkrafttreten des BilMoG wird verwiesen auf → § 10 Rz 41.

20 Soweit ein außerplanmäßiger Wertverlust zu **Ersatzleistungen** Dritter führt, sind diese erfolgswirksam bei Anfall zu erfassen (IAS 16.65).

4 Abgang

21 Ein **Abgang** (*disposal*) mit der Folge der Ausbuchung *(derecognition)* liegt vor (IAS 16.67)

---

10 Die Tauschgrundsätze von IAS 16 weisen eine gewisse Verwandtschaft mit den Kriterien des Tauschgutachtens des BFH aus 1951 auf: Die erfolgsneutrale Verbuchung setzte danach die Wert-, Art- und Funktionsgleichheit der Tauschgegenstände voraus. Eine solche konnte immer allerdings nur bei Wertpapiervermögen oder Beteiligungen festgestellt werden (also nicht bei Sachanlagevermögen).

- in „körperlicher“ Form oder
- bei Fehlen künftigen wirtschaftlichen Nutzens.

Zum Sonderausweis zur Veräußerung bestimmter langfristiger Vermögenswerte vgl. → § 29 Rz 8.

Das **Ergebnis** (Gewinn oder Verlust) des Abgangs eines sächlichen Anlagewertes 22
(IAS 16.68) besteht aus der Differenz (Saldo) zwischen dem Buchwert und dem erhaltenen Gegenwert (IAS 16.71), ggf. unter getrennter Erfassung eines Zinseffektes (IAS 16.72). Der Ausweis des (Brutto-)Verkaufserlöses als Umsatz *(revenue)* kommt deshalb nicht in Betracht.[11] Der ggf. erzielte Gewinn *(gain)* ist **nicht** als Erlös *(revenue)* auszuweisen (IAS 16.67), sondern unter „sonstige betriebliche Erträge“ *(other operating income*; → § 2 Rz 57).

Mit Wirkung ab 2009 gilt eine Besonderheit, wenn das Unternehmen **vermietete** Anlagen nach Ablauf der Vermietung routinemäßig zum **Verkauf** stellt. Dann soll der Buchwert mit Ende der Vermietung in das Vorratsvermögen umgebucht und der Erlös aus dem Verkauf als Umsatz ausgewiesen werden (IAS 16.68A, Rz 29). Ein Anwendungsfall hierzu wären die Fahrzeuge von Autovermietern.[12] Ein Ausweis als *held for sale* nach IFRS 5 kommt dann trotz der Veräußerungsabsicht wegen des Vorrangs von IAS 2 (→ § 29 Rz 4) nicht in Betracht. Die Einzahlungen sind in der Kapitalflussrechnung als *cash flow* aus betrieblicher Tätigkeit auszuweisen (→ § 3 Rz 46).

Zum Abgang des bisherigen Buchwertes führt auch die **Ersatzbeschaffung** eines 23
(selbstständig bilanzierten) Teiles (→ § 10 Rz 8) eines Vermögenswertes (IAS 16.70), und zwar auch dann, wenn dieser Teil *(part)* gem. dem *component approach* (→ § 8 Rz 34ff., → § 10 Rz 7ff.) nicht gesondert abgeschrieben worden ist (→ § 8 Rz 34).[13]

5 Ausweis und Anhangsangaben

Das Sachanlagevermögen ist nach IAS 1.66 **gesondert** auszuweisen (→ § 2 24
Rz 41). Eine **weiter gehende Untergliederung** kann sich an IAS 16.37 wie folgt anlehnen:

- unbebaute Grundstücke,
- Grundstücke und Gebäude,
- Maschinen und maschinelle Anlagen,
- Schiffe,
- Flugzeuge,
- Kraftfahrzeuge,
- Betriebsausstattung,
- Geschäftsausstattung.

Andere Untergliederungen sind auch unter *materiality*-Aspekten zulässig. Die Gliederungsvorgaben samt unternehmensspezifischer Anpassungen nach **HGB** können der deutschen Rechnungslegungspraxis zufolge unproblematisch in die IFRS-Welt transponiert werden.[14]

---

[11] So „vorläufig“ auch der IFRIC, Update Mai 2007.

[12] Vgl. hierzu mit Verbuchungsbeispiel BÖMELBURG/LANDGRAF/EBERHARDT, PiR 2008, S. 334.

[13] Vgl. ERNST & YOUNG, International GAAP 2008, S. 982.

[14] Zu entsprechenden Vorgehensweisen der deutschen IFRS-Rechnungslegungspraxis vgl. KEITZ, VON, Praxis der IASB-Rechnungslegung, 2. Aufl., 2005, S. 50.

25 Im **Anhang** sind nach Maßgabe der vorgenommenen Gliederung in der Bilanz folgende **Angaben** zu machen (IAS 16.73, 16.75, 16.76):

- Die Bewertungsgrundlagen zur Ermittlung des Bruttobuchwertes, gegebenenfalls bei Verwendung verschiedener Bewertungsgrundlagen mit einer Aufteilung auf die einzelnen ausgewiesenen Gruppen von Anlagegegenständen.
- Die angewandten Abschreibungsmethoden (→ § 10 Rz 24 ff.).
- Die angenommenen Nutzungsdauern bzw. Abschreibungsraten (→ § 10 Rz 31 ff.).
- Bestandteile des **Anlagespiegels** (Beispiel Rz 28):
  - Der Bruttobuchwert und die aufgelaufenen Abschreibungen einschließlich außerplanmäßiger Abschreibungen zum Beginn und zum Ende der Periode.
  - Zugänge.
  - Zugänge durch Unternehmenszusammenschlüsse (→ § 31).
  - Werterhöhungen und Wertminderungen durch Neubewertungen (→ § 8 Rz 68 ff.).
  - Abgänge.
  - Laufende Abschreibungen (→ § 10).
  - Außerplanmäßige Abschreibungen *(impairment losses)* in der Periode mit Wertaufholungszuschreibungen *(reversal*; → § 11).
  - Umrechnungsdifferenzen bei ausländischen Gesellschaften mit abweichender Währung (→ § 27).

Weitere **zusätzliche** Angaben sind nach IAS 16.74 geboten:

- Angaben über Sicherungsrechte und Ähnliches zu Gunsten von Gläubigern, betreffend die einzelnen Anlagegegenstände (→ § 5 Rz 22).
- Die Bilanzpolitik für die geschätzten Aufwendungen der Wiederherstellung des Standortes von Sachanlagegegenständen.
- Angaben über Anlagen im Bau.
- Angaben über schwebende Beschaffungsgeschäfte (Verträge), betreffend Sachanlagegegenstände.
- Ersatzleistungen Dritter anlässlich der Wertminderungen oder Abgangsverluste von Anlagewerten.

Im Falle der Anwendung der **Neubewertungsmethode** nach IAS 16.31 (→ § 8 Rz 68 ff.) sind folgende Anhangangaben gem. IAS 16.77 zu machen:

- Die Grundlagen der Neubewertung.
- Der Zeitpunkt der Neubewertung.
- Die Einschaltung unabhängiger Gutachter.
- Die Art der verwendeten Indizes zur Bestimmung der Wiederbeschaffungskosten.
- Für jede Gruppe des Sachanlagevermögens Angabe des Buchwertes, der sich ergeben hätte, wenn von dem Anschaffungskostenmodell nach IAS 16.30 Gebrauch gemacht worden wäre.
- Darstellung der Veränderungen der Neubewertungsrücklage *(revaluation surplus)* mit Hinweis auf Ausschüttungsbeschränkungen.

Schließlich werden in IAS 16.79 noch folgende Angaben **empfohlen** („*may*“):

- Der Buchwert von vorübergehend ungenutzten Anlagegegenständen (*idle assets*).

- Der Bruttobuchwert von voll abgeschriebenen Anlagegegenständen, die noch genutzt werden.
- Der Buchwert von Sachanlagegegenständen, die nicht mehr genutzt werden und zum Abgang bereitgestellt sind.
- Bei Anwendung des Anschaffungskostenmodells nach IAS 16.30 der Verkehrswert *(fair value)* des Sachanlagevermögens, wenn dieser wesentlich vom Buchwert abweicht.

In einer *Agenda Rejection* (*Non*-IFRIC)[15] hat sich das IFRIC mit den anlässlich der aktuellen Wirtschaftskrise erforderlichen Anhangerläuterungen zu zeitweise **nicht genutzten** Sachanlagen (*idle assets*) und **unfertigen Bauobjekten**, die einstweilen nicht fertiggestellt werden, befasst. Das IFRIC verweist auf die empfohlene Angabe in IAS 16.79a und die allgemein zum Verständnis des Jahresabschlusses erforderlichen Informationen nach IAS 1.112.c (→ § 5 Rz 11).

Weitere Bereiche der Anhangsangaben lassen sich durch einen (erweiterten) 26
Anlagespiegel (Rz 28) nach § 268 Abs. 2 HGB abdecken. **Zusätzliche Angabepflichten** von größerer praktischer Bedeutung (die nicht über die Darstellungstechnik des Anlagespiegels abgedeckt werden können) sind die folgenden:

- Sicherungsübereignungen und Verpfändungen (vergleichbar § 285 Nr. 1b HGB).
- Schwebende Beschaffungsgeschäfte (vergleichbar § 285 Nr. 3 HGB).
- Außerplanmäßige Abschreibungen und Wertaufholungszuschreibungen (vergleichbar § 277 Abs. 3 Satz 1 HGB; → § 11 Rz 166).

Auf die **Checkliste „Abschlussangaben“** wird ergänzend verwiesen (→ § 5 Rz 8).

Beispiel für die Erläuterungen zum Anlagevermögen (→ § 5 Rz 29) 27
Sachanlagen

Die Bewertung von Sachanlagen erfolgt zu Anschaffungs- oder Herstellungskosten abzüglich planmäßiger linearer Abschreibung. Die dabei zugrunde gelegten Nutzungsdauern entsprechen der voraussichtlichen Nutzungszeit der Vermögenswerte im Unternehmen. Restwerte sind bei der Berechnung der Abschreibungen aufgrund von Unwesentlichkeit vernachlässigt worden. Neubewertungen des Sachanlagevermögens werden nicht vorgenommen. Reparaturen und Erhaltungsaufwand werden bei Anfall im Aufwand verrechnet, es sei denn, sie führen zu einer Erweiterung oder wesentlichen Verbesserung der betreffenden Anlagegüter.

Den planmäßigen Abschreibungen des Sachanlagevermögens liegen im Wesentlichen folgende Nutzungsdauern zugrunde:

Vermögenswert	**Nutzungsdauer in Jahren**
Gebäude	25 bis 50
Technische Anlagen und Maschinen	3, 5, 7 u. 10
Kraftfahrzeuge	4 bis 5
EDV-Ausstattung	3 bis 5
Mietereinbauten	3 bis 10

Eine planmäßige Abschreibung auf Grundstücke erfolgt nicht.

15 IFRIC, Update May 2009.

Impairment
Eine Wertminderung von Vermögenswerten (außerplanmäßige Abschreibung) wird immer dann vorgenommen, wenn der Buchwert den voraussichtlich erzielbaren Betrag übersteigt.

Leasingverhältnisse – die Gesellschaft als Leasingnehmer
Unter Anwendung von IAS 17 werden geleaste Gegenstände, die der Gesellschaft als wirtschaftlichem Eigentümer zuzuordnen sind, aktiviert und über ihre betriebsgewöhnliche Nutzungsdauer bzw. über die kürzere Dauer des Leasingvertrages abgeschrieben. Entsprechend wird die Verbindlichkeit, die aus dem Leasingverhältnis entsteht, passiviert und um den Tilgungsanteil der geleisteten Leasingraten gemindert. Wesentliche Verträge, die als Finanzierungsleasing einzustufen sind, betreffen Vereinbarungen über Festnetztechnologie und EDV-Hardware sowie Telekommunikationsanlagen und Mobiltelefone. Die Laufzeiten betragen zwischen 24 und 66 Monaten.

Immaterielle Vermögenswerte
Erworbene immaterielle Vermögenswerte werden bei Zugang mit den Anschaffungskosten bewertet und planmäßig linear über die voraussichtliche Nutzungsdauer abgeschrieben. Im Allgemeinen beträgt die Nutzungsdauer fünf Jahre, doch sind abweichend hier folgende Besonderheiten zu vermerken: Lizenzen für Produktionsrechte werden nach der Vertragslaufzeit unter Berücksichtigung von Verlängerungsoptionen abgeschrieben. Erworbene Warenzeichen, deren Nutzungszeitraum schwer definierbar ist, werden auf zwanzig Jahre linear abgeschrieben. Vor dem 1.1.2004 erworbene *goodwills* schreiben wir ebenfalls auf zwanzig Jahre ab. Danach erworbene *goodwills* werden nicht planmäßig abgeschrieben, sondern ähnlich und zusätzlich bei gegebenem Anlass einem Wertminderungstest unterzogen. Ein bei einem Unternehmenserwerb aufgedeckter negativer Unterschiedsbetrag wird zunächst nochmals einem Bewertungsvorgang unterzogen. Verbleibt es bei einem solchen Negativbetrag, wird er sofort in die „sonstigen Erträge“ umgebucht.
Selbst entwickelte Software wird ab dem Zeitpunkt mit den dabei entstehenden Kosten aktiviert, in dem die praktische Anwendbarkeit als sicher erscheint. Für die selbst entwickelte Software beträgt die Nutzungsdauer fünf Jahre. Wesentliche Programmerweiterungen, die einen künftigen Zusatznutzen erzeugen werden, werden ebenfalls mit den anfallenden Kosten aktiviert und auf fünf Jahre abgeschrieben.

Außerplanmäßige Abschreibungen
Im Geschäftsjahr ... wurden folgende außerplanmäßigen Abschreibungen *(impairment losses)* durchgeführt:

	TEUR 02	TEUR 01
Immaterielle Vermögenswerte		
Sachanlagen		

Die außerplanmäßige Abschreibung für immaterielle Vermögenswerte entfällt insbesondere auf eine nicht mehr genutzte Vertriebslizenz. Beim Sachanlagevermögen hat die Schließung der Fabrik in O. die genannte Abschreibung verursacht.
Die außerplanmäßigen Abschreibungen sind in der GuV in der Position „Abschreibungen" enthalten.

Hinweis
Die meisten der vorstehend wiedergegebenen Sätze entsprechen der üblichen Praxis, sind aber nicht zwingend zu schreiben, da sie keinen Aussagegehalt haben außer: „Wir haben nach den Regeln der IFRS bilanziert" (→ § 5 Rz 28ff.).

Zur Darstellung der **Entwicklung des Anlagevermögens** bedienen sich die deutsche und die internationale Rechnungslegungspraxis des sogenannten **Anlagespiegels oder -gitters**. Vergleichbar § 268 Abs. 2 HGB werden die erforderlichen Angaben in IAS 16.73 (Rz 25) bzw. IAS 38.107 (→ § 13 Rz 91) nur verbal aufgeführt, ohne die Art der Darstellung vorzuschreiben. **28**
Nach IFRS ist der Anlagespiegel nur für das Sachanlagevermögen und die immateriellen Vermögenswerte vorgeschrieben, **nicht** dagegen für die **Finanzanlagen**. Die **Vorjahres**form des Anlagespiegels ist ebenfalls darzustellen.
Für den IFRS-kompatiblen Anlagespiegel finden sich folgende **Muster** auf den nächsten Seiten:

- **horizontale** Entwicklung,
- **vertikale** Entwicklung.

	Anschaffungs- bzw. Herstellungskosten								
	1.1.01	Zugänge	Währungsdifferenzen	Umqualifiziert als zum Verkauf bestimmt	Zugänge aus Unternehmenserwerben	Werterhöhungen durch Neubewertung	Umbuchungen	Abgänge	31.12.01
	TEUR	**TEUR**	**TEUR**	**TEUR**	**TEUR**	**TEUR**	**TEUR**	**TEUR**	**TEUR**
Entwicklungskosten (→ § 13 Rz 91)									
Software, Markenrechte und Lizenzen									
goodwill									
Immaterielle Vermögensgegenstände									
Grundstücke und Bauten auf fremden Grundstücken									
Technische Anlagen und Maschinen									
Sonstige Betriebs- und Geschäftsausstattung									
Anlagen im Bau									
Sachanlagen									

	Abschreibungen									
	1.1.01	Zugänge planmäßig	Zugänge außerplanmäßig	Umqualifiziert als zum Verkauf bestimmt	Abgänge aus Unternehmensverkäufen	Zuschreibungen	Währungsdifferenzen	Umbuchungen	Abgänge	31.12.01
	TEUR	TEUR	TEUR	TEUR	TEUR	TEUR	TEUR	TEUR	TEUR	TEUR
Entwicklungskosten										
Software, Markenrechte und Lizenzen										
goodwill										
Immaterielle Vermögensgegenstände										
Grundstücke und Bauten auf fremden Grundstücken										
Technische Anlagen und Maschinen										
Sonstige Betriebs- und Geschäftsausstattung										
Anlagen im Bau										
Sachanlagen										

Die Vielzahl der Spalten erfordert an sich in der vorstehenden Strukturierung die Verwendung von zwei DIN-A4-Seiten. In einfacheren Fällen kann optisch gefälliger statt der horizontalen auch eine **vertikale** Darstellung erfolgen.
Hierzu folgendes Beispiel:

Beispiel Anlagespiegel vertikale Entwicklung
Die Entwicklung der immateriellen Anlagewerte sowie der Sachanlagen stellt sich wie folgt dar:

	Immaterielle Anlagewerte		Sachanlagen	
Mio. EUR	**Geschäfts- oder Firmenwerte**	**Sonstige immaterielle Anlagewerte**	**Grundstücke und Gebäude**	**Betriebs- und Geschäftsausstattung**
Buchwert zum 1.1.01	**1.417**	100	**784**	**1.837**
Anschaffungs-/Herstellungskosten zum 1.1.01	1.611	123	905	3.523
Zugänge in 01	119	26	170	531
Abgänge in 01	30	5	191	100
Umbuchungen	-	-	-	-
Anschaffungs-/Herstellungskosten zum 31.12.01	1.700	144	884	3.954
Zuschreibungen	-	-	-	-
Kumulierte Abschreibungen zum 31.12.00	194	23	121	1.686
Währungsdifferenzen	11	0	0	0
Zugänge in 01	116	18	37	518
Abgänge in 01	1	1	13	96
Umbuchungen	-	-	-	-
Kumulierte Abschreibungen zum 31.12.01	320	40	145	2.108
Buchwert zum 31.12.01	**1.380**	**104**	**739**	**1.846**

In der Rechnungslegungspraxis der internationalen Großkonzerne wird regelmäßig eine **Trennung** zwischen Sachanlagen und immateriellen Anlagen vorgenommen.
Die Zugänge aus **Unternehmenserwerben** sind im Konzernanlagespiegel getrennt von den sonstigen Zugängen auszuweisen, obwohl die Ersteren der Einzelerwerbsfiktion (→ § 31 Rz 13) unterliegen. Die dabei anfallenden Anschaffungskosten sind in der Zugangsspalte auszuweisen. Die beim Verkäufer angefallenen Anschaffungs- oder Herstellungskosten und die darauf entfallenen (kumulierten) Abschreibungen sind aus Sicht des Erwerbers ohne Interesse.
Nicht nur unter *cost-benefit*-Aspekten (→ § 1 Rz 60) kann im Einzelfall die Verwendung der Datenbestände des **Veräußerers** sinnvoll oder gar notwendig sein. Diese Handhabung kann sich auf die „große Masse" der Einzelgüter beziehen, bei denen eine Aufdeckung der stillen Reserven anlässlich der Erstkonsolidierung (→ § 31 Rz 68ff.) nicht in Betracht kommt. Diese pragmatische Vorgehensweise kann sich konzeptionell auf die Behandlung von Leasingverhältnissen berufen, die nicht zum Zeitpunkt des Unternehmenserwerbs, sondern des Leasingbeginns zu qualifizieren sind (→ § 31).
Auf die **Checkliste „Abschlussangaben"** wird verwiesen (→ § 5 Rz 8).

6 Anwendungszeitpunkt, Rechtsentwicklung

IAS 16 ist auf alle Abschlüsse anzuwenden, deren Berichtsperiode am 1.1.2005 29
beginnt. Eine befürwortete frühere Anwendung ist offenzulegen (IAS 16.81).
Durch das *Annual Improvements Project 2008* ist eine Ergänzung in IAS 16.68A mit Wirkung für Geschäftsjahre, die nach dem 31.12.2008 beginnen, bez. des Ausweises von Verkaufserlösen für bestimmte vermietete Anlagen vorgesehen (Rz 22). Bei entsprechender Angabe im Anhang ist eine frühere Anwendung zulässig, allerdings nur im Gleichlauf mit IAS 7 (IAS 16.81D).

7 Zusammenfassende Praxishinweise

Aus Sicht der deutschen Bilanzwelt lässt sich der Regelungsgehalt von IAS 16 30
betreffend das Sachanlagevermögen wie folgt **zusammenfassen:**
Inhaltlich unterscheiden sich die **Begriffsmerkmale** nach HGB von denjenigen nach IFRS nicht nennenswert. Was bisher nach HGB dem Grunde nach als **bilanzierbar** angesehen worden ist, kann deshalb weitgehend auch in die IFRS-Bilanzwelt transferiert werden (Rz 4ff.).
Die **Zugangsbewertung** (Rz 10f.) erfolgt sowohl nach IFRS als auch nach HGB auf der Basis von weitgehend identisch definierten oder wenigstens definierbaren Anschaffungs- oder Herstellungskosten (Einzelheiten → § 8) und Berücksichtigung des Komponentenansatzes (→ § 8 Rz 34ff.).
Die Zugangsbewertung durch **Tausch** (mit Baraufgabe; Rz 13ff.) erfolgt regelmäßig – wie nach deutschem Steuerrecht – durch den Verkehrswert *(fair value)* des hingegebenen Vermögenswertes.
Die **Folgebewertung** (Rz 18ff.) kann als Wahlrecht in Form der **Neubewertung** *(revaluation)* vorgenommen werden (Einzelheiten hierzu → § 8 Rz 68ff.).

Planmäßige und außerplanmäßige Abschreibungen (Rz 18) sind wie nach deutschem Handelsrecht vorzunehmen, ebenfalls **Wertaufholungs**zuschreibungen nach vorhergehender außerplanmäßiger Abschreibung (→ §§ 10 und 11).
Die **Bilanzgliederung** (Rz 24) kann sich am HGB und den dort gegebenen Erweiterungsmöglichkeiten orientieren (→ § 2 Rz 28ff.).
Die wichtigsten **Anhangsangaben** (Rz 25ff.) entsprechen denjenigen des HGB. Viele lassen sich innerhalb des erweiterten **Anlagespiegels** in Anlehnung an § 268 Abs. 2 HGB darstellen.

§ 15 LEASING

Inhaltsübersicht **Rz**

Vorbemerkung

Schrifttum: ANDREJEWSKI, Die Risikobestimmung und -prüfung in der Rechnungslegung nach International Financial Reporting Standards, 2006; BÖMELBURG/LANDGRAF/SINGH-VERMA, Zukunft der Leasingbilanzierung nach IFRS – Kritische Würdigung des Discussion Paper „Leases – Preliminary Views", PiR 2009, S. 217; ERNST & YOUNG, Financial Reporting Series – Accounting for Leases, December 2005; ESSER, Leasingverhältnisse in der IFRS-Rechnungslegung, StuB 2005, S. 429; FREIBERG, Bedeutung von Mieterdarlehen für die Leasingklassifizierung nach IFRS, PiR 2006, S. 92; FREIBERG, Die Effektivzinsmethode in der Handels- und IFRS-Bilanz, PiR 2005, S. 110; FREIBERG, Diskontierung in der Internationalen Rechnungslegung, 2010; FÜLLBIER/PFERDEHIRT, Überlegungen des IASB zur Leasingbilanzierung, Abschied vom off balance sheet approach, KoR 2005, S. 275; GÖTZ/SPANHEIMER, Nutzungsrechte im Anwendungsbereich von IAS 17, BB 2005, S. 259–264; HELMSCHROTT, Zum Einfluss von SIC 12 und IAS 39 auf die Bestimmung des wirtschaftlichen Eigentums bei Leasingvermögen nach IAS 17, WPg 2000, S. 426; HOFFMANN, Incentives zum Abschluss von Mietverträgen, PiR 2005, S. 97; HOFFMANN, Mietereinbauten nach HGB und IFRS, PiR 2006, S. 30; KÜMPEL/BECKER, Besonderheiten bei der Klassifizierung von Immobilien-Leasingverhältnissen im IFRS-Regelwerk, PiR 2006, S. 84; KÜMPEL/BECKER, Nachträgliche Änderungen von Leasingvereinbarungen nach IFRS, PiR 2006, S. 247; KÜTING/HELLEN/KOCH, Das Leasingverhältnis: Begriffsabgrenzung nach IAS 17 und IFRIC 4 sowie kritische Würdigung, KoR 2006, S. 656; LÜDENBACH, Barwert- und Laufzeittest bei Hardwareleasing, PiR 2005, S. 31; LÜDENBACH, Finance und operating lease nach IFRS im Vergleich zum Steuerrecht, BC 2007, S. 7ff.; LÜDENBACH, Leasing-Verträge über Stadien, VIP-Logen und Business Seats, BC 2006, S. 133ff.; LÜDENBACH, Liefer- und Dienstleistungsverhältnisse als verdeckte Leasingverhältnisse nach IFRS, BC 2006, S. 216; LÜDENBACH/CHRISTIAN, Die Bilanzierung von Cross-Border-Leasing nach IFRS und HGB in der Finanzmarktkrise, DStR 2009, S. 1054ff.; LÜDENBACH/FREIBERG, Spezialleasing und wirtschaftliches Eigentum nach IAS 17, BB 2006, S. 259; ROß/KUNZ/DROGEMÜLLER, Verdeckte Leasingverhältnisse bei Outsourcing-Maßnahmen nach US-GAAP und IAS/IFRS, DB 2003, S. 2023; SCHIMMELSCHMIDT/HAPPE, Off-Balance-Sheet-Finanzierungen am Beispiel der Bilanzierung von Leasingverträgen im Einzelabschluss und im Konzernabschluss nach HGB, IFRS und US-GAAP, DB Beilage 9/2004 zu Heft 48; VATER, Bilanzierung von Leasingverhältnissen nach IAS 17: Eldorado bilanzpolitischer Möglichkeiten, DStR 2002, S. 2094.

Vorbemerkung

Die Kommentierung bezieht sich auf IAS 17 in der aktuellen Fassung und berücksichtigt alle Ergänzungen, Änderungen und Interpretationen, die bis zum 1.1.2011 beschlossen wurden. Einen Überblick über diskutierte oder schon als Änderungsentwurf vorgelegte zukünftige Regelungen (insbesondere die Auswirkungen aus dem geplanten *right of use model*) enthalten Rz 190ff.

1 Zielsetzung, Regelungsinhalt und Begriffe

1.1 Leasing, sonstige Leistungsverhältnisse, verdeckte Leasinggeschäfte

1.1.1 Grundlagen, Regelungsrahmen

Leasingverhältnisse zeichnen sich durch ein mögliches **Auseinanderfallen** von 1
rechtlichem und **wirtschaftlichem** Eigentum an einem Vermögenswert aus. Das

rechtliche Eigentum liegt i.d.R. bei dem Leasinggeber, fraglich und bilanziell bedeutsam ist – nach bislang geltendem Recht – die Zuordnung des wirtschaftlichen Eigentums.

Die Behandlung von Leasingverhältnissen richtet sich innerhalb der IFRS nach folgenden Standards:

- IAS 17 enthält Bilanzierungs- und Bewertungsregeln für Leasingnehmer *(lessee)* und Leasinggeber *(lessor)*. Untersuchungsgegenstand ist der Umfang, in dem die mit dem wirtschaftlichen Eigentum eines Leasinggegenstandes verbundenen **Risiken und Chancen** (*risks and rewards*) bei einem Leasinggeber oder Leasingnehmer liegen (IAS 17.7).
- IFRIC 4 weitet den **Anwendungsbereich** von IAS 17 auch auf von den Parteien anders bezeichnete und zivilrechtlich i.d.R. nicht als Nutzungsüberlassung zu qualifizierende Rechtsverhältnisse in wirtschaftlicher Betrachtung (**verdeckte Leasingverhältnisse** bzw. indirekte Leasingverhältnisse (Rz 5 ff.)) aus.
- SIC 27 zielt gerade umgekehrt auf Leistungsbeziehungen, die die Parteien zwar als Leasing bezeichnen, denen aber bilanzrechtlich die **wirtschaftliche Substanz** eines Leasingvertrags fehlt (Rz 166).
- Die Behandlung von **Anreizvereinbarungen** (mietfreie Perioden, Zuschüsse des Leasinggebers etc.) im Zusammenhang mit *operating-lease*-Vereinbarungen wird in SIC 15 thematisiert (Rz 138).

Darüber hinaus sind noch Querbeziehungen aus der einzelbilanziellen Perspektive der Behandlung von wirtschaftlichem Eigentum hin zu einer **konzerninternen Berücksichtigung** von sogenannten **Zweckgesellschaften** (*special purpose entities*) gem. SIC 12 (→ § 32 Rz 57 ff.) beachtlich (Rz 173 ff.).

2 Der Anwendungsbereich von IFRIC 4 (und damit auch IAS 17) wird durch IFRIC 12 *Service Concession Arrangements* eingeschränkt. Wird ein Leasingverhältnis über eine privat finanzierte und betriebene Infrastruktureinrichtung (i.S.e. *public private partnership)*, die in den Anwendungsbereich von IFRIC 12 fällt (→ § 18 Rz 67 f.), vereinbart, sind die Leasingregeln der IFRS nicht einschlägig (IFRIC 4.4b i.V.m. IFRIC 12.BC29).

3 Leasingverhältnisse *(leases)* i.S.v. IAS 17.4 sind Vereinbarungen, bei denen der Leasinggeber dem Leasingnehmer das Recht zur **Nutzung eines Vermögenswertes** für einen vereinbarten Zeitraum gegen Entgelt einräumt.

Ohne Konsequenz für die wirtschaftliche Qualifizierung des Vertragsverhältnisses ist aus der zivilrechtlichen Perspektive zwischen folgenden Ausprägungen der Übertragung von Nutzungsrechten zu differenzieren:

- **Direkte** Nutzungsrechte ermöglichen dem nichtjuristischen Eigentümer des Vermögenswertes die Entscheidung über Art, Umfang und zeitliche Struktur der Nutzung des Vertragsgegenstandes nach eigenem Ermessen.
- Bei der Übertragung von **indirekten** Nutzungsrechten hat der Leasingnehmer zeitlich befristet (über die Dauer des Vertrages) Zugriff auf den gesamten Output eines konkreten Vermögenswertes.

Im Rahmen der wirtschaftlichen Betrachtung ist es für die Bilanzierung **unerheblich**, ob der Leasingnehmer ein **direktes** oder **indirektes** Nutzungsrecht an einem bestimmten Vermögenswert erhält.

Beispiel
Der Produktionsbetrieb S hat durch Ausbau der Produktion im eigenen Werk einen erhöhten Strombedarf. Bislang hat S den Strombedarf durch ein eigenes Kraftwerk auf dem Betriebsgelände gedeckt. Die Stadtwerke teilen ihm auf eine Anfrage hin mit, dass die Bereitstellung der benötigten Menge nicht ohne die zusätzliche Errichtung eines weiteren Kraftwerks möglich ist. Ein Kauf kommt für den S aufgrund begrenzt vorhandener liquider Mittel nicht infrage. Die Stadtwerke erklären sich zur Finanzierung des Kraftwerks bereit und unterbreiten ihm daraufhin folgendes Angebot:
- Errichtung eines Kraftwerks auf dem Gelände des S und Abschluss eines 20-jährigen (= Nutzungsdauer des Kraftwerks) Vertrags, welcher die Amortisation der Investition der Stadtwerke garantiert.
- Abschluss eines Stromlieferungsvertrags.

Aus rechtlicher Perspektive handelt es sich bei der zweiten Vertragsalternative um ein Liefergeschäft (Strom gegen Geld). Wirtschaftlich betrachtet finanzieren die Stadtwerke den Bau eines Kraftwerks für den S, denen dieser über die Nutzungsdauer die Investitionskosten vergütet.

Der Leasingbegriff nach IAS 17 ist sehr weit zu verstehen, da es nicht auf den formalrechtlichen, sondern auf den **wirtschaftlichen** Gehalt des Geschäfts ankommt. 4
- Die **Bezeichnung** des Vertrags durch die Parteien ist daher unerheblich (IAS 17.6).
- Neben Miet- und Pachtverträgen können u. U. auch **andere Vertragstypen** unter den Anwendungsbereich von IAS 17 fallen (Projektfinanzierungen oder langfristige Liefer- oder Leistungsverträge).

Eine spezielle Ausformulierung des Gedankens, dass auch von den Parteien anders bezeichnete und zivilrechtlich nicht als Nutzungsüberlassung zu qualifizierende Rechtsverhältnisse (**indirekte Nutzungsrechte)** in **wirtschaftlicher Betrachtung** einen *lease* darstellen können, findet sich in **IFRIC 4**. Gegenstand von IFRIC 4 sind Outputvereinbarungen, d. h. Verträge über die Sukzessivlieferung von Gegenständen oder Dienstleistungen (Outputs), die auf bestimmten Anlagen erstellt werden. In Abhängigkeit von der Ausgestaltung einer Outputvereinbarung kann sie wirtschaftlich eine Nutzungsüberlassung *(lease)* der Anlage darstellen (Rz 5 ff.).

Im Fokus von IFRIC 4 steht nicht nur die Identifizierung von Leasingverhältnissen bei der Übertragung indirekter Nutzungsrechte, sondern darüber hinaus auch die Aufspaltung des zivilrechtlichen Liefer- oder Leistungsvertrags in ein **eingebettetes Leasingverhältnis** (*embedded lease*) einerseits und andere Komponenten (Kauf, Dienstleistung) andererseits (Rz 13 ff.).

1.1.2 Indirekte und eingebettete Leasingverhältnisse

Fälle, die nach IFRIC 4.1 ein verdecktes Leasingverhältnis (indirektes Nutzungsrecht) begründen können, sind z. B.: 5
- Verträge über die Nutzung von Festnetzkapazitäten,
- Mietverträge über Netzwerke auf dem Betriebsgelände (Beispiel Rz 3),

- Outsourcing-Verträge (z.B. Auslagerung von IT- und technischen Anlagen),
- Vorhaltung von kundengebundenen Werkzeugen und Formen (→ § 18 Rz 70).

Bei derartigen Vertragsverhältnissen ist immer im Einzelfall zu prüfen, ob

- die Vertragserfüllung an die Überlassung eines spezifischen Vermögenswertes geknüpft ist (IFRIC 4.6a) und
- wirtschaftlich ein Nutzungsrecht an diesem Vermögenswert übertragen wird (IFRIC 4.6b).

IFRIC 4 ist teilweise mangelnde Verständlichkeit entgegengehalten worden, da nun u.U. Verträge als *leasing* zu qualifizieren seien, die nach Zivilrecht und Verständnis der Parteien keine Nutzungsüberlassungsverträge darstellen.[1] Unter *substance-over-form*-Gesichtspunkten (→ § 2 Rz 97) kann es auf die Zivilrechtslage aber nicht ankommen, wenn diese dem wirtschaftlichen Gehalt der Vereinbarung zuwiderläuft. Entsprechend betont schon der BFH in seinem für die späteren Leasingerlasse grundlegenden Urteil, dass „unter Leasing Verträge verstanden werden, die vom normalen Mietvertrag bis zum verdeckten Raten-Kaufvertrag reichen", und die Frage von Nutzungsüberlassung und wirtschaftlichem Eigentum unabhängig von derartigen zivilrechtlichen Qualifizierungen zu beurteilen sei.[2]

6 Ein Vertrag knüpft dann an einen spezifischen Vermögenswert an, wenn

- eine **explizite** Bezeichnung des Vermögenswerts im Vertrag enthalten ist (Nutzungsvereinbarung über Maschine „xy") oder
- ein bestimmter Vermögenswert **implizit** aus dem Gesamtbild der Verhältnisse hervorgeht (Verkäufer verfügt aus wirtschaftlicher Perspektive nur über einen einzigen Vermögenswert zur Erfüllung seiner vertraglichen Pflichten, theoretisch besteht die Möglichkeit der Produktion auf einer zweiten Maschine, die Rüstkosten wären aber unverhältnismäßig hoch).

Beispiel

Die Verwaltung des Unternehmens U ist teils in A und teils in B angesiedelt. U mietet bei T eine Datenstandleitung zwischen A und B an.

Das Vertragsverhältnis ist nicht auf die Nutzung eines identifizierbaren Vermögenswertes (Leitung) gerichtet. T schuldet lediglich eine Dauerverbindung zwischen A und B. Ob die Signale unmittelbar von A nach B oder ohne merklichen Zeitunterschied auf der Strecke A - C - B transportiert werden, ist nicht Gegenstand des Vertragsverhältnisses. T schuldet eine Daten-Transportleistung, nicht die Überlassung eines bestimmten Vermögenswertes. Das Vertragsverhältnis ist kein Leasing.

Beispiel

Im Zuge der Neustrukturierung und der Beschränkung auf die Kernkompetenzen beschließt U ein komplettes Outsourcing ihrer Server-Umgebung. Aus datenschutzrechtlichen Aspekten kommt jedoch für U die Anmietung von Serverkapazitäten auf verschiedenen Rechnern zum Betrieb der Netzwerkprogramme nicht in Betracht. U besteht darauf, für sämtliche ERP-

1 KÜTING/HELLEN/KOCH, KoR 2006, S. 656f.

2 BFH, Urteil v. 26.1.1970, IV R 144/66, BStBl II 1970 S. 264.

und Steuerprogramme sowie das Dokumentenmanagement bestimmte Rechner exklusiv zu nutzen. Das Vertragsverhältnis ist in diesem Fall auf die Nutzung eines identifizierbaren Vermögenswertes gerichtet. Die Zurechnung der Hardware und der Software richtet sich nach IAS 17.

Das **Recht zur Nutzung** eines spezifischen Vermögenswerts liegt vor, wenn 7
mindestens **eine der drei** Voraussetzungen erfüllt ist (IFRIC 4.9):

- Der Abnehmer der Leistung hat **operationelle Verfügungsmacht** über die Anlage, auf der der Output produziert wird (er betreibt sie selbst oder kann den Betrieb anweisen), und er bezieht einen signifikanten Teil des Outputs (IFRIC 4.9a).
- Der Abnehmer hat die **physische Verfügungsmacht** über die Anlage, diese steht etwa auf dem Gelände des Abnehmers – dem (juristischen) Eigentümer kann also der Zugang verwehrt werden – und er bezieht einen signifikanten Teil des Outputs (IFRIC 4.9b).
- Es ist unwahrscheinlich, dass ein Dritter mehr als nur einen nicht signifikanten Anteil des Outputs aus der Anlage bezieht, und der Abnehmer hat basierend auf der **Preisgestaltung** im Vertrag (insbesondere *take-or-pay*-Verträge) die wirtschaftlichen **Chancen und Risiken** aus dem Vermögenswert übernommen (Stückpreis weder vertraglich fixiert noch aktuellem Marktpreis entsprechend; IFRIC 4.9c).

In der Praxis kommt dem dritten Merkmal vorrangige Bedeutung zu.

Beispiel

Ein Aluminiumwerk wird von A in einer dünn besiedelten Region errichtet. Das Energieversorgungsunternehmen V errichtet zur Deckung des Strombedarfs des Aluminiumwerks ein Wasserkraftwerk. Die Energieversorgung der bereits ansässigen Bevölkerung wurde und wird durch ein sehr viel kleineres Heizkraftwerk gedeckt. Der Vertrag zwischen V und A sieht Folgendes vor:

- Variable Zahlungen pro kWh (unter Marktpreis) (Stückpreiskomponente 1)
- Zahlung einer hohen *fixed charge* pro Monat (dividiert durch kWh = Stückpreiskomponente 2)
- Anpassung der *fixed charge* nach oben/unten bei Unter-/Überschreiten einer bestimmten Abnahmemenge

V kann seinen Strom auch aus anderen Quellen (eigene Kraftwerke, Fremdbezug) beziehen. Ökonomisch ist dies aber nicht sinnvoll.

Im Rahmen der Beurteilung gelangt man zu folgendem Ergebnis:

- Die Erfüllung des Vertrags durch V hängt (ökonomisch) an dem spezifischen Vermögenswert, dem Wasserkraftwerk.
- A hat weder die operationelle noch die physische Verfügungsmacht über das Wasserkraftwerk, diese liegt allein bei V. Der Stückpreis (Summe der beiden Stückpreiskomponenten) ist nicht fixiert und entspricht nicht (oder nur zufällig) dem Marktpreis. Außerdem ist es unwahrscheinlich, dass Dritte mehr als einen insignifikanten Teil des Outputs beziehen.

Aufgrund der preislichen Ausgestaltung des Stromliefervertrags handelt es sich um die Übertragung eines indirekten Nutzungsrechts vom V auf den A, der den Output des Wasserkraftwerks für sich beanspruchen kann, als hätte er das Wasserkraftwerk von V geleast. In einer anschließenden Würdigung ist dann zu klären, ob von einem *finance* oder einem *operating* lease auszugehen ist (Rz 19ff.).

8 Die Bezugnahme auf den Output aus einer Nutzungsüberlassung ist i.S.e. Geringfügigkeitsgrenze zu verstehen.[3] An einer Konkretisierung, wann aus der Perspektive des Leistungsabnehmers der eigene Anteil am Output signifikant (IFRIC 4.9a, b) bzw. derjenige Dritter nicht signifikant (IFRIC 4.9c) ist, fehlt es allerdings in IFRIC 4. Unter Bezugnahme auf die vergleichbaren Vorgaben der US-GAAP, somit zur Vermeidung divergierender Behandlungen in beiden Rechnungslegungssystemen (IFRIC 4.BC20), ist ein Schwellenwert von 10 % anzunehmen. Als Richtwert gilt also: Beträgt der eigene Anteil am Output eines Vermögenswerts weniger als 90 %, scheidet das Vorliegen eines verdeckten *lease* regelmäßig aus.[4] Auf eine Gesamtwürdigung einer Vereinbarung kann u.E. allerdings nicht verzichtet werden. Weist das wirtschaftliche Gesamtbild der Vereinbarung auf das Vorliegen eines verdeckten *lease* hin, ist eine Bestimmung des wirtschaftlichen Eigentümers gem. IAS 17 erforderlich. Die 10-%-Grenze ist daher nur eine Orientierungshilfe.[5]

9 Wenn ein nicht unbedeutender Teil (als Orientierungshilfe mehr als 10 %) des in der jeweiligen Zeitspanne erzeugten Gesamtoutputs noch von Dritten bezogen wird, liegt aus Sicht des Hauptabnehmers regelmäßig kein verdecktes *lease* i.S. der Kriterien von IFRIC 4.9 vor. Eine Qualifizierung nach IFRIC 4.9c (*take-or-pay*-Vertrag) scheidet schon definitorisch aus, da dieses Kriterium gerade das Fehlen signifikanter Drittabnehmer voraussetzt. I.d.R. wird der Hauptabnehmer in solchen Fällen aber auch nicht die **operationelle** oder **physische Verfügungsmacht** erlangen, sodass aus praktischer Sicht auch die beiden anderen Möglichkeiten von IFRIC 4.9 ausscheiden.

Problematischer ist der Fall der **zeitlich gestaffelten Abnahme**:

Beispiel

Die komplette Produktion einer Maschine (Nutzungsdauer 4 Jahre) wird in Periode 1 bis 2 von A, in Periode 3 bis 4 von B abgenommen.

Alternative 1: Während der Perioden 1 und 2 hat A die physische und/oder operationelle Verfügungsmacht über die Maschine.

U.E. liegt ein verdecktes *lease* vor. Die Frage, ob die Nutzung sich über die gesamte Nutzungsdauer erstreckt, ist Sache der **Klassifizierung** des *lease* als *operating* oder *finance*, nicht Sache der Qualifizierung des Vertrags als *lease* überhaupt.

Alternative 2: Die Vertragsbeziehungen sind als take or pay gestaltet.

Ein verdeckter *lease* nach IFRIC 4.9c setzt voraus, dass kein signifikanter Teil des Outputs des Vermögenswertes von einer anderen Partei bezogen

---

3 So auch KÖHLER/GEBHARDT, in: THIELE/VON KEITZ/BRÜCKS (Hrsg.), Internationales Bilanzrecht 2008, IAS 17 Tz. 112.

4 Vgl. KÜMPEL/BECKER, Leasing nach IFRS 2006, S. 7; KÜTING/HELLEN/KOCH, KoR 2006, S. 653.

5 So auch PwC, IFRS für Banken, 4. Aufl., 2008, Band II, S. 1679.

wird. Wäre hiermit der Output über die gesamte Nutzungsdauer gemeint, schiede ein *lease* aus. Wie bei den beiden anderen Kriterien sollte u. E. aber die Frage, ob die Nutzung sich über die gesamte Nutzungsdauer erstreckt, Sache der Klassifizierung des *lease*, nicht Sache der Qualifizierung des Vertrags als *lease* überhaupt sein. Eine Einordnung als *lease* ist daher u. E. sachgerecht.

Spezielle Fragestellungen ergeben sich mit (Netzwerk-)**Kapazitätsverträgen**, (z.B. Pipeline oder Glasfaserkabel etc.). Die US-GAAP-Regeln, niedergelegt u.a. in EITF 00–11 (aufgenommen in ASC Topic 840), unterscheiden für entsprechende Verträge zwischen **Leasing**- oder **Service**verhältnis u.a. anhand folgender Kriterien: 10

(1) Der Erwerber des Nutzungsrechts hat ein **exklusives Recht** zur Nutzung der vertraglich vereinbarten Kapazität. Bei Nichtauslastung der Kapazität darf der Eigentümer *(provider)* nicht genutzte Mengen nicht anderweitig vertreiben (*indefeasible right of use*).

(2) Der Erwerber des Nutzungsrechts leistet während des Nutzungzeitraum **Zahlungen für den Betrieb,** die Wartung und Instandhaltung an den *provider.*

(3) Während des vertraglichen Nutzungszeitraums trägt der Erwerber des Nutzungsrechts das **Risiko** des zufälligen Untergangs.

Bei **Nichterfüllung** eines der Kriterien ist ein Kapazitätsvertrag nach US-GAAP als Servicevertrag zu behandeln. U.E. sind die amerikanischen Regeln **nicht durchgängig** auf IFRS übertragbar. Insbesondere kann es aus systematischer, nicht kasuistischer Sicht nicht auf die Vergütungsform (höhere Bruttozahlung mit einkalkulierten Betriebs-, Wartungs- und Instandhaltungskosten, vs. niedrigere Nettozahlung mit separater Berechnung der genannten Kosten nach tatsächlichem Anfall) ankommen. Ähnliche Bedenken bestehen gegen das Kriterium der Gefahrtragung. Bei Abwälzung auf eine Versicherung reduziert sich auch dieses Problem auf die Frage, ob die Versicherungsprämie einkalkuliert ist oder direkt und separat vom Nutzer getragen wird.

Entscheidend bleiben die Kriterien von IFRIC 4.9 und IFRIC 4.7. Eine Qualifizierung als *lease* kommt daher nur dann infrage, wenn Verfügungsmacht oder ein *take-or-pay*-Vertrag vorliegt **und** das Vertragsverhältnis auf die Nutzung eines spezifischen Vermögenswertes (einer bestimmten Pipeline oder eines Kabels) gerichtet ist. Letzteres ist dann zu bejahen, wenn der Leistungsverpflichtete die zwischen den Punkten A und B versprochene Kapazität rechtlich, technisch oder ökonomisch nur mit einer bestimmten Pipeline oder einem bestimmten Kabel erbringen kann, alternative Leitungswege also ausscheiden (Rz 6).

Wegen der **Ertragsrealisierung** beim Kapazitätstausch wird auf → § 25 Rz 39 verwiesen.

11 Die Identifizierung eines Leasingverhältnisses (indirekten Nutzungsrechts) nach IFRIC 4 kann nach folgendem Schema erfolgen:[6]

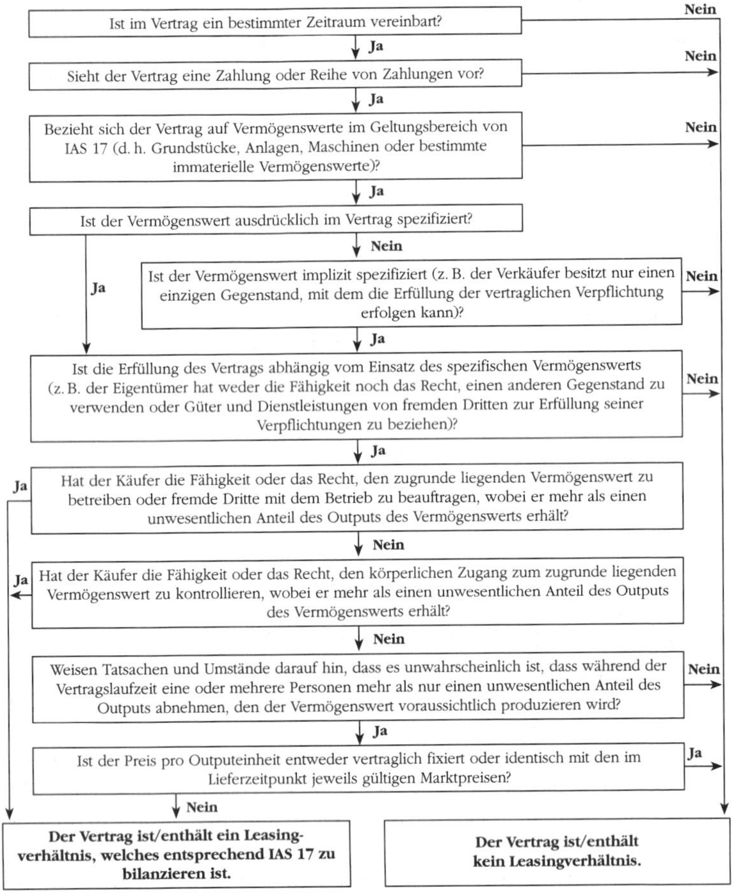

Abb. 1: Identifizierung von indirekten Leasingvereinbarungen

12 Auch **Veräußerungsgeschäfte** können bei wirtschaftlicher Betrachtung als Leasing zu qualifizieren sein. Ein Leasingverhältnis liegt so etwa auch bei Veräußerung mit Residualwertgarantie vor (→ § 25 Rz 35).
Leasingverhältnisse i. S. v. IAS 17 können auch verdeckt durch **Zulieferverträge** begründet werden.

> **Beispiel**
> Ein Automobilhersteller lagert die Produktion von Autocockpits aus. Hierzu erwirbt ein Zulieferer eine Maschine, die der Produktion der entsprechenden Bauteile dient. Die Maschine könnte ohne hohe Umrüstkosten auch für die

6 Götz/Spanheimer, BB 2005, S. 263.

Produktion von Cockpits anderer Automarken verwendet werden. Als Entgelt wird ein von der Ausbringungsmenge unabhängiger Betrag vereinbart, der die Produktionskosten und eine Marge von 3 % deckt.

Im vorstehenden Fall ist ein Leasingverhältnis anzunehmen, wenn der nahezu vollständige Erwerb der produzierten Bauteile der vollständigen Nutzung der Maschinen gleichgesetzt werden kann und damit in wirtschaftlicher Betrachtungsweise das Nutzungsrecht an der Maschine auf den Automobilhersteller übertragen wird.
Die Feststellung eines (verdeckten) Leasingverhältnisses gem. IFRIC 4 (Schritt 1) lässt aber noch keine Aussage über dessen Klassifizierung als *finance* oder *operating lease* und damit über Zurechnung des Vermögenswerts zu. Die Zurechnung der Maschine richtet sich gem. IFRIC 4.2 allein nach IAS 17 (Schritt 2).
Es müssen deshalb alle Leasingkriterien entsprechend IAS 17.10 (Rz 22) und die Indikatoren entsprechend IAS 17.11 (Rz 23) zur Beurteilung herangezogen werden, um im Beispiel zu klären, ob die Maschine beim Automobilhersteller zu aktivieren ist. Zur Frage der Ertragsrealisierung beim Autozulieferer (Leasinggeber) wird auf → § 18 Rz 70 verwiesen.

Im Rahmen von Mehrkomponentengeschäften (→ § 25 Rz 68ff.; *multiple deliverables* (analog EITF 00–21, aufgenommen in ASC Topic 605) oder *multi element transaction*) ist bei der Übertragung eines Nutzungsrechts sowohl vom Käufer als auch vom Verkäufer die **Leasing**komponente nach IAS 17 zu beurteilen. Die **verbleibenden** Vertragskomponenten sind nach den für sie jeweils einschlägigen Standards abzubilden (IFRIC 4.12). 13
Eine **Separierung** der Zahlungen zwischen Leasingverhältnis und den übrigen Komponenten hat auf Basis ihrer relativen *fair values* zu erfolgen (IFRIC 4.13). Ist nur der *fair value* einer der beiden Leistungsteile bekannt, kann durch Subtraktion von der Gesamtzahlung hilfsweise der Anteil des anderen Teils bestimmt werden (residuale Ermittlung; → § 25 Rz 74).

Beispiel[7]
U veräußert im Zuge eines kompletten Outsourcings seine Server-Umgebung an den unternehmensunabhängigen E. Darüber hinaus übernimmt E das bislang bei U angestellte IT-Personal. Die Outsourcing-Vereinbarung sieht eine Bereitstellung der von U benötigten IT-Struktur sowie eine Betreuung und Wartung der Server-Umgebung durch den E vor. Dieser greift hierbei auf das ehemalige Personal des U zurück. Das Vertragsverhältnis sieht die Zahlung einer festen monatlichen Rate von 200 TSD über eine Vertragsdauer von 3 Jahren vor.
Ein Hardwareleasingvertrag bei einem Dritten würde U 150 TSD pro Monat kosten, die Wartungs- und Betreuungsleistung 100 TSD pro Monat.
Wenn die Erfüllung des Vertrags ökonomisch an spezifische, nur für U vorgehaltene Infrastruktur gebunden ist, außerdem U der einzige wesentliche Nutzer dieser Struktur ist und die Leistung wesentlich nach *take-or-pay*-Gesichtspunkten vergütet wird, liegt ein Leasingverhältnis über die Serverumgebung vor. Dieses ist in einen Gesamtvertrag eingebettet, der außerdem

7 Nach LÜDENBACH, BC 2006, S. 216ff.

diverse Dienstleistungen (Betreuung und Wartung) vorsieht. Die monatliche Zahlung von U an E ist daher in ein Leasingentgelt und ein sonstiges Entgelt für Wartungs- und Betreuungsleistung aufzuteilen.
Als bester Aufteilungsmaßstab dient der relative *fair value* der beiden Leistungskomponenten: Danach beträgt die monatliche Leasingrate 150/250 × 200 = 120 TSD und der monatliche Aufwand für Wartung und Betreuung 100/250 × 200 = 80 TSD.
Wäre nur der Wert der Wartungs- und Betreuungsleistung bekannt, müsste der Wert der Leasingrate residual mit 200 – 100 = 100 TSD bestimmt werden (indirekte Methode).

Gerade Outsourcing-Verträge zeichnen sich in der Praxis durch eine Vielfalt komplizierter Vertragsstrukturen aus. Aus diesen Strukturen wird sich nicht immer so einfach wie im Beispiel die Aufteilung von Entgelten in Leasing und sonstige Leistungen ergeben.
Wenn ausnahmsweise keine Möglichkeit der Separierung (dem Grunde oder der Höhe nach) besteht (→ § 25 Rz 72), sind die gesamten Raten als Leasingzahlungen zu behandeln (IFRIC 4.15).

1.1.3 Nichtanwendung von IAS 17 auf Patente, Mineralgewinnungsrechte etc.

14 Der Anwendungsbereich der Leasingbilanzierung nach IFRS ist sehr weit gefasst (IAS 17.3). Die Vorschriften des IAS 17 sind nicht nur auf **Sach**anlagen (bewegliche und unbewegliche Vermögenswerte), sondern generell auch auf **immaterielle** Vermögenswerte anwendbar. Speziell **ausgenommen** von den Leasingvorgaben sind

- **Lizenzvereinbarungen** über Filme, Videos, Theaterstücke, Manuskripte, Patente und Urheberrechte und Ähnliches (IAS 17.2b). Ob mit derartigen Lizenzvereinbarungen das wirtschaftliche Eigentum an den Vermögenswerten übergeht und – unabhängig davon – ein sofortiger Erlös zu realisieren ist, beurteilt sich nach IAS 18. Wegen Einzelheiten wird daher auf → § 25 Rz 62 verwiesen.
- Vereinbarungen, die im Zusammenhang mit der **Entdeckung und Verarbeitung** von Mineralien, Öl, Erdgas, Holz und ähnlichen natürlichen Ressourcen stehen (IAS 17.2a).
- Auch **Dienstleistungsverträge** (Personalgestellung etc.) begründen kein Leasingverhältnis i.S.v. IFRIC 4/IAS 17, da es an der Übertragung eines Nutzungsrechts und dem dahinterstehenden Vermögenswert fehlt.

Der Ausschluss für immaterielle Vermögenswerte ist auf Lizenzvereinbarungen über Schutzrechte begrenzt. Fraglich ist, ob auch **Know-how-Lizenzierungen** in diesen Bereich fallen. Dagegen spricht der im Gegensatz zu Patenten fehlende spezialrechtliche Schutz. Andererseits können allgemeine Schutzrechte, etwa betreffend den Verrat von Betriebsgeheimnissen, greifen. Die Anwendung von IAS 17.2b auch auf diese „ähnlichen Fälle“ erscheint sachgerecht.
Eine **Ausweitung** der Leasingvorgaben erfolgt durch IFRIC 4. Zunächst sind von den Parteien anders bezeichnete Vertragsbeziehungen auf das wirtschaftliche Vorliegen eines Leasingverhältnisses zu untersuchen. Darüber hinaus ist allerdings auch eine **generelle Ausnahme** zu beachten: Fehlt es einer Leasingtransaktion an **wirtschaftlicher Substanz**, scheidet eine Bilanzierung nach IAS 17 aus (vgl. Rz 166).

1.2 Maßgeblichkeit des wirtschaftlichen Eigentums

Die bilanzielle **Zurechnung** von Vermögenswerten orientiert sich nicht am zivilrechtlichen, sondern am **wirtschaftlichen** Eigentum (IFRS F.57). IAS 17 dient dessen Konkretisierung im Rahmen von Leasingverhältnissen. In IAS 17.21 wird das Konzept des wirtschaftlichen Eigentums innerhalb der IFRS definiert. Danach ist wirtschaftlicher Eigentümer insbesondere, wer auf Dauer die Herrschaft über das Leasingobjekt hat und/oder dessen Amortisation trägt. Die Zurechnung richtet sich danach, welche Vertragspartei **überwiegend die Risiken und Chancen** aus der Nutzung des Leasingobjektes trägt. Für diese Merkmale werden in IAS 17.10 Kriterien formuliert: 15

- Die Kriterien der günstigen Kaufoption (Rz 27ff.) und der im Verhältnis zur Nutzungsdauer langen Vertragsdauer (Rz 34ff.) stellen vor allem darauf ab, wer voraussichtlich auf **Dauer die Herrschaft** über das Leasingobjekt ausüben wird.
- Das Kriterium eines im Verhältnis zum Wert des Leasingobjektes hohen Barwertes der Leasingzahlungen (Rz 43ff.) stellt demgegenüber das **Amortisationsrisiko** in den Vordergrund.

An **beiden** Aspekten lässt sich die Frage des wirtschaftlichen Eigentums festmachen. Im einfachsten Fall weisen beide Aspekte in die **gleiche Richtung**. Nach dem Einleitungssatz zu IAS 17.10 reicht es für die Qualifizierung eines Vertrags als *finance lease* aber regelmäßig aus, wenn **nur** in **einer** Hinsicht Klarheit besteht (Rz 22).

In der konkreten Einzelfallwürdigung hat allerdings der Aspekt der **dauernden Herrschaft** oft den logischen Vorrang. Dies ergibt sich u.a. daraus, dass zwar Kaufoptions- und Vertragsdauerkriterium ohne Rückgriff auf den Barwerttest auskommen, umgekehrt aber der Barwerttest häufig nicht. Dieser beruht auf einer Diskontierung der Mindestleasingraten. Zu den Mindestleasingraten zählen auch der Ausübungspreis einer günstigen Kaufoption sowie die laufenden Zahlungen für einen günstigen Vertragsverlängerungszeitraum (IAS 17.4). Bei entsprechenden Gestaltungen ist das Ergebnis des Barwerttests daher von den logisch vorrangigen Feststellungen zu den anderen Kriterien abhängig.

Bei jedem Leasingvertrag, der alle wesentlichen Vorteile und Risiken aus der Nutzung eines Leasingobjektes überträgt, steht der **Leasingnehmer** dem **rechtlichen** Eigentümer des Leasinggegenstandes wirtschaftlich gleich (IAS 17.8). Aufgrund unterschiedlicher Auslegung der Zuordnungskriterien durch den Leasingnehmer und Leasinggeber kann ein Leasingobjekt sowohl in der Bilanz des Leasinggebers als auch in der Bilanz des Leasingnehmers aktiviert werden (Rz 114). Darüber hinaus kann es auch zu einer bilanziellen **Doppelerfassung** kommen, wenn es sich um ein Leasingobjekt handelt, das beim Leasingnehmer die Kriterien einer Anlageimmobilie bzw. Renditeliegenschaft i.S.v. IAS 40 erfüllt (Rz 18). 16

Nach IAS 17.5 wird zwischen *finance*-Leasing und *operating*-Leasing **differenziert**. Diese Differenzierung ist ausschlaggebend für den Ansatz des Leasingobjektes: Ein *finance lease* führt zur Zurechnung des Leasingobjektes beim Leasing**nehmer**, während bei einem *operating lease* das Leasingobjekt dem Leasing**geber** zugerechnet wird. Die **Übersetzung** des Begriffs *finance*-Leasing in „Finanzierungsleasing" ist damit eigentlich **unzutreffend**, da bei „Finanzie- 17 rungsleasing" i.S.d. deutschen Sprachgebrauchs die Zurechnung sowohl beim Leasingnehmer als auch beim -geber möglich ist (Rz 106).

18 Von der Regelzurechnung der im *operating lease* überlassenen Objekte beim Leasinggeber wurde im Rahmen der Neuregelung durch das *Improvements Project* eine wichtige **Ausnahme** geschaffen (Rz 141): IAS 40.6 gewährt nunmehr dem Leasingnehmer das **Wahlrecht**, eine Immobilie, die nach IAS 17.10 (Rz 22) als *operating lease* klassifiziert und deshalb beim Leasinggeber bilanziert werden müsste, wie ein *finance lease* zu behandeln, wenn es sich bei der Immobilie aus der Sicht des Leasingnehmers um eine **Renditeliegenschaft** gem. IAS 40 (→ § 16 Rz 2) handelt. Somit dürfen Immobilien, die vom Leasingnehmer zur Erzielung von Mieteinnahmen und nicht zur Eigennutzung gehalten werden (IAS 40.5), vom Leasingnehmer auch dann bilanziert werden, wenn der Leasingnehmer nicht das wirtschaftliche Eigentum hat. Dieses Wahlrecht setzt jedoch nach IAS 40.6 die Bilanzierung der Renditeliegenschaft nach dem *fair-value*-Modell voraus (→ § 16 Rz 3). Im Ergebnis wird damit die im *Framework* postulierte Maßgeblichkeit des wirtschaftlichen Eigentums zu Gunsten einer umfassenden Zeitwertbilanzierung durchbrochen.

Die Aktivierung einer solchen nicht im wirtschaftlichen Eigentum stehenden, zunächst im *sublease* weitervermieteten Immobilie bleibt nach IAS 17.19 bestehen, wenn der Hauptleasingnehmer später zur Eigennutzung übergeht (→ § 16 Rz 103ff.).

Beispiel

Der Leasingnehmer A least am 1.1.01 ein Bürogebäude im *operating lease*. A vermietet das Bürogebäude an ein konzernfremdes Unternehmen C weiter. Am 31.12.03 wird der Mietvertrag mit C gekündigt, weil A das Bürogebäude nun selbst nutzen möchte.

Bilanziert Leasingnehmer A alle *investment properties* zum beizulegenden Zeitwert, kann er auch nicht in seinem wirtschaftlichen Eigentum stehende *investment properties* bilanzieren. Durch die Kündigung des Mietvertrags mit C und die Eigennutzung verliert zwar das Gebäude aus Sicht von A die Eigenschaft einer Renditeliegenschaft, gleichwohl ist an der Aktivierung des Gebäudes bei A festzuhalten (IAS 17.19a).

2 Ansatz von Leasingobjekten: Zurechnungskriterien

2.1 Grundunterscheidung zwischen *finance* und *operating lease*

19 Ein Leasingverhältnis wird als *finance lease* klassifiziert, wenn im Wesentlichen alle mit dem Eigentum verbundenen **Risiken** und **Chancen** des Leasingobjektes auf den **Leasingnehmer** übertragen werden. Die Zurechnung des Vermögenswertes erfolgt dann (mit Ausnahme der in Rz 18 erwähnten Besonderheit) beim Leasingnehmer. I.S.e. **Negativabgrenzung** werden alle Leasingverhältnisse, die diese Voraussetzungen nicht erfüllen, als *operating lease* bezeichnet und beim Leasinggeber bilanziert (IAS 17.8).

Die Klassifizierung erfolgt zu **Beginn** des Leasingverhältnisses (*inception of the lease*). Die getroffene Wahl kann nicht durch spätere Neudefinition der Schätzparameter umgestoßen werden. Lediglich der Abschluss eines neuen Vertrages oder eine grundlegende Vertragsänderung kann eine Neuqualifizierung bewirken (Rz 88). Als Beginn des Leasingverhältnisses gilt dabei der Tag der Leasingvereinbarung oder der frühere Tag, an dem sich die Vertragsparteien über die wesentlichen Bestimmungen der Leasingvereinbarung geeinigt haben. (IAS 17.4). 20

Der Zeitpunkt der bilanziellen Abbildung des Leasingverhältnisses ist allerdings abhängig von dem **Zeitpunkt des tatsächlichen Nutzungsbeginns** (*commencement of the lease*). Liegt zwischen Vertragsschluss *(inception)* und Beginn der Nutzung eine längere Periode (z.B. weil das Leasingobjekt noch fertiggestellt werden muss), ist eine Bilanzierung des noch nicht fertig bzw. zur Nutzung bereitgestellten Leasingobjekts durch den zukünftigen Leasingnehmer nach IAS 17.20 nicht zulässig.[8]

Gleichwohl ist die Entscheidung zwischen *finance* und *operating lease* schon mit Vertragsschluss zu treffen. Für **Zahlungen des Leasingnehmers bis zum Beginn der Nutzung** des Leasingobjekts bedeutet dies:

- bei *finance lease* sind sie als **geleistete Anzahlungen** zu berücksichtigen und
- bei *operating lease* nach SIC 15 **abzugrenzen** (Rz 138) und über die tatsächliche Nutzungsdauer zu verteilen.

Beim **Leasinggeber** sind die Zahlungen wie folgt abzubilden:

- bei *finance lease* sind sie als **erhaltene Anzahlungen** zu erfassen und
- bei *operating lease* ebenfalls nach SIC 15 **abzugrenzen** und über die tatsächliche Nutzungsdauer zu verteilen.

Im Übrigen sind die vor Nutzungsbeginn geleisteten Zahlungen als Teil der Mindestleasingzahlungen (Rz 44ff.) beim Barwerttest zu berücksichtigen (Rz 43).

Die **Laufzeit** des Leasingverhältnisses ist für das Vertragsdauerkriterium (IAS 17.10c), ebenso aber auch für die Verteilung von Leasingraten aus einem *operating lease* (SIC 15) von Bedeutung. Die Vertragslaufzeit beginnt mit dem Zeitpunkt, ab dem der Leasingnehmer die Möglichkeit zur Nutzung des Leasingobjekts hat. Die Laufzeit umfasst (IAS 17.4) 21

- die unkündbare **Grundmietzeit**,
- eine Folgeperiode, in welcher der **Leasingnehmer** aufgrund einer ihm im (ursprünglichen) Leasingvertrag eingeräumten Option das Leasingobjekt nutzen kann, wenn die Ausübung dieser Option aufgrund der günstigen Konditionen als hinreichend sicher gilt (Rz 39),
- eine an die Grundmietzeit anschließende Nutzungsperiode aufgrund einer dem **Leasinggeber** zustehenden Verlängerungsoption, deren Ausübung bei Beginn des Leasingvertrages wahrscheinlich ist,
- einen Zeitraum, für den ein faktischer Verlängerungszwang des Leasingnehmers vorliegt.

8 Vgl. LÜDENBACH, PiR 2006, S. 149ff.

Die **Laufzeit** des Leasingverhältnisses stellt sich damit in **wirtschaftlicher** Betrachtungsweise wie folgt dar:

Unkündbare Grundmietzeit	
+	Zeitraum günstiger Verlängerungsoption des Leasingnehmers
=	Leasingzeit i. e. S.
+	Zeitraum einer Verlängerungsoption des Leasinggebers*
+	Zeitraum eines faktischen Verlängerungszwangs (Vertragsstrafen etc.)**
=	wirtschaftliche Vertragsdauer
*	Nur insoweit, als die Ausübung durch LG wahrscheinlich ist.
**	Z. B. wegen hoher Abschlusszahlungen/Vertragsstrafen.

2.2 Klassifizierungskriterien

22 Nach IAS 17.10 wird ein Leasingvertrag regelmäßig als *finance lease* klassifiziert und beim Leasing**nehmer** bilanziert, wenn zu Beginn des Leasingverhältnisses **mindestens eines** der folgenden fünf Kriterien erfüllt ist:

1. Am **Ende der Vertragslaufzeit** werden die Eigentumsrechte am Leasingobjekt auf den Leasingnehmer übertragen (**Eigentumsübergangskriterium**; *transfer of ownership test)*. (IAS 17.10a). Ist der Eigentumsübergang nicht unbedingt, sondern lediglich eine Option des Leasingnehmers vereinbart, greift IAS 17.10b.
2. Es besteht zugunsten des Leasingnehmers eine **günstige Kaufoption** (**Kaufoptionskriterium**; *bargain purchase option test;* Rz 27) (IAS 17.10b).
3. Die **Vertragslaufzeit** erstreckt sich über den überwiegenden Teil der verbleibenden wirtschaftlichen **Nutzungsdauer** des Leasingobjektes. Eine eventuelle spätere rechtliche Übertragung des Leasingobjektes ist dabei unerheblich (**Mietzeitkriterium**; *economic life time test;* Rz 34; IAS 17.10c).
4. Der **Barwert** der Mindestleasingzahlungen entspricht im Wesentlichen dem beizulegenden Zeitwert des Leasinggegenstandes ohne Zuwendungen von Dritten an den Leasinggeber zu Beginn des Leasingvertrages (**Barwertkriterium**; *recovery of investment test;* Rz 43 ff.; IAS 17.10d).
5. Der Leasinggegenstand hat eine **spezielle Beschaffenheit** (*specialised nature*), sodass er nur vom Leasingnehmer ohne wesentliche Veränderungen genutzt werden kann (Spezialleasing; Rz 66; IAS 17.10e).

23 Ohne Erfüllung eines dieser Kriterien verbleiben an sich die Risiken und Chancen aus dem Leasinggegenstand beim **Leasinggeber;** somit liegt ein *operating lease* vor. Da es sich jedoch bei den genannten Kriterien **nicht um ausschließliche** Bedingungen handelt, sind auch andere Fälle denkbar, die zu einem *finance lease* führen können. IAS 17.11 führt deshalb **ergänzende Indikatoren** auf, die bei einem entsprechenden wirtschaftlichen Gesamtbild von Kriterien und Indikatoren ebenfalls zum Vorliegen eines *finance lease* führen können. Folgende Fälle werden unterschieden:

1. Der **Leasingnehmer** hat zwar ein **Kündigungsrecht** (Rz 24), das ihm z. B. ermöglicht, das Leasingverhältnis weit vor dem Ende der wirtschaftlichen Nutzungsdauer des Leasingobjekts zu beenden, muss aber dann die dem Leasinggeber aus der Kündigung entstehenden Verluste übernehmen (IAS 17.11a);

2. Gewinne und Verluste aus **Schwankungen des beizulegenden Zeitwertes** (Rz 25) gegenüber dem vertraglich vereinbarten Restwert trägt der Leasingnehmer (IAS 17.11b);
3. der Leasingnehmer hat das Recht, das Leasingverhältnis um eine weitere Mietperiode zu **verlängern** (Rz 26), während derer die Mietzahlungen wesentlich geringer sind als die marktübliche Miete (IAS 17.11c).

Das Vorliegen von mindestens einem der in IAS 17.11 genannten Indikatoren soll **nicht zwangsläufig** zu einem *finance lease* führen, könnte dies aber („*could lead*"), andererseits ist aber die Einordnung als *finance lease* auch dann möglich, wenn keiner der Indikatoren erfüllt ist. Im Vergleich zu IAS 17.10, dessen Kriterien normalerweise („*normally*") zu einem *finance lease* führen, ist der **Verbindlichkeitsgrad** von IAS 17.11 tendenziell niedriger als der von IAS 17.10.[9]
In der Rechtspraxis führt die Erfüllung eines der Kriterien des IAS 17.10 regelmäßig zum *finance lease*. Anderes kann dann gelten, wenn alle anderen Indikatoren inkl. IAS 17.11 deutlich in die andere Richtung weisen.
Die Indikatoren des IAS 17.11 stehen überwiegend nicht „neben" denen des IAS 17.10, sondern können in die dort vorzunehmenden Prüfungen, insbesondere der des Barwerts und der Vertragsdauer, integriert werden.

Ist der Leasingnehmer im Falle einer **vorzeitigen Kündigung** des Leasingver- 24
hältnisses zur Übernahme der Verluste des Leasinggebers verpflichtet, kann dies eine Indikation für das Vorliegen eines *finance lease* darstellen.
Dogmatisch stellt der Indikator der Verlustabdeckung im Fall der Kündigung auf den Übergang des **Amortisationsrisikos** vom Leasinggeber auf den Leasingnehmer ab und ist insoweit als Erweiterung/Ergänzung der zu berücksichtigenden Mindestleasingraten des Barwerttests anzusehen (Rz 53 und 57). Er kann aber auch als Ergänzung des Vertragsdauerkriteriums interpretiert werden (Rz 43). Eine aufgrund von Kündigungsrechten formal kurze Vertragsdauer kann in wirtschaftlicher Betrachtung als lange Vertragsdauer anzusehen sein, wenn die im Falle einer Kündigung zu leistenden Zahlungen so hoch sind, dass sie die Ausübung des Kündigungsrechts unwahrscheinlich machen.

Nach IAS 17.11b kann auch in den Fällen ein *finance lease* vorliegen, in denen der 25
Leasingnehmer die **Gewinne oder Verluste aus Schwankungen im Restwert** des Leasingobjekts übernimmt. Folgende vertragliche Gestaltungen sind auf die Übernahme von Restwertrisiken durch den Leasingnehmer hin zu untersuchen:

- **Andienungsrechte** des Leasinggebers, denen zufolge er vom Leasingnehmer die Übernahme des Leasingobjekts zu einem Preis verlangen kann, der dem kalkulierten Restwert entspricht,
- *first-loss*-Garantien (auf einen bestimmten Betrag festgelegte Restwertgarantien) des Leasingnehmers, die den Leasinggeber von einem Verwertungsrisiko freistellen,
- Vereinbarung über nicht marktübliche (nicht ausreichend besicherte) **Mieterdarlehen** (Darlehen des Leasingnehmers an den Leasinggeber),
- **Festpreiskaufoptionen** oder
- Vereinbarungen über die **Aufteilung** von **Veräußerungsgewinnen** oder **-verlusten** (siehe Beispiel in Abgrenzung zur steuerrechtlichen Behandlung in Rz 112).

---

9 FUCHS, DB 1996, S. 1833 ff., und FINDEISEN, RIW 1997, S. 843 ff.

Liegen derartige Vertragsgestaltungen vor, werden i.d.R. die Gewinnchancen und das Restwertrisiko über den Vertragshorizont hinaus auf den Leasingnehmer übertragen.

Für eine Klassifizierung als *finance lease* ist es hierbei unerheblich, ob gleichzeitig Chancen und Risiken oder lediglich Risiken oder Chancen übertragen werden. Auch bei Transfer **nur** der **Risiken** (z.B. das komplette Restwertrisiko über eine *first-loss*-Garantie) oder **nur** der Chancen (im Rahmen einer günstigen Kaufoption ohne Andienungsrecht; Rz 27) ist eine Nutzungsüberlassung als *finance lease* zu klassifizieren.

Konzeptionell ist die Zuweisung von Gewinnen/Verlusten aus Schwankungen des Restwerts eines Leasingobjekts als Konkretisierung des Barwerttests (Rz 44 und 57) auf die Feststellung des **Amortisationsrisikos** ausgelegt. Der Anteil des garantierten Restwertes am Barwert der Mindestleasingzahlungen wird dabei maßgeblich durch das Verhältnis von Vertragslaufzeit zur wirtschaftlichen Nutzungsdauer beeinflusst:

- Zum einen wird bei einem höheren Anteil der Vertragslaufzeit an der wirtschaftlichen Nutzungsdauer bereits ein Großteil der Chancen und Risiken auf den Leasingnehmer übertragen und
- zum anderen wird über die Diskontierung über eine längere Periode ein Zinseszinseffekt die Höhe des Barwerts zusätzlich beeinflussen.

26 Die Vereinbarung einer günstigen, unter den Marktkonditionen liegenden Verlängerungsoption führt bei isolierter Betrachtung nicht zum Vorliegen eines *finance lease*. Günstige Verlängerungsoptionen sind jedoch im Rahmen des Laufzeitkriteriums (Rz 34ff.) und des Barwerttest (Rz 57) mit in die Klassifizierung eines Leasingvertrags aufzunehmen. Dogmatisch sind sie somit sowohl als Konkretisierung der **Dauer der Herrschaft** (Ausdehnung der Nutzungsdauer) als auch des **Amortisationsrisikos** (Einbezug der Anschluss-Leasingraten in den Barwerttest) einzuordnen.

2.3 Kriterien eines *finance lease*

2.3.1 Günstige Kaufoption

27 Bei einem Leasingvertrag mit vereinbarter **Kaufoption** hat der Leasingnehmer das Recht, das Leasingobjekt nach Ablauf der Grundmietzeit zum vereinbarten Optionspreis zu **erwerben**. Der Leasinggeber hat bei ordnungsmäßiger Vertragsabwicklung keine rechtliche Einflussnahme auf die Ausübung der Option des Leasingnehmers. Von einer günstigen Kaufoption ist auszugehen, wenn die Ausübung des Optionsrechts durch den Leasingnehmer bereits bei Vertragsbeginn feststeht. Das ist nach IAS 17.10b der Fall, wenn der vereinbarte Kaufpreis „deutlich" *(sufficiently)* unter dem erwarteten beizulegenden Zeitwert des Leasingobjektes im Optionsausübungszeitpunkt liegt. Ausgehend vom Wortlaut des IAS 17.10b ist die Ausübungswahrscheinlichkeit zwar nur im Hinblick auf die Höhe des Optionspreises zu prüfen. Gleichwohl ist es sinnvoll, auch bei Vorliegen eines **wirtschaftlichen Zwangs** zur Optionsausübung eine günstige Kaufoption anzunehmen. Das gilt insbesondere in den Fällen, in denen es sich um ein für die Fortführung des betreffenden Geschäftsbereichs notwendiges Leasingobjekt handelt.

> **Beispiel**
> Ein Leasingnehmer mietet eine große Anzahl Personalcomputer. Die betriebsgewöhnliche Nutzungsdauer beträgt 4 Jahre. Im Zuge der Aufstellung der Computer entstehen dem Leasingnehmer erhebliche Installations- und Implementierungskosten. Die Grundmietzeit beträgt 2 Jahre. Zugleich wurde eine Mietverlängerungsoption für weitere 2 Jahre vereinbart, die allerdings nicht als günstig qualifiziert werden kann. In diesem Fall beträgt die für die Klassifizierung des Leasingverhältnisses maßgebende Vertragslaufzeit trotzdem 4 Jahre, da der Leasingnehmer bei Nichtverlängerung gezwungen wäre, erneut hohe Installations- und Implementierungskosten zu tragen. Die Ausübung der Kaufoption ist deshalb entgegen der ersten Vermutung als wahrscheinlich anzusehen.

Für die Beurteilung der Günstigkeit einer Option ist zwischen **zwei Zeitpunkten** 28
zu unterscheiden: Eine Option ist günstig,

- wenn auf Basis der bei **Vertragsschluss (Beurteilungszeitpunkt)** verfügbaren Informationen voraussichtlich *(is expected)*
- bei Ausübung der Option **(Ausübungszeitpunkt)** der Ausübungspreis (abzgl. evtl. Vertragsstrafen) unter dem beizulegenden Zeitwert des Leasingobjekts liegt.

Hiernach sind Optionen, Vorkaufsrechte usw., die vertraglich auf den beizulegenden Zeitwert im Ausübungszeitpunkt abstellen, nie als günstig einzustufen. In Fällen eines Fixpreises ergibt sich hingegen ein doppeltes Ermessen:

- Schätzung des späteren Zeitwertes.
- Die Höhe, ab welcher eine positive Differenz von Zeitwert und Ausübungspreis als günstig anzusehen ist.

In der kommentierenden Literatur werden zum zweiten Aspekt teilweise Grenzwerte für die Bestimmung vorgegeben. So soll eine Option regelmäßig günstig sein, wenn der Ausübungspreis 20 % oder mehr unter dem erwarteten beizulegenden Zeitwert liegt.[10] U.E. ist diese Grenzziehung sachgerecht. Im Rahmen einer Gesamtwürdigung kann aber auch ein geringerer erwarteter Vorteil zum *finance lease* führen.

Neben der Unbestimmtheit der Günstigkeit ist auch die Bestimmung des bei- 29
zulegenden Zeitwerts zum jeweiligen Ausübungszeitpunkt mit Unsicherheiten behaftet. Bei längeren Leasingzeiträumen lässt sich der beizulegende Zeitwert im Options**ausübungszeitpunkt** kaum verlässlich bestimmen. Insofern ist es bei Vertragsbeginn oftmals **Ermessensbeurteilung**, ob der vereinbarte Kaufpreis „deutlich" unter dem erwarteten beizulegenden Zeitwert des Leasingobjektes im Optionsausübungszeitpunkt liegt.[11] Aus Praktikabilitätserwägungen spricht nichts dagegen, das Kaufpreiskriterium nach IAS 17 in Anlehnung an den deutschen Vollamortisationserlass zum Mobilienleasing[12] auch dann als erfüllt anzusehen, wenn ein Kaufpreis vereinbart wird, der unterhalb des Restbuchwertes bei

---

10 So etwa KÜMPEL/BECKER, Leasing nach IFRS 2006, S. 31; im Bereich des Immobilienleasing soll die Grenze hingegen bereits bei 10 % liegen, vgl. VOGEL, in: WEBER/BAUMUNK (Hrsg.), IFRS Immobilien 2005, Immobilienleasingverhältnisse Tz. 635.

11 Vgl. MELLWIG/WEINSTOCK, DB 1996, S. 2345.

12 Vgl. BMF, Schreiben v. 19.4.1971, IV 312 – S 2170–31/1, BStBl I 1971 S. 264.

Anwendung der linearen Abschreibungsmethode im Optionsausübungszeitpunkt liegt. Sofern allerdings bessere Informationen über den zukünftigen *fair value* vorliegen, ist diesen Informationen zu folgen.

30 Die Schätzung des zukünftigen *fair value* von Leasingobjekten kann marktpreisorientiert erfolgen, indem (z. B.) heutige Marktpreise für dem späteren Abnutzungsgrad des Leasingobjekts entsprechende Objekte mit der voraussichtlichen Preissteigerungsrate (z. B. für Immobilien Baukostenindex) hochgerechnet werden.

Daneben ist eine Wertbestimmung über ein **DCF-Verfahren** denkbar. Notwendig ist hier die Kenntnis

- des zeitlichen Anfalls und der Höhe der *cash flows*, die in dem Zeitraum **nach** der möglichen Optionsausübung erzielt werden können, und
- des risiko- und laufzeitäquivalenten **Diskontierungs**zinssatzes.

Die Auswirkungen von **Inflationserwartungen** sind bei der Bestimmung des beizulegenden Zeitwerts zu berücksichtigen, den das Leasingobjekt am Ende der Laufzeit voraussichtlich haben wird. Die gegenteilige Auffassung[13] würde bei hoher erwarteter Preissteigerung zu nicht vertretbaren Ergebnissen führen.

Beispiel

Eine Immobilie in der Region X, Nutzungsdauer 25 Jahre, wird für 5 Jahre geleast. Danach besteht eine Kaufoption. Als Ausübungspreis sind 80 % des heutigen Zeitwertes vereinbart, entsprechend der Abnutzung von 5/25 = 20 %. In der Region X steigen die Immobilienpreise mit 25 % p. a.

Der Neuwert der Immobilie nach 5 Jahren würde ca. 300 % des heutigen Neuwerts betragen, der voraussichtliche Marktwert der gebrauchten Immobilie somit 300 % × 80 % = 240 % des heutigen Zeitwerts. Dies ist das Dreifache des Optionsausübungspreises. Die Option ist daher günstig, ihre Ausübung hoch wahrscheinlich.

Im Rahmen der Wertbestimmung über ein DCF-Verfahren sind Preissteigerungsraten insoweit nicht zu berücksichtigen, als sie am Bewertungsstichtag nicht gleichzeitig auch im Diskontierungszins (einem Nominalzins) berücksichtigt sind (Rz 47).

31 Auch bei vernachlässigbaren Preissteigerungsraten kann der Restwert des Leasingobjektes den Zeitwert zu Beginn der Nutzung erreichen oder übertreffen, etwa wenn vertraglich Sanierungsaufwendungen vorgesehen sind, die das Leasingobjekt über die Vertragslaufzeit wesentlich verbessern.

Beispiel

Der Leasingnehmer LN least am 1.1.01 für 20 Jahre ein Bürogebäude mit anschließender Kaufoption zu einem Preis, der dem Zeitwert am 1.1.01 entspricht. Das Bürogebäude befindet sich zu Beginn des lease in einem stark sanierungsbedürftigen Zustand. Bei entsprechend niedriger Miete übernimmt LN die notwendigen Sanierungsarbeiten.

---

13 A. A. Ernst & Young, Financial Reporting Series – Accounting for Leases, December 2005, L305.

Hat sich der Zeitwert des Bürogebäudes durch die Sanierung so stark erhöht, dass auch unter Berücksichtigung der anschließenden 20-jährigen Abnutzung der Zeitwert des 31.12.20 deutlich über dem am 1.1.01 liegt, ist die Kaufoption als günstig zu beurteilen.

32 In der Praxis treten oftmals Leasingverhältnisse mit Kaufoptionen auf, bei denen der Leasingnehmer die aus einem Leasingverhältnis stammenden Objekte im Rahmen eines **Untermietvertrags** (*sublease*) an einen Dritten weitervermietet. Bei der Klassifizierung der einzelnen Leasingverhältnisse muss die **Wechselwirkung** zwischen Haupt- und Unterleasingverhältnis berücksichtigt werden. Ist das Unterleasingverhältnis aufgrund einer günstigen Kaufoption als *finance lease* zu werten, muss das eine Kaufoption enthaltende Hauptleasingverhältnis ggf. auch dann zu einem *finance lease* umklassifiziert werden, wenn die Option nicht günstig, der Hauptleasingnehmer aber mit Blick auf das Untermietverhältnis gleichwohl gezwungen ist, seine Kaufoption auszuüben.[14] Auch bei einem nicht mehrstufigen Leasingverhältnis (Rz 167ff.) können **sonstige Verpflichtungen** (z.B. *leasehold improvements* (Rz 139), Kosten der Entfernung etc.) unabhängig von dem betrachteten Leasingverhältnis einen faktischen Zwang zur Ausübung der Kaufoption enthalten, der mit in die Klassifizierungsüberlegungen einzubeziehen ist.[15]

33 Dogmatisch fasst das Kaufoptionskriterium zwei Facetten des wirtschaftlichen Eigentums:

- Vorteilhafte Ausübungsbedingungen der Option bewirken, dass die wesentlichen **Chancen** aus dem Vertrag beim **Leasingnehmer** liegen, die **Risiken** hingegen zum Teil beim **Leasinggeber**.
- Eine **hohe Ausübungswahrscheinlichkeit** der Option sorgt dafür, dass der Leasingnehmer nach dem wahrscheinlichen Verlauf der Dinge auf **Dauer die Herrschaft** über das Leasingobjekt ausüben wird.

Eines der Kriterien reicht für die Zurechnung des wirtschaftlichen Eigentums zum Leasingnehmer aber aus. Dabei ist das Kriterium der dauernden Herrschaft ggf. sogar höher zu werten, da es z.B. nicht auf Risikotragung bei unwahrscheinlichen Wertverläufen abstellt, sondern auf den nach Erkenntnissen des Vertragsbeginns wahrscheinlichen Verlauf (Rz 15).[16]

2.3.2 Laufzeitkriterium

34 Nach IAS 17.10c ist ein Vertrag als *finance lease* zu qualifizieren, wenn die Laufzeit des Leasingvertrags den „überwiegenden Teil" *(major part)* der wirtschaftlichen Nutzungsdauer abdeckt. IAS 17 vermeidet auch bei dem **Laufzeitkriterium** die Vorgabe quantitativer Größen („*bright lines*"), wie sie z.B. nach ASC Topic 840.10.25–1 (vormals SFAS 13.7) im Rahmen der US-GAAP relevant sind. Der Entwurf des IAS 17 enthielt zwar (in E 19.5) exakte quantitative Regelungen in Anlehnung an SFAS 13.7. In der endgültigen Fassung wurde jedoch zur Vermeidung einer starren Regelanwendung bewusst auf eine **genaue**

---

14 Vgl. ADS, Rechnungslegung nach Internationalen Standards, Abschn. 12, Tz 124.

15 Vgl. LÜDENBACH/FREIBERG, BB 2006, S. 259.

16 Vgl. LÜDENBACH/FREIBERG, BB 2006, S. 259ff.

Quantifizierung verzichtet.[17] Der IASB hat es auch im Rahmen der Neuregelung von IAS 17 im Rahmen des *Improvements Project* vermieden, **quantitative** Größen zu nennen. Durch die fehlende Quantifizierung ergeben sich in der Praxis erhebliche Schwierigkeiten und weit reichende **bilanzpolitische Spielräume.**[18]

35 In der Literatur werden vorherrschend Grenzen von 75 % (in Anlehnung an US-GAAP) bis 90 % (in Anlehnung an das Steuerrecht Deutschlands und anderer Staaten) für das Verhältnis von Vertrags- und Nutzungsdauer genannt. Das Fehlen quantitativer Vorgaben eröffnet dem Bilanzierer ein faktisches Wahlrecht (→ § 24 Rz 8). Allerdings birgt die fehlende Quantifizierung auch ein Risiko für den Anwender: Während bei der Leasingklassifizierung nach US-GAAP die 75-%-Grenze eine sichere Orientierungshilfe *(safe harbour)* darstellt, ist nach IFRS – jedenfalls in der Theorie (vgl. Rz 110) – die Klassifizierung unter dem Gesamtbild der wirtschaftlichen Verhältnisse geboten.

Es obliegt dem pflichtgemäßen **Ermessen des IFRS-Bilanzierers**, innerhalb des Intervalls von 75–90 % seine Definition zu finden, die er dann **konzerneinheitlich** und im Zeitablauf **konsistent** (unter Berücksichtigung der materiellen Stetigkeit (→ § 24 Rz 5) anzuwenden hat (IAS 8.13).[19]

Beispiel

Der Leasingnehmer LN least Anfang 01 von Leasinggeber LG Hardware auf 4 Jahre. Der Vertrag sieht weder eine Kaufoption für LN noch ein Andienungsrecht für LG noch irgendeine Art von Restwertgarantie vor. Der Vertrag enthält auch keine Mietverlängerungsoption. Der LN hat im Interesse der Bewertungseinheitlichkeit und -stetigkeit ein Bilanzierungshandbuch *(accounting manual)* erstellt, in dem u. a. folgende Festlegungen getroffen sind:

- „... Nutzungsdauer beweglicher Anlagen: Soweit nicht ungewöhnliche Umstände vorliegen, gelten folgende Nutzungsdauern laut amtlicher AfA-Tabelle auch für die IFRS-Bilanzierung: ... Hardware: 5 Jahre.
- *finance leases*: Leasingverträge sind als *finance lease* zu qualifizieren, wenn a) die Vertragsdauer mehr als 90 % der Nutzungsdauer des Leasingobjekts beträgt, oder b)...“

Beurteilung

Das sich daraus ergebende Verhältnis von Vertragsdauer und Nutzungsdauer liegt mit 4/5 = 80 % unter dem Grenzwert des Bilanzierungshandbuchs. Nach dem Nutzungsdauerkriterium erfolgt keine Qualifizierung als *finance lease*. Eine Bilanzierung beim Leasingnehmer würde auf dieser Beurteilungsgrundlage unterbleiben (vgl. aber Rz 43).

36 Zwischen den Begriffen *„economic life“* (wirtschaftliche Nutzungsdauer) gem. IAS 17.4 und *„useful life“* (betriebsindividuelle Nutzungsdauer) i. S. v. IAS 16.6 (→ § 10 Rz 31) ist zu unterscheiden:

---

17 Vgl. KÜTING/HELLEN/BRAKENSIEK, BB 1998, S. 1468.

18 Vgl. ALVAREZ/WOTSCHOFSKY/MITHIG, WPg 2001, S. 937; VATER, DStR 2002, S. 2094.

19 LÜDENBACH, PiR 2005, S. 31.

- Während sich die für die Leasingklassifizierung maßgebliche **wirtschaftliche Nutzungsdauer** aus einer durchschnittlichen Marktperspektive ergibt,
- bestimmt sich die für die Abschreibung relevante betriebsindividuelle **Nutzungsdauer** aus der unternehmensspezifischen Verwendungsabsicht.

Allerdings ist u.E. bei erheblichen Abweichungen zwischen wirtschaftlicher Nutzungsdauer und unternehmensspezifischer Nutzungsdauer eine Plausibilisierung der Annahmen bzgl. der wirtschaftlichen Nutzungsdauer erforderlich.

Beispiel
Der innovationsbewusste LN nutzt im Eigentum befindliche und geleaste Computer regelmäßig nicht mehr als 3 Jahre. Die amtliche AfA-Tabelle weist in statistischer Auswertung durchschnittlicher Verhältnisse eine Nutzungsdauer von 5 Jahren aus.
Dies ist aber gerade nicht die betriebsindividuelle Nutzungsdauer des LN. Er schließt daher auch nur Leasingverträge über 3 Jahre ab und hat die in seinem rechtlichen Eigentum stehenden Computer (*useful life* 3 Jahre) über diesen Zeitraum abzuschreiben. Das Vertragsdauerkriterium (IAS 17.10c; Rz 34) führt hier nicht zu einem *finance lease*. Berücksichtigt der Leasinggeber allerdings die Nutzungsdauer des Leasingnehmers in der Gestaltung des Leasingvertrages (z.B. in den Leasingraten), kann der Barwerttest zur Qualifizierung als *finance lease* führen (Rz 43).

Nach US-GAAP ergeben sich Besonderheiten im Rahmen des Laufzeittests für **gebrauchte** Leasingobjekte, bei denen vor Leasingbeginn **bereits 75 %** oder mehr der **Gesamtnutzungsdauer** abgelaufen sind (ASC Topic 840.10.25–1c). 37

Beispiel
Der Leasinggeber Z finanziert ein Leasingobjekt unter der Bedingung, dass die zukünftige Amortisation zu mindestens 75 % sichergestellt ist. Leasingnehmer A least das Objekt über 75 % der wirtschaftlichen Nutzungsdauer und ist wirtschaftlicher Eigentümer. Am Ende der Leasingperiode tritt B als zweiter Leasingnehmer über die verbleibende Restnutzungsdauer in das Leasingverhältnis ein.
In Bezug auf den Rest(buch)wert des Leasingobjekts übernimmt B zwar 100 % der Chancen und Risiken, im Vergleich zu dem „Neuwert“ des Leasingobjekts allerdings nur 25 %. Eine Feststellung zum Übergang des wirtschaftlichen Eigentums auf B soll daher nach US-GAAP über das Nutzungsdauerkriterium nicht mehr möglich sein (ASC Topic 840.10.25–1c).

Gegen eine analoge Anwendung dieser Regelungen auf IFRS sprechen folgende Gründe:

- Nach US-GAAP wird das Laufzeitkriterium allgemein mit 75 % fixiert. Auf diesem Prozentsatz bauen die Sonderregeln für das Leasing besonders alter Gebrauchtobjekte auf. In IAS 17 wird das Laufzeitkriterium hingegen als *„major part“* definiert. Sonderregeln für Gebrauchtobjekte könnten daher ebenfalls nur auf diesem weichen Kriterium und nicht auf der 75-%-Grenze aufbauen.

- Fraglich bleibt dann, ob mit *major part of the lifetime* die Gesamtnutzungsdauer *(total lifetime)* oder die Restnutzungsdauer *(remaining life time)* gemeint ist. Aus IAS 17.4 ergibt sich keine eindeutige Antwort. Eine Bindung des Laufzeitkriteriums an die *total lifetime* ließe dieses bei Gebrauchtobjekten fast völlig ins Leere laufen. Ein Gebäude mit einer Gesamtnutzungsdauer von 30 Jahren wäre etwa, wenn es nach 10 Jahren Eigennutzung in einen 20-jährigen *lease* gegeben würde, schon nicht mehr als *finance lease* zu qualifizieren, da die Vertragsdauer nur noch 67 % der *total lifetime* betrüge.
- Zu sachgerechteren Ergebnissen führt die Interpretation des Laufzeitkriteriums als *„major part of the remaining lifetime"*. Im Beispiel liegt dann ein *finance lease* vor. Um das Laufzeitkriterium überhaupt auf Gebrauchtobjekte anwenden zu können, muss es also geltungserhaltend i. S. v. *remaining lifetime* interpretiert werden.
- Mit dieser Interpretation besteht aber für eine kasuistische Sonderbehandlung besonders alter Objekte keine Rechtfertigung mehr. Das Alter spiegelt sich vielmehr allgemein im *remaining life* wider und bei gegebener Vertragslaufzeit damit auch im Laufzeitkriterium.

38 In Analogie zu SIC 12.10 könnte der unbestimmte Begriff **„überwiegender Teil"** *(major part)* ggf. auch i.S.e. **50-%-**Grenze interpretiert werden.[20] Gegen eine 50-%-Grenze spricht jedoch, dass „im Wesentlichen alle Risiken und Chancen" auf den Leasingnehmer übergehen müssen. Eine knappe Mehrheit dürfte hierzu wohl kaum ausreichen.[21]

39 Im Rahmen der Bestimmung der Mietzeit sind ebenfalls Vertragsverlängerungsoptionen mit einzubeziehen (Rz 26). Ist deren Ausübung wegen garantierter Mietkonditionen unter dem Marktniveau oder aufgrund wirtschaftlicher Zwänge (vgl. bzgl. der Kaufoption Rz 32) schon bei Vertragsabschluss hinreichend sicher, verlängert sich die zu veranschlagende Mietzeit entsprechend. Ein wirtschaftlicher Zwang kann sich ebenfalls aus einer **Untervermietung** des Leasingobjekts ergeben (vgl. ausführlich Rz 167ff.).

40 Problematisch wird die Bestimmung der Vertragslaufzeit, wenn die Vereinbarung zwar formal eine Mindestvertragsdauer vorsieht, der Leasingnehmer aber ein Recht auf vorzeitige **Kündigung** hat *(early termination clause)*.

- Für den Fall einer jederzeitigen Kündigungsmöglichkeit des Leasingnehmers ohne Vertragsstrafen oder ähnliche Abschlusszahlungen endet die Grundmietzeit mit dem frühestmöglichen Kündigungszeitpunkt.
- Ist eine Kündigung nur gegen eine Abschlusszahlung möglich, ergibt sich die Notwendigkeit einer Beurteilung der „Günstigkeit" der Option. Kompensiert die Abschlusszahlung das verbleibende Amortisationsrisiko des Leasinggebers, ist die Kündigungsoption für die Bestimmung der Grundmietzeit unbeachtlich.

Bei verbleibenden Unsicherheiten hinsichtlich der Vertragsdauer sind dem Barwerttest unterschiedliche Szenarien zugrunde zulegen (Rz 43ff.). Ergibt das Szenario mit Nutzung der vorzeitigen Kündigungsmöglichkeit infolge hoher Vertragsstrafen einen höheren Barwert als das Szenario ohne vorzeitige Kündigung, ist für die Klassifizierung des *lease* ein Verzicht auf die vorzeitige Kündigung zu unterstellen.

---

20 Vgl. HELMSCHROTT, WPg 2000, S. 426.

21 Vgl. LÜDENBACH, PiR 2005, S. 31, und VATER, DStR 2002, S. 2096.

41 U.U. scheidet eine Klassifizierung eines Leasingverhältnisses über das Laufzeitkriterium im Einzelfall auch aus. So ergeben sich komplexe Schwierigkeiten für die Bestimmung der Grundmietzeit bei Beendigungsmöglichkeit eines laufenden Leasingverhältnisses durch Abschluss (i. S.e. **Austausches)** eines neuen *lease*.

> **Beispiel**
> Der Leasingnehmer LN least von Leasinggeber LG Computer-Hardware auf 4 Jahre. Während der Laufzeit des Vertrages hat LN das Recht, teilweise Hardware gegen neuere auszutauschen. Der Austausch begründet eine Verlängerung der Leasingperiode.

Die Beurteilung des Leasingverhältnisses richtet sich dann nach der Ausgestaltung des Anschlussleasingverhältnisses. Wird das Restwertrisiko des ursprünglichen Leasingverhältnisses bei Austausch des Leasingobjekts in den neuen *lease* übernommen, ist bei Vertragsabschluss von einem *finance lease* auszugehen. Anderes gilt mit der Folge einer Klassifizierung als *operating lease*, wenn der Leasinggeber erhebliche Restwertrisiken des Leasingobjekts übernimmt.

> **Beispiel**
> Der Leasingnehmer LN least seine gesamte Pkw-Flotte über den Leasinggeber und Pkw-Händler LG. Alle 2 Jahre hat LN die Möglichkeit zur Rückgabe eines dann gebrauchten Pkw im Austausch gegen einen neuen. LG kann die von LN 2 Jahre genutzten Pkw als Gebrauchtwagen in seinen Autohäusern veräußern und verzichtet daher auf eine Kompensation für Restwertrisiken. Der *lease* ist als *operating lease* zu klassifizieren.

42 Auch das Laufzeitkriterium zeichnet sich dogmatisch durch zwei Facetten aus (vgl. bzgl. der günstigen Kaufoption Rz 33): Wenn die Nutzungsüberlassung den überwiegenden Teil der wirtschaftlichen Nutzungsdauer abdeckt,

- übt einerseits der Leasingnehmer auf **Dauer die Herrschaft** über das Leasingobjekt aus,
- wird andererseits über die **Summe der Leasingraten** regelmäßig der überwiegende Teil des Amortisationsrisikos auf den Leasingnehmer übertragen.

Ob das Amortisationsrisiko übertragen wird, hängt vom Produkt aus Anzahl und Höhe der Leasingraten ab. Eine 1-zu-1-Beziehung zwischen Laufzeit- und Amortisationsrisiko besteht daher nicht, hingegen ein zwingender Zusammenhang zwischen Vertragsdauer und Herrschaft über das Objekt. Dem Kriterium der dauernden Herrschaft kommt daher u. E. eine höhere Bedeutung zu, da es bei langer Vertragsdauer unabhängig von der Ausgestaltung der sonstigen Konditionen (Höhe der einzelnen Leasingraten etc.) gewährleistet ist.[22]

2.3.3 Barwertkriterium

2.3.3.1 Grundsatz

43 Das Barwertkriterium legt offen, welche Vertragspartei das Investitionsrisiko trägt. Auch beim Barwertkriterium **vermeidet IAS 17.10 bewusst die Vorgabe**

22 Vgl. LÜDENBACH/FREIBERG, BB 2006, S. 259.

quantitativer Angaben, wie sie z.B. nach den US-GAAP relevant sind. Wie bei der Auslegung des Mietzeitkriteriums ist es möglich, sich aufgrund der fehlenden Konkretisierung an den US-GAAP zu orientieren.

Der Barwerttest wäre in Anlehnung an ASC Topic 840.10.25–1d erfüllt, wenn der Barwert der Mindestleasingzahlungen mindestens 90 % des beizulegenden Zeitwertes des Leasinggegenstandes zu Beginn des Leasingvertrages beträgt. Jede exakte Grenzziehung in der kommentierenden Literatur ist indes willkürlich, da der IASB als Regelgeber auch im Rahmen der Neuregelung durch das *Improvements Project* bewusst auf eine Quantifizierung verzichtet hat (vgl. Rz 35).[23]

Ähnlich wie beim Nutzungsdauertest ist auch im Rahmen des Barwerttests auf das Gesamtbild der wirtschaftlichen Verhältnisse abzustellen, ein Unterschreiten der 90-%-Grenze also nicht hartes Kriterium *(bright line)* der Leasingklassifizierung.

Zur Anwendung des Barwertkriteriums folgendes Beispiel:

Beispiel[24]

Der Leasingnehmer LN least Anfang 01 von Leasinggeber LG Hardware auf 4 Jahre. Der Vertrag sieht weder eine Kaufoption für den LN noch ein Andienungsrecht für den LG, noch irgendeine Art von Restwertgarantie vor. Der Vertrag enthält auch keine Mietverlängerungsoption.

Für den Kauf der Hardware hat der LG 40.000 EUR entrichtet. Die jährlich vorschüssig zu leistenden Leasingraten betragen 10.800 EUR. Der Leasinggeber legt keinen Kalkulationszins offen. Im Bilanzierungshandbuch *(accounting manual)* des LN (Rz 35) ist weiterhin folgende Festlegung getroffen:

- „... Diskontierungssätze: Für Barwertberechnungen sind im Jahre 2005 folgende Werte anzusetzen: a) Leasingverträge: Grenzfremdkapitalkosten 6 % b) Langfristige Rückstellungen: ...“

Beurteilung

Das Nutzungsdauerkriterium führt ggf. nicht zur Klassifizierung als *finance lease* (vgl. aber Rz 36). Eine **Barwertberechnung** ergibt Folgendes:

Der für eine Berechnung benötigte interne Zinssatz des Leasinggebers lässt sich nur ermitteln, wenn

- neben der Anfangsinvestition (40.000 EUR) und den laufenden Leasingzahlungen auch
- der voraussichtliche Restwerterlös des Leasingebers nach Ablauf des Vertrags bekannt ist.

Letzteres ist hier der Fall, da ein Restwert von null unterstellt werden kann. Der interne Zinsfuß beträgt 5,4 % und führt zu einem Barwert von 100 %.

Eine Berechnung nach der zweiten Alternative würde zu einem Barwert der Mindestleasingzahlungen (Zinssatz: 6 %) i.H.v. 39.669 EUR führen. Der Vertrag wäre auch hiernach als finance lease zu qualifizieren.

---

23 Zu den damit verbundenen Unklarheiten und Gestaltungsspielräumen vgl. Vater, DStR 2002, S. 2094ff.

24 Lüdenbach, PiR 2005, S. 31.

Neben der Referenzgröße für das Verhältnis zwischen dem beizulegenden Zeitwert des Leasingobjekts und dem Barwert der Mindestleasingzahlungen sind vor allem drei Informationen für die Klassifizierung des Leasingverhältnisses anhand des Barwerttests notwendig:

- **Mindestleasingzahlungen** des Leasingnehmers.
- Beizulegender Zeitwert (*fair value*) des Leasingobjekts.
- Zugrunde zu legender **Diskontierungszinssatz.**

2.3.3.2 Bestimmung der Mindestleasingraten

Die im Rahmen der Beurteilung des Barwerttests heranzuziehenden Mindestleasingraten sind für den Leasinggeber und den Leasingnehmer **nicht identisch.** Aus Sicht des Leasingnehmers umfassen die Mindestleasingraten sämtliche Zahlungen, die der Leasinggeber vom Leasingnehmer oder von einer mit dem Leasingnehmer **verbundenen Partei** (*related party*) i. S. v. IAS 24 (→ § 30 Rz 9) einfordern kann (IAS 17.4). Kosten, die im Zusammenhang mit dem Abschluss des Leasingverhältnisses anfallen *(initial direct costs)* und von dem Leasingnehmer übernommen werden, sind ebenfalls Bestandteil der Mindestleasingraten (ausgenommen sind Kosten, die im Zusammenhang mit Hersteller-/Händlerleasingverhältnissen verbunden sind; Rz 151). 44

Zu den Mindestleasingzahlungen gehören auch vom Leasingnehmer übernommene Kosten des Leasinggebers, Sonderzahlungen,[25] Vertragsstrafen, Übernahme von Verpflichtungen (z. B. zum Rückbau; → § 21 Rz 160) und garantierte Restwerte (IAS 17.4). Darüber hinaus ist bei der Ermittlung der Mindestleasingraten auch der **Barwert** einer **günstigen Kaufoption** mit einzubeziehen.

Zahlungen, die der Leasingnehmer **vor Leasingbeginn** an den Leasinggeber leistet, sind ebenfalls als Bestandteil der Mindestleasingraten anzusehen. Im Barwerttest sind diese Zahlungen auf den Klassifizierungszeitpunkt aufzuzinsen. Als Zinssatz ist der entsprechende Diskontierungssatz für nach dem Klassifizierungszeitpunkt zu entrichtende Leasingzahlungen zugrunde zu legen. 45

Beispiel

Anfang 01 leistet der Leasingnehmer LN eine einmalige Zahlung von 10.000 EUR an den Leasinggeber LG. Beginn des Leasingverhältnisses ist Anfang 02, die Vertragslaufzeit endet Ende 10. Zukünftig sind jeweils zum Jahresende Leasingzahlungen i. H. v. 5.000 EUR vereinbart.

Der Barwert der Mindestleasingraten ergibt sich unter Berücksichtigung eines internen Zinssatzes des Leasingnehmers i. H. v. 10 % wie folgt: Der Barwert Anfang 02 der zukünftigen Leasingzahlungen (bis Ende 10) beträgt 28.795 EUR. Zusätzlich ist für den Barwert der Mindestleasingzahlungen noch die aufgezinste Einmalzahlung i. H. v. 11.000 EUR zu berücksichtigen. Der Barwert beträgt insgesamt also 39.795 EUR.

---

[25] Analog für die IFRS heranzuziehende Beispiele für Sonderzahlungen sind Finanzgeschäfte (Investition/Kreditvergabe) mit dem Leasinggeber, Zahlungen an eine Leasingobjektgesellschaft (siehe EITF 96–21, Frage 6, aufgenommen in ASC Topic 840) sowie Zahlungen im Zusammenhang mit einem Säumnis (default) des Leasingnehmers (siehe EITF 97–1, aufgenommen in ASC Topic 840), die der Leasingnehmer trägt.

Zahlungen vor dem Beginn des Leasingverhältnisses sind von dem Leasingnehmer als auch vom Leasinggeber **abzugrenzen**. Wegen Einzelheiten wird auf Rz 20 verwiesen.

46 **Bedingte Leasingraten** (*contingent rent*) sind definiert als der Teil der zukünftigen Leasingraten, der von zukünftigen, ungewissen Ereignissen (z. B. Nutzungsintensität, Preisindexentwicklung, Umsatz etc.) abhängt. Sie sind **nicht Bestandteil der Mindestleasingzahlungen** (IAS 17.4). Sie fließen weder in den Barwerttest ein noch in die Bewertung der Leasingverbindlichkeit bzw. -forderung beim *finance lease*. Sie sind daher bei *finance leases* als Aufwand (Leasingnehmer) bzw. Ertrag (Leasinggeber) der Periode zu erfassen, in welcher der ungewisse Teil anfällt.

47 Bei voller Koppelung der Leasingzahlungen an einen **Preisindex** besteht nicht nur die Möglichkeit der **Steigerung** der Leasingzahlungen, sondern theoretisch auch die Möglichkeit der **Verringerung** der Zahlungen durch negative Inflationsraten.

- Bei **extensiver Auslegung** des Bedingungsbegriffs wäre die zukünftige Leasingrate in beinahe voller Höhe kontingent, da hoch negative Inflationsraten zwar extrem unwahrscheinlich, aber nicht völlig ausgeschlossen sind.
- **Sachgerechter** scheint hier unter Beachtung des **Stichtagsprinzips** ein Abstellen auf die **Preisverhältnisse zum Beurteilungszeitpunkt**. Die Ausgangsrate der Leasingzahlungen wird demzufolge als unbedingt angesehen, jede mögliche Abweichung nach oben oder unten in den Mindestleasingzahlungen vernachlässigt.
- Nach noch großzügigerer Auffassung würden die zukünftigen Leasingraten auf Basis der aktuellen Inflationsrate in die Mindestleasingzahlungen eingehen. Diese Ansicht würde sich u. E. nicht mit dem Stichtagsprinzip vertragen, da die Annahme, die zukünftige Inflationsrate entspreche der aktuellen, z. B. im Widerspruch zur aktuellen Marktbewertung von Terminkontrakten auf Preisindizes stehen kann. Andererseits ist aber der Diskontierungszins ein Nominalzins (z. B. der Zins für Bundesanleihen), enthält also Inflationserwartungen. Zur Wahrung der Konsistenz müsste daher auch der Diskontierungszinssatz um die Inflationserwartung bereinigt werden. Lediglich aus Vereinfachungsgründen ist es hier nicht zu beanstanden, wenn umgekehrt die Zahlungsreihe um die aktuelle Inflationsrate erweitert wird.

Beispiel

Die Leasingraten sind an die Entwicklung der Inflationsrate gebunden. Die (realen) Leasingzahlungen vor Berücksichtigung der Inflationseffekte betragen 10.000 EUR p. a. (endfällig). Zu Vertragsbeginn wird eine Inflationsrate von 2,0 % festgestellt. Der zugrunde zu legende Nominalzins beträgt 7,0 %. Werden für die Bestimmung des Barwerts der Mindestleasingzahlungen die zukünftigen Leasingzahlungen i. H. v. 10.000 EUR angesetzt, ist aus dem bekannten Nominalzinssatz die Inflationskomponente (über die Fisher-Gleichung) herauszurechnen. Der zugrunde zu legende Realzins beträgt dann 4,9 %. Zum gleichen Ergebnis kommt man, wenn die Leasingzahlungen jährlich um die im Nominalzins enthaltene Inflationskomponente erhöht werden.

Umsatzabhängige Bestandteile der Leasingraten sind ebenfalls nicht Bestandteil der Mindestleasingzahlungen. 48

Beispiel
Die Leasingrate für ein Geschäft in der Abfertigungshalle eines Flughafens beträgt monatlich mindestens 2.000 EUR. Darüber hinaus schuldet der Leasingnehmer zusätzlich 0,1 % seines Monatsumsatzes. Der erzielte Umsatz betrug in den letzten zwei Jahren durchschnittlich 250.000 EUR/Monat, der danach erwartete umsatzabhängige Teil der Miete also 250 EUR/Monat.
Die Mindestleasingrate beträgt nur 2.000 EUR. Die umsatzabhängige Zahlung ist eine *contingent rent* und nicht als Bestandteil der Mindestleasingraten zu berücksichtigen. Auch die hohe Wahrscheinlichkeit der zukünftigen Zahlungen (belegt durch die Vergangenheit) führt jedenfalls nicht zu einer Berücksichtigung der umsatzabhängigen Zahlung, wenn wie im Beispiel der Schwerpunkt bei dem nicht umsatzabhängigen Teil liegt.

Variante
Die Miete ist voll umsatzabhängig. Sie beträgt maximal 2.000 EUR, im Übrigen 0,9 % des Monatsumsatzes nach den Verhältnissen der letzten Jahre, also 2.250 EUR/Monat.
Bei extensiver Auslegung ist die Miete in vollem Umfang kontingent. Wegen der hohen Wahrscheinlichkeit ist auch vertretbar, eine unbedingte Miete von 2.000 EUR anzunehmen.

Von der **Nutzungsintensität** abhängige Zahlungen sind i.d.R. zwar ebenfalls nicht Bestandteil der Mindestleasingzahlungen, der erwartete Aufwand bei einer wahrscheinlichen Verpflichtung ist aber dennoch über die Perioden der Nutzung des Leasingobjekts zu verteilen.[26]

Beispiel
Leasinggeber und Leasingnehmer vereinbaren für eine über 4 Jahre zur Verfügung gestellte Maschine neben den laufenden Raten eine endfällige Einmalzahlung i.H.v. 10.000 EUR, wenn die gefahrenen Maschinenstunden über die Vertragsdauer 1.000 Stunden übersteigen. Erwartet wird eine Nutzung von 1.500 Stunden. Die Zahlung ist i.S.v. IAS 17.4 eine *contingent rent* und wird nicht in die Mindestleasingzahlungen einbezogen. Da die Leistung der Zahlung vom Leasingnehmer allerdings als wahrscheinlich angesehen wird, grenzt dieser jährlich 2.500 EUR (sonstiger betrieblicher Aufwand an Schuld) ab, und zwar sowohl bei einem *operating* als auch bei einem *finance lease*.

Bedingte Leasingzahlungen können als **eingebettete Derivate** (*embedded derivatives*) zu würdigen sein (IAS 39.2b). Neben der Einbeziehung in die Mindestleasingzahlungen stellt sich hier die Frage, ob das Derivat i.S.v. IAS 39.10ff. nicht 49

26 Analoge Vorgaben finden sich in EITF 98–09, aufgenommen in ASC Topic 840.

„closely related“ zu dem Risiko aus dem Leasingvertrag *(host contract)* und daher **getrennt** von diesem zu **bilanzieren** ist (ausführlich → § 28 Rz 9).

- Bei **inflationsabhängigen Leasingzahlungen** (*inflation-indexed rentals*) ohne vertraglich fixierte (Mindest-)Steigerungsrate scheidet die separate Erfassung eines Derivats nach IAS 39.11a aus, da Inflationsauswirkungen als *„closely related“* zum *host contract* gelten (IAS 39.AG33f). Eine abweichende Beurteilung und daher ein Zwang zur Separierung eines Derivats ergibt sich bei einer nicht proportionalen Abhängigkeit der Leasingzahlungen von der Inflationsentwicklung (z.B. x-fache Inflationsveränderung der Leasingzahlungen mit x ungleich 1).[27]
- Als *closely related* und daher nicht separat als Derivat zu erfassen gelten auch vom **Umsatz** oder der Entwicklung des **Zinsniveaus** abhängige Leasingzahlungen (IAS 39.AG33f).
- Ob bei **wechselkursabhängigen** Leasingzahlungen eine Trennung in Grundgeschäft *(leasing)* und eingebettetes Fremdwährungsderivat erforderlich ist, hängt von der Interpretation von IAS 39.AG33d ab. Danach ist bei in Fremdwährung valutierenden **nicht finanziellen** Verträgen, etwa über den Kauf oder Verkauf von Vorräten, kein trennungspflichtiges Derivat gegeben, wenn die Fremdwährung funktionale Währung des Kontraktpartners ist oder (wie in von Hochinflation bedrohten Ländern) allgemein bei derartigen Transaktionen genutzt wird. U.E. ist das *leasing* (im Gegensatz zu den aus dem Leasing resultierenden Forderungen und Verbindlichkeiten) kein Finanzinstrument und daher als nichtfinanzieller Vertrag anzusehen. Unter den genannten Bedingungen ist daher auf eine Separierung des Derivats zu verzichten.

50 Zahlungen, die für **Service, Wartung, Versicherung und Steuern** anfallen (*executory costs*), gehören nicht zu den Mindestleasingraten.

Beispiel
Der Leasingnehmer LN least Anfang 01 von Leasinggeber LG einen Fotokopierer für 3 Jahre. In der monatlichen Leasingrate von 100 EUR sind Toner, Papier und Wartung enthalten. Für den Service auf gleichen Kopierern, die LN erworben hat, berechnet LG monatlich 25 EUR. Zur Bestimmung der Mindestleasingraten sind daher die 100 EUR um die 25 EUR Serviceentgelt zu kürzen.

Sind in den Konditionen des Leasingverhältnisses von der Nutzungsintensität abhängige Zahlungen vereinbart, aber nicht offengelegt, ist eine Separierung auf Basis der **relativen *fair values*** (gem. IFRIC 4.12) erforderlich (vgl. Rz 13).

51 Aus Sicht des Leasinggebers gehören zu den Mindestleasingraten auch Restwertgarantien (Rz 25), die ihm vom Leasingnehmer, einer mit dem Leasingnehmer verbundenen Partei oder einer unabhängigen Partei eingeräumt werden (IAS 17.4). Das betrifft z.B. **Rücknahmeverpflichtungen seitens des Herstellers** gegenüber dem Leasinggeber und vom Leasinggeber abgeschlossene **Restwertversicherungen**, aber auch vom Leasingnehmer zu tragende **Rückbauver-**

27 Vgl. ERNST & YOUNG, Financial Reporting Series – Accounting for Leases, December 2005, L321.

pflichtungen (→ § 21 Rz 160). Ein Andienungsrecht des Leasinggebers ist einem garantierten Restwert gleichzusetzen und deshalb bei der Ermittlung der Mindestleasingzahlungen ebenfalls zu berücksichtigen.

In Deutschland werden nicht selten beim Immobilienleasing **Mieterdarlehen** vereinbart (Rz 25). Im Gegensatz zu traditionellen Kreditgeschäften (Kreditausgabe heute, Zins- und Tilgungszahlung in Zukunft) bauen sich Mieterdarlehen über die Vertragslaufzeit sukzessive auf und sind erst am Ende der Laufzeit des Leasingvertrages durch den Leasinggeber zurückzuzahlen. Die von dem Leasingnehmer während des Aufbaus des Mieterdarlehens zu leistenden Zahlungen lassen sich somit in ein Entgelt für die Nutzung des Vermögenswerts und sukzessive Darlehensauszahlungen trennen. 52

In wirtschaftlicher Betrachtung kommt dem Mieterdarlehen die Funktion einer **verdeckten Restwertgarantie** zu.[28] Ist bei Beendigung des Leasingverhältnisses als relevante Sicherheit für das Darlehen ausschließlich das Leasingobjekt heranzuziehen, gilt:

- Kann das Leasingobjekt **zu einem restwertdeckenden Preis veräußert** werden, wird das Mieterdarlehen vollständig zurückgezahlt.
- Kann das Leasingobjekt **nicht restwertdeckend veräußert** werden, muss der Leasinggeber ggf. vertraglich, mindestens aber faktisch anteilig auf die Rückzahlung des Mieterdarlehens verzichten.

Wegen dieser Abhängigkeit des Darlehens vom Restwert zählen die vom Mieter an den Vermieter geleisteten Darlehensauszahlungen zu den zu berücksichtigenden **Mindestleasingzahlungen** (IAS 17.11b) und sind daher in den nach IAS 17.10d vorzunehmenden Barwerttest einzubeziehen. Maßgeblich ist hierbei i. d. R. die planmäßige **Restvaluta** des Mieterdarlehens am Ende des Vertragsverhältnisses. Eine dies ggf. kompensierende Einbeziehung der Darlehensrückzahlung mit negativem Vorzeichen in den Barwerttest kommt hingegen regelmäßig wegen der Unsicherheit der Rückzahlung nicht infrage (*contingent rent*; Rz 46).

Beispiel[29]

Die LN AG least Anfang 01 ein neu errichtetes Verwaltungsgebäude (Investitionskosten 6 Mio. EUR, Nutzungsdauer 30 Jahre) von der Leasingobjektgesellschaft LG GmbH & Co KG, die das Verwaltungsgebäude als einzigen Vermögenswert über die Bank B (als Gründer der LG) fremdfinanziert. Die Parteien vereinbaren eine Vertragsdauer von 20 Jahren, nach deren Ablauf LN ein Vorkaufsrecht für das Gebäude hat. Die jährlichen Leasingraten belaufen sich auf 400 TEUR. Aufgrund des Zins- und Tilgungsplans der Bank verlangt LG zusätzlich die Gewährung eines zum Vertragsende rückzahlbares Mieterdarlehens mit einer jährlichen Darlehenszahlung von weiteren 100 TEUR p. a., zu dessen Besicherung nur das Verwaltungsgebäude dient. Über Eigenkapital relevanter Größenordnung verfügt die KG nicht.

Die Summe der jährlichen Mindestleasingzahlungen beträgt 500 TEUR. Der interne Leasingzinssatz des Leasinggebers ist der A bekannt und beträgt 5,45 % p. a., der Rentenbarwertfaktor somit 12,0.

---

28 Vgl. LORENZ, in: Rechnungslegung für Banken nach IAS, 2003, S. 451.

29 Entnommen aus FREIBERG, PiR 2006, S. 92ff.

Die Valuta des Darlehens am Ende der Vertragslaufzeit beträgt 2 Mio. EUR. Da die Rückzahlung des Mieterdarlehens der Höhe nach unsicher ist, ist der Rückzahlungsbetrag nicht kürzend im Barwertkalkül zu berücksichtigen. Der Barwert der Mindestleasingraten beträgt daher 6 Mio. EUR (12 × 400 TEUR aus dem Leasingvertrag + 12 × 100 TEUR aus dem Mieterdarlehen) und entspricht damit den Investitionskosten. Es liegt ein *finance lease* vor. A hat das Verwaltungsgebäude zu bilanzieren.

Durch die Einbeziehung der Darlehensauszahlungen (ohne Kürzung um die unsichere Rückzahlung) wird i.d.R. das **Barwertkriterium** regelmäßig mit der Folge der Zurechnung des wirtschaftlichen Eigentums beim Leasingnehmer erfüllt.

53 Im Zusammenhang von vereinbarten **Verlustabdeckungen** (Rz 24) im Fall der **Kündigung** eines Leasingverhältnisses ist Folgendes beachtlich:

- Nicht jede Vereinbarung hinsichtlich einer Verlustabdeckung führt automatisch zu einem *finance lease*. Vielmehr sind bei Vorliegen einer entsprechenden Kündigungsklausel ggf. **Barwerttests** in **unterschiedlichen Szenarien** anzustellen (entweder reguläre Beendigung des Vertragsverhältnisses oder bei Kündigungsmöglichkeiten der Parteien ein Kündigungsszenario).
- **Doppelzählungen** (Zahlungen bis zum Ende der Vertragslaufzeit **und** der Verlustabdeckung bei Kündigung) bei der Berechnung des Barwerts der Mindestleasingzahlungen sind zu **vermeiden**.

Beispiel

Zwischen dem Leasinggeber und dem Leasingnehmer wird ein Leasingvertrag über ein Gebäude abgeschlossen. Es wird weder eine günstige Kaufoption noch eine günstige Verlängerungsoption eingeräumt. Spezialleasing liegt ebenfalls nicht vor. Der Barwerttest über die vereinbarte Vertragsdauer (reguläre Beendigung unterstellt) führt zu einem Barwert von 70 % des beizulegenden Zeitwerts des Gebäudes.

Der Leasingvertrag enthält ein Kündigungsrecht nach 3/4 der vertraglichen Nutzungsdauer, welches mit einer Verlustabdeckungsklausel (*first-loss*-Garantie des Leasingnehmers) verbunden ist.

Lösung

Ein Barwerttest unter der Prämisse der Vertragskündigung und Diskontierung der gezahlten Leasingraten bis zur Kündigung (3/4 der Laufzeit) und der vereinbarten Verlustabdeckungssumme führt zu einem Barwert von 97 % des beizulegenden Zeitwerts des Gebäudes. Der Leasingvertrag begründet ein *finance lease*, da der Leasinggeber über die Ausübung der Kündigungsmöglichkeit das wirtschaftliche Eigentum auf den Leasingnehmer überträgt.

2.3.3.3 Beizulegender Zeitwert des Leasingobjekts

54 Der dem Barwert der Mindestleasingzahlungen **gegenüberzustellende** beizulegende Zeitwert des Leasingobjekts ergibt sich aus dem Wert, zu dem voneinander unabhängige und vertragswillige Parteien einen Tausch vereinbaren würden.

Wenn der Leasinggeber kein Hersteller/Händler ist, ergeben die Investitionskosten des Leasinggebers den besten Anhaltspunkt für den beizulegenden Zeitwert des Leasingobjekts.

Werden **Ertrags- oder DCF-orientierte Bewertungsverfahren** zur Bestimmung des beizulegenden Zeitwerts herangezogen, ist Folgendes zu beachten: Der *fair value* des Leasingobjekts ist unabhängig von dem Leasingverhältnis (also ex ante) zu bestimmen. Für die Bestimmung des Zeitwerts über ein *discounted-cash-flow*-Verfahren ist daher vorrangig auf marktbasierte Zahlungsströme aus der Nutzung des Leasingobjekts zurückzugreifen. In den Zahlungsströmen sind keine ungünstigen *(unfavorable)* oder günstigen *(favorable)* Konditionen des Leasingverhältnisses zu berücksichtigen. Ein Rückgriff auf die vertraglich vereinbarten Leasingzahlungen ist u.E. daher nur nach vorheriger Prüfung der Marktüblichkeit der Leasingraten zulässig.

Hinsichtlich des beizulegenden **Zeitwerts**, dem Vergleichsmaßstab des Barwerttests, sind im Rahmen der Klassifizierung Anpassungen für erhaltene Zuschüsse oder (steuerliche) Investitionszulagen (→ § 12 Rz 25) wegen der dadurch bedingten Kürzung des Investitionswerts vorzunehmen (zur Begrenzung der Berücksichtigung für die Klassifizierung vgl. Rz 118), wenn diese nicht an den Leasingnehmer weitergeleitet werden.[30] I.d.R. sind dem Leasingnehmer mögliche Zuschüsse und Steuervergünstigungen bekannt, er wird deswegen einer Leasingverbindlichkeit vor Abzug dieser Vergünstigungen bei der Übernahme des wirtschaftlichen Eigentums nicht zustimmen.

Beispiel

Im Rahmen des Mittelstandprogramms der KfW wurden Investitionen in Geschäftsimmobilien (Firmengründungen) mit einem vergünstigten Kreditangebot bezuschusst. Voraussetzung für die Gewährung der vergünstigten Finanzierungskonditionen im Rahmen eines Leasinggeschäfts zwischen einer Bank und dem anspruchsberechtigten Mittelständler war die Einräumung einer „günstigen“ Kaufoption (zum steuerlichen RBW des Investitionsobjekts) nach Ablauf der Vertragsdauer.

Sowohl Leasingnehmer als auch Leasinggeber haben den Konditionen für die Inanspruchnahme der KfW-Förderung zugestimmt. Die Leasingraten werden anhand der Gesamtinvestitionskosten und der Barwert der Mindestleasingraten unter Rückgriff auf den Refinanzierungszinssatz der Bank unter Anrechnung des Finanzierungszuschusses der KfW bestimmt.

Beurteilung

Bei dem zwischen den Parteien abgeschlossenen Leasingverhältnis handelt es sich um ein *finance lease*. Die Feststellung anhand des Barwertkriteriums muss hinsichtlich des Vergleichs mit dem beizulegenden Zeitwert (den Gesamtinvestitionskosten) berücksichtigen, dass der Barwert der Mindestleasingraten durch den Zuschuss der KfW nicht mehr 1:1 mit dem beizulegenden Zeitwert des Leasingobjekts zu vergleichen ist.

[30] Bis 1997 so auch in IAS 17 festgehalten.

55 Lässt sich der **beizulegende Zeitwert** des Leasingobjekts **nicht verlässlich bestimmen**, darf auf das Barwertkriterium nicht zurückgegriffen werden. In der Praxis ergeben sich Probleme der verlässlichen Bestimmung des beizulegenden Zeitwerts eines Leasingobjekts immer dann, wenn **mehrere Nutzer** auf ein Leasingobjekt zurückgreifen.

> **Beispiel**
> Ein Mobilfunkanbieter erwirbt ein 15-jähriges Nutzungsrecht an einem bereits bestehenden Antennenträger zur Befestigung der eigenen Sendetechnik (Antenne, BTS etc.).
> Zwar lässt sich ein beizulegender Zeitwert für den Antennenträger als Ganzes ermitteln (zu den Verfahren → § 31 Rz 99ff.), eine Verteilung auf einzelne Antennenplätze ist allerdings nicht zuverlässig möglich. Damit kann der Barwerttest nicht angewandt werden.

2.3.3.4 Maßgebender Zinssatz

56 Zur Bestimmung des Barwerts der Mindestleasingraten ist ein **Abzinsungssatz** heranzuziehen. Dieser stimmt aus Sicht des Leasinggebers und des Leasingnehmers häufig **nicht überein**.[31]

- Aus der Perspektive des **Leasinggebers** spiegelt der Zinssatz zur Diskontierung zukünftiger Leasingzahlungen die interne Verzinsung *(rate implicit in the lease)* der Investition in das Leasingobjekt wider. Die Höhe des Zinssatzes ergibt sich aus der Rendite einer Alternativanlage des Leasinggebers.
- Zur Ermittlung des Barwertes der Mindestleasingzahlungen hat der **Leasingnehmer** gleichfalls den dem Leasingverhältnis zugrunde liegenden Zinssatz als Diskontierungszinssatz zu verwenden, sofern er diesen in praktikabler Weise ermitteln kann. Ist dies nicht der Fall, hat er seinen eigenen **Grenzfremdkapitalzinssatz** (*incremental borrowing rate*) zu verwenden (IAS 17.20).

Aus Sicht des Leasinggebers ergeben sich in der Praxis keine Probleme zur Bestimmung des anzuwendenden Abzinsungssatzes. Aus der Sicht des Leasingnehmers stellt sich allerdings regelmäßig die Frage nach dem „geeigneten" Abzinsungssatz, wenn der Leasinggeber dem Leasingnehmer seinen internen Zinssatz bzw. die notwendigen Parameter zur Kalkulation **nicht zur Verfügung** stellt.

57 Zur Ermittlung des Barwertes der Mindestleasingzahlungen ist aus Sicht des Leasingnehmers vorrangig der **interne Zinssatz** des Leasinggebers als Abzinsungsfaktor heranzuziehen. Wird dieser von dem Leasinggeber nicht zur Verfügung gestellt, ergibt er sich aus dem Zinssatz, mit dem die Summe der Leasingzahlungen einschließlich des nicht garantierten Restwertes diskontiert werden muss, sodass sich der ergebende Barwert und der (ggf. um Zuschüsse korrigierte) beizulegende Zeitwert des Leasingobjektes zu Beginn des Leasingverhältnisses entsprechen.

Zur **Berechnung des internen Zinssatzes** des Leasinggebers sind aus Sicht des Leasingnehmers folgende Zahlungen mit einzubeziehen:

---

31 Ausführlich FREIBERG, Diskontierung in der Internationalen Rechnungslegung, Rz 357ff.

	Leasingraten
+	Zahlungen bei Ausübung eines Andienungsrecht durch Leasinggeber*
+	Zahlungen aufgrund von Restwertgarantien einer dem Leasingnehmer zuzurechnenden Partei*
+	Zahlungen aufgrund von günstigen Kauf-/Verlängerungsoptionen*
+	Sonstige nicht in den Leasingraten enthaltene Zahlungen des Leasingnehmers an den Leasinggeber (separat berechnete Verwaltungskosten, Vertragskosten etc.; ausdrücklich jedoch nicht Steuererstattungen oder Kosten für lfd. Dienstleistungen)
=	Mindestleasingzahlungen aus Sicht des Leasingnehmers
+	Zahlungen aufgrund von Restwertgarantien einer dem Leasinggeber zuzurechnenden Partei
=	Mindestleasingzahlungen aus Sicht des Leasinggebers
+	nicht garantierte Restwerte
=	Berechnungsbasis für internen Zinssatz

* Doppelerfassungen sind zu vermeiden. Zahlungen z.B. für ein Andienungsrecht des Leasinggebers können nicht zugleich als Zahlungen für die Ausübung einer Kaufoption beim Leasingnehmer berücksichtigt werden.

Ein vom Leasingnehmer offengelegter Zinssatz kann u.E. nicht ohne weitere **Plausibilitätsprüfung** übernommen werden. Insbesondere Annahmen in Bezug auf den nicht durch die Zahlungen des Leasinggebers gesicherten Restwert sind dabei kritisch zu würdigen (Rz 30 und Rz 31).

Beispiel 58

Ein Leasingnehmer least ab dem 1.1.01 eine Anlage mit einem beizulegenden Zeitwert zu Beginn des Leasingvertrages von 250.000 EUR über eine Grundmietzeit von 5 Jahren. Die wirtschaftliche Nutzungsdauer wird auf 8 Jahre geschätzt. Die jährlichen (nachschüssigen) Leasingraten betragen 67.600 EUR, davon entfallen 2.400 EUR auf Vertragsnebenkosten. Der interne Zinssatz des Leasinggebers ist dem Leasingnehmer nicht bekannt. Es findet kein Vermögensübergang am Ende der Laufzeit auf den Leasingnehmer statt; es besteht auch keine günstige Kauf- oder Mietverlängerungsoption des Leasingnehmers. Auf Nachfrage bestätigt der Leasinggeber dem Leasingnehmer, dass er von einem Restwert von 50 % des Zeitwerts zu Beginn des Leasingverhältnisses (also 125.000 EUR) ausgehe.

Der Zinssatz der teuersten Darlehensfinanzierung des Leasingnehmers beträgt 9,5 %.

Zur Prüfung des Barwertkriteriums *(recovery of investment test)* werden in einem ersten Schritt die vom Leasingnehmer zu zahlenden Leasingraten mit dem internen Zinssatz des Leasinggebers diskontiert, da der Leasinggeberzinssatz von dem Leasingnehmer bestimmt werden kann. Der interne Zinssatz wird unter Berücksichtigung der um die Vertragsnebenkosten bereinigten Leasingraten (65.200 EUR) und des Restwerts i.H.v. 50 % mit ca. 19 % bestimmt. Der (quasi-risikolose) Zinssatz liegt im Vergleich für 5-jährige Bundesanleihen unter 4 %.

Der Barwert der Mindestleasingraten beträgt unter Berücksichtigung des dem Leasingvertrag zugrunde liegenden Zinssatzes von 19 % und einer Grundmietzeit von 5 Jahren insgesamt 198.194 EUR. Das entspricht 79 %, damit nicht „im Wesentlichen dem beizulegenden Zeitwert des Leasingobjektes".

Das im Beispiel erzielte Ergebnis überzeugt allerdings nicht:

- Der Vermögenswert hat eine wirtschaftliche Nutzungsdauer von 8 Jahren, also am Ende der Vertragslaufzeit noch eine Restnutzungsdauer von 3/8 (= 37,5 %). Im Vergleich hierzu ist der angegebene Restwert von 50 % nicht ohne weiteres plausibel. Ohne stützende zusätzliche Informationen wäre die Annahme daher nicht brauchbar.
- Zum anderen erscheint der interne Zinssatz mit 19 % sowohl mit Blick auf den Kapitalmarkt als auch mit Blick auf die sonstigen Finanzierungskosten des Leasingnehmers unverhältnismäßig hoch. Auch hier ist ohne weitere Informationen eine Plausibilität nicht gegeben.

Verallgemeinert gilt daher: Ein Rückgriff auf den über die Restwertannahme ermittelten internen Zinssatz des Leasinggebers ist u.E. dann nicht möglich, wenn die Annahmen nicht nachvollziehbar bzw. plausibel sind. In diesem Fall ist der Diskontierungszins über die Grenzfinanzierungskosten des Leasingnehmers zu bestimmen.

59 Sofern der Leasingnehmer den Leasinggeberzinssatz **nicht explizit kennt**, hat der Leasingnehmer den Zinssatz anzuwenden, den er

- entweder in einem vergleichbaren Leasingverhältnis (gleiches Leasingobjekt, gleiche Sicherheiten und Laufzeit) entrichten müsste oder
- bei einem unterstellten (bank-)finanzierten Kauf über eine vergleichbare Laufzeit hätte aufwenden müssen (**Leasingnehmerzinssatz** bzw. **Grenzfremdkapitalzinssatz**, *lessee's incremental borrowing of interest;* IAS 17.4).

60 Hat der Leasingnehmer im Rahmen der Finanzierungsverhandlungen für ein bestimmtes Leasingobjekt mehrere Finanzierungsalternativen zur Auswahl, kann bei fehlender Kenntnis des internen Zinssatzes des Leasinggebers zur Bestimmung des Grenzfremdkapitalzinssatzes auf einen Zinssatz, der sich aus dem Eingehen eines **vergleichbaren Leasingverhältnisses** ergeben hätte, abgestellt werden.

Beispiel

Ein Leasingnehmer LN holt bei drei verschiedenen Leasinggebern (A, B und C) Angebote für die Finanzierung eines Leasingobjekts ein. Der Vertrag wird mit A abgeschlossen. Aus den Vertragsunterlagen lässt sich der interne Zinssatz nicht ableiten. B und C legen allerdings mehr Informationen als A offen. Dabei ist nur die Leasingkondition des C mit der von A vergleichbar. Das Leasingangebot von B sieht eine längere Vertragsdauer vor und scheidet daher als Vergleich aus.

Aus den Konditionen des C ergibt sich ein interner Zinssatz von 10 %. In der Bestimmung des Barwerts der Mindestleasingraten stellt LN auf die 10 % als Grenzfremdkapitalkosten ab.

IAS 17 enthält keine konkreten Regeln zur Ermittlung des Grenzkapitalkostensatzes. Ohne Informationen über die Höhe des Zinssatzes alternativer Leasingverhältnisse ist u.E. auf den Zinssatz abzustellen, der bei einem **vollständig fremdfinanzierten Kauf** aufgebracht werden müsste. Der Rückgriff auf Eigenkapitalkosten oder gewichtete Kapitalkosten (WACC) ist nicht zulässig, da diese Größen gerade nicht die Fremdkapitalkosten darstellen. 61

Bei fiktiv fremdfinanziertem Kauf ist regelmäßig eine **Mischfinanzierung** zu unterstellen. Eine Bank wird bei großen Volumina i.d.R. nur einen Teil der Finanzierung durch ein besichertes Darlehen gewähren, der verbleibende Teil wird demnach von dem Leasingnehmer durch ein unbesichertes Darlehen oder Mezzanine-Finanzierungen zu beschaffen sein. 62

- Für den **besicherten Teil** ist dann u.E. der laufzeitäquivalente Basiszins (Festsatzeinstand der Bank) zzgl. einer Marge maßgeblich,
- für den **unbesicherten Teil** ein höherer Zinssatz.[32]

Bei Unterstellung einer Mischfinanzierung sind die Grenzfremdkapitalkosten methodisch zwangsläufig als gewichteter Durchschnitt der Kosten des besicherten und des unbesicherten Teils abzuleiten. Die konkrete Höhe der für den unbesicherten Teil zugrunde gelegten Finanzierungssätze hängt von der individuellen Bonität des Leasingnehmers und der Qualität des Leasingobjekts, vor allem aber auch dem Volumen der Finanzierung im Verhältnis zur Größe des Unternehmens ab.

Beispiel

Leasingnehmer LN, **Bilanzsumme 1 Mrd.**, least eine Immobilie mit Anschaffungskosten i.H.v. 50 Mio. EUR über eine Laufzeit von 25 Jahren. LN könnte den Kauf der Immobilie durch ein **besichertes** Darlehen i.H.v. 30 Mio. EUR zu einem Zinssatz von 6 % und ein **unbesichertes** Darlehen von 20 Mio. mit einem Zinssatz von 9 % entsprechend dem Finanzierungssatz von Betriebsmittelkrediten ähnlichen Volumens finanzieren.

Der sich daraus ergebende gewichtete Fremdkapitalzinssatz, der für die Leasingbeurteilung heranzuziehen wäre, beläuft sich auf 7,2 % (= 60 % × 6 % + 40 % × 9 %).

Variante

Leasingnehmer LN, **Bilanzsumme** bisher **100 Mio.**, vereinbart einen *sale and lease back* über seine gesamten Immobilien, deren Buch- und Zeitwert 50 Mio. beträgt. Angesichts der Größenordnung des Geschäfts wird für die nachrangige unbesicherte Finanzierung ein Zinssatz angenommen, der den Renditeforderungen von *venture-capital*-Organisationen entspricht, also etwa 25 %.

Bei sonst gleichen Prämissen ergeben sich nun Fremdkapitalkosten von 13,6 % (= 60 % × 6 % + 40 % × 25 %). Der Barwerttest wird bei solch hohem Diskontierungszins meistens nicht mehr zu einem *finance lease* führen.

Für den (seltenen) Fall, dass der Leasingnehmer aufgrund seiner **schlechten Bonität** keine Fremdfinanzierung bekommen könnte, ist u.E. auf den beob-

[32] Vgl. Ernst & Young, Financial Reporting Series – Accounting for Leases, December 2005, L345.

achtbaren Fremdfinanzierungszinssatz für das nachrangigste Fremdkapital zurückzugreifen.[33] Dieser stellt somit auch die **Obergrenze** des Grenzfremdkapitalkostensatzes eines Unternehmens dar.

63 Die Anwendung des Grenzfremdkapitalzinssatzes ist jedoch dann ausgeschlossen, wenn der Leasingnehmer den **Leasinggeberzinssatz** in praktikabler Weise **berechnen** kann (IAS 17.20). Hierzu benötigt der Leasingnehmer Informationen über Investitionszuschüsse des Leasinggebers und nicht bzw. von Dritten garantierte Restwerte.

Beispiel

Ein Leasingnehmer mietet am 1.1.01 eine Anlage mit einer wirtschaftlichen Nutzungsdauer von 6 Jahren über eine Grundmietzeit von 5 Jahren. Die jährlichen Leasingraten betragen 75.000 EUR. Es besteht eine Kaufoption für den Leasingnehmer zum Erwerb der Anlage am Ende der Vertragslaufzeit für 29.000 EUR. Der Zeitwert im Ausübungszeitpunkt wird auf 40.000 EUR geschätzt. Der dem Leasingverhältnis zugrunde liegende Zinssatz ist dem Leasingnehmer nicht bekannt. Dem Leasingnehmer ist allerdings bekannt, dass die Anschaffungskosten der Anlage beim Leasinggeber 400.000 EUR betragen haben und der Leasinggeber einen staatlichen Investitionszuschuss i. H. v. 100.000 EUR erhalten hat. Im Falle des Kaufs und der laufzeitäquivalenten Fremdfinanzierung würde der Zinssatz 12 % p. a. betragen.

Lösung

Bereits die günstige Kaufoption und die Vertragslaufzeit von 83,3 % der wirtschaftlichen Nutzungsdauer können zu einer Zurechnung des Leasingobjektes beim Leasingnehmer führen.

Bei der Berechnung des Barwertes der Mindestleasingraten ist vorrangig der dem Leasingverhältnis zugrunde liegende Zinssatz anzuwenden. Dieser Zinssatz ist dem Leasingnehmer zwar nicht explizit bekannt; der Leasingnehmer verfügt jedoch über sämtliche Informationen, um den internen Zinssatz des Leasinggebers auf einfache Weise zu bestimmen. Dieser Zinssatz beträgt 10,28 %. Unter Zugrundelegung des internen Zinssatzes des Leasinggebers deckt der Barwert der Mindestleasingraten (bestehend aus dem Barwert der Leasingraten und dem Barwert der Kaufpreiszahlung im Optionsausübungszeitpunkt) vollständig den beizulegenden Wert des Leasingobjektes, der den um den Zuschuss korrigierten Anschaffungskosten des Leasinggebers entspricht:

Mindestleasingraten	**Barwerte EUR**
Leasingraten 75.000 EUR p. a. (nachschüssig)	282.227,40
Optionspreiszahlung 29.000 EUR am 31.12.05	17.772,60
	300.000,00
Korrigierter beizulegender Wert des Leasingobjektes	300.000,00
Verhältnis	100 %

Das Leasingobjekt ist damit dem Leasingnehmer zuzurechnen.

[33] Vgl. ERNST & YOUNG, Financial Reporting Series – Accounting for Leases, December 2005, L348.

Es ist auch folgende **Sachverhaltskonstellation** denkbar:

- Die Zurechnung hängt allein vom Barwertkriterium ab;
- der Leasingnehmer kennt den Zinssatz des Leasinggebers nicht;
- der Leasingnehmer verwendet deshalb den alternativen Grenzfremdkapitalzinssatz.

Die **Folge** kann sein:

- Das Barwertkriterium ist beim Leasingnehmer,
- nicht dagegen beim Leasinggeber erfüllt.

Die Folge ist eine aus deutscher Sicht gewöhnungsbedürftige „Doppelbilanzierung" sowohl beim Leasinggeber als auch -nehmer (Rz 114).

2.3.3.5 Bedeutung des Barwerttests über die Klassifizierung hinaus

Die Ermittlung des Barwerts der Mindestleasingzahlungen ist nicht nur für die 64
Zurechnungsfrage *finance* oder *operating lease* entscheidend. Werden im Rahmen eines Leasingverhältnisses die Chancen und Risiken aus der Nutzung eines Vermögenswerts dem Leasingnehmer zugerechnet, hat dieser zu Beginn des *finance lease* den Vermögenswert und die korrespondierende Schuld in gleicher Höhe in der Bilanz anzusetzen. Die Höhe des Vermögenswerts/der Schuld bestimmt sich aus dem zu Beginn des Leasingverhältnisses beizulegenden **Zeitwert** des Leasingobjekts **oder** dem **Barwert** der Mindestleasingzahlungen (Rz 116), sofern dieser Wert niedriger ist (IAS 17.20).

Der **anzuwendende Diskontierungszinssatz** für die Durchführung des Bar- 65
werttests und die Folgebewertung der Leasingverbindlichkeit im Rahmen eines *finance lease* (Rz 128) ist **zwingend identisch**, wenn der Barwert der Mindestleasingraten geringer ist als der beizulegende Zeitwert des Leasingobjekts. Liegt der Barwert der Mindestleasingraten über dem beizulegenden Zeitwert, ist im Rahmen der Folgebewertung der Leasingverbindlichkeit der Effektivzins (Verhältnis der Verbindlichkeit zu den vereinbarten Leasingraten) zugrunde zu legen.

2.3.4 Spezialleasing

Ein *finance lease* liegt nach IAS 17.10e normalerweise *(normally)* auch vor, wenn 66
ein Leasingobjekt **speziell** auf die **Bedürfnisse** des Leasingnehmers zugeschnitten und nach Ablauf der Grundmietzeit wirtschaftlich sinnvoll nur von diesem nutzbar ist. Eine alternative, aber wirtschaftlich nicht sinnvolle Nutzung widerlegt Spezialleasing ebenso wenig wie eine denkbare, aber aus der Perspektive des Vertragsbeginns sehr unwahrscheinliche wirtschaftlich sinnvolle Drittverwendung.[34]

> **Beispiel**
> Der Bundesligafußballverein B (einziger Bundesligaverein der Stadt) hat das Stadion langfristig von der Stadt angemietet. Die Nutzung des Stadions ist nicht auf Fußball beschränkt. Ebenso könnte man hier Schafe weiden lassen oder Rockkonzerte veranstalten, wobei Letzteres gelegentlich sogar vorkommt.

34 LÜDENBACH/FREIBERG, BB 2006, S. 259.

Beide Verwendungsalternativen scheiden aber für einen langfristigen Mietvertrag aus, bzw. sowohl der Schäfer als auch der Konzernveranstalter würden einen solchen langfristigen Vertrag nur abschließen, wenn die Stadionmiete nur noch einen verschwindend kleinen Bruchteil dessen betrüge, was ein Bundesligaverein für die fortgesetzte regelmäßige Nutzung zahlen würde.
Nach unserer Auffassung liegt in diesem Fall (der Vermietung des Stadions an den Bundesligaverein) Spezialleasing vor. Entscheidend ist nicht, ob ein anderer als der Leasingnehmer das Leasingobjekt ohne größere Modifikationen überhaupt, sondern ob er es **wirtschaftlich sinnvoll** nutzen kann.

Andererseits liegt z.B. bei kommunalen Objekten, wie z.B. Krankenhäusern und Schulen, kein Spezialleasing vor, wenn eine Nutzung durch private Träger möglich und nicht ganz unwahrscheinlich ist.[35]
Strittig ist, ob dem Spezialleasingkriterium eine **eigenständige** Bedeutung zukommt. Teilweise wird dieses Kriterium als eine Unterform des Barwerttests angesehen.[36] U.E. kommt dem Kriterium „Spezialleasing“ eine eigenständige und hohe Bedeutung zu, da die Zielsetzung dieses Kriteriums gerade darin liegt, Gestaltungen aufzudecken, mit denen die anderen Zurechnungskriterien umgangen werden können.[37]

67 Sowohl ein **formeller** als auch ein **materieller** Grund sprechen für eine **eigenständige** und **gewichtige** Bedeutung des Kriteriums Spezialleasing:

- **Formell** ist einzuwenden, dass das Spezialleasingkriterium in IAS 17.10 auf gleicher Ebene wie die anderen Kriterien genannt wird, obwohl der Indikator „Spezialleasing“ nachträglich in den Indikatorenkatalog des IAS 17 (*revised* 1997) aufgenommen worden ist.[38] Dem Wortlaut der Regelung ist kein Hinweis auf eine **Einbeziehung** in ein anderes Kriterium bzw. die **Unterordnung** unter ein solches zu entnehmen.
- **Materiell** decken Barwerttest und Spezialleasingtest unterschiedliche Konkretisierungsformen des wirtschaftlichen Eigentums ab. Der Barwerttest zielt auf die sichere **Amortisation** aus der Perspektive eines risikoscheuen Leasinggebers. Er versagt daher (Rz 65) bei erfolgsabhängigen Leasinggraten, da Amortisationssicherheit hier wegen der Bedingtheit nie darzustellen ist. Andererseits kann auch bei bedingten Leasingraten das wirtschaftliche Eigentum beim Leasingnehmer liegen, dies eben aufgrund der **anderen** Kriterien (z.B. Vertragsdauer), die nicht auf die sichere Amortisation, sondern vorrangig darauf zielen, wer bei normalem und wahrscheinlichem Verlauf der Dinge auf Dauer die tatsächliche Herrschaft über das Leasingobjekt hat.

35 LÜDENBACH/FREIBERG, BB 2006, S. 259.
36 In diesem Sinne: FINDEISEN, RIW 1997, S. 843 ff.; auch ESSER, StuB 2005, S. 433 ff.
37 A. A. HEUSER/THEILE, IFRS Handbuch, 4. Aufl., Rz 1321, die einen engen Anwendungsbereich des Spezialleasingkriteriums unterstellen und als Rechtfertigung auf die Drittverwertungsmöglichkeit abstellen.
38 In der vorherigen Version des IAS 17 (1994) war das Spezialleasing nicht Bestandteil des Indikatorenkatalogs. In der Einleitung zu IAS 17 (revised 1997) wurde die Einführung zusätzlicher Kriterien (Spezialleasing sowie die weiteren Indikatoren (heute IAS 17.11)) mit der Ausweitung des Chancen-Risiken-Ansatzes begründet. Spezialleasing wurde Bestandteil der bestehenden Indikatoren, die weiteren wurden separat (nachrangig) aufgeführt.

Dem Gedanken folgend, durch das Kriterium des Spezialleasings Umgehungen zu vermeiden, sehen auch andere internationale Regelungssysteme als die IFRS (und das deutsche Steuerrecht im Bereich des Kommunalleasings[39]) eine Zurechnung wirtschaftlichen Eigentums bei Spezialleasing vor. Dies gilt z. B. für

- die *International Public Sector Accounting Standards* (IPSAS) als Pendant der IFRS im Bereich der öffentlichen Verwaltung,[40]
- die Regelungen des *United States General Accounting Office* (GAO) zur Berücksichtigung von Vermögen, Schulden und Investitionsausgaben aus Leasingverträgen in öffentlichen Haushalten nach den Grundsätzen des wirtschaftlichen Eigentums.[41]

Der spezielle Zuschnitt eines Leasingobjekts löst **faktische Handlungszwänge** 68
aus, die einen weitgehenden Verzicht auf rechtliche Bindungen ermöglichen bzw. diese, etwa durch Wahl einer formell kurzen Vertragsdauer, so gestalten, dass die anderen Leasingkriterien umgangen werden können.[42] Eine den wirtschaftlichen Verhältnissen entsprechende Betrachtung könnte daher in diesen Fällen ohne Einbeziehung des Spezialleasingkriteriums nicht erreicht werden.[43]

Beispiel

Die Parteien eines Leasingverhältnisses vereinbaren zur Umgehung des Vertragsdauerkriteriums eine verhältnismäßig kurze Laufzeit mit einer marktüblich bepreisten Vertragsverlängerungsoption für den Leasinggeber. Die vereinbarten Leasingraten enthalten auch eine erfolgsabhängige Komponente, sodass der Barwert der (sicheren) Mindestleasingraten nicht dem wesentlichen Teil des beizulegenden Zeitwerts entspricht. Der Vertrag sieht keine Kaufoption vor.

Lösung

Der an dauernder Herrschaft interessierte Leasingnehmer kann sich auf diese alle anderen Kriterien umgehende Gestaltung einlassen, wenn Spezialleasing vorliegt und es deshalb völlig unwahrscheinlich ist, dass der Leasinggeber einen anderen Leasingnehmer finden wird, also die Verlängerungsoption nicht ausüben wird.

Spezialleasing liegt nach unserer Auffassung regelmäßig dann vor, wenn der 69
spezielle Zuschnitt eines Leasingobjekts eine ökonomisch sinnvolle **Drittver-**

---

39 Vgl. Kaligin, DStZ 1985, S. 235–240; Goertzen, Finanz-Rundschau 1996, S. 549–556; Theissen, Die Information über Steuer und Wirtschaft, 1996, S. 146–149.

40 Vgl. IPSAS 13.15e.

41 Vgl. Bericht des US GAO an diverse Ausschüsse des Repräsentantenhauses vom August 2001 (www.gao.gov/new.items/d01929.pdf). Im konkreten Fall ging es darum, dass Budgetrestriktionen z. B. hinsichtlich der Neuverschuldung nicht durch Leasinggestaltungen in „Public Private Partnership"-Konstruktionen umgangen werden sollen, bei denen das wirtschaftliche Eigentum bei der öffentlichen Hand liegt. Voraussetzung für ein operating lease (kein wirtschaftliches Eigentum) ist u. a.: „The asset is a general purpose asset rather than being for a special purpose of the government and is not built to unique specifications of the government lessee."

42 Lüdenbach/Freiberg, BB 2006, S. 259; BFH, Urteil v. 15.2.2001, III R 130/95, BFH/NV 2001, S. 1041 ff.

43 BFH, Urteil v. 26.1.1970, IV R 144/66, BStBl II 1970 S. 264. Zum Fall eines speziell auf die Bedürfnisse eines durch den Leasingnehmer zugeschnittenen Selbstbedienungsladens unter Vornahme von Ein- und Umbauten.

wendung quasi **ausschließt**. Im Bereich des Softwareleasing sehen wir das Kriterium Spezialleasing nach IFRS daher als erfüllt an, wenn über ein Leasingverhältnis finanzierte **ERP-Software** in ganz wesentlichem Umfang an die betriebliche Situation des Leasingnehmers angepasst *(customised)* wird.
Im Übrigen war auch in der Entwurfsfassung des BMF-Schreibens zur „ERP-Software" noch eine ähnliche Auffassung enthalten,[44] wurde aber nach Intervention aus der Praxis gestrichen.

70 Das **Fehlen** der wirtschaftlich sinnvollen **Drittverwendungsmöglichkeit** ist als das entscheidende Definitionsmerkmal des Spezialleasings anzusehen:[45] Spezialleasing liegt daher nach an steuerlichen Grundsätzen orientierter Auslegung vor, „wenn der Leasinggegenstand in einem solchen Maße auf die speziellen Anforderungen und Verhältnisse des Leasingnehmers zugeschnitten ist, dass eine sinnvolle anderweitige Nutzung oder Verwertung durch den Leasinggeber nicht möglich erscheint" oder in typisierter Betrachtung völlig unwahrscheinlich ist.
Nach unserer Auffassung muss die Konkretisierung des IFRS-Begriffs des Spezialleasings gleichen Grundsätzen folgen.[46] Diese Auffassung stützt sich auf folgende Überlegung:

- Jede Klassifizierung eines Leasingverhältnisses hat gem. IAS 17.13 zu Beginn des Leasingverhältnisses *(at inception of the lease)* zu erfolgen.
- Sie ist damit notwendig zukunftsgerichtet und daher von Wahrscheinlichkeitsüberlegungen geprägt.
- Würde man unter diesen Umständen jede noch so unwahrscheinliche Drittverwendungsmöglichkeit für die Widerlegung eines Spezialleasings genügen lassen, wäre der Begriff bzw. das Kriterium jedes Anwendungsgehalts beraubt. IAS 17.10e würde zu einer Vorschrift ohne Anwendungsbereich degenerieren.

Ein Spezialleasing liegt daher nach IFRS auch dann vor, wenn aus der Perspektive des Vertragsbeginns eine **wirtschaftlich sinnvolle Drittverwendung sehr unwahrscheinlich** ist.

71 Spezialleasing in Bezug auf einen spezifischen Vermögenswert wird u.E. auch nicht durch die Fiktion der Übernahme des **gesamten Unternehmens** – der rechtlichen und wirtschaftlichen Hülle um den spezifischen Vermögenswert – durch einen Dritten ausgeschlossen. Nur in ganz seltenen Fällen ist die beim Spezialleasing vorausgesetzte Beschränkung der Verwendungsmöglichkeit auf den Leasingnehmer absolut, nämlich in dem Sinne gegeben, dass jeder Dritte schon technisch mit dem Objekt nichts anfangen könnte. Häufig wird ein Dritter aber wirtschaftlich nichts mit dem „speziellen" Vermögenswert anfangen können, wenn er nicht zugleich das damit betriebene (Teil-)Geschäft, repräsentiert durch konkrete Kundenbeziehungen etc., übernimmt. Spezialleasing wird u.E. daher nicht dadurch ausgeschlossen, dass ein Dritter das Leasingobjekt nur unter der Voraussetzung der Übernahme des damit **betriebenen (Teil-)Geschäftes** verwenden könnte.[47]

---

44 BMF, IV B2 – S 2172-0/00 Entwurf, Bilanzsteuerliche Beurteilung von Aufwendungen zur Einführung eines neuen Softwaresystems (ERP-Software), Tz 20, vom 10. Juni 2005.

45 So GOERTZEN, FR 1996, S. 549ff.

46 LÜDENBACH/FREIBERG, BB 2006, S. 259.

47 LÜDENBACH/FREIBERG, BB 2006, S. 259.

2.4 Leasing von Immobilien

2.4.1 Überblick

72 Die bilanzielle Behandlung von Leasingverhältnissen über Immobilien nimmt innerhalb der IFRS eine besondere Bedeutung ein. So ergeben sich bereits im Rahmen der Zuordnung des wirtschaftlichen Eigentums **Wechselwirkungen** zu den Vorgaben zur bilanziellen Abbildung von Renditeliegenschaften (→ § 16 Rz 6, Rz 22).

Im Anwendungsbereich von IAS 17 ist darüber hinaus für die Leasingklassifizierung zwischen unbebautem und bebautem (inkl. Gebäude) Grund und Boden zu unterscheiden. Bei Leasingverhältnissen über **unbebaute Grundstücke** (Rz 73ff.) ist im Rahmen der Beurteilung – *finance* oder *operating lease* – der Besonderheit der unbestimmbaren Nutzungsdauer (*indefinite economic life*) des Leasingobjekts Rechnung zu tragen (IAS 17.15a). Die komplexeren Fragen stellen sich bei der Beurteilung des Übergangs des wirtschaftlichen Eigentums bei **bebauten Grundstücken**, da hier u.a. zu entscheiden ist, ob die Zurechnung von Grundstück und Gebäude einheitlich erfolgt oder separat zu beurteilen ist (Rz 79ff.).

2.4.2 Leasing von unbebauten Grundstücken

73 Für Leasingverträge über unbebaute Grundstücke gelten – trotz der unbestimmten Nutzungsdauer des Grund und Bodens (*indefinite economic life*) – die gleichen Vorgaben zur Klassifizierung als *finance* oder *operating lease* wie für abnutzbares Vermögen. Der Übergang des wirtschaftlichen Eigentums auf den Leasingnehmer ist unstreitig, wenn am Ende der Grundmietzeit das Eigentum am Grundstück auf den Leasingnehmer übergeht. Infolgedessen sind bei unbebauten Grundstücken vorrangig das Eigentumsübergangs- und das Kaufoptionskriterium (Rz 22) zu prüfen. Wenn eines dieser beiden Kriterien erfüllt ist, erfolgt die Zurechnung des Grundstücks beim Leasingnehmer.

Geht das rechtliche Eigentum am Ende der Grundmietzeit nicht auf den Leasingnehmer über, bleiben zur Beurteilung des Übergangs des wirtschaftlichen Eigentums das Nutzungsdauer- und Barwertkriterium sowie die Möglichkeit des Vorliegens eines Spezialleasings. Spezialleasing ist bei unbebauten Grundstücken so gut wie nie einschlägig. Auch das Nutzungsdauerkriterium läuft bei Grund und Boden wegen der zeitlich nicht bestimmbaren (Rest-)Nutzungsdauer ins Leere.

Besonderheiten ergeben sich für den **Barwerttest** (Rz 43). Bei sehr langfristigen Leasingverhältnissen über Grund und Boden wird der nicht durch den Leasingnehmer genutzte Restwert des Grund und Bodens aufgrund des Diskontierungseffektes (Zeitwert des Geldes; *time value of money)* regelmäßig sehr gering im Vergleich zum Gesamtwert sein.

Beispiel

LN erhält von LG für 999 Jahre ein Nutzungsrecht an einem unbebauten Grundstück. Der Zeitwert des Grundstücks beträgt bei Leasingbeginn 10 Mio. EUR. Die Konditionen des *lease* sehen am Ende der Mietzeit weder einen Eigentumsübergang noch eine günstige Kaufoption vor. LN zahlt jährlich eine marktübliche Miete. Der Restwert des Grundstücks ist unter Be-

> rücksichtigung einer Geldentwertungsrate von 2 % p.a. und eines (zunächst) risikolosen Zinssatzes von 5 % bedeutungslos (bereits nach 557 Jahren Laufzeit ist der barwertige Restwert < 1 EUR).

Fraglich ist daher, ob die Chancen und Risiken aus dem Eigentum *(incidental to ownership)* an dem Grund und Boden auf den Leasingnehmer übertragen werden.

74 Nach bisheriger Auffassung des IASB, bestätigt durch das IFRIC,[48] verbleiben die Chancen und Risiken, die mit dem Eigentum an einem Grundstück verbunden sind, wegen der unbestimmbaren Nutzungsdauer beim Leasinggeber, wenn das rechtliche Eigentum nicht übergeht (IAS 17.BC8). Im Rahmen des zweiten *Annual Improvements Project* hat der Board die bislang bestehenden (speziellen) Klassifizierungsregeln für *leases* über Grund und Boden in IAS 17.14 und IAS 17.15 komplett gestrichen. Im neuen Recht verbleibt nur noch ein Hinweis auf die getrennte Behandlung eines *lease* über Grund und Boden sowie Gebäude (IAS 17.15A). Für die Klassifizierung, also die Frage der Zuordnung des wirtschaftlichen Eigentums, von Leasingverhältnissen über Grund und Boden ist daher auch der Barwerttest heranzuziehen (zu den Übergangsvorschriften siehe Rz 191).

> **Beispiel (Fortsetzung des Beispiels aus Rz 73)**
> Aufgrund des niedrigen barwertigen Restwerts bei der langfristigen Nutzungsüberlassung von Grund und Boden (Rz 73) übernimmt LN die wesentlichen Chancen und Risiken und damit das wirtschaftliche Eigentum an dem Grundstück. Das Vertragsverhältnis ist als *finance lease* zu klassifizieren, LN aktiviert das Grundstück mit dem niedrigeren von Barwert der Mindestleasingraten und *fair value at inception* (Rz 116).

75 Der Board rechtfertigt die Ausweitung der Klassifizierungsregeln für Grundstücke mit der wirtschaftlichen Situation des Leasingnehmers. Bei einem langfristigen Leasingverhältnis besteht hinsichtlich des Nutzungsrechts wirtschaftlich kein Unterschied zu einem Erwerb. An einer klaren Vorgabe, wie lange ein Leasingverhältnis über ein Grundstück sein muss, um wirtschaftlich einem Erwerb gleichgestellt zu werden, fehlt es allerdings.[49] Der IASB unterstellt eine Laufzeit von mehreren Jahrzehnten *(several decades)*, somit also durchaus Laufzeiten <100 Jahre (IAS 17.BC8C). An einer Konkretisierung, wie lange der Zeitraum „*several decades*" zu interpretieren ist, wann also ein lange laufendes Leasingverhältnis vorliegt, bei dem ein Restwert unbedeutend ist, lässt der Board hingegen offen. U.E. muss eine entsprechende Beurteilung unabhängig von dem geschlossenen Leasingverhältnis getroffen werden.

76 Für die Beurteilung des wirtschaftlichen Eigentums, die Übertragung der Chancen und Risiken, ist u.E. vorrangig auf den Effekt des Zeitwerts des Geldes *(time value of money)* abzustellen.[50] Spezifische Besonderheiten des Leasingnehmers, insbesondere der jeweilige Grenzfremdkapitalzins, bleiben somit unbeachtlich.

---

48 IFRIC, Update Dezember 2005.
49 Hierzu auch eine dissenting opinion, IAS 17.DO2.
50 Ausführlich FREIBERG, Diskontierung in der Internationalen Rechnungslegung, Rz 98f.

Beispiel
Leasingnehmer LN1 und LN2 kontrahieren beide mit LG ein Leasingverhältnis über ein unbebautes Grundstück mit einem identischen Wert von 10 Mio. EUR über eine unkündbare Grundmietzeit von 50 Jahren. LN1 verfügt über ausgezeichnete Bonität und hat daher einen Grenzfremdkapitalzins von 6 %. LN2 ist in finanziellen Schwierigkeiten, sein Grenzfremdkapitalzins beläuft sich deshalb auf 7,5 %. Ausgehend von einer Realwertkonstanz (Wertzuwachs entspricht der jährlichen Inflationsrate) des jeweiligen Grundstücks, beträgt der barwertige Restwert bei einer Abzinsung mit dem Grenzfremdkapitalzins von LN1 14,6 % bzw. dem von LN2 7,2 % des Zeitwerts bei Leasingbeginn.
Bei Ansatz eines Zinssatzes von 5 % entspricht der barwertige Restwert 23,5 % des Zeitwerts des Grundstücks bei Leasingbeginn.

Ein Gleichsetzen von rechtlichem Erwerb und langfristigem Nutzungsrecht 77
setzt einen unbedeutenden Restwert des Grund und Bodens im Verhältnis zum Zeitwert bei Beginn des Leasingverhältnisses am Ende der unkündbaren Grundmietzeit voraus. Mangels konkreter Vorgaben seitens des Board lässt sich für die Praxis keine eindeutige Vorgabe i.S.e. *bright line* feststellen, ab welcher Laufzeit der Anteil des Restwerts eines Grundstücks unwesentlich für die Beurteilung der Chancen und Risiken wird. Insoweit ist eine einzelfallabhängige Beurteilung geboten, die insbesondere durch

- den Zeitwert des Geldes *(time value of money)* und
- das Wertentwicklungspotenzial des Grund und Bodens

beeinflusst wird. Regelmäßig ist u.E. insbesondere für langfristige Schätzungen nicht von einem Wertzuwachs von Grund und Boden auszugehen, der das Wachstum der Volkswirtschaft übersteigt. Die Bedeutung des barwertigen Restwerts von Grund und Boden ist – besondere Wertsteigerungspotenziale ausgeklammert – u.E. ab (Vertrags-)Laufzeiten von mehr als **50 Jahren** aufgrund des Zeitwerts des Geldes unwesentlich. Dieser Zeitraum erfüllt auch das Tatbestandsmerkmal der *several decades* und damit eines lange laufenden Leasingverhältnisses.

Die Erweiterung von IAS 17 hebt auch ein Vorrangigkeitsproblem im Zusam- 78
menspiel zwischen IAS 40 (→ § 16) und IAS 17 in Bezug auf **lang laufende Leasingverhältnisse** auf.

Beispiel
Der bisherige Immobilieneigentümer einer Landfläche, die als Renditeimmobilie zum *fair value* bilanziert wird, entscheidet sich, diese im Rahmen eines lang laufenden Leasingverhältnisses (Laufzeit 300 Jahre) gegen ein hohes *upfront payment* (30 Mio. EUR), welches den Buchwert *(fair value)* der Landfläche (25 Mio. EUR) übersteigt, und geringe zukünftige Leasingraten zu vermieten. Der barwertige Restwert der Immobilie am Ende der Vertragslaufzeit wird aufgrund des Diskontierungseffekts auf 100.000 EUR geschätzt.

Beurteilung nach bislang geltendem Recht

Nach bislang geltenden IFRS wäre das wirtschaftliche Eigentum an der Renditeimmobilie nicht auf den Leasingnehmer übergegangen (IAS 17.14), auch ein Barwert der Mindestleasingraten von 99,99 % führte bei Grund und Boden (nach bislang geltendem Recht) nicht zu einer Klassifizierung als *finance lease*. Nach IAS 17 erfolgt also eine bilanzielle Abbildung des Leasingobjekts beim Leasinggeber. Die erhaltene (Einmal-)Zahlung am Anfang der Vertragslaufzeit ist über die Laufzeit zu verteilen.

Die bilanziellen Folgen aus Sicht des Eigentümers sind gem. SIC 15/IAS 17 wie folgt:

Konto	Soll	Haben
Kasse	30 Mio. EUR	
deferred income		30 Mio. EUR

Daneben ist nach IAS 40 der Wert oder Ansatz der Landfläche betroffen.

- **Erste** Auffassung: Da sich der beizulegende Zeitwert im Rahmen einer DCF-Bewertung allerdings nur noch aus dem Restwert in 300 Jahren ergibt, ist die Immobilie auf den Erinnerungsbetrag abzuwerten.

Konto	Soll	Haben
Zeitwertverlust/Abschreibung	24,9 Mio. EUR	
Landfläche		24,9 Mio. EUR

- **Zweite** Auffassung: Aufgrund der langen Vermietungsdauer (und dem geringen verbleibenden Restwert) ist die Immobilie bis auf den Erinnerungswert abgegangen.

Konto	Soll	Haben
deferred income	30 Mio. EUR	
Landfläche		24,9 Mio. EUR
Abgangserfolg		5,1 Mio. EUR

- **Dritte** Auffassung: Der Zeitwertverlust ist nach Maßgabe des *matching principle* gegen das *deferred income* zu saldieren.

Konto	Soll	Haben
deferred income	24,9 Mio. EUR	
Landfläche		24,9 Mio. EUR

Im ersten Fall steht der sofortigen Aufwandserfassung (Abwertung der Landfläche) erst in späteren Perioden (durch Auflösung des abgegrenzten *upfront payment*) ein Ertrag gegenüber. Ein Verstoß gegen das *matching principle* liegt vor. Die Annahme einer Veräußerung (zweite Auffassung) scheitert andererseits daran, dass das rechtliche, bei einem *operating lease* aber auch das wirtschaftliche Eigentum an der Landfläche zurückbehalten wird.

Die dritte Auffassung ist u. E. vorzugswürdig:

- Sie berücksichtigt die Anforderung von IAS 40.50c, im Zeitwert einer Renditeimmobilie im Voraus vereinnahmte (abgegrenzte) Mieten aus *operating leases* nicht zu berücksichtigen, „da das Unternehmen diese bereits als gesonderte Schuld oder gesonderten Vermögenswert erfasst." Aus *fair-value*-Sicht ist daher eine Abwertung der Immobilie geboten, wenn die Miete schon auf lange Zeit vereinnahmt wurde, ein fremder Dritter entsprechend auf lange Zeit keine Miete erhalten würde. Eine rationale, an den erwarteten Erträgen orientierte Preisbildung würde dies durch einen hohen Abschlag gegenüber einer Vergleichsimmobilie mit laufenden Mieterwartungen berücksichtigen. Eine Wertminderung im Zeitpunkt der Vorausvereinnahmung der Mieten ist daher zu buchen.

- Aus Sicht des *matching principle* ist dabei eine saldierte Betrachtung geboten. Das *upfront payment* ist bis zur Höhe der Wertminderung Entschädigung für den geringeren *fair value*, nur darüber hinaus zukünftiger abzugrenzender Ertrag.

Beurteilung nach neuem Recht

Die Transaktion lässt sich u.E. in zwei unmittelbar aufeinanderfolgende Teilschritte zerlegen. Zunächst begründet das Vertragsverhältnis das Vorliegen eines *finance lease*. Das wirtschaftliche Eigentum an dem Grundstück ist auf den Leasingnehmer übergegangen. Der Barwert der Leasingraten übersteigt wegen des hohen *upfront payment* den Zeitwert des Leasingobjekts. In sequenzieller Folge ergeben sich folgende Buchungen:

1. Der Leasinggeber bucht das Grundstück aus und zunächst eine Leasingforderung i.H.d. Buchwerts ein. Korrespondierend erfasst der Leasingnehmer das Grundstück zum Zeitwert und eine Verbindlichkeit für die noch ausstehenden Leasingzahlungen.

Die bilanziellen Folgen aus Sicht des bisherigen wirtschaftlichen, weiterhin aber rechtlichen Eigentümers sind gem. IAS 17 wie folgt:

Konto	Soll	Haben
Leasingforderung	25 Mio. EUR	
Landfläche		25 Mio. EUR

Korrespondierend erfasst der Leasingnehmer und neue wirtschaftliche Eigentümer die Landfläche als *finance lease asset* und eine Verbindlichkeit in korrespondierender Höhe gem. IAS 17:

Konto	Soll	Haben
Landfläche	25 Mio. EUR	
Leasingverbindlichkeit		25 Mio. EUR

2. Die Zahlung des *upfront payments* ist u.E. – trotz zeitgleicher Vereinbarung – analog einer vorfälligen (Teil-)Erfüllung einer Forderung/Verbindlichkeit gem. IAS 39 zu behandeln. Der Leasinggeber erfasst einen Kassenzugang gegen teilweise Erfüllung der ausstehenden Leasingforderung, der Leasingnehmer einen Kassenabgang gegen teilweise Erfüllung der bestehenden Verbindlichkeit. Die verbleibende Leasingforderung/-verbindlichkeit (i.H.v. x Mio. EUR) sind nach teilweiser Erfüllung effektivzinskonstant fortzuschreiben.

Die bilanziellen Folgen aus Sicht des Leasinggebers sind wie folgt:

Konto	Soll	Haben
Kasse	30 Mio. EUR	
Leasingforderung		(25 - x) Mio. EUR
Ertrag		(5 + x) Mio. EUR

Aus der Perspektive des Leasingnehmers ergibt sich folgende Buchung:

Konto	Soll	Haben
Leasingverbindlichkeit	(25 - x) Mio. EUR	
Aufwand	(5 + x) Mio. EUR	
Kasse		30 Mio. EUR

2.4.3 Leasing von bebauten Grundstücken

79 Bei bebauten Grundstücken ist der Leasingvertrag regelmäßig auf **Grund und Boden** sowie **Gebäude** aufzuteilen. Ausnahmsweise ist eine solche Aufteilung dann entbehrlich, wenn ein Teil des (Gesamt-)Leasingverhältnisses im Verhältnis zum anderen unwesentlich ist (Rz 85). Die einheitliche Wertung als Leasingvertrag über Grund und Boden bzw. über ein Gebäude ist dann vertretbar.
Wo kein Ausnahmefall vorliegt, ist tatbestandsseitig eine Aufteilung der Leasingraten geboten (Rz 80). Rechtsfolgenseitig kann sich je nach den Verhältnissen des Leasingvertrags eine unterschiedliche wirtschaftliche Zuordnung der beiden Elemente/Komponenten ergeben (Rz 81), mit der Konsequenz, dass für den auf Grund und Boden entfallenden Teil des Leasingverhältnisses die unbestimmbare Nutzungsdauer zu berücksichtigen ist (IAS 17.15A).

80 Eine in einem Immobilienverhältnis zwischen Leasinggeber und Leasingnehmer vereinbarte einheitliche Leasingrate für Grund und Boden sowie Gebäude ist auf diese beiden Komponenten aufzuteilen. Hierbei ist Folgendes beachtlich: Eine Aufteilung im Verhältnis der beizulegenden Zeitwerte (Verkehrswerte) zu Leasingbeginn ist i. d. R. nach IAS 17.BC9ff. nicht zulässig. Grund und Boden sowie die Gebäude zeichnen sich durch eine unterschiedliche wirtschaftliche Nutzungsdauer aus. Während Gebäude einer physischen Alterung unterliegen, ist die Grund-und-Boden-Komponente i. d. R. unbestimmt nutzbar.
Eine **Aufteilung einer einheitlichen Leasingrate** ist daher im **Verhältnis des Mietwertes** (*relative fair values of the leasehold interest*) am Grund und Boden sowie am Gebäude zu Beginn des Leasingverhältnisses vorzunehmen (IAS 17.16).[51]
Dabei sind aus Sicht des Leasinggebers zwei unterschiedliche Komponenten der Leasingzahlungen zu unterscheiden (→ § 31Rz 124):

(1) **Gleichermaßen** für Grund und Boden sowie das Grundstück ist eine angemessene **Verzinsung** auf die Höhe der von dem Leasinggeber getätigten Investition *(return on)* enthalten.
(2) Nur für das Gebäude ist zusätzlich eine Kompensation für die physische **Abnutzung** (*return of*) zu berücksichtigen.

[51] Wohl a. A. Doll, in: Beck'sches IFRS-Handbuch, 3. Aufl., 2009, § 22, Tz 93.

Die Aufteilung der Leasingrate ist nicht nur für die Frage des Barwerttests, sondern auch für den (Wert-)Ansatz der Gebäude- und Grundstückskomponente also nach einer erfolgten Klassifizierung als *(finance lease)* relevant. Bei der notwendigen Aufteilung einer einheitlichen Leasingrate für Grund und Boden sowie Gebäude spielen die beizulegenden **Zeitwerte** der beiden Komponenten nur mittelbar eine Rolle: 81

(1) Wird das wirtschaftliche Eigentum am Grund und Boden **nicht** auf den Leasingnehmer übertragen, ist für die Investition des Leasinggebers eine **unterschiedliche Renditeforderung** für die Grundstücks- und die Gebäudekomponente zu berücksichtigen. Während aus Sicht des Leasinggebers wegen des Rückbehalts des rechtlichen Eigentums und der Partizipation am Restwert am Ende der Grundmietzeit in Bezug auf das Grundstück nur eine Verzinsung auf den beizulegenden Zeitwert notwendig scheint, wird er für das Gebäude daneben auch eine Rendite für die physische Wertminderung verlangen.[52] Ist der Wert des Grundstücks und der „Bodenzins" bekannt, kann der Grundstücksanteil der Leasingrate herausgerechnet werden. Die verbleibende Leasingrate ist dann *(residual)* dem Gebäude zuzurechnen (Rz 82).[53] Alternativ oder zur Plausibilisierung kann eine Aufteilung der einheitlichen Leasingrate auch unter Berücksichtigung der **Restwerte der Gebäudekomponente** am Ende des Leasingverhältnisses erfolgen. Residuum ist dann die Verzinsung der Grundstückskomponente.

(2) Geht das wirtschaftliche Eigentum an dem Grundstück **und** dem Gebäude auf den Leasingnehmer über, wird der (rationale) Leasinggeber die Amortisation seiner gesamten Investitionskosten für Grund und Boden sowie Gebäude von dem Leasingnehmer verlangen. Eine Aufteilung einer einheitlichen Leasingrate in Grundstücks- und Gebäudeanteil für den Barwerttest ist nicht mehr erforderlich, sie wird nur für die Bestimmung des Bilanzansatzes von Grundstück und Gebäude notwendig.
   - Entspricht der Barwert der Mindestleasingraten mindestens dem beizulegenden Zeitwert der Gesamtimmobilie, hat die Aufteilung der Leasingrate u.E. keine praktische Relevanz. In der Bilanz des Leasingnehmers sind die Grundstückskomponente und der Gebäudeanteil zum beizulegenden Zeitwert zu aktivieren.
   - Liegt der Barwert der Mindestleasingzahlungen unter dem beizulegenden Zeitwert der Immobilie (z.B. weil der interne Zins des Leasinggebers nicht bekannt und der Grenzfremdkapitalzins des Leasingnehmers höher ist), muss allerdings eine Allokation des Barwerts auf die Komponenten im Verhältnis der Mietrechte erfolgen.

Für die bilanzielle Behandlung, insbesondere die Folgebewertung des Grund und Bodens, ist allerdings eine Unterscheidung geboten, ob das rechtliche Eigentum am Ende der Grundmietzeit auf den Leasingnehmer übergeht durch automatischen Eigentumsübergang oder eine günstige Kaufoption oder beim Leasinggeber verbleibt.

---

52 So KÜMPEL/BECKER, PiR 2006, S. 84.

53 Ebenso, EPSTEIN/MIRZA, IFRS 2006, S. 514; ERNST & YOUNG, Financial Reporting Series – Accounting for Leases, December 2005, L602; KÜMPEL/BECKER, PiR 2006, S. 85.

(2a) Für den Fall des **Übergangs des rechtlichen Eigentums** an dem Grund und Boden ist die Grundstückskomponente nur außerplanmäßig zu mindern, während die ebenfalls zum *fair value* zu erfassende Gebäudekomponente über die wirtschaftliche Nutzungsdauer (hier *useful life* gem. IAS 16.6; vgl. Rz 36) abzuschreiben ist.

(2b) Bleibt das **rechtliche Eigentum** an dem Grund und Boden beim Leasinggeber, geht das wirtschaftliche aber auch ohne automatischen Eigentumsübergang oder günstige Kaufoption auf den Leasingnehmer über – so insbesondere bei lange laufenden Leasingverträgen (Rz 73 ff.) –, ist (auch) die Grundstückskomponente in der Bilanz des Leasingnehmers zu aktivieren und planmäßig über die Grundmietzeit zu mindern (→ § 10 Rz 34; § → 13 Rz 69; Rz 122). Die ebenfalls zum *fair value* zu erfassende Gebäudekomponente ist entsprechend über die wirtschaftliche Nutzungsdauer abzuschreiben.

82 Zur residualen **Berechnung** des Gebäudemietwertes bei Nichtübergang des wirtschaftlichen Eigentums am Grund und Bodens folgendes Beispiel:

Beispiel

Der Leasingnehmer LN least für 20 Jahre ein Gebäude und das zugehörige Grundstück. Der Verkehrswert des Grundstücks ist 5 Mio. EUR und der Wert des Gebäudes 15 Mio. EUR. Nach 20 Jahren geht das Eigentum am Grundstück zurück auf den Leasinggeber. Die jährlich nachschüssig zu zahlende Leasingrate beträgt 2 Mio. EUR. Der interne Zins des Leasinggebers ist unbekannt, der Grenzfremdkapitalzins des LN beträgt 10 %. Der Zins für eine Bundesanleihe mit gleicher Laufzeit beträgt 4 % und wird zzgl. einer Marge von 1 % zur Bestimmung der Verzinsung auf das Grundstück herangezogen. Die Leasingrate für das Gebäude ergibt sich somit i. H. v. 1,75 Mio. EUR (2–5 % × 5).

Der Barwert der Mindestleasingraten für das Gebäude beträgt ca. 14,9 Mio. EUR. Bei einem Verhältnis von Barwert der Mindestleasingraten zu dem beizulegenden Zeitwert des Gebäudes von 99 % erfolgt eine Zurechnung des Gebäudes beim Leasingnehmer *(finance lease)*.

83 Für die Ermittlung mithilfe von Restwertannahmen folgendes Beispiel:

Beispiel

Der Zeitwert einer Immobilie (Grundstück + Gebäude) beträgt zum Leasingbeginn 200 Mio. EUR. Hiervon entfallen 50 Mio. EUR auf das Grundstück, der Rest auf das Gebäude. Bei einer Vertragslaufzeit von 30 Jahren wird zwischen Leasinggeber und Leasingnehmer eine einheitliche Leasingrate (jährlich nachschüssig) i. H. v. 12 Mio. EUR vereinbart (interner Zinssatz: 9,3 %). Der erwartete Restwert der Immobilie am Ende der Laufzeit (Grundstück und Gebäude) beträgt 100 Mio. EUR.

Unter der Annahme einer Werterhaltung der Grundstückskomponente ergibt sich folgende Aufteilung der Leasingrate:

	Grundstück	Gebäude	Insgesamt
Zeitwert *(at inception)*	50	150	200
Restwert	50	50	100
Barwert des Restwerts	3,5	3,5	7
Wert des Mietrechts	46,5	146,5	193
	24 %	76 %	100 %
Aufteilung Leasingrate	**2,9**	**9,1**	**12**

Die **Internationalen Bewertungsstandards** des IVSC[54] – wie auch die Royal Institution of Chartered Surveyors[55] – beschäftigen sich ausführlich mit der Bewertung von Mietrechten von Immobilienleasingverhältnissen. Die notwendigen Schritte für eine **Allokation der Miete auf Grundstücks- und Gebäudekomponenten** sind (bei fehlender Kenntnis der Restwerte der Grundstücks- und Gebäudekomponente) in Anlehnung an die Bewertungssystematik der Royal Institution of Chartered Surveyors wie folgt:[56] 84

(1) Verteilung des (Gesamt-)Zeitwertes der geleasten Immobilie auf das Grundstück und Gebäude *(freehold value)* zu Beginn des Leasingverhältnisses;
(2) Bestimmung eines Restwerts, welcher der geleasten Immobilie insgesamt am Ende des Leasingverhältnisses zuzuordnen ist;
(3) Schätzung des verbleibenden (Gesamt-)Restwerts einer Komponente durch Kenntnis (empirisch beobachtbare Werte) oder Berechnung des Restwerts einer Komponente (üblicherweise der Gebäudewert, näherungsweise Berechnung über die Subtraktion der kumulierten Amortisation vom ursprünglichen Zeitwert);
(4) Ableitung des Restwerts der verbleibenden Komponente aus dem Gesamtrestwert der Immobilie,
(5) Feststellung des notwendigen Anteils der Leasingrate, die zur Amortisation der Wertminderung des Gebäudes über die Vertragslaufzeit notwendig ist;
(6) Bestimmung der verbleibenden Leasingrate durch Subtraktion der Zahlung zur Amortisation der Wertminderung;
(7) Verteilung der verbleibenden einheitlichen Leasingrate, die dann nur noch die Verzinsung der Investitionskosten widerspiegelt, im (unter 1) ermittelten Verhältnis auf die Grundstücks- und Gebäudekomponente.

Beispiel

Bei gleichen Annahmen wie im vorangegangenen Beispiel (Rz 83), aber ohne Kenntnis des Restwerts der Gebäudekomponente geht der Leasingnehmer von einer wirtschaftlichen Nutzungsdauer *(economic life)* von 50 Jahren aus. Die Höhe der notwendigen Miete zur Amortisation bestimmt sich dann aus der aufgezinsten Zahlungsreihe, die zur Erreichung der Amortisationssumme

---

54 INTERNATIONAL VALUATION STANDARDS COMMITTEE, International Valuation Standards, 7. Aufl., 2005.

55 THE ROYAL INSTITUTION OF CHARTERED SURVEYORS, Valuation Information Paper No. 9, May 2006.

56 THE ROYAL INSTITUTION OF CHARTERED SURVEYORS, Valuation Information Paper No. 9, Tz 4.7 und 4.8, May 2006.

(150/45 × 30 =) von 100 Mio. EUR erforderlich ist. Es ergibt sich somit eine Aufteilung der Leasingraten in Bezug auf die Kompensation für die physische Abnutzung *(return of)* des Gebäudes von ca. 700.000 EUR und einer angemessenen Verzinsung auf das eingesetzte Kapital *(return on)* des Leasinggebers für Grundstück und Gebäude von 11,3 Mio. EUR, die im Verhältnis der Verkehrswerte aufgeteilt werden können:

	Grundstück	**Gebäude**	**Insgesamt**
Zeitwert *(at inception)*	50	150	200
Amortisation	0	100	100
return of	0	0,7	0,7
return on	2,8	8,5	11,3
Aufteilung Leasingrate	**2,8**	**9,2**	**12**

Die residuale Berechnung des Gebäudemietwertes bei Nichtübergang des Grund und Bodens kann auch über den Rückgriff auf den Barwertfaktor (betrachtet als Annuität) bestimmt werden. Hierzu folgendes Beispiel:

Beispiel
Der Leasingnehmer LN least für 20 Jahre ein Gebäude und das zugehörige Grundstück. Der Verkehrswert des Grundstücks ist 5 Mio. EUR und der Wert des Gebäudes 15 Mio. EUR (inkl. Rückbaukosten). Nach 20 Jahren geht das Eigentum am Grundstück zurück auf den Leasinggeber, das Gebäude wird zurückgebaut. Die jährlich nachschüssig zu zahlende jährliche Leasingrate beträgt 2 Mio. EUR. Der interne Zins des Leasinggebers ist unbekannt, der Grenzfremdkapitalzins des LN beträgt 10 %. Der Barwert der (Gesamt-)Mindestleasingraten beträgt ca. 17 Mio. EUR. Der *present-value*-Faktor ergibt sich i.H.v. 8,5 (= 17/2).
Die jährliche Leasingrate (als Annuität) für die Gebäudekomponente beträgt 1,76 Mio. EUR (= 15/8,5), der Barwert der Mindestleasingraten somit 100 % des Zeitwerts. Bei einem Barwert der Mindestleasingraten des Gebäudes von 15 Mio. EUR erfolgt eine Zurechnung des Gebäudes beim Leasingnehmer *(finance lease)*. Die Verzinsung des Grundstücks beträgt ca. 4,8 % (vgl. Beispiel unter Rz 82).

85 Vom Grundsatz der isolierten Betrachtung von Grund und Boden sowie Gebäuden gibt es zwei wichtige **Ausnahmen**: Auf die entsprechende Aufteilung der Leasingraten ist zu **verzichten**, wenn

- diese **nicht verlässlich** vorgenommen werden kann. Folge: Bei Klassifizierung des Gebäudes als *finance lease* ist das bebaute Grundstück insgesamt dem Leasingnehmer zuzurechnen (IAS 17.16);
- bei dem betreffenden Leasingverhältnis der Wert des **Grund und Bodens** nur von **untergeordneter** Bedeutung ist. Folge: Das gesamte Grundstück wird als einheitliches Leasingobjekt behandelt, und die Zurechnung richtet sich nach der Klassifizierung des Gebäudes als *finance* oder als *operating lease*.

Wann eine solche „untergeordnete Bedeutung“ i.S.d. zweiten oben genannten Variante vorliegt, wird nicht weiter konkretisiert, woraus sich einmal mehr Ermessensspielräume ergeben. Analog zu den Vorgaben der US-GAAP kann nach wohl herrschender Meinung auf eine Grenze von 25 % (beizulegender Zeitwert des Grund und Bodens im Verhältnis zum Gesamtwert) zurückgegriffen werden (ASC Topic 840.10.25–21).[57]

Umfasst ein Leasingverhältnis neben Grund und Boden auch **Betriebsvorrichtungen** (z.B. Silos, Hochöfen, Kräne, Kühltürme, Arbeitsbühnen), so sind diese u.E. **einzeln** der Überprüfung der Zuordnungskriterien zu unterziehen. Die Betriebsvorrichtungen werden entsprechend ihrer Zuordnung als *finance* oder *operating lease* einzeln bilanziert, während der Grund- und Boden-Anteil nur bei Eigentumsübergang auf den Leasingnehmer dessen Vermögen zugerechnet wird. Im Falle von Schwierigkeiten bei der Aufteilung der Mindestleasingzahlungen empfiehlt sich eine Orientierung an der Relation der Verkehrswerte. 86

2.5 Vertragsänderungen

Nach IAS 17 ist zwischen der reinen Verlängerung *(renewal*; in der amtl. dt. Übersetzung irreführend als Neuabschluss bezeichnet) und sonstigen Vertragsänderungen zu unterscheiden. IAS 17.13 bestimmt, dass Änderungen von **Schätzungen** (z.B. hinsichtlich Nutzungsdauer oder Restwert des Leasingobjekts) ebenso wenig zu einer Neuklassifizierung des Leasingverhältnisses führen können wie Änderungen von Sachverhalten (etwa Zahlungsausfall des Leasingnehmers). 87

Daneben regelt IAS 17.13 die Auswirkungen von **Änderungen** der Vertragsbedingungen und unterscheidet dabei zwei Fälle: 88

- **Neuabschluss**[58] bzw. **Verlängerung** des Leasingverhältnisses *(renewing the lease)*;
- **sonstige Änderungen** der Vertragsbedingungen *(other changes in the provisions of the lease)*, d.h. Änderung von Höhe oder des Zeitpunkts der Zahlungen, Aufhebung oder Einräumung von Restwertgarantien, Aufhebung oder Einräumung von Kaufoption usw.

Hinsichtlich der Rechtsfolgen ist wie folgt zu differenzieren:

- **Neuabschluss** bzw. **Verlängerung** eines Leasingverhältnisses *(renewing the lease)* führen dann zu einer **erneuten** Beurteilung des Leasingverhältnisses, wenn ursprünglich keine Verlängerungsoption vorgesehen war. Der Neuvertrag ist eigenständig und unabhängig von dem bisherigen Vertragsverhältnis zu würdigen.
- Eine erneute Beurteilung unterbleibt hingegen, wenn eine bereits bei Vertragsbeginn vereinbarte **Verlängerungsoption ausgeübt** wird (Rz 99).
- Bei der **Änderung** sonstiger Vertragsbedingungen ist wiederum eine erneute Beurteilung nötig (Rz 90).

Eine geänderte Absicht des Leasingnehmers hinsichtlich der Ausübung einer im Klassifizierungszeitpunkt *(at inception)* nicht als günstig eingestuften Option führt daher nicht zu einer Neubeurteilung eines bestehenden *lease*.[59]

---

57 Vgl. KÜMPEL/BECKER, PiR 2006, S. 84.
58 So die amtliche deutsche Übersetzung von „renewal“.
59 A. A. KPMG, Insights into IFRS 2009/10, Tz 5.1.270.30.

89 Der Wechsel des Leasinggebers durch Übertragung des rechtlichen Eigentums auf eine neue Partei führt aus Sicht des Leasingnehmers nicht automatisch zu einer Neubeurteilung eines bestehenden Leasingverhältnisses. Werden nach dem Willen der Parteien die bestehenden Leasingverhältnisse weitergeführt, eine evtl. *change-of-control*-Klausel also nicht ausgeübt, ist der Erwerber (im Rahmen der Einzelrechtsnachfolge) Nachfolger der jeweiligen Rechtsverhältnisse aus den bestehenden Mietverträgen. Unabhängig von der Veräußerung durch den bisherigen Leasinggeber wird das laufende Nutzungsverhältnis fortgeführt. Nach § 578 Abs. 2 Satz 1 BGB ist der für Wohnräume geltende Grundsatz „Kauf bricht nicht Miete“ (§ 566 BGB) entsprechend anzuwenden. Zwischen dem Erwerber und dem Mieter entsteht kraft Gesetzes zwar ein neues, mit dem alten aber inhaltsgleiches Mietverhältnis.[60] Durch den Veräußerungsvorgang wird kein neues Leasingverhältnis begründet, das bestehende ist gem. § 578 Abs. 2 Satz 1 BGB i.V.m. § 566 BGB weiterzuführen. Wirtschaftlich wird daher das bestehende Mietverhältnis fortgeführt, eine Neubeurteilung scheidet aus.

Anderes gilt, wenn der neue Leasinggeber und der bestehende Leasingnehmer ihrerseits eine Modifizierung über eine Veränderung des bestehenden Leasingverhältnisses vereinbaren.

90 IAS 17.13 sieht bei einer nachträglichen Änderung der sonstigen Bedingungen (Höhe der Raten etc.) eines Leasingverhältnisses folgende **Vorgehensweise** vor:

- Zunächst ist zu prüfen, ob zu **Beginn** des Leasingverhältnisses eine **abweichende Klassifizierung** des Vertrages notwendig gewesen wäre, wenn die geänderten Bedingungen bereits zu diesem Zeitpunkt gegolten hätten.
- Bei dieser „retrospektiven“ Würdigung sind die ursprünglichen Schätzungen bez. des Zeitwertes und der Nutzungsdauer des Leasingobjekts sowie des Diskontierungszinssatzes **unverändert** beizubehalten.
- Lediglich die **Mindestleasingzahlungen** sind nach den angepassten, aktuellen Verhältnissen anzusetzen.
- Wenn sich danach eine **abweichende** Klassifizierung ergeben hätte, ist der Leasingvertrag ab Zeitpunkt der Änderungen neu zu klassifizieren.

Hinsichtlich der Rechtsfolgen sind folgende Fälle zu unterscheiden:

- Aus einem *operating lease* wird ein *finance lease (*Rz 95).
- Aus einem *finance lease* wird ein *operating lease* (Rz 96).
- Ein *finance lease* bleibt ein *finance lease*. Die Leasingverbindlichkeit (bzw. Leasingforderung) und ggf. der Buchwert des Leasingobjekt sind aber anzupassen (Rz 97).

91 In IAS 17 finden sich keine weiteren Vorgaben für die Prüfung, ob eine Modifizierung zu einer **abweichenden Klassifizierung** zu Beginn des Leasingverhältnisses geführt hätte. Die Vereinbarung oder Aufhebung eines automatischen Eigentumsübergangs und/oder einer günstigen Kaufoption ausgeklammert, sind insbesondere der Nutzungsdauertest und der Barwerttest für die Beurteilung relevant. Es gilt:

- **Nutzungsdauertest**: Wird die Grundmietzeit eines bestehenden Leasingverhältnisses vertraglich geändert, also nicht bloß eine bereits bestehende Verlängerungsoption ausgeübt, ist die sich nach der Änderung insgesamt ergebende Nutzungsdauer ins Verhältnis zur ursprünglich *(at inception)* unterstellten wirtschaftlichen Nutzungsdauer zu stellen.

---

60 Vgl. PALANDT, BGB Kommentar 2007, § 566, Rz 15.

- **Barwerttest**: Vertragliche Änderungen der Mindestleasingzahlungen sind in einem erneuten Barwerttest ab dem Zeitpunkt der Modifizierung zu berücksichtigen. Für den Zeitraum bis zur Modifizierung gelten die ursprünglich vereinbarten Konditionen. Die Modifizierung ist daher so zu behandeln, als ob bereits bei ursprünglichem Vertragsschluss die Änderung beschlossen worden wäre. Bessere Erkenntnisse im Zeitpunkt der Vertragsmodifizierung über die Entwicklung bedingter Zahlungen *(contingent rents)* gehen nicht in die Kalkulation ein.

Beispiel

In 01 vereinbaren LN und LG ein Leasingverhältnis über eine Maschine mit einer wirtschaftlichen Nutzungsdauer von 10 Jahren und einem beizulegenden Zeitwert von 1 Mio. EUR. Die Grundmietzeit beträgt 5 Jahre und damit 50 % der wirtschaftlichen Nutzungsdauer. Die jährlich nachschüssige Leasingzahlung beläuft sich auf 150.000 EUR, der Grenzfremdkapitalzins von LN auf 7 %. Der interne Zins von LG ist nicht bekannt.

Jahr	01	02	03	04	05
Leasingzahlung in TEUR	150	150	150	150	150
Diskontierungsfaktor	0,935	0,873	0,816	0,763	0,713
Barwert pro Jahr	140,2	131,0	122,4	114,4	106,9
Summe Barwerte	**615,0**				

Der Barwert der Mindestleasingraten beträgt 615.030 EUR und damit 62 % des beizulegenden Zeitwerts. Die Vereinbarung wird daher als *operating lease* klassifiziert.

In 02 vereinbaren LN und LG eine Anpassung des Leasingverhältnisses, die ab dem dritten Jahr wirksam wird. Die Grundmietzeit wird um 2 Jahre verlängert und gleichzeitig die jährliche Leasingrate – für die Verlängerung der Grundmietzeit – auf 140.000 EUR reduziert. Bei Geltung der modifizierten Konditionen bereits zu Vertragsbeginn hätte die Grundmietzeit 70 % der wirtschaftlichen Nutzungsdauer ausgemacht. Für den Barwerttest gilt unter Berücksichtigung des ursprünglichen Zinssatzes Folgendes:

Jahr	01	02	03	04	05	06	07
Leasingzahlung in TEUR	150	150	140	140	140	140	140
Diskontierungsfaktor	0,935	0,873	0,816	0,763	0,713	0,666	0,623
Barwert pro Jahr	140,2	131,0	114,3	106,8	99,8	93,3	87,2
Summe Barwerte	**772,6**						

Zwar erhöht sich der Anteil des Leasingnehmers an den Chancen und Risiken des Leasingobjekts, die Modifizierung führt aber weder nach dem Nutzungsdauer- noch nach dem Barwerttest zur Einstufung als *finance lease*. Die Modifizierung der Vertragsbedingungen bewirkt daher keine von der ursprünglichen Beurteilung abweichende Klassifizierung. Auch nach der Modifizierung liegt ein *operating lease* vor.

92 Der Wechsel von einem *operating* zu einem *finance lease* bzw. vice versa bedingt eine Verschiebung der Chancen und Risiken und damit des wirtschaftlichen Eigentums zwischen Leasingnehmer und Leasinggeber. Erhöhte **Nachweisanforderungen** sind u.E. zu stellen, wenn eine Modifizierung der bestehenden Vertragsparameter eine Verlagerung des wirtschaftlichen Eigentums in diesem Sinne bewirkt. Wenn die Modifikation eines bestehenden *lease* nicht zu einer signifikanten Verschiebung der Chancen und Risiken von dem Leasingnehmer auf den Leasinggeber führt, ist u.E. an der ursprünglichen Klassifizierung festzuhalten.

Beispiel

In 01 vereinbaren LN und LG ein Leasingverhältnis über eine Lagerhalle mit einer wirtschaftlichen Nutzungsdauer von 30 Jahren. Die Grundmietzeit beträgt 15 Jahre und damit 50 % der wirtschaftlichen Nutzungsdauer. Der Barwert der Mindestleasingraten beträgt 95 % – Klassifizierungsgrenze des LN sei in Anlehnung an die US-GAAP und gem. der Konzernbilanzierungsrichtlinie 90 % – des beizulegenden Zeitwerts und LN hat am Ende der Grundmietzeit eine günstige Kaufoption. Die Vereinbarung wird daher als *finance lease* klassifiziert.

In 05 vereinbaren LN und LG eine Anpassung des Leasingverhältnisses. LN verzichtet im Zuge der Anpassung auf die Kaufoption. Die Grundmietzeit wird um 7 Jahre verlängert und gleichzeitig die jährliche Leasingrate – sowohl für den Verzicht auf die Kaufoption als auch für die Verlängerung der Grundmietzeit – reduziert. Bei Gültigkeit der modifizierten Konditionen bereits zu Vertragsbeginn hätte die Grundmietzeit 73 % der wirtschaftlichen Nutzungsdauer ausgemacht. Unter Berücksichtigung des ursprünglichen Zinssatzes wäre der Barwert der Mindestleasingraten mit 89 % des beizulegenden Zeitwerts zu ermitteln gewesen.

Die Modifizierung der Vertragsbedingungen bewirkt daher formal eine auf den ersten Blick von der ursprünglichen Beurteilung abweichende Klassifizierung. Allerdings erfolgt keine signifikante Verschiebung der Chancen und Risiken. Aus Sicht des Leasingnehmers beläuft sich das Nutzungsrecht (gem. Bilanzierungsrichtlinie) fast über den überwiegenden Teil der wirtschaftlichen Nutzungsdauer und dieser übernimmt fast das gesamte Amortisationsrisiko des Leasinggebers.

Fehlt es an einer eindeutigen Verlagerung der Chancen und Risiken zwischen den Vertragsparteien, ist u.E. eine Gesamtwürdigung der Vertragsänderung geboten, die auch die Motivation seitens Leasingnehmer und Leasinggeber berücksichtigt.

93 **Verzichtet** der Leasingnehmer im Rahmen einer Modifizierung eines bestehenden Leasingverhältnisses auf eine günstige Option (Vertragsverlängerung oder Kauf), ist hinsichtlich der dafür empfangenen Gegenleistung im Rahmen der Neubeurteilung wie folgt zu unterscheiden:

- Bei Empfang einer Zahlung durch den Leasingnehmer ist diese als negativer Bestandteil der Mindestleasingzahlungen zu berücksichtigen.
- Wird die aufgegebene Option gegen eine Kürzung künftiger Leasingraten verrechnet, ist die Angemessenheit der Anpassung der Leasingrate hinsicht-

lich des Zeitwerts des Optionsrechts im Zeitpunkt der Modifizierung zu beurteilen. Entspricht der Barwert der Gegenleistung für den Verzicht auf das Optionsrecht nicht dessen beizulegendem Zeitwert im Zeitpunkt der Modifizierung, ist der seitens des Leasingnehmers gewährte Vor- oder Nachteil als Teil der Mindestleasingzahlungen zu erfassen.

Eine an den Leasingnehmer ausgerichtete Zahlung für die Modifizierung der Leasingbedingungen ist entweder abzugrenzen oder unmittelbar erfolgswirksam zu vereinnahmen. Den Fall einer erhaltenen Prämie für den Wechsel von *operating* zu *finance lease* ausgeklammert, ist wie folgt zu unterscheiden:

- Die Behandlung einer evtl. Prämienzahlung richtet sich beim Wechsel von einem *finance* zu einem *operating lease* nach den Regeln für *sale-and-lease-back*-Transaktionen (Rz 158).
- Bei Fortführung eines *finance lease* trotz Modifizierung ist eine empfangene Prämie analog zu den Vorgaben für Veräußerungsgewinne aus *sale-and-finance-lease-back*-Transaktionen abzugrenzen und auf die Restlaufzeit zu verteilen.

Beispiel (Fortsetzung)
Variante
Der barwertige Vorteil der reduzierten künftigen Leasingraten ist – unter Berücksichtigung des ursprünglichen Diskontierungszinssatzes – geringer als der beizulegende Zeitwert der günstigen Kaufoption im Modifizierungszeitpunkt. Wird der seitens des Leasingnehmers hingegebene Vorteil als Bestandteil der Mindestleasingraten und somit als Zahlung an den Leasinggeber im Zeitpunkt der Modifizierung berücksichtigt, beträgt der Barwert der Mindestleasingraten (unter sonst identischen Prämissen) 92 % des beizulegenden Zeitwerts. Die Modifizierung führt daher in einer zweiten Betrachtung nicht zu einer abweichenden Klassifizierung des bestehenden Leasingverhältnisses.

Für die Feststellung, ob eine Modifizierung eines bestehenden *lease* zu einer 94
signifikanten Verschiebung der Chancen und Risiken führt, kann u. E. auch auf einen fiktiven Barwerttest zurückgegriffen werden, der den Neuabschluss eines Leasingverhältnisses unterstellt. Im Rahmen dieses Tests wären neben den geänderten Vertragsbedingungen stichtagsbezogene Erkenntnisse hinsichtlich des Diskontierungszinssatzes (geänderter interner Zinsfuß des Leasinggebers oder Grenzfremdkapitalzins des Leasingnehmers; Rz 56 ff.) und des beizulegenden Zeitwerts des Leasingobjektes (Rz 54 f.) zu berücksichtigen.

Zeitigt der fiktive Test das Vorliegen eines *finance lease*, ist dies ein weiterer Beleg für eine nicht signifikante Verlagerung der Chancen und Risiken zwischen Leasingnehmer und Leasinggeber.

Wenn sich ein *operating lease* in ein *finance lease* ändert, ergeben sich folgende 95
Wirkungen:

- Beim **Leasingnehmer** wird das Leasingobjekt mit dem Verkehrswert bzw. dem niedrigeren Barwert der (für die verbleibende Vertragszeit anfallenden) Mindestleasingzahlungen eingebucht und in gleicher Höhe eine Verbindlichkeit gegenüber dem Leasinggeber passiviert.
- Beim **Leasinggeber** wird das Leasingobjekt ausgebucht und i. H. d. Barwerts der verbleibenden Mindestleasingzahlungen eine Forderung angesetzt.

96 Sofern sich ein *finance lease* in ein *operating lease* verwandelt, sind die Konsequenzen wie folgt:

- Beim **Leasingnehmer** werden das Leasingobjekt und die Leasingverbindlichkeit ausgebucht. Wirtschaftlich liegt bei der Wandlung eines *finance* in ein *operating lease* ein Verkauf mit Rückanmietung vor, daher sind die *sale-and-lease-back*-Regeln anzuwenden (Rz 158). Die folgenden Fälle sind zu unterscheiden:
  - Eine positive Differenz von Anlagenbuchwert und Leasingverbindlichkeit (also Leasingverbindlichkeit > Anlagenbuchwert) führt insoweit zu Ertrag, wie die entfallende Verbindlichkeit nicht über dem beizulegenden Zeitwert des Leasingobjekts liegt.
  - Für den übersteigenden Teil ist eine Abgrenzung eines Ausbuchungsgewinns notwendig, die über die Laufzeit des anschließenden *operating* lease zu verteilen ist.
  - Eine negative Differenz zwischen Anlagenbuchwert und Verbindlichkeit führt zu Aufwand.
- Beim **Leasinggeber** wird spiegelbildlich das Leasingobjekt mit seinem aktuellen Zeitwert oder dem niedrigeren beizulegenden Zeitwert der Leasingforderung eingebucht und die Leasingforderung ausgebucht. Eine positive Differenz von Anschaffungskosten und Leasingforderung führt zu Ertrag, eine negative zu Aufwand.

97 Führt die Überprüfung der Leasingklassifikationen wegen sonstiger Vertragsänderungen zur **Beibehaltung der Qualifikation als *finance lease***, kann sich gleichwohl ein Anpassungsbedarf bei der Leasingverbindlichkeit bzw. Forderung ergeben, da neue Zeitpunkte oder Beträge der Leasingzahlungen zu einem geänderten **Barwert** führen.

Für die Behandlung dieser Anpassung beim **Leasingnehmer** bestehen zwei Möglichkeiten:

- **ergebniswirksamer** Austausch der alten Leasingverbindlichkeit nach **Umschuldungsgrundsätzen** gegen eine neue Verbindlichkeit (→ § 28 Rz 131),
- **ergebnisneutrale** Anpassung des Bar- und Buchwerts der Leasingverbindlichkeit gegen den Buchwert des Leasingobjekts (per Anlagevermögen an Leasingverbindlichkeit oder umgekehrt).

Zugunsten des Umschuldungskonzepts wird angeführt, dass IAS 39.2b Leasingverbindlichkeiten (und -forderungen) nicht von den Ausbuchungsregeln des IAS 39 ausschließt (→ § 28 Rz 61).[61] Die Ausbuchungsregeln des **IAS 39** sehen wiederum für **Umschuldungen** Folgendes vor: Bei der Änderung der Konditionen einer Verbindlichkeit ist ein Abgang der alten und der Zugang einer neuen Verpflichtung anzunehmen, wenn der Barwert sich um mindestens 10 % verändert (IAS 39.AG62; → § 28 Rz 85). In Höhe der Differenz ist ein Erfolg zu buchen. Weicht der Wert der „neuen" Verbindlichkeit hingegen um weniger als 10 % von dem bisherigen Wert ab, ist der Differenzbetrag über die Restlaufzeit zu amortisieren.

Das Problem dieser Argumentation liegt u. E. in Folgendem:

- Nach IAS 39.2b unterliegt zwar die **Ausbuchung** von Leasingverbindlichkeiten den Regeln von **IAS 39**, die **Einbuchung** und die Zugangsbewertung unterliegen hingegen den Regeln von **IAS 17**.

---

61 So KÜMPEL/BECKER, PiR 2006, S. 247; KÖHLER/GEBHARDT, in: THIELE/VON KEITZ/BRÜCKS (Hrsg.), Internationales Bilanzrecht 2008, IAS 17 Tz. 237.

- Im Unterschied zu anderen Fällen der Ausbuchung (z. B. Tilgung von Leasingverbindlichkeiten durch Zahlung oder Aufrechnung) ist aber in Umschuldungsfällen die Ausbuchung der alten Verbindlichkeit notwendig mit der Einbuchung und Zugangsbewertung der neuen verbunden. Ausbuchung und Einbuchung/Zugangsbewertung stellen **zwei Seiten der gleichen Medaille** dar.

Zur Vermeidung von **Inkonsistenzen** bleiben damit zwei Lösungen:

- Gegen den Wortlaut von IAS 39.2b wird IAS 39 auch auf die Einbuchungsseite angewandt. Es bleibt also beim Umschuldungskonzept und der **ergebniswirksamen Behandlung der Differenz** von alter und neuer Leasingverbindlichkeit (bzw. -forderung).
- Da für die Einbuchungsseite IAS 39 explizit nicht anwendbar ist, wird bei einer den *finance-lease*-Status wahrenden Vertragsänderung insgesamt auf die **Anwendung von IAS 39 verzichtet.**

Den zweiten Ansatz halten wir für vorzugswürdig.

- Er entspricht dem in IAS 17.20 verankerten **Rechtsgedanken einer Quasi-Bewertungseinheit** von Leasingobjekt und Leasingverbindlichkeit. Danach sind Leasingobjekt und Leasingverbindlichkeit zum gleichen Zeitpunkt und mit den gleichen Werten einzubuchen mit der Folge, dass etwa der niedrigere Barwert der Leasingverbindlichkeit den Ansatz des Leasingobjekts mit dem höheren Zeitwert verhindert. Dieser Quasi-Bewertungseinheit entspricht es, wenn bei einer späteren „Umschuldung" ein positiver Differenzbetrag zwischen neuer und alter Leasingverbindlichkeit zu einer entsprechenden Zubuchung beim Leasingobjekt führt (per Anlagevermögen an Leasingverbindlichkeit) bzw. ein negativer Differenzbetrag mit einer spiegelbildlichen Buchung (per Leasingverbindlichkeit an Anlagevermögen) einhergeht.
- Die Lösung hat zudem den Vorzug, dem Vorgehen bei **anderen Quasi-Bewertungseinheiten** zwischen Anlagevermögen und Schulden zu entsprechen, konkret der **Lösung von IFRIC** 1 für Rückbauverpflichtungen. Auch hier gilt: Der Bewertungseinheit bei ursprünglicher Einbuchung (per Anlagevermögen an Rückbauschuld) entspricht bei späteren Änderungen der Rückbauschuld eine bilanzverlängernde oder -verkürzende Buchung zwischen Anlage und Schuld (→ § 21).
- Schließlich **vermeidet** sie anders als das Umschuldungskonzept einen **Wertungswiderspruch** zu IAS 17.59. Wenn dort für *sale-and-finance-lease-back*-Fälle der Ausweis eines Erfolgs untersagt ist, muss dies u. E. erst recht für Fälle gelten, in denen es zu überhaupt keinem *sale* gekommen ist, sondern sich lediglich die Konditionen eines *finance lease* geändert haben.

Für den **Leasinggeber** besteht das Problem der Quasi-Bewertungseinheit nicht. Nach Begründung des *finance lease* ist er wirtschaftlich wie ein Darlehensgeber gestellt und kann wie alle Darlehensgeber aus späteren Umschuldungen Gewinn oder Verlust ziehen.

IFRIC 4.10 verlangt abweichend von IAS 17.13 eine Neubeurteilung eines mög- 98
lichen verdeckten (indirekten) Leasingverhältnisses (Rz 5 ff.) in folgenden Fällen:

- Die Vertragsbedingungen werden zwischen den Parteien geändert,
- eine Verlängerungsoption wird ausgeübt oder der Vertrag wird verlängert,
- die Erfüllung der vertraglichen Verpflichtungen des Verkäufers hängt nicht mehr von einem spezifischen Vermögenswert ab, oder
- der Vermögenswert wird in seiner Beschaffenheit wesentlich verändert.

Hiermit wird theoretisch ein **Widerspruch** zwischen IAS 17 und IFRIC 4 erzeugt:

- Nach IFRIC 4 ist auch bei der Ausübung einer Verlängerungsoption, die bereits *at inception of the lease* vertraglich vereinbart war, eine erneute Beurteilung, ob es sich bei dem Geschäftsvorfall um ein Leasingverhältnis handelt, vorzunehmen.
- Nach IAS 17 ist dieser Fall explizit von einer Neubeurteilung *(reassessment)* ausgeschlossen.

U.E. lässt sich dieser vermeintliche Widerspruch aber wie folgt **auflösen:**

- Hat eine Beurteilung eines zivilrechtlichen Liefer- oder Dienstleistungsvertrags nach IFRIC 4 wirtschaftlich die Existenz eines Leasingverhältnisses begründet, erfolgt die weitere bilanzielle Behandlung (Ansatz und Bewertung) dieses Vorfalls nach den Regeln von IAS 17. In die Klassifizierungsüberlegungen im Beurteilungszeitpunkt sind alle eingeräumten Verlängerungsoptionen mit einzubeziehen, eine Neubeurteilung nach IFRIC 4 entfällt damit aufgrund einer Option *at inception of the lease*.
- Führt die initiale Untersuchung nicht zu einem (verdeckten) Leasingverhältnis, ist gleichwohl bei Ausübung einer Verlängerungsoption gem. IFRIC 4 eine erneute Beurteilung notwendig.

99 Ein *operating lease* bleibt somit *operating lease*, selbst wenn eine bereits zu Vertragsbeginn vereinbarte, **ursprünglich nicht günstige** Verlängerungsoption später tatsächlich ausgeübt wird und unter Berücksichtigung der verlängerten Vertragsdauer anders als ursprünglich angenommen der überwiegende Teil der Nutzungsdauer auf den Leasingnehmer entfällt.

Anders hingegen die Regelungen von IFRIC 4.10b zur Identifikation eines verdeckten *lease:* Bei neu vereinbarter Verlängerung eines Vertrags ist ebenso wie bei Ausübung einer schon ursprünglich vereinbarten Verlängerungsoption eine erneute Beurteilung notwendig, ob es sich bei dem Geschäft noch/erstmalig um ein Leasingverhältnis handelt.

Beispiel

Variante 1: „Offenes“ Leasing

Der Leasingnehmer LN mietet für 3 Jahre von LG eine Maschine mit einer wirtschaftlichen Nutzungsdauer von 6 Jahren im Rahmen eines *operating lease*. Der Vertrag enthält eine Verlängerungsoption um 3 weitere Jahre, die nicht als günstig beurteilt wird.

Das Vertragsverhältnis wird zunächst als *operating lease* qualifiziert. Am Ende der Grundvertragslaufzeit übt LN die Verlängerungsoption aus.

Die Ausübung der Option führt zu keiner Neubeurteilung, da die Klassifizierung als *finance* oder *operating lease* bei Leasingbeginn, also in 01 vorzunehmen und später daran festzuhalten ist.

Variante 2: „Verdecktes“ Leasing

LN bezieht die von LG auf einer Spezialmaschine hergestellten Produkte auf Basis eines 3-jährigen *take-or-pay*-Vertrages (Rz 9). Bei Beginn des Vertrags ist mit der Abnahme signifikanter Produktionsanteile der Maschine durch Dritte zu rechnen. Der Vertrag wird daher nicht als *lease* qualifiziert (Rz 10).

Nach 3 Jahren übt LN die Option zur Verlängerung des Liefervertrages um weitere 3 Jahre aus. Für die weiteren 3 Jahre wird nicht mit signifikanten Abnahmen von Dritten gerechnet.

Der Vertrag ist neu und nunmehr als *lease* zu beurteilen. Nach dem Nutzungsdauerkriterium ist er für die verbleibenden 3 Jahre als *finance lease* zu klassifizieren.

2.6 Anwendungs- und Abgrenzungsprobleme

2.6.1 Portfolioleasing, Rahmenleasingverträge, Komponentenansatz

Die Leasingklassifizierung erfolgt gem. IAS 17.4 i.d.R. **vermögenswertspezifisch** (*on an asset-by-asset basis*).[62] Bei Vorliegen von Leasingverträgen über mehrere Vermögenswerte oder eines Rahmenleasingvertrags *(master lease agreement)* ist eine Aufteilung einer Gesamtleasingrate auf die einzelnen Vermögenswerte nur dann nicht erforderlich, wenn eine **hohe funktionale Abhängigkeit** der einzelnen Leasingobjekte eines Portfolio-*lease (functional interdependence of the property being leased)* besteht. 100

In allen anderen Fällen ist für den Nutzungsdauertest das vermögenswertspezifische Verhältnis von **Vertragsdauer** zu wirtschaftlicher **Nutzungsdauer** zu bestimmen und ein Rückgriff auf einen gewichteten **Durchschnitt** nicht zulässig. Aus einer *asset-by-asset*-Analyse von Portfolioleasingverträgen ergibt sich ggf. folgendes Ergebnis: Einige Leasingobjekte könnten Teil eines *finance lease*, andere Teil eines *operating lease* sein. Im Rahmen eines objektspezifischen Barwerttests sind u.E. unterschiedliche Risikostrukturen für verschiedene Leasingobjekte, die in einem Portfolioleasingvertrag zusammengefasst werden, im Diskontierungszinssatz zu berücksichtigen (Rz 59ff.).

Beispiel

Der Leasingnehmer LN übernimmt im Rahmen eines Leasingverhältnisses drei Bürogebäude (A, B und C), deren Gesamtwert 250 Mio. EUR bei Vertragsabschluss beträgt. Die einheitliche (Mindest-)Leasingrate für die nächsten 20 Jahre (jeweils jahresendfällig zu entrichten) beträgt 22 Mio. EUR. Weder liegt ein automatischer Eigentumsübergang noch eine günstige Kaufoption vor. Auch die Vertragslaufzeit liegt nicht über 75 % der ökonomischen Nutzungsdauer.

Im Rahmen einer Portfoliobetrachtung wird ein Gesamtfremdkapitalzins von 7 % (annahmegemäß gleich dem gebäudespezifischen Zinssatz) für den Barwerttest herangezogen. Der Barwert der (Gesamt-)Mindestleasingraten beträgt 233 Mio. EUR und im Vergleich zum beizulegenden Zeitwert (Rz 43) nur 93 %. In einer Gesamtbetrachtung wären daher sämtliche Bürogebäude beim LN zu bilanzieren.

Das Verhältnis der Leasingraten weicht jedoch vom Verhältnis der *fair values* ab. Gebäude A ist bereits relativ stark abgenutzt und bedarf einer dringenden Sanierung, der beizulegende Zeitwert wird daher nur auf 50 Mio. EUR geschätzt. Der sich aus dem Leasingvertrag marktkonform abgeleitete Leasinganteil des Gebäudes beträgt 4 Mio. EUR p.a. Der Barwert der Mindestleasingraten beträgt 42 Mio. EUR und damit nur 84 % des beizulegenden Zeitwerts; Gebäude A ist nicht von LN zu bilanzieren.

[62] Vgl. KPMG, Insights into IFRS, 2009/10, Tz 5.1.260.05.

> Die beiden anderen Gebäude haben jeweils einen *fair value* von 100 Mio. EUR bei einer Leasingrate von 9 Mio. EUR p. a. Der Barwert der Mindestleasingraten beträgt jeweils 95 Mio. EUR und damit 95 % des beizulegenden Zeitwerts. Gebäude B und C sind daher als *finance leases* bei LN zu bilanzieren.

In den meisten Fällen entspricht der Aufteilungsschlüssel der Gesamtleasingrate jedoch dem Verhältnis des Zeitwertes der Objekte, da sich die Zeitwerte eben aus den am Markt erzielbaren Mieten bestimmen. Portfoliobetrachtung und Einzelbetrachtung führen dann zum gleichen Ergebnis.

101 Nach IAS 16.43 besteht das Erfordernis einer separaten Abschreibungsverrechnung für signifikante Teilbereiche eines Vermögenswerts (→ § 10 Rz 7). Durch diesen Komponentenansatz soll eine aussagekräftigere Folgebewertung eines Vermögenswertes mit Komponenten unterschiedlicher Nutzungsdauer erreicht werden: An die Stelle einer gewogenen **Durchschnitts**rechnung tritt eine **teilbereichsspezifische** Folgebewertung.

Auf die Leasingklassifizierung lassen sich die Vorgaben aus IAS 16.43 nur bedingt übertragen. Auch wenn sich ein Vermögenswert aus verschiedenen **unterschiedlichen Komponenten** (*part of an item*) zusammensetzt, ist unter der Voraussetzung einer **fehlenden getrennten Nutzbarkeit** der einzelnen Komponenten keine getrennte Klassifizierung erforderlich. Die Klassifizierungskriterien sind dann mindestens pro Vermögenswert und nicht pro Komponente anzuwenden.

> **Beispiel**
> Wird im Rahmen der Leasingklassifizierung eines Gebäudes dieses vereinfacht (→ § 10 Rz 9) in die Komponenten Bauwerk (Nutzungsdauer 50 Jahre) und Technik (Nutzungsdauer 25 Jahre) aufgeteilt, ergäbe sich für den Fall einer vertraglichen Grundmietzeit von 20 Jahren ein *operating lease* für das Bauwerk und ein *finance lease* für die Technik. Beide Komponenten sind aber eng miteinander verbunden, ein Ausbau der Technik und eine Verwendung in einem anderen Gebäude wirtschaftlich nicht möglich. Eine getrennte Bilanzierung, das Bauwerk beim Leasinggeber, die Technik beim Leasingnehmer, würde daher dem wirtschaftlichen Gehalt nicht entsprechen.

Anderes gilt, wenn die **getrennte Nutzbarkeit** der Komponenten wirtschaftlich und praktisch gegeben ist.

> **Beispiel**
> Das einzelne Triebwerk eines Flugzeuges wird in einem eigenständigen Vertrag verleast. Dem ist für die Bilanzierung jedenfalls dann zu folgen, wenn das Triebwerk zu im Verhältnis zu seinen Kosten geringen Aufwendungen abgebaut und bei anderen Flugzeugen verwendet werden kann und solche Ausbauten in der Praxis auch vorkommen. Unter diesen Voraussetzungen ist es unerheblich, ob das gesamte Flugzeug losgelöst vom Leasingvertrag als ein Vermögenswert gewürdigt würde.

Die Frage, ob ein oder mehrere Vermögenswerte vorliegen, ist bei getrennter Nutzbarkeit **ermessensbehaftet.** Die Leasingvorschriften können die Ausübung dieses Ermessens beschränken.

> **Beispiel**
> U ist Leasingnehmer eines einheitlichen achtjährigen Vertrags über einen Lastzug mit Zugmaschine (Nutzungsdauer 8 Jahre) und einen Aufleger (Nutzungsdauer 15 Jahre).
> Jedenfalls für Zwecke der Leasingbilanzierung ist der Lastzug nicht mehr als ein Leasingobjekt und ein Vermögenswert anzusehen, vielmehr liegen zwei Objekte/Vermögenswerte vor. Die Zugmaschine ist U zuzurechnen *(finance lease)*, der Aufleger dem Leasinggeber *(operating lease)*.

2.6.2 Leasingverhältnisse beim Unternehmenserwerb

In bestimmten Fällen ist gem. IAS 17.13 eine Neubeurteilung eines Leasingverhältnisses erforderlich. Insbesondere im Zusammenhang mit Leasingverhältnissen, die im Rahmen eines Unternehmenserwerbs *(business combinations)* übernommen wurden, stellt sich die Frage der bilanziellen Behandlung beim Erwerber. Auf → § 31 Rz 95 wird verwiesen. 102

2.6.3 Erwerb und Verkauf von *operating leases*

In speziellen Fällen, etwa beim Erwerb günstiger Verträge *(favorable contracts)*, können auch Nutzungsrechte aus *operating lease* einen bilanzierbaren Vermögenswert darstellen. Wegen Einzelheiten wird verwiesen auf → § 13 Rz 43 und → § 25 Rz 65 sowie → § 31. 103

2.6.4 Behandlung von Steueränderungsklauseln

Aus Sicht des Leasinggebers spielen bei der Finanzierung von Leasingverhältnissen u. U. auch im geltenden Steuersystem realisierbare Vorteile eine Rolle. Zur Absicherung gegen künftige **Änderungen der Steuergesetzgebung** enthalten Leasingverträge somit häufig auch eine Klausel, die den Leasinggeber zur Anpassung der Leasingraten berechtigt, um einen änderungsbedingten (Steuer-)Nachteil auf den Leasingnehmer überzuwälzen. 104
Mangels Vorgaben innerhalb der IFRS ist fraglich, ob die Anpassung der Leasingraten aufgrund eines Steuerereignisses

- **prospektiv** als bedingte Leasingraten *(contingent rents)* oder
- **retrospektiv** als nachträgliche Änderung der Vertragsbedingungen

anzusehen ist. Gegen eine retrospektive Behandlung spricht, dass steuerbedingte Änderungen der Leasingraten gerade keine nachträgliche Änderung der Vertragsbedingungen, sondern die Umsetzung bereits bei Vertragsschluss getroffener Vereinbarung sind. Zutreffend ist demgegenüber die Behandlung als *contingent rent*, da die Höhe der Leasingraten von einem ungewissen (Steuer-)Ereignis abhängt.

Beispiel
LN und LG schließen einen *finance lease* mit einer Laufzeit von 10 Jahren. Der Barwert der Mindestleasingraten beträgt 95 % des beizulegenden Zeitwerts des Leasingobjekts, die jährlich nachschüssig zu leistende Rate 1.000 GE. Im Falle einer Steuergesetzänderung hat LG das Recht zur Anpassung der Mindestleasingraten. Im Jahr 5 ändern sich die steuerlichen Verhältnisse für LG. Dieser verlangt, beginnend ab Jahr 6 bis zum Ende der Vertragslaufzeit, 100 GE mehr. Beginnend mit Jahr 6 erhöht sich der Periodenaufwand(-ertrag) des LN (LG) um 100 GE.

Ergebniswirkungen aus dem Steuerereignis sind für den Leasingnehmer und -geber zwingend über die Restlaufzeit zu verteilen, eine unmittelbare Erfassung des gesamten Steuereffekts scheidet aus.[63]

2.6.5 Leasingvereinbarungen zwischen nahestehenden Personen und Unternehmen

105 Innerhalb der (Leasing-)Vorgaben der IFRS finden sich mit Ausnahmen von IAS 17.4 betreffend die Einbeziehung von Restwertgarantien durch nahestehende Personen in die Mindestleasingzahlungen (Rz 44) keine Ausführungen zu *related parties* (→ § 30). Im Unterschied dazu enthalten die US-GAAP (ASC Topic 840.10.25–26) besondere Regelungen für die Klassifizierung von Leasingverhältnissen, bei denen Leasinggeber und Leasingnehmer nahestehende Personen und Unternehmen sind. Hiernach ist ein **Drittvergleich** anzustellen:

- Halten alle signifikanten Vertragskonditionen einem Drittvergleich stand, spielt die *related-party*-Beziehung zwischen Leasingnehmer und Leasinggeber für die Klassifizierung keine Rolle.
- Werden Fremdkonditionen in wesentlichen Punkten verfehlt, ist dies auf die *related-party*-Beziehung zurückzuführen. An die Stelle des formal Vereinbarten ist dann das wirtschaftlich Gewollte zu setzen.

U.E. haben diese Regelungen lediglich klarstellenden Charakter. Sie halten fest, was sich aus dem allgemeinen Grundsatz des *substance over form* (→ § 1 Rz 78) zwingend ergibt und gelten daher für die IFRS entsprechend.

Beispiel
LN und LG schließen einen 3½-jährigen *lease* über eine Maschine X ab, deren Nutzungsdauer 5 Jahre beträgt. Die Leasingraten decken die lineare Abschreibung über 3½ Jahre sowie die Finanzierungskosten des LG ab. LG ist zu 49 % an LN beteiligt und übt maßgeblichen Einfluss auf die Finanz- und Geschäftspolitik aus. Ohne zwingend als Spezialleasing qualifiziert werden zu können, weist die Maschine doch so viele Besonderheiten auf, dass mit einem adäquaten, das Gesamtinvestment rechtfertigenden Verkaufspreis bei Veräußerung an einen Dritten nach 3½ Jahren nicht zu rechnen ist.

63 Gl. A. KPMG, Insights into IFRS 2009/10, Tz 5.1.460.70.

> Im Rahmen der Leasingvereinbarung verzichten LN und LG auf einen automatischen Eigentumsübergang und günstige Kaufoptionen, keines der Klassifizierungskriterien in IAS 17.10a-e indiziert daher eine Übertragung des wirtschaftlichen Eigentums auf LN. Aufgrund der gesellschaftsrechtlichen Beziehung ist allerdings nicht allein auf die schuldrechtliche Vertragsbeziehung abzustellen. Gegenüber einem fremden Leasingnehmer würde LG eine entsprechende Investition nur dann tätigen, wenn der Dritte über eine längere Mindestlaufzeit oder in sonstiger Weise das Amortisationsrisiko übernehmen würde. Die Abrede zwischen den Parteien ist im Drittvergleich wirtschaftlich so zu werten, als ob LN wirtschaftlicher Eigentümer der Maschine wäre.

2.7 Unterschiede zwischen IFRS und Steuerrecht bei den Zurechnungskriterien

Ein **Vergleich** der Behandlung von Leasing nach IFRS und Steuerrecht kann sich auf zwei Aspekte richten:[64] **106**

- Was wird **als *lease* definiert** (Rz 107)?
- Wie wird im Falle eines *lease* das **wirtschaftliche Eigentum** verstanden (Rz 108ff.)?

IAS 17.4 definiert ein Leasingverhältnis als „eine Vereinbarung, bei der der Leasinggeber dem Leasingnehmer **107**

- gegen eine **Zahlung** oder eine Reihe von Zahlungen
- das **Recht auf Nutzung** eines Vermögenswertes … überträgt."

Kürzer ausgedrückt: Leasing ist die entgeltliche Nutzungsüberlassung eines Vermögenswertes. Auf die rechtliche Qualifikation des Nutzungsvertrags – Miete, Pacht usw. – kommt es nicht an.

Das **deutsche Verständnis**, geprägt durch die Leasingbranche und zivilrechtliche Überlegungen, ist teilweise **enger:** Leasing wird entweder als eine Vertragsform eigener Art angesehen oder als eine besondere Art von Miete oder Pachtvertrag bezeichnet, wobei die Besonderheit etwa darin liegen soll, dass der Leasingnehmer für Versicherung, Instandhaltung etc. aufkommt. Für die entscheidende Bilanzierungsfrage, wer das **wirtschaftliche Eigentum** am Nutzungsobjekt hat, sind all diese zivilrechtlichen „**Besonderheiten**" ebenso **unerheblich** wie die Bezeichnung der Parteien für ihren Vertrag. Der **BFH** betont dementsprechend in seinem für die späteren Leasingerlasse grundlegenden Urteil[65], dass „unter Leasing Verträge verstanden werden, die **vom normalen Mietvertrag bis zum verdeckten Raten-Kaufvertrag** reichen." Die **BMF-Erlasse**[66] selbst legen auf eventuelle formalrechtliche Unterschiede ebenfalls keinen Wert. Sie sprechen etwa von der Grund**miet**zeit eines Leasingvertrages, unterscheiden Leasingverträge mit und ohne **Miet**verlängerungsoption usw.

Praktische Konsequenz: Weder IAS 17 noch die Steuererlasse können durch zivilrechtliche Qualifikation oder Bezeichnung der Verträge als Miete, Pacht usw. umgangen werden.

---

64 Nachfolgende Überlegungen überwiegend in Anlehnung an LÜDENBACH, BC 2007, S. 7ff.

65 BFH, Urteil v. 26.1.1970, IV R 144/66, BStBl II 1970 S. 264.

66 BMF, Schreiben v. 19.4.1971, IV B/2 – S 2170–31/71, BStBl 1971 I S. 264, sowie Schreiben v. 21.3.1972, IV B/2 – S 2170–11/72, BStBl 1972 I S. 188.

108 Für die bilanzielle Zurechnung eines Leasingobjekts ist das wirtschaftliche Eigentum maßgeblich. Es ist nach **IAS 17.8** dem Leasingnehmer zuzurechnen, wenn er im Wesentlichen alle **Risiken und Chancen** übernimmt, die üblicherweise mit dem zivilrechtlichen Eigentum verbunden sind. Das angeführte **BFH**-Urteil sieht den wirtschaftlichen Eigentümer dadurch gekennzeichnet, dass er im Regelfall „den rechtlichen Eigentümer **dauernd** von der **Einwirkung** auf das Wirtschaftsgut wirtschaftlich ausschließen kann, sodass ein **Herausgabeanspruch** des Eigentümers **keine wirtschaftliche Bedeutung** mehr hat."

Konzeptionelle Unterschiede bestehen somit nur in Nuancen: IAS 17 stellt die Risiken und Chancen in den Vordergrund, misst aber daneben dem Gesichtspunkt der dauernden Herrschaft Bedeutung bei (IAS 17.21). Der BFH betont primär die dauernde Herrschaft, daneben aber auch die Chancen und Risiken, ausgedrückt u.a. in dem wirtschaftlichen Wert des Herausgabeanspruchs am Ende der Grundmietzeit.

109 Ob der Leasingnehmer wirtschaftlicher Eigentümer ist, macht IAS 17.10 an verschiedenen Kriterien fest (Rz 22). Ein *finance lease* liegt vor, wenn

- von vornherein die Übertragung des rechtlichen Eigentums feststeht,
- eine günstige Kaufoption vereinbart ist,
- die Vertragslaufzeit den überwiegenden Teil der wirtschaftlichen Nutzungsdauer des Leasingobjekts abdeckt, wobei nach IAS 17.11 auch eine günstige Mietverlängerungsoption zu berücksichtigen ist,
- das Leasingobjekt von spezieller Beschaffenheit ist,
- der Barwert der Mindestleasingzahlungen im Wesentlichen den anfänglichen Zeitwert des Leasingobjekts erreicht oder sogar größer als dieser ist.

Vergleicht man die vorgenannten Kriterien mit denen der steuerlichen Vollamortisationserlasse, so ergibt sich nur **ein** grundsätzlicher Unterschied: Das **Barwertkriterium** kommt nicht vor. Die **anderen Kriterien** werden hingegen im **Steuerrecht** zugrunde gelegt, drei davon in den Leasingerlassen selbst, der Fall des von vornherein feststehenden Eigentumsübergangs als unechter Mietkauf in Rechtsprechung und anderen Erlassen.[67] Das hohe Maß der Übereinstimmung ist kein Zufall: Das grundlegende BFH-Urteil beruft sich an vielen Stellen ausdrücklich auf US-GAAP Vorschriften (!). Die gleichen Vorschriften standen auch bei der Entwicklung von IAS 17 Pate.

110 Unterschiede bleiben im Detail:

- Während das Steuerrecht im Interesse der Rechtssicherheit die Kriterien **genau** quantifiziert, etwa für das Verhältnis von Vertrags- und Nutzungsdauer eine 90-%-Grenze formuliert,
- enthält IAS 17 **auslegungsbedürftige** Begriffe, etwa den des „überwiegenden Teils" *(major part)* für das Verhältnis von Vertrags- und Nutzungsdauer (Rz 34).

Bei der Verabschiedung von IAS 17 hat der IASC bewusst interpretationsbedürftige Begriffe verwendet, um ein sog. *cook-book accounting*, bei dem man hart bis an die Grenzen herangeht, zu Gunsten einer Gesamtwürdigung zu verhindern.

---

67 Vgl. z.B. FinMin Schleswig-Holstein, Verfügung v. 27.7.2004, S 2170, und BMF, Schreiben v. 28.8.1991, BStBl I S. 768.

Beispiel
Das Leasingobjekt hat eine Nutzungsdauer von 20 Jahren. Der Leasingvertrag läuft über 17,5 Jahre. Er ist steuerlich „erlasskonform", weil die kritische Grenze von 90 % (18 Jahre) zwar bewusst ins Visier genommen, aber nicht überschritten wurde.
Nach IAS 17 macht die Vertragsdauer je nach Interpretation des Begriffs *„major part"* zwar nicht zwingend den überwiegenden Teil der Nutzungsdauer aus, liegt aber jedenfalls sehr nahe an diesem Kriterium. Soll es in der geforderten Gesamtwürdigung bei einem *operating lease* bleiben, müssten daher die anderen Kriterien umso eindeutiger verneint werden können. Dies wäre nicht der Fall, wenn etwa eine Nutzung des Leasingobjekts durch einen anderen als den Leasingnehmer zwar nicht ausgeschlossen, aber doch unwahrscheinlich wäre, also der Vertrag zugleich in der Nähe des Spezialleasings (Rz 66) angesiedelt werden könnte. In der Gesamtbetrachtung läge dann ein *finance lease* vor.

Soweit jedenfalls die **Theorie**. In der **IFRS-Praxis** bleibt die **Gesamtwürdigung** allzu oft auf der Strecke. Die ermessensbehafteten Kriterien werden in Konzernbilanzierungsrichtlinien *(accounting manuals)* quantifiziert. Wie im Steuerrecht tritt dann an die Stelle einer Gesamtwürdigung das quantitative Abprüfen der Kriterien.

Bei **Teilamortisationsverträgen** (*non-full-pay-out*-Verträge) erfolgt entsprechend dem Leasing-Erlass vom 22.12.1975[68] entweder keine Amortisation der Kosten des Leasinggebers oder eine Amortisation erst am Ende der Laufzeit des Vertrags durch eine Schlusszahlung. 111

Eine Zurechnung des Leasingobjekts beim Leasingnehmer erfolgt unabhängig von der Amortisation der Kosten des Leasinggebers im Vorliegen von **Spezialleasing** (Rz 66) sowie im Fall von Immobilienleasing bei Vorliegen besonderer Verpflichtungen (Übernahme der Gefahr des zufälligen Untergangs etc.) des Leasingnehmers. In den anderen Fällen, in denen die unkündbare Grundmietzeit zwischen 40 % und 90 % der betriebsgewöhnlichen Nutzungsdauer liegt, erfolgt die Zurechnung des wirtschaftlichen Eigentums beim Leasingnehmer, wenn folgende Vertragsinhalte vereinbart sind:

- **Andienungsrecht** des Leasinggebers, **ohne Optionsrecht** des Leasingnehmers: Die Verwertungsentscheidung liegt beim Leasinggeber, der Leasingnehmer hat keine Entscheidungsbefugnis hinsichtlich der Substanz.
- **Aufteilung** des **Mehrerlöses**: Bei einer (vereinbarten) Veräußerung des Leasingobjekts nach Ablauf der Grundmietzeit ist ab einer Beteiligung des Leasinggebers i. H. v. $\geq$ **25 % am Verwertungserlös** eine beträchtliche Partizipation des Leasinggebers an dem Restwert anzunehmen und diesem das wirtschaftliche Eigentum zuzurechnen.
- **Kündbarer Mietvertrag** mit **Anrechnung des Veräußerungserlöses auf die Schlusszahlung** des Leasingnehmers: Im Falle einer Kündigung des Leasingverhältnisses durch den Leasingnehmer ist dieser zur Erstattung der Kosten des Leasinggebers verpflichtet. Erfolgt **keine vollständige Anrechnung** des vom Leasinggeber zu erzielenden Veräußerungserlöses (nach Rückerhalt vom Leasingnehmer), profitiert allein dieser von **Wertsteigerungen**.

[68] Vgl. BMF, Schreiben v. 22.12.1975, IV B/2 – S 2170–161/75, BB 1976, S. 172.

112 Aufgrund der unterschiedlichen Behandlung des Amortisationsrisikos – nachgeordnet für das Steuerrecht und erstrangig für die IFRS-Bilanz – kommt es hinsichtlich folgender Kriterien u. U. zu einer auseinanderlaufenden Beurteilung des wirtschaftlichen Eigentums:[69]

- Der **Barwerttest** nach IFRS (IAS 17.10c) zielt auf die Übertragung des Amortisationsrisikos des Leasinggebers auf den Leasingnehmer ab (Rz 43), ein vergleichbares Kriterium fehlt im Steuerrecht. Hierdurch kommt es insbesondere bei Leasingobjekten ohne relevanten Gebrauchtmarktwert (z. B. Hardwareleasing; Rz 43) nach IFRS zu einer Zurechnung beim Leasingnehmer.
- **Restwertgarantien, Andienungsrechte** und Verpflichtungen des Leasingnehmers zur **Amortisation der Investitionskosten** führen nach IFRS i. d. R. zu einer Zurechnung des Leasingobjekts beim Leasingnehmer (Rz 25).

Zwar findet sich der mit dem Barwertkriterium verbundene **Rechtsgedanke** auch im o. g. **BFH**-Urteil, wenn dort vom *„second-hand leasing"* gesprochen und unterschieden wird zwischen

- Objekten, bei denen ihrer Art nach mit Ablauf des Leasingvertrags noch ein wesentlicher Erlös durch Verkauf oder Überlassung an einen weiteren Nutzer *(second-hand)* erzielt werden kann und deshalb der Leasingvertrag nicht für die volle Amortisation sorgen muss, und
- solchen, bei denen eine Anschlussnutzung nicht zu erwarten ist.

Im Detail wird der Amortisationsaspekt im Steuerrecht aber nicht weiter verfolgt.

Beispiel

Im Rahmen eines Leasingvertrags über eine Maschine schließen Leasingnehmer und Leasinggeber folgende Konditionen miteinander ab:

- Das Leasingverhältnis wird über die Dauer von 75 % der wirtschaftlichen Nutzungsdauer geschlossen, die vereinbarten Leasingraten decken die Investitionskosten des Leasinggebers nicht.
- Am Ende der Vertragslaufzeit wird das Leasingobjekt veräußert. Aus dem Veräußerungserlös sind zunächst die noch nicht gedeckten Kosten des Leasinggebers zu bedienen, darüber hinausgehende Gewinne fallen zu 75 % auf den Leasingnehmer und zu 25 % auf den Leasinggeber.
- Der Leasingnehmer garantiert dem Leasinggeber eine Ausgleichszahlung bei Nichtdeckung der Investitionskosten aus der Veräußerung und den bislang gezahlten Leasingraten.

Beurteilung

Steuerlich ist das Leasingverhältnis nach dem Teilamortisationserlass für Mobilienleasing zu beurteilen. Aufgrund der hohen Beteiligung des Leasinggebers an der Verwertungsmöglichkeit des Leasingobjekts ist ihm das wirtschaftliche Eigentum zuzurechnen.

In der IFRS-Bilanz ist die Garantie des Leasingnehmers im Rahmen des Barwerttests zu berücksichtigen, der Barwert der Mindestleasingzahlungen entspricht aufgrund der Verpflichtung des Leasingnehmers gerade oder annähernd dem beizulegenden Zeitwert des Leasingobjekts, die Risiken werden

[69] Vgl. PwC, IFRS für Banken, 4. Aufl., 2008, S. 1709 ff.

vollständig auf den Leasingnehmer übertragen, der das Leasingobjekt und eine Verbindlichkeit bilanziell abzubilden hat.

Unterschiede bestehen außerdem bei **Immobilienleasingverträgen**. Nach den **Leasingerlassen** vom 21.3.1972 und vom 23.12.1991[70] folgt die **Zuordnung des Grund und Bodens** derjenigen für das **Gebäude**. Nach IAS 17.15 kommt auch eine getrennte personelle Zuordnung von Grund und Boden und Gebäude in Betracht (Rz 79). 113

2.8 Zusammenfassende Beurteilung der Zurechnungskriterien

Die häufig nur qualitativen und auch sonst recht vagen Zurechnungskriterien eröffnen den Bilanzierenden nennenswerte **faktische Wahlrechte** (Rz 34f.). Der IASB ist sich dessen bewusst, denn er hat die begriffliche „Offenheit" gewählt, um dem Anwender ein *professional judgement* zu eröffnen.[71] Dadurch soll Umgehungspraktiken gegengesteuert werden. Die Folge dieser gewählten Unbestimmtheit ist die Eröffnung erheblicher Ermessensspielräume, und zwar insbesondere im Zusammenhang mit dem **Mietzeitkriterium** (Rz 34f.)[72] sowie dem **Barwertkriterium** (Rz 43). In hohem Maße gewöhnungsbedürftig ist aus deutscher Sicht auch die Möglichkeit einer **„Doppelbilanzierung"** beim Leasinggeber und -nehmer bzw. einer **doppelten Nichtbilanzierung** (Rz 16). 114

Beispiel für eine Doppelbilanzierung

Ein Leasingnehmer lässt vom Leasinggeber eine Lagerhalle auf einem gepachteten (wertmäßig unbedeutenden) Grundstück errichten und mietet diese über eine Grundmietzeit von 15 Jahren. Die betriebsgewöhnliche Nutzungsdauer der Lagerhalle beträgt 25 Jahre. Die jährlichen Leasingraten betragen 55.000 EUR. Es besteht keine Kaufoption für den Leasingnehmer. Der Verkehrswert der Lagerhalle entspricht den Herstellungskosten i.H.v. 600.000 EUR. Der dem Leasingverhältnis zugrunde liegende Zinssatz beträgt aufgrund eines garantierten Restwertes i.H.v. 157.757 EUR 6 % und ist dem Leasingnehmer nicht bekannt. Im Falle des Kaufs und der laufzeitäquivalenten Fremdfinanzierung würde der Zinssatz für den Leasingnehmer 5,5 % p.a. betragen.

Aus Sicht des Leasinggebers stellt sich die Prüfung der Zurechnungskriterien wie folgt dar:

Eigentumsübergangskriterium: Nicht erfüllt

Kaufoptionskriterium: Nicht erfüllt

Mietzeitkriterium: 15/25 = 60 %, d.h. vermutlich nicht erfüllt (Rz 35)

Barwertkriterium:

	EUR
Leasingraten 55.000 EUR p.a. (6 %)	534.174
Verkehrswert	600.000
Verhältnis	89 %

70 Vgl. BMF, Schreiben v. 23.12.1991, IV B/2 – S 2170–115/91, BStBl 1992 I S. 13.

71 SCHILDBACH, BFuP 2002, S. 263ff.

72 Vgl. die ausführliche Darstellung bei VATER, DStR 2002, S. 2094.

Da das Barwertkriterium mit 89 % vermutlich nicht erfüllt ist (Rz 43), wird das Leasingobjekt aus Sicht des Leasinggebers in seiner Bilanz erfasst.
Aus Sicht des Leasingnehmers stellt sich die Prüfung der Zurechnungskriterien dagegen wie folgt dar:
Eigentumsübergangskriterium: Nicht erfüllt
Kaufoptionskriterium: Nicht erfüllt
Mietzeitkriterium: 15/25 = 60 %, d.h. vermutlich nicht erfüllt (Rz 35)
Barwertkriterium:

	EUR
Leasingraten 55.000 EUR p.a. (5,5 %)	552.067
Verkehrswert	600.000
Verhältnis	92 %

Da das Barwertkriterium mit 92 % vermutlich erfüllt ist (Rz 43), wird das Leasingobjekt aus Sicht des Leasingnehmers vom Leasingnehmer bilanziert. Es kommt insoweit zu einer Doppelbilanzierung.

Beispiel für eine doppelte Nichtbilanzierung
In Abwandlung zum gerade skizzierten Beispiel beträgt der nicht garantierte Restwert 107.000 EUR. Der interne Zinssatz des Leasinggebers beläuft sich damit auf 5,5 % und ist dem Leasingnehmer wiederum nicht bekannt. Im Falle des Kaufs und der laufzeitäquivalenten Fremdfinanzierung würde der Zinssatz für den Leasingnehmer nunmehr 6 % p.a. betragen.
Aus Sicht des Leasinggebers stellt sich die Prüfung der Zurechnungskriterien wie folgt dar:
Eigentumsübergangskriterium: Nicht erfüllt
Kaufoptionskriterium: Nicht erfüllt
Mietzeitkriterium: 15/25 = 60 %, d.h. vermutlich nicht erfüllt (Rz 35)
Barwertkriterium:

	EUR
Leasingraten 55.000 EUR p.a. (5,5 %)	552.067
Verkehrswert	600.000
Verhältnis	92 %

Da das Barwertkriterium mit 92 % vermutlich erfüllt ist (Rz 43), wird das Leasingobjekt aus Sicht des Leasinggebers dem Leasingnehmer zugerechnet.
Aus Sicht des Leasingnehmers stellt sich die Prüfung der Zurechnungskriterien dagegen wie folgt dar:
Eigentumsübergangskriterium: Nicht erfüllt
Kaufoptionskriterium: Nicht erfüllt
Mietzeitkriterium: 15/25 = 60 %, d.h. vermutlich nicht erfüllt (Rz 35)
Barwertkriterium:

	EUR
Leasingraten 55.000 EUR p.a. (6 %)	534.174
Verkehrswert	600.000
Verhältnis	89 %

Da das Barwertkriterium mit 89 % vermutlich nicht erfüllt ist (Rz 43) und auch kein Spezialleasing vorliegt (Rz 66), wird das Leasingobjekt aus Sicht des Leasingnehmers dem Leasinggeber zugerechnet.
Es kommt insoweit zu einer doppelten Nichtbilanzierung.

Eine überraschende Zurechnungsregel liefert auch das Wahlrecht, einen „an sich" als *operating lease* zu behandelnden Vertrag über eine **Renditeliegenschaft** beim Leasingnehmer als *finance lease* zu behandeln (Rz 18). Den damit angedeuteten bilanzpolitischen Spielräumen durch Ermessensausübung kann aus Sicht des Abschlussadressaten insbesondere durch **Anhangerläuterung** und – sachlich und zeitlich – **konsistente** Anwendung gegengesteuert werden.

Eine Einschätzung des Leasingverhältnisses durch den Leasinggeber kann nicht vom Leasingnehmer übernommen werden. Dieser hat seine **eigene** Analyse vorzunehmen. Denkbar ist lediglich die Übernahme der internen Kalkulation des Leasinggebers zur Bestimmung des internen Zinssatzes durch den Leasingnehmer. In diesem Falle halten wir allerdings eine Plausibilitätsbeurteilung durchaus für geboten (Rz 57). 115

3 Bewertung

3.1 *Finance*-Leasingverhältnisse beim Leasingnehmer

3.1.1 Zugangsbewertung beim Leasingnehmer

Bei Vorliegen eines *finance*-Leasingverhältnisses hat der Leasingnehmer zu Beginn des Leasingverhältnisses *(at inception)* das Leasingobjekt und die Verbindlichkeit gegenüber dem Leasinggeber i.H.d. beizulegenden **Zeitwertes** zu bewerten. Eine bilanzielle Abbildung erfolgt mit dem Beginn (zum *commencement date)* des Nutzungsverhältnisses (Rz 20). 116

Sofern der **Barwert** der Mindestleasingzahlungen **unter** dem beizulegenden Wert liegt (Rz 64), ist im Rahmen der Zugangsbewertung der niedrigere Barwert der Mindestleasingzahlungen (aus Sicht des Leasingnehmers; Rz 44) maßgebend (IAS 17.20).

Der beizulegende Zeitwert des Leasingobjekts zzgl. evtl. Anschaffungsnebenkosten (Rz 118) stellt die **Obergrenze** für die Zugangsbewertung beim Leasingnehmer dar. Wird im Rahmen des Barwerttests nicht auf den internen Zinssatz des Leasinggebers *(rate implicit in the lease)* abgestellt, sondern der Grenzfremdkapitalzins des Leasingnehmers (Rz 59) angewendet, kann der Barwert der Leasingraten **über** dem beizulegenden Zeitwert des Leasingobjekts liegen. Es gilt Folgendes: 117

- Im Rahmen der Folgebewertung ist die (im Vergleich zum Barwert geringere) Leasing**verbindlichkeit** durch Berücksichtigung eines höheren Zinssatzes zu **reduzieren** (Rz 128). Der Diskontierungszins des Barwerts der Mindestleasingraten und der Folgebewertung der Leasingverbindlichkeit stimmen dann nicht überein (Rz 64).
- Ein Ansatz des Barwerts der Mindestleasingzahlungen mit anschließender Anpassung an den niedrigeren beizulegenden Zeitwert des Leasingobjekts durch eine **außerplanmäßige Abschreibung** des Leasingobjekts ist **nicht** zulässig.

118 Der beizulegende Zeitwert des Leasingobjekts ist im Rahmen der bilanziellen Abbildung durch den Leasinggeber vor Abzug evtl. **Steuergutschriften** und **staatlicher Zuwendungen** zu bestimmen. Im Rahmen der Zugangsbewertung sind Zahlungen, die der Leasingnehmer nicht erhalten hat, in Abgrenzung zu der Berücksichtigung dieser im Zusammenhang mit der Klassifizierung (Rz 54) nicht zu berücksichtigen.

Weiterhin sind Kosten, die dem Leasingnehmer in Zusammenhang mit dem Abschluss von Leasingverträgen entstehen (Anschaffungsnebenkosten), ebenfalls im beizulegenden Zeitwert des Leasingobjekts zu berücksichtigen, soweit sie bei einem Erwerb eines vergleichbaren Vermögenswerts aktivierungsfähig wären (→ § 8 Rz 11 ff.).

119 Die **Mindestleasingzahlungen** (Rz 44) umfassen aus Sicht des Leasingnehmers die während der Vertragslaufzeit zu leistenden Grundmietzahlungen sowie eventuelle Kaufpreiszahlungen am Ende des Leasingverhältnisses im Falle einer günstigen Kaufoption (Rz 45) und Restwertgarantien (Rz 44 f.) des Leasingnehmers (IAS 17.4). **Nicht einbezogen** werden dagegen **Nebenkosten** (die keine verdeckten Leasingzahlungen i.S.v. IFRIC 4.12 enthalten; Rz 13), die der Leasingnehmer an den Leasinggeber oder an Dritte leistet, wie z.B. Kosten für Versicherungen, Instandhaltung und Steuern für das Leasingobjekt (IAS 17.4). Darüber hinaus sind solche Leasingzahlungen nicht bei der Berechnung der Mindestleasingzahlungen zu berücksichtigen, die vom Eintritt künftiger Bedingungen abhängen *(contingent rents*; IAS 17.25) (Rz 46).

Die Nichteinbeziehung nur solcher Nebenkosten, die separat in Rechnung gestellt werden, würde zu ungerechtfertigten Differenzierungen führen.

Beispiel

Ein Gebäude wird in **zwei** Varianten zum Leasing angeboten:

1. gegen eine Nettokaltmiete zuzüglich vom Mieter selbst zu tragender Energiekosten und nach Einzelabrechnung vom Vermieter erhobener Nebenkosten.
2. gegen eine Bruttomiete, in die Energie- und sonstige Kosten mit kalkulierten Werten einbezogen sind.

Der höhere Wert der Miete im zweiten Fall könnte eher dazu führen, dass ihr Barwert den Zeitwert des Objektes erreicht oder übersteigt. Aus *substance-over-form*-Gesichtspunkten wäre dies nicht gerechtfertigt. Die Definition der Mindestleasingraten in IAS 17.4 sieht daher den Ausschluss auch von **kalkulatorischen Nebenkosten** vor.[73]

3.1.2 Folgebewertung beim Leasingnehmer

3.1.2.1 Planmäßige Abschreibungen

120 Im Rahmen der Folgebewertung sind die vom Leasingnehmer bilanzierten Leasingobjekte wie rechtlich zuzurechnende Vermögenswerte in Übereinstimmung mit IAS 16 zu bewerten. Entsprechend IAS 16 besteht das Wahlrecht, betrieblich genutzte Sachanlagen zu fortgeführten Anschaffungs- bzw. Herstellungskosten oder zum höheren Zeitwert der Neubewertung, korrigiert um

[73] Gleiche Auffassung: KMPG, Insights into IFRS 2009/10, Tz 5.1.30.20.

danach angefallene Abschreibungen zu bewerten. Auf die Ausführungen unter → § 8 Rz 6ff. sowie → § 10 Rz 20ff. ist deshalb zu verweisen.

Das Leasingobjekt ist über die **Laufzeit des Leasingvertrags** abzuschreiben (anders beim Leasinggeber im Rahmen eines *operating*-Leasing; Rz 148). Sofern jedoch bereits zu Beginn des Leasingverhältnisses der Übergang des rechtlichen Eigentums am Leasingobjekt zum Ende der Vertragslaufzeit hinreichend sicher ist, muss eine Abschreibung über die längere wirtschaftliche Nutzungsdauer des Leasingobjektes erfolgen (IAS 17.28). Das ist regelmäßig anzunehmen, wenn die Zurechnung zum Vermögen des Leasingnehmers aufgrund des Eigentumsübergangs- oder Kaufoptionskriteriums erfolgt (Rz 22). Da sich die Dauer des Leasingvertrags und die wirtschaftliche Nutzungsdauer nicht entsprechen müssen, ist möglicherweise der geleaste Vermögenswert in der Bilanz des Leasingnehmers bereits vollständig abgeschrieben, obwohl noch eine Verbindlichkeit gegenüber dem Leasinggeber besteht. **121**

Eine Besonderheit ergibt sich für die Folgebewertung von als *finance lease* klassifizierten Vertragsverhältnissen über **Grundstücke**. Erfolgte die Klassifizierung als *finance lease*, weil zu Beginn des Leasingverhältnisses **122**

- mit hinreichender Sicherheit von einem Übergang des rechtlichen Eigentums nach Ablauf der Grundmietzeit ausgegangen werden konnte (z. B. wegen günstiger Kaufoption oder automatischen Eigentumsübergangs), ist das Grundstück als Sachanlage mit unbestimmbarer Nutzungsdauer in der Bilanz des Leasingnehmers zu erfassen und nur außerplanmäßig abzuschreiben.
- wegen der langen Dauer der Grundmietzeit (Rz 74ff.) das wirtschaftliche Eigentum dem Leasingnehmer zugerechnet wurde, ist das Grundstück über die Grundmietzeit (bestimmbare Nutzungsdauer) planmäßig abzuschreiben (→ § 10 Rz 34; → § 13 Rz 83).

Auch bei **Spezialleasing** (Rz 66ff.) kann u. E. bereits zu Beginn des Leasingverhältnisses mit hinreichender Sicherheit vom Übergang des rechtlichen Eigentums am Leasingobjekt auf den Leasingnehmer ausgegangen werden. Zumindest ist in diesem Fall das Leasingobjekt so auf die Bedürfnisse des Leasingnehmers zugeschnitten, dass eine Verwendung von Dritten entweder überhaupt nicht oder nur mit erheblichen Kosten möglich ist.[74] Infolgedessen erscheint auch in diesem Fall eine Abschreibung über die wirtschaftliche Nutzungsdauer geboten. **123**

3.1.2.2 Außerplanmäßige Abschreibungen

Zur Feststellung eines zusätzlichen außerplanmäßigen Abschreibungsbedarfs ist IAS 36 heranzuziehen (IAS 17.30). Auf die Kommentierung unter → § 11 kann deshalb verwiesen werden. **124**

3.1.2.3 Wartungs- und Reparaturarbeiten

Für die Folgebewertung von Leasingobjekten eines *finance lease* kann u. E. in Bezug auf nachträgliche Herstellungs- und Erhaltungsaufwendungen nichts anderes gelten als für im (rechtlichen) Eigentum befindliche Vermögenswerte (→ § 8 Rz 32ff.). **125**

---

[74] Vgl. Alvarez/Wotschofsky/Miethig, WPg 2001, S. 939.

- Die **laufenden Unterhaltungsaufwendungen** des Leasingnehmers für ein Leasingobjekt *(the day-to-day servicing)* sind als Aufwand zu behandeln (IAS 16.12).
- Notwendige **Ersatzteile** *(parts)* eines Vermögenswertes sind bei Ersatzbeschaffung zu aktivieren, wenn sie das generell gültige Ansatzkriterium in IAS 16.7 erfüllen.
- Größere Inspektionen oder Sanierungen sind als Ersatzbeschaffung zu aktivieren, wenn die genannten Ansatzkriterien erfüllt sind (IAS 16.14).

3.1.2.4 Vorzeitige Beendigung eines Leasingverhältnisses

126 Im Falle einer vorzeitigen Beendigung des *finance lease* hat der Leasingnehmer den Vermögenswert und die Schuld ergebniswirksam auszubuchen. In Höhe der Differenz der Buchwerte zwischen dem Leasingobjekt und der Leasingverbindlichkeit entsteht ein Erfolg.

3.1.2.5 Bewertung von Leasingobjekten im Rahmen von *subleases*

127 Soweit der Leasingnehmer einen *finance*-Leasingvertrag abschließt und das Leasingobjekt im Rahmen eines **weiteren** Leasingvertrages vermietet *(sublease)*, hängt die bilanzielle Behandlung des *sublease* davon ab, ob es sich hierbei um ein *operating* oder *finance lease* handelt. Bei einem *operating sublease* bilanziert der Leasingnehmer (der gleichzeitig Leasinggeber im Rahmen des *sublease* ist) das Leasingobjekt im Zugangszeitpunkt nach den oben dargestellten Grundsätzen (Rz 116ff.). Die Frage der **Folgebewertung** richtet sich nach der Art des Leasingobjekts:

- Bei **beweglichen** Vermögenswerten ist IAS 16 (→ § 14) anzuwenden (Rz 120).
- Sofern es sich um bebaute oder unbebaute **Grundstücke** handelt und die Nebenleistungen insgesamt nur eine untergeordnete Bedeutung an den Gesamterträgen haben, ist IAS 40 anzuwenden, da es sich insoweit um eine Renditeliegenschaft handelt (→ § 16 Rz 6). Danach besteht für den Leasingnehmer (der gleichzeitig Leasinggeber im Rahmen des *sublease* ist) das explizite Wahlrecht zur Bewertung des Leasingobjekts zu fortgeführten Anschaffungs- oder Herstellungskosten *(„cost model")* oder zu aktuellen Marktwerten *(„fair value model"*; → § 16 Rz 43ff.).

3.1.2.6 Folgebewertung der Leasingverbindlichkeit

128 Zum Zwecke der Folgebewertung der Leasingverbindlichkeiten sind die zu leistenden Leasingraten in Finanzierungskosten *(finance charge)*, nicht aktivierbare Nebenkosten und einen Tilgungsanteil **aufzuteilen** (IAS 17.25). Die Finanzierungskosten sind über die Vertragslaufzeit so zu verteilen, dass sich unter Berücksichtigung des Zinssatzes, welcher der Berechnung des Barwertes der Mindestleasingzahlungen zugrunde gelegt wurde, eine **gleich bleibende Verzinsung** ergibt (IAS 17.25). Lediglich aus Vereinfachungsgründen ist bei gleichzeitiger Beachtung der Wesentlichkeitsgrenzen eine **lineare Verteilung** der Finanzierungskosten über die Vertragslaufzeit oder eine Verteilung nach der Zinsstaffelmethode im Einzelfall zulässig.

129 Der Zinsanteil der Leasingraten ist in der **GuV** unter den **Zinsaufwendungen** zu erfassen. Die Nebenkosten stellen sonstige betriebliche Aufwendungen dar. Der Tilgungsanteil vermindert erfolgsneutral die am Anfang einer Periode bestehende Restverbindlichkeit. Es ist somit unzulässig, vereinfachungsbedingt die gesamten Leasingzahlungen in der GuV aufwandswirksam zu erfassen.

Beispiel

Ein Leasingnehmer least ab dem 1.1.01 eine Anlage mit einem beizulegenden Zeitwert von 250.000 EUR über eine Grundmietzeit von 5 Jahren. Unter Berücksichtigung der nachfolgenden Annahmen

- Zinssatz 10 %
- wirtschaftliche Nutzungsdauer 8 Jahre
- Barwert der Mindestleasingrate 247.159,30 EUR und
- jährliche Leasingrate von 67.600 EUR (inkl. Nebenkosten von 2.400 EUR)

entwickeln sich die Wertansätze des Leasingobjekts und der -verbindlichkeit wie folgt:

Jahr	Leasing-objekt	Abschrei-bungen	Verbind-lichkeit	Zins-anteile	Leasingraten		
					Tilgung	Neben-kosten	Gesamt
	EUR	EUR	EUR	EUR	EUR	EUR	EUR
1.1.01	247.159,30		247.159,30				
31.12.01	197.727,44	49.431,86	206.675,23	24.715,93	40.484,07	2.400	67.600
31.12.02	148.295,58	49.431,86	162.142,75	20.667,52	44.532,48	2.400	67.600
31.12.03	98.863,72	49.431,86	113.157,03	16.214,28	48.985,72	2.400	67.600
31.12.04	49.431,86	49.431,86	59.272,73	11.315,70	53.884,30	2.400	67.600
31.12.05	0,00	49.431,86	0,00	5.927,27	59.272,73	2.400	67.600
		247.159,30		78.840,70	247.159,30	12.000	338.000

Das Leasingobjekt ist über die kürzere Vertragslaufzeit von 5 Jahren und nicht über die wirtschaftliche Nutzungsdauer von 8 Jahren abzuschreiben, da die Zurechnung zum Vermögen des Leasingnehmers aufgrund des in IAS 17.10d genannten Barwertkriteriums erfolgte (Rz 43ff.).

Die Tilgung der Verbindlichkeit ergibt sich aus der Aufteilung der zu zahlenden Leasingraten in Zinsanteil, Nebenkostenanteil und Tilgungsanteil.

3.2 *Finance*-Leasingverhältnisse beim Leasinggeber

3.2.1 Zugangsbewertung beim Leasinggeber

130 Da bei einem *finance lease* das **wirtschaftliche** Eigentum am Leasingobjekt auf den **Leasingnehmer** übergeht, bilanziert der Leasinggeber nicht das Leasingobjekt, sondern eine **Leasingforderung**. Die Höhe der Leasingforderung entspricht im Zugangszeitpunkt dem **Nettoinvestitionswert** des Leasingobjektes (IAS 17.36).

131 Der Nettoinvestitionswert, definiert als Differenz zwischen der Bruttoinvestition in das Leasingverhältnis und dem noch nicht realisierten Finanzertrag (IAS 17.4), wird wie folgt **ermittelt:**

	Mindestleasingzahlung (Summe der Mindestleasingraten und garantierter Restwert)
+	geschätzter nicht garantierter Restwert
=	Bruttoinvestition in das Leasingverhältnis
–	noch nicht realisierter Finanzertrag
=	Nettoinvestition in das Leasingverhältnis

3.2.2 Folgebewertung beim Leasinggeber

3.2.2.1 Entwicklung des Nettoinvestitionswertes

132 Zum Zwecke der Folgebewertung der Leasingforderungen sind die Leasingraten in einen **Zins- und Tilgungsanteil zu zerlegen**: Die Zinserträge sind so auf die Laufzeit des Leasingverhältnisses zu verteilen, dass sich auf Basis des internen Zinssatzes des Leasinggebers eine **periodisch gleich bleibende Rendite** des Nettoinvestitionswertes ergibt (IAS 17.39). Der Teil der Leasingratenzahlungen, der über den Zinsanteil hinausgeht, vermindert als Tilgungsanteil die Forderung gegenüber dem Leasingnehmer (IAS 17.40).

Beispiel

Zwischen Leasinggeber und Leasingnehmer wird am 1.1.01 ein Leasingvertrag über 5 Jahre abgeschlossen. Die wirtschaftliche Nutzungsdauer des Leasingobjektes beträgt 8 Jahre. Der beizulegende Wert des Leasingobjektes entspricht den Anschaffungskosten des Leasinggebers i.H.v. 230.000 EUR. Die jährlichen nachschüssigen Leasingraten betragen 60.000 EUR. Daraus errechnet sich der dem Leasingverhältnis zugrunde liegende Zinssatz von 9,565 %.

Lösung

Es handelt sich um ein *finance lease*, da der Barwert der Leasingraten dem beizulegenden Zeitwert des Leasinggegenstandes zu Vertragsbeginn im Wesentlichen (hier: 100 %) entspricht (Rz 43).

Beim Leasinggeber ergeben sich der Bruttoinvestitionswert aus der Summe der Leasingraten (5 × 60.000 EUR = 300.000 EUR), der Nettoinvestitionswert als beizulegender Wert des Leasingobjektes (230.000 EUR) und der nicht realisierte Finanzertrag als Differenz zwischen Bruttoinvestitionswert und Nettoinvestitionswert (70.000 EUR).

Die bilanzielle Entwicklung des Nettoinvestitionswertes und die Auswirkungen in der GuV aus dem Leasingverhältnis stellen sich beim Leasinggeber wie folgt dar:

Jahr	Netto-Investitionen zum 1.1.	Leasingraten	Zinsertrag (GuV)	Verminderung Netto-Investition	Netto-Investition zum 31.12.
	EUR	EUR	EUR	EUR	EUR
01	230.000,00	60.000	21.998,53	38.001,47	191.998,53
02	191.998,53	60.000	18.363,85	41.636,15	150.362,38
03	150.362,38	60.000	14.381,53	45.618,47	104.743,91
04	104.743,91	60.000	10.018,31	49.981,69	54.762,22
05	54.762,22	60.000	5.237,78	54.762,22	0,00
		300.000	70.000,00	230.000,00	

Variante

In Abwandlung zum gerade skizzierten Beispiel rechnet der Leasinggeber mit einem Restwert von 5.000 EUR am Ende der Vertragslaufzeit. Der Restwert wird jedoch weder vom Leasingnehmer noch von einem Dritten garantiert. An der Zuordnung des Leasingobjektes zum Vermögen des Leasingnehmers ändert sich nichts. Durch die Veränderung des Zahlenbeispiels ergeben sich die dem Leasingverhältnis zugrunde liegenden Größen wie folgt:

Bruttoinvestition	5 × 60.000,00 EUR
	+ 5.000,00 EUR
	= 305.000,00 EUR
Leasinggeberzinssatz	10,093 %
Barwert der Leasingraten	60.000,00 EUR
	× RBF
	= 226.908,47 EUR
Barwert des Restwertes	5.000,00 EUR
	$(1{,}1)^5$
	= 3.091,53 EUR
Unrealisierter Finanzertrag	305.000,00 EUR
	– 226.908,47 EUR
	– 3.091,53 EUR
	= 75.000,00 EUR
Nettoinvestition	305.000,00 EUR
	– 75.000,00 EUR
	= 230.000,00 EUR

Die bilanzielle Entwicklung des Nettoinvestitionswertes und die Auswirkungen in der GuV aus dem Leasingverhältnis stellen sich beim Leasinggeber wie folgt dar:

Jahr	Netto-Investitionen zum 1.1.	Leasingraten	Zinsertrag (GuV)	Verminderung Netto-Investition	Netto-Investition zum 31.12.
	EUR	EUR	EUR	EUR	EUR
01	230.000,00	60.000	23.213,66	36.786,34	193.213,66
02	193.213,66	60.000	19.500,85	40.499,15	152.714,51
03	152.714,51	60.000	15.413,31	44.586,69	108.127,82
04	108.127,82	60.000	10.913,23	49.086,77	59.041,05
05	59.041,05	60.000	5.958,95	54.041,05	5.000,00
		300.000	75.000,00	225.000,00	

Der Nettoinvestitionswert (230.000 EUR) vermindert sich auf Basis des dem Leasingvertrag zugrunde liegenden Zinssatzes bis zum Ende des Leasingverhältnisses auf den nicht garantierten Restwert (5.000 EUR).

133 Geschätzte **nicht garantierte Restwerte** sind regelmäßig auf deren Realisierbarkeit hin zu überprüfen (IAS 17.41). Ergeben sich Anzeichen für eine Verminderung des erwarteten Restwertes, ist der Nettoinvestitionswert entsprechend zu ändern. Die Wertanpassung ist dabei so vorzunehmen, als ob die Datenänderung bereits zu Beginn des Leasingverhältnisses bekannt gewesen wäre (IAS 17.41).

3.2.2.2 Wertberichtigungen von Leasingforderungen

134 Beim *finance lease* ist die Leasingforderung im Zugangszeitpunkt mit dem Nettoinvestitionswert *(net investment in the lease)* zu bewerten. Der Nettoinvestitionswert ergibt sich aus der Summe der vereinbarten Mindestleasingzahlungen und eines evtl. nicht garantierten Restwerts, abzüglich noch nicht realisierter Finanzerträge. Der **Wertansatz der nicht garantierten Restwerte** ist von dem Leasinggeber regelmäßig zu prüfen; sich daraus ergebende Wertminderungen sind sofort ergebniswirksam zu berücksichtigen (IAS 17.41).

Beispiel
Bei Beginn des *finance lease* am 31.12.00 hat das Leasingobjekt einen *fair value* von 5.046. Dies entspricht bei 5 nachschüssigen Leasingraten von 1.200 EUR und einem ungarantierten Restwert von 800 EUR einem impliziten Zinssatz von 10 %.
Zum Ende des Jahres 03 revidiert der Leasingeber die Restwerterwartung um 300 auf 800. Bei einer Restlaufzeit von 2 Jahren sind 300/1,12 = 248 abzuschreiben. Die Leasingforderung per 31.12.03 reduziert sich damit von 2.744 auf 2.496. Die Zinserträge der Folgeperioden fallen entsprechend niedriger aus.
Nachfolgend die Entwicklung von Leasingforderung, Zinsertrag und Tilgung nach ursprünglichen und korrigierten Annahmen:

	Ursprüngliche Annahmen					Korrigierte Annahmen			
	Rate	BW	Zins	Tilgung	Forderung	Rate	Zins	Tilgung	Forderung
31.12.00					5.046				
31.12.01	1.200	1.091	505	695	4.350				
31.12.02	1.200	992	435	765	3.585				
31.12.03	1.200	902	359	841	2.744	1.200			2.496
31.12.04	1.200	820	274	926	1.818	1.200	250	950	1.545
31.12.05	2.000	1.242	182	1.818	0	1.700	155	1.545	0
		5.046		5.046					

135 Für **bonitätsbedingte Wertberichtigungen** gelten die Regelungen von IAS 39 (IAS 39.2d). Eine Einzelwertberichtigung ist danach zu bilden, wenn substanzielle Hinweise für eine Wertminderung oder Uneinbringlichkeit vorliegen

(IAS 39.58). Bei der Höhe der Wertberichtigung ist die Sicherheit aus dem zivilrechtlichen Eigentum am Leasingobjekt zu berücksichtigen. Für nicht einzelwertberichtigte Forderungen sind gem. IAS 39.64 portfolioorientierte Wertberichtigungen vorzunehmen (→ § 28 Rz 124ff.).

3.3 *Operating*-Leasingverhältnisse

3.3.1 *Operating*-Leasingverhältnisse beim Leasingnehmer

Bei *operating*-Leasingverhältnissen verbleibt das **wirtschaftliche Eigentum** am Leasingobjekt beim **Leasinggeber**. *Operating*-Leasingverhältnisse sind damit aus der Sicht des Leasingnehmers bilanziell wie **Mietverhältnisse** zu behandeln: Der Leasingnehmer erwirbt lediglich ein Nutzungsrecht und erfasst die gezahlten Leasingraten als Aufwand. 136

Der Aufwand bemisst sich nicht notwendigerweise nach der Höhe der gezahlten Leasingraten. Vielmehr sind die insgesamt geschuldeten Leasingraten **linear** als Aufwand über die Laufzeit des Leasingverhältnisses zu erfassen (IAS 17.33). 137

Von einer linearen Aufwandsverteilung ist in den Fällen abzusehen, in denen eine andere systematische Grundlage dem zeitlichen Verlauf des Nutzens besser entspricht (IAS 17.34). Das ist z.B. der Fall bei **Anreizvereinbarungen**: Wurden Anreize für die Vereinbarungen eines Leasingverhältnisses wie z.B. Übernahme bestimmter Kostenelemente des Leasingnehmers gewährt, so sind diese spiegelbildlich zur Behandlung beim Leasinggeber über den gesamten Leasingzeitraum zu verteilen (SIC 15). 138

Entscheidend ist die **periodengerechte** (i.d.R. gleichmäßige) Aufwandsbelastung der gesamten Zahlungsabflüsse aus dem Leasingvertrag *(accrual basis of accounting* gem. F.22 und IAS 1.25). In welchem Bilanzposten sich die Aufwandszuordnung (in Abweichung von den Zahlungsverläufen) niederschlägt, bleibt nach SIC 15 offen.[75] Infrage kommt aus Sicht des Mieters die Passivierung einer Verbindlichkeit für die ersten „mietfreien" Monate.

Beispiel
Kostenübernahme durch den Leasingnehmer
Es wird ein *operating*-Leasingvertrag über eine Grundmietzeit von 5 Jahren mit einer jährlich vorschüssigen Leasingrate i.H.v. 2.000 EUR abgeschlossen. Der Leasinggeber übernimmt im Rahmen einer Anreizvereinbarung bei Vertragsabschluss am 1.1.01 Kosten des Leasingnehmers i.H.v. 1.000 EUR.

Lösung
Die Übernahme von Kosten des Leasingnehmers durch den Leasinggeber ist durch die Bildung eines Abgrenzungspostens *(deferred income)* unter den sonstigen Verbindlichkeiten gleichmäßig auf die Leasinglaufzeit zu verteilen. Die Ermittlung des Abgrenzungspostens beim **Leasingnehmer** und die zeitliche Entwicklung stellen sich wie folgt dar:

75 Hoffmann, PiR 2005, S. 97f.

Jahr	Leasingraten	1.1.01	*deferred income* Veränderung	31.12.01	Korrigierte Leasingrate
	EUR	EUR	EUR	EUR	EUR
01	2.000	1.000	200	800	1.800
02	2.000	800	200	600	1.800
03	2.000	600	200	400	1.800
04	2.000	400	200	200	1.800
05	2.000	200	200	0	1.800
	10.000		1.000		9.000

Eine Linearisierung der Aufwandsverteilung ist auch bei **mietfreien Zeiten** erforderlich.

Beispiel[76]
Der Leasingnehmer least eine Anlage im Rahmen eines *operating*-Leasingverhältnisses über die Grundmietzeit von 4 Jahren. Die ersten 3 Monate des Leasingverhältnisses sind mietfrei. Nach Ablauf der mietfreien Zeit betragen die monatlichen (nachschüssigen) Leasingraten 3.000 EUR.

Lösung
Die Summe der Leasingraten beträgt 45 × 3.000 EUR = 135.000 EUR. Demzufolge ist in jedem Jahr ein Leasingaufwand i. H. v. 135.000 EUR / 4 Jahre = 33.750 EUR zu erfassen. Der Nutzen aus der mietfreien Zeit ist auf die Laufzeit des Leasingvertrages zu verteilen. Die Passivierung einer Verbindlichkeit erhöht den Leasingaufwand. Die spätere Auflösung vermindert dagegen den Leasingaufwand.
Die Entwicklung stellt sich beim Leasingnehmer wie folgt dar:

Jahr	gezahlte Leasingraten	1.1.	*deferred income* Veränderung	31.12.	Leasing-aufwand
	EUR	EUR	EUR	EUR	EUR
01	27.000	0	6.750	6.750	33.750
02	36.000	6.750	- 2.250	4.500	33.750
03	36.000	4.500	- 2.250	2.250	33.750
04	36.000	2.250	- 2.250	0	33.750
	135.000				135.000

139 **Spiegelbildlich** zu den Anreizvereinbarungen (Rz 138), bei denen der Leasinggeber dem Leasingnehmer Vorteile bei Abschluss eines *operating lease* einräumt, entsteht ein Bilanzierungsproblem bei Leistungen des Leasingnehmers, von denen der **Leasinggeber** profitiert. Wenn der Leasingnehmer ohne vertragliche Verpflichtungen am Leasingobjekt Verbesserungen *(leasehold improvements)* vornimmt, stellt sich die Frage der bilanziellen Zuordnung der Verbesserungsmaßnahme.

76 Vgl. hierzu den Sachverhalt des BFH, Urteil v. 5.4.2006, I R 43/05, BStBl II 2006 S. 593, mit Anm. von HOFFMANN, DStR 2006, S. 1123. Der BFH folgt nicht der nachstehenden Lösung.

Die IFRS befassen sich nirgends mit dem speziellen Problembereich der **Mietereinbauten**. Die Lösung muss deshalb anhand allgemeiner Kriterien gefunden werden. Dazu gehören:[77]

- Vorliegen eines Vermögenswerts *(assets)*, d. h. die Aktivierbarkeit generell.
- Bilanzrechtliche Zuordnung (wirtschaftliches Eigentum).
- Aufwandsverteilung *(matching principle)*.

I.d.R. liegt bei *leasehold improvements* ein Vermögenswert vor, da es sich bei den Verbesserungen nicht um Erhaltungsaufwand, sondern um **Herstellungskosten** handelt. Die Frage des wirtschaftlichen Eigentums richtet sich nach den Allgemeinregeln (Rz 22), also danach, welche Partei die maßgeblichen Chancen und Risiken aus der Verbesserungsmaßnahme trägt.

In den IFRS ist keine konkrete Ausprägung des *matching principle* in diesem Zusammenhang feststellbar. Nach der Auslegungshierarchie in IAS 8.10ff. richtet sich der Blick dann auf die US-GAAP (IAS 8.12), hier auf SFAC 6.177. Es geht um die dort genannten *leasehold improvements*, also Aufwendungen des Leasingnehmers (Mieter) im Zusammenhang mit einem Leasingverhältnis (langfristiger Mietvertrag). Ein *leasehold improvement* wird als *asset* angesehen, das üblicherweise als *deferred costs* oder *deferred charges* zu aktivieren ist:

- Der Leasingnehmer hat den zusätzlichen Aufwand auf das Leasingobjekt *(leasehold improvement)* über die **Laufzeit des Vertrags** zu verteilen.
- Der Leasinggeber hat den am Ende der Mietzeit noch vorhandenen **Restwert** der Verbesserung des Leasinggegenstandes zu **aktivieren** und auf die restliche Nutzungsdauer abzuschreiben.

Beispiel

Der Leasingnehmer A least am 1.1.00 eine Maschine für einen Zeitraum von 10 Jahren (bis zum 31.12.09), die aufgrund der Nichterfüllung der Zurechnungskriterien als *operating lease* zu klassifizieren ist. Dabei sind von A zum 31.12.03 weitere Nebenleistungen, eine Erweiterung der Produktionskapazität und Modernisierung der Technik, zu erbringen. Die Herstellungskosten der Verbesserungen betragen 50.000 EUR. Die Verbesserungen haben eine geschätzte wirtschaftliche Nutzungsdauer von 20 Jahren (Jahresabschreibung 2.500 EUR), wobei die Nutzung 6 Jahre durch den Leasingnehmer A erfolgt. Am 1.1.10 hat die Maschine einen Restbuchwert (= *fair value*) von 35.000 EUR.

Lösung (Mieterperspektive)

Der Restwert von 35.000 EUR wächst dem Vermieter am Ende der Mietperiode zu und ist deshalb als Teil der Mindestleasing-Zahlungen anzusehen. Dieser Betrag ist über die Mietdauer gleichmäßig dem Aufwand zu belasten (3.500 EUR p.a.). Ende 04 beträgt die aufgelaufene zusätzliche Mietverpflichtung 14.000 EUR.

Die Zahlung des Mietereinbaus Ende 04 ist zu splitten auf:

- 35.000 EUR Mietvorauszahlung
- 15.000 EUR Mietereinbau (Sachanlagen)

[77] Zum Ganzen Hoffmann, PiR 2006, S. 30.

> Die Mietvorauszahlung ist mit der Mietverpflichtung von 14.000 EUR zu verrechnen; es verbleiben als Aktivsaldo 21.000 EUR, der jährlich mit 3.500 EUR zu Lasten des Aufwands aufgelöst wird. Der Mietereinbau (*leasehold improvement*) ist auf das Ende des Mietvertrages abzuschreiben (2.500 EUR p.a.). Insgesamt sind über die Vertragslaufzeit folgende Aufwandsverbuchungen vorzunehmen:
>
> | | | |
> |---|---|---|
> | 4 × 3.500 | = | 14.000 |
> | 6 × 3.500 | = | 21.000 |
> | 6 × 2.500 | = | 15.000 |
> | | | 50.000 |

140 In einer Stellungnahme vom Februar 2005 beschäftigt sich die SEC mit Fragestellungen der Behandlung von *leasehold improvements* und der Verbindung von diesen mit Anreizvereinbarungen zwischen Leasinggeber und Leasingnehmer:[78]

- Wertverzehr von *leasehold improvements*: Verbesserungen an einem Leasingobjekt sind von dem Leasingnehmer über die kürzere Dauer der Restlaufzeit des Vertrags und der wirtschaftlichen Nutzungsdauer abzuschreiben. Hierbei ist eine **Ausdehnung der Abschreibungsperiode** auf Verlängerungsperioden zulässig, wenn deren Ausübung hinreichend sichergestellt *(„reasonably assured“)* ist.
- Behandlung mietfreier Zeiten (*rent holidays*): Mietfreie Zeiten sind über die Gesamtnutzungsperiode zu verteilen. Die Aufwendungen des Leasingnehmers verlaufen linear *(„straight-line basis over the lease term“)*.
- Mit Anreizen (*incentives*) verbundene *leasehold improvements*: Enthält eine Vereinbarung sowohl *incentives* des Leasinggebers als auch *leasehold improvements* des Leasingnehmers sind diese getrennt voneinander zu behandeln (*„it is inappropriate to net the deferred rent against the leasehold improvements“*), eine **Saldierung** ist **nicht zulässig**.

141 Abweichend von der vorstehend (Rz 136f.) dargestellten Regel **darf** der Leasingnehmer ein *operating lease* bez. einer **Renditeliegenschaft** (→ § 16) gem. IAS 17.6 wie ein *finance lease* behandeln und die Immobilie trotz fehlenden wirtschaftlichen Eigentums aktivieren, wenn er unter den in IAS 40 vorgesehenen Möglichkeiten *(fair value* oder Anschaffungskosten) für das *fair-value*-Modell optiert (Rz 18). Die Immobilie ist dann im Zugangszeitpunkt nach IAS 40.25 mit den fiktiven Anschaffungskosten i.H.d. Verkehrswerts des Leasingobjekts oder des niedrigeren Barwerts der Mindestleasingraten zu bilanzieren. In gleicher Höhe wird eine Verbindlichkeit gegenüber dem Leasinggeber passiviert. Im Rahmen der Folgebewertung im *fair-value*-Modell sind dann nach IAS 40.30 Veränderungen des **Zeitwertes erfolgswirksam zu erfassen** (→ § 16 Rz 52; IAS 40.30).

---

78 Letters from SEC Staff, February 7, 2005.

Beispiel
Der Leasingnehmer A least am 1.1.01 ein Grundstück, das aufgrund der Nichterfüllung der Zurechnungskriterien als *operating lease* zu klassifizieren ist, und vermietet es an ein konzernfremdes Unternehmen C im Rahmen eines *operating lease* weiter. Die Anschaffungskosten des Grundstücks betragen beim Leasinggeber 1 Mio. EUR. Am 31.12.01 steigt der Marktwert des Grundstücks auf 1,1 Mio. EUR.
Obwohl der ursprüngliche Leasingvertrag ein *operating lease* darstellt, darf der Leasingnehmer A das Grundstück zu fiktiven Anschaffungskosten i.H.v. 1 Mio. EUR bilanzieren. Verfährt er so, muss er das Grundstück am 31.12.01 zum aktuellen Zeitwert i.H.v. 1,1 Mio. EUR bewerten und die Wertänderung ergebniswirksam in der GuV erfassen.

Manche *operating*-Leasingvereinbarungen sehen eine **Rückgabe** des Leasingobjekts **im Zustand bei Leasingbeginn** vor (Pachterneuerungsverpflichtung). Der periodengerechten Verteilung der Aufwendungen *(accrual basis of accounting)*[79] entspricht eine **ratierliche Bildung** der Erneuerungsrückstellung (Ansammlungsrückstellung). 142

Wenn der Leasingnehmer eines *operating lease* das **Leasingobjekt** während der Laufzeit des Leasingverhältnisses von dem Leasinggeber erwirbt, stellt sich die Frage der Zugangsbewertung in der Bilanz des Leasingnehmers. Der Preis, der zwischen Leasinggeber und Leasingnehmer für die Veräußerung (Übertragung des rechtlichen Eigentums) verhandelt wird, enthält ggf. neben dem beizulegenden Zeitwert des Leasingobjekts aufgrund der vorherigen Vertragsbeziehung (*preexisting relationship*) auch ein Entgelt für die Beendigung des Leasingverhältnisses (ausführlich zu Mehrkomponentengeschäften: → § 25 Rz 68ff.). 143

In analoger Anwendung entsprechender Vorgaben für die Behandlung von *preexisting relationships* bei Unternehmenserwerb (→ § 31 Rz 115ff.) halten wir eine sofortige ergebniswirksame Erfassung enthaltener Aufwendungen oder Erträge aus Beendigung des *operating lease* für geboten. Aufwendungen fallen bei einem aus Sicht des Leasingnehmers ungünstigen Leasingverhältnis an (Abstandszahlung für die Entlassung aus dem ungünstigen Vertrag), Erträge im umgekehrten Fall.

Wird die tatsächliche Nutzung eines *operating*-Leasingobjekts noch während der unkündbaren Mietzeit aufgegeben, so wird das Leasingverhältnis zu einem *onerous contract* mit der Folge einer Drohverlustrückstellung i.H.d. Barwerts der noch geschuldeten Mieten (→ § 21 Rz 65). Wird das nicht mehr selbst genutzte Objekt unter den Einstandskosten untervermietet, ist die Rückstellung auf Basis der Differenz beider Mieten zu berechnen. 144

Rückstellungen für belastende Verträge (→ § 21 Rz 55) sind in (diskontierter) Höhe des erwarteten unvermeidbaren Überschusses der Aufwendungen über den Nutzen (negativ Saldo) anzusetzen (IAS 37.66ff.). Allerdings fehlt es innerhalb der IFRS (im Speziellen IAS 37) an eindeutigen Regeln hinsichtlich des **Ansatzzeitpunktes** einer Rückstellung für belastende Verträge. Spätester Zeit- 145

[79] Vgl. KPMG, Insights into IFRS 2009/10, Tz 3.12.620.20.

punkt für den Ansatz einer Rückstellung ist die Aufgabe der Nutzung (z.B. eines angemieteten Gebäudes), da ab diesem Zeitpunkt nur noch Aufwendungen (Mietzahlungen) anfallen, denen kein Nutzen mehr gegenübersteht. Fraglich ist, ob auch schon vor Aufgabe der Nutzung von einem Negativsaldo ausgegangen werden kann und wie dieser ggf. zu berechnen ist.

Beispiel
LN hat im *operating lease* ein Bürogebäude angemietet. Ende 01 beginnt LN mit dem Bau eines eigenen Bürogebäudes. Dessen Fertigstellung erfolgt erwartungsgemäß Mitte Januar 03. Im Januar 03 wird daher die Nutzung des gemieteten Gebäudes aufgegeben. Der Mietvertrag läuft bis Ende 08. Ein Ersatz- oder Untermieter findet sich in einer schon seit 01 schwierigen Marktlage nicht. Fraglich ist, ob LN eine Drohverlustrückstellung erst in 03 (Jahr der Aufgabe der Nutzung) oder schon per 31.12.02 oder sogar 01 bilden kann.

In Fällen wie dem vorliegenden besteht die Schwierigkeit darin, den nach IAS 37 rückstellungsfähigen negativen Saldo bereits vor Aufgabe der Nutzung zu bestimmen. Vor Aufgabe der Nutzung (im Beispiel 31.12.01 und 02) kann die vertragliche Bindungsdauer modellmäßig in zwei Phasen unterteilt werden:

- Phase 1 (Nutzungsphase): Bis Aufgabe der Nutzung des angemieteten Vermögenswerts fällt noch ein Nutzen an, dem zur Ermittlung des Teilsaldos die Leasingzahlungen dieser Phase gegenüberzustellen sind.
- Phase 2 (Nichtnutzungsphase): Ab Aufgabe der Nutzung ergibt sich der (negative) Teilsaldo aus den zu zahlenden Leasingraten (abzüglich eventueller Untervermietungserlöse).

Für den Bilanzierungszeitpunkt vor Aufgabe der Nutzung ergibt sich der nach IAS 37 maßgebliche Saldo als Summe der Teilsalden beider Phasen. Je nach Höhe des in Phase 1 noch anzusetzenden Nutzens kann sich ein so hoch positiver Teilsaldo für diese Phase ergeben, dass der Negativsaldo der Phase 2 kompensiert wird und damit eine Rückstellung ausscheidet.

In der Anwendung dieses Modells besteht das praktische Problem in der Bestimmung des in der Phase 1 noch anfallenden **Nutzens**. Dient das Leasingobjekt dem Gesamtunternehmen (Beispiel Verwaltungsgebäude) oder einem größeren Unternehmensbereich (Segment etc.) und erzeugt es Nutzen nur im Verbund mit anderen Faktoren, kann der Nutzen der Phase 1 und damit der Teilsaldo der Phase 1 und damit auch der Gesamtsaldo i.d.R. nicht verlässlich bestimmt werden. Eine Rückstellung ist nach IAS 37.26 mangels verlässlicher Bewertung nicht zulässig (→ § 21 Rz 51).

Von dieser **Regelannahme** gibt es zwei relevante **Ausnahmen**:

- Das Leasingobjekt wird in einem **defizitären** Unternehmen/Unternehmensbereich eingesetzt, dessen Ertragswert null oder negativ ist. Unter diesen Umständen wird man der Phase 1 (Nutzungsphase) keinen positiven Saldo zurechnen müssen. Der für die Phase 2 (Nichtnutzungsphase) erwartete Saldo ist als Rückstellung anzusetzen.

- Die Dauer der Phase 1 ist im Verhältnis zur noch bestehenden vertraglichen Bindungsdauer sowie der von Phase 2 so unbedeutend, dass in der Gesamtbetrachtung ein möglicher Nutzenüberschuss in der Phase 1 nicht ins Gewicht fällt.

Beispiel (Fortsetzung)
Ende 02 steht die Nutzung des geleasten Bürogebäudes für nur noch wenige Wochen fest (Phase 1). Im Verhältnis zu der bis zum Ende der Vertragsbindung erwarteten Nichtnutzungsdauer (Phase 2) von 5 Jahren ist dieser Zeitraum so klein, dass selbst bei breit gestreuten Annahmen über den laufenden Überschuss des Nutzens des Gebäudes über die Leasingraten das Gesamtergebnis bzw. dessen Verlässlichkeit nicht wesentlich beeinflussen. Eine Rückstellung ist daher spätestens zum 31.12.02 zu bilden.
Ende 01 beträgt der Anteil der erwarteten Nutzungsdauer (Phase 1) im Verhältnis zur erwarteten Nichtnutzungsdauer (Phase 2) allerdings noch 1/7. Die Frage, wie hoch der für 02 erwartete Nutzen aus dem Leasingvertrag im Verhältnis zu den geschuldeten Leasingraten ist, kann daher für die Gesamtbeurteilung und deren Verlässlichkeit Bedeutung haben. Je unsicherer die Nutzenbestimmung ist, umso mehr schlägt dies auf die Verlässlichkeit der Gesamtbewertung zurück und kann ggf. zum Verbot einer Rückstellung führen.

3.3.2 *Operating*-Leasingverhältnisse beim Leasinggeber

3.3.2.1 Zugangsbewertung beim Leasinggeber

Da bei einem *operating lease* das wirtschaftliche Eigentum am Leasingobjekt beim Leasinggeber verbleibt, hat der Leasinggeber das Leasingobjekt im Zugangszeitpunkt mit den **Anschaffungs- oder Herstellungskosten** (→ § 8 Rz 11ff.), ggf. vermindert um erhaltene Zuschüsse (→ § 12 Rz 25ff.) zu bewerten. 146

Im Rahmen der Neuregelung durch das *Improvements Project* ist das **Wahlrecht** zur sofortigen aufwandswirksamen Erfassung von **Vertragsabschluss**kosten aufgehoben worden (IAS 17.38 und 17.52). Im Interesse der internationalen Vergleichbarkeit ist nur noch die Abgrenzung über die Laufzeit des Leasingverhältnisses zulässig. Direkt zurechenbare anfängliche Kosten, wie z.B. Aushandlung oder Absicherung der Leasingvereinbarung, Bewertungsgutachten, Vertragsnebenkosten und Provisionen werden deshalb aktiviert und über die Vertragslaufzeit verteilt. 147

3.3.2.2 Folgebewertung beim Leasinggeber

Die vom Leasinggeber bilanzierten Leasingobjekte sind im Rahmen der Folgebewertung in Übereinstimmung mit IAS 16 (IAS 17.53; → § 11 Rz 6ff.) bzw. im Einklang mit IAS 40 zu bewerten (→ § 16 Rz 6). Die Bewertung richtet sich danach, ob es sich um **bewegliches** Sachanlagevermögen oder um **Immobilien** handelt. Bei Bewertung mit den fortgeführten Anschaffungs- oder Herstellungskosten ist der Abschreibungszeitraum an der geplanten **Nutzungsdauer** aus- 148

zurichten (→ § 10 Rz 31 ff.). Anders verhält es sich im Falle von *finance*-Leasingverhältnissen beim Leasingnehmer (Rz 122).
Erfolgt eine Bewertung zu fortgeführten Anschaffungskosten *(at cost)*, kommt der Komponentenansatz zum Tragen (→ § 8 Rz 34). Als eigene Komponente können bei Vermögenswerten, die seitens des Leasinggebers i.S.e. *operating lease* vermietet werden, auch günstige/ungünstige Mietkonditionen zu erfassen sein.

Beispiel
A erwirbt von B ein Bürogebäude, welches an das konzernfremde Unternehmen C vermietet ist. Die Anschaffungskosten betragen 100 Mio. EUR. Der (unkündbare) Mietvertrag mit C läuft im Erwerbszeitpunkt noch 5 Jahre, das Gebäude hat eine wirtschaftliche Restnutzungsdauer von 40 Jahren. Die Mietkonditionen mit C sind aus Sicht des Vermieters im Vergleich zu marktüblichen Mietzahlungen günstig. Der Vorteil aus dem Mietvertrag mit C hat einen Wert von 10 Mio. EUR.
A bilanziert die Immobilie zu fortgeführten Anschaffungskosten. Der Vorteil aus dem *overrent* stellt eine separate Komponente dar und ist über 5 Jahre abzuschreiben.

149 Sofern der wirtschaftliche Nutzen des Leasingobjekts niedriger ist als sein Buchwert, ist nach IAS 36 eine **außerplanmäßige (*impairment*)** Abschreibung auf den niedrigeren beizulegenden Wert vorzunehmen (IAS 17.54; → § 11 Rz 10 ff.).

3.3.2.3 Behandlung der Leasingraten

150 Erhaltene Leasingraten sind **linear** über den Leasingzeitraum zu **vereinnahmen**. Es besteht ein Verbot für die Aktivierung der noch nicht fälligen Leasingraten, da es sich um ein schwebendes Geschäft handelt. **Eine Abweichung von der Linearisierung** der Leasingraten ist geboten, wenn eine andere Art der Verteilung zu einer sachgerechteren Abbildung der Ertragsvereinnahmung führt (IAS 17.50). Das ist z.B. der Fall bei Kostenübernahmen und mietfreien Zeiten am Ende des Leasingzeitraums. In diesen Fällen sind die erhaltenen Leasingraten (spiegelbildlich zur Behandlung beim Leasingnehmer) als Forderung gegenüber dem Leasingnehmer aktivisch abzugrenzen (Rz 138 ff.). Nebenkosten wie z.B. Aufwendungen für Versicherungen und Instandhaltung sowie sonstige Dienstleistungen, die vom Leasingnehmer erstattet werden, sind nicht auf die Laufzeit des Leasingverhältnisses zu verteilen, sondern sofort erfolgswirksam zu erfassen (IAS 17.51).

4 Besondere Leasingverhältnisse

4.1 Händler- bzw. Herstellerleasing

151 Im Rahmen der Bilanzierung von *finance*-Leasingverhältnissen beim Leasinggeber sind **Besonderheiten** zu beachten, wenn es sich beim Leasinggeber um einen **Händler oder Hersteller** handelt. Das Unterscheidungsmerkmal zwischen Händler- bzw. Herstellerleasinggeschäften und reinen *finance*-Leasinggeschäften liegt in der Realisierung von Verkaufsgewinnen und Verkaufsverlusten: Ein Händler-

bzw. Herstellerleasing **vereinigt Verkaufs- und Finanzierungsgeschäfte** mit der Folge einer **Abweichung** des beizulegenden Wertes des Leasingobjektes von den Anschaffungs- oder Herstellungskosten. Infolgedessen wird hier ein **Gewinn oder Verlust** aus dem Verkaufsgeschäft i. H. d. Differenz zwischen dem beizulegenden Zeitwert und den Anschaffungs- oder Herstellungskosten des Leasingobjektes **realisiert** (IAS 17.43).

In den **Umsatzerlösen** wird der beizulegende Zeitwert des Leasingobjektes bzw. 152
der niedrigere Barwert der Mindestleasingraten zuzüglich des garantierten Restwertes ausgewiesen. Ein nicht garantierter Restwert gilt nicht als realisiert und deshalb nicht als Umsatzerlös (IAS 17.43). IAS 18 ist auf Leasinggeschäfte generell nicht anzuwenden (→ § 25 Rz 5).

Im Unterschied zum reinen *finance*-Leasing ist bei der Ermittlung des Barwertes 153
der Mindestleasingraten nicht generell der dem Leasingverhältnis zugrunde liegende **Zinssatz** anzusetzen: Sofern ein künstlich niedriger Zinssatz verwendet wurde, um das Interesse beim Kunden zu wecken, wird der Veräußerungsgewinn auf den Wert beschränkt, der sich bei Berechnung mit einem marktüblichen Zinssatz ergeben hätte (IAS 17.45).

Um den **Gewinn oder Verlust aus dem Verkaufsgeschäft** *(gross profit)* zu 154
ermitteln, werden die Anschaffungs- oder Herstellungskosten des Leasingobjektes bzw. ein abweichender Buchwert des Leasinggegenstands abzüglich des Barwertes des nicht garantierten Restwertes in den Herstellungskosten des Umsatzes ausgewiesen (IAS 17.43). Darüber hinaus werden bei dieser Art von Leasingverträgen die Vertragsabschlusskosten ebenfalls in den Herstellungskosten des Umsatzes erfasst. Eine Verteilung der direkten Kosten über die Laufzeit des Leasingvertrags kommt nicht in Betracht (IAS 17.46).

Der **Gewinn errechnet** sich wie folgt:

Barwert Mindestleasingzahlungen (ohne ungarantierten Restwert):	Umsatz
– (Buchwert Leasingobjekt – Barwert ungarantierter Restwert):	– HK des Umsatzes
= Gewinn	= *gross profit*

Beispiel

Zwischen dem Leasinggeber und dem Leasingnehmer wird am 1.1.01 ein Leasingvertrag abgeschlossen. Die unkündbare Grundmietzeit beträgt 5 Jahre. Die wirtschaftliche Nutzungsdauer des Leasingobjekts beläuft sich auf 6 Jahre. Der beizulegende Wert des Leasingobjekts bei Vertragsbeginn (100.000 EUR) übersteigt die Herstellungskosten (85.000 EUR). Der Restwert nach Ablauf des Leasingverhältnisses beträgt 8.423,50 EUR. Die jährlichen nachschüssigen Leasingraten i. H. v. 27.000 EUR enthalten Nebenkosten des Leasingvertrags i. H. v. 2.000 EUR. Daraus errechnet sich der dem Leasingverhältnis zugrunde liegende Zinssatz von 10 %.

Lösung
Das Leasingobjekt kann dem Leasingnehmer zugerechnet werden, da die Laufzeit des Leasingverhältnisses den überwiegenden Teil der wirtschaftlichen Nutzungsdauer umfasst (83,3 %). Beim Leasinggeber handelt es sich um ein Händlerleasing, da die Herstellungskosten vom beizulegenden Zeitwert des Leasingobjekts abweichen.
Die für die bilanzielle Abbildung beim Leasinggeber maßgebenden Werte ermitteln sich unter der Annahme eines garantierten bzw. nicht garantierten Restwerts wie folgt:

	Garantierter Restwert	**Nicht garantierter Restwert**
Mindestleasingzahlungen	(25.000 × 5)	
+ Restwert	+ 8.423,50 EUR	
= Bruttoinvestition (Bruttoinvestment)	= 133.423,50 EUR	identisch
	133.423,50 EUR	
– beizulegender Wert des Leasingobjekts	– 100.000,00 EUR	
= Unrealisierter Finanzertrag	= 33.423,50 EUR	identisch
Bruttoinvestition (Bruttoinvestment)	133.423,50 EUR	
– unrealisierter Finanzertrag	– 33.423,50 EUR	
= Nettoinvestition (Nettoinvestment)	= 100.000,00 EUR	identisch
	25.000 EUR × RBF	
Barwert der Leasingraten	= 94 769,67 EUR	identisch
	8.423,50 EUR	
	(1,1)5	
Barwert des Restwerts	= 5.230,33 EUR	identisch
Barwert der Leasingraten	94.769,67 EUR	94.769,67 EUR
+ Barwert des (garantierten) Restwerts	+ 5.230,33 EUR	0 EUR
= Umsatzerlöse	= 100.000,00 EUR	94.769,67 EUR
		– 85.000,00 EUR
– Barwert des ungarantierten Restwerts		– 5.230,33 EUR
– Umsatzkosten	– 85.000,00 EUR	– 79.769,67 EUR
= *gross profit* (Bruttoergebnis vom Umsatz)	= 15.000,00 EUR	identisch

Die Zusammenhänge lassen sich wie folgt darstellen:

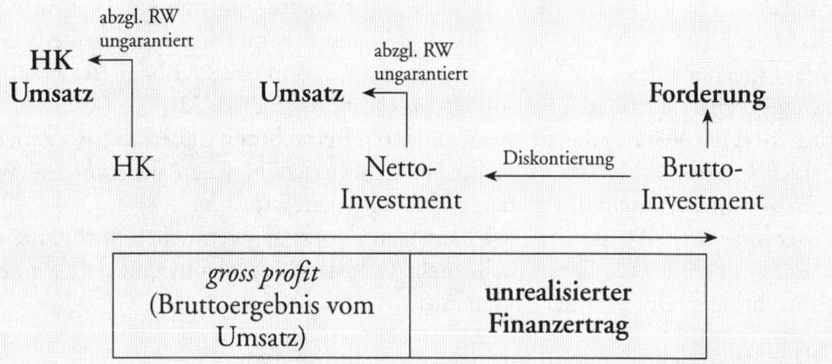

Die bilanzielle Entwicklung des Nettoinvestitionswerts stellt sich beim Leasinggeber im Falle eines nicht garantierten Restwerts wie folgt dar:

Jahr	Nettoinvestition zum 1.1.	Leasingraten	Nebenkosten (GuV)	Zinsertrag (GuV)	Verminderung Nettoinvestition	Nettoinvestition zum 31.12.
	EUR	EUR	EUR	EUR	EUR	EUR
01	100.000	27.000	2.000	10.000,00	15.000,00	85.000,00
02	85.000	27.000	2.000	8.500,00	16.500,00	68.500,00
03	68.500	27.000	2.000	6.850,00	18.150,00	50.350,00
04	50.350	27.000	2.000	5.035,00	19.965,00	30.385,00
05	30.385	27.000	2.000	3.038,50	21.961,50	8.423,50
		135.000	10.000	33.423,50	91.576,50	

4.2 Mehrstufige Leasingverhältnisse (*multi party leases*)

4.2.1 Zuordnung des wirtschaftlichen Eigentums

Die IFRS enthalten **keine besonderen** Regelungen für die Bilanzierung mehr- 155
stufiger Vertragsverhältnisse. Soweit sich hier eine Lücke in den IFRS ergibt, kann zu deren Füllung jedoch gegebenenfalls auf die in ASC Topic 840 niedergelegten Vorschriften zurückgegriffen werden (IAS 8.12). Hiernach sind wirtschaftlich voneinander abhängige Leasingverhältnisse zwischen mehreren Parteien über einen identischen Leasinggegenstand nach einem **Haupt**leasinggeschäft *(head lease)* und einem **Unter**leasingverhältnis *(sublease)* zu unterscheiden.

Die amerikanischen Regeln zu Mehrparteienleasinggeschäften verfolgen einen *top-down*-Ansatz (ASC Topic 840.10.25–32): Leasinggeschäfte sind sequenziell – in der Folge der Übertragung der Chancen und Risiken – zu würdigen. Liegt der *head lease* als *operating lease* vor, kann der *sublease* kein *finance lease* mehr sein. Umgekehrt kann das Unterleasingverhältnis sowohl ein *finance lease* als auch ein *operating lease* sein, wenn das Hauptleasinggeschäft als *finance lease* klassifiziert wurde.

Im kommentierenden Schrifttum finden sich aber auch Hinweise auf einen *bottom-up*-Ansatz.[80] Danach können die Rechte, die der Hauptmieter/Unter-

80 Vgl. ADS, Rechnungslegung nach Internationalen Standards, Abschn. 12, Tz 124.

vermieter *(sublessor)* dem Untermieter *(sublessee)* zugesteht, und die damit verbundenen wirtschaftlichen Eigentumsverhältnisse auf die Hauptebene durchschlagen. Z.B. kann eine dem *sublessor* eingeräumte günstige Kaufoption den *head lessee* zur Ausübung einer Kaufoption und zum Durchgangserwerb des Eigentums auch dann zwingen, wenn die Kaufoption oberer Ebene (im Hauptleasinggeschäft) nicht günstig, sondern *at the money* ist (Rz 32).
Ein genereller **Vorzug** der einen oder anderen Betrachtung ist **nicht** zu erkennen.

- Der *bottom-up*-Ansatz ist u.E. dann vorzuziehen, wenn der *sublease* aus ökonomischer Sicht das tragende Hauptgeschäft ist,
- der *top-down*-Ansatz hat etwa dann seine Vorzüge, wenn ein ursprünglicher Leasingnehmer die Sache nicht mehr (selbst) nutzen kann und daher einen Nachfolger/Unternutzer finden muss.

4.2.2 Bilanzielle Konsequenzen der Begründung von Unterleasingverhältnissen beim Hauptleasingnehmer

156 Nach ASC Topic 840 sind hinsichtlich der bilanziellen Konsequenzen der Begründung von Unterleasingverhältnissen folgende **Konstellationen** zu unterscheiden:

- **Fall 1**: Der ursprüngliche Leasingnehmer *(head lessee)* least das Objekt weiter an einen *sub lessee* ohne Änderung der (ursprünglichen) Bedingungen aus dem (jetzt) als *head lease* zu qualifizierenden Ausgangsvertrag. Der *head lessee* bucht eine **Forderung** i.H.d. fortgeführten Anschaffungskosten *(„unamortized balance of the asset under the original lease")* des Leasinggegenstandes ein und Letzteren entsprechend aus (bilanzsummenneutraler **Aktivtausch**). Die Leasingverbindlichkeit gegenüber dem *head lessor* wird fortgeführt.
- **Fall 2**: Der ursprüngliche Leasingnehmer findet einen„Nachmieter", der mit allen Rechten und Pflichten als Hauptschuldner in den bestehenden Vertrag eintritt. Bilanzielle Folge einer schuldnerischen Entlastung des bisherigen Leasingnehmers ist eine **Ausbuchung** der Leasingverbindlichkeit und des Leasingobjekts (Rz 155), und zwar erfolgs**neutral**, soweit sehr zeitnah zum Abschluss des ursprünglichen Leasingvertrags der Eintritt des „Nachmieters" stattfindet (per Leasingverbindlichkeit an Anlagevermögen, als **Bilanzverkürzung**), erfolgs**wirksam**, soweit (wegen Zeitversatz) bereits Buchwertdifferenzen zwischen Leasingverbindlichkeit und Leasingobjekt bestehen. Bleibt der bisherige Leasingnehmer subsidiär oder gesamtschuldnerisch verpflichtet, kann eine Ausbuchung der Leasingverbindlichkeit nur unter expliziter Berücksichtigung zukünftiger drohender Verpflichtungen gegenüber dem Hauptleasinggeber erfolgen.

Beispiel
Die C GmbH bietet ihren Kunden Hard- und Software-Leistungen im IT-Bereich aus einer Hand an. Den Hardwarebedarf ihrer Kunden deckt sie hierbei wie folgt ab:

- Im Rahmen eines *finance lease* bezieht sie Hardware als Leasingnehmer,
- welche sie ihrerseits als Leasinggeber ihren Kunden im *finance lease* zur Verfügung stellt.

Die C möchte sich substanziell auf ihre Kerndienstleistung (Service und Wartung) beschränken.

Lösung

Zunächst ist eine eher isolierte Würdigung der beiden Leasingverhältnisse geboten. Sie sieht wie folgt aus:

- *Head lease*: Als Leasingnehmer hat die C den Leasinggegenstand (die Hardware) zum beizulegenden Zeitwert oder mit dem Barwert der Mindestleasingzahlungen, falls dieser geringer ist, anzusetzen. In gleicher Höhe ist eine Leasingverbindlichkeit zu passivieren (IAS 17.20) (per Leasingobjekt an Leasingverbindlichkeit als Bilanzverlängerung).
- *Sublease*: Die C ist Leasinggeber aus dem *sublease* und hat den Vermögenswert aus- und eine Forderung einzubuchen (IAS 17.36) (per Forderung an Leasingobjekt als Aktivtausch). Die Forderung spiegelt die Höhe des Nettoinvestitionswerts aus dem Leasingverhältnis wider. Der Nettoinvestitionswert ist definiert als Residuum von Bruttoinvestitionswert (als Summe der Mindestleasingraten zzgl. Restwert) und noch nicht realisiertem Finanzertrag.

Aufgrund der unterschiedlichen Ansatzvorschriften für die Leasingforderung der C und ihre Leasingverbindlichkeit kann es bei der C durchaus zu

- unterschiedlichen Einbuchungsbeträgen für Forderung und Verbindlichkeit sowie in Verbindung damit zu
- unterschiedlichen Ein- und Ausbuchungsbeträgen für die Hardware kommen.

In den IFRS fehlen explizite Regelungen, wie mit einem somit evtl. entstehenden Differenzbetrag umzugehen wäre, da „Mehrparteien-Leasingbeziehungen“ nicht in den Leasingvorschriften enthalten sind. Aus IAS 17.37 und 17.42 ff. lässt sich ggf. jedoch der Rechtsgrundsatz ableiten, dass mögliche Abweichungen zwischen dem aktivierten Vermögenswert und der gegen ihn einzubuchenden Forderung erst über die Laufzeit wie Finanzerträge zu realisieren sind, soweit sie nicht aus einer Händlermarge stammen. Für die Heranziehung des aktivierten Leasinggegenstands als Wertmaßstab für die anschließenden Leasingforderungen sprechen auch die konkretisierten Vorschriften für „Mehrparteien-Leasingbeziehungen“ der US-GAAP in der oben als Fall 1 dargestellten Konstellation. Der aktivierte Betrag des weiterzugebenden Leasinggegenstands dient als Kostenbasis für die Aktivierung der Forderung.

Aus Sicht der C handelt es sich beim zeitgleichen/zeitnahen Abschluss des *sublease*-Vertrags am ehesten um einen reinen Aktivtausch (per Leasingforderung an Leasingobjekt). Die Vereinbarung von höheren Leasingraten als diejenigen, die man selber aufbringen muss, schlüge sich dann in der Höhe der (Finanz-)Erträge in den zukünftigen Perioden nieder. Die C würde den *sublease* mit einem von dem im Rahmen des *head lease* abweichenden *(credit spread)* internen Zinsfuß fortführen.

Im Rahmen von mehrstufigen Leasingverhältnissen ist fraglich, ob bei Übertragung der Ansprüche und Verpflichtungen auf eine **weitere** Partei die Forderung 157 gegenüber dem Leasingnehmer *(sublessee)* ausgebucht werden kann und wie mit den Leasingverbindlichkeiten gegenüber dem *head lessor* zu verfahren ist.

Die Ausbuchung von finanziellen Vermögenswerten fällt – unabhängig davon, ob es sich um eine Mehrparteien- oder sonstige Leasingbeziehung handelt – unter die Bilanzierungsvorschriften des IAS 39. Vorrangig anzuwenden ist IAS 39, da 39.2 zwar die Bewertung von Leasingforderungen und -verbindlichkeiten im Wesentlichen aus seinem Anwendungsbereich ausnimmt (insoweit Anwendung von IAS 17), hinsichtlich der Ausbuchung aber den Vorrang von IAS 39 vor IAS 17 erklärt.

IAS 39 unterscheidet zwei Anwendungsfälle der Ausbuchung von finanziellen Vermögenswerten (→ § 28 Rz 61 ff.):

- **Erledigung**: Das Recht aus dem finanziellen Vermögenswert (der Schuld) existiert nicht mehr (IAS 39.17a und IAS 39.39).
- **Übertragung**: Das Recht ist noch existent, wird aber mit fast allen relevanten Risiken auf eine andere Person übertragen (IAS 39.18 u. 20).

Beispiel (Fortsetzung)

Da die C sich substanziell auf ihre Kerndienstleistung (Service und Wartung) beschränken möchte, sucht sie nach einer Möglichkeit, die Bilanz frei von Leasingverhältnissen zu zeigen, in denen sie nicht selber den wirtschaftlichen Nutzen übernimmt und behält.

Lösung

Voraussetzung für die Ausbuchung einer Leasingverbindlichkeit ist die rechtliche Entbindung von der betreffenden Verpflichtung (IAS 39.39), etwa durch Zahlung, Erlass, Aufrechnung usw. *(„when the obligation specified in the contract is discharged or cancelled or expires“)*.

Es kommt also auf die **vertraglichen Abreden** an. Vereinbart die C mit dem *head lessor* etwa eine Aufrechnung des ihr aus der Übertragung der Leasingforderung zustehenden Betrags (Kaufpreis aus Forderungsverkauf) mit der Leasingverbindlichkeit, so ist insoweit „per Verbindlichkeit an Forderung“ zu buchen.

Der wirtschaftliche Gehalt der mehrstufigen Leasingbeziehungen, welche die C eingeht, ist auch nach SIC 27 zu würdigen. Wirtschaftlich betrachtet fungiert die C bei Übertragung der Forderung (gegen Untergang der Verbindlichkeit) möglicherweise nicht mehr als Leasingnehmer/Leasinggeber, sondern nur noch als Agent des *head lessors*.

Rechtsgeschäfte, deren Zielsetzung nicht in der Übertragung des Nutzungsrechtes auf einen Vermögenswert liegt, sind keine Leasinggeschäfte i.S.d. IAS 17 (Rz 14). Es ist nach SIC 27 kritisch zu prüfen, ob im bilanzrechtlichen Sinne von einem Geschäftsvorfall gesprochen werden kann. Findet weder eine Eigentums- noch eine Nutzenübertragung statt, handelt es sich bei einem Bündel von Transaktionen um einen einheitlichen Geschäftsvorfall (*linked transaction*).

Gemäß SIC 27.6 sind in Bezug auf den Ansatz einer Forderung und einer Verbindlichkeit aus der Tätigkeit als Intermediär in einem Mehrparteien-Leasinggeschäft die Definitionen und Anwendungsleitlinien des **Rahmenkonzepts** der IFRS (FR.49–64) zu berücksichtigen. Folgende **Indikatoren** weisen dann darauf hin, dass eine Leasingforderung und Leasingverbindlichkeit eines Intermediärs nicht als solche zu erfassen sind, d.h. er weder die Forderung noch die Verbindlichkeit ausweist (Rz 167):

- Das Unternehmen hat einerseits **kein Verfügungsrecht über die Forderung** (die finanziellen Rückflüsse) und ist andererseits nicht verpflichtet, der Verbindlichkeit nachzukommen.
- Das Unternehmen geht kein oder nur ein **sehr geringes Risiko** ein sowohl bzgl. der Höhe der zu zahlenden als auch der empfangenen Leasingraten.
- Außer evtl. Anfangszahlungen sind die **einzigen Zahlungen**, die vereinnahmt werden, aus der **Leasingforderung** zu erzielen.

4.3 *Sale-and-lease-back*-Transaktionen

4.3.1 Grundlagen

Bei *sale-and-lease-back*-Vereinbarungen geht in einem ersten Schritt das rechtliche Eigentum an einem Vermögenswert im Rahmen eines **Veräußerungsgeschäfts** vom Verkäufer auf den Erwerber über. Im zweiten Schritt erwirbt der Verkäufer vom Erwerber im Rahmen einer Leasingvereinbarung ein **Nutzungsrecht**. Der Erwerber wird damit Leasinggeber und der Verkäufer Leasingnehmer (IAS 17.58). 158

Vorstehendes gilt u.E. (mit Rückgriff auf den Grundsatz *„substance over form“*) unabhängig davon, ob einzelne Vermögenswerte veräußert und rückgeleast oder Anteile an einer diese Vermögenswerte haltenden Gesellschaft unter Rück-*lease* der Vermögenswerte veräußert werden (analog in den US-GAAP: FIN 43.4).

Bei *sale-and-lease-back*-Transaktionen handelt es sich somit um **zwei zusammenhängende Verträge**: den Vertrag über den Verkauf des Vermögensgegenstands vom künftigen Leasingnehmer an den künftigen Leasinggeber und den eigentlichen Leasingvertrag. Der Leasingvertrag ist nach den **allgemeinen Leasingkriterien** zu klassifizieren und entsprechend bilanziell zu erfassen. Die Behandlung eines **Veräußerungsgewinns** erfolgt beim Leasingnehmer in Abhängigkeit von der Klassifizierung des zugrunde liegenden Leasingvertrages als *finance* oder *operating lease* (IAS 17.59). 159

Bei *sale-and-lease-back*-Transaktionen (Verknüpfung von Verkauf und Leasing) stehen IAS 18 (→ § 25 Rz 17) und IAS 17 in einem Komplementärverhältnis. Der Abschluss des Verkaufsvertrags unterliegt neben den allgemeinen Regeln den speziellen **Realisationsregeln** für Veräußerungserlöse. Danach setzt eine Realisation Folgendes voraus: 160

- Der Veräußerer verliert die effektive **Verfügungsmacht** und ist nicht mehr fortgesetzt in der Art eines Eigentümers in die Verfügung (das Management) involviert (IAS 18.14b).
- Es erfolgt ein **Übergang** der maßgeblichen, mit dem Eigentum verbundenen Chancen und Risiken (IAS 18.14a).

Das erste Kriterium verlangt den **dauerhaften** Verlust der Verfügungsmacht. Das Kriterium ist daher z.B. dann nicht erfüllt, wenn der Veräußerer im Rahmen des *lease back* als Mieter (Leasingnehmer) die tatsächliche Herrschaft behält, weil der Leasingvertrag sich über den überwiegenden Teil der wirtschaftlichen Nutzungsdauer erstreckt. Umgekehrt ist das Kriterium erfüllt, wenn der Veräußerer dauerhaft all diese Rechte und Pflichten aufgibt, sie lediglich vorübergehend auf der Basis noch behält. Vor diesem Hintergrund ist wie folgt zu differenzieren:

- Ein dauerhafter Übergang der Verfügungsmacht findet statt, wenn der Veräußerer diese zwar für eine bestimmte Zeit zurückleast, aber dieser *lease back* als *operating lease* zu qualifizieren ist. Das erste Kriterium für eine Erlösrealisierung wäre dann erfüllt, hinsichtlich der Höhe des Erlöses wären jedoch die besonderen Vorschriften aus IAS 17.61 ff. zu beachten.
- Ist hingegen der *lease back* als *finance lease* zu qualifizieren, scheint die systematisch-theoretische Lösung unklar. IAS 18 spricht dagegen, überhaupt einen Erlös anzunehmen; die den Ausweis eines Erlöses restriktiv regelnden Vorschriften des IAS 17 setzen hingegen einen solchen Erlös dem Grunde nach voraus, neutralisieren ihn aber über einen Passivposten. U.E. sind beide Lösungen vertretbar. Wird IAS 17 als spezialgesetzliche Regelung Vorrang vor IAS 18 eingeräumt, kommt es auf diese Weise zu einer Bilanzverlängerung. Wegen Einzelheiten wird auf Rz 163 verwiesen.

161 Nach einer *„non-decision"* des IFRIC sind die speziellen Veräußerungsregeln gem. IAS 18.14 für den Fall der Gewährung einer **Rückkaufoption** für den Veräußerer (Leasingnehmer) einer *sale-and-lease-back*-Transaktion nicht erfüllt.[81] Danach gilt: Wenn der Veräußerer das rechtliche und wirtschaftliche Eigentum an dem Vermögenswert nicht aufgibt, kommt es nicht zu einer Veräußerung des Vermögenswerts und konsequenterweise aufgrund fehlender wirtschaftlicher Substanz der *sale-and-lease-back*-Transaktion (gem. SIC 27) auch nicht zu einem *lease back.*

In der *non-decision* fehlt es u. E. allerdings an einer detaillierten Auseinandersetzung mit der Ausgestaltung der Rückkaufoption.[82] Fraglich bleibt, ob neben bereits vertraglich vereinbarten Rücknahmen *(repurchase agreement)* jede vertraglich vereinbarte Rückkaufoption *(repurchase option)* eine Ausbuchung nach IAS 18 verhindert oder nur günstige (Rück-)Kaufoptionen *(bargain purchase options)*, die nach IAS 17 zu einer bilanziellen Zuordnung des Leasingobjekts beim Veräußerer geführt hätten. Insoweit wird auch nicht deutlich, ob sich Vorstehendes auch auf den Rückbehalt des wirtschaftlichen Eigentums (der Chancen und Risiken) in Form der anderen Kriterien des IAS 17 (Vereinbarung einer günstigen Verlängerungsoption, Barwertkriterium und Spezialleasing) ausdehnen lässt.

U.E. tragen die Ausführungen des IFRC daher wenig zur systematisch-theoretischen Lösung des Komplementärverhältnisses von IAS 18 zu IAS 17 bei.

162 In Abhängigkeit der **Ausgestaltung** einer *sale-and-lease-back*-Transaktion und evtl. Optionsrechte ergibt sich allerdings folgende Differenzierung:[83]

- **Unbedingte Verpflichtung** zur **Rücknahme** des Leasingobjekts: Vereinbaren die Parteien bereits im Zeitpunkt des Veräußerungsgeschäfts die Rücknahme des Vermögenswerts zu einem festen Preis nach einer zwischengeschalteten Mietperiode, liegt wirtschaftlich (i. S. v. SIC 27.5c) kein Leasingverhältnis vor (Rz 166 ff.). Der wirtschaftliche Gehalt der Transaktion

[81] Vgl. IFRIC, Update Januar 2007.
[82] Ausführlich IASB, Information for observers, Januar 2007.
[83] In der Tendenz auch BMF, Schreiben vom 4.12.2008, DB 2008, S. 2733.

entspricht einer Darlehensgewährung, deren Laufzeit dem „Mietverhältnis" entspricht. Die Vorgaben von IAS 17 sind nicht einschlägig.
Anderes gilt allerdings, wenn die Rückübertragung zum beizulegenden Zeitwert vereinbart wurde, da der Leasinggeber/Käufer wesentliche Risiken hinsichtlich des Restwerts des Vermögenswerts zurückbehält.

- **Sicher ausübbare** Kauf- und Putoptionen: Liegt aus der Sicht des Leasingnehmers eine günstige Kauf- oder aus Sicht des Leasinggebers eine günstige Putoption vor, ist nicht von einer *sale-and-lease-back*-Transaktion auszugehen (SIC 27.5c). Entsprechendes gilt bei Vorliegen von wechselseitigen Put- und Kaufoptionen zu gleichen Konditionen, da diese regelmäßig für eine Partei günstig sind.
  Ist mit hinreichender Sicherheit von einer Rückübertragung des Vermögenswerts nach einer Zeitperiode auszugehen, liegt eine **Darlehens**gewährung und keine Leasingtransaktion vor.

Das Vorliegen einer *sale-and-lease-back*-Transaktion wird dann nicht widerlegt, wenn nicht bereits im Zeitpunkt der Veräußerung von einer Rückübertragung des Vermögenswerts auszugehen ist.
Für die Behandlung eines im Rahmen einer *sale-and-finance-lease-back*-Transaktion entstehenden Veräußerungsgewinns halten wir zwei Alternativen für zulässig:[84]

- Entweder wird die Veräußerung und damit eine Erlösrealisation (i.S.e. *true sale)* bereits nach IAS 18.14 (→ § 25 Rz 18) verneint oder
- ein zunächst nach IAS 18 realisierter Veräußerungserlös wird durch die Bildung eines Passivpostens gem. IAS 17.59 neutralisiert.

4.3.2 *Finance*-Leasingverhältnisse

Resultiert aus der *sale-and-lease-back*-Transaktion ein *finance*-Leasingverhältnis, so geht lediglich das zivilrechtliche Eigentum auf den Erwerber über. Das **wirtschaftliche Eigentum verbleibt weiterhin beim Leasingnehmer**. Bei wirtschaftlicher Betrachtung hat sich damit im Vermögen des Verkäufers nichts verändert. Deshalb darf der aus der *sale-and-lease-back*-Transaktion entstandene Veräußerungsgewinn nicht unmittelbar erfolgswirksam vereinnahmt werden (IAS 17.59). Vielmehr ist **jeglicher Veräußerungsgewinn** vom Leasingnehmer passivisch als *deferred income* unter den sonstigen Verbindlichkeiten abzugrenzen und über die Laufzeit des Leasingverhältnisses erfolgswirksam zu vereinnahmen (IAS 17.59). 163

Beispiel
Eine Anlage mit einem Buchwert von 800.000 EUR und einem Verkehrswert von 1.000.000 EUR wird am 1.1.01 im Rahmen einer *sale-and-lease-back*-Transaktion zum Verkaufspreis von 1.300.000 EUR verkauft und zurückgeleast. Die Laufzeit des Leasingverhältnisses beträgt 5 Jahre. Die verbleibende betriebsgewöhnliche Nutzungsdauer der Anlage wird auf 8 Jahre geschätzt. Es werden jährliche Leasingraten i. H. v. 264.000 EUR vereinbart.

---

84 So auch der IASB: „It is not necessary to demonstrate that the sales criteria in IAS 18 paragraph 14 have been met before a transaction is treated as a sale and leaseback transaction" (Information for observers, Januar 2007).

Der dem Leasingvertrag zugrunde liegende Zinssatz (10,03 %) ist dem Leasingnehmer bekannt. Am Ende des Leasingverhältnisses erfolgt kein Eigentumsübergang auf den Leasingnehmer. Es besteht auch keine Optionsmöglichkeit für den Leasingnehmer.

Lösung

Zur Beurteilung der *sale-and-lease-back*-Transaktion ist zunächst die Klassifizierung der Leasingvereinbarung vorzunehmen: Am Ende der Vertragslaufzeit erfolgt kein Eigentumsübergang auf den Leasingnehmer. Es besteht auch keine günstige Kauf- oder Mietverlängerungsoption. Darüber hinaus erstreckt sich die Vertragslaufzeit mit 62,5 % (eine mögliche Auslegung, vgl. Rz 34) nicht über den überwiegenden Teil der wirtschaftlichen Nutzungsdauer des Leasingobjektes. Da aber der Barwert der Mindestleasingzahlungen (1.000.000 EUR) nicht nur im Wesentlichen, sondern in voller Höhe dem beizulegenden Zeitwert der Anlage zu Beginn des Leasingvertrages entspricht, handelt es sich um ein *finance*-Leasingverhältnis. Die Bilanzierung erfolgt damit trotz Übertragung des rechtlichen Eigentums durch Verkauf weiterhin beim Leasingnehmer. Der Leasingnehmer muss bei Vertragsbeginn den Veräußerungsgewinn i.H.v. 500.000 EUR passivisch abgrenzen und über die Laufzeit des Leasingverhältnisses von 5 Jahren linear vereinnahmen.

Das Aufwands- und Amortisationsschema ergibt sich beim Leasingnehmer wie folgt:

Jahr	Leasingobjekt	Abschreibungen	Leasingverbindlichkeit	Leasingraten		Sonstige Verbindlichkeiten
				Zinsanteil	Tilgung	
	EUR	EUR	EUR	EUR	EUR	EUR
1.1.01	1.000.000		1.000.000,00			500.000
31.12.01	800.000	200.000	836.300,47	100.300,47	163.699,53	400.000
31.12.02	600.000	200.000	656.181,80	83.881,33	180.118,67	300.000
31.12.03	400.000	200.000	457.997,14	65.815,34	198.184,66	200.000
31.12.04	200.000	200.000	239.934,47	45.937,33	218.062,67	100.000
31.12.05	0	200.000	0,00	24.065,53	239.934,47	0
		1.000.000		320.000,00	1.000.000,00	

Variante

In Abwandlung des gerade skizzierten Sachverhalts sei angenommen, dass der Verkaufspreis der Anlage dem Verkehrswert i.H.v. 1.000.000 EUR entspricht.

Trotz des Verkaufs zu marktüblichen Bedingungen darf der Veräußerungsgewinn nicht sofort vereinnahmt werden. Vielmehr ist auch in diesem Fall der Veräußerungsgewinn i.H.v. 200.000 EUR passivisch abzugrenzen und über die Laufzeit des Leasingverhältnisses zu vereinnahmen.

4.3.3 Operating-Leasingverhältnisse

164 Resultiert aus einer *sale-and-lease-back*-Transaktion ein *operating*-Leasingverhältnis, so geht neben dem zivilrechtlichen Eigentum auch das **wirtschaftliche**

Eigentum auf den Leasinggeber über. Der Leasingnehmer erhält durch den Leasingvertrag lediglich ein **Nutzungsrecht** über die vereinbarte Vertragslaufzeit. Für die Behandlung von Veräußerungsgewinnen aus *sale-and-lease-back*-Transaktionen, denen ein *operating*-Leasingverhältnis zugrunde liegt, ist es entscheidend, ob die Veräußerung zu **marktüblichen Bedingungen** erfolgt. Dabei sind drei mögliche Fälle zu unterscheiden:

- Veräußerungspreis **entspricht** dem beizulegenden Zeitwert: Es handelt sich wirtschaftlich um ein **Veräußerungsgeschäft.**[85] Ein sich ergebender Veräußerungsgewinn oder Veräußerungsverlust ist daher unmittelbar erfolgswirksam zu erfassen (IAS 17.62).
- Veräußerungspreis **liegt über** dem beizulegenden Zeitwert: Es ist **nur** die Differenz zwischen Buchwert und dem beizulegenden Zeitwert als Gewinn in der GuV zu erfassen. Die **Differenz** zwischen dem beizulegenden Zeitwert und dem Veräußerungspreis muss der Leasingnehmer passivisch abgrenzen und über die voraussichtliche **betriebsgewöhnliche Nutzungsdauer** verteilen (IAS 17.61).

Beispiel

Ein Leasingobjekt, das beim Verkäufer i.H.v. 600.000 EUR bilanziert ist, wird im Rahmen einer *sale-and-lease-back*-Vereinbarung an den künftigen Leasinggeber für 1.600.000 EUR verkauft. Der beizulegende Zeitwert beträgt 1.000.000 EUR. Es liegt ein *operating*-Leasingverhältnis vor.

Die Differenz zwischen dem Buchwert und dem beizulegenden Zeitwert i.H.v. 400.000 EUR ist beim Leasingnehmer sofort erfolgswirksam als sonstiger betrieblicher Ertrag zu erfassen. Die Differenz zwischen dem Veräußerungserlös und dem beizulegenden Zeitwert i.H.v. 600.000 EUR muss passivisch abgegrenzt werden.

- Veräußerungspreis **liegt unter** dem beizulegenden Zeitwert: Es ist ein Veräußerungs**gewinn** sofort erfolgswirksam zu realisieren. Veräußerungs**verluste** sind in diesen Fällen ebenfalls sofort zu erfassen, es sei denn, dass der Veräußerungsverlust durch künftige Leasingraten unterhalb des Marktpreises kompensiert wird. Der Veräußerungsverlust hat in diesem Fall den Charakter von im Voraus gezahlten Leasingraten und ist aktivisch abzugrenzen (IAS 17.61). Die Auflösung des Abgrenzungspostens erfolgt über die voraussichtliche Nutzungsdauer des Leasingobjekts.

Beispiel

Eine Anlage mit einem Buchwert von 5.000.000 EUR und einem Verkehrswert von 6.000.000 EUR wird am 1.1.01 im Rahmen einer *sale-and-lease-back*-Transaktion zum Verkaufspreis von 4.000.000 EUR verkauft und zurückgeleast. Die Laufzeit des Leasingverhältnisses beträgt 5 Jahre. Die verbleibende betriebsgewöhnliche Nutzungsdauer der Anlage wird auf 10 Jahre geschätzt. Es werden angemessene jährliche Leasingraten i.H.v. 145.000 EUR vereinbart. Der dem Leasingvertrag zugrunde liegende Zinssatz

[85] Vgl. ALVAREZ/WOTSCHOFSKY/MIETHIG, WPg 2001, S. 945.

i. H. v. 10 % ist dem Leasingnehmer bekannt. Am Ende des Leasingverhältnisses erfolgt kein Eigentumsübergang auf den Leasingnehmer. Es besteht auch keine Optionsmöglichkeit für den Leasingnehmer.

Lösung
Es liegt ein *operating*-Leasingverhältnis vor: Es wurde weder ein Eigentumsübergang am Ende der Vertragslaufzeit noch eine günstige Optionsmöglichkeit für den Leasingnehmer vereinbart. Außerdem entspricht die Grundmietzeit mit 50 % nicht dem überwiegenden Teil der betriebsgewöhnlichen Nutzungsdauer des Leasingobjektes. Darüber hinaus entspricht der Barwert der Mindestleasingraten i. H. v. 550.000 EUR mit 9,2 % nicht im Wesentlichen dem beizulegenden Zeitwert des Leasingobjektes bei Vertragsbeginn i. H. v. 6.000.000 EUR.
Der Veräußerungsverlust i. H. v. 1.000.000 EUR ist sofort erfolgswirksam zu vereinnahmen, da angemessene Leasingraten vereinbart wurden und daher keine Verlustkompensation durch niedrigere Leasingraten erfolgt.

Variante
Wären in Abwandlung zum gerade skizzierten Sachverhalt Leasingraten i. H. v. 409.000 EUR als angemessen anzusehen, so wäre der Veräußerungsverlust i. H. v. 1.000.000 EUR durch die niedrigeren Leasingraten von 145.000 EUR in voller Höhe über die Grundmietzeit kompensiert worden (Barwert der Differenz von 409.000 EUR und 145.000 EUR über die Grundmietzeit von 5 Jahren und einem Zinssatz von 10 % = 1.000.000 EUR). In diesem Fall wäre der Verlust aktivisch abzugrenzen und ratierlich über die geschätzte Restnutzungsdauer von 10 Jahren erfolgswirksam zu erfassen.

165 Die Regeln für *sale-and-lease-back*-Transaktionen lassen sich wie folgt **zusammenfassen**: Ein an einen Verkauf sich anschließendes Leasingverhältnis zwischen dem Käufer als Leasinggeber und dem Verkäufer als Leasingnehmer führt zur Gesamtqualifikation als *sale and lease back*. Beide Verträge oder Vertragsbestandteile sind als **einheitliche** Transaktion zu werten.

Die Erlösrealisierung aus dem Verkauf *(sale)* ist dann nicht mehr primär gem. IAS 18, sondern nach den Sondervorschriften zum *sale and lease back* in IAS 17.58 ff. zu würdigen. Ob es unter dieser Prämisse überhaupt zu einer Erlösrealisierung beim Zulieferer kommt, hängt von der **Klassifizierung** des Leasingvertrags als *finance* oder *operating lease* ab.

Daraus ergeben sich die **Erlösrealisierungsfolgen** für den vorangegangenen *sale*:

- Bei einem *sale and finance lease back* unterbleibt eine sofortige Erlösrealisierung,
- bei einem *operating lease back* findet eine sofortige Erlösrealisierung statt (IAS 17.61) und, soweit der Veräußerungspreis dem *fair value* entspricht, auch eine sofortige Gewinnrealisierung.

Die Ertragsrealisierungsfolgen sind in Abb. 2 zusammengefasst:

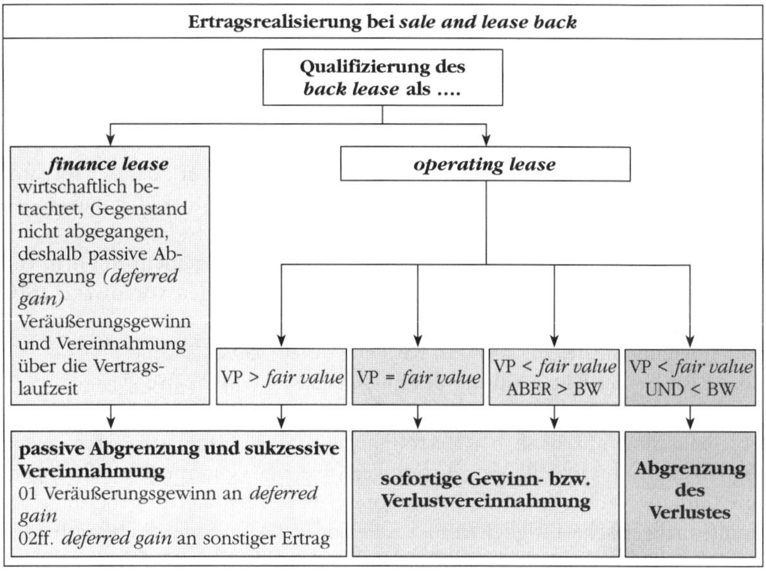

Abb. 2: Ertragsrealisierung bei *sale-and-lease-back*-Vereinbarungen

4.4 *Cross-border*-Leasing und andere Leasinggeschäfte ohne wirtschaftliche Substanz

Bei *lease-and-lease-back*-Geschäften vermietet ein Unternehmen (Initiator) an einen Dritten (Investor) einen Leasinggegenstand langfristig (Hauptmietvertrag bzw. *head lease)* und **mietet** den gleichen Gegenstand wieder **zurück** (Untermietvertrag bzw. *sublease).* In der Praxis werden insbesondere kommunale Klärwerke, Kanalsysteme, Heizkraftwerke, Schienennetze, Messehallen und ähnliche Objekte an US-Firmen über eine Laufzeit von bis zu 100 Jahren vermietet und direkt zurückgemietet. I.d.R. wird ein *lease-and-lease-back*-Geschäft bzw. *cross-border*-Leasing durchgeführt, um aufgrund der unterschiedlichen Gesetzgebung in beiden Ländern Steuervorteile zu erlangen. **166**

Durch die international unterschiedlichen Rechtsauffassungen gibt es bei *cross-border*-Leasing **zwei Eigentümer** desselben Objekts. Möglich wurde *cross-border*-Leasing durch Deregulierungsmaßnahmen in den USA während der 1990er Jahre. Es entsteht aufgrund von Abschreibungen eine Steuerersparnis, die sich eine US-Bank mit dem Initiator teilt. I.d.R. erhält der Initiator maximal 5 % des gesamten Transaktionsvolumens als „Barwertvorteil". Im Jahr 2004 haben der US-Senat und das US-Repräsentantenhaus einem Steueränderungsgesetz zugestimmt, wonach künftig US-*cross-border*-Leasinggeschäfte unzulässig sind; bestehende Verträge bleiben jedoch unberührt.

Unabhängig hiervon sind derartige Rechtsgeschäfte nach SIC 27 i. d. R. **nicht** als Leasingverhältnisse zu behandeln, da die eigentliche Zielsetzung derartiger *lease-*

and-lease-back-Transaktionen nicht darin liegt, das Recht auf Nutzung eines Vermögenswertes zu übertragen, sondern einen Steuervorteil für den Investor zu erzielen, der mit dem Initiator durch Zahlung eines Entgelts geteilt wird (SIC 27.5). Die Bilanzierung hat den wirtschaftlichen Gehalt der Vereinbarung widerzuspiegeln (SIC 27.4). Dies bedeutet im konkreten Fall: Aus IFRS-Sicht neutralisieren sich Haupt- und Untermietvertrag. In der gebotenen zusammengefassten Betrachtung liegt gar keine Transaktion vor.

Bei der Frage, wann das Entgelt (der Anteil am Steuervorteil), das der Initiator erhält, als **Ertrag** zu erfassen ist, sind die Kriterien aus IAS 18.20 anzuwenden (→ § 25 Rz 43). Es ist hierbei zu berücksichtigen, ob

- die Vereinnahmung des Entgelts ein **anhaltendes Engagement** in Form von Verpflichtungen zu wesentlichen zukünftigen Leistungen voraussetzt (SIC 27.8a),
- eine Beteiligung des Initiators an **Risiken** vorliegt (SIC 27.8b),
- das Risiko einer **Rückzahlung** des Entgelts besteht (SIC 27.8c).

Sich ergebende **Nettoerträge**, die dem Initiator aus dem Hauptleasingvertrag verbleiben, sind nur dann bei Vertragsbeginn als **Ertrag** zu erfassen, wenn lediglich nichtsubstanzielle Verpflichtungen (wie z. B. Garantieverpflichtungen) beim Initiator verbleiben (SIC 27.8). Sofern eine **Verpflichtung** besteht, bestimmte maßgebliche Tätigkeiten auszuüben oder die Nutzung des betreffenden Vermögenswerts mit Beschränkungen verbunden oder die Rückzahlung eines Teiles oder des gesamten Betrags des Entgelts zu erwarten ist, sind die Erträge **ratierlich** über die Laufzeit des Vertrags zu vereinnahmen.

167 Kernpunkt von SIC 27 ist die evtl. **fehlende wirtschaftliche Grundlage** verknüpfter Transaktionen (*linked transactions*). Von einem verknüpften und daher bilanzrechtlich unbeachtlichen Geschäftsvorfall ist dann auszugehen, wenn einer bzw. mehreren Transaktionen zwischen Parteien kein wirtschaftlich valider Zweck *(valid business purpose)* zugrunde liegt. Das ist z. B. dann der Fall, wenn Chancen und Risiken aus einer Transaktion in gleicher Höhe zurücktransferiert werden, ohne dass sich die wirtschaftliche Situation der Parteien geändert hat.

SIC 27 nennt neben dem bereits erwähnten *lease and lease back* folgende Beispiele, die zu einem verknüpften Geschäftsvorfall führen (SIC 27.5 i. V. m. Appendix A2):

- Ein Unternehmen A veräußert ein Objekt an ein Unternehmen B und least es zugleich zurück. Zusätzlich vereinbaren A und B eine Rückgabeverpflichtung des Leasingobjekts am Ende der Vertragsdauer, deren Preis so kalkuliert ist, dass B insgesamt eine übliche Darlehensverzinsung erhält (z. B. EURIBOR zzgl. einem bonitätsbedingten Aufschlag von x %).
  - Auf Basis der **vertraglichen Abreden** stellt diese Transaktion einen **speziellen *sale and finance lease back*** dar (Rz 163), A bleibt wirtschaftlicher Eigentümer des Leasingobjekts und sichert sich über die Rückgabeverpflichtung auch das rechtliche Eigentum. B verhält sich wie ein Fremdkapitalgeber, der als Sicherheit das Leasingobjekt akzeptiert.
  - **Wirtschaftlich** betrachtet vereinbaren die Parteien keinen Verkauf und eine Nutzungsüberlassung, sondern ein **Darlehensgeschäft**, in welchem ein bestimmter Vermögenswert des Darlehensnehmers als Sicherheit genutzt wird. Nach SIC 27.B2d ist bilanziell entsprechend kein Verkauf mit Abgrenzung eines evtl. Veräußerungserlöses (Rz 163) und einer Leasing-

verbindlichkeit, sondern ein Zahlungsmittelzufluss gegen Finanz-Verbindlichkeit (per liquide Mittel an Finanz-Verbindlichkeit) zu erfassen.

- Zwischen zwei Unternehmen A (LG) und B (LN) wird ein Leasingverhältnis abgeschlossen. A nimmt unter Abtretung der vereinbarten Leasingraten bzw. Einräumung von Sicherungsrechten am Leasingobjekt ein Darlehen von C ohne Rückgriffsmöglichkeit auf das sonstige Vermögen des A *(non-recourse loan)* auf. Vermögenswert und Darlehen werden anschließend in einem *sale and finance lease back* (Sicherung des Rückerhalts des rechtlichen Eigentums) an einen Treuhänder D veräußert.

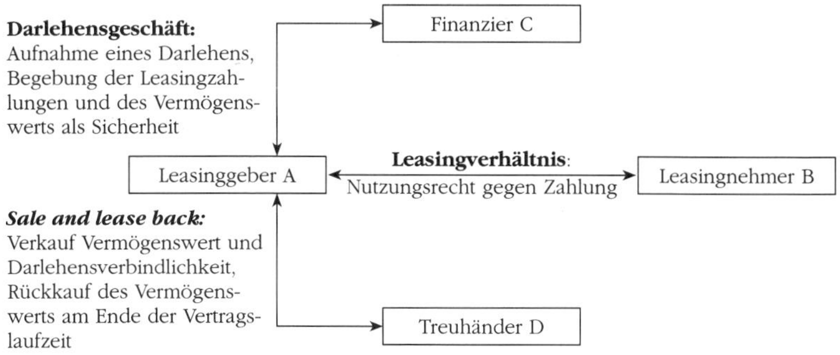

Abb. 3: Struktur einer *linked transaction* gem. SIC 27.A2c

Die Zahlungsverpflichtungen der einzelnen Parteien entsprechen sich in Höhe und zeitlichem Anfall. Vermögenswert und Darlehen werden in der Bilanz des A ausgebucht, eine Leasingverbindlichkeit und Zahlungsmittelzugang aktiviert.
Auf Basis der **vertraglichen Abreden** sind aus Sicht des A mehrere Transaktionen *(linked transaction)* im Rahmen eines Geschäftsvorfalls abgeschlossen worden. A nimmt ein besichertes Darlehen auf einen Vermögenswert auf und gibt das Nutzungsrecht an diesem an B weiter. Für die bilanzielle Behandlung des Leasingvertrags durch B (LN) haben die weiteren vertraglichen Abreden des A keine Bedeutung.
Wirtschaftlich betrachtet sind nur zwei Transaktionen relevant und voneinander zu unterscheiden. Das Geschäft zwischen A und D ist wegen fehlender wirtschaftlicher Substanz bilanziell nicht zu berücksichtigen (keine Abgrenzung eines evtl. Veräußerungserlöses und keine Leasingverbindlichkeit). Zwischen den Parteien A und C findet ein Darlehensgeschäft statt (vgl. obiges Beispiel). Zusätzlich vereinbart A mit B eine Nutzungsüberlassung über einen Vermögenswert. Isoliert betrachtet führen beide Geschäfte zu a) einem Zugang an Zahlungsmitteln gegen Darlehensverbindlichkeit und b) einem Leasingverhältnis zwischen A und B, welches bei Klassifizierung als *finance lease* zu einem Abgang des Vermögenswerts und dem Zugang einer Forderung (in gleicher Höhe) oder bei Klassifizierung als *operating lease* zu keiner bilanziellen Auswirkung führt. Handelt es sich bei dem *lease* zwischen A und B um ein *finance lease*, bleibt A also nicht wirtschaftlicher Eigentümer des Vermögenswerts, können die Forderung gegenüber B und die Verbindlichkeit gegenüber C von A ausgebucht werden, wenn die Ausbuchungsvorschriften des IAS 39.39 erfüllt sind (vgl. Beispiel Rz 156).

168 Die Vorgaben von SIC 27 beschränken sich auf den planmäßigen Verlauf eines Leasingverhältnisses ohne wirtschaftliche Substanz. Im Fall eines *cross border lease* erfolgt unter diesen Umständen eine Abdeckung der Untermietverpflichtungen durch die Zahlung an Tilgungsträger oder das Depot mit sehr hoher Wahrscheinlichkeit. Konkrete Regelungen, wie zu verfahren ist, wenn die Entwicklung allerdings entgegen der ursprünglichen Erwartung außerplanmäßig verläuft, die sehr hohe Wahrscheinlichkeit der Zahlungen an Tilgungsträger oder das Depot später entfällt, wären ebenfalls notwendig gewesen, fehlen aber in SIC 27.[86]

Beispiel

Am 1.1.1999 schließt ein deutscher Anlageneigentümer – steuerlich motiviert - eine *cross-border*-Leasingtransaktion (Laufzeit: 15 Jahre) ab. Ein US-Investor zahlt die (diskontierte) Mietrate aus dem Hauptmietvertrag i. H. v. 2.850 Mio. EUR bei Vertragsabschluss im Voraus. Davon müssen am 1.1.1999 2.700 Mio. EUR in Wertpapieren angelegt werden, um die Untermietverpflichtung in Höhe eines Barwerts von 2.700 Mio. EUR zum selben Zeitpunkt zu decken. Der restliche Betrag ist der vom deutschen Anlageneigentümer erhaltene Nettobarwertvorteil i. H. v. 150 Mio. EUR. Der Anlageneigentümer kauft für das Geld (nach Abzug des Nettobarwertvorteils) je zur Hälfte (festverzinsliche) Staatsanleihen zweier verschiedener Staaten, die beide eine Bonität von Aaa aufweisen. Sinkt die Bonität eines Staates unter Aaa, so muss der Anlageneigentümer die entsprechenden Staatsanleihen verkaufen und durch (festverzinsliche) Staatsanleihen ersetzen, welche eine Bonität von Aaa aufweisen.

Die Gefahr, dass der Anlageneigentümer den Nettobarwertvorteil in irgendeiner Form zurückzahlen muss bzw. zusätzliche Beträge zu zahlen hat, wird bei Abschluss der Transaktion als unwahrscheinlich eingestuft (SIC 27.6b). Die Staatsanleihen sind zugunsten des US-Investors verpfändet, der Anlageneigentümer hat somit keine Verfügungsmacht über die Wertpapiere. Die Untermietverpflichtung wird automatisch aus den Erträgen und aus der Tilgung von Wertpapieren bedient (SIC 27.6a). Ein Tilgungsträger wird dafür allerdings nicht eingeschaltet. SIC 27.6c ist annahmegemäß auch erfüllt. Zunächst werden daher weder die Wertpapiere noch die Verbindlichkeit bilanziert.

Ende 2008 tritt jedoch der ursprünglich als unwahrscheinlich eingestufte Fall ein, d. h., die Bonität eines Staates sinkt unter Aaa. Daraufhin werden Wertpapiere mit einem Nominale von (gerundet) 612 Mio. EUR (= 1/2 von 1.224 Mio. EUR) zu 550 Mio. EUR (beizulegender Zeitwert) verkauft. Entsprechend einer vereinfachenden Annahme ist der niedrigere beizulegende Zeitwert ausschließlich auf die gesunkene Bonität des Staates zurückzuführen und nicht auf eine Änderung des Marktzinssatzes. Gleichzeitig werden vertragsgemäß Staatsanleihen mit einer Bonität von Aaa und einem Nominale (= Kaufpreis) von 612 Mio. EUR nachgekauft.

[86] Zum Ganzen LÜDENBACH/CHRISTIAN, DStR 2009, S. 1054 ff.

Sobald ein ursprünglich für ganz unwahrscheinlich gehaltener Nachschussfall eintritt oder droht, kommen systematisch drei Bilanzierungsweisen infrage:

- retrospektive Beendigung der Nichtbilanzierung,
- prospektive Beendigung der Nichtbilanzierung,
- Fortsetzung der Nichtbilanzierung.

Die retrospektive Anpassung käme nach IAS 8 im Falle einer Fehlerkorrektur 169
oder einer Methodenänderung zur Anwendung. Ein Fehler würde vorliegen, wenn die Einschätzung, zusätzliche Zahlungen seien „unwahrscheinlich", schon bei Vertragsschluss nicht zu rechtfertigen war. Nachdem sich allerdings die realen wirtschaftlichen Verhältnisse stets ändern, kann die Zukunft nicht vorhergesagt werden. Es können lediglich Einschätzungen hinsichtlich der Zukunft erfolgen. Sofern diese Einschätzung bei Vertragsabschluss nach bestem Wissen erfolgt ist, und dabei von keiner Bonitätsverschlechterung der Anlagealternative ausgegangen werden musste, liegt **kein Fehler** vor.

Eine retrospektive Anpassung könnte dann gem. IAS 8 nur noch wegen einer Methodenänderung infrage kommen. Bei der Interpretation des Begriffs „sehr unwahrscheinlich" i.S.v. SIC 27.6b handelt es sich um die Auslegung eines unbestimmten Rechtsbegriffs, somit besteht für den Bilanzierenden ein unechtes, d.h. faktisches Wahlrecht (→ § 24 Rz 8). Eine geänderte Auslegung des Begriffs würde also eine Methodenänderung darstellen. Die geänderte Beurteilung eines Sachverhalts gilt nach IAS 8 hingegen als Schätzungsänderung. Im konkreten Fall werden nicht in 2008 neue Auslegungskriterien entwickelt, sondern die geänderten wirtschaftlichen Verhältnisse in der Beurteilung des Sachverhalts berücksichtigt. Da im Übrigen auch nach IAS 8.35 in Abgrenzungsfällen im Zweifel von einer Schätzungsänderung auszugehen ist, liegt u.E. in 2008 **keine Methodenänderung** vor. Es kommt daher zu keiner retrospektiven Anpassung.

Somit ist eine Qualifikation als **Schätzungsänderung** geboten, die auch nicht 170
dadurch widerlegt wird, dass nach IAS 8 als Schätzungen solche Annahmen gelten, die einen Bezug zu einer Bewertungs- oder Ansatzfrage haben (IAS 8.5, 8.32 und 8.35; → § 24 Rz 10ff.). Zwar bewirken die Regeln von SIC 27 de facto eine Saldierung, indem die Wertpapieranlage bzw. Forderung an den Tilgungsträger sowie die Finanzverbindlichkeit bei einem Saldo von null nicht zu bilanzieren sind. Gleichwohl sind sie konzeptionell keine Vorschriften zum Ausweis (Saldierung), sondern zum Bilanzansatz. Dies ergibt sich explizit aus SIC 27.6, der für die Nichtbilanzierung nicht auf die Ausweis-, insbesondere Saldierungsvorschriften von IAS 1, sondern auf die Regeln des Rahmenkonzepts zur abstrakten Bilanzierungsfähigkeit verweist. Wenn sich Erkenntnisse, betreffend den Bilanzansatz, im Zeitablauf ändern, ist dies nach IAS 8 als Schätzungsänderung anzusehen.

Die **Folgen** der Annahme einer Schätzungsänderung sind allerdings unklar. Schätzungsänderungen sind nach IAS 8.36 prospektiv darzustellen (→ § 24 Rz 32).

- Bei einer ersten Interpretation hieße dies: Wenn für die Restlaufzeit des Vertrages nicht mehr von der Erfüllung des Kriteriums „unwahrscheinlich" auszugehen ist, dann müssen die Finanzverbindlichkeit passiviert und das Depot bzw. die Forderung in vollem Umfang aktiviert werden (Lösung 1).
- Eine andere Interpretation der prospektiven Methode ist im konkreten Fall aber ebenso möglich: Wird von der ursprünglichen Einschätzung, kein Geld

nachschießen zu müssen, abgewichen, wird die Verpflichtung zur Leistung solcher Nachschüsse als Schuld bzw., soweit bereits erbracht, als Geldabgang bilanzwirksam (Lösung 2).

Beispiel (Fortsetzung)
Die prospektive Beendigung der Nichtbilanzierung (Lösung 1) bedingt folgende Buchungen:
a) Einbuchung von Depot und Finanzverbindlichkeit auf 31.12.2008:

Konto	Soll	Haben
Wertpapiere	1.224	
Finanzverbindlichkeit		1.224

a) Veräußerung der alten und Kauf der neuen Staatsanleihen:

Konto	Soll	Haben
Geld	550	
Finanzaufwand	62	
Wertpapiere (neu)	612	
Wertpapiere (alt)		612
Geld		612

Bei Fortsetzung der Nichtbilanzierung (Lösung 2) wird lediglich der „zuinvestierte" Betrag, d. h. die Differenz zwischen dem Verkaufspreis der „alten" und den Anschaffungskosten für die „neuen" Wertpapiere, aufwandswirksam erfasst:

Konto	Soll	Haben
Finanzaufwand	62	
Geld		62

Beide möglichen Lösungen **unterscheiden** sich erheblich. Bei der prospektiven Beendigung der Nichtbilanzierung (Lösung 1) wird der gesamte bisher nicht bilanzierte Betrag bilanzwirksam. Die Folge ist eine entsprechende Bilanzverlängerung mit gravierenden Wirkungen auf die Eigenkapitalquote und andere Kennziffern. Bei Fortsetzung der Nichtbilanzierung (Lösung 2) wird hingegen nur der nachzuschießende Betrag bilanz- und aufwandswirksam. Angesichts dieser Unterschiedlichkeit wäre ein eindeutiges, eine der beiden verbleibenden Varianten präferierendes Ergebnis wünschenswert. Aus dem Regelwerk ist aber **keine Präferenz** ableitbar. Als Problem erweist sich hier, dass SIC 27 nur Aussagen zur Bilanzierung bei planmäßigem Verlauf, nicht solche zum außerplanmäßigen trifft.

171 Eine Sonderform von Leasingverhältnissen wird unter der Bezeichnung *leveraged lease* in den Leasingvorschriften der US-GAAP behandelt (ASC Topic 840.10.25–43c). Als *leveraged leases* gelten unter bestimmten Prämissen beschlossene Leasingverhältnisse, die neben einem Leasingnehmer und -geber auch die Beteiligung eines **Kreditgebers** vorsehen (Kreditnehmer ist der Leasinggeber):

- Aus Sicht des Leasingnehmers ergeben sich aus der Einschaltung des Finanzinvestors keine Besonderheiten, da dieser lediglich das zugrunde liegende Leasinggeschäft daraufhin zu untersuchen hat, ob aus seiner Sicht ein *operating* oder *finance lease* vorliegt (Rz 22).

- Aus Sicht des Leasinggebers ergeben sich **zwei Vertragsbeziehungen**, ein Leasinggeschäft und ein Finanzierungsgeschäft.

Nach den Regelungen in US-GAAP sind Leasinggeschäft und Finanzierungsgeschäft bei Erfüllung restriktiver Voraussetzungen bei dem Leasinggeber als **geschlossene Transaktion** zu behandeln. Die zusammengefasste Betrachtung ist u.a. an folgende **Bedingungen** geknüpft:

- Das Leasingverhältnis muss eindeutig (Übertragung des Eigentums, günstige Kaufoption) als *finance lease* klassifiziert werden.
- Die Parteien (LG, LN und Kreditgeber) sind unabhängig voneinander.
- Das Darlehen des Kreditgebers ist ausschließlich mit dem Leasingobjekt/den Zahlungen des LN besichert, es besteht keine darüber hinausgehende Haftung des LN *(non-recourse financing)*.
- Die Nettoinvestition (definiert als Leasingforderung abzüglich Darlehensverbindlichkeit) des Leasinggebers sinkt in den ersten Jahren und steigt gegen Ende der Vertragslaufzeit.

Bei **Erfüllung** dieser Voraussetzungen gilt für die Bilanzierung beim Leasinggeber:

- Seine Forderung gegenüber dem Leasingnehmer ist mit der Verbindlichkeit gegenüber dem Finanzinvestor zu saldieren.
- Ein möglicher Restwert des Leasingobjekts ist auszuweisen.
- Zukünftig erwartete Erträge vor Steuern sind abzugrenzen und über die Vertragslaufzeit zu vereinnahmen. Die Bestimmung der abzugrenzenden zukünftigen Erträge vor Steuern ist anhand einer *cash-flow*-Planung vorzunehmen, die mit einem spezifischen Zins zu diskontieren ist.
- Das Ergebnis aus dem Leasingverhältnis – d.h. einerseits der Ertrag/Verlust vor Steuern aus dem Leasingverhältnis *(pretax lease income or loss)* und andererseits der Steueraufwand bzw. -ertrag – ist dergestalt über die Laufzeit des Leasingverhältnisses ergebniswirksam zu erfassen, dass eine konstante Verzinsung der Nettoinvestition *(net investment)* in den Perioden erzielt wird, in denen die Nettoinvestition einen positiven Wert aufweist.

In IAS 17 gibt es keine speziellen Regelungen zu *leveraged leases*. Bevor allerdings entsprechende Regeln der US-GAAP für die IFRS-Behandlung übernommen werden, ist gem. IAS 8.11 vorrangig das IFRS-Recht selbst bei Regelungslücken per Analogie anzuwenden. Hierbei ist wie folgt zu unterscheiden: **172**

- Im Falle eines *operating lease* (zwischen A und B, vgl. Rz 167) ist nach SIC 27.A2 eine getrennte Behandlung des Leasinggeschäfts einerseits und des Kreditgeschäfts andererseits vorzunehmen. Die Regeln der US-GAAP zu *leveraged leases* greifen nicht, da eine Bedingung – das Vorliegen eines *finance lease* – nicht erfüllt ist.
- Ist das *lease* ein *finance lease*, kommt es auch nach SIC 27.A2c zur Ausbuchung der Leasingforderung und der Darlehensverbindlichkeit des Leasinggebers (vgl. insbesondere das Beispiel in Rz 167), sodass bis auf die nur nach US-GAAP geforderte Abgrenzung evtl. Steuervorteile über die Vertragslaufzeit das Ergebnis gleich ist.

Für eine analoge Anwendung der US-GAAP-Vorschriften ist damit kein Raum. Die Lösung ergibt sich aus dem IFRS-Regelwerk selbst.

4.5 Leasingobjektgesellschaften

173 In der Praxis gehen Leasinggesellschaften vermehrt dazu über, für die Abwicklung von Leasingverträgen über Immobilien, Großanlagen oder Flugzeuge **Leasingobjektgesellschaften** zu gründen. Die Tätigkeiten der Leasingobjektgesellschaften umfassen meist die Errichtung und die Durchführung aller zur Erhaltung der Funktionen erforderlichen Geschäfte. Der Leasingnehmer ist überwiegend nicht an der Leasingobjektgesellschaft beteiligt.

174 Neben steuerlichen Aspekten stehen insbesondere **haftungsrechtliche** Gesichtspunkte im Vordergrund.[87] Erfolgt die Abwicklung eines Leasingverhältnisses unter Einschaltung einer Leasingobjektgesellschaft, so gilt es zu untersuchen, ob ein *finance* oder *operating lease* vorliegt und ob die Leasingobjektgesellschaft in den Konzernabschluss des Leasingnehmers oder Leasinggebers einzubeziehen ist.

175 Die Prüfung der **wirtschaftlichen Zugehörigkeit** des Leasingobjekts richtet sich nach den allgemeinen Leasingkriterien von IAS 17.10 und den Indikatoren nach IAS 17.11 (Rz 22ff.). Die Prüfung des Einbezugs in den **Konzernabschluss** richtet sich zunächst nach IAS 27. Danach sind Unternehmen im Konzernabschluss zu konsolidieren, wenn ein *control*-Verhältnis vorliegt (→ § 32 Rz 7ff.).

176 Aus IAS 27 kann **keine eindeutige Lösung zur Konsolidierung** von Leasingobjektgesellschaften abgeleitet werden. Deshalb wird IAS 27 durch SIC 12 ergänzt. Danach ist eine Objektgesellschaft in den Konzernabschluss des Leasingnehmers einzubeziehen, wenn sie vom Leasingnehmer beherrscht wird. Auf eine Stimmrechtsmehrheit oder eine Kapitalbeteiligung an der Leasingobjektgesellschaft kommt es dabei nicht an.

177 SIC 12.10 formuliert **beispielhaft** vier Indikatoren, die zu einer Konsolidierungspflicht von Zweckgesellschaften *(special purpose entities)* beim Leasingnehmer führen (→ § 32 Rz 61). Jeder einzelne der folgenden Indikatoren kann auf eine Beherrschung einer Zweckgesellschaft durch ein anderes Unternehmen **hindeuten**:

- Die Geschäftstätigkeit der Leasingobjektgesellschaft wird bei wirtschaftlicher Betrachtung **zugunsten** des Leasingnehmers ausgeübt. Das kann z.B. der Fall sein, wenn die Leasingobjektgesellschaft nur ein Leasingobjekt verwaltet oder die Zweckgesellschaft folgende Aufgaben innehat:
  - Ausübung einer Finanzierungsfunktion (betreffend langfristiges Kapital oder auch Liquiditätsverschaffung für das operative Geschäft) des Gründerunternehmens;
  - Beschaffung von Gütern oder Dienstleistungen, die das Gründerunternehmen ansonsten zur Gewährleistung seiner Geschäftstätigkeit selbst hätte beschaffen müssen (SIC 12, Appendix A).
- Der Leasingnehmer **dominiert** im Wesentlichen die Entscheidungsfindung der Zweckgesellschaft. Beispielhaft wird im Anhang von SIC 12, Appendix B) die Befugnis zur Auflösung oder Änderung der Statuten der Objektgesellschaft genannt.

---

87 Vgl. FAHRHOLZ, Neue Formen der Unternehmensfinanzierung – Unternehmensübernahmen, Big ticket-Leasing, Asset Backed Securities und Projektfinanzierung, 1998, S. 1.

- Der Leasingnehmer zieht die **Mehrheit des Nutzens** aus der Tätigkeit der Leasingobjektgesellschaft. Dies können z.B. Rechte auf Gewinne oder andere Nutzenpotenziale der Objektgesellschaft sein (SIC 12, Appendix C).
- Der Leasingnehmer behält die Mehrheit der mit der Leasinggesellschaft verbundenen residual- oder eigentümertypischen Risiken aus der Geschäftstätigkeit der SPE und ihrer Vermögenswerte. Das wäre z.B. gegeben, wenn der Leasingnehmer gegenüber außenstehenden Investoren, die im Wesentlichen das gesamte Kapital der Leasingobjektgesellschaft bereitstellen, Bonitäts- oder Ertragsgarantien abgibt und dadurch die residual- oder eigentümertypischen Risiken beim Leasingnehmer liegen, während die Investoren aufgrund des beschränkten Gewinn- und Verlustrisikos wirtschaftlich die Stellung gesicherter Kreditgeber haben (SIC 12, Appendix C).

Die Regelungen in SIC 12 sind insgesamt **vage** und durch erhebliche Auslegungs- 178
und Interpretations**spielräume** gekennzeichnet, die bilanzpolitisch nutzbar sind. So ist insbesondere unklar, unter welchen Umständen der Leasingnehmer im Wesentlichen die Entscheidungsfindung dominiert und die Mehrheit des Nutzens aus der Tätigkeit der Objektgesellschaft zieht. Deshalb ist in der Praxis auch nur bei einfachen Strukturen eine eindeutige Zurechnung von Leasingobjektgesellschaften in den Konsolidierungskreis möglich.

Beispiel

Im Rahmen eines Leasingverhältnisses über ein Großraumflugzeug gründet der Leasinggeber eine Leasingobjektgesellschaft. Das Stammkapital der Leasingobjektgesellschaft von 50.000 EUR wird in voller Höhe vom Leasinggeber eingezahlt. Die Leasingobjektgesellschaft schließt mit dem Leasingnehmer ein *operating*-Leasingverhältnis ab. Die Anschaffungskosten des Flugzeugs betragen 20.000.000 EUR. Die Finanzierung des Erwerbs erfolgt über ein konzernfremdes Kreditinstitut. Aufgrund der geringen Eigenkapitalausstattung der Leasingobjektgesellschaft gibt der Leasingnehmer der Bank eine selbstschuldnerische Bürgschaft zugunsten der Leasingobjektgesellschaft ab.

Lösung

Ausgehend von IAS 17.10 und IAS 27 würde die Bilanzierung des Leasingobjektes beim Leasinggeber erfolgen, da es sich um ein *operating*-Leasingverhältnis handelt und der Leasinggeber zu 100 % an der Leasingobjektgesellschaft beteiligt ist. Bei nur einem Flugzeug handelt die Leasingobjektgesellschaft allerdings ausschließlich im Interesse des Leasingnehmers. Außerdem trägt die Leasingobjektgesellschaft nur vordergründig die Risiken aus dem Leasingverhältnis, da der Leasingnehmer der Bank eine Bürgschaft gegeben hat und damit das Ausfallrisiko trägt. Deshalb ist die Leasingobjektgesellschaft nach SIC 12.8 in den Konzernabschluss des Leasingnehmers einzubeziehen. Die Zurechnung des Leasingobjektes erfolgt damit trotz eines *operating*-Leasingverhältnisses beim Leasingnehmer.

Fraglich ist im Zusammenhang mit Objektgesellschaften *(special purpose entities)* 179
das Verhältnis von **einzel-** (IAS 17) und **konzern**bilanzieller Perspektive (IAS 27/SIC 12) des Leasingnehmers. IAS 17 zielt auf die Zuordnung des Ver-

mögenswerts zum wirtschaftlichen Eigentümer ab, SIC 12 konkretisiert das „*control*"-Konzept aus IAS 27 (→ § 32 Rz 7ff.). In Bezug auf die Frage einer vorrangigen Anwendung sind dann folgende Konstellationen zu unterscheiden:

- **Simultan-Beziehung**: Vermögenswerte einer Leasingobjektgesellschaft sind wirtschaftlich dem Leasingnehmer zuzurechnen, und der Leasingnehmer hat die Kontrolle über die Zweckgesellschaft.
- **Komplementär-Beziehung**: Entweder ist dem Leasingnehmer ohne ein Kontrollverhältnis nach SIC 12 das wirtschaftliche Eigentum zuzurechnen oder er kontrolliert die Zweckgesellschaft, ist aber nicht wirtschaftlicher Eigentümer der Vermögenswerte.

180 Unproblematisch sind dabei auch hinsichtlich der Reihenfolge der Untersuchung diejenigen Konstellationen, in denen nur ein Standard – IAS 17 oder IAS 27/SIC 12 – einschlägig ist, sich also eine **eindeutige** Zuordnung der Chancen und Risiken *on balance* ergibt. Liegt aber eine Simultan-Beziehung vor, stellt sich die Frage nach der vorrangigen Perspektive.

- Die **Konsolidierung** der Objektgesellschaft könnte als **logisch vorrangig** gegenüber der Anwendung der Bestimmungen zum Leasing nach IAS 17 angesehen werden, da bei einer Vollkonsolidierung die Ansprüche und Verpflichtungen aus den Mietverträgen durch die Schuldenkonsolidierung entfallen.
- Dem könnte entgegengehalten werden, dass mit der Zurechnung der Vermögenswerte im Rahmen eines *finance lease* die eigentliche Konsolidierungsmasse entfällt.[88]

Auch unter Rückgriff auf die unterschiedlichen Begründungen lässt sich aus den IFRS keine zwingende Rangfolge ableiten. In der praktischen Anwendung ist somit eine einzelfallabhängige und ermessensbehaftete Entscheidung zu treffen.

4.6 Forfaitierung von Leasingforderungen

181 Zum Zwecke der Refinanzierung von Leasinggeschäften werden zunehmend die **künftig fällig werdenden Leasingforderungen** (regelmäßig still) verkauft und abgetreten. Bei der **echten** Forfaitierung geht das gesamte Bonitätsrisiko auf den Forderungskäufer über, während der Leasinggeber (als Forfaitist) lediglich für den rechtlichen Bestand der Leasingansprüche haftet. Als Entgelt für die verkauften künftig fällig werdenden Leasingforderungen erhält der Leasinggeber eine Vergütung i.H.d. Barwertes; der Abzinsungssatz berücksichtigt dabei die Übernahme des Delkredererisikos.

182 Die bilanzielle Behandlung der Forfaitierung ist in den IFRS **nicht explizit geregelt**. Da jedoch die Leistung des Leasinggebers an den Leasingnehmer zum Zeitpunkt der Forfaitierung noch nicht erbracht ist, stellt der Zahlungszufluss einen Ertrag künftiger Geschäftsjahre dar und ist deshalb mit dem abgezinsten Betrag **passivisch abzugrenzen**. Insoweit ergeben sich keine Unterschiede zur handels- und steuerrechtlichen Behandlung.

183 Unterschiede zur handels- und steuerrechtlichen Behandlung können sich indes bei der Frage der **Auflösung** des passiven Abgrenzungspostens ergeben (linear,

---

[88] So ANDREJEWSKI, Die Risikobestimmung und -prüfung in der Rechnungslegung nach International Financial Reporting Standards, S. 177ff.

degressiv oder progressiv): Ausgehend von einer den wirtschaftlichen Grundgehalt verkennenden,[89] streng formalrechtlichen Betrachtungsweise hat sich der BFH in seinem Forfaitierungsurteil[90] für eine generelle **lineare** Auflösung des Abgrenzungspostens ausgesprochen. Nach IFRS muss sich dagegen die Auflösung an der Leistungserbringung des Leasinggebers orientieren. Danach ist der Abgrenzungsposten i.H.d. für eine Periode vereinbarten Leasingraten aufzulösen und anschließend aufzuzinsen. Im Ergebnis führt dies bei linearen Leasingraten zu einer **progressiven** statt linearen Auflösung.

5 Ausweis

Im Rahmen von *finance*-Leasingverhältnissen sind beim Leasing**nehmer** die Leasingobjekte wie rechtlich zuzurechnende Vermögenswerte in der Bilanz unter dem **Anlagevermögen** auszuweisen. Die entsprechenden Leasingverbindlichkeiten gelten als finanzielle Verbindlichkeiten des Leasingnehmers, daher sind die entsprechenden Angaben nach IFRS 7 notwendig (Rz 187). Ein separater bilanzieller Ausweis ist nicht zwingend, eine Zusammenfassung unter den **sonstigen Verbindlichkeiten** also zulässig. 184

Beim Leasinggeber erfolgt im Rahmen von *finance*-Leasingverhältnissen der Ausweis der Leasing**forderungen** getrennt von den Forderungen aus Lieferungen und Leistungen. Beachtlich ist in diesem Zusammenhang das Gliederungswahlrecht nach „*current*“ und „*non-current*“ entsprechend IAS 1.60 (→ § 2 Rz 28ff.). 185

6 Latente Steuern

Soweit Leasingverträge nach IFRS anders qualifiziert werden als steuerrechtlich, kommt es zu **temporären** Differenzen (→ § 26 Rz 17). Im Falle der Zurechnung zum Leasingnehmer nach IFRS und der Zurechnung zum Leasinggeber nach Steuerrecht ist das Resultat bei isolierter Betrachtung der Bilanzposten des **Leasingnehmers** wie folgt: 186

- Passive Steuerlatenz aus dem Leasinggegenstand.
- Aktive Steuerlatenz aus der Leasingverbindlichkeit.

Gegen den Ansatz dieser Steuerlatenzposten im Rahmen der **Zugangs**bewertung spricht indes die Vorgabe von IAS 12.22c: Steuerlatenzen sollen nicht bilanziert werden, wenn die temporäre Differenz durch den erfolgsneutralen Zugang eines Vermögenswertes oder einer Verbindlichkeit entsteht, da durch die korrespondierende Steuerlatenz mangels Berührung der GuV nur Anschaffungs- oder Herstellungskosten ändernd erfasst werden könnten (→ § 26 Rz 45).

Andererseits besteht in **saldierter Betrachtung** von Leasinggegenstand und Leasingverbindlichkeit gerade kein Unterschied in der Zugangsbewertung und damit saldiert ohnehin keine Steuerlatenz. Eine Anpassung der Anschaffungs- oder Herstellungskosten, der IAS 12.22c entgegenwirken soll, wird daher schon aufgrund der Saldierung vermieden. Der von IAS 12.22c verfolgte Regelungszweck wird daher auch ohne Anwendung der Vorschrift erreicht.

---

89 Vgl. z.B. MOXTER, DStR 1997, S. 433, 435.

90 BFH, Urteil v. 24.7.1996, I R 94/95, BStBl II 1997 S. 122.

In saldierter Betrachtung entstehen erst bei der **Folgebewertung** Buchwertunterschiede zur Steuerbilanz, da die Abschreibung des Vermögenswertes und die Auflösung der Verbindlichkeit nicht im Gleichschritt verlaufen. Hält man die Anwendung von IAS 12.22c für geboten, **verbleibt** es bei der Nichterfassung der Steuerlatenz über die gesamte Nutzungsdauer bzw. Laufzeit des Leasingengagements. U.E. ist indes nach der Zielrichtung der Steuerlatenzrechnung (→ § 26 Rz 5ff.) dieser Variante nicht zu folgen. Die jeweilige Steuerlatenz sollte vielmehr stichtagsbezogen zutreffend dargestellt werden.[91] Beide Varianten können allerdings zurzeit als vertretbar gelten, eine endgültige Klärung ist erst nach Überarbeitung der Vorgaben zur Erfassung latenter Steuern zu erwarten.
Selbst in den Fällen, in denen in der Steuerbilanz und in der IFRS-Bilanz das Leasingobjekt **übereinstimmend** beim Leasingnehmer bilanziert wird, können sich latente Steuern ergeben, wenn steuerlich für die Aufteilung der Leasingraten die Zinsstaffelmethode verwendet wird. Zur Vermeidung von Steuerlatenzen bietet sich in diesen Fällen die Anwendung der Barwertmethode in der Steuerbilanz an.

7 Angaben

7.1 Leasingnehmer

187 Vom Leasingnehmer sind entsprechend IAS 17.31 und IAS 17.35 neben den nach IFRS 7 notwendigen noch folgende Angaben zu machen:

	finance leases	*operating leases*
Nettobuchwerte der Leasingobjekte zum Bilanzstichtag	×	
Angaben zu Anschaffungskosten und Abschreibungen gem. IAS 16	×	
Nach Fristigkeiten gestaffelte Überleitungsrechnung von den Mindestleasingzahlungen zu deren Barwerten	×	
Erfolgswirksam erfasste bedingte Mietzahlungen	×	
Summe der zukünftigen Mindestleasingzahlungen aufgrund von Untermietverträgen *(sublease)*	×	×
Zahlungen aus Leasingverhältnissen und Untermietverträgen, getrennt nach Mindestleasingzahlungen, bedingte Mietzahlungen und Zahlungen aus Untermietverträgen		×
Allgemeine Beschreibung der wesentlichen Leasingvereinbarungen	×	×

[91] Gl. A. KPMG, Insights into IFRS 2009/10, Tz 3.13.140.20; a. A. SCHULZ-DANSO, in: BECK'sches IFRS-Handbuch, 3. Aufl., 2009, § 25, Tz 103n.

Formulierungsbeispiel

Wir haben verschiedene *finance*- und *operating*-Leasingvereinbarungen für Gebäude, technische Anlagen und Kraftfahrzeuge getroffen. Die Laufzeiten betragen zwischen 4 und 8 Jahren. Die meisten Leasingverhältnisse sehen keine Verlängerungsoptionen vor. Die Leasingbestimmungen enthalten keinerlei Beschränkung solcher Geschäftsaktivitäten, die Dividenden, zusätzliche Schulden oder weitere Leasingverhältnisse betreffen.

Die Summe der geleasten und im Rahmen von Untermietverträgen verleasten Vermögenswerte, die uns entsprechend IAS 17 wirtschaftlich zuzurechnen sind, stellen sich wie folgt dar:

	Gebäude	Technische Anlagen	Gesamt
	TEUR	**TEUR**	**TEUR**
Anschaffungskosten			
Stand 1.1.05	1.000	500	1.500
Änderung Konsolidierungskreis	500	300	800
Zugänge	230	130	360
Abgänge	– 20	– 10	– 30
Stand 31.12.05	**1.710**	**920**	**2.630**
Abschreibungen			
Stand 1.1.05	600	200	800
Änderung Konsolidierungskreis	200	50	250
Zugänge	100	10	110
Abgänge	– 10	– 5	– 15
Stand 31.12.05	**890**	**255**	**1.145**
Buchwert zum 31.12.05	**820**	**665**	**1.485**

Zukünftige Mindestleasingzahlungen aufgrund von unkündbaren *operating*-Leasingverhältnissen (technische Anlagen) werden in den Folgeperioden wie folgt fällig:

	Bis zu 1 Jahr	1 bis 5 Jahre	Länger 5 Jahre
	TEUR	**TEUR**	**TEUR**
Gebäude	200	800	1.000
Technische Anlagen	100	400	300
Kraftfahrzeuge	300	200	–
	600	**1.400**	**1.300**
Einzahlungen aus *sublease*	100	–	–

Aus den *finance*-Leasingverhältnissen werden in den Folgeperioden folgende Leasingzahlungen fällig, wobei die variablen Leasingraten auf Grundlage des zuletzt gültigen Zinssatzes fortgeschrieben wurden:

	Bis zu 1 Jahr	**1 bis 5 Jahre**	**Länger 5 Jahre**
	TEUR	**TEUR**	**TEUR**
Leasingzahlungen	640	800	200
Abzinsungsbeträge	60	80	90
Barwerte	**580**	**720**	**110**
Einzahlungen aus *sublease*	60	30	–

7.2 Leasinggeber

188 Vom Leasinggeber sind entsprechend IAS 17.47 und IAS 17.56 neben den nach IFRS 7 notwendigen noch folgende Angaben zu machen:

	finance leases	*operating leases*
Überleitung von der Bruttogesamtinvestition in das Leasingverhältnis am Bilanzstichtag zum Barwert der am Bilanzstichtag ausstehenden Mindestleasingzahlungen	×	
Bruttogesamtinvestition in das Leasingverhältnis und der Barwert der am Bilanzstichtag ausstehenden Mindestleasingzahlungen (gestaffelt nach Fristigkeiten)	×	
Noch nicht realisierte Finanzerträge	×	
Die nicht garantierten Restwerte, die zugunsten des Leasinggebers anfallen	×	
Die kumulierten Wertberichtigungen für uneinbringliche Mindestleasingzahlungen	×	
Die im Periodenergebnis berücksichtigten bedingten Mietzahlungen	×	
Eine allgemeine Beschreibung der wesentlichen Leasingvereinbarungen des Leasinggebers	×	×
Summe der zukünftigen Mindestleasingzahlungen aufgrund von Untermietverträgen (gestaffelt nach Fristigkeiten)		×
Summe der im Periodenergebnis berücksichtigten bedingten Mietzahlungen		X

Darstellungsbeispiel

	Lfd. Jahr	Vorjahr
	TEUR	TEUR
ausstehende Mindestleasingzahlungen	910	800
+ nicht garantierte Restwerte	195	195
= Bruttoinvestition	**1.005**	**995**
– nicht realisierte Finanzerträge	– 243	– 162
= Nettoinvestition	**762**	**833**
– Barwert der nicht garantierten Restwerte	– 144	– 96
= Barwert der Mindestleasingzahlungen	**618**	**737**

	Bis zu 1 Jahr	1 bis 5 Jahre	Länger 5 Jahre
	TEUR	TEUR	TEUR
Bruttogesamtinvestition	403	562	40
Barwert der ausstehenden Mindestleasingraten	287	318	13

8 ABC der Leasingbilanzierung

189

Amortisationsrisiko	Welche Partei das Amortisationsrisiko der Investition in ein Leasingobjekt trägt, lässt sich über den Barwerttest feststellen (Rz 43). Das Amortisationsrisiko spielt in den steuerlichen Leasingerlassen eine untergeordnete Rolle (Rz 112).
Andienungsrechte	Andienungsrechte des Leasinggebers sind im Rahmen der Bestimmung der Mindestleasingraten zu berücksichtigen (Rz 25, Rz 44).
Anreizvereinbarungen *(incentives)*	Anreizvereinbarungen (wie z. B. mietfreie Perioden) beeinflussen die Aufwands- bzw. Ertragsverteilung im Fall von *operating-lease*-Vereinbarungen (Rz 138, Rz 150). Erhaltene bzw. gewährte Vorteile sind abzugrenzen und über die Laufzeit des Leasingverhältnisses aufzulösen.

Ansatz	Im Fall eines *operating lease* bilanziert der Leasinggeber den Vermögenswert (Rz 146), der Leasingnehmer behandelt den *lease* als schwebendes Geschäft (Rz 136). Bei Vorliegen eines *finance lease* setzt der Leasinggeber eine Forderung i. H. d. Nettoinvestitionswertes des Leasingobjekts an (Rz 130). Der Leasingnehmer erfasst den Vermögenswert zum niedrigeren Wert aus dessen beizulegendem Zeitwert und dem Barwert der Mindestleasingraten sowie in korrespondierender Höhe eine Verbindlichkeit (Rz 116). Der Ansatz eines Leasingverhältnisses erfolgt erst mit Beginn der Nutzung *(commencement of the lease)* des Leasingobjekts (Rz 20).
Barwerttest	Der Barwerttest legt die Verteilung des Amortisationsrisikos der Investition in das Leasingobjekt offen. Der Barwert der (diskontierten) Mindestleasingzahlungen wird mit dem beizulegenden Zeitwert des Leasingobjekts verglichen. An einem Grenzwert fehlt es in den IFRS, in Anlehnung an die US-GAAP ist aber bei einem Barwert größer 90 % des beizulegenden Zeitwerts von einer Übernahme des Amortisationsrisikos durch den Leasingnehmer auszugehen (Rz 43 ff.).
Bedingte Leasingraten	Schwanken die Leasingraten der Höhe nach in Abhängigkeit einer externen Variablen, sind diese Schwankungen nicht als Teil der Mindestleasingraten zu behandeln (Rz 46 ff.). Ggf. liegen aber trennungspflichtige eingebettete Derivate i. S. v. IAS 39 vor (Rz 49).
Beizulegender Zeitwert *(fair value)*	Der beizulegende Zeitwert des Leasingobjekts ergibt sich aus dem Wert, zu dem bei voneinander unabhängigen und vertragswilligen Parteien ein Tausch stattfinden würde (Rz 54 f.).
Cross-border-Leasingverhältnisse	Mangels wirtschaftlicher Substanz sind *cross border leases* nicht nach IAS 17 zu beurteilen. Besonderheiten ergeben sich bei nicht planmäßigem Verlauf des Vertragsverhältnisses (Rz 168 ff.).
Dauer der Herrschaft	Der Aspekt der dauernden Herrschaft wird durch die Kriterien der günstigen Kaufoption und der im Verhältnis zur wirtschaftlichen Nutzungsdauer langen Vertragsdauer konkretisiert (Rz 15). Der Aspekt hat logischen Vorrang vor der Würdigung der Übernahme des Amortisationsrisikos.
Diskontierungszins	Für die Bestimmung des Diskontierungszinses für den Barwerttest sieht IAS 17 ein abgestuftes Vorgehen vor (Rz 56). Vorrangig ist auf den internen Zinssatz des Leasinggebers abzustellen (Rz 57). Hat der Leasingnehmer hiervon keine Kenntnis, kann er auf seinen Grenzfremdkapitalzins zurückgreifen.

Doppelbilanzierung und -nichtbilanzierung	Aufgrund der faktischen Wahlrechte und der vagen Zurechnungskriterien besteht die Möglichkeit einer doppelten Bilanzierung eines Leasingobjekts bei Leasingnehmer und Leasinggeber, aber auch einer doppelten Nichtbilanzierung (Rz 114).
Eingebettete Leasingverhältnisse	Werden mehrere (Einzel-)Leistungen in einem Vertragsverhältnis vereinbart und eine Leistung bezieht sich auf ein Leasingverhältnis, ist das Gesamtverhältnis als Mehrkomponentengeschäft in die wirtschaftlichen Einzelleistungen aufzuspalten (Rz 13). Das Leasingverhältnis ist dann nach IAS 17 zu beurteilen. Als Maßstab der Aufteilung sind die relativen *fair values* der Einzelleistungen heranzuziehen.
Effektivzins	Im Rahmen eines *finance lease* ist die Leasingverbindlichkeit über den Effektivzinssatz fortzuschreiben. Der Effektivzinssatz ergibt sich als interner Zinsfuß aus den zu zahlenden Leasingraten und dem Zugangswert der Leasingverbindlichkeit. Erfolgte der Ansatz des Leasingobjekts mit dem Barwert der Mindestleasingraten, entspricht der Effektivzins dem Diskontierungszins des Barwerttests.
Finance lease	Bei Klassifizierung eines *lease* als *finance lease* bilanziert der Leasingnehmer das Leasingobjekt und eine Leasingverbindlichkeit. Der Leasinggeber bucht das Leasingobjekt aus und eine Forderung ein.
Folgebewertung	Die Folgebewertung des Leasingobjekts richtet sich unabhängig von der Klassifizierung nach den allgemeinen Vorgaben für materielles (IAS 16) oder immaterielles Vermögen (IAS 38). Für Leasingforderungen und -verbindlichkeiten sind sowohl die Vorgaben aus IAS 17 als auch diejenigen von IAS 39 zu berücksichtigen.
Forfaitierung	Innerhalb von IAS 17 fehlt es an Vorgaben zur Behandlung von Forfaitierungen. Zur zutreffenden Periodenabgrenzung sind im Voraus vereinnahmte Zahlungen aber abzugrenzen und erst in künftigen Geschäftsjahren ertragswirksam zu erfassen (Rz 181 ff.).
Garantien	Garantien, die vom Leasingnehmer oder nahestehenden Personen des Leasingnehmers gegenüber dem Leasinggeber gegeben werden, sind als Bestandteil der Mindestleasingzahlungen zu erfassen.
Grenzfremdkapitalzins	Der Grenzfremdkapitalzins des Leasingnehmers kann mangels Kenntnis des internen Zinssatzes des Leasinggebers als Diskontierungszins des Barwerttests herangezogen werden (Rz 59 ff.).

Günstige Option	Das Vorliegen einer günstigen Option ist bei der Beurteilung der Dauer der Herrschaft zum Zeitpunkt des Vertragsschlusses zu berücksichtigen. Liegt eine günstige Kaufoption vor, ist das wirtschaftliche Eigentum dem Leasingnehmer zuzurechnen (IAS 17.10b). Eine günstige Vertragsverlängerungsoption ist entsprechend beim Nutzungsdauertest zu würdigen. Als „günstig" gilt nicht nur eine vorteilhafte im Vergleich zu Marktkonditionen eingeräumte Option, sondern auch die Möglichkeit, negative Auswirkungen abwenden zu können, somit also jeder wirtschaftliche Zwang.
Händler- und Hersteller-leasing	Bei Händler- und Herstellerleasingvereinbarungen ergeben sich aus der Vereinigung eines Verkaufs- und Finanzierungsgeschäfts ggf. Besonderheiten hinsichtlich der Realisation von Verkaufsgewinnen bzw. -verlusten (Rz 151 ff.).
Immobilien-leasing	Bei Immobilienleasingvereinbarungen ist eine Trennung des *lease* in eine Grund-und-Boden- sowie eine Gebäudekomponente auf Basis der beizulegenden Zeitwerte der Nutzungsrechte erforderlich (Rz 80 ff.). Auf eine Trennung kann aus Wesentlichkeitsgründen nur verzichtet werden, wenn der Anteil von Grund und Boden am Gesamtwert gering ist (Rz 85).
Immobilien-leasing, lange laufende Verträge	Bei Laufzeiten von mehr als 50 Jahren liegt u. E. ein lange laufendes Leasingverhältnis vor. Auch ohne Übergang des rechtlichen Eigentums kann es zu einer Zuordnung des wirtschaftlichen Eigentums beim Leasingnehmer kommen (Rz 73 ff.)
Inflationser-wartungen	Die Auswirkungen von Inflationserwartungen haben sowohl für die Beurteilung der Günstigkeit einer Kaufoption (Bestimmung des künftigen Zeitwerts; Rz 30) als auch für den Barwerttest (Nominal- oder Realrechnung; Rz 47) besondere Bedeutung. Darüber hinaus sind an Inflationserwartungen gekoppelte Leasingzahlungen als bedingte Leasingzahlungen anzusehen.
Latente Steuern	Im Rahmen einer stichtagsbezogenen Steuerlatenzrechnung ergeben sich im Rahmen der Folgebewertung nach IFRS und Steuergesetzgebung divergierend klassifizierter Leasingverhältnisse temporäre Differenzen, auf die latente Steuern zu bilden sind (Rz 186).
Leasingbe-ginn *(at in-ception)*	Die Leasingbeurteilung erfolgt mit dem Leasingbeginn *(at inception)*, dem Vertragsschluss zwischen Leasingnehmer und -geber (Rz 20). Wenn der Zeitpunkt des Nutzungsbeginns *(commencement)* später ist, erfolgt auch bei geänderten Annahmen (ohne Vertragsänderung) keine Neubeurteilung.

Leasingobjektgesellschaften	In der Praxis werden Leasingverträge häufig über Objektgesellschaften abgewickelt. Neben der Frage des wirtschaftlichen Eigentums an dem Leasingobjekt stellt sich daher die Frage, ob die Objektgesellschaft nicht gem. IAS 27/SIC 12 in den Konsolidierungskreis des Leasingnehmers oder -gebers aufzunehmen ist (Rz 173ff.).
Mehrstufige Leasingverhältnisse	Die Zurechnung des wirtschaftlichen Eigentums wird durch das Vorliegen mehrstufiger Leasingverhältnisse, bei denen ein Leasingnehmer gleichzeitig für ein Leasingobjekt auch Leasinggeber ist, verkompliziert. Die einzelnen Beziehungen der unterschiedlichen Parteien sind auf Verknüpfungen untereinander zu untersuchen (Rz 155ff.).
Mietereinbauten	Analog zu Anreizvereinbarungen (siehe dort) können Mietereinbauten als durch den Leasingnehmer gewährte Vorteile abzugrenzen und über die Laufzeit des Leasingverhältnisses zu verteilen sein (Rz 139).
Mieterdarlehen	Mieterdarlehen stellen eine besondere Form der Restwertgarantie dar und sind daher als Teil der Mindestleasingzahlungen zu berücksichtigen (Rz 52).
Mindestleasingraten	Die Mindestleasingraten umfassen alle Zahlungen, die der Leasinggeber von dem Leasingnehmer und dessen nahestehenden Personen einfordern kann (Rz 44ff.).
Nutzungsdauertest	Das wirtschaftliche Eigentum an einem Leasingobjekt ist dem Leasingnehmer zuzurechnen, wenn die Laufzeit des Leasingvertrages den überwiegenden Teil der wirtschaftlichen Nutzungsdauer des Vermögenswerts abdeckt. Als überwiegend wird in Anlehnung an die Vorgaben der US-GAAP ein Wert von mindestens 75 %, in Anlehnung an das Steuerrecht ein Wert von mindestens 90 % angesehen (Rz 34ff.).
Nutzungsrecht	Der Anwendungsbereich der Leasingvorgaben nach IFRS ist weit gefasst. Für das Vorliegen eines Leasingverhältnisses reicht die Vereinbarung eines Nutzungsrechts aus. Steht dem Leasingnehmer der wesentliche Anteil des Outputs eines Vermögenswerts zu, begründet der wirtschaftliche Gehalt der Vereinbarung u.U. das Vorliegen eines Leasingverhältnisses. Zur Identifizierung von Leasingverhältnissen siehe Rz 11.
Operating lease	Im Falle eines *operating lease* ist der Leasinggeber wirtschaftlicher Eigentümer des Leasingobjekts und bilanziert dieses nach den allgemeinen Vorgaben als materiellen oder immateriellen Vermögenswert (Rz 146ff.). Aus Sicht des Leasingnehmers liegt ein schwebendes Geschäft vor (Rz 136ff.).

Portfolio-leasing	Bei Portfolioleasingverträgen ergibt sich eine Notwendigkeit zur Aufspaltung des Gesamtvertrages in einzelne Leasingverhältnisse (auf Basis der relativen *fair values*), wenn die im Portfolio erfassten Leasingobjekte nicht homogen sind (Rz 100).
Renditeimmobilien	Für Renditeimmobilien gelten insbesondere im Fall des *operating lease* Besonderheiten (→ § 16 Rz 73).
Restwert-garantien	Restwertgarantien des Leasingnehmers oder nahestehender Personen sind als Bestandteil der Mindestleasingraten zu behandeln (Rz 44).
Return off	Der *return off* beschreibt den Wertverlust eines Leasingobjekts durch physische Abnutzung (Rz 80).
Return on	Der *return on* beschreibt die entgangene Verzinsung des Leasinggebers für die Investition in das Leasingobjekt, damit also die entgangene Alternativrendite. Wäre nicht in das Leasingobjekt investiert worden, stünde das Investitionsvolumen für andere Investitionen zur Verfügung (Rz 80).
Sale-and-lease-back-Transaktionen	Insoweit eine *sale-and-lease-back*-Transaktion wirtschaftlichen Gehalt hat, ergeben sich besondere Fragen der Ertragsrealisierung aus der Veräußerung (Rz 165), die wegen eines Komplementärverhältnisses sowohl nach IAS 18 als auch nach IAS 17 beurteilt werden können (Rz 160).
Spezial-leasing	Ist ein Leasingobjekt speziell auf die Bedürfnisse des Leasingnehmers zugeschnitten, scheidet also eine wirtschaftlich sinnvolle Drittverwendung aus, ist das wirtschaftliche Eigentum an dem Leasingobjekt dem Leasingnehmer zuzurechnen (Rz 66ff.).
Steueränderungsklauseln	Anpassungen der Leasingraten wegen künftiger Änderungen der Steuergesetzgebung sind als bedingte Leasingraten nicht in die Bestimmung der Mindestleasingraten einzubeziehen (Rz 104).
Unterschiede zum Steuerrecht	Unterschiede zwischen dt. Steuerrecht und IFRS ergeben sich sowohl in der Feststellung des Vorliegens eines Leasingverhältnisses als auch in der Zuordnung des wirtschaftlichen Eigentums (Rz 106ff.).
Verdeckte Leasingverhältnisse	Auch von den Parteien anders bezeichnete und zivilrechtlich i.d.R. nicht als Leasingverhältnisse zu qualifizierende Rechtsverhältnisse können in wirtschaftlicher Betrachtung als Leasingverhältnisse anzusehen sein (Rz 3ff.).

Vertrags-änderungen	An der ursprünglich getroffenen Klassifizierung eines Leasingverhältnisses ist festzuhalten, solange zwischen den Vertragsparteien keine Änderung der Konditionen beschlossen wird (Rz 87ff.). Nach IAS 17.13 ist zwischen einer Verlängerung eines bestehenden *lease* und dessen Modifizierung zu unterscheiden (Rz 88). Ergibt sich durch eine Modifizierung eine von der ursprünglichen abweichende Klassifizierung, sind unterschiedliche Rechtsfolgen zu beachten (Rz 95ff.).
Wirtschaftliches Eigentum	Das für die Bilanzierung maßgebliche wirtschaftliche Eigentum richtet sich danach, welche Partei überwiegend die Chancen und Risiken aus der Nutzung eines Leasingobjektes trägt. Für die Klassifizierung eines *finance lease* reicht es aus, wenn entweder die Chancen oder Risiken mehrheitlich bei dem Leasingnehmer liegen (Rz 15). Das wirtschaftliche Eigentum lässt sich an zwei Aspekten, Dauer der Herrschaft und Übernahme des Amortisationsrisikos, festmachen.
Wirtschaftliche Substanz	Fehlt es einer Leasingtransaktion an wirtschaftlicher Substanz, wird also kein Nutzungsrecht übertragen, sondern in wirtschaftlicher Betrachtung ein anderes Geschäft (z.B. Finanzierungen oder *linked transactions)* geschlossen, scheidet eine Behandlung als *lease* gem. IAS 17 aus (Rz 166ff.). Zu Sonderfragen bei *sale-and-lease-back*-Transaktionen vgl. Rz 162.
Zugangs-bewertung beim *finance lease*	Die Zugangsbewertung eines *finance lease*, also des Vermögenswerts und der korrespondierenden Verbindlichkeit, beim Leasingnehmer erfolgt zum niedrigeren Wert aus dem Barwert der Mindestleasingraten und dem beizulegenden Zeitwert des Leasingobjekts (Rz 116f.).

9 Anwendungszeitpunkt, Rechtsentwicklung

190 IAS 17 ist für Geschäftsjahre ab dem 1. Januar 2005 anzuwenden. Eine frühere Anwendung wird empfohlen (IAS 17.69). IFRIC 4 definiert verdeckte Leasingverhältnisse (Rz 5ff.). IFRIC 4 ist für die nach dem 31.12.2005 beginnenden Wirtschaftsjahre anzuwenden. Eine frühere Anwendung unter Anhangerläuterung wird empfohlen (IFRIC 4.16). Eine Verpflichtung zur rückwirkenden Anwendung besteht nicht. Die Qualifikation als Leasing hat nach den Verhältnissen zu Beginn des Vorjahres der erstmaligen Anwendung zu erfolgen, i.d.R. also zum 1.1.2005 (IFRIC 4.17).

191 Im Rahmen des zweiten *Annual Improvements Project* (AIP 2009) wurden die Klassifizierungsvorgaben für Leasingverhältnisse über Grund und Boden erweitert (Rz 73ff.). Die Übergangsvorschriften sehen eine retrospektive (Neu-)Klas-

sifizierung von Leasingvereinbarungen über Grundstücke vor. Hierbei ist auf die Informationen *at inception of the lease* abzustellen (IAS 17.68A).

Nur im Ausnahmefall (Nichtvorliegen der Informationen für eine retrospektive Anpassung) ist eine (Neu-)Klassifizierung zum Zeitpunkt der Erstanwendung des neuen Rechts zulässig. Bei Erfassung eines *finance lease* sind Vermögenswert und Verbindlichkeit jeweils zum *fair value* einzubuchen, eine bestehende Differenz ist in den Gewinnrücklagen zu erfassen.

192 Derzeit gehören die Regelungen zur Leasingbilanzierung wieder zu den aktiv verfolgten Projekten des IASB. Ein erstes Diskussionspapier wurde in 2009 veröffentlicht. Die Wiederaufnahme der Forschungsaktivitäten im Auftrag des IASB können zukünftig zu einer grundlegenden Neuregelung der Leasingbilanzierung auf Basis der Vorschläge der G-4+1-Gruppe führen.[92]

193 Die in 1996/2000 veröffentlichten[93], vom IASB aber derzeit noch weiter diskutierten Vorschläge der sog. G-4+1-Gruppe würden zu einer Abkehr von der Bilanzierung eines Leasingverhältnisses beim wirtschaftlichen Eigentümer führen. Die Umsetzung der Vorschläge schüfe gegenüber der derzeitigen Situation (komplexe Vorschriften, die häufig dennoch umgangen werden[94]) eine auf den ersten Blick einfache und für bilanzpolitische Maßnahmen unempfindliche Bilanzierungsweise.[95]

- Nach geltendem IAS 17 erfolgt eine Zurechnung des wirtschaftlichen Eigentums immer zu einer Zurechnung des Leasingobjekts in **Gänze**, der Leasingnehmer bilanziert entweder alles oder nichts (*all or nothing approach*).
- Diskutiert wird aus der Perspektive des Leasing**nehmers** eine Leasingbilanzierung, die sich nach der Höhe der zukünftigen Verpflichtung und einem Nutzungsrecht an dem Leasingobjekt bemisst (*right of use model*). Der Barwert der Mindestleasingzahlungen bestimmt dann die Höhe der zu passivierenden Verbindlichkeit und des zu aktivierenden Nutzungsrechts. Ein Vertrag mit langer Laufzeit (nach derzeitigem Recht *finance)* würde sich von einem Vertrag mit kurzer Laufzeit (derzeit *operating)* nicht mehr im Bilanzansatz dem Grunde nach, sondern nur noch in der Bewertung unterscheiden. Im ersten Fall würden ein hoher Aktivposten (Nutzungsrecht) und eine hohe Leasingverbindlichkeit ausgewiesen, im zweiten Fall niedrigere Werte.
- Aus Sicht des Leasinggebers soll ein *performance obligation approach* entwickelt werden.

194 Im weiteren Projektverlauf wurde ein *Exposure Draft* in 2010 veröffentlicht, der anders als das Diskussionspapier auch Vorgaben zur bilanziellen Abbildung von Leasingverhältnissen aus der Sicht des Leasing**gebers** umfasst.[96] Ein endgültig überarbeiteter Standard ist für das zweite Quartal 2011 angekündigt.

---

92 Vgl. Wassmer/Helmschrott, DB 2000, S. 2025f., sowie Füllbier/Pferdehirt, KoR 2005, S. 275.

93 McGregor, Accounting for Leases: A New Approach, 1996, und Nailor/Lennard/Anstis, Leases: Implementation of a New Approach, 2000.

94 Der Leasingstandard (SFAS 13 bzw. nach erfolgter codification ASC Topic 840) inkl. aller Ergänzungen gilt als der schlechteste Accounting Standard (vgl. Reither, Accounting Horizons, 1998, S. 285).

95 Vgl. exemplarisch zum aktuellen Projektstand Bömelburg/Landgraf/Singh-Verma, PiR 2009, S. 217ff.

96 Exemplarisch m.w.N. Küting/Koch/Tesche, PiR 2010, S. 283ff.; Muggenthaler/Mujkanovic, PiR 2010, S. 305ff.

Die aktuell geplante Neuregelung im ED betrifft alle Vereinbarungen, die ein Nutzungsrecht über materielles Vermögen betreffen. Unabhängig von der Zuordnung des wirtschaftlichen Eigentums sollen nach künftigem Recht aus abgeschlossenen Verträgen resultierende Nutzungsrechte und Verpflichtungen abgebildet werden. Noch ausgeklammert sind Vereinbarungen über immaterielles Vermögen. Ebenfalls vom Anwendungsbereich ausgeschlossen sind Vereinbarungen mit günstigen Kaufoptionen (bzw. vereinbartem Übergang des rechtlichen Eigentums i.S.e. „Mietkaufs").

Nach der geplanten Neuregelung entfällt beim Leasingnehmer (LN) die bisherige Möglichkeit einer *off-balance*-Erfassung eines Vermögenswerts (als *operating lease*). Für Leasingverhältnisse im Anwendungsbereich erfasst der LN einen (Leasing-)Vermögenswert für das **Recht zur Nutzung** (*right of use asset*) sowie eine (Leasing-)Verbindlichkeit für die aus der Nutzung resultierende vertragliche Verpflichtung zur Zahlung der Leasingraten. Die (Zugangs-)Bewertung erfolgt mittels eines Barwertkalküls, bei dem auf den Zugangszeitpunkt die während der Vertragslaufzeit zu leistenden Zahlungen gegenüber dem LG – einschließlich evtl. Verlängerungsoptionen und bedingter Mietzahlungen – abzuzinsen sind. Als Diskontierungszins kann der Zinssatz herangezogen werden, der dem Leasingverhältnis zugrunde liegt, oder – falls nicht bekannt – auf den eigenen Grenzfremdkapitalzinssatz des LN abgestellt werden. Im Rahmen der Folgebewertung sind sowohl das Nutzungsrecht als auch die korrespondierende Verbindlichkeit zu fortgeführten Anschaffungskosten abzubilden. 195

- Als Vermögenswert ist das Recht zur Nutzung des Leasinggegenstandes über den kürzeren Zeitraum aus Nutzungsdauer und Dauer des Leasingverhältnisses zu erfassen und planmäßig – i. d. R. somit linear – abzuschreiben. Sofern Anzeichen einer außerplanmäßigen Wertminderung vorliegen, ist ein *impairment*-Test nach IAS 36 geboten.
- Die Zahlungen sind – wie bisher schon bei Klassifizierung als *finance lease* – mittels der Effektivzinsmethode in einen Zins- und einen Tilgungsanteil aufzuspalten und über die Laufzeit fortzuschreiben. Der Effektivzinssatz ist hierbei der Höhe nach einzufrieren.

Beispiel

LN mietet eine Maschine mit einem beizulegenden Zeitwert von TEUR 100 und einer wirtschaftlichen Nutzungsdauer von 10 Jahren über drei Jahre. Die jährlichen Leasingraten belaufen sich auf TEUR 12 (bedingte Mietbestandteile, Restwertgarantien etc. werden ausgeklammert). Es bestehen keine Optionen. Unter Anwendung des Grenzfremdkapitalzinssatzes des LN ergibt sich der Barwert der Mindestleasingzahlungen mit TEUR 30.

Lösung

LN aktiviert nach der geplanten Neuregelung ein *right of use asset* und passiviert eine Zahlungsverpflichtung aus dem Leasingverhältnis in entsprechender Höhe (latente Steuern vernachlässigt). Nach den noch geltenden Leasingvorgaben würde hingegen eine Klassifizierung der Vereinbarung als *operating lease* erfolgen. Die jährlichen Zahlungen würden beim LN ergebniswirksam verrechnet, ein Bilanzansatz schiede aus.

Im direkten Vergleich des geltenden und neuen Rechts ergäbe sich beim LN folgender Aufwandsverlauf:

	Jahr 1	Jahr 2	Jahr 3	Summe
Amortisation right of use asset	10	10	10	30
Zinsaufwand	3	1,8	1,2	6
Aufwand nach ED	**13**	**11,8**	**11,2**	**36**
Aufwand nach IAS 17	**12**	**12**	**12**	**36**

196 Entgegen der vorgesehenen Neuregelung für den Leasingnehmer, die zu einer einheitlichen Behandlung aller Leasingvereinbarungen führt, soll nach dem ED auf Seiten des Leasinggebers (LG) allerdings (weiterhin) auch nach künftigem Recht zwischen zwei Vertragstypen unterschieden werden. In Abhängigkeit von den bei dem LG verbleibenden Chancen und Risiken in Bezug auf den Leasinggegenstand ist für die bilanzielle Abbildung folgende Unterscheidung vorgesehen:

- Behält der Leasinggeber weiter wesentliche Chancen und Risiken aus dem Objekt während oder nach Ende der Vertragslaufzeit zurück, so hat er eine Schuld für die (Überlassungs-)Verpflichtung gegenüber dem LN anzusetzen. Der Leasinggegenstand wird weiter als Vermögenswert bilanziert (*performance obligation approach*). Neben dem Ansatz des Vermögenswerts (Leasinggegenstand) in voller Höhe werden zudem eine (Leasing-)Forderung, ausgestaltet als Recht auf Erhalt von Leasingzahlungen, sowie eine Sachleistungsverpflichtung (Pflicht zur Nutzungsüberlassung an den LN, „*performance obligation*") bilanziert.
- Verbleiben keine wesentlichen Chancen und Risiken aus dem Leasingobjekt bei dem LG, ist der zugrunde liegende Leasinggegenstand bis auf einen aus dem Verhältnis von Leasingzahlungen und *fair value* des Leasingobjekts abgeleiteten Restwert auszubuchen (*derecognition approach*). Mit Übergabe des Leasinggegenstandes an den LN hat der LG seine Verpflichtung (teilweise) erfüllt. Der LG erfasst eine Forderung auf den Erhalt von Leasingzahlungen gegen einen Teilabgang des Leasinggegenstandes in der Höhe, wie Chancen und Risiken aus dem Vermögenswert auf den Leasingnehmer übertragen wurden.

Nachfolgende Darstellung fasst die nach dem ED geplanten Vorgaben zur Bilanzierung von Leasingverhältnissen beim LG zusammen:

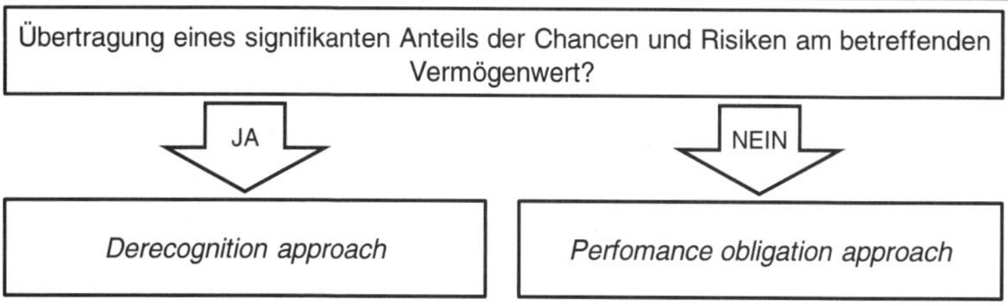

BILANZ		**BILANZ**	
(Rest)-Vermögenswert	X	Vermögenswert	X
Recht auf Erhalt von Leasingzahlungen	X	Recht auf Erhalt von Leasingzahlungen	X
		Leasingverbindlichkeit	(X)
		(Netto-)Leasingvermögenswert/-verbindlichkeit	X

Gesamtergebnisrechnung (GuV-Teil)		**Gesamtergebnisrechnung (GuV-Teil)**	
Umsatzerlöse	X	Einkommen aus Leasingzahlungen	X
Umsatzkosten	(X)	Abschreibungsaufwand	(X)
Zinsertrag	X	Zinsertrag	X

Insbesondere der vorgesehene *performance obligation approach* steht wegen der evtl. Doppelerfassung von Vermögenswert und Anspruch auf Zahlungen aus der Nutzungsüberlassung in der Kritik.

Beispiel (Fortsetzung aus Rz 195)
Der Buchwert der an LN überlassenen Maschine beträgt TEUR 100. Auch aus Sicht des Leasinggebers ergibt sich der Barwert der Mindestleasingzahlungen mit TEUR 30. Die wesentlichen Chancen und Risiken an dem Leasingobjekt bleiben bei dem Leasinggeber.

Lösung
LG erfasst neben dem Leasingobjekt, welches unverändert mit TEUR 100 fortgeführt wird, eine Forderung auf künftige Leasingzahlungen i.H.v. TEUR 30 und korrespondierend eine *performance obligation*. Der Buchwert des Leasingobjekts ist planmäßig fortzuführen, somit – eine außerplanmäßige Wertminderung ausgeklammert – planmäßig über 10 Jahre abzuschreiben. Die Forderung auf Leasingzahlungen ist effektivzinskonstant fortzuentwickeln. Besonderheiten ergeben sich für die *performance*-Verbindlichkeit, die linear ohne Berücksichtigung von Zinseffekten (!) aufzulösen ist und den Abschreibungen des Leasinggegenstandes entgegensteht.

Zwar steht nach Verabschiedung der Neuregelungen nicht mehr die Ansatzfrage 197
(*recognition*) im Vordergrund, allerdings kommen neue Bewertungskomplexitäten (*measurement*) auf die Bilanzierer zu. So müssen mögliche Verlängerungs-

optionen, bedingte Mietzahlungen sowie Entschädigungszahlungen für vorzeitige Kündigungen sowie Restwertgarantien direkt berücksichtigt werden.

- Vereinbarte Optionen (Mietverlängerung/vorzeitige Kündigung etc.) sind bei wahrscheinlicher Ausübung zur Bestimmung der Zahlungsverpflichtungen zu berücksichtigen und zu jedem Stichtag einer Neubeurteilung zu unterziehen.
- Bedingte Zahlungen (z. B. prozentuale Beteiligung am Umsatz eines Händlers oder Kopplung an einen Mietpreisindex) sind ebenfalls unter Wahrscheinlichkeitsaspekten in den Barwert von Nutzungsrecht und Leasingverbindlichkeit einzubeziehen.

Getroffene Einschätzungen müssen von Leasingnehmer und -geber (ggf. mit abweichender Einschätzung) regelmäßig überprüft und angepasst werden. Die Bilanzierung von Leasingvereinbarungen bliebe damit sehr aufwendig und abhängig von subjektiven Ermessensspielräumen.

198 Vereinfachungen sind im Standardentwurf für kurzfristige Leasingverhältnisse vorgesehen. So kann der Leasingnehmer auf eine Diskontierung der Leasingzahlungen verzichten und bilanziell undiskontierte Leasingzahlungen als *right of use asset* und korrespondierende Verbindlichkeit erfassen. Der Leasinggeber kann hingegen gänzlich von einer Abbildung kurzfristiger Leasingverhältnisse absehen. Als kurzfristige Leasingverhältnisse gelten allerdings nur solche Vereinbarungen, deren Laufzeit inkl. vorgesehener Verlängerungsoptionen kürzer als 12 Monate ist.

199 Die Neuregelungen werden bei entsprechender Umsetzung weitreichende Auswirkungen auf IFRS-Abschlüsse haben, etwa auf diverse Kennzahlen (EBIT oder EBITDA). Überdies ergeben sich Wechselwirkungen mit anderen Standards, die im derzeitigen Stand des ED noch nicht bzw. nicht ausreichend gewürdigt werden (etwa Abgrenzung von CGUs nach IAS 36 (→ § 11), Bestimmung von Fremdkapitalkosten nach IAS 23 (→ § 9), Auswirkungen auf latente Steuern durch *timing differences* (→ § 26) etc. Die mit der Neuregelung einhergehende Erhöhung des Verschuldungsgrades könnte für bestimmte Unternehmen den Zugang zu den Finanzmärkten erschweren.

10 Zusammenfassende Praxishinweise

200 Die Feststellungen zum **Vorliegen** eines Leasingverhältnisses dürfen nicht am Vertragswortlaut ausgerichtet werden; vielmehr ist nach **verdeckten** Leasingverhältnissen Ausschau zu halten (Rz 5ff.). Ausschlaggebend für die bilanzielle Behandlung von Leasingverhältnissen nach IFRS ist die **Unterscheidung** in *finance*- und *operating*-Leasing (Rz 19ff.). Bei *finance leases* erfolgt die Zurechnung beim Leasingnehmer. Bei *operating*-Leasingverhältnissen wird das Leasingobjekt beim Leasinggeber bilanziert.

Ein *finance lease* liegt vor, wenn mindestens eines der folgenden **Kriterien** erfüllt ist (Rz 22ff.):

- Am Ende der Vertragslaufzeit werden die Eigentumsrechte am Leasingobjekt auf den Leasingnehmer übertragen;
- es besteht zugunsten des Leasingnehmers eine günstige Kauf- oder Mietverlängerungsoption;

- die Vertragslaufzeit erstreckt sich über den überwiegenden Teil der wirtschaftlichen Nutzungsdauer des Leasingobjektes;
- der Barwert der Mindestleasingzahlungen entspricht im Wesentlichen dem beizulegenden Zeitwert des Leasinggegenstandes zu Beginn des Leasingvertrages;
- es handelt sich um Spezialleasing.

Im **Unterschied** zum HGB (Rz 106) bleibt IAS 17 bei den entscheidenden 201
Zurechnungskriterien sehr vage und nennt keine **quantitativen** Kriterien zur Nutzungsdauer, Mietverlängerungs- bzw. Kaufoption (Rz 27ff.). Außerdem ergeben sich durch die Konkretisierung des wirtschaftlichen Eigentums sowohl über die **„Dauer der Herrschaft“** als auch die „Übernahme des **Amortisationsrisikos**“ ggf. Abweichungen zwischen der Behandlung nach IFRS und Steuer- und Handelsbilanz. Das Barwertkriterium (Rz 43) kann in IFRS zur Qualifizierung von Verträgen als *finance lease* führen, die nach HGB/EStG als *operating lease* gelten.

Diese quantitative **Unbestimmtheit** der IFRS-Kriterien eröffnet dem Bilanzie- 202
renden **faktische Wahlrechte**, da die Orientierung an den klaren quantitativen Regelungen nach US-GAAP nicht zwingend ist (Rz 114). Diese faktischen Wahlrechte können vom Bilanzierenden in dem Sinne genutzt werden, dass die handels- und steuerrechtlichen Regelungen (Rz 106) zum Nutzungsdauerkriterium sowie Mietverlängerungs- und Kaufoptionskriterium im IFRS-Abschluss beibehalten werden. Andererseits besteht die Möglichkeit, aus **bilanzpolitischen** Erwägungen heraus im IFRS-Abschluss zu anderen Zurechnungen als im HGB-Abschluss (Rz 106) zu gelangen.

Trotz der (überwiegend durch entsprechende Auslegung der IFRS erreichbaren) 203
Übereinstimmung zwischen HGB und IFRS sind sämtliche bestehenden Leasingvereinbarungen dahingehend zu untersuchen (Rz 106ff.), ob es sich um *finance*- oder *operating*-Leasingverhältnisse i.S.v. IAS 17.10 handelt (Rz 19ff.). Das ist ein wichtiger Untersuchungsschritt für das **Übergangsprozedere** auf die IFRS (→ § 6 Rz 116).

Darüber hinaus sind in der Vergangenheit in der HGB-Welt vorgenommene *sale-* 204
and-lease-back-Transaktionen (Rz 163ff.) auf die Vereinbarkeit mit IAS 17 zu untersuchen, soweit die auf den Verkauf folgende Laufzeit des Leasingverhältnisses noch nicht abgelaufen ist. Denn die im Vergleich zum HGB (ausnahmsweise) strengeren Gewinnrealisierungsgrundsätze bei *sale-and-lease-back*-Transaktionen führen zu tendenziell niedrigeren Veräußerungsgewinnen nach IFRS.

Soweit ein Leasingobjekt beim Leasingnehmer zu bilanzieren ist, erfolgt die 205
Bewertung im Zugangszeitpunkt zum beizulegenden Zeitwert oder dem niedrigeren Barwert der Mindestleasingraten. In gleicher Höhe wird eine Verbindlichkeit gegenüber dem Leasinggeber bilanziert. Im Rahmen der Folgebewertung wird das Leasingobjekt entsprechend IAS 16 bzw. IAS 40 bewertet. Gegebenenfalls sind außerplanmäßige Abschreibungen entsprechend IAS 36 vorzunehmen. Die Leasingraten werden in einen Zins- und Nebenkostenanteil sowie einen Tilgungsanteil aufgesplittet (Rz 116ff.).

Der Leasinggeber bilanziert bei einem *finance lease* eine **Leasingforderung**. Die 206
Höhe der Leasingforderung entspricht im Zugangszeitpunkt dem **Nettoinvestitionswert** des Leasingobjektes. Zum Zwecke der Folgebewertung der Leasingforderungen sind die Leasingraten in einen **Zins- und Tilgungsanteil zu zerle-**

gen: Die Zinserträge sind so auf die Laufzeit des Leasingverhältnisses zu verteilen, dass sich auf Basis des internen Zinssatzes des Leasinggebers eine **periodisch gleichbleibende Rendite** des Nettoinvestitionswertes ergibt (Rz 130ff.).

207 Bei *operating*-Leasingverhältnissen verbleibt das **wirtschaftliche Eigentum** am Leasingobjekt beim **Leasinggeber**. Der Leasingnehmer erwirbt lediglich ein Nutzungsrecht und erfasst die gezahlten Leasingraten als Aufwand. Der Leasinggeber bilanziert das Leasingobjekt entsprechend den allgemeinen Grundsätzen (Rz 136ff.).

208 Bei *sale-and-lease-back*-Transaktionen handelt es sich somit um **zwei zusammenhängende Verträge**: den Vertrag über den Verkauf des Vermögensgegenstands vom künftigen Leasingnehmer an den künftigen Leasinggeber und den eigentlichen Leasingvertrag. Der Leasingvertrag ist nach den **allgemeinen Leasingkriterien** zu klassifizieren und entsprechend bilanziell zu erfassen. Die Behandlung eines **Veräußerungsgewinns** erfolgt beim Leasingnehmer in Abhängigkeit von der Klassifizierung des zugrunde liegenden Leasingvertrages als *finance* oder *operating lease.* Bei einem *finance lease* kommt eine sofortige Gewinnrealisierung nicht in Betracht (Rz 158ff.).

209 *Lease-and-lease-back*-Transaktionen sind nach SIC 27 i.d.R. **nicht** als Leasingverhältnisse zu behandeln (Rz 166).

210 Sofern Leasingvereinbarungen über **Leasingobjektgesellschaften** abgewickelt werden, ist zu prüfen, ob die Zweckgesellschaft in den Konzernabschluss des Leasingnehmers oder Leasinggebers einzubeziehen ist (Rz 173ff.).

211 Die **Forfaitierung** von künftigen Leasingraten ist passiv mit degressiver Auflösung abzugrenzen (Rz 181ff.).

212 Auf die **Checkliste „Abschlussangaben“** wird verwiesen (→ § 5 Rz 8).

§16 ALS FINANZINVESTITIONEN GEHALTENE IMMOBILIEN *(INVESTMENT PROPERTIES)*

Inhaltsübersicht **Rz**

Vorbemerkung

Schrifttum: Beck, Bilanzierung von investment properties nach IAS 40, KoR 2004, S. 498; Beck/Rehkugler, Das Fair Value-Konzept für investment properties nach IFRS, KoR 2009, S. 488; Behr, Rechnungslegung und Bewertung von Immobiliengesellschaften, Schweizer Treuhänder 2001, S. 219; Freiberg, Diskontierung in der Internationalen Rechnungslegung, 2010; Freiberg, Grundsanierung von als Finanzinvestitionen gehaltenen Immobilien im fair value model, PiR 2007; Frieß/Kormaier, Fair-Value-Ermittlung von Investment Properties mit Hilfe des Ertragswertverfahrens nach der WertV, DStR 2004, S. 2024; Helmschrott, Die Anwendung von IAS 40 (investment properties) auf Immobilien-Leasingobjekte, DB 2001, S. 2457; Ingold, Anwendungsbereiche und Abgrenzungsfragen bei der Bilanzierung von Immobilien nach IFRS, PiR 2006, S. 111 ff.; Kleiber, „Die europäischen Bewertungsstandards" des Blauen Buches, in: Grundstücksmarkt und Grundstückswert 2000; Kormaier, Eignung des Income Capitalisation Model zur Fair Value-Ermittlung von Investment Properties nach IAS 40, KoR 2006, S. 378 ff.; Müller/Wobbe/Reinke, Bilanzierung von Investment Properties, IRZ 2009, S. 249 ff.; PwC, Ein praktischer Guide zur Bilanzierung von Investment Properties im Bau, 2009; Rehkugler, in: Rehkugler (Hrsg.), Die Immobilien-AG, 2003; Sigloch/Schmidt/Hageböke, Die Clusterbewertung für Großimmobilienbestände als Ausnahmefall vom Einzelbewertungsgrundsatz, DB 2005, S. 2589; Simon/Cors/Troll, Handbuch der Grundstückswertermittlung, 4. Aufl., 1997; Zaugg/Krämer/Meyer, Renditeliegenschaften im Bau, IRZ 2009, S. 531 ff.; Zülch, Die Bilanzierung von Investment Properties, 2003; Zülch, Investment Properties: Begriff und Bilanzierungsregeln nach IFRS, PiR 2005, S. 67; Zülch/Willms, Anwendung des Fair Value Model nach IAS 40 im Sanierungsfall: Praktische Probleme und Lösungsansätze, BB 2005, S. 372.

Vorbemerkung

Die Kommentierung bezieht sich auf IAS 40 in der aktuellen Fassung und berücksichtigt Ergänzungen, Änderungen und Interpretationen, die bis zum 1.1.2011 beschlossen wurden. Einen Überblick über aktuell diskutierte oder schon als Änderungsentwurf vorgelegte zukünftige Regelungen enthalten Rz 142 f.

1 Zielsetzung, Regelungsinhalt, Definitionen

IAS 40 regelt die Bilanzierung von als Finanzinvestitionen gehaltenen Immobilien *(investment properties)* und die damit verbundenen Anhangsangaben (IAS 40.2). Der Anwendungsbereich umfasst alle Immobilien, die bereits als Renditeliegenschaften genutzt werden, aber auch solche, für die eine entsprechende Nutzung nach Abschluss der Entwicklungs- oder Bauphase vorgesehen ist. 1

IAS 40 erfordert eine gedankliche **Aufspaltung** des Immobilienbestandes (Rz 7) in 2

- **eigenbetrieblich** genutzte Immobilien *(owner-occupied properties)*, die vorrangig nach IAS 16 (→ § 14) zu bewerten sind, und
- **Anlage**immobilien[1] oder **Rendite**liegenschaften[2] *(investment properties)*, deren Bewertung sich nach IAS 40 richtet.

Auch dem deutschen Bilanzrecht ist der Gedanke nicht fremd, betrieblich genutzte Immobilien bewertungstechnisch **anders zu beurteilen** als fremdvermietete oder spekulativ gehaltene Immobilien. Das gilt nicht nur **steuerrechtlich** bei der Differenzierung zwischen notwendigem und gewillkürtem Betriebsvermögen, sondern auch **handelsrechtlich** bei der Bewertung: In Ermangelung von Marktpreisen ist handelsrechtlich der (niedrigere) beizulegende Wert betrieblich genutzter Anlagegegenstände im Normalfall am Wiederbeschaffungswert orientiert. Für vermietete Vermögensgegenstände des Anlagevermögens empfiehlt sich dagegen eine Ertragswertermittlung mit dem Argument der möglichen Zuordnung eines selbstständigen Erfolgsbeitrags.

Die besondere Behandlung nicht betrieblich genutzter Immobilien nach IFRS geht über diese Überlegungen hinaus: Um eine Verbesserung der Berichterstattung über den Erfolgsbeitrag von als Finanzinvestitionen gehaltenen Immobilien zu erreichen, wurde mit IAS 40 zum ersten Mal die Bilanzierung nach dem *fair value model* für nicht finanzielle Vermögenswerte (*non-financial assets*) eingeführt. Als Finanzinvestitionen gehaltene Immobilien nehmen eine **„Zwitterstellung“** ein, denn aus einer substanziellen Perspektive sind sie dem Sachanlagevermögen, aus einer funktionalen Perspektive den Finanzinvestitionen zuzuordnen. 3

Daher können Immobilien, die als Finanzanlagen gehalten werden, **entweder** zu fortgeführten Anschaffungs- bzw. Herstellungskosten (*cost model*; Rz 49ff.) **oder** zu (ggf. höheren) Zeitwerten *(fair value model*; Rz 52ff.) bewertet werden. Zeitwerten soll dabei eine **höhere Informationsrelevanz** als den Anschaffungs- oder Herstellungskosten beizumessen sein.

Es stellt sich indes die **Frage**, inwieweit tatsächlich eine Verbesserung der Berichterstattung und der Aussagekraft des Jahresabschlusses für **Nicht-Immobilienunternehmen** durch die Einführung von IAS 40 erreicht wird. Für **Immobilienunternehmen** und die ab 2007 in Deutschland installierten **REIT-AGs** (Rz 126) stellt andererseits die Bewertung der Vermögenswerte zum beizulegenden Zeitwert eine Möglichkeit dar, die Rendite von Finanzanlagen und Immobilienanlagen direkt vergleichbar zu machen.

---

1 Böckem/Schurbohm, KoR 2002, S. 38.

2 Behr, Schweizer Treuhänder 2001, S. 221.

In der **Ergebnisrechnung** vermischen sich **realisierte** Aufwendungen (für Unterhalt) und Erträge (Mieten) mit **unrealisierten** Wertveränderungen. Deren getrennte Darstellung ist nicht gefordert – anders beim **Neubewertungsmodell** für Sachanlageimmobilien (→ § 8 Rz 68).

4 Der Standard behandelt **Grundstücke** (*properties*), die definitorisch (IAS 40.5) Grund und Boden *(land)* und Gebäude *(building)* umfassen. Ungeklärt bleibt dabei der Regelungsgehalt von „**Gebäude**". Das Thema erinnert an einschlägige Abgrenzungsprobleme im steuerlichen Bewertungsrecht („Betriebsvorrichtungen"). U.E. **kann** i.S.e. engeren Abgrenzung die Eignung für den dauernden Aufenthalt von Menschen aus dem Bewertungsrecht übernommen werden. Danach wären nicht als Gebäude zu werten: Trafostationen, Trockendocks, automatische Hochregallager usw. (→ § 10 Rz 16). Auch eine weitere Abgrenzung halten wir aber für **vertretbar**, nach der für eine Klassifizierung als Renditeimmobilie auf die Möglichkeit der Erzielung von *cash flows* unabhängig von anderen Vermögenswerten des Unternehmens abzustellen ist. Trockendocks würden im Rahmen einer weiteren Abgrenzung in den Anwendungsbereich fallen, Trafostationen weiterhin nicht.
Auch der Begriffsinhalt von *„land"* ist nicht immer zweifelsfrei. Als Beispiel seien Sportplätze der verschiedensten Ausrichtung genannt: Tennis- und Golfplätze, auch der Rasen einer Fußball-Großarena. Sollte es sich dabei um *„land"* handeln, stellt sich weiter die Frage der funktionellen Zuordnung (Rz 11).

2 Abgrenzung zu sonstigen Immobilien

2.1 Einheitlich genutzte Immobilien

5 Als Finanzinvestitionen gehaltene Immobilien i.S.v. IAS 40 *(investment properties)* gelten Grundstücke oder Gebäude bzw. Gebäudeteile, die zur Erzielung von **Mieteinnahmen** oder zum **Zwecke** der **Wertsteigerung**, jedoch **nicht** zur **Eigennutzung** bzw. zum Verkauf im Rahmen der **gewöhnlichen Geschäftstätigkeit** gehalten werden (IAS 40.7).[3]
Im Rahmen des *Annual Improvements Project* 2008 erfolgte eine Ausweitung des Anwendungsbereichs von IAS 40 auch auf in der Herstellungs- bzw. Bauphase befindliche Renditeimmobilien, womit die bislang geltenden Vorbehalte hinsichtlich der Zuverlässigkeit einer *fair-value*-Bewertung aufgegeben wurden.[4]

6 **Beispiele** für als Finanzinvestitionen gehaltene Immobilien sind nach IAS 40.8 insbesondere:

- Grundstücke und Gebäude, die langfristig für **Wertzuwächse** statt für einen kurzfristigen Verkauf gehalten werden (IAS 40.8a);
- Grundstücke und Gebäude, die für eine gegenwärtig **unbestimmte** künftige Nutzung gehalten werden (IAS 40.8b);
- Gebäude, die vom Unternehmen im Rahmen eines **Leasingverhältnisses** gehalten und aufgrund eines *operating*-Leasingvertrags weitervermietet werden (IAS 40.8c);
- **leer** stehende Gebäude, die vom Leasingnehmer zum Zwecke der Vermietung im Rahmen von *operating*-Leasingverhältnissen gehalten werden (IAS 40.8d).

---

3 Eine Zuordnung von Immobilien zu den relevanten IFRS findet sich bei INGOLD, PiR 2006, S. 111 ff.; ZÜLCH, PiR 2005, S. 67 f.

4 So zur Begründung IFRIC, Update July 2006.

Bemerkenswert ist der Rechnungslegungsgehalt für **Leasing**-Immobilien. IAS 40.6 gewährt dem Leasingnehmer das **Wahlrecht**, eine Immobilie, die nach den Zuordnungskriterien von IAS 17.10 (→ § 15 Rz 22) als *operating lease* klassifiziert und deshalb beim Leasinggeber bilanziert wird, wie ein *finance lease* zu behandeln. Voraussetzungen zur Ausübung dieses für jedes Objekt **einzeln** auszuübenden Wahlrechts sind kumulativ:

- Die betreffenden Objekte erfüllen aus Sicht des Leasingnehmers die oben genannten **Kriterien** der Renditeliegenschaft, d. h. i. d. R.: Der Leasingnehmer überlässt seinerseits das Objekt in einem Untermietverhältnis an einen Endnutzer.
- **Alle** Anlageimmobilien, also auch die im zivilrechtlichen Eigentum stehenden, werden nach dem *fair value model* bilanziert (Rz 43 ff.).

Somit dürfen Immobilien, die der Leasingnehmer zur Erzielung von Mieteinnahmen hält, vom Leasingnehmer auch dann bilanziert werden, wenn der Leasinggeber sowohl über das wirtschaftliche als auch über das rechtliche Eigentum verfügt. Dieses Wahlrecht besteht jedoch nur, wenn der Leasingnehmer die Renditeliegenschaft nach dem *fair-value*-Modell zum aktuellen Marktwert bilanziert (IAS 40.6). Im Ergebnis kommt es dann zu einer „**Doppelbilanzierung**" (→ § 15 Rz 18).

Typischerweise erfüllt die Renditeliegenschaft die Funktion einer **Kapitalanlage**. 7
Nicht unter den Regelungsinhalt von IAS 40 fallen daher (IAS 40.9):

- Immobilien, die mit der Absicht erworben oder errichtet wurden, um sie im **normalen Geschäftsverlauf** in naher Zukunft zu veräußern – geregelt im Vorratsvermögen in IAS 2 (→ § 17);
- Bauten, die Gegenstand eines **Fertigungsauftrags** gem. IAS 11 sind (→ § 18);
- **eigenbetrieblich** genutzte Immobilien gem. IAS 16 (→ § 14), insbesondere
  - betriebliche Ersatzgrundstücke;
  - vom Eigentümer selbst genutzte Immobilien;
  - an beschäftigte oder ausgeschiedene Arbeitnehmer sowie an Pensionäre vermietete Immobilien, selbst wenn sie zu marktüblichen Konditionen vermietet werden (IAS 40.9c);
- Immobilien beim **Leasinggeber**, die im Rahmen von *finance*-Leasingverhältnissen vermietet werden (IAS 40.9e);
- in **Veräußerungsabsicht** oder als Teil einer **Abgangsgruppe** oder eines **aufgegebenen** Geschäftsbereichs gehaltene Immobilien i. S. d. IFRS 5 (→ § 29).

Die **Unterscheidung** zwischen als Finanzinvestitionen gehaltenen und dem **Vorrats**vermögen zuzurechnenden Immobilien, die mit der Absicht einer späteren Veräußerung im normalen Geschäftsverlauf erworben oder errichtet werden, ist in der Praxis aufgrund fehlender konkreter Abgrenzungskriterien (i. S. v. *bright lines)* u. U. schwierig. Insbesondere wenn eine Veräußerung nicht kurzfristig geplant ist, erscheint auch eine Klassifizierung als *investment property* sachgerecht. 8
Für die Klassifizierung einer Immobilie als Vorratsvermögen oder Finanzinvestition ist die **Geschäftsintention** des Unternehmens ausschlaggebend.

Beispiel
Unternehmen A erwirbt einige Parzellen Bauland noch ohne eine Entscheidung über die zukünftige Verwendung. Die Kaufentscheidung beruht auf der Annahme eines günstigen Preises *(bargain purchase).* Ohne konkrete Verwertungsabsicht sind die Parzellen zunächst als Finanzinvestitionen anzusehen.

> Unternehmen B kauft Portfolios von Gewerbe- und Wohnimmobilien an und veräußert diese bevorzugt unbewohnt weiter. Da das Geschäftsmodell des B eine künftige Weiterveräußerung vorsieht, sind die Gebäude des Portfolios unabhängig von der (noch andauernden) Vermietung als Vorratsvermögen zu klassifizieren.

Unterscheidungsunsicherheiten ergeben sich, wenn eine Veräußerung von dem vorherigen Eintritt einer **Bedingung** abhängig gemacht wird (z.B. sei die Veräußerung im vorstehenden Beispiel von einer tatsächlichen Entmietung der Wohnimmobilien abhängig). Die **Abgrenzung** ist u.E. dann abhängig von den Aufwendungen, die zur Erfüllung einer Veräußerungsfähigkeit aufzubringen sind. Bei geringen Aufwendungen sind diese der Herstellung der Veräußerungsfähigkeit zuzuordnen, bei größeren erfolgt eine Klassifizierung als Finanzinvestition.

9 Schwierigkeiten der Abgrenzung ergeben sich auch dann, wenn der Erwerb einer Immobilie nicht oder nur **mittelbar** beabsichtigt gewesen ist. Wird eine Immobilie mit der Absicht der Weiterveräußerung (IFRS 5) oder der eigenen Nutzung (IAS 16) erworben, scheidet eine Klassifizierung als Renditeimmobilie aus. Spiegelbildlich ist eine Klassifizierung als *investment property* erforderlich, wenn beim Erwerb einer Immobilie **keine konkrete Veräußerungs- oder Nutzungsabsicht** besteht.

> **Beispiel**
> Die Immobiliengesellschaft A hat der Bank B als Sicherheit für ein Darlehen ein Grundpfandrecht an einer Immobilie des eigenen Bestands eingeräumt. Zur Jahresmitte des lfd. Jahres stellt A einen Insolvenzantrag. Das rechtliche Eigentum an der Immobilie geht nach einer Zwangsversteigerung, bei der B aufgrund fehlender Interessenten bzw. aus Sicht von B nicht akzeptabler Angebote das Höchstgebot abgegeben hat, auf B über.
> Die Ausübung des Grundpfandrechts und anschließende Ersteigerung der Immobilie war von B nicht geplant, entsprechend bestehen auch keine konkreten Verwertungsabsichten. Die Immobilie ist als Finanzinvestition zu klassifizieren.

Existiert also
- **weder** eine konkrete **Veräußerungsabsicht** (und damit eine nach IFRS 5 notwendige Klassifizierung als „*held for sale*"; → § 29)
- noch die Absicht einer **Eigennutzung** (und damit Zuordnung zum Sachanlagevermögen; → § 14),

ist eine Immobilie u.E. als *investment property* zu klassifizieren.

10 Eine eindeutige Klassifizierung als Anlageimmobilie wird erschwert, wenn den Mietern – neben der Vermietung – noch **liegenschaftsbezogene Dienstleistungen** angeboten werden. Solche Nebenleistungen sind z.B. Sicherheits-, Reinigungs- oder Verwaltungsdienstleistungen. In diesen Fällen entscheidet der **Anteil** der Erträge aus Nebenleistungen am Gesamtertrag aus der Erbringung der Dienste und der Vermietung. Infolgedessen ist die Immobilie nur dann als Renditeliegenschaft anzusetzen, wenn der Ertrag aus den liegenschaftsbezogenen

Dienstleistungen *(ancillary services)* im Verhältnis zum Gesamtertrag **unbedeutend** ist (IAS 40.11). Sind die erbrachten Dienstleistungen jedoch ein **wesentlicher** Bestandteil der Vereinbarung, ist die Immobilie als **selbst genutzt** einzuordnen. IAS 40 lässt hier bewusst eine exakte Quantifizierung offen, sodass sich bilanzpolitische Spielräume ergeben.

Beispiel 11

K erwirbt eine Hotelanlage und führt sie eigenständig. Mit dem Hotel sind bautechnisch auch ein Fitnesscenter und ein Hallenschwimmbad verbunden. Diese beiden Bestandteile des Gesamtkomplexes können auch von Nichthotelgästen entgeltlich genutzt werden.

Der den Hotelgästen angebotene Service ist ein bedeutender Bestandteil der Vereinbarung insgesamt. Deshalb ist ein vom Eigentümer geführtes Hotel als eine selbst genutzte Immobilie anzusetzen und entsprechend nach IAS 16 (→ § 14) zu bilanzieren (IAS 40.12). Auch die übrigen Bereiche – Schwimmbad und Fitnesscenter – werden mit nennenswerten Serviceleistungen betrieben, sodass sie ebenfalls gem. IAS 16 zu bilanzieren sind.

Ebenso stellen sich beim Betrieb eines normalen **Parkhauses** – überwiegend keine Festvermietung bestimmter Stellplätze, sondern stundenweise abgerechnete Belegung – Abgrenzungsprobleme. Zwar sind die Serviceleistungen gem. IAS 40.11 – Bewachung und laufender Unterhalt – im Umfang und aus Sicht des Betreibers im Verhältnis geringfügig, jedoch entspricht der wirtschaftliche Gehalt der Geschäftstätigkeit von vornherein nicht der **typischen**, in IAS 40 angesprochenen **Vermietungstätigkeit**. Der Unternehmer ist kein Vermieter, sondern Betreiber eines Parkhauses. U.E. liegt hier **keine** Renditeimmobilie *(investment property)* vor.[5]

Aus dem vorstehenden Beispiel folgt auch:

- Der Hotelbetrieb durch den Eigentümer im eigenen Haus führt nicht zu einem *investment property*.
- Dem Hotelbetrieb ist die laufende Nutzung durch **wechselnde** Personen ohne Anspruch auf einen **bestimmten** Teil der Immobilie eigen. Deshalb können Fitnesscenter, Sportanlagen (Rz 4) und u. E. Parkhäuser i. d. R. ebenfalls keine *investment properties* darstellen.

Ausschlaggebend für den Ansatz als Renditeliegenschaft kann auch die vertragliche Ausgestaltung des **Mietzinses** sein.[6]

Beispiel

K erwirbt eine Hotelanlage und überträgt die Verantwortlichkeit der Geschäftsführung im Rahmen eines Pachtvertrags an einen Dritten. Der Pachtzins wird in Abhängigkeit vom Auslastungsgrad des Hotels variabel vereinbart.

Die Erträge aus der variablen Ausgestaltung des Pachtzinses reflektieren die Risikobehaftung des Hotelgewerbes an sich, nicht aber das Risiko der Immobilienwirtschaft. Deshalb ist das Hotel nicht als Renditeimmobilie anzusetzen (IAS 40.13). Umgekehrt wäre zu entscheiden, wenn K einen Pachtzins in Abhängigkeit von den ortsüblichen Vergleichsmieten vereinbart hätte.

---

5 A. A. möglicherweise BÖCKEM/SCHURBOHM-EBNETH, KoR 2003, S. 336.

6 Vgl. hierzu ein Beispiel mit gleicher Würdigung ZÜLCH, PiR 2005, S. 68.

Die Klassifizierung einer maßgeblich **durch Dritte** betriebenen Immobilie hängt von der Risikoposition des Eigentümers der Immobilie ab:

- Ist der Eigentümer lediglich **passiver Investor**, der eine von den normalen Geschäftsrisiken unabhängige Rendite erzielt, ist die Immobilie als *investment property* anzusehen.
- Verbleiben **maßgebliche Risiken** aus dem Betrieb der Immobilie bei dem Eigentümer, scheidet eine Klassifizierung als *investment property* aus.

Indikationen für einen maßgeblichen Einfluss (und die damit korrespondierende Übernahme von Risiken) des Eigentümers auf die Nutzung der Immobilie lassen sich an der **Vertragsgestaltung** zwischen Betreiber und Eigentümer festmachen (Vetorechte des Eigentümers, fixe oder variable Rendite des Eigentümers, Dauer des Vertrages etc.).

12 In **Grenzfällen** soll das bilanzierende Unternehmen **eigenständig** Kriterien für den Ansatz von Anlageimmobilien festlegen und im Anhang angeben (IAS 40.14). Damit werden die **bilanzpolitischen Spielräume** zusätzlich erhöht.

13 Immobilien, die an (voll-)**konsolidierte verbundene Unternehmen** vermietet werden, sind im **Einzelabschluss** bei Erfüllung der Ansatzkriterien als Finanzinvestitionen anzusetzen. Im **Konzernabschluss** ist jedoch eine Umklassifizierung in eigengenutzte Immobilien vorzunehmen (IAS 40.15).

2.2 Gemischt genutzte Immobilien

14 Die Definition der als Finanzinvestition gehaltenen Immobilien ist „heikel und **ohne Trennschärfe**".[7] Probleme bei der Klassifizierung und dem Ansatz von Anlageimmobilien entstehen insbesondere, wenn diese nicht einheitlich genutzt werden, sondern eine **Mischnutzung** vorliegt *(dual purpose property).* So kann z.B. eine Immobilie teilweise vermietet und gleichzeitig teilweise selbst genutzt werden. IAS 40.10 sieht in solchen Fällen einen **getrennten Ansatz** der Immobilienteile vor (Rz 70ff.), sofern diese **gesondert** verkauft *(could be sold separately)* oder im Rahmen eines *finance lease* (gesondert) vermietet werden könnten.

15 Die **Einzelveräußerbarkeit** wird als Kriterium herangezogen, da nur so Wertsteigerungen der im Bestand gehaltenen Immobilien realisierbar sind, ohne gleichzeitig betrieblich genutzte Teile zu veräußern. IAS 40 lässt jedoch offen, ob Gebäude bereits geteilt bzw. Grundstücke bereits parzelliert sein müssen oder ob die technische Teilbarkeit von Immobilien ausreicht, um das Kriterium der Einzelveräußerbarkeit zu erfüllen.

16 Sofern einzelne Immobilienbestandteile nicht veräußert werden können, darf nach IAS 40.10 eine Immobilie nur dann als Renditeliegenschaft angesetzt werden, wenn der selbst genutzte Anteil **unbedeutend** ist *(insignificant portion).* Abgrenzungskriterien liefert IAS 40 nicht. Als **Maßstab** könnte der prozentuale Anteil der betrieblich genutzten Fläche an der Gesamtfläche in Betracht kommen. Da aber der IASB als Regelgeber bewusst auf die Vorgabe quantitativer Grenzen verzichtet hat, muss der Bilanzierende nach IAS 8.11 eigene Methoden entwickeln (→ § 1 Rz 88ff.). Zusätzlich können nach IAS 8.12 die Standards **anderer Standardsetter**, das **Schrifttum** und akzeptierte **Branchenpraktiken** berücksichtigt werden, die auf ähnlicher konzeptioneller Basis einschlägige Regeln entwickeln.

---

7 TEITLER, Schweizer Treuhänder 2000, S. 1129.

Allerdings erweisen sich Schrifttum und Branchenpraktiken als uneinheitlich. In der deutschsprachigen Literatur werden **Bandbreiten** des höchstzulässigen eigengenutzten Anteils von 5 % bis zu 30 % der genutzten Fläche diskutiert.[8] Die internationale Praxis wendet unterschiedliche Prozentsätze an:[9]

- Vereinigtes Königreich: SSAP 19 → 15 %
- Hongkong: HKSSAP 13.5 → 15 %
- Neuseeland: SSAP 17.4.2 → 20 %.

Werden diese Prozentsätze des eigengenutzten Anteils überschritten, gilt die jeweilige Immobilie **insgesamt** als eigenbetrieblich genutzt (Rz 5). Im Ergebnis verbleiben nach IFRS erhebliche Interpretationsspielräume.

2.3 Abgrenzung von Renditeimmobilien bei Portfolio-*leases*

Als Teil eines einheitlichen Mietverhältnisses können neben Immobilien (Grundstücke und Gebäude) auch andere Vermögenswerte (Infrastruktur, Erweiterungsbauten, Maschinen etc.) mit zur Nutzung überlassen werden. Zu klären ist dann, ob die anderen Vermögenswerte als Teil der Renditeimmobilie (und damit auch nach IAS 40) oder als eigenständige Vermögenswerte (und damit nach IAS 16) zu behandeln sind. 17

Die Vorgaben in IAS 40 sind in Bezug auf die Zuordnung nicht eindeutig: 18

- Im Definitionsbereich von IAS 40.5 (Rz 4) werden Renditeimmobilien eng abgegrenzt als „Grundstücke oder Gebäude – oder Teile von Gebäuden – oder beides". Im Rahmen einer solchen engen Abgrenzung wären alle Teile eines einheitlichen Mietverhältnisses, die weder Grundstück, noch Gebäude oder Gebäudeteil sind, nicht als *investment property* zu behandeln.
- Gegen eine solche enge Abgrenzung von Renditeimmobilien sprechen aber die der Bewertung gewidmeten Ausführungen in IAS 40.50. Ausstattungsgegenstände sind als „integrale Bestandteile" mit in die *fair-value*-Bewertung einer Renditeimmobilien einzubeziehen (IAS 40.50a).

Die Abgrenzung von Renditeimmobilien erfordert daher bei Abschluss von Portfolio-*leases* eine Ermessensentscheidung *(judgement)*. Eine Zusammenfassung kommt allerdings sowieso nur bei Rückgriff auf das *fair value model* infrage. Werden Renditeimmobilien einheitlich nach dem Anschaffungskostenmodell (Rz 49) bewertet, stellen die einzelnen Vertragsinhalte – soweit keine Zurechnung des wirtschaftlichen Eigentums beim Mieter erfolgt (→ § 15 Rz 15) – einzelne Komponenten i. S. v. IAS 16.43 (*component approach*; → § 10 Rz 7 ff.) dar.

Vermögenswerte, die aufgrund eines engen funktionalen Zusammenhangs als integraler Bestandteil der Immobilien gelten, sind u. E. im *fair value model* unter folgenden Voraussetzungen als Teil der als Finanzinvestition gehaltenen Immobilie zu führen: 19

- Es besteht ein einheitliches Mietverhältnis über die Immobilien und die anderen Vermögenswerte, insbesondere kann der Vertrag ordentlich und außerordentlich nur insgesamt beendet werden.
- Eine wirtschaftlich sinnvolle Nutzung der Immobilien ist nur in Kombination mit den anderen Vermögenswerten möglich.

---

[8] Vgl. z. B. BÖCKEM/SCHURBOHM, KoR 2002, S. 40.

[9] Vgl. HOWIESON, Accounting for Investment Properties, 1997, S. 14.

- Die anderen Vermögenswerte nehmen im Verhältnis zu den eigentlichen Immobilien nur eine untergeordnete Bedeutung ein.

Das Kriterium der untergeordneten Bedeutung ist nach IAS 17 auch bei einem reinen Immobilien-*lease* für die Frage relevant, ob Grundstück und Gebäude getrennt zu betrachten sind (→ § 15 Rz 85). In Anlehnung an US-GAAP (ASC Topic 840.10.25–21) wird hier auf eine 25-%-Schwelle abgestellt. Diese kann dann auch für die Abgrenzung von Renditeimmobilien bei Portfolio-*leases* herangezogen werden.

Beispiel
A vermietet ein Grundstück mit einer Lagerhalle an B. B darf die auf dem Grundstück errichtete Infrastruktur (Schienenanschluss, Krananlagen etc.) ebenfalls nutzen. A bilanziert Renditeimmobilien einheitlich zum beizulegenden Zeitwert.
Variante 1
Der Anteil des Grundstücks und der Lagerhalle am beizulegenden Zeitwert der insgesamt angemieteten Objekte macht mehr als 75 % aus. Alle Vermögenswerte können – unter der Voraussetzung des Vorliegens eines *operating lease* – zusammen als Renditeimmobilien behandelt werden.
Variante 2
Die Infrastruktur macht mehr als 25 % des Gesamtwertes aus. Das Mietverhältnis zwischen A und B ist daher in zwei Teile aufzuteilen. Die Bilanzierung der Infrastruktur richtet sich nach IAS 16 und IAS 17, für die Immobilien ist auf IAS 40 und IAS 17 zurückzugreifen. Die Aufteilung der Gesamtmietrate erfolgt gem. IFRIC 4 im Verhältnis der relativen *fair values* (→ § 15 Rz 13).

20 Eine Zusammenfassung von anderen Vermögenswerten und Immobilien im engeren Sinn scheidet regelmäßig aus, wenn für die Vermögenswerte ein expliziter *scope out* besteht (IAS 40.4). So können biologische Vermögenswerte gem. IAS 41 (→ § 40) und Abbau-, Schürfrechte sowie Bodenschätze gem. IFRS 6 (→ § 42) nicht Teil einer Renditeimmobilie sein.

Beispiel
A vermietet einen Weinberg an B. Wesentliche Bestandteile des Mietvertrages sind das Land und die bestehende Rebkultur.
Aufgrund eines expliziten *scope out* für die Rebkultur (biologischer Vermögenswert) scheidet eine Zusammenfassung mit dem Land als Renditeimmobilie aus. Beides ist getrennt zu bilanzieren.

2.4 Erst-Ansatz: Maßgeblichkeit des wirtschaftlichen Eigentums

21 Anlageimmobilien sind als Vermögenswert (→ § 1 Rz 85ff.) anzusetzen, wenn dem Unternehmen der **zukünftige wirtschaftliche Nutzen**, der mit den Anlageimmobilien verbunden ist, wahrscheinlich zufließen wird (IAS 40.16a). Die Ansatzfähigkeit richtet sich insoweit nicht nach dem zivilrechtlichen, sondern dem **wirtschaftlichen** Eigentum des Erwerbvertrages. Zu dessen Erwerb bedarf es nach deutschem Recht der notariellen **Beurkundung** und der darin festgelegten

Bestimmung für den **Übergang** von Besitz, Gefahr, Nutzen und Lasten.[10] Auf die Auflassung und den Grundbucheintrag (rechtliches Eigentum) kommt es nicht an. Fraglich ist, ob ein Übergang des wirtschaftlichen Eigentums nach den IFRS-Regeln im Einzelfall auch schon **vor** Abschluss des schuldrechtlich wirksamen Vertrags möglich ist. Denkbar sind Fälle, in denen die Parteien zunächst unverbindlich einen Übergang von Nutzen und Lasten bzw. Chancen und Risiken (→ § 25 Rz 17) vereinbaren, diesen praktizieren und alsbald rechtsförmlich durch Vertragsabschluss bestätigen. Ein gewisser Analogieschluss zu komplexen Transaktionsvorgängen im Rahmen von Unternehmenszusammenschlüssen (→ § 31 Rz 28) lässt sich u.U. auch für den Erwerb größerer Renditeobjekte (Großeinkaufszentren, Bürohochhäuser) ziehen. Hier kann je nach Sachverhalt auch eine „unechte Rückwirkung" in Betracht kommen. Dabei darf der Zeitraum nicht zu weit ausgedehnt werden, weil sonst die Manipulationsgefahr wächst. Der Wertaufhellungsstichtag (→ § 4 Rz 8) sollte die Grenzmarke liefern.
Die BFH-Rechtsprechung – insoweit ausschließlich das Handelsrecht auslegend – hat eine solche **Rückwirkung** der Verschaffung wirtschaftlichen Eigentums (bezogen auf den Vertragsabschluss) im Falle von einfachen Grundstücksverkäufen bisher nicht bestätigt. Andererseits hat der BFH[11] in Fällen von Unternehmensveräußerungen – also komplexen Rechtsgeschäften – im Interesse einer „technischen Vereinfachung" eine kurzfristige Rückbeziehung des Vertragsabschlusses anerkannt. Allgemein geht man von einem Drei-Monats-Zeitraum aus. Dieser Gesichtspunkt stützt die u.E. nach IFRS mögliche zeitliche Rückbeziehung eines Grundstücksgeschäfts mit nennenswerten Volumen in besonderen Fällen.

In dem Sonderfall eines **mehrstufigen Leasingverhältnisses** (→ § 15 Rz 155ff.) ist 22
der Ansatz einer Renditeliegenschaft auch ohne rechtliches und wirtschaftliches Eigentum zulässig (IAS 40.6). Als Leasingnehmer einer Immobilie im *head lease*, die nach den Zuordnungskriterien von IAS 17.10 (→ § 15 Rz 22) als *operating lease* klassifiziert und deshalb beim Leasinggeber bilanziert wird, ist ein Ansatz – analog zur Behandlung einer Anmietung im *finance lease* – zulässig (Rz 6), wenn:

- das spezielle Leasingobjekt die **Kriterien** einer Renditeliegenschaft erfüllt (Weitervermietung der Immobilie im *sub lease*),
- **alle** Renditeimmobilien nach dem *fair value model* bilanziert werden (Rz 43ff.).

Es kommt somit zum Ansatz einer Renditeliegenschaft, wenn der Leasingnehmer des *head lease* weder über das rechtliche noch über das wirtschaftliche Eigentum verfügt.

3 Bewertung

3.1 Zugangsbewertung

3.1.1 Anschaffung oder Herstellung

Als Finanzinvestitionen gehaltene Immobilien sind, unabhängig davon, ob sie 23
noch in der Bau- oder Herstellungsphase oder bereits fertiggestellt sind, im Zugangszeitpunkt zu Anschaffungs- oder Herstellungskosten zu bewerten

10 BFH, Urteil v. 4.6.2003, X R 49/01, BStBl II 2003, S. 751.
11 BFH, Urteil v. 18.9.1984, VIII R 119/81, BStBl II 1985, S. 55.

(IAS 40.20). Die Folgebewertung einer Renditeliegenschaft hängt von der Ausübung der Option *„cost model"* oder *„fair value model"* (Rz 43) ab.

24 Bis 31.12.2008 unterlag ein in der Bau- oder Entwicklungsphase befindliches *investment property* dem Regelungsbereich des IAS 16. Diese Vorgabe wurde durch das *Annual Improvements Project* 2008 mit Wirkung ab 1.1.2009 aufgehoben. Die Bewertung im Bau- oder Entwicklungszeitraum befindlicher Renditeliegenschaften unterliegt damit uneingeschränkt dem Anwendungsbereich von IAS 40, also insbesondere auch der Option (Rz 43) zwischen *cost model* oder *fair value model.*

3.1.2 Anschaffungskosten beim Erwerb

25 Unabhängig von der Auswahl des *cost model* oder *fair value model* ist eine Renditeliegenschaft bei derivativem Zugang mit den Anschaffungskosten zu aktivieren. Der **Umfang** der Anschaffungskosten ist in → § 8 Rz 11 dargestellt.

26 Beim **Tausch** mit Erfüllung des Kriteriums der *commercial substance* (→ § 14 Rz 13) bemessen sich die Anschaffungskosten der empfangenen Immobilie nach dem Wert des hingegebenen Vermögenswertes (IAS 40.27).

27 In den Fällen, in denen der **Leasingnehmer** das Wahlrecht beansprucht, eine im Rahmen eines *operating lease* gemietete Immobilie zu bilanzieren (Rz 6), ist die Immobilie beim Leasingnehmer mit den fiktiven Anschaffungskosten i.H.d. Verkehrswertes des Leasingobjekts oder des niedrigeren Barwertes der Mindestleasingraten zu bewerten (IAS 40.25; → § 15 Rz 116).

28 Ein regelmäßig in der Praxis auftauchendes Problem ist der Erwerb von Immobilien zu einem **einheitlich** festgelegten Kaufpreis ohne Differenzierung nach Grund und Boden einerseits und Gebäude andererseits. Bei der Zugangsbewertung bedarf es einer **Aufteilung** des Anschaffungspreises. Den einzelnen Vermögenswerten Grund und Boden einerseits und Gebäude andererseits müssen insoweit **fiktive** Anschaffungswerte zugerechnet werden. Als solche dienen (geschätzte) **Einzel**beschaffungswerte im Zugangszeitpunkt *(relative fair values)*, eine sog. Residualwertmethode ist nicht anwendbar.[12]

29 Zu den Anschaffungskosten gehören neben dem Kaufpreis sämtliche Anschaffungs**nebenkosten** (→ § 8 Rz 11), soweit sie direkt zurechenbar sind (IAS 40.21). Soweit die Anschaffungsnebenkosten extern anfallen, dienen sie der Erlangung der wirtschaftlichen Verfügungsmacht; interne Nebenkosten dienen der Versetzung der Immobilie in einen betriebsbereiten Zustand.[13]

30 **Typische Beispiele für Anschaffungsnebenkosten von Immobilien sind:**

- Makler- und Vermittlungsgebühren für die Immobilie;[14]
- Notariatskosten und Gerichtskosten für die notarielle Beurkundung des Kaufvertrags (§ 313 BGB) sowie die Eintragung in das Grundbuch;[15]
- Steuern und Abgaben im Zusammenhang mit dem Erwerb (dazu gehört die Grunderwerbsteuer, die gem. § 1 Abs. 1 GrEStG mit Abschluss eines notariell beurkundeten Kaufvertrags anfällt).[16]

---

12 Vgl. LÜDENBACH/HOFFMANN, DStR 2006, S. 153.
13 Vgl. HOFFMANN, in: LITTMANN/BITZ/PUST, EStG, § 6, Tz 165.
14 Vgl. z.B. BFH, Urteil v. 24.8.1995, IV R 27/94, BStBl II 1995, S. 895.
15 Vgl. BFH, Urteil v. 23.3.1995, IV R 58/94, BStBl II 1995, S. 702.
16 Vgl. BFH, Urteil v. 13.10.1983, IV R 160/78, BStBl II 1984, S. 101.

31 Die Anschaffungskostendefinition von IAS 40 unterscheidet sich insoweit kaum von § 255 Abs. 1 HGB. Besonderheiten bestehen bei den **Finanzierungskosten** von Immobilien. Anders als im HGB sind nach IAS 23 Finanzierungskosten von *investment properties* als Anschaffungsnebenkosten zu aktivieren, sofern es sich bei den Renditeliegenschaften um sog. qualifizierte Vermögenswerte *(qualifying assets)* handelt (zu der Abschaffung des Aktivierungswahlrechts durch eine Aktivierungspflicht → § 9 Rz 10).

32 **Beispiel**

A erwirbt am 1.1.05 ein Bürogebäude zum Zwecke der sofortigen Fremdvermietung für 1.500.000 EUR. Zur Finanzierung der Immobilie wurde ein Darlehen i. H. v. 700.000 EUR aufgenommen. Im Jahr 05 sind folgende Aufwendungen im Zusammenhang mit dem Grundstückserwerb angefallen:

	EUR
Kaufpreiszahlung	1.500.000
Notargebühren für Vertrag und Auflassung	7.000
Notargebühren für Hypothekenbestellung	2.000
Grunderwerbsteuer	52.500
Grundbuchgebühr für Eigentumsübergang	3.000
Grundbuchgebühr für Hypothekeneintragung	1.500
Darlehenszinsen	18.500
Maklergebühren	15.500
	1.600.000

Die als Finanzinvestition gehaltene Immobilie ist mit den Anschaffungskosten i. H. v. 1.578.000 EUR zu aktivieren. Die Notargebühr für die Bestellung der Hypothek, die Grundbuchgebühr für die Eintragung der Hypothek und die Darlehenszinsen stehen zwar im Zusammenhang mit der Finanzierung der Anschaffung der Immobilie. Die Finanzierungskosten i. H. v. 22.000 EUR sind jedoch – auch nicht wahlweise – Bestandteil der Anschaffungskosten, da ein bereits gebrauchsfertiger Vermögenswert nach IAS 23.4 kein *qualifying asset* (→ § 9 Rz 11) darstellt.

3.1.3 Herstellungskosten bei Selbsterstellung

33 Im Falle der **Selbsterstellung** von als Finanzinvestitionen gehaltenen Gebäuden sind für die Bewertung im Zugangszeitpunkt zunächst – unabhängig von der Auswahl des *cost model* oder *fair value model* – die **Herstellungskosten** maßgebend. Diese umfassen jene Kosten, die bis zum Zeitpunkt der Fertigstellung des Gebäudes angefallen sind (IAS 40.22). Die einzubeziehenden Kostenelemente richten sich nach IAS 16 (→ § 14 Rz 18, → § 8 Rz 18ff.). Überhöhte Kosten sind nicht aktivierbar (IAS 40.23). Herstellungskosten können aus verschiedenen Gründen überhöht sein. Typische Beispiele sind hohe Materialabfälle, Fertigungslöhne und Unterbeschäftigungskosten (IAS 40.23).

In der Praxis gelingt allerdings kaum jemals die Abgrenzung von notwendigen und nicht notwendigen Herstellungskosten.

34 Wird für Renditeliegenschaften einheitlich das *fair value model* herangezogen, ergibt sich für Immobilien in der **Bau- bzw. Entwicklungsphase** folgende Besonderheit: Ab dem Zeitpunkt, ab dem sich der *fair value* der Immobilie zuverlässig feststellen lässt (IAS 40.53), ist ein Wechsel von einer Bewertung zu Herstellungskosten zur (erfolgswirksamen) *fair-value*-Bewertung geboten (Rz 58 ff.). Von einer Bewertung zum beizulegenden Zeitwert ausgenommen sind Renditeimmobilien im Bau, für die

- zum Bilanzstichtag der *fair value* nicht zuverlässig bestimmt werden kann, aber künftig von einer Bewertbarkeit, ggf. auch nach Fertigstellung, ausgegangen wird oder
- ausnahmsweise dauerhaft nicht von einer zuverlässigen *fair-value*-Bestimmbarkeit ausgegangen wird.

Mit dem Wechsel zu einer *fair-value*-Bewertung erfolgt keine Zugangsbewertung zu Herstellungskosten mehr. Der beizulegende Zeitwert einer im Bau befindlichen Renditeliegenschaft am Anfang der Periode ist um weitere, in der laufenden Periode anfallende Herstellungskosten zu erhöhen. Am Ende der Periode ist dann eine erneute *fair-value*-Bewertung erforderlich (Rz 69).

3.1.4 Abzinsungsgebot bei später fälligen Kaufpreisen

35 Im Normalfall ist der Kaufpreis oder der Werklohn für eine Immobilie zeitnah zur Zahlung fällig. Erfolgt jedoch die Bezahlung nicht innerhalb der üblichen Zahlungsfristen, wird im Kaufpreis ein **Zinsanteil** vermutet. Die Anschaffungs- oder Herstellungskosten bemessen sich in diesem Fall nach dem **Barwert** der künftigen Zahlungen (IAS 40.24). Eine Abzinsung ist abhängig von der Höhe des Zeitwerts des Geldes (*time value of money*).[17]

3.1.5 Nachträgliche Anschaffungs- oder Herstellungskosten

36 Zu den Anschaffungs- oder Herstellungskosten von Renditeliegenschaften gehören auch **nachträgliche** Anschaffungs- oder Herstellungskosten, die sich nach Versetzung der Immobilie in einen betriebsbereiten Zustand ergeben (IAS 40.23a). Voraussetzung für die Aktivierung ist ein **zusätzlicher künftiger Nutzen** durch die nachträglichen Ausgaben, der über den ursprünglich bemessenen Leistungsgrad hinausgeht. Alle anderen nachträglichen Aufwendungen sind nach IAS 40.23a als **Erhaltungsaufwand** sofort aufwandswirksam zu erfassen. Insoweit gelten die gleichen Regeln wie nach IAS 16.12 ff. (→ § 8 Rz 32 ff.; → § 14 Rz 12).

37 Diese mit dem deutschen Bilanzrecht scheinbar übereinstimmenden, aber bei näherer Betrachtung doch abweichenden (→ § 8 Rz 36) „Regeln" haben lediglich Bedeutung für die Folgebewertung nach dem *cost model* (Rz 49 ff.). Insofern verweist IAS 40.56 konsequent auf IAS 16 (→ § 8 Rz 32 ff.).

Nach dem *fair value model* (Rz 52 ff.) führen größere Erhaltungsaufwendungen immer zu einer **Werterhöhung**, aber nur nach Maßgabe der Ceteris-paribus-Klausel. Denn der Werterhöhung durch die Erhaltungsmaßnahme können **gegenläufige Markttrends** gegenüberstehen, welche die Werterhöhung durch die

17 Vgl. FREIBERG, Diskontierung in der Internationalen Rechnungslegung, Rz 116.

Erhaltungsmaßnahme teilweise oder ganz kompensieren oder sogar überkompensieren. Aus diesem Befund heraus könnte die Frage auftauchen, ob die betreffende Erhaltungsmaßnahme als Aufwand zu verbuchen oder im ersten Zug als werterhöhende Maßnahme zu aktivieren ist, um dann von einem höheren Betrag aus die gegebenenfalls erforderliche Abwertung auf den *fair value* vorzunehmen (vgl. auch Rz 55). Zu den Besonderheiten bei Grundsanierungen vgl. Rz 100.
Nach der **hier vorgeschlagenen Lösung** sollten aus Vereinfachungsgründen alle einschlägigen Erhaltungsmaßnahmen (vorläufig) als Aufwand verbucht werden. Die Gegenrechnung erfolgt dann im Rahmen der Ermittlung des *fair value* – auch unter Berücksichtigung dieser Erhaltungsmaßnahme.

3.1.6 Anschaffungsnahe Kosten

Im Zuge eines Immobilienerwerbs werden regelmäßig kleinere oder größere **Erhaltungs**- oder **Umbaumaßnahmen** getätigt. Deren Aktivierbarkeit hängt nach IAS 40.23a von den Umständen ab, die bei der erstmaligen Bewertung der Immobilie berücksichtigt wurden. Dahinter verbirgt sich folgender Grundgedanke: Der Erwerber einer Immobilie hat einen niedrigeren Preis bezahlt, weil die Immobilie **Mängel** aufweist; die im Anschluss an den Erwerb angefallenen Sanierungs- und Instandhaltungsmaßnahmen füllen den Minderwert wieder auf und sind aktivierungspflichtig. Auch insoweit ergeben sich keine wesentlichen Unterschiede zum HGB (→ § 8 Rz 37). 38

Beispiel 39

A erwirbt im Januar 05 ein schadstoffverseuchtes Grundstück für 1.000.000 EUR. Die Schadstoffbelastung wurde beim Erwerb durch einen angemessenen Kaufpreisabschlag berücksichtigt und im Juli 05 beseitigt.
Bei der im Juli 05 vorgenommenen Grundstückssanierung handelt es sich um anschaffungsnahe Aufwendungen, die als Anschaffungskosten der Immobilie zu berücksichtigen sind.

Beispiel 40

A erwirbt im Januar 05 ein Gebäude zum Zwecke der Fremdvermietung für 1.000.000 EUR. Unmittelbar nach Erwerb stellt sich ein Befall mit Hausschwamm heraus. Im Juli 05 wird das Gebäude vom Hausschwamm befreit. Die Sanierungskosten betragen 100.000 EUR.
Die Sanierungskosten sind nicht als anschaffungsnahe Aufwendungen zu berücksichtigen, sondern aufwandswirksam zu erfassen, da im Kaufpreis die künftigen Aufwendungen zur Beseitigung des Hausschwammes nicht berücksichtigt wurden. Die Sanierung wirkt sich auch nicht als Erhöhung des Marktwertes der Immobilie aus, da im Anschaffungszeitpunkt der bezahlte Kaufpreis faktisch überhöht war.

3.1.7 Künftige Abbruch- und Wiederherstellungskosten

Im Unterschied zu den handelsrechtlichen GoB gehören nach IFRS auch künftig erwartete **Abbruch**- und **Wiederherstellungskosten** zu den aktivierungspflich- 41 tigen Anschaffungs- oder Herstellungskosten, soweit sie auf einer vertraglichen oder öffentlich-rechtlichen Verpflichtung des bilanzierenden Unternehmens beruhen. Diese Verpflichtungen sind nach IAS 37 i. V. m. IAS 16.16c erfolgsneutral als **Rückstellung** zu erfassen, indem sie als Anschaffungsnebenkosten der Immobilie aktiviert werden (→ § 8 Rz 11 f.; → § 21 Rz 80 ff.). Für *investment properties* ist diese Regelung analog anzuwenden.

42 **Beispiel**

Die A-AG hat Anfang 05 auf einem gepachteten Grundstück eine Lagerhalle zum Zwecke der Fremdvermietung für 200.000 EUR errichtet. Die A-AG ist verpflichtet, die Lagerhalle bei Ablauf des Pachtvertrags im Dezember des Jahres 14 zu entfernen. Die Abbruchkosten werden nach den heutigen Preisverhältnissen auf 100.000 EUR geschätzt. Es wird jedoch mit einer jährlichen Preissteigerungsrate von 3 % gerechnet. Der Anlagezinssatz beträgt 4 %.

Lösung

Nach IAS 40 sind neben den reinen Herstellungskosten auch die erwarteten Kosten der Rückbauverpflichtung zu aktivieren. Diese ergeben sich unter Berücksichtigung der erwarteten Inflation von 3 % und durch Abzinsung der künftigen Verpflichtung auf den Stichtag mit einem Zinssatz von 4 % wie folgt:

$$\text{Abbruchverpflichtung} = \frac{100.000 \times 1{,}03^{10}}{1{,}04^{10}} = 90.790 \text{ EUR}$$

Die Herstellungskosten der Lagerhalle ergeben sich nach IAS 40 wie folgt:

	EUR
Herstellungskosten der Lagerhalle	200.000
+ Abbruchverpflichtung	90.790
= Herstellungskosten nach IFRS	290.790

3.2 Folgebewertung

3.2.1 Methodenwahlrecht

43 Im Rahmen der Folgebewertung von Renditeliegenschaften gewährt IAS 40 ein explizites **Wahlrecht**: Die Immobilien dürfen alternativ, aber einheitlich, zu **fortgeführten Anschaffungs- oder Herstellungskosten** (*cost model*) oder zum **beizulegenden Zeitwert** des Bilanzstichtags *(fair value model)* bewertet werden (IAS 40.30). Die Ermittlung von Zeitwerten zum Bilanzstichtag ist allerdings bei beiden Modellen **zwingend**: Selbst wenn sich der Bilanzierende für eine Folgebewertung zu fortgeführten Anschaffungs- oder Herstellungskosten entscheidet, müssen die beizulegenden Zeitwerte der Renditeliegenschaften im **Anhang** angegeben werden (IAS 40.32). Im Ergebnis wird dadurch das *fair value model* favorisiert (Rz 47). Das gilt vergleichbar für die Bilanzierungsvorgaben nach dem REITG (Rz 136). Über die Ausweitung des Anwendungsbereichs von IAS 40 auf künftige Renditeimmobilien, die sich zum

Bilanzstichtag noch in der Bau- bzw. Herstellungsphase befinden, wird der Ausübungszeitraum des Wahlrechts nach vorne verlagert (Rz 23).

Hinsichtlich der Ausübung des Wahlrechts zur Folgebewertung von Renditeimmobilien gilt auch für im Bau befindliche Immobilien die Verpflichtung zur einheitlichen Wahlrechtsausübung (Rz 46). Werden als Finanzinvestitionen gehaltene Immobilien einheitlich im 44

- *cost model* bewertet, sind Immobilien mit Beginn der Bau- bzw. Herstellungsphase zu kumulierten Anschaffungs-/Herstellungskosten zu bewerten; die planmäßige Abschreibung setzt mit Beginn der vorgesehenen Nutzungsmöglichkeit bzw. Fertigstellung der Immobilie ein;
- *fair value model* bewertet, ist bereits während der Bau- bzw. Herstellungsphase eine erfolgswirksame Anpassung des Buchwerts an den beizulegenden Zeitwert am Bilanzstichtag erforderlich, wenn eine zuverlässige Bewertung möglich ist (IAS 40.53ff.). Ist eine derartige Bewertung nicht möglich, muss spätestens mit Fertigstellung eine erneute Beurteilung der Zuverlässigkeit der Bewertung vorgenommen werden (IAS 40.53A). Wurde im umgekehrten Fall während der Bau- bzw. Herstellungsphase eine erfolgswirksame Bewertung zum beizulegenden Zeitwert angestellt, ist ein Wechsel zur Bewertung *at cost* wegen fehlender Möglichkeit zur zuverlässigen Bewertbarkeit nicht mehr zulässig.

Wenn ein Leasingnehmer das Bilanzierungswahlrecht für eine im Rahmen eines *operating lease* gemietete Immobilie beansprucht (Rz 6), gilt andererseits das Wahlrecht zur Bewertung zu **fortgeführten Anschaffungs- oder Herstellungskosten** nicht. IAS 40.6 sieht hierfür verpflichtend den **Zeitwertansatz** vor. 45

3.2.2 Einheitliche Wahlrechtsausübung

Objektivierungsbedingt ist die einmal gewählte Bewertungsmethode für **sämtliche** Renditeliegenschaften **einheitlich** anzuwenden (IAS 40.33). Es ist insoweit nicht möglich, einzelne als Finanzinvestition gehaltene Immobilien zu fortgeführten Anschaffungs- oder Herstellungskosten und andere zum beizulegenden Zeitwert des Bilanzstichtags zu bewerten. Das Wahlrecht im Rahmen der Folgebewertung ist damit als **Unternehmens-** bzw. **Konzern**wahlrecht konzipiert und schließt auch Renditeliegenschaften in der Bau- bzw. Entwicklungsphase mit ein. 46

Darüber hinaus ist der Bilanzierende in der Folge aufgrund des **Stetigkeitsprinzips** an die einmal gewählte Bewertungsmethode gebunden (→ § 24 Rz 5). Die Fähigkeit zur fortlaufenden Bestimmung des *fair value* einer Renditeliegenschaft wird **vermutet** (IAS 40.53). Ein **Wechsel** der Bewertungsmethode darf unter Berücksichtigung von IAS 8 nur dann vorgenommen werden, wenn die Änderung zu einer sachgerechteren Darstellung der Ereignisse oder Geschäftsvorfälle im Jahresabschluss des Unternehmens führt (IAS 40.31; → § 24 Rz 22). Für einen Wechsel von der Marktwert- zur Anschaffungskostenbewertung soll dies indes höchst **unwahrscheinlich** (*highly unlikely*) sein (IAS 40.31). Auch dadurch wird das *fair value model* vom IASB implizit als gegenüber dem *cost model* höherwertig dargestellt (Rz 43). 47

Der isolierte Rückgang von beobachtbaren (Immobilien-)Transaktionen (z.B. wegen der Finanzmarktkrise) rechtfertigt daher keinen Wechsel von der Bewertung zum beizulegenden Zeitwert hin zu einer Bewertung im Anschaffungskostenmodell. Auch wenn auf dem Markt insgesamt weniger Transaktionen zu beobachten sind, begründet dies i. d. R. noch nicht die Inaktivität eines Marktes. Im Übrigen scheitert eine Bewertung von Immobilien über marktpreisorientierte Verfahren regelmäßig ohnehin an der fehlenden Homogenität der beobachtbaren Transaktionsobjekte mit dem Bewertungsobjekt (Rz 79). Auf die Anzahl der beobachtbaren Transaktionen kommt es für die Bewertung von Renditeimmobilien daher gar nicht an.

Im Rahmen einer DCF-orientierten Bewertung von als Finanzinvestitionen gehaltenen Immobilien sind alle am Markt beobachtbaren Parameter zu berücksichtigen (IAS 40.46c). Infolge der aktuellen Finanzkrise gestiegene Zinssätze und ein damit verbundener höherer Zeitwert des Geldes *(time value of money)* führen daher bei unveränderten Mietraten zu einem niedrigeren Zeitwert von Renditeimmobilien. Ein Wechsel zu einer anschaffungskostenorientierten Bewertung scheidet aus.

48 Die Bewertung muss i. d. R. für jedes Objekt **einzeln** erfolgen. Unter *cost-benefit*-Gesichtspunkten (→ § 1 Rz 60) wird für homogene Gruppen von Grundstücken unter bestimmten Voraussetzungen[18] auch eine **Sammelbewertung** als zulässig angesehen.[19]

Die Frage des Bewertungsverfahrens betrifft den *trade-off* zwischen der Verlässlichkeit der Bewertungsergebnisse und den durch die Bewertung verursachten Kosten. Mit abnehmendem Sicherheitsgrad der Bewertungsergebnisse (aber auch sinkenden Kosten) lassen sich die nachfolgenden Bewertungsansätze unterscheiden:

- Im Rahmen einer **aggregierten Einzelbewertung** erfolgt die Bewertung nach einer objektbezogenen Erhebung der relevanten Daten und einer Ortsbesichtigung. Der hohe Kosten- und Zeitaufwand der Einzelbewertung wird durch vorherige Gruppenbildung in Bezug auf einheitliche Bewertungsparameter teilweise reduziert. Die Bewertungsergebnisse verfügen über einen hohen Sicherheitsgrad, bleiben aber kosten- und zeitintensiv.
- Einen mittleren Sicherheitsgrad bei erheblicher Reduktion der Kosten erreicht man durch eine **Paketbewertung**. Nach einer Bildung von homogenen Gruppen von Immobilien (nach Größe, Alter, Mieteinnahmen etc.) erfolgt eine stichprobenartige Einzelbewertung ausgewählter Immobilien (Einzelbegutachtung und Ortsbesichtigung) mit einer Übertragung der Ergebnisse auf das verbleibende Portfolio.
- Minimale Aufwendungen verursacht eine **Desktop-Bewertung**. Ohne Ortsbesichtigungen und anhand einer überschlägigen Wertermittlung wird für eine überschlägige Bewertung auf „geschätzte" Vergleichsfaktoren zurückgegriffen. Für bilanzielle Zwecke ist eine reine Desktop-Bewertung aufgrund der fehlenden Objektivierbarkeit der ermittelten Werte nur eingeschränkt verwendbar.

In der Praxis bietet sich eine Mischung aus einer Einzelbewertung (für die wertmäßig größten Immobilien) und einer **„rollierenden" Paketbewertung** an:

---

18 Vgl. EUBE/PÖRSCHKE, in: BDO (Hrsg.), Praxishandbuch Real Estate Management 2005, S. 271 ff.

19 ZÜLCH, PiR 2005, S. 72. Eine solche Cluster-Bewertung erachten SIGLOCH/SCHMIDT/HAGEBÖKE (DB 2005, S. 2589) auch für die HGB-Bilanzierung als zulässig.

- Die wertvollsten Immobilien (je nach Größe des Unternehmens und Streuung der Immobilienwerte z.B. die 10, 20 oder 30 führenden Objekte) werden einzeln bewertet. Ebenso wird mit Neuzugängen verfahren.
- Für die verbleibenden Immobilien wird wie folgt verfahren:
  - Nach einer Bestimmung homogener Gruppen werden zum Bewertungsstichtag Einzelbewertungen für repräsentativ ausgewählte Immobilien der jeweiligen Gruppe vorgenommen und die Bewertungsparameter auf das verbleibende Portfolio übertragen.
  - Zum folgenden Bewertungsstichtag sind andere Immobilien der jeweiligen Gruppe einer Einzelbewertung zu unterziehen.

Beispiel
Geschäftsbericht Quintain Estates and Development Plc. 2005
S. 44: „We have inspected the top 30 properties by value, a third of the remainder and all properties acquired over the last twelve months. For each property we have made relevant local enquiries and obtained such other information as we considered necessary to provide you with our opinions of value." (Jones Lang Lassalle Limited)
S. 45: „The Valuations are based on inspections of 14 Properties during March 2006 within Quercus together with desk top reviews of all the other Properties. For these desk top reviews we have relied upon information provided together with our general knowledge of the industry and Properties. The Inspected Properties were selected by Christie + Co in conjunction with Quercus and considered to be representative in terms of geography, size, type of care provided and tenant company. Based on our overall knowledge of the Portfolio and the previous inspections of 85 properties we carried out in December 2004 plus March, June and December 2005, we consider the sample to be fully representative, equating to around 52 % of the Portfolio. The Tri-Care and Progress assets were inspected in March 2004." (Christie + Co.)

3.2.3 Bewertung zu fortgeführten Anschaffungskosten

49 Entscheidet sich das Unternehmen für die Bewertung von Renditeliegenschaften zu fortgeführten Anschaffungs- oder Herstellungskosten, so sind **sämtliche** (Rz 46) als Finanzinvestition gehaltene – mit Ausnahme zum Verkauf stehender oder einem aufzugebenden Unternehmensbereich zugehöriger (IFRS 5; → § 29 Rz 3) – Immobilien nach dem *cost model* (IAS 40.56) entsprechend IAS 16 (→ § 14 Rz 18; → § 8 Rz 2ff.) zu bewerten. Die Neubewertungsmethode (→ § 8 Rz 68ff.) ist dabei nicht anwendbar. Wegen Einzelheiten wird auf → § 8 verwiesen. Der zusätzlichen Erläuterung dient das folgende Beispiel:

50 **Beispiel**
Ein Unternehmen erwirbt am 1.1.03 ein Grundstück mit darauf stehendem Geschäftsgebäude zum Zwecke der Fremdvermietung. Von den Anschaffungskosten i.H.v. 2.000.000 EUR entfallen 50 % auf den Grund und Boden und 50 % auf das Gebäude. Die betriebsgewöhnliche Nutzungsdauer des Gebäudes beträgt 20 Jahre. Am 31.12.03 entspricht der Verkehrswert dem

Buchwert; am 31.12.04 sinkt der beizulegende Wert der Immobilie aufgrund einer voraussichtlich dauerhaften Wertminderung auf 1.500.000 EUR. Die außerplanmäßige Wertminderung von 400.000 EUR wird einheitlich zwischen dem Wert des Grundstücks und dem ursprünglichen Gebäudewert verteilt. Zum 31.12.05 zeigt sich indessen, dass die Gründe für die Wertminderungen nicht mehr bestehen; der Verkehrswert der Immobilie steigt auf 2.500.000 EUR. Die Wertansätze für die Immobilie entwickeln sich unter Anwendung der Anschaffungskostenmethode nach IAS 40.50 wie folgt:

	Grund und Boden	**Gebäude**	**Gesamtansatz**
	EUR	**EUR**	**EUR**
Wertansatz 1.1.03	1.000.000	1.000.000	2.000.000
./. planmäßige Abschreibungen		–50.000	–50.000
Wertansatz 31.12.03	1.000.000	950.000	1.950.000
./. planmäßige Abschreibungen		–50.000	–50.000
./. außerplanmäßige Abschreibungen	–250.000	–150.000	–400.000
Wertansatz 31.12.04	750.000	750.000	1.500.000
./. planmäßige Abschreibungen		–41.667	–41.667
+ Zuschreibungen	250.000	+141.667	+391.667
Wertansatz 31.12.05	1.000.000	850.000	1.850.000
Verkehrswerte	1.250.000	1.250.000	2.500.000

Zum 31.12.05 sind zunächst planmäßige Abschreibungen über die Restnutzungsdauer von 18 Jahren unter Berücksichtigung der neu ermittelten Abschreibungsbemessungsgrundlage i. H. v. 750.000 EUR vorzunehmen (= 41.667 EUR).
Die erfolgswirksame Zuschreibung ist auf die fortgeführten Anschaffungskosten begrenzt. Beim Gebäude ist dies der Wert, der sich ergeben hätte, wenn keine außerplanmäßige Abschreibung in den Vorjahren vorgenommen worden wäre (850.000 EUR).
Der Verkehrswert *(fair value)* für die Immobilie ist im Anhang zwingend anzugeben (IAS 40.79e; Rz 43).

51 Im Rahmen der Folgebewertung im Anschaffungskostenmodell ist überdies bei konkreten externen oder auch internen Anzeichen für eine Wertminderung der Renditeimmobilie zum Bilanzstichtag (IAS 36.9) eine Werthaltigkeitsprüfung erforderlich (→ § 11 Rz 15f.). Allerdings gilt: Unterschreitet der *fair value* wegen des Verbots des Einbezugs von Anschaffungsnebenkosten (Rz 52) den Buchwert gem. IAS 36.12, zwingt dies noch nicht zu einem quantitativen Werthaltigkeitstest.

Eine außerplanmäßige Abschreibung ist nur dann geboten, wenn der erzielbare Betrag *(recoverable amount)* der Renditeimmobilie den Buchwert unterschreitet. Der erzielbare Betrag der IFRS ist gem. IAS 36.18 definiert (→ § 11 Rz 5) als der höhere Betrag aus dem beizulegenden Zeitwert abzüglich Veräußerungskosten *(fair value less costs to sell)* und Nutzungswert *(value in use)*. Wenn nur einer der beiden Beträge den Buchwert erreicht oder übersteigt, ist keine außerplanmäßige Abschreibung vorzunehmen.
Der Nutzungswert ist (gem. IAS 36.33a) als unternehmensspezifischer (Bar-)Wert *(entity specific value)* künftiger Nutzenpotenziale charakterisiert. Dementsprechend beruht die Bestimmung auch auf unternehmensinternen Prämissen *(management's best estimate)* hinsichtlich der Erwartung des künftigen Zahlungsmittelzuflusses, der aus der direkten Verwertung der Immobilie erzielt werden kann *(gross value)*. Wegen der unterstellten fortgesetzten Eigenverwertung scheidet der Abzug von transaktionsbedingt anfallenden Nebenkosten des Erwerbs aus. Der Nutzungswert ist als *gross value* damit regelmäßig höher als der *fair value less costs to sell*, der als *net value* abzüglich der eigenen Veräußerungskosten zu bestimmen ist.

Beispiel
Immobilienunternehmen A erwirbt über einen Makler von B zum 30.12.01 eine Immobilie zum Zwecke der Fremdvermietung zu einem Anschaffungspreis (= beizulegender Zeitwert) von 100 Mio. Er geht von zukünftigen *cash flows* aus, die bei risikogerechter Abzinsung einem Barwert von 105 Mio. entsprechen. Als Kaufpreis hat er jedoch mit Rücksicht auf sofort anfallende Anschaffungsnebenkosten von 5 Mio. nur 100 Mio. gezahlt. Die Immobilie ist dennoch mit 105 Mio. einzubuchen (Rz 29f.).
Der Buchwert der erworbenen Immobilie beträgt zum Bilanzstichtag 105 Mio. Der zur Bestimmung des *recoverable amount* herangezogene *fair value less costs to sell* entspricht mangels eigener Veräußerungskosten dem *fair value* und beträgt 100 Mio. (Kaufpreisobergrenze). Im Rahmen einer *exit-price*-orientierten Bewertung wäre daher eine Abschreibung angezeigt. Da der Nutzungswert aber als Barwert der erzielbaren *cash flows* dem Buchwert von 105 Mio. entspricht, ist keine außerplanmäßige Abschreibung notwendig.

3.2.4 Bewertung zum beizulegenden Zeitwert

Der beizulegende Zeitwert hat die aktuelle **Marktlage** zum **Bilanzstichtag** und nicht zu einem vergangenen oder zukünftigen Zeitpunkt widerzuspiegeln (IAS 40.31). Im Unterschied zur Anschaffungskostenmethode nach IAS 16 (→ § 8 Rz 73 i.V.m. → § 14 Rz 18) ist zu **jedem Bilanzstichtag** (Rz 55) eine *fair-value*-Bewertung der Immobilien vorzunehmen. Gewinne oder Verluste, die sich aus der Änderung des beizulegenden Zeitwertes von Renditeliegenschaften ergeben, sind stets **erfolgswirksam** unter Gegenrechnung der damit entstehenden Steuerlatenz (Rz 114) zu erfassen (IAS 40.35). 52
Für die im Erstansatz enthaltenen **Transaktionskosten** besteht im Rahmen der Folgebewertung zum beizulegenden Zeitwert ggf. ein Wertminderungsbedarf,

wenn diese Kosten sich aus einer Marktwertperspektive nicht im Zeitwert der Immobilie niederschlagen und keine kompensierende Wertsteigerung der Immobilie eingetreten ist.

Beispiel
Immobilienunternehmen A erwirbt zum 30.12. ein Grundstück inkl. darauf stehendem Geschäftsgebäude zum Zwecke der Fremdvermietung zu einem Anschaffungspreis (= beizulegender Zeitwert) von 99.000.000 EUR. Im Rahmen der Zugangsbewertung werden noch 6.000.000 EUR unternehmensspezifische Anschaffungsnebenkosten, die aus einer Marktperspektive unbeachtlich sind, aktiviert.
Nicht selbst genutzte Immobilien werden von A regelmäßig als Finanzinvestition behandelt und zum beizulegenden Zeitwert bewertet. Der Buchwert der Immobilie i.H.v. 105.000.000 EUR ist daher zum Stichtag im Wert zu berichtigen (per Aufwand an *investment property* 6.000.000 EUR).

53 Im Rahmen der Folgebewertung zu Anschaffungskosten von betrieblich genutzten Immobilien gibt IAS 16 die Möglichkeit zur Anwendung des sog. *components approach* (→ § 10 Rz 7). Danach ist es wie in der deutschen Bilanzierungspraxis möglich, Betriebsvorrichtungen, wie z.B. Schaufensteranlagen und Lastenaufzüge, **getrennt** vom Gebäude zu bilanzieren und über die betriebsgewöhnliche Nutzungsdauer abzuschreiben (→ § 10 Rz 31 und → § 8 Rz 37). Bei der *fair-value*-Bewertung von Renditeliegenschaften erscheint die Anwendung des **Atomisierungsgedankens** nicht sachgerecht. Die gedankliche Trennung der einzelnen Bestandteile einer Immobilie widerspricht der Veräußerungsfiktion: Der gedachte Erwerber würde den Marktpreis nach der Ertragserzielungsmöglichkeit der gesamten Renditeliegenschaft mit der gegebenen Ausstattung bemessen. Insofern gehen die Wertbeiträge der einzelnen Vermögensteile **geschlossen** (ungetrennt) in den Marktwert ein (zu Besonderheiten siehe Rz 74).[20]

54 Allerdings können Renditeliegenschaften in einen Grundstücks- und einen Immobilienteil, als zwei separate Vermögenswerte, getrennt werden. Eine entsprechende Entscheidung ist als konzerneinheitliche Bilanzierungs- und Bewertungsmethode i.S.v. IAS 8.14 festzulegen sowie im Anhang offenzulegen und betrifft auch Renditeliegenschaften im Bau.

Bei getrennter Bilanzierung von Grundstück und Gebäude ist auch die Verlässlichkeit der *fair-value*-Bewertung separat zu bestimmen (Rz 58ff.).

55 Aufgrund der fortlaufenden *fair-value*-Bewertung sind Renditeliegenschaften nicht **planmäßig abzuschreiben**. Auch **außerplanmäßige Abschreibungen** sind gem. IAS 36 überflüssig (→ § 11 Rz 3). Die zu jedem Bilanzstichtag ermittelten Zeitwerte spiegeln Alter und Zustand wider, sodass eine zusätzliche planmäßige oder außerplanmäßige Abschreibung einer Doppelerfassung von Wertminderungen gleichkäme (Rz 124).

56 Nach einer in der Literatur vertretenen Auffassung wird der Aussagegehalt des Jahresergebnisses durch eine erfolgswirksame *fair-value*-Bewertung von Rendi-

20 Vgl. auch Böckem/Schurbohm-Ebneth, KoR 2003, S. 341.

teliegenschaften angezweifelt.[21] Ursächlich für die geäußerten Zweifel sind die fallenden Marktpreise für Immobilien, die zu einem Missverhältnis zwischen Marktwertveränderungen im Immobilienbereich, die insbesondere aufgrund der Finanzmarktkrise in enormem Umfang zu beobachten sind, und dem operativen Ergebnis, welches sich stabil verhält, in der GuV führen. Zur Beseitigung wird eine Änderung von IAS 40 gefordert, die eine erfolgsneutrale Bewertung von Renditeimmobilien zuließe, mithin also eine Rückkehr zum Vorgängerstandard IAS 25 vorsähe.

Wir halten eine Rückkehr zu dem *revaluation model* nicht für geeignet, da dies einer Aufgabe der besonderen Bilanzierungs- und Bewertungsvorgaben nicht betrieblich genutzter Immobilien gleichkäme. An der *fair-value*-Bewertung ist u. E. auch künftig festzuhalten. Das ursächlich für das Änderungsbegehren angeführte Missverhältnis in der Ergebnisdarstellung ist u. E. durch einen separaten Ausweis des operativen Ergebnisses (Mieteinnahmen) und Ergebniseffekte aus Marktwertänderungen des Portfolios zu beheben. **57**

3.2.5 Bewertung zum Zeitwert in der Bau- bzw. Herstellungsphase

Wegen der Verpflichtung zur einheitlichen Ausübung des Wahlrechts hinsichtlich der Folgebewertung und der Ausweitung des Anwendungsbereichs über IAS 40.8e sind – bei Option zum *fair value model* – auch in der Bau- bzw. Herstellungsphase befindliche Renditeimmobilien zum Zeitwert zu bewerten. Eine Bewertung zu Anschaffungs-/Herstellungskosten ist nur ausnahmsweise bei Nachweis einer nicht zuverlässigen Bewertbarkeit möglich (IAS 40.53A). **58**

Insbesondere in der frühen Phase der Immobilienentwicklung (besonders bei Gebäuden) wird sich der *fair value* regelmäßig nicht verlässlich bestimmen lassen. Folgende Kriterien sind für die Beurteilung der Zuverlässigkeit einer *fair-value*-Bewertung heranzuziehen:[22] **59**

- Vertragliche Regelungen/Vereinbarungen des Fertigungsauftrags lassen eine zuverlässige Schätzung der noch ausstehenden Entwicklungskosten zu (etwa bei Festpreisverträgen mit Generalunternehmern)
- Status der Baugenehmigung
- Phase der Gebäudeentwicklung
- Vergleichbarkeit des Projektes mit typischen Bauvorhaben
- Verlässlichkeit der Schätzung des Zahlungsmittelflusses (Mieteinnahmen) nach Fertigstellung der Immobilie (etwa durch sichere Mietverträge für einen wesentlichen Teil der Mietfläche mit künftigen Mietern)
- Individuelles Entwicklungs- und Fertigstellungsrisiko der Immobilie
- Erfahrungen aus der Vergangenheit mit vergleichbaren Projekten

Allgemein gilt: Für Bauprojekte, die in ähnlicher Form bereits mehrfach realisiert wurden oder die bereits frühzeitig ausgemietet sind, lässt sich der *fair value* in einer früheren Entwicklungsphase zuverlässiger bestimmen als bei Spezial-Immobilien.

Die Bestimmung des beizulegenden Zeitwerts einer im Bau befindlichen Renditeliegenschaft ist im Vergleich zu einer bereits vermieteten Immobilie ungleich **60**

---

21 Vgl. BECK/REHKUGLER, KoR 2009, S. 488ff.

22 Ähnlich PwC, Ein praktischer Guide zur Bilanzierung von Investment Properties im Bau, August 2009.

komplexer, da wesentliche Schätzungen erforderlich sind und entsprechend ein erhebliches Maß an (Bewertungs-)Unsicherheiten besteht.[23]

- Für in der Bau- bzw. Herstellungsphase befindliche Renditeliegenschaften lässt sich regelmäßig nur ein geringes Transaktionsvolumen, somit eine eingeschränkte (Markt-)Liquidität, feststellen. Transaktionen erfolgen i.d.R. vor Baubeginn (in der Entwicklungsphase) oder gegen Ende der Bauphase.
- Im Vergleich zu fertiggestellten Immobilien bestehen zusätzliche Risiken in Bezug auf die Entwicklung (wahrscheinliche Fertigstellung), die noch ausstehenden Baukosten und die künftige Vermietung.

61 Nach IAS 40.51 dürfen **zukünftige** Ausgaben zur Verbesserung und Weiterentwicklung einer Immobilie nicht berücksichtigt werden, obwohl sie den künftigen Nutzungswert und damit den *fair value* erhöhen. Gleichwohl sind bei der Bestimmung des beizulegenden Zeitwerts einer Renditeliegenschaft im Bau die Angaben zur Fertigstellung zu erfassen.[24]

62 Für die Bestimmung des beizulegenden Zeitwerts sieht IAS 40 eine *fair-value*-Hierarchie vor (Rz 80). Hiernach sind marktpreisorientierte Bewertungen vorrangig vor DCF-Bewertungen heranzuziehen. Eine DCF-Bewertung ist somit nur dann zulässig, wenn weder Marktpreise für vergleichbare Immobilien vorliegen noch diese sich aus aktuellen Transaktionen ableiten lassen. Eine kostenorientierte Bestimmung des beizulegenden Zeitwerts ist hingegen nicht erlaubt (IAS 40.46). Eine Bewertung *at cost* ist vielmehr i.S.e. *escape*-Klausel geboten, wenn der *fair value* einer Renditeliegenschaft nicht zuverlässig bestimmt werden kann.

63 Eine marktpreisorientierte Bewertung für in der Bau- bzw. Herstellungsphase befindliche Renditeimmobilien scheidet regelmäßig aus (Rz 79). Für die Bestimmung des beizulegenden Zeitwerts ist dann auf eine DCF-Bewertung abzustellen. Der Abschluss eines bis dahin erfolgten Mietvertrags erlaubt unter der Prämisse häufig eine verlässliche DCF-Bewertung.

Ohne einen solchen Vertrag und bei Intransparenz des Vermietungsmarktes (z.B. infolge von Überkapazitäten etc.) kann eine Schätzung des Zeitwerts in einer angemessenen Bandbreite von Werten u.U. nicht gelingen (Rz 59). Entsprechendes gilt, wenn die Kosten und/oder der Zeitraum bis zur Fertigstellung aufgrund ungewöhnlicher Umstände nicht zuverlässig geschätzt werden können. Ein Beispiel für den letzten Fall läge vor, wenn bei den Erdarbeiten archäologische Funde gemacht und daher die Bauarbeiten auf längere Zeit ausgesetzt werden müssten.

64 Nach international anerkannten Bewertungsrichtlinien sind folgende Prämissen in die DCF-basierten Überlegungen zur Bestimmung des beizulegenden Zeitwerts einer im Bau befindlichen Renditeliegenschaft einzubeziehen:[25]

- Wert der fertiggestellten Immobilie: Geschätzter Wert der Renditeliegenschaft nach Bauende aus der Perspektive des Bewertungsstichtags oder der künftig erwartete (undiskontierte) Wert.
- Vereinbarte Mieten: Insoweit Mieten nicht für alle Flächen vertraglich gesichert sind, ist bei der Bewertung eine Korrektur für potenzielle Kosten (Vermittlung, Leerstand etc.) bis zur Vollvermietung zu berücksichtigen.

---

23 Vgl. Zaugg/Krämer/Meyer, IRZ 2009, S. 531 ff.

24 Gl. A. PwC, Ein praktischer Guide zur Bilanzierung von Investment Properties im Bau, August 2009.

25 Vgl. IVSB, Exposure Draft on Proposed Guidance Note: The Valuation of Investment Property under Construction, August 2009.

- Baukosten: Schätzung der Kosten bis zur Fertigstellung des Bauvorhabens, wenn kein Festpreisvertrag abgeschlossen wurde.
- Finanzierungskosten: Bis zur Vollvermietung anfallende Finanzierungskosten, die je nach Bauphase (und damit Risiko) variieren können, sind zu schätzen und zu berücksichtigen.
- Andere Kosten: Als weitere Kosten sind Rechts- und Beratungskosten sowie künftige Vermarktungskosten zu schätzen. Nicht zu berücksichtigen sind allfällige Kosten im Zuge eines Verkaufs.
- Risiko: Typische Risiken einer im Bau befindlichen Liegenschaft umfassen Abweichungen hinsichtlich der geschätzten Bau- und Finanzierungskosten sowie hinsichtlich des Fertigstellungszeitpunkts. Zusätzlich besteht ein Marktwertrisiko zwischen Baubeginn und -fertigstellung.
- Entwicklergewinn: Für den Immobilienentwickler ist eine angemessene Rendite zu berücksichtigen. Diese ist vorrangig im Diskontierungszinssatz eines DCF-Kalküls zu erfassen.

An verbindlichen Bewertungsvorgaben fehlt es allerdings. Auch deren künftige Standardisierung ist nicht zu erwarten. Die *European Public Real Estate Association* (EPRA) hat Richtlinien für eine DCF-basierte *fair-value*-Bestimmung von im Bau befindlichen Renditeliegenschaften erarbeitet:[26] 65

(1) Ausgangspunkt der *fair-value*-Bewertung (somit konzeptioneller Bewertungsmaßstab) ist der *exit value*, der nach aktuellen (zum Stichtag) beobachtbaren Marktbegebenheiten zu bestimmen ist.

(2) Der Entwicklungsgewinn einer Renditeliegenschaft im Bau ergibt sich aus der Differenz des (stichtagsbezogenen) *exit value* und den erwarteten Baukosten (inkl. Wert für Grund und Boden sowie Finanzierungskosten).

(3) Werden Risiken während der Entwicklungsphase substanziell reduziert oder eliminiert, rechtfertigt dies eine (Teil-)Realisation des erwarteten Entwicklungsgewinns. Für den Nachweis einer substanziellen Reduktion oder Eliminierung von bestehenden Risiken sollte ein Immobiliengutachter hinzugezogen werden.

(4) Bei Erhöhungen des Werts des Grund und Bodens (z. B. wegen behördlicher Bewilligungen wie Baubewilligung oder Umzonung) ist ebenfalls eine (Teil-)Realisation des entsprechenden Entwicklungsgewinns zulässig.

(5) Bewertungen sollen auf dem Zeitwert der erwarteten *cash inflows* und *outflows* basieren. Als *cash outflows* sind alle Baukosten, andere Projektkosten aufgrund vertraglicher Abreden sowie einer bestmöglichen Einschätzung zu erfassen.

(6) Besondere Bedeutung hat die Transparenz der Bewertung. In einem externen Bewertungsgutachten ist die Bewertungsmethode zu beschreiben und sind die Schlüsselannahmen, insbesondere der Einfluss der verbleibenden Projektrisiken in die Bewertung, offenzulegen. Allfällige Eventualkosten für Projektrisiken müssen quantifiziert und erläutert werden.

Für die Bewertung einer noch nicht fertiggestellten Immobilie ist u. E. vorrangig auf die vertraglichen Konditionen eines bereits vorliegenden Mietvertrags abzustellen. Für den Zeitraum nach Ablauf des Mietverhältnisses sind marktübliche Verhältnisse anzunehmen. 66

[26] Vgl. EPRA, Valuing Investment Property under Construction, EPRA recommendations to the IVSC.

Hinsichtlich des Verhältnisses von beizulegendem Zeitwert und Buchwert, also der gesamten Anschaffungs-/Herstellungskosten, gilt unter der Voraussetzung eines bereits abgeschlossenen Mietvertrags Folgendes:

- Der Zeitwert der Immobilie übersteigt die Anschaffungs-/Herstellungskosten, wenn ein noch im Schwebezustand befindlicher Mietvertrag einen positiven ökonomischen Saldo ausweist, aus der Sicht des Vermieters also *favourable/beneficial* ist.
- Ist der schwebende Mietvertrag nahezu ausgeglichen (z. B. weil die künftigen Mietraten an die noch erwarteten Kosten der Fertigstellung angepasst werden), entsprechen sich beizulegender Zeitwert und Buchwert.
- Weist der noch schwebende Vertrag einen negativen ökonomischen Saldo aus, übersteigen also die bereits geleisteten Anschaffungs-/Herstellungskosten und die noch erwarteten Kosten bis zur Fertigstellung den Nutzen aus den künftigen Mieteinzahlungen, ist eine Abschreibung auf den niedrigeren beizulegenden Zeitwert erforderlich.

Für die Bestimmung des ökonomischen Saldos ist u. E. auch der Fertigstellungsgrad der Immobilie zu berücksichtigen, da eine Erhöhung des beizulegenden Zeitwerts nur insoweit berücksichtigt werden darf, wie sie aus **bereits geleisteten** Zahlungen resultiert (analog IAS 40.51). Der insgesamt erwartete Vorteil aus der künftigen Vermietung der Immobilie ist also anteilig in Abhängigkeit des Fertigstellungsgrades zu erfassen.

Beispiel
Immobilienunternehmen A errichtet Büroanlagen in einem Gewerbepark zur anschließenden Vermietung an einzelne Unternehmen. Die Mietverträge werden i. d. R. bereits vor Baubeginn für einen Mindestmietzeitraum von 20 Jahren abgeschlossen. Die Bauphase dauert i. d. R. zwei Jahre und beginnt nach Abstimmung der Baupläne mit dem künftigen Mieter. Am Ende des ersten Jahres sind bereits Kosten von 50 Mio. EUR angefallen, die Immobilie ist zu 50 % fertiggestellt. Der Barwert der künftigen Mieteinnahmen (= 120 Mio. EUR) übersteigt die Gesamtkosten bis zur Fertigstellung i. H. v. 100 Mio. EUR um 20 Mio. EUR. Der beizulegende Zeitwert der Immobilie zum Bilanzstichtag am Ende des ersten Jahres beträgt daher 60 Mio. EUR, im *fair value model* ist ein Gewinn von 10 Mio. EUR zu erfassen.

67 Alternativ kommt eine **DCF-Bewertung** nach einem Residualwertverfahren für eine Renditeliegenschaft in Bau infrage. Diese setzt folgende Schritte voraus:

(1) Bestimmung des erwarteten *fair value* der Renditeliegenschaft nach erfolgter Fertigstellung unter Berücksichtigung bereits kontrahierter Verträge.
(2) Abzinsung des in der Zukunft (nach Fertigstellung und Beginn der Nutzung) erwarteten beizulegenden Zeitwerts auf den Bilanzstichtag.
(3) Bestimmung des Barwerts der noch anfallenden Kosten bis zur Fertigstellung.
(4) Ermittlung einer Marge, die ein rational handelnder Dritter in Abhängigkeit vom Projektfortschritt für die Fertigstellung der im Bau befindlichen Immobilie zu zahlen bereit wäre.
(5) Im Rahmen einer residualen Wertermittlung ergibt sich der *fair value* als Differenz: (2) – (3) – (4).

Der Rückgriff auf eine residuale Bestimmung des beizulegenden Zeitwerts steht u.E. unter dem Vorbehalt der **Verlässlichkeit** (i.S.e. Objektivierbarkeit) der zugrunde gelegten Bewertungsprämissen. Für die Barwertbestimmung sind etwa risiko- und laufzeitäquivalente Abzinsungsfaktoren heranzuziehen, die sich für die einzelnen Schritte (1) – (4) hinsichtlich des Risikos als Schwankungsbreite um den Erwartungswert (→ § 21 Rz 134) unterscheiden. Daneben verlangt eine entsprechende Bewertung eine zeitpunktgenaue Bestimmung von Zahlungsmittelflüssen. Auch wird die Bestimmung der vom Projektfortschritt abhängigen Marge regelmäßig nicht verlässlich möglich sein. Im Methodenvergleich halten wir daher eine *fair-value*-Bewertung in Abhängigkeit des Fertigstellungsgrades für besser geeignet.[27]

Bei erstmaligem Ansatz einer Renditeliegenschaft im Bau zum beizulegenden Zeitwert, für die zuvor ein *fair value* nicht zuverlässig bestimmt werden konnte, sind (zuvor unrealisierte) Bewertungsgewinne (bzw. -verluste) im Periodenergebnis der Berichtsperiode zu erfassen. Eine retrospektive Erfassung der Erstbewertungseffekte in den Gewinnrücklagen (inkl. Anpassung der Eröffnungsbilanz) scheidet aus. 68

Ein Bewertungsverlust bei Wechsel vom Anschaffungskosten- zum *fair-value*-Modell kann sich neben ungünstigen Marktwertentwicklungen auch aus der Nichtberücksichtigung von Nebenkosten bei der Bewertung zum beizulegenden Zeitwert ergeben (Rz 52).

Nach einem erstmals vorgenommenen *fair-value*-Ansatz einer im Bau befindlichen Renditeimmobilie sind im weiteren Baufortschritt anfallende Herstellungskosten zunächst auf den Buchwert der Liegenschaft zu aktivieren. Ausgehend von der neuen Anschaffungskostenbasis ist der *fair value* der Renditeimmobilie zu bestimmen. 69

Eine unmittelbar aufwandswirksame Verrechnung der für die Fertigstellung notwendigen Baukosten im Aufwand und korrespondierend dazu eine Realisation eines entsprechend höheren Bewertungsgewinns (respektive niedrigeren Verlusts) i.S.e. Bruttoausweises ist nicht sachgerecht, ein **Nettoausweis** daher geboten. Insoweit unterscheidet sich die Behandlung von Baukosten bis zur Fertigstellung einer Renditeliegenschaft im Bau von der Erfassung von Aufwendungen, die für fertiggestellte Immobilien anfallen (Rz 100ff.).

Beispiel

Der beizulegende Zeitwert einer Renditeliegenschaft im Bau zum Periodenanfang beträgt 100 Mio. EUR. In der laufenden Berichtsperiode fallen weitere Herstellungskosten von 20 Mio. EUR an. Mit der fortschreitenden Fertigstellung geht ein Bewertungsgewinn der laufenden Periode von 25 Mio. EUR einher. Der Bewertungsgewinn der Periode beträgt 5 Mio. EUR, ein unsaldierter Ausweis von 25 Mio. EUR Bewertungsgewinn und 20 Mio. EUR Herstellungsaufwand ist nicht zulässig.

27 A.A. Dietrich/Ranker, IRZ 2010, S. 113ff.

3.2.6 Bewertung gemischt genutzter Immobilien

70 Die Beschränkung des Anwendungsbereichs von IAS 40 auf Renditeliegenschaften erfordert die **strikte Aufteilung** (Rz 14ff.) einer Immobilie, wenn ein Teil eigenbetrieblich wird (z.B. Räumlichkeiten für die eigene Verwaltung) und der restliche Teil der Immobilie als Renditeliegenschaft Verwendung findet (IAS 40.10). Der **betrieblich** genutzte Teil der Immobilie ist in diesem Fall nach IAS 16 (→ § 14) zu bewerten, während für den **fremdgenutzten** Teil die Regelungen von IAS 40 Anwendung finden.

71 **Beispiel**

Ein Unternehmen erwirbt am 1.1.03 ein beliebig teilbares Grundstück für 1.000 TEUR mit der Absicht, das Grundstück hälftig als Anlageimmobilie und hälftig eigenbetrieblich zu nutzen. Am 31.12.03 beträgt der Marktwert 1.200 TEUR. Im Jahr 04 wird ein Projekt für den Bau einer Autobahn in unmittelbarer Nähe diskutiert, woraufhin der Marktwert des Grundstücks auf 800 TEUR sinkt. Im Jahr 05 wird das Projekt wieder verworfen, woraufhin der Marktwert auf 1.400 TEUR steigt.

Lösung

Unter der Annahme, dass sich die Unternehmensleitung für die Bewertung zu Marktwerten entscheidet, entwickeln sich die bilanziellen Wertansätze der Immobilie wie folgt:

	Fremdnutzung IAS 40	**Eigennutzung IAS 16**	**Gesamt**
	TEUR	TEUR	TEUR
Wertansatz 1.1.03	500	500	1.000
+ erfolgswirksame Aufwertung	100	0	100
+ Einstellung in die Neubewertungsrücklage (→ § 8 Rz 70)	0	100	100
Wertansatz 31.12.03	600	600	1.200
./. außerplanmäßige Abschreibungen (GuV)	–200	–100	–300
./. Auflösung Neubewertungsrücklage (EK)	0	–100	–100
Wertansatz 31.12.04	400	400	800
+ Zuschreibung (GuV)	300	100	400
+ Einstellung in die Neubewertungsrücklage	0	200	200
Wertansatz 31.12.05	700	700	1.400

3.2.7 Wechselwirkungen zwischen IAS 40 und IAS 17

72 Die Klassifizierung einer Immobilie als Renditeliegenschaft setzt regelmäßig eine Nutzungsüberlassung (i.S.e. Vermietung) ohne gleichzeitige Übertragung des wirtschaftlichen Eigentums voraus. Für die bilanzielle Behandlung, insbesondere

die Zuordnung des wirtschaftlichen Eigentums, ist daher neben IAS 40 i.d.R. immer auch IAS 17 relevant.

- Überträgt das bilanzierende Unternehmen im Rahmen einer Nutzungsüberlassung auch das wirtschaftliche Eigentum an einer Liegenschaft, scheidet eine Behandlung nach IAS 40 aus. Es liegt ein *finance lease* (→ § 15 Rz 130) vor, der nach IAS 17 zu behandeln ist.
- Aus Sicht des bilanzierenden Unternehmens ist das Innehaben wirtschaftlichen Eigentums über eine Liegenschaft gleichzeitig nicht notwendige Voraussetzung für einen Ansatz (zur Bilanzierung ohne wirtschaftliches Eigentum vgl. Rz 6 und Rz 22).

Für Renditeliegenschaften besteht die Möglichkeit eines Ansatzes – eine Anwendung des *fair value model* vorausgesetzt – auch ohne wirtschaftliches Eigentum. Werden allerdings die wesentlichen Chancen und Risiken, die mit der Nutzung der Renditeliegenschaft verbunden sind, auf einen Mieter übertragen, liegt ein *finance lease* vor, eine Erfassung der Immobilie in der Bilanz des Vermieters scheidet aus. Neben dieser Ungleichbehandlung hinsichtlich des wirtschaftlichen Eigentums ergeben sich weitere Wechselwirkungen zwischen IAS 17 und IAS 40 hinsichtlich der Behandlung von Kaufoptionen (Rz 73) und Anreizvereinbarungen (Rz 74ff.).

Das Wahlrecht zur Bewertung von Immobilien zu Anschaffungs- oder Herstel- 73
lungskosten einerseits und Marktwerten *(fair value)* andererseits steht auch dem **Leasinggeber** bei einem *operating*-Leasingverhältnis zu (→ § 15 Rz 136ff.). Sofern er sich für die Bewertung nach dem *fair-value*-Modell entscheidet, ergibt sich im Falle eines Leasingvertrages mit **Kaufoption** des Leasingnehmers folgende Besonderheit: Der *fair value* einer Immobilie, die Gegenstand eines Leasingverhältnisses ist, wird nach IAS 40.29 nicht als Nutzungswert i.S.d. Barwerts der noch anfallenden Mindestleasingraten zuzüglich des abgezinsten Optionspreises definiert, sondern als Wert, zu dem die Immobilie am Markt verkauft werden könnte (Rz 79).

Mit steigendem Marktpreis der Immobilie **wächst** bei Leasingverträgen mit Kaufoption zugunsten des Leasingnehmers die Wahrscheinlichkeit der Ausübung dieser Option. Bei einer Folgebewertung nach dem *cost model* (Rz 49) stellt die Ausübung der Kaufoption aus Sicht des Leasinggebers lediglich einen **entgangenen Gewinn** dar, der bilanziell nicht berücksichtigt wird. Bei Anwendung des *fair-value*-Modells „droht" die Ausübung der Option mit entsprechender „Belastung" des ausgewiesenen (Brutto-)Werts.[28] Diese Belastung kann zu einem künftigen **Aufwandsüberschuss** aus dem Leasingvertrag führen, der durch eine Rückstellung für drohende Verluste zu berücksichtigen ist (→ § 21).

Die **Höhe** der Rückstellung ergibt sich aus der Differenz zwischen dem aktuellen Marktwert der Immobilie und dem vertraglich festgelegten Optionspreis. Die Verwendung des erwarteten Marktwerts als Bewertungsgröße für die Rückstellung wäre zwar theoretisch richtig, allerdings muss dieser Wert vernachlässigt werden, da er ungewiss ist und insoweit die geforderte Mindestwahrscheinlichkeit (→ § 21 Rz 118ff.) nicht erfüllt wäre.

Hinsichtlich des bilanziellen Ausweises von Renditeliegenschaften ergeben sich 74
Besonderheiten, wenn im Rahmen der Vermietung künftige Mietzahlungen **vorfällig** oder andere **Anreize** i.S.v. SIC 15 vereinnahmt wurden. Der Abschluss von

[28] Vgl. HELMSCHROTT, DB 2001, S. 2457f.

langfristigen Mietverträgen hinsichtlich eigener Renditeliegenschaft (in der Funktion als Vermieter) fällt in den Anwendungsbereich von IAS 17, die Bilanzierung der Renditeliegenschaft setzt die Klassifizierung des Mietverhältnisses als *operating lease* voraus (→ § 15 Rz 19ff.). Neben den Vorgaben von IAS 17 sind auch diejenigen von SIC 15 verpflichtend zu berücksichtigen (→ § 15 Rz 138ff.).
Bei einer Option zum *fair value model* nach Rz 52 ergeben sich Besonderheiten hinsichtlich des Ausweises von getroffenen Anreizvereinbarungen gem. SIC 15 oder sonstigen günstigen/ungünstigen Komponenten eines bestehenden Leasingverhältnisses. Bestehende Vereinbarungen

- lassen sich als Teil des beizulegenden Zeitwerts der Renditeimmobilie interpretieren (so gibt SIC 15 keinen Bilanzposten zur Erfassung von Anreizvereinbarungen vor; → § 15 Rz 138) oder
- sind separat von dem *fair value* der Renditeimmobilie als eigenständiger Bilanzposten zu erfassen.

Die Erfassung aller Komponenten eines Leasingverhältnisses im beizulegenden Zeitwert einer Renditeliegenschaft lässt sich mit IAS 40.40 rechtfertigen. Danach umfasst der *fair value* einer Renditeimmobilie sämtliche Mieteinnahmen, unabhängig (mangels expliziter Anführung) von dem Zahlungszeitpunkt.
Im **Anschaffungskostenmodell** (Rz 49) kommt neben einem separaten Ausweis auch eine Behandlung als eigenständige Komponente der Renditeliegenschaft infrage.

75 Unabhängig von dem gewählten Ausweis ist Folgendes zu beachten:

- Eine Doppelerfassung *(double counting)* oder eine Nichterfassung *(omitting)* des beizulegenden Zeitwerts einer Renditeimmobilie im *fair value model* scheidet aus. Erfolgt ein separater Ausweis getroffener Anreizvereinbarungen, muss die Summe des eigenständigen Bilanzpostens und des Buchwerts der Renditeimmobilie insgesamt dem *fair value* am Stichtag entsprechen.
- Die Auflösung einer getroffenen Anreizvereinbarung erfolgt unabhängig davon, ob ein Ausweis als eigenständiger Bilanzposten erfolgt, gem. SIC 15 i.V.m. IAS 17.34 (→ § 15 Rz 138) auf Basis einer systematischen Grundlage über die verbleibende Laufzeit des ursächlichen Leasingverhältnisses.

76 Vereinbaren Leasinggeber und Leasingnehmer eines *operating lease* eine vorfällige Zahlung von Mietzahlungen für die Nutzung einer Renditeimmobilie, hat diese durch die Reduzierung künftiger Mietraten unmittelbar Einfluss auf den beizulegenden Zeitwert der Liegenschaft. U.E. ist ein Rückgang des beizulegenden Zeitwerts wegen vorfällig geleisteter (Entschädigungs-)Zahlungen des Mieters nicht erfolgswirksam als *fair-value*-Minderung der Renditeliegenschaft zu erfassen. Vielmehr stellen der Empfang der Zahlung und die *fair-value*-Minderung eine „*linked transaction*" dar.

Beispiel
Unternehmen A ist Vermieter, Unternehmen B langfristiger Mieter eines Büroparks. Das Leasingverhältnis stellt aus Sicht von Vermieter und Mieter ein *operating lease* dar. In der Bilanz von A wird der Büropark als Renditeliegenschaft nach dem *fair value model* erfasst. Mit Zahlung einer Entschädigung i.H.v. 12 Mio. EUR vereinbaren die Parteien eine Aufhebung des Leasingverhältnisses. Die dieser Vereinbarung entsprechenden künftig zu erwarten-

den Leasingraten entsprechen den marktüblichen Konditionen, über die Entschädigungszahlung wurde ein bislang vereinbarter *over rent* (Vertragsmiete übersteigt die marktübliche Miete) abgegolten.
Die Entschädigungszahlung für die Aufhebung des Mietverhältnisses zeitigt zwar keine Auswirkung auf den Substanzwert des Gebäudes, bewirkt aber in einer *cash-flow*-basierten Betrachtung eine Änderung (i. S.e. Reduzierung auf das marktübliche Niveau) der künftig zu erwartenden Zahlungsströme, die aus der Vermietung der Immobilie erzielt werden können, und vermindert damit den *fair value*. Mit Aufhebung des Vertrags kommt es – durch die Vorauszahlung – zu einem Wegfall von künftigen *cash inflows* aus der Vermietung der Immobilie in erheblichem Umfang, der einen niedrigeren beizulegenden Zeitwert bewirkt. Die Entschädigungszahlung lässt sich daher sachlich nicht von der *fair-value*-Minderung der Immobilie trennen. An die Stelle der separaten Erfassung der empfangenen Entschädigungszahlung tritt eine „stille" Saldierung mit der Wertminderung der Immobilie.

In der GuV des Vermieters ist daher nur eine (verbleibende) Nettominderung des beizulegenden Zeitwerts einer Renditeliegenschaft zu erfassen. Eine Besonderheit ergibt sich für den Ausweis im Anlagespiegel nach IAS 40.76 (Rz 119). Die *fair-value*-Minderung ist als Nettoverlust aus Anpassungen des beizulegenden Zeitwerts auszuweisen. Im Verhältnis zur Gewinn- und Verlustrechnung bleibt die Differenz zwischen dem Anlagenverlust und der erfolgswirksamen Wertminderung erläuterungsbedürftig, da die GuV einen – durch Verrechnung der Wertminderung mit der Entschädigungszahlung – saldierten Aufwand und der Anlagespiegel den Verlust in voller Höhe zeigt.

3.3 Wertermittlungsverfahren zur Bestimmung des *fair value*

3.3.1 Definition des *fair value*

Nach IAS 40.38 basiert der *fair value* auf einem **fiktiven Transaktionspreis** des Vermögenswertes zum Bilanzstichtag. Es handelt sich hierbei um den wahrscheinlichsten Betrag, zu dem ein Vermögenswert zwischen sachverständigen und vertragswilligen (IAS 40.40) sowie voneinander unabhängigen Geschäftspartnern getauscht werden könnte (IAS 40.44). Diese Definition des Marktwertes ist weitgehend identisch mit der Definition des Marktwertes der *Royal Institution of Chartered Surveyors (red book)*[29], der Marktwertdefinition in Art. 49 Abs. 2 der Richtlinie des Europäischen Rates[30] sowie der Verkehrswertdefinition in § 194 BauGB. Nach § 194 BauGB wird der Verkehrswert „durch den Preis bestimmt, der in dem Zeitpunkt, auf den sich die Ermittlung bezieht, im gewöhnlichen Geschäftsverkehr nach den rechtlichen Gegebenheiten und tatsächlichen Eigenschaften, der sonstigen Beschaffenheit und der Lage des Grundstücks oder des sonstigen Gegenstands der Wertermittlung ohne Rücksicht auf ungewöhnliche oder persönliche Verhältnisse zu erzielen wäre". 77

[29] Vgl. The Royal Institution of Chartered Surveyors (Hrsg.), Appraisal and Valuation Manual, 1995.

[30] Vgl. Kleiber, Die „europäischen Bewertungsstandards" des Blauen Buches, in: Grundstücksmarkt und Grundstückswert 2000, S. 324.

78 IAS 40 versucht die Typisierung und Marktorientierung des *fair value* mit den Attributen „sachverständig“, „vertragswillig“ und „unabhängig“ zu unterstreichen. **Sachverständigkeit** bedeutet in diesem Zusammenhang, dass der gedachte Käufer ausreichend über Art und Merkmale der Immobilie, ihrer gegenwärtigen und möglichen Nutzung sowie über die Marktlage zum Bilanzstichtag informiert ist (IAS 40.40). Als **vertragswillig** gelten Geschäftspartner, die motiviert, aber nicht gezwungen sind, das Geschäft um jeden Preis abzuschließen (IAS 40.42 und IAS 40.43). **Unabhängig** bedeutet, dass keine besondere Beziehung zwischen dem gedachten Erwerber und dem gedachten Verkäufer besteht, die marktuntypische Transaktionspreise begründen könnte (IAS 40.44). Der beizulegende Zeitwert wird somit als hypothetischer Marktwert definiert, der von persönlichen Einflüssen vollständig abstrahiert.

79 Durch die gerade skizzierte Typisierung **unterscheidet** sich der *fair value* nach IAS 40.49 vom *value in use* nach IAS 36 (→ § 11 Rz 36): Der *value in use* berücksichtigt auch **unternehmensspezifische Nutzenpotenziale**, wie z.B. den zusätzlichen Wert, der sich aus der Portfoliobildung ergibt, Synergieeffekte zwischen Renditeliegenschaften und anderen Vermögenswerten sowie rechtliche oder steuerliche Vorteile, die nur für den gegenwärtigen Eigentümer bestehen. Diese Nutzenpotenziale werden bei der Ermittlung des beizulegenden Zeitwertes nach IAS 40 nicht berücksichtigt, da der *fair value* allgemein gültige Erwartungen und Kenntnisse widerspiegeln soll (IAS 40.49). Bei der Ermittlung des beizulegenden Zeitwertes dürfen zudem keine bei Verkauf oder Abgang entstehenden **Transaktionskosten** berücksichtigt werden (IAS 40.30). Der beizulegende Zeitwert einer Renditeimmobilie ist als *exit price* zu bestimmen, Transaktionskosten bleiben daher unberücksichtigt.

IAS 40.36ff. enthält eine eigene **Hierarchie** der Methoden zur *fair-value*-Bestimmung: Bevorzugt soll der *fair value* auf der Grundlage von Preisen für gleiche oder ähnliche Immobilien auf einem **aktiven Markt** ermittelt werden (IAS 40.45). Verlangt man aber für das Vorliegen eines aktiven Marktes den Handel mit relativ **homogenen** Gütern, so ist der Markt für bebaute Grundstücke i.d.R. nicht „aktiv“ i.S.d. IFRS: Anlageimmobilien unterscheiden sich nach Alter, Lage, Ausstattung und Größe; jedes Objekt ist bis zu einem gewissen Grade einzigartig in den Ausprägungen dieser Merkmale, sodass die Homogenitätsbedingung i.d.R. auch nicht annähernd gegeben ist.[31] Nach IAS 40.46 sind dann hilfsweise zuverlässige und glaubwürdige Alternativverfahren zur Wertermittlung heranzuziehen. I.d.R. ist der *fair value* über den Rückgriff auf **DCF-Modelle** zu bestimmen.

Wenn die Schwankungsbreite der vernünftigen Schätzungen des beizulegenden Zeitwerts auf Basis einer Marktpreis- oder DCF-orientierten Bewertung signifikant ist und die Eintrittswahrscheinlichkeiten der verschiedenen Schätzungen innerhalb dieser Bandbreite nicht auf angemessene Weise beurteilt werden können, gilt eine verlässliche Schätzung ausnahmsweise als nicht möglich (IAS 40.48). Für diesen Fall sieht eine „*escape*“-Klausel die hilfsweise Bewertung zu Anschaffungskosten vor (IAS 40.53).[32]

---

31 Vgl. DYCKERHOFF/LÜDENBACH/SCHULZ, Praktische Probleme bei der Durchführung von Impairment-Tests im Sachanlagevermögen, in: Festschrift Pohle, 2003.

32 Vgl. LÜDENBACH/FREIBERG, KoR 2006, S. 437ff.

Zusammenfassend lässt sich das **Stufenkonzept** von IAS 40 in Anlehnung an ZÜLCH[33] wie folgt darstellen:

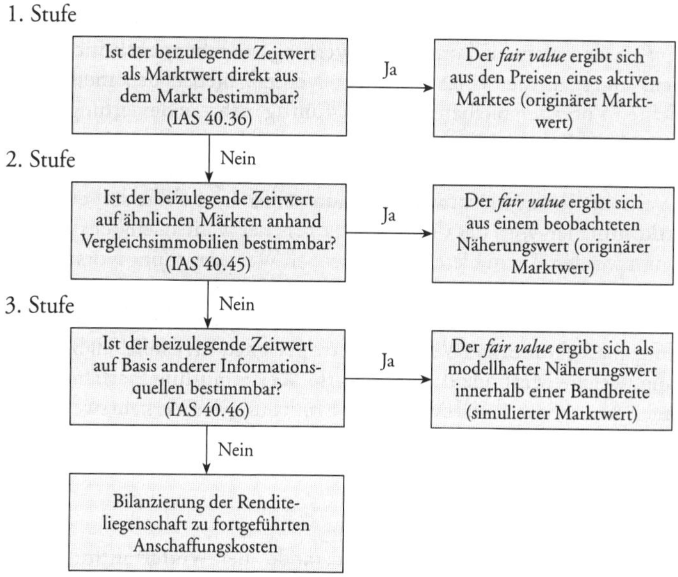

3.3.2 Methodenwahlrecht

Das zentrale Problem bei der Bewertung von Anlageimmobilien zu Marktwerten ist 80
die *fair-value*-Ermittlung einer Immobilie; denn aufgrund fehlender Börsenpreise für Immobilien besteht stets die Gefahr der bilanziellen Überbewertung. Um zumindest ansatzweise eine zuverlässige und glaubwürdige Bilanzierung im Rahmen der *fair-value*-Bewertung zu erreichen, bedürfte es zur Bestimmung des beizulegenden Zeitwertes zu jedem Bilanzstichtag eines unabhängigen **Wertgutachtens**. IAS 40 ist indessen wesentlich freizügiger: Externe Wertgutachten zur Bestimmung des Marktwertes sind **nicht zwingend** erforderlich. Der Bilanzierende wird zwar „ermutigt“ *(is encouraged)*, den Marktwert auf Grundlage eines **externen** Bewertungsgutachtens zu ermitteln; er ist jedoch nicht dazu verpflichtet (IAS 40.32). Bei einer Bewertung nach international anerkannten Grundsätzen *(International Valuation Standards)* wird eine Bewertung durch den Bilanzierenden *(internal valuer)* als nicht „*acceptable to fill the role of independent Valuer in certain types of assignments*“ angesehen.[34] Unter Beachtung des für die Bilanzierung geltenden *materiality*-Gedankens kann man dieser apodiktischen Behauptung bei Industrie- und Handelsunternehmen mit gemessen am Gesamtvermögen niedrigem Wertanteil von *investment properties* nicht zustimmen. Unabhängig davon, ob eine Fremd- oder Eigenbewertung vorgenommen wird, stellt sich die Frage nach den anzuwendenden Immobilienbewertungs**verfahren**.

33 Vgl. ZÜLCH, Die Bilanzierung von Investment Properties nach IAS 40, 2003, S. 187.
34 IVSC, International Valuation Standards, 7. Aufl., 2005, S. 39ff.

81 Die in IAS 40 vorgesehenen Bewertungsrichtlinien lassen einen großen Interpretationsspielraum.[35] Es erfolgt lediglich eine Festlegung des konzeptionellen Maßstabs der Bewertung, der beizulegende Zeitwert ist als Veräußerungswert (*exit value*) zu bestimmen. Mit der Verabschiedung des Standards *„Fair Value Measurement“* sollen erstmals konkrete Bewertungsvorgaben, auch für Renditeimmobilien, innerhalb der IFRS festgelegt werden. Neben den methodisch vereinheitlichten Vorgaben bleiben aber auch künftig mehrere Bewertungsansätze, die ggf. auch in Kombination herangezogen werden können, für die *fair-value*-Bewertung zu unterscheiden.

82 Durch die Verkehrs- bzw. Marktwertermittlung einer Immobilie soll ein möglichst **marktkonformer** Wert des Grundstücks, d.h. der wahrscheinlichste Kaufpreis, bestimmt werden. Dazu bieten die deutschen Wertermittlungsvorschriften (insbesondere die Wertermittlungsverordnung 1988 – WertV) verschiedene Verfahren an. Diese sind jedoch nicht in jedem Bewertungsfall alle gleichermaßen zur Ermittlung marktkonformer Verkehrswerte geeignet. Im Einzelfall bedarf es einer Prüfung, welche **Methode** das geeignetste Wertermittlungsverfahren darstellt. Nach § 7 Abs. 1 Satz 1 WertV sind zur Ermittlung des Verkehrswerts

- das **Vergleichswert**verfahren (Rz 83ff.),
- das **Ertragswert**verfahren,
- das **Sachwert**verfahren

oder **mehrere** dieser Verfahren heranzuziehen.

Die Verfahren sind nach der **Art** des Gegenstandes der Wertermittlung unter Berücksichtigung der Umstände des Einzelfalls zu wählen; die Wahl ist zu begründen (§ 7 Abs. 2 WertV).

Neben diesen in der WertV normierten drei Wertermittlungsverfahren haben sich in Deutschland als **nicht normierte** Verfahren die *discounted-cash-flow*-Methode und das Residualwertverfahren herausgebildet.

Im **internationalen** Vergleich gelten die vom IVSC *(International Valuation Standards Committee)* präferierten Methoden als maßgebende Immobilienbewertungsverfahren. Diese entsprechen in den wesentlichen Zügen den in Deutschland gebräuchlichen Verfahren. Hierzu folgende Übersicht:[36]

	Deutsche Verfahren	**Internationale Verfahren**
Normierte Verfahren	Vergleichswertverfahren (§§ 13 und 14 WertV)	*sales comparison approach*
	Ertragswertverfahren (§§ 15–20 WertV)	*income capitalisation approach*
	Sachwertverfahren (§§ 21–25 WertV)	*cost approach*
Nicht normierte Verfahren	*discounted-cash-flow*-Methode – Residualwertverfahren	*discounted-cash-flow*-Methode – Residualwertverfahren

35 Insoweit gelingt auch der Nachweis einer fehlerhaften Bewertung nur selten. Vgl. DPR, Tätigkeitsbericht 2008, S. 7.

36 Vgl. ZÜLCH, Die Bilanzierung von Investment Properties nach IAS 40, 2003, S. 154.

IAS 40.46 schlägt zur Bewertung von Renditeliegenschaften explizit das **Vergleichs**wert- oder das **Ertrags**wertverfahren vor. Das in der deutschen Praxis ebenfalls verwendete **Sach**wertverfahren wird nicht erwähnt und hat für die Bestimmung des beizulegenden Zeitwerts keine Bedeutung. Bei dessen Anwendung sind der Wert der baulichen Anlage, wie Gebäude, Außenanlagen und besondere Betriebseinrichtungen, und der Wert der sonstigen Anlagen, getrennt vom Bodenwert nach **Normalherstellungs**kosten zu ermitteln. Der Bodenwert ist nach dem Vergleichswertverfahren zu ermitteln. U.E. kommt dem Sachwertverfahren gerade wegen der Nichterwähnung in IAS 40.46 nur eine Bedeutung als Kontrollrechnung zu, wenn andere Verfahren keine verlässlichen Daten liefern, also keine ortsüblichen Mieten vorliegen (z.B. für Krankenhäuser oder Hallenschwimmbäder).

3.3.3 Vergleichswertverfahren

Bei der Wertermittlung auf Grundlage des **Vergleichswertverfahrens** IAS 40.46a entsprechend §§ 13 und 14 WertV erfolgt die *fair-value*-Ermittlung durch Analyse der Verkaufspreise solcher Grundstücke, die hinsichtlich der Wertbestimmungsfaktoren mit dem zu bewertenden Grundstück hinreichend übereinstimmen (sog. Vergleichsgrundstücke). **83**

Zur Feststellung der hinreichenden **Übereinstimmung** von Immobilien sind verschiedene Wertmerkmale heranzuziehen, wie z.B.: **84**

- Ortslage (z.B. Kerngebiet, Ortsrandlage oder Einzugsgebiet);
- Grundstückslage (charakterisiert durch die Verkehrs-, Wohn- und Geschäftslage, aber auch die Klassifizierung als Reihen- oder Eckgrundstück bzw. Baulücke);
- Art und Maß der baulichen Nutzung (z.B. Industrie- oder Wohngebiet);
- Bodenbeschaffenheit (z.B. Bodengüte, Eignung als Baugrund oder Verunreinigung durch Altlasten);
- Grundstücksgröße und -zuschnitt;
- Erschließungszustand (z.B. Anbindung an die örtliche Kanalisation, die Gas-, Wasser- und Stromversorgung sowie das Straßennetz).

In der Praxis werden sich nur **selten** Vergleichsgrundstücke finden lassen, die in sämtlichen entscheidenden Merkmalen vergleichbar sind. Deshalb müssen in einem zweiten Bewertungsschritt die vorhandenen Unterschiede durch Zu- und Abschläge an die Zustandsmerkmale des Bewertungsgrundstücks **angepasst** werden. Schließlich ist ein repräsentativer Wert der korrigierten Vergleichspreise zu bilden, wobei erhebliche „Ausreißer“ nicht berücksichtigt werden sollten. Bei „Ausreißern“ liegt die Vermutung nahe, dass die diesbezüglichen Vergleichspreise aufgrund von ungewöhnlichen und persönlichen Verhältnissen entstanden sind. **85**

Die Vergleichswertmethode kann meist nur bei **unbebauten** Grundstücken Anwendung finden. Bei **bebauten** Grundstücken ist das Vergleichswertverfahren aufgrund fehlender aussagekräftiger Vergleichskriterien lediglich bei einheitlichen Objekten (wie z.B. bei Reihenhäusern in einer Anlage) anwendbar. Bei der Mehrzahl der Anlageimmobilien ist es insofern nicht sinnvoll, den Marktwert nach der Vergleichswertmethode zu bestimmen: Es wäre eine „Illusion“,[37] anzunehmen, die Unterschiede in den wertrelevanten Merkmalen **86**

---

[37] ZIMMERMANN, Der Verkehrswert von Grundstücken, 2. Aufl., 1999, Anm. 19.

der zu bewertenden Immobilie könnten durch einen ermessensfreien und damit objektivierten Wertmaßstab ausgeglichen werden.

3.3.4 Ertragswertverfahren

87 In den Fällen, in denen eine *fair-value*-Wertermittlung anhand der Vergleichswertmethode nicht sinnvoll ist, soll nach IAS 40.46c die Bewertung auf Grundlage der **Ertragswertmethode** vorgenommen werden.
Es bestehen wegen der methodischen Übereinstimmung mit DCF-Verfahren keine Bedenken gegen die Heranziehung des in Deutschland nach der WertV normierten **Ertragswertverfahrens** zur *fair-value*-Wertermittlung nach IAS 40.[38] Das Ertragswertverfahren nach §§ 15–20 WertV kommt bei solchen Immobilien zur Anwendung, bei denen die Ertragserzielung das entscheidende Kriterium für das Investment ist. Das betrifft vor allem Wohn- und Gewerbeobjekte sowie Betreiberimmobilien wie z. B. Hotels, Krankenhäuser und Freizeitimmobilien. Bei Anwendung des in der WertV normierten Ertragswertverfahrens ist der Wert der Gebäude getrennt vom Bodenwert auf der Grundlage des Ertrages zu ermitteln. Der Bodenwert wird gem. § 15 Abs. 2 WertV nach Maßgabe des Vergleichswertverfahrens entsprechend §§ 13 und 14 WertV bestimmt.
Im Ertragswertverfahren nach der WertV hängt der **Marktwert** einer Immobilie von folgenden **Eingangsgrößen** ab:

- Jahresrohertrag,
- Bewirtschaftungskosten (Mietausfallwagnis, nicht umlagefähige Betriebskosten, Verwaltungskosten und Instandhaltungskosten),
- Restnutzungsdauer der baulichen Anlagen,
- Liegenschaftszinssatz,
- sonstige wertbeeinflussende Umstände,
- Bodenwert.

Die **Rechenformel** des Ertragswertverfahrens stellt sich mit diesen Eingangsgrößen wie folgt dar:

	Jahresrohertrag
–	Bewirtschaftungskosten
=	jährlicher Grundstücksreinertrag
–	Bodenwertverzinsung
=	Gebäudeertragsanteil
×	Vervielfältiger
=	Gebäudeertragswert
+	sonstige wertbeeinflussende Umstände
+	Bodenwert
=	Ertragswert

Die **Bodenwertverzinsung** wird mittels des Liegenschaftszinssatzes und des Bodenwerts, der Ertragsvervielfältiger mittels der Restnutzungsdauer und des Liegenschaftszinssatzes ermittelt. Der **Liegenschaftszinssatz** ist gem. § 11

[38] Vgl. ZÜLCH, PiR 2005, S. 71; BECK, in: BDO (Hrsg.), Real Estate Management 2005, S. 219. Kritische Anmerkungen FRIESS/KORMAIER, DStR 2004, S. 2024; KORMAIER, KoR 2006, S. 378 ff.

WertV der Zinssatz, mit dem der Verkehrswert von Liegenschaften im Durchschnitt marktüblich verzinst wird. In Abhängigkeit von der Lage der Immobilie kann der Liegenschaftszins bei Mietwohngrundstücken 4,5 %-5,5 % und bei Geschäftsgrundstücken 5,5 %-6,5 % betragen.[39]

Beispiel

Es ist ein Bürogebäude zu bewerten. Das Grundstück umfasst 2.000 qm. Der Bodenrichtwert der Gemeinde beträgt 500 EUR/qm. Die Restnutzungsdauer des Gebäudes beträgt 92 Jahre. Es ist ein Kapitalisierungszinssatz von 6,5 % anzuwenden. Die monatlichen Mieteinnahmen betragen 41 TEUR.

Der Ertragswert des Grundstücks ermittelt sich nach §§ 15–20 WertV wie folgt:

		EUR
	Mieteinnahmen (41 TEUR × 12)	492.000
–	Bewirtschaftungskosten 25 %	–123.000
=	Jahresrohertrag	369.000
	Bodenwertverzinsung	
–	1 Mio. EUR × 6,5 %	–65.000
=	Gebäudeertragswert	304.000
×	Vervielfältiger bei einer Restnutzungsdauer von 92 Jahren und einem Zinssatz von 6,5 % = 15,34 (vgl. Anlage zur WertV)	
=	Gebäudeertragswert (304 TEUR × 15,34)	4.663.360
+	Bodenwert	1.000.000
=	Ertragswert des Grundstücks	5.663.360

3.3.5 *Discounted-cash-flow*-Verfahren

Das *discounted-cash-flow*-Verfahren stimmt in der Grundidee mit dem Ertragswertverfahren der WertV überein. Beim *discounted-cash-flow*-Verfahren (zu dessen „Technik" vgl. auch → § 11 Rz 36ff.) erfolgt die Ermittlung des Marktwertes der zu bewertenden Immobilie durch **Diskontierung** aller aus der Immobilie resultierenden **zukünftigen Einzahlungsüberschüsse (*cash flows*)** auf den Bewertungszeitpunkt. Die zu diskontierenden Einzahlungsüberschüsse ergeben sich i.d.R. wie folgt: 88

	Erwartete Nettokaltmiete
–	Mietausfallwagnis
–	nicht umlagefähige Betriebskosten
–	Verwaltungskosten
–	Instandhaltungskosten
=	Einzahlungsüberschuss

[39] Vgl. SIMON/CORS/TROLL, Handbuch der Grundstückswertermittlung, 4. Aufl., 1997, S. 118.

89 Das **Mietausfallwagnis** dient dem Ausgleich von Ertragsminderungen, die entstehen können durch z.B. uneintreibbare Mietrückstände, Leerstände, Aufhebung von Mietverhältnissen oder Räumungen sowie Kosten von Rechtsstreitigkeiten. Das Mietausfallwagnis ist bei Wohnungs- und Gewerbeobjekten im Wesentlichen von der Lage der Immobilie abhängig. In guten bis sehr guten Lagen ist das Risiko eines Mietausfalls eher gering. Bei weniger guten Lagen sind dagegen häufig Leerstände zu verzeichnen. Bei gewerblichen Objekten kommt eine weitere Abhängigkeit des Mietausfallwagnisses von der Bonität der Mieter sowie der konjunkturellen Lage hinzu. In Zeiten schlechter Konjunktur kann es in bestimmten Wirtschaftszweigen vermehrt zu Geschäftsaufgaben kommen. Die aus diesem Grund leer stehenden Geschäftsräume können dann u.U. kaum noch vermietet werden. Das Mietausfallwagnis kann bei Wohngebäuden zwischen 2 % und 4 % und bei Gewerbegebäuden zwischen 4 % und 8 % von der Nettokaltmiete betragen.

90 **Betriebskosten** können weitgehend in voller Höhe auf den Mieter bzw. Pächter **umgelegt** werden. Sofern jedoch der Bilanzierende Betriebskosten selbst zu tragen hat (z.B. durch Abrechnungsmängel oder ungeklärten Verbrauch) sind diese bei der Ermittlung der zu diskontierenden Einzahlungsüberschüsse abzuziehen.

91 **Verwaltungskosten** sind die Kosten der zur Verwaltung des Grundstücks erforderlichen Arbeitskräfte und Einrichtungen, die Kosten der Aufsicht sowie die Kosten für die gesetzlichen oder freiwilligen Prüfungen des Jahresabschlusses und der Geschäftsführung. Die Verwaltungskosten sind bei Wohngebäuden im Wesentlichen abhängig von der Nutzungsart und der Größe des zu verwaltenden Objekts, von der Anzahl und der Sozialstruktur der Mieter sowie von der Größe der Gemeinde. Sie können in Abhängigkeit der oben genannten Faktoren 2 % bis 5 % der Nettokaltmiete betragen. Bei Gewerbeobjekten ist der Mietvertrag daraufhin zu untersuchen, ob die Verwaltungskosten auf den Mieter umgelegt werden können. Ist dies der Fall, so werden keine Verwaltungskosten angesetzt. Ansonsten kann auch bei Gewerbeobjekten von Verwaltungskosten zwischen 2 % bis 5 % der Nettokaltmiete ausgegangen werden.

92 Die **Instandhaltungskosten** decken die ordnungsgemäße Beseitigung durch Abnutzung, wie z.B. durch Witterungseinflüsse oder altersbedingte Materialschwäche ab. In der Praxis werden vereinfachungsbedingt zwischen 1 % bis 2 % der Normalherstellungskosten eines Objektes berücksichtigt.

93 Das *discounted-cash-flow*-Verfahren beruht i.d.R. auf dem sogenannten **Zwei-Phasen-Modell**. Die **erste** Phase umfasst die Detailphase, in der die zukünftigen Einzahlungsüberschüsse für jedes Jahr relativ genau prognostiziert werden können. Die Dauer der Detailphase ist umstritten. Das IVSC lässt in der Anwendungshilfe GN 10 den Zeithorizont offen. In der Literatur und in der Bewertungspraxis wird ein Zeithorizont von bis zu 10 Jahren angenommen.[40] Mit zunehmendem Planungshorizont sind jedoch genaue Prognosen nicht mehr möglich. Letztlich hängt der Zeithorizont der ersten Phase vom Einzelfall, insbesondere von der Laufzeit der bestehenden Mietverträge ab.

---

40 Vgl. z.B. WHITE/TURNER/JENYON/LINCOLN, Internationale Bewertungsverfahren für das Investment in Immobilien, 1999, S. 116.

In der **zweiten** Phase wird daher vereinfachend von konstanten, nachhaltigen Einzahlungsüberschüssen ausgegangen, die in Form einer ewigen Rente anfallen. Der beizulegende Zeitwert der Renditeliegenschaft ergibt sich dann als Summe der Barwerte aus der ersten Phase und des Restwertes in Form des Barwertes der ewigen Rente aus der zweiten Phase.[41] Z. T. wird in der Literatur die Auffassung vertreten, in der zweiten Phase sei nicht die unendliche Rente anzusetzen, sondern ein jährlich entsprechend der geschätzten Restnutzungsdauer zu vermindernder Restwert.[42] Dieser Auffassung ist jedoch u. E. nicht zu folgen, da nach IAS 40.38 jährlich ein Wert anzusetzen ist, den ein fiktiver Erwerber bezahlen würde. Der fiktive Erwerber würde aber bei der Bestimmung der künftigen Zahlungsüberschüsse nicht eine Laufzeit ansetzen, die um die Nutzungsdauer beim vorherigen Eigentümer korrigiert ist, sondern die volle Restnutzungsdauer, z. B. 40 Jahre. Die bisherige Abnutzung und damit das Risiko künftiger Instandhaltungen würde der fiktive Erwerber durch eine plausible Verminderung der zu diskontierenden Einzahlungsüberschüsse im Zeitablauf berücksichtigen.

In der Unternehmensbewertung wird zur Bestimmung eines kapitalmarktorientierten (Eigenkapital-)**Diskontierungszinssatzes** (→ § 11 Rz 57) (für die Renditeforderung von Eigenkapitalgebern) das *capital asset pricing model* (CAPM) angewendet (→ § 11 Rz 61). Hier ergibt sich der Zinssatz aus der Rendite einer Alternativanlage in eine risikofreie Investition zuzüglich eines Zuschlags für die Investition in risikobehaftete Unternehmen (Risikoprämie). Diese Risikoprämie entspricht der Differenz aus der Verzinsung der risikofreien Anlage und der über einen Zeitraum beobachteten durchschnittlichen Rendite anderer Investitionen am Markt. Da nicht jedes Unternehmen am Markt das gleiche Risiko birgt, muss die Risikoprämie an das individuelle Risiko angepasst werden. Dies geschieht mit Hilfe des Betafaktors, der die Entwicklung eines bestimmten Investments im Verhältnis zur Gesamtmarktentwicklung (z. B. Aktienindex) misst. Beträgt der Betafaktor > 1, so trägt das gewählte Investment im Verhältnis zur Gesamtmarktentwicklung ein größeres Risiko. Spiegelbildlich verhält sich dies zu Investments, deren Betafaktor < 1 ist.[43] Das spezifische Risiko einer Immobilie ist geringer als das typische Eigenkapitalgeberrisiko,[44] daher ist ein Betafaktor < 1 zu erwarten. Allerdings ist dieses für die Unternehmensbewertung entwickelte Verfahren bei der Immobilienbewertung aufgrund der unterschiedlichen Fungibilität von Aktien und Immobilien kaum anwendbar. 94

Eine Auswertung der für (ausgewählte) börsennotierte Immobiliengesellschaften beobachtbaren Betafaktoren führt zu folgendem Ergebnis (Renditeintervall 2 Jahre/wöchentlich):[45] 95

41 Vgl. Zülch, Die Bilanzierung von Investment Properties, S. 276.
42 Vgl. Böckem/Schurbohm-Ebneth, KoR 2003, S. 340f.
43 Vgl. Hachmeister, Der Discounted Cash Flow als Maß der Unternehmenswertsteigerung, 3. Aufl., 1999, S. 176–225.
44 Vgl. Freiberg, Diskontierung in der internationalen Rechnungslegung, Rz 328.
45 Datenquelle Bloomberg, Abruf zum Dezember 2010.

Beobachtungszeitpunkt	Deutsche Euroshop AG	Fair Value Reit AG	Hamborner AG	DIC Asset AG	IVG Immobilien AG	Colonia Real Estate
Dez. 2010	0,527	0,058	0,206	1,784	1,507	1,161
Jun. 2010	0,512	0,412	0,212	1,866	1,568	1,465
Dez. 2009	0,475	0,444	0,234	1,777	1,442	1,548
Jun. 2009	0,504	n. a.*	0,242	1,745	1,351	1,567
Dez. 2008	0,501	n. a.*	0,235	1,462	1,197	1,650
Jun. 2008	0,510	n. a.*	0,361	0,824	0,766	1,636
Dez. 2007	0,673	n. a.*	0,501	0,975	1,039	0,954
Jun. 2007	0,525	n. a.*	0,530	0,731	0,874	0,047
Dez. 2006	0,451	n. a.*	0,629	0,125	0,691	–0,316

*) Für die Fair Value Reit AG sind nur Daten bis zum November 2007 vorhanden, eine historische Auswertung daher noch nicht möglich.

Die Gegenüberstellung der Betafaktoren über die zeitliche Entwicklung verdeutlicht – unterschiedliche Verschuldungsgrade zunächst ausgeklammert – die Heterogenität der einzelnen Immobiliengesellschaften. Der Betafaktor ist nicht nur Ausdruck des Risikos des Immobilienportefeuilles, sondern auch allgemeiner Unternehmensrisiken (etwa drohende Insolvenz etc.). Der Rückgriff auf das CAPM zur Bestimmung eines angemessenen Diskontierungszinssatzes führt, ausgehend von der Festlegung der *Peer Group* (betrachtete Vergleichsunternehmen), zu einem erheblichen Ermessensspielraum. Eine Übernahme der unternehmensspezifischen Betafaktoren für die Bestimmung eines angemessenen Diskontierungszinssatzes für die Bewertung einer Immobilie scheidet u. E. daher aus.

96 Der angemessene **Diskontierungssatz** für die Bewertung von Immobilien über ein Barwertkalkül spiegelt – bei der Berücksichtigung der Unsicherheit zukünftiger Zahlungsströme über die Bildung eines Erwartungswerts – den Zeitwert des Geldes und das Risiko des Bewertungsobjekts wider. Es gilt folgende Vorgabe zur Bestimmung des angemessenen Diskontierungszinssatzes:[46]

- Vorrangig ist eine Ableitung des Diskontierungszinssatzes als interner Zinsfuß der Rendite einer am Markt beobachtbaren Alternativanlage heranzuziehen.
- Fehlt es an am Markt beobachtbaren Alternativanlagen, ist der Diskontierungszinssatz entweder unter Rückgriff auf beobachtbare oder geschätzte Kapitalmarktdaten abzuleiten.

97 Als Anhaltspunkt kann zunächst vom Zinssatz einer laufzeitäquivalenten, risikoarmen Anlage ausgegangen werden. Um die mit der Investition in Immobilien verbundene Unsicherheit im Vergleich zu der risikoarmen Anlage zu berücksichtigen, ist der Zins um eine **Risikokorrektur** zu ergänzen, der die Risiken der jeweiligen Immobilie widerspiegelt. Alternativ besteht auch die Möglichkeit, Risikoabschläge bei der Schätzung der Einzahlungsüberschüsse in Form von geringeren Rückflüssen zu berücksichtigen und anschließend diese mit dem Marktzins für eine risikoarme Anlage zu diskontieren.

98 **Beispiel**

Ein Unternehmen hat am 1.1.01 ein Bürogebäudekomplex zu Anschaffungskosten i.H.v. 80.000 TEUR zum Zwecke der Fremdvermietung erworben.

46 Ausführlich FREIBERG, Diskontierung in der internationalen Rechnungslegung, Rz 319ff.

Zum 31.12.01 soll der Ansatz zu Marktwerten erfolgen. Der um Ertragsteuern und Risikozuschlag korrigierte Abzinsungssatz beträgt 8,5 %. Die Nettoeinzahlungsüberschüsse wurden wie folgt prognostiziert:

	Phase I				Phase II
	02	03	04	05	ab 06
	TEUR	TEUR	TEUR	TEUR	TEUR
Nettomieteinnahmen	9.000	10.000	11.000	11.500	14.500
./. Mietausfallrisiko	–150	–150	–150	–150	–150
./. nicht umlagefähige Betriebskosten	–130	–130	–130	–130	–130
./. Verwaltungskosten	–250	–250	–118	–118	–118
./. Instandhaltungskosten	–347	–99	0	–320	–277
Einzahlungsüberschüsse vor Steuern	8.123	9.371	10.602	10.782	13.825
./. Steuern vom Einkommen und Ertrag (35 %)	–2.843	–3.280	–3.711	–3.774	–4.839
Einzahlungsüberschüsse nach Steuern	**5.280**	**6.091**	**6.891**	**7.008**	**8.986**

Die Ertragswertermittlung stellt sich unter Anwendung des Zwei-Phasen-Modells wie folgt dar:

Ertragswertermittlung Ertragswert

$$\frac{5.280}{(1,085)^1} + \frac{6.091}{(1,085)^2} + \frac{6.891}{(1,085)^3} + \frac{7.008 + \frac{8.986}{0,085}}{(1,085)^4}$$

96.767

Zum 31.12.01 ist die als Finanzinvestition gehaltene Immobilie mit dem beizulegenden Zeitwert i.H.v. 96.767 TEUR anzusetzen. Es ergibt sich ein Ertrag i.H.v. 16.767 TEUR, der in der GuV zu erfassen ist (Rz 52).

Bei der *discounted-cash-flow*-Methode handelt es sich um ein finanztheoretisch fundiertes und in der betriebswirtschaftlichen Investitionsrechnung verbreitetes Verfahren. Allerdings bietet auch diese Methode nur eine **Scheingenauigkeit**, da der so ermittelte Ertragswert notwendigerweise eine subjektive Größe ist und nicht den „objektiven Wert" widerspiegelt. Letztlich besteht durch die Wahl des Prognosehorizonts, die Einschätzung der künftigen Mieteinnahmen und des Leerstandsrisikos sowie des Risikozuschlags auf den risikofreien Zinssatz die Gefahr einer Bestimmung des *„fair value"* von Immobilien nach subjektivem Ermessen und in Abhängigkeit vom **bilanzpolitisch erwünschten** Ergebnis. 99

Die bilanzpolitischen Spielräume werden bislang nur in einem unbefriedigenden Umfang durch eine **Objektivierungsfunktion** eingeschränkt. Nach IAS 40.44 wird der beizulegende Zeitwert durch Transaktionen zwischen unabhängigen Geschäftspartnern bestimmt. Insoweit sind stets die am Bilanzstichtag geltenden (laufzeitäquivalenten) Basiszinssätze zuzüglich eines Risikozuschlags maßgebend. Unklar bleibt allerdings, wie der Risikozuschlag nach „objektiven"

Kriterien ermittelt werden soll. Objektivierungsbedingt sollte sowohl auf erhoffte Mietsteigerungen als auch auf künftige Inflationsanpassungen verzichtet werden, sofern diese nicht bereits am Bilanzstichtag bei angemessener Sorgfalt erkennbar sind (vgl. zum ganzen Komplex auch → § 28 Rz 106ff.).

3.4 Besonderheiten bei Grundsanierungen

3.4.1 Unterschiedliche Erfassung im *cost* und *fair value model*

100 Im Rahmen der Folgebewertung von Renditeimmobilien ist bei der Berücksichtigung von **Gebäudesanierungsmaßnahmen** zwischen der Bewertung zu fortgeführten AK/HK *(cost model)* und zum beizulegenden Zeitwert *(fair value model)* zu unterscheiden:

- Im *cost model* kann der Aufwand aus Sanierungsmaßnahmen als nachträgliche AK/HK berücksichtigt werden (→ § 8 Rz 32ff.).
- Im *fair value model* ist umgekehrt zunächst ein entsprechender Periodenaufwand zu verbuchen.

Bei Anwendung des *fair value model* wird im Schrifttum die Gefahr einer **doppelten Aufwanderfassung** gesehen:[47] Neben den **Zahlungsmittelabflüssen** in Zusammenhang mit der Sanierung sei zusätzlich ein Aufwand aus der *fair-value*-**Minderung** zu berücksichtigen. Als Begründung dient IAS 40.51, wonach der beizulegende Zeitwert einer als Finanzinvestition gehaltenen Immobilie „weder zukünftige Ausgaben zur Verbesserung oder Wertsteigerung noch den damit einhergehenden künftigen Nutzen" widerspiegeln darf. In einem ertragswert- oder *cash-flow*-orientierten Bewertungsmodell führe der **Wegfall von Mieten** während der Sanierungsphase zu einer *fair-value*-Minderung, während mögliche Mieterhöhungen oder die Ausdehnung des Nutzungszeitraums nach Sanierung wegen IAS 40.51 im *fair value* noch keine Berücksichtigung fänden.

3.4.2 Doppelte Aufwanderfassung im *fair value model*?

101 Zur Vermeidung einer Doppelerfassung von Aufwand im *fair value* model werden im zitierten Schrifttum hauptsächlich zwei Lösungen diskutiert:

- Aktive Abgrenzung der sanierungsbedingten Zahlungsmittelabflüsse als *deferred expense* oder
- **Wechsel** von der Bewertung zum *fair value* zur Anschaffungskostenbewertung mit retrospektiver erfolgsneutraler Buchwertanpassung auf der Grundlage von IAS 8.

Beide Lösungen sind unbefriedigend:

- Die Bildung eines **Abgrenzungspostens (*deferred expense*)** für Ausgaben ist in den IFRS nur dort vorgesehen, wo Vorauszahlungen (etwa Mietvorauszahlungen) zu Vermögenswerten führen. Eine aktive Abgrenzung von bereits angefallenen Aufwendungen ist nicht zulässig.
- Auch ein **Methodenwechsel** aufgrund einer Sanierung ist nicht sachgerecht, wenn das Unternehmen nicht nur die **eine** in Sanierung befindliche Investment-Immobilie hält.[48] Nach IAS 40.30 ist die Entscheidung für das *cost*

[47] So Zülch/Willms, BB 2005, S. 374; Beck, KoR 2004, S. 503.

[48] A. A. Beck, Praxishandbuch Real Estate Management 2005, S. 188ff.

oder *fair value model* für das als Finanzinvestition gehaltene Immobilienportfolio **insgesamt** zu treffen (Rz 46). Bei Wahl der Bewertung zum beizulegenden Zeitwert dürfen einzelne Immobilien ausnahmsweise dann zu AK/HK bewertet werden, wenn Schwierigkeiten bestehen, den *fair value* zuverlässig zu bestimmen (IAS 40.53) oder die Immobilie sich im Bau befindet. Beide Ausnahmefälle sind hier – mit der Ausnahme der Kernsanierung – nicht einschlägig.

Eine adäquate Lösung liegt u. E. in der **Auslegung** der für die vermeintliche Doppelerfassung von Aufwand maßgebenden Regelung in IAS 40.51. Diese verbietet die Berücksichtigung **zukünftiger Ausgaben** im beizulegenden Zeitwert der Immobilie, die der **Wertsteigerung** dienen. Von dem Verbot ausgenommen sind somit 102

- **bereits erfolgte** Zahlungen sowie
- zukünftige Ausgaben, die nur zu einer Wert**erhaltung**, nicht aber zu einer Wert**erhöhung** führen.

In dieser Hinsicht sind **drei Sanierungsfälle** zu unterscheiden:

- Die Sanierung **verhindert das weitere Absinken** des *fair value* der Immobilie. Bezogen auf den Zustand vor Sanierungsentscheidung findet insoweit keine Erhöhung des beizulegenden Zeitwerts, sondern lediglich dessen Stabilisierung statt. Die während der Periode vorgenommen Sanierungsarbeiten sind zwar als Aufwand zu erfassen, der *fair value* ist aber nicht nach unten anzupassen. Die Steigerung der Mieten nach Sanierung ist keine in IAS 40.51 angesprochene Wertsteigerung, sondern Kompensation für den Mietausfall während des Sanierungszeitraums, also **werterhaltend**. Die Sanierung wird nur einmal als laufender Aufwand, nicht ein zweites Mal als (fiktive) Minderung des *fair value* der Immobilie berücksichtigt.

Beispiel

Eine langfristig vermietete Immobilie mit einem beizulegenden Zeitwert von 100 Mio. zum 1.1.05 ist in den nächsten zwei Perioden grundlegend zu sanieren. Als Sanierungskosten werden insgesamt 20 Mio., verteilt über die Sanierungsperiode, erwartet. Die bestehenden Mietverträge werden mit Beginn der Sanierungsphase beendet. Nach Abschluss der Arbeiten wird neu vermietet, in der realistischen Variante zu einer höheren Miete oder länger erzielbaren Restnutzungsdauer der Immobilie, nur in einer unrealistischen Variante zu einer gleich bleibenden Miete und Restnutzungsdauer.

In beiden Fällen kann bei einer Ertragswert-/DCF-orientierten Bewertung durch den Wegfall von Mieten für zwei Jahre eine Werteinbuße für die Immobilie ermittelt werden, die im realistischen ersten Fall durch die Folgemieten kompensiert wird. Nur in der unrealistischen Variante tritt daher neben den Aufwand aus der Sanierung ein Aufwand aus Minderung des beizulegenden Zeitwerts.

- Die Sanierung **erhöht** den beizulegenden Zeitwert der Immobilie. Das „Aktivierungsverbot" von IAS 40.51 greift auch hier nur insoweit, als **zukünftige** Sanierungsarbeiten bezogen auf den Zustand vor Sanierungsentscheidung und Entmietung **werterhöhend** wirken. Eine Minderung des beizulegenden Zeitwerts der Immobilie liegt hingegen nicht vor. Mit **einem** Teil sind die Sanierungsaufwendungen der Stabilisierung des *fair value*, mit einem **anderen** Teil der Erhöhung des Immobilienwerts zuzurechnen. Eine Erhöhung des beizulegenden Zeitwerts darf allerdings nur insoweit berücksichtigt werden, wie sie aus **bereits geleisteten** Zahlungen resultiert.

Beispiel
In Abwandlung zu dem gerade dargestellten Sachverhalt beträgt der Sanierungsaufwand 40 Mio. EUR. Dafür wird nicht nur eine Wertstabilisierung der Immobilie, sondern nach zwei Perioden eine Werterhöhung um insgesamt 20 Mio. EUR (50 % der Sanierungskosten) erwartet.
Zu einer Doppelerfassung von Aufwand kommt es nicht. Die Werterhöhung aus der Sanierung ist insoweit zu erfassen, wie sie auf bereits geleistete Sanierungsaufwendungen zurückzuführen ist, da insoweit keine zukünftigen Aufwendungen mehr vorliegen. In Periode 1 ist die Hälfte der Sanierungsarbeiten abgeschlossen, daher erhöht sich der Wert der Immobilie am Ende der Periode 1 bereits um 10 Mio. EUR. Der entsprechende Anteil der Sanierungsaufwendungen ist im beizulegenden Zeitwert der Immobilie zu aktivieren und der verbleibende Aufwandsbetrag im Ergebnis der Periode zu erfassen.

- Durch eine **Kernsanierung** (Um- bzw. Neubau, Teilabriss etc.) entsteht wirtschaftlich eine **neue Immobilie**. Die alte Immobilie ist auf Anlagen im Bau umzubuchen. Für die Bewertung einer im Bau befindlichen als Finanzinvestition gehaltenen Immobilie gilt auch dann das Anschaffungskostenmodell (Rz 7), wenn das Unternehmen sich für eine *fair-value*-Bewertung der *investment properties* entschieden hat (IAS 40.9d; vgl. aber Rz 7). Die Sanierungskosten sind als Herstellungskosten anzusetzen. Nach Abschluss der Sanierungsphase ist eine neue Immobilie i.H.d. Herstellungskosten (Restwert der Altimmobilie + werterhöhende Sanierungsaufwendungen) zu bilanzieren.

4 Nutzungsänderungen und Abgänge

4.1 Nutzungsänderungen

103 Bei eintretenden Nutzungsänderungen sind entsprechende **Umbuchungen** in den Bestand oder aus dem Bestand der als Finanzinvestitionen gehaltenen Immobilien vorzunehmen. **Nutzungsänderungen** zeigen sich insbesondere durch

1. den Beginn der eigenbetrieblichen Nutzung mit der Umbuchung aus dem Bestand der Finanzinvestitionen in den Bestand der eigenbetrieblich genutzten Immobilien (IAS 40.57a);
2. den Beginn von Weiterentwicklungs- und Umbaumaßnahmen zum Zwecke der anschließenden Veräußerung durch Umbuchung in das Vorratsvermögen (IAS 40.57b);
3. das Ende der eigenbetrieblichen Nutzung mit der Übertragung in den Bestand der Renditeliegenschaften (IAS 40.57c);

4. den Beginn eines *operating*-Leasingverhältnisses mit einem anderen Vertragspartner und der Umbuchung aus dem Vorratsbestand in den Bestand der Renditeliegenschaften (IAS 40.57d);
5. die geplante Veräußerung einer Anlageimmobilie mit der Übertragung in den Bestand der zum Verkauf bestimmten Vermögenswerte (IFRS 5.6).

Nach geltendem Recht gilt auch der Beginn von Weiterentwicklungs- und Umbaumaßnahmen an einer Anlageimmobilie zum Zwecke der Veräußerung noch als Nutzungsänderung mit der Folge einer Umbuchung der Immobilie in das Vorratsvermögen (IAS 40.57b). Der beizulegende Zeitwert im Umwidmungszeitpunkt fungiert dann als Anschaffungskosten des Vorratsvermögens. 104

Durch das *Annual Improvements Project* (ED/2009/11) sollte die Möglichkeit zur Umqualifizierung einer Renditeliegenschaft in das Vorratsvermögen aufgehoben werden. Eine Renditeliegenschaft wäre nach der geplanten Anpassung des geltenden Rechts dann so lange im Anwendungsbereich von IAS 40 geblieben, bis eine konkrete Veräußerung geplant und damit IFRS 5 einschlägig wäre (→ § 29 Rz 4). Die im ED/2009/11 noch vorgesehene Anpassung wurde allerdings aufgegeben; auch weiterhin ist eine Umklassifizierung von Renditeliegenschaften in das Vorratsvermögen zulässig.[49]

Mit Beginn der eigenbetrieblichen Nutzung gilt nach IAS 40.60 der beizulegende Zeitwert im Umwidmungszeitpunkt als Anschaffungs- oder Herstellungskosten der eigenbetrieblich genutzten Immobilie nach IAS 16 (→ § 8). Mit Ende der eigenbetrieblichen Nutzung und Beginn der Nutzung als Renditeliegenschaft ist die Immobilie bis zum Zeitpunkt der Nutzungsänderung entsprechend IAS 16 (→ § 14) zu bewerten (IAS 40.61). Mit Beginn eines *operating lease* ist die Immobilie bis zum Zeitpunkt der Nutzungsänderung entsprechend IAS 2 zu bewerten (→ § 17). Bei geplanter Veräußerung ist die Immobilie entsprechend IFRS 5 gesondert zu behandeln (→ § 29). 105

Die zum Umwidmungszeitpunkt noch nicht berücksichtigten **Wertminderungen** sind erfolgswirksam durch **außerplanmäßige Abschreibungen** zu erfassen (→ § 11 Rz 10ff.). Soweit jedoch eine Neubewertungsrücklage aus einer früheren **Neubewertung** besteht, sind Wertminderungen zunächst erfolgsneutral durch Verrechnung mit der Neubewertungsrücklage zu berücksichtigen. Die darüber hinausgehenden und nicht durch entsprechende Neubewertungsrücklagen gedeckten Wertminderungen wirken sich ergebnismindernd aus (IAS 40.62a; vgl. → § 8 Rz 86). 106

Beispiel 107

Ein Unternehmen hat am 1.1.02 ein Bürogebäude zum Zwecke der Eigennutzung errichtet. Dabei sind Herstellungskosten i. H. v. 1 Mio. EUR angefallen. Die betriebsgewöhnliche Nutzungsdauer beträgt 20 Jahre. Am 31.12.02 steigt der Marktwert des Gebäudes aufgrund der geplanten Erschließung eines Gewerbegebiets auf 1,9 Mio. EUR. Deshalb geht das Management zur Neubewertung für alle Gebäude über (→ § 8 Rz 68). Im Jahr 03 werden die Pläne für das Gewerbegebiet von der Gemeinde verworfen. Am 31.12.03 entschließt sich deshalb die Unternehmensleitung zu einer

[49] Vgl. IASB, Update October 2010; IFRIC, Update May 2010.

Betriebsverlegung und Fremdvermietung des Bürogebäudes. Inzwischen ist der Marktwert des Gebäudes auf 0,6 Mio. EUR gesunken.

Lösung
Zum 31.12.03 ist das Bürogebäude in die Renditeimmobilien umzubuchen und mit 600 TEUR anzusetzen. Der Wertansatz entwickelt sich wie folgt:

	IAS 16
	EUR
Wertansatz 1.1.02	1.000.000
– planmäßige Abschreibungen (GuV)	– 50.000
+ Einstellung in die Neubewertungsrücklage (EK) (Rz 108)	950.000
Wertansatz 31.12.02	1.900.000
– planmäßige Abschreibungen (GuV)	– 100.000
– Auflösung Neubewertungsrücklage (EK)	– 950.000
– außerplanmäßige Abschreibungen (GuV)	– 250.000
Wertansatz 31.12.03	600.000

Zunächst sind die planmäßigen Abschreibungen über die Restnutzungsdauer von 19 Jahren unter Berücksichtigung der neu ermittelten Abschreibungsbemessungsgrundlage i. H. v. 1,9 Mio. EUR vorzunehmen. Zum Zwecke der Erfassung der Wertminderung im Umwidmungszeitpunkt erfolgt zunächst eine Verrechnung mit der im Vorjahr gebildeten Neubewertungsrücklage i. H. v. 950 TEUR. Die nicht durch die Neubewertungsrücklage gedeckte Wertminderung wird durch eine außerplanmäßige Abschreibung i. H. v. 250 TEUR erfasst.
Fraglich ist, inwieweit die planmäßige Abschreibung in 03 von 100 TEUR sinnvoll in vollem Umfang erfolgswirksam zu buchen ist (→ § 8 Rz 83 und 93).

108 Im Umwidmungszeitpunkt sind **höhere Zeitwerte** gegenüber den fortgeführten Anschaffungs- oder Herstellungskosten wie folgt zu erfassen:

- Soweit die Erhöhung des Buchwertes eine früher vorgenommene außerplanmäßige Abschreibung **kompensiert**, ist die Zuschreibung **erfolgswirksam** als sonstiger betrieblicher Ertrag zu erfassen. Die erfolgswirksame Zuschreibung ist auf den Wert begrenzt, der sich ergeben hätte, wenn keine außerplanmäßige Abschreibung vorgenommen worden wäre (IAS 40.62b).
- Ein noch **verbleibender Teil** der Erhöhung des Buchwertes ist erfolgsneutral in einer **Neubewertungsrücklage** zu erfassen. Bei einem späterem Abgang der Immobilie darf die Neubewertungsrücklage erfolgsneutral in die Gewinnrücklagen umgebucht werden (IAS 40.62b). Vergleichbar ist die Regelung für das Neubewertungskonzept (→ § 8 Rz 68ff.).

Beispiel 109

Die A-AG hat im Januar 05 ein unbebautes Grundstück zum Zwecke der betrieblichen Nutzung für 1.000 TEUR erworben. Das Grundstück weist am 31.12.03 einen Zeitwert von 1.100 TEUR auf. Am 1.6.06 entschließt sich die Unternehmensleitung, das Grundstück als Anlagerendite zu nutzen. Der beizulegende Zeitwert beträgt zu diesem Zeitpunkt 1.300 TEUR. Am 31.12.06 veräußert die Gesellschaft das Grundstück zu einem Veräußerungspreis i. H. v. 1.400 TEUR.

Lösung

Im Juni 06 ist das Grundstück in die als Finanzanlagen gehaltenen Immobilien umzugliedern. Die Erhöhung des Buchwertes ist erfolgsneutral durch Bildung einer Neubewertungsrücklage (vgl. → § 8 Rz 70) zu erfassen. Im Veräußerungszeitpunkt realisiert die Gesellschaft einen Veräußerungsgewinn. Die Neubewertungsrücklage kann in die Gewinnrücklagen umgebucht werden.

Die Buchungssätze im Jahr 06 ergeben sich wie folgt:

1.6.06

Konto	Soll	Haben
Grundstücke	200	
Neubewertungsrücklage		200

31.12.06

Konto	Soll	Haben
Flüssige Mittel	1.400	
Grundstücke		1.300
Sonstiger betriebliche Ertrag		100
Neubewertungsrücklage	200	
Gewinnrücklage		200

Hinweis: Der gesamte zwischenperiodisch erzielte Gewinn beträgt 300 TEUR, ausgewiesen werden aber nur 200 TEUR; vgl. hierzu das Beispiel in → § 8 Rz 92; für Steuerlatenz Rz 114.

Zum Umwidmungszeitpunkt bestehende Wertdifferenzen zwischen Buchwert und Zeitwert sind im Rahmen einer Umqualifizierung aus dem Vorratsvermögen erfolgswirksam in der GuV zu erfassen (IAS 40.63). 110

4.2 Abgänge

Eine als Finanzinvestition gehaltene Immobilie darf nicht mehr in der Bilanz angesetzt werden, wenn sie durch Verkauf oder den Abschluss eines *finance*-Leasingverhältnisses abgeht oder zukünftige wirtschaftliche Vorteile nicht mehr zu erwarten sind (IAS 40.66). Es wird **verwiesen** auf die Kommentierung zu IFRS 5 (→ § 29). 111

Gewinne oder **Verluste** aus dem Verkauf oder der Stilllegung von Renditeliegenschaften ergeben sich aus der Differenz zwischen dem Nettoveräußerungserlös und dem Buchwert der Immobilie. Das Veräußerungsergebnis ist in der GuV als 112

Ertrag bzw. Aufwand zu erfassen, es sei denn, dass IAS 17 (→ § 15 Rz 158ff.) etwas anderes bei *sale-and-lease-back*-Transaktionen vorsieht (IAS 40.69).

113 Sofern die Zahlung des Kaufpreises vom Verkäufer **gestundet** wird, gilt das Barpreisäquivalent gem. IAS 18.11. Das erwartete Entgelt wird danach zunächst i.H.d. Barwertes angesetzt (IAS 40.63). Der Unterschied zwischen Nominalwert und Barwert des Entgelts wird als Zinsertrag gem. IAS 18.30 zeitproportional unter Anwendung der Effektivzinsmethode erfasst (IAS 40.70).

5 Steuerlatenz

114 Steuerlich ist die buchmäßige Werterhöhung nach dem *fair value model* nicht nachvollziehbar. Es kommt dann – bei gegenüber den fortgeführten Anschaffungs- oder Herstellungskosten höherem Buchwert in der IFRS-Bilanz – zu einer **passiven Steuerlatenz**. Die zu bildende Rückstellung „schwankt" proportional (gleicher Steuersatz) mit der Differenz zwischen Steuerbuchwert und *fair value*. Die Bildung und Veränderung der Rückstellung für Steuerlatenzen ist erfolgswirksam zu buchen (→ § 26 Rz 129). Besondere Latenzwirkungen ergeben sich bei Steuersystemen mit unterschiedlichen (verwendungsabhängigen) Steuersätzen (→ § 26 Rz 123).

6 Ausweis

115 Aufgrund der Besonderheit der als Finanzinvestitionen gehaltenen Immobilien dürfen diese nicht gemeinsam mit den betrieblich genutzten Immobilien in der Bilanz ausgewiesen werden. Deshalb ist in der Bilanz nach IAS 1.54b ein **gesonderter** Ausweis im Anlagevermögen getrennt von den Sachanlagen vorgeschrieben (→ § 2 Rz 41).

116 Soweit die Bewertung von Renditeliegenschaften nach dem *fair value model* vorgenommen wird, sind Aufwertungen und Abwertungen auf den beizulegenden Zeitwert stets **erfolgswirksam** in der GuV auszuweisen (IAS 40.27). Eine erfolgsneutrale Erfassung der Wertänderungen entweder im *other comprehensive income* oder direkt im Eigenkapital ist nicht zulässig (Rz 52).

117 Im Interesse der Klarheit und Übersichtlichkeit des Abschlusses kann sich in der GuV eine **getrennte** Darstellung der Aufwendungen und Erträge aus der Veränderung der beizulegenden Zeitwerte empfehlen (Rz 57). Nach IAS 1 (oder 8) dürfte mindestens bei größeren Portfolios mit Wertänderungen teils in der einen, teils in der anderen Richtung aber auch der saldierte Ausweis (→ § 2 Rz 23) zulässig sein. Ergebniseffekte aus der Veränderung des beizulegenden Zeitwerts von Renditeimmobilien sind von Immobilienunternehmen als Teil des operativen Ergebnisses zu erfassen.

7 Angaben

7.1 Allgemeine Angaben

118 Unabhängig von der Bewertung zu fortgeführten Anschaffungs- oder Herstellungskosten bzw. zu Marktwerten sind nach IAS 40.75 folgende Angaben zu machen:

- die angewandte **Bewertungsmethode** für Anlageimmobilien (Anschaffungskostenmethode oder Zeitwertmethode);
- die Kriterien zur **Abgrenzung** betrieblich genutzter Immobilien von Renditeliegenschaften;
- die **Methoden** und wesentlichen **Annahmen** zur Bestimmung der **beizulegenden Zeitwerte** der Anlageimmobilien sowie der Umfang der Bewertung durch einen unabhängigen **Gutachter**;
- die in der **GuV** erfassten Beträge für:
  - Miet- und Pachterträge aus Anlageimmobilien;
  - direkte betriebliche Aufwendungen im Zusammenhang mit Anlageimmobilien (z.B. Reparaturaufwendungen, Instandhaltungsaufwendungen);
- die Existenz und das Ausmaß von **Beschränkungen in der Realisierbarkeit** von Anlageimmobilien;
- wesentliche **vertragliche Verpflichtungen** bez. Kauf, Herstellung, Entwicklung oder Instandhaltung von Anlageimmobilien.

Die Ausweitung des Anwendungsbereichs von IAS 40 auf Renditeliegenschaften im Bau führt nicht zu einer Änderung der Offenlegungsregeln. Im Rahmen einer praktischen Umsetzung empfiehlt sich allerdings eine Unterscheidung hinsichtlich der Angabepflichten zwischen bereits fertiggestellten und im Bau befindlichen Renditeliegenschaften.[50] 119

Die wesentlichen Bewertungsannahmen für die Bestimmung des beizulegenden Zeitwerts sind offenzulegen. Für Renditeliegenschaften im Bau lassen sich regelmäßig andere sensitive Bewertungsannahmen feststellen (Rz 64) als für bereits fertiggestellte Immobilien.

7.2 Angaben bei der Bewertung zu Zeitwerten

Gem. IAS 40.76 ist zusätzlich zu den Angaben nach Rz 118 eine **Entwicklung** im Bestand der Renditeliegenschaften im Geschäftsjahr (ohne Vergleichswerte zum Vorjahr) bspw. nach folgendem Schema darzustellen: 120

Renditeliegenschaften gem. IAS 40	Sparte Office TEUR	Sparte Home TEUR	Gesamt TEUR
Anschaffungskosten			
Stand 1.1.06	1.000	500	1.500
Zugänge			
Veränderung Konsolidierungskreis	500	300	800
Zukäufe	230	130	360
Abgänge	–20	–10	–30
Umklassifizierungen	50	45	95
Stand 31.12.06	**1.760**	**965**	**2.725**

50 Vgl. Zaugg/Krämer/Meyer, IRZ 2009, S. 531 ff.

Renditeliegenschaften gem. IAS 40	Sparte Office TEUR	Sparte Home TEUR	Gesamt TEUR
Wertveränderungen			
Stand 1.1.06	600	200	800
Höherbewertungen	200	50	250
Tieferbewertungen	–150	–10	–160
Abgänge	–10	–5	–15
Stand 31.12.06	**640**	**235**	**875**
Buchwert = Marktwert zum 31.12.06	**2.400**	**1.200**	**3.600**

In den Fällen, in denen Anlageimmobilien in **Ermangelung eines verlässlich bestimmbaren Zeitwertes** zu fortgeführten **Anschaffungskosten** bewertet werden, ist nach IAS 40.78 die vorstehende Buchwertentwicklung getrennt von den anderen als Finanzinvestitionen gehaltenen Immobilien darzustellen.
Zusätzlich sind

- die nicht zu Zeitwerten bewerteten Immobilien zu beschreiben (IAS 40.78a);
- die Gründe dafür zu nennen, warum Marktwerte hierfür nicht ermittelt werden konnten (IAS 40.78b);
- nach Möglichkeit die Bandbreiten der wahrscheinlichen Zeitwerte anzugeben (IAS 40.78c).

Bei **Veräußerungen** von Anlageimmobilien, die in Ermangelung eines verlässlich beizulegenden Zeitwertes zu fortgeführten Anschaffungskosten bewertet werden, sind außerdem nach IAS 40.78d die Buchwerte zum Zeitpunkt des Verkaufs und die aus dem Verkauf realisierten Gewinne bzw. Verluste zu nennen.
Bei der Bewertung zu Zeitwerten ist beim **Leasingnehmer** anzugeben, ob und in welchem Umfang Immobilien zu Marktwerten bewertet werden, die Gegenstand eines *operate*-Leasingverhältnisses sind (IAS 40.75c). Nach IAS 40.80 ist der diesbezügliche Effekt aus der erstmaligen Anwendung von IAS 40 darzulegen. Dabei wird für publizitätspflichtige Gesellschaften eine Anpassung der Gewinnrücklagen empfohlen (IAS 40.80a).

7.3 Angaben bei der Bewertung zu Anschaffungskosten

121 Es wird auf die Kommentierung mit **Formulierungsbeispielen** zu IAS 16 **verwiesen** (→ § 14 Rz 24 ff.).

7.4 Angaben bei der Bewertung zu fortgeführten Anschaffungs- oder Herstellungskosten

122 Bei der Bewertung zu fortgeführten Anschaffungs- oder Herstellungskosten *(cost model)* ist nach IAS 40.79 zusätzlich zu den Angaben nach (Rz 118) eine Buchwertentwicklung der Renditeliegenschaften im Geschäftsjahr (ohne Vergleichswerte zum Vorjahr) bspw. nach folgendem Schema darzustellen:

Renditeliegenschaften gem. IAS 40	**Sparte Office TEUR**	**Sparte Home TEUR**	**Gesamt TEUR**
Buchwerte			
Stand 1.1.06	1.000	500	1.500
Zugänge			
Veränderung Konsolidierungskreis	500	300	800
Zukäufe	240	130	370
nachträgliche Anschaffungskosten	230	130	360
Abgänge	–20	–10	–30
Umklassifizierungen	70	30	100
Abschreibungen			
planmäßige Abschreibungen	–20	–100	–120
außerplanmäßige Abschreibungen	–30	–50	–80
Umrechnungsdifferenzen	10	–10	0
Stand 31.12.06	**1.980**	**920**	**2.900**

Darüber hinaus sind die verwendeten Abschreibungsmethoden, Nutzungsdauern und Abschreibungssätze sowie der beizulegende Zeitwert (Rz 43) der Renditeliegenschaften anzugeben. 123

Nach deutscher Begrifflichkeit sind die *investment properties* dem **Anlagevermögen** zuzuordnen. Gleichwohl ist für sie die übliche Entwicklung des Bilanzausweises von der Anfangs- bis zur Schlussbilanz im Wege des **Anlagespiegels** bzw. **-gitters** nicht vorgeschrieben – anders z. B. für sächliches Anlagevermögen nach IAS 16 (→ § 14) und für immaterielle Vermögenswerte gem. IAS 38 (→ § 13) – **sofern** das *fair value model* (Rz 52) angewandt wird (IAS 40.76 im Vergleich zu IAS 40.79). Das hat auch seinen guten Grund, denn (außerplanmäßige) **Abschreibungen** und **Wertaufholungszuschreibungen** als wesentliche Bestandteile eines Anlagespiegels können unter dem *fair value model* nicht auftreten (Rz 55). Veränderungen der Buchwerte können sich nur durch **Zu- und Abgänge** einerseits und **Wertveränderungen** andererseits ergeben. Wenn gleichwohl diese Wertveränderungen im üblichen Anlagespiegel als Zuschreibungen oder Zugänge oder als Abschreibungen oder Abgänge ausgewiesen werden, erscheint eine zusätzliche Erläuterung im Anhang erforderlich. Darstellungstechnisch können diese Sonderbewegungen nach dem *fair value model* auch in zwei gesonderten Spalten des Anlagespiegels gezeigt werden. 124

Die bisherige Berichterstattung deutscher Konzerne zu den *investment properties* ist als **zurückhaltend** zu werten.[51] Neuere Auswertungen zeigen hier allerdings eine zunehmende Angabebereitschaft. Die Angaben zur Bewertungsmethodik und den Bewertungsparametern sowie zum Einbezug von Gutachtern werden weiterhin als verbesserungsfähig angesehen.[52] 125

---

[51] Vgl. von Keitz, Praxis der IASB-Rechnungslegung, 2. Aufl., 2005, S. 80.

[52] Vgl. Müller/Wobbe/Reinke, IRZ 2009, S. 249ff.

8 Anwendungsprobleme nach dem REITG

8.1 Inhalt

126 Durch das REITG vom 1.6.2007[53] (REIT = *Real Estate Investment Trust)* will der Gesetzgeber nach zahlreichen ausländischen Vorbildern den Sektor der größeren Immobilienwirtschaft durch bessere Anlagemöglichkeiten für Groß- und Kleininvestoren fördern. Der Rechtsstruktur nach handelt es sich um besonders ausgestaltete Aktiengesellschaften mit Börsennotierung, die allerdings auch unter bestimmten Voraussetzungen Tochtergesellschaften im In- und Ausland als Beteiligung erwerben und halten dürfen (Rz 128). Ein wesentliches Strukturmerkmal des REITG liegt in der bedingten **Steuerbefreiung.** Die Gesellschaft wird steuertechnisch als „transparent" – insoweit vergleichbar einer mitunternehmerischen Personengesellschaft – behandelt, m. a.W.: Die Besteuerung erfolgt zur Gänze beim Anteilseigner. Dazu ist auch eine recht hohe Mindestausschüttung i.H.v. 90 % des um bestimmte Beträge korrigierten handelsrechtlichen Jahresüberschusses zwingend vorgegeben (§ 13 Abs. 1 REITG). Eine weitere steuerliche Förderung erfahren zeitlich beschränkt unter bestimmten Bedingungen Steuerpflichtige, die einen **Veräußerungsgewinn** durch den Verkauf von Grund und Boden und Gebäude an eine REIT-AG erzielen (§ 3 Nr. 70 EStG).

127 Voraussetzung zur Anwendung des REITG auf eine AG ist die Einhaltung einer ganzen Reihe von restriktiven **Voraussetzungen**:

- Schwerpunkt der Geschäftstätigkeit bei Immobilienanlagen (§ 1 Abs. 1 REITG).
- Mindeststreuung der REIT-Aktien (§ 11 REITG).
- Verbot eines eigentlichen Immobilienhandels (§ 14 REITG).
- Die bereits erwähnte Mindestausschüttung (§ 13 REITG).
- Einhaltung bestimmter Strukturmerkmale in der Bilanz und der GuV-Rechnung (§ 12 REITG; Rz 99).
- Einhaltung einer Mindesteigenkapitalrelation von 45 % der in Grundvermögen bestehenden Aktivwerte (§ 15 REITG; Rz 101).
- Die REIT-AG darf selbst keine Nebentätigkeiten zum eigentlichen Unternehmenszweck ausüben, sondern nur wertmäßig eingeschränkt über Tochterkapitalgesellschaften bei einer Beteiligungsquote von 100 % (sog. REIT-Dienstleistungsgesellschaften) (§ 1 Abs. 2 REITG).

128 Zusätzlich sind der REIT-AG folgende **Beteiligungen** erlaubt (§ 1 Abs. 1 Nr. 2 REITG):

- an Immobilienpersonengesellschaften,
- an Auslandsobjektgesellschaften bei 100 %iger Beteiligungsquote,
- an Komplementär-GmbHs, die nur zur Geschäftsführung und Übernahme der persönlichen Haftung an einer Personengesellschaft beteiligt sind.

8.2 Bezugnahme auf IAS 40

8.2.1 Strukturmerkmale

129 Die Beschränkung des Geschäftszwecks auf den **Erwerb** und die **Nutzung** von **Immobilien** legt eine Bezugnahme auf den Regelungsinhalt von IAS 40 nahe, soweit die genannten Voraussetzungen rechnungslegungsrelevant sind. Dazu gehören:

---

53 BGBl I S. 914.

- die Definition des betroffenen Immobilienbesitzes,
- die Einhaltung der erwähnten Strukturmerkmale (Rz 127) in Bilanz und GuV-Rechnung (Rz 130),
- der Konzerntatbestand.

Aus Sicht der Rechnungslegung liegt die Einvernahme von IAS 40 auch im Hinblick auf die Möglichkeit eines **internationalen Vergleichs** nahe. Tatsächlich schreibt § 12 Abs. 1 REITG einen **IFRS-Konzernabschluss** über § 315a HGB (→ § 7 Rz 9), hilfsweise einen **IFRS-Einzelabschluss** gem. § 325 Abs. 2a HGB (→ § 7 Rz 11) vor.

An die IFRS-Rechnungslegung generell und insbesondere IAS 40 knüpft das REITG in den §§ 12 und 15 bestimmte **Strukturmerkmale**, deren Nichteinhaltung insbesondere durch den Entzug der Steuerbefreiung und Strafzahlungen **sanktioniert** wird (§ 15 REITG). 130

- **Strukturmerkmal I: Mindesteigenkapital (§ 15 REITG)** 131

Das am Ende eines Geschäftsjahres ausgewiesene Eigenkapital im Einzel- und Konzernabschluss muss mindestens 45 % des dort ausgewiesenen unbeweglichen Vermögens betragen. Die Höhe des Eigenkapitals ergibt sich aus den Vorschriften des IAS 32. Wegen Einzelheiten wird auf → § 20 verwiesen. Die Klassifizierung und Bewertung von unbeweglichem Vermögen ist unter Rz 135 dargestellt.

- **Strukturmerkmal II: Anteil des unbeweglichen Vermögens an der Summe der Aktiva in folgender Ausprägung (§ 12 Abs. 2 REITG):** 132

  Die Bezugsgröße errechnet sich wie folgt:

+	Summe der Aktiva	
–	Ausschüttungsverpflichtung i.S.d. § 13 Abs. 1 REITG	
–	Rücklage für Veräußerungsgewinn i.S.d. § 13 Abs 3 REITG	
=	Bezugsgröße	= 100 %

  Hierauf bezogen müssen folgende Relationen eingehalten werden:

–	unbewegliches Vermögen im Einzel- oder Konzernabschluss der REIT-AG **mindestens**	75 %
–	Aktiva der REIT-Dienstleistungsgesellschaften (Rz 127) **höchstens**	20 %

  Auslandsobjektgesellschaften, die in den Konzernabschluss der REIT-AG einzubeziehen sind, müssen mindestens 90 % des Gesamtvermögens in Immobilien investieren.

- **Strukturmerkmal III: Anteil der Erlöse und Erträge an den entsprechenden Gesamtbeträgen im Einzel- und Konzernabschluss (§ 12 Abs. 3 REITG)** 133

–	Erlöse und Erträge aus Immobilien im Einzel- oder Konzernabschluss der REIT-AG **mindestens**	75 %
–	Erlöse und Erträge aus Immobilienvermögen von REIT-Dienstleistungsgesellschaften **höchstens** der vergleichbaren Beträge im Konzernabschluss	20 %

134 Die genannten Strukturgrößen enthalten

- **Mengen**komponenten: Was gilt als Immobilienvermögen i.S.d. §§ 12 und 15 REITG (Rz 134)?
- **Wert**komponenten: Wie ist dieses Immobilienvermögen zu bewerten (Rz 136)?

8.2.2 Ansatz, Ausweis und Bewertung des unbeweglichen Vermögens

135 Als bilanzielles Strukturmerkmal fordern § 12 Abs. 2 Buchst. a und § 15 REITG, dass mindestens 75 % der um Ausschüttungsverpflichtungen und bestimmte Rücklagen bereinigten Aktiva zum unbeweglichen Vermögen gehören und das Eigenkapital mindestens 75 % des unbeweglichen Vermögens beträgt. Der Begriff des unbeweglichen Vermögens wird in § 3 Abs. 8 REITG mit **Grundstücken, grundstücksgleichen und vergleichbaren Rechten gleichgesetzt.** Neben dem Immobilienvermögen i.e.S. sind auch Anteile an **Immobilienpersonengesellschaften** (Rz 128) bei der Strukturberechnung zu berücksichtigen.

Basis der Strukturprüfungen ist die IFRS-Bilanz. Von Bedeutung ist daher das Verhältnis der IFRS-Ausweis- und Ansatzvorschriften zum gesetzlichen Begriff des unbeweglichen (Immobilien-)Vermögens.

Als Positionen für den Ausweis von Immobilien kommen in der IFRS-Bilanz infrage:

- (selbst genutzte) Sachanlageimmobilen gem. IAS 16 (→ § 14),
- der Vermietung oder langfristigen Wertsteigerung dienende *investment properties* gem. IAS 40,
- Vorräte gem. IAS 2 (→ § 17),
- Forderungen aus Fertigungsaufträgen über Gebäude gem. IAS 11 (→ § 18),
- zur Veräußerung bestimmte Sachanlageimmobilien und *investment properties* gem. IFRS 5 (→ § 29).

Im Verhältnis zum Immobilienbegriff des REITG ergeben sich folgende Wertungen und Probleme:[54]

- **Selbst genutzte** Immobilien – z.B. das Verwaltungsgebäude der REIT-AG – im Regelungsbereich von IAS 16 (→ § 14) stellen unbewegliches Vermögen der REIT-AG dar. Dies gilt auch dann, wenn die REIT-AG lediglich Leasingnehmer, der Vertrag aber als *finance lease* zu qualifizieren ist (→ § 15 Rz 19). Eine gegenteilige Interpretation wäre widersprüchlich: Der Nenner der Strukturanforderung „mindestens 75 % Anteil des unbeweglichen Vermögens" (§ 12 Abs. 2a REITG) stellt auf das bilanzielle Aktivvermögen ab; im *finance lease* angemietete Immobilien sind damit jedenfalls bei der Ermittlung des Nenners zu berücksichtigen. Würde sie dann andererseits nicht im Zähler (beim bilanzierten unbeweglichen Vermögen) Berücksichtigung finden, wäre die Berechnung nicht mehr konsistent. Entsprechende Überlegungen gelten für die Strukturgröße „Eigenkapital" im Verhältnis zum unbeweglichen Vermögen.
- *Investment properties*, also hauptsächlich die der Vermietung dienenden Immobilien im Regelungsbereich von IAS 40, stellen ebenfalls unbewegliches

54 Vgl. zum Folgenden KÜHNBERGER, BB 2007, S. 1211.

Vermögen der REIT-AG dar. Führt die Vermietung der Immobilie zu einem *finance lease*, ist die Immobilie nicht mehr von der REIT-AG zu bilanzieren. Sie ist rechtlicher, aber nicht wirtschaftlicher Eigentümer. Mit umgekehrtem Vorzeichen gilt dann die oben stehende Überlegung: Die im *finance lease* überlassene Immobilie ist weder im Nenner noch im Zähler der Strukturgrößen zu berücksichtigen.

- Im **Sonderfall** einer Anmietung der Immobilie durch die REIT-AG im *operating lease* mit Weitervermietung ebenfalls im *operating lease* kann die REIT-AG trotz fehlenden wirtschaftlichen Eigentums gem. IAS 40.34 die Immobilie bilanzieren, sofern sie zum *fair-value*-Modell optiert (Rz 6). Auch hier gilt: Da die Immobilie in den Nenner der Strukturgröße als Anteil des unbeweglichen Vermögens einzubeziehen ist, findet sie als Immobilienvermögen auch im Zähler Berücksichtigung. Entsprechendes gilt für die auf das Eigenkapital gerichtete Strukturgröße.
- **Vorrats**immobilien i. S. d. IAS 2 (→ § 17) werden im Hinblick auf das Verbot des Immobilienhandels in § 14 REITG höchst selten vorkommen. Man kann sich allenfalls den Fall des Erwerbs eines Immobilien-Portfolios vorstellen, das teilweise zur Weiterveräußerung bestimmt ist. Dann liegt aber eher ein Sachverhalt des *held for sale* nach IFRS 5.3 vor (→ § 29 Rz 6). Ob im Rahmen der **Dienstleistungs**-Tochtergesellschaften (Rz 127) ein Immobilienhandel betrieben werden darf, erscheint wegen des generellen Ausschlusses in § 14 REITG eher zweifelhaft.
- Dagegen kann eine solche Dienstleistungsgesellschaft (Rz 127) die **Projektentwicklung** betreiben (so die Begründung zum Regierungsentwurf), und zwar auch für Dritte. Solche Bauprojektentwicklungen unterliegen je nach Würdigung, ob eine kundenspezifische Auftragsfertigung vorliegt oder nicht, entweder den Bestimmungen des IAS 11 (→ § 18) oder denen des IAS 2 (→ § 17). Im ersten Fall sind diese Entwicklungsaufträge nicht als Grundstücke, sondern als **Forderungen** auszuweisen (→ § 18 Rz 75), im zweiten Fall als unfertige (oder fertige) Erzeugnisse. U.E. hat diese Unterscheidung für die Einbeziehung in den Immobilienbestand i. S. d. § 12 Abs. 2 Satz 1a REITG keine Relevanz, da in beiden Fällen zulässige Aktivitäten aus Projektentwicklungen vorliegen, die entweder in beiden Fällen in die Strukturgröße einzubeziehen sind oder in beiden Fällen nicht.
- Bei **Veräußerungsabsicht** (außerhalb des Immobilienhandels) sind Sachanlageimmobilien und *investment properties* nach Maßgabe von IFRS 5 (→ § 29) auszuweisen. Die Begründung der Veräußerungsabsicht ändert nichts an der Immobilienqualität des Vermögenswertes. Er bleibt in die 75-%-Grenze einzubeziehen.

Die Bewertung des unbeweglichen Vermögens richtet sich primär nach den **136**
Vorgaben der jeweils anzuwendenden Standards:

- Bei **Veräußerungs**absicht gilt nach IFRS 5.15 die *fair-value*-Bewertung abzüglich Veräußerungskosten (→ § 29 Rz 31).
- Selbst genutzte Immobilien mit bilanzieller Zurechnung bei der REIT-AG sind nach IAS 16 wahlweise nach dem Anschaffungskosten- oder nach dem Neubewertungsmodell anzusetzen (→ § 14 Rz 18).
- Bei *investment properties* i. S. d. IAS 40 gilt das Wahlrecht zwischen Anschaffungskosten- und *fair-value*-Modell (Rz 43).

- Wegen **Abgrenzungsproblemen** zwischen Anlageimmobilien und eigengenutzten (Rz 5 ff.), insbesondere bei gemischt genutzten Immobilien (Rz 14 ff.) wird auf die dortige Kommentierung verwiesen.
- Bei **Vorratsimmobilien** und **Fertigungsaufträgen** gelten IAS 2 und IAS 11.

137 Das o.g. Wahlrecht (für Anlageimmobilien, *cost model* oder *fair value model*) wird durch § 12 Abs. 1 Satz 2 REITG im Ergebnis **aufgehoben**. Für die Bilanzierung (nach IFRS) kann die REIT-AG zwar das Anschaffungskostenmodell wählen, muss jedoch in einer Nebenrechnung zur Ermittlung der Strukturmerkmale für die Bilanz (Rz 132) und die GuV-Rechnung (bei Abgängen von Grundstücken Rz 133) eine Überleitungsrechnung zur *fair-value*-Bewertung vornehmen.

138 Beteiligungen an Immobilienpersonengesellschaften sind gem. IAS 27.37 **wahlweise** zu Anschaffungskosten oder zum *fair value* zu bewerten (→ § 28 Rz 164). Auch dieses Wahlrecht wird durch § 12 Abs. 1 Satz 3 REITG zur Ermittlung der Strukturmerkmale für die Bilanzen (Rz 132) aufgehoben: Es gilt der *fair-value*-Ansatz.

8.3 HGB-Bilanzierung

139 Die REIT-AG muss gem. § 13 REITG **parallel** zur Rechnungslegung nach IFRS auch nach HGB bilanzieren zur

- Ermittlung des auszuschüttenden Gewinns auf der Basis linearer Abschreibungen,
- Dotierung einer Rücklage aus Veräußerungsgewinnen für Immobilienverkäufe.

140 Für das GuV-Strukturmerkmal (Rz 133) enthalten § 12 Abs. 3 und 4 REITG recht umfangreiche Hinweise zu den „immobiliennahen" Ertrags- und Aufwandsposten. Das mag mit der minimalistischen Gliederungsvorgabe für die GuV-Rechnung nach IFRS zusammenhängen (→ § 2 Rz 52). Die deutsche IFRS-Rechnungslegungspraxis orientiert sich deshalb an der Gliederungssystematik in § 275 HGB.

Sinnvollerweise differenziert § 12 Abs. 3 REITG nicht nach „Umsatzerlösen" und „sonstigen Erträgen", die dem Immobilienbereich zuzuordnen sind. Hier gibt es notorisch Abgrenzungsprobleme bez. des Ausweises, die durch die zusammenfassende Betrachtung des Gesetzes („soweit sie nicht unter den Umsatzerlösen zu erfassen sind") aufgehoben werden. Ergänzend sind unter den „sonstigen Erträgen" saldierend Aufwandspositionen zu berücksichtigen.

Im Einzelnen werden vom Gesetz folgende Ertrags- und Aufwandsarten – auch unregelmäßig vorkommende – genannt:

- Vermietung,
- Leasing,
- Verpachtung,
- immobiliennahe Tätigkeiten (z.B. für Hausverwaltung; Rz 10),
- Veräußerungsgewinne aus Immobilienverkauf,
- Bewertungsgewinne und -verluste aufgrund der *fair-value*-Bewertung (Rz 52),
- Veräußerungsverluste aus Immobilienverkauf.

Veräußerungsgewinne und -verluste sowie Wertänderungsergebnisse sind bei Wahl des Anschaffungskostenmodells durch eine Nebenrechnung zu ermitteln (Rz 137).

9 ABC der Renditeimmobilien

141

Abgänge *(disposals)*	Wird das wirtschaftliche Eigentum an einer Immobilie auf einen Mieter übertragen, ist die Immobilie in der Bilanz des Vermieters nicht zu erfassen (Rz 111).
Abgrenzung zu sonstigen Immobilien	Der Immobilienbestand eines Unternehmens ist aufzuspalten (Rz 7) in • eigenbetrieblich genutzte Immobilien (IAS 16), • Immobilien, die Teil eines Fertigungsauftrages sind (IAS 11), • mit Veräußerungsabsicht erworbene Immobilien (IAS 2), • zur kurzfristigen Veräußerung gehaltene Immobilien (IFRS 5), • Immobilien beim Leasinggeber, die im Rahmen eines *finance lease* vermietet werden, und • Anlageimmobilien, die als Finanzinvestitionen gehalten werden (IAS 40).
Anschaffungskosten	Renditeimmobilien sind im Zugangszeitpunkt zu Anschaffungs- und Herstellungskosten zu bewerten (Rz 23). Neben dem Kaufpreis sind auch direkt zurechenbare Nebenkosten (Rz 29f.) und künftige Wiederherstellungskosten (Rz 41) zu berücksichtigen.
Anschaffungskostenmodell	Wahlweise dürfen – unter der Voraussetzung einer einheitlichen Ausübung des Wahlrechts (Rz 46) – alle Renditeimmobilien im Rahmen der Folgebewertung zu Anschaffungskosten bewertet werden (Rz 43). Der beizulegende Zeitwert ist allerdings im Anhang offenzulegen.
Bewertungshierarchie	IAS 40 enthält eine eigene Bewertungshierarchie zur Bestimmung des beizulegenden Zeitwerts von Renditeimmobilien (Rz 79).
Doppelbilanzierung	Ein Wahlrecht ermöglicht unter der Voraussetzung der einheitlichen Anwendung des *fair value model* die bilanzielle Erfassung von Renditeimmobilien, die Gegenstand eines *operating lease* sind (Rz 6). Im Ergebnis kann es daher zu einer Doppelbilanzierung einer Immobilie beim Leasinggeber und -nehmer kommen (→ § 15 Rz 18).
Einheitliche Wahlrechtsausübung	Das Wahlrecht für Folgebewertung von Renditeimmobilien zur Bewertung zum beizulegenden Zeitwert oder im Anschaffungskostenmodell ist für alle Renditeimmobilien einheitlich auszuüben (Rz 46).

Einzelbewertung	Für die Bewertung von Renditeimmobilien gilt der Einzelbewertungsgrundsatz; nur unter bestimmten Voraussetzungen ist eine Sammelbewertung zulässig (Rz 48).
Gemischt genutzte Immobilien	Teils eigen- und teils zur Vermietung genutzte Immobilien sind unter der Voraussetzung der Einzelveräußerbarkeit aufzuspalten (Rz 14f.). Ist der eigengenutzte Anteil signifikant, scheidet eine Behandlung als Renditeimmobilie aus (Rz 16).
Grundsanierungen	Im Grundsanierungsfall ergeben sich in Abhängigkeit von der gewählten Folgebewertung unterschiedliche Bilanzierungsfolgen (Rz 100ff.): • Im *cost model* kann der Aufwand aus Sanierungsmaßnahmen als nachträgliche AK/HK berücksichtigt werden. • Im *fair value model* ist umgekehrt zunächst ein entsprechender Periodenaufwand zu verbuchen.
Nutzungs-änderungen	Bei Nutzungsänderungen sind Umbuchungen in den Bestand oder aus dem Bestand der als Finanzinvestitionen gehaltenen Immobilien vorzunehmen (Rz 103ff.).
REITG	Das REITG knüpft in den §§ 12 und 15 bestimmte Strukturmerkmale, deren Nichteinhaltung insbesondere durch den Entzug der Steuerbefreiung und Strafzahlungen sanktioniert wird (§ 15 REITG), an eine Rechnungslegung nach IAS 40 (Rz 125ff.).
Sammelbewertung	Unter bestimmten Voraussetzungen ist eine Sammelbewertung einzelner Renditeimmobilien zulässig (Rz 48). Eine Sammelbewertung von Immobilien erfolgt aber nicht als „Gruppenbewertung" mit kompensierenden Effekten, vielmehr können homogene Immobilien mit gleichen Parametern bewertet werden.
Wiederherstellungs-kosten	Künftig erwartete Abbruch- und Wiederherstellungskosten gehören zu den aktivierungspflichtigen Anschaffungs- oder Herstellungskosten (Rz 41).
Zwitterstellung	Als Finanzinvestitionen gehaltene Immobilien nehmen eine Zwitterstellung ein; aus einer substanziellen Perspektive sind sie dem Sachanlagevermögen, aus einer funktionalen Perspektive den Finanzinvestitionen zuzuordnen (Rz 3).

10 Anwendungszeitpunkt, Rechtsentwicklung

IAS 40 tritt für Abschlüsse in Kraft, die am oder nach dem 1. Januar 2005 begonnen haben. Eine frühere Anwendung wird vom IASB empfohlen (IAS 40.85). Die rückwirkende Anwendung der Regelungen zum Tausch ist nicht zugelassen (IAS 40.84). 142

Durch das erste *Annual Improvements Project* wurde ab 2009 auch das in der **Errichtungsphase** befindliche Gebäude in den Anwendungsbereich von IAS 40 überführt (Rz 5). Die Übergangsregeln sehen eine **prospektive** Anwendung vor (IAS 40.85B). 143

Unternehmen, die im Zeitpunkt der Erstanwendung der neuen Vorgaben im Bau befindliche Immobilien halten, erfassen bislang nicht realisierte Bewertungsgewinne durch den Übergang vom *cost model* gem. IAS 16 auf das (optionale) *fair value model* nach IAS 40 im Periodenergebnis der ersten Berichtsperiode nach dem Tag der Erstanwendung.

Eine Anpassung der Eröffnungsbilanzwerte und Erfassung der Bewertungseffekte in den Gewinnrücklagen scheidet wegen der prospektiven Anwendungsverpflichtung aus. Entsprechend entfällt die Notwendigkeit einer *fair-value*-Bestimmung für vorangegangene Perioden.

Beispiel

Immobilienunternehmen A errichtet seit 2007 eine Immobilie I1 zur anschließenden Vermietung. Die Fertigstellung erfolgt im ersten Quartal 2010. Für eine weitere Immobilie I2 war Baubeginn in 2008, die Fertigstellung ist für Q1 2011 erwartet. Bis zum Jahresende 2009 sind Herstellungskosten von 100 Mio. EUR für I1 und 60 Mio. EUR für I2 angefallen. In 2010 fallen weitere Kosten von 20 Mio. EUR für I1 und 50 Mio. EUR für I2 an. Der beizulegende Zeitwert der Immobilien zum Jahresende 2009 beträgt 110 Mio. EUR für I1 und 65 Mio. EUR für I2. Ende 2010 wird ein Zeitwert von 135 Mio. EUR für I1 und 120 Mio. EUR für I2 gutachterlich bestätigt.

Das neue Recht ist für A ab dem 1.1.2010 anwendbar. Zum 31.12.2009 erfolgt daher noch eine bilanzielle Behandlung der Immobilien im Bau nach IAS 16. Aufgrund des höheren beizulegenden Zeitwerts ist kein *impairment* erforderlich, die Immobilien I1 (100 Mio. EUR) und I2 (60 Mio. EUR) werden zu kumulierten Anschaffungs-/Herstellungskosten inkl. aufgelaufener Fremdkapitalzinsen angesetzt.

Der gesamte Bewertungsgewinn aus der erstmaligen Anwendung des erweiterten Anwendungsbereichs von IAS 40 i.H.v. 25 Mio. EUR ist in 2010 zu erfassen. Er beträgt 15 Mio. EUR (= 135 – 100 – 20) für I1 und 10 Mio. EUR (= 120 – 60 – 50) für die noch im Bau befindliche Immobilie I2. Eine Korrektur der Eröffnungsbilanzwerte zum 1.1.2010 durch Erhöhung der Bilanzansätze I1 und I2 gegen Gewinnrücklage um 15 Mio. EUR ist nicht zulässig.

11 Zusammenfassende Praxishinweise

144 IAS 40 unterzieht Anlageimmobilien *(investment properties)* einer besonderen Behandlung bei der Bilanzierung einschließlich der Anhangsangaben. Solche „Anlageimmobilien“ bzw. „Renditeliegenschaften“ werden nach der **Definition** nicht zur Eigennutzung bzw. zum Verkauf im Rahmen der gewöhnlichen Geschäftstätigkeit gehalten, sondern dienen der Erzielung langfristiger Wertzuwächse bzw. laufender Mieteinnahmen (Rz 5ff.). Einbezogen werden auch **Leasingverhältnisse**. Dabei kann der Leasingnehmer ausnahmsweise ein Wahlrecht bei einem *operating lease* ausüben und dies in seinem Abschluss bilanzieren, als ob es sich um ein *finance lease* handelt (Rz 6).
Besondere Aufteilungsprobleme ergeben sich bei **gemischt** genutzten Immobilien (Rz 14ff.).
Die **Zugangsbewertung** erfolgt zu Anschaffungs- oder Herstellungskosten gem. den üblichen Definitionskriterien (Rz 23ff.).
Für die **Folgebewertung** besteht ein **Methodenwahlrecht** (Rz 43ff.):

- Bewertung zu den fortgeführten Anschaffungs- oder Herstellungskosten (Rz 49ff.),
- Bewertung zu Zeitwerten (Rz 52ff.).

Das letztgenannte Bewertungsverfahren ist dem deutschen Rechnungslegungssystem fremd mit der Folge von **Steuerlatenzen** (Rz 114).
Das *fair-value*-Modell erfordert die jährliche Ermittlung (Rz 52) dieses Wertes, was die Vornahme von planmäßigen oder außerplanmäßigen **Abschreibungen** nach Maßgabe des Anschaffungskostenmodells überflüssig macht (Rz 55).
Als **Wertermittlungsverfahren** zur Bestimmung des *fair value* kommen das Vergleichswert- (Rz 83ff.) und das Ertragswertverfahren (Rz 87ff.) in Betracht. In jedem Fall ergeben sich erhebliche **Ermessensspielräume**, da es sich bei Renditeliegenschaften höchst selten um ein einigermaßen homogenes Gut handelt (Rz 99).
Eine Übereinstimmung mit der handels- und steuerbilanziellen Vorgehensweise kann nur durch Anwendung des **Anschaffungskostenmodells** (*cost model*) herbeigeführt werden.
Von den beiden Methoden der Folgebewertung **favorisiert** IAS 40 (verdeckt) das *fair value model* (Rz 43), da bei Wahl des *cost model* im Anhang immer der *fair value* angegeben werden muss (Rz 122).
Diese Bevorzugung zeigt sich auch in den Regelungen zur **Änderung** des einmal getroffenen **Wahlrechtes**; denn ein Wechsel von der *fair-value*- zur Anschaffungskostenbewertung soll kaum jemals eine bessere Darstellung der Vermögens- und Ertragslage des Unternehmens bewerkstelligen (Rz 47).
Das Wahlrecht ist für alle Renditeliegenschaften **einheitlich** auszuüben (Rz 46).
Zu **Nutzungsänderungen** sind detaillierte Einzelvorschriften zu beachten (Rz 103ff.).
Wegen **Ausweisfragen** vgl. Rz 115ff. und zu den **Anhangsangaben** vgl. Rz 118ff.
Zu den Anwendungsproblemen nach dem REITG vgl. Rz 126ff.

§ 17 VORRÄTE

Inhaltsübersicht **Rz**

Schrifttum: FREIBERG, Der Niederstwert bei Vorräten, PiR 2005, S. 62; HOFFMANN, Aktivierung von Gemeinkosten bei Anschaffungen, PiR 2007, S. 27; HOFFMANN, Die Bewertung von Verlustprodukten im Einzelhandel, PiR 2007, S. 204; HOFFMANN, Retrograde Bewertung des Vorratsvermögens, PiR 2006, S. 240; KEITZ, VON, Die Praxis der Warenbewertung in der Einzelhandelsbranche, KoR 2006, S. 101; KÜMPEL, Vorratsbewertung nach IAS 2, DStR 2005, S. 1153; SAURE, Neue Logistik der Warenbeschaffung bei Handelsunternehmen, StBp 2002, S. 285; WOHLGEMUTH/STÄNDER, Der Bewertungsmaßstab „Herstellungskosten" nach HGB und IAS, WPg 2003, S. 203.

Vorbemerkung

Die Kommentierung bezieht sich auf IAS 2 in der aktuellen Fassung und berücksichtigt alle Ergänzungen, Änderungen und Interpretationen, die bis zum 1.1.2011 beschlossen wurden.

1 Überblick

1.1 Regelungsbereich

1 IAS 2 zum Vorratsvermögen *(inventories)* umfasst fast deckungsgleich das Vorratsvermögen nach der HGB-Gliederungssystematik (abgeleitet aus dem Definitionsgehalt von IAS 2.6; Rz 3 sowie Rz 36):[1]

- Roh-, Hilfs- und Betriebsstoffe,
- unfertige Erzeugnisse, unfertige Leistungen,
- fertige Erzeugnisse und Waren.

Ausgenommen aus dem **Anwendungsbereich** des Standards sind bedingt (IAS 2.2):

- die Auftragsfertigung nach IAS 11 (→ § 18);
- biologische Produkte und solche aus landwirtschaftlicher Produktion bis zum Zeitpunkt der Ernte nach IAS 41 (→ § 40 Rz 11);
- Finanzinstrumente (→ § 28).

Ausgenommen aus den **Bewertungsregeln** des Standards sind (IAS 2.3 ff.):

- land- und forstwirtschaftliche und mineralische Produkte (Erdöl, Gas, Kohle), soweit die Bewertung zum Netto-Veräußerungspreis *(net realisable value*; Rz 3) Branchenpraxis ist;
- Waren-Broker, soweit sie Bewertungen zum *fair value* abzüglich Veräußerungskosten vornehmen.

Die **Ausnahme** für **mineralische** Produkte greift nur dann, wenn nicht das Anschaffungskostenprinzip, sondern eine nettoveräußerungspreisorientierte Bewertung Branchenusus ist *(well established practices in those industries)* und deshalb Bewertungen **über** den Anschaffungskosten zulässig sind. Zu den Konsequenzen, die sich dann auch für die Ermittlung eines niedrigeren Stichtagswertes ergeben, wird auf Rz 32 verwiesen. Der Anwendungsbereich der Ausnahme scheint aus deutscher Perspektive gering, da eine Abweichung vom Anschaffungskostenprinzip bisher weder üblich noch zulässig war. Auf die deutsche Perspektive kommt es aber bei einem internationalen Regelsystem nicht an. Soweit daher in wichtigen (bzw. für die Branche wichtigeren) anderen Ländern, z.B. in den USA, entsprechende Praktiken zugelassen sind, hat dies Bedeutung auch für den deutschen Anwender.

Nicht zu den *inventories* zählen auch die nach HGB dem Vorratsvermögen zuzuordnenden geleisteten **Anzahlungen**. Zu deren Bilanzausweis vgl. Rz 37.

1.2 Ökonomischer Grundgehalt

2 Die eigentliche Zielsetzung ökonomischer Art von IAS 2 ist der Anweisung in IAS 2.34 zu entnehmen. Danach sind die Aufwendungen zur Beschaffung oder Herstellung von Vermögensgegenständen in weitestmöglichem Umfang so lange **erfolgsneutral** zu halten, als die damit verbundenen Erlöse noch nicht realisiert worden sind. Umgekehrt: Sobald die Materialien, Waren, Produkte und Dienstleistungen zu Umsatzerlösen geführt haben, sind die entsprechenden aktivierten Aufwendungen erfolgswirksam im Aufwand zu verrechnen (IAS 2.34).

1 So auch KÜMPEL, DB 2003, S. 2609.

Zu Aufwand führt allerdings auch die erforderliche Abschreibung auf den Nettoveräußerungswert(*net realisable value*; IAS 2.9 und 2.34, s. Rz 3); dadurch sollen **Wertverluste** derjenigen Periode belastet werden, in der sie anfallen; es darf also mit der Erfolgswirksamkeit des Verlustes nicht bis zur Realisierung desselben gewartet werden – vergleichbar mit den HGB-Imparitätsregeln. Ergänzend spricht IAS 2.35 die „Umbuchung" von Vorräten in andere Vermögenswerte (Anlagegüter) an, wenn sie zur Erstellung einer Anlage u. Ä. verwendet werden. Die Aufwandsverrechnung erfolgt dann im Wege der Abschreibung.

1.3 Begriffsinhalte

In IAS 2.6 werden folgende **Arten** von Vermögenswerten als Vorratsvermögen 3
unterschieden:

- zum Verkauf im normalen Geschäftsgang gehaltene (Fertig**erzeugnisse, Waren**);
- solche, die im Produktionsprozess zur späteren Veräußerung bestimmt sind (**unfertige Erzeugnisse, unfertige Leistungen**);
- solche in Form von **Rohmaterial**, die zum Verbrauch im Produktionsprozess oder zur Erbringung von Dienstleistungen bestimmt sind (Roh-, Hilfs- und Betriebsstoffe), z. B. auch für Kunden bereitgehaltene Ersatzteile (→ § 14).

In IAS 2.6 wird auch der **Nettoveräußerungswert** *(net realisable value)* definiert als geschätzter Verkaufspreis im normalen Geschäftsgang abzüglich der mutmaßlichen Fertigstellungs- und Vertriebskosten (Rz 29).
IAS 2 befasst sich nicht mit dem **Bilanzansatz**, also der abstrakten Bilanzierungsfähigkeit. Hierzu sind die Definitionen in F.49ff. einschlägig (→ § 1 Rz 85ff.).

1.4 Anwendungsbereiche

Vorratsvermögen ist durch den beabsichtigten Verkauf im **normalen** Geschäfts- 4
gang definiert. Umgekehrt: Ein beabsichtigter Verkauf eines Vermögenswertes **allein** erfüllt nicht die Definition eines *„inventory"*.

Beispiel[2]
Ein Bauunternehmen erhält den Auftrag zum Bau einer Straßenbrücke. Wegen der örtlichen Gegebenheiten kann er seine eigenen Baukräne nicht sinnvoll einsetzen. Er kauft deshalb einen Kran mit weitaus größerer Ausladung zum Bau dieser Brücke. Nach der geplanten Fertigstellung des Bauwerks in 26 Monaten soll der Kran wieder verkauft werden.
Es liegt kein Vorratsvermögen, sondern sächliches Anlagevermögen vor (→ § 14).
Falls zwischen dem Zeitpunkt der Aufgabe der Eigennutzung und der tatsächlichen Veräußerung einige Zeit vergeht, ist der Kran auch in diesem Zwischenzeitraum nicht ins Vorratsvermögen umzugliedern, sondern nach IFRS 5 als zur Veräußerung bestimmter langfristiger Vermögenswert auszuweisen, auf den planmäßige Abschreibungen nicht mehr vorgenommen werden (→ § 29 Rz 17).

2 Ein ähnliches Fallbeispiel bei KPMG, Insights to IFRS 2008/2009, Tz 3.8.20.10.

Auch Vermögenswerte, die zunächst vermietet und danach veräußert werden, sind im Zeitpunkt der Umwidmung nicht in das Vorratsvermögen, sondern in zur Veräußerung bestimmte Sachanlagen umzuklassifizieren. Nach IAS 16.68A gilt hier ab 2009 eine **Ausnahme**:

- Wenn im Rahmen der gewöhnlichen Geschäftstätigkeit vermietete Sachanlagen
- regelmäßig nach einiger Zeit verkauft werden,
- ist mit Aufgabe der Vermietung die Umgliederung in das Vorratsvermögen vorzunehmen.

Der tatsächliche Abgang führt demzufolge nicht zu einem sonstigen betrieblichen Ertrag *(gain or loss)*, sondern zu Umsatzerlösen *(revenues)* (IAS 16.68).

Beispiel
Autovermieter X setzt Neufahrzeuge zwischen 6 und 18 Monaten zur Vermietung ein und verkauft sie danach.
Mit Rücknahme von Fahrzeugen aus der Vermietung sind die Fahrzeuge in das Vorratsvermögen umzugliedern.
Die Einnahmen aus dem anschließenden Verkauf stellen Umsatzerlöse *(revenues)* dar.

5 Ein anderes Abgrenzungsproblem besteht bei **Ersatzteilen**, Werkzeugen, Schmierstoffen u.a. Diese sind dann als Vorräte auszuweisen und bewertet, wenn sie nicht längerfristig[3] genutzt werden, sonst sächliches Anlagevermögen (→ § 14). Für Kunden bestimmte Ersatzteile sind als Vorratsvermögen auszuweisen. Die Beurteilung hat nach dem jeweiligen Geschäftsmodell zu erfolgen. Auf die Beispiele in → § 14 Rz 8 wird verwiesen.

6 **Warenumschließungen**, deren Wert eine Vernichtung durch den Empfänger (so bei Faltkartons) nicht wirtschaftlich erscheinen lässt und die deshalb an den Lieferanten zurückgegeben werden, stellen bei Letzterem Anlagevermögen dar.[4] Typisches Beispiel ist der sog. Pfandkreislauf im Getränkehandel (→ § 25 Rz 30).

7 **Warenmuster** und **Produktproben**, die kostenlos abgegeben werden, aber sachlich identisch sind mit den zum Verkauf bestimmten Artikeln, stellen nach deutschem Verständnis Vorratsvermögen dar. Typisches Beispiel sind die Ärztemuster in der Pharmaindustrie.[5] U. E. entspricht der ökonomische Gehalt demjenigen der **Verkaufskataloge** (→ § 13 Rz 49). Deshalb kommt eine Aktivierung nach IAS 2 nicht in Betracht, auch nicht im Hinblick auf IAS 2.6. Zu diesem Ergebnis kommt man auch auf der Basis der Bewertungsebene, da als Höchstwert der Nettoveräußerungspreis (Rz 26) anzusetzen ist, also null. Gleichwohl kann u.E. im Interesse einer Vereinheitlichung von IFRS und (deutscher) Steuerbilanz (vgl. das zitierte BFH-Urteil) aus Wesentlichkeits- und Vereinfachungsgründen der regelmäßig relativ geringe Bestand bewertet zu Herstellungskosten unter den Vorräten ausgewiesen werden.[6]

---

3 „More than one period" – so KPMG, Insights to IFRS 2008/2009, Tz 3.8.40.10.

4 So auch KPMG, Insights to IFRS 2008/2009, Tz 3.8.50.10, soweit untrennbar in den zum Verkauf bestimmten Einheiten enthalten.

5 Vgl. BFH, Urteil v. 30.1.1980, I R 89/79, BStBl II 1980 S. 327.

6 So auch KPMG, Insights to IFRS 2008/2009, Tz 3.8.40.10; Jacobs/Schmitt, in: Baetge et al., Rechnungslegung nach IAS, IAS 2, Tz 21.

Bauträgerobjekte, die nicht im Kundenauftrag erstellt werden (→ § 18 Rz 15) und häufig erst nach Fertigstellung einen Abnehmer finden, stellen Vorratsvermögen des Bauträgers dar. Fraglich ist der Anwendungsbereich von IAS 2 dann, wenn diese Objekte nach Fertigstellung vorübergehend vermietet werden, weil noch kein „Endabnehmer" gefunden werden konnte. U. E. verbleibt es so lange beim Ausweis als Vorratsvermögen,[7] bis eine andere Verwertung entschieden worden ist, z.B. zur Dauervermietung oder Realisierung von Wertsteigerungen, dann *investment property* (→ § 16 Rz 14). 8

„Eiserne Bestände" im Produktionsprozess *(core inventories)* werden bei bestimmten Produktions- und Handelsbetrieben zur Aufrechterhaltung des Geschäftsbetriebs benötigt. Ohne solche Sockelbestände liegt die Produktion bzw. das „Geschäft" darnieder. Besonders ausgeprägt ist dieses Erfordernis in der petrochemischen Industrie mit einem kontinuierlichen Raffinierungsprozess. Eine Ölpipeline muss zur Erreichung der Funktionsfähigkeit erst durchgehend mit Rohöl gefüllt sein, bis der Transport beginnen kann. U. E. handelt es sich um Aufwendungen zur Herstellung der Betriebsbereitschaft der Pipeline nach IAS 16.16b (→ § 8 Rz 19). Die Definitionskriterien für Vorratsvermögen (Rz 3) werden nicht erfüllt.[8] Wegen der Besonderheit bei der **Bewertung** vgl. Rz 1. 9

Bei **längerdauernden Fertigungsprozessen** kann ein *qualifying asset* i.S.d. IAS 23.5 (→ § 9 Rz 10) vorliegen. Zugehörige Finanzierungszinsen sind für Herstellungsvorgänge ab 1.1.2009 aktivierungspflichtig (Rz 41). Weitere Einzelheiten in → § 9 Rz 35. 10

Produktionsferne Betriebsstoffe – Büromaterial, Kantinenvorräte, Heizmittel u. Ä. – können aus Praktikabilitätsgründen in den Vorrätebereich einbezogen werden.[9] 11

1.5 Arzneimittel vor Verkaufszulassung

In der forschenden pharmazeutischen Industrie werden neu entwickelte Arzneimittel bereits vor der Zulassung produziert, um nach Zulassung sofort am Markt zu sein. Wenn die Zulassung am Bilanzstichtag hoch wahrscheinlich ist, erfolgt ein Ausweis unter den Vorräten.[10] Ansonsten handelt es sich um Entwicklungskosten (→ § 13 Rz 26). 12

1.6 12-Monats-Regel und Geschäftszyklus

Das Gliederungskriterium der Kurz- bzw. Langfristigkeit wird von der 12-Monats-Frist und dem Geschäftszyklus bestimmt (→ § 2 Rz 34). Dabei überlagern sich die beiden Begriffe, dominierend ist allerdings der Inhalt des Geschäftszyklus. Dieser wird von der „Laufzeit" der Kundenforderungen und der Vorräte bestimmt. 13

Deshalb führt die Einräumung längerfristiger Zahlungsziele gegenüber Kunden nicht zur Langfristigkeit der Kundenforderung. Entsprechend verwandelt eine

---

7 So auch Ernst & Young, International GAAP 2009, Tz 20.3.7.

8 So auch Ernst & Young, International GAAP 2009, Tz 20.3.5; a.A. Deloitte, iGAAP 2010, Tz 10.2A; ebenso a.A. in der Vorauflage.

9 Keitz, von, in: Thiele/Keitz, von/Brücks, Internationales Bilanzrecht, IAS 2, Tz 111: „Sachgerecht" bei Unwesentlichkeit.

10 So auch Ernst & Young, International GAAP 2009, Tz 20.3.9.

strategisch motivierte, besonders hohe Vorratshaltung von Rohmaterial dieses nicht zu Anlagevermögen.

> **Beispiel**
> **Sachverhalt**
> Der Solaranlagenbauer S ordert einen 3-Jahres-Bedarf an Silizium, weil dieses wegen eines Nachfragerückgangs der Halbleiterhersteller im Preis stark gesunken und mit einer spürbaren Verknappung in den nächsten Jahren zu rechnen ist.
>
> **Lösung**
> Der gesamte Siliziumvorrat ist als kurzfristiger Vermögenswert im Vorratsvermögen auszuweisen (→ § 2 Rz 41). Anders als das Anlagevermögen wird der Übervorrat an Silizium im Unternehmen nicht „genutzt" oder „dient" – in der Terminologie des § 247 Abs. 2 HGB – nicht unmittelbar dem Geschäftsbetrieb.

2 Ansatz

14 IAS 2 befasst sich nicht mit dem Ansatz, sondern geht nach den Definitionen gleich zum Bewertungsaspekt über. Für den Ansatz gelten deshalb die **allgemeinen Regeln** des Framework, also der *asset*-Begriff (→ § 1 Rz 85ff.), insbesondere aber auch die Kriterien des **wirtschaftlichen Eigentums** in F.35 (→ § 1 Rz 78), das durch die intersubjektive Zurechnung von **Chancen** und **Risiken** aus dem betreffenden Vermögenswert in IAS 18.14a konkretisiert wird (→ § 25 Rz 17). Als typische Anwendungsfälle sind die auch nach deutschem Rechnungslegungsrecht bekannten Sachverhalte des Eigentumsvorbehalts und des Konsignationslagers zu erwähnen.

> **Beispiel**
> Kunststoffhersteller K bezieht Flüssigchemikalien von X. Die Lieferung erfolgt in Schienentankwagen. Ein solcher Wagen enthält den Rohmaterialbedarf des K für einige Monate und bleibt bei planmäßigem Verlauf des Geschäfts auf dem Werksgelände des K stehen. Als rechtlicher Eigentümer gilt X. Die Gefahr des zufälligen Untergangs der Chemikalien liegt bei K, ist dort durch Risikoversicherung abgedeckt. Der K entnimmt dem Tankwagen laufend die benötigte Menge und teilt per Monatsende den Verbrauch dem X mit. Die Zahlung erfolgt innerhalb von zehn Tagen nach Monatsende auf der Grundlage eines vorab vereinbarten Preises, der die augenblickliche Marktlage berücksichtigt. Das rechtliche Eigentum an der Chemikalie geht mit der Entnahme aus dem Tankwagen auf den K über. K kann jederzeit die Entnahme stoppen und sich eines anderen Lieferanten bedienen.
> Zur Lösung kann man auf IAS 18.14a (→ § 25 Rz 18) zurückkommen, wonach sich der Übergang des wirtschaftlichen Eigentums durch den Transfer der Chancen und Risiken bestimmt. Dabei ist das (versicherte) Risiko des zufälligen Untergangs des Tankwageninhalts wenig relevant. Wichtiger sind

das Abnahme- und das Preisänderungsrisiko, die in vollem Umfang bei X verblieben sind. Wenn deshalb z.B. K seine Produktion umstellt und die Chemikalie nicht mehr benötigt, muss X den Tankwagen mit dem noch verbliebenen Inhalt zurücknehmen. Das Gleiche gilt dann, wenn K einen ihm günstiger erscheinenden Lieferanten findet.

3 Bewertung

3.1 Zugangsbewertung zu Anschaffungs-/Herstellungskosten

3.1.1 Grundlagen

Die Regelung in IAS 2 folgt weitestgehend dem **Anschaffungskostensystem** 15
(historical cost system) unter Beachtung des **Niederstwertprinzips** – durchaus identisch mit den Regeln des HGB. Irgendeine Anlehnung an Marktbewertungen, *fair value* etc. ist in IAS 2 nicht enthalten (wegen Ausnahmen vgl. Rz 1 und Rz 32).

Die Maßstäbe für die **Zugangsbewertung** sind also in aller Regel die **Anschaf-** 16
fungs- oder Herstellungskosten. Dazu wird auf die Kommentierung in → § 8 Rz 11 ff. verwiesen. Gemeinkosten sind in Herstellungsfällen aktivierbar (IAS 2.15). Wegen Besonderheiten bei **Handelswaren** vgl. Rz 18.

3.1.2 Gemeinkosten

Aktivierbar sind bei **Anschaffungen** die direkt zurechenbaren Kosten *(directly* 17
attributable) gem. IAS 2.11, bei **Selbsterstellung** auch produktionsbezogene Gemeinkosten. Wegen Einzelheiten wird verwiesen auf → § 8 Rz 11 ff. Zu den aktivierungspflichtigen Einzelkosten gehören auch die sogenannten **unechten** Gemeinkosten. Zur Abgrenzungsproblematik gegenüber den echten Gemeinkosten wird verwiesen auf → § 8 Rz 13. Dazu folgendes Beispiel:

Beispiel[11]
Sachverhalt
Die Antikmöbel GmbH & Co. KG betreibt den Import und den Groß- und Einzelhandel von antiken Möbeln und ähnlichen Gebrauchsgegenständen. Mitarbeiter der Einkaufsabteilung reisen regelmäßig in europäische und asiatische Länder, um Ausschau nach passenden Objekten zu halten. Häufig werden in diesen Ländern auch nach Vorgaben der GmbH & Co. KG aus gebrauchten Materialien „antike“ Möbel, Fliesen u. Ä. hergestellt. Die Mitarbeiter der Einkaufsabteilung überwachen diese Arbeiten mitunter im Rahmen ihrer ohnehin durchgeführten „Besichtigungsreise.“ In Einzelfällen erfolgt aber auch eine Reise des einen oder anderen Mitarbeiters zur speziellen Überwachung dieses Herstellungsvorganges im Ausland.

11 Nach Hoffmann, PiR 2007, S. 27.

Lösung

- Die Besichtigungsreisen dienen nicht einem Anschaffungsvorgang, sie sind diesem vorgelagert, weshalb sich die Frage der Abgrenzung der Einzel- von den Gemeinkosten nicht stellt.
- Umgekehrt zielen die „speziellen" Überwachungsreisen auf die Anschaffung eines bestimmten Vermögenswertes und sind deshalb als Einzelkosten *(directly attributable)* aktivierbar.
- Wieder umgekehrt liegt es in den Fällen der mit einer Besichtigungsreise verbundenen Überwachung. Die Reisekosten und die wesentlichen Teile der Lohnkosten entfallen ununterscheidbar auf beide Tätigkeiten (echte Gemeinkosten), anders für den Teil der Arbeitszeit, der theoretisch zugeordnet werden könnte (unechte Gemeinkosten) (→ § 8 Rz 13).

Wegen der Besonderheiten bei **Kuppel**produktion vgl. → § 8 Rz 24. Der SME-Standard enthält dazu explizite Regelungen (→ § 50 Rz 7).

3.1.3 Nebenkosten

18 Die primären Anschaffungskosten (Kaufpreis) sind gem. IAS 2.11 um direkt zurechenbare Anschaffungsnebenkosten zu erhöhen und um Rabatte, Boni usw. zu mindern. Bei der Warenbewertung im **Einzelhandel** sind bei beiden Ergänzungsgrößen Besonderheiten[12] zu beachten,

- In die **Anschaffungsnebenkosten** können je nach Art der Beschaffungslogistik nennenswerte (unechte) Gemeinkosten anfallen, also Beschaffungskosten, die mangels Schlüsselung Gemeinkostencharakter aufweisen. Es geht dabei um Kosten der eigenen oder fremd vergebenen Logistik, weil die Ware vom Hersteller häufig in ein Zentrallager befördert wird, von wo aus dann ein Weitertransport zu den eigenen Verkaufsstellen vorzunehmen ist. Die Verkaufsbereitschaft für die Ware ist erst bei Einlagerung ins Verkaufsregal gegeben. Die Aktivierbarkeit kann sich u. U. auf IAS 2.15 stützen, wo Verbringungskosten eigens erwähnt sind. **Praktikabel** ist eine Erfassung dieser Logistikkosten in die gesamten zu aktivierenden Anschaffungskosten nur durch einen recht groben **pauschalen** Zuschlag nach einer eher großzügig zu definierenden Gruppierung.
- **Anschaffungspreisminderungen** resultieren aus den diversen verkaufsfördernden Praktiken (→ § 25 Rz 114), beginnend bei den Skonti, über Rabatte und Boni bis hin zu besonderen Verkaufsaktionen, denen die Hersteller durch die Marktmacht des Einzelhandels ausgesetzt sind. Dabei kann es auch einen Gegenpol zu den eben genannten Logistik-Gemeinkosten geben, weil das Einzelhandelsunternehmen für die Übernahme des Warentransportes etc. vom Zentrallager zu den einzelnen Verkaufsstellen vom Hersteller einen Zusatzbonus beansprucht. Auch im Bereich der Anschaffungspreisminderungen sind durch die Vielgestaltigkeit der betreffenden Maßnahmen nur grob **pauschale** Berechnungsmethoden sinnvoll anwendbar.

---

12 KEITZ, VON, KoR 2006, S. 101.

In der deutschen IFRS-Praxis werden die dargestellten Anschaffungsnebenkosten für Logistik u. Ä. eher selten berücksichtigt, umgekehrt verhält es sich bei den Anschaffungspreisminderungen.[13]
Für Zwecke der Handels-/Steuerbilanz wird z.T. eine Aktivierung von **Logistikkosten** befürwortet, wenn diese aus tatsächlichen Gründen dem einzelnen Produkt nicht zugeordnet werden können (sog. unechte Gemeinkosten). Zu den Anschaffungskosten zählen dabei alle weiteren Kosten in der logistischen Kette bis hin zur Einlagerung in die Verkaufsregale *(point of sale)*.[14]
U. E. ist ein solches Vorgehen auch nach IAS 2.11 vertretbar. Es kommt hier darauf an, wie die Anforderung der direkten Zurechenbarkeit interpretiert wird. Bei **enger** Interpretation entfällt mit dem Verzicht auf die Einzelaufzeichnung der Kosten faktisch die direkte Zurechenbarkeit, bei **weiter** auf die theoretische Zurechenbarkeit abstellender Interpretation sind die unechten Gemeinkosten im Schätzungswege aktivierungsfähig. Vgl. hierzu weitere Hinweise in → § 8 Rz 13.

3.1.4 Unterbeschäftigung und Finanzierung

Die aus einer **Unter-** oder **Überbeschäftigung** resultierenden Effekte sind in 19
IAS 2.13 behandelt und in → § 8 Rz 24 kommentiert.
Eine Einbeziehung von **Finanzierungsaufwendungen** in die Herstellungskosten kommt nur bei *qualifying assets* i.S.v. IAS 23.4 infrage (→ § 9 Rz 12). Als qualifiziert gelten im Anwendungsbereich von IAS 2 (Rz 1) „Vorräte, für die ein beträchtlicher Zeitraum erforderlich ist, um sie in einen verkaufsfähigen Zustand zu versetzen", nicht hingegen „Vorräte, die routinemäßig gefertigt oder auf andere Weise in großen Mengen wiederholt über einen kurzen Zeitraum hergestellt werden." Der Aktivierungspflicht unterliegen somit z.B. ohne Auftrag erstellte Bauobjekte zum späteren Verkauf (Rz 8), daneben **Sonderfälle** wie etwa einer langen Reifungszeit unterliegende Lebensmittel (→ § 9 Rz 31).
Sofern die Zahlungsbedingungen ein latentes **Finanzierungs**element durch eine unüblich lange Frist enthalten, ist nach IAS 2.18 zur Bestimmung der Anschaffungskosten eine Abzinsung vorzunehmen. Nur der **Barwert** gilt als Anschaffungskosten. Die Aufzinsung ist als Zinsaufwand auszuweisen. Diese Lösung lässt sich aus dem Spiegel zu IAS 18.11 (→ § 25 Rz 78) und der Analogie zu IAS 40.24 (→ § 16 Rz 35) ableiten. Handelsübliche **Skonti** fallen nicht unter diese Regelung; sie sind als Kürzung der Anschaffungskosten zu behandeln (→ § 8 Rz 11).

In Ausnahmefällen kann auch der Lieferungs**empfänger** eine Finanzierungs- 20
funktion bei der Vorrätebeschaffung ausüben.

Beispiel[15]
Solarwaferhersteller S (Kunde) schließt **Ende 01** angesichts einer drohenden Verknappung von Solargrade Silicium, seinem wichtigsten Rohstoff, mit dem Rohstoffhersteller H (Lieferant) nicht nur einen Vertrag über die Lieferung für 02, sondern ebenso über ausreichende **Liefermengen** im Jahr **03** ab.

---

13 KEITZ, VON, KoR 2006, S. 101.
14 SAURE, StBp 2002, S. 285.
15 Nach LÜDENBACH, PiR 2009, 346. Dort sind auch die Lösungshinweise mit den einzelnen Buchungen wiedergegeben.

Der Rohstoffhersteller hat den Vertrag nur unter der Bedingung einer 100 % der erwarteten Abnahmen betragenden **Anzahlung** abgeschlossen.
Die Ende 01 geleistete Anzahlung beträgt 11 Mio. EUR für 03. Die Lieferung erfolgt am Jahresanfang und entspricht dem Wert der Anzahlung. Der relevante Zinssatz für eventuelle Auf- oder Abzinsungen beträgt 10 %.

Fragestellungen
Wie sind
- die **geleistete Anzahlung** und später die **Anschaffungskosten** der Vorräte beim Kunden S,
- die **empfangene Anzahlung** und die späteren **Umsatzerlöse** beim Lieferer H

zu bewerten?
Welche Rolle spielt dabei der **Zinseffekt**?

Lösung
Anzahlungen sind Vermögenswerte und Schulden nicht finanzieller Art, für die das IFRS-Regelwerk keine Bewertungsvorschriften kennt. Als Analogievorschrift gem. IAS 8.11f. (→ § 1 Rz 74) kommt die spiegelbildlich anzuwendende Regelung für verdeckte Kreditgeschäfte nach IAS 2.18 und IAS 18.11 (Rz 19) in Betracht, also eine **Aufzinsung**. Die buchmäßige Erhöhung des Anzahlungsausweises ist beim Kunden zugunsten des Zinsertrags zu verbuchen und umgekehrt beim Lieferanten als Zinsaufwand. Die (erhöhte) Anzahlung ist vom Kunden bei Bezug der Ware in den Posten „Vorräte“, beim Lieferanten in die Umsatzerlöse umzubuchen.
Dadurch werden beim Kunden die Anschaffungskosten und beim Lieferanten die Umsatzerlöse in einer um die Kreditkomponente bereinigten Höhe ausgewiesen.
Folgende **Buchungen** sind vorzunehmen:
- Beim **Kunden** S

Datum	Konto	Soll	Haben
31.12.02	Anzahlung	1,1 Mio. EUR	
	Zinsertrag		1,1 Mio. EUR
01.01.03	Vorräte	12,1 Mio. EUR	
	Anzahlung		12,1 Mio. EUR

- Beim Lieferanten H

Datum	Konto	Soll	Haben
31.12.02	Zinsaufwand	1,1 Mio. EUR	
	Anzahlung		1,1 Mio. EUR
01.01.03	Anzahlung	12,1 Mio. EUR	
	Umsatzerlös		12,1 Mio. EUR

3.1.5 Bedingte Kaufpreisbestandteile (*contingent considerations*)[16]

Auf die Kommentierung unter → § 8 Rz 61ff. wird verwiesen. 21

3.1.6 Bewertungsvereinfachung

Für die **Bewertungsvereinfachungsverfahren** (Durchschnitts- und Verbrauchsfolgeverfahren) gilt: 22

- Das **Standardkostenverfahren** wird als zulässig erachtet (IAS 2.21).
- Die Ermittlung der Anschaffungs- oder Herstellungskosten auf der Basis der **Verkaufspreise** unter Abzug der Brutto-Handelsmarge – sog. **retrograde** Methode – ist erlaubt (IAS 2.22).
- Gewogener **Durchschnitt** – zulässig.
- **Fifo** – zulässig.
- **Lifo** – unzulässig (ab 1.1.2005, s. Rz 41).

Die Bewertungsvereinfachungsverfahren gelten nur für **Standardprodukte** (IAS 2.23 im Umkehrschluss). Zu Einzelheiten wird auf → § 8 Rz 40ff. verwiesen. Die Anwendung der Bewertungsmethoden unterliegt dem **Stetigkeitsgebot** (→ § 24 Rz 5ff.). Die erwähnte retrograde Methode kommt praktisch ausschließlich im Bereich des **Einzelhandels** vor.[17] Ihr Ursprung liegt im Inventurverfahren, das bei der Bewertung notgedrungen die Verkaufspreise heranziehen muss. Das Warenbewirtschaftungssystem erlaubt in vielen Fällen – mit rückläufiger Tendenz im Hinblick auf die wegen der Wettbewerbssituation im Einzelhandel zunehmend erforderliche genaue Kalkulation des einzelnen Artikels – u. U. keinen unmittelbaren Zugriff auf den aktuellen Einstandspreis. Dann bleibt nur der Weg zur Ermittlung der Anschaffungskosten über einen pauschalen Abschlag vom jeweiligen Verkaufspreis. „Pauschal" besagt negativ: Der Abschlag erfolgt nicht für den einzelnen Artikel, sondern für eine bestimmte Produktgruppe. Diese muss betriebswirtschaftlich sinnvoll unternehmensindividuell festgelegt werden, z.B. im Vollsortiment-Warenhaus in Differenzierung nach Lebensmittel, Bekleidung, Uhrwaren und Schmuck, Kosmetika etc. Weiter kann natürlich innerhalb der Lebensmittel differenziert werden nach alkoholischen Getränken, Milchprodukten, Obst und Gemüse etc., gegebenenfalls noch mit weiterer Untergliederung.

Eine weitere Bewertungsvereinfachung ist u. E. aus Wirtschaftlichkeits- und Wesentlichkeitsgesichtspunkten (→ § 1 Rz 59ff.) für solche Rohmaterialien etc. zulässig, für die nach § 240 Abs. 3 HGB eine **Festbewertung** zulässig ist, d.h., dieser Festwert kommt auch nach IAS 2 in Betracht.

3.1.7 Branchenspezifika

3.1.7.1 Dienstleistungsunternehmen

Klarstellend[18] erwähnt IAS 2.19 auch Dienstleistungsunternehmen als mögliche Anwender der Bewertungsvorgaben von IAS 2. Betont wird dabei der hohe Lohnkostenanteil in dieser Branche. Aktivierungspflichtig sind auch die pro- 23

---

16 Nach Hoffmann, PiR 2010, Heft 2.

17 Vgl. hierzu Hoffmann, PiR 2006, S. 240.

18 So auch Keitz, von, in: Thiele/Keitz, von/Brücks, Internationales Bilanzrecht, IAS 2 Tz 191.

duktionsbezogenen Verwaltungskosten in Form der leitenden Personen und die zugehörigen Gemeinkosten. Ausgeschlossen von der Aktivierung sind die auf den Verkaufs- und generellen Verwaltungsbereich entfallenden Löhne und Gemeinkosten. Abgrenzungsprobleme liegen auf der Hand.

Beispiel
Partner einer großen WP-Gesellschaft erbringen 500 Arbeitsstunden pro Jahr als mandatsbezogene produktive Stunden. 700 Stunden entfallen auf Akquisition und 400 Stunden auf interne Verwaltung, Fortbildung etc.
Aktivierungspflichtig sind 500/1.600 der Lohnkosten zuzüglich Gemeinkosten (z. B. Sekretariat).

3.1.7.2 Landwirtschaftliche Produkte

24 Nach IAS 2.20 sind landwirtschaftliche Produkte ab dem Zeitpunkt der Ernte als Vorräte zu bilanzieren (→ § 40 Rz 12). Der *fair value* zu diesem Zeitpunkt dient als Anschaffungs-Herstellungskosten i. S. d. IAS 2 (→ § 40 Rz 17).

3.1.7.3 Bauträgerbereich

25 Das Bauträgergeschäft gilt als besonders „**vertriebsorientiert**":[19] Man denke an Werbekampagnen in den Medien, Prospekte in Hochglanzausführung, Vermittlungsprovisionen. Bei größeren Gesellschaften mit einem Strukturvertrieb gesellen sich dazu reguläre Vertriebsabteilungen mit typischen Aufgaben der Marktbeobachtung, der städtebaulichen Entwicklung etc.
Alle diese Aufwendungen sind dem Vertrieb zuzuordnen und gelten deshalb nach Handels- und Steuerrecht und auch nach den IFRS als nicht aktivierbar (→ § 8 Rz 31). Dieser „Grundsatz" wird regelmäßig nicht hinterfragt, also auch gar nicht analysiert; lediglich dann, wenn das Ergebnis dieser apodiktischen Absage nicht passt, werden Aushilfsüberlegungen angestellt.
Das Aktivierungsverbot für Vertriebskosten beruht auf der Vorstellung einer wohlgeordneten **industriellen Produktion**, bei der zunächst einmal hergestellt wird, um sich dann anschließend dem Verkauf zu widmen. Das mag heute auch in der industriellen Produktion nicht mehr das dominierende Geschäftsmodell sein, in bestimmten Branchen trifft es jedenfalls nicht zu. Der Musterfall ist der genannte Bauträgerbereich: Hier **beginnt** das Geschäftsmodell mit dem Vertrieb, die Produktion schließt sich an den Vertriebserfolg an. Produziert wird erst dann, wenn der Auftrag im Hause ist.
Im Bauträgerbereich geht es auch um relativ **große Beträge**, die im Vertriebsbereich anfallen. Schon die erwähnten Gemeinkosten – Werbung etc. – sind nicht von Pappe, erst recht aber die erfolgsabhängigen Verkaufsprovisionen, die sich durchaus bis zu 20 % des Auftragsvolumens bewegen können. Daraus ergibt sich in der bilanziellen Abbildung ein schiefes Bild, das in etwa der Diskussion zur Behandlung der langfristigen Auftragsfertigung (→ § 18 Rz 17) ähnelt: Zeitlich passen Aufwand und Ertrag nicht zusammen, wenn ein großer notwendiger Kostenblock dann verbucht wird, wenn die Erträge noch gar nicht vorhanden

---

[19] Vgl. hierzu HOFFMANN, PiR 2009, S. 316.

sind. In einem Non-IFRIC ist dieser Fragenkomplex thematisiert worden.[20] Dabei werden vom IFRIC als mögliche Regelungsgrundlage angesprochen:

- IAS 2, der die Aktivierung von Verkaufskosten nicht gestattet,
- IAS 11.21 (→ § 18) bezieht in die Herstellungskosten des zu erstellenden Werks die Abschlusskosten ein (11.21),
- IAS 18IE 14(b) (iii) erlaubt bei Vermögensmanagementverträgen die Aktivierung einzeln zurechenbarer Kosten zur Erlangung eines Vertrags (*securing a contract*).

Dieses „*securing*" ist als Gegensatz zu „*attempt*" zu verstehen, woraus sich folgende differenzierende Beurteilung der Aktivierbarkeit von Vertriebskosten ergibt:

- Alle Gemeinkosten und auch Einzelkosten, die nicht dem erfolgreichen Abschluss eines Vertrags direkt zuzurechnen sind, scheiden als Aktivierungspotenzial aus.
- Anders verhält es sich mit Aufwendungen, die tatsächlich zur Erlangung eines Auftrags führen, also die (erfolgreichen) Vertreterprovisionen, die dann regelmäßig nach Abschluss eines entsprechenden (notariellen) Vertrages fällig werden.

Der IFRIC erkennt in diesen spezifischen Betriebskosten allerdings eher einen immateriellen Vermögenswert (→ § 13 Rz 51).

3.2 Folgebewertung zum Nettoveräußerungswert

Planmäßige Abschreibungen gibt es bei den Vorräten nicht. Dafür ist das (nach deutschem Sprachgebrauch) sogenannte strenge **Niederstwertprinzip** (Rz 29) auch nach IAS 2.9 im Rahmen der **Folgebewertung** als „*lower of cost or net realisable value*"-Prinzip beachtlich. In IAS 2.28 sind **Hinweise** bez. der Kriterien enthalten, die eine **Abschreibung** auf den **Nettoveräußerungswert** *(net realisable value)* gebieten können: 26

- Beschädigungen,
- teilweise oder völlige Überalterung (Gängigkeitsabschreibung),
- Rückgang der Verkaufspreise.

Der letztgenannte Aufzählungspunkt zur Entwicklung der Verkaufspreise macht systematisch eine Unterscheidung zwischen Wertaufhellung und Wertbegründung erforderlich. Im Einzelfall bestehen hier Abgrenzungsprobleme, die anhand verschiedener Beispielsfälle in → § 4 Rz 27ff. kommentiert sind.

In systematischer Betrachtung ist der Nettoveräußerungswert in einem **retrograden** Verfahren (Rz 22) zu ermitteln. Zum Wertmaßstab vgl. Rz 30.

Die Vorschriften zur **außerplanmäßigen Abschreibung** nach IAS 36 (→ § 11 Rz 3) gelten nicht für das Vorratsvermögen (IAS 36.1a).

Zur Bemessung der **Gängigkeitsabschreibung** können die unternehmensindividuell verwendeten Rechenschemata herangezogen werden. Entsprechendes gilt für die zur Ermittlung des Nettoveräußerungswertes benötigten noch anfallenden **Verkaufskosten**. Nicht explizit geregelt ist in IAS 2, ob hier ein Voll- oder Teilkostenansatz erfolgen muss. Da die IFRS-Bewertungsregeln aber generell

[20] IFRIC, Update May 2009.

vom Vollkostenprinzip ausgehen, muss dieses auch an dieser Stelle beachtet werden.[21] Dafür spricht auch die Bewertungsvorgabe für den Zugang im Falle der retrograden Methode (Rz 22): *gross margin* vgl. auch Rz 31.

27 Nach IAS 2.29 wird der **Einzelbewertungsgrundsatz** u.U. durchbrochen zugunsten der **Zusammenfassung** in einer **Gruppe** ähnlicher oder voneinander abhängiger Vermögensgegenstände. Allerdings darf bei der insoweit zulässigen Gruppenbewertung nicht **zu großzügig** verfahren werden, indem z.B. alle Fertigerzeugnisse oder alle Erzeugnisse eines bestimmten Produktions- oder geografischen Segmentes abgeschrieben werden. Es stellt sich dann im konkreten Fall die Frage nach der *unit of account*.

Beispiel[22]

Der Bauträger B errichtet Gebäude mit Eigentumswohnungen, die dem Anwendungsbereich von IAS 2 und IAS 18 unterliegen (→ § 18 Rz 15). Folgende Datenkonstellation besteht:

- Ein Gebäude mit Eigentumswohnungen ist am 31.12.01 im Bau befindlich, erstellt sind Erdarbeiten, Fundament und Keller.
- 50 % der Wohnungen sind am Stichtag verkauft.
- Im Jahr 01 ist ein Rückgang der Marktpreise für vergleichbare Eigentumswohnungen festzustellen.
- Die angefallenen Herstellungskosten lassen sich nicht den einzelnen Wohnungen zuordnen.

Die Frage geht nach einer möglichen Niederstwertabschreibung (Rz 29f.) mit der Folgefrage nach dem Bewertungsobjekt (*unit of account*): Ist das unfertige Gebäude insgesamt abzuschreiben oder ist nach verkauften und unverkauften Wohnungen zu unterscheiden?

Dazu folgende weitere Fakten:

- Der Rückgang der Verkaufspreise mit drohendem Verlust betrifft nur die nicht verkauften Wohnungen.
- Der bisher erfolgte Verkauf ist voraussichtlich gewinnträchtig.
- Durch die Gesamtbetrachtung käme es zu einer stillen Verrechnung der erwarteten Gewinne und Verluste.

Daraus folgt:

- **Für** eine Gesamtbetrachtung spricht die **nicht teilbare** Masse der bislang angefallenen Herstellungskosten.
- **Gegen** eine Gesamtbetrachtung spricht der je einzeln für eine Eigentumswohnung anfallende Veräußerungspreis, der wiederum die Grundlage des Niederstwerttestes darstellt. Die effektiven Verkaufspreise in Gegenüberstellung zu den erwarteten lassen sich nur mit künstlich gegriffenen Annahmen in den Niederstwerttest einführen.

Insgesamt lässt sich eine **Favorisierung** einer der beiden Betrachtungsmöglichkeiten nicht begründen. U. E. sind beide vertret- und bilanzpolitisch verwendbar. Bei Zusammenfassung ist der Abschreibungsbedarf niedrig (oder entfällt ganz) gegenüber der Einzelbetrachtung.

---

21 So auch KÜMPEL, DStR 2005, S. 1153; wohl auch KEITZ, VON, in: THIELE/KEITZ, VON/BRÜCKS, Internationales Bilanzrecht IAS 2, Tz 228.

22 Nach LÜDENBACH, PiR 2010, S. 333; dort auch ein zahlenunterlegtes Beispiel.

28 Folgende **Grenzmarken** der Bewertung sind im Rahmen der erforderlichen Schätzungsverfahren (IAS 2.30) beachtlich (IAS 2.31):

- Die vereinbarten Verkaufspreise im Rahmen von Kontrakten stellen die **Bewertungsobergrenze** dar.
- Produktionsmaterial und andere Hilfs- und Betriebsstoffe der Produktion dürfen **nicht abgeschrieben** werden, wenn die **Fertig**produkte mit Gewinn verkauft werden können (IAS 2.32).
- **Preisrückgänge** für das Produktionsmaterial können aber eine Preissenkung für die Fertigprodukte **indizieren** (IAS 2.32).

Nach diesem **qualitativen** Test können sich die Wiederbeschaffungskosten als passende Schätzgröße für den Nettoveräußerungswert von Roh-, Hilfs- und Betriebsstoffen darstellen (IAS 2.32 Satz 3) – also dann in Übereinstimmung mit dem HGB (Rz 29).

29 Im Vergleich zum HGB orientieren sich die **Abschreibungskriterien** (Rz 26) für das Vorratsvermögen eher am **Verkaufs-** als am **Beschaffungs**markt. Hierzu folgendes Schema auf der Grundlage des HGB:[23]

- Maßgeblichkeit des **Beschaffungsmarktes**
  - Roh-, Hilfs- und Betriebsstoffe,
  - Erzeugnisse, soweit ein Fremdbezug möglich wäre.
- Maßgeblichkeit des **Absatz**marktes
  - Erzeugnisse, Leistungen,
  - Überbestände an Rohstoffen.
- Maßgeblichkeit **beider** Märkte
  - Handelsware,
  - Überbestände an Erzeugnissen.

Eine **Divergenz** zu den IFRS-Regeln lässt sich am ehesten beim **Rohmaterial** (Vorprodukte) feststellen: Hier besteht nach IAS 2.32 der erwähnte (Rz 28) Vorbehalt des gewinnhaltigen Verkaufs der Endproduktion,[24] es sei denn, der Preisrückgang der Vorprodukte indiziert das Absinken des Nettoveräußerungswertes. Nur in diesem Fall wird der Wiederbeschaffungspreis als Hilfsgröße zur Bestimmung des Niederstwerts relevant (Rz 28).

Gleichwohl dürfte sich in vielen Fällen der praktischen Handhabung eine **Übereinstimmung zwischen HGB und IFRS** bez. erforderlicher Abschreibungen im Vorratsvermögen erzielen lassen. Der Inhalt der schlagwortartig häufig so bezeichneten **„verlustfreien Bewertung“** lässt sich jedenfalls weitgehend mit den Anweisungen der IFRS in Einklang bringen (Rz 26).

Beispiel[25]

Die Holzmichel GmbH beschafft, bearbeitet und vertreibt inländische Holzsorten. Die Wiederbeschaffungspreise für die in der GmbH lohn- und maschinenintensiv weiterverarbeitete Sorte Lärche sinken ebenso wie für das nach wenig aufwändiger Sortierung durchgehandelte Brennholz. Nur beim Brennholz schlägt dies auf den Absatzpreis durch.

---

23 Nach ADLER/DÜRING/SCHMALTZ, 6. Aufl., § 253 HGB, Tz 488.

24 Ausführlich hierzu KÜMPEL, DB 2003, S. 2609 u. 2614.

25 Nach FREIBERG, PiR 2005, S. 62.

Intensive Veredelungsprozesse durchläuft als dritte Sorte das Buchenholz. Wegen eines Konjunktureinbruchs sinkt die inländische Nachfrage nach dem weiterverarbeiteten Buchenholz, während der Einstandspreis auf Grund starker chinesischer Nachfrage nach dem Rohprodukt sogar leicht steigt.

Preise in EUR je Raummeter (RM)	**Lärche verarbeitungsintensiv EP sinkend AP konstant**	**Brennholz materialintensiv EP und AP sinkend**	**Buche verarbeitungsintensiv EP konstant AP sinkend**
ursprünglich kalkulierter Absatzpreis (AP)	140,0	20,0	100,0
aktueller Absatzpreis (AP)	140,0	18,0	85,0
Fertigungs-, Lager- und Veräußerungskosten	60,0	1,0	40,0
Nettoveräußerungswert	80,0	**17,0**	**45,0**
Einstandspreis (EP)	**70,0**	18,0	50,0
Wiederbeschaffungspreis	63,0	16,1	50,5
Preisminderung	7,0	1,8	0,0
Ansatz nach HGB	63,0	16,2	50,0
Ansatz nach IFRS	**70,0**	**17,0**	**45,0**

Die unterschiedlichen Wertansätze in der Handels- und IFRS-Bilanz lassen sich wie folgt begründen:

- Bei **verarbeitungsintensiver** Fertigung schlagen gesunkene Wiederbeschaffungspreise nicht auf den Absatzpreis durch. Eine Wertberichtigung ist nur nach HGB vorzunehmen.
- Bei **materialintensiver** Produktion und konstanten Wettbewerbsbedingungen schlagen Kosteneinsparungen im Einkauf auf den Absatzpreis durch. Wegen des Puffers aus der ursprünglich kalkulierten Gewinnmarge ist die Wertberichtigung nach IFRS (1,0 EUR/RM) jedoch geringer als die der Minderung des Einstandspreises entsprechende Wertberichtigung nach HGB (1,8 EUR/RM).
- Brechen die **Absatzpreise** trotz (zunächst) im Wesentlichen stabiler Wiederbeschaffungspreise ein, ergibt sich nur nach IFRS ein Wertberichtigungsbedarf.

30 Zur Höhe der vorzunehmenden Abschreibung – nach IAS 2.9 die Differenz zwischen den *cost* und dem *net realisable value* – ist für (unfertige) **Produkte** eine Definition der noch anfallenden Herstellungskosten erforderlich. Bei **Waren** geht es um mögliche Erlösschmälerungen und für beide Gattungen um den Umfang der noch zu erwartenden Verkaufskosten. Nach IAS 2.29 kann aus Praktikabilitätsgründen vom **Einzelbewertungs**grundsatz abgewichen werden, es ist also unter bestimmten Voraussetzungen eine **Sammel**bewertung für Güter ähnlichen Endnutzens und Verkaufs in der gleichen geografischen Umgebung angemessen *(appropriate)*. Diese „Sammlung“ darf allerdings auch nicht übertrieben werden und sich bspw. auf **alle** Fertigprodukte und alle Produkte einer bestimmten Branche beziehen.

Nicht ausdrücklich geregelt ist die Frage nach der Einbeziehung oder Nichteinbeziehung von Produktionsgemeinkosten (bei Erzeugnissen) und Vertriebsgemeinkosten (bei Erzeugnissen und Waren). U. E. ist im Hinblick auf die **Vollkosten**orientierung für die Vorrätebewertung nach IFRS (→ § 8 Rz 18ff.) mindestens eine Einbeziehung der Fertigungsgemeinkosten in den Abzugsbetrag – Differenz zwischen *cost* und *market* – geboten. Anders ausgedrückt: Alle Kostenarten, die in die Herstellungskosten einbezogen worden sind, müssen auch in den Abzugsbetrag vom mutmaßlichen Verkaufspreis eingehen.[26] Hinsichtlich der **Vertriebs**gemeinkosten ist eine gefestigte Meinung im Schrifttum nicht ersichtlich (Rz 26).

Beispiel[27] 31

Die Einzelhandelskette P bietet regelmäßig Aktionsware an. Außerdem muss sie als Vollsortimenter Produkte bzw. Produktgruppen anbieten, die als nicht „kostendeckend" bezeichnet werden (sog. „Verlustprodukte") – z.B. Gemüse und Frischfisch. Die Preiskalkulation dieser Waren liegt zwar über dem Einkaufspreis, die Spanne reicht indes nicht zur Deckung der anteiligen Gemeinkosten. Diese wiederum wird von anderen Artikelgruppen „übererfüllt".

Nach dem zitierten BFH-Urteil kommt eine Teilwertabschreibung nicht in Betracht, weil ein gedachter Erwerber des ganzen Betriebes die „Verlustprodukte" zum Einkaufspreis vergütet hätte, da sie zum positiven Gesamtergebnis der Vergangenheit beigetragen hätten.

Der BFH stellt also eine Art **Gesamtbewertung** an, der nach IAS 2 nicht unbedingt gefolgt werden kann; vielmehr wird hier tendenziell der **Einzel**bewertungsgrundsatz favorisiert:

- Nur bei Massenproduktion *(interchangeable products)* wird in IAS 2.24 eine Gruppenbewertung erlaubt.
- Nur ausnahmsweise wird für Erzeugnisse ein gruppenbezogener Niederstwerttest akzeptiert.

Entscheidend geht es letztlich um die Frage der Einbeziehung von **Gemeinkosten** in den *net realisable value* nach IAS 2.6 (Rz 26) und hier speziell um die Auslegung der *costs necessary to make the sale*. Begrifflich können hierunter ohne Weiteres die Gemeinkosten in Form von (anteiligen) Ladenmieten, Abschreibungen auf Verkaufstheken etc. subsumiert werden. Auch der Begriff *gross margin* in IAS 2.22 spricht für die Einbeziehung von Gemeinkosten, wenn man darunter nicht die **Handels-**, sondern die **Kosten**spanne versteht. Wir favorisieren deshalb die Durchführung des Niederstwerttestes in diesen Fällen des Einzelhandels unter Einbeziehung von Verkaufsgemeinkosten.[28]

---

26 Vgl. Hoffmann, PiR 2006, S. 240; so auch Kümpel, DStR 2005, S. 1157.

27 Angelehnt an BFH, Urteil v. 29.4.1999, IV R 14/98, BStBl II 1999 S. 681; vgl. hierzu Hoffmann, PiR 2007, S. 204.

28 Für eine Einbeziehung Alfredson et al., Applying International Accounting Standards, Milton 2005, S. 268: „Estimated selling costs include all costs likely to be incurred in securing and filling customers such as advertising costs, sales personnel salaries and operating costs, and the costs of storing and shipping finished goods."

32 Fraglich ist allerdings, wie sich der besondere Bewertungshinweis auf den Nettoveräußerungspreis für **mineralische** Produkte (Rz 1) mit der allgemeinen Geltung des Niederstwertprinzips verträgt. Unter den in Rz 1 genannten Voraussetzungen der **Branchenüblichkeit** sind mineralische Produkte zum Nettoveräußerungspreis zu bewerten. Für den Fall von Preissteigerungen, d.h. eines über den Anschaffungskosten liegenden Nettoveräußerungspreises, ergibt sich eine Abweichung vom Anschaffungskostenprinzip. Für den Fall von Preissenkungen ergibt sich eine Interpretation des Niederstwertprinzips außerhalb der Produktionskette.

Beispiel
Ein Versorgungsunternehmen erzeugt Strom aus Erdöl. Der Verfall des Preises für das Rohmaterial „Erdöl" würde nach IAS 2.9 (Rz 26) keine Abschreibung erlauben, wenn der daraus gewonnene Strom noch gewinnbringend verkauft werden kann (IAS 2.32; Rz 28).
IAS 2.3a führt hingegen eher zu einer **Einzelbetrachtung:** Bei niedrigerem Einstandspreis für Öl ist ohne Berücksichtigung des Verkaufspreises für den Strom eine Abschreibung vorzunehmen.
Für diese Interpretation spricht auch die Möglichkeit des Stromherstellers, den Ölvorrat jederzeit weiterzuverkaufen. Allerdings gilt diese Überlegung nur unter dem in IAS 2.3a enthaltenen Vorbehalt einer entgegenstehenden Branchenpraxis, wenn also das Anschaffungskostenprinzip keine Branchenpraxis darstellt.

33 In der Praxis kann die Bewertung von **Ersatzteilen** für **langlebige** Verkaufsprodukte besondere Probleme bereiten. Insbesondere Premiumhersteller von Investitions- oder langlebigen Konsumgütern garantieren rechtlich oder faktisch über einen langen Zeitraum die Versorgung der Kunden mit Ersatzteilen. Produktionstechnische Erfordernisse führen dann zu einer überwiegenden Herstellung der Ersatzteile gegen Ende des Produktionszyklus. Die Folge sind entsprechend hohe Bestände, die in der bisherigen deutschen Bilanzierungspraxis oft mit pauschalen **Gängigkeitsabschlägen** wertberichtigt werden. Diese Verfahrensweise ist aus Sicht des Absatzmarktes (Nettoveräußerungswert) sachgerecht:

Beispiel
Ein Unternehmen ist Qualitätsführer bei der Produktion von Kameras. Ein Modellwechsel findet alle drei bis fünf Jahre statt. Eine Ersatzteilversorgung ist auch nach Auslaufen der jeweiligen Modellproduktion noch für mindestens acht Jahre sichergestellt. Modellspezifische Ersatzteile werden zu diesem Zweck im Zeitpunkt des Modellauslaufs auf Lager produziert, und zwar nach Maßgabe eines Sicherheitszuschlages mit einer Reichweite von zehn Jahren. Die Reichweite von zehn Jahren rechtfertigt nicht notwendig einen pauschalen Gängigkeitsabschlag. Lediglich auf den Sicherheitszuschlag von 25 % erscheint ein sofortiger Gängigkeitsabschlag gerechtfertigt.
Für die verbleibende Menge von acht Jahren, geschichtet nach Jahren (oder vereinfacht nach längeren Clustern), sind folgende Berechnungen je Cluster angezeigt:

	Voraussichtlicher Veräußerungspreis im Jahre 0 + x
–	im Jahre 0 + x anfallende Vertriebskosten
=	Ertrag des Jahres 0 + x
	Abgezinst auf 0 = Barwert
–	Lagerkosten 0 bis x (abgezinst)
=	Nettoveräußerungswert 0 je Stück
x	erwartete Absatzmenge in 0 + x
=	Nettoveräußerungswert des Clusters 0 + x

Die Erwartungsgrößen sind jährlich fortzuschreiben. Bei nicht erwarteter Nachfrageänderung, z.B. weil sich das Kundenverhalten geändert hat oder die Reparaturanfälligkeit unter Plan liegt, kann sich ein erhöhter Abschreibungsbedarf ergeben.

3.3 Wertaufholung

Vergleichbar § 289 Abs. 1 HGB ist nach IAS 2.33 eine **Wertaufholung** geboten: Wenn die Gründe für eine frühere Abschreibung auf den *net realisable value* weggefallen sind oder der Wert sich aus sonstigen Gründen erholt hat, ist eine Zuschreibung vorzunehmen *(the amount of the writedown is reversed)*. Der dann gültige Buchwert entspricht dem niedrigeren Betrag aus den Anschaffungs- oder Herstellungskosten und dem Nettoverkaufspreis. Als Beispiel für eine Wertaufholung wird die Wiedererhöhung des möglichen Verkaufspreises nach früherer Preissenkung für ein verkaufsfähiges Produkt genannt. 34
Wegen des dem Vorratsvermögen begrifflich innewohnenden zügigen Umschlages wird sich das Wertaufholungsproblem in der Praxis nur selten stellen. Die wiedergewonnene Werthaltigkeit zeigt sich in aller Regel im erfolgten Verkauf.

4 Latente Steuern

Zu einer systematischen **Divergenz** zwischen Steuerbilanz und IFRS kann es neben dem in Rz 29 dargestellten Fall im Bereich des **Verbrauchsfolge**verfahrens kommen. 35

Beispiel
Das Unternehmen bzw. der Konzern wendet aus (deutscher) steuerlicher Motivation das Lifo-Verfahren an, während nach IFRS die Fifo-Methode gewählt wird (wegen Verbotes des Lifo-Verfahrens; Rz 41). Je nach Entwicklung der Einstandspreise bzw. Herstellungskosten für die betreffenden Vorratspositionen kann es zu unterschiedlichen Bilanzausweisen und damit Ergebnissen im IFRS-Abschluss einerseits und HGB-/EStG-Abschluss andererseits kommen (→ § 8 Rz 45ff.).
Daraus resultiert das Erfordernis, die entsprechende **Steuerlatenz** nach Maßgabe der nachstehenden Tabelle zu bilanzieren (→ § 26 Rz 17f.).

Preisentwicklung	Bilanzansatz		Steuerlatenz
	Fifo	Lifo	
steigend	zu hoch	zu niedrig	passiv
fallend	zu niedrig	zu hoch	aktiv

5 Ausweis und Anhangsangaben

36 In IAS 1.78 (c) wird folgende **Gliederung** des Vorratsvermögens im Bilanzausweis oder im Anhang empfohlen (→ § 2 Rz 50):

- Handelswaren,
- Roh-, Hilfs- und Betriebsstoffe,
- unfertige Erzeugnisse, unfertige Leistungen,
- Fertigerzeugnisse.

Abgesehen von den **geleisteten** Anzahlungen entspricht diese Gliederung derjenigen in § 266 HGB (Rz 1). Solche Anzahlungen müssten in der Konsequenz als Forderung ausgewiesen werden.

Zum Ausweis **erhaltener** Anzahlungen wird verwiesen auf → § 2 Rz 31.

Abschreibungen auf den Nettoveräußerungswert und entsprechende Zuschreibungen sind in der GuV im Materialeinsatz auszuweisen. Innerhalb eines **aufzugebenden** Geschäftsfeldes *(discontinued operations)* oder einer **aufzugebenden** Sachgesamtheit *(disposal group)* können Vorräte enthalten sein (→ § 29 Rz 40).

37 Der Gliederungsvorschlag in IAS 1.78 (c) ist allerdings **nicht zwingend.** Er kann deshalb auch individuell an die unternehmensspezifischen Vorgaben angepasst werden. Deshalb ist auch die nach **HGB vorgegebene** Einbeziehung der geleisteten **Anzahlungen** (mit Aufgliederung im Anhang; Rz 38) zulässig und entspricht der überwiegenden deutschen IFRS-Bilanzierungspraxis.[29] Speziell vorgeschrieben ist lediglich ein Bilanzausweis für Vorräte insgesamt *(inventories)* nach IAS 1.54 (g) (→ § 2 Rz 41).

38 Im **Anhang** sind gem. IAS 2.36 ff. folgende Angaben zu machen:

- Darstellung der Bewertungs**methoden** einschließlich der angewandten Bewertungsvereinfachungsverfahren (Durchschnittsmethode, Verbrauchsfolgeverfahren).
- Der Betrag von **Wertaufholungszuschreibungen** einschließlich Angabe der Gründe für diese Zuschreibungen.
- Der Buchwert von **sicherungsübereigneten** Vorräten.
- Bei Anwendung des auslaufenden (vgl. Rz 41) **Lifo**-Verfahrens die Angabe des niedrigeren Bilanzwertes, der sich bei Anwendung entweder der Durchschnitts- oder der Fifo-Methode ergeben hätte, oder (wahlweise) den niedrigeren Betrag aus den Wiederbeschaffungskosten *(current cost)* und dem Nettoveräußerungspreis *(net realisable value)*.
- Die Kosten der gegebenenfalls in die Herstellungskosten einbezogenen Kosten der **Fremdfinanzierung** gem. IAS 23.29 (Rz 15).

---

29 Vgl. KÜMPEL, DStR 2005, S. 1153; so auch RIESE, in: BECK'sches IFRS-Handbuch, 3. Aufl., 2010, § 8, Tz 118.

Eine weitere Angabepflicht betrifft Vorräte, die zum *fair value* abzüglich der Verkaufskosten bewertet werden. Deren Wert ist anzugeben. Es könnte sich dabei begrifflich um ein Redaktionsversehen handeln (statt *net realizable value).* U. E. sind damit allerdings die Vorräte der Waren-Broker in IAS 2.3 (b) gemeint, die eine *fair-value*-Bewertung praktizieren (s. Rz 1).

Beispiel 39
Die Anhangerläuterungen können **beispielhaft** etwa wie folgt formuliert werden:
Die Bewertung der **Vorräte** erfolgt jeweils zum niedrigeren Betrag aus Anschaffungs- bzw. Herstellungskosten einerseits und am Bilanzstichtag realisierbarem Nettoveräußerungspreis abzüglich noch anfallender Kosten andererseits. Die Ermittlung der Anschaffungs- bzw. Herstellungskosten erfolgt auf Basis des *first-in-first-out*-Verfahrens (Fifo).
Mit dem Nettoveräußerungswert sind Fertigerzeugnisse in Höhe von X EUR bewertet. Sicherungsübereignet wurden Vorräte mit einem Buchwert von Y EUR.

Auf die **Checkliste „Abschlussangaben“** wird verwiesen (→ § 5 Rz 8).

6 Anwendungszeitpunkt, Rechtsentwicklung

IAS 2 ist auf nach dem 31.12.2004 beginnende Geschäftsjahre anzuwenden. 40
Grundlegende Änderungen des Standards sind derzeit nicht ersichtlich.

Eine punktuelle Änderung des Standards ist bez. der Abgrenzung von Sach- 41
anlagen und Vorräten durch das *Annual Improvements Project 2008* erfolgt. Wegen Einzelheiten wird auf Rz 4 verwiesen. Finanzierungszinsen für Vorräte mit längerfristigem Herstellungsprozess sind ab 1.1.2009 zu aktivieren (Rz 10).

7 Zusammenfassende Praxishinweise

Die Bilanzierungsregeln für Vorräte nach IAS 2 entsprechen – abgesehen von den 42
dortigen Wahlrechten – **weitestgehend den Vorgaben des HGB.** Im Einzelnen:

- Die **Zugangs**bewertung richtet sich nach den Anschaffungs- oder Herstellungskosten (Rz 16).
- Die in die Anschaffungs- oder Herstellungskosten **einzubeziehenden Kostenelemente** entsprechen denjenigen des HGB; allerdings gilt nach IFRS das Einbeziehungswahlrecht für Fertigungs- und Materialgemeinkosten gem. § 255 Abs. 2 S. 3 HGB nicht (→ § 8 Rz 19ff.).
- Nach IFRS können unter bestimmten – beim Vorratsvermögen allerdings kaum zu erfüllenden (→ § 9 Rz 11) – Voraussetzungen nicht nur (wie beim HGB) die **Fremdfinanzierungskosten** für die Herstellung, sondern auch für die Anschaffung aktiviert werden (→ § 9 Rz 10).
- Bei der Ermittlung der Anschaffungs- oder Herstellungskosten nach **Verbrauchsfolgen** sind die Methoden des gewogenen Durchschnitts sowie das Fifo-Verfahren zulässig, das Lifo-Verfahren dagegen ab 2005 nicht mehr (Rz 16).

- Es gilt (auch) nach IFRS das **strenge Niederstwertprinzip.** Gegebenenfalls sind die Anschaffungs- oder Herstellungskosten auf den niedrigeren Wiederverkaufspreis *(net realisable value)* abzuschreiben. Die Ermittlung des erforderlichen Abschreibungsbetrages orientiert sich überwiegend am **Absatzmarkt.** Die einschlägigen in der deutschen Kommentarliteratur herausgearbeiteten Kriterien können i. d. R. auch in der IFRS-Welt als Berechnungsgrundlage für eine erforderliche Abschreibung herangezogen werden (Rz 26 ff.).
- Identisch mit dem HGB ist eine **Wertaufholungszuschreibung** unter den üblichen Voraussetzungen nach einer vorgängigen **außerplanmäßigen Abschreibung** auf den *net realisable value* vorzunehmen (Rz 34).
- Die **Gliederungsvorgabe** des HGB kann auch nach IFRS angewandt werden (Rz 36).
- Die erforderlichen **Anhangsangaben** entsprechen weitgehend denjenigen nach HGB (Rz 38).

Nochmals wird auf die **einschlägigen Kommentierungen** in → § 8 und → § 9 verwiesen (Rz 16).

§ 18 FERTIGUNGSAUFTRÄGE

Inhaltsübersicht **Rz**

Vorbemerkung

Schrifttum: Amman/Müller, Vergleichende Darstellung der Gewinnrealisierung gem. HGB, US-GAAP und IAS bei langfristiger Fertigung, BBK 2002, F 20, S. 601 ff.; Freiberg, Besonderheiten der Bilanzierung von Dienstleistungskonzessionen, PiR 2010, S. 234 ff.; von Keitz/Schmieszek, Ertragserfassung, Anforderungen nach den Vorschriften des IASB und deren praktische Umsetzung, KoR 2004, S. 118 ff.; Küting/Reuter, Erhaltene Anzahlungen in der Bilanzanalyse, KoR 2006, S. 1 ff.; Küting/Wohlgemuth, Möglichkeiten und Grenzen der internationalen Bilanzanalyse, Beihefter zu DStR, Heft 48, 2004; Lüdenbach, Bilanzierung von Fertigungsaufträgen bei outputorientierter Bestimmung des Fertigungsgrads, PiR 2006, S. 178 ff.; Lüdenbach, Ertragsrealisierung im Bauträgergeschäft, StuB 2009, S. 195 ff.; Lüdenbach, POC-Methode bei Verwendung von kundenspezifischem vs. standardisiertem Material, PiR 2005, S. 111 ff.; Oversberg, IFRIC 15 Agreements for the Construction of Real Estate, PiR 2008, S. 247 ff.; Pottgiesser/Velte/Weber, Die langfristige Auftragsfertigung nach IAS 11, KoR 2005, S. 310 ff.; Schmid/Walter, Teilgewinnrealisierung bei langfristiger Fertigung in Handels- und Steuerbilanz, DB 1994, S. 2353 ff.; Schreiber/Schmidt, BB-IFRIC-Report, IFRIC 15 und IFRIC 16, Darstellung und kritische Würdigung, BB 2008, S. 2058 ff.

Vorbemerkung
Die Kommentierung beruht auf IAS 18 in der aktuellen Fassung und berücksichtigt alle bis zum 1.1.2011 beschlossenen Änderungen, Ergänzungen oder Interpretationen. Einen Überblick über diskutierte zukünftige Regelungen gibt Rz 89.

1 Zielsetzung, Regelungsinhalt und Begriffe

1.1 Zielsetzung und Einordnung von IAS 11, Verhältnis zu IAS 18 und IAS 2

1 **IAS 11** behandelt insbesondere die Frage, wie bei **Fertigungsaufträgen** *(construction contracts), die sich über mehr als eine (Berichts-)Periode* erstrecken, Erlöse, Aufwendungen und Gewinne zeitlich zu verteilen sind.

Während **IAS 18allgemein** den Zeitpunkt der Ertrags- bzw. **Erlösrealisierung** regelt (→ § 25), enthält **IAS 11 besondere** Vorschriften für (i.d.R. langfristige) Auftragsfertigung. Die besonderen Vorschriften gehen den allgemeinen Regeln vor, auch wenn es an einem entsprechenden ausdrücklichen Hinweis fehlt. Im Übrigen fallen bei formaler Betrachtung Dienstleistungen (z.B. kundenspezifische Softwarefertigung oder Anfertigung von Steuererklärungen) nicht in den Anwendungsbereich von IAS 11. IAS 18 enthält jedoch hier für die Zwecke der Umsatz- und Gewinnrealisierung (nicht hingegen für Zwecke des Ausweises und des Anhangs) analoge, z.T. wortgleiche Regelungen (vgl. Rz 8ff. sowie → § 25 Rz 43). 2

Aus der Sicht der Bilanz ist **IAS 2** der allgemeine Standard für die **Bewertung** von unfertigen und fertigen **Erzeugnissen** und anderen Vorräten. Nach den allgemeinen Regeln sind unfertige/fertige Erzeugnisse maximal zu den Herstellungskosten anzusetzen (IAS 2.9). Mit der vorgezogenen Gewinnrealisierung von IAS 11 wäre dies nicht kompatibel. Fertigungsaufträge sind daher ausdrücklich aus dem Anwendungsbereich von IAS 2 ausgenommen (IAS 2.2a; → § 17 Rz 1) und im Übrigen auch nicht als Vorräte, sondern als **Forderungen** auszuweisen (Rz 75). 3

1.2 Umsatz- und Gewinnrealisierung nach Auftragsfortschritt *(percentage or stage of completion)*

Nach dem Konzept von IAS 11 sind Umsätze und Gewinne aus Fertigungsaufträgen i.d.R. nicht erst mit Auftragserfüllung (Lieferung bzw. Abnahme des Werks) *(completed contract)* zu realisieren, sondern fortlaufend nach Maßgabe des **Auftragsfortschritts** (***percentage of completion* – POC** – oder auch ***stage of completion***). Wird etwa in Periode 1 ein Drittel des Gesamtauftrages erledigt, so ist in Periode 1 bereits ein Drittel des Gesamtumsatzes als Erlös und ein Drittel des (erwarteten) Netto-Ergebnisses als Gewinn auszuweisen. Das POC-Verfahren **glättet Umsatz und Ergebnis** und vermeidet Irritationen bei Anlegern, Kreditgebern, Ratingagenturen usw. 4

1.3 Begriff des Fertigungauftrags

1.3.1 Fristigkeit: Quartals- und Jahresabschluss

IAS 11.3 definiert den Fertigungsauftrag *(construction contract)* als einen Vertrag über die 5

- kundenspezifische
- Fertigung
- einzelner Gegenstände oder einer Anzahl von Gegenständen, die nach Design, Technologie, Funktion oder Verwendung abgestimmt oder voneinander abhängig sind.

Die **Längerfristigkeit** der Auftragsabwicklung ist **nicht Bestandteil der Definition**. Auch jeder kurzfristige Fertigungsauftrag, der vor dem Bilanzstichtag begonnen, aber erst nach ihm vollendet wird, ist nach Maßgabe von IAS 11 zu behandeln. Wird ein Auftrag hingegen zwischen zwei Stichtagen vollständig abgewickelt, so stellt sich das Problem der Verteilung von Umsatz und Ertrag auf verschiedene Rechnungsperioden nicht. IAS 11 kommt dann nicht zur prak- 6 tischen Anwendung. Fraglich ist in diesem Zusammenhang die Bedeutung von **Zwischenabschlüssen** (→ § 37). Für die Zwecke der unterjährigen Rechnungslegung (Quartalsabschluss) wäre auch ein kurzfristiger Auftrag nach den Grundsätzen von IAS 11 zu behandeln, soweit er vor dem Quartalsstichtag begonnen, aber erst danach vollendet wird. Auf der Basis von *materiality*-Überlegungen (→ § 37 Rz 5) kann hier auch eine Qualifizierung als Vorratsvermögen (unfertige Leistungen) zulässig sein.

1.3.2 Klassische Fälle: Bauwirtschaft, Anlagenbau

7 Klassische Anwendungsfälle von IAS 11 sind der **Hoch- und Tiefbau**, der **Anlagenbau**, der Schiff- und Flugzeugbau (Rz 13) und ähnliche langfristige Geschäfte. Hierbei muss es nicht notwendig um die Herstellung neuer Anlagen oder eines neuen Bauwerks gehen. Auch Verträge über den Abriss oder die Restaurierung von Gebäuden oder anderen Anlagen zählen zu den Fertigungsaufträgen (IAS 11.5b). Zur Abgrenzung zwischen Fertigungserlösen (IAS 11) und Verkaufserlösen (IAS 18) bei Bauträgern, in der Flugzeugindustrie und im Anlagenbau wird auf Rz 13 verwiesen.

1.3.3 Analogfälle: Dienstleistungswirtschaft

8 Zu den Fertigungsaufträgenzählen auch „Verträge über die Erbringung von Dienstleistungen, die direkt in Zusammenhang mit der Fertigung eines Vermögenswertes stehen, bspw. Dienstleistungen von Projektleitern und Architekten“ (IAS 11.5a). In Verbindung mit den in IAS 11.4 genannten Beispielen, die sämtlich die Herstellung von Sachgütern betreffen, könnte aus dieser Formulierung gefolgert werden, dass normale Dienstleistungen ohne Bezug zu einem materiellen Fertigungsauftrag, etwa die kundenspezifische Softwarefertigung, nicht als Fertigungsaufträge gelten.

9 Diese Schlussfolgerung ist nur bedingt richtig. Regelungen zur Ertragsrealisierung bei der Erbringung von Dienstleistungen *(services)* befinden sich in IAS 18.20ff. Danach ist bei Dienstleistungsgeschäften, deren Ergebnis verlässlich geschätzt werden kann, der Ertrag nach Maßgabe des **Fertigstellungsgrades** zu erfassen (IAS 18.20). IAS 18.21 bestimmt demgemäß, dass die Anforderungen von IAS 11 „im Allgemeinen“ *(„generally“)* auch auf die Erfassung von Erlösen und zugehörigen Aufwendungen aus Dienstleistungsgeschäften anwendbar sind. Die nachfolgenden Formulierungen in IAS 18.22ff. übernehmen zum Teil wörtlich Passagen aus IAS 11. Insgesamt kann daher für Zwecke der Gewinn- und Umsatzrealisierung (nicht hingegen für Ausweis und Anhangsangaben) von einer **(analogen) Anwendbarkeit von IAS 11 auf solche Servicefälle** ausgegangen werden, bei denen der Auftragnehmer bestimmte Erfolge (z.B. die Herstellung eines immateriellen Vermögenswertes[1] oder die Erstellung eines Gutachtens) schuldet (→ § 25 Rz 43). Eine analoge Anwendbarkeit ergibt sich unmittelbar nur für die Ertragsrealisierung, nicht hingegen für Ausweisfragen in Bilanz und GuV (Rz 75ff.).

---

1 Mit anderer Begründung im Ergebnis ebenso: ADS International, Abschn. 16, Tz 11.

1.3.4 Ausgeklammerte Fälle: Individualisierte Massenfertigung, z.B. Auto- und Möbelindustrie

Der Käufer eines Autos kann i.d.R. zwischen einer Vielzahl von **Ausstattungsvarianten** wählen, zwischen z.B. mehr als 20 Lackierungen, einer ähnlich großen Anzahl von Polsterstoffen, verschiedenen Radiotypen, verschiedenen Bereifungen, verschiedenen Belüftungssystemen, verschieden teilbaren Rückbänken usw. In der Multiplikation der Möglichkeiten ergibt sich leicht eine Auswahl zwischen einigen tausend Ausstattungsvarianten. Unter diesen Voraussetzungen werden Fahrzeuge kaum noch auf Lager produziert, sondern erst nach Eingang des Kundenauftrags. Ähnliche Verhältnisse finden sich bei nicht ganz so zahlreichen Varianten z.B. in der **Möbelindustrie**, in der ebenfalls der **Fertigungsbeginn nach Auftragserteilung** dominiert. 10

Nach der deutschen Übersetzung von IAS 11 könnten diese Geschäfte als Fertigungsaufträge verstanden werden, da bei nicht kleinlicher Betrachtung eine kundenspezifische Fertigung vorliegt. Der englische Originaltext spricht jedoch nicht von „kundenspezifischer Fertigung", sondern von „*contracts specifically negotiated*", also von **speziell ausgehandelten Verträgen**. Mit der herrschenden Meinung können wir Fälle, in denen der Kunde zwar spezielle Ausstattungsvarianten bestimmen kann, dies jedoch nur nach einem „Menü", d.h. nicht wirklich speziell ausgehandelt, deshalb aus dem Anwendungsbereich von IAS 11 ausgrenzen.[2] Fertigungsaufträge sind allerdings auch im **Fahrzeugbau** denkbar, etwa wenn es nicht um Pkws, sondern um Transportfahrzeuge mit besonderen, individualisierten Aufbauten geht, wo die kundenspezifischen Komponenten einen signifikanten Teil des Auftragsvolumens ausmachen. 11

1.3.5 Abgrenzung zu IAS 18 in Zulieferindustrien bzw. bei Sukzessivlieferverträgen

Insbesondere in Zulieferbetrieben, etwa der Automobilbranche, ist die kundenspezifische Fertigung zugleich eine Massenfertigung: Das nach kundenspezifischen Vorgaben entwickelte Produkt wird über eine längere Dauer und in hoher Stückzahl auf Basis von **Sukzessivlieferverträgen** an den Abnehmer geliefert. Folgende Konstellationen können auftreten: 12

- Das entwickelte Produkt kann mit geringem Aufwand so verändert werden, dass es auch an **andere Abnehmer** geliefert wird; ein solches Vorgehen ist mangels Exklusivitätsvereinbarung rechtlich zulässig und auch beabsichtigt. Es liegt **keine kundenspezifische Fertigung** vor. Die Entwicklungskosten sind nach IAS 38, die sachlichen Produktionsmittel nach IAS 16 zu bilanzieren. Der Absatz der Produkte führt zu Verkaufserlösen nach IAS 18.
- Das entwickelte Produkt ist aus tatsächlichen oder rechtlichen Gründen **nicht** oder nur mit sehr großen Modifikationen **an Dritte veräußerbar**. Hier kann je nach Ausgestaltung in Kombination mit den Regeln des IFRIC 4 zu „verdeckten" Leasingverhältnissen eine **kundenspezifische Fertigung von Knowhow und Werkzeugen**, nicht aber der einzelnen Produkte vorliegen (Rz 70).

---

2 Gleicher Ansicht: z.B. PwC, Manual of Accounting 2010, Tz. 9.295ff., Understanding IAS 11, Seeberg, in: Baetge et al., 2. Aufl., IAS 11, Tz 3.

1.3.6 Abgrenzung zu IAS 18 in Bauwirtschaft, Anlagenbau und Flugzeugbau

13 Die Fahrzeug- oder Möbelproduktion in spezifisch vom Kunden getroffener Auswahl der **Ausstattungsvarianten** aus einem zwar umfangreichen, aber vorgegebenen Ausstattungsmenü unterliegt nicht IAS 11 und damit nicht der *percentage-of-completion*-Methode, sondern IAS 18 und damit der *completed-contract*-Methode (Rz 4). Umsatz und Gewinn werden nicht mit **Fertigungsfortschritt**, sondern erst mit **Auslieferung** realisiert (Rz 11).

Der Unterschied zwischen einer Selektion aus einem vorgegebenen Ausstattungsmenü (IAS 18) und spezifisch ausgehandelten Verträgen (IAS 11) kann im Kontrast von Fahrzeug- zum **Schiff- und Flugzeugbau** verdeutlicht werden: Auch Containerschiffe, erst Recht aber Linienflugzeuge sind hinsichtlich ihrer Basiskomponenten ein Serienprodukt. Die Besteller geben aber i.d.R. individuelle Spezifikationen vor, die von der inneren und äußeren Optik über die Ausstattung mit Elektronik bis zu besonderen Anforderungen an schiff- oder flugtechnische Komponenten reichen. Im Vergleich zu einem Serien-Pkw wird ein „Serienschiff" oder „Serienflugzeug" in stärkerem Maße den individuellen Kundenwünschen angepasst. Der Bau von Schiffen wird daher in IAS 11.4 als ein typisches Beispiel für Fertigungsaufträge genannt.

Ähnlich sind die Verhältnisse in weiten Bereichen des **Anlagenbaus**. Hydraulische Großhämmer werden bspw. auf der Basis von Standardtypen hergestellt, die aber je nach Kundenwunsch in erheblichem Maße modifiziert werden. Auch hier sind u. E. Fertigungsaufträge anzunehmen.

14 Fraglich ist die Anwendbarkeit von IAS 11 auf die Errichtung von **Eigentumswohnungen** durch **Bauträger**. Im typischen Fall ergeben sich folgende Phasen:

- Phase 1: Der Bauträger beschafft das Grundstück, plant dessen Bebauung, holt die erforderlichen Bau- und Teilungsgenehmigungen ein.
- Phase 2: Für ein von den projektfinanzierenden Banken verlangtes Mindestmaß an Wohnungen (z.B. 50 %) werden Kaufverträge vor Baubeginn abgeschlossen.
- Phase 3: Der Bau wird begonnen, weitere Käufer (aber nicht für alle Wohnungen) werden akquiriert.
- Phase 4: Der Bau wird beendet.
- Phase 5: Die letzten Einheiten werden verkauft.

Der *Australian Accounting Standards Board* (AASB) sah hier gem. *Urgent Issues Group Abstract 53* Folgendes vor:

- Auf die bei **Baubeginn** verkauften Wohnungen wird *contract accounting* (das australische Pendant zu IAS 11) angewendet.
- Für die **während der Bauphase** veräußerten Wohnungen gilt
  - **ab** Kaufvertrag *contract accounting*,
  - **bis** zum Abschluss des Kaufvertrags unterliegen sie als **Vorratsvermögen** den australischen Analogvorschriften zu IAS 2 (→ § 17).
- Die erst **nach Fertigstellung** veräußerten Wohnungen werden ausschließlich nach den australischen Analogvorschriften zu **IAS 2** (→ § 17) und **IAS 18** (→ § 25) behandelt.

Die Anfrage, ob nach IFRS entsprechend zu verfahren ist, hatte der **IFRIC** gem. Update November 2004 zunächst nicht auf seine offizielle Agenda genommen.

Zur Begründung führte er an, dass es bei derartigen Verträgen insgesamt an dem Merkmal „kundenspezifische Fertigung“ fehlen könne. In der Regel lägen daher **Veräußerungsgeschäfte gem. IAS 18** vor, aus denen Umsatz und Gewinn erst mit Übergang des Risikos realisiert seien.

In 2008 hat der IASB aber zur Abgrenzung zwischen IAS 18 und IAS 11 bei Immobiliengeschäften die Interpretation IFRIC 15„Vereinbarungen über die Errichtung von Immobilien“ vorgelegt. Hiernach gilt: **15**

- Ein *construction contract* und somit ein **Anwendungsfall von IAS 11** liegt vor, wenn der Auftraggeber – vor oder während der Bauphase – Einfluss auf die **wesentlichen Strukturelemente** der Immobilie *(major structural elements of design)* nehmen kann. Unerheblich ist, ob er von dieser Möglichkeit tatsächlich Gebrauch macht (IFRIC 15.11).
- Kein *construction contract*, sondern ein **Anwendungsfall von IAS 18** liegt vor, wenn der Auftraggeber nur einen sehr **geringen Einfluss auf die Strukturelemente** der Immobilie hat, z.B. lediglich aus vorgegebenen Optionen auswählen darf (IFRIC 15.12). In der Anwendung von IAS 18 sind folgende Unterfälle zu unterscheiden (IFRIC 15.14ff.):
  - Erbringt das Unternehmen lediglich eine Werk- bzw. Dienstleistung *(service)*, bei der es nicht für die Materialbeschaffung verantwortlich ist, sind die Vorschriften des IAS 18.20ff. anzuwenden. Über den Verweis in IAS 18.21 (Rz 9) kommt es dann ebenfalls zur Anwendung der POC-Methode;
  - Verkauft das Unternehmen Güter *(sale of goods)*, sind Umsatz und Ertrag gem. IAS 18.14ff. regelmäßig mit Fertigstellung bzw. Übergabe/Abnahme zu realisieren (*completed-contract*-Methode). Gehen ausnahmsweise die Risiken der im Bau befindlichen Immobilie kontinuierlich, d.h. mit Baufortschritt, an den Erwerber über *(continuous transfer)*, ist wiederum die POC-Methode anzuwenden.

„Standardisierte“ Immobilien fallen somit nicht in den Anwendungsbereich von IAS 11. Unklar ist aber, wie, insbesondere auf Ebene welchen **Rechnungslegungsobjekts** *(unit of account)*, die Beurteilung der Einflussmöglichkeiten des Auftraggebers vorzunehmen ist. Der allgemeine Hinweis in IFRIC 15.10, *„such a determination requires judgment“*, ist wenig hilfreich.[3]

Beispiel[4]

Bauunternehmer B beabsichtigt die Errichtung eines Appartementblocks mit 10 Wohnungen. Die Bautätigkeit wird erst aufgenommen, wenn 50 % der Wohnungen verbindlich verkauft sind.

Mit Kunde K schließt B einen Vertrag über den Verkauf des Erdgeschossappartements 4 ab. K und B vereinbaren, die Aufteilung der Wohnung in der Form zu verändern, dass die Küche in den Essbereich integriert und dafür ein Teil der Küche zum Abstellraum, außerdem die geplante Trennung zwischen WC

[3] So Oversberg, PiR 2008, S. 247ff.; ebenfalls skeptisch, ob die bisherigen Abgrenzungsschiwerigkeiten zwischen IAS 18 und IAS 11 durch IFRIC 15 kleiner werden: Schreiber/Schmidt, BB 2008, S. 2058ff.

[4] In Anlehnung an Oversberg, PiR 2008, S. 247ff.

und Badezimmer beseitigt wird. Außerdem verhandeln B und K über die Erweiterung der Terrasse zu einem Wintergarten, sehen hiervon aber letztlich ab.

Beurteilung
In restriktiver und möglicherweise vom IFRIC bevorzugter Auslegung ist „*major structural elements of design*" mit dem „Umriss" der Wohnung gleichzusetzen. Ohne Berücksichtigung des Wintergartens läge damit kein Fertigungsauftrag vor. Unter Berücksichtigung des Wintergartens fiele die Beurteilung anders aus, vorausgesetzt die Verhandlungen hierüber wurden ernsthaft und mit realer Aussicht auf baurechtliche Genehmigung geführt.
Bei großzügiger und auf die „Wohnung" als *unit of account* gerichteter Betrachtung führen die Eingriffe in die Raumaufteilung als signifikante Kundenspezifikationen zu einem Fertigungsauftrag.

Unklar ist auch die Behandlung der Herstellung von **Fertighäusern**.

Beispiel
Ein Massivhaushersteller M hat 50 Grundtypen im Programm. Mit dem Kunden K schließt er einen Vertrag über den Bau des Typs 31 auf dem Grundstück des K. Der Vertrag enthält wertmäßig nicht unbedeutende Kundenspezifikationen, modifiziert die „strukturellen Elemente" (Grundrisse etc.) des Typs 31 aber nicht.

Beurteilung
Da die Planungskomponente i.d.R. nur einen kleinen Teil der Gesamtaufwendungen ausmacht, erscheint es wenig sachgerecht, an ihr die gesamte Frage der Ertragsrealisierung festzumachen.

Variante
Der Bau erfolgt auf dem bisher M gehörenden Grundstück, das ebenfalls an K veräußert wird.
Es liegt ein Mehrkomponentengeschäft i.S.v. IAS 18.13 vor (→ § 25 Rz 67). Der Grundstücksverkauf ist in jedem Fall nach IAS 18.14ff. als *sale of goods* zu beurteilen, die Errichtung des Gebäudes bei nicht restriktiver Auslegung als Fertigungsauftrag nach IAS 11.

Unklar sind schließlich die Auswirkungen von IFRIC 15 auf **andere** Branchen, z.B. den Schiffs- und Flugzeugbau (Rz 11). Auch in bisher weitgehend nach IAS 11 bilanzierenden Branchen kann der Kunde nicht immer (Schiffe) bzw. so gut wie nie (Flugzeuge) in die hauptsächlichen Strukturen der Bauplanung *(major structural elements of the design)* eingreifen. Fraglich ist dann, ob IFRIC 15 entgegen seiner Überschrift auch für andere Fälle als die Bauwirtschaft neue Abgrenzungskriterien zu IAS 18 bestimmen soll (dann wären Überschrift und Inhalt des Entwurfs deutlich anzupassen) oder als reine Kasuistik intendiert ist (dann läge ein deutlicher Verstoß gegen das Programm des prinzipienbasierten Standardsetting vor).

16 Wenn nach den vorgenannten Kriterien eine Bauträgerleistung im **Eigentumswohnungsbau** IAS 18 statt IAS 11 unterliegt, bereitet die Unterscheidung von

Sondereigentum einerseits und Gemeinschaftseigentum andererseits Probleme bei der Bestimmung des Realisationszeitpunktes.
Im Allgemeinen erfolgt bei Werklieferungen oder -leistungen die Umsatzrealisation mit **Abnahme,** d.h. Anerkennung der im Wesentlichen vertragsgemäßen Erstellung des Werkes. Mit der Abnahme ist die Verpflichtung zur Erstellung des Werkes im Wesentlichen erfüllt; anstelle der Herstellungspflicht treten Gewährleistungspflichten. Der Zahlungsanspruch des Unternehmens ist nicht mehr von der Einrede des nicht erfüllten Vertrags bedroht. Bei Verträgen über zu erstellende Eigentumswohnungen ergibt sich hier aber folgende Besonderheit: Das Wohnungseigentum besteht aus

- dem **Sondereigentum** an der jeweiligen Wohnung und
- dem Miteigentumsanteil an dem **Gemeinschaftseigentum** (§ 1 Abs. 2 WoEigG).

Gemeinschaftseigentum sind außer dem Grundstück die Teile, die dem gemeinschaftlichen Gebrauch der Wohnungseigentümer dienen (§ 1 Abs. 5, § 5 Abs. 3 WoEigG). Hierzu gehören etwa auch die tragenden Wände, das Fundament, das Dach usw. Das Gemeinschaftseigentum an einem Wohngebäude macht daher regelmäßig den überwiegenden Teil der Bausubstanz, bei nicht ganz außergewöhnlicher Innenausstattung auch den überwiegenden Teil des Wertes aus.
Sondereigentum und Gemeinschaftseigentum können getrennt abgenommen (und übergeben) werden. Insbesondere bei Übergabe eines Teils der Wohnungen kurz vor und eines anderen Teils erst nach dem Bilanzstichtag erfolgt die Abnahme des Sondereigentums z.T. vor, die des Gemeinschaftseigentums regelmäßig hingegen erst nach dem Bilanzstichtag. Dann ergeben sich drei Möglichkeiten für die Gewinnrealisierung:

- **getrennte Realisierung** für Sonder- und Gemeinschaftseigentum, d.h. nur hinsichtlich des Sondereigentums an den bereits übergebenen Einheiten, bereits in alter Rechnung,
- Gesamtrealisierung mit Abnahme des Sondereigentums für die **bereits übergebenen Einheiten** auch hinsichtlich des Anteils am Gemeinschaftseigentum bereits in alter Rechnung,
- Gesamtrealisierung mit **Abnahme des Gemeinschaftseigentums** in neuer Rechnung.

Gegen die erste Variante spricht die Schwierigkeit einer Aufteilung des Kaufpreises, gegen die zweite, dass das Sondereigentum fast immer der unbedeutendere Teil der Gesamtleistung ist. An der Abnahme des unbedeutenderen Teils kann die Realisierung der Gesamtleistung sinnvoll nicht festgemacht werden. Anzuwenden wäre daher die dritte Variante, die aber dann zu unbefriedigenden Ergebnissen führt, wenn etwa eine deutliche Mehrheit der Eigentumswohnungen bereits vor dem Bilanzstichtag einige Monate rügelos genutzt und damit konkludent abgenommen wurde.
Insoweit bleibt ein Ermessensspielraum, der nach den Umständen des Einzelfalls ausgeschöpft werden kann.[5]

---

5 Vgl. zu relevanten Umständen sowie zu handels- und steuerrechtlichen Beurteilung der Divergenz von Sonder- und Gemeinschaftseigentum: LÜDENBACH, StuB 2009, S. 195ff.

2 *Percentage-of-completion*-Methode (POC)

2.1 Vergleich zum Handelsrecht

17 Beim Großanlagenbau, im Hoch- und Tiefbau, im Schiffbau, aber auch bei der Erstellung kundenspezifischer Software, kann der Fertigungs prozess **über einen oder mehrere Bilanzstichtage** hinausreichen. Zu fragen ist dann, ob der Gewinn erst mit Fertigstellung und Abnahme *(completed contract)* oder kontinuierlich nach dem Fertigstellungsgrad *(percentage of completion)* als realisiert gelten soll.

Beispiel

Die Phoenix Bauträger GmbH erstellt auf eigenen Grundstücken schlüsselfertige Eigentumswohnungen mit einem Gesamtumsatzvolumen von 10 Mio. EUR.

- In 01 werden sämtliche Verträge mit den Erwerbern geschlossen. Der Strukturvertrieb erhält hierfür in 01 eine Vertriebsprovision von 20 % bzw. 2 Mio. EUR. In 01 wird außerdem das Grundstück für 1 Mio. EUR angeschafft.
- In 02 wird das Gebäude zu 50 % bei Kosten von 3 Mio. EUR fertiggestellt.
- In 03 entstehen noch einmal 3 Mio. EUR Kosten und es erfolgen Fertigstellung und Abnahme.
- Insgesamt sind bei einem Erlös von 10 Mio. EUR, Kosten von 6 Mio. EUR für Gebäude, 1 Mio. EUR für Grundstück und 2 Mio. EUR für Vertrieb angefallen, woraus ein Gesamtergebnis von 10 – 9 = 1 Mio. EUR resultiert.

Das kommentierte **Handelsrecht** lässt **drei Lösungen** zu:

- Nach tradierter handelsrechtlicher Meinung würde das Realisationsprinzip dazu zwingen, in 01 einen Verlust von 2 Mio. EUR aus den Vertriebskosten auszuweisen und in 03 einen Gewinn von 3 Mio. EUR (Gesamtergebnis 1 Mio. EUR).
- Nach anderer Auffassung stellt die langfristige Auftragsfertigung einen begründeten Ausnahmefall (§ 252 Abs. 2 HGB) zum Realisationsprinzip dar. Zulässig soll deshalb die Aktivierung von Selbstkosten, d.h. hier auch der Vertriebskosten, sein. In 01 und 02 würde nach dieser Auffassung kein Gewinn oder Verlust und in 03 ein Gewinn von 1 Mio. EUR ausgewiesen.
- Nach einer dritten Auffassung kann der Gewinn entsprechend dem Leistungsfortschritt auf die Perioden aufgeteilt werden, also z.B. 0,5 Mio. EUR in 02 und weitere 0,5 Mio. EUR in 03 (Gesamtergebnis ebenfalls 1 Mio. EUR).

18 Auch die dritte Ansicht wird zum Teil als begründete Ausnahme vom Realisationsprinzip dargestellt, wobei dann besondere zusätzliche Tatbestandsmerkmale vorausgesetzt werden: Die fortlaufende Ertragsrealisierung soll z.B. nur bei einer Dauer der Projekte von mehr als zwei Geschäftsjahren zulässig sein und nur dann, wenn sich der Gewinnausgleich nicht von selbst durch ein ständig revolvierendes Auftragsvolumen ergibt. Eine wieder andere handelsrechtliche Begründung verweist auf die Besonderheiten der Auftragsfertigung. Im Unterschied zu sonstigen Fertigungsfällen steht der Abnehmer und damit auch der

vereinbarte Gesamterlös bereits vor der Fertigstellung fest. Es besteht eine klare Zuordnung des Produkts zu dem Auftrag. Es existiert somit keine Ungewissheit mehr, ob und zu welchem Preis das Produkt abgesetzt wird. Unter diesen Voraussetzungen sei daher die fertigungsbegleitende Gewinnrealisierung keine Ausnahme zum Realisationsprinzip, sondern dessen beste Interpretation. Die Teilgewinnrealisierung galt aus dieser Perspektive nicht als Wahlrecht, sondern als Pflicht, eine Auffassung, die sich auch auf die Ausführungen des Deutschen Standardisierungsrates im derzeit allerdings nicht mehr weiter verfolgten Entwurf E-DRS 17.31 berufen kann.[6]

Im handelsrechtlichen Schrifttum werden somit vom Aktivierungsverbot[7] 19
über den Selbstkostenansatz[8] und das Teilgewinnrealisierungswahlrecht[9] bis zum Teilgewinnrealisierungsgebot[10] und einer Differenzierung zwischen Umsatz- und Gewinnrealisierungszeitpunkt[11] **alle Lösungen (und damit keine)** angeboten.

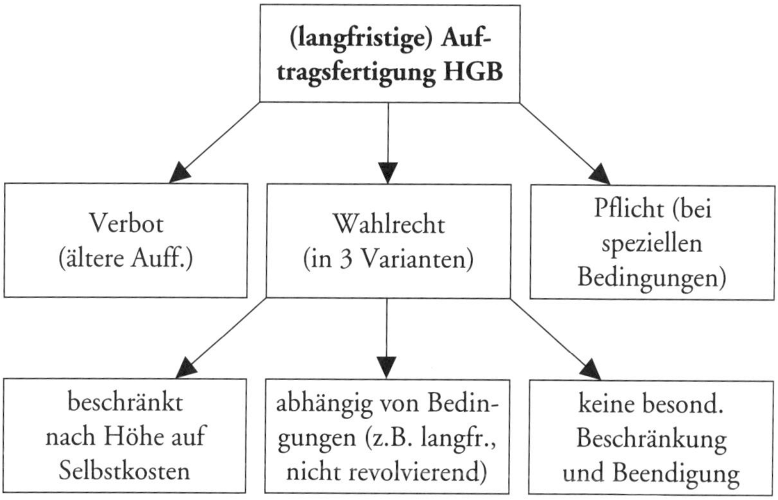

Abb. 1: Auffassungen zur Teilgewinnrealisierung nach HGB[12]

IAS 11 bietet der Bilanzpraxis demgegenüber eine **klare Vorgabe** für Fertigungs- 20
aufträge, d.h. kundenspezifische Auftragsfertigung: „Ist das Ergebnis eines Fer-

---

6 Auch die steuerliche Diskussion gestaltet sich ähnlich offen. Der BFH – als Interpret der GoB – hatte bislang noch keine Gelegenheit, sich des Themas abschließend zu widmen. Die im Urteil v. 5.5.1976, I R 121/74, BStBl II 1976 S. 541, geäußerten erheblichen Bedenken gegen eine Teilgewinnrealisierung beziehen sich auf das AktG 1965; vgl. zum Ganzen: AMMANN/MÜLLER, Vergleichende Darstellung der Gewinnrealisierung, BBK 2202, F. 20, S. 601; STEWING, Bilanzierung bei langfristiger Auftragsfertigung, BB 1990, S. 100; SCHMID/ WALTER, 1994, Teilgewinnrealisierung, DB 1994, S. 2353.

7 LEFFSON, Grundsätze ordnungsmäßiger Buchführung, S. 278ff.

8 ELLROTT/SCHMIDT-WENDT, in: BECK'scher Bilanz-Kommentar, § 255 Tz 547ff.

9 ADS INTERNATIONAL, 6. Aufl., § 252 Tz 86ff.

10 ZIEGER, Gewinnrealisierung bei langfristiger Fertigung, 1990.

11 IDW, Stellungnahme zum E-DRS 17 Erlöse, FN 2002, S. 388ff.

12 LÜDENBACH, IFRS, 4. Aufl., 2005, S. 181.

tigungsauftrages verlässlich zu schätzen, so sind die Auftragserlöse und Auftragskosten in Verbindung mit diesem Fertigungsauftrag entsprechend dem Leistungsfortschritt am Bilanzstichtag jeweils als Erträge und Aufwendungen zu erfassen. Ein erwarteter Verlust durch den Fertigungsauftrag ist ... sofort als Aufwand zu bilanzieren" (IAS 11.22). Fraglich ist nur, ob ein Fertigungsauftrag vorliegt. Hierzu wird auf Rz 8 verwiesen.

2.2 Rechenparameter: Erlös, Kosten, Fertigungsgrad

2.2.1 POC bei Festpreisverträgen *(fixed price contracts)*

21 Als **Festpreisverträge** definiert IAS 11.3 Fertigungsaufträge mit einem festen bzw. einem pro Outputeinheit festen Preis, wobei eine Preisgleitklausel (Indexierung) unschädlich ist. Bei der Anwendung der POC-Methode auf Festpreisverträge werden **drei Rechenparameter** benötigt: **Erlös, Kosten und Fertigungsgrad.** In der Betrachtung der anteiligen Erlöse der **ersten Auftragsperiode** ergibt sich danach folgender **formelmäßige Zusammenhang:**

Gesamterlös × Fertigungsgrad 01	=	Erlös 01
abzüglich	–	Kosten 01
gleich	=	Gewinn 01

22 In der **zweiten (und den nachfolgenden) Periode(n)** ist vorgehend eine kumulierte Betrachtung anzustellen, sodass sich hier folgender Zusammenhang ergibt:

Gesamterlös × Fertigungsgrad 02	=	kumulierter Erlös 02
abzüglich	–	Erlös 01
gleich Periodenerlös	=	Erlös 02
abzüglich Periodenkosten	–	Kosten 02
gleich Periodengewinn	=	Gewinn 02

23 Die POC-Methode darf angewendet werden, wenn das Ergebnis eines Fertigungsauftrags **verlässlich geschätzt** werden kann. Dies setzt im Falle von Festpreisverträgen gem. IAS 11.23 **kumulativ** Folgendes voraus:

- Die **Gesamterlöse** können **verlässlich** ermittelt werden (IAS 11.23a), d.h. im Allgemeinen, die Gegenleistung ist vertraglich festgelegt und damit rechtlich durchsetzbar ((IAS 11.29).
- Der am Bilanzstichtag erreichte **Fertigstellungsgrad** kann **verlässlich** ermittelt werden.
- Die dem Vertrag zurechenbaren direkten und indirekten **Kosten**, einschließlich der noch anfallenden Kosten, können **verlässlich** ermittelt werden.
- Neben den drei spezifisch für Festpreisverträge geltenden Bestimmungen gilt die **allgemeine Bedingung**, dass der wirtschaftliche Nutzen aus dem Vertrag dem Unternehmen wahrscheinlich zufließen wird, d.h. die Bezahlung wahrscheinlich und der Auftraggeber z.B. nicht notleidend geworden ist (IAS 11.28).

24 **Ohne Schätzung** kommt die POC-Methode nicht aus. An die Verlässlichkeit sind jedoch keine zu hohen Anforderungen zu stellen (Rz 38).

2.2.2 POC bei Kostenzuschlagsverträgen *(cost plus contracts)*

Zuschlagsverträge sind Fertigungsaufträge, bei denen der Auftraggeber festgelegte Kosten, **z. B.** einen **festen Honorarsatz pro Stunde**, in Rechnung stellt, wobei es auf die eventuelle Differenzierung in Kosten- und Gewinnanteile methodisch nicht ankommt (IAS 11.3). Die Anwendung der POC-Methode bei Kostenzuschlagsverträgen setzt neben der allgemeinen Voraussetzung der Einbringlichkeit der Forderung (Rz 23) nur voraus, dass die Auftragskosten eindeutig und verlässlich sind (IAS 11.24). Da die Erlöse von der Kostenseite her determiniert sind, sind besondere Anforderungen an die verlässliche Ermittlung des Gesamterlöses und des Fertigstellungsgrades entbehrlich. 25

Hierzu folgendes Beispiel aus dem Dienstleistungsbereich (IAS 18.21 i.V.m. IAS 11): 26

Beispiel

Wirtschaftsprüfer W prüft Unternehmen A (**Festpreisvertrag**, wobei der Festpreis unter der Prämisse steht, dass die Unterlagen des A in einem geordneten, prüfungsbereiten Zustand sind) und Unternehmen B (**Stundensatzvertrag**). Zum Bilanzstichtag des W sind die Vorprüfungen abgeschlossen. Folgende anteilige Umsatzerlöse sind zu realisieren:

- Beim **Festpreisvertrag** A: Fertigstellungsgrad × Gesamterlös. Die Schwierigkeit liegt hier in der Bestimmung des Fertigungsgrades (z.B. geleistete Arbeit im Verhältnis zu insgesamt anfallender Arbeit) und des Gesamterlöses (zwar grundsätzlich Festpreis, aber evtl. Zuschläge bei inadäquaten Bilanzunterlagen).
- Beim **Stundensatzvertag** B stellen sich diese Probleme nicht. Es müssen nur die per Stichtag angefallenen Stunden darauf geprüft werden, ob sie abrechenbar sind, z.B. nicht der Beseitigung selbst verschuldeter Differenzen oder der Ausbildung von Assistenten gedient haben.

2.2.3 Gemischte Verträge

Keine Regelung enthält IAS 11 (bzw. IAS 18.21 i.V.m. IAS 11) für die Behandlung von Verträgen, die **weder Festpreis- noch Kostenzuschlag**scharakter haben. Aus dem Dienstleistungsbereich wäre etwa an folgendes Beispiel zu denken: 27

Beispiel

Ein **Krankenhaus** erhält für die Patientenbehandlung Tagessätze.

- Ein Festpreisvertrag liegt nicht vor. Dieser würde diagnoseabhängige Fallpauschalen voraussetzen.
- Ein Kostenzuschlagsvertrag ist aber ebenfalls nicht gegeben, da die Patienten-Verweildauer und damit die Summe der Tagessätze nur in einem losen Zusammenhang zu den tatsächlichen Kosten stehen.
- Bei zum Bilanzstichtag begonnenen, aber noch nicht abgeschlossenen Behandlungen dürften daher nach strenger Betrachtung mangels Anwendbarkeit von IAS 11 nur die Kosten und nicht die einen eventuellen anteiligen Gewinn enthaltenen Tagessätze aktiviert werden.

28 Ein derartiges Vorgehen erscheint jedoch nicht unbedingt sachgerecht, wenn man für die **Kalkulations- und Schätzsicherheit** der Auftragsgewinne die Branchen als **Maßstab** heranzieht, in denen das POC-Verfahren allgemein akzeptiert ist. Nimmt man also etwa die **Baubranche** als Musterfall, so dürfte die Kalkulations- und Schätzsicherheit im Krankenhausfall eher höher liegen. U. E. entspricht es daher dem *true and fair view*, wenn in nicht ausdrücklich in IAS 11 genannten Fällen der Auftragsfertigung die *percentage-of-completion*-Methode jedenfalls dann angewendet werden **darf**, wenn die Ertragsungewissheiten nicht größer sind als in der Baubranche, im Anlagenbau und in ähnlich typischen Fällen.

2.3 Verfahren zur Bestimmung des Fertigungsgrades

2.3.1 Überblick: Input- und Outputverfahren

29 Für die bei den Festpreisverträgen notwendige Bestimmung des **Fertigungsgrades** erwähnt IAS 11.30 beispielhaft:

- Das *cost-to-cost*-Verfahren, das den Fertigungsgrad am Verhältnis der bis zum Stichtag kumuliert angefallenen Kosten zu den geschätzten Gesamtkosten festmacht,
- sowie Verfahren, die den Fertigungsfortschritt an der Erbringung von physischen Teilleistungen messen.

Allgemeiner ist zu unterscheiden zwischen

- Inputverfahren, die den in Kosten (Geldeinheiten) oder anderen Größen gemessenen **Faktoreinsatz** bis zum Stichtag in Relation zum insgesamt erwarteten Faktoreinsatz setzen, und
- Outputverfahren, deren Perspektive die bereits erbrachte **Leistung** im Verhältnis zur geschuldeten Gesamtleistung ist.

Zu den **Inputverfahren** gehören neben der o.g. *cost-to-cost-Methode* solche Verfahren, die den Anteil der aufgewendeten Bemühungen *(efforts expended)* an den insgesamt erwarteten Bemühungen messen. Maßstab für die *efforts expended* kann dabei z.B. die Zahl der Arbeitsstunden (sinnvoll bei lohnintensiver Tätigkeit) oder die Zahl der Maschinenstunden (sinnvoll bei anlagenintensiver Tätigkeit) sein.

Outputverfahren können bei einem zu erbringenden Gesamtwerk (z.B. Brückenbau) auf **physische Teilleistungen** (z.B. Brückenpfeiler) oder auf vertraglich festgelegte *milestones* abstellen, bei einer Summe von nacheinander erbachten Einzelleistungen (z.B. 10 Einfamilienhäuser) auf die Zahl der bereits fertig gestellten Einheiten *(units produced)*.

Abbildung 2 zeigt die Bandbreite der Methoden. Ihre Kommentierung erfolgt unter Rz 30ff. für die Inputverfahren und unter Rz 36ff. für die Outputverfahren.

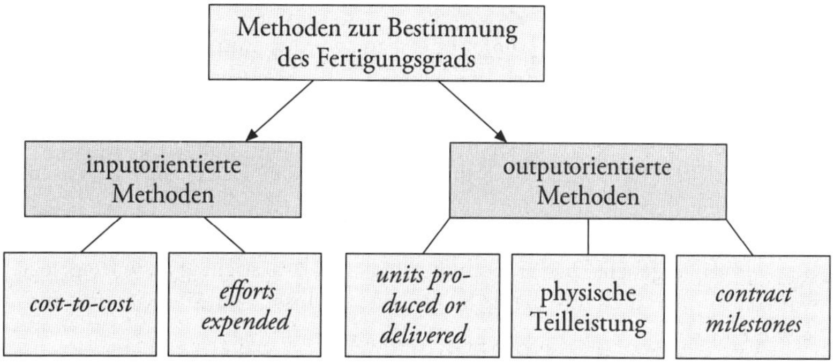

Abb. 2: Methoden zur Bestimmung des Fertigungsgrads

2.3.2 *Cost-to-cost-* und andere Inputverfahren

Beim *cost-to-cost*-Verfahren bestimmt das Verhältnis der bis zum Stichtag angefallenen Auftragskosten zu den geschätzten gesamten Auftragskosten den Grad der Fertigstellung (IAS 11.30a). Das *cost-to-cost*-Verfahren zählt zu den **inputorientierten Verfahren**. Diese bemessen den Auftragsfortschritt nicht nach der erbrachten Leistung (Output), sondern nach den eingesetzten Faktoren. Im Falle des *cost-to-cost*-Verfahrens wird der Faktoreinsatz in Geld bewertet. Andere inputorientierte Verfahren könnten an die Zahl der geleisteten Arbeitsstunden im Verhältnis zur geschätzten Gesamtzahl von Arbeitsstunden (*labor hours*), an die Zahl der erbrachten Maschinenstunden oder an Materialverbräuche anknüpfen. 30

Als **kritische Anwendungsbedingung input**orientierter Verfahren sieht die amerikanische Vorschrift des Topic 605-35-25 § 71 (früher: SOP 81-1 § 47) die relative **Konstanz zwischen Input-** und **Outputgrößen** an. Eine unerwartete Verschlechterung der Effizienz im Zeitablauf könne daher zu einer zu frühen Ertragsrealisierung führen. Diese Einschränkung ist zutreffend, aber insoweit irreführend, als sie nicht spezifisch für inputorientierte Methoden gilt. 31

Beispiel
Das auf archäologische Grabungen spezialisierte Unternehmen A übernimmt für einen Festpreis von 100.000 EUR den Auftrag zur Ausgrabung einer am Niederrhein entdeckten römischen Siedlung. Das Geschäftsjahr der A endet am 31. Oktober. Der Auftrag soll in den Monaten September, Oktober, November mit jeweils 500 Arbeitsstunden ausgeführt werden. Die dafür kalkulierten Kosten belaufen sich auf 100.000 EUR. Wesentliche Material- und Maschinenkosten entstehen nicht.
Bis zum Bilanzstichtag sind 1.000 Stunden erbracht und das Grabungsfeld ist zu ⅔ freigelegt. Durch einen unerwartet frühen Wintereinbruch im November sinkt die Arbeitsproduktivität. Statt der geplanten 500 Arbeitsstunden (November) fallen nach dem Bilanzstichtag noch 1.000 Arbeitsstunden (November und Dezember) an.

Wendet A **inputorientiert** die *cost-to-cost*-Methode oder *efforts-expended*-Methode in der Variante *labour hours* an, werden zum Bilanzstichtag ⅔ (1.000/1.500 Stunden) der Erlöse, also 67.000 EUR, ausgewiesen. Der realisierte Gewinn der Periode beträgt demzufolge 17.000 (67.000–50.000) EUR. Eine rückblickende Betrachtung hätte hingegen zu einer Realisierung von nur ½ der Erlöse (10.000/20.000 Stunden), also 50.000 EUR, und zu einem Ergebnis der Periode von nur 0 (50.000–50.000) EUR geführt.
Die gleiche Fehleinschätzung würde sich jedoch bei **outputorientierter** Betrachtung ergeben. Da das Grabungsfeld am Bilanzstichtag zu ⅔ freigelegt war, hätte man auch aus dieser Sicht ⅔ der Erlöse, also 67.000 EUR, ausgewiesen.

Das Beispiel zeigt, dass, unabhängig von der Art des Verfahrens, eine **fortlaufende Überprüfung** notwendig ist, ob die ursprünglich geschätzten Gesamtgrößen noch zu halten sind. Wo diese Prüfung unterbleibt oder spätere Entwicklungen auch bei bester Prüfung unvorhersehbar sind, können Umsätze und Gewinne zu früh und drohende Verluste zu spät realisiert werden.

32 Das am meisten verbreitete Verfahren ist die ***cost-to-cost*-Methode**. Das nachfolgende Beispiel zeigt die Funktionsweise:

Beispiel
Die Groß-Anlagen GmbH errichtet für ihren Kunden eine Fertigbeton-Misch-und-Verladeanlage zum Festpreis von 12 Mio. EUR und zu Kosten von 8 Mio. EUR, die zu je 2 Mio. in 01 und 03 sowie zu 4 Mio. in 02 anfallen.

	01	02	03
a) Kosten der Periode	2	4	2
b) Kosten per Periodenende, kumuliert	2	6	8
c) dito in % geschätzte Gesamtkosten	**25**	**75**	**100**
d) Festpreis	12	12	12
e) Umsatz per Periodenende, kumul. (= d × c)	3	9	12
f) dito per Ende Vorjahr	0	3	9
g) Umsatz der Periode (= e – f)	3	6	3
h) Gewinn der Periode (= g – a)	1	2	1

33 Im Rahmen des *cost-to-cost*-Verfahrens dürfen nur solche angefallenen Kosten zur Bestimmung des aktuellen Fertigungsgrades genutzt werden, die tatsächlich i. S. d. Begrifflichkeit der **Kostenrechnung** bereits zu **Verbrauch** geführt haben. Bereits bezogenes, aber nicht verarbeitetes Material scheidet deshalb ebenso aus wie bereits bezahlte, aber noch nicht erbrachte Subunternehmerleistungen.

34 Diese Regelung bleibt aber vor allem dann interpretationsbedürftig, wenn die Werkstoffe nicht von einem Dritten bezogen, sondern **selbst hergestellt** werden. Zum Verbrauch i. S. der Kostenrechnung ist es dann bereits im Zuge der Herstellung der Werkstoffe gekommen. Fraglich ist aber, ob damit schon ein hinreichender Zusammenhang mit dem Fertigungsauftrag gegeben ist. In dieser Hinsicht differenziert IAS 11.31a wie folgt:

- **Spezifisch** für den Auftrag hergestellte Materialien, Komponenten usw. gehen mit ihrer Erstellung in die Bestimmung des Auftragsfortschritts ein.
- **Auftragsunabhängig** hergestellte standardisierte Teile sowie angeschaffte Teile unabhängig von ihrer Standarisierung finden erst dann Berücksichtigung, wenn sie eingebaut bzw. installiert werden.

Diese **Differenzierung** macht Sinn. Mit der Herstellung spezifischer Komponenten beginnt bereits die Erledigung des konkreten Fertigungsauftrags. Die Zuordnung zum Auftrag kann eindeutig und willkürfrei vorgenommen werden. Bei Verwendung auftragsunabhängiger, standardisierter Komponenten steht die endgültige Verwendung für die Zwecke des Fertigungsauftrags hingegen erst dann fest, wenn die Komponenten eingebaut wurden.

Beispiel[13]

S stellt sowohl standardisierte als auch individuelle Fassadenelemente her, in die Solarmodule integriert sind. Die individuell für besondere Fassadenverhältnisse gefertigten Module werden fast ausschließlich, die standardisierten Module teilweise als System angeboten und schlüsselfertig beim Auftragnehmer eingebaut.

Die Kunden K-1 und K-2 haben jeweils einen Auftrag für ein schlüsselfertiges System über 1,1 Mio. EUR erteilt. S kalkuliert in beiden Fällen mit Gesamtkosten von 1 Mio. EUR. Zum Bilanzstichtag sind alle Module auf der jeweiligen Baustelle angeliefert. aber erst 20 % eingebaut. Im Übrigen unterscheiden sich die Aufträge wie folgt:

- Die Fassade von K-1 ist kleiner, verlangt aber den Einbau individuell gefertigter Module. S kalkuliert mit Kosten von 800 für die Fertigung der Module und 200 für den Einbau.
- Bei K-2 werden Standardmodule verwendet. S kalkuliert mit Kosten von 600 für die Module und 400 für den Einbau.

Beurteilung Auftrag 1 (individuelle gefertigte Module)

Für die Erledigung des Auftrags von K-1 verwendet S individuell gefertigte Module. Bei erwarteten und am Bilanzstichtag bereits realisierten Modulkosten von 800 sowie erwarteten Arbeitskosten von 200, von denen bis zum Stichtag 20 % = 40 angefallen sind, ergibt sich folgende Rechnung:

Kosten Module	800 EUR
Kosten Arbeitsleistung (20 %)	40 EUR
bis zum Stichtag angefallene, berücksichtigungsfähige Kosten	= 840 EUR
in % Gesamtkosten (= POC)	84 %
× Auftragswert	× 1.100 EUR
= Umsatzerlös 01	= 924 EUR

Wenn Anzahlungen nicht angefallen sind, ist in gleicher Höhe von 924 EUR zum Bilanzstichtag eine Forderung aus Fertigungsauftrag auszuweisen. Das Vorratsvermögen wird nicht mehr angesprochen.

13 Entnommen LÜDENBACH, PiR 2005, S. 111 ff.

Beurteilung Auftrag 2 (Standardmodule)
Für die Erledigung des Auftrags von K-2 verwendet S standardisierte Module. Bei erwarteten und bereits realisierten Modulkosten von 600 bzw. erwarteten Arbeitskosten von 400, von denen bis zum Stichtag jeweils 20 % = 40 angefallen sind, ergibt sich folgende Rechnung:

Kosten Module (20 %)	120 EUR
Kosten Arbeitsleistung (20 %)	80 EUR
bis zum Stichtag angefallene, berücksichtigungsfähige Kosten	= 200 EUR
in % Gesamtkosten (= POC)	20 %
× Auftragswert	× 1.100 EUR
= Umsatzerlös 01	= 220 EUR

Dem Umsatzausweis von 220 folgt auch hier ein Forderungsausweis in gleicher Höhe.
Die am Bilanzstichtag bereits zur Baustelle verbrachten, aber noch nicht eingebauten Module (80 % von 600 = 480) werden hingegen als Vorratsvermögen ausgewiesen.
Der Fertigstellungsgrad ist in jedem Fall unter Berücksichtigung der bereits eingebauten Module zu bestimmen. Ob daneben die bereits gefertigten, aber noch nicht eingebauten Module Berücksichtigung finden, hängt von ihrer Art ab.

- Die Kosten der speziell für den Auftrag gefertigten Module gehen in die Kalkulation des Fertigstellungsgrades des Gesamtauftrags ein.
- Standardisierte Module finden keine Berücksichtigung.

Im ersten Fall ist (Anzahlungen auf den Auftrag vernachlässigt) bilanziell nur noch eine Forderung aus Fertigungsauftrag auszuweisen, im zweiten Fall wird der bereits verbaute Teil der Module als Teil der Forderung aus Fertigungsauftrag ausgewiesen, der noch nicht verbaute Teil in den Vorräten oder gem. der weichen Vorgabe von IAS 11.27 als unfertiger Fertigungsauftrag *(contract work in progress)* in einer gesonderten Position.

35 In der ersten Variante des vorstehend besprochenen Falls sind spezifische Materialien für den Fertigungsauftrag **hergestellt** worden. Im Bereich des Hoch- und Tiefbaus wird häufiger der Fall einer **Anschaffung** spezifischer Materialien durch den Auftraggeber vorkommen. Die Zuordnungsentscheidung zum Auftrag ist mit der Bestellung und Anschaffung dieses Materials bereits gefallen. Gleichwohl beschränkt IAS 11.31a die Berücksichtigung spezifischer Materialien bei der Bemessung des Auftragsfortschritts auf den Fertigungsfall. Als Rechtfertigung dieser Regelung kann die Perspektive der Leistungserbringung dienen: IAS 11 soll dem Auftragnehmer ermöglichen, **seine** Leistungen nach Auftragsfortschritt als Umsatz und Gewinn zu realisieren. Bei Fremdbezug spezifischer Materialien liegt eine solche Eigenleistung des Auftragnehmers jedoch nicht vor.

Alle Überlegungen zur Einbeziehung der fertig gestellten oder bezogenen und bereits eingebauten materiellen Teile in die Ermittlung des Fertigungsfortschritts **erübrigen** sich, wenn es wirtschaftlich von vornherein an der **Einheitlichkeit des Geschäfts** fehlt. Als Beispiel kann ein zu einem Gesamtpreis vereinbarter Auftrag über die Lieferung von Hardware und die Fertigung kundenspezifischer Software dienen. In wirtschaftlicher Sicht liegt – anders als im Falle des Fassadenbaus im obigen Beispiel – ein **Mehrkomponentengeschäft** (→ § 25 Rz 68ff.) vor. Der Gesamtpreis ist in einen Erlös für die Lieferung der Hardware und einen Umsatz aus der Fertigung der Software aufzuteilen. Nur der zweite Teil unterliegt der POC-Methode (→ § 25 Rz 87ff.); der erste Teil wird bei Auslieferung als Waren- oder Erzeugnisumsatz realisiert.

2.3.3 Outputverfahren

Outputorientierte Verfahren bemessen den Auftragsfortschritt am **Verhältnis der erreichten Leistung zur Gesamtleistung.** Bei einer über den gesamten Auftrag gleichbleibenden Leistungsart, z.B. Asphaltierung einer bestimmten Straßenkilometerzahl, ist die Anwendung der Methode auf den ersten Blick einfach (im Beispiel: asphaltierte Kilometer/Gesamtkilometer). 36

In vielen Fällen fehlt es jedoch bei einer zweiten Betrachtung an einfachen, annähernd **linearen Beziehungen**. Bei einem **Tunnelbau** ist etwa das Verhältnis der gebohrten Kilometer zu den Gesamtkilometern dann kein verlässlicher Indikator, wenn wegen unterschiedlicher Gesteinsschichten mit unterschiedlicher Vortriebsgeschwindigkeit zu rechnen ist. Beim **Hochbau** kann nicht unmittelbar aus dem Verhältnis der errichteten Geschosse oder Kubikmeter zur Gesamtzahl der Geschosse oder Kubikmeter auf den Fertigstellungsgrad geschlossen werden, wenn Gründungs- und Erdarbeiten einen relevanten Anteil an der Gesamtleistung haben oder die Herstellung der Geschosse unterschiedlich aufwendig ist. In derartigen Fällen muss die einfache **Mengenbetrachtung gewichtet** werden. Geeignete Gewichtungsfaktoren können unter anderem die Kosten oder die Arbeitsstunden sein, also typische Inputfaktoren. Die Grenzen zu den inputorientierten Verfahren verwischen sich dann. Ganz grundsätzlich müssen **outputorientierte Verfahren** auf **Erfahrungswerte** zurückgreifen (z.B. Rohbau = x % des schlüsselfertigen Gesamtbaus). Diese Erfahrungsrelationen kommen nicht ohne Blick auf die in Kosten gewichtete Inputseite aus. Der Fertigstellungsgrad kann auf Basis eines outputorientierten Verfahrens ermittelt werden. Wenn sich dabei erhebliche Abweichungen von einer *cost-to-cost*-Betrachtung ergeben, stellt dies jedenfalls einen Indikator dafür dar, dass das outputorientierte Verfahren den Fertigstellungsgrad nicht zuverlässig widerspiegelt. 37

Ähnliches gilt für die *milestone*-Methode. Eine technische Betrachtung, die von den mit der Erbringung der Meilensteine verbundenen Kosten abstrahiert, kann in die Irre führen.

Beispiel

Die S-GmbH hat einen Festpreisauftrag zur Entwicklung einer kundenspezifischen Software angenommen. Der Auftrag definiert 100 logisch aufeinander aufbauende Funktionalitätserfordernisse. Am Bilanzstichtag sind 80 % der

> Funktionalitäten programmiert. Die S-GmbH entschließt sich daher, 80 % des vereinbarten Festpreises als Erlös auszuweisen, und setzt in der Gewinnermittlung die bisher angefallenen Kosten (hautsächlich Löhne) dagegen.
> Der in IT-Angelegenheiten unbewanderte Wirtschaftsprüfer WP fragt nach, wie viele Stunden noch anfallen werden, um die restlichen 20 % zu programmieren. Die Antwort ist: „Ungefähr genauso viele Stunden wie für die 80 %."
> Der WP ist hier nicht bereit, einem technisch interpretierten Fertigungsgrad von 80 % auch bilanziell zu folgen. Er will vielmehr nur einen „naiven" Fertigungsgrad von 50 % annehmen.

Zu den buchungstechnischen Folgen einer vom Kostenanfall abweichenden outputorientierten Bestimmung des Fertigstellungsgrads wird auf Rz 79, zur eingeschränkten Zulässigkeit der Outputmethode in solchen Fällen auf Rz 81 verwiesen.

2.4 Gewinnermittlung durch Schätzung

2.4.1 Verlässlichkeit als Anwendungsvoraussetzung von POC

38 Die Erfassung von Erlös, Kosten und Gewinn nach Maßgabe des Fertigungsgrades setzt eine verlässliche Schätzung des Gesamtergebnisses aus dem Auftrag voraus (IAS 11.22; Rz 24). Die diesbezüglichen **Ausführungen in IAS 11** sind **nicht** besonders **schlüssig.** Wenn in einer frühen Phase eines Auftrages noch große Schätzunsicherheiten bestehen, aber ein Überschuss (in ungewisser Höhe) wahrscheinlich ist, sollen zunächst nur die Kosten und nicht der Gewinn aktiviert werden. Wenn umgekehrt ein negatives Ergebnis wahrscheinlich, aber dessen Höhe ungewiss ist, soll in Höhe dieses annahmegemäß gerade nicht bekannten Betrages ein Passivposten gebildet werden.
Tabelle 1 zeigt, welche (im Verlustfall widersprüchliche) Verfahrensweise danach durch IAS 11.33 geboten ist:

Auftragfertigung mit wahrscheinlichem Verlust	**Auftragfertigung mit wahrscheinlichem Gewinn**
1. Wahrscheinliches Ergebnis (= Überschuss Kosten über Ertrag) kann nicht zuverlässig bestimmt werden.	1. Wahrscheinliches Ergebnis (= Überschuss Ertrag über Kosten) kann nicht zuverlässig bestimmt werden.
Aber: 2. Es ist wahrscheinlich, dass Kosten den Ertrag übersteigen.	Aber: 2. Es ist wahrscheinlich, dass Ertrag die Kosten übersteigt.
Deshalb: 3. Erwartetes Ergebnis (= Überschuss Kosten über Ertrag) passivieren (WIDERSPRUCH ZU 1).	Deshalb: 3. Erwartetes Ergebnis (= Überschuss Ertrag über Kosten) nicht aktivieren, sondern nur Kosten (*zero-profit*-Methode).

Tab. 1: Bilanzierung bei fehlender Schätzzuverlässigkeit

Aufgrund der Widersprüche in IAS 11 und der mangelnden Bestimmung (Bestimmbarkeit) der zentralen Begriffe der Schätzzuverlässigkeit und der Wahrscheinlichkeit ergeben sich faktische **Ermessensspielräume**. So obliegt dem Unternehmen die Wertung, ob die Schätzungen hinreichend verlässlich sind (POC-Methode) oder nicht (Aktivierung nur der Kosten, gegebenenfalls Rückstellung für drohende Verluste).[14] Bei der Ausübung dieses **faktischen Wahlrechts** ist **allerdings Vorsicht** geboten. Wer sich gegen **Branchenkonventionen** für die Kostenaktivierung entscheidet, erweckt beim Bilanzadressaten den Eindruck, über eine weniger verlässliche Auftragskalkulation als die Wettbewerber zu verfügen. In der Bilanzierungspraxis der einschlägigen Branchen (Hoch-, Tiefbau, Anlagenbau usw.) wird der real gegebene Grad der Kalkulationszuverlässigkeit regelmäßig als ausreichend i.S. der POC-Methode angesehen. 39

Gegen die großzügige Annahme eines faktischen Wahlrechts spricht außerdem noch folgende Überlegung: Entsprechend den allgemeinen Regeln aus IAS 37 verlangt auch IAS 36.11 den Ansatz eines **Passivpostens** im Falle **drohender Verluste** (→ § 21). Dieser „GoB-Anforderung“ könnte nicht entsprochen werden, wenn es an verlässlichen Methoden zur Schätzung des erwarteten Ergebnisses fehlen würde. Die allgemeine Berufung auf fehlende Schätzzuverlässigkeit würde daher insgesamt die Ordnungsmäßigkeit des Abschlusses in Frage stellen.[15] Darüber hinaus würden sich Zweifel ergeben, ob die Geschäftsführung ihren Risikoerkennungs- und -überwachungspflichten (§ 91 Abs. 2 AktG mit analoger Anwendbarkeit für GmbHs) entspräche.

Die Regeln für fehlende Verlässlichkeit der Schätzung sind daher u.E. nur für **ungewöhnliche** oder **seltene** Fälle intendiert, einzelne Aufträge, bei denen es zu unkalkulierbaren rechtlichen Problemen (z.B. drohende Enteignung im Ausland) oder technischen Schwierigkeiten kommt.

2.4.2 Spätere Korrekturen ursprünglicher Schätzungen

Das Unternehmen ist gehalten, mit fortschreitender Leistungserfüllung die Schätzungen zu überprüfen und gegebenenfalls zu korrigieren. (IAS 11.29). Die nachträgliche Korrektur kann dazu führen, dass ursprünglich angenommene und zum Teil bereits realisierte Gewinne zu einem späteren Zeitpunkt tatsächlich nicht mehr erwartet werden. Der notwendige Korrekturbetrag ist **sofort erfolgswirksam** auszuweisen. Eine in den USA (früher) übliche Reallokation (Verteilung auf den Restzeitraum) würde im Widerspruch zu IAS 8 stehen (→ § 24 Rz 10). Das nachfolgende Beispiel zeigt die Wirkungsweise der sofortigen Korrektur. 40

Beispiel

Die Groß-Anlagen GmbH errichtet für ihren Kunden eine Fertigbeton-Misch- und -Verladeanlage zum Festpreis von 10 Mio. EUR und zu geschätz-

---

14 Vgl. hierzu KÜTING/WOHLGEMUTH, Beihefter zu Heft 48, DStR 2004, S. 14, sowie POTTGIESSER/VELTE/WEBER, KoR 2005, S. 310.

15 In diesem Sinne in der analogen amerikanische Vorschrift: SOP 81-1 § 24, Fn. 4: „... many contractors have informal estimating procedures that may result in poorly documented estimates ... However, procedures and systems should not influence the development of accounting principles and should be dealt with by management as internal control, financial reporting and auditing concerns.“

ten Kosten von 8 Mio. EUR, die nach Erkenntnisstand 31.12.01 zu je 2 Mio. in 01 und 03 sowie zu 4 Mio. in 02 anfallen.
In 02 fallen tatsächlich aber 6 Mio. EUR an Kosten an. Die Gesamtkostenschätzung wird deshalb Ende 02 auf 10 revidiert:

	01	02	03
a) geschätzte Gesamtkosten	8	10	10
b) Kosten der Periode	2	6	2
c) Kosten per Periodenende, kumuliert	2	8	10
d) dito in % geschätzte Gesamtkosten	**25**	**80**	**100**
e) Festpreis	10	10	10
f) Umsatz per Periodenende, kumul. (= e × d)	2,5	8,0	10,0
g) dito per Ende Vorjahr	0	2,5	8,0
h) Umsatz der Periode (= e –f)	2,5	5,5	2,0
i) Gewinn der Periode (= h – b)	0,5	–0,5	0,0

41 Schätzänderungen können sich nicht nur auf die Kosten-, sondern auch auf die Erlösseite beziehen (Rz 44ff.).

2.5 Drohende Verluste aus Fertigungsaufträgen

42 In Übereinstimmung mit dem Handelsrecht sind auch nach IFRS erwartete **Verluste** aus Fertigungsaufträgen (gesamte Auftragskosten größer als gesamter Auftragserlös) **sofort** als Aufwand zu erfassen (IAS 11.36). Eine fortlaufende Verlustrealisierung nach Maßgabe des Leistungsfortschrittes ist unzulässig.[16] Die Bemessung des Verlustes erfolgt auf Vollkostenbasis, der Ausweis unter den „Verbindlichkeiten aus POC", ggf. auch als Rückstellung (Rz 76).

Beispiel[17]
Die X-AG nimmt Anfang 01 einen Auftrag an, welcher in den Jahren 01 bis 04 zu je 1/4 durchgeführt werden soll. Der gesamte Auftragserlös (Festpreis) beträgt TEUR 180. Es wird im Rahmen der Erstellung des Abschlusses per 31.12.01 mit gesamten Auftragskosten von TEUR 160 gerechnet, wovon TEUR 40 bereits angefallen sind und jeweils weitere TEUR 40 für 02 bis 04 erwartet werden.
Im Jahr 02 fallen jedoch tatsächlich Auftragskosten i.H.v. TEUR 70 an. Aufgrund einer erneuten Schätzung werden für 03 Auftragskosten i.H.v. TEUR 50 und für 04 Auftragskosten i.H.v. TEUR 40 erwartet. Die gesamten erwarteten Auftragskosten betragen demnach TEUR 200.
Ende 02 stellt die X-AG dem Auftraggeber vereinbarungsgemäß einen Betrag von TEUR 80 in Rechnung (*progress billing*).

16 Demgegenüber hatte die Finanzverwaltung für die Steuerbilanz nur eine anteilige Verlustrealisierung nach Maßgabe des Leistungsfortschritts zulassen wollen. Diese Auffassung hat nach dem BFH, Urteil v. 7.9.2005, VIII R 1/03, BStBl II 2006 S. 299, keine Gültigkeit mehr. Weiteres hierzu unter Rz 74.

17 Nach LÜDENBACH/CHRISTIAN, IFRS Essentials, 2010.

Buchungen 01

Datum	Konto	Soll	Haben
Jahr 01	Diverse Aufwandskonten	40.000	
	Geld		40.000
31.12.01	Fertigungsaufträge mit aktivischem Saldo	45.000	
	Umsatzerlöse		45.000

Buchungen 02

1. Laufende Aufwendungen

Datum	Konto	Soll	Haben
Jahr 02	Diverse Aufwandskonten	70.000	
	Geld		70.000

2. Umsatzerlöse, Drohverlust, Teilabrechnung

Am 31.12.02 beträgt der Fertigstellungsgrad 55 % (= Auftragskosten der Jahre 01 und 02 von TEUR 110: Gesamte Auftragskosten von TEUR 200). Daher sind in den Jahren 01 und 02 in Summe Umsatzerlöse i. H. v. TEUR 99 (= 55 % x TEUR 180) zu erfassen. Nachdem in 01 bereits Umsatzerlöse i. H. v. TEUR 45 erfasst wurden, sind in 02 Umsatzerlöse i.H.v. TEUR 54 zu erfassen.

Die Umsatzerlöse der Jahre 01 und 02 betragen in Summe TEUR 99, die Auftragskosten TEUR 110. Daraus ergibt sich ein Verlust i. H. v. TEUR 11. Dieser besteht aus einem in 01 erfassten Gewinn i. H. v. TEUR 5 (= TEUR 45 – TEUR 40) und einem in 02 erfassten Verlust von TEUR 16 (= TEUR 54 – TEUR 70). Die Ergebnisbelastung für 02 ist bereits deswegen besonders hoch, da in 02 einerseits der Gewinn von TEUR 5 aus 01 rückgängig gemacht wird und andererseits ein Verlust von TEUR 11 entsprechend dem Fertigstellungsgrad erfasst wird. Insgesamt droht allerdings aus dem Auftrag ein Gesamtverlust von TEUR 20. Daher ist in 02 zusätzlich der künftige Verlust aus dem Auftrag i.H.v. TEUR 9 zu erfassen, welcher sonstigen betrieblichen Aufwand darstellt.

Unter Berücksichtigung der Teilabrechnung ergeben sich folgende Buchungen:

Datum	Konto	Soll	Haben
31.12.02	Sonstiger betrieblicher Aufwand	9.000	
	Fertigungsaufträge mit aktivischem Saldo		35.000
	Forderungen aus Abrechnungen	80.000	
	Umsatzerlöse		54.000

Zur Buchungstechnik unter Berücksichtigung latenter Steuern wird auf Rz 74 verwiesen.

2.6 Wertberichtigungen auf POC-Forderungen

43 Bei einem drohenden Forderungsverlust aus einem langfristigen Fertigungsauftrag scheint aus konzeptioneller Perspektive fraglich, ob[18]

- die Forderung **aufwandswirksam** wertzuberichtigen ist oder
- die in den Vorperioden verbuchten **Umsatzerlöse zu kürzen** sind.

Für die **erste** Lösung spricht der Forderungscharakter von Aufträgen mit aktivischem Saldo. POC-Forderungen sind unter den kurzfristigen Forderungen auszuweisen[19] und werden nicht (explizit) vom Anwendungsbereich von IAS 39 ausgenommen (IAS 39.2). Zu Gunsten der **zweiten** Lösung kann die in IAS 11.38 geforderte kumulative Betrachtung der Umsatzerlöse angeführt werden (Rz 40). Sie würde zur Korrektur der vorjährigen Umsätze führen.

Ein konzeptioneller Diskurs ist jedoch überflüssig, da IAS 11.28 eine **explizite** Regelung enthält:

„Entsteht jedoch eine Unsicherheit hinsichtlich der Möglichkeit, den Betrag zu vereinnahmen, der bereits in den Auftragserlösen enthalten und bereits in der Gewinn- und Verlustrechnung erfasst ist, wird der nicht einbringbare Betrag oder der Betrag, für den eine Bezahlung nicht mehr wahrscheinlich ist, als Aufwand und nicht als Anpassung der Auftragserlöse erfasst."

Bereits in Vorperioden erfasste POC-Forderungen sind daher **aufwandswirksam** wertzuberichtigen.

Folgende Grundfälle sind jedoch hinsichtlich des **Zeitpunktes**, zu dem Zweifel an der Einbringlichkeit der Forderungen entstehen, zu unterscheiden:

- Zahlungsausfall bereits am **Ende der ersten** Auftragsperiode wahrscheinlich: Gem. IAS 11.23b und 11.24a wird vor vornherein **kein Umsatz** ausgewiesen.
- Zahlungsausfall erst am **Ende der zweiten** Auftragsperiode wahrscheinlich. Die POC-Forderung aus 01 wird **aufwandswirksam** wertberichtigt (IAS 11.28). Für die **zweite Periode** wird wegen IAS 11.23b und 11.24a **kein Umsatz** gebucht.
- Zahlungsausfall wiederum erst am Ende der zweiten Auftragsperiode wahrscheinlich, jedoch wurde für die erste Periode **bereits eine Teilrechnung** (***progress billing***) erstellt. Diese hat nicht mehr den besonderen Charakter einer POC-Forderung (IAS 11.43), sondern einer normalen Forderung aus Lieferung und Leistung. Sie ist daher (mit gleicher Wirkung) auf anderer Rechtsgrundlage, nämlich nach IAS 39.58ff. **aufwandswirksam** wertzuberichtigen. Für die zweite Periode gilt wie zuvor: Wegen IAS 11.23b und 11.24a wird kein Umsatz gebucht.
- Am Ende der ersten Periode ist die volle Einbringlichkeit der gesamten vereinbarten Zahlungen unwahrscheinlich, der Auftrag wird jedoch gegen sofortige Leistung **einer** Zahlung **fortgesetzt**. Je nach Höhe der geleisteten und wahrscheinlich noch eingehenden Zahlung ist hier weiter zu differenzieren: Deckt die Summe aus bereits geleistetem und noch erwartetem Betrag die erwarteten Gesamtkosten nicht ab, ist gem. IAS 11.36 eine Drohverlustrückstellung zu bilden (Rz 42). Wird insgesamt kein Verlust erwartet, ist die Höhe

---

18 Ausführlich: LÜDENBACH, PiR 2007, S. 364ff.

19 IDW, RS HFA 2, Tz 17.

des Gewinns aber ungewiss, sind Umsatzerlöse i.H.d. Auftragskosten zu erfassen (IAS 11.32a).

3 Sonderprobleme

3.1 Bewertungsobjekt: Segmentierung und Zusammenfassung von Aufträgen, Folgeaufträge

Den Regelungen von IAS 11 unterliegt der einzelne, nach wirtschaftlichen Kriterien abgegrenzte Fertigungsauftrag (IAS 11.7). Schwierigkeiten bei der Bestimmung des Bewertungsobjektes können sich ergeben, wenn **wirtschaftlich separierbare** Aufträge **rechtlich zusammengefasst** sind oder umgekehrt rechtlich separierte Aufträge eine wirtschaftliche Einheit bilden. In derartigen Fällen ist die **wirtschaftliche Betrachtungsweise** maßgeblich: 44

Ein Vertrag, der **mehrere Einzelleistungen** umfasst, ist **zu segmentieren,** wenn die Leistungen 45

- getrennt angeboten wurden **und**
- getrennt hätten angenommen werden können **und**
- die Kosten und Erlöse der Einzelleistungen getrennt ermittelbar sind (IAS 11.8).

Bei allen drei kumulativ zu erfüllenden Kriterien stellt sich die Frage der Objektivierung und Nachweisbarkeit. Die (als Wahlrecht ausgestaltete) analoge amerikanische Vorschrift sieht dies i.d.R. nur dann als gegeben an, wenn sowohl beim Auftragnehmer als auch bei den anderen Marktteilnehmern die Einzelleistungen häufig separat angeboten und durchgeführt werden (Topic 605-35-25-13).

Beispiel

Bauunternehmen B errichtet für K ein schlüsselfertiges Gebäude. Der Gesamtpreis ergibt sich aus Einzelpreisen für (angeblich) separat angebotenen (1) Boden- bzw. Tiefbau, (2) Rohbau und (3) Innenausbau.

Tatsächlich ist B auf schlüsselfertige Bauten spezialisiert und hat in der Vergangenheit nur ganz selten Verträge über separate Leistungen geschlossen. Die eigene Unternehmenshistorie spricht gem. Topic 605-35-25-13 gegen die Ernsthaftigkeit des separaten Angebots. In Anwendung dieses Rechtsgedankens wird man auch nach IAS 11 eine Separierung ablehnen müssen.

Eine Transaktion kann sowohl Fertigungsleistungen als auch Leistungen anderer Art (z.B. Warenlieferungen oder Dienstleistungen) enthalten. Ein Beispiel wäre etwa ein Vertrag, der kundenspezifische Softwarefertigung (Fertigungsleistung) mit Training oder Nachbetreuungsleistungen *(post customer support)* verbindet. Hinsichtlich der Behandlung solcher Verträge wird allgemein auf → § 25 Rz 91 und Rz 68 verwiesen. Speziell ist an den IFRIC die Frage gestellt worden, ob bei Vereinbarung von Fertigungs- und sonstigen Leistungen in einem einzigen Vertrag unterschiedliche Gewinnmargen für die unterschiedlichen Teilleistungen angenommen werden könnten. Unter Verweis auf IAS 18.4 und 18.12 hat der IFRIC dies bejaht.[20]

46 Mehrere **Verträge** sind **zusammenzufassen**, wenn

- sie als ein einziges **Vertragspaket** verhandelt werden **und**
- sie so eng miteinander verbunden sind, dass sie Teil **eines einzigen Projektes** mit einer Gesamtgewinnspanne sind, **und**
- die Leistungen zeitgleich oder in **enger zeitlicher Abfolge** erbracht werden (IAS 11.9).

Wichtige Indizien für ein einheitliches Vertragspaket sind ein enger zeitlicher Zusammenhang der Vertragsabschlüsse sowie ein Gesamtfunktionsinteresse des Bestellers. Der geforderte **Verbund** der Leistungen kann sich auf Design, Technik oder Funktion des Auftragsobjektes beziehen. Entscheidend sind insoweit die Eigenschaften, die das fertige Objekt allgemein und/oder spezifisch für den **Auftraggeber** hat. Die Forderung nach enger zeitlicher Abfolge stellt demgegenüber nicht auf das Auftragsobjekt, sondern auf den Prozess der Leistungserbringung ab.

Die Frage der **Zusammenfassung** von Verträgen stellt sich regelmäßig nur, wenn diese Verträge alle den gleichen Vertragspartner aufweisen. Nach Auffassung des IFRIC[21] ist allerdings das Kriterium der Rechtspersönlichkeit nicht immer ein angemessenes Unterscheidungsmerkmal. Erhält der Auftragnehmer etwa zeitgleich Aufträge von verschiedenen Niederlassungen eines Großunternehmens, sind diese als separate Vertragspartner zu betrachten, wenn sie unabhängig voneinander Aufträge erteilt haben. Die Frage der Zusammenfassung der Aufträge stellt sich dann von vornherein nicht.

Eine Zusammenfassung von Aufträgen verschiedener Vertragspartner ist ausnahmsweise dann angezeigt, wenn aus Auftragnehmerperspektive ein wirtschaftlich einheitlicher Herstellungsvorgang eines einzigen Objektes vorliegt, dessen rechtliche teilbare Komponenten dann verschiedenen Auftraggebern geschuldet werden. Das klassische Beispiel wäre die Erstellung eines Wohnhauses mit nach Wohnungseigentumsgesetz geteilten Einheiten, deren Besteller die jeweiligen Käufer der einzelnen Wohneinheiten sind, wobei Voraussetzung wäre, dass der gesamte Auftrag überhaupt in den Anwendungsbereich von IAS 11 fällt (Rz 15).

47 Wird ein Vertrag um einen **Folgeauftrag** ergänzt,

- der sich in Design, Technologie, Funktion usw. wesentlich von dem ursprünglichen Vertrag unterscheidet oder
- dessen Preis losgelöst von dem ursprünglichen Vertrag verhandelt wird,

so ist der Folgeauftrag ein separates Bewertungsobjekt (IAS 11.10).

48 War bereits im ursprünglichen Vertrag eine preislich fixierte Option des Kunden auf den Folgeauftrag/Nachtrag enthalten, kommt eine Separierung nur noch dann in Frage, wenn sich die Auftragsgegenstände nach Technik, Funktion, Design erheblich unterscheiden oder der ursprüngliche Auftrag bereits vollständig erfolgswirksam erfasst ist.[22] Ohne eine solche Option kann hingegen schon das Kriterium der **losgelösten Preisverhandlung** eine Zusammenfassung

---

20 IFRIC, Update November 2006.

21 IFRIC, Update Juni 2004.

22 Gl. A. von Keitz, in: Thiele/von Keitz/Brücks (Hrsg.), Internationales Bilanzrecht, 2008, IAS 11, Tz. 136.

der Aufträge verhindern. Allerdings darf dieses Kriterium u.E. **nicht formal** interpretiert werden. Wird etwa im Hochbau zu einem späteren Zeitpunkt eine Zusatzleistung vereinbart und deren Preis separat verhandelt, so wäre zu prüfen, wie frei diese Preisverhandlungen sind. Hat der Auftraggeber wegen der technischen und zeitlichen Abstimmung der Arbeiten keine realistische Alternative, einen neuen Unternehmer zu beauftragen, haben die späteren Verhandlungen wirtschaftlich eher den Charakter von Nachträgen zum ursprünglichen Vertrag und sind deshalb mit diesem als eine Einheit zu sehen (Rz 50).

Generell hat die Frage nach der **Separierung** von Aufträgen für die IFRS eine **49**
geringere Relevanz als für das deutsche Handels- und Steuerrecht:

- In den IFRS entscheidet die Separierung „nur“ darüber, auf welche **Bewertungseinheit** die POC-Methode anzuwenden ist.
- Im deutschen Recht ist die **„abrechenbare Teilleistung“** das **Hilfskonstrukt**, mit dem trotz *completed-contract*-Prinzip vorzeitig Umsätze und Gewinne realisiert werden können.

Beispiel

Ein Bauunternehmen errichtet für einen Auftragnehmer ein Doppelhaus. Zum Bilanzstichtag ist die eine Hälfte komplett fertig und wird abgerechnet. Die andere Hälfte ist zu 60 % fertig und wird später abgerechnet.

- Nur wenn eine abrechenbare Teilleistung vorliegt, ist steuerbilanziell und nach tradierter handelsrechtlicher Auffassung die erste Umsatzhälfte realisiert.[23]
- Nach IFRS sind 80 % (= 50 % + ½×60 %) realisiert. Die Separierung oder Zusammenfassung ist „nur“ für den Ausweis und für evtl. Saldierungen von Gewinnen aus der einen Hälfte und Verlusten aus der anderen Hälfte bedeutsam.

Die gesamte Darstellung des zutreffenden Bewertungs- bzw. Realisierungsobjektes spielt auch bei „normalen“ Erlösen eine Rolle und wird dort unter dem Begriff „Mehrkomponentengeschäft“ diskutiert (→ § 25 Rz 68ff.).

3.2 Umfang der Erlöse

3.2.1 Erlöse bei Änderung des Leistungsumfangs

Gemäß IAS 11.11b umfassen die Auftragserlöse nicht nur die ursprünglichen im **50**
Vertrag vereinbarten Erlöse, sondern auch Erhöhungen oder Minderungen aufgrund **späterer abweichender Vereinbarungen** zum Auftragsumfang *(variations;* IAS 11.12f.). Wie im Falle der nachträglichen besseren Erkenntnis (Rz 40) ist die Kalkulation anzupassen.

Hierzu folgendes Beispiel, das Anpassungen wegen nachträglicher besserer **51**
Kenntnis und Anpassungen wegen Änderungen des Leistungsumfanges kombiniert:

[23] Zur Frage, wann eine abrechenbare Teilleistung vorliegt, ergehen umfangreiche BMF-Schreiben jeweils dann, wenn sich der USt-Satz erhöht.

Beispiel
Die Skyscraper GmbH hat in 01 von der New-Age AG den Auftrag zur Erstellung eines Bürohochhauses gegen einen Festpreis von 100 Mio. EUR erhalten.
Ursprünglich ging die GmbH von Kosten von 90 Mio. EUR aus. Wegen Schwierigkeiten bei den Gründungsarbeiten ist **diese Kostenschätzung** zum Bilanzstichtag auf 95 Mio. EUR **korrigiert** worden (davon 19 in 01).
Einen Ausgleich kann die GmbH in 02 dadurch erreichen, dass die Erweiterung des Bürohochhauses um ein Penthouse für den *New-Age*-Vorstand zu einem Preis von 10 Mio. EUR bei geschätzten Kosten von 4 Mio. EUR vereinbart wird. Der Preis für diesen **Folgeauftrag** wird nur formell unabhängig verhandelt. Wegen der technischen und zeitlichen Abstimmung kommt die Beauftragung anderer Unternehmen nicht in Frage.
Bei Kosten von 40,4 in 02 und 39,6 + 1,0 in 03 wird das Gebäude in 03 fertiggestellt. Die **zusätzlichen Kosten** von 1,0 Mio. EUR in 03 fallen in der Endphase zur Fristeinhaltung an (Schnellbaukosten).

	01	02	03
ursprünglicher Erlös	100,0	100,0	100,0
+ Erweiterung	0,0	10,0	10,0
= gesamter Erlös	100,0	110,0	110,0
– gesamte Kosten	95,0	99,0	100,0
= gesamter Gewinn	5,0	11,0	10,0
Kosten bis Stichtag	19,0	59,4	100,0
Fertigstellungsgrad (= kumulierte Stichtagskosten/geschätzte Gesamtkosten)	20 %	60 %	100 %
kumulierter Erlös (Gesamterlös × % Fertigstellung)	20,0	66,0	110,0
– davon in Vorjahren	0,0	20,0	66,0
= Periodenerlös	20,0	46,0	44,0
kumulierte Kosten (s. o.)	19,0	59,4	100,0
– davon in Vorjahren	0,0	19,0	59,4
= Periodenkosten	19,0	40,4	40,6
Periodengewinn	1,0	5,6	3,4

3.2.2 Erlöse bei Ersatzansprüchen des Auftragnehmers

52 Kommt der Kunde in **Annahmeverzug** oder hat er sonstige Nebenpflichten aus dem Vertrag verletzt, z. B. die Stelle, an der eine Anlage zu installieren ist, nicht rechtzeitig betriebsbereit gemacht, so kann es insbesondere im Falle von Festpreisverträgen zu **Nachforderungen des Auftragnehmers wegen zusätzlicher Kosten**, aufgrund Verzugs der anderen Seite usw. kommen.

53 Für die Einbeziehung solcher Nachforderungen *(claims)* in die Auftragserlöse gilt ein **implizites Vorsichtsprinzip**. Nachforderungen dürfen nur dann ein-

bezogen werden, wenn die Verhandlungen so weit fortgeschritten sind, dass der Kunde die Nachforderungen wahrscheinlich akzeptieren wird und zusätzlich der vom Kunden akzeptierte Betrag verlässlich ermittelt werden kann (IAS 11.14).

3.2.3 Prämien und Vertragsstrafen, z.B. für Fristüberschreitung und -unterschreitung

54 Im Industriegebäude- und Industrieanlagenbau sehen Verträge häufig eine **Prämie für vorzeitige Erfüllung** vor. Derartige Prämien *(incentives)* dürfen in die Erlös- und damit POC-Kalkulation nicht zu einem früheren Zeitpunkt, sondern erst dann einbezogen werden, wenn die Erreichung des besonderen Leistungsziels und damit die Prämie wahrscheinlich ist (IAS 11.15).

55 Umgekehrt kann es wegen unzureichender oder zu später Leistungserfüllung **(Verzug)** zu Minderungen der Auftragserlöse bzw. zu Vertragsstrafen *(penalties)* kommen (IAS 11.12c). Für die Berücksichtigung solcher Erlösminderungen gelten die allgemeinen Schätzgrundsätze (Rz 23 und Rz 38). Insbesondere muss die Minderung nicht unwahrscheinlich sein (IAS 11.34). Mangels Bestimmung (Bestimmbarkeit) der Wahrscheinlichkeitsanforderungen (→ § 21 Rz 37ff.) bleibt ein Ermessensspielraum.

3.2.4 Einbeziehung von Zinsvorteilen aus langfristigen Anzahlungen

56 Erfolgen die **Zahlungen** des Auftraggebers nicht mehr oder weniger parallel zum Leistungsfortschritt, sondern tritt er in erheblichem Maße und über längere Frist in **Vorleistung**, ergeben sich **Zinsvorteile** beim Auftragnehmer (→ § 9 Rz 7). Das IDW empfiehlt die Einbeziehung dieser Zinsvorteile in die Auftragserlöse.[24]

57 Hierzu folgendes Beispiel:

> **Beispiel**
> Eine Bauleistung ist zu je ½ in 02 und 03 zu erbringen. Bei einem angenommenen Anlage- und Schuldzinssatz von 10 % stehen folgende Zahlungsalternativen zur Diskussion:
> 1. Zahlung von je 50 Mitte 02 und Mitte 03
> 2. Zahlung von 87 (= 50/1,1 + 50/1,21) Mitte 01
>
> In der zweiten Alternative kann der Auftragnehmer 87 für ein Jahr und 43 für ein weiteres Jahr anlegen und so einen Zinsertrag von 8,7 + 4,3 = 13 erzielen.

58 Die Empfehlung des IDW ist **aus analytischer Sicht** im Interesse einer Spaltung zwischen operativem Ergebnis und Finanzergebnis und mit Blick auf die interne und externe Vergleichbarkeit des operativen Ergebnisses **überzeugend**. Bei der Einbeziehung der Zinsvorteile in die Auftragserlöse ergeben sich **jedoch** verschiedene **praktische Probleme**.

- Zunächst ist unklar, ob die **Zinskalkulation** auf Basis des Anlagezinses, des Schuldzinses oder etwa auf Basis des für die Vertragsverhandlung maßgeblichen **Zinssatzes** erfolgen soll.
- Weiterhin muss der Ab- oder Aufzinsungs**zeitraum** bestimmt werden. Die Orientierung an einem „normalen" Zahlungsrhythmus (etwa dem der Mak-

---

24 IDW, RS HFA (n.F.v. 18.10.2005), Tz 11.

ler- und Bauträger-Verordnung, MaBV) ist denkbar. Hierbei würde sich dann allerdings die Frage stellen, ob der als Maßstab gewählte Zahlungsrhythmus tatsächlich „normal“ ist, wo also die Nulllinie angesetzt werden soll.

- Schließlich wäre noch zu überlegen, wie ein errechneter Zinsvorteil den **Umsatzerlösen** zugeschlagen werden sollte. Die **Verteilung auf die Perioden** kann linear oder nach Maßgabe der Effektivzinssatz-Methode erfolgen.

59 Die Berücksichtigung der Zinsvorteile wirft mithin viele offene und ungelöste praktische Fragen auf, sodass ihr u. E. unter *materiality*-Gesichtspunkten nur bei sehr langem und hohem Vorlauf der Anzahlungen zwingend zu folgen ist (→ § 9 Rz 4).[25]

3.3 Umfang der Kosten

3.3.1 Direkte und indirekte Kosten

60 Zu jedem Stichtag sind einerseits die bereits angefallenen, andererseits die insgesamt noch anfallenden Kosten zu bestimmen. Zu den Kosten gehören neben den direkten Einzel- und Gemeinkosten des Materials und der Fertigung (inklusive Subunternehmerkosten) auch die **indirekten fertigungsbezogenen Gemeinkosten** der Verwaltung (IAS 11.16ff.).

61 Der Kostenbegriff folgt den Definitionen von IAS 2 (→ § 8 Rz 18ff.). Danach sind einzubeziehen:

- als **direkte Kosten**: Fertigungsmaterial (Rz 34) und Fertigungslöhne, Gehälter für die Auftragsüberwachung, Abschreibungen oder Mieten für die beim Auftrag eingesetzten Maschinen und Anlagen, Transportkosten für Materialien und Maschinen, (geschätzte) Kosten für Nachbesserung und Gewährleistung (IAS 11.17),
- als **indirekte Kosten**: Versicherungsprämien, Fertigungsgemeinkosten (z.B. für eine zentrale Qualitätskontrolle) auf Basis der normalen Kapazitätsauslastung (IAS 11.18).

Bei **überhöhten** Kosten (z.B. aufgrund von unwirtschaftlichem Materialverbrauch) und Leerkosten (z.B. planmäßige Abschreibungen auf zeitweise ungenutzte, für den Auftrag „reservierte“ Anlagen) ist nach IDW wie folgt zu differenzieren:

- Sofern überhöhte Kosten dem Fertigungsauftrag **direkt** i.S.v. IAS 11.16 (a) zugeordnet werden können, sind sie als Bestandteil der Auftragskosten zu erfassen. Entsprechendes gilt für Leerkosten.
- **Sonstige** überhöhte Kosten oder Leerkosten sind sofort aufwandswirksam.[26]
- Als **Auftragskosten** sind vorrangig solche Kosten zu berücksichtigen, die im Zeitraum von Auftragserlangung bis Erfüllung des Vertrags anfallen (IAS 11.21). Kosten der Auftragerlangung sind ggf. ergänzend zu berücksichtigen (Rz 64). **Nachlaufende** Herstellungskosten (z.B. aus Nacharbeiten, Erfüllung von Gewährleistungsansprüchen) sind mit ihren Schätzwerten in die Auftragskosten einzubeziehen.[27]

---

25 Restriktiver von Keitz, in: Thiele/von Keitz/Brücks (Hrsg.), Internationales Bilanzrecht, 2008, IAS 11, Tz. 148.

26 IDW, HFA 2 (n.F.v. 18.10.2005), Tz 8.

27 IDW, HFA 2 (n.F.v. 18.10.2005), Tz 8.

Nicht einzubeziehen sind Kosten der allgemeinen **Verwaltung**, z.B. der Gehaltsbuchhaltung (hingegen – theoretisch – doch einzubeziehen: Kosten der Lohnbuchhaltung) und FuE-Kosten (es sei denn, Erstattung ist vereinbart) (IAS 11.10). 62

Nach der bis 2008 geltenden Fassung von IAS 11 können **Fremdkapitalkosten** unter den Voraussetzungen von IAS 23 (→ § 9), d.h. insbesondere bei Längerfristigkeit der Auftragsfertigung, einbezogen werden (IAS 11.18). Dieser Verweis auf IAS 23 erfolgt unter der Voraussetzung des bis 2008 geltenden **Wahlrechts** zur Aktivierung von Zinsen, die bei der Herstellung bestimmter Vermögenswerte anfallen. Ab 2009 sieht IAS 23 eine Pflicht zur Aktivierung vor (→ § 9 Rz 12). Der IASB hat sich jedoch im Rahmen der Neufassung von IAS 23 entschieden, den Hinweis in IAS 11.18 zu streichen. Die maßgeblichen, schon für die Interpretation des bis 2008 anwendbaren Rechts relevanten Gründe sind wie folgt: 63

- Mit Ausnahmen, etwa bei der *zero-profit*-Methode (Rz 38), sind nach IAS 11 **keine Kosten** zu aktivieren, sondern **Teilerlöse**. Eine Aktivierung von Zinsen kommt daher konzeptionell nicht in Frage.
- Kosten können nur mittelbare Bedeutung für den Aktivierungsbetrag haben, wenn bei Anwendung der *cost-to-cost*-Methode das Verhältnis von angefallenen zu Gesamtkosten den Fertigungsgrad und damit den Teilerlös bestimmt (Rz 30).

U. E. ist es jedoch sachgerecht, bei Anwendung der *cost-to-cost*-Methode Zins- und Zinseszinseffekte nicht zu berücksichtigen. Auch eine mittelbare Wirkung von IAS 23 auf den Aktivierungsbetrag bleibt dann aus. Die Frage der Einbeziehung von Zinsen in die Herstellungskosten beschränkt sich auf den GuV-Ausweis.

Beispiel

A erledigt einen Auftrag über 250 zu je 1/2 in 01 und 02. Die Auftragskosten vor Zinsen betragen je 100 in 01 und 02. Der Kunde leistet keine Anzahlung/ Teilzahlung. A nimmt für den Auftrag Fremdmittel in Anspruch, die sich mit 10 % verzinsen.

	ohne Einbeziehung Zins		Einbeziehung Zins in HK	
	01	02	01	02
Erlös	125	125	125	125
HK Aufträge	100	100	105	115,5
Bruttoergebnis vom Umsatz	25	25	20	9,5
Zinsaufwand	5	15,5	0	0
Jahresüberschuss	**20**	**9,5**	**20**	**9,5**

Anders als bei langfristiger Fertigung von Vorräten (→ § 9 Rz 31) beeinflusst die Einbeziehung der Zinsen nicht das Periodenergebnis.

3.3.2 (Vorlaufende) Vertriebskosten, Kosten der Auftragserlangung

64 IAS 11.20 bestimmt, dass Kosten, die einzelnen Verträgen nicht zugeordnet werden können, bei der Bestimmung der Kosten, des Auftragsfortschritts usw. nicht berücksichtigt werden dürfen: „Dazu gehören ... Vertriebskosten" (IAS 11.20b). IAS 11.21 und 27 sehen hingegen vor, dass Kosten, die zur Erlangung eines konkreten Auftrags erforderlich sind, zu den Auftragskosten gehören, wenn sie einzeln identifiziert und verlässlich ermittelt werden können und es wahrscheinlich ist, dass der Auftrag zustande kommt.

65 Ein Widerspruch zwischen beiden Regeln besteht dann nicht, wenn man zwischen **allgemeinen** Vertriebskosten und dem einzelnen Vertrag direkt zurechenbaren Vertriebskosten (**Einzelkosten**) unterscheidet. Im Bauträgergeschäft mit steuerbegünstigten Wohnungen ist es etwa üblich, mit Vertragsschluss hohe Provisionen an den Strukturvertrieb zu zahlen. Die Höhe der sogenannten **Innenprovisionen** kann sich durchaus auf 20 % und mehr des Auftragserlöses belaufen. Es ist u. E. sachgerecht, solche Sondereinzelkosten des Vertriebs nach IAS 11 in Gesamtkostenkalkulation, Ermittlung des Fertigstellungsgrades und Bestimmung der anteiligen Erlöse einzubeziehen.[28]

Voraussetzung für die Einbeziehung vorlaufender Vertriebs- und sonstiger Kosten (Beraterhonorare, nützliche Ausgaben zur Förderung der Vertragsbereitschaft usw.) ist die **Zurechenbarkeit** zu einem einzelnen Auftrag. In sachlicher Hinsicht kommen daher regelmäßig nur Einzelkosten in Frage, in zeitlicher Hinsicht nur Kosten solcher Aufträge, deren Erlangung spätestens bei Bilanzerstellung sicher oder sehr wahrscheinlich ist. Ohne eine solche Wahrscheinlichkeit sind die Kosten als Aufwand zu behandeln und bei späterer tatsächlicher Auftragserlangung auch nicht nachzuaktivieren (IAS 11.21).

Der IFRIC bestätigt in einer *Agenda Rejection* vom Mai 2009 (*non-IFRIC*) im Übrigen, dass es in der Ansatzfrage auf die Umstände des Einzelfalls ankommt.

3.4 Infrastrukturkonzessionsverträge bei *public private partnership*

66 Der ab 1.1.2008 anwendbare IFRIC 12 beschäftigt sich mit der Bilanzierung von sogenannten *Service Concession Contracts* über privat finanzierte und betriebene **Infrastruktureinrichtungen**. In diesem Kontext kommt es zur Anwendung der Regeln von IAS 11, wenn der private Partner neue Infrastruktur erstellt oder vorhandene grundlegend verbessert *(upgrade)*.

Der Infrastrukturbegriff des IFRIC 12 und des begleitenden Offenlegungsstandards SIC 29 ist u.E nicht auf unbewegliche Vermögenswerte beschränkt Die Standards führen neben Tunnels, Autobahnen u. a. auch Beispiele wie Gefängnisse, Krankenhäuser an, bei denen eine Betriebsführungsvereinbarung neben den Gebäuden i. d. R. auch die zum Betrieb der Einrichtung erforderlichen beweglichen Vermögenswerte umfasst.

67 Nicht dem Anwendungsbereich von IFRIC 12 unterliegen folgende Fälle:

- Der private Partner unterliegt in der Gestaltung des Serviceumfangs (etwa Tageszeiten der Nutzung), in den von den Nutzern erhobenen Gebühren usw. keinen Auflagen (IFRIC 12.5a). Hier kommt bei rechtlichem Eigentum des

---

28 So für das Handelsrecht SELCHERT, Realisationsprinzip, Teilgewinnrealisierung, DB 1990, S. 797.

öffentlichen Partners ggf. ein Leasingverhältnis mit dem privaten Partner gem. IAS 17 oder IFRIC 4 in Frage (→ § 15 Rz 5).

- Der öffentliche Partner hat keine Verfügungsmacht über den Restwert der Einrichtung nach Ablauf des Servicevertrags, weil der private Partner z. B. frei ist, die Infrastruktur vorher zu verpfänden oder zu veräußern und/oder der öffentliche Partner die Nutzung nicht über die gesamte Dauer des Servicevertrags kontrollieren kann (IFRIC 12.5b und IFRIC 12.AG4). Hier kommt eine Bilanzierung der Infrastruktur als Sachanlage gem. IAS 16 (→ § 14) beim privaten Partner in Frage.

In den Anwendungsbereich von IFRIC 12 fallende Verträge sind wie folgt zu **68**
bilanzieren:

Während der **Bauphase**: Es entstehen durch die Erstellung/Verbesserung der Infrastruktur Erlöse aus Fertigungsaufträgen und entsprechende Forderungen gegen den öffentlichen Partner.

Während der **Betriebsphase** ist zu unterscheiden:

- Leistet oder garantiert der öffentliche Partner die Zahlungen für die Einrichtung und deren Betrieb, gelangt das *financial asset model* zur Anwendung (IFRIC 12.16). Die Einnahmen werden (unter Berücksichtigung von Zinseffekten) gegen die Forderung aus dem Fertigungsauftrag verrechnet. Im Übrigen entstehen beim privaten Partner noch Zinserträge.
- Zahlen die Infrastrukturnutzer an den privaten Betreiber und garantiert der öffentliche Partner auch keine Mindesteinnahmen, wird nach dem *intangible asset model* verfahren (IFRIC 12.17): Es unterstellt einen gewinn- und erlösrealisierenden Tausch der Forderung aus dem Fertigungsauftrag gegen den Erwerb eines Rechts auf den Betrieb der Infrastruktur. Dieses Recht wird dann über die Laufzeit abgeschrieben. Umsätze entstehen in diesem Modell nicht nur aus dem Fertigungsauftrag, sondern auch aus der laufenden „Maut“. Mit dieser „Doppelung“ der Umsätze geht keine „Doppelung“ des Ergebnisses einher, da das Ergebnis andererseits im Unterschied zum *financial asset model* um die Abschreibung auf das immaterielle Vermögen gemindert wird.
- Zahlen zwar die Infrastrukturnutzer an den Betreiber, **garantiert** der öffentliche Partner aber eine **Mindesteinnahme**, liegt i. H. d. (abgezinsten) Garantieeinnahmen ein *financial asset*, i. H. d. darüber hinausgehenden Ertragserwartungen ein *intangible asset* vor (IFRIC 12.18).

Fraglich ist beim Ganzen nur, ob während der Bauphase noch Forderungen aus Fertigungsverträgen oder schon ein *intangible* bzw. *financial asset* ausgewiesen wird.[29] IFRIC 12.14 trifft nur Bestimmungen für die GuV: Die Errichtung einer Infrastruktur gilt als Dienstleistung des Betreibers gegenüber dem Konzessionsgeber, auf die sowohl kosten- als auch erlösseitig die Vorgaben der Auftragsfertigung gem. IAS 11 Anwendung finden. Unklar ist hingegen, ob der Verweis auf IAS 11 auch den Ausweis in der Bilanz betrifft. Wenn dies bejaht wird, ist in der Bauphase eine PoC-Forderung auszuweisen, die erst mit Fertigstellung in einen immateriellen oder materiellen Vermögenswert getauscht wird. Für eine solche Interpretation spricht, dass vertragsgemäßer „Tauschgegenstand“ die betriebsbereite und keine unfertige Infrastruktur ist (IFRIC 12.15). Die Annahme einer ratierlichen Entstehung des finanziellen oder immateriellen Ver-

---

[29] Vgl. zum Nachfolgenden FREIBERG, PiR 2010, S. 234ff.

mögenswertes wird dagegen durch das Anwendungsbeispiel in IFRIC 12.IE9 und 21 gestützt. U. E. sind daher beide Auffassungen vertretbar.
Rückwirkungen ergeben sich dabei auf die Behandlung von **Zinseffekten**:

- Erfasst der Konzessionsnehmer während der Bauphase eine PoC-Forderung, kommt es nicht zur Aktivierung von Zinsen (Rz 63).
- Erfasst der Konzessionär hingegen bereits während der Errichtungsphase ein *intangible asset*, sind Fremdkapitalkosten, die im Zusammenhang mit der Errichtung der Infrastruktur entstehen, nach IAS 23 zu aktivieren (→ § 9 Rz 14). Bilanziert er während der Errichtungsphase ein *financial asset*, scheidet die Anwendung von IAS 23 aus (IFRIC 12.22). In der Bauphase aktivierte Ansprüche sind dann allerdings nach IFRIC 12.25 gem. der Effektivzinsmethode (IAS 39.AG6) aufzuzinsen.

Das nachfolgende Beispiel erläutert den Unterschied zwischen *financial* und *intangible asset model*, unterstellt aber vereinfacht eine Bauphase von nur einem Jahr, bei der sich die Frage des Bilanzausweises und der Zinsbehandlung während der Bauphase nicht stellt.

Beispiel
Die Bundesrepublik Deutschland entscheidet sich für eine Entlastung des notorisch verstopften Kölner Autobahn-Rings. Eine neue Autobahn Siegburg-Leverkusen wird privat von der Maut und Bau AG erbaut und finanziert. Die AG wendet dafür in der Periode 0 5 Mrd. EUR auf; bei Einbeziehung eines üblichen Gewinnaufschlags von 14 % würde sie für den Bau der Autobahn einem Dritten 5,7 Mrd. EUR in Rechnung stellen.
Die Maut und Bau AG darf weder von Pkws Gebühren erheben noch die Nutzung der Autobahn durch Pkws beschränken. Nach Ende der 5-Jahres-Frist des Konzessionsvertrags fällt die Autobahn entschädigungslos an die Bundesrepublik.
Danach **scheidet** für die Maut und Bau AG die bilanzielle Abbildung als Sachanlage wegen der fehlenden dauernden Kontrolle (→ § 1 Rz 85) über die Autobahn **aus**.
Die Maut und Bau AG erhält auf 5 Jahre (Perioden 1 bis 5)

- entweder einen **garantierten** Betrag von je 1,5 Mrd. EUR (insgesamt 7,5 Mrd. EUR) von der Bundesrepublik *(finacial asset model)*
- oder das Recht, von Lkws Mautgebühren in **kalkulierter** Höhe von insgesamt ebenfalls 7,5 Mrd. EUR zu erheben *(intangible asset model)*.

Alternative 1 *(financial asset model)*:

- Die Maut und Bau AG aktiviert eine **Forderung aus Fertigungsauftrag** gegen die Bundesrepublik, die parallel zum Fertigungsfortschritt ansteigt und bei Fertigstellung 5,7 Mrd. EUR beträgt; entsprechend entstehen über die Bauzeit kumuliert POC-Erlöse von 5,7 Mrd. EUR.
- Bei einem Effektivzins von 10 % sind die 7,5 Mrd. EUR (p.a. 1,5) als annuitätische Leistung auf die Forderung anzusehen.
- Nach Fertigstellung wird die Forderung jährlich mit 10 % **aufgezinst** (daraus Zinserträge von 1,8 Mrd.), anderseits um die annuitätische Zahlung von 1,5 Mrd. EUR verringert.

- Summe der Erlöse/Erträge: 5,7 Mrd. EUR aus POC-Fertigung + 1,8 Mrd. EUR aus Zins = 8,5 Mrd. EUR.

BILANZ (Forderung)

Jahr	1.1.	Aufzinsung	Annuität	31.12.
0				5,70
1	5,70	0,57	–1,50	4,77
2	4,77	0,47	–1,50	3,74
3	3,74	0,37	–1,50	2,61
4	2,61	0,26	–1,50	1,37
5	1,37	0,13	–1,50	0,0

GuV (Erträge)

Jahr	Erlös POC	Zins	Summe
0	5,7		5,70
1		0,57	0,57
2		0,47	0,47
3		0,37	0,37
4		0,26	0,26
5		0,13	0,13
		1,80	**7,50**

Alternative 2 ***(intangible asset model):***

- Über die Bauzeit wiederum Aktivierung einer **Forderung aus Fertigungsauftrag** von 5,7 Mrd. EUR mit entsprechenden POC-Erlösen.
- Zum Ende der Bauzeit: Anschaffung eines **immateriellen** Vermögenswertes von 5,7 Mrd. EUR im **Tausch** gegen die erbrachte Fertigungsleistung bzw. die aus ihr resultierende Forderung.
- Über die Betriebszeit: **Vereinnahmung** der 7,5 Mrd. EUR Mauteinnahmen als Erlöse und Verbuchung von 5,7 Mrd. EUR **Abschreibung** auf den immateriellen Vermögenswert.
- Summe der Erlöse/Erträge 5,7 Mrd. EUR aus POC + 7,5 Mrd. EUR aus Maut = 13,2 Mrd. EUR, denen u.a. noch 5,7 Mrd. EUR Abschreibungen gegenüberstehen.

BILANZ (immaterielles Vermögen)

Jahr	1.1.	Abschreib.	31.12.
0			**5,70**
1	5,70	–1,14	**4,56**
2	4,56	–1,14	**3,42**
3	3,42	–1,14	**2,28**
4	2,28	–1,14	**1,14**
5	1,14	–1,14	**0,00**

GuV (Erlöse)			
Jahr	POC	Mauterlös	**Summe**
0	**5,70**		5,70
1		**1,50**	1,50
2		**1,50**	1,50
3		**1,50**	1,50
4		**1,50**	1,50
5		**1,50**	1,50
	5,70	7,50	**13,20**

Hat der Betreiber laufende Kosten für den Betrieb der Einrichtung (etwa Pflege der Grünstreifen oder Winterdienst bei einer Autobahn), werden diese Aufwendungen nach Anfall aufwandswirksam. Ist der Betreiber vertraglich zur Übergabe der Einrichtung am Ende der Laufzeit in einem bestimmten Erhaltungszustand verpflichtet, so ist in den Jahren ohne Instandhaltung eine Rückstellung nach dem Maß der „Abnutzung" anzusammeln (IFRIC 12.21 i.V.m. IFRIC 12.IE 19 und 35). Sind bestimmte Maßnahmen unabhängig vom Abnutzungszustand nach festgelegten Fristen vorzunehmen, können sie ggf. als Teil der zu erbringenden Infrastrukturleistung zu qualifizieren sein und die passive Abgrenzung von Erlösteilen bedingen.[30]

69 Sind **bewegliche Vermögenswerte** notwendig, um die Einrichtung zu betreiben und den Vertrag zu erfüllen, und stellt der private Partner diese Vermögenswerte nicht her, sondern beschafft er sie von Dritten, ist fraglich, ob die Anschaffungskosten dieser Vermögenswerte als Teil des *financial* oder *intangible asset* zu erfassen sind. Für eine Einbeziehung spricht der weite Infrastrukturbegriff (Rz 66), dagegen die Annahme von IFRIC 12.15–18, ein *financial* oder *intangible asset* entstehe in dem Umfang, in dem Herstellungsleistungen (*construction services*) des privaten Partners vergütet werden.

Eine **separate Erfassung** (als Sachanlagen nach IAS 16) halten wir insbesondere dann für vorzugswürdig, wenn der bewegliche Vermögenswert eine deutlich kürzere Lebensdauer als der Infrastrukturvertrag hat.

Beispiel

Die Klinik AG errichtet für und betreibt im Auftrag des Landes eine psychiatrische Einrichtung im Maßregelvollzug für schuldunfähige, vermindert schuldfähige oder suchtkranke Straftäter.

Der Vertrag läuft über 25 Jahre. Nach Ablauf der 25 Jahre gehen Gebäude und Einrichtung auf das Land über.

Zum Betrieb der Einrichtung werden Anlagen (etwa Computer, Videokameras, Geschirr usw.) gebraucht, die eine Nutzungsdauer von 2,5 bis 5 Jahren haben.

30 KPMG, Insights into IFRS 2009/10, Tz 5.12.140.30.

Beurteilung
Eine Einbeziehung der Erstinvestitionskosten für das bewegliche Vermögen in den Zugangsbetrag des **finanziellen** oder **immateriellen Vermögenswertes** würde die Frage aufwerfen, ob der einheitliche Vermögenswert für Zwecke der Tilgung/Abschreibung in Komponenten zu zerlegen ist. Anders als in IAS 16 (→ § 8 Rz 34) sind solche Zerlegungen in IFRIC 12, IAS 39 und IAS 38 aber nicht vorgesehen.
Eine Alternative zur Komponenten-Abschreibung/-Auflösung wäre, alle geplanten Ersatzinvestitionen der nächsten 25 Jahre schon mit in den Zugangsbetrag des finanziellen oder immateriellen Vermögenswertes (mit Gegenkonto Rückstellungen?) einzubeziehen. Eine Anpassung der Kostenerwartungen bei den Ersatzinvestitionen in Abhängigkeit von Ersatzintervallen, Preisentwicklungen usw. wäre dann erfolgswirksam zu erfassen.
Einfacher und klarer erscheint es hier, die beweglichen Vermögenswerte separat als Sachanlagen zu erfassen und über ihre jeweilige Nutzungsdauer abzuschreiben.

3.5 Herstellung kundengebundener Werkzeuge

In **Zulieferindustrien**, z.B. in der Automobilbranche, kommt es häufig zur Produktion sog. kundengebundener Werkzeuge. Auftragnehmer (Zulieferer) und Auftraggeber (Abnehmer) schließen einen längerfristigen Rahmenvertrag, dem zufolge der Auftragnehmer Teile für den Auftraggeber nach dessen technischen Spezifikationen erstellt. Die Produktion der Zulieferteile erfordert den Einsatz **spezifischer Werkzeuge** (Gussformen etc.), die für alternative Zwecke nicht einsetzbar sind (für den Fall der Drittverwendbarkeit Rz 12). 70

Am **Anfang** des Leistungsprozesses steht regelmäßig die Herstellung dieser Werkzeuge. Soweit der Auftraggeber nicht ausnahmsweise eine für die Amortisation der Werkzeugkosten hinreichend hohe Mengenabnahme garantiert, können Vereinbarungen getroffen werden, die dem Auftragnehmer das **Risiko** der Wertloswerdung der Werkzeuge teilweise abnehmen. Derartige **Vereinbarungen** können neben variablen Vergütungen vorsehen:

- am Anfang zu zahlende **Werkzeugkostenzuschüsse** bzw. -beiträge, die auf Basis der gemeinsamen Teilekalkulation implizit auf den Preis der gelieferten Teile angerechnet werden,
- einen bei Vertragsbeendigung oder dauerhaftem Verfehlen der Mengenziele zu zahlenden **Amortisationsbeitrag**,
- stückzahlenunabhängige, **laufende Amortisationsgebühren**.

Die Vereinbarungen enthalten überdies regelmäßig Bestimmungen für das **Ende** des (laufenden) Produktionszyklus, z.B. eine Pflicht des Auftragnehmers, die Werkzeuge nach Auslaufen der Bauserie noch zehn Jahre aufzubewahren und für Ersatzteilanforderungen einzusetzen, oder aber die Verpflichtung zur Rückübertragung der Werkzeuge an den Auftraggeber.

Nach den Kriterien von IFRIC 4 erfüllen die Rahmenverträge zumeist den Tatbestand eines **verdeckten Leasingverhältnisses** (→ § 15 Rz 12). Der Zulieferer als rechtlicher Eigentümer überlässt in wirtschaftlicher Betrachtung dem

Abnehmer die Werkzeuge. Zu beurteilen ist dann, ob die Nutzungsüberlassung (Leasing)

- als *finance lease* (dann Bilanzierung beim Abnehmer)
- oder als *operating lease* (dann Bilanzierung bei Zulieferer)

erfolgt.

Für ein *finance lease* sprechen insbesondere (→ § 15 Rz 22 ff.) die den Aufbewahrungspflichten des Zulieferers entsprechenden dauernden Verfügungsrechte des Abnehmers oder dessen Erwerbsrechte für den Fall der vorzeitigen Vertragsbeendigung. Auch ohne solche Regelungen ist die Qualifizierung als *finance lease* die Regel, da die Werkzeuge nicht allgemein verwendbar sind, also ein Fall des Spezialleasings vorliegt (→ § 15 Rz 123).

71 Bei einem *finance lease* treffen die Regelungen von IAS 17 und IAS 11 zusammen. Die Vertragskonstruktion kann in diesem Fall als eine besondere Form des **Herstellerleasings** qualifiziert werden (→ § 15 Rz 151 ff.), die sich von den bekannten Formen (z.B. Kfz- oder EDV-Leasing) nur dadurch unterscheidet, dass das hergestellte und im Wege des *finance lease* wirtschaftlich veräußerte „Produkt" **kundenspezifisch** gefertigt wird. Konsequenzen hieraus sind:

- Der Zulieferer tätigt mit der Entwicklung von Know-how, Werkzeugen usw. eine **Auftragsfertigung**, die nach Maßgabe der POC-Methode zu Erlösen und Forderungen führt.
- Soweit der Abnehmer Entwicklungs- oder Werkzeugkostenbeiträge leistet, sind diese keine analog IAS 20 zu behandelnden (privaten) **Zuschüsse** (→ § 12 Rz 40), sondern Leasingvorauszahlungen bzw. (An-)Zahlungen auf die Forderung aus dem Fertigungsauftrag.
- Soweit laufende **Amortisationsbeiträge** gezahlt werden, sind diese als Leasingraten zu interpretieren.
- Soweit keine oder nicht ausreichende „Zuschüsse" oder Amortisationsgebühren vereinbart sind, müssen die Stückentgelte des Abnehmers in eine Leasingrate und einen Kaufpreis für die Teile **aufgegliedert** werden. Die dabei auftretenden Schätzunsicherheiten und Ermessensspielräume sind nach IFRIC 4.14 unschädlich.

Beispiel[31]

Zulieferer Z erstellt kundenspezifische Werkzeuge zur Produktion von Autotanks für Autohersteller A.

Die anfallenden Herstellungskosten der Werkzeuge betragen 10 Mio. EUR. A beteiligt sich in 01 mit einem „Zuschuss" von 4 Mio. EUR an den Werkzeugkosten. Im Übrigen ist Folgendes vereinbart:

- Geplante Teileabnahme: 4 Jahre (02 bis 05) à 50.000 Stück = 200.000 Stück.
- Somit ergibt sich ein rechnerischer Anteil der nicht bezuschussten Werkzeugkosten von 6 Mio./200.000 = 30 EUR pro Stück und der bezuschussten Kosten von 4 Mio./200.000 = 20 EUR pro Stück.
- Preis pro Stück vor Werkzeugkostenanteil: 450 EUR.

[31] Aus LÜDENBACH, IFRS, 4. Aufl., 2005, S. 116.

- Bei Unterschreiten des Mengenziels von 200.000 werden nachträgliche Amortisationszahlungen in Höhe von (200.000 – Istmenge) × 30 EUR fällig.

Die Produktion wird wie vereinbart aufgenommen. Sie endet vorzeitig nach 3 Jahren (150.000 Stück).

Z erhält Anfang 05 eine Abschlusszahlung von 1,5 Mio. EUR (50.000 × 30).

Unter Vernachlässigung eines Finanzierungsanteils in den verdeckten Leasingraten sowie in der POC-Forderung ergeben sich unter der Annahme eines *finance lease* die Bilanz- und Kalkulationswerte sowie die Umsätze und Zahlungen beim Zulieferer wie folgt:

POC Forderung	
POC Ford. vor Zahlung	10.000.000
– „Zuschuss“	4.000.000
= POC Ford. 31.12.01	6.000.000

Stückkalkulation	
Fertigungskosten	450
WK-Beitrag	50
Entgelt kalkulatorisch	500
bereits gel. WK-Beitrag	–20
Restentgelt	480

Jahresumsatz/Jahreszahlung	02	03	04
Teile in Stück	50.000	50.000	50.000
× Stückpreis ohne WK Beitrag	450	450	450
= Teileumsatz	22.500.000	22.500.000	22.500.000
+ noch nicht geleist. WK-Beitrag (50.000 × 30)	1.500.000	1.500.000	1.500.000
= Zahlung	24.000.000	24.000.000	24.000.000

Hieraus ergeben sich folgende **Buchungssätze:**

Datum	Konto	Soll	Haben
01	per Forderung (aus POC)	10 Mio.	
	an POC-Umsatz		10 Mio.
	Geld	4 Mio	
	Forderung (aus POC)		4 Mio.

Datum	Konto	Soll	Haben
02 bis 04 jeweils	Geld	24 Mio.	
	Teileumsatz		22,5 Mio.
	Forderung (aus POC)		1,5 Mio.
05	Geld	1,5 Mio.	
	Forderung aus POC		1,5 Mio.

Ist das verdeckte Leasingverhältnis **ausnahmsweise** als *operating lease* zu beurteilen, ergeben sich folgende Wirkungen: 72

- Das Werkzeug ist als **aktivierte Eigenleistung** beim Zulieferer zu bilanzieren und über die Laufzeit (entsprechend dem *matching principle* nicht pro rata, sondern stück- bzw. leistungsabhängig) **abzuschreiben**.
- Die (operativen) Leasingzahlungen setzen sich zusammen aus
  - einem „Werkzeugkostenzuschuss“, der als Leasing**anfangs**zahlung passivisch **abzugrenzen** ist und nicht sofort, sondern über die Vertragsdauer

ertragswirksam wird (Auflösung auch hier entsprechend dem *matching principle* stück- bzw. leistungsabhängig),
- einem Leasinganteil in den **laufenden** Stückentgelten,
- einer evtl. **Schlusszahlung**, die erst mit Entstehen der betreffenden Forderung Ertrag wird.

Die Regeln laufen ins Leere, wenn der Hersteller dem Zulieferer keinerlei Amortisationsgarantien gibt oder kein Serienliefervertrag geschlossen wird, sondern jeweils einzelne Lose in Auftrag gegeben werden. Zwar kann das Interesse an einer langfristigen Zusammenarbeit auch hier zu „faktischen Amortisationsgarantien" führen, indem dem Zulieferer etwa in Aussicht gestellt wird, im Falle einer unbefriedigenden Stückzahlabnahme für den laufenden Vertrag durch höhere Preise bei zukünftigen Verträgen über andere Modelle indirekt eine Kompensation zu erhalten. Derartige Abreden sind aber kaum zu objektivieren. Durch die Umstellung auf Verträge über einzelne Lose haben die einschlägigen Industrien daher bereits die Implementierung des IFRIC 4 (→ § 15 Rz 5) entsprechenden amerikanischen Standards EITF 01–08[32] bilanzneutral „bewältigt".

4 Latente Steuern

73 Im deutschen Steuerrecht gilt der Ertrag aus langfristigen Fertigungsaufträgen regelmäßig erst mit Vollendung als realisiert (*completed-contract*-Methode). Eine frühere Abrechnung ist nur ausnahmsweise bei selbstständigen Teilleistungen und fehlendem Gesamtfunktionsrisiko zulässig (Rz 49).[33] Im Regelfall kommt es somit bei **Gewinn bringenden Aufträgen** zu den Stichtagen, zu denen der Auftrag noch nicht abgeschlossen ist, in der IFRS-Bilanz zu einem höheren Wertansatz als in der Steuerbilanz. Die Folge ist der **Ansatz passiver latenter Steuern** nach IAS 12 (→ § 26).

74 Bei **Verlustaufträgen** entsteht eine Abweichung zur Steuerbilanz dann, wenn die Verluste sofort in voller Höhe in der IFRS-Bilanz auszuweisen sind (Rz 42), in der Steuerbilanz der Ansatz drohender Verluste hingegen verboten ist (§ 5 Abs. 4a EStG). Als Folge dieses Unterschieds sind in der IFRS-Bilanz **aktive latente Steuern** anzusetzen (→ § 26 Rz 18).

Die Höhe der im **Verlustfall** entstehenden temporären Differenz zwischen Steuerbilanz und IFRS-Bilanz hängt allerdings konkret davon ab, inwieweit der Verlust
- als Drohverlust und damit steuerlich unbeachtlich zu qualifizieren ist oder
- er als Teilwertabschreibung auf unfertige Leistungen auch steuerlich Berücksichtigung findet.

Zum damit angesprochenen **Verhältnis von Niederstwert-/Teilwert-Abschreibung und Drohverlustrückstellung** vertraten das BMF und ein Teil der Finanzrechtsprechung früher folgende Auffassung:
- Es gibt keinen Vorrang der verlustfreien Bewertung (Niederstwert- bzw. Teilwertabschreibung) vor der Drohverlustrückstellung.
- Beide Vorschriften ergänzen sich vielmehr in zeitlicher Hinsicht derart, dass nur die anteilig bis zum Bilanzstichtag entstandenen Verluste über eine

---

32 EITF 01–8 Determining Whether an Arrangement Contains a Lease.

33 BFH, Urteil v. 5.5.1976, I R 121/74, BStBl II 1976 S. 541.

Abschreibung zu berücksichtigen sind, die danach anfallenden Verluste aber als (steuerbilanziell nicht berücksichtigungsfähige) Drohverlustrückstellung gelten.

Diese Rechtsauffassung ist mittlerweile überholt. Die Teilwertabschreibung hat Vorrang vor der Drohverlustrückstellung.[34] Aktive latente Steuern entstehen somit nur noch dann, wenn noch kein abschreibungsfähiger Vermögenswert entstanden ist (vor Beginn der Arbeiten) oder der aktivierte Betrag den erwarteten Verlust nicht deckte (frühe Auftragsphase).

Beispiel

Gegen einen in 01 vereinbarten Festpreis von 1.000 TEUR wird ein Gebäude errichtet. Zum Stichtag sind noch keine Kosten angefallen. Es wird mit Gesamtkosten von 1.200 gerechnet, 900 in 02 und 300 in 03.

Nach IAS 11.36f. ist in 01 ein Verlust von 200 auszuweisen.

In der Steuerbilanz ist der Drohverlust wegen § 5 Abs. 4a EStG nicht berücksichtigungsfähig.

Ende 01 werden 200 als steuerlich unbeachtliche Drohverlustrückstellungen ausgewiesen. Die aktive latente Steuer ist 40 % von 200 = 80.

Ende 02 ist der Verlust auch steuerbilanziell als Teilwertabschreibung zu berücksichtigen.

Zu buchen ist wie folgt:

Datum	Konto	Soll	Haben
01	Aufwand	200	
	Verb. POC		200
	aktive latente Steuer	80	
	Steuerertrag		80
02	Aufwand	750	
	Verb. POC	150	
	Geld		900
	Ford. POC	700	
	Verb. POC	50	
	Erlös		750
	Steueraufwand	80	
	aktive latente Steuer		80
03	Aufwand	250	
	Verb. POC	50	
	Geld		300
	Ford. POC	250	
	Erlös		250

[34] Durch BFH, Urteil v. 7.9.2005, VIII R 1/03, BStBl II 2006 S. 299.

5 Ausweis und Buchungstechnik

5.1 Bilanzausweis

75 Der im Rahmen der POC-Methode zu aktivierende Betrag wird nicht unter den Vorräten ausgewiesen, sondern **unter den Forderungen**, z.B. als „Forderung aus POC" oder als „Fertigungsaufträge in Bearbeitung" oder als „Fertigungsaufträge mit aktivischem Saldo".[35] Für unfertige Leistungen, die nicht spezifisch für den Auftrag erstellt wurden (Standardkomponenten) bleibt es so lange beim Vorratsausweis, bis Installation/Einbau erfolgen (Rz 33f.).

76 Soweit der Kunde bereits **Zahlungen** auf den Auftrag geleistet hat, ist nach IAS 11.43f. wie folgt zu differenzieren:

- **Erhaltene Anzahlungen** ***(advances received)***, d.h. Zahlungen, die den Gegenwert des Leistungsfortschritts übersteigen bzw. vor Leistungserbringung erfolgen, sind als Verbindlichkeit (nicht als Fertigungsaufträge mit passivischem Saldo) anzusetzen.
- Zahlungen aufgrund von **Teilabrechnungen** ***(progress billings)***, die den Leistungsfortschritt nicht überschreiten, werden hingegen von der „Forderung aus POC" in Abzug gebracht.
- Ein Abzug soll bereits mit **Erstellung** der Teilabrechnung notwendig sein.[36]

Die unterschiedliche Behandlung von Anzahlungen und Teilabrechnung, insbesondere im dritten Fall, bereitet wegen des fließenden Übergangs beider Formen **Schwierigkeiten**.[37] Auch Anzahlungen erfolgen aus wirtschaftlichen oder rechtlichen Gründen (MaBV) i.d.R. nicht völlig unabhängig vom Leistungsfortschritt. In pragmatischer Betrachtung kann folgende Regel Anwendung finden:

- Erhaltene Zahlungen sind unabhängig von ihrem formalen Charakter bzw. der zivilrechtlichen Qualifizierung zunächst gegen den Fertigungsauftrag zu saldieren.
- Soweit ein Zahlungsüberschuss verbleibt, ist dieser als Verbindlichkeit auszuweisen.

Für ein solches Vorgehen sprechen *substance-over-form*-Gesichtspunkte sowie die unklare Reichweite des in IAS 1.32 enthaltenen Saldierungsverbots.[38]

Droht aus dem Auftrag ein **Verlust**, erfolgt der Ausweis auf der Passivseite unter „**Verbindlichkeiten** aus POC" oder wiederum unter „Fertigungsaufträge mit passivischem Saldo" bzw. als „Verpflichtungen aus Fertigungsaufträgen". Auch ein Ausweis unter den Rückstellungen gilt als zulässig.[39]

Die nachfolgende Tabelle zeigt die Bilanzausweismöglichkeiten unter Berücksichtigung des Auftragsstadiums und der vereinnahmten Zahlung bei einem Fertigungsauftrag, aus dem kein Verlust droht:

---

35 So IDW, HFA 2 (n.F.v. 18.10.2005), Tz 17.

36 Vgl. ADS International, Abschn. 16, Tz 151, von Keitz/Schmieszek, KoR 2004, S. 118ff., sowie IDW, HFA 2, Tz 17ff.

37 Vgl. zu den Abgrenzungsschwierigkeiten auch Heuser/Theile, IFRS-Handbuch, 4. Aufl., Tz. 1743.

38 Vgl. dazu Küting/Reuter, KoR 2006, S. 1ff.

39 So von Keitz, in: Thiele/von Keitz/Brücks, Internationales Bilanzrecht, 2008, IAS 11, Tz 245.

	keine Anzahlung/keine Teilabrechnung**	Zahlung unter anteiliger Leistung	Zahlung über anteiliger Leistung
vor Auftragsbeginn	entfällt	entfällt	erhaltene Anzahlung
unfertiger Auftrag	Ford. aus POC* (Höhe: anteil. Erlös)	Ford. aus POC* (Höhe: anteil. Erlös – erhaltene Zahlung)	erhaltene Anzahlung* (Höhe: Anzahlung – ant. Erlös)
fertiger Auftrag**	Ford. L+L (Höhe: Erlös)	Ford. L+L (Höhe: Auftragserlös – erhaltene Zahlung)	entfällt
*) alternative Bezeichnung z. B. „Fertigungsaufträge in Bearbeitung" oder „Fertigungsaufträge mit aktivischem Saldo"			
**) bei Abrechnung Teilleistung Minderung der POC-Forderung ggf. bereits vor Vereinnahmung			

Tab. 2: Bilanzausweis POC-Methode

5.2 GuV-Ausweis

Für den GuV-Ausweis ergeben sich **keine Besonderheiten**. Die Erlöse aus Fertigungsaufträgen sind als Umsatzerlöse, die Kosten als Herstellungskosten der zur Erzielung der Umsatzkosten erbrachten Leistung (Umsatzkostenverfahren) oder in den verschiedenen Kostenarten, also im Materialaufwand, Personalaufwand usw. auszuweisen (Gesamtkostenverfahren). 77

Wird der Fertigungsgrad nicht nach Maßgabe des *cost-to-cost*-Verfahrens (Rz 30), sondern nach anderen Maßstäben, insbesondere outputorientiert (Rz 36), bestimmt, kann sich eine Divergenz zwischen den tatsächlich angefallenen Kosten und den zur Ermittlung des anteiligen Gewinns heranzuziehenden Kosten ergeben. 78

Hierzu folgendes Beispiel: 79

Beispiel
Ein Auftrag wird über 2 Perioden abgewickelt. Die Gesamtkosten betragen 100, der Gesamterlös beträgt 110. Der Fertigungsgrad per 31.12.01 wird outputorientiert mit 50 % bestimmt. Die Kosten verteilen sich mit 45 auf Periode 01 und 55 auf Periode 02.
Unzulässig wäre ein Ansatz von 50 % der Erlöse (55) und 45 % der Kosten (45) in Periode 1. Dadurch käme es zur Erfassung des gesamten Gewinns in 01. Eine solche Verteilung vertrüge sich nicht mit dem *matching principle* (→ § 1 Rz 111). Dieses allgemein im *Framework* festgehaltene Prinzip der „gleichzeitigen und gemeinsamen Erfassung von Erlösen und Aufwendungen, die unmittelbar und gemeinsam aus denselben Geschäftsvorfällen oder

anderen Ereignissen resultieren" (F.95), wird für Fertigungsaufträge spezifisch in IAS 11.25 bekräftigt.
In Frage kommen deshalb nur folgende Ausweisalternativen für die GuV 01:
Alt. 1: Erlöse 55 (= 50 % von 110), Kosten 50 (= 50 % von 100)
Anpassungsbuchung: Aufwendungen (GuV) 5 an Fertigungsauftrag (Bilanz) 5.
Alt. 2: Kosten 45, Erlöse 50

Nach IDW ist die Alternative 2 – also eine Anpassung der Auftragserlöse zur Ermittlung des zutreffenden Periodenergebnisses bei unverändertem Ausweis der als Aufwand erfassten Auftragskosten – mit IAS 11 nicht vereinbar.[40]

80 In beiden Beispielalternativen ergibt sich der gleiche Jahresertrag von 5. Für Alternative 1 spricht, dass die Erlöse entsprechend dem Leistungsfortschritt ausgewiesen werden. Gegen Alternative 1 spricht, dass zur Ermittlung des zutreffenden Ertrages Kosten bzw. Aufwendungen eingebucht werden müssen, die tatsächlich noch nicht angefallen sind. Alternative 2 kommt ohne eine solche die Kosten betreffende Anpassungsbuchung aus, zeigt dafür aber Erlöse, die nicht dem Leistungsfortschritt entsprechen. IAS 11 enthält keine besonderen Regelungen für den GuV-Ausweis. Insoweit sind beide Methoden anwendbar.

81 Zum großen Teil behandelt die vorstehend dargestellte Diskussion allerdings ein **Scheinproblem.** Soweit der outputorientierte Fertigstellungsgrad wesentlich von dem nach der *cost-to-cost*-Methode ermittelten abweicht, beruht die Outputmethode nämlich regelmäßig auf falschen Prämissen:

Beispiel[41]
Sachverhalt
Das Tiefbauunternehmen TBau hat für einen Festpreis von 120 Mio. EUR den Auftrag zum Bau von 6 km Autobahn (incl. erforderlicher kleinerer Brückenbauwerke) erhalten. In der Periode 1 werden 4,5 km (75 %) fertiggestellt, in der Periode 2 die verbleibenden 1,5 km (25 %). Die Kosten (Personal, Material, Gemeinkosten) von insgesamt 100 Mio. EUR verteilen sich mit je 50 Mio. EUR gleichmäßig auf die beiden Perioden.
Die Verteilung der Kilometerleistungen (75 % zu 25 %) weicht von der der Kosten (50 % zu 50 %) ab, weil im zweiten Streckenabschnitt mehr Brückenbauwerke enthalten sind.
Um einen möglichst hohen Umsatz in Periode 1 auszuweisen, möchte die TBau den Umsatzanteil der Periode nicht kostenorientiert (mit 50 % von 120 Mio. EUR), sondern mengen- bzw. kilometerorientiert (mit 75 % von 120 Mio. EUR) bestimmen.

Beurteilung
Die Wahl der Outputmethode würde deshalb zu einem eklatant höheren Umsatzanteil der Periode 1 führen, weil der outputorientiert festgelegte Fertigungsgrad (hier 75 %) deutlich von dem nach der *cost-to-cost*-Methode

40 IDW, HFA 2 (n.F.v. 18.10.2005), Tz 9.
41 Aus LÜDENBACH, PiR 2006, S. 178ff.

(hier 50 %) abweicht. Erklärend ist der höhere Anteil an Brückenbauwerken im zweiten Bauabschnitt. Die verbleibenden 25 % der Kilometer sind wegen der vermehrten Brückenbauwerke deutlich aufwändiger als die ersten 75 %. Unter diesen Umständen halten wir eine nur an der Kilometerleistung orientierte Bestimmung des Fertigungsgrades für unzulässig.
Die TBau schuldet nicht beliebige 6 km Autobahnbau in einer topografisch idealen, brückenfreien Lage, sondern den Bau auf einer örtlich genau bestimmten Strecke, zu der eine genau bestimmte Zahl von Brückenbauwerken gehört. Diese Bauwerke sind Teil der geschuldeten Gesamtleistung. Wenn alle Bauabschnitte eine gleichmäßige Zahl von Brückenbauten aufweisen würden, wäre die Kilometerleistung möglicherweise ein geeigneter Maßstab für das nach IAS 11.30 zu bestimmende Verhältnis erbrachter Leistung zur Gesamtleistung. Wenn, wie im Fallbeispiel, der zweite Streckenabschnitt mehr Brückenbauwerke fordert, repräsentiert der Kilometermaßstab gerade nicht mehr die ingenieurtechnischen und ökonomischen Verhältnisse. Ggf. müssten die Kilometer unter Berücksichtigung der unterschiedlichen Aufwendungen gewichtet werden, was im Resultat ein Übergehen zur *cost-to-cost*-Methode bedeuten würde.

Dieses Ergebnis lässt sich wie folgt verallgemeinern:
Nach IAS 11.30 ist der Fertigungsgrad durch das
- Verhältnis der erbrachten Leistung *(work performed)*
- zur insgesamt geschuldeten Leistung definiert.

Da die Erledigung eines Fertigungsauftrags eine technische und ökonomische, seine bilanzielle Abbildung eine rein ökonomische Veranstaltung ist, kann mit diesem Verhältnis nur ein ökonomisches gemeint sein. Eine nach (naiven) physischen Größen vorgehende Outputbemessung des Fertigungsgrades führt nur dann zu dem in IAS 11.30 geforderten verlässlichen Ergebnis, wenn eine annähernd lineare Beziehung zwischen Kosten und physischem Aufteilungsmaßstab besteht oder eine solche Beziehung über Gewichtungsfaktoren hergestellt wird. Wo dies der Fall ist, ergeben sich keine wesentlichen Abweichungen zur *cost-to-cost*-Methode. Wo dies nicht der Fall ist, halten wir die Anwendung der Outputmethode für unzulässig, weil sie nicht das ökonomische Verhältnis von erbrachter zur insgesamt geschuldeten Leistung widerspiegelt.

5.3 Buchungstechnik

Das nachfolgende Beispiel zeigt, wie Fertigungsaufträge unter Berücksichtigung erhaltener Zahlungen zu verbuchen sind: 82

Beispiel
Ein Auftrag wird zu je 1/3 in 01 bis 03 durchgeführt. Der Gesamterlös ist 120. Die Kosten von 90 verteilen sich zu je 1/3 auf die Perioden. In 01 werden Zahlungen von 15 nach Leistungsfortschritt geleistet (aktiver Überhang), in 02 Zahlungen von 85 (passiver Überhang). Die Buchungen sind wie folgt:

Buchungen 01

	Konto	Soll	Haben
Zahlung:	Geld	15	
	Ford. POC		15
Div. Aufw.:	Aufw.	30	
	Geld		30
Erlös:	Ford. POC	40	
	Erlös		40

danach: Ford. POC 25 (= 40 Erlös – 15 Zahlung)

Buchungen 02

	Konto	Soll	Haben
Zahlung:	Geld	85	
	Ford. POC		85
Div. Aufw.:	Aufw.	30	
	Geld		30
Erlös:	Ford. POC	40	
	Erlös		40
Pass. Ausw:	Ford. POC	20	
	Verb.		20

danach. Verb. 20 (= 80 Erlös – 100 Zahlung)

Buchungen 03

	Konto	Soll	Haben
Div. Aufw.:	Aufw.	30	
	Geld		30
Erlös	Ford. L+L	20	
	Verb.	20	
	Erlös		40

danach. Ford. L+L 20 (= 120 Erlös – 100 Zahlung)

83 Zur Buchungstechnik bei Verlusten wird auf Rz 74 verwiesen.

6 Angaben

84 Die nach IAS 11.39ff. geforderten Angaben ergeben sich bei einem überwiegend in der Auftragsfertigung tätigen Unternehmen zum Teil bereits aus der **Bilanz**. Dies trifft etwa für die in IAS 11.42 geforderte Angabe der Fertigungsaufträge mit aktivischem Saldo einerseits und passivischem Saldo andererseits zu, die z.B. als Forderungen aus POC und Verbindlichkeiten aus POC in der Bilanz (oder bei einer unter *materiality*-Gesichtspunkten stärker aggregierten Bilanz wiederum im Anhang) zu ersehen sind. Wichtige andere Angaben betreffen die Erläuterung der Bilanzierungs- und Bewertungsmethoden (IAS 11.39) sowie die Erläuterung der bei noch laufenden Aufträgen bereits ausgewiesenen Gewinne (IAS 11.40).

Tabelle 3 listet die Angabepflichten nach Fundstelle, Inhalt und Beispiel auf:[42] 85

IAS	Inhalt	Beispiel
Bilanzierungs- und Bewertungsmethoden		
11.3a	Methode zur Ermittlung der Auftragserlöse	POC oder *completed contract*, falls POC, aber nicht *cost to cost* erlösanteilig oder kostenanteilig (vgl. Rz 79)
11.39c	Methode zur Ermittlung des Fertigstellungsgrades	*cost to cost, milestones* etc.
GuV- und Bilanzposten		
11.39a	Höhe Auftragserlöse	Umsatzerlöse X TEUR, davon Auftragserlöse Y TEUR
11.42	Fertigungsaufträge mit a) aktivischem b) passivischem Saldo	a) Ford. a. POC: X TEUR b) Verb. a. POC: Y TEUR
Angaben für noch laufende Projekte		
11.40a	Höhe kumulierter Kosten und Gewinne	Bis zum Stichtag bei lfd. Projekten angefallene Kosten und Gewinne: X TEUR und Y TEUR
11.40b	Höhe erh. Anz.	X TEUR
11.40c	Höhe Einbehalte (z. B. w/ noch fehlender Abnahme)	X TEUR
Rückstellungen, Eventualverbindlichkeiten		
11.45 i. V. m. 37	Rückstellungen (für wahrsch. Inanspruchn. oder Verluste), Eventualverbindl. für mögliche, nicht völlig unwahrscheinl. Inanspruchnahmen	a) Rückst. für drohende Verluste aus Fertigungsaufträgen X TEUR b) Eventualverbindl. aus ... Y TEUR

Tab. 3: Angaben gem. IAS 11

Ein Formulierungsbeispiel ist nachfolgend angegeben. 86

Formulierungs-Beispiel
Bilanzierungs- und Bewertungsmethoden
Fertigungsaufträge *(construction contracts)* werden nach der *percentage-of-completion*-Methode (POC-Methode) bilanziert. Der anzusetzende Fertigstellungsgrad wird nach der *cost-to-cost*-Methode ermittelt. Der Ausweis der Aufträge erfolgt aktivisch unter den „Forderungen aus POC“ bzw. bei

[42] Zur Praxis der Anhangsangaben: VON KEITZ/SCHMIESZEK, KoR 2004, S. 118ff.

drohendem Verlust passivisch unter den „Verbindlichkeiten aus POC". Soweit Anzahlungen die kumulierte Leistung übersteigen, erfolgt der Ausweis passivisch unter Verbindlichkeiten.

Erläuterung der GuV
1. Umsatzerlöse: In den Umsatzerlösen von XX TEUR sind mit Hilfe der POC-Methode ermittelte Auftragerlöse von YY TEUR enthalten.
2. Sonstige Angaben: Die kumulierten Kosten der am Stichtag noch laufenden Fertigungsaufträge betragen XX TEUR, die kumulierten ausgewiesenen Gewinne bzw. Verluste YY TEUR bzw. ZZ TEUR.

Erläuterung der Bilanz
1. Forderungen: Von den Forderungen entfallen XX TEUR auf Forderungen aus POC. Die Summe der erhaltenen Zahlungen beträgt YY, hiervon sind entsprechend dem Leistungsfortschritt XY bei den Forderungen aus POC in Abzug gebracht und ZY als Verbindlichkeiten ausgewiesen.
2. Verbindlichkeiten: (analog)

87 Auf die **Checkliste „Abschlussangaben"** wird verwiesen (→ § 5 Rz 8).

7 Anwendungszeitpunkt, Rechtsentwicklung

88 IAS 11 ist für alle Abschlüsse anzuwenden, deren Berichtsperioden ab dem 1. Januar 1995 beginnen (IAS 11.46).
Die Regelungen von IFRIC 12 zu *public-private-partnership*-Verträgen (Rz 66) sind ab 1.1.2008 anzuwenden, die Regelungen von IFRIC 15 zur Ertragsrealisierung in der Bauwirtschaft (Rz 15) ab 1.1.2009.

89 Der im Juni 2010 (gemeinsam mit dem FASB) vorgelegte ED/2010/6 „*Revenue from Contracts with Customers*" schlägt grundlegende Änderungen bei der Ertragsrealisierung vor. Die Realisierung bei Verkauf von Waren (bisher IAS 18) und Erbringung kundenspezifischer Fertigungsleistungen (bisher IAS 11) soll auf eine **gemeinsame** konzeptionelle Basis gestellt werden. Der Ertrag (Umsatz) soll erst mit Übertragung von Vermögenswerten vom Unternehmen auf den Kunden realisiert werden.
Für die bisher IAS 18 unterliegende Lieferung von **Waren** oder **standardisierten Erzeugnissen** bliebe es damit im Wesentlichen bei den **bisherigen** Regelungen.
Bei kundenspezifischen Fertigungsaufträgen wäre hingegen zu differenzieren:

- Fertigungsauftrag mit **sukzessiver** Übertragung von Vermögenswerten (Beispiel: Erstellung eines Gebäudes auf dem Grundstück des Kunden): Ertragsrealisierung im Wesentlichen **wie bisher** nach Maßgabe der übertragenen Vermögenswerte (erbrachte Leistungen).
- Fertigungsauftrag, bei dem Verfügungsmacht und Risiko und Chance **insgesamt** und **erst mit Fertigstellung** auf den Auftraggeber übergehen (Beispiel: Schiffsbau): Ertragrealisierung **abweichend** vom bisherigen Recht erst mit Übertragung von Verfügungsmacht und Risiko.

8 Zusammenfassende Praxishinweise

IAS 11 behandelt die Fälle der (i.d.R. langfristigen) Auftragsfertigung bez. der **Realisierung von Umsätzen und Gewinnen**. Es handelt sich um **Spezialvorschriften**, die der allgemeinen Regelung der Erlös- und Gewinnrealisierung nach IAS 18 vorgehen (Rz 1ff.). 90

Die Umsatz- und Gewinnrealisierung erfolgt nach dem **Auftragsfortschritt** (POC-Verfahren) und **nicht** erst mit der Auftragserfüllung *(completed contract*; Rz 4).

Das POC-Verfahren wird üblicherweise in der **Bauwirtschaft** und im Anlagebau und ähnlichen Branchen angewandt, gilt jedoch durch die Analogvorschrift in IAS 18.20ff. auch für den **Dienstleistungsbereich**, wird dort indes praktisch nur sehr zurückhaltend beachtet (Rz 7ff.). In Zulieferindustrien kann die Produktion kundengebundener Werkzeuge als verdecktes Leasingverhältnis nach verdecktem Fertigungsauftrag zu interpretieren sein.

Nicht erfasst von IAS 11 wird die **industrielle Massenfertigung**, und zwar auch nicht, soweit diese auftragsbezogen abgewickelt wird (Rz 10ff.).

Das POC-Verfahren bedarf **dreier Rechenparameter**: Erlös, Kosten, Fertigungsgrad. Dabei ist zu differenzieren nach Festpreis- und Kostenzuschlagsverträgen und solchen Aufträgen, bei denen sich diese Vertragstypen vermischen (Rz 21ff.).

Der **Fertigungsgrad** kann durch verschiedene Inputverfahren (kostenorientiert) oder durch Outputverfahren (leistungsorientiert) ermittelt werden (Rz 30ff.).

Die Erfassung der drei genannten Berechnungsparameter erfordert in großem Umfang **Schätzungen**. Die Praxis stellt an die Zuverlässigkeit der Schätzungsmethoden keine allzu großen Anforderungen (Rz 38ff.).

Drohende Verluste aus Fertigungsaufträgen sind sofort in vollem Umfang als Aufwand zu erfassen (Rz 42).

Sonderprobleme ergeben sich bei der **Segmentierung** und **Zusammenfassung** von Aufträgen und bei der Erteilung von Folgeaufträgen (Rz 44ff.). Entsprechendes gilt u.a. bez. der **Ersatzansprüche** des Auftragnehmers, der dabei etwa anfallenden Prämien und der Vertragsstrafen (Rz 52ff.).

Ungeklärt erscheint die Einbeziehung von **Zinsvorteilen** aus erhaltenen Anzahlungen (Rz 56ff.).

Der Umfang der **einzubeziehenden Kosten** ist nach Maßgabe von IAS 2 (→ § 8 Rz 18ff.) geregelt (Rz 60ff.). Dabei sind allgemeine Verwaltungs- und Vertriebskosten nicht zu erfassen, wohl aber Einzelkosten des Vertriebs (Rz 64f.).

Latente Steuern sind bei Gewinn bringenden Aufträgen zu passivieren, bei Verlustaufträgen zu aktivieren, wenn die zweifelhafte Rechtsauffassung der deutschen Finanzverwaltung bez. der zeitlichen Erfassung von Verlustvorträgen zutreffen sollte (Rz 73f.).

Der **Ausweis** in der Bilanz, der GuV-Rechnung und die zugehörige Buchungstechnik sind in Rz 75ff. dargestellt.

Unter Rz 84ff. ist ein Muster für die **Anhangsangaben** wiedergegeben.

§ 19 FORDERUNGEN/AUSLEIHUNGEN

Im Gegensatz zu den anderen Posten des Umlauf- bzw. Anlagevermögens ist für Forderungen bzw. Ausleihungen kein eigener Standard reserviert. Sie werden in IAS 39 als **Finanzinstrumente** behandelt. Im Einzelnen wird deshalb wie folgt verwiesen:

- Ansatz und Ausbuchung, insbesondere *Factoring* (→ § 28 Rz 61 ff.).
- Zugangsbewertung, insbesondere Anschaffungsnebenkosten (→ § 28 Rz 99 ff.).
- Folgebewertung nach der Effektivzinsmethode (→ § 28 Rz 115 ff.).
- Folgebewertung von Fremdwährungsforderungen (→ § 28 Rz 123), insbesondere bei *hedging* (→ § 28 Rz 251 ff.).
- Un- und unterverzinsliche Forderungen (→ § 28 Rz 117).
- Wertberichtigung notleidender Forderungen (→ § 28 Rz 124 ff.).

Bilanzierung der Passiva

§ 20 EIGENKAPITAL, EIGENKAPITALSPIEGEL

Inhaltsübersicht Rz

Vorbemerkung

Schrifttum: BÖMELBURG/LANDGRAF/LUCE, Die Auswirkungen der Eigenkapitalabgrenzung nach IAS 32 rev. 2008 auf deutsche Personengesellschaften, PiR 2008, S. 143 ff.; CHRISTIAN, Bilanzierung einer Wandelanleihe beim Emittenten nach IFRS, PiR 2008, S. 81 ff.; EBELING, Zuordnung der im Konsolidierungsprozess auftretenden Eigenkapitaldifferenzen im IFRS-Konzernabschuss, BB 2007, S. 1609 ff.; FREIBERG, Perpetual Bonds – Ewigkeit als zentrales Merkmal von Eigenkapital?, PiR 2006, S. 28 ff.; GÖBEL/KORMAYER, Bilanzierung des Aktienrückkaufs im internationalen Vergleich, PiR 2006, S. 65 ff.; HALLER/GÖTZNER, Die Bilanzierung von Personenhandelsgesellschaften nach IAS 32, PiR 2007, S. 214 ff.; HENNRICHS, Kündbare Gesellschaftereinlagen nach IAS 32, Ein Beispiel zur Auslegung und Rechtskontrolle von in Gemeinschaftsrecht übernommenen IFRS, WPg 2006, S. 1253 ff.; HOFFMANN, Eigenkapitalausweis und Ergebnisverteilung bei Personenhandelsgesellschaften nach Maßgabe des KapCoRiLiG, DStR 2002, S. 837 ff.; HOFFMANN, Das Gesellschafterdarlehen mit Rangrücktritt, PiR 2009, S. 182 ff.; HOFFMANN/LÜDENBACH, Die Neuregelung des IASB zum Eigenkapital bei Personengesellschaften, DB 2006, S. 1797 ff.; ISERT/SCHOBER, Bilanzierung von Wandelanleihen nach IFRS, BB 2005, S. 2287; KÜTING/DÜRR, Genüsse in der Rechnungslegung nach HGB und IFRS sowie Implikationen im Kontext von Basel II, DStR 2005, S. 938; LIND/FAULMANN, Die Bilanzierung von Eigenkapitalbeschaffungskosten nach IAS, US-GAAP und HGB, DB 2001, S. 601 ff.; LÜDENBACH, Bilanzierung der Sacheinlage von Unternehmen oder einzelnen Vermögenswerten, PiR 2006, S. 93 ff.; LÜDENBACH, Mittelbare Bedeutung des aktienrechtlichen Minderheitenschutzes für die Eigenkapitalqualität ewig laufender Genussrechte, PiR 2010, S. 211 ff.; LÜDENBACH/HOFFMANNN, IFRS-Rechnungslegung für Personengesellschaften als Theater des Absurden, DB 2005, S. 404; LÜDENBACH/HOFFMANN, Kein Eigenkapital in der IAS/IFRS-Bilanz von Personengesellschaften?, BB 2004, S. 1042 ff.; MEURER/TAMM, Neues Eigenkapital durch RIC 3, IRZ 2010, S. 269 ff.; VATER, Wandelanleihen, Ökonomische Charakterisierung und bilanzielle Abbildung beim Emittenten, PiR 2005, S. 57 ff.; WEIDENHAMMER, Die Eigenkapitalqualität kündbarer Anteile nach IAS 32, PiR 2008, S. 213 ff.

Vorbemerkung

Die folgende Kommentierung beruht auf IAS 32 und IAS 1 und berücksichtigt alle bis zum 1.1.2011 verabschiedeten Änderungen, Ergänzungen und Interpretationen. Soweit erforderlich sind Abweichungen gegenüber früheren Standardversionen als solche dargestellt und ebenso wie vorliegende Änderungsentwürfe unter Rz 95 ff. zusammengefasst.

1 Regelungsinhalt IAS 32 und IAS 1

1.1 IAS 32: Definition und Abgrenzung des Fremdkapitals

IAS 32 regelt die Angaben zu **Finanzinstrumenten** (→ § 28 Rz 4ff.). Zu den Finanzinstrumenten gehören auch die finanziellen Schulden (→ § 28 Rz 189ff.). In diesem Zusammenhang ist von Bedeutung, wann überhaupt eine finanzielle Verbindlichkeit vorliegt bzw. wie sich **Schulden** vom **Eigenkapital unterscheiden.** Die hierzu in IAS 32 getroffenen Regelungen sind über den Bereich der Angaben bzw. der *notes* hinaus von grundlegender Bedeutung, da sie die Primärunterteilung der Passivseite der Bilanz betreffen. 1

1.2 IAS 1: Eigenkapitaländerungsrechnung

IAS 1 (→ § 2) verlangt eine Reihe von Angaben **zur Zusammensetzung und Entwicklung** des Eigenkapitals. Der Abschlussadressat soll insbesondere informiert werden über die Quellen, aus denen sich die Zu- oder Abnahme des Reinvermögens speisen. Quellen der Eigenkapitalerhöhung oder -minderung sind: 2

- **Transaktionen mit Anteilseignern** (z.B. Barkapitalerhöhung oder Ausschüttung) (→ § 2 Rz 79),
- das Gesamtergebnis als Summe aus **Periodenergebnis** (Gewinne oder Verluste) und sonstigem nicht in der GUV berücksichtigtem Einkommen (→ § 2 Rz 82), etwa aus der Bewertung von *available-for-sale*-Finanzinstrumenten (→ § 28 Rz 35ff.) oder aus der Neubewertung *(revaluation)* von Sachanlagevermögen (→ § 8 Rz 68).

Für die Aufschlüsselung der verlangten Angaben sieht IAS 1. **folgende Formate** vor (→ § 2 Rz 82):

- In einer **Eigenkapitaländerungsrechnung** (= Eigenkapitalspiegel) sind die Transaktionen mit Gesellschaftern aufzuschlüsseln. Das Gesamtergebnis geht in den Eigenkapitalspiegel i.d.R. nur aggregiert als Summe ein (IAS 1.106; Rz 53ff.).
- In der **Gesamtergebnisrechnung** (***statement of comprehensive income***) ist zumindest das nicht in der GuV berücksichtigte Einkommen *(other comprehensive income)* aufzuschlüsseln, daneben wahlweise, als Alternative zu einer separaten GuV, die erfolgswirksamen Aufwendungen und Erträge (IAS 1.81ff.; → § 2 Rz 51).

2 Abgrenzung Eigen- und Fremdkapital

2.1 Überblick

Probleme der **Abgrenzung** von Eigen- und Fremdkapital stellen sich in fünf Kontexten: 3

- **Zusammengesetzte Finanzierungsinstrumente:** Ein Unternehmen kann zur Kapitalbeschaffung **Wandelanleihen** oder ähnliche Finanzinstrumente emittieren, die sowohl Schuld- als auch Eigenkapitalelemente enthalten. Bei derartig zusammengesetzten Finanzinstrumenten ist eine Aufteilung des Emissionserlöses in Fremd- und Eigenkapital geboten (Rz 6). Fraglich ist, ob wegen des Rechts auf Vorwegdividende auch **Vorzugsaktien** als zusammengesetzte Finanzinstrumente zu qualifizieren sind (Rz 14).

- **Mezzanine Finanzierungen:** Eine schuldrechtliche Kapitalüberlassung kann durch Verlustbeteiligung, Insolvenznachrang etc. dem **Eigenkapital wirtschaftlich nahe**kommen. Fraglich ist dann, ob eine wirtschaftliche Betrachtungsweise den bilanziellen Ausweis als Eigenkapital rechtfertigt (Rz 17).
- **Leistungsbezug gegen Gewährung von Anteilsrechten:** Ein Vertrag über den „Einkauf" von Leistungen kann die Begleichung der Schuld durch die Aus- bzw. Hingabe von **Eigenkapital** vorsehen. Zu untersuchen ist dann, unter welchen Bedingungen die bereits „vereinnahmte", aber noch nicht „bezahlte" Leistung zu Eigen- oder Fremdkapital führt (Rz 19).
- **Derivative Kontrakte in eigenen Aktien:** Eine Gesellschaft kann ein bindendes Angebot auf den Erwerb oder die Lieferung **eigener Aktien** abgegeben haben: Der tatsächliche Vollzug des Geschäftes führt zur Erhöhung oder Minderung des Eigenkapitals. Fraglich ist, ob ein am Bilanzstichtag bestehender Schwebezustand eine Verbindlichkeit begründen kann (Rz 22).
- **Abfindungen bei Ausscheiden von Gesellschaftern:** Gesellschaftsrechtliche Kapitalüberlassung kann, wie z. B. bei Personengesellschaften oder Genossenschaften üblich, mit bedingt (bei Kündigung des Gesellschafters) oder betagt (bei Tod des Gesellschafters) entstehenden **Rückzahlungs**- und **Abfindungs**pflichten verbunden sein. Klärungsbedürftig ist hier, ob erst das die Rückzahlung auslösende Ereignis oder bereits die gesellschaftsvertragliche Regelung zur Umqualifizierung von gesellschaftsrechtlichem Eigen- in bilanzielles Fremdkapital führt (Rz 27ff.).

Für die Beantwortung dieser Fragen ist vorrangig der Regelungsbereich des IAS 32 heranzuziehen, daneben die Definition des Eigen- und Fremdkapitals im *Framework* (→ § 1 Rz 99).

2.2 Allgemeine Kriterien der Abgrenzung von Eigen- und Fremdkapital

4 Nach dem Regelungen in IAS 32 und im *Framework* sind für die **Abgrenzung** von Eigen- und Fremdkapital folgende allgemeine Erwägungen maßgeblich:

1. **Residualer Anspruch**

Als Eigenkapitalinstrument (IAS 32.11 i. V. m. IAS 39.8) bzw. Eigenkapital (Framework 1989.49/Framework 2010.4.4) ist der residuale Anspruch *(residual interest)* auf das nach Abzug der Schulden verbleibende Nettovermögen eines Unternehmens anzusehen.

2. ***Substance over form***

Hierbei ist nicht die Form, sondern die Substanz *(substance*; IAS 32.18), d. h. der „tatsächlich wirtschaftliche Gehalt" (Framework 1989.51/Framework 2010.4.6) entscheidend.

3. **Vertragliche Verpflichtung bestimmter Art**

Die Substanz ist entscheidend daran festzumachen, ob eine vertragliche Verpflichtung der folgenden Art besteht:

- (bedingte oder unbedingte) Pflicht des Unternehmens (a) zur Lieferung von Geld (oder anderen Vermögenswerten; IAS 32.16a(i)) bzw. (b) zum potenziell

nachteiligen Tausch von Vermögenswerten oder Verbindlichkeiten (IAS 32.16a(ii));
- (bedingte oder unbedingte) Pflicht des Unternehmens zur Lieferung einer variablen Zahl eigener Anteile (IAS 32.16b(i)) bzw. Recht, Pflicht oder bedingte Pflicht zum Erwerb einer festen Zahl eigener Anteile gegen einen festen Betrag an Geld (oder anderen Vermögenswerten; IAS 32.16b(ii)).

Nur wenn **keine** dieser Bedingungen erfüllt ist, liegt Eigenkapital vor (IAS 32.16f.).

Zu den vorgenannten Definitionen und Kriterien folgende **Anmerkungen**: 5

ad 1): Die Definition von **Eigenkapital** als **Residualanspruch** auf Nettovermögen nach Abzug von Schulden setzt den Begriff der Schuld und seine Abgrenzung vom Eigenkapital bereits voraus. Die **Definition** ist somit **zirkulär** und löst die Abgrenzungsfrage nicht (→ § 1 Rz 99).

ad 2): Die Berufung auf **Substanz** bzw. **wirtschaftlichen Gehalt** ist eher **Beschreibung** der Abgrenzungsaufgabe als deren **Lösung.** Soweit rechtliche und wirtschaftliche Würdigung übereinstimmen, entstehen keine Abgrenzungsprobleme. Im Mittelpunkt der Eigen-/Fremdkapitalfrage stehen aber gerade die Fälle, in denen rechtlich als Eigen- oder Fremdfinanzierung einzuordnende Kapitalüberlassungen der Substanz nach auch Fremd- oder Eigenkapitaleigenschaften aufweisen. Für die dann vorzunehmende bilanzrechtliche Qualifizierung des konkreten Einzelfalls liefert das abstrakte Prinzip der wirtschaftlichen Betrachtung keine hinreichend aussagekräftige Lösung.

ad 3): Einen Konkretisierungsbeitrag leistet nur die in IAS 32.16 aufgeführte Regelung:

- Sie stellt in ihrer **ersten Variante** vor allem auf die bedingte oder unbedingte vertragliche **Verpflichtung** ab, **Geld** (oder andere Vermögenswerte) **einzutauschen**. Jede solche Verpflichtung begründet Fremdkapital. Danach können sog. Mezzanine-Finanzierungen (schuldrechtliche Kapitalzuführungen mit wirtschaftlichen Elementen des Eigenkapitals; Rz 17) bilanziell i. d. R. nicht als Eigenkapital gelten. In einer weiteren Interpretation kann die Regelung außerdem eine Umqualifizierung des Eigen- in Fremdkapital bewirken, wenn der Gesellschaftsvertrag ein Kündigungsrecht gegen Abfindung aus dem Gesellschaftsvermögen vorsieht.
- In der **zweiten Variante** geht es einerseits um Leistungen, die gegen Gewährung von Gesellschaftsrechten vereinnahmt werden. Aus wirtschaftlicher Sicht soll es sich insoweit (noch) **nicht** um **eigenkapitalerhöhende Einlagevorgänge** handeln, als dem Vertragspartner nicht eine feste Zahl von Anteilen (Aktien) gegen eine feste Leistung (*fixed for fixed*) versprochen ist (Rz 19), sondern ein **fester rechnerischer Geldbetrag**, der in Abhängigkeit vom Wert der Anteile (Aktienkurs) am Erfüllungstag zu einer unterschiedlichen Zuteilung von Anteilen führt. Daneben werden in der zweiten Variante **derivative**, auf den Erwerb oder die Ausgabe **eigener Aktien** gerichtete Kontrakte behandelt. Eine Option auf den Erwerb eigener Aktien durch das Unternehmen kann danach ebenso zu Fremdkapital führen wie die Gewährung einer Option auf die Lieferung eigener Aktien an das Unternehmen (Rz 22) oder die Begebung einer Wandelschuldverschreibung, deren Wandlungsverhältnis von externen Faktoren abhängt, die das Unternehmen nicht kontrolliert (Rz 7).

2.3 Zusammengesetzte Finanzinstrumente

2.3.1 Wandelanleihen und ähnliche Instrumente

6 Enthält ein vom Unternehmen ausgegebenes Finanzinstrument sowohl Schuld- als auch Eigenkapitalelemente, so ist der Emissionserlös aufzuteilen. Die **Bestandteile** des zusammengesetzten Instrumentes sind **getrennt** zu bilanzieren *(split accounting)*, d.h. zum Teil im Eigenkapital und zum Teil im Fremdkapital darzustellen (IAS 32.28).

Ein wichtiges Beispiel für zusammengesetzte Instrumente sind **Wandelschuldverschreibungen**, die dem Gläubiger ein Recht zur Wandlung der Anleihe (Fremdkapital) in Aktien (Eigenkapital) geben. Eine ähnliche Struktur weisen **Optionsanleihen** auf, bei denen allerdings die Anleihe nicht mit der Wandlung untergeht, sondern mit der Anleihe ein Optionsrecht auf den Erwerb von Aktien verbunden ist, das unabhängig von der Anleihe ausgeübt oder in sonstiger Weise verwertet werden kann. Der Effektivzins von Wandel- und Optionsanleihen liegt unter dem durch Bonität und Laufzeit gegebenen marktgerechten Zins. Die Anleihen werden entweder mit einem höheren Agio als laufzeitähnliche Anleihen vergleichbarer Emittenten ausgegeben oder der Nominalzins liegt unter dem Nominalzins anderer Anleihen. Dieses Weniger an Verzinsung kann aus Sicht des Emittenten als in die Kapitalrücklage einzustellendes Eigenkapital qualifiziert werden.

In diesem Sinne sieht IAS 32.31 ff. folgendes Vorgehen vor:

- **Schritt 1: Ermittlung des Barwerts von Zins und Tilgung**: Für die wandelbare Anleihe wird zunächst der Wert der finanziellen Schuld dadurch bestimmt, dass die zukünftigen Tilgungen und Zinszahlungen mit dem **risikogerechten Zinssatz** abgezinst werden, der für eine ähnliche, aber nicht mit einer Eigenkapitalkomponente versehene finanzielle Schuld nach Maßgabe der Bonität bzw. des Ratings des Unternehmens zu zahlen wäre.
- **Schritt 2: Subtraktion des Barwerts vom Gesamtwert:** Der in die Kapitalrücklage einzustellende Wert des Eigenkapitalinstrumentes ergibt sich dann durch Subtraktion der finanziellen Schuld vom Wert des gesamten zusammengesetzten Instrumentes, d.h. unter Vernachlässigung von Emissionskosten vom vereinnahmten Betrag.

Eine Aufteilung von Eigen- und Fremdkapitalanteil nach den relativen *fair values* (**Verhältnismethode**) ist nicht zulässig.

Zu kombinierten **aktienkursorientierten** Vergütungsformen vgl. → § 23 Rz 61.

7 Zur buchmäßigen Behandlung einer Wandelanleihe beim Emittenten folgendes vereinfachtes **Beispiel:**[1]

Beispiel
Sachverhalt
U emittiert am 31.12.00 eine Wandelanleihe von nominal 100 Mio. zu pari. Die Laufzeit beträgt 3 Jahre, die jährliche Zinszahlung 2. Ohne Gewährung des Wandlungsrechts hätte U einen Effektivzins von 10 % bieten müssen.

1 Ausführliche Beispiele unter Einbeziehung von Transaktionskosten bei CHRISTIAN, PiR 2008, S. 81 ff.

Folgende Aufgaben sind zu lösen:

- Die Ermittlung des Fremd- und Eigenkapitalanteils sowie der zugehörige Buchungssatz per 1.1.01.
- Die Entwicklung der Verbindlichkeit bis zur Fälligkeit (Aufzinsung).
- Die Erledigung der Verbindlichkeit durch Wandlung oder Tilgung.

In der GuV verursacht die Anleihe aufgrund der Aufzinsung insgesamt einen Aufwand von 25,89 Mio., also 19,89 mehr als die Zinszahlungspflicht. Dieser Mehrbetrag entspricht der ursprünglichen Zuführung zur Kapitalrücklage. In der Summe wird also bei Nichtwandlung kein Eigenkapital geschaffen. Hinsichtlich des Mehrbetrags findet lediglich eine Verschiebung zwischen Gewinnrücklage (–19,89) und der Kapitalrücklage (+19,89) statt. Diese Verschiebung kann nach IAS 32.AG32 mit Wandlung wahlweise durch eine Buchung „per Kapitalrücklage an Gewinnrücklagen“ rückgängig gemacht werden.

Jahr	Zahlungsreihe	Abzinsungsfaktor für 10 %	Barwert
01	2,00	0,909090909	1,82
02	2,00	0,826446281	1,65
03	102,00	0,751314801	76,63
			80,11

Buchung 31.12.00

Konto	Soll	Haben
Geld	100,00	
Verbindl.		80,11
KapRL		19,89

Jahr	1. 1. (Mio.)	+ Effektivzins (Mio.)	– Zahlung (Mio.)	– Tilgung oder Wandlung (Mio.)	= 31. 12. (Mio.).
00					80,11
01	80,11	8,01	–2,00		86,12
02	86,12	8,61	–2,00		92,73
03	92,73	9,27	–2,00	–100,00	0,00
		25,89	–6,00		

Buchung 31.12.03 bei Wandlung

Konto	Soll	Haben
Verbindl.	100 Mio.	
EK		100 Mio.

sowie wahlweise

Konto	Soll	Haben
KapRL	25,89 Mio.	
GRL		25,89 Mio.

Buchung 31.12.03 bei Nichtwandlung

Konto	Soll	Haben
Verbindl.	100 Mio.	
Geld		100 Mio.

8 Werden Wandlungsrechte vor Ende der Laufzeit ausgeübt, ist IAS 32.AG32 entsprechend anzuwenden. Der Buchwert der Verbindlichkeit am Tag der Wandlung wird erfolgsneutral in das Eigenkapital umgebucht.

Beispiel (Fortsetzung aus Rz 7)
Im Beispiel sei eine Wandlung auf den 31.12.02 unterstellt.
Der Buchwert der Verbindlichkeit per 31.12.02 beträgt 92,73 Mio. Es ist wie folgt zu buchen:

Konto	Soll	Haben
Verbindl.	92,73 Mio.	
EK		92,73 Mio.

9 Ein Unternehmen kann die Bedingungen einer Wandelanleihe ändern, um eine **vorzeitige** Wandlung zu bewirken. Dies kann etwa durch das Angebot eines günstigeren Umtauschverhältnisses bei Wandlung vor einem festgesetzten Termin erfolgen. Zum Zeitpunkt der Änderung der Bedingungen ist die Differenz zwischen den folgenden Beträgen als Aufwand zu erfassen (IAS 32.AG35 u. IAS 32.IE47 ff.):

- *fair value* der höheren Gegenleistung (Anteile), welche der Inhaber gem. den geänderten Bedingungen erhält,
- *fair value* der niedrigeren Gegenleistung (Anteile), welche der Inhaber gem. den ursprünglichen Bedingungen erhalten hätte.

Die Differenz stellt aus Sicht der Gesellschaft den Verlust aus der Änderung des Wandlungsverhältnisses dar.

Beispiel (Fortsetzung aus Rz 7)
Im Beispiel sei eine Wandlung auf den 31.12.02 unterstellt. Dabei erhält der Zeichner pro 100 EUR Wandelanleihe 25 statt 20 Stammaktien. Der aktuelle Marktwert einer Aktie beträgt 4 EUR.
Zunächst ist der Verlust aus der Änderung des Wandlungsverhältnisses zu berechnen. Er beträgt:
25 Mio. Aktien × 4 EUR/Aktie = 100 Mio. EUR (Umtausch zu neuen Bedingungen)
– 20 Mio. Aktien × 4 EUR/Aktie = 80 Mio. EUR (Umtausch zu alten Bedingungen)
= 20 Mio. EUR

Bei einem Buchwert der Verbindlichkeit per 31.12.02 von unverändert 92,73 Mio. EUR ist wie folgt zu buchen:

Konto	Soll	Haben
Verbindl.	92,73	
Aufwand aus Modifikation	20,00	
EK		112,73
EK	20,00	
GuV		20,00

Nur auf den ersten Blick fällt das Eigenkapital um 20 Mio. EUR höher aus als bei Wandlung auf den gleichen Zeitpunkt, aber zu den ursprünglichen Bedingungen (Rz 8). Dieser Betrag ist zugleich Aufwand in der GuV. Da die GuV ein Unterkonto des Eigenkapitals darstellt, wird die im ersten Buchungssatz gegebene Verbesserung des Eigenkapitals neutralisiert.

Bei vorzeitigem Rückkauf einer Wandelanleihe sind das entrichtete Entgelt sowie 10
alle Transaktionskosten für den Rückkauf zum Zeitpunkt der Transaktion der Eigen- und der Fremdkapitalkomponente zuzuordnen. Die dabei verwendete Methode muss mit jener identisch sein, welche bei der ursprünglichen Aufteilung der Emissionserlöse gem. IAS 32.28ff. angewandt wurde (IAS 32.AG33). Infrage kommt daher nur die Restwertmethode (Rz 7).
Alle aus dem Rückkauf resultierenden Gewinne bzw. Verluste sind nach den für die jeweilige Komponente maßgeblichen Bilanzierungsgrundsätzen zu behandeln (IAS 32.AG34):

- Der Gewinn bzw. Verlust, der sich auf die Fremdkapitalkomponente bezieht, wird erfolgswirksam erfasst.
- Der Teil des Entgelts und der Transaktionskosten, welcher der Eigenkapitalkomponente zugeordnet wurde, wird direkt im Eigenkapital erfasst.

Beispiel (Fortsetzung aus Rz 7)
Im vorliegenden Beispiel sei unterstellt, dass das Unternehmen den Inhabern der Wandelanleihen den Rückkauf für 95 Mio. EUR am 31.12.02 anbietet. Alle Inhaber der Wandelanleihen nehmen dieses Angebot an. Im Zeitpunkt des Rückkaufs hätte die X-AG nicht wandelbares Fremdkapital mit einer (Rest-)Laufzeit von 1 Jahr zu einem Zinssatz von 8 % p. a. emittieren können.
Zunächst ist der Barwert der Fremdkapitalkomponente zu berechnen. Wäre die Anleihe planmäßig zum 31.12.03 getilgt worden, wäre inkl. Nominalzins von 2 ein Betrag von 102 Mio. zu zahlen. Der Barwert beträgt somit:
102 Mio. / 1,08 = 94,44 Mio.
Nach der Restwertmethode beträgt die Eigenkapitalkomponente somit:
95 Mio. – 94,44 Mio. = 0,56 Mio.
Die Differenz zwischen Bar- und Buchwert der Fremdkapitalkomponente ist Aufwand:

Konto	Soll	Haben
Aufwand	1,71 Mio.	
Verbindl.	92,73 Mio.	
Kasse		94,44 Mio.

Der verbleibende, dem Eigenkapital zuzurechnende Zahlbetrag ist erfolgsneutral zu buchen:

Konto	Soll	Haben
EK	0,56 Mio.	
Kasse		0,56 Mio.

11 Die Emissionsbedingungen einer Wandelanleihe sehen häufig Regelungen zum Schutz vor **Verwässerungen** des Wandlungsrechts *(dilutive effect)* vor. **Anpassungen** des Wandlungsverhältnisses sind in folgenden Fällen gängig:

- Aktiensplit, Zusammenlegung von Stammaktien
- außerordentliche Bardividenden
- Ausgabe von Gratisaktien (Kapitalerhöhung aus Gesellschaftsmitteln)
- effektive Kapitalerhöhungen
- Ausgabe von weiteren Wandlungsinstrumenten
- Nichteinhaltung einer vorgegebenen Eigenkapitalquote, Herabstufung im Rating, Unterschreiten eines Mindestaktienkurses und sonstige nicht im Ermessen des Unternehmens stehende Bedingungen

Soweit etwaige Modifikationen der Anleihebedingungen auf die fünf erstgenannten Konstellationen beschränkt bleiben, berührt dies den Eigenkapitalcharakter des Wandlungsrechts nicht, da die Ereignisse im **Ermessen** der Organe des Emittenten stehen. Für den sechsten Fall gilt dies gerade nicht. Insofern geht es um **ungewisse Ereignisse**, die das Unternehmen nicht kontrolliert. Bei Anpassung des Wandlungsverhältnisses im Falle der Nichteinhaltung einer vorgegebenen Eigenkapitalquote ist nach Auffassung des IDW[2] wie folgt zu verfahren:

- Die Anleihe ist in ihrer Gesamtheit als **Fremdkapital** zu erfassen (IAS 32.25 i. V. m. IAS 32.16(b)(ii)); Rz 5).
- Im Rahmen dessen ist ferner zu prüfen, ob das Wandlungsrecht nicht zusätzlich als **eingebettetes Derivat** gem. IAS 39.11 (→ § 28 Rz 97) gesondert zu erfassen ist. Regelmäßig ist dies der Fall.

Der Residualbetrag (Ausgabebetrag der Anleihen minus des Barwerts des Rückzahlungsbetrags und der Zinsen) ist insbesondere in folgenden Fällen als **Fremdkapital** bzw. **Fremdkapitalderivat** zu qualifizieren:

- Der Inhaber hat das Recht, nach Ausübung des Wandlungsrechts den Kurswert der Aktien in **Geld** zu fordern, oder die Differenz zwischen dem Kurswert der Aktien und dem Nominalbetrag der Anleihe wird durch eine **variable Anzahl Aktien** beglichen (IAS 32.26 i. V. m. IAS 32.AG27) oder
- Zinsen und Rückzahlungsbetrag sind in **Fremdwährung** nominiert (IAS 32.16b(ii)) oder
- bei Eintritt eines ungewissen, vom Unternehmen nicht kontrollierten Ereignisses i. S. v. IAS 32.25 (z. B. Schwellenwert für Jahresergebnis oder Verschuldungsgrad, aber auch externe Ereignisse) erhalten die das Wandlungsrecht ausübenden Gläubiger eine **höhere Zahl von Aktien** als bei Nichteintritt (IAS 32.25 i. V. m. IAS 32.16b(ii)).

---

2 Vgl. IDW, RS HFA 9 Tz 34ff., Tz 32, sowie Vater, PiR 2005, S. 57ff.

Mit Qualifizierung als Fremdkapitalderivat geht eine erfolgswirksame *fair-value*-Bewertung einher.[3]

Transaktionskosten, die bei Begebung eines zusammengesetzten Finanzinstrumentes entstehen, sind 12

- vom **Eigenkapital** in **Abzug** zu bringen, soweit sie auf die Eigenkapitalkomponente entfallen,
- über die Laufzeit der Anleihe als **Zinsaufwand** zu berücksichtigen, soweit sie auf die Fremdkapitalkomponente entfallen.

Bei vorzeitiger Tilgung (Rückkauf) des zusammengesetzten Finanzinstruments ist eine analoge Aufteilung vorzunehmen.

Besonderheiten bestehen bei der **Wandelschuldverschreibung** mit **Barerfüllungswahlrecht** des Emittenten. Sofern der Inhaber hier die Wandlung begehrt, kann der Emittent zwischen tatsächlicher Bedienung in Anteilen und einem dem Wert der Anteile im Wandlungszeitpunkt entsprechendem Barausgleich wählen. Das Erfüllungswahlrecht des Emittenten stellt eine (gekaufte) **Option** dar. Stillhalter der Option ist der Zeichner der Wandelschuldverschreibung, der für das Eingehen eine Prämie (in Form einer höheren Effektivverzinsung, die aber hinter dem Marktniveau zurückbleibt) empfängt. 13

- Durch das Erfüllungswahlrecht vergrößert sich der Handlungsspielraum des Emittenten. Das Erfüllungswahlrecht stellt somit aus Sicht des ausgebenden Unternehmens einen Vorteil dar. Diesem ökonomischen **Vorteil** steht – gemessen an der Kapitalstruktur des Unternehmens – jedoch eine **Verschlechterung** der bilanziellen Darstellung (vollständige Klassifizierung als Fremd- anstatt anteilig als Eigenkapital) gegenüber.
- Zwar bleibt es bei der Abspaltungspflicht für das Wandlungsrecht *(split accounting)* (Rz 6). Die Wandlungskomponente ist jedoch nicht mehr als Eigenkapital-, sondern als derivatives **Fremdkapitalinstrument** zu klassifizieren (IAS 32.26 i.V.m. IAS 32.AG27(c)). Überraschend ist die **bilanzielle Konsequenz** aus der Sicht des Emittenten: Nur bei Verzicht auf das Erfüllungswahlrecht kann der Ausweis des Wandlungsrechts, welches wertmäßig dem Weniger an Verzinsung im Vergleich zu einer nicht wandelbaren Anleihe entspricht, als Eigenkapital beibehalten und die Notwendigkeit zur erfolgswirksamen *fair-value*-Bewertung vermieden werden.
- Bei konstantem oder sinkendem Anteilswert (= innerer Wert der Wandlungsoption) entsteht im Zeitablauf (mit Reduzierung des Zeitwerts) ein Ertrag aus der Verringerung des Fremdkapitalderivats.[4]

2.3.2 Vorzugsaktien

Fraglich ist, ob auch Vorzugsaktien nach § 139 AktG wegen des Vorrechts bei den Dividenden (sog. Vorwegdividende) als **zusammengesetzte** Finanzinstrumente anzusehen sind. Da der Vorzugsaktionär hinsichtlich seiner Einlage keinen Rückzahlungsanspruch hat, sondern ihm nur ein sog. **residuales** Interesse auf das nach Bedienung der Verbindlichkeiten verbleibende Vermögen der Gesellschaft zusteht, scheidet eine **reine** Fremdkapitalqualifikation von vorn- 14

---

[3] Zu Einzelheiten: Isert/Schaber, BB 2005, S. 2287.

[4] Weitere Einzelheiten bei Freiberg, PiR 2008, S. 239ff.

herein aus. Für die bilanzielle Qualifizierung kommen dann noch zwei Alternativen in Betracht:

- Es läge ein **zusammengesetztes** Finanzinstrument vor, wenn die Verpflichtung zur Zahlung der Vorzugsdividende nur bedingt bestünde, insbesondere nur von der Höhe des nach Dotierung der Rücklagen verbleibenden verteilungsfähigen Jahresergebnisses (Bilanzgewinn) abhängig wäre. Stünde die (Nicht-)Zahlung der Vorzugsdividende **nicht im Ermessen** der Gesellschaft, wäre eine vertragliche Verpflichtung zur Zahlung gegeben (IAS 32.25 und IAS 32.AG26). Zum Zeitpunkt der Ausgabe der Aktien müsste der Emissionserlös nach der Restwertmethode in Fremd- und Eigenkapital aufgeteilt werden. Die **Fremdkapital**komponente ergäbe sich aus dem Barwert der **ermessensunabhängigen** Vorzugsdividendenerwartung (IAS 32.28ff.).
- Es läge ein **reines** Eigenkapitalinstrument vor, wenn die Ausschüttung einer Vorzugsdividende vom **Ermessen** der Gesellschaft, insbesondere einem Hauptversammlungsbeschluss abhängig wäre.

Entscheidend ist also das Gesellschaftsrecht. Es soll beispielhaft für **Satzungsbestimmung** und **Ergebniserwartung** untersucht werden.

Beispiel

1. Satzung

„Aus dem sich nach dem festgestellten Jahresabschluss ergebenden, dem Gewinnverwendungsbeschluss der Hauptversammlung unterliegenden Bilanzgewinn wird auf die Vorzugsaktien vorweg eine Dividende von EUR 0,10 ausgeschüttet (**Vorwegdividende**). Sodann wird auf die Stammaktien eine Dividende von EUR 0,10 ausgeschüttet, soweit der Gewinn hierfür ausreicht. Hinsichtlich darüber hinausgehender Ausschüttungen sind Vorzugs- und Stammaktien gleichgestellt."

Abs. 3: „**Reicht** in einem oder mehreren Geschäftsjahren der **Gewinn nicht zur Ausschüttung** der Vorwegdividende auf die Vorzugsaktien aus, so werden die fehlenden Beträge ohne Zinsen aus dem Gewinn der folgenden Geschäftsjahre **nachgezahlt**, ..."

2. Ergebniserwartung

Annahmegemäß betrage der nachhaltig erwartete Jahresüberschuss mindestens ein Doppeltes der „Vorwegdividende". Womit nach möglicher Zuführung des hälftigen Jahresüberschusses zu den Rücklagen durch den Vorstand (§ 58 Abs. 2 AktG) mindestens ein verteilungsfähiger Bilanzgewinn i.H.d. Vorwegdividende bleibt.

Fraglich ist nun, ob die Vorzugsaktionäre einen **gegen** den Willen der Gesellschaft bzw. der Hauptversammlung **durchsetzbaren** Anspruch auf Zahlung der Vorzugsdividende hat. Festzuhalten ist hier als Erstes:[5]

- Vorzugsaktionäre haben nur dann einen schuldrechtlichen Anspruch auf die Vorzugsdividende, wenn die Hauptversammlung eine Dividendenausschüttung beschließt. **Ohne Ausschüttungsbeschluss** beschränken sich die Rechte

[5] Vgl. Hüffer, KurzKom AktG, 7. Aufl., § 139, Tz 6; Hopt/Wiedemann, GroßKom AktG, 4. Aufl., § 139, Tz 12; Münchener Komm AktG, 2. Aufl., § 139, Tz 10.

der Vorzugsaktionäre auf den wiederum von Ausschüttungsbeschlüssen abhängigen Nachzahlungsanspruch und auf Anfechtungsmöglichkeiten.

- Erst mit dem (von der Hauptversammlung) zu treffenden Ausschüttungsbeschluss wandelt sich das Mitgliedschaftsrecht in ein **Gläubigerrecht** und entsteht insoweit der schuldrechtliche Anspruch des Vorzugsaktionärs.
- Die Zahlung der Vorzugsdividende ist insoweit zunächst **ermessensabhängig**.

Zu untersuchen bleibt aber, ob die Möglichkeit der Vorzugsaktionäre zur aktienrechtlichen **Anfechtung** gem. IAS 32 als vertragliche Verpflichtung der Gesellschaft zur Zahlung der Vorzugsdividende auszulegen ist. Eine gesellschaftsrechtliche Anfechtung des Gewinnverwendungsbeschlusses der Hauptversammlung durch die (nicht stimmberechtigten) Vorzugsaktionäre ist sowohl nach § 243 AktG (Verletzung des Gesetzes oder der Satzung) als auch nach § 254 AktG (Verwendung des Bilanzgewinns) möglich. Hinsichtlich Inhalt und Ausformung dieser beiden Anfechtungsrechte ist wie folgt zu differenzieren:

- Nach § 243 AktG sind Hauptversammlungsbeschlüsse bei einer Verletzung des Gesetzes oder der Satzung anfechtbar. Das **Anfechtungsrecht aus § 243 AktG** ist ein individuelles Recht (§ 245 Abs. 1–3 AktG). Die Anfechtung des Gewinnverwendungsbeschlusses nach § 243 AktG ist aber nur möglich, wenn dieser gegen das Gesetz oder die Satzung verstößt. Ein solcher Verstoß läge etwa vor, wenn die Hauptversammlung die Ausschüttung eines der Höhe nach zur Bedienung der Vorzugsdividenden gerade ausreichenden Gewinns beschließen würde, der Beschluss aber eine gleichmäßige Ausschüttung an Vorzugs- und Stammaktionäre vorsähe, mit der Folge, dass die Vorzugsaktionäre weniger als die Vorzugsdividende erhielten. Wenn bei gleicher Höhe des verteilungsfähigen Gewinns hingegen dessen vollständige Thesaurierung beschlossen würde (§ 58 Abs. 3 AktG), läge keine Verletzung von Gesetz oder Satzung vor. Eine Anfechtung nach § 243 würde somit ausscheiden.
- Im letztgenannten Fall käme allerdings eine **Anfechtung nach § 254 AktG** infrage. Danach ist die Anfechtung des Gewinnverwendungsbeschlusses aufgrund übermäßiger Rücklagenbildung möglich. Beschließt die Hauptversammlung die vollständige Thesaurierung des zu ihrer Disposition stehenden Bilanzgewinns, obwohl dies bei vernünftiger kaufmännischer Beurteilung zur Erhaltung der Lebens- und Widerstandsfähigkeit der Gesellschaft nicht notwendig wäre, und erhalten dadurch die Aktionäre keinen Gewinn in Höhe von mindestens 4 % des Grundkapitals, ist eine Anfechtung möglich (§ 254 Abs. 1 AktG). Im Unterschied zu § 243 AktG ist die Anfechtung nach § 254 AktG allerdings nicht als Individualrecht, sondern als Kollektivrecht ausgestaltet, da sie an das Erreichen eines Quorums von mindestens 5 % des Grundkapitals geknüpft ist.

In Bezug auf **Klassifizierung** der Vorzugsaktien ist somit wie folgt zu unterscheiden: Beschließt die Hautversammlung eine vollständige Thesaurierung des Bilanzgewinns und damit implizit eine Nichtausschüttung an die Vorzugsaktionäre, ist

- eine individuelle Anfechtung wegen eines Verstoßes des Beschlusses gegen Gesetz oder Satzung (§ 243 AktG) nur in kaum relevanten Fällen möglich,

- im relevanten Fall nur eine kollektivrechtliche Anfechtung zulässig (§ 254 AktG).

Die Ermessensentscheidung der Hauptversammlung zur vollständigen Thesaurierung kann mithin nur kollektiv von einer **Minderheit** von mindestens 5 % angefochten werden. Nach IAS 32.17 und IAS 32.AG26 begründet ein Kollektivrecht der Gesellschafter jedenfalls dann keine zu Fremdkapital führende vertragliche Zahlungsverpflichtung des Unternehmens, wenn zur Ausübung dieses Rechts ein Mehrheitsbeschluss der Gesellschafter erforderlich ist. Mit dem **Mehrheitsbeschluss** der Gesellschafter handelt das Organ „Gesellschafterversammlung", und dessen Handeln wird ohne Rücksicht auf die Trennung von Gesellschafts- und Gesellschaftersphäre nach IAS 32 als für die Eigenkapitalqualifikation unschädliches Ermessen der Gesellschaft angesehen. Nur wenn dies für ein „Minderheitskollektiv" entsprechend befürwortet würde, ist stets ein vollständiger Eigenkapitalausweis des von den Vorzugsaktionären eingebrachten Kapitals möglich. Bei anderer Interpretation wäre dies in den Fällen nicht mehr vertretbar, in denen hohe Jahresüberschüsse erzielt und erwartet werden. Mindestens i. H. d. Barwerts von 4 % des Vorzugskapitals läge eine Schuld vor.

Das IDW verfolgt in RS HFA 9 Tz 55 die erste Interpretation. U. E. ist die zweite Interpretation vorzuziehen, da wir die ohnehin problematische Gleichsetzung von Gesellschafts- und Gesellschaftersphäre nur so lange für vertretbar halten, wie es um ein kollektiv durch die Mehrheit der Gesellschafterversammlung ausgeübtes Ermessen geht. Wo Gesellschaftern hingegen Rechte individuell oder als Minderheit zustehen, die Gesellschafter also gerade nicht als Kollektiv betroffen sind, kann u. E. keine Identität der (insoweit gar nicht mehr vorhandenen) Gesellschaftersphäre mit der Gesellschaftssphäre bestehen (vgl. Rz 18).

15 Anders soll nach IDW RS HFA 9 Tz. 32 hingegen eine **Mehrdividende** zu würdigen sein.

> „Sofern bspw. in einer Satzung einer Aktiengesellschaft für eine bestimmte Gattung von Aktien die Zahlung einer Mehrdividende vereinbart wird und die Zahlung dieser Mehrdividende unabhängig von weiteren(!) Hauptversammlungsbeschlüssen zu erfolgen hat, … handelt es sich bei dieser Gattung von Aktien um ein zusammengesetztes Finanzinstrument."

Nach deutschem Recht ist ein solches Mehrdividendenrecht etwa satzungsmäßig wie folgt ausgestattet:

Beispiel

„1) Aus dem sich nach dem festgestellten Jahresabschluss ergebenden, dem Gewinnverwendungsbeschluss der Hauptversammlung unterliegenden Bilanzgewinn wird auf die Vorzugsaktien vorweg eine Dividende von EUR 0,10 ausgeschüttet.

2) Hinsichtlich darüber hinausgehender Ausschüttungen sind Vorzugs- und Stammaktien gleichgestellt."

Unterschiede und Gemeinsamkeiten zum unter Rz 14 genannten Beispiel (einfache Vorwegdividende) lassen sich an folgendem Fall darstellen: Die Zahl der Stamm- und Vorzugsaktien betrage jeweils 1 Mio.

Variante 1: Die Hauptversammlung beschließt eine Ausschüttung von EUR 100.000.
Sowohl bei einfacher Vorwegdividende wie bei Mehrdividenden erhalten nur die Vorzugsaktionäre eine Ausschüttung, und zwar in Höhe von EUR 0,10 × 1 Mio. = EUR 100.000
Variante 2: Die Hauptversammlung beschließt eine Ausschüttung von EUR 300.000.
Bei reinem Vorwegdividendenrecht erhalten Vorzugs- und Stammaktionäre jeweils eine Dividende von EUR 0,15 (zunächst EUR 0,10 × 1 Mio. = EUR 100.000 an die Vorzugsaktionäre, dann EUR 0,10 × 1 Mio. = EUR 100.000 an die Stammaktionäre, dann EUR 0,05 × 2 Mio. = EUR 100.000 an beide. In Summe also für beide Aktiengattungen jeweils EUR 0,15).
Bei Mehrdividendenrecht erhalten die Vorzugsaktionäre zunächst EUR 0,10 × 1 Mio. = EUR 100.000. Die verbleibenden EUR 200.000 werden (bei gleicher Aktienzahl) je zur Hälfte an die Vorzugs- und Stammaktionäre ausgeschüttet. Die Stammaktionäre erhalten insgesamt EUR 100.000 (= EUR 0,10 je Aktie), die Vorzugsaktionäre EUR 100.000 mehr, insgesamt also EUR 200.000 (= EUR 0,20 je Aktie),
Variante 3: Die Hauptversammlung beschließt die Thesaurierung des gesamten Gewinns.
Unabhängig von der Ausgestaltung der Satzung erhalten auch die Vorzugsaktionäre keine Dividende.

Insbesondere die dritte Fallvariante zeigt: Die Differenzierung des IDW zwischen

- zu **Vorweg**dividenden berechtigten Vorzugsaktien – Eigenkapital
- mit **Mehr**dividendenrecht ausgestatteten Vorzugsaktien – zusammengesetztes Finanzinstrument

ist problematisch: Wie die sog. Vorzugsdividende ist auch die sog. Mehrdividende durch die **Ermessens**ausübung der Hauptversammlung bedingt. Entscheidet sich die Hauptversammlung überhaupt gegen eine Ausschüttung, kommt auch die Mehrdividende nicht (oder nur über Anfechtungsrechte) zum Tragen.[6] Ein zusammengesetztes Finanzinstrument müsste entweder in **beiden** Fällen (weite Interpretation des Fremdkapitalbegriffs von IAS 32) oder in **keinem** Fall (restriktive Auslegung) vorliegen.

Vorzugsaktien angelsächsischer Prägung (*preference shares*), die dem Zeichner Mindestzahlungen, ggf. auch ein Rückgaberecht gegen Geld, garantieren, sind insoweit Fremdkapital. Die Frage, ob dies auch dann gilt, wenn der Zeichner ein Wahlrecht auf Erhalt von Barmitteln oder Eigenkapitalinstrumenten hat, wurde vom IFRIC nicht auf die Agenda genommen.[7] Das IFRIC empfahl jedoch die Aufnahme dieses Problems in das IASB-Projekt zu Finanzinstrumenten mit Eigenschaften von Eigenkapital. 16

---

6 Zur Vorweg- und Mehrdividende im Einzelnen Hüffer, KurzKom AktG, 7. Aufl., § 139, Tz 8; Hopt/Wiedemann, GroßKom AktG, 4. Aufl., § 139, Tz 11 und 19; Münchener Komm AktG, 2. Aufl., § 139, Tz 21.

7 IFRIC, Update März 2010.

2.4 Echte Genussrechte, *perpetuals* und ähnliche Mezzanine-Finanzierungen

17 Nach **handelsrechtlicher** Interpretation des Prinzips der wirtschaftlichen Betrachtungsweise sind schuldrechtliche Verpflichtungen bilanziell als Eigenkapital auszuweisen, wenn das **längerfristig** überlassene Kapital Haftungsfunktion hat. Dies wird angenommen, wenn das Kapital nur **nachrangig** in der Insolvenz bedient wird und bei **Erfolgsabhängigkeit** der Vergütung bis zur vollen Höhe am **Verlust** teilnimmt.[8]

IAS 32.18 ff. interpretiert den Grundsatz *substance over form* hingegen anders; danach führt jede auch längerfristige **Rückzahlungsverpflichtung** zur Qualifizierung als Fremdkapital. Die temporäre Übernahme der Haftungsfunktion reicht nach IFRS für die Qualifizierung als Eigenkapital nicht aus.

Während deshalb das Handelsrecht – in der zitierten Auslegung durch das IDW – echtes, d. h. nachrangiges, verlustteilhabendes und längerfristiges **Genussrechtskapital** als Eigenkapital qualifiziert, folgt nach IFRS aus der im „Normalfall" gegebenen vertraglichen **Rückzahlungsverpflichtung** eine Einordnung als Fremdkapital.[9] Dies gilt auch für **stille** Gesellschaftsbeteiligungen mit Verlustübernahmeverpflichtung des stillen Gesellschafters.

Zwar kann auch nach IFRS ein Genussrecht **ausnahmsweise** als Eigenkapital zu qualifizieren sein, die dafür notwendigen Bedingungen machen es aber meist unverkäuflich.

Beispiel

U emittiert Genussrechte mit folgenden Konditionen:

a) Laufzeit „ewig" (sog. *perpetuals*).

b) Kündigungsrecht durch Gesellschaft, aber nicht durch Genussrechtsinhaber.

c) akzelerierender Erfolgsanteil (z. B. bei 6 % Kapitalanteil in den Jahren 01 bis 10 6,0 % Erfolgsanteil, in 11 8 %, in 12 10 % usw.).

d) Bindung des Erfolgsanteils nicht an Jahresüberschuss, sondern an Dividenden (d. h. mit den Daten von oben in den Jahren 01 bis 10 jeweils 6 % der Dividende).

Beurteilung

a) Aufgrund der „ewigen" Laufzeit entfällt die Rückzahlungs**pflicht**; dies spricht für Eigenkapital.

b) Ein Kündigungsrecht der **Gesellschaft** ist unschädlich für die Qualifizierung als Eigenkapital.

c) Aufgrund des in der akzelerierenden Erfolgsbeteiligung zum Ausdruck kommenden faktischen Rückzahlungszwangs (ab 11 ff. wird die Finanzierung für die Gesellschaft zu teuer) können die Vertragsparteien mit einer **Beendigung** der Laufzeit am Ende des Jahres 10 rechnen. Dies macht das Genuss-

8 Vgl. IDW, HFA 1/1994.

9 Vgl. im Einzelnen: SCHABER/EICHHORN, BB 2004, S. 315 ff.

recht attraktiver für die Zeichner (die insofern mit einem Rückzahlungstermin kalkulieren können), ist aber trotz der Berufung von IAS 32.15 auf das *substance-over-form*-Prinzip nach h.M. **unschädlich** für die **Eigenkapitalqualifikation**.
d) Eine Bindung des Erfolgsanteils an den Jahresüberschuss wäre schädlich für die Eigenkapitalqualifizierung. Es läge hier eine bedingte, außerhalb der Kontrolle bzw. des freien Ermessens der Gesellschaft liegende Rückzahlungspflicht vor. Sie führt nach IAS 32.25 zu Fremdkapital.[10] Mit der Bindung der Erfolgsbeteiligung an die Dividendenpolitik bleibt das freie Ermessen der Gesellschaft gewahrt; das Genussrecht ist Eigenkapital. Fraglich ist aber, ob sich ein derartiges Genussrecht, bei dem der Zeichner der Dividenden- und Thesaurierungspolitik des Unternehmens völlig ungeschützt ausgeliefert ist, noch platzieren lässt. Gegenüber institutionellen Geldgebern, von denen das Unternehmen in vielfacher sonstiger Weise (z.B. bei Emissionen, hinsichtlich Kreditlinien etc.) faktisch abhängig ist, gelingt die Platzierung eines solchen Instruments noch am ehesten. Alle Beteiligten wissen um die normative Kraft der faktischen Abhängigkeiten. Diese werden auch ohne rechtlichen Zwang für Dividendenausschüttungen und damit Zahlungen an den Genussrechtsinhaber sorgen. Nach dem in IAS 32.15 in den Vordergrund gestellten *substance-over-form*-Grundsatz müsste hier aus faktischen Gründen Fremdkapital angenommen werden. Die herrschende Meinung und Praxis verfährt aber ohne Rücksichtnahme auf *substance over form*.

Nach IFRS bilanzierende Unternehmen zeigen auch ein verstärktes Interesse für **ewige Anleihen (*perpetual bonds*)**. Wesentliches Kriterium einer Finanzverbindlichkeit ist die Verpflichtung des Unternehmens zu Geldzahlungen in der Zukunft. Aufgrund der fehlenden Verpflichtung des Schuldners zur Rückzahlung der Anleihe ist diese Voraussetzung für den Nominalbetrag der ewigen Anleihe nicht erfüllt. Gleichwohl liegt bei „normaler" Ausgestaltung **kein Eigenkapital** vor. Eine gleichwertige unbegrenzte Zahlungsverpflichtung besteht nämlich hinsichtlich der Verzinsung des Nominalbetrags.

Beispiel
Ein Unternehmen will eine Anleihe mit einem Nominalbetrag von 100 emittieren, entweder a) mit einer Laufzeit von 200 Jahren oder b) als ewige Anleihe jeweils mit einer jährlichen (marktgerechten) Zinszahlung von 4 GE. Für den Barwert beider Anleihen gilt dann Folgendes:
a) **200-jährige Anleihe**: Aus der diskontierten Summe der Zinszahlungen und dem mit dem laufzeitäquivalenten Zins diskontierten Nominalbetrag ergibt sich ein Barwert von ca. 100. In diskontierter Betrachtung ist der **Rückzahlungsbetrag** der 200-jährigen Anleihe **vernachlässigbar**, er beträgt weniger als 0,04 % des Barwertes.

10 Für einen Eigenkapitalausweis bei Erfüllung bestimmter Zusatzbedingungen (hinreichend freie Rücklagen etc.) KÜTING/DÜRR, DStR 2005, S. 938, unter Verweis auf den Grundsatz substance over form.

b) *Perpetual bond:* Aus der diskontierten Summe der zukünftigen Zinszahlungen (gem. Rentenformel: 4 GE/4 %) ergibt sich ein Barwert von ebenfalls 100.

Somit besteht eine **wirtschaftliche Äquivalenz** zwischen der zeitlich begrenzten, d.h. zurückzuzahlenden Anleihe und der ewigen Anleihe. Dieser Äquivalenz trägt IAS 32.AG6 Rechnung, indem **ewige Anleihen** mit marktgerechter Verzinsung ohne weitere Ausgestaltungsmerkmale als **Fremdkapital** zu klassifizieren sind. Entscheidendes Kriterium für den Fremdkapitalcharakter ist die Verpflichtung des Schuldners zur Leistung von Zahlungen. Ob diese zivilrechtlich als Zinsen oder als Rückzahlung des Nominalbetrags zu qualifizieren sind, ist bei entsprechender Laufzeit nicht entscheidend.
Aktuelle ewige Anleihen oder Genussrechte sehen aber z.T. eine **Bindung** der Zinszahlung an einen **Dividendenbeschluss** der Gesellschaft vor.

- Eine Anknüpfung der Zinszahlung an den **Jahresüberschuss** des Schuldners **reicht** für die Eigenkapitalqualität **nicht** aus (IAS 32.25).
- Nur eine Anknüpfung an den **Dividendenbeschluss** ist u.U. **unschädlich.** Wird der Zins nur für die Jahre gezahlt, für die auch Dividenden gezahlt werden, liegt die Zinszahlung insoweit im Ermessen der Gesellschaft. Diese kann auf Dividendenbeschlüsse verzichten und muss dann auch keine Zinsen zahlen. Eine zu Fremdkapital führende Zahlungsverpflichtung liegt u.U. nicht vor (vgl. aber Rz 18).
- Die Anleihebedingungen können jedoch eine spätere **Nachholung der Zinszahlung** in folgender Weise vorsehen: Der rechnerische Zinsanspruch aus den Jahren, für die keine Dividende gezahlt wurde, wird festgehalten und gelangt kumuliert in den Jahren zur Auszahlung, in denen wieder Dividenden gezahlt werden. Es kommt somit faktisch lediglich zu einer **Verschiebung des Zahlungszeitpunkts.** Der Schuldner kann sich der Zahlungsverpflichtung jedoch **theoretisch/rechtlich entziehen**, damit soll das Finanzinstrument Eigenkapitalqualität haben.

18 In aktuellen Ausgestaltungen von ewigen Anleihen oder Genussrechten ist zumeist eine einseitige **Kündigungsmöglichkeit** des Emittenten vorgesehen. Bei einem nur für eine Anfangszeit (z.B. 10 Jahre) stabilen, danach **steigenden Zinsniveau** ist eine Ausübung dieses Kündigungsrechts durch einen rational handelnden Schuldner so gut wie sicher, da die Finanzierung nach Ablauf der Grundzeit zu teuer wird. Nach der wohl herrschenden Meinung sind Kündigungsoptionen des **Schuldners** jedoch auch bei faktischem Ausübungszwang **nicht** zu **berücksichtigen**, da es an einer vertraglich (einklagbaren) Verpflichtung gegenüber dem Schuldner fehlt (IAS 32.AG25).
Die Frage des faktischen Rückzahlungszwangs ist im Übrigen in 2006 an den IFRIC herangetragen, von diesem aber nicht auf die Agenda genommen worden. Der IASB hat die bestehende Gestaltungen eher **bestätigt**, indem er erklärte, ökonomischer Rückzahlungszwang führe für sich genommen *(by itself)* nicht zu einer Verbindlichkeit.[11] Der EFRAG vertritt unter Berufung auf *substance over*

11 IFRIC, Update März 2006.

form eine andere Auffassung und kritisiert, dass *„some commentators, including some IASB and IFRIC members"*, dies anders sähen.[12]

In der vorgenannten Agenda-Entscheidung betont der IFRIC aber auch, dass die für eine Fremdkapitalqualifikation vorausgesetzten (bedingten oder unbedingten) Zahlungsverpflichtungen nicht explizit im Vertrag geregelt sein müssen, sondern sich gem. IAS 32.20 auch **indirekt** ergeben können. Als indirekte oder implizite Zahlungsverpflichtungen kommen solche aus dem allgemeinen Schuld- oder Gesellschaftsrecht infrage.[13]

Nach **allgemeinem Schuldrecht** könnte sich eine Fremdkapitalqualifikation im Einzelfall aus dem ungeschriebenen und vertraglich nicht abdingbaren Recht auf Kündigung von Dauerschuldverhältnissen aus wichtigem Grund ergeben. Bei dauerhafter Thesaurierung hoch positiver Ergebnisse zwecks Vereitelung von Zahlungen an die Genussrechtsinhaber wäre diesen u.U. eine Fortsetzung des Vertragsverhältnisses nicht mehr zuzumuten und i.V.m. § 242 BGB ein **außerordentliches Kündigungsrecht** zuzubilligen. Die Gesellschaft müsste demnach – eine hoch positive Ergebnisentwicklung unterstellt – entweder Zinsen zahlen oder eine Kündigung der Genussrechtsinhaber dulden und damit das Genussrechtskapital zurückzahlen. Wenn dies der Fall wäre, bestünden (bedingte) Zahlungsverpflichtungen, die zum Ausweis als Fremdkapital führen würden. Die schuldrechtliche Beurteilung ist aber unsicher und mag für die Annahme von Zahlungsverpflichtungen daher nicht ausreichen.

Auf **gesellschaftsrechtlicher Basis** ist Folgendes beachtlich: IAS 32 qualifiziert als im Ermessen der Gesellschaft stehende Zahlungen auch solche, über welche die Gesellschafterversammlung etwa im Wege des Ausschüttungsbeschlusses befindet (IAS 32.17, IAS 32.AG37 usw.). Diese Gleichsetzung von Gesellschafts- und Gesellschaftersphäre ist nur so lange vertretbar, wie es um ein kollektiv durch die Mehrheit der Gesellschafterversammlung ausgeübtes Ermessen geht. Wo Gesellschaftern hingegen Rechte individuell oder als Minderheit zustehen, die Gesellschafter also gerade nicht als Kollektiv betroffen sind, kann keine Identität der (insoweit gar nicht mehr vorhandenen) Gesellschaftersphäre mit der Gesellschaftssphäre bestehen. Von Bedeutung ist hier das **Minderheitsrecht aus § 254 AktG.** Die Gesellschafterversammlung kann nicht uneingeschränkt eine Thesaurierung des Bilanzgewinns verfügen. Beschließt die Mehrheit die vollständige Thesaurierung, obwohl dies bei vernünftiger kaufmännischer Beurteilung nicht notwendig ist, um die Lebens- und Widerstandsfähigkeit der Gesellschaft für einen hinsichtlich der wirtschaftlichen und finanziellen Notwendigkeiten übersehbaren Zeitraum zu sichern, kann der Gewinnverwendungsbeschluss von einer Minderheit von 5 % der Aktionäre angefochten werden. Rechtsfolge einer erfolgreichen Anfechtungsklage ist unmittelbar die Nichtigkeit des Thesaurierungsbeschlusses und mittelbar ein Anspruch auf Ausschüttung.

Das **Anfechtungsrecht** steht zwar nur den Aktionären und nicht den hier interessierenden Gläubigern (Genussrechtsinhabern) zu. In Rechtsprechung

[12] Draft Comment Letter, Re: Discussion Paper „Preliminary Views on an improved Conceptual Framework for Financial Reporting", www.efrag.org.

[13] Einzelheiten bei LÜDENBACH, PiR 2010, S. 211 ff.

und Schrifttum ist jedoch anerkannt,[14] dass bei gewinnabhängiger Verzinsung der Genussrechte eine die Aktionäre zur Anfechtung berechtigende Thesaurierung auch im Verhältnis zu den **Genussrechtsinhabern** unbillig i.S.d. § 315 BGB ist und damit unter dem Gesichtspunkt der Bedingungsvereitelung nach § 166 BGB einen Zahlungsanspruch der Genussrechtsinhaber und damit korrespondierend eine **Verpflichtung der Gesellschaft** begründet. Für die hier interessierende Fremdkapitalqualifikation geht es dabei nicht darum, ob eine Gewinnthesaurierung und dem folgend eine Berufung auf § 254 AktG überhaupt wahrscheinlich ist. Derartige Wahrscheinlichkeitsüberlegungen werden durch den formbasierten Ansatz von IAS 32 gerade ausgeblendet. Von Interesse ist nur, dass sich in einem derartigen (unwahrscheinlichen) Fall Zahlungsverpflichtungen gegenüber den Genussrechtsinhabern ergäben, zwar nicht explizit aus den Vertragsbedingungen, aber implizit aus den schuld- und gesellschaftsrechtlichen Regelungen. Bei dauerhaft hoch positiven Ergebnissen und entsprechender Vermögensentwicklung stehen deshalb Zahlungen an die Genussrechtsinhaber u.E. **nicht mehr im freien Ermessen** der Gesellschaft (bzw. der Mehrheit der Gesellschafterversammlung), sondern sind auch gegen den Willen der Gesellschafter (Gesellschaftermehrheit) durchsetzbar und begründen insoweit Fremdkapital.

2.5 Leistungsbezug gegen Anteilsgewährung (Sacheinlagen etc.)

19 Für „Vergütungen“, die ein Unternehmen für bereits empfangene Leistungen nicht in Geld oder anderen Vermögenswerten, sondern in eigenen Anteilen gewährt, differenziert IAS 32.16b(i) wie folgt:

- Der Geschäftsvorfall ist gegen **Eigenkapital** zu buchen, wenn das Unternehmen für die feste Gegenleistung eine Verpflichtung hat, eine **feste** Zahl von Anteilen (Rz 5) zu gewähren *(fixed for fixed)*.
- Die Leistungsvereinnahmung ist gegen **Fremdkapital** zu buchen, wenn das Unternehmen eine Verpflichtung hat, eine **variable** Zahl von Anteilen zu liefern.

Zur **Bewertung** wird auf Rz 68 verwiesen.

20 Da der Vertragspartner im Falle der **variablen** Aktienzahl bis zur Erfüllung noch nicht das **Kursrisiko** trägt, ist er bis zu diesem Zeitpunkt anders gestellt als diejenigen, die schon **Anteilseigner** der Gesellschaft sind. Aus dieser Sicht verneint IAS 32.21 den **Residualcharakter** der Ansprüche des Vertragspartner und nimmt daher, da der Residualanspruch Eigenkapital definieren soll (Rz 4), Fremdkapital an. Diese Argumentation des IASB leidet unter **drei Defiziten:**

- Die Definition des Eigenkapitals über den Residualanspruch ist **zirkulär** und damit untauglich (Rz 71).
- Das Fehlen von eigentümtertypischen **Kursänderungsrisiken** und **-chancen** beim (potenziellen) Gesellschafter berührt zwar dessen Position, jedoch im Fall einer Leistung gegen Kapitalerhöhung nicht notwendig die Position der Gesellschaft. Ob der bei einer Kapitalerhöhung anzusetzende Ausgabekurs von vornherein bestimmt ist oder nicht, berührt lediglich das Verhältnis von Alt- zu Neugesellschaftern, da bei einer variablen Aktienzahl noch nicht feststeht, welche Anteilsquote die Neugesellschafter erhalten werden und in welchem Maße damit die Anteilsquote der Altgesellschafter sinken wird. Das

[14] Habersack, in Münchner Kommentar AktG, 2. Aufl. 2005, § 221, Tz 281 m.w.N.

Abstellen auf die Risikoposition des neuen und alten Gesellschafters impliziert ein **verdecktes Korrespondenzprinzip**, das die Bilanzierung bei der Gesellschaft von der Position des Gesellschafters abhängig macht. Ein derartiges Korrespondenzprinzip ist u. E. nicht sachgerecht, da es zur **Vermischung von Gesellschafts- und Gesellschaftersphäre** führt.

- IAS 32 ist **in sich selbst widersprüchlich**: IAS 32.21 stellt für den variablen Fall auf eine Situation ab, in der die Verpflichtung des Unternehmens auf einen Betrag lautet, *that „fluctuates in part or in full in response to changes in a variable other than the market price of the entity's own instruments"*. Ein Anwendungsfall von IAS 32.16b(ii) läge demnach nicht vor, wenn die zu liefernde Aktienzahl nicht von anderen Variablen (Entwicklung des Goldpreises, der Marktzinsen etc.), sondern vom Aktienkurs selbst abhängt. Nach IAS 32.AG27d soll es andererseits darauf nicht ankommen, sondern auch im Fall der Abhängigkeit der Aktienzahl vom Aktienkurs selbst eine Verbindlichkeit anzunehmen sein.[15]
- IAS 32 steht im **Widerspruch zu IFRS 2.** Nach IFRS 2 würde auch das Vergütungsschema mit variabler Aktienzahl eine Buchung „Aufwand an Eigenkapital" (→ § 23 Rz 9) statt „Aufwand an Verbindlichkeit" nach sich ziehen. Die Frage, welche Vorschrift vorrangig ist, bleibt offen.[16]

Wegen dieser systematischen Bedenken ist eine **Differenzierung** von Vergütungs- bzw. Einlagefällen nach fester oder variabler Zahl der Aktien u. E. in Einlagefällen **nicht** zwingend geboten.

Eine besondere Form der Sacheinlage stellt die Einlage von Forderungen (*debt for equity swap*) dar. Hierzu wird auf → § 28 Rz 200 verwiesen. 21

2.6 Derivative Kontrakte in eigenen Aktien (Aktienerwerbsangebote, Ausgabe von Bezugsrechten etc.)

Nach IAS 32.16b(ii) führen auf den **zukünftigen** Erwerb oder die **zukünftige** Veräußerung eigener Aktien gerichtete Kontrakte in einigen Fällen zu Eigen-, in anderen zu Fremdkapital. Am Beispiel von **Optionskontrakten** lassen sich folgende relevante Fälle unterscheiden: 22

- *Purchased call option*: Die Gesellschaft hat gegen Zahlung einer Prämie das Recht gekauft, eigene Aktien zu einem bestimmten Preis (Ausübungspreis) zu erwerben. Der Vertrag berührt nur das **Eigenkapital.** Die gezahlte Optionsprämie ist vom Eigenkapital abzuziehen (IAS 32.AG14). Bei Ausübung der Option ist eine Buchung „Eigenkapital an Geld" geboten.
- *Written or issued call option:* Die Gesellschaft hat bereits eigene Aktien oder wird diese erforderlichenfalls noch erwerben. Gegen Erhalt einer Prämie hat sie dem Vertragspartner das Recht zum Erwerb dieser Aktien eingeräumt. Der Optionsvertrag berührt nur das **Eigenkapital.** Die vereinnahmte Optionsprämie ist dem EK zuzuschreiben (IAS 32.AG13 und IAS 32.AG27a). Bei Ausübung der Option durch den Vertragspartner ist eine Buchung „Geld an Eigenkapital" geboten.
- *Written put option:* Dem Vertragspartner ist das Recht eingeräumt worden, Aktien der Gesellschaft an diese zu veräußern. Die bedingte Erwerbsverbind-

---

15 Vgl. ERNST & YOUNG, International GAAP 2009, Ch. 31 s3.3.2ff.

16 Vgl. ERNST & YOUNG, International GAAP 2009, Ch. 27 s2.3.

lichkeit führt zur Umgliederung von Eigen- in **Fremdkapital.** (IAS 32.AG27b).
Bei Ausübung der Option ist eine Buchung „Verbindlichkeit an Geld" geboten.

23 Ein für börsennotierte Aktiengesellschaften wichtiges Anwendungsfeld des letzten Falles sind **freiwillige Erwerbsangebote** nach dem Wertpapiererwerbs- und Übernahmegesetz (**WpÜG**). Soweit eine börsennotierte Gesellschaft ein Angebot auf den Erwerb eigener Aktien abgeben möchte, muss sie dies im Interesse der Gleichstellung aller Aktionäre öffentlich tun (§ 10 WpÜG) und bei einer Überzeichnung des Angebots durch eine quotale Zuteilung für eine Gleichbehandlung derjenigen Aktionäre sorgen, die das Angebot angenommen haben (§ 19 WpÜG). Durch das Erwerbsangebot entsteht eine **bedingte Verpflichtung** der Gesellschaft zur Zahlung von Geld.

Nach IAS 32.16 und 23 i.V.m. IAS 32.AG 27b ist diese **Verpflichtung** dann als Verbindlichkeit auszuweisen, wenn sie **vertraglichen** Charakter hat. Gegen einen solchen vertraglichen Charakter spricht nicht die Subsumierung des Angebots unter die Regelungen des WpÜG. Zwar hat das WpÜG z.T. öffentlich-rechtlichen Charakter, z.B. in Bezug auf die Aufsichts- und Untersagungsrechte der Bundesanstalt für Finanzdienstleistungsaufsicht. Daneben hat es aber den Charakter eines speziellen Zivilrechts, das die Kontrahierungs-, Inhalts- und Formfreiheiten des allgemeinen Zivilrechts im Interesse des Gleichbehandlungsgrundsatzes einschränkt. Unter Beachtung dieser Beschränkungen unterliegen das Erwerbsangebot sowie seine Annahme aber den allgemeinen Regeln des **Vertragsrechts.**[17] Die Einschränkungen der allgemeinen Vertragsfreiheiten bzw. die quasi öffentlich-rechtliche Prägung des Vertragsverhältnisses verhindern u.E. nicht die Qualifikation eines öffentlichen Erwerbsangebots als vertragliche Verpflichtung i.S.v. IAS 32. Auch das freiwillige Erwerbsangebot führt zum Ausweis einer **Verbindlichkeit**.

Gegen diese Auffassung mag man aber folgende **wirtschaftliche** Argumente anführen:

- Ein öffentliches Erwerbsangebot lautet üblicherweise auf einen Erwerbspreis **über** dem aktuellen Börsenkurs.
- Ein „normales", an einen **begrenzten** Personenkreis gerichtetes Erwerbsangebot über Börsenkurs führt zur unfreiwilligen Entreicherung der verbleibenden gegenüber den ausscheidenden Aktionären. Die Bildung eines Passivpostens wäre aus dieser Entreicherungsperspektive wirtschaftlich gerechtfertigt.
- Das WpÜG verhindert aber durch die **Gleichbehandlungsgrundsätze** gerade solche unfreiwilligen Entreicherungen.
- Es überlagert deshalb durch den Grundsatz der **gleichberechtigten** und **quotalen** Zuteilung das vertragliche Erwerbsverhältnis durch quasi öffentlich-rechtliche Vorgaben. Aus wirtschaftlicher Sicht ist deshalb ein Ausweis als Verbindlichkeit nicht mehr zwingend erforderlich.

---

17 Vgl. Geibel/Süssmann, WpÜG Kommentar, 2002, § 11, Rn 2: „Öffentliche Angebote i.S.d. Gesetzes ... sind insoweit nach den allgemeinen Bestimmungen des bürgerlichen Rechts zu qualifizieren." Ähnlich Steinmeyer/Häger, WpÜG Kommentar, § 11, Rn 5f., die die Veröffentlichung der vom Bieter zu erstellenden Angebotsunterlage als Abgabe eines bindenden Angebots i.S.d. § 145 BGB qualifizieren. Die Rechtsfolgen der Annahme des Angebots „sind nicht mehr Gegenstand des Übernahmerechts, sondern richten sich nach den allgemeinen Vorschriften des BGB. Allerdings werden die zulässigen Vertragsbedingungen in weitem Umfang durch das WpÜG vorbestimmt" (ebenda, § 11, Rn 6).

U. E. ist eine solche „wirtschaftliche Betrachtung", die auf die Frage der Entreicherung von Gesellschaftern abstellt, nicht sachgerecht, da es u. E. auf die Vorgänge in der **Gesellschafter**sphäre nicht ankommt, sondern allein die Sphäre der **Gesellschaft** entscheidend ist. Aus Sicht der Gesellschaft macht es nach Abgabe eines bindenden Angebots aber keinen Unterschied mehr, ob dieses Angebot allgemeinen oder speziellen zivilrechtlichen Vorschriften unterliegt. Die Gesellschaft unterliegt in beiden Fällen einer bedingten vertraglichen Verpflichtung zur Zahlung von Geld und hat damit eine **Verbindlichkeit** auszuweisen.

Beispiel

Gem. WpÜG gibt die A am 27.12.01 ein freiwilliges öffentliches Angebot über den Erwerb von 10.000 eigenen Aktien ab, das bis zum 31.1.02 von den Aktionären angenommen werden kann.

- Die angebotene Leistung (= Optionsausübungspreis) beträgt 10.

Die Kurse entwickeln sich wie folgt:

- Kurs bei Abgabe des Erwerbsangebots 9,
- Stichtagskurs 31.12.01: 8,5 (**alternativ 11,0**),
- konstanter Kurs 2.1. bis 31.1.02 von 8,0 im Grundfall (bzw. **von 11,0 im Alternativfall**).

Im Grundfall werden die Aktionäre das Erwerbsangebot annehmen, da sie bei einem an der Börse erzielbaren Kurs von 8,0 von der Gesellschaft 10,0 erhalten, die Ausübung der Option also vorteilhaft ist. Folgende Buchungen sind daher geboten:

Datum	Konto	Soll	Haben
01	Eigenkapital	100.000	
	Verbindlichkeiten		100.000
	Aktienrückkauf		
02	Verbindlichkeiten	100.000	
	Geld		100.000

Im **Alternativfall** werden die Aktionäre das Angebot nicht annehmen, da sie bei einem an der Börse erzielbaren Kurs von 11,0 von der Gesellschaft nur 10,0 erhalten würden, die Ausübung der Option also nachteilig wäre. Die Buchung in 01 ist von den Wertentwicklungen nicht betroffen. Auch wenn der Kurs bereits am Stichtag 11,0 betrug und daher auch aus Sicht des Stichtags eine Optionsausübung nicht wahrscheinlich war, darf dies nicht berücksichtigt werden. Als Fremdkapital ist zum Stichtag jede Ankaufsverpflichtung auszuweisen, auch wenn sie bedingten Charakter hat und der Eintritt der Bedingung nicht wahrscheinlich ist.

Erst am 31.1.02 steht die Nichtannahme fest und erlischt die bedingte Verbindlichkeit. Zu diesem Zeitpunkt erfolgt die „Stornierung" der Buchung aus 01, d.h. die Wiedereinstellung der 100.000 in das Eigenkapital.

Datum	Konto	Soll	Haben
	Aktienrückkauf kommt nicht zustande		
02	Verbindlichkeiten	100.000	
	Eigenkapital		100.000

Ist der derivative Kontrakt über eigene Aktien nicht auf deren tatsächliche Lieferung, sondern auf einen Barausgleich i.H.d. Differenz von Vertragskurs und Kurs bei Fälligkeit gerichtet *(cash settlement)*, liegt ein „normales" Derivat vor, das zum *fair value* als finanzieller Vermögenswert oder Verbindlichkeit auszuweisen ist (IAS 32.AG27).[18]

24 Gibt die Gesellschaft zur Vornahme einer Kapitalerhöhung **Bezugsrechte** an die Aktionäre aus, die gegen ein fixes Entgelt zur Zeichnung der Kapitalerhöhung berechtigen, so ist die *fixed for fixed*-Bedingung des IAS 32.16b (Rz 19) i.d.R. erfüllt. Eine Verbindlichkeit bzw. derivative Verbindlichkeit entsteht nicht.

Lautet der bei Ausübung des Bezugsrechts zu zahlende Preis allerdings auf eine fremde, für die Gesellschaft **nicht funktionale Währung**, steht der von der Gesellschaft für die spätere Ausgabe der Anteile vereinnahmte Betrag in funktionaler Währung gerade nicht fest. Fremdkapital wäre auszuweisen. Bezüglich dieses Sonderfalls hat der IASB jedoch in 2009 ein *Amendment* von IAS 32.16(b)(ii) sowie IAS 32.11(b)(ii) vorgenommen. Danach führt die Ausgabe in fremder Währung für ab dem 1. Februar 2010 beginnende Geschäftsjahre nicht zum Ausweis einer (derivativen) Verbindlichkeit.

2.7 Eigenkapital von Personengesellschaften und Genossenschaften

2.7.1 Gesellschaftsrechtliche Ausgangslage: Kündbare Anteile, Abfindungsverpflichtungen

25 Nach deutscher Rechtslage bestehen (nicht ausschließbare) ordentliche **Kündigungsrechte** für

- **Genossenschaften** gem. §§ 65 und 73 GenG und
- **Personenhandelsgesellschaften** gem. § 105 Abs. 3 HGB i.V.m. § 723 BGB (OHG) bzw. § 161 Abs. 2 i.V.m. § 105 Abs. 3 HGB und § 723 BGB (KG).

In diesen Fällen führt die Kündigung gesetzlich nicht zur Auflösung, sondern zum Ausscheiden des kündigenden Mitglieds bzw. Gesellschafters unter Entstehen eines **Abfindungsanspruchs** (§ 73 GenG, § 131 Abs. 3 Nr. 1 HGB i.V.m. § 738 BGB). Dieser kann der Höhe nach vertraglich geregelt, aber nicht ausgeschlossen werden:

- Bei **Genossenschaften** darf die Abfindung, ein ausreichendes Vermögen der Genossenschaft unterstellt, das Geschäftsguthaben nicht unterschreiten (§ 73 Abs. 2 GenG).
- Bei **Personenhandelsgesellschaften** ist eine Abfindung unterhalb der buchmäßigen Beteiligung am Gesellschaftsvermögen i.d.R. sittenwidrig,[19] eine Abfindung zum Buchwert oder nach anderen Formeln (z.B. Stuttgarter Verfahren) zwar im Allgemeinen nicht sittenwidrig, aber häufig durch ergänzende Vertragsauslegung auf eine angemessene Abfindung zu korrigieren.[20]

26 Abfindungsverpflichtungen der Personengesellschaft oder Genossenschaft können sich darüber hinaus aus den Regelungen über das Schicksal der Mitgliedschaft im **Todesfall** ergeben.

- Nach dem gesetzlichen Statut der **Genossenschaft** geht die Mitgliedschaft zwar im Todesfall auf die Erben über, diese scheiden aber zum Ende des Geschäftsjahres, in dem der Todesfall sich ereignet hat, aus (§ 77 Abs. 1

18 Vgl. IDW, RS HFA 9, Tz 25ff.

19 BGH, Urteil v. 9.1.1989, ZR 83/88, NJW 1989, S. 2686ff.

20 BGH, Urteil v. 20.9.1993, II ZR 104/92, BB 1993, S. 2265ff.

GenG). In der Praxis des Genossenschaftsstatuts ist jedoch regelmäßig abweichend eine Fortsetzung mit den Erben vorgesehen (§ 77 Abs. 2 GenG).

- Bei der gesetzlich verfassten **OHG** führt der Tod des Gesellschafters zum Ausscheiden (§ 131 Abs. 3 Nr. 1 HGB). Auch hier dominieren in der Vertragspraxis Klauseln, die eine Fortsetzung mit den Erben (ggf. nur mit den „qualifizierten" Erben) vorsehen. Bei der **KG** gilt Entsprechendes für den Komplementär, während die Erben des Kommanditisten mangels abweichender Bestimmung in dessen Gesellschafterstellung eintreten (§ 177 HGB).

2.7.2 Bilanzielle Problemstellung: Umqualifizierung Eigenkapital in Fremdkapital?

Nach IAS 32.16 und 19 liegt **Eigenkapital** nur insoweit vor, als ein Unternehmen weder eine unbedingte noch eine bedingte **Verpflichtung** zur **Lieferung** von Geld oder anderen Vermögenswerten hat. 27

In der Konkretisierung dieser Regelungen bestimmt IAS 32.18b: Ein Recht der Anteilseigner von Personengesellschaften *(partnerships)*, Genossenschaften und Fonds *(mutual funds)*, ihren Anteil *(interest)* jederzeit *(at any time)* gegen eine Abfindung zurückzugeben, ist bilanziell als **Verbindlichkeit** auszuweisen, auch wenn die Stellung der Anteilseigner rechtlich die Form eines Residualinteresses hat. Das Eigenkapital von Personengesellschaften und Genossenschaften wäre diesen Regeln folgend in einem IFRS-Abschluss ganz oder teilweise als **Fremdkapital** auszuweisen,[21] wenn

- den Mitgliedern bzw. Gesellschaftern ein **Kündigungsrecht** zusteht **und**
- die Ausübung dieses Rechts einen **Abfindungsanspruch** gegen das Unternehmen begründet.

Ein Fremdkapitalausweis gesellschaftsrechtlichen Eigenkapitals wäre darüber hinaus auch für **GmbHs** erforderlich, wenn der Gesellschaftsvertrag ein ordentliches Kündigungsrecht gegen Abfindung vorsieht. Lediglich gesetzlich nicht abdingbare außerordentliche Kündigungsrechte wären bei allen Rechtsformen unschädlich.

Die z. T. absurden Konsequenzen einer Umqualifizierung des Eigenkapitals – je besser sich die Gesellschaft entwickelt, desto schlechter muss sie sich in Bilanz und GuV darstellen – haben wir in den Vorauflagen und an anderen Stellen[22] ausführlich dargestellt. Der IASB hat derartige Kritiken mit einiger Zeitverzögerung wahrgenommen und sie zum Anlass genommen, die Regeln mit Wirkung ab 2009 anzupassen.

Die insoweit geänderte Fassung von IAS 32 geht das Problem der Eigen- bzw. Fremdkapitaldefinition nicht prinzipienbasiert (→ § 1 Rz 42ff.), sondern **kasuistisch** in der Form von **Ausnahmeregelungen** an: 28

- Wenn kündbare Anteile *(puttable shares)* bestimmte in den eingefügten Buchstabenparagrafen IAS 32.16A bis IAS 32.16F genannte **Bedingungen** vollständig **erfüllen,**
- dann sind sie in **Ausnahme** von den allgemeinen Definitionsmerkmalen von Fremdkapital („*as an exception to the definition of a financial liability*" – IAS 32.16A) als Eigenkapital zu qualifizieren.

---

21 IDW, HFA 9.

22 LÜDENBACH/HOFFMANN, BB 2004, S. 1042ff., und LÜDENBACH/HOFFMANN, DB 2005, S. 404.

Die Ausnahmeregelungen betreffen neben kündbaren Anteilen auch Finanzinstrumente, die nur bei Liquidation des emittierenden Unternehmens einen Residualanspruch des Inhabers des Finanzinstruments gegen das Unternehmen zur Folge haben. Der Ausnahmecharakter der Regelungen führt zu einer **Sonderform** des Eigenkapitals, einer Art **gewillkürtes**, durch gesellschaftsrechtliche Kautelen gestaltbares Eigenkapital.
Die Neuregelungen gelten **nicht** für den Ausweis von Minderheitenanteilen (nicht beherrschenden Anteilen) an Tochterpersonengesellschaften im **Konzern**. Hier bleibt es bei dem bisherigen Rechtstand: Kündigungsmöglichkeiten und damit verbundene potenzielle Abfindungsansprüche führen zur Behandlung des **Minderheitenanteils** als **Fremdkapital** (IAS 32.AG29A und IAS 32.BC68).

2.7.3 Voraussetzungen für den Eigenkapitalausweis von kündbaren Anteilen

29 IAS 32.16A enthält folgende **kumulative Voraussetzungen** für den Ausweis von kündbaren Anteilen als Eigenkapital:

- proportionale Beteiligung am Liquidationsergebnis (Rz 30),
- Nachrang gegenüber allen anderen Finanzinstrumenten (Rz 31),
- identische Ausstattungsmerkmale aller kündbaren Anteile (Rz 32),
- Fehlen weiterer, über die potenziellen Abfindungsverpflichtungen hinausgehender Zahlungsverpflichtungen (Rz 35),
- substanzielle Beteiligung am buchhalterischen oder ökonomischen Unternehmenserfolg (Rz 36).

a) Proportionale Beteiligung am Liquidationsergebnis

30 Alle Anteilseigner müssen entsprechend ihrem Anteil an der Gesellschaft am Liquidationsergebnis beteiligt sein (IAS 32.16A(a)). Abgestellt wird nur auf die Beteiligung am **positiven** Liquidationsergebnis *(net assets).*
Unschädlich ist im Fall der **KG** daher, dass der Komplementär vorrangig den Fehlbetrag zu tragen hat. Gem. IAS 32.AG14F und IAS 32.AG14G ist diese **persönliche Haftung** des Komplementärs von der Einlage abzuspalten und als gesondertes Finanzinstrument zu betrachten (RIC 3 Tz 9). Auch eine ergebnisunabhängige Haftungsvergütung des Komplementärs ist unschädlich, wenn sie einem Fremdvergleich standhält.[23]

b) Nachrang gegenüber allen anderen Finanzinstrumenten

31 Der kündbare Anteil muss in der (freiwilligen oder erzwungenen) Liquidation **nachrangig** gegenüber allen anderen Finanzinstrumenten sein (IAS 32.16A(b)). Dies bedeutet zunächst einen Nachrang gegenüber **Gläubigern:** Ansprüche der Gesellschafter dürfen erst erfüllt werden, wenn Ansprüche aller anderen Kapitalgeber befriedigt sind.
Schädlich kann auch ein fehlender **Gleichrang** von **Gesellschaftern untereinander** sein. Zu unterscheiden sind hier folgende Konstellationen:

---

23 RIC 3.10.

Beispiel
Der Gesellschaftsvertrag der ABC OHG sieht Folgendes vor:

Fall 1:
Gesellschafter A erhält einen Vorabanteil am Liquidationsergebnis. Der Rest wird zwischen B und C nach Maßgabe ihrer Anteile verteilt.

Beurteilung
Der Anteil von A ist kein Eigenkapital. Er gehört nicht in die nachrangigste Klasse von Finanzinstrumenten. In ihr sind nur die Anteile von B und C zu erfassen. Sie stellen bilanziell Eigenkapital dar.

Fall 2:
Gesellschafter A erhält zunächst einen Vorabanteil am Liquidationsergebnis. Der Rest wird zwischen A, B und C nach Maßgabe ihrer Anteile verteilt.

Beurteilung
Der Anteil von A gehört nicht zur nachrangigsten Klasse und ist Fremdkapital, B und C gehören zur nachrangigsten Klasse und sind untereinander gleichgestellt, daher als Eigenkapital zu qualifizieren.

c) Identische Ausstattungsmerkmale

Alle Finanzinstrumente in der nachrangigsten Klasse müssen gleiche Ausstattungsmerkmale haben (IAS 32.16A(c)). Die Bedingung bezieht sich ausschließlich auf die **finanziellen** Ausstattungsmerkmale der Instrumente. Hierzu gehören aber nicht nur Ansprüche auf das Perioden- oder Liquidationsergebnis. Schädlich ist z.B., wenn eine Hinterbliebenenversorgung für den Fall des Ausscheidens durch Tod nur für die Gründungsgesellschafter, nicht für die später Hinzugetretenen vorgesehen ist.[24] Unschädlich können hingegen Pensions- oder Hinterbliebenenregelungen sein, mit denen in fremdüblicher Weise nur die geschäftsführenden Gesellschafter für ihre Geschäftsführungstätigkeit bedacht werden. Hier liegen ggf. eigenständige, separat vom Gesellschaftsanteil zu betrachtende Verpflichtungen der Gesellschaft vor (IAS 32.AG14I). **Unschädlich** sind Unterschiede in **Geschäftsführungs-** oder **Informationsrechten**, wie sie etwa bei einer KG zwischen Komplementären und Kommanditisten bestehen.[25] Schädlich können hingegen nicht beteiligungsproportionale **Stimmrechte** sein, jedoch erst ab dem Zeitpunkt, ab dem sie tatsächlich ausgeübt werden.[26] 32

Beispiel
S bringt sein Einzelunternehmen in die mit seinen Kindern J-1 und J-2 gegründete OHG ein. An Kapital und Ergebnis und Vermögen ist jeder mit jeweils einem Drittel beteiligt. Abweichend davon stehen S jedoch 75 % der Stimmrechte zu.
Entscheidend ist, ob S mit Hilfe des überproportionalen Stimmrechts die finanziellen Ausstattungsmerkmale der Anteile zu seinen Gunsten verändert

24 MEURER/TAMM, IRZ 2010, S. 269ff.
25 RIC 3.15ff.
26 RIC 3.18.

(RIC 3 Tz. 18). Dies wäre nur dann der Fall, wenn der Gesellschaftsvertrag (1.) Änderungen an den diesbezüglichen Grundlagen mit einer ¾-Mehrheit zuließe und (2.) S tatsächlich so verführe.

33 Die Gleichartigkeitsbedingung ist nicht tangiert, wenn neben den kündbaren Anteilen **andere** Finanzinstrumente, etwa **ewig laufende Anleihen** oder **Genussrechte**, als Eigenkapital zu qualifizieren sind, wobei die anderen Finanzinstrumente aber in Liquidation und Insolvenz Vorrang vor den kündbaren Anteilen haben.

- Die Bedingung in IAS 32.16A(c) bezieht sich nicht auf alle Eigenkapitalinstrumente, sondern nur auf die im *Amendment* zu IAS 32 geregelten kündbaren Instrumente; allein hier ist Gleichartigkeit gefordert.
- Der Vorrang ewiger Anleihen in der Liquidation ist somit unschädlich.[27]

34 Schädlich kann ein **Rangrücktritt** eines darlehensgewährenden Gesellschafters sein. Wenn nach dem Inhalt der Rücktrittserklärung der Gesellschafter/Darlehensgeber Befriedigung nur zusammen mit allen bei der Schlussverteilung nach § 199 InsO Berechtigten verlangen kann (sog. qualifizierter Rangrücktritt), ist das Darlehen ebenfalls der letztrangigsten Klasse zuzuordnen, in seinen Merkmalen aber nicht völlig gleich mit kündbaren Anteilen, sodass IAS 32.16A(c) verletzt wird.[28]

d) Keine weiteren Zahlungsverpflichtungen

35 Abgesehen von den aus einer Kündigung der Beteiligung/Rückgabe der Anteile resultierenden Zahlungsverpflichtungen darf die Personengesellschaft dem einzelnen Gesellschafter gegenüber keine weiteren Verpflichtungen zur Zahlung oder Hingabe anderer finanzieller Vermögenswerte haben (IAS 31.16A(d)).
Nicht schädlich sind hier die gesetzlichen **Entnahme-** und **Verzinsungsrechte** der Gesellschafter i.S.d. § 122 Abs. 1 HGB, § 168 HGB sowie der **Gewinnauszahlungsanspruch** des Kommanditisten nach § 169 Abs. 1 HGB. Sie begründen auch dann, wenn der Gesellschaftsvertrag die Ausschüttung/Thesaurierung nicht an Gesellschafterbeschlüsse bindet, keinen individuellen Zahlungsanspruch des Gesellschafters. Dieser erfordert vielmehr den kollektiven Beschluss über die Feststellung des Jahresabschlusses.[29] In diesem Rahmen können die Gesellschafter auch ohne vertragliche Regelung eine Thesaurierung beschließen. Tun sie es nicht oder nicht in vollem Umfang, so liegt hierin der implizite Ausschüttungsbeschluss, der erst (beschränkt auf die Höhe der Ausschüttung) zu einem Fremdkapitalausweis führt.[30] Für das Entnahmerecht des Kommanditisten nach § 169 Abs. 1 HGB gilt Entsprechendes (Rz 42).

e) Substanzielle Beteiligung am buchmäßigen oder ökonomischen Unternehmenserfolg

36 Die Gesellschafter müssen gem. IAS 32.16A(e) über die Gesamtdauer ihrer Beteiligung **substanziell** (*substantially*) eine angemessene Beteiligung an der Entwicklung des Unternehmens **erwarten können,** und zwar an der

---

27 RIC 3.19. Entsprechend schon WEIDENHAMMER, PiR 2008, S. 213ff.; DRSC, EIC 3, Tz 19.
28 Vgl. Hoffmann, PiR 2009, S. 182ff.
29 BGH, Urteil v. 20.4.2009, ZR 88/08, DStR 2009, S. 1489.
30 RIC 3.21ff.

- **buchmäßigen** (Jahresergebnis, Veränderung Buchvermögen) oder
- **ökonomischen** (Veränderung des Unternehmenswerts).

In Bezug auf unterschiedliche Abfindungsregeln und Gewinnbeteiligungsregeln gilt hier Folgendes:

- Nur eine **IFRS-Buchwertklausel,** die sich auf das Buchvermögen nach IFRS bezieht, führt in Verbindung mit der Beteiligung am laufenden IFRS-Ergebnis nach IAS 32.AG14E zur vollständigen Beteiligung am buchmäßigen Erfolg.
- Eine **Verkehrswertabfindung** nach § 738 HGB entspricht der Beteiligung an der ökonomischen Entwicklung. Das zwischenzeitliche Ausschüttungs- bzw. Thesaurierungsverhalten ist unerheblich, da die Ausschüttung/Nichtausschüttung von Gewinnen sich in der Verkehrswertentwicklung und damit in den Abfindungsansprüchen widerspiegelt.
- Eine **HGB-Buchwertklausel** ist differenziert zu würdigen. Zunächst sind die zivilrechtlichen Wirkungen von Buchwertklauseln zu beachten: Buchwertklauseln sind regelmäßig weder nichtig gem. § 138 BGB noch unzulässig wegen § 723 Abs. 3 BGB (Kündigungsbeschränkung). Bei einer sich im Zeitablauf ergebenden relevanten Diskrepanz zwischen dem vertraglich vereinbarten Abfindungswert und dem tatsächlichen Anteilswert ist jedoch im Zuge eines Rechtsstreits und nach Maßgabe der einschlägigen BGH-Rechtsprechung regelmäßig eine Anpassung des Abfindungsbetrages im Wege der **ergänzenden Vertragsauslegung** durchzusetzen. Der so ermittelte Abfindungsbetrag liegt i.d.R. zwischen dem Buchwert und dem Verkehrswert. In Verbindung mit den laufenden Ausschüttungen entspricht dann der während der Dauer der Zugehörigkeit zur Gesellschaft insgesamt zu **erwartende** Zahlungsstrom aus dem Anteil zwar nicht vollständig der ökonomischen Entwicklung, eine solche vollständige Übereinstimmung ist durch IAS 32.16A(e) aber auch nicht gefordert. Ausreichend ist eine substanzielle Übereinstimmung, d.h. je nach Lesart ein Wert, der 50 % der tatsächlichen Entwicklung einfach oder deutlich überschreitet. Diese Voraussetzung und damit die Eigenkapitalqualifikation ist bei einer Buchwertklausel regelmäßig gegeben (RIC 3, Tz 38).
- Entsprechendes gilt dann erst recht für Abfindungsklauseln, die wie etwa das **Stuttgarter Verfahren** in der Tendenz zwischen Buch- und Verkehrswert liegen.

2.7.4 Konkreter Ausweis des bilanziellen Eigenkapitals

Für Kapitalgesellschaften sieht IAS 1.79 Angaben zur Zusammensetzung des gezeichneten Kapitals (z.B. Aktien mit unterschiedlichen Rechten) sowie Angaben zu Art und Zweck jeder Rücklage vor. In der Eigenkapitaländerungsrechnung sind gem. IAS 1.106 die akkumulierten Ergebnisse und die Entwicklung des gezeichneten (Rz 55) Kapitals, der Kapitalrücklagen und jeder sonstigen Rücklage zu zeigen. Fraglich ist, inwieweit diese Regelungen auf die Personengesellschaft, z.B. den GmbH-&-Co.-KG-Konzern, anwendbar sind. 37

Nach IAS 1.80 müssen Gesellschaften ohne gezeichnetes Kapital, insbesondere **Personengesellschaften, äquivalente Informationen** geben, wobei insbesondere

- die **Veränderungen** innerhalb **jeder Eigenkapitalkategorie** und
- die **Rechte,** Vorrechte und Restriktionen zu **jeder Eigenkapitalkategorie**

zu zeigen sind.

38 Der Verzicht auf konkretere Vorgaben für Personengesellschaften ist angesichts der eher größeren nationalen Vielfalt auf dem Gebiet des Personengesellschaftsrechts verständlich. Die Forderung nach **äquivalenter Darstellung** erlaubt als relativ **offene und weiche Vorschrift** die Anwendung auf die jeweiligen nationalen Besonderheiten unter Einräumung bestimmter Freiheitsräume.

39 Die nachfolgenden Ausführungen zur OHG und KG sind insofern nicht als Präsentation der einzig möglichen Lösung, sondern als ein Vorschlag zu verstehen, der versucht, die Unterschiede zu Kapitalgesellschaften gering zu halten. Solange der IFRS-Bilanz, insbesondere der Konzernbilanz, primäre gesellschaftsrechtliche Funktionen wie etwa die Festlegung des gesellschaftsrechtlich ausschüttungs- bzw. entnahmefähigen Betrages nicht zukommen, verdient u. E. ein weitgehend auf **Parallelisierung** zur **Kapitalgesellschaft** achtender Bilanzausweis gegenüber einer umgekehrt die Rechtsformunterschiede betonenden Darstellung den Vorzug. Da die Bilanzierungspflichten nicht die Gesellschafter, sondern die Personengesellschaft als Kaufmann betreffen, müssen Ausweisfragen vorrangig aus der Perspektive der Gesellschaft beantwortet werden. Die **Einheit** der **Gesellschaft** hat daher der Vielheit der Gesellschafter vorzugehen, soweit dem nicht zwingende Ausweisvorschriften entgegenstehen.

40 Aus IAS 1.79 ergibt sich die Anforderung, die mit jeder Eigenkapitalkategorie verbundenen **Restriktionen, Rechte und Vorrechte** kenntlich zu machen. In Verbindung mit IAS 1.78e wäre daher bei der Kommanditgesellschaft auf Bilanz- oder Anhangsebene oder im Eigenkapitalspiegel zwischen der Summe der **Komplementäreinlagen** und der Summe der **Kommanditeinlagen** zu unterscheiden. Statt der jeweils zusammengefassten Betrachtung dürfte bei nicht zu vielen Gesellschaftern auch der Ausweis der Kapitalanteile der einzelnen Gesellschafter zulässig sein. Vorzuziehen ist jedoch u. E. die erste Alternative, da sie der hier befürworteten Parallelisierung (→ Rz 38) mit der Kapitalgesellschaft besser entspricht.

41 Auszuweisen sind in Bilanz, Eigenkapitalspiegel oder Anhang jeweils die **geleisteten** Einlagen. Gesellschaftsrechtlich bedungene und beschlossene, aber noch nicht geleistete Pflichteinlagen können als Abzugsposten innerhalb des Eigenkapitals berücksichtigt werden. Die Angabe einer über die Pflichteinlage hinausgehenden **Hafteinlage** der Kommanditisten ist allein Sache des Anhangs.

42 Bei den Gesellschaftern können neben Festkapitalkonten, die die Anteilsverhältnisse der Gesellschafter untereinander wiedergeben, weitere Einlagen und Konten vereinbart und/oder geleistet worden sein. Gängig ist etwa die Aufteilung in

- **Festkapitalkonten**, auf denen die geleistete Einlage verbucht wird,
- **Rücklagenkonten**, auf denen (u. a.) thesaurierte, ohne kollektiven Beschluss nicht entnahmefähige Gewinne erfasst werden,
- **Verlustvortragskonten** sowie
- **Privat-** oder **Darlehenskonten**, auf denen u. a. entnahmefähige Gewinne verbucht werden.

Es ist zunächst zu klären, ob die Privat-Darlehenskonten Teil der als Eigenkapital qualifizierten kündbaren Instrumente oder separat zu betrachtende Finanzinstrumente sind. Eine separate Betrachtung ist nach IAS 32.AG14I geboten, wenn das Privat-/Darlehenskonto annähernd **fremdübliche** Bedingungen aufweist, etwa im Wesentlichen angemessen verzinst wird. Das Konto ist dann als separates **Fremd**kapitalinstrument zu qualifizieren, mit der Folge, dass es bei der Prüfung, ob alle kündbaren Anteile gleichartige Bedingungen erfüllen (Rz 33), nicht mehr berücksichtigt werden muss. Ist hingegen ausnahmsweise eine einheitliche Betrachtung geboten, führt ein Vorrang der Privatkonten vor den übrigen Gesellschafteransprüchen im Falle der Liquidation zur Qualifikation aller Ansprüche als Fremdkapital.[31]

Die übrigen Konten können für bilanzielle Zwecke in **zwei Bereiche** zusammengefasst werden:

- **Einlagen**, einschließlich evtl. auf dem Rücklagenkonto erfasster Einlagen,
- **erwirtschaftete Ergebnisse** (einschließlich Verlustvortragskonto und auf dem Rücklagenkonto erfasster thesaurierter Gewinne).

Das Eigenkapital der Personengesellschaft kann sich durch **Entnahmen** ändern. 43
Bei zulässigen Entnahmen ist gesellschaftsrechtlich zwischen persönlich haftenden Gesellschaftern und Kommanditisten zu unterscheiden. Die zulässige Entnahme des **persönlich haftenden Gesellschafters** reduziert dessen Festkapitalanteil. Wird im gleichen Maße die bedungene Pflichteinlage herabgesetzt, so ist der Vorgang wie eine Kapitalherabsetzung bei einer Kapitalgesellschaft zu behandeln. Kommt es nicht zur Herabsetzung der Pflichteinlage, so erhöht sich der Korrekturposten für nicht geleistete Einlagen. Bei den **Kommanditisten** kann unabhängig von der im Anhang zu erläuternden gesellschaftsrechtlich unterschiedlichen Folge (wiederauflebende Haftung usw.) bilanziell entsprechend verfahren werden.

Werden durch Entnahmen die Kapitaleinlagen bzw. Kapitalanteile (auch im 44
IFRS-Abschluss) **negativ**, so ist u.E. von einem Passivausweis zu einem Aktivausweis zu wechseln, da ein derartiges Verfahren auch für Kapitalgesellschaften bei nicht durch Eigenkapital gedeckten Fehlbeträgen zweckmäßig ist (Rz 74).

Sowohl die Beispielbilanz im Anhang zu IAS 1 als auch die dort wiedergegebene 45
beispielhafte Eigenkapitalveränderungsrechnung sieht die Zusammenfassung von Gewinnrücklagen, Ergebnisvorträgen und Periodenergebnis in einer Sammelposition „erwirtschaftete Gewinne/Ergebnisse" vor. Eine Unterteilung ist zulässig und mindestens im Anhang wegen der gebotenen Erläuterung sämtlicher Rücklagen notwendig. Fraglich ist, wie sich die zusammengefasste Darstellungsmöglichkeit sowie die Tatsache, dass in der IFRS-Gliederung die Kategorie Bilanzgewinn (handelsrechtlich bei Aufstellung der Bilanz nach Gewinnverwendung gem. § 268 Abs. 1 HGB) fremd ist, zum Gesellschaftsrecht der Personengesellschaften verhalten.

Nach § 120 Abs. 2 HGB ist der auf einen OHG-Gesellschafter entfallene 46
Gewinn seinem Kapitalanteil zuzuschreiben bzw. der Kapitalanteil um den auf ihn entfallenen Verlust zu mindern. Soweit dies der Gesellschaft nicht schadet, kann die Auszahlung des vorjährigen Gewinnanteils verlangt werden (§ 122 Abs. 1 HGB). Mindestvoraussetzung ist aber ein Beschluss über die Feststellung des handelsrechtlichen Jahresabschlusses (Rz 35). Soweit ein solcher Feststellungsbeschluss (je nach Gesellschaftsvertrag zusätzlich auch ein **Gewinnausschüttungsbeschluss)** bis zum Stichtag der IFRS-Bilanz **nicht vorliegt**, gilt: In der IFRS-Bilanz sind entweder saldiert das erwirtschaftete Ergebnis oder unsaldiert die Posten Gewinnrücklagen, Gewinnvortrag und Jahresüberschuss ausgewiesen. Eine als Verbindlichkeit zu passivierende Ausschüttungsverpflichtung (bzw. aus Sicht des Gesellschafters ein Entnahmerecht) besteht nicht. Auch wenn die Verpflichtung bis zur Aufstellung des IFRS-Abschlusses ent-

[31] LÜDENBACH, PiR 2010, S. 116ff.

steht, ist sie nach IAS 10.12 erst in neuer Rechnung als Verbindlichkeit anzusetzen (→ § 4 Rz 38).

47 U. E. kann unabhängig davon, ob über die Gewinnverwendung bei Aufstellung der IFRS-Bilanz bereits (implizit) beschlossen worden ist, etwa weil der Feststellungsbeschluss zur handelsrechtlichen Einzelbilanz schon vorliegt oder nicht, das IFRS-Jahresergebnis getrennt von den Kapitalanteilen gezeigt werden. Welche Regelungen für die **Verwendung** bzw. **Entnahmefähigkeit** des Ergebnisses gelten, muss u. E. nur in den **Erläuterungen** zur Bilanz bzw. in den Erläuterungen zum Eigenkapitalspiegel deutlich gemacht werden. Dort wäre dann nach IAS 1.125 (→ § 5 Rz 4) auf das Erfordernis eines besonderen Gewinnverteilungsbeschlusses hinzuweisen und ebenso, ob ein solcher bereits vorliegt oder nicht. Für eine Verlagerung der Erläuterungen in den **Anhang** spricht auch folgende Überlegung: Der Disposition der Gesellschafterversammlung unterliegt nur der **handelsrechtliche** Gewinn, also eine Größe, die nur in einem losen bzw. zufälligen Zusammenhang zum IFRS-Jahresergebnis steht. Bei einer Darstellung der Gewinnverwendung, genauer der Verwendung des handelsrechtlichen Gewinns, in der IFRS-Bilanz selbst würde implizit der positive oder negative Unterschiedsbetrag zum IFRS-Jahresergebnis entweder vom Kapitalanteil abgezogen bzw. diesem zugerechnet oder es würde ein Unterschiedsbetragsergebnis separat dargestellt. Beide Varianten wären nicht selbsterklärend. Die ohnehin notwendige besondere Erläuterung wäre daher in jedem Fall im Anhang vorzunehmen.

48 Die für den persönlich haftenden Gesellschafter gem. § 120 Abs. 2 HGB bestehenden Kapitalfortschreibungsregelungen gelten nicht für Kommanditisten. Sobald der Betrag der bedungenen Einlage erreicht ist, wird der Gewinnanteil des **Kommanditisten** nicht mehr dem Kapitalanteil zugeschrieben. Der Kommanditist hat auf übersteigende Gewinnanteile mangels abweichender gesellschaftsrechtlicher Regelungen einen **Auszahlungsanspruch** (§ 169 Abs. 1 HGB). Für das Ergebnis des abgelaufenen Jahres gilt dies aber erst dann, wenn ein Feststellungsbeschluss zur Handelsbilanz vorliegt (Rz 35). Werden IFRS- und HGB-Abschluss auf den gleichen Stichtag (z. B. 31.12.) erstellt, gilt: Zum Bilanzstichtag des IFRS-Abschlusses liegt regelmäßig noch kein Feststellungsbeschluss vor. Es ist der Jahresüberschuss (im Eigenkapital) und kein Entnahmerecht des Kommanditisten (als Fremdkapital) auszuweisen.

49 Zusammenfassend entspricht es u. E. den Vorschriften von IAS 1 bzw. der dort verlangten äquivalenten Darstellung am ehesten, wenn der Gewinn der Berichtsperiode separat als solcher ausgewiesen wird und die erwirtschafteten, noch nicht entnommenen bzw. nicht ausgeschütteten Gewinne und die noch nicht endgültig den Rücklagen zugewiesenen Gewinne der Vorjahre ebenfalls von den Festkapitalanteilen getrennt dargestellt werden. Das für Kapitalgesellschaften geltende Gliederungsschema würde damit weitgehend beibehalten. Ein wesentlicher Unterschied bestünde im Falle einer KG auf der Ebene der Festkapitalkonten in der Trennung zwischen Komplementär- und Kommanditkapital. Das Ergebnis unserer Überlegungen ist in Tabelle 1 niedergelegt, eine alternative Darstellung in Tabelle 5.

I. Festkapital und Kapitalrücklagen
1. Komplementäre
2. Kommanditisten
II. Gewinnrücklagen und Ergebnisvortrag

	III. Jahresüberschuss
	IV. Ergebnisneutrale Eigenkapitalbestandteile *(other comprehensive income)*

Tab. 1: Eigenkapital KG-Variante

2.7.5 Bilanz- und GuV-Ausweis bei Fremdkapitalqualifikation

Bei erforderlicher **Umqualifizierung** von Eigen- in Fremdkapital (Rz 27ff.) lässt IAS 32.18b einen **gesonderten** Ausweis zu: 50

- Das umqualifizierte Eigenkapital kann innerhalb des Schuldpostens gesondert als **„den Anteilseignern zuzurechnender Nettovermögenswert“** *(net asset value attributable to unitholders)*,
- der den Gesellschaftern zuzurechnende, aufwandswirksame Ergebnisanteil kann als **„Veränderung des dem Anteilseigner zuzurechnenden Nettovermögenswertes“** *(change in net asset value attributable to unitholders)*

ausgewiesen werden.

Die vorgenannten Sonderbezeichnungen werden nur **beispielhaft** (*descriptors such as*) aufgeführt. Die Wahl **anderer** Bezeichnungen, etwa „wirtschaftliches Eigenkapital“ oder „gesellschaftsrechtliches Eigenkapital“, dürfte bei entsprechender Erläuterung zulässig sein. Voraussetzung ist allerdings der Ausweis dieser Positionen innerhalb der Schuldposten.

Die *Illustrative Examples* zu IAS 32 enthalten unter IAS 32.IE32ff. ein Anwendungsbeispiel. Die **GuV** ist danach (aggregiert) wie folgt zu gliedern (→ § 2 Rz 52): 51

–	Erlöse
–	operative Aufwendungen
=	Ergebnis aus operativer Tätigkeit
+/–	Finanzergebnis
–	Dividendenzahlung
=	Veränderung Nettovermögenswert Anteilseigner

Die Schlusszeile *(bottom-line)* dieser GuV entspricht nicht dem Ergebnisanteil der Gesellschafter, da die Dividendenzahlungen bereits abgezogen sind. Sie berücksichtigt im Übrigen auch nicht die Veränderung des Nettovermögenswerts der Anteilseigner durch Kapitaleinlagen oder durch nicht in der GuV erfasste Gewinne (Rz 52ff.). Unter Berücksichtigung solcher Fälle wäre das Schema wie folgt zu ergänzen:

–	Erlöse
–	operative Aufwendungen
=	Ergebnis aus operativer Tätigkeit
+/–	Finanzergebnis
=	**erfolgswirksame Veränderung Nettovermögenswert Anteilseigner (Ergebnis vor Anteil der Eigenkapitalgeber)**
–	Dividenden
+/–	sonstige Transaktionen mit Anteilseigner
+/–	nicht in der GuV erfasste Gewinne
=	**Veränderung Nettovermögenswert Anteilseigner**

Der **bilanzpolitische** „Nutzen" der in IAS 32.18b und IAS 32.IE32ff. angebotenen Lösung könnte darin bestehen, dass in die „wirtschaftlichen Eigenkapitalposten" bzw. die „wirtschaftlichen Ergebnisposten" u.U. auch Gesellschafterdarlehen und darauf entfallende Zinsen einzubeziehen sind, da auch diese Posten bzw. deren Veränderungen den Anteilseignern zugerechnet werden müssen.

3 Eigenkapitalspiegel, Angaben zum Eigenkapital

3.1 Grundstruktur: Ursachen der Reinvermögensänderungen

52 Bezüglich der **Ursachen** der Änderungen des Reinvermögens eines Unternehmens kann zwischen zwei Bereichen unterschieden werden:

- Das Eigenkapital kann sich zum einen aufgrund von **realisierten** (in der GuV berücksichtigten) oder **unrealisierten** (direkt im Eigenkapital verbuchten) **Erfolgen** verändern.
- Zum anderen führen **Transaktionen** mit den Anteilseignern in der Form von Kapitalzuführungen und -rückzahlungen und von Dividenden zu einer Veränderung des Eigenkapitals.

Abbildung 1 fasst die relevanten Vorgänge zusammen:

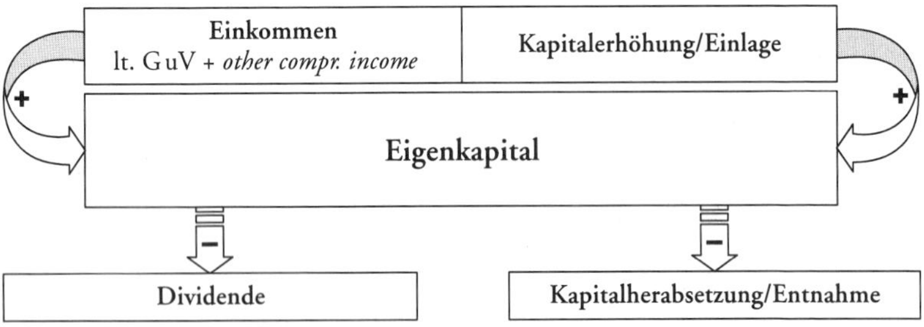

Abb. 1: Quellen der Änderung des EK (bei positivem Einkommen)

Das **direkt im Eigenkapital** berücksichtigte Einkommen („sonstiges Ergebnis" bzw. „*other comprehensive income*") umfasst u.a. (Rz 81):

- Neubewertung von Anlagevermögen (→ § 8 Rz 68),
- GuV-neutrale Wertänderung von veräußerbaren Wertpapieren (→ § 28 Rz 151) und *cash flow hedges* usw. (→ § 28 Rz 254),
- Währungsumrechnungsdifferenzen im Konzern (→ § 27 Rz 50),
- weitere Fälle der „erfolgsneutralen" Eigenkapitalveränderung (Rz 81).

53 Der vorstehenden Unterscheidung folgend sah IAS 1 in der bis 2008 anwendbaren Fassung i.d.R. ein Wahlrecht vor):

- in **einem** Rechenwerk, dem **Eigenkapitalspiegel**, sowohl die Komponenten des Gesamtergebnisses *(comprehensive income)* als auch die Transaktionen mit Gesellschaftern aufzuschlüsseln oder
- im **Eigenkapitalspiegel** nur die **Transaktionen mit Gesellschaftern** aufzuschlüsseln, das (für die Überleitung von Anfangs- zu Endbestand des Eigenkapitals ebenfalls notwendige) Gesamtergebnis hingegen dort nur in einer Summe zu berücksichtigen, um es in einer **gesonderten Gesamtergebnisrechnung** im Einzelnen darzustellen.

Die ab 2009 anzuwendende Neufassung von IAS 1 sieht **zwingend** eine **Gesamtergebnisrechnung** vor, war hinsichtlich der Aufschlüsselung des Gesamtergebnisses aber **widersprüchlich:** 54

- Nach IAS 1.IN13a soll das Gesamtergebnis im Eigenkapitalspiegel nicht nach seinen Komponenten aufgeschlüsselt werden, da durch eine aggregierte Darstellung (bei Aufschlüsselung des Gesamtergebnisses nur in der Gesamtergebnisrechnung) der Eigenkapitalspiegel informativer werde.
- Nach IAS 1.106 sollte hingegen im Eigenkapitalspiegel jede „Komponente" des sonstigen Ergebnisses *(each item of other comprehensive income)* dargestellt werden.

Das *Annual Improvements Project* 2010 sieht eine **Abschwächung** dieses Widerspruchs vor. Nach dem neu eingefügten IAS 1.106A können die Angaben zur Entwicklung einzelner Eigenkapitalkategorien und als deren Bestandteil die Angaben zu den Komponenten des sonstigen Ergebnisses wahlweise im Anhang geleistet werden (→ § 2 Rz 51).

Im Eigenkapitalspiegel ist das Gesamtergebnis in einer Zeile zu berücksichtigen. Der Eigenkapitalspiegel ist danach vertikal (in den **Zeilen**) nach den Änderungsursachen wie folgt zu strukturieren (IAS 1.106):

Anfangsbestand des Eigenkapitals	
+/–	Effekte aus retrospektiver Änderung der Bilanzierungsmethode (→ § 24 Rz 26)
+/–	Effekte aus retrospektiver Korrektur von Bilanzierungsfehlern (→ § 24 Rz 51)
=	angepasster Anfangsbestand
+/–	Gesamtergebnis (einzeilig)
+	Einzahlungen von Gesellschaftern (Kapitalerhöhung)
–	Auszahlungen an Gesellschafter (Dividenden, Kapitalherabsetzungen, Erwerb eigener Anteile)
=	Endbestand des Eigenkapitals

Horizontal (in den **Spalten**) sind folgende Vorgaben zu berücksichtigen:

- Die einzelnen Kategorien des Eigenkapitals sind darzustellen (IAS 1.106d), also etwa gezeichnetes Kapital, Kapitalrücklage, erwirtschaftetes Ergebnis, Währungsumrechnungsrücklage, Neubewertungsrücklage usw. Je nach Tiefe dieser Staffelung (Rz 56) ergibt sich hierdurch auch die Aufschlüsselung des sonstigen Ergebnisses. Bei einer aggregierteren Darstellung kann die Aufschlüsselung des sonstigen Ergebnisses aber auch im Anhang erfolgen.
- In der Konzernbilanz stellt auch der Anteil nichtbeherrschender Eigenkapitalgeber (*non-controlling interest*) an Untergesellschaften Eigenkapital dar (IAS 1.54q).
- Die unter dem ersten Aufzählungspunkt genannten Kategorien beziehen sich auf den Anteil der Gesellschafter der Muttergesellschaft und sind zu einer Zwischensumme zusammenzufassen. Zuzüglich der Spalte „Nicht beherrschende Anteile" ergibt sich die Gesamtsumme des Eigenkapitals.

55 Die nachfolgenden Tabellen 1 und 2 zeigen den **Aufbau** eines **Eigenkapitalspiegels** mit und ohne Minderheiten (nicht beherrschende Anteile).
Der dargestellte Eigenkapitalspiegel enthält einen Bereich **„Umgliederungen"**. In ihm können Vorgänge dargestellt werden, die, wie etwa die Kapitalerhöhung aus Gesellschaftsmitteln (Umwandlung von Rücklagen in gezeichnetes Kapital; Rz 76), nicht zur Veränderung der Summe des Eigenkapitals, sondern nur zur Veränderungen zwischen den Kategorien des Eigenkapitals führen. In diese Gruppe gehört außerdem die Dotierung der Gewinnrücklagen aus dem nicht ausgeschütteten Ergebnis.

EIGENKAPITALSPIEGEL								
	Gez. Kap.	Kap.RL	GewinnRL	RL Neubewert.	RL available for sale	RL cash flow hedges	JÜ	Summe
EK 1.1	xx	xx	xx	xx	xx	xx	xx	zz
+/– Änderung Bilanzierungsmethode			xx					zz
+/– Fehlerkorrektur			xx					zz
= EK 1.1. angepasst	XX	XX	XX	XX	XX	XX	XX	ZZ
+/– = Gesamtergebnis				xx	xx	xx	xx	zz
– Dividende			–xx					–zz
+ effektive Kapitalerhöhung	xx	xx						zz
+/– KapErh aus Gesellschaftsmitteln	xx	–xx	-xx					
+/– Zuführung GewinnRL			xx				–xx	
= EK 31.12.	XX	XX	XX	XX	XX	XX	XX	ZZ

Tab. 2: Eigenkapitalspiegel (Einzelabschluss)

Im Konzernabschluss ist der Eigenkapitalspiegel noch um eine Spalte **Minderheitenanteile** zu ergänzen.

Danach ergibt sich folgende Gliederung:

EIGENKAPITALSPIEGEL								
	Gez. Kap.	Kap.RL	RL Währ.diff.	RL Neubewert.	GewinnRL	Summe EK-Geber MU	Nicht beherrsch. Anteile	Summe
EK 1.1	xx	xx	xx	xx	xx	xy	yz	zz
+/– Änderung Bilanzierungsmethode und Fehlerkorrektur					xx	xy	yz	zz
+/– Fehlerkorrektur					xx	xy	yz	zz
= EK 1.1. angepasst	XX	XX	XX	XX	XX	XY	YZ	ZZ
+/– Gesamtergebnis			xx	xx	xx	xy	yz	zz
– Dividenden					–xx	–yz		–zz
+ effektive Kapitalerhöhung	xx	xx				xx		zz
+/– KapErh aus Gesellschaftsmitteln	xx	–xx			–xx			
= EK 31.12.	XX	XX	XX	XX	XX	XX	XX	ZZ

Tab. 3: Eigenkapitalspiegel (Konzern)

Fraglich ist, wie tief die horizontale Aufgliederung des Eigenkapitalspiegels ausfallen soll und wie viele Kategorien des Eigenkapitals zu berücksichtigen sind. IAS 1.106d spricht von Komponenten des Eigenkapitals. Diese umfassen nach IAS 1.108 „zum Beispiel" jede Klasse von Einlagen sowie jede Klasse des kumulierten sonstigen Ergebnisses *(other comprehensive income)* und des erwirtschafteten, nicht ausgeschütteten Erfolgs *(retained earnings)*. 56

- Als **unterschiedliche Einlagenklassen** sind etwa die auf Stammaktionäre und Vorzugsaktionäre entfallenden Einlagen zu erfassen. Die Differenzierung innerhalb der jeweiligen Einlagenklasse nach gezeichnetem Kapital und Kapitalrücklage ist nicht zwingend im Eigenkapitalspiegel selbst vorzunehmen. Nach IAS 1.79b ist aber entweder in der Bilanz oder im Anhang oder im Eigenkapitalspiegel Art und Zweck jeder Form von Rücklagen *(reserves)* offenzulegen. Für die Praxis empfiehlt sich daher – in den Grenzen der Lesbarkeit – eine tiefe **horizontale** Aufgliederung des Eigenkapitalspiegels selbst, da die Anhangserläuterungen zum Eigenkapital ohnedies schon umfangreich genug ausfallen (vgl. dazu Rz 87ff.).

- Die erwirtschafteten, nicht ausgeschütteten „**Rücklagen**" betreffen satzungsmäßige und gesetzliche Rücklagen, daneben andere Gewinnrücklagen, Gewinnvortrag und Jahresüberschuss bzw. Bilanzgewinn. Auch hier ist zwischen der Aufgliederung in Bilanz, Anhang oder Eigenkapitalspiegel zu **wählen** (Rz 80).
- Die maximale Untergliederung des kumulierten **sonstigen Ergebnisses** (Rz 81) ergibt sich aus den Einzelregeln, die eine **erfolgsneutrale** Behandlung bestimmter Bewertungserfolge vorsehen. In der Praxis am wichtigsten sind die Währungsumrechnungsdifferenzen im Konzern (→ § 27 Rz 50), die *fair-value*-Bewertung von *available-for-sale assets* (→ § 28 Rz 151) und die Bewertung von *cash flow hedges* (→ § 28 Rz 254). Seltener spielt die Neubewertung von Anlagevermögen eine Rolle (→ § 8 Rz 68).

Strittig ist, ob einzelne der oben genannten Kategorien im Eigenkapitalspiegel oder im Anhang noch weiter nach **gesellschaftsrechtlichem** und **technisch-rechnerischem** Inhalt aufzugliedern sind. Ein Beispiel wäre die Aufgliederung der Kapitalrücklage nach Agio aus der Ausgabe von Anteilen (gesellschaftsrechtlicher Teil) und dem nach IFRS 2 als Personalaufwand zu buchendem Wert (→ § 23 Rz 9) gewährter Mitarbeiteroptionen (bilanztechnischer Teil). Nur der gesellschaftsrechtliche Teil kann etwa zur Kapitalerhöhung aus Gesellschaftsmitteln (§ 207 Abs. 1 AktG) oder zum Ausgleich von Verlusten (§ 150 Abs. 3 AktG) verwendet werden. Bei enger Interpretation der Anforderung von IAS 1.79b, Zweck und Art jeder Rücklage zu beschreiben, müsste im Eigenkapitalspiegel oder Anhang (unter Wesentlichkeitsvorbehalt) zwischen beiden Teilen unterschieden werden.[32] Für zwingend halten wir diese Interpretation aber jedenfalls im Konzernabschluss nicht. Die gesellschaftsrechtlichen Verwendungsmöglichkeiten und -beschränkungen beziehen sich auf den handelsrechtlichen Einzelabschluss, die Möglichkeit der Verwendung von Kapitalrücklagen zum Ausgleich von Verlusten etwa auf den handelsrechtlichen Jahresfehlbetrag oder Verlustvortrag. Im IFRS-Abschluss kommen diese Bezugsgrößen aber gar nicht vor, stattdessen andere nach IFRS berechnete Fehlbeträge oder Verlustvorträge. Mangels Bezugsgrößen hat die gesonderte Angabe des gesellschaftsrechtlichen Teils der Kapitalrücklage im IFRS-Abschluss daher keinen klaren Informationsgehalt und ist deshalb u. E. entbehrlich.

3.2 Korrektur von Fehlern, Änderung der Bilanzierungs- und Bewertungsmethoden

57 IAS 8 sieht eine Korrektur von **Fehlern aus der Vergangenheit** in der Eröffnungsbilanz des ersten im Abschluss dargestellten Jahres vor (→ § 24 Rz 51). Dabei sind die Eröffnungsbilanzwerte so anzupassen, als ob die Fehler nie passiert wären. Entsprechend ist nach IAS 8 bei der Änderung von Bilanzierungs- und Bewertungsmethoden zu verfahren (→ § 24 Rz 26). Die Eröffnungsbilanzwerte sind so anzupassen, als ob immer schon nach der neuen Methode verfahren worden wäre.

58 Als **Gegenkonto** zu den anzupassenden Aktiv- oder Passivposten dient in beiden Fällen die **Gewinnrücklage.** Aus dem ursprünglichen Saldo per 1.1. des aktuellen

32 EBELING, BB 2007, S. 1609ff.

Jahres resultiert durch Hinzurechnung oder Abzug des Änderungsbetrages der angepasste Saldo per 1.1. Gleichermaßen wie Fehler- und Methodenanpassungen, d.h. als Vortragskorrektur, können behandelt werden:

- Anpassungsbuchungen im Zuge des **Übergangs** auf die IFRS-Rechnungslegung (→ § 6 Rz 21f.),
- Erfassung der **Kaufpreiskorrektur** im Rahmen eines Unternehmenszusammenschlusses (→ § 32 Rz 38).

3.3 Kapitaltransaktionen, Kapitalumgliederungen

3.3.1 Barkapitalzuführungen, ausstehende Einlagen, noch fehlende Eintragung der Einlage

Barkapitalzuführungen sind im Eigenkapitalspiegel in der Spalte gezeichnetes Kapital und, soweit sie über pari erfolgen, zusätzlich in der Spalte Kapitalrücklagen zu berücksichtigen. 59

IAS 1.79b verlangt bei den ausgegebenen Anteilen eine Anhangerläuterung, wie viele **voll eingezahlt** sind und wie viele noch **nicht**. Aus dieser Angabepflicht kann in Verbindung mit der *Framework*-Definition des Vermögenswertes als Ergebnis vergangener Ereignisse (vergangener Geschäftsvorfälle; F.58) geschlossen werden, dass **ausstehende Einlagen** nicht als Vermögenswert/Aktivposten zu berücksichtigen sind und demzufolge im Eigenkapital nur die geleisteten Einlagen gezeigt werden.[33] Zulässig dürfte auch eine Darstellung sein, bei der im Eigenkapital zunächst das gesamte ausgegebene Kapital gezeigt wird, daneben aber innerhalb des Eigenkapitals ein Abzugsposten für die ausstehenden Einlagen, woraus als Differenz wiederum der eingezahlte Betrag resultiert. 60

Eine **Kapitalerhöhung** wird nicht schon mit Leistung der Einlage, sondern erst mit **Eintragung** in das Handelsregister wirksam (§ 189 AKtG, § 54 Abs. 3 GmbHG). Handelsrechtlich soll eine bis zum Stichtag geleistete, aber erst nach dem Stichtag eingetragene Kapitalerhöhung den Charakter einer Schuld haben, die als gesonderter Posten direkt nach dem Eigenkapital auszuweisen ist.[34] 61

Nach IAS 32.16 und 19 setzt eine **Schuld** begrifflich zunächst eine bedingte oder unbedingte **Rückzahlungsverpflichtung** voraus. Die vereinnahmte, aber noch nicht eingetragene Einlage kann eine Rückzahlungsverpflichtung begründen wenn es wegen Eintragungshindernissen endgültig nicht zur Eintragung kommt. Soweit die Einlage zur **freien Verfügung** der Gesellschaft geleistet und diese die Kapitalerhöhung mit entsprechender Versicherung der Geschäftsführung bei Handelsregister angemeldet hat, ist die Eintragung regelmäßig hoch wahrscheinlich. Die Bedingung der Rückzahlung ist damit gem. IAS 32.25a *not genuine* und deshalb nicht zu berücksichtigen. Die zur freien Verfügung geleistete Einlage ist als Eigenkapital auszuweisen.[35]

Zum gezeichneten Kapital wird sie jedoch erst mit Eintragung. Soweit bilanziell und im Eigenkapitalspiegel überhaupt eine Aufgliederung in gezeichnetes Kapital, Rücklagen usw. vorgenommen wird, ist die Einlage daher bis zur Ein-

---

33 Gl.A. z.B. EPSTEIN/MIRZA, IAS 2002, S. 713.

34 FÖRSCHLE/HOFFMANN, in: BECK'scher BilKom 6. Aufl., § 272, Rz 20, a.A. HOFFMANN/LÜDENBACH, NWB Kommentar Bilanzierung § 272, Tz 10.

35 Gl.A. ADS International, Abschn. 22, Rz 96; a.A. CLEMENS/HEBESTREIT, in: BECK'sches IFRS-Handbuch, 3. Aufl., § 12, Rz 45.

tragung als gesonderter Unterposten des Eigenkapitals zu zeigen. Ansonsten ist eine entsprechende Aufschlüsselung im Anhang vorzunehmen (IAS 1.79).

3.3.2 Eigenkapitalbeschaffungskosten

62 Die mit der Ausgabe von Eigenkapital direkt verbundenen Kosten sind gem. IAS 32.37 **nicht als Aufwand** in der GuV zu berücksichtigen, sondern unmittelbar vom zugegangenen Eigenkapital zu kürzen. Sind die Eigenkapital-Beschaffungskosten steuerlich abziehbar, vermindert sich der Kürzungsbetrag entsprechend.
Hierzu folgendes Beispiel:

63 **Beispiel**
100.000 neue Aktien mit einem Nominalwert von 1 EUR werden zu einem Ausgabebetrag von 5 EUR (Agio 4 EUR) ausgegeben. Die Emissionskosten betragen 50.000 EUR, der Steuersatz ist 40 %.
100.000 EUR sind als Zuführung des gezeichneten Kapitals auszuweisen.
In die Kapitalrücklage fließen nach handelsrechtlicher Betrachtung 400.000 EUR ein.
Nach IFRS ist die Zuführung um die Emissionskosten nach Steuern zu mindern. Die Emissionskosten nach Steuern betragen 60 % von 50.000 EUR, also 30.000 EUR. Somit sind als Zugang zur Kapitalrücklage 400.000 EUR ./. 30.000 EUR = 370.000 EUR auszuweisen.
Buchungssätze:

Konto	Soll	Haben
Geld	500.000	
gez. Kapital		100.000
Kapital-RL		400.000
Kapital-RL	30.000	
Steuerford.	20.000	
Kreditoren		50.000

64 Zu den **Eigenkapitalbeschaffungskosten** rechnen Registergebühren, Stempelsteuern, (ausländische) Gesellschaftssteuern, Beurkundungskosten, aber auch Kosten für die rechtliche oder steuerliche Beratung und vom platzierenden Finanzinstitut einbehaltene **Emissionsgebühren** (IAS 32.37). Nicht zu den Eigenkapital-Beschaffungskosten gehören die **internen Gemeinkosten**, z.B. die Gehälter der mit der Emission betrauten Mitarbeiter.

65 Ebenso sind Kosten ausgeschlossen, die etwa bei einem **Aktiensplitt** oder bei einer **Börseneinführung** ohne Ausgabe neuer Aktien nicht im Zusammenhang mit der Beschaffung neuen Eigenkapitals stehen.

66 Stehen die Kosten nur **teilweise** im Zusammenhang mit der Eigenkapitalbeschaffung, so etwa bei der Ausgabe von **Wandelanleihen** oder bei einer Börsennotierung, die mit der Ausgabe **junger Aktien** einhergeht, so ist eine verursachungsgerechte **Aufteilung** vorzunehmen (IAS 32.38). Im Anhang sind die direkt vom Eigenkapital gekürzten Kosten sowie die auf sie entfallenen Steuerentlastungen zu erläutern (IAS 32.39).

3.3.3 Sachkapitalerhöhungen, Anteilstausch

Für den **Erwerb** eines anderen **Unternehmens** durch **Ausgabe eigener Anteile** sieht IFRS 3.24ff. folgendes Verfahren vor (→ § 31 Rz 43): 67

- **Regel:** Die Anschaffungskosten des erworbenen (per Sacheinlage eingebrachten) Unternehmens bemessen sich vorzugsweise nach dem *fair value* der **ausgegebenen Anteile.**
- **Ausnahme:** Ist der *fair value* der ausgegebenen Anteile nicht verlässlich bestimmbar, der *fair value* des **erworbenen Unternehmens** hingegen doch, determiniert der Wert des erworbenen Unternehmens die Anschaffungskosten.

Für die Sacheinlage **einzelner** Vermögenswerte trifft IFRS 2.10 eine entgegengesetzte Bestimmung (→ § 23 Rz 31): 68

- **Regel:** Vorzugsweise ist der *fair value* des **Einlagegegenstandes** anzusetzen. Er determiniert dann die Erhöhung des Eigenkapitals.
- **Ausnahme:** Soweit der *fair value* des Einlagegegenstandes nicht zuverlässig ermittelbar ist, bestimmt umgekehrt der *fair value* der gewährten **Anteile** (nicht deren Nominalwert) die Anschaffungskosten der Einlage (IFRS 2.13).

Wegen der Beschränkung des Anwendungsbereichs von IFRS 2 auf nicht-finanzielle Vermögenswerte (IFRS 2.5) greift eine wieder **andere** Regelung für die Einlage von **Finanzinstrumenten.** 69

- **Regel:** Anzusetzen ist der *fair value* des Vermögenswertes im Zugangszeitpunkt (IAS 39.43) (→ § 28 Rz 29).
- **Differenzierung:** Wenn zwischen obligatorischem und dinglichem Geschäft eine durch externe Notwendigkeiten (z.B. Genehmigungen) bedingte Zeitspanne liegt, hat das Unternehmen ein Wahlrecht zwischen einer Einbuchung zum **Zeitpunkt** und mit den **Wert**verhältnissen (→ § 28 Rz 54) des
  - Vertragsschlusses *(trade date accounting)* oder
  - Erfüllungstages *(settlement date accounting).*

Im zweiten Fall werden Änderungen des *fair value* zwischen den beiden Zeitpunkten nur berücksichtigt, soweit es sich um veräußerbare Werte *(available-for-sale assets)* oder Handelswerte *(trading assets)* handelt, unberücksichtigt bleiben sie hingegen bei Fälligkeitswerten *(held to maturity assets)* oder Forderungen *(loans receivables)* (IAS 39.AG56). Vgl. zu diesen Kategorien von Finanzinstrumenten → § 28 Rz 29.

Zu dieser dem Ziel der prinzipienbasierten Rechnungslegung widersprechenden extremen **Kasuistik** folgendes Beispiel: 70

Beispiel
Sachverhalt
Durch Kapitalerhöhungsbeschluss vom 1. Januar erwirbt E 10 Mio. Aktien an der B. Der Erwerb vollzieht sich als Sacheinlage, indem E die 10 Mio. B-Aktien gegen Gewährung von 10 Mio. E-Aktien in die E einbringt. Die Durchführung der Kapitalerhöhung steht unter der aufschiebenden Bedingung der kartellrechtlichen Genehmigung. Diese erfolgt am 1.4.
Die Kurse der Aktien entwickeln sich wie folgt:

- E-Aktien: am 1.1. 10 EUR, am 1.4. 12 EUR
- B-Aktien. am 1.1. 10 EUR, am 1.4. 8 EUR

Zu bestimmen ist der konzernbilanzielle Zugangswert für das eingelegte Vermögen, wenn die B nach der Kapitalerhöhung insgesamt folgende Aktienzahl im Umlauf hat:

- Variante 1: 15 Mio. Aktien – Anteil E an B daher 10/15, somit Erwerb eines Tochterunternehmens (IFRS 3).
- Variante 2: 40 Mio. Aktien – Anteil E an B daher 10/40 = 25 %, somit Erwerb eines assoziierten Unternehmens (IFRS 3).
- Variante 3: 200 Mio. Aktien – Anteil E an B daher 10/200 = 5 %, somit Erwerb eines Finanzinstruments mit Qualifizierung als *available-for-sale asset*, wenn keine Handelsabsicht (IAS 39).

Beurteilung
Variante 1: Unternehmenserwerb nach IFRS 3
IFRS 2 ist nicht anwendbar (IFRS 2.5). Die Anschaffungskosten (Zugangswert incl. *goodwill*) ergeben sich aus dem Wert der hingegebenen E-Aktien im Zugangszeitpunkt 1.4. somit 10 Mio. × 12 EUR = 120 Mio. EUR (IFRS 3.24ff.)
Variante 2: Erwerb eines assoziierten Unternehmens nach IFRS 2
Zugangswert ist der Wert der erworbenen Aktien im Zugangszeitpunkt (IFRS 2.10 und IFRS 2.13)), d. h. der Wert der B-Aktien am 1.4, somit 10 Mio. × 8 EUR = 80 Mio. EUR.
Variante 3: Erwerb eines *availabe-for-sale asset*
Die Einbuchung erfolgt mit dem *fair value* der erworbenen Aktien (IAS 39.43). Sofern die Transaktion als *regular way purchase* qualifiziert wird, entweder zum 1.1. mit 10 Mio. × 10 EUR = 100 Mio. EUR *(trade date accounting)* oder zum 1.4. mit 10 Mio. × 8 EUR = 80 Mio. EUR *(settlement date accounting)*, mit evtl. Verbuchung eines *impairment*-Verlusts bez. der Wertänderung zwischen den Stichtagen in beiden Fällen (IAS 39.AG56) oder falls ein *regular way purchase* verneint wird, ohne *impairment*-Verlust zum 1.4. mit 80 Mio. EUR.

71 Der Gesamtbetrag der Eigenkapitalzuführung ist nach Maßgabe der beschlossenen nominellen Kapitalerhöhung dem **gezeichneten** Kapital und im Übrigen den **Kapitalrücklagen** zuzuführen.

3.3.4 Erwerb und Einziehung eigener Anteile *(treasury shares)*

72 Eigene Anteile *(treasury shares)* sind nach IAS 32.33 nicht zu aktivieren, sondern als **Abzug** vom **Eigenkapital** auszuweisen. Der Erwerb solcher Anteile stellt demgemäß eine Veränderung des Eigenkapitals dar. Nach IAS 1.76 sind entweder in der Bilanz selbst oder in den *notes* die vom Unternehmen oder seinem Tochterunternehmen oder seinem assoziierten Unternehmen gehaltenen eigenen Anteile auszuweisen.

73 Das mit Wirkung bis 2004 hierfür in SIC 16 vorgesehene Wahlrecht zwischen drei **Ausweismöglichkeiten** dürfte mangels entgegenstehender Regelung in IAS 32 auch weiterhin bestehen:

- Die gesamten Anschaffungskosten der eigenen Anteile werden in einer Summe vom **Eigenkapital abgezogen** (*one-line adjustment bzw. cost method*; Buchungssatz: „per Abzugsposten für eigene Anteile an Geld“).

- Der Nominalbetrag der erworbenen eigenen Anteile wird vom **gezeichneten Kapital abgezogen**, darüber hinausgehende Anschaffungskosten werden von den Kapital- oder Gewinn**rücklagen abgezogen** (*par value method*).
- Die **Aufteilung** der Anschaffungskosten erfolgt nicht nur auf gezeichnetes Kapital und Kapitalrücklage, sondern auf **alle** betroffenen Kategorien des Eigenkapitals. Reflektiert der Kaufpreis z.B. thesaurierte Gewinne, so ist ein entsprechender Abzug von den Gewinnrücklagen geboten (modifizierte *par value method*).

Der Erwerb eigener Anteile kann zu **negativem** Eigenkapital führen, das u.E. passivisch auszuweisen ist. 74

Beispiel
Die X AG hatte während ihrer handelsrechtlichen Zeit umfangreiche Beteiligungen erworben und dabei Firmenwerte konzernbilanziell mit Gewinnrücklagen verrechnet. In Ausübung des Wahlrechts aus IFRS 1.B2 wendet sie in der IFRS-Eröffnungsbilanz IFRS 3 nicht retrospektiv an und belässt es daher bei der Rücklagenverrechnung. Zwei Jahre später kauft sie in erheblichem Umfang eigene Aktien zurück.
Einzelbilanziell entsteht kein Problem, da die Beteiligungen mit hohen Werten (incl. impliziter Firmenwerte) zu Buche stehen, sodass auch nach Rückkauf und Einzug der Aktien genügend Eigenkapital verbleibt.
Konzernbilanziell weist die AG bereits aufgrund der früheren Rücklagenverrechnungen ein niedriges Eigenkapital aus. Durch den Rückkauf wird es negativ.

Werden erworbene eigene Aktien zu einem späteren Zeitpunkt wieder **veräußert**, so ist dies in den Fällen der (modifizierten) *par value method* (Rz 73) wie eine **Neuemission** zu werten (Buchungssatz: „per Geld an gezeichnetes Kapital und Kapitalrücklage"). Wurde der ursprüngliche Erwerb nach der *cost method* gebucht, ist der Weiterveräußerungserlös zunächst i.H.d. früheren Anschaffungskosten gegen den Abzugsposten im Eigenkapital zu buchen. Ein über diese Anschaffungskosten hinausgehender Erlös ist in die Kapitalrücklage einzustellen. Bei einem Mindererlös ist die Kapitalrücklage oder die Gewinnrücklage zu kürzen.[36]

Sofern Anteile von Gesellschaftern gegen Abfindung eingezogen werden und dabei auf eine förmliche Anpassung des gezeichneten Kapitals durch Kapitalherabsetzung oder Aufstockung des Nominalbetrags der verbleibenden Anteile verzichtet wird, ergeben sich die Rechtsfolgen für das Eigenkapital u.E. ebenfalls aus IAS 32.33. Die Begründung hierfür ist: 75

- Der eingezogene Anteil bleibt ohne förmliche Kapitalherabsetzung oder Aufstockung des Nominalbetrags der verbleibenden Anteile zunächst bestehen.
- Die Einziehung stellt damit einen Erwerb eigener Anteile dar.[37]

---

36 Vgl. im Einzelnen: GÖBEL/KORMAIER, PiR 2006, S. 65.

37 BAUMBACH/HUECK, GmbHG, § 33, 19.Aufl., Tz 17a/b, und § 34, Tz 20. Dazu auch HOFFMANN, PiR 2010, S. 270ff.

3.3.5 Kapitalerhöhung aus Gesellschaftsmitteln

76 Die Kapitalerhöhung aus **Gesellschaftsmitteln** stellt keinen Zugang an Eigenkapital dar. Sie ist im Eigenkapitalspiegel lediglich als **Umgliederung** zwischen Rücklagen und gezeichnetem Kapital zu zeigen (Buchungssatz: „per Rücklagen an gezeichnetes Kapital"; Rz 55).

3.3.6 Kapitalherabsetzung

77 Die ordentliche Kapitalherabsetzung stellt eine **Minderung** des gezeichneten Kapitals dar. Die vereinfachte Kapitalherabsetzung dient gesellschaftsrechtlich dem Ausgleich von Verlusten (§ 229 AktG und § 58a GmbHG). Aus Sicht der IFRS-Bilanz darf die vereinfachte Kapitalherabsetzung die **GuV** nicht berühren. Sie ist u. E. als **Umgliederung** zwischen gezeichnetem Kapital und Rücklagen zu berücksichtigen.

3.3.7 *Stock options*

78 Für die Gewährung von **Aktienoptionen** an Vorstände und Arbeitnehmer sieht IFRS 2 die Erfassung des zugeführten Vorteils als Personalaufwand vor. Die Gegenbuchung erfolgt dann in der Kapitalrücklage (Buchungssatz: „per Personalaufwand an Kapitalrücklage"; → § 23 Rz 9). Ein bei Ausübung der Option vereinnahmter Betrag ist nach normalen Regeln auf das gezeichnete Kapital und die Kapitalrücklage aufzuteilen.

3.4 Gewinnrücklagen, Jahresüberschuss, Bilanzgewinn

79 Die Beispiele in der *Guidance in Implementing* IAS 1 (Bilanz und Eigenkapitalspiegel) sehen die Zusammenfassung aller nicht ausgeschütteten Gewinne *(retained earnings)* in **einer** Kategorie als mögliches Ausweisformat vor. Andererseits verlangt IAS 1.79b die **gesonderte** Darstellung verschiedener Rücklagengruppen entweder in Bilanz, Anhang oder Eigenkapitalspiegel. Daneben sind die vollzogenen **Ausschüttungen** anzugeben (IAS 1.107) sowie der Beschluss bzw. Vorschlag über die **Gewinnverwendung** der abgelaufenen Periode (IAS 1.137a).

80 Die **Trennung** zwischen Jahresergebnis und Summe der Gewinnrücklagen und Gewinnvorträge kann im **Eigenkapitalspiegel** vorgenommen werden. Für die **weitere Unterteilung** der Rücklagen ist zweckmäßigerweise eher der Anhang zu nutzen. Analog zum handelsrechtlichen Schema der Bilanzierung vor Gewinnverwendung und in Anwendung gesellschaftsrechtlicher Unterscheidungen ergeben sich, soweit einschlägig, folgende Erläuterungspositionen:

- gesetzliche Gewinnrücklagen,
- satzungsmäßige Gewinnrücklagen,
- andere Gewinnrücklagen (inklusive Gewinnvortrag aus alter Rechnung),
- Periodenergebnis (nur soweit nicht schon im Eigenkapitalspiegel von der Summe der anderen Positionen getrennt).

Auf die Formulierungsbeispiele in Rz 89 wird verwiesen.

3.5 Sonstiges Ergebnis *(other comprehensive income)*

81 Der im Zeitablauf kumulierte Betrag jedes Einkommenspostens, der nach dem jeweiligen Standard ohne Berührung der GuV **direkt im Eigenkapital** zu erfas-

sen ist (Rz 56), muss im Eigenkapitalspiegel angegeben werden (IAS 1.106d). Von Bedeutung sind insbesondere:

- Neubewertungen des Anlagevermögens nach IAS 16 und IAS 38 (→ § 8 Rz 68),
- Währungsumrechnungsdifferenzen im Konzern nach IAS 23 (→ § 27 Rz 50),
- Wertänderungen bei veräußerbaren Finanzwerten und *cash flow hedges* gem. IAS 39 (→ § 28 Rz 151 und Rz 245).

4 Besondere Anwendungsbereiche

4.1 Eigenkapitalausweis im Konzern

Im Eigenkapital des Konzerns ist zu differenzieren zwischen 82

- dem auf die **Gesellschafter** des **Mutter**unternehmens entfallenden Anteil und
- dem Anteil der **Minderheits**beteiligungen am Konzernunternehmen.

Nur der erste Betrag ist im Eigenkapitalspiegel weiter zu untergliedern (Rz 54).

In die vom Konzern erwirtschafteten Gewinne fließen Gewinne von Tochter- 83
unternehmen nur insoweit ein, als sie auf die Dauer der **Konzernzugehörigkeit** entfallen und nicht an dem Tochterunternehmen beteiligten Minderheiten zuzurechnen sind. Der Minderheitenanteil ist nach der Neufassung von IAS 1 gem. IAS 1.68 innerhalb des Eigenkapitals auszuweisen (→ § 32 Rz 151).

Minderheitenanteile (nicht beherrschende Anteile) an Personentochterunter- 84
nehmen sind dann nicht als Eigen-, sondern als Fremdkapital auszuweisen, wenn ein Kündigungsrecht des Minderheitsgesellschafters gegen Abfindung besteht (Rz 23f.).

4.2 Zinsschranke (*escape*-Klausel)

Die ab 2008 gültige Zinsabzugsbeschränkung nach § 4h EStG („Zinsschranke")[38] 85
beschränkt unter bestimmten Voraussetzungen die steuerliche Abzugsfähigkeit des Zinsaufwandes eines „Betriebes" – gemeint ist jedes Unternehmen, gleich in welcher Rechtsform. Für die Abzugsbeschränkung gibt es drei Ausnahmen: Neben der Freigrenze nach § 4h Abs. 2 Satz 1a EStG sind zwei weitere **IFRS**-relevant:

- Die (Nicht-)**Konzern**zugehörigkeit (→ § 32) nach § 4h Abs. 2 Satz 1b EStG.
- Bei Konzernzugehörigkeit der **Eigenkapitalvergleich** nach § 4h Abs. 2 Satz 1c EStG.

Diese Ausnahmen gelten aber wiederum nur (Rückausnahme), wenn bei einer Kapitalgesellschaft gem. § 8a Abs. 2 und 3 KStG und bei einer Personengesellschaft mit „vorgeordneter" Körperschaft (§ 4h Abs. 1 Satz 2 EStG) keine **schädliche Gesellschafterfremdfinanzierung** vorliegt.

Die Grundstruktur des Eigenkapitalvergleichs ist einfach ausgelegt: Die Zins- 86
abzugsbeschränkung tritt nicht ein, wenn die Eigenkapital**quote** des inländischen „Betriebes" (z.B. eine Kapitalgesellschaft) **nicht kleiner** ist als diejenige des Konzerns; dabei wird eine Toleranzschwelle von 2 % der Eigenkapitalquote des Konzerns „nach unten" gewährt.

---

[38] Vgl. die Gesamtdarstellung bei HOFFMANN, in: LITTMANN/BITZ/PUST, Die Zinsschranke 2008.

Die Eigenkapitalquote ist (selbstverständlich) definiert als **Verhältnis** des Eigenkapitals zur Bilanzsumme. Zur Bestimmung dieser Größe müssen ein Jahres- bzw. Einzelabschluss und ein Konzernabschluss vorliegen, die zur Vermeidung des Vergleichs von Äpfeln und Birnen nach dem gleichen Rechnungslegungsstandard erstellt worden sind.

Die Zinsschrankenregelung richtet sich fiskalpolitisch gegen die ungebührliche Abschöpfung von inländischen Gewinnen durch Gesellschafter-Fremdfinanzierung in das **Ausland**. Notgedrungen muss deshalb bez. des anzuwendenden Rechnungslegungssystems auf internationale Rechnungsstandards zurückgegriffen werden. **Primär** hierfür sind nach § 4h Abs. 2 Satz 8 EStG die **IFRS** maßgeblich. Unter bestimmten Voraussetzungen – keine Erstellung und Veröffentlichung von IFRS-Abschlüssen in den letzten fünf Wirtschaftsjahren – kann auch die HGB-Rechnungslegung herangezogen werden und in weiteren Ausnahmefällen solche nach US-GAAP. Wenn ein Jahresabschluss z.B. nach HGB und der Konzernabschluss nach IFRS erstellt worden ist, muss hinsichtlich der Vergleichbarkeit eine **Überleitungsrechnung** mit prüferischer Durchsicht erstellt werden.

Die Eigenkapitalquote als eine Vergleichsgröße ist vom Umfang des **Konsolidierungskreises** abhängig. In diesen sind nicht notwendig alle Konzerngesellschaften einzubeziehen, also insbesondere nicht diejenigen, die aus Wesentlichkeitsgründen nicht konsolidiert werden. Eine „Anpassungsrechnung" – also eine Art fiktiv erweiterter Konzernabschluss – kommt nicht in Betracht. Anders verhält es sich bei der Definition der Konzernzugehörigkeit (→ § 32 Rz 87ff.), bei der nicht auf die tatsächliche Einbeziehung in den Konzernabschluss abgehoben wird.

Fraglich kann die Einbeziehung von **Zweckgesellschaften** sein *(special purpose entities*, SPE). Diese sollen nach der Gesetzesbegründung zu § 4h EStG in der Form von Verbriefungsgesellschaften **nicht** als **konzernzugehörig** gelten. Umgekehrt unterstellt die Gesetzesbegründung eine Einbeziehungspflicht dieser besonders strukturierten Gesellschaft in den IFRS-Konzernabschluss. Diese Annahme ist recht optimistisch (→ § 32 Rz 59). Die Hypothekenkrise des Jahres 2007 hat gerade die regelmäßige Nichtkonsolidierung solcher Zweckgesellschaften bestätigt. Die auf SIC 12 beruhenden Standardauslegungen sind oft weit genug ausgerichtet, um eine Konsolidierungspflicht zu verhindern. Gleichwohl kommt u.E. eine Art Schattenkonsolidierung im Falle nicht konsolidierter SPE für Zwecke der Zinsschranke nicht in Betracht. U. E. muss der erstellte und testierte Konzernabschluss – mit oder ohne SPE unter Berücksichtigung der effektiv einbezogenen Tochtergesellschaften – als Eigenkapitalvergleichsmaßstab gelten.

Nach § 4h Abs. 2 Satz 4 EStG sind ebenfalls im Interesse der Vergleichbarkeit Bilanzierungs- und Bewertungs**wahlrechte** in beiden Abschlüssen **einheitlich** „auszuüben". U. E. gilt dies nicht nur für explizite Bewertungswahlrechte – Beispiel: die verschiedenen Methoden zur Abbildung einer Altersversorgungsverpflichtung (→ § 22 Rz 49) – sondern auch für **Ermessensspielräume**, z.B. bei der Bestimmung von Wertberichtigungen auf Kundenforderungen. Diese Vorgabe der Vereinheitlichung ist eher selbstverständlich, gilt diese doch auch nach § 300 Abs. 2 HGB bzw. IAS 27.28.

Eine förmliche Vereinheitlichung ist dagegen für den Einzelabschluss für das **Übergangsverfahren** auf die IFRS-Rechnungslegung nach IFRS 1 (→ § 6) kaum möglich. Regelmäßig ist in solchen Fällen zur Herstellung der Vergleichbarkeit der beiden Rechenwerke der Konzernabschluss schon nach IFRS, der Einzelabschluss aber noch nach HGB erstellt worden. IFRS 1 ist reichlich mit Wahlrechten[39] „gesegnet“. Wenn kein gleichzeitiger Übergang im Konzern- und Einzelabschluss erfolgt, kann eine Vereinheitlichung bei der Ausübung dieser Wahlrechte nicht oder nur unter größter Mühe im Hinblick auf die Daten der Vergangenheit durchgeführt werden.

5 Angaben

Je nach Gliederungstiefe des Eigenkapitalspiegels enthalten dessen Spalten und 87
Zeilen bereits viele der durch IAS 1 geforderten Angaben. Die verbleibenden Erläuterungsnotwendigkeiten ergeben sich vor allem aus der Erklärung dessen, was gesellschaftsrechtlich beschlossen und was davon vollzogen wurde. In diesem Sinne sind etwa Beschlüsse über die Schaffung von **bedingtem Kapital** im Zusammenhang mit Wandelanleihen oder Arbeitnehmeroptionen zu erläutern. Ebenso sind Beschlüsse über zukünftige Kapitalerhöhungsmöglichkeiten durch Schaffung **genehmigten Kapitals** darzustellen. Die Erläuterungspflicht bezieht sich nicht nur auf die Beschlüsse der Berichtsperioden, sondern auf alle noch nicht erledigten Beschlüsse. Soweit also in Vorjahren bedingtes oder genehmigtes Kapital beschlossen wurde und die Beschlüsse weder vollständig vollzogen sind noch sich durch Zeitablauf erledigt haben, sind die Beschlüsse und ihr bisheriger **Vollzug/Teilvollzug/Nichtvollzug** zu erläutern.

Nach einer Faustregel sind alle das Kapital betreffenden **gesellschaftsrechtlichen** 88
Beschlüsse zu erläutern und über Vollzug, Teilvollzug oder (Noch-)Nichtvollzug zu berichten. In Anwendung dieser Grundregel wären etwa bei Arbeitnehmeroptionsrechten der Umfang und die Bedingungen der Ausübung der Option zu erläutern sowie die im jeweiligen Jahr erfolgten Ausübungen der Option bzw. die bis zum Stichtag kumulierten Ausübungen (→ § 23 Rz 210).

Das nachfolgende, bewusst ausführlich gehaltene Formulierungsbeispiel enthält 89
die wichtigsten Varianten. Die in erster Linie nur für AGs relevanten Teile sind kursiv gedruckt.

Beispiel
Gezeichnetes Kapital: Das gezeichnete Kapital der X AG betrug zum 31.12.01 100 Mio. und verteilte sich auf 10 Mio. Stammaktien über je 10 EUR. In der ordentlichen Hauptversammlung vom 20. April 01 wurde die Umstellung auf 10 Mio. nennwertlose Aktien mit einem rechnerischen Anteil von je 10 EUR am gezeichneten Kapital beschlossen.
Darüber hinaus wurde mit wirtschaftlicher Wirkung zum 15. Juni unter Inanspruchnahme des genehmigten Kapitals II eine Kapitalerhöhung durchgeführt, die zu einer Erhöhung des gezeichneten Kapitals um 10 Mio. führte. Die Kapitalerhöhung wurde von Y erbracht, der 1 Mio. stimmberechtigte Vorzugsaktien gegen Einlage der Y-GmbH erhielt. Die an Y ausgegebenen

---

39 Wegen der damit verbundenen bilanzpolitischen Gestaltungsmöglichkeiten im Hinblick auf die Optimierung der Zinsschranke wird verwiesen auf KÖSTER, BB 2007, S. 2282.

Aktien/Geschäftsanteile sind ebenfalls nennwertlos, besitzen jedoch Vorzugsrechte hinsichtlich der Dividendenausschüttung.
Schließlich wurde mit Beschluss der Hauptversammlung/Gesellschafterversammlung vom ... das Kapital um 1 Mio. aus Gesellschaftsmitteln durch Umwandlung von Gewinnrücklagen erhöht. Der Erhöhung lag die Jahresbilanz zum 31.12.00 zugrunde. An die Gesellschafter wurden 100.000 nennwertlose Aktien ausgegeben.
Die Gesamtzahl der ausgegebenen Aktien hat sich somit zum 31. Dezember 01 auf 11,1 Mio. Stück erhöht.
Kapitalrücklage: Die Kapitalrücklage enthält die bei der Ausgabe von Vorzugs- und Stammaktien/Anteilen über den Nennbetrag hinaus erzielten Beträge. Die Erhöhung der Kapitalrücklage von 60 Mio. zum 1. Januar 01 auf 80 Mio. zum 31. Dezember 01 resultiert aus der oben dargestellten Kapitalerhöhung.

Kapitalerhöhung aus Gesellschaftsmitteln
Bedingtes Kapital I: Am 1. Februar 199x wurde eine bedingte Erhöhung des Grundkapitals um 3 Mio. EUR beschlossen (bedingtes Kapital I). Diese bedingte Kapitalerhöhung steht im Zusammenhang mit der Ermächtigung des Vorstands, bis zum 31. Dezember 03 Options- und/oder Wandelschuldverschreibungen im Gesamtbetrag von bis zu 50 Mio. EUR zu begeben und den Inhabern Options- bzw. Wandlungsrechte auf bis zu 300.000 Stück neue Stamm- und/oder Vorzugsaktien der Gesellschaft zu gewähren. Am 1. März 199x wurden Null-Kupon-Inhaber-Teilschuldverschreibungen mit Wandlungsrecht in Inhaber-Vorzugsaktien der X AG begeben. Danach ist jedem Anleihegläubiger das Recht eingeräumt, die Schuldverschreibungen während des Ausübungszeitraums vom 1. März 1999 bis 1. Februar 2010 (beide Tage einschließlich) in stimmrechtslose Vorzugsaktien zu wandeln. Die Anleiheschuldnerin ist berechtigt, nach Ausübung des Wandlungsrechts durch einen Anleihegläubiger anstatt der Lieferung von Vorzugsaktien einen bis zu ... Barbetrag zu zahlen. Bisher wurde das Wandlungsrecht nur im Jahre 00 ausgeübt. Das bedingte Kapital verringerte sich dadurch auf 2 Mio. EUR.
Bedingtes Kapital II: Die Hauptversammlung hat am 20. April 199x eine bedingte Erhöhung des Grundkapitals um 1 Mio. EUR durch Ausgabe von bis zu 100.000 Stück Stammaktien beschlossen, um den Aktienoptionsplan bedienen zu können (bedingtes Kapital II). Das bedingte Kapital II dient aufgrund des Aktienoptionsplans der X AG ausschließlich der Gewährung von Bezugsrechten an Mitglieder des Vorstands der Gesellschaft, an Mitglieder der Geschäftsleitungsorgane nachgeordneter verbundener Unternehmen sowie an weitere Führungskräfte der Gesellschaft und ihrer nachgeordneten verbundenen Unternehmen, soweit diese nicht selbst börsennotiert sind. Im Rahmen des Aktienoptionsplans sind am 1. September. 199x, am 1. September 00 und am 1. September 01 Aktienoptionen ausgegeben worden, von denen am 31.12.01 insgesamt 12.000 wirksam waren. Diese Aktienoptionen können nach Erfüllung der dazu vorgesehenen Voraussetzungen zur Ausgabe von bis 12.000 Stück Stammaktien führen, was 0,1 Prozent des Grundkapitals entspricht. Die vom Vorstand der Gesellschaft festgelegten Ausübungsbedin-

gungen für die eingeräumten Bezugsrechte im Rahmen des Aktienoptionsplans sehen insbesondere … … vor.
Genehmigtes Kapital I: Der Vorstand wurde durch Beschluss der außerordentlichen Hauptversammlung vom 1. Oktober 19xx ermächtigt, mit Zustimmung des Aufsichtsrats bis zum 31.12.02 das Grundkapital durch Ausgabe neuer Stamm- bzw. Vorzugsaktien gegen Bareinlagen einmalig oder mehrmals um bis zu 15 Mio. EUR zu erhöhen. 199x wurde das genehmigte Kapital I mit 10 Mio. EUR teilweise in Anspruch genommen. Danach besteht noch ein genehmigtes Kapital I in Höhe von bis 5 Mio. EUR.
Genehmigtes Kapital II: Die außerordentliche Hauptversammlung am 1. September 199x beschloss, ein genehmigtes Kapital II zu schaffen. Der Vorstand war danach ermächtigt, mit Zustimmung des Aufsichtsrats bis zum 31.12.03 das Grundkapital der Gesellschaft durch Ausgabe neuer auf den Inhaber lautender Stammaktien gegen Sacheinlage einmalig oder mehrmals, höchstens jedoch bis zu 15 Mio. EUR, zu erhöhen (genehmigtes Kapital II). Der Vorstand wurde gleichzeitig ermächtigt, mit Zustimmung des Aufsichtsrats über den Ausschluss des Bezugsrechts zu entscheiden und die weiteren Einzelheiten der Kapitalerhöhung festzulegen.
Durch Sacheinlage der Y-GmbH wurde das genehmigte Kapital II in 01 mit 10 Mio. EUR in Anspruch genommen. Das verbleibende genehmigte Kapital II beträgt danach bis zu 5 Mio. EUR.
Kein Erwerb eigener Aktien: Die Hauptversammlung ermächtigte die Gesellschaft am 20. April 199x, bis zum 20. Dezember 02 eigene Aktien bis zu insgesamt zehn vom Hundert des Grundkapitals zu erwerben. Von dieser Ermächtigung hat weder die Gesellschaft noch ein abhängiges oder in Mehrheitsbesitz der Gesellschaft stehendes Unternehmen oder ein anderer für Rechnung der Gesellschaft oder eines abhängigen oder eines in Mehrheitsbesitz der Gesellschaft stehenden Unternehmens Gebrauch gemacht.
Gewinnrücklagen: Die Gewinnrücklagen enthalten im Geschäftsjahr 01 erstmals sowohl die Effekte aus der Erstanwendung des IAS 39 *(Financial Instruments: Recognition and Measurement)* in Höhe von 1 Mio. EUR als auch die in der Eigenkapitalentwicklung unter „Bewertung IAS 39" ausgewiesenen Bewertungsergebnisse in Höhe von –2 Mio. EUR. Davon entfallen –0,5 Mio. EUR auf *cash flow hedges* und 1,5 Mio. EUR auf Vermögenswerte, die als *„available for sale"* klassifiziert wurden.
Im Übrigen unterteilen sich die Gewinnrücklagen wie folgt:
gesetzliche Gewinnrücklagen …
satzungsmäßige Gewinnrücklagen …
andere Gewinnrücklagen (inklusive Gewinnvortrag aus alter Rechnung in Höhe von …) …

Die Verpflichtung zur Erläuterung bzw. Aufgliederung der Gewinnrücklagen ergibt sich für Aktiengesellschaften bereits bisher aus den §§ 152ff. AktG. Für GmbHs fehlen entsprechende gesellschaftsrechtliche Vorschriften. Eine Aufgliederung der Gewinnrücklagen wird jedoch für große GmbHs durch § 266 HGB verlangt. Nach IAS 1.79b ist im IFRS-Abschluss größen- und rechtsformunabhängig die Aufgliederung und Beschreibung der Rücklagen geboten. 90

Soweit dies nicht schon der Eigenkapitalspiegel (Rz 55) leistet, sind ergänzende Aufstellungen vorzunehmen. Folgende Darstellungen kommen bei Ausklammerung der in der Praxis kaum anzutreffenden Neubewertung gem. IAS 16 oder IAS 38 (→ § 8 Rz 68ff.) infrage:[40]

Währungsdifferenzen (→ § 27 Rz 5)	**Bewertungsergebnisse *available-for-sale assets* und *cash flow hedges* (→ § 28 Rz 151 u. 256)**	**allgemeine Gewinnrücklagen**
Anfangsbestand	**Anfangsbestand**	**Anfangsbestand**
		+/– Auswirkung aus Methodenänderung oder Fehlerkorrektur (jeweils nach Steuern)
		= korrigierter Anfangsbestand
+/– Veränderung auf Grund neuer Umrechnung	+/– Veränderung aufgrund Zeitbewertung *available-for-sale assets*	+/– Periodenergebnis
+/– Abgang durch Veräußerung – Tochterunternehmen	– Abgang durch *impairment available-for-sale assets*	– Ausschüttung
	+/– Veränderung auf Grund Zeitbewertung *cash flow hedges*	+/– Umgliederung aus/in Kapitalrücklage und gezeichnetes Kapital
	+/– Abgang durch Beendigung *hedge*-Beziehung, Realisierung Grundgeschäft oder Anpassung AK Grundgeschäft	– Veränderung aus Rückkauf oder Einziehung eigener Aktien
+/– Steuereffekte	+/– Steuereffekte	+/– Steuereffekte
= Endbestand	= Endbestand	= Endbestand

91 Ab 2007 hat ein Unternehmen gem. IAS 1.134 die Ziele und Verfahren des Managements in Bezug auf das Eigenkapitals offenzulegen. (IAS 1.124A). Anzugeben sind gem. IAS 1.135 insbesondere:

40 Kirsch, StuB 2004, S. 1001ff. mit im Übrigen auch sehr instruktiven Ausführungen zur Generierung der Angaben aus einem Kontenplan.

- die **qualitative** Abgrenzung des (wirtschaftlichen) Eigenkapitals (z.B. die Einbeziehung nachrangigen Fremdkapitals),
- Art von und Umgang mit unternehmensspezifisch, nicht branchenweit (IAS 1.BC93) auferlegten externen, **regulatorischen** Eigenkapitalanforderungen (z.B. bei Banken) (Rz 92),
- **Zielsetzung** hinsichtlich der Entwicklung des Kapitals, der Eigenkapitalquote etc. und der Grad der Zielerreichung,
- **quantitative** Daten zur Zusammensetzung und Entwicklung des Kapitals.

Beispiel

Ziele unseres Kapitalmanagements sind:

- Sicherstellung der Unternehmensfortführung,
- adäquate Verzinsung des Eigenkapitals.

Zur Umsetzung wird das Kapital ins Verhältnis zum Risiko gesetzt und ggf. angepasst. Der Anpassung dienen die Dividendenpolitik, Kapitalrückzahlungen, Kapitalerhöhungen, aber auch der Verkauf von Vermögen zwecks Schuldentilgung.

Das Kapital wird auf Basis des Verhältnisses von Nettoschulden zum wirtschaftlichen Eigenkapital überwacht. Nettoschulden sind die mit Zahlungsmitteln saldierten Schulden. Wirtschaftliches Eigenkapital ist das bilanzielle Eigenkapital, gekürzt um nicht realisierte Erfolge sowie nachrangige Darlehen.

In 2008 und 2009 war das Ziel, für die vorgenannte Relation einen Wert von 6:1 bis 7:1 zu erhalten, dabei tendenziell eine Minderung der Verhältniszahl zu erreichen.

Die Ergebnisse waren wie folgt:

	2009	2008
Schulden	1.000	1.100
Zahlungsmittel	–90	–150
Nettoschulden	**910**	**950**
Eigenkapital	100	100
nachrangige Darlehen	38	38
wirtschaftliches Kapital	**138**	**138**
Ratio	**6,6**	**6,9**

Die Minderung der Verhältniszahl ist Folge des Abbaus der Nettoverschuldung, die wiederum aus dem Verkauf des Tochterunternehmens X resultiert. Ergebnis war eine verbesserte Profitabilität, die zu einer höheren Dividende führt.

Offen ist, ob die Angaben zu externen Eigenkapitalanforderungen nur im Falle regulatorischer Anforderungen (z.B. durch Aufsichtsbehörden) oder auch dann gelten, wenn sie privatrechtlich, etwa als Bedingung eines Darlehensgebers (*covenants*) auferlegt sind. Für die zweite, weitere Interpretation könnte der 92

Wortlaut von IAS 1.135(a)(ii) sprechen, der nur allgemein und ohne Bezug auf Regulatoren *„externally imposed capital requirements“* anführt.
Die unter der Überschrift *„externally imposed capital requirements“* in IAS 1.BC92–97 enthaltenen Ausführungen rechtfertigen jedoch eine einschränkendere Auslegung. Nach IAS 1.BC94 sollen die Angaben den Bilanzadressaten über das *„risk assessment of the regulator“* informieren. BC95(a) – (e) und (g) referieren folgerichtig ausschließlich auf *„regulator's risk assessment“*, *„regulator's ability to impose such requirements“*, *„regulator's tools“*. Nach IAS 1.BC97 ist in diesem Rahmen die Angabe einer evtl. *„temporary non-compliance with regulatory requirements“* das, was Bilanzadressaten interessieren könnte.

93 Bei unter bestimmten Bedingungen ab 2009 wieder möglicher Bilanzierung kündbarer Anteile an Personengesellschaften als Eigenkapital (Rz 27ff.) entstehen bestimmte Angabepflichten. Dazu gehören gem. IAS 1.136A:

- Gesamtbetrag der als Eigenkapital bilanzierten kündbaren Instrumente;
- Zielsetzungen sowie Methoden und Prozesse bei der Steuerung der Rückzahlungsverpflichtung im Falle der Ausübung der Kündigung einschließlich Veränderung im Vergleich zum Vorjahr;
- bei Rückgabe der Anteile (Kündigung der Mitgliedschaft) erwartete Zahlungsbelastung;
- Information über die Ermittlung der Rückzahlungsverpflichtung.

Insbesondere die Ermittlung des Abfindungsbetrags dürfte oft nur mit unverhältnismäßigem Aufwand möglich sein und insbesondere bei langen Kündigungsfristen zu teilweise wenig aussagekräftigen Ergebnissen führen.[41] An die Genauigkeit der Schätzungen sind dann keine übertriebenen Anforderungen zu stellen.

94 Auf die **Checkliste „Abschlussangaben“** wird verwiesen (→ § 5 Rz 8).

6 Anwendungszeitpunkt, Rechtsentwicklung

95 Die Regeln von IAS 32 sind für alle Abschlüsse, deren Berichtsperiode ab dem 1. Januar 2005 beginnt, anzuwenden, die Regeln von IAS 1 für alle Abschlüsse ab 1. Januar 2009 (→ § 2 Rz 87).

96 Die in 2007 verabschiedete Neufassung von IAS 1 sieht abweichend von IAS 1 (2003) neben der Eigenkapitaländerungsrechnung zwingend eine **Gesamtergebnisrechnung** vor.

97 In der strittigen Frage des kündbaren gesellschaftsrechtlichen Eigenkapitals von **Personengesellschaften** hat das in 2008 vorgelegte, ab 2009 anzuwendende *Amendment* zu IAS 32 im Wege der Kasuistik Möglichkeiten eröffnet, auch bilanziell wieder Eigenkapital auszuweisen.

98 Wegen der Aufschlüsselung des sonstigen Ergebnisses im Eigenkapitalspiegel oder Anhang hat das *Annual Improvements Project* 2010 eine Klarstellung vorgenommen (Rz 54).

41 Vgl. Bömelburg/Landgraf/Luce, PiR 2008, S. 145ff.

7 Zusammenfassende Praxishinweise

IAS 32 behandelt diverse Abgrenzungsfälle von Eigen- und Fremdkapital. 99

- Bei **zusammengesetzten Finanzinstrumenten** (z.B. Wandelanleihen) ist eine Aufteilung des Emissionserlöses in Fremd- und Eigenkapital geboten. Nur die Restwert- bzw. Subtraktionsmethode ist zugelassen (Rz 6). Die Behandlung von Vorzugsaktien ist strittig (Rz 14).
- **Mezzanine-Finanzierungen:** Eine schuldrechtliche Kapitalüberlassung ist auch dann als Fremdkapital zu qualifizieren, wenn sie durch Verlustbeteiligung, Insolvenznachrang etc. dem Eigenkapital wirtschaftlich nahe kommt (Rz 17).
- **Leistungsbezug gegen Gewährung von Anteilsrechten:** Ist ein Vertrag über den „Einkauf" von Leistungen statt mit Geld durch die Aus- bzw. Hingabe von Eigenkapital zu vergüten, führt die bereits „vereinnahmte", aber noch nicht „bezahlte" Leistung nur dann schon zu Eigenkapital, wenn die Zahl der zu gewährenden Aktien feststeht. Ist die Aktienzahl variabel (insbesondere umgekehrt proportional zur Kursentwicklung), liegt vorübergehend Fremdkapital vor (Rz 19).
- **Derivative Kontrakte in eigenen Aktien:** Gibt die Gesellschaft ein bindendes Angebot auf den Erwerb oder die Lieferung eigener Aktien ab, ist der am Bilanzstichtag bestehende Schwebezustand als Schuld auszuweisen. Ein wichtiger Anwendungsfall sind freiwillige Erwerbsangebote nach WpÜG (Rz 22).
- **Abfindungen bei Ausscheiden von Gesellschaftern und Genossen:** Führt bei Personengesellschaften, Genossenschaften oder GmbHs gesetzlich oder statuarisch das Ausscheiden aus der Gesellschaft durch Kündigung oder Tod zu einer Abfindung, war nach der bis 2008 geltenden Rechtslage strittig, ob diese Abfindungspflichten bereits abstrakt, d.h. vor Eintritt des auslösenden Ereignisses, eine Umqualifizierung des gesellschaftsrechtlichen Eigenkapitals in bilanzielles Fremdkapital bewirken. Ab 2009 ist bei Erfüllung bestimmter Voraussetzungen wieder ein Eigenkapitalausweis möglich (Rz 27ff.).

In der Ergänzung der übrigen Rechenwerke des Abschlusses sind Angaben zur Eigenkapitalentwicklung zu leisten. Der IFRS-Anwender hat hierbei ab 2009 nicht mehr die **Wahl zwischen** einer vollständigen **Eigenkapitaländerungsrechnung**, die alle Bewegungen des Eigenkapitals zusammenfasst, und einer **Gesamtergebnisrechnung**, die nur die Veränderungen des Eigenkapitals aus realisierten und unrealisierten Gewinnen darstellt (Rz 53ff.). Die Gesamtergebnisrechnung wird zum **Pflichtbestandteil** des Abschlusses. 100

Im Hinblick auf die Eigenkapitalveränderungsrechnung sind Entscheidungen zwischen dem **Detaillierungsgrad** innerhalb dieses Rechenwerkes selbst und innerhalb des Anhangs zu treffen. Nach der hier vertretenen Auffassung ist es zweckmäßig, wenn der Eigenkapitalspiegel unabhängig von der Gesellschaftsform eine Unterteilung in gezeichnetes Kapital/Festkapital, Kapitalrücklagen, Gewinnrücklagen aus nicht GuV-wirksamen Erfolgen und sonstigen kumulierten Gewinnen aufweist. Die Erläuterungen des Grund-/Festkapitals, der Kapital- und Gewinnrücklagen, aber auch die Erläuterung bedingter und genehmigter Kapitalien kann dann rechtsformabhängig in den *notes* erfolgen (Rz 80 und Rz 87). 101

§ 21 RÜCKSTELLUNGEN, VERBINDLICHKEITEN

Inhaltsübersicht **Rz**

Vorbemerkung

Schrifttum: BAETGE/ZÜLCH/BRÜGGEMANN/NELLESSEN, Management's best estimate – Abbildung singulärer Risiken im HGB- und IFRS-Abschluss, PiR 2007, S. 315; FREIBERG/LÜDENBACH, Die risiko- und laufzeitäquivalente Diskontierung von sonstigen Rückstellungen nach IAS 37, PiR 2007, S. 329; HAAKER, Das Wahrscheinlichkeitsproblem bei der Rückstellungsbilanzierung nach IAS 37 und IFRS 3, KoR 2005, S. 8; HACHMEISTER, Verbindlichkeiten nach IFRS, 2005; HOFFMANN, Rückstellung für die Aufbewahrung von Geschäftsunterlagen, PiR 2007, S. 145; HOFFMANN, Zinseffekte bei der Rückstellungsbewertung, PiR 2006, S. 63; HOMMEL, Rückstellungsbewertung im Spannungsverhältnis von Management-Approach und Fair-Value-Approach, PiR 2007, S. 322; KESSLER/SCHOLZ-GÖRLACH, Die Abgrenzung des Saldierungsbereichs bei Drohverlustrückstellungen, PiR 2007, S. 304; KÜMPEL, Bilanzielle Behandlung von Entsorgungs-, Rekultivierungs- und ähnlichen Verpflichtungen im IFRS-Regelwerk, DStR 2004, S. 1227; KÜTING/KESSLER/CASSEL/METZ, Die bilanzielle Würdigung bestandsunsicherer Schadensersatzverpflichtungen nach IFRS und HGB, WPg 2010, S. 315; KÜTING/KESSLER, Rückbauverpflichtungen im Spiegel der nationalen und internationalen Bilanzierung, PiR 2007, S. 308; LÜDENBACH, Rückbauverpflichtungen nach internationaler Rechnungslegung und deutschem Bilanzrecht, BB 2003, S. 835; LÜDENBACH, Versäumte Kündigung eines Anmietvertrags, PiR 2007, S. 202; LÜDENBACH/FREIBERG, Die risiko- und laufzeitäquivalente Diskontierung von sonstigen Rückstellungen nach IAS 37, PiR 2007, S. 929; LÜDENBACH/FREIBERG, Drohende Verluste nach IAS 37 – Saldierungsbereich und Verhältnis zur außerplanmäßigen Abschreibung, PiR 2005, S. 41; LÜDENBACH/HOFFMANN, Faktische Verpflichtungen und (verdeckte) Aufwandsrückstellungen nach IFRS und HGB/EStG, BB 2005, S. 2344; LÜDENBACH/HOFFMANN, Imparitätische Wahrscheinlichkeit – Zukunftswerte im IAS-Regelwerk, KoR 2003, S. 5; MARX/BERG, Rückstellungen für Dokumentationsverpflichtungen nach HGB, IFRS und EStG, DB 2006, S. 169; OSER/ROSS, Rückstellungen aufgrund der Verpflichtung zur Rücknahme und Entsorgung von Elektroschrott beim Hersteller, WPg 2005, S. 1069; OSTERLOH-KONRAD, Rückstellungen für Prozessrisiken in Handels- und Steuerbilanz, DStR 2003, S. 1631; ROSS/DRÖGEMÜLLER, Keine Rückstellungen in der Handels- und Steuerbilanz für Registrierungskosten aufgrund der künftigen EU-Chemikalienverordnung (REACH), BB 2006, S. 1044; THEILE, Sozialplanverpflichtungen und Restrukturierungen, PiR 2007, S. 297; ZÜLCH, Die Interpretation des IFRIC: Die Bilanzierung von Rücknahme- und Entsorgungsverpflichtungen gem. IFRIC 6, StuB 2005, S. 892; ZÜLCH/WILLMS, Rückstellungen für Entsorgungs-, Wiederherstellungs- und ähnliche Verpflichtungen: Umstellung von HGB auf IFRS, DB 2005, S. 1178.

Vorbemerkung

Die Kommentierung bezieht sich auf IAS 37 in der aktuellen Fassung und berücksichtigt alle Ergänzungen, Änderungen und Interpretationen, die bis zum 1.1.2011 beschlossen wurden. Einen Überblick über diskutierte oder schon als Änderungsentwurf vorgelegte zukünftige Regelungen enthalten Rz 178ff.

1 Zielsetzung, Regelungsinhalt, Begriffe

1.1 Schulden (*liabilities*)

Es geht in diesem Paragrafen des Kommentars um **„Schulden"** i.S.d. § 247 Abs. 1 HGB, die man im deutschen Sprachgebrauch auch mit **„Verbindlichkeiten"** (vgl. z.B. die Gliederungsterminologie in § 266 Abs. 3 HGB i.V.m. § 249 Abs. 1 S. 1 HGB „ungewisse Verbindlichkeiten") bezeichnet. Der IFRS-Oberbegriff *„liability"* passt nahtlos in diese aus deutscher Sicht gewohnte Begrifflichkeit. 1

Eindeutig im Mittelpunkt dieser Kommentierung steht der Regelungsinhalt von IAS 37 („unsichere Schulden"). Die „sicheren" Schulden (= Verbindlichkeiten) sind im Überblick mit abgehandelt. Wegen des themenbezogenen und deshalb teilweise unsystematischen Aufbaus der IFRS sind wichtige Teilbereiche der *liabilities* in **anderen Standards** geregelt (Rz 16 speziell für Rückstellungen):

- Arbeitnehmervergütung, insbesondere im Bereich der Altersversorgung nach IAS 19 (→ § 22);
- laufende und latente Steuerschulden nach IAS 12 (→ § 26);
- aktienkursorientierte Vergütungsverpflichtungen nach IFRS 2 (→ § 23);
- Finanzverbindlichkeiten (z.B. aus Lieferungen und Leistungen) hinsichtlich der Bewertung nach IAS 39 (→ § 28 Rz 190ff.);
- Verbindlichkeiten aus Leasingverhältnissen nach IAS 17 (→ § 15 Rz 128ff.);
- Drohverluste aus Fertigungsaufträgen nach IAS 18 (→ § 18 Rz 42).

2 Im Rahmen des Bilanz**ausweises** (Gliederung) bzw. der **Anhang**erläuterungen wird nach IAS 1.54 unterschieden (→ § 2 Rz 48):

- „Sichere" Schulden, also Verbindlichkeiten = *trade and other payables* sowie Finanzverbindlichkeiten (Rz 7ff.).
- „Unsichere" Verbindlichkeiten = *provisions* (Rz 13ff.).
- Eventual- und weniger wahrscheinliche Verbindlichkeiten = *contingent liabilities* (Rz 106ff.).

„**Sicher**" umfasst dabei den Betrag und die berechtigte Person (Gläubigerin). „**Unsicher**" kann sich inhaltlich auf den Betrag und/oder den Berechtigten beziehen. Zu den „**sicheren**" Verbindlichkeiten zählen:

- Verbindlichkeiten aus Lieferungen und Leistungen, die üblicherweise im normalen Geschäftszyklus beglichen werden und auch keine längere Laufzeit als ein Jahr haben (Rz 164).
- Kurzfristige formalisierte Lieferantenkredite, z.B. Valuten der Industrie für den Handel.
- Dividenden nach Fassung des Ausschüttungsbeschlusses (IAS 37 Appendix C Ex 12).
- Kundenanzahlungen.
- Sicherheitsdepots.
- „*Accruals*" (Rz 15 und 53) in Form von ausstehenden Abrechnungen für erbrachte Leistungen, Urlaubsüberhänge etc.
- Einbehaltungspflichten für Lohnsteuer, Sozialversicherungsbeiträge.
- Finanzverbindlichkeiten gem. IAS 39 (→ § 28 Rz 190ff.).

Zu den „**unsicheren**" Verbindlichkeiten vgl. Rz 13ff.

3 Nicht dagegen in der Bilanz anzusetzen und auch nicht im Anhang zu erläutern sind **wenig wahrscheinliche** (*remote*) Verbindlichkeiten (Rz 53, 110, 170).

4 Weniger vertraut aus Sicht der bisherigen HGB-Praxis wirkt das **Gliederungskonzept** des *current/non-current* (IAS 1.69ff.). Gänzlich ungewohnt ist die explizite Darstellung von „*contingent assets*" in IAS 37.31, die sich nur schwer verständlich etwa mit „**Eventualforderungen**" übersetzen lassen (Rz 112). Sie stellen eine Art Spiegelbild zu den Eventualverbindlichkeiten *(contingent liabilities)* dar. Zur Bilanzgliederung generell vgl. → § 2 Rz 28ff.

1.2 Sonderfall: Rückstellungen und Eventualverbindlichkeiten

5 Den (weitgehend) **sicheren** Schulden (z.B. aus Lieferungen und Leistungen) ist kein eigener IFRS-Standard vorbehalten. Sie werden als (passives) Finanzinstrument in IAS 39 behandelt (→ § 28 Rz 190ff.). Demgegenüber widmet sich IAS 37 – ohne

logisch-schlüssiges Gliederungskonzept für die Verbindlichkeiten insgesamt – den **weniger „sicheren"** Verbindlichkeiten (mit Ausnahme der ebenfalls in IAS 39 geregelten Finanzderivate mit Verpflichtungsüberhang; → § 28 Rz 219ff.),

- einerseits in einer Abstufung nach „Sicherheitsgrad" (Rz 53),
- andererseits in den Sonderfällen der Rückstellungsbildung für
  - Drohverluste,
  - Restrukturierungen (Rz 89ff.),
  - Entfernungsverpflichtungen (Rz 80).

1.3 Der Regelungsgehalt von IAS 37

Der im Mittelpunkt der Kommentierung (Rz 1) dieses Paragrafen stehende IAS 37 („unsichere" Verbindlichkeiten) behandelt folgende **Teilbereiche**: 6

- Rückstellungen (Rz 13ff., 95ff., 132ff.),
- Eventualschulden (Rz 106ff.),
- Eventualforderungen (Rz 112ff.).

Wegen der „Unsicherheit" überhaupt vgl. Rz 53.

2 Ansatz

2.1 Begriffsinhalte

2.1.1 Verbindlichkeiten (*liabilities*)

Die Definition in F.49b i. V. m. der speziellen Ansatzvorschrift in F.83b umfasst das Vorliegen folgender **Kriterien**: 7

- gegenwärtige (am Bilanzstichtag) bestehende Verpflichtung – *present obligation*
- als Ergebnis einer früheren Begebenheit – *past event*
- mit erwartetem (künftigem) Ressourcenabfluss zur Regulierung – *outflow of resources.*

Das **HGB** kennt keine solchen Definitionen. **Inhaltlich** dürften dem allgemeinen Verständnis zufolge **keine Unterschiede** bestehen. In F.60 wird das Definitionsnetz noch weiter verfeinert – nicht unbedingt mit nennenswerter zusätzlicher Aussagekraft. Neben den **rechtlich** begründeten Verpflichtungen werden auch Geschäftspraktiken, Aufrechterhaltung von Geschäftsbeziehungen u. Ä. als Verpflichtungsgrund *(obligation)* genannt mit dem typischen Beispiel von **Kulanz**-Regulierungen. Die IFRS nennen dies in IAS 37.10 *constructive obligation* (Rz 14). Negativ – hinsichtlich der Ansatzpflicht – beschreibt F.61 in anderer Ausdrucksweise das, was nach deutscher Sprachregelung als Verpflichtung aus **schwebenden Beschaffungsgeschäften** bezeichnet wird. Für solche *liabilities* verneint F.91 speziell die Ansatzmöglichkeit (abgesehen von besonderen, nicht weiter definierten Umständen).

In F.62 werden die Möglichkeiten zur **Regulierung** von Verbindlichkeiten *(settlement)* beispielhaft aufgezeigt: 8

- Zahlung in Geld,
- Begebung von Sachwerten („Tausch"),
- Begebung von Gegenleistungen („tauschähnlich"),
- Ersatz durch eine andere Verbindlichkeit („Umschuldung"),
- Umwandlung in Eigenkapital (*debt for equity swap*).

9 Rabatt- und Bonusverpflichtungen aufgrund des Jahresbezugs von Gütern sind in F.63 beispielhaft als „*liability*" aufgeführt.

10 Die **„sicheren Verbindlichkeiten"** erfüllen i.d.R. die Definitionskriterien der *Finanzinstrumente (financial instruments)* und sind in IAS 39 (→ § 28 Rz 190ff.) geregelt (Rz 5). Die **übergeordneten** Definitions- und Ansatznormen des *Framework* für Schulden (*liabilities*) gelten auch für die „sicheren Verbindlichkeiten".

11 Im Bereich **„Rückstellungen"** werden teilweise die gleichen Definitionen und Ansatzvorschriften (z.B. gegenwärtige Verpflichtung, *present obligation*) vorgegeben. Auf die dortige Kommentierung (Rz 18ff.) wird deshalb verwiesen.

12 Wegen der **Ausweismöglichkeiten** in der Bilanz bzw. im Anhang wird verwiesen auf Rz 164ff. sowie auf → § 2 Rz 48.

2.1.2 Rückstellungen (*provisions*)

13 IAS 37.10 rekurriert auf die Definitionen in F.60-64: Als Rückstellung gilt eine Schuld, die bez. Fälligkeit und/oder Höhe ungewiss ist *(uncertain timing or amount)*. Dabei stellt nach F.64 die **Unsicherheit** bei der Bewertung keinen Ausschlusstatbestand bez. der Annahme und des Bilanzansatzes einer Verbindlichkeit dar (vgl. aber unter Rz 51). Auf den Begriff „*provisions*" soll **künftig** verzichtet werden.

14 Systematisch – nicht inhaltlich – eher störend ist die Weiterführung der Definition in IAS 37.10, die schon die *liabilities* generell betrifft (Rz 7):

- Als Verbindlichkeitstatbestand *(obligating event)* wird ein solcher auf **rechtlicher** (*legal*) oder **tatsächlicher** (*constructive*) Grundlage bezeichnet, dem sich das Unternehmen vernünftigerweise nicht entziehen kann.
- Besonders werden dabei solche **faktischen Verpflichtungen** (*constructive obligations*) genannt: durch Geschäftspraktiken, Veröffentlichungen u.a. geweckte Erwartungshaltungen des Publikums über Verpflichtungen des Unternehmens jenseits der Rechtsverpflichtung, z.B. Kulanzen, Warenrücknahmen, regelmäßige Mitarbeitervergütungen ohne Rechtsgrund (Rz 24).

15 Systematisch wenig geglückt ist auch die Einführung eines **zusätzlichen** mit Unsicherheit behafteten (ansatzpflichtigen) Verbindlichkeits-Typs mit der Bezeichnung „*accruals*" (IAS 37.11; Rz 53f.). Einer einigermaßen griffigen Übersetzung sind diese *accruals* nicht zugänglich. Sie sollen sich von den *provisions* durch den geringeren Grad der Unsicherheit unterscheiden. Als Beispiel werden Verpflichtungen aus erhaltenen, aber noch nicht abgerechneten Leistungen oder Urlaubsverpflichtungen genannt (Rz 2). Man kann vielleicht die *accruals* von den *provisions* dahingehend abgrenzen,[1] dass bei Ersteren die Verbindlichkeit dem Grunde nach unzweifelhaft ist, nur die Höhe oder Fälligkeit nicht eindeutig festliegt. In der Praxis verschwimmen indes die Unterscheidungskriterien. Auch in der Bilanzierungspraxis werden die *accruals* nicht gesondert ausgewiesen (Rz 54).

16 Einige **andere** IFRS-Standards behandeln ebenfalls bestimmte Rückstellungen (Rz 1). Die dortigen Regeln gehen vor (IAS 37.5). Es geht um

- drohende Verluste aus Fertigungsaufträgen nach IAS 11 (→ § 18 Rz 42),
- Steuern vom Einkommen nach IAS 12 (→ § 26 Rz 3),
- Leasingverhältnisse nach IAS 17 (→ § 15), allerdings fehlen dort spezifische Regeln für verlustbehaftete Verträge beim Leasinggeber (Rz 58),
- Arbeitnehmervergütungen nach IAS 19 (→ § 22 Rz 76ff.).

---

1 LÜDENBACH, IFRS, 5. Aufl., 2008, S. 227.

17 Die im Schrifttum zum HGB und in der Rechtsprechung des BFH als selbstverständlich erachtete Gegenbuchung zu den Rückstellungen als **Aufwand** gilt nach den IFRS nicht. Hier können Herstellungskosten durchaus als Rückstellungen erfasst werden (→ § 8 Rz 57; → § 13 Rz 69; Rz 82).

2.2 Die Ansatzkriterien

2.2.1 Die Tatbestandsmerkmale insgesamt

18 IAS 37.14 knüpft bez. der Bilanzierung dem Grunde nach an die Definitionsnormen für die Verbindlichkeiten allgemein (F.49b und 60–64) und die sich teilweise überlagernden in IAS 37.10 (Rz 7) an. Danach verlangt der Ansatz einer Rückstellung das Vorliegen folgender Tatbestandsmerkmale:

- Gegenwärtige – gesetzliche oder faktische – **Außenverpflichtung** – *present obligation*,
- begründet durch ein **vorhergegangenes** Ereignis – *past event* (Rz 20ff.),
- mit **wahrscheinlichem** Abfluss von Ressourcen – *outflow of resources* (Rz 50ff.),
- bei **zuverlässiger Schätzungsmöglichkeit** der Verpflichtungshöhe – *measured with sufficient reliability* (Rz 51ff.).

19 Abgesehen von dem „Störfaktor" der *accruals* (Rz 53f.) lässt sich die Abbildungshierarchie für unsichere Verbindlichkeiten anhand des Entscheidungsbaumes in IAS 37 App. B wie folgt darstellen:

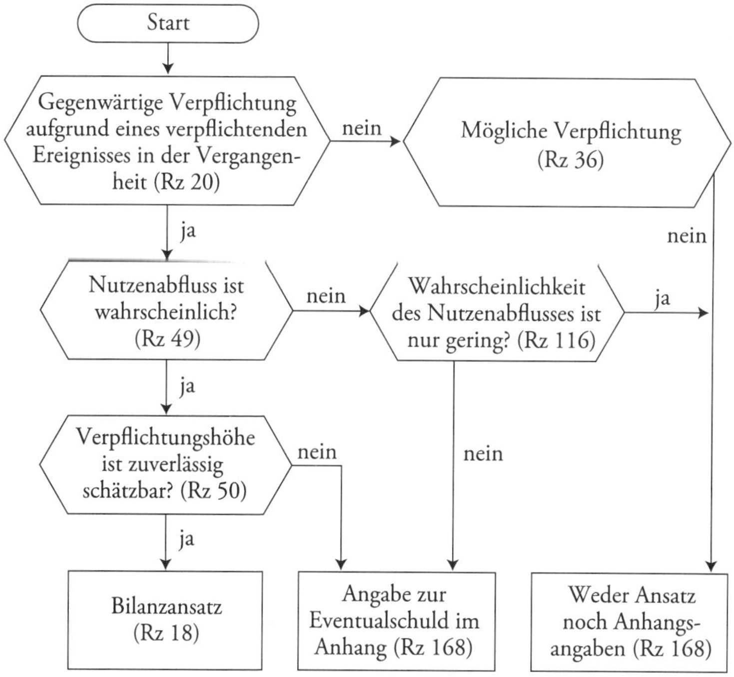

2.2.2 Vergangenheitsereignis – wirtschaftliche Verursachung

20 Keinen besonderen Aussagegehalt[2] lässt zunächst das in der Definitionsnorm IAS 37.10 ebenso wie in der Ansatznorm IAS 37.14 aufgeführte Tatbestandsmerkmal des Vergangenheitsereignisses *(past event)* erkennen. Denn eine (am Bilanzstichtag) **gegenwärtige Verpflichtung** muss notgedrungen in der Vergangenheit verursacht worden sein. Insoweit ist das Merkmal *past event* bereits im Merkmal *present obligation* enthalten.

Verpflichtungen aufgrund **künftiger** Geschäftstätigkeit sind **nicht** anzusetzen (Rz 34), aber solche, die in der **Vergangenheit** begründet worden sind. Im Zusammenspiel von Vergangenheit und Zukunft bedeutet dies: Eine Verpflichtung des Unternehmens ist dann nicht rückstellungsfähig, wenn es die Erfüllung „noch in der Hand hat", sie also aus **eigener Kraft vermeiden** kann. Vgl. hierzu die Fälle unter Rz 72ff. „Umweltschutz". Umgekehrt ausgedrückt: Der Ansatz ist geboten, wenn das Unternehmen **keine realistische Alternative** gegenüber der Erfüllung der Verpflichtung hat (IAS 37.17).

21 Diese Interpretation von *present obligation* bzw. *past event* kann sich auf die Erläuterungen in IAS 37.18f. stützen, wo Rückstellungen für die Ausübung der **künftigen** Geschäftstätigkeit ausgeschlossen werden. Außerdem „passt" diese Interpretation des Vergangenheitsereignisses *(past event)* auf das **Beispiel 6** in Appendix C zu IAS 37:

Beispiel

Die Verpflichtung zum Einbau einer **Rauchfilteranlage** ist erst passivierungsfähig, wenn entsprechende Aufträge („Außenverpflichtung") an leistende Unternehmen erteilt worden sind. Nach IAS 37.19 kann sich das Unternehmen dieser öffentlich-rechtlichen Auflage zum Einbau der Anlage an einem künftigen Bilanzstichtag dadurch entledigen, indem es andere Produktionsverfahren einführt oder den entsprechenden Produktionszweig ganz einstellt.[3] Umgekehrt ist für etwa entstandene Schadensersatzverpflichtungen wegen des unstatthaften Gebrauches der Fabrikationsanlage ohne den Rauchfilter eine Rückstellung zu bilden, denn diese Verpflichtung resultiert aus der Produktionstätigkeit in der Vergangenheit (Rz 75).

22 Zeitliche Abgrenzungsprobleme für den Rückstellungsansatz ergeben sich auch bei **geänderter Rechtslage**. Dadurch kann ein Ereignis, das aktuell noch nicht zur Rückstellungsbildung berechtigt, an einem späteren Stichtag „rückstellungsbedürftig" sein (IAS 37.21).

---

2 Ähnlich MOXTER, BB 1999, S. 519 (521).

3 Dies ist für den BFH in einem vergleichbaren Fall kein Grund, von der Rückstellungsbildung abzusehen (BFH, Urteil v. 27.6.2001, I R 45/97, DB 2001, S. 1698). Gegen den BFH argumentiert SIEGEL mit der zitierten Begründung aus IAS 37.19 (DB 2002, S. 707). Dem BFH ist allerdings auch der Aspekt der „Entziehung" aus der Verpflichtung durch irgendwelche Handlungen geläufig. So hat er im Urteil v. 13.11.1991, I R 78/99, BStBl II 1992 S. 177, einer Bank die Rückstellung für eine Einzahlungsverpflichtung in einen Garantiefonds mit der Begründung verweigert, die Bank hätte sich ihrer Einzahlungsverpflichtung durch Kündigung der Mitgliedschaft (in diesem Fonds) entledigen können.

Beispiel[4]

Sachverhalt

- Variante 1: Durch ein neues Gesetz ist ein Automobilproduzent am 31.12.00 zur Rücknahme und Verschrottung aller nach diesem Stichtag verkauften Erzeugnisse verpflichtet.
- Variante 2: Mit Wirkung ab 1.1.01 besteht die Verpflichtung, auch alle vor diesem Stichtag verkauften Fahrzeuge zurückzunehmen und zu verschrotten.
- Variante 3: Nach der am 31.12.00 gültigen Gesetzeslage erhebt die Umweltbehörde vom Autohersteller eine Verschrottungsgebühr für die vor dem 1.1.01 verkauften Fahrzeuge. Grundlage für die Berechnung der Gebühr ist die Marktteilnahme des Herstellers im Jahr 01 ohne Berücksichtigung der zuvor getätigten Verkäufe.

Lösung

- In Variante 1 kann eine Rückstellung zum 31.12.00 nicht gebildet werden, denn das ansatzbegründende Ereignis *(obligating event)* ist der Verkauf von Autos nach dem 31.12.00. Am nächsten Stichtag ist eine Rückstellung für die zwischen dem 1.1.01 und dem betreffenden Stichtag verkauften Fahrzeuge zu bilden.
- In Variante 2 ist dagegen eine Rückstellung für die bis zum 31.12.00 verkauften Fahrzeuge zu bilden. Der Ansatz muss zu jedem Stichtag nach den bis dahin angefallenen Verkaufszahlen und den tatsächlich durchgeführten Verschrottungen weitergerechnet werden.
- In Variante 3 liegt das Verpflichtungsereignis *(obligating event)* in der Marktteilnahme im Jahr 01. Diese Lösung beruht auf einem Analogieschluss zum speziellen Entsorgungsverfahren für den sogenannten Elektroschrott (Rz 87). Die dazu geäußerten Bedenken schlagen auch hier durch: Der Automobilhersteller ist zum Weiterverkauf seiner Produkte in dem betreffenden Jurisdiktionsgebiet faktisch gezwungen.

Wegen der konkreten Bilanzierungsvorgabe nach der EU-**Altauto**richtlinie wird verwiesen auf Rz 88.

Eindeutig „vergangenheitsorientiert" und damit rückstellungspflichtig sollen nicht nur die Verpflichtungen aus verkehrsüblichen **Garantien**, sondern auch die aus **Kulanzen** (Rz 24) bei schadhaften Produkten etc. sein. Hinsichtlich der Gewährleistungen ohne rechtliche Verpflichtungen (Kulanz) ist dies im Vergleich zur oben behandelten Rauchgasfilteranlage nicht immer schlüssig: Den Kulanzerwartungen der Kunden des Produktionszweigs X kann sich das Unternehmen u. U. sanktionslos entziehen; sofern es diesen Zweig ganz einstellt, läge eine entziehbare Verpflichtung vor (Rz 25). 23

2.2.3 Rechtliche oder faktische Verpflichtung

Für die festzustellende Verpflichtung (Rz 18) ist zu unterscheiden zwischen einer 24
- **rechtlichen** (*legal*) oder
- **faktischen** (*constructive*) Grundlage.

---

4 Nach KPMG, Insights into IFRS 2008/2009, Tz 3.12.80.10.

Nach IAS 37.10 (Definitionsnorm) kann „**rechtlich**" beruhen auf

- Vertrag,
- Gesetz,
- anderer Rechtsgrundlage, insbesondere öffentlich-rechtlicher Natur.

Diese Kriterien entsprechen weitestgehend den deutschen Bilanzierungsvorstellungen.[5] Vertragliche und gesetzliche Schuldverhältnisse (z.B. Garantien) gelten ebenso wie die öffentlich-rechtlichen, insbesondere im Falle des Umweltschutzes, als Rechtsgrund und damit als bilanzansatzbegründend. Der Gläubiger muss nicht bekannt sein, so z.B. bei der Produzentenhaftung.

Auch die **faktischen** Verpflichtungen (Musterbeispiel: Kulanz, aber auch bekanntes Geschäftsgebaren) stimmen als Bilanzierungskriterien der IFRS mit denjenigen des HGB und der dieses auslegenden BFH-Rechtsprechung überein (Rz 20). Für den Fall der verjährten Verbindlichkeiten gilt dies ebenfalls (→ § 28 Rz 85).

25 **Faktische** Verpflichtungen sind nach IAS 37.10 wie folgt gekennzeichnet:[6]

- Durch **Geschäfts**gebaren oder öffentliche **Ankündigungen**,
- bei einer anderen Partei, die der „**Gläubiger**" eines Anspruchs ist,
- ist eine gerechtfertigte **Erwartung** (*valid expectation*) eines bestimmten Verhaltens des Unternehmens geweckt worden.

Zu den vorstehend aufgeführten Begriffen gibt IAS 37.20 folgende **Erläuterung**:

- Die Verpflichtung besteht immer gegenüber einer anderen „**Partei**".
- Diese Partei muss nicht notwendig identifizierbar sein, auch die **Öffentlichkeit** insgesamt zählt darunter.
- Die Verpflichtung setzt eine **Zusage** des Managements – die Entscheidung allein genügt nicht – voraus, weil sonst keine Erwartungshaltung der Betroffenen geweckt werden kann.

Dabei müssen die generell gültigen Ansatzkriterien für eine Rückstellung nach IAS 37.14 erfüllt sein (Rz 18).

26 Die vorstehend dargestellten Begriffsinhalte sind nicht immer trennscharf in der Abgrenzung zu **Aufwandsrückstellungen**, die „an sich" nicht angesetzt werden dürfen (Rz 34). Dies gilt insbesondere für die Sonderform der faktischen Verpflichtung in Form der **Restrukturierungsaufwendungen** (Rz 89ff.). Hier sollen ansatzbegründend die berechtigten Erwartungen der freizusetzenden Arbeitnehmer als Gläubiger dienen. Diese haben indes in aller Regel gerade kein Interesse an der Durchführung der Restrukturierungspläne, d.h., im Gegensatz zu anderen Gläubigern fehlt es ihnen am Vollstreckungsinteresse. Nach **künftiger** Rechtslage sollen Restrukturierungsrückstellungen erst bei Vorliegen einer Verbindlichkeit i.S.d. allgemein gültigen Ansatzkriterien gebildet werden.

27 In verschiedenen Sitzungen des Board in 2007 wurde die Formulierung ED IAS 37.15c diskutiert, wonach bei fehlender Rechtsverbindlichkeit, also bei einer **faktischen** Verpflichtung, der „Gläubiger" ein **wirtschaftliches Interesse** an der Erfüllung der Verpflichtung durch das Unternehmen haben muss, um einen Bilanzansatz zu rechtfertigen: „*The other parties will either benefit from the entity's performance or suffer harm from its non-performance*" (ED 37.15c). M. a.W. (bezogen auf die angekündigte Entlassung von Mitarbeitern): Wenn das Unternehmen es sich vor Eingehen der rechtlichen Verpflichtung zur Abfindungszahlung an

---

5 Vgl. z.B. HOFFMANN/LÜDENBACH, NWB Kommentar Bilanzierung, Heine 2009, § 249, Tz 10.

6 Vgl. zum Folgenden LÜDENBACH/HOFFMANN, BB 2005, S. 2344.

den jeweiligen Arbeitnehmer anders überlegt und die Entlassungskampagne stoppt, wird kaum ein Mitarbeiter auf Erfüllung klagen, nämlich auf Entlassung.[7]
Unabhängig davon bereitet dem Board die **Unterscheidung** der „normalen" von der faktischen Verpflichtung Schwierigkeiten – eben zur Vermeidung des Ansatzes von künftigen Unternehmensrisiken (Rz 21):[8]

- Einerseits sollen faktische Verpflichtungen nicht (nur) vorliegen, wenn sie „*enforceable*" sind;
- andererseits muss dann der außenstehende Gläubiger das Recht *(right)* haben, vom Unternehmen eine bestimmte Handlungsweise einzufordern.

Diese (scheinbare?) Widersprüchlichkeit könnte sich durch Besonderheiten des angloamerikanischen Rechtssystems auflösen, dem zufolge irgendein öffentlich geäußertes „Versprechen" bereits eine durchsetzbare Forderung begründen kann (Rz 33). Dann aber ist ein Unterschied zu „*enforceable*" durch förmlichen Rechtsakt schwer ersichtlich.

Man kann das Ansatzgebot für faktische Verpflichtungen auch unter dem Aspekt 28
eines **investitionstheoretischen** Kalküls analysieren.[9] Wenn keine Rechtsverbindlichkeit vorliegt, wird der Unternehmer (zusätzliche) Auszahlungen nur vornehmen, wenn er unter Berücksichtigung des Zinseffektes einen höheren Einzahlungsbetrag erwartet. Per Saldo ergibt sicht dann aber gerade keine Belastung.

Beispiel

Am Bilanzstichtag 01 erwartet der Unternehmer durch Kulanzleistungen künftige Ausgaben von 20. Die mit der Kulanzleistung mittelbar verbundenen Vorteile – stärkere Kundenbindung, dadurch bessere Umsätze und Deckungsbeiträge – werden höher als 20 eingeschätzt.
Der nach IAS 37 gebotene Ansatz einer Rückstellung für die Kulanzleistung von 20 belastet das Ergebnis des Jahres 01, obwohl der Unternehmer aus der Kulanzleistung insgesamt mit einem Gewinn kalkuliert. Die daraus folgende Verzerrung eines Ergebnisausweises kann man mit dem Imparitätsprinzip oder dem Gläubigerschutz rechtfertigen. Der ökonomische Gehalt der Kulanzentscheidung wird jedoch bilanziell nicht zutreffend abgebildet.

Dieses Ergebnis wird durch die Bezugnahme auf die Drohverlustrückstellung 29
(Rz 55ff.) bestätigt. Ein ansatzbegründender, weil verlustbringender Vertrag *(onerous contract)* liegt nur vor, wenn in das Kalkül nicht nur die **feststehenden** Einnahmen und Ausgaben, sondern auch die **erwarteten** Einzahlungsüberschüsse einbezogen werden. Deshalb hat der BFH im berühmten Apothekerfall eine Drohverlustrückstellung für einen Mietvertrag mit (rechtlichem) Auszahlungsüberhang nicht akzeptiert, weil der Apotheker mit Hilfe dieses Mietvertrages zusätzliche, den Auszahlungsüberschuss überkompensierende Einnahmen erwartete.
Diese Lösung trifft auch nach IAS 37 zu. Sie widerspricht indes dem Ansatz einer faktischen Verpflichtung aus der Kulanzzusage im Beispiel unter Rz 28 bei gleichem ökonomischem Gehalt.

---

7 So bereits LÜDENBACH/HOFFMANN, BB 2005, S. 2344.
8 IASB plus: Observer Notes July 2007.
9 Vgl. hierzu erstmals THEILE, PiR 2007, S. 302. Dort sind auch die nachfolgenden Beispiele aufgeführt.

30 Man kann dieses investitionstheoretische Kalkül auch auf **Verlust**fälle anwenden.[10]

> **Beispiel**
> Eine Produktionslinie erzielt jährliche Auszahlungsüberschüsse von 40 mit der Folge eines Teil-Unternehmenswertes von -400 bei 10 % Zins und ewiger Fortsetzung.
> Eine Rückstellung für diese künftigen Verluste kommt nach IAS 37 nicht in Betracht (Rz 34).

Wenn umgekehrt das Unternehmen eine Stilllegung vornimmt, welche die Definitionskriterien der Restrukturierung erfüllt (Rz 89), kann es die damit verbundenen Auszahlungsüberschüsse von angenommen 150 als (faktische) Verpflichtung bilanzieren, obwohl sich diese von 400 auf 150 vermindert haben.

31 Alle diese investitionstheoretisch orientierten Überlegungen stellen die Berechtigung des Ansatzes von faktischen Verpflichtungen infrage.

32 Unklar kann auch der Begriffsinhalt der **„anderen Partei“** sein, die als Gläubiger zur Begründung einer Verpflichtung erforderlich ist. Hierzu folgendes Beispiel für den Fall der „Öffentlichkeit“ als Gläubigerin:

> **Beispiel**[11]
> Ein Ölförderungsunternehmen steht vor der Alternative, eine Plattform in der Nordsee zu versenken oder umweltgerecht zurückzubauen. Zum Rückbau ist es gesetzlich nicht verpflichtet. Bisher entsprach das „übliche Geschäftsgebaren“ dem Versenken in anderen Weltmeeren und bei kleineren Plattformen auch in der Nordsee. Aufgrund umweltorientierter Pressemeldungen erklärt sich das Unternehmen Ende 01 durch seinen Pressesprecher zu einer umweltgerechten Entsorgung bereit.
> Diesen Verlautbarungen „glaubt“ ein Teil der Öffentlichkeit, d.h., insoweit sind „gerechtfertigte Erwartungen“ *(valid expectations)* geweckt. Ein anderer Teil der Öffentlichkeit glaubt dem Unternehmen nicht. Der Rest ist uninteressiert.
>
> **Beurteilung**
> - Das bisherige Geschäftsgebaren spricht **gegen**, die veröffentlichte Erklärung **für** eine Rückstellung.
> - Die **Öffentlichkeit** als andere Partei ist „gespalten“. Welcher **Teil** dieser Öffentlichkeit ist für die Bilanzierung maßgebend? Ist dabei länderspezifisch zu unterscheiden, z.B. wenig Umweltbewusstsein im Vereinigten Königreich und umgekehrt in Deutschland?

Das Beispiel zeigt: Bei faktischen Verpflichtungen fehlt es an dem sonst einem Gläubiger zustehenden **Vollstreckungspotenzial**. Zudem stellt sich die Frage nach der **„realistischen Alternative“** zur Erfüllung der Verpflichtung: Diese können in der Rufschädigung und ähnlichen nicht quantifizierbaren Größen

10 Immer noch Gedanken von THEILE, PiR 2007, S. 302 mit dem folgenden Beispiel.

11 Entnommen LÜDENBACH/HOFFMANN, BB 2005, S. 2345.

liegen. Dann ist aber unklar, wie dieser kaum quantifizierbare Schaden bewertet werden muss, um die „realistische Alternative" auszuschließen.

Schließlich soll der erforderliche Vergangenheitsbezug (Rz 20) durch die **Unabhängigkeit** von der **künftigen** Geschäftstätigkeit, also der Unternehmensfortführung, hergestellt werden (IAS 37.19). Dadurch werden erst recht die Grenzen zur Aufwandsrückstellung verwischt, wie sich etwa am Beispiel von **Kulanzleistungen** zeigt. Diese haben ökonomisch einen Sinn, wenn durch Kundenbindung, Imagegewinn u. Ä. **künftige** Erlöse und Erträge generiert werden. Deshalb sind faktische Verpflichtungen dieser Art als Opportunitätskosten immer abhängig von der **künftigen** Geschäftstätigkeit. Wenn die *going-concern*-Prämisse entfällt, kommt es nicht mehr auf Rufschädigungen etc. an. Das Unternehmen ist dann an der Erfüllung seines Versprechens gehindert. 33

Rechtliche und **faktische** Verpflichtungen sind insoweit grundlegend zu **unterscheiden**: Vertragliche Garantieleistung (z. B.) kann der Gläubiger auch noch im **Liquidationsstadium** vollstrecken, Kulanzforderungen gehen demgegenüber ins Leere. Allerdings kann u. U. auch durch öffentliche Ankündigungen (vgl. das obige Beispiel zur Ölplattform) eine effektive rechtliche Verpflichtung unter dem Aspekt von Treu und Glauben begründet werden. Nach US-Recht kann ein außervertragliches Versprechen eine rechtlich durchsetzbare Verpflichtung „*(promissory estoppel)*" begründen (Rz 27).

2.2.4 Künftige Verluste – Aufwandsrückstellungen

Die Außenverpflichtung muss „**gegenwärtig**"*(present* Rz 20), also nicht durch **zukünftige** Tätigkeiten bedingt sein. In der **Zukunft** entstehende **Verluste** aus der Geschäftstätigkeit *(future operating losses)* erfüllen daher nicht das Ansatzkriterium für *liabilities* und sind deshalb als Rückstellungen nicht bilanzierbar (IAS 37.63; Rz 68). Dieser Vorgabe schließt sich der Referentenentwurf des Bilanzrechtsmodernisierungsgesetzes durch Änderung des § 249 Abs. 2 HGB an. 34

Beispiel

Ein Luftfahrtunternehmen muss nach Gesetz alle 3 Jahre eine Generalüberholung an den Flugzeugen vornehmen. Das Flugzeug X wird Anfang 01 angeschafft. In den Jahren 1 bis 3 darf keine Rückstellung gebildet werden, selbst wenn Ende 03 schon der Auftrag zur Durchführung der Generalüberholung an ein Drittunternehmen erteilt worden sein sollte.

Der IASB erläutert an diesem Beispiel den Begriff „*present*" wie folgt: Die Fluggesellschaft könnte sich der Überholungsverpflichtung entziehen, z. B. durch Stilllegung oder Veräußerung des Flugzeuges vor Erreichen der Drei-Jahres-Frist. Anders ausgedrückt: Die Überholung dient nicht dem Betrieb der Jahre 01 bis 03, sondern dem Weiterbetrieb in den Jahren 04 bis 06 und ist deshalb durch die zukünftige Nutzung verursacht.

Gleichwohl wird im Beispielfall der Überholungsaufwand ergebnismäßig auf die Jahre 01 bis 03 verteilt, aber nicht durch Dotierung einer Rückstellung, sondern durch Berücksichtigung einer über 3 Jahre abzuschreibenden „Generalüberholungskomponente" (→ § 8 Rz 38).

Künftige Aufwendungen zur **Unterhaltung** des Geschäftsbetriebes sind nicht rückstellungsfähig. Dazu folgendes Beispiel:

Beispiel[12]
Sachverhalt
H betreibt eine Hotelkette. Die Hotels werden in bestimmtem zeitlichem Rhythmus je nach Saison für 3 Monate zur Durchführung von Unterhaltsarbeiten geschlossen. Ohne diese Reparaturmaßnahmen könnte der Hotelbetrieb auf Dauer nicht aufrechterhalten werden.

Lösung
Die betreffenden Reparaturen sind bei Anfall im Aufwand zu verrechnen.

2.2.5 Das Bestehen der Verpflichtung (Konkretisierung)

35 Die Frage nach dem Bestehen oder Nichtbestehen einer Verbindlichkeit ist in der komplizierten Welt der Ökonomie häufig nicht eindeutig zu beantworten. Das **Unsicherheits**moment steigt noch spürbar, wenn über die Bilanzansatzfähigkeit der potenziellen Verbindlichkeit zu befinden ist.

36 Nicht jede denkbare oder befürchtete Verpflichtung kann einen Bilanzansatz rechtfertigen. IAS 37.15 trägt dem durch folgende Regel Rechnung: Ein Bilanzansatz für eine unsichere Verpflichtung ist nur dann vorzunehmen, wenn ihr Bestehen **mehr wahrscheinlich als unwahrscheinlich** ist *(„more likely than not“)*. Dieses Ansatzkriterium soll künftig entfallen.

Beispiel
Ein selbst ernannter Umweltschützer verklagt das Energieversorgungsunternehmen auf Schadenersatz wegen Umweltverseuchung durch CO_2-Ausstoß. Eine Verurteilung ist unwahrscheinlich. Eine Rückstellung ist nicht zu bilden.

37 Nach deutschem Sprachgebrauch muss das Unternehmen mit dem Ent- oder Bestehen der Verpflichtung **ernsthaft** rechnen.[13] Die Verpflichtung muss zwar nicht mit Sicherheit (dann „normale“ Verbindlichkeit), aber doch mit einiger **Wahrscheinlichkeit** be- oder entstehen.[14] Und eine solche Wahrscheinlichkeit soll dann tatbestandlich vorliegen, wenn **mehr Gründe für als gegen** das Bestehen oder Entstehen der Verpflichtung am Bilanzstichtag ersichtlich sind. Diese (sog. 51-%-Wahrscheinlichkeit)[15] passt nahtlos zum *„more likely than not“*-Kriterium in IAS 37.16 (vgl. auch Beispiel 10 in Anhang C zu IAS 37).

38 Die Übereinstimmung in beiden Rechnungslegungsregeln umfasst allerdings auch den geringen **Aussagegehalt**, der zur Lösung eines konkreten Bilanzierungsproblems wenig hilft.

---

12 Nach KPMG, Insights into IFRS 2008/2009, Tz 3.12.550.10.

13 Moxter, in: FS Forster, S. 430. So auch ständige BFH-Rechtsprechung z. B. Urteil v. 27.6.2001, I R 45/97, DStR 2001, S. 1384.

14 Z. B. BFH, Urteil v. 2.12.1992, I R 46/91, BStBl II 1993 S. 109.

15 Z. B. BFH, Urteil v. 2.10.1992, III R 54/91, BStBl II 1993 S. 153 („einige Wahrscheinlichkeit“). Siehe hierzu auch die Beispiele bei Lüdenbach/Hoffmann, KoR 2003, S. 5.

Abgesehen vom Bewertungsproblem ist die „**Wahrscheinlichkeit**“ (nochmals: *more likely than not*) die große Crux der Rückstellungsbildung speziell.[16] In der deutschen Literatur und Rechtsprechung wird in diesem Zusammenhang gerne der ordentliche Kaufmann zitiert, der die objektiven Gegebenheiten am Jahresabschluss mit dem subjektiven Kenntnisstand bei Bilanzerstellung (**Wertaufhellung**) kombinieren muss und dann zur Bilanzierung schreiten kann. 39

Hier beginnen die Unwägbarkeiten, genauer gesagt die Hilflosigkeit des bilanzierenden Kaufmanns genauso wie diejenige der Literatur und der Rechtsprechung, wenn es um die Auslegung der für den Bilanzansatz erforderlichen „**Wahrscheinlichkeit**“ bei **singulären** Ereignissen (Rz 119), bei denen keine statistische Berechnungsmöglichkeit besteht, geht: Nach IFRS, BFH und handelsrechtlicher Literatur sollen mehr Gründe für das Bestehen der Verbindlichkeit als dagegen sprechen (**51-%-Regel**). Wörtlich genommen würde dieses Kriterium eine Auflistung der Gründe mit positivem und negativem Vorzeichen anschließender „Errechnung“ der Differenz erfordern – eine absurde Vorstellung. Diese wird auch nicht nach einem anderen Vorschlag[17] besser handhabbar, wenn die Gründe für und gegen die Inanspruchnahme **gewichtet** werden. 40

Beispiel

Ein Kunde im Vorderen Orient verweigert die Zahlung für eine Großproduktionsanlage und macht zusätzlich Schadenersatzansprüche geltend. Wendet man zu Letzteren die 51-%-Regel an, könnte etwa folgendes Schema als Berechnungsgrundlage dienen:

	Gründe für Inanspruchnahme	Gründe gegen Inanspruchnahme	Gewicht
1.	Kunde kennt den Schaden.		58
2.		Internationales Handelsgericht ist dem Vorderen Orient nicht hold.	21
3.	Technischer Mangel.		72
4.		Technischer Mangel möglicherweise durch fehlerhafte Wartung entstanden.	38
5.	Erfahrungsgemäß wird angestrebt.		81
6.		Die Richterbesetzung gilt als *„producer minded“*.	37
7.	etc.?		x
8.		etc.?	y
		Σ	**Nonsens**

[16] Hoffmann, §§ 4, 5 Tz 873, in: Littmann/Bitz/Pust, EStG-Kommentar. Zur Quantifizierbarkeit der „Wahrscheinlichkeit“ in diesem Zusammenhang vgl. auch Osterloh-Konrad, DStR 2003, S. 1631 f. Die damit verbundenen erheblichen Ermessensspielräume bestätigt Wagenhofer, IAS/IFRS, 6. Aufl., 2009, S. 265. Ebenso Hachmeister/Zeyer, in: Thiele/Keitz, von/Brücks, Internationales Bilanzrecht, § 37, Tz 140 f.

[17] Christiansen, Steuerliche Rückstellungsbildung, 1993, S. 36.

Eine solche Vorgehensweise kann auch nicht zu eindeutig quantifizierbaren Größen führen. Es verbleibt so die Beurteilung nach dem Maßstab der besseren Argumente.[18] Dabei bleibt ungeklärt, wer über besser und schlechter urteilt. Weder die „reine" Arithmetik noch die „gewichtete" Arithmetik können bei einem solchen **singulären** Ereignis ein „richtiges" Ergebnis liefern. Vgl. hierzu Rz 123 sowie Rz 143.

41 Die **IFRS** bemühen generell geradezu ausufernd die „**Wahrscheinlichkeit**" als Bilanzierungskriterium (Rz 112 zur Hierarchie der Begrifflichkeiten).[19] Die Rückstellungen speziell bieten hierzu eine Fundgrube (*probable, „more likely than not"*, Beispiele in IAS 37.10, 37.14, 37.15). An keiner Stelle ist eine nähere Umschreibung dessen zu finden, was *„probable"* eigentlich bedeutet und wie *„more likely than not"* gerade im Fall singulärer Ereignisse zu interpretieren ist (vgl. auch Rz 111 f.). Daher zunächst ein kurzer Blick in andere Rechnungslegungssysteme:

- In den **US-GAAP** verweist der FASB – etwa vergleichbar den IASB – auf den **allgemein gültigen Sprachgebrauch** („wahrscheinlich regnet es morgen"). Ansonsten behilft er sich mit klassischer Tautologie: Ein Ergebnis ist *„probable"*, wenn *„likely to occur"*. Zur **Vortäuschung einer Quantifizierbarkeit** (zur Bewertung vgl. Rz 119) ist dann vermutlich die nachstehende Tabelle geeignet:[20]

US-GAAP	
probable	*The future event or events are likely to occur.*
reasonably possible	*The chance of the future event or events occurring is more than remote but less than likely.*
remote	*The chance of the future event or events occurring is slight.*

- Der **BFH**[21] betont in diesem Zusammenhang die Notwendigkeit der **Objektivierung** des Bilanzausweises:
  „Die Wahrscheinlichkeit ist nicht nach den subjektiven Erwartungen des Steuerpflichtigen zu prüfen, sondern auf der Grundlage objektiver, am Bilanzstichtag vorliegender und spätestens bei Aufstellung der Bilanz erkennbarer Tatsachen aus der Sicht eines sorgfältigen und gewissenhaften Kaufmanns zu beurteilen."[22]
- Auch im **handelsrechtlichen** Schrifttum herrscht eher **Rätselraten** als eine einigermaßen schlüssige Ableitung. So heißt es im Standardkommentar der Wirtschaftsprüfer:[23]
  „Rückstellungen sind daher weder mit dem ungünstigsten noch mit dem günstigsten Betrag anzusetzen, sondern mit dem Betrag, mit dem das Unter-

18 EULER/ENGEL-CIRIC, WPg, Sonderheft 2004, S. 142; EIBELSHÄUSER, BB 1987, S. 863.
19 Einzelheiten bei LÜDENBACH/HOFFMANN, KoR 2003, S. 5; vgl. auch KÜTING et al., WPg 2010, S. 319.
20 SFAS 5, Abs. 3; SFAS 90, Abs. 9(a).
21 BFH, Urteil v. 1.8.1984, I R 88/80, BStBl II 1985 S. 44; ähnlich BFH, Urteil v. 2.10.1992, III R 54/91, BStBl II 1993 S. 153.
22 Nach KPMG, Insights into IFRS 2008/2009, Tz 3.12.550.10.
23 ADS International, 6. Aufl., § 253 HGB Tz 192.

nehmen unter Berücksichtigung des Gesichtspunktes der Vorsicht voraussichtlich in Anspruch genommen wird."

Im Zentrum des Ansatzes von Rückstellungen steht also die „**Wahrscheinlichkeit**". Für diesen Begriff fehlt eine Konkretisierung. Wahrscheinlichkeit kann zweierlei bedeuten:

- Eine **mathematisch-statistische** Größe, die dem Gesetz der **großen Zahl** unterliegt (bilanzrechtlich anwendbar bei Gewährleistungsrückstellungen, Rückgabequoten im Versandhandel).
- Eine **subjektive Glaubensaussage**: „Lassen sich, wie etwa bei Entscheidungssituationen im Wirtschaftsleben, die Wahrscheinlichkeiten nicht aus Zufallsexperimenten ableiten, so werden sie subjektiv geschätzt; sie stellen damit genau genommen nur vernünftige Glaubensaussagen dar."[24] Dies ist tatbestandlich bei **singulären** Ereignissen der Fall, z.B. bei Produkthaftpflichtfällen (vgl. das Beispiel unter Rz 40).

Die Frage ist dann, wie mit dem so verstandenen Wahrscheinlichkeitsbegriff der Bilanzansatz für die Schadensersatzverpflichtung im Beispielsfall (Rz 40) richtigerweise angesetzt wird. **Leffson**[25] spricht von einer „intuitiven Wahrscheinlichkeitsermittlung", die man auch als „**Erwartungsgefühl**" interpretieren kann. Die zitierten „Begründungen" für den Rückstellungsansatz kaschieren vor diesem Hintergrund eigentlich nur die systematisch bedingte Unbegründbarkeit im Sinne einer exakten Mathematik.[26]

Eindeutigkeit wird auch dann nicht hergestellt, wenn mit **gewichteten** Eintrittwahrscheinlichkeiten gerechnet wird. Für den Ausgang eines Passivprozesses angegebene Prozentzahlen, etwa wir gewinnen zu 70 %, haben jedenfalls mit dem einer mathematischen „Wahrscheinlichkeit" zugrunde liegenden Gesetz der großen Zahl nichts gemein.[27] Eine **Szenariorechnung** mit gewichteten Wahrscheinlichkeiten ändert unter diesen Umständen nichts an der Subjektivität der Einschätzungen. Ein Szenariomodell kann aber zu einer widerspruchsfreien Strukturierung der subjektiven Annahmen beitragen und insoweit einer begrenzten Plausibilitätsprüfung zugänglich machen. Hierzu wird im Einzelnen auf Rz 133 verwiesen. **42**

Im Falle eines anstehenden **Passivprozesses** wegen Schadensersatzes, Produkthaftpflicht u. Ä. hat der FASB[28] einige Beurteilungskriterien aufgelistet: **43**

- Art des Rechtsstreites bzw. Anspruches,
- Stand des Verfahrens,
- Auffassungen der Anwälte,
- Erfahrungen des Unternehmens aus einschlägigen Fällen,
- Erfahrungen anderer Unternehmen,
- beabsichtigte Reaktion des Managements: energisches Bestreiten oder Vergleich.

---

24 VAHLENS großes Wirtschaftslexikon, 2. Aufl., 1993, S. 2310; Wirtschaftslexikon, 2. Aufl., 1993, S. 727; MEYERS Enzyklopädisches Lexikon, Bd 24, 1971, S. 773.

25 LEFFSON, Grundsätze ordnungsmäßiger Buchführung, 7. Aufl., S. 472.

26 HERZIG, DB 1990, S. 1347, „... da die Quantifizierung von Wahrscheinlichkeiten nur selten nachprüfbar gelingt". Mathematische Modelle zur Bestimmung der Wahrscheinlichkeit sind nachzulesen bei ADS International, Abschn. 18 Tz 69ff.

27 HOFFMANN, DStR 1993, S. 125; HARTUNG, BB 1988, S. 1421; siehe aber HERZIG/KÖSTER, BB 1994, Beilage 23, S. 6; STENGEL, BB 1993, S. 1406. Wie hier HEUSER/THEILE, IAS/IFRS-Handbuch, 4. Aufl., 2009, Rz 2323.

28 Zitiert von KÜTING et al., WPg 2010, S. 320.

Diese Anleitungen mögen hilfreich sein, ein eindeutig als „richtig“ erkanntes Ergebnis wird sich daraus aber meist nicht ableiten lassen. Dabei ist letztlich das **Management** nach IAS 37.38 zur Entscheidung (bei der Bewertung) berufen (Rz 113). Die Beurteilungen Dritter gehen unterstützend in die geforderte Entscheidung des Managements ein. Diese muss **intersubjektiv** nachprüfbar in der Verwertung der Argumente pro und contra sein.[29] Vgl. hierzu auch das Beispiel zu Rz 116.

44 Der Board hat sich auch speziell mit dem Ansatzproblem einer Rückstellung im (anstehenden) Passivprozess – Beispiel: Patentverletzungen – befasst.[30] Es geht um die Frage, ob eine Verbindlichkeit am Stichtag besteht, wenn

- bei einem Prozess mit **Gerichtsurteil** mit überwiegender Wahrscheinlichkeit (vielleicht 70 %) ein Obsiegen indiziert ist, insoweit also keine Rückstellung nach dem *more-likely-than-not*-Kriterium in Betracht kommt,
- aus verfahrensökonomischen Gründen aber ein **Vergleich** angestrebt (und mit überwiegender Wahrscheinlichkeit erwartet) wird, aber bis zum Stichtag noch nicht, sondern erst unmittelbar danach der Beschluss zur Aufnahme von Vergleichsverhandlungen fällt.

Das Problem stellt sich wie folgt dar: Bis zum Bilanzstichtag ist keine Entscheidung für oder gegen Prozess bzw. Vergleich gefallen. Ein Ansatz einer Schuld ist nach Maßgabe des ersten Aufzählungspunktes nicht erforderlich. Hätte das Management hingegen schon vor dem Stichtag die Aufnahme von Vergleichsverhandlungen beschlossen, wäre für den mit überwiegender Wahrscheinlichkeit erwarteten Vergleich eine Rückstellung geboten. Nach Ansicht des Board soll dieses Ergebnis durch zeitliche Verlagerung des formalen Beschlusses über die Aufnahme von Vergleichsverhandlungen nicht vereitelt werden können. Ist zwar am Bilanzstichtag die Verurteilung im Prozess überwiegend unwahrscheinlich, aber zu diesem Zeitpunkt schon eine Vergleichslösung überwiegend wahrscheinlich, muss – jedenfalls nach geplantem zukünftigem Recht – eine Rückstellung angesetzt werden.

45 Bei einem Blick in die **Praxis** (vgl. auch Rz 40) stellt sich die Entscheidungsfindung erheblich komplexer dar. In der April-2007-Sitzung des Board[31] haben Vertreter der Counsel 100 Group (CG 100) dem Board die Komplexität der Feststellung einer Schuld im Rahmen eines **Passivprozesses** dargestellt und auf die Schwierigkeiten der Abgrenzung vom allgemeinen Geschäftsrisiko (Rz 26) hingewiesen (vgl. das Beispiel unter Rz 36: Mit irgendwelchen Schadensersatz- oder ähnlichen Anforderungen muss sich ein großes Unternehmen eigentlich ständig herumschlagen). Die Vertreter der CG 100 verwiesen auf die häufig nicht mögliche Feststellung einer gegenwärtigen Verpflichtung aufgrund eines solchen Passivprozesses. „Richtig und falsch“ könne wenigstens im frühen Prozessstadium nicht festgestellt werden. Häufig sei eine komplexe Analyse mit Dutzenden gegenseitig abhängigen Parametern zu analysieren. Deshalb können regelmäßig ganze Teams von Rechtsexperten keine Aussage über die künftige Entwicklung allgemein und erst recht nicht zur Schätzung von wahrscheinlichkeitsgewichteten *cash flows* abgeben. Vgl. hierzu auch die Beispiele unter Rz 115 und Rz 116.

---

29 So auch KÜTING et al., WPg 2010, S. 320.

30 IASB, Update November 2010.

31 Vgl. IASB plus (Internetadresse von Deloitte).

Ob dieser realitätsnahen Darstellung der wirtschaftlichen Wirklichkeit war der Board nicht glücklich. Denn dann – so der Board – können Schulden aus Passivprozessen erst gegen Ende des Verfahrens bilanziert werden. Einige Board-Mitglieder wiesen daher auf pragmatische Formen der Wertbestimmung (des Buchungsbelegs) einer Verbindlichkeit hin: „*Bring together the controller, the chief accountant and the lawyer and at the end of the day you always have a number.*" Dass auf diese Weise irgendeine Zahl („*a number*") zu Stande kommt, ist sicher richtig. Unberührt bleibt aber das eigentliche Problem der Unsicherheit, die Frage nach der Qualität dieser Zahl. 46

Nur wenn mit dem **Gesetz der großen Zahl** – etwa bei pauschalen Gewährleistungsverpflichtungen (Rz 41, Rz 119) – gerechnet werden kann, liegt eine Wahrscheinlichkeit im mathematisch-statistischen Sinne vor. Aber selbst bei Vorliegen einer ausreichenden statistischen Grundgesamtheit ist das Wahrscheinlichkeitskriterium **nicht immer eindeutig** definierbar. 47

Beispiel[32]

Der Fußballclub SV Werder Bremen hat für den Fall der Erringung der deutschen Meisterschaft zu Beginn der Saison 2003/2004 für jeden Spieler 2.000 EUR pro in der Saison erzielten Punkt „ausgelobt".

Zum Bilanzstichtag bzw. zum Quartalsstichtag 31.12.03 ist der SV Werder Bremen Herbstmeister. Statistisch gesehen gewinnt in 70 % der Fälle der Herbstmeister auch die Meisterschaft.

Das Gesetz der Großen Zahl ist hier verfügbar. Die Erfassung beruht indes auf Vergangenheitswerten, während die Rückstellung zukünftige Entwicklungen berücksichtigen soll.

Eine solche zukunftsorientierte Betrachtung kann aus Meinungsumfragen der Bildzeitung herausgearbeitet werden. Danach prognostizieren 41 % der Befragten Bayern München als Meister, 13 % tippen auf den VfB Stuttgart und nur 11 % auf den SV Werder Bremen. Ein Bilanzansatz kommt danach nicht in Betracht, denn das *more-likely-than-not*-Kriterium wird nicht erfüllt.

Möglicherweise muss man allerdings auch nach der Qualifikation der Befragten differenzieren. U. U. sind Akademiker und Frauen mit weniger Fußballverstand gesegnet. Dann wäre die Quote der männlichen Nichtakademiker, die sich an der Umfrage beteiligt haben, von größerer Aussagekraft. Allerdings liegt hier die „Erwartungsquote" für die Meisterschaft noch unter 10 %, sodass nicht einmal eine Berichtspflicht im Anhang bestünde (Rz 50, 170).

Die IFRS haben bewusst auf genaue Bestimmungen zur Quantifizierung von Wahrscheinlichkeiten verzichtet,[33] mag auch nicht ganz selten die „Regel" *more* 48

[32] Nach LÜDENBACH/HOFFMANN, DB 2004, S. 1442, 1446. Vgl. zu einem ähnlichen Beispiel HAAKER, KoR 2005, S. 52: Eine Handelskette verspricht eine Kaufpreisermäßigung für den Erwerb neuer Fernsehgeräte bis zum 31.12.01, wenn die deutsche Tischfußball-Nationalmannschaft im Sommer 02 die Europameisterschaft gewinnt.

[33] EPSTEIN/MIRZA, Interpretation and Application of IAS 2002, S. 536, führen aus: „It is tempting (verführerisch) to express quantitatively the likehood of the occurence of contingent events (e. g. an 80 % probability), but this exaggerates the precision possible in the estimation process."

likely than not so interpretiert werden. Ansonsten bleiben die IFRS hinsichtlich der Konkretisierung des Verpflichtungsgrundes offen. Demgegenüber sind aus der BFH-Rechtsprechung – insoweit rein handelsrechtlich argumentierend – zwei **feste Regeln** bez. der Wahrscheinlichkeit auszumachen:

- Bei **Umweltschutzverpflichtung** (Rz 73) muss die zuständige Behörde vom Schadensfall Kenntnis haben; fehlt es daran, ist die Inanspruchnahme des Unternehmens „unwahrscheinlich".[34]
- Bei anhängigen **Passivprozessen** liegt regelmäßig die ansatzbegründende Wahrscheinlichkeit vor.[35]

Im erstgenannten Sachverhaltsbereich (Umweltverpflichtungen) stimmen die BFH-Kriterien mit denjenigen nach IFRS bedingt überein. Allerdings kann das Unternehmen nach IAS 37 Anhang C durch öffentlich gemachte Selbstbindung (veröffentlichter Plan der Dekontaminierung) eine faktische Verbindlichkeit schaffen. Sie soll dann rückstellungsfähig sein, wenn das Unternehmen „bekanntermaßen" entsprechende Ankündigungen auch einhält.

Beispiel[36]

Die Power Car GmbH ist bei den lokalen Behörden und in der örtlichen Presse in die Kritik geraten. Moniert werden vor allem Lärmemissionen, daneben Bodenverunreinigungen. Eine gesetzliche Pflicht zur Sanierung des Bodens besteht nicht. Die Power Car GmbH geht jedoch in die Image-Offensive und erklärt in einer Presse-Konferenz ihre Absicht, im Folgejahr ein 1-Millionen-Programm zur Bodendekontaminierung durchzuführen. Die Aufsichtsbehörde nimmt dies wohlwollend zur Kenntnis, erlässt darüber hinaus eine Verfügung, wonach der Gewerbetrieb am vorhandenen Ort in 2 Jahren einzustellen ist, sofern bis dahin nicht umfangreiche Lärmschutzvorrichtungen (Volumen von 2 Mio. EUR) eingebaut sind.

Die Kontaminierung des Bodens hat ihre Ursache in der Vergangenheit. Mangels gesetzlicher Verpflichtung kommt nur eine **faktische** Verpflichtung infrage. Diese könnte sich aus der öffentlich kundgemachten Absicht ergeben. Eine faktische Verpflichtung (mit der Folge der Rückstellungspflicht) bestünde dann, wenn die Power Car GmbH schon bisher veröffentlichte Zusagen auch eingehalten hat. Gibt das bisherige Geschäftsgebaren des Unternehmens zu größerem Zweifel Anlass, ob es die veröffentlichte Politik auch einhält, muss von einer Rückstellung abgesehen werden.

Der Einbau der Lärmschutzvorrichtungen ist durch die behördliche Verfügung als rechtliche Verpflichtung konkretisiert. Es besteht jedoch kein Zusammenhang mit einem **vergangenen Ereignis**. Die Verpflichtung entsteht nur dann, wenn das Unternehmen seine Geschäftstätigkeit über den Stichtag der Verfügung hinaus am gegebenen Ort fortsetzt. Eine Rückstellung ist deshalb nicht zu bilden.

---

34 BFH, Urteil v. 11.12.2001, VIII R 34/99, DStRE 2002, S. 541 m. w. N.

35 BFH, Urteil v. 30.1.2002, I R 68/00, DStR 2002, S. 713 mit Anm. von HOFFMANN. Dies bezweifelnd KÜTING et al., WPg 2010, S. 326. Detailliert zu den Ansatz- und Bewertungskriterien für Risiken aus Gerichtsverfahren nach HGB/EStG vgl. OSTERLOH-KONRAD, DStR 2003, S. 1631.

36 Nach LÜDENBACH, IFRS, 6. Aufl., 2010, S. 226.

Bei der Prozesshängigkeit ist nach IAS 37.16 (Rz 20) eine weitere Abwägung der Wahrscheinlichkeit einer Inanspruchnahme durchzuführen. Nach BFH genügt die **Prozesshängigkeit** als solche zur Ansatzbegründung.

Der Board hatte bisher in ED IAS 37 den Wegfall des Wahrscheinlichkeits- 49 kriteriums für den **Ansatz** einer Rückstellung geplant. Die notwendig in diesem Bilanzierungsbereich bestehenden Unsicherheiten werden dann bei der **Bewertung** berücksichtigt.[37]

Beispiel

Ein Kunde eines Maschinenbauherstellers M macht vor dem Bilanzstichtag einen Anspruch auf Nachbesserung innerhalb der Garantiefrist geltend. Der Vollkostenbetrag (Rz 114) beläuft sich auf 4.500. M hält dieses Begehr für sachlich unberechtigt, da er von einer anweisungswidrigen Bedingung der Maschine durch den Kunden ausgeht.

Deshalb gewichtet M seine Verpflichtung wie folgt:

40 % Wahrscheinlichkeit der Inanspruchnahme von null	0
25 % Wahrscheinlichkeit der vollen Inanspruchnahme aus Kulanzgründen	1.235
35 % Wahrscheinlichkeit einer gütlichen Einigung mit Kostenübernahme des M von 1.000	350
Erwartungswert	1.475

Bei Maßgabe des wahrscheinlichsten Wertes (Rz 119) beliefe sich der Bilanzansatz auf null.

Der Board spricht hier von einer *„stand ready"*-Verpflichtung, die auch zu bilanzieren ist, wenn eine Inanspruchnahme mutmaßlich nicht erfolgt. Es genügt für den Bilanzansatz das **Bestehen** einer Verpflichtung (hier Garantie) überhaupt. Die Wahrscheinlichkeit der Erfüllung wird im Rahmen der Bewertung berücksichtigt. In seiner November-Sitzung 2010 ist der Board von diesem Lösungsvorschlag im ED IAS 37 wieder abgerückt (Rz 178).[38]

2.2.6 Wahrscheinlicher Abfluss von Ressourcen zur Regulierung der Verbindlichkeit

Diesem Ansatzkriterium (Rz 18) kommt lediglich wiederholender oder selbst- 50 verständlicher Charakter zu. Eine Verpflichtung oder Verbindlichkeit *(liability)* setzt denknotwendig den Abfluss von ökonomischen Ressourcen voraus. Und die **„Wahrscheinlichkeit"**, als das der Rückstellung *(provision)* eigene Kriterium der Unsicherheit, ist durch das *„more likely than not"* (Rz 37) in IAS 37.15 bereits definitorisch abschließend umschrieben. Dementsprechend wiederholt auch die Erläuterungspassage in IAS 37.23 in unschöner Diktion lediglich den

[37] Haaker, PiR 2005, S. 54; Hommel/Wich, WPg 2007, S. 509; Küting/Wohlgemuth, DStR 2006, S. 2327.

[38] IASB, Update November 2010.

Inhalt von IAS 37.15. Die Formulierung dort (IAS 37.23) soll dem Anwender nicht vorenthalten bleiben, da sie trotz des **zirkulären** Charakters für den Umgang mit dem Wahrscheinlichkeitsproblem symptomatisch ist (Rz 36ff.):

> *„An outflow of resources ... is regarded as probable if the event is more likely than not to occur, i. e. the probability that the event will occur is greater than the probability that it will not."*

Jedenfalls ist der ***outflow*** von Geld und -surrogaten notwendiger Tatbestand des Rückstellungsansatzes, nicht dagegen ein **verminderter *inflow*** (Rz 103).
IAS 37.24 befasst sich noch mit dem Sonderfall einer Anzahl von gleichartigen *(similar)* Verpflichtungen, deren Wahrscheinlichkeit durch eine Art Gesamtbetrachtung gegriffen werden soll. Als Beispiel werden Produktgarantien *(product warrenties)* genannt.
Wenn eine so verstandene „Wahrscheinlichkeit" nicht vorliegt, muss eine **Anhangerläuterung** erfolgen mit der Rückausnahme einer sehr geringen Wahrscheinlichkeit *(remote;* Rz 172), die gänzlich unbeachtet bleiben kann.

2.2.7 Verlässliche Bewertung (Schätzung)

51 Das letzte Ansatzkriterium (Rz 18) zur Bildung von Rückstellungen (Rz 18) bezieht sich auf die **Bewertungsmöglichkeit**. Eine zuverlässige Bewertung *(reliable estimate)* muss möglich sein, um den Bilanzansatz auszulösen. Aus Sicht des deutschen Bilanzrechts ist dieses Erfordernis ungewohnt. Die strenge Abfolge der Bilanzierungsentscheidung in deutscher bilanzrechtlicher Tradition **vom** Ansatz **zur** Bewertung kennt den umgekehrten Weg nicht.
Die Erläuterungen in IAS 37.25f. sehen den Pferdefuß dieser von der Bewertung rückgekoppelten Ansatzvorschrift. Denn Schätzungen sind (insbesondere) im Bereich der Rückstellungen ein „normales" Bewertungsverfahren. Erstere sollen das „Zuverlässigkeitskriterium" nicht beeinträchtigen. Es genügt (für die Verlässlichkeit der Schätzung) die Feststellung einer **Bandbreite** (*range*) von möglichen Ergebnissen. Welcher Wert innerhalb dieser Bandbreite dann anzusetzen ist, wird nicht mitgeteilt. Abgesehen davon: Auch die Bandbreite selbst ist eine qualitativ undefinierte und undefinierbare Größe.
Streng klingt allerdings die in IAS 37.25f. zweifach betonte Vorgabe, demzufolge nur in **sehr seltenen Fällen** (*extremly rare cases*) eine Unzuverlässigkeit der Schätzung angenommen werden darf. Und dann muss statt des Bilanzansatzes (lediglich) eine **Anhangsangabe** erfolgen (Rz 106). Gleichwohl bietet in der Praxis wenigstens bei außergewöhnlichen Fällen dieses Ansatzkriterium (z.B. hohe potenzielle Schadenersatzverpflichtungen wegen Umweltschäden, Produkthaftung) ein bilanzpolitisches Schlupfloch, welches das deutsche Rechnungslegungssystem jedenfalls systematisch nicht bereithält. Mitunter werden rechtshängige Fälle als Beispiel *„extremely rare"* angesehen.[39] U. E. unzutreffend.[40]

Beispiel
Der niederländische Einzelhandelskonzern Royal Ahold NV ist in 2003 mit Sammelklagen wegen Schadensersatzes in den USA konfrontiert worden.

39 WOLLMERT/ACHLEITNER, WPg 1997, S. 218; WAGENHOFER, IFRS, 6. Aufl., 2009, S. 269.
40 So auch KÜTING et al., WPg 2010, S. 318.

Eine Rückstellung wurde erst gebildet, als eine außergerichtliche Einigung mit einer „Zahllast" von 945 Mio. EUR zustande kam (FAZ vom 29.11.2005). Die Bayer AG stand aufgrund von kartellrechtlich verbotenen Preisabsprachen am 31.12.2005 in Verhandlungen mit Behörden und potenziell Geschädigten, „die von wesentlicher Bedeutung sein können". Dafür seien die möglichen Aufwendungen nicht beziffer- und deshalb nicht bilanzierbar (FAZ vom 7.12.2005).

Aber auch die gegenteilige Vorgehensweise ist festzustellen.

Beispiel
Die Roche Holding AG berichtet im Geschäftsbericht 2008 ausführlich über Rechtsfälle, aber nur unspezifiziert über Verpflichtungen aus den Bereichen des Umweltschutzes *(environmental provisions)*. Dabei wird die **Unsicherheit** bez. der Bewertung für Umweltschutzverpflichtungen besonders betont: „schwer abschätzbar".

Selbst bei einer statistisch mehr als ausreichenden Grundgesamtheit können je nach Sachverhaltsgestaltung nur vage geschätzte Beträge ermittelt werden. Dazu folgendes Beispiel:

Beispiel[41]
Ein Unternehmen ist wegen Asbestverseuchungen und ähnlichen Verpflichtungen mit Personen- und Sachschäden seit Jahren in eine Fülle von Rechtsstreitigkeiten verstrickt. Überwiegend handelt es sich um Fälle der US-amerikanischen Sammelklagen. Am Bilanzstichtag waren 131.350 Verfahren noch ungeregelt, d.h. gerichtshängig. Unter Berücksichtigung der statistischen Erhebungen in den letzten acht Jahren ist eine Rückstellung von 60 Mio. US$ angesetzt worden, allerdings unter Vorbehalt. Dieser bezieht sich auf eine ganze Reihe von Unsicherheitsfaktoren, die in diese Berechnung eingeflossen sind:

- Änderung des bisher festgestellten Trends bez. des Eingangs von entsprechenden Ansprüchen,
- Änderung des Trends bez. der entstehenden Kosten zur Erfüllung der Forderungen,
- Änderungen in der quotalen Beteiligung von Versicherungen an den Regulierungskosten.,
- Änderungen in der Rechtsentwicklung,
- Insolvenz von anderen Gesellschaften, die Teile der Schadensquote übernommen haben, mit entsprechender Erhöhung des eigenen Obligos,
- Unwägbarkeiten der Gerichtsverfahren,
- Veränderungen in den Krankheitsbildern,
- mögliche Gesetzesänderungen.

Diese Aufzählung mag auch aufgrund der Vorsorge gegen spätere Vorwürfe wegen unzutreffender Bewertung so ausführlich ausgefallen sein. Jedenfalls liefert sie ein einprägsames Bild über die Unsicherheiten, die in die Beur-

41 Nach PwC, IFRS Manual of Accounting 2008, S. 2186.

teilung einfließen müssen mit der notwendigen Folge einer jährlichen Anpassung des Schätzbetrages.

Zur „Wahrscheinlichkeit" bei der **Bewertung** vgl. Rz 118ff.

2.2.8 Kurzfristige Arbeitnehmervergütungen

52 Der Bereich der **Personalvergütungen** unterliegt nicht IAS 37 (Rz 1), sondern IAS 19 (→ § 22). Die dortigen Ansatzkriterien sind nicht identisch mit denjenigen in IAS 37. Für Gewinnbeteiligungen und Bonusvergütungen gilt (→ § 22 Rz 93) eine Ansatzpflicht, wenn

- das Unternehmen eine gegenwärtige faktische oder rechtliche Verpflichtung hat – sich also realistischerweise nicht der Zahlungsschuld entziehen kann – und
- eine verlässliche Schätzung der Verpflichtung möglich ist.

Unklar ist der Regelungsinhalt und ggf. die Abweichung von dem *„more likely than not"*-Kriterium in IAS 37.15 (Rz 36). Vom Sprachverständnis her müsste die Klausel „keine realistische Alternative" einen höheren Sicherheitsgrad bedeuten als die überwiegende Wahrscheinlichkeit. Das Beispiel zeigt das unbefriedigende, rein kasuistisch orientierte Nebeneinander der Ansatzkriterien in IAS 37 einerseits und IAS 19 andererseits.[42]

2.3 Sonderfälle

2.3.1 Die *accruals*

53 In IAS 37.11 wird zwischen „normalen" Rückstellungen *(provisions)* – vorstehend unter Rz 18ff. abgehandelt – und *accruals* unterschieden (Rz 15). Dieser Rückstellungstyp fügt sich systematisch kaum in den Ansatzkatalog des IAS 37 ein und lässt sich auch nur mit einigermaßen willkürlicher Sprachfindung übersetzen (weshalb hier auch ausnahmsweise nur die englische Bezeichnung wiedergegeben wird).

Aus den Definitionsansätzen in IAS 37.11 kann jedenfalls folgende **„Unsicherheits-Hierarchie"** hinsichtlich der bilanzansatzpflichtigen **Verbindlichkeiten** abgeleitet werden:

- *trade and other payables* – sicher
- *accruals* – fast sicher bzw. nur noch mit Restunsicherheit der Höhe nach behaftet oder noch nicht abgerechnet
- *provisions* – überwiegend wahrscheinlich
- *contingent liability* – eher unsicher
- *„remote"* – kaum zu erwarten.

Als Beispiel für *accruals* nennt IAS 37.11b: Leistungsverbindlichkeiten, die noch nicht bezahlt (sic!), berechnet oder förmlich vereinbart worden sind; speziell werden Urlaubsrückstände von Mitarbeitern aufgeführt, die indes dem Regelungsbereich von IAS 19 (→ § 22) unterliegen. Als weitere Beispiele werden im Schrifttum aufgeführt: Abzugrenzende Mietschulden und entsprechende Zinsen, Urlaubsverpflichtungen gegenüber Mitarbeitern.

---

42 Mit Beispielen unterlegt von LÜDENBACH/HOFFMANN, DB 2004, S. 1442, 1447.

Mehr als diese Hinweise zur Sonderposition der *accruals* bietet IAS 37 nicht. Die *accruals* werden ohne Beanstandung im Standardtext häufig gliederungsmäßig als Bestandteil der Leistungsverbindlichkeiten *(trade payables)* oder der anderen Verbindlichkeiten *(other payables)* ausgewiesen. Die Veröffentlichungspraxis zumindest der deutschen IFRS-Anwender verzichtet deshalb zu Recht auf eine Trennung von *provisions* und *accruals*. Wegen der Besonderheiten für *contingent assets* vgl. Rz 112. **54**

2.3.2 Drohverluste (*onerous contracts*)

2.3.2.1 Schwebende Verträge

Ausgangspunkt der Überlegungen zum Bilanzansatz sind sowohl nach HGB/ EStG als auch nach IFRS die **schwebenden** Verträge, die dem Grunde nach **nicht bilanzierbar** sind (anders allerdings IAS 39 für Finanzderivate vgl. → § 28 Rz 26). Das betont die Erläuterung in IAS 37.67: Schwebende Verträge *(executory contracts)* ohne drohenden Verlust sind nicht in die Bilanz aufzunehmen. Umgekehrtes gilt also für den lästigen Vertrag *(onerous contract)*. Dazu weiter unter Rz 59ff. **55**

Die *onerous contracts* sind abzugrenzen von den wirtschaftlich **ungünstigen** Vertragsverhältnissen *(unfavourable contracts)*, die nicht im Einzelabschluss, wohl aber bei der Kaufpreisallokation im Anschluss an einen Unternehmenserwerb ansetzbar sein können (→ § 31).[43]

Die IFRS systematisieren in ihren Erläuterungen nicht die verschiedenen Typen von schwebenden Verträgen und die damit möglicherweise verbundenen Verlustpotenziale. Hierzu ersatzweise folgendes Schema:[44] **56**

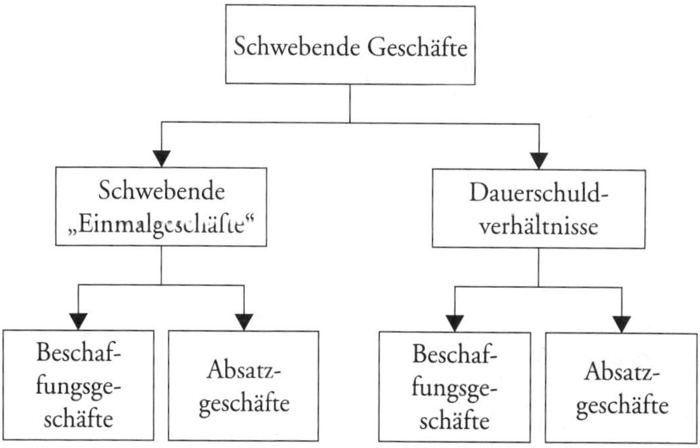

Beschaffungsgeschäfte können für Anlagegüter, Rohmaterialien und Handelswaren vorliegen. Ein Rückstellungsansatz kann dann in Betracht kommen, wenn die Beschaffungskosten am Markt gegenüber denjenigen aufgrund des noch nicht erfüllten Vertrages gesunken oder gestiegen sind. Dies gilt aber dann nicht, wenn **57**

---

[43] Einzelheiten bei LÜDENBACH/FREIBERG, KoR 2005, S. 188.

[44] Nach HOFFMANN, BB 1997, S. 1195.

aus dem Produktionsprozess heraus oder durch den Weiterverkauf (Waren) ein Verlust insgesamt nicht droht. Anders ausgedrückt: Ein geringerer Gewinn aufgrund der Änderung der Marktverhältnisse berechtigt nicht zur Rückstellungsbildung.[45]

Im **Produktionsbereich** – Anlagevermögen, Rohmaterial – ist regelmäßig ein möglicher Verlust dem Einzelproduktionsfaktor nicht isoliert zuzuordnen. Deshalb wird in diesen Fällen eine Drohverlustrückstellung (auch) unter Anwendung der IFRS kaum in Betracht kommen (vgl. unter Rz 58).

Anders verhält es sich bei schwebenden **einmaligen Absatzgeschäften**. Insbesondere bei der (langfristigen) Auftragsfertigung stellt sich hier in der Praxis häufig die Frage der **verlustfreien Bewertung**. In diesem Zusammenhang besteht eine Bilanzierungskonkurrenz zwischen der außerplanmäßigen Abschreibung *(impairment loss)* gem. IAS 11.36 und der Rückstellungsbildung (→ § 18 Rz 42).

Auch bei industrieller **Serienproduktion** im Rahmen von Auftragsfertigungen (Musterfall ist die Automobilzulieferungsindustrie) wird ein Verlust aus dem betreffenden Beschaffungskontrakt vorrangig bei der Bewertung der betreffenden Vorräte (z.B. unfertige Erzeugnisse) berücksichtigt. Nur ein darüber hinaus verbleibender Verlust ist zu passivieren.

58 Der praktisch wichtigste Anwendungsbereich der Drohverlustrückstellung sind die **Dauerschuldverhältnisse**. Diese kann man wieder kategorisieren nach Beschaffungs- und Absatzmarkt (entsprechend der Skizze in Rz 56). Der Illustration dienen einige Fälle aus der BFH-Rechtsprechung:

Beispiel

- In einem BFH-Urteil[46] ging es um die **Vermietung** eines Heizwerkes. Unstreitig waren die dem Eigentümer aus dem Betrieb des Heizwerkes entstehenden Kosten höher als die zu erzielende Miete. Der BFH erlaubte die Bildung einer Drohverlustrückstellung wegen der verlustbringenden Vermietung. Die Vermietung war in diesem Fall dem **Absatz**bereich nach Maßgabe der vorstehenden Skizze zuzuordnen. Eine Rückstellung wäre auch nach IAS 37 anzusetzen.
- Ein Leasingnehmer wollte im Rahmen eines **Leasingvertrages** für ein Gebäude eine Drohverlustrückstellung bilden, weil unstreitig der in der Leasingrate enthaltene Zinsanteil gegenüber dem Marktzins überhöht war. Das hat der BFH mit der Begründung abgelehnt, der Wert der Gebäudenutzung – hier – sei nicht ermittelbar.[47] Nach IAS 37 ist ohne Hinzutreten weiterer Umstände ebenfalls keine Rückstellung zulässig: Der Leasingvertrag ist zwar ungünstig *(unfavorable)*, aber nicht belastend *(onerous)*.
- **Arbeitsverhältnisse** sind generell vom BFH nicht als der Drohverlustrückstellung zugänglich beurteilt worden; Begründung: Die menschliche Arbeit als Produktionsfaktor sei nicht bewertbar.[48] Auch nach IAS 37 kann ein

---

45 KPMG, Insights into IFRS 2008/2009, Tz 3.12.640.20.

46 Vom 19.7.1983, VIII R 160/79, BStBl II 1984 S. 56. Zu Drohverlusten aus Mietverhältnissen im sozialen Wohnungsbau vgl. Ruter/Mokler/Serf, DB 2001, S. 209.

47 BFH, Urteil v. 27.7.1988, I R 133/84, BStBl II 1988, S. 999.

48 So der BFH im „Drucker-Urteil" v. 16.12.1987, II R 68/87, BStBl I 1988 S. 338; zur Verdienstsicherung älterer Arbeitnehmer s. BFH, Urteil v. 25.2.1986, VIII R 377/83, BStBl II 1986 S. 465.

Arbeitsverhältnis i.d.R. keine Drohverlustrückstellung begründen. Zu einer Ausnahme bei Altersteilzeit im Blockmodell wird auf § 22 Rz 81 verwiesen.

- Im berühmten **Apothekerfall**, der die Fachwelt jahrelang in Beschlag hielt, hatte ein Apotheker im Obergeschoss seines gewerblich genutzten Gebäudes eine Arztpraxis gemietet und an einen praktizierenden Arzt untervermietet. Der Mietaufwand überstieg den Mietertrag erheblich. Sowohl nach EStG/HGB als auch nach IAS 37 sind für die Frage, ob ein Verlust droht, auch die mittelbaren Vorteile aus der Vermietung an einen Arzt (Medikamentenumsatz) zu berücksichtigen.

2.3.2.2 Feststellung und Definition des Verlustes

Zum Bilanzansatz bedarf es der **Feststellung** eines Verlustes aus dem schwebenden Geschäft (Rz 55). Gleich dem HGB verhält sich der Regelungsgehalt der IFRS (auch) hier **imparitätisch**, entsprechend dem Ansatz von **unsicheren** Forderungen und Verbindlichkeiten. 59

Beispiel 60

K bestellt am 21.12.00 bei V Handelswaren, lieferbar am 7.1.01. Aus dem Kontrakt wird aus Sicht des Bilanzstichtages K einen Verlust, V einen Gewinn erzielen.

K muss nach IAS 37.66 einen Verlust ansetzen, V darf dies umgekehrt nicht für seinen Gewinn.

Der „Verlust" ist notwendig eine **Saldo**größe. Es bedarf also der Bestimmung zweier Werte, die dann – saldiert – ggf. einen Bilanzansatz begründen. Bilanzsystematisch gesehen bestimmt hier ausnahmsweise die **Bewertung** den Ansatz. Dem folgt unsere Kommentierung und verzichtet auf eine gesonderte Darstellung im Bewertungsteil. Die dominierende Saldogröße kann auch „durchschlagen" auf den Ansatz von Rückgriffsansprüchen *(reimbursements)*, vgl. das Beispiel unter Rz 149. 61

Nach der Definitionsnorm in IAS 37.10 liegt ein „belastender" Vertrag vor, wenn die unvermeidbaren Kosten der Erfüllung des Vertrages höher sind als der erwartete wirtschaftliche Nutzen. Entsprechend ist als Rückstellung nach IAS 37.68 der **niedrigere** Betrag aus den bei **Erfüllung** der Verpflichtungen entstehenden unvermeidbaren Kosten und den Kosten der **Nichterfüllung** (Konventionalstrafen, Schadensersatz) anzusetzen (Rz 67). 62

Dabei dürfen nicht allein die **Rechts**strukturen beachtet werden. Auch faktische Verhältnisse und wirtschaftliche **Interessenlagen** sind zu berücksichtigen – wie generell für den Rückstellungsansatz (Rz 25).

Beispiel

Großhändler G hat bei Kleinbauer B Tomaten der Güteklasse A zu einem Preis bestellt, der angesichts des nach der Bestellung eingetretenen Preisverfalls keine kostendeckende Weiterveräußerung mehr erlaubt.

G weiß, dass der Gütenachweis schwierig ist, der finanzschwache Bauer an einem gutachten- und kostenintensiven Rechtsstreit kein Interesse hat, im Übrigen auch zur Vermeidung einer Auslistung bei G nach einer „Kündigung" des Vertrags mit an Sicherheit grenzender Wahrscheinlichkeit keine Schadensersatzklage einreichen würde. Die von G erwarteten Kosten eines Ausstiegs durch Vertragsbruch belaufen sich daher auf null.
G hat allerdings keinerlei Absicht, sich vertragsbrüchig zu verhalten.
Ein möglicher Vertragsbruch zu Null-Kosten würde nach dem Wortlaut von IAS 37.68 eine Rückstellungsbildung verhindern. Dies kann u. E. jedoch dann nicht gelten, wenn der Vertragsbruch gar nicht beabsichtigt ist.[49]

63 Der Vertrag *„(contract)"* i. S. d. IAS 37.66 darf u. E. im Verständnis nicht auf den Singular beschränkt sein. **Mehrere** Verträge sind als **Einheit** zu betrachten, wenn einer ohne den anderen keinen wirtschaftlichen Sinn *„(economic benefit)"* ergibt.

Beispiel[50]
Ein Hersteller von Druckergeräten verkauft dies laut Liste zum Preis unterhalb der Selbstkosten. Damit fördert er den margenträchtigen Absatz von Druckerpatronen, ohne die das Druckgerät nicht funktioniert.

Diese faktische Vertragskoppelung verhindert die Bildung einer Drohverlustrückstellung für die Druckergeräte, da die dortigen Verluste bewusst zur Erreichung wirtschaftlicher Vorteile durch korrespondierende Verträge bzw. mögliche Vertragsabschlüsse eingegangen werden. Vergleichbar kommt eine Abschreibung von sog. Verlustprodukten im Einzelhandel nicht in Betracht, wenn durch sie der Absatz von gewinnträchtigen anderen Waren gefördert wird (→ § 17 Rz 31).[51]

64 Es kommt zur Bestimmung eines *economic benefit* überhaupt nicht auf das Vorhandensein eines lukrativen Vertragswerkes mit **Rechtsanspruch** auf Einnahmen an. Es genügen zur Bestimmung des Saldos (Rz 61) die **gesicherten** Chancen, die den rechtlich fixierten Größen gegenübergestellt werden.

Beispiel[52]
Ein Apotheker mietet langfristig zu 100 p. m. Praxisräume neben seiner Apotheke und vermietet sie an einen Arzt zu 60 p. m. Nach seinem Kalkül wird er daraus wenigstens 50 Nettogewinn zusätzlich p. m. generieren.
Nicht allein die festen Vertragsgrößen sind in die Saldogröße (Rz 61) einzubeziehen, sondern zusätzlich noch die erwarteten Gewinne (sog. bilanzrechtliches Synallagma). Ein *„onerous contract"* liegt nicht vor.

65 Eindeutig zu lösen sollte allerdings der in der Praxis häufig vorkommende Fall der langfristig angemieteten, aber mangels Kundeninteresse **nicht genutzten**

---

49 So auch LÜDENBACH/FREIBERG, PiR 2005, S. 42.
50 Nach KESSLER/SCHOLZ-GÖRLACH, PiR 2007, S. 306.
51 HOFFMANN, PiR 2007, S. 204.
52 In Anlehnung an den Apotheker-Fall des BFH-Beschlusses vom 26.6.1997 – GrS 2/93, BStBl II 1993, 855.

oder mit **Verlust untervermieteten** Ladengeschäfte sein. Hier ist nach Handelsrecht und IFRS (IAS 37.68; Rz 58) zwingend eine Drohverlustrückstellung zu bilden. Ein vergleichbares Beispiel enthält die Nr. 8 in Appendix C zu IAS 37. Fraglich kann in diesen Fällen aber sein, ab welchem Zeitpunkt für einen langfristig nicht kündbaren Vertrag eine Rückstellung anzusetzen ist, also bereits bei beschlossener Räumung oder erst bei deren tatsächlicher Durchführung. Hierzu wird auf → § 15 verwiesen.

Und umgekehrt gilt: Sowohl nach HGB als auch nach IFRS kommen Pflicht- 66
Rückstellungen für **künftige Verluste** aus der **Geschäftstätigkeit** (*future operating losses*) nicht in Betracht (IAS 37.63–65; Rz 20). Diese Vorgabe erfordert eine Abgrenzung zu direkt zurechenbaren Verlusten **einzelner** Verträge.

Beispiel[53]

Sachverhalt

Ein Reiseveranstalter bietet Kreuzfahrten an. Dazu verwendet er ein im *Full Service Leasing* gemietetes Schiff. Wegen starker Konkurrenz können die erzielten Verkaufserlöse die für die nächsten 5 Jahre fest vereinbarten Leasingraten und die weiteren Kosten nicht mehr decken.

Lösung

Sofern die *cash flows* aus den Kreuzfahrten von denen des übrigen Unternehmens trennbar sind, handelt es sich hier um einen *onerous contract* mit der Verpflichtung zur Rückstellungsbildung.

Sachverhalt

In Abwandlung des Sachverhaltes bietet der Reiseveranstalter Pauschalreisen an, die auch eine Kreuzfahrt umfassen. Dazu hat er ebenfalls ein Schiff im *Full Service Leasing* gemietet. Insgesamt tragen die wegen starken Wettbewerbs „gedrückten" Pauschalangebotspreise die gesamten Kosten der einschlägigen Reiseveranstaltungen nicht mehr.

Lösung

Die von den Kunden generierten *cash inflows* können nicht zwischen der Kreuzfahrt und den anderen Bestandteilen der Pauschalreise getrennt werden. Ein *onerous contract* kommt damit nur für die Pauschalreisen als Ganze infrage. Als Rückstellung ist der niedrigere Verlust anzusetzen, der sich in den beiden Alternativen (a) Fortsetzung der Reisen und (b) Ausstieg ergibt. In der Alternative (b) wären u. a. die Kosten aus der Stornierung der Schiffs-, Hotel-, Flugzeugverträge sowie evtl. Schadensersatzleistungen an Kunden zu berücksichtigen.[54]

2.3.2.3 Einbeziehung von Gemeinkosten

In der Berechnung des Verlusts als Saldogröße (Rz 61) bedarf wie die Einnah- 67
menseite *(benefits)* auch die **Kosten**seite einer näheren Definition. Fraglich ist dabei die Einbeziehung von (echten) **Gemeinkosten** (→ § 8 Rz 14) in die Ver-

53 KPMG, Insights into IFRS 2008/2009, Tz 3.12.70020.

54 Pauschal gegen eine Rückstellung hingegen KPMG, Insights into IFRS 2008/2009, Tz 3.12.700.20.

gleichsrechnung nach IAS 37.68 (Rz 62). Gehören die Gemeinkosten zu den *unavoidable costs*?

68 **Beispiel**[55]
Das EDV-Serviceunternehmen E wartet mit Hilfe seines Personalstamms für den einzelnen Kunden Computer zu einem festen Monatsbetrag bei einer bestimmten Laufzeit des Wartungsvertrages. Der wirtschaftliche Vorteil des Vertrages – die monatlichen Einnahmen – ist fest definiert. Bezüglich der Ausgaben bzw. Aufwendungen als der zweiten Größe des Saldierungsbereiches ist zwischen einer Voll- oder Teilkostenrechnung zu unterscheiden. In der letztgenannten Variante wären bei normaler Auslastung nur direkt zurechenbare variable Kosten *(incremental costs)* – Fahrtkosten und andere Spesen – zu berücksichtigen, also unbedeutende Größen, die nie den Ertrag aus dem Vertrag erreichen können. Anders wäre es, wenn zur Vertragserfüllung ein weiterer Techniker eingestellt oder als Subunternehmer beschäftigt werden müsste.

U. E. ist der **Vollkostenbetrachtung** der Vorzug zu geben[56] mit folgenden Argumenten:

- Auf Basis der direkt zurechenbaren variablen Kosten kann es nie zu einer Drohverlustrückstellung kommen.
- Die Bilanzierungsentscheidung kann nicht von der Beschäftigungssituation des Unternehmens abhängen.
- Gemeinkosten sind auch sonst, z.B. bei der Bemessung der Herstellungskosten, zu berücksichtigen.
- Grenzkostenbetrachtungen sind generell für Bilanzierungsentscheidungen nicht geeignet (Rz 154).

2.3.2.4 Verhältnis zur außerplanmäßigen Abschreibung

69 Gemäß IAS 37.69 hat die außerplanmäßige Abschreibung *(impairment)* nach IAS 36 (→ § 11) Vorrang vor der Rückstellung für belastende Verträge. **Ausgeschlossen** sind in IAS 36.2 (→ § 11 Rz 3) die Spezialvorschriften zur außerplanmäßigen Abschreibung von Vorräten nach IAS 2 (→ § 17) und von zur Veräußerung bestimmten Anlagen nach IFRS 5 (→ § 29). Allerdings kann man IAS 37.69 auch als **allgemeinen Rechtsgedanken** verstehen und generell der außerplanmäßigen Abschreibung Vorrang vor der Drohverlustrückstellung zuerkennen.[57]
In der konkreten Gestaltung der Interaktion von Drohverlust und **außerplanmäßiger Abschreibung** ist zwischen drei Fällen zu unterscheiden:

- Bei verlustträchtigen **Beschaffungs**geschäften besteht dem Grunde nach ein **Komplementär**verhältnis: Die Drohverlustrückstellung **nimmt** die außerplanmäßige Abschreibung vorweg, die bei bereits vollzogenem Erwerb notwendig gewesen wäre. Allerdings ist die Ermittlung der Wertminderung bei Sach- und immateriellen Anlagen in aller Regel auf einen **großen** Unternehmensbereich, die *cash generating unit* (→ § 11 Rz 83ff.), ausgerichtet. In

55 In Anlehnung an KPMG, Insights into IFRS 2008/2009, Tz 3.12.660.40.
56 A. A. KPMG, Insights into IFRS 2008/2009, Tz 3.12.660.30: keine Einbuchung von Gemeinkosten (*unavoidable costs*).
57 So Lüdenbach/Freiberg, PiR 2005, S. 43.

diesem großen Saldierungsbereich *(cushion)* geht die Wertminderung eines einzelnen Vermögenswertes „unter" (Saldierungskissen; → § 11 Rz 117). U. E. strahlt dies auf die schwebende Beschaffung zurück (Rz 70).

- Bei verlustträchtigen **Absatz**geschäften werden unterschiedliche Regelungsbereiche der IFRS angesprochen. In diesem Fall hat die *impairment*-Abschreibung **Vorrang** vor der Drohverlustrückstellung.
- Bei **Dauerschuldverhältnissen** gilt ebenfalls der Vorrang der außerplanmäßigen Abschreibung vor der Drohverlustrückstellung nach IAS 37.69. Auch hier kann das CGU-Konzept gegen eine Einzelfallbetrachtung des belastenden Vertrages sprechen (Rz 71).

Zur Frage, ob der dem IAS 36 zugrunde liegende Verbundgedanke (CGU) bereits bei schwebenden Beschaffungsgeschäften zu berücksichtigen ist, folgendes Beispiel: 70

Beispiel[58]

Der Automobilhersteller AB unterscheidet zwischen zwei zahlungsmittelgenerierenden Einheiten (CGU), nämlich den Produktlinien „General" und „Star". Die CGU „General" ist hoch profitabel, die CGU „Star" erwirtschaftet für absehbare Zeit keine Überschüsse. Für beide CGUs sind bereits vor längerer Zeit Beschaffungsverträge über neue Produktionsstraßen abgeschlossen worden, die zum Bilanzstichtag noch nicht vollzogen sind.

- Der vertraglich fixierte Preis für die Produktionsstraße der CGU „General" liegt erheblich über den am Bilanzstichtag geltenden Marktkonditionen. Aus der Einzelperspektive ist der Vertrag unvorteilhaft, möglicherweise belastend.
- Bei der Produktionsstraße der CGU „Star" verhält es sich umgekehrt. Der Vertragspreis liegt deutlich unter den Marktverhältnissen des Bilanzstichtags. Aus der Einzelperspektive ist der Vertrag günstig.

Wären die Anschaffungen zum Bilanzstichtag bereits getätigt worden, ergäbe sich aus dem ungünstigen Anschaffungspreis der ersten Produktionsstraße keine außerplanmäßige Abschreibung, da die erste CGU insgesamt hoch profitabel ist. Umgekehrt würde der günstige Anschaffungspreis der zweiten Produktionsstraße diese nicht vor einer außerplanmäßigen Abschreibung schützen, da diese CGU keinen positiven Nutzwert aufweist.

Gegen eine **aggregierte** Betrachtung bereits des schwebenden Geschäfts könnte sprechen: Der bestellte Vermögenswert gehört noch nicht zum Bilanzvermögen und damit zur CGU. Er kann noch einzeln bewertet werden. Allerdings ist eine Einzelbetrachtung nur hinsichtlich seines Wiederbeschaffungs- und Einzelveräußerungswerts möglich, also hinsichtlich solcher Bewertungsmaßstäbe, auf die es nach Vollzug der Anschaffung zur Durchführung des Wertminderungstestes nicht mehr ankommt. U. E. müssen diese Bewertungsmaßstäbe schon bei der Bewertung im **Schwebezustand** ausscheiden. Der ökonomische Gehalt der Drohverlustrückstellung als Antizipation einer außerplanmäßigen Abschreibung wäre verletzt, wenn ein einzelner unvorteilhafter Vertrag einer hoch profitablen CGU im Schwebezeitraum zu einer Drohverlustrückstellung führen würde.

58 LÜDENBACH/FREIBERG, PiR 2005, S. 41ff.

Im Übrigen wäre auch die buchungstechnische Auflösung einer einzelbewertungsorientiert gebildeten Rückstellung problematisch. Zwei jeweils nicht überzeugende Varianten kämen infrage:

- ergebnisneutrale Anpassung der Anschaffungskosten zum Erwerbszeitpunkt, d. h. Buchung „per Rückstellung an AV",
- ergebniswirksame Auflösung der Rückstellung bei Vollzug des Erwerbsgeschäfts, d. h. Buchung „per Rückstellung an Ertrag".

Im ersten Fall ergäbe sich im Widerspruch zu IAS 16.15 eine Zugangsbewertung zum *fair value* statt der Anschaffungskosten. Der zweite Fall würde eine wirtschaftlich nicht gerechtfertigte zwischenperiodische Volatilität des Ergebnisses (Aufwand im Schwebestadium, Ertrag im Erwerbszeitpunkt) bewirken.

U. E. gilt daher: Sofern ein späteres Abschreibungserfordernis nur auf der Ebene der CGU zu ermitteln ist, wirkt dies u. E. auf das schwebende Beschaffungsgeschäft zurück. Über die Notwendigkeit einer Drohverlustrückstellung entscheiden bei schwebender Beschaffung eines nur im Verbund einer CGU nutzbaren Vermögenswertes daher nicht die Wertverhältnisse des zu beschaffenden Vermögensgegenstandes, sondern der Nutzwert der CGU, die ihn beschafft.

71 Auch ein schwebendes **Dauerschuldgeschäft** kann Teil einer CGU sein. Wie im Fall des schwebenden Beschaffungsgeschäftes ist es in die aggregierte Betrachtung einzubeziehen. Unter dieser Prämisse hat der Vorrang der außerplanmäßigen Abschreibung vor der Drohverlustrückstellung zwei Folgen:

- **Defizitäre** CGU: Im Verhältnis zum Buchwert zu geringe Ertragserwartungen für die jeweilige CGU sind zunächst als außerplanmäßige Abschreibung, soweit die Buchwerte auf null abgeschrieben sind, dann ggf. noch als Drohverlustrückstellung zu berücksichtigen.
- **Profitable** CGU: Bei ausreichender Profitabilität der CGU ist eine außerplanmäßige Abschreibung und auch eine Drohverlustrückstellung nicht angezeigt.

Hierzu folgende Variation des Apothekerfalls:

Beispiel[59]

Eine Apothekenkette A vermietet in ihr gehörenden Gebäuden, in denen sie Apotheken betreibt, Etagen an Ärzte. Die auf den Quadratmeter umgelegten Kosten der Gebäude (Zinszahlungen, Bewirtschaftung, wirtschaftliche Abschreibung) sind größer als die Einnahmen aus der Vermietung. Aus der Vermietung erhofft sich A wirtschaftliche Vorteile (Umsätze) für die jeweilige Apotheke.

Die vermieteten Etagen stellen aus Sicht der Apothekenkette *investment properties* i. S. v. IAS 40 (→ § 16) dar. Sofern diese zu fortgeführten Anschaffungskosten bewertet werden, findet IAS 36 für die außerplanmäßige Abschreibung Anwendung. Hierbei gilt das CGU-Konzept: Das jeweilige Gebäude dient sowohl in seinem eigengenutzten Teil als auch im fremd vermieteten der Erzielung von Einnahmen aus der Apotheke, im fremd vermieteten zusätzlich der Erzielung von Mieteinnahmen. Die *net cash flows* aus dem vermieteten Teil sind wegen des Bezugs zu den Apothekeneinnahmen nicht separierbar. Auch die Frage der außerplanmäßigen Abschreibung

59 LÜDENBACH/FREIBERG, PiR 2005, S. 41 ff.

> des als *investment property* dienenden Gebäudeteils ist daher nicht auf Einzelebene, sondern für den gesamten jeweiligen Apothekenstandort zu prüfen.

Wenn der jeweilige Apothekenstandort (die CGU) hinreichend profitabel ist, somit kein Abschreibungsbedarf festgestellt werden kann, darf nicht anschließend disaggregiert eine Drohverlustrückstellung für einzelne Teile der CGU (vermieteter Gebäudeteil) vorgenommen werden.
Ist ein einzelner Standort defizitär, sind zunächst die Buchwerte auf null abzuschreiben, erst dann kommt eine Drohverlustrückstellung infrage.

2.3.3 Umweltschutz, Entsorgung

In diesem weiteren Feld der Rückstellungsbildung geht es bez. des Bilanzansatzes entscheidend um 72

- das **Bestehen** der Verbindlichkeit, d.h. hinreichende Konkretisierung (Rz 35ff., 73),
- wirtschaftliche **Verursachung** in der Vergangenheit oder Zukunft (Rz 20ff., 75) und
- die verlässliche **Bewertbarkeit** (Rz 51).

Begrifflich kommt es in Teilbereichen zu **Überschneidungen** mit Verpflichtungen aufgrund von öffentlich-rechtlichen Auflagen im Zusammenhang mit Betriebsgenehmigungen (Regelungsbereich von IFRIC 1; Rz 80ff., Rz 158ff.).

> **Beispiel**
> Der Betrieb eines Atomkraftwerkes ist an die Verpflichtung zur Entfernung der gesamten Anlage nach der Laufzeit gebunden (Rz 80). Außerdem sind die im laufenden Betrieb genutzten Kernbrennstäbe zu entsorgen.

Für die **hinreichende Konkretisierung** (Rz 72) soll die überwiegende Wahrscheinlichkeit der Inanspruchnahme als Beurteilungskriterium dienen (Rz 37ff.). Mit Wahrscheinlichkeitsanalysen sind indes Singularereignisse schlecht zu „greifen" (Rz 41).[60] Nach der einschlägigen BFH-Rechtsprechung[61] muss das Unternehmen mit einer Inanspruchnahme ernsthaft rechnen. Dies ist nur dann der Fall, wenn die Behörde **Kenntnis** von gesetzeswidrigem Verhalten des Unternehmens hat.[62] 73

> **Beispiel**
> Die X AG in Frankfurt am Main hat bei verschiedenen Grundstücken Kontaminierungsprobleme aufgrund früherer Gasgewinnung. Das Problem ist der Behörde bekannt. Nach dem Hessischen Altlastengesetz (spezialgesetzliche Vorschrift) regeln sich die Vorgehensweise der öffentlichen Hand und die daraus resultierenden Verpflichtungen der X AG. Der Ansatz hierfür ist nach IAS 37.14 (Rz 18) geboten. Diese Lösung entspricht der eben dargestellten BFH-Rechtsprechung.

---

60 Ähnlich Glaschke, StuB 2004, S. 898.

61 BFH, Urteile v. 19.10.1993, VIII R 14/92, BStBl II 1993 S. 891; und v. 19.11.2003, I R 77/01, BFH/NV 2004, S. 271.

62 Detailliert dargestellt von Schmidt/Roth, DB 2004, S. 553.

In Abwandlung des Sachverhalts in obigem Beispiel hat die Behörde noch keine Kenntnis der Bodenverunreinigung. Hier muss die Lösung differenziert ausfallen: Sofern die „Entdeckung“ abzusehen ist und die Verunreinigung die Trinkwasserversorgung eines Baugebietes gefährdet, ist u.E. ein Ansatz geboten. So auch der BFH: „... die Entdeckung unmittelbar bevorsteht.“ Anders kann die Lösung (Nichtansatz) ausfallen, wenn eine anders geartete Verunreinigung in einem weitläufigen Industriegebiet auftritt und nicht unter eine spezialgesetzliche Regel fällt. Das u.U. einschlägige Polizei- und Ordnungsrecht (Inanspruchnahme des Störers) ist für den Sachverhalt und die zu ziehenden Konsequenzen möglicherweise zu wenig konkret, um einen Ansatz zu rechtfertigen.

Beispiel
Eine Bodenkontaminierung durch die Y AG ist bislang unerkannt. Der Vorstand stellt im Gefolge von IAS 37.15 Wahrscheinlichkeitsüberlegungen an (Rz 50) mit dem Ergebnis: Die „Entdeckung“ ist zu 25 % wahrscheinlich. Ein Ansatz entfällt, stattdessen ist im Anhang zu berichten (Rz 172). Durch die Anhangsangabe erfährt die Behörde von der Verunreinigung, was dann den Ansatz nach Art einer *self fullfilling prophecy* im nächsten Jahresabschluss erzeugt.

Beispiel
Eine Müllverbrennungsanlage in Andalusien stößt seit Jahren ein unzulässiges Quantum von Giftstoffen aus. Der Behörde ist dies seit Langem bekannt. Sie unternimmt gleichwohl nichts, weil die gut organisierten Arbeitnehmer mit einer Besetzung des Verwaltungsgebäudes der Provinzregierung drohen. Eine Rückstellung scheidet wegen der faktischen Erlaubnis der Behörde aus.

Umgekehrt muss bei Vorliegen eines **Verwaltungsaktes** mit entsprechender Verfügung eine Rückstellung gebildet werden (sofern Verwaltungsakte rechtstatsächlich auch vollzogen werden).

Beispiel
Die Umweltbehörde entdeckt auf dem Grundstück der chemischen Fabrik eine Gewässerverunreinigung aufgrund der jetzigen Produktionstätigkeit oder derjenigen des Rechtsvorgängers. Sie bescheidet die Fabrik mit der Aufforderung zur Beseitigung der vorhandenen Verunreinigung. Die erforderliche Ernsthaftigkeit des Eintretens der Verpflichtung ist gegeben, ein Rückstellungsansatz somit zwingend.

74 Im Zusammenhang mit der Verpflichtung aus den **Bodenverunreinigungen** stellt sich auch die Frage der Bilanzierungskonkurrenz zur außerplanmäßigen *(impairment)* Abschreibung (→ § 11 Rz 10ff.). Durch die Kontaminierung ist das Grundstück möglicherweise für den Betrieb auf Dauer unbrauchbar, was eine Abschreibung erforderlich macht. Andererseits würde eine erfolgreiche Sanierung die Nutzungsmöglichkeit wiederherstellen. U. E. scheidet eine „doppelte“ Berücksichtigung des Sanierungserfordernisses in der Bilanz aus.

Der Einzelbewertungsgrundsatz[63] steht dem nicht entgegen. Für die Erfassung der Beseitigungskosten als **Rückstellung** sprechen folgende auf eine fiktive Grundstücksveräußerung zugeschnittenen Überlegungen:

- Würde ein Grundstück vor Veräußerung saniert, entspräche der Veräußerungserlös demjenigen eines nicht kontaminierten Grundstücks. Diesem Erlös müsste auch der Buchwertabgang eines unkontaminierten Grundstücks gegenübergestellt werden. Eine außerplanmäßige Abschreibung widerspräche dem.
- Bei einer Veräußerung des unsanierten Grundstücks ergäbe sich der Veräußerungserlös wirtschaftlich als Summe aus Barzahlung und Schuldübernahme. Der übernommenen Schuld entspräche die bis dahin vorgenommene Bilanzierung einer Rückstellung.

Die **wirtschaftliche Verursachung** in der **Vergangenheit** (Rz 72) muss als weiteres Tatbestandsmerkmal (zum zwingenden Bilanzansatz) hinzukommen. Gemeint ist: Verpflichtungen aus der **künftigen** wirtschaftlichen Betätigung erlauben keinen Bilanzansatz (Rz 20). 75

Beispiel[64]
Die halbjährliche Inspektion einer Fabrik am 30.9.04 durch die zuständige Behörde stellt bedeutende Verstöße gegen öffentliche Auflagen fest. Darauf erhält das Unternehmen zwei Handlungsoptionen, die bis zum 30.3.05 auszuführen sind:

- Abstellung der Ursachen für die Verstöße durch umfangreiche Reparatur- und Unterhaltungsmaßnahmen, andernfalls sind hohe Strafen zu gewärtigen.
- Schließung der Fabrik ohne weitere Strafen.

Zum 31.12.04 ist seitens des Unternehmens noch nichts unternommen oder entschieden worden.
Eine Rückstellung kommt nicht in Betracht, da noch die Möglichkeit der Produktionsverlagerung in eine andere Gemeinde oder die Einstellung der Tätigkeit besteht.

Eine behördliche Verfügung kann sowohl ansatzbegründende oder auch ansatzvermeidende Bestandteile enthalten. 76

Beispiel
Im letzten Beispiel unter Rz 73 verlangt die Behörde nicht nur die Beseitigung der gegebenen Verunreinigung, sondern auch die Abstellung der Ursache wegen eines fehlenden Klärwerkes. Der letztgenannten Auflage – Errichtung der Kläranlage – kann sich die chemische Fabrik durch Einstellung der fraglichen Produktion entziehen. Eine Rückstellung kommt insoweit nicht in Betracht.

---

63 Auf den der BFH im Urteil v. 19.11.2003, I R 77/01, BFH/NV 2004, S. 271 verweist und von SCHMIDT/ROTH, DB 2004, S. 553, zustimmend zitiert wird.

64 EPSTEIN/MIRZA, Interpretation and Application of IAS 2002, S. 526.

77 Eine **faktische** Verpflichtung zur Aufrechterhaltung der Produktion wird seitens der IFRS in diesem Zusammenhang nicht förmlich diskutiert. Gleichwohl gelten in diesem Zusammenhang die Definitionsmerkmale der Verpflichtung überhaupt (Rz 24).

Beispiel
In Weiterführung des Sachverhaltes im vorstehenden Beispiel (Rz 76) hat die chemische Fabrik in der Lokalpresse eine Werksschließung „für absehbare Zeit" ausgeschlossen. Die Verfügung der Umweltbehörde sieht eine Beseitigung der Verschmutzungsursache durch Bau eines Klärwerks innerhalb von 15 Monaten vor. Der zwingende Rückstellungsansatz beruht auf der Quasi-Zusage in der Vergangenheit, der sich die chemische Fabrik nicht entziehen kann.

78 Nicht nur im Hinblick auf die praktischen Überleitungsprozesse von HGB auf IFRS, sondern auch wegen der behaupteten geringeren Bedeutung des Vorsichtsprinzips (in den IFRS gegenüber dem HGB) bietet sich ein **Vergleich** der IFRS-„Philosophie" – bez. der unsicheren Verpflichtungen mit den Regelungsansätzen der deutschen Rechnungslegungswelt an. Dabei kennen die IFRS-Regeln, wenigstens im argumentativen Ansatz, keine eindeutige Parallele zu der im deutschen Schrifttum[65] und der BFH-Rechtsprechung so heiß diskutierten Frage, ob

- es einer rechtlichen und/oder – wie auch immer definierten – wirtschaftlichen Verursachung (ähnlich dem Vergangenheitsereignis, *past event;* Rz 7)[66] bedürfe,
- eine eher statisch geprägte Bilanzauffassung über das Vorliegen einer mutmaßlichen Verbindlichkeit befinden solle oder
- eine in Richtung *„matching principle"* gehende Zuordnung von künftigen Aufwendungen (besser Ausgaben) zu künftigen Erträgen Platz zu greifen habe.

Diese mit hohem intellektuellem Einsatz und noch mehr argumentativem Fleiß geführte Auseinandersetzung lässt sich am kürzesten anhand eines vom BFH entschiedenen Falles darstellen, der sich zur Illustration in diesem Kommentar auch wegen der Parallelität eines Beispieles in Appendix C Nr. 6 zu IAS 37 eignet (Rz 20):

Beispiel
Es ging vor dem BFH[67] um eine Anpassungsverpflichtung nach dem Bundesimmissionsschutzgesetz für eine Spänetrocknungsanlage. Diese war zur Einhaltung bestimmter Emissionswerte umzurüsten. Das Gewerbeaufsichtsamt hatte am 20.12.1988 eine entsprechende Auflage erlassen, der zufolge bis zum 1.3.1991 die Umrüstung zu erfolgen habe. Vor dem BFH

65 HOMMEL/WICH, KoR 2004, S. 16.
66 LÜDENBACH, IFRS, 5. Aufl., 2008, S. 229.
67 Urteil v. 27.6.2001, I R 45/97, DStR 2001, S. 1698; anhand einer Besprechung dieses Urteils stellt H. KESSLER, DStR 2001, S. 1903, die oben kurz paraphrasierte Rechtslage ausführlich dar. S. auch EULER, BB 2001, S. 1897, sowie die Diskussion zwischen SIEGEL und KOTHS, DB 2002, S. 707.

> streitig war die von der betreffenden Steuerpflichtigen in der Bilanz zum 30.9.1989 gebildete Rückstellung.

Der BFH sah in dieser Auflage eine (unstreitig vorhandene) **Rechtsverpflichtung** am Bilanzstichtag und ließ diese zur Anerkennung des Bilanzansatzes genügen. Die Argumentation des BFH ist dabei „klassisch"-handelsrechtlich aufgezogen. Die Gegenauffassung[68] bestreitet eine am Bilanzstichtag bestehende wirtschaftliche Verpflichtung bzw. beruft sich auf eine rückstellungsbegrenzende Wirkung des Realisationsprinzips.[69] Der Anpassungsaufwand für die Spänetrocknungsanlage soll die **künftige Produktion** alimentieren und sei deshalb am fraglichen Bilanzstichtag (1988) nicht rückstellungsfähig.
Die letztgenannte Auffassung (in ihrer Kritik am zitierten BFH-Urteil) entspricht im Ergebnis – nicht in der Begründung – dem wiedergegebenen Beispiel. Ergänzend zur IFRS-Regelung noch folgendes Beispiel:

> **Beispiel**
> Von Gesetzes wegen sind an Flugzeugen regelmäßig Überholungsaufwendungen durchzuführen. Eine Rückstellungsbildung wird abgelehnt. Begründung: Das Unternehmen kann sich dieser anstehenden Verpflichtung durch Verkauf des Fluggerätes entziehen.

Im Ergebnis (nicht in der Begründung) stimmen die IFRS mit einem Urteil des BFH überein,[70] das die Rückstellungsbildung für den künftigen Überholungsaufwand eines Hubschraubers ablehnte.
Der **Vergleich** zwischen **IFRS**-Rechtslage einerseits und derjenigen nach deutschem **HGB**, das durch die einschlägigen BFH-Entscheidungen geprägt ist, fällt differenziert aus. Das hängt entscheidend mit der nur auf Beispielen beruhenden IFRS-„Kommentierung" zusammen, die nicht nennenswert abstrakte Denkansätze bemüht. Das ist im Falle der deutschen HGB-Rechtslage gerade umgekehrt. **79**
Zusammengefasst gilt: Zumindest in den Fällen, in denen der BFH aufgrund einer am Bilanzstichtag vorliegenden wirtschaftlichen Verursachung – wie immer diese definiert sein mag – eine Rückstellungsbildung anerkannt hat, ist eine solche auch nach IFRS vorzunehmen. Andererseits wird man nach IFRS dem vorstehend zitierten BFH-Urteil (Rz 78) zu der Rückstellung wegen Emissions-Anpassung im Hinblick auf das Gegenbeispiel in den IFRS zum Filtereinbau nicht folgen können. Umgekehrt gilt wieder eine einheitliche Beurteilung nach IFRS und HGB in den Fällen, in denen der BFH eine wirtschaftliche Verursachung

---

68 Euler, DB 2001, S. 1849; Weber-Grellet, FR 2001, S. 900, und Siegel, DB 2002, S. 707, lehnen diese Entscheidung mit vehementen Worten ab. Für sie betrifft die Anpassungsverpflichtung die künftige Produktion – gestützt auf die dem matching principle eher verbundene sog. Alimentationsformel von Moxter, BB 1994, S. 780. Für dieses Urteil sprechen sich die Mitverfasser (Senatsmitglieder) Christiansen, DStZ 2002, S. 163, und Wassermeyer, WPg 2002, S. 10, aus.
69 Herzig, in: FS Forster, S. 656; ders., DB 1990, S. 1347.
70 BFH, Urteil v. 19.5.1987, VIII R 327/83, BStBl II 1987 S. 848.

(bei fehlender rechtlicher) am Bilanzstichtag nicht festgestellt und deshalb eine Rückstellungsbildung abgelehnt hat.
Zu **Einzelfällen** sei verwiesen auf das „ABC der Rückstellungsbilanzierung" in Rz 177.

2.3.4 Entfernungs- und Wiederherstellungsverpflichtungen (Rekultivierung)

80 Angesprochen sind Verpflichtungen anlässlich des Betriebes von Anlagevermögen zur **Wiederherstellung des früheren Zustandes** „rings um das genutzte Anlagegut" (→ § 8 Rz 57). Typische Beispiele, die auch aus dem deutschen Schrifttum und der Rechtsprechung des BFH zur Steuerbilanz bekannt sind:

- Rückbauverpflichtungen für Mietereinbauten oder Bauten auf fremdem Grundbesitz,
- Entfernungsverpflichtungen für Funkmasten auf fremdem Gebäude u. Ä.,
- Braunkohleabbau,
- Abbruch- bzw. Rückbauverpflichtungen für betriebene Anlagen zur Energiegewinnung (Wasserkraftwerk, Ölplattform, Kernkraftwerk).

Diesen beispielhaft aufgeführten Sachverhalten sind zwei wichtige Aspekte gemeinsam:

- die Verpflichtung besteht – rechtlich und wirtschaftlich (Rz 85) – dem Grunde nach mit Sicherheit zum Zeitpunkt des Nutzungs**beginns** (Ölförderung mit einer Ölplattform), möglicherweise aber auch schon früher bei Erteilung der behördlichen Genehmigung (Lizenz zur Erdölexploration),
- **Langfristigkeit** in der Abwicklung der betreffenden Vorgänge mit der Folge von erheblichen Schätzungsungenauigkeiten beim Ansatz entsprechender Bilanzposten (Rz 158).

Wegen der z. T. anders gelagerten Verpflichtungsstruktur bei **Rekultivierungen** vgl. Rz 85, wegen der **Bewertungsprobleme** vgl. Rz 162.
In **Sonderfällen** kann die Rückbauverpflichtung auch **nach** Aufnahme der Produktionstätigkeit im Gefolge von öffentlich-rechtlichen Auflagen entstehen. Dann ist das geschätzte Kostenvolumen nachträglich den Anschaffungs-/Herstellungskosten der betreffenden Anlage zuzuschlagen und entsprechend den Vorgaben von IFRIC 1 weiterzubewerten (Rz 159).
Entsprechend sollte verfahren werden, wenn die Auflage erst am **Ende** der Nutzungsdauer des betreffenden Anlagegutes entsteht.

Beispiel[71]
Sachverhalt
Eine Brauerei wird im Innenstadtbereich betrieben. Durch Gemeinderatsbeschluss wird das Areal als reine Wohngegend ausgewiesen. Entsprechend ergeht die Auflage an die Brauerei, umgehend die Produktion am bisherigen Ort einzustellen und „auf die grüne Wiese" zu verlagern. Mit der Auflage ist der Abriss der gesamten Produktionsanlage mit Gebäude verbunden. Eine entsprechende Abbruchverpflichtung ist bislang nicht bilanziert worden.

71 KPMG, Insights into IFRS 2008/2009, Tz 3.12.450.50.

Lösung
Diese Entfernungsverpflichtung ist spätestens mit rechtskräftigem Ergehen des entsprechenden Verwaltungsaktes anzusetzen. Eine Gegenbuchung auf dem zugehörigen Anlagevermögen ist hier nicht sinnvoll. Vielmehr ist die Rückstellung unmittelbar im Aufwand zu verrechnen.
Vertretbar scheint auch eine Aktivierung der Entsorgungskosten auf der abzureißenden Anlage mit anschließendem Werthaltigkeitstest (→ § 11 Rz 10) und einer darauf beruhenden Wertminderungsabschreibung.
Sofern das Grundstück nach Abriss veräußert werden soll, ist auch die Zugehörigkeit der gesamten abzureißenden Anlage zu einer „Abgangsgruppe" i.S.v. IFRS 5 denkbar (→ § 5 Rz 15). Dann ist ein Wertminderungstest vorzunehmen (→ § 11 Rz 112) und zur Folgebewertung mit dem *fair value* überzugehen (→ § 29 Rz 31).

Solche Verpflichtungen können auch von **mehreren** betroffenen Unternehmen 81
„gebündelt" werden. Dieses Themas nimmt sich IFRIC 5 für „**Entsorgungsfonds**" an; es ist derzeit in Deutschland (noch) nicht aktuell,[72] kann aber hinsichtlich **ausländischer**, zum Konsolidierungskreis gehörender Gesellschaften oder Betriebsstätten bedeutsam sein. Die **Kernregeln** von IFRIC 5 lassen sich im **Kontrast** zum Entsorgungs- und Pensionsfonds wie folgt darstellen:
Ein **Pensionsfonds** (Rz 83) ist kein **Konsolidierungsobjekt**, d.h. weder voll (→ § 31) noch bei von mehreren Arbeitgebern betriebenen Fonds quotal (→ § 34) oder *at equity* (→ § 33) zu konsolidieren. Das Unternehmen, dessen Versorgungsverpflichtungen ein Pensionsfonds trägt, bilanziert vielmehr den Saldo aus (ihm zuzurechnenden) Verpflichtungen des Fonds und dem *fair value* des dem gegenüberstehenden Fondsvermögens.
Entsorgungsfonds unterliegen hingegen den allgemeinen Konsolidierungsvorschriften. Wenn das Unternehmen zumindest subsidiär für die auf den Fonds übertragenen Verpflichtungen haftet, gilt deshalb:

- **Vorrangig** ist zu prüfen, ob der Anteil an dem Entsorgungsfonds **Kontrolle**, gemeinschaftliche Kontrolle oder signifikanten **Einfluss** vermittelt (IFRIC 5.8). Ist dies der Fall, wird der Fonds a) **voll** konsolidiert, d.h. sein gesamtes Vermögen und seine gesamten Schulden erfasst, oder b) **quotal** mit den Anteilen am Vermögen und den Schulden konsolidiert oder c) *at equity* mit dem Anteil am Eigenkapital abgebildet. Im letzten Fall sind bestehende Nachschusspflichten zusätzlich zu passivieren.
- Besteht **kein Einfluss**, hat das Unternehmen die Entsorgungsverpflichtungen so zu passivieren und bei AK/HK-Eigenschaft zu aktivieren, als ob der Fonds nicht bestünde (IFRIC 5.7). Daneben sind die Erstattungsansprüche gem. IAS 37.53ff. zu erfassen, und zwar mit dem niedrigeren Wert aus Anteil am Vermögen des Fonds *(fair value)* oder dem Wert der passivierten Schuld.

[72] Vgl. hierzu ZÜLCH/WILLMS, DB 2005, S. 1178; StuB 2005, S. 364.

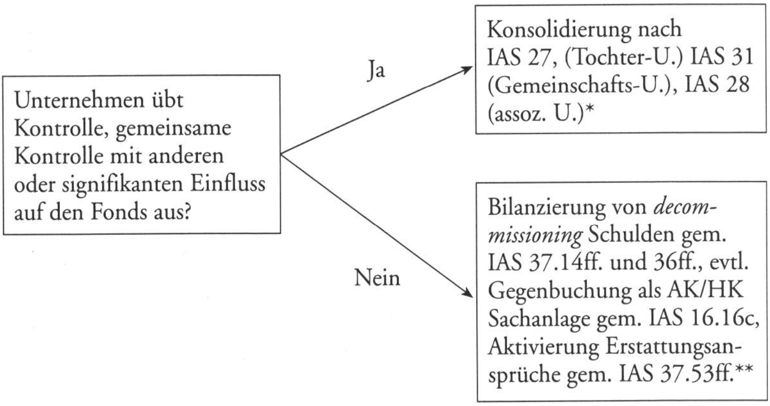

* bei assoz. U. ggf. Passivierung Nachschusspflicht
** Bewertung mit niedrigerem Wert
Aus Anteil am Vermögen des Fonds *(fair value)* oder Wert der passivierten Schuld

82 Soweit es sich nicht um kontinuierlich entstehende Rekultivierungs- oder ähnliche Verpflichtungen handelt, bereiten die vorgenannten Verpflichtungen dem traditionellen deutschen Bilanzierungsverständnis besondere Schwierigkeiten. „An sich" müssen solche unstreitig vorhandenen Verpflichtungen aufgrund des **Vollständigkeitsgebotes** im HGB-Abschluss angesetzt werden. Das Ergebnis wäre jedoch wirtschaftlich höchst unbefriedigend: Die hohen Kosten der Entsorgung eines Kernkraftwerkes (z.B.) müssten dann im Jahr der Produktionsaufnahme, wenn nicht schon bei Erteilung der Konzession, in vollem Umfang zu **Lasten des Ergebnisses** verbucht werden. Die Folge läge in einer bilanzmäßigen Überschuldung des Kernkraftwerkbetreibers zu diesem Zeitpunkt. Letztlich rührt diese Kalamität im handels- und steuerrechtlichen Abschluss deutscher Provenienz in der dort für unzulässig erachteten Gegenbuchung für die Bildung einer Rückstellung auf der Aktivseite; lediglich ein Buchungssatz „per Aufwand an Rückstellungen" wird als zulässig erachtet. Der Definitionsnorm in § 249 Abs. 1 Satz 1 HGB ist dies allerdings nicht zu entnehmen, lediglich mittlerweile für die Steuerbilanz in § 5 Abs. 4b EStG.

Dieses Dilemma versuchen die meisten Autoren durch das Prinzip der **wirtschaftlichen Verursachung** zu ersetzen.[73] Danach sollen die unstreitig vorhandenen Verpflichtungen ratierlich nach der mutmaßlichen Laufzeit der Produktion oder Nutzung als Rückstellung angesammelt werden.

Das Reglement der IFRS hat gem. IAS 37.14 (Rz 18) mit dem **vollen** Ausweis des mutmaßlichen **Verpflichtungs**betrages aus den genannten Schuldverhältnissen als Passivum bei Eintreten der Verpflichtung kein Problem. Dort ist die Buchung „per AK/HK an Rückstellung" (Rz 17) zulässig (IAS 16.16c; → § 8 Rz 19). Sieht man einmal von Bewertungsproblemen (Rz 158) ab, bestehen die Rechtsfolgen

73 Im Überblick dargestellt durch Hommel/Wich, KoR 2004, S. 16, 19; ausführlich Wich, Entfernungsverpflichtungen in der kapitalmarktorientierten Rechnungslegung der IFRS 2009.

der unterschiedlichen Betrachtungsweise im deutschen Bilanzrecht einerseits und in den IFRS andererseits in der Bilanzsumme, aber nicht im Eigenkapital und auch nicht im Ergebnisausweis (jedenfalls nicht notwendig).
Schon dieser Befund sollte Anlass zu Überlegungen geben, ob nicht die vorstehend kurz dargestellte HGB-Interpretation zwingend ist oder nicht im Interesse der Angleichung an die IFRS auch eine andere Auslegung möglich erscheint. Letzteres könnte in dem **finalen** Charakter des AK/HK-Begriffes gefunden werden.[74]

Die IFRS sprechen das Problem von einem eher pragmatischen Standpunkt aus 83
an. In IAS 16.18 i.V.m. IAS 16 BC13ff. werden die einschlägigen Entsorgungs- und Entfernungskosten auch für einen Sonderfall aufgegriffen, der wohl eher selten sein dürfte, der aber entscheidend auf die Aufwandswirksamkeit abhebt. Es geht dort um die Einbeziehung von Entsorgungslasten in die Herstellungskosten von **Vorratsvermögen**; ist deren Produktion mit entsprechenden Verpflichtungen verknüpft, müssen Letztere aufwandsmäßig dem einzelnen produzierten Vermögenswert zugeordnet werden, auch wenn für die Produktion kein entsprechender Anlagewert bilanziert ist (Beispiel: Rekultivierungsverpflichtung für die gepachtete Kiesausbeute).

Das **Vergangenheitsereignis** im Ansatzkatalog von IAS 37.14 (Rz 18) wird in 84
der unabdingbaren Verpflichtung zur späteren Entsorgung etc. im Rahmen der erteilten Konzession oder des Beginns der einschlägigen Tätigkeit etc. gesehen. Dieser Verpflichtung kann sich das Unternehmen ab dem genannten Zeitpunkt nicht mehr entziehen (Rz 20).

Beispiel in IAS 37.19

Die Installation einer **Erdölbohrung** oder eines **Atomkraftwerkes** führt zu Rückbauverpflichtungen u. Ä.; soweit diese am Bilanzstichtag bereits durch Erteilung der Lizenz rechtlich begründet worden sind, muss eine Rückstellung gebildet werden.

Beispiel Nr. 3 in Appendix 10 zu IAS 37

Die Lizenz zum Betrieb einer Ölplattform verlangt vom Betreiber deren Entfernung nach dem Ausbeutungszeitraum und außerdem die Wiederherstellung des Meeresbodens, der durch die Ölförderung beschädigt wird.
Der Aufwand für die Wiederentfernung der Plattform ist bei Erteilung der Lizenz – noch vor Beginn der Ölförderung – zu passivieren, aber nicht entsprechend dem deutschen Bilanzierungsverständnis zu Lasten des Aufwandes, sondern als Bestandteil der Herstellungskosten für die Plattform gem. IAS 16.15 (→ § 8 Rz 18ff.) zu aktivieren. Über die dann zu verrechnenden Abschreibungen ergibt sich in etwa das gleiche Ergebnis wie nach der in Deutschland gebräuchlichen **Ansammlungsrückstellung**.[75] Dieser Verpflichtung kann sich das Unternehmen nach Erteilung der Lizenz nicht mehr entziehen. Anders soll es sich bei den Kosten für die Wiederherstellung des Meeresbodens verhalten. Hier beginnt die Rückstellungsfähigkeit erst mit Aufnahme der Produktion).

---

74 So LÜDENBACH, BB 2003, S. 835, 839.
75 Siehe hierzu FÖRSCHLE/KRONER/HEDDÄUS, WPg 1999, S. 41 (47).

IFRIC *Interpretation* 1 (IFRIC 1) hat sich auf der Grundlage der genannten Vorgaben in IAS 16, 16c und IAS 37.14 (Rz 81) detailliert der Materie angenommen. Der Bilanz**ansatz** im Rahmen der Anschaffungs- oder Herstellungskosten bzw. die Bildung der Rückstellung wird dabei zutreffenderweise als zwingend unterstellt. Es geht also in IFRIC 1 um die **Bewertung** im Rahmen der Folgebilanzierungen. Auf die Kommentierung in Rz 158ff. wird an dieser Stelle verwiesen.

85 Ein auch aus deutscher Sicht typisches Feld der Rückstellungsbilanzierung stellen die **Rekultivierungs**verpflichtungen dar. Die Lizenz zum Abbau von Bodenschätzen enthält die Verpflichtung zur Wiederherstellung des Geländes nach Abbau von Braunkohle, Kies etc. oder zur Verfüllung von Bohrlöchern und anderen Hohlräumen. Wie in den unter Rz 80 genannten Sachverhalten besteht die Verpflichtung rechtlich bei Erteilung der Lizenz, wirtschaftlich kommt sie indes erst mit **Beginn des Abbaus** (der Produktion) zum Tragen; anders beim Kernkraftwerk (Rz 82), das auch ohne Inbetriebnahme nach Konzessionsablauf wieder entfernt werden muss.

Die Rekultivierungsverpflichtung ist dementsprechend nach Maßgabe der Abbaumenge **ratierlich** als Rückstellung einzubuchen, Gegenbuchung als laufender Betriebsaufwand.

86 Speziell bei der Braunkohleförderung fallen vor Beginn des Abbaus Aufwendungen an, deren Bilanzierung fraglich sein kann.

Beispiel
Sachverhalt
Die Braunkohle AG hat eine Abbaulizenz für das Gebiet X erhalten. Sie trägt daraufhin die Humusschicht ab und bereitet das Gelände zum Kohleabbau vor.

Lösung
Die vorbereitenden Kosten dienen der Herstellung der Betriebsbereitschaft für die Lizenz (→ § 13 Rz 71) und sind mit dieser als immaterieller Vermögenswert zu aktivieren und nach Abbaubeginn entsprechend der Abbaumenge abzuschreiben (→ § 10 Rz 32). Vgl. auch → § 42 Rz 5.

2.3.5 Rücknahme- und Entsorgungsverpflichtungen (Elektroschrott)

87 Aktuell geht es um die vom Hersteller öffentlich-rechtlich geforderte Rücknahmeverpflichtung für

- Elektro- und Elektronikgeräte (sog. **Elektroschrott**).[76]
- Altfahrzeuge (Rz 88).

Für den Elektroschrott gilt die nachstehende **Verpflichtungsstruktur:**[77]

---

[76] Vom 16.3.2005 Elektro- und Elektronikgerätegesetz (ElektroG), BGBl I 2005 S. 762ff.

[77] OSER/ROSS, WPg 2005, S. 1069; SCHREIBER, BB 2006, S. 1842.

Verpflichtungsstruktur Elektroschrott		
	Haushalte	**Entsorgungsverpflichteter**
1	alte Gebrauchtgeräte (vor 23.11.2005 in Verkehr gebracht)	Hersteller im Umlageverfahren nach Maßgabe des Marktanteils im Rücknahmezeitpunkt
2	neue Gebrauchtgeräte (ab 23.11.2005 in Verkehr gebracht)	Hersteller im Umlageverfahren (jedoch Bringschuld zur Sammelstelle)
	Nicht private Nutzer	
3	neue Gebrauchtgeräte (ab 23.11.2005 in Verkehr gebracht)	Hersteller
4	alte Gebrauchtgeräte (vor 23.11.2005 in Verkehr gebracht)	Regel: Nutzer

Zu 1. Alte Gebrauchtgeräte, private Haushalte

Ausschließlich mit den alten Gebrauchtgeräten befasst sich IFRIC 6 (IFRIC 6.6). In diesen Fällen orientiert sich die Rücknahmeverpflichtung bzw. der Kostenanteil an kollektiven Rücknahmesystemen nicht am Anteil der in **Verkehr gebrachten** Geräte, sondern am Marktanteil im **Rücknahmezeitpunkt**. Erst die **künftige** Marktteilnahme stellt daher die gegenwärtige Verpflichtung i.S.v. IAS 37.12a (Rz 20) dar.

Die *measurement period* nach IFRIC 6.9 ist das Entsorgungsjahr, das allerdings nicht in jedem Mitgliedstaat der EG identisch ist. Der Rückstellungsansatz ist also erst **nach** Festlegung der **aktuellen** Marktteilnahme bei Rücknahme möglich. Entsprechend hat sich auch das deutsche Rechnungslegungs-Interpretations-Committee (RIC) in RIC 2 geäußert. Ab diesem Zeitpunkt kann sich das Herstellerunternehmen seiner Verpflichtung **nicht mehr entziehen** (Rz 20) oder umgekehrt ausgedrückt: Die Rücknahme- und Entsorgungsverpflichtung kann durch Einstellung der einschlägigen Geschäftstätigkeit bis zum genannten Zeitpunkt aus eigener Kraft vermieden werden. Gegen dieses Argument äußert der HFA des IDW Bedenken:[78] Der Marktaustritt sei höchst unwahrscheinlich, sodass zumindest eine faktische Entsorgungsverpflichtung vorliege (Rz 20).

Hinsichtlich der anderen drei Fälle verweist IFRIC 6.7 auf IAS 37, hält eine **analoge** Anwendung von IFRIC 6 aber für geboten, wenn (für die anderen Fälle) ein ähnliches Rücknahmeregime wie zu 1. herrscht.

Zu 2. Neue Gebrauchtgeräte, private Haushalte

Hier muss nach der **rechtlichen** Verpflichtung differenziert werden:

Weist der Hersteller seinen Anteil am Abfallstrom nach, wird er nach Maßgabe dieses Anteils für die Rücknahme in Anspruch genommen. Ohne diesen Nachweis folgt die Inanspruchnahme dem aktuellen Marktanteil (wie unter 1.).

---

78 FN-IDW 2005, S. 781; ähnlich MARX/KÖHLMANN, BB 2005, S. 2010.

- Bei Nachweis des eigenen Anteils gleicht die Rücknahmepflicht derjenigen für Altfahrzeuge (Rz 88). Eine Rückstellung ist zum Zeitpunkt des Inverkehrbringens anzusetzen.[79]
- Ohne diesen Nachweis entspricht die Abholverpflichtung derjenigen zu 1. (alte Gebrauchtgeräte). Eine Rückstellung kommt dann im Zeitpunkt des Inverkehrbringens nicht in Betracht (Anwendungsfall von IFRIC 6.7).[80] Das gilt trotz der vom Hersteller zu stellenden insolvenzsicheren Garantie. Der Garantiefall ist erst bei Marktaustritt des letzten Marktteilnehmers gegeben. Da dieser Fall kaum jemals eintreten wird, verbleibt es im Ergebnis bei der Lösung wie vorstehend zu 1. (IFRIC 6.7) – Rückstellung bzw. Aufwand also erst nach Festlegung der aktuellen Marktteilnahme im Rücknahmezeitpunkt.

Zu 3. Neue Gebrauchtgeräte, gewerbliche Nutzer

In diesem Fall trägt der Hersteller die Entsorgungsverpflichtung mit der Folge einer Passivierungspflicht für die Entsorgungsverpflichtung im Zeitpunkt des Inverkehrbringens von Elektrogeräten.

Inwieweit es gelingt, eine übereinstimmende Rückstellungsbildung nach HGB und IFRS zu erreichen, bleibt der endgültigen RIC-Stellungnahme vorbehalten.[81]

Zu 4. Alte Gebrauchtgeräte, gewerbliche Nutzer

Der deutsche Gesetzgeber hat ein Mitgliedstaatenwahlrecht zu Gunsten der Hersteller und zu Lasten der gewerblichen Nutzer ausgeübt. Letztere müssen vollständig die Kosten der Entsorgung tragen. Folglich besteht für den Hersteller kein Rückstellungserfordernis, es sei denn, die beiden „Parteien" treffen eine andere Regelung.

88 Nach der EU-Altautorichtlinie und der Altfahrzeug-VO vom 21.6.2002[82] sind Hersteller und gewerbliche Importeure bestimmter **Fahrzeuge** zur unentgeltlichen Rücknahme und **Entsorgung** von Altfahrzeugen ihrer Marke verpflichtet, und zwar für

- nach dem 30.6.2002 in Verkehr gebrachte Fahrzeuge generell und
- vor dem 1.7.2002 in Verkehr gebrachte Fahrzeuge ab dem 1.1.2007.

Mit dem Inverkehrbringen der Fahrzeuge liegt das Vergangenheitsereignis *(past event)* vor (Rz 20).[83]

Zur Bewertung können **Erfahrungswerte** bez. der Kosten des Fahrzeugrecyclings herangezogen werden (Rz 118). Möglicherweise stehen auch Angebote gewerbsmäßiger Auto-Recycler zur Verfügung, wodurch das Bewertungsverfahren nach IAS 37.37 – **Übertragung** der Verpflichtung auf einen Dritten – eröffnet wird (Rz 114). Wegen der Langfristigkeit der Verpflichtung ist eine **Abzinsung** vorzunehmen.

---

79 So OSER/ROSS, WPg 2005, S. 1074.

80 So SCHÄFER, BB 2004, S. 2738. Dagegen differenzierend OSER/ROSS, WPg 2005, S. 1074.

81 OSER/ROSS gehen von einer Übereinstimmung auch mit US-GAAP aus (WPg 2005, S. 1076).

82 HUG/ROSS/SEIDLER, Bilanzielle Bewältigung der Rückwirkungsproblematik durch das Altfahrzeuge-Gesetz, DB 2002, S. 1013.

83 ADS International, Abschn. 18, Tz 129.

2.3.6 Restrukturierungsrückstellungen (*restructuring*)[84]

Einen weiteren Sonderfall für die Bildung einer *provision* stellen **Restrukturierungsverpflichtungen** dar. **Definiert** ist die Restrukturierung in IAS 37.10 als ein vom Management geplantes und beherrschtes Programm zur wesentlichen Veränderung eines Geschäftsfeldes oder des Betriebes dieses Geschäftsfeldes. Unter IAS 37.70 wird zunächst dieser Begriffsinhalt erläutert; als Restrukturierungen gelten dabei u. a. 89

- die **Aufgabe** bzw. der **Verkauf** ganzer Geschäftsbereiche *(line of business)*;[85]
- **Schließung** eines Geschäftsbereiches in einem bestimmten Gebiet oder Land *(location)*;
- **Verlegung** eines Geschäftsbereiches in ein anderes Gebiet oder Land;
- „**fundamentale Reorganisationen**" mit wesentlichen Auswirkungen auf den Inhalt der Geschäftstätigkeit;
- Änderungen der **Managementstruktur**, z. B. Verselbstständigung von funktionalen Einheiten oder Aufhebung einer Hierarchiestufe;
- Änderungen des unternehmerischen **Kernbereichs**;
- örtliche Verlegung der **Konzernzentrale**.

Es geht also nicht nur um Abfindungen für das **Personal**, sondern generell um direkte, den betreffenden Maßnahmen zuzuordnende Kosten, z. B. Abfindungen für die Entlassung aus Mietverträgen oder Generalüberholung von Maschinen. Jedenfalls ist eine trennscharfe Abgrenzung von operativen Änderungen der Geschäftsabläufe und strukturellen Neuorientierungen oft nicht gegeben.

Die Beispiele belegen den hochgradigen **Interpretationsbedarf** für den konkreten Fall des *„restructuring"* mit der Folge nennenswerter bilanzpolitischer Möglichkeiten. Die Zielsetzung des Managements wird häufig dahin gehen, den anstehenden Aufwand aus diesem Bereich hoch zu schätzen, um dann nicht benötigte Rückstellungen „still" zugunsten des laufenden Ergebnisses aufzulösen. Dieses bilanzpolitische Instrumentarium (*„clean up"* oder *„big bath"*) kommt insbesondere dann zum Einsatz, wenn ein neuer Vorstandsvorsitzender die Bühne betritt und dem bisherigen „Altlasten" anhängt. Später steht der neue Boss nach Auflösung nicht benötigter Rückstellungen glänzend da.[86]

Das Schlagwort „Restrukturierung" suggeriert dem Abschlussadressaten die Maßnahme als etwas **Außerordentliches**, also nicht wieder Vorkommendes. Die damit verbundenen Aufwendungen sind „Schnee von gestern", der die rosige **Zukunft** nicht mehr behelligt. Diese Suggestion wird durch Darstellung einer besonderen Aufwandsposition (→ § 2 Rz 67) unterstützt, die – so die Botschaft – aus dem ausgewiesenen Ergebnis herausgerechnet werden müsse. Dabei stellen laufende Anpassungen der Geschäftstätigkeit an die Änderungen im wirtschaftlichen Umfeld eine wesentliche Aufgabe der Unternehmensführung dar.[87] 90

Gemäß IAS 37.71 müssen die Restrukturierungsrückstellungen die **generellen Ansatzkriterien** für *provisions* gem. IAS 37.14 erfüllen (Rz 25). Die Regeln für 91

---

[84] Die nachstehende Darstellung folgt in den Grundzügen den Ausführungen von Ernsting/Keitz, von, DB 1998, S. 2477 (2480), Reinhart, BB 1998, S. 2514 (2517), sowie Theile, PiR 2007, S. 297; s. auch Wenk/Jagosch, DStR 2009, S. 1712.

[85] U. U. zu behandeln als *discontinued operation* gem. IFRS 5 (→ § 29).

[86] Ähnlich Theile, PiR 2007, S. 297.

[87] So Theile, PiR 2007, S. 298.

die Restrukturierung stellen also nach dieser Vorstellung nur Spezifika zu den allgemeinen Vorschriften zum Bilanzansatz dar. Ganz überzeugend ist diese Logik nicht; wie noch zu zeigen sein wird (Rz 95), können eigentliche **Aufwandsrückstellungen** im Rahmen von solchen Restrukturierungsmaßnahmen entgegen der generellen Regel (Rz 20) durchaus gebildet werden. Im Rahmen des kurzfristigen Konvergenzprojektes plant der Board eine Aufhebung der Sondervorschriften für Restrukturierungsverpflichtungen (Rz 178).

IAS 37.72 geht bei der Ansatzvoraussetzung von einer „*constructive obligation*", also von einer faktischen Verpflichtung aus, dem sich das Unternehmen nicht mehr entziehen kann (Rz 25). Ein **rechtliches** Schuldverhältnis wird anders als sonst (Rz 18) nicht verlangt. Notwendig für die Rückstellungsbildung ist ein **detaillierter Plan**, der folgende Identifizierungen erlaubt:

- der betroffene **Geschäftsbereich** oder Teilgeschäftsbereich;
- die wesentlichen **Örtlichkeiten**, die betroffen sind;
- die näherungsweise *(approximate number)* Angabe der betroffenen **Arbeitnehmer** hinsichtlich der Anzahl, des Ortes und der Funktion;
- die erforderlichen **Ausgaben**;
- der **Umsetzungszeitpunkt** für den getroffenen Plan.

Wie detailliert der Plan hinsichtlich des Umfangs der zu entlassenden Mitarbeiter oder der Einzelkosten sein muss, bleibt offen und damit der Interpretation des Managements anvertraut.

Die besonderen Anforderrungen für Restrukturierungsaufwendungen greifen dann nicht, wenn eine rechtliche Verpflichtung vorliegt, die Kosten der von einem anderen durchzuführenden Restrukturierung ganz oder teilweise zu tragen. Dazu folgendes Beispiel:

Beispiel[88]

Sachverhalt

Ein Unternehmen (U) will seine EDV-Abteilung auf einen entsprechenden Dienstleister (D) auslagern *(outsourcing)*. Entsprechend übernimmt D die IT-Abteilung von U mit der faktischen Verpflichtung einer Restrukturierung, also insbesondere Entlassung von Mitarbeitern. Nach der getroffenen Vereinbarung erhält D von U eine Entschädigung für alle mit der Restrukturierung verbundenen Kosten.

Lösung

Durch den (veröffentlichten) Vertrag zwischen U und D wird eine entsprechende Erwartungshaltung *(valid expectation)* bei den Betroffenen begründet. Bei U kommt eine Rückstellungsbildung schon im Zeitpunkt der Vertragsunterzeichnung von U und D infrage, bei D erst, wenn er die Restrukturierung umsetzt, den Detaillierungsplan bekannt gibt.

92 Weitere Voraussetzung ist die Weckung einer entsprechenden **Erwartungshaltung** bei den betroffenen Personen über die Umsetzung des Restrukturierungsplans. In IAS 37.73 wird die Schaffung der Erwartungshaltung noch weiter umschrieben und dabei insbesondere auf die **öffentliche Ankündigung** abge-

88 Nach KPMG, Insights into IFRS 2008/2009, Tz 3.12.300.20.

hoben. Nach IAS 37.74 muss der betreffende Plan so schnell wie möglich durchgeführt und innerhalb eines bestimmten Zeitrahmens vollendet werden. Vorbehalte werden an dieser Stelle gegenüber langfristig angelegten Plänen angebracht, weil ein solcher Zeitrahmen Gelegenheiten zu Planänderungen eröffnet. Offensichtlich sollen damit bilanzpolitische Gestaltungsspielräume eingeengt werden. Andererseits können im Rahmen solcher Planankündigungen (überhöhte) Rückstellungen gebildet werden, die sich dann in späterer Zeit mehr oder weniger unbemerkt zugunsten des laufenden Ergebnisses auflösen lassen (Rz 89).

Die bloße Entscheidung des Managements zur Durchführung einer solchen 93 Restrukturierungsmaßnahme genügt danach als Ansatzkriterium nicht. Es bedarf eben der effektiven **Implementierung** des Restrukturierungsplanes bzw. dessen öffentlicher **Ankündigung**. Erfolgen die letztgenannten Maßnahmen nach dem Bilanzstichtag, aber vor Bilanzerstellung, ist eine Erläuterung nach IAS 10 (Rz 173) im Anhang vorzunehmen. Als weiteres bejahendes Ansatzkriterium wird die Aufnahme von **Verhandlungen mit Arbeitnehmervertretern** in IAS 37.76 genannt. Das Gleiche gilt in IAS 37.77, wenn nach Art des deutschen Unternehmensverfassungsrechts Arbeitnehmervertreter im Aufsichtsrat sitzen und diese in die entsprechenden Pläne des Vorstandes involviert worden sind. Die vorstehend genannte Einweihung der Arbeitnehmervertreter (Betriebsrat oder Aufsichtsrat) in die Restrukturierungspläne entsprechen als Ansatzkriterium in etwa denjenigen gem. R 5.7. (6) EStR 2005. Danach genügt nicht der Plan zur Rückstellungsbildung, es bedarf vielmehr der entsprechenden Bekanntgabe bis zum Bilanzstichtag.

Und schließlich wird noch in IAS 37.78 der Restrukturierungsfall des **Verkaufs** 94 **eines eigenständigen Geschäftsfeldes** erwähnt. Danach ist eine Rückstellung für die damit verbundenen Verluste bzw. Aufwendungen erst mit Abschluss des bindenden Vertrages ansetzbar. Wegen einer möglichen Kollision mit IFRS 5 vgl. → § 29 Rz 31.

Nicht ganz abgestimmt mit diesen Vorgaben sind Parallel- oder sich überschnei- 95 dende Ansatzregeln für **Abfindungsverpflichtungen** „*(termination benefits)*" anlässlich der Aufhebung eines Dienstverhältnisses gem. IAS 19.134 (→ § 22 Rz 79). Danach ist erst ein Sozialplan ansatzbegründend.[89] Auf eine Restrukturierung wird dabei nicht abgehoben.[90]

Entgegen der allgemeinen Regel für den Ansatz von *provisions* (Rz 20) können auch eigentliche **Aufwandsrückstellungen** in die Bemessungsgrundlage einfließen[91] (vgl. hierzu auch Rz 25). **Künftig** sollen für Restrukturierungsaufwendungen nur noch die **allgemeinen** Ansatzregeln gelten.

Beispiel

Der oben genannte detaillierte Restrukturierungsplan erfordert die Schließung angemieteter Räume. Es besteht das Interesse, die entsprechenden Mietverhältnisse gegen eine Abfindung zu beenden oder aber (möglicherweise) nicht kostendeckend unterzuvermieten. Konkrete Verpflichtungen aus diesem (Teil-)Plan bestehen noch nicht.

---

89 So die „Vermutung" von KIRCHHOF, WPg 2005, S. 592.
90 THEILE, PiR 2007, S. 289.
91 Vgl. SCHILDBACH, StuB 2002, S. 791.

96 Der für den Ansatz von *provisions* erforderliche Verbindlichkeitscharakter *(liability)* wird also im Falle von Restrukturierungen durch die genannten Ankündigungen, Detaillierungen etc. **ersetzt** (Rz 25). Bilanzpolitische Spielräume ergeben sich (derzeit noch) aus dem angedeuteten definitorischen Interpretationsbedarf (Rz 89) und im Bereich der **Bewertung** (Rz 113ff.).

97 Zur **Bewertung** von Restrukturierungsrückstellungen vgl. Rz 157. Dort sind auch – der Gliederung von IAS 37 folgend – bestimmte **Ansatzverbote** aufgeführt.

98 Für den Bilanzansatz von Restrukturierungsaufwendungen besteht im Hinblick auf die sehr spezifischen Voraussetzungen nach den IFRS nur eher zufällig eine Übereinstimmung mit dem HGB/EStG. Die Information des Betriebsrates als Ansatzkriterium (Rz 93) entspricht allerdings der Rechtslage nach HGB in der Interpretation durch den BFH und die Finanzverwaltung (R 5.7 (6) EStR 2008). Zum Ansatz von Restrukturierungskosten im Rahmen von **Unternehmenserwerben** vgl. → § 31.

2.3.7 Emissionsrechte

99 Zur Bilanzierung der Rückgabeverpflichtung von **Emissionsrechten** für Treibhausgase wird verwiesen auf → § 13 Rz 46.

2.3.8 Kosten der Rechtsverfolgung

100 Rechtsverfolgungskosten können wie folgt systematisiert werden:[92]

- Außerprozessuale Rechtsverfolgungskosten
- Prozesskosten
  - Gerichtsgebühren und Auslagen
  - außergerichtliche Kosten für Rechtsanwälte, Zeugen, Reisekosten u. Ä.

Zu Prozesskostenrückstellungen ist primär der am Rechtsstreit **passiv** Beteiligte „befugt". Es liegt hier ein Vergangenheitsereignis dann vor, wenn die Klage anhängig gemacht worden ist. Der gleiche Ansatzgrund kann auch für den aktiv **Beteiligten** gelten, wenn dieser einen insgesamt relativ aussichtslosen Prozess aus bestimmten Gründen anzettelt. Die gleichen Ansatzkriterien gelten im Rahmen des Instanzenwegs. Erst wenn die **nächste** Instanz förmlich angerufen worden ist, kann für die dann entstehenden weiteren Rechtsverfolgungskosten eine Rückstellung gebildet werden.

Bezüglich der **Bewertung** des Prozesskostenrisikos kann sich das Unternehmen am Streitwert orientieren und den Höchstbetrag – abgesehen von unbedeutenden Nebenkosten – in aller Regel zuverlässig ermitteln. Im weiteren Schätzverfahren stellt sich allerdings die Frage nach dem Ausgang des Verfahrens und damit nach der Kostentragung. Hierzu darf auf das Beispiel in Rz 115 und auf den Umgang der Praxis mit der Unsicherheit bei Rechtsverfahren in Rz 117 verwiesen werden.

2.3.9 Dokumentationsverpflichtungen, Registrierungskosten

101 Nach den verschiedensten Handels- und öffentlich-rechtlichen Verpflichtungen muss ein Unternehmen Dokumente erstellen und für einen bestimmten Zeitraum in Papier oder elektronisch aufbewahren. Ein typisches Beispiel stellen die **Buchungsbelege** dar. Diese entstehen im laufenden Geschäftsverkehr, sodass

---

92 Thiele, WPg 2004, S. 737; Osterloh-Konrad, DStR 2003, S. 1631.

am Bilanzstichtag die entsprechende Verpflichtung zur Aufbewahrung besteht. Gläubiger ist die öffentliche Hand in weitem Sinne, das Unternehmen kann sich dieser Verpflichtung auch nicht entziehen. Damit sind die Ansatzkriterien für die Rückstellungsbildung nach IAS 37.14 erfüllt (Rz 18). Zur **Bewertung** wird auf Rz 153 verwiesen.[93] Im Hinblick auf die Langfristigkeit ist eine Abzinsung geboten (Rz 126).

Nach der anstehenden EU-Chemikalienverordnung (REACH) setzt die Herstellung bzw. der Import von **Chemikalien** in der bzw. die EU die Einreichung eines Registrierungsdossiers bei der Europäischen Agentur für Chemische Stoffe voraus. Diese Dokumentationspflicht greift bei einer Produktions- oder Einfuhrmenge von einer Tonne und mehr pro Kalenderjahr ein. Die Dokumentationsanforderungen steigen dabei stufenweise mit dem Volumen der hergestellten oder eingeführten Stoffmengen. 102

In dem Augenblick, in dem die genannte Schwelle von einer Tonne überschritten wird, entsteht rechtlich die Dokumentationspflicht. Zuvor liegt also keine rechtliche Entstehung der Verpflichtung, ebenso wenig eine wirtschaftliche Verursachung (Rz 20) vor, d.h. kein Vergangenheitsereignis (Rz 20). Danach entsteht Aufwand erst mit der Einfuhr bzw. der Herstellung bei Überschreiten der genannten Mindestmenge.[94]

2.3.10 Mehrerlösabschöpfung in der deutschen Elektrizitätswirtschaft

Die Übertragungsnetzbetreiber in der Bundesrepublik unterliegen der **Aufsicht** durch die Bundesnetzagentur, da sie eine systemimmanente Schlüsselposition bei der Energieversorgung innehaben. Die Netzbetreiber können ihren Geschäftsbetrieb nicht schlichtweg einstellen, sie sind zu dessen Aufrechterhaltung verpflichtet. Das Entgelt für ihre Leistungen ist nach oben begrenzt, insbesondere haben sie bestimmte Kosteneinsparungen an ihre Kunden weiterzugeben. In diesem Rahmen kann folgendes Problem entstehen: Das Entgelt der Periode 1 erweist sich in einer Nachkalkulation als zu hoch. Der entsprechende Mehrerlös ist dann in einer Folgeperiode (vereinfacht in Periode 2) in der Weise „abzuführen“, indem an die Stelle des eigentlich zulässigen Höchstentgelts der Folgeperiode ein um den Mehrerlös der Vorperiode vermindertes Entgelt tritt. 103

Die Frage ist, wie diese anstehende Erlösreduzierung im Jahr 02 aufgrund des Mehrerlöses im Jahr 01 bilanziell abgewickelt werden muss. Der Ansatz einer **Rückstellung** im Jahr 01 setzt die kumulative Erfüllung der vier in Rz 18 genannten Tatbestandsmerkmale voraus. Zweifelhaft ist in diesem Fall der *outflow of resources*, denn im Folgejahr der Übererlöse findet keine Rückzahlung (*outflow*) statt, es wird lediglich der Erlös (*inflow*) gemindert. Aus den Erläuterungen zu den IFRS geht eine Einbeziehung von geringeren *inflows* in den Begriff *outflows* nicht hervor. U. E. kommt eine Rückstellungsbildung deshalb nicht in Betracht, obwohl die drei anderen Tatbestandsmerkmale für den Rückstellungsansatz hier i.d.R. gegeben sind. 104

Eine mögliche Lösung ergibt sich aber aus IAS 18. Danach ist wie folgt zu differenzieren:

---

93 Hoffmann, PiR 2007, S. 145.

94 So Ross/Drögemüller, BB 2006, S. 1044.

- Nach IAS 18.19 (→ § 25 Rz 106) ist eine **Rückstellung** anzusetzen, wenn der bei Erbringung einer Leistung vereinnahmte Erlös mit zukünftigen Kosten durch Nachbetreuung, erweiterte Gewährleistungen etc. verbunden ist.
- Demgegenüber verlangt IAS 18.13 (→ § 25 Rz 126) eine passive **Abgrenzung** vereinnahmter Entgelte, die auch künftige gleichartige Leistungen abdeckt – vorausgesetzt, das gesamte Geschäft kann nur unter Berücksichtigung der vollen Gegenleistung erklärbar sein.

Zur Abbildung von Verpflichtungen aus Kundenbindungsprogrammen (→ § 25 Rz 106) schließt das *IFRS Interpretation Committee* in IFRIC 13.BC7(b) auf das Erfordernis der Aufteilung des Erlöses in seine Komponenten, und zwar auf die aufgrund der vereinnahmten Entgelte noch zu erbringenden künftigen Leistungen. U. E. ist in Analogie diese Interpretation auch auf die Erlösminderung des Netzbetreibers im Folgejahr anzuwenden. Das überhöhte Entgelt der Periode 1 ist tatsächlich kein Entgelt für die Leistungen der Periode 1, sondern eine „Überzahlung“, der die zukünftige Abgabe von Leistungen gegenübersteht. Der Mehrerlös deckt demnach zukünftige Leistungen ab und ist deshalb als Abgrenzungsposten (*deferred revenue*) zu passivieren.

105 Ein vergleichbares Beispiel kann auch in anderen Dauerlieferungsbeziehungen gefunden werden.

Beispiel
Kunde A vereinbart mit Lieferant B die Lieferung nach Bedarf in 01 und 02 für einen Preis von 100 pro Stück. Eine zeitversetzte Bonusvereinbarung sieht zusätzlich Folgendes vor: Werden in 01 mindestens 1.000 Stück gekauft, entsteht ein Bonusanspruch von 20.000, der jedoch nicht bar, sondern in der Weise zu erfüllen ist, dass A in 02 bis zu maximal 1.000 Stück für 80 erwerben kann. Auch hier gilt unter Vernachlässigung eventueller Abzinsungseffekte: In 01 ist bei B nur ein Umsatz von 100.000 auszuweisen, 20.000 sind passiv abzugrenzen. Die Auflösung des passiven Abgrenzungspostens führt in 02 bei einer unterstellten Absatzmenge von 1.000 ebenfalls zu einem Umsatz von 100.000.

2.4 Eventualverbindlichkeiten (*contingent liabilities*)

106 Die IFRS unterscheiden eine weitere Kategorie von für die Abschlusserstellung relevanten **Verpflichtungen**, die in IAS 37.10 definiert sind. Unterschieden werden dabei **zwei Tatbestände**:

- Eine **mögliche** Verpflichtung aufgrund vergangener Ereignisse, deren Existenz oder Nichtexistenz von weniger sicheren zukünftigen Ereignissen abhängen, welche nicht unter der vollständigen Kontrolle des Unternehmens stehen.
- **Gegenwärtige** Verpflichtungen *(present obligation)* aufgrund vergangener Ereignisse (Rz 20ff.), für die allerdings der Abfluss von Ressourcen zur Regulierung der Verbindlichkeit **unwahrscheinlich** (Rz 36ff.) ist.

Beide Kategorien setzen voraus, dass die „an sich“ zu bilanzierende Verpflichtung nicht mit der genügenden Sicherheit **bewertet** werden kann (Rz 51).

107 Es handelt sich bei diesen *contingent liabilities* um zwei Verbindlichkeitskategorien, die nur vor dem Hintergrund der die Rückstellungsbildung generell durchziehen-

den **Unsicherheiten** (Rz 13ff.) und **Wahrscheinlichkeiten** (Rz 39ff.) verständlich sind. Die Unsicherheit soll sich im ersten angeführten Punkt auf das Ereignis als solches beziehen, im zweiten Punkt auf die Wahrscheinlichkeit des Ressourcenabflusses. Bezeichnend ist allerdings auch das dritte Tatbestandsmerkmal in der Aufstellung unter Rz 106, das als Auffanggröße zu der ansatzbeschränkenden Bewertungsnorm in IAS 37.14c zu verstehen ist (Rz 18). In diesen „sehr seltenen" Fällen der nicht zuverlässigen Bewertbarkeit muss wenigstens im Rahmen der Eventualverbindlichkeiten eine Anhangsangabe erfolgen (IAS 37.86; Rz 172). Auf den Begriff *„contingent liabilities"* muss **künftig** verzichtet werden (Rz 178).

Die unter Rz 106 dargestellten Definitionsnormen beugen einem bei wörtlicher Übersetzung (s. die Überschrift zu diesem Abschnitt) drohenden **Missverständnis** vor. Die in § 251 HGB genannten Eventualverbindlichkeiten sind ausschließlich als **Ausfallverpflichtungen** definiert; es muss also in jedem Fall ein **Primärschuldner** vorhanden sein, sodass das betreffende bilanzierende Unternehmen erst beim Ausfall dieses Schuldners von dessen Gläubiger in Anspruch genommen werden kann. Solche möglichen Inanspruchnahmen fallen **auch** unter die Definitionsnorm der *contingent liabilities* in IAS 37.10, wie sie oben aufgeführt worden sind (IAS 38.12). Allerdings: Diese Definitionsnorm umfasst **weit mehr** Tatbestandsmerkmale als diejenige in § 251 HGB, nämlich auch **Primärschuldverhältnisse**, aber eben mit niedrigerem Wahrscheinlichkeitsgrad. Die geplante **Überarbeitung** nach dem Konvergenzprojekt sieht eine Beschränkung auf die **bedingten** Verpflichtungen vor. 108

Beispiel[95]
Bei einer Hochzeitsfeier starben eine Anzahl von Leuten, möglicherweise wegen vergifteter Speisen, die durch das bilanzierende Unternehmen geliefert worden sind. Gerichtsverfahren gegen das Unternehmen sind anhängig, bei denen es um die Schuld des Unternehmens im Rechtssinne geht.
Die Lösung des Falles geht einfach dahin: Schätzt der Rechtsexperte die Verpflichtung des Unternehmens als „wahrscheinlich" ein, ist eine Rückstellung zu bilden; bei „Unwahrscheinlichkeit" verbleibt es bei der Angabe im Anhang als Eventualverbindlichkeit i.S.d. IFRS.[96]

In beiden Fällen liegt eine gegenwärtige Verpflichtung aufgrund eines Vergangenheitsereignisses vor (Rz 20ff.), allerdings eben mit unterschiedlichen Ansatzfolgen infolge des Wahrscheinlichkeitskriteriums. 109

Ein weiteres **Beispiel** in Appendix C (Nr. 9) zu IAS 37 bezieht sich auf einen Fall der Eventualverbindlichkeit i.S.d. § 251 HGB:

Beispiel
Sachverhalt
Das Unternehmen B übernimmt eine Garantie (Bürgschaft) für den Kredit eines anderen Unternehmens S, das in 01 als „gesund" betrachtet wird. Im Jahr 02 beantragt S Insolvenz.

---

95 IAS 37 Appendix C, Beispiel Nr. 10.

96 Zu dem Kriterium der „Wahrscheinlichkeit" als Ansatz-Tatbestandsmerkmal siehe Rz 36ff.

> **Lösung**
> Die Bürgschaft unterliegt ab 2006 in bestimmten Fällen noch dem IFRS 4, da sie als Versicherungsvertrag gilt (→ § 39 Rz 23), i.d.R. aber dem Anwendungsbereich von IAS 39. Aus dem Barwert der erwarteten Nettozahlungsströme im Gefolge des Bürgschaftsvertrags ist dessen *fair value* zu ermitteln. Bei einer praktisch risikofreien Bürgschaft (in 01) ist der *fair value* sehr gering und umgekehrt.
> Zum 31.12.02 entspricht der *fair value*, und damit die beim Bürgen zu bildende Rückstellung, dem Bürgschaftsbetrag.

Zu Details wird auf → § 28 Rz 13 verwiesen.

Eine Eventualverbindlichkeit liegt auch für die (bedingte) Einzahlungsverpflichtung in einen „Entsorgungsfonds" (Rz 80) vor (IFRIC 5.10).

110 Die Unterscheidung hinsichtlich der Wahrscheinlichkeit des Ereignisses einerseits und des Abflusses von Ressourcen andererseits mag gekünstelt wirken, da das eine vom anderen nicht zu trennen ist. Im Ergebnis kann aber aus praktischer Sicht darüber hinweggesehen werden. Letztlich geht es immer nur um das „Kriterium" der **Wahrscheinlichkeit** (Rz 36ff.). Bei überwiegender Wahrscheinlichkeit (Rz 112) kommt es zum Bilanzansatz, sonst genügt – bis zum Bereich von *„remote"* – eine **Anhangsangabe** (Rz 172).

Die Einschätzung der Wahrscheinlichkeit einer Inanspruchnahme kann sich im **Zeitverlauf ändern**, wenn z.B. der Rechtsberater in einem Fall der Schadensersatzverpflichtung seine Auffassung über das Risiko der Inanspruchnahme ändert und dessen Befund in die Bilanzierungsentscheidung eingeht. Deshalb kann eine im Vorjahr angesetzte Rückstellung u.U. aufgelöst und durch eine Anhangsangabe ersetzt werden oder umgekehrt (IAS 37.59).[97]

111 Bei einem Vergleich der IFRS-Regeln mit denjenigen des deutschen Rechnungslegungsrechtes kommt man notgedrungen (erneut Rz 41ff.) auf die individuelle Auslegung der „**Wahrscheinlichkeit**" als entscheidendes Ansatzkriterium zurück (Rz 36ff.). Weit verbreiteter Auffassung zufolge sollen nach deutschem Recht die Anforderungen an die „Wahrscheinlichkeit" niedriger liegen als nach den IFRS.[98] Dieser Aussage steht die in Rz 40 dargestellte „51-%-Regel" des BFH und auch des handelsrechtlichen Schrifttums (in Teilbereichen) entgegen. Aus dieser Sicht kann das Beispiel der Todesfälle wegen vergifteter Nahrung (Rz 108) auch nach deutschem Recht durchaus so wie nach den IFRS gelöst werden. Vgl. hierzu auch das Beispiel unter Rz 119.

2.5 Eventualforderungen (*contingent assets*)

112 Schon die deutsche Übersetzung für die *contingent assets* in IAS 37.31ff. ist erklärungsbedürftig. Die Wortwahl erklärt sich aus der Korrespondenz der nach deutschem Sprachgebrauch üblichen Eventualverbindlichkeiten (Rz 106). Es handelt sich also danach um **bedingt** bestehende Vermögenswerte, deren

---

97 PwC, IFRS Manual of Accounting 2008, Tz 2191.

98 Vgl. hierzu die abwägende Darstellung von MOXTER, BB 1999, S. 519. Vgl. auch LÜDENBACH/HOFFMANN, KoR 2003, S. 5.

effektives Entstehen von der Erfüllung einer aufschiebenden Bedingung abhängig ist. Künftig soll der Begriff „*contingent assets*“ nicht mehr verwendet werden. Das den Inhalt von IAS 37 durchziehende Unsicherheitsmoment (Rz 6, 53) erfährt im Zusammenhang mit den *contingent assets* eine besondere Ausprägung, die durch einen **imparitätischen** Definitionsgehalt charakterisiert ist.[99] Im Vergleich zu den *contingent liabilities* werden die Wahrscheinlichkeitskriterien diesbezüglich anders definiert. Nach IAS 37.31 sollen solche Eventualforderungen nicht angesetzt werden (IAS 37.31), es sei denn, der Eingang ist so gut wie sicher *(virtually certain)*. Im deutschen Sprachgewand wird dieser Wahrscheinlichkeitsgrad auch als „mit an Sicherheit grenzender Wahrscheinlichkeit“ bezeichnet.

Zusammen mit den übrigen **Begriffsvarianten** zur Wahrscheinlichkeit in IAS 37 (Rz 36ff.) ergibt sich dann folgende **Hierarchie**:

- so gut wie sicher *(virtually certain)*,
- hochwahrscheinlich (*highly probable = significantly more likely than probable*),
- überwiegend wahrscheinlich (*probable = more likely than not*),
- möglich, aber eher unwahrscheinlich *(possible)*,
- höchst unwahrscheinlich *(remote)*.

Die Eventualforderungen sind danach nur anzusetzen, wenn die betreffende Bedingung **so gut wie sicher** eintreten wird. Bei den Verbindlichkeiten ist es umgekehrt: Hier genügt schon der Maßstab der überwiegenden Wahrscheinlichkeit. Und bei Vorliegen der Letzteren ist eine Eventualforderung im Anhang (nur) zu vermerken.

Beispiel
Sachverhalt
In einem gerichtshängigen Rechtsstreit sind die Schriftsätze ausgetauscht, Beweiserhebungen sind nicht erforderlich, es geht ausschließlich um die Beurteilung einer bislang ungeklärten Rechtsfrage. Eine mündliche Verhandlung wird demnächst anberaumt werden.

Lösung für den Aktivprozess
Die Gerichtsentscheidung ist in der Schwebe. Ein Bilanzansatz und auch eine Anhangsangabe kommen nicht in Betracht.

Lösung für den Passivprozess
Die Entscheidung hängt in hohem Maße vom Ermessen des Vorstands und der Beurteilung des Anwaltes ab. Eine eindeutige Lösung wird im Regelfall nicht möglich sein (Rz 111f.). Zumindest eine Anhangsangabe ist allerdings Pflicht, denn von „*remote*“ kann in diesem Fall nicht die Rede sein.

Die Eventualforderungen *(contingent assets)* sind von den **Rückgriffsansprüchen** (*reimbursements*) zu unterscheiden. Diese Ansprüche korrespondieren mit angesetzten Rückstellungen und sind bei der Bewertung kompensierend zu berücksichtigen. Hier folgt (wieder dargestellt am Beispiel des Prozesses) der

[99] LÜDENBACH/HOFFMANN, KoR 2003, S. 5.

Zahlungspflicht aufgrund der Verurteilung zwingend ein Erstattungsanspruch, z.B. gegenüber einer Versicherung (Rz 146ff.). Ein weiteres Beispiel stellen Ansprüche an „Entsorgungsfonds" gem. IFRIC 5.9 dar (Rz 80), die ihren Rechtsgrund in vorgängigen Einzahlungen in das Fondsvermögen haben.
Im Rahmen des kurzfristigen Konvergenzprojektes sollen künftig nur noch **bedingte** Vermögenswerte als *contingent assets* definiert werden (Rz 178).
Eine Eventualforderung kann unter Berücksichtigung der vorstehend aufgeführten Ansatzvoraussetzungen auch dem ergebnismäßigen Ausgleich von Einmalaufwendungen dienen.

Beispiel[100]
Durch eine große Explosion im Produktionsbereich einer Fabrik mussten viele Gebäude wegen Totalverlustes und Grund und Boden wegen nicht mehr gegebener Nutzbarkeit in vollem Umfang abgeschrieben werden. Am Bilanzstichtag waren die Verhandlungen mit den Versicherern über die Schadensleistung nicht abgeschlossen, ein bestimmter Mindestbetrag war aber so gut wie sicher. Dieser Betrag ist als *contingent asset* zu aktivieren und in den betrieblichen Ertrag einzustellen. Insofern werden die Verluste aus den außerplanmäßigen Abschreibungen, die ebenfalls im betrieblichen Ergebnis ausgewiesen sind, kompensiert.
Durch die Explosion sind erhebliche Produktionsausfälle entstanden, die zu Entschädigungsforderungen von Kunden geführt haben. Für diese sind Rückstellungen gebildet worden, die ebenfalls wenigstens zum Teil durch Versicherungsansprüche „gedeckt" sind. Diese Ansprüche sind als *reimbursement* (Rz 146ff.) zu aktivieren. Die Begriffsdefinitionen zwischen *contingent asset* und *reimbursement* verschwimmen in diesem Fallbeispiel. Hinzu kommt in beiden Fällen die Vorgabe des unsaldierten Ausweises. Allzu großer Mühe sollte man sich deshalb in der Bilanzierungspraxis bez. der Unterscheidung von *accruals* und *reimbursements* nicht befleißigen.
In der GuV-Rechnung ist eine Saldierung nach IAS 1.34b möglich (→ § 2 Rz 23), was hinsichtlich des veröffentlichten Jahresabschlusses insoweit unerheblich ist, weil sowohl Aufwand als auch Ertrag im operativen Bereich auszuweisen sind (→ § 2 Rz 52).

3 Die Bewertung (*measurement*) von Rückstellungen

3.1 Ausgangspunkt: Bestmögliche Schätzung (*best estimate*)

113 Der Rückstellungsbilanzierung haftet die **Unsicherheit** bzw. Ungewissheit als wesentliches Element an. Das war durchgängig unter Rz 13ff. zu zeigen. Dieses Unsicherheitsmoment setzt sich dann auch bei der Bewertung fort. Die Grundlage der Bilanzierung der Höhe nach soll also die **bestmögliche Schätzung** sein, um den Betrag in die Bilanz einzustellen, mit dem aus Sicht des Bilanzstichtages die gegenwärtige Verpflichtung reguliert werden muss (IAS 37.36). Die ver-

[100] Nach PwC, IFRS Manual of Accoutning 2008, Tz 21.110.

gleichbare Bewertungsvorschrift im HGB drückt diese Unsicherheit mit anderen Worten aus: Nach § 253 Abs. 1 Satz 2 HGB sind Rückstellungen i. H. d. **vernünftigen kaufmännischen Beurteilung** zu bewerten. Daran soll nach dem Entwurf des Bilanzrechtsmodernisierungsgesetzes (BilMoG) nichts geändert werden.
Klarstellend ist der Hinweis in IAS 37.38, demzufolge dem **Management** diese Schätzung obliegt – in gewisser Weise eine unbewusste Parallele zur genannten vernünftigen kaufmännischen Beurteilung des HGB –, weil ja nach der IFRS-Nomenklatur dem Management vergleichbar dem deutschen Kaufmann die Erstellung des Jahresabschlusses verantwortlich obliegt. Das Management muss selbstverständlich bei der bilanziellen Abbildung eines Sachverhaltes auf einschlägige Erfahrungen zurückgreifen und u. U. den Rat von Sachverständigen einholen.

Die bestmöglich zu schätzende **Größe** der Verpflichtung ohne Steuereffekt 114
(IAS 37.41) ist nach IAS 37.37 der Betrag, den das Unternehmen am Stichtag zu zahlen bereit wäre, und zwar durch

- **Erfüllung** – *„management approach"* – oder
- **fiktive** Übertragung *(transfer)* der Verpflichtung auf einen Dritten (*„fair value-approach"*).[101]

Der unterstellten **sofortigen Erledigung** kommt dabei lediglich ein **fiktiver** Charakter zu, da die häufige Unmöglichkeit aus tatsächlichen Gründen eigens erwähnt wird.[102]
Fraglich ist, ob mit dem *transfer* ein *exit fair value* gemeint ist. Im Rahmen der Diskussionen zu ED IAS 37 ist vor einer Übernahme dieses Begriffs aus SFAS 157 (US-GAAP) gewarnt worden.[103] Eher soll wohl der *entity specific value* maßgeblich sein.

Beispiel
Hauseigentümer A (Lehrer) droht dem Bauunternehmer B mit einer Klage auf Nachbesserung in einem Umfang von 5.000 EUR (gerechnet zu Marktpreisen) bzw. 4.500 EUR (gerechnet zu Vollkosten der B) an. B rechnet nach Erfahrungen in vergleichbaren Fällen zu 60 % mit einer Klage und dann zu 75 % (von 60 %) mit einem Klageausgang i. H. d. vollen, zu 25 % mit einem Ausgang i. H. d. halben Wertes.
Der für die Erfüllung aufzuwendende **wahrscheinlichste** Betrag ist 4.500 EUR.
Ein fiktiver Dritter, der gewerbsmäßig entsprechende Risiken übernimmt, müsste hingegen – gleiche Wahrscheinlichkeitsbetrachtung unterstellt – folgende Kalkulation anstellen:

40 % × 0	0 EUR
+ 60 % × [(75 % × 5.000) + (25 % × 2.500)]	2.625 EUR
= Erwartungswert	2.625 EUR
+ Risiko- und Gewinnzuschlag (10 %)	262 EUR
= *fair value*	2.887 EUR

In diesen Wert geht die Wahrscheinlichkeit als Gewichtungsfaktor ein (Erwartungswert Rz 119). Vgl. auch das Beispiel unten.

101 Die beiden englischen Umschreibungen stammen von HOMMEL, PiR 2007, S. 322.
102 LÜDENBACH/FREIBERG, PiR 2007, S. 330.
103 IAS plus Observer Notes October 2006.

Anders wäre die Lösung, wenn die Schadensersatzpflicht aus Sicht des Bilanzstichtags dem Grunde nach unstreitig ist. Dann käme auch der *exit fair value* (Marktwert hier 5.000) als Bewertungsgröße nach IAS 37.37 in Betracht. Die erwähnten Überlegungen im Rahmen des ED IAS 37 sprechen allerdings für eine Bewertung mit dem unternehmensspezifischen Wert. Dafür spricht die Realität: Ein Bauunternehmer wird kaum jemals die Erbringung der Garantieleistung „fremd" einkaufen.

3.2 Die stufenweise Abfolge von Unsicherheitsmomenten

115 Die stufenweise Abfolge von **Unsicherheitsmomenten** bei der Lösung eines **praktischen** Bilanzierungsfalles soll in Abwandlung des **Beispiels** Nr. 10 im Appendix C zu IAS 37 (Rz 108) wie folgt dargestellt werden:

Beispiel

Die Verantwortung des Verpflegungslieferanten für den Tod der Essensgäste ist nach Auffassung des Anwaltes[104] der Unternehmung nicht von der Hand zu weisen. Auf die Frage nach der **Wahrscheinlichkeit der Inanspruchnahme** aus dem laufenden Verfahren antwortet er: „Eine Vorhersage über den Prozessausgang ist derzeit zu gewagt. Wenn ich die „Wahrscheinlichkeit" abgreifen soll, ist mir eine einigermaßen klare Einschätzung versagt. So gesehen ist mit wenigstens 50 %iger Wahrscheinlichkeit, vielleicht auch mit mehr, mit der Feststellung einer nennenswerten Schadenersatzverpflichtung durch das Gericht zu rechnen. Die noch nicht abgeschlossene Beweiserhebung kann allerdings noch zu einem anderen Resultat führen."

Diese eher realistische Antwort des Anwaltes mit differenzierendem Denkvermögen bringt dem Management keine klare Bilanzentscheidung. Hat es sich dann doch zu einem Bilanzansatz – nicht zuletzt unter Berücksichtigung der bilanzpolitischen Interessenlage – durchgerungen, stellt sich im weiteren Verlauf die Frage nach der **Höhe** des möglichen Schadenersatzes. Dazu wird der Anwalt erst recht keine Aussage machen können, weil es im augenblicklichen Prozessstand nur um den Verpflichtungsgrund als solchen geht, über die Werte wird erst später oder in einem anderen Verfahren zu entscheiden sein. Diesem zusätzlichen Unsicherheitsmoment gesellt sich dann ein drittes dazu, wenn es um den Zeitpunkt der Erfüllung dieser möglicherweise bestehenden Schadenersatzpflicht geht. Denn nach IAS 37.45ff. ist eine **Abzinsung** vorzunehmen. Die Antwort des Anwaltes wird diesbezüglich lauten: „Je nach Umfang der erforderlichen Beweiserhebungen und der möglichen Rückverweisung der Revisionsinstanz zur weiteren Beweiserhebung ist mit einem Prozessverlauf zwischen 3 und 10 Jahren zu rechnen." Zur **Preisentwicklung** wird der Anwalt gar nicht mehr gefragt werden (vgl. auch Rz 45).
Und schließlich stellt sich die Frage der **Rückgriffsmöglichkeit** (*reimbursement*) gem. IAS 37.53. Danach sind mögliche Rückgriffsrechte gegenüber Dritten – also Versicherern, Mitschuldigen – als Aktivwert aufwandsmindernd zu berücksichtigen. Auch diesbezüglich wird der Anwalt mit den Schultern zucken und irgendeine einen Betrag konkretisierende Antwort vermeiden.

104 Vgl. hierzu auch THEILE, WPg 2004, S. 742.

Das vorstehend dargestellte Beispiel und viele andere der Illustration von Bilanzierungssachverhalten im Rückstellungsbereich dienende geben ausgesprochen **einfache** Sachverhalte wieder. Die Wirklichkeit liefert demgegenüber häufig weitaus **komplexere** Ereignisse, die im folgenden Beispiel angedeutet werden. 116

Beispiel[105]

Sachverhalt

Ein Automobilzulieferer stellt am Jahresende im Rahmen einer Qualitätskontrolle Mängel bei seinen Produkten fest. Davon ist ein Teil der noch auf Lager liegenden Tagesproduktion betroffen. Die Produktion des Vortages ist bereits an die Kunden ausgeliefert worden.

Eine konkretisierte Bilanzansatzverpflichtung (Rz 35) liegt vor. Mit überwiegender Wahrscheinlichkeit (Rz 37) wird der Zulieferer aus diesem Vergangenheitsereignis mit wirtschaftlicher Verursachung vor dem Bilanzstichtag (Rz 20) in Anspruch genommen. Offen ist die Entscheidung über die verlässliche **Bewertbarkeit** (Rz 51) und gegebenenfalls die vorzunehmende **Bewertung** selbst.

Bewertungsparameter

- Die mögliche Qualität der Mängel reicht von „Schönheitsfehler" über „unbrauchbar" bis „gefährlich".
- Die laufende Produktion muss bis zur Feststellung der Schadensursache gestoppt werden. Dadurch kann es zu Produktionsausfällen beim Kunden kommen, auf die reagiert werden muss, z.B. durch zusätzliche Schichten, ungeplanten Einkauf von Material etc.
- Kann ein Produktionsausfall beim Kunden nicht verhindert werden, drohen Vertragsstrafen.
- Wenn sich ein notorischer Fehler herausstellt, kann auch die Produktion früherer Zeiträume betroffen sein. Der Grund dieser Mängel kann in fehlerhaften Fremdbauteilen (von Unterlieferanten), Schlamperei der Mitarbeiter, fehlerhaft arbeitender Maschine oder einem nicht durchsichtigen Durcheinander aller möglichen Faktoren liegen.
- Je nach Ursache für die fehlerhafte Produktion können Produkte aus nicht definierbaren Losen in der Vergangenheit ausgeliefert worden sein. Sind die fehlerhaften Produkte beim Automobilhersteller in noch nicht ausgelieferten Fahrzeugen enthalten, müssen sie ausgebaut und ersetzt werden. Sind Autos schon ausgeliefert worden, kommt es zu einer Rückrufaktion.
- Möglicherweise sind aufgrund der fehlerhaften Teile bereits Unfälle von Nutzern der Autos eingetreten.
- Sind diese Unfälle in den USA passiert, stehen Sammelklagen ins Haus.

Aufgabe

Lässt sich der Aufwand am 10.1.2005 (*fast close* → § 4) zuverlässig schätzen, und wenn ja, in welcher Höhe? Vgl. dazu auch Rz 45.

---

105 HAAKER, PiR 2005, S. 53.

117 Das Ansatz- und Bewertungs-Procedere für Rückstellungen *(provisions)* lässt sich auch als **„Unsicherheitsbaum"** *(incertainty tree)* darstellen:

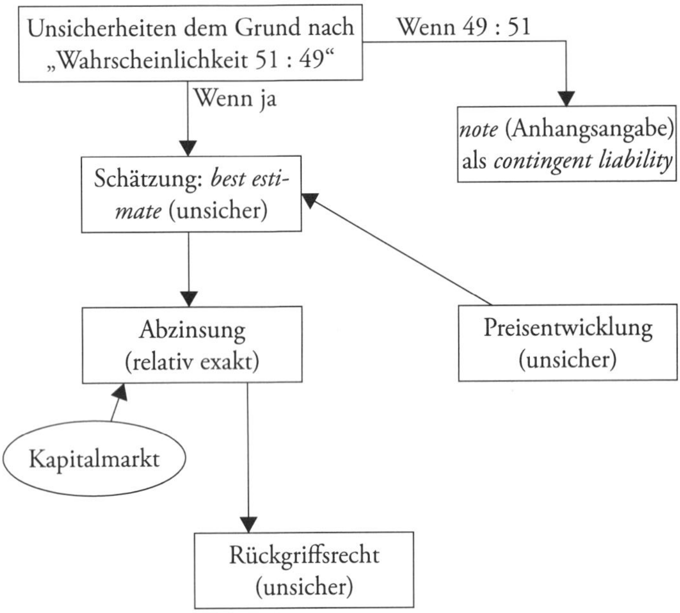

Ergebnis wiederum: großer **Ermessensspielraum** des Managements. Die Aufforderung an das Regelwerk geht dann dahin, diesen Spielraum einzuschränken.

3.3 Das Bewertungsmodell

3.3.1 Die Ausgangsgrößen

118 Vergleichbar dem Bilanz**ansatz**problem versuchen die IFRS ebenso wie die vergleichbaren HGB-Kommentierungen dem Unsicherheitsmoment auch bei der Bewertung mit dem **Wahrscheinlichkeitsbegriff** beizukommen (Rz 37, 50, 109). Dies geschieht in dreifacher Ausprägung:[106]

- Bei **statistisch relevanten** Größenmerkmalen (*large population*, Rz 47) hat die Bewertung mit dem **Erwartungs**wert (Rz 119) zu erfolgen, also unter Ansatz der Wahrscheinlichkeit für die möglichen Ereignisse (IAS 37.39).
- Bei **singulären** Ereignissen (Rz 120) ist das Ergebnis mit der höchsten Eintrittswahrscheinlichkeit *(most likely outcome)* anzusetzen, allerdings korrigiert nach unten und oben, wenn die anderen Ereignisse überwiegend in beiden Richtungen abweichen (IAS 37.40). Nach ED 2010/1 (Rz 178) soll die Bewertung stattdessen mit dem **Erwartungswert** erfolgen (Rz 142).
- Die **Variabilität** der Ergebnisse = Risiko (IAS 37.42) ist durch eine Risikoanpassung (IAS 37.43) zu berücksichtigen (Rz 122).
- Generell gilt eine **Abzinsungspflicht** (Rz 126).

106 LÜDENBACH/FREIBERG, PiR 2007, S. 330.

Eine durchgehend logische **Konsistenz** dieser 4 Regeln ist **schwerlich** festzustellen.[107] IAS 37.39 und IAS 37.40 befassen sich beide mit der entscheidenden Frage nach der Quantifizierung von Unsicherheiten bez. der künftigen Entwicklung. IAS 37.42 wiederholt die Anforderung bez. der Behandlung von Risiken in anderer Diktion. Allerdings steht IAS 37.42 unter einer neuen Zwischenüberschrift zur Bewertung von Rückstellungen gegenüber derjenigen nach IAS 37.36. Die Gliederung dieses Standardbereiches lautet:

- Bestmögliche Schätzung (Rz 113 – IAS 37.36 bis IAS 37.41).
- Risiken und Unsicherheiten (IAS 37.42 bis IAS 37.44).
- Barwert, d. h. Diskontierung (IAS 37.45 bis 37.47).
- Übrige (IAS 37.48 ff.).

Die nachstehende Kommentierung orientiert sich an einer Spezifizierung der erstgenannten Bewertungsgrundlage durch die nachfolgenden drei weiteren.

3.3.2 Der Erwartungswert

Das Beispiel in IAS 37.39 stützt sich statistisch auf das Gesetz der **großen Zahl** 119
(Rz 47) und ist dementsprechend auf die industrielle Serienproduktion oder generell die Versicherungsbranche ausgerichtet. Das Berechnungsergebnis wird als Ausfluss gewichteter Wahrscheinlichkeiten über den Ausgang von Ereignissen als **Erwartungswert** (*expected value*) bezeichnet (zur Berechnungsmethode vgl. Rz 142).

> **Beispiel**
> Nach den bisherigen Aufzeichnungen des Unternehmens werden 75 % der produzierten Güter ohne Defekt ausgeliefert, 20 % mit geringen Defekten und 5 % mit größeren Defekten. Danach kann die Wahrscheinlichkeit der Inanspruchnahme des Unternehmens für solche Defekte in gewichteter Form errechnet werden. IAS 37.39 spricht von einem statistischen Erwartungswert *(expected value)*. Er resultiert aus den mit den Eintrittswahrscheinlichkeiten gewichteten Beträgen.

Dieses oder ähnliche Berechnungsmodelle können aus Sicht der deutschen Rechnungslegungspraxis in den Fällen „gleichartiger Verpflichtungen" i. S. d. § 6 Abs. 1 Nr. 3a EStG[108] herangezogen werden. Dort sind eine Reihe von häufig anfallenden Rückstellungspositionen angesprochen, die nach der – handelsrechtlich orientierten – BFH-Rechtsprechung **statistisch quantifiziert** (Rz 41) werden können:

- Garantie- und Kulanzleistungen,
- Wechselobligo,
- Schadensregulierungen in der Versicherungswirtschaft.

Man kann auch von Sammel- oder **Pauschal**bewertung sprechen.[109] Der Erwartungswert soll **künftig** den alleinigen Bewertungsmaßstab – auch für Einzelverpflichtungen (Rz 120) – darstellen.

---

[107] Ähnlich ERNST & YOUNG, International GAAP 2008, S. 1935 ff.

[108] HOFFMANN, § 6, in: LITTMANN/BITZ/PUST, EStG-Kommentar, Tz 663 ff.

[109] BFH, Urteil v. 30.6.1983, IV R 41/81, BStBl II 1984 S. 263, sowie EuGH, Urteil v. 14.9.1999, Rs C-275/97, DB 1999, S. 2035. Detaillierte Beispiele zu den einschlägigen Berechnungserfordernissen bei latenten Gewährleistungsverpflichtungen sind nachzulesen bei KESSLER/RANKER, StuB 2001, S. 325, 425. FUNK/KESSLER schlagen die Einbeziehung von Produzenten- und Produkthaftungsfällen in die Pauschalkategorie vor (BB 2010, S. 2163). U. E. zu weitgehend.

3.3.3 Das wahrscheinlichste Ergebnis

120 Bei einer **Einzelverpflichtung** – nochmals der Hinweis auf das abgewandelte Beispiel aus Appendix C Nr. 10 zu IAS 37 (Rz 115) – versagt das vorstehende Berechnungsmodell, da das Gesetz der großen Zahl (Rz 119) nicht zur Verfügung steht. Diesem Problem *(single obligation)* widmet sich dann IAS 37.40 mit dem wenig aussagekräftigen Bewertungsmaßstab: „Das wahrscheinlichste Ergebnis kann das bestmögliche Schätzergebnis darstellen." *(„The individual most likely outcome may be the best estimate of the liability.")* Diese Bewertungsgrundlage soll nach ED 2010/1 durch den Erwartungswert ersetzt werden (Rz 142).
Fraglich ist dann, wie bei gleichen Wahrscheinlichkeitsstrukturen zu verfahren ist.

Beispiel[110]
Sachverhalt
Das Unternehmen wird auf Schadensersatz verklagt. Nach einem rechtskräftigen Urteil vor dem Bilanzstichtag ist die Verpflichtung dem Grunde nach bestätigt. Offen ist der weitere Verfahrensgang bez. der Höhe des Anspruchs der Gegenpartei.
2 Mio., 4 Mio., 6 Mio. EUR werden vom Anwalt als gleich wahrscheinlich taxiert.

Lösung nach IFRS
Der mittlere Wert (4 Mio. EUR) ist anzusetzen (Analogie zur IAS 37.39 bez. der Bewertung von „Sammelrisiken" (Rz 119)).

Lösung nach HGB
Der höchste Wert von 6 Mio. EUR ist anzusetzen.

Die unterschiedlichen Lösungen entsprechen dem Gehalt von **Lehrbüchern** der Rechnungslegung. In der **Praxis** (Rz 111) lassen sich unschwer Argumente für eine geringfügig höhere Wahrscheinlichkeit für 6 Mio. EUR finden, die dann den Ansatz nach IAS 37.40 bestimmt. Dies gilt auch in umgekehrter Richtung mit der Folge eines Ansatzes von 4 Mio. EUR nach HGB.

3.4 Anpassungen

3.4.1 Zusammenspiel der Berechnungsgröße

121 Die nicht eindeutige „Logik" des Zusammenspiels der Ausgangsparameter zur Rückstellungsbewertung (Rz 118) lässt sich wie folgt lösen:[111]

- Der Erwartungswert und der wahrscheinlichste Wert gelten als **Ausgangsgröße** der Bewertung.
- Diese sind an den **Risikogehalt** und die **Laufzeit** bis zur Erfüllung der Verbindlichkeit **anzupassen.**

Diese Anpassungsprozesse werden nachstehend (Rz 122 bis 132) dargestellt.

110 Nach LÜDENBACH, IFRS, 5. Aufl., 2008, S. 250.
111 Nach LÜDENBACH/FREIBERG, PiR 2007, S. 331.

3.4.2 Risikoaversion

Die Risikoanpassung muss nicht (zwingend) unter dem **Vorsichts**gedanken erfolgen. Aus IAS 37.43 lässt sich dies jedenfalls nicht ableiten. Eher scheint der Gesichtspunkt der **Risikoaversion** eine Risikoanpassung zu rechtfertigen.[112] Aus ökonomischer Sicht gilt dabei: 122

- Ein **sicherer** Zahlungs**eingang** von 200 wird einer mit je 50 %iger Wahrscheinlichkeit erwarteten Zahlung von entweder 100 oder 300 vorgezogen, obwohl der Erwartungswert der **unsicheren** Zahlung ebenfalls 200 beträgt. Bei der bilanziellen *fair-value*-Bewertung von Aktiva (also Vermögenswerten), etwa im Rahmen der Erstkonsolidierung, wird dieser als **risikoavers** oder risikoscheu bezeichnete Umstand entweder (nur bei langfristigen Positionen) durch Risikozuschläge auf den Diskontierungszins oder wahlweise durch einen Sicherheitsabschlag auf den erwarteten Zahlungsstrom (Methode der Sicherheitsäquivalente) berücksichtigt (Rz 137). 123
- Bei gleicher Prämisse, also insbesondere Risikoaversion, wird ein **sicherer** Zahlungs**ausgang** von 200 einer mit je 50 %iger Wahrscheinlichkeit erwarteten Auszahlung von entweder 100 oder 300 vorgezogen. Die danach notwendige Risikoanpassung hat jedoch ein anderes Vorzeichen als bei einem Zahlungseingang: Eine eventuelle Zinsanpassung erfolgt in Form eines **Risikoabschlags** auf den Diskontierungszins, eine eventuelle Anpassung auf der Zahlungsstromseite in Form eines **Sicherheitszuschlags** auf die erwartete Auszahlung.

Beispiel
A führt einen Aktivprozess. Das Urteil wird in 4 Wochen erwartet. Mit je 50 %iger Wahrscheinlichkeit rechnet A damit, entweder 100 oder 300 zugesprochen zu bekommen. B führt einen Passivprozess. Das Urteil wird auch hier in 4 Wochen erwartet. Mit je 50 %iger Wahrscheinlichkeit rechnet B damit, entweder 100 oder 300 zahlen zu müssen.
Unter der Prämisse der Risikoaversion wird A einem Käufer seinen unsicheren Anspruch nicht erst dann abtreten, wenn dieser 200 bietet, sondern schon mit einem niedrigeren Angebot von z. B. 180 zufrieden sein. Das Sicherheitsäquivalent drückt sich in einem Risikoabschlag von 20 aus. Unter der gleichen Prämisse wird B einem Drittem für die Übernahme des Prozessrisikos mehr als 200, z. B. 220 bieten. Das Sicherheitsäquivalent ergibt sich über einen Risikozuschlag von 20.

Die hier und unter Rz 40ff. geäußerte Kritik darf nicht den Blick auf die eben angedeutete **bilanzökonomische** Problemsituation verstellen.

- **Einerseits** sind aus Sicht des Bilanzstichtags mögliche Zahlungsabflüsse anzusetzen, weil sonst das Vermögen (Eigenkapital) des Unternehmens zu hoch ausgewiesen würde.
- **Andererseits** ist eine irgendwie definierte objektive Bewertung nicht möglich.

Eine eigentliche „Lösung" dazu kann es nicht geben. Dabei soll die Bewertung auch für singuläre Risiken künftig statt mit dem wahrscheinlichsten Betrag mit

[112] So Lüdenbach/Freiberg, PiR 2007, S. 331, auch zum folgenden Beispiel.

dem wahrscheinlichkeits**gewichteten** Erwartungswert (Rz 142) erfolgen (ED 2010/1 B3, vgl. Rz 178).

124 Die Generalnorm der Rückstellungsbewertung (IAS 37.37) ist der vernünftigerweise *(rationally)* für die Entpflichtung zu zahlende Betrag (Rz 114). Die Risikoaversion entspricht vernünftigem wirtschaftlichem Handeln. Bei der Wahl zwischen einem sicheren und unsicheren Investment wird die **sichere** so lange **vorgezogen**, wie der Erwartungswert nicht über der sicheren Alternative liegt. Entsprechend ist in Auslegung von IAS 37.37 der nach IAS 37.42f um das Risiko angepasste Erwartungswert anzusetzen. Diese Vorgehensweise entspricht der Preisbildung auf effizienten Kapitalmärkten.[113]

125 Das **Maß** der Risikoanpassung hängt von der **Varianz** (bzw. Streuung) des Erwartungswerts, also der Breite des Intervalls möglicher Entwicklungen ab.[114]

- Bei **statistisch greifbaren**, in sehr großer Zahl *(large population)* vorkommenden Risiken (Rz 119), sind hohe Variationen nur noch in Bezug auf den Einzelfall gegeben. In der Summe der Einzelrisiken, auf Portfoliobasis also, ist das Ergebnis dagegen in hohem Maße sicher. Ein Risiko**zuschlag** ist **nicht** oder nur in geringem Maße erforderlich.
- Bei **singulären** Risiken (Rz 120) mit einer bekannten Wahrscheinlichkeit für einen *base case* und einen davon jeweils weit abweichenden *best* und *worst case* ist das Ergebnis in hohem Maße unsicher, eine Risiko**anpassung** daher **erforderlich.**
- Das Problem verschärft sich noch, wenn unter realistischen Umständen gerade **keine Wahrscheinlichkeiten** bekannt sind, sondern lediglich subjektive Einschätzungen bestehen. Hier bezieht sich das Risiko nicht nur auf die Ergebnisunterschiede von *base, best* und *worst case*, sondern schon auf die unsichere Einschätzung der Wahrscheinlichkeit dieser Fälle. Der Risikozuschlag muss daher entsprechend höher ausfallen.

3.4.3 Abzinsung

3.4.3.1 Laufzeit- und Risikoäquivalenz

126 Nach IAS 37.45 sind bei Wesentlichkeit des *time-value-of-money*-Effekts, vereinfacht also bei allen **langfristigen** Rückstellungen, die erwarteten Ausgaben aus der am Bilanzstichtag bestehenden Verpflichtung diskontiert anzusetzen, da zukünftige Auszahlungen weniger belastend als aktuell fällige sind (IAS 37.46). Dieser Betrachtungsweise schließt sich der Entwurf des Bilanzrechtsmodernisierungsgesetzes (BilMoG) an (S. 107 der Begründung).

Wesentlichkeit wird einheitlich für alle nach mehr als zwölf Monaten fälligen Verpflichtungen angenommen. Daneben können noch die Höhe des Diskontierungszinssatzes und die Höhe des (nicht diskontierten) Zahlungsstroms zu berücksichtigen sein.[115]

127 Bei der Barwertermittlung ist nach IAS 37.47 ein **Vorsteuerzinssatz** zu verwenden. Er soll aktuelle Markteinschätzungen im Hinblick auf zwei Kriterien widerspiegeln:

- den Zeitwert des Geldes und
- die für die jeweilige Schuld **spezifischen Risiken** (Rz 133).

---

113 So LÜDENBACH/FREIBERG, PiR 2007, S. 332 m. w. N.

114 Vgl. LÜDENBACH/FREIBERG, PiR 2007, S. 332 m. w. N.

115 Vgl. HEUSER/THEILE, IFRS-Handbuch, 4. Aufl., 2009, Tz. 2357; LÜDENBACH, IFRS, 6. Aufl., 2010, S. 240.

Risiken dürfen jedoch nur insoweit im **Zinssatz** berücksichtigt werden, als nicht bereits Risikoanpassungen auf der **Zahlungsstrom**seite vorgenommen wurden (Rz 133).[116]

Nach dem ersten Kriterium ist die Ausgangsbasis des anzuwendenden Zinssatzes der gegenwärtige **Marktzins** für **risikofreie** Anlagen, die in ihrer Laufzeit der Restlaufzeit der zu erfüllenden Verpflichtung entsprechen (**Laufzeitäquivalenz**). Eine Notwendigkeit zur Anpassung dieses Zinssatzes durch eine **Risikokorrektur** ergibt sich nur für nicht auf der Zahlungsstromseite berücksichtigte Risiken. Mangels Erfassung im Zahlungsstrom soll der Zinssatz den Risiken der Schuld entsprechen (Risikoäquivalenz). Alternativ kann das spezifische Risiko berücksichtigt werden, indem der **Zahlungsstrom** durch einen Risikozuschlag in ein Sicherheitsäquivalent überführt wird. Der Barwert ergibt sich dann aus der Diskontierung des Sicherheitsäquivalents mit dem risikolosen Zinssatz. 128

3.4.3.2 Der laufzeitäquivalente Zins

Ausgangspunkt für die Bestimmung des risikolosen (Vorsteuer-)Zinssatzes, der den Zeitwert des Geldes *(time value of money)* am Bewertungsstichtag widerspiegelt (IAS 37.47), ist i. d. R. die Rendite laufzeitäquivalenter Staatsanleihen am Bewertungsstichtag. Strittig ist, ob hierauf allgemeine *credit spreads* – etwa für den **Bonitätsunterschied** zwischen Staatsanleihen und Industrieanleihen – aufzuschlagen sind. Es gibt Stimmen **gegen**[117] die Berücksichtigung der Bonität und **umgekehrt**.[118] 129

Argumente lassen sich für beide Meinungen anführen. Bei der nach IAS 37.37 fiktiv zu prüfenden Übernahme der Verpflichtung durch einen Dritten wird dieser ein Entgelt fordern, welches den Erwartungswert und die Variabilität des Risikos unter Berücksichtigung des Zeitwertes des Geldes vergütet. Das vereinnahmte Entgelt kann der **Dritte** risikolos anlegen oder zur Substitution sonst notwendiger Fremdfinanzierung verwenden. 130

- Aus der Perspektive entgehender Anlagemöglichkeiten wäre der risikolose Zins,
- aus der Perspektive der **Fremdfinanzierung** der um den eigenen, **bonitätsabhängigen** *credit spread* erhöhte Zins anzusetzen.

Das **Unternehmen** kann bei der Bestimmung der für eine sofortige Schuldbefreiung bestehenden Zahlungsbereitschaft ein ähnliches Kalkül anwenden: Das gezahlte Entgelt kann nicht mehr risikolos angelegt bzw. muss fremdfinanziert werden.

- Aus der Perspektive entgehender Anlagemöglichkeiten wäre der risikolose Zins,
- aus der Perspektive der **Fremdfinanzierung** der um den eigenen, **bonitätsabhängigen** *credit spread* erhöhte Zins anzusetzen.

---

116 Vgl. zum Folgenden LÜDENBACH/FREIBERG, PiR 2007, S. 332.

117 ERNST & YOUNG, International GAAP 2008, S. 1938.

118 HACHMEISTER, Verbindlichkeiten nach IFRS 2006, S. 138; KÜMMEL, Grundsätze für die Fair-Value-Ermittlung mit Barwertkalkülen, 2002, S. 204 ff.

U. E. ist die **Nicht**berücksichtigung der Bonität vorzugswürdig,[119] weil
- nur der risikolose Zins zu einem **eindeutigen** Ergebnis führt,
- nach IAS 37.47 nur das **schuldspezifische** Risiko (Rz 133) zu beachten ist, nicht dagegen dasjenige des Schuldners oder desjenigen, der die Schuld übernimmt.

3.4.3.3 Nominal- oder Realzins (Kaufkraftäquivalenz)

131 Eine weitere Ausprägung der Konsistenzforderung ist das Prinzip der **Kaufkraftäquivalenz.**
- Bei Verwendung der am Markt beobachtbaren („quasi") risikolosen **Nominalrendite** von Staatsanleihen als Diskontierungszinssatz ist auch der **Zahlungsstrom nominal**, d.h. unter Berücksichtigung der antizipierten Geldentwertungsrate zu schätzen.
- Wird im Zahlungsstrom hingegen auf die **Preisverhältnisse** am **Bewertungsstichtag** abgestellt, ist der beobachtbare Nominalzins in einen **Realzins** umzurechnen.

Beide Vorgehensweisen sind zulässig, wobei die Nominalrechnung in der Praxis dominiert.[120] Für die **Bevorzugung** der **Nominalrechnung** sprechen aber neben **praktischen** Gründen, etwa der Einfachheit der Berechnung, auch **theoretische**: Die IAS 37 ergänzenden Vorschriften, insbesondere IFRIC 1 zu Rückbauverpflichtungen (Rz 159ff.), sind auf die Nominalzinsrechnung zugeschnitten. Bei Verwendung des Realzinses ergäben sich hier Unklarheiten. Deutlich wird dies bei der Fortschreibung einer Rückstellung durch Aufzinsung *(unwinding of discount)*.

Beispiel

U errichtet am 1.1.01 eine Anlage, die er am 1.1.03 entfernen muss. Nach Preisverhältnissen am 1.1.01 würde der Rückbau 100 kosten. Bei einer Inflationsrate von 2 % wird jedoch für den 1.1.03 mit Kosten von 100 × 1,02 × 1,02 = 104,04 gerechnet. Der Nominalzins beträgt 5 %, der sich daraus bei einer unterstellten künftigen Geldentwertungsrate von 2 % ergebende Realzins 2,94 %. Die Rückstellung entwickelt sich – Konstanz der erwarteten Rückbaukosten unterstellt – wie folgt:

NOMINAL	1.01.	Aufzinsung mit 5,00 %		31.12.
Jahr 01	94,37	4,72		99,09
Jahr 02	99,09	4,95		104,04
REAL	1.01.	Aufzinsung mit 2,94 %	Zuführung wg. Inflation	31.12.
Jahr 01	94,37	2,78	1,94	99,09
Jahr 02	99,09	2,91	2,04	104,04

Fraglich ist insbesondere das Verhältnis des Realzinsfalls zu der Vorschrift von IFRIC 1, derzufolge nur die Aufzinsung sofort als Erfolg, sonstige

119 So auch mit der nachfolgenden Begründung LÜDENBACH/FREIBERG, PiR 2007, S. 333.

120 Gl. A. KEITZ, VON, et al., in: BAETGE et al. (Hrsg.), Rechnungslegung nach IFRS 2007, IAS 37, Tz 92.

> Änderungen der Rückstellung jedoch zunächst erfolgsneutral gegen den Anlagegegenstand zu verbuchen sind (Rz 161). Wird die „Zuführung" von 1,94 in 01 als Aufzinsung gedeutet, ergibt sich ein Aufwand in 01. Bei einer Behandlung als sonstige Zuführung würde die Erfolgswirkung hingegen erst in 02 (über die Abschreibung der Anlage) eintreten.

Unter realen Bedingungen – Zinsstrukturkurve nicht flach, Inflationserwartung im Zeitablauf veränderlich – bereitet die Realzinsmethode noch größere Auslegungsprobleme. Von ihr ist u. E. deshalb abzuraten.[121]

3.4.3.4 Steuereffekte

Für die Barwertermittlung ist nach IAS 37.47 ein **Vorsteuer**zinssatz zu verwenden. Diese Vorgabe entspricht dem Prinzip der Verfügbarkeits- oder Steueräquivalenz, da auch die den Ausgangspunkt der Rückstellungsbewertung bildenden Zahlungsstromerwartungen als Vorsteuergrößen bestimmt sind (IAS 37.36ff.). Wird der Diskontierungszins ausgehend von der („quasi") risikolosen Rendite laufzeitäquivalenter **Staatsanleihen** bestimmt, ergibt sich kein weiterer Anpassungsbedarf, da diese Rendite i. d. R. Bruttoeinnahmen vor Abzug von Steuern unterstellt, also bereits eine Vorsteuergröße ist. 132

3.5 Die Risikoanpassung in der Modellierung

3.5.1 Ergebnisvariabilität als schuldspezifisches Risiko

Nach IAS 37.47 sind die **schuldspezifischen** Risiken *(risks specific to the liability)* entweder im **Zinssatz** oder in der **Zahlungsreihe** zu berücksichtigen.[122] 133

- Bei einer Anpassung des Diskontierungszinssatzes führt das spezifische Risiko zu einem **Abschlag** auf den risikolosen Zinssatz, der insgesamt auch zu einem negativen Zinssatz führen kann.[123]
- Werden die Zahlungsströme um das bewertungsobjektspezifische Risiko adjustiert, ist ein **Zuschlag** auf den Erwartungswert (der Zahlungsströme) vor Risiko erforderlich.

Die Frage, was unter schuldspezifischem Risiko (Rz 130) zu verstehen ist, sieht das Schrifttum wohl überwiegend als ungeklärt an.[124] U. E. ergibt sich die Antwort aber aus der **Definition** des Risikobegriffs im englischen Originaltext von IAS 37.43: *„Risk describes variability of outcome"*.[125] **Risiko** ist danach als **Ergebnisvariabilität** (*variability of outcome*) zu interpretieren. Diese Interpretation ist im Übrigen nicht neu. In anderen IFRS-Bereichen, etwa bei der Risikobestimmung von Zweckgesellschaften *(special purpose entities)*, folgen ihr weite Teile der Theorie und Praxis, indem sie unter Rückgriff auf US GAAP (FIN 46r) 134

---

[121] Gl. A. Keitz, von, et al., in: Baetge et al. (Hrsg.), Rechnungslegung nach IFRS 2007, IAS 37, Tz 92.

[122] Hoffmann, PiR 2006, S. 63.

[123] Henselmann, KoR 2007, 232ff.; u. E. unzutreffend, da sich durch einen Zuschlag der Barwert der Verpflichtung reduzieren würde.

[124] So Ernst & Young, International GAAP 2008, S. 1938. Zur Auslegung kann allerdings FRS 12 Provisions, Contingent Liabilities and Contingent Assets herangezogen werden, der konzeptionell IAS 37 entspricht.

[125] Abweichend die amtliche deutsche Übersetzung: „Risiko beschreibt die Unsicherheit zukünftiger Entwicklungen."

denjenigen als Hauptrisikoträger einer Zweckgesellschaft ansehen, der die Mehrheit der Ergebnisvariabilität trägt (→ § 32 Rz 83).

135 Aus dem Konzept der Ergebnisvariabilität und unter der Prämisse der Risikoaversion ergibt sich das schuldspezifische Risiko als Maß der **Streuung** der Ergebnisse um den **Erwartungswert**. Bei einer mit der Risikoaversion einhergehenden Präferenz für sichere Zahlungsströme (Rz 122) ist danach idealtypisch wie folgt zu unterscheiden:

- Sicherer Zahlungsausgang → kein Risiko.
- Unsicherer Zahlungsausgang mit **nicht sehr hoher** Abweichung der möglichen Einzelergebnisse vom Erwartungswert → geringe Ergebnisvariabilität, **geringes** Risiko.
- Unsicherer Zahlungsausgang **mit hoher** Abweichung der einzelnen Ergebnisse vom Erwartungswert → hohe Ergebnisvariabilität, **hohes** Risiko.

Die Höhe der möglichen Abweichungen ist, wo immer möglich, noch mit **Wahrscheinlichkeiten** zu gewichten. Theoretisch nicht ausgeschlossene, aber sehr unwahrscheinliche Fälle *(worst-worst* oder *best-best cases)* werden dann nicht bzw. mit geringer Gewichtung in die Betrachtung einbezogen.

3.5.2 Anpassung von Zins oder Zahlungsstrom

136 Die Konsequenzen der vorstehenden Unterscheidungen sind wie folgt:[126]

- Für eine **große Zahl gleichartiger** Einzelrisiken (Rz 118) – etwa Gewährleistungsrisiken bei Massenproduktion – besteht auf Portfoliobasis nur eine **geringe** Ergebnisvariabilität. Bei der Bewertung des Portfolios sind daher **keine** oder nur geringe Risikozuschläge bzw. -abschläge auf den Erwartungswert bzw. Zins vorzunehmen.
- Bei **singulären** Risiken können die argumentativen, statistisch nicht greifbaren Erwartungen nur in subjektive Wahrscheinlichkeiten „übersetzt" werden.[127] Neben die auf Basis dieser Wahrscheinlichkeiten **„modellierte" Variabilität** tritt die Unsicherheit über die Wahrscheinlichkeitsannahmen selbst. Ein auf dem subjektiven Erwartungswert beruhende Schätzung ist schon deshalb um Risikozuschläge bzw. -abschläge auf Zahlungsstrom bzw. Zins anzupassen. Die Anpassung fällt umso höher aus, je höher die modellierte Variabilität ist.

137 Eine empirisch begründete **exakte** Quantifizierung der Risikozu- bzw. -abschläge auf Einzelrisiken kann kaum gelingen. Nach IAS 37.37 ist die Übertragung von Einzelrisiken nach Eintritt des Risikofalls (also nicht wie im Falle einer im Voraus erfolgten Versicherung) häufig nicht oder nur zu prohibitiven Preisen möglich. Somit bleiben zunächst nur **plausible** Überlegungen im **Einzelfall**, die durch **empirische** Forschungen zur Preisbildung auf Märkten für risikobehaftete Vermögenswerte oder Schulden bestenfalls gestützt werden können.

Beispiel

U hat eine in 3 Jahren fällige Verpflichtung unsicherer Höhe. Das Management erwartet mit je 33,3 % eine Zahlung von –100, –300 bzw. –500. Der (wahrscheinlichkeitsgewichtete) Erwartungswert der zukünftigen Zahlungsverpflichtung beträgt –300. Das Management unterstellt die Möglichkeit einer

126 Vgl. zum Folgenden LÜDENBACH/FREIBERG, PiR 2007, S. 334.

127 Vgl. LÜDENBACH/HOFFMANN, KoR 2003, S. 5ff., sowie BAETGE et al., PiR 2007, S. 315ff.

sofortigen Übertragung der Verpflichtung auf einen Dritten gegen eine Zahlung von –330, fällig in 3 Jahren. Hierbei orientiert es sich an der wahrscheinlichkeitsgewichteten Ergebnisvariabilität. Sie beträgt bezogen auf den Erwartungswert:
- 33 % × +200 = 66 als Chance (gewichtete positive Abweichung vom Erwartungswert)
- 33 % × –200 = –66 als Risiko i. e. S. (gewichtete negative Abweichung vom Erwartungswert)

Das Management hält es für plausibel, bei gleichzeitiger Übertragung der Chance für das Risiko i. e. S. nicht mehr als ½ (= ca. –30) des errechneten Betrags zahlen zu müssen. Bei einem laufzeitäquivalenten risikolosen Zinssatz von 4,00 % beträgt der Barwert dieses Sicherheitsäquivalents ca. –293,37. Den risikoadjustierten Zins kann das Management nicht unmittelbar über Plausibilitätsüberlegungen bestimmen. Nur indirekt ist eine Bestimmung möglich, indem der bereits „bekannte" Barwert des Sicherheitsäquivalents mit dem gesuchten Barwert des Erwartungswertes gleichgesetzt und hieraus der risikoadjustierte Zins mathematisch abgeleitet wird: Umgesetzt in eine Diskontierung des Erwartungswertes führt der Barwert von ca. –293,37 zu einem risikoadjustierten Zins von 0,75 %.

Zugangsbewertung	Zahlungsstrom	Risikoadjustierter Zins	Barwert
Sicherheitsäquivalent	–330,00	4,00 %	–293,37
Erwartungswert	–300,00	0,75 %	–293,37

Wie im Beispiel ist i. d. R. nur das **Sicherheitsäquivalent** einer direkten argumentativen **Plausibilisierung** zugänglich,[128] während sich der risikoadjustierte Zins nur als **mathematisches Abfallprodukt** der Betrachtung des Sicherheitsäquivalents ergibt. Die Risikoanpassung über einen Zuschlag zum Zahlungsstrom hat jedenfalls einen höheren Grad der Nachvollziehbarkeit und ist u. E. schon deshalb vorzuziehen.[129]

3.5.3 Fortschreibung von Rückstellungen durch Aufzinsung

Nach IAS 37.60 ist der Buchwert einer abgezinsten künftigen Verpflichtung 138
unter Berücksichtigung des Zeitwerts des Geldes **fortzuschreiben** (*reflect the passage of time*), also aufzuzinsen. Zum Aufzinsungssatz enthält IAS 37 keine Erläuterungen. Infrage kommt
- bei Berücksichtigung des schuldspezifischen Risikos in der Zahlungsreihe (Sicherheitsäquivalentmethode) die Aufzinsung mit dem **risikolosen** Zinssatz,
- bei Abbildung des schuldspezifischen Risikos über den Zinssatz die Aufzinsung mit dem **risikoadjustierten** Zins.

Die Aufzinsung mit **adjustierten** Zinsen kann aber zu **Problemen** führen (Rz 131). Dieser Befund gilt für die Risikoadjustierung entsprechend. Auch bei

128 Ähnlich KPMG, Insights into IFRS 2008/2009, Tz 3.12.120.20.
129 Gl. A. PwC, The IFRS Manual of Accounting 2008, Tz 21.136.

Verwendung eines risikoadjustierten Zinses würde etwa die nach IFRIC 1 für Rückbaukosten notwendige Unterscheidung zwischen einer sofort erfolgswirksamen Aufzinsung *(unwinding of discount)* und zunächst erfolgsneutralen Änderungen des Zinssatzes oder der Auszahlungserwartung strittige Auslegungsfragen nach sich ziehen (Rz 161).

Bei der Aufzinsung mit einem risikofreien Zins stellen sich diese Probleme nicht.[130] Im Übrigen würde bei einer Aufzinsung mit dem risikoadjustierten Zins dem **schuldspezifischen** Risiko (Rz 130) der Ergebnisvariabilität in der Folgebewertung immer weniger Rechnung getragen, denn je **geringer** die **Restlaufzeit** der Verpflichtung, umso **weniger relevant** ist der verwendete Zinssatz. Bei gleich bleibendem Erwartungswert und im Zeitablauf gleich bleibender Ergebnisvariabilität ist daher der (**ursprüngliche**) risikoadjustierte Zins immer **weniger** in der Lage, das schuldspezifische Risiko abzubilden. Unter Weiterführung des Beispiels unter Rz 137 lässt sich dies wie folgt zeigen:

Beispiel

Die Verpflichtung unsicherer Höhe ist zum 31.3.04 fällig. Das Management erwartet mit je 33,3 % eine Zahlung von –100, –300 bzw. -500. Der (wahrscheinlichkeitsgewichtete) Erwartungswert der zukünftigen Zahlungsverpflichtung beträgt –300. Das Management unterstellt die Möglichkeit einer sofortigen Übertragung der Verpflichtung auf einen Dritten gegen eine Zahlung von –330 (Sicherheitsäquivalent). Dem entspricht ein risikoadjustierter Zins von 0,75 %. Die Erwartungen bleiben im Zeitablauf gleich.

Zugangsbewertung	Zahlungsstrom	Risikoadjustierter Zins	Barwert 1.4.01
Sicherheitsäquivalent	–330,00	4,00 %	–293,37
Erwartungswert	–300,00	0,75 %	–293,37

Für die Folgebewertung der Rückstellung gilt:

Sicherheitsäquivalent	1.1. (1.4. für Jahr 01)	Aufzinsung mit 4,00 %	31.12. (31.3. für Jahr 04)
Jahr 01	293,37	8,76	302,13
Jahr 02	302,13	12,09	314,21
Jahr 03	314,21	12,57	326,78
Jahr 04	326,78	3,22	330,00
Risikoadjustierter Zins	1.1. (1.4. für Jahr 01)	Aufzinsung mit 0,75 %	31.12. (31.3. für Jahr 04)
Jahr 01	293,37	1,64	295,01
Jahr 02	295,01	2,21	297,22
Jahr 03	297,22	2,22	299,44
Jahr 04	299,44	0,56	300,00

130 Nach LÜDENBACH/FREIBERG, PiR 2007, S. 335; daraus sind auch die nachfolgenden Beispiele und die Abbildung in Rz 140 entnommen.

Bei Verwendung eines gleich bleibenden risikoadjustierten Zinses bewegen sich das nach der Sicherheitsäquivalentmethode und das mit dem risikoadjustierten Zins berechnete Ergebnis immer mehr auseinander. Bei annahmegemäß gleich bleibender Unsicherheit ist das Ergebnis der risikoadjustierten Aufzinsung schon Ende 01, erst recht aber Ende 02 und 03, nicht mehr zu rechtfertigen.

Die Angemessenheit des Rückstellungsbetrags ist zu jedem Stichtag zu überprüfen (IAS 37.59). Je nach Sachverhalt kann sich dabei eine im **Zeitablauf abnehmende Ergebnisvariabilität** ergeben. Ein erstes Beispiel wäre etwa ein **Passivprozess**, bei dem die Gegenseite ihren Antrag stärker konkretisiert hat als zum Vorjahreszeitpunkt oder die vorläufigen Ergebnisse der Beweisaufnahme zu einer verlässlicheren Einschätzung des Prozessausgangs führen. Ein zweites wäre eine ursprünglich in 20 Jahren fällige Rückbauverpflichtung, bei der nach Ablauf von 18 Jahren eine höhere Sicherheit über die inflations- und technologiegetriebene Entwicklung der Rückbaupreise besteht als bei Erstverbuchung. 139

In Fällen eines im **Zeitablauf ansteigenden Sicherheitsgrades** hinsichtlich des Erwartungswerts, also einer Reduzierung des schuldspezifischen Risikos (Rz 133), ist auch die Rückstellung entsprechend anzupassen. Hier könnte die in der Verwendung eines risikoadjustierten Zinses liegende Anpassungsautomatik oberflächlich als Vorteil erscheinen. IAS 37.59 verlangt jedoch eine **individuelle** Stichtagswürdigung und gerade **keine automatische** Fortschreibung. Die Sicherheitsäquivalentmethode ist u.E. daher eher geeignet, dieser Anforderung zu entsprechen. Hierzu folgende Variation des Beispieles unter Rz 138. 140

Beispiel[131]

In den Folgeperioden konkretisiert sich das Risiko hinsichtlich der Höhe der künftigen Verpflichtung bei gleichen Eintrittswahrscheinlichkeiten je Szenario. Weiterhin wird eine Zahlung von nicht mehr als ½ der wahrscheinlichkeitsgewichteten Ergebnisvariabilität bei gleichzeitiger Übertragung der Chance für das Risiko i.e.S. für plausibel gehalten.

- Erwartung 1.1.01: – 100, – 300, – 500 (Zahlung für Übertragung des Risikos: ca. – 30,0)
- Erwartung 31.12.01: – 150, – 300, – 450 (Zahlung für Übertragung des Risikos: ca. – 25,0)
- Erwartung 31.12.02: – 200, – 300, – 450 (Zahlung für Übertragung des Risikos: ca. – 15,0)
- Erwartung 31.12.03: – 250, – 300, – 350 (Zahlung für Übertragung des Risikos: ca. – 7,5)

Der Erwartungswert von 300 bleibt konstant.

Die nachfolgende Tabelle zeigt die am jeweiligen Bilanzstichtag vorzunehmende Aufzinsung der Rückstellung und die erforderliche Risikoadjustierung.

131 LÜDENBACH/FREIBERG, PiR 2007, S. 336; dort ist auch die nachfolgende Grafik enthalten.

Folge-bewertung	1.1. (1.4. für Jahr 01)	Aufzinsung mit 4 %	Risiko-adjustierung	31.12. (31.3. für Jahr 04)
Jahr 01	293,37	8,76	–4,58	297,55
Jahr 02	297,55	11,90	–9,52	299,93
Jahr 03	299,93	12,00	–7,43	304,50
Jahr 04	304,50	3,00		307,50

Systematisch lässt sich dieser Zusammenhang durch folgende Abbildung darstellen:

Übersicht: Ansteigender Sicherheitsgrad hinsichtlich des erwarteten Zahlungsabflusses im Zeitablauf

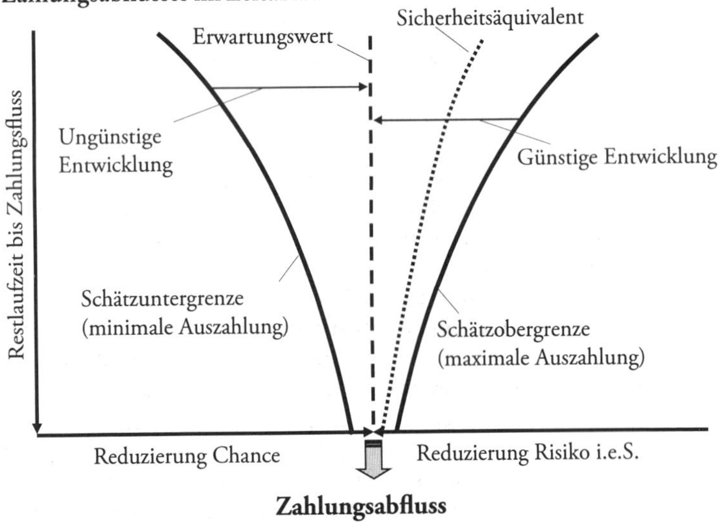

4 Anwendungshinweise

141 Die **praktischen** Folgerungen der vorherigen Darstellung sind:[132]

- Aus Vereinfachungsgründen sollte statt mit inflationsbereinigten Zahlungsströmen und Realzinsen eine **Nominal**zinsrechnung aufgezogen werden. Auf das Beispiel unter Rz 131 ist zu verweisen.
- Das in der Ergebnisvariabilität enthaltene **Risiko** ist durch Zuschläge in der **Zahlungsreihe** zu berücksichtigen, also ebenfalls ein Nominalzins zu verwenden (Rz 136).
- Bei **statistisch** nach dem Gesetz der großen Zahl erfassbaren Risiken bedarf es keiner Risikoanpassung. Es genügt die Abzinsung des so ermittelten Erwartungswertes mit dem risikolosen Zins (Rz 135).

132 LÜDENBACH/FREIBERG, PiR 2007, S. 338.

Bei **singulären** Risiken ist zunächst ein Erwartungswert aufgrund der Zuordnung von Wahrscheinlichkeiten in Form einer Szenariotechnik zu ermitteln. 142

Beispiel[133]
Eine am Bilanzstichtag dem Grunde nach bestehende Schadensersatzverpflichtung ist der Höhe nach noch nicht bekannt.
Die Anwälte und die Rechtsabteilung entwickeln folgendes Szenario (mit dem unter Rz 45 dargestellten Vorbehalt):

	Mio. EUR
Verurteilung zu 6 Mio. EUR mit 60 % Wahrscheinlichkeit	3.600
Verurteilung zu 13,5 Mio. EUR mit 39 % Wahrscheinlichkeit	5.265
Verurteilung zu 30 Mio. EUR mit 1 % Wahrscheinlichkeit	300
Erwartungswert ohne risikoadäquate Abzinsung	**9.165**

Nach dem Reformprojekt ED IAS 37 i.d.F. d. ED 2010/1 (Rz 178) soll der Erwartungswert statt des wahrscheinlichsten Wertes angesetzt werden.
Nach den vorstehenden Hinweisen unter Rz 133ff. ist der so ermittelte Erwartungswert (im Beispiel 9.165 Mio. EUR) noch um einen Sicherheitszuschlag zu erhöhen und dieses Sicherheitsäquivalent abzuzinsen.
Nach ED 2010/1 B3 soll die Schätzung des Erwartungswertes folgende Aspekte berücksichtigen:

- Festlegung der möglichen Ereignisse dem Grunde nach.
- Neutrale *(unbiased)* Wert- und Zeitbestimmung der daraus resultierenden Ressourcenabflüsse.
- Bestimmung des Gegenwartswertes dieser Abflüsse, also Festlegung des Diskontierungssatzes.
- Neutrale *(unbiased)* Einschätzung der Wahrscheinlichkeit des Eintretens jedes Ereignisses.

Gegen diesen Lösungsvorschlag lässt sich das Argument der **Ungenauigkeit** anführen, das dem Management erhebliche **Ermessensspielräume** gewährt. Andererseits stellt sich die Frage nach einer **besseren** „Lösung". Bei aller unvermeidlichen **Subjektivität**, die in dem Berechnungsmodell enthalten ist, dürfte die Szenariotechnik – die Gewichtung von Wahrscheinlichkeiten – einen am ehesten „objektiven" Wert ergeben. 143
Die kaufmännische Rechnungslegung durch Bilanzierung – ob nach HGB, IFRS oder XY-GAAP – ist notwendig ein Ausfluss von **Schätzungen** (→ § 5 Rz 50ff.). Geschätzte Zahlen sind nie **„richtig"**. Sie können sich nur im Zeitverlauf zur „Richtigkeit" hin entwickeln. Durch das hohe Rechtsgut des **Bilanzenzusammenhangs** wird **periodenübergreifend** das „richtige" Ergebnis ermittelt.[134]
Stichtagsbezogen ist das Ziel der **Objektivierung** nie zu erreichen oder umgekehrt: Die Subjektivität des gesamten Schätzungsprozesses ist vom Publikum

133 Ähnlich SCHWEEN, WPg 2007, S. 693.
134 HOFFMANN, PiR 2007, S. 14ff.

und den verschiedenen Prüfungsinstanzen zu akzeptieren. Diese Vorgabe gilt nicht nur für den Rückstellungsansatz und die -bewertung.

Verlangt werden kann keine richtige, sondern nur eine **plausible** Schätzung mit einem je nach Sachverhalt sehr breiten Ergebnisspektrum von „richtigen" Werten. Die Plausibilität darf dabei nicht „freischwebend" definiert werden. Sie bedarf vorgegebener Berechnungsregeln (Konventionen), in welche die geschätzten Parameter-Inputs einfließen (Rz 118ff.). Mehr kann i.S.d. **Objektivierung** nicht sinnvoll verlangt werden.

144 Gegen diesen pessimistischen – oder doch eher realistischen – Lösungsvorschlag werden zwei Abhilfemaßnahmen vorgeschlagen:

- Verwendung **standardisierter** Berechnungsparameter, etwa nach Beispiel des Zinssatzes von 5,5 % nach § 6 Abs. 1 Nr. 3a e) EStG.
- **Offenlegung** der Schätzungsintervalle und der Annahmen, die deren Bestimmung zugrunde gelegt worden sind.[135]

Dagegen sind folgende Anmerkungen anzubringen:

- Der standardisierte Rechnungszins von 5,5 % des Steuerrechts hat mit der finanzmathematisch erfassten Realität des Wirtschaftslebens nichts gemein. Ein typisierter Realzins von 5,5 % entspricht bei der aktuellen Inflationsrate im EU-Raum von ca. 2,5 % einem Nominalzins von ca. 8 %. Die Folge ist eine systematische Unterbewertung des Rückstellungsrisikos – abgesehen von der fehlenden Laufzeit- und Risikoäquivalenz (Rz 129). Der Referentenentwurf des BilMoG sieht in § 253 Abs. 2 HGB-E eine differenziertere Bestimmung des Zinssatzes vor, der die übrigen Vorbehalte gegen eine solche Typisierung allerdings nicht ausräumen kann.
- Die Offenlegung der Modellannahmen etc. verlangt vom Adressaten der Rechnungslegung die Durchführung einer Vielzahl von Rechenprozessen. Auch an anderen Stellen der IFRS-Bilanz muss mit Ungenauigkeiten gelebt werden, die nur durch Berechnungsmodelle und zugehörige Annahmen in einen bilanzierten Wert überführt werden können. Bei detaillierter Offenlegung aller dieser mathematischen Vorgaben mit der Aufforderung zur Ausrechnung entsprechender Variabilitäten wäre auch der tüchtigste Analyst sehr schnell überfordert.

145 Im Ergebnis kann die unvermeidliche und hohe Subjektivität nur durch **Plausibilitäts**anforderungen an ein Berechnungs**modell** in vertretbare Bahnen gelenkt werden. Ein solches Modell muss Logik und Konsistenz aufweisen und zur Ermittlung des für die Entpflichtung aus der Verbindlichkeit zu bezahlenden Betrages die

- Risikoaversion (Rz 123),
- Definition des Risikos in Form der Ergebnisvariabilität (Rz 133),
- Bildung von Sicherheitsäquivalenten, insbesondere im Vergleich zwischen Einzel- und Sammelrisiken (Rz 136),
- im Zeitverlauf geringer werdende Ergebnisvariabilität mit entsprechender Abnahme des Risikozuschlages

als **Rahmen** für die Modellierung vorgeben.[136] An diesen Vorgaben sollten sich die Reformüberlegungen von ED IAS 37 orientieren.

---

135 Im Einzelnen BAETGE/ZÜLCH/BRÜGGEMANN/NELLESSEN, PiR 2007, S. 319 m.w.N.

136 So LÜDENBACH/FREIBERG, PiR 2007, S. 338.

5 Rückgriffsansprüche (*reimbursements*)

Nach IAS 37.53 ist ein Kompensationsbetrag für eine zu bilanzierende Verbindlichkeitsrückstellung *(provision)* getrennt von der Rückstellung zu aktivieren (Rz 115). Es handelt sich also um einen eigenen Vermögenswert, dessen Bilanzansatz allerdings den Rückstellungsbetrag nicht übersteigen darf. **146**

Diese Rückgriffsansprüche sind inhaltlich von den Eventualforderungen *(accruals)* abzugrenzen, was im Einzelfall kaum gelingen mag und regelmäßig ohne materielle Bedeutung ist (Rz 112).

IAS 37.53 verlangt eine bedingte Wahrscheinlichkeit: Rückgriffsansprüche sind dann anzusetzen, wenn sie der **Verpflichtung** so gut wie sicher *(virtually certain) folgen.*

> **Beispiel**
> Es ist gegenüber dem Unternehmen eine Schadensersatzklage (Passivprozess) wegen (z.B.) Produkthaftung anhängig. Der diesbezügliche Versicherungsschutz ist dem Grunde und der Höhe nach unstreitig, alle Versicherungsprämien sind bezahlt.
> - Das Unternehmen rechnet nicht mit einer Verurteilung *(less likely than yes)*: Es ist weder eine Rückstellung zu bilden noch ein Ersatzanspruch zu aktivieren. Es verbleibt bei einer Anhangsangabe unter Erwähnung der Versicherungsdeckung (Rz 108).
> - Das Unternehmen rechnet eher mit einem negativen Prozessausgang *(more likely than not)*: Hier sind sowohl die Rückstellung als auch der Ersatzanspruch getrennt zu bilanzieren (Rz 36).

Für den **GuV-Ausweis** erlaubt IAS 37.54 in Übereinstimmung mit IAS 1.34b eine Saldierung des Aufwandes aus der Rückstellungsverpflichtung mit dem Ertrag aus dem Erstattungsanspruch (→ § 2 Rz 22). **147**

Als **Beispiele** für solche Rückgriffsrechte nennt IAS 37.55 Versicherungsverträge, Entschädigungsklauseln in Verträgen und Gewährleistungen von Lieferanten (Rz 151). Dabei soll unerheblich sein, ob sich der Anspruchsberechtigte direkt an den Rückgriffsverpflichteten oder an das Unternehmen hält. **148**

Fraglich kann die Ansatzvorgabe des *virtually certain* im Rahmen von Verlusten aus belastenden Verträgen sein (Rz 59ff.). Konkret geht es dabei um die Bestimmung des Saldierungsbereiches. Bezüglich des *reimbursement* stellt sich also die Frage: Ist der Rückgriffsanspruch isoliert vom belastenden Vertrag zu beurteilen oder umgekehrt in den Saldierungsbereich einzubeziehen. Dazu folgendes Beispiel: **149**

> **Beispiel**[137]
> Der kaufmännische Vorstand K versäumt fahrlässigerweise die Kündigung eines Mietvertrages über nicht mehr benötigte Räume. Unstreitig entsteht dadurch dem Unternehmen ein Schaden. Bilanziell ist die Miete für die nicht mehr nutzbaren Räume als lästiger Vertrag zurückzustellen.
> Die Gesellschaft hat eine D & O- (Directors & Officers-)Versicherung abgeschlossen. Diese deckt Schäden aus schuldhaftem Verhalten des Managements ab. Die Einstandspflicht der Versicherung setzt allerdings eine rechtskräftige

137 Nach LÜDENBACH, PiR 2007, S. 202.

Verurteilung des K zu Schadensersatz voraus. Am Bilanzstichtag ist die Klage eingereicht. Der Rechtsvertreter hält eine Verurteilung für wahrscheinlich, aber nicht für so gut wie sicher.

Bei isolierter Betrachtung des Rückgriffsanspruchs auf die D & O-Versicherung kommt eine Aktivierung nicht in Betracht; es fehlt an dem Kriterium *virtually certain* (Rz 146).

Andererseits stellt sich die Frage nach Einbeziehung dieser Rückgriffsforderung in den Saldierungsbereich zur Bestimmung des Wertes der Drohverlustrückstellung. U. E. ist diese Lösung vorzugswürdig,[138] da eine Drohverlustrückstellung nach IAS 37.65 (Rz 59ff.) nur i. H. d. effektiven Belastung gebildet werden kann. Diese ist nach bestmöglicher Erkenntnis zu schätzen (Rz 113). Und in diesen Schätzungsprozess ist die Versicherungserstattung mit ihrer überwiegenden Wahrscheinlichkeit einzubeziehen.

150 Nach IAS 37.29 i. V. m. IAS 37.58 ist der Fall einer **gemeinsamen Verpflichtung** mit einem anderen Unternehmen nicht nach der vorstehenden Regel des getrennten Ansatzes von Rückgriffsrechten zu bilanzieren. Soweit das Unternehmen hilfsweise für die gemeinsame Verpflichtung in Anspruch genommen werden kann, ist dies als Eventualverbindlichkeit zu werten, soweit der andere Verpflichtete erwartungsgemäß der Zahlungspflicht nachkommt.

151 Nach ständiger BFH-Rechtsprechung sind **Rückgriffsrechte** für Verpflichtungen aus dem Rückstellungsbereich in **saldierender** Form bei der Bewertung zu berücksichtigen (also nicht getrennte Aktivierung und Passivierung gem. IAS 37.53; Rz 146). Die BFH-Rechtsprechung kann u. E. Anhaltspunkte zum Ansatz von Rückgriffsrechten *(reimbursements)* liefern, sofern diese *virtually certain* (Rz 146) sind.

Thema	BFH vom	Aktenzeichen	Fundstelle	*virtually certain*
Rückgriffsrechte gegen Versicherer	14.11.1957	IV 67/57	BB 1958, 225	ja
Rückgriffsforderung des Bauunternehmers gegen Subunternehmer bei Garantieverpflichtungen	17.2.1993	X R 60/89	BStBl II 1993, 437	zweifelhaft
Einnahmen aus Kippgebühren bei Wiederauffüllungsverpflichtung für ausgeschachtete Kiesvorkommen	16.9.1970	I R 184/67	BStBl II 1971, 85	zweifelhaft
Forderungsübergang kraft Gesetzes bei Inanspruchnahme durch Bürgschaftsgläubiger	19.3.1975	I R 173/73	BStBl II 1975, 614	dem Grunde nach ja, Werthaltigkeit zweifelhaft
	26.1.1989	IV R 86/87	BStBl II 1989, 456	
	15.10.1998	IV R 8/98	BStBl II 1999, 333	
Ausgleichsansprüche gegen Urlaubskasse	8.2.1995	I R 72/94	BStBl II 1995, 412	ja
Erstattungsanspruch an die Arbeitsbehörde	BMF vom 11.11.1999		BStBl I 1999, 959	ja

138 So auch LÜDENBACH,PiR 2007, S. 204.

6 Einbeziehung von Gemeinkosten

6.1 Die Bewertungsvorgabe

Nach IAS 37.37 richtet sich die Bewertungsvorgabe für Rückstellungen nach der **erwarteten Zahlung** des Unternehmens für 152

- eigene Erfüllung *(settle)* der Verpflichtung oder
- Übertragung *(transfer)* der Verpflichtung an eine dritte Person.

Die Frage ist, ob diese Bewertungsvorgabe durch **Voll**kosten ausgefüllt werden muss oder ob eine **Grenz**kostenbetrachtung zu erfolgen hat.

6.2 Grenzkostenbetrachtung

In der Kommentierung wird die Bewertungsvorgabe so interpretiert:[139] 153

„Provisions are measured based on what an entity rationally would pay to settle or transfer the obligation. ... In our view, anticipated incremental costs that are related directly to the settlement of a provisions should be included in the measurement of the provisions to the extent that a third party who assumes the liability would require compensation ...“

Diese Aussage soll am Beispiel des Rückstellungsansatzes für die **Aufbewahrungspflicht** von **Geschäftsunterlagen** beurteilt werden (Rz 101).[140]

Diese Aussage soll am Beispiel des Rückstellungsansatzes für die **Aufbewahrungspflicht** von **Geschäftsunterlagen** beurteilt werden (Rz 101).[141]

Die fiktive Bezahlung an einen „Archivierungsspezialisten“ stellt dem vorstehenden Zitat zufolge den **Höchstwert (to the extent)** dar, ansonsten sind die **Grenzkosten (incremental costs)** des Unternehmens als Bewertungsmaßstab heranzuziehen – so diese Interpretation von IAS 37.37. Sie entspricht einem *make-or-buy*-Konzept: Entweder selber erledigen oder die Leistung einkaufen. Nach den theoretischen Grundlagen der Kostenrechnung fällt die Entscheidung zugunsten des Selbermachens, wenn dessen Grenzkosten niedriger sind als der Preis für die einzukaufende Leistung. Es gilt also bei

- Unterbeschäftigung des Unternehmens eher *„make“*,
- Vollbeschäftigung eher *„buy“*.

Dabei ist auch der Angebotspreis des potenziellen Dienstleisters („Einlagerers“) von 154
seiner **eigenen** Beschäftigungssituation abhängig. Bei Vollbeschäftigung will er nicht nur die Grenzkosten des potenziellen Auftraggebers als Leistungsvergütung, sondern zusätzlich seine Gemeinkosten gedeckt erhalten. Dazu folgendes Beispielpaar:

Beispiel

- U1 hat unkündbares, derzeit unterbeschäftigtes Verwaltungspersonal und leerstehende Räume, die zur Unterbringung der Unterlagen geeignet sind. Seine Grenzkosten sind ausgesprochen gering, umfassen eine kurze Schulung der Mitarbeiter und Heizung, Strom und Reinigung für den Archivraum. An einen fremden Dienstleister würde U1 nicht mehr als diese

[139] KPMG, Insights into IFRS 2008/2009, Tz 3.12.180ff.; vgl. hierzu auch HOMMEL, PiR 2007, S. 322.

[140] Vgl. zum Folgenden HOFFMANN, PiR 2007, S. 146; vgl. auch MARX/BERG, DB 2006, S. 169 nach Maßgabe des BFH-Urteils v. 25.3.2004, IV R 35/02, DB 2004, S. 1645.

[141] Vgl. zum Folgenden HOFFMANN, PiR 2007, S. 146; vgl. auch MARX/BERG, DB 2006, S. 169 nach Maßgabe des BFH-Urteils v. 25.3.2004, IV R 35/02, DB 2004, S. 1645.

geringen Grenzkosten bezahlen. Umgekehrt wäre eine Archivierungsfirma nicht zum Angebot für diesen Preis bereit. Die fiktive entgeltliche Vergabe als Bewertungsgröße ist realiter nicht gegeben.
- Das Personal und die Räume des Unternehmens U2 sind voll ausgelastet. Zur Archivierung müssten hohe zusätzliche Kosten für Personal und Raum in Kauf genommen werden. Für diese zusätzlichen Kosten ist es zu einer Outsourcing-Lösung bereit. Möglicherweise bietet das spezialisierte Archivierungsunternehmen A zu einem günstigeren Kostenfaktor an, weil es selbst auf eine Fixkostendegression angewiesen ist.

Ergebnis eines inkrementalen Ansatzes: U1 stellt bezogen auf eine Vollkostenbetrachtung einen (zu) niedrigen Betrag zurück, U2 einen (zu) hohen Betrag. Anders formuliert: Die Bewertung hängt von der **Beschäftigungs**situation des bilanzierenden Unternehmens ab – eine eher ungewöhnliche Bilanzierungsvorgabe und Bewertungsmaxime.
Ein weiterer Vorbehalt gegen diese Interpretation von IAS 37.37 ergibt sich aus der **Zeit**raumbetrachtung. In längerfristiger Perspektive stellen sich alle Kosten als „zusätzlich" *(incremental)* dar.

Beispiel
Das in 01 neu gegründete Unternehmen trifft erstmalig zum 31.12.01 die Aufbewahrungspflicht. Dazu muss es Räumlichkeiten neu bauen und Regale beschaffen oder beides anmieten. Alternativ nimmt ihm ein Dienstleister diese ganzen Aufwendungen ab. Letztere sind zu vergleichen mit den Kosten des Neubaus und der Beschaffung der Regale oder alternativ deren Anmietung auf unbeschränkte Zeit. Aus der Sicht des 31.12.01 liegen jedenfalls insoweit Grenzkosten vor. Die vorzunehmenden Buchungen wären also:
- Zum Bilanz**stichtag**: per Baukosten und Kosten der Beschaffung der Regale bzw. Mietaufwendungen an Rückstellung.
- Im **Folgejahr**: per Rückstellung an Geld. Dabei umfasst „Geld" die Baukosten bzw. Kosten für die Beschaffung der Regale oder alternativ die zu bezahlenden Mieten.

Ab 02 entstehen also keine Aufwendungen für die Aufbewahrung mehr, die Grenzkosten sind schon per 31.12.01 „erschöpft".

6.3 Vollkostenbetrachtung

155 Das vorstehende Beispiel belegt: Die Grenzkostenbetrachtung eignet sich als Grundlage für unternehmerische **Entscheidungen**, nicht dagegen zur Ermittlung von **Stichtagswerten**. Sie werden auch – vergleichbar – nicht zur Ermittlung von Herstellungskosten herangezogen. Dort geht es vielmehr immer nur um die Frage, inwieweit zu den Einzelkosten Gemeinkosten der Fertigung heranzuziehen sind. Ausgerichtet auf die Rückstellungsbewertung hieße dies: Die Aufbewahrungsverpflichtung für die Geschäftsunterlagen sind zu bewerten mit den effektiven Einzelkosten des Unternehmens zuzüglich anteiliger Gemeinkosten, also mit den „Vollkosten" nach HGB/EStG.

Die Frage ist deshalb, ob der **Wortlaut** von IAS 37.37 (Rz 114) wirklich zwingend die **Grenz**kostenbetrachtung erfordert oder nicht doch auch eine **Voll**kostenbewertung erlaubt. Dazu könnte an den *transfer* der Verpflichtung zur Archivierung und Aufbewahrung der Belege etc. auf eine dritte Person angeknüpft werden. Ein solcher Archivierungsspezialist böte seine Dienstleistung zumindest auf längere Sicht nach Maßgabe einer Vollkostenkalkulation an. Der *transfer*-Preis umfasst damit die „vollen" Kosten der Aufbewahrung.

Notwendig erscheint dabei eine Beschränkung des Kostenkalküls auf die vorgegebenen gesetzlichen Aufbewahrungs**fristen** für das jährlich anfallende Archivmaterial (entsprechend der Vorgabe der Finanzverwaltung). Die „Vollkosten" sind als Bewertungsgrundlage durch den gesetzlich vorgegebenen **Zeithorizont** beschränkt. Darin unterscheidet sich diese Bewertungsvorgabe von der Grenzkostenbetrachtung, bei der die unternehmerische Entscheidung nicht von gesetzlich bis zum Bilanzstichtag verursachten Kosten abhängen kann, sondern auch die weiteren künftigen Aufwendungen in die Berechnung einbeziehen muss. Das Vergangenheitsereignis bzw. die wirtschaftliche Verursachung als **stichtagsbezogenes** Tatbestandsmerkmal für den Bilanzansatz kann nur das bis zum Bilanzstichtag angefallene Datenmaterial umfassen.

Auf der Grundlage der Denkfigur des fiktiven Dienstleisters lässt sich somit eine Vollkostenbewertung aus IAS 37.37 ableiten. Dann ist der Schritt nicht mehr weit, auch die **„Selbsterledigung"** auf der Basis von Vollkosten zu bewerten. Denn schließlich sind die beiden Alternativen nur auf der gleichen Berechnungsbasis als Bilanzierungsalternativen sinnvoll darstellbar. Störend wirkt bei einer solchen Situation der Wortlaut des *„settle"*, der auf einen einmaligen Zahlungsvorgang hindeutet. Nun sind aber letztlich alle Aufwendungen – hier also Mieten von Räumen, Brennen von Disketten etc. – irgendwann einmal auch mit Erfüllungs- und damit Zahlungsvorgängen verbunden. So gesehen ist auch die erste Bewertungsalternative in IAS 37.37 *(to settle the obligation)* als Vollkostenbewertung interpretierbar.

Nach ED 2010/1 (Rz 178) wird ein Vollkostenansatz unter Berücksichtigung einer Gewinnmarge als Bewertungsgrundlage vorgeschlagen (ED 2010/1 B8b sowie BC22).

Im deutschen Rechnungslegungsrecht ist seit jeher bei **Sachleistungs**verpflichtungen das Ob und Wie der Einbeziehung von Gemeinkosten in die Rückstellungsbewertung streitig. Die überwiegende Meinung fordert für die Handelsbilanz den **Vollkostenansatz**;[142] steuerlich ist die Bewertung mit den „angemessenen Teilen der notwendigen Gemeinkosten" durchzuführen (§ 6 Abs. 1 Nr. 3a Buchstabe b) EStG).

Folgende den Vollkostenansatz bestätigende Beispiele der **BFH-Rechtsprechung** können u. E. auch nach IAS 37.37 entsprechend bewertet werden:

---

142 HOFFMANN/LÜDENBACH, NWB Kommentar Bilanzierung, § 253, Tz 38.

Thema	BFH vom	Aktenzeichen	Fundstelle
Einzelgarantiefälle	13.11.1991	I R 129/90	BStBl II 1992, 519
Jahresabschlusserstellung und -prüfung	24.11.1983	IV R 22/81	BStBl II 1984, 301
Erstellung der Jahressteuer-erklärungen	24.11.1983	IV R 22/81	BStBl II 1984, 301
Abschreibungsverpflichtungen im Baugewerbe	18.1.1995	I R 44/94	BStBl II 1995, 742
Schadensermittlung bei Versicherern	19.1.1972	I R 114/65	BStBl II 1972, 392
Urlaubsverpflichtungen	8.7.1992 10.3.1993 6.12.1995	XI R 50/89 I R 70/91 I R 14/95	BStBl II 1992, 910 BStBl II 1993, 446 BStBl II 1996, 406

156 Das handelsrechtliche Schrifttum folgt den Entscheidungen des BFH teilweise nicht (ganz). Insbesondere zur Bewertung der Urlaubsrückstellungen differieren die Auffassungen.[143] Nach IFRS-Bilanzierung kann indes jedes betriebswirtschaftlich vertretbare Rechenschema unter Einbeziehung von Gemeinkosten akzeptiert werden.

7 Restrukturierungsrückstellungen

157 **Ergänzende** Vorschriften sind in IAS 37.80ff. zu den **Restrukturierungs**rückstellungen (Rz 89ff.) vorgesehen. Diese sind zunächst von Ausgaben in Zusammenhang mit dem weitergehenden Geschäft *(ongoing activities)* abzugrenzen (IAS 37.80). Typische Anwendungsbereiche sind:[144]

- Abfindungen für freizustellende Mitarbeiter,
- Abfindungen für die Kündigung von laufenden Beschäftigungsverträgen, Mietverhältnissen etc.,
- Demontage und Verschrottung von Anlagevermögen,
- Bewertungskosten und Gerichtsgebühren.

Dem Grunde nach sind hier **Ansatz**posten angesprochen. Für die **Bewertung** gelten die allgemeinen Regeln, z.B. die Abzinsung.

Nicht rückzustellen sind (IAS 37.81):

- Kosten der Umschulung und Versetzungen von Mitarbeitern,
- Marketingaufwendungen für neue Produkte,
- Kosten der Installation neuer Produktlinien und Vertriebswege.

Erwartete Gewinne aus dem Verkauf von nicht mehr benötigten Vermögenswerten sind nicht rückstellungsmindernd zu berücksichtigen (IAS 37.83 i.V.m. IAS 37.51). Wegen einer möglichen Kollision mit IFRS 5 vgl. → § 29 Rz 31.

143 Einzelheiten bei KOZIKOWSKI/SCHUBERT, BECK'scher Bilanzkommentar, 7. Aufl., § 249 HGB, Tz 100 „Urlaub".

144 KIRCHHOF, WPg 2005, S. 589.

8 Entfernungs- und Wiederherstellungsverpflichtungen

Vorab wird verwiesen wegen des 158
- Regelungsinhalts auf Rz 80,
- Bilanzansatzes im Zugangsjahr auf → § 8 Rz 57.

Das Thema ist durch die **Langfristigkeit** des bilanziellen Engagements gekennzeichnet. Der Buchungssatz „per AK/HK an Rückstellungen“ (Rz 82) bringt dieses Faktum stärker zum Ausdruck als die nach HGB/EStG übliche ratierliche Ansammlung des Rückstellungsbetrages zu Lasten des laufenden Aufwandes (Rz 80). Die beiden nach IFRS anzusetzenden Bilanzposten – aktivisch die AK/HK, passivisch die Rückstellungen – bedürfen einer **ständigen Korrektur** im Gefolge der angenommenen Entsorgungskosten, der Schwankungen des Zinssatzes und der Aufzinsung.[145]

Dieses Problemkreises nimmt sich ausführlich IFRIC 1 mit folgenden Anwendungsbereichen an: 159
- Anlagevermögen i. S. d. IAS 16 (→ § 14),
- Rückstellungen i. S. d. IAS 37.

Mit erfasst von IFRIC 1 werden damit auch gem. IAS 16.4 und 16.5
- Vermögenswerte im Rahmen eines Leasingverhältnisses i. S. d. IAS 17 (→ § 15),
- Renditeliegenschaften, bewertet nach dem *cost model* i. S. d. IAS 40 (→ § 16 Rz 49 ff.).

Er behandelt dagegen nicht die Steuerlatenz i. S. d. IAS 12 (→ § 26).

Beispiel (zum *finance lease*) 160
Sachverhalt
Der Energieversorgungskonzern K baut ein Kraftwerk und finanziert dies im Wege des Spezialleasing. Nach den Zurechnungskriterien des IAS 17 liegt ein *finance lease* vor (→ § 15 Rz 22 ff.). Der Konzern hat das Kraftwerk zu aktivieren und den Barwert der Leasingverbindlichkeit (→ § 15 Rz 128 f.) zu passivieren.
Nicht im Leasingvertrag inbegriffen ist die Rückbauverpflichtung.

Lösung
Die Rückbauverpflichtung stellt kein *asset* i. S. d. IAS 16.5, sondern nur einen Teilbereich der aktivierungspflichtigen Herstellungskosten gem. IAS 16.16(c) dar (→ § 8 Rz 57 und Rz 72). Die Rückbauverpflichtung ist umgekehrt als *liability* i. S. d. IAS 37.14 zu werten (Rz 18).

Beispiel (zum *operating lease*)
Sachverhalt
Das Fabrikationsunternehmen F lässt auf Erbbaurecht eine neue Montagehalle bauen. Die Finanzierung erfolgt im *operating lease* (→ § 15 Rz 19 ff.), das die Rückbauverpflichtung gegenüber dem Grundstückseigentümer nicht umfasst.

---

[145] Wegen Einzelheiten hierzu, die anhand von tabellarischen Beispielsrechnungen dargestellt werden, sei verwiesen auf KÜTING/KESSLER, PiR 2007, S. 308.

Lösung
Auf der Aktivseite der Bilanz des Leasingnehmers „erscheint nichts". Eine formal konsequente Verbuchung der Rückbauverpflichtung – keine *asset*-Eigenschaft – „per Aufwand an Rückstellung" kommt u. E. trotzdem nicht in Betracht. Eine Aktivierung des Rückbauaufwands analog IAS 16.16 (c) wirkt andererseits befremdlich. Gleichwohl erscheint uns dieses Verfahren eher den Intentionen der IFRS zu entsprechen als eine ratierliche Ansammlung der Verpflichtung gem. der Vorgehensweise nach HGB/EStG (Rz 80). Danach ist die Rückbauverpflichtung als Quasi-Vermögenswert mit dem Barwert zu aktivieren (Rz 80) und auf die Nutzungsdauer abzuschreiben. Der jeweilige Aufzinsungsbetrag für die Rückstellung ist als Finanzaufwand auszuweisen (→ § 2 Rz 70).

Beispiel (zur Renditeliegenschaft)
Sachverhalt
Die Immobiliengesellschaft I errichtet auf Erbbaurecht einen Supermarkt und verpflichtet sich am Ende der Laufzeit des Vertrages zum Abriss der Gebäulichkeit. I wählt das *fair-value*-Modell (→ § 15 Rz 138).

Lösung
Die Zugangsbewertung für die Rückbauverpflichtung erfolgt analog IAS 16.16 (c) mit dem Barwert der Verpflichtung (→ § 16 Rz 41). Für die Folgebewertung zum *fair value* passen die auf IAS 16 (→ § 8) aufbauenden Regeln des IFRIC 1 nicht (vgl. auch IAS 16.5). Vielmehr sind in die *fair-value*-Bewertung der Immobilie die aktuellen bewerteten Rückbauverpflichtungen einzubeziehen. Die Verpflichtung ist zum jeweiligen Barwert (laufende Aufzinsung) zu passivieren.

161 Die erforderliche Überwachung der beiden Bilanzposten setzt nach IFRIC 1.2 bei der **Rückstellungsbewertung** und deren erforderlichen **Änderungen** an (Rz 138), die auf laufend anzupassenden Schätzelementen beruhen (IFRIC 1.3):

- Bestimmung des Entsorgungs**volumens** (Mengengerüst) und der zugehörigen **Aufwendungen** (Preisgerüst) – *outflow of recources*;
- Änderung der **Abzinsungs**rate – *discount rate*, die nach IAS 37.47 zu bestimmten ist;
- **Aufzinsung** nach Maßgabe des Zeitverlaufs – *unwinding of the discount*.

Unproblematisch ist dabei die dritte Anpassungsgröße, also der **Aufzinsungsbetrag.** Dieser ist nach IFRIC 1.8 ergebniswirksam als Finanzierungskosten bei Anfall zu erfassen. Eine Aktivierung des Aufzinsungsbetrages bei bestimmten Vermögenswerten *(qualifying assets)* nach IAS 23.8 f. (→ § 9 Rz 12 ff.) entfällt.
Schwieriger gestaltet sich die Lösung für die beiden übrigen Parameter des Schätzverfahrens, die in IFRIC 1.5–7 behandelt werden. Eine irgendwie festgestellte Änderung der langfristigen Verpflichtung führt zu einer korrespondierenden Folgewirkung auf die Buchwerte der betreffenden Anlagegüter. Hier unterscheidet IFRIC 1 konsequent nach den beiden Bewertungsmodellen in IAS 16, dem Verfahren der **fortgeführten AK/HK** (*cost model*; → § 8 Rz 11 ff.) und der **Neubewertungskonzeption** (*revaluation model*; → § 8 Rz 68 ff.).

Im *cost model* ist wie folgt zu verfahren (IFRIC 1.5):

- Die Änderung des Rückstellungsbetrages aufgrund neuer Diskontierungssätze oder neuer Annahmen bez. Zeitpunkt oder Höhe der zu leistenden Zahlung – nicht also die Änderung aufgrund des Aufzinsungseffekts – ist als Veränderung des **Buchwertes** des betreffenden Anlagegutes zu erfassen (erfolgsneutrale Verbuchung).
- Kommt es zu einer **Verminderung** des Rückstellungswertes, darf der entsprechende Betrag den restlichen Buchwert nicht übersteigen, ansonsten ist die Minderung der Rückstellung unmittelbar erfolgswirksam zu behandeln (kein negativer Buchwert der Entsorgungsverpflichtung).
- Bei einer **Erhöhung** des Buchwertes muss sich das Unternehmen Gedanken darüber machen, ob dieser Betrag nicht überzogen ist, also ein Anzeichen für eine erforderliche Abschreibung darstellt. Wenn ein solches Anzeichen gegeben ist, ist ein *impairment*-Test nach Maßgabe von IAS 36 vorzunehmen (→ § 11 Rz 10ff.).

Die entsprechenden Änderungen sind **prospektiv** (erfolgswirksam) als Schätzungsänderungen nach IAS 8.36f. (→ § 24 Rz 32) zu verbuchen.

Beispiel 162

Sachverhalt

Das Unternehmen B erwirbt in 00 das Recht zum Aufbau einer Windkraftanlage (WKA) im Wattenmeer unter der Auflage eines Rückbaus nach 25 Jahren. Folgende Informationen liegen vor:

- Die erwartete zukünftige Verpflichtung beträgt 1 Mio. EUR.
- Der marktübliche Diskontierungszins für 25 Jahre beläuft sich auf 5 %.

Bei der Erstaktivierung der WKA wird die zukünftige Verpflichtung zum Barwert *(present value)* bilanzverlängernd (ergebnisneutral) passiviert:

- Per WKA 0,3 Mio. an Rückstellung für Rückbau 0,3 Mio.,

wobei die 0,3 Mio. sich aus der Diskontierung von 1 Mio. über 25 Jahre ergeben.

In der Periode 15 erfolgt eine Anpassung der Rückstellung an bessere Informationen:

- FALL 1: Die Höhe der zukünftigen Verpflichtung wird nun auf 1,2 Mio. geschätzt.
- FALL 2: Der marktübliche Diskontierungszins beträgt nun 6 %.

Lösung

Der Barwert der passivierten Rückstellung ist aufgrund der besseren Erkenntnisse zum Stichtag der Periode 15 anzupassen. Die Anpassung erfolgt in der aktuellen Periode i.d.R. ergebnisneutral durch gleichzeitige Anpassung des Buchwertes der WKA (Bilanzverlängerung oder -verkürzung). In den Folgeperioden kommt es über Abschreibungen und Finanzierungskosten zu geänderten Aufwendungen.

Fall 1: Erhöhung Erfüllungsbetrag der Rückbauverpflichtung

- Per WKA 123 TSD an Rückstellung 123 TSD,

wobei sich der Betrag von 123 aus der Diskontierung von 200 zu 5 % über die Restdauer von 10 Jahren ergibt.

Fall 2: Änderung des Kapitalisierungszinssatzes (Minderung Barwert bei gleichbleibendem Erfüllungsbetrag)

- Per Rückstellung 56 TSD an WKA 56 TSD,

wobei die 56 TSD sich als Differenz aus einer Diskontierung des Erfüllungsbetrages von 1.000 über 10 Jahre mit einerseits 6 %, anderseits 5 % ergeben. Die erfolgsneutrale Buchung ist nur zulässig, wenn der RBW der WKA > mindestens 56 TSD beträgt. Liegt er etwa bei null, kommt nur eine ertragswirksame Buchung infrage.

Fraglich ist, wie im vorstehenden System der Zinsstrukturkurveneffekt (→ § 11 Rz 61) zu berücksichtigen ist. Bei normalen Verhältnissen sinkt der Zins mit der Laufzeit. Bei unveränderten Marktverhältnissen ergäbe sich also zu jedem Stichtag eine Änderung des Zinssatzes aufgrund der verminderten (Rest-)Laufzeit. Dieser Effekt kann gemindert werden, indem aus *materiality*-Gründen für die Zinsbetrachtung der Diskontierungszins stets auf volle oder zumindest halbe Prozentpunkte gerundet wird.

Wegen eines weiteren Beispiels, das die Alternativen des **Nominal**- und **Realzinses** gegenüberstellt, wird verwiesen auf Rz 131.

163 Komplizierter stellen sich die erforderlichen Verbuchungen bei Anwendung der **Neubewertungskonzeption** (*revaluation model*) dar (→ § 8 Rz 68ff.):

- Die Änderung des Rückstellungsbetrages ändert die Neubewertungsrücklage auch im negativen Bereich *(revaluation surplus or deficit)* für den betreffenden Vermögenswert wie folgt:
  - Eine Minderung der Rückstellung ist unmittelbar der Neubewertungsrücklage im Eigenkapital zu belasten, es sei denn, zuvor ist eine Neubewertung zu Lasten des Ergebnisses verbucht worden (→ § 8 Rz 86).
  - Eine Erhöhung der Verpflichtung ist ergebniswirksam zu erfassen, soweit er eine vorgängige ergebniswirksame Abschreibung des neu bewerteten Vermögenswertes nicht übersteigt; der übersteigende Betrag ist dann der Neubewertungsrücklage zuzuführen.
  - Übersteigt die Verminderung der Verpflichtung den fiktiven Buchwert bei Anwendung des *cost model*, muss der übersteigende Betrag direkt im Aufwand verrechnet werden.
- Eine Veränderung der Rückstellungsverpflichtung indiziert das Erfordernis einer erneuten Vornahme des Bewertungsverfahrens, damit der Buchwert nicht nennenswert vom *fair value* am Bilanzstichtag abweicht (→ § 8 Rz 73). Sofern eine Neubewertung in diesem Fall erforderlich ist, müssen alle Vermögenswerte dieser Gruppe *(class* nach IAS 16.36) neu bewertet werden (→ § 8 Rz 74).
- In der Eigenkapitalveränderungsrechnung (→ § 20 Rz 52ff.) ist die daraus resultierende Bewegung der Neubewertungsrücklage gesondert darzustellen und zu erläutern.

Die aus den vorstehenden Änderungen sich ergebende neue **Abschreibungsbasis** (*depreciable ammount*; → § 10 Rz 20ff.) ist über die Nutzungsdauer hinweg (→ § 11 Rz 36ff.) abzuschreiben. Nach Ende der Nutzungsdauer (vollständige Abschreibung) sind Änderungen der dann noch vorhandenen Verpflichtung unmittelbar ergebniswirksam zu verbuchen (IFRIC 1.7).

Eine nennenswerte **praktische** Bedeutung kommt dem Neubewertungsverfahren in diesem Bereich zumindest in Deutschland vermutlich nicht zu. Gründe:

- Die Neubewertungsmethode wird bislang nur sehr selten und dann auch nur für Grundbesitz gewählt.[146]
- Eine einigermaßen zuverlässige Ermittlung des *fair value* eines Kernkraftwerkes oder Antennenanlage etc. (Rz 80) dürfte selten möglich sein.

9 Ausweis und Anhangsangaben

9.1 Verbindlichkeiten (*liabilities*)

Erläuterungen zu den **Gliederungsproblemen** für die Bilanz werden in → § 2 Rz 28 ff. gegeben. 164

In den **Anhangerläuterungen** (*notes*) sind gem. IAS 32.60a neben möglichen weiteren **Untergliederungen** – etwa nach Maßgabe des HGB-Schemas – spezifizierte Angaben über Art, Umfang und Konditionen der einzelnen Verbindlichkeiten zu machen (→ § 28). 165

Die Darstellung kann etwa nach Maßgabe des folgenden **Beispieles** erfolgen: 166

Beispiel

	31.12.02 TEUR	31.12.01 TEUR
Langfristig		
Sonderfinanzierung des Unternehmenserwerbs		
Andere Verbindlichkeiten gegenüber Kredit- und Finanzinstituten		
Stille Beteiligungen		
Verbindlichkeiten aus Finanzierungsleasingverträgen		
Kurzfristig		
Verschiedene Kredit- und Finanzinstitute		
Restkaufpreisverpflichtungen		
Verbindlichkeiten aus Finanzierungsleasingverträgen		

Institut	Ursprungsbetrag TEUR	Tilgungshöhe TEUR	Tilgungstermin	Zinssatz p.a.	Valuta 31.12.02 TEUR	davon <1 Jahr TEUR	davon >1 Jahr TEUR	gewährte Sicherheiten

9.2 Rückstellungen (*provisions*)

In Ergänzung zum Bilanzausweis sind im Anhang zu den Rückstellungen *(provisions)* – ohne Differenzierung nach den *accruals* (Rz 53) – detaillierte Angaben zu machen, die signifikant über die Pflichten in § 285 Nr. 12 HGB hinausgehen. Zunächst verlangt IAS 37.85 folgende **qualitativen** Angaben: 167

146 Keitz, von, Praxis der IASB-Rechnungslegung, 2003, S. 49.

- Art der Rückstellung in kurzer Beschreibung,
- Darstellung der Ungewissheit der Höhe und der Zeit nach über den Zahlungsabfluss sowie eine informative Darlegung der wesentlichen Annahme über die künftige Entwicklung.
- mögliche Kompensationen von dritter Seite (*reimbursement*; Rz 146ff.).

Sinnvollerweise sind die Rückstellungen nach **wirtschaftlich definierten Kategorien** zusammenzufassen, also z.B. Gewährleistungsfälle, (anstehende) Passivprozesse, Personalbereich (→ § 19) etc.

168 Die so definierten Rückstellungen sind nach IAS 37.84 vergleichbar einem Anlagespiegel – tabellarisch – von der Anfangsbilanz zur Schlussbilanz zu entwickeln und hinsichtlich bestimmter Kategorien („*classes*") aufzugliedern. Der nachstehende **Rückstellungsspiegel** folgt dieser Vorgabe und enthält die nach IAS 37.84 geforderten Angaben.

Art der Rückstellung (Beispiele)	Buchwert 1.1.	+ Zuführung	+/– Zinseffekte	– Inanspruchnahme	– Auflösung	Buchwert 31.12.
Gewinnbeteiligungen						
Sonstige Personalverpflichtung						
Garantien						
Prozesse						
Umweltverpflichtungen						
Summe						

Tab. 1: Rückstellungsspiegel

169 Hierzu folgende Erläuterungen: Die Spalte „**Zinseffekte**" resultiert aus der Bewertungsvorschrift in IAS 37.45 bzw. IAS 37.60, die eine Abzinsung von längerfristig „laufenden" Rückstellungsvorsorgen vorsieht, sowie aus Änderungen des Diskontierungssatzes (IAS 37.84)). Eine **Trennung** dieser beiden Zinseffekte ist nicht verlangt. Besonders wichtig ist die **Unterscheidung zwischen Inanspruchnahme** (*utilized*) und **Auflösung** (*unutilized*). Die Spalte „**Auflösung**" zeigt die gegenüber dem tatsächlichen Bedarf überhöhte Vorsorge in den Vorjahren. Umgekehrt fehlt die korrespondierende Spalte für eine **zusätzliche Inanspruchnahme**, die über die bilanzielle Vorsorge aus dem Vorjahr hinausgeht. Eine solche ließe sich in rechnerisch abstimmbarer Form nicht darstellen, sondern nur als Zusatzangabe. Erstaunlicherweise schreiben die IFRS diese – für einen Bilanzleser interessante – Information nicht vor (ebenso wenig das HGB).

Zusätzlich zum Inhalt der Tabelle in Rz 168 erscheinen Angaben zur **Fristigkeit** der Zahlungsverpflichtung erforderlich (IAS 37.85b). Üblich ist dabei in der deutschen IFRS-Rechnungslegungspraxis die Aufteilung: bis zu einem Jahr, 1–5 Jahre, über 5 Jahre. Die Tabelle ist außerdem um **qualitative Angaben** zu den einzelnen Rückstellungspositionen zu ergänzen; dazu gehören auch Angaben zu den Abzinsungssätzen bei Verpflichtungen mit längerfristiger Laufzeit.

Die vorstehende Tabelle kann für den Konzernabschluss um zwei Spalten für „Änderungen im Konsolidierungskreis“ und für „Währungsumrechnungen“ ergänzt werden.
Zweifelhaft kann die Darstellung der **unterjährigen** Bewegungen im Rückstellungsspiegel sein.

> **Beispiel**
> Eine Rückstellung für Produktschäden in Höhe von 1.000 muss zum 31.3.01 angesetzt werden. Während des Jahres werden daraus 800 in Anspruch genommen, 200 müssen in das Jahr 02 vorgetragen werden.
> Die Frage ist, ob im Rückstellungsspiegel zum 31.12.01 ein Zugang von 200 (Nettodarstellung) oder von 1.000 mit Inanspruchnahme von 800 (Bruttodarstellung) gezeigt werden muss.

Dazu folgende Überlegungen:

- Der Standard spricht in IAS 37.84(b) von *„additional provisions made in the period“*, was eher auf eine Nettodarstellung hindeutet, die als Zugang (*addition*) nur den Unterschiedsbetrag zwischen Schluss- und Eröffnungsbilanz darstellt.[147]
- Für eine Bruttodarstellung spricht hingegen die Parallele zum **Anlagespiegel** (→ § 14 Rz 27), in dem die unterjährigen Zugänge brutto zu zeigen sind.
- Die Bruttodarstellung erleichtert auch die Abstimmung mit Zwischenabschlüssen. Bei vierteljährlicher **Zwischenberichterstattung** (→ § 37) wäre im obigen Beispiel zum 31.3.01 ein Zugang von 1.000 zu zeigen, der im Jahresabschluss zum 31.12.01 mit einer Nettodarstellung nicht korrespondieren würde.

Insgesamt favorisieren wir deshalb eine **Brutto**darstellung, halten die Nettodarstellung aber nicht für unzulässig.

Nicht mehr benötigte Rückstellungen einer Kategorie dürfen nicht (erfolgs- 170
neutral) auf eine andere Kategorie **übertragen** werden (IAS 37.61). **Vorjahreszahlen** sind nicht anzugeben, in der Praxis allerdings häufig anzutreffen.

Zur weiteren Verdeutlichung folgendes Beispiel: 171

> **Beispiel**[148]
> Die World Wide AG hat seit Ende 00 einen neuen Vorstand, der die Bilanz 00 in Ausnutzung sämtlicher Ermessensspielräume umfangreich mit Rückstellungen belastet und dadurch das Ergebnis 00 auf 100 Mio. EUR reduziert. U. a. hat er noch im **Dezember** 00 die Entlassung sämtlicher Leiter der Übersee-Niederlassungen verkündet und hierfür eine Abfindungsrückstellung von 50 Mio. EUR gebildet. Weiterhin hat er die Garantierückstellungen (durchschnittliche Garantielaufzeit 1 Jahr) neu kalkuliert und deshalb von 15 auf 20 Mio. EUR erhöht. Schließlich hat er für einen Ende 02 endenden Pachtvertrag eine bisher nicht berücksichtigte Altlastenbeseitigungspflicht von 12,1 Mio. EUR (Barwert bei Zins von 10 %: 10 Mio. EUR) bilanziert.

[147] So wohl auch PwC, IFRS Manual of Accounting 2008, Tz 21.293: „Showing the movement between the opening provision and the closing balance.“
[148] Aus LÜDENBACH, IFRS, 5. Aufl., 2008, S. 251 f.; vgl. auch die Erläuterungen in Rz 168.

In 01 scheiden diverse Country-Manager gegen 24 Mio. EUR Abfindung (davon 12 Mio. EUR Europa) aus. Mit weiteren Abfindungen ist nicht zu rechnen. In 01 kommt es zu Garantie-Kosten von 13 Mio. EUR. Die Garantierückstellung wird wieder von 20 auf 15 Mio. EUR zurückgeführt. Der Jahresüberschuss hat sich von 00 nach 01 verdoppelt, wofür der Vorstand eine ordentliche Sondervergütung erhält.
Der IFRS-Rückstellungsspiegel 01 stellt sich wie folgt dar:

Art	Buchwert 1.1.	Zuführung	Aufzinsung	Inanspruchnahme	Auflösung	Buchwert 31.12.
Abfindung Übersee	50			12	38	0
Garantie	20	15		13	7	15
Altlasten	10		1,0			11
Summe	80	15	1,0	25	45	26

Die Rückstellung Übersee darf nicht für Europa verwendet werden, ihre Auflösung beträgt daher 38 und nicht 26 Mio. EUR. Die Auflösungsspalte ist insgesamt aufschlussreich für den Bilanzleser: Bei angemessener Rückstellungsdotierung wären die Ergebnisse 00 bzw. 01 mit 145 Mio. EUR bzw. 155 Mio. EUR um 45 Mio. EUR höher bzw. niedriger ausgefallen. Aus der Verdoppelung des Jahresüberschusses und der schönen Sondervergütung für den Vorstand wäre nichts geworden.

9.3 Eventualverbindlichkeiten (*contingent liabilities*)

172 Diese Sonderform der Verbindlichkeit, die hinsichtlich der Wahrscheinlichkeit des Eintretens zwischen *„more likely than not“* (dann Bilanzansatz als *provision;* Rz 50, 53) einerseits und *remote* (dann überhaupt keine Angabe) angesiedelt sind (Rz 106ff.), müssen nach IAS 37.86 näher erläutert werden. Das Gleiche gilt umgekehrt für die *contingent assets* (Rz 112) gem. IAS 37.89. Zunächst ist auch hier eine **Klassifizierung** nach der Art der Verpflichtung vorzunehmen – entsprechend der deutschen Gewohnheit z.B. im Wechselobligo, in Bürgschaften, Schuldbeitritten etc.

Dabei sind folgende Angaben – **soweit wirtschaftlich sinnvoll ermittelbar** – zu machen:

- mögliche finanzielle Auswirkungen,
- Angaben zu den geschätzten Beträgen und dem Zeitpunkt der Bezahlung,
- Möglichkeit einer Kompensation.

Die Formulierungen der IFRS an dieser Stelle sind bewusst vage gehalten, sodass hier weite Interpretationsmöglichkeiten bestehen bis hin zum **Verzicht** auf mögliche Angaben, was auch die Praxis der deutschen IFRS-Bilanzierung beweist.[149]

173 Als weitere Angabe kommen **Verpflichtungen** in Betracht, die **mangels zuverlässiger Bewertbarkeit** nicht bilanziert worden sind (Rz 51), sowie **Restrukturierungsvorhaben**, die **nach** dem Bilanzstichtag, aber **vor** der Bilanzerstellung verkündet wurden (Rz 93). Weiter sind zu nennen bedingte Einzahlungsverpflichtungen in „Entsorgungsfonds“ (Rz 80 und Rz 110).

149 Vgl. Keitz, von, Praxis der IASB-Rechnungslegung, 2003, S. 114ff.

Zu den Eventualverbindlichkeiten folgendes **Formulierungsbeispiel**: 174

> **Beispiel**
> Wir sind eine **Ausfallbürgschaft** mit unbestimmter Laufzeit zugunsten eines wichtigen Zulieferunternehmens in Höhe von TEUR X eingegangen.
> Ein Mitbewerber hat uns wegen Verstößen auf dem Gebiet des Warenzeichenrechtes **verklagt**. Die geltend gemachte Forderung von TEUR Y ist nach Auffassung unserer Rechtsvertreter unbegründet und wurde deshalb nicht als Rückstellung in die Bilanz aufgenommen.
> Für die im Januar vom Vorstand und Aufsichtsrat beschlossene Aufgabe der ... produktion rechnen wir mit nicht bilanzierten Verpflichtungen von ... TEUR.
> Für bestimmte in die USA ausgelieferte Produkte werden seitens amerikanischer Verbraucherschutzvereinigungen ganz erhebliche **Schadensersatzforderungen** geltend gemacht. Diese Forderungen werden dem Grunde nach von uns bestritten, können vor allem aber auch nicht annähernd zuverlässig geschätzt werden (Rz 51). Ein Bilanzansatz erfolgte deshalb nicht.

9.4 Ereignisse nach dem Bilanzstichtag

Der Rückstellungsbereich stellt ein Bilanzierungsfeld dar, das in besonderem Umfang **zukunftsbezogen**, d.h. von mangelnden Erkenntnissen des Managements über das Bestehen und/oder die Höhe einer Verpflichtung gekennzeichnet ist. Deshalb kann es hier häufig (zu materiell bedeutenden) **ansatz- oder wertbegründeten** Erkenntnissen nach dem Bilanzstichtag kommen. Nach IAS 10.20 (→ § 4) ist in diesem Fall eine **Anhangsangabe** erforderlich. 175
Beispiele (für Bilanzstichtag 31.12.05):

> **Beispiel**
> - Unsere Polyesterfertigungsanlage in Freiburg wurde am 10.1.05 durch Frosteinbrüche erheblich beschädigt. Seitdem liegt diese Produktionslinie still. Inwieweit der Schaden versichert ist, lässt sich derzeit nicht zuverlässig abschätzen.
> - Wir haben am 15.1.05 unseren Entschluss zur Schließung der Glasfaserfabrik in Köln bekannt gemacht. Den damit verbundenen Einmalaufwand von geschätzt X TEUR haben wir nicht im Jahresabschluss zum 31.12.04 berücksichtigt (Rz 92).

10 Latente Steuern

Die deutsche Rechnungslegungswelt ist bez. der Rückstellungen von der Spezifizierung zu Ansatz und Bewertung durch die BFH-Rechtsprechung dominiert. Im Rahmen der vorstehenden Kommentierung ist immer wieder ein **Vergleich** zu dieser Rechtsprechung gezogen worden. Auf die Zusammenstellung ist zu **verweisen** (Rz 177). 176
Nach IFRS anzusetzende Drohverlustrückstellungen sind steuerbilanziell wegen § 5 Abs. 4a EStG nicht anzusetzen. Hieraus ergibt sich eine aktive Steuerlatenz.

Sofern umgekehrt eine Rückstellungsbildung nach IFRS anders als in der StB nicht oder nur in geringer Höhe in Betracht kommt, ist eine Steuerlatenz zu passivieren (→ § 26 Rz 17). Andererseits ist erneut auf die erheblichen **Ermessensspielräume** zu verweisen, den der Bilanzposten „Rückstellungen" dem Management eröffnet. Deshalb werden sich häufig Abweichungen zwischen EStG- und IFRS-Bilanzansatz vermeiden lassen, was auch im Interesse der **Vereinfachung** erwünscht ist. Eine zu akribische Durchleuchtung einzelner Rückstellungssachverhalte bez. IFRS- bzw. EStG-Tauglichkeit erscheint auch deshalb unangebracht, weil im Augenblick der Bilanzierungsentscheidung des Managements die erst viel später ergehende Beurteilung der **steuerlichen Außenprüfung** unbekannt ist.

Beispiel
Das Unternehmen hat der Bundesregierung die Einführung eines Mautsystems bis zum 2.11.2003 zugesagt. Am 31.12.2003 war das System nicht funktionsfähig mit der Folge, dass die Bundesregierung das Unternehmen auf Vertragsstrafen und Schadenersatz in Anspruch nehmen will.

Lösung
1. Das Unternehmen stellt in der IFRS-Bilanz und der StB die Vertragsstrafen zurück (keine Steuerlatenz).
2. Bezüglich weitergehender **Schadensersatzverpflichtungen beschränkt sich das Unternehmen in der IFRS-Bilanz** auf Anhangserläuterungen (Rz 53, 104ff., 170). In der StB erfolgt demgegenüber ein Ansatz wegen der unterstellten geringeren Wahrscheinlichkeitsschwelle nach der BFH-Rechtsprechung (Rz 41). Das Argument steht allerdings nicht auf festem Fundament, denn die Wahrscheinlichkeitskriterien sind in beiden Rechnungslegungssystemen gleich unbestimmt (Rz 36ff.). Die spätere Entscheidung der Außenprüfung ist nicht vorhersehbar. Bei der getroffenen Bilanzierungsentscheidung muss eine passive Steuerlatenz gebildet werden, ein auch in Betracht kommender Nichtansatz in der StB würde eine Steuerlatenzrechnung vermeiden.

11 Einzelfälle der Rückstellungsbilanzierung (ABC)

177

Abbruchverpflichtung	Ansatzpflicht, soweit faktische oder rechtliche Außenverpflichtung, s. Rz 80ff., zur Bewertung Rz 158. Wegen Einbeziehung in die Herstellungskosten eines Neubaus s. → § 8 Rz 56. S. auch „Entfernungsverpflichtungen" und „Wiederherstellungsverpflichtungen". BFH, Urteil v. 19.2.1975, I R 28/73, BStBl II 1975 S. 480: Ansatzpflicht bejahend.
Abfindungen (für Arbeitnehmer)	Nicht den Bestimmungen von IAS 37 unterliegend, sondern in IAS 19 geregelt (→ § 22 Rz 93).

Abrechnungsverpflichtung (im Baugewerbe)	Vergangenheitsereignis, dem sich das Unternehmen nicht entziehen kann (Rz 20ff.). Deshalb Ansatzpflicht. BFH, Urteil v. 18.1.1995, I R 44/94, BStBl II 1995 S. 742. Ansatzpflicht bejahend.
Abschlussgebühren (für Bausparverträge)	Rückzahlungsverpflichtung aufgrund eines Vergangenheitsereignisses (Rz 20), das dann eintritt, wenn der Bausparer auf das Darlehen nach der Ansparphase verzichtet: Die Abschlussgebühr ist dem Bausparer zurückzuerstatten. Deshalb Ansatzpflicht. Die Bewertung erfolgt nach statistischen Erhebungen aus der Vergangenheit. BFH, Urteil v. 12.12.1990, I R 18/89, BStBl II 1991 S. 485: Ansatzpflicht bejahend.
Abschlusskosten	S. „Jahresabschlusskosten".
Abzinsung	Langfristige Verpflichtungen sind abgezinst zu bewerten (Rz 126).
Altersteilzeit	S. → § 22 Rz 81ff.
Altersversorgung	S. → § 22 Rz 8ff.
Altfahrzeuge – Rücknahmeverpflichtung	Begründet Rückstellungsansatz mit Bewertung aus Vergangenheitserfahrung (Rz 88).
Arbeitnehmervergütungen	Unterliegen IAS 19, Rz 52.
Arbeitsbehörden (Erstattungsanspruch)	Kompensationsansprüche gegen die Arbeitsbehörde sind getrennt von der Rückstellung zu aktivieren, s. Rz 151.
Arbeitsfreistellung	S. → § 22 Rz 93.
Arzneimittelregistrierung	Keine Ansatzmöglichkeit, da sich das Unternehmen der Verpflichtung durch Verzicht auf die Einführung des Produktes entziehen kann (Rz 20f.). BFH, Urteil v. 25.8.1999, III R 95/87, BStBl II 1989 S. 893: Kein Ansatz.
Aufbewahrungspflichten	Rz 101.
Aufwandsrückstellungen	Nicht ansetzbar (Rz 34).
Aufzinsung	Bei der Rückstellungsbewertung, Rz 138.
Ausgleichsverpflichtung	S. „Handelsvertreter".

Belastende Verträge	Rückstellung ist bei drohendem Verlust zu bilden, s. Rz 55.
Berufsgenossenschaftsbeiträge	Sind bei Zahlungsrückstand anzusetzen, s. → § 22 Rz 93.
Bewertung, verlässliche	Als Ansatzkriterium, Rz 51.
Bewertungseinheiten	S. Rz 151.
Bohrlochverfüllung	Ratierliche Rückstellungsansammlung mit Beginn des Abbaus, s. Rz 85.
Bonusprogramme	S. Kundenbindungsprogramme
Bonusvergütungen	S. „Erfolgsprämien“ und „Umsatzbonus“.
Buchung laufender Geschäftsvorfälle des Vorjahres	Wie „Jahresabschlusskosten“. BFH, Urteil v. 25.3.1992, I R 69/91, BStBl II 1992 S. 1010: Ansatzpflicht.
Bürgschaft	S. Rz 109; → § 28 Rz 13.
Dauerschuldverhältnisse	Als mögliche *onerous contracts*, s. Rz 57.
Dokumentationsverpflichtungen	S. Rz 101.
Drohverlustrückstellungen	Sind anzusetzen, s. Rz 55ff.
Einzelgarantiefälle	Sind nach Wahrscheinlichkeitsüberlegungen zu bewerten, s. Rz 119.
Einzelverpflichtung	Bewertung, s. Rz 120.
Elektroschrott	Differenzierende Beurteilung der Ansatzpflicht (Rz 87).
Emissionsrechte, Rückgabepflicht	S. → § 13 Rz 44.
Entfernungsverpflichtung	S. Abbruchverpflichtung sowie Rz 80 und 156.
Entsorgung	S. Abbruchverpflichtung sowie Rz 72ff.
„Entsorgungsfonds“	S. Rz 80.
Erfolgsprämien Arbeitnehmer	Nicht den Bestimmungen von IAS 37 unterliegend, sondern in IAS 19 geregelt, (→ § 22 Rz 93): Ansetzbar, soweit zurückliegende Perioden betreffend. Zur Steuerrechtslage: s. a. BFH, Urteil v. 2.12.1992 I R 46/91, BStBl II 1993 S. 109: Ansatzpflicht.
Erwartungswert	Als Bewertungsmaßstab, Rz 119.

EU-Chemikalienverordnung	S. Rz 102.
Eventualforderungen	Nur ansatzfähig, wenn so gut wie sicher, s. Rz 112.
Eventualschulden	Regelmäßig nicht ansatzfähig, aber Anhangsangabe, s. Rz 106ff.
Faktische Verpflichtung	U. U. Ansatzpflicht, s. Rz 25ff.
Garantien	Sind anzusetzen und nach Erfahrungsgrundsätzen zu bewerten, s. Rz 24, 118.
Gemeinkosten	Sind in die Bewertung einzubeziehen, s. Rz 152.
Gewährleistung	S. „Garantie" und „Einzelgarantie".
Gleitzeitguthaben	(→ § 22 Rz 93).
Gratifikationen (an Arbeitnehmer)	Nicht den Bestimmungen von IAS 37 unterliegend, sondern in IAS 19 geregelt, (→ § 22 Rz 93).
Handelsvertreter	Für die Ausgleichsverpflichtung gegenüber **freien** Handelsvertretern ist IAS 37 einschlägig. Passivierungspflicht besteht erst nach Beendigung des Handelsvertretervertrages. Zuvor liegt kein Vergangenheitsereignis i.S.v. IAS 37.19 vor (Rz 20). Während der Laufzeit des Vertretervertrages kann das Unternehmen den Vertrieb der provisionierten Produkte einstellen (IAS 37.19). Für **angestellte** Handelsvertreter (Arbeitnehmer) ist IAS 19 einschlägig, führt aber nicht zu einer anderen Beurteilung der Ansatzverpflichtung. BFH, Urteil v. 14.3.1986, III R 179/82, BStBl II 1986 S. 669: ebenfalls keine Ansatzmöglichkeit.
Hohlraumverfüllung	S. „Bohrlochverfüllung".
Instandhaltung	S. „Reparaturen".
Jahresabschlusskosten	Ansatzpflicht für alle externen und internen Kosten Abschlusskosten, da auf einem Vergangenheitsereignis (Ablauf des Geschäftsjahres) beruhend und sich das Unternehmen kraft öffentlich rechtlicher Bestimmungen (HGB, GenG etc.) der Verpflichtung nicht entziehen kann; Bewertung zu Vollkosten (Rz 20 und 150). BFH, Urteil v. 25.3.1992, I R 69/91, BStBl 1992 II S. 1010.
Jahressteuererklärungen	S. „Jahresabschlusskosten".
Jubiläumsgelder	Abgezinst zu bilanzieren, s. → § 22 Rz 93.

Kaufkraftäquivalenz	Nominal- oder Realzins, s. Rz 131.
Kreditzusagen	S. → § 28 Rz 214.
Kulanzen	Passivierungspflicht, da faktische Verpflichtung, s. Rz 24.
Künftige Kostenentwicklung	Ist bei der Bewertung zu berücksichtigen.
Kundenbindungsprogramme	S. → § 25 Rz 106ff.
Laufzeitadäquanz	Als Maßstab für die Abzinsung, s. Rz 126.
Leasingverträge	Können *onerous contracts* sein (→ § 15 Rz 144).
Loan Commitments	(→ § § 28 Rz 20)
Mehrerlösabschöpfung	Rückstellungsansatz zweifelhaft (Rz 103).
Nachbetreuungsleistungen (von Optikern und Hörgeräteverkäufern)	Verpflichtung aus Vergangenheitsereignis, dem sich das Unternehmen nicht entziehen kann; deshalb Ansatzverpflichtung (Rz 20). Zur Steuerrechtslage: s. a. BFH, Urteil v. 10.12.1992, XI R 34/91, BStBl II 1994 S. 158.
Netzentgelte (überhöhte)	S. Mehrerlösabschöpfung.
Patentverletzung	Erst rückstellbar, wenn der Patentinhaber Ansprüche geltend macht. Weitere Voraussetzung ist die Fortführung der „verletzenden" Produktionstätigkeit (s. Rz 20).
Pensionen	S. → § 22 Rz 8ff.
Pensionssicherungsverein	S. → § 22 Rz 93.
Pfandleergutrückgabe	Die „Einstellung" von Getränkeumschließungen u. Ä. in den sogenannten Pfandkreislauf begründet eine Rücknahmeverpflichtung und damit verbunden die Rückvergütung des zunächst vereinnahmten Betrages. Es liegt ein ansatzbegründendes Vergangenheitsereignis vor (Rz 20 sowie → § 25 Rz 30).[150]
Plausibilität	Als Beurteilungskriterium, Rz 143 und Rz 145.
Preisregulierung	Begründet keinen Ansatz (Rz 104).

150 JAKOB/KOBOR, DStR 2004, S. 1596; HOFFMANN, PiR 2006, S. 95; a. A. möglicherweise BFH, Urteil v. 6.10.2009, I R 36/07, DStR 2009.

Produkthaftpflicht	Kann nur auf einem Vergangenheitsereignis beruhen, deshalb Ansatzpflicht (s. Rz 20).
Prozessrisiken	Nach Wahrscheinlichkeitsüberlegungen anzusetzen, s. Rz 48.
Rabatt	S. „Umsatzbonus“.
Rechtliche Verpflichtung	Tatbestandsvoraussetzung des Bilanzansatzes, s. Rz 24.
Rechtsverfolgungskosten	Stufenweise (instanzenabhängig) ansetzbar, s. Rz 100.
Registrierungskosten (nach der EU-Chemikalienverordnung)	S. Rz 102.
Rekultivierungsverpflichtung	S. Rz 85 und 156: ratierliche Ansammlung und abgezinste Bewertung. BFH, Urteil v. 19.5.1983, IV R 205/79, BStBl II 1983 S. 670: Ansatzpflicht.
Reparaturen	Rückständige Reparaturen sind nicht ansetzbar, da keine Außenverpflichtung (Rz 20).
Restrukturierung	Bei bestimmten tatbestandlichen Voraussetzungen zu bilanzieren, s. Rz 89.
Risiko, schuldspezifisches	Ausfluss der Ergebnisvariabilität, s. Rz 133.
Risikoäquivalenz	Als Maßstab für die Abzinsung, s. Rz 126.
Risikoaversion	Als Grundlage für die Risikoanpassung, s. Rz 122.
Rückbau	S. Rz 80 und 156: Bei Inbetriebnahme sind die Kosten des Rückbaus anzusetzen.
Rückgriffsansprüche (*reimbursements*)	Sind getrennt von der Rückstellung zu aktivieren, s. Rz 146.
Schadstoffausstoß	S. Emissionsrechte.
Schätzung, bestmögliche	Ausgangspunkt für die Bewertung, s. Rz 113.
Steuerschulden	S. → § 26 Rz 1.
Umsatzbonus	Vergangenheitsereignis, dem sich der Unternehmer nicht entziehen kann. Daher Ansatzpflicht (Rz 20).
Umweltschutz	S. Rz 72ff. sowie „Entfernungsverpflichtung“ und s. „Abbruchkosten“.
Urlaubsverpflichtung	S. → § 22 Rz 93.
Verluste, künftige	Kein Ansatz möglich (Rz 34).

Wahrscheinlichkeitskalkül	Für den Ansatz s. Rz 35ff., für die Bewertung Rz 118ff.
Wiederauffüllverpflichtung	S. Rz 85 und 156: ratierliche Rückstellungsansammlung.
Wirtschaftliche Verursachung	Als Ansatzkriterium, s. Rz 20.

12 Anwendungszeitpunkt, Rechtsentwicklung

178 Der Standard IAS 37 ist anzuwenden auf Jahresabschlüsse für Geschäftsjahre, die am 1. Juli 1999 oder später beginnen.

Im Rahmen des Projektes *„Business Combinations Phase II"* (→ § 31 Rz 212) und des Konvergenz-Projektes (mit den US-GAAP) hat der IASB am 30.6.2005 einen **Standardentwurf** zur Änderung des bestehenden IAS 37 (ED IAS 37) vorgelegt. Dieser Entwurf ist bez. der **Bewertung** am 5.1.2010 durch den *Exposure Draft* ED 2010/1 geändert und ergänzt worden. Die wichtigsten Änderungsvorschläge sind die folgenden:[151]

- Die Begriffe *provisions* (Rz 13) und *contingent liabilities* (Rz 106) sollen durch *„non-financial liabilities"* ersetzt werden. Für deren Ansatz – im Gegensatz zu den *financial liabilities* nach IAS 32 (→ § 28 Rz 6) – ist zu unterscheiden zwischen **unbedingten** (*unconditional*) und **bedingten** (*conditional*) Verpflichtungen *(obligations)*. Die unbedingte Verpflichtung erfüllt stets das Ansatzkriterium einer *liability*. Umgekehrt kann eine *liability* – so wenigstens die Sicht des Board – nie bedingt sein (→ § 1 Rz 91).
- Das Problem des Ansatzes von bisher so verstandenen **bedingten** Schulden (z.B. Garantieverpflichtung, Bürgschaftsobligo) will der Board in seinem Entwurf durch einen Kunstgriff lösen (Rz 49): Eine unbedingte Verpflichtung beruht dem Grunde nach **ausschließlich** auf rechtlichen und faktischen Gegebenheiten in der Gegenwart, beruht also nicht auf künftigen Ereignissen. **Ob** allerdings das Unternehmen und in **welcher Höhe** in Anspruch genommen wird, hängt entweder vom reinen Zeitablauf oder von dem Eintritt eines Ereignisses ab (z.B. Inanspruchnahme aus dem Bürgschaftsobligo). Die Passivklage (z.B.) soll aus dieser Sicht eine unbedingte Verpflichtung begründen, da der Beklagte bereitstehen müsse *(stand ready to perform)*, den dem Wert nach noch ungewissen Urteilsspruch zu akzeptieren.
- Als **Bewertungsmaßstab** war ursprünglich sowohl für Sammel- (Rz 118) als auch für Einzelverpflichtungen (Rz 119) der wahrscheinlichkeitsgewichtete Erwartungswert vorgesehen (Rz 119). Das Ansatzkriterium in IAS 37.14 der überwiegenden Wahrscheinlichkeit *(more likely than not)* in IAS 37.15 (Rz 47) sollte entfallen. Dem Wahrscheinlichkeitskriterium käme dann „nur"

[151] Kühne/Nerlich, BB 2005, S. 1839; Brücks/Richter, KoR 2005, S. 413; Kühne/Schwedler, KoR 2005, S. 333; Haaker, PiR 2005, S. 51; Hommel/Wich, WPg 2007, S. 509; Küting/Wohlgemuth, DStR 2006, S. 2327; Schween, WPg 2007, S. 686.

noch Bedeutung für die Bewertung zu. In der November-Sitzung[152] 2010 ist der Board von diesem Ansatz wieder abgerückt und hat sich hinsichtlich des Ansatzes für das gültige *more-likely-than-not*-Kriterium *„tentatively"* entschieden.

- Im oben erwähnten ED 2010/1 schlägt der Board weitere Änderungen vor: Der Begriff ***„contingent assets"*** (Rz 112) soll entfallen. Dies erscheint als Pendant zur Streichung der ***contingent liability*** (s.o.) zwingend. Stattdessen sollen dem Board zufolge einige dieser *contingent assets* als „normale" *assets* nach Maßgabe des *Framework* (→ § 1 Rz 85) oder als immaterielle Vermögenswerte (→ § 13) gelten.
- **Faktische** Verpflichtungen sollen nur dann angesetzt werden, wenn der potenziell Begünstigte aus wirtschaftlichem Kalkül ein Erfüllungsinteresse hat (Rz 27).
- **Restrukturierungsaufwand** (Rz 89) soll erst dann als Rückstellung angesetzt werden, wenn eine entsprechende Verbindlichkeit für das Unternehmen entstanden ist.
- **Drohverluste** (*onerous contracts*) sollen erst nach konkreter Handlung des Unternehmens angesetzt werden, z.B. die Auflösung eines bestehenden Leasingvertrags.
- Die Ansatzkriterien für **Abfindungen** i.S.d. IAS 19 *(termination benefits)* (→ § 22 Rz 79) sollen neu gefasst werden.

Die Ablösung von IAS 37 durch einen IFRS ist für 2011 vorgesehen.

13 Zusammenfassende Praxishinweise

Als **Ansatz**kriterien für die Rückstellungen müssen folgende vier erfüllt sein (Rz 18): **179**

- Außenverpflichtung,
- vorhergegangenes Ereignis,
- wahrscheinlicher Abfluss von Ressourcen,
- zuf̈ällige Schätzungsmöglichkeit.

Die Verpflichtung kann **rechtlicher** oder **faktischer** Natur sein (Rz 24). Die **Konkretisierung** der Verpflichtung ist aufgrund von Wahrscheinlichkeitskalkülen vorzunehmen, die bei **singulären** Ereignissen (z.B. Schadensersatzprozess) nur scheinbar quantifizierbar sind (Rz 35ff.).

Kurzfristige **Arbeitnehmervergütungen** unterliegen dem Regelungsgehalt von IAS 19, der nicht nahtlos mit demjenigen nach IAS 37 abgestimmt ist (Rz 52).

Eine unsystematische Sonderstellung nehmen die sogenannten *accruals* ein, also **quasi-sichere** Verbindlichkeiten (Rz 53). Drohende Verluste aufgrund von **belastenden** Verträgen *(onerous contracts)* sind ansatzpflichtig (Rz 55ff.). Solche Verluste können bei Beschaffungs-, Absatzgeschäften und bei Dauerschuldverhältnissen bestehen.

Entfernungs- und Wiederherstellungsverpflichtungen, Rückbauverpflichtungen, Rekultivierung etc. sind ansatzpflichtig (Rz 80). Aufgrund von Spezialvorschriften gilt dies ebenfalls zu den Rücknahmeverpflichtungen für den sogenannten **Elektroschrott** (Rz 87).

---

152 IASB, Update November 2010.

Ein weiteres Rückstellungsfeld stellt die **Restrukturierungs**verpflichtungen dar (Rz 89), die **Emissionsrechte** (Rz 99), die Kosten der **Rechtsverfolgung** (Rz 100) sowie die **Dokumentationsverpflichtungen** und Registrierungskosten (Rz 101). **Eventualverbindlichkeiten** sind bei überwiegender Wahrscheinlichkeit der Inanspruchnahme anzusetzen, im Übrigen im Anhang zu erwähnen bzw. bei sehr geringen Eintrittswahrscheinlichkeiten überhaupt nicht zu berücksichtigen (Rz 106).

Die **Bewertung** der Rückstellungen muss von dem Ausgangspunkt der bestmöglichen Schätzung (Rz 113) an die jeweiligen Verhältnisse, d.h. an den schuldspezifischen Wert (Rz 133) angepasst werden. Dazu bedarf es einer finanzmathematisch orientierten Modellierung und Berücksichtigung von Laufzeiten bis zur Erfüllung der Verpflichtung, der Ergebnisvariabilität (dem Risikogehalt) sowie der Kaufkraftäquivalenz (Rz 121 ff.).

Bei der Bewertung sind Gemeinkosten einzubeziehen (Rz 152). Entfernungs- und Wiederherstellungsverpflichtungen sind bereits bei der **Zugangs**bewertung (abgezinst) zu berücksichtigen (Rz 158 ff.).

Umfangreiche **Anhangsangaben** sind möglichst in tabellarischer Form zu machen (Rz 167).

§ 22 LEISTUNGEN AN ARBEITNEHMER, ALTERSVERSORGUNG

Inhaltsübersicht Rz

Schrifttum: Baetge/Haenelt, Pensionsrückstellungen im IFRS-Abschluss, DB 2006, S. 2413; Bauer/Gohdes/Lucius/Rhiel, Festlegung des Rechnungszinses bei der internationalen Bewertung von Pensionsverpflichtungen – Ein Verfahrensüberblick, Der Aktuar 2007, S. 86; Busche/Rhiel, Gestaltung und Bewertung von beitragsorientierten Zusagen, BetrAV 2006, S. 509; Hagemann/Neumeier/Verhuven, Begrenzung des Vermögenswerts für eine Leistungszusage (asset ceiling) in der Rechnungslegung von Versorgungsverpflichtungen nach IFRS und die Klarstellungen von IFRIC 14, KoR 2009, S. 631; Hirsch/Lieb/Veit, Rückstellungen für Altersteilzeitverpflichtungen: BFH widerspricht BMF und IDW, StuB 2006, S. 344; Höfer/Rhiel/Veit, Die Rechnungslegung für betriebliche Altersversorgung im Bilanzrechtsmodernisierungsgesetz (BilMoG), DB 2009, S. 1605; IVS, Richtlinie vom 14.06.2010 zur Anwendung von IAS 19 „Employee Benefits“ (revised 2008) auf die betriebliche Altersversorgung in Deutschland, Der Aktuar 2010, S. 95; Lieb/Rhiel, Berechnung und Bilanzierung der Altersteilzeit-Rückstellung in der Steuerbilanz – Unterschiede zu HGB und IFRS, BC 2006, S. 209; Lieb/Rhiel, Bilanzierung von Altersteilzeitverpflichtungen nach IFRS und US-GAAP, PiR 2006, S. 87; Pawelzik, Pensionsspiegel für Pensionsrückstellungen nach IAS 19, DB 2005, S. 733; Rhiel, Abzinsung von Pensionsverpflichtungen nach IAS 19: Sollte das Kreditrisiko der Verpflichtung berücksichtigt werden?, PiR 2009, S. 253; Rhiel, Bewertung und Bilanzierung von Rückdeckungsversicherungen bei direkten Pensionszusagen und Unterstützungskassenzusagen, BetrAV 2007, S. 230; Rhiel, Bilanzierung von Arbeitszeitkonten nach IFRS, PiR 2007, S. 183; Rhiel, Das Diskussionspapier des IASB zur Bilanzierung von Pensionen – Die Kunst sich im Walde zu verlaufen, PiR 2008, S. 156; Rhiel, Der Entwurf des IASB zur vereinfachenden Darstellung der Pensionsrückstellungen im Jahresabschluss nach IFRS, PiR 2010, S. 134; Rhiel, Replik zum Beitrag: „Bilanzierung von Pensionsrückstellungen – Gestaltungsspielräume beim Übergang von HGB zu IAS 19“, BetrAV 2006, S. 125; Rhiel/Veit, Auswirkungen des BilMoG bei der Bilanzierung von Pensionsrückstellungen – Annäherung an die internationalen Rechnungslegungsstandards, PiR 2009, S. 167; Rhiel/Veit, Bilanzierung von Entgeltumwandlungszusagen nach Steuer- und Handelsrecht sowie IFRS, StuB 2008, S. 506; Theile, Pensionsverpflichtungen: Erfolgsneutrale Verrechnung versicherungsmathematischer Gewinne und Verluste – Vor- und Nachteile eines neuen Wahlrechts –, PiR 2006, S. 17; Thierer, Bilanzierung von Rückdeckungsversicherungen im Rahmen von IAS 19, DB 2007, S. 1093.

Vorbemerkung
Die Kommentierung bezieht sich auf IAS 19 in der aktuellen Fassung und berücksichtigt alle Ergänzungen, Änderungen und Interpretationen, die bis zum 1.1.2011 beschlossen wurden.
Einen Überblick über die diskutierte oder schon als Änderungsentwurf vorgelegte zukünftige Regelung enthalten Rz 98ff.

1 Zielsetzung, Regelungsinhalt und Begriffe

Zielsetzung von IAS 19 ist die realistische und zutreffende Berücksichtigung von **Leistungen für Arbeitnehmer aus dem Arbeitsverhältnis** *(employee benefits)*, in erster Linie Leistungen der betrieblichen **Altersversorgung** im Jahresabschluss des verpflichteten Arbeitgeberunternehmens *(IAS objective)*. Pensionsrückstellungen sind daher unter IFRS i.d.R. deutlich höher als unter EStG und „altem HGB" (d.h. vor BilMoG). Als Ausnahmen hiervon können statische Zusagen (Rz 25) oder auch neuere beitragsorientierte Leistungszusagen mit nicht dienstzeitproportionaler Unverfallbarkeitsgestaltung gem. § 2 Abs. 5a BetrAVG gelten. Das Bilanzrechtsmodernisierungsgesetz (BilMoG) führt die Bewertung von Pensionsverpflichtungen nach HGB näher an diejenige gem. IAS 19 heran. 1

Der Regelungsinhalt von IAS 19 lässt sich wie folgt systematisieren:[1] 2

- Kurzfristig fällige Leistungen (IAS 19.8–23)
  - Löhne, Gehälter, Beiträge,
  - vergütete Abwesenheiten,
  - Erfolgsbeteiligungen (fällig innerhalb eines Jahres),
  - Sachbezüge.
- Leistungen nach Beendigung des Arbeitsverhältnisses (IAS 19.24–125)
  - betriebliche Altersversorgung,
  - sonstige Leistungen (Lebensversicherung, Krankheitskosten),
  - Beihilfe zu Krankheitskosten von Betriebsrentnern[2] *(post-employment medical care)* und aktiven Mitarbeitern.
- Andere langfristig fällige Vergütungen (IAS 19.126–131)
  - Abwesenheitszeiten *(sabbaticals)*,
  - Erwerbsunfähigkeit,
  - Erfolgsbeteiligungen (fällig nach einem Jahr),
  - Arbeitszeitkonten,
  - Jubiläumsgeld.
- Leistungen anlässlich der Beendigung des Arbeitsverhältnisses (IAS 19.132–143)
  - Vorruhestand, Altersteilzeit,
  - Freisetzung,
  - Abfindungen, Entlassungsentschädigungen, Abfertigungen,
  - Überbrückungsgelder.

---

1 Nach KPMG, IFRS visuell, 2006, S. 56.

2 Vom BFH als steuerlich rückstellungsfähig anerkannt (aufgrund Auslegung des HGB) im Urteil v. 30.1.2002, I R 71/00, DStR 2002, S. 1295.

Die Abbildung der Altersversorgungsverpflichtungen im IFRS-Jahresabschluss steht im Mittelpunkt unserer Kommentierung (Rz 8–88). Unter Rz 76–100 sind andere Bestandteile der Arbeitnehmervergütungen kommentiert.

3 **Betriebskrankenkassen**, die **gesetzliche Rentenversicherung** sowie die **Berufsgenossenschafts**beiträge führen nicht zu Verbindlichkeiten unter IAS 19, da die Verpflichtung des Arbeitgebers nur in der Zahlung seiner Arbeitgeberbeiträge besteht und diese mit Beendigung eines Beschäftigungsverhältnisses (insbesondere auch bei Betriebsstilllegung) wegfällt. Anders ist dies bei den **Zusatzversorgungskassen** für Arbeiter und Angestellte des öffentlichen Dienstes (z.B. Versorgungsanstalt des Bundes und der Länder, VBL), in denen mittlerweile auch viele privatisierte Unternehmen versichert sind.

4 Zur Bilanzierung eines Pensionsfonds und einer Pensionskasse selbst und zur Abgrenzung von IAS 19 gegen IAS 26*(accounting and reporting by retirement benefit plans)* siehe → § 41.

5 Nach IAS 19.24 und 19.49 erfolgt im Gegensatz zu Art. 28 EGHGB **keine Unterscheidung zwischen unmittelbaren und mittelbaren Pensionsverpflichtungen**. Mittelbare Pensionsverpflichtungen sind solche, bei denen der Arbeitgeber einen **externen Versorgungsträger** (Unterstützungskasse, Pensionskasse[3], Pensionsfonds, Lebensversicherungsunternehmen hinsichtlich Direktversicherung) einschaltet. Dessen Vermögenswerte gelten i.d.R. als sog. *plan assets* (Rz 22). Solche Pensionspläne werden auch als *funded plans* bezeichnet, da sie in dem externen Träger mit Vermögenswerten gedeckt sind. Je nach dem Umfang der Vermögensdeckung (Kapitaldeckung) gelten sie als *fully funded* oder nur als *partially funded*. Unmittelbare Pensionsverpflichtungen (auch Direktzusagen genannt) werden nach angelsächsischem Brauch als *unfunded plans* bezeichnet; dabei wird verkannt, dass bei vollständiger und marktgerechter Bilanzierung aller Vermögenswerte und Schulden eines Unternehmens die Gesamtheit aller Schulden des Unternehmens durch die Gesamtheit aller Vermögenswerte des Unternehmens gedeckt ist; es besteht eben nur keine Zuordnung zwischen einzelnen Schulden und einzelnen Vermögenswerten.

6 Unmittelbare Pensionsverpflichtungen erfahren unter IFRS die **gleiche Behandlung** wie mittelbare. Dabei wird das Vermögen des externen Trägers rechnerisch gleich null gesetzt und die Rentenzahlungen werden wie Zuwendungen an den externen Träger mit sofortiger Weiterleitung an den Rentner behandelt.

7 Die formelle Ausgestaltung der **Rechtsverhältnisse** zwischen Arbeitgeber, Arbeitnehmer und Versorgungseinrichtung (Rechtsanspruch des Arbeitnehmers gegenüber Arbeitgeber und/oder Versorgungseinrichtung) ist ohne Bedeutung (IAS 19.3). Auch **schriftlich nicht fixierte** Ansprüche (z.B. aufgrund betrieblicher Übung oder solche, denen man sich aus wirtschaftlichen Gründen faktisch nicht entziehen kann) sind zu berücksichtigen. Die Rechtsform eines externen Trägers ist für IAS 19 unbeachtlich (IAS 19.7, Definition der *plan assets)*.

---

[3] Zusatzversorgungskassen, die die Zusatzversorgung der Arbeiter und Angestellten des öffentlichen Dienstes bzw. auch von privatisierten ehemals öffentlichen Unternehmen durchführen (z.B. die Versorgungsanstalt des Bundes und der Länder VBL), gelten rechtlich als Pensionskassen. Sie unterstehen im Gegensatz zu „normalen" Pensionskassen nicht der Aufsicht der BaFin, sondern meist anderer Behörden. Bei ihnen besteht – im Gegensatz zu den i.d.R. voll dotierten „normalen" Pensionskassen – oft nur eine sehr geringe Kapitaldeckung. Sie sind i.d.R. multi-employer plans (Rz 87).

2 Betriebliche Altersversorgung

2.1 Bilanzansatz

2.1.1 Leistungszusagen (*defined benefit plans*) und Beitragszusagen (*defined contribution plans*)

Für den Bilanzansatz ist es entscheidend, ob **Leistungs- oder Beitragszusagen** vorliegen. Bei **Beitragszusagen** besteht der Aufwand lediglich aus den zu zahlenden Beiträgen. Einen **Bilanzausweis gibt es nicht** bzw. höchstens dann, wenn das Unternehmen mit Beitragszahlungen im Verzug ist oder Beiträge im Voraus gezahlt hat (IAS 19.44). Die Bilanzierung von **Leistungszusagen** ist hingegen hoch komplex und steht deshalb im Mittelpunkt des Regelungsgehaltes von IAS 19 (Rz 1) und der nachstehenden Kommentierung (Rz 13–73). 8

Ein *defined contribution plan* liegt dann vor, wenn der Arbeitgeber **nur** zur Erbringung von **Beiträgen** (z.B. in absoluter Höhe oder in relativer Höhe zum Gehalt oder zu einer anderen Bemessungsgröße wie Umsatz oder Gewinn) verpflichtet ist (bzw. diese freiwillig zahlt) und aus diesen Beiträgen und deren Erträgen die Versorgungsleistungen bestritten werden. Eine schlechte Entwicklung *(performance)* der Versorgungseinrichtung darf zu **keiner Nachschusspflicht** (besser: Auffüllungsverpflichtung) des Arbeitgebers führen. Bei normalem (d.h. planmäßigem oder rechnungsmäßigem) Verlauf ist keine Beitragsminderung oder Beitragsrückvergütung an den Arbeitgeber zulässig. Eine „unerwartete Verbilligung" des Pensionsplans *(upside potential)* darf aber dem Arbeitgeber zugutekommen (IAS 19 BC5). 9

Beispiel

Es liegt kein *defined contribution plan* vor, wenn bei einer Pensionskasse (oder bei einem Direktversicherungsvertrag) der erforderliche Beitrag nach besonders vorsichtigen Rechnungsgrundlagen (insbesondere mit einem Rechnungszinssatz zwischen 2,25 % und 3,25 %) ermittelt wird, aber realistischerweise mit einem höheren langfristigen Vermögensertrag von z.B. 5 % zu rechnen ist und diese sich planmäßig ergebenden „Überschüsse" (in der Terminologie der Pensionskassen) ganz oder teilweise an den Arbeitgeber zurückfließen, sei es durch Barausschüttung, künftige Beitragsminderung oder durch Anrechnung der (erhöhten) Pensionskassenleistungen auf einen anderen Versorgungsplan des Arbeitgebers.

Da in Deutschland bei Beitragszusagen i.d.R. immer eine **Mindestleistung** garantiert wird, für die auch bei Einschaltung eines externen Versorgungsträgers oder einer Versicherungsgesellschaft zu guter Letzt immer der Arbeitgeber **haftet** (sog. finale Haftung des Arbeitgebers nach § 1 Abs. 1 Satz 3 BetrAVG), kann man die streng formale Auffassung vertreten, dass es in der deutschen betrieblichen Altersversorgung eigentlich keine reinen Beitragszusagen gibt. Der Begriff der Beitragszusage *(defined contribution plan)* ist aber u.E. für **Rechnungslegungszwecke wirtschaftlich** auszulegen. 10

U. E. ist bei **versicherungsförmigen Pensionsplänen** diese finale Haftung lediglich als **Eventualverbindlichkeit** (*contingent liability*) anzusehen (→ § 21 Rz 106) und zerstört nicht per se schon den Charakter als Beitragszusage, sofern die Leistungen von einem solventen Dritten (Versicherungsgesellschaft, ggf. auch analog operierende Pensionskasse oder Pensionsfonds) garantiert und erbracht werden und die Arbeitnehmer primär gegen diesen Dritten einen Rechtsanspruch besitzen (Rz 65).

11 Deshalb sind u. E. eine

- Beitragszusage mit Mindestleistung,
- Entgeltumwandlungszusage,
- beitragsorientierte Leistungszusage und insbesondere auch
- wertpapiergebundene Zusage (als spezielle beitragsorientierte Leistungszusage)

bei Durchführung über eine Versicherungsgesellschaft oder analog operierende Pensionskasse auch formalrechtlich (nicht nur wirtschaftlich) als *defined contribution plans* zu behandeln, wenn alle Überschüsse den Arbeitnehmern zugutekommen und den Arbeitgeber **nur** die o. a. (unwahrscheinliche) finale Haftung treffen kann. Bei Durchführung einer solchen Zusage über einen analog operierenden Pensionsfonds liegt u. E. zumindest wirtschaftlich betrachtet ein *defined contribution plan* vor (Rz 65).

Eine Bilanzierung als *defined contribution plan* kann u. E. **wirtschaftlich** auch erreicht werden, wenn die zugesagten Leistungen dem Arbeitnehmer vom Arbeitgeber zwar garantiert werden (bei Direktzusage oder Unterstützungskasse), aber eine „Rückgarantie" eines solventen Dritten (Bank oder Versicherungsgesellschaft) vorliegt. In Einzelfällen wird auch eine „ausreichend vorsichtig gestaltete" Treuhandlösung (Rz 59ff.) – selbst ohne eine solche „Rückgarantie" – wirtschaftlich betrachtet als *defined contribution plan* anerkannt.

Erst wenn der unwahrscheinliche Fall einer Unterdeckung eintritt, d. h., wenn der Barwert der garantierten Leistungen bzw. Mindestleistungen nicht durch Vermögen des externen Versorgungsträgers (bzw. des externen Garanten oder Bürgen) gedeckt sind, ist die Unterdeckung beim Arbeitgeber zu bilanzieren.[4] Zur Bewertung der Pensionsansprüche s. Rz 32. Wegen möglicher Änderungen s. Rz 100.

12 Da in Deutschland bei Direkt- und Unterstützungskassenzusagen aus steuerlichen Gründen (§ 6a EStG und § 4d EStG) stets Leistungen (und nicht Beiträge) zugesagt werden müssen, liegen formalrechtlich aber immer *defined benefit plans* vor. Zur **rückgedeckten Unterstützungskasse** und zu **rückgedeckten Direktzusagen** siehe auch Rz 64.

2.1.2 Aufwands- und stichtagsbezogener Bilanzansatz

13 Als Grundsatz gilt: Aufwand ist **periodengerecht** in dem Jahr zu buchen, in dem er anfällt. Eine **Rückstellung** ist zu bilden, wenn der Arbeitnehmer seine Arbeitsleistung für künftig zu erhaltende Leistungen erbracht hat (IAS *objective*).

14 IAS 19 basiert – insbesondere für Pensionsverpflichtungen – auch gegenwärtig noch – trotz der vom IASB heftig geführten Debatte – auf dem sog. **aufwandsbezogenen (*income approach*)** und (noch) **nicht** auf dem **stichtagsbezogenen** Bilanzansatz *(balance sheet approach)*, dem HGB und EStG folgen. Der nach

4 So auch die IVS-Stellungnahme 2010. Das IASB-Diskussionspapier vom 27.3.2008 führte den Begriff der „contribution based promises" (CBP) ein, nachdem vorher vom IFRIC und IASB die Begriffe „employee benefit plan with a promised return on contributions or notional contributions", „intermediate risk plans" und „defined return plans" geprägt wurden. Näheres in Rz 100.

IFRS anzusetzende Pensionsaufwand *(pension expense)* ist zu **Beginn** des Wirtschaftsjahres auf der Grundlage der zu Beginn des Wirtschaftsjahres maßgeblichen Daten zu ermitteln (mit Wertstellung zum **Ende** des Jahres).

Der Pensionsaufwand nach IFRS steht danach i.d.R. zu Beginn des Wirtschaftsjahres fest. Unter IFRS darf alles, was am Jahresanfang nicht zu erwarten war (also z.B. außergewöhnliche Sterblichkeit oder Invalidität, Gehaltserhöhungen bei gehaltsabhängigen Pensionszusagen oder Wertveränderungen der *plan assets)*, über künftige Wirtschaftsjahre **verteilt** werden (sog. „Verteileritis" oder *delayed recognition approach)*. Es gibt somit i.d.R. keine Aufwands-Überraschungen zum Jahresende. Gerade bei so langfristigen Verpflichtungen wie den Pensionsverpflichtungen ist eine verlässliche und auf Dauer angelegte (überraschungsfreie) Aufwandsverteilung ein sinnvolles Ziel der IFRS. Dies ist die sog. **Korridormethode** (Näheres Rz 49f.), die i.d.R. zur Anwendung kommt. 15

Der **Verpflichtungsumfang***(defined benefit obligation*, DBO; nach US-GAAP *projected benefit obligation*, PBO) wird zwar auch zum Bilanzstichtag mit den dann gültigen Bewertungsparametern berechnet, die **Abweichung** zum vorab schon feststehenden Bilanzansatz wird lediglich im **Anhang** berichtet und ggf. über künftige Wirtschaftsjahre verteilt (Rz 40f.). 16

Allerdings hat sich mittlerweile die Auffassung des IASB eindeutig zum stichtagsbezogenen Bilanzansatz hin verschoben. Die volle Bilanzierung des Verpflichtungsumfangs ist geplant, sei es ergebniswirksam oder teilweise ergebnisneutral, in der SORIE- bzw. OCI-Option (Rz 50f. und Rz 99 zum IASB ED/2010/3 vom 29.4.2010). 17

Das Thema, ob auch Nebenkosten der betrieblichen Altersversorgung (insbesondere künftige interne und externe Verwaltungskosten sowie Beiträge zum Pensionssicherungsverein, PSV) periodengerecht vorauszufinanzieren sind (Rz 13), wird erst seit 2007 ausführlicher diskutiert, nachdem auch in Großbritannien ein Pensionssicherungsverein *(Pension Protection Fund*, PPF) eingeführt wurde. 18

Die vom Unternehmen getragenen Verwaltungskosten werden (bislang) i.d.R. erst bei Anfall gebucht, und zwar i.d.R. nicht als Teil der Pensionskosten *(pension expense*, Rz 42ff.), sondern als Teil der Verwaltungskosten im Personalbereich. Die von einem externen Träger (z.B. Unterstützungskasse) getragenen Verwaltungskosten werden i.d.R. als Minderung des (laufenden) Vermögensertrages (des externen Trägers) behandelt.

Künftige Verwaltungskosten (z.B. für die Rentenbezugszeit) werden i.d.R. nicht berücksichtigt (in einer Rückstellung o.Ä.); sie sind natürlich schon dann effektiv zum Teil berücksichtigt, wenn sie in Prämien an eine Versicherungsgesellschaft o.Ä. eingerechnet sind.

Nach IAS 19.107 und IAS 19.7 (in der durch die Revision in 2008 geänderten Definition des *return on plan assets)* besteht ein klar formuliertes Wahlrecht, künftige Verwaltungskosten (und auch analog künftige PSV-Beiträge) – insoweit sie auf bereits erdiente Pensionsansprüche entfallen – in den Verpflichtungsumfang (DBO) mit einzubeziehen (z.B. mit einem Aufschlag von etwa 2 %). Die Verwaltungskosten werden dann in der Rechnungslegung wie direkte Rentenzahlungen behandelt. Vermutlich wird künftig (zumindest in Großbritannien) verstärkt so verfahren werden.

Auch diese Themen der Nebenkosten hat der IASB in seinem ED/2010/3 in dieser Weise adressiert (Rz 99).

2.1.3 Bilanzansatz und Finanzierungsstatus *(financial status)*

19 Die grundsätzliche formale Struktur des Bilanzansatzes ist jedoch in allen (denkbaren) Rechnungslegungssystemen der Welt ähnlich (sog. **Finanzierungsstatus**, *financial status*, IAS 19.54):

Schema des Finanzierungsstatus	
	„Messlatte" (Rz 20)
./.	evtl. externes Kassenvermögen (z.B. einer Unterstützungskasse)
./.	ausstehende Verteilungsbeträge (Fehlbeträge oder Überdeckungen)
=	Pensionsrückstellung

Beispiel zum Finanzierungsstatus			
	„Messlatte"		15.000.000
./.	externes Kassenvermögen	–	4.000.000
./.	ausstehende Fehlbeträge	–	2.000.000
=	Pensionsrückstellung	=	9.000.000

20 Die „Messlatte" der Pensionsverpflichtungen ist nach „altem HGB" (d.h. vor BilMoG) und EStG der Teilwert nach § 6a EStG und nach IFRS die *defined benefit obligation* (DBO, der Barwert der erdienten Teilansprüche auf Versorgungsleistungen zum Stichtag). Nach „neuem HGB" (BilMoG) wird sich die „Messlatte" der DBO annähern (ausführlicher Rz 33). Besteht zur Finanzierung der Pensionsverpflichtungen ein externes Kassenvermögen (z.B. Unterstützungskasse), so ist dieses Vermögen nach IFRS gegenzurechnen (Rz 6).

21 Nicht bilanzierte Beträge können **Fehlbeträge** oder auch **Überdeckungen** sein (z.B. wenn der Zusatzaufwand für Neuzusagen oder Rentenerhöhungen verteilt werden kann oder wenn außergewöhnlich gute Vermögenserträge einer Unterstützungskasse dort „geparkt" werden dürfen). Für diese nicht bilanzierten Beträge kann es Buchungsvorschriften geben: Sie sind entweder sofort oder über gewisse Zeiträume verteilt oder auch gar nicht erfolgswirksam zu buchen. Nach HGB darf es bei **unmittelbaren** Pensionszusagen wegen der Passivierungspflicht (außer bei den sog. Altzusagen, d.h. bei Zusagen vor dem 1.1.1987) **keine Fehlbeträge** geben (bei **mittelbaren** Verpflichtungen über Unterstützungskassen sind allerdings Fehlbeträge mit Anhangsangabe erlaubt!). Nach IFRS bestehen dagegen (für die o.a. zusätzlichen Aufwendungen oder Erträge) großzügige – aber stetig anzuwendende – **Verteilungswahlrechte**. Die Rechnungslegung i.S.v. „Rechenschaft des Managements für das Wirtschaften im Geschäftsjahr" findet insofern nur im Finanzierungsstatus statt.

Bilanzierungstipp
Die nach IFRS erlaubten Verteilungswahlrechte von außergewöhnlichen Veränderungen der Pensionsrückstellungen (Korridormethode) oder auch die Möglichkeit einer erfolgsneutralen Erfassung (SORIE-Option) sollten von den Unternehmen genutzt werden. Nur so können Überraschungen bez. des Pensionsaufwands vermieden werden.

Die der Pensionsverpflichtung gegenzurechnenden **Vermögenswerte eines externen Versorgungsträgers** werden unter IFRS als *plan assets* (Rz 5) anerkannt, wenn diese Vermögenswerte ausschließlich dem Versorgungszweck dienen, dem Zugriff anderer Unternehmensgläubiger entzogen sind und höchstens dann an den Arbeitgeber zurückfließen können, wenn sie zur Erstattung von direkten Rentenzahlungen *(reimbursement)* verwendet oder für den Versorgungszweck (endgültig oder mit sehr großer Wahrscheinlichkeit) nicht mehr benötigt werden, d.h., die verbleibenden *plan assets* müssen **ausreichen**, um die bestehenden Versorgungsverpflichtungen zu erfüllen (IAS 19.7, Definition der *plan assets*). Was als ausreichend anzusehen ist, bedarf der Überprüfung im Einzelfall und wird auch von der zulässigen Kapitalanlagestrategie des Versorgungsträgers abhängen. Pauschalaussagen, wonach eine Überdeckung der DBO *(defined benefit obligation*, Verpflichtungsumfang) um z.B. 10 % immer ausreicht, sind nicht möglich. „Ausreichend“ wäre wohl sicherlich, wenn ein bonitätsstarker fremder Dritter (z.B. eine Versicherungsgesellschaft) die Versorgungsverpflichtungen mit den verbleibenden *plan assets* übernehmen oder garantieren würde. U. E. ist es als „ausreichend“ anzusehen, wenn ein Versorgungsträger nach sehr vorsichtigen nationalen aufsichtsrechtlichen Regelungen Überschüsse erwirtschaftet hat und diese dann an den Arbeitgeber oder Arbeitnehmer ausschütten darf (sog. **Beitragsrückerstattung**). 22

Plan assets werden dann mit der Brutto-Pensionsverpflichtung (DBO, Rz 27) saldiert und führen so zu einer Bilanzverkürzung und einer Verbesserung von Bilanzkennzahlen, da nur die Netto-Pensionsverpflichtung ausgewiesen wird. Saldierungsfähige *plan assets* können auch für direkte, unmittelbare Pensionszusagen über eine geeignete Treuhandgestaltung (sog. *contractual trust arrangement*, CTA; Rz 59ff.) oder verpfändete Rückdeckungsversicherungen (*qualifying insurance policies*; Rz 63f.) geschaffen werden. Nach IAS 19.104C gelten *non-qualifying insurance policies* nicht als *plan assets*, selbst wenn sie ein externer Versorgungsträger hält; sie können in aller Regel aber als *reimbursement* nach IAS 19.104Af. anerkannt werden (Rz 66). Vom Arbeitgeberunternehmen ausgegebene Finanzinstrumente (z.B. Aktien oder Anleihen) gelten nur dann als *plan assets*, wenn diese handelbar *(transferable)* sind. Nicht als *plan assets* gelten (in aller Regel) bspw. Darlehen einer Unterstützungskasse an das Arbeitgeberunternehmen, außer wenn diese wie unter fremden Dritten vereinbart (und gesichert) sind.[5] *Plan assets* sind zum *fair value* anzusetzen (IAS 19.102f.).

Sind **zwei Versorgungspläne** eines Arbeitgebers so stark miteinander verwoben, dass die Leistungen des einen Plans durch die Leistungen oder die Vermögens- 23

[5] IDW RS HFA 2, WPg 2005, S. 1402, sowie WPg Supplement 4/2008, S. 35.

werte *(plan assets)* des anderen Plans stark beeinflusst (z.B. durch Anrechnung) werden, liegt materiell nur ein **einziger (gemeinsamer) Versorgungsplan** vor (IAS 19.50 und IAS 19.116).[6]

2.2 Bewertung

2.2.1 Statische und dynamische Pensionsverpflichtungen

24 Die gegenüber dem EStG (und „altem HGB", d.h. vor BilMoG) meist **deutlich höhere** Pensionsrückstellung nach IFRS hat folgende Ursache: Dort müssen auch **künftige wahrscheinliche** – und **nicht nur schriftlich rechtsverbindlich** zugesagte – Erhöhungen der Pensionsansprüche sowohl in der Anwartschaftsphase (z.B. bei gehaltsabhängigen Pensionszusagen) als auch in der Rentenphase (z.B. Anpassungen nach Betriebsrentengesetz) zwingend in die Bewertung eingehen.

25 Je „dynamischer" Pensionszusagen sind (siehe Beispiele unten), umso deutlicher liegt die Pensionsrückstellung nach IFRS **über** der nach EStG und „altem HGB". Bei gänzlich statischen Zusagen (insbesondere betragsmäßig fixierten Kapitalzusagen) liegt die Pensionsrückstellung nach IFRS (aufgrund der unterschiedlichen Bewertungsmethode und Bewertungsparameter) dagegen oft **darüber**.

Beispiele zur Abgrenzung von statischen und dynamischen Versorgungszusagen

- Eine statische Kapitalzusage sieht einen Kapitalbetrag von 1.000 pro Dienstjahr vor, sodass bei Ausscheiden nach 30 Dienstjahren ein Kapital von 30.000 an den Betriebsrentner ausgezahlt wird.
- Da eine statische Rentenzusage von (monatlich) 10 pro Dienstjahr, die nach 30 Dienstjahren zu einem Rentenanspruch von 300 führt, ab Rentenbeginn nach § 16 BetrAVG (meist entsprechend der Inflationsrate) erhöht werden muss, ist diese Zusage „teildynamisch".
- Wird der Steigerungsbetrag von 10 auch während der Anwartschaftszeit regelmäßig (z.B. analog zur Inflationsrate oder Gehaltserhöhung) erhöht, liegt eine „volldynamische" Pensionszusage vor. Pensionszusagen mit einer gehaltsabhängigen Formel (z.B. 0,5 % des Gehaltes pro Dienstjahr) sind ebenfalls volldynamisch.
- Bei neueren Betriebsrentensystemen, die Rentenbausteine mit einer rechtsverbindlich garantierten Rentenanpassung von z.B. 1 % p.a. versprechen, liegen die Pensionsrückstellungen nach IFRS oft unter denjenigen nach EStG und „altem HGB", da solche garantierten Anpassungen auf jeden Fall berücksichtigt werden müssen. Im obigen Sinne wäre eine solche Zusage nicht dynamisch.

2.2.2 Bewertungsmethode

26 Beim **Teilwertverfahren** nach **§ 6a EStG** wird die gesamte Pensionsverpflichtung gegenüber einem Arbeitnehmer (analog zu einem Versicherungsvertrag) mit einem laufenden Beitrag finanziert, der wegen des Stichtags- und Nominalwert-

6 BUSCHE/RHIEL, BetrAV 2006, S. 509.

prinzips über die gesamte Dienstzeit gleichbleibend sein soll. Hinzu kommt noch die in der Zuführung enthaltene Aufzinsung der Pensionsrückstellung vom Jahresanfang zum Jahresende, da sich in jedem Jahr der Abzinsungszeitraum (bis zur Fälligkeit der Betriebsrente) um ein Jahr vermindert. Zu Sprüngen im Teilwertverlauf kommt es dann, wenn die erreichbaren Pensionsansprüche von Jahr zu Jahr stark schwanken; dies insbesondere dann, wenn ein kompliziertes und altmodisches Pensionssystem mit jährlich stark schwankenden Bemessungsgrößen (z.B. Berücksichtigung der Sozialversicherungsrente oder Nettolimitierung) vorliegt.

Nach **IFRS** wird der Verpflichtungsumfang (*defined benefit obligation*, DBO) nach dem **Anwartschaftsbarwertverfahren** (*projected unit credit method*, PUCM) ermittelt. Die DBO ist der Barwert der am Bewertungsstichtag erdienten und realistisch bewerteten Pensionsansprüche – inklusive wahrscheinlicher künftiger Erhöhungen von Renten und Gehältern. Der Verpflichtungsumfang (DBO) für einen aktiven Mitarbeiter erhöht sich alljährlich um die Aufzinsung *(interest cost)* und um den Barwert der im Wirtschaftsjahr neu erdienten Pensionsansprüche *(current service cost)*. 27

Beispiel

Wird eine Pension von 0,5 % des Gehalts pro Dienstjahr zugesagt und hat ein Arbeitnehmer 20 Dienstjahre abgeleistet, so hat er einen Pensionsanspruch von 10 % seines Gehalts p.a. (z.B. 30.000) erdient. Die DBO ist der Anwartschaftsbarwert einer Jahresrente von 3.000. Die *current service cost* für das Folgejahr (Aufwand, der auf die im Geschäftsjahr erdienten Ansprüche entfällt) ist der Anwartschaftsbarwert eines jährlichen Rentenanspruchs von 150 – also 1/20 der DBO.

2.2.3 Ermittlung der am Bilanzstichtag erdienten Pensionsansprüche

Die Höhe der DBO hängt entscheidend von der Ermittlung der bis zum Bilanzstichtag insgesamt (bzw. der in einem Wirtschaftsjahr) **erdienten** Pensionsansprüche ab. Dies war in obigem Beispiel sehr einfach, da sich der Pensionsanspruch (0,5 % des Gehalts) gleichmäßig über alle Dienstjahre aufbaute. 28

Es gibt aber **kompliziertere Pensionsformeln**. Daher ist dieser Abschnitt etwas technischer, aber nicht weniger wichtig. Grundsätzlich sollen die erdienten Pensionsansprüche nach der Pensionsformel ermittelt werden; lediglich bei *backloading* der Pensionsformel, d.h., wenn spätere Dienstjahre mit einem höheren Pensionsanspruch als frühere Dienstjahre belegt werden, ist der Pensionsanspruch gleichmäßig zeitratierlich den Dienstjahren zuzuordnen, in denen effektiv Leistungsansprüche erworben werden (IAS 19.67). Bei (oftmals vorkommendem) *frontloading* der Pensionsformel, d.h., wenn frühere Dienstjahre mit einem höheren Pensionsanspruch als spätere Dienstjahre belegt werden, wäre jedoch der Pensionsformel zu folgen. In Deutschland ist dies aber nur sinnvoll, wenn auch die Unverfallbarkeit diesem *frontloading* folgen sollte. 29

Auf jeden Fall gelten **unverfallbare** Pensionsansprüche als erdient, da sie auch bei Ausscheiden aus dem Unternehmen aufrechtzuerhalten sind. Außerdem sind diese Ansprüche realistisch dynamisch zu bewerten. Daher gilt bei Pensions- 30 plänen (reinen Leistungszusagen) in Deutschland i.d.R. als am Stichtag erdient (und zwar für jede zu erwartende Teilleistung) derjenige Teil der erreichbaren Pensionsleistung, der dem Verhältnis der am Stichtag bereits abgeleisteten zu der beim jeweiligen Leistungsbeginn ableistbaren Dienstzeit entspricht (sog. degressives m/n-tel ab Diensteintritt), mindestens der zum Stichtag (gesetzlich gem. § 2 BetrAVG oder ggf. vertraglich garantierte höhere) unverfallbare (aber dynamisierte) Pensionsanspruch.

31 Bei **beitragsorientierten** Leistungszusagen, Beitragszusagen mit Mindestleistung und Entgeltumwandlungszusagen (Rz 8ff.) bemessen sich die erdienten Pensionsansprüchen nach den effektiv bis zum Stichtag geleisteten bzw. zugeteilten „Beiträgen" und den daraus erworbenen Anwartschaften. Bei beitragsorientierten Leistungszusagen sind aber (zugesagte oder auch nur wahrscheinliche) künftige Beiträge dennoch als Rückstellung zu berücksichtigen, wenn es bei planmäßigem Verlauf zu einem *backloading* von künftigen Leistungsscheiben kommen sollte. Dann ist nach IAS 19.67 der gesamte Beitragsaufwand linear über die Dienstzeit zu verteilen, in der effektiv Leistungsansprüche erworben werden. Im Ergebnis ist also das Maximum beider Berechnungsmethoden (gem. Unverfallbarkeitsverlauf bzw. degressives m/n-tel, jedoch ab Beginn des Leistungserwerbs) zu verwenden.

32 Hängen die (erdienten) Pensionsleistungen von der Entwicklung eines Aktienindexes oder eines Rentenindexes oder eines speziellen tatsächlichen oder fiktiven *(notional)* Wertpapierportfolios (sog. **wertpapiergebundene Zusagen)** ab, dann ist gem. Wortlaut IAS 19 die Entwicklung dieses Indexes oder Portfolios bestmöglich zu schätzen, um die wahrscheinlichen (erdienten) Pensionsleistungen zu ermitteln, die dann mit dem Zinssatz gem. Rz 34 zu diskontieren sind. Wird die Entwicklung dieses Indexes oder Portfolios anders (z.B. mit 7 % p.a.) eingeschätzt als der Zinssatz (z.B. 5 %), ergibt sich materiell eine unzutreffende Bewertung. Sinnvoller, zutreffender und einfacher wäre eine Bewertung nach Rz 11 und Rz 100, die aber derzeit immer noch in der Diskussion steckt.

2.2.4 Bewertungsparameter

33 Nach **deutschem Steuerrecht** werden wegen des **Stichtags- und Nominalwertprinzips** die Pensionsverpflichtungen mit einem **Zinssatz** von 6 % ohne Berücksichtigung künftiger nicht rechtsverbindlich zugesagter Pensionserhöhungen bewertet. Die Wahrscheinlichkeiten für Tod und Invalidität werden den Standardtabellen der „Heubeck-Richttafeln RT2005G" (Generationentafeln) entnommen. Der steuerliche Bewertungsansatz darf nach „neuem HGB" (BilMoG) nicht mehr in den HGB-Abschluss übernommen werden (§ 253 HGB). Das BilMoG führt die Bewertung von Pensionsverpflichtungen nach HGB näher an IAS 19 heran: Die Bewertung muss wie nach IAS 19 auf realistischer Basis „i.H.d. nach vernünftiger kaufmännischer Beurteilung notwendigen **Erfüllungsbetrages**" erfolgen, allerdings ist nach § 253 HGB i.V.m. der Rückstellungsabzinsungsverordnung (RückAbzinsV) als Rechnungszins ein Siebenjahresdurchschnitt von laufzeitadäquaten Marktzinssätzen (Festzinsswaps plus Aufschlag in Richtung AA-Unternehmensanleihen) zu verwenden.[7]

---

7 Rhiel/Veit, PiR 2009, S. 167.

Nach **IFRS** sollen alle Bewertungsparameter realistisch und zutreffend sein (IAS 19.73). Der **Zinssatz** richtet sich gem. IAS 19.78 nach Stichtags-Marktrenditen langfristiger Unternehmensanleihen hoher Qualität *(high quality corporate bonds)*. Nach IAS 19.79 soll dieser Zinssatz nur den „zeitlichen Wert des Geldes"*(time value of money)* widerspiegeln, nicht aber das versicherungsmathematische Risiko oder das Investmentrisiko (*not the actuarial or investment risk)*. Folglich muss der Zinssatz „relativ risikolos" sein. Nach einhelliger Meinung aller Standardsetter und Experten wird ein AA-Rating als ausreichend sicher angesehen. Dies gilt zumindest bis zur sich in 2008 verschärfenden Finanzmarktkrise, die bei AA-Anleihen zu einem massiven Zinsanstieg führte. Der üblicherweise deutlich unter einem Prozentpunkt liegende Abstand *(spread)* zum risikolosen Zins erhöhte sich bis Ende 2008 auf über 2 Prozentpunkte, da der Markt auch bei AA-Anleihen eine hohe Ausfallwahrscheinlichkeit befürchtete. Dieser AA-Zinssatz lag in der Eurozone (Ende 2008) aufgrund sehr flacher Zinskurve einheitlich bei etwa 6,5 %. Im Laufe des Jahres 2009 hatte sich dies wieder etwas „normalisiert". Ende 2009 lag der AA-Zinssatz von normal strukturierten Personenbeständen bei 5,2 %. Bis September 2010 sanken die Zinssätze um mehr als einen Prozentpunkt, erholten sich dann aber wieder deutlich. Ende 2010 liegt der AA-Zinssatz von 34

- normal strukturierten Personenbeständen bei 5,0 %,
- reinen Rentnerbeständen bei 4,8 % und
- jungen Aktivenbeständen bei 5,1 %.

Wegen der Besonderheiten mit den Zinssatzmodifizierungen zum Bilanzstichtag 31.12.2008 aufgrund der Finanzmarktkrise siehe auch die 7. Auflage.

Künftige Rentenanpassungen nach der Inflationsrate werden derzeit mit etwa 1,75 % bis 2,25 %, gehaltsabhängige Anwartschaftssteigerungen (auch für zu erwartende karrieremäßige Steigerungen) mit etwa 2,5 % bis 4 % angesetzt. Die Wahrscheinlichkeiten für **Invalidität, Tod** und Verlassen des Unternehmens wegen **Kündigung** sowie das **wahrscheinliche Pensionierungsalter** sind betriebs- bzw. branchenspezifisch zu schätzen bzw. zu modifizieren (vgl. auch Rz 36). Da betriebliche Versorgungssysteme in den meisten Ländern nur eine Ergänzungsfunktion zur staatlichen Rentenversicherung haben, hängt das wahrscheinliche Pensionierungsalter für das betriebliche Versorgungssystem meist auch wesentlich von der Höhe und den Zugangsvoraussetzungen zur staatlichen Rente ab. 35

Manche Bewertungsparameter können von Regelungen des Pensionsplans abhängen bzw. nur im Rahmen von in diesem Plan gesetzten Grenzen (z.B. zwischen einer Unter- und einer Obergrenze) variieren. Die Änderung der Einschätzung solcher Parameter **innerhalb** dieser Grenzen ist nur eine „reine Parameteränderung" und führt zu sog. versicherungsmathematischen Gewinnen und Verlusten (Rz 49ff.); die Änderung dieser **Grenzen selbst** stellt eine Planänderung dar und kann zu *past service cost* führen (Rz 46), sofern hierdurch effektiv die bestmöglich realistische Wahl des Parameters beeinflusst wird und sich die Bewertung der Pensionsverpflichtung ändert. 36

Ein Beispiel hierfür kann die Begrenzung der Gehaltsabhängigkeit einer Pensionszusage zwischen einer Unter- und einer Obergrenze sein. 37

> **Beispiel**
> Der Pensionsplan begrenzt die pensionssteigernde Wirkung einer Gehaltserhöhung auf 3 %. Der Plan wird alternativ geändert: Erhöhung auf 4 % oder Verminderung auf 2 %. Diese Änderung kann sich auf die Einschätzung des Parameters „Gehaltserhöhung" auswirken. Insoweit liegen positive bzw. negative *past service cost* vor.

38 Ein weiteres Beispiel für eine solche Parameteränderung ist die Festlegung des wahrscheinlichen **Pensionierungsalters** (Rz 35): Bei einem möglichen Rentenbeginn zwischen Alter 60 und 65 ist die Änderung der bestmöglichen Einschätzung des Pensionierungsalters innerhalb des Pensionsplans eine „reine Parameteränderung"; das gilt allerdings nur, sofern diese auf externen Einflüssen beruht und nicht ggf. auf eine sonstige Änderung des Pensionsplans zurückzuführen ist, wie z. B einer Verschlechterung der Höhe vorzeitiger Altersrenten. Eine Änderung des Grenzalters 60 und 65 selbst kann zu *past service cost* führen. Eine Erhöhung des unteren Grenzalters z.B. von 60 auf 63 kann zu (i.d.R. negativen) *past service cost* führen, sofern das wahrscheinliche Pensionierungsalter vorher mit unter 63 eingeschätzt wurde. Umgekehrt hat die Änderung des unteren Grenzalters keine Auswirkung, wenn zuvor das wahrscheinliche Pensionierungsalter mit 63 oder höher eingeschätzt wurde.

Meist sehen Pensionspläne in Deutschland als Pensionierungsalter dasjenige der deutschen Rentenversicherung vor (Jeweiligkeitsklausel). Das RV-Altersgrenzenanpassungsgesetz vom 20.4.2007 erhöht sowohl die Regelaltersgrenzen (langfristig auf 67) als auch die Untergrenze für den frühestmöglichen Bezug (künftig i.d.R. 63 statt 62). Hier gilt entsprechend: Wurde vorher auf Altergrenze 62 bewertet und muss nun auf 63 übergegangen werden, handelt es sich um (i.d.R. negative) *past service cost.*[8] Eine darüber hinaus gehende Erhöhung der angesetzten Altersgrenze (z.B. auf 64) aufgrund bestmöglicher Einschätzung der Zukunft wird man wohl nur als „reine Parameteränderung" ansehen können. Der „Praktiker" wird auf eine Auseinanderrechnung verzichten und alles als „Parameteränderung" behandeln wollen; je nach Wesentlichkeit wird man dies auch akzeptieren.

39 Insbesondere börsennotierte Unternehmen stehen oft wegen vermeintlich unzureichender (d.h. zu „schlapper") Bewertungsparameter im Kreuzfeuer der Kritik. Bei internationalen Konzernen kann noch das Problem der mangelnden „Konsistenz der Bewertungsparameter zwischen den einzelnen Ländern" hinzukommen. Daher sollten unbedingt die Parameter Zins, Sterblichkeit (Lebenserwartung), Invalidität und Mitarbeiterkündigung (Fluktuation) nicht „einfach nur grob über den Daumen" mit dem Aktuar und dem Wirtschaftsprüfer abgestimmt werden, sondern anhand eines nachprüfbaren und öffentlich darlegbaren Prozesses *(rigorous assumption setting process)* im Sinne einer *„assumption governance"* bestimmt werden. Die Parameter Sterblichkeit und Invalidität können auch schon bei Beständen von weniger als 1.000 Personen unternehmensspezifisch überprüft werden, genauso wie dies auch bei kleineren Pensionskassen von

8 Ähnlich Positionspapier des Rechnungslegung Interpretation Committee (RIC) des DRSC zu den Auswirkungen der gesetzlichen Erhöhung des Renteneintrittsalters aufgrund des RV-Altersgrenzenanpassungsgesetzes auf die Bilanzierung leistungsorientierter Pläne nach IAS 19 vom 8.2.2008.

der Aufsichtsbehörde verlangt wird. Zur Ableitung des richtigen laufzeitadäquaten Zinssatzes sollten unbedingt die der Bewertung zugrunde liegenden erdienten Rentenzahlungen *(cash flows)* prognostiziert und ausgewertet werden.[9]

2.3 Ausweis

2.3.1 Pensionsrückstellung

Nach **HGB** und **EStG** wird die Pensionsrückstellung zum Bilanzstichtag originär versicherungsmathematisch errechnet und bilanziert. Nach **IFRS** ist der Finanzierungsstatus der Pensionsverpflichtungen (Rz 19) darzustellen. Die Pensionsrückstellung entwickelt sich vom Jahresanfang zum Jahresende wie folgt: 40

Entwicklungsschema der Pensionsrückstellung nach IFRS

	Pensionsrückstellung *(defined benefit liability)* zum Jahresanfang
+	Pensionsaufwand *(pension expense)*
+	ggf. im SORIE gebuchter Aufwand
+/–	Zahlungen des Unternehmens wie folgt:
./.	direkte Rentenzahlungen
./.	ggf. Zahlungen an einen externen Träger
./.	Abfindungen von Pensionsansprüchen
+/–	Übertragungen von/an andere/n Unternehmen oder Versorgungsträger/n
=	Pensionsrückstellung *(defined benefit liability)* zum Jahresende

Die Pensionsrückstellung verändert sich also um den vom Versicherungsmathematiker zu errechnenden Pensionsaufwand (dessen recht komplexe Ermittlung im nächsten Abschnitt dargestellt wird) sowie den Saldo der Zahlungen des Unternehmens. 41

Beispiel zur Rückstellungsentwicklung

	Pensionsrückstellung zum Jahresanfang		9.000.000
+	Pensionsaufwand	+	1.245.000
+/–	Zahlungen des Unternehmens wie folgt:		
./.	direkte Rentenzahlungen	–	400.000
./.	ggf. Zahlungen an externen Träger	–	350.000
./.	Abfindungen	–	10.000
+/–	Übertragungen von Fremdunternehmen	+	30.000
=	Pensionsrückstellung zum Jahresende	=	9.515.000

[9] Vgl. auch RHIEL, BetrAV 2006, S. 125, zum Gestaltungsspielraum bei der Wahl der Bewertungsparameter. Vgl. auch KÜTING/KESSLER, DB 2009, S. 465, insbesondere zum Zinssatz in der Finanzmarktkrise 2008.

2.3.2 Pensionsaufwand

42 Der Pensionsaufwand nach **HGB** ergibt sich aus der Veränderung der Pensionsrückstellung zzgl. der Zahlungen des Unternehmens im Wirtschaftsjahr. Nach **IFRS** wird der Pensionsaufwand *(pension expense*; nach US-GAAP *net periodic pension cost)* originär vom Versicherungsmathematiker folgendermaßen ermittelt (IAS 19.61):

Entwicklungsschema zum Pensionsaufwand nach IFRS

	Dienstzeitaufwand/Prämien *(current service cost)*
+	Zinsaufwand/Zinsanteil auf die DBO *(interest cost)*
./.	ggf. erwarteter Ertrag eines externen Trägers *(expected return on plan assets)*
+	Tilgungsbetrag für versicherungsmathematische Gewinne und Verluste *(actuarial gains or losses)*
+	Tilgungsbetrag für rückwirkende Pensionsplanänderungen *(past service cost)*
+/–	Auswirkung von Kürzungen oder Abgeltungen *(curtailments or settlements)*
+/–	ggf. Auswirkung eines *asset ceiling* nach IAS 19.58
=	Pensionsaufwand *(pension expense)*

Anmerkung: Bei Verwendung der „dritten Option“ (SORIE-Methode) werden die versicherungsmathematischen Gewinne und Verluste sofort, aber erfolgsneutral gebucht (Rz 50).

Beispiel zum Pensionsaufwand

	Dienstzeitaufwand *(current service cost)*		600.000
+	Zinsaufwand (6 % von 15 Mio. der DBO; Rz 19)	+	900.000
./.	Erwarteter Ertrag eines externen Trägers (7 % von 4 Mio. des externen Kassenvermögens; Rz 19)	–	280.000
+	Tilgungsbetrag Gewinne/Verluste (lt. Vorjahresberechnung)	+	25.000
+	Tilgungsbetrag Planänderungen	+	0
+	Auswirkung von Kürzungen oder Abgeltungen *(curtailments or settlements)*	+	0
=	Pensionsaufwand	=	1.245.000

2.3.3 Zu den Komponenten des Pensionsaufwands

Der originär versicherungsmathematisch ermittelte **Dienstzeitaufwand** (*current service cost*) misst den Barwert der im Wirtschaftsjahr neu erdienten Pensionsansprüche (IAS 19.63 f.). 43

Der **Zinsaufwand** (*interest cost*) ergibt sich durch Multiplikation des (kapitalmarktorientiert) gewählten Zinssatzes mit der DBO zu Jahresanfang (IAS 19.82). 44

Der erwartete **Ertrag** eines externen Trägers ist langfristig realistisch zu schätzen (IAS 19.105 f.). Kurzfristige Wertschwankungen sind nicht zu beachten. 45

Bilanzierungstipp
Nach IFRS (nicht aber nach US-GAAP) kann der Zinsaufwand (ggf. vermindert um einen erwarteten Ertrag eines externen Trägers) auch formell unter Zinsaufwand erfolgswirksam gebucht werden (IAS 19.119). Hierdurch vermindert sich der Personalaufwand entsprechend, sodass sich das operative Ergebnis (*earnings before interest and tax*, EBIT) des Unternehmens verbessert.

Wird ein Pensionsplan **verbessert**, sodass sich auch die erdienten Pensionsansprüche erhöhen (z. B. der Pensionssteigerungsbetrag von 10 wird auf 15 pro Dienstjahr erhöht), ist dieser Mehraufwand *(past service cost)* wegen Erhöhung der DBO über die Zeit zu verteilen, in der die neuen Ansprüche unverfallbar werden (IAS 19.96) – i. d. R. ist also sofort voll zu buchen. (Nach US-GAAP ist der Mehraufwand dagegen über die erwartete Restdienstzeit zu verteilen; sog. Dienstzeitverteilung). Führt eine Änderung des Pensionsplans zu einer Minderung der bereits erdienten Pensionsansprüche, handelt es sich um negative *past service cost*. Werden künftig erdienbare Pensionsansprüche gemindert, führt dies insoweit zu künftig geringeren *current service cost* und ggf. zu einem *curtailment* (Rz 68 ff.). Verringert sich die DBO speziell durch Minderung der Gehaltsabhängigkeit auch erdienter Pensionsansprüche (z. B. sogar vollständiges Einfrieren der erdienten Pensionsansprüche), sieht IAS 19.111, geändert durch die Revision 2008, hier nicht nur negative *past service cost*, sondern sogar ein *curtailment* (RZ 68 ff.) vor. 46

Bei **erstmaliger Bilanzierung** nach IFRS ist nach IFRS 1 bereits zum Übergangsstichtag *(date of transition)* eine Eröffnungsbilanz nach IFRS-Grundsätzen zu erstellen, als ob schon immer nachIAS bilanziert worden wäre. Meistens wird darin aber der volle Verpflichtungsumfang (DBO ggf. abzgl. eines externen Kassen- oder Planvermögens) erfolgsneutral zurückgestellt; es wird also ohne Fehlbeträge oder Überdeckungen in die IFRS-Zukunft gestartet *(fresh start)*. Ein solches Wahlrecht ergibt sich aus IFRS 1.20 (→ § 6 Rz 80). Der Übergangsstichtag *(date of transition)* ist der Beginn der frühesten Vergleichsperiode, die im ersten IFRS-Jahresabschluss dargestellt wird. I. d. R. müssen dann die Pensionsverpflichtungen bei Übergang auf IFRS zu drei Stichtagen (mit den jeweils zu diesen Stichtagen passenden Parametern) berechnet werden: zum Bilanzstichtag, zum Vorjahresstichtag und zum Übergangsstichtag (→ § 6 Rz 16). Es ist ratsam, zum Übergangsstichtag *(date of transition)* eher mit etwas vorsichtigeren Parametern (Zinssatz, Inflationsrate, aber auch Sterblichkeit) zu starten, um die Gefahr künftiger versicherungsmathematischer Verluste zu vermindern. 47

Zu den Auswirkungen eines *asset ceiling*siehe Rz 53 f. 48

2.3.4 Versicherungsmathematische Gewinne und Verluste (Korridormethode, erfolgswirksame und erfolgsneutrale Sofortilgung)

49 Der Pensionsaufwand steht i.d.R. bereits zu Beginn des Wirtschaftsjahres fest (Rz 15). Unvorhergesehene Änderungen der DBO (Differenz von erwartetem zu tatsächlichem Verpflichtungsumfang) durch Bestandsveränderungen oder Gehalts- bzw. Rentenerhöhungen oder durch am Ende des Wirtschaftsjahres neu festgelegte Berechnungsparameter (und auch abweichender tatsächlicher Ertrag eines externen Trägers vom erwarteten Ertrag) **müssen nicht sofort bilanziert werden.** Ggf. ist ein Mindestteilbetrag im nächsten Wirtschaftsjahr erfolgswirksam zu buchen, der sich nach der Korridormethode ergibt: D. h., der den Korridor (von 10 % des Maximums aus DBO und Vermögenswerten eines evtl. externen Trägers) übersteigende Betrag an noch ungetilgten Gewinnen und Verlusten wird durch die erwartete Restdienstzeit der Aktiven dividiert (sog. Dienstzeitverteilung; IAS 19.92f.; vgl. nachfolgende Beispiele). Hierdurch ergeben sich großzügige Glättungsmöglichkeiten für den Periodenaufwand.

50 Es darf aber auch **mehr als der Mindesttilgungsbetrag** erfolgswirksam gebucht werden; sogar die **sofortige vollständige Tilgung** ist zulässig. Eine einmal gewählte Tilgungsmethode ist grundsätzlich beizubehalten (IAS 19.93).
Die Methode der sofortigen vollständigen Tilgung im Jahr des Entstehens der versicherungstechnischen Gewinne oder Verluste, insbesondere bei Änderungen der Berechnungsparameter (z.B. Zinssatz), kann erhebliche **Aufwandsschwankungen** verursachen. Aus diesem Grund hat der IASB durch das *Amendment* vom 16.12.2004 auch eine **„dritte Option“** ab sofort zugelassen, nach der diese Buchung **erfolgsneutral** über das *statement of recognised income and expense* (SORIE) erfolgen kann (Rz 17).
Die drei Tilgungsmethoden

- erfolgswirksame Mindesttilgung nach der Korridormethode,
- erfolgswirksame Mehrtilgung bis hin zur sofortigen vollständigen Tilgung,
- erfolgsneutrale sofortige vollständige Tilgung

lassen sich in folgender Tabelle übersichtlich darstellen:[10]

Bezeichnung	**Korridor-methode**	**erfolgswirksame Mehrtilgung**	**erfolgsneutrale Tilgung (3. Option)**
Vorschrift	IAS 19.92f.	IAS 19.93, IAS 19.95	IAS 19.93A
Anwendung in der Praxis	Regelfall (noch)	Ausnahme	neu ab 2004/2005/2006
Bilanzausweis	teilweise	teilweise bis vollständig	vollständig

10 In Anlehnung an Heuser/Theile, IAS/IFRS-Handbuch, 2005, Tz 1141, bzw. Theile, PiR 2006, S. 17.

Bezeichnung	Korridor-methode	erfolgswirksame Mehrtilgung	erfolgsneutrale Tilgung (3. Option)
GuV-Effekt	erfolgswirksam	erfolgswirksam	erfolgsneutral
Durchführung	Mindest-Aufwandsverrechnung	höhere, ggf. vollständige Aufwandsverrechnung	vollständige Verrechnung mit Gewinnrücklagen
Anwendung	gleichermaßen für Gewinne und Verluste	gleichermaßen für Gewinne und Verluste	gleichermaßen für Gewinne und Verluste

Bis Ende 2006 konnte die dritte Option frei gewählt werden, danach nur noch bei Vorliegen besonderer Gründe, was dann auch als Änderung einer Bilanzierungsmethode zu berichten ist (→ § 24 Rz 17ff.).
Wann konnte die Anwendung der dritten Option **sinnvoll** sein?
Bis Ende 2006 lagen bei den meisten Pensionsplänen ungetilgte versicherungsmathematische **Verluste** vor, nur in den seltensten Fällen Gewinne. Ursachen hierfür waren

- das beständige Absinken der Rechnungszinssätze zur Diskontierung der Pensionsverpflichtungen in den letzten Jahren (erst wieder Trendwende in 2006),
- die Verwendung niedrigerer Sterbewahrscheinlichkeiten und somit längerer Lebenserwartungen für die Rentenbezieher (neue Heubeck-Tafeln in Deutschland in 2005),
- die abgesunkenen Marktwerte von Aktienportfolios (im Vergleich zu 2000) bzw. die Realisierung dieser Verluste durch Verminderung der Aktienquote (sowie auch der abgesunkene Dollarkurs).

Erfolgswirksame Tilgungen dieser Verluste erhöhen den Pensionsaufwand, wenn auch ggf. gestreckt über viele Jahre bei Verwendung der Korridormethode. Bei erfolgsneutraler Verrechnung dieser Verluste vermindert sich der Pensionsaufwand mit der Folge eines besseren Jahresergebnisses (und besserer Rendite je Aktie). Da aber die Pensionsrückstellung dann die volle Unterdeckung des Pensionsplans sofort in der Bilanz zeigt und nicht nur im Anhang, verschlechtern sich Bilanzrelationen (z.B. Eigenkapitalquote). Sinnvoll konnte also die Wahl der dritten Option insbesondere bei Pensionsplänen ohne aktive Mitarbeiter sein, da dort die Korridormethode zur Vollverrechnung des den Korridor übersteigenden Betrags führen würde.[11] Inwieweit auch jetzt noch ein Umstieg auf die dritte Option sinnvoll (und vor allem zulässig) ist, wäre im Einzelfall zu untersuchen.

[11] Vgl. auch Rhiel, DB 2005, S. 293, und Theile, PiR 2006, S. 17.

51

Beispiel zur erwarteten und tatsächlichen DBO

	DBO Ende Vorjahr		15.000.000
+	Dienstzeitaufwand *(current service cost)*	+	600.000
+	Zinsaufwand *(interest cost)*	+	900.000
./.	Rentenzahlungen	–	700.000
./.	Abfindungen	–	10.000
+	Übertragungen	+	30.000
=	Erwartete DBO zum Jahresende	=	15.820.000

Der Versicherungsmathematiker ermittelt aber zum Jahresende auf Basis der tatsächlichen Personendaten und ggf. neuer Berechnungsannahmen (z.B. Zins) mit 16.000.000 eine um 180.000 höhere tatsächliche DBO, was grundsätzlich einen Verlust darstellt. Andererseits meldet der externe Träger (z.B. Unterstützungskasse) um 40.000 höhere tatsächliche Erträge als erwartet. Per saldo sind also 140.000 neue Verluste entstanden.

Beispiel zur Korridormethode

	Ungetilgte Verluste zum Jahresanfang (stammend aus Vorjahren; siehe Beispiel Rz 19)		2.000.000
+	neu entstandene Verluste im Geschäftsjahr (siehe zuvor)	+	140.000
./.	getilgte Verluste im Geschäftsjahr (lt. Vorjahresberechnung)	–	25.000
=	ungetilgte Verluste zum Jahresende	=	2.115.000
./.	Korridor (10 % von 16 Mio. der DBO)	–	1.600.000
=	den Korridor übersteigender Betrag	=	515.000
:	Restdienstzeit der Aktiven	:	20
=	Tilgungsbetrag für Verluste für das Folgejahr	=	25.750

Im Erstjahr der Anwendung von IFRS sind die „ungetilgten Verluste (Gewinne) zum Jahresanfang“ sowie die „getilgten Verluste im Geschäftsjahr“ natürlich gleich null, da ohne Fehlbeträge und Überdeckungen in die IFRS-Zukunft gestartet wird (Rz 47). In unserem Beispiel befinden wir uns also schon in einem späteren Jahr der Bilanzierung nach IFRS.

Finanzierungsstatus am Jahresende als Kontrolle

	DBO zum Jahresende (lt. Berechnung)		16.000.000
./.	externes Kassenvermögen (lt. Buchhaltung der Kasse)	–	4.370.000
./.	ausstehende Fehlbeträge (siehe Beispiel zur Korridormethode)	–	2.115.000
=	Pensionsrückstellung zum Jahresende	=	9.515.000

Diese ist identisch mit der Zahl in Rz 40; dies zeigt, dass richtig gerechnet wurde (vgl. auch mit dem Finanzierungsstatus am Jahresanfang in Rz 19 sowie dem Pensionsspiegel in Rz 57).

2.3.5 Mindest- und Höchstausweis der Pensionsrückstellung

Die **IFRS** verlangen keine Mindestrückstellung wie US-GAAP noch bis 15.12.2006. Ab 15.12.2006 sind nach US-GAAP (FAS 158) die noch nicht erfolgswirksam gebuchten Gewinne und Verluste über das *other comprehensive income* erfolgsneutral zu buchen, also ähnlich wie die SORIE-Option nach IAS 19 (jedoch **mit *recycling***). 52

Umgekehrt kann bei einem sehr gut dotierten externen Träger (Pensionskasse oder Pensionsfonds) die Pensionsrückstellung auch negativ (also ein Aktivposten, *defined benefit asset*; IAS 19.54) sein. Ein solcher Aktivposten kann auch entstehen, ohne dass der externe Träger eine Überdeckung aufweist (sondern nur ungetilgte versicherungsmathematische Verluste). Nach IFRS (nicht aber nach US-GAAP) ist ein Aktivposten beschränkt auf den Barwert des Nutzens („Nutzenbarwert"), den das Unternehmen für sich daraus wirklich ziehen kann (z.B. durch Beitragsrückgewähr oder Beitragssenkung) zzgl. evtl. noch ausstehender Tilgungsbeträge für versicherungsmathematische Verluste und *past service cost* (IAS 19.58). Die Beschränkung eines Aktivpostens durch ein *asset ceiling* wird erfolgswirksam vorgenommen und ist daher eine Komponente des Pensionsaufwands (wenn nicht die SORIE-Methode verwendet wird). 53

Die Ermittlung dieser Limitierung kann in der Praxis durchaus kompliziert werden. Die Regelungen zur Anwendung eines *asset ceiling* dürfen nämlich nicht allein deshalb zu einem zu buchenden Gewinn (bzw. Verlust) führen, weil sich im abgelaufenen Geschäftsjahr ein *actuarial loss* oder auch eine *past service cost* (bzw. *actuarial gain)* ergeben hat (IAS 19.58A). Diese Zusatzvorschriften sind nur anzuwenden, wenn der Pensionsplan eine Überdeckung (Marktwert der *plan assets* übersteigt die DBO) hat und das Unternehmen nicht voll auf eine Überdeckung (mittels Rückvergütungen oder künftiger Beitragssenkungen) zugreifen kann (IAS 19.58B). 54

Da die Regelungen zum *asset ceiling* sehr komplex und „undurchsichtig" sind, gab es hierzu schon mehrere Nachbesserungen. IFRIC 14 (IAS 19 – *The Limit on a Defined Benefit Asset, Minimum Funding Requirements and their Interaction)* vom Juli 2007 und die kleine Ergänzung vom November 2009 konkretisieren den Begriff des aktivierbaren Nutzens, den ein Arbeitgeber aus einer Überdeckung ziehen kann, zum einen generell und zum anderen für den Fall, dass diese Überdeckung aus zusätzlichen Mindestbeitragszahlungen an die Versorgungseinrichtung resultiert, die sich etwa aus Vorschriften lokaler Aufsichtsbehörden über die Versorgungseinrichtung ergeben können. Nach IFRIC 14.16 ist der Nutzenbarwert mit den gleichen Rechnungsgrundlagen wie die DBO zu ermitteln. Nach IFRIC 14.11 muss der wirtschaftliche Nutzen einer Überdeckung für das Unternehmen in rechtlicher Hinsicht uneingeschränkt sein; in zeitlicher Hinsicht muss er irgendwann eintreten, sei es sofort oder während der Laufzeit des Plans oder erst bei Beendigung oder Abwicklung des Plans. Falls aufgrund von Mindestdotierungsvorschriften noch zu leistende Zusatzbeitragszahlungen für zurückliegende Dienstzeiten dem Unternehmen nach der Einzahlung in den Plan nicht vollumfänglich als wirtschaftlicher Nutzen zur Verfügung stehen werden, wären nunmehr sogar auch Zusatzrückstellungen und nicht nur Minderaktivierungen aus solchen Vorschriften denkbar. Hauptsächlich betrifft dies Pensionsfonds in Großbritannien, in der Schweiz, Belgien und in den Niederlanden. Möglich, aber unwahrscheinlich, sind auch Auswirkungen auf deutsche Pensionskassen und Pensionsfonds aufgrund von Solvabilitätsvorschriften der deutschen BaFin.

In Deutschland kommen Überdeckungen einer Versorgungseinrichtung (auch eines CTA als reinem Finanzierungsvehikel, Rz 60), gerechnet als Differenz von Planvermögen zum Zeitwert minus Pensionsverpflichtung DBO, auch tatsächlich irgendwann einmal (spätestens bis zur Abwicklung des Plans) dem Arbeitgeber zugute, sei es als Rückerstattung oder als Beitragsreduktion, soweit und sofern die Überschüsse dem Arbeitgeber zustehen.[12] Insoweit wirken sich auch regulatorische Vorschriften der Aufsichtsbehörden (BaFin) etwa bei Pensionsfonds oder Pensionskassen nicht hinderlich aus. IFRIC 14 stellt fest, dass dies offenkundig in anderen Ländern, wie etwa der Schweiz, häufig vorkommt. Zu „IFRIC 14 und Schweizer Vorsorgepläne“ gibt es eine spezielle Stellungnahme der „Schweizerischen Kammer der Wirtschaftsprüfer und Steuerexperten“ aus 2008. In deutschen Pensionsplänen ist (auch schon aus arbeitsrechtlichen Gründen) klar geregelt, wem (Arbeitgeber und/oder Arbeitnehmer) und in welcher Höhe die Überschüsse zustehen. Bei Entgeltumwandlungszusagen stehen die Überschüsse immer den Arbeitnehmern zu, nie dem Arbeitgeber. Bei reinen Leistungszusagen stehen die Überschüsse praktisch immer dem Arbeitgeber in voller Höhe zu. Bei Pensionskassen stehen Überschüsse zumindest in dem Umfange den Arbeitnehmern zu, wie diese die Beiträge entrichtet haben. Insoweit Beiträge vom Arbeitgeber entrichtet wurden, kann (muss aber nicht) der Arbeitgeber ganz oder teilweise ein Überschussbezugsrecht haben. Stehen bspw. 40 % der Überschüsse dem Arbeitgeber zu, dann wird die formal ermittelte Überdeckung nur zu 40 % aktiviert (unter Beachtung evtl. noch vorhandener ungetilgter versicherungsmathematischer Verluste nach Rz 53 bei Verwendung der Korridormethode).

2.3.6 Überleitung von HGB nach IFRS

55 Das Rechenschema zur Ermittlung der Pensionsrückstellungen zum Jahresende (Rz 40) ist formal auch nach **HGB** möglich und wird auch in vielen Prüfberichten von Wirtschaftsprüfern so vorgenommen. Eine solche Darstellung ist dann eine Kontrollrechnung für den Pensionsaufwand nach HGB, der aus den Zahlungen des Unternehmens und der Veränderung der Teilwerte (Pensionsrückstellungen) vom Jahresanfang zum Jahresende besteht. Nach **IFRS** wird der Pensionsaufwand originär (Rz 42f.) ermittelt, sodass sich die Pensionsrückstellung zum

12 Vgl. zu einem einschlägigen Beispiel im Falle eines typischen deutschen CTA Lüdenbach, PiR 2008, S. 309ff. Siehe auch Hagemann/Neumeier/Verhuven, KoR 2009, S. 631ff., sowie Deiter/Sellhorn, PiR 2008, S. 356ff., und Zülch/Nellessen, PiR 2007, S. 288ff., zu weitergehenden Beispielen, die auch auf Fallgestaltungen außerhalb des deutschen Rechtskreises anwendbar sind.

Jahresende als Ergebnis ergibt. Insoweit ergibt sich für den Buchhalter in der Darstellung grundsätzlich kein Unterschied.

56 Die Buchhaltung eines deutschen Unternehmens erfolgt i. d. R. nach HGB-Konventionen, sodass bei der Überleitung von HGB nach IFRS lediglich der deutsche Pensionsaufwand sowie die deutschen Pensionsrückstellungen zum Jahresanfang und zum Jahresende durch die entsprechenden IFRS-Werte zu ersetzen sind (Anpassungsbuchungen).

2.3.7 Pensionsspiegel

57 Die Staffeldiagramme zum Finanzierungsstand am Jahresanfang (Rz 19), zur Rückstellungsentwicklung (Rz 41), zum Pensionsaufwand (Rz 42), zu den versicherungsmathematischen Gewinnen und Verlusten aus DBO und externem Träger (*plan assets*; Rz 51) und zum Finanzierungsstand am Jahresende (Rz 51) lassen sich übersichtlich in einem „Pensionsspiegel" darstellen.[13]

Ein Pensionsspiegel muss sämtliche Wirkungen der betrieblichen Altersversorgung auf den Jahresabschluss einbeziehen; also auch *settlements, curtailments* (Rz 67f.), *asset ceiling* (Rz 53f.), Rückübertragungen und *reimbursement rights.*[14] Sicherlich können nicht zutreffende, nur mit Nullen gefüllte Zeilen und Spalten letztlich weggelassen werden.

Ein mit den Daten unseres Beispiels ausgefüllter Pensionsspiegel könnte wie folgt aussehen:

13 Hierauf machen PAWELZIK (DB 2005, S. 733) bzw. HEUSER/THEILE (IAS/IFRS-Handbuch, 2005, Tz 1130f.) zutreffend aufmerksam. Als interne Arbeitsunterlage wird ein Pensionsspiegel schon länger des Öfteren von Aktuaren, Wirtschaftsprüfern und Buchhaltern genutzt. Allerdings verlangt IAS 19 nur die vielen Staffeldiagramme (Rz 85) und nicht die übersichtliche Darstellung in einem Pensionsspiegel.

14 Reimbursement rights (Rz 66) können im Pensionsspiegel zunächst wie richtige plan assets angesetzt werden; allerdings wird dann in der Bilanz letztlich „brutto" gebucht, d. h., die reimbursement rights werden aktiviert und die Pensionsrückstellung wird entsprechend erhöht (Bilanzverlängerung).

		Anwartschafts-barwert DBO	Planvermögen des externen Trägers	ungetilgte Verluste (+) oder Gewinne (–)	ungetilgte rückwirkende Planänderungen	Wertberichtigung (WB) (–) wegen Nichtnutzbarkeit einer Überdeckung des Planvermögens	Pensionsrückstellung DBL (+) oder Pensionsaktivwert DBA (–)
		A	B	C	D	E	F
1	**tatsächliche Werte am Jahresbeginn**	15.000.000	4.000.000	2.000.000	0	0	9.000.000
2	**Pensionsaufwand in GuV:**						
3	Dienstzeitaufwand (ArbN-+ArbG-finanziert)	600.000					600.000
4	Arbeitnehmerbeiträge an externen Träger	0					0
5	Zinsaufwand	900.000					900.000
6	erwarteter Ertrag eines externen Trägers		280.000				–280.000
7	Tilgung Verluste/Gewinne (Korridor)			–25.000			25.000
8	Tilgung Verluste/Gewinne sofort (nicht Korridor)			0			0
9	Tilgung Planänderungen				0		0
10	Aufwand/Ertrag aus Abfindungen und Übertragungen	0		0			0
11	Aufwand/Ertrag aus Plankürzungen	0		0	0		0
12	Anpassung *asset ceiling:*						
13	Änderung der WB					0	0
14	Sondertilgung Verluste/Gewinne			0			0
15	Summe:	1.500.000	280.000	–25.000	0	0	**1.245.000**
16	**Pensionsaufwand im SORIE:**						
17	Tilgung Verluste/Gewinne			0			0
18	Anpassung *asset ceiling;* Änderung der WB					0	0
19	Summe:			0		0	0
20	**Zahlungen für Renten und Zuwendungen:**						

		Anwartschaftsbarwert DBO	Planvermögen des externen Trägers	ungetilgte Verluste (+) oder Gewinne (–)	ungetilgte rückwirkende Planänderungen	Wertberichtigung (WB) (–) wegen Nichtnutzbarkeit einer Überdeckung des Planvermögens	Pensionsrückstellung DBL (+) oder Pensionsaktivwert DBA (–)
		A	B	C	D	E	F
21	Firma an Rentner (Renten)	–400.000					–400.000
22	Firma an externen Träger (Zuwendungen)		350.000				–350.000
23	Arbeitnehmer-Beiträge an externen Träger	0	0				
24	externer Träger an Rentner (Renten)	–300.000	–300.000				
25	externer Träger an Firma (Erstattungen)		0	0			0
26	Summe:	–700.000	50.000	0			–750.000
27	**Zahlungen für Abfindungen und Übertragungen:**						
28	Firma an Pensionsberechtigte	–10.000					–10.000
29	Firma an (-) bzw. von (+) Übernehmer	30.000					30.000
30	externer Träger an Pensionsberechtigte	0	0				
31	externer Träger an (-) bzw. von (+) Übernehmer	0	0				
32	Summe:	20.000	0				20.000
33	**neue Planänderungen (Z9)**	0			0		
34	**neue vers.-math. Verluste/Gewinne aus:**						
35	DBO-Veränderung	180.000		180.000			
36	Minder- oder Mehrertrag des externen Trägers		40.000	–40.000			
37	Summe:	180.000	40.000	140.000			0
38	**tatsächliche Werte am Jahresende**	**16.000.000**	**4.370.000**	**2.115.000**	0	0	**9.515.000**

Zeile	Anmerkungen zu einzelnen Zeilen des Pensionsspiegels:
1	Neukonsolidierungen und Entkonsolidierungen sind hier (bzw. in einer separaten Zeile) zu berücksichtigen.
9	Ggf. inkl. erster Teiltilgung neuer Planänderungen (sofort unverfallbare Planverbesserungen müssen sofort gebucht werden).
10	Wegen Erhöhung der DBO oder anteiliger Tilgung von Verlusten/Gewinnen.
11	Wegen Erhöhung der DBO oder anteiliger Tilgung von Verlusten/Gewinnen oder Planänderungen.
13/18	Die WB wegen Nichtnutzbarkeit einer Überdeckung kann sich verringern oder erhöhen.
14	Wenn sich durch Verluste des externen Trägers eine Überdeckung vermindert und hierdurch die WB gewinnerhöhend abnimmt, dann ist dieser Gewinn durch Tilgung von (neu entstandenen) Verlusten insoweit zu kompensieren.
25	Erfolgsneutrale Erstattungen oder Rückübertragungen (wenn und insoweit ungetilgte Gewinne bestehen, kann ggf. ein Gewinn in C25 gebucht werden).

58 Will man die Ursachen der versicherungsmathematischen Gewinne und Verluste darstellen, ist folgender ausführlicherer Pensionsspiegel sinnvoll, der auch die am Jahresanfang für das Jahresende erwarteten Werte und die Abweichungen zu den tatsächlichen Werten explizit enthält.

				Anwartschaftsbarwert DBO	Planvermögen des externen Trägers	ungetilgte Verluste (+) oder Gewinne (–)	ungetilgte rückwirkende Planänderungen	Wertberichtigung (WB) (–) wegen Nichtnutzbarkeit einer Überdeckung des Planvermögens	Pensionsrückstellung DBL (+) oder Pensionsaktivwert DBA (–)
				A	B	C	D	E	F
1			**tatsächliche Werte am Jahresbeginn**	15.000.000	4.000.000	2.000.000	0	0	9.000.000
2			**Pensionsaufwand:**						
3	P&L		Dienstzeitaufwand (ArbN-+ArbG-finanziert)	600.000					600.000
4	P&L		erwartete Arbeitnehmerbeiträge an externen Träger	0					0
5	P&L		Zinsaufwand	900.000					900.000
6	P&L		erwarteter Ertrag eines externen Trägers		280.000				–280.000
7	P&L		Tilgung Verluste/Gewinne			–25.000			25.000
8	P&L		Tilgung Planänderungen				0		0
9	P&L	Z 2 bis 8	Summe:	1.500.000	280.000	–25.000	0		**1.245.000**
10			**erwartete Zahlungen:**						
11			Firma an Rentner (Renten)	–400.000					–400.000
12			Firma an externen Träger (Zuwendungen)		350.000				–350.000
13			Arbeitnehmer-Beiträge an externen Träger	0	0				
14			externer Träger an Rentner (Renten)	–300.000	–300.000				
15			externer Träger an Firma (Erstattungen)		0				0
16	P&L		externer Träger an Firma (Rückübertragung = *gain*)		0	0			
17		Z 10 bis 16	Summe:	–700.000	50.000	0			–750.000
18		Z 1 bis 17	**erwartete Werte am Jahresende**	**15.800.000**	**4.330.000**	**1.975.000**	0	0	**9.495.000**
19			**unerwartete Mehrzahlungen:**						

				Anwartschaftsbarwert DBO	Planvermögen des externen Trägers	ungetilgte Verluste (+) oder Gewinne (–)	ungetilgte rückwirkende Planänderungen	Wertberichtigung (WB) (–) wegen Nichtnutzbarkeit einer Überdeckung des Planvermögens	Pensionsrückstellung DBL (+) oder Pensionsaktivwert DBA (–)
				A	B	C	D	E	F
20			Firma an Rentner (Renten)			0			0
21			Firma an externen Träger (Zuwendungen)		0				0
22	P&L		Arbeitnehmer-Beiträge an externen Träger		0				0
23			externer Träger an Rentner (Renten)		0	0			
24			externer Träger an Firma (Erstattungen)		0				0
25	P&L		externer Träger an Firma (Rückübertragung = *gain*)		0	0			
26		Z 19 bis 25	Summe:		0	0			0
27			**neue vers.-math. Verluste/Gewinne aus:**						
28			DBO-Veränderung	180.000		180.000			
29			Minder- oder Mehrertrag des externen Trägers		40.000	–40.000			
30		Z 27 bis 29	neue vers.-math. Verluste/Gewinne DBO u. Träger	180.000	40.000	140.000			
31		Z 19 bis 30	**neue vers.-math. Verluste/Gewinne ges.**	**180.000**	40.000	**140.000**			0
32			**Sondereffekte aus:**						
33	P&L		Tilgung Verluste/Gewinne sofort (nicht Korridor)			0			0
34	SORIE		Tilgung Verluste/Gewinne sofort (SORIE)			0			0
35			neue Planänderungen	0			0		
36	P&L		abzgl. ggf. erste Teiltilgung davon				0		0
37			Zahlungen für Abfindungen und Übertragungen:						
38			Firma an Pensionsberechtigte	-10.000					-10.000

				Anwartschaftsbarwert DBO	Planvermögen des externen Trägers	ungetilgte Verluste (+) oder Gewinne (–)	ungetilgte rückwirkende Planänderungen	Wertberichtigung (WB) (–) wegen Nichtnutzbarkeit einer Überdeckung des Planvermögens	Pensionsrückstellung DBL (+) oder Pensionsaktivwert DBA (–)
				A	B	C	D	E	F
39			Firma an (-) bzw. von (+) Übernehmer	30.000					30.000
40			externer Träger an Pensionsberechtigte	0	0				
41			externer Träger an (-) bzw. von (+) Übernehmer	0	0				
42		Z 37 bis 41	Summe:	20.000	0				20.000
43	P&L		GuV-Aufwand/Ertrag aus Abf. und Übertrag.	0		0			0
44	P&L		GuV-Aufwand/Ertrag aus Plankürzungen	0		0	0		0
45		Z 32 bis 44	**alle Sondereffekte**	20.000	0	0	0		20.000
46		Z 1 bis 45	**tats. Werte Jahresende vor *asset ceiling***	16.000.000	4.370.000	2.115.000	0	0	9.515.000
47			Anpassung *asset ceiling*:						
48	P&L		Änderung der WB					0	0
49	P&L		Sondertilgung wegen Erhöhung vers.-math. Verluste			0			0
50	SORIE		Änderung der WB					0	0
51	SORIE		Sondertilgung wegen Erhöhung vers.-math. Verluste			0			0
52		Z 47 bis 51	Summe:			0		0	0
53		Z 1 bis 52	**tatsächliche Werte am Jahresende**	16.000.000	4.370.000	2.115.000	0	0	9.515.000

Zeile	Anmerkungen zu einzelnen Zeilen des Pensionsspiegels:
1	Neukonsolidierungen und Entkonsolidierungen sind hier (bzw. in einer separaten Zeile) zu berücksichtigen.
3/4	Der Dienstzeitaufwand ist ein erwarteter Wert. Wenn dieser unverändert bleibt, aber mehr Arbeitnehmerbeiträge vereinnahmt werden, ergibt sich ein zu buchender Gewinn.
15/24	Erfolgsneutrale Erstattungen oder Rückübertragungen.
16/25	Nur sinnvoll, wenn und insoweit ungetilgte Gewinne bestehen.
36	Sofort unverfallbare Planverbesserungen müssen sofort gebucht werden.
43	Wegen Erhöhung der DBO oder anteiliger Tilgung von Verlusten/ Gewinnen.
44	Wegen Erhöhung der DBO oder anteiliger Tilgung von Verlusten/ Gewinnen oder Planänderungen.
48/50	Die WB wegen Nichtnutzbarkeit einer Überdeckung kann sich verringern oder erhöhen.
49/51	Wenn sich durch Verluste des externen Trägers eine Überdeckung vermindert und hierdurch die WB gewinnerhöhend abnimmt, dann ist dieser Gewinn durch Tilgung von (neu entstandenen) Verlusten insoweit zu kompensieren.

2.4 Besonderheiten und Gestaltungen bei Pensionsverpflichtungen

2.4.1 Zur Auslagerung von Pensionsrückstellungen mittels Treuhandlösungen

59 Pensionsrückstellungen in Deutschland werden vom Ausland als *unfunded pension obligations* angesehen (Rz 5) und führen oft auch zu Nachteilen beim *credit rating* des Unternehmens. Die zu bilanzierende Pensionsrückstellung verlängert die Bilanz und verschlechtert Bilanzkennzahlen. Da in Deutschland die Umstellung des Durchführungswegs auf einen externen Träger (Unterstützungskasse, Pensionskasse, Pensionsfonds oder Versicherungslösung) meist teuer, oft steuerlich nachteilig und rechtlich kompliziert (meist mitbestimmungspflichtig) ist, bieten sich **Treuhandlösungen** an, die nach internationalen Bilanzierungsgrundsätzen genauso behandelt werden wie die klassischen externen Durchführungswege.

60 Einige nach US-GAAP bilanzierende Unternehmen führten **Pension-Trust-Modelle** bereits im letzten Jahrtausend ein (z.B. Deutsche Shell und DaimlerChrysler); für nach IFRS bilanzierende Unternehmen waren solche Modelle erst ab 2000 zulässig.

Einem i.d.R. in Form eines Vereins (als Treuhänder) gegründeten Pension Trust (auch *contractual trust arrangement*, CTA, genannt) werden (der Höhe und dem Zeitpunkt nach freiwillig) Vermögenswerte zugewendet, die ausschließlich und unwiderruflich nur der Deckung und Finanzierung der direkten Pensionsverpflichtungen des Unternehmens dienen; eine anderweitige Verwendung ist ausgeschlossen. Die Versorgungsberechtigten erwerben nur im Falle des Konkurses des Unternehmens einen direkten Rechtsanspruch gegen den Pension Trust. Solange das Unternehmen solvent ist, erhält der Versorgungsberechtigte seine Betriebsrente direkt vom Unternehmen. Der Pension Trust erstattet dem Unternehmen nachträglich die gezahlten Betriebsrenten *(reimbursement)*. Natürlich kann der Pension Trust auch direkt, aber dann nur für Rechnung und im Auftrag des Unternehmens, zahlen. Nur wenn nach Erfüllung aller bestehenden und abgesicherten Pensionsverpflichtungen Vermögenswerte des Pension Trust übrig bleiben, dürfen diese nach US-GAAP an das Unternehmen zurückübertragen werden. Nach IAS 19 darf demgegenüber auch zuvor schon „überdotiertes" Trust-Vermögen an das Unternehmen zurückübertragen werden; der Begriff der „Überdotierung" ist allerdings noch auslegungsbedürftig (Rz 22).

Nach IFRS und US-GAAP qualifizieren die Vermögenswerte des Pension Trust (wobei vom Unternehmen ausgegebene und vom Pension Trust gehaltene Wertpapiere frei handelbar sein müssen) als *plan assets*. Außerdem vermindert sich der Pensionsaufwand um den (erwarteten) Vermögensertrag des Pension Trust. Marktwertschwankungen (Volatilität) des Trust-Vermögens schlagen somit bei Anwendung des Korridorverfahrens nicht direkt auf den Pensionsaufwand durch. Auch viele Bilanzkennzahlen sehen aufgrund der Bilanzverkürzung im internationalen Vergleich besser aus.

Nach **deutschem Steuerrecht** gelten die Vermögenswerte des Vereins (Treuhandvermögen) jedoch weiterhin als wirtschaftliches Eigentum des Unternehmens, sodass insoweit diese Trust-Lösung steuerlich als nicht existent zu qualifizieren ist und somit weder steuerliche Vorteile noch Nachteile entstehen. Nach Inkrafttreten des BilMoG (in 2010) gibt es aber in der Handelsbilanz eine zwingende Verrechnung zugriffsfrei ausgesonderter Vermögenswerte mit der Pensionsverpflichtung (§ 246 Abs. 2 HGB). 61

Unter dem alten **IAS 19** (*revised* 1998) wurden Pension-Trust-Gestaltungen **nicht** als externe *plan assets* anerkannt. Der IASB hatte in IAS 19 (*revised* 2000) die Bedingung des formellen Rechtsanspruchs der Versorgungsberechtigten gegen den Pension Trust fallen gelassen, sodass seitdem solche Gestaltungen auch nach IFRS anerkannt werden können. 62

2.4.2 Rückdeckungsversicherungen, Direktversicherungen, versicherungsförmig geführte Pensionskassen und Pensionsfonds

Ebenso können nach IAS 19 (*revised* 2000) auch ohne Gründung eines Pension Trust vom Unternehmen zur **Rückdeckung** direkter Pensionszusagen eingesetzte Versicherungen (sog. *qualifying insurance policies)* als *plan assets* angesetzt werden, wenn die Versicherungen unwiderruflich und auch im Konkursfall des Unternehmens ausschließlich für den Versorgungszweck zur Verfügung stehen (z. B. durch Verpfändung an die Versorgungsberechtigten). Dies gilt jedoch nicht für andere zur Rückdeckung eingesetzte Vermögenswerte (z. B. Immobilien oder Fondsanteile). IAS 19 erkennt *qualifying insurance policies* nur dann an, wenn die Versicherungsgesellschaft, bei der die Verträge abgeschlossen werden, kein mit dem Arbeitgeber verbundenes Unternehmen, sog. *related party* gem. IAS 24 63

(→ § 30), ist. Diese Einschränkung ist in Deutschland vor dem Hintergrund, dass der Deckungsstock von Versicherungen über einen Treuhänder (und im Insolvenzfall den Sicherungsfonds-Protector) abgesichert ist, eigentlich unverständlich. Noch unverständlicher ist, dass nach IAS 19.104C nur *qualifying insurance policies* als *plan assets* gelten, selbst wenn sie von einer externen Versorgungseinrichtung gehalten werden. Dies betrifft aber nur die Saldierung mit der DBO; ansonsten werden auch *non-qualifying insurance policies* „wie *plan assets*" behandelt (*reimbursement* nach IAS 19.104Af.; Rz 22, Rz 66).

64 Bei kongruenten Rückdeckungsversicherungen, die die erworbenen Pensionsansprüche vollständig oder auch nur teilweise abdecken, kann deren Marktwert mit der DBO der rückgedeckten Pensionsverpflichtungen gleichgesetzt werden (IAS 19.104). Hierdurch wird ein vollständig rückgedeckter Pensionsplan materiell einem *defined contribution plan* ähnlich. Dies kann insbesondere bei **kongruent rückgedeckten Unterstützungskassen** (mit beitragsorientierten Leistungszusagen) erstrebenswert sein.

Da Rückdeckungstarife jedoch fast nie (z.B. wegen der nicht versicherbaren Rentenanpassungsverpflichtungen nach § 16 BetrAVG) exakt auf deutsche Pensionsverpflichtungen passen, ist die Anwendung von IAS 19.104 „schwierig". Daher wird hier folgendes praktikables Verfahren vorgeschlagen, das IAS 19.104 sogar für alle Arten von Rückdeckungen leicht anwendbar macht:

- Der Rückdeckungsversicherer teilt die zum Bilanzstichtag aus dem Deckungskapital ausfinanzierte beitragsfreie Leistung mit bzw. sie wird geeignet geschätzt (Angabe der garantierten Leistung und der erwarteten Überschüsse); dies wird i.d.R. nur eine Teilleistung der i.S.v. IAS 19 erdienten Pensionsansprüche sein, im Ausnahmefall auch eine „Überleistung".
- Der Pensionsaktuar der Firma bewertet dann sowohl die nach IAS 19 erdienten Pensionsansprüche in der DBO als auch die beitragsfreie Leistung des Versicherers mit den gleichen nach IAS 19 vorgeschriebenen Parametern (insbesondere Zins und Sterblichkeit, aber auch mit bestmöglicher Ansetzung der erwarteten Überschüsse).

Damit wären Pensionsverpflichtung und (fiktiver) Rückdeckungsanspruch konsistent bewertet.

Eine exakte Übereinstimmung von Pensionsverpflichtung und Rückdeckungsvermögenswert nach IAS 19.104 erhält man also nur, wenn die erdiente Pensionsleistung und die beitragsfreie Versicherungsleistung übereinstimmen und beide gleiches „Dynamikverhalten" aufweisen, was z.B. erfüllt wäre, wenn genau die Überschüsse der Rückdeckungsversicherungen den Pensionsberechtigten als Dynamisierung gut gebracht werden und man davon ausgehen kann, dass diese auch für die Anpassung nach § 16 BetrAVG ausreichen werden.

65 Bei betrieblichen **Direktversicherungen** mit üblicher Ausgestaltung verbleibt für den Arbeitgeber nur das Risiko der finalen Haftung nach § 1 Abs. 1 Satz 3 BetrAVG, also Einstandspflicht bei Insolvenz des Versicherers (Rz 10). Diese **„fast risikolosen Direktversicherungen"** zeichnen sich durch folgende Eigenschaften aus:

- Der Arbeitnehmer hat einen Rechtsanspruch gegen den Lebensversicherer.
- Der Arbeitnehmer ist versicherte Person und Bezugsberechtigter der Leistung.

- Die vom Versicherer garantierte Leistung „richtet sich nach den gezahlten Beiträgen".
- Die garantierte Leistung ist höchstens mit dem aufsichtsrechtlichen Höchstzins von 2,25 % (bzw. früher 2,75 % oder 3,25 % o. Ä.) ermittelt.
- Die Überschüsse kommen ausschließlich den Versicherten zugute.
- Bei unverfallbarem Ausscheiden des Mitarbeiters aus dem Unternehmen richtet sich die unverfallbare Anwartschaft nach dem vorhandenen Deckungskapital und führt nicht zu einer „Auffüllverpflichtung" des Arbeitgebers (z. B. also Anwendung der versicherungsvertraglichen Lösung gem. § 2 Abs. 2 Satz 2 BetrAVG oder einer ähnlich zuverlässigen Regelung bei beitragsorientierten Leistungszusagen oder bei Beitragszusagen mit Mindestleistung).

Solche „fast risikolosen Direktversicherungen" sind u. E. nicht nur „wirtschaftlich", sondern auch rechtlich als *defined contribution plan* zu bilanzieren (IAS 19.39f.; Rz 10). Die finale Haftung des Arbeitgebers ist dann nur als Eventualverbindlichkeit *(contingent liability)* anzusehen (→ § 21 Rz 106). Nach IAS 19.39 ist nämlich *defined contribution accounting* anzuwenden, außer wenn *„the enterprise will have (either directly or indirectly through the plan) a legal or constructive obligation to either (a) pay the employee benefits directly when they fall due; or (b) pay further amounts if the insurer does not pay all future employee benefits relating to employee service in the current and prior periods."*

Der Arbeitgeber hat bei diesen „fast risikolosen Direktversicherungen" weder eine Verpflichtung nach (a) noch nach (b): Es liegt keine Verpflichtung nach (b) vor, da alle erworbenen Pensionsansprüche durch den Versicherer gedeckt sind und von ihm erfüllt werden, sodass weitere Beiträge durch den Arbeitgeber zu deren Erfüllung nicht notwendig sind. Auch im Falle der Insolvenz des Versicherers würde der Arbeitgeber natürlich keine weiteren Beiträge mehr an den insolventen Versicherer zahlen, sondern die Ansprüche direkt (oder anders) erfüllen wollen. Es liegt auch keine Verpflichtung nach (a) vor, denn der Nachsatz *„when they fall due"* zeigt unmissverständlich, dass man auf den „normalen" Zahlungszeitpunkt an den Betriebsrentner abstellt (und dann zahlt ja der Versicherer) und nicht auf den Zahlungsverzug oder die Zahlungsunmöglichkeit durch den Versicherer; sonst hätte man formuliert *„when the insurer cannot pay"*. Auch IAS 19.42 unterstützt diese Argumentation: Der Versicherungsvertrag ist im Namen eines speziellen Arbeitnehmers abgeschlossen und der Arbeitgeber hat keine Verpflichtung, einen versicherungsmathematischen Verlust des Versicherungsvertrags *(to cover any loss on the policy)* zu tragen; diesen trägt der Versicherer (bzw. die Versichertengemeinschaft) selbst. Es wird somit auch hier nicht auf die Insolvenz des Versicherers abgestellt, sondern auf den „normalen" Verlauf der Dinge.

Wenn im Falle einer arbeitgeberfinanzierten „fast risikolosen Direktversicherung" bei verfallbarem Ausscheiden eines Arbeitnehmers das angesammelte Deckungskapital an den Arbeitgeber zurückfällt, könnte dies gegen *defined contribution accounting* sprechen. Wenn diese Chance des Arbeitgebers nicht immateriell sein sollte, wäre sie zu berücksichtigen. Da Direktversicherungen auf einzelne Personen individualisiert sind, wird man hier nur den „Teilplan der noch verfallbaren Direktversicherungen" anschauen (und die bereits unverfallbaren, fast risikolosen Direktversicherungen wie *defined contribution* behandeln). Für diesen Teilplan müsste man die DBO berechnen und mit dem Deckungskapital als *plan assets* vergleichen und ggf. das *asset ceiling* nach IAS 19.58 beachten. Dies widerspricht natürlich den Bedürfnissen der Praxis, die Vereinfachungen wünscht. U. E. sollten aus Erfahrungen der Vergangenheit die Deckungskapitalien der noch verfallbaren Direktversicherungen mit „Rückfallprozentsätzen" gewichtet und aktiviert werden: Z.B. die Deckungskapitalien der Direktversicherungen im ersten Versicherungsjahr mit 20 %, im zweiten Versicherungsjahr mit 15 %, im dritten Versicherungsjahr mit 10 %, im vierten (und höheren, aber noch verfallbaren) Versicherungsjahren mit 5 %.

Wenn **Pensionskassen** nach gleichen Grundsätzen (insbesondere hinsichtlich Solvabilität und Insolvenzabsicherung) wie Versicherungsgesellschaften operieren und Tarife wie die o.a. fast risikolosen Direktversicherungen anbieten, gilt insoweit das Gleiche wie bei diesen (also rechtlich einwandfrei *defined contribution accounting)*. Bei analog operierenden **Pensionsfonds** gilt dies zumindest bei **wirtschaftlicher** Betrachtungsweise (Rz 11). Umgekehrt gilt dies nicht, wenn z.B. eine Pensionskasse die Möglichkeit hat, bei versicherungstechnischen Verlusten die Leistungen zu mindern oder höhere Beiträge zu verlangen. Dann kann höchstens bei wirtschaftlicher Betrachtung (wenn dieses Risiko gering ist) ein *defined contribution plan* vorliegen. Werden von der Pensionskasse Finanzierungsverfahren gewählt, die nicht die stetige Deckung der erworbenen Ansprüche durch bereits gezahlte Beiträge sicherstellen (z.B. Bilanzausgleichsverfahren, Verfahren der technischen Durchschnittsprämie oder Nichtanwendung der versicherungsvertraglichen Lösung gem. § 2 Abs. 3 Satz 2 BetrAVG oder ähnlicher Lösung), liegt insoweit auch wirtschaftlich kein *defined contribution plan* nach IAS 19.7 vor.

Bei **verpfändeten rückgedeckten Direktzusagen** liegt ebenfalls kein *defined contribution plan* vor, da der Arbeitgeber rechtlich zur Zahlung verpflichtet bleibt. Dies gilt auch bei **rückgedeckten Unterstützungskassen**, da hier weder der Versicherer noch die Unterstützungskasse rechtlich zur Zahlung an den Betriebsrentner verpflichtet ist, sodass sich die rechtliche Verpflichtung aus dem Arbeitsverhältnis auch nur gegen den Arbeitgeber richten kann. Verpfändete rückgedeckte Direktzusagen und kongruent rückgedeckte Unterstützungskassen können somit höchstens „bei wirtschaftlicher Auslegung" wie *defined contribution* bilanziert werden (*qualifying insurance policies* und IAS 19.104f.).

2.4.3 Vermögenswerte, die nur „fast" als *plan assets* gelten

66 Vermögenswerte, die zwar der Deckung oder Absicherung von Pensionsverpflichtungen dienen, aber nicht **alle** für die Anerkennung als *plan assets* notwendigen Bedingungen erfüllen, sind nach den jeweiligen Bilanzierungsregeln in der Bilanz des Unternehmens zu aktivieren. Hierdurch wird der Pensionsaufwand nicht berührt. Ist jedoch „ziemlich sicher" (*virtually certain*, IAS 19.104A), dass die Pensionszahlungen von dritter Seite *(another party)* erstattet werden (z.B. von einer Versicherungsgesellschaft oder einem bonitätsstarken konzernfremden Dritten im Wege von Schuldbeitritt mit Erfüllungsübernahme, Rz 73f.), ohne dass dieser Anspruch als *plan assets* qualifiziert wird, muss dieser Anspruch mit dem Marktwert aktiviert werden; der Pensionsaufwand kann unter IFRS jedoch so bestimmt werden, als ob *plan assets*

vorlägen (sog. *plan assets* „zweiter Ordnung"). Insbesondere können Marktwertschwankungen (Volatilität) über den Einbezug in den Korridor der versicherungsmathematischen Gewinne und Verluste geglättet werden. Auch dies ist allgemein schon ein Vorteil (allerdings weniger von Bedeutung bei klassischen Rückdeckungsversicherungen in Deutschland, da deren Marktwert kaum schwankt). Auch hier kann bei kongruenten Rückdeckungsversicherungen, die die erworbenen Pensionsansprüche vollständig abdecken, deren Marktwert mit der DBO der rückgedeckten Pensionsverpflichtungen gleichgesetzt werden (IAS 19.104D).

2.4.4 Abfindungen, Übertragungen *(settlements)* und Kürzungen *(curtailments)* von Pensionsplänen

Settlements (IAS 19.109f.) können bestehen aus: 67

- Barabfindungen an die Versorgungsberechtigten, die im Gegenzug auf ihre Pensionsansprüche verzichten;
- Übertragung der Pensionsansprüche (i.S.d. Änderung des Durchführungswegs der betrieblichen Altersversorgung) auf eine Versicherungsgesellschaft, eine Pensionskasse oder auch einen Pensionsfonds (wobei keine oder nur eine unwahrscheinliche finale Arbeitgeberhaftung zurückbleiben darf; vgl. Rz 9f. und Rz 65) oder auf einen neuen Arbeitgeber;
- Abfindungen, bei denen die Abfindungsleistung in der Gewährung einer entsprechenden Beitragszusage *(defined contribution plan)* besteht (Rz 8f.).

Curtailments entstehen bei Wegfall oder Minderung von künftigen versorgungsfähigen Dienstjahren durch bzw. im Zusammenhang mit Umstrukturierungsmaßnahmen, z.B. Betriebs- oder Teilbetriebsschließungen, Entlassungen in größerem Ausmaß, Vorruhestands- und Altersteilzeitregelungen oder Einfrieren eines Pensionsplanes, sodass die Arbeitnehmer keine zusätzlichen leistungsorientierten Pensionsansprüche für künftige Dienstjahre mehr erwerben. Auch wenn Pensionssteigerungsbeträge für künftige Dienstjahre lediglich vermindert werden, liegt schon ein *curtailment* vor (IAS 19.111, auch Rz 46). Eine Abfindung (Übertragung) und eine Kürzung können unabhängig voneinander oder auch gemeinsam auftreten (z.B. bei einer definitiven Planbeendigung). 68

Auch bei einem *curtailment*, das eigentlich nur künftige Dienstjahre betrifft, kann sich die DBO, die nur die erdienten Pensionsansprüche bewertet, vermindern (Gewinn) oder erhöhen (Verlust). Denn eine Kürzung kann Anlass geben, die Bewertungsannahmen zu revidieren, z.B. eine höhere Kündigungsrate oder eine stärkere Inanspruchnahme von vorgezogenem Altersruhegeld anzunehmen. Zur Abgrenzung eines *curtailment* zu negativen *past service cost* auch Rz 46. 69

Nach IAS 19.109f. sind Gewinne oder Verluste aus der Kürzung oder Abgeltung eines leistungsorientierten Plans zum Zeitpunkt der Kürzung oder Abgeltung zu erfassen; bei Kürzungen wegen Entlassungen ist jedoch schon zu buchen bei Unausweichlichkeit der Maßnahme *(demonstrably committed to)*. Nach US-GAAP gelten unterschiedliche und komplexere Rechnungslegungsvorschriften. 70

Warum ist die Bilanzierung nach **IFRS** (und auch US-GAAP) **komplexer** als die nach **HGB**? Nach HGB wird genau der Verpflichtungsumfang zum Bilanz- 71 stichtag bilanziert (*balance sheet approach*; Rz 14f.). Bei Abfindungen oder Übertragungen von Pensionsverpflichtungen oder bei Änderungen des Pensionsplanes wird nach HGB der nun (noch) vorliegende Pensionsplan bewertet und entsprechend bilanziert. Die großzügigen Verteilungswahlrechte nach IFRS sind nur wegen des langfristigen Charakters der Pensionsverpflichtungen gerechtfertigt, aber auch nur dann, wenn der vorhandene Pensionsplan „normal" weiterläuft *(going concern)*. Werden nun Pensionsverpflichtungen abgefunden oder übertragen oder wird der Pensionsplan geändert, so entschwindet diese Voraussetzung für die Verteilungswahlrechte. Auch nach IFRS ist es vernünftig, sämtliche Aufwendungen (und Erträge) sowie sämtliche noch nicht gebuchten Beträge (an versicherungsmathematischen Gewinnen und Verlusten) voll ergebniswirksam zu buchen, wenn der gesamte Pensionsplan „beseitigt" (abgefunden, übertragen) wird. Wenn nur Teile der Verpflichtungen „beseitigt" werden, kommt vernünftigerweise nur eine „anteilige" Buchung in Frage. Wie diese „anteilige" Buchung vorgenommen wird, darin unterscheiden sich IFRS und US-GAAP deutlich. US-GAAP verwendet komplizierte Regelungen; IFRS hat daraus gelernt und macht es deutlich einfacher.

72 Für die Bilanzierung von *settlements* und *curtailments* nach IFRS gilt, dass **Gewinne und Verluste** aus der Kürzung oder Abgeltung eines leistungsorientierten Plans folgende Posten enthalten müssen:

- Jede daraus resultierende Änderung der DBO,
- jede daraus resultierende Änderung des Planvermögens,
- alle damit verbundenen ungetilgten versicherungsmathematischen Gewinne und Verluste und (ggf.) *past service costs*.

Bei nur **teilweiser** Kürzung oder Abgeltung ist die letztgenannte Position nur anteilig zu buchen.

2.4.5 Schuldbeitritt mit Erfüllungsübernahme

73 Bestehende Pensionsregelungen können ein Hindernis bei Käufen und Verkäufen von Unternehmen bzw. Betrieben oder Teilbetrieben darstellen, da das deutsche Betriebsrentengesetz keine besonderen erleichternden Regelungen hierfür enthält. Neben den drei stets möglichen *settlement*-Gestaltungen aus Rz 67 findet man in der Praxis daher oftmals Fälle (insbesondere also im **Zusammenhang mit Käufen und Verkäufen von Unternehmen)**, in denen ein fremdes Unternehmen die Erfüllung der Pensionsverpflichtungen unter Schuldbeitritt mit Erfüllungsübernahme übernimmt.[15] Im Fall der Insolvenz des Übernehmers **haftet** der abgebende Arbeitgeber. Solche Fälle sind unter IFRS wirtschaftlich zu betrachten.

74 Wenn der Übernehmer **sämtliche Risiken** (hinsichtlich der übernommenen Vermögenswerte sowie Invalidität, Tod usw.) übernimmt und die ggf. noch weiter zu zahlenden Prämien des abgebenden Arbeitgebers vom weiteren Risikoverlauf beim Übernehmer unabhängig sind, liegt trotz der Haftung im Konkursfall wirtschaftlich ein *settlement* vor.[16] Wegen der (formal) gesamtschuldneri-

---

15 Zur steuerlichen Behandlung siehe das BMF-Schreiben v. 16.12.2005 (DB 2005, S. 2778).

16 Bei solchen Gestaltungen besteht aber die Gefahr, dass der Übernehmer ein unzulässiges Versicherungsgeschäft betreibt; zumindest jedenfalls, wenn er das Todesfall- und Invaliditätsrisiko nicht an eine Versicherungsgesellschaft weitergibt.

schen Haftung des abgebenden und des übernehmenden Unternehmers könnte sich der Rentner auch direkt an das abgebende Unternehmen halten, sodass die Argumentation unter Rz 65, dass man auch rechtlich einwandfrei zu einem *settlement* gelangen könnte, nicht greift.
Hängen hingegen die Prämien vom weiteren Risikoverlauf ab (übliche Gestaltung), liegt kein *settlement* vor. Überträgt der Übernehmer die übernommenen Vermögenswerte (und Prämien) in eine externe Versorgungseinrichtung oder nutzt er eine Treuhandlösung (Rz 59f.), dann liegt aus Sicht des abgebenden Unternehmens ein *funded plan* mit *plan assets* vor. Hält der Übernehmer die übernommenen Vermögenswerte (und Prämien) im operativen Bereich seines Unternehmens, dann liegen aus Sicht des abgebenden Unternehmens keine *plan assets* vor, sondern lediglich *plan assets* „zweiter Ordnung" (Rz 66).

Aus Sicht des Übernehmers liegen grundsätzlich keine Pensionsverpflichtungen i.S.v. IAS 19 vor, da eine Verpflichtung gegenüber **fremden** Arbeitnehmern besteht. Man wird jedoch die Verpflichtung analog IAS 19 bewerten und bilanzieren. Je nach Fallgestaltung des Schuldbeitritts mit Erfüllungsübernahme wird man analog einem Beitragsplan *(defined contribution plan)* oder einem *defined benefit plan* (mit oder ohne *plan assets)* vorgehen (Rz 8ff.). 75

3 Sonstige Leistungen für Arbeitnehmer *(employee benefits)*

3.1 Ansatz, Bewertung und Ausweis

Kurzfristige (besser: kurzzeitige) Verpflichtungen aus dem Arbeitsverhältnis (IAS 19.8), die innerhalb von 12 Monaten nach Entstehung fällig werden, sind – sofern sie am Bilanzstichtag noch nicht erfüllt sind – im Gegensatz zu langfristigen unabgezinst zurückzustellen. Hierzu gehören nach IAS 19.8 neben den Gehaltszahlungen auch die Beiträge an die Sozialversicherungsträger. 76

Für sonstige längerfristige Verpflichtungen, die nicht im Rahmen von Pensionsplänen bewertet werden, wie z.B. **Jubiläumsgelder** und Verpflichtungen aus **Arbeitszeitkontenmodellen**, ist der Barwert der abgelaufenen Wirtschaftsjahren zuzurechnenden (Teil-)Ansprüche (DBO) zurückzustellen, wobei für die Berechnungsmethoden und -annahmen (insbesondere Zins und Dynamisierung) das Gleiche wie bei Pensionszusagen gilt (Rz 26ff.). Verteilungswahlrechte (Rz 49ff.) werden jedoch nicht zugestanden (IAS 19.127). Als Folge hiervon können sich stark schwankende Rückstellungswerte ergeben. *Plan assets* stehen auch hier dem Grunde nach zur Finanzierung der Verpflichtung zur Verfügung, jedoch sieht IAS 19 für *other long-term employee benefits* (im Gegensatz zu *post-employment benefits)* keine *defined contribution plans* vor, was eigentlich unverständlich und wohl als Lapsus aufzufassen ist. Bei Arbeitszeitkontenmodellen liegen oft wertpapiergebundene Zusagen vor mit oder ohne Mindestgarantien.[17] 77

[17] Siehe hierzu Rz 100 und ausführlicher RHIEL, PiR 2007, S. 183.

3.2 Arbeitszeitkontenmodelle

78 Zu unterscheiden ist nach dem **wirtschaftlichen Inhalt** des jeweiligen Modells:

- **Verkürzung der Lebensarbeitszeit** vor der eigentlichen Pensionierung: Behandlung als Pensionsplan (Frühpensionierungsplan) mit der Anwendung der „normalen" Rechnungslegungsvorschriften für Pensionsverpflichtungen.
- **Kurzfristige Ausgleichung** von betrieblichen Auslastungsspitzen: Bilanzierung so, als ob die Verpflichtung unmittelbar nach dem Bilanzstichtag zu erfüllen wäre (IAS 19.8).
- **Langfristige Urlaubs- und Freizeitgewährung** *(sabbaticals)*: Behandlung als *other long-term employee benefits* (Rz 77).

3.3 Personalstrukturmaßnahmen und *termination benefits*

79 *Termination benefits* (IAS 19.132f.) sind Leistungen des Arbeitgebers, jenseits eines Pensionsplans, im Zusammenhang mit einer (arbeitgeberseitig gewünschten) Beendigung des Arbeitsverhältnisses von Arbeitnehmern, meist im Zusammenhang mit Personalstrukturmaßnahmen, z.B. Einmalzahlungen, periodische Zahlungen (mehrere Jahre; lebenslänglich), Gehaltsfortzahlungen bei faktischer Freistellung oder einer Extra-Verbesserung der Betriebsrente. Meistens findet zusätzlich ein *curtailment* (Kürzung) des (normalen) Pensionsplans statt. Leistungen, die unabhängig vom Ausscheidungsgrund des Arbeitnehmers gezahlt werden, gelten nicht als *termination benefits*, sondern als Pensionsleistungen oder sonstige *post-employment*-Leistungen. Gewährt der Arbeitgeber bei arbeitgeberseitig veranlasstem Ausscheiden höhere Leistungen als bei freiwilligem Ausscheiden des Arbeitnehmers, so gilt nur die Differenz als *termination benefit.*

80 Die gesamte Verpflichtung ist mit ihrem vollen Barwert (ohne Verteilungsmöglichkeit) zu bilanzieren, wenn der Arbeitgeber „unausweichlich" verpflichtet ist *(demonstrably committed to)*, Arbeitnehmer vorzeitig freizusetzen oder *termination benefits* aufgrund eines Angebots an die Arbeitnehmer zur Ermutigung ihres freiwilligen Ausscheidens (das aber in erster Linie im Interesse des Arbeitgebers liegen muss) zu gewähren. Erforderlich ist ein detaillierter formeller Plan mit Angabe von Standort, Funktion, ungefährer Anzahl der betroffenen Arbeitnehmer, Höhe der *termination benefits* nach Job und Funktion sowie Zeitpunkt der Umsetzung, die dann aber unverzüglich erfolgen muss. Für *termination benefits* sieht IAS 19 keine *plan assets* vor.

3.4 Altersteilzeit

81 Ein Altersteilzeit-Modell besteht i.d.R. aus folgenden Eckdaten:

- Reduktion der Gesamtarbeitszeit ab dem 55. bis zum 60. Lebensjahr auf 50 %.
- Kontinuierliches Modell: gleichmäßige Verringerung der Arbeitszeit.
- Blockmodell: Arbeitszeit in den ersten 2,5 Jahren (Arbeitsphase): 100 %; in den letzten 2,5 Jahren (Freistellungsphase): 0 %.
- Aufstockung der Bezüge auf mindestens 70 % des Nettogehalts.
- Aufstockung der Beiträge zur Rentenversicherung auf mindestens 90 % (bezogen auf Vollzeitentgelt).
- Eventuell zusätzliche Abfindung (für vorzeitige Aufgabe des Arbeitsplatzes bzw. als Ausgleich für eine niedrigere gesetzliche Sozialrente bzw. auch Betriebsrente).

- Zusätzlicher Aufwand wegen vorgezogenem Finanzierungsendalter bei der Pensionsverpflichtung.
- Erstattung der Mindestaufstockungsbeträge durch das Arbeitsamt bei Vorliegen bestimmter Voraussetzungen (Wiederbesetzung des frei gewordenen Arbeitsplatzes).

Zu Gehaltsaufstockungen im Rahmen von Altersteilzeitregelungen (bei bestehenden Arbeitsverhältnissen) enthält IAS 19 keine expliziten Angaben. Eine Bilanzierung analog *termination benefits* (Rz 79f.) als Abfindung für die partielle Aufgabe des Arbeitsplatzes ist sinnvoll.[18] Nach US-GAAP hingegen sind alle in der Freistellungsphase zu leistenden Zahlungen ratierlich über den Zeitraum von der individuellen Teilnahmeerklärung des Arbeitnehmers bis zum Ende der Arbeitsphase anzusammeln (Anwendung von FAS 112 aufgrund des EITF 2005–5). Der ED des IASB zu IAS 19 und IAS 37 vom Juni 2005, der wahrscheinlich (insoweit er diesen Punkt aus IAS 19 betrifft) in 2011 mit Wirkung zu 2013 gemeinsam mit dem ED/2010/3 umgesetzt werden wird, befürwortet eine Annäherung an US-GAAP (Rz 99). 82

Bei Blockmodellen sind auf jeden Fall die Zahlungen für die Freistellungsphase in der Beschäftigungsphase anzusammeln (Rückstellung mit Abzinsung), da insoweit wie bei Jubiläumsgeldern und Arbeitszeitkontenmodellen eine aufgeschobene Vergütung für erbrachte Arbeitsleistungen (ungewisse Verbindlichkeit wegen Erfüllungsrückstands) vorliegt.[19] Nach HGB und IAS 37.53 sind Erstattungsansprüche zu aktivieren, wenn deren Bezug faktisch sicher *(virtually certain)* ist, also meist erst bei Wiederbesetzung. Vorher können sie auch nicht rückstellungsmindernd berücksichtigt werden.

Beispiel

Ein Arbeitnehmer erhält ein Vollzeitgehalt (einschließlich Arbeitgeberbeiträgen zur Sozialversicherung) von 100.000. Er will für eine fünfjährige Altersteilzeitphase das Blockmodell (2,5 Jahre Vollbeschäftigung und 2,5 Jahre Freistellung) nutzen. Einschließlich Aufstockungsbeträgen (und Arbeitgeberbeiträgen zur Sozialversicherung) beträgt sein Gehalt über die fünf Jahre 70.000 statt eines „normalen" Teilzeitgehaltes von 50.000. Die fünf Aufstockungsbeträge von je 20.000 sind (abgezinst, mit Gehaltstrend) rückzustellen, wenn die Altersteilzeit vereinbart (oder unausweichlich) ist. Diese Rückstellung vermindert sich sukzessive über die fünf Jahre der Altersteilzeit. Die normalen Gehälter für die Freistellungsphase (2,5 mal 50.000) aufgrund Erfüllungsrückstandes werden in der Beschäftigungsphase ratierlich angesammelt (abgezinst, mit Gehaltstrend).

Die Rückstellung für die Gehälter in der Freistellungsphase (Erfüllungsrückstand) Rü-Geh bzw. für die Aufstockungsbeträge Rü-Auf entwickelt sich

[18] Vgl. IDW RS HFA 3, WPg 1998, S. 1063, und bestätigend das Positionspapier des Rechnungslegung Interpretation Committee (RIC) des DRSC zur IFRS-Bilanzierung von Aufstockungsbeträgen im Rahmen von ATZ-Vereinbarungen im Lichte von EITF Issue No. 05–5 vom Dezember 2005.

[19] Für diese Erfüllungsrückstände können nach IAS 19.128 auch plan assets bereitgestellt und anerkannt werden (z.B. in einem CTA). Für termination benefits (also auch die Aufstockungsbeträge) sind hingegen in IAS 19.132–143 keine plan assets vorgesehen.

dann (in Sechsmonatsschritten) wie in der folgenden Tabelle. Zur Verdeutlichung werden die Rückstellungsverläufe einmal nominal (ohne Abzinsung, ohne künftige Erhöhungen und ohne Sterbewahrscheinlichkeiten) dargestellt und einmal real (einschließlich Abzinsung, künftiger Erhöhungen und Sterbewahrscheinlichkeiten) dargestellt. Der Zinssatz beträgt 5 % p.a., die Gehaltserhöhung 2 % p.a., die Sterbewahrscheinlichkeiten werden den Heubeck-Tabellen entnommen.

Monat	Rü-Geh nominal	Rü-Auf nominal	Rü-Geh real	Rü-Auf real
0	0	100.000	0	83.281
6	25.000	90.000	23.595	75.699
12	50.000	80.000	48.015	69.529
18	75.000	70.000	73.294	61.682
24	100.000	60.000	99.443	54.694
30	125.000	50.000	126.477	46.444
36	100.000	40.000	102.948	38.485
42	75.000	30.000	78.553	29.582
48	50.000	20.000	53.286	20.467
54	25.000	10.000	27.108	10.563
60	0	0	0	0

In der deutschen Steuerbilanz werden die Rückstellungen ratierlich in der Beschäftigungsphase aufgebaut.[20] Ferner: Der Erfüllungsrückstand (Differenz zwischen fiktivem Vollzeitgehalt und dem gezahlten Teilzeitgehalt unter Einbeziehung der Arbeitgeberanteile zur Sozialversicherung ohne Berücksichtigung von Aufstockungsbeträgen und Rentenversicherungs-Aufstockungsbeträgen) wird nicht abgezinst (da er i.d.R. mit der Gehaltserhöhung dynamisiert wird) und ohne Sterbewahrscheinlichkeiten berechnet (da er ggf. auch an die Erben ausgezahlt wird). Die Aufstockungsbeträge und Rentenversicherungs-Aufstockungsbeträge werden mit 5,5 % abgezinst und mit Sterbewahrscheinlichkeiten berechnet.

83 Vorruhestands- oder Altersteilzeitregelungen haben meist auch einen indirekten Effekt auf den Pensionsplan des Unternehmens, da Vorruheständler und Altersteilzeiter im Allgemeinen ihre Betriebsrente früher als eingerechnet beziehen werden (z.B. mit Alter 60 statt 63). Dies stellt ein *curtailment* dar (Rz 67f.), da insoweit ansonsten zu erwartende Dienstjahre wegfallen. Dies führt meist zu einer Verteuerung des Pensionsplans. Der entsprechende Mehraufwand ist sofort erfolgswirksam zu buchen.

---

20 BFH, Urteil v. 30.11.2005, I R 110/04, DB 2006, S. 532; sowie das präzisierende BMF-Schreiben vom 28.03.2007, BStBl I 2007, S. 297. Zur Gesamtthematik ausführlicher vgl. LIEB/RHIEL, BC 2006, S. 209, LIEB/RHIEL, PiR 2006, S. 87, HIRSCH/LIEB/VEIT, StuB 2006, S. 344 und LIEB/RHIEL, StuB 2007, S. 505.

Am 3.9.2008 haben sich Südwestmetall und IG Metall auf den „Tarifvertrag zum flexiblen Übergang in die Rente (TV FlexÜ)" geeinigt. Die Auswirkungen auf einen IFRS-Abschluss sind wie folgt: 84
Die Regelungen von IDW RS HFA 3 sind auf den TV FlexÜ anzuwenden. Auch die Aufstockungsbeträge dieses Tarifvertrags stellen eine außerhalb der originären Leistungs- und Entgeltpflichten des Arbeitsverhältnisses stehende eigenständige Abfindungsverpflichtung des Arbeitgebers dar, die mit der Bereitschaft des Arbeitnehmers zum Verzicht auf die bisherige Vollzeitbeschäftigung korrespondiert *(termination benefits)*.
Die Passivierungspflicht entstand mit der Einigung zwischen den Tarifvertragsparteien auf den TV FlexÜ am 3.9.2008. Zu diesem Zeitpunkt ist das bilanzierende Unternehmen bereits nachweislich verpflichtet (*demonstrably committed*, IAS 19.133ff.). Der Tarifvertrag stellt gleichzeitig den zum Nachweis der Verpflichtung geforderten Plan *(detailed formal plan)* dar, aus dem alle nach IAS 19.134 geforderten Angaben abgeleitet werden können.
Die Tatsache, dass sich der Arbeitgeber der Verpflichtung aus dem TV FlexÜ entziehen kann, indem er bis zum 1.1.2010 aus dem Arbeitgeberverband austritt, ist i.d.R. keine realistische Möglichkeit, sich der Verpflichtung zu entziehen *(realistic possibility of withdrawal)*.

4 Angaben

4.1 Angaben für einen Leistungsplan

Im Anhang sind für einen *defined benefit plan* folgende Angaben zu machen (IAS 19.120A): 85

- **Tilgungsmethode** für versicherungsmathematische Gewinne und Verluste;
- eine **allgemeine Beschreibung** des Versorgungsplans (nach IAS 19.121 soll diese nur allgemeiner Art sein; sie soll z.B. Endgehaltspläne, Festbetragspläne, Krankheitskostenpläne unterscheiden; es ist auf Verpflichtungen einzugehen aus *constructive obligations*, d.h. Verpflichtungen, die evtl. rechtlich nicht sicher bestehen, denen sich der Arbeitgeber aber faktisch nicht entziehen kann);
- eine **Überleitung** der DBO vom Jahresanfang zum Jahresende, wobei separat zu zeigen sind (sofern zutreffend):
  - *current service cost* (Barwert der im Geschäftsjahr erdienten Pensionsansprüche),
  - *interest cost,*
  - Arbeitnehmerbeiträge,
  - versicherungsmathematische Gewinne und Verluste,
  - Auswirkungen von Wechselkursänderungen (sofern Plan in anderer Währung geführt),
  - gezahlte Versorgungsleistungen,
  - *past service cost,*
  - Unternehmenskäufe und -verkäufe, Eingliederungen und Ausgliederungen,
  - Effekt von *curtailments* (Kürzungen),
  - Effekt von *settlements* (Abfindungen, Übertragungen);
- eine **Aufteilung** der DBO auf Pläne, die vollständig *(wholly)* oder teilweise *(partly)* kapitalgedeckt *(funded)* sind, und solche, die überhaupt nicht kapital-

gedeckt *(wholly unfunded)* sind (zur letzteren Kategorie zählen auch die nicht mit Planvermögen unterlegten Direktzusagen in Deutschland);

- eine **Überleitung** des Marktwerts *(fair value)* des Planvermögens *(plan assets)* sowie des Marktwerts einer nach IAS 19.104A aktivierten Erstattungsforderung *(reimbursement right)* vom Jahresanfang zum Jahresende, wobei separat zu zeigen sind (sofern zutreffend):
  - erwarteter Nettovermögensertrag auf das Planvermögen,
  - versicherungsmathematische Gewinne und Verluste,
  - Auswirkungen von Wechselkursänderungen (sofern Plan in anderer Währung geführt),
  - Arbeitgeberbeiträge,
  - Arbeitnehmerbeiträge,
  - gezahlte Versorgungsleistungen,
  - Unternehmenskäufe und -verkäufe, Eingliederungen und Ausgliederungen,
  - Effekt von *settlements* (Abfindungen, Übertragungen);
- eine **Überleitung** der DBO und des Marktwertes des Planvermögens auf die pensionsbezogenen Aktiv- und Passivposten in der Bilanz (jeweils zum Bewertungsstichtag), die mindestens zeigt:
  - den Betrag der ungetilgten versicherungsmathematischen Gewinne und Verluste,
  - den Betrag der ungetilgten *past service costs,*
  - einen wegen der Beschränkung nach IAS 19.58b nicht als *asset* angesetzten Betrag,
  - den Marktwert einer nach IAS 19.104A aktivierten Erstattungsforderung (mit kurzer Beschreibung des Zusammenhangs zwischen Erstattungsforderung und zugehöriger Pensionsverpflichtung),
  - die anderen in der Bilanz angesetzten Beträge (als *defined benefit liability* oder *asset)*;
- der gesamte in der GuV **gebuchte Aufwand** für jede der folgenden Komponenten sowie die Positionen *(line items)*, in denen der Aufwand gebucht ist:
  - *current service cost* (Barwert der im Geschäftsjahr erdienten Pensionsansprüche),
  - *interest cost,*
  - erwarteter Nettovermögensertrag auf das Planvermögen,
  - erwarteter Nettoertrag auf nach IAS 19.104A aktivierte Erstattungsforderungen,
  - versicherungsmathematische Gewinne und Verluste,
  - *past service cost,*
  - Effekt von *settlements* (Abfindungen, Übertragungen) und *curtailments* (Kürzungen),
  - Effekt einer Beschränkung eines *defined benefit asset* nach IAS 19.58b;
- der gem. IAS 19.93A im *statement of recognised income and expense* (SORIE) angesetzte Betrag für:
  - versicherungsmathematische Gewinne und Verluste,
  - Effekt einer Beschränkung eines *defined benefit asset* nach IAS 19.58b;
- sofern versicherungsmathematische Gewinne und Verluste gem. IAS 19.93A im SORIE gebucht werden, ist auch der im SORIE kumulierte Betrag der

versicherungsmathematischen Gewinne und Verluste der Vergangenheit darzustellen;

- für jede wesentliche Komponente des Planvermögens (welche auf jeden Fall enthalten sollte: Eigenkapital- und Fremdkapitalinstrumente, Grundstücke und andere Vermögenswerte) ist der Prozentsatz oder der Absolutbetrag am gesamten Planvermögen anzugeben;
- die im Marktwert des Planvermögens eingeschlossenen Beträge für:
  - jede Art der Finanzinstrumente des berichtenden Unternehmens,
  - vom Unternehmen genutzte Grundstücke und andere *assets;*
- eine erklärende **Beschreibung** der Grundlagen zur Bestimmung des erwarteten Nettovermögensertrags auf das gesamte Planvermögen, einschließlich des Effekts der wesentlichen Komponenten des Planvermögens hierauf;
- der tatsächlich **erzielte Nettovermögensertrag** auf das Planvermögen, sowie auf nach IAS 19.104A aktivierte Erstattungsforderungen;
- die wesentlichen **versicherungsmathematischen Berechnungsparameter** am Bilanzstichtag (soweit anwendbar), und zwar als absolute Zahlen (z. B. als absolute Prozentzahlen) und nicht nur als Differenzbetrag zu anderen Werten (z. B. als Differenz zum Rechnungszinssatz):
  - Rechnungszinssatz,
  - erwarteter Nettovermögensertrag auf das Planvermögen,
  - erwarteter Nettoertrag auf nach IAS 19.104A aktivierte Erstattungsforderungen,
  - Steigerungsraten für Gehälter, Pensionsanwartschaften und Renten ab Rentenbeginn,
  - Steigerungsraten für Krankheitskosten (bei einem Krankheitskostenplan, *medical cost plan)*,
  - andere wesentliche versicherungsmathematischen Annahmen;
- der Effekt einer Erhöhung und einer Verminderung der **Steigerungsrate für Krankheitskosten** bei einem Krankheitskostenplan um einen Prozentpunkt (wobei die anderen Parameter konstant zu halten sind) auf:
  - die Summe von *service cost* und *interest cost*,
  - die „DBO“ der Krankheitskosten (d. h. auf die *accumulated post-employment benefit obligation for medical costs)*;
- folgende Beträge für das laufende **und die vier vorhergehenden** Wirtschaftsjahre:
  - DBO, Marktwert des Planvermögens sowie Überdeckung oder Unterdeckung des Plans,
  - *experience adjustments* (Unterschiede zwischen erwartetem und tatsächlichem Verlauf)[21] auf:
    - die DBO als Prozentsatz oder als Absolutbetrag,
    - das Planvermögen als Prozentsatz oder als Absolutbetrag;

---

21 Hiermit sind die im Wirtschaftsjahr neu entstandenen versicherungsmathematischen Gewinne oder Verluste aus der Verpflichtung (DBO, Rentenzahlungen) und dem Planvermögen (plan assets) gemeint. Allerdings sind hier die Gewinne und Verluste, die aus Änderungen der Parameter zur Berechnung der DBO herrühren, nicht zu berücksichtigen; d. h., es ist für diese Zwecke eine DBO zum Jahresende mit den „alten“ Vorjahresparametern zu rechnen.

- die **erwarteten Beiträge oder Zuwendungen** des Arbeitgebers im folgenden Wirtschaftsjahr an das Planvermögen (soweit vernünftig schätzbar).

4.2 Angaben für einen Beitragsplan

86 Für einen *defined contribution plan* ist nur der im Geschäftsjahr gebuchte Pensionsaufwand anzugeben (IAS 19.46).

4.3 Angaben für eine Gruppenkasse

87 *Multi-employer*-Pläne sind Pläne mit einheitlichen Leistungen und Beiträgen mehrerer (unverbundener) Arbeitgeber und gemeinsamer Kapitalanlage, sodass unterschiedliche Risikoverläufe (Sterblichkeit, Invalidität, vorzeitige Pensionierung etc.) bei Begünstigten einzelner Arbeitgeber gemeinsam von allen Arbeitgebern getragen werden. Bei versicherungsförmig ausgestalteten *multi-employer*-Plänen (wie die meisten neueren überbetrieblichen Pensionskassen und Pensionsfonds) werden die Risiken Tod und Invalidität zwar gemeinsam getragen, aber eine vernünftige Aufteilung der Verpflichtungen und der Vermögenswerte (anhand der Deckungskapitalien) ist möglich.
Sind jedoch bei einer als *defined benefit plan* ausgestalteten Gruppenkasse *(multi-employer plan)* die Informationen für eine entsprechende versicherungsmathematische Bewertung nicht verfügbar (IAS 19.30) bzw. gibt es keine vernünftige Grundlage für die Aufteilung der Verpflichtungen und/oder der Vermögenswerte der Gruppenkasse auf die beteiligten Arbeitgeber (IAS 19.32), dann hat der Arbeitgeber die Gründe hierfür offenzulegen sowie wie für einen *defined contribution plan* (DC-Plan) Rechnung zu legen (IAS 19.30). Wenn eine Unter- oder Überdeckung der Gruppenkasse Auswirkungen auf die künftigen Beiträge oder Umlagen zur Gruppenkasse hat, sollen verfügbare Informationen über diese Unter- oder Überdeckung gegeben werden. Diese Situation kann sich insbesondere bei den **Zusatzversorgungskassen** für Arbeiter und Angestellte des öffentlichen Dienstes ergeben (z. B. Versorgungsanstalt des Bundes und der Länder, VBL), in denen mittlerweile auch viele privatisierte Unternehmen versichert sind, oder auch bei pauschal-kollektiver Gestaltung von Pensionskassen (z. B. Bilanzausgleichsverfahren), wenngleich hier die Auswirkungen weniger drastisch als bei der VBL sind.

88 Nach dem *Amendment* vom 16.12.2004 (IAS 19.32A) sind (sofern wie DC bilanziert wird) bereits beschlossene künftige Sonderbeiträge zur Deckung eines bestehenden Defizits einer Gruppenkasse beim Arbeitgeber zu passivieren; bzw. auch umgekehrt sind bereits beschlossene Rückübertragungen zur Verminderung einer Überdeckung beim Arbeitgeber zu aktivieren. Diese Regelung könnte insbesondere die Sanierungsgelder der Zusatzversorgungskassen betreffen, die dann aber i. d. R. nach IAS 19.160 erfolgsneutral eingebucht werden dürften.[22] Neue, nach erstmaliger Einbuchung festgelegte **Sanierungsgelder** (also zumindest solche, die nach dem 1.1.2007 festgelegt wurden) sind aber in jedem Fall erfolgswirksam einzubuchen. Vermutlich aber dient die Einführung der Sanierungsgelder nicht dem Übergang auf eine Kapitaldeckung der Zusatzversorgungskassen, sondern der Finanzierung von Altlasten vor Umstellung auf das Punktesystem; sodass sie eher nur als Teil der gesamten Umlagezahlung zu qualifizieren sind. Insoweit läge nur

---

22 Rhiel, DB 2005, S. 293.

eine „Umbezeichnung“ eines Teils der ansonsten benötigten Umlagezahlung vor. Mit dieser Begründung könnte auch das Thema Sanierungsgelder dem Anwendungsbereich von IAS 19.32A gänzlich entzogen werden. Außerdem scheint nach dem Beispiel in IAS 19.32A dieser Paragraf von einer Gruppenkasse auszugehen, die in einem vollen Kapitaldeckungsverfahren arbeitet, nun aber sich in einem Defizit- bzw. Überdeckungsbereich befindet, der beseitigt werden soll.

Sonderprobleme können bei einer Gruppenkasse entstehen, die bislang zulässigerweise aufgrund IAS 19.30 wie DC bilanziert, da es für eine Aufteilung von Verpflichtungen und Vermögen auf die beteiligten Arbeitgeber keine vernünftige Grundlage gibt. Wenn in diesem Fall geänderte Finanzierungsregelungen eine solche Aufteilung ermöglichen, dann ist ab sofort wie für einen normalen DB-Plan zu bilanzieren. IAS 19.32A kommt dann nicht mehr zur Anwendung. Bei einem sehr niedrigen Deckungsgrad der Gruppenkasse können dann plötzlich hohe Rückstellungen zu passivieren sein. Die Einbuchung dieser Rückstellungen muss erfolgswirksam erfolgen, da es sich hierbei weder um *past service cost* noch um versicherungsmathematische Verluste noch um die zulässige Änderung eines Bilanzierungsprinzips (nach IAS 8) handelt, sondern um eine nunmehr vernünftig schätzbare und somit zu passivierende Verpflichtung. Dieser Fall könnte eintreten, wenn die Sanierungsgelder einer Zusatzversorgungskasse so verursachungsgenau festgelegt würden, dass jeder beteiligte Arbeitgeber praktisch genau seine eigenen Verpflichtungen finanziert. Da jede Zusatzversorgungskasse ihre Sanierungsgelder eigenständig festlegt, ist entsprechende Aufmerksamkeit geboten. 89

4.4 Formulierungsbeispiel

Beispiel 90

„Die über Pensionskassen finanzierten Pensionsverpflichtungen sind Beitragszusagen *(defined contribution plans)*. Der Aufwand für die Beitragszusagen betrug 15 Mio.

Die Rückstellungen für Pensionen und ähnliche Verpflichtungen beinhalten die Zusagen für eine betriebliche Altersversorgung an Mitarbeiter des Konzerns auf Basis unmittelbarer Direktzusagen. Die erdienten Pensionsansprüche sind teils endgehaltsabhängig, teils basieren sie auf Bausteinplänen (beitragsorientierten Leistungszusagen) mit dynamischer Besitzstandswahrung.

Bei der Berechnung der DBO *(defined benefit obligation)* wurden konzerneinheitlich folgende Bewertungsparameter zugrunde gelegt:

	2010	2009
Zinssatz	5,0 %	5,2 %
Gehaltstrend	2,5–3,5 %	2,5–3,5 %
Rententrend	2,0 %	2,0 %

Für Sterblichkeit und Invalidität wurden die Heubeck-Richttafeln RT 2005G verwendet. Die Fluktuationswahrscheinlichkeiten wurden konzernspezifisch ermittelt."

91 Anzugeben (einschließlich Vorjahreswerten) sind die Zahlen für:

- den Finanzierungsstatus (Rz 19 und hinter Rz 51),
- den Pensionsaufwand im Geschäftsjahr (Rz 42).

92 Auf die **Checkliste „Abschlussangaben"** wird verwiesen (→ § 5 Rz 8).

5 Einzelfälle (ABC)

93

Abfindungen	Abfindungen bei Beendigung des **Arbeitsverhältnisses** (***termination benefits***), u. a. im Rahmen von Personalstrukturmaßnahmen (Rz 79 ff.); Abfindungen im Rahmen von **Altersteilzeitregelungen** (Rz 81 ff.); Abfindungen von **Pensionsverpflichtungen** (***settlements***; Rz 67 ff.) – jeweils anzusetzen und u. U. abgezinst zu bewerten.
Altersteilzeit	Ansatz geboten, zur Bewertung s. Rz 81 ff.
Altersversorgung	S. Rz 1 ff.
Arbeitgeberbeiträge zur Sozialversicherung	Sind nach IAS 37 anzusetzen (Rz 3).
Arbeitsfreistellung	Im Rahmen von Altersteilzeitregelungen (Rz 81 ff.); ansonsten volle Passivierung mit dem Barwert als Rückstellung (ggf. unabgezinst, wenn kurzfristig).
Beitragsplan	S. „*defined contribution plan*" (Rz 8 ff.).
Berufsgenossenschaftsbeiträge	Sind nach IAS 37 anzusetzen (Rz 3).
Bonus	S. „Gewinnbeteiligungen".
CTA	*Contractual trust arrangements* sind Treuhandlösungen, die Direktzusagen mit *plan assets* unterlegen (Rz 59 ff.).
Defined benefit plan	Leistungsplan (Rz 8 ff.).
Defined contribution plan	Beitragsplan (Rz 8 ff.).
Direktversicherungen	*Defined contribution plans*, wenn sämtliche Überschüsse an die Arbeitnehmer gehen und die Ansprüche der Arbeitnehmer auch bei deren unverfallbarem Ausscheiden gedeckt sind (Anwendung der versicherungsvertraglichen Lösung bei Ausscheiden), ansonsten *defined benefit plans*. S. Rz 65.
Direktzusage	Immer *defined benefit plan*; siehe auch CTA.

Entgeltrahmen-abkommen	Sieht für die Metallindustrie eine spätere Auszahlung von Vergütungsbestandteilen vor. Es handelt sich um verdiente Lohnbestandteile, die abgezinst zu bewerten sind (Rz 77).
Gewinn-beteiligungen	Sind als Verbindlichkeit anzusetzen (Rz 2).
Gleitzeitgut-haben	Im Rahmen von Arbeitszeitkontenmodellen (Rz 78).
Gratifikationen	Bilanzierung analog „Jubiläumsgelder" (Rz 77).
Jubiläums-gelder	Sind anzusetzen und abgezinst zu bewerten (Rz 77).
Krankheitskos-tenpläne	Wenn der Arbeitgeber für Betriebsrentner Krankenversicherungsbeiträge (teilweise) trägt oder Krankheitskosten direkt (teilweise) erstattet, ist wie für einen Pensionsplan zu bilanzieren, also Ansammlung der Kosten in der Aktivitätszeit. Trägt der Arbeitgeber solche Kosten für noch tätige Aktive, gelten diese hingegen als laufender Lohn (laufender Personalaufwand).
Leistungsplan	S. „*defined benefit plan*".
Nicht rück-gedeckte Unter-stützungskasse	Immer *defined benefit plan* (Rz 12).
Pensionen	S. Rz 1 ff.
Pensionsfonds	Wenn der Pensionsfonds wie ein Lebensversicherungsunternehmen geführt wird und die Pensionspläne wie Direktversicherungen gestaltet sind, gilt (zumindest bei wirtschaftlicher Betrachtungsweise) das Gleiche wie bei Direktversicherungen (Rz 65). Ansonsten liegen formalrechtlich immer *defined benefit plans* vor.
Pensionskasse	Wenn die Pensionskasse wie ein Lebensversicherungsunternehmen geführt wird und die Pensionspläne wie Direktversicherungen gestaltet sind, gilt das Gleiche wie bei Direktversicherungen (Rz 65). Ansonsten liegen formalrechtlich immer *defined benefit plans* vor.

Pensionssicherungsverein („Altlast“)	Für die vom PSVaG bereits übernommenen Anwartschaften insolventer Arbeitgeber (die aber noch nicht über den PSV-Beitrag finanziert sind; sog. Altlast) konnte genauso (Ansatz und Bewertung) wie nach HGB eine Rückstellung gebildet werden; steuerlich wurde diese Rückstellung nach ständiger BFH-Rechtsprechung nicht anerkannt. Ende 2006 wurde das PSV-Finanzierungsverfahren auf Kapitaldeckung umgestellt (§ 30i BetrAVG). Die Altlast wird durch einen über 15 Jahre zu zahlenden Sonderbeitrag finanziert, der auch durch eine Einmalzahlung abgelöst werden kann. Diese Verbindlichkeit ist mit dem Ratenzahlungsbarwert (IAS 37.45ff.) anzusetzen; höchstens aber mit dem Ablösungsbetrag (so auch IDW vom 29.11.2006).
Plan assets	S. Rz 22 und Rz 5.
Rückgedeckte Direktzusage	Die Versicherungen gelten bei Verpfändung i. d. R. als *qualifying insurance policies*. Wenn sie außerdem exakt die erdienten Ansprüche decken, kann nach IAS 19.104 praktisch *defined contribution* erreicht werden (Rz 64, 65). Wenn die Versicherungen nicht verpfändet sind, können sie als *plan assets* „zweiter Ordnung“ gelten (Rz 66).
Rückgedeckte Unterstützungskasse	Formalrechtlich immer *defined benefit plan* (Rz 65). Die Versicherungen gelten i. d. R. als *qualifying insurance policies.* Wenn sie exakt die erdienten Ansprüche decken, kann nach IAS 19.104 praktisch *defined contribution* erreicht werden.
Schriftform der Versorgungszusagen	Ist nicht zwingend erforderlich (Rz 7, Rz 24).
Überbrückungsgelder	S. Übergangszahlungen.
Übergangszahlungen	Je nach ihrem Zweck zu bilanzieren: wenn mit dem Ziel der Beendigung des Arbeitsverhältnisses, dann als *termination benefit* (Rz 79f.); wenn mit dem Ziel der Unterstützung des Übergangs in den Ruhestand, dann als betriebliche Altersversorgung.
Urlaubsverpflichtung	Als Schuld anzusetzen (Rz 2).

Verwaltungs-kosten (der be-trieblichen Al-tersversorgung)	Wahlrecht, laufende Verwaltungskosten als Pensionskosten oder als Personalkosten zu buchen. Ebenso Wahlrecht, künftige Verwaltungskosten (und auch analog künftige PSV-Beiträge) – insoweit sie auf bereits erdiente Pensionsansprüche entfallen – unberücksichtigt zu lassen oder in den Verpflichtungsumfang (DBO) mit einzubeziehen. Vgl. Rz 18.
Verwaltungs-kosten, künftige	Stellen regelmäßig laufenden Aufwand dar (Rz 18).
Vorruhestands-regelung	Staatlich geförderte Vorruhestandsregelungen sind mittlerweile ausgelaufen. Die Bilanzierung ist ähnlich wie bei Altersteilzeit (Rz 81 ff.), wobei allerdings im Gegensatz zur Altersteilzeit das Arbeitsverhältnis auch formal beendet ist. Wenn die Vorruhestandsregelung einen Altersbereich betrifft, in dem man auch schon im Ruhestand sein könnte, sollte man wie für Pensionsverpflichtungen bilanzieren, da es sich faktisch um einen Pensionsplan handelt. Die Einführung eines solchen Plans führt zu *past service cost* und ist sofort voll zu bilanzieren (Rz 46).
Zusatzversor-gungskasse	Zusatzversorgungskassen führen die Zusatzversorgung der Arbeiter und Angestellten des öffentlichen Dienstes bzw. auch von privatisierten ehemals öffentlichen Arbeitgebern durch (z. B. die Versorgungsanstalt des Bundes und der Länder, VBL). Sie gelten rechtlich als Pensionskassen. Sie unterstehen im Gegensatz zu „normalen" Pensionskassen nicht der Aufsicht der BaFin, sondern meist anderer Behörden. Bei ihnen besteht – im Gegensatz zu den i. d. R. voll dotierten „normalen" Pensionskassen – oft nur eine sehr geringe Kapitaldeckung. Sie sind i. d. R. *multi-employer plans* (Rz 87).

6 Latente Steuern, Steuern in der GuV

Das Steuerbilanzrecht enthält in § 6a EStG eigene Regelungen zu Pensionsrückstellungen. Praxisrelevante Unterschiede zu IAS 19 ergeben sich weniger beim Ansatz als bei der Bewertung. Für die Steuerbilanz gilt: 94

- Karriere- und Gehaltstrends sind nicht zu berücksichtigen (sofern sie i. d. R. nicht schriftlich rechtsverbindlich zugesagt),
- Verteilung der Aufwendungen nach dem Teilwertverfahren.
- Diskontierungssatz von 6 %.

Insbesondere der erste Punkt führt i. d. R. zu niedrigeren Rückstellungsansätzen als nach IFRS und damit, isoliert betrachtet, zu aktiven latenten Steuern. Nur ausnahmsweise, bei Verwendung von deutlich über 6 % hinausgehenden Zinssätzen nach IFRS wird dies durch den dritten Punkt überkompensiert.

95 Die Latenzrechnung bereitet im Übrigen bilanziell keine besonderen Probleme. Wie in allen sonstigen Fällen gilt: Die Steuerlatenz ergibt sich, indem auf die Differenz von IFRS- und Steuerbuchwert der relevante Steuersatz angewandt wird (→ § 26 Rz 5ff.).

96 Problematisch kann aber die **Aufteilung** der Steuern in der **Ergebnisrechnung** zwischen tatsächlichem und latentem sowie zwischen erfolgswirksamem und erfolgsneutralem Teil sein, wenn der IFRS-Buchwert in Folge versicherungsmathematischer Gewinne oder Verluste z.T. nach Maßgabe der sog. SORIE-Methode außerhalb der GuV dotiert worden ist.

Beispiel
Eine Pensionszusage wird am Jahresanfang erteilt. Der erwartete (GuV-wirksame) Pensionsaufwand beträgt 100. Tatsächlich wird die Pensionsrückstellung mit 120 dotiert (davon 20 außerhalb der GuV). Steuerlich wird ein Aufwand von 110 erfasst.
Die aktive latente Steuer beträgt bei einem Steuersatz von 30 % somit 0,3 x (120 – 110) = 3.
Offen ist die Aufteilung der Steuer zwischen GUV-wirksamem und erfolgsneutralem Teil, sowie zwischen latentem und tatsächlichem.

Nach IAS 12.63 ist in solchen Fällen eine **„angemessene Aufteilung“** gefordert. Angemessen ist z.B. die Aufteilung, die (bei fehlenden permanenten Differenzen) in der GuV zur zutreffenden Steuerquote führt. Bei einem GuV-Ergebnis vor Steuern von -100 wäre dies ein Steuerertrag von 30. Hierfür kommen zwei Lösungen infrage:

- Erste Lösung: Die **tatsächliche Steuer** wird so **wie veranlagt** GuV-wirksam behandelt, d.h. im Beispiel mit 0,3 x 110 = 33 als Ertrag. Zur zutreffenden Steuerquote fehlt dann noch ein Aufwand von 3 aus der latenten Steuer. Er lässt sich wie folgt rechtfertigen: Ohne den erfolgsneutralen versicherungsmathematischen Verlust hätte sich eine temporäre Differenz von 100 (IFRS) minus 110 (StBil) = 10 ergeben, die zu einer passiven (!) Latenz von 3 geführt hätte. Wegen des versicherungsmathematischen Verlustes entsteht tatsächlich eine aktive Latenz von 3. Also wird die Latenzierung in Höhe eines Aufwands von 3 erfolgswirksam und in Höhe eines „Ertrags“ von 6 erfolgsneutral behandelt.
- Zweite Lösung: Die **tatsächliche Steuer** wird entsprechend dem **planmäßigen IFRS-Pensionsaufwand** mit 30 GuV-wirksam und mit 3 erfolgsneutral behandelt, die Bildung der aktiven Latenz in voller Höhe von 3 erfolgsneutral.
- In beiden Lösungen ergibt sich ein Ertrag von 30 in der GuV und von 6 außerhalb der GUV.

Die zweite Lösung beruht auf der Annahme, für tatsächliche Steuern sei der Betrag in der GuV zu erfassen, der dem planmäßigen Pensionsaufwand lt. IFRS (im Beispiel 100) entspricht. Zur Rechtfertigung dieser Annahme wird das Beispiel in

IAS 19.106 angeführt,[23] in dem tatsächlich von Steuern aber gar nicht die Rede ist. U.E spricht gegen diese Lösung vor allem Folgendes: Auch ohne versicherungsmathematische Verluste besteht wegen der oben (Rz 94) genannten Gründe keine (oder nur eine zufällige) Übereinstimmung zwischen Pensionsaufwand nach IFRS und nach Steuerrecht. Es ist daher nicht ersichtlich, warum der planmäßige Verlauf des Pensionsaufwands nach IFRS für den erfolgswirksam in der GuV zu erfassenden tatsächlichen Steuerertrag maßgeblich sein soll. U.E. ist es weniger artifiziell, wenn die tatsächliche Steuer so wie veranlagt GuV-wirksam behandelt wird (Lösung 1).

Die vorstehenden Überlegungen gelten dem Grunde nach entsprechend für Planvermögen und darauf bezogene versicherungsmathematische Gewinne oder Verluste. Temporäre Differenzen ergeben sich hier insbesondere aus Bewertungsunterschieden, da nach IFRS i.d.R. der *fair value* maßgeblich ist, nach Steuerrecht die Anschaffungskosten. Zusätzliche Fragen ergeben sich, wenn das Planvermögen in Investmentfondsanteilen besteht und steuerlich dem Transparenzprinzip unterliegt. Hierzu wird auf → § 26 Rz 112 verwiesen. **97**

7 Anwendungszeitpunkt, Rechtsentwicklung

IAS 19 ist generell anzuwenden, wenn ein Jahresabschluss nach IFRS vorgelegt wird. Zur erstmaligen Bilanzierung nach IFRS Rz 47. **98**

Zum *IASB Discussion Paper* vom 27.3.2008[24] und zum *ASB/EFRAG Discussion Paper* vom 31.1.2008[25] siehe ausführlich die 8. Auflage (→ § 22 Rz 99). **99**

Der IASB publizierte am 29.4.2010 den ED/2010/3, der wahrscheinlich im Jahre 2011 verabschiedet und ab 1.1.2013 verpflichtend anzuwenden sein wird.[26] Die wesentlichen Änderungen sind:

- volle Bilanzierung der Differenz von Verpflichtung DBO und Planvermögen;
- Abschaffung der Korridormethode und auch der Methode der sofortigen ergebniswirksamen Erfassung der Veränderung des Bilanzausweises (Rz 17);
- zwingende Anwendung der OCI-Methode mit Erfassung von Dienstzeitaufwand (inkl. *curtailments*) als Personalaufwand im operativen Ergebnis des *profit or loss*, von Nettozinsaufwand im Finanzergebnis des *profit or loss* und aller anderen Effekte (*remeasurements*) im Umbewertungsergebnis des OCI ohne späteres *recycling*;[27]
- Abschaffung der ergebniswirksamen Berücksichtigung eines erwarteten Ertrags eines externen Trägers *(eropa = expected return on plan assets)*. Im Ergebnis wird der eropa ersetzt durch einen „Normertrag" i.H.d. Rechnungszinssatzes auf das Planvermögen *(net interest approach)*. Dieser Vorschlag ist aber heftig umstritten.

---

23 PRYSTAWIK, DB 2010, S. 345ff.

24 RHIEL, PiR 2008, S. 156.

25 „Financial Reporting of Pensions" als Bestandteil der „Pro-active Accounting Activities in Europe" (PAAinE) vom 31.1.2008.

26 RHIEL, PiR 2010, S. 134.

27 Für ein recycling (wie nach US-GAAP) sprechen sich BAETGE/HAENELT, DB 2006, S. 2413, aus.

Die Anhangsangaben sollen gestrafft und aussagefähiger gestaltet werden, ausgehend von *disclosure objectives* sollen *specific disclosure requirements* entwickelt werden.

Darüber hinaus will der IASB einige Klarstellungen vornehmen:

- Künftige Kosten für die Verwaltung des Bestands der Versorgungsberechtigten (soweit abgelaufenen Dienstjahren zuzurechnen) sind in der DBO zu berücksichtigen (Rz 18).
- Als Ertrag des Planvermögens gilt nur der Ertrag, der effektiv der Planerfüllung zur Verfügung steht (also exklusive aus dem Planvermögen zu zahlender Vermögensverwaltungskosten und Steuern, soweit diese nicht auf die Arbeitnehmer abgewälzt werden).
- Vom Arbeitgeber auf künftige Leistungen und/oder Beiträge zu tragende Lohnsteuern sind – soweit vergangenen Dienstjahren zuordenbar – in der DBO zu bewerten.
- Hat der Arbeitnehmer Optionen (z.B. Rente oder Kapital), ist das Optionsverhalten bestmöglich zu schätzen.
- Partizipiert der Arbeitnehmer an der Kapitalentwicklung des Planvermögens, ist auch hier die bestmögliche Schätzung vorzunehmen.
- Beim sog. *backloading* (d.h., wenn in späteren Dienstjahren ein höherer Versorgungsanspruch als in früheren erworben werden kann) sind künftige Gehaltserhöhungen (sofern der Anspruch vom Gehalt abhängt) zu berücksichtigen. Dann muss der insgesamt erreichbare Pensionsanspruch (abweichend von der Planformel) den Dienstjahren gleichmäßig zugeordnet werden (Rz 29).

Der Übersichtlichkeit und besseren Lesbarkeit halber sollen alle Vorschriften aus IFRIC 14 (Rz 54) in den neuen Standard IAS 19 übernommen werden.[28]

Die noch bestehenden Unterschiede zwischen IAS 19 und den US-GAAP hinsichtlich der Bilanzierung von *termination benefits* und auch der deutschen Altersteilzeitverpflichtungen (Rz 82) sollen beseitigt werden.[29]

Die IASB Meetings vom November und Dezember 2010 sowie vom Januar und Februar 2011 lassen aufgrund der heftigen Kommentare auf den ED einige **„Kreisbewegungen"** und **Rückzüge** erkennen:

- Im November 2010 zunächst **pro** Zulassung der Methode der sofortigen ergebniswirksamen Erfassung der Veränderung des Bilanzausweises als Option, im Februar 2011 aber wieder **zurückgezogen**;
- **doch nicht** Erfassung künftiger Verwaltungskosten des Personenbestandes in der DBO;
- **weiterhin** Erfassung von Gewinnen und Verlusten aus *non-routine settlements* im *profit or loss* als Teil vom Dienstzeitaufwand;
- **doch nicht** Berücksichtigung künftiger Gehaltserhöhungen beim sog. *backloading*;

---

28 IFRIC 14: IAS 19 – The Limit on a Defined Benefit Asset, Minimum Funding Requirements and their Interaction, as amended in November 2009.

29 Vgl. auch ausführlicher LIEB/RHIEL, BC 2006, S. 209, und LIEB/RHIEL, PiR 2006, S. 87, sowie LORSON/HORN/TOEBE/PFIRMANN, KoR 2009, S. 649.

- **Beibehaltung** der „einfacheren“ Rechnungslegungsvorschriften für *other long-term employee benefits* und nicht Gleichsetzung mit denen für *post-employment benefits*;
- wohl der leichteren Abänderbarkeit wegen **doch nicht** Einbeziehung von IFRIC 14 in IAS 19.

Im Wesentlichen **blieben** dann nur der (heftig umstrittene) *net interest approach* sowie die zwingende Anwendung der OCI-Methode (insbesondere Abschaffung der Korridormethode).

Zur Diskussion um die Bewertung und Bilanzierung von Hybridzusagen, also von Zusagen mit Charakteristiken von Leistungs- und Beitragszusagen: Die IFRIC *Draft Interpretation* D9 *(Employee Benefit Plans with a Promised Return on Contributions or Notional Contributions)* machte Vorschläge zur geeigneten bilanziellen Behandlung von (meist an Wertpapieren gebundenen) Pensionsverpflichtungen mit garantierten Mindestleistungen. Im Juli 2006 wurde diese Thematik direkt vom IASB übernommen, zunächst unter dem neuen Namen *„intermediate risk plans“*, seit 2007 unter dem wiederum neuen Namen *„defined return plans“* und seit 27.3.2008 im Diskussionspapier des IASB unter der Terminologie der *„contribution based promises“* (CBP). Gemäß Rz 11 und Rz 65 können solche Pläne (wenn sie versicherungsförmig gestaltet sind) u. E. als *defined contribution* zu bilanzieren sein, wenn die Mindestleistungen von einem solventen Dritten (Versicherungsgesellschaft, ggf. auch analog operierende Pensionskasse oder Pensionsfonds) garantiert und erbracht werden und die Arbeitnehmer primär gegen diesen Dritten einen Rechtsanspruch besitzen. Ansonsten stellen sie *defined benefit plans* dar. Der Verpflichtungsumfang ergibt sich dann i. d. R. als Maximum des Barwerts der garantierten Mindestleistungen und der angesammelten Vermögenswerte. Solange also die garantierten Mindestleistungen gedeckt sind, liegt im Ergebnis wirtschaftlich *defined contribution accouting* vor. 100

Richtig ist auch die vom IASB im DP vorgeschlagene zusätzliche explizite Berücksichtigung der in der Mindestgarantie steckenden impliziten Option nach den Regeln der Optionspreistheorie. Ob marginale Mindestgarantien, die nur zu minimalen Optionspreisen führen, dann auch tatsächlich berechnet werden müssen, wäre eine „Praktikerfrage“. Das IASB-DP fasst aber den Begriff der *„contribution based promises“* (CBP) viel zu weit. Nicht nur an Wertpapiere gebundene Pensionszusagen, sondern auch normale Festbetragszusagen oder auch (in England weit verbreitete) Karrieredurchschnittspläne würden als CBP eingestuft und mit einem „Marktwert“ zu bewerten sein. Diese Ausweitung des Begriffs der CBP stößt auf einhellige Ablehnung.[30] Es wird auch nicht mit einer Implementierung gerechnet. Der ED/2010/3 vom 29.4.2010 lässt diese Thematik daher aus. Wie es weitergehen wird, bleibt offen.

---

[30] Vgl. Rhiel, PiR 2008, S. 156, sowie die auf der IASB-Website abgelegten Kommentare, die bis 26.9.2008 einzureichen waren. Der IASB erhoffte sich eine Fertigstellung der Änderungen bis 2011. Vgl. auch Blecher/Recke/Wielenberg, KoR 2009, S. 565, mit einer systematischen Auswertung der auf das Diskussionspapier zu IAS 19 eingegangenen Kommentare.

8 Zusammenfassende Praxishinweise

101 Die Besonderheiten von IFRS hinsichtlich Pensionsverpflichtungen und sonstigen Verpflichtungen gegenüber Arbeitnehmern im Vergleich zum Steuerrecht und zum „alten HGB" (also vor BilMoG) sind die folgenden:

- Bewertungsmethode ist das Anwartschaftsbarwertverfahren *(projected unit credit method)* und nicht das Teilwertverfahren (Rz 26f.).
- Nach IFRS ist realistisch und zutreffend zu bewerten (Rz 1).
- Ungewisse künftige Gehalts- und Rentenerhöhungen sind in erwartetem Umfang mit einzubeziehen. Folge: Daher meist deutlich **höhere** auszuweisende Verpflichtungen als nach Steuerrecht und „altem HGB"; Ausnahmen aber auch möglich, z.B. bei statischen Kapitalzusagen (Rz 24f.).
- Zinssatz ist auszurichten an Anleihen mit hoher Qualität entsprechender Laufzeit, worunter üblicherweise ein AA-Rating verstanden wird, Ende 2009 um 5,2 % (Rz 34).
- Alle anderen Parameter sind firmenbezogen realistisch zu wählen (Rz 35).
- Aufgrund des unter IAS 19 gewählten aufwandsbezogenen Bilanzansatzes *(income approach)* steht der Pensionsaufwand bereits (im Wesentlichen) zu **Beginn** des Wirtschaftsjahres fest (Rz 15); denn unter IFRS darf alles, was am Jahresanfang nicht zu erwarten war (also z.B. außergewöhnliche Sterblichkeit oder Invalidität, Gehaltserhöhungen bei gehaltsabhängigen Pensionszusagen oder Wertveränderungen der *plan assets)*, über **künftige Wirtschaftsjahre** verteilt werden (sog. „Verteileritis" oder *delayed recognition approach*; Rz 49ff.). Es gibt daher i.d.R. keine Aufwandsüberraschungen mehr zum Jahresende, wie sie nach Steuerrecht und „altem HGB" oftmals vorkommen (Rz 15).
- Nach IFRS sind auch **mittelbare** Pensionsverpflichtungen in der Bilanz zu berücksichtigen, hingegen reichen nach HGB Angaben im Anhang aus (Passivierungswahlrecht nach Art. 28 EGHGB; Rz 5).

Das BilMoG führt die Bewertung von Pensionsverpflichtungen nach HGB näher an IAS 19 heran: Die Bewertung muss wie nach IAS 19 auf realistischer Basis „i.H.d. nach vernünftiger kaufmännischer Beurteilung notwendigen Erfüllungsbetrages" erfolgen, allerdings ist nach § 253 HGB i.V.m. der Rückstellungsabzinsungsverordnung (RückAbzinsV) als Rechnungszins ein Siebenjahresdurchschnitt von laufzeitadäquaten Marktzinssätzen (Festzinsswaps plus Aufschlag in Richtung AA-Unternehmensanleihen) zu verwenden.

Auf die **Checkliste „Abschlussangaben"** wird verwiesen (→ § 5 Rz 8).

§ 23 ANTEILSBASIERTE VERGÜTUNGSFORMEN (*SHARE-BASED PAYMENT*)

Inhaltsübersicht Rz

Vorbemerkung

Schrifttum: CASPER, Repricing von Stock Options, DStR 2004, S. 1391; CRASSELT, Bewertung indexierter Mitarbeiter – Aktienoptionen im Binomialmodell, KoR 2005, S. 444; DELOITTE, Share-based Payment, A guide to IFRS 2, June 2007; EKKENGA, Bilanzierung von Stock Options Plans nach US-GAAP, IFRS und HGB, DB 2004, S. 1897; FREIBERG, Schwebende Geschäfte über Güter- und Energielieferungen als Finanzinstrumente, PiR 2007, S. 230; FREIBERG, Earn out-Klauseln beim Unternehmenserwerb, PiR 2008, S. 31; HASBARGEN/SETA, IAS/IFRS ED 2 – Auswirkungen auf aktienbasierte Vergütung, BB 2003, S. 515; HASENBURG/SEIDLER, IFRS 2 Anteilsbasierte Vergütungen, Der Konzern 2005, S. 162; HOFFMANN/LÜDENBACH, Die Bilanzierung aktienorientierter Vergütungsformen nach IFRS 2, DStR 2004, S. 786; KROPP, Aktienoptionen statt finanzielle Gewinnbeteiligung: Wann und in welcher Höhe werden sie aufwandswirksam?, DStR 2002, S. 1919 und S. 1960; KÜTING/DÜRR, IFRS 2 Share-based Payment – ein Schritt zu weltweiter Konvergenz, WPg 2004, S. 609; LANGE, Bilanzierung von Stock Options – Kritische Anmerkungen zu ausgewählten Aspekten von E-DRS 11, WPg 2002, S. 354; OSER/VATER, Bilanzierung von Stock Options nach US-GAAP und IAS, DB 2001, S. 1261; PELLENS/CRASSELT, IFRS 2 „Share-based Payment" – Anwendungsfragen bei nicht börsennotierten Gesellschaften, PiR 2005, S. 35; ROSSMANITH/FUNK/ALBER, Stock options, WPg 2006, S. 664; SCHILDBACH, Personalaufwand aus Managerentlohnung mittels realer Aktienoptionen – Reform der IAS im Interesse besserer Informationen?, DB 2003, S. 893; SCHMIDT, Bilanzierung von Aktienoptionsplänen nach IFRS 2, 2006; SCHREIBER, IFRS 2 Share-based Payment, KoR 2006, S. 298; SCHREIBER/BEIERSDORF, IFRIC D 16 und 17, KoR 2005, S. 338; VATER, Bewertung von Stock Options: Berücksichtigung bewertungsrelevanter Besonderheiten, DStR 2004, S. 1715; VATER, Bilanzierung von Stock Options und ähnlichen Vergütungsinstrumenten nach IFRS 2, StuB 2004, S. 801; VATER, ED zur Ergänzung von IFRS 2, WPg 2006, S. 713; VATER, Zur Bewertung von Executive Stock Options: Bestimmung und Modifikation der Bewertungsparameter, WPg 2004, S. 1246; ZEIMES/THUY, Aktienoptionen sind als Aufwand zu erfassen, KoR 2003, S. 39.

Vorbemerkung

Die Kommentierung bezieht sich auf IFRS 2 in der aktuellen Fassung und berücksichtigt alle Ergänzungen, Änderungen und Interpretationen, die bis zum 1.1.2011 beschlossen wurden.

Einen Überblick über diskutierte oder schon als Änderungsentwurf vorgelegte zukünftige Regelungen enthält Rz 214.

1 Zielsetzung, Regelungsinhalt, Begriffe

1.1 Schuldrechtlicher Erwerb, gesellschaftsrechtliche Einlage von Gütern und Diensten

1 IFRS 2 regelt die Bilanzierung des Erwerbs von Gütern oder Diensten durch Ausgabe von Anteilen, Optionen auf Anteile oder an die Wertentwicklung der Anteile geknüpfte Barzahlungen *(share-based payment transactions)*. Entgegen der deutschen Überschrift des Standards („Aktienbasierte Vergütung") umfasst der Anwendungsbereich auch Vergütungen, die an Wert oder Wertentwicklung

von GmbH- oder Personengesellschaftsanteilen geknüpft sind. Zutreffender und deshalb in dieser Kommentierung überwiegend verwendet, ist deshalb die Bezeichnung **anteilsbasierte Vergütungen**.

Die Rezeption von IFRS 2 durch die Praxis hat sich auf den Erwerb von Arbeitsleistungen gegen Gewährung virtueller oder realer Optionen (Rz 8) konzentriert. 2
Der Anwendungsbereich des IFRS 2 umfasst aber

- neben der meist auf **schuldrechtlicher** Grundlage erfolgenden anteilsbasierten Vergütung von Arbeits- oder sonstigen Dienstleistungen
- auch die meist auf **gesellschaftsrechtlicher** Basis vorgenommene anteilsbasierte Vergütung von erhaltenen Gütern, somit also **Einlagevorgänge** wie die Kapitalerhöhung gegen Sacheinlage (→ § 8 Rz 50 und → § 20 Rz 67).

Die Kommentierung in diesem Paragrafen behandelt vornehmlich die schuldrechtlichen Fälle. Wegen Sacheinlagen wird auf → § 20 Rz 67 verwiesen.

Anteilsbasierte Vergütung können weiter unterschieden werden nach 3

- **Art** der vom Unternehmen empfangenen Leistung (Rz 4), wobei nicht alle Leistungen in den Anwendungsbereich von IFRS 2 fallen (Rz 16 und Rz 22), und
- **Form** der vom Unternehmen als Gegenleistung gewährten Vergütung (Rz 7).

1.2 Art der vom Unternehmen empfangenen Leistung

IFRS 2 **beschränkt** sich **nicht** auf Vergütungen an **Arbeitnehmer** (IFRS 2.3); auch andere „Lieferanten" des Unternehmens können anteilsbasierte Vergütungen erhalten. Überdies fallen zur Förderung des Unternehmensansehens geleistete anteilsbasierte Zuwendungen an karitative oder sonstige gemeinnützige Einrichtungen ebenfalls in den Anwendungsbereich von IFRS 2 (Rz 6). 4

Die erhaltene **Leistung**, für welche die anteilsbasierte Vergütung gewährt wird, kann in – bilanzierbaren oder nicht bilanzierbaren – **Gütern** (*goods*) oder **Dienstleistungen** (*services*) bestehen. Der Begriff „Güter" umfasst gem. IFRS 2.5: 5

- Vorräte *(inventories)*,
- Verbrauchsstoffe *(consumables)*,
- Sachanlagen *(property, plant and equipment)*,
- immaterielle Vermögenswerte *(intangibles)* sowie
- andere nichtfinanzielle Vermögenswerte *(other non-financial assets)*.

Auch die **nicht bilanzierungsfähige** Stärkung von Image und Ansehen kann als „*good*" oder „*service*" in diesem Sinne gelten (Rz 6).

Ein Anwendungsfall von IFRS 2 liegt hingegen **nicht** vor,

- wenn die erhaltene Leistung ein Finanzinstrument darstellt (Rz 22) oder
- die Leistung im Rahmen eines Unternehmenserwerbs zugegangen ist (Rz 16).

Darüber hinaus erfolgte im Rahmen des *Annual Improvements Project* 2009 eine Klarstellung, wonach auch die Gründung von Gemeinschaftsunternehmen (*jointly controlled entities*) sowie *transactions under common control* durch Hingabe eigener Anteile nicht unter IFRS 2 fallen.

Eine Anwendung von IFRS 2 wird auch dann nicht ausgeschlossen, wenn sich die erhaltenen Güter oder Dienstleistungen nicht oder zumindest **nicht** vollständig **identifizieren** lassen.[1] Die Gewährung einer anteilsbasierten Vergütung für nicht 6

[1] Vgl. SCHREIBER, KoR 2006, S. 303.

identifizierbare Güter oder Dienstleistungen (z.B. eine erhoffte Imageverbesserung oder die Vermeidung wirtschaftlicher Nachteile) stellt daher ebenfalls eine *share-based payment transaction* i.S.v. IFRS 2 dar.
Ein Ungleichgewicht zwischen dem *fair value* der identifizierbaren erhaltenen Güter oder Dienstleistungen und dem Wert der gewährten anteilsbasierten Vergütung deutet auf den zusätzlichen Erhalt nicht identifizierbarer Güter oder Dienstleistungen hin. IFRS 2 geht von der Ausgeglichenheit von Leistung und Gegenleistung aus. Daher bestimmt sich der Wert der nicht identifizierbaren Güter oder Dienstleistungen durch die *fair-value*-Differenz zwischen den identifizierbaren erhaltenen Gütern und Dienstleistungen und der gewährten anteilsbasierten Vergütung (IFRS 2.13A).
Bedeutung hat die Identifikation der empfangenen Leistung für die **Erfolgsrechnung:**

- Ist die empfangene Leistung ein **bilanzierungsfähiges Gut**, entsteht Aufwand aus der anteilsbasierten Vergütung erst über die **Abschreibung** oder Weiterveräußerung dieses Guts.
- Ist die empfangene Leistung ein identifizierbarer, sich über eine bestimmte Zeitspanne erstreckender **Dienst**, entsteht Aufwand über diese **Zeitspanne.**
- Liegt eine **nicht bilanzierungsfähige** und/oder nicht identifizierbare **Leistung** vor, entsteht **sofort Aufwand.**

1.3 Form der vom Unternehmen geleisteten Vergütung

1.3.1 Vergütung in Eigenkapital oder bar

7 Hinsichtlich der für den Erwerb der Güter oder Leistungen vom Unternehmen gewährten Gegenleistung unterscheidet IFRS 2.2 drei Formen anteilsbasierter Vergütung:

- **Vergütungen in Eigenkapitalinstrumenten** (*equity-settled share-based payment transactions*); hierzu gehört z.B. die Kapitalerhöhung gegen Sacheinlage oder die Ausgabe von realen Aktienoptionen an Arbeitnehmer,
- **Barvergütungen**, deren Höhe sich am Wert von Eigenkapitalinstrumenten orientiert *(cash-settled share-based payment transactions)*; wichtigster Anwendungsfall ist die Gewährung virtueller Optionen *(stock* bzw. *share appreciation rights)* an Arbeitnehmer,
- Vergütungen mit **Wahlrecht** des Unternehmens oder des Leistungsempfängers zwischen Erfüllung in Eigenkapitalinstrumenten (Aktien, reale Optionen usw.) oder anteilswertorientierter Barvergütung *(share-based payment transactions with cash alternatives).*

1.3.2 Reale und virtuelle Mitarbeiteroptionen

8 Auch anteilsbasierte Vergütungsformen gegenüber Arbeitnehmern *(share-based payments)* treten regelmäßig in den drei **Grundtypen** auf (Rz 7):

- Als **reale** Aktien**optionen** (*stock* oder *share options)*, die den begünstigten Arbeitnehmern das Recht gewähren, zu einem bestimmten Zeitpunkt oder innerhalb eines bestimmten Zeitraumes zu einem vorab bestimmten oder bestimmbaren Preis Anteile des Arbeitgebers zu zeichnen bzw. zu erwerben *(equity-settled transaction*; Rz 62ff.). Der bei Optionsausübung für die zu beziehenden Anteile zu entrichtende Preis (Basis- oder Ausübungspreis, *strike* *price)* ist entweder fixiert oder ermittelt sich aus der Anwendung eines vorab bestimmten Berechnungsmodus.

- Als **virtuelle** anteilsbezogene **Wertsteigerungsrechte** (*stock* oder *share appreciation rights)*, die den begünstigten Arbeitnehmern einen Barvergütungsanspruch i.H.d. positiven Differenz aus dem Kurs der unterliegenden Aktie zum vereinbarten Ausübungszeitpunkt einerseits und vorab vereinbartem Basispreis der Aktien andererseits gewähren – *cash settled transaction* (Rz 82ff.).
- Dazu gesellen sich **Mischformen**, bei denen der Arbeitgeber oder der Arbeitnehmer die Wahl der Erfüllung in Eigenkapitalinstrumenten oder Geld hat – *cash settlement alternatives* (Rz 86ff.).

Im Fall von realen Aktienoptionen hat die Gesellschaft die Beschaffung der Aktien zu besorgen, um diese **später** an die Optionsberechtigten weiterleiten zu können. Dies kann entweder durch die Ausgabe neuer Aktien (**Kapitalerhöhung)** oder den **Rückkauf** eigener Aktien am Kapitalmarkt erfolgen (Rz 163ff.). Bei anteilsbasierter Vergütung in Form einer virtuellen Aktienoption hat die Gesellschaft eine bare Zahlungsverpflichtung gegenüber dem Optionsinhaber. Die Wertentwicklung der Anteile der Gesellschaft ist nur Bewertungsmaßstab der Barvergütung. Auf die Ausgabe von Gesellschaftsanteilen kommt es nicht an.

Unabhängig von ihrer Form führt die anteilsbasierte Vergütung an Arbeitnehmer 9
zu (Personal-)Aufwand bei der eine Option gewährenden Gesellschaft. Unterschiede bestehen jedoch im bilanziellen Gegenkonto und in der Bemessung des Aufwands:

- Bei **realen** Aktienoptionen erfolgt über die Jahre der bis zur Ausübung der Option vereinbarten Wartezeit (Rz 49) jeweils eine Buchung **„per Personalaufwand an Eigenkapital"** (Rz 28ff.). Die Höhe des insgesamt erfassten Aufwands bemisst sich im Wesentlichen nach dem Wert der Option im Zusagezeitpunkt. Die tatsächliche spätere Wertentwicklung der Aktie (und damit der Option) ist irrelevant, da als zugewendeter „geldwerter Vorteil" die Option und nicht der aus Ausübung/Nichtausübung dieser Option tatsächlich dem Arbeitnehmer zufließende Erfolg gilt *(grant date measurement approach).*
- Bei **virtuellen** Optionen erfolgt über die Jahre der bis zur Ausübung der Option vereinbarten Wartezeit jeweils eine Buchung **„per Personalaufwand an Rückstellung"** (Rz 37ff.). Die Höhe des insgesamt erfassten Aufwands und der Rückstellung bemisst sich nach der tatsächlichen Wertentwicklung der Aktie. An sie ist die Rückstellung während der Wartezeit jeweils anzupassen. Zuwendungsobjekt ist der tatsächlich dem Arbeitnehmer zufließende Geldbetrag.

Die Gewährung von Aktienoptionen und anteilsorientierten Wertsteigerungs- 10
rechten an **Mitarbeiter** wird als probates Mittel zur Abschwächung des *principal-agent*-Konfliktes angesehen, weil durch die Einbeziehung des Anteilswerts bzw. etwaiger Wertsteigerungen in die Bemessungsgrundlage der Entlohnung des Managements (Agenten) deren **Motivationslage** und Risikopräferenzen zumindest teilweise an diejenige der Aktionäre (Prinzipale) angeglichen werden können.[2] Deshalb richten sich entsprechende Vergütungsformen fast ausschließlich an das **Management**, differenziert nach Hierarchiestufen *(executive stock options).*

Bei Ausgabe von Optionen auf junge Aktien erfahren die **Altaktionäre** infolge ihres Bezugsrechtsverzichtes eine **Verwässerung** ihres Aktienvermögens. Die

---

2 Vgl. LANGE, StuW 2001, S. 137 m.w.N.; KROPP, DStR 2002, S. 1919f.

Altaktionäre nehmen dies – bewusst oder unbewusst – im Hinblick auf zusätzliche Kurssteigerungen infolge der erhöhten Mitarbeitermotivation hin.

11 Anteilsbasierte Vergütungen an Mitarbeiter können zwar auch für **bereits erbrachte** Leistungen erfolgen, in der Praxis werden sie indes zumeist für **künftige** gewährt. Demzufolge sind sie an **Bedingungen** geknüpft:

- Regelmäßig muss das Dienstverhältnis mindestens während einer Sperr- oder Behaltefrist, dem sog. Erdienungszeitraum *(vesting period;* Rz 49), aufrechterhalten werden.
- Üblicherweise entspricht der Erwerbspreis der künftig zu erwerbenden Aktien in etwa dem im Zusagezeitpunkt *(grant date)* gültigen Kurs (innerer Wert, *intrinsic value)*. In diesem Zeitpunkt ist die Option also „am Geld“.
- Bei *premium-priced*-Optionsplänen liegt der Ausübungspreis im Ausgabezeitpunkt sogar über dem (aktuellen) Aktienkurs bzw. Anteilswert, die Option ist hier „aus dem Geld“. Nach der Zielsetzung des Optionsprogramms soll die Option im Ausübungszeitpunkt oder -raum „im Geld“ sein.

12 Mit dem begünstigten Arbeitnehmer der anteilsbasierten Vergütung ist individuell oder durch Betriebsvereinbarung ein **Vertrag** abzuschließen, der u. a. folgende Bestandteile (entsprechend den wesentlichen Determinanten des Optionswertes; Rz 220) enthalten muss oder sollte:[3]

- Zusagezeitpunkt (*grant date*; Rz 46 ff.),
- Ausübungs- bzw. Basispreis der Aktienoption,
- Wartezeit *(vesting period)*, frühester Ausübungszeitpunkt *(vesting date)*, Ausübungszeitraum (Rz 49),
- Ausübungsbedingungen (*vesting conditions;* Rz 50 ff.),
- Übertragbarkeit, Vererbung,
- Verfallkriterien.

Zu unterscheiden ist zwischen der **Zusage** von Optionen am *grant date* und ihrer **Ausgabe** am *vesting date*. Im Zwischenzeitraum *(vesting period)* kann die Zusage wegen Ausscheidens aus dem Dienstverhältnis verfallen *(forfeit)* oder danach (ab dem *vesting date)* wegen wirtschaftlicher Wertlosigkeit erlöschen *(expire)*.

Auf der **Zeitachse** sind mithin folgende Daten beachtlich (IFRS 2 App. A):

- **Zusage- oder Gewährungs**zeitpunkt *(grant date)* ist der Tag, an dem der Arbeitnehmer vertraglich das Recht aus dem Optionsplan erhält.
- **Ausgabe**zeitpunkt *(vesting date)* ist der Zeitpunkt, in dem die mit dem Optionsplan verbundenen Bedingungen (z. B. eine Mindestdauer der Fortführung des Dienstverhältnisses) erfüllt sind und deshalb der Berechtigte tatsächlich Optionsinhaber wird.
- **Ausübungs**zeitpunkt *(exercise date)* oder -zeitraum ist der mit Erfüllung aller Bedingungen gegebene Tag oder Zeitraum, an bzw. in dem die Option ausgeübt werden kann.
- **Bewertungs**zeitpunkt *(measurement date)* ist bei Vergütung in Eigenkapitalinstrumenten (realen Optionen) der Tag, an dem der Wert der Vergütung bestimmt wird. Bei Mitarbeiteroptionen fällt er mit dem Zusage- oder Gewährungszeitpunkt zusammen *(grant date measurement approach)*.

---

[3] Einzelheiten mit Vertragsmuster bei BREDOW, Mustervereinbarung zu Aktienoptionsplänen, DStR 1998, S. 380.

Der Ausübungspreis der Aktienoption entspricht i.d.R. dem Börsenkurs im Zusagezeitpunkt. Ein Erwerbspreis für die Option selbst wird i.d.R. nicht vereinbart. Der Vertrag kann zusätzlich eine Finanzierungshilfe seitens der Gesellschaft für die Erwerbskosten der Aktien enthalten.

1.4 Anwendungsbereich von IFRS 2

1.4.1 Zusage durch die bilanzierende Gesellschaft

IFRS 2 bezieht sich auf **sämtliche** Vergütungsformen *(share-based payment transactions)*, bei denen das Unternehmen bzw. der Konzern *(entity)* erhaltene Güter oder Dienstleistungen *(goods or services)* 13

- in eigenen Eigenkapitalinstrumenten *(equity-settled transactions)* oder
- in einer wertmäßig am Eigenkapital (des Unternehmens) orientierten Barzahlung *(cash-settled transactions)*

vergütet. Der Anwendungsbereich des IFRS 2 umfasst daher neben der meist auf **schuldrechtlicher** Grundlage erfolgenden anteilsbasierten Vergütung von Arbeits- oder sonstigen Dienstleistungen auch die meist auf **gesellschaftsrechtlicher** Basis vorgenommene anteilsbasierte Vergütung von erhaltenen Gütern, somit also Einlagevorgänge wie die Kapitalerhöhung gegen Sacheinlage.

Die in der Praxis wichtigsten Anwendungsbereiche von IFRS 2 sind

- der Erwerb von Gütern oder Diensten gegen Gewährung von Gesellschaftsrechten (Sacheinlage),
- die Vergütung von Arbeitnehmern durch reale oder virtuelle Aktienoptionen.

1.4.2 Zusage durch andere Konzernunternehmen oder Gesellschafter

Das bilanzierende Unternehmen kann von einem Mitarbeiter, sonstigen Dienstleister oder Lieferanten eine Leistung erhalten, **ohne** eine anteilsbasierte Vergütung **selbst** zu erbringen. Als Vergütungsschuldner kommen auch in Betracht: 14

- das **Mutterunternehmen**, in dem es z.B. seine eigenen Anteile oder darauf lautende Optionsrechte an Vertragspartner des Tochterunternehmens gewährt,
- **sonstige Gesellschafter**/Anteilseigner *(shareholder)* des Unternehmens, indem sie etwa Mitarbeitern zu Vorzugskonditionen Unterbeteiligungen einräumen,
- **andere** in den **Konzernabschluss** der Unternehmensgruppe einbezogene Unternehmen, indem z.B. ein Schwesterunternehmen seine eigenen Anteile oder darauf lautende Optionsrechte an Vertragspartner des Berichtsunternehmens gewährt.

Im Konzernabschluss ist die Divergenz von Leistungsempfänger und Vergütungsschuldner irrelevant, sofern beide zum gleichen Konsolidierungskreis gehören. Im Einzel- oder Teilkonzernabschluss stellt sich hingegen die Frage, ob bei einer solchen Divergenz gleichwohl IFRS 2 anzuwenden ist.

Voraussetzung für eine Erfassung als anteilsbasierte Vergütung ist ein **Zugang der Leistungen** beim rechnungslegungspflichtigen Unternehmen/Konzern.[4] IFRS 2 ist daher nicht einschlägig, wenn die anteilsbasierte Vergütung durch einen anderen Vergütungsschuldner eindeutig *(clearly)* einem **anderen Zweck** als

4 ZEIMES/THUY, KoR 2003, S. 36.

der Bezahlung von an das Unternehmen gelieferten Gütern und Dienstleistungen dient (IFRS 2.3A).
Wegen Einzelheiten wird auf Rz 127 ff. verwiesen.

1.4.3 Auslagerung auf eine SPE oder einen Trust

15 Unter Umständen tritt als Vergütungsschuldner einer anteilsbasierten Zusage des bilanzierenden Unternehmens ein *employee benefit trust* (oder ähnliche *off-balance*-Konstruktionen) auf.[5] Eine Anwendbarkeit von IFRS 2 ergibt sich aus zwei Gründen:

- Übernimmt der Trust eine anteilsbasierte Vergütung mit Ausgleich in Eigenkapitalinstrumenten, wird dieser Gesellschafter/Anteilseigner des Unternehmens. Die Zusage erfüllt die in IFRS 2.3A genannten Voraussetzungen.
- Unabhängig von der Ausgestaltung der Vergütungszusage handelt es sich bei *employee benefit trusts* regelmäßig auch um konsolidierungspflichtige Zweckgesellschaften *(special purpose entities)*, da *equity compensation plans* in den Anwendungsbereich des SIC 12 (→ § 32 Rz 57 ff.) fallen.

1.5 Nichtanwendungsbereiche

1.5.1 Unternehmenszusammenschlüsse

16 **Ausgenommen** von der Anwendung von IFRS 2 ist der Erwerb von Gütern oder Dienstleistungen im Rahmen eines **Unternehmenszusammenschlusses** (→ § 31) gem. IFRS 3 (IFRS 2.5). Im Rahmen des *Annual Improvements Project* 2009 erfolgten eine Änderungen und Klarstellung von IFRS 2.5: Gründungen von Gemeinschaftsunternehmen auch durch Hingabe eigener Anteile fallen danach nicht in den *scope* von IFRS 2 (Rz 20).

Beispiel
Unternehmen A erwirbt alle Anteile von Unternehmen B gegen Gewährung von 10 % eigener Anteile. Die Marktkapitalisierung von A beträgt zum Erwerbsstichtag 5.000 GE. Das Vermögen der schuldenfreien B (Sachanlagen, Vorräte, Forderungen) beträgt 300 GE zu Buch- und Zeitwerten.
Der beizulegende Zeitwert der im Rahmen der *business combination* hingegebenen Leistung beträgt damit 500 GE (→ § 31 Rz 42 ff.). Hieraus ergibt sich bei auf Basis des Zeitwertes des erworbenen Vermögens ein im Rahmen der Erstkonsolidierung anzusetzender *goodwill* von 500 GE – 300 GE = 200 GE. Nach (dem nicht anzuwendenden) IFRS 2 ergibt sich die gleiche Rechtsfolge nur dann, wenn der *goodwill* als Gut i. S. v. IFRS 2.5 interpretiert wird (Rz 5). Überdies würde sich nach IFRS 2 die Frage stellen, ob der Wert des erworbenen Unternehmens tatsächlich 500 GE beträgt. Würde man dies verneinen, also einen Fehleinkauf und einen Wert von z. B. nur 300 GE unterstellen, dürfte der *goodwill* ggf. nur mit 300 GE – 200 GE = 100 GE angesetzt werden, während der überhöhte Kaufpreisanteil von 200 GE direkt zu Aufwand werden könnte. Alle derartigen Überlegungen werden durch den Vorrang von IFRS 3 obsolet.

---

[5] Vgl. Roß/Simons, in: Baetge u. a. (Hrsg.), Rechnungslegung nach IFRS, IFRS 2 Tz. 16.

Allerdings können sich auch im Rahmen eines **Unternehmenszusammenschlusses** Vorgänge *(transactions)* abspielen, die unter den Regelungsbereich von IFRS 2 fallen. 17

- So kann der Erwerber eines Unternehmens Eigenkapitalinstrumente zugunsten der Beschäftigten des erworbenen Unternehmens im Interesse von deren künftiger Arbeitsleistung ausgeben (Rz 142ff.) oder
- der Anteilsverkäufer selbst wird vom erworbenen Unternehmen z.B. als Geschäftsführer weiterbeschäftigt und erhält als Arbeitsanreiz Optionen auf die Anteile des erwerbenden Unternehmens.

Es ergeben sich dabei allerdings Abgrenzungsprobleme. Die Vergütungskomponente „Aktien oder Aktienoptionen am erwerbenden Unternehmen" kann einerseits auf von dem Unternehmenserwerb separierbare Dienste entfallen, andererseits aber auch als nachträgliche Anpassung der Anschaffungskosten *(contingent consideration)* des Unternehmenserwerbs zu interpretieren sein (→ § 31 Rz 51ff.).

Zur Abgrenzung zwischen Kaufpreis und Vergütung für sonstige Leistungen kann auf folgende Faktoren zurückgegriffen werden (→ § 31 Rz 53). 18

Contingent consideration **(IFRS 3)**	***Share-based payment transaction*** **(IFRS 2)**
Bindung an Ergebnisgrößen des erworbenen Unternehmens (i.S.v. *earn-out*-Vereinbarungen)	Bindung an eine bestimmte Dauer der Fortsetzung des Beschäftigungsverhältnisses (bzw. *key personnel)*
Entlohnung des Managements ohne anteilsbasierte Vergütung entspricht üblichen Bandbreiten	Übereinstimmung des fixen Kaufpreisbestandteils mit der Bewertungsbandbreite für das erworbene Unternehmen
Höhe der nachträglichen Zahlung bestimmt sich in Abhängigkeit der künftigen Ertragssituation (z.B. 3 x EBIT)	Höhe der Zahlung ist an die Wertentwicklung der Anteile des Erwerbers geknüpft

Beispiel (Fortsetzung zu Rz 16)

Neben den fixen Anschaffungskosten mit einem *fair value* von 500 GE vereinbaren die Parteien eine Beschäftigung des Veräußerers im erworbenen Unternehmen. Neben einer laufenden Vergütung erhält der Veräußerer Optionsrechte auf die Anteile von A, die ausübbar werden, wenn in den nächsten 24 Monaten nach der Transaktion

- das Beschäftigungsverhältnis für zwei Jahre fortgesetzt und
- in diesem Zeitraum ein Kurs-Anstieg von 10 % erzielt wird.

Der erste Aspekt spricht für die Anwendung von IFRS 2, der zweite für eine Behandlung als *contingent consideration*. Eine Gesamtwürdigung ist notwendig. Hierbei ist u.E. von Bedeutung, ob der Veräußerer/Arbeitnehmer bereits ohne die Optionen im Fremdvergleich für seine Beschäftigung angemessen vergütet wird und ob der Kaufpreis ohne den Wert der Aktienoptionen angemessen war.

19 In der ab 2009/10 geltenden Fassung von IFRS 3 wurde die Behandlung von *contingent considerations* neu konzipiert (→ § 31 Rz 58ff.).[6] In diesem Zusammenhang wurden die vorstehend geschilderten bislang nur US-GAAP spezifischen Regeln zur Abgrenzung gegenüber Mitarbeitervergütungen weitgehend übernommen (IFRS 3.B54f. rev. 2008).

Überdies enthält der überarbeitete IFRS 3 erstmals Vorgaben zur Behandlung von *share-based payment awards* des erworbenen Unternehmens (IFRS 3.52(b) i. V. m. IFRS 3.B56ff. rev. 2008). Angesprochen ist der Ersatz bestehender Vergütungspläne gegenüber Arbeitnehmern aufgrund kollektiv- oder einzelvertragsrechtlicher Regeln (Rz 142ff.). Hiernach sind im Rahmen einer *business combination* auf den Erwerber übergehende *share-based payment awards* mit dem *fair value* zum Erwerbsstichtag anzusetzen. Es ist zu unterscheiden zwischen

- dem Anteil der *fair-value*-Anpassung des bestehenden Plans, der auf erbrachte Dienstleistungen der Anspruchsberechtigten vor dem Unternehmenserwerb entfällt (***pre-combination service***) und als Teil der Anschaffungskosten zu behandeln ist, sowie
- dem Anteil, der künftig noch von dem übernommenen Anspruchsberechtigten erdient wird (***post-combination service***) und Aufwand in der Unternehmensgruppe nach Unternehmenszusammenschluss darstellt.

20 Auch nach den Änderungen an IFRS 3 blieb fraglich, ob die Gründung eines Gemeinschaftsunternehmens i. S. v. IAS 31 oder eine *transaction under common control* durch Hingabe eigener Anteile in den Anwendungsbereich von IFRS 2 fallen könnte.

- Nach IFRS 3.2 fällt die Gründung eines *joint venture* wie auch eine *transaction under common control* nicht in den Anwendungsbereich von IFRS 3.
- IFRS 2 ist hingegen anzuwenden auf Transaktionen, bei denen ein Unternehmen durch Hingabe einer anteilsbasierten Vergütung *goods or services* empfängt.

Mangels Vorliegen einer *business combination* bei Gründung eines Gemeinschaftsunternehmens oder *transactions under common control* könnte die Hingabe eigener Anteile auf einen Anwendungsfall von IFRS 2 deuten (IFRS 2.5). Inzwischen erfolgte eine Klarstellung von IFRS 2.5, nach der „*the contribution of a business*" auch gegen Hingabe eigener Anteile dann nicht in den Anwendungsbereich von IFRS 2 fällt, wenn IFRS 3 einen Ausschluss vom Anwendungsbereich vorsieht. Entscheidend ist das Vorliegen eines *business*. Für den Fall der Übertragung von Vermögenswerten, die kein *integrated set of activities* i. S. v. IFRS 3, also kein *business* konstituieren (→ § 31 Rz 16ff.), bleibt IFRS 2 einschlägig. Für den Fall der Übertragung von Vermögenswerten mit *business*-Qualität gegen Hingabe eigener Anteile scheidet ein Rückgriff auf IFRS 2 auch dann aus, wenn der Erwerb die Gründung eines Gemeinschaftsunternehmens oder eine *transaction under common control* betrifft und deshalb nicht den Regeln von IFRS 3 unterliegt.

Für die Bewertung des empfangenen Vermögens besteht im zweiten Fall dann ein Wahlrecht (*accounting policy choice*) gem. IAS 8.10–12. Infrage kommt u. E. eine Bewertung zum beizulegenden Zeitwert (*fresh start basis*) oder zu fortgeführten Buchwerten (*predecessor basis*).

---

6 Vgl. FREIBERG, PiR 2008, S. 31.

Praktisch relevant ist die Frage des Anwendungsbereichs von IFRS 2 und IFRS 3 auch im Fall der Einbringung einer aktiven Gesellschaft in eine *holding/shell company*, wobei die bisherigen Gesellschafter der eingebrachten Gesellschaft die Mehrheit an der Holding erlangen, somit Letztere nur rechtlich Erwerber, wirtschaftlich aber Erwerbsobjekt ist *(reverse acquisition)*. Hier könnte bei fehlender *business*-Qualität des rechtlichen Erwerbers eine Behandlung der Transaktion nach IFRS 2 infrage kommen.[7] 21

Beispiel
Die Holding H-AG ist börsennotiert und konstituiert kein *business* i.S.d. IFRS 3. Im Wege der Sachkapitalerhöhung gibt H eigene Anteile im Tausch für die Einbringung der Anteile an der operativ tätigen, nicht börsennotierten A-AG aus. Nach der Transaktion ist H rechtlich Mutterunternehmen von A. Fraglich ist, ob die Transaktion nicht in den Anwendungsbereich von IFRS 3 fällt, die Vorgaben zur Behandlung von *reverse acquisitions* (→ § 31 Rz 194ff.) daher nicht einschlägig sind, da das wirtschaftliche Erwerbsobjekt kein *business* ist.

Nach einer zitierten Auffassung[8] soll es durch Ausgabe der Anteile der aktiven Gesellschaft (im Beispiel A) zur Übernahme von *goods* der Holding (im Beispiel H) im Anwendungsbereich des IFRS 2 kommen, bzw. bei Fehlen identifizierbarer Vermögenswerte der Holding eine aufwandswirksame Verrechnung der in Anteilen hingegebenen Leistung der A gem. IFRS 2 erforderlich sein. Diese Auffassung ist u.E. diskussionsbedürftig.

Da die eingebrachte aktive Gesellschaft überhaupt keine Anteile ausgibt, kann aus ihrer Sicht zunächst kein Anwendungsfall von IFRS 2 vorliegen. Lediglich bei Umdeutung des rechtlichen Vorgangs in eine Anteilsgewährung durch die bisherigen Gesellschafter der aktiven Gesellschaft an die bisherigen Gesellschafter der Holding könnte die Anwendung von IFRS 2 infrage kommen. Tatsächlich gewähren die bisherigen Gesellschafter der aktiven Gesellschaft aber keine Anteile an die Altgesellschafter der Holding. Sie tauschen lediglich direkte Anteile an der aktiven Gesellschaft in indirekt über die Holding gehaltene um.

Eine andere Behandlung des Vorgangs könnte sich an folgenden Überlegungen orientieren:

- IFRS 2 kennt das Konzept der *reverse acquisition*, bei der der rechtliche Erwerber (Holding) wirtschaftlich das Erwerbsobjekt ist, nicht. Das Konzept ist ausschließlich in IFRS 3 und nicht an anderen Stellen des IFRS-Regelwerks formuliert, daher zweifelhaft, ob es sich um einen zum Prinzip verfestigten Rechtsgedanken handelt. Teilt man diese Zweifel, ist IFRS 2 nur aus Sicht des rechtlichen Erwerbers anwendbar.
- Die konkrete Anwendung scheitert auch nicht am in IFRS 2.5 enthaltenen Ausschluss von Unternehmenserwerben vom Regelungsbereich des IFRS 2. Dieser Ausschluss greift nur dann, wenn ein IFRS 3 unterliegender Unternehmenszusammenschluss vorliegt. IFRS 3 ist aber nicht anwendbar, da das wirtschaftlich erworbene Unternehmen (Holding) keine *business*-Qualität hat.

7 So etwa PwC, IFRS Manual of Accounting 2011, Tz 12.30.
8 So etwa PwC, IFRS Manual of Accounting 2011, Tz 12.30.

1.5.2 Erwerb von Finanzinstrumenten

22 Der Anwendungsbereich *(scope)* von IFRS 2 umfasst den Erhalt von **Gütern** oder **Dienstleistungen** gegen anteilsbasierte Vergütung. Der Begriff Güter umfasst Vorräte, Sachanlagen, immaterielle Vermögenswerte sowie „andere nichtfinanzielle Vermögenswerte" (IFRS 2.5; Rz 5). Nicht völlig geklärt ist die (Nicht-)Einbeziehung **finanzieller** Vermögenswerte:

- **Unstrittig** ist nur: Werden in den Anwendungsbereich von IAS 32/IAS 39 (→ § 28) fallende originäre oder derivative Finanzinstrumente gegen anteilsbasierte Vergütung (also etwa durch Sacheinlage) erworben, so liegt kein Anwendungsfall von IFRS 2 vor.
- **Unklar** ist, wie der Erwerb von Anteilen zu werten ist, die einen maßgeblichen Einfluss (IAS 28), gemeinschaftliche Kontrolle (IAS 31) oder Kontrolle (IAS 27) an einem anderen Unternehmen gewähren. So ist etwa die Beteiligung an einem assoziierten Unternehmen im **Einzelabschluss** des bilanzierenden Unternehmens zwar ein finanzieller Vermögenswert (IAS 32.11), der allerdings nicht zwingend den Bewertungsvorschriften von IAS 39 (IAS 39.2a) unterliegt. Im **Konzernabschluss** ist die Beteiligung im Rahmen der *equity*-Bilanzierung eher als ein Konsolidierungsobjekt anzusehen (IAS 28.21). In Bezug auf den Anwendungsbereich von IFRS 2 kann sich daher eine unterschiedliche Behandlung im Einzel- und Konzernabschluss des bilanzierenden Unternehmens ergeben.

Beispiel

Durch Kapitalerhöhungsbeschluss vom 1.1 erwirbt die börsennotierte E 10 Mio. Aktien an der nicht notierten B. Der Erwerb vollzieht sich als Sacheinlage.

- 10 Mio. B-Aktien werden in die E eingebracht.
- E gewährt hierfür 10 Mio. E-Aktien.

Die Durchführung der Kapitalerhöhung steht unter der aufschiebenden Bedingung der kartellrechtlichen Genehmigung. Diese erfolgt am 1.4.

Die Werte der Aktien stellen sich wie folgt dar:

- E-Aktien (Börsenkurse) am 1.1. 10 EUR, am 1.4. 12 EUR.
- Die B-Aktien haben nach einer Unternehmensbewertung einen Wert von 10 EUR pro Aktie.

Zu bestimmen ist der Zugangswert des Anteils an B bei E für folgende Varianten:

- Variante 1: Die B hatte vor der Kapitalerhöhung 190 Mio. Aktien. E erwirbt also 10 / 200 Mio. Aktien = 5 % an B, somit Erwerb eines Finanzinstruments.
- Variante 2: Die B hatte vor der Kapitalerhöhung 30 Mio. Aktien. E erwirbt also 10 / 40 Mio. Aktien = 25 %, somit Erwerb eines Anteils an einem assoziierten Unternehmen.

Variante 1

E erwirbt 5 % an B und damit ein in den Anwendungsbereich von IAS 32 und IAS 39 fallendes Finanzinstrument. Die Einbuchung erfolgt sowohl im Einzel- als auch im Konzernabschluss mit dem *fair value* der hingegebenen E-Aktien (IAS 39.AG64). Sofern die Transaktion nicht als *regular way pur-*

chase qualifiziert wird (→ § 28 Rz 54), erfolgt die Einbuchung zum 1.4. mit 10 Mio. × 12 EUR = 120 Mio. EUR.

Variante 2
E erwirbt 25 % an B, somit einen Anteil an einem assoziierten Unternehmen. Im Einzelabschluss der E ist die Beteiligung gem. IAS 32 als finanzieller Vermögenswert zu qualifizieren. Damit scheidet eine Erfassung des Erwerbs als anteilsbasierte Vergütung gem. IFRS 2 aus. Als Zugangswert ist gem. IAS 39.AG64 der Wert der hingegebenen Leistung, also der E-Aktien, anzusehen. Die Einbuchung der B-Aktien erfolgt daher auch hier mit 120 Mio. EUR. Im Konzernabschluss ist der Anteil an einem assoziierten Unternehmen als Konsolidierungsobjekt (*equity*-Konsolidierung) und damit nicht (zwingend) als finanzieller Vermögenswert zu werten. Wird der Anteil an B als nichtfinanzieller Vermögenswert angesehen, fällt der Erwerb des Anteils in den Anwendungsbereich von IFRS 2. Die Zugangsbewertung bei E erfolgt daher gem. IFRS 2 mit dem Wert der B-Aktien, also mit 100 Mio. EUR.

Der Ausschluss der Finanzinstrumente vom Anwendungsbereich von IFRS 2 bezieht sich auch auf **derivative** Verträge (z.B. Warentermingeschäfte) über nichtfinanzielle Werte *(non-financial items)*, die statt durch physische Lieferung bar oder durch Hingabe eines anderen Finanzinstruments ausgeglichen *(net settlement)* werden können (IFRS 2.BC27) und welche die Voraussetzungen eines Finanzderivats (gem. IAS 32.8–10/IAS 39.5–7) erfüllen (→ § 28 Rz 222).[9] 23

Beispiel
Unternehmen A schließt ein Termingeschäft *(forward)* über den Erwerb von 1.000 t Kupfer ab. Der in bar zu entrichtende Kaufpreis bestimmt sich in Abhängigkeit des Aktienkurses der A-Aktie am vereinbarten Termin. Hintergrund der Transaktion ist eine Spekulation A's auf künftig steigende Kupferpreise, eine physische Lieferung ist nicht intendiert. Der Terminkontrakt sieht daher die Möglichkeit zum *net settlement* vor, A hat im Übrigen in der Vergangenheit mehrfach vergleichbare (Spekulations-)Geschäfte abgewickelt. Der Vertrag fällt insbesondere wegen der Möglichkeit zum *net settlement* in den Anwendungsbereich von IAS 39 und ist daher nicht als *share-based payment transaction* zu behandeln.

Abwandlung des Beispiels
A hat den Terminvertrag mit der Absicht einer physischen Lieferung des Kupfers geschlossen, das für den eigenen Produktionsbedarf benötigt wird. Ein *net settlement* ist nicht vorgesehen, es gibt auch keine entsprechende Historie. Eine Erfassung als Finanzderivat scheitert gem. IAS 39.5 an der *own use excemption* (→ § 28 Rz 222ff.). Die empfangene Leistung ist ein *good (inventory)* und wird anteilsbasiert vergütet. Die Transaktion fällt unter den Anwendungsbereich von IFRS 2.

9 Vgl. FREIBERG, PiR 2007, S. 230.

1.5.3 Weitere Nichtanwendungsfälle

24 Ebenfalls keine *share-based payment transactions* i. S. v. IFRS 2 sind

- Transaktionen zwischen Anteilseignern, denen **kein Vergütungscharakter** für empfangene Güter und Dienste zukommt (Rz 25), und
- Vergütungen, deren Höhe an die buchmäßige **Eigenkapitalvermehrung** des Unternehmens bzw. den ausgewiesenen **(Jahres-)Überschuss** geknüpft sind (Rz 26).

25 Nicht jede Beteiligung der Arbeitnehmer an den Anteilen bzw. der Wertentwicklung der Gesellschaft fällt unter den Anwendungsbereich von IFRS 2. Entscheidend ist, ob gewährte Vorteile ihren Grund in der erbrachten Arbeitsleistung haben oder ob sie gesellschaftsrechtlich veranlasst sind *(causa societas)*. Die Gewährung von Bezugsrechten anlässlich einer Kapitalerhöhung an einen Arbeitnehmer stellt etwa dann keine anteilsbasierte Vergütung dar, wenn er sie in seiner Eigenschaft als **Aktionär** erhält, also so gestellt wird wie alle anderen Aktionäre *(shareholders as a whole)*. Entsprechendes gilt für die Einräumung von Beteiligungen gegen fremdübliche Bedingungen. Werden allerdings Anteile zu günstigen, nicht fremdüblichen Bedingungen ausgegeben (*sweet* bzw. *sweat equity*) liegt eine Transaktion im Anwendungsbereich von IFRS 2 vor.

Beispiel
Der neue Finanzvorstand soll am Aktienkapital beteiligt werden. Dazu kauft er eigene Aktien der Gesellschaft zum aktuellen Börsenkurs. Die Valuta wird ihm von der Gesellschaft als Darlehen gewährt, das er in 5 Jahren verzinslich zu tilgen hat.
Es handelt sich um eine nicht unter IFRS 2 fallende Transaktion.

Abwandlung des Sachverhalts
Der Aktienerwerb erfolgt zu einem gegenüber dem Kurswert ermäßigten Preis (*sweet equity*).
Es liegt eine anteilsbasierte Vergütung nach dem Regelungsgehalt von IFRS 2 vor.

26 Ist eine erfolgsabhängige Vergütung von Mitarbeitern nicht an die Entwicklung der Gesellschaftsanteile, sondern an eine **andere Variable** (z. B. Jahresüberschuss) geknüpft, scheidet die Anwendung von IFRS 2 aus.

Beispiel
Die Arbeitnehmer erhalten eine erfolgsabhängige Vergütung, abhängig vom ausgewiesenen Gewinn und der damit verbundenen Erhöhung des ausgewiesenen bilanziellen Eigenkapitals.
Bezugspunkt für den Anwendungsbereich von IFRS 2 ist der Wert der Beteiligung (Aktien) am Unternehmen und nicht dessen buchmäßiges Eigenkapital. Deshalb handelt es sich im Beispielfall um eine Vergütung im Anwendungsbereich von IAS 19 in Form von *employee benefits* (→ § 22 Rz 76).

27 Voraussetzung für das Vorliegen einer anteilsbasierten Vergütung im Anwendungsbereich von IFRS 2 ist die Bezugnahme der gewährten Gegenleistung auf

Anteile des die Vergütung gewährenden Unternehmens. Orientiert sich eine Vergütung wertmäßig nicht an der Wertentwicklung der Anteile bzw. des Eigenkapitals des Vergütungsschuldners, scheidet ein Rückgriff auf IFRS 2 aus. Die bilanzielle Behandlung der bestehenden Verpflichtung richtet sich dann nach der Identität des Vergütungsbegünstigten:

- Handelt es sich um einen Mitarbeiter des Vergütungsschuldners, kann die Verpflichtung in den Anwendungsbereich von IAS 19 fallen (→ § 22 Rz 2).
- Andernfalls ist zu untersuchen, ob es sich bei der Verpflichtung um ein Finanzinstrument im Anwendungsbereich von IAS 32/IAS 39 handelt. Aufgrund der Bindung der Verpflichtung an die Eigenkapitalentwicklung eines anderen Unternehmens ist eine Untersuchung hinsichtlich der Abspaltungspflicht eines eingebetteten Derivats gem. IAS 39.11 erforderlich (→ § 28 Rz 166ff.).

Eine Divergenz von Leistungsempfänger und Vergütungsschuldner führt hingegen nicht unmittelbar zu einem Ausschluss vom Anwendungsbereich des IFRS 2 (Rz 14).

2 Grundprobleme der Bilanzierung anteilsbasierter Vergütungen

2.1 Abhängigkeit der Bilanzierung von der Vergütungsform

2.1.1 Vergütung durch Eigenkapitalinstrumente

Die im Rahmen einer anteilsbasierten Transaktion erworbenen Güter sind im Augenblick des **Zugangs** buchmäßig zu erfassen, Dienste über die Dauer von deren Inanspruchnahme zu verteilen (IFRS 2.7). 28

Bezüglich der **Gegenbuchung** ist zu differenzieren:

- Bei Vergütung durch Eigenkapitalinstrumente ist die Gegenbuchung im **Eigenkapital** vorzunehmen.
- Bei einer Barvergütung sind die **Rückstellungen**/Verbindlichkeiten anzusprechen.

Der IASB verzichtet auf eine Spezifizierung des Eigenkapitalkontos und ermöglicht so eine Erfassung, die dem rechtlichen Umfeld des Unternehmens entspricht. Die herrschende deutsche Auffassung bevorzugt eine Erfassung in der Kapitalrücklage.[10] Allerdings wird – aufgrund der Notwendigkeit zur nachträglichen Anpassung bei bestimmten Schätzungsänderungen – auch eine Erfassung als Teil der Gewinnrücklage als vertretbar angesehen.[11] 29

Empfangene Güter sind als **Vermögenswerte** (*assets*) auszuweisen, wenn sie die entsprechenden Ansatzvorschriften erfüllen, empfangene Dienstleistungen sind als **Aufwand** zu erfassen (IFRS 2.8). 30

- Das Eigenkapital **erhöht** sich im Fall einer aktivierungspflichtigen Gegenleistung (IFRS 2.10).
- Es bleibt bei Aufwandsverbuchung **konstant**, da die GuV ein Unterkonto des Eigenkapitals ist.

10 Vgl. Pellens/Fülbier/Gassen, Internationale Rechnungslegung, 6. Aufl., 2006, S. 485; Schmidt, Bilanzierung von Aktienoptionsplänen nach IFRS 2, 2006, S. 126; Vater, WPg 2006, S. 715.

11 Vgl. Roß/Simons, in: Baetge u.a. (Hrsg.), Rechnungslegung nach IFRS, IFRS 2, Tz 51; Hasenburg/Seidler, Der Konzern 2005, S. 162.

Das **Ansatzproblem** ist nach allgemeinen Regeln (→ § 1 Rz 85ff.) zu lösen. Als Beispiel werden in IFRS 2.9 Entwicklungskosten für ein neues Produkt genannt, die die Ansatzkriterien nach IAS 38 nicht erfüllen (→ § 13 Rz 26ff.).

31 In der Bewertung der durch Ausgabe von Eigenkapitalinstrumenten bewirkten Transaktion ist nach IFRS 2.10f. wie folgt zu differenzieren:

- **Regel:** Der *fair value* der **empfangenen Leistung** bestimmt die Bewertung der Transaktion, die Sollseite des Buchungssatzes also die Habenseite, d.h. den (ohne Berücksichtigung der GuV) ins Eigenkapital einzustellenden Betrag.
- **Allgemeine Ausnahme:** Wenn der *fair value* der empfangenen Leistung nicht verlässlich zu ermitteln ist, ist umgekehrt die Habenseite des Buchungssatzes wertbestimmend. Der **Wert der gewährten Optionen oder Anteilsrechte** legt den Zugangswert bei bilanzierungsfähigen Vermögenswerten bzw. die Höhe des Aufwands bei nicht bilanzierungsfähigen Vermögenswerten oder Diensten fest.
- **Spezielle Ausnahme für Mitarbeiterleistungen**: Hier ist nach IFRS 2.11 unwiderleglich davon auszugehen, dass der Wert der empfangenen Leistung nicht verlässlich bestimmt werden kann und demzufolge der **Wert der gewährten Optionen oder Anteilsrechte** die Bewertung der Transaktion und damit die Höhe des Personalaufwands bestimmt. Wie Mitarbeiterleistungen sind „ähnliche Leistungen" zu würdigen. Demnach kommt es unter sonst gleichen Voraussetzungen z.B. nicht darauf an, ob ein Handelsvertreter Arbeitnehmer oder selbstständig ist.

Einen weiteren Anwendungsfall der IFRS 2 stellt die Ausgabe von Eigenkapitalinstrumenten an Minderheiten, karitative Organisationen etc. zur Förderung von Ansehen und **Image** des Unternehmens dar. Ein Rückgriff auf IFRS 2 scheidet nicht aus, wenn keine konkrete Gegenleistung des Empfängers der anteilsbasierten Vergütung bzw. keine i.H.d. ausgegebenen Werts festzustellen ist (IFRS 2.2). Nach IFRS 2.2 (früher IFRIC 8.8) besteht für die Klassifizierung einer Transaktion als anteilsbasierte Vergütung beim Leistungsempfänger nicht die Notwendigkeit zur Identifizierung des Empfangs einer Leistung (*whether or not the entity can identify*). Fehle es an einer **identifizierbaren Gegenleistung**, sei dies ein Hinweis für einen bereits erfolgten oder künftigen Empfang einer solchen. Entsprechend gilt die Vermutung des Empfangs einer „vollwertigen" – dem *fair value* des Eigenkapitalinstruments entsprechenden – Gegenleistung. Die Nichtidentifizierbarkeit der Gegenleistung hindert also nicht die Anwendung von IFRS 2 (Rz 6).

Wegen weiterer Einzelheiten, insbesondere zu Mitarbeiteroptionen, wird auf Rz 62ff. verwiesen.

32 Zentraler Diskussionspunkt bei der Entwicklung des Standards war die offensichtlich nicht nur für die deutsche Betrachtungsweise gewöhnungsbedürftige Buchung von **nicht zu Ausgaben** führenden, **nichtpagatorischen Aufwendungen** mit der Gegenbuchung im **Eigenkapital**. In den *Basis of Conclusions (BC)* setzt sich der Board ausführlich mit den hierzu vorgetragenen **Bedenken** auseinander (IFRS 2.BC29ff.). Damit werden auch weitgehend die im deutschen Schrifttum gegen diese Art der bilanzmäßigen Darstellung von Aktienoptionsplänen erhobenen Einwendungen[12] mit abgehandelt.

12 Schruff, in: FS Welf Müller, 2001, S. 235; Schildbach, StuB 2000, S. 1034; Lange, WPg 2002, S. 354; Herzig/Lochmann, WPg 2002, S. 325.

Die wichtigsten Argumente vom Board gewürdigter Kritikpunkte sind die folgenden: 33

- **Die Mitarbeiter des Unternehmens/Konzerns erhalten anteilsorientierte Vergütungennicht von diesem, sondern von (anderen Personen, nämlich) den Aktionären** (IFRS 2.BC34f.).
  Dem hält der Board entgegen: Das Unternehmen, nicht die Gesellschafter/Anteilseigner legten die entsprechenden Vergütungspläne auf und gäben die Optionen aus. Die Eigenkapitalinstrumente seien als Gegenleistung für die erhaltenen Dienstleistungen für das Unternehmen und nicht für die Gesellschafter/Anteilseigner bestimmt.
- **Die Mitarbeiter erbringen ihre Leistung nicht für die Optionen, sondern werden hierfür in bar oder in anderen Sachwerten vergütet** (IFRS 2.BC36ff.).
  Dem entgegnet der Board: Die Anteile oder Optionen auf diese stellen einen Bestandteil eines Gesamtvergütungspaketes dar. Ein solches Paket werde auch sonst nicht in seine Bestandteile (hinsichtlich der Aufwandswirksamkeit) zerlegt.
- **Da bei Vergütungen mit Eigenkapitalinstrumenten das Unternehmen/der Konzern keine Gegenleistung zu erbringen hat, entstehen ihm auch keine buchmäßig auszuweisenden Aufwendungen** (IFRS 2.BC40ff.).
  Demgegenüber der Board: Auch wenn man keine Ausgaben des Unternehmens feststellen könne, erhalte das Unternehmen/der Konzern gleichwohl wirtschaftliche Ressourcen und verbrauche diese im Produktionszyklus. Im Übrigen gelte unbestritten: Vorräte, Sachanlagen und ähnliche Vermögenswerte, die gegen Aktienausgabe dem Unternehmen zur Verfügung gestellt werden (Sacheinlage), sind zu bilanzieren. Die Nutzung dieser Ressourcen führe aber ebenso zu buchmäßigem Aufwand (durch Verbrauch bzw. Abschreibung) wie die Nutzung von (Arbeitnehmer-)Dienstleistungen.
- Die **zuverlässige Bewertung** *(reliability of measurement)* von anteilsbasierten Vergütungen zum *fair value* ist nur technisch einfach, inhaltlich bzw. in der Festlegung der Prämissen aber anspruchsvoll und verbunden mit reichlichem Schätzungsermessen für das Management.[13]
  Der Board diskutiert umfangreich (IFRS 2.BC294–310) das Bewertungsproblem. Dabei behandelt er der Reihe nach eine ganze Anzahl möglicher Bilanzierungsverfahren, insbesondere den Verzicht auf eine Aufwandsbuchung wegen der Schwierigkeit der Objektivierung der Aufwandshöhe. Er verwirft diese Bedenken aber. Fazit des Board: Der *fair value* von *stock options* könne so gut wie immer am Zusagezeitpunkt hinreichend verlässlich ermittelt werden (Rz 237f.).

Weitere vom Board widerlegte **Bedenken** gegen die genannte Verbuchung „Aufwand an Eigenkapital" beziehen sich auf die Definition des Aufwandes *(expense*; IFRS 2.BC45ff.) und auf die Beeinträchtigung der Kennzahl Gewinn pro Aktie *(earnings per share*; → § 35) durch „Doppelerfassung"[14] (IFRS 2.BC54ff.). Auch diese Argumente lässt der Board in umfangreicher Begründung nicht gelten. 34

---

13 Detailliert vorgetragen von VATER, Stock Options, 2004, S. 9ff., sowie WPg 2004, S. 1246; PELLENS/CRASSELT, PiR 2005, S. 36.

14 So SCHILDBACH, DB 2003, S. 894; KÜTING/DÜRR, WPg 2004, S. 616.

35 Für die IFRS-Bilanzierung ist daher eine **Erfassung** anteilsbasierter Vergütungen mit Ausgleich in Eigenkapitalinstrumenten mit dem *fair value* zum Zusagezeitpunkt *(grant date*; Rz 46) geboten und eine Gegenbuchung im **Eigenkapital** vorzunehmen. Ist der Wert der Vergütung nach dieser Vorgabe einmal bestimmt, kann er nicht wieder rückgängig gemacht oder angepasst werden (IFRS 2.23). Das gilt nicht bei Änderungen im Mengengerüst durch Verfall *(forfeit)* innerhalb der Sperrperiode *(vesting period;* Rz 49).

36 Sofern das begebene Eigenkapitalinstrument vom Empfänger sofort nach der Zusage realisiert werden kann, wird eine **bereits erfolgte** Leistungserbringung unterstellt; der Ansatz ist dann in voller Höhe vorzunehmen (IFRS 2.14). In aller Regel erfolgt die Gewährung von solchen Vergütungen (z.B. Aktienoptionen) aber für **künftige** Leistungen; dann ist der Ansatz als **Ansammlungsbetrag** auf die „Wartefrist" *(vesting period*; Rz 49) zu **verteilen** (IFRS 2.15).

2.1.2 Anteilsbasierte Barvergütung

37 Für die vom **Unternehmen/Konzern** in bar zu erbringenden Gegenleistungen, die der Höhe nach auf der Basis eines Aktienkurses bzw. des Anteilswertes bestimmt werden *(stock appreciation rights*; Rz 7), ist die Verbuchung unter den Schulden *(liabilities)* vorzunehmen. Regelmäßig werden derartige Vergütungen nur bei der Inanspruchnahme nicht aktivierungsfähiger Leistungen vereinbart. Die Dotierung der Schuld erfolgt dann zulasten des Aufwands (IFRS 2.30). *Liability* ist dabei als Oberbegriff zu verstehen, der „sichere" Schulden und Rückstellungen umfasst (→ § 21 Rz 1).

38 Für die Bewertung der durch Barvergütung bewirkten Transaktion gilt nach IFRS 2.30: Der *fair value* der gewährten virtuellen Optionen oder sonstigen virtuellen Anteilsrechte, also die Schuld, determiniert den Zugangswert bilanzierungsfähiger Vermögenswerte bzw. die Höhe des für nicht bilanzierungsfähige Vermögenswerte oder Dienste anzusetzenden Aufwandes.
Wegen Einzelheiten wird auf Rz 82ff. verwiesen.

39 Der nach IFRS 2 verwendete *liability*-Begriff weicht von der Unterscheidung Eigen- und Fremdkapital nach IAS 32 ab. Das Vorliegen einer Verbindlichkeit nach IAS 32 führt somit nicht notwendigerweise zu einer Klassifizierung einer anteilsbasierten Vergütung als *cash-settled transaction*.[15]

Beispiel
Der Vorstand der A-AG erhält eine anteilsbasierte Vergütung mit Ausgleich in Eigenkapitalinstrumenten. Die Ausgabe der angebotenen Anteile hängt von der Erreichung bestimmter *performance*-Ziele ab. Insoweit die Ziele erreicht werden, der Anspruch dem Grunde nach also besteht, hat der Vorstand Anspruch auf eine variable Anzahl an Aktien mit einem Wert von 100 GE, die von dem Aktienkurs am Auszahlungstag abhängt. Weder A noch der Vorstand haben die Möglichkeit zum Barausgleich.
Da die Gesellschaft zur Ausgabe einer variablen Anzahl von wertmäßig finanzierten Anteilen verpflichtet ist, liegt nach IAS 32 eine finanzielle Verbindlichkeit vor (→ § 20 Rz 4). Nach IFRS 2 ist die Transaktion wegen der

15 Vgl. Ernst & Young, International GAAP 2011, S. 1680f.

fehlenden Möglichkeit zum Barausgleich allerdings als *equity-settled* zu behandeln.

Der IASB begründet die konzeptionellen Unterschiede in der **Kapitalabgrenzung** von IAS 32 und der Klassifizierung einer anteilsbasierten Vergütung in den *Basis for Conclusions* (IFRS 2.BC109f).

- Eine Anwendung der Kapitalabgrenzungskonzeption des IAS 32 – insbesondere hinsichtlich der Klassifizierung von Verpflichtungen zur Leistung einer variablen Anzahl von EK-Instrumenten als Fremdkapital – würde in Bezug auf IFRS 2 zu nicht zu rechtfertigenden Unterschieden, insbesondere der Berücksichtigung der Volatilität, führen.
- Im Übrigen soll die Inkonsistenz zwischen IFRS 2 und IAS 32 im Rahmen der Überarbeitung der Kapitalabgrenzungskonzeption behandelt werden (→ § 20 Rz 97).

Wie bei Vergütung durch Eigenkapitalinstrumente ist der (Personal-)Aufwand 40 auch bei Barvergütung zu realisieren, wenn die entsprechende (Arbeits-)Leistung erbracht worden ist. Sofern die Berechtigung auf die anteilsbasierte Vergütung **sofort** eintritt *(vest immediately)*, ist der Aufwand sofort in voller Höhe zu erfassen. I.d.R. hängt aber die Berechtigung für diese anteilsbasierte Vergütung von der Erbringung einer bestimmten Dauer der (Arbeits-)Leistung ab (Sperrfrist, *vesting period)*. In diesem Fall ist die Schuld zeitanteilig über die betreffenden Perioden hin aufzubauen (IFRS 2.32).

Der Ansatz einer Schuld würde sich in Anwendung der allgemeinen Regelung in 41 IAS 37.14 (→ § 21 Rz 20) danach richten, ob eine **gegenwärtige** (*present*) Verpflichtung besteht. Der Board hat bez. der Erfüllung dieser Voraussetzung bei *stock appreciation rights* gewisse **Zweifel**, weil während der anstehenden Wartefrist *(vesting period)* noch bestimmte Leistungsmerkmale erfüllt werden müssen. Gleichwohl befürwortet er, gestützt auf den Regelungsgehalt für Arbeitnehmer-Pensionspläne nach IAS 19 (→ § 22), den ratierlichen Aufbau ab dem Augenblick der Zusage, also mit dem Eintritt der entsprechenden Verpflichtung.

Das Bestehen einer vertraglichen Verpflichtung zur anteilsbasierten Vergütung 42 ist **notwendige Bedingung** für das Vorliegen einer *cash-settled share-based payment transaction*. „Verpflichtungen", deren Entstehung/Nichtentstehung bzw. Erfüllung/Nichterfüllung im Ermessen und in der Handlungsfreiheit des Vergütungsschuldners liegt, stellen so lange bilanziell keine Verpflichtungen dar, bis dieser Freiheitsraum beendet und eine unentziehbare rechtliche oder faktische Verpflichtung entstanden ist.

- Nach IAS 37.19 begründen daher etwa Ausgaben, „die das Unternehmen durch seine künftigen Aktivitäten vermeiden kann", keine gegenwärtige Verpflichtung (→ § 21 Rz 21).
- Speziell für die Entlohnung von Arbeitnehmern durch Pensionszusagen verlangt IAS 19.52 eine rechtliche oder durch betriebliche Übung begründete faktische Verpflichtung (→ § 22 Rz 7).

Ist weder eine rechtliche noch eine faktische Verpflichtung gegeben, kann sich vielmehr der potenzielle Vergütungsschuldner einseitig und sanktionslos von der (bedingten) Zusage befreien, liegt keine bilanziell zu berücksichtigende Verpflichtung vor. Fällt das Zustandekommen der Vergütung allein in den **Entscheidungs-**

bereich des potenziellen Vergütungsschuldners (Unternehmen, ggf. Gesellschafter), hat der Begünstigte gerade kein Recht auf eine Vergütung. Die Anwendbarkeit von IFRS 2 ist (vor tatsächlicher Vergütung) dann nicht gegeben.

2.1.3 Vergütungspläne mit Erfüllungswahlrecht

43 Die Regulierungsverpflichtung für die empfangenen Güter oder Dienstleistungen kann auch in kombinierter Form als **Wahlrecht** ausgestattet sein (IFRS 2.2). Dabei hat entweder

- der **Leistende** (Arbeitnehmer) ein Wahlrecht auf Begleichung seines Vergütungsanspruches in bar oder durch Entgegennahme eines Eigenkapitalinstrumentes (Aktienoptionen) oder
- das **Unternehmen** ein Wahlrecht zur Begleichung der Schuld in bar oder durch Ausgabe von Eigenkapitalinstrumenten.

IFRS 2.34 spricht hier von anteilsbasierten Vergütungen mit Bar-Alternativen *(share-based payment with cash alternatives)*. Die Art der Bilanzierung richtet sich danach, **welcher Partei** die Wahl der Vergütung zusteht.

44 Steht dem **Leistenden** (Arbeitnehmer) das Vergütungswahlrecht zu, hat das Unternehmen/der Konzern ein **strukturiertes Finanzinstrument** (*compound financial instrument*) ausgegeben. Es bilanziert

- eine **Schuld**komponente für das Recht der Gegenseite zum Erhalt der Vergütung in bar und
- eine **Eigenkapital**komponente für das Recht der Gegenpartei, die Erfüllung der Verbindlichkeit mit einem Eigenkapitalinstrument zu verlangen (IFRS 2.35).

Diese beiden Komponenten sind zu **identifizieren** und nach den **jeweils geltenden** Regeln anzusetzen. Maßgeblich ist dabei nicht der allgemein gültige Regelungsgehalt des IAS 32 (→ § 20 Rz 6), sondern die spezialgesetzliche Vorgabe in IFRS 2 (Rz 86ff.).

Wegen Einzelheiten wird auf Rz 88ff. verwiesen.

45 Kann umgekehrt das **Unternehmen** die Vergütungsform auswählen *(share-based payment transaction in which the entity has the choice of settlement)*, muss zunächst (vom Unternehmen) die **Vergütungsart** bestimmt werden. Eine Aufteilung scheidet aus; es liegt entweder eine *cash-settled* oder eine *equity-settled*-Transaktion vor. Im ersten Fall hat der Ansatz einer Schuld *(liability)* nach den Regeln für die *stock appreciation rights* zu erfolgen. Im zweiten Fall ist der Ansatz des empfangenen aktivierungsfähigen Vermögenswertes oder der nicht aktivierungsfähigen Leistung unter Gegenbuchung im Eigenkapital vorzunehmen. Wegen Einzelheiten wird auf Rz 95ff. verwiesen.

2.2 Über Bewertung und zeitliche Verteilung der erhaltenen Leistung bestimmende Faktoren

2.2.1 Zusagezeitpunkt

46 Als Zusagezeitpunkt *(grant date)* definiert IFRS 2 den Tag, an dem der Vergütungsschuldner und die anspruchsberechtigte Gegenpartei eine anteilsbasierte Vergütungsvereinbarung treffen, also ein gemeinsames Verständnis über die Vertragsbedingungen der Vereinbarung erlangt haben (IFRS 2.IG3). Der Ver-

gütungsschuldner verleiht der Gegenpartei am *grant date* das (bedingte) Recht auf den Erhalt eines anteilsbasierten Ausgleichs in Form von

- flüssigen Mitteln oder anderen Vermögenswerten *(cash-settled)* oder
- Eigenkapitalinstrumenten *(equity-settled)*.

Unterliegt die Vereinbarung einem Genehmigungsverfahren (z.B. durch die Gesellschafter/Anteilseigner des Vergütungsschuldners), entspricht der *grant date* dem Tag, an dem die Genehmigung erteilt wurde. Sollten bis zu dem ausstehenden Genehmigungszeitpunkt bereits Güter transferiert oder Dienstleistung erbracht worden sein, die der anteilsbasierten Vergütung unterliegen, muss sich im Interesse der zutreffenden Periodisierung eine vorläufige Schätzung des auf die abgelaufene Periode entfallenden Vergütungsanteils erfolgen (IFRS 2.IG4).

Ist die Ausübung des Rechts an **Bedingungen** – etwa Wartzeiten oder Erfolgsziele – geknüpft, sind diese Bedingungen teils nur bei der Zugangsbewertung des gewährten Rechts und der eventuellen Verteilung des korrespondierenden Aufwands zu berücksichtigen, teils auch bei der Folgebewertung (Rz 58).

Die Bestimmung des Zusagezeitpunkts ist vor allem bei Arbeitnehmervergütungen von praktischer Bedeutung: 47

- Bei Gewährung realer Optionen ist der Wert der Vergütung gem. IFRS 2.10 auf den Zusagezeitpunkt zu bestimmen.
- Unabhängig davon, ob reale oder virtuelle Optionen gewährt werden, ist der Personalaufwand aus an Wartefristen oder ähnliche Bedingungen gebundene Vergütungen über die Dauer der Wartefrist, d.h. den Zeitraum zwischen Zusagezeitpunkt und Erfüllung der Bedingungen, zu verteilen.

Sichern die Vertragsbedingungen einer anteilsbasierten Vergütung den Anspruchsberechtigten mehrere Tranchen zu, die zeitlich später anfallen (z.B. jede zweite eine neue Tranche), stellt sich die Frage, ob der *grant date* der ersten Tranche gleichermaßen für die später folgenden Tranchen heranzuziehen ist. 48

Voraussetzung für die Festlegung des Zusagezeitpunktes ist das gemeinsame Verständnis der Vertragsparteien in Bezug auf die Ausgestaltungsmerkmale der anteilsbasierten Vergütung. Sehen die Vertragsbedingungen eine jederzeitige Anpassungen/Modifizierung für noch nicht ausgegebene Tranchen (z.B. Ausübungspreis, Ausübungshürden, Anzahl und/oder Laufzeit der Optionen etc.) durch den Vergütungsschuldner der laufenden Tranchen vor, stellt u.E. jeder Zuteilungszeitpunkt einer Tranche einen **eigenen** ***grant date*** dar.

Beispiel

Die Vertragsbedingungen einer anteilsbasierten Mitarbeitervergütung sichern den teilnahmeberechtigten Mitarbeitern einen Anspruch auf Zuteilung von Optionen in drei aufeinander folgenden Tranchen (jeweils mit einem Jahr Abstand) zu. Erstmaliger Zusagezeitpunkt, mit feststehenden Konditionen, ist der 1.1.01. Fraglich ist in diesem Zusammenhang, ob die drei Zuteilungspunkte jeweils einen eigenen *grant date* i.S.d. IFRS 2 darstellen oder nur ein *grant date* mit drei Zuteilungszeitpunkten zu berücksichtigen ist.

Die Vertragsbedingungen sehen außerdem eine jederzeitige Änderungsmöglichkeit der Vertragskonditionen für zukünftige Tranchen vor, die nicht nur bei Vorliegen eines wichtigen Grunds zum Tragen kommt. Der Vergütungs-

schuldner kann daher die Konditionen für noch nicht zugeteilte Optionen jederzeit verändern.
Folglich stellt i.S.d. IFRS 2 jeder Zuteilungszeitpunkt einen eigenständigen *grant date* dar. Als Konsequenz sind für die bilanzielle Beurteilung zum 31.12.01 nur die bereits zugeteilten Optionen zu berücksichtigen (1. Tranche). Die anderen Tranchen zeitigen erst nach Zuteilung (und der damit verbundenen Fixierung der Parameter) eine Auswirkung auf die Bilanz und GuV des Vergütungsschuldners.

2.2.2 Wartefrist, Ausübungszeitraum und Laufzeit der Option

49 Sowohl für die Bewertung wie auch für die zeitliche Verteilung anteilsbasierter Vergütungen ist zwischen verschiedenen Zeiträumen zu unterscheiden:

- Die **Warte- bzw. Sperrfrist** *(vesting period)* beschreibt den Zeitraum zwischen dem Zusagezeitpunkt *(grant date)* der anteilsbasierten Vergütung und dem Zeitpunkt der Erfüllung aller Ausübungskonditionen *(vesting conditions)*, d.h. dem Ausgabezeitpunkt *(vesting date)*. Ist die *vesting condition* eine Dienstbedingung *(service condition)*, welche das Ausübungsrecht der Option an die Ableistung einer bestimmten Dienstzeit knüpft, ist der Personal- oder sonstige aus einer Dauerleistung resultierende Serviceaufwand über diese Dienstzeit zu verteilen. In der amtlichen Übersetzung wird die *vesting period* etwas irreführend als Erdienungszeitraum bezeichnet. Die Wartefrist muss sich aber nicht notwendig auf Dienstzeiten richten.
- Der **Ausübungszeitraum** *(exercise period)* beginnt mit dem Zeitpunkt, ab welchem der Begünstigte sein Recht auf Bezug der anteilsbasierten Vergütung erstmals ausüben kann, und endet mit dem Zeitpunkt, an dem das Recht durch Zeitablauf letztmals geltend gemacht werden kann.
- Die vertraglich vereinbarte **Laufzeit** der Option *(life of the option)* umschreibt die Summe aus *vesting* und *exercise period* einer Option.

Die Laufzeit ist bei Gewährung echter Optionen einer der entscheidenden Bewertungsparameter (Rz 227). Die bewertungsrelevante Laufzeit der anteilsbasierten Vergütung umfasst mindestens die vollständige *vesting period* und längstens den zusätzlichen Ausübungszeitraum.

Beispiel
Die Vertragsbedingungen einer anteilsbasierten Mitarbeitervergütung sehen für eine Ausübbarkeit zugeteilter Optionen eine Weiterbeschäftigung für die nächsten vier Geschäftsjahre vor *(vesting period)*. Die Option kann in einem zweijährigen Ausübungszeitraum *(excercise period)* nach Erfüllung der Ausübungsbedingung ausgeübt werden. Damit beträgt die maximale (Gesamt-) Laufzeit der Option 6 Jahre.
Die Bedeutung der verschiedenen Zeiträume liegt in Folgendem:

- Bei der Bewertung der Option mit einem Optionspreismodell ist – das Ausübungsverhalten der Anspruchsberechtigten ausgeklammert – von einer sechsjährigen Laufzeit auszugehen. Damit ergibt sich ein höherer Wert als unter sonst gleichen Bedingungen bei einer vierjährigen Option.

- Die Verteilung des auf diese Weise insgesamt ermittelten Personalaufwands erfolgt jedoch über 4 Jahre.

2.2.3 Ausübungsbedingungen

2.2.3.1 Dienstbedingungen

An an Arbeitnehmer gewährte anteilsbasierte Vergütungen werden regelmäßig **Ausübungsbedingungen** (*vesting conditions*) geknüpft. Zu unterscheiden ist zwischen 50

- **Dienst**bedingungen *(service conditions)*, welche das Ausübungsrecht der Option an die Ableistung einer bestimmten Dienstzeit knüpfen, und
- **Leistung**sbedingungen *(performance conditions)*, welche die Unverfallbarkeit des Anspruchs an die Erfüllung bestimmter – meist unternehmensspezifischer, ggf. auch persönlicher – Erfolgsziele knüpfen.

Die Zuordnung von Vertragsbestandteilen als *vesting conditions* ist nicht immer eindeutig (Rz 57).[16]

Die Dienst- bzw. Dienstzeitbedingungen sind von zweifacher Bedeutung: 51

- Der insgesamt ermittelte (Personal-)**Aufwand** ergibt sich als **Produkt** aus dem *fair value* des jedem Arbeitnehmer zugewendeten Rechts und der Zahl der Arbeitnehmer, die (voraussichtlich) die Dienstzeitbedingung erfüllen werden. Zu jedem Stichtag sind daher Fluktuationsannahmen zu treffen und fortzuschreiben.
- Der so bestimmte Gesamtaufwand ist über die Dauer der abzuleistenden Dienstzeit zu **verteilen**.

2.2.3.2 Leistungsbedingungen

Leistungsbedingungen *(performance conditions)* knüpfen die Unverfallbarkeit des Anspruchs an die Erfüllung bestimmter – meist unternehmensspezifischer – Erfolgsziele. Leistungsbedingungen lassen sich weiter differenzieren in **marktabhängige** (*market conditions*) und **andere** Ausübungsbedingungen *(non-market conditions)*. 52

- Eine Leistungsbedingung ist als marktabhängig anzusehen (IFRS 2.A), wenn das gesetzte Erfolgsziel im Zusammenhang mit dem Börsenkurs bzw. bei fehlender Börsennotierung mit dem *fair value* der Unternehmensanteile steht *(market performance conditions)*.
- Alle anderen Leistungsbedingungen sind entsprechend *non-market performance conditions*. Ein Beispiel wäre die Bindung des Optionsrechts an ein bestimmtes Umsatz- oder Ergebniswachstum.

Ist ein vereinbartes Leistungsziel gleichzeitig an eine marktabhängige und eine marktunabhängige Bedingung geknüpft und eine Trennung nicht möglich, ist die gesamte Leistungsbedingung als *market condition* anzusehen.[17]

---

16 Dies noch einmal bestätigend IFRIC, IFRIC Update January 2010.

17 Gl. A. Roß/Simons, in: Baetge u. a. (Hrsg.), Rechnungslegung nach IFRS, IFRS 2, Tz 33; Ernst & Young, International GAAP 2011, S. 1727.

53 Die Bedeutung der Unterscheidung ist vor allem bei **realen Optionen** groß:

- Marktabhängige Leistungsbedingungen *(market performance conditions)* sind bei der Bewertung der Option zum *grant date* über ein Wahrscheinlichkeitskalkül zu berücksichtigen. Spätere bessere Erkenntnisse führen nicht zur Anpassung des (Personal-)Aufwands.
- Die erwartete Entwicklung einer *non-market performance condition* ist hingegen (wie auch die der *service conditions*, Rz 50f.) zu jedem Stichtag neu einzuschätzen.

Bei virtuellen Optionen findet ohnehin eine fortlaufende Anpassung an die Stichtagserkenntnisse statt (Rz 85). Die Unterscheidung ist hier daher von geringerer Bedeutung.

54 Im Zusammenhang mit marktunabhängigen Leistungsbedingungen ist fraglich, ob jede von den Parteien einer anteilsbasierten Vergütung vereinbarte Vertragsbedingung notwendigerweise eine *performance conditon* darstellt. Mangelt es an einem ausreichenden, mit der anteilsbasierten Vergütung im Zusammenhang stehenden Leistungsbezug, ist u.E. eine entsprechende Vertragsbedingung für die bilanzielle Abbildung einer *share-based payment transaction* unbeachtlich.

Beispiel

Die Vertragsbedingungen einer anteilsbasierten Vorstandsvergütung setzen für eine Ausübbarkeit voraus:

- ein kumuliertes EBIT-Wachstum von 25 % über die nächsten vier Jahre oder
- die Installation einer neuen Niederlassung im gleichen Zeitraum.

Die erste Bedingung ist unstrittig eine *non-market performance condition.*

Ob die zweite Bedingung ein Erfolgsziel darstellt, hängt vom konkreten Inhalt ab.

- Gilt die Bedingung schon als erfüllt, wenn eine Lagerhalle angemietet und ein Lagerverwalter eingestellt wird, hat sie keinen hinreichenden Bezug zum Unternehmenserfolg. Es liegt keine *performance condition* vor.
- Muss die Niederlassung bereits eigene Tätigkeiten (Erfolge) nachweisen, sind hingegen die Voraussetzungen einer Leistungsbedingung erfüllt.

2.2.4 Sonstige Bedingungen

55 Anteilsbasierte Vergütungen knüpfen die Ausübungsmöglichkeit einer gewährten Option neben expliziten Ausübungsbedingungen *(vesting conditions)* ggf. auch an sonstige Bedingungen *(non-vesting conditions). Non-vesting conditions* sind im Rahmen einer Negativdefinition danach alle Bedingungen, welche die Unverfallbarkeit des Anspruchs

- weder an die Erfüllung bestimmter – persönlicher oder unternehmensspezifischer – Erfolgsziele *(performance conditions)*
- noch an die Ableistung einer bestimmten Dienstzeit *(service conditions)* knüpfen.

Unter dem Oberbegriff *non-vesting conditions* lassen sich daher Vertragsbedingungen subsumieren, die

- von keinem der Vertragsparteien kontrolliert werden können (z.B. Bindung an die Entwicklung eines Index) oder
- im Ermessen des Anspruchsberechtigten stehen und nicht die Ableistung einer bestimmten Dienstzeit betreffen (z.B. Einzahlen eines bestimmten Betrages während der *vesting period)* oder
- im Ermessen des Vergütungsschuldners stehen (z.B. jederzeitige Beendigung des Optionsplans).

Bedeutung hat die Identifizierung als *non-vesting conditions* wiederum bei realen 56 Optionen. Wie die marktabhängigen Erfolgsbedingungen (Rz 52) sind auch die *non-vesting conditions* nur einmal, nämlich bei der Ermittlung des *fair value* zum Zusagezeitpunkt, zu berücksichtigen. Eine Anpassung an spätere, bessere Erkenntnisse findet nicht statt. Anderes gilt bei der Zuteilung von virtuellen Optionen, die eine Berücksichtigung besserer Erkenntnisse zu jedem Stichtag erfordern.

2.2.5 Abgrenzungsschwierigkeiten – *change-of-control*-Klauseln

Die Qualifizierung einer Vertragsbedingung als Ausübungs- oder sonstige Be- 57 dingung ist nicht immer eindeutig. Zahlreiche Zweifelsfragen der Abgrenzung werden in einem *Staff Paper* des IASB zusammengefasst.[18]

Insbesondere für *change-of-control*-Klauseln stellt sich die Frage, ob diese eine *vesting condition* darstellen oder als *non-vesting condition* zu behandeln sind. Die Differenzierung ist relevant, da von der Zuordnung die Behandlung in der Bewertung, die Berücksichtigung im *grant date fair value*, abhängt (Rz 58).

Die Frage der Zuordnung stellt sich, da sich in Abhängigkeit des Einzelfalls unterschiedliche **Motivationen** zur Aufnahme einer *change-of-control*-Klausel unterscheiden lassen:

- Zum einen kann eine entsprechende Klausel den Anspruchsberechtigten vor dem Verfall einer zugesagten Option schützen (Schutzwirkung), wenn es zu einer Änderung der Kontrollverhältnisse kommt. Die Klausel bewirkt im tatsächlichen *change-of-control*-Fall ein beschleunigtes *vesting*.
- Zum anderen kann die Klausel aber auch eine Hürde für die Ausübbarkeit der Option sein (Motivationswirkung), wenn die erfolgreiche Veräußerung der Gesellschaft Teil der zu erbringenden Leistung ist.

U.E. hängt die Qualifizierung von *change-of-control*-Klauseln entweder als *vesting* oder *non-vesting conditions* von der jeweiligen Vergütungszusage sowie den Anspruchsberechtigten und dem wirtschaftlich Gewollten der Parteien ab. Ist eine *change-of-control*-Klausel vorrangig als Schutz der Anspruchsberechtigten angelegt, erfolgt eine Qualifizierung als *non-vesting condition*, ist sie eher als Motivation gedacht, als *vesting condition.*

2.2.6 Das Preis- und Mengengerüst der Bewertung

Die nachfolgende Übersicht verdeutlicht die Berücksichtigung von *vesting con-* 58 *ditions* (und ihrer Unterkategorien) sowie von *non-vesting conditions* im Rahmen

18 Vgl. IASB, Staff Paper 3D on IFRS 2, May 2010.

der Bewertung und der Bilanzierung von anteilsbasierten Vergütungen durch reale oder virtuelle Optionen.

	Vesting Conditions			*Non-vesting Conditions*		
	Service Conditions	*Performance Conditions*		**Erfüllung liegt im Ermessen ...**		
		Others (non-market conditions)	*Market Conditions*	**keiner der Vertragsparteien**	**des Anspruchsberechtigten**	**des Vergütungsschuldners***
Berücksichtigung im *fair value* zum *grant date*?	Nein		Ja *) Bei der Bewertung ist von einer Fortführung des Vergütungsplans auszugehen.			
Bilanzielle Behandlung, wenn die vereinbarte Kondition während der *vesting period* nicht erfüllt wird.	Der Vergütungsschuldner passt die Aufwandsschätzung (i.S.e. *best estimate)* der Anzahl der erwarteten Optionen an (IFRS 2.19).		Keine Änderung der bilanziellen Behandlung. Der erwartete Aufwand wird weiter über die verbleibende *vesting period* verteilt (IFRS 2.21).		Beendigung *(cancellation)* mit sofortiger Erfassung des Aufwandes, der bis zum Ende der *vesting period* erwartet wurde (IFRS 2.28A).	
	Teil des Mengengerüsts		**Teil des Preisgerüsts**			

Der insgesamt anzusetzende (Personal-)Aufwand ergibt sich als Produkt aus

- Preiskomponente *(fair value* des gewährten bedingten Rechts) und
- Mengenkomponente (Zahl der ausübbar werdenden Rechte).

59 Die Unterscheidung zwischen einem Mengen- und einem Preisgerüst ist zunächst für die Zugangsbewertung mithilfe von **Optionspreismodellen** von Bedeutung. In die Wertermittlung der gewährten bedingten Rechte fließen ein:

- marktabhängige Leistungsbedingungen *(market performance conditions)* und
- sonstige Bedingungen *(non-vesting conditions).*

Hingegen sind Teil des Mengengerüsts und damit außerhalb des Optionspreismodells zu berücksichtigen:

- Dienst- bzw. Dienstzeitbedingungen *(service conditions)* und
- marktunabhängige Leistungsbedingungen *(other performance conditions).*

60 Überdies hat die Unterscheidung Bedeutung je nach **Art** der zugesagten Vergütung:

- Im Fall von *equity-settled transactions* sind im Rahmen der Folgebewertung nur Veränderungen des Mengengerüsts, nicht jedoch Veränderungen des Preisgerüsts zu berücksichtigen.
- Bei *cash-settled transactions* sind im Zuge der Folgebewertung sowohl Änderungen des Mengen- als auch des Preisgerüstes zu berücksichtigen.

61 Wegen ausführlicher Beispiele mit kombinierten Bedingungen wird auf Rz 70f., Rz 72f., Rz 74f. und Rz 76 verwiesen.

3 Ausgleich in Eigenkapitalinstrumenten (*equity-settled transactions*)

3.1 Bewertung

62 Bei der Bewertung einer anteilsbasierten Vergütungstransaktion mit Ausgleich in Eigenkapitalinstrumenten *(equity-settled share-based payment transaction)* ist in Abhängigkeit von der Art der bezogenen Leistung wie folgt zu unterscheiden:

- Werden **Mitarbeiter** oder ähnliche Leistungsanbieter anteilsbasiert (i. d. R. durch echte Aktienoptionen) vergütet,
  - erfolgt die Bewertung im Zusagezeitpunkt *(grant date model)*,
  - wobei der *fair value* des gewährten Eigenkapitalinstruments (i. d. R. also des Optionsrechtes) den Bewertungsmaßstab darstellt.
- Ist die anteilsbasierte Vergütung Gegenleistung für **sonstige** Dienstleistungen oder erhaltene **Güter**,
  - erfolgt die Bewertung zum Zeitpunkt des Empfangs der Leistung *(service date model)*,
  - wobei Bewertungsmaßstab regelmäßig der *fair value* der empfangenen Leistung ist.

3.2 Zwischenperiodische Verteilung von Aufwand

Die Erfassung **nicht aktivierungsfähiger** Leistungen in der GuV erfolgt 63

- bei **zeitpunkt**bezogenen Leistungen (z. B. Einlage nicht aktivierungsfähiger Vorteile) im Zeitpunkt des Empfangs der Leistung,
- bei einer **zeitraum**bezogenen Leistung über die Perioden, in denen die Leistung erbracht wird, bei Vereinbarung von *vesting conditions* (Rz 50 ff.) gem. IFRS 2.15 i. d. R. über die *vesting period* (Rz 49).

Beispiel
An den Vorstand der A-AG werden Aktienoptionen ausgegeben; einzige Ausübungsbedingung ist ein Verbleib im Unternehmen von mindestens 2 Jahren. Der (Personal-)Aufwand ist über zwei Perioden zu verteilen.

Ausnahmsweise können Aktienoptionen und Gesellschaftsanteile selbst auch für **vergangene** Dienste gewährt werden. In diesem Fall ist im Zusagezeitpunkt eine Verbindlichkeit i. H. d. *fair value* einzubuchen.

Innerhalb von IFRS 2 fehlt es allerdings an einer Vorgabe, nach welchem Muster 64 *(pattern)* zeitraumbezogene Leistungen über die *vesting period* zu verteilen sind. Neben einer linearen Verteilung über die *vesting period* könnte in Abhängigkeit von weiteren Ausübungsbedingungen auch ein degressiver oder sogar progressiver Verlauf unterstellt werden.

Beispiel
Eine *equity-settled*-Zusage sieht eine auf einen Zeitraum von drei Jahren ausgerichtete *service condition* vor. Zusätzlich wird eine auf ein Jahr begrenzte *non-market performance condition* – Anstieg des Umsatzes im ersten Jahr nach der Zusage um 25 % – vereinbart, deren Erreichen eine hohe Herausforderung darstellt.

Für die Bestimmung des Verteilungsschlüssels des erwarteten Aufwands ist u. E. nach der von dem Vergütungsschuldner empfangenen Leistung zu differenzieren. Wird als Hauptleistung die (Weiter-)Beschäftigung des Vergütungsberechtigten angesehen, ist eine lineare Verteilung des Gesamtaufwands über die *vesting period* geboten. Trotz der fehlenden Vorgaben in IFRS 2 halten wir eine lineare

Aufwandsverteilung über die *service period* für die bevorzugte Vorgehensweise. Ein Abweichen ist nur in besonderen Ausnahmen möglich.

Beispiel
Der erwartete Gesamtaufwand ist über drei Jahre zu verteilen. Die hohe Herausforderung zur Erfüllung der *non-market performance condition* reicht zum Abweichen von einer linearen Aufwandsverrechnung nicht aus. Die Vergütung wird für die Beschäftigung des Anspruchsberechtigten gezahlt, diese soll für drei Jahre aufrecht erhalten bleiben.

3.3 Fallunterscheidungen

3.3.1 Grundfall: Ausschließlich an Dienstbedingungen geknüpfte Mitarbeiteroptionen

65 Ausgegebene Eigenkapitalinstrumente für **künftige** Arbeitsleistungen müssen auf die angenommene Dienstzeit *(service period)* aufwandsmäßig verteilt werden. Die Dienstzeit entspricht in aller Regel der *vesting period*, also dem Zeitraum zwischen der Zusage und der frühestmöglichen Ausübung *(vesting date*; Rz 49). **Nach** Ablauf der *vesting period* sind keine Anpassungen im Hinblick auf verfallene *(forfeit)* oder nicht ausgeübte *(expired)* Optionen vorzunehmen. Lediglich eine Umbuchung von einer zur anderen Eigenkapitalkategorie kommt in Betracht (IFRS 2.23).

- Mithilfe von Bewertungsverfahren (z. B. Optionspreismodell) wird die **Wertkomponente** (i. d. R. der *fair value* der Aktienoption) im Zusagezeitpunkt (Rz 46) auch für die **Folgebewertungen** bis zum Ende der Laufzeit **festgelegt** (wegen Planänderungen vgl. Rz 102 ff.).
- Umgekehrt ist zu jedem Bewertungsstichtag eine Neueinschätzung des zu erwartenden **Ausübungsvolumens** (= Mengengerüst der Bewertung) vorzunehmen mit der Folge einer entsprechenden Anpassung des Zuführungsbetrages unter Berücksichtigung der bislang schon erfolgten Zuführung.

Beispiel (entnommen IFRS 2.IG11)
Die Gesellschaft vereinbart mit 500 Arbeitnehmern die Einräumung von 100 Aktienoptionen je Mitarbeiter. Voraussetzung für die Gewährung ist die Aufrechterhaltung des Dienstverhältnisses über drei Jahre hinweg. Der *fair value* jeder Option wird am *grant date* (Rz 46) auf 15 EUR geschätzt.
Aufgrund eines durchschnittlichen Wahrscheinlichkeitskalküls rechnet das Unternehmen mit einer Ausscheidungsquote von 20 % während der Dreijahresperiode mit der Folge eines entsprechenden Verfalls der zugesagten Optionen.

Planmäßiger Aufwand
Unter der Annahme eines erwartungsgemäßen Verlaufs entwickelt sich die Aufwandsverbuchung (unter Gegenbuchung im Eigenkapital) wie folgt:

Jahr	Berechnung	Vergütungs-aufwand je Periode	kumulierter Vergütungs-aufwand
		EUR	EUR
1	50.000 Optionen × 80 % × 15 EUR × 1/3 Jahre	200.000	200.000
2	(50.000 Optionen × 80 %×15 EUR × 2/3 Jahre) – 200.000 EUR	200.000	400.000
3	(50.000 Optionen × 80 % × 15 EUR × 3/3 Jahre) – 400.000 EUR	200.000	600.000

Tatsächlicher Aufwand

Im Jahr 1 scheiden tatsächlich 20 Mitarbeiter aus, daraufhin revidiert das Unternehmen seine Schätzung bez. des Gesamtausscheidens über die Dreijahresperiode von 20 % (= 100 Arbeitnehmer) auf 15 % (= 75 Arbeitnehmer). Im Jahr 2 scheiden weitere 22 Mitarbeiter aus. Daraufhin revidiert das Unternehmen seine Schätzung über das Gesamtausscheiden während der Dreijahresperiode erneut, und zwar von 15 % auf 12 % (= 60 Mitarbeiter). Im Jahr 3 scheiden weitere 15 Mitarbeiter aus. Insgesamt sind deshalb die zugesagten Aktienoptionen von 57 Mitarbeitern während der Dreijahresperiode verfallen und umgekehrt sind insgesamt 44.300 Optionen für die verbliebenen 443 Mitarbeiter am Ende der *vesting period* definitiv ausgegeben.

Aus der realen Entwicklung ergibt sich folgende tatsächliche Aufwandsverteilung:

Jahr	Berechnung	Vergütungs-aufwand je Periode	kumulierter Vergütungs-aufwand
		EUR	EUR
1	50.000 Optionen × 85 % × 15 EUR × 1/3 Jahre	212.500	212.500
2	(50.000 Optionen × 88 % × 15 EUR × 2/3 Jahre) – 212.500 EUR	227.500	440.000
3	(44.300 × 15 EUR) – 440.000 EUR	224.500	664.500

66 Der kumulierte Vergütungsaufwand besagt nichts über korrespondierende **pagatorische** Größen, also den Geldabfluss beim Unternehmen. Ohnehin kann im Unterschied zu virtuellen Optionen die Gewährung echter Optionen nur dann zu Zahlungsabflüssen führen, wenn das Unternehmen die Optionen aus am Markt erworbenen eigenen Aktien und nicht aus einer Kapitalerhöhung bedient (Rz 163). Die betreffende Option im vorstehenden Beispiel kann während der ganzen Ausübungsfrist (Rz 49) „aus dem Geld“ sein (Rz 218). Dann entsteht beim Unternehmen kein Erfordernis zum Erwerb eigener Aktien und damit auch kein Geldabfluss. Der gebuchte Aufwand bleibt von dieser Entwicklung des Aktienkurses bzw. Anteilswertes unberührt. Umgekehrt wird dieser durch die effektive Personalfluktuation verändert.

Es kann dabei im Einzelfall auch zu einer „**negativen**“ Zuführung kommen.

67 Bei Nichterfüllung einer *service condition* ist nach IFRS 2.19 eine Stornierung (als *forfeiture*) der bislang im Eigenkapital erfassten Aufwendungen vorzunehmen. Die Vorgaben lassen allerdings offen, wann eine Nichterfüllung gegeben ist. So führt etwa auch eine **Beendigung des Arbeitsverhältnisses** durch **Kündigung durch den Arbeitgeber** zu einer Nichterfüllung einer *service condition* (etwa Mindestverbleib im Unternehmen). Bei Kündigung der Zusage durch das Unternehmen liegt gem. IFRS 2.28 eine *cancellation* (Rz 112 ff.) vor, mit der Folge eines *accelerated vesting* anstelle eines *forfeiture*.

U.E. ist die Kündigung des Arbeitsverhältnisses durch den Arbeitgeber analog einer *cancellation* zu behandeln. Mit der Kündigung des Anstellungsverhältnisses wird auch die anteilsbasierte Zusage gekündigt. Die der Modifizierung eines bestehenden Plans gewidmeten Sonderregeln haben Vorrang vor den allgemeinen Folgebewertungsregeln.

68 Unter Umständen sieht eine anteilsbasierte Vergütung eine **ratierliche Zuteilung** von Eigenkapitalinstrumenten über eine vertraglich vereinbarte Laufzeit vor, die nur an den **Verbleib** des begünstigten Mitarbeiters im Unternehmen geknüpft ist *(service condition)*. Dauert das Beschäftigungsverhältnis über die gesamte vertragliche Laufzeit an, können alle (=100 %) der zugesagten Optionen ausgeübt werden. Bei kürzeren Beschäftigungsverhältnissen wird die Anzahl der ausübbaren Optionen anteilig reduziert.

Die einzige Vertragsbedingung – Fortführung des Beschäftigungsverhältnisses – ist als *service condition* Bestandteil des Mengengerüsts. Allerdings muss die Ausübungsbedingung nicht absolut sein. Die betriebliche oder einzelvertragliche Vereinbarung kann etwa vorsehen, dass bei vorzeitiger Beendigung des Beschäftigungsverhältnisses Optionen nach dem Anteil der geleisteten Dienstzeit ausgeübt werden können. Wirtschaftlich betrachtet führt eine derartige Ausgestaltung der einzigen Ausübungsbedingung – Fortführung des Beschäftigungsverhältnisses – zur Möglichkeit einer separaten Ausübung einzelner Optionen, die sich im Wert der Optionen niederschlägt. Die anteilsbasierte Vergütung ist dann in mehrere Teiloptionspläne aufzuteilen. Aus einer vertraglichen Zusage werden somit bilanziell mehrere Einzelzusagen.

Beispiel

Die Mitarbeiter erhalten vertraglich eine anteilsbasierte Vergütung, die nur von der Fortführung des Beschäftigungsverhältnisses abhängt. Nach einem Jahr werden 100 Optionen gewährt, nach drei Jahren weitere 300 und schließlich nach einer Fortführung des Beschäftigungsverhältnisses um weitere drei Jahre nochmals 500 Optionen.

Für die bilanzielle Abbildung sind drei einzelne *share-based payment transactions* mit unterschiedlichen *vesting periods* (ein Jahr, drei Jahre und sieben Jahre) zu berücksichtigen.

3.3.2 Kombinierte Pläne mit nicht marktbasierten Erfolgszielen

69 Die **Konditionen** eines Mitarbeitervergütungsplanes auf der Basis von Aktienoptionen – dem Hauptanwendungsfall von IFRS 2 – können auf die vielfältigste

Weise **variieren**. Die bilanzielle Abbildung nach IFRS 2 muss dann immer differenzieren zwischen der

- **Wert**komponente (i. d. R. der *fair value* einer Option) im Zusagezeitpunkt *(grant date)* und der
- **Mengen**komponente, die letztlich zur Ausübung gelangen kann.

Der erstgenannte Betrag bleibt über die *vesting period* hinaus unverändert, die letztgenannte Komponente muss laufend **angepasst** werden (Rz 58).

Anteilsbasierte Vergütungen sehen i. d. R. eine **Kombination** mehrerer Aus- 70
übungsbedingungen vor. Für jede einzelne Ausübungsbedingung ist dann eine Beurteilung erforderlich, ob sie Teil des Mengen- oder des Preisgerüsts ist.

- Variiert die Anzahl der zugesagten Aktienoptionen in Abhängigkeit einer nicht marktabhängigen **Leistungsbedingung** (z. B. Umsatzanstieg) und
- ist die Gewährung von Optionen außerdem an einen **Mindestverbleib** im Unternehmen *(service condition)* geknüpft,

sind zwei Ausübungsbedingungen zu berücksichtigen. Beide Bedingungen sind keine *market conditions* und damit Bestandteil des Mengengerüsts. Sie werden in der Optionsbewertung nicht berücksichtigt, sind dafür zu jedem Stichtag fortzuschreiben.

Beispiel

Die Zuteilungsbedingungen sehen einen Mindestverbleib im Unternehmen von zwei Jahren und einen Umsatzanstieg von mindestens 10 % während des Zweijahreszeitraums vor.

Einzelheiten: Bei einem Umsatzanstieg von 10 % werden pro einbezogenen Mitarbeiter 100 Optionen ausgegeben, bei einem Anstieg von 15 % 150 Optionen und bei einem Umsatzanstieg von 20 % 200 Optionen.

Die Fluktuationsannahmen über den Verbleib der Mitarbeiter im Unternehmen sind Teil des Mengengerüsts und zu jedem Stichtag anzupassen. Entsprechendes gilt auch für den erwarteten Umsatz. Die Folgebewertung

- variiert dann mit revidierten Annahmen hinsichtlich der Mitarbeiterzahl und der erwarteten Umsätze,
- nicht dagegen hinsichtlich des ursprünglich festgelegten *fair value*.

Die Unterscheidung zwischen im Mengengerüst fortlaufend zu berücksichtigen- 71
den Ausübungsbedingungen und nur einmalig zu bestimmendem Preis versagt dann, wenn neben der Vorgabe eines Mindestverbleibs im Unternehmen *(service condition)* der **Ausübungspreis** der zugesagten Aktienoptionen in Abhängigkeit einer nicht marktabhängigen Leistungsbedingung (z. B. Ergebnisanstieg) variiert. Hier ist u. E. wie folgt zu verfahren:

- Der wahrscheinliche Ausübungspreis ist bei der ursprünglichen *fair-value*-Bewertung der Option zu berücksichtigen.
- Ändert sich die Einschätzung zum Folgestichtag, ist eine Anpassung vorzunehmen.

Beispiel

Der Vorstandsvorsitzende erhält – vorausgesetzt, er ist nach Ablauf von drei Jahren noch im Dienst – 100 Aktienoptionen. Der Ausübungspreis beträgt

> 40 EUR, sinkt allerdings dann auf 30 EUR, wenn der ausgewiesene Jahresüberschuss jährlich mindestens mit einer Durchschnittsrate von 10 % über die Dreijahresperiode hin wächst.
> Der mutmaßliche Aufwand ist auf der Grundlage des wahrscheinlichen Ausübungspreises (30 oder 40 EUR) zu bewerten und in die Ergebnisrechnung des betreffenden Jahres einzubuchen.
> Wenn die Einschätzung betreffend Jahresüberschuss und damit Ausübungspreis am Folgestichtag geändert wird, ist eine Anpassung geboten.

3.3.3 Kombinierte Pläne mit marktabhängigen Erfolgszielen

72 Sehen die Vertragskonditionen einer anteilsbasierten Vergütung die Erfüllung einer **marktabhängigen Leistungsbedingung** (*market condition*) vor, ist diese als Bestandteil des Preisgerüsts im Optionspreismodell zu berücksichtigen. Eine Anpassung in der Folgebewertung scheidet, anders als für nicht marktabhängige Leistungsbedingungen, aus. Eine (nachträgliche) Korrektur der vorgängigen Aufwandsverbuchungen darf somit auch dann nicht erfolgen, wenn die Option letztlich nicht zur Ausübung kommt. Wird hingegen eine ebenfalls vereinbarte *service condition* oder *non-market-based performance condition* nicht erfüllt, ist aus der Gesamtvergütung kein Aufwand zu erfassen, in Vorjahren erfasster Aufwand also zu stornieren.

> **Beispiel**
> Der Vorstandsvorsitzende erhält – vorausgesetzt, er ist drei weitere Jahre im Dienst der Gesellschaft – 100 Aktienoptionen. Diese können aber erst ausgeübt werden, wenn der Börsenkurs von 50 EUR im Ausgabezeitpunkt am Ende des dritten Jahres auf über 65 EUR gestiegen ist. In diesem Fall kann die Option zu jedem Zeitpunkt während der nächsten sieben Jahre, also bis zum Ende des Jahres 10, ausgeübt werden.
> Nach Maßgabe eines Binomialmodells zur Optionspreisermittlung (Rz 234) wird die Ausübungsbedingung – Erreichen der 65-EUR-Hürde in der bedungenen Periode – berücksichtigt mit der Folge eines Optionswertes von 24 EUR. Die Bewertung auf dieser Grundlage bleibt während der *vesting period* unverändert.
> Allerdings würde das vorzeitige Ausscheiden des Vorstandsvorsitzenden – z.B. im Jahr 3 – zu einer Stornierung des Gesamtaufwandes führen, der in den ersten beiden Jahren der *vesting period* verbucht worden ist.

73 Werden marktabhängige Leistungsbedingungen im Zusammenhang mit **variablen Ausübungszeiträumen** vereinbart, kann auch ohne separate zeitliche Einschränkung der Ausübungsmöglichkeit (Voraussetzung ist nur die Beschäftigung bei Erfüllung der *market condition)* nicht auf die Festlegung einer *vesting period* verzichtet werden. Im Rahmen der Bewertung über ein Optionspreismodell ist der wahrscheinlichste Zeitraum der Zielerreichung als Bewertungsparameter zu schätzen. Für die bilanzielle Aufwandsverteilung ist als Folge eine *vesting period*

zu berücksichtigen, die aus Konsistenzgründen in der Länge des Dienstzeitraumes dieser Schätzung entspricht.

Beispiel
10 leitende Mitarbeiter erhalten je 100 Aktienoptionen mit 10-jähriger Laufzeit. Diese Optionen werden dann fällig (werden ausübbar), sobald der Aktienkurs des Unternehmens von derzeit 50 EUR auf 70 EUR gestiegen ist und der betreffende Mitarbeiter noch in den Diensten der Gesellschaft steht. Auf der Grundlage eines Optionspreismodells (vorzugsweise Binomialmodell; Rz 226ff.) wird das Erreichen der Zielvorgabe berücksichtigt. Der ermittelte *fair value* beträgt 25 EUR je Option. Dabei wird als wahrscheinlichster Zeitpunkt des Erreichens der Zielvorgabe das Ende des Jahres 5 unterstellt. Deshalb wird die zu erwartende *vesting period* auf das Ende des Jahres 5 gelegt. Auf diesen Zeitraum muss dann auch die mutmaßliche Ausscheidungsquote der betroffenen Mitarbeiter geschätzt werden.

Komplizierte anteilsbasierte Vergütungen verknüpfen mehrere Ausübungsbedingungen miteinander. Keine Schwierigkeiten bestehen, solange Bedingungen nur das Mengen- oder das Preisgerüst betreffen, da dann entweder keine oder alle *(market conditions)* im Optionspreismodell zu berücksichtigen sind. 74

Anderes gilt, wenn eine anteilsbasierte Vergütung Ausübungsbedingungen vorsieht, die **sowohl** das Mengen- **als auch** das Preisgerüst betreffen. Es ergibt sich die Notwendigkeit einer Trennung aller *market conditions* (bzw. *non-vesting conditions)* von nicht im Optionspreismodell zu erfassenden Ausübungsbedingungen:

- Soweit eine marktabhängige Ausübungsbedingung nicht erfüllt wird, das Mengengerüst aber einen Wert ungleich null aufweist (die entsprechenden Ausübungsbedingungen erfüllt sind), ist an einer Aufwandsbuchung auch bei Nichtausübbarkeit der Option festzuhalten.
- Ist allerdings eine Ausübungsbedingung, die Bestandteil des Mengengerüsts ist, nicht erfüllt, wird bislang erfasster Aufwand storniert (Rz 35).

Bei mehreren Ausübungsbedingungen ist die **Abgrenzung** von *market conditions* u. U. nicht immer eindeutig möglich.

Beispiel
Unternehmen A gewährt dem Vorstand Aktienoptionen, die nur dann ausgeübt werden können, wenn eine geplante Neuemission von Aktien zu einem Mindestpreis von 10 EUR/Aktie innerhalb einer festgelegten Periode von vier Jahren gelingt und der Vorstand dann noch beschäftigt ist.
Fraglich ist, ob

- zwei Ausübungsbedingungen – eine marktabhängige (Neuemission von Aktien zu einem Mindestpreis von 10 EUR/Aktie innerhalb einer festgelegten Periode) und eine nicht marktabhängige Ausübungsbedingung (Weiterbeschäftigung des Vorstands) – bestehen oder
- drei Ausübungsbedingungen – eine marktabhängige (Neuemission von Aktien zu einem Mindestpreis von 10 EUR/Aktie) und zwei nicht marktabhängige (Weiterbeschäftigung des Vorstands; Neuemission von Aktien innerhalb der festgelegten Periode) – vorliegen.

Wird auf eine mitunter aufwendige Isolierung marktabhängiger Konditionen verzichtet, ergibt sich die Notwendigkeit einer Aufwandserfassung – ohne Möglichkeit zur Stornierung, wenn die verbleibenden *service conditions* oder *non-market-based performance conditions* erfüllt werden. U.E. ist der Verzicht auf eine Separierung einzelner Ausübungsbedingungen nicht mit der restriktiven Definition marktabhängiger Leistungsbedingungen vereinbar (Rz 52ff.). Bei mehreren Ausübungsbedingungen ist daher eine Isolierung von *market conditions* erforderlich.

Beispiel (Fortsetzung)
Es liegen drei unterschiedliche Ausübungsbedingungen vor. Erfolgt keine Neuemission von Aktien innerhalb der nächsten 4 Jahre, ist bis dahin erfasster Aufwand zu stornieren.

75 An marktabhängige Erfolgsziele geknüpfte Optionsrechte können die **Zahl** der ausübbaren Optionen am Maß des Erfolgs ausrichten. Der allgemeinen Vorgabe folgend, marktabhängige Konditionen in der Erstbewertung (zum *grant date)* zu berücksichtigen, ist die Wahrscheinlichkeit des unterschiedlichen Grads der Erfolgserreichung in der *fair-value*-Bestimmung des zugesagten Rechts zu ermitteln. Auch wenn ansonsten vereinfacht und i.d.R. zutreffend als Bewertungsobjekt die einzelne Aktienoption angesprochen wird, ist in diesem Fall jedoch zwischen dem Bewertungsobjekt (dem zugesagten Recht) und der Zahl der Optionen zu unterscheiden.

Beispiel
Die Führungskräfte erhalten am 1.1.01 je eine Option mit u.a. folgenden Bedingungen zugesagt: Die Option kann im Januar 03 ausgeübt werden,

- wenn der Arbeitnehmer sein Dienstverhältnis mindestens bis 31.12.02 fortsetzt *(service condition)* und
- der Aktienkurs zwischen dem 1.1.01 und dem 31.12.02 sich mindestens so gut entwickelt wie der Branchenindex *(market performance condition I)*.

Entwickelt sich der Aktienkurs um mindestens 10 % besser als der Branchenindex, erhöht sich die Zahl der Optionen von 1 auf 2 *(market performance condition II)*.
Bei der Bestimmung des fair value je Optionszusage sind neben Basispreis, Aktienkurs, Laufzeit usw. auch die beiden *market performance conditions* zu berücksichtigen, also nicht nur die Wahrscheinlichkeit, dass der Branchenindex mindestens erreicht, sondern auch die, dass er um mindestens 10 % übertroffen wird. Zwar verdoppelt sich bei Übertreffen des Branchenindex um 10 % die Zahl der ausübungsfähigen Optionen, Bewertungsobjekt sind jedoch die Optionszusagen, nicht die einzelnen Aktienoptionen.
Nur die *service conditions* sind variabler Bestandteil des Mengengerüsts. Das Unternehmen hat am 1.1.01 Fluktuationsannahmen zu treffen und diese zum 31.12.01 und 31.12.02 fortzuschreiben.

3.3.4 Pläne mit *non-vesting conditions*

Non-vesting conditions sind wie marktabhängige Erfolgsbedingungen bei der Ermittlung des *fair value* zum *grant date* zu berücksichtigen. Eine Anpassung des so ermittelten Preisgerüsts an spätere, bessere Erkenntnisse findet dann nicht statt, wenn die Erfüllung der *non-vesting conditions* aufgrund eines nicht im Einflussbereich der Vertragsparteien stehenden Ereignisses scheitert. 76
Liegt die Erfüllung der Bedingungen hingegen im Ermessen des Unternehmens oder des Vertragspartner, so ist die Nichterfüllung als *cancellation* zu behandeln (Rz 112f.).

Beispiel (in Anlehnung an IFRS 2.IG9A)
An eine Optionszusage sind folgende Bedingungen geknüpft:
- Der Arbeitnehmer setzt sein Dienstverhältnis mindestens drei Jahre fort *(service condition)* und
- er spart einen Teil (20 %) seines monatlichen Gehalts (5.000 EUR) im Unternehmen an *(non-vesting condition)*.

Der beizulegende Wert der Option beträgt – unter Berücksichtigung der *non-vesting condition* – 2.500 EUR (Jahresbasis). Aus Sicht des Unternehmens setzt sich die Vergütungsvereinbarung aus drei Komponenten zusammen:
- Gehalt,
- Einbehalt eines Teils des Gehalts unter der Voraussetzung der Zustimmung des Mitarbeiters und
- anteilsbasierte Vergütung.

Die betroffene Gesellschaft erfasst im Jahr 1 einen Aufwand für alle drei Komponenten:

Jahr 1	**Aufwand**	**Kasse**	**Fremdkapital**	**Eigenkapital**
Ausgezahltes Gehalt	48.000 EUR (12 x 5.000 x 80 %)	48.000 EUR		
Zurückbehaltenes Gehalt	12.000 EUR (12 x 5.000 x 20 %)		12.000 EUR	
share-based payment	2.500 EUR			2.500 EUR
Summe	62.500 EUR			

Die Besonderheit der Transaktion liegt in der Einflussnahme des Mitarbeiters auf die Erfüllung des Plans. Entscheidet er sich gegen einen Verzicht auf die monatliche Gehaltskomponente, wird die Vergütung annulliert.

3.3.5 Umtausch von Optionen

In IFRS 2 wird noch eine andere Ausprägungsvariante von *stock options* abgehandelt, nämlich solche mit einem *reload feature*.[19] Diese Ausgestaltung der Optionsbedingung berechtigt einen Mitarbeiter zum Empfang zusätzlicher Optionen, wenn er den Ausübungspreis für früher erhaltene Optionen nicht in bar, 77

19 Einzelheiten bei VATER, Stock Options, 2004, S. 40ff.

sondern in Aktien der betreffenden Gesellschaft leistet. Im Ergebnis **tauscht** also der begünstigte Arbeitnehmer die (früher) erhaltenen Optionen am Ausübungstag in neue Eigenkapitalinstrumente aus.

78 Die Frage ist nun, wie diese **besondere Optionsbedingung** (der ursprünglich gegebenen Optionen) in die **Bewertung** einfließen muss. Der Board hat die verschiedenen Methoden zur Berücksichtigung dieses *reload feature* überdacht (IFRS 2.BC188ff.). Es geht dabei um zwei **Bewertungsvarianten**:

- **Einbeziehung** des *reload feature* in die Bewertung der (ursprünglich) gegebenen Option;
- Ansatz und Bewertung einer **neuen** Option im Zeitpunkt der Ausübung.

Der Board hat sich für die zweite Lösung entschieden (IFRS 2.22). Die ursprüngliche Erfassung des Aufwandes nach den Vorgaben von IFRS 2.10ff. (Rz 52ff.) bleibt deshalb unverändert.

3.3.6 Langlaufende Optionen, die bei Zusage weit aus dem Geld sind

79 Eine Ausgabe von Optionen mit Ausübungspreisen, die im Zusagezeitpunkt (*grant date*) weit aus dem Geld sind (*deeply out of the money options*), kann dann Sinn machen, wenn die *exercise period* sehr lang und daher die Wahrscheinlichkeit, aus der Option gleichwohl einen Vorteil zu realisieren, für den Begünstigten nicht gering ist. In Kombination des weit aus dem Geld liegenden Werts und langer Ausübungsfrist wird dann eine (explizite) *service condition* entbehrlich.[20]

> **Beispiel**
> A gewährt den leitenden Mitarbeitern eine anteilsbasierte Vergütung ohne Vereinbarung einer Dienstzeitbedingung. Die Mitarbeiter haben jederzeit die Möglichkeit zur Ausübung der Option; die Ausübungsperiode beträgt 10 Jahre nach Zuteilung der Optionen. Der aktuelle Kurs der A-Anteile beträgt 8 EUR am *grant date*. Der Ausübungspreis wird mit 25 EUR festgelegt und ist daher *deeply out of the money*. Bei Beendigung des Arbeitsverhältnisses endet auch der Anspruch auf die Zusage; nicht ausgeübte Optionen verfallen. Über ein Optionspreismodell (hier: Binomialmodell; Rz 234) wird ein *fair value* der Zusage von 2 EUR je Option festgestellt. Fraglich ist, ob die 2 EUR mangels expliziter *vesting period* unmittelbar als Eigenkapitalzuführung zu erfassen sind oder eine implizite *vesting period* zu unterstellen ist.
> Nach den Vorgaben der US-GAAP hat A aus dem Optionspreismodell eine implizite *vesting period* abzuleiten und den Aufwand von 2 EUR je Option über die so indirekt bestimmte *vesting period* zu verteilen (ASC Topic 718.10.35–5).

Mangels eindeutiger Vorgaben innerhalb von IFRS 2 bieten sich zwei mögliche Auslegungen zur bilanziellen Behandlung an:

- Bestimmung einer impliziten *vesting period*: Bei Ausgabe einer *share option*, deren Ausübungspreis weit aus dem Geld ist, hängt der Vorteil des Anspruchsberechtigten von dessen weiterer Beschäftigung und der Entwicklung des Ak-

20 Dies anerkennend die Vorgaben der US-GAAP (ASC Topic 780.10.35).

tienkurses (dem inneren Wert der Zusage) ab. Aus der Gestaltung der Zusage folgt implizit daher eine *market condition* als Ausübungsbedingung. Nach IFRS 2.15b wäre eine Verteilung des Aufwands aus der Zusage über eine „kalkulierte"*vesting period* geboten (ähnlich in dem Beispiel zu IFRS 2.IG6). Die implizite Sperrfrist wäre über den Rückgriff auf ein Optionspreismodell und den in diesem unterstellten wahrscheinlichen Ausübungszeitpunkt festzulegen.
- Mangels expliziter *vesting period* sofortige Aufwandserfassung: Nach IFRS 2.14 ist eine sofortige Aufwandsverrechnung geboten, wenn keine Verpflichtung zur Erfüllung einer *service period* besteht. Der Ausübungszeitpunkt steht nach Gewährung nicht mehr im Ermessen der die Zusage gewährenden Gesellschaft, insoweit besteht auch kein Anspruch auf künftige *services*.

Wir halten die zweite Interpretation für besser begründet. Sie entspricht der Forderung von IFRS 2.BC202, einen Aufwand auch dann sofort anzusetzen, wenn etwa bei einen gerade neu eingestellten Mitarbeiter die Gewährung sofort ausübbarer Optionen logisch zwingend nur in Erwartung künftiger *services* erfolgen kann, auf diese zukünftigen Leistungen bzw. den Verbleib im Unternehmen aber weder ein Rechtsanspruch besteht, noch das Optionsrecht daran gebunden ist.

Eine unmittelbare Aufwandsverrechnung halten wir auch für geboten, wenn für eine anteilsbasierte Zusage, deren Ausübungspreis *deeply out of the money* ist, eine bislang bestehende Sperrfrist aufgehoben wird. Ein *accelerated vesting* ist als modification (Rz 102ff.) der bestehenden Zusage zu behandeln (IFRS 2.27).

3.3.7 Erfüllung einer Zusage in mehreren Tranchen

Die Warte- bzw. Sperrfrist (*vesting period*) beschreibt den Zeitraum zwischen dem Zusagezeitpunkt und dem Zeitpunkt der Erfüllung aller Ausübungskonditionen (*vesting conditions*), d.h. dem Ausgabezeitpunkt (*vesting date*). U.U. sieht eine Zusage vor, dass jeweils ein prozentualer Teil der erdienten anteilsbasierten Vergütung in mehreren Schritten/Perioden durch Hingabe von Anteilen erfüllt wird. Für die Aufwandsverrechnung einer solchen **Zusage in Tranchen** (*vesting in instalments*) gelten folgende Besonderheit: 80
- Es liegt nicht eine Zusage vor, die über eine *vesting period* zu verteilen ist, sondern
- mit der Feststellung der erdienten anteilsbasierten Vergütung einer Periode erfolgt für die Aufwandsverrechnung eine Aufteilung in mehrere (x) einzelne Zusagen mit unabhängigen *vesting periods* (1-x Jahre nach Zuteilung).

Beispiel
Zu jedem Jahresende gewährt die A-AG ausgewählten Mitarbeitern eine *equity-settled* Vergütungszusage. Die Vereinbarung ist lediglich an das Fortbestehen des Beschäftigungsverhältnisses des Zusagebegünstigten gebunden. Es bestehen keine weiteren Ausübungsbedingungen. Nach dem Inhalt der Zusage werden jeweils 25 % des zum Ende eines Geschäftsjahrs festgestellten Wertbonus zum 1.12. der nachfolgenden 4 Geschäftsjahre ausgezahlt (durch Hingabe von Anteilen). Der zuteilungsfähige Wertbonus ist daher in 4 Tranchen aufzuteilen.

Für die Bestimmung des Aufwands aus der Zusage des Wertbonus ist hinsichtlich der Anzahl der zuteilungsfähigen Anteile und dem Zeitpunkt (in Abhängigkeit der *vesting period*) zu unterscheiden. Ein Anspruchsberechtigter erhält

- 25 % des Wertbonus in Anteilen nach 1 Jahr weiterer Wartefrist,
- 25 % des Wertbonus in Anteilen nach 2 Jahren weiterer Wartefrist,
- 25 % des Wertbonus in Anteilen nach 3 Jahren weiterer Wartefrist,
- 25 % des Wertbonus in Anteilen nach 4 Jahren weiterer Wartefrist.

Der für ein Geschäftsjahr festgestellte Wertbonus ist in Abhängigkeit der jeweiligen *vesting period* der Höhe nach über einen Zeitraum von 2 bis 5 Jahren zu verteilen. Da die Vergütung am Ende eines Geschäftsjahres, aber auch für Leistungen, die in diesem Geschäftsjahr erbracht wurden, erfolgt, ist eine aufwandswirksame Verteilung des beizulegenden Zeitwerts je Vergütungszusage unter Berücksichtigung des bereits abgelaufenen Geschäftsjahres geboten (IFRS 2.IG4). Für die aufwandswirksame Verteilung (per Personalaufwand an Kapitalrücklage) gilt je zugeteiltem Wertbonus eines Jahres:

Verteilungsschlüssel je einzelner Zusage	Relevantes Geschäftsjahr	Jahr 1	Jahr 2	Jahr 3	Jahr 4
Tranche 1	50 %	50 %			
Tranche 2	33,3 %	33,3 %	33,3 %		
Tranche 3	25 %	25 %	25 %	25 %	
Tranche 4	20 %	20 %	20 %	20 %	20 %

In Folgejahren überlagern sich dann die Zusagen aus unterschiedlichen Geschäftsjahren.

3.4 Ermessensbehaftete Aufwandsverrechnung

81 Die vorstehenden Beispiele belegen das hohe **Ermessen**, das der verlangten Aufwandsverbuchung zugrunde liegt. Dabei sind die Ermessensspielräume bei der Wahl der Formelinputs in das jeweils gewählte Optionspreismodell noch gar nicht angesprochen (Rz 241).[21] Schätzungsungenauigkeiten stellen einen wesentlichen Bestandteil der Bilanzierung jeglicher Provenienz dar (→ § 5 Rz 50ff.). I.d.R. gleichen sich zwischenperiodisch derlei Ungenauigkeiten aus. Dies gilt allerdings im hier dargestellten Rechnungslegungssystem für Aktienoptionen nur hinsichtlich der Mengenkomponente. Stellt sich dagegen der bei der Erstverbuchung angenommene *fair value* aus rückwirkender Betrachtung als unzutreffend heraus – so gut wie immer der Fall –, kommt es nicht zu einer entsprechenden Aufwandskorrektur (vgl. das Beispiel und die Erläuterung unter Rz 72; weitere Beispiele im vorstehenden Raster). Es kann auch umgekehrt kommen: Der Gegenwert der ausgeübten Optionen kann höher liegen, als die ursprüngliche *fair-value*-Schätzung angezeigt hat.

Die ansonsten durch das Doppik-System gewährleistete Ergebniskorrektur im intertemporären Vergleich versagt im Gefolge der Buchung „Aufwand an Eigen-

21 Eindrücklich dargestellt von VATER, Stock Options, 2004, S. 52ff.

kapital". Das scheint möglicherweise deswegen nicht weiter zu stören, weil letztlich das ausgewiesene Eigenkapital so oder so unverändert bleibt (Rz 30). Zum Umgang von „*Enforcement*"-Behörden, speziell der SEC, mit dem Ermessensproblem wird auf Rz 241 verwiesen.

4 Verpflichtung zum Barausgleich – *stock appreciation rights* (SARs)

4.1 Schuldcharakter der Vergütungszusage

82 Anteilswertorientierte Barvergütungen, d.h. virtuelle Aktien *(cash settled share-based payment transactions = share stock appreciation rights)*, sind als „normale" **Schuld** zulasten des **Aufwands** zu verbuchen (Rz 37). Es handelt sich um eine besondere Form der **Tantieme** (erfolgsabhängige Vergütung), deren Wert durch die Entwicklung des Aktienkurses bzw. Anteilswertes bestimmt ist (IFRS 2.31). Anders als bei den echten bzw. realen Optionen ist die Vergütung aus Mitteln der **Gesellschaft** selbst zu erbringen (Rz 42).

4.2 Bewertung

83 Die **Zugangsbewertung** hat im Zeitpunkt der Zusage auf der Basis des *fair value* zu erfolgen (IFRS 2.33). Dieser ist wie bei den echten Optionen auf der Grundlage eines Optionspreismodells zu ermitteln (Rz 226). Die am betreffenden Bilanzstichtag auszuweisende Verbindlichkeitsrückstellung (Rz 40) gibt den jeweils neu zu ermittelnden Zeitwert *(fair value)* der virtuellen Optionen wieder, und zwar unter Berücksichtigung der bereits innerhalb der Laufzeit erbrachten zeitanteiligen Arbeitsleistung.

84 Sollten (ausnahmsweise) mit den Optionen **bereits erbrachte** Arbeitsleistungen abgegolten werden, ist sofort in voller Höhe des Zeitwertes eine Rückstellung zu bilden. Für die (in aller Regel) abzugeltenden **künftigen** Arbeitsleistungen ist demgegenüber die Verbindlichkeitsrückstellung **zeitanteilig** verteilt über die Wartefrist hin aufzustocken (IFRS 2.32).

4.3 Zwischenperiodische Verteilung von Aufwand

85 Anders als bei der Eigenkapitalzuführung im Falle von „echten" Aktienoptionen ist an jedem Bilanzstichtag eine **Neuermittlung** des *fair value* vorzunehmen und **ergebnismäßig** zu berücksichtigen (IFRS 2.33). Soweit der so ermittelte Personalaufwand in den Buchwert eines Vermögenswertes (z.B. Vorratsvermögen) eingeflossen ist, bleibt diese Bewertung durch die Neuermittlung der Verbindlichkeit unberührt (IFRS 2.IG19).

Die Bewertung von gewährten Optionen ist jeweils auf der Grundlage eines **Optionspreismodells** unter Berücksichtigung der Zusagebedingungen vorzunehmen. Für die Ermittlung des Gesamtaufwands ist daneben die Personalfluktuation zu berücksichtigen. Es gehen also – anders als bei „echten" Aktienoptionen – sowohl das Mengen- als auch das Preisgerüst (Rz 58) in die jeweilige Bewertung der Verbindlichkeit ein.

Beispiel[22]
500 Führungskräfte erhalten eine Zusage von je 100 *stock appreciation rights* (SARs). Einzige Bedingung ist ein Verbleib in den Diensten der Gesellschaft für wenigstens drei Jahre.
Die Fluktuation entwickelt sich wie folgt:

Jahr	**Effektives Ausscheiden**	**Geschätztes weiteres Ausscheiden in Folgeperioden**	**Kalkulierter Gesamtabgang bis zum *vesting date***
1	35	60	95
2	40	25	100
3	22	97	
	97		

- Von den 500 Führungskräften sind bis zum erstmaligen Ausübungszeitpunkt 97 ausgeschieden. Die 403 verbliebenen Führungskräfte üben ihre SARs wie folgt aus:

Jahresende	**Anzahl**		
3	150		
4	140		
5	113		
	403		

- Innerer Wert zum Ausübungszeitpunkt

Jahr		***fair value*** **EUR**	**innerer Wert = Geldabfluss EUR**
1		14,40	
2		15,50	
3		18,20	15,00
4		21,40	20,00
5			25,00

22 Entnommen IFRS 2.IG19, Example 12.

Entwicklung der Buchungen				
Jahr	**Berechnung**		**Aufwand EUR**	**Verbindlichkeit EUR**
1	(500 – 95) Mitarbeiter × 100 SARs × 14,40 EUR × 1/3		194.400	194.400
2	(500 – 100) Mitarbeiter × 100 SARs × 15,50 EUR × 2/3 – 194.400 EUR		218.933	413.333
3	(500 – 97 – 150) Mitarbeiter × 100 SARs × 18,20 EUR – 413.333 EUR	47.127		460.460
	+ 150 Mitarbeiter × 100 SARs × 15,00 EUR	225.000		
	insgesamt		272.127	
4	(253 – 140) Mitarbeiter × 100 SARs × 21,40 EUR – 460.460 EUR	(218.640)		241.820
	+ 140 Mitarbeiter × 100 SARs × 20,00 EUR	280.000		
	insgesamt		61.360	
5	0 EUR – 241.820 EUR	(241.820)		
	+ 113 Mitarbeiter × 100 SARs × 25,00 EUR	282.500		
	insgesamt		40.680	
	Endsumme		787.500	

5 Vergütungsmuster mit Erfüllungswahlrecht

5.1 Grundlagen, insbesondere Abgrenzung zu Planänderungen

IFRS 2.2. unterscheidet drei Formen anteilsbasierter Vergütung (Rz 7): **86**

- Vergütung in **Eigenkapitalinstrumenten** (Aktien, reale Aktienoptionen usw.),
- Vergütung durch **Barausgleich**, der sich der Höhe nach am Wert von Eigenkapitalinstrumenten orientiert (virtuelle Optionen), oder
- Vergütung mit Wahlrecht hinsichtlich der Erfüllungsart, wobei das **Wahlrecht** beim **Unternehmen** oder beim **Leistungsempfänger** liegen kann.

Vereinbaren die Parteien ein Erfüllungswahlrecht, besteht zwar eine Verpflichtung zur Gegenleistung, die Art bzw. Form der Erfüllung liegt allerdings – bereits *at inception* – im Ermessen einer Vertragspartei. Aus Sicht des bilanzierenden Unternehmens ergibt sich für die bilanzielle Abbildung daher die Notwendigkeit einer Festlegung auf eine Vergütungsform. Stellt sich die getroffene Annahme im Nachhinein aufgrund nachträglich besserer Erkenntnis als nicht zutreffend dar, liegt mangels vertraglicher Festlegung der Vergütungsform im Zusagezeitpunkt keine nachträgliche Planänderung vor (Rz 103).

Beispiel
Ein Unternehmen gewährt den leitenden Mitarbeitern eine anteilsbasierte Vergütung. Die Erfüllung erfolgt nach Wahl des Unternehmens (Variante 1) oder der Mitarbeiter (Variante 2) entweder in virtuellen Aktienoptionen *(stock appreciation rights)* oder in realen Aktienoptionen *(stock options)*. In beiden Fällen geht das Unternehmen zunächst von einer Erfüllung in bar aus.
- In Variante 1 entspricht die Einschätzung dem späteren tatsächlichen Verlauf.
- In Variante 2 verlangen die Mitarbeiter entgegen der ursprünglichen Einschätzung Aktien und keinen Barausgleich. Zwar hat das Unternehmen der bisherigen Einschätzung folgend eine Gegenbuchung der erhaltenen (Arbeits-)Leistung unter den Rückstellungen vorgenommen, der Ausgleich in bar stellt aber dennoch keine Planänderung dar.

87 Die Art der Bilanzierung von anteilsbasierten Vergütungen mit Erfüllungsalternativen *(share-based payment with cash alternatives)* richtet sich danach, welcher **Partei** die Wahl der Vergütung zusteht.
- Steht dem **Vertragspartner** (z. B. Arbeitnehmer) das Vergütungswahlrecht zu, hat das Unternehmen ein **strukturiertes Finanzinstrument** (*compound financial instrument*) ausgegeben (→ § 20 Rz 6) mit einer Schuld- und einer Eigenkapitalkomponente (IFRS 2.35). Diese beiden Komponenten sind zu identifizieren und nach den jeweils geltenden Regeln anzusetzen.
- Kann umgekehrt das **Unternehmen** die Vergütungsform auswählen *(share-based payment transaction in which the entity has the choice of settlement)*, muss zunächst (vom Unternehmen) die Vergütungsart bestimmt werden. Es wird **keine Aufteilung** vorgenommen, es liegt entweder eine *cash-settled*- oder eine *equity-settled*-Transaktion vor.

5.2 Wahlrecht des Vertragspartners

88 Hat der Vertragspartner des Unternehmens – also i. d. R. der **Arbeitnehmer** – das (Wahl-)**Recht** zwischen einer Erfüllung durch Barausgleich oder einer Gewährung echter Anteile (gegen Zahlung des Ausübungspreises), liegt gem. IFRS 2.35 ein **zusammengesetztes** (strukturiertes) **Finanzinstrument** (→ § 28 Rz 141 ff.) mit einer Eigenkapital- und einer Fremdkapitalkomponente (Rz 44) vor. Diese beiden Komponenten sind den entsprechenden Aufwendungen auf der Basis des Zeitwertes *(fair value)* im Zusagezeitpunkt zuzuordnen und über die Wartezeit *(vesting period)* hinweg zeitanteilig aufzubauen.
In der Wertbestimmung der Transaktion mit Wahlrecht der anderen Vertragspartei sowie der Aufteilung in Eigen- und Fremdkapitalkomponente sind zwei Fälle zu unterscheiden.

89 **Fall 1:** Kann der *fair value* der erhaltenen Güter oder Dienstleistungen bestimmt werden, erfolgt im Zusagezeitpunkt gem. IFRS 2.35 eine Ermittlung der Eigenkapitalkomponente durch die Restwertmethode – vergleichbar dem *split accounting* bei zusammengesetzten Finanzinstrumenten (→ § 20 Rz 6):

	fair value der erhaltenen Leistungen (= *fair value* der Transaktion)
–	*fair value* Schuldkomponente
=	*fair value* Eigenkapitalkomponente

Fall 2: Fehlt hingegen die Möglichkeit einer verlässlichen *fair-value*-Bewertung der erhaltenen Leistung (so unwiderlegbar bei Arbeitsleistungen), erfolgt die Bewertung der Transaktion zum *fair value* der vom Unternehmen **ausgegebenen Leistungen** (IFRS 2.36). 90
Zunächst gilt dabei:

	fair value Schuldkomponente
+	*fair value* Eigenkapitalkomponente
=	*fair value* der Transaktion

Mit der endgültigen Entscheidung des Vertragspartners für einen Erfüllungsmodus verfällt die andere Erfüllungsvariante. Insoweit gilt weiter: Das Ganze ist weniger als die Summe seiner Teile. Einer der beiden *stand alone* ermittelten Komponentenwerte muss deshalb um den *stand-alone*-Wert der anderen Komponente gemindert werden. Nach IFRS 2.37 ist diese Minderung bei der Eigenkapitalkomponente vorzunehmen.
Somit gilt modifiziert:

	fair value Schuldkomponente *(stand alone)*
+	zusätzlicher Wert der Eigenkapitalkomponente
=	*fair value* der Transaktion

In der **Praxis** sind nicht selten die *fair values* beider Ausübungsalternativen **gleich**, weil etwa der Basispreis für eine reale Option dem Basispreis der virtuellen Option entspricht und auch die Laufzeiten identisch sind: In diesem „Spezialfall" entspricht der *fair value* der Schuldkomponente dem *fair value* der Transaktion, während die **Eigenkapitalkomponente null** ist. Die anteilsbasierte Vergütung ist in diesem Spezialfall **insgesamt** als *cash-settled transaction* zu behandeln (Rz 82 ff.). 91

Beispiel
Ein Unternehmen gewährt einem leitenden Mitarbeiter alternativ 2.000 virtuelle Aktienoptionen *(stock appreciation rights)* oder 2.000 realen Aktienoptionen mit dem gleichen Wert. Der *fair value* der Schuldkomponente entspricht dem Gesamtwert der anteilsbasierten Vergütung, die Eigenkapitalkomponente ist damit null.
Die Vergütung kann wie eine einfache *cash-settled transaction* behandelt werden.

Bei **unterschiedlichen** *fair values* der Ausübungsalternativen ist die anteilsbasierte Vergütung sowohl *equity-settled* als auch *cash-settled*. 92

- Für die Komponente *equity-settled transaction* ist das Preisgerüst nur einmalig zum *grant date* zu bestimmen und in der Folge nur noch das Mengengerüst an bessere Stichtagserkenntnisse anzupassen.
- Für die Komponente *cash-settled transaction* ist zu jedem Stichtag das Preis- und Mengengerüst anzupassen (Rz 60).

Beispiel[23]
Ein Unternehmen gewährt einem leitenden Mitarbeiter 1.000 virtuelle Aktienoptionen *(stock appreciation rights)* und damit das Recht auf einen Barausgleich, der dem Wert von 1.000 Anteilen entspricht, oder alternativ 2.000 reale Aktienoptionen. Ausübungsbedingung ist ein Verbleib im Unternehmen für die nächsten zwei Jahre. Bezieht der Mitarbeiter die realen Optionen, müssen die Anteile für zwei Jahre gehalten werden *(transfer restriction)*.
Unter Berücksichtigung der Haltefrist ergibt sich ein Wert je Option zum Zusagezeitpunkt i.H.v. 40 EUR/Option. Ohne die Transferrestriktion beträgt der *fair value* einer Option 50 EUR zum *grant date* und 60 EUR zum *exercise date*. Zum *grant date* gilt daher:

- Der Gesamtwert der Fremdkapitalkomponente beträgt 50.000 EUR (1.000 Optionen × 50 EUR/Option),
- für die Eigenkapitalkomponente verbleibt ein Wert von 30.000 EUR (2.000 Optionen × 40 EUR/Option – 50.000 EUR).

Für die Folgebewertung gilt (ohne Fluktuation für einen Mitarbeiter):

	Eigenkapitalkomponente			Fremdkapitalkomponente		
Jahr	Mengen- und Preisgerüst	Kumulierter Aufwand	Perioden-aufwand	Mengen- und Preisgerüst	Kumulierter Aufwand	Perioden-aufwand
1	30.000 × 0,5	15.000	15.000	1.000 × 50 × 0,5	25.000	25.000
2	30.000 × 1	30.000	15.000	1.000 × 60	60.000	35.000

93 Die Vorgaben zur bilanziellen Behandlung von kombinierten Vergütungsmustern mit Erfüllungswahlrecht des Optionsinhabers lassen offen, wie mit Optionszusagen umzugehen ist, welche die Erfüllungsalternativen mit **unterschiedlichen Ausübungsfristen** verknüpfen.

Beispiel (Abwandlung zu Rz 92)
Eine Differenzierung zwischen den Ausübungsalternativen soll optional über unterschiedliche *vesting periods* (nicht durch eine Transferrestriktion) erreicht werden. Bei Wahl der Vergütung in Eigenkapitalinstrumenten verlängert sich die *vesting period* entsprechend um ein Jahr.
Die Verlängerung der *vesting period* ist im Rahmen des Optionspreismodells zu berücksichtigen und schlägt sich im Preisgerüst zum *grant date* nieder. Im Übrigen erfolgt die Aufwandsverteilung in der Folgebewertung über unterschiedliche Perioden (Eigenkapitalkomponente drei Jahre/Fremdkapitalkomponente zwei Jahre).

23 In Anlehnung an IFRS 2.IG22. In dem illustrierenden Beispiel IG.Example 13 wird der *share price* irrtümlich mit dem *fair value* gleichgesetzt; hierbei handelt es sich wohl um ein redaktionelles Versehen.

Die Vereinbarung unterschiedlicher Ausübungsfristen beeinflusst auch den Zeitpunkt der Erfüllungswahl. Läuft die *vesting period* einer Erfüllungsalternative aus, fällt das Erfüllungswahlrecht weg.

Mit Ausübung der **Erfüllungswahl** durch den Vertragspartner verfällt das Recht auf die andere Erfüllungsmöglichkeit. Im Zeitpunkt der Erfüllung *(date of settlement)* ist die Fremdkapitalkomponente noch einmal zum *fair value* zu bewerten (Aktualisierung des Preis- und Mengengerüsts zum *settlement date).* In Abhängigkeit von der Wahl durch den Erfüllungsberechtigten erfolgt anschließend eine erfolgsneutrale Angleichung zwischen der Eigenkapital- und der Fremdkapitalkomponente. 94

- Bei **Erfüllung mit Eigenkapital** ist zu diesem Zeitpunkt die Verbindlichkeit in das Eigenkapital **umzubuchen** (per Verbindlichkeit an Eigenkapital).
- Bei **Erfüllung in bar** wird die Fremdkapitalkomponente verbraucht (per Verbindlichkeit an Kasse). Der zuvor gebuchte Eigenkapitalanteil wird nicht verändert (IFRS 2.40). Allenfalls eine Umbuchung innerhalb der Eigenkapitalkategorien kommt in Betracht (per Kapitalrücklage an Gewinnrücklage).

Beispiel (Fortsetzung zu Rz 92)

Zum Zeitpunkt der Ausübung des Wahlrechts durch den Erfüllungsberechtigten zeigt die Bilanz des Erfüllungsschuldners einen Eigenkapitalposten (Kapitalrücklage) i.H.v. 30.000 EUR und eine Rückstellung i.H.v. 60.000 EUR (Fremdkapitalkomponente).

- Bei Ausübung des Wahlrechts durch den Erfüllungsberechtigten in realen Optionen erfolgt eine Umbuchung des Rückstellungsbetrags in das Eigenkapital (per Rückstellung 60.000 EUR an Eigenkapital 60.000 EUR). Eine Aufteilung auf unterschiedliche Eigenkapitalkonten (gezeichnetes Kapital und Kapitalrücklage) hängt von der konkreten Ausgestaltung der Transaktion und rechtlichen Rahmenbedingungen ab.
- Bei Ausübung des Wahlrechts durch den Erfüllungsberechtigten in bar wird der Rückstellungsbetrag verbraucht (per Rückstellung 60.000 EUR an Kasse 60.000 EUR). Die bislang in der Kapitalrücklage aufgestockte Eigenkapitalkomponente kann wahlweise (anteilig) in die Gewinnrücklage umgebucht werden.

5.3 Wahlrecht des Stillhalters (Unternehmens)

Bei Bestehen des **Wahlrechtes** zur Erfüllung der anteilsbasierten Vergütung beim **Unternehmen** ist wie folgt zu differenzieren: 95

- Besteht eine gegenwärtige **Verpflichtung** (*present obligation*) seitens des Unternehmens zur Erfüllung der Vergütung durch Barausgleich entweder aus rechtlichen oder aus faktischen Gründen, ist nach IFRS 2.42 eine *cash-settled transaction* anzunehmen. Die Bilanzierung über die Laufzeit des Kontrakts erfolgt dann i.d.R. nach den Vorgaben für virtuelle Optionen (*share appreciation rights*; Rz 37ff.). Kommt es im Erfüllungszeitpunkt abweichend von der ursprünglichen Erwartung zu einer Vergütung durch Hingabe von Eigenkapitalinstrumenten, stellt dieser Wegfall der Verbindlichkeit keine Planänderung dar (Rz 103).

- Besteht rechtlich oder faktisch **keine Verpflichtung** zur Erfüllung in bar, erfolgt die Bilanzierung nach Maßgabe der Vergütung durch Einsatz von Eigenkapitalinstrumenten (Rz 62ff.; Buchung „Aufwand an Eigenkapital").

96 Das Bestehen einer **gegenwärtigen** Verpflichtung zum *cash-settlement* wird als gegeben unterstellt (IFRS 2.41), wenn

- die Möglichkeit eines Ausgleichs durch Eigenkapitalinstrumente keinen wirtschaftlichen Gehalt hat (z.B. weil dem Unternehmen die Ausgabe von Aktien gesetzlich verboten ist),
- der Barausgleich eine vergangene betriebliche Praxis oder erklärte Richtlinie des Unternehmens war oder
- das Unternehmen im Allgemeinen einen Barausgleich vornimmt, wenn die Gegenpartei diese Form des Ausgleichs wünscht.

Entsprechend hat dann der Ansatz einer Schuld *(liability)* nach den Regeln für die *stock appreciation rights* (Rz 37ff.) zu erfolgen.

Bemerkenswert ist wiederum der **konzeptionelle Unterschied** zur Abgrenzung von Eigen- und Fremdkapital nach IAS 32 (Rz 39). Die Kapitalklassifizierung vernachlässigt die Intention des bilanzierenden Unternehmens und die dokumentierte Praxis und stellt (gem. IAS 32.16) allein auf das Bestehen einer vertraglichen Verpflichtung *(contractual obligation)* ab (→ § 20 Rz 4f.). Für die Bestimmung der bilanziellen Behandlung einer anteilsbasierten Vergütung sind hingegen auch dokumentierte Intention und Praxis des bilanzierenden Unternehmens relevant.

97 IFRS 2 enthält keine Vorgaben, zu welchem Zeitpunkt die Klassifizierung einer *share-based payment transaction in which the entity has the choice of settlement* vorzunehmen ist. Das Vorliegen einer Verpflichtung zum Barausgleich muss u.E. daher zu jedem Bilanzstichtag einer erneuten Beurteilung unterzogen werden.

98 Wird im Zugangszeitpunkt eine **Erfüllung in Eigenkapitalinstrumenten** unterstellt, ist je nach tatsächlichem Verlauf wie folgt zu unterscheiden (IFRS 2.43):

- Bei effektiver Vergütung in Eigenkapitalinstrumenten **entsprechend der** ursprünglichen **Absicht** wird nach IFRS 2.43(b) die Höhe des Eigenkapitals nur noch über den eventuell zu zahlenden Bezugspreis berührt. In Höhe dieser Zahlung ist dem Begünstigten kein Vorteil gewährt worden, also aus Sicht der Gesellschaft kein Aufwand **entstanden** (per Geld an Eigenkapital).
- Wenn **entgegen** der ursprünglichen **Absicht** später dennoch eine Barvergütung gewählt wird, ist diese analog zu einem Rückkauf von Eigenkapitalinstrumenten als Minderung des Eigenkapitals anzusehen (per Eigenkapital an Geld; IFRS 2.43(a)). Die ursprünglichen Aufwandsbuchungen (bei unterstelltem Ausgleich in Eigenkapitalinstrumenten), basierend auf dem Preisgerüst zum *grant date* und der Fortschreibung der Mengenkomponente, bleiben unverändert. Die Differenz zwischen dem Preisgerüst des *grant date* und dem des Erfüllungstages wird nicht aufwandswirksam berücksichtigt. Vielmehr gilt: Die ursprünglichen Wertannahmen haben die Dotierung des Eigenkapitals bestimmt, die aktuellen bestimmen über seine Minderung.

Beispiel

Die Gesellschaft gewährt ihren Mitarbeitern eine anteilsbasierte Vergütung, behält sich aber vor, ob die Vergütung in Eigenkapitalinstrumenten oder in

bar erfolgt. Mangels einer Historie der Erfüllung in bar wird – auch im Hinblick auf die Eigenkapitalquote (Rz 99) – ein Ausgleich in Eigenkapitalinstrumenten unterstellt.
Der kumuliert im Eigenkapital erfasste (Personal-)Aufwand über die *vesting period* beträgt – basierend auf dem Preisgerüst zum *grant date* und dem von Anfang an zutreffend geschätzten Mengengerüst – 1.500.000 EUR. Der *fair value* der Vergütung bei Barausgleich beträgt – basierend auf dem aktuellen Preis- und Mengengerüst – 2.000.000 EUR.
Über die *vesting period* werden kumuliert 1.500.000 EUR in die Kapitalrücklage eingestellt (per Personalaufwand 1.500.000 an Eigenkapital 1.500.000). Erfolgt die Vergütung in Eigenkapitalinstrumenten, ergibt sich keine weitere Buchungsnotwendigkeit. Bei einer Vergütung durch Barausgleich ist hingegen noch zu buchen:

Konto	Soll	Haben
Eigenkapital	2.000.000 EUR	
Kasse		2.000.000 EUR

Besteht bei Zusage der anteilsbasierten Vergütung mit Erfüllungswahlrecht des Unternehmens bereits die Intention einer Erfüllung durch Barausgleich, aber mangels Historie keine Verpflichtung, bietet sich entweder die Behandlung der Transaktion als *equity-settled* oder die Aufnahme eines Wahlrechts zur Erfüllung in Eigenkapitalinstrumenten in die vertragliche Vereinbarung an. Die **Vorteile** liegen auf der Hand: 99

- Die **Eigenkapitalquote** des Unternehmens wird durch die Vergütungszusage des Unternehmens bis zur Erfüllung nicht berührt (Buchung: per Aufwand an Eigenkapital; Rz 30).
- Während der *vesting period* entfällt die Notwendigkeit einer **Anpassung** der *fair-value*-Bewertung der Option, das Preisgerüst zum *grant date* wird fortgeschrieben und nur Veränderungen des Mengengerüsts werden erfasst (Rz 60).
- Selbst bei tatsächlicher Erfüllung durch Barausgleich ist keine **aufwandswirksame** Anpassung des Preisgerüsts erforderlich. Änderungen des Preisgerüsts zwischen *grant date* und Erfüllungstag werden unmittelbar mit dem Eigenkapital verrechnet (Fiktion eines Aktienrückkaufs; Rz 98).

Die einmalige Erfüllung durch Barausgleich einer anteilsbasierten Vergütung mit Erfüllungswahlrecht begründet allerdings eine entsprechende Historie, die für künftige vergleichbare Vergütungszusagen die Unterstellung einer Vergütung in Eigenkapitalinstrumenten erschwert bzw. ggf. ausschließt (Rz 95).

Ein Sonderfall ist gegeben, wenn die beiden Erfüllungsalternativen – Hingabe von Eigenkapitalinstrumenten oder Barausgleich – einen unterschiedlichen beizulegenden Zeitwert **im Erfüllungszeitpunkt** haben. Sofern sich das Unternehmen/der Konzern – z.B. in Erwartung weiterer Arbeitnehmerleistungen (IFRS 2.BC268) – zu einer Regulierung der Vergütungszusage durch die Erfüllungsvariante mit dem höheren *fair value* zum Erfüllungszeitpunkt entschließt, ist unabhängig von der Erfüllungsart ein **zusätzlicher Aufwand** zugunsten des Eigen- bzw. Fremdkapitals zu verbuchen (IFRS 2.43(c)). 100

Beispiel
Die Mitarbeiter erhalten eine anteilsbasierte Vergütung mit Erfüllungswahlrecht seitens der Gesellschaft. Die Gesellschaft unterstellt einen Ausgleich in Eigenkapitalinstrumenten und bildet die Zusage als *equity-settled transaction* ab. Über die *vesting period* wird ein kumulierter Aufwand unter Berücksichtigung des aktuellen Mengen- aber des ursprünglichen (bei Zusage ermittelten) Preisgerüsts von 1.500.000 EUR im Eigenkapital erfasst.
Das Preisgerüst bei Vergütung durch Eigenkapitalinstrumente weicht allerdings von dem bei Barausgleich ab.

1. Variante 1
Der *fair value* beträgt bei Vergütung durch Eigenkapitalinstrumente 1.750.000 EUR und bei Barausgleich 2.000.000 EUR.
1a) Entscheidet sich das bilanzierende Unternehmen zu der günstigeren Eigenkapitalvariante, erfolgt keine Anpassung des bislang erfassten Aufwands an die Stichtagsverhältnisse.
1b) Wird in Erwartung weiterer Arbeitsleistung oder als zusätzliche Entlohnung auf die aus einer *fair-value*-Perspektive für das Unternehmen ungünstigere Variante zurückgegriffen, also in bar ausgeglichen, ergeben sich folgende Buchungen:
- I.H.d. ursprünglich dotierten Eigenkapitals (1.7500.000) findet jetzt eine Eigenkapitalminderung statt.
- Darüber hinaus ist eine aufwandswirksame Erfassung der *fair-value*-Differenz zwischen den Ausübungsalternativen notwendig.

In Summe also:

Konto	Soll	Haben
Eigenkapital	1.750.000 EUR	
(Personal-)Aufwand	250.000 EUR	
Kasse		2.000.000 EUR

2. Variante 2
Der *fair value* beträgt bei Barausgleich 2.000.000 EUR und bei Vergütung durch Eigenkapitalinstrumente 2.500.000 EUR.
2a) Entscheidet sich das Unternehmen für den aus seiner Sicht günstigeren Barausgleich, wird die GuV nicht mehr angesprochen, vielmehr nur eine Minderung des Eigenkapitals wie bei einem Aktienrückkauf gebucht:

Konto	Soll	Haben
Eigenkapital	2.000.000 EUR	
Kasse		2.000.000 EUR

2b) Entscheidet sich das Unternehmen für den aus seiner Sicht ungünstigeren Ausgleich in Aktien, ist eine aufwandswirksame Erfassung der *fair-value*-Differenz zwischen den Ausübungsalternativen, die sich aus Unterschieden des Preis- bzw. Mengengerüsts ergeben, notwendig.

Konto	Soll	Haben
per (Personal-)Aufwand	500.000 EUR	
Eigenkapital		500.000 EUR

IFRS 2 verweist für die bilanzielle Behandlung einer Vergütungszusage, 101
- deren Erfüllungsmodus zwar **rechtlich** im **Ermessen** der betroffenen Gesellschaft steht,
- bei der allerdings im Zusagezeitpunkt **faktisch** eine **Barausgleichsverpflichtung** vorliegt,

auf die allgemeinen Vorgaben für *cash-settled transactions* (IFRS 2.42). Unklar bleibt, wie eine tatsächlich davon abweichende spätere Vergütung in bar zu erfassen ist. In IFRS 2.43(a) wird für den entgegengesetzten Fall – eine ursprünglich als *equity-settled* qualifizierte Transaktion wird später tatsächlich in bar erfüllt – eine Kapitalrückzahlung (Aktienrückkauf) fingiert.
U.E. ist bei dem hier zu beurteilenden Fall im Umkehrschluss eine Ausgabe von neuen Anteilen gegen Erlöschen der Verpflichtung zum Barausgleich zu fingieren. Eine rückwirkende Anpassung der Höhe der Eigenkapitalzuführung unter der Fiktion einer Vereinbarung der Vergütung durch Eigenkapitalinstrumente bei der Zusage *(grant date measurement approach)* scheidet daher aus.

Beispiel
Eine anteilsbasierte Vergütung mit Erfüllungswahlrecht der Gesellschaft wird über die *vesting period* als *cash-settled transaction* behandelt. Im Erfüllungszeitraum ist die Verpflichtung zum *fair value* unter Berücksichtigung des aktuellen Mengen- und Preisgerüsts zu bewerten. Der *fair value* zum *vesting date* beträgt 2.000.000 EUR
Bei planmäßiger Erfüllung durch Barausgleich ist die erfasste Rückstellung zu verbrauchen (per Rückstellung an Kasse).
Erfolgt die Vergütung hingegen über die Hingabe von Eigenkapitalinstrumenten, ist der *fair value* der Rückstellung gegen Eigenkapital zu buchen (Unterstellung einer Kapitalerhöhung gegen Erlöschen einer Schuld).

Konto	Soll	Haben
per Rückstellung	2.000.000 EUR	
Eigenkapital		2.000.000 EUR

Die Vorgaben für den unter IFRS 2.43(c) erfassten Sonderfall lassen sich – ein Entfallen der Verpflichtung zum Barausgleich während der *vesting period* vorausgesetzt – ebenfalls auf *cash-settled transactions* übertragen. Auf Rz 100 wird deshalb verwiesen.

6 Planänderungen

6.1 Überblick

Als Planänderungen gelten alle **Anpassungen der Vertragsbedingungen** einer 102
anteilsbasierten Vergütungszusage. Explizite Vorgaben zur bilanziellen Abbildung enthält IFRS 2 nur für *equity-settled transactions* (IFRS 2.26–29). Hierbei wird unterschieden zwischen
- **Modifizierungen** (*modifications*) des Preis- und/oder Mengengerüsts der anteilsbasierten Vergütungszusage (Rz 104ff.),
- **Widerruf** (*cancellation*) (Rz 112) und
- **vorzeitiger Erfüllung** (*early settlement*) (Rz 112).

Nicht explizit geregelt sind hingegen folgende Fälle:

- Planänderungen bei **Vergütungszusagen mit Barausgleich** (Rz 119),
- **Wechsel in der Erfüllungsform,** also der Barausgleich einer vertraglich die Vergütung durch Eigenkapital vorsehenden Transaktion und der umgekehrte Fall (Rz 120ff.).

103 **Keine Planänderung** liegt vor, wenn bei Vergütungsplänen mit **Erfüllungswahlrecht** einer Vertragspartei die tatsächliche Erfüllungsform von der im Zuteilungspunkt getroffenen Annahme abweicht. Sahen die Vertragskonditionen schon bei Vertragsschluss *(at inception)* ein Erfüllungswahlrecht vor, ist die spätere Ausübung nicht als Planänderung zu behandeln. Anderes gilt, wenn während der *vesting period* durch Vertragsänderung im Einvernehmen der Vertragsparteien (Vergütungsschuldner und Anspruchsberechtigter) das Erfüllungswahlrecht entfällt, die Vergütung also entweder in Eigenkapitalinstrumenten oder durch Barausgleich erfolgt (Rz 124ff.).

6.2 Änderungen innerhalb eines Plans

6.2.1 Vergütung mit Eigenkapitalinstrumenten

6.2.1.1 Modifizierung des Ausübungspreises oder der Optionsmenge

104 Anpassungen des vertraglichen Preis- und/oder Mengengerüsts einer anteilsbasierten Vergütung mit Ausgleich in Eigenkapitalinstrumenten sind nur insoweit zu berücksichtigen, als sich der *fair value* der Optionszusage am Tag der Planänderung gegenüber den bisherigen Bedingungen erhöht. Ein rückblickender Vergleich mit dem *fair value* der Optionszusage am Zusagezeitpunkt *(grant date)* scheidet hingegen aus.

105 Die **Zusatzkosten** errechnen sich aus dem (erhöhten) Wert *(incremental value)* – Differenz zwischen den *fair values* der geänderten und der ursprünglichen Optionen im Änderungszeitpunkt – der noch ausstehenden Optionen.

- Erfolgt die Änderung **nach Ablauf** der *vesting period*, ist die Werterhöhung unmittelbar in vollem Umfang zu verbuchen.
- Erfolgt die Planänderung **während** der *vesting period*, ist neben dem noch zu verteilenden Betrag aus der ursprünglichen Zusage auch der zusätzliche Betrag über die (u.U. neu festgesetzte) Restdauer der *vesting period zeitanteilig* zu erfassen.

Beispiel

Eine Gesellschaft gewährt den Mitarbeitern *stock options*, die im Zusagezeitpunkt einen *grant date fair value* von je 240 GE aufweisen und nur an die Fortsetzung des Arbeitsverhältnisses in den nächsten drei Jahren geknüpft sind. Im ersten Jahr wird ein Personalaufwand von 80 GE gebucht. Nach Ablauf des ersten Jahres werden die gewährten Zusagen unter Beibehaltung der Dienstzeitbedingungen modifiziert:

Alternative 1

Der *fair value* der ursprünglichen Aktienoptionen beträgt zum Zeitpunkt der Planänderung 200 GE. Die Änderung führt zu einer **Erhöhung** des *fair value* auf 220 GE. Die Erhöhung um 20 GE zum Zeitpunkt der Planänderung ist über die Restdauer der *vesting period* aufwandswirksam zu erfassen. In 02 (und 03) werden daher jeweils gebucht: 80 (= 240 / 3) Personalaufwand aus der ursprünglichen Zusage, 10 (= 20 / 2) aus der Modifikation.

Alternative 2
Der *fair value* der ursprünglichen Aktienoptionen beträgt zum Zeitpunkt der Planänderung 250 GE. Die Änderung führt zu einer **Minderung** des *fair value* auf 220 GE. Die Anpassung bleibt daher unbeachtlich. In 02 (und 03) werden daher jeweils nur 80 GE (= 240 / 3) Personalaufwand aus der ursprünglichen Zusage gebucht.

Eine negative, von der ursprünglichen Erwartung abweichende Entwicklung des Aktienkurses bzw. des Anteilswertes kann das Unternehmen bewegen, während der Sperr- bzw. Wartefrist *(vesting period)* eine **Neufestsetzung** (Ermäßigung) des **Ausübungspreises** für die Optionen *(repricing)* vorzunehmen.[24] Neben Preisänderungen können auch **andere Anpassungen** der Optionsbedingungen erfolgen, die begrifflich unter dem *repricing* zusammengefasst werden (IFRS 2.BC222ff.). Das *repricing* ist somit nur eine spezielle Form der unter Rz 105 behandelten Anpassung. **106**

Bei einem *repricing* mit einer entsprechenden Erhöhung des *fair value* am Stichtag ist ein neuer bzw. zusätzlicher Vergütungsplan über die dann (unter Umständen neu verhandelte) verbleibende *vesting period* zu berücksichtigen:

- Das Mengengerüst des neuen Plans entspricht dem ursprünglichen Plan.
- Die Werterhöhung ist zum Zeitpunkt der Modifizierung zu bestimmen.
- Über die Restdauer der *vesting period* sind zu verteilen: der aus der ursprünglichen Bewertung zum *grant date* resultierende Betrag und die (aus der Bewertung zum Änderungszeitpunkt) resultierende Werterhöhung.

Beispiel
Die anteilsbasierte Vergütung von 500 Führungskräften sieht die Zusage von 300 *stock options* je Führungskraft mit einem jeweiligen *grant date fair value* von 12 EUR vor. Als einzige Ausübungsbedingung wird ein Mindestverbleib im Unternehmen von drei Jahren vereinbart.
Ein Jahr nach Zusage bricht der Aktienkurs der Gesellschaft ein, es wird ein *repricing* der anteilsbasierten Zusage vereinbart. Der beizulegende Zeitwert der zugesagten *stock options* am Stichtag vor dem *repricing* beträgt 8 EUR/Option. Durch Anpassungen des Preisgerüsts wird der *fair value* am Stichtag auf 10 EUR/Option angehoben, die Differenz am Stichtag beträgt 2 EUR/Option.
Das Mengengerüst entwickelt sich wie folgt:

- 70 Mitarbeiter verlassen das Unternehmen während des ersten Jahres. Am Ende des ersten Jahres wird vom Verlassen weiterer 130 Mitarbeiter ausgegangen. Insgesamt wird von 300 Mitarbeitern ausgegangen, die die Ausübungsbedingung erfüllen werden.

---

[24] Zu Bedenken gegen das *repricing* aus Sicht des deutschen AktG und des Corporate Governance Kodex vgl. CASPER, DStR 2004, S. 1391.

- Während des zweiten Jahres verlassen 60 Mitarbeiter das Unternehmen, die gleiche Anzahl wird für Jahr 3 erwartet, insgesamt also nun von 310 Mitarbeitern ausgegangen, die die Ausübungsbedingung voraussichtlich erfüllen werden.
- Im dritten Jahr verlassen tatsächlich nur 40 Mitarbeiter das Unternehmen. 330 erfüllen die Ausübungsbedingungen.

Unter Berücksichtigung der Modifizierung als zusätzliche Zusage ergibt sich Folgendes:

Jahr	**Bestimmung des kumulierten Aufwands**			**Aufwand Periode**
	Ursprüngliche Zusage (a)	**Modifizierte Zusage (b)**	**kum. Gesamtaufw. (c)**	**kum. Gesamtaufw. Jahr XX – Vorjahr**
1	300 × 300 × 12 EUR × 1/3		360.000 EUR	360.000 EUR
2	310 × 300 × 12 EUR × 2/3	310 × 300 × 2 EUR × 1/2	837.000 EUR	477.000 EUR
3	330 × 300 × 12 EUR	330 × 300 × 2 EUR	1.386.000 EUR	549.000 EUR

Änderungen von marktabhängigen Ausübungsbedingungen *(market performance conditions)* während der *vesting period* sind analog zu einem *repricing* zu behandeln.

107 Wird im Zuge der Modifikation neben anderen Änderungen (Ausübungspreis oder -menge) auch eine **Verlängerung** der ***vesting period*** für die gesamte Zusage vereinbart, ist diese nur für den „neuen“ Vergütungsplan zu berücksichtigen. Der ursprüngliche Plan ist unter Berücksichtigung des zum Zusagezeitpunkt ermittelten Preisgerüsts *(grant date fair value)* und der ursprünglichen Warte- bzw. Sperrfrist fortzuführen. Konsequenz einer Nichtberücksichtigung der Ausdehnung der *vesting period* für die ursprünglich gegebene Vergütungszusage ist u. U., dass Kosten für Anspruchsberechtigte erfasst werden, die vor Ablaufen der verlängerten Warte- bzw. Sperrfrist ausscheiden, die *service condition* also nicht erfüllt haben. Somit ist wie folgt zu unterscheiden:

- Für die **ursprüngliche** Vergütungszusage sind die Gesamtkosten auf Basis des Preisgerüsts zum Zusagezeitpunkt und das Mengengerüst zum ursprünglich vereinbarten *vesting date* zu bestimmen.
- Für die **„neue“** Vergütungszusage sind die zusätzlichen Kosten auf Basis des Preisgerüsts (Zusatzwert) zum Zeitpunkt der Modifizierung und des Mengengerüsts zum neu vereinbarten *vesting date* zu bestimmen.

Beispiel (Abwandlung zu Rz 106)

Das zu einer Werterhöhung von 2 EUR je Option führende, Anfang des zweiten Jahres vorgenommene *repricing* wird an die Bedingung einer Ausweitung der *vesting period* von drei auf vier Jahre geknüpft. Für die zwischenperiodische Aufwandsverrechnung ist daher zwischen dem ursprünglichen Plan und der Modifizierung zu unterscheiden.

Das Mengengerüst entwickelt sich wie folgt:

- 70 Mitarbeiter verlassen das Unternehmen während des ersten Jahres. Am Ende des ersten Jahres wird von der Annahme ausgegangen, dass weitere

130 Mitarbeiter das Unternehmen verlassen, also insgesamt 300 die Ausübungsbedingung erfüllen werden.

- Während des zweiten Jahres verlassen 60 Mitarbeiter das Unternehmen, die gleiche Anzahl wird für Jahr 3 erwartet, insgesamt also nun von 310 Mitarbeitern ausgegangen, die die ursprüngliche Ausübungsbedingung erfüllen würden. Allerdings wird für das vierte Jahr mit einem Ausscheiden von weiteren 20 gerechnet, sodass nur 290 die Ausübungsbedingungen des neuen bzw. zusätzlichen Plan erfüllen würden.
- Im dritten Jahr verlassen tatsächlich nur 40 Mitarbeiter das Unternehmen. Insgesamt haben also 330 Mitarbeitern die (vertraglich gar nicht mehr geltende) ursprüngliche Ausübungsbedingung erfüllt. Für das Jahr 4 wird ein Ausscheiden von weiteren 10 Mitarbeitern unterstellt, im Hinblick auf den neuen bzw. zusätzlichen Plan also mit 320 Ausübungsberechtigten gerechnet
- Tatsächlich verlassen im vierten Jahr genau 10 Mitarbeiter das Unternehmen.

Unter Berücksichtigung der Modifizierung als zusätzliche Zusage ergibt sich folgendes:

Jahr	**Bestimmung des kumulierten Aufwands**			**Aufwand Periode**
	Ursprüngliche Zusage (a)	**Modifizierte Zusage (b)**	**kum. Gesamtaufw. (c)**	**kum. Gesamtaufw. Jahr XX – Vorjahr**
1	300 × 300 × 12 EUR × 1/3		360.000 EUR	360.000 EUR
2	310 × 300 × 12 EUR × 2/3	290 × 300 × 2 EUR × 1/3	802.000 EUR	384.000 EUR
3	330 × 300 × 12 EUR	320 × 300 × 2 EUR × 2/3	1.316.000 EUR	514.000 EUR
4	330 × 300 × 12 EUR	320 × 300 × 2 EUR	1.380.000 EUR	64.000 EUR

Änderungen der Bezugsbedingungen können auch **nach Ablauf** der *vesting period* erforderlich sein, nämlich dann, wenn nach dem Ausgabezeitpunkt die Option „aus dem Geld" ist, also nicht sinnvoll ausgeübt werden kann (der Ausübungspreis ist höher als der Anteilswert; Rz 218). In solchen Fällen wird häufig der **Ausübungspreis reduziert** mit der Folge eines entsprechenden Wertanstieges der Kaufoption (IFRS 2.26). Diese Erhöhung des Optionswertes führt auf der Grundlage der indirekten Methode der Ermittlung des Wertes der erhaltenen (Arbeits-)Leistung (Rz 31) zu einem gegenüber der bisherigen Annahme **erhöhten (Personal-)Aufwand** (IFRS 2.B43a). Dieser ist im Zeitpunkt der Planänderung *(date of repricing)* sofort buchmäßig zu erfassen. 108

Beispiel

Zum Ablauf der *vesting period* ist der Marktkurs der Anteile der A-AG unter den Ausübungskurs einer anteilsbasierten Vergütung für die Vorstände gefallen. Daraufhin wird der Ausübungskurs reduziert. Die Differenz zwischen dem neuen Ausübungspreis und dem aktuellen Kurs ist als Aufwand zu erfassen (per Aufwand an Eigenkapital).

109 Die Werterhöhung des Optionsplans kann auch durch eine **Erhöhung** der **Options-Stückzahl** erfolgen (IFRS 2.B43b). Ab dem Zeitpunkt der Modifizierung des Plans ist ebenfalls ein „**neuer**" Vergütungsplan zugrunde zu legen:

- Das **Preis**gerüst bestimmt sich der Höhe nach aus dem beizulegenden Zeitwert der Option am Modifizierungstag und
- das **Mengen**gerüst in Bezug auf die Erhöhung der Stückzahl unter Berücksichtigung der noch verbleibenden *vesting period.*

110 Führt die Modifizierung des Vergütungsplans zur Entfernung oder **Abschwächung einer Dienst**bedingung *(service conditon)* oder einer nicht marktabhängigen Leistungsbedingung *(non-market performance condition)*, betrifft sie also aus der Sicht des Vergütungsempfängers positiv das Mengengerüst, ist der bestehende Plan unter den neuen Voraussetzungen fortzuführen.

Beispiel

Eine Unternehmenszusage sieht für 20 Führungskräfte jeweils 500 Aktienoptionen mit einem jeweiligen Wert von 10 EUR/Option bei einem Verbleib für drei Jahre im Unternehmen und das Erfüllen eines Erfolgsziels vor. Die Vorraussetzung für die Erfüllung der Ausübungsbedingung des *stock option award* ist das Überschreiten eines Umsatzziels (auf kumulierter Basis) von 1.000 Mio. EUR innerhalb der nächsten drei Jahre.

- Im Jahr 1 der Zusage wird nicht von einem Erreichen des Schwellenwerts ausgegangen. Entsprechend werden keine Kosten für die Zusage erfasst.
- Im Jahr 2 wird das Erreichen des Umsatzziels nicht mehr als realistisch angesehen. Zur Motivierung der Mitarbeiter wird das Ziel daher auf 500 Mio. EUR reduziert, deren Erreichen als realistisch eingeschätzt wird. Erwartungsgemäß werden noch 15 Führungskräfte nach Ablauf der *vesting period* im Unternehmen sein. Es sind daher Kosten von 50.000 EUR zu erfassen (15 Mitarbeiter × 500 Optionen × 10 EUR/Option × 2/3).
- Am Ende des Jahres 3 beträgt der kumulierte Umsatz 600 Mio. EUR, es sind allerdings noch 17 Führungskräfte beschäftigt. Die kumuliert über die Laufzeit zu erfassenden Kosten betragen 85.000 EUR (17 Mitarbeiter × 500 Optionen × 10 EUR/Option).

6.2.1.2 Verschlechterung der Optionsbedingungen

111 Sofern die Optionsbedingungen **nachteilig für die Arbeitnehmer** geändert werden, ist wie folgt zu verfahren (IFRS 2.B44):

- Eine Reduzierung des *fair value* (z. B. durch Erhöhung des Ausübungspreises) bleibt unbeachtlich.
- Eine Verringerung der zugesagten Options-Anzahl ist als Teil-Widerruf (Rz 112) zu behandeln.
- Die Verlängerung der Sperrfrist oder die Erhöhung einer Zielvorgabe (z. B. Gewinnzuwachs 20 % statt 10 %) ist ebenfalls zu ignorieren.

Die bilanzielle Erfassung ist für alle drei Fälle nach der ursprünglichen Vorgabe, dem ursprünglichen Preis- und Mengengerüst (Rz 58) weiterzuführen.

Beispiel

Ausübungsbedingung einer anteilsbasierten Vergütung für den Vorstand ist die Veräußerung von 25.000 Einheiten eines neuen Produkts innerhalb von drei Jahren. Der *grant date fair value* der Option ist 30 EUR/Option, es wurden 100.000 Optionen ausgegeben. Annahmegemäß verbleibt der Vorstand über die *vesting period* im Unternehmen.

- Aufgrund von Produktionsverzögerungen im Jahr 1 wird nicht von einer Erfüllung der Ausübungsbedingung ausgegangen. Es sind keine Kosten zu erfassen.
- Im Jahr 2 wird das definierte Erfolgsziel allerdings nahezu erreicht, da das neue Produkt aufgrund intensiver Werbung besser als erwartet abgesetzt werden kann. Das Unternehmen erhöht daher die für die Ausübung der Option geforderte Mindestvertriebsgrenze auf 30.000 Mio. Einheiten in der Erwartung einer Erfüllung auch dieser Menge. Die zu erfassenden Kosten betragen 200.000 EUR (100.000 Optionen × 30 EUR/Option × 2/3).
- Am Ende von Jahr 3 beträgt die abgesetzte Menge allerdings nur 27.500 Einheiten. Dennoch ist das ursprünglich gesetzte Ziel von 25.000 Einheiten erfüllt worden. Die kumuliert über die Laufzeit zu erfassenden Kosten betragen daher 300.000 EUR (100.000 Optionen × 30 EUR/Option).

Nur für den Fall eines Nichterreichens der ursprünglichen Ausübungsbedingung oder bei Ausscheiden des Vorstands während der *vesting period* wäre insgesamt kein Aufwand zu erfassen, bisher getätigte Buchungen also zu stornieren.

6.2.1.3 Widerruf der Optionszusage

Eine besondere Form der Planmodifikation ist der **Widerruf** (*cancellation*) der Option (= Planbeendigung), einerlei, welche Vertragspartei widerruft (so in der Klarstellung durch das *Amendment Vesting Conditions and Cancellations* zu IFRS 2). Für den Fall eines Widerrufs innerhalb der *vesting period* gilt nach IFRS 2.28 Folgendes: 112

- Die bislang gewählte Bilanzierung mit der zeitanteiligen Zuführung von (Personal-)Aufwand ist aufzugeben, d.h., der **noch nicht zugeführte Aufwand** nach Maßgabe der noch erwarteten Beträge (Rz 114) ist **sofort** zu erfassen.
- Eine **Ausgleichszahlung** zur Annullierung oder Erfüllung der Zusage an die Gegenseite (i.d.R. Arbeitnehmer) gilt als Kapitalrückzahlung, soweit diese Zahlung den *fair value* der Option oder Aktien im Rückzahlungszeitpunkt nicht übersteigt; ein übersteigender Betrag ist im Aufwand zu verbuchen.
- Sofern im Gegenzug zu der Ungültigerklärung der Zusage **neue** Optionen gewährt werden, ist eine Modifizierung des bestehenden Optionsplans zu unterstellen, wenn die neuen Optionen als Ersatz gedacht sind *(replacement options)*. In diesem Fall ist nach den unter Rz 104ff. dargstellten Regeln für Modifikationen zu verfahren. Dient die neue Zusage nicht als Ersatz, liegt ein neue Vergütungszusage vor.

Beispiel
Am Ende des zweiten Jahres nach dem *grant date* ist eine gewährte Option hoffnungslos aus dem Geld. Die noch verbliebenen Führungskräfte verzichten auf ihre Optionen und erhalten von der Gesellschaft zum Ausgleich je eine Sondervergütung von 10.000 EUR. Die begünstigten Führungskräfte bleiben alle insgesamt im Unternehmen tätig, wovon auch bei der Erstauflage des Optionsplans ausgegangen worden ist. Es gilt:

- Der ursprünglich kalkulierte Personalaufwand ist in den Jahren 1 und 2 (jetzt auch den Rest vom Jahr 3 umfassend) in vollem Umfang zugunsten des Eigenkapitals zu buchen.
- Die „Abfindung" an die begünstigten Mitarbeiter ist bis zur Höhe des *fair value* der rückgekauften Optionen am Rückkauftag als Minderung des Eigenkapitals zu erfassen.
- Der darüber hinausgehende Abfindungsbetrag ist als Aufwand zu behandeln.

Enthält die *equity-settled-share-based-payment*-Zusage eine Verbindlichkeit des bilanzierenden Unternehmens gegenüber dem Anspruchsberechtigten (z. B. aufgrund einer Einzahlung des Anspruchsberechtigten, die als *non-vesting condition* einzustufen ist), ist diese Verbindlichkeit im Zeitpunkt des Widerrufs zum *fair value* zu bewerten. Zahlungen zur Begleichung der Verbindlichkeit sind als Auflösung zu behandeln.

113 Werden bei Widerruf einer gewährten anteilsbasierten Vergütung **neue Optionen** zugesagt, stellt sich die Frage, ob die Zusage

- als Ersatz für den soeben annullierten Optionsplan oder
- unabhängig von der *cancellation* als neue Vergütungszusage

zu behandeln ist.

Im ersten Fall liegt eine **Modifizierung** des bestehenden Optionsplans vor, die Bewertung erfolgt mit der Differenz zwischen den *fair values* der als Ersatz begebenen und der ursprünglichen Optionen im Änderungszeitpunkt *(incremental value*; Rz 105). Besteht kein Zusammenhang zwischen einer gegebenen Vergütungszusage und einem (zeitnahen) Widerruf einer laufenden Zusage, liegt ein **neuer Plan** vor.

Nicht geklärt wird, auf welche Kriterien sich eine Klassifizierung als *replacement options* stützt. Somit muss das Unternehmen eine Einschätzung hinsichtlich der bilanziellen Behandlung treffen, die allerdings für künftige Transaktionen bindend ist (IAS 8.13).

Beispiel
Unternehmen A gibt Mitarbeiteroptionen über eine *vesting period* von drei Jahren aus. Der beizulegende Zeitwert der Option für einen Mitarbeiter beträgt 60.000 EUR zum *grant date*. Am Anfang von Jahr 2 werden die Mitarbeiteroptionen annulliert und neue Optionen mit einer *vesting period* von zwei Jahren ausgegeben. Der *fair value* der neu ausgegebenen Optionen beträgt 40.000 EUR, der vergleichbare Wert der widerrufenen Optionen am Stichtag 10.000 EUR. Der bislang erfasste Aufwand für einen Mitarbeiter beträgt 20.000 EUR für Jahr 1 (60.000 × 1/3).

- Wird die Neuzusage nicht als Ersatz für die widerrufene Zusage angesehen, sind insgesamt Kosten i. H. v. 100.000 EUR pro Mitarbeiter zu erfassen. Hierbei wird der bisher noch nicht verrechnete *grant date fair value* der annullierten Zusage noch im Jahr 2 erfasst und die neue Zusage über die mit ihrer Gewährung beginnenden neuen *vesting periods* verteilt.
- Erfolgt eine Behandlung als Ersatzoption, liegt eine Modifizierung des ursprünglichen Plans vor. Dieser ist über die vereinbarte *vesting period* fortzuführen. Die *replacement option* ist i. H. d. Differenz zwischen den *fair values* der als Ersatz begebenen und der ursprünglichen Optionen im Änderungszeitpunkt *(incremental value)* fortzuführen. Die Gesamtkosten pro Mitarbeiter betragen 90.000 EUR (60.000 EUR + (40.000 EUR – 10.000 EUR)).

Bei Widerruf einer gegenüber Mitarbeitern gewährten anteilsbasierten Vergütung ist der noch nicht dem Eigenkapital zugeführte (Personal-)Aufwand nach Maßgabe des noch über die Restlaufzeit erwarteten Betrags (*the amount that would have been recognised*) sofort zu erfassen. Dieser Betrag bestimmt sich aus dem *grant date fair value* der Vergütungszusage und dem erwarteten Mengengerüst. Innerhalb von IFRS 2 fehlt es an einer Konkretisierung, welche Schätzung für die Mengenkomponente der Bewertung heranzuziehen ist. 114

Beispiel

Ein anderes Unternehmen erwirbt Unternehmen A. Für ausstehende Vergütungszusagen wird an die Mitarbeiter von A, die anspruchsberechtigt und im Zeitpunkt der Übernahme beschäftigt sind, eine Vergütung als Entschädigung für die Beendigung der Zusage gezahlt. Der Anspruch der Mitarbeiter bei Erfüllung der *vesting conditions* war an die Ergebnisentwicklung der Gesellschaft geknüpft. Im Zeitpunkt der Übernahme sind noch 200 anspruchsberechtigte Mitarbeiter beschäftigt.

A geht davon aus, dass bei Fortlaufen der Zusage bis zur *exercise period* noch 160 anspruchsberechtigte Mitarbeiter beschäftigt wären und nur 90 % des (wegen der Übernahme) gezahlten Betrags als Vergütung fällig gewesen wären.

Für die Höhe der Eigenkapitalzuführung ergeben sich – mangels Konkretisierung in IFRS 2.28a – die folgenden Beträge (in Abhängigkeit der Schätzung des Mengengerüsts):

- 200 Mitarbeiter und 100 % des erwarteten Betrags,
- 200 Mitarbeiter und 90 % des erwarteten Betrags,
- 160 Mitarbeiter und 90 % des erwarteten Betrags.

Die Ausgleichszahlung ist geringer als der Wert, der sich aus jedem der vorstehenden Szenarien des Mengengerüsts ergibt. A erfasst den ausgezahlten Betrag daher als Kapitalrückzahlung, ein zusätzlicher Aufwand fällt nicht an. Fraglich ist die Höhe der Eigenkapitalzuführung.

U.E. ist für die Bestimmung des Mengengerüsts von der aktuellen Schätzung vor einer Kündigung einer anteilsbasierten Vergütungszusage auszugehen. Heranzuziehen ist das bei Erfüllung der Zusage erwartete Mengengerüst und nicht der Ist-Bestand im Zeitpunkt der Kündigung.

> **Beispiel (Fortsetzung)**
> Die Höhe der Eigenkapitalzuführung ist ausgehend von 160 Mitarbeitern und 90 % des erwarteten Betrags zu bestimmen.

6.2.1.4 Sonderfälle bei Planänderungen

115 In der praktischen Anwendung von IFRS 2 ergeben sich zahlreiche Schwierigkeiten in der Abgrenzung von Planänderungen.

- Wie sind Anpassungen des vertraglichen Preis- und/oder Mengengerüsts von bestehenden Vergütungszusagen zu behandeln, die sowohl zu einer **Erhöhung** als auch gleichzeitig zu einer **Reduzierung** des Werts (*give and take modifications*) der Optionszusage am Tag der Planänderung gegenüber den bisherigen Bedingungen führen (Rz 116)?
- Ist die Ausgabe von **neuen Optionen** (*parallel share options*), die **alternativ** zu bestehenden, aber wegen ungünstiger Marktentwicklungen mit hoher Wahrscheinlichkeit nicht zur Ausübung kommenden (*deeply out of the money share options*) Optionen begeben werden, einer Kündigung (*cancellation*) gleichzusetzen (Rz 117)?
- Sind die Voraussetzungen eines Ersatzes (*replacement*) erfüllt, wenn Mitarbeiter bei fortlaufenden (jährlich neu aufgelegten) Vergütungszusagen wegen einer **Begrenzung der maximal gehaltenen Optionen** von einer alten Zusage in eine neue wechseln (Rz 118)?

116 Eine besondere Planänderung liegt vor, wenn die Anpassungen der bestehenden Konditionen einer Vergütungszusage im Beurteilungszeitpunkt sowohl eine Wertsteigerung als auch eine Wertminderung bedingen (*give and take modifications*).

> **Beispiel**
> Der Vorstand der A AG hat bei ursprünglicher Optionszusage 100.000 *share options* mit einem *grant date fair value* von 10 EUR zugesichert bekommen. Aufgrund schlechter Kapitalmarktverhältnisse sinkt der Wert je Option auf 5 EUR; die Gesellschaft und der Vorstand einigen sich daher auf eine Planänderung.
>
> - Über eine Reduzierung des Ausübungspreises wird der *fair value* je Option nach Rückgriff auf ein Optionspreismodell von 5 EUR auf 12 EUR erhöht,
> - gleichzeitig allerdings die Anzahl der ausübbaren Optionen von 100.000 auf 75.000 reduziert.
>
> Fraglich ist, ob die beiden Planänderungen separat voneinander zu erfassen sind oder nur der Nettoeffekt zu beurteilen ist. Folgende Werte lassen sich für die anteilsbasierte Vergütung feststellen:
>
> - Gesamtanspruch des Vorstands bei Zusage: 100.000 Optionen × 10 EUR = 1.000.000 EUR

- Gesamtanspruch des Vorstands vor Planänderung: 100.000 Optionen × 5 EUR = 500.000 EUR
- Anspruch bei reduzierten Optionen und altem Ausübungspreis: 75.000 Optionen x 5 EUR = 375.000 EUR
- Gesamtanspruch nach Planänderung: 75.000 Optionen × 12 EUR = 900.000 EUR

Eine Besonderheit von *give and take modifications* ist die (simultane) Änderung des Mengen- und Preisgerüsts einer Zusage, wobei eine Änderung aus Sicht des Anspruchsberechtigten günstig und eine unvorteilhaft ist. Aus den Vorgaben von IFRS 2 lassen sich zunächst zwei Interpretationen der Behandlung von *give and take modifications* ableiten:

- als separate Plananpassungen: Die Reduzierung der Anzahl der Anteile ist als *cancellation* zu erfassen und somit ein *accelerated vesting* für die gekündigten Optionen zu berücksichtigen (IFRS 2.B44b). Nur die Erhöhung des Werts der verbleibenden Anteile (etwa durch Reduzierung des Ausübungspreises) ist als *modification* zu behandeln (IFRS 2.B43a);
- als kombinierte/einheitliche Plananpassung: Die Planänderungen werden netto betrachtet. Nur wenn insgesamt eine Verbesserung der Zusage erfolgt, liegt eine *modification* der bisherigen Zusage i. H. d. Saldos aller Plananpassungen vor.

Beispiel (Fortsetzung)

Die *give and take modification* führt auch in kombinierter Betrachtung zu einem Vorteil des Anspruchsberechtigten. Für die Bestimmung des Gesamtvergütungsaufwands folgen daraus je nach Auslegung der Vorgaben von IFRS 2 folgende Alternativen:

- Bei getrennter Behandlung der Plananpassungen ergibt sich ein Gesamtaufwand von 1.525.000 EUR, der sich aus dem *accelarated vesting* der ursprünglichen Optionen i. H. v. 250.000 EUR (25.000 Optionen x 10 EUR/Option), dem verbleibenden Aufwand aus den ausstehenden Optionen von 750.000 EUR (75.000 Optionen × 10 EUR/Option) und dem zusätzlichen Aufwand (*incremental value*) aus der Modifizierung i. H. v. 525.000 EUR (75.000 Optionen × (12 – 5 EUR/Option)) bestimmt.
- Bei Auslegung der Planänderungen als einheitliche Maßnahme ergibt sich hingegen ein Gesamtvergütungsaufwand von 1.325.000 EUR, davon entfallen 1.000.000 EUR (100.000 Optionen × 10 EUR/Option) auf den ursprünglichen Plan und 325.000 EUR (75.000 Optionen x 11 EUR/Option) – (100.000 Optionen × 5 EUR/Option)) auf die Planänderungen in einer Nettobetrachtung.

U.E. ist der zweiten Auslegung – Behandlung als kombinierte Plananpassung – der Vorzug zu geben. Bei zu unterstellendem rationalem Verhalten interessiert die Parteien nur der wirtschaftliche Gesamteffekt der Änderungen. Dies entspricht auch den Vorgaben von IFRS 2.27, wonach bei Modifikationen der Effekt auf den total fair value entscheidend ist. Der *total fair value* bzw. der Gesamtwert der Zusage ist gerade das Produkt aus Mengen- und Preisgerüst. Nur wenn zum

Zeitpunkt der Plananpassung insgesamt eine Besserstellung des Anspruchsberechtigten erfolgt, liegt eine *modification* vor, die i.H.d. Nettoeffekts zu einer Erhöhung des Gesamtvergütungsaufwands führt.

117 Als eine Variation zur Modifizierung bzw. Kündigung und Austausch bestehender Optionen ist auch die Ausgabe von *parallel share options* denkbar. Anspruchsberechtigten einer anteilsbasierten Vergütung, deren Optionen *deeply out of the money* sind, wird ein Anspruch auf eine gleiche Anzahl von Optionen zu günstigeren Konditionen (etwa reduzierter Ausübungspreis) eingeräumt. Bei Ausübung entweder der alten oder der neuen Zusage verfallen entsprechende Optionen der nicht ausgeübten Vergütungsabrede.

Beispiel

Die A AG hat zum 1.1. 10.000 Optionen mit *non-market vesting conditions* und einem Ausübungspreis von 10 EUR/Option bei einem Kurs bei Ausgabe von 9 EUR ausgegeben. Die *vesting period* beträgt 5 Jahre. Zwei Jahre nach Einräumung der Zusage sinkt der Kurs der Anteile auf 2 EUR.

Anstatt einer Anpassung des bestehenden Plans werden neue Optionen mit identischer *non-market vesting condition,* aber einer *vesting period* von 3 Jahren, an die Zusageberechtigten zu einem Ausübungspreis von 3 EUR ausgegeben. Die Ausübungsbedingungen der neuen Zusage sind flexibler gestaltet als die der ursprünglichen.

Die Gesamtzusage ist auf eine Ausübung von 10.000 Optionen begrenzt. Werden Optionen der ursprünglichen oder neuen (parallelen) Zusage ausgeübt, verfällt eine entsprechende Anzahl der Vergütungsalternative.

Fraglich ist, ob der Wegfall der parallelen Optionen bei Ausübung einer der Zusagen als *cancellation* oder die Ausgabe der zusätzlichen Zusage als Modifikation der bestehenden Vergütungsabrede zu behandeln ist.

Aus der Perspektive der Anspruchsberechtigten entspricht die Ausgabe von *parallel share options* einer Modifizierung (i.S.e. Verbesserung) des ursprünglichen Plans. Eine Anpassung der ursprünglichen Optionen hinsichtlich der Ausübungsbedingungen und des -preises zeitigt den gleichen Effekt wie die Ausgabe der *parallel share options.* Da die Bedingungen nur die Ausübbarkeit einer Zusage vorsehen, sind beide Vergütungsalternativen als *linked* anzusehen und als eine „synthetische" Option zu behandeln. Aufgrund der Verknüpfung der beiden Zusagen ist u.E. eine Behandlung als *modification* geboten.

Die gegenteilige Auffassung einer Behandlung als separate Zusage führt u.E. zu einer ungerechtfertigten Erhöhung des Gesamtvergütungsaufwands (mit jeder Ausübung wäre auch ein *accelerated vesting* für gekündigte Paralleloptionen zu erfassen) und muss überdies den Nachweis des Empfangs einer Leistung erbringen.

118 Bei fortlaufenden Optionsplänen mit einem jährlich neu aufgelegten Vergütungsplan werden u.U. Begrenzungen der maximal von den Anspruchsberechtigten gehaltenen *share options* vereinbart.[25] In kumulierter Betrachtung über

25 Ein Beispiel sind „SAYE" (save as you earn)-Pläne, die in UK weit verbreitet sind, bei denen aus steuerlichen Gründen eine Begrenzung des Optionsvolumens besteht. S. http://www.hmrc.gov.uk/shareschemes/saye_general_eer.htm.

unterschiedliche von der Gesellschaft aufgelegte Pläne darf ein Mitarbeiter nur eine bestimmte Anzahl von *share options* halten. Aufgrund der Begrenzung der *share options* besteht ein Anreiz zum Wechsel von einem Plan zu einem anderen, wenn die Konditionen eines Alternativplans von dem Anspruchsberechtigten als günstiger empfunden werden.

Aus den Vorgaben von IFRS 2 geht nicht hervor, ob der Wechsel zwischen alternativen Zusagen

- als Ersatz für den soeben annullierten Optionsplan oder
- unabhängig von der *cancellation* als neue Vergütungszusage

zu behandeln ist (Rz 113). U.E. lässt sich aufgrund der besonderen Ausgestaltung – Begrenzung der maximalen Anzahl der gehaltenen *share options* – ein Zusammenhang zwischen dem Wechsel aus einer bislang in Anspruch genommenen Vergütungszusage und der Teilnahme an dem neuen Plan feststellen. Es erfolgt kein Widerruf einer laufenden Zusage, somit liegt auch ein **kein neuer Plan** vor. Bei Nachweis der Verknüpfung der Zusagen (*linked transactions*) durch die Limitierung der Anzahl der Optionen ist nach u. E. der Wechsel der Vergütungszusage als *modification* zu behandeln. Es liegt ein *replacement* vor, ein *accelerated vesting* der bisherigen Zusage wegen einer *cancellation* scheidet aus.

6.2.2 Vergütung durch Barausgleich

IFRS 2 enthält keine Vorgaben über die Behandlung von Planänderungen bei anteilsbasierten Vergütungen mit Barausgleich. Allerdings sind entsprechende Vorgaben auch entbehrlich, da *cash-settled transactions* ohnehin an die besseren **Stichtagserkenntnisse** anzupassen sind. Somit gilt unter Berücksichtigung der für *equity-settled transactions* getroffenen Unterscheidung Folgendes: 119

- Modifizierungen des Preis- oder Mengengerüsts der Vergütungszusage sind in der Periode der Anpassung im Wert der Verbindlichkeit zu berücksichtigen.
- Bei Widerruf der Vergütungszusage während der *vesting period* ist die Verbindlichkeit aufzulösen, die Gegenbuchung erfolgt in der Gewinn- und Verlustrechnung (per Verbindlichkeit an Ertrag/Aufwand).
- Bei vorzeitiger Erfüllung des Vergütungsplans ist die Verbindlichkeit zu verbrauchen und jede verbleibende Differenz zwischen Auszahlungsbetrag und Verbindlichkeit ergebniswirksam zu vereinnahmen.

6.3 Wechsel der vereinbarten Vergütungsform

6.3.1 Erfüllung von *equity-settled transactions* in Geld und *cash-settled transactions* in Eigenkapital

Wird nach Ablauf der *vesting period* eine anteilsbasierte Vergütung, deren Erfüllung **ursprünglich** in **Eigenkapitalinstrumenten** (ohne Erfüllungswahlrecht) vorgesehen war, **tatsächlich** durch **Barausgleich** vergütet, ist wie folgt zu verfahren: 120

- Das Unternehmen hat eine Kürzung des Eigenkapitals bis zur Höhe des *fair value* der Eigenkapitalinstrumente am Tag der Planänderung (= Erfüllungstag) vorzunehmen.
- Für darüber hinausgehende Zahlungen ist eine Aufwandsverrechnung notwendig (IFRS 2.29).

- Für unter dem *fair value* der Eigenkapitalinstrumente liegende Zahlungen ist hingegen kein Ertrag zu buchen.

121 Für den umgekehrten Fall, eine vertraglich den Barausgleich vorsehende Transaktion wird tatsächlich in Eigenkapital erfüllt, enthält IFRS 2 keine Vorgaben. U.E. sind die unter Rz 120 erläuterten Bestimmungen spiegelbildlich anzuwenden. Die Ausgabe von Eigenkapitalinstrumenten zur Bedienung der Verpflichtung ist daher als **Kapitalerhöhung** anzusehen.

- Entspricht der *fair value* der hingegebenen Eigenkapitalinstrumente am Tag der Planänderung (= Erfüllungstag) dem *fair value* der zum gleichen Stichtag bewerteten Rückstellung, liegt eine Kapitalerhöhung gegen Einlage der dem Arbeitnehmer zustehenden Forderung vor. Unbeachtlich ist der am *grant date* ermittelte *fair value*.
- Übersteigt der *fair value* der hingegebenen Eigenkapitalinstrumente am Tag der Planänderung den *fair value* der zum gleichen Stichtag bewerteten Rückstellung, liegt u.E. insoweit zusätzlicher Aufwand vor (per Aufwand an Eigenkapital).
- Liegt der *fair value* der hingegebenen Eigenkapitalinstrumente am Tag der Planänderung (= Erfüllungstag) unter dem *fair value* der zum gleichen Stichtag bewerteten Rückstellung, scheidet u.E. eine Ertragsbuchung aus.

122 IFRS 2 enthält keine Vorgaben für den Wechsel der vereinbarten Erfüllungsform **während** der *vesting period*. U.E. ist im Falle des Wechsels von einer *equity-* zu einer *cash-settled transaction* unter analoger Anwendung von IFRS 2.29 wie folgt zu verfahren:

- Die Bildung der Rückstellung ist bis zur Höhe des beizulegenden Zeitwerts der Eigenkapitalinstrumente im Zeitpunkt der Planänderung (damit nicht nach Maßgabe des *grant* date *fair value)* als Reduzierung des Eigenkapitals zu erfassen.
- Ein darüber hinausgehender Rückstellungsbetrag ist sofort aufwandswirksam zu vereinnahmen (IFRS 2.29).
- Die Rückstellung wird nach den normalen Grundsätzen für *cash-settled transactions* zu den Folgestichtagen fortgeschrieben.

Beispiel

Der *fair value* einer anteilsbasierten Zusage mit einer Mindestdienstpflicht von drei Jahren *(service condition)* zum *grant date* beträgt 60.000 EUR. Im ersten Jahr wird ein Aufwand von 20.000 EUR erfasst (60.000 EUR × 1/3). Das Unternehmen beschließt Anfang des zweiten Jahres entgegen der ursprünglichen Vereinbarung eine Umstellung auf Vergütung durch Barausgleich:

Variante 1

Der *fair value* der ursprünglichen Zusage im Zeitpunkt der Planänderung beträgt 75.000 EUR.

Das Unternehmen behandelt die Planänderung i.H.v. 20.000 EUR (60.000 / 3) als Reduzierung des Eigenkapitals (per EK an Rückstellung).

5.000 EUR (1/3 × (75.000 - 60.000) werden sofort als Aufwand erfasst (per Aufwand an Rückstellung).

Die Rückstellung wird nach den normalen Grundsätzen von *cash-settled transactions* zu den Folgestichtagen fortgeschrieben.

Variante 2

Der *fair value* der ursprünglichen Zusage beträgt im Zeitpunkt der Planänderung 30.000 EUR.

Das Eigenkapital wird nur i.H.v. 10.000 (1/3 × 30.000) reduziert (per Aufwand an Rückstellung). Die verbleibenden – in der Vorperiode erfassten – 10.000 EUR sind im Eigenkapital „einzufrieren" und werden auch in den Folgeperioden nicht weiter angepasst. Die Rückstellung wird nach den normalen Grundsätzen von *cash-settled transactions* zu den Folgestichtagen fortgeschrieben.

IFRS 2 enthält ebenfalls keine Vorgaben für den umgekehrten Fall, einem 123
Wechsel von *cash settlement* hin zu einem Ausgleich in Eigenkapitalinstrumenten **während** der *vesting period*. U.E. ist wie folgt zu verfahren:[26]

- Wird der Anspruch aus einer anteilsbasierten Vergütung auf Barausgleich in einen Anspruch auf Eigenkapitalinstrumente umgewandelt, erfolgt unter der Fiktion einer Kapitalerhöhung gegen Schuldentilgung eine Erhöhung des Eigenkapitals um den *fair value* der Rückstellung, die daraufhin aufzulösen ist.
- Für die weitere Aufwandsverrechnung bildet der Tag der Planänderung einen neuen *grant date* für die anteilsbasierte Vergütung mit Ausgleich in Eigenkapitalinstrumenten.

Die vorstehende Behandlung entspricht den Vorgaben innerhalb der US-GAAP (ASC Topic 718.20.55.135f.). Sieht die Planänderung überdies eine zusätzliche Kompensation des Anspruchsberechtigten vor, indem etwa die Konditionen der Zusage verbessert werden, sind für diesen Teil die allgemeinen Vorgaben zur Erfassung von Planänderungen durch Modifizierung einschlägig (siehe Rz 104ff.).

Beispiel

Eine über eine *vesting period* von drei Jahren ausgegebene Mitarbeiteroption mit Vereinbarung zum Barausgleich hat zum *grant date* einen *fair value* von 54.000 EUR. Am Ende des ersten Jahres beträgt der *fair value* einer Option 51.000 EUR, es sind Kosten von 17.000 EUR (51.000 EUR × 1/3) zu erfassen. Ebenfalls am Ende des Jahres wird ein Wechsel in der Vergütungsform vereinbart: Bei Erfüllung der *service condition* erfolgt der Ausgleich in Eigenkapitalinstrumenten.

Die Planänderung markiert einen neuen *grant date*, bislang als Rückstellung erfasste Beträge werden in das Eigenkapital umgebucht. Das Preisgerüst im Zeitpunkt der Planänderung ist über die verbleibende *vesting period* fortzuführen.

[26] A. A. Deloitte, Share-based payments, a guide to IFRS 2, June 2007, S. 74.

6.3.2 Wechsel bei Vergütungsmustern mit Erfüllungswahlrecht

124 Weicht bei Vergütungsmustern mit Erfüllungswahlrecht die tatsächliche Erfüllungsform von der im Zuteilungspunkt getroffenen Annahme ab, liegt ohne Vertragsänderung **keine Planänderung** vor (Rz 103). Es gelten die Regeln für Vergütungsmuster mit Erfüllungswahlrecht (Rz 88ff. und Rz 95ff.).
Eine Planänderung liegt nur dann vor, wenn während der *vesting period* durch Vertragsänderung das Erfüllungswahlrecht entfällt, eine Vergütung also entweder in Eigenkapitalinstrumenten oder durch Barausgleich vereinbart wird. Die bilanzielle Folge ergibt sich dann in Abhängigkeit davon, welche Partei (Vergütungsschuldner (Rz 125) oder -empfänger (Rz 126)) das Erfüllungswahlrecht hat.

125 Liegt das **ursprüngliche Erfüllungswahlrecht** bei dem **Unternehmen** (dem Stillhalter) der Optionszusage, erfolgt die bilanzielle Abbildung entweder insgesamt als *cash-settled* oder insgesamt als *equity-settled* (Rz 87). Verzichtet das Unternehmen auf sein Erfüllungswahlrecht, ist die bilanzielle Folge von der Erfüllungsform (Ausgleich in Eigenkapitalinstrumenten oder in bar) abhängig, die im Zusagezeitpunkt der Vergütung *(grant date)* zugrunde gelegt wurde.

Ursprüngliche Behandlung als ...	**Die Planänderung bewirkt einen Wechsel hin zu einer ...**	
	cash-settled transaction.	***equity-settled transaction.***
equity-settled transaction	Erhöhung der Rückstellung durch Reduzierung des Eigenkapitals bis zur Höhe des *fair value* der Eigenkapitalinstrumente im Zeitpunkt der Planänderung. Ein darüber hinausgehender Betrag ist sofort aufwandswirksam zu erfassen.	Ohne Änderungen des Preis- und Mengengerüsts keine bilanziellen Folgen. Bei Änderungen des Preis- und/oder Mengengerüsts Behandlung als Modifikation (Rz 104ff.) des ursprünglichen Plans.
cash-settled transaction	Aufwandswirksame Anpassung an das Preis- und Mengengerüst nach Planänderung.	(Kapital-)Erhöhung des Eigenkapitals um den *fair value* der Rückstellung. Der Tag der Planänderung ist neuer *grant date*. Änderungen des Preis- und/oder Mengengerüsts sind als Modifizierung (Rz 104ff.) zu behandeln.

126 Hat umgekehrt der **Vertragspartner ursprünglich** das **Wahlrecht** zwischen einer Erfüllung durch Barausgleich oder Gewährung echter Anteile (gegen Zahlung des Ausübungspreises), liegt regelmäßig ein **zusammengesetztes** Finanzinstrument mit einer **Eigenkapital**- und einer **Fremdkapital**komponente vor (Rz 87). Sind Fremdkapital- und Eigenkapitalkomponente wertmäßig gleich,

entspricht der *fair value* der Schuldkomponente dem *fair value* der Transaktion, während die Eigenkapitalkomponente gleich null ist (Rz 91). In Abhängigkeit von der Aufteilung des zusammengesetzten Instruments sind folgende Unterscheidungen geboten:

<table>
<tr><th rowspan="2">Ursprüngliche Klassifizierung der Vergütungszusage</th><th colspan="2">Die Planänderung bewirkt einen Wechsel hin zu einer ...</th></tr>
<tr><th>cash-settled transaction.</th><th>equity-settled transaction.</th></tr>
<tr><td>Fremdkapital- + Eigenkapitalkomponente = fair value der Optionszusage</td><td>Erhöhung der Rückstellung durch Reduzierung des Eigenkapitals bis zur Höhe des fair value der Eigenkapitalinstrumente im Zeitpunkt der Planänderung. Ein darüber hinausgehender Betrag ist sofort aufwandswirksam zu erfassen.</td><td rowspan="2">Unter der Fiktion einer Kapitalerhöhung gegen Schuldentilgung ist das Eigenkapital um den fair value der Rückstellung zu erhöhen. Der Tag der Planänderung ist neuer grant date der equity-settled- Zusage. Verbesserungen der Konditionen der Zusage sind als Modifizierung (Rz 104ff.) zu behandeln.</td></tr>
<tr><td>Fremdkapitalkomponente = fair value der Optionszusage und Eigenkapitalkomponente = 0</td><td>Aufwandswirksame Anpassung an das Preis- und Mengengerüst nach Planänderung.</td></tr>
</table>

7 Behandlung von anteilsbasierten Vergütungen im Konzernverbund

7.1 Divergenz von Empfänger der Fremdleistung und Schuldner der anteilsbasierten Vergütung

Das bilanzierende Unternehmen kann vom Vertragspartner eine Leistung erhalten, ohne die hierfür vereinbarte anteilsbasierte Vergütung selbst zu erbringen. Folgende Fälle sind zu unterscheiden: 127

- Die **Muttergesellschaft** des bilanzierenden Unternehmens gewährt eigene Anteile oder darauf lautende Optionsrechte an Mitarbeiter (oder sonstige „Lieferanten") des Tochterunternehmens.
- Ein anderes in den Konzernabschluss der Unternehmensgruppe einbezogenes Unternehmen, z.B. ein **Schwesterunternehmen**, gewährt eigene Anteile oder darauf lautende Optionsrechte an Mitarbeiter des Berichtsunternehmens.
- Ein **nicht beherrschender Gesellschafter** des bilanzierenden Unternehmens gewährt dessen Mitarbeitern einen anteilsbasierten Vorteil, etwa durch die Einräumung einer Unterbeteiligung zu Vorzugskonditionen.

Im **Konzernabschluss** ist die Divergenz von Leistungsempfänger und Vergütungsschuldner irrelevant, sofern beide zum gleichen Konsolidierungskreis gehören. Im Einzel- oder Teilkonzernabschluss stellt sich hingegen die Frage, ob bei einer solchen Divergenz gleichwohl IFRS 2 anzuwenden ist. Zu Besonderheiten der Steuerlatenzrechnung – unter der Voraussetzung einer steuerlichen Anrechnungsfähigkeit des Aufwandes aus einer Vergütungszusage – siehe die Ausführungen unter Rz 190.

128 Das bisherige Recht enthielt (im nunmehr gestrichenen IFRS 2.3) nur Vorgaben für die Vergütung in Eigenkapitalinstrumenten durch Gesellschafter. Die Behandlung einer Barvergütung wurde nicht bzw. nicht eindeutig behandelt.

Ein Ausschluss von Vergütungen mit Barausgleich ließ sich durch die bisher engere Definition von anteilsbasierten Vergütungen begründen. *Cash-settled share-based payments transactions* waren nach bisherigem Recht nur dann anzusetzen, wenn eine vertragliche Verpflichtung und daraus resultierend eine bilanzielle Schuld zur Leistung einer Zahlung besteht (*by incurring a liability*). Hieran fehlt es aber bei dem Empfänger der Leistung regelmäßig, da das Mutterunternehmen oder ein anderes Konzernunternehmen oder ein (beherrschender) Gesellschafter mit dem Erbringer der Leistung keinen Vertrag zulasten Dritter, also des empfangenden Unternehmens, abschließen kann.

7.2 Vergütung durch Gesellschafter, Muttergesellschaft oder ein sonstiges konzernzugehöriges Unternehmen

129 Als allgemeine Voraussetzung für die Berücksichtigung der vom Mutter- oder Schwesterunternehmen gewährten anteilsbasierten Vergütung fordert IFRS 2 einen **Zugang** von Leistungen beim **bilanzierenden** Unternehmen. IFRS 2 ist daher nicht einschlägig, wenn die anteilsbasierte Vergütung klar *(clearly)* einem anderen Zweck als der Bezahlung der an das Unternehmen gelieferten Güter und Dienstleistungen dient (IFRS 2.3A).

130 In der neuen Fassung von IFRS 2 wird auf eine Differenzierung nach Art der Erfüllung (*cash*- oder *equity-settled*) verzichtet. Eine anteilsbasierte Vergütung liegt vor, wenn ein Unternehmen eine Leistung empfängt und ein Unternehmen desselben Konsolidierungskreises oder ein Anteilseigner (*shareholder*) irgendeines Unternehmens der Gruppe die Verpflichtung zur Erfüllung der anteilsbasierten Vergütung übernimmt (IFRS 2.3A).

Mangels Vorliegen einer Vergütungsverpflichtung durch den Leistungsempfänger liegt bei diesem ein unentgeltlicher Zugang der Leistung vor. Er ist als (mittelbare) Einlage des als Vergütungsschuldner auftretenden (Konzern-)Unternehmens bzw. Anteilseigners zu qualifizieren (IFRS 2.B45). Die anteilsbasierte Vergütung ist dabei von dem Leistungsempfänger als *equity-settled* zu klassifizieren.

131 Der Einlagenfiktion trägt die Neufassung von IFRS 2 durch eine erweiterte Definition von *equity-settled share-based payment transactions* Rechnung: Eine anteilsbasierte Vergütung ist als *equity-settled* zu behandeln, wenn das berichtende Unternehmen Güter oder Dienstleistungen für die

- Hingabe eigener Anteile oder darauf lautende Optionsrechte erhält (wie bisher) oder
- keine Verpflichtung zur Erbringung einer Gegenleistung hat (Neufassung).

Die Einlagefiktion setzt eine **gesellschaftsrechtliche Veranlassung** der Vergütung voraus. Korrespondierend sieht die Neufassung von IFRS 2 eine erweiterte Definition für das Vorliegen einer anteilsbasierten Vergütung vor, die explizit andere Konzernunternehmen und Anteilseigner der Gruppe als Vergütungsschuldner umfasst.

Bei **Schwestergesellschaften** ist anders als bei einer Übernahme der Verpflichtung durch das Mutterunternehmen eine Einlage nur mittelbar denkbar (Schwestergesellschaft gewährt Vorteil an Muttergesellschaft und diese an das berichtende, die Leistung empfangende Unternehmen).

Sind die vom primären Vergütungsschuldner getätigten Aufwendungen durch den Leistungsempfänger zu ersetzen (**Umlage** bzw. *repayment arrangement*), bleibt dies bei der über die Bewertung entscheidenden Klassifizierung einer anteilsbasierten Vergütung unbeachtlich (IFRS 2.43b), kann aber Einfluss auf den Bilanzausweis zeitigen.

Die bilanzielle Erfassung anteilsbasierter Vergütungen im Konzernverbund ist 132
abhängig von dem Schuldner und der gewählten/vereinbarten Erfüllungsform und gilt unabhängig von dem in der Darstellung unterstellten Mutter-Tochter-Verhältnis analog für eine Übernahme der Verpflichtung durch andere Unternehmen innerhalb einer Gruppe:

Empfänger der Leistungen (goods or services)	Schuldner der Gegenleistung	Erfüllung in…	Klassifizierung im…		
			Einzelabschluss (*separate accounts*) TU	Einzelabschluss (*separate accounts*) MU	Konzernabschluss (*group accounts*)
Tochterunternehmen	Mutterunternehmen	Anteilen MU	*equity-settled*	*equity-settled*	*equity-settled*
		Barausgleich	*equity-settled*	*cash-settled*	*cash-settled*
		Anteilen TU	*equity-settled*	*cash-settled*	*equity-settled*

Weiterhin nicht explizit angesprochen wird auch in der Neufassung von IFRS 2 das Gegenkonto für die Übernahme der Verpflichtung aus einer anteilsbasierten Vergütung, deren Leistungsempfänger ein Unternehmen der Gruppe ist, im Einzelabschluss (*separate accounts*) des Vergütungsschuldners.

Gewährt die Muttergesellschaft Optionen auf ihre Anteile an Mitarbeiter der 133
Tochtergesellschaft, unterliegt die Transaktion – sowohl im Konzernabschluss des Mutterunternehmens als auch im Einzel-/Teilkonzernabschluss des Tochterunternehmens – dem Anwendungsbereich **von IFRS 2.** In beiden Abschlüssen ist sie als „*equity-settled*" zu qualifizieren.

Gewährt die Tochtergesellschaft ihren Mitarbeitern Optionen auf Anteile der 134
Muttergesellschaft, tritt eine Divergenz von Leistungsempfänger und Vergütungsschuldner gar nicht auf. Das Tochterunternehmen empfängt die Leistung seiner Arbeitnehmer und schuldet die Vergütung. Da es die Vergütung jedoch

nicht aus eigenen Anteilen erbringt, liegt aus seiner Sicht eine *cash-settled transaction* vor (IFRS 2.3A). Im **Konzern**abschluss ist die Vergütung hingegen als *equity-settled* zu behandeln: Der Konzern gibt reale Optionen aus.

135 Besonderheiten ergeben sich im Fall eines **Arbeitsplatzwechsels** von Mitarbeitern **innerhalb** eines Konzerns unter Beibehaltung noch nicht ausübbarer Optionsrechte. Besteht seitens des Gruppenunternehmens keine explizite Verpflichtung zur Erfüllung, ist die Zusage als *equity-settled* zu behandeln. Bei einem Wechsel des Arbeitsplatzes zwischen einzelnen Gruppenunternehmen ohne Verpflichtung zur Erfüllung sind die Bewertungsgrundlagen für den Optionsplan (wegen des *grant date measurement approach*) nicht zu ändern (IFRS 2.B59). Vielmehr gehen diese unverändert unter Berücksichtigung des Zeitablaufs der Wartefrist auf das Konzernunternehmen über, welches die Dienstleistung des Arbeitnehmers übernimmt.

Beispiel
10 Mitarbeiter, die am 1.1.02 zu Tochterunternehmen TU wechseln, haben am 1.1.01 eine Optionszusage vom Mutterunternehmen erhalten. Der Wert je Zusage betrug 100 GE am *grant date*, die *vesting period* drei Jahre. Am 1.1.01 und 31.12.01/1.1.02 wird von einer Erfüllung der Wartefrist durch 10 Mitarbeiter ausgegangen. Am 31.12.02 wird diese Schätzung auf neun revidiert. Tatsächlich sind am 31.12.03 nur noch sieben Mitarbeiter im Konzern.
Der Wechsel der Mitarbeiter zu TU stellt weder einen neuen *grant date* noch eine Nichterfüllung einer *vesting condition* dar, da die Mitarbeiter im Konzern verbleiben. Der zugesagte Optionsplan ist daher aus Konzernsicht fortzuführen:

Jahr	Bestimmung des kumulierten Aufwands		Aufwand Periode
	Ursprüngliche Zusage	**kum. Gesamtaufw.**	**kum. Gesamtaufw. Jahr XX – Vorjahr**
1	10 x 100 GE x 1/3	333 GE	333 GE
2	9 x 100 GE x 2/3	600 GE	267 GE
3	7 x 100 GE	700 GE	100 GE

Im Teilkonzernabschluss TU sind nur die Aufwendungen aus den Perioden 2 und 3 zu erfassen.

136 Hat das die Leistung empfangende Unternehmen eine Verpflichtung zur Erfüllung der Zusage in Anteilen eines anderen (Gruppen-)Unternehmens, liegt eine *cash-settled* Zusage vor (Rz 134). In Abhängigkeit der (anteiligen) Dienstzeit des anspruchsberechtigten Mitarbeiters sind der *grant date fair value* der Eigenkapitalinstrumente und deren *fair-value*-Änderung zu erfassen (IFRS 2.B60). Bei Nichterfüllung einer *vesting condition*, die keine *market condition* ist, sind die bislang erfassten Beträge zu stornieren (IFRS 2.B61 i.V.m. IFRS 2.19).

7.3 Widerlegung des Vorliegens einer anteilsbasierten Vergütung

IFRS 2 ist nicht einschlägig, wenn die durch ein anderes Konzernunternehmen oder einen Gesellschafter erfolgende Übernahme der anteilsbasierten Vergütungsverpflichtung eindeutig (*clearly*) einem anderen Zweck als der Vergütung von an das bilanzierende Unternehmen gelieferten Gütern und Dienstleistungen dient (IFRS 2.3A). Transaktionen, denen kein Vergütungscharakter für empfangene Güter und Dienste zukommt, fallen daher nicht in den Anwendungsbereich von IFRS 2. 137

Entscheidend ist, ob gewährte Vorteile ihren Grund in der erbrachten Leistung haben oder ob sie gesellschaftsrechtlich veranlasst sind (causa societas). Die Gewährung von Bezugsrechten anlässlich einer Kapitalerhöhung an einen Dienstleister oder Arbeitnehmer stellt etwa dann keine anteilsbasierte Vergütung dar, wenn sie dem Anspruchsberechtigten in seiner Eigenschaft als Aktionär gewährt wird (Rz 25), der Berechtigte also so gestellt wird wie alle anderen Aktionäre (*shareholders as a whole*). Entsprechendes gilt für die Einräumung von Beteiligungen gegen fremdübliche Bedingungen.

Der Vergütungscharakter ist insbesondere dann fraglich, wenn ein Anteilseigner der Gruppe eine Verpflichtung zur Erfüllung einer (vermeintlich) anteilsbasierten Vergütung übernimmt. Zu unterscheiden ist insoweit zwischen dem Handeln im Interesse des Leistungsempfängers oder aus **Partikularinteressen** des Anteilseigners.

Für die Frage, ob bei Übernahme einer Vergütungsverpflichtung durch den Anteilseigner eine andere Zwecksetzung gegeben ist, muss konzeptionell zwischen 138

- dem Handeln beherrschender Gesellschafter (Mutterunternehmen) bzw. dem Handeln der Gesellschaftermehrheit und
- dem individuellen Handeln nicht beherrschender Gesellschafter

unterschieden werden. Eine solche Unterscheidung scheint auch deshalb geboten, weil die Trennung zwischen Gesellschafts- und Gesellschaftersphäre ein das gesamte IFRS-Regelwerk durchdringender und somit zum Prinzip verfestigter Rechtsgedanke ist. Lediglich das Handeln der Gesellschafter als Mehrheit bzw. Kollektiv wird in einzelnen Kontexten, etwa bei der Abgrenzung zwischen Eigen- und Fremdkapital in IAS 32, der Gesellschaft zugerechnet.

Vor diesem Hintergrund wären u.E. für die Beurteilung anteilsbasierter Vergütungen bei der Divergenz von Empfänger und Schuldner der Leistung in dem besonderen Fall der Leistungserbringung durch einen Anteilseigner der Gruppe folgende Wertungen geboten: 139

- Wird die anteilsbasierte Verpflichtung vom beherrschenden Gesellschafter oder den Gesellschaftern als Kollektiv (durch Mehrheitsentscheidung) begründet, können Gesellschafts- und Gesellschafterebene ausnahmsweise gleichgesetzt werden.
- Erfolgt die Zusage hingegen individuell durch einen nicht beherrschenden Gesellschafter, bliebe es bei der Trennung der Sphären.

Die Neufassung von IFRS 2 geht allerdings anders vor; eine Trennung zwischen Gesellschafts- und Gesellschaftersphäre unterbleibt.

140 Aus Sicht des Leistungsempfängers wird sich daher (auch) bei Übernahme der Verpflichtung zur anteilsbasierten Vergütung durch einen nicht beherrschenden Gesellschafter i.d.R. nur schwerlich belegen lassen, dass die Übernahme der Verpflichtung nicht im Zusammenhang mit bereits erbrachten oder künftig zu erbringenden Gegenleistungen des Gesellschafters steht. Auch die *Basis for Conclusions* enthalten nur einen wenig zielführenden Hinweis (Fußnote zu IFRS 2.BC18D), wann eine Transaktion nicht als anteilsbasierte Vergütung anzusehen ist, und verweisen abstrakt auf das Fehlen von Faktoren, die auf eine gesellschaftsrechtliche Veranlassung hinweisen. Gelingt der entsprechende Nachweis nicht, bleibt aus Sicht des Leistungsempfängers somit nur die Behandlung der Transaktion im Anwendungsbereich von IFRS 2.

Beispiel
Ein Investor ohne beherrschenden Einfluss gewährt dem Vorstand der A-AG eine befristete Unterbeteiligung an seinen Anteilen. Bei Beendigung des Unterbeteiligungsvertrags durch Fristablauf oder Veräußerung der Anteile erhält der Vorstand eine Beteiligung an der bis dahin eingetretenen Kurssteigerung; an einer Kursminderung ist er nicht beteiligt.
Die Gewährung einer anteilsbasierten Vergütung mit Barausgleich durch einen nicht beherrschenden Gesellschafter rechtfertigt nach der Neufassung von IFRS 2 aus Sicht der A-AG noch keine Nichterfassung der Vergütung. Als Gegenkonto für die empfangene Leistung steht unter der Fiktion einer (verdeckten) Einlage des Gesellschafters das Eigenkaptal zur Verfügung. Die Gewährung von Vorteilen an den Vorstand durch einen nicht beherrschenden Gesellschafter allein und nicht durch das Gesellschafterkollektiv oder den beherrschenden Gesellschafter ist zwar konzeptionell ein Indiz für die Verfolgung von Partikularinteressen. Der erforderliche Nachweis, dass die aktienbasierte Leistung eindeutig einem anderen Zweck als der Vergütung vom Unternehmen empfangener Leistungen dient, ist aber regelmäßig nicht zu erbringen.

141 Der Anwendungsbereich von IFRS 2 bezieht sich auf alle anteilsbasierten Vergütungen, die von Gesellschaftern oder im Konzernverbund gewährt werden. I.S.e. weiten Auslegung sind als Gesellschafter auch Unternehmen mit maßgeblichem Einfluss oder der Möglichkeit zur gemeinschaftlichen Führung über das die Leistung empfangende Unternehmen anzusehen. Auch im folgenden Fall liegt daher eine anteilsbasierte Vergütung vor, wenn die Übernahme der anteilsbasierten Vergütungsverpflichtung nicht eindeutig (*clearly*) einem anderen Zweck als der Vergütung von an das bilanzierende Unternehmen gelieferten Gütern und Dienstleistungen dient:

Beispiel
Unternehmen A steht unter gemeinschaftlicher Führung der beiden *venturer* B und C. B und C gewähren den Mitarbeitern von A eine anteilsbasierte Vergütung, die in gleichem Verhältnis (*proportionately*) Anteilen an B und C erfüllt wird. Der jeweilige Anteil von B und C in A unterliegt daher keiner Verwässerung (*dilution*).

Unabhängig davon, dass B und C nicht Teil des Konzernverbunds (*group*) sind (IAS 27.4), handeln sie bei der Gewährung der Vergütung als Gesellschafter. A erfasst – mangels Vorliegen einer Verpflichtung zur Erfüllung der Zusage – einen Eigenkapitalzugang (*capital contribution*), die anteilsbasierte Vergütung also als *equity-settled*. Der Wert der Eigenkapitalzuführung richtet sich aus der Perspektive von A nach dem *grant date fair value* der Optionen auf die *venturer shares*.

8 Anteilsbasierte Vergütungen bei *business combinations*

8.1 Überblick

Bei Erwerb der Kontrolle über ein anderes Unternehmen können anteilsbasierte Vergütungen gegenüber den Mitarbeitern des erworbenen Unternehmens in unterschiedlicher Weise eine Rolle spielen. Folgende Grundkonstellationen sind i. d. R. zu unterscheiden: 142

- **erstmalige Begründung** von anteilsbasierten Vergütungsplänen gegenüber „normalen" Arbeitnehmern oder
- als Arbeitnehmer **übernommenen Gesellschaftern** des erworbenen Unternehmens;
- **unveränderte Fortgeltung** bestehender Vergütungspläne gegenüber Arbeitnehmern aufgrund kollektiv- oder einzelvertragsrechtlicher Regeln;
- **Ersatz** bestehender Vergütungspläne gegenüber Arbeitnehmern durch Gewährung von auf die Anteile des erwerbenden Unternehmens lautende Vergütungen (*replacement awards*) oder durch Abfindung in Geld.

Im ersten Fall stellt die Vergütungszusage keinen Bestandteil der *business combination* bzw. der Erstkonsolidierung dar und unterliegt den allgemeinen Regeln von IFRS 2.

Im zweiten Fall stellt sich die Frage, ob die Vereinbarung als erfolgsabhängiger Kaufpreisbestandteil gem. IFRS 3 Teil der *business combination* ist oder eine separat zu behandelnde, erstmalig in der logischen Sekunde nach dem Zusammenschluss gem. IFRS 2 zu erfassende Vergütung vorliegt. Hinsichtlich der Abgrenzung gelten hier die in § 31 Rz 51 ff. dargestellten Kriterien.

Im dritten Fall ist u. a. zu fragen, ob und ggf. in welcher Höhe die bestehenden und fortgeltenden Pläne eine ansatzfähige Schuld begründen, die im Rahmen der Erstkonsolidierung anzusetzen ist (Rz 153).

Im vierten Fall stellt sich die Frage, ob die besonderen Regelungen von IFRS 2 zu *replacement awards* (Rz 113) anzuwenden sind oder der Ersatz nur oder daneben als Teil der Anschaffungskosten des Unternehmenserwerbs gem. IFRS 3 zu qualifizieren ist (Rz 143).

Der allgemeinere dritte Fall ist nach Ansicht des IASB – mit Ergänzung von IFRS 3 im Rahmen des *Annual Improvements Project* 2010 – nach den gleichen Grundsätzen wie der speziellere vierte Fall zu behandeln (IFRS 3.30).[27] Insoweit

[27] Zur entsprechenden Behandlung vor Umsetzung des Annual Improvements Project. IASB, Board Meeting July 2009.

werden nachfolgend zunächst die *replacement awards* behandelt, um erst anschließend den allgemeineren Fall der Fortsetzung bestehender Pläne zu behandeln.

Zu Besonderheiten im Zusammenhang mit der Steuerlatenzrechnung – unter der Voraussetzung einer steuerlichen Anrechnungsfähigkeit des Aufwandes aus einer Vergütungszusage – wird auf Rz 191 ff. verwiesen.

8.2 Ersatz bestehender Vergütungspläne

143 Anteilsbasierte Vergütungszusagen – sowohl *equity-* als auch *cash-settled* (IFRS 3.B61) – gegenüber Mitarbeitern eines erworbenen Unternehmens sind in Abhängigkeit des Vorliegens einer Verpflichtung zum Ersatz als Teil der Anschaffungskosten (*consideration transferred*) zu berücksichtigen (→ § 31 Rz 51 ff.). Die besonderen Bewertungsvorgaben für anteilsbasierte Vergütungen (Differenzierung zwischen Preis- und Mengengerüst) sind allerdings auch im Fall einer Mitarbeiterübernahme (von dem erworbenen Unternehmen) im Zuge einer *business combination* beizubehalten. Eine Bewertung zum *fair value* scheidet i. S. e. **Ausnahmeregel** aus (IFRS 3.30).

Auch bei *cash-settled transactions* gilt: Änderungen des Preisgerüsts (*market-based measure*) anteilsbasierter Vergütungen mit Barausgleich sowie Steuereffekte sind nicht als Teil der *business combination* zu erfassen (IFRS 3.B61).

144 Für die Behandlung von im Rahmen eines Unternehmenszusammenschlusses ersetzte anteilsbasierte Vergütungen, die von dem Erwerbsobjekt zugesagt wurden, ist eine Differenzierung geboten, ob die Zusagen

- Vergütung für Dienstleistungen vor dem Erwerbsstichtag (*pre-combination services*) darstellt, Anspruchsberechtigte also Anteilseignern (*in the capacity of shareholders*) gleichgestellt werden, und somit als Teil der Anschaffungskosten der *business combination* zu erfassen sind;
- noch zu erbringende Dienstleistungen (*post-combination services*) der übernommenen Mitarbeiter vergütet und damit separat von der *business combination* zu erfassen, also nicht Teil des Unternehmenserwerbs und damit der *consideration transferred*, ist;
- sowohl *pre-* als auch *post-combination services* vergütet werden und daher eine Aufteilung geboten ist.

Die Erfassung ersetzter anteilsbasierter Vergütungszusagen als Teil des Unternehmenserwerbs setzt eine **Verpflichtung zum Ersatz** der vorherigen Vergütungsinstrumente voraus. Die Vorgaben in IFRS 3 unterscheiden folgende Konstellationen:

- Der Erwerber (*acquirer*) ist nicht verpflichtet anteilsbasierte Vergütungszusagen des erworbenen Unternehmens (*acquiree*), die aufgrund der *combination* verfallen, zu ersetzen (*to replace*), macht dies aber freiwillig (Rz 145).
- Der Erwerber ist verpflichtet zum Ersatz anteilsbasierter Vergütungen (Rz 146 ff.).

Analog geregelt ist der Fall einer Fortführung bestehender Zusagen ohne eine Verpflichtung des Erwerbers, diese zu ersetzen (Rz 153).

145 Bei **freiwilligem** Ersatz von an die Mitarbeiter des erworbenen Unternehmens gewährten anteilsbasierten Zusagen durch den Erwerber ist der Gesamtaufwand der (Ersatz-)Zusage im Ergebnis der zusammengeschlossenen Einheit als *remu-*

neration cost, also nach dem Erwerbsstichtag (*post-combination expense*) zu erfassen (IFRS 3.B56).[28] Falls keine weiteren Leistungen von den Arbeitnehmern erbracht werden müssen, ist eine sofortige Erfassung als Aufwand geboten, andernfalls eine Verteilung über eine *vesting period* erforderlich.
Die übertragene Gegenleistung (*consideration transferred*) und damit ein evtl. *goodwill* aus dem Unternehmenszusammenschluss sind nicht betroffen.

Bei Vorliegen einer **Verpflichtung** zum Ersatz einer anteilsbasierten Vergütung 146
ist der nach IFRS 2 bestimmte Wert (also nicht der *fair value*) der hingegebenen Zusage als Teil der Gegenleistung (*consideration transferred*) der *business combination* zu berücksichtigen. Eine Verpflichtung ergibt sich aus den Konditionen der Zusage, die seitens des erworbenen Unternehmens gegenüber ausgewählten Mitarbeitern gewährt wurde, oder aus arbeitsrechtlichen Bestimmungen. Nicht erforderlich ist, dass die Verpflichtung bereits vor dem Vertrag über den Erwerb bestand, sie muss lediglich vor dem Erwerbsstichtag (*change of control*) bestanden haben. Daher sind auch im Rahmen des *sale and purchase agreement* getroffene Vereinbarungen zum Ersatz einer anteilsbasierten Zusage bei der Bestimmung der Höhe der Gegenleistung zu berücksichtigen.

Der (verpflichtende) Ersatz einer anteilsbasierten Vergütungszusage übernomme- 147
ner Mitarbeiter ist im Einzelnen wie folgt zu behandeln: Zum Erwerbsstichtag ist der IFRS-2-Wert der bestehenden Zusage und der Ersatzvergütung zu bestimmen. Übersteigt der Wert der als Ersatz gewährten Vergütung den Wert der vor der *business combination* bestehenden Zusage, ist die Differenz – unter Berücksichtigung der Bedingungen für ein evtl. *vesting* – als Aufwand nach dem Unternehmenszusammenschluss (*post-combination expense*) zu erfassen. Hinsichtlich der Behandlung von *post-combination expense* fehlt es innerhalb von IFRS 3 an einer Festlegung, ob *post-combination remuneration cost* als *modification* (Rz 102ff.) des ursprünglichen Plans oder als *new grant* im Zuge der *business combination* qualifiziert werden. U.E. ist die Referenzierung auf die Vorgaben zum *modification accounting* (IFRS 3.B56–61) allgemeiner Natur. Mit dem vollzogenen Unternehmenszusammenschluss stellt der Austausch der bislang bestehenden Vergütung eine neue Zusage (*new grant* date) dar. Die bestehende Zusage wird allerdings nicht aufgehoben, sodass keine *cancellation* vorliegt. Wird die Zusage als *new grant* behandelt, ist der den Wert der ursprünglichen Zusage übersteigende Wert der *replacement shares* gem. IFRS 2.15 über die nach dem Stichtag der Kontrollerlangung verbleibende *vesting period* gleichmäßig zu verteilen. Für die Behandlung des Beteiligungsansatzes im Einzelabschluss (*separate financial statements*) des Erwerbers, insbesondere der Bestimmung und Abgrenzung der Anschaffungskosten (allgemein → § 32 Rz 168ff.) ist u.E. – analog zur Behandlung im Gruppenabschluss – eine Aufteilung nach den gleichen Vorgaben einschlägig.

Der verbleibende Wert der *replacement shares* (in gleicher Höhe wie die bisherige 148
Zusage) ist auf vor dem Erwerbsstichtag erbrachte und nach dem Erwerbsstichtag noch zu erbringende Leistungen aufzuteilen. Der Anteil, der auf *pre-combination services* entfällt, ist als Bestandteil der Anschaffungskosten der *business combination* zu erfassen, der verbleibende Wert wird *post-combination* aufwandswirksam (für weitere Beispiele wird auf IFRS 3.IE61–71 verwiesen).

---

[28] A. A. Baetge/Hayn/Ströher, in: Baetge u.a. (Hrsg.), Rechnungslegung nach IFRS Oktober 2009, die entgegen den Vorgaben in IFRS 3 ein Wahlrecht zur Behandlung zulassen.

> **Beispiel**
> Im Zeitpunkt des Unternehmenszusammenschlusses hat die Zusage der anspruchsberechtigten Mitarbeiter des erworbenen Unternehmens einen Wert von 20 EUR/Option. Die ursprünglich vereinbarte *vesting period* beläuft sich auf sechs Jahre, wovon drei Jahre bereits abgelaufen sind.
> Der Erwerber gewährt ein Ersatzinstrument (*replacement share*) mit einem entsprechenden Wert von 20 EUR/Option. An der ursprünglichen *vesting period* wird festgehalten.
> Auf die übernommene Verpflichtung und damit als Teil der Anschaffungskosten sind 10 EUR/Option zu erfassen. Die Höhe ergibt sich aus dem Wert der Zusage, multipliziert mit dem Anteil der bereits abgelaufenen *vesting period* im Verhältnis zur gesamten *vesting period* (hier 50 %). Die verbleibenden 10 EUR/Option sind als *post-combination*-Aufwand zu erfassen.

149 Die Vorgaben von IFRS 3 verpflichten (i. S. e. *anti-abuse provision*), für die Aufteilung zwischen dem *pre-* und *post-combination*-Anteil der *replacement shares* die längere *vesting period* im Vergleich der alten und neuen Zusage heranzuziehen (IFRS 3.B58). Eine Verkürzung der *vesting period* der *replacement shares* durch den Erwerber führt daher nicht zu einer Verlagerung von *post-combination expenses* in die Anschaffungskosten der *business combination*.

> **Beispiel**
> Abwandlung des Beispiels (Rz 119f.)
> In Variation zu dem Festhalten an der ursprünglichen *vesting period* überlegt der Erwerber diese
> - als Alternative 1 auf 1 Jahr zu verkürzen bzw.
> - als Alternative 2 auf 5 Jahre auszudehnen.
>
> Bei Gestaltung in der Variante 1 ändert sich die Aufteilung des Werts der bereits erdienten bzw. der noch zu erbringenden Leistung nicht. Auf die übernommene Verpflichtung und damit als Teil der Anschaffungskosten sind 10 EUR/Option zu erfassen. Die Höhe ergibt sich aus dem Wert der Zusage, multipliziert mit dem Anteil der bereits abgelaufenen *vesting period* im Verhältnis zur ursprünglichen *vesting period* (hier 50 %). Die verbleibenden 10 EUR/Option sind allerdings als *post-combination*-Aufwand mit Ablauf der geänderten *vesting period* (hier 1 Jahr) zu erfassen.
> Bei Gestaltung in der Variante 2 kommt es zu einer geänderten Aufteilung des *pre-* und *post-combination*-Anteils der Verpflichtung. Auf die übernommene Verpflichtung und damit als Teil der Anschaffungskosten sind 7,5 EUR/Option zu erfassen. Die Höhe ergibt sich aus dem Wert der Zusage, multipliziert mit dem Anteil der bereits abgelaufenen *vesting period* im Verhältnis zur neu vereinbarten *vesting period* (hier 50 %). Die verbleibenden 12,5 EUR/Option sind als *post-combination*-Aufwand mit Ablauf der geänderten *vesting period* (hier 5 Jahre) zu erfassen.

150 Als Alternative zur Ausgabe von *replacement shares* kann auch ein einmaliger **Barausgleich** (*cash settlement*) der anspruchsberechtigten Mitarbeiter erfolgen. An expliziten Vorgaben zur bilanziellen Behandlung fehlt es in IFRS 3. U.E. sind

die Vorgaben für *replacement shares* hinsichtlich der Aufteilung in eine Vergütung von *pre-* und *post-combination services* allerdings analog anzuwenden.

Leistet der Erwerber einen (einmaligen) Barausgleich für bereits ausübbare Optionen (*vested awards*), kann der Betrag, der dem beizulegenden Zeitwert der Vergütungszusage entspricht, als Teil der Anschaffungskosten berücksichtigt werden. Eine verbleibende Differenz ist als Aufwand nach dem Unternehmenszusammenschluss (*compensation cost*) zu erfassen. 151

Erfolgt ein Barausgleich für noch nicht ausübbare Optionen (*unvested awards*) und wird keine weitere Dienstleistung (*service*) nach erfolgtem Unternehmenserwerb mehr verlangt, ist mangels Verpflichtung zur Erbringung von *post-combination services* ein *accelerated vesting* zugrunde zu legen. Als Teil der Anschaffungskosten der *business combination* ist nur der Teil des Aufwands zu erfassen, der sich auf *pre-combination services* bezieht, der verbleibende Anteil wird *post-combination expense*. Sind noch künftig Leistungen von den übernommenen Mitarbeitern zu erbringen, tritt anstelle eines *accelerated vesting* eine *vesting period*. Der bereits für noch zu erbringende Leistungen gezahlte Teil wird über die vereinbarte Sperrfrist aufwandswirksam und ist entsprechend vorher aktivisch abzugrenzen.

Wird der Barausgleich noch von dem erworbenen Unternehmen (*acquiree*) geleistet, erfolgt eine Erfassung des Aufwands (*settlement expense*) gem. IFRS 2.28 (analog einer *cancellation*, Rz 112ff.) in dessen Abschluss (*pre-combination*), wenn dieser nicht als *agent* des Erwerbers handelt. Erfolgt der Ausgleich aber im Auftrag des Erwerbers (*acquirer*), ist der Ausgleich so zu behandeln, als hätte der Erwerber unmittelbar einen Ausgleich gewährt (Rz 151; analog → § 31 Rz 40). 152

Eine Erstattung (*reimbursement*) der Aufwendungen des erworbenen Unternehmens – entweder direkt oder indirekt über den Kaufpreis – ist ein deutlicher Hinweis für eine Qualifizierung des Barausgleichs als Handeln des Erwerbers.

8.3 Fortführung bestehender Zusagen

Für den Fall einer **freiwilligen unveränderten Fortführung** einer bestehenden anteilsbasierten Zusage des *acquiree* gegenüber den übernommenen Mitarbeitern oder bei **freiwilligem Ersatz** sind die gleichen Vorgaben wie für den verpflichtenden Ersatz heranzuziehen. Die vorgesehenen Vorgaben für ein *replacement* (Rz 144) finden Anwendung auf alle anteilsbasierten Vergütungen. Somit gilt: 153

- Wenn eine fortgeführte, anteilsbasierte Vergütungszusage ein *cash-settlement* vorsieht, ist die Erfassung einer Verbindlichkeit (Rückstellungen) zum *fair value* insoweit nicht gerechtfertigt, wie sich die Vergütung auf künftig noch zu empfangende (Dienst-/Arbeits-)Leistungen bezieht. IFRS 2 und damit auch die besondere Bewertungskonzeption (zeitanteilige Erfassung der Verpflichtung) sind einschlägig.
- Bei Fortführung einer zugesagten *equity-settled share-based payment transaction* gelten die gleichen Vorgaben wie für deren Ersatz (*replacement*).

Aufgrund der Vergleichbarkeit anteilsbasierter Vergütungszusagen mit sonstigen langfristigen Vergütungszusagen (etwa Pensionszusagen) ist eine zeitanteilige Erfassung konzeptionell vorzuziehen. Im Rahmen einer zeitabhängigen Verteilung stellt die *business combination* dann ein punktuelles Ereignis dar, welches 154 eine Trennung in *pre-combination* und *post-combination services* markiert. U.E. ist daher für unverändert fortgeführte anteilsbasierte Zusagen übernommener Mitarbeiter eine Behandlung in Analogie zum verpflichtenden Ersatz gerechtfertigt.

9 Absicherung von *fair-value*-Schwankungen im Rahmen des *hedge accounting*

9.1 Ökonomische vs. bilanzielle Sicherung (*hedging* vs. *hedge accounting*)

155 Mit der Zusage einer anteilsbasierten Vergütung mit Barausgleich geht der Vergütungsschuldner eine feste (Zahlungs-)Verpflichtung *(contractual obligation)* ein, deren Höhe von der Wertentwicklung der Anteile des betroffenen Unternehmens abhängt. Mit der Knüpfung der Zahlungsverpflichtung an eine nur bedingt durch das Unternehmen selbst, im Übrigen aber von externen Einflüssen abhängige Größe entsteht dem Vergütungsschuldner ein finanzielles Risiko in Bezug auf den sich über die *vesting period* zu verteilenden Gesamtaufwand und die am *vesting date* zu leistende Auszahlung.

156 Zur Absicherung des finanziellen Risikos aus der anteilsbasierten Vergütungszusage (als Grundgeschäft) kann allerdings ein Sicherungsgeschäft zur Risikominimierung *(hedging)* abgeschlossen werden. **Ökonomisch** (nicht notwendig auch bilanziell) zählt dann nur noch das Gesamtergebnis aus Grund- und Sicherungsgeschäft. Eine ökonomisch effektive Absicherung wird erzielt, wenn dieses Gesamtergebnis weitestgehend immun gegen Schwankungen des Preis-, ggf. auch des Mengengerüsts der anteilsbasierten Zusage ist.

Als Sicherungsinstrument kommen ökonomisch folgende Transaktionen infrage:

- Rückkauf eigener Anteile *(treasury shares)* im Zusagezeitpunkt *(grant date)*, um diese Anteile bei Erfüllung der Ausübungsbedingungen wieder zu veräußern.
- Erwerb einer (Kauf-)Option *(call option)* auf die eigenen Aktien-Anteile mit oder ohne Möglichkeit zum Barausgleich *(net cash settlement)* zum *vesting date*.

Im ersten Fall wird das finanzielle Risiko aus der Kursentwicklung aufgehoben, da die Auszahlung für die Vergütung der Zusage vorgezogen wird. Im zweiten Fall wird ein Sicherungsinstrument eingesetzt, dessen Wert wie die Vergütungszusage an die künftige Wertentwicklung der Unternehmensanteile geknüpft ist, diese allerdings mit umgekehrtem Vorzeichen berücksichtigt.

Beispiel

Eine anteilsbasierte Vergütung mit Barausgleich sieht als einzige Ausübungsbedingung einen Mindestverbleib der Anspruchsberechtigten im Unternehmen für die nächsten drei Jahre vor. Im Zusagezeitpunkt wird als künftige Vergütung die positive Wertentwicklung der Unternehmensanteile während der Sperr- bzw. Wartefrist *(vesting date fair value – grant date fair value)*, gerechnet auf 5.000 Unternehmensanteile, gewährt.

Folgende alternativen Szenarien werden zur ökonomischen Absicherung der Risikoposition (Wertentwicklung der Anteile über drei Jahre) diskutiert:

- Rückkauf von 5.000 eigenen Anteilen *(treasury shares)* im Zusagezeitpunkt, die zum *vesting date* am Markt veräußert werden. Mit dem erzielten Veräußerungserlös soll die Verpflichtung bedient werden.
- Abschluss einer Kaufoption auf 5.000 eigene Anteile im Zusagezeitpunkt zu einem festen Betrag am Ende der Sperr- bzw. Wartefrist. Die durch Ausübung der Option erworbenen Anteile sollen nach Erhalt unmittelbar am Markt veräußert werden, um den Veräußerungserlös zur Bedienung der Vergütungszusage zu verwenden.
- Abschluss einer Kaufoption auf 5.000 eigene Anteile im *grant date* zu einem festen Betrag am *vesting date*. Die Kaufoption sieht einen Barausgleich *(net cash settlement)* der Wertdifferenz der Unternehmensanteile vor. Der erwartete Betrag soll zur Bedienung der Vergütungszusage herangezogen werden.

Aus **bilanzieller Perspektive** kann nicht ohne Weiteres auf das Gesamtergebnis aus Grund- und Sicherungsgeschäft abgestellt werden (→ § 28 Rz 46). Die IFRS formulieren **restriktive Anforderungen** an die bilanzielle Berücksichtigung von Sicherungszusammenhängen (*hedge accounting*). Entscheidend für die Zulässigkeit des Abstellens auf das Gesamtergebnis aus einem Grund- und einem Sicherungsgeschäft ist die Tauglichkeit 157

- der anteilsbasierten Vergütung als **Grundgeschäft** für das *hedge accounting* unter Berücksichtigung der Art des abzusichernden Risikos und der daraus resultierenden Qualifikation als *fair value* oder *cash flow hedge*.
- des ökonomisch eingesetzten Sicherungsinstruments als **Sicherungsgeschäft** für das *hedge accounting*.

Ein Rückgriff auf das *hedge accounting* setzt zusätzlich die Erfüllung der formalen und quantitativen Kriterien voraus, insbesondere die Dokumentation der Sicherungsbeziehung und den Nachweis der Effektivität (IAS 39.88). 158

9.2 Keine bilanzielle Sicherung von *equity-settled transactions*

Zur bilanziellen Anerkennung einer ökonomischen Sicherungsbeziehung muss das Grundgeschäft *(hedged item)* eine Risikoposition des Unternehmens begründen, die erfolgswirksam Auswirkungen auf die Gesamtergebnisrechnung zeitigt (IAS 39.86). 159

Bei einer anteilsbasierten Vergütung mit Ausgleich in Eigenkapitalinstrumenten liegt kein die GuV berührendes Risiko aus der Wertentwicklung der Aktien vor, da die (kursabhängige) Bewertung der Transaktion zum *grant date* erfolgt. Ein *hedge accounting* für anteilsbasierte Vergütungen mit Ausgleich in Eigenkapitalinstrumenten scheidet somit aus.

Für eine Sicherung besteht andererseits auch kein Bedürfnis. Der durch die Zusage der anteilsbasierten Vergütung bedingte Aufwand steht durch „Einfrieren" des Preisgerüsts bereits am *grant date* fest (Rz 60). Spätere Kursentwicklungen können zwar – je nach Modus der Begebung der Eigenkapitalinstrumente (Erwerb eigener Aktien statt Kapitalerhöhung) – den späteren *cash flow* berühren, nicht aber die GuV.

Entsprechendes gilt für anteilsbasierte Vergütungen mit Erfüllungswahlrecht, die als *equity-settled transactions* behandelt werden.

9.3 *Cash flow hedge* bei *cash-settled transactions*

160 Bei einer anteilsbasierten Vergütung mit Barausgleich führt die Erfüllung der Ausübungsbedingungen bei positivem Wert der virtuellen Optionen zu einem **Ressourcenabfluss** bei dem Vergütungsschuldner der nur wertmäßig an Eigenkapitalinstrumente geknüpft ist. Das Preisgerüst der Zusage ist zu jedem Stichtag neu zu bestimmen. Sich bis zum *vesting date* ergebende Wertentwicklungen berühren den *cash flow* und werden bei virtuellen Mitarbeiteroptionen und ähnlichen Vergütungen als Aufwand in der **Gewinn- und Verlustrechnung** erfasst (IFRS 2.30).

Somit sind Verpflichtungen aus einem als *cash-settled plan* als Grundgeschäfte einem *hedge accounting* im Wege des *cash flow hedge* zugänglich.[29] Für anteilsbasierte Vergütungen mit Erfüllungswahlrecht, die als *cash-settled transactions* behandelt werden, muss allerdings die Möglichkeit, statt einer Barzahlung eine Aktienausgabe zu verlangen (Wahlrecht des Anspruchsberechtigten) oder anzubieten (Wahlrecht des Vergütungsschuldners), so gut wie sicher ausgeschlossen sein. Sollte diese Gewissheit nicht bestehen, würde es an der für einen *cash flow hedge* geforderten hohen Wahrscheinlichkeit des prognostizierten *cash flow* fehlen (IAS 39.88(c)).

161 Allerdings sind – für Zwecke des *hedge accounting* – auch an das Sicherungsinstrument **besondere Anforderungen** zu stellen. Mit Ausnahme hier nicht einschlägiger Ausnahmen lässt IAS 39 ein *hedge accounting* nur zu, wenn das Sicherungsinstrument ein **Finanzderivat** ist (IAS 39.72). Dies setzt u. a. voraus, dass es nicht als Eigenkapitalinstrument zu qualifizieren ist (IAS 39.9 i. V. m. IAS 39.2d).

Für die verschiedenen Formen der ökonomischen Absicherung des Risikos künftiger Wertschwankungen aus der anteilsbasierten Barvergütung ergibt sich hieraus bilanziell:

- Der **Rückkauf** eigener Anteile *(treasury shares)* zum Zusagezeitpunkt oder der Erwerb einer Kaufoption auf eine feste Anzahl eigener Anteile zu einem festen Preis sind Transaktionen mit Eigenkapitalinstrumenten des Unternehmens. Eine Klassifizierung als Finanzderivat scheidet aus. Damit entfällt auch die Möglichkeit zum *hedge accounting*.
- Der Erwerb einer **Kaufoption** auf eigene Anteile, die durch Barausgleich *(net cash settlement)* erfüllt wird, ist hingegen ein Finanzderivat und damit mögliches Sicherungsinstrument *(hedging instrument)* zum *hedge accounting*.

162 Sind die Voraussetzungen des *hedge accounting* für anteilsbasierte Vergütungen mit Barausgleich erfüllt, ist in der Gewinn- und Verlustrechnung jeder Periode nur das **Gesamtergebnis** aus Grund- und Sicherungsgeschäft zu erfassen.

Da die anteilsbasierte Barvergütung unter Berücksichtigung des aktuellen Preis- und Mengengerüsts am jeweiligen Stichtag ratierlich über die *vesting period* verteilt wird, bedeutet dies:

- Zu jedem Stichtag erfolgt i. H. d. ratierlich entstandenen (Personal-)Aufwands aus der Vergütungszusage eine (gegenläufige) erfolgswirksame Erfassung der

---

29 Vgl. DIG 29f-2 der Derivatives Implementation Group des FASB (nach codification übernommen in ASC Topic 815). So auch PwC, IAS 39 – Achieving hedge accounting in practice, Dezember 2005, S. 40.

fair-value-Änderungen des als Sicherungsinstruments eingesetzten Finanzderivats. Bei vollständiger Sicherung und einer *vesting period* von drei Jahren wäre also etwa nach einem Jahr von der bis dahin eingetretenen *fair-value*-Änderung des Sicherungsinstruments ein Drittel erfolgswirksam zu erfassen.
- Darüber hinausgehende Änderungen des *fair value* sind (für den effektiven Teil der Absicherung) in der Neu- oder Zeitbewertungsrücklage zu parken und in späteren Perioden in die GuV zu übernehmen *(recycling)*.

10 Anwendungsprobleme nach deutschem Gesellschaftsrecht

Der Gesellschaft stehen nach deutschem Aktienrecht insbesondere zwei Wege der Aktienbeschaffung zur Verfügung: 163
- die **bedingte Kapitalerhöhung**, also die Schaffung junger Aktien,
- der **Aktienrückkauf**, also die Verwendung bereits umlaufender Stücke.

Zur Gewährung von auf einem **bedingten Kapital** beruhenden *stock options* ist ein Hauptversammlungsbeschluss nach §§ 192 Abs. 2 Nr. 3, 193 Abs. 2 Nr. 4 AktG herbeizuführen. Dabei müssen **Erfolgsziele** definiert werden; deshalb kommt nur die Ausgestaltung der Optionsrechte in Form von *performance vesting share options* in Betracht. Deren Ausübbarkeit hängt vom Erreichen bestimmter Erfolgskriterien ab (Höhe des Aktienkurses bzw. Anteilswertes, Indexierung betriebswirtschaftlicher Kennzahlen). 164

Zur Begebung von auf einem **Aktienrückkauf** basierenden *stock options* ist ein Hauptversammlungsbeschluss nach § 71 Abs. 1 Nr. 8 AktG herbeizuführen. Dabei müssen ebenfalls **Erfolgsziele** festgestellt werden. Kraft der Verweisung in § 71 Abs. 1 Nr. 8 Satz 5 AktG gelten die in § 193 Abs. 2 Nr. 4 AktG niedergelegten Anforderungen an Beschlüsse nach § 192 Abs. 2 Nr. 3 AktG für den Erwerb eigener Aktien zum Zwecke der Absicherung von *stock options* entsprechend. 165

Zwingende aktienrechtliche Regelungen für *stock appreciation rights* existieren nicht. Im Schrifttum werden freilich Überlegungen angestellt, die aktienrechtlichen Erfordernisse in § 193 Abs. 2 Nr. 4 AktG, insbesondere die **Pflicht** zur Feststellung **von Erfolgszielen**, auch auf *stock appreciation rights* auszudehnen.[30] Mit dem Gesetzeswortlaut ist dies nicht vereinbar. Die *shareholder-value*-Orientierung des KonTraG könnte eine solche entsprechende Anwendung dagegen nahelegen. 166

Ein deutscher IFRS-Anwender ist zwar nach § 315a HGB (→ § 7) von dem HGB-Konzernrechnungslegung befreit, unterliegt indes unverändert dem zwingenden Vorgaben des **Gesellschaftsrechts**, hier also in aller Regel dem AktG. Folgerichtig ist die Frage nach der „Verträglichkeit" der Bilanzierungsvorschriften nach IFRS 2 mit den (insbesondere) aktienrechtlichen Vorgaben zu stellen.[31] Zu unterscheiden ist dabei, ob die aktienunterlegte Vergütung (meistens an Mitarbeiter) **schuld**- oder **gesellschafts**rechtlich ausgestaltet ist. 167

---

30 So namentlich HIRTE, in: SCHMIDT/RIEGGER (Hrsg.), Gesellschaftsrecht 1999, RWS-Forum 15, Köln 2000, S. 220f.; hierzu auch SCHWARK, in: HOMMELHOFF/LUTTER/SCHMIDT/SCHÖN/ULMER (Hrsg.), Corporate Governance, Beiheft der Zeitschrift für das gesamte Handelsrecht und Wirtschaftsrecht, Heft 71, 2002, S. 96; FREY, in: Großkommentar AktG, 4. Aufl., 2001, § 192 AktG Anm. S. 108; EKKENGA, DB 2004, S. 1897.

31 Vgl. hierzu EKKENGA, DB 2004, S. 1897.

168 Bei den *stock appreciation rights* (Rz 37) ist die Antwort am einfachsten: Die Vergütung erfolgt hier schuldrechtlich durch die **Gesellschaft** selbst, sie hat die Verbindlichkeit und muss entsprechend über die Laufzeit hinweg eine Verbindlichkeitsrückstellung aufbauen.

169 Gerade umgekehrt liegt der bilanzierungsrelevante Sachverhalt, wenn die (spätere) Vergütung aus einem **bedingten Kapital** gem. § 192 Abs. 2 Nr. 3 AktG mit neuen Aktien des Unternehmens erfolgen soll („nackte Aktienoptionen"). Hier hat die Gesellschaft keine eigentliche schuldrechtliche Leistungsverpflichtung. Die Leistungsverpflichtung trifft vielmehr die **Altaktionäre**, die durch den Bezugsrechtsausschluss im Wege der **Kapitalverwässerung** die Vergütung an die Neuaktionäre (Optionsinhaber) erbringen (sollen). Außerdem erhält (umgekehrt) die Gesellschaft eine Vergütung i. H. d. Ausübungspreises.

Auf diese Gestaltung nach deutschem Gesellschaftsrecht „passen" die Bilanzierungsregeln von IFRS 2 zu den Eigenkapitalinstrumenten nur bedingt. Die Zulässigkeit der von IFRS 2 vorgesehenen Buchung „per Aufwand an Kapitalrücklage" ist daher nach deutschem Gesellschaftsrecht fraglich. Bestehende Auffassungsunterschiede sind aber insoweit von geringer Relevanz, als die IFRS-Vorschriften nur auf den IFRS-Abschluss, also gerade nicht auf den (gesellschaftsrechtlichen) HGB-Abschluss anzuwenden sind; die Mitgliedschaftsrechte auf Dividenden, Liquidationserlösteilhabe usw., aber auch die Gläubigerrechte richten sich auf den handelsrechtlichen Einzelabschluss und werden von einem „falschen" Kapitalausweis in der IFRS-Einzel- oder Konzernbilanz nicht berührt.

170 Als Modus der Bedienung echter Optionsrechte kommt neben der Ausgabe neuer Aktien aus bedingtem Kapital auch der Erwerb eigener **Aktien** nach § 71 Abs. 1 Nr. 8 AktG infrage.

171 Bei Erfüllung echter Optionspläne durch Erwerb eigener **Aktien** sind **drei Schritte** zu unterscheiden:

- ergebniswirksame Gewährung der Optionen,
- Erwerb der eigenen Aktien gegen bar (erfolgsneutral),
- „Verkauf" der eigenen Aktien gegen bar (erfolgsneutral).

Aus Erwerb und Verkauf entsteht auch dann kein **Aufwand** oder Ertrag, wenn der Erwerbspreis für die eigenen Aktien vom Ausübungskurs für die Aktienoptionen abweicht. Die Gewährung der Optionen als Gegenleistung für empfangene Dienste ist hingegen **ergebniswirksam** zu verbuchen (Rz 30). Maßgeblich ist der nach Optionspreismodellen ermittelte *fair value* des Optionsrechts am *grant date*.

172 Die effektiv beim Unternehmen entstehenden **pagatorischen** Aufwendungen in Form von erwarteten Auszahlungsüberschüssen (Erwerbspreis der eigenen Aktien ist größer als der Optionsausübungspreis) sind hingegen nicht aufwandswirksam darzustellen.

Beispiel

Die Gesellschaft hat sich verpflichtet, leitenden Mitarbeitern unter Beachtung einer Sperrfrist etc. Aktien zu einem Ausübungspreis von 100 GE zu verschaffen. Die erforderlichen Aktien erwirbt sie an der Börse zu 150 GE. Dieser Erwerb ist als Einlagenrückgewähr im Eigenkapital zu kürzen. Nach Ende der Sperrfrist *(vesting period)* üben die begünstigten Mitarbeiter ihr

Optionsrecht aus. Der Börsenkurs beträgt in diesem Augenblick für die Aktien 180 GE.
Die Gesellschaft erhält für die abgehenden Aktien einen Kurs von 100 GE (Ausübungskurs), es entsteht in Summe eine Eigenkapitalminderung von 50 GE.
Buchungen für den Erwerb:

Konto	Soll	Haben
EK	150	
Geld		150

Für die Abgabe:

Konto	Soll	Haben
Geld	100	
EK		100

Das Eigenkapital ist insofern um 50 GE gemindert.
Daneben führt der *fair value* der Option im Zusagezeitpunkt zu einem pro rata zu erfassenden Aufwand, der jedoch gegen Kapitalrücklage und somit ohne zusätzliche Änderung des Eigenkapitalbetrags gebucht wird.

Beispiel (Abwandlung)
Die Gesellschaft erwirbt während der Haltefrist *(vesting period)* keine eigenen Aktien und muss deshalb ihrer Stillhalterverpflichtung am Ausübungstag auf der Grundlage eines Kurses von 180 nachkommen.
Die entstehende Eigenkapitalminderung errechnet sich nunmehr mit 180 – 100 GE = 80 GE
Buchungen:

Konto	Soll	Haben
EK	180	
Geld		180
Geld	100	
EK		100

Sowie wiederum Aufwand aus dem *fair value* der Option.

Sachverhalt (Abwandlung)
Die Gesellschaft sichert den erforderlichen Aktienerwerb im Rahmen einer ökonomischen Sicherung z.T. durch eine zeitlich gleichlautende Gegenposition (*call option* mit einem Basispreis von 105 GE). Ein Rückgriff auf die Vorgaben zum *hedge accounting* scheidet aus (Rz 159). Sie zahlt hierfür eine Optionsprämie von 5 GE.
Hier entsteht für die Gesellschaft Aufwand i.H.d. Optionspreises und der eventuellen Zusatzaufwendungen wegen nicht identischer Absicherung. Die sich daran anschließende Frage ist nach der Verteilung eines entsprechenden Aufwandes über den Zeitraum zwischen der Ausgabe der Optionen *(grant*

date) und dem Beginn der Ausübungsfrist *(vesting date)*. Hier bietet sich eine analoge Anwendung der Regeln für die *stock appreciation rights* (Rz 82ff.) an. Die nachstehende Tabelle zeigt die buchungstechnischen[32] Zusammenhänge. Die Ergebnisauswirkungen resultieren jeweils aus dem *fair value* der Optionen und dem Ausgabeeffekt.
Buchungsschema:

Prämissen:	Aktienkurs 1.1.	105
	Aktienkurs 31.12.	110
	Basispreis	100
	vesting period 1 Jahr (= bis 31.12.01)	
	Optionswert 1.1.	10

			EK-Veränderung
Optionsgewährung	Personalaufwand 10	an KapRL 10	0
Erwerb *call option*	Vermögenswert 5	an Geld 5	0
Aktienkauf (Ausübung *call option*)	EK 110	an Geld 105 an Vermögenswert 5	-110
Aktienverkauf	Geld 100	an EK 100	+100
			– 10

173 Unklar ist im handels- und steuerrechtlichen Schrifttum, ob die latente Verpflichtung aus der Stillhalterposition des Unternehmens nach HGB und EStG als **Verbindlichkeits**-[33] oder als **Drohverlust**rückstellung[34] auszuweisen ist. Für die IFRS-Bilanzierung kommt diesem Thema nur indirekt über die Steuerlatenzrechnung (Rz 194) Bedeutung zu.

174 Bei Optionsgewährung an Vorstände ist das am 18.6.2009 im Bundestag verabschiedete Gesetz zur Angemessenheit der Vorstandsvergütung (**VorstAG**) beachtlich. Hiernach besteht ein engerer Rahmen für die Gestaltung der Top-Manager-Vergütung. Mit der gesetzlichen Regulierung erfolgt eine stärkere Ausrichtung der Vorstandsvergütung auf eine langfristig orientierte und nachhaltige Unternehmensführung. Die gesetzliche Neuregelung hat wesentliche Bedeutung für anteilsbasierte Vergütungen des Vorstandes, weil die **gesetzliche Sperrfrist** für eine Ausübung von Optionen von zwei auf **vier Jahre** verlängert wird. Die Angemessenheit der Vergütung im Marktvergleich ist einer regelmäßigen Prüfung zu unterziehen. Über eine Erweiterung der Haftung des (gesamten) Aufsichtsrats wird dessen Kontrollfunktion nochmals besonders betont.

11 Tatsächliche und latente Steuern

11.1 Betriebsausgabenabzug aus gewährten Optionen

175 Im Zusammenhang mit anteilsbasierten Vergütungen (insbesondere gegenüber Mitarbeitern) ergeben sich regelmäßig auch steuerliche Konsequenzen. Die Aus-

32 Hoffmann/Lüdenbach, DStR 2004, S. 791.
33 So z.B. Herzig/Lochmann, WPg 2002, S. 325ff. m.w.N.
34 So z.B. Lange, WPg 2002, S. 354, 362ff. m.w.N.

wirkungen von aktuellen und latenten Steuern bestimmen sich in Abhängigkeit von dem jeweils anwendbaren, länderspezifische Steuerrecht. Das – die anteilsbasierte Vergütung – gewährende **Unternehmen** kann bei virtuellen Optionen fast immer, bei echten Optionen nur in bestimmten Ländern (z.B. Großbritannien) aus gewährten Zusagen einen Betriebsausgabenabzug geltend machen.

11.2 Notwendige Unterscheidung nach Ausgestaltung der Zusage

Aus Sicht des Unternehmens ergeben sich in Abhängigkeit von dem anwendbaren Steuerrecht ggf. Vorteile in Form eines (künftigen) Betriebsausgabenabzugs aus der Zusage von anteilsbasierten Vergütungen (so auch IAS 12.68A). Allerdings weicht i.d.R., insoweit überhaupt eine Anerkennung erfolgt, der steuerlich anrechenbare Betrag hinsichtlich des **Zeitpunkts** des Anfalls und der **Höhe** nach von der im Einklang mit IFRS 2 stehenden Aufwandsbuchung ab. Damit kommt eine Latenzrechnung infrage. 176

Die Erfassung latenter Steuern (*deferred taxes*) setzt nach allgemeinen Regeln die Identifizierung einer **temporären Differenz**, somit von Buchwertunterschieden zwischen IFRS-Bilanz (*carrying amount*) und steuerlichem Wertansatz (*tax base*; → § 26 Rz 28) voraus.

Die Buchwertunterschiede müssen sich in späteren Perioden (steuerwirksam) wieder umkehren. Die Erfassung von Steuerlatenzen scheidet aus, wenn dauerhafte (*permanent*) Unterschiede zwischen Wertansätzen nach IFRS und Steuerrecht vorliegen, keine Umkehr im Zeitablauf erfolgt oder eine solche das steuerliche Ergenis nicht beeinflusst (→ § 26 Rz 17). 177

Für die Erfassung latenter Steuern aus anteilsbasierten Vergütungen beim Empfänger der Leistung (eine Divergenz von Empfänger der Leistung und Vergütungsschuldner ausgeklammert; Rz 127) ist zwischen Vergütungen, die *equity-settled* sind oder so behandelt werden (etwa Zusagen mit Erfüllungswahlrecht; Rz 86), und *cash-settled transactions* zu unterscheiden. 178

- Bei Gewährung einer Vergütung mit ***cash settlement*** erfasst das Unternehmen eine nicht-finanzielle Verbindlichkeit (Rückstellung) in Abhängigkeit des Preis- und Mengengerüstes am Bilanzstichtag (Rz 28). Aus der vorstehenden Gleichung (Rz 177) lässt sich daher auch ein Ergebnis, somit eine temporäre Differenz ableiten (Rz 173f).
- Bei Zusagen, die als ***equity settled*** behandelt werden (Rz 62ff.), fehlt es – wegen der buchmäßigen Erfassung „per Aufwand an Kapitalrücklage" (Rz 28f.) – hingegen an einem Buchwert (*carrying amount*) nach IFRS bzw. dieser beträgt null. Für die Bestimmung einer temporären Differenz bedarf es daher eines Steuerwertes (Rz 180). Fehlt es auch an diesem oder ist dieser ebenfalls null, scheidet die Erfassung latenter Steuern aus.

Die IFRS tragen vorstehender Unterscheidung nicht explizit Rechnung. Sie sehen spezielle Vorgaben nur für die Erfassung latenter Steuern aus *equity-settled*-Zusagen vor (IAS 12.68Aff.).Diese Vorgaben haben z.T. kasuistischen Charakter und können zum Ansatz einer Latenz auch dort führen, wo i.e.S. keine temporäre Differenz vorliegt.

11.2.1 Erfolgswirksame Erfassung latenter Steuern bei Zusagen mit Barausgleich

179 Im Rahmen der bilanziellen Erfassung anteilsbasierter Vergütungen mit Barausgleich (*cash settlement*) ergeben sich für die Steuerlatenzrechnung i.d.R. keine besonderen Probleme (Rz 178). Das Unternehmen als Leistungsempfänger (und Vergütungsschuldner) erfasst nach IFRS eine nicht-finanzielle Verbindlichkeit unter Berücksichtigung des aktuellen Preis- und Mengengerüstes (Rz 58). Veränderungen der Verbindlichkeit und die daraus resultierenden latenten Steuern sind ergebniswirksam zu erfassen (Rz 85). Sofern nach Steuerrecht die Schuld zum gleichen Zeitpunkt und in gleicher Höhe passiviert wird, entsteht keine Latenz; sofern es Divergenzen in Zeitpunkt und/oder der Höhe gibt, ist eine solche anzusetzen.

Beispiel (Fortsetzung aus Rz 85)
500 Führungskräfte erhalten eine Zusage von je 100 *stock appreciation rights* (SARs). Einzige Bedingung ist ein Verbleib in den Diensten der Gesellschaft für wenigstens drei Jahre. Steuerlich (unterstellt) kann die Gesellschaft während der Sperrfrist zeitanteilig einen Aufwand i.H.d. inneren Werts der erteilten (virtuellen) Option zum jeweiligen Stichtag geltend machen (eine Abzinsung entfällt). Für das Mengengerüst ist auch steuerlich auf die erwartete Anzahl der Ansprüche nach Ablauf der Sperrfrist abzustellen. Mit Ausübbarkeit der Optionen ist der Zuwendungsbetrag vollständig steuerlich abzugsfähig. Der relevante (Unternehmens-)Steuersatz beträgt 30 %.
Die bilanzielle Behandlung nach IFRS und die steuerliche Abbildung bestimmen sich nach folgenden Prämissen:

Jahr	Ist-Ansprüche	Erwartete Ansprüche nach Sperrfrist	Inanspruchnahme	Optionswert (*fair value* gem. IFRS 2) in EUR	Innerer Wert in EUR
1	46.500	40.500		14,40	5,00
2	42.500	40.000		15,50	10,00
3	40.300		15.000	18,20	15,00
4			14.000	21,40	20,00
5			11.300	25,00	25,00

Die Aufwandsbestimmung und die Fortschreibung der Verbindlichkeit nach IFRS ergeben sich in folgender Höhe:

Jahr	Berechnung		Aufwand EUR	Verbindlichkeit EUR
1	(500 – 95) Mitarbeiter × 100 SARs × 14,40 EUR × 1/3		194.400	194.400
2	(500 – 100) Mitarbeiter × 100 SARs × 15,50 EUR × 2/3–194.400 EUR		218.933	413.333
3	(500 – 97 – 150) Mitarbeiter × 100 SARs × 18,20 EUR – 413.333 EUR	47.127		460.460
	+ 150 Mitarbeiter × 100 SARs × 15,00 EUR	225.000		
	insgesamt		272.127	
4	(253 – 140) Mitarbeiter × 100 SARs × 21,40 EUR – 460.460 EUR	(218.640)		241.820
	+ 140 Mitarbeiter × 100 SARs × 20,00 EUR	280.000		
	insgesamt		61.360	
5	0 EUR – 241.820 EUR	(241.820)		
	+ 113 Mitarbeiter × 100 SARs × 25,00 EUR	282.500		
	insgesamt		40.680	
	Endsumme		787.500	

Steuerlich richtet sich die Bestimmung der Verbindlichkeit nach den erwarteten Ansprüchen unter Berücksichtigung des inneren Werts der Zusage zum Bilanzstichtag (eine Abzinsung unterbleibt):

Jahr	Berechnung		Aufwand EUR	Verbindlichkeit EUR
1	40.500 × 5,00 EUR × 1/3		67.500	67.500
2	40.000 × 10,00 EUR × 2/3 – 67.500 EUR		199.167	266.667
3	25.300 × 15.00 EUR – 266.667 EUR +	112.833		379.500
	15.000 × 15,00 EUR	225.000		
	Insgesamt		337.833	
4	11.300 × 20,00 EUR – 379.500 EUR +	(153.500)		226.000
	14.000 × 20,00 EUR	280.000		
	Insgesamt		126.500	
5	0 EUR – 226.000 EUR	(226.000)		
	+ 11.300 × 25,00 EUR	282.500		
	Insgesamt		56.500	
	Endsumme		787.500	

Für die Erfassung latenter Steuern (laufende Steuern, insbesondere Umbuchungen zwischen latenten und laufenden Steuern, ausgeklammert) ergibt sich Folgendes:

Jahr	*temporary differences* **EUR**	**(+)** *deferred tax asset/* **(–)** *deferred tax liability* **EUR**	**(–) Steueraufwand/–(+) Steuerertrag EUR**
1	126.900	(+) 38.070	(+) 38.070
2	146.666	(+) 44.000	(+) 5.930
3	80.960	(+) 24.288	(–) 19.712
4	15.820	(+) 4.746	(–) 19.542
5	0	0	(–) 4.746

180 Die Erfassung latenter Steuern auf anteilsbasierte Vergütungen mit Barausgleich führt – unter der Prämisse, dass der bis zum jeweiligen Stichtag kumulierte, steuerlich anrechenbare Aufwand kleiner ist als der entsprechende IFRS-Aufwand und sich diese Divergenz mit Ausübung der Option aber aufhebt – zur Erfassung eines latenten Steueranspruchs (*deferred tax asset*). Nur wenn der kumulierte, steuerlich anrechenbare Aufwand (ausnahmsweise) während der Ausübungsfrist einer anteilsbasierten Vergütung den kumulierten IFRS-Aufwand übersteigt, ist die Bildung einer passiven latenten Steuer (*deferred tax liability*) zulässig (IFRS 2.BC314).

11.2.2 Aufteilung in erfolgswirksame und -neutrale Steuerabgrenzung bei *equity settlement*

181 Die Erfassung latenter Steuern im Zusammenhang mit *equity settled transactions* setzt das Bestehen einer temporären Differenz voraus (Rz 178). Mangels Erfassung eines Vermögenswerts oder einer Schuld fehlt es allerdings an einem IFRS-Buchwert (*carrying amount*). Erfolgt auch in der Steuerbilanz kein Ansatz eines Vermögenswerts oder einer Schuld, würde nach der allgemeinen Definition der *tax base* in IAS 12.5 dann gelten: Es fehlt an einer temporären Differenz und damit an den Voaussetzungen einer Latenzierung. Bestenfalls wäre die spätere steuerliche Abzugsfähigkeitals *tax credit* zu erfassen, IAS 12.67B erweitert jedoch unter Bezugnahme auf IAS 12.9 und IAS 12.26b den Begiff der *tax base* über den Stichtagsbuchwert der „Steuerbilanz" hinaus auf einen (nach deutschem Steuerrecht allerdings ausgeschlossenen; Rz 194) Betriebsausgabenabzug, der noch nicht am Stichtag, aber in der Zukufnt möglich sein wird. U.E. handelt es sich hierbei um Kasusitik, die den allgemeinen Grundsätzen der Latenzrechnung widerspricht, aber gleichwohl angesichts des klaren Wortlauts von IAS 12.67B zu beachten ist. Die spätere steuerliche Abzugsfähigkeit führt damit i.d.R. zu einer aktiven lateten Steuer.

182 Der Höhe nach bestimmt sich der Betrag der aktivischen Steuerabgrenzung aus dem erwarteten steuerlichen Anrechnungsbetrag bei unterstellter Ausübung der Vergütung zum Bilanzstichtag und dem Mengengerüst der Zusage, insbesondere einer vereinbarten Sperrfrist (*vesting period*). Der erwartete (Gesamt-)Betrag des künftigen steuerlichen Erstattungsanspruchs ist danach über die Dauer einer

vesting period zu verteilen (so *Example* 5 in IAS 12.IE). Analog zur Behandlung von zeitraumbezogenen Leistungen gem. IFRS 2.15 halten wir eine **lineare Verteilung** über die *vesting period* für die bevorzugte Vorgehensweise (Rz 64). Sollte der steuerliche Erstattungsanspruch (ausnahmsweise) vor der Erfassung der Vergütungszusage im IFRS-Abschluss erfolgen, ist in analoger Anwendung der nachstehenden Ausführungen die Bildung einer passiven latenten Steuer (*deferred tax liability*) geboten (IFRS 2.BC314).

Ist der zukünftige steuerliche Abzugsbetrag zum Bilanzstichtag der Höhe nach unbekannt, muss eine Schätzung auf Basis der am Stichtag verfügbaren Informationen erfolgen (IAS 12.68B). Insoweit die Anrechnungsfähigkeit der Höhe nach an eine zum Stichtag beobachtbare Größe anknüpft (etwa der Marktwert zugesagter Anteile), ist für die Schätzung verpflichtend auf den Stichtagswert abzustellen. Die Höhe der steuerlichen Anrechnungsfähigkeit stellt somit das **Preisgerüst** der Bewertung für die Latenzrechnung dar. Dieses ist in Abhängigkeit des anwendbaren (nationalen) Steuerrechts – abweichend von der Bestimmung des zu verrechnenden Aufwandes nach IFRS (Rz 62) – zu jedem Stichtag anzupassen. 183

Neben dem Preisgerüst ist auch ein **Mengengerüst** der Steuerlatenzrechnung zugrunde zu legen. Nach den Ausführungen von IAS 12 ist ein Abstellen auf das Mengengerüst am Stichtag (*the number of options outstanding at each year-end*) gefordert (so *Example* 5 in IAS 12.IE). Somit ergibt sich ein weiterer Unterschied im Hinblick auf die Vorgaben für die bilanzielle Behandlung der anteilsbasierten Vergütung (Rz 65). Anstelle einer Neueinschätzung des zu erwartenden Ausübungsvolumens (= Mengengerüst) ist auf das Volumen abzustellen, welches sich bei fiktiver Ausübbarkeit am Stichtag ergäbe. Der erwartete (Gesamt-)Vorteil ist zwar über die *vesting period* zu verteilen (Rz 183), Auswirkungen von *vesting conditions* auf das erwartete Mengengerüst der Bewertung wegen einer notwendigen Stichtagsbetrachtung sind jedoch auszublenden.

Die Vorschriften zur Bestimmung des Mengengerüsts stehen ebenso wie diejenigen des Preisgerüsts nicht im Einklang mit dem *grant date measurement approach* (Rz 65), entsprechen aber den Vorgaben der Steuerlatenzrechnung (IAS 12.68B), die auch in anderen Fällen (etwa bei der Bestimmung des relevanten Steuersatzes, IAS 12.17) ein strenges **Stichtagsprinzip** verfolgt. Insoweit halten wir ein Abstellen auf feststellbare Parameter des Preis- und Mengengerüsts der Bewertung am Stichtag für geboten, das Abstellen auf erwartete Größen scheidet aus.[35]

Als Folge der für die *tax base* herangezogenen Fiktion (Rz 181) für die Steuerlatenzrechnung im Rahmen von *equity-settled transactions* ist für jede Periode eine Gegenüberstellung des kumulierten Aufwands nach IFRS und des „Steuerbuchwerts" geboten (IFRS 2.BC326). 184

- Die Erfassung latenter Steuern erfolgt **ergebniswirksam**, wenn der aktivierungsfähige künftige Erstattungsanspruch kleiner oder gleich dem kumulierten Aufwand aus der Vergütungszusage ist.
- Übersteigt der aktivierungsfähige Steuererstattungsanspruch den kumulierten Aufwand, ist eine erfolgsneutrale Erfassung **unmittelbar im Eigenkapital**

---

35 Wohl a. A. ERNST & YOUNG, International GAAP 2011, S. 1727f., welche die Inkonsistenz in den Vorgaben von IAS 12 (im Vergleich zu IFRS 2 auf ein redaktionelles Versehen reduzieren „We assume that this is simply a drafting slip by the IASB". Ebenfalls a. A. PwC, IFRS Manual of Accounting 2011, Tz 13.205.1.

(*directly in equity*), somit ohne Beeinflussung des erfolgsneutralen Teils der Gesamtergebnisrechnung (*other comprehensive income*) geboten (IAS 12.68C). Die Erfassung aktiver latenter Steuern über das Eigenkapital ist Folge eines Abstellens auf den *grant date fair value measurement approach* (Rz 62). Erfolgt die Bestimmung des steuerlich absetzbaren Erstattungsanspruchs mit Ende der Sperrfrist (*exercise date measurement*), ist die Wertdifferenz den Vergütungsberechtigten als Eigenkapitalgebern (*in their capacity as equity participants*) zuzurechnen (IFRS 2.BC318). Ein Übersteigen des steuerlichen Erstattungsanspruchs ist somit analog zu Transaktionen der Gesellschaft mit ihren Gesellschaftern (*transactions with owners in their capacity as owners*) zu behandeln (IAS 1.109) und im *statement of changes in equity* (ggf. in einer gesonderten Zeile) aufzunehmen (→ § 20 Rz 52ff.).

185 Die Erfolgswirksamkeit der Steuerabgrenzung für *equity-settled transactions* wird für jede Berichtsperiode durch den kumulierten Betrag der im IFRS-Abschluss erfassten Leistung begrenzt. Für einen darüber hinaus bestehenden steuerlichen Erstattungsanspruch (etwa wegen Unterschieden im Bewertungszeitpunkt, Rz 184) greifen die Besonderheiten für die Bestimmung temporärer Differenzen nicht (Rz 181).

Die Unterscheidung in einen ergebniswirksamen und einen ergebnisneutralen Teil der Steuerabgrenzung zeitigt auch im Fall einer **Reduzierung** des steuerlichen Vorteils (etwa durch einen Wertverlust der Option und damit geminderten inneren Wert) Relevanz. Bei der Minderung eines *deferred tax asset* ist zunächst ein erfolgsneutral zugeführter Teil zu berücksichtigen und nur eine darüber hinausgehende Minderung erfolgswirksam zu erfassen.[36]

Besonderheiten ergeben sich, wenn – abweichend von dem in IAS 12 behandelten Fall (*Example* 5) – unterschiedliche Ausübungszeitpunkte (*exercise dates*) bestehen (Rz 188).

Beispiel (Fortsetzung von Rz 65)

Die Gesellschaft vereinbart mit 500 Arbeitnehmern die Einräumung von 100 Aktienoptionen je Mitarbeiter. Voraussetzung für die Gewährung ist die Aufrechterhaltung des Dienstverhältnisses über drei Jahre hinweg. Der *fair value* jeder Option wird am *grant date* (Rz 46) auf 15 EUR geschätzt. Die Ausübung aller nicht verfallenen Optionen erfolgt im Jahr 5.

Mit Ausübbung der Optionen ist der Zuwendungsbetrag (= innerer Wert) nach dem anwendbaren nationalen Steuerrecht auf Ebene des Unternehmens vollständig steuerlich abzugsfähig. Der relevante (Unternehmens-)Steuersatz beträgt 30 %.

36 Gl. A. PwC, IFRS Manual of Accounting 2011, Tz 13.206.6.

Die bilanzielle Behandlung nach IFRS und die steuerliche Abbildung bestimmen sich nach folgenden Prämissen:

Jahr	Ist-Ansprüche in EUR	Erwartete Ansprüche nach Sperrfrist in EUR	Inanspruchnahme in EUR	Innerer Wert in EUR
1	48.000	42.500		5,00
2	45.800	44.000		10,00
3	44.300			17,00
4	44.300			20,00
5			44.300	25,00

Die Aufwandsbestimmung und die Bestimmung der Eigenkapitalzuführung nach IFRS ergeben sich in folgender Höhe:

Jahr	Berechnung	Vergütungsaufwand je Periode in EUR	kumulierter Vergütungsaufwand in EUR
1	50.000 Optionen × 85 % × 15 EUR × 1/3	212.500	212.500
2	(50.000 Optionen × 88 % × 15 EUR × 2/3) – 212.500 EUR	227.500	440.000
3	(44.300 × 15 EUR) – 440.000 EUR	224.500	664.500
4			664.500
5			664.500

Steuerlich richtet sich die Bestimmung der Verbindlichkeit nach dem Mengen- und Preisgerüst zum Bilanzstichtag (Rz 183). Die temporäre Differenz ergibt sich i.H.d. steuerlichen Vorteils (der Anrechnungsfähigkeit, da der IFRS-Buchwert (*carrying amount*) null entspricht (Rz 181).

Jahr	Mengengerüst = Ist-Ansprüche (vor Inanspruchnahme) in EUR	Preisgerüst = innerer Wert je Option in EUR	Summe innerer Wert in EUR	Verteilungsschlüssel (*vesting period*) in EUR	Temporäre Differenz = *tax base* in EUR
1	48.000	5,00	240.000	1/3	80.000
2	45.800	10,00	458.000	2/3	305.333
3	44.300	17,00	753.100	3/3	753.100
4	44.300	20,00	886.000	3/3	886.000
5	44.300	25,00	1.107.500	3/3	1.107.500

Die ergebniswirksame Erfassung der aktiven Steuerlatenz ist auf die temporäre Differenz i.H.d. kumulierten Vergütungsaufwands je Periode begrenzt (maximal 664.500 EUR). Es ergibt sich folgende Aufteilung:

Jahr	Steuerlicher Vorteil (*tax asset**) in EUR	Zuführung erfolgswirksam in EUR	Zuführung direkt im EK in EUR	Kumulierte Obergrenze erfolgswirksame Zuführung in EUR	Kumulierter Vergütungsaufwand in EUR
1	24.000	24.000		63.750	212.500
2	91.600	67.600		132.000	440.000
3	225.930	107.750	26.580	199.350	664.500
4	265.800		39.870	199.350	664.500
5	332.250		66.450	199.350	664.500

* Bis Jahr 4 ist ein Ausweis als *deferred tax asset*, ab Jahr 5 als *current tax asset* geboten. Mit dem Periodenwechsel ist entsprechend eine Umbuchung vorzunehmen.

Im Jahr 5 ist die aktive Steuerlatenz in eine tatsächliche Steuerforderung umzubuchen. Im Jahr 3 ergibt sich die Notwendigkeit einer Aufteilung der Zuführung des *tax asset* in einen erfolgswirksamen Teil (107.750 EUR), der sich aus einer Gegenüberstellung der Obergrenze der erfolgswirksamen Zuführung und den bereits erfassten Zuführungen ergibt, und einen (residual bestimmten) direkt im Eigenkapital zu verrechnenden Teil (26.580 EUR).

186 Für die Steuerlatenzrechnung ist bei Vorliegen meherer Vergütungszusagen eine **getrennte Beurteilung** geboten (*on a discrete scheme-by-scheme basis*).[37] Positive Abweichungen zwischen dem Steuervorteil und dem *grant date value* einer Zusage sind den Vergütungsberechtigten in ihrer Stellung als Eigenkapitalgebern (*in their capacity as equity participants*) zuzurechnen (Rz 184), eine erfolgswirksame Erfassung scheidet aus. Somit kann ein steuerlicher Vorteil aus einer Zusage – mit der Absicht einer erfolgswirksamen Erfassung – **nicht** auf eine weitere anteilsbasierten Vergütungszusage **übertragen** werden.

Beispiel
Eine Gesellschaft hat zum Stichtag noch zwei ausstehende anteilsbasierte Vergütungszusagen (Zusage A und Zusage B) mit vereinbartem *equity settlement*, die zu unterschiedlichen Zeitpunkten begeben wurden. Mit Ausübung der Optionen ist der Zuwendungsbetrag (= innerer Wert) auf Ebene des Unternehmens vollständig steuerlich abzugsfähig. Der relevante (Unternehmens-)Steuersatz beträgt 30 %.

37 Gl. A. Ernst & Young, International GAAP 2011, S. 1728 f.

Zum Bilanzstichtag weisen die beiden *equity-settled share based payment schemes* folgende Eigenschaften auf:

	Zusage A	Zusage B
Kumulierter Vergütungsaufwand gem. IFRS 2 EUR	500.000	1.000.000
Innerer Wert gem. IAS 12 EUR	0	1.500.000
Kumulierte Obergrenze für eine erfolgswirksame Erfassung latenter Steuern EUR	150.000	300.000
Steuerlicher Vorteil (*tax asset*) EUR	0	450.000

Eine Zusammenlegung beider Zusagen für die Steuerlatenzrechnung scheidet aus. Insgesamt ist zwar ein *deferred tax asset* i. H. v. 450.000 EUR zu erfassen, die erfolgswirksame Zuführung ist allerdings auf 300.000 EUR begrenzt. Für Zusage A ergibt sich kein steuerlicher Vorteil, auch nicht indirekt durch Übertragung der kumulierten Obergrenze für eine erfolgswirksame Erfassung auf Zusage B.

In Abhängigkeit der Ausgestaltung einer anteilsbasierten Vergütung kann ggf. eine **Aufspaltung** für Zwecke der Steuerlatenzrechnung erforderlich sein. Anhaltspunkte für eine separate Beurteilung einer Vergütungszusage mit *equity settlement* sind **187**

- das Bestehen unterschiedlicher *grant date fair values*, da sich entweder die Ausgestaltungsmerkmale in Abhängigkeit der Vergütungsberechtigten unterscheiden (z. B. Ausübungsbedingungen werden in Abhängigkeit der Betriebszugehörigkeit ausformuliert) oder die Zusage unterschiedlichen Mitarbeitern gewährt wird, die sich durch heterogene Ausübungsverhalten auszeichnen (z. B. gehobenes Management vs. Angestellte),
- die Möglichkeit zur Geltendmachung von steuerlichen Vorteilen in unterschiedlichen Rechtskreisen und/oder
- Unterschiede in der steuerlichen Anerkennung einer Vergütungszusage wegen der Beteiligung mehrerer Vergütungsberechtigter in unterschiedlichen Rechtseinheiten innerhalb eines Steuergebietes.

Hinsichtlich der Aufteilung der Steuerabgrenzung in einen erfolgswirksamen und einen erfolgsneutralen Teil ergeben sich Besonderheiten, wenn zwar eine einheitliche Sperrfrist (*vesting period*) besteht und somit eine Aufteilung entfällt (Rz 187), die steuerlich anrechenbare Zusage aber zu unterschiedlichen Zeitpunkten ausgeübt (*exercise date*) wird. Für die Bestimmung der Obergrenze einer erfolgswirksamen Zuführung des *tax asset* sind nur zum Stichtag nicht ausgeübte Optionen beachtlich, der **Gesamtbetrag** also um bereits ausgeübte Optionen zu **reduzieren**. Andernfalls käme es – analog einer Vermengung unterschiedlicher Zusagen (Rz 186) – zu einer Vermischung von steuerlichen Vorteilen, die sich in Bezug auf den *grant date value* ergeben, und solchen, die den Vergütungsberechtigten in ihrer Stellung als Eigenkapitalgeber (*in their capacity as equity participants*) zustehen (Rz 184). **188**

Beispiel (Abwandlung von Rz 185)
Die Gesellschaft vereinbart mit 500 Arbeitnehmern die Einräumung von 100 Aktienoptionen je Mitarbeiter. Voraussetzung für die Gewährung ist die Aufrechterhaltung des Dienstverhältnisses über drei Jahre hinweg. Der *fair value* jeder Option wird am *grant date* (Rz 46) auf 15 EUR geschätzt. Bereits am Ende von Jahr 3 werden 50 % der bestehenden Ansprüche ausgeübt, obwohl der innere Wert zum Stichtag nur 12,00 EUR je Option beträgt. Alle verbleibenden Ansprüche werden im Jahr 5 gezogen. Mit Ausübbung der Optionen ist der Zuwendungsbetrag (= innerer Wert) auf Ebene des Unternehmens vollständig steuerlich abzugsfähig. Der relevante (Unternehmens-)Steuersatz beträgt 30 %.
Die bilanzielle Behandlung nach IFRS und die steuerliche Abbildung bestimmen sich – abweichend vom Ausgangsbeispiel (Rz 185) – nach folgenden Prämissen:

Jahr	Ist-Ansprüche	Erwartete Ansprüche nach Sperrfrist	Inanspruchnahme (abweichend vom Ausgangsfall)	Innerer Wert in EUR (abweichend vom Ausgangsfall)
1	48.000	42.500		5,00
2	45.800	44.000		10,00
3	22.150		22.150	12,00
4	22.150			14,00
5			22.150	20,00

Die Aufwandsbestimmung und die Bestimmung der Eigenkapitalzuführung nach IFRS ergeben sich in (gleicher) folgender Höhe:

Jahr	Berechnung	Vergütungsaufwand je Periode EUR	kumulierter Vergütungsaufwand EUR
1	50.000 Optionen × 85 % × 15 EUR × 1/3	212.500	212.500
2	(50.000 Optionen × 88 % × 15 EUR × 2/3) – 212.500 EUR	227.500	440.000
3	(44.300 × 15 EUR) – 440.000 EUR	224.500	664.500
4			664.500
5			664.500

Steuerlich richtet sich die Bestimmung der Verbindlichkeit nach dem Mengen- und Preisgerüst zum Bilanzstichtag (Rz 183). Die temporäre Differenz ergibt sich i.H.d. steuerlichen Vorteils (der Anrechnungsfähigkeit, da der IFRS-Buchwert (*carrying amount*) null entspricht (Rz 181).

Jahr	Mengengerüst = Ist-Ansprüche (vor Inanspruchnahme) in EUR	Preisgerüst = innerer Wert je Option in EUR	Summe innerer Wert in EUR	Verteilungsschlüssel (*vesting period*) in EUR	Temporäre Differenz = *tax base* in EUR
1	48.000	5,00	240.000	1/3	80.000
2	45.800	10,00	458.000	2/3	305.333
3	44.300	12,00	531.600	3/3	531.600
4	22.150	14,00	310.100	3/3	310.100
5	22.150	20,00	443.000	3/3	443.000

Die ergebniswirksame Erfassung der aktiven Steuerlatenz ist auf die temporäre Differenz i. H. d. kumulierten Vergütungsaufwands je Periode begrenzt (maximal 664.500 EUR). Die Grenze ist allerdings bei (teilweiser) Ausübung bestehender Optionen anzupassen. Da im Jahr 3 bereits 22.150 ausgeübt werden, ist für die Folgejahre von einer angepassten Obergrenze i. H. v. 332.250 EUR (= 22.150 × 15 EUR) auszugehen. Es ergibt sich folgende Aufteilung:

Jahr	Steuerlicher Vorteil (*tax asset**) in EUR	Zuführung erfolgswirksam in EUR	Zuführung direkt im EK in EUR	Kumulierte Obergrenze erfolgswirksame Zuführung in EUR	Kumulierter Vergütungsaufwand** in EUR
1	24.000	24.000		63.750	212.500
2	91.600	67.600		132.000	440.000
3	159.480	67.880		199.350	664.500
3r***	79.740	79.740		99.675	332.250
4	93.030	13.290		99.675	332.250
5	132.900	6.645	33.225	99.675	332.250

* Bis Jahr 2 ist ein Ausweis als *deferred tax asset*, im Jahr 3 sind 50 % des *tax asset* in ein *current tax asset* umzubuchen und ab Jahr 5 ist auch ein Ausweis des verbleibenden Betrags als *current tax asset* geboten. Mit dem jeweiligen Periodenwechsel ist entsprechend eine Umbuchung vorzunehmen.
** Angepasst um die Anzahl der bereits ausgeübten Optionen.
*** Anpassung der Aufteilung aufgrund der Ausübung von 22.150 Optionen in Jahr 3 (Jahr 3r = *revised*).

Im Jahr 3 ist die aktive Steuerlatenz zu 50 % (mit einem Betrag von 79.740 EUR) in eine tatsächliche Steuerforderung umzubuchen. Für die Fortführung der Steuerlatenzrechnung ab Jahr 4 ist von einer reduzierten Anzahl ausstehender Anteile auszugehen. Der als *current tax asset* umgebuchte Betrag wurde in der Aufteilung ab Jahr 4 ausgeklammert. Erst im Jahr 5 ergibt sich die Notwendigkeit einer Aufteilung der Zuführung des *tax asset* in einen erfolgswirksamen Teil (6.645 EUR), der sich aus einer Gegenüberstellung der Obergrenze der erfolgswirksamen Zuführung und den bereits erfassten Zuführungen, jeweils angepasst an die Anzahl der noch ausstehenden Optionen, ergibt, und einen (residual bestimmten) direkt im Eigenkapital zu verrechnenden Teil (33.225 EUR).

189 Eine weitere Besonderheit erg bt sich im Hinblick auf das Ausübungsverhalten, wenn entgegen der Erwartung und Ausübungsmöglichkeit nicht alle Optionen in Anspruch genommen werden und somit entfallen. Knüpft der steuerliche Vorteil an eine Ausübung der Option und den inneren Wert bei Ausübung, wird dieser nicht realisiert, wenn ausübbare Optionen verfallen (*lapse*). Der Verfall von Optionen wegen Auslaufens der *exercise period* führt u. E. nicht zu einer Anpassung der erfolgten Zuführung zu einem *deferred tax asset*, sondern ist im Rahmen der Umbuchung auf das *current tax asset* zu erfassen.[38] Im Zeitpunkt der Umbuchung ergibt sich ein Auseinanderfallen der erfolgswirksamen Buchung in Soll (Auflösung *deferred tax asset*) und Haben (Zuführung *current tax asset*). Im Saldo verbleibt ein Aufwand, da die Soll-Buchung die Haben-Buchung übersteigt.

190 Innerhalb einer Gruppe werden (Konzern-)Unternehmen, die an einem einheitlichen Vergütungsplan partizipieren, regelmäßig per Umlage (*recharge*) an den Aufwendungen beteiligt (zu der Behandlung von Vergütungen im Konzernverbund vgl. Rz 127ff.). Auswirkungen auf die Steuerberechnung können sich ergeben, wenn die Umlage anstelle der Ausübung der gewährten Optionen auf Ebene der einzelnen Konzerneinheit steuerlich abzugsfähig ist. Besteht ein unmittelbarer Zusammenhang zwischen der Umlage und der anteilsbasierten Vergütung, gelten für die Steuerlatenzrechnung auf Ebene der konsolidierten Einheit die Vorgaben aus IAS 12.68A-C analog (Rz 184).[39]

- Ist der aus der Umlage steuerlich anerkannte Vorteil kleiner oder gleich dem kumulierten Vergütungsaufwand, ist eine **erfolgswirksame** Erfassung geboten.
- Übersteigt der Vorteil aus der Umlage den kumulierten Vergütungsaufwand, ist eine Erfassung **unmittelbar im Eigenkapital** der Gruppe geboten.

Fehlt es an einem Zusammenhang zwischen der steuerlichen Anerkennung der Umlage und dem kumulierten Vergütungsaufwand aus der anteilsbasierten Zusage, ist der (Gesamt-)Betrag des steuerlichen Vorteils erfolgswirksam zu vereinnahmen. Steht die Erhebung einer Umlage allein im Ermessen des Mutterunternehmens einer Gruppe und fehlt es an einer durchsetzbaren Vereinbarung, scheidet die Berücksichtigung des Vorteils aus der steuerlichen Anrechnungsfähigkeit der Umlage auf Ebene einer untergeordneten Einheit mangels Entstehen dem Grunde nach aus. Entsprechendes gilt für die Erfassung eines *deferred tax asset* im Konzernabschluss, die ebenfalls zu unterbleiben hat.

11.2.3 Besonderheiten für anteilsbasierte Vergütungen im Rahmen von *business combinations*

191 Erfolgt im Rahmen einer *business combination* der (verpflichtende) Ersatz einer anteilsbasierten Vergütungszusage übernommener Mitarbeiter (*replacement*

[38] Gl. A. PwC, IFRS Manual of Accounting 2011, Tz 13.206.7.
[39] Gl. A. PwC, IFRS Manual of Accounting 2011, Tz 13.206.9.

shares), die Vergütung für erbrachte Dienstleistungen vor dem Erwerbsstichtag darstellt, ist der Wert der Vergütung als Teil der Anschaffungskosten (*consideration transferred*) zu erfassen (Rz 143). Unter der Voraussetzung einer steuerlichen Anrechenfähigkeit der anteilsbasierten Vergütung ist nach Maßgabe des Preis- und Mengengerüsts zum Erwerbsstichtag (Rz 183), eine aktive latente Steuer zu erfassen (so auch *Example* 6 in IAS 12.IE).

Beispiel
Unternehmen A erwirbt zum 31.12. alle Anteile an Unternehmen B. Im Zeitpunkt des Unternehmenszusammenschlusses hat die ausübbare Zusage (*fully vested*) auf Anteile (*equity settlement*) der anspruchsberechtigten Mitarbeiter des erworbenen Unternehmens B einen Wert von 10 Mio. EUR. Im Zuge der *business combination* gewährt der Erwerber Optionen auf Anteile an A mit gleichem Wert (*replacement shares*), die ebenfalls sofort ausübbar sind (*fully vested*). Der innere Wert zum Erwerbsstichtag beträgt 7 Mio. EUR, der relevante Steuersatz 30 %. Eine steuerliche Anrechnungsfähigkeit i. H. d. inneren Werts setzt eine Ausübung der gewährten Optionen voraus.
Für den steuerlichen Vorteil ist im Rahmen der *business combination* eine aktive latente Steuer i. H. v. 2,1 Mio. EUR (= 7 Mio. EUR × 30 %) zu erfassen (zur erforderlichen Kaufpreisallokation siehe → § 31 Rz 126ff.).

Für die **Fortführung** der Steuerlatenzrechnung nach vollzogener *business combination*, also der erfassten aktiven latenten Steuer nach Maßgabe des inneren Werts des Steuervorteils zum Preis- und Mengengerüst am Erwerbsstichtag, fehlt es an konkreten Vorgaben in IAS 12. Unklar ist insbesondere, ob Anpassungen der aktiven latenten Steuer wegen Veränderungen des inneren Werts vor Ausübung erfolgswirksam oder erfolgsneutral zu verrechnen sind. Da der Zugang der anteilsbasierten Vergütung im Rahmen der *business combination* erfolgte, somit – unter der Prämisse der freien Ausübbarkeit im Zugangszeitpunkt – keine Historie für einen kumulierten Vergütungsaufwand besteht, halten wir eine Erfassung der Änderungen des steuerlichen Vorteils unmittelbar im Eigenkapital für geboten (Rz 184). Aus Sicht des Erwerbers erfolgte der Zugang der anteilsbasierten Vergütung als Teil der **Anschaffungskosten** (*consideration transferred*), eine erfolgswirksame Fortführung des *deferred tax asset* scheidet aus. 192

Beispiels (Fortsetzung von Rz 191)
Zum 31.12.x2 sind die *replacement shares* noch nicht ausgeübt worden. Der innere Wert ist allerdings von 7 Mio. EUR auf 9 Mio. EUR angestiegen. Das *deferred tax asset* ist somit um 0,6 Mio. EUR auf 2,7 Mio. EUR (= 9 Mio. EUR x 30 %) zu erhöhen. Mangels Bestehen der Historie eines kumulierten Vergütungsaufwands ist die Zuführung unmittelbar im Eigenkapital zu erfassen, den Vergütungsberechtigten somit in ihrer Rolle als Eigenkapitalgeber (*in their capacity as equity participants*) zuzurechnen.

193 Stellt ein Teil der *replacement shares* Vergütung für den Zeitraum nach der *business combination* dar, ist eine Aufteilung der (Gesamt-)Zusage in *pre-* und *post-combination services* erforderlich. Der als *post-combination expense* identi-

fizierte Teil stellt u. E. eine **neue Zusage** (*new grant date*) dar (Rz 147). Wird die Ausgabe von *replacement shares* (teilweise) als *new grant* behandelt, ist der den Wert der ursprünglichen Zusage übersteigende Wert der *replacement shares* gem. IFRS 2.15 über die nach dem Stichtag der Kontrollerlangung verbleibende *vesting period* gleichmäßig zu verteilen. Entsprechendes gilt u. E. für die Bestimmung der Steuerlatenz, auch hier ist (anteilig) eine neue Zusage zu unterstellen.[40]

11.3 Begrenzte Bedeutung für Unternehmen im deutschen Rechtsraum

11.3.1 Aktienoptionen und bedingte Kapitalerhöhung

194 IFRS 2 sieht für die anteilsbasierte Vergütung auf der Grundlage eines **bedingten Kapitals** (*equity settlement)* eine aufwandswirksame Ansammlung der unterstellten Arbeitsleistung unter Gegenbuchung im Eigenkapital vor. Die Übernahme dieser Bilanzierungsregel in das deutsche **HGB** ist umstritten, in die steuerliche Gewinnermittlung nach **EStG** derzeit nicht denkbar.[41] Eine Aufwandsbelastung zugunsten der Kapitalrücklage lässt sich mit dem Einlagetatbestand des deutschen Steuerrechts nicht vereinbaren. Dies bestätigt auch die BFH-Rechtsprechung:[42] Die Ausgabe der Optionen stelle sich dem BFH zufolge allein als Vermögensverlust der Altaktionäre dar, die durch die bedingte Kapitalerhöhung eine **Verwässerung** ihres Aktienwerts in Kauf nehmen müssten. Das aktienrechtliche und auch ertragsteuerliche **Trennungsprinzip** erlaube keinen Transfer des Vermögensnachteils der Aktionäre in die Besteuerungsebene der Gesellschaft.

Eine Abweichung von IFRS- und steuerlichem Ergebnis ist deshalb bei Ausgabe von *equity-settled share-based payment*-Zusagen unvermeidlich.[43] Mangels einer steuerlichen Anrechnungsfähigkeit besteht keine temporäre Differenz, eine Steuerlatenzrechnung scheidet aus (Rz 181). Abweichungen zwischen IFRS-Ergebnis und Steuerergebnis sind im Rahmen der Überleitungsrechnung nach IAS 12.81 (→ § 26 Rz 141) zu erfassen.

195 Allenfalls kann sich die Frage stellen, ob im Zeitpunkt der Optionsausübung mit der Folge einer **Zuflussbesteuerung** beim Arbeitnehmer[44] eine Aufwandsverbuchung bei der Gesellschaft steuerlich wirksam möglich ist. Eine einigermaßen überzeugende Befürwortung des Betriebsausgabenabzugs in diesen Fällen ist weder im Schrifttum[45], geschweige denn bei der Finanzverwaltung oder beim BFH feststellbar. Das dahintersteckende ökonomische Problem liegt in der **Person** des Vergütungsschuldners: Nicht die Gesellschaft, sondern die Altaktionäre erbringen (durch Kapitalverwässerung) die Gegenleistung (Rz 33). Ohne eine steuerliche Anerkennung scheidet eine Steuerlatenzrechnung aber aus.[46]

---

40 Gl. A. ERNST & YOUNG, International GAAP 2011, S. 1731 f.
41 HERZIG/LOCHMANN, WPg 2002, S. 255 ff.
42 BFH, Urteil v. 25.8.2010, I R 103/09, DStR 2010, S. 2453.
43 Ausführlich HOFFMANN, PiR 2011, S. 30 ff.
44 BFH, Urteile v. 24.1.2001, I R 100/98, DB 2001, S. 1173, sowie I R 119/98, DB 2001, S. 1176.
45 HERZIG/LOCHMANN, WPg 2002, S. 325 ff.
46 Für eine kritische Auseinandersetzung HOFFMANN, PiR 2011, S. 30 ff.

11.3.2 Aktienoptionen mit Bedienung durch erworbene Aktien

Eine Steuerlatenz kann sich aus der Stillhalteverpflichtung ergeben, sofern diese nicht als Drohverlustrückstellung gewertet wird. Nach IFRS 2 ist die **Bewertung** zum *fair value* vorzunehmen, in der deutschen Steuerbilanz muss die Bewertung auf der Grundlage des inneren Wertes *(intrinsic value)* erfolgen. Es kommt dann zu einer aktiven Steuerlatenz mit der Auflösung im Zuge der Ausübung (→ § 26 Rz 34). 196

11.3.3 *Stock appreciation rights*

Zu klären ist zunächst, ob eine Bilanzierung dem Grunde nach analog zu den Vorgaben der IFRS (Rz 37) auch in der Steuerbilanz in Betracht kommt. Vom BFH wurde ein solcher Fall bislang nicht entschieden. In der Auslegung sollte deshalb von einer Analogie zur **erfolgsabhängigen** Vergütung ausgegangen werden, die eine Verbindlichkeitsrückstellung auch steuerlich erforderlich macht. Die zeitanteilige Zuführung kann u.E. in der Steuerbilanz ebenfalls nachvollzogen werden. Es werden damit die in der **Vergangenheit** erbrachten Arbeitsleistungen abgegolten. 197

Die Bewertung ist mit dem *fair value* vorzunehmen (Rz 38). Dem kann das Steuerrecht nicht folgen.[47] Hier ist die Bewertung mit dem innewohnenden Wert (Optionskurs abzüglich aktuellen Aktienkurses bzw. Anteilswerts) vorzunehmen (ausführlich Rz 173f.). In der Haltefrist ist der Steueraufwand deshalb zu hoch ausgewiesen mit der Folge des Ansatzes einer aktiven Steuerlatenz (→ § 26 Rz 48). 198

11.4 Übernahme der Besteuerung des Mitarbeiters durch das Unternehmen

11.4.1 Fehlende Vorgaben für die bilanzielle Erfassung

In Abhängigkeit von dem zugrunde liegenden Steuerrecht ergibt sich aus einer anteilsbasierten Vergütungszusage gegenüber Mitarbeitern für den Vergütungsschuldner die Verpflichtung zur Zahlung von Steuern (*employment taxes*) und/oder Sozialleistungen (*social security contributions*). Mangels Vorgaben für die bilanzielle Erfassung besteht zur **Lückenfüllung** (→ § 1 Rz 74) ein Wahlrecht für einen Rückgriff auf Vorgaben in anderen Standards (IAS 8.11a), welches allerdings stetig auszuüben ist (IAS 8.14; → § 24 Rz 5ff.). 199

Für die Erfassung von Auszahlungen im Zusammenhang mit gewährten anteilsbasierten Vergütungen, die nicht dem Vergütungsberechtigten, sondern (nachfolgend i.S.e. einheitlichen Begriffsverwendung) dem Fiskus zufliessen, kommt eine Behandlung als

- nichtfinanzielle Verbindlichkeit (IAS 37),
- zusätzliche Vergütung mit Barausgleich (IFRS 2) oder
- sonstige Leistung an Arbeitnehmer (IAS 19)

infrage. Eine Behandlung als finanzielle Verbindlichkeit scheidet mangels Vorliegen einer vertraglichen Zahlungsverpflichtung (*contractual obligation*) aus (IAS 32.AG12).

---

47 Herzig, DB 1999, S. 1, 10.

200 U.E. ist die bilanzielle Erfassung einer bestehenden Verpflichtung des Unternehmens zur Zahlung von Steuern und/oder Sozialleistungen vorrangig durch einen **Rückgriff** auf die Vorgaben in **IAS 37** oder **IAS 19** zu lösen.

- Gegen einen Rückgriff auf die Vorgaben in IFRS 2 spricht insbesondere das Bestehen der Verpflichtung gegenüber dem Fiskus, der nicht als *„supplier of… goods or services“* auftritt (IFRS 2.5).
- Eine Anwendung von IAS 19 kann zumindest für Sozialleistungen gerechtfertigt werden, da diese in IAS 19 als Teil von kurzfristigen Leistungen an Arbeitnehmer aufgeführt werden (IAS 19.8a; → § 22 Rz 76). Regelmäßig werden Zahlungsverpflichtungen gegenüber dem Fiskus aber nicht als kurzfristige, sondern als langfristige Mitarbeitervergütungen zu klassifizieren sein.
- Die Vorgaben in IAS 37 greifen lediglich residual (als Auffanglösung), wenn eine Behandlung nach IFRS 2 oder IAS 19 ausgeschlossen wird (IAS 37.5; → § 21 Rz16).

In der **Totalperiode** ergeben sich in Abhängigkeit von der Wahlrechtsausübung **keine Auswirkungen** auf die Ertragssituation eines Unternehmens. Der Höhe nach entspricht der zu erfassende Aufwand immer der Auszahlung an den Fiskus. Unterschiede ergeben sich allerdings hinsichtlich des Zeitpunktes der Aufwandserfassung und der anschließenden zeitlichen Verteilung.

201 Die Vorgaben zur Passivierung einer Verbindlichkeit für Leistungen gegenüber Arbeitnehmern gem. IAS 19 – anteilsbasierte Zusagen zunächst ausgeklammert (für eine Behandlung analog Zusagen mit Barvergütungen; Rz 82ff.) – orientieren sich an den **Ansatz**kriterien nichtfinanzieller Verbindlichkeiten im Anwendungsbereich von IAS 37 (IAS 19.BC41). Die Ansatz- und Bewertungskriterien sind allerdings nur ähnlich (*similar*) und nicht identisch (etwa IAS 19.BC93). Die Erfassung einer Verbindlichkeit ist geboten (→ § 21 Rz 18), wenn das Unternehmen

- eine gegenwärtige (am Bilanzstichtag) bestehende rechtliche oder faktische Verpflichtung (*present obligation*)
- als Ergebnis einer früheren Begebenheit (*past event*)
- mit erwartetem (künftigem) Ressourcenabfluss zur Regulierung (*outflow of resources*)
- bei zuverlässiger Möglichkeit zur Schätzung der Verpflichtungshöhe (*reliable estimate*) hat.

Für den **Zeitpunkt** der Passivierung der Verpflichtung ergeben sich daher keine (oder nur marginale und praktisch vernachlässigbare) Unterschiede. U.E. ist auf den Zusagezeitpunkt (*grant date*) der Vergütungszusage abzustellen (Rz 46).

202 Besondere Bedeutung kommt der **zeitlichen Verteilung** des erwarteten Aufwands zu.

- Wird (analog) auf die Vorgaben von IAS 19 abgestellt, bestimmt sich die Höhe der zu passivierenden Verpflichtung nach dem Umfang der zum Bilanzstichtag erhaltenen Leistung (IAS 19.10/128). Aus den Vorgaben zur Verteilung der Gesamtverpflichtung (*attributing benefits to periods of service*) ergibt sich u.E. die Notwendigkeit, für die Passivierung der Verbindlichkeit aus *employee benefits* auch auf eine evtl. *vesting period* (i.S.e. Sperrfrist) abzustellen (IAS 19.69f.).[48] Erfolgt die Behandlung der Zahlungsverpflichtung gegenüber

[48] Vgl. Freiberg, PiR 2010, S. 85ff.

dem Fiskus (analog) im Anwendungsbereich von IAS 19, ergeben sich somit die gleichen Verteilungsregeln wie für anteilsbasierte Vergütungen (IFRS 2.BC245). Passivierungspflichtig ist nicht der Gesamtbetrag der künftig erwarteten Verpflichtung, sondern der Anteil, der bereits zum Bilanzstichtag durch den vergütungsberechtigten Mitarbeiter „erdient" wurde.

- Wird analog auf die Vorgaben von IAS 37 abgestellt, scheidet ein entsprechendes Vorgehen, also eine zeitliche Aufwandsverteilung, zunächst aus. Mit Erfüllung der Ansatzvoraussetzungen wäre eine Verbindlichkeit für den erwarteten Ressourcenabfluss zu passivieren (→ § 21 Rz 114). Wir halten eine zeitliche Aufwandsverteilung allerdings dennoch für zulässig,[49] sehen diese sogar als vorrangig an. Eine entsprechende Auslegung wird durch eine Interpretation für die UK-GAAP zu FRS 12, als inhaltlich identischer Standard zu den Vorgaben in IAS 37, bestätigt.[50]

Nicht vermeidbare Unterschiede ergeben sich im Hinblick auf den anwendbaren Zinssatz – nach IAS 37 Verpflichtung zum Abstellen auf eine risikolose Alternativanlage (→ § 21 Rz 126ff.) und nach IAS 19 auf die beobachtbare Rendite erstrangiger, festverzinslicher Industrieanleihen (→ § 22 Rz 34) – für die Barwertbestimmung bei langfristigen (Zahlungs-)Verpflichtungen gegenüber dem Fiskus.[51]

Eine **zeitliche Verteilung** des erwarteten Aufwands aus Verpflichtungen zur Zahlung von Steuern für den Arbeitnehmer oder Sozialleistungen scheidet aus, wenn die Zahlungsverpflichtung (ausnahmsweise) im Zusagezeitpunkt besteht und ein Rückgriffsanspruch gegenüber dem Arbeitnehmer oder dem Fiskus nicht besteht. 203

Beispiel

Das zugrunde zu legende Steuerrecht des Wirtschaftsraums, in dem anteilsbasierte Vergütungen zugesagt werden, sieht eine Verpflichtung des Unternehmens zur Zahlung von *employment taxes* vor. Für die Bestimmung des abzuführenden Betrags ist auf den inneren Wert zugesagter Optionen bei Ausübung abzustellen; werden Optionen nicht ausgeübt, besteht auch keine Pflicht zur Zahlung von Steuern. Alternativ hat das Unternehmen das Recht, eine Besteuerung im Zusagezeitpunkt der Vergütung zu verlangen. Die Höhe der *employment taxes* richtet sich dann nach Maßgabe des im Zusagezeitpunkt bestehenden (Stichtags-)Werts. Wird das Wahlrecht ausgeübt, scheidet eine Erstattung in späteren Perioden und auch eine zeitliche Verteilung des Steueraufwands aus; dieser ist in voller Höhe im Zusagezeitpunkt der Vergütung zu erfassen.

---

49 So auch ERNST&YOUNG, International GAAP 2011, S. 1868f.

50 Vgl. Urgent Issues Task Force of United Kingdom Accounting Standards Board, UITF 25 – National Insurance contributions on share option fains, July 2000.

51 Vgl. FREIBERG, Diskontierung in der Internationalen Rechnungslegung, Rz 425.

11.4.2 Abgrenzungsschwierigkeiten bei Aufteilung/Verlagerung der Steuerverpflichtung

204 Das Bestehen einer Verpflichtung zur Zahlung von Steuern oder Sozialleistungen im Zusammenhang mit gewährten anteilsbasierten Vergütungen schränkt den bestehenden (ökonomischen) Vorteil aus einer Zusage mit vorgesehenem *equity settlement* ein. Zwar stellt die Zusage weiterhin eine Möglichkeit zur liquiditätsschonenden Vergütung von empfangenden Leistungen dar, eine Verpflichtung gegenüber dem Fiskus löst aber dennoch einen Ressourcenabfluss aus. Zur (ökonomischen, nichtbilanziellen) Absicherung der Zahlungsverpflichtung kann das Unternehmen als Vergütungsschuldner eigene Vorsorge treffen (Rz 205). Alternativ kommt eine Übertragung der Verpflichtung zur Leistung von Steuerzahlungen und Sozialabgaben auf den Vergütungsberechtigten infrage, indem von diesem entweder die Hingabe

- von liquiden Mitteln durch Bestehen einer direkten Zahlungsverpflichtung bzw. eines (anteiligen) Einbehalts einer in bar geleisteten Gehaltszahlung (Rz 206) oder
- von Anteilen zur Erfüllung der Zahlungsverpflichtung (Rz 207)

verlangt wird.

205 Eine Möglichkeit zur liquiditätsschonenden Erfüllung einer Verpflichtung gegenüber dem Fiskus aus der Zusage von anteilsbasierten Vergütungen für eigene Mitarbeiter ist die Veräußerung von eigenen Anteilen zusätzlich zu den im Rahmen der Optionsausübung gewährten Anteilen. Der Erwerb und die Veräußerung von eigenen Anteilen (*treasury shares*) stellen eine **separate Transaktion** dar und ist unabhängig von der anteilsbasierten Vergütung und der bilanziellen Verpflichtung zur Erfüllung einer bestehenden Steuerverpflichtung zu erfassen (zur bilanziellen Behandlung → § 20 Rz 72ff.).

206 Verlangt das Unternehmen als Vergütungsschuldner vom Anspruchsberechtigten einer anteilsbasierten Vergütung einen Barausgleich (*remuneration*) i.H.d. von dem Unternehmen zu leistenden Steuerzahlungen bzw. Sozialleistungsverpflichtung, ergeben sich in Abhängigkeit von der (vertraglichen) Ausgestaltung Auswirkungen auf die bilanzielle Abbildung der Vergütung. Die Verpflichtung des Vergütungsschuldners zur Leistung von Zahlungen an den Fiskus stellt in jedem Fall eine separat zu erfassende Transaktion dar.

- Wird die Verpflichtung des Anspruchsberechtigten zum Barausgleich als Bestandteil des Ausübungspreises (*exercise price*) der gewährten Zusage behandelt/interpretiert, ergeben sich Auswirkungen auf das Preisgerüst der Option (Rz 58).
- Alternativ kann die Verpflichtung zum Barausgleich auch separat von der anteilsbasierten Vergütung als Rückgriffsanspruch (*reimbursement*) erfasst werden (→ § 21 Rz 146ff.).

Mindestens für eine erteilte Zusage ist gem. IAS 8.14 eine einheitliche Behandlung geboten (→ § 24 Rz 5ff.), für unterschiedliche Zusagen besteht u.E. ein separat ausübbares Wahlrecht.

Beispiel

An den Vorstand der A werden Aktienoptionen mit einer Sperrfrist (*vesting period*) von (annahmegemäß) zwei Jahren ausgegeben, der Ausübungspreis

der Optionen beträgt null. Aufgrund steuerlicher Vorgaben muss A bei Ausübung der Option 15 % des Marktwertes der Anteile (= innerer Wert der Option) als *employment tax* abführen. Im Fall einer Ausübung besteht eine Verpflichtung des Vorstands gegenüber A zur Zahlung eines Betrags, der 15 % des Marktpreises bei Ausübung entspricht.
Im Zusagezeitpunkt beträgt der innere Wert der Optionen 120.000 EUR, im Ausübungszeitpunkt ist der innere Wert auf 300.000 EUR angestiegen. Die Verpflichtung gegenüber dem Fiskus beträgt daher 45.000 EUR, die bei Ausübung unmittelbar nach Ablauf der *vesting period* (noch im Jahr 2) auch von dem Vorstand an die Gesellschaft gezahlt wird.

Alternative 1: Behandlung der Zahlung des Vorstands als Ausübungspreis der Option
Für die bilanzielle Abbildung ist eine anteilsbasierte Vergütung mit einem variablen Ausübungspreis zu unterstellen. Die Zahlungsverpflichtung geht in die Optionsbewertung (*grant date measurement approach*) ein. Wird der Zeitwert der Option vernachlässigt, beträgt der Optionswert im Zusagezeitpunkt 102.000 EUR. Es ergeben sich in kumulierter Betrachtung die folgenden bilanziellen Konsequenzen (den Zu- und Abfluss liquider Mittel ausgeklammert):

	Personalaufwand (IFRS 2) in EUR	**Personalaufwand (Steuern) in EUR**	**Eigenkapitalzuführung (IFRS 2) in EUR**	**Eigenkapitalzuführung (*remuneration*) in EUR**
Σ	102.000	45.000	102.000	45.000
Σ	147.000		147.000	

Der Empfang der Ausgleichszahlung durch den Vorstand wird als Eigenkapitalzuführung behandelt.

Alternative 2: Separate Erfassung der Zahlung als reimbursement
Die Zahlungsverpflichtung steht nicht im Zusammenhang mit der Vergütung und beeinflusst auch nicht die Optionsbewertung. Wird der Zeitwert der Option vernachlässigt, beträgt der Optionswert im Zusagezeitpunkt 120.000 EUR. Es ergeben sich in kumulierter Betrachtung die folgenden bilanziellen Konsequenzen (den Zu- und Abfluss liquider Mittel ausgeklammert):

	Personalaufwand (IFRS 2) in EUR	**Personalaufwand (Steuern) in EUR**	**Eigenkapitalzuführung (IFRS 2) in EUR**	**Eigenkapitalzuführung (*reimbursement*) in EUR**
Σ	120.000	0	120.000	0
Σ	120.000		120.000	

Der Empfang der Ausgleichszahlung durch den Vorstand storniert als *reimbursement* die Aufwandsbuchung aus der Begleichung der Verpflichtung gegenüber dem Fiskus.
Der zu erfassende Gesamtaufwand beider Alternativen unterscheidet sich i. H. v. 27.000 EUR. Die Differenz erklärt sich für Alternative 2 durch die Nichtberücksichtigung der Ausgleichsverpflichtung in der Bewertung der anteilsbasierten Vergütung (kumuliert + 18.000 EUR) und der Stornierung des Aufwands aus der Begleichung der Steuerverpflichtung (kumuliert – 45.000 EUR).

207 Alternativ zu einem Barausgleich kann auch eine Verpflichtung des Vergütungsberechtigten zur Erstattung der Zahlungsverpflichtung gegenüber dem Fiskus durch Rückgabe von **Anteilen** vereinbart werden. Dann ist u. E. eine Anpassung des Mengengerüsts der Bewertung (Rz 58) geboten. Bereits mit Zusage ist eine Nettobetrachtung geboten (keine Aufwandsverrechnung für rückzugewährende Anteile).

Beispiel (Abwandlung von Rz 206)
An den Vorstand der A werden 1.000 Aktienoptionen mit einer Sperrfrist (*vesting period*) von (annahmegemäß) zwei Jahren ausgegeben, der Ausübungspreis der Optionen beträgt null. Aufgrund steuerlicher Vorgaben muss A bei Ausübung der Option 15 % des Marktwerts der Anteile (= innerer Wert der Option) als *employment tax* abführen. Im Fall einer Ausübung besteht eine Verpflichtung des Vorstands gegenüber A zur Rückerstattung einer Anzahl von Anteilen mit einem Wert, der der Verpflichtung gegenüber dem Fiskus entspricht.
Im Zusagezeitpunkt beträgt der innere Wert der 1.000 Optionen 120.000 EUR, im Ausübungszeitpunkt ist der innere Wert auf 300.000 EUR angestiegen. Die Verpflichtung gegenüber dem Fiskus beträgt daher 45.000 EUR. Bei Ausübung der Option ist der Vorstand verpflichtet, 150 Anteile ohne Vergütung an A zurückzugewähren.
Für die bilanzielle Abbildung ist das Mengengerüst der anteilsbasierten Vergütung anzupassen. Der Vorstand hat keinen Anspruch auf 1.000 Aktien, sondern bei Ausübung nur auf 85 %. Für die Aufwandsverteilung ist daher eine Nettobetrachtung geboten. Das Preisgerüst der Bewertung wird nicht angepasst; wird der Zeitwert vernachlässigt, beträgt der Optionswert 120 EUR. Es ergeben sich in kumulierter Betrachtung die folgenden bilanziellen Konsequenzen (den Zu- und Abfluss liquider Mittel ausgeklammert):

	Personalaufwand (IFRS 2) in EUR	Personalaufwand (Steuern) in EUR	Eigenkapitalzuführung (IFRS 2) in EUR	Steuerverbindlichkeit in EUR
Σ	102.000	45.000	102.000	45.000

A erfasst die Verpflichtung zur Steuerzahlung separat von der anteilsbasierten Vergütung.

Für den Fall des Bestehens eines Erfüllungswahlrechts des Anspruchsberechtigten aus der anteilsbasierten Vergütung scheidet eine Anpassung des Mengengerüsts aus. Die Verpflichtung mit Erfüllungswahlrecht ist separat von der anteilsbasierten Vergütung, die in vollem Umfang aufwandswirksam wird, als Rückgriffsanspruch (*reimbursement*) zu erfassen (→ § 21 Rz 146ff.).

12 Ausweis

Der aus den anteilsorientierten Vergütungsformen resultierende Aufwand ist in der **GuV** (als Teil der Gesamtergebnisrechnung) nach den Regeln des dafür gewählten Formates – Umsatzkosten- oder Gesamtkostenverfahren (→ § 2 Rz 52ff.) – auszuweisen. Eine Erfassung im erfolgsneutralen Teil der Gesamtergebnisrechnung (*other comprehensive income*) scheidet aus. 208

In der **Bilanz** sind entweder das Eigenkapital oder die Verbindlichkeiten als Ausweisposition zu wählen. IFRS 2 macht diesbezüglich keine weiteren Vorgaben. Sinnvollerweise erfolgt der Ausweis im Eigenkapital in der Kapitalrücklage (→ § 20 Rz 78) und bei den Verbindlichkeiten unter den nichtfinanziellen Verbindlichkeiten bzw. Rückstellungen (*provisions*; → § 21 Rz 164).

13 Angaben

Leitlinie der Angabepflichten (IFRS 2.44) ist die **Offenlegung** von Informationen, die dem Abschlussadressaten ein tieferes Verständnis für die angewandten Bilanzierungs- und Bewertungsmethoden im Zusammenhang mit anteilsorientierten Informationssystemen liefern sollen (*information to enable users*). 209

Drei **Hauptgliederung**spunkte können geortet werden:

- der **Inhalt** der in der Rechnungslegungsperiode bestehenden Vereinbarungen (*arrangements*; IFRS 2.45).
- die **Methoden** zur Ermittlung der in das Rechenwerk eingebuchten Zeitwerte (*fair values*; IFRS 2.46).
- die Auswirkungen aktienunterlegter Transaktionen auf das **Periodenergebnis** (IFRS 2.50).

Die damit einhergehende **Detaillierung** umfasst u.a. folgende Angabepflichten: 210

- Art der ausgegebenen Rechte, also z.B. Optionen oder bar zu erbringende Vergütungen (Rz 7),
- Zeitpunkt der Ausgabe,
- begünstigte Personen und Personengruppen,
- vertragliche Laufzeit von Optionen,
- Bestimmung des Ausübungspreises (fix oder variabel),
- Behaltebedingungen einschließlich Leistungsvoraussetzungen,
- Anzahl und durchschnittliche Ausübungspreise für Aktienoptionen, und zwar in Entwicklung vom Beginn der Periode bis zum Ende in folgender Aufgliederung (Rz 12):
  - umlaufende Optionen zu Beginn der Periode,
  - Neuzusagen,
  - Verfall,
  - Ausübung,
  - Erlöschen,

  - Umlauf am Ende der Periode,
  - ausübbar am Ende der Periode,
- für die während der Rechnungsperiode ausgeübten Optionen der durchschnittliche Ausübungspreis,
- für die am Periodenende noch offenen Optionen das Spektrum der Ausübungspreise und die durchschnittliche verbleibende Laufzeit,
- im Falle der indirekten Wertermittlung der erhaltenen Leistungen (Rz 31),
  - der durchschnittlich während der Periode für neu ausgegebene Optionen ermittelte *fair value*,
  - die Inputs in das Optionspreismodell zur Ermittlung des *fair value*,
  - die Vergangenheits-Volatilität, die dem Optionsmodell zugrunde liegt, mit Erläuterung der Unterschiede zur erwarteten Volatilität,
  - Ermittlung des risikofreien Zinssatzes,
  - die in der Sperrfrist zu beachtenden Besonderheiten,
- bei Ausgabe anderer Eigenkapitalinstrumente als Optionen (z.B. Aktien) Angaben zu Art und Umfang sowie Details zur Ermittlung des *fair value*,
- Einzelheiten zur (Plan-)Änderung von anteilsbasierten Vereinbarungen (Rz 102ff.),
- die Bewertungsgrundlagen zur Ermittlung des *fair value* für Barvergütungen auf der Grundlage von Aktienkursen bzw. Anteilswerten *(stock appreciation rights)*,
- Darlegung der Methode zur Feststellung des direkt ermittelten *fair value* von Gütern und Dienstleistungen, ggf. Widerlegung der dortigen Vermutung,
- das Volumen des (ergebniswirksamen) Aufwands aus anteilsorientierten Vergütungen unter getrennter Angabe der Aufwendungen aufgrund des Einsatzes von Eigenkapitalinstrumenten (IFRS 2.51a),
- die Verbindlichkeiten aufgrund anteilswertgestützter Vergütungen (IFRS 2.51b),
- der innere Wert *(intrinsic value)* der Verbindlichkeiten, welche die Berechtigten sich am Periodenende in bar oder in anderen Vermögenswerten vergüten lassen können.

211 Die Praxis wird sich mehr als sonst an **Musterlösungen** für die Darstellung orientieren, dazu lieferten die Appendices A bis D zum ED 2 verwendbare Muster, die der endgültigen Fassung von IFRS 2 nicht mehr beigefügt worden sind. Die nachstehenden Beispiele beruhen auf denjenigen in den genannten Appendices. Im Übrigen wird auf die „Checkliste Abschlussangaben" verwiesen (→ § 5 Rz 8).

Beispiel

Share options arrangement 1

Am 15.12.2003 hat die Gesellschaft 1.000 Optionen an alle 50 Mitarbeiter der Hierarchiestufe „*senior management*" ausgegeben. Der Ausübungspreis war im Zusagezeitpunkt festgelegt worden und die Optionen hatten eine Vertragslaufzeit von zehn Jahren. Voraussetzung für die Ausübung der Option war das Verbleiben in den Diensten der Gesellschaft für zwei Jahre ab dem Ausgabezeitpunkt und außerdem ein Anstieg des Börsenkurses der Gesellschaft um 10 % bis zum 15.12.2005. Dieses Ziel ist erreicht worden.

Share options arrangement 2
Zum 1.1.2005 hat die Gesellschaft 100 Optionen an jeden ihrer 750 Mitarbeiter im Rang unterhalb des Bereiches der *„senior manager"* gewährt. Voraussetzung für die Ausübung des Optionsrechtes ist der Verbleib in den Diensten der Gesellschaft für drei Jahre. Der Ausübungspreis ist im Zeitpunkt der Zusage festgelegt worden, die Optionen haben eine Vertragslaufzeit von zehn Jahren. Die Gesellschaft schätzte den *fair value* jeder ausgegebenen Option auf 18,81 EUR. Der *fair value* wurde berechnet auf der Grundlage des Black-Scholes-Optionspreismodells (Rz 233). Den Modellberechnungen liegen als Annahme zugrunde:

- Aktienkurs im Gewährungszeitpunkt Ausübungspreis 60 EUR
- Erwartete Volatilität des Aktienkurses 40 %
- Erwarteter Dividendenertrag 1 %
- Mutmaßliche Laufzeit 5 Jahre
- Risikofreier Zinssatz von 5 %.

Die Volatilität in der Vergangenheit betrug 45 %, und zwar unter Einbezug der ersten Jahre des Bestehens der Gesellschaft. Sie geht davon aus, dass sich die Volatilität der Aktienkurse im Laufe der Zeit reduziert. Der risikofreie Zinssatz entspricht dem Ertrag eines staatlichen *zero bond* zum Ausgabezeitpunkt mit einer Restlaufzeit von fünf Jahren.
Die Option erlaubt einen Optionsumtausch (*reload feature;* Rz 77 f.), der eine zusätzliche Ausgabe von weiteren Optionen vorsieht für den Fall, dass der Mitarbeiter den Ausübungspreis für die ursprünglich gewährten Optionen statt in bar in Aktien der Gesellschaft erbringt. Der Wert dieses Umtauschprogramms ist nicht in die Berechnung des *fair value* eingegangen. Deshalb werden die im Umtausch ausgegebenen neuen Optionen *(reload options)* als neue Optionen behandelt.

Shares
Am 15.12.2005 hat die Gesellschaft 500 Aktien an die zehn Mitglieder der Geschäftsleitung ausgegeben. Voraussetzung zum Erwerb ist das Verbleiben im Unternehmen bis zum 31.12.2007 und eine Steigerung des Gewinns je Aktie um 12 % bis zu diesem Zeitpunkt. Die Gesellschaft schätzt den *fair value* jeder ausgegebenen Aktie auf 55,46 EUR. Diese Einschätzung erfolgte unter Anpassung des Börsenkurses von 65 EUR am Ausgabetag aufgrund der erwarteten Dividenden von 1,25 EUR je Aktie und des erwarteten durchschnittlichen Verfalls wegen Verfehlens der Performanceziele. Diese Wahrscheinlichkeit schätzt die Gesellschaft im Rahmen des angewandten Binomialmodells auf 13 % ein.

Share appreciation rights (SARs)
Am 1.1.2005 gewährte die Gesellschaft 500 SARs an alle 50 Mitarbeiter in der Hierarchiestufe *„senior management"*. Dadurch werden die Mitarbeiter zu einer Barzahlung entsprechend dem Anstieg des Aktienkurses über 60 EUR berechtigt; vorausgesetzt ist dabei ein Verbleiben in den Diensten der Gesellschaft für drei Jahre ab dem Zusagezeitpunkt. Die SARs haben eine Vertragslaufzeit von zehn Jahren ab dem Ausgabezeitpunkt. Die Gesellschaft schätzte den *fair value* jedes ausgegebenen SARs auf 19,75 EUR. Diese Einschätzung

erfolgte unter Anwendung des Black-Scholes-Optionspreismodells, wobei der errechnete Wert nach Maßgabe des gewichteten Durchschnitts des möglichen Verfalls auf 16 % geschätzt wurde. Die Modell-Inputs sind die gleichen wie vorstehend für die *share options*.

Weitere Angaben sollten in Form eines „Optionsspiegels" erfolgen, der – unter Beifügung der Vorjahreswerte (→ § 2) – etwa wie folgt aufgebaut werden könnte (nach dem Beispiel in IG23):

	Entwicklung der Aktienoptionen			
	2004		2005	
	Anzahl der Optionen	**Durchschnittlicher Ausübungspreis**	**Anzahl der Optionen**	**Durchschnittlicher Ausübungspreis**
		EUR		**EUR**
Stand 1.1.	0	-	45.000	40
Zusage	50.000	40	75.000	50
Verfall	(5.000)	40	(8.000)	46
Ausübung	0	-	(4.000)	40
Erlöschen	0	0	0	0
Stand 31.12.	45.000	40	108.000	46
ausübbar am Jahresende	0	40	38.000	40

Der gewichtete Aktienkurs der Ausübung betrug in der Periode 2005 42 EUR. Die am Bilanzstichtag 2005 noch ausstehenden Optionen haben einen Ausübungspreis von 40 EUR und eine durchschnittliche Laufzeit von 8,63 Jahren.

Der *fair value* der in 2004 gegebenen Zusagen auf Aktienoptionen ist auf 18,60 EUR und derjenige für die Zusagen in 2005 auf 19,50 EUR geschätzt worden. Diese Schätzung erfolgt unter Anwendung eines Binomialmodells (Rz 234). Die Modellannahmen beruhen auf einem Aktienkurs von 50 EUR, einem Ausübungspreis von 50 EUR, einer erwarteten Volatilität von 30 %, keiner Dividendenauszahlung, einer Vertragslaufzeit von 10 Jahren und einem risikofreien Zinssatz von 5 %. Die Vergangenheitsvolatilität betrug 40 %, wir gehen von einer Reduktion dieser Volatilität aus. Bei der Modellpreisermittlung wurde die vorzeitige Ausübung dann unterstellt, wenn der Aktienkurs doppelt so hoch ist wie der Ausübungspreis.

14 ABC der anteilsbasierten Vergütung

212

Absicherung von *fair-value*-Schwankungen *(hedge accounting)*	GuV-relevante *fair-value*-Schwankungen von Vergütungszusagen mit Barausgleich *(cash- settled transactions)* können durch den Einsatz eines geeigneten Finanzderivats als Grundgeschäft im Rahmen des *hedge accounting* abgesichert werden (Rz 160ff.). *Hedge accounting* ist nur möglich bei anteilsbasierten Barvergütungen. Es scheidet aus bei Vergütungszusagen mit Ausgleich in Eigenkapitalinstrumenten (Rz 159).
Aktienbeschaffung	Nach deutschem Gesellschaftsrecht stehen für Vergütungszusagen mit Ausgleich in Eigenkapitalinstrumenten zwei Wege der Aktienbeschaffung zur Verfügung: • Bedingte Kapitalerhöhung (Rz 164). • Aktienrückkauf (Rz 165).
Ausübungsbedingungen *(vesting conditions)*	An anteilsbasierte Vergütungen werden regelmäßig Ausübungsbedingungen geknüpft (Rz 50ff.). Vor Ausübung der zugesagten Optionen sind die Bedingungen zu erfüllen. Es ist zu unterscheiden zwischen • Dienstbedingungen *(service conditions)* und • Leistungsbedingungen *(performance conditions)*. Darüber hinaus sind ggf. noch sonstige Ausübungsbedingungen *(non-vesting conditions)* zu berücksichtigen.
Ausübungszeitpunkt *(vesting date)*	Bei Erfüllung aller Ausübungsbedingungen können die zugesagten Optionen ausgeübt werden (Rz 49).
Barvergütungen *(cash-settled transactions)*	Der Wert der gewährten Gegenleistung orientiert sich am Wert der Eigenkapitalinstrumente, wichtigster Anwendungsfall ist die Gewährung virtueller Optionen *(stock appreciation rights)* an Arbeitnehmer (Rz 7, Rz 37ff.).
Basispreis	Zum Basispreis (bzw. Bezugskurs) kann ein zugesagtes Optionsrecht ausgeübt werden (Rz 218).
Beizulegender Zeitwert *(fair value)* einer Option	Der beizulegende Zeitwert einer Option setzt sich zusammen aus dem inneren Wert *(intrinsic value)* und dem Zeitwert *(time value)* der Option (Rz 218).

Bewertungszeitpunkt *(measurement date)*	Der Bewertungszeitpunkt ist bei Vergütung in Eigenkapitalinstrumenten (realen Optionen) der Tag, an dem der Wert der Vergütung bestimmt wird (Rz 12). Bei Mitarbeiteroptionen fällt er mit dem Zusage- oder Gewährungszeitpunkt zusammen *(grant date measurement approach)*.
Bewertung zum inneren Wert *(intrinsic value method)*	Bei objektiver Unmöglichkeit einer *fair-value*-Bewertung einer Optionszusage kann der Zeitwert *(time value)* einer Option vernachlässigt werden und die Bewertung der Option allein auf den inneren Wert *(intrinsic value)* gestützt werden (Rz 237ff.).
Binomialmodell	Über das Binomialmodell lassen sich die meisten Optionszusagen unter Berücksichtigung der meisten Ausübungsbedingungen bewerten (Rz 234). Ein nennenswerter Nachteil ist die hohe Komplexität.
Black-Scholes-Modell	Einfachstes Modell zur Bestimmung eines Optionswerts. Allerdings ist die Anwendbarkeit des Modells erheblich eingeschränkt (Rz 233).
Dienstbedingungen *(service conditions)*	Dienstbedingungen sind Bestandteil des Mengengerüsts der Bewertung und knüpfen das Ausübungsrecht einer Option an die Ableistung einer bestimmten Dienstzeit (Rz 50). An Dienstbedingungen geknüpfte Aufwendungen werden zeitlich über den Dienstzeitraum verteilt. Hierbei werden Fluktuationsannahmen berücksichtigt.
Dienstleistungen *(services)*	Empfangene Dienstleistungen i. S. v. IFRS 2 sind positive Nutzenvorteile bzw. negative vermiedene Nachteile, die sich aus Dienstverträgen, Nutzungsüberlassungsverträgen usw. ergeben.
Direkte Bewertung	Bei direkter Bewertung, dem Regelfall von IFRS 2, bestimmt der *fair value* der empfangenen Leistung die Bewertung einer anteilsbasierten Vergütung, die Sollseite des Buchungssatzes also die Habenseite (Rz 31). Wichtigste Ausnahme von der Regel ist die anteilsbasierte Vergütung von Mitarbeitern.
Empfangene Leistung	Als empfangene Leistung im Anwendungsbereich von IFRS 2 kommen Güter *(goods)* oder Dienstleistungen *(services)*, aber auch nicht bilanzierungsfähige Stärkung von Image oder Ansehen infrage (Rz 5).

Erfüllungswahlrecht des Anspruchsberechtigten	Steht dem Anspruchsberechtigten ein Wahlrecht auf Erfüllung in Geld oder Eigenkapitalinstrumenten zu, hat der Vergütungsschuldner ein zusammengesetztes Finanzinstrument ausgegeben (Rz 44, Rz 88ff.): • eine Schuldkomponente für das Recht auf Barausgleich, • eine Eigenkapitalkomponente für den Anspruch auf Eigenkapitalinstrumente.
Erfüllungswahlrecht des Vergütungsschuldners	Steht dem Vergütungsschuldner ein Erfüllungswahlrecht zu, muss eine Vergütungsart – Ausgleich in bar oder durch Eigenkapitalinstrumente – festgelegt und nach dieser bilanziert werden (Rz 45, Rz 95ff.).
Ersatz/Fortführung von anteilsbasierten Vergütungen bei *business combinations*	Bei Vorliegen einer Verpflichtung zum Ersatz anteilsbasierter Vergütung übernommener Mitarbeiter ist eine Aufteilung in Anschaffungskosten gem. IFRS 3 als Teil der *business combination* und eine separat zu behandelnde, erstmalig in der logischen Sekunde nach dem Zusammenschluss gem. IFRS 2 zu erfassende Vergütung vorzunehmen (Rz 142ff.). Besonderheiten gelten im Fall einer unveränderten Fortführung (Rz 153).
Fehlende Börsennotierung	Die Verpflichtung zur Bewertung anteilsbasierter Vergütungszusagen ist nicht auf börsennotierte Unternehmen beschränkt. Mangels beobachtbarer Marktdaten ergeben sich bei fehlender Börsennotierung erhöhte Bewertungsprobleme (Rz 236). Bei objektiver Unmöglichkeit der Optionsbewertung kann die Bewertung auf den inneren Wert einer Option begrenzt werden.
Finanzinstrumente	Werden Finanzinstrumente gegen anteilsbasierte Vergütung erworben, liegt kein Anwendungsfall von IFRS 2 vor (Rz 22ff.).
Fluktuation	An Mitarbeiter gewährte Optionen sind regelmäßig an eine Dienstbedingung geknüpft. Nur diejenigen Mitarbeiter, die während der Wartefrist *(vesting period)* das Unternehmen nicht verlassen, haben Anspruch auf Erfüllung der Zusage. Zu jedem Stichtag ist die erwartete Fluktuation bis zum Ausübungszeitpunkt als Teil des Mengengerüsts zu schätzen.

Form der geleisteten Vergütung	Es lassen sich drei Formen der anteilsbasierten Vergütung unterscheiden (Rz 7): • Vergütung in Eigenkapitalinstrumenten, • Ausgleich in bar und • Gegenleistung mit Erfüllungswahlrecht des Leistungsempfängers oder Vergütungsschuldners.
Gegenleistung mit Erfüllungswahlrecht *(cash alternatives)*	Anteilsbasierte Vergütungszusagen, bei denen entweder der Vergütungsschuldner oder der Leistungsempfänger die Form der Vergütung – Ausgleich in bar oder Eigenkapitalinstrumenten – wählen kann (Rz 43 ff.).
Güter	Unter dem Begriff Güter sind gem. IFRS 2.5 • Vorräte und Verbrauchsstoffe, • Sach- und immaterielle Anlagen sowie • andere nichtfinanzielle Vermögenswerte zu subsumieren (Rz 5).
Indirekte Bewertung	Wenn der *fair value* der für eine anteilsbasierte Vergütung erhaltenen Leistung nicht zuverlässig ermittelbar ist (so unwiderlegbar bei Mitarbeiterleistungen), bestimmt der Wert der gewährten Vergütung den Zugangswert der erhaltenen Leistung (Rz 31).
Innerer Wert *(intrinsic value)*	Der innere Wert einer Option entspricht dem wirtschaftlichen Vorteil bei Ausübung einer Option zum Stichtag, also der Differenz zwischen Basispreis und Stichtagswert des Anteils (Rz 218).
Latente Steuern	Für die Erfassung latenter Steuern ist zwischen der Form der Vergütung und dem Steuersubjekt zu unterscheiden (Rz 194 ff.).
Laufzeit der Option	Die Laufzeit der Option ist entscheidender Bewertungsparameter bei Rückgriff auf Optionspreismodelle (Rz 227). Sie umfasst mindestens die *vesting period* und maximal die zusätzliche Ausübungsperiode (Rz 49).
Leistungsbedingungen *(performance conditions)*	Leistungsbedingungen knüpfen die Erfüllung einer anteilsbasierten Zusage an die Erreichung bestimmter Erfolgsziele. Zu unterscheiden ist zwischen marktabhängigen und anderen (nicht marktabhängigen) Konditionen (Rz 52).

Marktabhängige Bedingungen *(market conditions)*	Eine marktabhängige Ausübungsbedingung setzt das Erreichen eines bestimmten Aktienkurses bzw. Anteilswerts absolut oder im Vergleich zu einem Marktindex voraus (Rz 52). Marktabhängige Ausübungsbedingungen sind als Teil des Preisgerüsts im *grant date fair value* zu berücksichtigen (Rz 53). Für ein Beispiel siehe Rz 72ff.
Mengengerüst	Das Mengengerüst umfasst Dienstbedingungen und nicht marktbasierte Leistungsbedingungen (Rz 58). Im Optionspreismodell bleibt das Mengengerüst unberücksichtigt (Rz 59).
Modifizierung der Vergütungszusage	Eine Modifizierung einer laufenden Vergütungszusage mit Ausgleich in Eigenkapitalinstrumenten i.S.e. Verbesserung ist beginnend mit der Planänderung als Zusatzkosten zu berücksichtigen (Rz 104ff.). Verschlechterung der Optionsbedingungen bleiben hingegen unbeachtlich (Rz 111). Anderes gilt für zugesagte Barvergütungen, bei denen Modifizierungen in beide Richtungen in die Stichtagsbewertung der Rückstellung eingehen (Rz 119).
Monte-Carlo-Simulation	Die Monte-Carlo-Simulation kann uneingeschränkt zur Bewertung von Optionen selbst mit den kompliziertesten Ausübungsbedingungen herangezogen werden. Der Optionswert ergibt sich als gewichteter Mittelwert einzelner Simulationen (Mindestanzahl: 10.000). Wesentlicher Nachteil ist die Notwendigkeit der Programmierung eines Berechnungsschemas (Rz 235).
Nicht marktabhängige Bedingungen *(non-market conditions)*	Nicht marktabhängige Leistungsbedingungen – wie die Bindung der Optionszusage an die Erzielung eines unternehmensspezifischen Umsatz- oder Ergebnisziels (Rz 52) – sind Teil des Mengengerüsts der Bewertung (Rz 58). Zur Berücksichtigung bei *equity-settled transactions* siehe beispielhaft Rz 69ff.
Optionsarten	In Abhängigkeit von dem Zeitpunkt der Ausübungsmöglichkeit lassen sich amerikanische (jederzeitige Ausübung) und europäische Optionen (Ausübung nur am Ende einer Sperrfrist) unterscheiden (Rz 221). Mitarbeiteroptionen sind regelmäßig als europäische Optionen ausgestaltet.

Planänderungen	Für anteilsbasierte Zusagen mit Ausgleich in Eigenkapitalinstrumenten sind besondere Vorgaben für die Berücksichtigung von Planänderungen (Modifizierungen, Widerruf oder vorzeitige Erfüllung) zu berücksichtigen (Rz 102ff.). Erfolgt eine Zusage mit Barvergütung, sind Planänderungen im Rahmen der ohnehin vorzunehmenden Stichtagsbewertung zu berücksichtigen (Rz 119).
Preisgerüst	Das Preisgerüst der Optionsbewertung umfasst neben den wesentlichen Determinanten des Wertes einer Option, also dem Basispreis, der Volatilität der Aktie, der Laufzeit der Option usw. (Rz 220), auch marktabhängige Ausübungsbedingungen (Rz 53) und sonstige Bedingungen (Rz 55).
Reale Optionen	Reale Optionen berechtigen den Leistungsempfänger zum Erwerb von Unternehmensanteilen in der Zukunft zu einem festgelegten Basispreis (Rz 8).
Sonstige Bedingungen im Zusammenhang mit Vergütungszusagen *(non-vesting conditions)*	*Non-vesting conditions* liegen i.S.e. Negativabgrenzung vor, wenn die Unverfallbarkeit einer Vergütungszusage neben • der Erfüllung bestimmter Erfolgsziele und • Dienstbedingungen an weitere Bedingungen geknüpft wird (Rz 55). Für ein Beispiel siehe Rz 76.
Umtausch von Optionen *(reload features)*	Unter Umständen berechtigt eine anteilsbasierte Zusage den Anspruchsberechtigten zum Erhalt zusätzlicher Optionen; diese sind als „neue" Optionszusage zu berücksichtigen (Rz 77f.).
Unternehmenszusammenschluss *(business combination)*	Werden Güter oder Dienstleistungen im Rahmen eines Unternehmenszusammenschlusses *(business combination)* gegen anteilsbasierte Vergütung erworben, liegt kein Anwendungsfall von IFRS 2 vor (Rz 16). Zu Besonderheiten siehe auch Rz 17ff.
Vergütung in Eigenkapitalinstrumenten *(equity-settled transaction)*	Erfolgt eine anteilsbasierte Vergütung gegen Hingabe von Eigenkapitalinstrumenten, ist die Habenbuchung im Eigenkapital (i.d.R. der Kapitalrücklage) vorzunehmen (Rz 28). Im Fall einer Optionszusage ist für die Bewertung über die Laufzeit das Preisgerüst des Zusagezeitpunkts *(grant date measurement approach)* fortzuführen (Rz 60).

Vergütungsschuldner	Neben dem bilanzierenden Unternehmen kommen auch dessen Mutter- sowie andere Konzernunternehmen (Rz 129ff.) oder Gesellschafter als Vergütungsschuldner infrage.
Volatilität	Die Volatilität beschreibt die kurzfristige Abweichung des Anteilswerts vom langfristigen Trend und ist – mit Auswirkung auf den Zeitwert einer Option – wesentliche Determinante des Optionswerts (Rz 228).
Wartezeit/Sperrfrist *(vesting period)*	Die *vesting period* beschreibt den Zeitraum zwischen der Zusage einer anteilsbasierten Vergütung und dem Zeitpunkt der Erfüllung aller Ausübungsbedingungen *(vesting conditions*; Rz 49).
Wechsel der Erfüllungszusage	Eine besondere Form der Planänderung ist der Wechsel zwischen den Erfüllungsformen einer anteilsbasierten Vergütung. Zu unterscheiden ist zwischen einem Wechsel nach Ablauf und während der *vesting period* (Rz 120ff.). Der Wechsel von *equity-* zu *cash-settled* ist als Kapitalherabsetzung und der umgekehrte Fall spiegelbildlich als Kapitalerhöhung zu erfassen.
Widerruf der Zusage *(cancellation)*	Unabhängig davon, welche Vertragspartei widerruft, ist für Zusagen mit • Ausgleich in Eigenkapitalinstrumenten die bislang gewählte Bilanzierung aufzugeben und noch nicht erfasster Aufwand nach Maßgabe der Schätzung am *grant date* sofort zuzuführen (Rz 112), • Barausgleich eine bislang gebildete Rückstellung ergebniswirksam aufzulösen (Rz 119).
Zeitwert *(time value)* einer Option	Der Zeitwert einer Option hängt entscheidend von der Volatilität des der Vergütung zugrunde liegenden Anteils und der Laufzeit der Option ab. Im Zeitwert schlägt sich überdies die asymmetrische Risikostruktur einer Optionszusage nieder (Rz 219).

Zusage durch nicht beherrschende Gesellschafter	Wird eine Vergütungszusage für erhaltene Güter oder Dienstleistungen des bilanzierenden Unternehmens durch einen nicht beherrschenden Gesellschafter übernommen, ist diese bei der Gesellschaft zu erfassen, es sei denn, es gelingt der eindeutige Nachweis, dass die Übernahme auf das Individualinteresse des Gesellschafters zurückzuführen ist (Rz 137 ff.).
Zusage durch Konzernunternehmen oder einen beherrschenden Gesellschafter	Unter der Voraussetzung des Zugangs von Gütern oder Dienstleistungen beim bilanzierenden Unternehmen kommt eine Erfassung einer anteilsbasierten Vergütung auch dann in Betracht, wenn der Vergütungsschuldner die Muttergesellschaft oder ein anderes Konzernunternehmen ist (Rz 129 ff.).
Zusagezeitpunkt *(grant date)*	Der *grant date* markiert den Tag, an dem Vergütungsschuldner und Leistungsempfänger Einigkeit über die Bedingungen einer Optionszusage erlangen und eine erste Bewertung der Zusage zum beizulegenden Zeitwert erforderlich ist (Rz 46).

15 Anwendungszeitpunkt, Rechtsentwicklung

213 IFRS 2 ist für Geschäftsjahre ab dem 1.1.2005 anzuwenden.

214 Zu IFRS 2 gab es ein weitreichendes *Amendment* in 2009, welches bestehende IFRIC-Interpretationen aufhebt.

16 Zusammenfassende Praxishinweise

215 IFRS 2 befasst sich allgemein mit Vergütungsformen des Unternehmens, die sich am eigenen **Anteilswert** orientieren. Dabei werden drei Vergütungsvarianten unterschieden (Rz 7):

- Eigenkapitalinstrumente (insbesondere *stock options)*,
- Barvergütungen *(stock appreciation rights)*,
- kombinierte Vergütungspläne mit Ausübungswahlrechten *(cash alternatives)*.

Wichtigste Anwendungsformen in der Praxis sind

- Sacheinlagen (per Vermögenswert an Eigenkapital; → § 20 Rz 68 ff.),
- die Vergütung von Arbeitnehmern (per Personalaufwand an Eigenkapital bei echten Optionen, per Personalaufwand an Verbindlichkeit bei virtuellen Optionen).

216 Der bei Gewährung von Mitarbeiteroptionen entstehende Personalaufwand ist über die Wartefrist zu verteilen (Rz 49).

- Die **Bewertung** echter Optionen hat dabei auf der Basis des *fair value* zum Gewährungszeitpunkt zu erfolgen (Rz 46). Dabei sind in Ermangelung von Börsen- oder Marktpreisen **Optionspreismodelle** heranzuziehen (Rz 226 ff.). Die **Verteilung** des Aufwandes hat unter Anwendung des so ermittelten *fair* *value* unter ex-ante-Abschätzung der letztlich ausgeübten Optionen (**Mengen**komponente) zu erfolgen. Der so im Zusagezeitpunkt bewertete Gesamtaufwand ist bis zum Ende der Sperrperiode nur noch hinsichtlich der Mengen-, nicht aber der Wertkomponente anzupassen (Rz 60).

- Für **Barvergütungen** durch die Gesellschaft, die sich am Aktienkurs bzw. Anteilswert orientieren *(stock appreciation rights)*, gelten die gleichen Buchungsgrundsätze wie für die *stock options*; allerdings hat die Gegenbuchung für den Aufwand unter den **Rückstellungen** zu erfolgen und die Wertkomponente ist laufend anzupassen (Rz 60).

Nach deutschem Gesellschaftsrecht ist die Ausgestaltung von Optionsplänen auf Aktien auch durch **Rückkauf** (der Aktien) durch die Gesellschaft möglich. In diesem Fall müssen die Regelungen in IFRS 2, die nicht unmittelbar auf diese Ausgestaltung ausgerichtet sind, sinnvoll angepasst werden (Rz 163 ff.). **Steuerlatenz**rechnungen sind in verschiedenen Konstellationen erforderlich (Rz 194 f.). Umfangreiche **Anhangsangaben** einschließlich eines „Optionsspiegels" sind zu beachten und nach dem *materiality*-Prinzip sinnvoll zu interpretieren (Rz 209 ff.).

17 ANHANG: Rechnerische Bewertung von (Mitarbeiter-)Optionen

17.1 Bilanzielle Grundlagen

Anteilsbasierte Vergütungen an **Mitarbeiter** erfolgen typischerweise in der Form von **echten** oder **virtuellen** Optionen. **217**

- Bei Gewährung **echter** Optionen (Rz 7) an Arbeitnehmer ist der Wert der Transaktion von der Optionsseite her zu bestimmen. Der *fair value* der Option im Zusagezeitpunkt (Rz 46) bestimmt den je gewährter Option zu buchenden Personalaufwand (IFRS 2.11), Anpassungen an die spätere Wertentwicklung von Anteil und Option finden nicht statt. Der insgesamt zu buchende Personalaufwand ergibt sich jedoch als Produkt aus Preis (Optionswert) und Menge (Zahl der ausübungsberechtigt werdenden Optionen). Die Mengenkomponente hängt bei einer vereinbarten Mindestdauer der Fortsetzung des Dienstverhältnisses von der Fluktuation ab; die Fluktuationsannahmen sind zu jedem Bilanzstichtag an neue Erkenntnisse anzupassen.
- Bei Gewährung virtueller Optionen (Rz 7) an Arbeitnehmer bestimmt der *fair value* der Verpflichtung *(liability)* die Höhe des Personalaufwands (IFRS 2.33). In die Bewertung der Verpflichtung gehen sowohl die Preis- als auch die Mengenannahmen ein. Beide Annahmen sind über die Optionsdauer jeweils an neue Erkenntnisse anzupassen.

Sieht die anteilsbasierte Vergütung einen **Barausgleich** vor, scheidet eine Bewertung der Verpflichtung des Vergütungsschuldners über den beizulegenden Wert der erhaltenen Güter oder Dienstleistungen aus (IFRS 2.33).

17.2 Ökonomische Grundlagen

Der gesamte **beizulegende Zeitwert** (*fair value*) einer Option setzt sich zusammen aus dem **218**

- inneren Wert *(intrinsic value)* und dem
- Zeitwert*(time value)*.

Die Zusammenhänge zwischen beizulegendem Zeitwert, innerem Wert und Zeitwert einer Aktienoption lassen sich wie folgt verdeutlichen:[52]

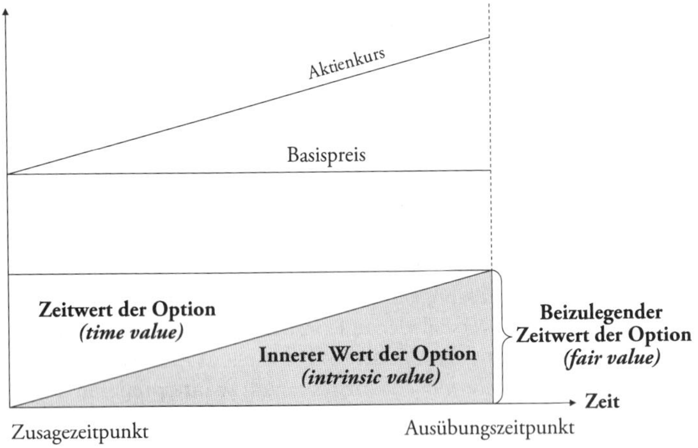

Der **innere** Wert entspricht dem wirtschaftlichen Vorteil bei (fiktiver) sofortiger Ausübung der Option im Zusagezeitpunkt. Es handelt sich um die (Stichtags-)Differenz zwischen dem Aktienkurs bzw. Anteilswert und dem Basis- oder Ausübungspreis (auch Bezugskurs genannt), zu dem der Optionsberechtigte eine Aktie erwerben darf. Folgende Fälle sind zu unterscheiden:

- Basispreis < Anteilswert → innerer Wert > 0 (Die Option ist „im Geld".)
- Basispreis = Anteilswert → innerer Wert = 0 (Die Option ist „am Geld".)
- Basispreis > Anteilswert → innerer Wert < 0 (Die Option ist „aus dem Geld".)

219 Für die Werthaltigkeit einer anteilsbasierten Vergütung muss der Anteilswert allerdings nicht notwendigerweise über dem Basispreis liegen („im Geld"). Auch eine Option, deren Wert im Zusagezeitpunkt nicht über dem Basispreis bzw. Kurs liegt, kann wegen des Zeitwerts einen positiven Wert haben.

Im **Zeitwert** der Option schlägt sich die **asymmetrische Risikostruktur** nieder. Eine ungünstige Wertentwicklung und damit einen Verlust braucht der aus einer Kaufoption Berechtigte nicht zu fürchten, da er in diesem Fall auf die Ausübung der Kaufoption verzichten würde. Insoweit kann der Optionswert im Zeitablauf nicht negativ werden, während der mögliche positive Wert im Ausübungszeitpunkt nach oben theoretisch unbegrenzt ist.

Diese Asymmetrie wirkt aus Sicht des Zusagezeitpunkts umso stärker, je länger der **Optionszeitraum** und je **volatiler** die Aktie ist. Neben diesen beiden wichtigsten Determinanten des Zeitwertes bestimmt auch der **Zinsgewinn** aufgrund des erst später zu zahlenden Kaufpreises für die Aktien sowie „als Gegenposten" die **entgehende Dividendenrendite** die Höhe des Zeitwertes.[53]

220 Die wesentlichen **Determinanten** des *fair value* einer einfachen Option sind demzufolge

- der Ausübungspreis des Optionsrechts,
- der Aktienkurs bzw. Anteilswert am Bewertungsstichtag,

52 Vgl. Pellens/Fülbier/Gassen, Internationale Rechnungslegung, 6. Aufl., 2006, S. 489.
53 Vgl. Hasbargen/Seta, BB 2003, S. 515, 517.

- die erwartete künftige Volatilität des Aktienkurses (bzw. Anteilswerts),
- das Zeitintervall bis zur letztmaligen Ausübungsmöglichkeit,
- erwartete Dividendenzahlungen während der Laufzeit des Optionsrechts und
- der laufzeitäquivalente, risikolose Zinssatz.

Hierbei gilt: Der *fair value* einer Option ist umso höher,

- je stärker die erwartete Volatilität des Basiswerts ist,
- je länger die Restlaufzeit ist,
- je höher der laufzeitäquivalente, risikolose Zinssatz ist,
- je niedriger die erwarteten Dividendenzahlungen auf die dem Optionsrecht zugrunde liegenden Aktien bzw. Anteile sind.

Bei einfachen Optionen ist zwischen **amerikanischen** und **europäischen Optionen** zu unterscheiden: 221

- Amerikanische Optionen sind während der Laufzeit der Option jederzeit ausübbar,
- europäische Optionen nur am Ende der Laufzeit.

Das jederzeitige Ausübungsrecht bei amerikanischen Optionen führt bei sonst gleichen Bedingungen zu einem höheren *fair value*.

In aller Regel 222

- entsprechen die Konditionen der Mitarbeiteroptionen nicht anderen öffentlich gehandelten Optionen über die gleiche Aktie oder
- es werden überhaupt keine Optionen der betreffenden Gesellschaft am Markt gehandelt.

In beiden Fällen können die Mitarbeiteroptionen mangels Marktpreisen nur auf der Grundlage von **Optionsbewertungsmodellen** ermittelt werden. IFRS 2.B5 befasst sich mit der Frage, welches der gängigen Modelle zu favorisieren ist, legt sich diesbezüglich allerdings nicht fest. Genannt wird expressis verbis außer Binomialmodellen[54] nur das Black-Scholes-Modell, ohne aber dieses gegenüber anderen zu bevorzugen. Darüber hinaus kann auch auf eine Monte-Carlo-Simulation zurückgegriffen werden.

Bei **nicht börsennotierten** Unternehmen ist dem eigentlichen Optionsbewertungsmodell vorgelagert eine Anteils- bzw. **Unternehmensbewertung** vorzunehmen, um eine Ersatzgröße für den fehlenden Aktienkurs zu ermitteln. Zur Problematik fehlender Börsenpreise und Vergangenheits-Volatilitäten bei **nicht** oder **neu notierten** Unternehmen siehe Rz 236. 223

17.3 Mengen- und Preisgerüst

Ein Optionspreismodell ermittelt den Wert einer einzelnen Option. Für die Höhe des insgesamt zu buchenden Personalaufwands ist neben dieser Preiskomponente die Mengenkomponente, d.h. die Zahl der voraussichtlich zur Ausübung gebrachten Optionen, von Bedeutung. Hierbei ist wie folgt zu unterscheiden: 224

- Das **Preis**gerüst umfasst die wesentlichen Determinanten des beizulegenden Zeitwerts einer einfachen Option (Rz 58) sowie **marktabhängige** Leistungsbedingungen *(market performance conditions)* und alle *non-vesting conditions* (Rz 55).

---

54 Vgl. hierzu die mathematischen Grundlagen bei CRASSELT, KoR 2005, S. 444.

- Bestandteil des **Mengen**gerüsts sind hingegen alle **nicht marktabhängigen** Leistungsbedingungen *(non-market performance conditions)* sowie die Dienstbedingungen *(service conditions)*.

Beispiel
Die Führungskräfte erhalten am 1.1.01 je eine Option mit u.a. folgenden Bedingungen zugesagt: Die Optionen können im Januar 03 ausgeübt werden,
- wenn der Arbeitnehmer sein Dienstverhältnis mindestens bis 31.12.02 fortsetzt *(service condition)* und
- der Aktienkurs zwischen dem 1.1.01 und dem 31.12.02 sich mindestens so gut entwickelt wie der Branchenindex *(market performance condition I)*. Entwickelt sich der Aktienkurs um mindestens 10 Prozentpunkte besser als der Branchenindex, erhöht sich die Zahl der Optionen von eins auf zwei *(market performance condition II)*.
- Bei der Bestimmung des *fair value* je Optionszusage sind neben Basispreis, Aktienkurs, Laufzeit usw. auch die *market performance conditions* zu berücksichtigen, also nicht nur die Wahrscheinlichkeit, dass der Branchenindex mindestens erreicht, sondern auch die, dass er um mindestens 10 % übertroffen wird. Zwar verdoppelt sich bei Übertreffen der 10 Prozentpunkte die Zahl der ausübungsfähigen Optionen, Bewertungsobjekt sind jedoch die Optionszusagen. Nur die *service conditions* sind variabler Bestandteil des Mengengerüsts. Das Unternehmen hat am 1.1.01 Fluktuationsannahmen zu treffen und diese zum 31.12.01 und 31.12.02 fortzuschreiben.

225 Die Vorgaben zur **Trennung** der einzelnen Vertragsbedingungen in *non-vesting* und *vesting conditions* (mit weiterer Untergliederung) findet sich innerhalb von IFRS 2 nur in Bezugnahme auf echte Optionen bzw. *equity-settled transactions* (IFRS 2.19–21).

Allerdings sind auch virtuelle Optionen *(cash-settled transactions)* regelmäßig ebenfalls an vertraglich spezifizierte Ausübungsbedingungen geknüpft, die sich in *vesting* und *non-vesting conditions* unterscheiden lassen (IFRS 2.IG12). Aus der Erfüllungsform der anteilsbasierten Verpflichtung ergeben sich daher auch keine Unterschiede für die Bewertung der gewährten Option (IFRS 2.33). Im Rahmen der Optionsbewertung ist daher auch bei vereinbartem *cash settlement* zwischen Preis- und Mengengerüst zu unterscheiden. Im Optionspreismodell ist nur das Preisgerüst zu erfassen. Änderungen des Mengengerüsts *(service conditions* und *non-market performance conditions)* fließen nur in die Bewertung der Verpflichtung ein.

Anders als für echte Optionen gilt für virtuelle aber:
- Zu jedem Stichtag ist der *fair value* der Verpflichtung neu zu bestimmen;
- in diese Bestimmung gehen auch die marktabhängigen Ausübungsbedingungen ein;
- wenn eine Ausübungsbedingung (auch eine marktabhängige) nicht erfüllt wird, entstehen dem Vergütungsschuldner keine Aufwendungen.

Nur im Zusagezeitpunkt *(grant date)* entsprechen sich daher der Optionswert einer realen und einer virtuellen Option. Aufgrund der Festschreibung der

Bewertungsprämissen bei realen Optionen am *grant date*, im Unterschied zu deren Fortschreibung bei virtuellen Optionen auf jeden Bilanzstichtag, ergeben sich regelmäßig Unterschiede in den Folgeperioden, die sich auf Änderungen der Bewertungsparameter und nicht des Bewertungsmodells zurückführen lassen.

17.4 Bewertungsmodelle

17.4.1 Anforderungen an die Datenbasis

Bei Anwendung eines Optionspreismodells sind gem. IFRS 2.B6 als Preisgerüst 226
mindestens folgende **Faktoren** (Basis-Determinanten einer Option; Rz 220) mit ins Kalkül einzubeziehen:[55]

- Ausübungspreis der Option,
- der augenblickliche Marktwert des Optionsgegenstandes (Unternehmensaktien),
- Laufzeit der Option (bzw. Zeitpunkt der Optionsausübung bzw. erwartete Haltedauer),
- die erwartete Volatilität des Marktpreises,
- die zu erwartenden Dividenden auf die Aktien,
- der risikofreie Zinssatz für die Laufzeit der Option.

Über die ersten beiden Faktoren wird der **innere Wert** der Option bestimmt; die folgenden – insbesondere der zugrunde gelegte Bewertungshorizont (Rz 227) – beeinflussen die Höhe des sog. **Zeitwerts**. Bei anteilsbasierten Vergütungen mit Ausgleich in Eigenkapitalinstrumenten ist darüber hinaus noch ein Verwässerungs-/Kapitalstruktureffekt zu berücksichtigen.

Schließlich sind neben den Determinanten des Optionswerts im Optionspreismodell auch in den Vertragsbedingungen festgehaltene *non-vesting conditions* und *market performance conditions*, die Teil des Preisgerüsts sind, zu berücksichtigen (Rz 58). Die Festlegung der einzelnen Parameter zeichnet sich in der praktischen Anwendung durch erhebliche Unsicherheiten aus. Dennoch sind die Anforderungen an die zugrunde gelegte Datenbasis für die Bestimmung des Zeitwerts hoch.[56]

Nach empirischer Belegung neigen Optionsberechtigte zu einer frühzeitigen 227
Ausübung einer gewährten Option. Ein gewährter langfristiger **Ausübungszeitraum** wird entsprechend regelmäßig nicht ausgenutzt. Gründe einer frühzeitigen Ausübung können Risikoaversion, Vermögens- oder Liquiditätsbeschränkungen sowie unzureichende Diversifikation des privaten Vermögens sein (IFRS 2.BC158).

Bei der Anwendung eines Optionspreismodells ist

- entweder die **bewertungsrelevante Laufzeit** (erwartete Haltedauer), somit der Zeitraum zwischen der Zusage der Option *(grant date)* und dem erwarteten Zeitpunkt der Optionsausübung, zugrunde zu legen
- oder ein **pfadabhängiges Ausübungsverhalten** abzubilden und somit eine explizite Modellierung des Ausübungsverhaltens vorzunehmen (IFRS 2.BC169).[57]

---

55 Vgl. hierzu Oser/Vater, DB 2001, S. 1261.
56 Vgl. Roß/Simons, in: Baetge u. a. (Hrsg.), Rechnungslegung nach IFRS, IFRS 2, Tz. 106.
57 Vgl. zu weiteren Restriktionen Vater, WPg 2005, S. 1275.

Regelmäßig wird die bewertungsrelevante Laufzeit der Option über eine **Prognose** des Ausübungsverhaltens bestimmt.[58] Gegen die Modellierung eines pfadabhängigen Ausübungsverhaltens spricht die zusätzliche Modell- und damit Bewertungskomplexität.

Voraussetzung für eine belastbare Prognose der bewertungsrelevanten; Laufzeit ist die Berücksichtigung der folgenden Faktoren:

- die Länge der *vesting period*, während der eine Ausübung der Option noch nicht möglich ist;
- das beobachtete tatsächliche Ausübungsverhalten bereits ausgegebener Optionen in der Vergangenheit;
- der Marktpreis des zugrunde liegenden Anteils, da es bei Erreichen bestimmter (Schwellen-)Kurse zu einer verstärkten Ausübung kommen kann;[59]
- die erwartete Volatilität des zugrunde liegenden Anteils; Risikoaversion der Optionsberechtigten unterstellt, werden Optionen bei volatileren Anteilen früher ausgeübt als bei solchen mit geringen Wertschwankungen;
- das individuelle Rendite-Risiko-Profil der Optionsberechtigten (bei Mitarbeiteroptionen die Hierarchiestufe bzw. die Stellung im Unternehmen).

Bilden die Optionsberechtigten eine heterogene Gruppe (z.B. Vorstand und Manager unterer Führungsebenen), sind ggf. durchschnittlich erwartete Haltedauern für einzelne Gruppen festzulegen (IFRS 2.B21), um einer Über- oder Unterschätzung des Optionswerts entgegenzuwirken (IFRS 2.B20). Entsprechende Differenzierungen nach Gruppen innerhalb der (Gesamt-)Anspruchsberechtigten machen allerdings nur bei bereits bestehender Kenntnis eines unterschiedlichen Ausübungsverhaltens Sinn (IFRS 2.B19). Empirische Untersuchungen zeigen regelmäßig eine Optionsausübung spätestens ein Jahr nach Ablauf der *vesting period*.[60]

228 Die (Aktienkurs-)**Volatilität** beschreibt die kurzfristige Abweichung des Anteilswerts von der langfristigen Trendentwicklung. Statistisch entspricht sie der Standardabweichung der Zufallsvariablen „Anteilswert". Als Parameter der Optionspreisbewertung drückt die Volatilität die künftig zu erwartenden positiven/negativen Abweichungen – bezogen auf das jährliche Mittel – von dem Anteilswert am Bewertungsstichtag aus (IFRS 2.B24).

Die **künftige** Volatilität steht zum Bilanzstichtag – aufgrund der Abhängigkeit von der Kursentwicklung – freilich noch nicht fest. Aufgrund der **hohen Bedeutung** der Volatilität für den Wert einer Option sind folgende Faktoren bei der Prognose der Volatilität einzubeziehen (IFRS 2.B25):

- die **implizite** Volatilität; sie lässt sich aus beobachtbaren Marktpreisen für gehandelte Optionen des bilanzierenden Unternehmens bestimmen;
- die **historische** Volatilität; sie ergibt sich aus einer Analyse der Veränderung der Aktienkurse in der Vergangenheit über einen Betrachtungshorizont, der der erwarteten Haltedauer der Optionen entspricht;
- der **Zeitraum**, seit dem börsennotierte Preise für Anteile des bilanzierenden Unternehmens beobachtbar sind; ist dieser kurz (z.B. bei neu gegründeten

58 Exemplarisch Vater, in: Thiele/von Keitz/Brücks, (Hrsg.), Internationales Bilanzrecht 2008, IFRS 2 Tz 231.

59 Vgl. Pellens/Fülbier/Gassen, Internationale Rechnungslegung, 6. Aufl. 2006, S. 494.

60 Vgl. Sautner/Weber, BB 2005, S. 2736f.

Gesellschaften oder kurz nach einem Börsengang), ist die beobachtbare Volatilität i.d.R. zu hoch und damit nicht repräsentativ für den langfristigen Trend.

Darüber hinaus ist bei der Bestimmung der Volatilität auf konstante Prämissen hinsichtlich des zugrunde gelegten **Zeitintervalls** (Monate/Wochen/Tage), des Beobachtungszeitpunktes (Eröffnungs-/Höchst-/Schlusskurs) und der Währung im Verhältnis zum Ausübungspreis *(exercise price)* zurückzugreifen. Besondere Einflüsse auf den beobachtbaren Anteilswert und Tendenzen des langfristigen Mittels sind zu berücksichtigen.

Die historische Volatilität wird als **Trendfortschreibung** vergangenheitsbezogener Daten maßgeblich durch die Länge des Beobachtungszeitraums beeinflusst. Die Aussagefähigkeit der impliziten Volatilität ist hingegen insoweit fraglich, als sich die Volatilität von Finanzmarktoptionen wegen anderer Ausgestaltungsmerkmale (Laufzeit, Ausübungsbedingungen etc.) nicht direkt auf vergütungshalber gewährte Optionen übertragen lässt.

Die Schätzung der Volatilität bietet unabhängig von dem Rückgriff auf implizite oder historische Erkenntnisse erhebliche bilanzpolitische **Ermessensspielräume**. Ein klarer Vorrang der zu verwendenden Datenbasis ist daher auch nicht gegeben.

Partizipieren die Anspruchsberechtigten aus der anteilsbasierten Vergütung 229
zusätzlich zu ihrem Optionsrecht ausnahmsweise schon an künftigen **Dividendenausschüttungen** (IFRS 2.B31), sind diese für das Optionspreismodell unbeachtlich (IFRS 2.B32). Regelmäßig sieht eine anteilsbasierte Vergütung allerdings kein Dividendenbezugsrecht vor. Hierdurch reduziert sich der *fair value* der Option für die Perioden, in denen keine Ausübung der Option möglich ist. Als Schätzung der künftigen Dividendenhöhe kann eine um Einmaleffekte bereinigte Extrapolation beobachtbarer Vergangenheitswerte herangezogen werden.[61]

Als „quasi"-risikoloser Zinssatz ist regelmäßig auf die beobachtbare Rendite von 230
Staatsanleihen zurückzugreifen, die in

- der (Rest-)Laufzeit und
- der Währung

der erwarteten Haltedauer der Option entsprechen. Eine Anpassungsnotwendigkeit ergibt sich für Staatsanleihen, die einem gewissen Ausfallrisiko unterliegen (IFRS 2.B37).

Wird eine anteilsbasierte Vergütung mit Ausgleich in Eigenkapitalinstrumenten 231
(equity-settled transaction) durch die Ausgabe von Anteilen zu einem Bezugspreis unter dem *fair value* bewirkt, erfahren die Gesellschafter/Anteilseigner einen Verwässerungseffekt (**Kapitalstruktureffekt**). Dieser betrifft nicht nur die bestehenden Gesellschafter/Anteilseigner, sondern auch die Optionsberechtigten hinsichtlich ihres Ausübungsgewinns (IFRS 2.B39). Die Höhe des Verwässerungseffektes und damit der *fair value* der Optionen hängen ab von

- dem Bezugsverhältnis von vorhandenen zu neu zugeteilten Aktien und
- dem Grad der Einpreisung des erwarteten Verwässerungseffekts in den beobachtbaren Anteilswert.

Eine Minderung des Optionswertes durch Verwässerungs-/Kapitalstruktureffekte ist im Optionspreismodell zu berücksichtigen. Die Anpassung erfolgt

61 Vgl. VATER, StuB 2004, S. 804.

unter Berücksichtigung des Verhältnisses der neu zu emittierenden Anteile zur Anzahl bestehender Anteile (λ). Der Optionswert vor Berücksichtigung des Verwässerungseffekts wird mit dem Wert 1/(1+λ) multipliziert.[62]

232 Unabhängig von der Ausgestaltung der anteilsbasierten Vergütung – *cash-settled* oder *equity-settled transaction* – sind neben evtl. in den Vertragsbedingungen festgehaltenen *non-vesting conditions* auch *market-based performance conditions* als Teil der *vesting conditions* im Optionspreismodell zu berücksichtigen (Rz 58). Mit Ausnahme der marktabhängigen Leistungsbedingungen dürfen *vesting conditions* nicht in die Berechnungsparameter des Optionspreismodelles einfließen (IFRS 2.19). Nicht in der *fair-value*-Bewertung der Option zu berücksichtigende Ausübungsbedingungen sind z. B.:

- Beibehaltung der Arbeitnehmerstellung *(service conditions)*,
- Erfüllung einer nicht vom Anteilswert abhängigen Zielvorgabe, z. B. Umsatzvolumen, Gewinnanstieg, Gewinn je Aktie.

Für die Bestimmung des Werts der hingegebenen Leistung über die indirekte Bewertung ist im Zusagezeitpunkt *(grant date = measurement date)* abzuschätzen, wie viele der zugesagten Optionen nach Ablauf der *vesting period* (Rz 49) tatsächlich ausgeübt werden. Insbesondere ist dabei die Einschätzung der Mitarbeiterfluktuation angesprochen, aber auch die übrigen eben genannten Vorgaben, die nicht marktabhängig sind. Diese Ausübungsbedingungen sind also nicht bei der **Bewertung** der einzelnen Option, sondern bei der Abschätzung des **Umfanges** der Vergütungsinstrumente zu berücksichtigen, die letztlich ausgeübt werden (IFRS 2.20). Die letztgenannte Wertermittlungskomponente stellt das – nach deutschem Sprachverständnis – **Mengengerüst** der Bewertung dar, das Optionspreismodell oder – ausnahmsweise – der Markt liefert dazu die **Wertkomponente**.[63]

17.4.2 Black-Scholes-Modell

233 Das Black-Scholes-Modell stellt das einfachste Optionspreismodell dar. Die einfache Anwendung ist Ergebnis einer geschlossenen Bewertungsgleichung, die allerdings die Flexibilität und damit Anwendbarkeit des Modells erheblich einschränkt.[64] Es ist daher fraglich, ob das Black-Scholes-Modell die Merkmale als Vergütung gewährter Optionen zutreffend widerspiegelt (IFRS 2.BC131).

Eine Bewertung über das Black-Scholes-Modell ist – abgesehen von den Anforderungen an den Kapitalmarkt[65] – möglich, wenn folgende Annahmen erfüllt sind:

- Es werden keine (wesentlichen) Dividenden während der Optionslaufzeit erwartet,
- die Optionsausübung ist nur am Ende der Laufzeit möglich und
- der erwartete risikolose Zinssatz ist bis zum Fälligkeitszeitpunkt im Wesentlichen konstant.

---

62 Vgl. VATER, in: THIELE/VON KEITZ/BRÜCKS (Hrsg.), Internationales Bilanzrecht 2008, IFRS 2 Tz 253.

63 KÜTING/DÜRR unterscheiden begrifflich zwischen (nicht) marktabhängigen Erfolgszielen (WPg 2004, S. 609, 612 f.).

64 Vgl. PELLENS/FÜLBIER/GASSEN, Internationale Rechnungslegung, 6. Aufl., 2006, S. 490.

65 Vgl. ROß/SIMONS, in: BAETGE u. a. (Hrsg.), Rechnungslegung nach IFRS, IFRS 2, Tz. 83.

Bei Nichterfüllung der vorstehenden Annahmen lässt sich das Bewertungsmodell unter Anpassung der Bewertungsgleichung modifizieren. Ebenso ist eine Anpassung erforderlich, wenn Ausübungsbedingungen (hier: *market conditions)* in dem Optionspreismodell zu berücksichtigen sind. Jegliche Anpassung des Bewertungsmodells ist allerdings aufwendig, das Black-Scholes-Modell aus Kosten-Nutzen-Erwägungen somit nur für „einfach" ausgestaltete Optionszusagen heranzuziehen.
Die **Stärken** und **Schwächen** des Black-Scholes-Modells zur Bewertung von Optionszusagen lassen sich wie folgt zusammenfassen:

Stärken des Modells	**Schwächen des Modells**
Einfachheit und weite Akzeptanz des Modells	Begrenzter Anwendungsbereich des Modells, da Parameter über die Laufzeit fixiert sind *(closed form solution)*
Optionswertberechnungsprogramme sind bei Kenntnis der Bewertungsparameter im Internet frei verfügbar	Ausübungsbedingungen lassen sich nicht oder nur umständlich in der Bewertung berücksichtigen
Bewertungsergebnisse sind leicht nachvollziehbar	Bewertung nur bei einem festen Ausübungszeitpunkt, keine Anwendung auf amerikanische Optionen (Rz 221)

17.4.3 Binomialmodell

Als vielseitigere und dennoch (verhältnismäßig) „einfache" Alternative bietet sich zur Bewertung von Optionszusagen der Rückgriff auf ein Binomialmodell an. Die Bewertung über das Binomialmodell **unterstellt** einen arbitragefreien Kapitalmarkt und die Möglichkeit zur Reproduktion der sicheren Anlage. Die Bewertung erfolgt als zweistufiger Prozess, bei dem der *fair value* zu diskreten äquidistanten Zeitpunkten betrachtet wird: **234**

- In einem **ersten Schritt** ist die künftige Entwicklung des *fair value* des Optionsobjekts zu modellieren. Mit jeder künftigen Periode kann sich der Wert um einen von der Volatilität abhängigen Faktor erhöhen oder reduzieren. In Abhängigkeit von der Rendite auf risikolose Anlagen und der Schwankungsbandbreite (positive und negative Wertabweichung) ergeben sich risikoneutrale Wahrscheinlichkeiten, die für die Entwicklung eines Zustandbaumes *(decision tree)*, der alle möglichen Ausprägungen der Wertentwicklung widerspiegelt, heranzuziehen sind.[66] Am Ende des Betrachtungszeitraumes sind die Resultate aller Wertentwicklungen einfach zu bestimmen, sie entsprechen dem inneren Wert (Differenz zwischen Ausübungspreis und Endwert). Faktoren, die die Wertentwicklung der Anteile beeinflussen (z.B. Dividendenzahlungen), sind bei der Fortschreibung zu berücksichtigen.
- Ausgehend von den unterschiedlichen Werten am Ende des Beurteilungszeitpunktes kann in einem **zweiten Schritt** der Optionswert zu jedem Zeitpunkt zwischen Zusage- und Ausübungszeitpunkt rekursiv ermittelt werden. Kon-

[66] Ausführlich Ross/Simons, in: Baetge u.a. (Hrsg.), Rechnungslegung nach IFRS, IFRS 2, Tz. 88ff.

sistent zu der Entwicklung des Zustandbaumes, bei der risikoneutrale Wahrscheinlichkeiten unterstellt wurden, sind Risikoneutralität für die Gewichtung der positiven und negativen Abweichungen und eine Abzinsung zu unterstellen. Ausübungsbedingungen können im jeweiligen Zeitpunkt des Zustandsbaumes berücksichtigt werden.

Die Güte des Bewertungsergebnisses bei Rückgriff auf das Binomialmodell hängt von der Anzahl der verwendeten Zwischenschritte (dem Umfang des Zustandbaumes) ab. Bei einem Bewertungshorizont von drei Jahren sind daher zur Verbesserung der Aussagefähigkeit des Modells auch unterjährige Betrachtungszeiträume zugrunde zu legen. Als Untergrenze sollten mindestens 100 Zwischenschritte gewählt werden. Werden keine marktabhängigen Leistungsbedingungen vereinbart, entsprechen sich die Optionswerte, die mittels Black-Scholes-Modell und Binomialmodell ermittelt werden.

Die **Stärken und Schwächen** des Binomialmodells zur Bewertung von Optionszusagen lassen sich wie folgt zusammenfassen:

Stärken des Modells	**Schwächen des Modells**
Weiter Anwendungsbereich des Modells, da Parameter über die Laufzeit angepasst werden können *(open form solution)*	Höhere Komplexität, Notwendigkeit zur Erstellung eines optionsspezifischen Modells
Berücksichtigung der meisten Ausübungsbedingungen	

17.4.4 Monte-Carlo-Simulation

235 In Ausnahmefällen kann es notwendig sein, den *fair value* einer Option über eine Monte-Carlo-Simulation zu bestimmen (z.B. komplexe Ausübungsbedingungen, die sich nur schwer über ein Binomialmodell erfassen lassen). Über eine Monte-Carlo-Simulation werden unterschiedliche künftige Wertentwicklungen in Abhängigkeit von identifizierten Treibern per Zufallsgenerator ermittelt.

Basierend auf jedem Simulationsergebnis werden die Ausübbarkeit der Option und der Wertzuwachs des Anspruchsberechtigten bestimmt und mit Rückgriff auf den risikolosen Zinssatz auf den Zusagezeitpunkt diskontiert. Über eine kontinuierliche Wiederholung des Simulationsprozesses wird eine Vielzahl von Barwerten ermittelt. Der Erwartungswert aus allen möglichen Barwerten entspricht dem beizulegenden Zeitwert der Option.

Die Aussagefähigkeit des Modells wird entscheidend durch die Anzahl der Simulationen bestimmt. Der resultierende *fair value* ist ein Näherungswert, der sich als Erwartungswert unterschiedlicher Simulationsergebnisse ergibt. Wird nur eine geringe Anzahl von Simulationen ausgeführt, unterliegt der *fair value* der Option ggf. erheblichen Schwankungen von Berechnung zu Berechnung. Als eine Untergrenze wird eine Anzahl von mindestens 10.000 Simulationen (Berechnungsdurchläufen) als angemessen angesehen.[67] Im Einzelfall können aber auch über 1.000.000 Einzelberechnungen erforderlich sein.

67 Vgl. Deloitte, Share-based payments, A guide to IFRS 2, June 2007, S. 115.

Die **Stärken und Schwächen** der Monte-Carlo-Simulation zur Bewertung von Optionszusagen lassen sich wie folgt zusammenfassen:

Stärken des Modells	**Schwächen des Modells**
Keine Einschränkung des Anwendungsbereichs, jede Vertragsbedingung kann berücksichtigt werden	Hohe Anforderung an die Programmierung der Simulation, einfache Tabellenkalkulationsprogramme müssen erweitert werden
Hoher Grad der Nachvollziehbarkeit, da einzelne Simulationswerte aufgezeigt werden	Aussagefähigkeit hängt von der Anzahl der Simulationen ab, bei einer zu geringen Anzahl schwankt der Erwartungswert mit jeder Berechnung

17.4.5 Optionsbewertung bei fehlender oder junger Börsennotierung

Die Verpflichtung zur bilanziellen Abbildung und damit der Bewertung anteilsbasierter Vergütungstransaktionen ist **nicht** auf börsennotierte Unternehmen beschränkt, sondern umfasst mit den gleichen Vorgaben auch Unternehmen, für deren Eigenkapitalinstrumente weder Marktpreise noch historische Daten verfügbar sind. Werden Optionen als anteilsbasierte Vergütungen ausgegeben, scheidet eine allein auf den inneren Wert der Option gestützte Bewertung aus. Für die Bestimmung des Zeitwerts *(time value)* der Optionszusage fehlt bei fehlender oder junger Börsennotierung insbesondere die **Volatilität** der Unternehmensanteile als wesentlicher Parameter des Optionswerts. 236

Zur Schätzung der Volatilität stehen folgende Möglichkeiten zur Verfügung:

- Werden durch das bilanzierende Unternehmen regelmäßig Optionszusagen getätigt, kann die Preisvolatilität auf einem **internen Markt** (Handel der Optionsberechtigten untereinander) herangezogen werden (IFRS 2.B28). I.d.R. ist ein interner Markt allerdings nicht verfügbar oder hinreichend liquide, ein Rückgriff auf unternehmensspezifische Daten scheidet also aus.
- Alternativ kann eine **Vergleichsgruppe** börsennotierter Unternehmen, die in möglichst vielen Charakteristika mit dem bilanzierenden Unternehmen übereinstimmen, herangezogen werden. Stellvertretend für die unternehmensspezifische Volatilität kann dann aus den Preisinformationen für die Vergleichsgruppe *(peer group)* die Volatilität der Anteile abgeleitet werden.

17.5 Objektive Unmöglichkeit der *fair-value*-Bewertung – Rückgriff auf die *intrinsic value method*

Die Bewertungsvorschriften beruhen auf der **unterstellten Möglichkeit**, im Zeitpunkt der Optionsgewährung *(grant date)* den Optionswert zuverlässig zu bewerten (IFRS 2.BC197). Gleichwohl wird auch die Existenz von unüblichen und sehr komplex ausgestalteten Anteilen berücksichtigt, die aus Sicht des Board in **seltenen Fällen** *(rare cases)* eine zuverlässige Schätzung unmöglich machen (IFRS 2.BC199). 237

Für den Fall der objektiven Unmöglichkeit einer *fair-value*-Bewertung einer anteilsbasierten Vergütung mit Ausgleich in Eigenkapitalinstrumenten über ein Optionspreismodell ist es alternativ zulässig, den Zeitwert *(time value)* einer

Option zu vernachlässigen und die Bewertung allein auf den inneren Wert *(intrinsic value)* zu stützen (IFRS 2.24–25). Die Folge ist dann eine **Nichterfassung** von **Aufwand** im Zusagezeitpunkt, wenn im Zusagezeitpunkt der Ausübungspreis dem Aktienkurs bzw. Anteilswert entspricht, ein innerer Wert also nicht vorhanden ist.

238 Die Wertänderung vom Zusagezeitpunkt *(grant date)* bis zur letztendlichen Ausübung bzw. zum Verfall *(settlement)* ist zu jedem Stichtag erfolgswirksam zu verbuchen. Der *fair value* als Wertkomponente wird in diesen Fällen durch den **inneren Wert** *(intrinsic value)* ersetzt. Abweichend von der Regel hat daher auch bei echten Optionen zu jedem Bilanzstichtag eine erneute Bewertung zu erfolgen (Rz 60). Die Bewertung über die Laufzeit insgesamt entspricht dann dem Ausübungsgewinn des Optionsinhabers.[68] Unberührt bleibt indes die Mengenkomponente der Bewertung gem. IFRS 2.15, also die Einschätzung der letztlich ausübbaren Optionen (IFRS 2.24b). Die Vorschriften zum „*repricing*" u. Ä. (Rz 104ff.) sind dann nicht anzuwenden. Wenn allerdings während der „Wartezeit"*(vesting period)* eine Ablösung der Optionsverpflichtung *(settlement)* erfolgt, ist der noch nicht erfasste Aufwandsteil sofort zu erfassen und sind etwaige Ausgleichszahlungen bis zur Höhe des inneren Wertes zulasten des Eigenkapitals zu verbuchen (IFRS 2.25); ein übersteigender Betrag ist im Aufwand zu erfassen.

239 Eine Bewertung zum inneren Wert, also der Differenz zwischen dem Ausübungspreis und dem *fair value* des zugrunde liegenden Anteils am Bewertungsstichtag, ist, anders als eine *fair-value*-Bewertung der Option (innerer Wert + Zeitwert), nicht nur zum *grant date*, sondern zu jedem Periodenende erforderlich.

240 Diese Ausnahmeregel spricht explizit nur echte Optionen an. Die Bewertung von Optionszusagen ist allerdings unabhängig von der Vergütungsform (Rz 225). Somit gilt u. E. auch für virtuelle Optionen *(cash-settled transactions)*: Lässt sich der Optionswert nicht zuverlässig ermitteln, kann vereinfachend auf eine Bestimmung des Zeitwerts der gewährten Option verzichtet werden.

17.6 Würdigung

241 Die Bewertung von anteilsbasierten Vergütungen über Optionspreismodelle ist äußerst ermessensbehaftet (zur **generellen** Kritik an der Bewertung auf der Grundlage von Optionspreismodellen vgl. → § 28 Rz 231ff.[69]). Die gesamte Problematik ficht den Board allerdings nicht an (Rz 33): Die Bewertung hat fast ausnahmslos (Rz 237) zum *fair value* zu erfolgen, der auf der Grundlage von Optionspreismodellen zu ermitteln ist. Eine **Unmöglichkeit** der Wertermittlung wird als unwahrscheinlich erachtet (IFRS 2.BC197). Die Bilanzierungspraxis kann dieser optimistischen Einschätzung nicht unbedingt folgen und relativiert daher zum Teil ihre Berechnungen sogleich wieder:

---

68 Vgl. PELLENS/CRASSELT, PiR 2005, S. 40.

69 Grundlegend zur Kritik an den Optionspreismodellen VATER, Stock Options, 2004, S. 9ff., sowie ders., DStR 2004, S. 1715; außerdem PELLENS/CRASSELT, PiR 2005, S. 39f.

Beispiel aus einem Jahresabschluss[70]
„The Black-Scholes option valuation model was developed for use in estimating the fair value of traded options which have no vesting restrictions and are fully transferable. In addition, option valuation models require the input of highly subjective assumptions including the expected stock price volatility. Because the company's stock options have characteristics significantly different from those of traded options and because changes in the subjective input assumptions can materially affect the fair value estimate, in management's opinion, the existing models do not necessarily provide a reliable single measure of the fair value of its employee stock options."

Schätzungen stellen an sich einen notwendigen Bestandteil der Bilanzierung dar (IFRS F.86); sie stellen sich ex post fast immer als „falsch" heraus. Im Falle von echten Optionen sind die Diskrepanzen wegen des Einfrierens der Optionsbewertung (des Preisgerüsts) im Zusagezeitpunkt (Rz 60) besonders hoch. Im Rahmen der US-amerikanischen Börsenaufsicht ist dieses Thema im Hinblick auf die strenge Vorgehensweise der SEC in die Diskussion gelangt und hat die SEC zur Veröffentlichung des SAB 107 veranlasst, wo die einschlägigen Passagen von ASC Topic 718 kommentiert werden.[71]

Zentral geht es dabei um die Frage, ob das Auseinanderklaffen der *fair-value*-Schätzung des Zugangswertes mit seiner später nicht mehr änderbaren Wertkomponente und dem letztlich von den Mitarbeitern realisierten Wert von der SEC beanstandet werden kann. Die Antwort lautet kurz gefasst:

- Selbst eine **bedeutende** Abweichung *(no matter how significant)*
- ist aus Sicht der *faithfull presentation* nicht **irreführend** (*materially misleading*),
- sofern sie sich auf anerkannte und vernünftig angewandte **Bewertungstechniken** stützt.

Eine Präferenz für ein bestimmtes Bewertungsmodell enthält die SEC-Stellungnahme nicht. Letztlich verlangt die SEC die Anwendung eines *good faith fair value estimate.*

SAB 107 erlaubt auch den **Wechsel** von einer Bewertungstechnik zur anderen bei einer späteren Neuausgabe von Vergütungstiteln. Es handle sich nicht um eine Änderung der Bewertungsmethode *(change in accounting policy*; → § 24 Rz 5ff.). Nur ständiges *(frequently)* Hin- und Herwechseln wird als unzulässig angesehen. Jedenfalls ist eine Offenlegung der Änderung des Bewertungsverfahrens im Anhang geboten. Empirische Studien schreiben wegen der mangelnden Zuverlässigkeit der Optionsbewertung der Erfassung des zugehörigen Personalaufwandes fast keine **Entscheidungsrelevanz** für die Abschlussadressaten (→ § 1 Rz 28) zu.[72]

Der Board hat auch **andere** (künftig möglicherweise auftretende) Varianten des *share-based payment* überdacht, allerdings keine weiteren spezifischen Regeln **242**

[70] Aus dem Annual Report 2002 der Wal-Mart INC. (zum ausgewiesenen Pro-forma-Aufwand); zitiert nach VATER, WPg 2004, S. 1258.
[71] Vgl. hierzu VATER, WPg 2005, S. 1269.
[72] VATER, WPg 2005, S. 1269.

mehr vorgesehen. Er verzichtet auf die Beschreibung ausführlicher Anwendungsvorschriften, die durch die tatsächliche Entwicklung sehr schnell überholt sein könnten. In diesen Fällen sind die zuvor herausgearbeiteten allgemeinen Grundsätze zur bilanziellen Abbildung des *share-based payment* zu beachten (IFRS 2.BC193 ff.).

Ergebnisrechnung

§ 24 STETIGKEITSGEBOT, ÄNDERUNG BILANZIERUNGSMETHODEN UND SCHÄTZUNGEN, BILANZBERICHTIGUNG

Inhaltsübersicht Rz

Vorbemerkung

Schrifttum: Erchinger/Melcher, Fehler in der internationalen Rechnungslegung, KoR 2008, S. 616ff. und 679ff.; Hennrichs, Fehlerbegriff und Fehlerbeurteilung im Enforcementverfahren, DStR 2009, S. 1445ff.; Henrichs, Fehlerhafte Bilanzen, Enforcement und Aktienrecht, ZHR 168 (2004), S. 383; Hoffmann, Bilanzierungsfehler, BC 2005, S. 1ff.; Keitz, von/Stolle, Fehlerfeststellung, -veröffentlichung und -korrektur im Rahmen des deutschen Enforcement, KoR 2008, S. 213ff.; Kumm/Müller, Fehlerveröffentlichung im Enforcementverfahren, IRZ 2009, S. 77ff.; Kupsch, Einheitlichkeit und Stetigkeit der Bewertung gem. § 252 Abs. 1 Nr. 6 HGB, DB 1998, S. 1101ff.; Küting/Weber/Boecker, Fast Close – Beschleunigung der Jahresabschlusserstellung: (zu) schnell am Ziel?!, StuB 2004, S. 1; Mattheus/Schwab, Rechtschutz für Aktionäre beim Rechnungslegungsenforcement, DB 2004, S. 1975; Müller, Prüfverfahren und Jahresabschlussnichtigkeit nach dem BilKoG, ZHR 168 (2004), S. 414; Ruhnke/Berlich, Behandlung von Regelungslücken innerhalb der IFRS, DB 2004, S. 389; Sorgenfrei, Bilanzstrafrecht und IFRS, PiR 2006, S. 38ff.; Weilep/Weilep, Nichtigkeit von Jahresabschlüssen, BB 2006, S. 147ff.; Zülch/Willms, Änderungen eines IAS/IFRS-Abschlusses, StuB 2004, S. 11ff.

Vorbemerkung

Die Kommentierung bezieht sich auf IAS 8 in der aktuellen Fassung und berücksichtigt alle Ergänzungen, Änderungen und Interpretationen, die bis zum 1.1.2011 beschlossen wurden. Einen Überblick über ältere Fassungen sowie über diskutierte oder schon als Änderungsentwurf vorgelegte künftige Regelungen enthält Rz 64f.

1 Zielsetzung, Regelungsinhalt und Begriffe

1.1 Innere und äußere Vergleichbarkeit als Zielsetzung von IAS 8

1 IAS 8 ist in gewisser Weise ein **„Omnibus-Standard“**. Eine Reihe ganz verschiedenartiger Themen wird behandelt:

- Anwendung und Auswahl der **Bilanzierungsmethoden** (z.B. nach Maßgabe der *materiality* oder bei Regelungslücken),
- die Zulässigkeit von und das buchhalterische Vorgehen bei der Änderung von Bilanzierungsmethoden **(Ausnahmen vom Stetigkeitsgebot)**,
- das Vorgehen bei der **Revision von Schätzungen**,
- die Buchungs- und Darstellungsweise bei der Bilanzberichtigung (**Korrektur von Fehlern** aus Vorperioden).

2 Inhaltliche Klammer dieser Themen soll die **Zielsetzung der inneren und äußeren Vergleichbarkeit** von Abschlüssen sein (IAS 8.1).

1.2 Verhältnis von IAS 8 zu IAS 1 und zum *Framework*

Als besondere Themenklammer taugt die Vorgabe der inneren und äußeren **Vergleichbarkeit** kaum. Die Vergleichbarkeit ist eine ganz grundlegende Anforderung an die Rechnungslegung, die über IAS 8 hinaus in vielen anderen Standards eine Rolle spielt. Betroffen sind vor allem das *Framework* und IAS 1. Zwischen diesen drei Standards bestehen vor allem in der Frage der Anwendung und Auswahl von Bilanzierungsmethoden *(application and selection of accounting policies)* starke **Überlappungen.** 3

- Welches die auf einen IFRS-Abschluss **anwendbaren Regeln** sind bzw. unter welchen Voraussetzungen ein Abschluss als IFRS-Abschluss bezeichnet werden darf, wird sowohl in IAS 1.15ff. als auch in IAS 8.7ff. und im *Framework* behandelt (→ § 1 Rz 50).
- Wie im Falle **unspezifischer** oder **fehlender Regelung** zu verfahren ist, behandelt vorrangig IAS 8.10ff., benutzt aber dabei Konzepte (Relevanz, *faithfulness* usw.), die nur in IAS 1.15ff. und im *Framework* erläutert sind (→ § 1 Rz 16).
- Jede (ökonomisch sinnvolle) Regelanwendung steht unter dem **Vorbehalt der *materiality***. Auf unwesentliche Sachverhalte brauchen komplexe Regeln nicht angewandt zu werden. Ausführungen zur *materiality* finden sich sowohl in IAS 1.29ff. als auch in IAS 8.8 und wiederum im *Framework* (→ § 1 Rz 59ff.).
- Die (sinnvolle) Anwendung der Rechnungslegungsregeln unterliegt weiterhin dem **Vorbehalt der *true and fair presentation***. Bilanzierungsregeln sind insoweit nicht anzuwenden, als dies zu einer falschen bzw. verzerrten Darstellung führen würde. Umgekehrt findet auch die Nichtanwendung von Regeln unter Verweis auf die *immateriality* ihre Grenzen, wo das Ziel die bewusste Verzerrung der Darstellung ist. Ausführungen zu diesen Punkten finden sich in IAS 1.15ff., IAS 8.10ff. und im *Framework* (→ § 1 Rz 59ff.).
- Schließlich gibt der Zweck der zeitlichen Vergleichbarkeit der Regelanwendung eine **Stetigkeitsvorgabe**. Regeln sollen konsistent angewendet werden. Dieses Problem wird in IAS 1.45, in IAS 8.14ff. und erneut im *Framework* behandelt.

Das IFRS-Regelwerk fragmentiert diese Themen, indem es sie an verschiedenen Stellen mit teils gleichen, teils unterschiedlichen Aussagen und Schwerpunkten behandelt. Das kommentierende Schrifttum hat hier die Aufgabe der **Defragmentierung**. Es hat zusammenzuführen, was zusammengehört. In diesem Sinne behandelt unsere Kommentierung die vorgenannten Punkte einheitlich, und zwar überwiegend in → § 1. Es wird deshalb verwiesen 4

- zu den anwendbaren Regeln auf → § 1 Rz 42ff.,
- zum Vorgehen bei Regelungslücken auf → § 1 Rz 74ff.,
- zum Vorbehalt der *materiality* auf → § 1 Rz 59ff.,
- zum Vorbehalt der *true and fair presentation* auf → § 1 Rz 66ff.

Hingegen werden in diesem Paragrafen behandelt:

- die **Stetigkeit** der Regelanwendung (Rz 5) und
- die **Ausnahmen vom Stetigkeitsgebot** (Rz 17),
- die **Revision von Schätzungen** (Rz 50) und
- die **Korrektur von Fehlern** (Rz 51).

2 Änderung von Ausweis- und Bilanzierungsmethoden

2.1 Grundsatz der Methodenstetigkeit

5 Der Grundsatz der Methodenstetigkeit findet sich im IFRS-Regelwerk u.a. an folgenden Stellen:

- Im *Framework* erfolgt der positive Hinweis auf das Erfordernis der Änderung von Bilanzierungsmethoden *(accounting policies)*, wenn bessere Alternativen existieren (*Framework* 1989.41/*Framework* 2010.QC30).
- **IAS 1.45** fordert die **Ausweisstetigkeit**, d.h. die Konsistenz in der Klassifizierung von Vorfällen bzw. der Gliederung von Posten, in Bilanz, GuV, Eigenkapitaländerungs- und Kapitalflussrechnung (→ § 2 Rz 16ff.).
- In **IAS 8.13** findet sich schließlich das Gebot, Ansatz- und Bewertungsmethoden (kurz: Bilanzierungsmethoden) beizubehalten (**materielle Stetigkeit).**
  Die Ausweisstetigkeit ist anders als nach § 265 Abs. 1 HGB **nicht** auf Bilanz und GuV **beschränkt**, sondern betrifft z.B. auch Anhang, Segmentbericht und Kapitalflussrechnung.

Die Frage der Ausweis- oder Darstellungsstetigkeit ist vorrangig nicht in IAS 8, sondern in IAS 1 geregelt (→ § 2 Rz 16). IAS 1.44 verweist zwar hinsichtlich der Rechtsfolgen einer geänderten Darstellung auf IAS 8, die in IAS 1.41f. enthaltenen Regelungen entsprechen jedoch den Anforderungen von IAS 8. Der Verweis ist insoweit redundant.

6 Die Stetigkeitsgebote sollen keine „Fortschritte" verhindern. Methodenänderungen sind daher in bestimmten Ausnahmefällen erlaubt. Unter Einbeziehung dieser Ausnahmen stellen sich drei Fragen:

- **Geltungsbereich:** Unterliegt nur die Ausübung echter Methodenwahlrechte dem Stetigkeitsgebot oder gilt das Gebot auch für die sog. **unechten Wahlrechte** durch Ermessensspielräume etc. (Rz 7)?
- **Zulässige Ausnahmen:** Wann darf ausnahmsweise von dem Stetigkeitsgebot abgewichen werden (Rz 17)?
- **Darstellungstechnik:** Welche Buchungen und Darstellungen sind im Falle einer zulässigen Abweichung vom Stetigkeitsgebot zur Wahrung der Vergleichbarkeit geboten (Rz 26)?

2.2 Geltungsbereich des Stetigkeitsgebots

2.2.1 Echte und unechte Wahlrechte

7 Die Stetigkeit von Darstellung, Ansatz- und Bewertung bedarf dort keiner besonderen Regelung, wo eindeutig **nur eine Bilanzierungsweise zugelassen** ist. Der Wechsel von einer unzulässigen zu einer zulässigen Bilanzierung stellt demgemäß keinen Methodenwechsel, sondern eine **Bilanzkorrektur** dar (Rz 33 und Rz 51).

8 Soweit aber Wahlrechte bestehen, sollen diese nicht nur am jeweiligen Stichtag einheitlich für alle **Konzernunternehmen** angewandt (IAS 27.24), sondern im Interesse der inneren Vergleichbarkeit auch im **Zeitablauf** einheitlich ausgeübt werden. Die **Wahlrechtsausübung** ist daher ein Anwendungsbereich des **Stetigkeitsgebots**. Zur Konkretisierung dieses Anwendungsbereichs ist zwischen **zwei Arten** von Wahlrechten zu unterscheiden:

- **Echte Wahlrechte:** Das Regelsystem lässt ausdrücklich alternative Darstellungen, Ansätze oder Bewertungen zu.**Beispiele** sind:
  - die Anwendung der Fifo-Methode auf Vorräte (→ § 17 Rz 22),
  - die *fair-value*-Bewertung von *investment properties* (→ § 16 Rz 43),
  - die Neubewertung von Sachanlagen (→ § 8 Rz 68ff.),
  - der passivische Ausweis von Investitionszuschüssen (→ § 12 Rz 26).
  - die *equity*-Konsolidierung von Gemeinschaftsunternehmen (→ § 34 Rz 89),
  - die sofortige erfolgsneutrale Erfassung versicherungsmathematischer Gewinne und Verluste bei Pensionen (→ § 22 Rz 49),
  - die Qualifizierung der Wechselkurssicherung schwebender Beschaffungsgeschäfte als *cash flow hedge* (§ 28 Rz 248).
- **Unechte oder faktische Wahlrechte**: Das Regelsystem enthält keine ausdrücklichen Alternativen. Die Anwendung der Regeln erfordert aber **Ermessensentscheidungen** in der Form der
  - **Auslegung unbestimmter Begriffe,**
  - Auswahl von **Schätzverfahren** bei Unsicherheit,
  - Auswahl konkreter **Prämissen** für Schätzungen im Einzelfall (individuelle Schätzungen).

Das Stetigkeitsgebot von IAS 8.13 umfasst u.E. sowohl echte als auch unechte 9
Wahlrechte. Dies ergibt sich insbesondere aus der *Guidance on Implementing IAS 8*, die folgenden Fall behandelt:

Beispiel
Die U hat für das jeweilige Anlagengut bisher überwiegend eine einheitliche Nutzungsdauer unterstellt. Eine Aufteilung des Abschreibungsverlaufs nach Maßgabe der unterschiedlichen Nutzungsdauern der Komponenten wurde überwiegend nicht vorgenommen (→ § 10 Rz 7). Zwar verlangt IAS 16.43 eine derartige Abschreibung nach Komponenten *(components approach)*, interpretationsbedürftige Voraussetzung ist aber, dass sich **wesentliche Teile** des Anlagegegenstandes **signifikant** in den Nutzungsdauern unterscheiden. Diese unscharfen Voraussetzungen wurden von U bisher auch mangels detaillierter Untersuchungen nicht bejaht. U hat aber nunmehr eine technische Begutachtung vornehmen lassen und entscheidet sich als Ergebnis dieser Begutachtung, den „*components approach more fully*" anzuwenden.

2.2.2 Keine Geltung für individuelle Schätzungen

Die in IAS 8 enthaltene Ausdehnung des Stetigkeitsgebotes auf **unechte** Wahl- 10
rechte entspricht der herrschenden handelsrechtlichen Auffassung. Diese wendet das in § 252 Abs. 1 Nr. 6 HGB enthaltene Gebot der Bewertungsstetigkeit ebenfalls auf die unechten Wahlrechte an.[1]

Allerdings kann dies nach Handelsrecht wie nach IFRS nicht unterschiedslos für 11
alle Ermessensfälle gelten. Eine erste Grenze ist bei den oben (Rz 8) aufgeführten individuellen Schätzungen zu ziehen. Die konkrete, sich im Zeitablauf ändernde

[1] IDW, HFA 3/1997: Zum Grundsatz der Bewertungsstetigkeit.

Beurteilung eines **mit Unsicherheiten behafteten Einzelfalls** kann nicht mehr Gegenstand des Stetigkeitsgebots sein:[2]

> **Beispiel**
> U hat in 01 eine 10 MWp Großwindkraftanlage errichtet. Die bisher installierten Anlagen hatten eine Leistung von 1 MWp und eine wirtschaftliche Nutzungsdauer von 20 Jahren. U rechnet mit einer höheren Reparaturanfälligkeit der Großanlage, unterstellt aber, dass die Nutzungsdauer sich nicht sehr wesentlich von der der kleinen Anlagen unterscheidet. Er nimmt eine Nutzungsdauer von 16 bis 20 Jahren an und schreibt die Großwindkraftanlage deshalb über 18 Jahre linear ab.
> Bereits im ersten Jahr kommt es bei der Großanlage zu einigen Reparaturen und Stillstandszeiten. Sie häufen sich in 05. U revidiert daraufhin in 05 seine Nutzungsdauerschätzung von 18 auf 10 Jahre (bzw. die Restnutzungsdauer von 13 auf 5 Jahre).
>
> **Beurteilung**
> U muss in der Anwendung des Begriffs der Nutzungsdauer zu Schätzungen greifen. Die ursprüngliche Schätzung ist im Jahre 05 nicht mehr aufrechtzuhalten. Die Schätzung muss der besseren Erkenntnis angepasst werden.

12 Soweit im Einzelfall unklar ist, ob eine Methodenänderung oder die Revision einer Schätzung vorliegt, ist nach IAS 8.35 von der Revision einer Schätzung auszugehen. In der Grenzziehung zu den Schätzungen ist der Begriff der **Methodenänderung** also **eng** auszulegen.

2.2.3 Grenzen des Stetigkeitsgebots bei Schätzverfahren, unbestimmten Rechtsbegriffen und Neuzugängen

13 Da bei unklarer Abgrenzung im Zweifel nicht von einem Methodenwechsel, sondern von einer revidierten Schätzung auszugehen ist (Rz 12), stellt sich die Frage, ob neben der individuellen Schätzung des Einzelfalls auch die in Rz 8 aufgeführten **Schätzverfahren** aus dem Anwendungsbereich des Stetigkeitsgebots ausscheiden. Die Frage ist eng verknüpft mit der nach der Ausstrahlung von Bilanzierungsmethoden älterer Zugänge auf **Neuzugänge**. Das handelsrechtliche Schrifttum ist in diesem zweiten Punkt uneinheitlich. Unter Berufung auf den Einzelbewertungsgrundsatz wird zum Teil die Zulässigkeit einer von Jahr zu Jahr wechselnden Bewertungsmethode vertreten.[3] Dazu folgende Fortsetzung des Beispiels aus Rz 11:

> **Beispiel**
> U errichtet in 02 eine weitere Großwindkraftanlage. Die in 01 errichtete Anlage wurde und wird zu diesem Zeitpunkt noch linear über 18 Jahre abgeschrieben. Die Anlage des Jahres 02 möchte U geometrisch-degressiv abschreiben, beginnend mit einem Abschreibungssatz von 10 %.

---

2 Gl. A. Driesch, in: Beck'sches IFRS-Handbuch, 3. Aufl., 2009, § 44, Tz 13.

3 Söffing, DB 1987, S. 2598 ff.; a. A. Kupsch, DB 1998, S. 1101 ff.

Beurteilung
IAS 16.50 schreibt vor, die Herstellungskosten auf **systematischer Basis** über die Nutzungsdauer zu verteilen. Die Auswahl zwischen linearer und degressiver Methode ist kein echtes Wahlrecht, sondern es ist die Methode anzuwenden, die den Anforderungen von IAS 16.50 am besten entspricht. Angesichts der begrifflichen Unbestimmtheit der Voraussetzungen besteht in vielen Fällen aber ein unechtes bzw. **faktisches Wahlrecht**.
Zu fragen ist aber, ob die in diesem Ermessensrahmen von U getroffene Festlegung für die Windkraftanlage des Jahres 01 ihn für die Anlage des Jahres 02 bindet.
U. E. ist dies jedenfalls dann nicht der Fall, wenn U willkürfrei handelt. Nach den Reparaturproblemen des Jahres 01 mit der ersten Großanlage kann er (willkürfrei) unterstellen, dass ein schneller Abschreibungsverlauf, also die degressive Abschreibung, angesichts der Unwägbarkeiten ein besseres (Schätz-)Verfahren zur Verteilung der Kosten über die Nutzungsdauer darstellt.
Hinsichtlich der möglichen Rückwirkung auf die lineare Abschreibung der ersten Anlage ist nun zwischen zwei Fällen zu unterscheiden:
Fall 1: Die Annahme, dass die degressive Abschreibung ein besseres Schätzverfahren darstellt, ist plausibel, gleichwohl bleibt auch die lineare Abschreibung eine vertretbare Variante. In diesem Fall wird die lineare Abschreibung für die Altanlage beibehalten.
Fall 2: Reparaturanfälligkeit und Stillstandszeiten zeigen, dass die gleichmäßige jährliche Wertminderung evident dem tatsächlichen Werteverzehr widerspricht. In diesem Fall ist die Abschreibungsmethode für die Altanlage zu ändern, ggf. retrospektiv in der unter Rz 27ff. dargestellten Technik.

Unter Beachtung des Einzelbewertungsprinzips entfalten u. E. die **Schätzverfahren der vergangenen Perioden** i. d. R. **keine Bindungswirkung für Neuzugänge** der laufenden und zukünftigen Perioden.[4]

Diese restriktive Auslegung des Stetigkeitsgebots findet jedoch dort ihre Grenze, 14
wo es weder um konkrete Schätzungen noch um Schätzverfahren, sondern um die **Ausfüllung unbestimmter Rechtsbegriffe**, z. B. durch unternehmensinterne Bilanzierungshandbücher *(accounting manuals)*, geht.

Beispiel
U hat als Leasingnehmer in 01 bis 03 diverse Leasingverträge abgeschlossen. Das Verhältnis von Vertragsdauer zur Nutzungsdauer liegt jeweils bei 80 % der Nutzungsdauer.
IAS 17 bindet die Zurechnung von Leasinggegenständen u. a. daran, ob die Vertragsdauer sich über den ***„major part"*** der Nutzungsdauer erstreckt (→ § 15 Rz 34f.). U verfährt im Umgang mit diesem Merkmal wie folgt:
In 01 interpretiert er *„major part"* als 90 % und kommt zu dem Schluss, dass die Leasingobjekte der Verträge 01 nicht zu bilanzieren sind.

---

[4] Ähnlich KÖSTER, in: THIELE/KEITZ, VON/BRÜCKS (Hrsg.), Internationales Bilanzrecht, 2008, IAS 8, Tz 157.

In 02 gelangt er nach Lektüre einschlägiger Aufsätze zur Auffassung, dass das amerikanische Laufzeitkriterium von 75 % (SFAS 13.7) eine sinnvollere Grenze darstellt. Er bilanziert daher die Zugänge des Jahres 02.
In 03 besucht U diverse Seminare zur internationalen Rechnungslegung und erfährt dabei, dass 90 % eine vertretbare und weit verbreitete Auslegung von „*major part*" darstellen. Er bilanziert deshalb die Objekte der Leasingverträge 03 nicht.

Beurteilung
Die unternehmensinterne Konkretisierung des unbestimmten Rechtsbegriffs fällt in den Anwendungsbereich des Stetigkeitsgebots.
U verstößt also gegen das Stetigkeitsgebot.
Ein Verstoß gegen das Stetigkeitsgebot ist nur dann zulässig, wenn dies ausnahmsweise, etwa im Interesse der besseren Lagedarstellung, erlaubt ist (Rz 22). Ein solcher Ausnahmefall liegt nicht vor. U verstößt daher gegen die IFRS-Regeln.

15 Die **Neuinterpretation unbestimmter Rechtsbegriffe** (*major part, near future* etc.) stellt u. E. auch dann einen **Verstoß gegen das Stetigkeitsgebot** dar, wenn sie willkürfrei erfolgt und nur auf Neuzugänge angewendet wird.[5] Ein solches Vorgehen ist daher nur dann zulässig, wenn eine gesetzliche Ausnahmevorschrift die Änderung der Bilanzierungsmethode erlaubt (Rz 17). Betroffen ist neben dem behandelten Leasingfall (Rz 14) z.B. die Ausbuchung von Forderungen beim Factoring. Sie setzt nach IAS 39 im Allgemeinen voraus, dass nicht „so gut wie alle Risiken" *(substantially all of the risks)* beim Forderungsverkäufer verbleiben (→ § 28 Rz 70). In der unternehmensinternen Konkretisierung dieses Begriffs wird man die Grenzziehung nicht von Jahr zu Jahr anders vornehmen können.

Ähnlich ist die Ausübung **echter** Wahlrechte zu beurteilen. Hier ergibt sich i.d.R. schon aus der Wahlrechtsregel selbst die periodenübergreifende Anwendungspflicht:

- Nach IAS 16.36 kann das Wahlrecht der **Neubewertung von Sachanlagen** nur einheitlich für ganze Klassen *(entire classes)* ausgeübt werden (→ § 8 Rz 74). Bei einer Änderung der Bilanzierungsmethode anlässlich von Neuzugängen sind daher auch Altanlagen der gleichen Gruppe umzubewerten.
- Nach IAS 40.30 kann die Entscheidung zwischen Anschaffungskosten- oder *fair-value*-Bewertung nur einheitlich für alle ***investment properties*** getroffen werden (→ § 16 Rz 46). Auch hier sind bei einer durch Neuzugänge ausgelösten Methodenänderung Altanlagen ebenso umzubewerten.

Eine Ausnahme unter den echten Wahlrechten stellt IFRS 3.19 i.V.m. IFRS 3.32 dar. Danach ist der beim mehrheitlichen, aber nicht 100%igen Erwerb eines Unternehmens *(business combination)* entstehende Minderheitenanteil *(non-controlling interest)* wahlweise mit dem anteiligen Zeitwert des Nettovermögens des Erwerbsobjekts oder mit dem anteiligen Unternehmenswert zu berücksichtigen

5 Gl. A. Köster, in: Thiele/Keitz, von/Brücks (Hrsg.), Internationales Bilanzrecht, 2008, IAS 8, Tz 154.

(→ § 31 Rz 131). Dieses Wahlrecht ist je Unternehmenserwerb *(for each business combination)* frei auszuüben.

Keine Änderung der Bilanzierungsmethoden und damit kein Anwendungsfall von IAS 8 ist die Wahl einer Bilanzierungsmethode für **neue Ereignisse oder Geschäftsvorfälle**, die sich von früheren Ereignissen oder Geschäftsvorfällen unterscheiden (IAS 8.16a). 16

Keinen Methodenwechsel stellt auch der von vornherein **geplante Übergang von der degressiven zur linearen Abschreibung** dar, sobald die lineare Verteilung des Restbuchwertes zu einer höheren Abschreibung führt als die Fortsetzung der degressiven Abschreibung.

2.3 Zulässige Abweichungen vom Stetigkeitsgebot

2.3.1 Überblick

Von den Geboten der Ausweisstetigkeit und der materiellen Stetigkeit gibt es zwei **Ausnahmen**. Eine Änderung der bisher angewandten Bilanzierungsmethoden ist demnach nicht nur zulässig, sondern auch geboten, wenn sie 17

- **durch Gesetz** oder sonstige **verbindliche Regel verlangt** wird (IAS 1.45b und IAS 8.14a) oder
- zu einer **angemessenen (*more appropriate*)** bzw. **relevanteren oder verlässlicheren Darstellung** von Geschäftsvorfällen führt (IAS 1.45a und IAS 8.42).

2.3.2 Durch die Rechtsvorschriften verlangte Methodenänderungen

2.3.2.1 Erstmalige Anwendung eines Standards

Bilanziert ein Unternehmen bereits nach den IFRS-Vorschriften, so kann es nur um eine **Neufassung** oder erstmalige **Verabschiedung einer IFRS-Regel** gehen. Insbesondere bei erstmaliger Anwendung eines neu oder grundlegend überarbeiteten Standards werden diesem häufig spezifische Übergangs- bzw. Anwendungsvorschriften beigefügt. Nach diesen speziellen Vorschriften ist dann vorzugehen (IAS 8.19a). 18

Fehlt es an solchen speziellen Vorschriften, so gelten für die Anwendung eines neuen Standards die allgemeinen Regelungen, d.h., i.d.R. ist die Anpassung **retrospektiv** unter Korrektur von Eröffnungsbilanzwerten (IAS 8.19b) bzw. unter Anpassung der vorjährigen Klassifizierungen (IAS 1.41) und Aufstellung einer dritten Bilanz (Eröffnungsbilanz des Vorjahres) vorzunehmen (Rz 26). 19

2.3.2.2 Non-IFRIC-Entscheidungen

Regelmäßig richtet die Praxis an das IFRS *Interpetations Committee* (früher IFRIC) Fragen zur Behandlung tatsächlich oder vermeintlich unklarer Fälle. Soweit das *Committee* die Fragestellung nicht bearbeitet oder nicht auf seine Agenda nimmt, wird diese *„Agenda Rejection"* mit knapper Begründung veröffentlicht. Diesen sog. Non-IFRICs wird folgende Bemerkung vorangestellt: *„The following informations are published for information only and do not change existing IFRS requirements."* Gleichwohl entfalten die Non-IFRICs eine faktische Bindungswirkung (→ § 1 Rz 54) mit der möglichen Folge, an einer bisher für vertretbar gehaltenen Bilanzierungsmethode nicht mehr festhalten zu 20 können. Die Anpassung ist retrospektiv unter Korrektur von Eröffnungsbilanzwerten (IAS 8.19b; Rz 26) vorzunehmen.

Beispiel
Die Auftragsbedingungen von U sehen bei Warenlieferungen ein Zahlungsziel von 6 Wochen sowie Skonti von 2 % bei Zahlungen innerhalb von 3 Wochen vor. Lieferungen, bei denen die Skontofrist zum Bilanzstichtag noch nicht abgelaufen war, hat U bisher mit 100 % als Umsatz angesetzt, die tatsächlich gezogenen Skonti erst in neuer Rechnung als Erlösminderung verbucht.
Nach Ergehen eines Non-IFRIC[6] ist dieses Vorgehen nicht mehr vertretbar. U muss die Erlösminderung zukünftig noch in alter Rechnung auf geschätzter Basis (bei *fast close* → § 4) oder auf Basis der nach dem Stichtag erlangten „Werterhellung" (→ § 4) berücksichtigen.

2.3.2.3 Übergang auf die IFRS-Rechnungslegung

21 Das Vorgehen bei erstmaliger Aufstellung eines Abschlusses ist in IFRS 1 geregelt. Zum Vorgehen im Einzelnen und zu Ausnahmen von der Retrospektion wird auf → § 6 Rz 26ff. verwiesen.

2.3.3 Methodenänderungen zur Verbesserung der Darstellung

22 Bilanzierungsmethoden dürfen und sollen trotz des Grundsatzes der Stetigkeit geändert werden, wenn hierdurch bei sachgerechter Beurteilung des Einzelfalls eine **verbesserte Darstellung** der Vermögens-, Finanz- und Ertragslage resultiert (IAS 8.14b).

Formell ist der für diese Stetigkeitsausnahme z.T. verwendete Begriff des „*voluntary change in accounting policy*" irreführend, da bei Vorliegen der Voraussetzungen (verbesserte Darstellung) die Bilanzierungsmethode ggf. zu ändern **ist** und im Übrigen dort, wo wirklich die freie Wahl zwischen zwei Bilanzierungen besteht, wegen des Vorrangs spezifischer Regeln IAS 8 z.T. überhaupt nicht anwendbar ist. Dies gilt etwa nach IAS 8.17 für den Wechsel von der Anschaffungs-/Herstellungskostenbewertung zur Neubewertung nach IAS 16 oder IAS 38 (→ § 8 Rz 68ff.).

Tatsächlich aber erfordert die Beurteilung, wann eine Verbesserung der Darstellung vorliegt, die Ausübung von **Ermessen im Einzelfall**. Generelle Regeln, etwa der Art, dass z.B. der Übergang von einer Alternativ-Methode zu einer *benchmark*-Methode immer die Darstellung verbessern würde, sind durch die Ausführungen in IAS 8 nicht gerechtfertigt. Die Beispiele in der *Guidance on Implementing IAS 8* begnügen sich mit sehr weichen Begründungen:

Beispiel 1
Unternehmen Gamma wechselt bez. des Finanzierungsaufwandes für Anschaffungs- oder Herstellungskosten von der Aktivierung der Fremdkapital-

[6] IFRIC, Update Juli 2004.

kosten zur Aufwandsverrechnung (→ § 9). Die in den *notes* zu liefernden Begründungen formuliert IAS 8.IG2 beispielhaft wie folgt:
Das Management ist der Auffassung, dass die Aufwandsverrechnung **zuverlässigere und relevantere Informationen** liefert, da sie die Finanzierungskosten **transparenter** behandelt und mit der lokalen **Branchenpraxis** konsistent ist.

Beispiel 2
Unternehmen Delta schreibt das jeweilige Anlagegut nicht mehr einheitlich, sondern nach der Nutzungsdauer der wichtigsten Komponenten ab (→ § 10 Rz 7). IAS 8.IG3 lässt folgende Begründung in den *notes* genügen:
Das Management ist der Ansicht, dass der Komponentenansatz **zuverlässigere und relevantere Informationen** liefert, da er sich **akkurater** mit den Komponenten befasst.

Die Illustrationen des IASB lassen folgenden Schluss zu: Die in IAS 8.14b vorausgesetzte Verbesserung der Lagedarstellung muss mehr **behauptet** als im Detail **belegt** werden. Ein Verweis auf Zuverlässigkeit, Relevanz, Branchenpraxis, Detailgenauigkeit etc. reicht regelmäßig aus.[7] 23

Weitere Ermessensspielräume ergeben sich aus der Unbestimmtheit des **Zeit- und Sachhorizonts** für die geforderte Verbesserung der Darstellung. Die sachgerechte Ermessensausübung bez. einer Methodenänderung kann u.U. **kurzfristig**, also für den aktuellen Jahresabschluss, keinen wesentlichen Informationsgewinn liefern, wohl aber bei **länger**fristiger Betrachtung. Nach unserer Auffassung wäre die langfristige Perspektive ausreichend, um eine Methodenänderung zu rechtfertigen. **Sachlich** kann eine Methodenänderung nicht die Ertrags-, wohl aber die Vermögenslage besser darstellen. Auch hier wäre eine Methodenänderung zulässig. Soweit es zu Zielkonkurrenzen kommt – z.B. kurzfristige Darstellung sogar verschlechtert, langfristige dafür verbessert –, sind Vor- und Nachteile argumentativ (und nicht mathematisch) abzuwägen. 24

Eine „freiwillige" Änderung der Bilanzierungsmethode liegt nach IAS 8.21 auch dort vor, wo der Bilanzierende zur Lückenfüllung auf **anderes** Recht (z.B. US-GAAP) zurückgreift, sich die Vorschriften dieses anderen Rechts aber ändern und der Bilanzierende diese Änderung nachvollzieht. 25

2.4 Technische Darstellung des Methodenwechsels

2.4.1 Grundsatz: Retrospektiv und erfolgsneutral

Ein *change in accounting policies* ist nach IAS 8.22 retrospektiv und **erfolgsneutral** durchzuführen: 26

- Bilanzansatz und Bilanzwert sind so zu ermitteln, als ob immer schon nach der neuen Methode verfahren worden wäre **(retrospektive Anwendung)** (IAS 8.22).
- Daraus resultierende Differenzen gegenüber dem bisherigen Ansatz bzw. Wert sind in der **Eröffnungsbilanz** des ersten im Abschluss präsentierten

[7] Ähnlich KPMG, Insights into IFRS, 3. Aufl., 2007/08, Tz 2.8.10.10.

Jahres (bei nur einer Vergleichsperiode Eröffnungsbilanz des Vorjahres) gegen Gewinnrücklagen **erfolgsneutral** einzubuchen (IAS 8.22).

- Alle Vergleichsinformationen **(Vorjahresbeträge)** sind **anzupassen** (IAS 8.26).
- In der Bilanz müssen neben den aktuellen Zahlen und denen des (angepassten) Vorjahres auch die **Eröffnungsbilanzwerte** des **Vorjahres** präsentiert werden (IAS 1.39; → § 2 Rz 18).
- Für jeden betroffenen Posten der Bilanz, GuV usw. ist der **Anpassungsbetrag offenzulegen**, der Wert vor Anpassung dem Wert nach Anpassung gegenüberzustellen (IAS 8.28f und IAS 8.29c).

Eine retrospektive Anpassung ist dort nicht notwendig, wo spezifischere Vorschriften hiervon befreien. Dies gilt etwa für die erstmalige Neubewertung von Sach- und immateriellen Anlagen, bei der nach IAS 8.17 nur die Vorschriften von IAS 16 und IAS 38 (→ § 8 Rz 68ff.) anzuwenden sind (Rz 22). Die Werte früherer Perioden sind daher nicht für Vergleichszwecke neu zu ermitteln.

27 Das nachfolgende Beispiel zeigt die Anwendung für den Fall eines Übergangs von der Durchschnitts- zur Fifo-Bewertung von Vorräten (→ § 8 Rz 43ff.):

Beispiel

Ein Unternehmen hat Vorräte bis einschließlich 01 nach der Durchschnittsmethode bewertet. In 02 wird auf Fifo umgestellt.

Ohne Berücksichtigung der Umstellung hätte das Ergebnis vor Steuern in beiden Perioden 200 betragen. Nachfolgend zunächst die angenommenen Werte für einen Steuersatz von 50 % sowie die Gewinnauswirkung für den Fall, dass schon immer nach Fifo bewertet worden wäre.

Vorräte in Bilanz	**Fifo**	**Durchschnitts-methode**	**Differenz**
1.1.01	100	110	- 10
31.12.01	150	180	- 30
31.12.02	120	140	- 20

Auswirkung auf Gewinn	**Vor Steuern**	**Steuern**	**Nach Steuern**
vor 01	- 10	- 5	- 5
+ auf Gewinn 01	- 20	- 10	- 10
= Summe 1.1.02	- 30	- 15	- 15
+ auf Gewinn 02	+ 10	+ 5	+ 5
= Summe 31.12.02	- 20	- 10	- 10

Nach der retrospektiven Methode ergibt sich in 02 ein um 10 auf 210 erhöhtes Ergebnis vor Steuern, in 01 ein um -20 auf 180 angepasstes Ergebnis. Im Anhang sind die angepassten Posten zu zeigen:

GuV und Gewinnänderung	01 angepasst	01 vorher
Materialaufwand	620	600
Ergebnis vor Steuern	180	200
Steuern	90	100
Periodengewinn	90	100

Im **Anhang** wäre außerdem folgende Erläuterung geboten:
Die Gesellschaft ist in 02 von der Durchschnitts-Methode der Vorratsbewertung zur Fifo-Methode übergegangen, da diese zunehmend den Branchenstandard der Vorratsbewertung darstellt und dadurch auch die Darstellung verbessert wird. Die Auswirkung der Methodenänderung ist retrospektiv berücksichtigt worden. Die Vergleichsbeträge des Jahres 01 sind so angepasst worden, als ob schon in 01 (und den Vorperioden) zu Fifo bewertet worden wäre. Dabei sind die Gewinnrücklagen per 1.1.01 wegen der Anpassungen in den Vorperioden um -5 (nach Berücksichtigung von 5 Steuern) angepasst worden. Zum 1.1.02 beträgt der Anpassungsbetrag -15 (nach 15 Steuern). Der Periodengewinn 01 hat sich um 10 vermindert (nach 10 Steuern). Der Periodengewinn 02 ist um 5 erhöht (nach 5 Steuern). Die angepassten und die ursprünglichen Beträge der GuV 01 ergeben sich aus obiger Tabelle.

2.4.2 Ausnahmen von der retrospektiven Anpassung

Eine Änderung der Bilanzierungsmethoden muss ausnahmsweise insoweit nicht retrospektiv durchgeführt werden, als die Ermittlung der kumulierten und/oder periodenbezogenen Anpassungsbeträge nicht durchführbar *(impracticable)* ist (IAS 8.23 ff. bzw. IAS 8.54). In derartigen Fällen kommt es zu einer sogenannten prospektiven Anpassung.[8] 28

Der **Begriff der *impracticability*** ist nicht in einem theoretischen Szenario zu interpretieren. Er setzt nicht voraus, dass die Beträge objektiv unter keinen denkbaren Umständen ermittelt werden können. Eine Ermittlung ist gem. IAS 8.5 bereits dann *impracticable*, wenn **vernünftige Anstrengungen** ***(reasonable efforts)*** nicht zum Ziel führen würden. 29

2.4.3 Steuerfolgen einer Methodenänderung

Methodenänderungen (oder Bilanzkorrekturen), die Bilanzansatz oder Bewertung steuerpflichtiger Vermögenswerte und Schulden betreffen, haben mittelbare Auswirkungen auf die Steuerposten. Mit Änderung des IFRS-Buchwertes geht etwa eine Änderung **temporärer** Differenzen einher, die sich auf die Höhe der latenten Steuern in Bilanz und GuV auswirkt (→ § 26 Rz 11 ff.). Gem. IAS 8.4 sind derartige Steuerfolgen nach IAS 12 **offenzulegen.** 30

Zur Offenlegung enthält IAS 12 allerdings nur eine spezielle Vorschrift: Soweit wegen des Praktikabilitätsvorbehalts die Wirkungen von Methodenänderungen

8 Vgl. ALEXANDER/ARCHER, Miller International Accounting Standards Guide 2002, IAS 26.10 ff., zur Kritik dieses Begriffes.

(oder Bilanzkorrekturen) nicht retrospektiv, sondern in laufender Rechnung erfasst werden, ist der sich hieraus ergebende Steueraufwand oder -ertrag gesondert anzugeben (IAS 12.80h). Bei retrospektiver Erfassung sind die **allgemeinen** Angabepflichten von IAS 12 zu beachten. U. U. ist etwa die Steuerüberleitungsrechnung anzupassen (→ § 26 Rz 140).

31 Steuerposten können aber nicht nur mittelbar betroffen, sondern **selbst** Ausgangspunkt der **Methodenänderung** (oder Bilanzkorrektur) sein (→ § 26 Rz 126). In diesen Fällen ist IAS 8 auch auf die Steuern anwendbar.[9]

3 Revision von Schätzungen, Bilanzkorrektur

3.1 Abgrenzung zwischen Revision von Schätzungen und Bilanzkorrektur

32 Die Vornahme von **Schätzungen** ist ein elementarer Bestandteil der Rechnungslegung (IAS 8.33). Für die Bemessung von planmäßigen Abschreibungen muss die voraussichtliche **Nutzungsdauer** des Vermögenswertes für die **Wertberichtigung** dubioser Forderungen des voraussichtlich noch zu erwartenden Geldeinganges eingeschätzt werden. Werden derartige Schätzungen revidiert ***(changes in accounting estimates)***, weil der Erkenntnisstand einer späteren Periode sich gegenüber dem der ursprünglichen Periode verbessert hat (verbesserte **Informationen)** oder weil sich die Umstände anders als erwartet entwickelt haben (veränderte **Sachlage)**, so ist dieser Effekt normal im Ergebnis zu berücksichtigen (IAS 8.36f.).

33 Von der Revision von Schätzungen zu unterscheiden ist die **Korrektur von Fehlern *(correction of errors)***, also die **Bilanzkorrektur**. Fehler können gem. IAS 8.41 den Ausweis (einschließlich Angaben), die Bewertung oder den Ansatz betreffen. Die Vorschriften zur Korrektur beziehen sich auf jeden dieser Fälle. IAS 8.41 und IAS 8.8 treffen noch eine weitere Unterscheidung von Fehlerarten. Abschlüsse sind nicht IFRS-konform, wenn sie

- **wesentliche Fehler (*material errors*)** oder
- **unwesentliche Fehler (*immaterial errors*)** enthalten, die in der Absicht begangen wurden, eine bestimmte Lagedarstellung *(particular presentation)* zu bewirken.

34 Die **technischen Vorschriften** zur Fehlerkorrektur (IAS 8.42) erwähnen nur **wesentliche** Fehler. Die Behandlung absichtlicher **unwesentlicher** Fehler bleibt unklar. Ohnehin liegt im Begriff des **absichtlichen unwesentlichen Fehlers** ein gewisser **Widerspruch**. Das absichtliche Abweichen von einer Vorschrift macht gerade einen Hauptzweck des *materiality*-Prinzips aus. Vorschriften brauchen auf unwesentliche Sachverhalte nicht angewendet zu werden (IAS 8.8). Insoweit ist ein immaterieller „Fehler" i.d.R. kein Regelverstoß und damit auch kein Fehler.[10] Nach IAS 8.8 ist es jedoch unangemessen *(inappropriate)*, unwesentliche Abweichungen von den Regeln vorzunehmen, um dadurch eine bestimmte Lagedarstellung *(particular presentation)* zur erreichen. Unter dieser besonderen

---

[9] Gl. A. KÖSTER, in: THIELE/KEITZ, VON/BRÜCKS (Hrsg.), Internationales Bilanzrecht, 2008, IAS 8, Tz 107.

[10] Gl. A. HENNRICHS, DStR 2009, S. 1446ff.

Voraussetzung ist das *materiality*-Prinzip nicht anwendbar und deshalb auch ein immaterieller „Fehler" ausnahmsweise tatsächlich ein Fehler. Nach der Definition in IAS 8.5 sind Fehler wesentlich, wenn sie für sich oder auch nur in Summe die ökonomischen Entscheidungen von Bilanzadressaten beeinflussen könnten. Fehler, die die Lagedarstellung verzerren und deshalb die Entscheidung der Bilanzadressaten beeinflussen könnten, sind daher immer materiell. Ein absichtlicher immaterieller Fehler müsste also einerseits die Lagedarstellung verzerren, andererseits aber nicht geeignet sein, die Bilanzadressaten zu beeinflussen (sonst: materiell). Es ist schwer vorstellbar, wie dieses zu bewerkstelligen sein soll.[11] Intendiert ist offenbar etwas anderes: Prozentual kleine Abweichungen von den Rechnungslegungsvorschriften können bewusst eingesetzt werden, um dadurch eine bestimmte Lagedarstellung zu bewirken, Analystenerwartungen nicht zu enttäuschen usw. Der (in unzutreffender prozentualer Betrachtung) unwesentliche Fehler wird dadurch zu einem wesentlichen, auf den die Korrekturvorschriften von IAS 8 anzuwenden sind. Im Einzelnen wird auf → § 1 Rz 63 verwiesen.

Nicht mehr in IAS 8 enthalten ist die noch in IAS 8.31 (1993) vorgenommene 35
Unterscheidung zwischen Fehlern bei der Anwendung von **Bilanzierungsmethoden** sowie der Fehlbeurteilung von **Sachverhalten**. Hierzu folgendes Beispiel:

Beispiel
Methodenfehler
Vorratsvermögen wurde nach Hifo oder Lofo bewertet, obwohl als Verbrauchsfolge-Fiktionen nur Fifo zulässig ist (→ § 17 Rz 16).
Es handelt sich um einen Fehler bei der Anwendung von Bewertungsmethoden.

Sachverhaltsfehler
Eine Forderung gegenüber dem (geschäftsunfähigen) B wird ausgewiesen, obwohl die Forderung wegen Nichtigkeit des Vertrages (in anderen Fällen aus anderen Gründen) tatsächlich und rechtlich nicht existiert.

Das Beispiel der nichtigen Forderung zeigt die **Grenzen zwischen Neueinschät-** 36
zung und Fehlerkorrekturen. Wenn bei der ursprünglichen Bilanzierung der Forderung auch unter Anwendung aller erforderlichen Sorgfalt von einer Nichtigkeit der Forderung nicht ausgegangen werden konnte, weil die Geschäftsunfähigkeit des Vertragspartners überhaupt nicht erkennbar war, so liegt eine unvermeidliche Fehleinschätzung und kein Fehler vor (Rz 37).

Eine Regel zur Behandlung von Grenzfällen enthält IAS 8 nicht. IAS 8.35 verlangt lediglich, in schwierigen Abgrenzungsfällen zwischen einer Revision von Schätzungen und einer Änderung von Bilanzierungs- oder Bewertungsmethoden von einer **Schätzrevision** auszugehen. Nach unserer Auffassung sollte dieser Grundsatz analog für die Abgrenzung zwischen einer Revision von Schätzungen und einer Korrektur von Fehlern gelten.[12]

---

11 Ähnlich ERNST & YOUNG, International GAAP 2008, S. 236, die das Konzept als „a little curious" bezeichnen.

12 Gl. A. KPMG, Insights into IFRS, 4. Aufl., 2007/2008, Tz 2.8.60.50.

3.2 Was sind Bilanzierungsfehler?

3.2.1 Objektiver und subjektiver Fehlertatbestand

37 IAS 8.5. definiert Fehler als

- „Auslassungen oder fehlerhafte Angaben in den Abschlüssen eines Unternehmens für eine oder mehrere Perioden,
- die sich aus einer Nicht- oder Fehlanwendung von zuverlässigen Informationen ergeben haben, die a) zu dem Zeitpunkt, an dem die Abschlüsse für die entsprechenden Perioden zur Veröffentlichung genehmigt wurden, zur Verfügung standen; und b) hätten eingeholt und bei der Aufstellung und Darstellung der entsprechenden Abschlüsse berücksichtigt werden können."

Das erste Definitionselement – Auslassung oder fehlerhafte Angabe – betont die **objektive** Tatbestandseite des Fehlers. Ein Fehler setzt eine im Widerspruch zu den objektiven Verhältnissen stehende **unrichtige Darstellung** voraus. Das zweite Definitionselement betont die **subjektive** Seite: Die unrichtige Darstellung muss auf eine **vermeidbare** Nicht- oder Fehlanwendung bis zum Ende des Wertaufhellungszeitraums **verfügbarer** Informationen zurückzuführen, i.w.S. also schuldhaft verursacht sein.

IAS 8.5 erfordert die **kumulative** Erfüllung **beider** Voraussetzungen:

- Wenn also etwa das Unternehmen objektiv zu Unrecht eine Forderung ausweist, weil diese rechtsunwirksam (Rz 35) oder nicht werthaltig ist, unter Anwendung aller erforderlichen Sorgfalt hiervon aber nicht ausgehen konnte, liegt kein Fehler vor.
- Der bessere Erkenntnisstand späterer Perioden stellt eine Neueinschätzung dar. Die „Korrektur" erfolgt demgemäß nicht erfolgsneutral und retrospektiv durch Anpassung von Eröffnungsbilanzwerten (Rz 43), sondern erfolgswirksam in laufender Rechnung (Rz 50).

Sorgfaltserfordernis und subjektive Seite des Fehlerbegriffs betreffen nicht nur die Eruierung des Sachverhalts, sondern ebenso die der Auslegung der Rechtsnormen. Besteht zur Zeit der Bilanzerstellung noch keine Rechtsprechung und keine einheitliche Auffassung von Schrifttum, Standardsettern usw. zu einer Bilanzierungsfrage, ist jede vertretbare Bilanzierung als richtig anzusehen. Eine abweichende spätere Entwicklung von Rechtsprechung etc. macht die Bilanzierung nicht nachträglich fehlerhaft.[13]

Fraglich ist, welches Maß an Sorgfalt insbesondere in Zeiten der ***fast-close*-Abschlüsse** (→ § 4) zu verlangen ist. Unkritisch ist der kürzere Werterhellungszeitraum. Ein Widerspruch zu Informationen, die erst nach Ende des Werterhellungszeitraums verfügbar sind, begründet nach IAS 8.5 keinen Fehler. Kritisch zu hinterfragen ist die Sorgfalt im Umgang mit den vorher verfügbaren Informationen. Bei gegebener Personalstärke kann der „*fast closer*" auf die Auswertung und Beschaffung aller schon zum Bilanzstichtag verfügbaren Informationen nicht so viel Sorgfalt aufwenden wie der „*slow closer*," dem 1 bis 3 Monate mehr Zeit zur Verfügung stehen. Als Rechtfertigung könnte die im *Framework* (F. 43) verlangte Abwägung zwischen Zeitnähe und Verlässlichkeit der Informationen dienen.[14] Ein Freibrief für eine geringe Sorgfalt im *fast close* wird damit nicht

13 Ähnlich für das Steuerrecht: BFH, Urteil v. 5.4.2006, I R 46/04, BStBl 2006 II, S. 688ff.

14 KÜTING/WEBER/BOECKER, StuB 2004, S. 1.

erteilt. Gefordert ist eben eine Abwägung. Wenn Zahl und Qualifikation des mit Abschlussarbeiten i.w.S. betrauten Personals nicht ausreichend sind, um zugleich Zeitnähe und hohe Qualität des Abschlusses zu gewährleisten, muss der Erstellungszeitraum ggf. ausgeweitet werden.

Beispiel

Die mittelständische U erstellt mit kleiner Mannschaft den Jahresabschluss zum 31.12. Um den großen Vorbildern nachzueifern, wird der Abschluss am 20. Januar freigegeben.

Im Februar und März stellen sich einige wesentliche Unrichtigkeiten des Abschlusses heraus.

- A) Ein kleinerer Teil ist auf erst nach dem 20. Januar verfügbare Informationen zurückzuführen,
- B) ein größerer Teil auf Informationen, die schon vorher verfügbar waren, in der Kürze der Zeit aber nicht beschafft oder nicht angemessen ausgewertet wurden.

Die Unrichtigkeiten vom Typ A sind keine Fehler, da die Informationen erst nach dem Werterhellungszeitraum verfügbar waren.

Die Unrichtigkeiten vom Typ B sind nur dann keine Fehler, wenn bei Beschaffung und Auswertung der Informationen mit der erforderlichen Sorgfalt vorgegangen wurde. Hieran ist bei einer für einen *fast close* zu kleinen Mannschaft zu zweifeln.

Wegen des *materiality*-Prinzips setzt ein Fehler im Allgemeinen (zu Ausnahmen 38
Rz 34) objektiv voraus, dass die Fehldarstellung zur **Beeinflussung** der **Entscheidungen** potenzieller Kapitalgeber geeignet ist. Neben der **Größe** des „Fehlers" spielen **qualitative** Aspekte eine Rolle. Tendenziell gilt:

- Bei gleicher Quantität führen Unrichtigkeiten in der Darstellung von Kerngeschäftsaktivitäten eher zu einem wesentlichen Fehler als solche, die einmalige oder „außerordentliche" Effekte betreffen, die der „durchschnittliche" Kapitalgeber bei der Ableitung von Trends ohnehin bereinigen würde.[15]
- Auch prozentual kleine Unrichtigkeiten können aus qualitativer Sicht wesentlich sein, wenn durch sie gerade ein falscher Eindruck von Trends, Erreichung oder Verfehlung von Schwellenwerten usw. erweckt wird (hierzu → § 1 Rz 63).

3.2.2 Ermessensspielräume

IAS 8 **unterscheidet** zwischen „Fehlern" bei **Schätzungs**vorgängen *(changes in* 39
accounting estimates) und **„eigentlichen"** Fehlern *(errors)* (Rz 32). Daraus erschließt sich zunächst ein wesentlicher Gesichtspunkt: Dem die Erstellung eines IFRS-Abschlusses durchziehenden Erfordernis der Vornahme von Schätzungen wohnt im Kern immer der „Fehler" inne.[16] Im Zeitverlauf wird auch der Bilanzersteller klüger, er erkennt die unzutreffende Einschätzung der Nutzungsdauer eines Anlagegutes (→ § 10 Rz 31) oder den endgültigen Betrag der Entsor-

---

15 Vgl. Erchinger/Melcher, KoR 2008, S. 679ff.

16 Vgl. hierzu und zu den folgenden Ausführungen Hoffmann, BC 2005, S. 1.

gungskosten nach jahrelanger Auseinandersetzung mit der zuständigen Behörde und den schlecht kalkulierbaren damit verbundenen Kosten (→ § 21 Rz 113). Solche besseren Erkenntnisse über unsichere Zukunftsgrößen decken keine Fehler bei der früheren Bilanzierung auf, sie stellen lediglich eine **Neueinschätzung** dar.
Mit dieser Erkenntnis ist kein Freibrief für das Schätzungsverfahren allgemein und die diesen zugrunde liegenden Annahmen verbunden. Diese müssen sich innerhalb eines **vernünftigen Ermessens** bewegen. Die Frage ist dann, wo dessen **Grenzen** liegen.

Beispiel
Sachverhalt 1
Die Bauentwicklungs-AG hat eine Büro-Großimmobilie fertig gestellt. Die Baukosten entsprechen der Planung mit einer Monatsmiete der vermietbaren Fläche von durchschnittlich 25 EUR/m². Die Vermietung verläuft schleppend. Am Bilanzstichtag 01 sind erst 40 % der Fläche vermietet. Aufgrund der langfristig angelegten Prognosen von unabhängigen Agenturen ist in der vergleichbaren Lage mit einem größeren Bedarf von Büroflächen in den nächsten 10 Jahren zu rechnen. Man spricht dabei von erzielbaren Quadratmeter-Mietpreisen zwischen 30 und 35 EUR/m² p. m.
Lösung
Der Vorstand verzichtet im Rahmen seines Ermessens auf eine außerplanmäßige Abschreibung.
Sachverhalt 2
Der Großbaukonzern X hat in Berlin ein Bürohochhaus mit luxuriöser Innenausstattung und einer ebensolchen Außenfassade erstellt. Bei der Kalkulation der Baukosten ging man von einer durchschnittlichen Quadratmetermiete von 48 EUR/m² p. m. aus. Diese Annahme beruhte auf den „Gesetzmäßigkeiten" der (im Planungszeitraum) boomenden *bubble-economy*. Zum Bilanzstichtag 01 besteht keine nennenswerte Nachfrage nach vergleichbaren Büroimmobilien. Der Vorstand hofft auf eine Änderung dieser Szene wegen der in den nächsten 5 Jahren zu erwartenden Neuansiedlung international tätiger Anwalts- und Beratungskonzerne und rechnet mit dann zu erzielenden Quadratmetermieten von bis zu 75 EUR p. m. Er stützt sich dabei auf einschlägige Marktuntersuchungen zur Büroraumentwicklung in Singapur.
Lösung
In diesem Fall überschreitet der Vorstand seinen Ermessensspielraum. Die „Schätzung" ist unzulässig und schon a priori fehlerhaft.

In der Praxis liegen die Fälle häufig nicht in klar abgrenzbaren Bereichen. Die Unterscheidung zwischen vertretbarer und fehlerhafter Schätzung ist **fließend**. Die IFRS liefern keine nähere Anleitung zu diesem Problem oder eine Definition des *error* bei der Bilanzierung.

40 Entsprechendes gilt auch für die Handelsbilanz: Das HGB selbst befasst sich nicht mit Bilanzierungsfehlern, es verlangt nur die Erstellung des Jahresabschlusses nach den Grundsätzen ordnungsmäßiger Buchführung (§ 243 HGB) sowie

die Beachtung des *true and fair view* im Einzelabschluss von Kapital- und Kap.-&-Co.-Gesellschaften (§ 264 Abs. 2 Satz 1 HGB) und ebenso für den Konzernabschluss (gem. § 297 Abs. 2 Satz 1 HGB).

Aus der (spärlichen) **Rechtsprechung** sind nennenswerte **Definitionen** nicht ersichtlich. Aus dem **Schrifttum** sollen beispielhaft zwei Zitate ausgewählt werden:

„Eine Bilanz ist nur dann fehlerhaft, wenn sie objektiv gegen gesetzliche Vorschriften verstößt und subjektiv ein ordentlicher Kaufmann diesen Verstoß nach den im Zeitpunkt der Bilanzaufstellung (bzw. -feststellung) bestehenden Erkenntnismöglichkeiten über die zum Stichtag gegebenen objektiven Verhältnisse bei pflichtgemäßer und gewissenhafter Prüfung erkennen konnte.“[17] Anders ausgedrückt: Der Kaufmann ist kein Hellseher.

Der HFA des IDW[18] definiert indirekt den fehlerhaften Jahresabschluss als einen solchen, der gegen gesetzliche Vorschriften verstößt (**objektiver** Tatbestand), wobei der Kaufmann den Verstoß spätestens im Zeitpunkt der Feststellung bei pflichtgemäßer und gewissenhafter Prüfung hätte erkennen können (**subjektiver** Tatbestand). Wann dies der Fall ist, wird nicht weiter dargestellt, der Rechtsanwender bleibt insofern auf seine eigenen Ansichten zum Thema der Fehlerhaftigkeit der Bilanz zurückgeworfen.

Eine Fehlerhaftigkeit des Jahresabschlusses ist weiter in § 258 Abs. 1 AktG angesprochen, nämlich die vermutete **Unterbewertung** oder unvollständige Anhangsangaben. Vorbehalten ist aber § 256 Abs. 5 AktG zu erwähnen: Imparitätisch wird die **Nichtigkeit** des Jahresabschlusses festgelegt als

- Überbewertung oder
- vorsätzliche Unterbewertung.

Bei der Auslegung dieser unbestimmten Rechtsbegriffe vermag die kommentierende Literatur dem Rechtsanwender keine Entscheidungshilfe zu geben. Eindeutig ist nur die **Negativ**aussage: Nicht jede Über- oder Unterbewertung hat die Nichtigkeit zur Folge, deshalb spricht man logisch elegant von Fehlern ober- und unterhalb der **Nichtigkeitsschwelle.**[19]

Schließlich versagt auf der Suche nach einer näheren Definition der fehlerhaften Bilanz bzw. des Bilanzierungsfehlers auch der Griff in einschlägige **Kommentare.** Im umfangreichsten Erläuterungswerk zur kaufmännischen Rechnungslegung[20] findet sich im Registerband auf 222 eng beschriebenen Seiten mit ungefähr 5.000 Einträgen kein Verweis auf die beiden genannten Stichworte. „Bilanzierungsfehler“ bzw. „fehlerhafte Abschlüsse“ scheint es nicht zu geben, jedenfalls keinen Kommentierungsbedarf.

3.2.3 Strafrechtliche Konsequenzen von Bilanzierungsfehlern

Unabhängig von den bilanz- und zivilrechtlichen Konsequenzen kann eine fehlerhafte Bilanzierung strafrechtliche Konsequenzen haben. Infrage kommen u. a.: 41

[17] Henrichs, ZHR 168 (2004), S. 384 (Fußnote).
[18] IDW, RS HFA 6, Tz 14.
[19] So z. B. Henrichs, ZHR 168 (2004), S. 384 (Fußnote), und W. Müller, ZHR 168 (2004), S. 414ff.
[20] ADS, 6. Aufl.

- unrichtige Darstellung bzw. Verschleierung der Verhältnisse nach § 331 Nr. 1a und Nr. 2 HGB,
- Betrug nach § 263 StGB (etwa bei Vorlage eines unrichtigen Abschlusses zur Krediterlangung oder zum Unternehmensverkauf),
- Kreditbetrug (ohne Schädigung) nach § 265b Abs. 1 Nr. 1a StGB,
- Bankrott nach § 283 Abs. 1 Abs. 7 StGB.[21]

3.2.4 Fehlerfeststellungen im *enforcement*-Verfahren[22]

42 Zum Zwecke der Durchsetzung (*enforcement*) von Rechnungslegungsregeln unterwerfen § 342b HGB und § 37p Abs. 1 Satz 2 Nr. 1 WpHG Jahres-, Konzern- und Zwischenabschlüsse **kapitalmarktorientierter** Unternehmen einer **Prüfung** durch eine von den Bundesministerien der Justiz und der Finanzen anerkannte privatrechtlich organisierte **Prüfstelle (DPR)**. Das *enforcement*-Verfahren ist **zweistufig** organisiert:

- Nur bei freiwilliger Mitwirkung des Unternehmens kommt es zu einer Prüfung durch die DPR.
- Verweigert das Unternehmen die Mitwirkung, erfolgt jedoch regelmäßig gem. § 37p Abs. 1 Satz 2 Nr. 1 WpHG eine Prüfung durch die BaFin.

Eine Prüfung findet gem. § 342b Abs. 2 Satz 3 HGB statt bei

- konkreten Anhaltspunkten für Rechnungslegungsverstöße **(Anlassprüfung)**,
- auf **Verlangen der BaFin** oder
- aufgrund einer **Stichprobe**.

Eine Stichprobenprüfung stellt den Regelfall (mehr als 80 %) der Prüfungen der Jahres- und Konzernabschlüsse dar und soll bei den einem DAX-Segment (DAX, MDAX, SDAX und TecDAX) angehörenden Unternehmen im Durchschnitt zu einem Prüfungsturnus von vier bis fünf Jahren, bei den übrigen Unternehmen von acht bis zehn Jahren führen.

43 Oft erfolgt die Prüfung der DPR durch einen einzigen Fallverantwortlichen. Dies zeigt bereits im Verhältnis zum personellen Aufwand der Abschlussprüfung kapitalmarktorientierter Unternehmen die stärkere Fokussierung der Prüfung durch die DPR. Sie ist **keine zweite Abschlussprüfung**, sondern beschränkt sich vielmehr auf nach den Verhältnissen des jeweiligen Falls ausgewählte **Einzelfragen.** Wegen des eingeschränkten Prüfungsumfangs stellt auch eine DPR-Prüfung, die zu keinen Beanstandungen führte, **kein positives Gesamturteil** über den geprüften Abschluss dar. Hierauf weist die DPR die geprüften Unternehmen ausdrücklich hin, damit diese durch den Verweis auf eine beanstandungsfreie Prüfung keinen falschen Eindruck in der Öffentlichkeit erwecken.

44 Die Prüfung der DPR ist eine **Entsprechensprüfung.** Nach § 342b Abs. 2 Satz 1 HGB prüft die Prüfstelle, ob der Jahresabschluss/Lagebericht, Konzernabschluss/Konzernlagebericht oder Halbjahresabschluss/Zwischenlagebericht den gesetzlichen Vorschriften einschließlich der GoB bzw. den sonstigen durch Gesetz zugelassenen Rechnungslegungsstandards **entspricht**. Anzuwendende **Rechnungslegungsvorschriften** sind für den Konzernabschluss die IFRS sowie

---

21 Vgl. im Einzelnen: Sorgenfrei, PiR 2006, S. 38ff., und Weilep/Weilep, BB 2006, S. 147ff.

22 Nachfolgende Ausführungen z.T. entnommen Hoffmann/Lüdenbach, NWB Kommentar Bilanzierung, § 342b, 2. Aufl., 2011.

die in § 315a Abs. 1 HGB genannten Vorschriften, für den i. d. R. konsolidierten Zwischenabschluss die IFRS.

Nicht jeder Verstoß gegen eine Rechnungslegungsnorm begründet aber eine Fehlerhaftigkeit des Unternehmensberichts als Ganzes. Voraussetzung eines Rechnungslegungsverstoßes ist vielmehr, dass die Abweichung der Ist- von der Soll-Darstellung die Entscheidungen der Berichtsadressaten beeinflussen könnte, in diesem Sinne also **wesentlich** ist. Es gelten zwar für die Abschlussprüfung und die Prüfung durch die DPR die gleichen Wesentlichkeitskriterien.[23] Sehr häufig wird in der ermessensbehafteten Wesentlichkeitsfrage aber **mehr** als **eine** Beurteilung möglich sein. Das der Fehlerfeststellung immanente Wesentlichkeitsurteil der Prüfstelle (oder BaFin) kann dann von dem des **Abschlussprüfers** abweichen. Deshalb ist aus einer Fehlerfeststellung der DPR zu einem mit uneingeschränktem Bestätigungsvermerk versehenen Abschluss nicht zwingend auf eine nicht gewissenhafte Berufsausübung durch den Abschlussprüfer zu schließen.[24] Wegen Versuchen der Konkretisierung des Wesentlichkeitsbegriffs wird auf → § 1 Rz 59ff. verwiesen. 45

Zeitlich **erster** Adressat des Prüfungsergebnisses ist das **Unternehmen**. Die Prüfstelle teilt ihm nach Beendigung der Prüfung das Ergebnis mit (§ 342b Abs. 5 Satz 1 HGB). Nur im Falle einer fehlerhaften Rechnungslegung hat sie das Ergebnis zu begründen und dem Unternehmen eine angemessene Frist zu geben, das Einverständnis oder Nichteinverständnis zu erklären. Das **Ergebnis** der Prüfung und im Falle der **Fehlerfeststellung** das Einverständnis/Nichteinverständnis des Unternehmens werden als **Zweites** der **BaFin** mitgeteilt: Bei Nichteinverständnis ordnet die BaFin in aller Regel eine ***enforcement*-Prüfung** auf der 2. Stufe an (§ 37p Abs. 1 Satz 2 Nr. 1 WpHG). Bei Einverständnis leitet die BaFin das **Veröffentlichungsverfahren** gem. § 3q Abs. 2 WpHG ein. 46

Zum Veröffentlichungsverfahren trifft § 37q Abs. 2 WpHG folgende Regelungen: 47

- Die BaFin verlangt keine Veröffentlichung, wenn ein **öffentliches Interesse** fehlt. In aller Regel besteht aber ein öffentliches Interesse. Die BaFin ordnet dann die unverzügliche Bekanntmachung des Fehlers und der wesentlichen Teile der Begründung der Fehlerfeststellung im elektronischen Bundesanzeiger sowie entweder in einem Börsenpflichtblatt oder über ein weit verbreitetes elektronisches Informationssystem an.
- Das Unternehmen kann einen Verzicht auf die Veröffentlichungsanordnung beantragen, wenn die Veröffentlichung den berechtigten **Interessen** des **Unternehmens** schaden kann. Die zwischenzeitliche Vorlage eines neuen Abschlusses mit Korrektur des festgestellten Fehlers lässt das öffentliche Interesse jedoch nicht entfallen. Die Vermeidung eines durch die Fehlerveröffentlichung erwarteten Rückgangs des Aktienkurses ist kein berechtigtes Unternehmensinteresse.[25]

---

23 Vgl. OLG Frankfurt am Main, Beschluss v. 22.1.2009, WpÜG 1 und 3/08, DB 2009, S. 333ff.; vgl. ZÜLCH/HOFFMANN, StuB 2010, S. 83.

24 So HENNRICHS, DStR 2009, S. 1446ff.

25 OLG Frankfurt am Main, Beschluss v. 14.6.2007, WpÜG 1/07, DB 2007, S. 1913ff.; vgl. dazu ZÜLCH/PRONOBIS, StuB 2007, S. 863.

Gegen die Anordnung der BaFin zur Fehlerveröffentlichung kann nach § 37t WpHG bei der BaFin **Widerspruch** eingelegt werden. Gegen eine Ablehnung des Widerspruchs ist die Beschwerde nach § 37u WpHG i.V.m. § 48 Abs. 4 WpÜG beim OLG Frankfurt gegeben. Widerspruch und Beschwerde haben **keine aufschiebende Wirkung** (§§ 37t Abs. 2 bzw. 37u Abs. 1 Satz 2 WpHG). Nach § 37u Abs. 2 WpHG i.V.m. § 50 Abs. 3 WpÜG kann das Beschwerdegericht aber bei „ernsthaften Zweifeln an der Rechtmäßigkeit" der Anordnung der BaFin eine aufschiebende Wirkung anordnen.[26]

48 Tatsachen, die den Verdacht einer Straftat im Zusammenhang mit der Rechnungslegung eines Unternehmens begründen, hat die Prüfstelle nach § 342b Abs. 8 HGB der **Strafverfolgungsbehörde** (Staatsanwaltschaft) anzuzeigen. Gegenüber der **Wirtschaftsprüferkammer** besteht eine Anzeigepflicht bei Tatsachen, die auf das Vorliegen einer Berufspflichtverletzung durch den Abschlussprüfer schließen lassen. Ein entsprechender „Anfangsverdacht" ist i.d.R. gegeben, wenn die Prüfstelle den Abschluss als fehlerhaft feststellt, der Abschlussprüfer aber einen (insoweit) uneingeschränkten Bestätigungsvermerk erteilt hat.[27]

49 Seit November 2009 beantwortet die DPR einzelne Voranfragen zu konkreten Bilanzierungsproblemen von kapitalmarktorientierten Unternehmen (sog. ***pre-clearance***). Anders als entsprechende Institute im Steuer(bilanz)recht hat die Auskunft der DPR **keine verbindliche** Wirkung. Anforderungen an den Antrag auf *pre-clearance* sind u.a. eine Begründung der vom Unternehmen für einen konkreten Sachverhalt erwogenen bilanziellen Behandlung unter Beifügung einer Stellungnahme des **Abschlussprüfers.** Der Nutzen des *pre-clearance* ist im Schrifttum umstritten.[28]

3.3 Vorgehen bei der Revision von Schätzungen

50 Zu den Rechtsfolgen der Revision einer Schätzung enthält IAS 8 zwei Regelungen:

- Nach **IAS 8.37** ist die Wirkung einer geänderten Schätzung von Vermögens-, Schulden- oder Eigenkapitalposten durch **Buchwertanpassung** des entsprechenden Postens zu berücksichtigen.
- Nach **IAS 8.36** sind die Auswirkungen der Änderung einer Schätzung **ergebniswirksam** zu erfassen, „**außer** es handelt sich um eine **Änderung i.S.d. Paragrafen 37.**"

Unklar ist das **Verhältnis beider Vorschriften**:[29]

- In erster Betrachtung behandeln sie den **gleichen Tatbestand**, regeln aber **unterschiedliche Rechtsfolgen**, IAS 8.36 die Rechtsfolge für die GuV, IAS 8.37 die Rechtsfolge für die Bilanz. Am Beispiel einer Neueinschätzung des Einzelwertberichtigungsbedarfs einer Forderung ergäbe sich folgendes

---

26 Einzelheiten zum Rechtsschutz bei GELHAUSEN/HÖNSCH, AG 2007, S. 308ff.

27 Vgl. BERGER/ZEMPEL, in: Haufe HGB Bilanz Kommentar, Freiburg 2009, § 342b, Tz 104, unter Verweis auf BegrRegE BilKog, BT-Drucks. 15/3421, S. 16.

28 Vgl. SCHILDBACH, StuB 2006 S. 924; BERGER, DB 2008, S. 1843ff., vs. SCHÖN, DB 2008, S. 1027ff.

29 Zum Ganzen: ANTONAKOPOULOS: Gewinnkonzeptionen und Erfolgsdarstellung nach IFRS – Analyse der direkt im Eigenkapital erfassten Erfolgsbestandteile, Wiesbaden 2007.

Zusammenspiel: Ertrag oder Aufwand in der GuV nach IAS 8.36, Erhöhung oder Minderung des Buchwertes der Forderung in der Bilanz.

- Gegen diese Interpretation spricht aber die in IAS 8.36 verwendete Formulierung „außer es handelt sich um eine Änderung i. S. d. Paragrafen 37." Danach müsste es in 8.36 um **erfolgswirksame** Fälle ohne **Anpassung** eines **Bilanzpostens** gehen. Relevante Anwendungsfälle dafür sind kaum erkennbar.
- Eine dritte Lesart ist u. E. schlüssiger: In **Ausnahmefällen** hat die **Bilanzanpassung keine Rückwirkung auf die GuV**. Beispiele hierfür wären etwa die Neueinschätzung von **Rückbaukosten** nach IFRIC 1 (Buchung: „Per Anlagenvermögen an Rückstellung") (→ § 21 Rz 158) oder die Neubeurteilung des *fair value* eines ***available-for-sale asset*** (Buchung: „Per Finanzinstrument an Eigenkapital") (→ § 28 Rz 184). IAS 8.37 betrifft unausgesprochen nur diese Fälle, in denen in der laufenden Periode kein Ergebniseffekt auftritt. Diese Interpretation wird durch die Entstehungsgeschichte bestätigt. Der *Exposure Draft* zu IAS 8 sah ohne Ausnahme eine Berücksichtigung von Schätzungsänderungen in der GuV vor. In den eingehenden Stellungnahmen wurde jedoch darauf hingewiesen, dass manche Änderungen zugleich Vermögenswerte und Schulden betreffen und daher saldiert keinen Eigenkapital- oder Ergebniseffekt haben (Rückbaukostenfall), andere Fälle zwar zur Anpassung eines Vermögenswertes führen würden, diese Anpassung aber nach den allgemein für den Vermögenswert geltenden Regeln erfolgsneutral im Eigenkapital zu verbuchen sei (*available-for-sale-asset*-Fall). Nach IAS 8.BC33 sollte die Einfügung des im *Exposure Draft* noch nicht enthaltenen IAS 8.37 solche Ausnahmefälle abdecken. Insoweit ergibt sich folgendes Verhältnis der Vorschriften:

Die **Revision** von Schätzungen betreffend Vermögenswerte und Schulden ist:

- in der **Regel erfolgswirksam** in der Periode selbst und, soweit betroffen, zusätzlich in den Folgeperioden vorzunehmen (IAS 8.36),
- es sei denn, die Revision bleibt **ausnahmsweise** saldiert ohne Wirkung auf das Eigenkapital, oder die Wirkung auf das Eigenkapital ist nach allgemeinen Grundsätzen erfolgsneutral als *other comprehensive income* zu erfassen.

Zu unterscheiden sind damit **3 Fälle:**

- **GuV der lfd. Periode und Bilanz** betroffen – Beispiel: An der Annahme der Wertlosigkeit einer Forderung wird nicht mehr festgehalten. Buchung: per Forderung an Ertrag
- **GuV der lfd. und zukünftiger Perioden sowie Bilanz** betroffen – Beispiel: Die Restnutzungsdauer wird niedriger eingeschätzt als im Vorjahr. Buchung: per (Mehr-)Abschreibung an Anlagen in lfd. Periode, entsprechend in Folgeperioden (IAS 8.38)
- **nur Bilanz** betroffen – Beispiel 1): Der Zeitwert nicht börsennotierter Anteile wurde bisher zu niedrig eingeschätzt (Buchung: per *available-for-sale asset* an Eigenkapital), Beispiel 2): Rückbaukosten werden höher als bisher eingeschätzt (Buchung: per Anlagen an Rückstellung)

Bei geänderten Annahmen zur Nutzungsdauer eines Anlagegegenstandes ist der lineare Abschreibungssatz anzupassen (→ § 10 Rz 39). Nach IAS 8.38 ist bei Ermittlung der neuen Restnutzungsdauer auf den Periodenanfang abzustellen, ein höherer Abschreibungssatz wird also bereits in der laufenden Periode erfolgs- und bilanzwirksam. Dies gilt nicht, wenn die für die Neueinschätzung der

Nutzungsdauer maßgeblichen Umstände erst nach Bilanzstichtag auftreten und somit kein werterhellender, sondern ein wertändernder Umstand vorliegt:

> **Beispiel**
> **Sachverhalt**
> Für eine Windkraftanlage wird am 31.12.00 unter Berücksichtigung der Subvention durch Stromeinspeisevergütungen eine wirtschaftliche Restnutzungsdauer von 15 Jahren unterstellt. Der Buchwert beträgt 1.500.
> Alternative 1: Die Subventionsgesetze werden im Dezember 01 geändert. Bestehende Anlagen werden danach nur noch bis 31.12.10 gefördert.
> Alternative 2: Die entsprechende Änderung wird erst im Januar 02 beschlossen.
>
> **Beurteilung**
> In der ersten Alternative ist mit „Rückwirkung" auf den 1.1.01 eine Restnutzungsdauer von 10 Jahren anzunehmen. Die Abschreibung 01 beträgt 150, der Buchwert 31.12.01 1.350.
> In der zweiten Alternative bleibt die Nutzungsdauereinschätzung des Jahres 01 unberührt. Die Abschreibung beträgt 100, der Buchwert per 31.12.01 1.400. Er ist ab 02 mit 1/9 pro Jahr abzuschreiben.

3.4 Technische Darstellung der Korrektur von Fehlern

3.4.1 Grundsatz: Retrospektiv und erfolgsneutral

51 Nach **IAS 8.42** ist anders als im Handelsrecht nur noch die **erfolgsneutrale** Korrektur zulässig. **Folgende Feststellungen und Anpassungen sind erforderlich**:

- Bilanzansatz und Bilanzwert sind so zu ermitteln, als ob der Fehler nie passiert wäre **(retrospektive Anwendung)** (IAS 8.42).
- Daraus resultierende Differenzen gegenüber dem bisherigen Ansatz bzw. Wert sind in der **Eröffnungsbilanz** des betroffenen ersten im Abschluss präsentierten Jahres (bei nur einer Vergleichsperiode also des Vorjahres) gegen Gewinnrücklagen **erfolgsneutral** einzubuchen (IAS 8.42b).
- Alle Vergleichsinformationen **(Vorjahresbeträge)** sind anzupassen (IAS 8.42a).
- In der Bilanz müssen neben den aktuellen Zahlen und denen des (angepassten) Vorjahres auch die **Eröffnungsbilanzwerte** des Vorjahres präsentiert werden (IAS 1.39; → § 2 Rz 10 und 18).
- Für jeden betroffenen Posten der Bilanz, GuV usw. ist der **Anpassungsbetrag offenzulegen**, der Wert vor Anpassung dem Wert nach Anpassung gegenüberzustellen (IAS 8.49b).

52

> **Beispiel**
> Ein Unternehmen entdeckt in 02, dass in 01 irrtümlich eine lineare Abschreibung von 10 auf ein Verwaltungsgebäude unterblieben ist. Die Vorsteuer-Gewinne 01 und 02 vor Aufdeckung des Fehlers betragen 100 (Bruttoergebnis vom Umsatz 120 minus Verwaltungsaufwendungen 20). Der Steuersatz ist 50 %.

Die nachfolgende Tabelle zeigt die Auswirkungen:

	02	01 angepasst	01 vorher
Ergebnis vor Steuern	100	90	100
Steuern	50	45	50
Periodengewinn	50	45	50

Im Anhang wären folgende Angaben zu machen:
Das Unternehmen hat in 01 irrtümlich eine Gebäudeabschreibung von 10 unterlassen. Die Vergleichszahlen für das Jahr 01 sind entsprechend angepasst worden (vgl. Tabelle 1).

3.4.2 Ausnahmen von der retrospektiven Korrektur

Eine Bilanzkorrektur muss ausnahmsweise nicht retrospektiv durchgeführt werden, soweit die Ermittlung der kumulierten und/oder periodenbezogenen Anpassungsbeträge nicht durchführbar *(impracticable)* ist (IAS 8.43 ff.). 53
Wie bei der Änderung von Bilanzierungs- und Bewertungsmethoden ist die Praktikabilität periodenbezogen zu beurteilen. Retrospektiv ist also insoweit zu berichtigen, wie es praktikabel ist. Im Einzelnen wird auf Rz 29 verwiesen.

3.4.3 Steuerfolgen einer Bilanzkorrektur

Wegen der Steuerfolgen wird auf Rz 30 verwiesen. 54

3.4.4 Interaktion von IAS 8 mit Gesellschaftsrecht

Für den handelsrechtlichen Jahresabschluss (= **Einzel**abschluss) sieht das AktG 55
verschiedene Sanktionsmechanismen bei (potenziellen) Fehlern vor, insbesondere die Sonderprüfung nach § 258 AktG und die Nichtigkeitsklage auf der Grundlage von § 256 Abs. 5 AktG (Rz 40). Diese Normen kreisen um Probleme des Gläubiger- und Aktionärschutzes, insbesondere auch von Minderheitsaktionären. Die Frage geht dann u. a. nach den **Rechtsfolgen** eines festgestellten, aber (möglicherweise) fehlerhaften **Jahres**abschlusses.
Diese Probleme stellen sich beim IFRS-**Konzern**abschluss nicht. Gesellschaftsrechtliche Funktionen kommen ihm nicht zu, seine „Werthaltigkeit" beschränkt sich i. d. R. auf die **Informationsfunktion**. Daraus können i. d. R. „nur" Ansprüche auf Schadensersatz fehlgeleiteter Adressaten des Konzernabschlusses gegenüber dem Vorstand oder gegenüber der Konzernmuttergesellschaft erhoben werden.
Gleichwohl sind nationale Regeln bez. der Korrektur von Konzernabschlüssen u. U. durchaus sinnvoll.[30] Zwar bedarf es keiner materiellen (d. h. bilanzrechtlichen) Vorschriften zur Korrektur von Fehlern aus Vorjahren *(prior period errors)* in Folgeabschlüssen. Die diesbezüglichen Regeln ergeben sich vielmehr

30 Henrichs, ZHR 168 (2004), S. 395 ff.; → § 7.

aus IAS 8.[31] IAS 8 enthält aber keine expliziten Regeln zur Rückwärtsberichtigung des falschen Abschlusses. Hier kann die Einbindung in ein nationales Rechtssystem relevant werden (Rz 56).[32]

3.4.5 Rückwärtsberichtigungen

56 IAS 8 behandelt nur die Korrektur von Fehlern früherer Berichtsperioden (*prior period errors*) im Abschluss der laufenden Periode. Ausgeklammert ist das Problem der **Rückwärtsberichtigung,** also der Rücknahme des ursprünglichen Abschlusses und des Ersatzes durch einen „geänderten". Zur Frage, unter welchen Voraussetzungen eine solche Rückwärtsberichtigung notwendig ist, trifft IdW RS HFA 6 Regelungen:

- Fehlerhafte Konzernabschlüsse, die auch **schuldrechtliche** Wirkungen (etwa auf die Höhe von Mitarbeitertantiemen oder Gewinnansprüchen stiller Gesellschafter usw.) haben, sind regelmäßig zu korrigieren, einer Nachtragsprüfung zu unterwerfen, den zuständigen Gesellschaftsorganen zum Zwecke der Billigung erneut vorzulegen und zu veröffentlichen.[33]
- Bei einem ausschließlich der **Information** dienenden fehlerhaften Konzernabschluss bedarf es einer Rückwärtsberichtigung jedoch nur dann, wenn nicht ohnehin **zeitnah** nach der Entdeckung des Fehlers der Folgeabschluss veröffentlicht wird.[34]
- Eine **freiwillige** Rückwärtsberichtigung ist in jedem Fall zulässig.[35]

Beispiel
Nach Veröffentlichung des festgestellten und geprüften Konzernabschlusses 01 wird ein erheblicher Fehler im Abschluss entdeckt.
Variante 1:
Die **Tantiemen** des Vorstandes und einiger leitender Mitarbeiter der Konzernmutter sind an das IFRS-Ergebnis gebunden und fallen aufgrund des Fehlers erheblich zu niedrig aus.
Der IFRS-Abschluss hat nicht nur Informations-, sondern auch Zahlungsbemessungsfunktion.
Aufgrund der **materiellen (schuldrechtlichen) Wirkungen** ist der Abschluss 01 zu korrigieren, u. a. einer Nachtragsprüfung zu unterwerfen, den zuständigen Gesellschaftsorganen zum Zwecke der Billigung erneut vorzulegen und offenzulegen (IdW RS HFA 6, Tz 46 i. V. m. Tz 16).

---

31 Demgegenüber war der Entwurf § 37q Abs. 1 WpHG-E im Verhältnis zum materiellen Recht noch undeutlich: Ergibt die Prüfung durch die Bundesanstalt, dass die Rechnungslegung oder die Berichterstattung im Lagebericht fehlerhaft ist, so stellt die Bundesanstalt den Fehler fest. Sie kann im Einklang mit den materiellen Rechnungslegungsvorschriften anordnen, dass der Fehler unter Berücksichtigung der Rechtsauffassung der Bundesanstalt im nächsten Abschluss oder unter Neuaufstellung des Abschlusses für das geprüfte Geschäftsjahr zu berichtigen ist. Die im Dezember 2004 verabschiedete endgültige Fassung lautet demgegenüber kurz: „Ergibt die Prüfung durch die Bundesanstalt, dass die Rechnungslegung fehlerhaft ist, so stellt die Bundesanstalt den Fehler fest."

32 Erchinger/Melcher, KoR 2008, S. 679 ff.

33 IdW RS HFA 6, Tz 46 i. V. m. Tz 16.

34 IdW RS HFA 6, Tz 46 i. V. m. Tz 43 und 17.

35 IdW RS HFA 6, Tz 46 i. V. m. Tz 42.

Variante 2:
Der Konzernabschluss hat **ausschließlich Informationsfunktion**. Der Fehler wird Mitte Mai 02 entdeckt.
Bis zur Veröffentlichung des Abschlusses 02, in dem der Fehler als *prior period error* korrigiert und offengelegt werden könnte, vergeht noch fast ein Jahr. Das Bedürfnis der Abschlussadressaten an/nach einer **zeitnahen Richtigstellung** verlangt eine Korrektur des Abschlusses 01 (IdW RS HFA 6 Tz 46 i.V.m. Tz 43 und 17).
Variante 3:
Wie Variante 2, jedoch wird der Fehler erst im Februar 03 im Zuge der Abschlussarbeiten für 02 entdeckt.
Die Feststellung und Offenlegung des Abschlusses 02, der den Fehler 01 korrigieren und offenlegen wird, sind kurzfristig zu erwarten. Eine Rückwärtsberichtigung des Abschlusses 01 ist nicht erforderlich (IdW RS HFA 6, Tz 46, i.V.m. Tz 43 und 17), aber zulässig (IdW RS HFA 6, Tz 46 i.V.m. Tz 42).
Nimmt U eine erfolgswirksame Korrektur vor oder passt U die Vorjahresbeträge nicht an (obwohl keine Praktikabilitätseinwände bestehen), begeht U den nächsten Fehler, der zum erneuten Eingreifen der BaFin führen kann.

vorläufig frei **57**

4 Angaben

Die durch IAS 8 geforderten Anhangsangaben wurden im Wesentlichen schon in den o.g. Beispielen behandelt. Auf Rz 27 und Rz 52 wird deshalb verwiesen. An dieser Stelle erfolgt noch eine Systematisierung und Vervollständigung: **58**

a) Angaben zu Methodenänderungen (IAS 8.28ff.) **59**

- Bei der erstmaligen Anwendung eines Standards sind anzugeben:
  - der Titel des Standards,
  - die Tatsache der Befolgung der Anwendungsbestimmungen *(transitional provisions)* und die Beschreibung dieser Bestimmungen,
  - die Anpassungsbeträge für alle im Abschluss dargestellten Jahre sowie für die Eröffnungsbilanz des ersten präsentierten Jahres.
  - Bei dem letztgenannten Punkt ist häufig eine Angabe im Eigenkapitalspiegel ausreichend (→ § 20 Rz 53ff.).
- Wird ein neuer Standard, der noch nicht anwendbar oder anwendungspflichtig ist, nicht angewendet, ist die voraussichtliche Auswirkung der zukünftigen Anwendung dieses Standards offenzulegen (IAS 8.30).
- Bei der Änderung von Bewertungsmethoden zur Verbesserung der Darstellung sind anzugeben:
  - die Art der Änderungen,
  - die Anpassungsbeträge (wie oben).

Soweit aus Gründen der Praktikabilität nicht retrospektiv angepasst wird, ist diese Tatsache offenzulegen.

60 **b) Angaben bei Änderung von Schätzungen (IAS 8.39f.)**

In allen Fällen der wesentlichen Änderung einer Schätzung sind anzugeben:

- Art und Betrag der Änderung,
- möglichst auch für die zukünftigen Perioden,
- soweit dies aber nicht praktikabel erscheint, ist dies offenzulegen.

61 **c) Angaben bei Bilanzkorrektur (IAS 8.49)**

Bei der Korrektur eines Fehlers sind anzugeben:

- die Art des Fehlers,
- die Anpassungsbeträge,
- ggf. die Tatsache, dass eine retrospektive Anpassung nicht praktikabel ist.

62 Alle Angaben unterliegen dem **Vorbehalt der** ***materiality*** (→ § 1 Rz 59ff.). Diesem kommt insbesondere im Bereich der **Schätzungen** eine hohe Bedeutung zu. Die Anpassung geschätzter Werte an die besser gewordene Erkenntnis würde angesichts der Vielzahl betroffener Fälle (Rückstellungen, Wertberichtigungen, Restnutzungsdauern usw.) zu einer **Inflation von Angaben** (***information overload***) führen. Eine strenge Beurteilung, ob eine Angabe notwendig ist, dient daher nicht nur den Unternehmen, sondern auch den Bilanzadressaten.

63 Auch die durch IAS 8.30ff. geforderten Angaben zu **zukünftig wirksamen Standards** sind in dieser Hinsicht sorgfältig zu prüfen. Die Verabschiedung von 15 revidierten Standards im Dezember 2003 stellt ein besonders eklatantes Beispiel dar. Man konnte von den Unternehmen nicht verlangen, die Arbeiten für die Bilanz 31.12.2003 erst einmal zurückzustellen, um sich mit den revidierten, ab 2005 anwendbaren Regeln zu befassen und deren Folgen abzuschätzen. Der **Konzernabschluss** ist **kein Proseminar zur Bilanzierung**. Ein derartiges Bilanzseminar war weder den Unternehmen noch ihren Bilanzadressaten zuzumuten, zumal zum Bilanzerstellungszeitpunkt alle genannten Standards noch ohne *endorsement* durch die EU waren.

5 Anwendungszeitpunkt, Rechtsentwicklung

64 IAS 8 ist auf alle Abschlüsse anzuwenden, deren Berichtsperiode ab dem 1. Januar 2005 beginnt. Eine frühere Anwendung wird empfohlen.

65 Gegenüber IAS 8 (1993)[36] unterscheidet sich die Neufassung vor allem in folgenden Punkten:

- Die **Wahlrechte** zur erfolgswirksamen Behandlung von Methodenänderungen (Rz 26) und Fehlerkorrekturen (Rz 43) sind entfallen. Es ist zwingend retrospektiv und erfolgsneutral zu verfahren.
- Die in IAS 8 (1993) noch enthaltenen Ausführungen zur **Untergliederung der GuV** sind teils ersatzlos entfallen, teils verlagert worden.
  - IAS 8.10 (1993) schrieb die Unterteilung der GuV in ein Ergebnis aus der **gewöhnlichen** (Geschäfts-)Tätigkeit *(profit or loss from ordinary activities)* und ein Ergebnis aus **außerordentlichen** Posten *(extraordinary items)* vor. Beide Teile enthielten abweichend vom Handelsrecht jeweils die auf sie entfallenen Steuern. Im Hinblick auf unscharfe Abgrenzungen von ordentlichen und außerordentlichen Posten und daraus entstehenden bilanzpoli-

[36] Mehr zu IAS 8 (1993) bei ZÜLCH/WILLMS, StuB 2004, S. 11ff.

tischen Missbrauchsmöglichkeiten ist der Ausweis außerordentlicher Posten nicht mehr erlaubt.
- Ausführungen zur Aufschlüsselung von GuV-Posten, insbesondere im Bereich der sonstigen Erträge und Aufwendungen, sind nicht mehr in IAS 8, sondern in IAS 1 enthalten (→ § 2ff.).

ED IAS 8. 14 i.d.F. d. *Annual Improvements Project* 2009/11 sieht terminologische Änderungen bei den Umständen vor, die einen Wechsel der Bilanzierungsmethode rechtfertigen. Inhaltliche Auswirkungen ergeben sich nicht. 66

6 Zusammenfassende Praxishinweise

Der Grundsatz der **Methodenstetigkeit** ist in IAS 8 für **Ansatz** und **Bewertung** und in IAS 1 für den **Ausweis** geregelt (Rz 5). 67

In den Anwendungsbereich des Stetigkeitsgebots fallen neben **echten auch unechte Wahlrechte** (Rz 8).

Im Bereich der **unechten** Wahlrechte ist aber eine enge Auslegung geboten:
- Keinen Stetigkeitsanforderungen unterliegen konkrete **Schätzungen im Einzelfall** (Rz 11).
- Unter Beachtung des Einzelbewertungsprinzips entfalten aber auch die Schätz**verfahren** der vergangenen Perioden i.d.R. keine Bindungswirkung für Neuzugänge (Rz 13).

Abweichungen vom Stetigkeitsgebot sind dann zulässig und geboten, wenn
- dies durch **neue Rechtsvorschriften** verlangt wird (Rz 18) oder
- die Methodenänderungen der **Verbesserung der Darstellung** dienen (Rz 22).

Die Illustrationen des IASB zum zweiten Punkt lassen folgenden Schluss zu: Eine Verbesserung der Lagedarstellung muss mehr behauptet als im Detail belegt werden. Ermessensspielräume ergeben sich auch daraus, dass der **Zeit- und Sachhorizont** für die geforderte Verbesserung der Darstellung unklar ist (Rz 23).

Im Falle eines zulässigen Methodenwechsels ist die **neue** Bilanzierungsmethode **retrospektiv** anzuwenden. Anpassungsbeträge sind **erfolgsneutral** zu verbuchen (Rz 26).

Ausnahmen von der retrospektiven Anpassung ergeben sich aus dem **Praktikabilitätsvorbehalt.** Ein Verfahren ist bereits dann *impracticable*, wenn vernünftige Anstrengungen *(reasonable efforts)* nicht zum Ziel führen würden (Rz 29).

Auch eine Korrektur von Fehlern **(Bilanzkorrektur)** ist **erfolgsneutral und retrospektiv** vorzunehmen, wobei die Retrospektion wiederum dem Praktikabilitätsvorbehalt unterliegt (Rz 43).

Die Korrekturvorschriften von IAS 8 geben den materiellen Rahmen vor, in dem sich **Korrekturvorschriften des formellen Rechts** bewegen können (Rz 55).

Die **Revision von Schätzungen** ist **erfolgswirksam** in der laufenden Periode, bei Dauersachverhalten über die zukünftigen Perioden verteilt, durchzuführen (Rz 50).

Bei Methodenänderungen, Bilanzkorrekturen und Revision von Schätzungen sind zahlreiche **Anhangsangaben** geboten (Rz 58), die aber einem strengen *materiality*-Vorbehalt unterworfen werden müssen (Rz 62).

Auf die **Checkliste „Abschlussangaben“** wird verwiesen (→ § 5 Rz 8).

§ 25 ERLÖSE *(REVENUE)*

Inhaltsübersicht **Rz**

Vorbemerkung

Schrifttum: BECK, Ertragsrealisierung bei der Veräußerung von Immobilien nach IAS 18, StuB 2004, S. 1057; BRINER, Subtle Issues in Revenue Recognition, The CPA Journal, 3/2001; EFRAG/DRSC, Revenue Recognition, A European Contribution, PAAinE Discussion Paper 3, Juli 2007; FISCHER/NEUBECK, Umsatzrealisationszeitpunkt bei Werklieferungsverträgen nach der Schuldrechtsreform, BB 2004, S. 657; HOFFMANN, Der Pfandkreislauf, PiR 2006, S. 95; HOFFMANN, Erlösrealisation bei erfolgsabhängigem Kaufpreis, PiR 2006, S. 209 ff.; HOFFMANN/LÜDENBACH, Das Realisationsprinzip – 1884 und heute. Eine kleine (Geburtstags-)Gabe für Adolf Moxter, DStR 2004, S. 1758; HOFFMANN/LÜDENBACH, Umsatzrealisierung bei strukturierten Geschäftsmodellen, DStR 2005, S. 1331 ff.; KÜHNE/SCHREIBER, Bilanzierung von Kundenbonusprogrammen nach IFRS, KoR 2006, S. 573 ff.; KÜTING/PILHOFER/KIRCHHOF, Die Bilanzierung von Software aus der Sicht des Herstellers nach US-GAAP und IAS, WPg 2002, S. 73 ff.; KÜTING/TUROWSKI/PILHOFER, Umsatzrealisation im Zusammenhang mit Mehrkomponentenverträgen. Aktuelle Entwicklungstendenzen in der US-amerikanischen Rechnungslegung, WPg 2001, S. 305 ff.; LÜDENBACH, Ertragsrealisierung des Versicherungsmaklers bei Stornovereinbarungen, StuB 2010, S. 670 ff.; LÜDENBACH, Leasing-Verträge über Stadien, VIP-Logen und Business-Seats, BC 2006, S. 133 ff.; LÜDENBACH, Umsatz- und Gewinnrealisation bei erfolgsabhängigem Kaufpreis, StuB 2009, S. 541 ff.; LÜDENBACH, Warenlieferung an Handelsketten oder Endverbraucher mit (faktischer) Rücknahmepflicht, PiR 2005, S. 15 ff.; LÜDENBACH/HOFFMANN, Das schwebende Geschäft als Vermögenswert, Bilanzierung bei Erwerb und Verkauf von Nutzungsrechten, DStR 2006, S. 1382 ff.; LÜDENBACH/HOFFMANN, Erlösrealisierung bei Mehrkomponentengeschäften nach IFRS und HGB/EStG, DStR 2006, S. 153 ff.; LÜDENBACH/HOFFMANN, Wirtschaftliches Eigentum und bilanzielle Ertragsrealisierung bei rechtsunwirksamen Geschäften, DB 2009, S. 861 ff.; RUHNKE/NERLICH, Abbildung von Filmrechten in einem IAS/IFRS-Jahresabschluss, WPg 2003, S. 753 ff.; SCHARPF/KUHN, Erfassung von Erträgen und Aufwendungen im Zusammenhang mit Finanzinstrumenten nach IFRS, KoR 2005, S. 154; UNKELBACH, Umsatzrealisation bei der Gewährung von Preisschutzklauseln, PIR 2008 S. 344 ff.; UNKELBACH, Umsatzrealisation bei Remissionsrecht im Verlagswesen, PiR 2008, S. 135 ff.; UNKELBACH, Umsatzrealisation und Bilanzmanipulation aus der SEC-Fundgrube, PiR 2006, S. 196 ff.; UNKELBACH, Verkaufsgeschäfte an Handelsintermediäre mit Rücknahmeverpflichtung, PiR 2006, S. 235; WENK/JAGOSCH, Automotive, Umsatzrealisation bei Sale-and-Buy-Back-Transaktionen, KoR 2010, S. 33 ff.; ZIMMERMANN/ABEE, Die Bilanzierung von Kundenbonusprogrammen nach IFRS und HGB, PiR 2007, S. 8 ff.; ZIMMERMANN/SCHWEINBERGER, Entwicklungen zur Ertragsrealisation, PiR 2007, S. 75 ff.; ZÜLCH, Die Gewinn- und Verlustrechnung nach IFRS, 2005; ZÜLCH/HOFFMAN/SIGGELKOW, Umsatz- und Ertragsrealisation im Rahmen von Sale-and-Buy-Back Transaktionen, KoR 2010, S. 40 ff.; ZWIRNER, Transparenz des Zelluloids?, KoR 2002, S. 245 ff.

Vorbemerkung
Die Kommentierung bezieht sich auf IAS 18 in der aktuellen Fassung und berücksichtigt alle Ergänzungen, Änderungen oder Interpretationen, die bis zum 1.1.2011 beschlossen wurden. Einen Überblick über ältere Fassungen sowie über diskutierte oder schon als Änderungsentwurf vorgelegte künftige Regelungen enthalten Rz 122f.

1 Zielsetzung, Regelungsinhalt und Begriffe

1.1 Erlöse und (andere) Erträge

1 Der Anwendungsbereich von IAS 18 erschließt sich dem deutschen Anwender aus der Überschrift „Erträge" bzw. „*Revenue*" nicht unmittelbar. IAS 18.7 definiert Erträge als „aus der gewöhnlichen Tätigkeit eines Unternehmens resultierenden **Bruttozufluss** wirtschaftlichen Nutzens".

- Diese Definition ist **enger** als der handelsrechtliche Begriff des Ertrages (§ 275 HGB), da sie Erträge aus Wertaufholungen oder aus Auflösung von Rückstellungen ausschließt (kein Zufluss).
- Die Definition ist andererseits **weiter** als der handelsrechtliche Begriff der Erlöse (§ 277 Abs. 1 HGB), da sie sich nicht auf den Verkauf (bzw. die Vermietung) von für die Geschäftstätigkeit des Unternehmens typischen Erzeugnissen, Waren und Diensten beschränkt, sondern z.B. auch sonstige Erträge (z.B. aus Gebäudevermietung) und Kapitalerträge einschließt.

2 IAS 18.1 bestimmt Folgendes: „Dieser Standard ist auf die Bilanzierung von Erträgen anzuwenden, die sich aus folgenden Geschäftsvorfällen und Ereignissen ergeben:
(a) dem **Verkauf** von Gütern,
(b) der Erbringung von **Dienstleistungen** und
(c) der **Nutzung** von Vermögenswerten durch Dritte gegen Zinsen, Nutzungsentgelte *(royalties) und* Dividenden."

3 In der abweichenden Terminologie des *Framework* geht es danach vorrangig um „Erlöse" und nicht um „andere Erträge".

- **„Erlöse"** fallen „im Rahmen der gewöhnlichen Tätigkeit eines Unternehmens an und haben Bezeichnungen wie Umsatzerlöse, Dienstleistungsentgelte, Zinsen, Mieten, Dividenden und Lizenzerträge" (Framework 1989.74/Framework 2010.4.29).
- **„Andere Erträge"** sind „beispielsweise Erträge aus der Veräußerung von langfristigen Vermögenswerten (und) ... Erträge aus der Erhöhung des Buchwertes langfristiger Vermögenswerte" (Framework 1989.76/Framework 2010.4.31).

4 Die „Erlöse" unterscheiden sich von den „anderen Erträgen" vorrangig dadurch, dass es um **Zuflüsse** und nicht um **Wertänderungen** geht. Nur die **„Erträge mit Erlöscharakter"**, darunter jedoch nicht Veräußerungsgewinne oder -verluste *(gains and losses)* aus dem **Abgang** von Sach- und immateriellen Anlagen (IAS 16 und IAS 38), werden in IAS 18 behandelt. Für den Ertragsrealisierungszeitpunkt bei *gains and losses* kann jedoch mangels spezifischer Regelungen in IAS 16 und IAS 38 auf IAS 18 zurückgegriffen werden.

Nicht anzuwenden ist der Standard jedoch gem. IAS 18.6 auf folgende Fälle: 5
- Leasinggeschäfte (→ § 15),
- Versicherungsverträge von Versicherungsunternehmen (→ § 39),
- Abbau von Bodenschätzen (→ § 42).

1.2 Zeitpunkt, Art und Höhe der Erlöse

Nach der Einleitung zu IAS 18 besteht „die primäre Fragestellung bei der Bilanzierung von Erträgen darin, den Zeitpunkt der Ertragserfassung zu bestimmen". Die allgemein für den **Erlös-/Ertragsrealisierungszeitpunkt** formulierten Kriterien des *Framework* (→ § 1 Rz 104ff.) sollen deshalb in IAS 18 konkretisiert werden. Bei diesem Konkretisierungsversuch ist zwischen verschiedenen **Arten** von Erlösen (Rz 4) zu unterscheiden. 6
- Beim **Verkauf** kommt es z.B. wesentlich auf die Übertragung der Verfügungsrechte an (Zeit**punkt**betrachtung; Rz 17ff.),
- bei **Nutzungs**überlassungen sowie vielen **Dienstleistungs**aktivitäten hingegen auf den Ablauf einer bestimmten Zeitspanne (Zeit**raum**betrachtung; Rz 60ff.).

Allerdings ist bei modernen Geschäftsmodellen nicht immer sofort erkennbar, ob ein Verkauf und damit eine Zeitpunktleistung oder eine Nutzungsüberlassung und damit eine Zeitraumleistung vorliegt. Im Rahmen sog. **strukturierter Geschäfte** kann ein zivilrechtliches Veräußerungsgeschäft wirtschaftlich als Nutzungsüberlassung zu deuten und entsprechend zu bilanzieren sein (Rz 82ff.). Besondere Probleme können auch aus einer Kombination mehrerer Leistungsarten entstehen (**Mehrkomponentenvertrag**; Rz 68). In diesem Fall stellt sich die Frage, ob die Komponenten trennbar und einer **separierten** Beurteilung nach Zeitpunkt und Höhe der Erlösrealisierung zugänglich sind. 7

1.3 Verhältnis von IAS 18 zu IAS 11

Während **IAS 18 allgemein** den Zeitpunkt der Ertrags- bzw. Erlösrealisierung regelt, enthält **IAS 11** (→ § 18) **besondere** Vorschriften für i.d.R. langfristig abzuwickelnde **kundenspezifische** Fertigungsaufträge *(construction contracts)*. Die besonderen Vorschriften gehen den allgemeinen Regeln vor. Im Übrigen fallen bei formaler Betrachtung Dienstleistungen (z.B. kundenspezifische Softwarefertigung oder Anfertigung von Steuererklärungen) nicht in den Anwendungsbereich von IAS 11. IAS 18 enthält jedoch hier **analoge**, z.T. wortgleiche Regelungen (→ § 18 Rz 8). 8
- Bei Dienstleistungen und kundenspezifischen Fertigungsaufträgen sind die Erlöse nach dem Maß der **Leistungserbringung sukzessive** anzusetzen,
- bei **Veräußerungen** von Waren und Erzeugnissen **zeitpunkt**bezogen, wenn bestimmte kritische Bedingungen (z.B. Übergang von Chancen und Risiken) erfüllt sind.

Dieser konzeptionelle Unterschied führt bei periodenübergreifenden Leistungsprozessen zu ganz **unterschiedlichen** Realisierungszeitpunkten. Die Frage der Abgrenzung von IAS 11 und IAS 18 ist daher von hoher praktischer Relevanz. Die Grenzziehung ist z.B. beim Bauträgergeschäft oder beim Flugzeugbau schwierig. Wegen Einzelheiten wird auf → § 18 Rz 13f. verwiesen.

2 Erlösrealisierung

2.1 Erlösrealisierung zwischen Prinzip und Kasuistik

9 Das **Periodisierungsprinzip** stellt den wichtigsten Pfeiler des Bilanzrechts dar. Erst dadurch, dass „Aufwendungen und Erträge ... unabhängig von den Zeitpunkten der entsprechenden Zahlungen im Jahresabschluss zu berücksichtigen" (§ 252 Abs. 1 Nr. 5 HGB) bzw. Geschäftsvorfälle dann zu erfassen sind, „wenn sie auftreten und nicht wenn ... bezahlt wird" (Framework 1989.22), verwandelt sich die Einnahmen-Ausgaben-Rechnung in eine Bilanz- und Erfolgsrechnung. Geregelt wird damit freilich nur die Aufgabenstellung der doppelten Buchführung, nicht schon deren Lösung. Die Frage, wann ein Geschäftsvorfall auftritt, wann Aufwand zu Aufwand und wann Ertrag zu Ertrag wird, bleibt noch offen.

10 Für die Beantwortung dieser Frage gibt z.B. auch das handelsrechtliche **Vorsichtsprinzip** aus § 252 Abs. 1 Nr. 4 HGB wenig her: Risiken und Verluste sollen bereits dann berücksichtigt werden, wenn sie vorhersehbar sind, Gewinne nur dann, „wenn sie am Abschlussstichtag realisiert sind". Damit wird nur deutlich gemacht, dass eine Gewinnchance nicht ausreicht. Aber der Übergang zwischen Gewinnchance und realisiertem Gewinn bleibt unklar.

11 Auch die Ausführungen des *Framework* und von IAS 18 sorgen kaum für mehr Klarheit. Ein Erlös soll danach entstehen, wenn

- ein **Nutzenzufluss wahrscheinlich** (Framework 1989.83/Framework 2010.4.38) bzw. hinreichend sicher (Framework 1989.93/Framework 2010.4.48) bzw. hinreichend wahrscheinlich (IAS 18.14d) ist und
- die **Höhe** des Erlöses **verlässlich** bestimmt werden kann (Framework 1989.92/Framework 2010.4.47 und IAS 18.14c).

12 Auf die Problematik der Begriffe **„Wahrscheinlichkeit"** und „Zuverlässigkeit/Verlässlichkeit" und ihre (notwendige) Unschärfe wird an verschiedenen Stellen dieses Kommentars hingewiesen (→ § 1 Rz 85ff.; → § 18 Rz 38; → § 21 Rz 50ff.; → § 28 Rz 144ff.). Gerade in Zweifelsfällen helfen derart unscharfe Kriterien nicht weiter. Eine Unzahl von Fragen bleibt vielmehr unbeantwortet. Z.B.:

- Hat der Einzelhandel bei heute üblichem **Rückgaberecht** des Kunden den Umsatz erst mit Ablauf der Rückgabefrist auszuweisen (Rz 28)? Sind Rückgaberechte eines Handelsintermediärs anders als die eines gewerblichen Nutzers zu würdigen (Rz 82ff.)?
- Ist eine **Werkleistung ohne Abnahme** des Auftraggebers dann schon erbracht, wenn sich der Auftraggeber mit der Abnahme im Verzug befindet (Rz 27)?
- Soll der Ertrag aus einer zeitlich begrenzten Einräumung einer **Software-Lizenz** abgegrenzt oder die Lizenzierung als Veräußerung interpretiert und deshalb Umsatz sofort ausgewiesen werden (Rz 62)?
- Soll die **Dividende der Tochtergesellschaft** phasengleich (Handelsbilanz) oder phasenversetzt (Steuerbilanz und IFRS) realisiert werden (Rz 60)?

Dabei zeigt das Dividendenbeispiel, dass nicht einmal eine **Faustregel**, die vorsichtsgeprägte Handelsbilanz führe in Zweifelsfällen zu späterer Ertragsrealisierung, hilfreich wäre.

13 Aus allem lässt sich folgender Schluss ziehen: Das **Realisationsprinzip** ist notwendigerweise **abstrakt**. Für die Lösung unzweifelhafter Fälle, kommt es

auf seine Ausformulierung nicht an. Für die Lösung konkreter Zweifelsfälle gibt es andererseits wenig her. Nahe liegend ist deshalb der Weg in die **Kasuistik,** in eine Art ABC der wichtigsten Zweifelsfälle.

Die grundlegenden **Bedenken** gegen solche Kasuistiken werden unter → § 1 Rz 42ff. diskutiert. Der IASB selbst interpretiert sein Regelwerk als *principle-based*, d.h. nicht kasuistisch. Gleichwohl erkennt er in der Einleitung zu IAS 18 die Notwendigkeit an, die Fragen der Erlösrealisierung nicht nur in allgemeiner Weise zu erörtern, sondern „außerdem praktische Hinweise zur Anwendung zu geben". Diese Hinweise enthält der Anhang zu IAS 18, indem dort relevante Zweifelsfälle abgehandelt werden. 14

Im drohenden **Widerspruch** zwischen **offizieller Prinzipienbasierung** und **tatsächlicher Kasuistik** betonte die frühere Einleitung des Anhangs zu IAS 18, dass er lediglich einige besondere Aspekte der Realisierung beispielhaft darstelle. 15

Die **Praxis** muss sich an diesem Vorbehalt nicht allzu sehr stören. Er betont das **politische** Ziel der Prinzipienbasierung. Tatsächlich formuliert der Anhang **„regelbasierte"** *(rule based)* Vorschriften, an denen sich auch die nachfolgenden Ausführungen orientieren. 16

Entsprechenden Tendenzen in der Praxis folgend ziehen wir ergänzend bzw. zur Lückenfüllung US-GAAP-Vorschriften heran (zur Begründung: Rz 88).

2.2 Verkauf von Gütern

2.2.1 Risikoübergang und Verlust der Verfügungsmacht

Ein Ertrag/Erlös aus dem Verkauf von Gütern ist nach IAS 18.14 realisiert, wenn neben den für alle Erlöse geltenden **allgemeinen Bedingungen** 17

- der **Wahrscheinlichkeit** eines Nutzenzuflusses und
- der **verlässlichen** Bestimmbarkeit der Ertragshöhe

zusätzlich folgende für den Verkauf **spezifische Bedingungen** erfüllt sind:

- Der Veräußerer verliert die **Verfügungsmacht** und behält keine eigentumsähnlichen Verfügungsrechte;
- die maßgeblichen, mit dem Eigentum verbundenen **Risiken und Chancen** sind auf den Käufer übergegangen.

Nach dem **ersten** spezifischen Kriterium kommt es auf die **Verfügungsmacht,** nicht notwendig das rechtliche Eigentum an. Bei Verkauf unter **Eigentumsvorbehalt** (IAS 18.17) reicht etwa aus, dass der Vorbehaltskäufer weitgehend wie ein Eigentümer verfügen, die Ware etwa verarbeiten oder weiterveräußern kann. 18

Das **zweite** spezifische Kriterium wird in IAS 18 wie folgt erläutert: Maßgebliche **Risiken und Chancen** verbleiben beim Verkäufer, wenn

- das Unternehmen über normale Garantien hinaus bei Schlechterfüllung *(unsatisfactory performance) garantiert* (IAS 18.16a),
- seine eigenen Erlöse von **Weiterveräußerungen, Renditen** usw. des Käufers abhängen (IAS 18.16b; Rz 35),
- wesentliche vertragliche **Nebenleistungen** wie Aufstellung und Montage noch nicht erbracht sind (IAS 18.16c; Rz 24),
- der Käufer ein **Rücktrittsrecht** hat und dessen Ausübungswahrscheinlichkeit nicht eingeschätzt werden kann (IAS 18.16d; Rz 28).

Wesentliche Anwendungsfälle der spezifischen Kriterien werden nachfolgend dargestellt.

2.2.2 Übergang der Preisgefahr: Versendungskauf, *„bill and hold"*-Verkäufe

19 Von allgemeiner Bedeutung für den **Risikoübergang** sind die **rechtlichen** Bedingungen, wie sie sich aus Gesetz, vertraglicher Einzelabrede, allgemeinen Auftragsbedingungen oder im internationalen Handel auch aus Incoterms ergeben. Nach dem Anhang zu IAS 18 können demgemäß je nach Gesetzes- bzw. Rechtslage (bei **gleichem physischen** Lieferzeitpunkt) unterschiedliche Erlösrealisierungszeitpunkte vorliegen. Entscheidend ist vor allem der **Übergang der Preisgefahr**, d. h. der Zeitpunkt, zu dem die Gefahr des zufälligen Untergangs auf den Käufer übergeht.

20 Hierzu folgendes Beispiel:

Beispiel
U liefert Waren an K. Die Parteien haben als Erfüllungsort den Sitz des K vereinbart.
Nach § 446 BGB geht die Preisgefahr mit Übergabe an K auf diesen über. Erst in diesem Zeitpunkt ist der Umsatz realisiert.
Variante
Erfüllungsort ist der Sitz des U. U soll jedoch auf Verlangen des K die Ware durch Spediteur an K liefern. Am 30.12. erfolgt die Übergabe an den Spediteur, der die Ware am 2.1. an K übergibt.
Es liegt ein **Versendungskauf** nach § 447 BGB vor (Versand auf Verlangen des Käufers an anderen Ort als Erfüllungsort). Mit der Übergabe an den Spediteur ist die Preisgefahr auf K übergegangen. Der Erlös ist deshalb bei U noch im alten Jahr zu realisieren.

21 Das **Eigentum** an beweglichen Sachen geht im Normalfall durch Einigung und Übergabe über (§ 929 BGB). Die Übergabe kann durch Vereinbarung eines Besitzmittlungsverhältnisses ersetzt werden (§ 930 BGB). IAS 18.IE1 spricht in anderer, angelsächsischer Terminologie von „bill and hold"-Verkäufen. Die Umsatzerlöse aus solchen Verkäufen sind realisiert, sofern folgende Bedingungen kumulativ erfüllt sind:

- Das **rechtliche Eigentum** ist übertragen worden.
- Eine **spätere tatsächliche Lieferung** ist wahrscheinlich.
- Die Ware ist **identifiziert** (*„identified"*).
- Die **Parteien** sind über die „verzögerte" Lieferung einig.
- **Übliche Zahlungsbedingungen** sind vereinbart.

Das Kriterium der **Identifizierung** kann insbesondere bei Gattungsschulden (§ 243 BGB) Schwierigkeiten bereiten.

Beispiel
Landwirt L verkauft 10 Tonnen Getreide an Landhändler H mit der Maßgabe, es erst später zu liefern. Folgende Bedingungen sind (alternativ) vereinbart:

Alternative 1
Das für H bestimmt Getreide lagert L in einem 10-Tonnen-Silo. Der Inhalt wird rechtlich auf H übertragen, das Eigentumsrecht des H durch Kennzeichnung am Silo und in der Lagerbuchführung dokumentiert.

Alternative 2
Das für H bestimmt Getreide lagert L mit anderem Getreide in einem 25-Tonnen-Silo. Der gesamte Inhalt des Silos wird rechtlich auf H übertragen. Am Silo und in der Lagerbuchführung wird dokumentiert: 10 Tonnen stehen im Eigentum von H. Nach Vereinbarung zwischen L und H darf der Siloinhalt nie unter 10 Tonnen sinken.
Den rechtlichen Erfordernissen ist in beiden Fällen Genüge getan. Fraglich ist jedoch, ob in der zweiten Alternative das Identifikationserfordernis erfüllt ist.

Zur Konkretisierung des Identifikationserfordernisses finden sich in IAS 18 **keine Hinweise**. Mit dem Problem haben sich jedoch andere Instanzen, u.a. in Interpretation des deutschen Handels- und Steuerrechts der BFH sowie in Interpretation der US-GAAP die SEC, befasst. Nicht nur die Auffassung der SEC kann nach IAS 8.12 bei der Interpretation von IAS 18 herangezogen werden. Die Ausführungen von **BFH** und **SEC** stellen sich wie folgt dar:
Im **BFH**-Fall[1] ging es um die Bilanzierung **schwimmender** Ware (Rohkaffee). Der dem Erwerber auszuliefernde Rohkaffee war jeweils eine dem Gewicht nach bezeichnete Teilmenge der von dem Veräußerer auf dem Seewege eingeführten Partien an Rohkaffee gleicher Beschaffenheit. Der BFH lehnte eine Aktivierung beim Käufer mit folgender Begründung ab: „Als nur der Gattung nach und durch das Gewicht als unabgeschiedener Teil einer (dem Käufer) nicht bekannten Menge gattungsmäßig bezeichneter Ware ist der gekaufte Rohkaffee **nicht hinreichend individualisiert**, um als Gegenstand des wirtschaftlichen Verkehrs Teil des Vermögens der Klägerin zu sein. Dies ist erst in dem Augenblick möglich, in dem der von der Klägerin gekaufte Rohkaffee aus der Gesamtladung Rohkaffee gleicher Beschaffenheit erkennbar ausgesondert wird. Das Finanzgericht hat festgestellt, dass eine solche Aussonderung – die etwa durch **Nummerierung** der einzelnen Säcke oder auf andere Weise sichtbar gemacht worden wäre – nicht erfolgt ist.“
Die **SEC**[2] gelangt zu ähnlichen Ergebnissen: Da eine Umsatzrealisierung **vor** physischer Lieferung eine **Abweichung** von den allgemeinen Regelungen *(departure from the general rules)* sei, müssten die Umstände einer solchen Transaktion besonders belegt *(specially verified)* werden. Hierzu gehöre insbesondere, dass die vertragsgegenständlichen Güter vom sonstigen Inventar des Veräußerers segregiert seien und nicht mehr zur Ausführung anderer Umsätze zur Verfügung stünden. An der letztgenannten Voraussetzung fehlt es bei der lediglich mengenmäßigen Bestimmung des Vertragsobjekts. Plakativ gesprochen hindert eine solche Bestimmung nicht die Auslieferung des einzelnen Getreidekorns oder der einzelne Kaffeebohnen an einen Dritten und steht daher der Umsatzrealisierung entgegen.

---

1 BFH, Urteil v. 9.2.1972, I R 23/69, BStBl II 1972 S. 563.
2 Im Accounting and Auditing Enforcement Release No. 108 vom 5. August 1986.

22 Bei **Ratenzahlungen** kann von vornherein vereinbart sein, dass eine Ware erst geliefert wird, wenn die letzte Rate bezahlt ist. Soweit die Ware bereits vor Auslieferung identifiziert und beiseitegelegt ist *(lay-away sales)*, kommt eine Umsatzrealisierung vor der Lieferung infrage. Voraussetzung ist, dass ein wesentlicher Teil der Raten geleistet wurde und nach Erfahrungswerten mit Leistung der restlichen Zahlungen zu rechnen ist (IAS 18.IE3).

23 IAS 18 setzt **kumulativ** Übergang der Preisgefahr und Verlust der Verfügungsmacht voraus (Rz 17). Zum **Zusammenwirken** beider Kriterien folgendes Beispiel:

> **Beispiel**[3]
> A verkauft B am 10.12. abessinischen Rohkaffee „FOB Djibuti, netto Verschiffungsgewicht". Die Partie wird am 30.12. verladen. Das darüber ausgestellte Konnossement lautet auf die Commercial Bank of Ethiopia und wurde von dieser blanko indossiert. Das Konnossement wird am gleichen Tag an das Bankhaus Bremen verschickt, bei dem B für die Bezahlung der Warenschuld ein Akkreditiv hatte eröffnen lassen. Der Käufer erhält die Konnossemente erst im neuen Jahr. Erst dadurch erlangt er den Anspruch auf Herausgabe der Ware.
> Die Warenpartie wurde schon vor dem Bilanzstichtag verschifft, sodass die Preisgefahr nach der vereinbarten FOB-Klausel mit der Verbringung an Bord des Schiffes auf die Klägerin überging. Daraus folgt noch nicht der Verlust der Verfügungsmacht. Verfügungsberechtigt ist der jeweilige berechtigte Inhaber des Konnossements.
> Mit der Absendung der Waren und dem Gefahrenübergang ist aber das Schweben des Verkaufsgeschäfts für den Verkäufer dann beendet, wenn er zugleich das Konnossement abgegeben hat. Ob es andererseits schon beim Käufer angekommen ist und dieser schon wirtschaftliches Eigentum erlangt hat, ist dann nicht mehr entscheidend.

Die Bezugnahme auf **zivilrechtliche** Kriterien der Preisgefahr und des Eigentums **versagt** allerdings dann, wenn Garantien, Rücknahmevereinbarungen u. Ä. das zivilrechtliche Veräußerungsgeschäft so überlagern, dass in **wirtschaftlicher** Betrachtung gar keine Veräußerung mehr vorliegt (dazu: Rz 82ff.).

2.2.3 Ausstehende Montage und Prüfung, Abnahme und Abnahmeverzug

24 Nach IAS 18.IE2 soll der Erlös normalerweise erst realisiert sein, „wenn der Käufer die Lieferung akzeptiert und Installation und Endkontrolle abgeschlossen sind". Nach der weiteren Erläuterung soll dies jedoch nicht für Fälle gelten, in denen der Installationsaufwand gering ist, wie bspw. bei Installation eines Fernsehers. Im Einzelnen wäre danach wie folgt zu differenzieren:

- **Verkäufer schuldet Installation** als wesentliche Nebenleistung: Erlös nach Installation.
- Verkäufer schuldet keine Installation und **Installation ist wenig aufwändig**: Erlös mit Übergabe der Sache.

---

3 In Anlehnung an BFH, Urteil v. 3.8.1988, I R 157/84, BStBl II 1988 S. 21.

- Verkäufer schuldet keine Installation und **Installation ist aufwändig**: Erlös nach Installation.

Die letzte Variante wäre wenig schlüssig und stünde im Widerspruch zu den Regelungen von IAS 10 (→ § 4). 25

> **Beispiel**
> U liefert K am 23. Dezember eine Einbauküche, vertragsgemäß in kleinsten Einzelteilen und ohne Montage. K beauftragt M mit der Montage. Feiertagsbedingt kommt M erst im neuen Jahr zur Montage.
> Weder weiß U noch kann er beeinflussen, wann K die Küche montieren lässt. Die Montage ist auch nicht seine Angelegenheit.
> Wenn sich bei der Montage im Januar herausstellt, dass die Lieferung von U weder unvollständig noch wesentlich mangelhaft war, so ist dies kein wert- bzw. ansatzbeeinflussendes, sondern lediglich ein wert- bzw. ansatzerhellendes Ereignis. Der Erlös ist im alten Jahr realisiert.

Bei einem **Kaufs auf Probe** stellt sich ebenso die Frage nach der Bedeutung der **endgültigen Annahme** der Ware für den Realisationszeitpunkt. Solange die vertraglich vereinbarte oder angemessene Probefrist am Bilanzstichtag noch nicht abgelaufen ist, fehlt es am Anerkennungsakt (§ 495f BGB). Die Finanzverwaltung[4] geht daher von einem Realisationszeitpunkt mit Ablauf der Rückgabefrist aus. 26

Beim **Werkvertrag** über unbewegliche Sachen geht die Preisgefahr erst mit Abnahme des Werkes, d.h. Anerkennung als im Wesentlichen vertragsgerecht, auf den Auftraggeber über. Ist der Auftraggeber jedoch mit der **Abnahme in Verzug**, findet ein Gefahrenübergang bereits mit Eintritt des Verzugs statt (§ 644 BGB). Zu diesem Zeitpunkt ist der Ertrag gleichwohl noch nicht zu realisieren, wenn die Verfügungsgewalt beim Verkäufer bleibt (Rz 23). Entsprechendes gilt für den Kaufvertrag, wenn die Ware wegen Annahmeverzugs des Käufers nicht übergeben werden kann. Für den Werklieferungsvertrag über bewegliche Sachen gilt nach § 651 BGB i.d.F. d. Schuldrechtsreformgesetzes das Kaufvertragsrecht; eine Abnahme entfällt. Die Übergabe der Sache ist entscheidend.[5] 27

2.2.4 Lieferung mit Rückgaberecht des Käufers

Bei Lieferung mit Rückgaberecht hängt nach IAS 18.16d die Erlösrealisierung davon ab, ob die **Wahrscheinlichkeit** der Rückgabe eingeschätzt werden kann. Für die Rücknahmen ist eine **Schuld** zu passivieren (IAS 18.17), und zwar u.E. erlösmindernd und nicht aufwandswirksam (Rz 112). Die Regelung in IAS 18.16d ist vor allem auf die im Einzel- und Versand-**Handel bei Lieferung an Endverbraucher** vereinbarten „Umtauschrechte“ zugeschnitten. Sie gilt aber auch für die Veräußerung von Massenware an Handelsintermediäre. 28

Hierzu folgendes Beispiel: 29

4 OFD Münster, DStR 1989, S. 402.
5 Fischer/Neubeck, BB 2004, S. 657.

Beispiel
Die in 01 gegründete Firework AG liefert im Dezember Feuerwerk an den Handel aus. Mit Rücksicht auf die Vorschriften des Sprengstoffgesetzes und der Sprengstofflagerrichtlinie hat sie sich zur Rücknahme aller bis 31.12.01 nicht an Endkunden weiterveräußerten Waren verpflichtet.
Mangels Erfahrungswerten der Vergangenheit kann die Firework AG die Rückgabewahrscheinlichkeit nicht verlässlich einschätzen. Nach IAS 18.16d dürfte sie in 01 keinen Umsatz ausweisen.
Dieses Ergebnis scheint kaum sachgerecht. Die tatsächlich im Januar und Februar erfolgenden Retouren sind ansatzerhellend i.S. von IAS 10. Bei Bilanzaufstellung im März 02 sollte daher ein Umsatz für 01 ausgewiesen werden. Die Rücknahmen sind als Rückstellungen zu Lasten der Umsatzerlöse zu buchen.
Variante
In 05 geht die Firework AG an die Börse. Dem allgemeinen Erwartungsdruck folgend erstellt sie ihre Jahresabschlüsse jetzt im „*fast close*" auf. Die Bücher werden am 10.1. geschlossen, um wenige Tage später bereits das Jahresergebnis zu verkünden.
Die tatsächliche Retourenhöhe ist zu diesem Zeitpunkt noch nicht bekannt. Die Firework AG kann aber die Retouren der Jahre 01 bis 04 auswerten und aus diesem Erfahrungswert die wahrscheinliche Retourenhöhe einschätzen.

Der vorstehende Fall lässt sich allerdings auch ohne besondere Bezugnahme auf IAS 18.16d lösen: Bleibt das **Absatzrisiko** wie im Beispiel bis zum Verkauf an den Endkunden beim **Hersteller**, agiert der Händler **wirtschaftlich** wie ein **Verkaufskommissionär** (Rz 102). Die Lieferung an ihn ist einer Konsignationslieferung gleichzustellen. Erst der Weiterverkauf durch den Handel an den Endverbraucher generiert (in diesem Fall) den Umsatz des Herstellers an den Handel, vgl. hierzu auch das Beispiel unter Rz 85. Wenn bis zum Zeitpunkt der Bilanzaufstellung die genaue Retourenhöhe und damit die genaue Absatzmenge noch nicht bekannt ist, aber verlässlich geschätzt werden kann, ist der Umsatz auf Basis der Schätzung zu realisieren.
Der Rechtsgedanke der (verdeckten) Verkaufskommission wird in Rz 82ff. für den Verkauf von **individuellen** bzw. solitären Gegenständen weiter ausgeführt. Dort werden auch Rückgaberechte behandelt, die zur wirtschaftlichen **Umdeutung** des Veräußerungsgeschäftes in eine **Nutzungsüberlassung** führen.

30 Ein Rückgaberecht an einem **Teilbereich** der Lieferung erhält branchenüblich der Abnehmer von ausreichend werthaltigen Warenumschließungen, typischerweise im Bereich des Getränkehandels (sogenannter **Pfandkreislauf**). Die dort benutzten Warenumschließungen – Fässer und Kästen – sind im Vergleich zur gehandelten Ware werthaltiger als z.B. Faltkartons und werden deshalb vom Hersteller „verpfandet". Dieser fakturiert an den Abnehmer (hier Getränkehändler) neben dem eigentlichen Warenwert ein sogenanntes Pfandgeld mit der Verpflichtung zur Rückzahlung bei Rückgabe des Pfandgutes.
Mit der Lieferung der eigentlichen Getränke ist das Risiko an der Warenumschließung also noch nicht übergegangen. Vielmehr erwirbt der Leistungsempfänger durch Bezahlung des Pfandgeldes eine Option zur Rückgabe. Diese

Put-Option bezieht sich auf qualitativ identische Umschließungen, also auf vertretbare Güter. Die Option ist tief im Geld *(deeply in the money)*, weil der Optionspreis spürbar höher ist als der Sachwert des Pfandgutes. Die Rückgabe des Pfandgutes ist wahrscheinlich, wodurch der Abfüller in analoger Anwendung entsprechender Vorschriften für Finanzinstrumente (→ § 28 Rz 82) an der Ausbuchung des Leerguts gehindert ist. Soweit nicht aus *materiality*-Gründen ein anderes Vorgehen zulässig erscheint, ist daher i. H. d. fakturierten Pfandentgelts kein Umsatz auszuweisen.

2.2.5 Kommissions- und kommissionsähnliche Geschäfte

Nach IAS 18.IE2c und 6 ist der Erlös des Kommittenten aus Kommissions- und kommissionsähnlichen Geschäften erst mit **Weiterverkauf** an den Dritten auszuweisen. 31

Zur Behandlung beim Kommissionär und zum kommissionsähnlichen Geschäft vgl. Rz 102. 32

2.2.6 Lieferung an notleidenden Kunden

Der Kunde kann bereits im Lieferzeitpunkt von **Zahlungsunfähigkeit** bedroht oder jedenfalls in erheblichen **Zahlungsschwierigkeiten** sein. Die Motive für eine dennoch erfolgende Lieferung können vielschichtig sein: 33

- Unkenntnis über die Liquiditätssituation,
- Spezialanfertigung für den Kunden ohne anderweitige Verwertbarkeit,
- besonderes Interesse am Weiterbestehen der (umfangreichen) Geschäftsbeziehung,
- Überbestand an Waren bzw. Erzeugnissen.

Nach IAS 18.18 soll bei derartigen Lieferungen mit ungewissem Zahlungseingang nicht ein Erlös einerseits und eine Wertberichtigung auf Forderungen andererseits gebucht werden, sondern bis zur **Beseitigung der Ungewissheit keine Erlösrealisierung** stattfinden. Die Vorschrift soll missbräuchlicher Umsatzrealisierung entgegenwirken. Prototypisch ist die Auslieferung von anderweitig nicht absetzbaren Überbeständen an dubiose Kunden. U. E. ist die Vorschrift daher nicht auf Fälle anzuwenden, in denen die Zahlungsschwierigkeiten erst nach Lieferung eintreten oder auch bei Anwendung aller erforderlichen Sorgfalt erst danach erkennbar waren.[6] 34

2.2.7 Verkauf mit Erlös-, Rendite- oder Preisgarantie

Nach IAS 18.16b und Tz 9 des Anhangs ist ein Erlös nicht bzw. insoweit nicht realisiert, als der Verkäufer in wesentlichem Ausmaß die Erlöse oder Renditen des Erwerbers direkt oder indirekt **garantiert** (vgl. auch Rz 84). Ob der Erlös ganz oder in Teilen wegfällt, ist eine Sache der ermessensbehafteten Würdigung des Einzelfalls.[7] 35

---

6 A. A. für die analoge amerikanische Vorschrift des SAB 101: ERHARDT, StuB 2004, S. 945 ff.

7 So auch ORDELHEIDE/BÖCKEM, in: BAETGE u. a. (Hrsg.), Rechnungslegung nach IAS, 2. Aufl., IAS 18 Erträge (Revenue), Tz 50.: ähnlich im Ergebnis ADS INTERNATIONAL, Abschnitt 4: Ertragsrealisation (Revenue), Tz 138 ff.

Beispiel
Bauträger A verkauft Ende 01 ein Gebäude zum überhöhten Preis von 4.000 EUR/qm an Erwerber E und übernimmt im Gegenzug bei tatsächlichen Marktmieten von 15 EUR/qm/Monat eine 10-jährige Mietgarantie über 35 EUR/qm/Monat.
Die Mietgarantie „kostet" 12 × (35–15) = 240 EUR/Jahr/qm.
Bei Annahme eines 6 %igen Zinses beträgt der Barwert der 10 Zahlungen 1.766 EUR/qm, also beinahe die Hälfte des Veräußerungserlöses.
Bei einem solchen Ausmaß verbleibender Risiken ist der Erlös zumindest verzögert zu erfassen, z.B. indem der Betrag von 1.766 EUR/qm nicht als Rückstellung, sondern als abzugrenzendes *deferred income* passiviert wird. In Periode 01 würden dann zunächst nur 4.000 – 1.766 = 2.234 EUR/qm erlöswirksam.
Auch eine andere Lösung ist vertretbar: Da das Gelingen einer Vermietung (zur Marktmiete) über die 10 Jahre überhaupt ungewiss ist, beträgt das maximale Risiko 12 × 35 = 40 EUR/Jahr bzw. als Barwert 3.090 EUR/qm, also etwa 75 % des Veräußerungserlöses. Mit Blick auf das Maximalrisiko kann eine Umsatzrealisierung daher auch ganz unzulässig erscheinen. Die Zahlung des „Käufers" ist dann als abzugrenzende Garantiezahlung (3.090) und erhaltene Anzahlung auf das Gebäude (910) zu passivieren. Die Garantiezahlung wäre pro rata, der Veräußerungserlös mit Ablauf des Garantiezeitraums auszuweisen.

Bei weniger ausgeprägten **marktnahen** Garantien ist gegen eine sofortige Erlösrealisierung unter Abgrenzung des Garantiebetrags im Allgemeinen nichts einzuwenden. Eine Abgrenzung der Erlöse kann ggf. unterbleiben, wenn der Verkäufer auch an einer positiven Entwicklung der Marktrendite partizipiert:[8]

Beispiel
Bauträger A verkauft das Gebäude für 4.000 EUR/qm. Er garantiert auf 10 Jahre die Marktmiete von 15 EUR/qm/Monat. Mindermieten hat er auszugleichen, Mehrmieten sind an ihn abzuführen.

36 Der Verkäufer kann dem Käufer einen **Preisschutz** gewähren *(price protection clause)*. In wettbewerbsintensiven Märkten wird etwa den Endverbrauchern eine nachträgliche Preisminderung garantiert, sofern innerhalb einer bestimmten Zeitspanne das gekaufte Produkt bei einem anderen Händler zu einem niedrigeren Preis angeboten wird (Wettbewerberklausel). Eine andere, eher bei Verkauf an Handelsintermediäre gebräuchliche Klausel sieht eine Gutschrift vor, wenn der Verkäufer in der Garantieperiode seine eigenen Preise senkt (Meistbegünstigungs- bzw. *„most favored notion" clause)*.
Bedenken gegen eine Erlösrealisierung ergeben sich in solchen Fällen aus der Frage, ob nach IAS 18.14 die Höhe des Erlöses **verlässlich bestimmt** werden kann, solange ein Risiko der Preisminderung besteht. Bei einer **Meistbegünstigungsklausel** sind die Bedenken gering, da das Unternehmen selbst den zu

8 Dazu und zu weiteren Sachverhalten: BECK, StuB 2004, S. 1057.

einer Gutschrift führenden Tatbestand in der Hand hat. Bei **Wettbewerberklauseln** gilt dies zwar nicht, regelmäßig ist aber der Preisgarantiezeitraum so kurz (14 Tage), dass auch hier i.d.R. eine Umsatzrealisierung zulässig bleibt.

Wird der **Preisschutz** nicht im Verhältnis Händler zu Endkunde, sondern vom Produzenten gegenüber dem Händler in der Weise gewährt, dass der Produzent einen **Mindestwiederverkaufspreis** absichert, ist zu differenzieren: 37

- Bei **vollem** Preisschutz fehlt es bereits am Risikoübergang. Die Lieferung des Produzenten an den Händler stellt lediglich ein kommissions- bzw. konsignationsähnliches Geschäft dar und führt noch nicht zu Umsatz beim Produzenten.
- Bei **teilweisem** Preisschutz kann der Produzent einen Teil der Umsatzerlöse sofort realisieren.

Beispiel[9]
Ein Computerhersteller vertreibt seine Produkte über Zwischenhändler. Der reguläre Verkaufspreis („Listenpreis") des Computermodells „XPS" beim Verkauf an Zwischenhändler beträgt 1.000 EUR. Auf dieser Basis wird am 31.12.2001 an Zwischenhändler Z geliefert.
Angesichts des ständigen Preisverfalls bei den wesentlichen Komponenten (z.B. Monitor, Speicher, Prozessor) räumt der Computerhersteller Z als Zugeständnis bei Lieferung eine *price protection* bei 950 EUR ein, und zwar für die Dauer eines Monats. Er steht also bis maximal 50 EUR für Verluste, bezogen auf den Wareneinstandspreis des Händlers, beim Weiterverkauf an den Endkunden ein. Weitergehende Preiszugeständnisse bzw. Preisverfälle gehen dann zu Lasten des Händlers.
Am 31.12.01 sind die Umsatzerlöse i.H. von 950 EUR hinreichend sicher und damit bei Lieferung an den Händler zu realisieren.

Beispiel
Das Unternehmen Microtune Inc. ist in der Entwicklung und dem Vertrieb von Funkchips für unterschiedliche Produkte (Autoradios, Fernseher – u.a. Telefunken –, Handys etc.) tätig. Aufgrund ungünstiger Rahmenbedingungen in der Halbleiterindustrie und der Ereignisse des 11. Septembers 2001 mussten die Verantwortlichen das Geschäftsmodell überdenken und dazu übergehen, statt an Endverbraucher auch an Zwischenhändler zu verkaufen. Diese verlangten aber erhebliche Zugeständnisse *(sales concessions)*, u.a. auch *price protections*. Im Gegensatz zum vorigen Beispiel legte Microtune Inc. allerdings keinen Mindestwiederverkaufspreis für die Zwischenhändler fest.
Nach Entscheidung der SEC hätte die Realisation bis zum Weiterverkauf des Handelsintermediärs an den Endkunden aufgeschoben werden müssen.

9 Beide nachfolgenden Beispiele aus UNKELBACH, PiR 2008, S. 344ff.

2.2.8 Verkauf gegen Erfolgsbeteiligung

38 Voraussetzung der Umsatzrealisierung ist nach IAS 18.14c (Verkäufe) und IAS 18.20a (Dienste) die verlässliche Bestimmbarkeit der Erlöshöhe. Hieran kann es fehlen, wenn der Veräußerungspreis ganz oder überwiegend von den Erlösen, Absatzmengen oder ähnlichen Erfolgsgrößen abhängt, die der Käufer aus einem **Weiterverkauf** erzielt. Geboten ist eine zweistufige Betrachtung:

- Verbleibt ein überwiegender Teil der Risiken und Chancen aus dem veräußerten Gut beim Veräußerer, ist ein Abgang des Gutes und damit ein Umsatz bereits **dem Grunde nach** nicht gegeben.
- Gehen die Risiken und Chancen mehrheitlich auf den Käufer über und ist daher das veräußerte Gut auszubuchen, steht aber der endgültige Kaufpreis (Zahlungseingang) ganz oder in Teilen noch nicht fest, kann ggf. ein Veräußerungserlös i. H. d. **Zeitwerts** der Erfolgsbeteiligung angenommen werden (Rz 62).

2.2.9 Tauschgeschäfte und bilanzpolitisch motivierte Geschäfte

39 Die bilanzielle Behandlung von Tauschgeschäften hat zwei Dimensionen:

- **Erlösrealisierung:** Beim Tausch gleichartiger Vermögenswerte stellt sich die Frage, ob überhaupt ein Umsatzgeschäft anzunehmen ist.
- **Gewinnrealisierung:** Sofern vor allem beim Tausch ungleichartiger Güter ein Erlös dem Grunde nach zu bejahen ist, stellt sich zusätzlich die Frage, ob der Umsatz nach dem Buchwert oder dem Zeitwert des abgehenden Vermögens bemessen werden soll.

In diesem Abschnitt wird nur der **erste** Aspekt behandelt. Zur Gewinnrealisierung wird auf Rz 101 verwiesen, zu speziellen Regeln für den Tausch von Sachanlagen auf → § 14 Rz 13 und für immaterielle Anlagen auf → § 13 Rz 24.

Nach IAS 18.12 führt der Tausch **gleichartiger (*similar*)** Vermögenswerte nicht zu einem Erlös *(revenue)*.

> **Beispiel**
> Das Elektrizitätsunternehmen E-1 veräußert Strom in der Region 1 an Wettbewerber E-2 und erhält im Gegenzug in der Region 2 Strom von E-2. Ein Erlös ist bei E-1 nur insoweit auszuweisen, als die Lieferung an E-2 die empfangene Leistung übersteigt.

Als typischen Fall des Tauschs gleichartiger Güter nennt die Vorschrift die gegenseitige Belieferung mit Vorräten, insbesondere **vertretbaren** Sachen *(commodities)*. Hinsichtlich der **Motive** für derartige Geschäfte ist wie folgt zu unterscheiden:

- Die Transaktion ist ganz überwiegend **bilanzpolitisch** motiviert (Aufblähung der Erlöse). Sie hat, wie sich an der Gleichartigkeit von hingegebenem und erhaltenem Gut zeigt, keinen **wirtschaftlichen Gehalt**. Eine Umsatzrealisierung ist schon deshalb abzulehnen.
- Die Transaktion ist **ökonomisch** begründet, sie dient z. B. der Reduktion von Transportkosten oder dem Ausgleich von Unterschieden zwischen der vorrätigen und der von Endkunden nachgefragten Qualität eines Rohstoffs. Bei unterschiedlichen Qualitäten der Rohstoffe oder sonstigen Tauschleistungen

fehlt es an der Gleichartigkeit der Tauschgüter, sodass gegen eine Umsatzrealisierung i.d.R. keine Bedenken bestehen. Bei sonstigen ökonomischen Gründen (Transportkostenreduzierung usw.) ist jedenfalls bei reiner Auslegung nach dem Wortlaut gem. IAS 18.12 kein Umsatz auszuweisen.

Zu **bilanzpolitisch** motivierten Transaktionen folgendes Beispiel:

Beispiel
Die Telefonprovider A und B sind börsennotiert. Die Analystenbewertungen fußen zu einem großen Teil auf Umsatzmultiplikatoren. A und B kommen daher auf die Idee, Leitungskapazitätsrechte in der gleichen Region in der Weise zu tauschen, dass B für die Nutzung der Kapazität von A zahlt und umgekehrt. Die vereinbarten Entgelte sollen zusätzlich zum Endkundenumsatz in der GuV als Umsatz ausgewiesen werden.

Beim Tausch **gleichartiger** Leistungen muss nach dem Wortlaut von IAS 18.12 trotz nachweislich wirtschaftlichem Gehalt der Transaktion eine Umsatzrealisierung stets **ausscheiden**. Dies kann zu unbefriedigenden Ergebnissen führen.

Beispiel
Ölgesellschaft T fördert auf einem texanischen Feld Rohöl, das vor Ort raffiniert wird. Der Benzinabsatz erfolgt über ein eigenes Tankstellennetz überwiegend an der Golfküste. Ölgesellschaft G fördert Öl im Golf von Mexiko. Es wird in der Nähe von New Orleans raffiniert. Der Benzinverkauf erfolgt überwiegend über ein texanisches Tankstellennetz.
T und G tauschen gleiche Benzinmengen derart, dass T das texanische Zentrallager von G beliefert und G das am Golf gelegene Zentrallager von T. Hierdurch gelingt den Unternehmen eine erhebliche Reduktion ihrer Transportkosten.
Trotz wirtschaftlicher Substanz darf kein Umsatz aus dem Tauschgeschäft ausgewiesen werden.

Der Anwendungsbereich dieser Regelung sollte u.E. aber **nicht extensiv** interpretiert werden. Bei Nachweis der wirtschaftlichen Substanz ist eine **enge Auslegung** der „Gleichartigkeit" sachgerecht.

Beispiel
Ölgesellschaft T fördert hauptsächlich Leichtöl, in nicht unbedeutendem Umfang aber auch Schweröl. Bei Ölgesellschaft G sind die Verhältnisse umgekehrt. T hat aktuell Kaufangebote über Schweröl erhalten, die sie aus eigenem Bestand und Förderung nicht decken kann. Bei G geht umgekehrt die aktuelle Nachfrage nach Leichtöl über Bestand und Förderung hinaus. T und G tauschen daher Schwer- gegen Leichtöl, die Preisdifferenz wird in Geld ausgeglichen.
Schwer- und Leichtöl sind zwar verwandte, aber u.E. nicht hinreichend gleichartige Produkte. Eine Umsatzrealisierung ist daher zulässig.

Auch der Tausch **ungleichartiger** Güter oder sonstiger Leistungen führt nicht zwangsläufig zu einem Umsatz. Voraussetzung der Umsatzrealisierung nach IAS 18.14c (Lieferung von Sachen) und IAS 18.20a (Serviceleistungen) ist die **verlässliche Messbarkeit** der Erlöshöhe. Hieran mangelt es, wenn der *fair value* der anstelle von Geld erhaltenen Leistung nicht zuverlässig bestimmt werden kann.

Beispiel
Eine Zeitung kann ihren Anzeigenraum nicht mehr voll zu vernünftigen Preisen veräußern. Einem privaten Radiosender geht es ähnlich mit seinen Werbezeiten. Sie vereinbaren deshalb eine Rundfunkwerbung in der Zeitung im Tausch gegen Werbespots des Rundfunksenders für die Zeitung.
Regelungen zu derartigen Transaktionen über **Werbeleistungen** finden sich in SIC 31. Danach ist ein **Erlös (*revenue*)** nur auszuweisen, wenn

- ungleichartige Leistungen getauscht werden und
- der *fair value* der empfangenen Gegenleistung verlässlich bestimmt werden kann.

An der zweiten Voraussetzung kann es fehlen, wenn verbleibende/r Anzeigenraum/Werbezeit nur noch mit einem unbekannten Abschlag auf die üblichen Preise veräußert werden könnte.

40 In den Tauschvorgang kann eine **dritte Partei** eingeschaltet werden. Sofern die handelnden Parteien „abgestimmt" handeln, hebelt auch die Einschaltung einer dritten Partei nicht die für den Tausch bestehenden Restriktionen aus. Die amerikanische Rechnungslegungspraxis spricht in solchen Fällen von *round trip sales*. Die Struktur ist im einfachsten Fall wie folgt:

A verkauft Produkt an B. B verkauft gleiches Produkt an C und C wiederum an A.

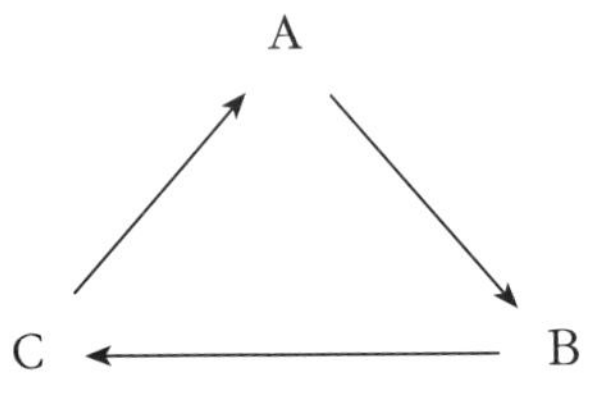

Formal: A erzielt Umsatz an B und tätigt Wareneinkauf von C
Wirtschaftlich: gar keine Transaktion

Abb. 1: *Round trip sales* – Grundfall

Eine komplexere, von der SEC ebenso beanstandete Variante wurde im Fall *Homestore* angewandt:

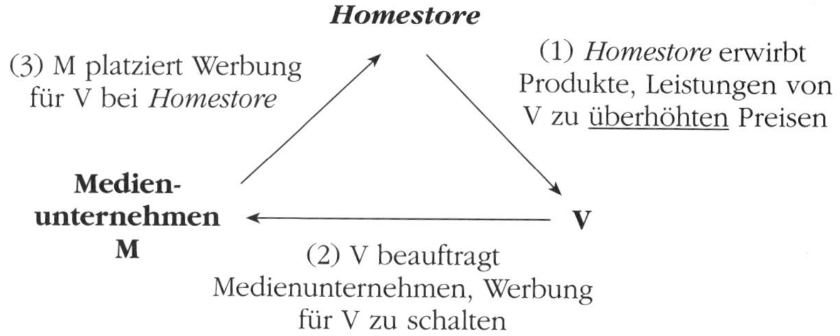

Quelle: SEC *Report Persuant to Section 704 of the Sarbanes Oxley Act of* 2002, 2003

Abb. 2: *Round trip sales* – Variante

Fraglich ist, ob die Voraussetzungen für den Ausweis eines Werbeumsatzes gegenüber M bei *Homestore* vorliegen. Die SEC verneint dies, da dieser „Umsatz" letztlich mit eigenen Geldmitteln (überhöhtes Entgelt an V) gezahlt worden sei. Diese Beurteilung ist Ausfluss des *substance-over-form*-Gedankens und daher dem Grunde nach auf IFRS (und HGB) übertragbar. Der Beurteilung der SEC wird man allerdings nur insoweit folgen können, als das abgestimmte Verhalten aller drei Parteien, im Beispiel insbesondere der Zusammenhang zwischen überhöhten Zahlungen der *Homestore* und Werbeplatzierung bei ihr, evident ist.

Round trip sales sind Beispiel für den Abschluss von Geschäften, die ausschließ- **41**
lich oder ganz überwiegend bilanzpolitisch motiviert sind, bei denen ein **valider ökonomischer Zweck**[10] also fehlt. Wegen der **pagatorischen Basis** der Rechnungslegung ist ein Umsatz gleichwohl auszuweisen, wenn mit der Transaktion eine Änderung der Zahlungsströme oder Zahlungsstromerwartungen einhergeht. Einer generellen Bindung der Umsatz- oder Ertragsrealisierung an das Vorhandensein eines *valid business purpose* hat der IASB jedenfalls bei der Neufassung der Regeln zum Tausch von Sach- und immateriellen Anlagen im Rahmen des *Improvements Project* eine Absage erteilt.[11] Falls eine Transaktion zu realen Veränderungen der (erwarteten) Zahlungsströme führt, ist dies in einer pagatorisch fundierten Rechnung buchhalterisch abzubilden, unabhängig davon, ob es gute Gründe für die Transaktion gibt oder nicht.

Nur wenn die bilanzpolitisch agierenden Parteien sich gegenseitig **neutralisierende Transaktionen** abgeschlossen haben, sodass es in Summe gerade nicht zu realen Veränderungen kommt, kann das bilanzpolitisch motivierte Geschehen

[10] Entsprechend der Begrifflichkeit des „valid business purpose" in der analogen amerikanischen Regelung EITF Issue No. 04-13 Title: Accounting for Purchases and Sales of Inventory with the Same Counterparty.

[11] IASB Board Meeting im Oktober 2003 in Toronto, Information for Observers.

ungebucht bleiben. Ein Beispiel sind neben *round trip sales* bestimmte *lease-and-lease-back*-Geschäfte im Rahmen des sog. *cross border leasing* (→ § 15 Rz 166). In wirtschaftlich orientierter Betrachtung *(substance over form)* wird dann nicht einerseits ein Umsatz und anderseits ein gegenläufiger Leistungsbezug gebucht, sondern der Gesamtvorgang ungebucht gelassen (bzw. nur in seinen „Nebenwirkungen", beim *cross border leasing* etwa in der Aufteilung des Steuervorteils auf die Parteien, erfasst).
Neutralisieren sich die bilanzpolitisch motivierten Transaktionen nicht, kann der *substance-over-form*-Gedanke nur zu einer Umdeutung des Geschäfts führen. Im Einzelnen wird hierzu auf Rz 80ff. verweisen.

2.2.10 Fertigungsaufträge sowie *sale-and-lease-back*-Transaktionen

42 Beide Fälle unterliegen nicht IAS 18. Deshalb wird verwiesen:
- zu Fertigungsaufträgen auf IAS 11 (→ § 18),
- zu *sale and lease back* auf IAS 17 (→ § 15 Rz 158ff.).

2.3 Dienstleistungsaktivitäten

2.3.1 Zeitverträge und Verträge, bei denen ein Erfolg geschuldet wird

43 Wie für alle Erlöse gelten auch für Dienstleistungsaktivitäten die **allgemeinen** Kriterien
- der Wahrscheinlichkeit des ökonomischen Nutzens und
- der verlässlichen Bestimmbarkeit der Erlöshöhe (Rz 17).

An der verlässlichen Bestimmbarkeit kann es z.B. bei **nichtmonetären** Transaktionen (Leistungstausch) fehlen. Auf Rz 39 wird insofern verwiesen.

44 **Spezifisch** bestimmt IAS 18.20, dass Erträge bzw. Erlöse aus Dienstleistungsgeschäften nach Maßgabe des **Fertigstellungsgrades** des Geschäftes am Bilanzstichtag zu erfassen sind.
Nach deutscher Zivilrechtslage passt diese Anforderung zwar auf den Werkvertrag, bei dem der Auftragnehmer einen bestimmten Erfolg schuldet, jedoch kaum auf den Dienstvertrag, bei dem er resultatsunabhängig lediglich Dienste zu erbringen hat. Im einfachsten Fall obliegt dem Auftragnehmer des Dienstvertrages lediglich eine in Stunden oder Monaten gerechnete Arbeitsleistung, ohne dass es je zu einer Fertigstellung käme. Nur bei **extensiver Auslegung des Begriffes der Fertigstellung** kann hier noch von einem Fertigstellungsgrad gesprochen werden:

> **Beispiel**
> Personalconsulting-Unternehmen P berät ab 15.7.01 U in allen Personalfragen und erhält hierfür ein Jahreshonorar von 120.000 EUR.
> Am 31.12.01 hat P 5,5/12 seiner Jahresleistung „fertiggestellt" und kann daher 55.000 EUR als Umsatz realisieren.

45 Wo Dienstleistungen (hier und nachfolgend i.w.S., d.h. unabhängig von der zivilrechtlichen Terminologie) gegen **Zeithonorar** geschuldet werden, stellen sich keine besonderen Probleme der Erlösrealisierung. Zu prüfen ist lediglich, ob
- die Dienstleistung ordentlich erbracht worden ist,

- alle Arbeitsstunden abrechenbar sind (→ § 18 Rz 26) und
- der Leistungsempfänger zahlungsfähig ist (Rz 33).

Ggf. ist bei pauschaler Vergütung eine Anpassung an die tatsächliche Inanspruchnahme erforderlich:

> **Beispiel**
> Steuerberatungsgesellschaft S ist für U ab 1.7.01 auf Basis eines Jahreshonorars von 120.000 EUR tätig. Die größte Arbeit (Jahresabschlusserstellung) wird jeweils in der ersten Hälfte des Kalenderjahres im Frühjahr anfallen. Das zweite Halbjahr wird etwa 1/5 der Jahresarbeitsleistung beanspruchen.
> Zum 31.12.01 sind angesichts der geringen Inanspruchnahme des zweiten Halbjahres nicht 60.000 EUR, sondern nur 24.000 EUR als Erlös anzusetzen.

Nach dem Wortlaut von IAS 18.25 könnte im Beispiel auch der **Verzicht** auf die Erlösrealisierung in 01 infrage kommen. Voraussetzung wäre, dass die Jahresleistung als Summe von Teilleistungen verstanden und die Abschlusserstellung als „Teilleistung von erheblich größerer Bedeutung als die Übrigen" interpretiert würde. 46

Wird hingegen ein bestimmter/s **Erfolg/Output/Resultat** zu einem Festpreis **geschuldet**, kommt es auf den Fertigstellungsgrad des Bilanzstichtages an. Die diesbezüglichen Vorschriften in IAS 18.20-28 entsprechen inhaltlich den Regelungen von IAS 11 zu Fertigungsaufträgen. Auf die entsprechende Kommentierung wird verwiesen (→ § 18 Rz 8, 26f.). 47

2.3.2 Vermittlungs-, Makler- und Vertreterprovisionen

Werbeprovisionen werden nicht bei Vermittlung der Werbung, sondern im Zeitpunkt der Veröffentlichung der vermittelten Werbung erfasst (IAS 18.IE12). 48

Abschlussprovisionen von Versicherungsvertretern entstehen mit Beginn des Versicherungszeitraums. Sind mit der Provision spätere Leistungsverpflichtungen abgegolten, ist die Gesamtprovision oder ein Teilbetrag abzugrenzen (IAS 18.IE13). Erhält der Versicherungsvertreter hingegen neben der Abschlussspäter jährlich eine Bestandspflegeprovision, wird die Abschlussprovision mit Beginn des Versicherungszeitraums sofort zu Ertrag. 49

> **Beispiel**
> Die X GmbH betreibt eine Generalagentur. Anfang Dezember 01 vermittelt sie Y eine Unfall-Versicherung der Z-Versicherungsgesellschaft. Versicherungsbeginn ist der 1.1.02, Versicherungsablauf der 31.12.04. X erhält nach Ablauf der Rücktrittsfrist, d.h. Ende Dezember eine Provision.
> Der Provisionserlös ist frühestens in 02 auszuweisen, da der Versicherungszeitraum erst in 02 beginnt.
> Ob die Provision dann in voller Höhe zu realisieren oder auf 02 bis 04 zu verteilen ist, hängt davon ab, ob spätere Leistungen (Schadensabwicklung, Inkasso etc.) gesondert, z.B. über eine Bestandspflegeprovision, vergütet werden.

Wird die Bestandspflegeprovision ohne relevante Leistungspflichten (kein Inkasso usw.) der Sache nach lediglich für den Verbleib des Kunden im Vertrag gezahlt, stellt sich die Frage, ob sie in wahrscheinlicher und diskontierter Höhe *(fair value)* bereits mit Vertragsschluss zu Umsatz führt. Der IFRIC hat diese Frage in einem vergleichbaren Fall (Vermittlung von Anlegern an einen Fonds, dafür neben Abschlussprovision eine an der Dauer des Verbleibs des Kunden im Fonds geknüpfte „*trailing commission*") nicht beantworten wollen oder können.[12]
In der Praxis der Versicherungsvermittlung werden Abschlussprovisionen zwar mit Zahlung der ersten Prämie durch den Versicherungsnehmer fällig, sind jedoch voll „nur in der Höhe verdient", in welcher der Versicherungsnehmer über einen prozentual an der Laufzeit des Versicherungsvertrags orientierten sog. **Provisionshaftungszeitraum** auch tatsächlich seine Prämien zahlt. Zum unter diesen Voraussetzungen zweckmäßigen Vorgehen folgendes Beispiel:[13]

Beispiel
Für in 01 getätigte Vermittlungen entstehen Abschlussprovisionen in Höhe von 1.000 EUR. Hiervon werden 10 % als Stornoreserve einbehalten. Nach den Erfahrungen der Vergangenheit ist nur mit einer Inanspruchnahme von 2,5 % zu rechnen.
Es ergeben sich für 01 folgende Buchungen:

Konto	Soll	Haben
Geld	900	
Forderung (Stornoreserve)	100	
Erlöse		1.000
Erlöse	25	
Forderung (Stornoreserve)		25

50 Keine kasuistische Lösung gibt IAS 18 für die Fälle der Makler- und Handelsvertretertätigkeit vor. Bei **Maklertätigkeit** ist u. E. wie folgt zu verfahren: Der Makler hat seine Leistung vollendet („fertig gestellt"), wenn er seine Nachweis- oder Vermittlungsleistung erbracht hat. Auf die Leistungserbringung („Fertigstellung") kommt es jedoch nicht an, da ein Anspruch auf Maklerlohn nur dann entsteht, wenn es tatsächlich zu einem Vertrag über das nachgewiesene oder vermittelte Geschäft kommt (§ 652 BGB). Bei Betrachtung eines einzelnen Geschäftes könnte daher erst zu diesem Zeitpunkt der Erlös realisiert werden. Mit Blick auf das Kriterium der Wahrscheinlichkeit (Rz 43) und dessen Behandlung bei Veräußerungen mit Rückgaberecht (Rz 29) scheint bei Betrachtung eines Portfolios von Geschäften eine andere Lösung angemessen.

Beispiel
M betreibt einen Strukturvertrieb für Immobilien. Die Kunden erwerben Wohneigentum auf der Grundlage eines notariellen Geschäftsbesorgungsver-

---

12 So auch der IFRIC, Update September 2008.
13 Ausführlich: LÜDENBACH, StuB 2010, S. 670ff.

trages mit dem Treuhänder T, der dann seinerseits unmittelbar Grundstückskaufverträge und zeitlich versetzt (nach Bonitätsprüfung durch die zum Initiatorenkreis gehörende Bank) Finanzierungsverträge für die Kunden abschließt. M erhält mit Abschluss des Geschäftsbesorgungs- und Grundstückskaufvertrags eine Immobilien- und eine Finanzierungsvermittlungsprovision. Beide Provisionen werden unbedingt, sobald die Finanzierungszusage der Bank vorliegt. Finanziert die Bank den Kunden nicht, ist die Provision zurückzuzahlen.
Ende Dezember kommt es durch Vermittlung von M zu 100 Geschäftsbesorgungs- und Grundstückskaufverträgen. Die Bonitätsprüfung im neuen Jahr führt in 5 Fällen zur Rückabwicklung. Diese Quote entspricht dem langjährigen Mittel.

Beurteilung

M hat seine Arbeit im alten Jahr beendet („fertiggestellt"). Die Wahrscheinlichkeit eines (endgültigen) Erlöses kann er verlässlich einschätzen. Gegen eine Erlösrealisierung im alten Jahr ist daher u. E. nichts einzuwenden.[14]

Der Provisionsanspruch des **Handelsvertreters** entsteht ebenfalls erst mit Abschluss des Vertrages (§ 87 HGB). Fällig wird der Anspruch mit Ausführung des Geschäftes durch den Prinzipal, bei entsprechender Vereinbarung erst mit Zahlung durch den Dritten (§ 87a Abs. 1 HGB). Eventuell bereits vorher erhaltene Provisionen oder Vorschüsse sind bei Nichtleistung des Dritten zurückzugewähren (§ 87a Abs. 2 HGB). Bei Betrachtung des einzelnen Geschäftes ist der Erlös nach handelsbilanzieller Auffassung erst mit Ausführung des Geschäftes durch den Prinzipal realisiert, im Fall einer entsprechenden Vereinbarung sogar erst mit Leistung durch den Dritten. Nach IFRS ist jedenfalls bei Portfoliobetrachtung eine frühere Realisierung angezeigt. 51

Beispiel

H ist als Handelsvertreter ausschließlich für U tätig. Die im Dezember vermittelten und durch Auftragsbestätigungsschreiben rechtsverbindlich zustande gekommenen Geschäfte werden im Januar ausgeführt und erst im Februar von den Kunden bezahlt. Der Handelsvertretervertrag sieht vor, dass der Anspruch auf Provision erst mit Bezahlung durch die Kunden entsteht.
Kann H aufgrund vergangener Erfahrungen eine zuverlässige Schätzung über die Storno- und die Forderungsausfallquote abgeben, ist der unter Berücksichtigung dieser Quote errechnete Provisionsanspruch noch im alten Jahr realisiert.

[14] Restriktiver für einen ähnlichen Fall KPMG, Insights into IFRS, 2009/2010, Tz 4.2.150.30.

2.3.3 Lehrtätigkeiten, künstlerische Veranstaltungen

52 Der Ertrag aus **Lehr**tätigkeiten ist gem. IAS 18.IE16 über den Zeitraum der Tätigkeit zu erfassen.[15]

> **Beispiel**
> Kurs-Anbieter K bereitet in einem 1-jährigen Kurs auf die Steuerberaterprüfung vor.
> Der Ertrag ist zeitanteilig zu realisieren.

Bei **künstlerischen** Veranstaltungen entsteht der Erlös des Veranstalters aus den Eintrittsgeldern mit dem Aufführungszeitpunkt (IAS 18.IE15). Für den Aufführenden kann eine andere Beurteilung geboten sein.

> **Beispiel**
> Die Musical AG begibt sich im Januar nach 3-monatigen Proben auf eine 6-monatige Tournee. Alle Aufführenden sind Angestellte der Musical AG.
> **Variante A**
> Die Musical AG ist für einen Konzertveranstalter tätig und erhält ein festes Honorar pro Abend.
> Nach Maßgabe des „Fertigstellungsgrades" (IAS 18.20) ist 1/3 der Erlöse im alten Jahr zu realisieren.
> **Variante B**
> Das Honorar variiert mit der Höhe der Eintrittsgelder.
> Erlösrealisierung nach Fertigungsfortschritt ist unzulässig, da/wenn die Höhe der Erlöse nicht verlässlich geschätzt werden kann (IAS 18.20a). Der Erlös ist im neuen Jahr zu realisieren.
> **Variante C**
> Die Musical AG ist selbst Veranstalter.
> Lösung wie in Variante B.

2.3.4 Mitgliedschaftsentgelte, *up-front fees, franchise*

53 **Nicht anrechenbare** Gebühren zum **Anfang** einer Vertragsbeziehung *(non-refundable up-front fees)* sind z.B. bei der Gewährung von Mitgliedschaften (Aufnahmegebühr), aber auch beim Abschluss von Telefonverträgen (Anschlussgebühr bzw. Aktivierungsgebühr) üblich.

- Nach IAS 18.IE17 ist der Erlös sofort zu realisieren, wenn auf die Folgeleistungen kein besonderer Vorteil gewährt wird, d.h. die Folgeleistungen nach Inanspruchnahme im Einzelfall oder durch monatliche bzw. jährliche Mitgliedsbeiträge normal bezahlt werden.
- Sind hingegen Vergünstigungen mit dem Eintrittsgeld verbunden, entsteht der Umsatz nach Maßgabe des zeitlichen Anfalls der Vorteile (Rz 111).

---

15 So auch der BFH, Urteil v. 10.9.1998, IV R 80/96, BStBl II 1999 S. 21.

> **Beispiel**
> Bei Abschluss eines 2-jährigen Mobilfunkvertrags zahlt der Kunde eine Anschlussgebühr, danach monatliche Grundgebühren sowie Einzelentgelte nach gleichen Tarifen wie Kunden, die (wegen Ablauf der Grundvertragszeit) jederzeit kündigen können.
> Die Gebühr ist sofort zu vereinnahmen (sofern sie nicht besondere, mit Neukunden verbundene Kosten oder Risiken abdeckt; siehe Rz 55).
> Anders die amerikanische Regelung: SAB 104 verlangt eine Periodisierung.

Up-front fees bzw. *initial fees* sind auch bei Abschluss von *franchise*-Verträgen üblich. Falls der Vertrag jedoch laufende Entgelte vorsieht, die (in den Anfangsjahren) nicht die Kosten und einen angemessenen Gewinnaufschlag decken, ist ein entsprechender Teil der Einstandsgebühr laufzeitgerecht abzugrenzen (IAS 18.IE18). 54

Im *franchise*-Fall werden für die Bildung eines Abgrenzungspostens **weichere** Kriterien formuliert als im Mitgliedschaftsfall. Nach dem *franchise*-Beispiel muss das *up-front fee* nicht zu Vergünstigungen berechtigen. Eine Abgrenzung ist schon dann vorzunehmen, wenn die laufenden Entgelte nicht kosten- und durchschnittsgewinndeckend sind. Aus dieser Sicht lässt sich das Beispiel unter Rz 53 wie folgt variieren: 55

> **Beispiel**
> Bei Abschluss eines 2-jährigen Mobilfunkvertrags zahlt der Kunde eine Anschlussgebühr, danach monatliche Grundgebühren sowie Einzelentgelte nach gleichen Tarifen wie Kunden, die (wegen Ablauf der Grundvertragszeit) jederzeit kündigen können.
> Forderungsausfallrisiko und Telefonnutzung von Neukunden sind für den Mobilfunkanbieter nachteiliger als die von Altkunden. Im Neukundengeschäft wird deshalb in den ersten beiden Jahren weniger als der Durchschnittsgewinn erwirtschaftet.
> Die Anschlussgebühr ist abzugrenzen.[16]

Die u.a. in SAB 104 niedergelegten **US-GAAP**-Vorschriften verlangen fast ausnahmslos eine Verteilung auch der *non-refundable up-front fees* (Rz 53) auf die (erwartete) Vertragslaufzeit. Als Begründung dienen u.a. die Regeln zum Mehrkomponentengeschäft (Rz 72). Die Leistung des Unternehmens oder Vereins besteht aus zwei Teilen,

- der **Freischaltung** des Telefons, der **Verleihung** der Mitgliedschaft usw.,
- des **laufenden** Angebots der Telefon-, Clubleistungen usw.

Die erste Leistung hat jedoch „*stand alone*" keinen Wert für den Kunden. Er kann die Leistungen wirtschaftlich sinnvoll auch nicht separat beziehen, also etwa bei dem einen Verein oder Telefonanbieter ein Eintrittsgeld zahlen, bei dem anderen ein laufendes Entgelt. Damit fehlt es an der **sachlichen Trennbarkeit** der

16 So mit anderer, auf den fehlenden stand-alone-Wert der Anschlussgebühr abstellender Begründung Brücks/Kerkhoff/Richter, in: Brücks/von Keitz/Thiele (Hrsg.), Internationale Rechnungslegung 2008, IAS 18, Tz. 30.

Leistungen. Eine Umsatzrealisierung ist daher nur insgesamt für die Summe beider Leistungen möglich, und zwar durch Verteilung des Gesamtentgelts auf die erwartete oder Mindestlaufzeit des Vertrags.
Diese Argumente sind konzeptionell auch für IFRS schlüssig, finden sich in analoger Weise etwa in den Regeln SIC 15 zu *lease incentives*. Sie spiegeln sich aber in den im Appendix zu IAS 18 enthaltenen Beispiel nicht wider. Man wird unter diesen Umständen nach IFRS **zwei Lösungen** für vertretbar halten können:

- Unter Berufung auf IAS 18.IE17 werden Erlöse aus *non-refundable up-front fees* sofort vereinnahmt, sofern mit ihnen keine besonderen Vergünstigungen für die Inanspruchnahme der Folgeleistungen verbunden sind.
- Aus konzeptionellen Gründen werden *non-refundable up-front fees* (wie solche, die zu einer Anrechnung berechtigen) über die Vertragsdauer verteilt.

2.3.5 Finanzdienstleistungen

56 Im Zusammenhang mit der Vergabe von Krediten, Aufnahme von Geldern usw. können eine Reihe von **Serviceleistungen** anfallen. Insbesondere wenn sie von der **gleichen Partei** stammen, die auch die „Grundleistung“ erbringt, stellt sich die Frage, ob vereinnahmte Gebühren Zinsbestandteil oder eigenständig sind und ob sie sofort oder über die Dauer des Kredites/der Geldanlage verdient werden.

57 Nach IAS 18.IE14 ist in **wirtschaftlicher** Betrachtungsweise wie folgt zu unterscheiden:

- Entgelte, die Bestandteil der **Effektivverzinsung** bzw. -rendite sind: Praktisch relevant sind insbesondere Gebühren für die Kreditbearbeitung (Bonitätsprüfung usw.). Diese Gebühren sind ebenso wie Disagien als Bestandteil der Effektivverzinsung (→ § 28 Rz 105) über die **Laufzeit** zu realisieren. Der Bestimmung des Effektivzinses und damit der Abgrenzung ist nicht die Gebühr (Bruttobetrag), sondern der nach Abzug von eigenen Kosten (z.B. für Bonitätsprüfung oder Immobiliengutachten) verbleibende **Nettobetrag** zugrunde zu legen. Abzuziehen sind nach IAS 18.IE14a „*transaction cost as defined* in IAS 39“. Entstehen die Gebühren bereits mit Kreditbereitstellung bzw. -zusage *(committment fees)* und nimmt der potenzielle Kreditnehmer den Kredit wahrscheinlich nicht in Anspruch, ist der Nettoertrag über den Zusagezeitraum zu verteilen, bei wahrscheinlicher Inanspruchnahme hingegen in den Effektivzins einzubeziehen. Ist der Kredit ausnahmsweise als Handelswert *(trading asset* bzw. *financial instrument at fair value through profit or loss)* designiert (→ § 28 Rz 31), werden die Bearbeitungsgebühren nicht periodisiert.
- Entgelte, die über den Zeitraum der Leistungserbringung hinweg verdient werden, z.B. **laufende Gebühren** für Bearbeitungs- und Abwicklungsleistungen, Kontoführung, sind nach **Leistungserbringung** über die Zeit zu realisieren. Ebenso ist mit bei Verkauf (insbesondere stiller Abtretung) von Darlehen für die weitere Debitorenverwaltung einbehaltenen oder im Kaufpreis angerechneten *service fees* zu verfahren.
- Entgelte für das Ausführen einer bestimmten übergeordneten Tätigkeit: Ein Anwendungsfall sind Gebühren für die **Konsortialführerschaft** bei syndizierten Krediten. Die Gebühr ist nur dann mit Kreditplatzierung verdient, wenn für den Konsortialführer die gleiche Verzinsung gilt wie für die übrigen

Konsortialmitglieder. Stellt die Gebühr einen Ausgleich für eine niedrigere Verzinsung dar, muss eine Periodisierung im Rahmen der Effektivverzinsung erfolgen.

Bei Anwendung der **Effektivzinsmethode** ergeben sich noch folgende Sonderprobleme:[17] 58

- **Zeitliche Verteilung** der Transaktionskosten/Disagien **(Amortisationsdauer)**: Maßgeblich ist bei Festzinsdarlehen der Zeitraum bis zum nächsten Zinsanpassungstermin (IAS 39.AG6). Bei variabel verzinslichen Darlehen erfolgt ohnehin eine periodische Anpassung des Effektivzinssatzes (IAS 39.AG7).
- **Vorzeitige Tilgung** (Sondertilgung etc.): Der ursprüngliche Effektivzins bleibt maßgeblich (IAS 39.AG8). Daher ist der rechnerisch auf die vorzeitige Tilgung entfallende Teil der Transaktionskosten/Disagien im Zeitpunkt der vorzeitigen Tilgung als Ertrag zu buchen.
- **Vorfälligkeitsentschädigungen** sind ebenfalls sofort ertragswirksam.
- Zinserträge aus **wertberichtigten Forderungen**: Der wertberichtigte Betrag ist weiter mit dem ursprünglichen Effektivzins aufzuzinsen. Ein Verzicht auf die Vereinnahmung von Zinserträgen ist unzulässig (IAS 39.AG93), eine Saldierung des rechnerisch auf den Zinsanteil entfallenden Wertberichtigungsaufwands mit dem Zinsanteil des laufenden Jahres ist jedoch möglich.

Entgelte für **Anlagenmanagement** *(investment management fees)* sind mit Leistungserbringung zu vereinnahmen, Entgelte für die **Vermittlung** von Krediten mit Abschluss des (Kredit-)Vertrags. 59

2.4 Finanzerträge, Lizenz- und Nutzungsentgelte

2.4.1 Finanzerträge

Zinserträge sind nach Zeitablauf unter Berücksichtigung der Effektivverzinsung zu erfassen (IAS 18.IE30a; vgl. Rz 57ff.). 60

Dividenden sind mit Umwandlung des Mitgliedschafts- in ein Gläubigerrecht, d.h. erst mit Ausschüttungsbeschluss zu realisieren (zur Abweichung vom Handelsrecht → § 4 Rz 38).

2.4.2 Lizenzentgelte

Bei einer über mehrere Perioden vereinbarten Lizenzierung von Schutzrechten ist im Allgemeinen eine **lineare Erlösrealisierung** anzunehmen. 61

Die vertraglichen Regelungen sind jedoch nach ihrem **wirtschaftlichen** Gehalt zu würdigen (IAS 18.33). 62

- Statt eines zeitlich abzugrenzenden Lizenzumsatzes ist ein **sofortiger** Veräußerungserlös anzunehmen, wenn Rechte ohne zeitliche Begrenzung und ohne weitere Pflichten des Lizenzgebers lizenziert werden (IAS 18.IE20).
- Ist die Lizenzgebühr jedoch von ungewissen zukünftigen Ereignissen abhängig oder bemisst sie sich etwa nach vom Lizenzgeber produzierten Stückzahlen oder von ihm getätigten Umsätzen, entsteht Erlös üblicherweise *(normally)* erst mit **Eintritt der Bedingungen** (IAS 18.16c analog).

Zur Anwendung dieser Regel folgendes Beispiel:

---

[17] Vgl. im Einzelnen SCHARPF/KUHN, KoR 2005, S. 154.

Beispiel[18]
Grundvariante
Die Biotec AG (B) überlässt durch einen zeitlich und örtlich unbefristeten Lizenzvertrag das Patent an einem Erfolg versprechenden neuen Präparat exklusiv an den Pharmakonzern R. Das patentierte Präparat hat die behördliche Zulassung zum Verkauf als Arzneimittel bereits erhalten.
Der Kaufpreis beträgt 10 % des Deckungsbeitrags, den der Pharmahersteller während der Patentlaufzeit (12 Jahre) aus diesem Präparat erzielen wird.

Beurteilung
1. Die unbeschränkte und exklusive Lizenzierung gilt wirtschaftlich als Veräußerung. Damit ist die erste Voraussetzung einer sofortigen Umsatzrealisierung erfüllt.
2. Allerdings fehlt es an der zweiten zu fordernden Bedingung, der verlässlichen Bestimmung der Erlöshöhe. Diese ist unsicher und kann gerade nicht zuverlässig geschätzt werden.
3. Fraglich ist dann, ob die Umsatzrealisierung der B nur nach Maßgabe des Geldeingangs bei R vorzunehmen ist (Rz 38).

Fallvariante
Das vertragsgegenständliche Patent bezieht sich auf ein am Markt bereits gut eingeführtes Präparat mit in den letzten Jahren relativ gleich bleibenden Umsatzzahlen.
Hier kann zwar auch ein „Rückruf" des Medikamentes vom Markt wegen irgendeiner festgestellten Unverträglichkeit nicht ausgeschlossen werden, sie ist jedoch nach mehrjähriger unbeanstandeter Vermarktung höchst unwahrscheinlich. Die Umsatzrealisation ist zulässig.

Die Erlösrealisierung nach Geldeingang (Grundvariante des vorstehenden Beispiels) führt zu unbefriedigenden Ergebnissen, wenn der übertragene Vermögenswert einen beträchtlichen Buchwert aufweist (etwa im Falle der Weiterveräußerung eines zuvor selbst gekauften Patents). Hier käme es zu einer **aufwandswirksamen Abgangsbuchung ohne gleichzeitigen Umsatzerlös**. In der handelsrechtlichen Praxis will man sich gegen das ungewohnte Bilanzbild – Abgang eines werthaltigen Vermögensgegenstandes ohne realisierte Gegenleistung – mit einem geschätzten Umsatz i. H. d. Restbuchwertes behelfen. Diese Lösung mag pragmatisch sein, entspricht aber nicht dem Gedanken der Unsicherheit und damit Nichtrealisierbarkeit des Umsatzerlöses.
Neben der konzeptionell nicht überzeugenden hilfsweisen Schätzung des (Mindest-)Umsatzes i. H. d. Restbuchwertabgangs kann aber eine **Lösung nach Tauschgrundsätzen** infrage kommen, und zwar gestützt auf folgende Analogie:
- Bei Erwerb eines Optionsrechtes gegen Prämienzahlungen oder bei entgeltlich erworbenen Gewinnbezugsrechten wird zwischen der Zugangsbewertung (zu Anschaffungskosten) und der Folgebewertung unterschieden. Die Unsicherheit, ob aus dem Options- oder Gewinnbezugsrecht zukünftig Vorteile zufließen werden, hindert die erfolgsneutrale Zugangsbuchung (per

[18] Entnommen Hoffmann, PiR 2006, S. 209 ff.

Options- bzw. Bezugsrecht an Geld) nicht, sondern ist „nur" bei der Folgebewertung zu berücksichtigen.

- Wird das Zugangsobjekt nicht durch Hingabe von Geld, sondern eines anderen Vermögenswertes erworben, fallen Anschaffungskosten in Höhe von dessen Zeitwert an. Die Zugangsbuchung ist wiederum erfolgsneutral; zur Erfolgsrealisation kann es lediglich beim abgehenden Vermögensgegenstand kommen. Würde also das Recht auf eine Umsatzbeteiligung durch Hingabe eines Grundstücks erworben, bestünden keine Bedenken, das Recht i. H. d. Zeitwertes des hingegebenen Grundstücks zu aktivieren.
- Die Besonderheit der hier interessierenden Fälle besteht dann lediglich darin, dass die Erträge sich aus dem hingegebenen Gegenstand selbst beziehen. Soweit diese Ertragsbeteiligung so umfassend ist, dass der Veräußerer wirtschaftlich (Mit-)Eigentümer des hingegebenen Gegenstands bleibt, scheidet eine Abgangsbuchung für diesen Gegenstand und damit korrespondierend auch eine Zugangsbuchung für ein Recht aus. Soweit die Ertragsbeteiligung aber weniger umfassend und eine Abgangsbuchung daher vorzunehmen ist, liegt ein Tauschgeschäft vor. In Höhe des Zeitwertes des abgehenden Gegenstandes kann dann das Recht aktiviert und Umsatz ausgewiesen werden.[19]

Erhöhte Bedeutung haben die Regelungen zu Lizenzerlösen in der **Software-** 63
und Filmindustrie. Für beide Fälle existieren in US-GAAP branchenspezifische Regelungen. Die zur Softwareindustrie sind unter (Rz 87) dargestellt. Die in Topic 926–605–25 (früher SOP 00–2 „*Accounting for Producers or Distributors of Films*") niedergelegten Regelungen zur **Filmindustrie** unterscheiden drei Fälle der Vergütungsvereinbarung mit dem Lizenznehmer (Kinoverleih):

- (a) Ein **feste Vergütung** für den Lizenzgeber *(flat fee)* führt im Zeitpunkt der Erfüllung der allgemeinen Voraussetzungen (insbesondere Beginn des Lizenzierungszeitraums) zu Umsatz.
- (b) Eine **vom Erfolg** (z. B. von Umsätzen) des Lizenznehmers **abhängige Vergütung** ist nach Maßgabe/Entwicklung der Erfolgsvariable zu realisieren.
- (c) Bei einer erfolgsabhängigen Vergütung mit **garantierter Mindestvergütung** gilt für die Mindestvergütung (a) und für den (darüber hinausgehenden) erfolgsabhängigen Teil (b).

IAS 8.12 legt eine Heranziehung der US-GAAP-Regeln nahe (Rz 88). Dabei ist jedoch die IFRS-Verträglichkeit der Vorschriften zu prüfen. Sie ist insbesondere für den unter (c) genannten **Mischfall strittig**. Z. T. wird die Auffassung vertreten, dass nach IFRS die Mindestvergütung erst nach Maßgabe des variablen Vergütungsanteils zu realisieren ist.[20] Für diese Auffassung spricht, dass IAS 18.IE20 als Beispiel für die sofortige Umsatzrealisierung aus Filmrechten nur den Fall anführt, dass der Lizenzgeber **keine** Erlösanteile aus dem Kartenverkauf mehr erwartet. Andererseits handelt es sich bei dieser Ausführung aber nur um eine beispielhafte Darstellung. Der Fall der teils fixen, teils variablen Vergütung wird gerade nicht explizit behandelt. Da der fixe Teil (abgesehen vom übliche Delkredererisiko) keinem Realisierungszweifel mehr unterliegt, ist u. E. auch eine sofortige Realisierung dieses Teils vertretbar.

---

19 Weitere Einzelheiten bei LÜDENBACH, StuB 2009, S. 541 ff.

20 So RUHNKE/NERLICH, WPg 2003, S. 753 ff.; vgl. zum ganzen Problemkreis auch: KÜTING/ZWIRNER, FB 2001, Beilage 3, und ZWIRNER, KoR 2002, S. 245 ff.

Zur Aktivierung und Abschreibung von **Filmrechten** nach zeitlichem Anfall der Erlöse wird auf → § 13 Rz 81 verwiesen.

2.4.3 Nutzungsentgelte aus Miet- und Leasingverträgen

64 Die Realisierung von Nutzungsentgelten aus Mietverträgen *(operating leases)* ist in IAS 17 geregelt (→ § 15 Rz 150). Die Erlöse sind i.d.R. auch dann linear über die Laufzeit zu realisieren, wenn der Vertrag degressive oder progressive Mietzahlungen vorsieht (IAS 17.50f.).

2.4.4 Veräußerung von Nutzungsrechten

65 Der rechtliche Eigentümer einer Sache kann das Nutzungsrecht an dem ihm zustehenden Vermögenswert förmlich (z.B. durch Rechtskauf nach § 453BGB) **veräußern**. Dann stellt sich die Frage nach der Abgrenzung zur „normalen" Nutzungsüberlassung im Rahmen eines Mietvertrages.

Beispiel[21]
Sachverhalt
Die Erbengemeinschaft E ist Eigentümer eines auf einem Grundstück in bester Innenstadtlage betriebenen Warenhauses, möchte jedoch das Geschäft nicht weiter betreiben. Andererseits sollen die minderjährigen Kinder später die Chance zur Neuaufnahme der wirtschaftlichen Tätigkeit auf dem Grundstück behalten. Im Augenblick besteht Liquiditätsbedarf.
Die Erbengemeinschaft „verkauft" deshalb an eine Modehandelskette das Nutzungsrecht am Gebäude für 20 Jahre zu 60 Mio. EUR. Das Gebäude ist in bestem Zustand und hat eine Restnutzungsdauer von wenigstens 30 Jahren. Der Zeitwert des Gebäudes beträgt 90 Mio. EUR.

Lösung
Der wirtschaftlichen Substanz nach ist das „Veräußerungsgeschäft" eine Nutzungsüberlassung mit einer Einmalzahlung pränumerando. Darin ist entsprechend dem wirtschaftlichen Kalkül der Vertragsparteien auch ein Abzinsungseffekt enthalten. Der Vertrag begründet ein Dauernutzungsrecht in Form eines Mietvertrages mit einer Einmalzahlung des Mietzinses. Bilanzrechtlich handelt es sich um ein schwebendes Geschäft, das durch die ungewöhnliche Zahlungsmodalität nicht beeinflusst wird. Der „Verkaufspreis" ist auf die vereinbarte Nutzungsdauer hin zu periodisieren. Umgekehrt bei der nutzungsberechtigten Einzelhandelskette: Diese erwirbt kein aktivierungspflichtiges Nutzungsrecht (vgl. Rz 13, Rz 15), sondern begründet ein „normales" Nutzungsverhältnis im Rahmen eines nicht bilanzierbaren schwebenden Geschäftes „Mietvertrag". Ansonsten käme es zu einer „Doppelbilanzierung" bei der Erbengemeinschaft für das Grundstück selbst, bei der Einzelhandelskette als „Nutzungsrecht".

66 Anders kann es sich verhalten, wenn die Zeitdauer des Nutzungsrechtes die **normale Lebensdauer** des betreffenden Vermögenswertes erreicht.

---

21 Nach LÜDENBACH/HOFFMANN, DStR 2006, S. 1384.

Beispiel[22]
Sachverhalt
Die Biotec AG hat einen Erfolg versprechenden Wirkstoff zur Bekämpfung des Blutkrebses entwickelt und patentrechtlich schützen lassen. Das Patent verfällt in 18 Jahren. Zur Durchführung der noch erforderlichen Kliniktests und des Zulassungsverfahrens sowie der späteren Vermarktung des Wirkstoffes „Antihämin" fehlen der Biotec die finanziellen Ressourcen. Sie lizenziert daher das Patent exklusiv sowie sachlich und räumlich unbeschränkt auf 18 Jahre gegen eine jährliche Mindestgebühr und eine Umsatzbeteiligung an den Pharmariesen P.

Lösung
Die bilanzrechtliche Beurteilung kann sich nicht am Rechtstitel orientieren. Die Biotec bleibt zwar Eigentümerin des Patents, doch kommt dieser Rechtsstellung keine wirtschaftliche Substanz mehr zu. Nach Ablauf des Patents ist dieses wertlos, genauer: nicht mehr vorhanden. Der Vertrag ist als Verkaufsgeschäft zu würdigen.

Ein **schwebendes Vertragsverhältnis** kann bei dem, der es begründet hat (abstrakt), bilanzierungsfähig sein, wenn die Ausgeglichenheitsvermutung widerlegt ist. Insoweit wird auf das Beispiel in → § 13 Rz 43 verwiesen und dieses hier weitergeführt:

Beispiel
Sachverhalt
A ist Nutzungsberechtigter eines Bootsliegeplatzes. Die Restdauer des auf 20 Jahre geschlossenen Mietvertrags beträgt 10 Jahre. Angesichts zwischenzeitlich stark gestiegener Nachfrage nach Liegeplätzen hat der Mietvertrag einen Marktwert und ist abstrakt bilanzierungsfähig. A veräußert dieses Recht.
1. Alternative: Der neue Mieter übernimmt die Rechte und Pflichten gegenüber dem Eigentümer auch im Außenverhältnis
2. Alternative: Im Außenverhältnis bleibt A gegenüber dem Eigentümer berechtigt und verpflichtet.
In der 1. Alternative steht dem „Verkauf" der Liegeplatzberechtigung keine Verpflichtung mehr gegenüber. Der Veräußerungserlös ist in vollem Umfang zeitgleich realisiert.
In der 2. Alternative tritt neben das Hauptmietverhältnis *(head lease)* ein Untermietverhältnis *(sub lease)*. Eine sofortige Erlösrealisierung ist nur möglich, wenn A das vom Untermieter vereinnahmte Entgelt endgültig behalten darf, unabhängig davon, ob ihm etwa wegen Leistungsstörungen im Hauptmietverhältnis die Untervermietung unmöglich wird.

Zum Rechteverkauf des seinerseits nur Nutzungsberechtigten noch folgendes Beispiel: 67

[22] Vgl. LÜDENBACH/HOFFMANN, DStR 2006, S. 1385.

Beispiel[23]

Sachverhalt

Der Profifußballclub H AG mietet auf 15 Jahre die Großarena von einer Sportstadion-Betreiber B GmbH gegen eine Umsatzbeteiligung an den Ticketeinnahmen. Nach der Vertragsgestaltung steht dem Club in diesem Zeitraum das Vermarktungsrecht an der gesamten Anlage zur Verfügung.

Aufgrund dieses ihm zustehenden „Nutzungsrechtes" verkauft der Club die „Bewirtungsrechte" für die Tribünen an das Cateringunternehmen A und die „Vermarktungsrechte" an den Business-Seats und den VIP-Loungen an die Sportrechteverwertungs-GmbH S auf jeweils 10 Jahre (alternativ 15 Jahre) zu einem Einmalbetrag. Die Verträge sehen jedoch u.a. Konventionalstrafen für den Fall des Abstiegs in die zweite Liga vor. Die Strafen sind umso höher, je früher ein Abstieg erfolgt. Sie ermäßigen sich nachträglich umso mehr, je früher ein Wiederaufstieg gelingt.

Lösung

Bei einer Veräußerung der Rechte auf 10 Jahre scheitert eine sofortige Umsatzrealisierung schon daran, dass H nicht alle ihm zustehenden Rechte (15 Jahre) überträgt (Abweichung zum Beispiel unter Rz 66).

Bei einer Veräußerung der Rechte auf 15 Jahre würde eine sofortige Realisation des Einmalbetrages das schwebende Geschäft „zerlegen". Nur die Aktivkomponente – das Einmalentgelt für die Nutzungsüberlassung – würde betrachtet, die „Passivseite" – die Überlassungsverpflichtung – hingegen ignoriert. Dieses Vorgehen wäre nicht sachgerecht. Die für den Fall des Abstiegs in die zweite Liga vorgesehene Konventionalstrafe belegt: Der Fußballclub kann den Einmalbetrag nur dann ungeschmälert behalten, wenn er seinerseits eine Dauervertragsleistung erbringt. Es liegt ein Dauerrechtsverhältnis vor. Die Realisation des „Verkaufs" der Vermarktungsrechte muss also über die Vertragslaufzeit hinweg erfolgen.

2.5 Mehrkomponentengeschäfte[24]

2.5.1 Begriff und Problemstellung

68 Die Ansatz- bzw. Realisierungskriterien sind gem. IAS 18.13 „i.d.R. **einzeln für jeden** Geschäftsvorfall anzuwenden". In diesem Kontext ergeben sich zwei **spiegelbildliche** Probleme:

- **Umdeutung** mehrerer zivilrechtlicher Geschäfte in **einen** Geschäftsvorfall: Mehrere zivilrechtliche Geschäfte (Verträge) können in wirtschaftlicher Betrachtung als ein einziger Geschäftsvorfall zu würdigen sein. Zu denken wäre etwa an den Verkauf eines Anlagegegenstandes mit gleichzeitiger Vereinbarung eines Rückkaufes weit vor Ende seiner Nutzungsdauer. **Zivilrechtlich** liegen **zwei** Geschäfte (An- und Rückkauf) vor, **bilanzrechtlich** möglicherweise nur **ein** Geschäft, nämlich eine **entgeltliche Nutzungsüberlassung**. Aus der Dif-

23 Lüdenbach/Hoffmann, DStR 2006, S. 1386.

24 Die nachfolgenden Ausführungen sind in wesentlichen Teilen entnommen: Lüdenbach/Hoffmann, DStR 2006, S. 153ff.

ferenz von Verkaufs- und Rücknahmepreis ergibt sich das für die Dauer der Überlassung zu zahlende Nutzungsentgelt (vgl. Rz 83 sowie → § 18 Rz 44).

- **Mehrkomponentengeschäft** (*multiple deliverables*): Gleichzeitig oder zeitnah werden **mehrere** Leistungen an den **gleichen** Abnehmer erbracht. Die Leistungen sind **eng verbunden**, deshalb häufig (aber nicht zwingend) in einem einzigen zivilrechtlichen Vertrag mit einem einzigen Gesamtpreis enthalten. Bilanzrechtlich stellt sich hier die Frage, ob die Leistungen als Komponenten einer von einheitlichen wirtschaftlichen Motiven getragenen Transaktion **separaten** Erlösrealisierungskriterien unterliegen oder der Realisationszeitpunkt **einheitlich**, z.B. nach Maßgabe der Erbringung der **letzten** Leistungskomponente, zu beurteilen ist. Diese Frage kann sich auch dann stellen, wenn bereits der Vertrag den Gesamtpreis zivilrechtlich in Teilentgelte für die Einzelkomponenten aufteilt oder die Komponenten sogar in jeweils eigenständigen Verträgen geregelt sind. Da die Rechnungslegung der wirtschaftlichen Betrachtungsweise *(substance over form)* folgt, können die vertraglichen Vereinbarungen nicht mehr als ein unverbindliches Indiz für das tatsächliche wirtschaftliche Geschehen sein.

Hinsichtlich des zweiten Aspekts in Rz 68 spricht die amerikanische Rechnungslegung von „*multiple deliverables*" und diskutiert unter diesem Begriff die Frage, wann bei gleichzeitiger Erbringung mehrerer verbundener Leistungen getrennte Erlösrealisierungsregeln anzuwenden sind.[25] Die deutsche Rechnungslegung spricht von **Mehrkomponentengeschäften.** Ein solches liegt nach (dem nicht mehr weiterverfolgten) E-DRS 17.7 vor bei „Verkauf von mehreren Einzelleistungen (Vermögenswerten und/oder Dienstleistungen), deren Vergütungen in einem **wirtschaftlichen Zusammenhang** stehen". Als **Beispiele** werden genannt: 69

- Dem Käufer eines Kraftfahrzeuges werden zugleich Rücknahme, kostenfreie Service- und Reparaturleistungen für eine bestimmte Zeit zugesagt.
- Der Verkauf von Software wird mit Installations- und Wartungsleistungen sowie Optionen auf *upgrades* kombiniert.
- Der Verkauf technischer Geräte wird mit Nutzungskontingenten verbunden.

Die Frage nach getrennter oder einheitlicher Erlösrealisierung erlangt praktische Relevanz nur, wenn die identifizierbaren Teilleistungen **unterschiedlichen** Erlösrealisierungsregeln bzw. -zeitpunkten unterliegen. Nur dann ist von Interesse, ob der Erlös nur insgesamt, mit Erbringung der letzten Teilleistung oder separiert nach Maßgabe der jeweiligen Komponente zu realisieren ist. Entsprechen sich hingegen die Erlösrealisierungszeitpunkte der Komponenten, besteht kein Unterschied zwischen zusammengefasster oder komponentenweiser Betrachtung. 70

Beispiel

U liefert am 31.12.01 einen Laserdrucker mit einer speziellen, für 1.000 Normseiten reichenden Erstausstattungsdruckpatrone zum Gesamtpreis von 150 EUR an K. Außerhalb der Erstausstattung veräußert U an diverse Kunden normale, für 3.000 Druckseiten reichende Druckpatronen für 60 EUR.

Beurteilung

Ob der Verkauf des Druckers als Mehrkomponentengeschäft anzusehen ist (Lieferung Patrone für 60/3 = 20 EUR, Lieferung Drucker für 150–20 =

[25] Topic 605-25-15 (früher EITF 08-1 und 00-21).

130 EUR), ist nicht von praktischem Interesse, da „beide" Umsätze zum gleichen Zeitpunkt getätigt werden, unabhängig von der (Nicht-)Separierung in 01 also 150 EUR Umsatz realisiert werden.

2.5.2 Kriterien eines Mehrkomponentengeschäfts

71 IAS 18.13 enthält zwar die Aufforderung zur separaten Behandlung der einzelnen Bestandteile eines Mehrkomponentengeschäftes, gibt aber keine konkreten Hinweise, wann ein Vertrag zu **disaggregieren** ist und wie die einzelnen **Komponenten bewertet** werden sollen. EFRAG und DRSC ziehen hieraus den rechtskritischen Schluss, *„that the existing material has proved inadequate in resolving complex revenue recognition issues."*[26] Kurzfristige, praktische Konsequenz dieses Mangels ist der lückenfüllende Rückgriff auf die Ergebnisse anderer Standardsetter. E-DRS 17 und diverse US-GAAP-Vorschriften spielen daher bei den nachfolgenden Ausführungen eine wichtige Rolle.

Ein relevantes Mehrkomponentengeschäft liegt im Grundfall vor, wenn

- **ein Vertrag**
- **mehrere** komplementäre, aber unterscheidbare **Teilleistungen**

enthält, z.B. neben einer Warenlieferung eine Serviceleistung oder die Einräumung eines Nutzungsrechts, oder neben der Lieferung der Anlage A zum Zeitpunkt 1 noch die Lieferung der technisch auf die Anlage A abgestimmten Anlage B zum Zeitpunkt 2.

Bei Abschluss **mehrerer Verträge** ist zu differenzieren:

- Soweit diese Verträge eine wirtschaftlich **einheitliche** Leistung nur formal zerlegen, liegt kein Mehrkomponentengeschäft, sondern von vornherein nur ein **einziges Geschäft** vor. Ein **Beispiel** wäre die Errichtung von neuen Messehallen durch einen Bauunternehmer, der diese Hallen an die Stadt veräußert und zeitgleich zum Werkvertrag mit der Stadt einen Vertrag über die Vermittlung des Erstmieters abschließt, wobei als Erstmieter nur die bereist existierende Messegesellschaft infrage kommt. Bei einer solchen, häufig steuerlich motivierten Konstruktion liegt in wirtschaftlicher Betrachtung nur eine einzige Leistung (Werkvertrag über die Gebäude) vor.
- Soweit die Verträge tatsächlich **unterschiedliche** Leistungen betreffen, können diese als Mehrkomponentengeschäft zu würdigen sein, wenn folgende Bedingungen kumulativ erfüllt sind:
  - **zeitnaher** Abschluss der Verträge,
  - **gleicher** Vertragspartner,
  - **Komplementarität** der Leistungsinhalte in technischer oder funktionaler Sicht.

Die Beurteilung unterliegt ermessensbehafteter Einzelfallwürdigung, sofern nicht ganz eindeutige Indikatoren (z.B. Gesamtfunktionsrisiko des Leistungserbringers bzw. Gesamtwandlungsrecht des Abnehmers bei Mangel nur einer einzigen Komponente) vorliegen.

[26] EFRAG/DRSC, Revenue Recognition, A European Contribution, PAAinE Discussion Paper 3, Juli 2007, Appendix II.17.

2.5.3 Trennbarkeit dem Grunde und der Höhe nach

2.5.3.1 Trennbarkeit als Voraussetzung separater Erlösrealisierung

Die **Identifikation** eines Mehrkomponentengeschäfts besagt noch **nichts** darüber, ob die Umsatzrealisierung getrennt oder einheitlich zu beurteilen ist. Die unterschiedlichen Komponenten eines Mehrkomponentengeschäfts sind nur dann einer eigenständigen Erlöswürdigung zu unterwerfen, wenn zwei Bedingungen kumulativ erfüllt sind: 72

- Trennbarkeit dem Grunde nach **(sachliche Trennung)**: Mindestens die zuerst vollendete identifizierbare Teilleistung muss **für sich** (***stand alone***) einen eigenen Wert für den Kunden haben (Topic 625–25–25–5) oder der Kunde muss die Teilleistungen separat und von verschiedenen Abnehmern beziehen können (E-DRS 17.41).
- Trennbarkeit der Höhe nach **(wertmäßige Trennung):** Das Gesamtentgelt muss, unabhängig davon, ob die Parteien es subjektiv in einem oder mehreren Verträgen aufgesplittet haben, objektiv auf die Komponenten verteilt werden können (Topic 625–25–25–5).

Gelingt zwar die sachliche Trennung, fehlt aber ein Schlüssel für die Aufteilung des Gesamtentgelts auf die Einzelleistungen, läuft die dem Grunde nach zu fordernde separate Behandlung der Komponenten ins Leere. Das Unternehmen tätigt zwar unterschiedliche Umsätze, kann diese aber nicht einzeln bewerten und daher nur insgesamt einer Erlösrealisierung zuführen.

2.5.3.2 Trennbarkeit dem Grunde nach

Zum Kriterium der **sachlichen** Trennbarkeit zunächst folgender Fall: 73

Beispiel

Ein Pay-TV-Anbieter veräußert Satellitenreceiver, mit denen seine codierten Programme (und nur diese) für die nächsten 12 Monate empfangen werden können. Eine darüber hinausgehende Nutzung des Receivers ist nur möglich, wenn der Kunde das Programmabonnement verlängert und einen ihm dabei zugeteilten Freischaltungscode im Gerät eingibt. Der Gesamtpreis für Receiver und das Abonnement der ersten 12 Monate beträgt 240 EUR, der Preis einer Verlängerung des Abonnements um weitere 12 Monate 180 EUR.

Beurteilung

Der Receiver hat *stand alone*, d. h. ohne das Abonnement, keinen Wert für den Käufer/Abonnenten. Kauf- und Abonnementvertrag stellen daher eine sachliche Einheit dar. Es ist nicht zulässig, bei Auslieferung des Receivers 240–180 = 60 EUR als Umsatz zu realisieren und nur die verbleibenden 180 EUR auf 12 Monate zu verteilen. Der Gesamtbetrag von 240 EUR ist vielmehr über 12 Monate verteilt mit je 20 EUR zu vereinnahmen.

Fallvariante

Abschluss eines 24-monatigen Mobilfunkvertrags mit gleichzeitiger Lieferung eines vertragsunabhängig nutzbaren Mobiltelefons.

Wenn das Handy unabhängig vom Dauervertrag *(stand alone)* nutzbar ist und umgekehrt im Rahmen des Dauervertrags auch mit anderen Geräten telefoniert werden kann, sind die Leistungen sachlich trennbar.

Nach den amerikanischen Vorschriften (Rz 72) setzt die sachliche Trennbarkeit die *stand-alone*-Nutzbarkeit der zuerst gelieferten Leistung voraus. Nach E-DRS 17 reicht alternativ die separate Bezugsmöglichkeit aus. Praktische Unterschiede ergeben sich regelmäßig nicht. Dies wird etwa bei **Nachbetreuungsleistungen** deutlich, z.B. beim Verkauf einer Ware mit Wartungs- oder Inspektions-„Garantie". Die zuerst getätigte Leistung, die Ware, kann *stand alone* genutzt werden. Die Nachbetreuungsleistung macht zwar *stand alone* ohne den zu wartenden Gegenstand keinen Sinn, könnte aber unabhängig vom Gegenstand durch Zahlung eines Einzelentgelts bei Inanspruchnahme der einzelnen Wartungs- oder Inspektionsleistung bezogen werden. Nach E-DRS 17.7 und 41 ist die zweite Voraussetzung ebenfalls ausreichend für die sachliche Trennung. Für IFRS sind keine härteren Anforderungen zu stellen, da auch in IAS 18.13 für den Verkauf mit Nachbetreuungsleistungen eine separate Umsatzrealisierung dem Grunde nach gefordert wird.

2.5.3.3 Trennbarkeit der Höhe nach

74 Nur wenn die Leistungen auch **wertmäßig** trennbar sind, das Gesamtentgelt objektiv den Leistungskomponenten zugeordnet werden kann, ist eine separate Umsatzrealisierung möglich. Fraglich ist, welche **Anforderungen** an die wertmäßige Trennbarkeit zu stellen sind. IAS 18.13 enthält hierzu nur den Hinweis, dass die Werte der Komponenten identifizierbar sein müssen, jedoch keine konkreten Anforderungen an die Identifizierbarkeit. Offen bleibt insbesondere, ob die Werte sämtlicher Einzelleistungen objektivierbar sein müssen oder z.B. bei einem Zweikomponentengeschäft der Wert einer Komponente reicht. E-DRS 17.41 verlangt, dass der beizulegende **Zeitwert (*fair value*)** der jeweiligen Einzelleistungen **verlässlich bestimmbar** ist, und lässt in enger Auslegung die Bestimmung einzelner Werte nicht genügen. Die amerikanischen Regelungen (Rz 72) sehen hingegen Folgendes vor:

- **Vorrangig** sind die *fair values* aller Einzelkomponenten zu bestimmen. Nach dem Verhältnis dieser *fair values* ist dann eine Aufteilung des Gesamtumsatzes vorzunehmen (**Methode der relativen *fair values***).
- **Hilfsweise** reicht es aus, wenn der *fair value* der noch nicht gelieferten Teile bekannt ist. Durch Abzug dieses Wertes vom Gesamtumsatz ergibt sich der Wert der bereits gelieferten Komponenten (**Residualwertmethode**). Bei Verwendung dieser Methode wird der „Gesamtrabatt" über die Restwertermittlung den bereits gelieferten Teilen belastet, also im ersten Schritt eher zu wenig als zu viel Umsatz ausgewiesen. Ist der *fair value* der noch gelieferten Teile unbekannt, würde eine Residualrechnung den Gesamtrabatt der ausstehenden Leistung belasten, der bereits geleistete Teil also ohne Rabattanteil und daher mit einem zu hohen Umsatzanteil ausgewiesen. Aus Vorsichtsgründen wird dieses Verfahren in diesem Fall abgelehnt. Die Restwertmethode ist nur dann zulässig, wenn die *fair values* der noch ungelieferten Teile bekannt sind.

IFRIC 13.BC4 lässt beide Methoden ohne Vorrangbestimmung zu. Zu den **Methoden** folgendes Beispiel:

Beispiel

U produziert Abfüllautomaten und der Qualitätssicherung dienende optische Erkennungssysteme. Kunde K bestellt beides in einer (nach Art und Kapazität) aufeinander abgestimmten Weise, wobei das optische Erkennungssystem jedoch auch mit anderen Abfüllanlagen kompatibel ist. Der Gesamtpreis beträgt 800 TEUR, in ihm enthalten sind außerdem 50-Mann-Tage für die Schulung des Personals im Betrieb der neuen Anlage.

Separat bietet U Automaten gleicher Leistung für 600 TEUR und optische Systeme gleicher Leistung für 350 TEUR an. Separate Schulung bietet U nicht an. Die Schulung wird aber von Technikern durchgeführt, die bei sonstigen Einsätzen (Wartung, Reparatur) mit einem Tagessatz von 1.000 EUR abgerechnet werden. Der Abfüllautomat wird noch in 01 geliefert, Lieferung der optischen Anlage und Schulung erfolgen in 02.

Sofern man den sonst für andere Tätigkeiten abgerechneten Tagessatz als ausreichende Objektivierung des *fair value* der Schulung ansieht, ergibt sich folgende Rechnung nach der Methode der relativen *fair value*:

METHODE DER RELATIVEN *FAIR VALUES*	**Wertverhältnisse**		**Umsatz**	**davon (in TEUR)**	
	TEUR	**Prozent**	**TEUR**	**in 01**	**in 02**
FV Abfüllung	600	60,0 %	480	480	
FV Optik	350	35,0 %	280		
FV Schulung	50	5,0 %	40		320
Summe	1.000	100,0 %	800		

Fallvariante

Die Abfüllanlage wird nur in Verbindung mit optischen Systemen geliefert, optische Systeme hingegen auch separat. Weder aus eigenen Daten noch aus Marktpreisen lässt sich ein *fair value* der Abfüllanlage ableiten.

Da der *fair value* der noch ausstehenden Leistungen bekannt ist, darf der Wert der schon erbrachten Leistung residual ermittelt werden. Der sich danach ergebende Umsatz 01 fällt mit 400 um 80 niedriger aus als bei der Verhältnismethode. Begründung: Der gesamte „Mengenrabatt" von 200 wird der bereits erbrachten Leistung belastet, während nach der Verhältnismethode nur 60 % des „Rabatts" bei der Abfüllanlage berücksichtigt werden:

RESTWERTMETHODE	**TEUR**	**Umsatz TEUR**		**davon in TEUR**	
				in 01	**in 02**
		Restwert			
Gesamtpreis	800	Abf.	400	400	
– FV Optik	–350	FV Optik	350		
– FV Schulung	–50	FV Schulung	50		400
= Restwert Abfüllung	400	Summe	800		

75 Sind die **Bedingungen** einer gesonderten Erlösrealisierung nicht **gleichzeitig** erfüllt, d.h.,

- ist der Einzelwert nicht bestimmbar und/oder
- sind die Einzelleistungen nicht unabhängig nutz- bzw. beziehbar,

ist der **gesamte** Erlös erst mit Erbringung **aller** Einzelleistungen zu realisieren (E-DRS 17.44).

76 Der DSR betont den Einklang dieser Regelungen mit IAS 18.13 (E-DRS 17 Anhang C6). Dieser Auffassung ist tendenziell zuzustimmen. IAS 18.13 setzt **abgrenzbare** Bestandteile eines Geschäftsvorfalls voraus. Dies impliziert **quantitativ** die zuverlässige Bestimmbarkeit der Werte und **qualitativ** die separierbare Bezugs- oder Nutzungsmöglichkeit. Die quantitative Bestimmbarkeit ist dabei nicht für beide *fair values* erforderlich. Nach US-GAAP und mangels restriktiverer Vorgaben in IAS 18 damit auch nach IFRS kommt auch die Restwertmethode infrage.

77 Für die Bemessung des abzugrenzenden, noch nicht realisierten Erlösteils kommt entweder der Verkaufspreis (Einzelhandelspreis – *retail price method*) oder der Wiederbeschaffungspreis (Großhandelspreis – *wholesale price method*) infrage. Der IASB hat in dem aktuellen *Revenue Project* (Rz 123) noch keine endgültige Entscheidung zwischen *retail* und *wholesale approach* getroffen.[27]
In der neueren Entwicklung deutet sich aber eine Bevorzugung des Verkaufspreises an.[28]

2.5.4 Wichtige Anwendungsbereiche der Mehrkomponentenregelungen

78 Die praktisch relevanten Fälle von Mehrkomponentengeschäften lassen sich wie folgt **systematisieren**:

1. Kombination von **Verkauf** und **Dauerleistung**

- Verkauf mit **Finanzierung**: Bei zinsloser Stundung des Kaufpreises (Ratenzahlungen, unüblich lange Zahlungsziele) ist die Einnahme **abzuzinsen**. In Höhe des abgezinsten Betrages liegt Erlös aus der Veräußerung von Gütern vor, der nach den Realisierungskriterien für Verkäufe anfällt. Die Differenz von Nominal- und Barwert führt über die Dauer der Stundung zu Zinsertrag (IAS 18.11). Aus *materiality*-Gründen kann bei nicht zu langen Zahlungszielen oder nicht zu hohen Beträgen eine Abzinsung entbehrlich sein. In noch stärkerem Maße gilt dies bei zwar zinshaltiger, aber unter dem Marktzins liegender Stundungsvereinbarung. Wegen Einzelheiten wird auf Rz 104 sowie § 18 Rz 55ff. verwiesen.
- Verkauf mit **erweiterten Garantien**: Gesetzliche Garantiepflichten bedürfen keiner separaten Behandlung. Der Umsatz ist mit Verkauf der Güter realisiert, für die Garantieleistungen eine Rückstellung zu bilden. In einzelnen Branchen, etwa bei Verkauf von Computern, wird dem hohen Interesse des Kunden an der Betriebsbereitschaft des gekauften Guts jedoch durch Garantieangebote entsprochen, deren Inhalt (z.B. Austauschgerät für die Dauer der Reparatur, z.B. Abholung des Geräts bzw. Vor-Ort-Reparatur) oder Dauer (z.B. Ausdehnung auf 48 Monate) das gesetzlich gebotene Garantievolumen überschreitet. Regelmäßig wird sich der Wert solcher Garantien objektivieren

[27] Vgl. IASB, Update September 2003.
[28] Vgl. IASB, Update Oktober 2005.

lassen, z.B. durch Differenzierung zwischen einem Gerätepreis bei normaler Garantie und einem Gerätepreis incl. erweiterter Garantie. Der auf die verlängerte Garantie entfallende Kaufpreisanteil ist dann über den Garantiezeitraum abzugrenzen.
- Verkauf mit **sonstigen Nachbetreuungsleistungen** (vgl. Rz 73 und Rz 111).
- Verkauf von Geräten mit **komplementären Nutzungsverträgen**, z.B. Mobilfunkgeräte mit Mobilfunkvertrag oder Pay-TV-Decoder mit Pay-TV-Abonnement (vgl. Rz 73).
- Verkauf im Rahmen von **Kundenbonusprogrammen** („Miles and More“) (Rz 106).

2. Kombination **mehrerer** Verkäufe
Sofern nicht ohnehin beide Verkäufe in der **gleichen Periode** erfolgen und daher die Zerlegung in Komponenten irrelevant ist (Rz 70), muss wie folgt unterschieden werden:
- Trägt der Unternehmer ein **Gesamtfunktionsrisiko** oder ist der Abnehmer zur Wandlung insgesamt berechtigt, wenn nicht sämtliche Anlagen bzw. deren Verbund einwandfrei sind, bestehen jedenfalls dann Bedenken gegen eine separate Umsatzrealisierung, wenn die völlige Mangelfreiheit nicht außer Frage steht, vielmehr ein mehr als unbedeutendes Risiko verbleibt. Der in IAS 18.14a geforderte **Risikoübergang** ist dann gerade nicht gegeben.
- Bestehen **keine derartigen Vereinbarungen,** ist der Umsatz aus der jeweiligen Lieferung separat zu realisieren, sofern eine Aufteilung des Gesamtentgelts gelingt (Rz 74).

3. Kombination von **Fertigungsauftrag** mit **anderen Leistungen**
Auf Rz 93 und → § 18 Rz 59 und Rz 44 wird verwiesen.

4. Beitrittsgelder *(up-front fees)*
Auf Rz 55 und Rz 111 wird verwiesen.

5. Verdeckte Leasingverhältnisse
Auf → § 18 Rz 70 und → § 15 Rz 5 wird verwiesen.

2.5.5 Mehrkomponentengeschäft beim Leistungsbezieher?

Die Regelungen zum Mehrkomponentengeschäft in IAS 18, E-DRS 17 und in 79
den US-GAAP behandeln die Umsatzrealisierung beim **leistenden** Unternehmer. Hinsichtlich der Erlösrealisierungskriterien, insbesondere der sachlichen Trennbarkeit, wird aber die Perspektive des Leistungs**beziehers** mit einbezogen. Hierin kommt eine logische Zwangsläufigkeit zum Ausdruck: Wenn aus Sicht des Leistenden ein Mehrkomponentengeschäft vorliegt, gilt dies spiegelbildlich auch für den Leistungsempfänger. Handelt es sich bei dem Empfänger um einen **Unternehmer,** gilt daher Folgendes:
- Wo der **leistende** Unternehmer zwar in zivilrechtlicher Sicht nur eine Leistung gegen ein Gesamtentgelt erbringt, wirtschaftlich aber mehrere Leistungen,
- erhält auch das **empfangende** Unternehmen nicht die eine zivilrechtlich vereinbarte Leistung, sondern wirtschaftlich mehrere Leistungen.

Zu untersuchen ist dann die Bilanzierung beim **empfangenden** Unternehmer. Hierzu folgendes **Beispiel:**

Beispiel
K erwirbt am 30.6.01 gegen 1.180 EUR bar von U einen Computer mit einer wirtschaftlichen Nutzungsdauer von 60 Monaten.
Der Kaufvertrag sieht eine zeitlich und inhaltlich erweiterte Garantie vor. Mängel, die innerhalb von 42 Monaten auftreten, sind unabhängig von o.g. Nachweis zu beheben, und zwar binnen 48 Stunden.
Ohne die 48-Stunden-Zusage und mit Begrenzung der vollen Garantie auf gesetzlich nur 6 Monate (weitere 18 Folgemonate nur noch bei Nachweis von Anfang an vorhandenen Mangels) wird das Gerät für 1.000 EUR angeboten.

Beurteilung bei U
Der Gesamterlös von 1.180 EUR ist aufzuteilen. Folgende Aufteilung könnte infrage kommen:

- Der in 01 realisierte Verkaufsumsatz beträgt 1.000 EUR.
- Der Betrag von 180 EUR wird hingegen passiv abgegrenzt (per Geld an passive Abgrenzung 180) und ab 02 pro Jahr mit 180 / (42–6) × 12 aufgelöst (per passive Abgrenzung 60 an Garantieumsatz 60).

Beurteilung bei K
Der Gesamterwerbspreis von 1.180 EUR ist wie folgt aufzuteilen:
1.000 EUR als Anschaffungskosten des Computers, die über dessen Nutzungsdauer von 60 Monaten als Abschreibung zu verteilen sind, d.h. in 01 mit 6/60 Monaten = 100, ab 02 mit 12/60 Monaten = 200.
180 EUR werden hingegen **separiert** und erst ab 02 pro Jahr mit 180 / (42 – 6) × 12 **abgeschrieben.** Offen ist nur, ob die 180 als Komponenten des Sachanlagegegenstandes angesehen und mit anderem Abschreibungsbeginn und anderer Nutzungsdauer als der „restliche“ Anlagengegenstand abgeschrieben (→ § 10 Rz 7) oder ob sie mit gleicher zeitlicher Wirkung als Anschaffungskosten eines abschreibbaren immateriellen Vermögenswertes verstanden werden.

2.6 Strukturierte Geschäfte

2.6.1 Die herkömmliche Betrachtungsweise

80 In den einschlägigen Kommentierungen geht es bei Lieferungen von Sachwerten (i.d.R. Grundstücke und Vorräte) um den Zeitpunkt, in dem der betreffende Vermögenswert durch Veräußerung die Sphäre des abgebenden Unternehmens verlässt und stattdessen ihm eine geldwerte Forderung oder die entsprechende Liquidität zuwächst. Entscheidend ist dann der Zeitpunkt der **wirtschaftlichen Erfüllung** des Leistungsversprechens. Dieser kann an Kriterien des **allgemeinen Schuldrechtes** festgemacht werden: Wenn durch die Übergabe der Sache – auch des hergestellten Werkes seit der Schuldrechtsreform[29] – auf den Erwerber Besitz, Gefahr, Nutzungen und Lasten des erworbenen Wirtschaftsgutes übergegangen sind,[30] er also über die Sache verfügen kann, ist eine wirtschaftliche Erfüllung anzunehmen. Entsprechendes gilt beim Versendungskauf nach § 447

29 Fischer/Neubeck, BB 2004, S. 657.
30 BFH, Urteil v. 13.10.1972, I R 213/69, BStBl II 1973 S. 209.

BGB durch die i.d.R. erfolgte Übergabe an den Spediteur. Für den Veräußerer verbleibt dann „nur" noch das Risiko einer Sach- oder Rechtsmängelhaftung oder des Ausfalls der Kaufpreisforderung.[31] Der Realisationszeitpunkt ist damit im Wesentlichen identisch mit der Bewirkung der geschuldeten Leistung i.S.d. § 362 Abs. 1 BGB.[32]

Die Bezugnahme auf schuldrechtliche Elemente überzeugt auch dort noch, wo **Leistungsstörungen**, etwa durch Annahmeverzug des Käufers (Rz 27), vorliegen oder besondere bilanzpolitische Gestaltungen gewählt werden, um etwa einen Verkaufsakt bereits vor Auslieferung zu generieren (Rz 21).

2.6.2 Das strukturierte Geschäft: Divergenz von rechtlicher Form und wirtschaftlichem Gehalt[33]

Die vorstehend erwähnten Geschäfte spielen weitgehend in einer beschaulich wirkenden Welt **„geordneter"** wirtschaftlicher Verhältnisse. Man produziert, übergibt Sachen an einen Käufer, der alsdann bezahlt oder jedenfalls bezahlen soll. Kritisch ist „nur" der genaue Realisationszeitpunkt. Er kann durch Anknüpfung an zivilrechtliche Kriterien, etwa den Übergang der Preisgefahr, entschieden werden. Diese Anknüpfung ist konsequent, wenn die **zivilrechtliche** Form des Geschäftes mit dem **wirtschaftlichen** Gehalt der Transaktion übereinstimmt. 81

Zeitgenössische Geschäftsmodelle bewegen sich aber häufig gerade **nicht** in den Grundlinien des allgemeinen und besonderen Schuldrechts. Aus bilanz- und/oder geschäftspolitischen Gründen werden vielmehr **komplexe Vertragsstrukturen** geschaffen, die wirtschaftlich ein Veräußerungsgeschäft mit ganz anderen Leistungen kombinieren. In Analogie zur im Bereich der Finanzinnovationen bekannten Terminologie der „strukturierten Produkte" kann man von „hybriden" oder **strukturierten „Geschäften"** sprechen. Allein unter Heranziehung zivilrechtlicher Entscheidungskriterien lässt sich dann keine befriedigende Lösung mehr finden, wenn wirtschaftlicher Inhalt und zivilrechtliche Form auseinanderlaufen. Aus einem anderen bzw. **spiegelbildlichen** Kontext – der Leasingbilanzierung – ist diese Problemlage bekannt.

Beispiel

Der Lastwagenhersteller L überlässt dem Spediteur S diverse Fahrzeuge zur Nutzung. Der Nutzungsvertrag sieht die Zahlung einer monatlichen Miete über eine Mindestlaufzeit vor. S erhält außerdem die Option, die Fahrzeuge nach Ablauf der Grundmietzeit zu kaufen. Der bei Ausübung der Option zu zahlende Kaufpreis ist auf der Basis heutiger Preisverhältnisse günstig.

Die Nutzungsüberlassung ist nach IAS 17 (→ § 15 Rz 27) und analog nach Steuerrecht als *finance lease* zu qualifizieren. Aufgrund der günstigen Kaufoption geht das wirtschaftliche Eigentum sofort auf den Spediteur über. Während der Hersteller zivilrechtlich zunächst zeitraumbezogene Nutzungs-

[31] BFH, Urteil v. 29.11.1973, IV R 181/71, BStBl II 1974 S. 202; v. 5.5.1976, I R 121/74, 1976, S. 541; v. 14.12.1982, VIII R 53/81, 1983, S. 303.

[32] BFH, Urteil v. 8.12.1982, I R 142/81, BStBl II 1983 S. 369.

[33] Die nachfolgenden Ausführungen sind überwiegend entnommen aus HOFFMANN/LÜDENBACH, DStR 2004, S. 1758.

raten und erst bei Ausübung der Option zeitpunktbezogen einen Kaufpreis für die Gebrauchtfahrzeuge erhält, ist wirtschaftlich nur ein einziges finanziertes Absatzgeschäft über Neufahrzeuge anzunehmen.
Da die zivilrechtliche Nutzungsüberlassung wirtschaftlich in eine Veräußerung umgedeutet wird, ist die Frage, wann bzw. wie die Nutzungsüberlassung zivilrechtlich erbracht wird (nämlich ratierlich), irrelevant.

Man kann das aus IAS 17 und den steuerlichen Erlassen bekannte Leasingbeispiel wie folgt **verallgemeinern:**

- Der Zeitpunkt oder Zeitraum, in dem die zivilrechtlich geschuldete Leistung erbracht wird, ist dann ohne Bedeutung, wenn rechtliche Form des Geschäftes und wirtschaftlicher Gehalt **divergieren**.
- Eine solche Divergenz kann sich nicht nur (wie im Leasingbeispiel) in der Weise ergeben, dass sich ein zivilrechtlich anders zu typisierendes Geschäft wirtschaftlich als Veräußerung darstellt.
- Auch **umgekehrt** ist bei einem zivilrechtlich als Veräußerung zu typisierenden Geschäft zu fragen, ob wirtschaftlich nicht eine andere Leistung erbracht wird. Wenn ein solcher Fall vorliegt, lässt sich der Realisationszeitpunkt nicht mehr sinnvoll an zivilrechtlich für die Veräußerung maßgeblichen Kriterien wie dem Übergang der Preisgefahr festmachen.

Die mögliche **Umdeutung** von Veräußerungsgeschäften wird nachstehend für Verkaufsgeschäfte mit Rücknahmeverpflichtung und für solche mit Renditegarantie dargestellt.

2.6.3 Verkauf mit Rücknahmeverpflichtung an Handelsintermediäre (verdecktes Kommissionsgeschäft)

82 Bei einem Verkauf mit Rückgaberecht sieht IAS 18.16d eine Umsatzrealisierung dann als zulässig an, wenn die Rückgabequote verlässlich geschätzt werden kann. Diese Regelung passt auf Veräußerungen an **Endverbraucher**, z. T. auch auf die Veräußerung von **Massenprodukten** an den Handel (Rz 28 ff.). Bei Veräußerung von **Einzelobjekten** an Handelsintermediäre ist hingegen grundlegender zu fragen, ob wirtschaftlich überhaupt ein Veräußerungsgeschäft vorliegt.

Beispiel
Die Bauprojektentwicklungs-GmbH verkauft in 2004 ein fertig gestelltes Grundstück mit aufteilbaren Eigentumswohnungen an eine Grundstücksvermarktungs-GmbH. Besitz, Nutzen, Lasten und Gefahren gehen durch notariellen Vertrag im Jahr 2004 auf den Erwerber über; das Gleiche gilt für die Eigentumsumschreibung im Grundbuch.
Im Kaufvertrag war ein Rücktrittsrecht des Käufers vom Vertrag unter folgenden Voraussetzungen vereinbart worden:

- Der Verkäufer kommt seiner Verpflichtung zur Beschaffung der Finanzierung des Grundstücks nicht nach.
- Dem Käufer gelingt nicht bis Ende 2005 ein Weiterverkauf des Grundstücks nach Aufteilung in Eigentumswohnungen.

Tatsächlich übt der Käufer in 2006 – nach Bilanzerstellung des Verkäufers für 2004 – das Rücktrittsrecht aus.

Das Beispiel ist dem BFH-Urteil[34] nachgebildet. Der BFH sieht bei seiner Rechtsfindung den Realisationsvorgang im Zeitpunkt des Übergangs von Besitz, Gefahr, Lasten und Nutzung, stützt sich also auf das traditionelle Beurteilungsraster nach Maßgabe schuldrechtlicher Zuordnungskriterien. Unter Beachtung des wirtschaftlichen Gehalts des Vertragswerkes ist das formale verkaufsrechtliche Realisationskriterium des Gefahrübergangs hingegen nicht mehr vorrangig. Der Gefahrübergang als Realisationszeitpunkt wird mit der **Risikobeschränkung** des Verkäufers auf Gewährleistungsansprüche des Käufers und auf den Zahlungsausfall begründet. Im Beispiel ist indes der Risikogehalt des Verkäufers spürbar höher, genauer: Das Risiko aus der Vermarktung des Gebäudes ist bei ihm verblieben. Der Gefahrübergang i.S.d. Schuldrechtes führte aufgrund der Marktzwänge und der daraus abgeleiteten Vertragsgestaltung nicht zu einer Risikominderung beim Verkäufer. Eine unbeeinflusste Nachfrage nach dem entsprechenden Gebäude oder den daraus aufzuteilenden Eigentumswohnungen ist offensichtlich dem veräußernden Bauträger nicht verfügbar gewesen.

Dieser wollte mit der Veräußerung ein besonderes Vertriebskonzept in die Welt setzen. Man kann das Vertragswerk daher wirtschaftlich als eine spezifische Form eines **Verkaufskommissionsgeschäftes** werten. Beim Kommissionsgeschäft übernimmt der Verkaufskommissionär für an ihn erfolgte Lieferungen des Kommittenten eine Verwahrpflicht (§ 390 HGB). Der Kommittent behält das rechtliche und wirtschaftliche Eigentum. Bei ihm verbleiben daher auch die Preis- und Absatzrisiken. Die Konsignationslieferung an den Kommissionär führt daher noch nicht zur Umsatzrealisierung beim Kommittenten. IAS 18.IE6.6 sowie die US-GAAP (SAB 101) verlangen eine entsprechende Behandlung solcher Geschäfte, die nach ihrem wirtschaftlichen Gehalt **Konsignationslieferungen** sind (Rz 103).

Von einem derartigen Gehalt kann man im vorliegenden Beispiel ausgehen: Die bisherige Eigentümerin (Bauprojektentwicklungs-GmbH) hat sich zwar (vorübergehend) des **rechtlichen Eigentums** entledigt, gleichwohl ist bei ihr das **wirtschaftliche Vermarktungsrisiko** aus dem entwickelten Grundstück verblieben. Auf die Erwerberin (Grundstücksvermarktungs-GmbH) ist spiegelbildlich nur das rechtliche Eigentum am Grundstück, nicht dagegen das wirtschaftliche übergegangen. Die Preis- und Absatzrisiken bleiben im Wesentlichen bei der bisherigen Eigentümerin. Die neue Eigentümerin wird von dem Rückgaberecht nur dann nicht Gebrauch machen, wenn es ihr gelingt, die Eigentumswohnungen über dem Einkaufspreis zu veräußern. Wirtschaftlich entspricht dies der Übergabe des **Kommissionsgutes** an den Kommissionär unter Setzung eines Mindestverkaufspreises (§ 386 HGB). Ist dieser Mindestverkaufspreis nicht erzielbar, kommt es zur Rückgabe der Sachen an den Kommittenten. Ein wirtschaftlich bedeutsamer Unterschied zur Verkaufskommission liegt nur darin, dass der Verkauf der Vermarktungsgesellschaft zu einem vorteilhaften, über dem Einkaufspreis bzw. der Preissetzung liegenden Preis ihr und nicht der Baugesellschaft zugute kommt. Nach § 387 HGB fiele der Vorteil hingegen dem Kommittenten zu. Die Vorschrift ist jedoch dispositiv. Bei einem schwierigen Marktumfeld wird sie daher in der Praxis häufig abbedungen.

---

[34] BFH, Urteil v. 25.1.1996, IV R 114/94, BStBl II 1997 S. 382, mit Anm. Hoffmann, BB 1996, S. 1821.

Neben der Umdeutung des zivilrechtlichen Veräußerungsgeschäftes in ein wirtschaftliches Kommissionsgeschäft scheint eine **zweite Parallele** instruktiv: Der Sachverhalt im Beispiel wäre in Analogie zur Begrifflichkeit der Wertpapiergeschäfte als *unechtes Pensionsgeschäft* zu werten, d. h., die Erwerberin (Grundstücksvermarktungs-GmbH) hat ein Andienungsrecht *(put option)*. Bei einem entsprechenden Wertpapiergeschäft würde ihr deshalb das wirtschaftliche Eigentum nur dann nicht zuerkannt (mit Bilanzierungspflicht dort), wenn die Option *deeply in the money*, deren Ausübung also wahrscheinlich wäre (→ § 28 Rz 82). Auf den Fall des Grundstücksverkaufs mit Rückgaberecht an einen Handelsintermediär sind diese Regelungen nicht ohne weiteres anzuwenden: **Gleich** verhält sich die Options**struktur; ungleich** ist dagegen der Options**gegenstand.** Im Gegensatz zu einem an der Börse handelbaren Wertpapier stellt ein Grundstück mit bestimmter Bebauung, Lage etc. ein Solitärstück dar, für das sich kein Marktpreis vergleichbar dem eines börsengängigen Wertpapiers ermitteln lässt. Das Kriterium *„deeply in the money"* ist deshalb im Voraus nicht operationalisierbar. Es besteht vielmehr grundlegende Unsicherheit, zu welchem Preis der „Pensionsnehmer" das Grundstück an einen Dritten veräußern kann. Erst wenn die Unmöglichkeit der Vermarktung über den Rücknahmepreis feststeht, wird er von seinem Rückgaberecht Gebrauch machen und werden die Parteien nachträglich wissen, ob die Rückgabeoption *„in the money"* war. Im Vorhinein sind derartige Beurteilungen nicht mit hinreichender Sicherheit möglich. Gerade deshalb verbleibt das mit der Grundstücksverwertung verbundene Risiko bei der „Pensionsgeberin".

Solange der Handelsintermediär ein vertragliches Rückgaberecht hat und deshalb die Veräußerung wirtschaftlich als Konsignationslieferung zu würdigen ist, hängt das wirtschaftliche Ergebnis des Vertragswerkes sozusagen in der Luft. Der Realisationszeitpunkt kann dann nicht mit den sonst anzuwendenden Kriterien des sog. Gefahrenübergangs bestimmt werden.[35] Der **Verbleib** eines wesentlichen Teiles des **Verwertungsrisikos** beim Verkäufer **verhindert** vielmehr den Realisationsakt.

Anders können Geschäfte zu beurteilen sein, bei denen der Händler zwar ein Rückgaberecht hat, dies aber **nicht** zum **Händlereinkaufspreis**, sondern zu einem nicht unwesentlich darunterliegenden Preis. In der Würdigung der wirtschaftlichen Substanz des Geschäfts ist hier nach Tempo des Technologie- und Modewandels wie folgt zu differenzieren:

- In Branchen ohne raschen Wandel kann die Rücknahmegarantie der vereinfachten Rückabwicklung von **Schlechtlieferungen** etc. dienen. Gegen einen Umsatzausweis in Höhe von Liefermenge minus wahrscheinlicher Retourenquote ist dann nichts einzuwenden.
- In Branchen mit raschem Wandel dient die Rücknahmegarantie hingegen der weitgehenden Freistellung des Händlers von daraus resultierenden Absatz- und Preis**risiken.** Eine Umsatzrealisierung beim Produzenten kommt hier auch bei nicht unwesentlich unter dem Händlereinkaufspreis liegendem Rücknahmepreis kaum infrage.[36]

---

35 Markant begründet von PILTZ, BB 1985, S. 1368; siehe auch die Urteilsanmerkung von HOFFMANN, DB 2000, S. 1444, zum BFH, Urteil v. 28.3.2000, VIII R 77/96, DB 2000, S. 1442.

36 Vgl. im Detail UNKELBACH, PiR 2006, S. 235.

Dem Grunde nach gilt dies auch dann, wenn das Rückgaberecht nicht **rechtlicher**, sondern **faktischer** Natur ist. Hierzu wird auf Rz 85 verwiesen.

2.6.4 Verkauf mit Rücknahmeverpflichtung an einen gewerblichen Nutzer (verdecktes Leasing)

Das vorstehende **Beispiel** ist auf den Verkauf eines (solitären) Vermögensgegenstands an einen Handelsintermediär ausgerichtet. Anders kann die Lösung für den Fall des Verkaufs mit Rückgaberecht dann aussehen, wenn der betreffende Vermögensgegenstand im *sale-and-buy-back*-Verfahren an einen Nutzer veräußert wird. 83

Beispiel
Ein Automobilhersteller H veräußert Anfang 01 10.000 Pkws des Typs X für 100 Mio. EUR an einen Autovermieter V. Gleichzeitig wird eine Rücknahme der Fahrzeuge nach 2 Jahren zu einem jetzt **vereinbarten Preis** (50 Mio. EUR, ggf. angepasst wegen außergewöhnlicher Abnutzung) vereinbart.[37]

Im Beispiel werden zeitgleich der Verkauf und die Rücknahme der Fahrzeuge vereinbart. Das rechtliche Eigentum geht auf das Mietwagenunternehmen über. Vom wirtschaftlichen Eigentum wird man dies nicht behaupten können. U. E. liegt ein verdecktes Leasingverhältnis vor, das den Anwendungsbereich des IAS 17 unmittelbar und nicht lediglich analog eröffnet.[38] I. d. R. führt dies zur Qualifizierung als *operating lease*. Aus der Differenz von Verkaufs- und Rückkaufspreis ergibt sich eine zwischen den Vertragspartnern vereinbarte **Marge**, die dem **wirtschaftlichen Gehalt** nach keinen Kaufpreis, sondern eine **Nutzungsvergütung** darstellt. Diese ist beim *operating lease* über den Nutzungszeitraum hin abzugrenzen.

Fortsetzung Beispiel
Der Hersteller bucht – unter Vernachlässigung von Zinseffekten – wie folgt:

Datum	Konto	Soll	Haben
Anfang 01:	Geld	100 Mio.	
	Verbindlichkeit		100 Mio.
Ende 01:	Verbindlichkeit	25 Mio.	
	Erlöse aus Nutzungsüberlassung		25 Mio.
Ende 02:	Verbindlichkeit	25 Mio.	
	Erlöse aus Nutzungsüberlassung		25 Mio.
	Verbindlichkeit	50 Mio.	
	Geld		50 Mio.

Dem vorstehenden Lösungsansatz folgen im Wesentlichen die deutsche und die europäische Automobilindustrie. Sofern das verdeckte Leasingverhältnis als *operating lease* zu beurteilen ist, muss die Differenz zwischen Verkaufs- und

37 Nachgebildet folgendem Sachverhalt: FG Bremen, Urteil v. 26.8.2004, EFG 2004, S. 1588.
38 Für eine nur analoge Anwendung hingegen ZÜLCH//HOFFMANN/SIGGELKOW, KoR 2010, S. 40ff.

Rücknahmepreis linear über den Zeitraum zwischen Veräußerung und Rücknahme verteilt werden. In diesem Sinne verfahren 6 der 8 größten europäischen Automobilhersteller.[39] Ausnahmsweise kann aber auch ein verdecktes *finance lease* vorliegen und damit ein sofortiger Übergang wirtschaftlichen Eigentums auf den Kunden/Nutzer. Dies kommt z.B. infrage, wenn der Zeitraum zwischen Verkauf und Rücknahme (also die vertragliche Nutzungsdauer) im Verhältnis zur wirtschaftlichen Nutzungsdauer des Fahrzeugs sehr groß oder die Rücknahme nur zum Verkehrswert vorgesehen ist. So verfahren in einigen Fällen die zwei verbleibenden Hersteller.

Gegen den vorstehenden Lösungsansatz wird (handelsrechtlich) eingewandt,[40] der Autovermieter sei nicht zur Rückgabe eines *identischen* (bestimmt durch die Fahrgestellnummer), sondern nur eines *gleichartigen* (hinsichtlich der Ausstattung) Fahrzeugs verpflichtet gewesen. U. E. ist diesem Kriterium jedenfalls nach IFRS keine entscheidende Bedeutung beizumessen, wir befürworten vielmehr eine Portfoliobetrachtung (vgl. Rz 28f.).

Das vorstehende Beispiel unterstellt eine von vornherein feststehende Rückgabe. Im nachstehenden Beispiel wird demgegenüber ein ähnliches „Flottengeschäft" mit Rückgabeoption dargestellt.

Beispiel
Ein Automobilhersteller veräußert 10.000 Pkws des Typs X an einen Autovermieter. Der Autovermieter hat nach zwei Jahren ein Rückgaberecht zu einem aus heutiger Sicht für ihn **günstigen** Rückgabepreis.

Nach der Sprachregelung des **Wertpapierpensionsgeschäftes** ginge das wirtschaftliche Eigentum nicht auf den Autovermieter über, denn die Ausübung der *put option* ist bei Abschluss des Geschäftes wahrscheinlich. Allerdings besteht bei Veräußerung von Sach- und immateriellen Anlagen an einen Nutzer ein Unterschied zum Fall der Wertpapierpension: Das „Pensionsgut Kfz" unterliegt einer planmäßigen Abnutzung. Der ursprüngliche Verkauf bezieht sich auf einen Neuwagen, die spätere Rücklieferung auf einen Gebrauchtwagen; es liegt also kein wirtschaftlich identisches Gut (vergleichbar dem börsengängigen Wertpapier) vor. Bei einem unechten Wertpapierpensionsgeschäft mit wahrscheinlicher Ausübung der *put option* würde die „Kaufpreiszahlung" wirtschaftlich in eine Darlehensgewährung uminterpretiert. Im Falle des Beispiels ist dies schon wegen der Differenz zwischen dem ursprünglichen Verkaufs- und dem späteren Rücknahmepreis nicht möglich. Diese Differenz stellt dem wirtschaftlichen Gehalt nach aus Sicht des Autovermieters das Entgelt für Gebrauch bzw. Abnutzung dar. Der **Differenzbetrag** hat also den Charakter einer **Nutzungsvergütung**. In Höhe des ursprünglich vereinbarten Verkaufspreises liegt deshalb kein Umsatzerlös vor, vielmehr ist die Differenz zwischen Verkaufs- und Rücknahmepreis zeitanteilig als Umsatzerlös zu erfassen.

Diese Lösung – **Umdeutung eines zivilrechtlichen Veräußerungsgeschäftes in eine wirtschaftliche Nutzungsüberlassung** – verhält sich spiegelbildlich zum

39 Wenk/Jagisch, KoR 2010, S. 33ff.
40 Kossow, StuB 2001, S. 209, mit Kommentierung von Hoffmann, StuB 2001, S. 550.

eher geläufigen Fall des *finance lease*. Hier wird eine zivilrechtliche Nutzungsüberlassung unter bestimmten Umständen (z.B. im Falle einer günstigen Kaufoption zugunsten des Leasingnehmers gem. IAS 17.10b) wirtschaftlich als Veräußerung interpretiert (→ § 15 Rz 27). Nach der gleichen Systematik, allerdings unter gespiegelten Verhältnissen, „verwandelt" sich der Autoverkaufsfall im Beispiel wirtschaftlich in eine Nutzungsüberlassung. Übereinstimmungen und Unterschiede sind in der folgenden Tabelle dargestellt:

Sachverhalt	**Optionsart**	**schuldrechtlicher Gehalt**	**wirtschaftliche Substanz**	**wirtschaftlicher Eigentümer**	**rechtlicher Eigentümer**
Autoverkauf mit günstigem Andienungsrecht des Erwerbers	*put*	Verkauf	Nutzungsüberlassung	Verkäufer	Käufer
Autoleasing mit günstigem Erwerbsrecht des Leasingnehmers	*call*	Nutzungsüberlassung	Verkauf	Mieter	Vermieter

„Flottengeschäfte" zwischen Automobilherstellern und Autovermietern müssen nicht zwingend im Vorhinein einen **festen** Rücknahmepreis vorsehen.

Beispiel[41]
A kauft im Rahmen eines riesigen Flottengeschäftes von G 350.000 Autos in den kommenden fünf Jahren. G nimmt im Durchschnitt nach sechs Monaten die „verkauften" Autos zurück. Ein fester Rücknahmepreis zwischen A und G wird nicht vereinbart. Stattdessen verpflichten sich die Vertragspartner zu einem gemeinsamen Marketing des Wiederverkaufes.

In diesem aktuellen Fall schlägt sich die **hohe Marktmacht** des Autovermieters nieder. G kann zwar einen „Verkauf" von Fahrzeugen verbuchen (besser vermelden). Ob ein wirklicher Realisationsvorgang durch Transfer des wirtschaftlichen Risikos stattgefunden hat, hängt vom Inhalt der Vermarktungsvereinbarungen ab. Eine sofortige Umsatzrealisierung für den vereinbarten „Kaufpreis" kommt z.B. dann nicht in Betracht, wenn die Risiken des Wiederverkaufs wesentlich bei dem Autohersteller verbleiben, der Hersteller also etwa einen aus heutiger Sicht günstigen Wiederverkaufspreis garantiert. Anders hingegen, wenn er nur eine Rücknahme zum Marktpreis garantiert.

2.6.5 Verkauf mit Renditegarantie

Statt der Einräumung einer *put option* für den Erwerber kann sich die „Markt- 84
schwäche" des Veräußerers auch in der vertraglichen Einräumung einer **Ertragsgarantie** niederschlagen. Je nach Umfang der Garantie verzögert oder verhindert diese die Umsatzrealisierung. Unter Rz 35 wird dies für **Miet**garantien dargestellt. Entsprechendes gilt für **Verwertungs**garantien.

41 FAZ vom 3.11.2003, S. 16.

Beispiel
Die operativ auch als Bauträger tätige AG des Großbau-Konzerns verkauft unter Realisierung eines Buchgewinns X Vorratsgrundstücke zum *fair value* an die Unterstützungskasse GmbH des Konzerns (U-Kasse). Begründung des Vorstandes: Die Grundstücke sind dort „geparkt", da an eine Realisierung des *fair value* am Markt angesichts der schlechten Nachfrage derzeit nicht zu denken sei.
Das „Parken" deutet auf eine aus sozialrechtlichen Gründen gebotene Verwertungsgarantie der AG zu Gunsten der Unterstützungskasse hin. Soweit sich eine solche Garantie auf den Weiterveräußerungspreis bezieht, kommt es u. E. nicht darauf an, ob die AG einen Mindestweiterveräußerungserlös durch „Auffüllung" garantiert oder ein Rückgaberecht einräumt. In beiden Fällen verbleibt das Risiko bei der AG.

Eine **Ertragsgarantie** in Form eines garantierten Weiterveräußerungserlöses ähnelt also wirtschaftlich der Einräumung eines **Rückgaberechts**. Auf die Ausführungen unter Rz 82 kann deshalb verwiesen werden. Die dort vorgenommene Grundunterscheidung zwischen Veräußerungen an Handelsintermediäre und Nutzer ist in Fällen auszudifferenzieren, in denen ein bereits **vermietetes Grundstück** Gegenstand des Geschäftes ist.

Beispiel
Die AG verkauft Anfang 01 nicht Vorratsgrundstücke, sondern vermietete Gebäude an die U-Kasse. Unter Ertragswertgesichtspunkten ist der Veräußerungspreis jedenfalls nach Maßgabe der aktuellen Mietverhältnisse überhöht. Die AG garantiert keine Mieten, aber eine Rücknahme zu einem Wert über dem Veräußerungspreis, ausübbar zum Ablauf des Jahres 05. Die diskontierte Differenz zwischen Rücknahmepreis und Veräußerungspreis ist nach dem Missverhältnis von Veräußerungspreis und derzeit erzielbarer Miete kalkuliert.
Das Vertragsverhältnis kann nicht ohne weiteres in eine Verkaufskommission umgedeutet werden, da es nicht auf die alsbaldige Weiterveräußerung gerichtet, sondern die Rücknahmeoption langfristig angelegt ist und zwischenzeitlich eine Nutzung durch die U-Kasse stattfindet.
Man wird hier (wie spiegelbildlich beim Immobilienleasing) darauf abstellen müssen, ob die Rückgabeoption günstig ist. Dann kommt eine Umdeutung in eine Nutzungsüberlassung infrage. Ist die Option nicht deutlich günstig, scheint eine Wertung als Verkauf mit Renditegarantie sachgerecht.

2.6.6 Verkaufsgeschäfte unter ungleicher Marktmacht

85 Die Kategorien des Schuldrechts beruhen auf einer unterstellten „Vertragsfreiheit" auch im wirtschaftlichen Sinn, also einer einigermaßen **gleichen Marktmacht**. Die Realität des Wirtschaftslebens stellt sich indes häufig ganz anders dar.

> **Beispiel**
> Der Einzelhandelsriese A bietet wöchentlich umfangreich beworbene Sonderverkaufsaktionen. Dazu erhält der Elektrowerkzeughersteller F den Auftrag zur Anlieferung von 20.000 Geräten, verteilt auf 1.500 Filialen in Deutschland am Tag X zwischen 14 und 16 Uhr.
> Nach Beendigung der Aktion bleiben 5.000 Geräte bei A unverkauft. Eine Rücknahmepflicht des F war nicht vereinbart. Gleichwohl nimmt F die unverkauften Geräte zurück.

Nach Schuldrecht ist ein Rückgaberecht von A aus dem Kaufvertrag nicht abzuleiten. Der sogenannte Gefahrenübergang ist erfolgt und damit nach herkömmlichem Lösungsmuster der Realisationszeitpunkt spätestens bei Anlieferung in den Filialen gegeben. Bei F verbleiben „nur" das Gewährleistungs- und das Forderungsausfallrisiko. In der Realität kann F allerdings seine Ansprüche aus dem Kaufvertrag nicht durchsetzen. Verweigert er die nicht vereinbarte Rücknahme der unverkauften Geräte, wird er von A nie mehr einen Auftrag erhalten. Nach der Terminologie von IAS 37 liegt eine **faktische Verpflichtung** vor (→ § 21 Rz 24). Für eine **Gleichbehandlung** mit der rechtlichen sprechen folgende Gründe:[42]

- Nach IAS 18.15 kann die für die Erlösrealisierung maßgebliche Übertragung der Chancen und Risiken der Eigentümerstellung mit der rechtlichen Eigentums- oder Besitzübertragung **zusammenfallen**, muss es aber nicht.
- Zum Ausdruck kommt darin der Grundsatz der **wirtschaftlichen** Betrachtungsweise *(substance over form)*. Er wird im *Framework* (F.35) gerade am Beispiel der Erlösrealisierung verdeutlicht. Entscheidend ist, wer wirtschaftlich die Chancen und Risiken eines veräußerten Gegenstandes trägt.
- Soweit die Risikotragung von **Verpflichtungen** (hier Rückgabepflichten) abhängt, kann deren rechtliche Fundierung nicht entscheidend sein, da das IFRS-Regelwerk auch ansonsten, exemplarisch etwa in IAS 37.10ff., rechtliche Verpflichtungen *(legal obligations)* mit faktischen *(constructive obligations)* gleichstellt.

Der Kaufvertrag im vorliegenden Beispiel stellt sich deshalb dem wirtschaftlichen Gehalt nach wiederum als **Kommissionsgeschäft** dar (Rz 82). F erhält von A die Gelegenheit, seine Geräte den Kunden von A anzubieten. Was diese nicht abnehmen, darf der Hersteller wieder in sein Lager nehmen. Realisationstatbestand des Herstellers ist also der Verkauf des A an den Endverbraucher (vgl. auch das Beispiel unter Rz 29).

Der Rechnungslegungs**praxis** bereitet die **Identifizierung** faktischer Rücknahmepflichten allerdings ungleich größere Probleme als die entsprechender rechtlicher Vereinbarungen. Die Frage, ob und wie weit sich Machtverhältnisse zu einem Rücknahmezwang verdichtet haben, kann einzelfallabhängig gegen eine Berücksichtigung solcher Verhältnisse sprechen.

---

42 LÜDENBACH, PiR 2005, S. 15ff.

2.6.7 Fazit

86 Die allgemeinen Regeln und Kommentierungen zum Realisationsprinzip sind auf die Typisierungen des Schuldrechtes ausgerichtet. Die dortigen Kriterien – insbesondere der Übergang der sogenannten Preisgefahr – regeln vollauf befriedigend herkömmliche Geschäftsmodelle (Rz 80). Wenn indes nicht nur ver- und gekauft oder Dienst- oder Werklieferungsverträge abgewickelt, sondern förmliche Verkaufsakte mit signifikanten Verpflichtungen **verknüpft** werden, deren wirtschaftlicher Gehalt für „normale" Veräußerungen untypisch ist, **versagt** die alleinige Bezugnahme auf schuldrechtliche Strukturen. Der Realisationsakt ist dann unter Berücksichtigung des **wirtschaftlichen „Gesamtgehaltes"** des Geschäftes zu definieren.

Entscheidend ist dabei folgender Aspekt: Spiegelbildlich zum *finance lease* kann bei strukturierten Verkäufen zwar das rechtliche Eigentum übergehen, nicht dagegen das den Realisationstatbestand definierende wirtschaftliche (Rz 83). Anders ausgedrückt: Selbst wenn das **rechtliche** Eigentum (z. B.) auf einen Erwerber durch Kaufvertrag übergeht, ist damit **nicht zwingend** ein Realisationsvorgang verbunden. Die traditionelle Anknüpfung des Realisationstatbestandes an kaufrechtliche Kriterien wie den Übergang der Preisgefahr versagt in solchen Fällen, in denen die zivilrechtliche Form des Geschäftes mit dem wirtschaftlichen Gehalt der Transaktion nicht mehr übereinstimmt. Es ist dann vorrangig nicht der Übergang der Preisgefahr zu untersuchen, sondern etwa, ob sich hinter einem Verkauf mit Rückgaberecht oder Renditegarantie nicht wirtschaftlich eine **Nutzungsüberlassung** oder eine **Konsignationslieferung** verbirgt.

Die nachfolgende Abbildung fasst die relevanten Fälle zusammen:

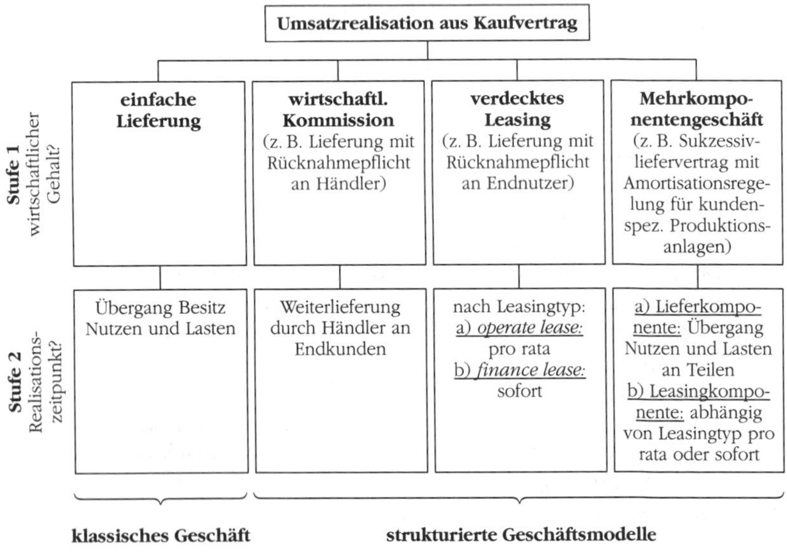

Abb. 3: Zweistufenbetrachtung strukturierter Geschäfte[43]

[43] Quelle: HOFFMANN/LÜDENBACH, DStR 2005, S. 1331 ff.

2.7 Erlösrealisierung bei Softwareunternehmen

2.7.1 Verzicht des Regelgebers auf branchenspezifische Vorschriften, Rückgriff der Praxis auf US-GAAP

Dem Anspruch des IASB auf ein prinzipienbasiertes, nicht kasuistisches Normensystem (Rz 13ff.) entspricht der weitgehende Verzicht auf **branchenspezifische** Rechnungslegungsvorschriften. Als unerwünschter Nebeneffekt einer solchen Enthaltsamkeit droht der Verlust an zwischenbetrieblicher Vergleichbarkeit. In Fragen der Erlösrealisierung von Softwareunternehmen ist diese Gefahr deshalb besonders groß, weil die angebotenen **Softwareleistungen** und -leistungsbündel häufig **quer zu den Grundunterscheidungen von IAS 18** liegen. 87

Die Finanzerträge ausgeklammert, unterscheidet IAS 18 drei Grundtypen von Leistungen:

- den **Verkauf** von Gütern,
- die Erbringung von **Service**leistungen,
- **die Lizenzierung** oder sonstige Überlassung von Vermögenswerten zur Nutzung.

Dass Softwareleistungen je nach individueller Gestaltung mal der einen, mal der anderen Leistungskategorie näher stehen, ergibt sich bereits aus dem Anhang zu IAS 18:

- Die zeitlich **unbefristete** Lizenzierung gilt als **Verkauf** (IAS 18.IE20).
- Die Entwicklung **kundenspezifischer** Software wird als Serviceaktivität, spezieller als **Auftragsfertigung** angesehen (IAS 18.IE19).
- Die zeitlich **befristete** Lizenzierung gilt als **Nutzungsüberlassung** (IAS 18.IE20).

Ein erstes Problem besteht dann in der **Grenzziehung** zwischen den drei genannten Fällen im Einzelfall. Wie viel Kundenspezifik *(customizing)* ist etwa notwendig, um zu den Regeln der Auftragsfertigung zu gelangen? Ein zweites Problem ergibt sich daraus, dass die Softwareindustrie, jedenfalls soweit sie keine Produkte für den Massenmarkt anbietet, regelmäßig mit **Mehrkomponentenverträgen** operiert, die neben der Lizenzierung einen *post-customer support* (PCS), Updaterechte usw. enthalten können. Der in IAS 18 nur sporadisch behandelten Frage der Mehrkomponentengeschäfte *(multiple deliverables)* kommt in der Softwareindustrie besondere Bedeutung zu.

Aufgrund der genannten Schwierigkeiten besteht sowohl aus Sicht der Rechnungsleger als auch aus Sicht der Analysten und sonstigen Rechnungslegungsadressaten ein **Bedürfnis nach branchenspezifischen (Einzelfall-)Regeln**. Da sie im IFRS-Regelwerk selbst nicht enthalten sind, greift die Praxis regelmäßig auf **US-GAAP**-Vorschriften, insbesondere auf die *Statements of Position* Topic 985–605–25 (früher SOP 97–2) zurück. Als **Legitimation** für diese Anlehnung dient die Bestimmung in IAS 8.12, wonach in nicht hinreichend spezifisch geregelten Fällen der Rückgriff auf Verlautbarungen anderer Standardsetter und auf Branchenkonventionen zulässig ist. IAS 8.12 erteilt allerdings **keine Blankovollmacht** für die Übernahme fremder Regelungen. Die Übernahme ist ausdrücklich gebunden an die Konsistenz mit den Regelungen in den IFRS-Einzelstandards und dem *Framework* (→ § 1 Rz 74). 88

- Aus dieser Sicht ist zunächst zu prüfen, ob die amerikanischen Vorschriften verträglich mit den rudimentären Anweisungen in IAS 18 sind.
- Auch wenn dies hinsichtlich der Prinzipien und Grundunterscheidungen bejaht wird, kann die Übernahme von Einzelfalllösungen problematisch bleiben.

Der **Konsistenzvorbehalt** in IAS 8.12 ist u.E. nicht abstrakt durch Verweis auf tatsächlichen oder angeblichen Prinzipiengleichklang zwischen IFRS und US-GAAP zu überwinden. Auch wo ein solcher Gleichklang bejaht wird, bleibt noch die zur Übernahme vorgesehene Einzelregelung darauf zu prüfen, ob sie prinzipiengerecht ist oder eine unsystematische Ausnahme darstellt. Für die Übernahme eines kasuistischen Wildwuchses aus anderen Rechnungslegungssystemen bietet IAS 8.12 jedenfalls keine Grundlage.

2.7.2 Grundunterscheidungen in US-GAAP und ihre Verträglichkeit mit IFRS

2.7.2.1 Auftragsfertigung, *customizing*

89 Die amerikanischen Vorschriften (Topic 985–605–25, früher SOP 97–02) unterscheiden zunächst zwischen **kundenspezifischer Softwarefertigung** und Lizenzierung von Standardsoftware. Als kundenspezifische Softwarefertigung gilt nicht nur die Herstellung individueller Software nach Kundenvorgaben, sondern ebenso das signifikante Modifizieren oder *customizing* von Standardsoftware. In Fällen der kundenspezifischen Fertigung gelangen die Grundsätze der Auftragsfertigung *(contract accounting)* zur Anwendung, d.h. insbesondere die POC-Methode (→ § 18 Rz 17ff.). Der gesamte Vertrag einschließlich eventueller Hardwareleistungen, Nachbetreuungen usw. ist dann nach Maßgabe der Regeln zur **Auftragsfertigung** zu bilanzieren.

Die Bestimmung des **Fertigungsgrades** kann **output**orientiert (→ § 18 Rz 36) erfolgen, wenn der durch den jeweiligen Fertigungsschritt hinzugefügte Wert verlässlich bestimmbar ist . An dieser Voraussetzung fehlt es im Allgemeinen, sodass häufiger **input**orientierte Verfahren, insbesondere die *cost-to-cost*-Methode (→ § 18 Rz 30), zum Tragen kommt. Bei ihrer Anwendung dürfen nur solche Kostenbestandteile zur Bestimmung des Fertigungsgrades eingehen, die spezifisch für den Auftrag produziert wurden.

Beispiel

Der Kunde erhält eine Komplettlösung bestehend aus Hardware, die der Unternehmer bei Dritten erworben hat, sowie Software, die in signifikantem Maße für die Kundenbedürfnisse modifiziert wurde. Die Gesamtkalkulation des Herstellers sieht wie folgt aus:

	Erlös	Kosten
Hardware	200	150
Lizenz	300	0
customizing	500	300
	1.000	450

Bis zum Stichtag sind Kosten von 60 für das *customizing* angefallen, entsprechend 20 % des Gesamtbetrages. Da die Hardware nicht speziell für den Auftrag hergestellt wurde, geht sie in die *cost-to-cost*-Ermittlung nicht ein. Für die vergebenen Lizenzen selbst fallen keine Kosten an.

- Der Fertigstellungsgrad beträgt daher 60/300 = 20 %. Die resultierenden Umsatzerlöse sind 20 % × 1.000 = 200.
- Die dagegenzusetzenden Kosten betragen 60 für das *customizing* sowie 20 % der Hardwareeinstandskosten = 30, somit in Summe 90.
- Der Nettoertrag der Periode beträgt 200–90 = 110. Dies entspricht 20 % des gesamten Nettoertrages von 550 (= 1.000–450).

Die Berücksichtigung von nur 20 % der Hardwareeinstandskosten gelingt nur, wenn 80 % als Bestand (Vorratsvermögen) ausgewiesen werden.

Die vorstehenden US-GAAP-Regelungen stehen im **Einklang mit IAS 18.** Für die Grenzziehung zwischen Auftragsfertigung und Lizenzierung von Standardsoftware ergibt sich dies aus IAS 18.IE19, für die konkrete Bestimmung des Fertigungsgrades aus IAS 18.21 i. V. mit IAS 11.31.

2.7.2.2 Lizenzierung von Standardsoftware

Liegen die Merkmale einer kundenspezifischen Fertigung nicht vor und wird die Software auch nicht im Bündel mit anderen Serviceleistungen lizenziert, so unterstellen die US-GAAP-Vorschriften (Rz 88) eine Veräußerung, die dann zu Erlös führt, wenn die Lizenz ausgeliefert, das Entgelt bestimmbar und seine Vereinnahmbarkeit wahrscheinlich ist. Dabei wird in **keine Unterscheidung** zwischen **befristeter und unbefristeter Lizenzierung** vorgenommen. Nach **IAS 18**.IE20 ist hingegen eine derartige **Unterscheidung i.d.R. erforderlich**: 90

- Nur die **unbefristete Lizenzierung** ist in IAS 18 der **Veräußerung** ohne Weiteres gleichgestellt und führt zu einem sofortigen Erlös,
- während die **befristete Lizenzierung** regelmäßig über den Lizenzierungszeitraum **abzugrenzen** ist.

Bei unbefristeten Lizenzen mit einer unkündbaren Grundmietzeit wird man allerdings auch nach IFRS in Einzelfällen einen sofortigen Erlös annehmen können. Entscheidend ist immer der wirtschaftliche Gehalt der Transaktion. Diesbezüglich weist eine nicht exklusive, zeitlich befristete Lizenzierung von immateriellen Gütern (z.B. Software) deutliche Unterschiede zur Nutzungsüberlassung von materiellen Gütern (z.B. Gebäuden) auf:

- Bei Überlassung eines materiellen Vermögenswertes auf Zeit unterliegt der Überlassende einer Duldungspflicht. Er muss den Gebrauch der Sache durch den Nutzer auf die vertraglich bestimmte Zeit dulden und kann daher während der Vertragsdauer nicht in sonstiger Weise (etwa durch Eigennutzung oder durch Nutzungsüberlassung an einen Dritten) über den Vermögenswert verfügen. Das Entgelt für die Nutzungsüberlassung reflektiert diesen Zeitraumaspekt.
- Bei Überlassung von Software in nicht exklusiver Lizenz und ohne Upgrade- oder Releaserechte bestehen derartige Einschränkungen hingegen nicht. Das Unternehmen schuldet nach Einräumung der Lizenz keine Unterlassungen oder sonstige relevante Leistungen mehr. Es ist auch in der weiteren Nutzung

der Software, etwa durch Lizenzierung an Dritte, nicht gehindert. Ähnlich wie bei einem Verkauf hat das Unternehmen mit Einräumung der Lizenz seine Hauptleistungspflichten erbracht. Es bleiben nur noch Gewährleistungsverpflichtungen, die aber auch sonst nicht an der Ertragsrealisierung hindern.

- Bei materiellen Vermögenswerten drückt sich der Unterschied zwischen Verkauf und Nutzungsüberlassung überdies in der Rückgabe des überlassenen Objekts nach Fristablauf der Nutzungsberechtigung aus.

Bei zeitlich befristeter Softwarelizenzierung erfolgt nach Ablauf des Lizenzzeitraumes hingegen wie bei einem Verkauf keine Rückgabe.[44]

Beispiel

Ein Kunde erhält eine Lizenz für 5 Jahre. Nach Ablauf der 5 Jahre verlängert er sie gegen eine Gebühr für weitere 3 Jahre.

Nach dem *Technical Practice Aid* (TPA) zum (früheren) SOP 97–2 ist mit Auslieferung der Software das komplette Entgelt für die 5-jährige Nutzung zu realisieren. Mit Vereinbarung der Verlängerung ist der komplette Erlös für den Verlängerungszeitraum auszuweisen (TPA 5190.71).

Diesem Vorgehen kann u.E. auch nach IFRS gefolgt werden. Vertretbar ist aber auch, den ursprünglichen Erlös auf die ersten 5 Jahre zu verteilen, das Entgelt für die Verlängerung über die 3 Folgejahre.

Kritisches Kriterium für die Erlösrealisierung bei Gleichstellung der Lizenzierung mit einem Verkauf ist der **Lieferzeitpunkt**. Den amerikanischen Vorschriften sind folgende Grundsätze zu entnehmen:

- Ist die Software **physisch per CD oder Diskette ausgeliefert**, der Kunde jedoch noch nicht in Besitz eines für die Inbetriebnahme notwendigen **Autorisierungsschlüssels**, den er jederzeit über Internet abrufen kann, ist der Erlös realisiert. Der Verkäufer hat seine Leistungsverpflichtungen erfüllt. Der verzögerte Abruf des Autorisierungsschlüssels liegt nicht in seinem Verantwortungsbereich.
- Enthält der Datenträger auch **zusätzliche Software**, für die der Kunde zunächst keine Lizenz erwirbt und sie deshalb erst mit einem weiteren Autorisierungsschlüssel betriebsfähig wird, ist die Erlösrealisierung in dem Zeitpunkt vorzunehmen, in dem der Kunde vertragsgemäß auf diesen Zusatzschlüssel zugreifen **kann**. Auf den tatsächlichen Zugriff kommt es nicht an.
- Umfasst der Softwarevertrag das Recht des Kunden, gegen ein Gesamtentgelt eine bestimmte Maximalzahl von **Kopien** zu beziehen bzw. anzufertigen, ist der gesamte Erlös mit Auslieferung der ersten Kopie bzw. des Produktmasters realisiert. Ist die Lizenzgebühr hingegen eine Funktion der Zahl der Kopien, entsteht der Erlös nur sukzessive mit jeder weiteren.
- Wird die Software im Rahmen einer *hosting*-Vereinbarung geliefert, die den Betrieb der Software auf der Hardware des Lieferanten vorsieht, kommt es darauf an, ob das *hosting* optional oder verpflichtend ist. Hat der Kunde das Recht und die tatsächliche Möglichkeit, jederzeit unmittelbar die Software in Besitz zu nehmen, ist der auf dieses Recht entfallende Anteil des Erlöses mit

---

[44] Weitere Einzelheiten bei LÜDENBACH, PiR 2009, S. 314ff.

Entstehen der Besitznahmemöglichkeit realisiert. An einer ausreichenden Besitznahmemöglichkeit fehlt es dann, wenn die Software nur auf spezialisierter, bei den meisten Kunden nicht vorhandener Hardware läuft oder der Kunde trotz Inbesitznahme noch für eine signifikante Mindestzeit für das *hosting* zahlen muss. In beiden Fällen liegen Serviceverträge und keine Softwarelieferungen vor (EITFIssue 00–3).

Die **Regelungen** zum **Lieferzeitpunkt** heben auf die Erlangung der Verfügungsmöglichkeit durch den Erwerber und nicht auf die tatsächliche Inbesitznahme ab. Auf den früheren Zeitpunkt der Inbesitznahmemöglichkeit stellt z.B. auch IAS 18.IE1 (*„bill and hold sales"*) ab. Die US-Regelungen sind daher u.E. (mit der o.g. Beschränkung auf unbefristete Lizenzierung) **IFRS-konform**.

2.7.2.3 Mehrkomponentengeschäfte über Software

Die Lieferung von Software geht häufig mit der Vereinbarung von Serviceleistungen einher. Soweit die **Serviceleistungen** nicht im *customizing* bestehen und damit keine kundenspezifische Fertigung vorliegt, handelt es sich um ein **Mehrkomponentengeschäft**. Nach den amerikanischen Vorschriften (Rz 88) ist das Mehrkomponentengeschäft dann in Lizenzlieferung einerseits und Service andererseits zu disaggregieren, wenn es einen objektiven Maßstab für die Wertaufteilung gibt. Als **objektiver Aufteilungsmaßstab** sind zugelassen: 91

- der **Preis**, den das Unternehmen **bei separatem Verkauf** bzw. Leistung erzielt, oder,
- falls das Unternehmen die Elemente bislang nicht separat anbietet, der **Preis**, der wahrscheinlich bei der **separaten Markteinführung** des Elementes erhoben wird.

Preisnachlässe, die aufgrund gleichzeitigen „Verkaufs" mehrerer Elemente vereinbart werden, hindern die objektive Wertaufteilung nicht. Sie sind nach dem Verhältnis der *fair values* der Einzelelemente auf diese aufzuteilen. Ist zwar der *fair value* des gelieferten Elementes nicht bestimmbar, jedoch der des noch ausstehenden Elementes, so ist eine residuale Wertaufteilung zulässig und geboten.

Beispiel

U veräußert die zeitlich unbefristete Lizenz L in Verbindung mit einem *post customer support* (PCS) für das erste Jahr. Der Gesamtpreis beträgt 80 TEUR. Der Kunde kann den PCS jeweils für ein weiteres Jahr für einen Betrag von 15 TEUR verlängern. Der Kunde erhält außerdem einen 55%igen Rabatt auf den Listenpreis für alle Produkte, die in den nächsten drei Jahren auf den Markt gelangen.

Nach SOP 98–9 und TPA 5100.74 ist wie folgt zu verfahren:

Der Gesamtpreis von 80 TEUR minus der PCS-Jahresrate von 15 TEUR führt unbereinigt, d.h. vor Rabatt, zu einem Residualwert von 65 TEUR. Bei einem angenommenen Listenpreis von 100 TEUR entspräche dies einem Rabatt von 35 TEUR, zusammengesetzt aus kostenlosem Support des ersten Jahres von 15 TEUR als Naturalkomponente (abzugrenzen) und einer Geldkomponente von 20 TEUR.

Diesem 35%igen Rabatt steht ein 55 %iger Rabatt auf die zukünftigen Produkte (jeweils bezogen auf den Listenpreis) gegenüber. Die Differenz von 20 % ist auf den dreijährigen Rabattzeitraum abzugrenzen. Es ergeben sich somit folgende Buchungen:

Konto	Soll	Haben
Forderung	80	
Lizenzerlös		45
Abgrenzung PCS		15
Abgrenzung Zusatzrabatt		20

Steht in einem Mehrkomponentengeschäft zwar der *fair value* des ausgelieferten Elementes fest, jedoch nicht der der noch ausstehenden Leistung, soll nach den amerikanischen Regeln der gesamte Erlös abgegrenzt werden, bis der Wert der ausstehenden Leistung feststeht oder diese erbracht ist.

Beispiel
Ein Kunde wünscht die für das nächste Jahr angekündigte Version 3.2 eines Softwareproduktes, erhält aber zunächst die Version 3.1 gegen späteres kostenloses Upgrade auf die Version 3.2. Der Upgrade-Preis für andere bereits im Besitz der Lizenz 3.1 befindliche Kunden steht noch nicht fest.
Der gesamte Erlös ist bis zur Feststellung des Upgrade-Preises abzugrenzen. Zu diesem Zeitpunkt kann der residual ermittelte Erlösanteil der Version 3.1 realisiert werden.

Gelingt nach den vorstehenden Grundsätzen **keine objektive Wertaufteilung** und ist das ausstehende Element keine Upgrade-Lieferung, sondern eine **Serviceleistung**, ist nach den amerikanischen Regeln (Rz 88) wie folgt zu differenzieren:

- Handelt es sich bei dem **ausstehenden Element** um *post customer support* (wozu auch unspezifizierte Upgrade-Rechte gehören), ist das gesamte, nicht aufteilbare Entgelt **pro rata** über die Dauer des PCS zu realisieren.
- Handelt es sich bei dem **ausstehenden Element** um **sonstige Serviceleistungen** (Training, Installation, Consulting usw.), ist das gesamte Entgelt **mit Vollendung der Serviceleistungen** bzw. bei einem identifizierbaren zeitlichen Muster der Leistungserbringung verteilt über die Dauer der Leistung zu realisieren.

Die vorstehenden Regelungen sind in der Tendenz mit der rudimentären Regelung der Mehrkomponentengeschäfte in IAS 18.13 kompatibel. Dies gilt auch für die kasuistisch anmutende Unterscheidung zwischen PCS und sonstigem Service, da es hierbei dem Grunde nach um die auch in IAS 18.25 enthaltene Differenzierung zwischen zeitraumbezogenen und zeitpunktbezogenen Leistungen geht.

Zusammenfassend sind die in US-GAAP enthaltenen Mehrkomponentenregelungen u.E. IFRS-verträglich. Hinsichtlich der Frage der Aufteilbarkeit eines Mehrkomponentenerlöses stellen sie allerdings sehr restriktive Anforderungen. Unter anderem soll für die Bestimmung des *fair value* der Elemente nur der **verkäuferspezifische Wert** (***vendor specific objective evidence***), nicht hingegen der am Markt beobachtbare Wert **zählen.** Derartige **restriktive Vorgaben**

sind IAS 18.13 nicht zu entnehmen. Sie können im Sinne einer Selbstbindung des Ermessens des Bilanzierers übernommen werden (IFRS-**Verträglichkeit**). Ein Übernahmezwang ist jedoch u. E. nicht gegeben. Der IFRS-Anwender kann auch eine weniger restriktive Interpretation wählen.

2.7.2.4 Kein *cash accounting* bei Ratenzahlungsvereinbarungen

Sind die übrigen Voraussetzungen einer sofortigen Erlösrealisierung gegeben, sieht die Vereinbarung aber eine über mehr als 12 Monate gestreckte Zahlung vor *(extended payment term)*, ist nach US-GAAP (Rz 88) der Erlös nur **sukzessive** mit Fälligkeit der Raten *(due date)* zu realisieren. Die Praxis spricht von *due date accounting* unter Vernachlässigung des Unterschiedes zwischen Fälligkeit und Zahlung, vereinfacht auch von *cash accounting*. Begründet wird die hinausgeschobene Realisierung mit der raschen technischen „Verderblichkeit" von Softwareprodukten, mit der im Verlauf einer langfristigen Zahlungsvereinbarung die Wahrscheinlichkeit von Zugeständnissen (Zahlungsnachlässe, Rabatte für Folgeprodukte usw.) einhergehe. 92

Da das *cash accounting* zu erwartende Realisierungshemmnisse aus solchen Zugeständnissen reflektieren soll, besteht eine **Rückausnahme**: Kann das Unternehmen anhand seiner eigenen Historie belegen, dass es solche Zugeständnisse bei langfristigen Zahlungsverträgen nicht macht, ist der Erlös sofort zu realisieren.

Diese kasuistischen Sonderregelungen für langfristige Zahlungspläne sind u. E. häufig **nicht mit IAS 18 verträglich**.

Beispiel

Ein Unternehmen veräußert Software (zeitlich unbefristete Lizenzierung) an institutionelle Kunden mit Zahlungsvereinbarungen, die sich regelmäßig über fünf Jahre erstrecken. In der Vergangenheit ist als Anreiz des Erwerbs neuer Produkte in einem technologisch schnelllebigen Umfeld regelmäßig die letzte Rate erlassen worden.

Nach SOP 97–2 ist (unter Vernachlässigung der Abzinsung) der Erlös in den Jahren 1–4 mit jeweils einem Viertel zu erfassen.

IAS 18.29 stellt auf die Wahrscheinlichkeit des Geldzuflusses und die zuverlässige Messbarkeit des Erlöses ab. Unter Beachtung der Rechtsgedanken aus IAS 18.16f. (Lieferung mit Rückgaberecht) sind diese Voraussetzungen dann erfüllt, wenn die Konzessionsquote statistisch bestimmbar ist. Unter Abzug der Konzessionsquote von 20 % wären daher 80 % des Entgeltes sofort als Erlös zu vereinnahmen und lediglich die verbleibenden 20 % einem *cash* bzw. *due date accounting* zu unterwerfen.

2.7.3 Zusammenfassender Befund

Der zuletzt in Sachen *extended payment terms* getroffene Befund lässt sich wie folgt verallgemeinern: 93

- Die durch IAS 8.12 eröffnete Möglichkeit, bei Regelungslücken fremdes Rechnungslegungsrecht (hier US-GAAP) anzuwenden, steht unter dem **Vorbehalt der IFRS-Kompatibilität** dieses Rechts (Rz 88).

- Für die in **amerikanischen Grundunterscheidungen** ist diese **Kompatibilität gegeben**.
- Wichtige **Ausnahmen** ergeben sich hier bei langfristigen Zahlungsvereinbarungen.

Neben den Grundunterscheidungen enthalten die amerikanischen Regelungen aber auch eine umfangreiche **kasuistische Behandlung einzelner Vertragstypen**. Die bilanzpolitische Praxis kann diese Kasuistik in unterschiedlicher Weise nutzen und umgehen. Sie kann zum einen ihre Produkte in Vertragsformen verkaufen, die in den genannten Regeln explizit und mit dem bilanzpolitisch gewünschten Ergebnis behandelt werden. Sie kann zum anderen bewusst Vertragsvarianten erschaffen, die keinem der in den Regelungen enthaltenen Typen entsprechen und deren rechnungsmäßige Abbildung deshalb Optionen zulässt. Mit Blick auf diese bilanzpolitischen Möglichkeiten ist der Beitrag von Kasuistiken zur Objektivierung und Vergleichbarkeit von Jahresabschlüssen begrenzt. Aus Einsicht in diese Problematik, insbesondere in die Anreize, die Kasuistiken zur Umgehung setzen, verfolgt der IASB programmatisch das Konzept einer prinzipien- statt kasusbasierten Rechnungslegung (vgl. (→ § 1 Rz 42ff.).

In Anbetracht dieser Zielsetzung kann IAS 8.12 **kein Freibrief** dafür sein, Kasuistiken fremder Rechnungslegungssysteme unbesehen im IFRS-Abschluss anzuwenden (→ § 1 Rz 74). Weder ist die kasuistische Lösung des fremden Systems notwendig IFRS-kompatibel, noch führt die fehlende Fallbehandlung im fremden System notwendig auch in der IFRS-Bilanz zum daraus erhofften bilanzpolitischen Spielraum. Sowohl die Übernahme der Falllösung des fremden Rechnungslegungssystems als auch die anstelle einer fehlenden Falllösung gesetzte eigene bilanzpolitische Entscheidung bleiben in jedem Fall auf die **Verträglichkeit** mit den in IAS 18 niedergelegten Grundsätzen zu prüfen. Die u. E. wichtigsten, vorstehend in der Auseinandersetzung mit SOP 97–2 herausgearbeiteten Grundsätze der Erlösrealisierung bei Softwarefertigung nach IFRS sind in der Abbildung 4 zusammengefasst.

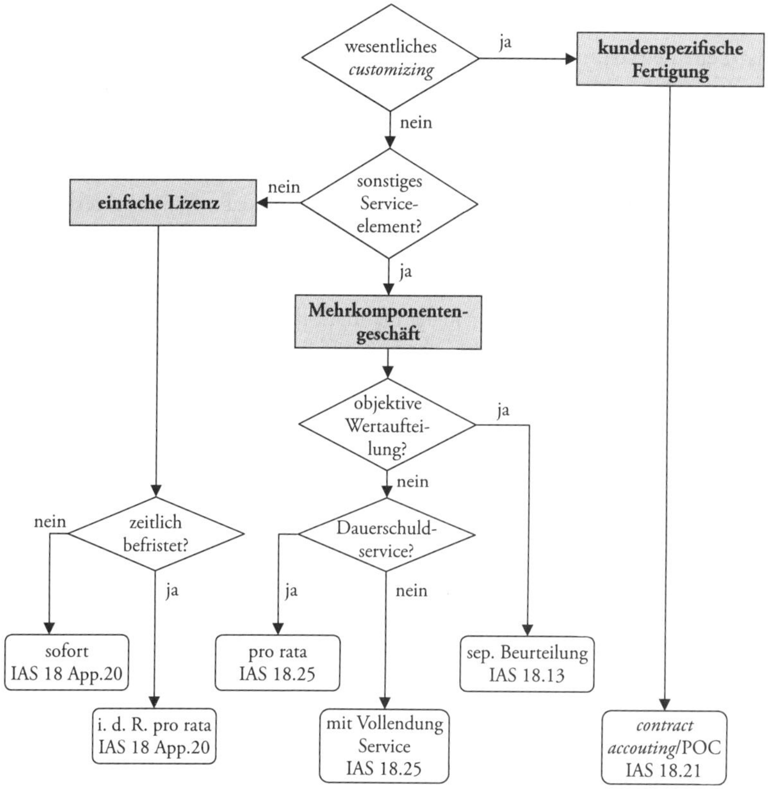

Abb. 4: Erlösrealisierung Software

2.8 Erlöse aus rechtsmängelbehafteten Geschäften

2.8.1 Die rechtlichen Bedingungen der Übertragung des wirtschaftlichen Eigentums: *no substance without form*[45]

Die **zivile Rechtslage** ist für die personale Zurechnung eines Vermögenswertes 94
und damit für den **Realisationszeitpunkt** nicht irrelevant. In diesem Sinne führt die Einleitung des Kapitels „*Sale of Goods*" in IAS 18.IE an: „*In particular, the law may determine the point at time at which the entity transfers the significant risks and rewards of ownership.*"

Es gilt somit zwar die Maxime *substance over form*, aber eben *nicht substance without form*. Unabhängig davon, ob das wirtschaftliche Eigentum bzw. der Zeitpunkt seiner Übertragung (Realisation) etwa wie im Steuerrecht tatbestandsseitig stärker an der Sachherrschaft oder wie in den IFRS stärker an den Chancen und Risiken festgemacht wird, gilt: Das Zivilrecht entscheidet in vielen Fällen

45 Vgl, zum Ganzen auch LÜDENBACH/HOFFMAN, DB 2009, S. 861 ff.

allein, in fast allen Fällen aber mindestens mit über das Innehaben der Sachherrschaft bzw. das Tragen von Risiken und Chancen. Eine „freischwebende" wirtschaftliche Betrachtungsweise kann es in keiner Rechtsverordnung geben. Auch die „Wirtschaft" bewegt sich, wie IAS 18.IE betont, im Gehäuse von Recht und Gesetz.

95 Entsprechendes hat der BGH für das **Handelsrecht** entschieden und daher einer unkontrollierten wirtschaftlichen Betrachtungsweise eine klare Absage erteilt. Im Urteilsfall ging es um ein auf fremdem Grund und Boden ohne gesicherte Rechtsposition erbautes Gebäude. Der BGH lehnt eine Bilanzierung beim Erbauer des Gebäudes mit folgenden Gründen ab:

> „Vermögensgegenstände dürfen in der Handelsbilanz des Kaufmanns nur dann aktiviert werden, wenn sie seinem Vermögen (§ 242 Abs. 1 HGB) zugerechnet werden können. Es ist zwar im Grundsatz allgemein anerkannt, dass über die Vermögenszugehörigkeit in diesem Sinne nicht die materiell-rechtliche Zuständigkeit, sondern die wirtschaftliche Zurechenbarkeit entscheidet … Diese … wirtschaftliche Betrachtungsweise darf jedoch nicht den Blick dafür verstellen, dass die Zugehörigkeit eines Gegenstandes zu einem bestimmten Vermögen zumindest in erster Linie von den zivilrechtlichen Regelungen bestimmt wird, die darüber entscheiden, wer einen Gegenstand nutzen, als Kreditunterlage einsetzen und über ihn verfügen kann. Die Vernachlässigung dieses Befundes zugunsten einer unkontrollierten wirtschaftlichen Betrachtungsweise, die auf die notwendige, die Zuordnung zum Vermögen des bilanzierenden Kaufmanns erst rechtfertigende zivilrechtliche Absicherung seiner Position verzichtet, würde zu einer gegen das auch hier geltende Vorsichtsprinzip … verstoßenden irreführenden, weil zu günstigen Darstellung der Vermögenslage führen. Die Bilanzierung von Vermögensgegenständen, die zivilrechtlich einem anderen Rechtssubjekt gehören, unter dem Gesichtspunkt „wirtschaftliches Eigentum" muss deshalb als Ausnahmetatbestand aufgefasst werden, der allenfalls in Betracht kommen kann, wenn das bilanzierende Unternehmen gegenüber dem bürgerlich-rechtlichen Eigentümer eine auch rechtlich abgesicherte Position hat, die es ihm ermöglicht, diesen dauerhaft dergestalt von der Einwirkung auf die betreffenden Vermögensgegenstände auszuschließen, dass seinem Herausgabeanspruch bei typischem Verlauf zumindest tatsächlich keine nennenswerte praktische Bedeutung zukommt. Substanz und Ertrag des Vermögensgegenstandes müssen mithin, und sei es auch nur aufgrund schuldrechtlicher Berechtigungen, vollständig und auf Dauer dem bilanzierenden Unternehmen und nicht dem bürgerlich-rechtlichen Eigentümer zuzuordnen sein. Nur unter dieser Voraussetzung kann von der formalen zivilrechtlichen Eigentumslage abgesehen und der in dem Gegenstand verkörperte Vermögenswert mit den entsprechenden bilanzrechtlichen Folgen dem Vermögen des mit dem Eigentümer nicht identischen bilanzierenden Unternehmens zugerechnet werden."

96 Eine Chance, d. h. die Möglichkeit zur Realisierung von Wertsteigerungen und/oder zur Fruchtziehung, liegt häufig beim rechtlichen Eigentümer. Einem andern ist sie zuzurechnen, wenn dieser den rechtlichen Eigentümer auf Dauer davon

abhalten kann, seinerseits die Wertsteigerung oder Fruchtziehung zu realisieren. In unserer Rechtsordnung setzt dies das Innehaben entsprechender schuldrechtlicher Ansprüche gegenüber dem Eigentümer voraus. Diese Überlegungen gelten auch für das Risiko. Die Gefahr der Wertminderung liegt regelmäßig beim rechtlichen Eigentümer. Zur Verlagerung auf einen anderen bedarf es schuldrechtlicher Ansprüche, z.B. der Put-Option des Eigentümers bei Wertminderung.

Beim hier interessierenden **nichtigen**, weil z.B. **formunwirksamen Geschäft** liegen zumindest die nach IAS 18 maßgeblichen **Risiken und Chancen** der Wertänderung beim rechtlichen Eigentümer. Für eine abweichende bilanzielle Zuordnung und eine vorzeitige Ertragsrealisierung ist damit i.d.R. kein Raum.

Beispiel

Am 30.12.01 vereinbaren die ehrbaren hanseatischen Kaufleute V und K mündlich die Übertragung des Eigentums an der leer stehenden Immobilie X. Die Schlüssel werden sofort übergeben. K nimmt die Immobilie noch am 31.12. in Besitz.

Am 6. Januar schließen beide den notariellen und damit wirksamen Kaufvertrag ab.

Beurteilung

Im Zeitraum bis zum 6. Januar kann V ähnlich wie der Inhaber einer Call-Option die Immobilie jederzeit zurückfordern. Umgekehrt kann K – ähnlich wie der Inhaber einer Put-Option – sie jederzeit zurückgeben.

Bei aus Objektvierungsgründen typisiert zu unterstellendem rationalen Verhalten wird V die „Call-Option" ausüben, wenn es vor notariellem Vertag zu überraschenden Wertsteigerungen der Immobile kommt, K umgekehrt die „Put-Option" ausüben, wenn überraschend eine Wertminderung eintritt.

Die Chance der Wertsteigerung und das Risiko der Wertminderung bleiben also bis zum Abschluss des formwirksamen Vertrags bei K. Der Umsatz darf daher erst in neuer Rechnung erfasst werden.

Verallgemeinert gilt: Haben sich die Parteien am Stichtag noch nicht endgültig gebunden, ist es ihnen also jederzeit möglich, den Vollzug des Vertrags noch zu verhindern, ließe sich eine gleichwohl vorgenommene Erlösrealisation beim Veräußerer nur mit dem mutmaßlichen Willen der Beteiligten und insofern mit einem subjektiven Moment begründen. Dies widerspräche nicht nur den **Objektivierungserfordernissen** der Rechnungslegung, sondern überdies dem **Stichtagsprinzip:** Die rechtswirksame und bindende Erklärung des Willens im neuen Jahr ist kein ansatzerhellendes, sondern ein **ansatzbegründendes** Ereignis (→ § 4 Rz 17ff.). Der Übergang von der bloßen Absicht zur durchsetzbaren rechtlichen Bindung ist eben kein deklaratorischer, sondern ein konstitutiver Akt: „Drum prüfe (in unserer Rechtsordnung), wer sich (ewig) bindet. ... Der Wahn ist kurz, die Reue lang." 97

Anders kann die Beurteilung **schwebend unwirksamer Geschäfte** sein, deren Wirksamkeit an der Zustimmung eines Dritten, also etwa an **behördlichen Genehmigungen** hängt, wobei der Dritte in der Erteilung oder Nichterteilung dieser Zustimmung an Recht und Gesetz gebunden ist und über kein oder wenig 98

Ermessen verfügt. Hier ist Raum für Wahrscheinlichkeitsbeurteilungen. Diese sind dann darauf gerichtet, ob objektive Gründe für oder gegen den Erhalt der Zustimmung sprechen. Die Absichten und Intentionen der Bilanzierenden (also subjektive Momente) sind nicht tangiert. Das Objektivierungsprinzip wird gewahrt. Ist danach die Erteilung der Zustimmung mit an Sicherheit grenzender Wahrscheinlichkeit zu erwarten, bestehen bei Erfüllung der übrigen Voraussetzungen keine Bedenken gegen einen sofortigen Übergang des wirtschaftlichen Eigentums und damit eine sofortige Erlösrealisierung (→ § 31 Rz 33).

2.8.2 Besonderheiten bei Portfoliobetrachtung

99 Bei einem **Portfolio** rechtsmängelbehafteter Verträge kann u. U. der Erlös bereits vor Rechtswirksamkeit des Geschäfts realisiert werden. Für ein solches Vorgehen spricht die Behandlung eines analogen Problems: Bei Lieferungen mit **Rückgaberecht** des Verkäufers, also bis zum Ablauf der Rücktrittsfrist nicht endgültig wirksamen Geschäften, macht eine handelsrechtliche Meinung in Übereinstimmung mit IAS 18 (Rz 28ff.) die Aktivierung einer Kaufpreisforderung sowie die Realisation von Umsatz davon abhängig, ob die Rückabwicklungsquote wie im Versandhandel statistisch fassbar ist.[46]

Eine Portfoliobetrachtung verlagert die Bilanzierung von der Ansatzfrage (Ja-Nein-Entscheidung) auf eine statistische Bewertungsfrage (Mehr-oder-Weniger-Entscheidung). Für Fälle einer *„large population"* (Gesetz der großen Zahl; F.85) scheint dies angemessen (→ § 1 Rz 88). **Rechtliche** Mängel eines Aktivportfolios werden dann nicht anders behandelt als **wirtschaftliche** Mängel, die etwa in Bonitätsfällen über pauschale Wertberichtigungen berücksichtigt werden.

Beispiel

Versicherungsmakler X hat in der Vergangenheit Verträge über Lebensversicherungen vermittelt, bei denen die versicherte Person ein unter 7 Jahre altes Kind des Versicherungsnehmers war. Die Verträge enthalten in nicht wenigen Fällen eine Todesfallleistung, die auch bei Tod des Kindes vor der Vollendung des 7. Lebensjahrs den Betrag der gewöhnlichen Beerdigungskosten übersteigt. Derartige Verträge bedürfen gem. § 159 Abs. 3 VVG (Versicherungsvertragsgesetz) der Einwilligung des Kindes qua Einschaltung eines Ergänzungspflegers. Bei den genannten Verträgen wurde diesem Erfordernis häufig nicht Rechnung getragen. Die betreffenden Verträge sind daher rechtlich nicht oder schwebend wirksam. Soweit die Unwirksamkeit von einem Versicherungsnehmer erfolgreich geltend gemacht wird, hat X die Abschluss- und Bestandspflegeprovisionen zu Unrecht erhalten und daher zu erstatten. Bisher ist dieser Fall aber nur in ganz wenigen Fällen (1 %) eingetreten. Mit einer wesentlichen Erhöhung dieser Zahl wird nicht gerechnet.

Da das VVG keine Rechtsfolgenregel trifft, sind die Auswirkungen einer fehlenden Beteiligung eines Ergänzungspflegers allerdings strittig:

- Nach einer ersten Auffassung sind die Lebensversicherungsverträge (und damit die Provisionsvergütung an X) schwebend unwirksam, erlangen

[46] So, WPH, 2. Aufl., I E, S. 426, und ADS, § 246; Tz 57.

aber auch ohne Einschaltung des Ergänzungspflegers mit Vollendung des 7. Lebensjahres Wirksamkeit (Heilung durch Zeitablauf).

- Eine zweite Auffassung sieht eine Heilungsmöglichkeit nur durch Einwilligung des Kindes, d.h. durch Einschaltung eines Ergänzungspflegers oder durch Einwilligung des volljährig gewordenen Kindes (Heilung durch Einwilligung). Hierbei wird angenommen, dass den Eltern die vertragliche Nebenpflicht obliegt, das Ihre zur Herbeiführung der Einwilligung zu tun.
- Nach einer dritten Auffassung sind die Verträge unhaltbar nichtig.

Während bei einem einzelnen Geschäft wegen der Rückabwicklungsmöglichkeit keine Erlösrealisierung möglich wäre, ist dies bei einem Portfolio u.E. i.H.d. verlässlich geschätzten Quote nicht erwarteter Rückabwicklungen zulässig.

Wegen eines weiteren Falls der Portfoliobetrachtung wird auf Rz 50 verwiesen. 100

3 Bemessung der Erlöse

3.1 Tauschgeschäfte

Der Tausch gleichartiger Vermögenswerte führt nach IAS 18.12 – ähnlich IAS 16.24 (→ § 14 Rz 13) und IAS 38.45 (→ § 13 Rz 74) – u.U. nicht zu Erlös bzw. Ertrag *(revenue)*. Anders der Tausch ungleichartiger Güter (Rz 39). 101

Die Höhe des bei Tausch ungleichartiger Güter anzusetzenden Erlöses ergibt sich aus dem **Zeitwert** (***fair value***) der erhaltenen Leistung, korrigiert um evtl. Barelemente der Transaktion. Eine „Buchwertfortführung", bei der der Buchwert des abgehenden Vermögenswertes den Erlös sowie daneben die Anschaffungskosten des neuen Gutes bestimmt, ist nicht zulässig.

Ist der Zeitwert der erhaltenen Leistung **nicht verlässlich** bestimmbar, muss nicht nur die Gewinnrealisierung unterbleiben. Auch ein Erlös *(revenue)* darf nicht ausgewiesen werden (Rz 39); verwiesen wird für Sachanlagen auf → § 14 Rz 13 und für immaterielle Anlagen auf → § 13 Rz 24.

3.2 Kommissions- und kommissionsähnliche Geschäfte

Der Kommissionär hat nicht den in Rechnung gestellten Bruttoumsatz, sondern nur seine **Spanne** bzw. **Provision** als Erlös auszuweisen (IAS 18.IE6). 102

Kommissionsgeschäfte liegen nach § 383 Abs. 1 HGB vor, wenn ein Kaufmann im Betrieb seines Handelsgewerbes im **eigenen** Namen, aber für Rechnung eines **Dritten** ein Geschäft tätigt. 103

Ein Ausweis des Umsatzes nur i.H.d. Marge ist darüber hinaus aber auch dann geboten, wenn zwar rechtlich keine Verkaufskommission vorliegt, aber der Verkäufer wirtschaftlich *(in substance)* wie ein Verkaufskommissionär handelt (Rz 82). Zur Frage, wann dies der Fall ist, enthält IAS 18 bisher keine klaren Regeln. Der IFRIC hat dem Board daher empfohlen, die Vorgaben von IAS 18.8 und IAS 18.IE6 zu konkretisieren. Im *Annual Improvements Project* 2009 wurde diese Anregung in IAS 18 Appendix, Tz 21 aufgenommen:

- Ob ein Unternehmen in eigener Sache *(as a principal)* oder als Quasi-Kommissionär *(as an agent)* handelt, ist eine Sache der Fakten und Umstände des

Einzelfalls und ihrer Würdigung. Hierbei ist **konzeptionell** ein Handeln in eigener Sache anzunehmen, wenn die signifikanten **Chancen** und **Risiken** der Transaktionen beim Unternehmen liegen.

- **Indikatoren** für ein Handeln in eigener Sache sind:
  (a) Das Unternehmen hat die primäre Verantwortung für die Leistungserbringung, ist etwa für deren ordnungs- und vertragsgemäßen Zustand verantwortlich **(Gewährleistung).**
  (b) Das Unternehmen trägt vor oder nach Eingang des Kundenauftrags, während des Transports oder bei Rückgabe das **Bestandrisiko** (***inventory risk***).
  (c) Das Unternehmen bestimmt in signifikantem Maße den **Absatzpreis** der Leistung, entweder direkt oder durch Angebot von (kostenlosen) Zusatzleistungen.
  (d) Das Unternehmen trägt das auf den Kunden bezogene **Bonitätsrisiko.**

Zwischen Konzept (Prinzipienbasierung) und Indikatoren (Kasuistik) bestehen u. E. folgende beispielhaften Zusammenhänge:

- **Indikator a:** Ein Einzelhändler handelt nicht schon dann in eigener Sache, wenn er im Außenverhältnis gegenüber dem Kunden das **Gewährleistungsrisiko** trägt, aber im **Innenverhältnis** fast vollständig auf Produzenten oder Vorlieferanten zurückgreifen kann. Die konzeptionell gebotene Feststellung, dass der Einzelhändler die relevanten Risiken der Transaktion trägt, kann nicht unter alleinigem Verweis auf das Außenverhältnis getroffen werden.
- **Indikator d:** Wenn in der Transaktion kein **relevantes Bonitätsrisiko** besteht, etwa weil fast alle Geschäfte in bar oder über Kreditkarte abgewickelt werden, indiziert die Tragung des in wenigen anders gelagerten Fällen verbleibenden Bonitätsrisikos nicht die Übernahme der Risiken und somit noch kein Handeln in eigener Sache.

Im Rahmen einer Gesamtwürdigung müssen im Übrigen nicht alle Indikatoren gleich stark ausgeprägt sein.

Beispiel

U betreibt einen Internet-Handel. Die Kunden zahlen direkt per Kreditkarte. Die Bestellung wird nach Kreditkartenprüfung automatisch an den Produzenten P weitergeleitet, der die Ware unmittelbar an den Kunden ausliefert und im Innenverhältnis P – U für alle Mängel geradesteht. In Absprache mit P kalkuliert U seine Verkaufspreise so, dass sie je nach Ware 125 % – 150 % des zwischen ihm und P vereinbarten Preises betragen.

- U hat keine Risiken aus Vorratsvermögen, deren physischer oder preislicher Wertminderung.
- Er trägt die Gewährleistungspflichten nur im Innenverhältnis, d. h. wirtschaftlich gerade nicht.
- Angesichts der Kreditkartenzahlung besteht kein relevantes Delkredererisiko.

U handelt deshalb kommissionsähnlich und weist nur die Differenz von Verkaufs- und Einkaufspreis als Erlös aus.

Ein weiteres Beispiel für eine wirtschaftliche **Verkaufskommission** liefert der Flug- oder Bahnkartenverkauf durch ein Reisebüro. Ein kommissionsähnliches Geschäft wäre auch dann zu bejahen, wenn das Reisebüro in bestimmtem Umfang das Delkredererisiko trüge.[47] IAS 18 behandelt allerdings nur die Fälle der Verkaufskommission und des einer Verkaufskommission ähnlichen Geschäftes. Ob analog auch bei einer **Einkaufskommission** ähnlichen Geschäften der Umsatz nur in **Margenhöhe** auszuweisen ist, bleibt offen.[48] **Gegen** eine solche Ausweitung per Analogie spricht aber, dass z.B. im Großhandel ein Einkauf (beim Zulieferer) nach Bestellungseingang (vom Handelskunden) längst keinen Ausnahmefall mehr darstellt. Eine extensive Anwendung des Begriffs des kommissionsähnlichen Geschäftes würde daher in jedem Einzelfall eine Feststellung bedingen, ob die Ware schon vor oder erst nach Bestelleingang vom Kunden beim Zulieferer bestellt wurde. Derartige Differenzierungen wären nicht praktikabel. Sie würden außerdem nicht dem Zweck der Rechnungslegung dienen, interperiodische und zwischenbetriebliche Vergleiche zu ermöglichen, da je nach zeitlichen Abläufen der einen oder der anderen Periode bzw. des einen oder des anderen Betriebes Umsätze trotz gleicher rechtlicher und tatsächlicher Verhältnisse unterschiedlich ausgewiesen würden.

Auch das Remissionsrecht im Verlagswesen kann zu einem kommissionsähnlichen Handeln der Zeitschriften- und Buchhändler bzw. Pressegrossisten führen. Fraglich ist dann nicht nur die Höhe der Erlöse beim Händler oder Grossisten, sondern auch der Umsatzrealisationszeitpunkt beim Verlag (Rz 82).[49]

3.3 Zinseffekte bei starker zeitlicher Abweichung von Leistungs- und Zahlungszeitpunkt

Bei zinsloser Stundung des Leistungsentgelts (Ratenzahlungen, unüblich lange 104
Zahlungsziele) ist die Einnahme **abzuzinsen**. Nach den Regeln für **Mehrkomponenten**geschäfte (Rz 78) ist neben dem Grundgeschäft ein **Kredit**geschäft zu bilanzieren. In Höhe des abgezinsten Betrages (Barwert) liegt ein Erlös aus der Veräußerung von Gütern oder Erbringung von Dienstleistungen (Grundgeschäft) vor. Die Differenz von Nominal- und Barwert führt über die Dauer der Stundung zu **Zinsertrag** (IAS 18.11).

Umgekehrt kann der Kunde in Vorleistung treten und eine Anzahlung mit unüblich langem Vorlauf leisten. Die erhaltene Anzahlung ist u.E. ebenfalls mit dem Barwert anzusetzen und über die Dauer der Vorleistung aufwandswirksam aufzuzinsen. Im Zeitpunkt der Erbringung der Grundleistung ist die aufgezinste Anzahlung aufzulösen. Der Umsatz aus dem Grundgeschäft entspricht mithin dem aufgezinsten Betrag.

Beispiel

Wegen eines Nachfrageüberhangs an Silizium schließt der Solarwaferhersteller S bereits Mitte 01 mit dem Siliziumproduzenten P einen Vertrag über die

[47] So auch KMPG, Insights into IFRS, 2006/2007, Tz 4.2.30.40.

[48] Bei der Verkaufskommission liefert der Kommittent an den Kommissionär, der dann wiederum an den Käufer liefert. Die Einkaufskommission stellt den umgekehrten Fall dar, bei dem der Verkäufer an den Kommissionär und dieser dann weiter an den Dritten liefert.

[49] Zu beiden Aspekten UNKELBACH, PiR 2008, S. 135ff.

> Lieferung Mitte 03 ab. Auf Basis eines erwarteten Spotpreises von 121 vereinbaren die Parteien eine sofort fällige Kaufpreiszahlung von 100. Der relevante Fremdkapitalzins beträgt 10 %.
> P passiviert den vereinnahmten Betrag mit 121/1,21 = 100.
> Bis Mitte 03 bucht er insgesamt Zinsaufwand von 21 gegen die Verbindlichkeit.
> In 03 realisiert er einen Umsatz von 121.

Ein vergleichbares Beispiel enthält → § 9 Rz 33 aus Sicht der Aktivierungspflicht von Zinsaufwand.
Aus *materiality*-Gründen kann sowohl im Stundungs- wie im Vorleistungsfall bei geringen Beträgen eine Abzinsung **entbehrlich** sein. In noch stärkerem Maße gilt dies bei zwar zinshaltiger, aber unter dem Marktzins liegender Stundungsvereinbarung (Rz 78ff.).

3.4 Erlösschmälerungen, Ertrags-Aufwands-Saldierungen

3.4.1 Erlösschmälerungen i.e.S.

105 Nach IAS 1.36 sind bestimmt, Erlöse mit gewährten Preisnachlässen und Rabatten zu **saldieren**. Entsprechend ist mit in bar gewährten Boni zu verfahren. Anders kann je nach konkreter Ausgestaltung bei Sach-Boni, etwa im Falle von Kundenbindungs- bzw. **Treueprämienprogrammen**, zu verfahren sein (Rz 106). Mit **Skonti** ist nach IFRIC[50] wie folgt zu verfahren:

- Skonti sind **erlösmindernd** zu buchen.
- Bei kurz vor dem Stichtag erfolgten Verkäufen und einer erst nach dem Stichtag endenden Skontofrist ist die Umsatzkürzung noch in **alter Rechnung** und der Höhe nach auf Basis des wahrscheinlichen Zahlungsverhaltens vorzunehmen. Nach dem Stichtag erlangte Erkenntnisse sind wie ein werterhellender Tatbestand zu berücksichtigen.

3.4.2 Kundenbindungsprogramme (Sach-Boni)

106 Dem Kunden kann ein sofortiger Sachbonus etwa folgender Art gewährt werden: *„Buy two – get third for free.“* Bei entsprechenden Verkaufsaktionen im Einzelhandel ergeben sich keine besonderen Ausweisprobleme, da Grundlieferung und Bonuslieferung zeitgleich erfolgen, sich die Frage der Umsatzabgrenzung oder der Rückstellung also nicht stellt. Überdies liegt bei substantieller Betrachtung nicht wirklich ein Sach-Bonus vor. Der Kunde hat drei Produkte für einen dem doppelten Listenpreis entsprechenden Paketpreis erworben, mithin (bei drei identischen Produkten) einen baren Preisnachlass von 1/3 erhalten.
In anderen Fällen, nämlich bei Kundenbindungs- bzw. **Treueprämienprogrammen** (Miles and More, Payback usw.), liegt zwischen den bonusbegründenden Verkäufen/Leistungen und der Inanspruchnahmen des Bonus ein längerer Zeitraum. Zu unterscheiden ist dabei zwar nach

50 IFRIC, Update Juli 2004, Agenda Rejection („Non-IFRIC“).

- der sachlichen **Reichweite** des Programms: zwischen unternehmensindividuellen Programmen und solchen, bei denen sich mehrere Unternehmen zusammenschließen,
- der Waren-/Produkt**art**: zwischen Eigen- und Fremdwaren/-produkten,
- nach den **Freiheitsgrad**: zwischen festgelegten und von Kunden aus einem Katalog wählbaren Produkten.

Das Problem der **zeitlichen Verzögerung** ist aber in allen Varianten gegeben. Fraglich ist daher, ob

- über **Rückstellungen** oder **Abgrenzungs**posten *(deferred revenues)* bilanziell Vorsorge für die zukünftigen Bonusinanspruchnahmen getroffen werden soll und
- der Passivposten **umsatzkürzend** oder **aufwandswirksam** zu bilden ist.

Zu dieser Frage hat der IFRIC im Juni 2007 den Standard IFRIC 13 *Customer Loyalty Programmes* vorgelegt.[51] Der Entwurf orientiert sich eng an IAS 18, um nicht neues Recht zu schaffen. Ein Vorgehen nach IFRIC 13 ist daher schon jetzt **vertretbar** (Rz 123).

Die Interpretation diskutiert **drei** Bilanzierungsansätze für Kundenbindungs- 107
programme (IFRIC 13.BC6ff.):

- **Umsatzkürzende** Einbuchung eines **Abgrenzungs**postens unter Bezugnahme auf die Mehrkomponentenregelungen in IAS 18.13.
- **Aufwandswirksame** Einbuchung einer **Rückstellung** unter Bezugnahme auf IAS 18.19.
- **Differenziertes** Vorgehen nach Höhe des Bonus und nach Eigen- oder Fremdwaren/-produkten.

Der Standard entscheidet sich für die erste Variante. Der Verkauf unter Gewährung von Treuepunkten wird danach als **Mehrkomponentengeschäft** (Rz 68ff.) gedeutet. Der Gesamtpreis entfällt mit einem (dem größten) Teil auf die jetzige Leistung/Lieferung, mit einem zweiten (dem geringeren) Teil auf die zukünftige Leistung/Lieferung.

Die **Aufteilung** zwischen aktuellem und abzugrenzendem Umsatz kann wahl- 108
weise erfolgen

- nach der Methode der relativen *fair values* oder
- indem primär nur der Wert der abzugrenzenden Bonusverpflichtung ermittelt und daraus der bereits realisierte Teil als Restwert (Verkaufspreis minus Bonus) abgeleitet wird (IFRIC 13.6 und BC14).

Der *fair value* der **Bonusverpflichtung** (bzw. aus Sicht des Kunden: Bonusanspruchs) ergibt sich vorrangig aus dem bei **separater** Veräußerung der bonusgegenständlichen Leistung erzielbaren Preis, also aus dem *fair value* des Gegenstandes, zu dessen Erwerb der Bonus berechtigt. Zur Ableitung des *fair-value*-Anteils des Bonusanspruchs sind hiervon aber – so das *Annual Improvements Project* 2010 – der erwartete Verfall von Bonusansprüchen (*expected forfeitures*) und Rabatte, die Kunden ohne Bonusanspruch auf den Gegenstand gewährt würden, abzuziehen (IFRIC 13.16 und IFRIC 13.AG2). Bei Wahlrechten der Kunden hinsichtlich des konkreten Bonus und unterschiedlichen *fair values* der Bonusalternativen sind die wählbaren Ausübungsalternativen in gewichteter Wahrscheinlichkeit zu berücksichtigen (IFRIC 13.AG2). Lautet der

51 Vgl. Kühne/Schreiber, KoR 2006, S. 573ff.; Driesch, WPg 2006, S. 1345.

Sachbonus nicht auf eigene, sondern **fremde** Leistungen (etwa: Hotel gewährt Punkte für Flugbonusprogramme), stellt der an den Fremden (hier vom Hotel an die Fluglinie) je Bonuspunkt zu zahlende Betrag eine angemessene Ausgangsschätzung des *fair value* dar, ist jedoch um die im Geschäft des Fremden übliche Profitmarge zu erhöhen (IFRIC 13.AG3).

109 Die Wahrscheinlichkeit von **Verfall/Nichtausübung** des Bonusrechts ist bei der Ersterfassung in der Weise zu berücksichtigen, dass der *fair value* jedes Bonuspunkts als Produkt aus Einlösungswahrscheinlichkeit und Wert des eingelösten Punktes ermittelt wird. Die Wahrscheinlichkeit beeinflusst überdies den Auflösungs**zeitraum** des Abgrenzungspostens. Der Auflösungsbetrag der jeweiligen Periode entspricht dem Verhältnis von eingelösten Bonusansprüchen zu insgesamt erwarteten Einlösungen. Wenn die diesbezüglichen Annahmen sich zu einem späteren Zeitpunkt als korrekturbedürftig erweisen, ist der Passivposten anzupassen.

Beispiel

Bei einer Einzelhandelskette erhält der Kunde aufgrund eines am 2.1.01 neu aufgelegten Bonusprogramms pro Euro Einkauf 1 Treuepunkt. Der Zeitwert eines Treuepunktes wird auf 0,0111 EUR **vor** Berücksichtigung der Einlösungswahrscheinlichkeit geschätzt. Die Punkte sind unbefristet, aber nur bei Einkauf in den Läden der Kette einlösbar. In 01 wurden 1 Mrd. Punkte ausgegeben und 450 Mio. Punkte eingelöst. Das Management geht von einer Einlösung von insgesamt 90 % der Punkte aus, davon je 225 Mio. in 02 und 03. In 02 wird die Gesamterwartung bei tatsächlich 150 Mio. eingelösten Punkten auf 75 % revidiert. Nach weiteren 150 Mio. in 03 eingelösten Punkten wird nicht mehr mit weiteren wesentlichen Einlösungen gerechnet.

Der passive Abgrenzungsposten entwickelt sich wie folgt:

in 01 ausgegebene Punkte		1.000.000.000
× EUR/Punkt (**nach** Berücksichtigung der Einlösungswahrscheinlichkeit von 90 %)		0,01
= pass. Abgrenzung vor Auflösung		10.000.000 EUR
insgesamt erwartete Einlösung von Punkten	900.000.000	
schon in 01 eingelöste Punkte	450.000.000	
in % Gesamterwartung	50,00 %	
Auflösung in 01		–5.000.000 EUR
= passive Abgrenzung 31.12.01		5.000.000 EUR
revidierte Gesamterwartung 31.12.02	750.000.000	
in 02 eingelöste Punkte	150.000.000	
in % revidierte Gesamterwartung	20,00 %	
planmäßige Auflösung in 02		–2.000.000 EUR
„Nachholung" für 01 50 % x (900 / 750 – 1)	10,00 %	–1.000.000 EUR
= passive Abgrenzung 31.12.02		2.000.000 EUR

unveränderte Gesamterwartung		
31.12.03	750.000.000	
in 03 eingelöste Punkte	150.000.000	
in % revidierte Gesamterwartung	20,00 %	
Auflösung in 03		–2.000.000 EUR
= passive Abgrenzung 31.12.03		0 EUR

Kann der Kunde den **Sachbonus** nur **beim Unternehmen selbst** gegen Waren, die das Unternehmen in seinem regelmäßigen Angebot hat, einlösen, führt dies i. H. d. Auflösung des Passivpostens zu **Umsatz**. Lautet der Bonus hingegen auf vom Unternehmen selbst nicht angebotene **Leistungen Dritter**, reduziert sich die Rolle des Unternehmens regelmäßig auf ein **kommissionsähnliches Handeln** (Rz 80). Umsatz aus den Boni entsteht dann nur i. H. d. Differenz zwischen dem Zeitwert des Bonus und dem für den Bonus an den Dritten zu zahlenden Betrag. Sofern Anspruch des Kunden und Zahlungsverpflichtung des Unternehmens gegenüber dem Dritten dem Grunde nach sofort entstehen, ist auch der kommissionsähnliche Umsatz sofort zu vereinnahmen. 110

Beispiel

Bei einer Hotelkette erhält der Kunde aufgrund eines am 2.1.01 neu aufgelegten Bonusprogramms pro 1 Euro Übernachtungspreis 1 Treuepunkt, der bei einer Fluglinie eingelöst werden kann. Der Zeitwert eines Treuepunktes wird vor Berücksichtigung der Einlösungswahrscheinlichkeit auf 0,01 EUR geschätzt. An die Fluggesellschaft zahlt die Hotelkette 0,006 EUR/Punkt. Die Differenz von 0,004 EUR/Punkt erklärt sich z. T. aus der unterstellten Gewinnmarge der Fluggesellschaft, z. T. aus der einvernehmlichen Schätzung von Hotel und Fluggesellschaft, dass nur 75 % der Punkte eingelöst werden. Die Zahlung an die Fluggesellschaft ist 4 Wochen nach Ablauf des Geschäftsjahres fällig. Die Kunden können die Punkte sofort einlösen.

Der Umsatz aus dem Sachbonus ergibt sich wie folgt:

in 01 ausgegebene Punkte	1.000.000.000
x EUR/Punkt (Zeitwert)	0,01
= Bruttoumsatz aus Sachbonus	10.000.000
– Zahlung an den Dritten aus Sachbonus	–7.500.000
= Nettoumsatz aus Sachbonus	2.500.000

3.4.3 Nachbetreuungsleistungen und vereinnahmte *up-front fees*

Das Saldierungsgebot aus IAS 1.36 ist u. E. nicht auf die typischen Fälle der Erlösminderung beschränkt: 111

- Nach IAS 18.13 ist ein im Verkaufspreis enthaltener Betrag für wesentliche **Nachbetreuungsleistungen passivisch abzugrenzen** und erst über den Zeitraum als **Erlös** zu erfassen, in dem die Nachbetreuungsleistung erbracht wird (vgl. Rz 72).

- Nach IAS 18.IE17 und 18b sind die *up-front fees* oder *initial fees*, jedenfalls soweit sie **spätere Vergünstigungen** abgelten, passivisch **abzugrenzen**; sie werden erst zum Zeitpunkt der Inanspruchnahme der Vergünstigung zu Ertrag/Erlös (Rz 53).

112 Dabei kann es u. E. nicht darauf ankommen, ob den Passivposten **Abgrenzungscharakter** im engeren Sinne *(deferred income/deferred revenue)* oder **Rückstellungsgehalt** zuzusprechen ist. Auch die Bildung einer Rückstellung für wesentliche Nachbetreuungen usw. ist u. E. **erlösmindernd** und nicht als sonstiger betrieblicher Aufwand zu buchen, da sie im Rahmen einer Mehrkomponentenbetrachtung wirtschaftlich hinausgeschobenen Erlös und nicht entstandenen Aufwand verkörpert.

3.4.4 Abgrenzung *up-front fees* von erhaltenen Investitionszuschüssen, Baukostenzuschüsse in der Versorgungsindustrie

113 Die Qualifizierung von Vorabentgelten des Kunden kann schwierig sein, wenn sie einen Bezug zu **Investitionskosten** haben. Infrage kommt dann

- die Einordnung als **privater Zuschuss** mit einem Ausweiswahlrecht zwischen der Bildung eines passiven Abgrenzungspostens *(deferred income)* oder der Kürzung der Anschaffungs- oder Herstellungskosten in Analogie zu IAS 20 (→ § 12 Rz 40),
- die **sofortige** Erlösrealisierung.

Entgelte mit Investitionsbezug kommen bei (Energie-)Versorgern als sog. **Baukostenzuschüsse** vor, die Kunden bei Neuanschluss eines Hauses zu zahlen haben. Die Qualifikation als Investitionszuschuss lässt sich durch den vom Neukunden verursachten Kostenzuwachs rechtfertigen. Die bisherige IFRS-Praxis der (deutschen) Energieversorger behandelt daher die Baukostenzuschüsse durchweg als Investitionszuschuss. Diese Handhabung entspricht auch der steuerrechtlichen Ansicht.[52]

Gegen den Zuschusscharakter und für die Qualifikation als *up-front fees* sprechen aber folgende Aspekte:

- Die Höhe des Zuschusses orientiert sich **nicht** an den durch den Hausanschluss entstehenden Kosten.
- In Einzelfällen **übersteigt** der Zuschuss sogar die anfallenden Kosten.
- Als Rechtfertigung dient die Heranziehung der Neukunden zu den bereits entstandenen Kosten des vorgelagerten Netzes. Ein solcher Bezug auf schon getätigte **Vorleistungen** kennzeichnet aber *up-front fees*, wie sie etwa als Eintrittsgelder beim Erwerb von Mitgliedschaften, bei Franchisegeschäften oder in der Telekommunikationsindustrie entstehen.

Angesichts dieser Bedenken halten wir daher die Behandlung als *up-front fee* für ebenfalls begründbar. Faktisch besteht dann, da keine späteren Vergünstigungen für den „Zuschussgeber" anfallen, ein Wahlrecht zwischen **sofortiger** Vereinnahmung und zeitlicher Verteilung auf die (erwartete) Vertragsdauer (Rz 53).

Zum vorgenannten Themenkomplex hat der IFRIC im Januar 2009 **IFRIC 18** *Transfers of Assets from Customers* herausgegeben. Im Einzelnen ist danach bei Barzuschüssen *(cash contributions)* an Versorger wie folgt zu verfahren:

---

52 BMF, Schreiben v. 27.5.2003, BStBl I 2003 S. 361.

- Zunächst ist zur prüfen, ob der bezuschusste Vermögenswert beim Unternehmen zu **aktivieren** ist (IFRIC 18.21). I. d. R. ist dies bei Versorgern der Fall.
- Anschließend ist zu untersuchen, ob die vom Versorger erbrachte Anschlussleistung lediglich Teil eines **einheitlichen** Geschäfts ist, zu dem auch die nachfolgende Sukzessivlieferung von Strom usw. gehört. Dies ist i.d.R. zu bejahen, wenn die Sukzessivlieferung zu einem niedrigeren Entgelt erfolgt als bei Kunden, die keinen Zuschuss geleistet haben. Separate Leistungen liegen hingegen i.d.R. vor, wenn der Netzanschluss einen eigenständigen Wert ***(stand-alone value)*** aufweist (IFIC 18.15), etwa weil die Kunden in ihrer Entscheidung frei sind, von wem sie Strom, Gas usw. kaufen und der die Anschlussleistung erbringende Versorger regulatorisch nicht zu von der Höhe des Baukostenzuschusses abhängigen Entgelten für die Sukzessivlieferung berechtigt ist (IFIC 18.16f. und IFRIC 18.IE1ff.).
- Bei einem **einheitlichen** Geschäft ist der empfangene Zuschuss passiv **abzugrenzen** und über den Zeitraum der Belieferungsverpflichtung, jedoch **maximal** über die wirtschaftliche **Nutzungsdauer** des bezuschussten Vermögenswertes, **umsatzwirksam aufzulösen** (IFRIC 18.21 i.V.m. IFRIC 18.20).
- Bei **separatem** Geschäft wird der Zuschuss sofort mit Erbringung der Anschlussleistung zu Umsatz (IFRIC 18.21 i.V.m. IFRIC 18.18).

In der Praxis der Energieversorger zeichnet sich international noch keine einheitliche Auslegung des IFRIC 18 ab. In einigen Ländern wird ein Umsatz aus den Zuschüssen eher mit Erbringung der Anschlussleistung realisiert, in Deutschland trotz vergleichbaren regulatorischen Rahmenbedingungen die passive Abgrenzung demgegenüber stärker bevorzugt. Zum Teil ist dies in der unterschiedlichen Auslegung des ***stand-alone value*** begründet. Nach US-GAAP liegt ein solcher vor, wenn entsprechende Leistungsobjekte *„are sold separately by any vendor or the customer could resell the delivered item(s) on a stand-alone basis"* (Topic 605–25–5). Wenn die Kunden nicht in der Auswahl ihrer Energieanbieter frei sind, hat demnach ein Netzanschluss keinen eigenständigen Wert. Nach IFRIC 18 könnte der Begriff aber auch weiter zu fassen sein, etwa ein *stand-alone value* schon dadurch belegt sein, dass eine Fabrik mit Netzanschluss einen größeren Marktwert hat als ohne.

Zusätzliche Interpretationsschwierigkeiten ergeben sich in Fällen, in denen Kunde (etwa ein Stromverbraucher) und Zuschussleistender (etwa ein Bauträger) nicht identisch sind. IFRIC 18.3 hält fest:

> *„In some cases, the transferor of the asset may not be the entity that will eventually have ongoing access to the supply of goods or services and will be the recipient of those goods or services. However, for convenience this Interpretation refers to the entity transferring the asset as the customer."*

In IFRIC 18.BC6 wird ein Beispiel für fehlende Identität der Parteien zwar versprochen, im Standard aber tatsächlich nicht gegeben. Insoweit verbleiben Ermessensspielräume bei der Behandlung einer solchen Situation.

IFRIC 18 ist ausdrücklich nicht auf die Versorgungswirtschaft **beschränkt** (IFRIC 18.2). Strittig ist aber die konkrete Reichweite, also etwa, ob IFRIC 18 auch im Verhältnis zwischen Automobilproduzent und Zulieferer Anwendung finden kann.[53]

---

53 Vgl. Comment Letter des IdW zu IFRIC D 24.

3.4.5 Leistungen an den Händler: *placement fees* und andere *sales incentives*

114 Der Verkauf kurzfristiger Konsumgüter (Lebensmittel, Kosmetika etc.) konzentriert sich immer stärker auf wenige Handelsketten. Die dadurch entstehende **Einkaufsmacht** wird u.a. für die Erhebung von **„Einstandsgebühren"** genutzt. Der Produzent zahlt eine Platzierungsgebühr *(slotting* oder *placement fee)*, um gelistet, d.h. überhaupt oder speziell in die günstiger gelegenen Verkaufsregale aufgenommen zu werden.

Drei Varianten der buchmäßigen Behandlung dieser Gebühren sind diskussionswürdig:

- Aktivierung als immaterieller Vermögenswert (Belieferungsrecht),
- Verbuchung als Aufwand (Vertriebskosten),
- Verbuchung als Erlösminderung.

Die erste Lösung scheitert regelmäßig schon am **fehlenden Exklusivrecht**: Die Machtverhältnisse sind hier anders als bei der Einstandszahlung einer Brauerei für den exklusiven Bierbezug einer Gaststätte. Die Handelsketten lassen sich auf Exklusivvereinbarungen kaum ein. Selbst wo dies ausnahmsweise der Fall ist, werden keine Mengenabnahme und keine längerfristigen Platzierungen garantiert. Der potenzielle Nutzen der Platzierung – Aktivierungsvoraussetzung nach IAS 38.21 (→ § 13 Rz 18) – ist unter diesen Umständen nicht hinreichend verlässlich belegbar.

Eher ist eine Nähe zu den in IAS 38.69c mit einem **Aktivierungsverbot** belegten Vertriebs- und Werbekosten erkennbar (→ § 13 Rz 60), bei einem neuen Produkt ggf. auch zu den ebenso zu behandelnden *„pre-operating cost for launching new products"* (IAS 38.69a). Jedenfalls dienen die Aufwendungen dem Vertrieb der (neuen) Produkte.

Im Vergleich zu anderen **vertriebsfördernden** Kosten (z.B. Handelsvertreterprovisionen oder Werbeaufwendungen) besteht aber eine Besonderheit: **Empfänger** der Zahlung ist nicht ein Dritter, sondern der **Abnehmer** der Produkte. Wenn der Handel die Produkte nur kauft, sofern ihm der Produzent eine Sonderzahlung leistet, hat die Zahlung den Charakter eines besonderen **Rabatts** oder Bonus. Der Unterschied zu normalen Rabattierungen besteht dann hauptsächlich im **Zeitelement**: Die Platzierungsgebühr entsteht vor dem Verkauf, der normale Rabattanspruch danach. Die amerikanischen Regeln in Topic 605–50 sehen diesen Unterschied als nicht wesentlich an und verlangen daher auch die Behandlung von an den Käufer geleisteten Vorabzahlungen (Platzierungsgebühren etc.) als Erlösminderung mit folgender Ausnahme:

- ausnahmsweise kann der *fair value* der erhaltenen Gegenleistung verlässlich bestimmt werden **und**
- die Leistung hätte auch von einem Nichtkunden erbracht werden können.

> **Beispiel**
> Produzent P will mit einem neuen Produkt bei Handelskette H gelistet werden. Zwei Vergütungsmodelle werden diskutiert:
> a) P zahlt für die günstige Platzierung in den Läden eine Platzierungsgebühr an H.
> b) H wird das neue Produkt intensiv durch Sonderprospekte bewerben. Den dafür intern und extern bei H entstehenden Aufwand erstattet P.

> Nur im zweiten Fall kommt der Verzicht auf eine Saldierung mit den Erlösen infrage, da hier eine Leistung gewährt wird, die auch ein Nichtkunde hätte erbringen können.

Die Anwendung der amerikanischen Regeln auf die IFRS-Bilanzierung halten wir für sachgerecht. Die Erfindung immer neuer „Gebühren" (z.B. Delkredereprovision an die Konzernmutter des Abnehmers oder Werbekostenzuschüsse) hat weniger mit substanziell neuen Leistungsspektren zu tun als mit dem Karrierewettbewerb der Einkäufer und der internen Konkurrenz zwischen den Profitcentern der Handelskonzerne. Aus wirtschaftlicher Sicht geht es immer darum, den Einkaufspreis zu mindern – und damit den Erlös der Hersteller zu **schmälern** –, einerlei wie die jeweilige Gebühr oder Erlösminderung nun benannt wird. Zu einem Problem wird die erlösmindernde Buchung von Platzierungsgebühren (und sonstigen *sales incentives)* dann, wenn der Bruttoerlös der ersten Periode die Gebühr **nicht deckt**, die Erlösminderung also zu einem negativen Erlös führen würde. Sachgerecht erscheint dann die Saldierung bis zur Höhe des Bruttoerlöses (Nettoerlös somit null) und die Behandlung des Kostenüberschusses als Aufwand vor.

3.5 Entgelte von dritter Seite, durchlaufende Posten, fakturierte Nebenkosten

Die Bestimmung der Erlöshöhe bereitet dann Probleme, wenn neben leistendem Unternehmen und leistungsempfangendem Kunden **Dritte** auf der Entgelt- oder Leistungsseite beteiligt sind. Zwei Grundfälle sind zu unterscheiden: **115**

- Das Entgelt **wird ganz oder in Teilen** von Dritten erbracht. Ein Beispiel sind die öffentlichen Zuschüsse an Unternehmen des öffentlichen Nahverkehrs wegen der verbilligten oder unentgeltlichen Beförderungen von Schülern oder Schwerbehinderten (→ § 12 Rz 23).
- Das leistende Unternehmen nimmt **Nebenleistungen** von Dritten in Anspruch. Sie werden dem Kunden ohne Aufschlag **weiterberechnet.** Beispiele hierfür sind Reisespesen bei Beratungsunternehmen oder Speditionskosten bei Handelsunternehmen.

In beiden Fällen ist eine **Einbeziehung** in die Umsatzerlöse ebenso erwägenswert wie eine **Saldierung** der entsprechenden Entgeltanteile gegen die korrespondierenden Kosten. Die Bevorzugung einer der beiden Alternativen ist weniger eine Frage des Saldierungsprinzips als der Definition des Erlös- bzw. *revenue*-Begriffs. Hierzu hat der IASB bisher zwei Definitionsansätze diskutiert:[54]

- einen sog. *broad performance view,* der darauf abstellt, ob das rechnungsstellende Unternehmen die Leistung selbst erbringt oder sie nur Durchlaufcharakter hat;
- einen sog. *liability extinguishment view*, der den rechtlich geschuldeten Leistungsumfang in den Mittelpunkt stellt.

Zurückbezogen auf die beiden o.g. Beispiele hätten die Definitionsansätze folgende Wirkungen: Die Schüler- und **Behindertenbeförderung** gegen **öffent-**

---

[54] IASB, Update Mai 2003.

lichen Zuschuss wird rechtlich geschuldet. Die Leistung wird auch vom Unternehmen selbst erbracht. Das Entgelt von dritter Seite ist nach beiden Ansätzen Erlös.

Die **erstatteten Reisespesen** oder **Speditionskosten** betreffen Leistungen, die von anderen Unternehmen erbracht werden. Nach dem *broad performance view* spricht ihr Durchlaufcharakter gegen die Einbeziehung in die Erlöse. Aus Sicht des *liability extinguishment view* kommt es bei den Reise- und Speditionskosten darauf an, ob sie integral mit der Erfüllung der geschuldeten (Haupt-)Leistung verbunden sind. Für die Reisekosten wird man dies ohne weiteres, für die Speditionskosten je nach den Umständen bejahen (z.B.: Bedarf der Transport besonderer Vorkehrungen? Ist er üblicher Leistungsbestandteil? etc.).

Bei **Vermietung** eines Hauses gegen Nettokaltmiete und Nebenkostenvorauszahlungen stellt nur die Nettokaltmiete Umsatz dar; anders bei einer garantierten Warmmiete, da hier das Nebenkostenrisiko beim Vermieter liegt, ein durchlaufender Posten also ausscheidet.[55]

Erbringt das Unternehmen selbst **Transport- oder sonstige Nebenleistungen**, ist eine Einbeziehung in die Erlöse regelmäßig geboten, unabhängig davon, ob die Nebenleistung gesondert berechnet wird oder im Kaufpreis enthalten ist.

Beispiel

Ein konventionelles Möbelhaus präsentiert preiswerte Möbel in der Mitnahmeabteilung in den zwei Varianten Mitnahme- und Anlieferungspreis.

Ein Wettbewerber bietet sämtliche Möbel zur Mitnahme an (Regelverkaufsform). Der Kunde kann jedoch bei sperrigen Möbeln gegen einen gesonderten, nach Entfernung berechneten Preis die Anlieferung wählen.

Unabhängig von der Art der Abrechnung ist die Gesamtvergütung incl. der offenen oder verdeckten Transportanteile u.E. als Erlös auszuweisen.[56]

Anders, wenn das Unternehmen lediglich arrangiert, wirtschaftlich als Vermittler zwischen Kunden und Spedition auftritt und der Transportpreis (bis auf eine eventuelle kleine Gewinnmarge des Möbelhauses) im Wesentlichen vom Spediteur festgesetzt wird.[57]

116 In den vorstehenden Fällen geht es nicht um den netto entstehenden **Gewinn**, sondern um die Höhe des brutto auszuweisenden **Erlöses**. Diese Höhe kann von großer praktischer Bedeutung sein, wenn **Analysten, Kreditgeber** usw. Unternehmen nicht (*start-up*-Fälle) oder nicht nur nach Erträgen und *cash flows* bewerten, sondern primär oder zusätzlich sog. **Umsatzmultiple** verwenden.

4 Rechtspraxis

117 Gut dokumentiert ist der Umgang der Praxis mit den Vorschriften zur Umsatzrealisierung für US-GAAP. Die **SEC** hat wiederholt die besondere Bedeutung der Regeln zur *Revenue Recognition* betont, zuletzt in systematisch umfassender

55 So KPMG, Insights into IFRS, 2009/2010, Tz 4.2.60.

56 Ebenso für US-GAAP EITF 00-10, Accounting for Shipping and Handling Fees and Costs.

57 Vgl. für diese Unterscheidung: KPMG, Insights into IFRS, 2009/2010, Tz 4.2.40.

Weise in einer nach dem Sarbanes-Oxley Act geforderten Auswertung aller Beanstandungen *(enforcement actions)* des Zeitraums Juli 1997 bis Juli 2002. Die nachfolgende Tabelle zeigt die überragende Bedeutung der Umsatz-/Ertragsrealisierung, im Vergleich etwa zu anderen, oft als wichtiger empfundenen Themen (z. B. *off-balance*-Gestaltungen).[58]

Verletzte Regel	**Häufigkeit** absolut	**Häufigkeit** in % Regelverletzungen[1]	**Häufigkeit** in % der Verfahren[2]
Nonmonetary and Roundtrip Transactions[3]	19		
Other Revenue Recognition	126		
Revenue Recognition	145	38,2 %	63,9 %
Expense Recognition	101	26,6 %	
Business Combinations	23	6,1 %	
Related Party Disclosures	23	6,1 %	
Other Disclosures	43	11,3 %	
Off-balance Sheet Arrangements	3	0,8 %	
Diverse	42	11,1 %	
	380	100,0 %	

[1+2] Mehrfachverletzungen, daher 380 Beanstandungen[1] verteilt auf 227 Verfahren[2]

[3] Hierin auch Fälle, in denen es um *gains/losses* aus Tausch Anlagevermögen geht

Die **Übertragbarkeit** dieser Ergebnisse auf IFRS ist durch die unterschiedliche Regelungsdichte in US-GAAP (über 100 Vorschriften zur *Revenue Recognition*) und IFRS (neben IAS 18 und IAS 11 nur wenige Vorschriften) nur eingeschränkt möglich. Die meisten Beanstandungen der SEC i. S. d. Erlösrealisierung betreffen entweder reine Luftbuchungen oder den mangelnden **Risikoübergang** (z. B. bei dem Käufer gewährten Renditegarantien, Rz 35) oder die **fehlende wirtschaftliche** Substanz (z. B. bei *round trip sales*, Rz 40). In dieser Hinsicht ergeben sich nach IFRS keine anderen Anforderungen, sodass die Resultate der SEC-Untersuchung jedenfalls tendenziell übertragbar sein dürften.[59]

[58] SEC, Report Persuant to Section 704 of the Sarbanes Oxley Act of 2002, New York 2003.

[59] Ausführliche Darstellung der von der SEC aufgegriffenen Umsatzmanipulationsfälle bei UNKELBACH, PiR 2006, S. 196ff.

5 Einzelfälle der Erlöse (ABC)

118

Abnahmeverzug des Bestellers oder Käufers	Beeinflusst nur Preisgefahr, nicht Verfügungsgewalt, führt i. d. R. nicht zu Vorverlagerung des Realisationszeitpunktes (Rz 27).
Abnahme des Werks	Erlösvoraussetzung, soweit Abnahme gesetzlich überhaupt vorgesehen (z. B. nicht bei Werklieferung beweglicher Sachen; Rz 27).
Aufnahmegebühren	s. *up-front fees*
Auftragsfertigung	→ § 18
Baukostenzuschüsse bei Versorgern	i. d. R. sofort per Erlös (Rz 113)
Besitzmittlungsverhältnis	s. „*bill-and-hold*-Verkäufe“
bill-and-hold-Verkäufe	**Definition:** Eigentumsübertragung ohne Übergabe durch Vereinbarung eines Besitzmittlungsverhältnisses. Erlös mit Übergang rechtliches Eigentum und (kumulativ) Separierung Ware (Rz 21).
Delkredererisiko	s. „Lieferung notleidende Kunden“
Dienstleistungsverträge	Soweit Erfolg geschuldet wird, Erlösrealisierung nach „Fertigstellungsgrad“ (POC-Methode), soweit kein Erfolg geschuldet wird, Erlösrealisierung nach Zeitablauf (Rz 43 ff.).
durchlaufende Ausgaben	Dem Kunden berechnete Reise-, Versand-, Speditionskosten usw. können aufgrund des noch unklaren Ausgangs des *Revenue Project* derzeit noch wahlweise als Umsatz ausgewiesen oder aufwandsmindernd gebucht werden (Rz 115).
Fertigungsaufträge	→ § 18
Filmindustrie	Realisierung Lizenzerlöse abhängig vom Vergütungsmodell. Bei *flat fee* mit Beginn des Lizenzierungszeitraums. Bei vom Ticket-Verkauf abhängigem Entgelt nach Maßgabe der Entwicklung der Erfolgsvariablen (Rz 62).
Finanzdienstleistungen	s. Kreditgebühren, Kreditnebenleistungen (Rz 56)

Handelsvertreter-provision	Erlösrealisierung ggf. bereits vor Ausführung des vermittelten Geschäftes durch den Prinzipal, soweit Stornoquote verlässlich zu schätzen (Rz 51).
Hersteller- und Händlerleasing	→ § 15 Rz 151
initial fees	s. *up-front fees*
Kaufpreisstundung	Bei zinsloser (niedrig verzinslicher) Stundung des Kaufpreises Veräußerungserlös nur i. H. d. (marktgerecht) abgezinsten Betrags (Rz 78).
kommissionsähnliches Geschäft	Definition: „Händler" bestellt erst nach Auftragseingang beim Lieferanten, Lieferant liefert direkt an Kunden, Händler trägt im Innenverhältnis die Gewährleistungspflichten nicht. Rechtsfolge: Umsatz nur i. H. d. Spanne (Rz 103).
Kommissionsgeschäft	Umsatzrealisierung bei Kommittent nicht schon mit Lieferung an Verkaufskommissionär, sondern erst bei Weiterverkauf durch diesen (Rz 31). Umsatz Kommissionär nur i. H. d. Spanne/Provision (Rz 103).
Kreditgebühren, Kreditnebenleistungen	Vom Kreditgeber separat in Rechnung gestellte Gebühren (z. B. für Bonitätsprüfung oder Begutachtung des Beleihungsobjekts) sind i. d. R. in die Effektivzinsermittlung des ausgereichten Kredits einzubeziehen und über die Laufzeit zu realisieren (Rz 57).
Kundenbindungs-/ Treueprämienprogramme	Umsatzmindernde Bildung eines Abgrenzungspostens *(deferred revenue)* i. H. d. Wertes *(fair value)* der Treueprämie (Rz 106).
langfristige Verträge	→ § 18
Leasing	Herstellerleasing → § 15 Rz 151 *sale and lease back* → § 15 Rz 158
Listungsgebühren	An den Abnehmer gezahlte Listungsgebühren *(placement* oder *slotting fees)* und sonstige verkaufsfördernde Zahlungen sind Rabatte und daher nicht aufwandswirksam, sondern erlösmindernd (Rz 114).

Lizenzentgelte	Verteilung über den Vertragszeitraum, wenn Lizenzvergabe mit zeitlicher Begrenzung, sofortige Erlösrealisierung, wenn weder zeitliche Begrenzung noch zeitraumbezogene Nebenpflichten des Lizenzgebers (Rz 61). s. „Filmindustrie“ s. „Softwareindustrie“
Maklerprovision	Erlösrealisierung bei Abschluss des vermittelten Vertrags (Rz 50).
Mehrkomponentenverträge	Gesonderte Erlösrealisierung für die Teilkomponenten, falls Wert der Einzelleistungen verlässlich bestimmbar und (kumulativ) Einzelleistungen separat nutz- bzw. beziehbar. Ansonsten: Gesamter Erlös erst mit Erbringung aller Einzelleistungen (Rz 72). s. „Kaufpreisstundung“ s. „Nachbetreuungsleistungen“
Mietgarantie	s. „Renditegarantie“
Mitgliedsgebühren	Aufnahmegebühren sind nur insoweit zwingend abzugrenzen, als sie implizite Leistungsvorteile der Folgezeit abgelten (Rz 53). s. *up-front fees*
Montageleistungen, ausstehende	Veräußerungserlös, Erlös vor Erbringung der Montageleistung, wenn diese wenig aufwändig oder nicht vertraglich geschuldet (Rz 24).
Nachbetreuungsleistungen	Abgrenzung des implizit auf die Nachbetreuung entfallenden Teils des Verkaufspreises (Rz 73), und zwar nicht aufwandswirksam (Rückstellung), sondern erlösmindernd (Rz 111).
Nebenkosten	s. „durchlaufende Ausgaben“
nichtige Geschäfte	s. „rechtsmängelbehaftete Geschäfte“
notleidende Kunden	Bei Lieferung auf Ziel an schon zum Lieferzeitpunkt notleidenden Kunden Erlösrealisierung erst mit Zahlungseingang oder sonstiger Beseitigung der Ungewissheit der Zahlung (Rz 35).
placement fees	s. „Listungsgebühren“
Provisionen	s. „Werbeprovisionen“ s. „Maklerprovision“ s. „Handelsvertreterprovision“ s. „Versicherungsvertreter“

Ratenzahlung	s. „Kaufpreisstundung“
rechtsmängelbehaftete Geschäfte	Führen nur dann bzw. insoweit zu Erlös, wenn bzw. wie das Rechtsmängelrisiko (Geltendmachung der Nichtigkeit oder schwebenden Unwirksamkeit) in Einzelfällen vernachlässigbar gering ist oder bei Portfoliobetrachtung verlässlich abgeschätzt werden kann (Rz 94).
Renditegarantie gegenüber Kunden	Erlös- oder Renditegarantien hindern Erlösrealisierung ganz oder in Teilen (Rz 35 und Rz 84).
round trip sales	Führen bei fehlender wirtschaftlicher Substanz nicht zu Umsatz (Rz 40).
Rückgaberecht des gewerblichen Nutzers	Entsprechende Lieferung führt regelmäßig zur Umdeutung des Verkaufs- in ein verdecktes Leasinggeschäft und daher nicht zu sofortigem Veräußerungserlös, sondern im Zeitablauf zu Leasingerlös (Rz 83). s. „strukturierte Geschäfte“
Rückgaberecht des Handelsintermediärs	Entsprechende Lieferung an Handelsintermediär führt zu kommissionsähnlichem Geschäft (siehe dort), ist daher nur Konsignationslieferung und vor Weiterlieferung an Endkunden noch kein Umsatz (Rz 82). s. „strukturierte Geschäfte“
Rückgaberecht des Konsumenten	Hindert Erlösrealisierung nicht, soweit verlässliche Schätzung der Rückgabequote möglich (Rz 28).
sale and lease back	→ § 15 Rz 158
schwebend unwirksame Geschäfte	s. „rechtsmängelbehaftete Geschäfte“

Softwarelizenzierung	Erlösrealisierung • nach den Regeln der Auftragsfertigung, wenn wesentliches *customizing* (d. h. gem. Fertigungsfortschritt); • nach den Regeln des Mehrkomponentengeschäfts, wenn wesentliche sonstige Serviceleistung im Lizenzpreis enthalten (d. h. separate Beurteilung von Lizenz und Service, wenn objektive Wertaufteilung möglich, ansonsten einheitliche Beurteilung mit ratierlicher oder endfälliger Realisierung); • nach den Regeln der einfachen Lizenz, wenn kein wesentliches *customizing* oder sonstige Leistungen (d. h. sofort, soweit zeitlich unbefristete Lizenz ggf. ratierlich, soweit befristete Lizenz; Rz 93).
Speditionskosten	s. „durchlaufende Ausgaben“
strukturierte Veräußerungsgeschäfte	Geschäfte, die zwar zivilrechtlich, aber nicht wirtschaftlich Veräußerungscharakter haben und auf die daher die Regeln der Erlösrealisierung bei Verkäufen (Übergang Eigentum etc.) nicht oder nur modifiziert anwendbar sind (Rz 81). s. „Renditegarantie“ s. „Rückgaberecht des Handelsintermediärs“ s. „Rückgaberecht des gewerblichen Nutzers“
Tauschgeschäfte	Bei gleichartigen Gütern weder gewinn- noch umsatzrealisierend (Rz 39). Bei ungleichartigen Gütern Umsatz i. H. d. *fair value* des erhaltenen Gutes, korrigiert um evtl. Barelemente der Transaktion (Rz 101).
up-front fees (initial fees)	Anlässlich des Beginns eines Dauervertragsverhältnisses bzw. einer Mitgliedschaft vereinnahmte Entgelte sind jedenfalls dann abzugrenzen, wenn und insoweit dem Neukunden/Neumitglied besondere Vorteile und Vergünstigungen für einen Folgezeitraum gewährt werden (Rz 53 und Rz 111). Auch vom Kunden erhaltene Zuschüsse (z. B. Baukostenzuschüsse in der Stromwirtschaft) können *up-front fees* sein (Rz 113).
verkaufsfördernde Zahlungen an den Abnehmer	s. „Listungsgebühren“
Verkaufskommission	s. „Kommissionsgeschäft“

Versandhandel	s. „Rückgaberecht des Käufers“
Versandkosten	s. „durchlaufende Ausgaben“
Versendungskauf	Erlös mit Übergabe an den Spediteur.
Versicherungsvertreter	Realisierung reiner Abschlussprovisionen mit Beginn des Versicherungszeitraums; soweit Provision auch laufende Betreuung abgilt (keine eigenständige Bestandspflegprovision), Abgrenzung des darauf entfallenden Teils (Rz 49).
Werbeprovisionen	Erlösrealisierung im Zeitpunkt der Veröffentlichung der vermittelten Werbung (Rz 48).
Zinserträge	Realisierung über Laufzeit nach Maßgabe der Effektivzinsmethode (Rz 60).
Zuschüsse von Kunden	s. *up-front fees*

6 Latente Steuern

Auch die deutsche steuerrechtliche Beurteilung der Erlös- und Ertragsrealisierung ist (notwendig) eher **kasuistisch** als systematisch. Die nachfolgende Tabelle gibt einige wesentliche Entscheidungen bzw. Rechtsquellen wieder. **119**

A	**Übereinstimmung mit IFRS**	
1	Verkaufserlös i.d.R. realisiert mit Übergang Preisgefahr	BFH, Urteil v. 12.5.1993, XI R 1/93, BStBl II 1993, S. 786
2	Tauschgeschäfte über ungleiche Gegenstände erfüllen Realisationstatbestand (siehe aber B 2)	BFH, Urteil v. 25.10.1984, I R 183/81, BStBl II 1984, S. 422
3	Nachbetreuungsleistungen mindern Ertrag (siehe aber B 3)	BFH, Urteil v. 5.6.2002, I R 96/00, DB 2002, S. 2351
4	Kauf auf Probe: Realisation mit Billigung oder Ablauf Billigungsfrist	OFD Münster, DStR 1989, S. 402
5	Unterrichtsvertrag: zeitanteilige Realisierung	BFH, Urteil v. 10.9.1998, IV R 80/96, BStBl II 1999, S. 21
6	Vermittlungsprovision Versicherungsvertrag: Realisierung hinausgeschoben, soweit Provisionsanteil für evt. spätere Bearbeitungsleistung	BFH, Urteil v. 14.10.1999, IV R 12/00, BStBl II 2000, S. 25

7	Dividende erst mit Ausschüttungsbeschluss	BFH, Urteil v. 7.8.2000, GrS 2/99, DB 2000, 1993
B	**Abweichung von IFRS**	
1	Langfristige Auftragsfertigung: Erlösrealisierung mit Fertigstellung	BFH, Urteil v. 5.5.1976, I R 121/74, BStBl II 1976, S. 541
2	Tauschgeschäfte über gleichartige Gegenstände (Rz 101) erfüllen Realisationstatbestand (siehe aber A 2)	BFH, Urteil v. 25.1.1984,I R 183/81, BStBl II 1984, S. 422
3	Nachbetreuungsleistungen mindern Ertrag nicht (siehe aber A 3)	BFH, Urteil v. 10.12.1992, XI R 34/91
4	Abschlussgebühr für Bausparvertrag: sofortige Realisation	BFH, Urteil v. 11.2.1998, I R 23/96, BStBl II 1998, S. 381

Tab. 1: Steuerrecht zur Erlös-/Ertragsrealisierung

120 In den Fällen, in denen die steuerliche Erlösrealisierung derjenigen nach IFRS vorauseilt, z.B. bei Abschlussprovisionen für Bausparverträge, entsteht eine aktive Steuerlatenz, im umgekehrten Fall, z.B. bei Fertigungsaufträgen eine passive Latenz. Im Einzelnen wird auf → § 26 Rz 17 verwiesen.

7 Angaben

121 IAS 18.35 sieht folgende Anhangsangaben vor:

- Angabe der **Methode** der Erlöserfassung bzw. der Bestimmung des Fertigstellungsgrades (→ § 5 Rz 29; → § 18 Rz 86),
- **Aufschlüsselung der Erlöse/Erträge** (i.d.R. bereits durch GuV; → § 2 Rz 52ff.) nach
  - Güterverkauf,
  - Dienstleistungen,
  - Zinsen,
  - Lizenzentgelten *(royalties)* und
  - Dividenden.
- Dabei jeweils **Davon-Angabe** für **bedeutende** Erlöse/Erträge aus **Tauschgeschäften.**

Die Methodenangaben können bei Standardgeschäften kurz ausfallen, sich z.B. bei Verkauf ohne Rückgaberecht darauf beschränken, dass der Umsatz mit Auslieferung realisiert wird. Bei **komplexen** Geschäften sind ausführliche Erläuterungen geboten.

Beispiel[60]
Wir erzielen Erlöse aus
(a) der **Veräußerung** von Spielautomaten und der **Fertigung** und Lieferung von Lotteriesystemen,
(b) dem **Betreiben von Casino-Spielen** und **Spielautomaten** sowie
(c) der **Platzierung** von allein stehenden und vernetzten Spielautomaten.

(a) Erlöse aus der **Veräußerung** von Spielautomaten, Lotteriesystemausstattungen usw. werden im Allgemeinen bei Auslieferung an den Kunden realisiert, Erlöse aus kundenspezifischer **Fertigung** von Lotteriesystemen nach Maßgabe der *percentage-of-completion*-Methode.

(b) In Übereinstimmung mit der Branchenpraxis werden Erlöse aus dem **Betreiben von Casino-Spielen und Spielautomaten** als Nettobetrag aus Wetteinsatz der Spieler und Auszahlung an diese ausgewiesen. Erlöse werden zusätzlich um die den Vielspielern gewährten Rabatte und die allen Spielern gewährten Gratisgetränke und -speisen gekürzt. Als Kürzungsbetrag wird der im Einzelhandel erzielbare Verkaufspreis der Getränke und Speisen angesetzt.

(c) Wir **platzieren Spielautomaten** in Casinos nach einem breiten Spektrum von Preis- und Vertragsgestaltungen, darunter **(c1) Einzelverträge** zu *flat fees* oder mit Gewinnpartizipation, **(c2)** Verträge über elektronisch **vernetzte Automaten**, bei denen sich der Jackpot aus den Einzahlungen aller vernetzten Automaten aufbaut, **(c3)** hybride bzw. **strukturierte** Verträge, die gleichzeitig ein Veräußerungs- und ein laufendes Entgelt enthalten:

(c1) Die Erlöse aus **Einzelverträgen** werden bei einer *flat fee* pro rata, bei einer Gewinnbeteiligung auf Basis unseres Anteils an den Nettoeinnahmen (Spieleinsätze minus Spielgewinne) realisiert.

(c2) Abhängig vom jeweiligen Bundesstaatenrecht führen die Casinos aus den Nettoeinnahmen der **vernetzten Automaten** i. d. R. einen Prozentanteil an einen Trust ab, der hieraus den Jackpot finanziert. Die Abwicklung von Zahlungs- und Anlagenverkehr wird i. d. R. von uns gegen eine *cash-flow*-abhängige Gebühr übernommen. Diese Gebühren werden nach Maßgabe der geschätzten Einbringlichkeit als Erlös realisiert. Soweit die anteiligen Nettoeinnahmen uns selbst zustehen, werden diese ohne Abzug der Jackpotdotierung oder Jackpotauszahlung realisiert; die den Jackpot betreffenden Beträge werden als Aufwand erfasst.

(c3) Wenn **strukturierte** Verträge insgesamt den Charakter eines *operating-lease*-Vertrages haben, wird die Gesamtvergütung verteilt über die Laufzeit realisiert; soweit nach den Regeln für Mehrkomponentengeschäfte eine Aufteilung in Veräußerung und eine Serviceleistung möglich und geboten ist, wird der Veräußerungserlös (i. H. d. *fair value)* mit Auslieferung realisiert, der Serviceerlös mit Erbringung der Dienstleistung.

Auf die **Checkliste „Abschlussangaben“** wird verwiesen (→ § 5 Rz 8).

60 In Anlehnung an einen Geschäftsbericht der International Game Technology Inc., Reno (Nevada).

8 Anwendungszeitpunkt, Rechtsentwicklung

122 IAS 18 ist für alle Abschlüsse anzuwenden, deren Berichtsperioden ab dem 1. Januar 1995 beginnen (IAS 18.37).

123 Zu **Kundenbindungsprogrammen** hat der IFRIC in 2007 IFRIC 13 verabschiedet. Die Interpretation ist auf Berichtsperioden anzuwenden, die ab dem 30.6.2008 beginnen. Wegen des Inhalts wird auf Rz 106 verwiesen.

Der ebenfalls in 2008 vorgelegte IFRIC 15 ist ab 2009 anzuwenden und behandelt die Abgrenzung zwischen IAS 11 und IAS 18 bei **Bauträgergeschäften**, hat aber möglicherweise auch für andere Branchen Bedeutung. Details sind unter → § 18 Rz 15 dargestellt.

Der Kundenzuschüsse (insbesondere Baukostenzuschüsse in der Versorgungswirtschaft) betreffende IFRIC 18 aus Januar 2009 ist auf Zuschüsse anzuwenden, die nach dem 30.6.2009 entstanden sind. Wegen des Inhalts wird auf Rz 113 verwiesen.

Die im *Annual Improvements Project* 2009 verabschiedeten Regeln zur Abgrenzung von kommissionsähnlichem Handeln (Rz 103) betreffen nur den illustrativen Appendix zu IAS 18 und haben daher kein formelles Anwendungsdatum.

124 Der im Juni 2010 (gemeinsam mit dem FASB) vorgelegte ED/2010/6 *Revenue from Contracts with Customers* schlägt grundlegende Änderungen bei der Ertragsrealisierung vor. Die Realisierung bei Verkauf von Waren (bisher IAS 18) und Erbringung kundenspezifischer Fertigungsleistungen (bisher IAS 11) soll auf eine **gemeinsame** konzeptionelle Basis gestellt werden. Der Ertrag (Umsatz) soll erst mit Übertragung von Vermögenswerten vom Unternehmen auf den Kunden zu realisieren sein.

Für die bisher IAS 18 unterliegende Lieferung von **Waren** oder **standardisierten Erzeugnissen** bliebe es damit im Wesentlichen bei den **bisherigen** Regelungen. Bei kundenspezifischen Fertigungsaufträgen wäre hingegen zu differenzieren:

- Fertigungsauftrag mit **sukzessiver** Übertragung von Vermögenswerten (Beispiel: Erstellung eines Gebäudes auf dem Grundstück des Kunden): Ertragsrealisierung im Wesentlichen **wie bisher** nach Maßgabe der übertragenen Vermögenswerte (erbrachte Leistungen).
- Fertigungsauftrag, bei dem Verfügungsmacht und Risiko und Chance **insgesamt** und **erst mit Fertigstellung** auf den Auftraggeber übergehen (Beispiel: Schiffsbau): Ertragsrealisierung **abweichend** vom bisherigen Recht erst mit Übertragung von Verfügungsmacht und Risiko.

9 Zusammenfassende Praxishinweise

125 Mit Ausnahme des unterschiedlichen Dividendenvereinnahmungszeitpunktes bei Mutter-Tochter-Beziehung (Rz 60) weisen die Regelungen von IAS 18 kaum systematische **Unterschiede zum Handelsrecht** aus. Dementsprechend stellt auch der DSR eine Übereinstimmung seines (nicht mehr weiter verfolgten) Entwurfs E-DRS 17 „Erlöse" sowohl mit dem geltenden Handelsrecht als auch mit den IFRS fest.

126 Diese **Übereinstimmung** kann allerdings genauer als **„Verträglichkeit"** charakterisiert werden. Mangels aussagefähiger gesetzlicher Regelungen bestehen im

handelsrechtlichen Schrifttum disparate Auffassungen zu Einzelproblemen, wobei sich fast immer eine Auffassung findet, die mit der IFRS-Regelung übereinstimmt. In → § 18 Rz 19 wird dies exemplarisch für die Fertigungsaufträge dargestellt. Für andere Themen, etwa die Frage der Gewinnrealisierung bei Tausch (Rz 101), gilt nichts anderes.

Die **Praxis** kann sich deshalb nicht einfach auf die theoretische Übereinstimmung 127
verlassen. Sie muss in Zweifelsfällen fragen, nach welcher handelsrechtlichen Variante bisher gebucht wurde und ob gerade diese mit IFRS übereinstimmt. Insbesondere ist auch die **umsatzsteuerliche** Beurteilung des Umsatzerlöses kein Kriterium für die Definition von „Erlös" nach IFRS. **Unterschiede** zum HGB können sich z. B. in folgenden Fällen ergeben:

- **Lieferung mit Rückgaberecht**: Nach IAS 18.16d hängt die Erlösrealisierung davon ab, ob die Wahrscheinlichkeit der Rückgabe eingeschätzt werden kann (Rz 28). Ggf. sind derartige Geschäfte aber auch wirtschaftlich als eine **Konsignationslieferung** (Rz 82) oder **Nutzungsüberlassung** (Rz 83) zu deuten und den dafür geltenden Regeln zu unterwerfen.
- Nach IAS 18.18 wird bei **Lieferungen mit ungewissem Zahlungseingang** nicht ein Erlös einerseits und eine Wertberichtigung auf Forderungen andererseits gebucht, sondern bis zur Beseitigung der Ungewissheit keine Erlösrealisierung vorgenommen (Rz 33).
- Verkauf mit **Erlös- oder Renditegarantie**: Nach IAS 18.16b und Tz 9 des Anhangs ist eine Erlösrealisierung i. d. R. nicht (insoweit nicht) anzunehmen, wenn (als) der Verkäufer in wesentlichem Ausmaß die Erlöse oder Renditen des Erwerbers direkt oder indirekt garantiert (Rz 35 und Rz 84).
- Erlösrealisierung beim **Tausch** (Rz 39).
- Erlösrealisierung in der **Filmindustrie** (Rz 62) und **Softwareindustrie** (Rz 87).
- Gebühren am **Anfang** einer Vertragsbeziehung (Aufnahmegebühren, Anschlussgebühren), die teilweise zukünftige Vorteile abgelten, sind auch dann abzugrenzen, wenn das handelsrechtlich für eine Rechnungsabgrenzung geforderte Kriterium der bestimmten Zeit nicht erfüllt ist (Rz 53).
- **Kommissionsähnliche Geschäfte** (z. B. Internet-Handel): Nur die Spanne ist als Umsatz auszuweisen (Rz 103).
- **Nachbetreuungsleistungen** sind nach IAS 18.13 passivisch abzugrenzen, d. h. nicht durch aufwandswirksame Rückstellungsbildung, sondern erlösmindernd zu buchen. Entsprechendes gilt z. B. auch für Bonusrückstellungen im Rahmen von Treueprämienprogrammen (Rz 112).
- An Handelsketten gezahlte **Listungs- oder Platzierungsgebühren** sind beim Hersteller nicht Aufwand, sondern Erlösminderung (Rz 114).
- Einbeziehung von **Drittentgelten** (Zuschüsse, Preisauffüllungen) und **durchlaufenden Kosten** (Spesen, Frachtkosten) in den Erlös (Rz 115). Die Entscheidung über Bruttoausweis oder Saldierung hat spürbare Auswirkung auf die Jahresabschlussanalyse (Rz 116).

§ 26 STEUERN VOM EINKOMMEN

Inhaltsübersicht **Rz**

Schrifttum: DAHLKE, Standardentwurf des IASB zur Bilanzierung von Ertragsteuern, BB 2009, S. 1462; DAHLKE/EITZEN, VON, Steuerliche Überleitungsrechnung im Rahmen der Bilanzierung latenter Steuern nach IAS 12, DB 2003, S. 2207; ERNSTING/LOITZ, Zur Bilanzierung latenter Steuern bei Personengesellschaften nach IAS 12, DB 2004, S. 1053; HEUSER/THEILE/PAWELZIK, Die Auswirkung von Betriebsprüfungen auf IFRS-Abschlüsse, DStR 2006, S. 717; HIRSCHLER/SCHINDLER, Die österreichische Gruppenbesteuerung als Vorbild für Europa?, IStR 2006, S. 505; KÜTING/ZWIRNER, Abgrenzung latenter Steuern nach IFRS in der Bilanzierungspraxis, WPg 2007, S. 555; LIENAU, Bilanzierung latenter Steuern im Konzernabschluss nach IFRS, 2006; LIENAU/ERDMANN/ZÜLCH, Bilanzierung latenter Steuern auf Verlustvorträge nach IAS 12, DStR 2007, S. 1094; LOITZ, Latente Steuern für Outside Basis Differences, WPg 2008,

1110; LÜHN, Der Einfluss latenter Steuern auf die Steuerplanung, KoR 2007, S. 550; LÜHN, Konzeption und Aussagekraft der tax reconciliation in IFRS-Konzernabschlüssen, KoR 2009, S. 235; MEYER/BORNHOFEN/HOMRIGHAUSEN, Anteile an Personengesellschaften nach Steuerrecht und IFRS, KoR 2005, S. 285 und S. 504; PRYSTAWIK, Latente Steuern nach BilMoG und IFRS 1 – Besonderheiten bei Pensionsrückstellungen im Investmentfonds als Planvermögen, DB 2010, S. 345; SCHÄFER/SUERMANN, Ansatz aktiver latenter Steuern nach IAS 12, DB 2010, S. 2742; SENGER/BRUNE/HOEHNE, Steuerunsicherheiten in der internationalen Rechnungslegung, WPg 2010, S. 673.

Vorbemerkung

Die Kommentierung bezieht sich auf IAS 12 in der aktuellen Fassung und berücksichtigt alle Ergänzungen, Änderungen und Interpretationen, die bis zum 1.1.2011 beschlossen wurden. Einen Überblick über aktuell diskutierte oder schon als Änderungsentwurf vorgelegte zukünftige Regelungen enthält Rz 155.

1 Zielsetzung, Regelungsinhalt, Begriffe

1.1 Das ökonomische Konzept

IAS 12 befasst sich nach seiner Zielsetzung mit der buchmäßigen Behandlung der Steuern (in deutscher Terminologie) vom Einkommen und Ertrag (kurz **Ertragsteuern**, *income taxes*). Substanz- und Verbrauchssteuern sind nicht Gegenstand von IAS 12. In Deutschland umfasst der Anwendungsbereich die Körperschaftsteuer mit Solidaritätszuschlag sowie die Gewerbesteuer. (Rz 35ff.). 1

Inhaltlich geht es in IAS 12 um

- die **aktuellen** Steuerforderungen und -schulden für das laufende und frühere Geschäftsjahre (*current tax for current and prior periods*);
- **künftige**, deshalb **latente** Steuerwirkungen, die sich aus der Weiterentwicklung von Bilanzansätzen aktiver und passiver Art ergeben (*deferred tax liability or asset*).

Solche Steuerfolgen können entstehen aus

- **Transaktionen** und sonstigen Geschäftsvorfällen (*events*) des laufenden Geschäftsjahres, die in der Bilanz berücksichtigt worden sind;
- der späteren **Realisierung** (*recovery and settlement*) der daraus entstehenden Aktiva und Passiva.

Das Thema der Steuer**latenz** durchzieht das gesamte Regelwerk der IFRS. Wegen des für den IFRS-Anwender unbeachtlichen Maßgeblichkeitsprinzips kommt es in der Bilanzierungspraxis gegenüber der HGB-Bilanzwelt zu einer enormen Problemausweitung. Im Rahmen der Umstellungsarbeiten vom HGB auf IFRS stellt die Steuerlatenzrechnung eine besonders große Herausforderung für die IFRS-Neuanwender dar.[1] In diesem Kommentar ist deshalb in den meisten Paragrafen ein **eigener Abschnitt** den latenten Steuern gewidmet. Die dortigen Ausführungen sind als Ergänzung zu diesem Paragrafen mit heranzuziehen. 2

[1] Vgl. LOITZ, KoR 2003, S. 516, der eindrucksvoll die organisatorischen Anforderungen zur Bewältigung der Steuerlatenzrechnung darstellt.

3 Sofern mit **Wahrscheinlichkeit** (→ § 1 Rz 88ff.; → § 21 Rz 36ff.) aus der künftigen Realisierung der Aktiva und Passiva ein höherer oder niedrigerer Steueraufwand entsteht als ohne deren Realisierung, ist eine Aktivierung oder Passivierung der daraus resultierenden Steuerfolgen (**Steuerlatenz**) vorzunehmen (Rz 5). Alle Geschäftsvorfälle des Rechnungslegungszeitraums und alle zum Ende der Periode bilanzierten Aktiva und Passiva sollen unter Berücksichtigung ihrer **gegenwärtigen** oder **künftigen Steuerfolgen** im Jahres-, Konzern- oder Zwischenabschluss abgebildet werden. Die Latenzrechnung berücksichtigt die steuerlichen Konsequenzen einer Liquidation des Bilanzinhaltes zu IFRS-Buchwerten.

4 Das dem IAS 12 zugrunde liegende Konzept umfasst also nach IAS 12.6:

- die bis **zum Bilanzstichtag entstandenen** Erstattungsansprüche (*current tax assets*) und Schulden (*current tax liabilities*) für Steuern vom Einkommen (**tatsächlicher** Steueraufwand; Rz 35),
- die **noch nicht entstandenen** (latenten) Ansprüche (*deferred tax assets,* IAS 12.24) und Schulden (*deferred tax liabilities,* IAS 12.15) für solche Steuern aufgrund von unterschiedlichen Buchwerten in der IFRS-Bilanz einerseits und der Steuerbilanz andererseits (latente Steuerbe- und -entlastungen). Dabei kommt es für Zwecke der Bilanzierung nicht darauf an, ob der Buchwertunterschied erfolgswirksam oder erfolgsneutral (Rz 12) entstanden ist,
- **künftige** Steuererstattungsansprüche aus bislang ungenutzten **Verlustvorträgen** (*carry forward of unused tax losses*; Rz 51ff.).

Bei folgenden Vorgängen muss nach derzeitiger Rechtslage der Ansatz eines Steuerlatenzpostens **unterbleiben**:

- Nach IAS 12.15a: Erstmaliger Ansatz eines *goodwill* (Rz 67).
- Nach IAS 12.15b und IAS 12.24: Erfolgsneutraler Zugang eines Vermögenswertes oder einer Schuld außerhalb eines Unternehmenserwerbs (Rz 45).
- Nach IAS 12.40: Bei Kontrolle des Dividendenverhaltens einer Tochtergesellschaft, sofern in absehbarer Zeit keine Ausschüttung oder Veräußerung geplant ist (Rz 73).

1.2 Wesen der Steuerabgrenzung

5 Die **zweite Position** in Rz 4 betrifft die eigentliche **Steuerlatenz**, die im Mittelpunkt der Regelungen von IAS 12 und unserer Kommentierung steht. Eine Steuerlatenz besteht nach Maßgabe der **Differenz** zwischen dem IFRS- oder Steuerbilanzansatz eines Vermögenswertes oder einer Schuld. Aus dieser **bilanzorientierten** Sicht (*liability approach*) dient die Latenzrechnung zunächst der zutreffenden Erfassung **zukünftiger** Steuerbe- oder -entlastungen. Hierzu folgendes **Beispiel**:

Beispiel[2]
Die vorausgezahlten Ertragsteuern der Tax Base GmbH entsprechen der veranlagten Steuer. Zwischen der IFRS-Bilanz und Steuerbilanz besteht jedoch folgender Unterschied: Aufgrund von Sonderabschreibungen in der Vergangenheit hat ein Gebäude in der Steuerbilanz einen Wert von 500 TEUR und in

2 Nach LÜDENBACH, IFRS, 5. Aufl., 2008, S. 267.

der IFRS-Bilanz einen Wert von 900 TEUR. Der Ertragsteuersatz beträgt 40 %.
Die IFRS-Bilanz weist eine **Schuld für latente Steuern** von 120 TEUR (30 % von 400) aus. Dies ist der Betrag, den die GmbH in zukünftigen Perioden **auf die Wertdifferenz** zahlen muss, weil die zukünftigen steuerlichen Abschreibungen hinter der IFRS-Abschreibung zurückbleiben (→ § 10) und/oder der zukünftige steuerliche Veräußerungsgewinn höher ausfällt als der nach IFRS.

Neben die Abbildung zukünftiger Be- und Entlastungen tritt eine **zweite Zielsetzung** der Steuerlatenzrechnung: Ohne sie passen das ausgewiesene Ergebnis nach IFRS-Rechnungslegung mit dem zugehörigen Steueraufwand oder -ertrag nicht zusammen (Problem der **Steuerquote**; Rz 140ff.). Durch die Steuerlatenzrechnung soll letztlich der Steueraufwand zutreffend – d.h. zum ausgewiesenen Ergebnis passend – im Jahresabschluss abgebildet werden.[3] Deshalb muss zusätzlich zum ausgewiesenen effektiven Steueraufwand (berechnet bis zum Bilanzstichtag) noch ein weiterer Aufwand oder Ertrag **abgegrenzt**, also eine (noch) **fiktive** Steuerschuld bzw. ein -erstattungsanspruch eingebucht werden. 6

Weiteres Beispiel[4]
Ein genau am Bilanzstichtag fertig gestelltes Gebäude wird in der Steuerbilanz degressiv mit 5 % abgeschrieben, in der IFRS-Bilanz aber nur mit 1/360 von 2 %, also praktisch mit 0. Es entstehen folgende **Differenzen:**
Der Gebäudewert in der IFRS-Bilanz liegt über dem Ansatz der Steuerbilanz, d.h., die IFRS-Abschreibung des aktuellen Jahres ist niedriger als die steuerliche Abschreibung. Das IFRS-Ergebnis (vor Steuern) des aktuellen Jahres liegt somit über dem Steuerbilanz-Ergebnis (vor Steuern).
Aus den Differenzen ergibt sich folgendes **Problem:**
Die **Steuerquote**, d.h. das prozentuale Verhältnis von Steueraufwand zum Ergebnis vor Steuern (Rz 140), ist im IFRS-Abschluss zunächst zu niedrig. Das IFRS-Ergebnis vor Steuern ist praktisch nicht mit Abschreibungen belastet, der tatsächliche Steueraufwand aber voll durch die degressive Abschreibung gemindert. Der Steueraufwand ist deshalb im Verhältnis zum IFRS-Ergebnis vor Steuern zu gering.
Im Gegenzug werden die Abschreibungen **späterer Jahre** in der IFRS-Bilanz höher und die Vor-Steuer-Ergebnisse der IFRS-GuV niedriger ausfallen als in der entsprechenden Steuerbilanz. Damit entsteht in den späteren Jahren ein **umgekehrtes Steuerquoten**-Problem: Das IFRS-Ergebnis wird dann mit Abschreibungen belastet sein, die z.T. über die steuerliche Abschreibung hinausgehen. Der Steueraufwand späterer Jahre wird demzufolge im Verhältnis zum Ergebnis vor Steuern zu hoch ausfallen.
Die aktuelle und die spätere Verzerrung der Steuerquote wird vermieden und der Steueraufwand richtig periodisiert, wenn nach folgender **Lösung** verfahren wird:

---

[3] HERZIG, WPg 2003, Sonderheft, S. 80f.
[4] Nach LÜDENBACH, IAS/IFRS, 5. Aufl., 2008, S. 269.

Das aktuelle Jahr wird in der IFRS-Rechnung mit einer Buchung „Steueraufwand an Passive latente Steuern" belastet.
Die späteren Jahre werden durch die Buchung „Passive latente Steuern an Steueraufwand" entlastet.

7 Allerdings kann die Steuerlatenzrechnung das Ziel eines Ausweises des „passenden" Steueraufwandes im Jahresabschluss (Rz 6) allein nicht bewerkstelligen. Als Ergänzung ist dazu im Anhang eine **Überleitungsrechnung** (Rz 140) vorgesehen.

8 Die in der Bilanz ausgewiesenen Posten der Steuerlatenz liefern Anhaltspunkte für das Volumen der Abweichungen zwischen IFRS-Buchwert und Steuer-Buchwert und stellen insoweit ein Hilfsmittel der **Bilanzanalyse** dar.[5]

1.3 Methoden der Steuerabgrenzung

9 Die Theorie unterscheidet zwischen

- einer **bilanz**orientierten Steuerabgrenzung, die auf die Abbildung zukünftiger Belastungen und Entlastungen durch den Umkehreffekt (*temporary*-Konzept; Rz 11), und
- einer **GuV**-orientierten Abgrenzung, die auf die Abbildung eines angemessenen Steueraufwandes bzw. -ertrages (*timing*-Konzept)

ausgerichtet ist.

10 Das timing-Konzept folgt der Idee, den Steueraufwand in der GuV dem ausgewiesenen Jahresergebnis „anzupassen"; es ist deshalb – dem allgemeinen Sprachgebrauch folgend – **„GuV-orientiert"** oder **„dynamisch"**. Das *timing*-Konzept lag dem HGB in der Vor-BilMoG-Fassung und den IFRS bis 1997 zugrunde.

11 Seitdem wird in beiden Rechnungslegungssystemen das *temporary*-**Konzept** verfolgt.[6] Es ist **bilanzorientiert** und gilt damit als **„statisch"** (Rz 41). Das BilMoG schließt sich diesem Konzept an. Dahinter verbirgt sich folgende Überlegung: Die/das jetzt nur latent vorhandene Steuerschuld/-guthaben wird irgendwann einmal durch eine Be- oder Entlastung korrigiert (sog. Umkehreffekt).

Das *temporary*-Konzept geht von möglichen Buchwertunterschieden zwischen IFRS-Bilanz (*carrying amount*) und Steuerbilanz (*tax base*) aus. Dabei wird in IAS 12.7 aktivisch die *tax base* als (steuerlicher) Abzugsbetrag gegenüber den bei der Realisierung des betreffenden Vermögenswerts entstehenden Vorteilen definiert.

12 Die beiden nach dem Sprachgebrauch vorgestellten Unterschiede der beiden Methoden zur Ermittlung der Steuerlatenz sind eher als **Schlagworte** denn als logisch-stringente **Unterscheidungsmerkmale** zu verstehen. Der **materielle Unterschied** liegt in der nach IFRS (auch im Einzelabschluss) möglichen Eigenkapitalveränderung, die sowohl erfolgs**wirksam** in der GuV (dem erfolgswirksamen Teil des Gesamtergebnisses) als auch erfolgs**neutral** – entweder im sonstigen Gesamtergebnis (*other comprehensive income*) oder direkt im Eigenkapital

5 RAMMERT, PiR 2005, S. 13.
6 Der DSR hat sich in DRS 10 inhaltlich voll dem IAS 12 (für den Bereich des Konzernabschlusses) angeschlossen.

(Rz 129) erfasst werden kann (zu den letztgenannten Fällen vgl. die Beispiele in → § 20 Rz 81).

Nach dem *temporary*-Konzept sind auch die **erfolgsneutral** durch Verbuchung direkt im Eigenkapital (→ § 20 Rz 81) entstandenen Abweichungen zwischen den steuerlichen Buchwerten und den Ansätzen nach IFRS der Steuerlatenzrechnung zu unterwerfen (IAS 12.61 ff.). Umgekehrt gilt: Bei **erfolgswirksam** entstandener Abweichung in den Ansätzen nach IFRS einerseits und Steuerrecht andererseits führen beide Methoden der Steuerlatenzrechnung (*timing*- und *temporary*-Konzept) zum gleichen Ergebnis. Deshalb beginnen die Begriffsbestimmungen in IAS 12.5 auch mit dem Vergleich des IFRS-Ergebnisses vor Steuern (*accounting profit*) mit der steuerlichen Bemessungsgrundlage für die Steuern vom Einkommen (*taxable profit or loss*) – also typischen Begriffe aus der **Ergebnisrechnung.** 13

Die in Teilen des Schrifttums so hoch gehaltene Unterscheidung von *timing*-Konzept und *temporary*-Konzept ist eher missverständlich. Aussagekräftiger ist die Unterscheidung von **erfolgswirksamer** und **erfolgsneutraler** Steuerlatenzrechnung. 14

Beispiel[7] 15

Die Tax Base GmbH hat zum 31.12.00 ihre unbebauten Grundstücke (Buchwert 10 Mio. EUR) von einem Sachverständigen neu auf 20 Mio. EUR taxieren lassen und übernimmt diese neue Bewertung gem. der Alternativ-Methode (Neubewertung) aus IAS 16.20ff. (→ § 8 Rz 68ff.) in die Bilanz. Außerdem hat die GmbH Ende Juni einen Mainframe-Computer für 1 Mio. EUR erworben; in der Steuerbilanz wird er degressiv mit (angenommenen) 0,3 Mio. EUR abgeschrieben, in der IFRS-Bilanz linear und pro rata temporis mit 0,1 Mio. EUR. Der Steuersatz beträgt 40 %.

Im Falle des Computers liegt ein Ergebnisunterschied vor, der sich in der Zukunft umkehrt, somit eine *timing difference* (**zugleich auch** *temporary difference*). Der Computerfall führt nach beiden Konzepten zu einem Passivposten für Steuerlatenz.

Die Neubewertung der Grundstücke vollzieht sich hingegen nicht über die GuV. Es liegt nur eine *temporary difference* vor, die nach HGB nicht ansatzfähig wäre.

Die buchmäßige Darstellung des Falles findet sich unter Rz 42.

Der Begriff der *temporary difference* schließt den der *timing difference* in dem Sinne ein, dass 16

- jede *timing* auch eine *temporary difference (IAS 12 IN2)*,
- hingegen nicht jede *temporary* auch eine *timing difference*

ist.

Innerhalb des *temporary*-Konzepts unterscheidet man (von der Wortwahl her gesehen ebenfalls eher missverständlich) zwischen:

- **zeitlich begrenzten**, d.h. sich im Zeitverlauf steuerwirksam auflösenden Buchwert-Unterschieden (*temporary differences*) und

[7] Nach LÜDENBACH, IFRS, 5. Aufl., 2008, S. 276. Zur „erfolgsneutralen“ Steuerlatenzrechnung siehe auch die Beispiele in → § 8 Rz 91ff.

- **dauerhaften** Unterschieden (*permanent differences*), sich also im Zeitverlauf nicht oder steuerunwirksam auflösend.

Allerdings kennt IAS 12 den Begriff *permanent difference nicht* (Rz 19). Er hat sich vielmehr in der **Umgangssprache** mit dem vorstehend dargestellten Inhalt und den nachstehend erläuternden Beispielen (Rz 17) herausgebildet.

17 *Permanent differences* ergeben sich bei Kapitalgesellschaften z.B. aus

- **nicht abzugsfähigen** Betriebsausgaben, Abschreibungen auf Beteiligungen an Kapitalgesellschaften, Zinszurechnungen bei der Gewerbesteuer,
- **steuerfreien** Betriebseinnahmen, Dividenden von Tochtergesellschaften soweit steuerfrei –, Investitionszulagen (→ § 12 Rz 31).

Temporary differences ergeben sich aus **Abweichungen** zwischen IFRS-Bilanzansatz und Steuerbilanzausweis (*tax base;* Rz 28; IAS 12.7 f.). Dabei gilt folgende Gleichung:

Buchwert nach IFRS (*carrying amount*) – Steuerbilanzwert (*tax base*; Rz 28) = *temporary difference*.

Nicht eindeutig ist der Begriffsinhalt von

- *deductible temporary differences* (IAS 12.24) – Ansatzbegründung für ein latentes *tax asset* – eine
- *taxable temporary differences* (IAS 12.15) – Ansatzbegründung für eine latente *tax liability*.

In steuer**technischer** Interpretation liegt das Verständnis eines **Gegensatzpaares** nahe:

- *deductable* bedeutet künftige Steuer**minderung**, also Anspruch
- *taxable* bedeutet künftige Steuer**erhöhung**, also Verbindlichkeit.

Allerdings kann „*deductible*" auch die Abzugsfähigkeit in **isolierter** Betrachtung ansprechen.

Beispiel[8]

Sachverhalt

Unternehmer U passiviert zum Bilanzstichtag eine steuerlich nicht abzugsfähige Kartellbuße von 100 (*carrying amount*).

Lösung 1

Die tax base ist ebenfalls 100, obwohl die Verbindlichkeit bzw. die spätere Zahlung der Buße nicht abzugsfähig (*deductible*) ist. Der Steueraufwand ist im Verhältnis zum IFRS-Ergebnis zu hoch. Wegen des Vorrangs des zutreffenden Vermögensausweises (*liability approach*) muss eine aktive Latenz entfallen.

Lösung 2

Die Verbindlichkeit für die Kartellbuße hat eine *tax base* von null. Die daraus resultierende *deductible temporary difference* unterliegt einem Steuersatz von ebenfalls null. Auch hier kommt es nicht zur Aktivierung einer Steuerlatenz mit demselben Ergebnis bez. des Ergebnisvergleichs zwischen IFRS-Bilanz und Steuerbilanz wie bei Lösung 1.

8 Nach IAS 12.8 „Examples".

Beide Lösungen führen bilanziell zum richtigen Ergebnis. Die Wirkung auf die GuV bzw. die Steuerquote kann nur durch die **Überleitungsrechnung** (Rz 140) sinnvoll dargestellt werden.

Beispiele

Sachverhalt

Nach IFRS wird eine Maschine linear mit 10 %, nach EStG/HGB (unterstellt) degressiv mit 20 % vom Anschaffungswert abgeschrieben.

Folge

- Passive Latenz, da sonst der Steueraufwand zu niedrig wäre.
- Sobald die Abschreibungshöhe „umschlägt" (IFRS-Abschreibung dann höher als HGB-Abschreibung), erfolgt eine erfolgswirksame Auflösung des Passivpostens, da sonst der Steueraufwand zu hoch wäre.

Sachverhalt

Eine zu Handelszwecken gehaltene Verbindlichkeit (→ § 28 Rz 192) ist wegen niedriger Verzinslichkeit nach IFRS unterhalb des Rückzahlungsbetrages zu bewerten, in der Steuerbilanz ist der Rückzahlungsbetrag auszuweisen.

Folge

- Passive Latenz, da sonst Steueraufwand zu niedrig wäre.
- Bei Erfüllung der Verbindlichkeit wird eine Auflösung des Passivpostens für Steuerlatenz vorgenommen.

Sachverhalt

Eine *at equity* bilanzierte Beteiligung an einer assoziierten Personengesellschaft (→ § 33) ist wegen eines Verlustausweises nicht dauernder Art nach IFRS niedriger zu bewerten als in der Steuerbilanz.

Folge

- Aktive Latenz, da sonst Steueraufwand zu hoch wäre.
- Bei späterer Zuschreibung wegen Gewinnen in der IFRS-Bilanz erfolgt eine Auflösung des Aktivpostens.

Sachverhalt

Die Altersversorgungsrückstellung nach IAS 19 (→ § 22) ist höher als nach § 6a EStG.

Folge

- Aktive Latenz, da sonst Steueraufwand zu hoch wäre.
- Bei späterer Angleichung beider Bilanzausweise erfolgt eine entsprechende Auflösung des Aktivpostens.

Weitere Beispiele zur Steuerlatenzierung liefert der Standard selbst in IAS 12.17 und 12.18 für die Passivseite sowie IAS 12.26 für die Aktivseite.

Wegen der Steuerlatenz durch Anwendung von **Verbrauchsfolgeverfahren** bei der Bewertung von Vorratsvermögen vgl. → § 17 Rz 35.

18 Schematisch lassen sich die einschlägigen Begriffe wie folgt strukturieren:[9]

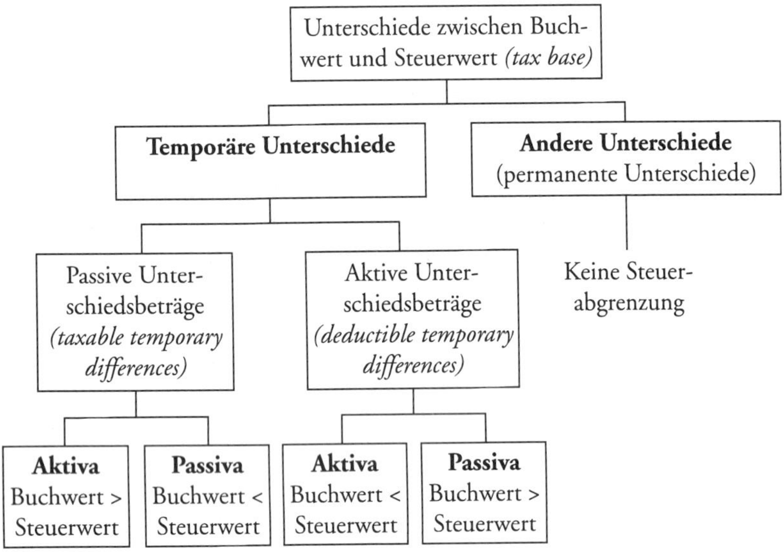

Abb. 1: Typen von Buchwert-Unterschieden

Zusammengefasst als „**Faustformel**“:

- **Minder**vermögen in der IFRS-Bilanz gegenüber Steuerbilanz: **aktive** Steuerlatenz.
- **Mehr**vermögen in der IFRS-Bilanz gegenüber Steuerbilanz: **passive** Steuerlatenz.

19 Keine besondere Behandlung erfahren in IAS 12 die **quasi-permanenten** Differenzen (Rz 16). Darunter versteht man bilanzielle Unterschiedsbeträge, die sich im Regelfall erst nach sehr langer Zeit auflösen, z.B. bei eigengenutzten Grundstücken. Die Steuerlatenzrechnung ist also **unabhängig von der Dauer der Umkehrungsperiode** (für die Buchwertdifferenz) durchzuführen. Die Dauer der Umkehrungsperiode wird auch nicht durch eine Barwertbetrachtung berücksichtigt. Steuerlatenzen sind **unabgezinst** zu bewerten (Rz 128).

20 In Sonderfällen ist ein Steuerbuchwert (*tax base*) nicht sofort ersichtlich:

- Sofort nach IFRS als Aufwand zu verbuchende **Forschungskosten** sind erst in späteren Perioden steuerlich abzugsfähig (IAS 12.26b) – gilt nicht nach deutschem Steuerrecht.
- **Aktienkursorientierte** Vergütungsformen gem. IFRS 2 (→ § 23), die in späteren Perioden zu steuerlich abzugsfähigen Betriebsausgaben führen (IAS 12.68A) – gilt nicht nach deutschem Steuerrecht. Wegen der Abzugsfähigkeit wird verwiesen auf → § 23 Rz 194.

---

9 Nach WAGENHOFER, IAS, 5. Aufl., 2005, S. 324.

- Sofort gegen **Rücklagen** verrechneter *goodwill* aus **früheren** Unternehmensakquisitionen (→ § 6 Rz 54).

In diesen Fällen beträgt der IFRS-Buchwert null,[10] der „Steuerbuchwert" entspricht dem künftig abzugsfähigen Betrag.

1.4 Weitere Begriffsdefinitionen

Bezüglich der **Bewertung** (Rz 115ff.) wird in der Theorie unterschieden zwischen der 21

- *liability*-Methode: Ausfluss des *temporary*-Konzepts (Rz 11);
- *deferred*-Methode: Ausfluss des *timing*-Konzepts (Rz 10).

Die *liability*-Methode bewertet nach den mutmaßlichen **künftigen** Steuersätzen, die *deferred*-Methode nach den **aktuellen**. Zur ambivalenten Regelung nach IFRS vgl. Rz 119.

Die IFRS-Sprachregelung ist allerdings nicht konsequent. Die Begriffe laufen teilweise durcheinander. So wird in IAS 12.5 gesprochen von

- *deferred tax liabilities*: künftige Steuer**schulden** aus temporären Differenzen;[11]
- *deferred tax assets*: künftige Steuer**erstattungen** aus temporären Differenzen.

Mit „*deferred*" soll dabei nicht die zuvor genannte *deferred*-Methode der Bewertung vorgeschrieben, sondern lediglich die Tatsache des „*deferral*", also der zeitlichen Verlagerung des Entstehens von Steuerguthaben und -verbindlichkeiten, angesprochen werden.

Andererseits stimmt die Begriffswahl (Rz 17) mit der dargestellten Methodik der Steuerlatenzrechnung auch überein (IAS 12.5): 22

- *taxable temporary differences* sind künftige Steuer**schulden**,
- *deductible temporary differences* sind künftige Steuer**entlastungen**,

die bei der Realisierung aktuell vorhandener Bilanzposten und damit der Auflösung der Differenz (Rz 1) anfallen.

Im Ergebnis gilt: 23

- Latente Steuer**schulden** entstehen aus steuerpflichtigen temporären Differenzen, die bei künftiger Auflösung der Differenzen zu effektiven Zahllasten werden.
- Latente Steuer**forderungen** entstehen aus abzugsfähigen temporären Differenzen oder noch nicht genutzten steuerlichen Verlustvorträgen (Rz 51), die bei Auflösung bzw. Realisierung zu höheren Erstattungen oder geringeren Zahllasten führen.

1.5 Isolierte Änderung des Steuerbuchwertes (*tax base*)

1.5.1 Gesellschafterwechsel

Die *tax base* (Rz 17) kann ohne Berührung des IFRS-Rechenwerkes und damit des Buchwertes (*carrying amount*) geändert werden. Musterfälle dafür sind:[12] 24

---

10 Ähnlich in der Diskussion des Board „Definition of tax base" in der Juni-2004- und der Juli-2005-Sitzung.

11 In der englischen Fassung des DRS 10 wird von zeitlichen Unterschieden (timing differences) gesprochen. Im Übrigen schließt sich DRS 10 hautnah den Inhalten von IAS 12 an.

12 Vgl. zu beiden Fällen Freiberg, PiR 2006, S. 205.

- der Ein- oder Austritt der Gesellschafter von **Personen**gesellschaften,
- **konzerninterne** Umstrukturierungen.

25 Beim Ein- oder Austritt von Gesellschaftern einer Personengesellschaft oder bei der Übertragung sämtlicher Anteile an neue Gesellschafter entstehen für steuerliche Zwecke regelmäßig **Ergänzungsbilanzen**[13] mit dem Inhalt einer Wertkorrektur gegenüber den Bilanzausweisen in der steuerlichen Gesamthandsbilanz. Solche Transaktionsvorgänge bewegen sich außerhalb der **Gesellschafts**-Sphäre und tangieren damit auch nicht die IFRS-Bilanz der Gesellschaft. Es entstehen Anschaffungskosten für den **Gesellschafter** und damit – i. d. R. – erhöhte steuerliche Buchwerte der Wirtschaftsgüter durch Aufdeckung der stillen Reserven und Ansatz eines *goodwill*. Indirekt ergeben sich wegen des Folgeeffektes für die **Gewerbesteuer** allerdings auch Auswirkungen auf die Besteuerungssituation der Gesellschaft.

Daran schließt sich die Frage an, ob im Zeitpunkt der Veränderung der *tax base* durch den Beteiligungserwerb (Gesellschafterwechsel) auf die dann entstehende Differenz zum *carrying amount* eine Steuerlatenz zu bilden ist. **Abzugrenzen** ist dieser Tatbestand von dem Regelungsbereich des IAS 12.15 bzw. 12.24. An diesen Stellen wird die Bildung von Steuerlatenzen auf Differenzen, die schon beim **Zugang** von **Vermögenswerten** entstehen, untersagt (Rz 45). Im hier behandelten Fall gehen der Gesellschaft (dem Bilanzierungssubjekt) aber gerade keine Vermögenswerte zu. Eine Latenzrechnung für die Gewerbesteuer ist damit geboten. Hierzu folgendes Beispiel:

Beispiel[14]

- Beteiligt an der XYZ OHG sind

	Kapital	Teilwert
X mit	500	700
Y mit	250	350
Z mit	250	350
	1.000	1.400

- Verkehrswert der bilanzierten Vermögenswerte
- X erwirbt den Anteil von Y zu 500.
- Die Buchwerte in der IFRS-Gesamthandsbilanz werden durch den Beteiligungserwerb nicht berührt.
- Der von X bezahlte Mehrwert von 250 gegenüber dem erworbenen Kapitalanteil von 250 entfällt auf

stille Reserven (25 % von 400)	100
goodwill	150
	250

13 Vgl. hierzu im Einzelnen LIENAU, Bilanzierung latenter Steuern im Konzernabschluss nach IFRS 2006, S. 233.

14 In Anlehnung an FREIBERG, PiR 2006, S. 205; weiteres Beispiel bei SCHULZ-DANSO, in: BECK'sches IFRS-Handbuch, 3. Aufl., 2009, § 25, Rz 80.

- Die Erhöhung der Steuerlatenzwerte in der Ergänzungsbilanz gegenüber den IFRS-Werten in der Gesamthandsbilanz führt bei einem Steuersatz von 14 % zu einer Aktivlatenz von 35.
- Der Steuersatz berücksichtigt nur die Gewerbesteuer, für welche die OHG Steuerschuldnerin ist.

Zur Behandlung der Steuerlatenz in der GuV wird auf Rz 27 verwiesen.

1.5.2 Konzerninterne Umstrukturierungen

Bei **konzerninternen** Umstrukturierungen in Form von Verschmelzungen, Spaltungen, Umhängungen von Beteiligungen etc. werden für Steuerbilanzzwecke u. U. stille Reserven und *goodwill* aufgedeckt. In diesen Fällen kommt es nach IFRS regelmäßig nicht zur Aufdeckung stiller Reserven, die Buchwerte der abgebenden Gesellschaft sind von der aufnehmenden fortzuführen (→ § 31 Rz 177). Wie im vorstehenden Fall der steuerlichen Ergänzungsbilanz (Rz 25) ist das Verbot zur Bildung einer Steuerlatenz nach IAS 12.15 und 12.24 nicht einschlägig. 26

Beispiel[15]
Im Rahmen eines *sidestream merger* wird die Tochter A der MU AG auf die Tochter B verschmolzen. Es entsteht ein steuerlicher *goodwill* i. H. v. 15 Mio. EUR. Die Erfassung eines korrespondierenden *goodwill* im IFRS-Konzernabschluss der MU scheidet aus. Unter Berücksichtigung des Konzernsteuersatzes von 30 % ergibt sich eine aktive Steuerlatenz i. H. v. 4,5 Mio. EUR.
Der steuerliche *goodwill* wird linear über 15 Jahre abgeschrieben (§ 7 Abs. 1 Satz 3 EStG). Der Steuerlatenzposten ist daher jährlich um 0,3 Mio. EUR zu reduzieren.

Fraglich ist, ob der aus dem Gesellschafterwechsel (Rz 25) oder der Umstrukturierung (Rz 26) resultierende Steuerlatenzposten **erfolgswirksam** einzubuchen und in den Folgejahren zu reduzieren sind. Für die Beantwortung ist IAS 12.58 nicht relevant, da es dort um Geschäftsvorfälle oder Bewertungsmaßnahmen geht, die nicht nur die Steuerbilanz, sondern auch die IFRS-Bilanz betreffen. Bei den hier betrachteten Wechseln von Gesellschaftern bzw. Umstrukturierungen sind die Wertansätze der IFRS-Bilanz hingegen überhaupt nicht berührt. Eine Regelung findet sich aber insofern in IAS 12.65. Danach ist bei Änderungen der Steuerbasis durch steuerliche „Neubewertung" zu unterscheiden, ob 27

- diese zeitversetzt – früher oder später – mit einer Neubewertung nach IFRS korreliert – dann erfolgs**neutrale** Buchung der Steuerlatenz, oder
- die IFRS-Bilanz überhaupt nicht betroffen ist – dann erfolgs**wirksame** Buchung.

U. E. entspricht der Gesellschafterwechsel regelmäßig dem zweiten Fall. Die Steuerlatenzbuchung ist daher erfolgswirksam.[16]

15 In Anlehnung an Freiberg, PiR 2006, S. 206.
16 Freiberg, PiR 2006, S. 206; Schulz-Danso, in: Beck'sches IFRS-Handbuch, 3. Aufl., § 25, Rz 92.

Die gegenteilige Ansicht schließt aus der Nichtanwendbarkeit von IAS 12.15a und IAS 12.66 (Differenzen im Anschaffungszeitpunkt) auf eine erfolgsneutrale Buchung. Die Nichtanwendung der genannten Vorschriften ist unbestritten. Eine Rechtsfolge lässt sich hieraus aber nicht ableiten. Sie ergibt sich im oben dargestellten Sinne aus IAS 12.65.

1.6 Unsicherer Steuerbuchwert (*tax base*)

1.6.1 Lösungshinweise nach US-GAAP

28 Der **Steuerbuchwert**(*tax base* Rz 17) findet trotz seines maßgeblichen Einflusses auf die **Steuerlatenzrechnung** und auch auf die Erfassung der **aktuellen Steuerschuld** im Regelwerk von IAS 12 keine Beachtung. Dabei ist jeder Steuerbilanzposten wenigstens aus Sicht der deutschen Erhebungspraxis bis zum Vorliegen einer endgültigen Veranlagung „unsicher“ (Rz 31). In einer Interpretation zu SFAS 109 – *Accounting for Uncertain Tax Positions* – (FIN 48) nimmt sich der FASB für die US-GAAP des Themas an.[17] FIN 48 wurde zum 1.7.2009 zusammen mit allen anderen Rechnungslegungsregeln mit seinem wesentlichen Gehalt in die *Accounting Standards Codification* (ASC) des FASB überführt, dort als Section 740. Betroffen sind sowohl die **tatsächlichen** Steuern (*current taxes*), deren Bemessungsgrundlage der Steuerbuchwert ist, als auch die **latenten** Steuern, die sich aus der Differenz von Steuerbuchwert und US-GAAP-Buchwert ergeben.

Der FASB stellt auf den **Wahrscheinlichkeitsgrad** (→ § 21 Rz 37ff.) der Anerkennung eines abzugsfähigen Steuerpostens durch die Finanzverwaltung ab. Die Einschätzung der Wahrscheinlichkeit beruht auf folgenden Kriterien (ASC Topic 740–25–7):

- Eine vollständige Prüfung durch die zuständige Behörde ist zu unterstellen.
- Eine gründliche Prüfung der Rechtslage hat zu erfolgen.
- Erfahrungen mit der Vorgehensweise der Verwaltung bei der Beurteilung eines ähnlichen Sachverhaltes sind zu berücksichtigen.
- Kompensationsmöglichkeiten mit anderen denkbaren Streitpunkten („Paketlösungen“) bleiben außer Betracht.

Das Management kann aus dem als abzugsfähig deklarierten Posten nur insoweit eine Steuerentlastung bilanzieren, als von der Anerkennung mit einer **überwiegenden** Wahrscheinlichkeit (*more likely than not*) auszugehen ist.

Die **Bewertung** hat nach ASC Topic 740–10–30–7 mit dem höchsten Betrag der Steuerentlastung zu erfolgen, die mit einer mehr als 50%igen Wahrscheinlichkeit eintreten wird.

Beispiel

Das Unternehmen bildet eine Rückstellung für einen Einzelgewährleistungsfall in Höhe von 250 und fertigt entsprechend die Steuererklärung auf dieser Grundlage. Daraus errechnet sich eine **maximale** Steuerermäßigung von 100 (Steuersatz 40).

17 Vgl. hierzu umfassend DAHLKE, KoR 2007, S. 311.

Mögliche Steuerermäßigung	Wahrscheinlichkeit der Anerkennung durch Finanzverwaltung	Kumulierte Wahrscheinlichkeit
100	5 %	5 %
80	25 %	30 %
60	25 %	**55 %**
50	20 %	75 %
40	10 %	85 %
20	10 %	95 %
0	5 %	100 %

60 ist der höchste Betrag der Steuerermäßigung mit einer 50 % übersteigenden Wahrscheinlichkeit des Eintretens. Dieser Betrag ist als Steuerguthaben oder Reduzierung der Steuerschuld zu bilanzieren.
Zu jedem Stichtag ist die ansatzbegründende Wahrscheinlichkeitsschwelle zu **überprüfen**. Sofern sie übersprungen wird, ist die Bewertung nach dem vorstehend dargestellten Szenario weiterzuführen. Bei Nichterfüllung des Ansatzkriteriums („*less likely than not*") muss eine Ausbuchung mit der Folge des Ansatzes einer Steuerschuld oder niedriger aktiver Steuerlatenz erfolgen.

	Ansatz IFRS-Bilanz	**Ansatz StB**	**Steuer-vorteil lt. Erklärung**	**Steuer-vorteil lt. Erwartung**	**Differenz**
31.12.00	250	250	100	60	40
31.12.01	250	250	100	0	100

Zum 31.12.00 ist eine „**vorsorgliche**" Steuerverbindlichkeit von 40 ergebniswirksam einzubuchen, der zwar auch Latenzcharakter zukommt, aber nicht auf „*temporary differences*" i. S. d. „eigentlichen" Steuerlatenzrechnung beruht. Dieser Posten repräsentiert eine mögliche künftige Steuerzahllast und darf nicht unter den Steuerlatenzposten ausgewiesen werden.
Zum 31.12.01 ist das „*more likely than not*"-Kriterium nicht (mehr) erfüllt. Eine zusätzliche (befürchtete) Steuerschuld von 60 ist einzubuchen.

Bei all diesen mathematischen Übungen sind die gebotenen systematischen **Vorbehalte** zu beachten (→ § 21 Rz 40).
In der Praxis ist in vielen Fällen (Rückstellung, Wertberichtigung usw.) „nur" die Periode ungewiss, in der der betreffende Aufwand auch steuerlich zu berücksichtigen ist. Eine durch FASB ASC 740 gebotene vorsichtige Einschätzung der sofortigen steuerlichen Anerkennung mindert/erhöht damit zwar laufende Steuerforderungen/-schulden, erhöht/mindert aber zugleich den Aktiv-/Passivsaldo latenter Steuern. Von bestimmten Ausnahmefällen – Steuersatzsenkung in zukünftigen Perioden, Zweifel an der Realisierbarkeit aktiver latenter Steuern –

abgesehen, ergibt sich ein Nullsummenspiel. Wegen Einzelheiten wird auf Rz 31 verwiesen.

29 Recht praxisnah liefert der ASC Topic 740 auch ein Beispiel für die Latenzrechnung bei „**steuertaktischem**“ Vorgehen.

Beispiel

Sachverhalt

Zu Beginn des Jahres 1 erwirbt das Unternehmen einen nicht planmäßig abschreibbaren immateriellen Vermögenswert mit unbestimmter Nutzungsdauer (→ § 13 Rz 83ff.) zu 15 Mio. EUR. Im Hinblick auf die bestehende Unsicherheit in der steuerlichen Wertung behandelt das Unternehmen den Erwerb in der Steuererklärung als sofort abzugsfähige Betriebsausgabe. Die Anerkennung dieser Behandlung durch die Verwaltung ist allerdings nicht wahrscheinlich (< 50 %); vielmehr rechnet man eher mit einer „Nachaktivierung“ durch die Außenprüfung mit einer Nutzungsdauer von 15 Jahren. Der Steuersatz beträgt 40 %.

Lösung

Nach Auffassung des FASB soll in diesem Fall – nicht ausreichende Wahrscheinlichkeit der Anerkennung – eine laufende Steuerschuld ausgewiesen werden, soweit am Bilanzstichtag noch ein potenzieller Buchwertunterschied vorliegt. Anzusetzen sind daher auf der Basis der wahrscheinlichen Veranlagung

- passive Steuerlatenz 40 % × (15 IFRS-Buchwert – 14 wahrscheinlicher Steuerbuchwert) = 0,4 Mio. EUR,
- tatsächliche Steuerverbindlichkeit 40 % × (15–1) = 5,6 Mio. EUR,
- in Summe also 6,0 Mio. EUR.

Auf Basis der Steuererklärung wäre ebenfalls ein Betrag von 6,0 Mio. EUR anzusetzen. Der Betrag würde aber ausschließlich eine passive Steuerlatenz darstellen: 40 % × (15 IFRS-Buchwert – 0 deklarierter Steuerbuchwert) = 6,0 Mio. EUR. Dieser Ausweis ist unzulässig, weil eine Nichtanerkennung des sofortigen Betriebsausgabenabzugs, also des deklarierten Steuerbuchwerts von 0, wahrscheinlich ist.

ASC Topic 740 verlangt umfangreiche Dokumentationen durch das Unternehmen bez. der Beurteilung seiner (internationalen) Steuerrisiken. Die spannende Frage ist dann, ob dieses Datenmaterial der Steuerprüfung vorgelegt werden muss. Für die IFRS-Anwender stellt sich dieses Problem (noch) nicht.

30 Die Überlegungen aus ASC Topic 740 (in vollem Umfang) sind nicht unbedingt mit den IFRS verträglich. Formal kommt eine Anwendung nach IAS 8.10 (→ § 1 Rz 76) nur dann in Betracht, wenn in den IFRS eine **Regelungslücke** vorliegt. Zunächst ist daher zu untersuchen, ob die IFRS-Regelungen zum Umgang mit **Risiken**, niedergelegt insbesondere in IAS 37.14 (→ § 21 Rz 18), auf Steuerrisiken anwendbar sind. Angesprochen ist damit das Verhältnis von IAS 12 und IAS 37.[18]

18 Vgl. hierzu LÜDENBACH, PiR 2008, S. 242; SENGER/BRUNE/HOEHNE, WPg 2010, S. 674.

- Für eine Anwendung von IAS 12 auf Steuerrisiken könnte IAS 37.5b sprechen. Danach haben Standards, die sich mit spezifischen Fällen von Rückstellungen oder ungewissen Forderungen beschäftigen, Vorrang vor IAS 37. Als einer der vorrangigen Standards wird IAS 12 benannt.
- Tatsächlich enthält IAS 12 aber keine speziellen Regeln für den Bilanzansatz und die Bewertung von Steuerrisiken aus möglichen Betriebsprüfungen, Rechtsbehelfsverfahren und Prozessen; daher greift der abstrakt formulierte Vorrang im konkreten Fall nicht.

Dieses Ergebnis wird durch IAS 12.88 bestätigt (Rz 138), wonach auch für die Offenlegung rechtstrittiger Steueransprüche oder -verbindlichkeiten die Vorschriften von IAS 37 gelten.

Die Regelungen in IAS 37 sehen folgende **Differenzierung** vor:

- **Forderungen** dürfen nach IAS 37.31 nur angesetzt werden, wenn sie so gut wie sicher sind (→ § 21 Rz 112).
- **Verbindlichkeiten** sind nach IAS 37.23 bereits dann anzusetzen, wenn sie *more likely than not* sind (→ § 21 Rz 50).

Auf die Verhältnisse des Steuerverfahrens passt diese Unterscheidung nur **bedingt**. Ob eine Forderung oder eine Verbindlichkeit besteht, hängt nicht allein davon ab, ob die Finanzverwaltung die Steuer wie erklärt veranlagt, sondern davon, in welchem Verhältnis die sich aus der Erklärung ergebende Steuer zu den geleisteten **Vorauszahlungen** steht. Hinsichtlich der Vorauszahlungen besteht aber keine Unsicherheit. Die Risiken beziehen sich nur auf die Übereinstimmung von erklärter und festgesetzter Steuer. Von theoretischen Fällen abgesehen geht dieses Risiko immer in **eine** Richtung: Die festgesetzte Steuer kann über der erklärten liegen. Zerlegt man daher die aus der Jahreserklärung resultierende Steuerschuld oder Forderung in die Vorauszahlungskomponente einerseits und die festgesetzte Steuer andererseits und beschränkt die Risikobetrachtung sachgerecht auf den zweiten Aspekt, so geht es **stets** um eine ungewisse **Verbindlichkeit** und **nie** um eine ungewisse **Forderung**. Da ungewisse Verbindlichkeiten nach IAS 37 anzusetzen sind, wenn sie *more likeley than not* sind, wird eine Betrachtung notwendig (→ § 21 Rz 36), welche Abweichung von der erklärten Steuer zu mehr als 50 % wahrscheinlich ist.

Beispiel

U erklärt ein zu versteuerndes Einkommen von 10 Mio. EUR. Darin sind enthalten problematische Wertberichtigungen von 1 Mio. EUR und ebensolche Rückstellungen gleicher Höhe.

Nach seinen bisherigen Erfahrungen werden in einer Betriebsprüfung beide Posten von der Bp aufgegriffen. Nach den gleichen Erfahrungen kommt es zu einer Einigung mit einem zu versteuernden Einkommen von 11 Mio. EUR. Dabei werden folgende Wahrscheinlichkeiten angenommen:

- Keine Steuernachforderung 10 %.
- Steuernachforderung von 1 Mio. EUR x 40 % = 0,4 Mio. EUR 80 %.
- Steuernachforderung von 2 Mio. EUR x 40 % = 0,8 Mio. EUR 10 %.

> Eine Steuernachforderung überhaupt ist überwiegend wahrscheinlich und damit als (zusätzliche) Verbindlichkeit oder bei übersteigenden Vorauszahlungen als Kürzung der Forderung zu berücksichtigen.
> Nach IAS 37.40 kann der wahrscheinlichste Wert, hier 0,4 Mio. EUR, angesetzt werden (→ § 21 Rz 120).

Das Beispiel beweist die **zweistufige** Wahrscheinlichkeit im Ansatz und in der Bewertung nach IAS 37 (→ § 21 Rz 115). Bei **singulären** Risiken – wie im Beispiel die Steuernachforderung aus den zwei Sachverhalten – ist regelmäßig der **wahrscheinlichste** Wert anzusetzen. Die Bildung einer kumulierten Wahrscheinlichkeit wie sonst nach US-GAAP ist nicht erforderlich. In der Tendenz entspricht die hier vorgeschlagene Lösung den Vorgaben in FASB ASC 740 (Rz 28). Der Ansatz der erwarteten Steuernachforderung ist nach Aufgreifen des Vorganges durch die Außenprüfung, spätestens nach Durchführung der entsprechenden Berichtigungsveranlagung, vorzunehmen.
Im derzeit nicht mehr weiter verfolgten Entwurf ED/2009/2 (Rz 155) wurden Ansatz und Bewertung der unsicheren Steuerschuld nach dem Vorschlag in ED 37 (→ § 21) aufgegriffen. Danach soll anhand von gewichteten Wahrscheinlichkeiten der Erwartungswert als Bilanzierungsgröße verwendet werden.[19]

1.6.2 Betriebsprüfungsrisiko aus deutscher Sicht

31 Der vorstehende Vorschlag des FASB zum Umgang mit unsicheren Steuerwerten ist auf die Verhältnisse des **deutschen** Steuererhebungsverfahrens zu spezifizieren.
Die Erhebung der Steuern vom Einkommen und Ertrag ist wenigstens im Bereich von mittleren und großen Unternehmen durch das Merkmal der **Vorläufigkeit** gekennzeichnet. Regelmäßig werden eingereichte Steuererklärungen ohne materielle Prüfung unter dem Vorbehalt der Nachprüfung nach § 164 AO veranlagt. Erst durch die im Anschluss daran – oft einige Jahre später – erfolgende steuerliche Außenprüfung (umgangssprachlich Betriebsprüfung) kommt es dann zu einer endgültigen Veranlagung, möglicherweise mit noch offenen gerichtlich zu entscheidenden Streitfragen. Bis zu deren Klärung, die sich durchaus auf 15 Jahre nach dem Bilanzstichtag hin erstrecken kann, besteht also ein **Steuerrisiko** in abgestufter Form.
Dieses Steuerrisiko kann sich im Rahmen der Ermittlung der Besteuerungsgrundlage beziehen auf:[20]

- Steuer**bilanz**werte,
- Bestimmung der steuer**freien** Erträge,
- Umfang der steuerlichen **Zurechnungen** „außerhalb der Bilanz“,
- **verdeckte** Gewinnausschüttungen, Zurechnungen nach § 1 AStG.

Die drei letztgenannten Sachverhaltskonstellationen beziehen sich auf **permanente** Differenzen; etwaige Risiken betreffend die Nichtanerkennung oder abweichende Beurteilung durch die Betriebsprüfung können auf der Grundlage

---

19 Vgl. hierzu Kessler/Scholz-Görlach, PiR 2009, S. 288.
20 Vgl. Dahlke, KoR 2006, S. 582.

von Wahrscheinlichkeitsüberlegungen bez. der mutmaßlichen Akzeptanz durch die Verwaltung bilanziell abgebildet werden.
Der erste Fall betrifft das Risiko der **Nichtanerkennung** eines Bilanzpostens (z. B. einer Rückstellung oder einer Wertminderung auf Aktiva) also aus Sicht der IFRS-Bilanzierung die *tax base* (Rz 28). Behält in solchen Streitfällen das Finanzamt die Oberhand, **erhöht** sich die **tatsächliche** (aktuelle) Steuerschuld, bei unveränderter Bilanzierung in der IFRS-Bilanz bewirkt dies einen temporären Unterschiedsbetrag mit der Folge einer (zusätzlichen) **aktiven** Steuerlatenz. Der erhöhte laufende Steueraufwand wird durch den Ertrag aus der Steuerlatenz (vgl. hierzu die Beispiele unter Rz 17) **kompensiert.**[21]

Beispiel
Sachverhalt
Durch eine Betriebsprüfung in 02 wird für das letzte geprüfte Wirtschaftsjahr 01 eine Abschreibung auf ein an einen notleidenden Kunden vergebenes Darlehen (→ § 28 Rz 124) aufgegriffen (Darlehensbetrag 100, Abschreibung/Wertberichtigung 50). Die Betriebsprüfung erkennt die Abschreibung nicht an. Die Steuerabteilung akzeptiert die Prüfungsfeststellung. Zwei Fallvarianten sind zu unterscheiden:

- Variante 1: Die Forderung ist auch per 31.12.02 noch offen und wird in der IFRS-Bilanz weiter mit 50 geführt.
- Variante 2: Die Forderung ist bereits erledigt. Sie ist in 02 zu 100 eingegangen.

Lösung
In beiden Fällen gilt: Für das Jahr der „Aufdeckung" des – aus Sicht der steuerlichen Bilanzierung – Fehlers entsteht tatsächlicher zusätzlicher Steueraufwand mit folgender Buchung in der IFRS-Bilanz (die zeitliche Abfolge vernachlässigt, vgl. Rz 33):
per laufender Steueraufwand an Steuerschuld 20 (40 % v. 50).

Variante 1
Am Bilanzstichtag des Aufdeckungsjahres beträgt die *tax base* 100 und der IFRS-Buchwert (Rz 17) 50. Folge ist eine aktive Steuerlatenz.
Buchung: per aktive Steuerlatenz an Steueraufwand/-ertrag 20.
Tatsächlicher Steueraufwand und latenter Steuerertrag saldieren sich zu null.

Variante 2
Die Forderung ist erledigt. Es besteht keine temporäre Differenz, damit auch kein latenter Steuerertrag, der den tatsächlichen Steueraufwand ausgleichen würde. Die Erledigung der Forderung ist in der Steuerbilanz 02 erfolgsneutral (per Geld 100 an Forderung 100). In der IFRS-Bilanz 02 führt sie zu einem Ertrag (per Geld 100 an Forderung 50 und Ertrag 50). Diesem Ertrag entspricht der tatsächliche Steueraufwand quantitativ, lediglich die zeitliche Zuordnung ist im Anhang zu erläutern (Steueraufwand aus Nachforderung für 01, korrespondierender Bruttoertrag in IFRS-Bilanz in 02).

---

21 Vgl. hierzu Senger/Brune/Hoehne, WPg 2010, S. 673.

32 Bezüglich des **Zeitpunkts** der Einbuchung entsprechender Steuerrisiken bzw. drohender -nachzahlungen ist zu differenzieren:

- Bei Einbuchung eines dem Grunde oder der Höhe nach von vornherein in seiner steuerlichen Abzugsfähigkeit **zweifelhaften** Bilanzpostens kann ein Vorgehen nach dem Beispiel unter Rz 29 in Betracht kommen.
- Bei „Aufdeckung" durch eine Betriebsprüfung, die vom Unternehmen **anerkannt** wird, erfolgt die Einbuchung der zusätzlichen Steuerschuld (vgl. Rz 31).
- Bei Aufrechterhaltung der Rechtsauffassung in einem nachfolgenden **Rechtsbehelfs**verfahren erfolgt regelmäßig eine Weiterführung des Steuerbilanzwertes (hier unterstellt identisch mit dem IFRS-Bilanzwert), während der IFRS-Bilanzwert anzupassen ist (Rz 30). Eine entsprechende **Anhang**erläuterung muss nach IAS 12.88 erfolgen.

33 Im Rahmen einer Betriebsprüfung können auch Sachverhalte aufgedeckt werden, die in früheren Zeiträumen **sowohl** nach IFRS **als auch** nach Steuerrecht **falsch** behandelt worden sind.

Beispiel

Sachverhalt

Im Jahr 04 stellt der Betriebsprüfer Umbaumaßnahmen in einer Fabrikhalle im Jahr 03 fest, die eine spürbar effizientere Ausnutzung des Maschinenpotenzials erlauben. Die Umbaumaßnahmen wurden sowohl nach IFRS als auch in der Steuerbilanz als Aufwand behandelt. Der Betriebsprüfer sieht darin Herstellungsaufwand, dem die Steuerabteilung und auch die IFRS-Bilanzabteilung folgt (→ § 8 Rz 32).
Fraglich ist die Behandlung im IFRS-Abschluss 03.

Lösung

Es handelt sich im vorliegenden Fall um einen Bilanzierungsfehler mit der Folge einer erfolgsneutralen Bilanzberichtigung gem. IAS 8.42 (→ § 24). Die Korrektur ist auch durchführbar, d. h. nicht *impractable* nach IAS 8.43 ff. Eine erfolgswirksame Korrektur in 04 könnte nur ausnahmsweise unter dem *materiality*-Gesichtspunkt (→ § 1 Rz 59) infrage kommen.

Eine Berichtigung in **laufender** Rechnung aufgrund von Bp-Feststellungen kommt dagegen im Falle von **Schätzungsfehlern** (*changes in accounting estimates*) in Betracht (→ § 24 Rz 39).

Beispiel

Sachverhalt

Die Bauentwicklungs-AG hat eine Büro-Großimmobilie fertig gestellt (vgl. Beispiel in → § 24 Rz 39). Am Bilanzstichtag 01 sind 40 % der Nutzfläche vermietet. Die Kostenplanungen beruhen auf einer erzielbaren Quadratmetermiete von 35 bis 40 %. Im Augenblick ist eine Vermietung, wenn überhaupt, nur auf der Basis von 25 EUR/m2 möglich. Entsprechend wird eine außerplanmäßige bzw. *impairment*-Abschreibung (→ § 11 Rz 15) auf das Bürohaus im Umfang von 20 % der Herstellungskosten vorgenommen. Im Prüfungszeitraum haben sich die Mietverhältnisse aus Sicht der Vermieter verbessert. Nach Feststellungen des Betriebsprüfers im Jahr 03 ist mit Mieterträgen in vergleichbarer Lage zwischen 30 und 35 % zu rechnen, die Betriebsprüfung sieht auch eine weiter steigende Tendenz.

Lösung
Die Steuer- und die Bilanzabteilung akzeptieren die Prüfungsfeststellungen, weil ihnen ein Rechtsstreit über die Erkenntnismöglichkeit im Jahre 01 nicht sinnvoll erscheint. Die – in deutscher Terminologie – Anpassung des Buchwertes der Immobilie und der laufenden Steuerschuld an die Prüferbilanz im IFRS-Abschluss erfolgt dann erfolgswirksam in 03. Eine Steuerlatenzrechnung ist entbehrlich, da Ende 03 *tax base* und *carrying amount* (Rz 11) übereinstimmen.

Die Nachzahlungs**zinsen** und **Straf**zuschläge aufgrund von Bp-Feststellungen unterliegen nicht zwingend dem Regelungsbereich von IAS 12. Sowohl ein Ausweis unter dem Steueraufwand als auch unter den sonstigen betrieblichen Aufwendungen erscheint zulässig, allerdings in konsistenter Form. 34

1.6.3 Tatsächliche (laufende) Steuerschulden und -erstattungsansprüche

IAS 12 konzentriert sich in seinem Regelungsgehalt auf die Steuer**latenz**rechnung. Die bilanzielle Erfassung des **laufenden** Steueraufwandes wird nur am Rande behandelt. Das ist insoweit verständlich, als hier spezielle Bilanzierungsprobleme auch aus Sicht der internationalen Besteuerung nur in geringem Umfang auftauchen. 35

Für diese tatsächlichen Steuerschulden und -ansprüche ist die Abbildung im IFRS-Abschluss weitestgehend identisch mit derjenigen nach HGB vorzunehmen. Insbesondere gilt der Grundsatz der **Periodenabgrenzung**: Am jeweiligen Bilanzstichtag sind die Steuerschulden und -erstattungsansprüche für das laufende Geschäftsjahr bzw. das betreffende Quartal (→ § 37) und für frühere, bislang noch nicht erfasste Zeiträume erfolgswirksam einzubuchen (IAS 12.12). Betroffen sind generell im Rahmen von IAS 12 nach deutschem Recht die **Körperschaft-** und die **Gewerbesteuer** und vergleichbare ausländische Steuern. Letztere im Einzelabschluss für Gewinne aus ausländischen Betriebsstätten oder aufgrund von einbehaltener Quellensteuer. Im **Konzern**abschluss schlagen sich die ausländischen Steuern vom Einkommen im laufenden Steueraufwand nieder. Bei (mitunternehmerischen) deutschen **Personenhandelsgesellschaften** ist lediglich die **Gewerbesteuer** zu berücksichtigen, eine **fiktive Körperschaftsteuer** vergleichbar der Vorgabe in § 264c Abs. 3 S. 2 HGB kann nicht ausgewiesen werden. Zu Besonderheiten im Falle von Personengesellschaften wird verwiesen auf Rz 94.

Die **Tonnagesteuer** nach § 5a EStG stellt keine unter IAS 12 zu subsumierende Steuer dar, da sie nicht vom Einkommen oder einer verwandten Bemessungsgrundlage (z. B. Rohertrag) erhoben wird, sondern von einer **Mengen**größe.[22]

---

22 Ähnlich IFRIC, Update März 2006; bestätigt durch IFRIC, Update März 2009 (tentative agenda decisions).

36 Zu berücksichtigen sind innerhalb der tatsächlichen Steueransprüche auch Erstattungsansprüche im Rahmen eines (in Deutschland) körperschaftsteuerlichen **Verlustrücktrages** (IAS 12.13). Frühester Aktivierungszeitpunkt ist – abgesehen von der Zwischenberichterstattung (→ § 37) – das Ende des Geschäftsjahres, in dem der zurückzutragende Verlust entsteht (Rz 44).

37 Wegen der Berücksichtigung von **Betriebsprüfungsrisiken** nach IAS 12.88 wird verwiesen auf Rz 31.

38 Für einbehaltene **Kapitalertragsteuer** (beim Tochterunternehmen) sieht IAS 12.65A die gleiche Behandlung wie nach deutschem Bilanzrecht vor, nämlich eine erfolgsneutrale Verrechnung mit dem **Eigenkapital**, d.h. nach den Regeln des AktG und des GmbHG: Einbehalt von der Gewinnausschüttung mit der Buchung:

Konto	Soll	Haben
Bilanzgewinn	100	
Nettodividende (Bank)		80
Kapitalertragsteuer (Bank)		20

Das Mutterunternehmen bucht spiegelbildlich – allerdings nicht periodengleich (→ § 4 Rz 38) – wie nach deutschem Handelsrecht:

per Dividendenanspruch (Bank) an Beteiligungsertrag,
per Steueranrechnungsguthaben (Forderung
an Finanzamt) an Beteiligungsertrag.

Eine ähnliche Verpflichtungsstruktur mit der Ausweisfolge für die Kapitalertragsteuer weist die **Bauabzugssteuer** nach § 48 EStG auf.

39 Aus internationaler Sicht muss die Belastung einer **Gewinnausschüttung** durch die Kapitalgesellschaft nicht unbedingt den Charakter einer **Kapitalertragsteuer** (*withholding tax*) einnehmen.

Beispiel
In Indien wird eine *Dividend Distribution Tax* („DDT“) erhoben. Der Steuersatz beträgt 15 % der Ausschüttung. Für inländische (indische) Aktionäre ist im Gefolge die Dividende steuerfrei, wirkt insoweit wie die deutsche Abgeltungssteuer. Entsprechend erhält der Anteilseigner auch mit der abgeführten DDT keine Anrechnungsmöglichkeit gegenüber sonst entstandenen Einkommensteuerschulden. Technisch wird die Dividende in vollem Umfang ausgeschüttet und löst einen zusätzlichen Aufwand bei der Gesellschaft i.H.d. genannten 15 % aus.
U. E. ist auch auf diese besondere Form der Ausschüttungsbesteuerung IAS 12.65 anzuwenden, d.h., die Dividende ist zu Lasten des Eigenkapitals zu verbuchen. Andererseits scheint auch eine Wertung als gespaltener Körperschaftsteuertarif wie in früheren deutschen Körperschaftsteuerregimen möglich; dann wäre die DDT als Aufwand zu verrechnen.

40 Die aus dem Übergang vom Anrechnungs- zum Halbeinkünfteverfahren verbliebenen Körperschaftsteuerguthaben sind gem. § 37 Abs. 4 KStG zum

31.12.2006 verbindlich festzustellen und in zehn gleichen Jahresbeträgen ab dem 30.9.2008 auszuzahlen. Eine Verzinsung unterbleibt. Der **Erstattungsanspruch** entsteht unabhängig (unbedingt) von irgendwelchen Ausschüttungsbeschlüssen mit Ablauf des 31.12.2006 und ist somit in der IFRS-Bilanz zu diesem Stichtag zu aktivieren (bei abweichendem Wirtschaftsjahr in dem nächstnachfolgenden Bilanzstichtag. Die Zugangsbewertung hat abgezinst zum Barwert zu erfolgen (→ § 28 Rz 118). Der fristadäquate, risikolose Zinssatz zum 31.12.2009 ist mit ca. 3 % anzunehmen. Der Aufzinsungsertrag in der Folgebewertung ist steuerfrei. Das Steuerguthaben kann veräußert/abgetreten werden (Rz 63).
Ebenfalls aus dem Anrechnungsverfahren können gem. § 38 Abs. 4 KStG noch Bestände an sog. EK 02 in den Akten des Unternehmens schlummern. Diese werden nach dem Jahressteuergesetz 2008 in eine Körperschaftssteuerschuld von 3/100 des EK 02-Betrages umgewandelt. Diese Schuld ist ab 30.09.2008 in 10 gleichen Jahresraten zu tilgen. Ein Antrag auf sofortige Zahlung ist bis zum 30.09.2015 möglich. Die dann noch bestehende Schuld ist abgezinst mit 5,5 % zu entrichten.
Die abgezinste Schuld nach Steuerrecht ist mit dem entsprechenden Betrag unter Anwendung des fristadäquaten, risikolosen Zinses von aktuell weniger als 4 % zu vergleichen. Die Bewertung muss mit dem niedrigeren der beiden so ermittelten Beträge erfolgen, da das Unternehmen nur insoweit belastet ist; zum 31.12.2009 gilt also der Abzinsungssatz von 5,5 %.
Zu den **tatsächlichen** Steueraufwendungen und -erträgen wird **verwiesen** bezüglich

- des Ausweises in der Bilanz auf Rz 130,
- des GuV-Ausweises auf Rz 135,
- der Angaben auf Rz 138.

2 Ansatz

2.1 Grundlagen

Das *temporary*-Konzept der IFRS blickt nur auf die **Bilanzposten** und fragt nach den Unterschieden in den Ansätzen zwischen IFRS- und Steuerbilanz (Rz 11), soweit sich der Unterschied künftig wieder umkehrt – so die Vorgabe in IAS 12.24 (Aktiva) und IAS 12.15 (Passiva). Außerdem wird hinsichtlich des Ansatzes nicht nach **Aktiv- und Passivlatenz** unterschieden: Für beide gilt eine Ansatzpflicht (ebenso für konsolidierungsbedingte Latenzen gem. § 306 HGB im handelsrechtlichen Konzernabschluss). 41

42

Buchungsbeispiel für passive Steuerlatenz
(buchmäßige Darstellung des Beispieles unter Rz 15)

Bilanzposten	Ansatz IFRS	Ansatz StB (*tax base*)	Unterschied	Steuer
	TEUR	TEUR	TEUR	TEUR
Grundstück	20.000	10.000	10.000	4.000
Computer	900	700	200	80
Gesamt	20.900	10.700	10.200	4.080

Buchungen für Steuerlatenz

Konto	Soll	Haben
Neubewertungsrücklage	4.000	
Passive Steuerlatenz		4.000
Steueraufwand	80	
Passive Steuerlatenz		80

Die Neubewertungsrücklage beträgt also nur 6.000 TEUR: 10.000 TEUR Aufwertung, 4.000 TEUR Steuerlatenz (→ § 8 Rz 91 ff.).

43 **Buchungsbeispiel für aktive Steuerlatenz**
Die Accounting Ahead AG legt per 31.12.2005 erstmals einen IFRS-Abschluss vor. In die IFRS-Eröffnungsbilanz (→ § 6 Rz 18) wird eine Rückstellung für Altersversorgung gem. IAS 19 (→ § 22) von 52 Mio. EUR eingestellt, der Steuerbilanzansatz nach § 6a EStG beläuft sich auf 37 Mio. EUR. Der Steuersatz beträgt 40 %.
In der IFRS-Eröffnungsbilanz ist zu buchen:

Konto	Soll	Haben
Gewinnrücklage	15	
Pensionsrückstellung		15
Aktive Steuerlatenz	6	
Gewinnrücklage		6

Nach gültigem HGB besteht für die aktive Steuerlatenz im Einzelabschluss lediglich ein Ansatzwahlrecht (§ 274 Abs. 2 HGB). Der Regierungsentwurf des BilMoG schließt sich den einschlägigen Regeln des IAS 12 an.

Ein **detailliertes** Buchungsbeispiel zur Steuerlatenzrechnung ist unter Rz 153 wiedergegeben.

44 Zusätzlich zu den Ansätzen für Aktiva und Passiva aus **latenten** Steuern einschließlich solcher aus Verlustvorträgen (Rz 51 ff.) sind die **effektiv** am Bilanzstichtag bestehenden Forderungen und Verbindlichkeiten aus Steuern gem. IAS 12.12 einschließlich eines Erstattungsanspruchs aus **Verlustrücktrag** (IAS 12.13) anzusetzen (Rz 4).

2.2 Zugangsbewertung

45 Bei der Zugangsbewertung entstehende Wertdifferenzen zwischen IFRS- und der Steuerbilanz führen nicht in allen Fällen zu einer Steuerlatenz. Zu unterscheiden ist zwischen **einfachen** Zugängen und solchen, die sich aus einem **Unternehmenszusammenschluss** ergeben. Für Bewertungsdifferenzen bei einfachen Zugängen ist keine Steuerlatenz zu bilden, da sonst der **Zugangsbetrag selbst verändert** würde (IAS 12.22c sowie IAS 12.15b, IAS 12.24b sowie IAS 12.33). Vgl. auch Rz 67. Der Board plant seit Längerem eine **Abschaffung** dieser Ausnahme von

der Steuerlatenzrechnung. Der nicht mehr weiter verfolgte ED/2009/2 hatte dieses Vorhaben aufgegriffen. Die weitere Entwicklung ist derzeit nicht absehbar.

Beispiele

- **Einlagen** von Vermögenswerten zum Buchwert (des Einbringenden) in der IFRS-Bilanz und zum Verkehrswert in der Steuerbilanz nach § 6 Abs. 6 S. 2 EStG (→ § 8 Rz 50).
- Abweichende Qualifikation des **Leasingvertrages** (→ § 15 Rz 186).[23]
- Sofortige (steuerfreie) Vereinnahmung von **Investitionszulagen** in der Steuerbilanz, Kürzung von den Anschaffungs-, Herstellungskosten in der IFRS-Bilanz (→ § 12 Rz 31).

Die Nichtbilanzierung von Steuerlatenzen bei der **Zugangs**bewertung setzt sich bei der **Folge**bewertung fort; später entstehende Buchwertunterschiede werden nicht latenziert. Anders, wenn die Steuerlatenz bei der Zugangsbewertung wegen fehlender Buchwertunterschiede unterbleibt und später solche Unterschiede entstehen: dann Steuerlatenzrechnung (→ § 31 Rz 205).[24] Ein Beispiel hierfür ist der Erwerb von Vermögenswerten im *asset deal* mit unterschiedlichem Abschreibungsverfahren (→ § 31 Rz 205).

Die Bildung von Latenzen unterbleibt auch in Fällen eines *investment* in Tochter-, assoziierte oder *joint-venture*-Unternehmen (IAS 12.39), sofern der Investor die zeitliche Auflösung der temporären Differenz **kontrollieren** kann und deshalb die temporären Buchwertunterschiede sich auf absehbare Zeit voraussichtlich nicht auflösen (Rz 73).[25] Auch bei der **Folgebewertung** kommt es in diesen Fällen nicht zu einer Steuerlatenzrechnung.

Zur Steuerlatenzrechnung im Rahmen von **Unternehmenserwerben** vgl. Rz 67 sowie → § 31 Rz 111 ff., → § 33 Rz 116.

Umgekehrt kommt es gem. IAS 12.22b zu einer Steuerlatenz im Ausnahmefall 46
einer **erfolgswirksam entstehenden** Zugangsdifferenz: Z. B. Investitionszuschuss, der nach dem steuerlichen Wahlrecht sofort erfolgswirksam vereinnahmt, in der IFRS-Bilanz hingegen von den AK/HK abgezogen wird (→ § 12 Rz 25 u. 36).

Beispiel

Sachverhalt

U erwirbt am 1.1.01 eine Anlage, Nutzungsdauer 10 Jahre, zu Anschaffungskosten von 1.000. Hierauf erhält er sofort eine steuerfreie Investitionszulage von 100 sowie einen steuerpflichtigen Investitionszuschuss von 200. U realisiert die Zuwendungen in der StBil sofort über die GuV, während er sie in der IFRS-Bil passivisch abgrenzt. Der Steuersatz beträgt 40 %.

---

23 Vgl. IFRIC, Update April 2005.
24 So auch KPMG, Insights into IFRS, 2008/2009, Tz 3.13.110.30.
25 WAGENHOFER, IAS, 5. Aufl., 2005, S. 331.

Lösung

	IFRS *base*	*tax base*	z. verst. temp. Diff.
Anlage	1.000	1.000	0
passiv. Posten InvZusch	– 200	0	– 200
passiv. Posten InvZul	– 100	0	0
Summe			– 200
passive latente Steuer			80

IAS 12.15(b) verbietet den Ansatz einer latenten Steuerschuld auf die Investitionszulage, da sie auf die Differenz bei der Erstbewertung/Zugangsbewertung entstanden ist und weder das IFRS-Ergebnis (nicht über GuV vereinnahmt) noch das zu versteuernde Einkommen (steuerfrei) beeinflusst hat. Für den Investitionszuschuss gilt diese Vorschrift nicht, da die Differenz das zu versteuernde Einkommen beeinflusst hat.

47 Nach **österreichischem** Steuerrecht kann der im Rahmen des Erwerbs einer (österreichischen) Kapitalgesellschaft im Kaufpreis abgegoltene *goodwill* bei bestehender oder im Zuge des Erwerbs begründeter **Gruppenbesteuerung** (Rz 96) vom Beteiligungsbuchwert auf 15 Jahre abgeschrieben werden. Allerdings gilt dieser *goodwill* nach § 9 Abs. 7 ÖKStG nicht als Wirtschaftsgut. Die Abschreibung gilt als auf 15 Jahre zu verteilende Betriebsausgabe, der zwingend eine entsprechende Minderung des steuerlichen Buchwertes der Beteiligung gegenübersteht.

Nach Auffassung des AFRAC[26] gilt Folgendes:

- Im Zeitpunkt der **Begründung** der Unternehmensgruppe liegt keine zu latentzierende temporäre Differenz vor.
- Die auf 15 Jahre zu verteilende steuerliche Abschreibung des Beteiligungsbuchwertes stellt keine **Steuergutschrift** (**tax credit**) für den Gruppenträger i.S.d. IAS 12.34 (Rz 57) dar.
- Die steuerliche Abschreibung mindert in 15 Jahren die **laufende** Steuerschuld bzw. erhöht den Verlustvortrag.
- Die Minderung des steuerlichen Buchwertes der Beteiligung führt zu passiven **temporären Differenzen**, die u. U. gem. IAS 12.39 nicht zu latenzieren sind (Rz 73).

Wird bei Erwerb von Kapitalgesellschaften umgekehrt nur nach IFRS (**Konzernbilanz**) ein *goodwill* aufgedeckt, untersagt IAS 12.15a die Latenzierung der Differenz zur Steuerbilanz im Zugangszeitpunkt. Für die Folgebewertung wird auf → § 31 Rz 205 verwiesen.

26 Österreichischer Standardsetter, vergleichbar dem DRSC, in einer Stellungnahme vom Dezember 2007.

2.3 Besonderheiten für die aktive Steuerlatenz

2.3.1 Buchwertunterschiede

Der Ansatz der aktiven Steuerlatenz (*deductible temporary difference*) nach IAS 12.24 setzt (gegenüber der passiven **zusätzlich**) die **Wahrscheinlichkeit**[27] („*more likely than not*"-Kriterium mit einer Eintrittswahrscheinlichkeit von mehr als 50 %)[28] (→ § 21 Rz 36ff.) eines künftig ausreichend vorhandenen Einkommens voraus, um einen steuerwirksamen Abzug des Verrechnungspotenzials vornehmen zu können (IAS 12.27). Die Wahrscheinlichkeit der künftigen Verrechnungsmöglichkeit (*deductible*) der aktiven Steuerlatenz wird (als Ansatz- und Bewertungskriterium) in IAS 12.28ff. näher **spezifiziert**. Danach sind ausreichende steuerliche Gewinne zu **unterstellen**, wenn und soweit 48

- entsprechend hohe **passive** Steuerlatenzen bestehen, die sich auf die gleiche Steuerbehörde beziehen und zeitkongruent mit den Beträgen aus den aktiven Latenzen anfallen (Aufrechenbarkeit), oder
- in den Perioden des Wirksamwerdens einer aktiven Steuerlatenz ein **Verlust**-Vor- oder -Rücktrag möglich ist.

Sofern die vorstehenden Kriterien nicht erfüllt sind, gelten **hilfsweise** folgende alternative Ansatzkriterien für die aktive Steuerlatenz:

- Für den Zeitraum des Wirksamwerdens des Steuererstattungsanspruches liegen beim gleichen Steuerschuldner (Konzerngesichtspunkt: keine Verrechnungsmöglichkeit zwischen verschiedenen Steuersubjekten) gegenüber der gleichen Steuerbehörde „wahrscheinlich" (*probable*) ausreichend steuerpflichtige **Gewinne** vor (IAS 12.29a).
- Es stehen **steuerplanerische** Ansätze zur Generierung von steuerpflichtigen Einkommen zur Verfügung (IAS 12.29b).

Nach Schrifttumsauffassung soll den erforderlichen Planungsrechnungen in Analogie zu IAS 36.33 (→ § 11 Rz 46) ein Zeitraum von maximal **5 Jahren** zugrunde gelegt werden (Rz 51).[29] Bei *start-up*-Unternehmen wird dann höchst selten eine Verlustaktivierung möglich sein.

Zusammengefasst setzt die Aktivierung einer Steuerlatenz voraus:[30] 49

- entweder ausreichende passive Latenzen bei der gleichen Fiskalinstanz, oder
- ausreichende Wahrscheinlichkeit des künftigen Entstehens steuerpflichtiger Gewinne.

Für Beteiligungen an Gesellschaften setzt der Ansatz einer aktiven Steuerlatenz die Umkehrung der Buchwertdifferenzen in absehbarer Zeit (*foreseeable future*) voraus (IAS 12.44).[31] 50

2.3.2 Verlustvortrag, Zinsvortrag

Nach herkömmlichem deutschem Bilanzverständnis bedeutet die Aktivierung von Steuererstattungen wegen künftiger Verlustnutzung die vorzeitige **Realisierung künftigen Gewinns** i.H.d. Steuersatzes. Der DSR befürwortete dem- 51

---

27 LÜDENBACH/HOFFMANN, KoR 2003, S. 5.

28 Nach dem Short-term Convergence Project bestätigt durch FASB-Interpretation (FIN) No. 48.

29 BERGER, DB 2006, S. 2474.

30 Ähnlich SCHULZ-DANSO, in: BECK'sches IFRS-Handbuch, 3. Aufl., 2009, § 25, Tz 46.

31 Zur Konkretisierung ziehen MEYER/BORNHOFEN/HOMRIGHAUSEN (KoR 2005, S. 506) einen Analogieschluss zu IAS 36.33b und plädieren für eine 5-Jahres-Frist.

gegenüber noch vor dem BilMoG den Bilanzansatz als Grundsatz ordnungsmäßiger **Konzern**rechnungslegung (DRS 10 Tz 11). Dem schließt sich das BilMoG auch für den Einzelabschluss an.

Nach IAS 12.34 ist der Steuereffekt aus einem am Bilanzstichtag **vorhandenen Verlustvortrag** (lt. Steuerbilanz) zu aktivieren, wenn mit Wahrscheinlichkeit[32] (*probable*) künftig genügend steuerlicher Gewinn zur Verlustverrechnung verfügbar ist. Der Wahrscheinlichkeitsmaßstab wird dabei (IAS 12.36) nach **denselben** Kriterien beurteilt, die auch für die aktive Steuerlatenz aus Buchwertunterschieden (Rz 48) Gültigkeit haben.

Dabei befassen sich die Darlegungen in IAS 12.35 zum Wahrscheinlichkeitskriterium in gewundener Logik mit der **negativen Beweiskraft** von bestehenden Verlustvorträgen. Eine Folge steuerlicher Verluste in der näheren Vergangenheit (*history of recent losses*) begründet für sich allein starke **Zweifel** an der Realisierbarkeit des Verlustvortrages durch zukünftige Gewinne. Sollen gleichwohl aktive Steuerlatenzen angesetzt werden, bedarf es einer klaren **Widerlegung** dieser Zweifel durch ausreichend passive Steuerlatenzen oder andere überzeugende Gründe (*convincing other evidence).* Dabei ist die generelle Gefahr des Untergangs von Verlustvorträgen im nationalen (§ 8c KStG) und internationalen Bereich beachtlich. Als **zeitliche** Grenze für die Prognose von künftigen Gewinnen werden im Schrifttum fünf Jahre befürwortet,[33] andererseits wird wohl mehrheitlich eine feste Grenze zeitlicher Art abgelehnt und auf die individuellen Verhältnisse des Unternehmens/Konzerns abgehoben. Es bedarf jedenfalls einer ausreichend evidenten Planung, die intersubjektiv nachprüfbar und willkürfrei ist (vgl. hierzu Rz 53).[34] § 274 HGB sieht eine Beschränkung auf einen Zeitraum von fünf Jahren vor.

Beispiel
Sachverhalt
Nach vier Verlustjahren hat die Biotechnik AG die verlustbringende Sparte „Tiermedizin" geschlossen und die zugehörigen Kosten zurückgestellt. Die Planungsrechnungen für den verbleibenden Humanbereich liefern für die nächsten fünf Jahre nennenswert positive Ergebnisse und sind durch die Ist-Zahlen der vier vergangenen Jahre eindeutig verifizierbar.

Lösung
Die Verrechnung der Verluste mit künftigen Gewinnen ist plausibel (wahrscheinlich). Die daraus resultierende Steuerlatenz ist aktivierbar.

Beispiel
Sachverhalt
Die Biotechnik AG sieht nach vier Verlustjahren ihr Heil unter den Fittichen eines Pharmakonzerns. Realistischerweise kommt nur eine Vollübernahme in

32 Siehe Fn 16.

33 So BERGER, DB 2006, S. 2473, dagegen der DRSC in einer Verlautbarung vom 15.1.2007. Indizien für und wider das Vorliegen künftiger Gewinne zur Verlustkompensation bei LIENAU, Bilanzierung latenter Steuern im Konzernabschluss nach IFRS, 2006, S. 139. Die DPR scheint eher auf dem Fünf-Jahres-Zeitraum zu bestehen.

34 LIENAU/ERDMANN/ZÜLCH, DStR 2007, S. 1095f.

> Betracht, die die Verrechenbarkeit der Verlustvorträge nach § 8c KStG, § 10a GewStG unter den dort festgelegten Tatbestandsmerkmalen gefährdet.
>
> **Lösung**
> Eine Aktivierung der Steuerlatenz ist unzulässig (→ § 29 Rz 63).

Zwischen diesen beiden Extremsachverhalten (in den Beispielen) verbleiben reichlich Fälle mit **hoher Ermessensabhängigkeit** der Bilanzierung von Steuerlatenzen aus Verlustvorträgen[35] und entsprechendem Gestaltungspotenzial, dem weder das Stetigkeitsprinzip noch Offenlegungspflichten entgegenstehen.[36] Jedenfalls **verwandeln** sich **Verluste** aufgrund von positiven Ertragserwartungen in aktivierbare **Vermögenswerte**, die dann bei Nichteintreten der Gewinne aufwandswirksam abzuschreiben sind und dadurch die wider Erwarten eingetretenen Verluste noch erhöhen.[37]

Zusätzlich und **ausführlich** befasst sich IAS 12.36 mit den Aktivierungsvoraus- 52
setzungen für den Verlustvortrag – und das unter teilweiser Wiederholung der Ansatzkriterien für überschießende (über die Passivlatenzen hinaus) aktive Steuerlatenzen aus *temporary differences* (Rz 48). Danach gelten folgende Kriterien zur Bestimmung der Wahrscheinlichkeit einer entsprechenden Verlustnutzung:

- Es liegen ausreichend **passive Latenzen** vor, gegen die bislang ungenutzte Verlustvorträge vor ihrem Verfall beim selben Unternehmen und der gleichen Steuerbehörde geltend gemacht werden können (Rz 57).
- Mit Wahrscheinlichkeit (probable) erzielt das Unternehmen ausreichend Gewinne zur Verrechnung mit Verlustvorträgen vor deren Verfall.
- Die Verlustvorträge sind aus **Ereignissen** entstanden, die sich voraussichtlich **nicht mehr wiederholen**.
- Es liegen steuerliche **Planungen** zur Verlustnutzung innerhalb des Verfallzeitraumes vor.

Diese Kriterien dienen der Erfüllung der grundlegenden Ansatzkriterien in IAS 12.35 (Rz 50). Hiernach sind bei Verlusten in der jüngeren Vergangenheit (*history of recent losses*) Verlustvorträge **nur insoweit** zu aktivieren als[38]

- ausreichende passive Latenzen existieren und/oder
- überzeugende andere Belege (*convincing other evidence*) für hinreichendes zukünftiges positives Einkommen bestehen.

Die **formale Kritik** an den Ausführungen kann sich leicht auf die Wiederholun- 53
gen (Redundanzen) in den Ausführungen von IAS 12.34, IAS 12.35 und 12.36 i.V.m. IAS 12.30 (Rz 47) stützen. Gleichwohl lassen sich diese drei Paragrafen in eine logische Struktur einbinden:

- IAS 12.34 normiert allgemeine Anforderungen: Latenzierung der Verlustnutzung nur bei **Wahrscheinlichkeit** der Nutzung.
- IAS 12.35 stellt besondere Anforderungen bei einer **Verlusthistorie** (Rz 51): Latenzierung von Verlustvorträgen nur bei überzeugenden substanziellen

35 So auch KÜTING/ZWIRNER, WPg 2003, S. 301, S. 312. Sie sprechen von einem „faktischen Ansatzwahlrecht". Vgl. hierzu auch WAGENHOFER, IAS, 5. Aufl., 2005, S. 329.

36 ENGEL-CIRIC, DStR 2002, S. 781.

37 KÜTING/ZWIRNER, WPG 2003, S. 301, S. 312, bezeichnen diesen Effekt als „paradox".

38 Vgl. hierzu auch PWC, IFRS Manual of Accounting, 2010, Tz 13.150.

Hinweisen unter Anhangerläuterung, also bei hohem Wahrscheinlichkeitsgrad der Nutzung.
- IAS 12.36 listet die **Beurteilungskriterien** für die Beurteilung des Wahrscheinlichkeitsgrades auf.

Der **Aussagegehalt** dieser drei Paragrafen lässt sich danach wie folgt zusammenfassen:[39]

- Es genügt nicht, wenn durch Steuergestaltungen im Planungszeitraum nur **Verlustvorträge reduziert** werden. Vielmehr muss insoweit **steuerpflichtiges Einkommen** zur Verfügung stehen. Die mit der Gestaltung verbundenen Kosten sind vom ggf. zu aktivierenden Betrag abzuziehen.[40]
- Die Tatsache der **Verlustsituation allein** spricht gegen die Möglichkeit der Verlustnutzung.
- Die entstandenen Verluste müssen zur Begründung der Aktivierung auf früheren Ereignissen (*identifiable causes*) beruhen, die voraussichtlich **nicht mehr eintreffen**, z.B. deshalb, weil die verlustbringende Zweigniederlassung geschlossen worden ist (Verlusthistorie beendet) und umgekehrt, wenn das bisherige verlustbringende Geschäftsfeld weitergeführt wird.
- Waltet diese Verlusthistorie unverändert am Bilanzstichtag – also kein davor liegendes Gewinnjahr bei noch bestehenden Verlustvorträgen –, bedarf es der zum Bilanzansatz **überzeugenden** Belege (*convincing evidence*) für die mögliche Verlustnutzung.
- Die entsprechenden Planungen – auch zu Steuergestaltungen – müssen **„überzeugend“** sein, d.h., es genügt nicht die (überwiegende) Wahrscheinlichkeit des *more likely than not*; vielmehr muss der Gegenbeweis gegen die Verlusthistorie mit höherer Wahrscheinlichkeitsstufe (z.B. 90 %) gegenüber dem üblichen Wahrscheinlichkeitsgrad von 51 % für eine zutreffende Budgetierung geführt werden.[41]
- Dieser Nachweis wird mit **zunehmendem Zeithorizont** nicht mehr führbar sein; so gesehen stellt der Fünf-Jahres-Zeitraum u.E. regelmäßig eine Grenze für die Überzeugungskraft der Planung dar (Rz 51).
- Der Fünf-Jahres-Zeitraum darf nicht als **feste Größe** („*bright line*“) interpretiert werden, dessen sich der Standard „prinzipienorientiert“ bewusst enthält. Der Zeithorizont kann nur als Teilmenge zur Bestimmung der **Überzeugungskraft** der Planungsrechnungslegung (und nicht der überwiegenden Wahrscheinlichkeit des Eintretens) gewertet werden.
- Die (am Bilanzstichtag) bestehende Verlusthistorie deutet auf eine erforderliche **Umstrukturierung** der Geschäftstätigkeit mit frischem Kapital hin; in der Folge steigt die Wahrscheinlichkeit eines Verfalls des Verlustvortrages nach § 8c KStG, § 10a GewStG.
- Deshalb verfängt das häufig verwendete **Argument** nicht: Ohne Aktivierung von Steuerlatenzen aus Verlustvorträgen wird dem Abschlussadressaten keine Gewinnsituation aus der Unternehmensplanung indiziert. Oder umgekehrt:

---

39 Eher verstärkend bez. der Ansatzberechtigung lauten die Vorgaben im derzeit nicht weiter verfolgten ED/2009/2 B16–25 (Rz 155); vgl. SIMLACHER/SCHURBOHM-EBNETH, KoR 2009, S. 395.

40 SCHÄFER/SUERMANN, DB 2010, S. 2749; PwC, IFRS Manual of Accounting, 2010, Tz 13.142; ERNST & YOUNG, International GAAP, 2009, Tz 26 s4.2.3.B.

41 A. A. SCHÄFER/SUERMANN, DB 2010, S. 2745.

Die budgetierten Gewinne werden ohne Aktivierung der Steuerlatenz aus Verlustvorträgen vom Management selbst als unrealistisch taxiert. Dieses Argument ist deswegen **unzutreffend,**[42] weil die budgetierten Gewinne (nur) wahrscheinlich sein müssen (besser: können), die *„convincing evidence"* einen (vgl. zuvor) sehr viel höheren Wahrscheinlichkeitsgrad des Eintretens der Gewinne verlangt. Der **Realitätsgehalt** der **Budgetierung** wird also durch die Nichtaktivierung von Steuerlatenzen aus Verlustvorträgen **nicht** widerlegt.

Das Vorliegen des Kriteriums der *convincing evidence* in IAS 12.35 bedarf einer besonderen Interpretation im Hinblick auf das vorhandene **Steuergestaltungspotenzial**: 54

- Nach IAS 12.36b müssen solche Gestaltungsmöglichkeiten **objektiv** vorhanden sein.[43]
- Nach IAS 12.36 hängt die Beurteilung der Wahrscheinlichkeit möglicher künftiger Verlustnutzungen zusätzlich vom **Willen** zu deren Nutzung ab. Entsprechend heißt es in IAS 12.30 *„would take"* und nicht *„could take"*.[44] **Abstrakt** vorhandene Steuergestaltungsmöglichkeiten zur Verlustnutzung erfüllen dann nicht das Kriterium der *convincing evidence*, wenn solche (wie dies regemäßig der Fall ist) mit Kosten und Risiken verbunden sind und das Management bis zur Bilanzerstellung keine spezifizierte Planung unter Berücksichtigung der Vor- und Nachteile einer entsprechenden Gestaltung vorgenommen hat und demzufolge auch noch keinen konkretisierten Willen zur Durchsetzung haben kann.[45] Ein „In-Erwägung-Ziehen" reicht u. E. nicht aus,[46] ebenso wenig die Durchführung als „ultima ratio".[47]
- Die Verfügbarkeit des Steuergestaltungspotenzials am Stichtag verlangt die Möglichkeit unmittelbarer Umsetzung. Hängt umgekehrt die Vorteilhaftigkeit von künftig eintretenden **gestaltungsunabhängigen** Faktoren ab, kann dadurch die *convincing evidence* nicht begründet werden.[48]

Eine Steuergestaltung zur Verlustnutzung kann auch auf die **Aufdeckung stiller Reserven** durch Veräußerungen von Vermögenswerten an andere **Konzerngesellschaften** gerichtet sein. Nach den Regeln der IFRS ist innerhalb des Konzerns eine Buchwertfortführung geboten. Eine Steuergestaltung kann darauf zielen, Verluste zu nutzen, indem stille Reserven steuerbilanziell durch Veräußerung von Vermögenswerten an andere Gesellschaften des gleichen Konsolidierungskreises (und damit nach IFRS unter Buchwertführung) aufgedeckt werden. Hierbei gilt aus Konzernsicht: 55

In Höhe der aufgedeckten stillen Reserven in der Steuerbilanz **wandelt** sich der Verlustvortrag in abzugsfähige temporäre Differenzen. Für diese gelten nach IAS 12.31 im Falle einer Verlusthistorie IAS 12.35 und 12.36 entsprechend (Rz 54). Eine derartige Steuergestaltung ist daher objektiv zur Belegung der Werthaltigkeit von Verlustvorträgen ungeeignet, wenn das erwerbende Unternehmen eine **neu gegründete** Gesellschaft ist, welche die bisherigen Geschäfte lediglich als

---

42 Ähnlich BERGER, DB 2006, S. 2474.
43 LOITZ, WPg 2007, S. 785.
44 ERNST & YOUNG, International GAAP, 2009, Tz 26: s4.2.3 B.
45 PWC, IFRS Manual of Accounting, 2010, Tz 13.138.
46 So aber SCHULZ-DANSO, in: BECK'sches IFRS-Handbuch, 3. Aufl., § 25, Tz 53.
47 So PAWELZIK, in: HEUSER/THEILE, IFRS-Handbuch, 4. Aufl., Tz 2621.
48 LOITZ, WPg 2007, S. 785.

anderes Rechtssubjekt fortsetzt. In substanzieller Betrachtung gilt dann: Die Verlusthistorie der veräußernden Gesellschaft **mutiert** zur Verlusthistorie der erwerbenden. Eine *convincing evidence* i. S. d. IAS 12.35 liegt nicht vor (→ § 32 Rz 136ff.).

56 Ab 2008 gesellt sich zum Verlustvortrag auch der **Zinsvortrag** nach § 4h EStG (sog. Zinsschranke). Der Zinsvortrag resultiert aus einem in einem Veranlagungszeitraum nicht abzugsfähigen Zinsaufwand nach folgendem Berechnungsschema:

Steuerlicher Gewinn/Einkommen	100	100
+ Zinsaufwand-Zinsertrag	30	60
+ Abschreibungen ohne Teilwertabschreibung	50	20
EBITDA	180	180
davon höchstens 30 % des Zinsüberhangs abziehbar	30	54
Zinsvortrag	0	6

Der Zinsvortrag kann in späteren Jahren im Rahmen des dann anfallenden Gesamt-Zinsaufwandes abgezogen werden. Die Abzugsfähigkeit des Zinsaufwandes hängt neben der Ertragskomponente entscheidend von der Finanzierungsstruktur ab: Je höher das zinstragende Fremdkapital, desto eher droht die Zinsschranke mit dem Zinsvortrag und umgekehrt. Einen weiteren Berechnungsparameter stellt die Abschreibung dar.

Der Zinsvortrag führt bei (späterer) Verrechnungsmöglichkeit zu einer **Steuerermäßigung** vergleichbar dem Verlustvortrag. Er ist aber von den weiteren dargestellten Berechnungsgrößen abhängig. Die Aktivierung eines im Zinsvortrag schlummernden Steuerermäßigungsbetrages verlangt eine spürbar detailliertere Ergebnisplanung als diejenige, die „nur" den Verlustvortrag belegen muss.[49] Insgesamt ist die Realisierung der Steuerermäßigung aus dem Zinsvortrag gegenüber dem Verlustvortrag.[50] mit einer geringeren Wahrscheinlichkeitsquote behaftet.

57 **Empirische** Erhebungen für börsennotierte deutsche Konzerne belegen einen hohen Umfang aktivierter Steuerlatenzen aus Verlustvorträgen.[51] Die Verwendung des ermessensbehafteten Ansatzes der mutmaßlichen Steuerentlastungseffekte aus Verlustvorträgen zur **Verbesserung** des **Bilanzbildes** wird folgendermaßen bestätigt:[52]

Bei fünf Unternehmen mit Fehlerfeststellungen bez. der Aktivlatenz aus Verlustvorträgen

- betrugen die Steuerguthaben zwischen 5 % und 35 % der Bilanzsumme;
- standen den Aktivwerten passive Latenzen nur in Höhe von maximal 22 % gegenüber (Rz 51);
- haben alle Konzerne trotz dieser Aktivierung hohe Verluste ausgewiesen.

Die Gefahr der Aktivierung einer bloßen Hoffnung auf bessere Zeiten ist evident. Diese Besorgnis ist allerdings insoweit unberechtigt, als das gleiche Steuersubjekt

49 Vgl. Kirsch, PiR 2007, S. 237.

50 Vgl. Hoffmann, Die Zinsschranke 2008, S. 251; ähnlich Loitz/Neukamm, WPg 2008, S. 196; Brähler/Brune/Heerdt, KoR 2008, S. 289.

51 Küting/Zwirner, WPg 2007, S. 555.

52 Analyse der Fehlerveröffentlichungen nach DPR-Prüfung durch von Keitz/Stolle, KoR 2008, S. 213.

betreffende passive Latenzen z.B. auf Entwicklungskosten (→ § 13 Rz 26ff.) ausgewiesen sind.[53] Plakativ ausgedrückt: Wenn künftig nie mehr Gewinne zur Absorption der Verlustvorträge anfallen und deshalb die dafür aktivierte Steuerlatenz entfällt, muss auch gegenläufig die passive Latenz entfallen.
Die Aktivierbarkeit von Steuererstattungspotenzial aus Verlustvorträgen fördert auch die Tendenz zu rein **steuerlich motivierten Geschäftspraktiken**.[54]
Durch einen **Unternehmenszusammenschluss** können sich Änderungen bez. der Verrechnungsmöglichkeiten gem. IAS 12.67 im Zeitpunkt des Erwerbs ergeben und gem. IAS 12.68 danach. Auf die Kommentierung in → § 31 Rz 112 wird verwiesen.
Zur Aktivierung von Steuerlatenzen aufgrund von Verlustvorträgen im **Konzernabschluss** vgl. → § 32 Rz 180, zur Organschaft (Gruppenbesteuerung) im **Einzel**abschluss vgl. Rz 102. Zur **grenzüberschreitenden** Verlustnutzung vgl. Rz 98. Zur **Bewertung** der Steuerlatenz aus Verlustvorträgen wird verwiesen auf Rz 126, wegen der **Anhangsangaben** auf Rz 138.

2.4 Steuerliche Fördermaßnahmen (*tax incentives*)

Vor der bilanziellen Abbildung von steuerlichen Förderungsmaßnahmen bedarf 58
es einer Differenzierung nach Maßnahmen, die wirken auf

- die Bemessungsgrundlage
- den Tarif.

Die **Bemessungsgrundlage** geht in die „normale" Latenzrechnung ein, wenn also z.B. eine Sonderabschreibung den Steuerbuchwert gegenüber dem *carrying amount* mindert (Rz 24).
Anders verhält es sich bei Förderungsmaßnahmen, die am **Tarif** anknüpfen:

- Zeitweise Steuerverzicht bzw. Steuerminderung (*tax holidays*) (Rz 59),
- Steuergutschriften (*tax credits*) (Rz 60),
- steuerliche Investitionsförderungen (*investment tax credits*) (Rz 61).

Der **zeitweise Verzicht** auf Steuererhebung (oder eine generelle Tarifermäßi- 59
gung, in Deutschland allenfalls gewerbesteuerlich in Sonderfällen kommunaler Wirtschaftsförderung denkbar) ist bei der **Latenz**rechnung insoweit zu berücksichtigen, als der Umkehreffekt im Förderungszeitraum zu erwarten ist. Die in diesem Zeitraum eintretenden Umkehreffekte (Rz 11) sind mit dem dann zu erwartenden Steuersatz zu bewerten (Rz 115), bei Steuerfreistellung also mit null.[55] Die Minderbelastung aus den *tax holidays* selbst beruht nicht auf Buchwertunterschieden (Rz 5) und berechtigt deshalb ihrerseits nicht zu einem Ansatz nach IAS 12.24(Rz 17), ebenso wenig nach IAS 12.12 (Rz 35), da es sich um **künftige** Steuerverhältnisse handelt.
Steuergutschriften werden in manchen Ländern zur Förderung bestimmter 60
unternehmerischer Verhaltensweisen erteilt.

---

53 Dieser Hinweis in Ergänzung zu den einschlägigen Besorgnissen von ZWIRNER/REUTER, DStR 2003, S. 1402, S. 1048.
54 Vgl. zum Fall Enron den Beitrag von HARTMANN, DB 2003, S. 1247.
55 PwC, IFRS Manual of Accounting 2008, Tz 13.275.5.

> **Beispiel**
> Die Einstellung von X Arbeitslosen p. a. führt bei Verzicht auf Entlassungen zu einer Ermäßigung der Steuerschuld X mal 1.000 EUR.

Diese Gutschriften sind bei ausreichender Steuerschuld im Rahmen der **Überleitungsrechnung** (Rz 140) zu berücksichtigen. Sofern Sie die Steuerschuld übersteigen, sind sie wie ein **Verlustvortrag** (Rz 51) zu behandeln (IAS 12.34).

61 Steuerliche **Investitionsförderungen** sind vom Anwendungsbereich des IAS 12 ausgeschlossen (IAS 12.4), allerdings auch von IAS 20 (→ § 12 Rz 3). IAS 12 soll allerdings in Form des *tax credits* (Rz 60) anwendbar sein, wenn **zusätzliche** Förderungsbedingungen neben der eigentlichen Investition zu beachten sind.[56]

> **Beispiel**
> - Das Unternehmen erhält eine Investitionsförderung in Höhe von 20 % des investierten Betrages in Form des Abzugs von der Steuerschuld. Voraussetzung ist der Erhalt von wenigstens 1.000 Arbeitsplätzen auf 3 Jahre oder eine Exportquote von 50 % des Umsatzes.
> - Das Unternehmen erhält die gleiche Förderung wie im vorstehenden Beispiel, allerdings mit der Verpflichtung zum Erhalt von 100 Arbeitsplätzen oder der Realisierung einer Exportquote von 10 % des Umsatzes. Das Unternehmen bedarf mindestens 800 Arbeitnehmer zum Überleben und weist eine nachhaltige Exportquote von 75 % aus.
> - In der ersten Fallvariante kann ein *tax credit* (Rz 58) unterstellt werden, da neben der Investition noch andere (gewichtige) Auflagen zu beachten sind. Umgekehrt in der 2. Variante, da die Auflagen vom Unternehmen mit Sicherheit erfüllt werden.

62 Ist definitiv ein *investment tax credit* anzunehmen, kann die bilanzielle Behandlung mangels Regelung in einem Standard nur durch **Analogie**schlüsse beurteilt werden. Im Schrifttum werden dazu folgende Analogien vorgestellt.[57]

- Anwendung von IAS 12 trotz des Ausschlusses nach IAS 12.4 als Abzug bei den laufenden Steuern oder Vortrag (Rz 60) in Jahre mit (mutmaßlich) höherem Steuersubstrat.
- Anwendung von IAS 20 mit Einbuchung des Ermäßigungsbetrages als *deferred income* oder als Kürzung von den Anschaffungs- oder Herstellungskosten (→ § 12 Rz 26). Der Passivposten ist analog zum Abschreibungsverlauf aufzulösen.

Buchungen im erstgenannten Fall:
per sonstige Forderung an passive Abgrenzung
per passive Abgrenzung an sonstige betriebliche Einnahmen.
Beide Alternativen erscheinen als Hilfslösungen akzeptabel.

---

56 So PwC, IFRS Manual of Accounting 2008, Tz 13.275.8. Dieser Fundstelle ist auch das folgende Beispiel entnommen.

57 Vgl. PwC, IFRS Manual of Accounting 2008, Tz 13.275.11ff.; ähnlich KPMG, Insights into IFRS 2008/2009, Tz 3.13.600.10.

2.5 Abtretung von Steuerguthaben

Bestehende **Steuerguthaben** können u. U. abgetreten (verkauft) werden. Das ist z. B. in den USA für einige der unter Rz 58 dargestellten *investment tax credits* möglich. Einen vergleichbaren Fall im deutschen Steuerrecht stellt das per 31.12.2006 festzustellende **Körperschaftsteuerguthaben** aufgrund des früheren Anrechnungsverfahrens dar. Diese Forderung gegen den Fiskus ist ab dem 30.09.2008 in zehn gleichen Jahresbeträgen auszubezahlen. Sie kann (zu einem marktgerecht abgezinsten) Betrag verkauft und abgetreten werden (Rz 40). 63

Das Körperschaftsteuerguthaben ist erstmals im Jahresabschluss zum 31.12.2006 (abgezinst) zu aktivieren. Das Abzinsungsverbot gem. IAS 12.53 (Rz 122) gilt nur für Steuerlatenzposten, also nicht für sonstige Steuerguthaben (Rz 128). Auch die Begründung in IAS 12.54 für die Nichtabzinsung – schwierige Ermittlung – trifft für das Körperschaftsteuerguthaben nicht zu, im Gegenteil: Die Abzinsungsberechnung ist im Hinblick auf die festen Fälligkeitstermine der Teilauszahlung einfach zu errechnen. Bewertungsmaßstab ist der laufzeitkongruente risikolose Zins am jeweiligen Bilanzstichtag.

Der Forderungsbetrag kann im Einzelfall noch von einem **Betriebsprüfungsrisiko** begleitet sein. Nach IAS 12.46 sind Guthaben außerhalb der Steuerlatenzrechnung mit dem erwarteten Erstattungsbetrag (Rz 115) zu bewerten. Fraglich ist dann weiter die Behandlung des Betriebsprüfungsrisikos.[58] Dazu bedarf es eines erneuten Analogieschlusses unter Heranziehung von IAS 39 (→ § 28 Rz 126). Dieser bestimmt zur Ermittlung des *fair value* bzw. eines Wertminderungsbedarfs (IAS 39.63) nur das **Bonitäts**-, nicht aber das **Veritäts**risiko. Das erstgenannte Risiko ist beim Schuldner BRD kein Problem, wohl aber die Verität, die weder in IAS 12 noch in IAS 39 behandelt ist.

Wenn nun dieses Guthaben an eine Bank verkauft wird, muss die Frage der Ausbuchung des Guthabens wiederum in Analogie zu IAS 39 behandelt werden, da IAS 12 nur die Vereinnahmung eines Steuerguthabens, nicht aber die Abtretung der Forderung regelt. Nach IAS 39.20 ist bez. der Ausbuchbarkeit nur auf die Bonität des Schuldners zu achten, nicht auf die Verität und deren Risiko. Deshalb steht einer Ausbuchung der abgetretenen Forderung nichts im Weg.

3 Die Steuerlatenz im Unternehmensverbund

3.1 Überblick: *inside* und *outside basis differences*

Im **systematischen** Vorgehen zur Ermittlung von Steuerlatenzen aus der Verbundsituation (von zwei oder mehreren Unternehmen) darf nicht im ersten Schritt auf die möglichen steuerrechtlichen Befreiungsvorschriften abgehoben werden. Vielmehr ist von **rechnungslegungsspezifischen** Grundlagen auszugehen. Die US-amerikanische (SFAS 103) Orientierung von IAS 12 legt dabei aus Sicht der Buchungstechnik den Musterfall der **Vollkonsolidierung** nach der Erwerbsmethode (→ § 31 Rz 12ff.) nahe (Rz 71 f.). 64

[58] Vgl. hierzu im Einzelnen LÜDENBACH, PiR 2008, S. 276.

Danach können im Unternehmensverbund folgende **Quellen** von Steuerlatenzen festgestellt werden:[59]

- Buchwerte der IFRS-Bilanz I vs. Steuerbuchwerte der Tochter → *inside basis differences I*;[60]
- Buchwerte der IFRS-Bilanz II (aus Neubewertung etc.) vs. Steuerbuchwerte der Tochter (→ § 31 Rz 68 ff.) → *indside basis differences II;*
- Buchwerte der (konsolidierten) IFRS-Bilanz vs. Steuerbuchwert des Beteiligungsansatzes → *outside basis differences.*

Die *inside basis differences* sind bereits bei der **Erst**konsolidierung beachtlich (Rz 65 ff.), die *outside basis differences* erst bei der **Folge**konsolidierung (Rz 71 f.). Ob insbesondere die *outside basis differences* tatsächlich zu Steuerlatenzen führen, hängt dann u. a. vom **spezifischen Steuerrecht** (Befreiungsvorschriften) ab. Danach sind z. B. bei einer Beteiligung einer deutschen Kapital- an einer anderen Kapitalgesellschaft wegen der Befreiungsvorschriften die *outside basis differences* sowohl im Konzernabschluss als auch einzelbilanziell gegenstandslos (Rz 74 ff.).

Die Systematik des Steuerrechts ist aber auch **unabhängig** von evtl. Befreiungsvorschriften beachtlich.

- *Outside basis differences* im Konzernabschluss reflektieren bei der Beteiligung an einer **Kapitalgesellschaft** den Systemunterschied zwischen dem konzernbilanziellen und dem steuerrechtlichen **Abgang** der Tochterkapitalgesellschaft. Das Konzernrecht fingiert die Einzelveräußerung des Nettovermögens, steuerrechtlich geht hingegen die Beteiligung ab. Die (vorbehaltlich einer Steuerbefreiung) entstehende Differenz zwischen abgehendem Nettovermögen (IFRS) und abgehendem Beteiligungsbuchwert (Steuerbilanz der Mutter) ist in der *inside*-Perspektive noch nicht enthalten und daher zusätzlich zu berücksichtigen.
- Anders bei der Beteiligung an einer **Personengesellschaft**: Sie ist auch steuerrechtlich als Anteil an deren Nettovermögen (Aktiva und Passiva) konzipiert. Im Falle der Gewinnrealisierung durch Veräußerung ergibt sich daher kein Systemunterschied zwischen IFRS-(Konzern-)Bilanz und Steuer(einzel)-bilanz des Mutterunternehmens. Sowohl konzernbilanziell (Entkonsolidierung → § 32) als auch steuerbilanziell geht nicht eine Beteiligung, sondern das Nettovermögen der Tochterpersonengesellschaft ab (Rz 76).

Die Relevanz der unterschiedlichen Arten von Buchwert-Differenzen ist also abhängig von der (rechtlichen) Beteiligungs- und Konzern**struktur**. Hieran orientiert sich die nachfolgende Darstellung. Zusätzlich ist nach **Konzern-** (Rz 65 ff.) und **Einzel**abschluss (Rz 82 ff.) zu differenzieren.

Dazu folgendes Schema:

[59] Ausführlich hierzu LIENAU, Bilanzierung latenter Steuern im Konzernabschluss nach IFRS, 2006, S. 93 ff.

[60] Zur Begriffsbildung im Sprachgebrauch, der ebenfalls aus den USA übernommen worden ist (basis statt base), vgl. ERNSTING, WPg 2001, S. 19.

Inside und *outside basis differences* im Konzern- und Einzelabschluss nach Beteiligungsstruktur[61]					
		Mutter KapG Tochter KapG	**Mutter KapG Tochter PersG**	**Mutter PersG Tochter KapG**	**Mutter PersG Tochter PersG**
KONZERN-BILANZ	*inside basis difference* I+II	Buchwertdifferenz TU-Vermögen in IFRS-Bilanz II und Steuerbilanz (Latenzierung, soweit keine permanente Differenz und/oder keine aus erfolgsneutraler Zugangsbewertung)			
	outside basis difference	Differenz EK TU IFRS II zu Beteiligungs-BW TU in Steuerbilanz MU (Einzelveräußerungsfiktion in IFRS-Konzern vs. Abgang Beteiligung in Steuerbilanz)	**keine** Differenz, da Veräußerungsszenario TU konzeptionell gleich (Einzelveräußerungsfiktion in IFRS-Konzern- und Steuerbilanz der MU)	Differenz EK TU IFRS II zu BeteiligungsBW TU in Steuerbilanz MU (Einzelveräußerungsfiktion in IFRS-Konzern vs. Abgang Beteiligung in Steuerbilanz)	**keine** Differenz, da Veräußerungsszenario TU konzeptionell gleich (Einzelveräußerungsfiktion in IFRS-Konzern- und Steuerbilanz der MU)
EINZEL-BILANZ	*inside basis difference* I+II	**irrelevant**, da im Veräußerungsszenario nach IFRS nicht Nettovermögen TU abgeht, sondern Beteiligungsbuchwert TU in MU-Bilanz (IFRS-Buchwerte TU somit ohne Bedeutung)			
	outside basis difference	Beteiligungs-BW TU in IFRS-B. MU-StBil. MU	Beteiligungs-BW TU in IFRS-B. MU- EK der TU lt. StBil. TU (da Einzelveräußerungsfiktion in Steuerbilanz MU)	Beteiligungs-BW TU in IFRS-B. MU-StBil. MU	Beteiligungs-BW TU in IFRS-B. MU-EK TU lt. StBil. TU (da Einzelveräußerungsfiktion in Steuerbilanz MU)

Nicht in der vorstehenden Tabelle berücksichtigt sind **konsolidierungstechnisch** veränderte Buchwerte bei Tochter-PersG, z. B. aus Zwischengewinneliminierungen und Schuldenkonsolidierungen.[62] Diese sind im Rahmen der Folgekonsolidierung zusätzlich den *outside basis differences* zuzuordnen, da der Steuerbilanz-Buchwert der Beteiligung beim Mutterunternehmen nach Maßgabe der Spiegelbildmethode (Rz 76) nur unkonsolidierte Bilanzwerte abbilden kann. Die **steuerökonomischen** Grundlagen für die erforderliche Differenzierung sind in Rz 70, die anzuwendenden **Buchungstechniken** in Rz 71 dargestellt.

3.2 Konzernabschluss

3.2.1 Zugangsbewertung beim Unternehmenserwerb, insbesondere Behandlung des *goodwill*

Bei einem Unternehmenserwerb (*business combination*) sind folgende **Grundfälle** zu unterscheiden (→ § 31 Rz 1): 65
- Erwerb der Anteile (Aktien oder GmbH-Anteile): *share deal*;
- Erwerb der Unternehmenssubstanz: sogenannter *asset deal*;
- Fusion (legal merger).

Im Falle des *asset deal* sind Steuerlatenzen immer dann zu berücksichtigen, wenn 66 die erworbenen Vermögenswerte und die übernommenen Schulden infolge des Unternehmenszusammenschlusses nach IFRS **anders bewertet** werden als nach der Steuerbilanz. Dieser Fall ist jedoch eher selten, da beim *asset deal* sowohl

61 Im Konzernabschluss nur für den Fall der Erstkonsolidierung.

62 Diese Erkenntnis verdanken wir einem Hinweis von ROLF UWE FÜLBIER.

nach IFRS als auch nach Steuerrecht eine neue Bewertungsbasis (Anschaffungskosten) an die Stelle der alten tritt.

67 Bei einem *share deal* ist nach IAS 12.66 i.V.m. IAS 12.19, 12.21 und 12.26c **differenziert** vorzugehen: Im Rahmen der **Erstkonsolidierung**(→ § 31 Rz 202) ist der Kaufpreis für die *shares* den (anteiligen) Buchwerten der erworbenen Vermögensgegenstände und Schulden gegenüberzustellen. Alsdann sind der IFRS-Bilanz II die stillen Reserven und Lasten in den bilanzierten und nicht bilanzierten Vermögenswerten aufzudecken. Der verbleibende Betrag ist als *goodwill* anzusetzen. In der Steuerbilanz können diese Aufwertungen bei Erwerb einer Kapitalgesellschaft wegen deren eigener Steuerrechtssubjektivität nicht nachvollzogen werden. Insoweit entstehen Steuerlatenzen zwischen den neuen Buchwerten des Vermögens der erworbenen Kapitalgesellschaft in der IFRS-Konzernbilanz und den fortgeführten Buchwerten ihrer Steuerbilanz. Hierzu folgendes Beispiel (vgl. auch → § 31 Rz 204):

Beispiel

- **Steuerlatenz beim *share deal* bei der Zugangsbewertung**
  - Erwerb aller Anteile an einer Tochter-AG; Anschaffungspreis 1.000, EK 100. Der Kaufpreis entfällt auf:

Kaufpreis-allokation vor Steuer-latenz	Steuer-latenz bei Tarif 40 %	Kaufpreisal-lokation nach Steuerlatenz	Bilanzposten
100	0		Eigenkapital (Buchwert der Aktiva abzüglich der Passiva) des erworbenen Unternehmens
200	80 pass.		stille Reserven im Grund und Boden
500	200 pass.		nicht bilanziertes Warenzeichen
– 200	80 akt.		höherer Ansatz der Pensionsrückstellung
	– 280	– 280	passive Latenz
	80	80	aktive Latenz
400	0	600	Firmenwert
1.000	200	1.000	Summe

Die in Rz 67 genannten Paragrafen von IAS 12 **verbieten** die **Zuordnung** einer **Steuerlatenz** zu dem steuerlich nicht abschreibbaren **erworbenen** (positiven oder negativen) *goodwill*, weil eine solche Zuordnung den Firmenwert selbst wieder erhöhen würde (Iteration; vgl. auch Rz 45). Der *goodwill* anlässlich des Unternehmenserwerbes behält also seinen Charakter als **Residualgröße** (→ § 31 Rz 204).

Nach IFRS 3.B6 ist auch eine förmliche **Fusion** (**legal merger**) als Anschaffungsvorgang unter Aufdeckung der stillen Reserven des als erworben geltenden Unternehmens zu werten (→ § 31 Rz 2). Die Abbildung in der IFRS-Bilanz erfolgt nach den Regeln des *share deal.*

Im Rahmen eines solchen Unternehmenszusammenschlusses darf der Erwerber **68**
nach IAS 12.67 Überlegungen anstellen, ob bisher nicht aktivierbare Steuerlatenzen nunmehr aufgrund der „gekauften Gewinne" im erworbenen Unternehmen eine **Verrechnungsmöglichkeit** eröffnen (→ § 31 Rz 111). Das ist allerdings nach deutschem Steuerrecht in Fällen des *share deal* wegen der fehlenden Konzernbesteuerung allenfalls beim Erwerb von Anteilen an Personengesellschaften möglich.

Im Konzernabschluss kann ein im Rahmen der Erstkonsolidierung nicht identi- **69**
fizierbarer Erstattungsanspruch auf latente Steuern bei der **Folgekonsolidierung** eingebucht werden, sofern die weiteren Voraussetzungen (Rz 48ff.) erfüllt sind. Nach IAS 12.68 ist wie folgt zu differenzieren (→ § 31 Rz 124):

- **Innerhalb** der speziellen Bewertungsperiode (*measurement period*, 12 Monate ab dem Erstkonsolidierungszeitpunkt, → § 31 Rz 122; → § 4 Rz 17) ergeben sich ansatz- und wertaufhellende Informationen über am **Erwerbszeitpunkt vorhandene** Tatsachen und Umstände. Die Wertanpassung führt zum mit Buchungssatz: Per aktive latente Steuern an *goodwill.*
- **Innerhalb** der *measurement period* ergeben sich geänderte Umstände, die am Erwerbszeitpunkt **noch nicht** vorlagen. Die Wertanpassung ist wie folgt zu verbuchen: Per aktive latente Steuer an Steuerertrag; in Sonderfällen direkt im Eigenkapital (Rz 129).
- Erforderliche Anpassungen **nach** der *measurement period* sind zu buchen: Per aktive latente Steuern an Steuerertrag.

Ergänzend ist in der ersten Variante eine Ertragsbuchung vorzunehmen, wenn die zu aktivierende aktive latente Steuer größer ist als der *goodwill.*

Zur Unterscheidung des beiden erstgenannten Sachverhaltsvarianten folgendes Beispiel:

> **Beispiel**
>
> Die Holdinggesellschaft H GmbH hat am 31.12.01 einen hohen gewerbesteuerlichen Verlustvortrag. Dieser wurde bisher nicht als ansatzberechtigend berücksichtigt, da die nationalen Tochtergesellschaften aus Haftungsgründen nicht in eine Organschaftsstruktur einbezogen worden sind. In 01 hat die H GmbH eine GmbH & Co. KG zu 100 % übernommen, dies jedoch bei der Steuerlatenzierung im Einzel- und Konzernabschluss zum 31.12.01 nicht berücksichtigt. Im Mai 02 stellt sich aufgrund neu erstellter Budgets für die GmbH & Co. KG und unter Berücksichtigung der daraus abgeleiteten Steuerplanungsrechnungen eine wahrscheinliche Realisierung der gewerbesteuerlichen Verlustvorträge der H GmbH heraus. Die entsprechende Aktivlatenz ist unter Kürzung des *goodwill* im Jahresabschluss 31.12.02 einzubuchen. Sofern der *goodwill* niedriger ist als diese Steuerlatenz, ist der Unterschiedsbetrag als sonstiger Ertrag auszuweisen.
>
> Die H GmbH hat im Oktober 01 eine AG zu 100 % der Anteile erworben. Nach Rechtslage zum 31.12.01 ist damit der bei der AG vorhandene körper-

schaft- und gewerbesteuerliche Verlustvortrag untergegangen. Am 15.5.02 wird eine rückwirkende Gesetzesänderung für den Veranlagungszeitraum 01 beschlossen, wonach die Verlustvorträge der erworbenen AG erhalten bleiben. Im Konzernabschluss der Holding GmbH zum 31.12.02 ist die Gesetzesänderung als ansatzbegründend zu würdigen, d.h., die dann zu aktivierende Steuerlatenz auf die Verlustvorträge ist zugunsten des Ergebnisses einzubuchen.

3.2.2 *Inside* und *outside basis differences* bei der Folgekonsolidierung

3.2.2.1 Systematische Grundlegung

70 Wie unter Rz 64 dargestellt, sind bei der Folgekonsolidierung (von erworbenen Kapitalgesellschaften) **zwei Arten** von Differenzen zu unterscheiden:

- *Inside basis differences* aus dem Unterschied zwischen den Buchwerten, mit denen das **Vermögen** des Tochterunternehmens im Konzernabschluss (in der IFRS-Bilanz II) erfasst wird, zu den Buchwerten in der eigenen Steuerbilanz des Tochterunternehmens.
- *Outside basis differences* aus dem Unterschied zwischen dem in der Konzernbilanz erfassten Nettovermögen des Tochterunternehmens und dem **Beteiligungs**buchwert, mit dem es in der Steuerbilanz der Mutter erfasst wird.

Die latente Steuer auf *inside basis differences* spiegelt in einem **Veräußerungsszenario** die steuerliche Mehr- oder Minderbelastung wider, die sich beim Verkauf von **einzelnen** Vermögenswerten durch das Tochterunternehmen ergibt, wenn aus der IFRS-Konzernbilanz ein anderer Buchwert abgeht als aus der Steuerbilanz der Tochter. Diese Differenz wird bereits bei der Erstkonsolidierung berücksichtigt. Sie ist in dem Maße, in dem sich die Differenzen bei der Folgekonsolidierung (z.B. durch Abschreibung aufgedeckter stiller Reserven) verändern, erfolgswirksam fortzuschreiben.

Die latente Steuer auf *outside basis differences* spiegelt in einem auf die **vollständige Veräußerung** des Tochterunternehmens gerichteten Szenario den eventuellen konzeptionellen Unterschied zwischen IFRS-Konzernabschluss und Steuerbilanz wider: Zur Ermittlung des Veräußerungserfolgs ist dem Veräußerungserlös in der IFRS-Bilanz das IFRS-II-Vermögen des TU gegenüberzustellen, da die Entkonsolidierung als Einzelveräußerung fingiert wird. Steuerlich geht hingegen (bei einem Tochterunternehmen in der Rechtsform einer Kapitalgesellschaft) eine Beteiligung ab. Aus der Differenz von abgehendem Nettovermögen (lt. IFRS II) und abgehendem Beteiligungsbuchwert (lt. Steuerbilanz) können sich Steuerbe- oder -entlastungen ergeben.

Steuerökonomisch resultiert das *outside-basis*-Problem aus der – vereinfacht angenommen – **wirtschaftlichen Einheit** des Verbunds, die im Gegensatz zum an der **Rechtsperson** anknüpfenden Besteuerungssystem steht. Diese unabgestimmte Konstellation birgt immer die Gefahr einer doppelten oder gar mehrfachen Besteuerung ein und desselben Gewinns in wirtschaftlicher Betrachtung in sich (Rz 96).

Beispiel

- Die Tochtergesellschaft[63] hat Gewinne thesauriert. Der spätere Transfer dieser gespeicherten Gewinne an die Mutter durch Dividenden oder eine Fusion löst (möglicherweise) dort eine weitere Besteuerung aus.
- Dividenden einer Auslandstochter unterliegen einer Quellensteuer, die nicht (voll) auf die deutsche Steuerschuld der Mutter angerechnet werden kann.
- Die Muttergesellschaft hat eine außerplanmäßige (*impairment*) Abschreibung (→ § 11 Rz 10ff.) und eine steuerliche Teilwertabschreibung auf die Tochtergesellschaft vorgenommen. Möglicherweise sind damit potenzielle Steuerlasten in der Zukunft verbunden (z.B. nach § 8b Abs. 2 S. 4 KStG, § 12 Abs. 2 S. 2 UmwStG).

Die nationalen Steuersysteme bedienen sich der verschiedensten Instrumente zur **Vermeidung** von derlei Mehrfachbelastungen des wirtschaftlich identischen Steuersubstrats. In Deutschland sind hierzu das frühere Anrechnungs- und jetzige Halbeinkünfteverfahren sowie die Organschaft zu nennen. Einen durchgehenden „Schutz" gegen Doppelbelastungen liefern diese Instrumente indes nicht; Beispiele bieten die Regeln über einbringungsgeborene Anteile gem. § 8b Abs. 4 KStG oder die tatbestandlichen Voraussetzungen zur Gewährung der Schachtelbefreiung bei der Gewerbesteuer (§ 9 Nr. 2a GewStG).

3.2.2.2 Buchungstechnik

Das Zusammenwirken der verschiedenen Arten von Differenzen, insbesondere 71
aber die bei der Folgekonsolidierung auftauchende Problematik der Ermittlung von *outside basis differences* lassen sich sinnvoll anhand der einzelnen Buchungsvorgänge des **Vollkonsolidierungs**verfahrens darstellen. Es geht dabei um den **Unterschiedsbetrag** zwischen dem Beteiligungsbuchwert in der Steuerbilanz der Mutter und dem Eigenkapital in der IFRS-Bilanz II der Tochter. Die nachstehende Darstellung dient der Systematik. Im Rahmen der Vollkonsolidierung auf Konzernebene lösen sich im Ergebnis die systematischen Unterschiede von *inside* und *outside differences* auf. Umgekehrt verhält es sich im Einzelabschluss (vgl. insbesondere unter Rz 84ff.).

Beispiel

- AK-Beteiligung = 1.500 (*tax base*)
- Steuerbilanz: EK Tochter 1.000
- Abweichungen nach IFRS zur Steuerbilanz sind nachfolgend aufgeführt.
- Die in der nachfolgenden Tabelle in 2–4 dargestellten Werte haben sich in der ersten Periode (01) nach der Erstkonsolidierung nicht verändert.
- Die Tochter erzielt in 01 einen Gewinn vor Steuern von 100, Steuersatz 40 %, Gewinn nach Steuern 60.

[63] „Muttergesellschaft" und „Tochtergesellschaft" sind hier zu verstehen als „Ober-" und „Untergesellschaft".

Lösung

Vorgang (1)	IFRS I (2)	IFRS II (3)	Lat. St. *„inside“* (4)	IFRS II nach Steuern (5)
EK-StB	1.000			1.000
POC-Mehrwert	70		– 28	42
Drohverlustrückstellung	– 40		16	– 24
Warenzeichen		80	– 32	48
	1.030	80	– 44	1.066
goodwill				434
AK-Beteiligung = *tax base*				1.500

Per Ende 01 stellt sich bei Annahme einer ansonsten unverändert fortbestehenden Differenz von Steuer- und IFRS-Bilanz (keine Abschreibung stiller Reserven im Warenzeichen, Fortbestehen der Drohverlustrückstellung) unter Berücksichtigung des Gewinns nach Steuern von 60 das Konsolidierungsergebnis wie folgt dar:

Beteiligung – *tax basis*	1.500
EK-Tochter – *parents book basis*	– 1.126
goodwill	– 434
Gewinnrücklage = *outside basis difference*	60

72 Diese aus Sicht der Vollkonsolidierung durch den (versteuerten) Gewinn bei der Tochter für die Mutter bestehende Differenz kann zu einer **späteren** (deshalb jetzt latenten) Steuerbelastung bei der Mutter führen.

Beispiel

Sachverhalt

- Ausgangswerte wie im Beispiel unter Rz 71.
- Die Tochter wird per Ende 01 (fiktiv) zu 1.800 verkauft.
- Einzelvermögenswerte mit *goodwill* bei der Tochter 1.500 (wie zuvor) zuzüglich 60 Gewinn in 01 = 1.560.

Lösung

	Steuer-B	IFRS-B	Δ
Verkaufspreis	1.800	1.800	0
Buchwert(e)	1.500	1.560	60
Gewinn	300	240	60

> Für die IFRS-Bilanz gilt die Einzelveräußerungsfiktion (Entkonsolidierung; → § 32), für die Steuerbilanz hingegen nur bei Tochter-Personengesellschaften (Rz 76), sonst aber die Gesamtbetrachtung in Form der Beteiligung.

Der Unterschiedsbetrag von 60 begründet (im Fall der Tochterkapitalgesellschaft) eine latente (passive) Steuerlatenz, also eine *temporary difference* (Rz 16) ohne Berücksichtigung von Befreiungsvorschriften etc. (Rz 75). Bezugspunkt dafür ist eine künftige Veräußerung der Beteiligung (*reversal*).
Die passive Latenz wird durch eine spätere **Dividende** (teilweise) zurückgebildet.

Beispiel

Sachverhalt (wie in den Beispielen unter Rz 71 f.)

EK Tochter IFRS II am 31.12.01	1.126
Dividende in 02 (keine andere EK-Bewegung)	– 50
EK 31.12.02	1.076

Konsolidierung

Beteiligung	1.500
– *goodwill*	– 434
– EK-Tochter	– 1.076
Gewinnvortrag = *outside basis difference*	– 10

Auch eine **außerplanmäßige Abschreibung** (*impairment*; → § 11 Rz 10ff.) kann die *outside basis difference* beeinflussen.

Sachverhalt

- Im Jahr 03 erzielt die Tochter ein Ergebnis von 0.
- Die Mutter nimmt eine außerplanmäßige Abschreibung von 700 (nur) in der IFRS-Bilanz (nicht in der konsolidierten Bilanz) vor. In der Steuerbilanz ist keine Teilwertabschreibung möglich.

Lösung

Buchwertbeteiligung in der IFRS-Bilanz 31.12.03	800
EK-Tochter	1.076
outside basis difference (führt zur aktiven Latenz)	276

3.2.2.3 Anwendungsbeschränkungen der *outside basis differences*

Eine **aktive** (Rz 48) Steuerlatenzrechnung auf die *outside basis differences* ist 73
nach IAS 12.44 vorgesehen für die **Beteiligung** an

- Tochterunternehmen (→ § 32 Rz 7ff.),
- assoziierten Unternehmen (→ § 33 Rz 116),
- *joint ventures* (→ § 34 Rz 99f.).

Voraussetzungen für den Ansatz sind (Rz 48):

- Die *temporary*-Differenz wird sich in der absehbaren Zukunft **umkehren**.
- **Ausreichendes steuerliches Einkommen** wird zur Nutzung dieser Steuerlatenzen verfügbar sein.

Eine **passive** (Rz 48) Steuerlatenzrechnung auf die *outside basis differences* ist nach IAS 12.39ff. für den gleichen Unternehmenskreis vorgesehen, wenn *temporary*-Differenzen vorliegen, es sei denn, die Obergesellschaft kann den Zeitpunkt der Umkehrung bestimmen – i. d. R. nur bei Mehrheitsstimmrecht denkbar – **und** voraussichtlich (*probable*) wird sich die *temporary*-Differenz in der absehbaren Zukunft nicht umkehren. Damit wird eine vom Mutterunternehmen **kontrollierbare permanent difference** unterstellt. Entsprechendes gilt für aktive Steuerlatenzen gem. IAS 12.44. Im derzeit nicht weiter verfolgten ED/2009/2 (Rz 155) war die Übernahme der einschlägigen US-GAAP-Regeln vorgesehen, wonach Beteiligungen an Auslandsgesellschaften von der Latenzierung unter den bislang gültigen Voraussetzungen befreit sind. Für Inlandsbeteiligungen sollte die Ausnahmeregelung dagegen entfallen. Die gleiche Vorgabe enthält der SME-Standard (→ § 50 Rz 7).

Angesprochen sind damit die Fälle einer **nachhaltigen Thesaurierung** von Gewinnen beim Beteiligungsunternehmen. Sobald für die Tochtergesellschaft eine Veräußerungsabsicht besteht, entfallen diese Voraussetzungen für den Nichtansatz latenter Steuern (Rz 50).

Beispiel

Sachverhalt

Das deutsche Mutterunternehmen in der Rechtsform der GmbH & Co. KG oder der AG/GmbH hält 100 % der Aktien und der Stimmrechte an einer niederländischen AG. Diese fungiert seit neuestem als Zwischenholding für eine ganze Reihe neu aufzubauender ausländischer Vertriebsgesellschaften. Zur Stärkung der Eigenkapitalbasis ist nach den Geschäftsplänen in den nächsten sechs Jahren eine Ausschüttung nicht geplant.

Lösung

Wegen der Kontrolle über das Ausschüttungsverhalten (IAS 12.40) entfällt die passive Latenz auf die *outside basis differences* (Rz 71).

74 Auf die zeitliche Steuerung der Dividendenpolitik nach IAS 12.39ff. kommt es allerdings nicht an, soweit die Beteiligungserträge (und -aufwendungen) **mangels Steuerbarkeit** in Deutschland zu dauerhaften Differenzen (*permanent differences*) führen (Rz 17). Deshalb ist die **Struktur** der (deutschen) Unternehmensbesteuerung als weiteres Beurteilungskriterium heranzuziehen (Rz 64).

Beim Tochterunternehmen ist entsprechend dem jeweiligen Steuer**statut** – Kapitalgesellschaft Körperschaft- und Gewerbesteuer, Personengesellschaft nur Gewerbesteuer – eine Steuerlatenzrechnung auf die individuellen *temporary differences* vorzunehmen (sog. *inside basis differences;* Rz 64). Die Folgewirkung für die Steuerlatenz beim Mutterunternehmen aufgrund von *outside basis differences* (Rz 71f.) richtet sich an der jeweiligen Steuer**art** aus.

3.2.3 Rechtsformvergleich

3.2.3.1 Mutter und Tochter Kapitalgesellschaft

Dem Grunde nach können in dieser Konstellation *outside basis differences* entstehen (Rz 64). Deren „Wirkung" wird allerdings aus Sicht einer deutschen Mutterunternehmung infolge der Befreiungsvorschriften des § 8b KStG neutralisiert. Die *outside basis differences* sind deshalb im Konzernabschluss irrelevant. Für die *inside basis differences* gelten die allgemeinen Regeln (Rz 64). 75

Spezifische **Besonderheiten** der deutschen Unternehmensbesteuerung sind dabei nicht berücksichtigt; z.B. die Pauschalzurechnung von 5 % der Dividende bzw. des Veräußerungsgewinns (§ 8b Abs. 3 KStG).

Diese Sonderfälle können praktisch nur im Rahmen der **Überleitungsrechnung** (Rz 140) berücksichtigt werden, es sei denn, die Veräußerung ist konkret geplant (→ § 29 Rz 62).

3.2.3.2 Mutter Kapital-, Tochter Personengesellschaft

Diese Beteiligungsstruktur wird in der IFRS-Konzernbilanz und in der Steuereinzelbilanz der Mutter konzeptionell **gleich** behandelt: Sowohl aus IFRS-Konzernsicht als auch steuerlich tritt an die Stelle des Vermögenswertes/Wirtschaftsgutes „Beteiligung" der Anteil an den zum Gesellschaftsvermögen gehörenden (aktiven und passiven) Vermögenswerten/Wirtschaftsgütern. In der Steuerbilanz der Mutterunternehmung wird entsprechend auch nicht eine eigentliche Gewinnermittlung für den Bilanzposten **„Beteiligung"** an der Personengesellschaft durchgeführt, vielmehr geht der beim Tochterunternehmen festgestellte Gewinn in die Besteuerungssphäre des Mutterunternehmens ein (Rz 84). Umgangssprachlich wird diese Bilanzierung als **Spiegelbildmethode** bezeichnet. 76

Bezüglich der *outside basis differences* gilt demnach im Rahmen der Spiegelbildmethode: 77

- Der **laufende** Gewinn der Tochterpersonengesellschaft ist in beiden Rechenwerken unabhängig von einer förmlichen Ausschüttung dem Mutterunternehmen zuzurechnen.
- Der Gewinn aus einem Verkauf der Tochter-Personengesellschaft ist sowohl in der IFRS-Bilanz als auch in der Steuerbilanz nach Maßgabe der **Einzelveräußerungsfiktion** abzubilden; dem Verkaufserlös ist in beiden Fällen das abgehende Nettovermögen gegenüberzustellen (Rz 64).
- Die **Bewertungsunterschiede** dieses Nettovermögens der Tochter sind bereits als *inside basis differences* (Rz 64) berücksichtigt.
- Steuerbefreiungsvorschriften (Rz 75) und IFRS-spezifische Beschränkungen (Rz 74) für die Steuerlatenzierung können **unberücksichtigt** bleiben.

Outside *basis differences* können also nur bei Verzicht auf die Spiegelbildmethode entstehen (Rz 86).

Bezüglich der *inside basis differences* ergeben sich konsolidierungstechnisch keine Unterschiede gegenüber dem Fall „Tochter-Kapitalgesellschaft". Allerdings sind die **unterschiedlichen Steuersätze** zu berücksichtigten. Dazu folgendes Beispiel:

Beispiel

	TEUR
Steuerlich nicht ansetzbare Drohverlustrückstellung bei der Tochter-Personengesellschaft (PersG)	– 200
14 % latente Gewerbesteuer bei PersG (aktiv)	+ 28
Gesamtes IFRS-Eigenkapital der PersG	
• vor der Latenzrechnung	+ 3.000
• nach der Latenzrechnung	**3.028**

Die laufende Gewerbesteuer aus der Drohverlustrückstellung ist beim EK der Personengesellschaft bereits gekürzt.

Daraus folgt die

IFRS-Bilanz der PersG

Aktive Latenz GewSt	28	EK	3.028
Sonstiges	3.000		
	3.028		3.028

StB der PersG

Sonstiges	3.200	EK IFRS-Bilanz	3.000
		Drohverlustrückstellung	200
	3.200	Gesamtes EK	3.200

78 Für den Eigenkapitalunterschied von 172 (= 3200 – 3028) ist keine weitere Latenzrechnung aufgrund einer *outside basis difference* bei der Mutter durchzuführen. Dort ist nur die Körperschaftsteuer zu berücksichtigen.
Der zur Vereinfachung häufig verwendete Steuersatz von 30 % (Rz 120) kann mit 14 % auf GewSt und 16 % auf KöSt verteilt werden (angenommener Gewerbesteuerhebesatz 400).

79 **Konsolidierungstechnisch** ist die Körperschaftsteuerlatenz sinnvollerweise bereits bei der **Neubewertung** für die Tochter-Personengesellschaft zu erfassen. Nach Maßgabe des Beispiels unter Rz 77 stellt sich diese wie folgt dar (16 % von 200):

IFRS-Bilanz II der PersG			
Aktive Latenz KöSt	32	EK	32

3.2.3.3 Mutter Personen-, Tochter Kapitalgesellschaft

Die Beurteilung bez. einer konsolidierungstechnisch (Rz 64) möglichen *outside basis difference* (nur für Gewerbesteuer) ist **nicht eindeutig**, weil 80

- einerseits Gewinnanteile im Rahmen der Schachtelbefreiung (§ 9 Nr. 2a GewStG) nicht,
- andererseits Veräußerungsgewinne (Rl 61 S. 9 GewStRl)

der Besteuerung unterliegen.

Wir befürworten eine Orientierung an der **Verwendungsabsicht** (Rz 83). Soll die Beteiligung in absehbarer Zeit verkauft werden, muss die *outside basis difference* als Latenzgrundlage berücksichtigt werden, umgekehrt bei Haltensabsicht.

Die *inside basis differences* (Rz 64) bei der Tochter-Kapitalgesellschaft sind mit Körperschaft- und Gewerbesteuer belegt in den Konzernabschluss einzubeziehen.

3.2.3.4 Mutter und Tochter Personengesellschaft

Die *outside basis differences* sind unbeachtlich, da in beiden Rechenwerken die Einzelveräußerungsfiktion gilt (Rz 64 und Rz 77). 81

3.3 Einzelabschluss

3.3.1 Tochter Kapitalgesellschaft

Bei Tochter-Kapitalgesellschaften können (z.B. aufgrund steuerlich nicht anerkannter außerplanmäßiger Abschreibungen) Differenzen zwischen den Beteiligungsansätzen in der IFRS-Einzelbilanz der Mutter und der Steuerbilanz der Mutter entstehen. Diese Differenzen begründen nur dann eine Latenz, wenn aus der Beteiligung steuerpflichtige Erträge entstehen können. 82

Bei Beteiligung einer **Kapitalgesellschaft** an einer in- oder ausländischen **Kapitalgesellschaft** liegt aus Sicht der deutschen Besteuerung i.d.R. wegen § 8b KStG i.V.m. § 7 GewStG eine *permanent (outside basis) difference* vor (Rz 75). Die Steuerlatenzierung entfällt. Diese Feststellung gilt unabhängig davon, ob die Beteiligung beim Mutterunternehmen im Einzelabschluss *at cost, at equity* oder *at fair value* geführt wird (→ § 32).

Schwieriger ist die Beurteilung der Beteiligung einer Mutter-Personen- an einer Tochter-Kapitalgesellschaft. Eine Differenz der Beteiligungsansätze **kann**, aber **muss nicht** Gewerbesteuer auslösen, 83

- weil einerseits Gewinnanteile im Rahmen der Schachtelbefreiung (§ 9 Nr. 2a GewStG) steuerbefreit sind,
- andererseits Veräußerungsgewinne (Rl 61 S. 7 GewStRl) der Besteuerung unterliegen.

Die Latenzierung könnte sich an der Verwendungsabsicht orientieren (Rz 80). Bei Verkaufsabsicht in absehbarer Zeit muss die *outside basis difference* als Latenzgrundlage berücksichtigt werden, umgekehrt bei Haltensabsicht.

3.3.2 Mutter Kapital- und Tochter Personengesellschaft

Eine Beteiligung einer deutschen **Kapitalgesellschaft** an einer deutschen **Personenhandelsgesellschaft** stellt in der IFRS-Bilanz (und in der Handelsbilanz) 84 einen Vermögenswert dar, nicht dagegen in der Steuerbilanz.[64] Aus steuerlicher Sicht tritt an die Stelle des Wirtschaftsgutes „Beteiligungen" die Summe aller Anteile an den zum Gesellschaftsvermögen gehörenden (aktiven und passiven) Wirtschaftsgütern (Spiegelbildmethode). In der Steuerbilanz der Mutterunternehmung wird entsprechend auch nicht eine eigentliche Gewinnermittlung betreffend die Beteiligung an der Personengesellschaft durchgeführt, vielmehr geht der beim Tochterunternehmen festgestellte Gewinn in die Besteuerungssphäre des Mutterunternehmens ein, und zwar unabhängig davon, ob dort in der IFRS-Bilanz eine Wertveränderung vorgenommen worden ist (Rz 76).

Diese rechtsdogmatische Konstellation bereitet seit jeher im nationalen Abschluss **Schwierigkeiten.** Die Verfasser der IFRS haben sie nicht erkennbar in ihre Überlegungen einbezogen. Die bilanzielle Abbildung muss deshalb dem allgemeinen Regelungsgehalt des IAS 12 entsprechen. Wegen der Kompliziertheit der Materie – in Teilbereichen nachfolgend dargestellt - ist dem *cost-benefit-*Aspekt (→ § 1 Rz 65) gebührend Beachtung zu schenken.

Weitere Schwierigkeiten bereitet das (möglicherweise) Fehlen von Eigenkapital im IFRS-Abschluss **von** Personengesellschaften mit der Qualifizierungsfolge für die Beteiligung an Personengesellschaften. Im Folgenden wird der Beteiligungscharakter gleichwohl unterstellt.

85 Eine denkbare Lösung aufgrund eines **formalistischen** Ansatzes könnte sich auf das **Nichtvorhandensein** einer Beteiligung (im eigentlichen Sinn) in der Steuerbilanz stützen mit der Folge, dass ein Steuerbuchwert (*tax base*; Rz 150ff.) nicht bestünde. Als mögliche Konsequenz entfiele wegen der dann anzunehmenden permanenten Differenz eine Steuerlatenzrechnung oder die Steuerlatenz wäre auf die wechselnden Differenzen des IFRS-Beteilgungsansatzes zum steuerbilanziellen Null-Ansatz zu bilden. Diese Lösung ist u. E. nicht sachgerecht.

86 Sinnvollerweise sollte man sich durch das von IAS 12 gewählte *temporary concept* (Rz 9ff.) leiten lassen. Im Gegensatz zur Behandlung der Personentochtergesellschaft im Konzernabschluss – **keine *outside basis differences*** (Rz 77) – ist die Steuerlatenzrechnung (hinsichtlich der IFRS-Einzelbilanz) dann **ausschließlich** auf die *outside basis difference* gerichtet, was sich auf den Wortlaut von IAS 12.39 stützen kann: *associated with investments.* Hinzu kommt die unterschiedliche Besteuerungshoheit für Körperschaft- und Gewerbesteuer (Rz 78).

Der **Beteiligungsbuchwert** der Mutter-Kapitalgesellschaft ist mit dem (anteiligen) **Steuerbilanzkapital** samt Ergänzungsbilanzen (Rz 25) (zur Sonderbilanz vgl. Rz 95) der Tochter-Personengesellschaft zu vergleichen. Letzteres stellt die *tax base* (Rz 17) der Beteiligung dar. Ein Unterschiedsbetrag entspricht der *outside basis difference.*[65] Diese ist bei der Mutter-Kapitalgesellschaft mit dem vollen (kombinierten) Steuertarif zu belegen (Rz 77). Das folgt aus der fiktiven Veräußerung der Beteiligung als Tatbestand des *reversal* (Rz 72) wegen § 7 S. 2 Nr. 1 GewStG. Zu den Besonderheiten bei **Ergänzungsbilanzen** vgl. Rz 89.

---

64 So ständige BFH-Rechtsprechung, z.B. BFH, Beschluss v. 25.2.1991, GrS 7/89, BStBl II 1991, S. 691. Weiterführend DIETEL, Bilanzierung von Anteilen an Personengesellschaften in Handels- und Steuerbilanz, DStR 2002, S. 2140; HOFFMANN, BB 1988, Beilage 2; HFA-Stellungnahme 1/1991, WPg 1991, S. 334; MEYER/BORNHOFEN/HOMRIGHAUSEN, KoR 2005, S. 286.

65 ERNSTING/LOITZ, DB 2004, S. 1054.

Wegen der zeitlichen Beschränkung betreffend die Umkehrung wird auf Rz 50 verwiesen. 87

Insbesondere die *outside basis differences* (Rz 71), aber nicht nur, hängen in ihrer Entstehung und Entwicklung entscheidend von der **Bilanzierungsmethode** für die **Beteiligung** an der Tochter-Personengesellschaft nach den IFRS (→ § 32) ab. Hierzu folgendes Beispiel[66] zu typischen Sachverhalten: 88

Beispiel
Sachverhalt

Die K-AG erwirbt 100 % der Anteile an der V-GmbH & Co. KG. Der Erwerbspreis beträgt 1.000, das anteilige Eigenkapital der KG 600. Der Differenzbetrag wird als *goodwill* identifiziert und bei der KG in einer steuerlichen Ergänzungsbilanz aktiviert und auf 15 Jahre mit 27 abgeschrieben. Die nachstehend genannten Sachverhalte führen als Ceteris-paribus-Betrachtung jeweils zu einer Veränderung des steuerlichen Eigenkapitals der KG.

Lösung bei Beteiligungsbilanzierung in der IFRS-Bilanz *at cost*

Zum Anschaffungszeitpunkt besteht keine Differenz. Bei der Folgebilanzierung ist zu differenzieren:

- Abschreibung auf *goodwill* oder andere aufgedeckte stille Reserven in der StB, nicht in der IFRS-Bilanz
  - → passive Latenz
- vorläufig thesaurierter Gewinn der KG
  - → aktive Latenz (Rz 72)
- außerplanmäßige Abschreibung auf die Beteiligung in IFRS-Bilanz, nicht in StB
  - → aktive Latenz (Rz 72)
- laufender Verlust der KG (ohne Verlustübernahmeverpflichtung)
  - → passive Latenz (es liegt keine *liability* vor)
- Gewinnvereinnahmung
  - → passive Latenz[67]

Lösung bei der Folgebilanzierung in der IFRS-Bilanz *at equity* (einzelbilanziell letztmalig 2004)

- Abschreibung auf *goodwill* in der StB mit 27, in der IFRS-Bilanz mit 20
  - → passive Latenz
- vorläufig thesaurierter Gewinn der KG
  - → keine Latenz (Differenz fehlt)
- außerplanmäßige Abschreibung auf die Beteiligung in IFRS-Bilanz, nicht in StB
  - → aktive Latenz
- laufender Verlust der KG
  - → keine Latenz (Differenz fehlt)

---

66 Weiterführend Meyer/Bornhofen/Homrighausen, KoR 2005, S. 287.

67 Nach IDW ERS HFA 18 bedarf es einer Feststellung des Jahresabschlusses, also nur phasenverschobene Vereinnahmung in der IFRS-Bilanz möglich (→ § 4 Rz 38). Wie hier Meyer/Bornhofen/Homrighausen, KoR 2005, S. 290.

Lösung bei der Folgebilanzierung in der IFRS-Bilanz *at fair value*
Keine eindeutige Regel möglich. Eine Steuerlatenz errechnet sich zu jedem Bilanzstichtag aus dem Unterschiedsbetrag (*difference*) zwischen IFRS-*fair-value* und anteiligem steuerlichem Eigenkapital (ohne *inside basis differences*, (Rz 64)) der Tochter-KG (vgl. Beispiel in Rz 86).

89 Die **Ergänzungsbilanz** (Rz 25) (zu den Sonderbilanzen vgl. Rz 95) bildet systematisch die Neubewertung einschließlich *goodwill*-Ermittlung im Rahmen der Erstkonsolidierung (→ § 31 Rz 12ff. für die Vollkonsolidierung bzw. → § 33 Rz 51ff. für die *equity*-Konsoliderung) ab. Inhaltlich entspricht (Rz 71) die Ergänzungsbilanz der IFRS-Bilanz II (ohne die dortige Steuerlatenz aus *inside basis differences*). Gleichwohl kann es im Rahmen der Folgenkonsolidierung zu *inside basis differences* kommen.

Beispiel
Der Mehrwert von 400 (Beispiel in Rz 88) ist in der Steuerbilanz auf 15 Jahre mit jährlich 27 abzuschreiben. In der IFRS-Bilanz der KG erfolgt keine Abschreibung. Die im Zugangsjahr bei der Tochter-Personengesellschaft zu passivierende Steuerlatenz (bei der KG) beträgt bei einem Steuersatz von 14 % für die Gewerbesteuer 56. Die Steuerlatenz ist jährlich mit 3,7 zugunsten des Steueraufwandes der KG aufzulösen.
Bei der Mutter-Kapitalgesellschaft ist derselbe Latenz-Effekt mit einem Steuersatz von 16 % für die Körperschaftsteuer (Rz 78) zu belegen.

90 Die **Veränderung** der **Anteilsquote** einer Kapital- an einer Personengesellschaft kann bei der erstgenannten (Mutter-)Gesellschaft zur Änderung eines Steuerlatenzpostens aus dem Körperschaftsteuerbereich führen. Die Gewerbesteuer bleibt dabei wegen der insoweit bestehenden Steuerrechtssubjektivität der Personengesellschaft unberührt. Die Körperschaftsteuerbelastung aus laufenden und latenten Steuern geht mit der Beteiligungsquote der Muttergesellschaft in ihren Einzel- und in den Konzernabschluss ein.
Die Berücksichtigung der persönlichen Steuerverhältnisse der **Minderheitsbeteiligten** an der Personengesellschaft können im Konzernabschluss der beherrschenden Mutter-Kapitalgesellschaft nicht berücksichtigt werden. Die wirtschaftliche Einheit des Konzerns ist davon nicht betroffen.

91 Für den Körperschaftsteueranteil an den Latenzen ergeben sich daraus im Falle der Änderung der Beteiligungsquote durch Kauf oder Verkauf von Teilanteilen an der Personengesellschaft ohne Kontrollverlust (→ § 31 Rz 57) Bewertungsänderungen: z.B. ist die bisher zu 60 % bewertete Steuerlatenz auf 80 % zu erhöhen oder auf 55 % zu reduzieren.
Dann stellt sich die Frage,[68] ob diese Veränderung
- die Auf- oder Abstockung der Beteiligung sozusagen begleitet, also als **Teil**bestandteil des Vorgangs bei der Erstkonsolidierung **erfolgsneutral** oder
- als **Folge**effekt des Vorgangs **erfolgswirksam**

zu erfassen ist.

68 Vgl. hierzu Freiberg, PiR 2008, S. 380.

Eine spezifische Lösung findet sich weder in IAS 26 noch in IFRS 3 (→ § 31). Deshalb ist auf einen **Analogie**schluss zurückzugreifen. 92

- Nach IAS 12.66 (Rz 64) sind die bei der Erstkonsolidierung entstehenden Latenzen **erfolgsneutral** als Zugang zu buchen. Allerdings wird die Bewertungsänderung der Steuerlatenzen durch die Buchwertauf- oder -abstockung und nicht durch den Erwerb von Vermögensgegenständen und Schulden ausgelöst.
- Nach IAS 12.67 (Rz 65) kann sich die bisherige Bewertung von **aktiven** Latenzen wegen „gekaufter Gewinne" verändern mit der Folge einer **ergebniswirksamen** Behandlung des Unterschiedsbetrages. Allerdings „passt" die Beschränkung auf die Aktivseite nicht zur alternativen Situation der Auf- **und** Abstockung.

Beide Analogieschlüsse „hinken" also, ein anderer ist im Standardgeflecht nicht auszumachen. Beide Lösungen sind vertretbar mit der Folge eines **faktischen** Wahlrechtes.

3.3.3 Mutter und Tochter Personengesellschaft

In **mehrstöckigen** Personengesellschaftsstrukturen entfällt auf der oberen Konzernebene die vom Tochterunternehmen induzierte Steuerlatenzrechnung „mangels Masse" (kein Steuersubstrat aus der Beteiligung nach § 9 Nr. 2 bzw. § 8 Nr. 8 GewStG). Erst wenn in der Beteiligungskette nach oben eine Kapitalgesellschaft erscheint, wird aus der unteren Beteiligungsebene (von Personengesellschaften) u. U. eine Steuerlatenzrechnung „hinaufgereicht" und wirkt sich dort (nur) bei der Körperschaftsteuer aus (Rz 78). 93

4 Sonderfälle

4.1 Einzelabschluss der Personengesellschaft

Bei deutschen Personengesellschaften mit IFRS-Einzelabschluss bezieht sich die Steuerlatenzrechnung[69] nach Maßgabe des Kriteriums der Steuerschuldnerschaft nur auf die **Gewerbesteuer** (Rz 77). Der effektive **Steuersatz** schwankt nach Maßgabe der Hebesätze und der Zuordnung von Arbeitslöhnen auf die hebeberechtigte Gemeinde (Zerlegung). Eine eher großzügig ausgestaltete **Durchschnittsrechnung** zur Ermittlung des anzuwendenden Steuersatzes erscheint angebracht (Rz 120ff.). Der Progressionseffekt durch § 11 Abs. 1 S. 2 Nr. 1 GewStGim Gefolge des Freibetrages kann u.E. aus Wesentlichkeitsgesichtspunkten (→ § 1 Rz 61ff.) vernachlässigt werden.[70] Im IFRS-**Konzernabschluss** einer Personengesellschaft mit Beteiligungen an Kapitalgesellschaften ist neben der Gewerbe- auch die (in- oder ausländische) Körperschaftsteuer zu berücksichtigen. 94

Die **zwischenbetriebliche** Vergleichbarkeit mit Kapitalgesellschaften ist mangels körperschaftsteuerlicher Rechtssubjektivität der Personengesellschaft nicht gegeben. Die Einbeziehung einer **fiktiven** Körperschaftsteuerbelastung in das

[69] Vgl. zum Thema auch KIRSCH, Einführung in die internationale Rechnungslegung nach IAS/IFRS, 2003, S. 188.

[70] A. A. möglicherweise KIRSCH, DStR 2002, S. 1875. Wie hier ERNSTING/LOITZ, DB 2004, S. 1055.

IFRS-Rechenwerk soll diesem Mangel abhelfen.[71] U. E. kann dieses Problem nur unter umfassender Berücksichtigung der gesellschaftsrechtlichen Struktur und deren Abbildung im Abschluss gefunden werden. Wir befürworten eine Zusatzangabe in der Überleitungsrechnung (Rz 140).

95 Eine Besonderheit der Besteuerung mitunternehmerischer Personengesellschaften stellt das Institut des positiven oder negativen **Sonderbetriebsvermögens** dar, insbesondere

- Vermögenswerte im Eigentum des Gesellschafters, genutzt von der Gesellschaft,
- Verbindlichkeiten des Gesellschafters zur Finanzierung des Erwerbs der Beteiligung.

IAS 12 befasst sich nicht mit dieser Besonderheit der deutschen **Mitunternehmensbesteuerung.** Deshalb ist nach allgemeinen Kriterien Ausschau zu halten. Ein solches könnte in IAS 8.11 ff. (→ § 1 Rz 74 ff.) gesehen werden. Danach wäre die Steuerlatenzrechnung unter Einbeziehung des **Sonderbetriebsvermögens** vorzunehmen,[72] also auf der Grundlage des deutschen Steuersystems, verstanden als **anderer** Standardsetter. Dagegen spricht die Konzeption der Steuerlatenzrechnung in IAS 12, die auf dem **Vergleich der Buchwerte** in der IFRS-Bilanz und der Steuerbilanz beruht (Rz 41). Wenn aber hierzu **kein Buchwert** (in der IFRS-Bilanz der Personengesellschaft) – das Sonderbetriebsvermögen ist per definitionem gerade kein Gesellschaftsvermögen – vorliegt, kann auch kein Unterschiedsbetrag ermittelt werden.[73] Es besteht folglich keine systematische Basis für die Latenzrechnung. Die Effekte des Sonderbetriebsvermögens auf den ausgewiesenen Steueraufwand der Personengesellschaft sind dann im Rahmen der **Überleitungsrechnung** (Rz 140) zu berücksichtigen.[74]

Eine *tax base* des Sonderbetriebsvermögens besteht allerdings dann, wenn dieses **seinerseits** in einer IFRS-Bilanz geführt wird (z. B. Mutter-Personen- oder -Kapitalgesellschaft). Dann liegt eine *„mixed" tax base* vor, die zur gesplitteten Latenzrechnung (Rz 78) führt.

Die Latenzierung von Sonderbilanzen scheidet im Übrigen meist schon aus **Praktikabilitäts**gründen aus.

4.2 Gruppenbesteuerungssysteme

4.2.1 Überblick über die Organisationsstrukturen

96 Die nationalen Steuersysteme versuchen auf unterschiedliche Weise eine Vermeidung einer doppelten oder mehrfachen Belastung **eines** ökonomischen Gewinnes im Zuge von Gewinntransfers innerhalb des Konzerns und dann weiter an die Anteilseigner. Beispiele sind das in Deutschland aufgegebene Anrechnungs- oder das gültige Teileinkünfteverfahren. Gleichwohl verbleibt die latente Gefahr einer mehrfachen Besteuerung **eines** wirtschaftlich verstandenen Ge-

---

71 Befürwortet von DAHLKE/EITZEN, VON, DB 2003, S. 2237, S. 2239; LIENAU, Bilanzierung latenter Steuern im Konzernabschluss nach IFRS 2006, S. 237.

72 So möglicherweise KIRSCH, DStR 2003, S. 1875, S. 1877; vermutlich auch THIELE/ECKERT, in: THIELE/VON KEITZ/BRÜCKS, Internationales Bilanzrecht, IAS 12, Tz 283.

73 So RING, FR 2003, S. 1054; a. A. ohne Begründung ERNSTING/LOITZ, DB 2004, S. 1060.

74 So auch HEUSER/THEILE, IAS/IFRS-Handbuch, 4. Aufl., 2009, Tz 2661; SCHULZ-DANSO, in: BECK'sches IFRS-Handbuch, 3. Aufl., 2009, § 25, Tz 86.

winns innerhalb eines Konzerns. Der systematische Grund liegt in der Rechtssubjektivität der einzelnen Konzerngesellschaften für Zwecke der Ertragsbesteuerung, die dem einheitlichen und wirtschaftlichen Gebilde „Konzern“ widerspricht.

Diesem Problem wollen sog. **Gruppenbesteuerungssysteme** zu Leibe rücken, die wir in Deutschland in langer Tradition in Form einer sog. **Organschaft** kennen. Im europäischen Bereich sind u.a. in folgenden Ländern Gruppenbesteuerungssysteme gesetzlich eingerichtet und wie folgt strukturiert:[75]

Voraussetzungen	Dänemark	Italien	Frankreich	Österreich	Deutschland
Beteiligungsquote	50 %	> 50 %	50 % (international)	> 50 %	> 50 %
EAV	nein	nein	nein	nein	ja
Gruppenvertrag	Steuerausgleich	nein	nein	Steuerausgleich	nein
Mindestdauer	keine	5 Jahre, danach 3	5 Jahre	3 Jahre	5 Jahre
Verlustausgleich Ausland	ja	ja	ja	ja	nein

Für Zwecke der Steuerlatenzrechnung sind folgende **Struktur**merkmale der Gruppenbesteuerungssysteme von besonderem Interesse: 97

- Ausschließliche **Zurechnung** zum **Gruppenträger** (GT) oder **Verteilung** des gesamten steuerlichen Ergebnisses nach bestimmten Schlüsseln auf die **Gruppengesellschaften** (Steuerumlage) (Rz 100).
- Behandlung bestehender **Verlustvorträge** beim **Eintritt** in die Gruppe (Rz 102).
- **Abwicklung** der temporären Differenzen in- und außerhalb des Gruppenbesteuerungszeit**raumes** (Rz 101).
- Möglichkeit der Verlustübernahme von **ausländischen** Gruppenunternehmen (Rz 98).

4.2.2 Transnationale Verlustzurechnung

Der letztgenannte Aspekt ist von besonderer fiskalischer Brisanz, da kein nationaler Fiskus „bestrebt“ ist, im **Ausland** angefallene Verluste zur Minderung des inländischen Steueraufkommens anzuerkennen. Andererseits können gegen eine Abschottung ausländischer Verluste von der inländischen Steuerbemessungsgrundlage europarechtliche Bedenken bestehen, wenn nämlich die Verlustübernahme aus nationalen Gruppenmitgliedern möglich, aus ausländischen Gruppengesellschaften in der EU dagegen unzulässig ist. Dieses Thema ist vom EuGH im Fall Marks & Spencer beurteilt worden.[76] Aus diesem EuGH-Urteil folgt generell für die „Verlustübernahme“ von ausländischen Kapitalgesellschaften auf inländische Muttergesellschaften Folgendes: 98

[75] Vgl. Kessler, in: Wiesner/Kirchmayr/Mayr, Gruppenbesteuerung, 2. Aufl., 2008. Wegen der Voraussetzungen zur Einrichtung einer solchen Gruppenbesteuerung und Ausprägung im Einzelnen wird verwiesen auf Hirschler/Schindler, IStR 2006, S. 505.

[76] EuGH, Urteil v. 13.12.2005, C-446/03, IStR 2006, S. 19.

- **Primär** müssen die von den ausländischen Tochtergesellschaften eines Konzerns ermittelten Verluste bei **diesen** Rechtsträgern selbst steuerlich geltend gemacht werden.
- Nur wenn die ausländische Tochtergesellschaft im Sitzstaat alle Möglichkeiten einer Berücksichtigung von Verlusten **ausgeschöpft** hat und dort keine Möglichkeit einer Verlustverrechnung in irgendeiner Form besteht, ist die Muttergesellschaft zur „Übernahme" der ausländischen Verluste in die eigene Bemessungsgrundlage berechtigt.

Die anschließende Frage geht nach der Definition von solchen Möglichkeiten oder Nichtmöglichkeiten der Verlustnutzungen dieser ausländischen Gesellschaft in deren Jurisdiktionsbereich. Im „Normalfall" **scheidet** eine Verlustübernahme von ausländischen Tochtergesellschaften **aus. Ausnahmen** können in folgender Konstellation in Betracht kommen:[77]

- Im Staat der Tochtergesellschaft erfolgt überhaupt **keine** Unternehmensbesteuerung – besteuert wird nur die Ausschüttung –, weshalb auch eine Verlustberücksichtigung entfällt (Beispiel Estland).
- Die Verlustvortragsmöglichkeit ist **zeitlich** beschränkt.[78]
- Die ausländische Gruppengesellschaft wird **liquidiert**.
- Die ausländische Gruppengesellschaft wird auf einen **anderen** Rechtsträger **verschmolzen** oder **verkauft** mit der Folge eines zwingenden oder möglichen Untergangs des Verlustvortrages, vergleichbar § 12 Abs. 3 S. 2 UmwStG oder § 8 Abs. 4 KStG.

Daraus folgt für die Zwecke der Steuerlatenzrechnung im **Einzel**abschluss:

- Verlustvorträge können nur zu einer aktiven Steuerlatenz (Rz 51) beim **verlusterzielenden** Tochterunternehmen führen, solange dessen Ergebnis nicht in die Bemessungsgrundlage der (ausländischen) Muttergesellschaft übergeht. Dies entspricht der nationalen Rechtslage, weil in diesen Fällen ohnehin die aktive Steuerlatenz aus Verlustvorträgen ausgebucht werden muss.
- Wenn (in Ausnahmefällen s. o.) ein Verlustübergang auf die Gruppenträgerin möglich ist, kann die Steuerlatenz aus dem Verlustvortrag der Tochtergesellschaft bei der **Mutter**gesellschaft **eingebucht** werden.
- Die Aus- und Einbuchung hat mit dem jeweiligen **nationalen** Steuer**satz** zu erfolgen mit der in Rz 115 dargestellten Folge.

99 Unabhängig von der **europarechtlich** vorgegebenen „ultimativen" transnationalen Verlustübertragung im Konzernsteuerbereich besteht in vier der unter Rz 96 aufgeführten EU-Mitgliedstaaten nach **nationaler Gesetzesvorgabe** die Möglichkeit eines Verlusttransfers von ausländischen Tochterunternehmen eines Konzerns in die Bemessungsgrundlage der inländischen Konzernmutter. Dazu dienen spezifische **Gruppenbesteuerungssysteme** in unterschiedlicher Ausprägung. In **Dänemark** kann der im Ausland erzielte Verlust **unabhängig** von der **Beteiligungsquote** in vollem Umfang verrechnet werden, in den drei anderen Staaten nur pro rata. Im **österreichischen** Gruppenbesteuerungssystem führen **spätere** Gewinne der ausländischen Gruppengesellschaft zu einer **Nach**versteuerung beim sogenannten Gruppenträger, auf den die steuerlichen Ergebnisse ausschließlich zugerechnet werden.

---

77 SCHEUNEMANN, IStR 2006, S. 145.

78 Vgl. hierzu die Auflistung für den EU-Bereich bei SCHEUNEMANN, IStR 2006, S. 148.

Im Zusammenspiel von tatsächlichem Steueraufwand und demjenigen aus der Steuerlatenzrechnung ergibt sich in diesen Fällen eine **besondere Konstellation**, die systematisch auf einer zwischenstaatlich nicht abgestimmten Zuordnung der Steuerbemessungsgrundlage begründet ist:

- Der Verlust einer (angenommen) deutschen Tochter-Kapitalgesellschaft bleibt der **deutschen** „Steuerhoheit" als Vortragspotenzial erhalten.
- Der (gleiche) Verlust – identische Gewinnermittlung unterstellt – wird in die Bemessungsgrundlage der angenommenen **österreichischen** „Gruppe" übernommen (Rz 100).

Danach folgt für den IFRS-**Einzel**abschluss der

- deutschen Gruppen-Tochtergesellschaft mit (nationalem) Verlustvortrag: Aktivierung einer Steuerlatenz (bei Vorliegen der spezifischen Voraussetzungen, Rz 51),
- österreichischen Gruppenträgerin: Minderung des laufenden (nationalen) Steueraufwandes.

Im IFRS-**Konzern**abschluss der österreichischen Gruppenträgerin ist dieser Effekt zu **konsolidieren**. Aus der Einheitsperspektive (→ § 32 Rz 112) besteht kein Verlustvortrag der deutschen Tochtergesellschaft, also muss im Rahmen der Konsolidierungsbuchungen die darauf gebildete aktive Steuerlatenz storniert werden. Genau umgekehrt ist bei einem späteren Gewinn der deutschen Tochtergesellschaft vorzugehen, der beim österreichischen Gruppenträger zu einer Nachversteuerung führt.

Zum Bilanzansatz für mögliche künftige **Nachversteuerungen** von Gewinnen (z. B.) deutscher Tochtergesellschaften beim Gruppenträger vgl. Rz 117.

4.2.3 Ergebniszurechnung innerhalb der Gruppe

Weiter stellt sich für die Steuerlatenzrechnung die Frage nach der **ergebnismäßigen Zuordnung** des in der Gruppe **insgesamt** erzielten Ergebnisses auf die einzelnen Gruppengesellschaften. In der steuerlichen **Organschaft** nach deutschem Recht werden die Ergebnisse der Organschaften der (obersten) Gruppen**trägerin** zugerechnet. Dann müsste konsequent die Steuerlatenzrechnung auch auf deren Einzelabschluss ausgerichtet werden. Das Ergebnis dieser Anknüpfung an das nationale Steuerrecht erscheint wenig sachgerecht. 100

Eher bietet sich ein Analogieschluss auf der Grundlage von IAS 8.10ff. (→ § 1 Rz 74) nach Maßgabe von SFAS 109.40 (US-GAAP) an.[79] Danach ist das gruppenweit erzielte Ergebnis den einzelnen Gruppenunternehmen nach einer wirtschaftlich vernünftigen **Schlüsselung** zuzuordnen. Diese Anweisung entspricht in großen Zügen der in **Deutschland** üblichen Vorgehensweise bei der Körperschaft- und Gewerbesteuer**umlage** im Organschaftskonzern. Dabei sind für Zwecke der IFRS-Rechnungslegung sowohl die *stand-alone*-Methode als auch die Verteilungsmethode zulässig[80]. Im **österreichischen** Gruppenbesteuerungssystem wird vergleichbar vorgegangen mit der Folge einer Bilanzierung der Steuerlatenzen bei den einzelnen Gruppenunternehmen. Diese Umlage „ersetzt" den nach österreichischem Gruppenbesteuerungssystem nicht erforderlichen

79 So auch LIENAU, Bilanzierung latenter Steuern im Konzernabschluss nach IFRS, 2006, S. 227.

80 Zur gesellschaftsrechtlichen Zulässigkeit nur der Verteilungsmethode vgl. BGH, Urteil v. 1.3.1999, II ZR 312/97, DStR 1999.

Gewinnabführungsvertrag, der nach deutschem Organschaftsrecht unverändert zur Durchführung der Gruppenbesteuerung erforderlich ist.
In diesen Fällen einer Steuerumlage auf Gruppenunternehmen unabhängig von der rechtlich bestehenden Steuersubjektivität kann u. E. die Steuerlatenzrechnung im IFRS-Einzelabschluss des jeweiligen Gruppenmitglieds angesiedelt werden.

4.2.4 Zeitliche Abwicklung der temporären Differenzen

101 Einen weiteren Problembereich stellt die Frage nach dem **zeitlichen** Abspiel der Begründung bzw. Entstehung von temporären Differenzen und deren Umkehr **innerhalb** der **Gruppenbesteuerungsperiode** oder **außerhalb** dar. Nach deutschem Körperschaftsteuerrecht spricht man von **vor**- und **nach**organschaftlichen Ergebnissen und solchen **innerhalb** der Organperiode.[81] U. E. kommt diesem Problem der zeitlichen Zuordnung der Differenzumkehr dann keine Bedeutung zu, wenn nach dem vorigen Vorschlag (Rz 100) das einzelne Gruppenunternehmen in eine *stand-alone*-Situation für Zwecke der Ergebniszuordnung gebracht wird. Sie wird dann bez. des Steueraufwandes so behandelt, als ob sie nicht der Gruppe angehört, weshalb dann nach Beendigung der Gruppenbesteuerung die temporären Differenzen unverändert weitergeführt werden können.

4.2.5 Behandlung von Verlustvorträgen bei Eintritt in die Gruppe

102 Unterschiedliche Regeln bestehen in den unter Rz 96 aufgeführten EU-Staaten zur Behandlung der beim Eintritt in die Besteuerungsgruppe vorhandenen Verlustvorträge der betreffenden Gesellschaft. Nach **deutschem** Recht spricht man von **„vororganschaftlichen** Verlusten". Diese können während des Bestehens der Organschaftsstruktur nicht verwertet werden, bleiben allerdings bei dem betreffenden Gruppenunternehmen (Organgesellschaft) erhalten. Aus der Perspektive von dessen Einzelabschluss ist im Zeitpunkt des Eintretens die **Werthaltigkeit** des Verlustvortrages nicht mehr gegeben. Eine darauf gebildete aktive Steuerlatenz ist ergebniswirksam auszubuchen. Steuergestalterisch besteht deshalb ein Interesse, eine „verlusttragende" Gesellschaft als Gruppenträgerin zu installieren, weil deren Verluste nicht von der Neutralisierungswirkung der Organschaft betroffen sind. Dadurch kann eine zuvor verlorene Werthaltigkeit eines Verlustvortrages bei der Organträgerin durch Eintritt eines gewinnträchtigen Tochterunternehmens in die Gruppe wieder an Werthaltigkeit gewinnen. Das gilt im Übrigen unabhängig vom Gruppenbesteuerungsstatut (→ § 32 Rz 180).
Das **österreichische** und das **dänische** Gruppenbesteuerungssystem regeln die „Vorgruppenverluste" anders als das deutsche Organschaftsrecht: Diese Verluste sind zuvörderst mit späteren – nach Eintreten in die Gruppe – anfallenden Gewinnen zu verrechnen (vergleichbar der Regelung im früheren gewerbesteuerlichen Organschaftsrecht in Deutschland). In diesen Fällen sind die bei Eintritt in die Gruppenbesteuerung gegebenenfalls vorhandenen Steuerlatenzen im IFRS-Einzelabschluss dieser Gesellschaft unverändert weiterzuführen.

---

81 Zur Unterscheidung von vier möglichen „Umkehr-Perioden" für die temporären Differenzen vgl. LIENAU, Bilanzierung latenter Steuern im Konzernabschluss nach IFRS, 2006, S. 225.

4.2.6 Aufdeckung von Firmenwerten bei Begründung der Gruppe

Nach österreichischem Recht ist der für den Erwerb einer Kapitalgesellschaft gezahlte Kaufpreis über die Gruppenbesteuerung z.T. in einen steuerlich abschreibbaren Firmenwert transformierbar. Zu den Folgen für die Latenzrechnung wird auf Rz 47 verwiesen. 103

4.2.7 Speziell deutsche Organschaft

Die Steuerlatenzrechnung im Falle einer ertragsteuerlichen Organschaft nach §§ 14ff. KStG und § 2 Abs. 2 GewStG wirft bez. der Steuerlatenzrechnung insbesondere folgende Fragen auf: 104

- Sind die Steuerlatenzen beim Organ**träger** oder der Organ**gesellschaft** anzusetzen?
- Wie hat die **Bewertung** der Latenzen zu erfolgen?
- Wie ist beim **Ein-** und **Austritt** in und bei **Beginn** und **Beendigung** der Organschaft zu verfahren?
- Wie sind Konzernsteuer**umlagen** zu behandeln?

Die wesentlichen **Strukturmerkmale** einer ertragsteuerlichen Organschaft sind: 105

- Der Organ**träger** muss unbeschränkt steuerpflichtig im Inland sein; die Rechtsform ist nicht auf die Körperschaften beschränkt, auch eine Personenhandelsgesellschaft kommt als Organträgerin in Frage.
- Umgekehrt muss das Organ eine Kapitalgesellschaft mit unbeschränkter Steuerpflicht im Inland sein.
- Die Organschaft kann **mehrstufig** ausgerichtet sein, d.h., ein Organträger ist dann gleichzeitig Organgesellschaft.
- Gesellschaftsrechtlich ist die **finanzielle** Eingliederung mit der Stimmrechtsmehrheit der Tochter- in die Muttergesellschaft erforderlich, zusätzlich der Abschluss eines **Gewinnabführungs**vertrages mit einer Mindestlaufzeit von fünf Jahren.

Die steuerlichen Folgen für die laufende Besteuerung sind: 106

- Gewerbeertrag und Einkommen der Organgesellschaft werden dem Organträger unbeschadet der dem Grunde nach weiterbestehenden Steuerpflicht der Organgesellschaft zur Versteuerung **zugerechnet**.
- Effektiver **Steuerschuldner** ist im Wesentlichen (Ausnahme Garantiedividende) der Organträger.
- Beim Organträger erfolgt eine Ergebnis**verrechnung** von positiven und negativen Ergebnissen der Organgesellschaften.
- **Vororganschaftliche** Verluste der **Organ**gesellschaft werden während des Bestehens der Organschaft „eingefroren".
- Umgekehrt beim Organ**träger**: Hier bleiben die **vororganschaftlichen** Verluste in der üblichen Form fungibel.

In der **Zeitschiene** sind folgende Stadien zu unterscheiden: 107

- Vororganschaftlicher Zeitraum,
- Organschaftszeitraum,
- Nachorganschaftszeitraum.

Auf die Steuerlatenzrechnung hat diese Rechtskonstruktion folgende Auswirkungen. 108

- Mangels effektiver Steuerschuldnerschaft sind nach h. M. aktive und passive Bilanzansätze auf temporäre **Differenzen** nicht bei der Organgesellschaft, sondern beim Organ**träger** anzusetzen (sog. „**formale** Betrachtungsweise"). Es wird auch in der Minderheit eine „**wirtschaftliche** Betrachtungsweise" vertreten, derzufolge die Latenzierung bei der verursachenden Gesellschaft erfolgen soll.
- **Verluste** in organschaftlicher Zeit wirken sich bei der Organgesellschaft nicht aus, sie werden im Ergebnis des Organträgers **verrechnet** und können bei einem Gesamtverlust aus dem Organbereich beim Organträger unter den weiteren Voraussetzungen latenziert werden.
- Die **Bewertung** der Latenzposten muss mit dem Steuersatz des Organträgers erfolgen, im Falle von Personenhandelsgesellschaften also mit dem Gewerbesteuersatz.

Im Übergang vom Vororganschafts- zum Organschafts**zeitraum** ergeben sich folgende Auswirkungen:

- Die Organgesellschaft verliert ihren effektiven Status als Steuerschuldnerin mit der Folge einer **Auflösung** der Bilanzansätze für temporäre Differenzen und **Übertragung** dieser auf den Organträger.
- Dabei ist eine **Neubewertung** erforderlich, z. B. wegen nicht mehr bestehender oder neu eintretender Wahrscheinlichkeit des Ausgleichs aktiver Latenzen in der Zukunft.
- (Fast) zwingende Auflösung einer aktivierten Steuerlatenz aus **Verlustvorträgen** bei der Organgesellschaft wegen des mindestens fünfjährigen Zeitraumes der fehlenden steuerlichen Nutzungsmöglichkeit; beim Organträger ist dieser Verlustvortrag nicht verwendbar, deshalb keine Übertragung von der Organgesellschaft auf den Organträger.

Die voraussichtliche **Beendigung** der Organschaft führt zu folgenden Effekten.

- Ist ein Ende der Organschaft abzusehen, sind Latenzen wieder bei der **Organ**gesellschaft als „eigene" zu bilden, sofern die Umkehr der temporären Differenzen im nachorganschaftlichen Zeitraum zu erwarten ist.
- Deren **Bewertung** richtet sich nach dem künftigen Steuersatz der Organgesellschaft.
- Wird eine **Verlustverrechnungsmöglichkeit** der Organgesellschaft im nachorganschaftlichen Zeitraum (wieder) wahrscheinlich, ist eine entsprechende Latenzierung vorzunehmen.

109 Die aus betriebswirtschaftlichen Erwägungen bez. des Einblicks in die Ertragslage der Organgesellschaften für sinnvoll erachteten und häufig praktizierten **Steuerumlagen** (für Körperschaft- und Gewerbesteuer) mindern den ausgewiesenen Abführungsbetrag. Hieraus folgt:

- Bei der Organgesellschaft erscheinen in der **GuV**-Rechnung Steuern vom Einkommen und Ertrag.
- Entsprechend sind latente Steuern auf temporäre Differenzen der **Organ**gesellschaft bei dieser im Steueraufwand auszuweisen.
- In der Bilanz sind die entsprechenden Schulden oder **Forderungen** auszuweisen, im kurzfristigen Bereich z. B. als „Forderungen/Verbindlichkeiten aus der Umlage tatsächlicher Steuern", im langfristigen z. B. als „Umlage latente Steuern".

- Beim Organträger erscheinen die Steuerumlagen als **negativer Steueraufwand**.

Die Latenzierung temporärer Differenzen bei der Organgesellschaft erscheint im Abschluss des Organträgers nicht.

Aus **Praktikabilitätsgründen** werden im Einzelabschluss der Organgesellschaft 110
häufig auch ohne das Vorliegen von Steuerumlageverträgen latente Steuern auf temporäre Differenzen gezeigt, auch wenn eine Umkehr im nachorganschaftlichen Zeitraum nicht zu erwarten ist. Die Bewertung erfolgt dabei mit dem Steuersatz des Organträgers.

Diese Handhabung ist arbeitsökonomisch bedingt, weil bei der Organgesellschaft die erforderlichen Daten vorliegen und nicht eigens in das Rechenwerk des Organträgers transferiert werden müssen. Eine Rechtfertigung für diese nicht der Gesetzeslage entsprechende Handhabung liegt in der geringen Relevanz des IFRS-Einzelabschlusses der Organgesellschaft.

4.3 Besonderheiten der transparenten Besteuerung

4.3.1 Grundlagen, Anwendungsbereiche

Unter transparenter Besteuerung versteht man im internationalen Steuerjargon 111
eine Besteuerungssituation, bei der ein Unternehmen selbst mit seinen Gewinnen nicht der Ertragsbesteuerung unterliegt, sondern die dort entstandenen Besteuerungsmerkmale an ein übergeordnetes Steuersubjekt in dessen Bemessungsgrundlage eingeht. Den typischen Anwendungsbereich nach deutschem Recht stellt die Personenhandelsgesellschaft dar, deren Gewinne (auch negative) **festgestellt** werden, um sie dann den Anteilseignern „hinaufzureichen". Das kann sich über mehrere Stufen hinweg vollziehen (sog. doppelstöckige Personengesellschaft). Am Ende der Beteiligungskette nach oben wird dann das Steuersubstrat aus der untergeordneten Personenhandelsgesellschaft (bzw. auf der untersten nachgelagerten Einheit) den „obersten" Gesellschaftern zugerechnet, z.B. einer Kapitalgesellschaft oder aber natürlichen Personen.

Die Steuertransparenz der Personenhandelsgesellschaft gilt allerdings nicht für die **Gewerbesteuer**, da die Personenhandelsgesellschaft als eigenständiges Gewerbesteuersubjekt gilt. Im Rahmen der Kommentierungen zu den *inside* und *outside basis differences* in Rz 75ff. ist diese Besteuerungssituation bereits angesprochen worden.

Transparent besteuert werden auch Anteile an **Investmentgesellschaften** auf der Grundlage des Investmentsteuergesetzes (InvStG). Dort ist allerdings die Situation einfacher, weil die Gewerbesteuer nicht als Störfaktor auftaucht. Der Fonds selbst unterliegt nicht der Gewerbesteuer. Wenn also die Fondsanteile in einem gewerblichen Betriebsvermögen, z.B. einer Kapitalgesellschaft, liegen, ist mit gewissen hier nicht darzustellenden Einschränkungen der anteilige Gewinn der Investmentgesellschaft den Inhabern der Fondsanteile zuzurechnen.

Steuersystematisch sind folgende Beteiligungskonstellationen in den beiden genannten Bereichen transparenter Besteuerung zu unterscheiden:

- Der Investmentfonds selbst ist nicht Steuersubjekt, bei ihm stellt sich deshalb das Thema der Steuerlatenzierung nicht.

- Die untergeordnete Personenhandelsgesellschaft unterliegt nur der Gewerbesteuer mit der Folge einer entsprechenden Beschränkung der Steuerlatenzierung.
- Die Ober-Personengesellschaft ist zwar ihrerseits gewerbesteuerpflichtig, aber nicht für den hier zuzurechnenden Gewerbeertrag der Unter-Personengesellschaft. Eine natürliche Person an der Spitze der Beteiligungskette unterliegt nicht der Steuerlatenzierung, da die Einkommensteuer nicht als Unternehmenssteuer gilt.
- Umgekehrt verhält es sich bei einer übergeordneten Kapitalgesellschaft, die mit rund 16 % in die Steuerlatenzierung einzubeziehen ist.

4.3.2 Investmentfonds

112 Aus der unter Rz 111 dargestellten transparenten Besteuerung folgt für die Latenzierung von Anteilen an Investmentgesellschaften:

- Die Transparenz der Besteuerung führt im Rahmen des Teileinkünfteverfahrens zu einer permanenten Differenz, soweit der potenzielle Ertrag aus dem Anteil aus Dividenden von Kapitalgesellschaften im In- und Ausland gespeist wird.
- Anders verhält es sich für die übrigen Ertragsquellen des Anteils, also insbesondere Zinsen oder Mieteinkünfte. Diese sind bei der Inhaberin des Fondsanteils (z.B. einer Kapitalgesellschaft) „normal" zu besteuern.

Dazu folgendes Beispiel:[82]

Beispiel

Die A-GmbH kauft am 1.1.01 einen Investmentanteil (Nebenkosten = Ausgabeaufschlag vernachlässigt) zu	100
Der (anteilige) Fondsinhalt bezieht sich zu diesem Zeitpunkt auf	
– Aktien zu	50
– Anleihen zu	50
– Am 31.12.01 beträgt das Wertverhältnis	
– Aktien	0
– Anleihen	100

Wie ist die Latenzierung bei der A-GmbH vorzunehmen?

Lösung

- Bezüglich der Aktien liegt eine nicht latenzierbare permanente Differenz vor.
- Im Zugangszeitpunkt ist (nur die Anleihen betreffend) kein Buchwertunterschied zwischen IFRS und StB gegeben.
- Am 31.12.01 stellt sich die Latenzierungsgrundlage wie folgt dar:

– IFRS-Buchwert des Investmentanteils	100
– StB-Wert, soweit steuerbelastungsrelevant, also nur Anleihenanteil	50

[82] Nach Hoffmann, PiR 2010, S. 30.

- Passiv zu latenzieren ist die Differenz aus der Höherbewertung der Anleihen um 50 mit einem kombinierten Steuersatz von ca. 30 %.
- Der Wertverlust des Aktienanteils ist wegen der permanenten Differenz nicht in die Latenzierung einzubeziehen.
- Ökonomisch lässt sich die Passivlatenz wie folgt erklären: Bei der zu unterstellenden Veräußerung des Investmentanteils entsteht in der Stichtagsperspektive kein Gewinn/Verlust in der IFRS-Bilanz, wohl aber ein steuerwirksamer Veräußerungsgewinn von 50, da die Wertsteigerung des Anleiheanteils noch unversteuert ist. Keine Kompensation liefert der Wertverlust aus dem Aktienanteil wegen der permanenten Differenz (jetzt in Auswirkung von § 8b Abs. 3 Satz 3 KStG).

4.3.3 Mitunternehmerische Personengesellschaft

Im Rahmen der üblicherweise angewandten Spiegelbildmethode (Rz 76) kann die transparente Besteuerung ebenfalls zur Beachtung permanenter Differenzen zwingen. **113**

Dazu folgendes Beispiel auf der Datengrundlage des Beispiels unter Rz 112:

Beispiel

Eine GmbH & Co. KG hat ein Eigenkapital von 100, das der Finanzierung von Aktien und Anleihen im Wert von jeweils 50 dient. Der dauerhafte Wertverlust des Aktienanteils im Jahr 01 erfordert eine Teilwertabschreibung zum 31.12.01 von 50. Die Werterhöhung bei den Anleihen um 50 erlaubt wegen der Deckelung auf die Anschaffungskosten keine entsprechende Zuschreibung.

Die Auswirkungen der transparenten Besteuerung und damit des Teileinkünfteverfahrens auf die Steuerlatenzierung einer Personenhandelsgesellschaft lassen sich anhand der Datenkonstellation im Beispiel unter Rz 112 veranschaulichen.

Beispiel

IFRS-Buchwert 31.12.01		100
tax base	0	50
– Aktien	50	
– Anleihen		
Unterschiedsbetrag („Buchwertunterschied“)		50

Die daraus entstehende Passivlatenz für den Anleihenanteil erklärt sich ökonomisch genauso wie im obigen Beispiel zum Investmentanteil.

Die Latenzierung bezieht sich dabei auf **zwei** verschiedene **Besteuerungsebenen:**[83]

[83] Vgl. z.B. Ernsting Loitz, DB 2004, S. 1055.

- mit einem Steuersatz von ca. 14 % auf die Personenhandelsgesellschaft,
- mit einem Steuersatz von ca. 16 % auf die Mutter-Kapitalgesellschaft.

Für die Latenzierung von Personengesellschaftsanteilen ergibt sich aus dem vorstehenden Beispiel das Erfordernis, etwa vorhandene Buchwertunterschiede auf das Vorhandensein von permanenten Unterschieden hin zu analysieren. In Höhe der permanenten Differenz ist eine Berechnungskorrektur einzufügen, die allerdings bei geringem Aktienbesitz im Hinblick auf den *cost-benefit*-Gedanken (→ § 1 Rz 65) im Einzelfall auch wieder unterbleiben kann.

4.4 Sonstiges

114 Es wird zu **Sonderfällen** der Steuerlatenzrechnung verwiesen auf die Kommentierung betreffend die

- Zwischenberichterstattung (→ § 37 Rz 32)
- Währungsumrechnung (→ § 27 Rz 77f.)
- Konsolidierungsvorgänge im Konzernabschluss (→ § 32 Rz 174ff.)
- Anteile an assoziierten Unternehmen (→ § 33 Rz 116).
- Investitionszuschüsse (→ § 12 Rz 25 und 40).

5 Bewertung

5.1 Anzuwendende Steuersätze

115 Die Bewertung der **aktuellen** (*current*) Steuererstattungsansprüche und Steuerverbindlichkeiten (Rz 3) ist mit dem erwarteten Erstattungsbetrag (IAS 12.46) auf der Basis der **Steuersätze** nach den **gültigen Gesetzen** oder der mit Sicherheit zu erwartenden (*„substantive enactment“*) Gesetzeslage vorzunehmen (IAS 12.48). Nach den Erläuterungen in IAS 12.48 kommt eine „verbindliche“ Gesetzesankündigung einer tatsächlichen Inkraftsetzung gleich.

Der Board will sich der Deutungshoheit über die Interpretation der Verbindlichkeit einer Gesetzesankündigung nicht begeben und lehnt deren „Abgabe“ an die nationalen Standardsetter ausdrücklich ab (IASB *update* Juli 2008). U. E. ist dadurch keine optimale **Arbeitsteilung** zwischen IASB/IFRIC einerseits und den nationalen Standardsettern gewährleistet. Die Umsetzung einer prinzipienorientierten Regel wie das *„substantive enactment“* in die nationale Rechtsstruktur von 100 oder mehr Staaten kann länderübergreifend nicht gelingen. Als Beispiel: Die Vorgaben zur Bilanzierung von Spezialitäten der betrieblichen Altersversorgung kann nur der DRSC auf der Grundlage von IAS 19 sinnvoll interpretieren. Die Abgabe des spezifischen Problems an den IFRIC (entsprechend der Anweisung des Board) würde diesen nicht nur mangels Sachkenntnis, sondern auch kapazitätsmäßig überfordern.

116 Scheinbar dem *deferral*-Konzept verpflichtet, schreibt IAS 12.47 (1. Satz) zunächst eine Bewertung der Steueransprüche und verbindlichkeiten aus Steuer**latenzen** mit den **mutmaßlichen Steuersätzen** im Zeitraum der angenommenen Realisierung vor. Im Folgesatz wird diese Anweisung allerdings gleich wieder aufgehoben; es sollen die am Bilanzstichtag gültigen oder angekündigten **Steuersätze** angewendet werden. Dem *deferral*-Konzept wird somit tatsächlich nicht

Rechnung getragen. Hinter dieser widersprüchlichen Regelung verbirgt sich vermutlich ein wenig gelungener Kompromiss zwischen widersprüchlichen Auffassungen im Board.
Nach den Erläuterungen in IAS 12.48 kommt eine „verbindliche" Gesetzesankündigung einer tatsächlichen Inkraftsetzung gleich.

Beispiel
Der Vermittlungsausschuss von Bundestag und Bundesrat einigt sich im Dezember 03 auf einen ab 04 geltenden neuen Steuersatz. Die Verkündung im BGBl (Inkrafttreten) erfolgt im Januar 04. Bereits zum 31.12.03 ist mit den neuen Steuersätzen zu rechnen.[84]

Für die **laufenden** Steuerschulden und diejenigen einer früheren Periode sind die künftigen Steuersätze nach IAS 12.12. irrelevant; zu bewerten sind nur ansetzbare Schulden (und Vermögenswerte). Künftig anzuwendende höhere Steuersätze berechtigen auch nicht zum Ansatz einer – insoweit „latenten" – Steuerschuld, da diese gem. IAS 12.15 nur temporäre Differenzen (Rz 41) erfasst. 117

Steuersatzerhöhungen können auch wegen nicht abgestimmter **zwischenstaatlicher** Steuererhebungstechniken drohen. 118

Beispiel[85]
Die deutsche M-AG kauft eine deutsche T-GmbH, die eine US-Betriebsstätte unterhält. Der dortige Verlustvortrag geht nach amerikanischem Steuerrecht verloren. Die deutsche Besteuerung nach § 2a EStG hatte frühere Verluste der Betriebsstätte in Höhe von 100 zum Abzuge zugelassen, ab 2009 stehen dort Gewinne an, die zur Nachversteuerung gem. § 2a Abs. 3 S. 3 EStG führen. Für die Gewinne ab 2009 ist bis zur Bemessungsgrundlage von 100 ein Steuertarif von 40 % für die USA und 16 % (nur KöSt etc.) für Deutschland insgesamt anzuwenden.

Es handelt sich dabei aus Sicht des Bilanzstichtages 31.12.2008 nicht um eine tatsächliche (aktuelle) Steuerschuld (IAS 12.12.) und ebenso wenig um eine latente (IAS 12.15). Der Fall ähnelt im Umkehrschluss den *tax holidays* (Rz 59), die ebenfalls keinen Bilanzansatz erlauben. Ebenso wenig kommt eine Analogie zur spezialgesetzlichen Vorgabe für den Verlustvortrag nach IAS 12.34 (Rz 50) in Betracht. Eine Rückstellung auf der Grundlage von IAS 37 scheidet wegen der Ausklammerung des Steuerbereiches in IAS 37.5b (→ § 21 Rz 16) aus, im Übrigen auch im Analogieschluss, da die Nachversteuerung durch Aufgabe der Betriebsstätte im Rahmen des § 2a Abs. 4 S. 1 Nr. 3 EStG vermieden werden könnte (IAS 37.19, → § 21 Rz 21).
Nach Auffassung des österreichischen Standardsetters AFRAC sind allerdings **künftige** Steuerschulden eines (österreichischen) Gruppenträgers (Rz 97) aus der Nachversteuerung für künftige Gewinne von ausländischen Gruppenunterneh-

84 So bestätigt im Board Meeting vom Januar 2005 (IASB, Update Februar 2005). Dort sind auch vergleichbare Fälle anderer Länder dargestellt.
85 Nach LÜDENBACH, PiR 2008, S. 102.

men nach IAS 12.12 zu passivieren, obwohl solche (künftigen) Steuerschulden dort „nicht explizit abgedeckt sind"[86] – u. E. überhaupt nicht erfasst sind.

119 Eine Steuersatz**änderung** hat Einfluss auf die Bewertung der Latenzposten. Dann gilt nach IAS 12.60a:

Die Anpassung des Buchwertes folgt der früheren Einbuchung als erfolgs**wirksam** bzw. -**neutral** (Rz 129, Rz 12f.).

Beispiel[87]

Die A-AG hält in ihrem Portfolio sowohl Wertpapiere der Kategorien *„held for trading"* (erfolgswirksame Bewertung) als auch *„available for sale"* (afs, erfolgsneutrale Bewertung). Der *fair value* der Wertpapiere lag bereits zum Periodenbeginn über den Anschaffungskosten und hat sich seitdem nicht wesentlich verändert. Eine für das Unternehmen relevante Steuersatzänderung von 40 % auf 25 % wird am 30.12. beschlossen. Folgende Anpassungen sind vorzunehmen:

in TEUR	Ansatz IFRS	Ansatz Steuerbilanz	Temporäre Differenz	Latente Steuer 1.1. S = 40 %	Latente Steuer 31.12. s = 25 %	Steuersatzbedingte Änderung
Trading securities	100.000	90.000	10.000	4.000	2.500	1.500
Afs securities	80.000	60.000	20.000	8.000	5.000	3.000

Die Reduzierung der Steuerlatenzposten aus den Wertpapieren der Kategorie *„held for trading"* ist zum Stichtag erfolgswirksam (Steuerrückstellung an Steuerertrag 1.500) und die der Kategorie *„available for sale"* erfolgsneutral (Steuerrückstellung an Neubewertungsrücklage afs 3.000) zu erfassen.

5.2 Steuersätze national und international

120 Sofern das Unternehmen/der Konzern in der Rechtsform der **Kapitalgesellschaft (als Muttergesellschaft)** sich weitaus überwiegend im **Inland** betätigt, kommt bei Kapitalgesellschaften sinnvollerweise für die Latenzrechnung die **zusammengefasste Tarifbelastung** von Körperschaft- und Gewerbesteuer sowie Solidaritätszuschlag zur Anwendung (Rz 126). Der Gewerbesteuersatz ist wegen der Zerlegung auf Gemeinden mit unterschiedlichen Hebesätzen meistens nur überschlägig zu ermitteln. Eine Festlegung auf 30 % des Gewinns vor Steuern erscheint derzeit in vielen Fällen als geeignete Größe (Rz 78).

Bei nennenswerter **Auslandsaktivität** ist im Konzernabschluss die Anwendung **eines Durchschnittssteuersatzes** nach IAS 12.49 geboten. Dem widerspricht auch IAS 12.11 (für den Konzernabschluss) nicht. Dort ist nur von der länderspezifischen *tax base* die Rede, nicht dagegen von dem zugehörigen Steuersatz.[88]

86 AFRAC-Stellungnahme vom Dezember 2007.

87 Nach Freiberg, PiR 2006, S. 177.

88 Coenenberg/Hille, in: Baetge u. a., IAS 12, Rz 119, schließen von der *appropriate tax base* auf den dorthin ausgerichteten Tarif. U. E. ist dieser Schluss nicht zwingend; jedenfalls ist von Steuersatz an dieser Stelle nicht die Rede, wohl aber im zitierten IAS 12.49. Wie hier auch Schulz-Danso, in: Beck'sches IFRS-Handbuch, 3. Aufl. 2009, § 25, Tz 163; ADS International, Abschnitt 20, Tz 195. Im Übrigen sind Coenenberg/Hille für die praktische Anwendung großzügig: „... sollte es vertretbar erscheinen, einen durchschnittlichen Konzernsteuersatz anzuwenden."

Eine entsprechende Konsolidierung mit einer Vielzahl von Steuerarten wäre auch nicht praktikabel und würde im Hinblick auf andere erhebliche Bewertungsunsicherheiten – z.B. wegen des künftigen Steuersatzes (Rz 115) – nur eine nicht existierende Scheingenauigkeit suggerieren.

Die Vorgabe des Durchschnittssteuersatzes wird allerdings durch IAS 12.85 relativiert, wonach im Rahmen der Überleitungsrechnung (Rz 140) der am **meisten aussagekräftige** Steuersatz herangezogen werden soll.[89] Vielfach wird in der deutschen IFRS-Praxis auch bei nennenswerten Auslandsaktivitäten der in den USA übliche *home-based approach* angewandt, also der **inländische** Steuersatz. Diese Lösung birgt den Vorteil einer längerfristigen Stabilität und fördert die zwischenperiodische Vergleichbarkeit im Gegensatz zum jährlich neu zu bestimmenden **gewichteten Durchschnittssatz.**[90] Beide Varianten – *home-based approach* und Mischsteuersatz – erscheinen als zulässig (Rz 140). Dem *materiality*-Gedanken (→ § 1 Rz 61 ff.) ist gebührend Rechnung zu tragen. Bei Personengesellschaften ist zwischen Einzel- und Konzernabschluss zu unterscheiden (vgl. Rz 78).

Die Bewertung muss auch die **Art** der Besteuerung berücksichtigen, die bei **Realisierung** der mit einer Steuerlatenzrechnung behafteten Vermögenswerte entstehen (IAS 12.51). Angesprochen sind damit primär die Fälle, in denen nach ausländischem Steuerrecht der Steuersatz für laufendes Einkommen von demjenigen für Gewinne aus der Veräußerung einzelner Vermögenswerte differiert (niedrigere „*capital gains tax*"). Fraglich ist, ob dies aus Sicht der deutschen Besteuerung nur unter der *going-concern*-Prämisse oder auch für Betriebsveräußerungen gilt. 121

Steuerlatenz bei geplanter Unternehmensveräußerung

Der Einzelunternehmer will in fünf Jahren das Unternehmen (bzw. einen Teilbetrieb) verkaufen. Folgende Steuerlatenzen bestehen unter Berücksichtigung eines (angenommenen) ermäßigten Tarifs von 20 % für die Veräußerung.

Bilanzposten	IFRS-Buchwert	Steuerbilanzwert	Steuersatz 20 %
Grund und Boden	400	100	– 60
selbst erstellte immaterielle Vermögenswerte	500	0	– 100
Pensionsrückstellungen	700	500	+ 40
Steuerlatenz (passiv) (aktiv)			 – 160 + 40

Die Lösung verträgt sich höchstens dann mit dem *going-concern*-Gedanken, wenn von der Veräußerung eines Teilbetriebs ausgegangen wird.

[89] Vgl. DAHLKE/VON EITZEN, DB 2003, S. 2237, S. 2238.

[90] Vgl. HERZIG, WPg 2003, Sonderheft S. 80, S. 91.

122 Der in ausländischen Steuerhoheiten mitunter anzutreffenden Differenzierungen des Steuertarifs (Rz 115) und des Steuerbuchwertes (Rz 24) zwischen laufender Nutzung eines Vermögenswertes und dessen Veräußerung (IAS 12.52) haben sich die *Amendments* zu IAS 12 vom Dezember 2010 unter Aufhebung von SIC 21 angenommen.

Beispiel

Ein abnutzbarer Vermögenswert des Sachanlagevermögens mit Anschaffungskosten von 70 wird mit 150 neu bewertet (→ § 8 Rz 68ff.). Bei laufender Nutzung ist die Buchwertdifferenz zwischen Handels- und IFRS-Bilanz von 80 mit einem Tarif (unterstellt) von 30 % zu bewerten, passive Steuerlatenz somit 24.

Bei unterstelltem Verkauf zu 150, bei dem der Mehrwert zwischen Anschaffungskosten und Erlös unbesteuert bleibt, errechnet sich die Steuerlatenz wie folgt:

	Steuerbare *temporary difference* (Rz 16)	**Tarif %**	**Passive Latenz**
Kumulierte Abschreibung*	30	30	9
Steuerfreier Verkaufserlös i. H. d. Unterschiedsbetrages von 150 zu 100	50	0	–
Σ	80		9

* hier nur beispielhaft dargestellt, da von den *Amendments* nicht erfasst, vgl. Rz 122.

123 Die unter Rz 122 dargestellten Unterschiede beim Steuer**tarif** oder bei der Bemessungsgrundlage für die Steuer aus der **Veräußerung** sind anzuwenden auf

- **nicht abnutzbare Anlagegüter** unter dem **Neubewertungsmodell** nach IAS 16 (→ § 8 Rz 68ff.), also Grund und Boden: Die Steuerlatenz ist mit dem auf den Veräußerungsgewinn anwendbaren Steuersatz bzw. nach der Bemessungsgrundlage für Veräußerungsgewinne zu bewerten (IAS 12.51B).
- als **Finanzinvestitionen** gehaltene Immobilien nach IAS 40, die nach dem *fair-value*-Modell (→ § 16 Rz 43ff.) bewertet werden: Widerlegbar ist die **Veräußerung** der Steuerlatenzierung zugrunde zu legen, es sei denn, das Geschäftsmodell ist auf **dauerhafte Nutzung** ausgelegt. Dies gilt auch bei der Bewertung im Rahmen eines Unternehmenserwerbs (IAS 12.51C).

Die *Amendments* vom Dezember 2010 (Rz 122) sind retrospektiv anzuwenden, und zwar bei Geschäftsjahresbeginn nach dem 31.12.2011. Unter Anhangserläuterung ist optional eine frühere Anwendung möglich (IAS 12.98). Spezielle **Anhangsangaben** zu den geänderten Bilanzposten sind nicht geboten, Besonderheiten für **Erstanwender** (→ § 6) nicht vorgesehen.

124 Die beiden vorstehend dargestellten Methoden zur Latenzierung bei unterschiedlichen Steuersätzen oder Bemessungsgrundlagen für die Veräußerungsgewinne von Anlagegütern können nicht alle nationalen steuerlichen Besonderheiten beachten. Nach **belgischem** Steuerrecht ist etwa eine Einstellung der Veräußerungsgewinne von Anlagevermögen bei Kapitalgesellschaften in eine

steuerfreie Rücklage zulässig. Die Besteuerung erfolgt bei Auflösung dieser Rücklage oder bei Liquidation der Gesellschaft. Dabei kommt praktisch eine Auflösung der Rücklage nur dann in Betracht, wenn diese zur Generierung von **Ausschüttungspotenzial** benötigt wird. Das wird nur in Sonderfällen gegeben sein, wenn ein Verfall von Verlustvorträgen droht oder ausländische Quellensteuern mangels genügend vorhandenen Gewinnes nicht oder unzulänglich angerechnet werden können. Verschiedene Lösungen sind erwägenswert:
Lösung 1: Orientiert mang sich streng am *temporary*-Konzept (Rz 11), kann die steuerfreie Rücklage als Steuerbuchwert gewertet werden. Dann weist die IFRS-Bilanz, die keinen entsprechenden Buchwert kennt, ein Mehrvermögen gegenüber der Steuerbilanz aus mit der Folge einer passiven Steuerlatenz (Rz 18). Diese Situation entspricht der nach deutschem Recht erfolgten Einstellung eines Veräußerungsgewinns in eine 6b-Rücklage. Die Bewertung der so definierten Buchwertdifferenz hat mit dem normalen Steuertarif zu erfolgen.
Lösung 2: Die Bildung der steuerfreien Rücklage entspricht einem Steuersatz von 0 %. Da die Rücklage fast ausschließlich zur Bestreitung einer Dividende aufgelöst wird, führt dieser Mechanismus in praxi im Ergebnis zu unterschiedlichen Steuersätzen für zurückbehaltene und ausgeschüttete Gewinne. Diese Aussage gilt allerdings nur, wenn tatsächlich nach den Steuerplanungen der Gesellschaft die steuerfreie Rücklage nur zur Bestreitung einer Dividende aufgelöst wird. Die Dividende kann im Normalfall auch aus laufendem Gewinn ohne Veräußerungsgewinne von Anlagevermögen finanziert werden, sodass insoweit kein Unterschied im Steuertarif zwischen ausgeschüttetem und thesauriertem Gewinn besteht.
Wir favorisieren die Lösung 1 wegen der unmittelbaren Anwendbarkeit des *temporary*-Konzepts.

Sofern die Steuersätze für **einbehaltene** und **ausgeschüttete** Gewinne divergieren, ist derjenige für einbehaltene bei der Steuerlatenzrechnung anzuwenden,[91] es sei denn, für die Ausschüttung ist eine Verbindlichkeit passiviert. **125**

5.3 Verlustvorträge

In Deutschland werden zwei Steuerarten von IAS 12 „erfasst“: Die Körperschaftsteuer mit Solidaritätszuschlag sowie die Gewerbesteuer (Rz 1). Für beide Steuerarten wird ein zeitlich unbegrenzter, allerdings durch die Mindestbesteuerung gestreckter **Verlustvortrag** (Rz 51) gewährt. Bei der genauen Bestimmung des Aktivierungsvolumens aus dem Verlustvortrag (Rz 51) muss mit einer Anzahl von Parametern gerechnet werden.[92] Erschwerend ist dabei die regelmäßig **nicht** vorhandene **Übereinstimmung** von körperschaft- und gewerbesteuerlichem Verlustvortrag. Hierzu gesellt sich ab 2008 der **Zinsvortrag** nach § 4h EStG mit einer Wechselwirkung auf den Verlustvortrag.[93] **126**
Die Berechnung kann für 2009 in einfachen Fällen auf Grundlage eines Gesamttarifs von 30 % erfolgen (Rz 78).

---

91 IASB, Update April 2005.

92 Im Einzelnen SCHÄFFELER, IRZ 2006, S. 153.

93 Im Einzelnen vgl. HOFFMANN, Zinsschranke 2008, Tz 685.

Auf dieser Basis sollte die Steuerlatenz aus einem Verlustvortrag angesetzt werden, soweit Körperschaft- und Gewerbesteuer **gemeinsam** betroffen sind. Ist jeweils nur **eine** der beiden Steuerarten „verlustvortragsträchtig“, ist die Steuerlatenz mit den vorstehend dargestellten Prozentsätzen zu errechnen. Zu differenzieren ist auch bei unterschiedlicher Höhe der jeweiligen Verlustvorträge wegen der Wahrscheinlichkeit der Nutzungsmöglichkeit (Rz 51).

Die **Mindestbesteuerung** ändert an dem vorstehend dargestellten Berechnungsschema nichts. Die zeitliche Streckung der Verrechnungsmöglichkeit gibt allerdings (vermehrt) Anlass zur Werthaltigkeitsprüfung (Rz 51). Die Ausweitung des Planungshorizontes infolge der zeitlichen Streckung des Verlustvortrages lässt tendenziell den Wahrscheinlichkeitsgrad der Nutzungsmöglichkeit sinken (Rz 52).

U. U. erhöht sich die Bemessungsgrundlage um nicht abzugsfähigen Zinsaufwand (zur Zinsschranke vgl. Rz 56) und bei der Gewerbesteuer speziell um die verschiedenen Zurechnungsposten gem. § 8 GewStG, abzüglich der Kürzungen gem. § 9 GewStG.

5.4 Änderungen im Steuerstatut (Rechtsformwechsel)

127 Die Steuerlatenzrechnung kann der Höhe nach durch **Umwandlung** aus dem Statut der Kapitalgesellschaft heraus in das der Personenhandelsgesellschaft hinein und umgekehrt beeinflusst werden. Die **Personenhandels**gesellschaft unterliegt nur der Gewerbesteuer (Rz 94), die **Kapital**gesellschaft zusätzlich der Körperschaftsteuer mit Solidaritätszuschlag (Rz 74 und Rz 126). Dabei gilt:[94]

Der Wechsel von

- einer Personenhandels- in eine Kapitalgesellschaft **erhöht**,
- einer Kapital- in eine Personenhandelsgesellschaft **vermindert**

die Steuerlatenzposten.

Die daraus entstehenden Bewertungsänderungen sind nach SIC 25.4 **ergebniswirksam** zu erfassen, soweit sie nicht auf direkt im Eigenkapital erfassten Latenzposten beruhen (Rz 119).

Beispiel

Die A-OHG wurde zum 31.12. formwechselnd in eine AG umgewandelt. Der anzuwendende Unternehmensteuersatz erhöht sich aufgrund der zusätzlichen Körperschaftsteuerpflicht von 14 % (nur Gewerbeertragsteuer) auf 30 %. Zum Stichtag hat die A aktive Buchwertdifferenzen, die sich später umkehren, in Höhe von 1.000. Die Bewertung erhöht sich durch die Einbeziehung der Körperschaftsteuer von 140 auf 300. Buchung: Per aktive Latenzen an Steuerertrag.

5.5 Sonstige Bewertungsprobleme

128 Guthaben und Verbindlichkeiten aus Steuer**latenzen** sind **nicht abzuzinsen** (IAS 12.53). Begründung: Häufig sei eine detaillierte Berechnung des Zeitpunktes für die Realisierung der Latenzen nicht möglich (IAS 12.54). Dieses Argu-

94 Vgl. hierzu und zum folgenden Beispiel FREIBERG, PiR 2006, S. 178.

ment steht bei den ohnehin höchst ermessensbehafteten Ansatzregeln (Rz 51) auf schwachen Füßen.

Eine systematisch zutreffende Begründung für die Nichtabzinsung lässt sich für Buchwertunterschiede dann feststellen, wenn Letztere auf einem Vergleich von **Zeitwerten** mit steuerlichen Buchwerten beruhen. Zeitwerte stellen im **Barwertkalkül** eine abgezinste Größe dar; deshalb enthält auch der Differenzbetrag zwischen Buchwert (Zeitwert) und Steuerwert eine Abzinsungskomponente. Eine Diskontierung der sich daraus ergebenden Steuerlatenz käme einem *double accounting* gleich.[95]

Das Abzinsungsverbot gilt nicht für **laufende** Steuerguthaben und -schulden (Rz 63).[96] Eine Abzinsung ist mit dem fristenadäquaten risikolosen Zinssatz vorzunehmen (→ § 21 Rz 129). Zum Sonderproblem bei der Kapitalkonsolidierung vgl. → § 31 Rz 206.

„Hilfsweise" ist nach IAS 12.56 eine **Nachprüfung** (*review*) der Bewertung von **aktivierten** Ansprüchen aus Steuerlatenzen vorzunehmen, gegebenenfalls hat eine **Abwertung** zu erfolgen, sofern die Wahrscheinlichkeit der Realisierung des bisherigen Buchwertes nicht mehr besteht. Abwertungserfordernisse können sich z.B. durch einen geplanten Unternehmensverkauf (beim Verkaufsobjekt) wegen eines dann drohenden Untergangs des Verlustvortrages nach § 8c KStG und § 10a GewStG, ebenso bei einer Verschmelzung ergeben. Ein weiteres Beispiel für die notwendige Abschreibung auf eine aktivierte Steuerlatenz wegen Verlustvortrages ist die Einbeziehung in ein steuerliches Gruppenbesteuerungssystem (Rz 96ff.).

Eine **Zuschreibung** ist in späteren Zeiträumen bei Umkehrung der Voraussetzungen geboten (IAS 12.56). Dabei ist der Zuschreibungsbetrag auf die Höhe des ursprünglichen Buchwertes „gedeckelt". Als Beispiel für die Wiedergewinnung der Werthaltigkeit eines Verlustvortrages kann die Implementierung der (Verlust-)Gesellschaft als Organträgerin dienen, wenn aus dem Organkreis Gewinnzuweisungen zu erwarten sind (Rz 96f.). Wegen weiterer Einzelheiten und Beispiele vgl. → § 31 Rz 111.

Die Bilanzierung einer Aktivlatenz ist mit dem **werthaltigen** Teil vorzunehmen. Nach dem einstweilen nicht mehr verfolgten Entwurf des ED/2009/2 (Rz 155) sollte entsprechend den Vorgaben in den US-GAAP in **zwei** Schritten vorgegangen werden: zunächst Ermittlung des gesamten potenziellen Aktivierungsvolumens, dann Wertberichtigung auf den mutmaßlichen Ertrag in der Zukunft. Das Ergebnis unterscheidet sich nicht von der bisherigen Vorgehensweise.

6 Erfolgswirksame oder -neutrale Behandlung des Steueraufwandes

Sowohl die laufenden als auch die latenten Steuern sind nach IAS 12.58 in der 129
Ergebnisrechnung **erfolgswirksam** zu behandeln. **Ausnahmen:**

- Der zugehörige Geschäftsvorfall und die daraus resultierenden Vermögenswerte und Schulden sind **direkt im Eigenkapital** gegengebucht worden

[95] Vgl. hierzu mit einem Beispiel FREIBERG, Diskontierung in der internationalen Rechnungslegung 2010, Tz 379.

[96] IFRIC, Update Juni 2004.

(IAS 12.62A, Rz 12f.). Angesprochen sind neben Transaktionen zwischen der **Gesellschaft** und ihren **Gesellschaftern** (IAS 1.107; → § 20 Rz 52f.) insbesondere Korrekturen der **Eröffnungsbilanz** (→ § 20 Rz 57f.).

- Die temporäre Differenz ergibt sich aus einer Transaktion, die im **sonstigen Gesamtergebnis** (*other comprehensive income*) erfasst wurde. Dies gilt insbesondere im Falle der Neubewertung (*revaluation*) des Anlagevermögens (→ § 8 Rz 89) und für Wertänderungen bei veräußerbaren Finanzinstrumenten (→ § 28 Rz 150f.). Wegen Beispielen vgl. → § 8 Rz 91ff.
- Die Steuerlatenz resultiert aus der **Erstkonsolidierung** im Rahmen eines Unternehmenserwerbs (Rz 65ff.).

Die letztgenannte Regel ist eigentlich selbstverständlich, da es sich dabei um eine (modifizierte) Zugangsbuchung handelt.

Wegen der Erfolgswirksamkeit der Steuerlatenz bei Änderungen der *tax base* wird verwiesen auf Rz 25, wegen der „Aufteilung" nach erfolgswirksam und -neutral bei Steuer**tarif**änderungen vgl. Rz 119.

7 Ausweis

130 Für den Bilanzausweis gelten die Regelungen in IAS 1.68 (→ § 2 Rz 41ff.) mit im Wesentlichen folgendem **Inhalt:**

- Aktiva und Passiva aus laufenden und latenten Steuern sind **getrennt** von den übrigen Vermögenswerten und Schulden zu zeigen.
- Die Erstattungsansprüche und die Verpflichtungen aus **tatsächlichen** Steuerschulden sind **getrennt** von denjenigen aus der **Steuerlatenz** auszuweisen.
- Die Aktiv- und Passivposten aus der Steuerlatenz dürfen gem. IAS 1.70 **nicht als laufende** (kurzfristige, *current*) Vermögenswerte oder Schulden im Gliederungsschema erscheinen (→ § 2 Rz 43).
- Die **tatsächlichen** Steueransprüche sind (ausnahmsweise) mit Schulden **saldiert** auszuweisen, wenn eine Aufrechnung oder zeitgleiche Erledigung möglich und beabsichtigt ist (IAS 12.71).
- Die Aktiv- und Passivposten aus **latenten** Steuern sind **saldiert** auszuweisen, wenn sie aufrechenbar (für das betreffende Steuersubjekt) gegenüber der gleichen Steuerbehörde bestehen, sonst getrennter Ausweis (IAS 12.74).

Bei **einzustellenden** Unternehmensbereichen (*discontinued operations*) gelten besondere Ausweisvorschriften (→ § 29 Rz 43 und 62).

131 Einer weiteren in IAS 12.74 genannten Saldierungsmöglichkeit für verschiedene rechtliche Einheiten (im Konzern) kommt aus Sicht der deutschen Besteuerung nur eingeschränkte Bedeutung zu, da die Voraussetzungen der **identischen Steuereinheit** (***same taxable entity***) bzw. der innerkonzernlichen Steuerverrechnung nicht vorliegen.

Eine Aufrechnungsmöglichkeit fehlt im deutschen Steuersystem auch zwischen der Körperschaft- und der Gewerbesteuer wegen der **unterschiedlichen Verwaltungshoheit** über die beiden Steuerarten.

132 Hinsichtlich des **Fristigkeitskriteriums** (*current/non current*; → § 2 Rz 28ff.) sind die gültigen Ausweisregeln der IFRS **nicht konsistent**. Die Aktiva und Passiva aus der Steuerlatenz dürfen nicht als kurzfristig ausgewiesen werden, andererseits ist das allgemein gültige Langfristigkeitskriterium nicht erfüllt. In

der Praxis werden sie als gesonderte Position in der Bilanz ausgewiesen und im Anhang weiter erläutert (Rz 137). Der einstweilen nicht mehr verfolgte Standardänderungsentwurf ED/2009/2 (Rz 155) wollte die Gliederungsvorgabe von SFAS 109 nach „*current/non-current*" (→ § 2 Rz 31 ff.) übernehmen.

In der deutschen IFRS-Bilanzierungspraxis werden zwar die Aktiv- und Passiv- 133
position aus der Steuer**latenz** in der Bilanz gesondert aufgeführt, nicht dagegen diejenige aus **tatsächlichen** Ansprüchen bzw. Schulden. Die Erläuterung erfolgt dann im Anhang.

Beispiel aus dem Geschäftsbericht 2001 der Mobilcom AG 134

Latente Steuern wurden unter Berücksichtigung der temporären Unterschiede nach der „*liability method*" mit einem Gesamtsteuersatz von 37,5 % errechnet.

Folgende Beträge werden in der Konzernbilanz ausgewiesen:

	31.12.2001	31.12.2000
	TEUR	TEUR
Aktive latente Steuern		
• aus abzugsfähigen temporären Differenzen	32.549	12.532
• aus steuerlichen Verlustvorträgen	592.266	233.175
	624.815	245.707
Passive latente Steuern		
• aus zu versteuernden temporären Differenzen	– 486.319	– 148.422
	138.496	**97.285**

Die Netto-Entwicklung der latenten Steuern im Berichtsjahr wird aus der folgenden Übersicht deutlich:

	31.12.2001	31.12.2000
	TEUR	TEUR
Stand 1.1.	97.286	37.880
Zugänge aus Konsolidierung	1.943	4.791
Steuerertrag	39.267	54.614
Stand 31.12.	**138.496**	**97.285**

Die latenten Steueransprüche und Steuerverbindlichkeiten auf temporäre Differenzen setzen sich wie folgt zusammen:

	31.12.2001		31.12.2000	
	aktivisch	passivisch	aktivisch	passivisch
	TEUR	TEUR	TEUR	TEUR
Immaterielle Vermögenswerte	4.501	440.882	0	110.130
Sachanlagen	0	26.844	0	38.152
Finanzanlagen	0	165	0	0
Umlaufvermögen	0	390	0	140
Rückstellungen	2.640	0	0	0
Verbindlichkeiten	25.408	18.038	12.532	0
	32.549	**486.319**	**12.532**	**148.422**

Gemäß den Geschäftsplänen wird davon ausgegangen, dass die steuerlichen Verlustvorträge mit zukünftigen Gewinnen verrechnet werden können. Jedoch wurde aufgrund einer Neueinschätzung der Höhe steuerlich nicht abzugsfähiger Aufwendungen eine Wertberichtigung auf den aktiven latenten Steueranspruch in Höhe von 14.553 TEUR vorgenommen. Die Wertberichtigung ist in dem Posten Ertragsteuern enthalten.

135 Als Ausweis in der **GuV** ist der Aufwand bzw. Ertrag für die laufenden und die latenten Steuern zusammengefasst vorgesehen, und zwar auch aperiodischer Art. Die Detaillierung ist dann im **Anhang** vorzunehmen (Rz 137).

136 **Beispiel aus dem Geschäftsbericht 2001 der Mobilcom AG**

Ertragsteuern

Als Ertragsteuern sind sowohl die gezahlten oder geschuldeten Steuern auf Einkommen und Ertrag sowie die latenten Steuerabgrenzungen ausgewiesen.

	2001	2000
	TEUR	TEUR
Laufende Steuern aus konsolidierten Unternehmen	–241	627
Latente Steuern aus konsolidierten Unternehmen	39.267	54.614
Anteiliger Steuerertrag aus assoziierten Unternehmen	2.985	1.519
Ertrag	42.011	56.760

In den latenten Steuern aus konsolidierten Unternehmen ist die Wertberichtigung auf den latenten Steuerposten enthalten, die aufgrund der Verringerung des voraussichtlich zukünftig verrechenbaren Verlustvortrags vorgenommen wurde. Der anteilige Steuerertrag aus assoziierten Unternehmen ergibt sich im Geschäftsjahr wie auch im Vorjahr ausschließlich aus latenten Steuern, die aufgrund der erzielten steuerlichen Verluste dieser Gesellschaften entstanden sind.

Nicht geregelt ist der Ausweis von **Steuerstrafen** (*penalties*) und **-zinsen**. Nach dem derzeit nicht mehr weiter verfolgten ED/2009/2 (Rz 155) sollte der Anwender zwischen einem Ausweis unter dem Steueraufwand an anderer Stelle wählen können. Eine entsprechende *accounting policy* kann auch nach dem gültigen Standard ausgewählt werden.

8 Angaben

8.1 Allgemein

Für den Anhang gibt es neben einer **„Generalklausel"** in IAS 12.79 – die wesentlichen Bestandteile des Steueraufwandes bzw. -ertrags (*major components*) sind offenzulegen – eine Fülle von nach IAS 12.80 **empfohlenen** (*may include*, Rz 139) sowie nach IAS 12.81 **zwingenden** (***should be disclosed***, Rz 138) Angabepflichten. Der Umfang der dort vorgeschriebenen Angaben erfordert in besonderem Maße die Unterscheidung von **Wesentlichem** und **Unwesentlichem** (→ § 1 Rz 61 ff.). 137

8.2 Zwingende Angaben

- Die Steuerlatenzposten, die unmittelbar im **Eigenkapital** verbucht worden sind (Rz 13 f.); 138
- die **Überleitungsrechnung** vom anzuwendenden (nominellen) Steuersatz (oder dem sich daraus fiktiv ergebenden Steueraufwand) zum effektiven Steuersatz (oder effektiven Steueraufwand; Rz 141);
- Aufwand für latente Steuern aufgrund von **Änderungen** der Steuersätze oder Erhebung neuer Steuern (Rz 115);
- Gesamtbetrag der *temporary differences* im Zusammenhang mit Anteilen an **Tochtergesellschaften, assoziierten und Gemeinschafts-Unternehmen**, für die in der Bilanz wegen unverhältnismäßigen Aufwandes keine latenten Steuern angesetzt sind (Rz 84);
- Steuereffekte aus der **Stilllegung** von Unternehmensbereichen (→ § 29) ab 2005 (Rz 155);
- Steuereffekte von **Ausschüttungen** (nicht mehr in Deutschland);
- Erklärung der **Änderung** des anzusetzenden **Steuersatzes** (Rz 115), ggf. unter Darstellung der damit verbundenen Ergebnisauswirkungen;
- der Betrag und ggf. das Verfalldatum für **nicht aktivierte** Latenzen aus steuerlichen Verlustvorträgen (Rz 51) und *temporary differences* (Rz 48);
- **Einzelheiten** zu allen temporären Differenzen, die zu aktiven und passiven Steuerlatenzposten geführt haben, sowie der zugehörige Aufwand bzw. Ertrag, soweit diese Beträge nicht aus der Bilanz oder Gewinn- und Verlustrechnung ersichtlich sind;
- den Betrag der **aktiven** Steuerlatenz und eine **Begründung** für den Ansatz, sofern
  - der Betrag die passiven Latenzen übersteigt und
  - das Unternehmen in der laufenden und der vorherigen Periode einen Verlust erzielt hat (IAS 12.82);
- offene **Streitpunkte** mit den Steuerbehörden (nach IAS 12.88, Rz 31).

8.3 Empfohlene Angaben

139 • **Aufgliederung** des Ertragsteueraufwands nach tatsächlichem und latentem, und weitere Trennung auf den **periodenfremden** Bereich (Letzteres insbesondere Nachzahlungen für frühere Jahre aufgrund von Betriebsprüfungen (Rz 135);
- Aufwand bzw. Ertrag aus der Latenzrechnung infolge **Entstehung** oder **Umkehrung** von temporären Unterschieden;
- **Minderung** des tatsächlichen oder latenten Steueraufwandes aufgrund bislang nicht berücksichtigter **Verlustvorträge** bzw. bislang nicht berücksichtigter temporärer Differenzen (Rz 48);
- Aufwand bzw. Ertrag aus **Abwertungen** von aktiven Latenzen oder deren **Rückgängigmachung** (Rz 128);
- Ertragsteueraufwand bzw. -ertrag aus **Änderungen** der Bilanzierungs- und Bewertungs**methoden** nach IAS 8, soweit erfolgswirksam erfasst (→ § 24 Rz 28).

Die nachfolgende Abbildung[97] zeigt den **Zusammenhang** der praktisch wichtigsten Größen:

[97] Aus LÜDENBACH, IFRS, 5. Aufl., 2008, S. 283.

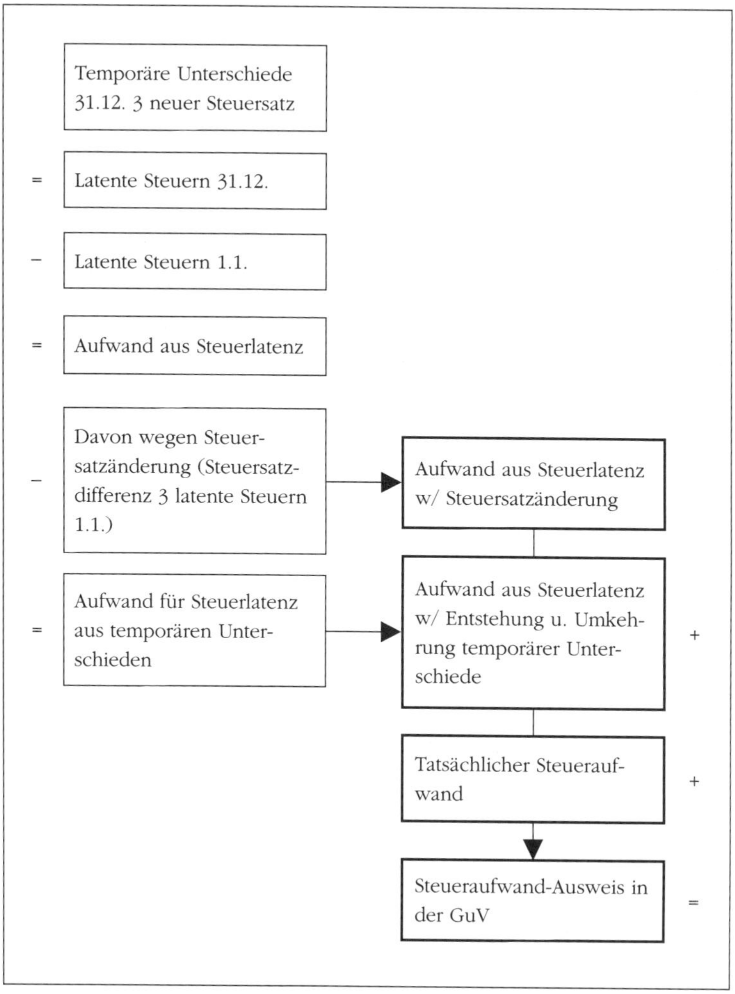

Abb. 2: Ertragsteuern nach IAS 12

8.4 Insbesondere die Überleitungsrechnung, Konzernsteuerquote

Die größten Probleme bereitet in der Praxis die **Überleitungsrechnung** vom **anzuwendenden** (nominellen) zum **effektiven** Steuersatz/Steueraufwand. Das Steuerabgrenzungskonzept in IAS 12 gewährleistet keine unmittelbare Ableitbarkeit des ausgewiesenen Steueraufwandes aus dem Ergebnis vor Steuern. Mit der Überleitungsrechnung nach IAS 12.81c wird dargestellt, welche Einflussgrößen vom **erwarteten** Steueraufwand (Multiplikation des gesetzlichen Steuersatzes mit dem Ergebnis der gewöhnlichen Geschäftstätigkeit) zum **tatsäch-** 140

lichen Steueraufwand führen.[98] Die Einflussfaktoren auf die ausgewiesene **Konzernsteuerquote**[99] (Rz 147) sollen dem Abschlussadressaten Anhaltspunkte über die Bilanz- und Steuerpolitik verschaffen. Ein nachweislicher Zusammenhang zwischen der Konzernsteuerquote und der Aktienkursentwicklung konnte empirisch nicht festgestellt werden.[100]
Am Beginn der Überleitungsrechnung steht bei **relativer** Betrachtung der nominelle Steuersatz, bei **absoluter** der entsprechende Steueraufwand. Als anzuwendender nomineller Steuersatz wird in der Praxis der deutschen Kapitalgesellschaften mehrheitlich der kumulierte Ertragsteuersatz aus Körperschaft- und Gewerbesteuer von 30 % ab 2008, zuvor z.B. 37,5 % (Rz 134 oder Rz 78) gewählt. Die amerikanische US-GAAP-Praxis nimmt hingegen nur den Körperschaftsteuersatz (*corporate tax*) als Ausgangspunkt und behandelt der deutschen Gewerbesteuer vergleichbare lokale und Bundesstaatensteuern bereits als Überleitungsgrößen. Zurückbezogen auf deutsche Verhältnisse macht die Verwendung des inländischen **kumulierten Ertragsteuersatzes** (*home-based approach* (Rz 120) nach SFAS 109.47, nach IAS 12.85 Satz 2 favorisiert) u.U. dann keinen Sinn, wenn eine inländische Mutter reine Holdingfunktion ausübt und alle wesentlichen Erträge in einem ausländischen Staat anfallen. Entsprechendes gilt für eine Schweizer Muttergesellschaft, die unter dem Holding-Privileg mit einem Steuersatz von unter 10 % belastet wird. Die Verwendung eines konzernweiten **Mischsteuersatzes** (Rz 120) nach Maßgabe des Gewichtes der Aktivitäten in den verschiedenen Jurisdiktionen gem. IAS 12.85 S. 4[101] würde dann zu zutreffenderen Ergebnissen führen. Ähnliche Probleme ergeben sich im Fall eines rein inländischen Konzerns, wenn die Holdinggesellschaft eine Personengesellschaft und die Tochtergesellschaften Kapitalgesellschaften sind. Der ansonsten bei Personengesellschaften gebotene Ausgang vom Gewerbesteuersatz (Rz 94) führt dann nicht zu sinnvollen Überleitungen. Zutreffend wäre die Wahl des kombinierten Ertragsteuersatzes (Rz 78). Generell entfällt in der Überleitungsrechnung der Posten „Steuersatzunterschiede“ bei Verwendung eines kombinierten (in- und ausländischen) Steuersatzes (Rz 145), anders beim *home-based approach*.
In IAS 12.84 sind einige – nicht vollständige – Posten wiedergegeben, die in eine Überleitungsrechnung einfließen können. Eine ausführlichere[102] Überleitungsrechnung wird nachstehend entwickelt.

---

98 Vgl. hierzu Dahlke/Eitzen, von, DB 2003, S. 2237.
99 Herzig, WPg 2003, S. 80; einschränkend zur Aussagefähigkeit der IAS-Konzernsteuerquote, Hannemann/Pfeffermann, BB 2003, S. 727, zum internationalen Vergleich s. Spengel, in: Österreicher (Hrsg.), Internationale Steuerplanung, 2005, S. 89ff. Zum Aufbau einer solchen Rechnung vgl. Lühr, KoR 2009, S. 235.
100 Göttsche/Brähler, WPg 2009, S. 924.
101 Vgl. dazu Aktay/Ries, WPg 2008, S. 761.
102 Nach Dahlke/Eitzen, von, DB 2003, S. 2237f.; ein anderes Beispiel gibt Kirsch, DStR 2003, S. 703, S. 706.

Beispiel		
Steuerliche Überleitungsrechnung (*tax reconciliation*)	00	01
Ergebnis der gewöhnlichen Geschäftstätigkeit		
Anzuwendender (gesetzlicher) Steuersatz		
Erwarteter Steueraufwand		
Steuersatzabweichungen		
a) Auswirkungen von Steuersatzänderungen	(+/–)	(+/–)
b) *foreign tax rate differential* (Effekt aus Steuersatzdifferenzen ausländischer Steuerhoheiten)	(+/–)	(+/–)
c) Abweichungen aus unterschiedlichen Gewerbesteuer-Hebesätzen	(+/–)	(+/–)
d) Latente Steuern aus Zurechnungen nach § 8b Abs. 5 KStG oder Gewerbesteuer nach § 7 Satz 2 GewStG auf Anteile an konsolidierten oder *at equity* einbezogenen Unternehmen und laufende Steuern nach diesen Vorschriften auf Gewinne aus anderen Unternehmen		
Steuereffekte aus Abweichungen in der steuerlichen Bemessungsgrundlage		
a) Abschreibung eines steuerlich nicht absetzbaren *goodwill*	(+)	(+)
b) Steuerfreie Beteiligungserträge und Veräußerungsgewinne	(–)	(–)
c) Nicht abziehbare Aufwendungen, z. B. wegen Zinsschranke (Rz 56)	(+)	(+)
d) Sonstige steuerfreie Erträge	(–)	(–)
Ansatz und Bewertung aktiver latenter Steuern		
a) Vornahme einer Wertberichtigung/Nichtansatz von aktiven latenten Steuern	(+)	(+)
b) Zuschreibung/nachträglicher Ansatz latenter Steuern	(–)	(–)
Aperiodische Effekte		
a) Laufende und latente Steuern Vorjahre (z. B. aus einer Betriebsprüfung)	(+/–)	(+/–)
b) KSt-Erhöhungen bzw. -minderungen wegen Ausschüttungen	(–)	(–)
c) Nicht abzugsfähige/anrechenbare Quellensteuer oder Steuer nach § 8b Abs. 5 KStG bzw. *capital gains tax* oder GewSt. Nach § 7 S. 2 GewStG bei Ausschüttung durch bzw. Veräußerung von konsolidierten oder *at equity* einbezogenen Unternehmen (soweit nicht durch die Auflösung einer latenten Steuer kompensiert)	(+)	(+)
d) Steuererstattungen aus einem Verlustrücktrag	(–)	(–)

Steuerliche Überleitungsrechnung (*tax reconciliation*)	00	01
e) Andere aperiodische Steueraufwendungen bzw. -erträge	(+/–)	(+/–)
Sonstige		
Max. 5 % des fiktiven Steueraufwandes (Rz 143)		
Tatsächlicher Steueraufwand (Gesamtsteueraufwand)		
Steuer- bzw. Konzernsteuerquote		

Tab. 1: Überleitungsrechnung zum tatsächlichen Steueraufwand

141 Drei wesentliche **Abweichungsfaktoren** sind die folgenden:

- Aufwendungen sind steuerlich **nicht absetzbar** (Beispiel Bußgelder).
- Erträge sind **steuerfrei** (Beispiel Investitionszulagen).
- Der Konzern ist in **verschiedenen Steuerrechtskreisen** mit unterschiedlichen Steuersätzen tätig.

Das nachfolgende **Beispiel kombiniert** diese drei Positionen:

Beispiel
Überleitungsrechnung effektiver Steuersatz und -aufwand
Der Konzern hat ein Ergebnis vor Steuern von 2.000 erwirtschaftet. Davon entfallen 1.500 auf die inländische Mutter und 500 auf die ausländische Tochter. Der inländische Steuersatz (KöSt + SolZ + GewSt) beträgt 30 %, der ausländische 20.
Im inländischen Ergebnis ist ein Betrag von 300 aus Investitionszulage sowie eine nicht abzugsfähige Betriebsausgabe von 50 enthalten.
Der effektive Steueraufwand beträgt 475 und ergibt sich wie folgt:
inländisch: 30 % von (1.500 – 300 + 50) = 375
ausländisch: 20 % von 500 = 100.
Nachfolgend die Überleitungsrechnung in **absoluten** Beträgen und in **Prozenten**. Im Anhang muss nur eines dieser Formate gezeigt werden (Wahlrecht).

Überleitungsrechnung Steuersatz	
Anzuwendender Steuersatz 30 %	30,0 %
Steuerbefreiung Investitionszulage (300 / 2.000 × 30 %)	– 4,5 %
Nicht abziehbare Betriebsausgaben (50 / 2.000 × 30 %)	+ 0,75 %
Niedrigere ausländischer Steuer (30 % – 20 %) × (500 / 2.000)	– 2,5 %
Effektiver Steuersatz (Konzernsteuerquote)	23,75 %
Überleitungsrechnung Steueraufwand	
Steuern zum anzuwendenden Steuersatz von 30 %	600
Steuerbefreiung Investitionszulage (30 % × 300)	– 90
Nicht abziehbare Betriebsausgaben (30 % × 50)	+ 15
Niedrigere ausländischer Steuer ((30 % – 20 %) × 500)	– 50
Effektiver Steueraufwand	475

In der deutschen IFRS-Rechnungslegungspraxis wird fast ausschließlich die Überleitungsrechnung in **absoluten** Zahlen gewählt, im Ausland dominiert das **relative** Format (Überleitung auf den effektiven Steuersatz). Bei der „absoluten" Methode muss noch durch Division mit dem Ergebnis vor Steuern (im Beispiel 2000) die Konzernsteuerquote errechnet werden.

Auswirkungen von **Steuersatzabweichungen** (Rz 120) seien anhand des nach- **142**
folgenden Beispieles[103] dargestellt:

Beispiel

In Periode 1 wird eine Steuersatzsenkung von 50 % auf 40 % verabschiedet, die in der nachfolgenden Periode wirksam wird (1. Fall) bzw. zu einer Senkung des Steuersatzes in Periode 1 von 50 % auf 40 % führt (2. Fall). Der Bestand an passiven latenten Steuern aufgrund einer temporären Differenz von 200 beträgt zu Beginn der Periode 100 und ist in beiden Fällen aufgrund der Steuersatzänderung mit 20 aufzulösen (10 % von 200). Das handelsrechtliche Ergebnis in Periode 1 beträgt 1.000. Ein steuerliches Mehreinkommen aufgrund der Umkehrung temporärer Differenzen von 40 führt zu einem zu versteuernden Einkommen von 1.040 und damit zu laufenden Steueraufwendungen i. H. v. 520 (50 % von 1.040) und latenten Steuererträgen i. H. v. 16 (40 % von 40). Im 1. Fall ist die Überleitungsposition aus der Steuersatzänderung mit 4 zu korrigieren, da sich die passiven latenten Steuern wegen der Umkehrung der temporären Differenzen in Periode 1 mit einem Steuersatz i. H. v. 50 % realisieren.

	Bestand zum Beginn der Periode 1	**Auflösung (+)/ Zuführung (–)**		**Bestand zum Ende der Periode 1**	
		1. Fall	**2. Fall**	**1. Fall**	**2. Fall**
Passive latente Steuern	– 100	20 16	20 16	– 64	– 64
Rückstellung laufende Steuern Periode 1	0	– 520	– 416	– 520	– 416
Summe der Steuerpositionen	– 100	– 484	– 380	– 584	– 480

Steuerliche Überleitungsrechnung	**1. Fall**	**2. Fall**
Ergebnis nach IFRS vor Steuern	1.000	1.000
Anzuwendender Steuersatz	× 50 %	× 40 %
Erwarteter Steueraufwand	– 500	– 400
Steuereffekt aus der Änderung des Steuersatzes	20	20
Korrektur des Steuereffekts aus der Änderung des Steuersatzes wegen der Umkehrung temporärer Differenzen zum Steuersatz der Periode 1	– 4	0
Tatsächlicher Steueraufwand	– 484	– 380

103 Nach Dahlke/von Eitzen, DB 2003, S. 2237, S. 2239f.

143 Aus Sicht der **deutschen Besteuerung** sind folgende wesentliche Positionen im Rahmen der Überleitungsrechnung zu beachten:

- Unterschiedliche Abschreibungsverfahren für den *goodwill*, der aus einem Unternehmenszusammenschluss resultiert.
- Pauschalzuschlag für nicht abzugsfähige Betriebsausgaben auf Dividenden gem. § 8b Abs. 3 S. 1 KStG.
- Nach-Steuerausweis des Ergebnisses assoziierter Unternehmen (→ § 33 Rz 116).
- Steuerfreie Beteiligungsverkäufe und Wertaufholungszuschreibungen.
- Nicht steuerwirksame Teilwertabschreibungen und Veräußerungsverluste auf Beteiligungen an Kapitalgesellschaften.
- Generell steuerunwirksame Betriebsausgaben bzw. -einnahmen.

Ein weiterer Effekt auf die Überleitungsrechnung kann sich aus den **Besonderheiten für die aktive** Steuerlatenz ergeben (Rz 48ff.). Es geht dabei um eine eventuell geänderte Einschätzung der Wahrscheinlichkeit über die künftige **Verlustverrechnungsmöglichkeit** – z.B. wegen der in Deutschland gültigen sogenannten Mindestbesteuerung – oder einen drohenden zeitlichen Verfall. Auch eine geänderte positive Einschätzung bez. der möglichen Verlustnutzungen ist denkbar.

Sodann sind auch **aperiodische** Effekte denkbar, insbesondere aus Nachbelastungen aufgrund steuerlicher Betriebsprüfungen.

Ungeklärt nach IAS 12 ist der Grad der erforderlichen **Detaillierung** hinsichtlich der vorstehenden Berechnungsgrößen. Nach US-GAAP gilt ein Größenmerkmal von 5 % der Abweichung der tatsächlichen von der erwarteten Steuer als Aufgliederungskriterium. IAS 12 kennt keine solchen Darstellungsgrenze (*bright line*). Deshalb kann eine Entscheidung nur unter Berücksichtigung der Verhältnisse des Einzelfalles getroffen werden.[104]

144 Die unterschiedlichen Detaillierungsgrade in der **Praxis** der **deutschen** internationalen Rechnungslegung zeigen die nachstehenden Beispiele.

Beispiel für eine „schlankere" Überleitungsrechnung des Bayer-Konzerns				
	2007		2008	
	Mio. EUR	**%**	**Mio. EUR**	**%**
Erwarteter Steueraufwand (+)/-ertrag (–)	795	100	698	100
Steuerminderungen aufgrund steuerfreier Erträge				
Steuerfreie Beteiligungserträge und Veräußerungserlöse	– 2	–	– 10	– 1
Übrige	– 47	– 6	– 51	– 7

104 A. A. DAHLKE/EITZEN, VON, DB 2003, S. 2237, S. 2243, die für eine Anwendung der US-GAAP-Regel auf IFRS plädieren (vgl. das Beispiel unter Rz 140).

	2007		2008	
	Mio. EUR	**%**	**Mio. EUR**	**%**
Erstmaliger Ansatz bisher nicht angesetzter aktiver latenter Steuern auf Verlustvorträge	– 1	–	– 50	– 7
Nutzung von Verlustvorträgen, auf die zuvor keine latenten Steuern gebildet worden sind	–	–	– 11	– 2
Steuermehrungen aufgrund steuerlich nicht abzugsfähiger Aufwendungen				
Abschreibungen auf Beteiligungen	2	–	29	4
Aufwendungen im Zusammenhang mit Rechtsstreitigkeiten	10	1	18	2
Übrige	85	11	107	15
Periodenfremde Steueraufwendungen und -erträge	4	1	– 42	– 6
Steuereffekte aus Steuersatzänderungen	– 921	– 116	7	1
Sonstige Steuereffekte	3	–	– 59	– 8
Ausgewiesener Steueraufwand (+)/-ertrag (-)	**-72**	**-9**	**636**	**91**

Beispiel für eine „detailliertere" Überleitungsrechnung des Siemens-Konzerns		
	2008	2007
Erwarteter Steueraufwand	891	1.989
Erhöhung/Minderung der Ertragsteuerbelastung durch:		
Nicht abzugsfähige Betriebsausgaben inkl. ausländischer Quellensteuer	533	545
Geschäfts- und Firmenwerte sowie erworbenes Know-how aus Entwicklungsprojekten	1	– 34
Steuerfreie Erträge	– 259	– 552
Steuern für Vorjahre	– 31	– 572

	2008	2007
Veränderung in der Realisierbarkeit latenter Steueransprüche	34	– 147
Effekt Steuersatzänderung	6	323
Steuersatzunterschiede Ausland	– 86	– 310
Steuereffekt von nach der *Equity*-Methode bilanzierten Beteiligungen	– 79	– 40
Sonstiges, netto	5	– 10
Ausgewiesener Ertragsteueraufwand	**1.015**	**1.192**

145 Die 30 DAX-Unternehmen weisen für das Geschäftsjahr 2007 bzw. 2006/2007 in statistischer Aufbereitung folgenden Posten in der Überleitungsrechnung aus:[105]

		Angaben DAX-Konzerne
	Erwarteter Steueraufwand (Konzernergebnis x Steuersatz)	30
+/-	Auswirkungen abweichender Steuersätze	28
–	Steuerfreie Erträge	29
+	Nicht abzugsfähige Aufwendungen	24
+/-	Auswirkungen von *at-equity*-Bewertungen	9
+/-	Auswirkungen von Verlusten	23
+/-	Steuern für Vorjahre	23
+/-	Auswirkungen von Steuerrechtsänderungen	26
+/-	Sonstige Effekte	25
=	Ausgewiesener Steueraufwand	30

Die Überleitungsrechnung ist auch erforderlich ohne Vorliegen von latenten Steuern.

Im Übrigen wird auf die **Checkliste „Abschlussangaben"** verwiesen (→ § 5 Rz 8).

146 Wenigstens in drei Fällen können wesentliche Einflussfaktoren auf die Konzernsteuerquote im Zeitverlauf **nicht** in der Überleitungsrechnung dargestellt werden:[106]

- Änderungen der **Rechnungslegungsstandards**, soweit sie sich auf den Steueraufwand auswirken.
- Steuerrechtsänderungen mit der Auswirkung auf **laufende** Steuern, da keine fiktiven Vorjahreszahlen unter Anwendung des geänderten Rechts anzugeben sind.
- Änderungen des **Konsolidierungskreises**.

105 Nach LÜHN, KoR 2009, S. 237; die Zahlenangaben belegen die Häufigkeit der Angabe des jeweiligen Postens.

106 Vgl. LÜHN, KoR 2009, S. 244 f. Das von LÜHN gewählte Beispiel der ab 2005 nicht mehr zulässigen planmäßigen Abschreibung auf den goodwill erscheint nicht passend, da daraus eine (zusätzliche) Steuerlatenzierung entsteht, ein Überleitungsposten also gar nicht benötigt wird.

Die Überleitungsrechnung stellt einen unverzichtbaren Bestandteil zur Darstellung und Erläuterung der **Konzernsteuerquote** dar. Diese steht im Mittelpunkt der Bilanzanalyse internationaler Konzerne. Unabdingbare Voraussetzung für die Sinnhaftigkeit der Überleitung ist eine ausgeprägte Steuerlatenzrechnung, weil diese die Steuereffekte der Geschäftstätigkeit tendenziell zutreffend periodisiert. Besonderes Gewicht kommt in der Überleitungsrechnung der Darstellung steuerneutraler Sondereffekte – Superdividenden, Unternehmensverkäufe im *share deal*, hohe Geldbußen – zu. Diese Effekte schlagen sich insbesondere auch in der Zwischenberichterstattung nieder (→ § 37 Rz 24). 147
Die Konzernsteuerquote ist **definiert** als der Quotient aus Konzernsteueraufwand (tatsächlich und latent) und Konzernergebnis vor Ertragsteuern. In der Folge beeinflusst sie insbesondere das Ergebnis je Aktie (→ § 35 Rz 9ff.) als wichtige bilanzanalytische Kennzahl. Die Einflussfaktoren sind unter Rz 140ff. kommentiert.

9 Abweichungen gegenüber dem HGB, Umstellungsprobleme

Die Steuerlatenzrechnung auf der Vorgabe der IFRS bereitet erhebliche praktische (buchungstechnische und organisatorische[107]) **Probleme**. Das ist aus deutscher Sicht insbesondere durch die immer noch gültige und die Denkrichtung beeinflussende **Maßgeblichkeit** der Handels- für die Steuerbilanz bedingt, wodurch wenigstens in der Vor-BilMoG-Zeit nicht allzu viele Unterschiede zwischen handelsrechtlichem und steuerlichem Rechenwerk bestehen. Diese Unterschiede sind auch nach BilMoG i.d.R. so gestrickt, dass der handelsrechtliche Aktivansatz niedriger und der passivische höher ist als in der Steuerbilanz.[108] Das führt im Einzelabschluss regelmäßig zum **Wahlrecht** der Aktivierung einer Steuerlatenz nach § 274 Abs. 1 Satz 2 HGB. Für den Fall eines Passivüberhangs besteht nach § 274 Abs. 1 Satz 1 HGB eine Ansatzpflicht. 148

Die Steuerlatenzierung nach HGB entspricht **konzeptionell** den Vorgaben des IAS 12. Die **Unterschiede** der Steuerlatenzrechnung nach HGB und IFRS lassen sich für den **Einzel**abschluss wie folgt darstellen: 149

- Während die handelsrechtlichen Vorschriften über latente Steuern nur für Kapitalgesellschaften (und GmbH & Co.) ab dem mittelgroßen Format gelten, sind die IFRS-Vorschriften **rechtsformunabhängig**.
- Die **Saldierung** aktiver und passiver latenter Steuern ist nach Handelsrecht zulässig, hingegen nach IFRS an besondere Bedingungen geknüpft (Rz 130ff.). Andererseits erlaubt § 274 Abs. 1 Satz 3 HGB auch einen unsaldierten Ausweis.
- Die **zukünftigen Steuervorteile** aus Verlustvorträgen sind nach HGB auf die in fünf Jahren zu erwartenden Verrechnungen beschränkt (Rz 51).
- Bei einem **Überhang** der **aktiven** über die passiven Latenzen insgesamt besteht nach § 274 Abs. 1 Satz 2 HGB ein Aktivierungs**wahlrecht** (Rz 148), nach IAS 12.24 eine Aktivierungs**pflicht** (Rz 4).

---

107 Vgl. die Darstellung bei LOITZ, KoR 2003, S. 516.

108 Vgl. HOFFMANN/LÜDENBACH, NWB Kommentar Bilanzierung, 2. Aufl. 2011 § 274, Tz 47.

150 Die IFRS-Verfasser geben ausführliche Hilfen für die Steuerlatenzrechnung anhand von **Beispielen** in IAS 12.7ff. Ausgangspunkt dieser Beispielrechnungen ist der **Steuerbilanzwert (*tax base*)**. Dies ist konsequent: Denn das gewählte *temporary*-Konzept (Rz 17) beruht ja auf dem einzelpostenbezogenen **Vergleich** von IFRS- und Steuerbilanz-**Buchwerten**.

151 Diese Denkrichtung ist unmittelbar kompatibel mit der bilanzpostenorientierten **Mehr-Weniger-Rechnung**, wie sie im Alltag der deutschen Betriebsprüfung und in deren Gefolge der Konzernsteuerabteilungen praktiziert wird. Wichtig für die praktische Arbeit ist dabei, jeglichen Denkansatz bez. einer **Ergebnisauswirkung** der entsprechenden Buchungen zu unterdrücken und immer nur auf die Unterschiedsbeträge in den Bilanzposten und deren zwischenperiodischen Entwicklung zu achten.

152 Dieser Gedanke wird anhand der Beispielrechnung unter Rz 153 noch vertieft. Zunächst aber zu den IFRS-Erläuterungen zur genannten *tax base* (Rz 17), also dem **Buchwert** in der **Steuerbilanz**:

Beispiele aus IAS 12.7f.

- Eine laufende Verbindlichkeit (Beispiel: Drohverlustrückstellung) ist in der IFRS-Bilanz angesetzt, aber nicht in der Steuerbilanz. Die *tax base* beträgt 0.
- Anschaffungskosten für eine Maschine zu 100, bislang vorgenommene steuerliche Abschreibung 30, unter Voraussetzungen – z.B. volle Steuerwirksamkeit der Abschreibungen und der späteren Veräußerungserlöse etc. – beträgt die *tax base* 70.
- Eine Zinsforderung hat im IFRS-Abschluss einen Buchwert von 100, die Besteuerung erfolgt erst bei Zufluss in der Zukunft. Die *tax base* beträgt 0.
- Kundenforderungen haben einen IFRS-Buchwert von 100, der in gleicher Höhe auch in der Steuerbilanz angesetzt wird. Die *tax base* beträgt ebenfalls 100.
- Eine ausstehende Dividende von einer Tochtergesellschaft hat einen IFRS-Buchwert von 100. Die Dividende ist nicht steuerbar. Die *tax base* beträgt 100. Es besteht keine *temporary difference*.
- Eine laufende Verbindlichkeit von 100 hat einen IFRS-Buchwert von 100. Die betreffende Verpflichtung ist im steuerlichen Ergebnis berücksichtigt. Die *tax base* beträgt 100.
- In den laufenden Verbindlichkeiten ist ein Betrag von 100 für ein Bußgeld enthalten, dieses ist für steuerliche Zwecke nicht abzugsfähig. Die *tax base* beträgt 100 (es besteht keine *temporary difference*).
- Eine im Voraus erhaltene Zinsgutschrift ist im IFRS-Abschluss passiv abgegrenzt, aber bereits steuerlich bei Vereinnahmung erfasst worden. Die *tax base* beträgt 0.

Weiteres Beispiel

Die Dividende für 01 wird in 02 von der Tochter- an die Muttergesellschaft ausgeschüttet. In der IFRS-Bilanz ist der Anspruch erst in 02 zu erfassen, ebenso nach deutschem Steuerrecht (→ § 4 Rz 38f.). Die *tax base* ist 0, ebenso der IFRS-Bilanzwert. Es besteht keine *temporary difference*. Soweit die

> Dividende bei Mutter-Kapitalgesellschaften steuerfrei ist, liegt zusätzlich eine *permanent difference* (Rz 16f.) vor.

Die latenten Steuern lassen sich nach Maßgabe des folgenden **Musters**[109] berech- 153
nen:

Beispiel

Steuerlatenzen – Berechnungsmuster

	00			01		
	IFRS	**StB**	**Diff.**	**IFRS**	**StB**	**Diff.**
goodwill sonstiges immater. AV Grund und Boden Gebäude Maschinen sonstige Sachanlagen Wertpapiere sonstiges Finanzvermögen Teilgewinn langfristiger Auftrags-fertigung Pensionsrückstellung Drohverlustrückstellung sonstige Rückstellungen						
Saldo	.....	.....	b...	.....	....	a...
× Steuersatz (z.B.)			X %			Y %
= passive/aktive latente Steuern (ohne Verl.Vortr.) – Vorjahr						....
= Veränderung (= Ertrag/Aufwand)						c...
davon						
wg. Umkehrung Diff	Y % von (a – b)					.....
wg. Steuersatz	(X % – Y %) von a					.....
Ertrag/Aufwand (wie oben)						.....

> **Beispiel**
> Der Ertragsteuersatz der Tax Base GmbH beträgt im Jahr 00 60 %. Zum Jahresende 01 ist mit einem Steuersatz von 40 % zu rechnen. Unter Berücksichtigung der nachfolgenden Differenzen zwischen Steuer- und IFRS-Bilanz und der Steuersatzänderungen ergeben sich die latenten Steuern zu den Stichtagen 00 und 01 wie folgt:

109 Nach LÜDENBACH, IFRS, 6. Aufl., 2010, S. 275.

	00			01		
	IFRS	StB	Diff.	IFRS	StB	Diff.
Grund und Boden	20,0	10,0	10,0	20,0	10,0	10,0
Maschinen	0,5	0,7	– 0,2	0,4	0,5	– 0,1
Teilgewinn lfr. Auftragsfertigung	4,2	0,0	4,2	2,1	0,0	2,1
Drohverlustrückstellung	– 4,0	0,0	– 4,0	– 3,0	0,0	– 3,0
Saldo	20,7	10,7	10,0	19,5	10,5	9,0
× Steuersatz			60 %			40 %
= passive latente Steuern			6,0			3,6
Vorjahr						6,0
Veränderung						– 2,4
davon wg. Umkehrung Diff.	+ 60 % von (9,0–10,0)					– 0,6
wg. Steuersatz	– 20 % von 9,0					– 1,8
Ertrag						– 2,4

154 Außerdem ist auf die **Beispiele** für Steuerlatenzrechnungen bei der **Neubewertung** (→ § 8 Rz 89) und bei **Konsolidierungsfällen** zu verweisen (→ § 32 Rz 174 ff.; → § 31 Rz 204; → § 33 Rz 116).

Besondere **organisatorische** Vorkehrungen erfordert die **Umstellung** vom HGB auf die IFRS-Rechnungslegung (→ § 6). Hier muss praktisch dreigleisig verfahren werden – vom HGB zu IFRS mit dem Zwischenschritt durch die Posten der Steuerbilanz. Die Übergangsregeln in IFRS 1 enthalten keine Sonderregelungen für die Steuerlatenzrechnung (→ § 6 Rz 24).

10 Anwendungszeitpunkt, Rechtsentwicklung

155 IAS 12 ist für Geschäftsjahre, die am 1. Januar 2001 oder später beginnen, anzuwenden. Durch *Amendments* von anderen geänderten oder neu herausgegebenen Standards haben sich **Veränderungen** bei einzelnen Paragrafen gegenüber der ab 1. Januar 2001 gültigen Version ergeben, im Wesentlichen betreffend die **Anhangsangaben.**

Am 31.3.2009 hatte das IASB einen Standardentwurf ED/2009/2 *Income Taxes* veröffentlicht, der den IAS 12 ablösen sollte. Dieser Entwurf war zusammen mit dem FASB im Rahmen des kurzfristigen Konvergenzprojekts erarbeitet worden. Der FASB hat dann allerdings seine Bearbeitung eingestellt, um die Auswertungen der zum ED/2009/2 eingegangenen Stellungnahme abzuwarten. Diese waren zu Händen des IASB (Fristende 31.7.2009) ausgesprochen negativ ausgefallen. Das mag der Grund für die einstweilige Nichtweiterverfolgung dieses Projekts durch den IASB sein (Rz 30).

11 Zusammenfassende Praxishinweise

IAS 12 behandelt **auch** die **laufenden** Steuerschulden einschließlich der Ansprüche aus Verlustrückträgen (Rz 1–4). Hier ergibt sich keine Abweichung gegenüber den Bilanzierungsregeln nach HGB. 156

Im **Mittelpunkt** des Standards stehen die Ansprüche und Verbindlichkeiten aus der **Steuerlatenzrechnung**. Diese resultiert entsprechend dem *temporary*-Konzept (Rz 11) aus Abweichungen zwischen IFRS-Bilanz- und Steuerbilanzwert (*tax base*). Daraus folgt aus Sicht der Ergebnisrechnung ein „unpassendes" Verhältnis von Ertragsteueraufwand zum Jahresergebnis, also der Steuerquote (Rz 6).

Die Weiterentwicklung der entsprechenden Buchwerte in den künftigen Jahresabschlüssen führt dann irgendwann einmal zur **Umkehrung** dieses Effektes (Rz 6) mit entsprechender (folgerichtiger) Anpassung der Steuerquote.

Das der Steuerlatenzrechnung nach IAS 12 zugrunde liegende *temporary*-Konzept umfasst nicht nur **ergebniswirksam** gewordene Abweichungen zwischen IFRS- und Steuerbilanz, sondern auch **erfolgsneutrale**, also direkt im Eigenkapital verbuchte Wertunterschiede von Bilanzposten im Zeitverlauf. Die hierfür geforderte Steuerlatenzrechnung ist in der Konsequenz ebenfalls entweder erfolgswirksam oder direkt im Eigenkapital (erfolgsneutral) vorzunehmen (Rz 13).

Dauerhafte Unterschiede (*permanent differences*) sind bei der Steuerlatenzrechnung nicht zu erfassen, sondern nur die sogenannten Quasi-Permanenten (Rz 17f.).

Einschränkenden Voraussetzungen unterliegt der Ansatz einer **aktiven** Steuerlatenz (Rz 48ff.), zu der auch die mögliche Aktivierung eines künftigen Steuererstattungsanspruches aus einem **Verlustvortrag** gehört (Rz 51f.).

Besonderheiten ergeben sich für die Steuerlatenzrechnung im Rahmen von **Konsolidierungsbuchungen** (Rz 65ff.). Komplexe Berechnungen sind für die Steuerlatenz im Unternehmensverbund unter systematischer Trennung von *inside* und *outside basis differences* erforderlich (Rz 70ff.).

Die **Bewertung** hat mit den mutmaßlichen künftigen Steuersätzen, gegebenenfalls mit Durchschnittssätzen, zu erfolgen und das unter gebührender Beachtung des *materiality*-Grundsatzes (Rz 119). Eine **Abzinsung** kommt nicht in Betracht (Rz 128).

Es besteht eine getrennte Ausweispflicht für aktive und passive Steuerlatenzen, nur ausnahmsweise ist ein **saldierter** Ausweis zulässig (Rz 130).

In der **GuV selbst** ist der Aufwand bzw. Ertrag aus laufenden Steuern und aus der Steuerlatenzrechnung auszuweisen, soweit er auf das ordentliche Geschäft entfällt. In der GuV oder im Anhang ist der auf das **außerordentliche** Ergebnis entfallende Steueraufwand bzw. -ertrag (getrennt) darzustellen (Rz 135).

Umfangreiche Anhangsangaben sind vorgeschrieben (Rz 137ff.). Dem *materiality*-Grundsatz ist gebührende Beachtung zu schenken.

Die wichtigsten **Anhangsangaben** sind (Rz 138):

- tatsächlicher Steueraufwand,
- Aufwand aus der Steuerlatenzrechnung,
- Überleitungsrechnung vom nominellen zum effektiven Steuersatz (Konzernsteuerquote).

Bei der **Buchungstechnik** sollte tunlichst von der aus der steuerlichen Betriebsprüfungsszene bekannten Technik der Mehr-Weniger-Rechnung Gebrauch gemacht werden (Rz 151). Bei umfangreichen Rechenwerken bedarf es einer gründlichen datentechnischen Organisation (Rz 148f.).

F
Übergreifende Fragen

§ 27 WÄHRUNGSUMRECHNUNG, HYPERINFLATION

Inhaltsübersicht **Rz**

Vorbemerkung

Schrifttum: Brendle, Währungsumrechnung des goodwill aus der Kapitalkonsolidierung nach IAS 21, IRZ 2010, S. 215 ff.; Freiberg, Recycling von Währungsumrechnungsdifferenzen, PiR 2009 S. 343 ff.; Gassen/Davarcioglu/Fischkin/Küting, Währungsumrechnung nach IFRS im Rahmen des Konzernabschlusses, KoR 2007, S. 171 ff.; Lienau, Die Bilanzierung latenter Steuern bei der Währungsumrechnung nach IFRS, PiR 2008, S. 7 ff.; Lingner, Währungsumrechnung selbstständiger ausländischer Einheiten bei der Erst- und Folgekonsolidierung, PiR 2005, S. 99 ff.; Lüdenbach, Berichtswährung und funktionale Währung bei einer Holding-Struktur, PiR 2010, S. 182 ff.; Lüdenbach, Währungsdifferenzen und Währungssicherung im mehrstufigen Konzern, PiR 2008, S. 292 ff.; Plein, Die Eliminierung von Effekten aus Wechselkursänderungen bei indirekt erstellten Kapitalflussrechnungen, WPg 1998, S. 10 ff.

Vorbemerkung

Die Kommentierung bezieht sich auf IAS 21 und IAS 29 in der aktuellen Fassung und berücksichtigt alle Ergänzungen, Änderungen und Interpretationen, die bis zum 1.1.2011 beschlossen wurden. Einen Überblick über ältere Fassungen sowie über diskutierte oder schon als Änderungsentwurf vorgelegte künftige Regelungen enthält Rz 86.

1 Zielsetzung, Regelungsinhalt und Begriffe

1.1 Ziel und Inhalt von IAS 21, Verhältnis zu IAS 39 und IAS 29

IAS 21 regelt die **Umrechnung** von 1
- Geschäftsvorfällen in fremder Währung im **Einzelabschluss** (Rz 12ff.) sowie
- ausländischen Abschlüssen im Rahmen der Konsolidierung für den **Konzernabschluss** (Rz 25ff.).

Fragen der Währungsumrechnung werden daneben in **IAS 39** unter dem Gesichtspunkt der Bilanzierung von **Fremdwährungsderivaten** sowie der Berücksichtigung von **Sicherungszusammenhängen** ***(hedge accounting)*** behandelt. Beide Aspekte sind aus dem Anwendungsbereich von IAS 21 ausgenommen (IAS 21.3a). Sofern ein Sicherungszusammenhang vorliegt, berührt dieser im Allgemeinen die Umrechnung des Grundgeschäftes (z. B. Fremdwährungsforderungen) nicht. Gegebenenfalls können sich aber Auswirkungen auf die erfolgswirksame oder erfolgsneutrale Behandlung von Umrechnungsdifferenzen ergeben (→ § 28 Rz 250ff.). Für die Umrechnung konsolidierungsbedingter Währungsdifferenzen wird auf Rz 65 verwiesen. 2

Die Umrechnung von *cash flows* in fremder Währung für Zwecke der Kapitalflussrechnung unterliegt ebenfalls nicht IAS 21 (IAS 21.7), sie ist in IAS 7.25ff. geregelt (→ § 3 Rz 95).

IAS 29 behandelt die kaufkraftorientierte Rechnungslegung in Ländern mit **Hochinflation** (bzw. Hyperinflation) mit dem Ziel der **Scheingewinneliminierung**. Aus der Sicht des deutschen Anwenders sind diese Regelungen nur insoweit relevant, als es um zu konsolidierende Beteiligungsunternehmen in Hochinflations-Ländern geht. In derartigen Fällen ist die Bilanz des Beteiligungsunternehmens zunächst um die Inflationseffekte zu bereinigen und erst anschließend die Währungsumrechnung durchzuführen (Rz 71ff.). 3

1.2 Anwendungsbereiche von IAS 21

1.2.1 Umrechnung von Geschäften in fremder Währung

Erster Anwendungsbereich von IAS 21 ist die Umrechnung von **Geschäften** in fremder Währung. Es geht hierbei um Fälle, in denen Ein- oder Ausgangsleistungen in fremder Währung fakturiert sind, sowie um Fälle der Aufnahme oder Gewährung von Darlehen in fremder Währung usw. Bei derartigen Geschäftsvorfällen stellt sich die Frage, wie Wechselkursänderungen nach dem Erstverbuchungszeitpunkt in Bilanz und GuV zu erfassen sind. 4

Als **Grundregel** gilt (Rz 12ff.): 5
- Umrechnung **nichtmonetärer** Bilanzposten (z. B. Sachanlagevermögen) zum **Erstverbuchungskurs**;
- Umrechnung **monetärer** Bilanzposten (z. B. Forderungen) zum **Kurs** des jeweiligen **Bilanz**stichtages mit **erfolgswirksamer** Verbuchung der Kursdifferenzen.

Wichtige **Ausnahmen** sind unter Rz 18ff. dargestellt.

1.2.2 Umrechnung von Abschlüssen ausländischer Beteiligungsunternehmen, Niederlassungen usw.

6 Zweiter Anwendungsbereich von IAS 21 ist die **Konsolidierung** von ausländischen Tochterunternehmen, Gemeinschaftsunternehmen oder assoziierten Unternehmen. Bei der Einbeziehung dieser Unternehmen in den Konzernabschluss (aber auch bei der Übernahme der Buchhaltungszahlen einer selbstständigen ausländischen Niederlassung) müssen Bilanz- und GuV-Zahlen in die **Berichtswährung des Konzerns** „übersetzt" werden (Rz 25 ff.).

7
- Die Umrechnung von **monetären** Posten erfolgt dabei zu Stichtagskursen.
- Die Umrechnung **nichtmonetärer** Posten sowie die Behandlung von Umrechnungsergebnissen (GuV-wirksam oder erfolgsneutral) folgt hingegen der sogenannten **funktionalen Theorie der Währungsumrechnung** (Rz 8 ff. und 25 ff.). Hiernach hängt die Währungsumrechnung davon ab, ob die ausländische Einheit weitgehend selbstständig oder lediglich „verlängerter Arm" der Konzernmutter ist, ob ihre funktionale Währung die eigene Landeswährung oder die des Mutterunternehmens ist.

1.3 Darstellungswährung und funktionale Währung

8 IAS 21.8 definiert zwei Währungsbegriffe:

- **Funktionale Währung** ***(functional currency)*** als Währung der primären operativen Umwelt des Unternehmens/Konzerns.
- **Berichts- oder Darstellungswährung (*presentation currency*)** als Währung, in der der Einzel- oder Konzernabschluss präsentiert wird.

Bei einem deutschen Unternehmen oder einem Konzern mit deutschem Mutterunternehmen ist der **Euro** regelmäßig sowohl funktionale als auch Berichtswährung.

Eine Pflicht zur Wahl des Euro als Berichtswährung ergibt sich aus IAS 21 nicht (IAS 21.19 und 38 sowie IAS 21.BC13). Allerdings schreibt § 315a Abs. 1 HGB i. V. mit § 298 Abs. 1 und § 244 HGB für die Erfüllung der inländischen gesetzlichen Bilanzierungspflicht den **Euro als Berichtswährung** vor. Ein Unternehmen/Konzern kann aber daneben freiwillig (z.B. für *benchmarking*-Zwecke) oder aus rechtlichen Gründen (z.B. für die Berichterstattung an ausländischen Börsen oder für ausländische Emissionsprospekte) seinen Abschluss in einer anderen Währung (z.B. USD) präsentieren. Die in diesem Fall erforderliche Umrechung von funktionaler Währung (Euro) in Berichtswährung (z.B. USD) folgt gem. IAS 21.38 ff. den Regelungen zur Umrechnung selbstständiger ausländischer Einheiten (Rz 45 ff.).

9 Ausnahmsweise kann auch bei einem **deutschen** Unternehmen oder einem **Konzern** mit **deutschem Mutterunternehmen** als **funktionale Währung** insgesamt eine **ausländische** anzusehen sein. Die Darstellung in der gesetzlich vorgesehenen Berichtswährung „Euro" ist dann den Regeln der Fremdwährungsumrechnung unterworfen. Betroffen sind vor allem **Holdingstrukturen**.

Beispiel[1]

Die *China Tea and Food AG* (C) mit Sitz und Börsennotierung (amtlicher Markt) in Frankfurt hat zwei chinesische Tochtergesellschaften. Diese produzieren in China auf gepachtetem Land mit örtlichen Arbeitskräften und einheimischen Maschinen und Werkzeugen Tee, Kräuter und diverse andere als gesund geltende Lebensmittel.

Der Verkauf erfolgt überwiegend nach Europa. Fakturiert wird nicht nur in chinesischer Währung (RMB), sondern zu einem nicht unwesentlichen Teil auch in Euro. Basis ist aber jeweils die Preisliste in RMB, die unter Berücksichtigung der Produktionskosten, aber auch der chinesischen Wettbewerber aufgestellt ist. Bei Fakturierung in Euro wird der (um Mengenrabatte etc. adjustierte) Betrag gem. RMB-Preisliste nach den Verhältnissen des Wechselkurses zum Auftragszeitpunkt in Euro umgerechnet. Die Funktion der C für den Konzern beschränkt sich auf die Finanzierung. Ihr satzungsmäßiger Zweck ist Erwerb/Gründung, Halten und Veräußern von Beteiligungen. Durch den Börsengang und die Emission einer Euro-Anleihe beschaffte Mittel wurden in die chinesischen Tochterunternehmen investiert. Sowohl die Produktion als auch der Vertrieb werden ausschließlich von den Tochterunternehmen organisiert.

Börsengang, Anleihenemission und Investition in die Tochterunternehmen fanden Ende 01 statt. Seitdem hat sich der Kurs des Euro gegenüber dem der chinesischen Währung (RMB) deutlich verschlechtert.

Beurteilung

- Der **Euro** ist **Darstellungswährung** des Konzernabschlusses nach § 315a Abs. 1 HGB i.V.m. § 244 HGB.
- Die Bestimmung der funktionalen Währung erfolgt **nicht aggregiert** für den Konzern als Ganzes, sondern **jeweils einzeln** für das Mutterunternehmen und seine ausländischen Einheiten (*foreign operations*) (IAS 21.17 und 21.11). Der RMB ist funktionale Währung der Tochterunternehmen der C, weil die relevanten **Beschaffungskosten** (Personal, Pachten usw.) in **RMB** anfallen, die **Ausgangsleistungen** zwar in Euro fakturiert werden, die Kalkulation aber auf Basis der **Wettbewerbslage** (*competitive forces*) im RMB-Währungsraum erfolgt (IAS 21.9(a)).
  Funktionale Währung der C ist wegen des in IAS 21.12 bestimmten Vorrangs von IAS 21.9 von IAS 21.10 ebenfalls der RMB, da die von der C erwarteten Einnahmen ausschließlich von der Entwicklung der chinesischen Töchter abhängen, die Qualifikation des RMB als für die Töchter relevante Währung somit durchschlägt.
- Folgerung: **Monetäre Euro-Posten** sind daher auf Ebene der für die Konsolidierung benötigten Einzelbilanzen nach den Regeln zur Umrechnung von Fremdwährungsgeschäften **erfolgswirksam** in RMB umzurechnen (Rz 8). Ein sinkender Kurs des Euro führt hier bei den Euro-Anleihen der C AG zu Kursgewinnen. Die Umrechnung aus dem RMB als funktionaler Währung der C und ihrer Töchter in den Euro als Darstellungs-

[1] Nach LÜDENBACH, PiR 2010, S. 182ff.

> währung ist erfolgsneutral vorzunehmen (IAS 21.39). Die zuvor im RMB-Abschluss enthaltenen Kursgewinne (oder -verluste) aus Geschäftsvorfällen in Euro werden dadurch nicht storniert, sondern lediglich in **anderer Währungseinheit ausgedrückt.**

Anders als im vorstehenden Fallbeispiel lässt sich die funktionale Währung einer Holding dann nicht unmittelbar aus den Verhältnissen der Tochterunternehmen ableiten, wenn diese selbst in **unterschiedlichen** Ländern tätig sind und untereinander unterschiedliche funktionale Währungen haben. Die Bestimmung der funktionalen Währung der Holding bleibt dann hoch ermessensbehaftet.[2]

10 Tochterunternehmen in **Hochinflationsländern** (Rz 71 ff.) dürfen ihren Abschluss i.d.R. nicht in der Hartwährung des Mutterunternehmens (oder einer anderen Hartwährung) aufstellen, sondern haben zunächst eine Inflationsbereinigung in eigener Währung durchzuführen, bevor die normale Währungsumrechnung im Rahmen der Konsolidierung vorgenommen wird (IAS 21.IN8).

1.4 Währungsumrechnung in der neuen Terminologie der funktionalen Theorie, ein Vergleich mit IAS 21 (1993)

11 IAS 21 (1993) (Rz 86) unterschied die Umrechnung von

- Fremdwährungsgeschäften (erfolgswirksam),
- integrierten ausländischen Einheiten (erfolgswirksam),
- selbstständigen ausländischen Einheiten (erfolgsneutral).

Die Umrechnung **integrierter** ausländischer Einheiten ist in der ab 2005 geltenden Neufassung von IAS 21 nicht mehr erwähnt, aber gleichwohl ohne materiellen Unterschied gegenüber IAS 21 (1993) geregelt. Die scheinbare Abweichung beruht lediglich auf einer **terminologischen Neupositionierung** in IAS 21, deren Fixpunkt der Begriff der **funktionalen Währung** ist.

Danach gilt als Fremdwährung nur noch die Währung, die mit der funktionalen Währung nicht identisch ist (IAS 21.8). Regelungsinhalt von IAS 21 (2005) ist dann gem. IAS 21.3:

- die erfolgswirksame Umrechnung von Geschäften und Salden in fremder Währung in die funktionale Währung sowie
- die erfolgsneutrale Umrechnung ausländischer Einheiten für den Konzernabschluss,
- daneben außerdem die Umrechnung in eine abweichende Berichtswährung.

Die **integrierte** ausländische Einheit ist dadurch charakterisiert, dass ihre **funktionale Währung** diejenige des Konzerns ist. Umgekehrt stellt die **lokale Währung** der integrierten ausländischen Einheit aus funktionaler Sicht eine **Fremdwährung** dar. Alle in lokaler Währung getätigten Geschäfte gelten deshalb als Fremdwährungsgeschäfte. Nach IAS 21.17 muss folglich die integrierte ausländische Einheit bereits vor der eigentlichen Konsolidierungsphase, technisch gesprochen schon in der IFRS-Bilanz II (in der die Anpassung an konzerneinheitliche Bilanzierungsvorschriften erfolgt), die Umrechnung in die funktionale Währung nach den Grundsätzen der Umrechnung von Fremdwährungsgeschäf-

2 Vgl. Agenda Decision des IFRIC im IFRIC-Update März 2010.

ten vornehmen. Eine Umrechnung für Konsolidierungszwecke (d.h. eine in der Konzernwährung erstellte IFRS-Bilanz III) ist dann nicht mehr erforderlich:[3]

Beispiel

Die Software GmbH hält 100 % der Anteile an einer unselbstständigen **indischen Softwareentwicklungsgesellschaft.** Die indische Gesellschaft ist ausschließlich für die GmbH tätig und in deren Cash Pool eingebunden. Entwicklungsleistungen werden in Euro fakturiert. In Rupien fallen die örtlichen Löhne und Mieten an. Funktionale Währung der indischen Gesellschaft ist der Euro.

- Mit der Zahlung der Löhne und Mieten in Rupien tätigt die indische Gesellschaft Fremdwährungsgeschäfte(!). Verbindlichkeiten aus Löhnen, Lohnsteuern, Sozialabgaben usw. sind Fremdwährungsverbindlichkeiten(!).
- Die Fakturierung der Entwicklungsleistungen gilt hingegen nicht als Fremdwährungsgeschäft. Die daraus resultierenden Euro-Forderungen sind **keine** Fremdwährungsforderungen.

Die Währungsumrechnungsaufgabe kann nun **auf zwei** Arten bewältigt werden:

1. Theoretisch bevorzugtes Vorgehen

Stellt die indische Gesellschaft ihren IFRS-Einzelabschluss II bereits in der funktionalen Währung Euro auf, ist eine Umrechnung für Konsolidierungszwecke nicht mehr erforderlich.

Fremdwährungsverbindlichkeiten (Löhne, Lohnsteuer usw. in Rupie) werden einzelbilanziell erfolgswirksam zum Stichtagskurs umgerechnet. Die Umrechnung des korrespondierenden Aufwands erfolgt zum Kurs des Entstehungstages oder zu Durchschnittskursen.

2. Praktisch dominierendes Vorgehen

Die indische Gesellschaft bilanziert in Rupie.

Bei der Umrechnung des Einzelabschlusses für Konsolidierungszwecke werden die Verbindlichkeiten aus Löhnen, Lohnsteuer usw. erfolgswirksam zum Stichtagskurs in Euro umgerechnet (wie oben). Die Umrechnung des entsprechenden Aufwands erfolgt zu Transaktions-, ggf. zu Durchschnittskursen (ebenfalls wie oben).

Eine konzernbilanzielle Umrechnung von der IFRS-Bilanz II zur IFRS-Bilanz III ist nur noch für selbstständige ausländische Einheiten notwendig, deren funktionale Währung sich von der des Konzerns unterscheidet. Da die Vorschriften zur Umrechnung von Fremdwährungsgeschäften schon bisher inhaltlich den Vorschriften für die Umrechnung integrierter Einheiten entsprachen, führt die terminologische Neuorientierung zu **keinen materiellen Änderungen**. Die Neufassung von IAS 21 behält den zutreffenden Aussagen des IASB in

[3] „It follows, that it is not necessary, to translate the results and financial position of an integral foreign operation when incorporating them into the financial statements of the parent – they will already be measured in the parents functional currency." (IAS 21.BC7).

IAS 21.IN3 zufolge den Grundansatz *(fundamental approach)* des Vorgängerstandards bei.
Die Neukonzeption zeichnet eine gewisse theoretische Eleganz aus, da sie mit weniger Fallunterscheidungen und weniger Redundanzen auskommt. Der Praxis wird aber schwer zu vermitteln sein, dass eine integrierte Tochtergesellschaft in den USA, die ihre Löhne in USD zahlt, damit ein Fremdwährungsgeschäft tätigt, da nunmehr der Euro und nicht der USD ihre funktionale Währung darstellt. Die Praxis sieht eine Umrechnung in den Euro eher als eine konzernbilanzielle Aufgabe (IFRS-Bilanz III) an. Die **nachfolgende Kommentierung** orientiert sich daher gliederungstechnisch (nicht in den behandelten Einzelregelungen) an den bisherigen praxistauglichen und dem Sprachgebrauch entsprechenden Unterscheidungen.[4]
Eine **Gegenüberstellung der alten und der neuen Konzeption** ist in Tabelle 1 enthalten. Sie enthält auch die bisher in SIC 19 behandelte Umrechnung von der funktionalen in eine abweichende Berichtswährung, die nunmehr in IAS 21 integriert ist.

	Umrg. Fremdwährungsgeschäfte	Umrg. unselbst. ausländ. Einheit	Umrg. selbst. ausländ. Einheit	Umrg. funktionale in Berichtswährung
IAS 21 (1993)	21.8ff.	21.23ff.	21.30ff.	SIC 19
IAS 21 (2005)	21.27ff. ——→		21.38ff. 21.44ff.	21.38ff.

Tab. 1: IAS 21 (1993) und IAS 21 (2005) im Vergleich

2 Umrechnung von Geschäften in fremder Währung

2.1 Erstverbuchung

12 Bei der Fakturierung von Umsätzen in fremder Währung, dem Erwerb von Gütern oder Dienstleistungen in fremder Währung, der Gewährung oder Aufnahme von Darlehen in fremder Währung usw. erfolgt die **Erstverbuchung** in der funktionalen Währung durch Umrechnung mit dem **Wechselkurs am Tag** der Transaktion (IAS 21.21). Die Verwendung eines Wochen- oder Monats-**Durchschnittskurses** für alle Transaktionen der betreffenden Periode ist zulässig, sofern der Wechselkurs nicht in signifikanter Weise schwankt (IAS 21.22). Aus praktischen Gründen ist bei nicht zu großen Schwankungen auch gegen die Verwendung des **Endkurses** der **Vorperiode** (Woche oder Monat) für die Buchungen der laufenden Periode nichts einzuwenden.
Tag der Transaktion ist nicht das Datum der Rechnungsstellung, sondern bei erhaltenen oder geleisteten Warenlieferungen oder Diensten der Tag der **Leis-**

[4] Ausführlich zur funktionalen Theorie und zur Frage, ob bereits IAS 21 (1993) diesem Konzept verpflichtet war: KÜTING/WIRTH, 2003, S. 376ff.

tungserbringung, bei Warenlieferungen also etwa der Tag des Übergangs des wirtschaftlichen Eigentums.

2.2 Folgebewertung monetärer Bilanzposten zum Stichtagskurs

Monetäre Bilanzposten, d. h. neben Zahlungsmitteln und Zahlungsmitteläquiva- 13
lenten alle Vermögenswerte und Schulden, die zu einem festen oder bestimmbaren Geldeingang oder Geldausgang führen (IAS 21.8), sind zu jedem Bilanzstichtag unter Verwendung des **Stichtagskurses** umzurechnen (IAS 21.23a). Anders als im Handelsrecht ist dabei keine Begrenzung nach oben auf die Anschaffungskosten (Aktiva) bzw. nach unten auf den Rückzahlungsbetrag (Passiva) gegeben. Hierzu folgendes Beispiel:

Beispiel
Aufnahme eines Darlehens von 90 USD beim Kurs USD/EUR von 0,9. Der Stichtagskurs beträgt 1,0 USD/EUR.
Erstverbuchung: 90/0,9 = 100 EUR.
Stichtagsumrechnung: 90/1,0 = 90 EUR (handelsrechtlich: weiterhin 100 EUR, da Höchstwertprinzip für Verbindlichkeiten).
Variante
Vergabe eines Darlehens von 90 USD beim Kurs USD/EUR von 0,9. Der Stichtagskurs beträgt 0,8 USD/EUR.
Erstverbuchung: 90/0,9 = 100 EUR.
Stichtagsumrechnung: 90/0,8 = 112,5 EUR (handelsrechtlich: weiterhin 100 EUR, da Niederstwertprinzip für Forderungen).

Bei als **veräußerbare Werte** (*available-for-sale assets*) qualifizierten Fremdkapitalinstrumenten ist das Umrechnungsergebnis nur zum Teil erfolgswirksam:

- Soweit die Wertänderung in fremder Währung auf die Amortisation von Disagien, Anschaffungsnebenkosten etc. entfällt und somit erfolgswirksamen Zinscharakter hat (→ § 28 Rz 155), ist der entsprechende Umrechnungserfolg ebenfalls in der GuV zu berücksichtigen.
- Soweit die Wertänderung in fremder Währung auf die Änderung der Bonitätseinschätzung, des Marktzinsniveaus etc. entfällt und damit erfolgsneutral behandelt wird, ist der entsprechende Umrechnungserfolg ebenfalls erfolgsneutral (IAS 39.AG83).

Bei als veräußerbare Werte qualifizierten Eigenkapitalinstrumenten (nichtmonetärer Posten) ist eine derartige Differenzierung nicht notwendig (Rz 19).

2.3 Folgebewertung nichtmonetärer Bilanzposten

2.3.1 Abgrenzung von monetären Posten

Zu den nichtmonetären Posten rechnen neben einfach zu qualifizierenden Fällen 14
wie **Sachanlagen, immateriellen Vermögenswerten, *goodwills*** und **Vorräten** auch folgende Posten:

- erhaltene und geleistete **Anzahlungen** (IAS 21.16),[5] es sei denn, sie befinden sich wegen Leistungsstörung im Rückabwicklungsstadium und sind daher nicht mehr Sachverbindlichkeit bzw. Sachforderung, sondern Geldverbindlichkeit bzw. Geldforderung,
- sonstige **Sachleistungsforderungen** und sonstige **Sachleistungsverbindlichkeiten,**
- **Abgrenzungsposten,** z. B. für vorausbezahlte Mieten (IAS 21.16) einschließlich der Abgrenzungsposten für erhaltene Investitionszuwendungen,
- **Eigenkapital.**

15 **Rückstellungen** sind im Allgemeinen als monetärer Posten zu qualifizieren. Überwiegt der Sachleistungscharakter (Gewährleistungen usw.), ist eine andere Beurteilung geboten (IAS 21.16).

Aktien, GmbH-Anteile usw. gelten gem. IAS 39.IGE.3.3. als nichtmonetäre Posten (Rz 17 und 18). Es besteht, anders als in IAS 21.16 für monetäre Posten gefordert, **kein Recht auf Erfüllung** in Geld oder in *assets* mit einem bestimmbaren *fair value*.

2.3.2 Regelfall: Keine Stichtagsumrechnung nichtmonetärer Posten

16 **Nichtmonetäre Posten**, die zu (fortgeführten) Anschaffungs- oder Herstellungskosten zu bewerten sind, werden zum Stichtag nicht umgerechnet. Maßgeblich bleibt der Kurs am Tag der **Erstverbuchung** (IAS 21.23b). Die wörtliche Bestimmung, dass die Umrechnung zu Einstandskursen erfolge, ist formal richtig, aber inhaltlich irreführend. Tatsächlich findet z. B. bei Maschinen, die in fremder Währung angeschafft wurden, nur eine einzige Umrechnung zum Erwerbszeitpunkt statt. Zum späteren Bilanzstichtag wird nicht mehr umgerechnet.

17 Für Eigenkapitalinstrumente (Aktien usw.) ist der Kurs der Erstverbuchung jedoch nur dann maßgeblich, wenn der *fair value* nicht bestimmbar ist und deshalb die Bewertung hilfsweise zu Anschaffungskosten erfolgt (→ § 28 Rz 110).

2.3.3 Sonderfall: *fair-value*-Ansatz (Finanzinstrumente usw.), Zweifelsfall Niederstwertansatz (Anlagen, Vorräte)

18 Für nichtmonetäre Posten, die mit ihrem **beizulegenden Zeitwert** (*fair value*) bewertet werden, sieht IAS 21.23c eine Umrechnung zum **Stichtagskurs** vor. Bedeutung hat diese Regel vor allem für **Anteile** und **Beteiligungen** (Rz 15), daneben für zum *fair value* angesetzte Renditeliegenschaften (*investment properties*; → § 16 Rz 43). Zu Anteilen folgendes Beispiel:

> **Beispiel**
> Ein Unternehmen hat im Januar 01 100 US-Aktien zu einem Börsenkurs von 9 Dollar je Aktie erworben. Der USD/EUR-Kurs zum Anschaffungszeitpunkt betrug 0,9. Die Anschaffungskosten von 100 × 9 USD = 9.000 USD entsprechen somit zum Erstverbuchungszeitpunkt 9.000/0,9 = 10.000 EUR.

[5] Zur Abgrenzung zwischen nichtmonetären Anzahlungen (prepayments) und monetären Sicherungsleistungen Ernst & Young, International GAAP 2010, Tz. 13 s3.2.4.

> Zum Bilanzstichtag notiert die Aktie mit 9,5 Dollar. Der USD/EUR-Kurs beträgt nun 1,0. Die Aktien sind gem. IAS 39 zum Stichtag mit dem *fair value* anzusetzen (→ § 28). Er beträgt 9.500 USD. Die Umrechnung erfolgt zum Stichtagskurs also mit 9.500/1,0 = 9.500 EUR.

Die Wertänderung in fremder Währung nominierter Eigenkapitalinstrumente ist erfolgsmäßig einheitlich zu behandeln. Bei als veräußerbare Werte *(available-for-sale assets)* qualifizierten Anteilen (→ § 28 Rz 147ff.) ist daher **keine** Unterscheidung in Kurs- und Währungsergebnis notwendig. Die saldierte Wertänderung ist erfolgsneutral in das Eigenkapital einzustellen (IAS 39.AG83). Zur abweichenden Behandlung bei Fremdkapitalinstrumenten vgl. Rz 13. 19

Fraglich könnte sein, wie Fälle zu behandeln sind, in denen **Anlagevermögen** 20
oder **Vorräte außerplanmäßig** abgeschrieben werden. Einerseits sind nicht mehr die AK/HK maßgeblich (keine Anwendung von IAS 21.23b). Andererseits entspricht der unter den Anschaffungskosten liegende erzielbare Betrag von Sachanlagen nach IAS 36 (→ § 11 Rz 26ff.) bzw. der unter den Anschaffungskosten liegende Netto-Veräußerungswert von Vorräten nach IAS 2 (→ § 17 Rz 29) nicht oder nur zufällig dem beizulegenden Zeitwert (keine wörtliche Anwendung von IAS 21.11c). Eine Regelungslücke entsteht hieraus jedoch nicht; denn nach IAS 21.25 ist der **Niederstwert** wie folgt zu bestimmen:

- Umrechnung der (fortgeführten) AK/HK mit dem Erstverbuchungskurs,
- Umrechnung des erzielbaren Betrages bzw. Nettoveräußerungswertes mit dem aktuellen Kurs.
- Ansatz des niedrigeren der beiden Werte.

Diese Regelung macht nur Sinn, wenn der Erlös oder sonstige Nutzen aus dem Vermögenswert in der fremden Währung anfällt.

> **Beispiel**
> Das Handelsunternehmen H hat Edelmetalle für 1.000.000 USD = 1.000.000 EUR erworben und beabsichtigt, sie nach dem Stichtag für 1.050.000 USD zu veräußern. Zwischen Transaktionstag und Stichtag hat der Dollar 10 % gegenüber dem Euro verloren.
> Historische Kosten: 1.000.000 USD = 1.000.000 EUR
> Nettoveräußerungswert: 1.050.000 USD = 945.000 EUR.
> Ansatz: 945.000 EUR
>
> **Variante**
> Die Weiterveräußerung soll zu 975.000 EUR erfolgen.
> Der Nettoveräußerungswert ist originär in Euro bestimmt. Eine Umrechnung ist weder notwendig noch sinnvoll.
> Ansatz: 975.000 EUR

Wenn, wie bei **Sachanlagen** der Regelfall, die Niederstwerte primär **absatzmarktorientiert** zu ermitteln sind und deshalb der Fremdwährungs-(Beschaffungs-)Markt irrelevant ist, kommt dem Stichtagskurs und damit den Regelungen von IAS 21.23c und IAS 21.25 keine Bedeutung zu. 21

Beispiel
Eine regionale deutsche Fluggesellschaft hat im Januar 01 ein Flugzeug in den USA für 900.000 USD = 900.000 EUR erworben und schreibt es auf 5 Jahre linear ab. Zum Bilanzstichtag 31.12.02 ist wegen einer Krise der Luftfahrtindustrie eine mögliche außerplanmäßige Abschreibung indiziert. Die Abschreibung kann nur dann unterbleiben, wenn Nettoveräußerungswert und/oder Nutzungswert nicht unter dem Buchwert von 800.000 EUR liegen.

- Der **Nettoveräußerungswert** (***fair value less costs to sell***) bestimmt sich aus den Preisen des Gebrauchtflugzeugmarktes. Gibt es einen europäischen Markt, in dem Gebrauchtflugzeuge in Euro fakturiert werden, ist der Dollar-Stichtagskurs nicht unmittelbar relevant, da der Nettoveräußerungspreis i.S.v. IAS 36 auf den Absatzmarkt (für Gebrauchtflugzeuge) und nicht auf den Beschaffungsmarkt (für Neuflugzeuge) abstellt.
- Der **Nutzungswert** (***value in use***) ergibt sich aus den abgezinsten zukünftigen Erträgen des Flugzeuges. Der Nutzungswert könnte zufällig mit dem Dollarkurs im Zusammenhang stehen, wenn die Erträge und laufenden Kosten überwiegend in Dollar anfielen. In diesem Fall würde aber der zukünftige und nicht der stichtagsbezogene Dollarkurs interessieren.

Eine Umrechnung eines „Dollar-Niederstwertes" in Euro findet somit überhaupt nicht statt.

22 Wie der Niederstwert von Anlagevermögen wird auch der Niederstwert von Vorräten nach IFRS nicht beschaffungsmarktorientiert ermittelt. Nur zufällig, wenn die in fremder Währung angeschafften Vorräte auch in dieser fremden Währung (nach oder ohne Weiterverarbeitung) weiterveräußert werden sollen, ist der Stichtagskurs der fremden Währung von Bedeutung.

2.4 Behandlung der Umrechnungsdifferenzen

2.4.1 Grundregel: Erfolgswirksame Behandlung

23 Umrechnungsdifferenzen zwischen Erst- und Folgebewertung sowie zwischen vorherigem und jetzigem Bilanzstichtag sind **erfolgswirksam** zu erfassen (IAS 21.15). Wird z.B. eine Maschine auf Ziel in Dollar angeschafft und ist die Verbindlichkeit zum Stichtag noch nicht beglichen, so ist die sich bei der Verbindlichkeit ergebende Umrechnungsdifferenz nicht etwa als Änderung der Anschaffungskosten des Anlagevermögens zu behandeln, sondern als Aufwand oder Ertrag in der GuV.

2.4.2 Sonderfall: Umrechnung bei erfolgsneutraler Neu- und Zeitbewertung

24 Bestimmte Bewertungsergebnisse sind nach IAS 16 und IAS 38 sowie nach IAS 39 **erfolgsneutral** in das Eigenkapital einzustellen, und zwar Ergebnisse aus der

- **Neubewertung von Sachanlagen** (*revaluation*; → § 8 Rz 72ff.) und
- **Zeitbewertung von veräußerbaren Werten** (*available-for-sale assets*; → § 28 Rz 147ff.).

Nach IAS 21.22c sind in diesen Fällen auch nonmonetäre Vermögenswerte nicht mehr mit dem Einstandskurs fortzuführen, sondern mit dem Kurs zum Zeitpunkt der Feststellung des Neu- bzw. Zeitwertes. Die dabei entstehende Differenz zum bisherigen Umrechnungskurs teilt nach IAS 21.30 das Schicksal der Grundbewertung. Da das Ergebnis der Grundbewertung erfolgsneutral im Eigenkapital zu berücksichtigen ist, muss auch die **Umrechnungsdifferenz erfolgsneutral** dort eingestellt werden (vgl. Rz 13).

3 Umrechnung von ausländischen Abschlüssen im Konzernabschluss

3.1 Theorie und Praxis der Währungsumrechnung

3.1.1 Funktionale Theorie

Für Zweckeeines in Euro aufzustellenden Konzernabschlusses müssen die Abschlüsse konsolidierungspflichtiger ausländischer Tochterunternehmen, assoziierter Unternehmen, Gemeinschaftsunternehmen *(joint ventures)* oder Niederlassungen mit Einzelabschlüssen in fremder Währung in Euro umgerechnet werden. Die Art der Umrechnung und ihre erfolgsmäßige Behandlung hängen gem. der **funktionalen Theorie** von der wirtschaftlichen Selbstständigkeit des konsolidierungspflichtigen Teils ab. Zu unterscheiden ist dabei 25

- zwischen wirtschaftlich **selbstständigen** Einheiten, deren Geschäftstätigkeit kein **integrierter Bestandteil** der Tätigkeit des Konzerns ist, und
- **unselbstständigen** ausländischen Einheiten, die in den Geschäftsbetrieb des Konzerns **integriert** sind.

Nach der **funktionalen Theorie der Währungsumrechnung** rechtfertigt sich die Unterscheidung wie folgt: Ist die ausländische Einheit überwiegend in lokaler Währung (oder sonstiger Drittwährung) tätig und finanziert sie sich überwiegend aus eigenen Mitteln oder jedenfalls nicht aus Fremdkapitalaufnahmen in Konzernwährung, so reagiert der operative *cash flow* dieser Einheit nur wenig auf Währungsschwankungen. Die ausländische Einheit gilt dann als **selbstständige Teileinheit** und wird zum Stichtagskurs erfolgsneutral konsolidiert, d.h. von ihrer eigenen funktionalen Währung (lokale Währung) in die abweichende funktionale Währung des Konzerns (i.d.R. zugleich Berichtswährung des Konzerns) umgerechnet. Im umgekehrten Fall, wenn die ausländische Einheit nur ein **„verlängerter Arm“** ist, d.h. ihre lokale Währung nicht ihre funktionale Währung darstellt, wird entsprechend der Behandlung eigener Fremdwährungsgeschäfte der Mutter eine **erfolgswirksame** Umrechnung in die funktionale Währung des Konzerns vorgenommen (Währungsumrechnung als Bewertungsvorgang). 26

Zur Bestimmung der funktionalen Währung und damit aus Sicht der Praxis (Rz 29) zur Abgrenzung zwischen selbstständigen und unselbstständigen, d.h. integrierten Einheiten enthält IAS 21.9 zwei Primär**indikatoren**. Soweit sie nicht zu einer eindeutigen Qualifizierung führen, sind ergänzend die in IAS 21.10 und 11 genannten weiteren sechs Indikatoren heranzuziehen (IAS 21.12). Eine Zusammenstellung der Indikatoren liefert die nachstehende Tabelle. 27

Kriterien zur Bestimmung der funktionalen Währung	selbstständige Einheit (funktionale Währung ≠ Konzernwährung)	integrierte Einheit (funktionale Währung = Konzernwährung)
Absatzpreise/ Umsatz IAS 21.9a	**Preise vorwiegend durch lokale Währung* determiniert/Umsatz vorwiegend so fakturiert**	**Preise vorwiegend durch Konzernwährung determiniert/Umsatz vorwiegend so fakturiert**
Personal-, Material-, sonstiger Aufwand IAS 21.9b	**vorwiegend durch lokale Währung* determiniert**	**vorwiegend durch Konzernwährung determiniert**
Finanzierung IAS 21.10a	vorwiegend aus lokalem Kapital*	vorwiegend aus Kapital in Konzernwährung
operative cash inflows IAS 21.10b	vorwiegend in lokaler Währung*	vorwiegend in Konzernwährung
Führung der Geschäfte IAS 21.11a	weitgehend unabhängig von denen des Konzerns	weitgehend abhängig von denen des Konzerns
Geschäftsvorfälle (Umsätze usw.) mit Konzern IAS 21.11b	kein großes Gewicht relativ zu Drittgeschäften (z.B. reine Vertriebsgesellschaft)	großes Gewicht von Konzerngeschäften
direkter Einfluss *cash flows* auf Konzern-*cash-flows* IAS 21.11c	nicht gegeben	gegeben
cash in Relation zu Verpflichtungen IAS 21.11d	eigene *cash flows* ausreichend, um Verpflichtungen selbst zu erfüllen	Verpflichtungen nur mit Rückgriff auf Konzernmittel erfüllbar
* oder Drittwährung		

Tab. 2: Bestimmung der funktionalen Währung, Abgrenzung selbstständiger von integrierter Einheit

28 Schon die **primären** Bestimmungsfaktoren – determinierende Währung auf der Umsatz- und Kostenseite – lassen einigen Interpretationsspielraum:

Beispiel[6]
Die inländische Mutter hat eine amerikanische Tochter, die Metalle in US-Dollar von Dritten einkauft und nach Weiterverarbeitung in Dollar weiterverkauft.
Auf den ersten Blick liegt ein klarer Fall einer selbstständigen Tochter mit funktionaler Währung US-Dollar vor.
Bei zweiter Betrachtung ist auch eine andere Beurteilung vertretbar: Ist es international wie bei vielen anderen Commodities üblich, die Metalle in US-Dollar zu fakturieren, weil der Metallmarkt ein globaler Markt und der

6 In Anlehnung an KPMG, Insights into IFRS, 2009/10, Tz 2.7.40.80.

> Dollar die für globale Transaktionen notwendige liquide Währung ist, werden die Einstands- und Absatzpreise weniger durch den Dollar determiniert als durch das globale Verhältnis von Angebot und Nachfrage nach Metall. Der Dollar wäre in dieser Beurteilung nicht die funktionale Währung.

Noch offensichtlicher sind die Interpretationsspielräume in den Fällen, in denen einige Indikatoren in Richtung **Selbstständigkeit** und andere in Richtung **Integration** weisen. Eine ermessensbehaftete Gesamtwürdigung der Verhältnisse ist dann geboten (IAS 21.12). In der **Praxis** fällt sie wegen der leichteren Handhabung der Stichtagsumrechnung bisher fast immer **zu Gunsten der Selbstständigkeit** aus (Rz 29ff.). Selbst bei einer nur den Interessen der Muttergesellschaft dienenden, in diesem Sinne also abhängigen ausländischen Zweckgesellschaft (*Special Purpose Entity*; → § 32 Rz 57) wird dann für Zwecke der Währungsumrechnung eine Selbstständigkeit (eigene funktionale Währung) angenommen.[7]

3.1.2 Funktionslose Theorie? Währungsumrechnung in der Praxis

Bereits IAS 21 (1993) verfolgte – wenngleich in anderer Terminologie (Rz 11) – 29
die funktionale Theorie der Währungsumrechnung und unterschied demgemäß bei der Umrechnung ausländischer Abschlüsse zwischen **selbstständigen** und **integrierten** ausländischen Einheiten. Der zur Abgrenzung beider Fälle in IAS 21.26 (1993) enthaltene Kriterienkatalog entspricht weitgehend dem jetzt in IAS 21.9ff. zur Bestimmung der funktionalen Währung vorgelegten. Beiden Standardfassungen zufolge ist die Auslegung der Kriterien, abgesehen von den Fällen, bei denen die Mehrheit der Indikatoren deutlich in die gleiche Richtung weist, eine Frage des **Ermessens** (*judgement*; IAS 21.26 (1993); IAS 21.12).
Von Interesse ist, wie dieses Ermessen bisher in der **Praxis** ausgeübt wurde. Die Umrechnung **selbstständiger** ausländischer Einheiten bereitet **wenig Aufwand**, da sie zu Stichtags- bzw. Jahresdurchschnittskursen erfolgt. Außerordentlich aufwändig wäre hingegen die Umrechnung unselbstständiger ausländischer Einheiten, da alle nichtmonetaren Positionen, also insbesondere Sach- und immaterielle Anlagen, zu Einstandskursen umzurechnen sind. Bei einem Anlagevermögen, das aus Hunderten von Positionen mit unterschiedlichen Anschaffungszeitpunkten besteht, wären entsprechend Hunderte von Wechselkursen für die Umrechnung heranzuziehen. Untersucht man in dieser Hinsicht die IFRS-Rechnungslegungs**praxis großer (deutscher) Konzerne**, so ist Folgendes festzustellen: Umrechnungen zu individuellen Einstandskursen werden nicht vorgenommen. Durchweg findet sich in den Abschlüssen die Behauptung, dass „**sämtliche Tochterunternehmen** ihre Geschäfte **selbstständig** in ihrer Landeswährung betreiben.“[8] Etwas seltener findet sich der Hinweis, dass dies nur für die wesentlichen Auslandsgesellschaften gelte, wobei dann die Frage offenbleibt, warum auch die weniger wesentlichen mit der Stichtagsmethode umgerechnet wurden.
Der Bilanzadressat muss annehmen, dass kaum ein deutscher Großkonzern in seinem durchweg umfangreichen Auslandsportfolio **unselbstständige** Vertriebs-, Einkaufs- oder Zuliefergesellschaften hält. Er mag sich aber, wie der

---

[7] KPMG, Insights, 2009/10, Tz 2.7.210.30.
[8] Vgl. hierzu auch KEITZ, VON, Praxis der IASB-Rechnungslegung, 2003, S. 190.

zuweilen zu findende Hinweis auf die wesentlichen Auslandsgesellschaften nahelegt, in dieser Beurteilung auch täuschen: Das IFRS-*Framework* beschreibt die Abwägung von **Nutzen und Kosten** als „einen vorherrschenden Sachzwang (→ § 1 Rz 60). Der aus einer Information abzuleitende Nutzen muss höher sein als die Kosten für die Bereitstellung der Informationen. Die Abschätzung von Nutzen und Kosten ist jedoch im Wesentlichen eine Ermessensfrage" (F.44). Dieses **Ermessen** könnte der Grund dafür sein, dass hervorragende akademische Arbeiten zur tatsachengetreuen und funktionsgerechten Währungsumrechnung in der Praxis ebenso wenig Widerhall finden wie die theoretisch überzeugenden Überlegungen des IASB.

Schon die ermessensbehaftete Prüfung, ob eine ausländische Einheit eher selbstständig oder unselbstständig ist (Rz 28), erfolgt offenbar eher nach der pragmatischen Regel **„im Zweifel für die Selbstständigkeit"**. Nur für unselbstständige Einheiten, die auf dieser ersten Stufe nicht erledigt wurden, ist dann auf einer zweiten Stufe kritisch zu fragen, ob sie für den Konzern **wesentlich** sind und/oder ob den deutlich erhöhten **Kosten der Umrechnung** mit früheren Kursen ein noch höherer Nutzen gegenübersteht.

Die Beispiele der großen Konzerne zeigen, dass die Antwort recht gleichmäßig ausfällt, und erwecken den Eindruck, dass man weder sich noch dem Publikum die Anwendung unterschiedlicher Methoden zumuten möchte. Den **mittelständischen** IFRS-Anwender könnte diese herrschende Praxis der IFRS-Rechnungslegung ermuntern, die vermeintliche Unselbstständigkeit ausländischer Einheiten kritisch zu hinterfragen und, wo dies nicht hilft, ebenso kritisch Nutzen und Kosten einer Umrechnung zu Anschaffungskursen abzuwägen, um zu ähnlichen Resultaten zu gelangen wie die größeren Vorbilder.

Man mag – und muss aus theoretischer Sicht – ein solches Vorgehen tadeln. In der Praxis eines **zeitnahen Jahresabschlusses** *(fast close)* bleibt indes häufig **keine realistische Alternative.** Damit stellt sich aber die Frage, ob es nicht besser wäre, die praktischen Notwendigkeiten und den „vorherrschenden Sachzwang" der Nutzen-Kosten-Abwägung von der Anwender- auf die Regelungsebene zu befördern. Einer einheitlichen und ehrlichen Rechnungslegung könnte mehr gedient sein, wenn IAS 21 die Umrechnung zu **Einstandskursen auf Ausnahmefälle** erhöhter Inflationen und erhöhter Abwertungen begrenzte, statt Praktikabilität und Kosten-Nutzen-Abwägung ausschließlich in die Hände des einzelnen Anwenders zu legen. Bis es so weit kommt, wird die Praxis fortfahren, IAS 21 nur zu 50 % zu verstehen und nur zur praktikablen Hälfte anzuwenden.

30 Das BilMoG folgt für die handelsrechtliche Rechnungslegung dem von uns vertretenen pragmatischen Ansatz. § 308a HGB-E sieht die Umrechnung von Eigenkapital zu historischen, aller sonstigen Bilanzpositionen zu Stichtagskursen vor. Die nach der funktionalen Theorie geforderte Differenzierung zwischen selbstständigen und unselbstständigen Einheiten wird abgelehnt. Zur Begründung wird darauf verwiesen, dass in der bisherigen IFRS-Praxis die Beurteilung der ausländischen Einheit aus Praktikablitätsgründen fast immer zu Gunsten der Selbstständigkeit ausfällt.

3.2 Umrechnung von Abschlüssen integrierter ausländischer Einheiten

3.2.1 Abgrenzung gegenüber selbstständigen Einheiten

Für die Abgrenzung integrierter gegenüber selbstständigen Einheiten wird auf Rz 25ff. verwiesen. 31

3.2.2 Umrechnung der Bilanz

Die Bilanz einer ausländischen integrierten Einheit ist so umzurechnen, als wären die Geschäftsvorfälle beim berichtenden Unternehmen (Konzern) selbst angefallen, da die lokale Währung der integrierten Einheit schon für diese selbst als Fremdwährung gilt (Rz 11). Anzuwenden sind somit die oben unter Rz 12ff. für Einzelabschlüsse genannten Grundsätze, d.h. insbesondere: 32

- Umrechnung aller **monetären** Werte zum **Stichtags**kurs,
- Umrechnung **nichtmonetärer Posten** regelmäßig zum Kurs des **Erstverbuchungszeitpunkts** (Rz 16), jedoch **ausnahmsweise** zum Stichtagskurs, wenn der nichtmonetäre Posten zum beizulegenden Zeitwert anzusetzen ist (z.B. Anteile) (Rz 18).

Ein Grundstück wird deshalb bspw. zu dem im Anschaffungszeitpunkt geltenden Wechselkurs umgerechnet, während börsennotierte Anteile (beizulegender Zeitwert) mit dem Stichtagskurs umgerechnet werden (Rz 18). 33

Der Stichtagskurs ist darüber hinaus i.d.R. auch bei wertberichtigten Anlagegegenständen und Vorräten heranzuziehen (Rz 20). Der konzernbilanzielle Anwendungsbereich ist (theoretisch) größer als derjenige entsprechender Wertberichtigungsfälle in der Einzelbilanz (Rz 20f.).

Die in der **Vorjahresspalte** für Vergleichszwecke anzugebenden Zahlen (→ § 2; *comparative amounts)* werden durch Kursänderungen in der aktuellen Berichtsperiode nicht tangiert. Es bleibt insoweit bei den im Vorjahresabschluss verwendeten Umrechnungskursen (IAS 21.39a).

3.2.3 Umrechnung der GuV

Die Posten der GuV einer ausländischen integrierten Einheit werden regelmäßig zu **Jahresdurchschnittskursen** umgerechnet. Bei stärkeren **Schwankungen** und/oder **saisonalem** Verlauf der Geschäfte ist der Kurs des Transaktionstages oder der Durchschnittskurs eines kleineren Zeitintervalls (z.B. Wochendurchschnittskurs) zu nehmen (Rz 12). Die **Vorjahresvergleichszahlen** (→ § 2) werden nicht neu errechnet, sondern zu den im Vorjahr verwendeten Kursen (i.d.R. Durchschnittskurs des Vorjahres) geführt. 34

Die Umrechnung zu Jahresdurchschnittskursen würde bei planmäßigen **Abschreibungen** zu unangemessenen Ergebnissen führen. Wird der abzuschreibende Vermögenswert bzw. die Bemessungsgrundlage der Abschreibung zu Kursen des Erstverbuchungszeitpunktes umgerechnet, ist es sachgerecht, auch auf die Abschreibungen diesen Kurs anzuwenden, um so Anschaffungskosten, kumulierte Abschreibungen und Buchwert in Übereinstimmung zu bringen. 35

36 Ob aus ähnlichen Gründen der Betrag einer nicht (mehr) benötigten **Rückstellung** mit dem Kurs bei Bildung der Rückstellung umzurechnen ist,[9] scheint fraglich. Man müsste dann gegebenenfalls bei über mehrere Perioden laufenden Rückstellungen weiter zwischen ursprünglichem Kurs und letztem Stichtagskurs differenzieren. Die sich hieraus ergebenden Komplizierungen sind unter *materiality*- und *cost-benefit*-Gesichtspunkten (→ § 1 Rz 59ff.) nur ausnahmsweise gerechtfertigt.

37 Aus Vereinfachungs- und Kostengedanken werden regelmäßig auch **Vorräte** (nichtmonetäre Güter) bilanziell zum Stichtagskurs erfasst,[10] sodass dann auch gegen eine Umrechnung des **Materialaufwandes** mit dem Jahresdurchschnittskurs nichts einzuwenden ist.

3.2.4 Erfolgswirksame Berücksichtigung der Umrechnungsdifferenzen, Buchungstechnik

38 Da **Bilanz**- und **GuV**-Positionen einer ausländischen integrierten Einheit **nicht** mit einem **einheitlichen** Stichtagskurs, sondern mit unterschiedlichen Kursen umgerechnet werden, entsteht eine **Umrechnungsdifferenz**, die **erfolgswirksam** zu berücksichtigen ist. Technisch ist folgendes Vorgehen angezeigt:

- **Schritt 1:** Alle Salden werden mit dem für sie maßgeblichen Kurs umgerechnet, d.h. monetäre Positionen mit dem Stichtagskurs, nichtmonetäre Salden i.d.R. mit dem Anschaffungskurs und GuV-Salden i.d.R. mit dem Durchschnittskurs.
  Hierbei ist die Zusammensetzung eines Bilanzpostens bzw. eines Saldos zu beachten. Anlagevermögen, das zu unterschiedlichen Zeitpunkten angeschafft wurde, ist mit dem jeweiligen Einstandskurs umzurechnen. Entsprechend ist das Eigenkapital (ohne Jahresüberschuss, der sich aus der GuV ergibt) darauf zu untersuchen, zu welchen Kursen es entstanden ist. Bei Gewinnrücklagen und Gewinnvorträgen sind je nach Entstehungszeitpunkt unterschiedliche Umrechnungskurse zugrunde zu legen.
- **Schritt 2:** Die sich aus der Anwendung unterschiedlicher Umrechnungskurse ergebende Differenz von Soll- und Haben-Salden ist als Aufwand oder Ertrag in der GuV zu berücksichtigen.
- **Schritt 3:** Der sich auf diese Weise (nach Währungsaufwand, Währungsertrag) ergebende Jahresüberschuss ist in die Bilanz einzustellen.

39 Zum Ganzen folgendes Beispiel:

> **Beispiel**
> Ein deutsches Unternehmen erwirbt zum 1.1.01 100 % der Anteile an einer amerikanischen Gesellschaft. Die Kurse betragen
> - zum 1.1.01: 1,2 EUR/USD;
> - zum 31.12.01: 1,4 EUR/USD, im Durchschnitt 01: 1,3 EUR/USD;
> - zum 31.12.02: 1,6 EUR/USD, im Durchschnitt 02: 1,5 EUR/USD.
>
> Nachfolgend zunächst die Bilanz zum 1.1.01 in USD und EUR.

9 Mujkanovic/Hehn, WPg 1996, S. 605ff.
10 Oechsle/Müller/Doleczik, IAS 21, Tz 59, in: Baetge u.a., Rechnungslegung nach IAS.

Aktiva		1.1.01			Passiva
	USD	EUR		USD	EUR
Maschinen	150	180	gez. Kap.	200	240
Forderungen	90	108	RL	40	48
	240	288		240	288

In 01 wird bei Umsätzen von 75 und Abschreibungen von 50 ein Jahresüberschuss von 25 USD erzielt. Die Saldenliste ergibt sich danach wie folgt:

	USD		**× Kurs =**	**EUR**	
	S	**H**		**S**	**H**
Maschinen	100		× 1,2	120,0	
Forderungen	165		× 1,4	231,0	
gez. Kapital		200	× 1,2		240,0
Rücklagen		40	× 1,2		48,0
Umsatz		75	× 1,3		97,5
Abschreibung	50		× 1,2	60,0	
Summe I	**315**	**315**		**411,0**	**385,5**
Differenz (Ertrag, da Haben-Saldo)					**25,5**
Summe II				**411,0**	**411,0**

Hieraus ergeben sich GuV 01 und Bilanz 31.12.01 wie folgt:

	USD		**EUR**
Umsatz	75	× 1,3	97,5
Abschreibung	–50	× 1,2	– 60,0
Ertrag aus Umrechnung			25,5
Jahresüberschuss	**25**		**63,0**

Aktiva		31.12.01			Passiva
	USD	EUR		USD	EUR
Maschinen	100	120	gez. Kap.	200	240
Forderungen	165	231	Rücklagen	40	48
			JÜ	25	63
	265	351		265	351

In 02 wird bei Umsätzen von 130 und Abschreibungen von 50 ein Jahresüberschuss von 80 USD erzielt. Bei der Umrechnung des Eigenkapitals ist nunmehr als neue Komponente der Gewinnvortrag aus dem Jahresüberschuss des

Vorjahres zu beachten. Er ist mit seinem ursprünglichen Euro-Wert, d.h. mit 63 EUR zu erfassen. Auf dieser Grundlage ergibt sich folgende Bilanz per 31.12.02:

Aktiva		31.12.02			Passiva
	USD	EUR		USD	EUR
Maschinen	50	60	gez. Kap.	200	240
Forderungen	295	472	Rücklagen	40	48
			Gewinnvortrag	25	63
			JÜ*	80	181
	345	532		345	532

* im Jahresüberschuss enthalten: 46 EUR Umrechnungsertrag

3.2.5 Sonderfall I: Wertminderungen auf Anlagen und Vorräte

40 **Wertminderungen** auf Anlagen und Vorräte sind für Zwecke des Konzernabschlusses aus der **Perspektive des Konzerns** zu beurteilen. Möglicherweise sind dann zuvor im Abschluss der integrierten ausländischen Einheit berücksichtigte Verluste rückgängig zu machen. Umgekehrt können Wertminderungen auch im Rahmen der Konsolidierung erstmals zu berücksichtigen sein, da sie zwar aus Konzernperspektive, aber nicht aus Perspektive des ausländischen Geschäftsbetriebes eingetreten sind.

41 Nach IAS 21.25 sind **Anlagewerte**, die zum niedrigeren erzielbaren Betrag, und **Vorräte**, die zum Netto-Veräußerungswert angesetzt werden, nicht mit den bisherigen Kursen, sondern i.d.R. mit Kursen des Abwertungszeitpunktes anzusetzen. Ist die Abwertung währungsbedingt, ergibt sich hier die aus Konzernsicht zutreffende Beurteilung tendenziell schon von alleine.

42 Hierzu folgendes Beispiel:

Beispiel

Das ausländische Tochterunternehmen TU hat zum Jahresanfang Vorräte in EUR erworben, die überwiegend auch in EUR weiterveräußert werden. Die eigene Währung des TU wird in 01 erheblich gegenüber dem EUR aufgewertet. Der Nettoveräußerungspreis der Vorräte in EUR bleibt konstant. Der Nettoveräußerungspreis in TU-Währung sinkt demzufolge. Das TU nimmt deshalb im Einzelabschluss eine außerplanmäßige Abschreibung auf die Vorräte vor.

Die Umrechnung des Einzelabschlusses in EUR erfolgt hinsichtlich der abgeschriebenen Vorräte nicht zum Einstands-, sondern zum Stichtagskurs. Hierdurch hebt sich die Abwertung, die aus Konzernsicht (EUR) nicht gegeben ist, tendenziell auf.

Zahlenbeispiel:

- Anschaffung für 100 EUR beim Kurs 1 EUR/1 TU.
- Stichtagskurs 1 EUR/2 TU,

- deshalb Abwertung in TU-Währungs-Abschluss auf 50 TU.
- Umrechnung TU-Abschluss in EUR: 50 × 2 = 100 EUR. Hieraus ergibt sich ein „Umrechnungsgewinn“ von 50 EUR, der aber tatsächlich aufgrund des aus Konzernsicht nicht gegebenen Abwertungsbedarfs zu neutralisieren ist.
- Sachgerechte Umbuchung: „Umrechnungsertrag an Abschreibung Vorräte“.

3.2.6 Sonderfall II: Währungsverluste auf konzerninterne Forderungen und Schulden

In der Einzelbilanz der integrierten ausländischen Einheit oder der inländischen Mutter können währungsbedingte Verluste oder Gewinne auch aus **konzerninternen Forderungen und Verbindlichkeiten** entstehen. Derartige Umrechnungsdifferenzen gleichen sich im Rahmen der Konsolidierung aus: 43

Beispiel (vgl. Rz 58)
Die inländische Mutter MU gewährt der integrierten amerikanischen Tochter TU Ende 01 zum Erwerb eines Grundstücks ein Darlehen von 1 Mio. EUR bei einem Wechselkurs von 1/1. Zum Bilanzstichtag 02 hat sich der Kurs des Dollars auf 1,1 USD/1,0 EUR verschlechtert, sodass TU in ihrer USD-Bilanz eine Verbindlichkeit von nunmehr 1,1 Mio. USD und in der GuV einen korrespondierenden Verlust von 0,1 Mio. USD ausweist. In der GuV der MU ist bei unveränderter Forderung von 1 Mio. EUR kein Ertrag entstanden. Der USD-Abschluss der TU ist für Konzernzwecke in Euro umzurechnen. Bei Ausklammerung übriger Bilanz- und GuV-Positionen entsteht folgende Umrechnungsdifferenz:
a) Die Bilanz weist im hier zu betrachtenden Ausschnitt keine Vermögensänderung aus.

- Das Grundstück wird unverändert mit dem Einstandskurs von 1/1, d.h. mit 1 Mio. EUR angesetzt.
- Die Verbindlichkeit von 1,1 Mio. USD hat mit dem aktuellen Kurs von 1,0 USD/1,1 EUR unverändert einen Umrechnungswert von 1 Mio. EUR.

b) Dem unveränderten Vermögen – Gewinn aus Sicht der Vermögensvergleichsrechnung = null – steht im Einzelabschluss ein GuV-Verlust von 100 TUSD bzw. bei einem Durchschnittskurs von 1,05/1,00 von 100 TUSD/1,05 = 95 TEUR gegenüber. In entsprechender Höhe entsteht eine Differenz zwischen Soll- und Haben-Salden, die durch Ansatz eines Umrechnungsertrages auszugleichen ist (Rz 38ff.). Somit:

Währungsverlust Einzelbilanz TU	95 TEUR
Ertrag Umrechnung für Konzern	95 TEUR
Summe	0 TEUR

Begründet ist dieses Ergebnis in der funktionalen Währung der US-Tochter. Da sie unselbstständig ist, ist der Euro ihre funktionale Währung. Einzelbilanziell tritt ein Umrechnungserfolg aus Euro-Darlehen nur in dem in

US-Dollar, also „falscher" Währung, erstellten Einzelabschluss auf. Bei Erstellung des Abschlusses in der funktional „richtigen" Währung, nämlich in Euro, wäre schon einzelbilanziell kein Umrechnungsverlust entstanden.

Für die Behandlung konzerninterner Differenzen bei **selbstständigen** ausländischen Einheiten wird auf Rz 58 verwiesen.

3.2.7 Umklassifizierung in selbstständige Einheit, Wechsel der funktionalen Währung

44 Wird eine bisher integrierte ausländische Einheit zu einer selbstständigen Einheit, so ändert sich die Methode der Währungsumrechnung. Alle Posten, auch die nichtmonetären, sind zum Wechselkurs des Änderungszeitpunkts umzurechnen. Die resultierenden Beträge gelten als neue historische Kostenbasis. Eine Einstellung aufgelaufener Differenzbeträge in das Eigenkapital, wie bei Umrechnung einer selbstständigen Einheit, erfolgt jedoch nicht. Die Regeln zur Umrechnung selbstständiger Einheiten sind nur **prospektiv**, ab dem Datum des Wechsels der funktionalen Währung anzuwenden (IAS 21.35).

3.3 Umrechnung von Abschlüssen selbstständiger ausländischer Einheiten

3.3.1 Abgrenzung zu integrierten Einheiten

45 Für die Abgrenzung der selbstständigen Teileinheit gegenüber der integrierten ausländischen Einheit wird auf Rz 25ff. verwiesen.

3.3.2 Umrechnung der Bilanz

46 Bei der Umrechnung der Bilanzposten selbstständiger Einheiten ist nicht zwischen monetären und nichtmonetären Posten zu differenzieren. Vielmehr sind **sämtliche Vermögenswerte und Schulden zum Stichtagskurs** umzurechnen (IAS 21.39a).

47 Ausgenommen von der Stichtagsbewertung ist lediglich das Eigenkapital. Der Eigenkapital-Anfangsbestand, d.h. das **Eigenkapital der Vorjahre**, wird weiter mit seinen jeweiligen **Einstandskursen** fortgeführt. Es muss nicht erneut umgerechnet werden. Der Jahresüberschuss des laufenden Jahres ergibt sich aus der GuV.

Als **Einstandskurse** der Eigenkapitalvorträge gelten:

- für das bereits bei Erstkonsolidierung **vorhandene** Eigenkapital die Kurse des Erstkonsolidierungszeitpunkts;
- für die **Kapitalzuführungen späterer Jahre** die Kurse der Zuführungszeitpunkte;
- für die nach **Erstkonsolidierung** thesaurierten Gewinne die Stichtagskurse des jeweiligen Gewinnentstehungsjahres;
- für die in das *other comprehensive income* eingestellten **Ergebnisse** aus Neubewertung, *available-for-sale assets* usw. die Stichtagskurse des Einstellungszeitpunkts.

Eine Umrechnung des Eigenkapitals mit aktuellen Stichtagskursen wird ebenfalls für zulässig gehalten, sofern die Differenz zum Einstandskurs nicht in die

Währungsumrechnungsrücklage, sondern in die allgemeinen Gewinnrücklagen eingestellt wird.[11] Eine Vereinfachung bringt ein solches Vorgehen nicht, da für Zwecke der Differenzfeststellung auch hier in einer (Neben-)Rechnung die ursprünglich gültigen Kurse zu berücksichtigen sind.

Die in der **Vorjahresspalte** für Vergleichszwecke (→ § 2) anzugebenden Zahlen 48 *(comparative amounts)* werden durch Kursänderungen in der aktuellen Berichtsperiode nicht tangiert. Es bleibt insoweit bei den im Vorjahresabschluss verwendeten Umrechnungskursen (IAS 21.39a). Ausnahmen bestehen für den Fall, dass sowohl die funktionale Währung der selbstständigen Einheit als auch die des Konzerns hyperinflationär sind (IAS 21.42a).

3.3.3 Umrechnung der GuV

Sämtliche Ertrags- und Aufwandsposten sind zu den Kursen des Transaktions- 49 zeitpunktes, bei nicht zu großen Währungsschwankungen aus Vereinfachungsgründen mit **Durchschnittskursen** (Rz 12) umzurechnen (IAS 21.39b i.V.m. IAS 21.40). Hinsichtlich der **Vorjahresvergleichszahlen** (→ § 2) bleibt es i.d.R. bei der Umrechnung zum Vorjahresdurchschnittskurs (IAS 21.39b). Zu Ausnahmen wird auf Rz 47 verwiesen.

3.3.4 Ermittlung der Umrechnungsdifferenzen, Einstellung in das Eigenkapital

Auch bei der Umrechnung selbstständiger Teileinheiten nach der Stichtags- 50 methode ergeben sich im System der Doppelten Buchführung Umrechnungsdifferenzen, da nicht sämtliche Soll- und Haben-Salden zum Stichtagskurs umgerechnet werden, sondern abweichend davon das Alteigenkapital mit Einstands- und die GuV mit Durchschnittskursen. Es entsteht eine buchhalterische **Umrechnungsdifferenz**, die **erfolgsneutral** in das Eigenkapital einzustellen ist (IAS 21.39c). Die Umrechnungsdifferenz wird dort unter geeigneter Bezeichnung, z.B. als „Währungsumrechnungsrücklage“ oder als „Differenz aus der Währungsumrechnung“ separat festgehalten. Soweit Minderheiten an der selbstständigen ausländischen Einheit beteiligt sind, ist der entsprechende Teil der Umrechnungsdifferenz mit dem Minderheitenanteil zu verrechnen (IAS 21.41)

Technisch ermittelt sich die Umrechnungsdifferenz als Summe aus folgenden 51 Beträgen:

- **Wertänderung des Eigenkapitals:** Eigenkapitalanfangsbestand, multipliziert mit der Differenz aus neuem und alten Stichtagskurs.
- **Differenz GuV:** Jahresergebnis, multipliziert mit der Differenz aus Stichtagskurs und Durchschnittskurs (bzw. Transaktionskurs).

Wegen der Besonderheiten der Ermittlung und Zuordnung der Währungsdifferenz in mehrstufigen, auf den einzelnen Stufen unterschiedliche Fremdwährungen umfassenden Konzernstrukturen, wird auf Rz 66 verwiesen.

Änderungen des Kapitals durch **Ausschüttung, Kapitalherabsetzungen, Ka-** 52 **pitalzuführungen** usw. sind zusätzlich zu berücksichtigen. Wird etwa ein Jahresergebnis in 01 von 100 USD zum Durchschnittskurs 01 von 1,2 in EUR

[11] Vgl. ERNST & YOUNG, International GAAP 2010, Tz 13, s3.3.

umgerechnet (120 EUR), aber in 02 bei einem Kurs von 1,4 ausgeschüttet (140 EUR), so ergibt sich eine zu berücksichtigende Differenz in Höhe von 20.

53 Zum Ganzen folgendes Beispiel:

Beispiel

Im nachfolgenden Beispiel werden die genannten Grundsätze auf das unter Rz 39 wiedergegebene Beispiel angewendet:

- Kurs bis 1.1.01: 1,2 EUR/USD;
- Kurs 31.12.01: 1,4 EUR/USD;
- Kurs 31.12.02: 1,6 EUR/USD.

Vereinfacht wird angenommen, dass der Wechselkurs bis zum 1.1.01 konstant war, es also in der Bilanz 1.1.01 keine Währungsdifferenz gibt. (Bei einer realistischen Annahme würde das Währungsdifferenzkonto bereits per 1.1.01 einen Saldo ausweisen. Im Gegenzug würde das Eigenkapital per 1.1.01 andere Einstandskurse ausweisen.)

Unterschiede zu der unter Rz 39 vorgenommenen Umrechnung ergeben sich also erst zum 31.12.01, und zwar dort bei den Positionen Maschinen und Jahresüberschuss sowie bei der Position Währungsdifferenz.

Aktiva	1.1.01				Passiva
	USD	EUR		USD	EUR
Maschinen	150	180	gez. Kap.	200	240
Forderungen	90	108	RL	40	48
	240	288		240	288

- Das **Eigenkapital** ist mit den Einstandskursen fortzuführen.
- Alle Aufwendungen und Erträge 01 und damit einfacher der **Jahresüberschuss 01** sind zum Jahresdurchschnittskurs umzurechnen. Der Jahresüberschuss in EUR beträgt demnach: 25 × 1,3 = 32,5.

Die **Umrechnungsdifferenz 01** ergibt sich wie folgt:

EK Jahresanfang × (neuer – alter Stichtagskurs) = 240 × 0,2	48,0
JÜ × (Stichtagskurs – Durchschnittskurs) = 25 × 0,1	2,5
Dividende × (Entstehungskurs – Transaktionskurs)	0,0
Summe =	50,5

Hieraus resultiert bei Umrechnung der übrigen Bilanzposten zum Stichtagskurs folgende Bilanz per 31.12.01:

Aktiva	31.12.01				Passiva
	USD	EUR		USD	EUR
Maschinen	100	**140**	gez. Kap.	200	240
Forderungen	165	231	Rücklagen	40	48
			Währungsdiff.		**50,5**
			JÜ	25	**32,5**
	265	371		265	371

Bei Abschreibungen in 02 auf die Maschinen von 50 USD, einem Jahresüberschuss 02 von 80 USD ergibt sich Folgendes per 31.12.02:

- Das **Eigenkapital** ist mit den Einstandskursen fortzuführen, d. h. das schon per 1.1.01 vorhandene Eigenkapital (gezeichnetes Kapital und Rücklagen) weiter mit 1,2, der thesaurierte Gewinn 01 (nun Gewinnvortrag) weiter mit dem Jahresdurchschnittskurs 01 von 1,3.
- Alle Aufwendungen und Erträge 02 und damit (einfacher) der **Jahresüberschuss 02** sind zum Jahresdurchschnittskurs umzurechnen. Der Jahresüberschuss in Euro beträgt demnach: 80 × 1,5 = 120.

Die neu zu berücksichtigende **Umrechnungsdifferenz** ergibt sich technisch wie folgt:

EK Jahresanfang × (neuer – alter Stichtagskurs) = 265 × 0,2 =	53,0
JÜ × (Stichtagskurs – Durchschnittskurs) = 80 × 0,1 =	8,0
Dividende × (Entstehungskurs – Transaktionskurs) =	0,0
Summe Zuführung	61,0
+ Vortrag Währungsdifferenzkonto	50,5
= Währungsdifferenzkonto per 31.12.02	111,5

Dass es sich bei dem Betrag von 61 nur um den **Zuführungsbetrag** (nicht um den Endbestand) handelt, ergibt sich u. a. daraus, dass die Eigenkapitalumrechnungsdifferenz von 53,0 nur die Wertänderung zwischen 1.1.02 und 31.12.02 (nicht die Wertänderung in 01) wiedergibt.
Hieraus resultiert insgesamt folgende Bilanz per 31.12.02:

Aktiva		31.12.02			Passiva
	USD	EUR		USD	EUR
Maschinen	50	80	gez. Kap.	200	240
Forderungen	295	472	Rücklagen	40	48
			Gewinnvortrag	25	32,5
			Währungsdiff.		111,5
			JÜ	80	120
	345	552		345	552

3.3.5 Erfolgsrealisierung beim (Teil-)Abgang der Einheit

Die Währungsdifferenzen können **nicht auf „ewig"** erfolgsneutral im Eigenkapital verbleiben. Beim Abgang einer wirtschaftlich selbstständigen Einheit sind die bis dahin aufgelaufenen Umrechnungsdifferenzen in den **Abgangserfolg** mit einzubeziehen (IAS 21.48). Als Abgang gelten nicht nur der **Verkauf** und die **Liquidation**, sondern auch **die Kapitalrückzahlung** (IAS 21.48f.). 54

In der bis 2008 anwendbaren Fassung von IAS 21 sind auch Dividenden dann als Kapitalrückzahlungen und Abgang („**Superdividende**") zu qualifizieren, wenn sie wirtschaftlich eine (Teil-)Rückzahlung des Investments darstellt. Dies wäre etwa der Fall, wenn ein mit erheblichem thesaurierten Gewinn erworbenes Tochterunternehmen diese Altrücklagen auskehrte. Als Folgeänderung zur Neufassung von IAS 27 betreffend die Bilanzierung von Tochterunternehmen im Einzelabschluss (§ 32 Rz 152) ist IAS 21.49 neugefasst worden, sodass ab 2009 Dividendenzahlungen nicht mehr als Abgang gelten.

Bei einem **Teilabgang *(partial disposal)*** ist nach dem Wortlaut von IAS 21.49 ein proportionaler Teil *(a proportionate share)* der Währungsrücklage aufzulösen. Der Begriff „*proportionate share*" ist u.E. nicht rein mathematisch im Sinne einer Prozentrechnung zu interpretieren, sondern inhaltlich als „dem abgehenden Teil entsprechend" zu verstehen. Ein prozentuales Vorgehen wäre jedenfalls unangemessen, wenn es klare Zuordnungen der Währungsumrechnungsdifferenz zu einzelnen Teilen des Investments in die ausländische Einheit gibt. Dies ist insbesondere bei der Einbeziehung von Forderungen/Verbindlichkeiten in das Investment der Fall (Rz 58 und 62).

55 Als Folge der Neufassung von IAS 27 im Januar 2008 (anzuwenden bei kalendergleichem Geschäftsjahr ab 2010) ist der Realisationszeitpunkt erfolgsneutral gebildeter Umrechnungsrücklagen neu geregelt worden.

- Nach IAS 27.48A ist der Verlust der Kontrolle über ein Tochterunternehmen als dessen vollständige Aufgabe *(net disposal)* anzusehen mit der Folge: Die gesamte auf das Tochterunternehmen entfallende Umrechnungsrücklage ist aufzulösen, der davon auf die Minderheit entfallende Teil erfolgsneutral (IAS 27.48B).
- Nach IAS 27.30 und IAS 21.48C sind bei Abstockung einer Mehrheitsbeteiligung ohne Kontrollverlust *(partial disposal)* der Minderheitenanteil und das den Gesellschaftern des Mutterunternehmens zuzurechnende Eigenkapital erfolgsneutral anzupassen. Der dem veräußerten Anteil entsprechende Teil der Umrechnungsrücklage ist daher erfolgsneutral dem Minderheitenanteil gutzuschreiben/zu belasten.
- Der Verlust des maßgeblichen Einflusses auf ein assoziiertes Unternehmen gilt ebenfalls als vollständiger Abgang (IAS 21.48A). Bei Veräußerung eines Teils der Anteile an einem assoziierten Unternehmen unter Wahrung des maßgeblichen Einflusses ist nur der dem veräußerten Anteil entsprechende Teil der Umrechnungsrücklage erfolgswirksam aufzulösen.

Hierzu folgende Anwendungsfälle:

Beispiel

1. Abstockung einer Mehrheitsbeteiligung

MU hält 80 % an TU und veräußert weitere 20 % an Dritte. Der Minderheitenanteil *(non-controllig interest)* erhöht sich von 20 % auf 40 %. MU behält die Beherrschung über TU. Die Währungsumrechnungsdifferenz beträgt vor der Transaktion 100, davon 80 als Rücklage ausgewiesen, 20 im Minderheitenanteil berücksichtigt.

Beurteilung

Nach IAS 21.48C wird die Währungsumrechnungsdifferenz bei einer Abstockung nicht erfolgswirksam. Sie ist lediglich neu auf Mehrheit und Minderheit zu verteilen (per WUD Rücklage 20 an Minderheit 20).

2. Kontrollverlust

MU hält 80 % an TU und veräußert weitere 40 % an Dritte. Der Anteil der MU verringert sich von 80 % auf 40 %. MU verliert die Beherrschung über

TU. Es kommt zur erfolgswirksamen Entkonsolidierung. Die Währungsumrechnungsdifferenz beträgt vor der Transaktion 100, davon 80 als Rücklage ausgewiesen, 20 im Minderheitenanteil berücksichtigt.

Beurteilung

Nach IAS 21.48A und IAS 21.48B ist die Währungsumrechnungsdifferenz aufzulösen. Der separat ausgewiesene, MU zuzuordnende Teil von 80 wird GuV-wirksam, der der (bisherigen) Minderheit zuzurechnende Teil von 20 beeinflusst den Abgangserfolg nicht.

3. Abstockung einer *equity*-Beteiligung

MU hält 30 % an aU und hat signifikanten Einfluss auf aU. 5 % der Anteile werden an einen Dritten veräußert. MU behält den signifikanten Einfluss. Der Anteil an der aU ist weiterhin *at equity* zu bilanzieren. Die Rücklage für Währungsumrechnungsdifferenz beträgt vor der Transaktion 30.

Beurteilung

Nach IAS 21.48c wird die Währungsumrechnungsdifferenz mit 5 erfolgswirksam.

Fraglich ist die Behandlung der **Liquidation** eines Tochterunternehmens. **56**

Beispiel

MU hält 100 % an der schuldenfreien TU und beschließt im Oktober 01 deren Liquidation. Die werbende Tätigkeit wird daraufhin eingestellt. Die Liquidation vollzieht sich wie folgt:

- Noch in 01 werden alle Vorratsbestände und beweglichen Anlagen, zusammen (in Zeitwerten) 50 % des Vermögens, „versilbert". Der Erlös wird am 30. Dezember an MU ausgeschüttet.
- In 02 werden fast alle Immobilien, zusammen also weitere 45 % des ursprünglichen Vermögens, liquidiert und auch dieser Erlös an MU ausgeschüttet.
- Die Verwertung eines letzten Grundstücks gestaltet sich schwieriger und gelingt erst in 03.

Offen ist im vorstehenden Beispiel, ob die Liquidation des Tochterunternehmens schon **fortlaufend**, im Maß der realisierten und ausgeschütteten Liquidationserlöse oder erst mit Versilberung des letzten Vermögenswerts zu einem **(Teil-)Abgang** der ausländischen Einheit i. S. v. IAS 21 und damit zur (Teil-)Realisierung der Umrechnungsdifferenz führt. Für das **Handelsrecht** wird die Auffassung vertreten, Teile der Umrechnungsrücklage können bereits in dem Maße erfolgswirksam aufgelöst werden, wie der Liquidationsprozess durch Versilberung (Umwandlung Sach- in Nominalwerte) vorangeschritten ist.[12] Gegen eine entsprechende Behandlung nach IFRS könnte sprechen, dass IAS 21.48D als *„partial disposal"* nur *„reductions in owner ship interest"* anspricht. Wird *„ownership interest"* i. S. d. amtlichen deutschen Übersetzungen als „Beteiligungsquote", also **prozentual** verstanden, liegt kein Teilabgang vor, da sich der Prozentsatz der Beteiligung nicht ändert. Allerdings hat das IFRS Interpretations Committee in

12 Hoffmann/Lüdenbach, NWB Kommentar Bilanzierung, § 308a; Deubert, DStR 2009, S. 340ff.

einer Agenda Rejection vom September 2010 offengelassen, ob *„reduction in owner ship interest"* absolut oder prozentual zu interpretieren ist. Selbst wenn der Begriff **absolut** aufgefasst wird, würde je nach Interpretation des IAS 21.48C (Rz 62ff.) eine fortlaufende Realisierung aber ausscheiden.
U. E. liegt die Lösung an einer anderen Stelle. Der Begriff der *foreign operation* setzt nach IAS 21.8 Aktivitäten (*activities*) voraus. Diese können schon mit Aufgabe der werbenden Tätigkeit zu verneinen sein, bestehen aber spätestens bei sehr weit fortgeschrittenem Liquidationsprozess nicht mehr. Der damit einhergehende Verlust des Status *foreign operation* stellt u. E. bereits ein *disposal* dar. Bei einer entsprechenden Vorabauskehrung des Liquidationserlöses in Raten ist eine Realisierung der WUD daher mindestens dann geboten, wenn der Liquidationsprozess im Wesentlichen vollzogen ist und nur noch ein unbedeutender Teil des Liquidationsanfangsvermögens der Verwertung harrt (im Beispiel am Ende der Periode 2).[13]
Entsprechend lässt sich eine (Teil-)Realisierung u. U. dann vertreten, wenn eine ausländische Tochter mehrere ganz unterschiedliche Aktivitäten (*operations*) unter einem rechtlichen Mantel vereint, und einen dieser „Teilbetriebe" liquidiert. Mit Aufgabe oder Veräußerung der Aktivitäten eines bedeutenden Teilbetriebs liegt möglicherweise ein Abgang (*disposal*) und nicht lediglich ein Teilabgang einer *foreign operation* vor. Ein *recycling* wäre daher geboten. Hat der Konzern die Währungsumrechnung in der Vergangenheit einheitlich für ein Tochterunternehmen ohne Differenzierung nach Teilbetrieben vorgenommen, ist als Aufteilungsmaßstab für bestehende Umrechnungsdifferenzen auf das relative, dem Teilbetrieb buchmäßig zuzuordnende Eigenkapital abzustellen.

3.3.6 Sonderfall I: *Goodwill* und Minderheitenanteil

57 Der beim Erwerb einer selbstständigen Einheit entstehende *goodwill* sowie die dabei aufgedeckten stillen Reserven konnten nach IAS 21.33 (1993) für Zwecke der Währungsumrechnung wahlweise der **Teileinheit oder dem berichtenden Konzern** zugeordnet werden. Im zweiten Fall wurden die Einstandskurse fortgeführt. Die Fortschreibung von *goodwill* und stillen Reserven blieb von Wechselkursänderungen unberührt. Im ersten Fall war/ist ist eine jährliche Neuberechnung zu Stichtagskursen vorzunehmen. Die entstehenden Umrechnungsdifferenzen waren/sind dabei erfolgsneutral zu behandeln.
Mit der Neufassung von IAS 21 im Dezember 2003 ist das **Wahlrecht entfallen**. Der *goodwill* sowie die aufgedeckten stillen Reserven und Lasten *(fair value adjustments)* sind als Vermögenswerte bzw. Schulden der ausländischen Einheit zu betrachten (IAS 21.47). Die Neufassung ist nur prospektiv anzuwenden, d. h. auf Unternehmenserwerbe, die ab der Periode der erstmaligen Anwendung von der Neufassung von IAS 21 (d. h. ab 2005) getätigt werden (IAS 21.59).
Folgende Konsequenzen ergeben sich für die **Erst-** und **Folge**konsolidierung:

- Der Kaufpreis muss im Rahmen der **Erstkonsolidierung** zum Kurs des Erwerbszeitpunktes in die funktionale Währung des ausländischen Geschäftsbetriebes umgerechnet werden. Nach Bewertung der übernommenen Vermögenswerte und Schulden zum beizulegenden Zeitwert (Aufdeckung stiller

[13] Gl. A. Freiberg, PiR 2009, S. 343ff.

Reserven) wird der verbleibende Unterschiedsbetrag *(goodwill)* ebenfalls in der funktionalen Währung des ausländischen Geschäftsbetriebes in dessen Bilanz eingestellt. Hierdurch erhöht sich dessen konsolidierungstechnisches Eigenkapital. Erst danach wird die Währungsumrechnung wie gewohnt durchgeführt. Bei der Erstkonsolidierung entspricht dadurch der Wert des konsolidierungstechnischen Eigenkapitals der Tochter in Berichtswährung (Euro) der bei der Muttergesellschaft bilanzierten Beteiligung. Differenzen bei der Kapitalkonsolidierung entstehen nicht.

- Bei der **Folgekonsolidierung** wird der nun in der funktionalen Währung des ausländischen Geschäftsbetriebes bilanzierte *goodwill* jeweils zum Kurs des Bilanzstichtages umgerechnet. Dadurch verändert sich der ausgewiesene Wert des *goodwill* zu jedem Bilanzstichtag. Bei den sehr großen *goodwill*-Beträgen in den Bilanzen vieler Konzerne kann es bei entsprechenden Währungsschwankungen zu erheblichen Abweichungen beim Ansatz des *goodwill* zwischen den Bilanzstichtagen kommen.

Der **Effekt** der Währungsumrechnung des *goodwill* ist nicht zu unterschätzen. Nach einer empirischen Untersuchung stellt sie etwa für die Jahre 2005 bis 2008 bei den 30 DAX-Unternehmen die zweitwichtigste Veränderungsgröße des *goodwill* (nach den Zugängen) dar.[14]

Eine Währungsumrechnung des *goodwill* kann nicht durch eine komplette oder überwiegende Zuordnung zum inländischen Teil des erwerbenden Konzerns vermieden werden, selbst wenn die erwarteten Synergien eine solche Zuordnung nahelegen. Eine solche Zuordnung zu bereits vor Erwerb bestehenden Einheiten ist zwar für Zwecke des ***impairment test*** (IAS 36) möglich und ggf. geboten, jedoch für die **Währungsumrechnung** unzulässig (IAS 21.BC32). Zur Aufteilung des *goodwill* für Währungszwecke kommt es nur dann, wenn bei **Erwerb** eines **Teilkonzerns** dessen Einheiten untereinander unterschiedliche funktionale Währungen haben (IAS 21.BC32).

Wenn das Mutterunternehmen nicht zu 100 % an seinem zu konsolidierenden Tochterunternehmen beteiligt ist, müssen im Konzernabschluss **Minderheitenanteile** (nicht beherrschende Anteile) ausgewiesen werden. Der *goodwill* ist in der funktionalen Währung der Tochtergesellschaft in deren (IFRS II-)Abschluss einzustellen. Erst danach wird die Währungsumrechnung durchgeführt. Die bei der Folgekonsolidierung entstehenden Währungsdifferenzen auf den *goodwill* sind jedoch ausschließlich dem Mehrheitsgesellschafter zuzurechnen, da die Minderheit zwar am Vermögen inklusive der stillen Reserven, i. d. R. nicht aber am *goodwill* beteiligt ist (→ § 31 Rz 121). Der auf die Minderheiten entfallende Anteil der Währungsdifferenzen muss daher in einer Nebenrechnung ermittelt werden. Hierzu nachfolgend ein **Beispiel** unter der Annahme eines 20%igen Minderheitenanteils und eines Erstkonsolidierungskurses von 1,2 sowie eines Stichtagskurses von 1,4.

---

14 Brendle, IRZ 2010, S. 215ff.

	USD	Kurs	100 %	80 %	20 %
EK IFRS zum Stichtag	100	1,4	140		
dito bei Erstkonsolidierung	100	1,2	120		
Kursdifferenz			20	16	4
Stille Reserven zum Stichtag	500	1,4	700		
dito bei Erstkonsolidierung	500	1,2	600		
Kursdifferenz			100	80	20
goodwill zum Stichtag	1.520	1,4	2.128		
dito bei Erstkonsolidierung	1.520	1,2	1.824		
Kursdifferenz			304	304	0
Gesamte Kursdifferenzen			**424**	**400**	**24**

Tab. 3: Beispiel zur Zuordnung von Umrechnungsdifferenzen auf den Minderheitenanteil[15]

3.3.7 Sonderfall II: Währungsverluste auf konzerninterne Forderungen und Schulden

58 In der Einzelbilanz der ausländischen Tochter oder der inländischen Mutter können währungsbedingte Verluste oder Gewinne auch aus konzerninternen **Forderungen und Verbindlichkeiten** entstehen. Derartige **Umrechnungsdifferenzen** sind im Rahmen der Konsolidierung **nicht zu neutralisieren** (IAS 21.45).

Beispiel (vgl. Rz 43)

Die inländische Mutter MU gewährt der selbstständigen amerikanischen Tochter TU Ende 01 zum Erwerb eines Grundstücks ein Darlehen von 1 Mio. EUR bei einem Wechselkurs von 1 USD/1 EUR. Zum Bilanzstichtag 02 hat sich der Kurs des Dollar auf 1,1 USD/1,0 EUR verschlechtert, sodass TU in ihrer USD-Bilanz eine Verbindlichkeit von nunmehr 1,1 Mio. USD und in der GuV einen korrespondierenden Verlust von 0,1 Mio. USD ausweist. In der GuV der MU ist bei unveränderter Forderung von 1 Mio. EUR kein Ertrag entstanden.

Der US-Dollar-Abschluss der TU ist für Konzernzwecke in Euro umzurechnen.

- Das Grundstück ist mit dem aktuellen Kurs von 1,1 USD/1 EUR, d. h. mit 909 TEUR anzusetzen.
- Die Verbindlichkeit von 1,1 Mio. USD hat mit dem aktuellen Kurs von 1,1 USD/1,0 EUR unverändert einen Umrechnungswert von 1 Mio. EUR.
- Aus Sicht der **Vermögensvergleichsrechnung** (Nettovermögen Periodenende minus Nettovermögen Periodenanfang) ist ein Verlust von 91 TEUR entstanden.
- Dem steht ein **GuV**-Verlust von 100 TUSD entsprechend 95 TEUR bei einem angenommenen Durchschnittskurs von 1,05/1,00 gegenüber.

Nur die Differenz von 4 TEUR zwischen zum Durchschnittskurs ermitteltem GuV-Verlust und zum Stichtagskurs ermitteltem Vermögensvergleichs-

15 Nach LINGNER, PiR 2005, S. 99ff.

verlust stellt eine konsolidierungstechnische Umrechnungsdifferenz dar und ist damit erfolgsneutral in die Rücklage für Währungsdifferenzen einzustellen.

JFB zum Durchschnittskurs = 100/1,05 =	95 TEUR
– JFB zum Stichtagskurs = 100/1,1 =	– 91 TEUR
= erfolgsneutrale Umrechnungsdifferenz (Rz 50)	4 TEUR

Der Währungsverlust von 100 TUSD/1,1 = 91 TEUR geht hingegen in das Konzernergebnis ein.

Dass (einzelbilanzielle) Währungsverluste oder -gewinne aus konzerninternen Forderungen und Schulden im Rahmen der Konsolidierung **nicht eliminiert** werden, mag aus Sicht der **Einheitstheorie** befremden: Die wirtschaftliche Einheit Konzern verleiht das Geld nur an sich selbst und scheint hieraus kein Währungsergebnis erzielen zu können. Die Nichteliminierung der einzelbilanziellen Ergebnisse ist aber Konsequenz der wirtschaftlichen Selbstständigkeit der ausländischen Einheit (Rz 27). Die ausländische Einheit ist dann als selbstständig zu qualifizieren, wenn sie ihre *cash flows* überwiegend in lokaler Währung generiert.

Aus dieser Sicht lässt sich das obige Beispiel ökonomisch wie folgt interpretieren: Um das mit 1 Mio. EUR = 1 Mio. USD aufgenommene Darlehen zurückzuzahlen, hätte die amerikanische Tochter bei unveränderten Wechselkursen einen *cash flow* von 1 Mio. USD erwirtschaften müssen. Bei auf 1,1/1,0 verschlechtertem Dollarkurs muss sie 1,1 Mio. USD, d.h. zusätzlich 100 TUSD bzw. 91 TEUR für die Rückzahlung erwirtschaften. Dieses Zusatzerfordernis hat auch aus der einheitstheoretischen Sicht des Konzerns Bestand: Der Konzern muss (durch seine ausländische Tochter) zusätzliche 100 TUSD erzielen, um die mit der Finanzierung bewirkte Investition zu amortisieren.

Währungserfolge aus konzerninternen Forderungen/Schulden gegenüber einer selbstständigen ausländischen Einheit können nur dann vermieden werden, wenn die **Forderung/Schuld als Teil des Nettoinvestments** ***(net investments)*** in die ausländische Einheit, d.h. als Quasi-Eigenkapital, zu qualifizieren ist. IAS 21.32 bestimmt, dass in diesem Fall die **Umrechnungsdifferenz erfolgsneutral** im Eigenkapital zu erfassen ist. Sie ist von dort in dem Zeitpunkt erfolgswirksam umzubuchen, indem die selbstständige ausländische Einheit ganz oder teilweise veräußert wird. Als Teilveräußerung *(partial disposal)* ist u.E. auch die Tilgung der als *net investment* behandelten Forderung/Verbindlichkeit anzusehen. Zum Ganzen folgendes Beispiel: 59

Beispiel

MU gründet Anfang 01 gegen eine Bareinlage von 10 TEUR die amerikanische Tochter TU. TU gewährt 5 TUSD sofort als Darlehen zurück. TU erzielt in allen Perioden Ergebnisse von 0. Der Dollarkurs fällt kontinuierlich. MU erzielt Währungsgewinne aus dem Kursverlust des Dollars, weil der für die (fiktive) Tilgung aufzuwendende Euro-Betrag entsprechend sinkt. Ende 02

wird das Darlehen tatsächlich zurückgezahlt, Anfang 03 wird TU zu 8,34 TEUR veräußert.
Zunächst die Bilanzen und Konzernerfolge für den Fall, dass das Darlehen nicht als (negativer) Teil des *net investment* betrachtet wird, dann für den umgekehrten Fall:

Gründung
1.1.01 1,00 USD/EUR

Bilanz TU

	USD	EUR		USD	EUR
Vorräte	5,00	5,00	StKap	10,00	10,00
Forderung	5,00	5,00			
	10,00	10,00		10,00	10,00

FALL 1: FORDERUNG KEIN TEIL DES *NET INVESTMENT* (Rz 58)

31.12.01 1,10 USD/EUR

Bilanz TU

	USD	EUR		USD	EUR
Vorräte	5,00	4,55	StKap	10,00	10,00
Forderung	5,00	4,55	JÜ	0,00	0,00
			WUD		– 0,91
	10,00	9,09		10,00	9,09

Berechnung WUD (Rz 50ff.):

EK neuer Kurs	9,09
EK alter Kurs	–10,00
WUD 31.12.01	– 0,91

31.12.02 1,20 USD/EUR

Bilanz TU

	USD	EUR		USD	EUR
Vorräte	5,00	4,17	StKap	10,00	10,00
Forderung	0,00	0,00	GewinnV	0,00	0,00
Bank	5,00	4,17	JÜ	0,00	0,00
			WUD		–1,66
	10,00	8,34		10,00	8,34

Berechnung WUD:

EK neuer Kurs	8,34
EK alter Kurs	–9,09
Zuführ. WUD	–0,75
Vortrag WUD	–0,91
WUD 31.12.02	–1,66

Veräußerung Anfang 03 für 8,33 EUR

Mit der Veräußerung gehen die Vermögenswerte der TU (Vorräte und Bank) gegen Geld ab.
Außerdem ist die Währungsumrechnungsdifferenz erfolgswirksam aufzulösen, daher folgende **Entkonsolidierungsbuchungen:**

Soll		Haben	
Geld	8,34	Vorräte	4,17
Aufwand	1,66	Bank	4,17
		WUD	1,66
	10,00		10,00

Der Erfolg des Konzerns (der jeweiligen Periode) ermittelt sich aus
(a) dem Ergebnis der TU (jeweils 0),
(b) dem Ergebnis der MU (jeweils Währungsertrag) und
(c) Konsolidierungsbuchungen. Derartige Konsolidierungsbuchungen sind in 01 und 02 nicht erforderlich, da der Währungsertrag **nicht** eliminiert wird. In Periode 03 entsteht der oben ermittelte Entkonsolidierungsaufwand aus der Auflösung der WUD. Somit folgender **Erfolg des Konzerns:**

Periode	TU	MU	Konsolid.	Summe
1	0,00	0,45	0,00	0,45
2	0,00	0,38	0,00	0,38
3			–1,66	–1,66
Summe				–0,83

Im Vergleich: Erfolg Einzelbilanz MU

Periode		
1		0,45
2		0,38
3	8,34	
	–10,00	–1,66
Summe		–0,83

Fazit

Da TU in allen Perioden ein Ergebnis von 0 erwirtschaftet, muss das einzel- und das konzernbilanzielle Ergebnis der MU gleich sein. Dieser Gleichklang wird gerade durch Nichteliminierung der Währungserträge aus konzerninternen Salden bewirkt.

FALL 2: FORDERUNG ALS TEIL DES *NET INVESTMENT* (Rz 59)

Bilanzen TU wie im Fall 1.
Aber: Neben WUD I (Bilanz TU) ist eine WUD II im Rahmen der Konsolidierung zu berücksichtigen. Sie neutralisiert die einzelbilanziell bei MU entstandenen Währungserträge.

Veräußerung Anfang 03 für 8,34 EUR

Entkonsolidierungsbuchungen

Soll		Haben	
Geld	8,34	Vorräte	4,17
Aufwand	0,83	Bank	4,17
WUD II	0,83	WUD I	1,66
	10,00		10,00

Erfolg Konzern

Periode	TU	MU	Konsolid.	Summe
1	0,00	0,45	–0,45	0,00
2	0,00	0,38	–0,38	0,00
			0,83	0,83
Zwischensumme				0,83
3			–1,66	–1,66
Summe				**–0,83**

Erfolg Einzelbilanz MU

Periode		
1		0,45
2		0,38
Zwischensumme		0,83
3	8,34	
	–10,00	–1,66
Summe		**–0,83**

Fazit

Ein Gleichklang von einzel- und konzernbilanziellem Ergebnis wird nur in Summe (bzw. in Zwischensumme nach Tilgung des Darlehens) erreicht. Die konzernbilanzielle Eliminierung der Währungserträge führt hingegen in 01 und 02 zu Abweichungen. Sie ließen sich nur dann vermeiden, wenn die Verbindlichkeit der MU auch einzelbilanziell als (negativer) Teil der Beteiligung qualifiziert und damit in der Einzelbilanz der MU kein Währungsertrag angesetzt würde.

60 Das Beispiel zeigt insgesamt, dass die Behandlung konzerninterner Forderungen/Verbindlichkeiten als eigenständig oder als Teil des *net investment* zwar nicht den Gesamterfolg, wohl aber die Periodenerfolge beeinflusst. Bei Behandlung der **Forderung/Verbindlichkeit als Teil des *net investment*** sind die **Periodenerfolge** der Konzern- und der Einzelbilanz des Mutterunternehmens **nicht mehr identisch**. Erklärend ist im Beispiel, dass einzelbilanziell ein Währungsertrag des Mutterunternehmens angesetzt wird, weil einzelbilanziell die Verbindlichkeit der Mutter als Verbindlichkeit und nicht als (Minderung der) Beteiligung gilt, während der gleiche Ertrag konzernbilanziell neutralisiert wird (WUD II). Die Tilgung des Darlehens ist u.E. als *partial disposal* des *net*

investment anzusehen (Rz 62). Mit der Tilgung geht daher der Währungserfolg auch konzernbilanziell in die GuV ein, sodass für die Zwischensumme (Erfolg nach Tilgungszeitpunkt) der Gleichklang von Konzern- und Einzelbilanz wiederhergestellt ist.

Da demnach die Qualifizierung von Forderungen/Verbindlichkeiten als *net* 61
investment oder als eigenständiger Posten den Periodenerfolg prägt, kommt der Abgrenzung beider Fälle eine hohe Bedeutung zu. IAS 21.15 gibt für die monetären Posten, die Teil des **Nettoinvestments** sind, folgende **Definition**:

- Eine Tilgung oder sonstige Begleichung *(settlement)* darf für die absehbare Zukunft *(forseeable future)* weder geplant noch wahrscheinlich *(likely)* sein.
- Langfristige Forderungen (Erhöhung des Investments) und langfristige Verbindlichkeiten (Minderung des Investments) des Mutterunternehmens können *(may)* diese Bedingung erfüllen.
- Forderungen und Verbindlichkeiten aus Lieferungen und Leistungen sind jedoch nicht als Teil des Nettoinvestments anzusehen.

Unklar ist die Bedeutung des Begriffs **„absehbare Zukunft"**. U. E. ist für die Qualifizierung als *net investment* mindestens ein Zeitraum von mehr als einem Jahr, in der Terminologie von IAS 1.57 die Grenze zwischen kurz- und langfristig, zu fordern. Darüber hinaus bestehen Ermessensspielräume. Gestaltungsmöglichkeiten gibt es bei der Behandlung der Forderungen und Verbindlichkeiten aus Lieferungen und Leistungen. Da die allgemeine Definition des *net investment* zukunftsgerichtet ist, kann die Genese einer Forderung oder Verbindlichkeit u.E. dann keine Rolle mehr spielen, wenn durch Novation in ein Darlehen ein neuer Schuldgrund geschaffen wird. Bei sog. Verrechnungskonten zwischen den verbundenen Unternehmen ist entsprechend danach zu differenzieren, ob sie als Kontokorrent gegenseitige Ansprüche saldieren (kein Teil des *net investment)* oder sich Verpflichtungen zu Lasten der einen Seite kumulieren (dann ggf. *net investment).*[16]

In IAS 21.8 ist das *net investment* definiert als *„the amount of the reporting entity's interest in the net assets of that operation"*. Wie in der Verwendung des *„net"*-Begriffs bereits angelegt, ist damit eine **Saldobetrachtung** gefordert. Hieraus folgt: Gewährt zunächst das Mutterunternehmen dem Tochterunternehmen ein Darlehen (positiver Teil des *net investment)* und später zusätzlich die Tochter der Mutter Darlehensmittel, so sind beide Vorgänge zu saldieren. Folge der zweiten Darlehensvergabe ist daher eine **Rückführung** des *net investment* und damit ggf. (Rz 62) eine Teilrealisierung der Währungsumrechnungsdifferenz.

Beispiel

In 01 gründet MU die ausländische TU. Die Finanzierung erfolgt bis auf eine vernachlässigbare Einlage über ein Darlehen.

In 02 bis 05 erwirtschaftet TU hohe Gewinne, die aus steuerlichen Gründen aber weder ausgeschüttet noch zur Darlehensrückzahlung verwendet werden. Vielmehr verwendet TU die thesaurierten Gewinne am 1.1.06 zur Gewährung eines Darlehens an MU, das der Höhe nach ½ des weiter bestehenden Darlehens umgekehrter Richtung beträgt.

16 Vgl. Ernst & Young, International GAAP 2010, Tz 13 s3.4.

> Zum 31.12.05 weist die Währungsumrechnungsrücklage einen hohen negativen Betrag aus.
> **Beurteilung**
> Am 1.1.06 wird durch das neue Darlehen das bisherige *net investment* zu ½ zurückgeführt. Zur Frage, ob dadurch ½ der Umrechnungsdifferenz erfolgswirksam wird, kann auf die Ausführungen unter Rz 62 verwiesen werden.

Eine **erfolgsneutrale Einbeziehung** des dem Tochterunternehmen gewährten oder von diesem erhaltenen **Darlehens** in das *net investment* war nach alter Fassung von IAS 21.33 nicht zulässig, wenn das Darlehen in einer anderen als der funktionalen Währung des berichtenden Unternehmens oder des ausländischen Geschäftsbetriebes valutiert, also etwa ein deutsches Mutterunternehmen seiner amerikanischen Tochter ein Darlehen in Britischen Pfund gewährt. Kursdifferenzen aus diesen Posten verblieben bisher im Ergebnis des Konzerns und durften nicht als separater Bestandteil des Eigenkapitals umgegliedert werden.[17] Das im Dezember 2005 verabschiedete *Amendment* zu IAS 21 „*Net Investments in a Foreign Operation*" hat diese Einschränkung aufgehoben (IAS 27.33). Er stellt im Übrigen auch klar, dass die zu einem *net investment* führende Schuldbeziehung nicht notwendig zwischen Mutter- und Tochterunternehmen bestehen muss. Auch das Darlehen des Tochterunternehmens 2 an das Tochterunternehmen 1 ist bei Erfüllung der übrigen Voraussetzungen als *net investment* des Mutterunternehmens anzusehen (IAS 21.15A). Das *Amendment* ist ab 1.1.2006 anzuwenden, eine frühere Anwendung ist zulässig.
Für die Behandlung konzerninterner Differenzen bei integrierten ausländischen Einheiten wird auf Rz 43 verwiesen, für die Möglichkeit des *hedging* konzerninterner Transaktionen auf Rz 63.

62 Bei Einbeziehung von Darlehen in das *net investment* stellt sich in besonderer Weise die Frage nach dem **Realisationszeitpunkt** zunächst erfolgsneutral behandelter Differenzen (Rz 54). Nach IAS 21.32 ist für die erfolgs**wirksame** Realisierung von bisher erfolgs**neutral** behandelten Umrechnungsdifferenzen eine Rückführung des *net investment* („*disposal*") erforderlich. Die Bestimmung wird durch IAS 21.49 konkretisiert. Danach gilt:

- Das *net investment* muss nicht vollständig aufgegeben werden, eine **teilweise** Rückführung *(partial disposal)* berechtigt zur teilweisen Auflösung der Umrechnungsdifferenz.
- Ein *disposal* verlangt **keine Veräußerung (*sale*)** der Beteiligung oder von Teilen der Beteiligung. Auch die Rückzahlung von Eigenkapital *(repayment of share capital)* erfüllt den Tatbestand.
- Nicht erwähnt wird die **Rückführung** von Forderungen oder Verbindlichkeiten. IAS 21.15 stellt diese schuldrechtlichen Kapitalüberlassungen aber unter bestimmten Umständen dem gesellschaftsrechtlichen Eigenkapitalinvestment gleich und verweist hinsichtlich der Rechtsfolgen beider Formen einheitlich auf IAS 21.32. Damit ist die Darlehensrückführung, auch wenn sie in der beispielhaften (nicht abschließend aufzählenden) Regelung in IAS 21.49 nicht erwähnt wird, möglicherweise als Teilabgang des *net investment* zu

17 Vgl. LINGNER, PiR 2005, S. 99ff.

würdigen. Allerdings widerspricht dem die Definition des Teilabgangs in IAS 21.48D. Die danach notwendige *„reduction of ownership interest“* ist jedenfalls in der amtlichen deutschen Übersetzung prozentual (als Verringerung der „Beteiligungsquote“) beschrieben und nicht absolut (als Verringerung des Betrags des Investments) (Rz 56). Bei prozentualer Interpretation gilt somit: Schon mangels (Teil-)Abgang kann die Rückführung eines Darlehens nicht zur Auflösung von Teilen der Umrechnungsrücklage führen.

Selbst bei absoluter Interpretation bestünden aber noch Zweifel an einer Auflösungsmöglichkeit. Entscheidend ist hier die Auslegung von IAS 21.48C. Die Vorschrift lautet vollständig wie folgt:

„Bei einem teilweisen Abgang eines Tochterunternehmens, zu dem ein ausländischer Geschäftsbetrieb gehört, ist der entsprechende Anteil an den kumulierten Umrechnungsdifferenzen, die im sonstigen Gesamtergebnis erfasst sind, den nicht beherrschenden Anteilen an diesem ausländischen Geschäftsbetrieb wieder zuzuordnen. Bei allen anderen teilweisen Abgängen eines ausländischen Geschäftsbetriebs hat das Unternehmen nur den entsprechenden Anteil der kumulierten Umrechnungsdifferenzen ins Ergebnis umzugliedern, der im sonstigen Gesamtergebnis erfasst war.“

Die Vorschrift ist als *Consequential Amendment* zur Neufassung von IAS 27 in 2008 in IAS 21 eingefügt worden. Da IAS 27 rev. 2008 Abstockungsfälle (mehrheitswahrende Anteilsveräußerungen) als erfolgsneutrale Transaktion zwischen Eigenkapitalgebern (Mehrheit und Minderheit) qualifiziert, war aus Konsistenzgründen auch eine erfolgsneutrale Behandlung der vor der Abstockung bestehenden Umrechnungsdifferenzen erforderlich. In dieser historischen Perspektive würde der Bezug von „alle anderen teilweisen Abgänge“ auch die Rückführung von als Teil des Nettoinvestments qualifizierten Darlehen einschließen. Die Rückführung würde daher zur erfolgswirksamen Auflösung eines Teils der Umrechnungsrücklage führen. In den historischen Kontext unberücksichtigt lassender anderer Lesart sind „alle anderen teilweisen Abgänge“ nur solche, die nicht Tochterunternehmen (sondern z. B. *equity*-Beteiligungen) betreffen.[18] Die Rückführung eines Darlehens hätte danach keine Auswirkungen auf die Umrechnungsrücklage.

Angesichts des starken doppelten Zweifels, ob überhaupt ein Teilabgang vorliegt (IAS 21.48D) und, falls ja, ob dieser zur Auflösung der Rücklage berechtigt (IAS 21.48D), halten wir die Auflösung der Umrechnungsrücklage bei Rückführung eines Darlehens ab 2010 nicht mehr für angemessen. Zur bis 2009 geltenden Rechtslage und Anwendungsbeispielen hierzu wird auf die Vorauflage verwiesen.

3.3.8 *Cash flow hedge* antizipierter konzerninterner Transaktionen

Für die bis 2004 anwendbare Fassung von IAS 39 hatte der *Guidance on Implementation* (IGC 137–13) ein erfolgsneutrales *cash flow hedging* (→ § 28 Rz 254) auf konzerninterne Transaktion zugelassen. 63

Beispiel

Das inländische Mutterunternehmen der Automobilindustrie plant in 02 eine Veräußerung von Fahrzeugen an seine selbstständige amerikanische Tochter,

18 Vgl z. B. Ernst & Young, International GAAP 2010, Tz 13 s3.3.6.

damit diese sie wiederum in den USA absetzen kann. Die konzerninternen Lieferungen werden in Dollar fakturiert. Ein in 01 abgeschlossener Dollarterminverkauf kann nach IAS 39 (2000) als *cash flow hedge* der konzerninternen Transaktion mit der Wirkung der Erfolgsneutralität des Sicherungsgeschäftes per 31.12.01 designiert werden.

In der im Dezember 2003 verabschiedeten, ab 2005 geltenden Fassung von IAS 39 war diese Regelung nicht mehr enthalten. Eine in 2005 verabschiedete Ergänzung zu IAS 39 – „*Cash Flow Hedge Accounting of Forecast Intragroup Transactions*" führt aber eine funktional gleichwertige Lösung ein (IAS 39.AG99a).

Beispiel
Ein inländisches Mutterunternehmen MU hat zwei Tochterunternehmen:

- die inländische Produktionstochter PTU mit funktionaler Währung Euro,
- die amerikanische Vertriebstochter VTU mit funktionaler Währung Dollar.

PTU fakturiert Lieferungen an VTU (Innenumsätze) in Dollar. VTU tätigt hieraus zeitnah Außenumsätze in Dollar, wobei der Aufschlag gegenüber dem konzerninternen Einkaufspreis 20 % beträgt. Die wichtigsten Aufwendungen des Konzerns, insbesondere die inländischen Produktionskosten, fallen in Euro an.
Eine Änderung der Euro-Dollar-Parität hat deshalb folgende Wirkungen auf den Konzern:

- die Umsatzerlöse variieren,
- die konsolidierten Herstellungskosten bleiben unverändert.

Zur Absicherung des Währungsrisikos auf die voraussichtlichen Lieferungen 02 von PTU an VTU (Volumen: 100) schließt der Konzern in 01 einen Dollarterminverkauf (Volumen: 100) mit Fälligkeit 02 ab.
Nach IAS 39 kann ein konzerninterner Vorgang kein gesichertes Grundgeschäft im Rahmen eines *cash flow hedge* sein. IAS 39.AG 99a sieht aber folgende Möglichkeit vor:

- Der Konzern bestimmt (designiert) den erwarteten externen Umsatz (120) mit einem Anteil von 100 als gesichertes Grundgeschäft.
- Der Erfolg aus dem Dollarterminverkauf kann daher per 31.12.01 gegen Eigenkapital gebucht werden.
- Er ist erst dann in der GuV zu berücksichtigen, wenn auch das Grundgeschäft (Außenumsatz) Berücksichtigung findet.

3.3.9 *Hedge* eines Nettoinvestments

64 Nach IAS 39.86c besteht die Möglichkeit, das Währungsrisiko aus einem *net investment* in eine selbstständige ausländische Einheit den Regeln des *hedge accounting* zu unterwerfen (→ § 28 Rz 233 ff.). Taugliche Sicherungsinstrumente sind neben Derivaten auch originäre finanzielle Vermögenswerte oder Verbindlichkeiten (IAS 39.72). Durch das *hedging* wird das Währungsergebnis aus dem

Sicherungsinstrument ebenso erfolgsneutral behandelt wie das Ergebnis aus der Umrechnung der Einheit (IAS 39.102).

Beispiel
M-D ist seit einigen Jahren Alleingesellschafter der T-US. Das Eigenkapital (net assets) der T beträgt per 1.1.01 9 Mio. USD. Zu diesem Zeitpunkt nimmt M-D eine US-Anleihe in Höhe von 15 Mio. USD auf. In 01 erhöht sich der Kurs des USD von 1,5 USD/1,0 EUR auf 1/1.
Ohne Widmung der Anleihe als *hedge* resultiert aus der Kurserhöhung des USD ein Währungsverlust von 5 Mio. EUR (15/1,0–15/1,5).
M-D hat jedoch die Möglichkeit, 60 % der Anleihe (9 Mio. USD) als Sicherungsinstrument zu bestimmen. Der darauf entfallende Kursverlust (3 Mio. USD) wird dann erfolgsneutral behandelt und im Eigenkapital mit dem entgegenstehenden Kursgewinn aus der Umrechnung der T-US saldiert.
Das anteilige Kursergebnis der Anleihe (3 Mio. EUR) wird nicht schon mit Tilgung der Anleihe, sondern erst mit (Teil-)Veräußerung der ausländischen Einheit erfolgswirksam (IAS 39.102).

Das Eigenkapital der ausländischen Einheit limitiert den *hedge*-fähigen Anteil des Sicherungsinstruments. Bei starken Änderungen des Eigenkapitals innerhalb der Periode wird man daher ggf. gewichtete Durchschnittsbetrachtungen vornehmen müssen.

Der in 2008 verabschiedete IFRIC 16 *Hedges of a Net Investment in a Foreign* **65**
Operation klärt Zweifelsfragen beim *hedge* eines Nettoinvestments. Zwei Aspekte stehen im Mittelpunkt von IFRIC 16:

- Was ist als *hedge*-taugliches Risiko, d.h. a) als Nettoinvestition und b) als dafür relevante Wechselkursbeziehung anzusehen?
- Wo innerhalb einer mehrstufigen Unternehmensgruppe kann das Sicherungsinstrument zur Minderung dieses Risikos gehalten werden?

Hinsichtlich des zweiten Punktes – Währungssicherung im mehrstufigen Konzern – wird auf Rz 66 verwiesen. Die Antworten des IFRIC 16 zum ersten Punkt sind wie folgt:

- Sicherungsfähig ist das Wechselkursrisiko aus in den Abschluss des Konzerns einbezogenem **Nettovermögen** eines ausländischen Geschäftsbetriebs. Eine derartige Einbeziehung ist nicht nur bei vollkonsolidierten Unternehmen, sondern ebenso bei quotal oder *equity*-konsolidierten gegeben (IFRIC 16.7).
- **Quantitative** Beschränkung: Tauglich für das *hedge accounting* ist ein Betrag, der nicht höher als der **Buchwert** der einbezogenen **Nettovermögen** des ausländischen Geschäftsbetriebs ist (IFRIC 16.11).
- **Qualitative** Beschränkung: *Hedge-accounting*-fähig ist nur das Risiko aus der Umrechnung der **funktionalen Währung** des ausländischen Geschäftsbetriebs in die abweichende funktionalen Währung eines Mutterunternehmens, hingegen nicht das der Umrechnung in eine abweichende Präsentationswährung eines Mutterunternehmens (IFRIC 16.9 und IFRIC 16.19).

Zur quantitativen Beschränkung wird auf das Beispiel unter Rz 64 verwiesen, zur **qualitativen Beschränkung** folgender Fall:

Beispiel
Funktionale Währung der M ist der EUR.
M hat diverse Tochterunternehmen in Neuseeland, deren funktionale Währung der neuseeländische Dollar (NZD) ist.
Für Zwecke amerikanischer Investoren stellt M den Konzernabschluss in USD auf.

Beurteilung
Dem *hedge accounting* der neuseeländischen Investments ist nur die Umrechnungsdifferenz zwischen dem NZD und dem EUR zugänglich, hingegen nicht die zwischen USD und NZD oder USD und EUR.

3.3.10 Währungsumrechnung und Währungssicherung im mehrstufigen Konzern

66 Neben den unter Rz 64f. dargestellten allgemeinen Regeln für ein *hedge accounting* einer Investition in eine selbständige ausländische Einheit gelten nach IFRIC 16 für den mehrstufigen Konzern folgende Besonderheiten:

- Absicherungsfähig ist das Wechselkursrisiko, das zwischen der funktionalen Währung des ausländischen Geschäftsbetriebs und der funktionalen Währung **irgendeines Mutterunternehmens** (unmittelbares, mittelbares oder oberstes Mutterunternehmen) entsteht (IFRIC 16.12).
- Im **dreistufigen Konzern** ist somit nicht nur das Wechselkursrisiko zwischen funktionaler Währung des Enkelunternehmens und funktionaler Währung des Mutterunternehmens *hedge*-tauglich, sondern ebenso das Wechselkursrisiko zwischen funktionaler Währung von Enkel- und Tochterunternehmen oder Tochter- und Mutterunternehmen. Die Stufe innerhalb des Konzerns, auf der das Sicherungsinstrument gehalten werden kann, ist insoweit unerheblich.
- Nach Änderung von IFRIC 16.14 durch das *Annual Improvements Project* 2009 kann das Sicherungsinstrument auch von der ausländischen Einheit gehalten werden, deren Risiko abzusichern ist, also etwa vom Enkelunternehmen.
- Das aus einer Nettoinvestition in einem ausländischen Geschäftsbetrieb entstehende Währungsrisiko kann jedoch nur **einmal** als *hedge accounting* abgebildet werden (IFRIC 16.13). Wird dasselbe Risiko von mehr als einem Mutterunternehmen (z.B. unmittelbares und mittelbares Mutterunternehmen) innerhalb des Konzerns gesichert, ist nur eine Sicherungsbeziehung für das *hedge accounting* im Konzernabschluss zulässig (IFRIC 16.13).

Beispiel
Die Struktur eines Konzerns ist wie folgt:

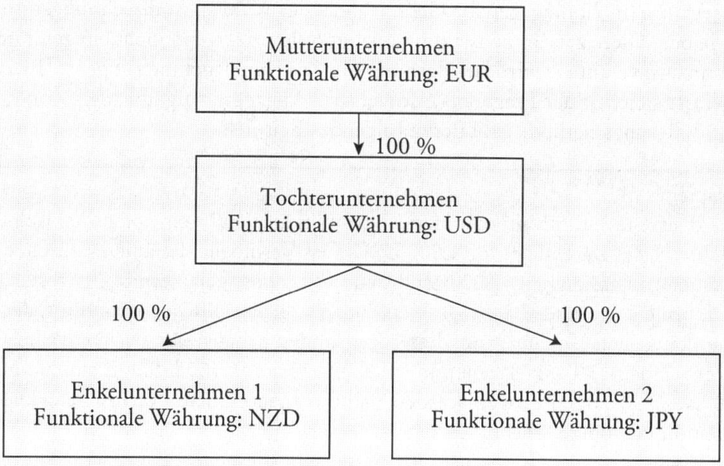

Beurteilung Teilkonzernabschluss T
Wenn T einen Teilkonzernabschluss aufstellt, kann sie *hedge accounting* auf das Währungsrisiko mit E1 (USD/NZD) und E 2 (USD/Yen) anwenden.

Beurteilung Konzernabschluss M
In den Konzernabschluss von M darf eine von T abgeschlossene Sicherungsbeziehung USD/NZD nur dann berücksichtigt werden, wenn M das Währungsrisiko EUR/NZD nicht selbst gesichert hat. Hat M das Risiko EUR/NZD gesichert, ist die von T vorgenommene Sicherung USD/NZD im Konzernabschluss zu neutralisieren.
Hat T das Währungsrisiko USD/NZD gesichert, kann M das Währungsrisiko EUR/USD sichern.
Nicht *hedge*-tauglich ist das Risiko NZD/Yen zwischen Enkelunternehmen E1 und E2.

Unabhängig davon, ob die Risiken *gehedged* werden, bestehen in einem mehrstufigen Konzern noch folgende Besonderheiten:[19] Die Konsolidierung kann **stufenweise** oder nach der **direkten** Methode erfolgen. 67

- Nach der **direkten Methode** werden die direkten Tochterunternehmen mit den indirekten (Enkelunternehmen usw.) in einer Summenbilanz zusammengeführt, um sodann die Beteiligungen der unterschiedlichen Ebenen gegen das jeweilige Kapital des untergeordneten Unternehmens zu verrechnen.
- Nach der **Stufenmethode** (***step-by-step method***) werden zunächst Teilkonzernabschlüsse gebildet, also etwa die Enkelunternehmen mit ihrer jeweiligen Mutter zu einem Teilkonzern konsolidiert, um sodann die Teilkonzerne mit der obersten Mutter zum Gesamtkonzern zusammenzufassen.

---

[19] Nachfolgende Ausführungen entnommen: LÜDENBACH, PiR 2008, S. 292ff.

Das **Konsolidierungsergebnis** ist **unabhängig** von der gewählten Methode. Haben die Unternehmen der verschiedenen Stufen jedoch unterschiedliche funktionale Währungen, kann die Konsolidierungsmethode Einfluss auf die **Zusammensetzung** (nicht hingegen die Gesamthöhe) der Währungsumrechnungsdifferenz haben. Diese Zusammensetzung erlangt Relevanz, wenn nicht ein gesamter Teilkonzern veräußert wird, sondern nur ein Enkelunternehmen abgeht. IFRIC 16 befasst sich mit der Frage, ob insoweit der Abgangserfolg abhängig von der Konsolidierungsmethode ist. Hierzu folgendes Beispiel:

Beispiel

Das deutsche Mutterunternehmen M gründet am 1.1.01 eine amerikanische Tochter T per Bareinlage von 1.800 USD. Das Vermögen der amerikanischen Tochter von anfänglich 1.800 besteht zu ½ aus sonstigen Vermögenswerten, im Übrigen aus einer Beteiligung an dem zeitgleich mit der Gründung der amerikanischen Tochter von dieser gegründeten neuseeländischen Enkelunternehmen E. T erzielt einen Jahresüberschuss von 300 USD, E einen von 300 NZD. Ausschüttungen werden nicht vorgenommen. Nachfolgend die Erst- und die Folgekonsolidierung

Die Kurse am 1.1.01 (Erstkonsolidierung) sowie am 31.12.01 sind wie folgt:

Kurse	1.1.	31.12.	Mittel
EUR/USD	1	0,8	0,9
EUR/NZD	0,8	0,6	0,7
USD/NZD	0,8	0,75	0,775

Im Geschäftsjahr hat sich danach an dem Umrechnungskurs USD/NZD wenig, an den Umrechnungskursen beider Währungen gegenüber dem Euro viel verändert.

1. Direkte Methode

Bei Anwendung der direkten Methode wird das Umrechnungsverhältnis USD/NZD nicht benötigt. Entscheidend sind nur die Kursänderungen gegenüber dem Euro.

Lösung

S. u. Tab. „Direkte Methode".

2. Stufenmethode

Nach der Stufenmethode ist die neuseeländische Tochter zunächst auf ihre amerikanische Mutter zu konsolidieren, um sodann den Teilkonzern mit der Konzernmutter zum Gesamtkonzern zusammenzufassen. Im ersten Konsolidierungsschritt entsteht für E nur eine Währungsumrechnungsdifferenz auf die Veränderung zwischen USD und NZD. Da diese gering ist, fällt auch die Währungsumrechnungsdifferenz gering aus.

Im zweiten Konsolidierungsschritt ist der Teilkonzernabschluss mit dem Mutterunternehmen zu konsolidieren. Hierbei entsteht eine Währungsumrechnungsdifferenz auf die Veränderung zwischen EUR und USD. Diese wird allein der amerikanischen Tochter als Spitze des Teilkonzerns zugerechnet.

Lösung

S. u. Tab. „Stufenmethode".

Die Wirkung von direkter und indirekter Methode im vorstehenden Beispiel zeigt im Vergleich: 68

- Bis auf eine (durch die Verwendung von Durchschnittskursen für die GuV bedingte) Rundungsdifferenz fällt die **Gesamthöhe** der Währungsumrechnungsdifferenz nach beiden Methoden **gleich** aus.
- Die **Aufteilung** nach Enkel- und Tochterunternehmen ist aber eklatant **unterschiedlich.** Da sich der Umrechnungskurs USD/NZD nur wenig geändert hat, wird dem Enkelunternehmen nach der Stufenmethode nur ein geringer Anteil an der Gesamtdifferenz zugeordnet, nach der direkten Methode hingegen mehr als die Hälfte.
- Solange T und E im **Konzernverbund** bleiben, ist dieser Unterschied **ohne Relevanz**. Auch wenn beide Unternehmen gleichzeitig entkonsolidiert werden, etwa bei einer Veräußerung von T inklusive E, spielt die Zusammensetzung keine Rolle, da dann ohnehin der gesamte auf T und E entfallende Teil der Umrechnungsrücklage erfolgswirksam aufzulösen ist.
- **Relevanz** entsteht in einer dritten Konstellation: Wird **nur E veräußert**, die Beteiligung an T hingegen beibehalten, ist bei der Ermittlung des Entkonsolidierungsergebnisses die auf E entfallende Umrechnungsrücklage erfolgswirksam aufzulösen. Bei einer Veräußerung am 1.1.01 würde hieraus nach der direkten Methode eine Minderung des Abgangserfolgs von 225, bei der Stufenmethode hingegen nur von 51 eintreten.

Direkte Methode

1.1.01	M-EUR	T-USD	Kurs	T-EUR	E-NZD	Kurs	E-EUR	Summe EUR	Soll	Haben	Konzern
Bet an T	1.800,00							1.800,00		1.800,00	'0
Bet an E		900,00	1,00	900,00				900,00		900,00	–
so. Vermögensw.	10.000,00	900,00	1,00	900,00	1.125,00	0,80	900,00	11.800,00			11.800,00
Summe	11.800,00	1.800,00		1.800,00	1.125,00		900,00	14.500,00			11.800,00
diverses EK	11.800,00	1.800,00	1,00	1.800,00	1.125,00	0,80	900,00	14.500,00	2.700,00		11.800,00
Summe	11.800,00	1.800,00	1,00	1.800,00	1.125,00		900,00	14.500,00	2.700,00	2.700,00	11.800,00
31.12.01											
Bet an T	1.800,00			–				1.800,00		1.800,00	–
Bet an E		900,00	0,80	720,00				720,00		720,00	–
so. Vermögensw.	10.000,00	1.200,00	0,80	960,00	1.425,00	0,60	855,00	11.815,00			11.815,00
Summe	11.800,00	2.100,00		1.680,00	1.425,00		855,00	14.335,00	–		11.815,00
diverses EK	11.800,00	1.800,00	1,00	1.800,00	1.125,00	0,80	900,00	14.500,00	2.700,00		11.800,00
WUD T				– 390,00				– 390,00		180,00	– 210,00
WUD E							– 255,00	– 255,00			– 255,00
JÜ		300,00	0,90	270,00	300,00	0,70	210,00	480,00			480,00
Summe	11.800,00	2.100,00		1.680,00	1.425,00		855,00	14.335,00	2.700,00	2.700,00	11.815,00

WUD T	USD	abw. Sticht.k.	EUR
div. EK kons.	900,00	–0,2	– 180,00
JÜ	300,00	–0,1	– 30,00
			– 210,00

WU-DE	NZD	abw. Sticht.k.	EUR
div. EK	1.125,00	-0,2	– 225,00
JÜ	300,00	-0,1	– 30,00
			– 255,00

Stufenmethode

1. TK US **31.12.01**	**T-USD**	E-NZD	Kurs	**E-USD**	**Summe-USD**	Soll	Haben	**TK-USD**
Bet an T				–	–			–
Bet an E	900,00			–	900,00		900,00	–
so. Vermögensw.	1.200,00	1.425,00	0,75	1.068,75	2.268,75			2.268,75
Summe	2.100,00	1.425,00		1.068,75	3.168,75			2.268,75
diverses EK	1.800,00	1.125,00	0,80	900,00	2.700,00	900,00		1.800,00
WUD T					–			–
WUD E				– 63,75	– 63,75			– 63,75
JÜ	300,00	300,00	0,775	232,50	532,50			532,50
Summe	2.100,00	1.425,00		1.068,75	3.168,75	900,00	900,00	2.268,75

2. GK EUR **31.12.01**	TK-USD	Kurs	**TK-EUR**	**MU-EUR**	**Summe EUR**	Soll	Haben	**Konzern**
Bet an T				1.800,00	1.800,00		1.800,00	
Bet an E								
so. Vermögensw.	2.268,75	0,80	1.815,00	10.000,00	11.815,00			11.815,00
Summe	2.268,75		1.815,00	11.800,00	13.615,00			11.815,00
	–							
diverses EK	1.800,00	1,00	1.800,00	11.800,00	13.600,00	1.800,00		11.800,00
WUD T			– 413,25		– 413,25			– 413,25
WUD E	– 63,75	0,80	– 51,00		– 51,00			– 51,00
JÜ	532,50	0,90	479,25		479,25			479,25
Summe	2.268,75		1.815,00	11.800,00	13.615,00	1.800,00	1.800,00	11.815,00

WUD T	USD	abw. Sticht.k.	EUR
div. EK TK	1.800,00	–0,2	– 360,00
JÜ TK	532,50	–0,1	– 53,25
			– 413,25

Das Schrifttum hatte vor Erlass von IFRIC 16 z.T. die Ansicht vertreten, nur die Berücksichtigung der nach der direkten Methode ermittelten Differenz sei in einem solchen Veräußerungsszenario angemessen.

- IFRIC 16.17 und 16.IE5 schließt sich dem nicht an, sondern lässt dem nach der **Stufenmethode** bilanzierenden Unternehmen ein nach IFRIC 16.BC28 stetig auszuübendes **Wahlrecht (*policy choice*)**: Es kann die Umrechnungsdifferenz bei Abgang so ermitteln, als ob stets die direkte Methode angewandt worden wäre.
- Im umgekehrten Fall, bei ursprünglicher Anwendung der **direkten Methode**, besteht **kein Wahlrecht**, da die direkte Methode die Ökonomie der Umrechnungsrisiken besser reflektiert (IFRIC 16.BC38) und keine Rechtfertigung besteht, bei Entkonsolidierung bilanzpolitisch motiviert auf eine ökonomisch weniger angemessene Methode umzustellen.

69 Ist das Währungsrisiko eines Konzernunternehmens unterer Ebene (Enkelunternehmen usw.) im Konzern gegen die Währungsdifferenz zur obersten Ebene gesichert, ergibt sich ein (weitgehender) Ausgleich von *hedge*-Rücklage und Währungsumrechnungsrücklage nur bei der Verwendung der direkten Methode. Mittelbar wird dadurch auch die von IFRIC 16.BC38 für die direkte Methode angenommene bessere Widerspiegelung des ökonomischen Risikos bestätigt. Hierzu folgende Fortsetzung des Beispiels aus Rz 67:

Beispiel

M hat per 1.1.01 beim Kurs EUR/NZD von 0,8/1,0 eine Anleihe über 1.125 NZD (= 900 EUR) emittiert und diese als *hedge* des Investments in das neuseeländische Enkelunternehmen designiert.

Am 31.12. beträgt der Kurs EUR/NZD nur noch 0,6/1,0. Die Anleihe ist daher mit 675 EUR zu bewerten. Der Währungsgewinn von 225 EUR wird erfolgsneutral in das Eigenkapital eingestellt.

Wird nun am 1.1.02 das Enkelunternehmen veräußert, ist die *hedge*-Rücklage von 225 ertragswirksam aufzulösen.

Gleichzeitig ist nach IAS 21 die auf E entfallende Währungsumrechnungsrücklage aufwandswirksam aufzulösen. Sofern von vornherein die direkte Methode angewandt wurde oder vom Wahlrecht der rückwirkenden Anwendung Gebrauch gemacht wird, beträgt der Aufwand 255, davon 225 auf das ursprüngliche Investment, 30 auf den Jahresüberschuss 01. Den Jahresüberschuss 01 ausgeklammert, gleichen sich also beide Effekte aus.

Bei Anwendung der Stufenmethode entsteht hingegen eine hohe Differenz zwischen der Auflösung der *hedge*-Rücklage und der Währungsumrechnungsrücklage.

3.3.11 Umklassifizierung in integrierte Einheit, Wechsel der funktionalen Währung

70 Wird aus einer zuvor selbstständigen eine integrierte Einheit, d.h. ändert sich die funktionale Währung der Einheit, so findet zugleich ein **Wechsel** von der **erfolgsneutralen** zur **erfolgswirksamen** Behandlung von Umrechnungsdifferenzen statt. Die Umklassifizierung erfolgt **prospektiv** (IAS 21.35). Die bis zum Zeit-

punkt der Umklassifizierung aufgelaufenen und ins Eigenkapital eingestellten Umrechnungsdifferenzen werden nicht aufgelöst. Sie werden nach allgemeinen Grundsätzen erst im Zeitpunkt des (Teil-)Abgangs erfolgswirksam (IAS 21.37).

4 Hyperinflation

4.1 Ziel und Anwendungsbereich von IAS 29

Ein Rechnungslegungssystem, das Anlagevermögen, Vorräte usw. zu Anschaffungs- oder Herstellungskosten ansetzt, verliert seine Aussagekraft in Zeiten einer Hyperinflation. Hierzu folgendes Beispiel: 71

Beispiel
Ein Tochterunternehmen in einem Land mit einer Inflationsrate von 100 % ist am 1.1.01 mit einer Bareinlage von 100 in Landeswährung (LW) gegründet worden. Die operative Tätigkeit beginnt erst Anfang 02. Bis dahin bestehen folgende Investitionsalternativen:

- A) Kauf von Vorräten für 100 LW
- B) Kauf eines mit 60 % verzinsten Wertpapiers für 100 LW.

Ohne Inflationsbereinigung, d.h. in Nominalwerten, sieht die Bilanz per 31.12. wie folgt aus:
Fall A: Vorräte 100 LW, Kapital 100 LW, **Jahresüberschuss** 0 LW
Fall B: Wertpapiere und Geld 160 LW, Kapital 100 LW, **Jahresüberschuss 60 LW.**
Im Fall B werden Anfang Januar 02 die Wertpapiere liquidiert, um die gleiche Menge Vorräte für jetzt 200 LW zu beschaffen. Die Bilanz Anfang Januar zeigt Vorräte von 200 LW, Eigenkapital von 160 LW und erstmalig **Verbindlichkeiten von 40 LW.**

- Bei real gleichem Vorratsvermögen wie im Fall A ist das Unternehmen im Fall B im **Januar 02** mit 40 LW verschuldet. Seine Vermögens- und Finanzlage ist schlechter als im Fall A, weil die 60 LW Zinsertrag aus 01 nicht ausreichten, um den Kaufkraftverlust von 100 LW zu decken.
- Per **31.12.01** täuschten die nicht inflationsbereinigten Zahlen hingegen im Fall B eine bessere Lage als im Fall A vor.

Bei Hochinflationsländern schreibt daher IAS 29 bestimmte **Anpassungen** vor. Insbesondere sind nichtmonetäre Posten (Anlagevermögen, Vorräte usw.) mit dem Kaufkraftindex fortzuschreiben (IAS 29.11). Außerdem sind Gläubigerverluste und Schuldnergewinne aus monetären Posten im Periodenergebnis zu berücksichtigen (IAS 29.28). 72

Für den deutschen Anwender ist IAS 29 insoweit interessant, als es um die Bilanzierung ausländischer Einheiten (Tochterunternehmen usw.) in Hochinflationsländern geht. Praktisch können die Kaufkraftanpassungen i.d.R. nur **vor Ort** und nicht in der Konzernzentrale vorgenommen werden. Die deutsche Konzernzentrale und der deutsche Abschlussprüfer sollten aber die Grundzüge der kaufkraftangepassten Bilanzierung verstehen, um die Schlüssigkeit entsprechender Bilanzen beurteilen zu können oder zum Beispiel Bilanzplanung und Bilanzpolitik nicht auf falschen Prämissen aufzubauen. Die nachfolgende Kom- 73 mentierung ist für diesen eingeschränkten Anwendungsbereich auf Grundzüge von IAS 29 beschränkt.

4.2 Anwendung bei Beteiligungsunternehmen: 7-Stufen-Ansatz

74 Die Anwendung der Vorschriften über die Hyperinflation vollzieht sich in 7 Schritten:

Schritt 1: Vorliegen einer Hyperinflation?

Damit IAS 29 zur Anwendung gelangt, muss eine Hyperinflation vorliegen. Eine **Inflationsrate**, die kumuliert über drei Jahre in der Nähe von **100 %** liegt, ist nicht notwendigerweise, aber regelmäßig der härteste Indikator (IAS 29.3e). Eine über 50 % liegende, aber stark steigende Inflationsrate kann ebenfalls für eine Hyperinflation sprechen.

Schritt 2: Auswahl eines Preisindexes

Für die Kaufkraftanpassung ist **ein** allgemeiner **Preisindex** anzuwenden. Existieren mehrere Preisindizes (z. B. Industriegüter, Konsumgüter usw.), ist die Auswahl des zutreffenden Index eine Frage des sachgerechten Ermessens (IAS 29.11 und 29.17).

Schritt 3: Anpassung nichtmonetärer Bilanzposten

Nichtmonetäre Bilanzposten, d. h. insbesondere Vorräte, Sachanlagen und immaterielle Anlagewerte, sind durch Anwendung des **Preisindex** auf die Anschaffungs- oder Herstellungskosten (und die kumulierten Abschreibungen) anzupassen. Maßgeblich ist nicht die Entwicklung des Index in der Periode, sondern die Entwicklung vom Anschaffungszeitpunkt bis zum Bilanzstichtag (IAS 29.15).

Schritt 4: Anpassung der GuV

Alle Posten der **GuV** sind mit der Kaufkraft des Bilanzstichtages auszudrücken. Bei Erträgen und Aufwendungen, die sich relativ gleichmäßig über das Jahr verteilen (kein Saisongeschäft usw.), und bei einer Inflationsrate, die ebenfalls relativ gleichmäßig über das Jahr verteilt ist, kann die Umrechnung gegebenenfalls mit der halben Inflationsrate der Periode erfolgen (IAS 29.26).

Schritt 5: Ermittlung Schuldnergewinn/Gläubigerverlust

Ist ein Unternehmen in einer Netto-Gläubigerposition (mehr Guthaben und Forderungen als Schulden), so erleidet es durch die Entwertung dieser Position einen **Gläubigerverlust**. Umgekehrt erzielt ein Netto-Schuldner einen **Schuldnergewinn** aus der Inflation. Der Gewinn oder Verlust ist in der GuV zu berücksichtigen (IAS 29.27). Seine Berechnung wird im nachfolgenden Beispiel unter Rz 75 erläutert.

Schritt 6: Anpassung Vorjahreszahlen

Die **Vorjahreszahlen** werden i. d. R. mit dem alten Preisindex und bei Umrechnung in Euro mit dem alten Wechselkurs, d. h. auf Konzernebene mit den ursprünglichen Werten, dargestellt (IAS 29.34 i. V. m. IAS 21.42b).

Schritt 7: Umrechnung in Berichtswährung Euro

Erst nach Inflationsanpassung erfolgt mit den normalen Regeln der Währungsumrechnung die Umrechnung in die Berichtswährung des Konzerns (IAS 29.35).

Zur Qualifikation verschiedener Länder (Schritt 1) nachfolgende Übersicht auf Basis von Daten des Internationalen Währungsfonds (IMF):

Länder mit hoher kum. 3-Jahres-Inflation		
	Juni 2010	März 2009
Äthiopien	70,7 %	91,5 %
Iran	57,5 %	68,8 %
Kongo	> 100 %	78,5 %
Myanmar	n/a	90,5 %
Seychellen	81,8 %	94,2 %
Venezuela	> 100 %	92,6 %
Zimbabwe[20]	> 100 %	> 100 %

Das nachfolgende Beispiel zeigt die Anwendung der Schritte 3–5: 75

Beispiel
Für Zwecke des Konzernabschlusses ist der Einzelabschluss einer Hyperinflationstochter auf den 31.12.02 an die Kaufkraft anzupassen.
Im Vorjahr wurde bereits eine entsprechende Indizierung vorgenommen. Aus ihr ergeben sich folgende Werte per **31.12.01**:

Aktiva	Bilanz 31.12.01		Passiva
Masch. (alt)	100	gezK+KRL	100
Vorräte (alt)	80	GewinnRL	60
Ford./Bank	20	Verbindl.	40
	Index 01 200		Index 01 200

In 02 ereignen sich bei einer Inflationsrate von 50 % u. a. folgende Geschäftsvorfälle:

- **Abschreibung alte Maschinen** (RND 5 Jahre) mit 20 (auf den per 31.12.01 indizierten Wert).
- **Anschaffung neuer Maschinen** am 1.7. für 100. Abschreibung 20 bei RND von 2,5 Jahren.
- **Anschaffung neuer Vorräte** zur Jahresmitte für 240. Davon ½ in 02 verbraucht.
- Außerdem werden **alle alten Vorräte** in 02 **verbraucht.**

Hieraus ergibt sich bei einem angenommenen JÜ von 40 folgende Bilanz per 31.12.02 (Maschinen alt und Eigenkapital alt noch zu Indexwerten 1.1.02, d. h. ohne 50 % Aufschlag):

[20] Anm.: In 2008, zu einem Zeitpunkt, als die Inflationsrate geschätzt 500 Bio. % betrug, hat Zimbabwe die Veröffentlichung von Inflationsdaten eingestellt mit der Folge eines Übergangs auf Bilanzierung in Hartwährung (US-Dollar).

S	vorläufige Bilanz 31.12.02		H
Masch. (alt)	80	gezKap+ KapRL	100
Masch. (neu)	80	GewinnRL	60
Vorräte (alt)	0	JÜ	40
Vorräte (neu)	120		
Ford./Bank	60	Verbindl.	140
	340		340

Bei der Kaufkraftanpassung der Bilanzposten auf den 31.12.02 ist wie folgt vorzugehen:

- **monetäre Posten** (Forderungen, Verbindlichkeiten, Geld): **Keine Anpassung**
- **EK,** d.h. gezeichnetes Kapital, Kapitalrücklage und Gewinnrücklagen: jeweils × **150 %**
- **Vorräte und Maschinen:** laut nachfolgenden Konten (jeweils links nominale bzw. bei alten Maschinen und alten Vorräten alte Indexwerte, jeweils rechts inklusive Anpassung an 50 % Inflation)

Erläuterung Vorräte: Per 31.12.02 sind alle alten Vorräte verbraucht und die neuen noch zur Hälfte vorhanden. Die Anschaffungskosten dieser Hälfte betrugen 120. Wegen Anschaffung zur Jahresmitte ist dieser Wert nur mit 25 % zu indexieren. Der Endbestand ergibt sich daher mit 120 × 125 % = 150. Für die Ermittlung des Verbrauchs ist der Anfangsbestand mit 50 %, der Zugang der Jahresmitte mit 25 % zu indizieren. Der Verbrauch beträgt somit 80 × 150 % + 240 × 125 % – 150 = 270. Die Differenz von 70 zum nominellen Verbrauch entfällt mit 40 (= 80 × 50 %) auf die alten und mit 30 (=120 × 25 %) auf die zugegangenen Vorräte:

S		Vorräte 31.12.02			H
AB	80	80	Verbrauch	200	200
Anpassung		40	Anpass. Verbr.		70
Zugang	240	240	**EB**	**120**	**150**
Anpassung		60			
	320	420		320	420

Bei den Maschinen ist ebenfalls zu beachten, dass die Altbestände und ihre Abschreibung für ein ganzes Jahr (50 %), die Neuzugänge und ihre Abschreibungen nur für ½ Jahr (25 %) zu indizieren sind.

S			Maschinen 31.12.02		H
AB (M. alt)	100	100	AfA (M. alt)	20	20
Anpass. (M. alt)		50	Anpassung		10
Zugang (M. neu)	100	100	AfA (M. neu)	20	20
Anpass. (M. neu)		25	Anpassung		5
			EB	**160**	**220**
	200	275		200	275

Zur Erstellung der indizierten Bilanz fehlen nun noch GuV und Schuldnergewinn. Die nominalen GuV-Werte sind wie folgt zu indizieren:

- **Umsätze und sonstige Aufwendungen** mit **25 %** (Unterstellung: gleichmäßiger Anfall über das Jahr).
- **Materialverbrauch alt** und **Abschreibung alt** mit **50 %.**
- **Materialverbrauch neu** und **Abschreibung neu** mit **25 %,** da Anschaffung zur Jahresmitte.

Die GuV zeigt jeweils links die alten Werte und rechts die neu indexierten Werte:

S			GuV 02		H
Material alt	80	**120**	Umsatz	320	**400**
			Schuldnergewinn		**25**
Material neu	120	**150**			
AfA alt	20	**30**			
Afa neu	20	**25**			
Sonstiges	40	**50**			
JÜ	40	**50**			
	320	**425**		320	**425**

Der **Schuldnergewinn** kann im Rahmen der Doppik über ein **Kaufkraftausgleichskonto** ermittelt werden. Es enthält die Anpassung aller Anfangsbestände und Zugänge der nichtmonetären Bilanzposten (Buchungen: „Kaufkraftkonto an gezeichnetes Kapital", „Maschinen an Kaufkraftkonto" usw.).

- Der Saldo des Kaufkraftkontos sollte ungefähr dem rechnerischen Schuldnergewinn entsprechen.
- Die Nettoschuldnerposition (Verbindlichkeit – Forderungen/Bank) beträgt 80 (= 140–60) per Jahresende und 20 (= 40–20) per Jahresanfang. Die Veränderung ist also 60, gemittelt über das Jahr somit 60/2 = 30.
- Das Kaufkraftkonto weist mit einem Saldo von 25 in etwa den gleichen Wert aus.
- In die Bilanz geht der Kontenwert, nicht der rechnerische Wert ein.

S	Kto. Kaufkraftausgleich		H
gezKap/kapRL	50	Masch. alt	50
GewinnRL	30	Masch. neu	25
Umsatz	80	Vorräte (AB+Zugang)	100
SALDO	25	sonstige Aufw.	10
	185		185

Somit stehen alle Werte für die angepasste Bilanz per 31.12.02 zur Verfügung:

S	Bilanz 31.12.02		H
Masch. (alt)	120	gez-Kap+KapL	150
Masch. (neu)	100	GewinnRL	90
Vorräte (alt)	0	JÜ	50
Vorräte (neu)	150		
Ford./Bank	60	Verbindl.	140
Index 02	430	Index 02	430

Diese Werte in Landeswährung sind nun noch nach den allgemeinen Grundsätzen der Währungsumrechnung in die Berichtswährung des Konzerns (Euro) umzurechnen.

76 Der im November 2005 verabschiedete IFRIC 7 *„Applying the Restatement Approach IAS 29 Financial Reporting in Hyperinflationary Economies for the first time"* enthält u. a. besondere Regelungen für das Jahr der erstmaligen Feststellung einer Hyperinflation. IAS 29 ist retrospektiv, d. h. so anzuwenden, als ob die Hyperinflation immer schon bestanden hätte. Ausgangspunkt der Preisindexierung von Sachanlagen wäre dann etwa der u. U. sehr weit zurückliegende Zeitpunkt der Anschaffung/Herstellung. Daneben trifft IFRIC 7 Regelungen zu latenten Steuern sowie zur Umrechnung der Vorjahresvergleichszahlen indexierter Posten. Anzuwenden ist danach z. B. auf das Sachanlagevermögen des Vorjahres der Index des aktuellen Jahres. IFRIC 7 ist auf Geschäftsjahre anzuwenden, die ab 1. März 2006 beginnen.

5 Latente Steuern

77 Sowohl bei der Umrechnung von Fremdwährungsgeschäftsfällen als auch bei der Währungsumrechnung für Konzernzwecke kann es zu Abweichungen von Bilanzposten zwischen dem **Steuer- und** dem **IFRS-Wert** kommen. Die sich hieraus ergebenden Steuereffekte sind gem. IAS 21.50 nach den Regeln von IAS 12 zu bilanzieren (→ § 26).

78 Wichtige Anwendungsfälle bei **Fremdwährungsgeschäften** ergeben sich aus dem **Realisationsprinzip**. Wird der Euro aufgewertet, so sinkt der Euro-Wert

einer Fremdwährungsverbindlichkeit. Nach derzeitigem deutschem Steuerrecht bleibt es hingegen in der Steuerbilanz beim Ansatz des höheren Rückzahlungsbetrages. Auf den Differenzbetrag sind passive latente Steuern zu bilden (→ § 26 Rz 17). Ebenfalls sind passive latente Steuern zu bilden, wenn der Euro abgewertet wird und deshalb der Euro-Wert einer Fremdwährungsforderung in der IFRS-Bilanz steigt, während in der Steuerbilanz die Euro-Anschaffungskosten nicht überschritten werden dürfen (Rz 13).

Die Bilanzierung der latenten Steuern aus Umrechnungsdifferenzen bei Fremdwährungsgeschäften ist im Allgemeinen **erfolgswirksam** vorzunehmen. Eine Ausnahme besteht nach IAS 12.61 für Neu- und Zeitbewertungsfälle, in denen die Umrechnungsdifferenz selbst erfolgsneutral erfasst wird (Rz 24).

Ebenfalls unmittelbar im Eigenkapital erfasst werden die Differenzen aus der Umrechnung **selbstständiger Einheiten im Konzern**. Auch hier ist daher die korrespondierende latente Steuer **erfolgsneutral** zu bilanzieren (IAS 21.61c).

Bei der Währungsumrechnung selbstständiger ausländischer Tochterunterneh- 79
men (Rz 45 ff.) für Konzernzwecke sind latente Steuern zum einen als **Objekt** der Währungsumrechnung zu betrachten, zum andern als deren **Folge**. Im Falle der Beteiligung einer inländischen an einer selbstständigen ausländischen Kapitalgesellschaft stellen sich diese beiden Dimensionen wie folgt dar:

- Das ausländische Tochterunternehmen ermittelt in seiner Währung die abziehbaren oder steuerpflichtigen temporären Differenzen zwischen IFRS- und Steuerbuchwert der Vermögenswerte und Schulden. Die aus diesen sog. *inside basis differences* (→ § 26 Rz 64) entstehende latente Steuer erfasst die steuerlichen Konsequenzen, die aus einem Verkauf der Vermögenswerte bzw. der Ablösung der Schuld resultieren würden. Die Latenzposten sind auf Basis der Steuersätze der Tochtergesellschaft und zunächst in deren Währung zu berechnen. Wie alle anderen Vermögenswerte und Schulden sind die aktiven und passiven latenten Steuern sodann mit dem Stichtagskurs in die Konzernwährung umzurechnen (Rz 78).
- Zusätzlich sind als sog. *outside basis differences* (→ § 26 Rz 64) die steuerlichen Konsequenzen einer Veräußerung der Beteiligung zu erfassen. Aus Konzernsicht ergäbe sich der Veräußerungsgewinn als Differenz von Veräußerungserlös und über die Entkonsolidierung abgehendem Nettovermögen des Tochterunternehmens zu Konzernbuchwerten. Aus steuerlicher Sicht ist dem Veräußerungserlös der Abgang des Beteiligungsbuchwerts gegenüberzustellen. Sofern Nettovermögen und Beteiligungsbuchwert nicht übereinstimmen, entsteht bei der Mutter eine latente Steuer nach Maßgabe inländischer Steuersätze und Vorschriften. Im Falle einer deutschen Muttergesellschaft sind wegen § 8b Abs. 2, 3 und 5 KStG sowie § 9 Nr. 7 GewStG nur 5 % des Veräußerungsgewinns zur Steuer heranzuziehen, woraus nach Maßgabe eines allgemeinen Steuersatzes von 30 % eine effektive Besteuerung von 0,3 x 5 % = 1,5 % resultiert. Wird in absehbarer Zeit *(forseeable future)* weder eine Ausschüttung noch eine Veräußerung des Tochterunternehmens geplant, sind nach IAS 12.39 und 12.40 keine latenten Steuern auf die *outside basis differences* anzusetzen.[21]

---

[21] Vgl. zum Ganzen auch LIENAU, PiR 2008, Heft 1.

Beispiel

Die inländische Kapitalgesellschaft erwirbt am 1.1.01 bei einem Kurs von 1 EUR/1 FW eine 100 %ige Beteiligung an einer schuldenfreien ausländischen Kapitalgesellschaft zu einem Preis von 1.000 FW = 1.000 EUR.

Bei der Erstkonsolidierung werden stille Reserven in Höhe von insgesamt 625 im Anlage und Umlaufvermögen aufgedeckt.

Zum 31.12.01 hat sich der Kurs der Fremdwährung auf 2 EUR/1 FW erhöht.

Am 2.1.02 wird der ausländische Geschäftsbetrieb zum Konzernbuchwert des Nettovermögens veräußert, der Gewinn ausgeschüttet und die ausländische Gesellschaft liquidiert.

Der ausländische Steuersatz beträgt 20 %, der inländische 30 %. Dividenden und Veräußerungsgewinne sind im Inland nur zu 5 % zur Steuer heranzuziehen.

1.1.01	**IFRS**	**StBil**	**stpfl. temp. Differenz**		**pLatSt**
Anlagevermögen	525	100	425	× 20 % =	85
+ Umlaufvermögen	600	400	200	× 20 % =	40
	1.125				125
– pLatSt	-125				
= Nettovermögen (FW)	1.000	500			
×Umrechnungskurs	× 1,0				
Nettoverm. (FW)/StBW Bet.	1.000	1.000	0	× 1,5 % =	0
					125

31.12.01	**IFRS**	**StBil**	**stpfl. temp. Differenz**		**pLatSt**
Anlagevermögen	410	110	300	× 20 % =	60,0
+ Umlaufvermögen	400	400	0	× 20 % =	0,0
	810				60,0
– pLatSt	-60				× 2,0
= Nettovermögen (FW)	750	510			120,0
×Umrechnungskurs	× 2,0				
Nettoverm. (Euro)/StBW Bet.	1.500	1.000	500	× 1,5 % =	7,5
					127,5

2.1.02	**Gewinn USA**	**Gewinn D**		**Steuer**
VP Nettovermögen	810	810		
– StBW Nettovermögen	–510			
= zu versteuern im Ausland	300			
×Steuersatz darauf	× 20 % =			
= Steuer Ausland	60	-60	× 2,0	120,0
Ausschüttung Div. (FW)		750		

× Umrechnungskurs	× 2	
= Ausschüttung Div. (Euro)	1.500	
– Ausbuchung BetBW StBil	-1.000	
= Gewinn Inland	500	
× Steuersatz darauf	× 1,5 %	
= Steuer Inland	7,5	7,5
Steuer gesamt		127,5

Im vorstehenden Beispiel nicht explizit berücksichtigt sind Währungsdifferenzen, die aus der Verwendung unterschiedlicher Kurse (Durchschnitt für die GuV, Stichtag für die Bilanz) bei der Umrechnung des ausländischen Abschlusses in die inländische Währung entstehen können (Rz 50). Diese Währungsdifferenz ist **erfolgsneutral** zu bilden, ebenso die korrespondierende Steuerlatenz (IAS 21.44 i.V.m. IAS 21.44 sowie IAS 12.62c i.V.m. IAS 12.41). Die Währungsumrechnungsrücklage ist nichts anderes als ein Teil des Eigenkapitals. An der Höhe des Nettovermögens und der Höhe der latenten Steuern ändert dies nichts. 80

6 Ausweis Währungsumrechnungsdifferenzen

Folgende **besondere** Ausweisvorschriften sind zu beachten: 81

- **Konzernbilanz**: Die **erfolgsneutralen** Umrechnungsdifferenzen aus **selbstständigen** ausländischen Teileinheiten sind als **separater** Posten im Eigenkapital oder im Anhang zu zeigen (IAS 21.42b).
- **GuV:** Für den Ausweis **erfolgswirksamer** Umrechnungsdifferenzen in der GuV enthält IAS 21 **keine Vorschriften**. Die Einbeziehung in die sonstigen Erträge/Aufwendungen kommt ebenso infrage wie die Bildung eines besonderen Postens. Eine Berücksichtigung im Finanzergebnis ist u.E. insoweit vorzuziehen, als die Differenzen Finanzinstrumente betreffen und sich daher von anderen Erfolgen aus Finanzinstrumenten (insbesondere Zu- und Abschreibungen) nicht grundlegend unterscheiden. Die **Saldierung** von Umrechnungsgewinnen und -verlusten ist nach IAS 1.34 und 37 zulässig, ggf. geboten (→ § 2 Rz 24).
- **Anlagespiegel:** Bei der Anwendung der **Stichtagsmethode** geht die Überleitung der Anschaffungskosten und der kumulierten Abschreibungen vom 1.1. auf den 31.12. sowie die Überleitung beider Größen auf den Buchwert nicht auf. Die Anschaffungskosten und kumulierten Abschreibungen per 1.1. sind vom alten Stichtagskurs auf den neuen Stichtagskurs (31.12.) **anzupassen**, z.B. durch Einfügung von **Währungsdifferenzspalten** in den Anlagespiegel (→ § 14 Rz 28).

7 Angaben

IAS 21 verlangt die Vornahme folgender Angaben auf aggregierter Basis: 82

- Betrag der **im Periodenergebnis** erfassten **Umrechnungsdifferenzen** mit Ausnahme derer, die bei nach IAS 39 erfolgswirksam zum *fair value* bilanzierten Finanzinstrumenten entstehen (IAS 21.52a),

- Betrag und Entwicklung der **als Eigenkapitaländerung** behandelten **Umrechnungsdifferenzen** (IAS 21.52b),
- bei **Abweichung** zwischen **Berichts- und funktionaler Währung:** Angabe und Begründung dieser Tatsache (IAS 21.53),
- bei **Änderung der funktionalen Währung** des Unternehmens bzw. Konzerns oder einer wesentlichen *(significant)* ausländischen Einheit: Angabe und Begründung dieser Tatsache.

83 Die **erste** Angabe ist Teil der Erläuterungen der **GuV**-Posten (z. B. Zusammensetzung sonstiger Erträge bzw. Aufwendungen). Die zweite Angabe ergibt sich unmittelbar aus der **Eigenkapitaländerungsrechnung** (Eigenkapitalspiegel), wenn in dieser eine besondere Spalte für die Umrechnungsdifferenz geführt wird (→ § 20 Rz 55). Die dritte Angabe betrifft einen nach Maßgabe von § 315a Abs. 1 HGB seltenen Fall (Rz 8). Die vierte Angabe hat angesichts einer Bilanzpraxis, die sämtliche signifikanten Einheiten als selbstständig qualifiziert (Rz 29), ebenfalls eine geringe Relevanz.

84 Darüber hinaus ist die **Methode** der **Währungsumrechnung** im Rahmen der allgemeinen Beschreibung der Bilanzierungs- und Bewertungsmethoden mitzuerläutern (IAS 1.97 und IAS 1.99p; → § 5 Rz 24 ff.).

85 Nachfolgend ein **Formulierungsbeispiel**, das auch die Angaben zur Hyperinflation berücksichtigt:

Formulierungsbeispiel Währungsumrechnung

In den Einzelabschlüssen der Gesellschaften werden Geschäftsvorfälle in fremder Währung mit dem Kurs zum Zeitpunkt der Erstverbuchung bewertet. Kursgewinne und -verluste werden ergebniswirksam berücksichtigt.

Im Konzernabschluss werden die Jahresabschlüsse ausländischer Tochterunternehmen gem. IAS 21 nach dem Konzept der funktionalen Währung in Euro umgerechnet. **Da sämtliche Tochterunternehmen ihre Geschäfte selbstständig betreiben, ist die jeweilige Landeswährung die funktionale Währung.** Bei der Umrechnung der Eigenkapitalfortschreibung von ausländischen Unternehmen, die nach der *equity*-Methode bilanziert werden, wird entsprechend vorgegangen. Die Umrechnung der Vermögensgegenstände und Schulden erfolgt zum Mittelkurs am Bilanzstichtag, während die GuV mit dem Jahresdurchschnittskurs und das übrige Eigenkapital mit ursprünglichen Kursen umgerechnet werden. Umrechnungsdifferenzen werden ergebnisneutral im Eigenkapital verrechnet. Zum Zeitpunkt der Entkonsolidierung von Konzerngesellschaften werden die jeweiligen kumulierten Umrechnungsdifferenzen erfolgswirksam aufgelöst.

Die Jahresabschlüsse von Tochterunternehmen in Hochinflationsländern werden gem. IAS 29 (*financial reporting* in *hyperinflationary economies*) umgerechnet. Dies betrifft Konzernunternehmen mit Sitz in R und T. Dabei werden die den geänderten Kaufkraftverhältnissen entsprechenden Aufwands- und Ertragsposten einschließlich des Jahresergebnisses zum jeweiligen Stichtagskurs umgerechnet. Die Buchwerte der nichtmonetären Bilanzposten dieser Gesellschaften wurden vor einer Umrechnung in Euro auf Grundlage geeigneter Indizes zur Messung der Kaufkraft an die im Geschäftsjahr eingetretenen Preisänderungen angepasst. Die sich aus der Indizierung

> ergebenden Kaufkraftgewinne oder -verluste werden erfolgswirksam in den sonstigen finanziellen Erträgen/Aufwendungen im übrigen Finanzergebnis erfasst.
> Für die Währungsumrechnung wurden hinsichtlich der für den Konzern wichtigsten Währungen der Länder, die nicht an der Europäischen Währungsunion teilnehmen, folgende Wechselkurse zugrunde gelegt: (es folgt die Angabe von Stichtags- und Jahresdurchschnittskursen).

Auf die **Checkliste „Abschlussangaben“** wird verwiesen (→ § 5 Rz 8).

8 Anwendungszeitpunkt, Rechtsentwicklung

IAS 21 bzw. IAS 29 sind für alle Berichtsperioden anzuwenden, die ab dem 1. Januar 2005 bzw. 1990 beginnen. Eine frühere Anwendung von IAS 21 wird empfohlen. Die Unterschiede von IAS 21 (1993) zu IAS 21 stellen sich wie folgt dar: **86**

- Redaktionelle Änderungen: IAS 21 differenziert begrifflich nicht mehr zwischen selbstständigen und integrierten ausländischen Einheiten. Konzernbilanzielle Umrechnungsregeln für integrierte Einheiten sind theoretisch entbehrlich, weil die Währung der inländischen Mutter als funktionale Währung der Einheit gilt und damit theoretisch bei der Tochter bereits einzelbilanziell (in der Vorkonsolidierungsphase) zugrunde zu legen ist (Rz 12).
- Fremdwährungsderivate und Fremdwährungs-*hedging* waren z.T. in IAS 21 (1993) geregelt. Nach IAS 21 ist für diesen Bereich nur noch IAS 39 einschlägig (Rz 2).
- IAS 21 (1993) sah Wahlrechte zur Behandlung von Umrechnungsdifferenzen beim Verfall der eigenen Währung (Rz 23) und bei der Behandlung des *goodwill* (Rz 57) vor. Diese Wahlrechte sind durch IAS 21 entfallen.
- IAS 21 enthält ausdrückliche Regelungen zur Umrechnung der Vorjahresvergleichszahlen (Rz 47f.).

Die in 2005 verabschiedete Ergänzung zu IAS 39 sieht die Möglichkeit des *cash flow hedging* konzerninterner Transaktionen vor (Rz 63).
Die in 2006 verabschiedete Ergänzung zu IAS 21 sieht Erleichterungen bei der Einbeziehung von Darlehensverhältnissen zwischen Mutter und Tochter in das *„net investment“* vor (Rz 59ff.). Beide Ergänzungen sind ab 2006 anzuwenden.
Der in 2008 vorgelegte IFRIC 16 *Hedges of a Net Investment in a Foreign Operation* bringt vor allem Klarstellungen zur Sicherung im mehrstufigen Konzern. IFRIC 16 ist für ab dem 1. Oktober 2008 beginnende Berichtsperioden, ein im Rahmen des *Annual Improvements Project* 2009 verabschiedetes *Amendment* für ab dem 1. Juli 2009 beginnende Berichtsperioden anzuwenden. Wegen inhaltlicher Einzelheiten wird auf Rz 65ff. verwiesen.
Als Folge der ab 2009/10 geltenden Neufassung von IAS 27 durch Phase 2 des *Business Combination Project* ist auch IAS 21 geändert worden mit Auswirkungen auf die Frage, wann Anteilsveräußerungen zu einer (erfolgswirksamen) Auflösung der Umrechungsrücklage führen.
Das im Mai 2008 verabschiedete Amendment zu IFRS 1 und IAS 27 veränderten den die einzelbilanzielle Bewertung von Tochterunternehmen betreffenden An-

schaffungskostenbegriff. Ausschüttungen von Altrücklagen gelten ab 2009 nicht mehr als Rückzahlung des Investments. IAS 21.49 ist entsprechend angepasst worden (Rz 54).

9 Zusammenfassende Praxishinweise

87 IAS 21 enthält Regelungen zur Umrechnung von Fremdwährungsgeschäften und -salden sowie zur Umrechnung von voll-, quotal oder *at equity* zu konsolidierenden ausländischen Einheiten. Die wesentlichen Bestimmungen sind wie folgt:

Fremdwährungsgeschäfte:

- **Die Erstverbuchung** von Geschäften in fremder Währung erfolgt in der funktionalen Währung durch Umrechnung mit dem Wechselkurs am **Tag der Transaktion** (IAS 21.21; Rz 12).
- **Monetäre Bilanzposten** sind zu jedem Bilanzstichtag unter Verwendung des **Stichtagskurses** umzurechnen (IAS 21.23a). Anders als im Handelsrecht ist dabei keine Begrenzung nach oben auf die Anschaffungskosten (Aktiva) bzw. nach unten auf den Rückzahlungsbetrag (Passiva) gegeben (Rz 13).
- **Nichtmonetäre Posten**, die zu (fortgeführten) Anschaffungs- oder Herstellungskosten zu bewerten sind, werden zum Stichtag nicht umgerechnet. Maßgeblich bleibt der Kurs am Tag der **Erstverbuchung** (IAS 21.23b; Rz 16). Lediglich für solche nichtmonetären Posten, die – insbesondere wegen außerplanmäßiger Abschreibung – mit ihrem **beizulegenden Zeitwert** ***(fair value)*** bewertet werden, sieht IAS 21.23c eine Umrechnung zum **Stichtagskurs** vor (Rz 18).
- **Umrechnungsdifferenzen** zwischen Erst- und Folgebewertung sowie zwischen jetzigem und vorherigem Bilanzstichtag sind **erfolgswirksam** zu erfassen (IAS 21.15; Rz 23).

Umrechnung ausländischer Einheiten im Konzern

Aus Sicht der **funktionalen Theorie** ist zu unterscheiden zwischen der

- Umrechnung **integrierter** Einheiten (erfolgswirksam, teils zu Stichtags-, teils zu Einstandskursen) und
- Umrechnung **selbstständiger** Einheiten (erfolgsneutral, zu Stichtagskurs).
- Die Abgrenzungskriterien sind stark ermessensbehaftet. Die **Praxis** qualifiziert ausländische Einheiten fast immer als **selbstständig** (Rz 31).
- Bei **selbstständigen Einheiten** gilt:
  - **Sämtliche** Vermögenswerte und **Schulden** sind zum **Stichtagskurs** umzurechnen (Rz 46).
  - Die Umrechnung der **GuV** erfolgt i.d.R. zu **Durchschnittskursen** (Rz 49).
  - Die aus der Anwendung unterschiedlicher Kurse entstehende Umrechnungsdifferenz wird unter geeigneter Bezeichnung, z.B. als **„Währungsrücklage“** oder als „Differenz aus der Währungsumrechnung“ **erfolgsneutral** ins Eigenkapital eingestellt (Rz 50). Ein Erfolg ist erst beim **Abgang** der Einheit zu realisieren (Rz 54).
  - Währungserfolge aus **konzerninternen Forderungen/Schulden** sind i.d.R. nicht zu eliminieren (Rz 57). Eine **Neutralisierung** gegen die Währungsrücklage ist nur dann möglich, **wenn** die Forderung/Schuld als Teil

des **Nettoinvestments** ***(net investment)*** in die ausländische Einheit, d.h. als Quasi-Eigenkapital, zu qualifizieren ist (Rz 60).

Ausweisvorschriften (Rz 81)

- **Konzernbilanz**: Die erfolgsneutralen Umrechnungsdifferenzen aus selbstständigen ausländischen Teileinheiten sind als separater Posten im Eigenkapital oder im Anhang zu zeigen (IAS 21.42b).
- **GuV:** Für den Ausweis in der GuV enthält IAS 21 keine expliziten Vorschriften. Soweit die Währungsergebnisse überwiegend operativen Charakter haben, sich z.B. vor allem aus Kundenforderungen, Vorräten oder Lieferantenverbindlichkeiten ergeben, kommt eine Einbeziehung in die sonstigen Erträge/Aufwendungen ebenso in Frage wie die Bildung eines besonderen Postens im operativen Teil der GuV. Soweit die Ergebnisse überwiegend dem Finanzierungsbereich zuzuordnen sind, z.B. auf Darlehen entfallen, ist eine Einbeziehung in das Finanzergebnis i.d.R. sachgerechter. Die Saldierung von Umrechnungsgewinnen und -verlusten ist nach IAS 1.34 und 37 zulässig, ggf. geboten. Werden operative Währungsergebnisse und solche des Finanzbereichs getrennt ausgewiesen, ergeben sich Saldierungsmöglichkeiten nur innerhalb des jeweiligen Bereichs.

Angabepflichten (Rz 82)

- Betrag der **im Periodenergebnis erfassten Umrechnungsdifferenzen**, mit Ausnahme derer, die nach IAS 39 erfolgswirksam zu *fair-value*-bilanzierten Finanzinstrumenten entstehen (IAS 21.52a), sowie
- Betrag und Entwicklung der **als Eigenkapitaländerung behandelten Umrechnungsdifferenzen** (IAS 21.52b).

Auf die **Checkliste „Abschlussangaben“** wird verwiesen (→ § 5 Rz 8).

§ 28 FINANZINSTRUMENTE

Inhaltsübersicht **Rz**

Vorbemerkung

Schrifttum: APP/KLEIN, Verbriefungen: Motivation und Strukturen sowie ausgewählte Probleme der Rechnungslegung, KoR 2006, S. 487; BISCHOFF, Latente Steuern nach IFRS bei festen, noch nicht bilanzierten Verpflichtungen und erwarteten Transaktionen in Sicherungsbeziehungen, PiR 2007, S. 68ff.; BURKHARDT/WEIS, Bilanzierung von Kreditderivaten nach IAS 39, IRZ 2007, S. 47ff.;

CHRISTIAN, IFRS 9 – Finanzinstrumente und Folgeänderungen anderer Standards, PiR 2009, S. 364 ff.; CORTEZ/SCHÖN, Messung der Hedge Effektivität nach IAS 39 IRZ 2010, S. 171 ff.; ENGEL-CIRIC/SCHULER, Factorings und ABS-Transaktionen nach IFRS, PiR 2005, S. 19 ff.; FLADT/VIELMEYER, IdW ERS HFA 25, Einzelfragen zur Bilanzierung von Verträgen über den Kauf oder Verkauf von nicht-finanziellen Posten nach IAS 39, WPg 2008, S. 1070 ff.; FREIBERG, Behandlung von dinglichen und personellen Sicherungen von at amortised cost bewerteten Finanzinstrumenten nach IFRS, PiR 2010, S. 256 ff (Heft 9); FREIBERG, Fair value-Bewertung von Finanzinstrumenten bei illiquiden Märkten, PiR 2007, S. 361 ff.; FREIBERG, Vorzeitige Beendigung der Bilanzierung von Sicherungsbeziehungen (hedge accounting), PiR 2010, S. 264 ff.; GABER/GORNY, Bilanzierung strukturierter Zinsprodukte mit multiplen eingebetteten Derivaten, KoR 2007, S. 323 ff.; GAHLEN, Bilanzierung von Forderungsverzichten gegen Besserungsschein und von Verlustbeteiligungen aus Mezzanine-Kapital nach HGB und nach IFRS BB 2009, S. 2079 ff.; GRÜNBERGER, Bilanzierung von Finanzgarantien nach der Neufassung von IAS 39, KoR 2006, S. 81 ff.; HACKENBERGER, Der Werthaltigkeitstest für Finanzinstrumente im IFRS-Abschluss, PiR 2007, S. 38 ff.; HEINTGES/URBANCZIK, Debt for Equity Swaps und die Auswirkungen auf die Vermögens-, Finanz- und Ertragslage, DB 2010, S. 1469 ff.; HOFFMANN, Der Forderungsverzicht mit Besserungsvereinbarung PiR 2009, S. 214 ff.; HOFFMANN/LÜDENBACH, Die bilanzielle Abbildung der Hypothekenkrise und die Zukunft des Bilanzrechts, DB 2007, S. 2213 ff.; KEHM, Offenlegung von Finanzinstrumenten, in: LÖW, Rechnungslegung für Banken nach IAS – Praxisorientierte Einzeldarstellungen, 2005, S. 605 ff.; KEHM/LAUINGER/RAVE, Umsetzung der Anforderungen des IAS 39 im Commerzbank-Konzern, ein Projektbericht, Zeitschrift für das gesamte Kreditwesen 2003, S. 799; LÜDENBACH, Abtretung bundesgedeckter Forderungen (preinsured assets), PiR 2009, S. 56 ff.; LÜDENBACH, Bilanzierung einer Verbindlichkeit aus partiarischem Darlehen, PiR 2009, S. 248 ff.; LÜDENBACH, Zusammenfassung einer Verbindlichkeit und eines Swap zu einem einzigen Bilanzierungsobjekt, PiR 2005, S. 95 ff.; LÜDENBACH/FREIBERG, Strittige Fragen der IFRS-Bürgschaftsbilanzierung beim Garanten, BB 2007, S. 650 ff.; MAZUR/WOLZ, Die Absicherung von Marktpreisrisiken im Gasgeschäft deutscher Energieversorger nach IAS 39, IRZ 2007, S. 99 ff.; PRITZER/ZEIMES, Schwebende Fremdwährungsgeschäfte und deren Absicherung durch eine Devisentermingeschäft, PiR 2007, S. 179 ff.; SCHARPF/WEIGEL/LÖW, Die Bilanzierung von Finanzgarantien und Kreditzusagen nach IFRS, WPg 2006, S. 1492 ff.; SCHNEIDER, Zur Dokumentation von Sicherungsgeschäften bei mittelständischen Unternehmen, PiR 2006, S. 168 ff.; SCHREIBER/SCHMIDT, Begleichung finanzieller Verbindlichkeiten durch Eigenkapitalinstrumente nach IFRS, WPg 2010, S. 637 ff.; VÖLKNER, Fair value als Zugangswert bei Finanzinstrumenten, PiR 2005, S. 14 ff.

Vorbemerkung

Die Kommentierung bezieht sich auf IAS 39, IAS 32 und IFRS 7 und berücksichtigt alle Ergänzungen, Änderungen und Interpretationen, die bis zum 1.1.2011 beschlossen wurden.

Die Kommentierung folgt der Gliederungssystematik von IAS 39. Einen produktbezogenen Zugang zur Kommentierung liefert das unter Rz 362 wiedergegebene ABC der Finanzprodukte.
Die Regelungen von IFRS 9 werden unter Rz 336ff. dargestellt.

1 Zielsetzung, Regelungsinhalt und Begriffe

1.1 Zielsetzung und Einordnung von IAS 39

Vor der Verabschiedung von IAS 39 (2000) existiertenausdrückliche Ansatz- und Bewertungsregeln für Finanzvermögen im Bereich der Beteiligungen (IAS 28 usw.) und für einen eng umrissenen Bereich sonstiger Finanzinvestitionen (IAS 25, nicht mehr in Kraft). IAS 39 (2000) hatte vor diesem Hintergrund zunächst das Ziel, Lücken in den Vorschriften zur Bilanzierung und Bewertung von Finanzinstrumenten zu schließen. In diesem Zusammenhang wurden auch Ansatz und Bewertung von derivativen Finanzinstrumenten (Optionen usw.) erstmals umfassend geregelt. 1

Gegenüber bisherigen Standards sowohl des Finanz- als auch des sonstigen Vermögens markiert der den Finanzinstrumenten gewidmete Standard in doppelter Weise einen Wechsel: 2

- Der **beizulegende Zeitwert** *(fair value)* wird für eine Reihe von Finanzinstrumenten zum zwingenden Bewertungsmaßstab.
- **Finanzderivate** sind zwingend zu bilanzieren, d.h., im Gegensatz zur normalen Behandlung schwebender Geschäfte werden Finanzderivate zu **bilanzwirksamen Geschäften**.

Gewisse Schwierigkeiten entstehen dadurch, dass IAS 39 nicht durchgängig eine Bewertung zum *fair value*, sondern zum Teil auch die Bewertung zu (fortgeführten) Anschaffungskosten vorsieht. Entgegen der ursprünglichen Diskussion wurde also kein *full fair value accounting*, sondern ein sogenanntes *mixed model* (teilweise Anschaffungskosten, teilweise Zeitwert) eingeführt. Hieraus entstehen zum einen **Abgrenzungsprobleme**, da die Klassifizierung eines Finanzinstrumentes über dessen Bewertung entscheidet und damit die Differenzierung der Klassen bewertungsrelevant wird (Rz 29ff.). Ein Beispiel für die „brüchigen" Bewertungsfolgen des *mixed model* enthält Rz 188. Zum anderen könnten sich **Bewertungswidersprüche** ergeben, wenn ein für Sicherungszwecke eingesetztes Finanzderivat zum beizulegenden Zeitwert erfasst würde, das gesicherte Geschäft hingegen zu fortgeführten Anschaffungskosten (Rz 15). Aus diesem Grunde enthält IAS 39 Vorschriften zur Bilanzierung bei **Sicherungsgeschäften** *(hedge accounting)*, die der Vermeidung derartiger Widersprüche dienen sollen (Rz 233ff.). 3

1.2 Regelungsinhalt und Begriffe

1.2.1 Überblick

IAS 39 hat einen **dreifachen** Regelungsinhalt: 4

- Bilanzierung und Bewertung **originärer Finanzinstrumente**,
- Bilanzierung und Bewertung von **Finanzderivaten**,
- Rechnungslegung bei **Sicherungszusammenhängen**.

5 Hierbei entsteht eine gewisse Intransparenz dadurch, dass IAS 39 zwar „grundsätzlich" alle Finanzinstrumente behandelt, tatsächlich aber bestimmte Instrumente ausgeklammert werden (Rz 11).

1.2.2 Berücksichtigte originäre und derivative Finanzinstrumente, Definitionen

6 IAS 32.11 enthält folgende zugleich für IAS 39 geltende Grunddefinitionen:

- Ein **Finanzinstrument** ist jeder Vertrag, der gleichzeitig bei dem einen Unternehmen zu einem finanziellen Vermögenswert und bei dem anderen zu einer finanziellen Verbindlichkeit oder einem Eigenkapitalinstrument führt.
- **Finanzielle Vermögenswerte** umfassen:
  - (a) **flüssige Mittel,**
  - (b) als Aktivum gehaltene Eigenkapitalinstrumente anderer Unternehmen (also **Anteile** an anderen Unternehmen),
  - (c) das vertragliche Recht, (i) flüssige Mittel oder andere finanzielle Vermögenswerte von einem anderen Unternehmen zu erhalten (hierzu zählen **nicht Steuer**forderungen, entgegen dem Wortlaut jedoch vertragliche **Forderungen** gegenüber **Privatpersonen)** oder (ii) finanzielle Vermögenswerte oder Verbindlichkeiten mit einem anderen Unternehmen unter potenziell vorteilhaften Bedingungen austauschen zu können (hierzu gehören **Finanzderivate,** deren *fair value* zum Bilanzstichtag positiv ist),
  - (d) jede Art von Vertrag, der in den eigenen Eigenkapitalinstrumenten des Unternehmens erfüllt werden wird oder werden muss und der (i) ein nichtderivatives Finanzinstrument ist, das das Unternehmen verpflichtet oder verpflichten könnte, eine variable Zahl eigener Eigenkapitalinstrumente zu erwerben, oder (ii) ein derivatives Finanzinstrument ist, das anders erfüllt werden kann oder muss als durch den Austausch eines festen Geldbetrages oder einer festen Zahl anderer finanzieller Vermögenswerte gegen eine feste Zahl eigener Eigenkapitalinstrumente. Die eigenen Eigenkapitalinstrumente umfassen dabei keine Instrumente, die selbst Verträge über den zukünftigen Erwerb oder die zukünftige Lieferung eigener Eigenkapitalinstrumente darstellen.
- Eine **finanzielle Verbindlichkeit** ist jede Schuld folgender Art:
  - (a) eine vertragliche Verpflichtung, (i) flüssige Mittel oder einen anderen finanziellen Vermögenswert an ein anderes Unternehmen abzugeben (hierzu zählen nicht **Steuer**schulden, entgegen dem Wortlaut jedoch vertragliche **Verbindlichkeiten** gegenüber **Privatpersonen)** oder (ii) finanzielle Vermögenswerte oder Verbindlichkeiten mit einem anderen Unternehmen unter potenziell nachteiligen Bedingungen austauschen zu müssen (hierzu gehören **Finanzderivate,** deren *fair value* zum Bilanzstichtag negativ ist);
  - (b) jede Art von Vertrag, der in den eigenen Eigenkapitalinstrumenten des Unternehmens erfüllt werden wird oder muss und der (i) ein nichtderivatives Finanzinstrument ist, das das Unternehmen verpflichtet oder verpflichten könnte, eine variable Zahl eigener Eigenkapitalinstrumente zu liefern, oder (ii) ein derivatives Finanzinstrument ist, das anders erfüllt werden kann oder muss als durch den Austausch eines festen Geldbetrages

oder einer festen Zahl anderer finanzieller Vermögenswerte gegen eine feste Zahl eigener Eigenkapitalinstrumente. Die eigenen Eigenkapitalinstrumente umfassen dabei keine Instrumente, die selbst Verträge über den zukünftigen Erwerb oder die zukünftige Lieferung eigener Eigenkapitalinstrumente darstellen.

- Ein **Eigenkapitalinstrument** ist ein Vertrag, der einen Residualanspruch an den Vermögenswerten eines Unternehmens nach Abzug aller dazugehörigen Schulden begründet.

Der **Definitionskatalog** ist nicht nur wegen seines hohen Abstraktionsgrades und der verwendeten Begriffe (z. B. „*non-derivative*") **nicht sehr geglückt.** Insbesondere entspricht die Bindung der Finanzinstrumente an einen **Vertrag** und an ein **anderes Unternehmen** (*entity*) nicht durchweg herrschender Meinung und Praxis. Nach diesen Kriterien fielen nicht nur, wie beabsichtigt, Steuerforderungen und Steuerschulden aus dem Anwendungsbereich von IAS 39 (kein Vertrag, kein anderes Unternehmen). Bei Anwendung der Kriterien wären z. B. auch Kundenforderungen gegenüber Privatpersonen keine Finanzinstrumente (kein anderes Unternehmen) oder rechtskräftige Schadenersatzforderungen in Geld danach zu unterscheiden, ob der Anspruchsgegner ein Unternehmen und ob der Schadenersatz aus Vertrag oder aus unerlaubter Handlung begründet ist. 7

Die herrschende Praxis ignoriert diese beiden Definitionsbestandteile. Sie versteht unter

- **aktiven Finanzinstrumenten alle** Positionen, die **nicht** immaterielles Vermögen, Sachanlagevermögen, Vorratsvermögen, Steueransprüche, Sachleistungsforderung oder Abgrenzungsposten sind;
- **passiven Finanzinstrumenten alle** Positionen, die **nicht** Eigenkapital, Sachleistungsverpflichtung, Abgrenzungsposten oder Rückstellung sind.

Dieser Praxis entsprechen im Übrigen auch die Erläuterungen, die der IASB selbst in der *Application Guidance* zu IA S 32 (IAS 32.AG) zu seinen Definitionen gibt. Folgende Positiv- und Negativbeispiele werden angeführt:

- **Positivbeispiele:** Finanzielle Vermögenswerte bzw. Verbindlichkeiten sind gem. IAS 32.AG6 ff.
  - **Kundenforderungen,**
  - **Anleihen** beim Inhaber (aktivisch) bzw. Emittenten (passivisch),
  - **Darlehen** beim Darlehensgeber (aktivisch) bzw. -nehmer (passivisch),
  - **finanzielle Garantien** (Bürgschaften usw.) beim Garantiegeber bzw. -nehmer,
  - Forderungen und Verbindlichkeiten aus *finance leases*
  - Eigenkapitalinstrumente, d. h. **Anteile** an anderen Gesellschaften.
- **Negativbeispiele:** Keine finanziellen Vermögenswerte sind hingegen
  - körperliche und immaterielle Vermögenswerte (**Vorräte, Sachanlagen, immaterielle** Vermögenswerte; IAS 32.AG10),
  - **abgegrenzte,** im Voraus erhaltene bzw. bezahlte **Einnahmen bzw. Ausgaben (Anzahlungen),** deren Gegenleistung in zukünftigen Güterlieferungen, Dienstleistungen usw. besteht, sowie nicht finanzielle Garantieverpflichtungen (IAS 32.AG11),
  - **Steuern** und
  - **faktische Verpflichtungen** (IAS 32.AG12).

8 Der Anwendungsbereich von IAS 32 und 39 **umfasst** weder **jedes** Finanzinstrument, noch ist **jeder** nichtfinanzielle Vermögenswert bzw. jede nichtfinanzielle Schuld aus dem Anwendungsbereich **ausgeschlossen**. So sind Anteile an einem anderen Unternehmen zwar stets Finanzinstrumente, unterliegen i.d.R. jedoch nur dann IAS 39 und 32, wenn die Beteiligungsschwelle nicht erreicht ist (Rz 11). Umgekehrt sind bestimmte Verträge über den Kauf nichtfinanzieller Vermögenswerte, etwa nicht auf die Deckung eigenen Bedarfs gerichtete Warenterminkontrakte, so zu behandeln, *„as if the contracts were financial instruments“* (IAS 32.8; Rz 222).

9 Von den originären zuunterscheiden sind **derivative** Finanzinstrumente. IAS 39.9 enthält **drei Definitionselemente** für Finanzderivate:

- Der Wert des Finanzinstrumentes reagiert auf **Änderungen des Wertes eines Basisobjektes**. Basisobjekte können sein: Zinssätze, Wertpapierkurse, Rohstoffpreise, Wechselkurse, Preis- oder Zinsindizes, Bonitätsratings oder Kreditindizes und ähnliche Variablen. Mit IFRS 4 wurde – zur Abgrenzung von Derivaten gem. IAS 39 gegenüber Versicherungsverträgen – dieses Definitionselement erweitert: Für den Fall, dass sich der Vertrag auf eine nichtfinanzielle Variable bezieht (z.B. Wetterbedingungen), liegt ein Derivat nur dann vor, wenn keine Vertragspartei bez. dieser Variablen einem tatsächlichen Risiko ausgesetzt ist (IAS 39.9(a), IAS 39.AG12A) und der Vertrag insofern keinen Versicherungscharakter besitzt.
- Eine **anfängliche Netto-Investition entfällt** oder ist, verglichen mit ähnlich reagierenden Verträgen, **niedrig** (*„no or smaller initial net-investment“*).
- Das Geschäft wird erst in **Zukunft** erfüllt (Termingeschäft). Termingeschäfte können unterschieden werden nach der
  - **Vertragsform** in **bedingte** Geschäfte (Optionen) und **unbedingte** Geschäfte (*futures, forwards*, Swaps),
  - **Art** des Basiswertes z.B. in Zinsderivate, Währungsderivate, Aktienderivate, Kreditderivate (Basiswert ist das Kreditrating) usw.

10 Die *Guidance on Implementing* IAS 39 (IAS 39.IG) listet unter anderem die folgenden Fälle auf (IAS 39.IG.B.2):

Vertragsart	Basisobjekt
Zinsswap	Zinssatz
Währungsswap	Wechselkurs
Kreditswap	Kreditrating, Kreditindex
Optionen, *futures* und *forwards* auf Anleihen	Zinssatz, Zinsindex
Optionen, *futures* und *forwards* auf Rohstoffe	Rohstoffpreis
Optionen, *futures* und *forwards* auf Aktien	Aktienkurs, Aktienindex

Tab. 1: Derivate nach Vertragsart und Basisobjekt

1.2.3 Ausgeklammerte Finanzinstrumente

IAS 39.2 enthält eine Liste von Finanzinstrumenten, deren Rechnungslegung ausdrücklich nicht nach IAS 39 erfolgen soll. Im Wesentlichen geht es um folgende Fälle: 11

- Anteile an **Tochterunternehmen** (IAS 27; → § 32), **assoziierten Unternehmen** (IAS 28; → § 33) und Joint Ventures (IAS 31; → § 34); in den Anwendungsbereich von IAS 39 fallen jedoch bestimmte derivative Kontrakte über diese Anteile, etwa der Verkauf eines Anteils an einem assoziierten Unternehmen auf Termin (Rz 24), hingegen wegen IAS 39.2g nicht unbedingte Terminkontrakte über den Kauf oder Verkauf eines Tochterunternehmens, bei denen die Zeitspanne zwischen Vertragsschluss und -erfüllung nicht länger dauert, als für die Erlangung von Genehmigungen und die Durchführungshandlungen vernünftigerweise gebraucht wird.
- Rechte und Pflichten aus **Leasing**-Verträgen (IAS 17; → § 15). Eine generelle Rückausnahme gilt für in den Leasingvertrag eingebettete Derivate. Spezielle Rückausnahmen bestehen für Leasingforderungen (Anwendung von IAS 39 auf Ausbuchung und *impairment)* sowie für Verbindlichkeiten des Leasingnehmers aus *finance lease* (Anwendung von IAS 39 auf Ausbuchung, jedoch nicht auf Bewertung).
- Vermögenswerte und Verpflichtungen aus **Altersversorgungsplänen** (IAS 19; → § 22).
- Vom Unternehmen **selbst emittierte** Aktien, Optionen und sonstige **Eigenkapitalinstrumente** gem. IAS 32.
- Verträge mit **bedingter Gegenleistung** im Rahmen eines **Unternehmenszusammenschlusses**, der den Regelungen von IFRS 3 rev. 2004 und nicht von IFRS 3 rev. 2008 unterliegt, jedoch nur aus Sicht des Erwerbers (IAS 39.103D).
- Kaufverträge im Rahmen eines **Unternehmenszusammenschlusses**, die den Kauf bzw. Verkauf eines Unternehmens zu einem **künftigen Zeitpunkt** vorsehen und bei denen die Zeitspanne zwischen Vertragsschluss und -erfüllung nicht länger dauert, als für die Erlangung von Genehmigungen und die Durchführungshandlungen vernünftigerweise gebraucht wird.
- **Darlehenszusagen** *(loan commitments)*, für die keine Möglichkeit eines Barausgleichs besteht. Eine (freiwillige) Rückausnahme besteht gem. IAS 39.4, wenn das Unternehmen die Zusage gem. der *fair value option* als ein zum *fair value* zu erfassendes Finanzinstrument gewillkürt hat (Rz 31). Eine (verpflichtende) Rückausnahme gilt für den Fall, dass das Unternehmen in der Vergangenheit wiederholt die aus einer Zusage resultierenden Darlehen kurzfristig weiterveräußert hat (IAS 39.4).
- Finanzinstrumente, Verträge und Verpflichtungen im Rahmen **anteilsbasierter Vergütungen**, die unter IFRS 2 (→ § 23) fallen (insbesondere Mitarbeiter-Aktienoptionen). Eine Rückausnahme gilt allerdings für aktienbezogene Vergütungen nach IAS 39.5 bis 7. Damit sind Warentermingeschäfte mit einem vom Aktienkurs des Käufers abhängigen Kaufpreis angesprochen; Voraussetzung für die Rückausnahme ist allerdings die Möglichkeit eines Barausgleiches, wenn vom Gebrauch dieser Möglichkeit auszugehen ist (Rz 222; IFRS 2.2, IFRS 2.BC25 ff.).

12 Im Bezug zu **IFRS 4** ergeben sich folgende **Abgrenzungen**:

- Rechte und Verpflichtungen aus **Versicherungsverträgen** und anderen Verträgen, die unter IFRS 4 fallen (→ § 39 Rz 5 ff.), sind nicht nach IAS 39 zu bilanzieren. In solche Verträge eingebettete Derivate fallen allerdings unter IAS 39 (Rückausnahme), sofern die Derivate nicht selbst wiederum unter IFRS 4 fallen (Rückausnahme von der Rückausnahme).
- **Wetterderivate**: Bestimmte Wetterereignisse sind Gegenstand von Versicherungsverträgen, so etwa bei der Sturm- und Hagelversicherung. Andere klimatische Faktoren, etwa die Sonnenscheindauer im Sommerhalbjahr oder die Zahl der Hitzetage, sind nicht Gegenstand von üblichen Versicherungen, obwohl sie zum Beispiel für Energieanbieter eine wichtige Rolle spielen können. Versicherungsverträge jeglicher Art waren Gegenstand eines Projektes (IASC, *Issue Paper* 1999) über die Einbeziehung in einen besonderen zukünftigen Standard. Wegen der Schwierigkeiten bei der Abgrenzung zwischen ausgeklammerten Versicherungsverträgen und derivativen Wetterinstrumenten wurde in IAS 39 (2003) generell auf die Einbeziehung von Wetterderivaten verzichtet. Angesichts der Unzahl sonstiger Abgrenzungsprobleme, die sich aus IAS 39 ergeben, war diese Entscheidung von Anfang an nicht unbedingt konsequent. Mit der Einführung des IFRS 4 zur Bilanzierung von Versicherungsverträgen (→ § 39) ist die Bilanzierung von Wetterderivaten weitergehend geklärt worden. Danach gehören sie dann in den Anwendungsbereich des IAS 39, wenn sie nicht unter IFRS 4 fallen (IAS 39.AG1). Dies ist insbesondere dann der Fall, wenn auf Seiten des Sicherungsnehmers kein tatsächliches eigenes Risiko besteht (IFRS 4.Appendix B.18(l)). Wetterderivate werden daher regelmäßig als Derivate gem. IAS 39 zu bilanzieren sein.

13 Bei **finanziellen Garantien** (unabhängig davon, ob sie als Bürgschaft, Akkreditiv, Kreditderivat oder anders ausgestaltet sind) ist zu differenzieren:

- Finanzielle **Garantien**, die **bei Übertragung eines Finanzinstruments** abgeschlossen (oder zurückbehalten) wurden, fallen stets in den Anwendungsbereich des IAS 39 (IAS 39.2(e), IAS 39.AG4A(a)). Diese Vorschrift steht im Zusammenhang mit den Regeln zur Ausbuchung von Finanzinstrumenten (IAS 39.15 ff.; → Rz 61 ff.).
- **Nicht bei Übertragung** eines Finanzinstruments **abgegebene Finanzgarantien**, die den Ersatz eines Verlusts vorsehen, wenn ein Schuldner seinen Zahlungsverpflichtungen nicht nachkommt (z. B. Bürgschaften), unterliegen i. d. R. **IAS 39.** Wegen Einzelheiten wird auf Rz 206 verwiesen.

Neben normalen Garantien (Bürgschaften etc.) gibt es **exotische Konstruktionen**, die z. B. eine Zahlung bei einer Änderung eines Bonitätsratings, ggf. eines Zinssatzes, eines Wertpapierkurses, eines Rohstoffpreises, eines Wechselkurses, eines Kurs- oder Zinsindexes oder einer anderen Variablen vorsehen. Sie haben eher den Charakter von Derivaten und fallen deshalb ausnahmsweise in den Anwendungsbereich von IAS 39 (IAS 39.3, IAS 39.AG4A(a)). Das nachfolgende Beispiel zeigt einen Anwendungsfall hierzu.

Beispiel
X hält 10 Mio. EUR-Anleihen des UMTS-Anbieters Y. Y wird von den Rating-Agenturen mit B bewertet. X befürchtet eine Verschlechterung des Ratings und in der Folge einen Kursverlust bei den Anleihen. X schließt deshalb mit der Bank Z einen Vertrag ab, der eine Zahlung für den Fall garantiert, dass es innerhalb einer spezifizierten Zeitspanne zu einer Verschlechterung des Ratings kommt.
Nach der ökonomischen Substanz handelt es sich nicht um eine Bürgschaft, die bei Zahlungsunvermögen von Y greift, sondern um eine Kursabsicherung der Anleihe. Diese Absicherung wird wie andere Absicherungen (z.B. über Verkaufsoptionen) als Derivat behandelt.

Die vorstehenden Beispiele zeigen schon durch ihre vielen **Rückausnahmen** die Schwierigkeit, die der Board bei der Bestimmung des Anwendungsbereichs von IAS 39 hatte und hat. 14

1.2.4 Rechnungslegung bei Sicherungszusammenhängen

Finanzderivate können **spekulativ** oder zu **Sicherungszwecken** eingesetzt werden. Eine Verkaufsoption auf den Dollar kann etwa erworben worden sein, um eine erwartete Dollarabwertung spekulativ auszunutzen. Erwerbsmotiv mag aber auch die Absicherung einer in Dollar valutierenden Kundenforderung sein, die gegen Wertverluste geschützt werden soll. 15
Nicht Sicherungszwecken dienende Finanzderivate sind erfolgswirksam zum *fair value* zu bilanzieren (IAS 39.46, 47(a), 55(a)). Im Spekulationsfall führt die Bewertung **nicht** zu **Inkonsistenzen**, da die in der GuV abgebildete Volatilität Ausdruck des eingegangenen Risikos ist. Im Sicherungsfall würde sich hingegen ein **Widerspruch** ergeben, wenn der zu sichernde Wert zu Anschaffungskosten oder erfolgs**neutral** zum *fair value*, das Derivat hingegen erfolgs**wirksam** zum *fair value* erfasst wird. Hierzu folgendes Beispiel:

Beispiel
Unternehmen A hält einige Anteile an der börsennotierten Gesellschaft B. Eine unmittelbare Verkaufsabsicht besteht nicht. Die Anteile werden als *available for sale* qualifiziert. Die Wertänderung ist daher gem. IAS 39.55b erfolgsneutral im Eigenkapital zu berücksichtigen (Rz 35).
A hat jedoch eine Verkaufsoption auf die Aktien der B erworben. Der Kurs der Aktien fällt, wodurch der Wert der Option steigt. Diese Steigerung ist gem. IAS 39.55a erfolgswirksam in der GuV zu erfassen.
Die Behandlung der Kurswirkung nach den Normalregeln ist inkonsistent. Die positive Wirkung auf die Option wird erfolgswirksam, die negative Wirkung auf die Anteile bliebe erfolgsneutral.
Bei Bestehen eines dokumentierten und effektiven Sicherungszusammenhangs werden daher die Normalregeln durch Sonderregeln für das *hedge accounting* substituiert. Gem. IAS 39.89 geschieht dies im vorliegenden Fall (sog. *fair value hedge*) dadurch, dass die erfolgsneutrale Behandlung der Anteile nicht fortgeführt wird.

Die Regeln zum *hedge accounting* (Rz 233 ff.) dienen der Bewältigung solcher, sich aus dem *mixed model* (Rz 3) ergebenden Widersprüche.
Im Beispiel – *fair value hedge* – wird in die Bilanzierungsregeln für das gesicherte Grundgeschäft eingegriffen, in anderen Fällen – *cash flow hedge* – erfolgt der Eingriff bei den Bilanzierungsregeln für die Derivate, deren Wertänderung dann nicht mehr erfolgswirksam, sondern erfolgsneutral zu behandeln ist (IAS 39.95). Zu Einzelheiten wird auf Rz 42 und 248 ff. verwiesen.

1.3 *Substance over form* – Synthetisierung von Finanzinstrumenten

16 Ein Vertrag über ein Finanzinstrument ist als Derivat zu beurteilen, wenn er die *„no or smaller initial net-investment“*-Bedingung erfüllt (Rz 9). Ob dies der Fall ist, muss unter *substance-over-form*-Gesichtspunkten beurteilt werden. Auf die zivilrechtliche Form kommt es demzufolge nicht an. Aus **formaler Sicht** können z. B. **zwei Verträge** zwischen den gleichen Parteien vorliegen, mit jeweils bedeutsamen Anfangsinvestments der einen Seite, die aber **wirtschaftlich eine Einheit** bilden, wobei sich in substanzieller Betrachtung die Anfangsinvestitionen der Parteien gegen null neutralisieren:

Beispiel
Zinsswap mit Bruttoausgleich
A tritt in einen Swap mit B ein. A zahlt fix 8 % und erhält variable EURIBOR + 2 %, jeweils bezogen auf 10 Mio. bei Quartalszahlung.
Die Parteien vereinbaren eine Bruttoregelung. A zahlt zu Anfang (und Ende) 10 Mio. an B und B die gleiche Summe an A. Auch Quartalszinsen werden nicht netto (i. H. d. Zinsdifferenz), sondern brutto (in beide Richtungen) entrichtet.
Trotz Bruttoregelungen ist die *„no or smaller initial net-investment“*-Bedingung erfüllt. Durch das Hin- und Herzahlen des Geldes wird bei substanzieller Betrachtung keine Nettoinvestition getätigt. Es liegt ein Derivat vor (IAS 39.IGB.3).

Beispiel
A und B vereinbaren folgenden 5-Jahres-Swap über 100 Mio.: A zahlt 10 % fix und erhält EURIBOR + 4 %. A zahlt seine fixe Verpflichtung (den Barwert von 5×10 Mio. = 38 Mio.) zu Beginn des Vertrags.
Nach IAS 39.IG.B.4 ist die *„no or smaller initial net-investment“*-Bedingung erfüll, da das Investment von A (38 Mio.) im Vergleich zur Begründung einer risikoäquivalenten nichtderivativen Position (Erwerb einer variablen Anleihe über 100 Mio.) signifikant niedriger ausfällt.

17 Notwendige, aber nicht hinreichende Voraussetzung für die Zusammenfassung von Verträgen zu einem Finanzinstrument ist die **Identität der Vertragspartner**.

Beispiel[1]
U schließt mit der Bank B zeitgleich und fristenkonform einen ersten Vertrag über ein variabel verzinsliches Yen-Darlehen und einen zweiten über einen *cross-currency-Swap* ab. In der wirtschaftlichen Gesamtwirkung stellen die Verträge U so, als ob er ein festverzinsliches Euro-Darlehen aufgenommen hätte.
Fraglich ist, ob die Bilanzierung dieser wirtschaftlichen Betrachtungsweise folgen kann, also statt zwei Finanzinstrumenten (nach komplizierten Regeln) eines (nach einfachen Regeln) zu erfassen ist.

Ein Lösungshinweis ergibt sich aus dem Vergleich von IAS 39.IG.B.6 mit IAS 39.IG.C.6: In IAS 39.IG.B6 ist Unternehmen A Gläubiger eines an B gewährten Euro-Festzinsdarlehens und Schuldner eines von B gewährten variabel verzinslichen Darlehens mit jeweils gleicher Laufzeit und gleichen Beträgen, wobei zugleich eine Aufrechungsabrede getroffen wird. Der IASB erkennt in dieser Konstruktion **nicht zwei Geschäftsvorfälle** (zwei Darlehensverträge), **sondern einen Geschäftsvorfall** (Swapvertrag). Als Begründung führt er an:

- **inhaltliche Abstimmung** der Verträge (nach Frist, Betrag usw.)
- **Identität der Vertragspartner**
- **Fehlen einer substanziellen Geschäftsnotwendigkeit** ***(substantive business purpose)*** für die Aufteilung der Transaktion auf zwei Verträge.

In IAS 39.IG.C6 vergibt Unternehmen A ein variabel verzinsliches Darlehen an Unternehmen B und schließt gleichzeitig sowie betrags- und fristenkongruent einen Swap mit C ab, der A zum Erhalt fixer und zur Zahlung variabler Zinsen berechtigt bzw. verpflichtet. In der wirtschaftlichen Gesamtwirkung scheint U so gestellt, als ob er ein Festzinsdarlehen an B begeben hätte. Indessen unterliegt jeder Vertrag eigenen Bewertungs-, insbesondere Ausfallrisiken. Wird etwa B insolvent und fällt daher das Darlehen wirtschaftlich weg, bleibt U gleichwohl gegenüber C aus dem Swapvertrag verpflichtet. Eine **Synthetisierung scheidet aus**, da

- **keine Identität der Vertragspartner** besteht und
- **daher jeder Vertrag eigenen Risiken** unterliegt.

Die Anwendung dieser Kriterien auf das obige Beispiel ergibt:

- Darlehens- und Swapvertrag werden gleichzeitig und abgestimmt abgeschlossen.
- Die Vertragspartner beider Geschäfte sind identisch.
- Bei Aufrechenbarkeit sind die Risiken der Verträge gemeinsam zu würdigen.
- Das wirtschaftliche Ergebnis – Festzinsdarlehen in Euro – hätte auch durch Abschluss nur eines Geschäftes erreicht werden können.
- Der wirtschaftlichen Betrachtungsweise folgend ist daher ein Euro-Festzinsdarlehen zu bilanzieren.

Eine wirtschaftliche Betrachtungsweise ist nicht nur zulässig, sondern immer 18
dort, wo die Möglichkeit der Abweichung des formalrechtlichen vom wirtschaftlichen Gehalt besteht, **zwingend.** Hierbei kann es zur Zusammenfassung (Synthetisierung) von Finanzinstrumenten kommen. Die Identität der Vertrags-

[1] Entnommen LÜDENBACH, PiR 2005, S. 95ff.

partner ist hierfür eine notwendige, aber nicht hinreichende Bedingung. Es bleibt Aufgabe des bilanzierenden Unternehmens, die ökonomische Wirkungsweise der vertraglichen Vereinbarungen zu beurteilen und mit „normalen" Verträgen zu vergleichen.
Wegen der Begründung des *substance-over-form*-Gedankens wird allgemein auf → § 1 Rz 78 verwiesen.

2 Systematischer Überblick über IAS 39 und seine mittelstandsrelevanten Inhalte

2.1 Der Zauber von IAS 39

19 Gemessen an der Zahl der Veröffentlichungen, Seminare usw. ist IAS 39 der ergiebigste Standard. Soweit es um Institutionen des **Finanzsektors** geht, die in vielfältiger Weise von den Neuregelungen betroffen sind, ist das gesteigerte Interesse nachvollziehbar. Soweit es um Unternehmen außerhalb des Finanzsektors, insbesondere den **Mittelstand,** geht, dürfen Zweifel angemeldet werden, ob die gesteigert auf IAS 39 konzentrierten Bemühungen das Verhältnis zwischen güterwirtschaftlicher und finanzwirtschaftlicher Ebene noch angemessen darstellen. Natürlich müssen auch hier die Grundlagen des *hedge accounting* beachtet werden (z.B. bei Absicherung von Fremdwährungsforderungen oder Zinsrisiken) und natürlich kann auch hier ein Portfolio an Wertpapieren zu bewerten sein. Andererseits muss aber nicht unbedingt die bilanzielle Behandlung noch der letzten exotischen Optionsscheine beherrscht werden, deren ökonomische Wirkungsweise ohnehin nur einige Finanzexperten verstehen und die deshalb (nicht nur) das mittelständische Unternehmen meist besser nicht kontrahieren sollte (Rz 361).

20 Insoweit beschränkt sich dieser Einführungsteil zunächst auf „vernünftige" Fälle. Mit dem Fokus auf diese Fälle erläutert er die Grundzüge von IAS 39. Eine gewisse Redundanz zu den nachfolgenden Teilen wird im Interesse einer schnelleren Orientierung bewusst in Kauf genommen. Als Leitfaden kann Abbildung 2 dienen.

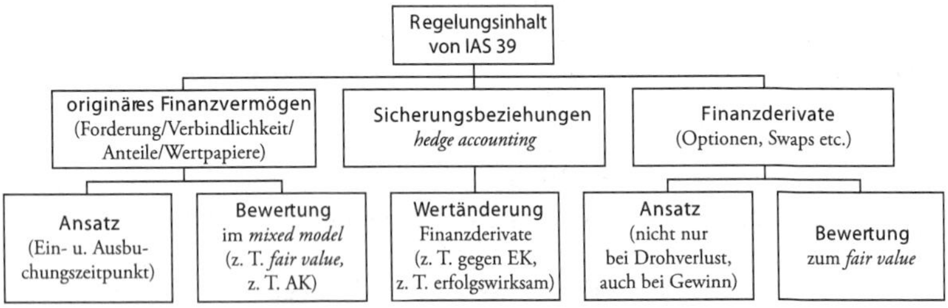

Abb. 1: Regelungsinhalte von IAS 39

2.2 Mittelstandsrelevanter Anwendungsbereich von IAS 39: Weiter Begriff des Finanzinstruments

Die deutsche Rezeption von IAS 39 wird außerhalb der Fachkreise durch den Begriff des **Finanzinstruments** etwas erschwert. Der Sprachgebrauch sieht in Finanzinstrumenten eher **Wertpapiere** (analog § 2b WpHG) oder komplexe, innovative **Finanzprodukte** (analog den Erlassen zu § 20 Abs. 2 Nr. 2ff. EStG). Zwar ist der Begriff durch das Bilanzrechtsreformgesetz erstmalig und dies in seiner weiten Fassung in das HGB eingegangen (§ 285 Nr. 18f. HGB und § 289 Abs. 2 Nr. 2 HGB), gleichwohl tut sich ein Teil der Praxis noch nicht leicht, z.B. Debitoren oder Kreditoren als „Finanzinstrumente" wahrzunehmen und die sie betreffenden Regelungen in IAS 39 zu suchen, der genau dieser weiten Interpretation folgt. Folgende für den **Mittelstand** besonders **relevanten** Fälle sind daher in IAS 39 geregelt: 21

- Ausbuchung von Forderungen beim **Factoring** (Rz 23 und Rz 70ff.).
- Einzel- und portfolioorientierte **Wertberichtigung** auf Debitoren und andere Forderungen (Rz 38 und Rz 124ff.).
- Bewertung von mit einem **Disagio** ausgestatteten Darlehen bei Schuldner oder Darlehensgeber (Rz 40 und Rz 105ff.).
- Bewertung von einfachen, keinen Einfluss vermittelnden **Anteilen an anderen Unternehmen**, unabhängig davon, ob diese verbrieft und börsengehandelt sind (börsennotierte Aktien) oder nicht (Rz 39 und Rz 147ff.)
- Bewertung von **börsennotierten Rentenpapieren** (Rz 30 und Rz 133ff.).
- Ansatz und Bewertung von **Fremdwährungsderivaten**, in Abhängigkeit davon, ob und ggf. zu welchen Sicherungszwecken sie verwendet werden (Rz 41 und Rz 219ff.)

2.3 Ansatz-Regeln

2.3.1 Überblick

Hinsichtlich der Frage des **Bilanzansatzes** (Bilanzierung dem Grunde nach), d.h. der Ein- und Ausbuchung von Finanzinstrumenten, unterscheidet sich IAS 39 in zweifacher Weise vom HGB: 22

- **Originäre Finanzinstrumente**: Bei Wertpapierpension und Wertpapierleihe, beim Factoring und in anderen Sonder- und Grenzfällen kann die Beurteilung schwierig sein, bei wem der Vermögenswert zu bilanzieren ist. Das Handelsgesetzbuch selbst enthält hier (mit Ausnahmen für Kreditinstitute in § 340b HGB) keine ausdrücklichen Regelungen. Der Anwender ist auf das Schrifttum angewiesen. IAS 39 behandelt hingegen einen Teil dieser besonderen Fälle (Rz 23).
- **Derivative Finanzinstrumente**: Nach Handelsrecht sind schwebende Geschäfte nur im Falle drohender Verluste zu berücksichtigen. IAS 39 schreibt hingegen den Ansatz von Finanzderivaten auch im Falle unrealisierter Gewinne vor (Rz 27).

2.3.2 Ausbuchung von Finanzinstrumenten

2.3.2.1 Kombination von formalrechtlichem und ökonomischem Konzept

23 IAS 39 verfolgt hinsichtlich des Ansatzes von finanziellen Vermögenswerten eine **Kombination** von **formalrechtlichem** und **ökonomischem** Konzept. Mit Ausnahme der Sonderregelungen zu Durchleitungsvereinbarungen (Rz 75) fordert IAS 39.18ff. für die Ausbuchung von Forderungen, Anteilen usw. in Veräußerungsfällen kumulativ:

- **den rechtswirksamen** Vollzug des dinglichen Geschäfts (**Abtretung)** und
- die Übertragung von **Chancen und Risiken.**

Fehlt es an der Abtretung, ist das Finanzinstrument weiter zu bilanzieren, auch wenn die Risiken und Chancen durch Festschreibung des Veräußerungspreises, Ausschluss von Bonitätsgarantien etc. schon vollständig übergegangen sind. Ist die rechtwirksame Abtretung erfolgt, kommt es auf die **Risiken und Chancen** an. Sind diese

- so gut wie vollständig beim **Veräußerer** verblieben, darf er das Finanzinstrument **nicht ausbuchen** (Beispiel: **unechtes Factoring**, bei dem der Forderungskäufer den Forderungsverkäufer für alle Ausfälle voll in Regress nehmen kann)
- so gut wie vollständig **übertragen**, ist das Finanzinstrument auszubuchen (Beispiel: **echtes Factoring)**
- **teils** beim Forderungsverkäufer verblieben, **teils** auf den Forderungskäufer übergegangen, gelten komplexe **Sonderregeln** (Rz 67).

2.3.2.2 Verkauf von Anteilen mit zeitlich nachgelagerter Abtretung (Termingeschäfte)

24 Bei Anteilsveräußerungen kommt es nicht selten zu einer **zeitlichen Divergenz** von obligatorischem Geschäft (Kaufvertrag) und dinglichem Vollzug (Abtretung). Die Parteien schreiben etwa noch im alten Jahr den Kaufpreis und alle sonstigen Konditionen fest (Kaufvertrag), die Abtretung erfolgt aber aus steuerbilanziellen oder sonstigen Gründen erst im neuen Jahr. Mit der Festschreibung des Kaufpreises gehen jedenfalls dann bereits **alle Risiken und Chancen** (Wertänderung der Anteile) auf den Erwerber über, wenn diesem schon alle ab Datum des Kaufvertrags entstehenden Gewinne zustehen. Bei einem primär an den Chancen und Risiken orientierten Konzept müsste daher der Veräußerer den Anteil schon mit Datum des Kaufvertrags ausbuchen.

Wie unter Rz 23 dargestellt, folgt IAS 39.18a aber zunächst einem **formalen Ansatz.** Solange die Rechte aus den Anteilen zivilrechtlich noch nicht übertragen (abgetreten) sind, hat der Veräußerer diese **weiter zu bilanzieren.** Die Chancen und Risiken finden dann in anderer Weise Berücksichtigung. Die zeitliche Divergenz von obligatorischem und dinglichem Geschäft stellt einen Terminkontrakt und damit ein Finanzderivat dar (IAS 39.AG16 und 18). Dieses Derivat unterliegt den Regelungen von IAS 39, da IAS 39.2a zwar Anteile an Tochterunternehmen, assoziierten Unternehmen und Gemeinschaftsunternehmen vom Anwendungsbereich ausschließt, aber eine Rückausnahme für Derivate über diese Anteil enthält. Eine Rückausnahme von der Rückausnahme sieht IAS 39.2g vor. Danach unterliegen Kontrakte über eine zukünftige *business combination* u.U. nicht den Regeln von IAS 39. Unbedingte Terminkontrakte *(forward contracts)*

über den Erwerb oder die Veräußerung von Tochterunternehmen sind daher nicht als Finanzderivate zu behandeln, sofern die Laufzeit (Differenz von Vertrags- und Erfüllungsdatum) nicht die vernünftige Zeitspanne (*reasonable period*) überschreitet, die normalerweise zum Vollzug, Erhalt von Genehmigungen etc. benötigt wird. Das Vorgehen bei bedingten Verträgen (Optionen) schien bisher fraglich.[2] Die Neufassung von IAS 39.2g durch das *Annual Improvements Project* 2009 stellt aber klar: Bedingte Kontrakte unterliegen (als Finanzderivate) den Regelungen von IAS 39.
(Bedingte und unbedingte) Terminkontrakte über Anteile an assoziierten Unternehmen und Gemeinschaftsunternehmen sind zum Bilanzstichtag mit dem *fair value* anzusetzen (Rz 29). Der *fair value* entspricht i.d.R. der Wertänderung zwischen Kaufvertrag und Bilanzstichtag. Ein sich daraus ergebender GuV-Effekt kann ggf. durch *hedge accounting* (Rz 43) verhindert werden.

Beispiel
Sachverhalt
Zum 1.10.01 veräußert A die Anteile an der assoziierten X-AG zu 100 an B. Der Gewinn des Jahres 01, mit dessen Ausschüttung nicht vor März 02 gerechnet wird, steht bereits B zu. Der Übergang von „Besitz, Nutzen und Lasten" soll jedoch erst am 2.1.02 erfolgen. Erst zu diesem Datum werden daher die Anteile abgetreten.
Zwischen dem 1.10.01 und dem 31.12.01 erhält die X-AG überraschend viele Neuaufträge. Der Wert der zur Übertragung bestimmten Anteile wird daher zum 31.12.01 auf 120 geschätzt.

Beurteilung
Alle (Vermögens-)Rechte gegenüber der X-AG bleiben bis zur Abtretung bei A. Eine Ausbuchung im alten Jahr kommt daher gem. IAS 39.18a auch dann nicht infrage, wenn schon alle Chancen und Risiken übergegangen sind.
Die Divergenz von Vertrags- und Erfüllungstag führt jedoch zu einem mit dem *fair value* anzusetzenden Finanzderivat. Zum 1.10.01 ist dessen Wert angesichts der zu vermutenden Ausgeglichenheit von Leistung (Anteilsübertragung) und Gegenleistung (Kaufpreis) null. Zum 31.12.02 liegt diese Ausgeglichenheit nicht mehr vor. Aus Sicht von A beträgt der Wert des Derivats –20. Eine finanzielle Verbindlichkeit in entsprechender Höhe ist aufwandswirksam einzubuchen.
Der Aufwand kann ggf. durch eine ertragswirksame Zuschreibung bei den Anteilen ausgeglichen werden.

2.3.2.3 Factoring von Forderungen

Die Ausbuchung einer Forderung kommt gem. IAS 39.18 – mit der hier zunächst 25
nicht interessierenden Ausnahme der Durchleitungsvereinbarung (Rz 75) – nur infrage, wenn der Forderungsverkäufer seine Rechte gegenüber dem Schuldner mit Wirksamkeit nach außen übertragen hat, durch

---

2 Vgl. IASB, Update November 2003.

- **offene** Forderungsabtretung mit Anweisung an den Schuldner, nur noch an den Käufer zu zahlen, oder
- dem Schuldner nicht angezeigte **stille Abtretung**, die der Forderungskäufer spätestens bei Vertragsverletzung des Abtretenden in eine offene Abtretung **wandeln** kann.[3]

Damit sind nur die rechtlichen Voraussetzungen der Ausbuchung, noch nicht die kumulativ zu erfüllenden ökonomischen angesprochen: Die **Risiken** aus der Forderung (Bonitäts- bzw. Ausfallrisiko) müssen gem. IAS 39.20 ganz oder in wesentlichen Teilen auf den Forderungskäufer übergehen. Hierbei gilt:

- Übernimmt der Factor (Forderungskäufer) das ganze Ausfallrisiko **(echtes** Factoring), ist die Forderung beim **abtretenden Unternehmen auszubuchen** und beim Factor zu bilanzieren (IAS 39.20a).
- Verbleibt das ganze Ausfallrisiko beim abtretenden Unternehmen **(unechtes** Factoring**)**, ist die Forderung weiter beim **abtretenden Unternehmen** zu bilanzieren, da sie nur rechtlich, nicht wirtschaftlich übertragen ist. Ein gleichwohl schon vom Factor gezahltes Entgelt ist daher nicht gegen die Kundenforderung zu buchen, sondern wie ein empfangenes Darlehen oder eine erhaltene Anzahlung zu passivieren (per Geld an Verbindlichkeit gegen Factor; IAS 39.20b und IAS 39.29).
- Im Fall der **Risikoteilung** ist primär zu prüfen, ob der weiterhin in einen Teil des Risikos involvierte ursprüngliche Forderungsinhaber die **Kontrolle** (Verfügungsmacht) über den Vermögenswert aufgegeben hat.
  - Wurde die **Verfügungsmacht aufgegeben**, ist der Vermögenswert **vollständig auszubuchen**, daneben das verbleibende Risiko separat mit seinem *fair value* zu passivieren (IAS 39.20c(i) i.V.m. IAS 39.25).
  - Hat der Veräußerer hingegen die **Verfügungsmacht behalten**, führt er den Vermögenswert insoweit fort, als er weiterhin in das Risiko involviert ist *(**continuing involvement**;* IAS 39.20c(ii)). Bei einer Ausfallgarantie ergibt sich der fortzuführende Betrag aus der maximal zu leistenden Garantiesumme (IAS 39.30a). Daneben ist eine Verbindlichkeit anzusetzen, deren Höhe sich als Summe aus Maximalgarantie und dem *fair value* der Garantie ergibt.

Beispiel

U veräußert eine Forderung von 100 für 95 an ein Factoringunternehmen F. 50 % eines evtl. Forderungsausfalls gehen zulasten von U **(Risikoteilung).** Die Wahrscheinlichkeit eines Forderungsausfalls wird mit 4 % eingeschätzt.

Variante 1: Abtretung ohne Einschränkungen für den Forderungskäufer

Der Forderungskäufer ist berechtigt, die Forderung weiter zu veräußern, sie zu verpfänden usw. U bucht die Forderung aus:

Konto	Soll	Haben
Geld	95	
Aufwand	5	
Forderung		100

[3] Vgl. IDW RS HFA 9, Tz 120.

Die Vereinbarung, 50 % eines Forderungsausfalls zu übernehmen, ist eine Finanzgarantie (Rz 206). Anzusetzen ist deren *fair value,* hier 50 % × 4 % × 100 = 2. Somit ist zusätzlich wie folgt zu buchen:

Konto	Soll	Haben
Aufwand	2	
Garantieverbindlichkeit		2

Variante 2: Abtretung mit Einschränkungen für den Forderungskäufer
Darf der Forderungskäufer keine Weiterveräußerungen oder Beleihungen der Forderung vornehmen oder ist er faktisch daran gehindert (etwa weil er die Umwandlung einer stillen Abtretung in eine offene unter keinen Umständen verlangen darf), verbleibt die Kontrolle über die Forderung beim Forderungsverkäufer. Damit greift das Konzept des *continuing involvement.* U führt die Forderung in Höhe seines Maximalrisikos (50) fort. Da dem vereinnahmten Geld in gleicher Höhe noch keine Forderungsveräußerung gegenübersteht, ist der Maximalbetrag zu passivieren. Zusätzlich hat U gem. IAS 39.31 den *fair value* der Garantie, d.h. 50 % × 4 % × 100 = 2 anzusetzen. Er bucht daher:

Konto	Soll	Haben
Geld	95	
Verbindlichkeiten (50 + 2)		52
Aufwand	7	
Forderung		50

Zu weiteren Einzelheiten wird auf Rz 50ff. verwiesen.

2.3.3 Bilanzierung schwebender Geschäfte auch im Gewinnfall, Finanzderivate, *hedge accounting*

Wie nach dem HGB sind nach dem IFRS-Regelwerk **schwebende Geschäfte** über Warenlieferungen, Wareneinkäufe usw. nur dann und nur insoweit zu bilanzieren, als aus ihnen ein **Verlust** droht. Dies ergibt sich zunächst aus dem *Framework*: „Die Vermögenswerte eines Unternehmens sind Ergebnis vergangener Geschäftsvorfälle ... Geschäftsvorfälle oder Ereignisse, deren Eintreten für die Zukunft erwartet wird, erzeugen für sich gesehen keine Vermögenswerte ..." (F.58). Hingegen hat ein Unternehmen gem. IAS 37.67 (→ § 21 Rz 55) **Rückstellungen** für die zu erwartenden Belastungen aus einem schwebenden Vertrag anzusetzen: „Wenn die Umstände dazu führen, dass ein solcher Vertrag belastend wird, fällt der Vertrag unter den Anwendungsbereich dieses Standards und es besteht eine anzusetzende Schuld. Noch zu erfüllende Verträge, die nicht belastend sind, fallen nicht in den Anwendungsbereich dieses Standards" (IAS 37.67). 26

Eine vom **Handelsrecht abweichende Behandlung** erfahren jedoch **schwebende Verträge auf Finanzinstrumente, d.h. Finanzderivate**. Finanzderivate sind stets, d.h. nicht nur im Verlustfall, zu bilanzieren. Anzusetzen ist der *fair value*. Bei erwartetem Gewinn ist er positiv (finanzieller Vermögenswert), bei erwartetem Verlust negativ (finanzielle Verbindlichkeit). Hierzu folgendes Beispiel: 27

Beispiel
Ein deutscher Autohersteller wird im ersten Quartal des Folgejahres ca. 50.000 PKW zu je ca. 20.000 USD in den USA verkaufen und einen voraussichtlichen Erlös von 1 Milliarde USD erzielen. Er sichert noch im Herbst des alten Jahres die erwarteten Dollareingänge des 1. Quartals durch Dollar-Terminverkäufe zu einem Kurs von 1,10 EUR/USD ab. Zum Bilanzstichtag beträgt der Terminkurs für Dollarverkäufe mit gleichem Fälligkeitsdatum 1,00 EUR.
Weiterhin sichert der Autoproduzent Rohstoffbezüge des 1. Quartals des Folgejahres i. H. v. 100 Mio. USD zu den gleichen Konditionen durch einen Dollar-Terminkauf ab. Der Kauf-Terminkurs zum Stichtag beträgt ebenfalls 1,00 EUR. Die besonderen Bedingungen für eine Bilanzierung bei Sicherungszusammenhängen (*hedge accounting*, Rz 233 ff.) liegen nicht vor.
Aus dem Dollar-Terminverkauf „droht" zum Stichtag ein Gewinn von 100 Mio. EUR, aus dem Dollar-Terminkauf ein Verlust von 10 Mio. EUR.
Nach tradiertem Handelsrecht kann der Zusammenhang zwischen den Termingeschäften und den erwarteten (antizipierten) *cash flows* des Folgejahres (Grundgeschäfte) im HGB-Abschluss keine Berücksichtigung finden. Lediglich eine „Saldierung" zwischen den beiden Termingeschäften wird für zulässig erachtet: Der „erhoffte" Gewinn würde mit einem Teilbetrag von 10 Mio. USD gegen den „drohenden" Verlust aufgerechnet, sodass die Termingeschäfte bilanziell überhaupt nicht in Erscheinung treten.
Nach IFRS ist der „erhoffte" Gewinn aus dem Terminverkauf aktivisch und der „drohende" Verlust aus dem Terminkauf passivisch zum Bilanzstichtag zu erfassen.

Die Bilanzierung von Finanzderivaten zum positiven *fair value* (erwarteter Gewinn) oder negativen *fair value* (drohender Verlust) erfolgt unabhängig davon, ob die Derivate spekulativ oder zu Sicherungszwecken eingesetzt werden. Die Existenz eines **Sicherungszusammenhangs** entscheidet jedoch ggf. darüber, ob

- Wertänderungen des Derivates erfolgswirksam erfasst (Normalregeln) oder im Fall der Absicherung zukünftiger Zahlungsströme ohne Berührung der GuV ins Eigenkapital eingestellt werden *(cash flow hedge)* (Rz 42),
- nach normalen Regeln nicht oder nicht erfolgswirksam erfasste Wertänderungen des gesicherten Grundgeschäfts im Fall der Absicherung bereits bilanzierter oder kontrahierter Positionen erfolgswirksam erfasst werden *(fair value hedge)* (Rz 42).

28 Im Grundfall derivativer Geschäfte in Währungsoptionen, Zinsswaps usw. liegt ein eigenständiger Vertrag vor. Von diesen *„stand-alone"*- oder *„freestanding"*-Derivaten sind eingebettete Derivate *(embedded derivatives)* zu unterscheiden, die Bestandteil sog. hybrider Finanzinstrumente sind. Ein klassisches Beispiel für ein hybrides Finanzinstrument sind **Wandelschuldverschreibungen**. In das Fremdkapitalinstrument „Schuldverschreibung" ist das Recht zur Umwandlung in ein Eigenkapitalinstrument (Aktien) eingebettet. Nach den in IAS 39.11ff. näher beschriebenen Voraussetzungen sind derartige eingebettete

Derivate **getrennt** vom Basisvertrag zu erfassen und zu bewerten (Rz 96f., Rz 166ff.).

In der Buchungspraxis ist schon die **Identifizierung** des eingebetteten Derivats unter Umständen schwierig, erst recht aber bei fehlender Marktnotierung dessen **Bewertung**. Die beste Lösung für beide Probleme ist deren **Vermeidung**: Ohne einen überzeugenden wirtschaftlichen Grund sollten strukturierte bzw. hybride Finanzprodukte, also Anleihen mit allerlei exotischen Zusatzelementen, **nicht erworben** werden.

Dies mag sich auch **operativ empfehlen**, denn ein Produkt, dessen Wirkungsweise man nur halb durchschaut und dessen Marktwertkomponenten man nur schwer berechnen und vorhersehen kann, bereitet möglicherweise in seiner Wertentwicklung unangenehme Überraschungen mit allen möglichen Hebeleffekten. Im Übrigen bietet sich aber vor der Kontrahierung eines solchen Produktes die **Frage** an, ob nach Kenntnis der anbietenden Bank eines oder mehrere eingebettete Derivate vorliegen und ob die Bank als Serviceleistung während der Vertragsdauer die IFRS-konforme *fair-value*-Ermittlung für diese Derivate durchführen kann.

2.4 Bewertungs-Regeln

2.4.1 Erst klassifizieren, dann bewerten

Die Bewertung der Finanzinstrumente erfolgt in drei Schritten: 29

- Erste Aufgabe ist die **Klassifizierung** des Finanzinstrumentes.
- Abhängig von dieser Klassifizierung erfolgt die **Bewertung** entweder zu fortgeführten (amortisierten) Anschaffungskosten oder zum *fair value*,
- wobei im *fair-value*-Fall dann ggf. noch zu entscheiden ist, ob Wertänderungen **erfolgswirksam** (über GuV) oder **erfolgsneutral** (gegen EK) zu verbuchen sind (Rz 34f.).

In diesem dreistufigen System ist aktivisch zwischen vier Arten von Finanzinstrumenten zu unterscheiden: 30

- „normale“, nicht an einer Börse oder einem anderen aktiven Markt notierte **Ausleihungen** und **Forderungen** (*loans and receivables* bzw. LaR) bzw. **Verbindlichkeiten**, die zu (fortgeführten) Anschaffungskosten bewertet werden (Rz 99ff.);
- bis zur Endfälligkeit zu haltende, börsennotierte **Finanzinvestitionen** (*held-to-maturity investments* bzw. HTM bzw. **Fälligkeitswerte**), die ebenfalls zu (fortgeführten) Anschaffungskosten erfasst werden (Rz 133ff.);
- zu **Handels**- bzw. **Spekulations**zwecken gehaltene finanzielle Vermögenswerte (*trading assets* bzw. *financial assets at fair value through profit or loss* bzw. FVTPL bzw. **Handelswerte**) oder **Schulden** (*trading liabilities bzw. financial liabilities at fair value through profit or loss*), die zum *fair value* erfasst werden (Rz 142ff.), und
- zur **Veräußerung** verfügbare finanzielle Vermögenswerte (*available-for-sale financial assets* bzw. AfS bzw. **veräußerbare Werte**), die in keine der drei ersten Kategorien (Rz 147) fallen und ebenfalls zum *fair value* erfasst werden, wobei die Wertänderungen zwischen den Stichtagen im Gegensatz zu den Handelswerten nicht erfolgswirksam zu erfassen, sondern erfolgsneutral gegen Eigenkapital zu buchen sind.

31 Diese nach **tatsächlichen** Merkmalen und Verwendungsabsichten zu unterscheidenden Grundkategorien werden ergänzt um einen **gewillkürten** Fall: Finanzielle Vermögenswerte (und auch Verbindlichkeiten) können durch entsprechende Widmung bei der Zugangsbuchung als *„financial asset or financial liability at fair value through profit or loss"*, kurz als **Handelswerte (FVTPL), gewillkürt** werden (sog. *fair value option*; Rz 32).
Der *fair-value*-Bewertung unterliegen auch **Finanzderivate**. Bei ihnen ist die Wertänderung – mit Ausnahmen für bestimmter Sicherungsfälle *(hedge accounting)* – erfolgswirksam zu buchen (Rz 229).
Die nachfolgende Tabelle zeigt in anderer, an Handelsbilanzbegriffen orientierter Unterteilung das Bewertungssystem von IAS 39 (vgl. auch Rz 95).

Art des Finanzinstruments	**Bewertung**
Forderungen, Verbindlichkeiten, Fälligkeits*investments*	(fortgeführte)* AK
Kunden- und Darlehensforderungen (LaR) (soweit ohne Notierung in einem aktiven Markt)	
Fälligkeits-*investments* mit Notierung an einem aktiven Markt (HTM) (z.B. Anleihen, die bis zum Ablauf gehalten werden sollen; *held to maturity)*	
Lieferanten- und Darlehensverbindlichkeiten (LaR)	
Anteile, Anleihen usw. (Anteile jedoch nicht, wenn Beteiligung)	*fair value*
mit Spekulationsabsicht *(held for trading)* (FVTPL)	
weder Spekulationsabsicht noch Absicht, bis zur Fälligkeit zu halten *(available for sale)* (AfS)	
Finanzderivate	*fair value*
* Der Begriff „fortgeführt" bringt die Verteilung von Disagien usw. durch Effektivzinsrechnung zum Ausdruck (Rz 40).	

Tab. 2: Bewertung nach IAS 39

2.4.2 Die *fair value option*

32 Die mit IAS 39 (2003) eingeführte *fair value option* erlaubte eine erfolgswirksame *fair-value*-Bewertung jeder Art von Finanzinstrument, unabhängig von dessen Merkmalen und Verwendungsabsichten. Eine Ausnahme gab es nur für nicht in einem aktiven Markt notierte Eigenkapitalinstrumente, deren *fair value* nicht verlässlich ermittelt werden kann (z.B. GmbH-Anteile); für sie bestand keine Möglichkeit der Option für die Zeitbewertung (IAS 39.9).
Mit der Einführung der *fair value option* wollte der IASB die Anwendung des IAS 39 insgesamt erleichtern und die aus dem *mixed model* (Rz 3) resultierenden Verwerfungen im Eigenkapital vermeiden.

Aufgrund von Bedenken der Bankenaufsicht (insbesondere der Europäischen Zentralbank) und anderer hat die **EU** aber im *partial endorsment* von IAS 39 die *fair value option* für Verbindlichkeiten nur teilweise, nämlich für aktive Finanzinstrumente, **nicht** hingegen **für Verbindlichkeiten** als europäisches Recht **anerkannt.**

Auf diese missliche Lage – Divergenz von weltweiten und europäischen IFRS – hat der IASB im Juni 2005 mit der Verabschiedung eines *Amendment* zu IAS 39 „*The Fair Value Option*" reagiert. Die geänderte, restriktive *fair value option* wurde inzwischen von der EU anerkannt. Sie sieht eine Einschränkung auf zwei (eigentlich drei) Fälle vor. Die Ausübung der Option

- führt zu relevanteren Informationen (IAS 39.b) oder
- reduziert die Komplexität oder erhöht die Verlässlichkeit der Bewertung (IAS 39.11A bis 13).

Abbildung 3 zeigt wichtige Anwendungsfälle.

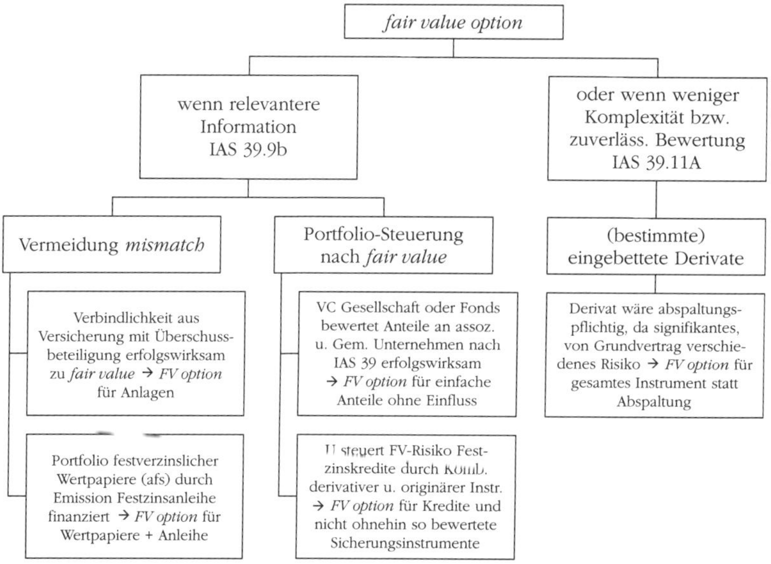

Abb. 2: ***Fair value option***

Für ein mittelständisches Unternehmen ist die Relevanz der Vorschriften nicht sehr hoch. Am ehesten kann noch die **Variante „Komplexitätsreduzierung"** Bedeutung haben, etwa bei einer Anlage liquider Mittel in strukturierte Produkte (z.B. **Wandelschuldverschreibungen**). Eine sonst erforderliche bilanzielle Aufspaltung in das Basisinstrument (Schuldverschreibung) und das eingebettete Derivat (Wandlungsrecht) ist entbehrlich, wenn das gesamte Instrument erfolgswirksam zu seinem *fair value* (Börsenkurs) bilanziert wird. Wegen Einzelheiten zu strukturierten Produkten wird auf Rz 166ff. verwiesen.

Daneben kann die *fair value option* eine Alternative zum *hedge accounting* (Rz 41ff.) sein. Bei Sicherungszusammenhängen können die unterschiedlichen Bewertungs- und/oder Ertragsrealisierungsvorschriften für das Sicherungsinstrument einerseits (erfolgswirksame *fair-value*-Bewertung) und das gesicherte Geschäft andererseits (erfolgsneutrale *fair-value*-Bewertung oder Anschaffungskostenbewertung) in Summe zu einem GuV-Erfolg aus Änderungen von Zinssätzen, Börsenkursen etc. führen, obwohl in der Gesamtbetrachtung beider sich insoweit wirtschaftlich saldierender Geschäfte das Unternehmen gerade nicht mehr von den Änderungen der gesicherten Variablen tangiert ist. Der Vermeidung solcher künstlicher Ergebnisse *(accounting mismatches)* dienen die Regeln des *hedge accounting*. Ihre Anwendung unterliegt jedoch hohen formellen Hürden i.S.d. Dokumentation des Sicherungszusammenhangs, dem Nachweis der Sicherungseffizienz usw. (Rz 257ff.). Die durch Option bewirkte erfolgswirksame *fair-value*-Bewertung des Grundgeschäfts kann hier zu einer **äquivalenten Lösung** führen, ohne dass ähnlich strenge Anforderungen erfüllt sein müssen.

2.4.3 Klassifizierung und Bewertung originärer Finanzinstrumente

33 Klassifizierungs- (und damit Bewertungs-)probleme bereiten bei normalem Geschäft vor allem die **originären aktiven** Finanzinstrumente. Auf der **Passiv**seite von Industrie- und Handelsunternehmen sind Handelsfälle *(trading liabilities)* hingegen selten, sodass fast immer zu (fortgeführten) Anschaffungskosten zu bewerten ist (Rz 190ff.).

Auf der Aktivseite kommen demgegenüber alle vier unter Rz 30 dargestellten Kategorien infrage und sind nach **objektiven** Merkmalen des Instrumentes sowie ggf. **subjektiven** Merkmalen der Verwendungsabsicht zu unterscheiden.

Einfach ist nur die Einordnung und Bewertung von Darlehens- und Kundenforderungen (Debitoren, Ausleihungen usw.) ohne notierten Marktpreis. Sie unterliegen als *loans and receivables* (LaR) der Bewertung zu Anschaffungskosten unter Berücksichtigung von Einzel- oder Pauschalwertberichtigungen (Rz 124).

In anderen Fällen ist das Zusammenspiel subjektiver und objektiver Merkmale zu würdigen.

Beispiel 1

Unternehmen A erwirbt eine börsennotierte **Anleihe.**

1. Aus **objektiver Sicht** ist zu klären, ob **ein Darlehen** *(loan)* **vorliegt**. Zwar gewährt die Anleihe wie ein Darlehen ein Gläubigerrecht. Sie ist aber börsennotiert, während als *loans and receivables* (LaR) nur solche Gläubigerrechte definiert sind, die keinen notierten Marktpreis haben. Die Kategorie Darlehen und Forderungen scheidet daher aus.

2. Infrage kommen nun alle anderen 3 Kategorien. Aus **subjektiver Sicht** kommt es dabei auf die **Halte- bzw. Verwendungsabsicht** an:

- Besteht eine Halteabsicht bis zur Fälligkeit, liegt i.d.R. ein Fälligkeitswert (HTM; Rz 133ff.) vor
  → Bewertung zu Anschaffungskosten.
- Steht umgekehrt die kurzfristige Weiterveräußerung (Erwerb in Spekulationsabsicht) an, liegt ein Handelswert (*trading* bzw. FVTPL; Rz 142ff.) vor
  → erfolgswirksame Bewertung zum *fair value*.

- Ist die Verwendungsabsicht unsicher, kommt es zur Qualifizierung als veräußerbarer Wert (AfS; Rz 147ff.)
  → erfolgsneutrale Bewertung zum *fair value*.

Beispiel 2

Unternehmen A erwirbt 5 % der Anteile an einem anderen Unternehmen.

1. Aus objektiver Sicht scheiden *loans and receivables* und ***held-to-maturity investments*** aus, da Anteile keinen Forderungscharakter und damit auch keine Fälligkeit haben.
2. Infrage kommen noch die beiden anderen Kategorien. Aus **subjektiver Sicht** kommt es dabei auf die **Halte- bzw. Verwendungsabsicht** an:

- Steht die kurzfristige Weiterveräußerung (Erwerb in Spekulationsabsicht) an, liegt ein Handelswert (*trading*, Rz 142ff.) vor
  → erfolgswirksame Bewertung zum *fair value*.
- Ist die kurzfristige Weiterveräußerung nicht sicher beabsichtigt, kommt es zur Qualifizierung als veräußerbarer Wert (*available for sale*, Rz 147ff.)
  → erfolgsneutrale Bewertung zum *fair value*.

Die in den Beispielen beschriebenen Klassifizierungs- und Bewertungsentscheidungen werden durch zwei **Sonderregeln** kompliziert:

- Eine vorzeitige Veräußerung von als *held to maturity* qualifizierten Werten löst eine **Sperrfrist** für andere **Fälligkeitswerte** aus, die dann trotz Halteabsicht bis zur Fälligkeit als *available for sale* zu qualifizieren sind (Rz 134ff.).
- Eine *fair-value*-Bewertung von *available-for-sale* oder *held for trading assets* kann bei Eigenkapitalinstrumenten daran scheitern, dass der **Zeitwert nicht zuverlässig bestimmbar** ist. In diesem Fall sind **hilfsweise Anschaffungskosten** anzusetzen (Rz 144).

Abbildung 4 enthält eine Zusammenfassung der wesentlichen Klassifizierungs- und Bewertungsfragen nach Maßgabe der tatsächlichen objektiven und subjektiven Merkmale. Nicht enthalten und daher zusätzlich zu berücksichtigen ist die Möglichkeit, ohne tatsächliches Vorliegen einer Spekulations- oder Handelsabsicht Vermögenswerte als FVTPL zu willküren (Rz 31).

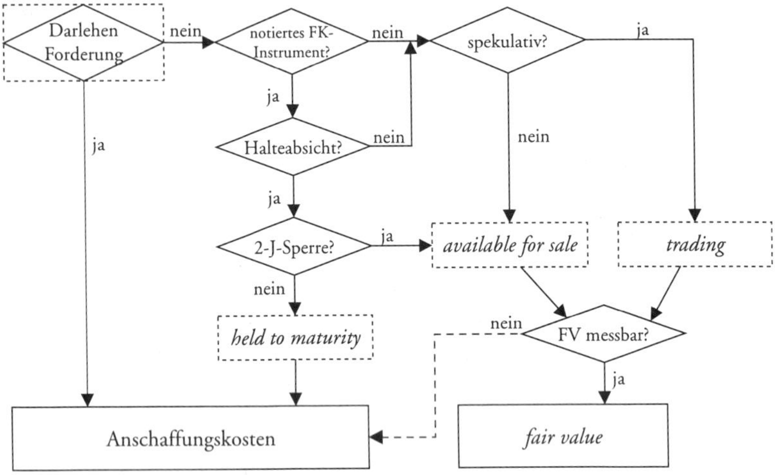

Abb. 3: Bewertung und Klassifizierung originärer finanzieller Vermögenswerte

Bei einem mittelständischen Unternehmen werden *loans and receivables* regelmäßig die wichtigste Kategorie aktiver Finanzinstrumente sein, daneben, für die Anlage liquider Mittel, noch *available-for-sale assets* eine Rolle spielen.

2.4.4 Verbuchung der Änderung des *fair value* gegenüber früherer Bewertung

34 Soweit ein Finanzinstrument der *fair-value*-Bewertung unterliegt, werden Wertänderungen i. d. R. **erfolgswirksam** über die GuV erfasst. Von dieser Regel gibt es zwei wichtige **Ausnahmen**:

35 Die **erste** Ausnahme betrifft die **veräußerbaren Werte** (AfS). Als zur Veräußerung verfügbar *(available for sale)* gelten all jene finanziellen Vermögenswerte, die weder normale Forderungen sind noch bis zur Fälligkeit gehalten werden sollen oder Spekulations- bzw. Handelszwecken dienen. Änderungen des *fair value* werden zunächst erfolgsneutral im Eigenkapital gebucht. Bilanziell wird dann zum jeweiligen Bilanzstichtag der *fair value* dargestellt. Eingang in die GuV finden die Wertänderungen jedoch erst zum Veräußerungszeitpunkt oder im Falle einer Abschreibung.

36 Die Zugehörigkeit zur Kategorie AfS bzw. die Abgrenzung gegenüber der Kategorie *held for trading* (FVTPL) ist **unscharf**. Nach IAS 39.9 setzt die Qualifizierung als FVTPL tatbestandlich voraus:

- entweder einen Erwerb in der Absicht, Gewinn aus kurzfristiger Veräußerung *(near-term)* zu erzielen,
- oder Zugehörigkeit zu einem Portfolio, für das ein Muster kurzfristiger *(short-term)* Gewinnrealisierung zu beobachten ist.

Das Kriterium „kurzfristig" ist wenig präzise. Zu verlangen ist deshalb lediglich eine konsistente Vorgehensweise innerhalb des Unternehmens.

Die **zweite** Ausnahme, nach der *fair-value*-Änderungen (zunächst) nicht erfolgswirksam erfasst werden, betrifft **antizipative** *hedge*-Derivate, die zur Sicherung zukünftiger *cash flows* eingesetzt werden *(cash flow hedge*; Rz 233ff.). 37

2.4.5 Einzelfälle der Bewertung

2.4.5.1 Debitoren, Einzel- und Pauschalwertberichtigungen

Für die Wertminderung von finanziellen Vermögenswerten gelten die Regelungen von IAS 36 (→ § 11 Rz 3) nicht (IAS 36.1e). Die Vorschriften in IAS 39.58ff. stimmen jedoch weitgehend mit IAS 36 überein (→ § 11 Rz 10ff.). Der *impairment*-Test erfolgt in zwei Schritten: 38

- **Erstens** ist mithilfe von internen Indizien (z.B. Verzug von Zahlungen) oder externen Hinweisen (Informationen über erhebliche finanzielle Schwierigkeiten des Vertragspartners) zu beurteilen, ob objektive substanzielle **Hinweise** auf eine Wertminderung schließen lassen (IAS 39.59).
- Liegt ein solcher Tatbestand vor, ist **zweitens** der **Barwert** der noch erwarteten künftigen *cash flows* auf der Basis des ursprünglichen effektiven Zinssatzes zu ermitteln (IAS 39.63). Liegt der Barwert *(present value)* unter dem Buchwert *(carrying amount)* des Vermögenswertes, so ist eine außerplanmäßige Abschreibung vorzunehmen (IAS 39.63).

Vorrang haben **Einzelwertberichtigungen** (IAS 39.AG 87). Nicht einzelwertberichtigte Forderungen sind, soweit sie gleichwohl einem statistischen Ausfallrisiko unterliegen, auf Portfolio-Basis (Gesamtbewertung) zu berichtigen (IAS 39.AG87). An Erfahrungssätzen (Ausfallraten der Vergangenheit, ggf. zeitlich geschichtet nach Fälligkeit/Überfälligkeit) orientierte **pauschale Wertberichtigungen** sind daher zulässig und geboten. Spezifische Informationen über einen Einzelwertberichtigungsbedarf bedingen die Aussonderung der betreffenden Forderung aus dem pauschaliert wertberichtigten Portfolio (IAS 39.AG88).

Eine außerplanmäßige Abschreibung ist **rückgängig** zu machen, wenn sich die Wertminderung verringert und „diese Verringerung objektiv auf einen nach der außerplanmäßigen Abschreibung aufgetretenen Sachverhalt zurückgeführt werden" kann (IAS 39.65).

Zu weiteren Einzelheiten wird auf Rz 124ff. verwiesen.

2.4.5.2 Einfache Anteile an anderen Unternehmen

Die Bilanzierung von Anteilen ist nach IFRS abhängig vom Grad der **wirtschaftlichen Einflussnahmemöglichkeit** des Investors. Typisierend liegt ein maßgeblicher Einfluss bei einer Stimmrechtsbeteiligung von mindestens **20 %** vor nach IAS 28.6 (→ § 33 Rz 7ff.). Das Beteiligungsunternehmen ist dann ein assoziiertes Unternehmen bzw. bei noch stärkerem Einfluss (Kontrolle) ein Gemeinschafts- oder Tochterunternehmen. Eine Anteilsquote unter 20 % der Stimmrechte kann nur ausnahmsweise, z.B. aufgrund der Vertretung in den Organen des Beteiligungsunternehmens, maßgeblichen Einfluss gewähren (IAS 28.7). I.d.R. liegen **einfache Anteile** ohne Einflussmöglichkeit vor. 39

Bei **maßgeblichem Einfluss** auf die Finanz- und Geschäftspolitik eines Beteiligungsunternehmens gilt Folgendes für den Abschluss des **Investors**:

- Im **Konzernabschluss** werden die Anteile *at equity*, quotal oder voll konsolidiert.

- Im **Einzelabschluss** besteht ein Wahlrecht zwischen der *fair-value*-Bewertung nach IAS 39 (i.d.R. als AfS) und einer Bewertung der Anteile zu Anschaffungskosten (IAS 27.37, IAS 28.35 und IAS 31.46; → § 33 Rz 32).

Für **einfache** Anteile, auf die sich unsere weiteren Ausführungen beschränken, gelten im **Einzel- und Konzernabschluss** die gleichen Regelungen: Sie fallen als Finanzinstrumente unter den Anwendungsbereich von **IAS 39** und werden zum *fair value* bewertet, soweit dieser verlässlich bestimmbar ist.

Bei einem mittelständischen Industrie- oder Handelsunternehmen dienen Anlagen in einfache Anteile i.d.R. nicht der kurzfristigen Spekulation und sind daher als *available-for-sale assets* (AfS) zu qualifizieren (Rz 30 und 35). Für die Wertänderung der Anteile gilt dann Folgendes:

- Die GuV bleibt von normalen Wertschwankungen (Volatilitäten) zunächst unberührt. Das **Bewertungsergebnis** wird **im Eigenkapital „geparkt"** (IAS 39.55b).
- Erst mit tatsächlicher Realisation der Wertänderung durch **Veräußerung** oder bei **gravierender Wertminderung** (außerplanmäßige Abschreibung) erfolgt eine Umbuchung aus der AfS-Rücklage in die **GuV** (*recycling*; Rz 159ff.).

Beispiel[4]

Die X-GmbH erwirbt am 1.1.00 10 % der Anteile der börsennotierten Y-AG zu einem Marktpreis von 100 GE. Am 31.12.00 ist der Wert der Aktien auf 105 GE gestiegen. Zum 1.7.01 veräußert die X-GmbH die Anteile an der Y-AG nach einem weiteren Anstieg auf 108 GE. Folgende Buchungen sind vorzunehmen:

Datum	Konto	Soll	Haben
1.1.00	einfache Anteile	100	
	Geld		100
31.12.00	einfache Anteile	5	
	AfS-Rücklage		5
1.7.01	Geld	108	
	einfache Anteile		105
	sonstiger betrieblicher Ertrag		3
	AfS-Rücklage	5	
	sonstiger betrieblicher Ertrag		5

Zum Zeitpunkt der **Veräußerung** ist der Gewinn aus der Wertsteigerung der einfachen Anteile zu **realisieren**:

- Die Wertsteigerung der lfd. Periode (3 GE) wird **unmittelbar** erfolgswirksam vereinnahmt.
- Die bislang im Eigenkapital (AfS-Rücklage) **geparkte** Wertsteigerung zum vorherigen Bilanzstichtag (5 GE) ist erfolgswirksam *(recycling)* aufzulösen.
- Hierdurch wird der **Totalgewinn** (Veräußerungspreis – Anschaffungskosten) i.H.v. 8 GE zutreffend dargestellt.

[4] Entnommen, Freiberg, PiR 2006, S. 12ff.

Durch das **„Parken" von Wertänderungen** im Eigenkapital soll die GuV von **Volatilitäten** freigehalten werden. Diese Rechtfertigung für eine erfolgsneutrale Behandlung besteht **nicht** mehr, wenn ein **Abwärtstrend** eingetreten ist, mit dessen Umkehr nicht oder nicht kurzfristig zu rechnen ist. Nach IAS 39.59 sind Anhaltspunkte für eine erfolgswirksame Wertminderung z.B. signifikante Schwierigkeiten des Beteiligungsunternehmens, volkswirtschaftliche Entwicklungen, mit denen ein Verfall des Wertes einhergeht usw. Angesprochen sind damit vor allem Fälle, in denen keine kurzfristige Wertschwankung (Volatilität) mehr vorliegt, sondern ein voraussichtlich dauerhafter Wertverfall eingetreten ist. Gem. IAS 39.61 ist eine erfolgswirksame Wertminderung bei Eigenkapitalinstrumenten (Anteilen) spätestens dann vorzunehmen, wenn der beizulegende Zeitwert signifikant und/oder anhaltend *(significant or prolonged decline)* unter dem Buchwert der Anteile liegt (IAS 39.61). Als signifikant gilt jeder Rückgang von mindestens 20 % gegenüber den Anschaffungskosten, als anhaltend ein Unterschreiten der Anschaffungskosten für mehr als 9 Monate.[5] In pragmatischer Betrachtung gilt daher für HGB und IFRS gleichermaßen: Je länger und je größer eine Wertbewegung nach unten ist, umso eher ist eine außerplanmäßige Abschreibung geboten. Zur buchungsmäßigen Behandlung nach IFRS gilt Folgendes:

Beispiel[6]
Die X-GmbH hat 10 % der Anteile an der börsennotierten Z-AG zum 1.1.00 erworben. Die Anschaffungskosten betragen 100 GE, zum 31.12.00 ist ein leichter Kursrückgang um 5 % zu verzeichnen. Am 31.12.01 notiert die Aktie bei nur noch 30 % des initialen Anschaffungspreises. Folgende Buchungen sind vorzunehmen:

Datum	Konto	Soll	Haben
1.1.00	einfache Anteile	100	
	Geld		100
31.12.00	AfS-Rücklage	5	
	einfache Anteile		5
31.12.01	*impairment*	70	
	einfache Anteile		65
	AfS-Rücklage		5

Vom Umstieg auf die erfolgswirksame Abschreibung ist nicht nur die Wertminderung des Jahres 01 (65 GE), sondern auch der zuvor im Eigenkapital geparkte Betrag (5 GE) betroffen.

Eine spätere Wertaufholung eines *impairment* von als *available for sale* qualifizierten Anteilen ist nicht erfolgswirksam zu verbuchen. Wertaufholungen können hier nur erfolgsneutral gegen die AfS-Rücklage erfolgen (Rz 159ff.).
Für Finanzinvestitionen in nicht börsennotierte Eigenkapitalinstrumente (z.B. Anteile an GmbHs oder Personengesellschaften) lässt sich häufig der *fair value* der Anteile nicht verlässlich ermitteln. Die Folgebewertung hat dann **hilfsweise**

5 KPMG, Insights into IFRS 2009/10, Tz 3.6.1410.30.
6 Entnommen FREIBERG, PiR 2006, S. 12ff.

zu Anschaffungskosten ***(at cost)*** zu erfolgen (IAS 39.46c i.V.m. IAS 39.AG 80–81; Rz 33). Für die Rechtfertigung einer außerplanmäßigen Abschreibung (auf den Barwert der zukünftig erwarteten Rückflüsse) gelten ebenfalls die Kriterien aus IAS 39.59. Eine spätere Wertaufholung ist hier allerdings generell unzulässig (IAS 39.66).
Zu weiteren Einzelheiten wird auf Rz 147ff. verwiesen.

2.4.5.3 Mit einem Disagio versehene Darlehen

40 Im Handelsrecht sind vereinnahmte Darlehen gem. § 253 HGB mit dem Erfüllungsbetrag anzusetzen. Liegt der Vereinnahmungsbetrag aber unter dem Rückzahlungsbetrag, kann die Differenz (das Auszahlungsdisagio) entweder unmittelbar als Aufwand gebucht oder als aktiver Rechnungsabgrenzungsposten (aRAP) erfasst werden, der über die Laufzeit des Darlehens aufzulösen ist. Die Auflösung des aRAP erfolgt gegen Zinsaufwand, und zwar nicht linear, sondern degressiv (unter Anwendung der Effektivzinsmethode).
In der IFRS-Bilanz erfolgt der **Erstansatz des Darlehens** mit dem **Vereinnahmungsbetrag.** Ein Abgrenzungsposten ist nicht vorgesehen. Gleichwohl muss am Ende der Laufzeit des Darlehens der Rückzahlungsbetrag in den Büchern stehen. Dies wird durch eine kontinuierliche **Aufzinsung des Vereinnahmungsbetrags** mit dem Effektivzins bewirkt; abgezogen werden demgegenüber die geleisteten Nominalzinszahlungen. Der Zinsaufwand der laufenden Periode ergibt sich dann aus der effektiven Verzinsung des Jahresanfangsbestands der Verbindlichkeit.

Beispiel
Am 1.1.01 wird ein Darlehen über 100,00, Disagio 10,00, aufgenommen. Die Rückzahlung erfolgt zum 1.1.03.
Zinsen i.H.v. je 2,40 sind per 31.12.01 und 31.12.02 fällig.
Mit der internen Zinsfußfunktion eines geläufigen Tabellenkalkulationsprogramms lässt sich der Effektivzins bestimmen. Er beträgt 8,0 %. Hieraus ergibt sich folgende Entwicklung:

Periode	Verbindlichkeit Jahresanfang	+ Effektivzins darauf (8 %)	– Zahlung Nominalzins	– Tilgung	= Verbindlichkeit Jahresende
01	**90,00**	7,20	– 2,40		**94,80**
02	**94,80**	7,60	– 2,00		100,00
03	100,00			– 100,00	0,00

Die Buchungen der ersten Periode sind dann wie folgt:
- Am Jahresanfang 01 (bei Vereinnahmung):

Konto	Soll	Haben
Geld	100,00	
Verbindlichkeit		100,00

- Am Jahresende 01 (Nominalzinszahlung und Zuführung Verbindlichkeit):

Konto	Soll	Haben
Zinsaufwand	7,20	
Geld		2,40
Verbindlichkeit		4,80

Wird handelsrechtlich das Wahlrecht zur Aktivierung des Disagios ausgeübt und der resultierende Abgrenzungsposten nicht linear, sondern degressiv (unter Anwendung der Effektivzinsmethode) aufgelöst, so ergeben sich folgende **Übereinstimmungen** und **Unterschiede** zu IFRS:

- Das Periodenergebnis bzw. der Zinsaufwand stimmen überein. In beiden Systemen ist zum einen der Nominalzins zu erfassen, daneben die effektivzinssteigernde Wirkung des Disagios. In IFRS geschieht dies durch eine Zuschreibung der Verbindlichkeit, im Handelsrecht durch eine betragsgleiche Auflösung des Abgrenzungspostens.
- Die Bilanzen stimmen bei Unterschieden im Ausweis materiell überein. Das Handelsrecht zeigt einen aktiven Abgrenzungsposten als Ausgleich zur mit dem Rückzahlungsbetrag anzusetzenden Verbindlichkeit. Der Saldo beider Posten entspricht der nach IFRS allein auszuweisenden Verbindlichkeit.[7]

Die Behandlung eines gewährten Darlehens folgt analogen Regeln.
Zu Einzelheiten wird insgesamt auf Rz 105ff. verwiesen.

2.4.6 *Hedge accounting*

2.4.6.1 Inhalt und Zweck des *hedge accounting*

Im System des HGB werden Sonderregeln für Sicherungszusammenhänge vor allem benötigt, um überflüssige Drohverlustrückstellungen zu vermeiden: **41**

Beispiel

Am 15.12.01 bucht U eine Forderung aus einem mit 100.000 USD fakturierten Umsatzgeschäft ein. Der Tageskurs beträgt 1 EUR/1 USD. Eingebucht werden daher 100.000 EUR.

Die Forderung ist am 15.1.02 fällig. Zur Sicherung schließt U einen Dollarterminkauf über 100.000 USD mit gleichem Kurs und gleicher Fälligkeit ab.

Am Bilanzstichtag ist der Dollar auf 1,1 EUR/1 USD gestiegen.

- Aus dem Terminverkauf droht daher ein Verlust von 10.000 EUR.
- Spiegelbildlich hat sich der Wert der Forderung auf 110.000 EUR erhöht.

Auf die Forderung kann wegen des Anschaffungskosten- und Imparitätsprinzips jedoch keine Zuschreibung vorgenommen werden; der gegenläufige Verlust aus dem Sicherungsgeschäft wäre hingegen als Rückstellung zu berücksichtigen.

Das Ergebnis entspräche nicht der wirtschaftlichen Situation des Unternehmens. Dieses hat sich durch das Sicherungsgeschäft gerade von der Wertentwicklung des Dollars unabhängig gemacht. Indem das Einzelbewertungsprinzip für diesen

[7] Für einen ausführlicheren Vergleich: Freiberg, PiR 2005, S. 110ff.

Fall aufgegeben und durch eine Sonderregelung – Zulassung von Bewertungseinheiten durch § 254 HGB – verdrängt wird, kann ein dem wirtschaftlichen Gehalt entsprechendes Ergebnis erreicht werden.

42 Auch beim sog. *hedge accounting* nach IAS 39 geht es um die Ersetzung allgemeiner Regeln durch Sondervorschriften für die Rechnungslegung bei Sicherungszusammenhängen. Anders als im HGB greifen die Sondervorschriften aber nicht in den Bilanzansatz der Finanzderivate (Termingeschäfte, Optionen, Swaps) usw. ein. Diese sind in jedem Fall mit dem *fair value* zu bilanzieren, passivisch im Falle eines negativen *fair value* (drohender Verlust), aktivisch bei einem positiven *fair value* (erwarteter Gewinn). Die Existenz eines **Sicherungszusammenhangs** berührt daher nie den Bilanzansatz oder die Bewertung des Derivats. Er hat jedoch Auswirkungen auf

- die Erfassung von **Wertänderungen des Derivats (erfolgsneutral oder in der GuV)** oder
- die Berücksichtigung von **Wertänderungen des gesicherten Geschäfts**.

Zweck der entsprechenden Sonderregeln ist die **Synchronisierung** von Aufwendungen und Erträgen. Hinsichtlich des Synchronisierungsproblems und seiner Lösung sind zwei Fälle zu unterscheiden:

a) *fair value hedge:*
   - **Synchronisierungsproblem:**
     Der *fair value* eines schon bilanzwirksamen Grundgeschäfts reagiert spiegelbildlich zum *fair value* des Sicherungsgeschäfts (Derivat) auf Änderungen von Marktzinsen, Devisenkursen oder sonstigen Parametern. Nach allgemeinen Regeln wird das Grundgeschäft jedoch zu Anschaffungskosten (z.B. als Forderung) oder zwar zum *fair value*, aber erfolgsneutral *(available-for-sale assets)* geführt. Nach den Normalregeln würde nur die *fair-value*-Änderung des Derivats in die GuV einfließen. In Summe beider Geschäfte ergäbe sich trotz geschlossener Position, d.h. trotz spiegelbildlicher Wertentwicklung, ein GuV-Erfolg.
   - **Lösung:**
     Abhilfe schafft hier IAS 39.89. Bei Vorhandensein einer *fair-value-hedge*-Beziehung wird in die Regeln für das Grundgeschäft eingegriffen. Das Grundgeschäft ist nicht mehr zu Anschaffungskosten (Forderung) oder erfolgsneutral zum *fair value (available-for-sale asset)* zu bilanzieren. Es ist vielmehr der erfolgswirksamen *fair-value*-Bewertung zu unterwerfen. In der GuV ergibt sich dann bei geschlossener Position saldiert ein Ergebnis von null.

b) *cash flow hedge:*
   - **Synchronisierungsproblem:**
     Das Grundgeschäft ist eine geplante, noch nicht bilanzwirksame Transaktion. Der *fair value* des noch nicht bilanzwirksamen Grundgeschäfts reagiert spiegelbildlich zum *fair value* des Sicherungsgeschäfts (Derivats) auf Änderungen von Marktzinsen, Devisenkursen oder sonstigen Parametern. Das Grundgeschäft wird jedoch erst in der nächsten Periode bilanz- und erfolgswirksam. In der aktuellen Periode ist hingegen bereits der *fair value* des Derivats zu bilanzieren. Würde die *fair-value*-Änderung des Derivats nach allgemeinen Regeln bereits jetzt in die GuV

einfließen, ergäbe sich in der Summe beider Geschäfte trotz geschlossener Position ein GuV-Erfolg der aktuellen Periode.

- **Lösung:**
  Abhilfe schafft hier IAS 39.95. Bei Vorhandensein einer *cash-flow-hedge*-Beziehung zwischen beiden Positionen wird in die Regeln für das Derivat eingegriffen. Es wird nicht mehr erfolgswirksam behandelt, sondern seine Wertänderung so lange erfolgsneutral im Eigenkapital geparkt, bis auch die Grundposition erfolgswirksam wird. In der GuV ergibt sich bei geschlossener Position saldiert ein Ergebnis von null.

Gemeinsam ist beiden Fällen, dass über die Regeln des *hedge accounting* die Erfolge aus Grundgeschäft und Derivat synchronisiert werden. Der Punkt, an dem der **Synchronisierungsmechanismus** ansetzt, unterscheidet sich jedoch:

- Beim *fair value hedge* wird in die Regeln für das **Grundgeschäft eingegriffen**. Die Wertänderung eines ansonsten nicht oder nur erfolgsneutral zum *fair value* bilanzierten Grundgeschäfts wird erfolgswirksam gestellt.
- Beim *cash flow hedge* erfolgt der Eingriff auf der Seite des **Derivats**. Die Wertänderung des Derivats wird so lange erfolgsneutral gestellt, bis auch das Grundgeschäft bilanzwirksam wird.

2.4.6.2 *Fair value hedge* bei Veräußerung von Anteilen

Bei der Veräußerung von Anteilen, die keinen Einfluss vermitteln, ebenso aber **43**
von Anteilen an assoziierten Unternehmen und Gemeinschaftsunternehmen (Rz 24) ist ein über abwicklungstechnische Notwendigkeiten (Rz 54) hinausgehender längerer Zeitraum zwischen obligatorischem (Kaufvertrag) und dinglichem Geschäft (Abtretung der Anteile) als Finanzderivat zu werten. Die Folgen für GuV und Bilanz hängen dann davon ab, ob der Terminkontrakt formell als Sicherungsgeschäft für die zu veräußernden Anteile designiert wird. Infrage kommt ein *fair value hedge*.

Beispiel
Sachverhalt
A hat vor einigen Jahren für 35 Anteile an der X-AG erworben, diese zwar als *available-for-sale assets* qualifiziert (Rz 30), sie aber mangels verlässlicher Bestimmbarkeit des *fair value* (Rz 33) auch in den Folgejahren mit den Anschaffungskosten bilanziert.
Zum 1.10.01 (Vertragsdatum) veräußert A die Anteile an der X-AG zum Preis von 100 an B. Der Gewinn des Jahres 01, mit dessen Ausschüttung nicht vor März 02 zu rechnen ist, steht bereits B zu. Der Übergang von „Besitz, Nutzen und Lasten" soll jedoch erst am 2.1.02 erfolgen. Erst zu diesem Datum werden daher die Anteile abgetreten.
Zwischen dem 1.10.01 und dem 31.12.01 erhält die X-AG überraschend viele Neuaufträge. Der Wert der veräußerten Anteile wird daher zum 31.12.01 auf 120 geschätzt.

Beurteilung
Alle Vermögensrechte gegenüber der X-AG bleiben bis zur Abtretung bei A. Auf die Gewinnverteilungsabrede kommt es jedenfalls dann nicht an, wenn im Zwischenzeitraum mit keinen Ausschüttungen zur rechnen ist.

Eine Ausbuchung bei A kommt daher für 01 nicht infrage (Rz 24).
Aufgrund des Kaufpreises ist per 1.10.01 erstmals ein *fair value* verlässlich feststellbar. Die Anteile sind nunmehr mit diesem Wert anzusetzen. Buchung gem. IAS 39.53:

Konto	Soll	Haben
Anteile	65	
EK		65

Bis zum Stichtag steigt der Wert der Anteile um weitere 20. Nach den normalen Regeln für *available-for-sale assets* ist zu buchen:

Konto	Soll	Haben
Anteile	20	
EK		20

Die Divergenz von Vertrags- und Erfüllungstag führt jedoch zugleich zu einem mit dem *fair value* anzusetzenden Finanzderivat. Zum 1.10.01 ist dessen Wert angesichts der zu vermutenden Ausgeglichenheit von Leistung (Anteilsübertragung) und Gegenleistung (Kaufpreis) null. Zum 31.12.01 liegt diese Ausgeglichenheit nicht mehr vor. Aus Sicht von A beträgt der Wert des Derivats nun –20. Buchung:

Konto	Soll	Haben
Aufwand	20	
Verbindlichkeit		20

In Summe ist ein Aufwand von 20 entstanden, obwohl ökonomisch ab 1.10.01 eine geschlossene Position vorliegt, die weitere Wertentwicklung A also tatsächlich nicht mehr berührt.
Dieses unangemessene Ergebnis kann nur verhindert werden, indem A am 1.10.01 einen Sicherungszusammenhang zwischen Termingeschäft und Anteilen als *fair value hedge* (Rz 42) designiert. Unter dieser Voraussetzung ist die Wertsteigerung der Anteile vom 1.10. bis zum 31.12. abweichend von den Normalregeln erfolgswirksam zu buchen:

Konto	Soll	Haben
Anteile	20	
Ertrag		20

Aufwand aus Derivat und Ertrag aus Wertzuschreibung der Anteile gleichen sich in der *hedge*-Variante aus.

2.4.6.3 *Hedge accounting* für Fremdwährungsgeschäfte

44 Besondere Wahlrechte bestehen für **Fremdwährungssicherungen:**

- Zwar gelten als *fair value hedge* (und nicht mehr als *cash flow hedge)* auch Absicherungen des *fair value* von noch nicht existenten, aber schon fest kontrahierten Vermögenswerten (schwebende Beschaffungs- oder Absatzgeschäfte).

- Für die Absicherung des Fremdwährungsrisikos aus solchen schwebenden Geschäften gewährt IAS 39.87 jedoch ein **Wahlrecht**: Die Sicherungsbeziehung kann auch als *cash flow hedge* interpretiert werden. Entscheidet sich das Unternehmen für die Behandlung als *cash flow hedge*, so eröffnet sich ein **weiteres Wahlrecht**:
  - Der Derivateerfolg muss so lange nicht im Eigenkapital geparkt werden, bis der Vermögenswert selbst durch Abschreibung, Materialverbrauch etc. erfolgswirksam wird.
  - Er kann alternativ gegen die Anschaffungskosten aufgelöst werden (sog. *basis adjustment)*. In diesem Fall wird das Grundgeschäft zum Sicherungskurs eingebucht.

Zur Buchungstechnik folgendes Beispiel:

Beispiel

Raffinerie R schließt im November 01 einen Vertrag über den Einkauf von 1 Mio. Barrel Öl zu 30 Mio. Dollar ab. Liefer- und Zahlungstermin ist der 31.1.02. Fakturiert wird in Dollar.

Das Währungsrisiko sichert R bei einem Kurs von 1 zu 1 durch einen Dollarterminkauf ab.

Zum 31.12.01 ist der Dollarkurs auf 1,2 Euro je Dollar gestiegen. Das Dollartermingeschäft hat einen positiven Marktwert von 6 Mio. EUR, denn R kann aufgrund der Terminvereinbarung die Dollars zu 30 Mio. EUR statt zu 36 Mio. EUR beschaffen.

Der schwebende Einkaufsvertrag über das Öl hat hingegen einen negativen Marktwert von 6 Mio. EUR. R muss (ohne Betrachtung des Dollartermingeschäftes) 36 Mio. EUR statt ursprünglich geplanter 30 Mio. EUR für das Öl aufwenden.

Im Januar ändert sich der Wechselkurs nicht mehr.

Alternative 1: Behandlung als *fair value hedge*

Buchungen 01:

Konto	Soll	Haben
Derivat	6 Mio. EUR	
Ertrag		6 Mio. EUR
Aufwand	6 Mio. EUR	
schweb. Verb. aus Einkaufsvertrag		6 Mio. EUR

In der GuV 01 ergibt sich saldiert ein Ergebnis von null. Das Eigenkapital wird aber um 6 Mio. EUR niedrigerer (und zutreffender) ausgewiesen als bei Interpretation als *cash flow hedge*.

Buchungen 02:

Konto	Soll	Haben
Rohstoffe	30 Mio. EUR	
schweb. Verb.	6 Mio. EUR	
Geld		36 Mio. EUR
Geld	6 Mio. EUR	
Derivat		6 Mio. EUR

sowie bei Verbrauch der Rohstoffe:

Konto	Soll	Haben
Materialaufw.	30 Mio. EUR	
Rohstoffe		30 Mio. EUR

In 02 werden die Rohstoffe zum Sicherungskurs eingebucht. Nach diesem Wert bestimmt sich auch der Materialaufwand.

Alternative 2: Behandlung als *cash flow hedge*
Buchungen 01:

Konto	Soll	Haben
Derivat	6 Mio. EUR	
Eigenkapital		6 Mio. EUR

Die 6 Mio. EUR aus dem Ölkontrakt sind hingegen nicht zu berücksichtigen. Der gesamte Vorgang ist zwar GuV-neutral, die Vermögenslage (Eigenkapital) wird aber um 6 Mio. EUR zu günstig ausgewiesen.
Die Buchungen 02 werden hier nur für das *basis adjustment* (Auflösung EK bei Anschaffung Rohstoffe) dargestellt. Für die alternative Behandlung (Auflösung bei Verkauf) wird auf Rz 254 ff. verwiesen.

Konto	Soll	Haben
Rohstoffe	36 Mio. EUR	
Geld		36 Mio. EUR
Geld	6 Mio. EUR	
Derivat		6 Mio. EUR
Eigenkapital	6 Mio. EUR	
Rohstoffe		6 Mio. EUR

sowie bei Verbrauch der Rohstoffe:

Konto	Soll	Haben
Materialaufw.	30 Mio. EUR	
Rohstoffe		30 Mio. EUR

In Fremdwährungsfällen ist im Rechtsvergleich zu berücksichtigen, dass nach IFRS auch die abgesicherten Verbindlichkeiten selbst gem. IAS 21 zum Bilanzstichtag erfolgswirksam umzurechnen sind. Eine imparitätische Behandlung (Niederstwertprinzip bei Fremdwährungsforderungen, Höchstwertprinzip bei Fremdwährungsverbindlichkeiten) ist nicht vorgesehen. Die strenge Stichtagsumrechnung nach IAS 21 sorgt daher in einigen Fällen (so in der Lösung des Beispiel unter Rz 41 nach IFRS) schon ohne *hedge accounting* für das wirtschaftlich richtige Ergebnis, während der durch Niederst- und Höchstwertprinzip gebundene HGB-Anwender hier eine Bewertungseinheit annehmen, diese dokumentieren und in ihrer Effizienz belegen muss.
Zu weiteren Einzelheiten wird auf Rz 233 ff. verwiesen.

45 Die Anwendung der komplizierten Regeln zum *hedge accounting* kann entbehrlich sein, wenn zu sicherndes Grundgeschäft und Sicherungsgeschäft (Derivat) mit dem gleichen Vertragspartner abgeschlossen werden und bei Erfüllung weiterer Voraussetzungen in wirtschaftlicher Hinsicht als Einheit zu werten sind (Rz 17).

2.4.6.4 Dokumentation und Effektivitätsnachweis am Beispiel des *cash flow hedge* von Währungsrisiken

Bei ökonomischer Absicherung der Risiken aus geplanten Transaktionen ist die Synchronisierung von Grund- und Sicherungsgeschäft nur durch einen *cash flow hedge* möglich. Hierzu müssen die in IAS 39.88 genannten Bedingungen erfüllt sein, insbesondere 46

- **Dokumentation** des Sicherungszusammenhangs,
- **Nachweis der Effektivität** der Sicherungsbeziehung, und zwar
  - **prospektiv** bei Abschluss des Sicherungsgeschäfts und zu jedem Stichtag sowie
  - **retrospektiv** zu jedem Stichtag.

Dokumentation und Effektivitätsnachweis können nicht im Nachhinein, etwa nach Mängelrüge des Abschlussprüfers, erstellt werden. Sie sind **materiell-rechtliche Voraussetzungen** des *hedge accounting*.

In Fällen der Währungssicherung geplanter Umsätze bzw. Anschaffungen durch Devisentermingeschäfte kann für den Effektivitätsnachweis folgender Zusammenhang berücksichtigt werden: 47

- Der Kurs, zu dem die Fremdwährung sofort getauscht werden könnte **(Kassakurs),** weicht von
- dem Kurs zu dem sie nach heutiger Vereinbarung zu einem späteren Termin getauscht wird **(Terminkurs)** ab, wenn
- zwischen den in beiden Wahrungsräumen erzielbaren Anlagezinsen eine Differenz besteht **(Zinsdifferenzial).**

Hierzu folgendes Beispiel:

Beispiel

Der Kassakurs ist 1,2 USD/EUR, das Zinsniveau in den USA um 3 % höher als im Euro-Raum. Ein Dollarbesitzer kann Dollars sofort verkaufen oder auf 12-Monats-Termin. In der Terminvariante kann er noch 1 Jahr lang den höheren USD-Anlagezins erzielen. Gegenüber dem sofortigen Umtausch (zum Kassakurs) stellt er sich daher gleich, wenn er einen entsprechend ungünstigen Dollarterminkurs akzeptiert. Der Terminkurs errechnet sich danach vereinfacht wie folgt:

Zinsdifferenz (USD-EUR)	0,03
× Kassakurs	× 1,2
× Vertragslaufzeit/360	× 360/360
= Swapsatz	0,036
+ Kassakurs	1,200
= Terminkurs	1,236

Das Termingeschäft besteht in dieser Perspektive aus zwei Komponenten

- **Zinskomponente** (Swapsatz × Volumen des Kontrakts),
- **Kassakomponente** (Kassakurs × Volumen des Kontrakts).

Nach IAS 39.74 besteht die Möglichkeit, **nur die Kassakomponente** als Sicherungsinstrument zu bestimmen. Das **erleichtert den Effektivitätsnachweis:**
Prospektiv reicht nunmehr der **qualitative Nachweis** aus, dass die kritischen Parameter *(critical terms)* von Grund- und Sicherungsgeschäft, insbesondere Volumen und Erfüllungszeitpunkt übereinstimmen.
Retrospektiv ergibt sich – außer in Ausnahmefällen, etwa Bonitätsschwierigkeiten des Terminkontraktpartners – immer eine perfekte Effektivität. Wird die retrospektive Effektvität nach der sog. Dollar-Offset-Methode als kumulierte Wertänderung des Grundgeschäfts in Relation zur kumulierten Wertänderung des Sicherungsgeschäfts bestimmt, ist das für diese Relation geforderte Intervall (80 % bis 125 %) immer eingehalten, weil sich ein Wert von 100 % ergibt:

$$\frac{\text{Wertänderung GG}}{\text{Wertänderung Kassakomponente TG}} = \frac{\text{Volumen GG} \times \text{Änderung Kassakurs}}{\text{Volumen TG} \times \text{Änderung Kassakurs}} = 100\ \%$$

Der quantitative Nachweis der retrospektiven Effektivität ist unter diesen Umständen eine rein formale, nach herrschender Meinung aber notwendige Übung (Rz 257).

48 Die Designation nur der Kassakomponente als Sicherungsgeschäft bedingt, dass die **Zinskomponente** außerhalb der *hedge*-Beziehung steht und **erfolgswirksam** zu buchen ist. Hierzu muss sie berechnet werden.

Beispiel

U verkauft am 1.7. bei einem Kassakurs von 1,2 USD/EUR und einem in den USA um 3 % höheren Zins 10 Mio. Dollar auf Termin, fällig in 1 Jahr (360 Tage). Der Dollar steigt nach Abschluss des Geschäfts. Der Kassakurs zum Bilanzstichtag beträgt 1,1 USD/EUR. Die Zinsdifferenz ist auf 2 % gesunken. Hieraus ergeben sich für **180 Tage** (Restlaufzeit zum Bilanzstichtag) folgende Werte:

	Ist	Plan	Differenz	
Zinsdifferenz (US-EUR)	0,02	0,03		
× Kassakurs	× 1,1	× 1,2		
× Vertragslaufzeit/360	×180/360	×180/360		
= Swapsatz	0,011	0,018	– 0,007	Zinskomponente
+ Kassakurs	1,100	1,200	– 0,100	Kassakomponente
= Terminkurs	1,111	1,218	– 0,107	Gesamtwert

Zum Bilanzstichtag ist bei einem Volumen von 10 Mio. USD in einem *cash flow hedge* zu buchen (in TSD EUR):

Konto	Soll	Haben
EK	1.000	
Aufwand	70	
Verbindlichkeit (Derivat)		1.070

Auf der Basis der vorstehenden Beispieldaten und Überlegungen folgendes Beispiel für **Effektivitätsnachweis und Dokumentation**:[8] 49

Beispiel
U rechnet für Mitte 02 mit Warenlieferungen von 20 Mio. USD in die USA. Das Währungsrisiko hieraus sichert er zu 50 % durch einen Dollarterminverkauf über 10 Mio. USD ab. Der Vertrag wird am 1.7.01 geschlossen. Der Kassakurs beträgt zu diesem Zeitpunkt 1,2 USD/EUR, der vertraglich vereinbarte Terminkurs 1,236 USD/EUR. Der Unterschied von Kassa- und Terminkurs erklärt sich, wie unter Rz 45 dargestellt und erläutert, aus einer Zinsdifferenz von 3 %.

1. Effektivitätsnachweise
U muss bei Abschluss des Vertrags sowie zum Bilanzstichtag **prospektiv** dartun, dass über die (Rest-)Laufzeit die Effektivität des Sicherungszusammenhangs zu erwarten ist. Wenn U nur die Kassakomponente als Sicherung designiert (Rz 47), reicht der **qualitative Nachweis** der Übereinstimmung des Volumens und des Erfüllungstermins von Grund- und Sicherungsgeschäft *(critical term method)*.
Zum Bilanzstichtag ist die Effektivität retrospektiv zu bestimmen, bei Designation der Kassakomponente als Sicherungsgeschäft jetzt auf Basis der Wertentwicklung des Kassakurses vom 1.7. bis zum 31.12.01:

a) kumulierte Wertänderung des Grundgeschäfts = 10 Mio. USD × Änderung Kassakurs = 1 Mio. EUR,
b) kumulierte Wertänderung des Sicherungsgeschäfts = 10 Mio. USD × Änderung Kassakurs = 1 Mio. EUR,
c) Verhältnis der Wertänderungen: 1 Mio./1 Mio. = 100 %.

Die Effektivität ist somit auch retrospektiv gegeben.

2. Dokumentation
Eine kurze Dokumentation könnte wie folgt aussehen:
„*Hedge* Nr. x/01, Datum 01. Juli 01
a) Grundgeschäft: Erwartete Umsätze USA i. H. v. 20 Mio. USD für Juni/Juli 02. In den letzten 3 Jahren wurden im gleichen Zeitraum zwischen 15 und 22 Mio. USD Umsatz getätigt. Von den geplanten Umsätzen werden 50 % = 10 Mio. USD gesichert. Die Eintrittswahrscheinlichkeit eines Umsatzes mindestens gleicher Größe ist hoch.

8 Weitere Beispiele und Details bei SCHNEIDER, PiR 2006, S. 168 ff.

b) Sicherungsinstrument: Devisentermingeschäft über den Verkauf von 10 Mio. USD an die D Bank (Bonität AA) zum Kurs von 1,236 USD/EUR, zahlbar am 1. Juli 02. Nur die Kassakomponente wird als Sicherungsinstrument designiert
c) Risikomanagementstrategie: *cash flow hedge* erwarteter USD-Umsatzerlöse durch Devisenterminverkauf. Gehen die Zahlungen aus dem Grundgeschäft erst nach Ablauf des Sicherungsgeschäfts ein, sind Anschlusstermingeschäfte zwecks zeitlichen Ausgleichs zu tätigen, damit die Effektivität gewahrt bleibt.
d) Prospektive Effektivität: Beurteilung auf qualitativer Basis zum Vertragsschluss und zum Bilanzstichtag. Zum Vertragsschluss ist die Effektivität gegeben, da Grund- und Sicherungsgeschäft in Volumen und Erfüllungszeitpunkt übereinstimmen.
e) Retrospektive Effektivität: Kumulierte Messung nach der Dollar-Offset-Methode. Dabei wird zum Bilanzstichtag getestet, ob die kumulierte Wertänderung des Grundgeschäfts im Verhältnis zu der des Sicherungsgeschäfts (Kassakomponente) in einer Bandbreite von 80 % bis 125 % liegt. Solange die Bonität der D Bank hoch bleibt, das Bonitätsrisiko des Vertrags also vernachlässigbar und ein Mindestumsatz von 10 Mio. USD hoch wahrscheinlich ist, gilt:
(1) kumulierte Wertänderung des Grundgeschäfts = 10 Mio. USD × Änderung Kassakurs,
(2) kumulierte Wertänderung des Sicherungsgeschäfts = 10 Mio. USD × Änderung Kassakurs,
(3) Verhältnis der Wertänderungen = 100 %.
Erstellt von: XX, geprüft von: NN“

3 Ansatz

3.1 Einbuchung *(recognition)*

3.1.1 Derivative Finanzinstrumente: Bilanzierungspflicht schwebender Geschäfte

50 Gem. IAS 39.14 ist ein Vermögenswert oder eine finanzielle Schuld dann anzusetzen, wenn das **Unternehmen Partei eines entsprechenden Vertrags** wird. Diesem Grundsatz folgend hat ein Unternehmen auch sämtliche vertragliche Rechte oder Verpflichtungen aus derivativen Finanzinstrumenten als Vermögenswerte oder Schulden zu bilanzieren (IAS 39.AG34).

51 Demgemäß sind zum Beispiel Termingeschäfte und Optionen mit **Abschluss** des entsprechenden Vertrages anzusetzen. Zum Zugangszeitpunkt ergibt sich hieraus jedoch i.d.R. kein tatsächlicher Unterschied zur handelsrechtlichen Behandlung. Zugangswert wäre nach IAS 39.43 der *fair value*, d.h. der zwischen fremden Dritten *(at arm's length)* erzielbare **Transaktionspreis**. Zum Zeitpunkt des marktkonformen Abschlusses eines **Termingeschäfts** zwischen fremden Dritten stehen sich aber Rechte und Pflichten gleichwertig gegenüber, sodass der *fair value* null ist und kein Einbuchungsbetrag anfällt (IAS 39.AG35c). Beim

marktkonformen **Optionsgeschäft** ist die gezahlte/erhaltene Optionsprämie die beste Schätzgröße für den positiven/negativen *fair value* der erworbenen Option/Stillhalterposition. Die gezahlte bzw. empfangene Prämie wäre auch nach HGB auszuweisen.
Unterschiede entstehen erst bei der **Folgebewertung**. Hat etwa das Termingeschäft zum Bilanzstichtag einen positiven *fair value*, d.h., überwiegt aus der Perspektive des Bilanzierenden der Anspruch aus dem Geschäft die Verpflichtung, ist dieser Wert nach IFRS zu erfassen (Rz 229).

3.1.2 Regelmäßiger Einbuchungszeitpunkt originärer Finanzinstrumente

Der in IAS 39.14 niedergelegte Grundsatz, einen finanziellen Vermögenswert oder eine finanzielle Schuld bereits mit Vertragsschluss anzusetzen, bleibt praktisch auf **Finanzderivate beschränkt**, da er für die originären Finanzinstrumente (Forderungen und Verbindlichkeiten) mehrfach eingeschränkt wird. IAS 39.AG35b bestimmt, dass „als Folge einer **festen Verpflichtung** zum An- oder Verkauf von Waren oder Dienstleistungen zu erwerbende Vermögenswerte oder einzugehende Schulden ... im Allgemeinen erst dann angesetzt werden, wenn mindestens eine der Vertragsparteien im Rahmen der vertraglichen Vereinbarungen zugesagte Leistungen erbracht hat“. **52**

Im Falle fester **Bestellungen** hat zum Zeitpunkt der Auftragserteilung weder beim Auftraggeber noch beim Auftragnehmer eine Buchung zu erfolgen, „sondern ist der Ansatz erst dann vorzunehmen, wenn die bestellten Waren verschifft oder geliefert oder die Dienstleistungen erbracht wurden“ (IAS 39.AG35b). Etwas anderes gilt, wenn der Vertrag eine Möglichkeit zum Barausgleich *(net settlement)* vorsieht und voraussichtlich von dieser Möglichkeit Gebrauch gemacht wird (IAS 39.5). Derartige Verträge zum An- bzw. Verkauf von Waren oder Dienstleistungen werden als Finanzderivate qualifiziert (Rz 222). Darüber hinaus kann insbesondere bei Transaktionen über finanzielle Vermögenswerte oder bei Kreditgeschäften im Einzelfall der Schwebezustand zwischen Vertrags- und Erfüllungstag als Finanzderivat zu deuten sein (Rz 54). **53**

3.1.3 Divergenz von Vertrags- und Erfüllungstag *regular way contracts*

Wie unter Rz 53 beschrieben, kann sich bei Divergenz von Vertrags- und Erfüllungstag bei Finanzinstrumenten die Frage stellen, ob der zwischen beiden Tagen liegende Schwebezustand als Finanzderivat zu erfassen ist. Für sog. **marktübliche Verträge *(regular way contracts)***, bei denen sich die Zeitdifferenz aus Marktvorschriften oder Marktkonventionen ergibt, wird dies verneint: Die Festpreisverpflichtung zwischen Handelstag und Erfüllungstag erfüllt zwar die Definition eines derivativen Finanzinstrumentes (Termingeschäft); aufgrund der kurzen Dauer wird der Schwebezustand jedoch nicht als derivatives Finanzinstrument erfasst (IAS 39.38). **54**

Ein *regular-way*-Vertragsverhältnis ist ohne weiteres zu bejahen, wenn **börsennotierte Finanzinstrumente** im Rahmen der vom Börsenregelwerk vorgesehenen Zeitspanne nach dem Geschäftsabschluss übertragen werden. **55**

Bei anderen, nicht börsennotierten Finanzinstrumenten fehlt es hingegen an einem scharfen Beurteilungsmaßstab. IAS 39.IG B.28 etabliert insofern einen **„weichen“ Zeitbegriff**, der nicht mehr nur auf präzise Marktvorschriften und **56**

Konventionen rekurriert, sondern auf den „*acceptable time frame*“ bzw. die „*period customarily required*“. Voraussetzung ist aber, dass sich der Schwebezustand aus objektiven und nicht aus willkürlichen Gründen ergibt.

57 Objektive Gründe können sich aus technisch notwendigen Abwicklungsschritten (z.B. Prüfung der Besicherung als Auszahlungsvoraussetzung) ergeben. In anderen Fällen können z.B. auch **gesellschafts- oder kartellrechtliche Genehmigungsvorbehalte** objektiv einen Schwebezustand bedingen. Hierzu folgendes Beispiel:

Beispiel

Ein Unternehmen schließt am 21. Dezember Kaufverträge über

A) das Unternehmen X, Eigentumsübergang bei Genehmigung der Kartellbehörden,

B) nicht Mehrheit verschaffende vinkulierte Namensaktien des Unternehmens Y, Eigentumsübergang bei Genehmigung durch den Vorstand der Y AG.

Die Kaufpreise werden sofort entrichtet. Zum Stichtag stehen die Genehmigungen noch aus.

Beurteilung

Nur der Fall B unterliegt IAS 39. Fall A ist hingegen als Unternehmenserwerb nach den Regeln von IFRS 3 zu beurteilen.

Bei Fall B ist fraglich, ob zum Stichtag ein Derivat auszuweisen ist. Dagegen spricht zunächst schon die Kaufpreiszahlung, die im Widerspruch zur „*no or small initial net-investment*“-Regel (Rz 9) steht.

Dagegen spricht außerdem, dass die 10 Tage bis zum Bilanzstichtag noch im üblichen Rahmen *(acceptable time-frame)* liegen.

58 In den Fällen eines *regular way contract* hat der Bilanzierende ein **Wahlrecht.** Er kann den Kauf oder Verkauf entweder zum **Handels**tag (*trade date*) oder zum **Erfüllungs**tag (*settlement date*) bilanzieren. Die gewählte Methode ist innerhalb einer Kategorie von finanziellen Vermögenswerten einheitlich auszuüben (IAS 39.38, AG53).

59 Die praktische Bedeutung des Wahlrechtes liegt primär **nicht** in der GuV-Behandlung der zwischenzeitlich eingetretenen Wertänderungen. Diese ergibt sich vielmehr aus der Kategorie des erworbenen Vermögenswertes (IAS 39.AG56). Die Relevanz des Wahlrechtes liegt auf der Bilanz**ansatz**ebene. Der Vermögenswert wird beim *trade-date accounting* schon früher erfasst als beim *settlement-date accounting*. Die nachfolgende Tabelle zeigt an einem **Beispiel** die Unterschiede. Das Beispiel berücksichtigt, dass bei zu fortgeführten Anschaffungskosten geführten Vermögenswerten *(held-to-maturity assets)* der Wert des *trade date* auch dann maßgeblich bleibt, wenn die Einbuchung zum *settlement date* erfolgt (IAS 39.44).

Beispiel

Kauf eines Wertpapiers (WP) mit folgenden Daten:
a) Handelstag: 29.12.01, Kurs 100
b) Bilanzstichtag: 31.12.01, Kurs 102
c) Erfüllungstag 4.1.02; Kurs 105

	Einbuchung zum Handelstag *(trade date)*				**Einbuchung zum Erfüllungstag** *(settlement date)*			
Kategorie	Buchungstag bzw. -satz a) 29.12.01 b) 31.12.01 c) 04.01.02				Buchungstag bzw. -satz b) 31.12.01 c) 04.01.02			
Fälligkeitswert	a) WP	100	an Verb.	100				
	b) entfällt				b) entfällt			
	c) entfällt				c) WP	100	an Verb.	100
Handelswert	a) WP	100	an Verb.	100				
	b) WP	2	an Ertrag	2	b) Ford.	2	an Ertrag	2
	c) WP	3	an Ertrag	3	c) WP	105	an Verb.	100
							an Ertrag	3
							an Ford.	2
veräußerbarer Wert	a) WP	100	an Verb.	100				
	b) WP	2	an EK	2	b) Ford.	2	an EK	2
	c) WP	3	an EK	3	c) WP	105	an Verb.	100
							an EK	3
							an Ford.	2

Tab. 3: *Trade-date accounting* und *settlement-date accounting*

Das zeitliche Buchungswahlrecht zwischen Handelstag und Erfüllungstag gilt entsprechend für die **Ausbuchungen** von finanziellen Vermögenswerten. Wählt der Veräußerer den Erfüllungstag und der Erwerber den Handelstag, kann die Situation eintreten, dass ein Vermögenswert zum Bilanzstichtag noch in der Bilanz des Veräußerers und schon in der Bilanz des Erwerbers, also **zweimal** erfasst ist. 60

3.2 Ausbuchung *(derecognition)*

3.2.1 Konzeptionelle Grundlagen

IAS 39 (2000) verfolgte ein **Kontrollkonzept**. Ein Vermögenswert war auszubuchen, wenn die Verfügungsmacht *(control)* verloren ging. Zum Teil wurde dieses Kontrollkonzept als Abgehen von einem älteren, an Risiken und Chancen orientierten Ansatz *(risk and reward approach)* interpretiert, der dem nach HGB vorherrschenden Konzept des wirtschaftlichen Eigentums besser entsprochen habe.[9] Dieser Interpretation war in der Tendenz zuzustimmen. Andererseits spielte aber der Risikogedanke auch in IAS 39 (2000) eine wichtige Rolle. 61

Indessen sind sowohl das Verfügungsmacht- als auch das Risikokonzept (und das Konzept des wirtschaftlichen Eigentums) von so hohem **Abstraktionsniveau**, dass sie für die Lösung praktischer Probleme häufig nicht taugen. In unstrittigen Fällen braucht man sie nicht, in strittigen Fällen ergibt sich die Lösung nicht aus der Interpretation der Begriffe, sondern durch kasuistische Regeln und kasuistische Kommentarmeinungen. Dieser Befund gilt auch für die ab 2005 geltende

---

9 Gebhardt/Naumann, DB 99, S. 1464.

Fassung von IAS 39; demzufolge wird in dieser Kommentierung im Interesse der praktischen Anwendung der Schwerpunkt auf die Darstellung der Einzelfälle gelegt (Rz 70ff.). Gleichwohl sollen zunächst die konzeptionellen Grundlagen dargestellt werden, da deren Verständnis der Einordnung und Lösung der Einzelfälle dienen kann.

62 IAS 39 unterscheidet hinsichtlich der Ausbuchung von Finanzinstrumenten **zwei** Grundfälle. Bei finanziellen Verbindlichkeiten ist i. d. R. nur der erste Fall einschlägig:

- **Fall 1 – Erledigung:** Das (vertragliche) Recht zum Erhalt oder die (vertragliche) Verpflichtung zur Lieferung von Geld oder einem anderen finanziellen Vermögenswert existiert nicht mehr. Es hat sich durch Zahlung, Erlass, Verjährung, Aufrechnung oder in sonstiger Weise erledigt (IAS 39.17a und IAS 39.39).
- **Fall 2 – Übertragung:**
  - Das (vertragliche) Recht zum Erhalt von Geld oder einem anderen finanzielle Vermögenswert ist noch existent, aber auf eine andere Person übertragen worden, und (kumulativ)
  - die relevanten Risiken sind ganz oder teilweise auf den Erwerber übergegangen (IAS 39.18 u. 20).

63 Die **Erledigungsfälle** werden in IAS 39 unscharf und unvollständig behandelt. Während finanzielle Vermögenswerte nach der Grunddefinition in IAS 32.11 durch Rechte auf *cash flows oder sonstige finanzielle Vermögenswerte* bestimmt sind, sieht IAS 39.17a nur den Fall der Erledigung des Rechtes auf *cash flows* vor. Überdies müssen, wie das Beispiel rechtskräftig festgestellter Schadenersatzforderungen aus unerlaubten Handlungen zeigt, einen finanziellen Vermögenswert begründende Rechte auch nicht unbedingt eine **vertragliche Grundlage** haben. Im Übrigen bereitet der erste Fall aber in der Praxis nur selten Probleme. Folgende Grenzfälle sind relevant:

- **Umschuldung:** Ist die alte Verbindlichkeit/Forderung wirtschaftlich fortzuführen oder gegen Ansatz des neuen Vertrages auszubuchen (Rz 86)?
- **Verjährung:** Ist eine Verbindlichkeit mit der rechtlichen Verjährung auch wirtschaftlich erledigt (Rz 87)?
- **Rückkauf von Anleihen:** Ist bei Absicht einer erneuten Platzierung am Markt eine Ausbuchung vorzunehmen (Rz 88)?

64 Größere Probleme ergeben sich in den **Übertragungsfällen.** Die diesbezüglichen Regelungen in IAS 39 fallen entsprechend komplex aus. Drei Fragen stehen im Mittelpunkt:

- **a) Innen- und Außenverhältnis:** Muss die Übertragung der Rechte auch das Außenverhältnis betreffen oder reicht (wie in Fällen der stillen Abtretung einer Forderung) eine Übertragung im Innenverhältnis aus (Rz 65)?
- **b) Tatsächliche Risikofeststellung:** Welche Ausfall-, Wertänderungs- oder sonstige Risiken markieren den tatsächlichen Übergang des Risikos (Rz 66)?
- **c) Risikoteilung:** Wie ist in Fällen zu verfahren, in denen die relevanten Risiken teilweise auf den Erwerber übergehen, teilweise beim Veräußerer verbleiben (Rz 61f.)?

65 **ad a) Transfer (Innen- und Außenverhältnis)**

Eine **Übertragung** *(transfer)* der vertraglichen Rechte auf den *cash flow* ist gem. IAS 39.18 Grundvoraussetzung für die Ausbuchung eines finanziellen Vermögenswerts. Fehlt es an ihr, führt auch die Übertragung aller Chancen und

Risiken nicht zur Ausbuchung (Rz 23). Nach IAS 39.18b ist ein *transfer* auch dann gegeben, wenn das Recht zum Einzug/Erhalt der *cash flows* zwar beim Veräußerer verbleibt (Außenverhältnis), dieser aber aufgrund der Vereinbarungen mit dem Erwerber (Innenverhältnis) den Vermögenswert nicht mehr weiterveräußern oder beleihen darf und verpflichtet ist, die eingehenden Zahlungen (und nur diese) unverzüglich an den Erwerber weiterzuleiten (IAS 39.19). Zu den Anforderungen an solche Weiterleitungsvereinbarungen *(pass-through-arrangements)* wird auf Rz 75 verwiesen. Als Durch- oder Weiterleitungsvereinbarung gilt nicht die stille Forderungsabtretung mit Recht des Käufers, ggf., insbesondere bei Vertragsverletzungen des Abtretenden, die Umwandlung in eine offene zu verlangen. Diese außerhalb von Verbriefungsstrukturen (Rz 73) dominierende Form der stillen Abtretung wird vielmehr der offenen gleichgestellt.[10]

ad b) Tatsächliche Risikofeststellung 66

Die tatsächliche Feststellung, ob die relevanten Risiken übertragen oder beim Veräußerer verblieben sind, ist nach IAS 39.21f. in der Form eines **Vorher-Nachher-Vergleich** durchzuführen. Zu beurteilen ist, ob sich die **Schwankungsrisiken des Barwertes** der erwarteten Einnahmen vor und nach dem Transfer wesentlich unterscheiden.

- Bei **Wertpapieren** besteht das relevante Risiko in der **Kursschwankung.** Eine Risikoübertragung hat daher nicht stattgefunden, wenn im Rahmen eines echten Pensionsgeschäftes ein Rückkauf zu einem bei der Veräußerung bereits festgelegten Preis vereinbart ist. Der Erwerber trägt dann kein Kursschwankungsrisiko. Dieses verbleibt vielmehr beim Veräußerer, der seine Position am Rückerwerbstag nicht durch sofortige Weiterveräußerung erfolgsneutral glattstellen kann. Anders soll demzufolge der Fall eines Rückerwerbs zum *fair value* des Rückerwerbstages zu beurteilen sein (IAS 39.AG39b; Rz 82).
- Bei **Forderungen** besteht das relevante Risiko hingegen im **Ausfall.** Demgemäß hat eine Risikoübertragung regelmäßig nicht stattgefunden, wenn das Ausfallrisiko beim Veräußerer verbleibt. Eine Ausnahme soll nach IAS 39.AG40e für den Fall gelten, dass ein Ausfall nicht wahrscheinlich *(likely)* ist (Rz 68).

Für den Vorher-Nachher-Vergleich kann als Risikomaß etwa die Summe der wahrscheinlichkeitsgewichteten positiven und negativen Abweichungen vom Erwartungswert oder die Standardabweichung gewählt werden.[11] In beiden Varianten ist nicht entscheidend, wer im *worst case* die höhere Belastung hat, sondern wer die realistisch erwartbaren Risiken trägt. Besonders deutlich zeigt sich dies, wenn bei der Forderungsabtretung ein ***first-loss piece*** vereinbart ist, nach dem nur ein geringer prozentualer Anteil des denkbaren Gesamtausfalls beim Forderungsverkäufer bleibt, Ausfälle aber zunächst gegen diesen Anteil und erst bei Überschreiten zulasten des Forderungskäufers gehen.

Beispiel

Ein Forderungsportfolio von nominal 1.000 TEUR wird verkauft. Der Verkäufer trägt „nur“ die ersten 3,5 % (35 TEUR) eventueller Ausfälle. Nach den Erfahrungen der Vergangenheit sind Geldeingänge von 1.000 und 950 mit je

10 IDW RS HFA 9, Tz 120.

11 IDW RS HFA 9, Tz 132.

5 % wahrscheinlich und ein Geldeingang von 970 mit 90 %. Der Vorher-Nachher-Vergleich im Wege der wahrscheinlichkeitsgewichteten Abweichungen fällt wie folgt aus:

Vorher

erwarteter Geldeingang	Wahrscheinlichkeit	Geldeingang wahrscheinlichkeitsgewichtet	Abweichung von Erwartungswert	Pos Abw. gewichtet	Neg. Abw. gewichtet
1.000,00	5 %	50,00	29,50	1,475	
970,00	90 %	873,00	-0,50		-0,45
950,00	5 %	47,50	-20,50		-1,025
	Erwartungswert (EW)	970,50		1,475	-1,475

Nachher

erwarteter Geldeingang	Wahrscheinlichkeit	Geldeingang wahrscheinlichkeitsgewichtet	Abweichung von Erwartungswert	Pos Abw. gewichtet	Neg. Abw. gewichtet
1.000,00	5 %	50	28,75	1,4375	
970,00	90 %	873	-1,25		-1,125
965,00	5 %	48,25	-6,25		-0,3125
	Erwartungswert (EW)	971,25		1,4375	-1,4375

Nachher-Risiko im Vergleich zum Vorher-Risiko **97,5 %**

Damit bleiben so gut wie alle realistischen Risiken beim Forderungsverkäufer. Eine (Teil-)Ausbuchung der Forderungen kommt nicht infrage.

Besondere Probleme bereitet der Vorher-Nachher-Vergleich bei versicherten Forderungen *(preinsured assets)*.[12]

Beispiel
U hat Forderungen aus Exportgeschäften, die zu 80 % durch eine Ausfallgarantie von Hermes gedeckt sind. U verkauft die so gesicherten Forderungen an eine Bank. Hermes erteilt die Zustimmung zum Verkauf. Ein Forderungsausfall geht nach der Abtretung zu 80 % zulasten der Bank, die sich aber insoweit an Hermes wenden kann, und zu 20 % zu Lasten des U.
Durch den Forderungsverkauf hat sich an der Risikosituation von U (vorher und nachher maximal 20 %) nichts geändert. Fraglich ist, ob bei Erfüllung der übrigen Voraussetzungen trotzdem ein Forderungsabgang vorliegt.

Bei der Risikobeurteilung der Abtretung von *preinsured assets* besteht nach IFRIC ein faktisches Wahlrecht:

- Bruttobetrachtung, unter Außerachtlassung der Versicherung,
- Nettobetrachtung, unter Berücksichtigung der Versicherung.

12 Ausführlich LÜDENBACH, PiR 2009, S. 56ff.

Nur in der Nettobetrachtung hat sich im vorstehenden Beispiel an der Risikosituation des Abtretenden nichts geändert (keine Ausbuchung). In der Bruttobetrachtung liegen hingegen – Erfüllung der sonstigen Bedingungen unterstellt – die Voraussetzungen für eine Ausbuchung vor.

ad c) Risikoteilung 67

- Der Transfer eines Vermögenswertes unter **Übertragung** so gut wie aller relevanten Risiken *(substantially all)* führt zur Ausbuchung (IAS 39.20a), wobei „so gut wie alle" u.E. in analoger Anwendung von IAS 39.AG62 als 90 % oder mehr interpretiert werden kann.
- Ein Transfer unter **Rückbehalt** so gut wie **aller** relevanten Risiken (u.E. 90 % oder mehr) verhindert den Abgang des Vermögenswertes (IAS 39.20b); ein ggf. bereits erhaltener „Kaufpreis" ist zu passivieren (IAS 39.29), der Vorgang wie eine besicherte Darlehensaufnahme zu behandeln
- Probleme ergeben sich im Fall der **Risikoteilung**

Denkbar (und im *Exposure Draft* der Neufassung von IAS 39 zunächst als ausschließliches Konzept enthalten) wäre im dritten Fall eine Aufteilung nach dem Verhältnis der fortgeführten Risikobeteiligung *(continuing involvement).* Die endgültige Fassung von IAS 39 berücksichtigt diesen Gedanken jedoch nur noch sekundär. Primär ist zu prüfen, ob das weiterhin in einen Teil des Risikos involvierte Unternehmen die **Kontrolle** (Verfügungsmacht) über den Vermögenswert aufgegeben hat.

- Wurde die Verfügungsmacht aufgegeben, ist der Vermögenswert vollständig auszubuchen. Darüber hinaus sind die im Zuge der Übertragung zurückbehaltenen oder neu begründeten Rechte bzw. Pflichten bilanziell zu erfassen (IAS 39.20c(i)); d.h., ein verbleibendes Risiko ist separat auf seine Passivierungspflicht zu prüfen und mit dem *fair value* anzusetzen (IAS 39.25).
- Hat der Veräußerer hingegen die Verfügungsmacht behalten, führt er den Vermögenswert insoweit fort, als er weiterhin in das Risiko involviert ist (IAS 39.20c(ii)). Bei einer Wert- oder Ausfallgarantie ergibt sich der als sog. verbundene Verbindlichkeit *(associated liability)* zu passivierende Betrag als Summe aus der maximal zu leistenden Garantiezahlung einerseits und dem *fair value* der Garantie andererseits (IAS 39.30).

Beispiel

A veräußert eine Forderung von 100 für 95 an ein Factoringunternehmen. 50 % eines evtl. Forderungsausfalls gehen zu Lasten von A **(Risikoteilung).** Die Wahrscheinlichkeit eines Forderungsausfalls wird mit 4 % eingeschätzt.

Variante 1: A gibt die Kontrolle über die Forderung auf

A bucht die Forderung aus:

Konto	Soll	Haben
Geld	95	
Forderung		100
Aufwand	7	
Garantieverbindlichkeit		2

Variante 2: A behält die Kontrolle über die Forderung
A führt die Forderung in Höhe seines Risikoanteils (50 %) fort:

Konto	Soll	Haben
Geld	95	
verbundene Verbindlichkeit		52
Aufwand	7	
Forderung		50

Wegen weiterer Einzelheiten der Forderungsabtretung wird auf Rz 25 und Rz 68 verwiesen.

Wer die **Verfügungsmacht** hat, beurteilt sich nach der praktischen Fähigkeit *(practical ability)* des Erwerbers, das Vertragsobjekt ohne Auferlegung besonderer Restriktionen an einen Dritten zu veräußern (IAS 39.23). Nach IAS 39.AG42 soll es dabei nicht auf die vertraglichen Rechte oder Pflichten *(contractual rights or prohibitions)* ankommen. Die Ausführungen der *Application Guidance* konzentrieren sich auf den Fall, in dem der Erwerber alle Weiterveräußerungsrechte hat, sie aber praktisch nicht ausüben kann. Ein solcher Fall soll etwa vorliegen, wenn der Erwerber eine günstige Put-Option zur Rückveräußerung hat. In diesem Fall werde er nicht oder nur unter restriktiven Bedingungen, die den Wert seiner Put-Option sichern, an einen Dritten veräußern (IAS 39.AG44). Nicht anders ist der Fall zu beurteilen, in dem ein Forderungsabtretungsvertrag (offen oder still) ein **Verbot jeder Weiterveräußerung** vorsieht. Allerdings wäre damit eine vertragliche Restriktion angesprochen, auf die (allein) es gerade nicht ankommen soll. Ausgeblendet wird in allen Betrachtungen die Frage der Verfügungsmacht des ersten Veräußerers. Ob er ebenfalls vertraglichen oder faktischen Restriktionen unterliegt, ist nach dem Wortlaut der Vorschriften unerheblich. Wenn also keine der Parteien ohne die andere verfügen kann, erfolgt die Zurechnung zum Veräußerer. Dieser kann aufgrund dieser Fiktion **Verfügungsmacht** haben, **ohne tatsächlich verfügen zu können.**

68 **Zum Verhältnis der Kriterien am Beispiel der stillen Forderungsabtretung**

Bei stiller Abtretung einer Forderung stellen sich folgende Probleme:

- 1. Eine stille Abtretung **ohne Risikobehalt** führt, unabhängig davon, ob ein Transfer i.S.v. IAS 39.18a oder b bejaht wird, nach IAS 39.20a zur Ausbuchung (Rz 66).
- 2. Bei **stiller** Abtretung ohne Anspruch auf Umwandlung in eine offene (Rz 65) scheidet IAS 39.18a aus. Erfolgt die Abtretung unter **Behalt eines Teilrisikos**, wäre bei enger Interpretation aber **auch ein spezieller Transfer** i.S.v. IAS 39.18b (Durchleitungsvereinbarung) zu verneinen, da ein solcher Transfer voraussetzt, dass der Veräußerer ausschließlich zur Weiterleitung der vereinnahmten Beträge und zu keinen anderen Zahlungen verpflichtet ist (Rz 61f.). Die Forderung wäre daher in vollem Umfang fortzuführen. Möglicherweise ist IAS 39.18b aber auch extensiv auszulegen und ein **Transfer** zu bejahen. Nach IAS 39.20c wäre die Forderung dann ganz oder nach Maßgabe des übertragenen Risikos auszubuchen (Rz 61f.). In der Entscheidung zwischen diesen beiden Alternativen käme es auf die Kontrolle an.

- Kann der Erwerber die Forderung ohne Einschränkungen weiterveräußern, verpfänden usw., ist die Forderung beim Veräußerer **zu 100 % auszubuchen** (IAS 39.20c(i)).
- Ist dies nicht der Fall, erfolgt eine **Fortführung nach Maßgabe des verbleibenden Risikos** (IAS 39.20c(ii); Rz 61 f.).

Sämtliche für die Variante 2 diskutierten Lösungen stehen allerdings unter dem Vorbehalt, dass es überhaupt ein **relevantes Ausfallrisiko** gibt. Ist ein Forderungsausfall unwahrscheinlich, etwa bei Forderungen **gegenüber der öffentlichen Hand**, laufen die Risikokriterien ins Leere (IAS 39.AG40e) mit der Folge einer Vollausbuchung in jeder Variante.

Zusammenfassende Beurteilung 69

Unabhängig davon, ob man das vorstehend beschriebene und in Abbildung 5 zusammengefasste System als zu kompliziert betrachtet, leidet das Konzept an der **Unschärfe der zentralen Konzepte**. Nicht oder nur kasuistisch wird klar,

- was ein **Transfer** ist (Rz 65),
- wann ein **Risiko** irrelevant, weil **unwahrscheinlich** ist (Rz 66),
- wo die Messlatte für *substantially all of the risks* liegt (Rz 61 f.),
- wie sich **Kontrolle als „praktische Fähigkeit"** definiert (Rz 61 f.).

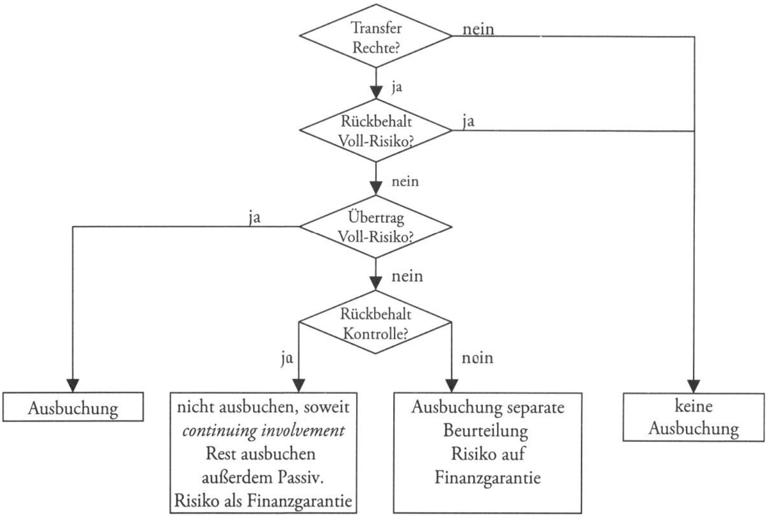

Abb. 4: Ausbuchung finanzieller Vermögenswerte

3.2.2 Einzelfälle

3.2.2.1 Factoring, *asset-backed securities* (ABS), *off-balance*-Finanzierungen

Die konzeptionellen Grundlagen der Ausbuchung von Forderungen sind unter Rz 63 dargestellt. Die nachfolgende Tabelle zeigt die teils kasuistischen Lösungen für verschiedene Fälle des **Factoring** nach IFRS und die herrschende Meinung zur Bilanzierung nach HGB, jeweils aus der Sicht des Forderungsverkäufers: 70

	HGB	IFRS
echtes Factoring: so gut wie alle Ausfallrisiken trägt Forderungskäufer	Ausbuchung	Ausbuchung IAS 39.20a
unechtes Factoring: so gut wie alle Ausfallrisiken bleiben beim Forderungsverkäufer	1. Auff.: Ausbuchung Forderung; Ausfallrisiko als Eventualverb. oder Rückstellung 2. Auff.: keine Ausbuchung; Passivierung Kaufpreis	Regel: Keine Ausbuchung IAS 39.20b Ausnahme: Ausfall ist nicht wahrscheinlich *(not likely)* IAS 39.AG40e
Teilung des Ausfallrisikos: Verlust bis zum Betrag X trägt Verkäufer, darüber hinausgehend Käufer	je nach Einzelfall	Variante 1: Verkäufer gibt Verfügungsmacht auf, Ausbuchung Forderung, separate Beurteilung Garantie als Verbindlichkeit gem. IAS 39.20c(i) Variante 2: Verkäufer behält Verfügungsmacht a) Ausfall wahrscheinlich: Teilausbuchung, Fortführung i. H. d. Risikoanteils IAS 39.20c(ii). Entsprechender Passivposten, erhöht um den *fair value* der Garantie (IAS 39.31) b) Ausfall nicht wahrscheinlich: Ausbuchung IAS 39.20c(ii) i. V. m. IAS 39.AG40e
echtes Factoring, aber Verwaltung/ Abwicklung bleibt beim Verkäufer: hierfür Gebühr	keine spezifische Regelung	Ausbuchung Forderung, Aktivierung Servicerecht oder Passivierung Servicepflicht je nach Verhältnis von Servicegebühr zu den zu erbringenden Leistungen IAS 39.24

Tab. 4: Factoring nach HGB und IFRS

Zum Sonderproblem der Abtretung versicherter Forderungen *(preinsured assets)* wird auf Rz 66 verwiesen.

Der Fall des **Rückbehalts des Servicerechtes** (Einzug, Verwaltung der Forderung) hindert den Abgang der Forderung (oder des sonstigen finanziellen Vermögenswertes) nicht. Erhält der Forderungsverkäufer für seine Dienste keine Gebühr oder eine Gebühr, die den Dienstaufwand nicht kompensiert, so ist eine entsprechende **Schuld** einzubuchen. Wird umgekehrt der Aufwand überkompensiert, ist ein Servicerecht zu **aktivieren** (IAS 39.24). 71

Für den Fall des Rückbehalts so gut wie aller Risiken beim Forderungsverkäufer ist ein für den Verkauf **erhaltenes Entgelt** *(consideration received)* zu passivieren (IAS 39.28). Erfolgt die Bezahlung nicht sofort, sondern wird die Fälligkeit des Kaufpreises in x Tagen vereinbart, stellt sich die Frage, ob schon die Begründung der Kaufpreisforderung oder erst deren Bezahlung als *„consideration received"* zu qualifizieren ist. Je nach Beantwortung ist der Vorgang brutto oder netto zu buchen. 72

Beispiel

V verkauft und überträgt still am 31.12.01 eine in 3 Monaten fällige Forderung von 100 zum Preis von 98, fällig in 1 Monat, an Factor F. So gut wie alle Risiken der verkauften Forderung bleiben bei V.

Nettobetrachtung

Datum	Konto	Soll	Haben
31.12.01:	keine Buchung		
31.01.02:	Geld	98	
	Verbindlichkeit gegen F		98
31.03.02	Geld	100	
	Debitor		100
	Verbindlichkeit gegen F	98	
	Aufwand	2	
	Geld		100

Bruttobetrachtung:

Datum	Konto	Soll	Haben
31.12.01	Forderung gegen F	98	
	Verbindlichkeit gegen F		98
31.01.02:	Geld	98	
	Forderung gegen F		98
31.03.02	Geld	100	
	Debitor		100
	Verbindlichkeit gegen F	98	
	Aufwand	2	
	Geld		100

Für eine Bruttobetrachtung spricht, dass der Forderungsverkäufer im Zeitpunkt der Abtretung der Kundenforderung einen vertraglichen Zahlungsanspruch gegen den Factor und damit zwar kein Geld, aber einen finanziellen Vermögenswert erwirbt. Eine Nettobetrachtung wird hingegen durch IAS 39.AG49 gestützt. Dort ist für den Fall einer Übertragung, die nicht zur Ausbuchung führt, eine Doppelerfassung von Rechten und Pflichten (Bruttobetrachtung) explizit untersagt, wenn die Rechte den Charakter **derivativer** Finanzinstrumente haben. Es sind keine Gründe ersichtlich, warum bei **originären** Finanzinstrumenten (hier Forderungen an den Factor) etwas anderes gelten soll. Die Nettobetrachtung ist daher u. E. vorzuziehen.

73 **ABS-Transaktionen** *(asset-backed securities)*[13] sind eine besondere Form des Factoring. Die Forderungen werden von einem Unternehmen (Originator) an eine eigens gegründete Zweckgesellschaft (SPE = *special purpose entity)* verkauft. Die Zweckgesellschaft finanziert sich durch die Ausgabe von Wertpapieren an externe, vor allem institutionelle Investoren. Die Wertpapiere werden aus dem Zahlungsstrom (Zins- und Tilgungszahlungen) der Forderungen bedient. Üblicherweise verbleibt ein Teil des Forderungsausfallrisikos beim Veräußerer, sei es durch die direkte Abgabe von Garantien, sei es durch die Finanzierung der Zweckgesellschaft durch zwei Klassen von Wertpapieren. Im zweiten Fall halten die Externen die Senior-Papiere, die vorrangig bedient werden, und der Forderungsverkäufer die Junior-Papiere, die nur nachrangige Rechte enthalten. Der Forderungsverkauf selbst unterliegt im Wesentlichen den allgemeinen oben genannten Regeln (Abgang, Teilabgang usw.).

74 ***Off-balance-sheet*-Finanzierungen** sind im Gefolge des Enron-Skandals (US-GAAP!)[14] in Verruf geraten. Hierbei ist zwischen **zwei Problemkreisen** zu unterscheiden:

- Einerseits geht es um die **allgemeinen Regeln zur Ausbuchung** von Forderungen (Factoring), aber auch von Anlagegegenständen *(sale and lease back).* Bei Forderungen betraf dies die Frage nach der Angemessenheit des in IAS 39 (2000) verfolgten Kontroll- und Komponentenansatzes. Er stellte in einer eher formalistischen Betrachtung auf den rechtlich einfach zu bewerkstelligenden Übergang der Verfügungsmacht (Kontrolle) ab und überließ die Würdigung der verbleibenden Risiken einer separaten Betrachtung, die nur bei überwiegender Wahrscheinlichkeit (→ § 21 Rz 37) zu einer Rückstellung führte.
- Zum andern geht bzw. ging es um die mögliche **Eliminierung** von Vermögenswerten aus dem Konzernabschluss ohne Übertragung an Fremde, weil die Regelungen zur Konsolidierung von SPEs entweder kasuistisch umgangen werden können (US-GAAP) oder zu stark ermessensbehaftet sind (SIC 12; → § 31).

75 Die in 2003 verabschiedeten Änderungen von IAS 39 sorgen im ersten Punkt für eine Verschärfung. Forderungen dürfen im Wesentlichen nur noch dann oder insoweit ausgebucht werden, als der Veräußerer nicht für die Werthaltigkeit garantiert (Rz 66). Darüber hinaus werden besondere Anforderungen für den zur Ausbuchung erforderlichen Transfer formuliert.

IAS 39.18 verlangt, dass die vertraglichen Rechte zum Erhalt der Zahlungsströme aus den Forderungen (Forderungstilgung) auf den Erwerber übergegangen sind.

---

13 Zur handelsrechtlichen Behandlung: IDW RS HFA 8.

14 Vgl. dazu Hoffmann/Lüdenbach, StuB 2002, S. 541, und Lüdenbach/Hoffmann, DB 2002, S. 1169.

Sofern es sich um eine **stille Zession** ohne Recht der Umwandlung in eine offene handelt, ist nach IAS 39.18(b) zu prüfen, ob eine Weiterleitung der Zahlungseingänge aus den transferierten Forderungen an den Erwerber vereinbart wurde. Weiterleitungsvereinbarungen werden als *pass-through arrangements* bezeichnet. Sie stellen in der Praxis von ABS-Transaktionen die dominierende Strukturierungsvariante dar. An Weiterleitungsvereinbarungen sind nach IAS 39.19 restriktive Anforderungen gestellt. Eine Übertragung ist nur anzunehmen, wenn der Veräußerer verpflichtet ist,

- die eingehenden Zahlungen (und nur diese) **weiterzuleiten**, und zwar
- **ohne wesentliche Verzögerung** *(without material delay)*.

Hiernach sind insbesondere revolvierende Forderungsankäufe problematisch.

Beispiel

Zwischen dem Forderungsverkäufer und einer Zweckgesellschaft wird ein Transfer von Forderungen auf revolvierender Basis sowie eine stille Zession vereinbart. Um Kosten zu sparen, werden die wechselseitigen Zahlungsansprüche aus dem Verkauf der Forderungen und der Weiterleitung der eingehenden Zahlung von Schuldnerseite aufgerechnet. Abrechnungstermin ist jeweils der letzte Werktag im Quartal.

Lösung

Bei revolvierenden Forderungsankäufen erfolgt grundsätzlich keine Weiterleitung der eingehenden „Tilgungsbeträge" aus den Forderungen an den Erwerber. Stattdessen werden die eingehenden Zahlungen *(„collections")* zum Kauf der nächsten Tranche von Forderungen genutzt. Zivilrechtlich bewirkt die Aufrechnung die Tilgung der Hauptforderung und ist damit ein Erfüllungssurrogat. Wirtschaftlich kann nichts anderes gelten: Wenn durch die Vereinbarung einer Aufrechnung nur ein unwirtschaftlicher Transfer von Geldmitteln vermieden wird, entspricht das Ergebnis einer Barmittelübertragung. Deshalb ist u. E. die Aufrechnung als Weiterleitung anzusehen.

Unklar ist weiterhin, ob die Weiterleitung ohne wesentliche Verzögerung erfolgt. Ausgehend vom Sinnzusammenhang mit IAS 7.7 kann jedoch eine mittlere Zahlungsverzögerung von 45 Tagen u. E. nicht schädlich für die Erfüllung des Kriteriums sein.

Infolgedessen gelten im skizzierten Beispiel die Rechte aus den Forderungen als übertragen.

Sofern sich eine direkte oder indirekte Übertragung der Rechte zum Erhalt der *cash flows* aus den Forderungen ergibt, schließt sich die Beurteilung der Chancen- und Risikenverteilung und ggf. der Kontrolle an. Üblicherweise verbleibt bei ABS-Transaktionen ein Teil des Forderungsausfallrisikos beim Veräußerer. Dies geschieht durch

- die Abgabe von **Garantien** *(financial guarantees)*,
- die Finanzierung der Zweckgesellschaft durch zwei **Klassen von Wertpapieren** *(subordination)* oder
- andere Sicherungsmechanismen *(credit enhancements)*, wie z. B. **Rückkaufzusagen** *(recourse obligation)*, **Patronatserklärungen** *(letter of comfort)*, **Übersicherung** *(overcollateralization)* und **Reservefonds** *(excess spread)*.

Bei einer derartigen **Risikoteilung** ist zu prüfen, ob der Erwerber die **Kontrolle** über die Forderung hat (IAS 39.20(c)). Im Einzelnen wird hierzu auf Rz 61f. verwiesen.

76 Eine **Konsolidierungspflicht** der die Forderungen erwerbenden **Zweckgesellschaft** beim Originator hätte zur Konsequenz, dass die Forderungen nur einzelbilanziell, jedoch nicht aus Konzernsicht auszubuchen wären.

Die Beurteilung der Konsolidierungspflicht erfolgt vorrangig nach SIC 12, hier insbesondere nach dem Kriterium der Risikotragung. Alle mit der Zweckgesellschaft in Verbindung stehenden Personen sind auf den Umfang ihrer individuellen Risikotragung hin zu untersuchen. Ein Kontrollverhältnis ist dann zu vermuten, wenn eine Partei verpflichtet ist, mehrheitlich die **eigentümertypischen Risiken** aus der Unternehmenstätigkeit der Zweckgesellschaft zu übernehmen.[15]

Beispiel[16]

Die V-AG (Originator) hält Forderungen aus Lieferungen und Leistungen gegenüber einer Vielzahl von Kunden. Um die Liquiditätssituation zu verbessern, verkauft die V-AG diese Forderungen an die Zweckgesellschaft SPE-GmbH. Die SPE verbrieft die Forderungen durch die Begebung von Wertpapieren an institutionelle Investoren. Um den Investitionsanreiz für die Investoren zu steigern, wird eine Renditegarantie von der SPE gewährt. Die SPE kann aus dieser Garantie resultierende Aufwendungen gegenüber der V-AG geltend machen.

Lösung

Unabhängig davon, ob der Originator den Investoren direkt eine Mindestrendite garantiert oder wie im Beispiel indirekt für sie einsteht, trägt der Originator eigentümerähnliche Risiken. Demgegenüber ist die Gewinn- und Verlustpartizipation der Investorenseite begrenzt. In dieser vereinfachten Betrachtung trägt der Originator die Mehrheit der Risiken aus der ABS-Transaktion. Das führt zur Annahme einer Beherrschung und damit zur Konsolidierung der SPE beim Originator. Eine Konsolidierung bei den Investoren kommt nicht in Betracht, da diese weder einen signifikanten Anteil am Reinvermögen haben noch eigentümertypischen Risiken ausgesetzt sind.

Die Zweckgesellschaft kann zugunsten mehrerer Unternehmen tätig sein (*multi-seller*-Modelle). Hinsichtlich SIC 12 ergibt eine oberflächliche Betrachtung dann Folgendes:

- Der einzelne Originator hat nur das Recht, einen Teil der Nutzen der Zweckgesellschaft zu ziehen, und
- trägt auch nur einen Teil der Risiken der Zweckgesellschaft.

Die Konsolidierung wird durch eine derartige **zellulare Strukturierung** der Zweckgesellschaft jedoch i.d.R. nicht vermieden. Trägt der Originator nur die Risiken und Chancen aus dem von ihm veräußerten Forderungspool, gewährleisten die gesellschaftsvertraglichen, schuldrechtlichen und wertpapierrechtlichen Vertragsbedingungen eine Immunisierung gegen die Wertentwicklung

15 Vgl. auch FINDEISEN/ROSS, DB 1999, S. 1077–1079.

16 Entnommen: ENGEL-CIRIC/SCHULER, PiR 2005, S. 19ff.

des von anderen Originatoren veräußerten Forderungen, werden der eigene Forderungspool und die für seinen Kauf von der Zweckgesellschaft ausgegebenen Wertpapiere zu einem selbstständigen Konsolidierungsobjekt (→ § 32 Rz 83).

3.2.2.2 *Bondstripping* und sonstige Teilveräußerungen

Als Beispiel für eine Teilveräußerung wurde unter Rz 71 die Veräußerung einer Forderung unter Rückbehalt des Servicerechtes behandelt. Die Forderung wird nur teilweise, nach dem Verhältnis der Zeitwerte des zurückbehaltenen und des verkauften Teils, ausgebucht. Entsprechend dieser in IAS 39.27 festgehaltenen Regelung sind auch Fälle des *bondstripping* zu behandeln. Unter *bondstripping* versteht man das Trennen des Zinscoupons vom Mantel einer Anleihe mit dem Ziel, die einzelnen Zinscoupons separat behandeln zu können *(strip = separate trading of interest and principal)*. Die Anleihe ist nur **teilweise**, nach dem Verhältnis der Zeitwerte des verkauften und des zurückbehaltenen Teils, auszubuchen (IAS 39.27). 77

Hierzu folgendes vereinfachtes Beispiel: 78

Beispiel

Eine Anleihe im Nominalwert von 100 und mit einem Nominalzins von 10 % hat noch eine Restlaufzeit von einem Jahr. Der Zinscoupon wird abgetrennt und für 9,30 veräußert. Die Anleihe ist mit 100 bilanziert. Die aktuelle Marktrendite der Anleihe beträgt 8 %. Der Kurswert der Anleihe ist 101,86. Die Aufteilung des Buchwerts ergibt sich auf Basis der Marktrendite von 8 % wie folgt:

Marktwert Stammrecht: 100/1,08 = 92,6 = 90,9 %

Marktwert Zinscoupon: 10/1,08 = 9,26 = 9,1 %

Von den 100 Buchwert sind 9,1 % = 9,10 als Abgang des Zinscoupons zu buchen. Somit folgende Buchung:

Konto	Soll	Haben
Geld	9,30	
Wertpapier (Zinscoupon)		9,10
Ertrag		0,20

Der Ertrag von 0,20 erklärt sich wie folgt:

Der Marktwert des Zinscoupons (9,26) liegt um 0,16 über seinem (anteilig im Wertpapier enthaltenen) Buchwert.

Außerdem ist der Kaufpreis (9,30) um 0,04 höher als der Marktwert.

Maßstab für die Aufteilung des Buchwertes in abgehenden und verbleibenden Teil ist das **Verhältnis der Marktwerte**. Dieses ergibt sich im Beispiel aus der Marktrendite von 8 % und nicht aus der Buchwertrendite. Handelsrechtlich gilt auch die Aufteilung nach der Buchwertrendite als zulässig.[17] 79

17 IDW RH BFA 1.001.

Die vorstehenden Regelungen sind nicht auf den Fall des *bondstripping* beschränkt. Sie gelten in gleicher Weise für den Teilabgang sonstiger Vermögenswerte.

3.2.2.3 Rückübertragungsregelungen, insbesondere Wertpapierpension und -leihe, *total-return*-Swaps

80 Ein Vermögenswert kann unter gleichzeitiger Vereinbarung einer (eventuellen) Rückübertragung veräußert werden. Zum Abgang eines Vermögenswertes beim Übertragenden führen derartige Vereinbarungen nur, wenn

- alle wesentlichen Risiken und Erwerbschancen auf den Erwerber übergehen oder
- bei Teilverbleib der Risiken die Verfügungsmacht aufgegeben wird (IAS 39.20ff.).

Risikotragung und Kontrolle variieren mit

- der **Art des Rückübertragungsrechts:**
  - Rückerwerbsrecht des Veräußerers *(call option)*,
  - Rückgaberecht des Erwerbers *(written put option)*,
  - unbedingter Rückübertragungsvertrag;
- der **Art des Vermögenswertes:**
  - jederzeit am Markt verfügbar (insbesondere notierte Wertpapiere),
  - sonstiger Vermögenswert;
- dem vereinbarten **Rücknahmepreis:**
  - fester Preis oder Veräußerungspreis plus zinsähnlicher Aufschlag,
  - Zeitwert am Tag der Rücknahme.

81 Bei **unbedingten Rücknahmevereinbarungen** (echte Pensionsgeschäfte) kommt es auf den Rückübertragungs**preis** an:

- Rückübertragungen zu einem festen Preis hindern die Ausbuchung, weil die Wertänderungsrisiken beim Veräußerer verbleiben (IAS 39.AG51a).
- Rückübertragungen zum *fair value* des Rückübertragungstages führen zur Ausbuchung, weil die Wertänderungsrisiken übergehen. (IAS 39.AG51j).

Wie unbedingte Geschäfte sind u.E. **wechselseitig eingeräumte Optionen** zu würdigen, bei denen die *call*-Option des ursprünglichen Verkäufers und die *put*-Option des Käufers auf den gleichen Ausübungspreis lauten.

Wird bei einer auf einen festen Preis lautenden Rücknahmevereinbarung das ursprüngliche Veräußerungsentgelt *(consideration received)* in bar entrichtet, ist der Vorgang gem. IAS 39.29 als besicherte Darlehensaufnahme zu buchen (per Geld an Verbindlichkeit gegenüber Wertpapierkäufer). Besteht das Entgelt darin, dass der Wertpapieverkäufer seinerseits andere Wertpapiere unter äquivalenten Vereinbarungen erwirbt, stellt sich die Frage, wie „*consideration received*“ zu interpretieren, ob also eine Netto- oder Bruttobetrachtung angezeigt ist (Rz 72).

Beispiel

A verkauft am 31.12.01. in echter Pension Wertpapiere X zu einem Veräußerungspreis von 100 an B. Der vereinbarte Rücknahmepreis beträgt ebenfalls 100. B veräußert gleichzeitig Wertpapiere Y mit gleicher Kondition an A.

Am 31.3.02 veräußert A die Wertpapiere Y zu 120 am Markt. Am 31.12.02 beschafft er sie am Markt wieder zu 115. Der Wert der Papiere X bleibt während des gesamten Betrachtungszeitraums konstant bei 100. Bei A ergeben sich folgende Buchungen:

Nettobetrachtung:

Datum	Konto	Soll	Haben
31.12.01:	keine Buchung		
31.03.02:	Geld	120	
	Verbindlichkeit gegen B		100
	Ertrag		20
31.12.02:	Verbindl. gegen B	100	
	Aufwand	15	
	Geld		115

Bruttobetrachtung:

Datum	Konto	Soll	Haben
31.12.01:	Wertpapiere Y	100	
	Verbindlichkeit gegen B		100
31.03.02:	Geld	120	
	Wertpapiere Y		100
	Ertrag		20
31.12.02:	Wertpapiere Y	115	
	Geld		115
	Verbindlichk.gegen B	100	
	Aufwand	15	
	Wertpapiere Y		115

Call- und *put-***Optionen**, die ein **Rückübertragungsrecht zum** ***fair value*** vorsehen, führen ebenfalls zur Ausbuchung des Vermögenswertes (IAS 39.AG51j). 82
Bei Rücknahme-/Rückgabe-**Optionen zu einem vorher vereinbarten Preis** ist zunächst auf die Konditionen der Optionen, sodann ggf. noch auf die Art des Vermögenswertes abzustellen:

- Ein besonders **günstiger Ausübungspreis** (*option deeply in the money*) hindert die Risikoübertragung und damit die Ausbuchung beim Veräußerer, weil die Ausübung der Option durch den Erwerber, d.h. die Rückübertragung, wahrscheinlich ist (IAS 39.AG51f.).
- Besonders **ungünstige Ausübungspreise** (*option deeply out of the money*) führen umgekehrt zur Ausbuchung (IAS 39.AG51g).
- Ist der Ausübungspreis weder besonders günstig noch besonders ungünstig *(option at the money)*, liegen Wertänderungsrisiken und -chancen teils beim Veräußerer, teils beim Erwerber. Unter diesen Umständen kommt es darauf an, ob der Veräußerer die **Verfügungsmacht** aufgegeben hat. Dies hängt von der **Art** des Vermögenswertes ab (vgl. Abb. 4):
  - Eine *call option* auf einen **jederzeit am Markt verfügbaren** Vermögenswert führt zur Ausbuchung beim Veräußerer: Der Erwerber kann den Vermögenswert ohne Rücksicht auf die *call option* weiterveräußern, da er ihn bei Ausübung der *call option* jederzeit wieder beschaffen kann (IAS 39.AG51h).

- Eine *call option* auf einen **nicht jederzeit am Markt verfügbaren** Wert führt nicht zur Ausbuchung beim Veräußerer: Der Erwerber kann den Vermögenswert nicht frei weiterveräußern, da er mit der Rückforderung durch den Veräußerer rechnen muss (IAS 39.AG51h).
- Eine dem Erwerber gewährte *put option (written put option)* auf einen **jederzeit am Markt verfügbaren Vermögenswert** führt zur Ausbuchung beim Veräußerer: Der Erwerber kann den Vermögenswert ohne Rücksicht darauf, ob er die *put option* ggf. ausüben möchte, weiterveräußern (IAS 39.AG51h).
- Bei einer gewährten *put option* auf einen **nicht jederzeit am Markt verfügbaren Vermögenswert** soll es darauf ankommen, dass die Option hinreichend wertvoll *(sufficiently valuable)* ist, um den Erwerber von der Weiterveräußerung abzuhalten (dann kein Kontrollübergang und keine Ausbuchung beim Veräußerer; IAS 39.AG51i).

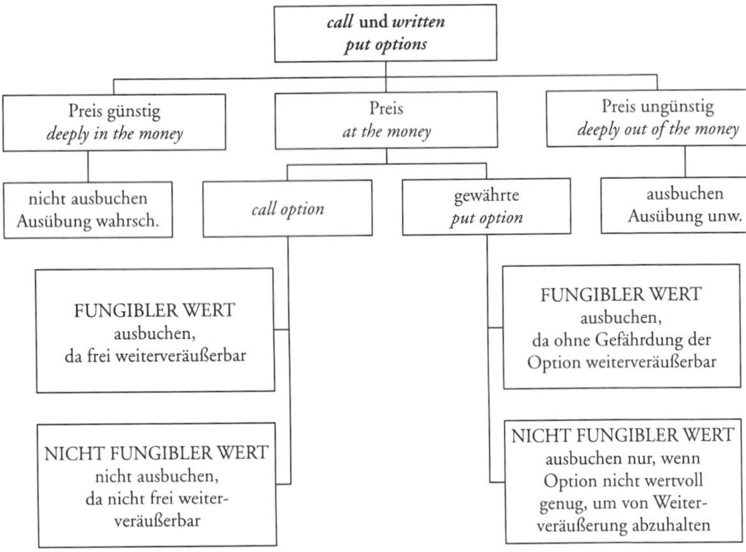

Abb. 5: Bilanzierung bei Rücknahme-/Rückgaberecht

83 Die Bedingung der jederzeitigen Verfügbarkeit am Markt ist insbesondere bei börsengängigen **Wertpapieren** gegeben. In diesem Bereich sind deshalb wegen der leichten Wiederbeschaffbarkeit, aber auch wegen der leichten Bewertbarkeit, **Pensionsgeschäfte** üblich. Die nachfolgende Tabelle zeigt den Regelausweis des Pensionsgutes beim Pensionsgeber, sodass dann der Geldfluss bei Veräußerung als **Kredithingabe** und der spätere Rückfluss als **Kreditrückzahlung** zu behandeln ist.

Wertpapierpension usw. (bei Börsen- oder Marktgängigkeit und vorher vereinbartem Preis; IAS 39.38ff.)

Art	Rechte/Pflichten	Bilanzierung bei
echte Pension	bindender Rückübertragungsvertrag	Pensionsgeber IAS 39.AG51b
	Rückerwerbsrecht des Pensionsgebers	Pensionsnehmer IAS 39.AG51h (jedoch Pensionsgeber, wenn *deeply in the money* IAS 39.AG51f.)
unechte Pension	Andienungsrecht des Pensionsnehmers	Pensionsnehmer
gemischte Pension	Rückerwerbsrecht PG + Andienungsrecht PN	Pensionsgeber
Wertpapierleihe	wie echtes Pensionsgeschäft	wie echtes Pensionsgeschäft IAS 39.AG51b
total-return-Swap	Marktrisiko und Erträge bleiben beim Veräußerer	Veräußerer IAS 39.AG51o

Tab. 5: Wertpapierpension, Wertpapierleihe, *total-return*-Swap

Beim ***total-return*-Swap** werden die Erträge und Risiken des verkauften Wertpapiers sogleich auf den Verkäufer**rückübertragen**. Er behält somit sämtliche Erträge, d.h. Zinsen oder Wertsteigerung, aus dem veräußerten Vermögenswert. Die Veräußerung i. V. mit einem *total-return*-Swap führt somit nicht zur Ausbuchung beim Veräußerer (IAS 39.AG51o). 84

3.2.2.4 Ausbuchung von Verbindlichkeiten: Verjährung, Umschuldung, Rückkauf von Anleihen

Die Ausbuchung von Verbindlichkeiten setzt deren Erlöschen voraus (IAS 39.39). Wichtige Formen des Erlöschens sind neben der Bezahlung die Entlassung aus der Schuld durch den Gläubiger (**Erlass**) oder durch Gesetz (**Verjährung**; IAS. 39AG57). 85

Das deutsche Handels- und Steuerrecht sieht die Weiterbilanzierung einer **verjährten Verbindlichkeit** vor, wenn sich der Kaufmann der Verpflichtung aus wirtschaftlichen Gründen (Ruf, Erhaltung der Geschäftsbeziehungen usw.) nicht entziehen kann.[18] U. E. gilt für IFRS nichts anderes, da IAS 37.14 die Passivierung faktischer Verpflichtungen, die sich aus üblichen Geschäftsgebaren ergeben, vorsieht (→ § 21 Rz 24).[19]

18 BFH, Urteil v. 9.2.1993, VIII R 21/92, BStBl II 1993, S. 543.

19 Anderer Auffassung offenbar BELLAVITE/HÖVERMANN/BARCKOW, in: BAETGE u.a., IAS 39, Tz 115.

86 Bei der **Umschuldung von Krediten** oder der Modifizierung der Konditionen eines Kredits stellt sich die Frage, ob ein **Abgang** der **alten** und ein **Zugang** einer **neuen** Verbindlichkeit (Einzelheiten unter Rz 197ff.) anzunehmen ist oder die alte Verbindlichkeit zu geänderten Bedingungen fortgeführt wird. IAS 39.40 zieht die Grenzlinie anhand der **Vertragsbedingungen**. Unterscheiden sich diese **substanziell** – Abweichung des Barwertes der neuen Verpflichtung um mindestens 10 % gegenüber der alten Verpflichtung –, ist ein Abgang der alten und ein Zugang der neuen Verpflichtung anzunehmen (IAS 39.AG62). Für die Barwertberechnung ist die Effektivverzinsung des alten Kredites maßgeblich. Auch qualitative Änderungen können als substanziell einzustufen sein, ohne dass eine 10-%-Änderung des Barwerts vorliegt (z.B. Wechsel in der Nachrangigkeit oder in der Währung).

87 Ist eine substanzielle Änderung gegeben, d.h der alte Kredit auszubuchen und ein neuer einzubuchen, so kann aus der Ausbuchung des alten Kredits ein **Gewinn** oder **Verlust** entstehen. Hierzu folgendes Beispiel:

Beispiel
Ein Unternehmen hat vor einigen Jahren ein Darlehen mit nominal 100 bei einem hohen Disagiound einem niedrigen Nominalzins erhalten. Das Darlehen wurde nach der Effektivzinsmethode (Aufzinsung des Auszahlungsbetrages) bilanziert. Der Buchwert beträgt 95. Eine Umschuldung wird vereinbart. Das neue Darlehen von 100 (ohne Disagio) hat eine deutlich geringere Effektivverzinsung und deshalb einen substanziell niedrigeren Barwert als das alte Darlehen.
Das alte Darlehen ist wie folgt auszubuchen:

Konto	Soll	Haben
Darlehen alt	95	
Aufwand	5	
Darlehen neu		100

88 Bei einem **Rückkauf von Anleihen** mit der Absicht der erneuten Platzierung am Markt ist gem. IAS 39.AG58 wie folgt zu verfahren: Die Verbindlichkeit erlischt, da die Gesellschaft keine Verbindlichkeit gegen sich selbst haben kann (Konfusion). Eine eventuelle Differenz zwischen Rückkaufswert und Buchwert ist erfolgswirksam zu behandeln. Die erneute Platzierung begründet eine neue Schuld.

3.2.2.5 Vollstreckung in Sicherheiten

89 In seiner ursprünglichen Fassung sah IAS 39 die Aktivierungspflicht erhaltener Sicherheiten unter der Voraussetzung vor, dass der Sicherungsnehmer die Sicherheiten frei veräußern oder durch Verwendung verwerten dürfe. Eine entsprechende Pflicht besteht jetzt nur noch für die Verpfändung von Zahlungsmitteln und Zahlungsmitteläquivalenten (IAS 39.IG.D.1.1). Im Übrigen sind Sicherheiten unter bestimmten Bedingungen nur noch bei der Bemessung der **Wertminderung** eines Vermögenswertes zu berücksichtigen (IAS 39.AG84) (Rz 128).

4 Bewertung von aktiven originären Finanzinstrumenten

4.1 Überblick

Die **Erstbewertung** aktiver originärer Finanzinstrumente erfolgt i.d.R. zu **Anschaffungskosten,** auch wenn IAS 39.43 irreführend von einer Zugangsbewertung zum *fair value* spricht (Rz 99ff.). Gegenüber dem **Handelsrecht** besteht eine wesentliche **Abweichung** für Darlehen und Forderungen: Weicht der ausgereichte Betrag vom nominellen Forderungsbetrag ab, z.B. im Falle von **Disagien oder Agien,** bestimmt die ausgereichte Summe die Anschaffungskosten. Der Unterschiedsbetrag wird nicht wie im HGB als Rechnungsabgrenzungsposten erfasst, sondern im Rahmen einer Effektivzinsrechnung über die **Laufzeitamortisiert** (Rz 116 und Rz 40). 90

Bei der **Folgebewertung** werden 91

- für **Forderungen** (LaR) und **Fälligkeits**investments **(HTM)** die fortgeführten **Anschaffungskosten** angesetzt (Rz 105),
- für **Handelswerte** (FVTPL) und **veräußerbare Werte** (AfS) die *fair values* (Rz 106).

Die Veränderungen des *fair value* sind bei **Handelswerten** erfolgs**wirksam**, bei **veräußerbaren Werten** erfolgs**neutral** zu behandeln (Rz 34f.). 92

Erfolgswirksame **außerplanmäßige Abschreibungen** und **Zuschreibungen** fallen nur dort an, wo nicht ohnehin erfolgswirksam zum *fair value* bilanziert wird, also bei ausgereichten Forderungen, Fälligkeitsinvestments und bei veräußerbaren Werten. 93

Wegen Änderung der Verwendungsabsicht oder aus anderen Gründen kann es zu einer **Umklassifizierung von Finanzinstrumenten**[20] kommen. Hierbei entsteht eine Wertdifferenz, wenn die bisherige Bewertung zu fortgeführten Anschaffungskosten und die zukünftige Bewertung zum *fair value* erfolgt oder umgekehrt. Bei der Umklassifizierung bisheriger Fälligkeitsinvestments in veräußerbare Werte ist das Umbewertungsergebnis erfolgs**neutral** zu behandeln. Bei der Umklassifizierung von veräußerbaren Werten in Fälligkeitsinvestments dient der *fair value* im Umklassifizierungszeitpunkt als neue Anschaffungskostenbasis. Bisher nicht erfolgswirksam erfasste *fair-value*-Bewegungen (veräußerbare Werte) sind ggf. über die verbleibende Nutzungsdauer **erfolgswirksam** aufzulösen. Durch das im Oktober 2008 ergangene *Amendment* zu IAS 39 ist eine Umklassifizierung von Handelswerten (FVTPL) in Forderungen (LaR) erstmals zugelassen worden. 94

Die nachfolgende Tabelle fasst die **Grundregeln der Bewertung von aktiven Finanzinstrumenten** zusammen. Wegen der Regeln zur Umklassifizierung wird auf Rz 182 verwiesen: 95

[20] Ein vergleichbares Problem ergibt sich bei der Umwidmung von als Finanzinvestitionen gehaltenen Grundstücken (→ § 16 Rz 103f.) sowie bei zum Verkauf bestimmten Anlagewerten nach IFRS 5 (→ § 29).

	Fälligkeitswerte ***(held to maturity)*** **(ebenso Darlehen/Forderungen)**	**veräußerbare Werte** ***(available for sale)***	**Handelswerte** ***(trading)*** **(einschl. gewillkürter Handelswerte gem.** ***fair value option)***
Bei Empfänger	Fremdkapital	FK oder EK	EK oder FK
Funktion	Absicht und Fähigkeit, bis Fälligkeit zu halten	Negativdefinition: keine der anderen Klassen	Spekulationsabsicht, kurzfristige Gewinne
Erstbewertung	AK (nom. FV)	AK (nom. FV)	AK (nom. FV)
Folgebewertung	fortgeführte AK (Effektivzinsmeth.)	*fair value*	*fair value*
Erfolg aus Änderung ***fair value***	entfällt	erfolgsneutral	Aufwand/Ertrag
außerplanmäßige Abschreibung	Aufwand	zuvor in EK berücksichtigten Verlust in GuV übernehmen	entfällt
Zuschreib. nach außerplanmäßiger Abschreibung	Ertrag	Ertrag bzw. Eigenkapital	entfällt

Tab. 6: Behandlung originärer aktiver Finanzinstrumente

96 Nicht ausdrücklich dargestellt sind in der Tabelle sog. **hybride Produkte**. Hierbei sind in ein Basisinstrument (meist Anleihe) bestimmte Rechte oder Pflichten eingebettet, die bei isolierter Betrachtung als Derivate gelten würden. Neben dem klassischen Instrument der **Wandelschuldverschreibung** (Schuldverschreibung als Basisinstrument, Option zur Umwandlung in Aktien als eingebettetes Derivat) gibt es inzwischen eine Unzahl sinnvoller, aber auch überaus exotischer Varianten hybrider bzw. strukturierter Produkte (Rz 28).

97 Ein Bewertungsproblem ergibt sich dann aus dem *mixed model* von IAS 39 (Rz 3). Denn Derivate sind stets zum *fair value* zu erfassen (Rz 228), originäre Fremdkapitalinstrumente dagegen unter bestimmten Bedingungen zu fortgeführten Anschaffungskosten. Eine einheitliche Bilanzierung des strukturierten Produkts unter Anschaffungskostengesichtspunkten würde dann nicht die Wertänderung des eingebetteten Derivats wiedergeben und zu einem anderen Ergebnis führen als bei wirtschaftlich gleichwertigem separaten Erwerb von originärem Finanzinstrument und Derivat. Daher sieht IAS 39.11 unter bestimmten Umständen eine vom Trägerinstrument getrennte Bilanzierung und Bewertung des

eingebetteten Derivats erfolgswirksam zum *fair value* vor. Hierzu folgendes Beispiel (vgl. auch Rz 117):

Beispiel
Ein Unternehmen hat bei einem Marktzins von 10 % Wandelanleihen mit einem Zins von 6 % platzieren können. Der vergleichsweise niedrige Zinssatz resultiert daraus, dass die Anleihe zu Bedingungen in Aktien umgewandelt werden kann, die nach Einschätzung der Marktteilnehmer als vorteilhaft gelten.
Einige Zeit nach der Platzierung hat sich der Aktienkurs wider Erwarten drastisch verschlechtert. Der Kurs der Anleihe sinkt, nicht wegen verschlechterten Bonitätsratings (dieses ist nach wie vor gut), sondern weil sich der Aktienmarkt in einer Baisse befindet und dadurch eine Entwertung des Umtauschrechtes eingetreten ist.
Unternehmen A hat Teile der Anleihe bei Emission erworben und will sie bis zur Fälligkeit halten. Würde der Ausweis insgesamt zu fortgeführten Anschaffungskosten erfolgen, hätte der Kursrückgang keine Bewertungsrelevanz. Hätte A dagegen eine normale Anleihe mit 6 % Nominalverzinsung zu einem beträchtlichen Disagio (zum Ausgleich der unter Marktniveau liegenden Verzinsung) erworben und aus dem Disagiobetrag Aktienoptionen gekauft, so wären die Optionen jetzt abzuwerten. Erst die Separierung des eingebetteten Derivats und die Bewertung zum *fair value* führen zur Gleichbehandlung beider Fälle.
Unternehmen B hat ebenfalls Teile der Anleihe erworben, will aber mit ihnen handeln. Erfolgt der Ausweis insgesamt zum *fair value*, besteht keine Notwendigkeit (und nach IAS 39.11c auch kein Recht) zur Separierung des Derivats.

Die Analyse und bilanzielle Zerlegung hybrider Finanzinstrumente in das Trä- 98
gerinstrument und das eingebettete Derivat können im Einzelfall sehr **aufwendig** sein. Zur Vermeidung dieser Problematik erlaubt IAS 39.11A daher in der im Juni 2005 verabschiedeten endgültigen Fassung der *fair value option*, hybride Produkte – unter bestimmten Voraussetzungen – **insgesamt erfolgswirksam** zum *fair value* zu bewerten (Rz 32, 166ff.). Durch entsprechende Widmung wird die Separierung des eingebetteten Derivats überflüssig und unzulässig (IAS 39.11c).

4.2 Bewertungsmaßstäbe der Zugangs- und Folgebewertung

4.2.1 Zugangsbewertung: *fair value* als nomineller, Anschaffungskosten als tatsächlicher Bewertungsmaßstab

Bei der **erstmaligen Erfassung** eines finanziellen Vermögenswertes soll dieser 99
gem. IAS 39.43 mit dem fair value, ggf. zuzüglich Transaktionskosten, anzusetzen sein. Nach IAS 39 IG.E.1.1. sind neben Transaktionskosten auch alle anderen **Anschaffungsnebenkosten** zu erfassen, sofern sie nur den Charakter von der Anschaffung zuzurechnenden Einzelkosten *(incremental cost directly attributable to the acquisition)* haben (→ § 8 Rz 11). Zu den Anschaffungsnebenkosten

gehören z.B. Verkehrs- oder Stempelsteuern sowie alle Arten von Gebühren, Provisionen usw., daneben auch Beraterhonorare. Unzulässig ist die Aktivierung von Anschaffungsnebenkosten bei Handelswerten (FVTPL) (Rz 144).

In den übrigen Fällen hat der Zugangswert **teils** ***fair-value***-Charakter, **teils** (nämlich in den Nebenkosten) Anschaffungskostencharakter und vermengt somit zwei im IFRS-Regelwerk ansonsten fein getrennte **Bewertungsmaßstäbe.** Das **eigentliche Novum** besteht aber in der Verwendung des *fair value* als **Einbuchungswert** für einzeln erworbene Vermögenswerte. Eine derartige Zugangsbewertung war vorher nur solchen Erwerben vorbehalten, die als Sachgesamtheit im Rahmen eines Unternehmenszusammenschlusses erfolgten (→ § 31 Rz 100) oder bei denen es, wie z.B. bei Zuschüssen, überhaupt an einer entgeltlichen Anschaffung fehlte (→ § 12 Rz 30). Auch IAS 39 (2000) hatte daher den *fair-value*-Ansatz noch auf die Folgebewertung beschränkt.

100 Der für den Zugang verwendete Bewertungsmaßstab entscheidet darüber, ob ein Anschaffungsvorgang erfolgsneutral oder erfolgswirksam ist.

- Das **Anschaffungskostenprinzip** stellt die **Erfolgsneutralität des Erwerbsvorgangs** sicher. Buchungstechnisch drückt sich diese in einem Aktivtausch („Wertpapiere an Geld") oder in einer einfachen Bilanzverlängerung („Wertpapiere an Verbindlichkeit") aus (→ § 8 Rz 5).
- Beim Ansatz des *fair value* kann es hingegen zur Divergenz von Zugangswert *(fair value)* und Erwerbspreis kommen. Die Folge wäre ein **sofortiger Ertrag** bei einem günstigen bzw. ein **sofortiger Aufwand** bei einem ungünstigen Erwerbspreis.

Konsequenterweise musste dann jeder Anschaffungsvorgang auf das **Verhältnis** von **Erwerbspreis** und **erhaltener Leistung** geprüft werden. Folgende Fragen wären dann etwa zu stellen:

- Hat die für 100 angeschaffte, nichtbörsennotierte Aktie einen *fair value* von 90 (dann 10 Aufwand) oder von 110 (dann 10 Ertrag)?
- Ist die Verzinsung der mit 100 ausgezahlten Darlehensforderung bonitäts- und marktgerecht (dann Einbuchung mit 100) oder zu niedrig (dann Aufwand und Einbuchung mit einem niedrigeren Betrag) oder zu hoch (dann Ertrag und Einbuchung mit einem höheren Betrag)?
- Beträgt der *fair value* der Kundenforderung von 100 wegen des jeder Forderung anhaftenden und hier nicht durch Zinsen kompensierten Ausfallrisikos 98 (dann Einbuchung mit 98 und sofort Aufwand von 2 erfassen)?

101 Die Dauerbeschäftigung mit solchen Fragestellungen könnte ein Unternehmen in ein Labor für *fair-value*-Untersuchungen verwandeln und jede operative Tätigkeit zum Erliegen bringen. Solchen **praktischen Bedenken** tragen zwei Hinweise in der *Application Guidance* zu IAS 39 Rechnung:

- Nach IAS 39.AG64 ist der ***fair value*** eines Finanzinstruments im Zugangszeitpunkt **„normalerweise der Transaktionspreis"** (d.h. der *fair value* der hingegebenen Leistung). Ein unvoreingenommener Betrachter wird diesen Wert als Anschaffungskosten bezeichnen: Ein Gegenstand, der gegen die Hingabe einer Geldsumme von 100 erworben wird, ist nach erprobtem Sprachgebrauch und bewährten Regeln mit Anschaffungskosten von 100 zu aktivieren. Nach den Regeln von IAS 39.43 erfolgt die Aktivierung zwar mit dem *fair value*, dieser wird jedoch in IAS 39.AG64 mit dem *fair value* des hingegebenen Geldes und daher ebenfalls mit den Anschaffungskosten gleichgesetzt.

- IAS 39.AG76 bestätigt und konkretisiert diese Feststellungen:
  - „Die **beste Evidenz** des *fair value* eines Finanzinstruments beim Zugang ist der **Transaktionspreis** (d.h. der *fair value* der hingegebenen Leistung ...), es sei denn,
  - der *fair value* des Instruments lässt sich aus einem Vergleich mit anderen **beobachtbaren aktuellen Markttransaktionen im gleichen Instrument ...** ableiten oder
  - er basiert auf einer Bewertungstechnik, deren Variablen **ausschließlich beobachtbare Marktdaten** enthalten."

Die in diesem Hinweis enthaltenen Anforderungen an den *fair value* führen zu 102
einer **Zweiteilung** des *fair-value*-Begriffs:

- Der ***fair value* der Folgebewertungen** kann ggf. auch aus **nicht aktuellen Transaktionen** (IAS 39.AG72) oder aus Transaktionen über zwar ähnliche, aber **nicht gleiche Instrumente** (IAS 39.AG74) abgeleitet werden; soweit es an Transaktionen überhaupt fehlt und deshalb eine DCF-Bewertung durchzuführen ist, muss dieser maximal, aber nicht ausschließlich **marktbasierte** Inputdaten nutzen (IAS 39.AG75).
- Für den ***fair value* der Zugangsbewertung** *(fair value at initial recognition)* sind hingegen **nur beobachtbare, aktuelle Preise des gleichen Instrumentes** zugelassen oder Bewertungsverfahren, die **ausschließlich beobachtbare Marktdaten** verarbeiten.

Die gebotene **pragmatische Interpretation** dieser besonderen Bedingungen für 103
den *fair value* der Zugangsbewertung führt zu folgendem Ergebnis:

- Bewertungsregel für den Normalfall: **Zugangswert = Anschaffungskosten** (d.h. *fair value* der hingegebenen Leistung), evtl. zuzüglich Anschaffungsnebenkosten.
- Bewertungsregel für **Sonderfälle** (nur bei offensichtlicher, ausschließlich aus beobachtbaren Marktdaten bestimmbarer Divergenz von Anschaffungskosten und *fair value* des erworbenen Vermögenswertes): **Zugangswert = *fair value*** des erworbenen Vermögenswertes.

Die praktische Bedeutung des *fair value* als Zugangsmaßstab ist in dieser Inter- 104
pretation gering und beschränkt sich auf zwei Fälle:

- Der Marktpreis eines Finanzinstrumentes steht fest, wird aber gerade nicht als Kaufpreis vereinbart, weil die Personen sich z.B. nahe stehen und deshalb **nicht *arm's length* handeln**.
- Bei **Fremdkapitalinstrumenten** sind **zinslose** oder eindeutig unterverzinsliche **Darlehen** einschlägig.

Beispiel

A gewährt B am 31.12.01 ein zinsloses, am 31.12.03 rückzahlbares Darlehen über 121. Der beobachtbare Marktzins für zweijährige Ausleihungen an Schuldner mit gleicher Bonität wie B beträgt 10 %.

Eine Diskontierungsrechnung ergibt per 31.12.01 einen Barwert *(fair value)* von 100. Sofern die Differenz von 21 zum verausgabten Betrag keinen bilanzierungspflichtigen sonstigen Vermögenswert darstellt, ist zu buchen:

Konto	Soll	Haben
Forderung *(fair value)*	100	
Aufwand	21	
Geld		121

Bei dieser Betrachtung entsteht Aufwand oder Ertrag mit der Zugangsbuchung. Ein solcher *„day one profit“* müsste, wenn der *fair value* als Zugangsmaßstab ernst gemeint wäre, auch noch in folgendem Fall entstehen: Der notierte Marktpreis eines der Folgebewertung zu fortgeführten Anschaffungskosten unterliegenden Fremdkapitalinstrumentes ist bekannt, ändert sich aber zwischen Vertragsabschluss *(trade date)* und Vertragserfüllung *(settlement date)*. Würde die Einbuchung zum *fair value* des *settlement date* erfolgen, entstünde ein Zugangserfolg. Tatsächlich schreibt aber IAS 39.AG56 vor, dass in einem derartigen Fall die Wertentwicklung zwischen *trade date* und Erfüllungstag nicht berücksichtigt wird, es vielmehr bei der Bewertung zu fortgeführten Anschaffungskosten bleibt.
Die o. g. Fälle einer Zugangsbewertung zum *fair value* resultieren daraus, dass der Transaktionspreis sich nicht allein auf das Finanzinstrument bezog, sondern auch für etwas anderes geleistet wurde (*„part of the consideration given or received is for something other than the financial instrument“*), (IAS 39. AG64, AG74–79). Sofern der Teil der Transaktion, der kein Finanzinstrument darstellt, unter keinem anderen Standard bilanzierungsfähig ist, erfolgt eine Erfassung in der GuV.
Unabhängig davon kommt eine Erstbewertung zum *fair value* aber auch dann infrage, wenn der Transaktionspreis eines Finanzinstruments nachweislich nicht seinem *fair value* entspricht. Ein praktischer Anwendungsfall – primär aus dem Bankenbereich – ist ein Händler, der für ein Finanzinstrument Zugang zu verschiedenen aktiven Märkten mit unterschiedlichen Preisen hat. So werden z.B. Derivategeschäfte mit Kunden in einem „Retail“-Markt betrieben und gegenläufige Positionen in einem Interbankenmarkt zu vorteilhafteren Konditionen abgeschlossen. Für einen solchen Fall muss nach IAS 39.AG71 die *fair-value*-Bewertung auf den vorteilhaftesten aktiven Markt *(most advantageous acitve market)* abstellen, zu dem ein unmittelbarer Zugang besteht. Ggf. sind bei der Bewertung Anpassungen vorzunehmen, um Bonitätsunterschiede in den Instrumenten der beiden Märkte zu berücksichtigen. In einem solchen Fall wird der Unterschiedsbetrag zwischen Transaktionspreis und *fair value* als sog. *day one profit/loss* in der GuV erfasst.
Für Finanzinstrumente ohne aktiven Markt ist die Erfassung eines *day one profit/loss* hingegen nur dann zulässig, wenn der *fair value*

- durch Vergleich mit anderen beobachtbaren aktuellen Markttransaktionen in demselben Finanzinstrument nachgewiesen wird oder
- auf einem Bewertungsverfahren basiert, das ausschließlich beobachtbare Marktdaten verwendet (IAS 39.AG76).

Zusammenfassend bringen die Regelungen von IAS 39.43 inhaltlich wenig Neues. In aller Regel sind die **Anschaffungskosten der tatsächliche Maßstab der Zugangsbewertung** (→ § 8 Rz 8). Die Verwendung des *fair value* als nomineller Bewertungsmaßstab trägt eher zur Verwirrung bei.[21]

---

21 Vgl. VÖLKNER, PiR 2005, S. 14ff.

4.2.2 Folgebewertung

4.2.2.1 Begriff der fortgeführten Anschaffungskosten, Effektivzinsmethode

Die **Folgebewertung** von Ausleihungen und **Forderungen** (LaR) und **Fälligkeitsinvestments** (HTM) erfolgt zu **fortgeführten Anschaffungskosten** nach Maßgabe der Effektivzinsmethode (Rz 40). Hierbei wird der erwartete künftige Zahlungsmittelfluss mit dem Zinssatz diskontiert, der unter Einbeziehung der Anfangsauszahlungen (Anschaffungskosten und Anschaffungsnebenkosten) zu einem Barwert von null führt (interner Zinsfuß; IAS 39.9). 105

Die Anwendung der **Effektivzinsmethode** erfolgt **zweistufig**:

- im ersten Schritt ist (z.B. mit Hilfe eines Tabellenkalkulationsprogramms) der **Effektivzins** zu bestimmen, wie er sich unter Beachtung von Nominalzins, Disagio etc. ergibt;
- im zweiten Schritt sind aus den Anschaffungskosten (ausgereichter Betrag, d.h. nicht Nominalbetrag, sondern Summe nach Disagio) der effektiven Verzinsung und den tatsächlichen Zahlungseingängen die **fortgeführten Anschaffungskosten** zu bestimmen.

Beispiel

Die nachfolgende Tabelle zeigt die Vorgehensweise am Beispiel eines Fälligkeitsdarlehens 3-jähriger Laufzeit mit einem Nominalbetrag von 100, einem Disagio von 10, Anschaffungsnebenkosten von 0,05 und einem Nominalzins von 6 %.

1. Effektivzins-Ermittlung (mit Tabellenkalkulationsprogramm)				
AK	Zins 01	Zins 02	Zins + Tilg. 03	Effektivzins
– 90,05	6	6	106	10 %
2. Buchwert-Berechnung				
Jahr	a amort. AK 1.1.	b = a× 10 % eff. Zinsertrag	c *cash flow*	d = a + b + c amort. AK 31.12.
01	90,05	9,01	– 6,00	93,06
02	93,06	9,31	– 6,00	96,36
03	96,36	9,64	– 106,00	0,00

Außerplanmäßige Abschreibungen führen zu einer Minderung der fortgeführten Anschaffungskosten (IAS 39.9). Begrifflich wird der niedrigere Stichtagswert nicht als **Gegensatz** zu den Anschaffungskosten, sondern als deren **Fortführung** angesehen. Zur Ermittlung der niedrigeren fortgeführten Anschaffungskosten des Stichtages werden die erwarten Zahlungen mit dem ursprünglichen Effektivzins diskontiert (IAS 39.63). Nur Änderungen in der Höhe oder dem Zeitpunkt erwarteter Zahlungen, hingegen nicht Änderungen des Zinsniveaus können somit zu einem außerplanmäßigen Abschreibungsbedarf führen.

4.2.2.2 Begriff des *fair value*, Methodik seiner Bestimmung

106 Der *fair value* ist **Folgebewertungsmaßstab für** Handelswerte (FVTPL) und veräußerbare Werte (AfS) und

- damit für **alle Eigenkapitalinstrumente** (Rz 6f.; Aktien, Anteile) und **Derivate** sowie
- für bestimmte, in Handelsabsicht erworbene oder entsprechend gewillkürte **Fremdkapitalinstrumente** (Rz 6f.).

107 Die Hierarchie der *fair-value*-Ermittlung nach IAS 39.AG.71 ff. ist wie folgt:

- Bei Notierung an aktiven Märkten (Rz 108) ist als *fair value* zwingend der **notierte Marktpreis** am Bewertungsstichtag anzusetzen.
- Wenn zwar am Stichtag keine entsprechenden Marktpreise existieren, sich jedoch **zeitnahe Markt- oder Transaktionspreise** für (im Wesentlichen) gleiche Vermögenswerte beobachten lassen, sind Letztere zugrunde zu legen (IAS 39.AG72). Falls sich die wirtschaftlichen Umstände seit der letzen Transaktion/Notierung signifikant geändert haben, ist der letzte verfügbare Preis sachgerecht anzupassen. Infrage kommen z.B. Zu- und Abschläge in Abhängigkeit von der Entwicklung eines Referenzindex oder dem Bewertungsobjekt ähnlicher Vermögenswerte. Eine Preisanpassung ist außerdem geboten, wenn das Unternehmen nachweisen kann *(can demonstrate)*, dass die beobachteten Transaktionspreise aus erzwungenen Verkäufen *(foced transactions, distressed sales)* resultieren und daher nicht den *fair value* repräsentieren (Rz 108).
- Wenn (seit Längerem) kein aktiver Markt für ein Finanzinstrument besteht, ist der *fair value* mit Hilfe einer **Bewertungsmethode** zu ermitteln. Infrage kommt der Vergleich mit aktuellen **Transaktionspreisen ähnlicher Vermögenswerte** oder ein **DCF-Modell.** Bei der Ermittlung des *fair value* mittels Bewertungsmethoden sind im größtmöglichen Umfang beobachtbare Marktdaten und möglichst wenig unternehmensspezifische Daten zu verwenden (IAS 39.AG76, IAS 39.AG76A) (Rz 110).

108 Die Bestimmung des *fair value* ist einfach, wenn, wie insbesondere bei Wertpapieren, **notierte Marktpreise** vorliegen. Notierte Preise in aktiven Märkten gelten als beste Schätzung für den *fair value* (IAS 39.AG72).

Ein **aktiver Markt** setzt das Vorliegen folgender Tatbestandsmerkmale voraus (IAS 39.AG71):

- Notierte Preise sind leicht und regelmäßig *(readily and regularly)* verfügbar und
- repräsentieren tatsächliche und sich regelmäßig *(actual and regularly)* ereignende Markttransaktionen auf *arm's-length*-Basis.

Bei nur noch sporadisch vorliegenden Transaktionen liegt kein aktiver Markt mehr vor.

Das Vorliegen eines aktiven Markts ist dabei aus quantitativer und qualitativer Sicht zu prüfen.

Aus **quantitativer** Sicht gilt: Ein im Verhältnis zum Marktvolumen und zu früheren Transaktionsmengen stark herabgesetztes Transaktionsvolumen impliziert ein geringeres Aktivitätsniveau als zuvor, aber noch nicht notwendigerweise die Inaktivität des Marktes.

Beispiel
Ein offener Fonds ist in *collaterized debt obligations* (CDOs) investiert. Das Investitionsvolumen beträgt 10 Mrd. EUR. Vor der Hypothekenkrise wurden börsentäglich Fondsanteilsscheine im Wert von 300 bis 500 Mio. EUR (= 3 bis 5 % des Gesamtvolumens) gehandelt. Mit Eintritt der Krise verringert sich dieses Volumen auf 50 bis 100 Mio. (= 0,5 % bis 1 %).
Der Markt ist weiterhin als aktiv anzusehen, da auch ein absolut zwischen 50 und 100 Mio. und relativ zwischen 0,5 % und 1 % liegendes Volumen noch tatsächliche und sich regelmäßig ereignende Transaktionen repräsentiert.

Aus **qualitativer** Sicht ist für die Abgrenzung von aktiven zu inaktiven Märkten zwischen **Schwankungen** der Angebots- und Nachfragekurve und **Notverkäufen** *(forced transactions)* zu unterscheiden.

- Der Notverkauf unterstellt durch singuläre Umstände erzwungene Transaktionen, die nicht repräsentativ für den Betrag sind, zu dem regulär ein Finanzinstrument gehandelt werden könnte. Repräsentieren die notierten Preise überwiegend Notverkäufe, kommt ihnen kein besonderer Aussagewert zu.
- Wenn im Falle einer Kredit- und Liquiditätskrise jedoch der gesamte Markt für ein Finanzinstrument betroffen ist und auch die Parteien, die ohne Not einen Käufer suchen, diesen nur zu niedrigen Preisen finden, stellen diese Preise kein singuläres Ereignis dar, sondern reflektieren eine für den Gesamtmarkt von unabhängigen Marktteilnehmern zugrunde gelegte Einschätzung. Derartige Preise repräsentieren den *fair value* und keine Notverkäufe.

In einem anlässlich des Ausbruchs der Subprime-Krise herausgegebenen Positionspaper des IDW[22] aus 2007 wird auf die Untauglichkeit von **Notverkaufspreisen** und Abwehrpreisen eingegangen. Das Papier hält zum ersten Punkt zutreffend fest: „Solange auf einem Markt Transaktionen stattfinden, wenn auch in stark verringertem Volumen, ist der Verweis auf erzwungene Geschäfte, zwangsweise Liquidationen und Notverkäufe nur selten sachgerecht." Hinweise darauf, wann ausnahmsweise von Notverkäufen ausgegangen werden kann, finden sich nicht. Hier liefert das im November als *Educational Guidance* vom IASB veröffentlichte Papier *„Expert Advisory Panel: Measuring and disclosing the fair value of financial instruments in markets that are no longer active"* mehr Klarheit. Nach Tz 24f. und 41 des Papiers kann eine *forced transaction* im Allgemeinen dann nicht mehr angenommen werden, wenn Verkäufer genügend Zeit *(reasonable amount of time)* zur Veräußerung des Vermögenswertes hatten und/oder mehr als ein Subjekt als potenzieller Käufer infrage kam.

22 Positionspapier des IDW zu Bilanzierungs- und Bewertungsfragen im Zusammenhang mit der Subprime-Krise, http://www.idw.de/idw/download/Subprime-Positionspapier.pdf?id=425604&property=Datei.

Im IDW-Papier sowie einem zeitgleich erschienenen Papier des DRSC[21] wird im Übrigen noch auf **Abwehrpreise** eingegangen, zu denen etwa eine sponsernde Bank Fondszeichnern die Rückgabe von Fondsanteilen anbieten könnte. Abwehrpreise werden generell als ungeeignete Bewertungsgrundlage angesehen. Sprachlich auffällig ist, dass in diesem Zusammenhang immer nur von „**sogenannten** Abwehrpreisen" die Rede ist. Zum Ausdruck kommt darin die Unsicherheit, was unter einem Abwehrpreis eigentlich zu verstehen ist. U. E. ist den Ausführungen von DRS und IDW nur dann zuzustimmen, wenn eine **enge Definition** etwa folgender Art zugrunde gelegt wird: „Abwehrpreis ist das jeden potenziellen Verkäufer abschreckende Preisangebot eines potenziellen Käufers, der den fraglichen Kaufgegenstand in keinem Fall erwerben möchte." Hier ist die Grenze zum Scheinangebot erreicht. Will ein potenzieller Käufer hingegen die aktuelle Finanzkrise nur nutzen, um die Finanzinstrumente vom pessimistischeren Teil der potenziellen Anbieter zu einem (aus seiner Sicht) günstigen Preis einzukaufen, liegt kein Abwehrpreis, sondern ein Kaufkalkül vor. Hat dieses Erfolg und kommt es zeitnah zum Bilanzstichtag zu Transaktionen auf Basis der niedrigen Angebotspreise, bestimmen diese nach IAS 39.AG72 den *fair value*. Kommt es nicht zu Transaktionen, markiert der Angebotspreis nur die Untergrenze der *fair-value*-Schätzung.

Letztlich kommt es bei der Prüfung der quantitativen und qualitativen Kriterien für das Vorliegen eines aktiven Marktes auf die individuellen Verhältnisse im Einzelfall (Produkt, Markt usw.) an. So stellt auch das *Expert Advisory Panel* in Para 17 seiner im November 2008 veröffentlichten *Educational Guidance* (Rz 108) fest: „*There is no bright line between active and inactive markets.*" Zu den Besonderheiten hierbei im Zuge der Finanzmarktkrise vgl. → § 53.

Liegt nach den vorgenannten Kriterien ein aktiver Marktpreis vor, ist die Wertentwicklung nach dem Bilanzstichtag irrelevant. Darüber hinaus ist die *fair-value*-Entwicklung im „Werterhellungszeitraum" (→ § 4 Rz 5) regelmäßig irrelevant. Die *fair-value*-Bewertung ist eine strenge Anwendungsform des Stichtagsprinzips. Der *fair value* ist demnach der (fiktive) Preis, zu dem ein Finanzinstrument am Stichtag (und nicht einige Wochen danach) erworben oder veräußert werden könnte (IAS 39.AG75).

Beispiel

Unternehmen U hält Anteile an diversen börsennotierten Fondsgesellschaften, die in CDOs investiert sind. U hat die Fondsanteile als *trading assets* qualifiziert. Kurz vor dem Stichtag sind die Börsenkurse um mehr als 50 % gegenüber den Anschaffungskosten und dem vorherigen Kurs gesunken. Zwei Wochen nach dem Bilanzstichtag hat allerdings eine Stabilisierung der Kurse eingesetzt. 6 Wochen nach dem Bilanzstichtag und damit noch im „Werterhellungszeitraum" beträgt der Wert 80 % des vorherigen Buchwerts. U möchte an dem Buchwert vor dem Bilanzstichtag festhalten, mindestens aber den des Werterhellungszeitraums ansetzen und verweist auf die außerordentliche Marktsituation zum Bilanzstichtag. Im Übrigen sei langfristig von einer vollständigen Werterholung auszugehen.

Beurteilung
Die *fair-value*-Bewertung ist eine Stichtagsbewertung, die Berufung auf eine „Werterhellung" daher unzulässig.

Fehlt es an aktiven Marktpreisen, ist auf etablierte **Bewertungstechniken** zurückzugreifen. Zu diesen zählt IAS 39.AG74: 109

- den **Vergleich** mit aktuellen Transaktionspreisen von identischen oder im Wesentlichen identischen Finanzinstrumenten,
- die Analyse von **diskontierten *cash flows*** (DCF-Bewertung) sowie
- **Optionspreismodelle.**

Dieser Regelungsrahmen ist nach Ausbruch der Finanzmarktkrise (→ § 53) von der Praxis bislang unterschiedlich interpretiert worden. Zuweilen sind z.B. bei der DCF-Methode nicht marktgerechte Stichtagswerte als Inputparameter verwandt worden, sondern von psychologischen Überzeichnungen des Marktes bereinigte Parameter, die man als fundamental richtig erachtet. Solchen „Missverständnissen" begegnet das „*Expert Advisory Panel*" (Rz 108). Es hält Folgendes fest:

- Para 7 – **Markt- und Stichtagsbezug**: „*To meet the objective of a fair value measurement (that is, to arrive the price at which an orderly transaction would take place between market participants at the measurement date), an entity measures the fair value of financial instruments by considering all relevant market information that is available.*"
- Para 8 und 19 – **Relevanz der Transaktionspreise ähnlicher Finanzinstrumente**: „*A thorough understanding of the instrument being valued allows an entity to identify and evaluate the relevant market information available about identical or similar instruments. Such information to be considered includes, for example, prices from recent transactions in the same or a similar instrument ...*" *The valuation „technique chosen should reflect current market conditions. Therefore, a transaction price in the same or a similar instrument should be considered in the assessment of fair value as a current transaction price is likely to reflect current market conditions.*"
- Para 8 – **Kalibrierung der DCF-Werte am Markt:** „*When using a valuation technique, an entity periodically calibrates the valuation model to observable market information to ensure that the model reflects current market conditions....*"

Eine „freihändige", auf Fundamentalwertüberlegungen ruhende DCF-Bewertung ist danach unzulässig. Entsprechend dem zeitlichen Bezug der ***fair-value***-Ermittlung (strenges Stichtagsprinzip) und der sachlichen Zielsetzung (Bestimmung des Wertes, zu dem das Finanzinstrument am Markt gehandelt werden könnte) ist auch in der gegenwärtigen Finanzkrise gerade nicht von der „Irrationalität" aktueller Marktentwicklungen zu abstrahieren. Mindestens zur Plausibilisierung *(calibration)* einer DCF-Bewertung sind deshalb zeitnahe Transaktionspreise in gleichen oder ähnlichen Instrumenten heranzuziehen, es sei denn, diese könnten ganz ausnahmsweise als Notverkaufspreise qualifiziert werden (Rz 108).

Eine DCF-gestützte Ermittlung des *fair value* muss im Übrigen mit adäquaten Diskontierungszinsen erfolgen. Hier ergibt sich aus dem *Expert Advisory Panel*

(Rz 108), dass neben dem allgemeinen Zuschlag für das Bonitätsrisiko bei illiquiden Märkten und komplexen Instrumenten auch Illiquiditäts- und Komplexitätszuschläge zu berücksichtigen sind.

110 Die **Bewertungstechniken** müssen eine **verlässliche Bestimmung** des *fair value* ermöglichen. Diese Möglichkeit wird für Fremdkapitalinstrumente (Rz 6f.) generell bejaht (IAS 39.AG77). Eine DCF-Bewertung von Fremdkapitalinstrumenten kann danach durch den Vergleich der Marktkonditionen bei der Anschaffung des Instrumentes mit den aktuellen Marktkonditionen (oder den Zinsen aktueller vom Unternehmen begebener Fremdkapitalinstrumente) immer eine hinreichende Zuverlässigkeit erreichen.

Für **nichtnotierte Eigenkapitalinstrumente** (Rz 6f.) wird hingegen die nicht verlässliche Bestimmbarkeit des *fair value* als Möglichkeit eingeräumt. Der Ansatz solcher Instrumente erfolgt dann **hilfsweise zu** Anschaffungskosten (IAS 39.46c).

111 Damit stellt sich die Frage, wie **hoch die Anforderungen an die Verlässlichkeit** der *fair-value*-Bestimmung sein müssen, um den hilfsweisen Anschaffungskostenansatz auszuschließen. Die Antwort erfolgt konzeptionell (nicht begrifflich) in der Form einer **widerlegbaren Vermutung**:

- Nach der **Grundannahme** ist **auch der *fair value* von Eigenkapitalinstrumenten normalerweise verlässlich bestimmbar** (IAS 39.AG81).
- Liefert die Anwendung einer Bewertungsmethode kein eindeutiges Ergebnis, sondern ein Intervall möglicher Werte, ist dies unschädlich, sofern das **Intervall keine signifikante Breite** aufweist **und/oder** den Werten innerhalb des Intervalls **begründete Wahrscheinlichkeiten** zur Gewichtung zugeordnet werden können (IAS 39.AG80).
- Nur wenn beide Voraussetzungen nicht erfüllt sind, d.h. die **Varianz der Werte weder insignifikant noch über Wahrscheinlichkeiten gewichtungsfähig** ist, fehlt es an der nötigen Verlässlichkeit der *fair-value*-Bestimmung (IAS 39.AG81).

112 Überall, wo in den IFRS-Vorschriften die *fair-value*-Methode allein zulässig ist oder sie den (faktischen) *benchmark* darstellt, d.h. zum Beispiel auch in IAS 40 (→ § 16 Rz 43) und IAS 41 (→ § 38), wird mit ähnlichen widerlegbaren Vermutungen gearbeitet. Die realen Messprobleme werden dabei nicht sehr tief diskutiert. Überall dort, wo der *fair value* vorgeschrieben oder empfohlen wird, muss dessen verlässliche Bestimmbarkeit von den IFRS vielmehr apodiktisch behauptet werden.

113 Die einheitliche Verwendung des *fair value* verwischt **aber die** tatsächlichen **Unterschiede zwischen Marktpreisen und Modellwerten**. Aus dem vordergründigen Doppelmix von Anschaffungskosten und Marktpreisen wird ein **Dreifachmix**, wie nachfolgende Tabelle zeigt:

	Zeitdimension	Wertgeber	Ermessen
AK	Vergangenheit	extern, Transaktions-Preis	gering
Marktpreis	Gegenwart	extern, Markt-Preis	gering
DCF-Wert	Zukunft	intern, Modell-Wert, Management	hoch

Tab. 7: Dreifachmix bei *fair value*

Anschaffungskostenmethode und Marktpreisbewertung unterscheiden sich im Wesentlichen nur im **Vergangenheits- oder Gegenwartsbezug.** In beiden Fällen ergeben sich die Preise extern (als Transaktions- oder Marktpreis) und sind ohne oder mit geringem Ermessen zu bestimmen. **Finanzmathematische Modellwerte,** wie etwa der diskontierte *cash flow* (DCF), sind hingegen wesentlich **Zukunftswerte,** die sich aus Annahmen über zukünftige Entwicklungen (von *cash flows*, bei Optionspreismodellen z.B. von zukünftigen Volatilitäten; siehe Rz 231 f.) ergeben. Derartige Zukunftseinschätzungen sind notwendig **subjektiv und ermessensbehaftet.** Das Management ist aufgerufen, Annahmen über zukünftige *cash flows*, risikoangemessene Diskontierungszinssätze, Fortgeltung der Volatilitäten der Vergangenheit für die Zukunft usw. festzulegen, aus denen sich dann die Modellwerte ergeben. Hierbei kann sowohl der nichtlineare Zusammenhang zwischen einer einzelnen Modellprämisse und dem Modellwert als auch die mulitiplikative Verknüpfung verschiedener Modellparameter dazu führen, dass kleinste Änderungen in den Prämissen zu größten Abweichungen beim Berechnungsergebnis führen. Die **kapitalmarkt**orientierte kann sich dadurch in eine **management**orientierte Rechnungslegung verwandeln. Diese verliert dann unter Umständen auch ihre **dienende** Funktion der Abbildung von Realitäten und **schafft** selbst Realitäten, indem das Management vermehrt in solche Werte investiert, deren Bilanzierungserfolg (kurz- und mittelfristig) manipulierbar ist.[23]

Für den **Praxisanwender** stellt sich nach dieser grundlegenden Kritik die Frage, **114**
wie er es mit der Bewertung von nichtbörsennotierten Handelswerten und veräußerbaren Werten halten soll. Zwei **Optionen für die Praxis** stehen zur Verfügung:

- Er folgt dem Konzept der widerlegbaren Vermutung. **Zweifel** an der verlässlichen Bestimmbarkeit des *fair value* werden zur ganz seltenen **Ausnahme.**
- Er unterstellt, dass die mangels Marktnotierung und mangels Transaktionspreisen notwendigen Modellrechnungen nur ausnahmsweise eine verlässliche Bestimmung des *fair value* ermöglichen. Als Begründung dient der Hinweis in IAS 39.AG76. Danach muss die modellorientierte Bewertung marktbasierte Prämissen verwenden. Da bei fehlender Marktnotierung regelmäßig auch Prämissen des Marktes über den *cash flow*, den angemessenen Risikoaufschlag

23 Vgl. zu den Problemen des fair value accounting, insbesondere bei Fehlen von Marktpreisen: Ballwieser/Küting/Schildbach, BFuP 2004, S. 529ff.; Hommel/Hermann, DB 2003, S., 2501 ff.; Hoffmann/Lüdenbach, StuB 2002, S. 541 ff.; Lüdenbach/Hoffmann, DB 2002, S. 1169; Lüdenbach/Hoffmann, DStR 2002, S. 231; Vater, BBK F20, S. 655.

auf den Zinssatz usw. nicht verlässlich zu bestimmen sind, wird die **Verlässlichkeit der modelltheoretischen Messung insgesamt verneint.**

Nach der hier vertretenen Auffassung kann sich das Unternehmen bei **Eigenkapitalinstrumenten** (GmbH-Anteilen usw.) zwischen beiden Optionen entscheiden, wobei die Option nach allgemeinen Grundsätzen nicht einmal durch den Stetigkeitsgrundsatz notwendig eingeschränkt wird, da ein Wechsel von der einen zur anderen Option sich aus neuen Erkenntnissen, neuer Verlässlichkeit usw. rechtfertigen kann.

Für **Fremdkapitalinstrumente**, die zu Handelszwecken gehalten werden oder zur Veräußerung bestimmt sind, gilt dieses faktische Wahlrecht nicht. IAS 39.46c sieht den hilfsweisen Ansatz von Anschaffungskosten nur für Eigenkapitalinstrumente vor.

Der Bilanzansatz von zum *fair value* erfassten Werten wird nicht außerplanmäßig fortgeschrieben. Die Differenzierung zwischen „normalen“ und außerplanmäßigen Wertminderungen hat lediglich für die GuV-Behandlung veräußerbarer Werte Bedeutung (Rz 165).

4.3 Kredite und andere Forderungen (LaR)

4.3.1 Abgrenzung zu den übrigen Kategorien

115 Die Kategorie Kredite und (andere) Forderungen *(loans and receivables* – LaR) ist nicht zivilrechtlich definiert. Verbriefte, an einem aktiven Markt gehandelte Forderungen (Rentenpapiere, Anleihen) sind vielmehr ausgeschlossen. **Notwendige** Voraussetzung für die Qualifizierung als *loans and receivables* ist somit die fehlende Notierung an einem **aktiven Markt** (IAS 39.9). **Hinreichend** ist dies noch nicht. Drei weitere Voraussetzungen sind gefordert:

- Weder darf eine kurzfristige Veräußerungsabsicht bestehen (da sonst die Kategorisierung als Handelswert Vorrang hätte),
- noch die *fair value option* (Rz 32) oder die Option zur Designation als veräußerbarer Wert genutzt werden (da in diesem Fall die Designation Vorrang hätte),
- noch darf die volle Rückzahlung des Instruments aus anderen Gründen als Bonitäts- bzw Liquiditätsproblemen des Schuldners **gefährdet sein.**

Die **Notierung** auf einem aktiven Markt – ist dann gegeben, wenn für das Fremdkapitalinstrument

- **notierte Preise** leicht und regelmäßig verfügbar sind, die
- tatsächliche und sich regelmäßig ereignende **Markttransaktionen** unter fremden Dritten repräsentieren (Rz 108).

Von der Erfüllung dieser Voraussetzungen muss aus Sicht des Zugangszeitpunkts für die gesamte (Rest-)Laufzeit des Finanzinstruments ausgegangen werden können. Die notierten Preise stammen im einfachsten Fall von einer Börse, in anderen Fällen von einem Händler oder Broker, einer Branchengruppe *(industry group)*, einer Preis-Service-Agentur oder einer Aufsichtsbehörde *(regulatory agency*; IAS 39.AG71).

Für Fremdkapitalinstrumente, die auf einem organisierten Markt i. S. d. § 2 Abs. 5 WpHG notiert sind (hierzu zählen der amtliche Markt und der geregelte Markt der deutschen Wertpapierbörsen), kann im Regelfall von einem aktiven Markt ausgegangen werden. Bei Preisnotierungen aus anderen Quellen ist eine Einzelfallbetrachtung notwendig.

Aus **produktbezogener** Sicht lässt sich Folgendes festhalten:[24]

- Vom Unternehmen **ausgereichte Darlehen** (Ausleihungen) und **Kundenforderungen** sind in Ermangelung einer Notierung als *loans and receivables* zu kategorisieren.
- Für **Schuldscheindarlehen** gilt im Regelfall Entsprechendes.
- Für *asset-backed securities (ABS)* wird häufig der über die gesamte Laufzeit geforderte aktive Markt nicht vorliegen.
- Auch bei **Sekundärmarktkrediten** ist im Zweifel nicht von einem aktiven Markt auszugehen.
- Bei **Pfandbriefen** kommt es auf den Einzelfall an.
- Für **Jumbo-Pfandbriefe** (großvolumige, bestimmten Standards genügende Pfandbriefe) liegt hingegen regelmäßig ein aktiver Markt vor.

Im Falle eines aktiven Marktes kommt für das Fremdkapitalinstrument eine Kategorisierung als *loan and receivable* nicht infrage; stattdessen ist es als Fälligkeitswert (HTM; Rz 133ff.), Handelswert (FVTPL; Rz 142) oder veräußerbarer Wert (AfS; Rz 147ff.) einzuordnen. Falls für ein als *loan and receivable* kategorisiertes Finanzinstrument später ein aktiver Markt entsteht, ist es nachträglich als Fälligkeitswert oder veräußerbarer Wert umzuklassifizieren.

Die Voraussetzung, dass die volle Rückzahlung des Instruments aus keinen anderen Gründen als aus Bonitäts- bzw Liquiditätsproblemen des Schuldners gefährdet sein darf, ist z.B. bei eine Verlustteilhabe vorsehenden **Genussrechten** oder **stillen Beteiligungen** nicht erfüllt. Wegen Einzelheiten zu diesen Produkten wird auf Rz 174 verwiesen.

4.3.2 Zugangs- und planmäßige Folgebewertung im Regelfall

Die **Einbuchung** von Darlehen und anderen Forderungen erfolgt nominell zum *fair value*, tatsächlich i.d.R. zu Anschaffungskosten (Rz 99ff.). Anschaffungsnebenkosten sind zu berücksichtigen (IAS 39.43). **116**

Bei der Bewertung zu Anschaffungskosten bleibt es auch dann, wenn diese wegen Disagien usw. vom nominellen Darlehensbetrag abweichen. Die Differenz zum Nominalbetrag ist nicht durch einen passiven Rechnungsabgrenzungsposten abzubilden, sondern im Rahmen der **Effektivzinsmethode** zu berücksichtigen (Rz 40). Aus der Verteilung des Differenzbetrags über die Laufzeit ergeben sich die zum jeweiligen Stichtag anzusetzenden **fortgeführten Anschaffungskosten**.

4.3.3 Sonderfälle

4.3.3.1 Un- und unterverzinsliche Forderungen und Anzahlungen

Für eine zu niedrige Verzinsung von Forderungen kommen im Wesentlichen zwei Gründe infrage: **117**

- **Impliziter Zins:** Der Einkaufspreis unter Fremden wird von vornherein auf längere Zeit gestundet. Bei wirtschaftlicher Betrachtung enthält die Kaufpreisforderung einen impliziten Zins.

---

[24] IDW RS HFA 9, Tz 90ff.

- **Besondere Beziehungen**: Ein zinsloses oder unterverzinsliches Darlehen wird z.B. an eine nahestehende Person vergeben.

118 Bei **unverzinslichen Forderungen** entsteht im Zugangszeitpunkt eine Differenz zwischen Anschaffungskosten und *fair value* (= marktgerecht ermittelter Barwert). Nach IAS 39.43 ist der *fair value* anzusetzen. Bei **kurzfristigen** Forderungen *(short-term receivables)* kann mangels Wesentlichkeit regelmäßig auf eine Abzinsung verzichtet werden (IAS 39.AG79). Bei einer Stundung von **mehr als einem Jahr** dürfte der Effekt hingegen regelmäßig wesentlich sein. Die Abzinsung führt dann zu einer Reduzierung des Veräußerungserlöses und einer Verminderung des Veräußerungserfolgs (→ § 25 Rz 72). Der Erfolgsausgleich findet in den Folgeperioden über den Zinsertrag statt.

119 Der zweiten Kategorie können nach IAS 39.AG43 **zinslose Darlehensvergaben** zugerechnet werden, aus denen der Darlehensgeber andere zukünftige Vorteile wie eine bessere oder preisgünstigere Belieferung oder einen Einfluss auf die Aktivitäten des anderen Unternehmens erwartet. In diesem Fall kann von **zwei Vermögenswerten** auszugehen sein. Das **Darlehen** als erster Vermögenswert ist mit dem marktüblichen Zinssatz zu diskontieren. Beim zweiten Vermögenswert, den **erwarteten** Vorteilen, ist zu prüfen, ob er die Ansatzvoraussetzungen des *Framework* (→ § 1 Rz 81 ff.) erfüllt. Ist dies nicht der Fall, führt die Differenz zwischen Nominal- und Barwert zu sofortigem Aufwand. Hierzu folgendes Beispiel:

Beispiel

Unternehmen A gibt Unternehmen B am 31.12.01 ein zinsloses Darlehen von 1.331, fällig zum 31.12.04. Bei einem marktüblichen Zins beträgt der Barwert 1.331 / $(1{,}1)^3$ = 1.000. Das Darlehen ist mit 1.000 anzusetzen. Sofern die Differenz sich nicht als bilanzierungsfähiger Vermögenswert qualifiziert (bloße Erwartung allgemeiner Vorteile), führt sie zu sofortigem Aufwand. Der Buchungssatz wäre dann:

Konto	Soll	Haben
Forderung	1.000	
Aufwand	331	
Geld		1.331

120 Die Beurteilung in IAS 39.AG64 ist aus der Sicht der zutreffenden Darstellung der Vermögenslage angemessen. Aus der Sicht der zutreffenden Darstellung der Ertragslage wäre ggf. auch eine andere Beurteilung (Verteilung der Differenz auf die Jahre der Unverzinslichkeit, somit Verzicht auf Abzinsung) denkbar.

121 Es erscheint theoretisch sachgerecht, eine Forderung, die eine nur ganz minimale Verzinsung aufweist, nicht anders zu behandeln als eine Forderung, die völlig unverzinslich ist. Andererseits würde aber eine generelle Abzinsung unterverzinslicher Forderungen zu **schwierigen praktischen** Beurteilungsfragen darüber führen, was der für den Darlehensnehmer, seine Bonitätsklasse usw. angemessene Marktzins ist, wann und in welchem Maße also überhaupt eine Unterverzinslichkeit vorliegt. Insoweit spricht aus praktischer Sicht, aber auch unter dem Gesichtspunkt der *materiality* (→ § 1 Rz 59 ff.), alles dafür, Abzinsungen nur

dort vorzunehmen, wo der fremdübliche Zins ganz erheblich und ganz unzweifelhaft unterschritten wird.

Zur Behandlung unverzinslicher geleisteter (oder erhaltener) Anzahlungen wird auf → § 17 Rz 20 verwiesen.[25] 122

4.3.3.2 Fremdwährungsforderungen

Fremdwährungsforderungen werden zum Stichtagskurs umgerechnet. Wechsel- 123
kursbedingte Wertänderungen der Forderung sind erfolgswirksam zu erfassen (IAS 21.23; → § 27 Rz 13).

4.3.4 *Impairment*/Wertberichtigung von Krediten und anderen Forderungen sowie Zuschreibung

Für die Wertminderung von finanziellen Vermögenswerten gelten die Regelun- 124
gen von IAS 36 „Wertminderung von Vermögenswerten" nicht (IAS 36.2e). Die Vorschriften in IAS 39.58ff. stimmen jedoch in vielem mit IAS 36 überein (→ § 11 Rz 10ff.). Der *impairment*-Test erfolgt in zwei Schritten:

- **Erstens** ist mit Hilfe von internen Indizien (z.B. Verzug von Zahlungen) oder externen Hinweisen (Informationen über erhebliche finanzielle Schwierigkeiten des Vertragspartners) zu beurteilen, ob objektive substanzielle **Hinweise** auf eine Wertminderung schließen lassen (IAS 39.59).
- Liegt ein solcher Tatbestand vor, ist **zweitens** der **Barwert** der noch erwarteten künftigen *cash flows* auf der Basis des ursprünglichen effektiven Zinssatzes zu ermitteln (IAS 39.63).

Im Zuge der Finanzmarktkrise gestiegene Risikozuschläge für Bonität, Intransparenz, Illiquidität des Marktes etc. spielen bei der Barwertberechnung keine Rolle. Der aktuelle Zins kann aber für die Kalibrierung der *cash-flow*-Erwartungen von Bedeutung sein.

Beispiel

U hat am 31.12.01 für 100 eine von E emittierte nicht börsennotierte Anleihe, Laufzeit zehn Jahre, Ausgabe zu pari, Nominal- und Effektivzins 6 %, gezeichnet. E hat ein AAA-Rating. Das Ausfallrisiko ist vernachlässigbar. Eine Wertberichtigung wird deshalb bestenfalls auf Portfolioebene vorgenommen.

In 02 wird E auf BB herabgestuft. U kann neuen Kapitalbedarf nur durch Emission einer 9-jährigen Anleihe zu einem Zinssatz von 12 % decken. Das Marktzinsniveau von fristengleichen AAA-Anleihen beträgt 7 %. Der Kurs der ersten Anleihe bricht im außerbörslichen Handel von 100 auf 68 ein.

Die Herabstufung des Ratings und der wesentlich über den allgemeinen Anstieg des Marktzinsniveaus hinausgehende Zinsanstieg der neuen Anleihe indizieren ernste Bonitätsprobleme. Die Vernachlässigung des Ausfallrisikos in der Zahlungsreihe ist unter diesen Umständen nicht mehr angemessen.

Liegt der Barwert *(present value)* unter dem Buchwert *(carrying amount)* des 125
Vermögenswertes, so ist eine außerplanmäßige Abschreibung vorzunehmen

25 Ausführliches Beispiel bei LÜDENBACH, PiR 2009, S. 346ff.

(IAS 39.63). Nach durchgeführter Einzelwertberichtigung sind **zinstragende Forderungen** mit dem ursprünglichen Effektivzinssatz **aufzuzinsen.** Ein **Zinsertrag** ist somit auch dann auszuweisen, wenn keine Zinszahlungen mehr eingehen bzw. bei Annuitätendarlehen eingehende unzureichende Raten nach zivilrechtlichen Vorschriften (z. B. § 497 BGB für Verbraucherkredite) vorrangig als Tilgung und nicht als Zins anzurechnen sind.

Beispiel
Am 1.1.01 gewährt A an B ein Darlehen über nominal 1.000 mit Laufzeit bis zum 1.1.06, einem zum Jahresultimo fälligen Nominalzins von 7 % und einem Disagio von 10 %.
Die erste Zinszahlung wird ordnungsgemäß von B geleistet, die zweite kann A nur durch Aufrechnung mit einer gegenüber B bestehenden Lieferantenverbindlichkeit sichern. Per 31.12.03 erwartet A daher keine weiteren Zinszahlungen mehr, im Hinblick auf eine entsprechende Sicherheit aber eine Endzahlung von etwa ½ des geschuldeten Nominalbetrags.
Nachfolgend die Höhe der Wertberichtigung sowie der Zinsertrag vor und nach Wertberichtigung.

	01.01.01	31.12.02	31.12.03	31.12.04	31.12.05	01.01.06
Vertragliche Zahlungsreihe	–900	70	70	70	70	1.000
daraus errechneter Effektivzins	10,2 %					
Planmäßiger Bilanzansatz	900	922	945	970	1.000	0
Erwartete Zahlungen 31.12.03				0	0	500
Barwert erw. Zahl (zugl. Bilanzansatz)			412	454	500	0
Wertberichtigung			945–412 = 533			
Zinsertrag		900×10,2 % = 92	922×10,2 % = 93	412×10,2 % = 42	454×10,2 % = 46	

126 Bei Forderungen von untergeordneter Bedeutung ist eine **Wertberichtigung auf Portfolio-Basis** (Gesamtbewertung) zulässig, bei keinem erkennbaren Einzelrisiko, aber statistischen Risiken unterliegenden Forderungen geboten (IAS 39.64 und IAS 39.AG87). Diese **pauschalen Wertberichtigungen** müssen sich der Höhe nach an Erfahrungswerten orientieren. Spezifische Informationen über einen Einzelwertberichtigungsbedarf haben jedoch Vorrang und bedingen die Aussonderung der betreffenden Forderung aus dem pauschaliert wertberichtigten Portfolio (IAS 39.AG88).[26]
Üblich ist die Einteilung der nicht einzelwertberichtigten Forderungen in **mehrere Portfolien**, um so der **Homogenitätsanforderung** von IAS 39.AG87 zu genügen:

Beispiel
U fakturiert seine Leistungen mit einem Zahlungsziel von 2 Wochen. Angesichts der Wettbewerbsintensität des Marktes toleriert U ohne Mahnung aber auch Zahlungen erst in der 3. und 4. Woche. Nach Ablauf der 4. Woche ergeht

[26] Zu Einzelheiten HACKENBERGER, PiR 2007, S: 38 ff.

die erste Mahnung, nach Ablauf weiterer 2 Wochen die zweite, nach weiteren 2 Wochen erfolgt die Einschaltung eines Inkassounternehmens. Zum Bilanzstichtag unterteilt U die Debitoren nach der Altersstruktur *(aging method)*. Nach statistischer Auswertung der letzten Jahre ergeben sich folgende Wertberichtigungssätze. Für Forderungen mit einem Alter von

- bis zu 2 Wochen (noch nicht fällige) – 0,25 %
- 3 bis 4 Wochen – 0,5 %
- bis 6 Wochen (Mahnstufe 1) – 5 %
- bis 8 Wochen (Mahnstufe 2) – 50 %
- mehr als 8 Wochen (Inkasso) – 100 %.

In den drei letzten Klassen werden nur Forderungen von untergeordneter Bedeutung berücksichtigt. Größere Forderungen mit einem Alter von mehr als 4 Wochen werden auf Einzelwertberichtigungsbedarf untersucht.

Führt die im Rahmen einer **Einzelwertberichtigung** durchgeführte Berechnung zu einem Intervall von Barwerten, ist der beste Schätzwert *(best estimate)* innerhalb dieses Intervalls anzusetzen (IAS 39.AG86). 127

Ist ein Darlehen oder eine andere Forderung **dinglich besichert** *(collaterized)*, ist der aus einer Verwertung der Sicherheit erwartete Erlös (abzüglich Kosten) bei der Barwertermittlung zu berücksichtigen (IAS 39.AG84). Die Berücksichtigung **personaler Sicherungen** (Bürgschaften etc.) ist nicht ausdrücklich geregelt. Abweichend von den Vorauflagen sind wird nicht mehr der Auffassung, dass auch solche Sicherheiten nach Maßgabe ihrer Werthaltigkeit bei den *cash-flow*-Erwartungen und damit im Barwert zu berücksichtigen sind.[27] 128

Die Bilanzierung personaler Sicherheiten (Finanzgarantien) wird in IAS 39 **nur** für den **Sicherungsgeber** (Rz 206), nicht für den Sicherungsnehmer geregelt. Die Sicherung stellt für den Sicherungsnehmer zunächst eine Behandlung als **derivatives Finanzinstrument** i. S. v. IAS 39.9 dar, weil

- für die Übertragung des Ausfall- bzw. Bonitätsrisikos eine Risikoprämie gezahlt wird, die im Verhältnis zum Sicherungsbetrag *(underlying)* nur eine geringe Investition darstellt (*little or no initial investment*),
- die Erfüllung des Sicherungsgeschäfts (*settlement*) zeitlich nicht (eng) mit dem Abschluss des Vertrags zusammenfällt und
- das zugrunde liegende Risiko keine nichtfinanzielle Variable ist, die für eine der beiden Parteien des Sicherungsverhältnisses spezifisch wäre.

Andererseits sind Finanzgarantien aber i. S. d. Definitionen von IFRS 4 auch Versicherungsverträge (IFRS 4.B18(g) und (f) und deshalb gem. IAS 39.2e vom Anwendungsbereich des IAS 39 ausgenommen. Trotz der Einstufung als Versicherungsvertrag findet allerdings auch IFRS 4 keine Anwendung, da die Bilanzierung beim Sicherungsnehmer – *reinsurance contracts* ausgeklammert – in IFRS 4 nicht behandelt wird (IFRS 4.4(f)).

Da somit **weder IAS 39 noch IFRS 4** für die bilanzielle Abbildung beim Sicherungsnehmer einschlägig sind (IFRS 4.IG2 Example 1.11), besteht für den

---

27 Gl. A. Freiberg, PiR 2010, S. 256ff. (Heft 9), Ernst & Young, International GAAP 2010, Tz 32s 6.2; a. A. Grünberger, KoR 2006, S. 81ff.; Scharpf/Weigel/Löw, WPg 2006, S. 1492ff.

Sicherungsnehmer als faktisches **Bilanzierungswahlrecht** die Möglichkeit zur Behandlung wie

- eine **Eventualforderung** (*contingent asset*) nach den Vorgaben von IAS 37 (IAS 37.5(e)) oder
- ein **derivatives Finanzinstrument** nach den Vorgaben von IAS 39.

Nach der möglicherweise noch h.M. ist eine Behandlung als *contingent asset* geboten.[28] Wegen der Ähnlichkeit von personellen Sicherungen mit (Kredit-)Derivaten ist u.E. eine Behandlung nach IAS 39 vorzuziehen.[29] In Abhängigkeit von der Wahlrechtsausübung gilt Folgendes:

- Bei einer Behandlung als *contingent asset* sind die restriktiven Ansatzvoraussetzungen beachtlich. Ist der Zufluss nicht so gut wie sicher (*virtually certain*), scheidet ein Ansatz nach IAS 37.33 aus (→ § 21 Rz 112), auch wenn ggf. eine Wertberichtigung auf das besicherte Finanzinstrument zu erfassen ist.
- Bei Behandlung als derivatives Finanzinstrument ist eine Einbuchung zum *fair value* und dessen erfolgswirksame Fortschreibung geboten.

129 Eine außerplanmäßige Abschreibung ist **rückgängig** zu machen, wenn sich die Wertminderung verringert und „diese Verringerung objektiv auf einen nach der außerplanmäßigen Abschreibung aufgetretenen Sachverhalt zurückgeführt werden" kann (IAS 39.65). Es kommt für das **Zuschreibungsgebot** nicht darauf an, ob die ursprünglichen Gründe entfallen sind. Eine Kompensation durch andere Gründe reicht aus.[30]

4.3.5 Restrukturierung notleidender Forderungen, *debt-for-equity*-Swaps

130 Als *troubled debt restructuring* werden allgemein Änderungsvereinbarungen bezeichnet, mit denen durch Fristverlängerung, Stundung, Zins- und Tilgungsreduzierungen oder eine Kombination dieser und anderer Elemente den finanziellen Schwierigkeiten eines Schuldners Rechnung getragen wird. Neben der Rettung der Forderung („Besser später bzw. weniger als nie bzw. gar nichts") können auch **Sanierungsabsichten** eine wichtige Rolle spielen. Abweichend von US-GAAP wird das Restrukturierungsthema im Regelwerk und in den Veröffentlichungen zu IFRS stiefmütterlich behandelt.

131 U. E. gilt aber: Die **allgemeinen** Regeln für die Aus- und Einbuchung von Forderungen und Verbindlichkeiten (Rz 86) gelten auch für Umschuldungsfälle. Wenn sich etwa durch einen außergerichtlichen Vergleich nicht das Vertragsverhältnis (bez. der Forderung) selbst, sondern nur der Vertragsinhalt verändert, kann unter Anwendung der 10-%-Regel (Rz 86) ein Abgang der „alten" Forderung und Zugang einer „neuen" zu verbuchen sein. Die Abgangsbuchung führt dann zur Verlustrealisation, die Zugangsbuchung erfolgt zu Anschaffungskosten (Rz 99ff.).

132 Ein ***debt-for-equity*-Swap** liegt vor, wenn der Gläubiger gegen Erhalt von Gesellschaftsanteilen auf eine (bonitätsgefährdete) Forderung verzichtet. Die

---

28 Vgl. GRÜNBERGER, KoR 2006, S. 81ff.; SCHARPF/WEIGEL/LÖW, WPg 2006, S. 1492ff.; KUHN/SCHARPF, Rechnungslegung von Financial Instruments nach IFRS, 3. Aufl. 2006, Tz 1315/1700.

29 FREIBERG. PiR 2010, S. 256ff.

30 Das entspricht auch der Kommentarmeinung zum anders lautenden Gesetzeswortlaut in § 280 HGB (ADS, 6. Aufl., § 280 HGB, Tz 13ff.).

Rechtsfolgen eines solchen Vorgangs beim Schuldner sind in IFRIC 19 geregelt (Rz 200ff.). Die Rechtsfolgen beim **Gläubiger** ergeben sich wie folgt:

- Die abgehende Forderung ist mit dem Buchwert auszubuchen.
- Die Zugangsbewertung für die neu gewährten Gesellschaftsanteile ist wie folgt strukturiert:
  - Handelt es sich um Anteile an Tochter-, Gemeinschafts- und assoziierten Unternehmen, sind diese nach IAS 27.38 wahlweise zu den Anschaffungskosten (*at cost*), d.h. zum *fair value* der „hingegebenen" Forderung, oder zum *fair value* der Anteile zu bewerten.
  - Bei einfachen Anteilen erfolgt die Zugangsbewertung der neuen Anteile mit dem *fair value* (IAS 39.43), der regelmäßig den Anschaffungskosten entspricht (IAS 39.AG64) (Rz 101).

Handelt der Gläubiger nicht aus gesellschaftsrechtlicher Veranlassung (Rz 200), entsprechen sich i.d.R. die *fair values* von hingegebener Forderung und Anteilen. Der Buchwert der Forderung hängt davon ab, ob und in welcher Höhe in der Vergangenheit außerplanmäßige Abschreibungen vorgenommen wurden. Sind solche (zulässigerweise) nicht erfolgt, liegt der Buchwert bei sanierungsbedingten swaps über dem *fair value*. Aus dem Abgang der Forderung resultiert dann ein **Verlust.**

Beispiel

Eine Forderung mit Nominal- und Buchwert von 100 sowie einem Zeitwert von 60 wird gegen Erhalt von Anteilen mit gleichem Zeitwert eingebracht. Das einbringende Unternehmen bucht:

Konto	Soll	Haben
Anteile	60	
Aufwand	40	
Forderung		100

4.4 Fälligkeitswerte (HTM)

4.4.1 Anforderungen an die Klassifizierung als Fälligkeitswert

An einem aktiven Markt (Rz 108) notierte Fremdkapitalinstrumente können als Fälligkeitswert *(held-to-maturity asset)* klassifiziert werden (IAS 39.9), sofern 133

- sie **objektiv** eine **feste** Laufzeit (Endfälligkeit) aufweisen und
- die Rückzahlung des Investments außer in Fällen der Bonitäts- oder Liquiditätsprobleme des Emittenten **nicht gefährdet** ist sowie
- **subjektiv** die **Absicht** und die **Fähigkeit** des Unternehmens bestehen, den Wert bis zur **Endfälligkeit** zu halten.

Anlagen, die eine Verlustbeteiligung vorsehen, etwa bestimmte Genussrechte (Rz 174), oder die im Falle einer bestimmten Entwicklung externer Variablen (Aktienkurs etc.) vertraglich nicht die volle Rückzahlung gewährleisten, sind keine Fälligkeitsinvestments. Ebenso können Eigenkapitalinstrumente (Aktien usw.) in Ermangelung einer Endfälligkeit nicht als *held to maturity* klassifiziert werden. Aber auch für **Fremd**kapitalinstrumente, die die oben genannten Kategoriemerkmale erfüllen, kommt die Kategorisierung als Fälligkeitswert nicht infrage, falls im Zugangszeitpunkt

- eine kurzfristige Veräußerungsabsicht besteht (Handelswert – FVTPL; Rz 142);
- die *fair value option* (Rz 32) oder die Option zur Designation als veräußerbarer Wert (AfS) genutzt wird (gewillkürter Handelswert oder veräußerbarer Wert; Rz 142).

Darüber hinaus ist die Abgrenzung zur Kategorie *loans and receivables* (Rz 115) zu beachten. So sind Fremdkapitalinstrumente, die alle vorgenannten Voraussetzungen zur Kategorisierung eines Fälligkeitswerts erfüllen, aber nicht auf einem aktiven Markt notiert sind, als *loans and receivables* zu bilanzieren. Zur Frage, bei welchen Fremdkapitalinstrumenten ein aktiver Markt vorliegt, wird auf Rz 108 verwiesen.

Das Kriterium der festen Laufzeit kann bei **vorzeitiger Kündigungsmöglichkeit** zu verneinen sein: Kann der **Emittent** einer Anleihe vorzeitig kündigen, ist dies allerdings regelmäßig irrelevant. **Ausnahmsweise** schädlich für eine Klassifizierung als Fälligkeitswert beim Gläubiger ist ein Kündigungsrecht des Emittenten dann, wenn bei seiner Ausübung wesentlich weniger als die fortgeführten Anschaffungskosten zu vergüten sind (IAS 39.AG18).

134 Wenn der **Gläubiger** einer Anleihe vorzeitig kündigen kann, soll eine Klassifizierung als Fälligkeitswert hingegen nicht infrage kommen (IAS 39.AG19). Als Begründung wird angeführt, dass es inkonsistent sei, einerseits eine „Optionsprämie" für die vorzeitige Rückgabemöglichkeit des Finanzwertes *(put option)* zu zahlen, andererseits aber eine Absicht zu behaupten, den Wert bis zur Fälligkeit halten zu wollen. Die Begründung muss jedenfalls in den Fällen nicht einschlägig sein, in denen beide Parteien nach einer Mindestlaufzeit kündigen können und auch implizit über Zinsdifferenzbetrachtungen keine Put-Optionsprämie bestimmbar ist.

Die Absicht, einen Vermögenswert bis zur Endfälligkeit zu halten, bedarf als subjektive Tatsache der **Objektivierung** durch Umstände oder Verhalten. IAS 39.9 bestimmt hierzu Folgendes: Hat ein Unternehmen im laufenden Geschäftsjahr oder während der vorangegangenen zwei Geschäftsjahre mehr als einen unwesentlichen Teil der Fälligkeitswerte vor Endfälligkeit verkauft, darf es keine Vermögenswerte mehr als *held to maturity* klassifizieren (Rz 182). Das nachfolgende Beispiel zeigt die Bedeutung dieser als **Sperre** wirkenden *„tainting rule"*.

> **Beispiel**
> Ein Unternehmen hat in 01 Anleihen als *held to maturity* qualifiziert, sie aber in 02 veräußert. Das Unternehmen erwirbt in 02 bis 04 neue Anleihen mit der Absicht, diese bis zur Fälligkeit zu halten. In 03 bis 05 werden keine Verkäufe getätigt.
> Das Unternehmen darf Anleihen erstmals wieder in 05 als *held to maturity* qualifizieren, da erst aus Sicht des Jahres 05 die Bedingung „keine Verkäufe in lfd. Jahr (05) und den zwei Vorjahren (03 und 04)" erfüllt ist.

135 **Keine Sperre** tritt ein bei Verkäufen **nahe am Fälligkeitstag sowie Verkäufen,** „die einem **isolierten Sachverhalt** zuzurechnen sind, der sich der Kontrolle des Unternehmens entzieht, von einmaliger Natur ist und von diesem praktisch nicht vorhergesehen werden konnte" (IAS 39.9). Als beispielhafte Kriterien für Verkäufe infolge eines **isolierten** Sachverhalts nennt IAS 36.AG22:

- eine wesentliche Verschlechterung der **Bonität** des Emittenten (Beispiel: Verkauf von griechischen Staatsanleihen nach Bonitätsherabstufung durch Moody's im Mai 2010),
- Änderungen der **Steuergesetzgebung** mit wesentlicher Auswirkung auf die Rentabilität der Anlage,
- **aufsichtsrechtliche** Veräußerungszwänge (bei Banken),
- Unternehmens**zusammenschlüsse** und Unternehmens**umstrukturierungen**, bei denen zur Erhaltung der vorherigen Risikoposition Teilveräußerungen des Portfolios notwendig sind.

Greift die Sperre von IAS 39.9 (noch) nicht, so führt die **Aufgabe** der ursprünglichen Halteabsicht bzw. ihre **Umwandlung** in eine Veräußerungsabsicht nicht zur Umklassifizierung in einen Handelswert. Zulässig und – bei Eintritt der Sperre oder Aufgabe der Halteabsicht geboten – ist nur die Umklassifizierung in einen veräußerbaren Wert (IAS 39.51). **136**

Wie Darlehen und Forderungen können auch Fälligkeitswerte durch Widmung im Zugangszeitpunkt als Handelswerte oder veräußerbare Werte **gewillkürt** und damit den Regeln der *fair-value*-Bewertung unterworfen werden (IAS 39.9; Rz 31 und Rz 327).

4.4.2 Regeln für Erst- und Folgebewertung

Wie bei Darlehens- und Kundenforderungen erfolgt die **Erstbewertung** von Fälligkeitswerten formell zum *fair value*, faktisch regelmäßig zu Anschaffungskosten (inklusive Nebenkosten; Rz 99), die **Folgebewertung** zu fortgeführten Anschaffungskosten (nach Maßgabe der Effektivzinsmethode). Wegen der Einzelheiten wird auf Rz 99ff. verwiesen. **137**

4.4.3 Bewertung bei vom Nominalwert abweichenden AK: Disagien, Gebühren, Stückzinsen, niedrigerer Marktpreis

Die Behandlung von Disagien und Gebühren ergibt sich aus der Effektivzinsmethode (Rz 116). **138**

Wird eine Anleihe nicht auf dem **Erst**markt (d.h. vom Emittenten), sondern auf dem **Zweit**markt (d.h. an der Börse) erworben, können sich Abweichungen zwischen Nominalwert und Anschaffungskosten auch noch aus zwei speziellen Gründen ergeben. Der Kaufpreis kann einerseits einen Aufschlag für **Stückzinsen** enthalten und andererseits eine **Marktwertänderung** wegen eines veränderten Zinsniveaus reflektieren (allgemein oder wegen Bonitätsherabstufung nur unternehmensspezifisch). Die Stückzinsen können separiert und bis zum nächsten Zinszahlungstermin aufgelöst werden (IAS 39.AG6). Der vor Anschaffung eingetretene Kursverlust wird hingegen im Falle von Fälligkeitswerten auf die verbleibende **Laufzeit** (bzw. bis zur nächsten Zinsanpassung) verteilt. Technisch geschieht dies durch Einbeziehung der niedrigeren Anschaffungskosten in die Effektivzinsermittlung. Für vor Anschaffung eingetretene Kursgewinne gilt Entsprechendes. **139**

4.4.4 *Impairment*/Wertberichtigung von Fälligkeitswerten sowie Zuschreibung

140 Die Wertberichtigung von Fälligkeitswerten sowie das Zuschreibungsgebot unterliegen den gleichen Vorschriften wie die Wertberichtigung und Zuschreibung bei Darlehens- und Kundenforderungen (Rz 124).

4.4.5 Strukturierte Anleihen, eingebettete Derivate

141 Hierzu wird auf Rz 166ff. verwiesen.

4.5 Handelswerte (FVTPL)

4.5.1 Klassifizierung als Handelswert, insbesondere bei geänderter Verwendungsabsicht

142 Ein finanzieller Vermögenswert wird als Handelswert (*asset held for trading* oder kurz: *trading asset)* klassifiziert, wenn er hauptsächlich zum Zweck der kurzfristigen *(near term) Weiterveräußerung* erworben wurde. Abzustellen ist – wie bei allen Klassifizierungen – primär auf die ursprüngliche, beim Erwerb gegebene Absicht. Unabhängig von der Erwerbsabsicht ist eine Klassifizierung als Handelswert erforderlich, wenn der Vermögenswert Teil eines Portfolios gemeinsam verwalteter *(managed)* Finanzinstrumente ist, das bisher mit Handelsabsicht gesteuert wurde (IAS 39.9). Das im Mai 2008 verabschiedete *Annual Improvements Project* 2008 hat hierzu in IAS 39.9a(ii) eine Klarstellung eingefügt, wonach die Zugehörigkeit zu dem Portfolio im Zeitpunkt des Zugangs des finanziellen Vermögenswerts bestehen muss. Eine spätere Klassifizierung als Handelswert kommt daher auch nach diesem Kriterium nicht infrage.

Daneben dürfen aktive Finanzinstrumente der Kategorien *loans and receivables, held-to-maturity* und *available-for-sale financial assets* unter bestimmten Voraussetzungen durch Widmung im Zugangszeitpunkt der erfolgswirksamen *fair-value*-Bewertung unterworfen werden, kurz gesagt als *trading asset* gewillkürt werden*(fair value option)*. Hierzu wird verwiesen auf Rz 32, 96ff. und 164.

143 Wurde ein finanzieller Vermögenswert im Zeitpunkt des Zugangs als Handelswert klassifiziert oder als gewillkürter Handelswert *(fair value option)* designiert, durfte er bislang **nicht** mehr aus dieser Kategorie **herausgenommen** werden. Genauso wenig war eine **nachträgliche** Zuordnung eines finanziellen Vermögenswerts in diese Kategorie zulässig (IAS 39.50). Durch das im Oktober 2008 verabschiedete *Amendment* zu IAS 39 ist es hier zu Erleichterungen gekommen (Rz 180). Eine Umgliederung gewillkürter Handelswerte *(fair value option)* oder von Derivaten ist jedoch weiterhin unzulässig.

Eine **nachträgliche** Zuordnung eines finanziellen Vermögenswerts in die Kategorie Handelswerte ist nicht zulässig (IAS 39.50). Hieran hat auch das *Amendment* zu IAS 39 aus Oktober 2008 nichts geändert. Das im Mai 2008 verabschiedete *Annual Improvements Project* 2008 brachte allerdings durch einen neuen IAS 39.50A eine Klarstellung. Danach liegt keine unzulässige Umklassifizierung vor, wenn

- ein Derivat erst nach seinem Zugang als Sicherungsinstrument im Rahmen des *hedge accounting* designiert wird und somit ab diesem Zeitpunkt die bisherige Klassifizierung als Handelswert beendet wird oder

- für ein Derivat die Designation als Sicherungsinstrument, i.R.d. *hedge accounting*, vorzeitig beendet wird (z.B. weil die Voraussetzungen entfallen sind) und es ab diesem Zeitpunkt als Handelswert klassifiziert wird.

4.5.2 Regeln für Erst- und Folgebewertung, Behandlung der Transaktionskosten

Ein Handelswert ist bei der **erstmaligen Erfassung** nominell mit dem *fair value*, tatsächlich i.d.R. mit seinen **Anschaffungskosten** anzusetzen (Rz 99). Transaktions- und sonstige Anschaffungsnebenkosten sind im Gegensatz zu den anderen Kategorien nicht anzusetzen, sondern sofort aufwandswirksam (IAS 39.43). 144

Beispiel

Wertpapiere werden am 29. Dezember zu einem Kurs von 100, bei Anschaffungsnebenkostenvon 2 erworben. Zum 31. Dezember beträgt der Kurs 102. Es ergeben sich folgende Buchungen:

Datum	Konto	Soll	Haben
29. Dezember:	Wertpapiere	100	
	Aufwand	2	
	Geld		102
31. Dezember:	Wertpapiere	2	
	Ertrag		2

Die **Folgebewertung** ist zum *fair value* (beizulegender Zeitwert) vorzunehmen (IAS 39.46). Im Falle von Eigenkapitalinstrumenten ist der Ansatz der Anschaffungskosten dann auch bei der Folgebewertung maßgeblich, wenn der *fair value* nicht mit hinreichender Sicherheit bestimmt werden kann (IAS 39.46(c); Rz 105ff.).

Wertänderungen zwischen Zugangs- und Folgebewertung sowie Veränderun- 145
gen zwischen verschiedenen Folgebewertungen sind als **Erfolg** in der GuV zu erfassen.

4.5.3 *Impairment*/Wertberichtigung von Handelswerten

Soweit Handelswerte zum *fair value* bewertet werden, ergibt sich hieraus eine 146
automatische Anpassung an die aktuelle Wertentwicklung. Besonderer Regelungen für Wertminderungen, außerplanmäßige Abschreibungen und Zuschreibungen bedarf es dann nicht.[31]

Ist der beizulegende Zeitwert von **Eigenkapitalinstrumenten** (Aktien, Anteilen) hingegen nicht verlässlich bestimmbar und erfolgt deshalb hilfsweise die **Bewertung zu Anschaffungskosten,** so gelten die oben für Darlehen und andere Forderungen sowie für Fälligkeitswerte erläuterten Regelungen entsprechend (Rz 137ff.). Zwei **Besonderheiten** sind jedoch gem. IAS 39.66 zu beachten:

- Für die Ermittlung des Stichtagswertes im DCF-Verfahren steht kein ursprünglicher Effektivzinssatz zur Verfügung. Als **Diskontierungszinssatz** ist deshalb die aktuelle Rendite *(current market rate of return)* ähnlicher Finanzwerte zu verwenden.

31 Vergleichbar ist die Regelung für investment properties in IAS 40 (→ § 16 Rz 55).

- Eine **Zuschreibung** nach außerplanmäßiger Abschreibung ist bei hilfsweise zu Anschaffungskosten bewerteten Eigenkapitalinstrumenten der Kategorie *trading assets* nicht zulässig.

4.6 Veräußerbare Werte (AfS)

4.6.1 Klassifizierung als veräußerbarer Wert

147 Veräußerbare Werte (AfS) stellen eine **Restkategorie** dar. Alle aktiven Finanzinstrumente, die weder Darlehen/Forderungen (LaR) noch Fälligkeitswerte (HTM), noch notwendige oder gewillkürte Handelswerte (FVTPL) sind, also alle Werte, die keiner der anderen bisher erläuterten Klassen angehören, fallen in die Kategorie **veräußerbare** Werte.

148 Wie unter Rz 133 und Rz 142 erläutert, ist für die Abgrenzung zu den anderen Bewertungskategorien die **ursprüngliche** Verwendungsabsicht maßgeblich. Ein ursprünglich ohne kurzfristige Veräußerungsabsicht erworbenes Eigenkapitalinstrument wird daher auch dann nicht zum Bilanzstichtag umklassifiziert, wenn nunmehr die Veräußerung alsbald nach dem Stichtag geplant ist. Durch das im Oktober 2008 verabschiedete *Amendment* zu IAS 39 ist es jedoch zu Erleichterungen bei der Umklassifizierung von AfS nach Darlehen/Forderungen (LaR) oder in Fälligkeitswerte (HTM) gekommen (Rz 181).

149 Ein Fälligkeitswert (*held to maturity*; Rz 133 ff.) kann aus **zwei** Gründen in einen veräußerbaren Wert **umzuklassifizieren** sein:

- Das Unternehmen hat am Stichtag **nicht mehr die Absicht oder Fähigkeit,** diesen Vermögenswert bis zur Fälligkeit zu halten **(Einzelperspektive)** (IAS 39.51), oder
- **andere** Fälligkeitswerte sind im wesentlichen Umfang vor ihrer Fälligkeit veräußert worden, sodass die Sperrwirkung des IAS 39.9 eintritt (Rz 134 ff.) und deshalb die verbleibenden Fälligkeitswerte zwangsweise, auch gegen die tatsächliche Verwendungsabsicht umzubewerten sind **(Gesamtperspektive**; IAS 39.52).

Von der Umklassifizierung zu unterscheiden ist die nach IAS 39.9 zulässige freiwillige Widmung von Darlehen und anderen Forderungen oder Fälligkeitswerten als veräußerbarer Wert (Rz 31). Eine entsprechende **Willkürung** muss im Zugangszeitpunkt erfolgen und bleibt dann über die Haltedauer des Vermögenswertes bestehen.

4.6.2 Regeln für Erst- und Folgebewertung

150 In allen Fällen erfolgt die **Erstbewertung** der veräußerbaren Werte nominell zum *fair value*, tatsächlich zu **Anschaffungskosten** (Rz 99 ff.). Anschaffungsnebenkosten sind zu aktivieren (Rz 99). Für die Folgebewertung in der Bilanz gelten die gleichen Regelungen wie bei den **Handelswerten** (Rz 144 ff.). Primärer Bewertungsmaßstab ist der *fair value*. Ist der *fair value* nicht hinreichend sicher bestimmbar, kommen hilfsweise die Anschaffungskosten zum Ansatz. Im Einzelnen wird auf Rz 144 ff. verwiesen.

4.6.3 Erfolgsneutrale Erfassung der Wertänderungen

151 Die Änderungen des *fair value* gegenüber den (fortgeführten) Anschaffungskosten bzw. gegenüber dem *fair value* zum letzten Bewertungsstichtag sind gem.

IAS 39.55b **erfolgsneutral** im Eigenkapital zu erfassen *(other comprehensive income)* (IAS 39.55b). Hierin liegt ein wesentlicher **Unterschied** zu den **Handelswerten**, für die eine **erfolgswirksame** Erfassung vorgeschrieben ist (Rz 145). Durch die Möglichkeit, unter bestimmten Bedingungen jeden finanziellen Vermögenswert als Handelswert zu **willküren** und damit der erfolgswirksamen *fair-value*-Bewertung zu unterwerfen (Rz 32 und Rz 142), können auch finanzielle Vermögenswerte ohne kurzfristige Veräußerungsabsicht erfolgswirksam bewertet werden.

Die Erfassung der Wertänderungen direkt **im Eigenkapital** unter Berücksichtigung latenter Steuern (IAS 12.15; → § 26 Rz 129) zeigt nachfolgendes Beispiel.

Beispiel 152

Available-for-sale-Aktien werden bei einem Kurs von 100 und Anschaffungsnebenkosten von 3 erworben. Zum ersten Stichtag notieren die Aktien mit 98, zum zweiten mit 108. Zu diesem Wert werden sie kurz nach dem zweiten Stichtag auch veräußert.

Die Wertänderungen werden zunächst in einer **Rücklage für Zeitbewertung** (RLZBW) erfasst, die bei Veräußerung erfolgswirksam aufzulösen ist.

1. Buchungen bei Steuerfreiheit von Veräußerungsgewinnen und Abschreibungen auf Aktien:

Datum	Konto	Soll	Haben
Erwerb:	Aktien	103	
	Geld		103
1. Stichtag:	RLZBW	5	
	Aktien		5
2. Stichtag:	Aktien	10	
	RLZBW		10
Verkauf:	Geld	108	
	Aktien		108
	RLZBW	5	
	Ertrag		5

2. Buchungen bei Steuerpflicht von Aktienveräußerungen und steuerlicher Unbeachtlichkeit der vorübergehenden Wertminderung für einen Steuersatz von 40 %:

Datum	Konto	Soll	Haben
Erwerb:	Aktien	103	
	Geld		103
1. Stichtag:	RLZBW	5	
	Aktien		5
	RLZBW	5	
	Aktien		5
	lat. St.	2	
	RLZBW		2
2. Stichtag:	Aktien	10	
	RLZBW		10
	RLZBW	4	
	lat. St		4

Datum	Konto	Soll	Haben
Verkauf:	Geld	108	
	Aktien		108
	RLZBW	3	
	lat. St.	2	
	Ertrag		5
	St.-Aufw.	2	
	Verbind. Steuer		2

153 Die **Rücklage für Zeitbewertung** (Beispiel in Rz 152) muss nicht notwendigerweise als **eigene Kategorie** innerhalb der Bilanz und/oder der Eigenkapitalveränderungsrechnung aufgeführt werden. Eine Zusammenfassung mit anderen Rücklagen ist zulässig. Jedoch muss bis 2008 im Rahmen einer Eigenkapitalveränderungsrechnung oder einer Gesamteinkommensrechnung, ab 2009 zwingend durch eine Gesamteinkommensrechnung erkennbar sein, welcher Wertänderungsbetrag bei veräußerbaren Werten unmittelbar im Eigenkapital erfasst ist (→ § 2 Rz 79).

154 Eine Ausnahme von der erfolgsneutralen Verrechnung aller Wertänderungen ergibt sich für den Fall, dass ein als veräußerbarer Wert klassifiziertes Finanzinstrument ein abtrennungspflichtiges eingebettetes Derivat aufweist (Rz 32, 95 ff.). In diesem Fall sind die aus dem Derivat resultierenden Wertänderungen erfolgswirksam zu erfassen.

4.6.4 Erfolgsmäßige Behandlung von Transaktionskosten, Disagien, Währungsumrechnung

155 Die Behandlung von Transaktionskosten und sonstigen Anschaffungsnebenkosten sowie bei Fremdkapitalinstrumenten auch von Unterschiedsbeträgen zwischen Ausgabebetrag und Nominalbetrag bedarf **keiner komplexen Regelungen,** wenn ein Finanzinstrument erfolgswirksam zum *fair value* erfasst wird.

156 Transaktionskosten werden dadurch **unmittelbar aufwandswirksam.** Disagien und ähnliche Abweichungen zwischen Nominal- und Ausgabebetrag eines erworbenen Fremdkapitalinstrumentes erfordern keine gesonderte Betrachtung, da sämtliche Wertänderungen zwischen Erstbewertung bzw. vorheriger Bewertung und Folgebewertung erfolgswirksam behandelt werden, unabhängig davon, ob sie Marktänderungen oder die Amortisation solcher Unterschiedsbeträge reflektieren.

157 Probleme ergeben sich hingegen aus der für veräußerbare Werte geforderten **erfolgsneutralen Behandlung** von Wertänderungen. Bei Anleihen oder anderen Fremdkapitalinstrumenten mit fester Laufzeit kann nicht unberücksichtigt bleiben, dass **Transaktionskosten, Agien** usw. den Charakter von **Effektivzinsminderungen** haben, die als solche auch erfolgswirksam **im Zinsergebnis** berücksichtigt werden sollten. IAS 39.55b sieht daher für Fremdkapitalinstrumente mit fester (Mindest-)Laufzeit die zeitliche **Verteilung der Transaktionskosten** und sonstigen Unterschiedsbeträge vor.

Das Instrument hierzu ist die **Effektivzinsmethode** (Rz 105). Im einfachsten Fall einer unverzinslichen Anleihe *(Zerobond)* lässt sich aus der Differenz von Anschaffungskosten (inkl. Nebenkosten) und Rückzahlungen der Effektivzins ermitteln. Dessen Anwendung auf die (fortgeführten) Anschaffungskosten ergibt den in jeder Periode erfolgswirksam zu berücksichtigenden Betrag. Bei verzinslichen Anleihen ist zusätzlich die Nominalverzinsung zu berücksichtigen. Ist die (Mindest-)Laufzeit des Fremdkapitalinstruments nicht bestimmbar, kann die Effektivzinsmethode nicht zur Anwendung gelangen. Anschaffungsnebenkosten und sonstige Unterschiedsbeträge sind dann erst bei Veräußerung zu berücksichtigen (IAS 39.AG67). Zum Ganzen folgendes Beispiel:

Beispiel
Ein Unternehmen behandelt alle Anleihen als veräußerbare Werte. Zum 1.1.01 erwirbt es auf dem Primärmarkt eine Anleihe zu folgenden Konditionen:
Laufzeit 5 Jahre
- Nominalbetrag = 100, Ausgabebetrag 102 (d.h. Prämie 2)
- Verzinsung 6 % (marktüblich weniger, deshalb höherer Ausgabebetrag)
- Anschaffungsnebenkosten 3
- Der Zeitwert der Anleihe per 31.12.01 soll bei geändertem Marktzins 106 betragen.

Bei unveränderten Marktbedingungen wären per 31.12.01 auszuweisen:
100 + (2 Prämie + 3 ANK) **– 1 Auflös. Prämie u. ANK** = 104.
Ins EK ist demnach nicht die Differenz von Zeitwert und gesamten Anschaffungskosten (106 – 105 = 1) einzustellen. Die im Zinsergebnis zu berücksichtigende Auflösung von Prämie und ANK ist zu berücksichtigen. Einzustellen sind daher 106 – (105 **– 1**) = 2.
Per 31.12.01 sind (unter Vernachlässigung der Zinseszinseffekte und bei linearer Amortisierung) folgende Buchungen vorzunehmen:

Konto	Soll	Haben
Anleihe	2	
EK		2*
Geld	6	
Zinsertrag		6
Zinsertrag	1	
Anleihe		1**

* (wg. Zeitwertänderung)
** (wg. Amortisierung Prämie u. ANK).

Notiert ein als *available for sale* qualifiziertes Finanzinstrument in **fremder Währung**, ist bez. der Behandlung des Währungsumrechnungserfolgs gem. IAS 39.AG83 wie folgt zu differenzieren: **158**

- Bei **monetären** ***available-for-sale assets*** (z. B. Rentenpapiere) ist der Umrechnungseffekt in einen erfolgswirksamen Teil (soweit auf Amortisierung der Anschaffungsnebenkosten etc. entfallend) und ein erfolgsneutrales Element (soweit auf Änderungen von Marktbedingungen etc. entfallend) zu splitten.
- Bei **nichtmonetären** ***available-for-sale assets*** (z.B. Aktien und sonstige Anteile) ist auch der Umrechnungseffekt wie jede andere Wertänderung erfolgsneutral zu behandeln (→ § 27 Rz 13).

4.6.5 *Impairment*/Wertberichtigung, Zuschreibung sowie Abgangserfolg bei veräußerbaren Werten

159 Werden wie bei Handelswerten Änderungen des *fair value* über die GuV erfasst, so sind besondere Regeln für außerplanmäßige Abschreibungen und den Abgangserfolg nicht notwendig (Rz 146). Bei der für veräußerbare Werte geforderten Erfassung der Wertänderungen direkt im Eigenkapital bedarf hingegen die Behandlung einer außerplanmäßigen Wertminderung sowie eines Abgangserfolgs besonderer Regelungen.

160 Für den **Abgangserfolg** bestimmt IAS 39.55b, dass zuvor im Eigenkapital erfasste kumulierte Wertänderungen zum Abgangszeitpunkt in das Periodenergebnis einzubeziehen sind. Im Einzelnen wird auf das Beispiel unter (Rz 152) verwiesen.

161 Der Veräußerungszeitpunkt ist der **späteste** Zeitpunkt, zu dem zuvor im Eigenkapital berücksichtigte Wertänderungen Eingang in die GuV finden. Eine Berücksichtigung in der GuV bereits zu einem früheren Zeitpunkt ist bei einer sich **ankündigenden außerplanmäßigen Abschreibung** erforderlich. IAS 39.58 bestimmt hierzu Folgendes:

1. An jedem Bilanzstichtag ist zu **prüfen**, ob es objektive Hinweise *(objective evidence)* für die Wertminderung *(impairment)* gibt (IAS 39.58).
2. **Objektive Hinweise** sind

- **für alle Finanzinstrumente**
  a) signifikante finanzielle Schwierigkeiten des Emittenten (Schuldners),
  b) das aus finanziellen Schwierigkeiten resultierende Verschwinden eines aktiven Marktes,
  c) beobachtbare Daten, die eine messbare Verschlechterung der Aussichten eines Segmentes (Marktes/Branche usw.) indizieren, dem das *asset* zuzurechnen ist,
  d) der Eintritt von Ereignissen, die einen zuverlässig messbaren negativen Einfluss auf die Aussichten des Segmentes oder *assets* hat.
- **für Fremdkapitalinstrumente zusätzlich:**
  e) Vertragsbruch und
  f) drohende Insolvenz des Schuldners (*borrower*; IAS 39.59).
- **für Eigenkapitalinstrumente zusätzlich:**
- g) ein signifikanter oder anhaltender Rückgang des *fair value* gegenüber den Anschaffungskosten (IAS 39.61).

3. Gibt es derartige **Evidenzen**, ist die Differenz zwischen den Anschaffungskosten und dem niedrigeren *fair value* erfolgswirksam zu behandeln (IAS 39.68). Evtl. bisher **erfolgsneutral** behandelte Wertminderungen sind aus dem Eigenkapital auszubuchen (IAS 39.67).

162 Über das Verhältnis von „planmäßiger“, d.h. erfolgsneutraler, Wertfortschreibung zu außerplanmäßiger, d.h. erfolgswirksamer, Wertminderung entscheidet der Katalog der **objektiven Evidenzen**. Eine **erste Lesart** wäre deshalb wie folgt:

> Nur wenn außergewöhnliche Ereignisse wie erhebliche finanzielle Schwierigkeiten des Emittenten vorliegen, ist ein *impairment* gegeben, ansonsten nur eine normale Wertänderung.

Zugunsten dieser Lesart spricht, dass sie von der Normalbewertung (erfolgsneutrale Fortschreibung des *fair value)* nur in Ausnahmefällen abweicht und das Ermessen des Bilanzierers beschränkt. 163

Andererseits sind die oben unter 2c, d sowie g wiedergegebenen Fälle aber weicher formuliert und nicht auf außerordentliche Wertminderungen beschränkt. Eine einschränkende Auslegung dieser drei Fälle wäre im Interesse einer möglichst klaren Unterscheidung zwischen planmäßiger und außerplanmäßiger Wertminderung zwar geboten und könnte sich z.T. auch auf die in den weicheren Kriterien enthaltenen Anwendungsvoraussetzungen (beobachtbare Daten und zuverlässig messbare Einflüsse) berufen. Angesichts der sonst eher großzügigen Anforderungen von IAS 39 an die Zuverlässigkeit der Messung würde diese Einschränkung jedoch nicht sehr weit reichen. Man wird daher einer **zweiten Lesart** den Vorzug geben müssen:

> Neben außergewöhnlichen Fällen wie drohender Insolvenz des Emittenten **können** auch gewöhnliche Umstände wie eine Verschlechterung der konjunkturellen Aussichten ohne Aussicht auf alsbaldige Erholung ein *impairment* und damit den Übergang von der erfolgsneutralen zur erfolgswirksamen Wertminderung indizieren.

Bei der **zweiten** Lesart entstehen ähnliche Ermessensprobleme, wie sie bereits bisher im HGB und in US-GAAP enthalten sind. In diesen beiden Systemen wird die Pflicht zur Vornahme einer (erfolgswirksamen) Abschreibung davon abhängig gemacht, ob eine Wertminderung dauerhaft (§ 253 Abs. 3 HGB) bzw. *other than temporary* ist (SFAS 115.16). Eine sachgerechte, nicht willkürliche Konkretisierung dieser ermessensbehafteten Merkmale ist den Standardsettern nicht gelungen.[32] Sie haben stattdessen widerlegbare Vermutungen formuliert und damit durch diese Widerlegungsmöglichkeit eine Objektivierung gerade nicht erreicht. IAS 39 (2000) enthielt demgegenüber durch die Beschränkung auf außergewöhnliche Fälle einen zwar engen, aber in hohem Maße objektivierten Anwendungsbereich (der außerplanmäßigen Abschreibung). Dieser Objektivierungsvorteil ist mit der Neufassung von IAS 39 aufgegeben worden.

Das Subjektivitätsproblem wird noch verschärft durch IAS 39.61. Danach bietet ein signifikanter oder anhaltender *(prolonged)* Rückgang des *fair value* eines Eigenkapitalinstrumentes unter seine Kosten ebenfalls eine objektive Evidenz eines *impairment*. Vergleichsmaßstab für die Signifikanz sind die Anschaffungskosten, nicht der Wert nach letzter Abschreibung.[33] Mithin ist nach dem ersten *impairment* jeder weitere noch so kleine Wertrückgang ebenfalls als *impairment* anzusehen. Weitere Auslegungshinweise werden nicht gegeben. Insbesondere hat der IFRIC in einer Agenda Decision (Non-IFRIC) vom Juli 2009 die Interpretation des Signifikanz- und Dauerhaftigkeitskriteriums offengelassen. Sie lässt daher Spielräume. Mit anderen Stimmen in der Literatur halten wir einen Rückgang von 20 % oder mehr (gegenüber den Anschaffungskosten) für signifikant, ein Unterschreiten der Anschaffungskosten für 9 Monate oder mehr für anhaltend.[34]

---

32 IDW RS VFA 2, Auslegung des § 341b HGB (neu), WPg 2002, S. 475, EITF Issue 03-1, The Meaning of Other-Than-Temporary Impairment and Its Application to Certain Investments. Vgl. zum Ganzen auch: LÜDENBACH/HOFFMANN, DB 2004, S. 85ff.

33 IFRIC, Update Juni 2005.

34 Vgl. KPMG, Insights into IFRS 2009/10, Tz 3.6.1410.30.

164 Die **buchungstechnische** Handhabung des *impairment* bei veräußerbaren Werten zeigt das nachfolgende Beispiel.

Beispiel
A hält Aktien der Gesellschaft B. Die ursprünglichen Anschaffungskosten betrugen 100. Die bisher erfolgsneutral im Eigenkapital erfasste Wertänderung ist +10 (alternativ –10). Zum Bewertungsstichtag notiert die Aktie nur noch mit 5. Die Buchung ist wie folgt:

Konto	Soll	Haben
RLZBW	10	
Aufwand	95	
Aktien		105

Buchung im Alternativfall:

Konto	Soll	Haben
Aufwand	95	
Aktien		85
RLZBW		10

165 Für den **Wegfall der Wertminderung**, d.h. für die Wertaufholung bei veräußerbaren Werten, gilt Folgendes:

- Zuschreibungen auf **Eigen**kapitalinstrumente (Aktien, Anteile) sind erfolgsneutral vorzunehmen (IAS 39.69).
- Zuschreibungen auf **Fremd**kapitalinstrumente sind insoweit erfolgswirksam vorzunehmen, als der Zeitwert objektiv aufgrund eines nach Erfassung der Wertminderung im Periodenergebnis stattfindenden Ereignisses ansteigt (IAS 39.70). Die fortgeführten Anschaffungskosten bestimmen die Obergrenze der Wertaufholung.

4.7 Strukturierte Produkte

4.7.1 Problemstellung: Eingebettete Derivate und das *mixed model*

166 **Strukturierte** oder **hybride Produkte** zeichnen sich durch eine besondere Kombination von Rechten und Pflichten aus:

- Ein Basisinstrument (meist Anleihe oder sonstiges Fremdkapitalinstrument, ggf. aber auch ein Vertrag, der kein Finanzinstrument, z.B. Kaufvertrag über Waren oder Leasingvertrag, ist) ist
- mit zusätzlichen Rechten und Pflichten versehen, die bei isolierter Betrachtung als Derivat gelten würden.

Neben dem klassischen Instrument der **Wandelschuldverschreibung** (Schuldverschreibung als Basisinstrument, Option zur Umwandlung in Aktien als eingebettetes Derivat) gibt es eine Unzahl weiterer, z.T. überaus exotischer Strukturierungen.

167 Ein Bewertungsproblem ergibt sich aus dem *mixed model* von IAS 39 (Rz 3).

- Derivate sind erfolgswirksam zum *fair value* zu erfassen (Rz 228),

- Fremdkapitalinstrumente hingegen zu fortgeführten Anschaffungskosten oder erfolgsneutral zum *fair value*, es sei denn, sie würden ausnahmsweise Handelszwecken dienen.

Eine einheitliche Bilanzierung des strukturierten Produkts zu Anschaffungskosten oder erfolgsneutral zum *fair value* würde die Wertänderung des eingebetteten Derivats nicht oder nicht erfolgswirksam wiedergeben und zu einem anderen bilanziellen Ergebnis führen als die Abbildung eines wirtschaftlich gleichwertigen separaten Erwerbs von Basisinstrument und Derivat. Daher sieht IAS 39.11 unter bestimmten Umständen eine vom Trägerinstrument getrennte Bilanzierung und Bewertung des eingebetteten Derivats erfolgswirksam zum *fair value* vor.

Beispiel

Ein Unternehmen hat bei einem Marktzins von 10 % Wandelanleihen mit einem Zins von 6 % platzieren können. Der vergleichsweise niedrige Zinssatz resultiert daraus, dass die Anleihe zu Bedingungen in Aktien umgewandelt werden kann, die nach Einschätzung der Marktteilnehmer als vorteilhaft gelten.

Einige Zeit nach der Platzierung hat sich der Aktienkurs wider Erwarten drastisch verschlechtert. Der Kurs der Anleihe sinkt, nicht wegen verschlechterten Bonitätsratings (dieses ist nach wie vor gut), sondern weil sich der Aktienmarkt in einer Baisse befindet und dadurch eine Entwertung des Umtauschrechtes eingetreten ist.

Unternehmen A hat Teile der Anleihe bei Emission erworben und will sie bis zur Fälligkeit halten. Würde der Ausweis insgesamt zu fortgeführten Anschaffungskosten erfolgen, hätte der Kursrückgang keine Bewertungsrelevanz. Hätte A dagegen eine normale Anleihe mit 6 % Nominalverzinsung zu einem beträchtlichen Disagio (zum Ausgleich der unter Marktniveau liegenden Verzinsung) erworben und aus dem Disagiobetrag Aktienoptionen gekauft, so wären die Optionen jetzt abzuwerten. Erst die Separierung des eingebetteten Derivats und die Bewertung zum *fair value* führen zur Gleichbehandlung beider Fälle.

Unternehmen B hat ebenfalls Teile der Anleihe erworben, will aber mit ihnen handeln. Erfolgt der Ausweis insgesamt zum *fair value*, besteht keine Notwendigkeit (und nach IAS 39.11c auch kein Recht) zur Separierung des Derivats.

Die Analyse und bilanzielle Zerlegung hybrider Finanzinstrumente in das Trägerinstrument und das eingebettete Derivat können im Einzelfall sehr **aufwendig** sein. Zur Vermeidung dieser Problematik erlaubt IAS 39.11A daher, hybride Produkte – unter bestimmten Voraussetzungen – **insgesamt erfolgswirksam** zum *fair value* zu bewerten (Rz 32, 166ff.). Durch entsprechende Widmung als Handelswert *(fair value option)* wird die Separierung des eingebetteten Derivats überflüssig und unzulässig (IAS 39.11c). Für strukturierte Produkte, deren Basisvertrag kein Finanzinstrument ist, besteht diese Möglichkeit jedoch nicht.

Falls ein Finanzinstrument **eingebettete Derivate** aufweist (Rz 32, 95ff.), sind **168**
diese gem. IAS 39.11 unter den folgenden kumulativen Voraussetzungen bilan-

ziell von dem Basisinstrument **abzutrennen** und **separat** zu bilanzieren (vgl. Abb. 7):

- Das strukturierte Produkt wird **nicht erfolgswirksam** zum *fair value* erfasst.
- Es besteht **keine enge Verbindung** zwischen den wirtschaftlichen Merkmalen und Risiken des eingebetteten Derivates einerseits und des Basisvertrags andererseits.
- Bei **isolierter Betrachtung** würde das eingebettete Instrument die Definitionskriterien eines Derivates erfüllen.

In der **ersten** Voraussetzung ist der Bewertungszweck der **Separierung** eingebetteter Derivate angesprochen: Derivate unterliegen – mit bestimmten Ausnahmen beim *hedge accounting* (Rz 254) – der erfolgswirksamen *fair-value*-Bewertung (Rz 228). Eine Gesamtbewertung des strukturierten Produkts stellt diese Bewertung nur dann sicher, wenn das gesamte hybride Instrument erfolgswirksam zum *fair value* bewertet, im Falle eines Finanzinstruments also als Handelswert *(trading asset)* geführt wird.

Die **zweite** Voraussetzung soll eine künstliche Trennung von gleichartigen und zusammengehörigen Merkmalen und Risiken verhindern. An einer **engen Verbindung** fehlt es z. B. regelmäßig dann, wenn der Basisvertrag ein Fremdkapitalinstrument (Anleihe, Forderung, sonstiges Gläubigerrecht) ist, das eingebettete Derivat hingegen den Charakter eines Eigenkapitalinstrumentes hat. In eben diese Kategorie fallen **Options- und Wandelanleihen**, aber auch **aktienindizierte** Anleihen, bei denen die Höhe der Zinsen oder der Rückzahlung (Fremdkapital) an den Wert von Aktien (Eigenkapital) geknüpft ist (IAS 39.AG30d).[35] Wegen weiterer Beispiel wird auf Rz 170 verwiesen.

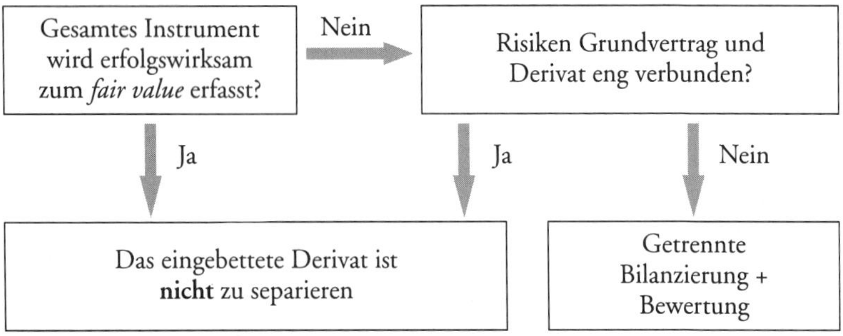

Abb. 6: Separierung eingebetteter Derivate

Der im März 2006 verabschiedete IFRIC 9 „*Reassessment of Embedded Derivatives*" stellt klar: Die Beurteilung, ob ein abspaltungspflichtiges eingebettetes Derivat vorliegt, ist aus Sicht des Vertragsbeginns zu treffen. Eine spätere Neubeurteilung *(reassessment)* ist nur zulässig (und dann auch geboten), wenn die Vertragsbedingungen und dadurch die *cash flows* signifikant geändert wurden.

35 Zur Bilanzierung solcher Anleihen und weiterer Formen hybrider Finanzinstumente, auch nach HGB und US-GAAP: Brüggemann/Löhn/Siegel, KoR 2004, S. 340ff.

Beispiel
Am 1.1.01 gewährt A ein Darlehen an B mit folgenden für die **ersten 5 Jahre** vereinbarten Konditionen:

- Libor + 1 % für das spezifische Kreditrisiko von B (zum Ausgabezeitpunkt liegt der Libor bei 2,5 %, der anfängliche Zins ist also 3,5 %),
- Zinsbegrenzungsvereinbarung *(collar)* mit einer Zinsuntergrenze *(floor)* von 2 % und einer Zinsobergrenze (*cap* von 5 %).

Der *collar* ist ein eingebettetes Derivat, nach IAS 39.AG33b aber nicht abzutrennen, da der *floor* unter und der *cap* über dem Marktzins liegt.
Am Ende des 5. Jahres wird der Vertag neu verhandelt. Der Libor beträgt zu diesem Zeitpunkt 2 %, das spezifische Kreditrisiko weiterhin 1 %, der angemessene Marktzins also 3 %. Die Parteien vereinbaren für die **nächsten 5 Jahre** Folgendes:

- Libor ohne Aufschlag,
- Zinsuntergrenze 2 %, Zinsobergrenze weiterhin 4 %.

Die Vertragsbedingungen und mit ihnen die Zinszahlungen *(cash flows)* haben sich signifikant verändert. Eine erneute Beurteilung ist daher nötig. Da der *floor* nun nicht mehr unter dem Marktzins liegt, ist die Zinsbegrenzungsvereinbarung zukünftig separat zu bilanzieren.

Nach dem im März 2009 verabschiedeten *Amendment* zu IFRIC 9 ist eine Neubeurteilung der Separierung außerdem erforderlich, wenn (etwa als Folge der Finanzmarktkrise) ein bisher erfolgswirksam zum *fair value* bilanziertes Finanzinstrument in eine Kategorie umgewidmet wird (Rz 186). 169

4.7.2 Strukturierte Anleihen

Zum gesamten Komplex der **eingebetteten Derivate** gibt es eine umfangreiche Kasuistik, die teils in IAS 39.AG30ff., teils in IAS 39.IG.C.1ff. enthalten ist. Die nachfolgende Tabelle bietet einige Beispiel strukturierter Anleihen: 170

Typ	**Analytische Beurteilung aus Anlegersicht**	**zu separieren? N = Nein J = Ja**
Bonitäts-Anleihe; Verzinsung/ Tilgung steigt, wenn Rating sinkt *(credit sensitive bond)*	Anleihe + Verkaufsoption auf Rating	N
Anleihe mit Gläubigerkündigungsrecht *(puttable bond)*	Anleihe + Verkaufsoption auf Anleihe	N
Indexanleihe mit variabler Rückzahlung *(variable principal redemption bond)*	Anleihe + Stillhalter aus Option auf einen Index (Währung, Aktien, Rohstoff usw.)	i.d.R. J

Typ	Analytische Beurteilung aus Anlegersicht	zu separieren? N = Nein J = Ja
knock-in- oder *knock-out*-Anleihen; Rückzahlungsoption (Art/Höhe) entsteht/verfällt, wenn Index, Währung usw. bestimmten Wert erreicht	Festzinsanleihe + Stillhalter aus *knock-in-* oder *knock-out*-Option	i. d. R. J
Stufenzinsanleihe *(step-up/step-down bond)*	Festzinsanleihe + Zinstermingeschäft	N
Anleihe mit Schuldnerkündigungsrecht *(callable bond)*	Anleihe + Stillhalter aus einer Kaufoption	N
super floater, leveraged/bear floater: z × Basiszins – x % (nicht negativ)	variable Anleihe + Aufn. Festzinskredit + *floor*	N, wegen *floor*
Umgekehrter *floater, reverse/bull floater* x % – Basiszins	Festzinsanleihe + variable Kreditaufnahme + i. d. R. *cap* (sonst Negativzins)	N, es sei denn ohne *cap*
Variabel verzinsliche Anleihe mit Mindestzins *(floored FRN)*	variable Anleihe + *floor* (d. h. Optionen auf Zins)	N
Variabel verzinsliche Anleihe mit Maximalzins *(capped FRN)*	variable Anleihe + *cap* (d. h. Stillhalter aus Zinsoption)	N
Variabel verzinsliche Anleihe mit Mindest- und Höchstzins *(collared FRN)*	variable Anleihe + *floor* (Optionsinhaber) + *cap (Stillhalter)*	N
Wandelanleihe *(convertible bond)*	Festzinsanleihe + Wandlungsoption	J

Tab. 8: Strukturierte Anleihen

Zu Wandel- und Optionsanleihen wird auf Rz 166 verwiesen.

Auch **aktienindizierte** Anleihen, bei denen die Höhe der Zinsen oder der Rückzahlung (Fremdkapital) an den Wert von Aktien (Eigenkapital) geknüpft ist, erfordern regelmäßig eine Separierung des Derivats, da das Derivat Eigenkapital-, der Basisvertrag hingegen Fremdkapitalcharakter hat (IAS 39.AG 30d).

Bei **Laufzeitoptionen** oder bei **Kauf**- oder **Verkaufs**optionen oder Agio ausgegebenes Schuldinstrument kommt es auf die Konditionen der Optionsausübung an. Findet zum Zeitpunkt der Ausübung einer Verlängerungsoption keine Anpassung an den herrschenden Marktzins statt oder erfolgt bei vorzeitiger Kündigung oder Ausübung einer Kauf- oder Verkaufsoption weder eine Erledigung zum ab- oder aufgezinsten Betrag noch ein Ersatz des Vorfälligkeitsschadens, so fehlt es an einem engen Zusammenhang. Eine **getrennte** Bilanzierung ist erforderlich (IAS 39.AG30c und g).

In eine Anleihe eingebettete **Kreditderivate**, die dem Schuldner des originären Schuldinstruments die Möglichkeit der Übertragung des Ausfallrisikos einer Referenzadresse auf den Gläubiger einräumen, sind i.d.R. nicht eng mit dem originären Schuldinstrument verbunden (IAS 39.AG30h).[36]

Dagegen ist bei Bindung der Zinszahlungen an einen **Zinsindex** ein enger Zusammenhang regelmäßig zu bejahen, es sei denn, das Derivat habe eine so ausgeprägte Hebelwirkung, dass der Zins je nach Indexentwicklung das Doppelte oder mehr des Marktzinses erreichen bzw. der eingesetzte Kapitalbetrag nicht vollständig zurückerlangt werden könnte (IAS 39.AG33a).

Bei der **Zugangsbewertung** strukturierter Anleihen sind die Anschaffungskos- **171**
ten wie folgt auf den Basisvertrag und das separierungspflichtige Derivat zu verteilen:

- Zunächst ist das eingebettete Derivat zum *fair value* zu bewerten.
- Die Erstbewertung des Basisinstruments ergibt sich residual aus der Differenz von gesamten Anschaffungskosten zum *fair value* des eingebetteten Derivats.
- Ist der *fair value* des Basisinstruments verlässlicher bestimmbar als derjenige des Derivats, wird umgekehrt verfahren (IAS 39.13).
- Hat das eingebettete Derivat keinen Optionscharakter, sondern den eines unbedingten Termingeschäftes, d.h., verkörpert es nicht nur Rechte, sondern auch Pflichten, z.B. neben dem Recht auf Gewinnbeteiligung auch die Pflicht zu Verlustteilhabe, ist der Zeitwert des Derivates im Zugangszeitpunkt mit null anzusetzen (IAS 39.AG28). Die gesamten Anschaffungskosten entfallen auf das Basisinstrument.

Die Methodik der Zuordnung der Anschaffungskosten zur Anleihe und zu einem Eigenkapital verkörpernden Options- oder Wandlungsrecht unterscheidet sich bei dem Emittenten und dem Erwerber. Während der Inhaber, wie dargestellt, den Wert des Basisvertrags residual ermittelt, muss der Emittent nach IAS 32.w1. gerade umgekehrt vorgehen:

- Schritt 1: Ermittlung des **Zeitwertes** der Anleihe durch Diskontierung der Zahlungen und
- Schritt 2: Ermittlung des Optionswertes als **Restwert**.

Zur Bilanzierung von *equity-linked bonds* beim Erwerber folgendes Beispiel:

Beispiel

A erwirbt am 1.1.01 einen zweijährigen *equity-linked* Zerobond (Wertpapier mit Zinszahlung ausschließlich bei Fälligkeit und aktienkursabhängigem Rückzahlungsbetrag) des Unternehmens B mit einem Nominal- und Ausgabebetrag von 1.000. Der aktuelle Marktzins beträgt 10 %. Der am Ende der Laufzeit von B zu leistende Rückzahlungsbetrag setzt sich zusammen aus dem Nominalbetrag, den aufgelaufenen Zinsen von 210 und der Kursänderung von 50 Aktien der B zwischen Ausgabe der Anleihe und Rückzahlung. Der Rückzahlungsbetrag kann nicht negativ werden. Der Aktienkurs bei Ausgabe beträgt 30.

[36] Vgl. zu Kreditderivaten auch: IDW RS BFA 1.

Der Rückzahlungsbetrag nach 2 Jahren würde also betragen:
- 1.210 (= 1.000 + 210 + 50 × 0) bei einem Kurs von 30.
- 1.710 (= 1.000 + 210 + 50 × 10) bei einem Kurs von 40.
- 710 (= 1.000 + 210–50 × 10) bei einem Kurs von 20.
- 0 bei einem Kurs zwischen 0 und 5,8.

Bei dem *equity-linked* Zerobond handelt es sich um eine strukturierte Anleihe, die sich aus einer normalen Anleihe (Zerobond) und einem eingebetteten Aktientermingeschäft zusammensetzt. Da sich die Risiken des Trägerinstruments (Zerobond = Zinsrisiko) und des eingebetteten Derivats (Aktientermingeschäft = Aktienkursrisiko) wesentlich unterscheiden, ist das eingebettete Derivat abzutrennen und separat zu bilanzieren.
Am 1.1.01 wird zunächst das eingebettete Derivat mit seinem *fair value* von null eingebucht. Der Zerobond (Basisvertrag) wird mit dem Restwert von 1.000 (= 1.000–0) eingebucht.
In den folgenden zwei Jahren ist der Zerobond mit dem Marktzins von 10 % aufzuzinsen und das abgetrennte Aktientermingeschäft mit seinem *fair value* zu bilanzieren. Zum 31.12.02 (also einen Tag vor Tilgung der Anleihe) ergeben sich somit folgende Wertansätze:
- bei einem Kurs von 30:
  Anleihe: + 1.210, Derivat 0, Summe 1.210.
- bei einem Kurs von 40:
  Anleihe: + 1.210, Derivat + 500, Summe 1.710.
- Bei einem Kurs von 30:
  Anleihe: + 1.210, Derivat – 500, Summe 710.
- Bei einem Kurs von 5,8 (oder niedriger):
  Anleihe: + 1.210, Derivat – 1.210, Summe 0.

172 Wenn für ein abtrennungspflichtiges **eingebettetes Derivat** im Einzelfall eine **Bewertung** zum ***fair value*** nicht möglich ist (sei es bei Erwerb der Anleihe oder später), gilt für die gesamte Anleihe zwingend der *fair-value*-Ansatz (IAS 39.12). Damit werden im Ergebnis nicht nur die abtrennungspflichtigen eingebetteten Derivate, sondern auch alle anderen Bestandteile der strukturierten Anleihe (insbesondere das Trägerinstrument) zum *fair value* bewertet.
Umgekehrt ist es aufgrund des Aufwands, der mit der Analyse und ggf. erforderlichen bilanziellen Zerlegung strukturierter Anleihen in das Trägerinstrument und das eingebettete Derivat verbunden ist, gem. IAS 39.11A auch erlaubt, auf eine solche Aufteilung zu verzichten und stattdessen freiwillig die Anleihe insgesamt erfolgswirksam zum *fair value* zu bewerten *(fair value option).* Die Anwendung der *fair value option* ist allerdings dann unzulässig, wenn
- das eingebettete Derivat nicht signifikant ist (IAS 39.11A(a)) oder
- ohne weitere Analyse klar ist, dass eine Abtrennung des eingebetteten Derivats gem. IAS 39.11 nicht zulässig ist (IAS 39.11A(b)). Ein Beispiel hierfür wäre eine Anleihe, die ein Kündigungsrecht aufweist.

Insgesamt rechtfertigt damit das Vorliegen (mindestens) eines wesentlichen eingebetteten Derivats die Anwendung der *fair-value*-Option für strukturierte Anleihen, es sei denn, die Unzulässigkeit einer Abtrennung des eingebetteten Derivats ist ohne Weiteres erkennbar.

Die **Folgebewertung** des separierungspflichtigen Derivats ist erfolgswirksam zum *fair value* vorzunehmen. Für die Folgebewertung des Basisvertrags ist Folgendes zu beachten: 173

Bei börsennotierten **Anleihen** kommt eine Zuordnung zur Kategorie „Kredite und Forderungen" *(loans and receivables)* nicht infrage mit der Folge:

- Der Basisvertrag wird entweder als **Fälligkeitsinvestment** (*held-to-maturity asset*) zu fortgeführten Anschaffungskosten bewertet (Rz 137) oder
- als **veräußerbarer Wert** (*available-for-sale asset*) erfolgsneutral zum *fair value* erfasst (Rz 151), wobei die Effektivverzinsung jedoch in der GuV zu berücksichtigen ist (Rz 157).

Die Qualifizierung als Fälligkeitsinvestment setzt kumulativ voraus, dass

- eine feste Absicht besteht, die strukturierte Anleihe bis zu ihrem im Voraus feststehenden Fälligkeitstermin zu halten und
- die Zahlungen bestimmt oder bestimmbar sind (IAS 39.9).

An der ersten Voraussetzung fehlt es z.B., wenn der Schuldner die Anleihe vorzeitig kündigen kann und dabei ggf. nicht die vollen fortgeführten Anschaffungskosten zahlen muss *(callable equity-linked bond)*. An der zweiten fehlt es etwa, wenn als Rückzahlung je nach Entwicklung bestimmter Variablen (Aktienkurs, Goldpreis, Zins usw.) ein geringerer Betrag als der Nominalbetrag geschuldet wird *(downside potential)*. Sieht der Vertrag hingegen je nach Entwicklung der Variablen die Rückzahlung des Nominalbetrags oder eines höheren Betrags vor *(upside potential)*, führt dies nicht zum Ausschluss von der Kategorie „Fälligkeitsinvestment" (IAS 39.IG.B13).

Bei **nicht börsennotierten Anleihen** kommt eine Zuordnung zur Kategorie „Fälligkeitsinvestment" *(held-to-maturity investments)* regelmäßig nicht infrage (Rz 133).

- Der Basisvertrag wird entweder als Kredit oder Forderung *(loans and receivables)*, also zu fortgeführten Anschaffungskosten bewertet (Rz 116) oder
- als veräußerbarer Wert *(available-for-sale asset)* erfolgsneutral zum *fair value* erfasst (Rz 151), wobei die Effektivverzinsung jedoch in der GuV berücksichtigt wird (Rz 157).

Eine Qualifizierung als Kredit oder Forderung kommt nur in Betracht, wenn, abgesehen von Fällen der Zahlungsunfähigkeit usw. des Schuldners, der investierte Betrag (Nominalbetrag) so gut wie **vollständig** zurückgezahlt wird (IAS 39.9). Hieran fehlt es etwa, wenn als Rückzahlung je nach Entwicklung bestimmter Variablen (Aktienkurs, Goldpreis, Zins usw.) ein geringerer Betrag als der Nominalbetrag geschuldet wird *(downside potential)*. Ein *upside potential* ist wie bei Fälligkeitsinvestments unschädlich.

4.7.3 Stille Beteiligungen, Genussrechte, partiarische Darlehen

4.7.3.1 Separierung des Derivats oder einheitliche Bilanzierung – faktisches Wahlrecht

In der Unternehmenspraxis spielen folgende erfolgsabhängig ausgestaltete Finanzinstrumente eine wichtige Rolle: 174

- partiarische Darlehen , d.h. Darlehen mit **erfolgsabhängiger** Verzinsung,
- typische oder atypische stille Beteiligungen mit oder ohne Verlustteilnahme,

- unechte (keine Beteiligung an stillen Reserven vorsehende) oder echte Genussrechte mit oder ohne Verlustbeteiligung.

Im Normalfall sehen atypische stille Beteiligungen und echte Genussrechte eine **Verlustbeteiligung** vor. Die nachfolgenden Erläuterungen erfolgen unter dieser Prämisse.

Die Behandlung der vorgenannten Anlagen hängt wesentlich davon ab, ob die Erfolgsbeteiligung als separierungspflichtiges eingebettetes Derivat zu qualifizieren ist. Dies setzt zunächst voraus, dass eine entsprechende *stand alone* vereinbarte Erfolgsbeteiligung überhaupt als Derivat gelten würde. Nach der Definition von Derivaten in IAS 39.9 wäre dies dann nicht der Fall, wenn der Wert des eingebetteten Vertragselements von einer nichtfinanziellen Variablen abhängt, die spezifisch für eine Partei des Vertrags ist. Das IFRIC hat bisher allerdings offengelassen, ob die Bindung an Gewinn oder andere Erfolgsgrößen des Emittenten (*revenues*, EBITDA etc.) als finanzielles oder nichtfinanzielles *underlying* anzusehen ist und eine i.d.R.ung liegende Unklarheit bestätigt.[37] Entsprechend uneinheitlich ist die Praxis. Insoweit hat der Inhaber eines mit Erfolgsbeteiligung versehenen Investments derzeit ein **faktisches Wahlrecht:**

- Qualifiziert er die Erfolgsbeteiligung als nichtfinanzielle Variable, so fällt sie nicht unter die Definition eines Derivats. Das gesamte Investment stellt ein einheitliches Bilanzierungsobjekt dar.
- Qualifiziert er die Erfolgsbeteiligung als finanzielle Variable, so stellt sie ein eingebettetes Derivat dar, das separat zu bilanzieren ist, es sei denn, Derivat und Basisvertrag seien ausnahmsweise eng verbunden oder das gesamte Investment würde erfolgswirksam zum *fair value* bilanziert.

4.7.3.2 Bewertung und Ertragsrealisierung bei einheitlicher Bilanzierung

175 Bei einheitlicher Behandlung des gesamten Investments (Rz 174) ist noch über dessen Kategorisierung zu entscheiden. Sofern das Investment weder Handelszwecken dient, noch der *fair-value*-Option oder der *available-for-sale*-Option unterworfen wird, gilt:

Eine Behandlung als **Kredit** oder **Forderung** (**loans and receivables**) kommt nur infrage, wenn das Finanzinstrument weder börsennotiert ist noch die volle Rückzahlung des Investments aus anderen Gründen als Zahlungsunfähigkeit usw. des Emittenten unterbleiben kann (Rz 115). Als Kredit oder Forderung können daher nur gelten:

- partiarische Darlehen (keine Verlustbeteiligung),
- typische stille Beteiligungen ohne Verlustbeteiligung,
- unechte Genussrechte ohne Verlustbeteiligung und ohne Börsennotierung.

Die Bilanzierung erfolgt zu **fortgeführten Anschaffungskosten**. Für die Realisierung von **Erträgen** gilt:

- Setzt der Anspruch auf die Erfolgsbeteiligung einen Beschluss der Gesellschafterversammlung des Emittenten voraus, etwa bei Abhängigkeit der Erfolgsbeteiligung von Gewinnausschüttungsbeschluss, kann der Inhaber den Ertrag erst mit der Beschlussfassung erfassen. Die Erfolgsbeteiligung hat **dividendenähnlichen** Charakter (→ § 4 Rz 24) und kann auch unter Beru-

---

[37] IFRIC, Update Juli 2006.

fung auf die wirtschaftliche Betrachtungsweise oder das Wertaufhellungsprinzip gem. IAS 18.30(c) nicht schon mit Ablauf des Geschäftsjahres oder von Zwischenperioden (IAS 34.38; → § 37) realisiert werden. Der Anspruch auf einen unabhängig vom Erfolg des Unternehmens bestehenden Mindestzins ist jedoch abzugrenzen.

- Entsteht der Rechtsanspruch dem Grunde nach mit Ablauf des Geschäftsjahres des Emittenten (Bindung an Jahresüberschuss, EDBIT usw., jedoch nicht an Dividende), bedarf aber zur Konkretisierung noch der Aufstellung und Feststellung des Jahresabschlusses, haben diese Rechtsakte demgegenüber nur wertaufhellenden Charakter, sodass (bei Identität der Geschäftsjahre von Inhaber und Emittent) eine phasengleiche Realisierung zulässig ist.

Eine Behandlung eines Finanzinstruments als **Fälligkeits**investment *(held-to-* 176
maturity asset) setzt voraus:

- Notierung an einem aktiven Markt (Börse).
- Halteabsicht bis zur Fälligkeit.
- Die volle Rückzahlung des Investments kann aus anderen Gründen als der Zahlungsunfähigkeit usw. des Emittenten unterbleiben.
- Als *held-to-maturity assets* kommen daher nur börsennotierte Genussrechte ohne Verlustbeteiligung mit Halteabsicht bis zur Fälligkeit in Betracht.

Die Bilanzierung erfolgt zu fortgeführten Anschaffungskosten. Für die Ertragsrealisierung wird auf Rz 175 verwiesen.

Sofern weder Handelszwecke noch die *fair-value*-Option einschlägig sind, wer- 177
den alle anderen Anlagen als *available-for-sale assets* qualifiziert. Betroffen sind:

- typische oder atypische stille Beteiligungen mit Verlustbeteiligung,
- echte oder unechte Genussrechte mit Verlustbeteiligung,
- börsennotierte unechte Genussrechte ohne Verlustbeteiligung, sofern keine unbedingte Halteabsicht besteht.

Die Bewertung hat erfolgsneutral zum *fair value* zu erfolgen. Zins und Gewinnbeteiligung werden jedoch erfolgswirksam erfasst (Rz 157). Wegen des Realisierungszeitpunktes wird auf Rz 175 verwiesen.

Verluste bedingen ggf. den Übergang von erfolgsneutraler zu erfolgswirksamer *fair-value*-Bewertung (Rz 159).

4.7.3.3 Bewertung und Ertragsrealisierung bei Behandlung der Erfolgsbeteiligung als Derivat

Wird die Erfolgsbeteiligung als Derivat gewertet (Rz 174), ist das Derivat **separat** 178
zu bilanzieren, sofern es nicht ausnahmsweise eng mit dem Basisvertrag verbunden ist oder das gesamte Instrument erfolgswirksam zum *fair value* bilanziert wird.

Eine **enge Verbindung** zwischen Derivat und Basisvertrag kann gem. IAS 39.AG27 nicht angenommen werden, wenn der Grundvertrag kein residuales Interesse am Nettovermögen des Kapitalnehmers repräsentiert, das eingebettete Derivat aber Charakteristika von Eigenkapital aufweist. Ein hauptsächlich am Gewinn oder Verlust orientierter laufender Anspruch des Kapitalgebers gibt dem Derivat i.d.R. Eigenkapitalcharakter. Eine enge Verbindung setzt daher voraus, dass auch der Basisvertrag Eigenkapitalcharakter hat, d.h. mindestens eine Beteiligung an den stillen Reserven, ggf. auch eine unbegrenzte Laufzeit vorsieht. Angewandt auf die hier zu behandelnden Instrumenten trifft dies nur zu auf

- echte Genussrechte und
- atypische stille Beteiligungen.

Bei ihnen ist das eingebettete Derivat nicht abzuspalten. Wegen ihrer Behandlung wird auf Rz 177 verwiesen. Bei begrenzter Laufzeit ist auch eine Qualifizierung des Basisvertrags als Fremdkapitalinstrument vertretbar mit der Folge einer Abtrennungspflicht des Derivats.

179 Eine Abspaltungspflicht besteht hingegen (immer unter der Prämisse, die Erfolgsbeteiligung sei überhaupt ein Derivat; Rz 174) bei

- typischen stillen Beteiligungen,
- unechten Genussrechten,
- ggf. bei partiarischen Darlehen.

Bei partiarischen Darlehen kommt es nicht darauf an, ob die Zinsobergrenze das Doppelte oder mehr des für ein einfaches Darlehen angemessenen Zinses beträgt. Die entsprechende Differenzierung in IAS 39.AG33a betrifft nur hebelartig an Marktzinssätze oder Zinsindizes gebundene Zinsvereinbarungen.

Im Fall der Trennungspflicht gelten die unter Rz 171 dargestellten Regeln:

- Hiernach ist i. d. R. zunächst das eingebettete Derivat zum *fair value* zu bewerten,
- während sich die Erstbewertung des Basisinstruments residual aus der Differenz von gesamten Anschaffungskosten zum *fair value* des eingebetteten Derivats ergibt.
- Verkörpert das eingebettete Derivat neben dem Recht auf Gewinnbeteiligung auch die Pflicht zur Verlustteilhabe, ist der Zeitwert des Derivates im Zugangszeitpunkt mit null anzusetzen (IAS 39.AG28). Die gesamten Anschaffungskosten entfallen auf das Basisinstrument.

Bezogen auf die hier zu beurteilenden Produkte ergeben sich folgende **Unterscheidungen**: Bei

- typischen stillen Beteiligungen **mit** Verlustbeteiligung und
- unechten Genussrechten **mit** Verlustbeteiligung

ist der Zugangswert des Derivats null. Der Basisvertrag ist mit 100 % der Anschaffungskosten einzubuchen. Soweit sich die Erfolgsaussichten im Zeitablauf verschlechtern, wird der Wert negativ, bei steigenden Erfolgsaussichten positiv. Jede Wertänderung des Derivats ist erfolgswirksam zu behandeln. Für den Grundvertrag kommt wegen der Verlustbeteiligung eine Qualifizierung unter *held-to-matuity assets* oder *loans and receivables* nicht infrage. Die Zuordnung erfolgt zu Kategorie *available-for-sale assets* mit erfolgsneutraler Behandlung von Wertänderungen, es sei denn, eingetretene Verluste führen zu einer Wertminderung. Für die Ertragsrealisierung wird auf Rz 175 verwiesen.

180 Im Falle von

- typischen stillen Beteiligungen **ohne** Verlustbeteiligung,
- unechten Genussrechten **ohne** Verlustbeteiligung sowie von
- partiarischen Darlehen

hat das abzuspaltende (bei partiarischen Darlehen evtl. abzuspaltende) Derivat optionalen Charakter. Der Zugangswert des Derivats ist größer null. Soweit sich die Erfolgsaussichten im Zeitablauf verbessern, kann der Wert steigen, soweit sie sich verschlechtern maximal auf null sinken. Bei begrenzter Laufzeit ergibt sich im Übrigen auch im Falle gleich bleibender Gewinnerwartungen eine Wertänderung des Derivats durch Zeitfortschritt. Jede Wertänderung des Derivats ist erfolgswirksam zu behandeln.

Das Grundinstrument wird unter *loans and receivables* (partiarische Darlehen, typische stille Beteiligung, nicht börsennotiertes unechtes Genussrecht) oder unter *held-to-maturity* bzw. *available-for-sale assets* (je nach Halteabsicht bei börsennotiertem unechtem Genussrecht) ausgewiesen. Die Bilanzierung erfolgt somit regelmäßig zu fortgeführten Anschaffungskosten, bei als *available-for-sale assets* qualifizierten börsennotierten Genussrechten erfolgsneutral zum *fair value*. Für die Ertragsrealisierung wird auf Rz 175 verwiesen.

4.8 Umklassifizierung von Finanzinstrumenten: Anlässe, Vorgehensweise, Buchung

Hinsichtlich der Umklassifizierung von Finanzinstrumenten ist zu unterscheiden zwischen **181**

- allgemein notwendigen oder zulässigen Fällen (Rz 182) und
- speziellen, nur ganz ausnahmsweise zulässigen Fällen.

Als **allgemeine Anlässe** für die Umklassifizierung von Finanzinstrumenten sind im Wesentlichen folgende Fälle zu unterscheiden: **182**

- Ein Fälligkeitswert (HTM) darf nicht mehr als solcher ausgewiesen werden, weil entweder die Halteabsicht freiwillig **aufgegeben** wird (Einzelbetrachtung) oder weil wegen Veräußerung anderer *held-to-maturity*-Werte (Gesamtbetrachtung) eine **Sperrwirkung eintritt** (Rz 134 sowie IAS 39.51 und 52). Der Fälligkeitswert wird zu einem veräußerbaren Wert (IAS 39.51).
- Wegen **Zeitablaufs** entfällt die Sperrwirkung (Rz 134). Zuvor zwangsweise als *available for sale* ausgewiesene Finanzinstrumente können entsprechend der individuellen Halteabsicht in *held-to-maturity*-Werte um- bzw. rückklassifiziert werden (IAS 39.54).
- Eine nicht marktnotierte Forderung (LaR) ist wegen Handelsabsicht im Zugangszeitpunkt als *held-for-trading* (FVTPL) klassifiziert worden, die Handelsabsicht ist entfallen, die Forderung soll für die absehbare Zukunft *(forseeable future)* oder bis zur Fälligkeit im Bestand bleiben (IAS 39.50D). Die Forderung kann (Wahlrecht) nach LaR umklassifiziert werden.
- Eine nicht marktnotierte Forderung ist im Zugangszeitpunkt als AfS designiert worden, die Forderung soll für die absehbare Zukunft *(forseeable future)* oder bis zur Fälligkeit im Bestand bleiben (IAS 39.50E). Sie kann (Wahlrecht) nach LaR umklassifiziert werden.

Zulässig ist damit in beide Richtungen der **Wechsel zwischen** Fälligkeits- und veräußerbaren Werten, einseitig der Wechsel aus der Kategorie Handelswerte (FVTPL) bzw. veräußerbare Werte (AfS) in die Kategorie Forderungen und Ausleihungen (LaR). Unzulässig bleibt eine Umklassifizierung in die Kategorie FVTPL. Auch die bevorstehende Veräußerung eines bisher ohne oder mit bedingter Veräußerungsabsicht gehaltenen Finanzinstrumentes klassifiziert diesen z.B. nicht in einen Handelswert um.

Die Umklassifizierungen in die Kategorie LaR sind erst durch das im Oktober 2008 als Reaktion auf die Finanzmarktkrise ergangene *Amendment* zu IAS 39 ermöglicht worden (→ § 53).

Im vorgenannten *Amendment* ist außerdem durch einen neuen IAS 39.50B die Möglichkeit geschaffen worden, in seltenen Ausnahmefällen *(rare circumstances)* ein Finanzinstrument aus der Kategorie Handelswerte (FVTPL) in die Kategorie **183**

Fälligkeitswerte (HTM) bzw. veräußerbare Werte (AfS) umzuklassifizieren. Als ein solcher Ausnahmefall gilt ausweislich einer Presseerklärung des IASB vom 13. Oktober 2008 die Finanzmarktkrise, u. E. jedoch nicht ein eher begrenztes Ereignis wie die sog. Eurokrise vom Frühjahr 2010.
Neben der **objektiven** Bedingung – *rare circumstances* – setzt die Umklassifizierung **subjektiv** einen Wegfall der Handelsabsicht voraus, entweder für einzelne finanzielle Vermögenswerte oder ein Portfolio, bei Umkategorisierung in die Kategorie HTM außerdem die Erfüllung der für die Kategorie in IAS 39.9 geforderten Voraussetzungen (Rz 133) zum Zeitpunkt der Umkategorisierung.[38]
Fraglich ist das Verhältnis von IAS 39.50B zu IAS 39.50D. Nach der wohl h. M. ist die letztgenannte Vorschrift als abschließende Regelung für die Umklassifizierung nach LaR anzusehen; daher hat IAS 39.50B für diese Zielkategorie keine Relevanz. Würden für LaR IAS 39.50B und IAS 39.50D nebeneinander gelten, läge der Vorteil von IAS 39.50B darin, dass hier nicht positiv das Verbleiben der Forderung für die absehbare Zukunft im Bestand vorausgesetzt wird, sondern das aktuelle Fehlen einer Handelsabsicht ausreichend wäre. Aus dem Wortlaut des Standards ergibt sich nicht unbedingt der abschließende Charakter von IAS 39.50D. Nach IdW soll hiervon aber auszugehen sein.[39] Eine Umklassifizierung von FVTP oder AfS in LaR setzt danach voraus:

- Fortfall der kurzfristigen Verkaufs- oder Rückkaufsabsicht (nur bei Umklassifizierung aus FTPL) und
- Erfüllung der Voraussetzungen für eine LaR zum Zeitpunkt der Umkategorisierung (Rz 115).
- Absicht und die Fähigkeit, den Vermögenswert auf absehbare Zeit oder bis zur Endfälligkeit zu halten (IAS 39.50E).

184 Mit der Umklassifizierung von Fälligkeitswerten (HTM) in veräußerbare Werte (AfS) oder umgekehrt bzw. von Handelswerten (FTPL) oder veräußerbaren Werten (AfS) in Fälligkeitswerte (HTM) oder Forderungen (LAR) ist ein **Wechsel der Bewertungsmethode** verbunden. Findet der Wechsel **von der Anschaffungskostenbewertung zur Zeitbewertung** statt, so ist die Differenz zwischen fortgeführten Anschaffungskosten und beizulegendem Zeitwert des Umwidmungszeitpunkts regelmäßig erfolgsneutral gegen **Eigenkapital** zu **buchen.**

185 Im umgekehrten Fall des Übergangs **von der Zeitbewertung zu** den **Anschaffungskosten** ergibt sich die neue Anschaffungskostenbasis (als Grundlage für Effektivzinsmethode usw.; Rz 105) aus dem Zeitwert des Umwidmungszeitpunkts. Die Behandlung vor dem Umwidmungszeitpunkt liegender bisher erfolgsneutral im Eigenkapital berücksichtigten Wertänderungen bei AfS hängt davon ab, ob das fragliche Aktivum eine bestimmbare **Restlaufzeit** hat. Ist dies nicht der Fall, so wird die im Eigenkapital aufgelaufene Wertänderung erst dann in die GuV umgebucht, wenn der Vermögenswert **abgeht** (IAS 39.54b). Hat der Vermögenswert hingegen eine **feste** Laufzeit, so ist der im Eigenkapital aufgelaufene Betrag über die Restlaufzeit zu amortisieren. Eine Differenz zwischen der neuen Anschaffungskostenbasis und dem bei Endfälligkeit rückzahlbaren Betrag wird wie jedes „normale“ Agio oder Disagio ebenfalls über die Laufzeit amorti-

38 IDW RS HFA 26, Tz 14f.
39 IDW RS HFA 26, Tz 17ff.

siert (IAS 39.54a). In beiden Fällen ist der im Eigenkapital aufgelaufene Betrag außerdem im Fall einer Abschreibung aufzulösen und in der GuV zu erfassen.

Die nachfolgende Tabelle fasst **Anlässe und Behandlung** der Umklassifizierung nach den Regeln von IAS 39 zusammen. Die davon abweichenden Regelungen von IFRS 5 kommen auch dann nicht zur Anwendung, wenn Finanzinstrumente im Paket mit anderen Vermögenswerten veräußert werden sollen (→ § 29 Rz 4). 186

Umwidmung in die Bewertungskategorie...					
Ursprungskategorie	***held for trading***	***designated at fair value***	***loans and receivables***	***held to maturity***	***available for sale***
held for trading		Nein	**Ja***	**Ja***	**Ja***
designated at fair value	Nein		Nein	Nein	Nein
loans and receivables	Nein	Nein		Nein	Nein
held to maturity	Nein	Nein	Nein		Ja
available for sale	Nein	Nein	**Ja***	Ja	
*) Änderung durch das *Amendment* zu IAS 39 vom Oktober 2008.					

Tab. 9: Umwidmung von Finanzinstrumenten

Buchungsmäßig **komplex** ist insbesondere die Umwidmung von veräußerbaren Werten *(available for sale)* in Fälligkeitswerte *(held to maturity)*. Neben der Amortisierung des Eigenkapitalbetrages und der Differenz zwischen neuer Anschaffungskostenbasis und späterem Rückzahlungsbetrag sind auch ursprüngliche Agien und Disagien zu berücksichtigen. Das nachfolgende Beispiel fasst die relevanten Komplizierungen zusammen. 187

Beispiel

Wegen Ablauf der Sperrfrist kann eine zum 31.12.01 mit einem Agio von 3 erworbene Anleihe (Nominal 100, Zins 5 %, AK 103) zum 1.1.03 von *available for sale* nach *held to maturity* umklassifiziert werden. Die Anleihe läuft bis zum 1.1.05. Der Zeitwert zum Umklassifizierungszeitpunkt beträgt 96. Die Zinsen sind zum 31.12.02 usw. fällig.

Folgende Probleme sind zu unterscheiden:

- Die Auflösung des Agios von 3 war im Gegensatz zu anderen Wertänderungen nicht im EK, sondern über die Laufzeit im Zinsergebnis zu erfassen (IAS 39.55b; Rz 157). Mit Übergang zur AK-Bewertung (Effektivzinsmethode) entfällt die gesonderte Betrachtung.

- Zum 31.12.02 sind daher nicht 103 – 96 = 7, sondern nur 6 (7 minus 1 Auflösung Agio) als Zeitwertänderung im EK zu erfassen. Diese 6 sind mit Umwidmung, d. h. ab 03, über die (Rest-)Laufzeit zu verteilen.
- Die neue AK-Basis von 96 liegt um 4 unter dem Nominalbetrag von 100. Dieser Differenzbetrag ist wie ein „normales" Disagio über die (Rest-)Laufzeit zu amortisieren.

Somit ergeben sich folgende Buchungssätze:

Datum	Konto	Soll	Haben
31.12.02	Geld	5	
	Zinsertrag		5
	Zinsertrag	1	
	Wertpapier (w/Amortisierung Agio)		1
	EK	6	
	Wertpapier (w/Wertänderung 7–1)		6

31.12.03 und 31.12.04 jeweils

Konto	Soll	Haben
Geld	5	
Zinsertrag		5
Zinsertrag	3	
EK (w/Amortisierung 6 EK auf 2 Jahre)		3
Wertpapier	2	
Zinsertrag (w/Amort. 100 nom. – 96 neue AK)		2

Als Ergebnis aller Buchungen beträgt per 31.12.04
– die EK-Rücklage: 0 = –6 + 3 + 3
– das Wertpapier: 100 = 103–1 – 6 + 2 + 2
– der Gesamtertrag 03 und 04: 8 = 2×5–2×3 + 2×2 = 2×5–2

188 Ähnliche Probleme wie bei der Umklassifizierung stellen sich dann, wenn der *fair value* nicht mehr feststellbar ist und deshalb **hilfsweise** zum **Anschaffungskostenmodell** gewechselt werden muss (IAS 39.54; Rz 110) oder umgekehrt der *fair value* erstmalig festgestellt werden kann und deshalb vom hilfsweisen Anschaffungskostenansatz zum *fair value* zu wechseln ist (IAS 39.53).

Beispiel
Eine erfolgswirksam als Handelswert *(trading)* qualifizierte Aktie wird Anfang 01 zu 100 angeschafft. Ab Ende 01 notiert sie mit 60. In 02 wird die Aktiengesellschaft wegen finanzieller Schwierigkeiten aus der Börsennotierung entfernt *(„delisted")*. Mangels Börsennotierung und sonstiger Informationen ist danach kein *fair value* mehr bestimmbar. Ende 03 erhält die bilanzierende Gesellschaft jedoch zwei Kaufangebote, eines über 100, eines über 200. Die Angebote werden nicht angenommen. Die GuV-Ergebnisse sind wie folgt:
in 01: –40
in 02: 0
in 03: 0 (oder +90)

> Der Wert zum *delisting*-Zeitpunkt gilt gem. IAS 39.54 per Fiktion als Anschaffungskosten. Die Kaufangebote in 03 liefern Hinweise auf eine Werterholung von mindestens 40. Angesichts der Differenz der Angebote bzw. der Breite des Intervalls wird man die Angebote jedoch kaum als hinreichend zuverlässigen Indikator für den *fair value* nehmen können (IAS 39.AG80). Die Bilanzierung bleibt im Anschaffungskostenmodell. Eine Zuschreibung über die fiktiven (!) Anschaffungskosten hinaus auf (die ursprünglichen Anschaffungskosten von) 100 kommt daher nicht infrage.
> Sähe man jedoch die Kaufangebote bzw. deren Mittelwert (150) als hinreichend zuverlässige *fair-value*-Indikation an, wäre ein Rückwechsel zur *fair-value*-Bewertung vorzunehmen (IAS 39.53). Der Rückwechsel würde zu einem Erfolg von 150–60 = 90 führen.
> **Variante:**
> Die Aktie wird in bedingter Veräußerungsabsicht, als *available for sale* gehalten. Die GuV-Ergebnisse sind wie folgt:
> in 01: 0
> in 02: –40 (wegen objektiver Evidenz *impairment*)
> in 03: 0
> In 03 entsteht wegen IAS 39.53 i. V. m. IAS 39.55b nunmehr auch bei einem Rückwechsel zur *fair-value*-Bewertung kein Erfolg.

Das Beispiel zeigt, dass der *mixed-model*-Ansatz (Rz 3) von IAS 39 zu brüchigen Ergebnissen führen kann.

5 Bewertung von Finanzverbindlichkeiten, einschließlich Finanzgarantien

5.1 Abgrenzung zum Eigenkapital

Den Bewertungsüberlegungen vorauszuschalten ist in Grenzfällen die Frage, ob 189
das Finanzinstrument aus Sicht des Unternehmens überhaupt Fremdkapitalcharakter hat (d. h. Finanzverbindlichkeit ist) oder es als Eigenkapital eingestuft werden muss. Die Abgrenzungskriterien sind in IAS 32 enthalten und werden in → § 20 im Einzelnen erläutert. An dieser Stelle nur ein kurzer Überblick:

- **Mezzanine-Finanzierungen:** Eine schuldrechtliche Kapitalüberlassung bleibt auch dann Finanzverbindlichkeit, wenn sie wie bei bestimmten Genussrechten, stillen Beteiligungen usw. durch Verlustbeteiligung, Insolvenznachrang etc. dem Eigenkapital wirtschaftlich nahekommt (→ § 20 Rz 17).
- **Leistungsbezug gegen Gewährung von Anteilsrechten:** Ist ein Vertrag über den „Einkauf“ von Leistungen statt mit Geld durch die Aus- bzw. Hingabe von Eigenkapital zu vergüten, führt die bereits „vereinnahmte“, aber noch nicht „bezahlte“ Leistung nur dann schon zu Eigenkapital, wenn die Zahl der zu gewährenden Aktien feststeht. Ist die Aktienzahl variabel (insbesondere umgekehrt proportional zur Kursentwicklung), liegt vorübergehend Fremdkapital vor (→ § 20 Rz 19).

- **Derivative Kontrakte in eigenen Aktien:** Gibt die Gesellschaft ein bindendes Angebot auf den Erwerb oder die Lieferung eigener Aktien ab, ist der am Bilanzstichtag bestehende Schwebezustand als Finanzverbindlichkeit auszuweisen. Ein wichtiger Anwendungsfall sind freiwillige Erwerbsangebote nach WpÜG (→ § 20 Rz 22).
- **Abfindungen bei Ausscheiden von Gesellschaftern:** Wird bei Personengesellschaften oder Genossenschaften gesetzlich oder statuarisch vorgesehen, dass Kündigung oder Tod zum Ausscheiden aus der Gesellschaft gegen Abfindung führen, können diese Abfindungspflichten bereits abstrakt, d.h. vor Eintritt des auslösenden Ereignisses, zur Umqualifizierung des gesellschaftsrechtlichen Eigen- in bilanzielles Fremdkapital führen.

5.2 Regelbewertung von Finanzverbindlichkeiten

190 Sämtliche Finanzverbindlichkeiten (dazu gehören **auch solche aus Lieferungen und Leistungen)** sind im **Zugangszeitpunkt** nominell zum *fair value*, tatsächlich i.d.R. **zu Anschaffungskosten** (Rz 99ff.), zu bewerten (IAS 39.43). Die Anschaffungskosten ergeben sich i.d.R. aus dem vereinnahmten Betrag. Bei der Aufnahme eines mit einem Disagio versehenen Darlehens ergibt sich demgemäß eine Abweichung zum Handelsrecht. Während nach Handelsrecht (§ 250 Abs. 3 HGB) der Rückzahlungsbetrag zu passivieren und das Disagio wahlweise zu aktivieren oder unmittelbar aufwandswirksam zu behandeln ist, wird nach IFRS nur der geringere vereinnahmte Betrag angesetzt.
In der **Folgezeit** ist nach Maßgabe der Effektivzinsmethode (Rz 115) eine Aufzinsung vorzunehmen (**fortgeführte Anschaffungskosten)**, sodass sich zum Ende der Laufzeit der Rückzahlungsbetrag ergibt. Hierzu folgendes Beispiel:

Beispiel
Ein Darlehen von 100 wird zum 1.1.01 aufgenommen. Das Disagio beträgt 5 %. Der Nominalzins von 7,12 % ist jeweils zum 31.12. fällig. Das Darlehen ist zum 1.1.03 zurückzuzahlen.
Rechnerisch ergibt sich ein Effektivzins von 10 %. Hieraus leiten sich, wie in der nachfolgenden Tabelle dargestellt, fortgeführte Anschaffungskosten von 97,38 zum 31.12.01 und 100 zum 31.12.02 ab.

	1.1.	+ 10 % effektiv	– 7,12 % Zahlung	= 31.12.
01	95,00	9,50	– 7,12	= 97,38
02	97,38	9,74	– 7,12	= 100

Tab. 10: Effektivzinsmethode

191 Die Folgebewertung zu fortgeführten Anschaffungskosten ist die **Regelbewertung**. Sie gilt für alle finanziellen Schulden, außer Schulden, die zu **Handelszwecken** gehalten werden (Rz 192), und **derivativen Schulden** (IAS 39.47).

5.3 Sonderfälle

5.3.1 Zu Handelszwecken gehaltene bzw. entsprechend gewillkürte Verbindlichkeiten

Soweit Verbindlichkeiten **objektiv** zu Handelszwecken gehalten *(trading liabilities)* oder entsprechend **gewillkürt** werden (Rz 32), hat nach IAS 39.47a die Folgebewertung zum *fair value* zu erfolgen. Das Anwendungsfeld der objektiv zu Handelszwecken gehaltenen Finanzverbindlichkeiten ist außerhalb des Finanzdienstleistungsbereichs gering. Infrage kommen insbesondere Verbindlichkeiten aus **Wertpapierleerverkäufen** und mit der Absicht eines kurzfristigen Rückerwerbs begebene Verbindlichkeiten (u. U. Anleihen). 192

Nach IAS 39.11Aff. kann eine Verbindlichkeit unter restriktiven Voraussetzungen durch Widmung im Zugangszeitpunkt als **Handelsverbindlichkeit** gewillkürt und damit der erfolgswirksamen *fair-value*-Bewertung zugeführt werden. Durch eine solche Widmung führt der mit einer Verschlechterung der Bonität einhergehende Verfall eines Anleihekurses beim Schuldnerunternehmen zu einer **Gewinnerhöhung** (!) im Gefolge der Minderung des Verbindlichkeitswerts, es sei denn, der Zinssatz der vom Unternehmen ausgegebenen Anleihe sei selbst bonitätsabhängig. Die nachfolgende Tabelle zeigt Zusammenhänge zwischen Marktzins und Bonität. 193

	Anleihentyp	
Ereignis	**festverzinslich**	**variabel (z. B. EURIBOR + X %)**
Marktzins sinkt	Kurs steigt	Kurs konstant
Bonität sinkt	Kurs sinkt	Kurs sinkt (es sei denn, X ist bonitätsabhängig)

Tab. 11: Änderungen des Kurswerts

Mit der Widmung einer Schuld als Handelsverbindlichkeit *(trading)* erfolgt die Bewertung in der Bilanz des Schuldners – u. E. systematisch unzutreffend – aus der Sicht des Gläubigers. Der Schuldner zeigt in seinem Vermögensausweis dann nicht mehr, wie viel er schuldet. Je schlechter die Bonitätsbeurteilung des Schuldnerunternehmens ausfällt, desto mehr Erträge werden bei ihm generiert – aus überkommener deutscher Betrachtung ein gewöhnungsbedürftiges Ergebnis. Zusätzliche Erläuterungen sind deshalb geboten.[40] Anzugeben sind:

- der Betrag der Änderung des *fair value*, der nicht durch Zinsänderungen (sondern insbesondere durch Bonitätsänderungen) hervorgerufen wurde;
- der Unterschied zwischen dem Buchwert (= *fair value)* und dem Rückzahlungsbetrag (IAS 32.94 f.).

Beispiel
Unternehmen U rechnet nach internen Planungen kurz- bis mittelfristig mit einer Verschlechterung seiner Bonität. Es gelingt ihm, einen größeren Finan-

[40] STARBATTY, WPg 2001, S. 543, 548.

zierungsbedarf noch durch Platzierung einer Festzins-Anleihe zu Konditionen erster Bonität zu decken. Die Verbindlichkeit aus der Anleihe wird als Handelsverbindlichkeit gewillkürt.
Einige Zeit nach der Anleihenplatzierung verschlechtert sich die Bonität von U. Neue Fremdmittel würden nur mit einem erheblich höheren Zinssatz aufgenommen werden können. Das verschlechterte Rating senkt den Marktwert der Anleihe. U erzielt einen Bewertungsgewinn aus der verschlechterten Bonität und bucht demzufolge:
„per Verbindlichkeit an Ertrag (wegen gesunkener Bonität)".

Nach der restriktiven Neufassung der *fair value option* (Rz 32 und Rz 327) ist diese nur noch ausnahmsweise auf Verbindlichkeiten anwendbar.

5.3.2 Verbindlichkeiten aus stillen Beteiligungen oder partiarischen Darlehen[41]

194 Die bilanzielle Behandlung erfolgsabhängig verzinslicher Verbindlichkeiten (partiarische Darlehen) oder vergleichbarer Schulden (stille Beteiligungen ohne Verlustteilhabe) hängt wesentlich davon ab, ob der erfolgsabhängige Zins als **separierungspflichtiges eingebettetes Derivat** zu qualifizieren ist. Dies setzt zunächst voraus, dass eine entsprechende *stand alone* vereinbarte Erfolgsbeteiligung überhaupt als Derivat gelten würde. Nach der Definition von Derivaten in IAS 39.9 wäre dies dann nicht der Fall, wenn der Wert des eingebetteten Vertragselements von einer nichtfinanziellen Variablen abhängt, die spezifisch für eine Partei des Vertrags ist. Das IFRIC hat bisher allerdings offengelassen, ob die Bindung an Erfolgsgrößen des Emittenten (EBT, EBITDA etc.) als finanzielles oder nichtfinanzielles *underlying* anzusehen ist und eine i.d.R.ung liegende Unklarheit bestätigt (Rz 174). Insoweit besteht zunächst ein **faktisches Wahlrecht:**

- Wird die Erfolgsbeteiligung als nichtfinanzielle Variable qualifiziert, fällt sie nicht unter die Definition eines Derivats. Die gesamte Verbindlichkeit stellt ein **einheitliches Bilanzierungsobjekt** dar.
- Wird die Erfolgsbeteiligung hingegen als finanzielle Variable gewürdigt, so stellt sie ein eingebettetes Derivat dar, das **separat** zu bilanzieren ist, wenn Derivat und Basisvertrag nicht eng verbunden (*closely related*) sind. In der Beurteilung der engen Verbundenheit kann IAS 39.AG33(a) analog zu berücksichtigen sein. Danach besteht bei Zinshebelprodukten dann keine Trennungspflicht, wenn der Hebel nicht zu einem Zins führen kann, der den anfänglichen und den Marktzins des Grundvertrags zumindest verdoppeln kann. Innerhalb dieses Intervalls gilt die für ein nicht strukturiertes Darlehensprodukt typische Bindung der Zahlungen an Laufzeit, Kapital und Marktzins noch als hinreichend gewahrt. Diesem Gedanken folgend kann u.E. auch der erfolgsabhängige Zins aus partiarischen Darlehen oder stillen Beteiligungen dann als eng verbunden angesehen werden, wenn die Verzinsung weniger als das Doppelte des ursprünglich erwarteten Zinses sowie des für ein laufzeitäquivalentes Festzinsdarlehen zu zahlenden Marktzinses begrenzt ist.

---

41 Nachfolgende Überlegungen entnommen LÜDENBACH, PiR 2009, S. 248ff.

Bei **einheitlicher Bewertung** erfolgt die Zugangsbuchung gem. IAS 39.43 nominell zum *fair value*, tatsächlich zum vereinnahmten Betrag (sog. Anschaffungskosten), da dieser nach IAS 39.AG74 als beste Schätzung des *fair value* gilt. Für die **Folgebewertung** gilt:

- Bei **planmäßigem Verlauf** ergeben sich die fortgeführten Anschaffungskosten aus Erhöhung der Verbindlichkeit um den **Effektivzins** und Minderung um Zins- oder Tilgungszahlungen. Der Effektivzins ist aus den ursprünglichen Erwartungen zur Höhe des erfolgsabhängigen Zinses abzuleiten.
- Sind die Zinserwartungen in Folgejahren nach unten zu **revidieren,** gelten die Regelungen von IAS 39.AG8. Danach ist bei revidierten *cash-flow*-Erwartungen (hier *cash outflow* aus Zinszahlungen) der Buchwert der Verbindlichkeit **erfolgswirksam** anzupassen. Der neue Buchwert ergibt sich, indem die revidierten *cash-flow*-Erwartungen mit dem ursprünglichen Effektivzins diskontiert werden. Auf diese Weise ergeben sich ähnliche Effekte wie bei Nutzung der *fair-value*-Option (Rz 193).

Beispiel

In einem Nischenmarkt produziert die U Edelstahlflanschen. Ende 05 muss sie einige auslaufende mittelfristige Darlehen refinanzieren. Sie tut dies einerseits über ein Fälligkeitsdarlehen mit einer Laufzeit von fünf Jahren mit markt- und bonitätsgerechter Verzinsung von 5,7 %, andererseits über ein partiarisches Darlehen gleicher Laufzeit. Beide Darlehensbeträge werden am 1.1.06 vereinnahmt.

Das partiarische Darlehen sieht eine vom Ergebnis vor Steuern (EBT) abhängige Verzinsung nach folgender Staffel vor:

EBT $\geq$ 150 TEUR $\rightarrow$ Zins 0 %

150 TEUR < EBT < 500 TEUR $\rightarrow$ Zins 6 %

EBT $\geq$ 500 TEUR $\rightarrow$ Zins 10 %.

In den Jahren 01 bis 05 lag das Ergebnis der U vor Steuern jeweils zwischen 275 TEUR und 375 TEUR. Die U und der Gläubiger des partiarischen Darlehens erwarten deshalb übereinstimmend eine Verzinsung von 6 %.

In 06 tritt ein kapitalstarker Wettbewerber in den Nischenmarkt und sorgt mit aggressiven Preisen für Umsatz- und Margenrückgänge bei der U. Das Ergebnis 06 beträgt daher nur 50 TEUR, der Zins nur 0 %. Bei der Bilanzaufstellung 06 wird mit keiner Besserung für die nächsten 4 Jahre (= Restlaufzeit) gerechnet.

Beurteilung

Der auf Basis der Ausgangserwartungen ermittelte ursprüngliche Effektivzins beträgt 6 %. Bei **planmäßigem**, den ursprünglichen Erwartungen entsprechendem Verlauf würde sich die Verbindlichkeit in 06 wie folgt entwickeln:

Verbindlichkeit 1.1.06	100
+ Effektivzins 06 (6 %)	+6
– Zinszahlung 06	–6
Fortgeführte AK 31.12.06	100

Tatsächlich wird für 06 **kein Zins** gezahlt und für die Folgejahre nach revidierter Einschätzung auch keine Zinszahlung mehr erwartet. Der neue Buchwert per 31.12.06 ergibt sich, indem die revidierten *cash-flow*-Erwartungen mit dem **ursprünglichen** Effektivzins (*original effective interest rate*) diskontiert werden.

	Erwartete Zahlungen			
	Zins	**Tilgung**	**Summe**	**Diskontiert mit 6 %**
für 07	0,0		0,0	0,0
für 08	0,0		0,0	0,0
für 09	0,0		0,0	0,0
für 10	0,0	100,0	100,0	79,2
			Barwert 31.12.06	**79,2**

Die Differenz zum bisherigen Buchwert von 100 ist **erfolgswirksam** zu buchen:

Konto	Soll	Haben
Darlehen	21,8	
Ertrag		21,8

Bei nicht weiter veränderten Erwartungen ist das Darlehen in der Folgezeit mit dem Effektivzins 6 % fortzuschreiben, d.h. bis zur Fälligkeit auf 100 **aufzuzinsen**.

195 Nach im Schrifttum vertretener Ansicht[42] sind die vorstehenden Überlegungen analog auf stille Beteiligungen mit Verlustteilhabe anzuwenden. Die Neuberechnung nach IAS 39.AG8 umfasst dann neben den revidierten Zins- die revidierten Tilgungserwartungen.

5.3.3 Umschuldung, Restrukturierung notleidender Verbindlichkeiten, *debt-for-equity*-Swaps

196 **Verschlechtert** sich die wirtschaftliche Lage eines Schuldners derart, dass Zinsen und Tilgungen nicht mehr bedient werden können, und kommt es in diesem Zusammenhang zur **Restrukturierung des Schuldverhältnisses** durch Prolongationen, Verminderungen des Zinssatzes, Verminderung des Tilgungsbetrages usw., stellt sich die Frage nach der buchmäßigen Behandlung beim **Schuldner**.

197 Die Antwort betrifft zunächst den Bilanz**ansatz** und nicht die Bewertung. Wie unter Rz 131 und Rz 86 aus Sicht des Gläubigers dargestellt, ist bei einer wesentlichen Änderung der Konditionen die alte Verbindlichkeit **auszubuchen** und eine **neue** Verbindlichkeit zu **passivieren** (IAS 39.40). Als wesentlich gelten Änderungen, die zu einer mindestens **10%igen Barwertabweichung** führen (IAS 39.AG62). Das nachfolgende Beispiel zeigt die Vorgehensweise bei Überschreiten der 10-%-Grenze.

42 GAHLEN, BB 2009, S. 2079ff.

Beispiel

Eine Verbindlichkeit wurde am 1.1.01 zu pari begründet. Die Zinsen von 10 % sind jährlich nachschüssig fällig. Die Verbindlichkeit ist am 31.12.06 zurückzuzahlen.

Angesichts einer wirtschaftlichen Notlage des Schuldners wird am 1.1.04 eine Anpassung des Zinses auf 5 % vereinbart. Die mit dem alten Effektivzins berechneten Barwerte betragen 100 für das alte Darlehen und 87,57 für das neue Darlehen. Die Abweichung beträgt mehr als 10 %. Die Barwertdifferenz von 12,43 kann per 1.1.04 als Ertrag gebucht werden:

Konto	Soll	Haben
Verbindl. alt	100,00	
Verbindl. neu		87,57
Ertrag		12,43

Die neue Verbindlichkeit mit Anschaffungskosten von 87,57 ist mit der alten Effektivverzinsung aufzuzinsen. Somit:

31.12.04: 87,57×1,1–5,00 = 91,32

31.12.05: 91,32×1,1–5,00 = 95,45

31.12.06: 95,45×1,1–5,00–100 = 0

Bei der Umschuldung entstehende Gebühren und sonstige Kosten sind bei Ausbuchung der Altverbindlichkeit sofort erfolgswirksam zu erfassen. Wird die 10-%-Grenze nicht überschritten, sind die Kosten vom fortgeführten „Altdarlehen" abzuziehen und über die Restlaufzeit zu amortisieren. 198

Vorstehende Regelungen sind auch bei einem **Forderungsverzicht gegen Besserungsschein** anzuwenden.[43] Zum Zeitpunkt des Forderungsverzichts ist 199

- eine Umschuldung (Novation) von der unbedingten in eine bedingte Verbindlichkeit zu fingieren,
- bei der die alte (unbedingte) Verbindlichkeit mit ihrem Buchwert (fortgeführte Anschaffungskosten) ausgebucht und
- die neue gem. IAS 39.43 mit dem (regelmäßig sehr niedrigen) *fair value* eingebucht wird,
- wobei i. H. d. Differenz ein Ertrag entsteht.

Die Wahrscheinlichkeit der Besserung bestimmt dabei die Höhe des *fair value* (und des Ertrags). Erhöht sie sich in den Folgejahren, ist die Verbindlichkeit nach IAS 39.AG8 erfolgswirksam zu erhöhen.

Zur Tilgung einer (i. d. R. notleidenden) Verbindlichkeit durch Umwandlung in **Eigenkapital** (*debt-for-equity*-wap) hat der IASB im November 2009 die Interpretation **IFRIC 19** verabschiedet. Sie ist nur aus Sicht des Schuldners, nicht auch aus der des Gläubigers anzuwenden (IFRCI 19.2) und nur insoweit, als der Verzicht auf die Rückzahlung in Geld nicht im Gesellschaftsverhältnis begründet ist (IFRIC 19.3a). Die Beurteilung, ob eine **gesellschaftsrechtliche Veranlassung** vorliegt, charakterisiert IFRIC 19.BC7 zutreffend als *„a matter of judgement depending on the facts and circumstances"*. 200

[43] Ausführlich HOFFMANN, PiR 2009, S. 214ff., und GAHLEN, BB 2009, S. 2079ff.

Beispiel
Der X droht die Überschuldung. Wesentliche Gläubiger sind zu etwa gleichen Teilen der Gesellschafter A sowie die Banken B und C.
Gegen Gewährung von Anteilen verzichtet nur A auf seine Forderung. Eine Veranlassung durch das Gesellschaftsverhältnis ist anzunehmen. Ein Gewinn aus der Transaktion entsteht nicht.
Variante 1:
A, B und C verzichten in gleichem Maße.
Eine Veranlassung durch das Gesellschaftsverhältnis ist nicht anzunehmen, Differenzen zwischen Verbindlichkeiten und Zeitwert der gewährten Anteile sind Erfolg.
Variante 2:
Einziger Darlehensgläubiger ist A. Er verzichtet auf seine Forderung.
Der erste Anschein spricht für eine gesellschaftsrechtliche Veranlassung. Dieser Anschein kann im Einzelfall widerlegt werden, etwa wenn X ein nicht oder nur schwer zu substituierender Zulieferer von A ist.

Ebenfalls vom Anwendungsbereich des IFRIC 19 ausgenommen sind Transaktionen zwischen **Gesellschaften unter gemeinsamer Kontrolle** (z.B. Schwestergesellschaften), sofern die Transaktion wirtschaftlich *(in substance)* eine Kapitaleinlage darstellt (IFRIC 19.3b). Nach dem Wortlaut wäre die Zusatzbedingung stets erfüllt, da der *debt-for-equity*-Swap immer mit einer Eigenkapitalzuführung verbunden ist. Gemeint ist offensichtlich etwas anderes: Die Frage der zum Ausschluss von IFRIC 19 führenden gesellschaftsrechtlichen Veranlassung ist auch dort zu prüfen, wo nicht der beherrschende Gesellschafter auf eine Forderung „verzichtet", sondern ein anderer, von diesem ebenfalls beherrschter Gläubiger, also insbesondere ein **Schwesterunternehmen**. In steuerrechtlicher Terminologie würde man von mittelbaren verdeckten Einlagen sprechen.

201 Liegt ein Anwendungsfall von IFRIC 19 vor, gilt:
- Die Ausgabe der Anteile ist i.S.v. IAS 39.41 als **„Entgelt"** für die Tilgung der Verbindlichkeit zu werten (IFRIC 19.5).
- Das Entgelt wird vorrangig nach dem beizulegenden *fair value* der **Anteile** im Zeitpunkt der Tilgung der Verbindlichkeit bestimmt (IFRIC 19.6), **hilfsweise** nach dem beizulegenden Zeitwert der **Verbindlichkeit**, wenn der Wert der ausgegebenen Anteile ausnahmsweise nicht verlässlich bestimmt werden kann (IFRIC 19.7).
- Die Differenz zwischen dem Tilgungsentgelt und dem Buchwert der Verbindlichkeit ist **erfolgswirksam** zu behandeln (IFRIC 19.9) und in der GuV (bzw. dem GuV-Teil der Gesamtergebnisrechnung) oder im Anhang gesondert auszuweisen.

202 Wird nur ein **Teil** der Verbindlichkeit durch die Ausgabe von Anteilen getilgt und werden gleichzeitig die Bedingungen der verbleibenden Verbindlichkeit (insbesondere Laufzeit und Zinsen) verbessert, ist das in Form der Anteilausgabe gewährte Entgelt auf die Tilgung des einen Teils und die Modifikation des anderen Teils zu allozieren (IFRIC 19.8). Das auf den verbleibenden Teil entfallende Entgelt ist Bestandteil der Beurteilung nach IAS 39.40, ob diesbezüglich die

Fortsetzung eines Schuldverhältnisses oder ein erfolgswirksamer Austausch der alten gegen eine neue Verbindlichkeit vorliegt (IFRIC 19.10).

Transaktionskosten sind nicht in IFRIC 19 behandelt. Nach IAS 32 und IAS 39 kommen drei Vorgehensweisen infrage: 203

- **Abzug** vom **Emissionserlös** der ausgegebenen Eigenkapitalinstrumente (IAS 32.33).
- Erfassung als **Teil** des **Abgangserfolgs** aus der Tilgung von Verbindlichkeiten oder aus einer der Tilgung gleichstehenden substanziellen Änderung von Vertragsbedingungen (IAS 39.AG62).
- **Anpassung** des Buchwerts einer **Verbindlichkeit**, deren Bedingungen nicht substanziell geändert wurden (IAS 39.AG62).

Im Falle einer **vollständigen Tilgung** durch die Ausgabe von Anteilen treffen die beiden ersten Möglichkeiten zusammen und erfordern eine (ermessensbehaftete) Aufteilung der Transaktionskosten.[44]

Beispiel

Eine Verbindlichkeit mit einem Nominalwert und fortgeführten Anschaffungskosten von 1.000 TEUR wird gegen Ausgabe von Anteilen mit einem Zeitwert von 800 TEUR getilgt. Transaktionskosten fallen i. H. v. 12 TEUR an, davon geschätzt 6 TEUR für die Ausgabe der Anteile (Änderung Gesellschaftsvertrag, Beachtung der Vorschriften zur Sachkapitalerhöhung usw.), 3 TEUR für die Tilgung der Verbindlichkeit (Freigabe Grundpfandrechte etc.), 3 TEUR für nicht zurechenbare Teile. Wird der nicht zurechenbare Teil nach dem Verhältnis der zurechenbaren aufgeteilt, entfallen Transaktionskosten von 8 TEUR auf die Ausgabe der Anteile und von 4 TEUR auf die Tilgung. Die Buchungen sind dann wie folgt:

1. Vor Transaktionskosten:

Konto	Soll	Haben
Verbindlichkeit	1.000	
Eigenkapital		800
Ertrag aus Abgang Verbindlichkeit		200

2. Transaktionskosten

Konto	Soll	Haben
Eigenkapital	8	
Ertrag aus Abgang Verbindlichkeit	4	
Geld		12

Wird nur ein **Teil** der **Verbindlichkeit** getilgt und der **verbleibende** Teil nicht substanziell geändert, treffen alle drei o. g. Möglichkeiten zusammen.

Beispiel

Eine Verbindlichkeit mit einem Nominalwert und fortgeführten Anschaffungskosten von 1.000 TEUR wird gegen Ausgabe von Anteilen mit einem

[44] Vgl. SCHREIBER/SCHMIDT, WPg 2010, S. 637 ff., dort auch umfangreiche Beispiele zur Verbuchung von Transaktionskosten.

Zeitwert von 400 TEUR zur Hälfte getilgt. Transaktionskosten i.H.v. insgesamt 12 TEUR entfallen zu 8 TEUR auf die Ausgabe der Eigenkapitalinstrumente, mit je 2 TEUR auf die anteilige Tilgung sowie die anteilige Fortführung der Verbindlichkeit. Die Buchungen sind wie folgt:

1. Vor Transaktionskosten:

Konto	Soll	Haben
Verbindlichkeit	500	
Eigenkapital		400
Ertrag aus Teilabgang Verbindl.		100

2. Transaktionskosten:

Konto	Soll	Haben
Eigenkapital	8	
Ertrag aus Teilabgang Verbindl.	2	
Verbindlichkeit (fortgeführter Teil)	2	
Geld		12

Die auf den fortgeführten Teil entfallenden Transaktionskosten werden in den Folgejahren über die Effektivzinsmethode erfolgswirksam

Fallvariante

Werden die Bedingungen der verbleibenden Verbindlichkeit substanziell verändert, ist wie folgt zu buchen:

1. Vor Transaktionskosten:

Konto	Soll	Haben
Verbindlichkeit Alt	1.000	
Eigenkapital		400
Ertrag		100
Verbindlichkeit Neu		500

2. Transaktionskosten

Konto	Soll	Haben
Eigenkapital	8	
Ertrag aus Abgang Verbindl. Alt.	4	
Geld		12

Sofern die Transaktionskosten insgesamt (Ausnahmefall) oder in Teilen nicht zugeordnet werden können, ist eine erfolgswirksame Behandlung des nicht zugeordneten Betrags vertretbar.[45]

204 Wegen der Behandlung des *debt-for-equity*-Swap beim **Gläubiger** wird auf Rz 132 verwiesen.

5.3.4 Fremdwährungsverbindlichkeiten

205 Fremdwährungsverbindlichkeiten werden i.d.R. zum Stichtagskurs umgerechnet. Wechselkursbedingte Wertänderungen sind erfolgswirksam zu erfassen (IAS 21.21; → § 27 Rz 13).

45 Heintges/Urbanczik, DB 2010, S. 1469ff.

5.4 Bürgschaften und andere Finanzgarantien beim Garanten[46]

5.4.1 Selbstständige und unselbstständige Garantien

Als Finanzgarantien definiert IAS 39.9 Verträge, nach denen der Garant den Begünstigten für den (Teil-)Ausfall einer Forderung zu entschädigen hat. Unabhängig davon, ob die Finanzgarantie rechtlich als Bürgschaft, Garantie, Akkreditiv, Kreditderivat oder anders ausgestaltet ist, muss in der Behandlung beim Garanten (zur Behandlung beim Sicherungsnehmer Rz 128) unterschieden werden zwischen 206

- **unselbstständig,** im Rahmen der **Veräußerung einer Forderung** gegenüber dem Forderungskäufer abgegebenen Garantien,
- **selbstständig** begründeten Garantien.

Unselbstständig begründete Garantien sind im Zusammenhang mit den Ausbuchungsregeln für Forderungen, insbesondere dem *risks-and-rewards*-Konzept, zu würdigen (IAS 39.20ff.). Auf Rz 25 und Rz 67 wird verwiesen.

Für **selbstständig** begründete Garantien kommt wegen ihres **Versicherungscharakters** eine Anwendung von IFRS 4 (→ § 39) konzeptionell ebenso infrage wie eine Anwendung von IAS 39. Demgemäß sieht IAS 39.2e ein bedingtes Wahlrecht vor:

- Hat der Garant in früheren Fällen abgegebene Garantien explizit in **Vorjahresberichten** oder gegenüber **Aufsichtsbehörden** oder in **Vertragsunterlagen** als Versicherungsverträge behandelt, kann er die jetzt abgegebenen Garantien **wahlweise** nach IFRS 4 oder IAS 39 bilanzieren.
- Fehlt es, wie regelmäßig bei Industrie- und Handelsunternehmen, an einer derartigen Historie, ist **zwingend IAS 39** anzuwenden.

Die Darstellung unter Rz 209ff. beschränkt sich auf den zweiten Fall. Zu IFRS 4 wird auf → § 39 verwiesen.

5.4.2 Abgrenzung gegenüber *credit-default*-Swaps und anderen Kreditderivaten

Kreditderivate lassen sich zum Handel eines Ausfall- oder Bonitätsrisikos einsetzen. Der Sicherungsnehmer überträgt über ein Kreditderivat Risiken, die sich aus einem anderen Finanzinstrument ergeben, auf einen Sicherungsgeber. Drei Grundtypen sind zu unterscheiden: 207

- *Credit-default*-Swaps transferieren das **Verzugs-** und **Ausfallrisiko** ***(default risk)*** eines Finanzinstruments.
- ***Credit-spread*-Produkte** (etwa *credit spread options*) decken das **gesamte Bonitätsrisiko** eines Finanzinstruments, also neben dem Ausfallrisiko auch das Bonitätsänderungsrisiko.
- *Total-return*-Swaps übertragen neben dem **Bonitätsrisiko** auch **Marktpreisrisiken.**

In der Abgrenzung zu Finanzgarantien gilt Folgendes: Eine Finanzgarantie liegt vor, wenn der Sicherungsnehmer von dem Sicherungsgeber für einen tatsächlich eingetretenen Verlust – eine zugesagte Zahlung erfolgt nicht oder nicht fristgerecht – entschädigt wird (IAS 39.AG4b). Von den vorgenannten Produkten kann daher nur für *credit-default*-Swaps – wegen der Begrenzung auf das Ausfallrisiko *(default risk)* – eine Behandlung als Finanzgarantie infrage kommen. *Credit-spread-* und *total-return*-Produkte sind hingegen derivative Finanzinstrumente.

---

[46] Nachfolgende Ausführungen sind z. T. entnommen aus LÜDENBACH/FREIBERG, BB 2007, S. 650ff.

Voraussetzung für die tatsächliche Behandlung eines *credit-default*-Produktes als Finanzinstrument ist, dass der Sicherungsnehmer das gegen das Ausfallrisiko abzusichernde (Schuld-)Instrument *(underlying)* in seinem Bestand hält. Ohne diese **Bestandsbedingung** ist auch ein *credit-default*-Swap als derivatives Finanzinstrument zu qualifizieren.[47]
Die nachstehende Abbildung fasst vorstehende Unterscheidungen zusammen.

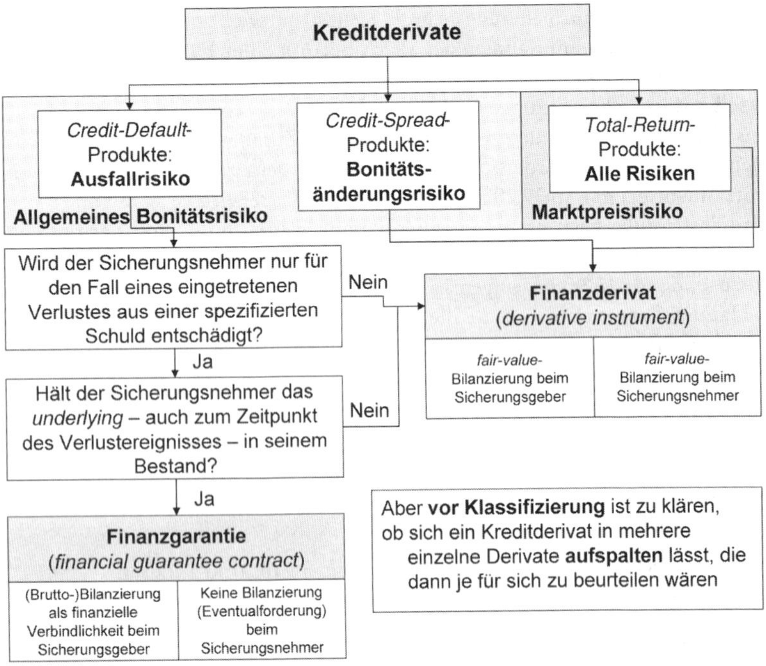

Abb. 7: Kreditderivate

208 Die Frage nach der Abgrenzung zu Derivaten stellt sich außerdem noch, wenn ein Sicherungsvertrag die Übernahme der gesamten gesicherten Forderung durch den „Garanten" schon für den Fall der **Überfälligkeit** einzelner Leistungsraten vorsieht. U. E liegt hier eine Finanzgarantie nur dann vor, wenn der Gläubiger bei Überfälligkeit der Rate das Recht zur Fälligstellung der gesamten Forderung innehat. Ohne diese Zusatzbedingung kompensiert die Übernahme durch den Garanten nicht, wie in IAS 39.9 verlangt, ausschließlich für eingetretene Verluste *(incurred losses)*, sondern eher für Bonitätsverschlechterungen.

Beispiel
A hat an B ein in 10 gleichmäßigen Raten zu tilgendes Darlehen gegeben. „Garant" muss die Forderung zum Nominalwert übernehmen, wenn eine Leistungsrate mehr als 60 Tage überfällig ist.

---

47 Vgl. ausführlich: BURKHARDT/WEIS, IRZ 2007, S. 37 ff.

> Abhängig davon, ob A das Darlehen bei Überfälligkeit einer Leistungsrate insgesamt fällig stellen kann, stellt der Vertrag mit G eine Finanzgarantie oder ein Derivat dar.

5.4.3 Zugangs- und Folgebewertung von Finanzgarantien

Wie für alle Finanzinstrumente ist auch für IAS 39 unterliegende Finanzgarantien (Rz 206) eine **Zugangsbewertung** zum *fair value* vorgesehen (IAS 39.43). Als *fair value* dient regelmäßig der Transaktionspreis (IAS 39.AG64). Bei **entgeltlichen** Bürgschaften entspricht dieser dem **Barwert der vereinbarten Avalprovisionen.** 209

- Bei **Vorauszahlung** der Avalprovisionen wäre demnach zu buchen: per Geld an Garantieverbindlichkeit;
- bei **nachschüssigen** oder **laufenden** Avalprovisionen: per Forderung auf die Avalprovisionen an Garantieverbindlichkeit.

Die herrschende Meinung[48] nimmt jedoch für den **zweiten Fall** ein Wahlrecht an. Eine Bruttodarstellung (Ausweis von Forderung und Garantieverbindlichkeit) soll zwar zulässig, die **Nettodarstellung** (Saldierung beider Posten somit i.d.R. eine Zugangsbewertung von null) aber vorzugswürdig sein. Zur Begründung wird auf IAS 39.AG4a verwiesen. Danach ist bei einer zwischen fremden Dritten vereinbarten Garantie der *„fair value at inception – ... likely to equal the premium* ***received***". Da hier nur von der bereits erhaltenen, nicht von den noch zu beanspruchenden Provisionen (*premiums to be received)* die Rede sei, ergebe sich ein Vorrang der Nettomethode. Gegen diese Meinung lässt sich Folgendes als Minderheitsmeinung anführen:

- IAS 39.AG4 ist im Abschnitt *„Scope"* (Anwendungsbereich) der *Application Guidance* enthalten. Behandelt wird dort die Frage, wann eine Garantie als **Finanzgarantie** anzusehen und den Regeln von IAS 39 zu unterwerfen ist. In diesem Kontext wird lediglich **exemplarisch** auf die bilanzielle Behandlung einer in den Anwendungsbereich fallenden Finanzgarantie hingewiesen. Aus dem in einer exemplarischen Erläuterung gewählten Tempus – hier: Vergangenheitsform – lässt sich u.E. keine allgemeine Aussage über die Bilanzierungsfolgen ableiten.
- Wie **alle Finanzinstrumente** sind Finanzgarantien nach IAS 39.43 im Zugangszeitpunkt mit dem *fair value* (plus evtl. Transaktionskosten) anzusetzen. Auch für diesen *fair value* formuliert IAS 39.AG64 die Vermutung, dass er i.d.R. der gegebenen oder erhaltenen Gegenleistung *(consideration given or received)* entspreche. In der Literatur wird aus der auch hier gewählten Vergangenheitsform aber nicht geschlossen, der *fair value* hänge (abgesehen von evtl. Diskontierungseffekten) vom Zahlungszeitpunkt ab. Eine solche Auffassung wird auch deshalb nicht vertreten, weil sie dem Basisprinzip der Periodenabgrenzung *(accrual basis of accounting)* widerspräche (→ § 1 Rz 16).
- Das Ergebnis ist **inkonsequent**. Aus der Verwendung der Vergangenheitsform im explizit der Zugangsbewertung gewidmeten IAS 39.AG64 wird (zu Recht) kein Wahlrecht zwischen Brutto- und Nettodarstellung abgeleitet, aus

48 Vgl. z.B. SCHARPF/WEIGEL/LÖW, WPg 2006, S. 1492ff.

der Verwendung der Vergangenheitsform im überhaupt nicht der Bewertung gewidmeten IAS 39.AG4 werden aber solche weitreichenden Folgen gezogen.

- Schließlich widerspräche die Nettodarstellung dem **Saldierungsverbot** von IAS 32.42. Hiernach dürfen finanzielle Vermögenswerte (hier: Provisionsanspruch) und finanzielle Verbindlichkeiten (Garantieverpflichtung) nur bei einer Aufrechnungslage saldiert werden. Diese Voraussetzung ist bei einer Bürgschaft regelmäßig nicht gegeben, da die Vertragspartner nicht übereinstimmen, der Provisionsanspruch gegenüber dem Schuldner, die Garantieverpflichtung gegenüber dem Gläubiger der Hauptforderung besteht.

210 Bei **unentgeltlichen Bürgschaften** gegenüber Fremden kann der Zugangswert nicht durch den Transaktionspreis bestimmt werden. Der *fair value* der Garantieverbindlichkeit ist vielmehr auf Basis von **Bürgschaftsbetrag** und **erwarteter Ausfallwahrscheinlichkeit** zu schätzen. Soweit die unentgeltliche Bürgschaft dem Bürgen nicht ausnahmsweise einen aktivierungsfähigen Vorteil verschafft, ist bei Begebung der Bürgschaft zu buchen:

per Aufwand an Garantieverbindlichkeit.

Ökonomisch können derartige Bürgschaftszusagen durch die Erwartung nicht aktivierungsfähiger **Vorteile** motiviert sein, etwa die Sicherung der eigenen Produktion durch Stützung eines notleidenden, kurzfristig nicht substituierbaren Lieferanten. Die aufwandswirksame Einbuchung entspricht dem in IFRIC 8 für die Vergabe von Anteilen oder Optionen ohne unmittelbare Gegenleistung vorgeschriebenen Vorgehen, im Übrigen auch den vergleichbaren Vorgaben für die Bilanzierung von Bürgschaften innerhalb der US-GAAP (Fin 45.11(e)).

Bei gegebenem Betrag von Bürgschaft und Hauptschuld zum Zeitpunkt des Vertragsabschlusses hängt der *fair value* der Garantieverbindlichkeit entscheidend von dem Risiko des **Zahlungsausfalls** ab. Wird nicht ein „normales" Kreditrisiko abgesichert, sondern etwa eine **Stützungsbürgschaft** zur Abwendung von ernsthaften Zahlungsschwierigkeiten oder drohender Insolvenz des Schuldners gewährt, kann als Untergrenze für das Bürgschaftsrisiko der Zinssatz für nachrangigste Darlehen bzw. bonitätsgefährdete Anleihen *(junk bonds)* herangezogen werden.

Beispiel

Ein Hauptlieferant H des U informiert diesen zum Jahresanfang über die drohende Zahlungsunfähigkeit. Da U kurzfristig keine alternative Bezugsquelle für die von H bezogenen Produkte hat, bürgt er unentgeltlich für ein Darlehen (Nominalbetrag 2.000 TEUR) des H. Risikokapitalgeber verlangen bei der Darlehensfinanzierung vergleichbarer Fälle eine Rendite von 35 %, also etwa 30 % Aufschlag auf den quasisicheren Basiszins. Für die Ermittlung des *fair value* der Garantieverbindlichkeit wird ein Zinssatz von 30 % herangezogen. Der Basiszins bleibt unberücksichtigt, da mangels Zahlungsmittelabflusses keine Opportunitätskosten aus entgehenden Zinserträgen entstehen. Somit ergibt sich der *fair value* als 30 % von 2.000 TEUR = 600 TEUR. Da U keine aktivierungsfähige Gegenleistung erhält, ist zu buchen: per Aufwand 600 TEUR an Verbindlichkeit 600 TEUR.

Wird zwar ein Entgelt für die Bürgschaft vereinbart, bleibt dieses aber deutlich hinter dem unter Risikogesichtspunkten angemessenen zurück, ist die Transaktion in eine entgeltliche und eine unentgeltliche Komponente zu zerlegen. Hinsichtlich des vereinbarten Betrags gelten die Grundsätze entgeltlicher Bürgschaften, bzgl. des darüber hinausgehenden angemessenen Betrags die vorstehend erläuterten Regeln.

Bei unentgeltlicher Verbürgung für Verbindlichkeiten einer **Tochtergesellschaft** wird z.T. eine Aktivierung auf dem Beteiligungskonto in der Einzelbilanz der Mutter für zulässig gehalten.[49] U. E. ist dies nicht sachgerecht. Die Beteiligung ist gem. IAS 27.37 entweder zu Anschaffungskosten oder zum *fair value* zu bilanzieren. Anschaffungskosten scheiden aus, da ein (nachträglicher) Anschaffungsvorgang nicht vorliegt. Der Bürgschaft kann auch keine isolierbare *fair-value*-Wirkung zugesprochen werden. Soweit sie mit anderen Faktoren den *fair value* tatsächlich erhöht, ist der Gesamtbetrag der Erhöhung nach den Grundsätzen für *available-for-sale assets* zum Bilanzstichtag erfolgsneutral zu buchen. Im Zusagezeitpunkt bleibt es hingegen bei der Aufwandsbuchung.

Die Folgebewertung von Finanzgarantien kann ausnahmsweise dann zum *fair value* erfolgen, wenn Bürgschaften geschäftsmäßig in großer Zahl begeben werden und das Unternehmen das resultierende Portfolio unter *fair-value*-Gesichtspunkten managt (IAS 39.9b). In diesem Fall erfolgt zu jedem Bilanzstichtag eine erfolgswirksame Neubewertung der Bürgschaft (IAS 39.47(a)). Da es regelmäßig an beobachtbaren Marktpreisen fehlt, ist der *fair value* über Bewertungstechniken zu bestimmen (IAS 39.AG74). Im Falle der Anwendung der Bruttomethode gilt: Bei konstant bleibender Bonität des Hauptschuldners ist für ein Fälligkeitsdarlehen die Restdauer der Bürgschaft der wichtigste Bewertungsparameter. Der *fair value* nimmt im Zeitablauf ab, korrespondierend entstehen in der GuV zeitlich verteilt Erträge. **211**

In allen anderen Fällen erfolgt die **Folgebewertung** von Finanzgarantien nach dem in IAS 39.47c vorgesehenen **Höchstwerttest**. **212**

- Anzusetzen ist mindestens der **fortgeführte Zugangswert**, d.h. entweder der Zugangswert selbst oder, soweit die Provision nach **IAS 18** (→ § 25 Rz 60) ratierlich zu vereinnahmen ist, der um den Vereinnahmungsbetrag geminderte Wert.
- Soweit sich jedoch in Anwendung der für Rückstellungen geltenden Regeln von **IAS 37** ein höherer Wert ergibt, ist dieser Betrag anzusetzen.

IAS 37 (→ § 21) ist nur dann von Bedeutung, wenn ein **Verlust** aus der Bürgschaft droht, die Inanspruchnahme also überwiegend wahrscheinlich wird. Unterhalb dieser Schwelle besagt der Verweis auf IAS 18 implizit: Der **Realisationszeitpunkt** der Avalprovision bestimmt die Fortschreibung der Garantieverbindlichkeit.

Zur Bestimmung des Realisationszeitpunkts ist entscheidend, ob Avalprovisionen

- Entgelte für die Erbringung von Diensten (IAS 18.20ff.) sind oder
- Zinscharakter haben (IAS 18.29ff.).

---

49 KPMG, Insights into IFRS, 2009/10, Tz 3.6.35.140.

In der Abgrenzung beider Fälle trifft IAS 18.Appendix 14 (→ § 25 Tz 56) **Unterscheidungen** zwischen im Umfeld einer Darlehensbeziehung anfallenden **Entgelten**:

- Die bei der Begründung einer Forderung zu Gunsten des Gläubigers vereinbarten Entgelte *(origination fees)*, etwa für die Bonitätsprüfung, die Begutachtung von Beleihungsgegenständen, die Strukturierung der Finanzierung usw., sind als **Zinsbestandteil** anzusehen.
- Demgegenüber sind aus der Kreditvermittlung, Kreditverwaltung etc. entstehende Entgelte als **Serviceentgelte** zu werten.

Das zwischen Hauptschuldner und Bürgen vereinbarte Entgelt ist trotz geläufiger Bezeichnung als „Avalzins" (gem. §§ 13 bis 18 KWG) kein Bestandteil der Effektivverzinsung, da der Schuldner es nicht dem Gläubiger, sondern einem **Dritten** (dem Bürgen) schuldet. Aus dem Bürgschaftsverhältnis erbringt der Bürge mithin eine Serviceleistung i.S.v. IAS 18 (→ § 25 Rz 56).

Erträge aus Serviceleistungen sind nach dem erbrachten **Leistungsgrad** *(stage of completion)* zu realisieren (IAS 18.20(c)). Bei einer **zeitraum**bezogenen, über einen bestimmten Zeitraum geschuldeten Leistung ergibt sich hieraus eine **ratierliche** Realisierung, bei einer **zeitpunkt**bezogenen Hauptleistung (bei Kreditvermittlung etwa der Abschluss des vermittelten Vertrags) eine Realisation mit **Erbringung** dieser Hauptleistung (IAS 18.25). Beim **Bürgschafts**verhältnis fehlt es an einer herausragenden zeitpunktbezogenen Hauptleistung. Gegenstand des Verhältnisses ist daher die Erbringung einer zeitraumbezogenen Serviceleistung. Daher ist nach IAS 18.24f. die Provision unabhängig von dem zeitlichen Anfall (Zahlung vorschüssig oder laufend) über die Dauer des Bürgschaftsvertrags zu realisieren.

Die vorstehende Lösung könnte im Widerspruch zu IAS 18.20(a) stehen, wonach Erträge erst dann zu realisieren sind, wenn sie **verlässlich bestimmbar** sind. Da das Zahlungsausfallrisiko der Höhe nach bis zum letzten Tag erhalten bleibt, könnte jedenfalls bei Fälligkeitsdarlehen eine ertragswirksame Vereinnahmung der Garantieprämie erst mit Tilgung der vollständigen Zahlungsverpflichtung angemessen erscheinen. **Gegen** eine solche Verschiebung der Ertragsrealisierung bis zum Ablauf des Bürgschaftszeitraums sprechen aber neben den zitierten Regeln von IAS 18.25 auch systematische Gründe:

- Zunächst **nimmt** bei normaler geschäftlicher Entwicklung des Schuldners das Risiko der Bürgschaftsinanspruchnahme im **Zeitablauf ab**, da etwa die kumulierte Wahrscheinlichkeit, durch unvorhergesehene externe Ereignisse insolvent zu werden, über den Gesamtzeitraum höher ist als über einen geringeren verbleibenden Restzeitraum. Dem entspricht das Verhalten der Marktteilnehmer, die Provisionen regelmäßig laufzeitabhängig ausgestalten (bspw. beträgt die Provision für die Verbürgung eines einjährigen Darlehens 1 % der Darlehenssumme und wird bei zweijährigen Darlehen verdoppelt). Eine lineare Vereinnahmung der Provisionen mit entsprechender Minderung des fortgeführten Zugangswertes entspricht somit der als rational zu unterstellenden Marktpreisbildung am besten.
- Weiterhin ist die **Saldierungsfrage** zu beachten. Das ökonomische Gesamtergebnis einer eingegangenen Bürgschaft steht in der Tat erst mit dem Ablauf der Bürgschaft fest, da vereinnahmte Provisionen bis zum letzten Tag jederzeit durch den Eintritt des Haftungsfalls überkompensiert werden können.

Dieses Ergebnis ist aber nicht spezifisch für den Bürgschaftsvertrag. Bei Ausreichung eines zweijährigen kalenderjahrgleichen Darlehens ist etwa der Zins der ersten Periode unstrittig mit Ablauf dieser Periode zu vereinnahmen. Zu diesem Zeitpunkt steht aber noch nicht fest, ob das ökonomische Gesamtergebnis der Darlehensvergabe positiv sein wird. Der Darlehensnehmer kann in den verbleibenden 12 Monaten insolvent werden, die Tilgung daher ausfallen. Gleichwohl ist weder nach IFRS noch nach HGB/EStG mit der Realisierung der Darlehenszinsen bis zur Tilgung des Darlehens zu warten. Der systematische Grund für die „vorgezogene“ Realisierung besteht im **Stichtagsprinzip** und im Saldierungsverbot. Jedenfalls in den Fällen, in denen aus Sicht des Bilanzstichtags mit einem Ausfall des Darlehens nicht zu rechnen ist, wird ein Zinsertrag ausgewiesen, ein eventueller späterer Ausfall des Darlehens nicht als nachträgliche Minderung dieses Ertrags, sondern unsaldiert als Aufwand ausgewiesen. Übertragen auf den Bürgschaftsfall sprechen auch hier Stichtagsprinzip und Saldierungsverbot dagegen, mit der Ertragsrealisierung so lange zu warten, bis in zukünftigen Perioden feststeht, ob der Ertrag nicht durch einen Aufwand überkompensiert wird.

Bei einer Bürgschaft über ein laufenden Tilgungen unterliegendes **Ratendarlehen mindert** sich der Zugangswert mindestens entsprechend der Tilgung des verbürgten Darlehens. Im Unterschied zu anderen Stimmen in der Literatur halten wir daher die ratierliche Vereinnahmung des Ertrags aus den Provisionen für angemessen und geboten.[50] Bei einer Bürgschaft über ein planmäßig verlaufendes Ratendarlehen ist daneben das durch die Ratenzahlungen abnehmende Risiko zu berücksichtigen. Durch die Tilgungen mindert sich kontinuierlich die Höhe des potenziellen Zahlungsausfalls, damit die Höhe der möglichen Leistungsverpflichtung des Bürgen und somit bei rationaler Preisbildung auch die als Prozentsatz des verbürgten Betrags ausgedrückte laufende Provision.

Bei **lang laufenden** Bürgschaften ist neben dem Ertrag aus der Erbringung der Serviceleistung zusätzlich ein **Zinseffekt** zu berücksichtigen (IAS 18.30(a) i. V. m. IAS 18.11)). Wird die Provision für eine lange Garantieperiode bereits vorschüssig gezahlt, entspricht sie bei rationalem Verhalten der Parteien gerade dem Barwert laufender Zahlungen. Der implizite Effektivzinsanteil ist daher in den Folgeperioden durch Aufzinsung der Garantieverbindlichkeit zu berücksichtigen (IAS 39.AG5): Wird die Provision laufend gezahlt, ist neben der Verbindlichkeit auch die zunächst diskontiert eingebuchte Forderung auf die Provisionen um die Zinsanteile zu erhöhen.

Beispiel

U bürgt am 1.1.01 für ein in zwei gleichen Raten zu tilgendes Darlehen des X (Nominalbetrag: 1 Mio. EUR, Laufzeit: 2 Jahre). X zahlt eine laufende Provision von 12,1 TEUR am Ende des ersten und 6,05 TEUR am Ende des zweiten Jahres. Bei einem risikoäquivalenten Zinssatz von 10 % beträgt der Barwert der laufenden Zahlung 16 TEUR. Im Falle einer über die Laufzeit unveränderten Einschätzung des Ausfallrisikos wird die Transaktion wie folgt erfasst (Bruttomethode):

50 Vgl. Grünberger, KoR 2006, S. 81ff.

1. Zugangsbewertung:
Zu passivieren ist der *fair value*, dessen beste Schätzung der Transaktionspreis, d.h., der Barwert der Avalprovisionen ist somit 12,1/1,1 + 6,05/1,21 = 11 + 5 = 16.

Datum	Konto	Soll	Haben
1.1.01:	Forderung auf Avalprovisionen	16	
	Garantieverbindlichkeit		16

2. Aufzinsung und Tilgung Forderung;

Datum	Konto	Soll	Haben
31.12.01:	Forderung	1,6 TEUR	
	Zinsertrag		1,6 TEUR
	Geld	12,1 TEUR	
	Forderung		12,1 TEUR
31.12.02:	Forderung	0,55 TEUR	
	Zinsertrag		0,55 TEUR
	Geld	6,05 TEUR	
	Forderung		6,05 TEUR

3. Aufzinsung und planmäßige Auflösung Passivposten

Datum	Konto	Soll	Haben
31.12.01:	Zinsaufwand	1,6 TEUR	
	Verbindlichkeit		1,6 TEUR
	Verbindlichkeit	12,1 TEUR	
	Provisionsertrag		12,1 TEUR
31.12.02:	Zinsaufwand	0,55 TEUR	
	Verbindlichkeit		0,55 TEUR
	Verbindlichkeit	6,05 TEUR	
	Provisionsertrag		6,05 TEUR

213 Erhöht sich im Rahmen der Folgebewertung die Risikoeinschätzung und ergibt sich dadurch nach IAS 37 (→ § 21) ein höherer Ansatz der Garantieverbindlichkeit als nach Maßgabe des um die Ertragsvereinnahmung fortgeführten Zugangswertes, ist dieser höhere Wert anzusetzen (IAS 39.47(c)i)). Die Reichweite des Verweises auf IAS 37 ist allerdings unklar.

Nach herrschender Meinung[51] sind damit sowohl die Ansatzbestimmungen des IAS 37.15 (wonach Risiken zu berücksichtigen sind, soweit sie *„more likely than not“* sind) als auch die Bewertungsvorschriften des IAS 37.36*(best estimate)* relevant. Gleichwohl kommt auch eine Bezugnahme allein auf die Bewertungsvorschriften von IAS 37 mit dem Argument in Betracht, dass die Ansatzfrage bereits durch IAS 39 beantwortet ist. Danach wäre abweichend von den Regeln des IAS 37, die einen Ansatz bei Risiken, die nicht *„more likely than not“* sind, ausschließen (→ § 21 Rz 50), auch bei einem Ausfallrisiko von unter 50 % für Zwecke der Finanzgarantie die in IAS 37 vorgesehene Bewertung mit dem besten Schätzwert *(best estimate)* vorzunehmen (→ § 21 Rz 113). Sie entspricht dem

---

51 Vgl. SCHARPF/WEIGEL/LÖW, WPg 2006, S. 1499; GRÜNBERGER, KoR 2006, S. 89.

Produkt aus Ausfallwahrscheinlichkeit und verbürgtem Betrag. Hierzu das folgende Beispiel:

Beispiel (Fortsetzung aus Rz 212)
Das Risiko einer Inanspruchnahme aus der Bürgschaft für das Ratendarlehen des Y hat sich zum 31.12.01 erhöht. Y hat zwar laufende Raten und Zins in 01 gezahlt. Angesichts rückläufiger Geschäfte besteht jedoch ein erhöhtes Risiko für 02. U rechnet mit einer Wahrscheinlichkeit von 10 % mit einer Inanspruchnahme für den am 31.12.01 valutierenden Restdarlehensbetrag von 500 TEUR.
Herrschende Meinung:
Da trotz gestiegener Ausfallwahrscheinlichkeit die Inanspruchnahme nicht *more likely than not* ist, bleibt es bei der Lösung gem. Rz 212.
Hier vertretene Meinung:
U passt die Garantieverbindlichkeit auf den höheren Erwartungswert von 50 TEUR an. Buchungen:

Datum	Konto	Soll	Haben
31.12.01:	Zinsaufwand	1,6 TEUR	
	Verbindlichkeit		1,6 TEUR
	Verbindlichkeit	12,1 TEUR	
	Provisionsertrag		12,1 TEUR
	Garantieaufwand	44,5 TEUR	
	Verbindlichkeit		44,5 EUR

Falls die weitere Tilgung des Darlehens in 08 planmäßig verläuft, ist zu buchen:

Datum	Konto	Soll	Haben
31.12.02:	Zinsaufwand	5,0 TEUR	
	Verbindlichkeit		5,0 TEUR
	Verbindlichkeit	55,0 TEUR	
	Ertrag		55,0 TEUR

Der neue Buchwert ist in den Folgeperioden gem. IAS 18 fortzuschreiben bzw. bei steigendem Risiko einer Inanspruchnahme gem. IAS 37 entsprechend auf den Erwartungswert zu erhöhen.

5.5 Kreditzusagen (*loan committments*)

Unwiderrufliche Kreditzusagen *(loan committments)* kommen in zwei ökonomischen Grundvarianten vor: 214

- bei **konditionsfixierenden** Kreditzusagen schreiben Kreditgeber und Kreditnehmer zu einem frühen Zeitpunkt die Kreditkonditionen, insbesondere den Zins, fest, die Kreditmittel werden jedoch erst später benötigt und ausgereicht (Rz 215);
- **sicherungshalber** gegebene Kreditzusagen in der Form von Patronatserklärungen, Kreditfazilitäten, *Letter of Credit* usw. stellen im Interesse von Gläubigern die Zahlungsfähigkeit eines Schuldners sicher (Rz 217).

215 Bei **konditionsfixierenden** Kreditzusagen hat der Schwebezustand zwischen Vertrags- und Erfüllungstag den Charakter eines Finanzderivats. Nach IAS 39.38 muss der Schwebezustand dann nicht als Derivat bilanziert werden, wenn er von kurzer Dauer ist, insbesondere den Zeitraum nicht übersteigt, der gewöhnlich gebraucht wird, um die Auszahlungsvoraussetzungen zu schaffen, etwa ein Gutachten für Besicherungsobjekte zu erstellen und die Bonität des Kreditnehmers zu beurteilen (sog. *regular way contracts*; Rz 54).

Geht der Schwebezustand über diesen Zeitraum hinaus, wäre nach den allgemeinen Regeln von IAS 39 die erfolgswirksame Bilanzierung eines Derivats geboten. Für ein Festzinsdarlehen würde dies etwa bedeuten:

- Bei im Schwebezeitraum ansteigendem Marktzins hätte der Kreditgeber einen Passivposten (negativer *fair value)*, der Kreditnehmer einen Aktivposten (positiver *fair value)* anzusetzen,
- Bei sinkendem Marktzins ergibt sich wegen des optionalen Charakters der Kreditzusagen keine direkt umgekehrte Entwicklung.

In der ursprünglichen Fassung von IAS 39 war eine solche Behandlung auch vorgesehen. In der aktuellen Fassung ersetzt IAS 39.2h i.V.m. IAS 39.4 die allgemeinen Regeln jedoch durch **Sondervorschriften.** Hiernach sind als Finanzderivate beim Kreditgeber nur Kreditzusagen zu behandeln, die

- als Teil eines Portfolios zum *fair value* gemanagt werden und deshalb der *fair-value*-Option unterworfen werden oder
- routinemäßig kurz nach Begründung weiterveräußert werden oder
- einen Barausgleich zulassen, bei denen also etwa bei Veränderung der Marktzinsen die hierdurch benachteiligte Partei gegen Zahlung des Barwerts der Differenz von Markt- und Vertragszins das Kreditverhältnis vor Auszahlung beenden kann, oder
- von Anfang an eine Kreditvergabe unter Marktzins vorsehen.

In allen vier Fällen erfolgt die Erstbewertung zum *fair value* (IAS 39.43). Bei der Folgebewertung ist wie folgt zu differenzieren:

- In den drei ersten Fällen ist eine erfolgswirksame Folgebewertung zum *fair value* vorgesehen (IAS 39.46 und 47a).
- Bei Kreditvergabe unter Marktzins ist nach IAS 39.47d von den beiden folgenden Werten der höhere Wert anzusetzen:
  - der sich nach IAS 37 ergebende drohende Verlust.
  - der sich aus Fortschreibung des Zugangswertes *(fair value)* um gem. IAS 18 realisierte Erträge ergebende Betrag.

Alle weiteren Fälle, also insbesondere nicht zur Veräußerung bestimmte marktkonforme Zusagen von Festzinskrediten, hat der Kreditgeber nach IAS 37 zu bilanzieren (IAS 39.2h). Ein Aktivposten kommt hiernach erst mit tatsächlicher Kreditausreichung infrage, eine Passivierung im Schwebezustand erfolgt nur, wenn ein belastender Vertrag *(onerous contract)* vorliegt (→ § 21 Rz 55), also die vereinbarten Zinsen unter den Refinanzierungskosten des Kreditgebers liegen.

216 Begründet die Kreditzusage eine zum *fair value* zu bilanzierende derivative Verbindlichkeit, stellt sich für **ohne besonderes Entgelt** gewährte Zusagen noch die Frage, ob die Verbindlichkeit aufwandswirksam oder gegen Bildung eines Abgrenzungspostens (*deferred charges*) erfolgsneutral zu buchen ist.

Beispiel

B erteilt K eine Kreditzusage, wonach K binnen 180 Tagen einen Kredit aufnehmen kann. Entsprechend den Marktverhältnissen bei Erteilung der Kreditzusage ist der maximale Darlehenszins festgelegt worden. Steigende Marktzinsen bis zur Aufnahme des Kredits gehen zulasten der Bank, sinkende führen zu einer Anpassung des Kreditzinses. Eine Darlehensaufnahme ist so gut wie gewiss.

Beurteilung

1. Die Bank ist in einer Stillhalterposition und bucht eine derivative Verbindlichkeit mit dem *fair value* ein.
2. Als Soll-Buchung kommt Aufwand, aber auch die Bildung eines Abgrenzungspostens infrage. Eine aufwandswirksame Behandlung entspricht der Annahme, Darlehenszusage und spätere Darlehensaufnahme seien zwei getrennte Geschäftsvorfälle. Jedenfalls bei sehr hoher Wahrscheinlichkeit der Kreditaufnahme liegt u. E. aber ein **zusammenhängender Geschäftsvorfall** vor. Die abgegrenzten Kosten werden mit Ausreichung des Darlehens in die Effektivverzinsung einbezogen und erst über die Darlehenslaufzeit erfolgswirksam.

Sicherungshalber gegebene Kreditzusagen (Fazilitäten, Patronatserklärungen, *Letter of Credit* etc.) sind ökonomisch mit Finanzgarantien (Rz 206) vergleichbar. In beiden Fällen geht es um die Absicherung von Gläubigern gegen Zahlungsschwierigkeiten des Schuldners. Ein Unterschied besteht nur im Empfänger des Sicherungsversprechens. Bei Finanzgarantien ist dies der Gläubiger, bei Fazilitäten und Patronatserklärungen dessen Schuldner. 217

Beispiel

Die in Irland residierende Zweckgesellschaft Z erwirbt langfristige amerikanische Hypothekenkredite (Aktivgeschäft) und refinanziert sich durch die Ausgabe kurzfristiger Wertpapiere *(commerical papers)* an institutionelle Anleger. Im Hinblick auf den häufigen Wechsel der Anleger ist die Abdeckung von deren Risiken durch Finanzgarantien nicht praktikabel. Stattdessen werden sog. Kreditfazilitäten vereinbart. Hiernach ist die deutsche Bank B bei Liquiditätsproblemen der Z, also insbesondere wenn die revolvierende Ausgabe der Wertpapiere nicht gelingt, verpflichtet, 10 Mrd. EUR Kredit an die Z zu geben und hieraus u.a. die Rückzahlung der fälligen Wertpapiere zu leisten.

Aus der Sicherungsperspektive der Anleger ist die Fazilität ökonomisch gleichwertig mit einer Bürgschaft.

Trotz dieser Parallelen unterliegen die sicherungshalber gegebenen Kreditzusagen, anders als die Finanzgarantien, nicht IAS 39 i.V.m. IAS 37, sondern ausschließlich den Regelungen von IAS 37 (IAS 39.2h).

Beispiel
Die B unterstellt bei Einräumung der Kreditfazilität von 10 Mrd. EUR in 06, dass diese mit einer Wahrscheinlichkeit von 2 % in Anspruch genommen wird und dann ½ der gewährten Kreditsumme nicht wiedererlangt werden kann. Im Frühjahr 07 ziehen Wolken am amerikanischen Hypothekenhimmel auf. Die Wahrscheinlichkeitseinschätzung wird von 2 % auf 20 % erhöht.
Im Rahmen einer Erwartungswertbilanzierung nach IAS 39 i.V.m. IAS 37 (Rz 213) hätte die B in 06 2 % × ½ × 10 Mrd. = 100 Mio. zu passivieren gehabt und diesen Betrag zum 1. oder 2. Quartal 07 auf 1 Mrd. erhöhen müssen.
Nach den anzuwendenden Vorschriften von IAS 37 ist die Kreditzusage jedoch nur zu passivieren, wenn aus ihr mit überwiegender Wahrscheinlichkeit ein Verlust droht. Dies ist weder in 06 noch im ersten Halbjahr 07 der Fall. Die Bank passiviert daher nichts.

Rechtskritisch ist im Anschluss an das Beispiel zu fragen, warum sicherungshalber gegebene *loan committments* anders als in der ursprünglichen Fassung von IAS 39 und anders als Finanzgarantien nicht als Finanzinstrumente behandelt werden. Gute Gründe hierfür sind nicht erkennbar. Auch in den US-GAAP sind Kreditzusagen Gegenstand zahlreicher kasuistischer Ausnahmen.[52]

218 Zur Bilanzierung von Kreditzusagen beim Kreditnehmer enthält IAS 39 wenig Hinweise. IAS 39.2h und IAS 39.4a und 4c sprechen nur den Kreditgeber an. Lediglich IAS 39.4b (Kreditzusagen mit Möglichkeit zum Barausgleich) beschränkt sich nicht explizit auf den Kreditgeber, könnte also auch für den Kreditnehmer anwendbar sein.
Mindestens in allen anderen Fällen ist beim Kreditnehmer eine Bilanzierung nach IAS 37 ebenso vertretbar wie eine als Finanzderivat gem. IAS 39.[53]

6 Bilanzierung von Finanzderivaten sowie Sicherungszusammenhängen

6.1 IAS 39 unterliegende Derivate

219 In den Anwendungsbereich von IAS 39 fallen alle Finanzderivate. Dies sind insbesondere **Termingeschäfte** (*forwards, futures,* Swaps) und **Optionen** auf Fremdkapitalinstrumente (Anleihen), Fremdwährungen, Eigenkapitalinstrumente (Aktien) oder auf entsprechende Indizes.

220 Options- und Bezugsrechte auf **Eigenkapitalinstrumente** gelten nur beim Rechtsinhaber als Derivat. Beim Emittenten werden sie als Bestandteil des Eigenkapitals eingestuft (IAS 39.2e, IAS 32.16).

221 Von den *freestanding*-Derivaten sind eingebettete Derivate, die Bestandteil hybrider Finanzinstrumente sind, zu unterscheiden. Hierzu wird auf Rz 166 verwiesen.

---

52 Dazu HOFFMANN/LÜDENBACH, DB 2007, S. 2217.
53 So wohl auch ERNST & YOUNG, International GAAP 2009, Ch. 29, s3.5.

6.2 Warentermingeschäfte – *own use exemption*

Finanzderivate sind auch bei erwartetem Gewinn anzusetzen, während für schwebende nichtfinanzielle Geschäfte das Imparitätsprinzip gilt (Ansatz nur bei drohendem Verlust). Deshalb ist für den Bilanzansatz in Gewinnfällen von Bedeutung, wann ein schwebendes Geschäft als **Finanzderivat** zu qualifizieren ist (Rz 26). Die Differenzierung ist nach wirtschaftlichen Kriterien vorzunehmen. Auch ein **Warentermingeschäft** kann deshalb in den Anwendungsbereich von IAS 39 fallen. 222

Im Einzelnen ist bei Termingeschäften über Waren oder Rohstoffe wie folgt zu unterscheiden:

- Soweit die Geschäfte auf die **physische Lieferung** des Vertragsgegenstands in der Zukunft und die anschließende Verwendung im Unternehmen des Erwerbers gerichtet sind, fallen sie i.d.R. **nicht** in den Anwendungsbereich des **IAS 39** (IAS 39.5, 39.AG10).
- **Finanzderivate** sind hingegen solche Warentermingeschäfte, die von vornherein nicht auf die physische Lieferung gerichtet sind. Infrage kommen folgende Fälle:
  - Der Vertrag sieht für mindestens eine der beiden Parteien eine **Option** zum **Barausgleich** von vereinbartem Terminkurs und Kassakurs am Erfüllungstag vor *(net settlement)* (IAS 39.6a).
  - Der Vermögenswert aus dem Termingeschäft kann jederzeit am **Markt** in **Geld** umgesetzt werden (IAS 39.6d).
  - Der Vertrag enthält zwar keine explizite Option zum *net settlement*, das Unternehmen hat aber in der **Vergangenheit** entsprechende Verträge regelmäßig in **bar** erledigt, sei es durch Einigung mit dem Vertragspartner, durch Abschluss eines gegenläufigen Kontrakts oder durch Veräußerung des Kontrakts an einen Dritten (IAS 39.6b) oder
  - es hat in der Vergangenheit Vermögenswerte aus vergleichbaren Termingeschäften unmittelbar nach ihrer Lieferung regelmäßig veräußert, um einen **kurzfristigen Veräußerungsgewinn** zu erzielen (IAS 39.6c).

Die vorgenannten Bedingungen führen **nicht zwingend** zu einem Finanzderivat. Zu prüfen ist, ob der der Kontrakt nach Maßgabe der erwarteten Einkaufs-, Verkaufs- oder Verbrauchsnotwendigkeiten *(own use)* des Unternehmens für Zwecke des tatsächlichen Einkaufs oder Verkaufs der Ware bzw. des Rohstoffs abgeschlossen wurde. Ist dies der Fall, scheidet eine Qualifizierung als Finanzderivat aus *(own use exemption)*. Zu deren Beurteilung ist wie folgt zu differenzieren:

- Die in IAS 39.6b und IAS 39.6c formulierten Kriterien stellen bereits auf das tatsächliche Verhalten in der Vergangenheit ab. Nur wenn Verträge ohne *net-settlement*-Option oder ohne leichte Umsetzbarkeit in Geld in der Vergangenheit tatsächlich regelmäßig in Geld erledigt wurden oder das Vertragsobjekt kurz nach Erhalt ohne güterwirtschaftliche Wertschöpfung tatsächlich regelmäßig weiterveräußert wurde, liegt ein Finanzderivat vor. Fehlt es an einer solchen Praxis, liegt von vornherein kein Finanzderivat vor; ist hingegen eine entsprechende Historie gegeben, kann die *own use exemption* nach IAS 39.6b generell nicht mehr und nach IAS 39.6c nur dann zum Tragen kommen, wenn die Weiterveräußerung nicht spekulativ, sondern operationell (etwa überraschender Rückgang des operativen Bedarfs) bedingt ist (IAS 39.6 Satz 3). Ein potenziell zum Finanzderivat führender Weiterveräußerungsfall liegt im Übrigen nur vor, wenn die Weiterveräußerung ohne güterwirtschaftliche Wertschöpfung erfolgt. Als güterwirtschaftliche Wertschöpfung gilt nach RS HFA 25 Tz 14 u.U. bereits die Größen-, Raum- oder Zeittransformation.

- In den beiden anderen Fällen – explizite *net-settlement*-Option (IAS 39.6a) oder leicht in Geld umsetzbarer Vermögenswert (IAS 39.6d) – verlangt IAS 39.6 eine Würdigung, ob ein *own-use*-Fall vorliegt. Eine derartige Würdigung hat u.a. zu berücksichtigen:
  - bei expliziter *net-settlement*-Option das **Verhalten in der Vergangenheit** sowie das Verhältnis von optionalem Bestellvolumen bzw. Liefervolumen zum eigenen Bedarf bzw. zur eigenen Lieferkapazität (Rz 223).
  - bei der Frage, ob der Vermögenswert leicht in Geld umzusetzen ist, die Art des Vermögenswertes (Lagerfähigkeit usw.), der Zugang des Terminkäufers zu Absatzmärkten für das Gut (Rz 224).

223 Die Beurteilung des Verhaltens in der Vergangenheit ist dann problematisch, wenn Verträge von vornherein zu unterschiedlichen Zwecken abgeschlossen wurden.

Beispiel

Ein Unternehmen schließt neben Terminkontrakten zur Eigenbedarfsdeckung gleichzeitig solche zur Abdeckung von Preisrisiken. Die Bedarfsdeckungsverträge werden physisch erfüllt, die Sicherungsverträge durch Glattstellung ausgeglichen.

Fraglich ist in solchen Fällen, ob der Abschluss und die Glattstellung von Sicherungsverträgen auf die Bedarfsdeckungsverträge zurückwirken und hier die Inanspruchnahme der *own use exemption* unmöglich macht. Nach RS HFA 25 Tz. 20ff. ist dies dann nicht der Fall, wenn das Unternehmen eine sog. Buchstruktur schafft, also im Zeitpunkt des Vertragsschlusses Sicherungsverträge einem „Handelsbuch" und die Bedarfsdeckungsverträge einem „Eigenbedarfsbuch" zuordnet. Wird diese Buchstruktur nicht nur formal dargestellt, sondern findet im Rahmen des Risikomanagements eine (organisatorische) Trennung beider Bereiche statt, werden die Bedarfsdeckungsverträge nicht vom Barausgleich der Sicherungsverträge infiziert. Die Untersuchung des *own-use*-Verhaltens in der Vergangenheit kann sich dann auf die Bedarfsdeckungsverträge beschränken.[54] Werden Verträge, die ursprünglich dem Eigenbedarf dienten und dem entsprechenden Buch zugeordnet wurden, aufgrund veränderter Umstände verkauft oder geschlossen, kann in diesem Buch regelmäßig nicht länger von einer physischen Erfüllung der Verträge ausgegangen werden, es sei denn die Änderung sei Folge unvorhergesehener außerordentlicher Umstände.[55]

---

54 Weitere Einzelheiten hierzu und zu IdW RS HFA 25 insgesamt bei FLADT/VIELMEYER, WPg 2008, S. 1070ff.

55 IDW RS HFA 25.27.

Der Leistungsempfänger wird sich bei überhaupt nicht oder nur kurzfristig lagerfähigen Gütern wie Strom regelmäßig ausbedingen, den über den Eigenbedarf hinausgehenden Lieferanspruch an Dritte weiterreichen zu dürfen. Diese Drittverwertungsoption führt allerdings nur dann zu einem Finanzderivat, wenn das Unternehmen Zugang zu einem relevanten (Weiterveräußerungs-)Markt hat **und** durch die Historie sich nicht der Zweck der Sicherung des Eigenbedarfs nachweisen lässt. 224

Ob die *own use exemption* greift, ist nach herrschender Auffassung für den Gesamtvertrag zu prüfen.[56] Eine teilweise Qualifizierung eines Warentermingeschäfts als *own use contract* wird im Schrifttum als nicht zulässig angesehen. Eine Verringerung des Eigenbedarfs über die Vertragslaufzeit kann daher bei Möglichkeit einer Umsetzung der Überschussmenge in Zahlungsmittel zu einer Behandlung des ganzen Vertrages als Finanzderivat führen. 225

Beispiel

Der in 01 über eine in 03 zu liefernde Strommenge geschlossene Vertrag zwischen Aluminiumhersteller X und Energieversorger Y sieht die Möglichkeit einer Weiterveräußerung/Abtretung nicht benötigter Strommengen an andere Unternehmen vor. Ende 01 geht X noch davon aus, den gesamten Strom zu benötigen. Nach einem Konjunktureinbruch in 02 wird diese Annahme revidiert. X benötigt dann nach eigener Einschätzung nur noch 75 % des kontrahierten Stroms. Ende 02 wird daher der Anspruch auf 25 % der kontrahierten Strommenge an ein anderes Unternehmen veräußert.

Spätestens mit der Veräußerung verliert das gesamte Termingeschäft die *own-use*-Qualität und ist daher insgesamt (zu 100 %) als Finanzinstrument zu behandeln.

Die vorstehend aus der Perspektive des Termin**käufers** dargestellten Überlegungen gelten sinngemäß auch für den Termin**verkäufer**. Eine Besonderheit für den Terminverkäufer ergibt sich jedoch dann, wenn er eine Stillhalterposition einnimmt. Hat er sich gegenüber dem Terminkäufer zur Bereitstellung einer bestimmte Maximalmenge zu einem fixierten Preis verpflichtet, scheidet der Rückgriff auf die *own use exemption* aus, wenn der Empfänger die rechtliche oder tatsächliche Möglichkeit zum *net settlement* hat. 226

In der Praxis weisen entsprechende Verträge häufig eine Kombination von Mindestabnahmemenge und maximalem Zusatzvolumen auf (sog. **Volumenoption)**, wobei keine rechtliche, ggf. aber eine faktische Möglichkeit zum *net settlement* besteht. Zu fragen ist dann, ob

- der gesamte Vertrag einheitlich als Finanzinstrument oder schwebendes nichtfinanzielles Geschäft zu würdigen ist oder
- u. U. die dem Abnehmer eingeräumte Option auf Mehrmenge als trennungspflichtiges eingebettetes Finanzderivat *(embedded derivative)* zu identifizieren sowie zu behandeln ist, während für den (nach Abspaltung) verbleibenden Teil (Mindestmenge) bei entsprechender Sachlage die *own use exemption* in Anspruch genommen werden kann.

---

[56] Vgl. Kuhn/Scharpf, Rechnungslegung von Financial Instruments nach IFRS, 3. Aufl. 2006, S. 60.

In der Beantwortung dieser Frage ist nach Art des **Empfängers** und dem **Gegenstand** des Kontrakts zu differenzieren:

- Handelt es sich bei dem Empfänger der Leistung um einen **Endabnehmer** und ist die Leistung **nicht** oder nur kurze Zeit **lagerfähig** (z. B. Strom), scheidet für ihn die Möglichkeit eines faktischen *net settlement* regelmäßig aus. Der Endabnehmer hätte zwar die theoretische Möglichkeit zum Bezug einer über den Eigenbedarf hinausgehenden Menge, im Gegenzug aber mangels Zugangs zu einem Absatzmarkt keine praktische Möglichkeit der Verwertung. Ökonomische Rechtfertigung für den Abschluss des Termingeschäfts ist aus Endverbrauchersicht gerade eine Absicherung des eigenen Warenbedarfs und nicht die Mitnahme kurzfristiger Spekulationsgewinne. In diesem Fall ist der Vertrag auch beim Lieferanten einheitlich, und zwar als nichtfinanzieller Vertrag zu behandeln.[57]
- Hat der Empfänger hingegen eine **eigene Absatzmöglichkeit** und kann daher das Vertragsobjekt leicht in Geld umwandeln, ist mindestens die eingeräumte Volumenoption, ggfs. sogar der ganze Vertrag, einheitlich als Finanzinstrument zu behandeln.

U. E. ist in der zweiten Konstellation nicht der gesamte Vertrag betroffen, vielmehr eine **getrennte** Behandlung geboten oder zulässig.[58] Der Gründe hierfür sind wie folgt:

- IAS 39.7 untersagt für den Stillhalter bedingter (optionaler) Termingeschäfte die Berufung auf die *own use exemption*, während IAS 39.6 sie für das unbedingte Termingeschäft vorschreibt. Ein Vorrang der einen oder anderen Regel ist nicht zu erkennen. Die zusammengefasste Würdigung eines Vertrags, der beide Elemente enthält, hinsichtlich der Mindestmenge unbedingtes, hinsichtlich der Volumenoption bedingtes Termingeschäft ist, begäbe sich daher in das Dilemma, entweder nach IAS 39.7 (unter Verstoß gegen IAS 39.6) oder nach IAS 39.6 (unter Verstoß gegen IAS 39.7) vorgehen zu müssen. Vorzuziehen ist demgegenüber eine Interpretation, die nicht zu Widersprüchen führt. Dem wird entsprochen, wenn ein Vertrag, der beide Elemente enthält, hinsichtlich des einen Elements nach IAS 39.7, hinsichtlich des anderen nach IAS 39.6 beurteilt wird.
- Eine derartige Trennung eines Vertrags in verschiedene Elemente entspricht überdies dem allgemeinen „*substance over form*"-Gedanken (→ § 1 Rz 78), wonach es nicht darauf ankommen darf, ob unterscheidbare Leistungsbeziehungen in einem oder in mehreren Verträgen festgehalten werden. Gerade in IAS 39 und IAS 32 wird diesem Gedanken eine besondere Rolle zugewiesen, indem etwa die Aufteilung des durch einen Vertrag begründeten strukturierten Finanzproduktes in Basisinstrument und eingebettetes Derivat verlangt wird (IAS 39.10ff.) oder bei bestimmten mezzaninen Finanzierungen die Aufteilung der vertraglichen Pflichten in eine Fremd- und Eigenkapitalkomponente vorgesehen (IAS 32.28ff.; → § 20 Rz 14) oder ein zivilrechtlich einheitlicher Verkauf eines finanziellen Vermögenswertes über Aus- und Einbuchung verschiedene Vermögenswerte und Schulden abzubilden ist (IAS 39.24ff.). Diese Ausrichtung von IAS 39 (und IAS 32) muss bei der

57 IDW RS HFA 25, Tz 41.

58 Gl. A. KPMG, Insights into IFRS 2009/10, Tz 3.6.120.20., vgl. auch IFRIC, Update März 2010.

Grundfrage, ob einzelne Vertragselemente überhaupt in den Anwendungsbereich von IAS 39 fallen, umso mehr beachtet werden.

U. E. hat daher die Qualifizierung einer Volumenoption als Finanzinstrument keine Ausstrahlung auf die anderen Vertragsbestandteile. Der RIC hat sich im November 2009 für eine Aufnahme der Frage, was *„unit of account"* bei Kontrakten mit Volumenoption ist, in das Arbeitsprogramm des IFRIC ausgesprochen.[59]

Beispiel

Terminkäufer K verpflichtet sich gegenüber Stromproduzent P zur Abnahme von mindestens 75 MWh und ist zur Anforderung weiterer 25 MWh zum gleichen Festpreis berechtigt.

1. Sofern K weder rechtlich noch tatsächlich die Möglichkeit zum *net settlement* hat, unterliegt der Vertrag auch aus Sicht von P insgesamt nicht IAS 39.
2. Hat K die Möglichkeit zur Veräußerung nicht benötigter Abnahmemengen an Dritte, ist der Vertrag u. E. aus Sicht von P zu splitten. Für die 25 MWh ist wegen des Vorliegens einer Stillhalterposition IAS 39 anzuwenden, für die 75 MWh bei *own-use*-Nachweis jedoch nicht.

Der IFRIC hat im Übrigen im März 2007 bekräftigt, dass für Stromlieferverträge an Endverbraucher regelmäßig die *own use exemption* greift.[60]

Die **Bewertung** eines Warentermingeschäftes hängt von den vorstehend beschriebenen Klassifizierungen ab: 227

- Fällt der gesamte Vertrag aus dem Anwendungsbereich von IAS 39, kommt eine Bewertung wegen des Grundsatzes der Nichtbilanzierung schwebender Geschäfte nur bei einem drohenden Verlust gem. IAS 37.68 infrage (→ § 21 Rz 55). Beim Lieferanten droht ein Verlust nicht schon dann, wenn der vereinbarte Verkaufspreis unter dem Marktpreis liegt, entscheidend ist vielmehr, ob er die Herstellungs- bzw. Einstandskosten (jeweils erhöht um Verkaufskosten) unterschreitet. Beim Abnehmer ist hingegen das Verhältnis von Kontraktpreis zum Marktpreis entscheidend. Sofern nicht ausnahmsweise schon gegenläufige Verkaufskontrakte zu ebenfalls (aus Stichtagssicht) überhöhten Preisen abgeschlossen wurden, führt ein über dem Marktpreis des Stichtages liegender Kontraktpreis zu einem drohenden Verlust.
- Unterliegt der gesamte Vertrag oder ein Vertragsteil IAS 39, ist das Termingeschäft insoweit erfolgswirksam zum *fair value* zu bewerten (IAS 39.46). Hat der Lieferant das Recht zur kurzfristigen Anpassung des Preisniveaus und der Empfänger das Recht zur kurzfristigen Kündigung, ist i. d. R. allerdings von einem geringen *fair value* auszugehen.

6.3 Erst- und Folgebewertung von nicht für Sicherungszwecke verwendeten Derivaten

Gem. IAS 39.9 fallen **nicht** zur **Sicherung** gehaltene Derivate stets in die Kategorie der zu Handelszwecken gehaltenen Vermögenswerte oder Schulden 228

59 http://www.standardsetter.de/drsc/docs/press_releases/37_RIC-Sitzung_Ergebnisbericht_D.pdf.

60 IFRIC, Update März 2007.

(held for trading). Die Bewertung unterliegt demgemäß den unter Rz 144ff. wiedergegebenen Regeln:

229 • Die **Erstbewertung** erfolgt nominell zum *fair value*, faktisch häufig zu Anschaffungskosten (IAS 39.43; Rz 99ff.). Dabei lassen sich hinsichtlich der **Höhe** der Anschaffungskosten zwei Konstellationen unterscheiden:
  - Anschaffungskosten sind **null**: Insbesondere bei Termingeschäften und Zinsswaps entstehen i.d.R. keine Anschaffungskosten, weil bei diesen Geschäften die Risiken zwischen den beiden Vertragsparteien gleichmäßig verteilt sind. Nur bei nicht marktgerechten Vertragsparametern (z.B. weil der in einem Devisentermingeschäft festgelegte Kurs nicht dem aktuellen Terminkurs am Devisenmarkt entspricht) ist der Marktwert eines Termingeschäfts oder Swaps bei Begründung ungleich null.
  - Anschaffungskosten sind **ungleich null**: Derivate, die eine asymmetrische Risikoverteilung zwischen den Vertragsparteien aufweisen (insb. Optionen), haben bei ihrer Begründung einen von null verschiedenen Marktwert. Der Marktwert einer Option ist im Zeitpunkt ihrer Begründung beim Optionsinhaber positiv (und damit zu aktivieren), hingegen beim Stillhalter negativ (und somit zu passivieren).
- Die **Folgebewertung** ist erfolgswirksam zum *fair value* (IAS 39.46) vorzunehmen: Der *fair value* am Stichtag ist in der Bilanz auszuweisen; Änderungen des *fair value* gegenüber dem letzten Stichtag sind in der GuV zu erfassen. Auch hier bestehen **wesentliche** Unterschiede zwischen Termingeschäften und Optionen:
  - Der *fair value* eines Termingeschäfts kann für den Terminverkäufer oder den Terminkäufer positiv oder negativ sein. Die Höhe des *fair value* hängt dabei maßgeblich von dem Verhältnis zwischen dem im Termingeschäft fixierten Kurs bzw. Preis und dem aktuellen, für entsprechende Restlaufzeiten geltenden Terminkurs bzw. -preis ab.
  - Der *fair value* eines Optionsgeschäfts ist für den Optionsinhaber nie negativ und für den Stillhalter nie positiv. Die Höhe des *fair value* hängt nicht nur von dem Verhältnis zwischen dem in der Option fixierten Kurs bzw. Preis und dem aktuellen Marktkurs bzw. -preis ab (= innerer Wert der Option). Bestandteil des *fair value* ist darüber hinaus auch der sog. Zeitwert der Option, der – vereinfacht – Ausdruck der Möglichkeit ist, dass sich der innere Wert der Option in der Zukunft erhöht (→ § 23 Rz 218).

Die nachfolgende Tabelle verdeutlicht die Unterschiede am Beispiel eines Terminkaufs von Aktien und einer Kaufoption auf Aktien. Das Beispiel wird sowohl aus der Sicht des Terminkäufers/Optionsinhabers (= Käufer) als auch aus der Perspektive des Terminverkäufers/Stillhalters (= Verkäufer) betrachtet. Hierbei beschränkt sich das Beispiel auf den **inneren** Wert, d.h., es klammert die Zeitwertkomponente aus.

Beispiel
Aktienderivatgeschäft
Käufer **darf** (Option)/**muss** *(forward)* für 99 kaufen.

Kurse:
d) bei Vertragsschluss 100,
e) in t – 1: 120,
f) in t – 2: 80.
Optionsprämie 1 = innerer Wert bei Vertragsabschluss
(Vernachlässigung Zeitwert, Beschränkung auf inneren Wert)

	Optionsgeschäft		Termingeschäft	
	Bilanz	GuV	Bilanz	GuV
a) Erstbewertung				
Käufer	1		1	
Verkäufer	– 1		– 1	
b) Folgebewertung t – 1: Kurs von 100 auf 120				
Käufer	21	20	21	20
Verkäufer	– 21	– 20	– 21	– 20
c) Folgebewertung t – 2: Kurs von 120 auf 80				
Käufer	0	– 21	– 19	– 40
Verkäufer	0	21	19	+ 40
d) Gesamterfolg				
Käufer		– 1		– 20
Verkäufer		+ 1		+ 20

Tab. 12: Optionen und *forwards*

Für die Feststellung des *fair value* gelten die unter Rz 99ff. und Rz 106ff. niedergelegten Regeln. In der Mehrzahl der Fälle treten Bewertungsmodelle an die Stelle von Marktpreisen. Auch bei Optionen kann **hilfsweise** der **Anschaffungskostenansatz** für die Folgebewertungen erfolgen, sofern der *fair value* (ausnahmsweise) nicht verlässlich zu bestimmen ist (Rz 110). 230

Wie bei originären Handelswerten stellt sich die Frage, wie verlässlich eine Wertermittlung sein muss, um zur *fair-value*-Bewertung zu führen (Rz 111). Würdigt man in dieser Hinsicht etwa das gängige **Black-Scholes-Modell** zur Bewertung von Optionen, so könnten sich Zweifel an der Angemessenheit des Modells aus der Verwendung realitätsfremder Prämissen ergeben. Hierzu gehört etwa die Annahme einer über die Laufzeit konstanten Volatilität des Basiswertes, eines über die Laufzeit risikolosen Zinssatzes, die Geltung des *law of one price* (Fehlen von Arbitrage-Chancen), das Fehlen von Transaktionskosten und Steuern, die beliebig hohe Aufnahme von Fremdmitteln, die Öffnung des Marktes zu jeder Stunde und Minute (Fehlen von Kurssprüngen). Einem derartigen grund- 231 legenden **Zweifel** wird man bei der Bilanzierung jedoch nicht folgen können, da Optionspreismodelle in IAS 39.AG74 ausdrücklich als an den Finanzmärkten etablierte Verfahren gelten.

232 Ein weiterer **Zweifel** ergibt sich jedoch aus der Verlässlichkeit der Anwendung im Einzelfall (→ § 23 Rz 233). Das Ergebnis einer Optionspreisbewertung nach *Black-Scholes* hängt wesentlich von den **Volatilitätsannahmen** ab. Ein **erster Mangel** an Verlässlichkeit entsteht dann, wenn für den der Option zugrunde liegenden **Basiswert selbst keine** aus Börsenkursen ableitbaren Volatilitäten vorliegen und deshalb ersatzweise auf Branchenvolatilitäten, Volatilitäten ähnlicher börsennotierter Unternehmen usw. zurückgegriffen werden muss. Ein **zweiter Mangel** an Verlässlichkeit ergibt sich aus dem **Vergangenheitscharakter**, während die richtige Bestimmung des Optionspreises Zukunftsvolatilitäten voraussetzen würde. Die Zulässigkeit einer Zukunfts-Extrapolation von Vergangenheitswerten ist Sache des Einzelfalls. U. E. ist deshalb die verlässliche Bestimmung nichtbörsennotierter Optionspreise über Modelle kritisch zu sehen und deshalb die Ausnahmebestimmung für den Ansatz der Anschaffungskosten nicht kleinlich zu würdigen.

6.4 Bilanzierung von Sicherungsgeschäften – *hedge accounting*

6.4.1 Überblick

233 In der Unternehmenspraxis werden Derivate gewöhnlich nicht mit spekulativen Absichten, sondern zur **Absicherung von Risiken** abgeschlossen. Mit dem Abschluss eines Termin- oder Optionsgeschäftes wird daher keine Risikoposition begründet, sondern eine aus anderen Geschäften des Unternehmens resultierende Risikoposition geschlossen. Typische Beispiele sind in diesem Zusammenhang:

- Eine **variabel verzinsliche Schuld**, z. B. eine Anleihe, unterliegt dem Risiko eines Anstiegs des Zinsniveaus und einer damit verbundenen Erhöhung der Zinsaufwendungen **(Zinsrisiko)**. Zur Absicherung wird ein **Zinsswap** abgeschlossen.
- Eine **Fremdwährungsverbindlichkeit** unterliegt dem Risiko einer Aufwertung der Fremdwährung und einer damit verbundenen Zunahme des Rückzahlungsbetrags in der Berichtswährung **(Wechselkursrisiko)**. Zur Absicherung wird ein **Devisenterminkauf** getätigt.
- Ein geplanter **Warenverkauf in Fremdwährung** unterliegt dem Risiko einer Abwertung der Fremdwährung und eines damit verbundenen Rückgangs des Umsatzerlöses in der Berichtswährung **(Wechselkursrisiko)**. Zur Absicherung wird ein **Devisenterminverkauf** getätigt.
- Ein **Aktienbestand** unterliegt dem Risiko eines Rückgangs des Aktienkurses **(Aktienkursrisiko)**. Zur Absicherung wird eine **Verkaufsoption** erworben.

Schließt das Unternehmen Derivate in der Absicht ab, Risiken zu beseitigen bzw. zu reduzieren, handelt es sich um **Sicherungsderivate**, die im Verhältnis zu dem gesicherten Grundgeschäft einen Sicherungszusammenhang begründen.

Bezüglich der **bilanziellen Behandlung** solcher Sicherungszusammenhänge gab es national und international **kontroverse Diskussionen**, die sich insbesondere mit der Frage beschäftigten, ob die aus dem Grund- und dem Sicherungsgeschäft resultierenden Wertänderungen **isoliert** betrachtet werden müssen (Einzelbewertung) oder ob die **kompensatorischen** Effekte der Geschäfte bilanziell berücksichtigt werden dürfen.

Obwohl sich zu dieser Frage im HGB keine expliziten Regelungen finden, können nach **handelsrechtlicher Auffassung Sicherungszusammenhänge** ggf. unter dem Aspekt der **Bewertungseinheit** berücksichtigt werden. Droht etwa aus einem Dollar-Terminverkauf zum Stichtag ein Verlust, winkt aber andererseits aus einem Dollar-Kauf ein Gewinn, so kann bei annähernd gleichen Fälligkeiten und Vorliegen weiterer Voraussetzungen gegebenenfalls eine „Saldierung“ vorgenommen und auf die Bildung einer Drohverlustrückstellung verzichtet werden. Unzulässig ist nach (noch) herrschender Auffassung handelsrechtlich demgegenüber die Berücksichtigung von Sicherungszusammenhängen zwischen Derivaten und erwarteten zukünftigen Grundgeschäften. Ist bspw. der Dollar-Terminverkauf abgeschlossen worden, um im Folgejahr erwartete (antizipierte) *cash inflows* aus in Dollar fakturierten Umsätzen abzusichern, kann dies im handelsrechtlichen Abschluss nach h. M. keine Berücksichtigung finden.

Im Gegensatz zum HGB finden sich in IAS 39 ausführliche Regelungen zur 234
bilanziellen Abbildung von Sicherungszusammenhängen (sog. *hedge accounting*). Die Notwendigkeit für spezielle Regelungen zum *hedge accounting* resultiert aus dem *mixed model approach* des IAS 39 (Rz 3). So schreiben die allgemeinen Bewertungsvorschriften des IAS 39 regelmäßig eine unterschiedliche Bewertung für die gesicherten Grundgeschäfte und die Sicherungsderivate vor. Während Derivate (einschl. Sicherungsderivaten) erfolgswirksam zum *fair value* zu bewerten sind, ist für die Grundgeschäfte (abgesehen von Handelswerten) eine andere Bewertung vorgeschrieben:

(a) erfolgsneutrale Bewertung zum *fair value* für veräußerbare Werte,
(b) Bewertung zu fortgeführten Anschaffungskosten für Fälligkeitswerte sowie Darlehen und Forderungen oder
(c) außerbilanzielle Behandlung für schwebende nichtfinanzielle Geschäfte und erwartete Transaktionen.

Infolge dieser unterschiedlichen Bewertungsvorschriften würden sich die (gegenläufigen) Risiken aus Grund- und Sicherungsgeschäft bei isolierter Betrachtung in unterschiedlicher Weise im Abschluss niederschlagen: Während die Änderungen des *fair value* des Derivats erfolgswirksam in der GuV zu berücksichtigen wären, würden die gegenläufigen Effekte im Fall (a) im Eigenkapital verrechnet und blieben in den Fällen (b) und (c) unberücksichtigt.[61] Konsequenz einer solchen unterschiedlichen Behandlung zusammengehöriger Effekte wäre eine ökonomisch nicht gerechtfertigte Volatilität der Ergebnisse.

Keine Notwendigkeit für ein *hedge accounting* besteht demgemäß, sofern für das Grund- und das Sicherungsgeschäft keine unterschiedlichen Bewertungsregeln bestehen. Dies gilt insbesondere für Fälle, in denen Grundgeschäfte, die als Handelswerte klassifiziert oder entsprechend gewillkürt sind *(fair value option)*, mit Derivaten abgesichert wurden. Da Grund- und Sicherungsgeschäfte erfolgswirksam zum *fair value* bewertet werden, fehlt es an Verwerfungen in der GuV, die durch Anwendung von *hedge-accounting*-Regeln zu beseitigen wären.

Aufgabe der Regelungen des *hedge accounting* ist es, die Schwäche des *mixed* 235
model zu beseitigen, indem die allgemeinen Bilanzierungs- und Bewertungs-

[61] Dies gilt nicht für Wechselkurseffekte, die gem. IAS 21 regelmäßig in der GuV erfasst werden.

regelungen durch besondere Regelungen für die bilanzielle Abbildung von Sicherungsbeziehungen überlagert werden. Hierzu wird in IAS 39 geklärt,

- welche **Sicherungsinstrumente** für das *hedge accounting* anerkannt werden (Rz 237f.);
- welche **Grundgeschäfte** für das hedge accounting anerkannt werden (Rz 242ff.);
- welche **Methoden des *hedge accounting*** zur Verfügung stehen, nach welchen Regeln also das Grund- und das Sicherungsgeschäft zu bilanzieren sind, um die vorgenannten Verwerfungen in der GuV zu vermeiden (Rz 251ff.) und
- unter welchen weiteren **Voraussetzungen** das *hedge accounting* angewandt werden darf (Rz 257).

Die Regelungen des *hedge accounting* sind **komplex** und ihre Umsetzung im Einzelfall (insbesondere für die Unternehmen, die ansonsten nur in geringem Umfang mit Finanzinstrumenten zu tun haben) sehr aufwendig. Als praktische Alternative zum *hedge accounting* bietet sich daher (zumindest im Bereich des *fair value hedge accounting)* die Nutzung der *fair value option* an (Rz 270).

Zu den Besonderheiten des *hegde accounting* im Bereich von **Kreditinstituten** wird verwiesen auf → § 38 Rz 25ff.

236 Schließlich seien noch zwei häufige Missverständnisse zum *hedge accounting* geklärt:

- Die Anwendung der Regeln des *hedge accounting* ist **nicht verpflichtend**; vielmehr besteht ausdrücklich ein Wahlrecht.
- Die Regeln zum *hedge accounting* stellen **keine Anforderungen** an das „**Management** der Risiken im Unternehmen, also das *hedging*. Vielmehr geht es ausschließlich um Regelungen zur **Bilanzierung** eben dieser Maßnahmen des Risikomanagements. Gleichwohl ergeben sich aus den zum Teil sehr restriktiven *hedge-accounting*-Regeln (z.B. Anforderungen an die Effektivität einer Sicherungsbeziehung) faktisch Auswirkungen auf die Ausgestaltung des Risikomanagements.

6.4.2 *Hedge-accounting*-taugliche Sicherungsinstrumente

6.4.2.1 Regelsicherung durch Finanzderivate, Ausnahmen bei Währungsrisiken

237 Als *hedge-accounting*-taugliche **Sicherungsinstrumente** kommen gem. IAS 39.72 infrage

- für alle Risiken **derivative Finanzinstrumente,**
- für **Währungsrisiken** zusätzlich **originäre Finanzinstrumente.**

Hierzu folgende Beispiele:

Beispiel 1

Unternehmen A erwirbt ein festverzinsliches Wertpapier *(available for sale)* mit einem Nominalbetrag von 1 Mio. EUR und einer (Rest-)Laufzeit von 5 Jahren. A möchte sich gegen das Risiko eines – durch eine Zinserhöhung hervorgerufenen – Marktwertrückgangs des Wertpapiers absichern und erwägt hierzu zwei Alternativen:

- Abschluss eines Zinsswaps über 1 Mio. EUR, bei dem die festen Zinsen gegen variable Zinsen getauscht werden. Marktwertänderungen des Wertpapiers werden durch gegenläufige Änderungen des *fair value* des Zinsswaps kompensiert.

- Refinanzierung des Wertpapiers mit einer fristenkongruenten, festverzinslichen Verbindlichkeit über 1 Mio. EUR. Auch hier gleichen sich die Marktwertänderungen des Wertpapiers und der Verbindlichkeit aus.

Obwohl die Alternativen 1 und 2 aus ökonomischer Sicht (weitgehend) identisch zu beurteilen sind, erkennt IAS 39 nur den Zinsswap (derivatives Finanzinstrument), nicht hingegen die Verbindlichkeit (originäres Finanzinstrument) für Zwecke des *hedge accounting* an.

Beispiel 2

Unternehmen B kauft eine Maschine für 10 Mio. USD; die Lieferung und Bezahlung finden in drei Monaten statt (schwebendes Geschäft). Um das Risiko einer Abwertung des Euro gegenüber dem US-Dollar (und damit eines höheren Kaufpreises in EUR in drei Monaten) abzusichern, erwägt B zwei Alternativen:

- Abschluss eines Termingeschäfts zum Kauf von 10 Mio. USD in drei Monaten zu einem festen Kurs in EUR (Devisenterminkauf). Im Falle einer Abwertung des Euro wird der gestiegene Kaufpreis der Maschine in EUR durch einen gegenläufigen Gewinn aus dem Termingeschäft ausgeglichen.
- Einsatz einer Forderung über 10 Mio. USD mit einer (Rest-)Laufzeit von drei Monaten. Im Falle einer Abwertung des Euro wird der gestiegene Kaufpreis der Maschine in EUR durch einen gegenläufigen Gewinn aus der Rückzahlung der Forderung ausgeglichen.

IAS 39 erkennt – neben dem Termingeschäft (derivatives Finanzinstrument) – auch die Forderung (originäres Finanzinstrument) als Sicherungsinstrument an, da es sich um die Absicherung eines Wechselkursrisikos handelt.

6.4.2.2 Untauglichkeit interner Sicherungsgeschäfte

Nicht für das *hedge accounting* anerkannt sind gem. IAS 39.73 **interne** Sicherungsgeschäfte, also Derivate, die zwischen Vertragspartnern innerhalb eines Unternehmens bzw. Konzerns abgeschlossen werden. Solche internen Geschäfte werden – insbesondere in größeren Unternehmen – verwendet, um die Risiken in einer zentralen Organisationseinheit (z. B. dem *Treasury Center*) zu sammeln, die dann verantwortlich für das Management dieser Risiken und den damit verbundenen Abschluss von (unternehmens- bzw. konzern-)externen Sicherungsgeschäften ist. Gem. IAS 39.73, IG F.1.4 können interne Geschäfte keine Sicherungsderivate im Rahmen des *hedge accounting* sein, da diese im Zuge der Abschlusserstellung eliminiert werden. **238**

Beispiel

Unternehmen C ist Tochterunternehmen von D und möchte das Zinsrisiko aus einem festverzinslichen Wertpapier (in EUR) mit einem Zinsswap absichern. Gem. Konzernvorgabe von D darf C hierzu nicht selbstständig den

Swap am Markt abschließen, sondern muss diesen mit der zentralen *Group Treasury* von D kontrahieren. C wendet in seinem Einzelabschluss für den Zinsswap und das Wertpapier *fair value hedge accounting* an (unterstellt, dass alle Voraussetzungen hierzu erfüllt sind; Rz 257). Bei Erstellung des Konzernabschlusses ist der interne Swap zu eliminieren und damit entfallen auch – auf Konzernebene – die Voraussetzungen für die Anwendung des *hedge accounting*.

IAS 39 verfolgt somit einen Grundsatz, nach dem nur solche Sicherungsinstrumente im Rahmen des *hedge accounting* designiert werden können, die mit einer aus Sicht des berichtenden Unternehmens **externen** Partei abgeschlossen wurden. Daraus folgt zweierlei:

- Das Designationsverbot gilt **nicht für untergeordnete Abschlüsse**. So stellt in dem obigen Beispiel der Zinsswap auf der Ebene des Einzelabschlusses von C ein zulässiges Sicherungsinstrument dar.
- Um das *hedge accounting* auf Konzernebene anwenden zu können, muss der Konzern ein Sicherungsinstrument mit einem konzernexternen Vertragspartner abschließen. Für Banken bedeutet dies z. B.: Es ist auf Konzernebene eine (unternehmensübergreifende) Sicherungsbeziehung zwischen dem Grundgeschäft von C und einem konzernexternen Sicherungsderivat des *Treasury Center* in D herzustellen. Dies scheitert aber häufig daran, dass das *Treasury Center* Risikopositionen aus internen Geschäften zunächst gegeneinander aufrechnet und nur die verbleibende Nettorisikoposition mit Derivaten extern am Markt schließt. Damit ist die Designation einer den Anforderungen des IAS 39 genügenden Sicherungsbeziehung auf Konzernebene kaum mehr möglich.

6.4.2.3 Kombinations- und geschriebene Optionen am Beispiel bestimmter Zins- oder Währungssicherungsprodukte

239 Obgleich es sich um Finanzderivate handelt, werden **geschriebene Optionen** *(written options)*, also **Stillhalterpositionen**, als Sicherungsinstrumente **nicht anerkannt**, da ein möglicher Verlust erheblich höher ausfallen kann als ein möglicher Wertzuwachs aus dem damit gesicherten Grundgeschäft. Ein für das *hedge accounting* anzuerkennendes wirksames Mittel zur Risikoreduzierung liegt daher nicht vor. Hiervon besteht jedoch wiederum eine **Rückausnahme** für eine geschriebene Option, die zur Absicherung einer gekauften Option (bspw. ein Kündigungsrecht des Unternehmens in einer Anleihe) eingesetzt wird (IAS 39.AG94).

240 Von geschriebenen Optionen sind zusammengesetzte Optionen **(Kombinationsoptionen)** zu unterscheiden, bei denen das Unternehmen teils in der Stillhalterposition, teils in der Optionsinhaberposition ist. Derartige Produkte bietet der Finanzsektor etwa im Bereich der **Währungs- oder Zinssicherung** an, indem eine Währungs- bzw. Zinsobergrenze mit einer Untergrenze verknüpft wird.

Beispiel 1

Zur Absicherung eines variabel verzinslichen Darlehens (Zinssatz Libor) schließt U bei einem aktuellen Libor von 4,5 % eine Zinsbegrenzungsvereinbarung *(Collar)* mit einer Bank. Die Vereinbarung sieht vor:

- eine Zahlung der Bank i.H.v. Libor – 6 %, wenn der Libor über 6 % steigt. Hierdurch wird die effektive Zinsbelastung des Unternehmens nach oben auf 6 % begrenzt *(Cap)*. Beispiel: Bei einem Libor von 6,5 % zahlt die Bank 0,5 % an das Unternehmen und reduziert dessen Nettobelastung auf 6,5 % – 0,5 % = 6 %;
- eine Zahlung des Unternehmens i.H.v. 3 % – Libor, wenn der Libor unter 3 % fällt. Hierdurch wird die effektive Zinsbelastung des Unternehmens nach unten auf 3 % begrenzt *(Floor)*. Beispiel: Bei einem Libor von 2,5 % zahlt das Unternehmen an die Bank 0,5 % und erhöht seine Belastung auf 2,5 % + 0,5 % = 3 %.

Hinsichtlich der Zinsobergrenze ist das Unternehmen Optionsinhaber, hinsichtlich der Zinsuntergrenze Stillhalter.

Eine derartige **Kombinationsoption** ist nur dann *hedge*-tauglich, wenn in einer **Nettobetrachtung** aus Sicht des Unternehmens keine geschriebene Option vorliegt, also die Risikoübernahme gegenüber dem Kontraktpartner nicht die Risikoübertragung auf ihn überwiegt (IAS 39.77). Die Risikoübernahme überwiegt, wenn das Unternehmen in Nettobetrachtung eine **Optionsprämie** erhält, denn rational handelnde Parteien werden für die Übernahme eines (größeren) Risikos eine Prämie verlangen. Aus dieser Sicht soll das vorstehende Beispiel variiert werden:

Beispiel 2

Zur Absicherung eines variabel verzinslichen Darlehens (Zinssatz Libor, aktuell 4,5 %) schließt U eine Zinsbegrenzungsvereinbarung *(Collar)* mit einer Bank. Die Vereinbarung sieht vor:

- eine Zahlung der Bank i.H.v. Libor – 5 %, wenn der Libor über 5 % steigt (*Cap* 5 %);
- eine Zahlung des Unternehmens i.H.v. 5 % – Libor, wenn der Libor unter 3 % fällt (*Floor* 3 %). In dieser Variante ist die sich aus dem *Cap* ergebende Stillhalterposition digital gestaltet. Das Unternehmen profitiert wie im Ausgangsbeispiel von einem Rückgang des Libor auf 3 % durch einen entsprechenden Rückgang seiner Darlehenszinsen. Ein weiterer Rückgang bringt ihm aber im Unterschied zum Ausgangsbeispiel nicht nur keinen Vorteil mehr, sondern verschlechtert seine Situation. Sinke der Libor etwa von 3,0 auf 2,9 %, muss das Unternehmen 5 % – 2,9 % = 2,1 % an die Bank zahlen, mit den Zahlungen an die Darlehensgläubiger also in Summe 2,1 % + 2,9 % = 5 %.

Für diese Verschlechterung gegenüber dem Ausgangsbeispiel (einfacher *Floor* von 3 %) wird das Unternehmen indirekt entschädigt. Bei einem aktuellen Libor von 4,5 % betrug

- im Ausgangsbeispiel die Zinsobergrenze 6 % (4,5 % + 1,5 %) und die Zinsuntergrenze 3 % (4,5 % – 1,5 %);

- nunmehr beträgt die Zinsobergrenze nur 5 % (4,5 % + 0,5 %), als Entschädigung für die zwar nach wie vor bei 3 % (4,5 % – 1,5 %) liegende, aber jetzt digital und somit risikoreicher ausgestaltete Zinsuntergrenze.

Fraglich ist, ob im Beispiel 2 das Vorliegen einer **Nettostillhalterposition** noch verneint werden kann.

- Gegen eine **Nettostillhalterposition** spricht **vordergründig** das Fehlen einer **Optionsprämienzahlung** an das Unternehmen.
- Bei rationalem Verhalten wird das Unternehmen die risikoreiche digitale Position aber nicht ohne eine Entschädigung (Prämie) eingegangen sein. Es fehlt zwar an einer **Geldzahlung** an das Unternehmen,
- die Bank hat dem Unternehmen aber durch die **Herabsetzung des *Cap*** einen Vorteil eingeräumt. Dieser **indirekte Vorteil** ist als **„verdeckte" Prämienzahlung** zu würdigen. Aus Sicht des Unternehmens ist die Kombinationsoption daher netto als geschriebene Option anzusehen[62] Ein *hedge accounting* scheidet daher gem. IAS 39.77 aus.

Die verdeckte Nettoprämie besteht in der Abweichung von dem Normalfall, im Beispiel in der Vereinbarung eines *Cap* bei 5 % statt „normal" 6 %. In der Praxis ist die **Identifikation des Normalfalls** und damit der verdeckten Prämie naturgemäß schwierig und ermessensbehaftet. Die analogen **US-GAAP**-Vorschriften sehen deshalb zur Objektivierung einen **speziellen Symmetrietest** vor. *„That test is met if all possible percentage favorable changes in the underlying (from zero percent to 100 percent) would provide at least as much favorable cash flows as the unfavorable cash flows that would be incurred from an unfavorable change in the underlying of the same percentage.*"[63] Für Beispiel 2 würde dieser Test wie folgt ausfallen: Ausgehend von einem aktuellen Libor von 4,5 %, bedeutet

- ein Rückgang des Libor um 100 % auf 0 % eine Zahlung an die Bank *(unfavorable cash flow)* von 5 %,
- ein Anstieg des Libor um 100 % auf 9 % eine Einnahme *(favorable cash flow)* von nur 4 %.
- Der Symmetrietest ist nicht erfüllt. Die Kombinationsoption ist netto als geschriebene Option anzusehen.

Eine **analoge Anwendung** der amerikanischen Vorschriften erscheint **sachgerecht.** Die ihnen zu Grunde liegende Logik, dass die eingegangenen Risiken nicht überproportional zu den Chancen sein dürfen, liegt auch IAS 39.77 zu Grunde. Die analoge Anwendung liegt bei Produkten der beschriebenen Art im Übrigen auch im Interesse des Unternehmens. Sie vermeidet aufwändige prospektive Effektivitätstests, die angesichts der Disproportionalität von Risiko und Chance bei realistischen Prämissen ohnehin nicht bestehen würden.

---

[62] Gl. A. ERNST & YOUNG, International GAAP 2009, Ch33, s2.1.

[63] FASB Staff Implementation Guide, A Guide to Implementation of Statement 133 on Accounting for Derivative Instruments and Hedging Activities (DIG Issues), Question E 5.; vgl auch SANGIULO/SEIDMAN, Miller Financial Instruments 2006, Tz 14.10.

6.4.2.4 Umfang der Designation des Sicherungsinstruments

- I.d.R. darf ein Sicherungsinstrument **inhaltlich und zeitlich nur im Ganzen** designiert werden. Es ist daher nicht erlaubt, ein Sicherungsinstrument nur für einen Teil seiner **Restlaufzeit** zu designieren (IAS 39.75). 241
- Auch die Designierung nur **eines** Risikobestandteils eines Derivats (z.B. die Designierung lediglich der Währungskomponente bei einem kombinierten Zins-/Währungsswap) ist i.d.R. unzulässig.

Für die Designation von **inhaltlichen Komponenten** bestehen jedoch zwei Ausnahmen:

- **Optionen**, für die eine Designation allein des inneren Wertes und damit eine Ausklammerung der Zeitwertkomponente (IAS 39.74(a)) möglich ist;
- **Termingeschäfte**, für die eine Designation allein der Kassakomponente und damit eine Ausklammerung der Zinskomponente (IAS 39.74(b)) erlaubt ist.

Mit der Ausklammerung des Zeitwerts bzw. der Zinskomponente kann im Regelfall die Effektivität des Sicherungszusammenhangs erhöht werden (Rz 257). Der ausgeklammerte Teil des Sicherungsderivats wird dann wie ein Handelswert *(trading)* bilanziert (Rz 142ff.). Für ein Beispiel zur Designation der Kassakomponente bei Währungssicherung wird auf Rz 47 verwiesen.

Bei der Absicherung einseitiger Risiken *(one-sided risks)*, also in Fällen, in denen nur der Anstieg eines Preises, Zinses usw. oder nur dessen Rückgang durch eine gekaufte Option gesichert wird, ist die *hedge*-Beziehung zwingend auf den inneren Wert der gekauften Option beschränkt (IAS 39.AG99BA).

Ein Sicherungsinstrument darf zu einem bestimmten **prozentualen Anteil** designiert werden. Auch in einem solchen Fall wird der ausgeklammerte Teil des Sicherungsderivats wie ein Handelswert bilanziert (IAS 39.75).

6.4.3 Sicherungsfähige vs. untaugliche Grundgeschäfte/Risiken

Folgende **Grundgeschäfte** kommen gem. IAS 39.78 und IAS 39.86 für ein *hedge accounting* infrage, sofern sich aus dem abgesicherten Risiko Auswirkungen auf die GuV des Unternehmens ergeben können: 242

- **Bilanzierte Vermögenswerte** und **Finanzverbindlichkeiten:** Absicherung von in der Bilanz erfassten finanziellen Vermögenswerten bzw. Verbindlichkeiten (insbesondere Forderungen, Kredite, Aktien oder Anleihen), aber auch nichtfinanziellen Vermögenswerten (z.B. Vorräte).
- **Schwebende Geschäfte:** Absicherung von Ansprüchen und Verpflichtungen aus Verträgen, die bisher von keiner Vertragsseite erfüllt und daher bilanziell noch nicht erfasst wurden (insbesondere Liefer- bzw. Kaufverpflichtungen zu einem festgelegten Preis).
- **Erwartete künftige Transaktionen:** Absicherung von künftigen Transaktionen, für die das Unternehmen (anders als bei schwebenden Geschäften) noch keine rechtliche Verpflichtung eingegangen ist (insbesondere künftig erwarteter Verkauf von Produkten oder Kauf von Rohstoffen), deren Eintritt aber mit hoher Wahrscheinlichkeit erwartet wird.
- **Netto-Investition** in eine wirtschaftlich selbstständige **ausländische Teileinheit** (Niederlassung, Betriebsstätte usw.).

Jedes der vorgenannten Geschäfte kann entweder einzeln oder als **Gruppe** von untereinander im Risiko ähnlichen Geschäften als Grundgeschäft designiert 243 werden (IAS 39.78). Voraussetzung für die Anerkennung einer solchen Gruppe als Grundgeschäft im Rahmen des *hedge accounting* ist allerdings, dass die in der Gruppe zusammengefassten Geschäfte die gleichen **Risikocharakteristika** aufweisen und sich die **Sensitivität** jedes einzelnen Geschäfts in Hinblick auf das abgesicherte Risiko annähernd proportional zur Sensitivität der gesamten Gruppe verhält (IAS 39.83). Hiervon kann ausgegangen werden, wenn sich das Verhältnis der Sensitivitäten in einer Spanne zwischen 90 % bis 110 % bewegt.

Beispiel
Unternehmen C hat Kaufverträge über Rohstoffe mit zwei Lieferanten in den USA i.H.v. jeweils 50 Mio. USD fest abgeschlossen. Die Lieferung soll jeweils in drei Monaten erfolgen.
Um sich gegen das Risiko einer Aufwertung des USD und damit eines Anstiegs des Kaufpreises in EUR abzusichern, hat C folgende Optionen:

- Abschluss zweier separater Termingeschäfte über den Kauf von USD in drei Monaten i.H.v. jeweils 50 Mio. USD und damit Begründung von zwei Sicherungsbeziehungen.
- Abschluss eines Termingeschäfts zum Kauf von USD in drei Monaten i.H.v. 100 Mio. USD und damit Begründung einer Sicherungsbeziehung für die beiden schwebenden Kaufverträge.

IAS 39.78 erkennt beide Alternativen an. Die Alternative 2 (Portfolio-*hedge*) wird zugelassen, da sich die aus einer Änderung des Wechselkurses resultierenden Änderungen des *fair value* jedes Grundgeschäfts proportional zur Änderung des *fair value* des Portfolios verhalten.

244 Im Falle des *portfolio hedge* von **Zinsrisiken** (*portfolio hedge of interest rate risk*) gem. IAS 39.81A kann als Grundgeschäft ein Teil eines Portfolios von finanziellen Vermögenswerten oder von finanziellen Verbindlichkeiten, die demselben Risiko unterliegen, designiert werden (IAS 39.78). Der *portfolio hedge* von Zinsrisiken ist eine Form des *hedge accounting*, die für sog. *macro-hedging*-Strategien entwickelt wurde. Hierzu das folgende Beispiel:

Beispiel
Ein Unternehmen verfügt über festverzinsliche Vermögenswerte von 100 Mio. EUR und festverzinsliche Verbindlichkeiten von 90 Mio. EUR mit identischen (Rest-)Laufzeiten von 3 Jahren.
Soll das Festzinsrisiko aus diesen Geschäften abgesichert werden (also durch Tausch einer festen Verzinsung in eine variable), so ist es aus ökonomischer Sicht sinnvoll, lediglich für das verbleibende Netto-Risikovolumen von 10 Mio. EUR einen Zinsswap über 10 Mio. EUR abzuschließen. Dies würde die „automatische" Absicherung i.H.v. 90 Mio. EUR zwischen den Vermögenswerten und den Verbindlichkeiten berücksichtigen.
Das gesicherte Grundgeschäft im Rahmen eines solchen *macro hedging* ist somit die sich aus den Vermögenswerten und Verbindlichkeiten ergebende Netto-Position.

Zu Einzelheiten des *portfolio hedge* von Zinsrisiken wird auf → § 38 Rz 27ff. verwiesen.

Als gesicherte Grundgeschäfte kommen regelmäßig nur Geschäfte mit (konzern-)**externen** Vertragspartnern infrage (IAS 39.80), da interne Geschäfte im Rahmen der Konsolidierung eliminiert werden. Hier gelten analoge Überlegungen wie bei internen Sicherungsgeschäften (Rz 238). Von diesem Grundsatz besteht eine Ausnahme für die Absicherung des **Wechselkursrisikos** aus **konzerninternen monetären** Geschäften (insbesondere Forderungen und Verbindlichkeiten) im Konzernabschluss, falls sich die Wechselkursgewinne und -verluste – aufgrund der Umrechnungsvorschriften des IAS 21 – im Rahmen der Konsolidierung nicht vollständig eliminieren und insofern auf das Konzernergebnis auswirken. Dies ist dann der Fall, wenn das konzerninterne Geschäft zwischen zwei Konzerneinheiten unterschiedlicher funktionaler Währungen besteht (→ § 27 Rz 58). **245**

Darüber hinaus können Geschäfte, die der **Währungssicherung erwarteter konzerninterner Umsätze** dienen, **indirekt** dem *cash flow hedge accounting* unterworfen werden, indem der konzernexterne Anschlussumsatz als Grundgeschäft designiert wird. Wegen eines Beispiels wird auf → § 27 Rz 63 verwiesen.[64]

Es bedarf keiner Absicherung des Grundgeschäftes **insgesamt**. IAS 39 erlaubt vielmehr auch die Absicherung von Teilen eines Grundgeschäfts. Die Möglichkeiten hierzu unterscheiden jedoch wesentlich zwischen finanziellen und nichtfinanziellen Grundgeschäften. **246**

Bei **finanziellen Grundgeschäften** gilt der allgemeine Grundsatz, wonach sich die Absicherung auf Risiken beziehen darf, denen nur ein Teil der *cash flows* bzw. des *fair value* des Geschäfts ausgesetzt ist (sog. *portion* gem. IAS 39.81), sofern die Effektivität hierfür gemessen werden kann. Dies erlauben z.B. folgende Absicherungen:

- Bestimmte Risikokomponenten. Ein verzinsliches Finanzinstrument unterliegt z.B. verschiedenen Risiken (Zins-, Währungs- und Ausfallrisiko), die jeweils einzeln abgesichert werden können. So kann bspw. eine separierbare und messbare Komponente des Zinsrisikos (wie der risikofreie Zins oder ein Benchmark-Zins (z.B. EURIBOR)) als gesichertes Risiko designiert werden.
- Prozentuale Anteile des gesamten Finanzinstruments (wenn sich die Absicherung z.B. nur auf 50 % des Marktwerts eines Wertpapiers bezieht).
- Einzelne vertragliche *cash flows* eines Finanzinstruments (z.B. die ersten drei Zins-*cash-flows* einer variabel verzinslichen Verbindlichkeit).
- Ein Grundgeschäft nur für einen Teil seiner (Rest-)Laufzeit *(partial term hedge)*, (IAS 39.IG.F.2.17).

Gleichwohl wird der Begriff der *portion* in IAS 39.81 nicht abschließend konkretisiert. Hieraus haben sich in der Praxis verschiedene Auslegungsfragen ergeben. Der IASB hat daher in einem im September 2007 veröffentlichten *Exposure Draft „Exposures Qualifying for Hedge Accounting"* einen Vorschlag vorgelegt, der alle als *portion* designierbaren Teile bzw. Teilrisiken eines Grundgeschäfts abschließend aufführt. In dem hierzu im Juli 2008 verabschiedeten

[64] Zum Überblick über die betriebswirtschaftlichen und bilanziellen Probleme der Steuerung von Fremdwährungsrisiken im Konzern: WÜSTEMANN/DUHR, BB 2003, S. 2501ff.

IAS 39 *Amendment „Eligible Hedged Items"* hat sich der IASB jedoch entschieden, den bestehenden prinzipienbasierten Ansatz des IAS 39.81 beizubehalten und stattdessen ergänzend klarzustellen, dass sich die Teil-Absicherung entweder auf

- einzelne Risiken des Geschäfts *(some – but not all – risks)* oder
- einzelne *cash flows* des Geschäfts *(some – but not all – cash flows)*

beziehen kann. Es muss sich dabei allerdings um eine separat identifizierbare Komponente des Geschäfts handeln, die verlässlich messbar ist (IAS 39.AG99E, F). Danach gilt z. B.:

- Bei einem festverzinslichen Finanzinstrument erfüllt der risikofreie oder ein Benchmark-Zins im Allgemeinen diese Voraussetzung (IAS 39.AG99F(a)).
- Hingegen erfüllt das Inflationsrisiko (Nominal- vs. Realzins) diese Voraussetzung nicht, es sei denn, der Zins des Grundgeschäfts sei wie bei einem *inflation-linked bond* vertraglich zu einem expliziten Teil an die Inflationsentwicklung gebunden (IAS 39.AG99F(b)).

247 Für **nichtfinanzielle Grundgeschäfte** (z. B. Vorräte) bestehen nur eingeschränkte Möglichkeiten zur Absicherung von Teilrisiken. So ist es nur zulässig, entweder die Gesamtheit **aller** Risiken gleichzeitig abzusichern oder die Absicherung auf ein vorhandenes **Währungs**risiko zu beschränken (IAS 39.82). Dies wird damit begründet, dass eine Abspaltung und separate Bewertung einzelner Risikofaktoren bei nichtfinanziellen Geschäften nur beim Währungsrisiko zuverlässig möglich sind.

Beispiel

Unternehmen D möchte den für das nächste Quartal geplanten Kauf von Kerosin gegen den Teil der Preisrisiken absichern, der aus Änderungen des Marktpreises für Rohöl resultiert. Hierzu schließt es ein Termingeschäft auf Rohöl als Sicherungsgeschäft ab.

Wenn D die durch Änderungen des Rohölpreises induzierten Preisänderungen des Kerosins als Grundgeschäft (= gesichertes Risiko) designiert, kommt die Anwendung des *hedge accounting* für das Termingeschäft nicht infrage.

D kann allenfalls alle Risiken des geplanten Kerosinkaufes designieren. In diesem Fall wird das *hedge accounting* aber wahrscheinlich an mangelnder Effektivität scheitern, da der Kerosinpreis nicht nur vom Preis des Rohöls abhängt (ggf. keine hinreichende Korrelation).

248 Unabhängig davon, ob das gesicherte Grundgeschäft finanzieller oder nichtfinanzieller Natur ist, kann es gegen **einseitige** Risiken (also die Änderungen der *cash flows* oder des *fair value* des Grundgeschäfts über oder unter eine bestimmte Schwelle) abgesichert werden. So kann bspw. der erwartete Kauf von Rohstoffen (= Grundgeschäft) lediglich gegen das Risiko eines Anstiegs des Rohstoffpreises abgesichert werden. Zur Absicherung eines solchen *one-sided risk* werden insb. **Optionen** als Sicherungsinstrumente eingesetzt. Der *fair value* einer Option setzt sich zusammen aus dem

- **inneren Wert** = der Betrag, um den der aktuelle Preis bzw. Kurs besser als der Ausübungskurs/-preis der Option ist, und dem

- **Zeitwert** = der Wert, der sich (vereinfacht) aus der Möglichkeit ergibt, dass der innere Wert der Option in der Zukunft zunimmt. Der Zeitwert nimmt mit abnehmender Restlaufzeit der Option ab und beträgt bei Fälligkeit der Option null.

Das Unternehmen kann sich entscheiden, als Sicherungsinstrument im Rahmen des *hedge accounting*

- nur den inneren Wert der Option zu designieren;
  die Zeitwertkomponente wird dann als Handelswert klassifiziert (IAS 39.74(a)); Rz 241) und kann damit zu einer Volatilität in der GuV führen.
- die gesamte Option (innerer Wert und Zeitwert) zu designieren.

Zu diesem Fall hat sich in der Praxis die Frage gestellt, wie das im Grundgeschäft abgesicherte Risiko bestimmt werden kann. Insbesondere war unklar, ob das abgesicherte Risiko im Grundgeschäft als geschriebene Option angesehen werden kann und daher neben einem inneren Wert (im obigen Beispiel die Änderung des Rohstoffpreises über den Ausübungspreis in der Option) ebenfalls einen Zeitwert aufweist. Bei einer solchen Interpretation des gesicherten Grundgeschäfts bzw. Risikos ließe sich die Effektivität der Sicherungsbeziehung erheblich verbessern und eine Volatilität in der GuV reduzieren. In dem o.g. IAS 39 *Amendment „Eligible Hedged Items"* aus Juli 2008 hat der IASB entschieden, dass ein einseitig abgesichertes Risiko eines Grundgeschäfts keinen Zeitwert (einer theoretischen Option) enthalten darf. Begründet wird dies damit, dass der Zeitwert keine Komponente des Grundgeschäfts ist, die Auswirkungen auf die GuV haben kann (IAS 39.AG99BA, 86(b)).

Fälligkeitswerte (*held-to-maturity assets*) kommen als Grundgeschäfte nur eingeschränkt infrage. IAS 39 erkennt eine Absicherung nur solcher Risiken an, die auch bei einem Halten des Geschäfts bis zu seiner Fälligkeit bestehen. Daher wird eine Absicherung von Fälligkeitswerten gegen **249**

- **Zins**risiken nicht anerkannt, weil das Risiko zum Laufzeitende nicht mehr besteht;
- das Risiko einer **vorzeitigen Kündigung** nicht anerkannt, weil es der Intention der Kategorie widerspricht (IAS 39.79, IG.F.2.9).

Anerkannt wird hingegen die Absicherung gegen

- das **Wechselkurs**risiko, weil dieses Risiko am Laufzeitende noch besteht;
- das **Ausfall**risiko, weil auch dieses Risiko unabhängig von der Halteabsicht besteht (IAS 39.73).

Für Finanzinstrumente der Kategorie Darlehen und Forderungen (Rz 115) gelten hingegen keine vergleichbaren Einschränkungen, da IAS 39.9 für diese Geschäfte keine Absicht des Haltens bis zur Fälligkeit vorschreibt.

Darüber hinaus können die folgenden Geschäfte nicht als Grundgeschäfte im Rahmen des *hedge accounting* designiert werden: **250**

- Derivate, unabhängig davon, ob es sich um freistehende Derivate oder um abtrennungspflichtige eingebettete Derivate handelt (IAS 39.IG.F.2.1). Eine Rückausnahme besteht für erworbene Optionen, die dann als Grundgeschäft designiert werden dürfen, wenn sie mittels einer geschriebenen Option abgesichert werden (IAS 39.AG94);
- als Eigenkapital klassifizierte Instrumente des Unternehmens sowie Transaktionen, die sich im Eigenkapital des Unternehmens niederschlagen, da hier kein

Risiko vorliegt, welches sich in der GuV niederschlagen kann (IAS 39.IG.F.2.7). Dies betrifft z. B. einen erwarteten Kauf von Unternehmensanteilen.
- Anteile an assoziierten Unternehmen und an Tochtergesellschaften (IAS 39.AG99).

6.4.4 Abgrenzung *cash flow hedge*, *fair value hedge*, Währungs-*hedge*

251 IAS 39.86 unterscheidet drei Arten von Sicherungsbeziehungen:
- *fair value hedge*;
- *cash flow hedge*;
- *hedge of a net investment in a foreign operation* (Währungs-hedge).

252 Die Zuordnung einer Sicherungsbeziehung zu einer dieser Formen hängt von der Art des gesicherten Risikos ab. Ein Unternehmen muss daher zunächst eine Klassifizierung des *hedge* nach Maßgabe des gesicherten Risikos vornehmen. Dabei gelten die folgenden Regeln:
Dient das Sicherungsgeschäft dazu,
- das Risiko einer Änderung des *fair value* eines bilanzierten oder schwebenden Geschäfts abzusichern, handelt es sich um einen *fair value hedge;*
- das Risiko einer Schwankung der künftigen Zahlungsströme *(cash flows)* eines bilanzierten oder erwarteten Geschäfts abzusichern, handelt es sich um einen *cash flow hedge;*
- das Wechselkursrisiko einer Nettoinvestition in eine wirtschaftlich selbstständige Teileinheit (ausländisches Tochterunternehmen, assoziiertes Unternehmen oder *joint venture* oder Filiale) abzusichern, liegt ein sog. *hedge of a net investment in a foreign operation* vor.

Der Währungs-*hedge* ist – mit Blick auf das abgesicherte Risiko – keine eigenständige dritte Sicherungsform, sondern faktisch ein *cash flow hedge*. Der Währungs-*hedge* ist im Übrigen nicht mit IAS 39 eingeführt worden, sondern war schon vor der erstmaligen Verabschiedung von IAS 39 in IAS 21 geregelt. Umrechnungsdifferenzen aus Nettoinvestitionen in ausländische Einheiten sind erfolgsneutral im Eigenkapital zu verrechnen (IAS 21.32; → § 27 Rz 50). Sichert sich ein Unternehmen gegen das Wechselkursrisiko aus einer solchen Investition ab (z. B. mit einer Refinanzierung in der gleichen Währung), dürfen die Umrechnungsgewinne oder -verluste aus dem Sicherungsgeschäft ebenfalls im Eigenkapital verrechnet werden. Mit der Neufassung von IAS 21 sind die Regelungen zum *hedge* eines *net-investment* in eine ausländische Einheit aus IAS 21 entfernt worden und nur noch in IAS 39 enthalten. Die Aufnahme in den Katalog der Sicherungsbeziehungen in IAS 39.86 dient dem Zweck, die in IAS 39.88 geregelten Voraussetzungen für die Anerkennung der Sicherungsbeziehung für das *hedge accounting* (Effektivität usw.; Rz 257) sicherzustellen. Für die weitere Behandlung kann daher auf die Ausführungen zum *cash flow hedge* verwiesen werden.
Die Unterscheidung zwischen dem *fair value hedge* und dem *cash flow hedge* lässt sich an dem folgenden Beispiel der Absicherung von Zinsrisiken erläutern:

Beispiel
1. Absicherung Festzinsanleihe durch Swap
Unternehmen A erwirbt eine dreijährige Anleihe über 100 Mio. EUR mit einem festen Zinscoupon von 6 %. Aufgrund der fixen Zinsen unterliegt die Anleihe dem Risiko einer Marktwertänderung (*fair-value*-Risiko): Im Falle steigender (sinkender) Zinsen nimmt der Marktwert ab (zu).
Um dieses Risiko einer Marktwertänderung abzusichern, tritt A in einen Zinsswap ein, der die fixen Zinsen aus der Anleihe gegen variable Zinsen (z. B. den 3-Monats-EURIBOR) austauscht. Der Zinsswap macht aus der festverzinslichen eine variabel verzinsliche Anleihe, die keinem *fair-value*-Risiko mehr unterliegt.[65]
Ergebnis: Die Sicherungsbeziehung ist ein *fair value hedge.*

2. Absicherung variabel verzinslicher Anleihe
Unternehmen B erwirbt eine dreijährige Anleihe über 100 Mio. EUR mit einem variablen Zinscoupon (3-Monats-EURIBOR). Aufgrund der variablen Zinsen unterliegt die Anleihe nicht dem Risiko einer Marktwertänderung (*fair-value*-Risiko), sondern dem Risiko einer Änderung der künftigen Zinszahlungsströme (*cash-flow*-Risiko): Im Falle steigender (sinkender) Zinsen nehmen die künftigen Zinszahlungen zu (ab).
Um dieses Risiko einer Änderung der künftigen Zinszahlungen abzusichern, tritt A in einen Zinsswap ein, der die variablen Zinsen aus der Anleihe gegen feste Zinsen austauscht. Der Zinsswap macht aus der variabel verzinslichen eine festverzinsliche Anleihe, die keinem *cash-flow*-Risiko mehr unterliegt.
Ergebnis: Die Sicherungsbeziehung ist ein *cash flow hedge*.

Aus der Perspektive der gesicherten Grundgeschäfte ergibt sich damit die folgende Zuordnung zu den Sicherungsformen: 253

- **Absicherung bilanzierter Geschäfte:** In Abhängigkeit von der Art des bilanzierten Grundgeschäfts und des gesicherten Risikos kann es sich um einen *fair value hedge* oder einen *cash flow hedge* handeln, z. B.:
  - Absicherung eines **festverzinslichen Wertpapiers** gegen Änderungen des Marktwerts mit einem Zinsswap (= *fair value hedge*).
  - Absicherung eines **Aktienbestands** gegen Änderungen des Aktienkurses mit einem Aktientermingeschäft oder einer Aktienoption (= *fair value hedge*).
  - Absicherung einer **Forderung in Fremdwährung** gegen das Wechselkursrisiko mit einem Devisenterminverkauf oder einer Devisenverkaufsoption (= *fair value hedge*).
  - Absicherung einer begebenen **Anleihe mit variabler Verzinsung** gegen das Risiko steigender Zinsaufwendungen mit einem Zinsswap (= *cash flow hedge*).
- **Absicherung schwebender Geschäfte:** Im **Grundsatz** stellt die Absicherung schwebender Geschäfte einen *fair value hedge* dar. Die Absicherung des

---

65 Genauer unterliegt die Anleihe nach Absicherung durch den Zinsswap noch einem fair-value-Risiko bis zum jeweils nächsten Zinsanpassungstermin des EURIBOR im Swap.

Wechselkursrisikos eines schwebenden Geschäfts kann alternativ **auch** als *cash flow hedge* behandelt werden (IAS 39.87). Typische Beispiele sind:

- Absicherung eines **schwebenden Vorratskaufs in Fremdwährung** gegen das Wechselkursrisiko mit einem Devisenterminkauf oder einer Devisenkaufoption (= *fair value hedge*, ggf. nach IAS 39.87**optional** auch *cash flow hedge*).
- Absicherung eines **schwebenden Warenverkaufsgeschäfts in Fremdwährung** gegen das Wechselkursrisiko mit einem Devisenterminverkauf oder einer Devisenkaufoption (= *fair value hedge*, ggf. nach IAS 39.87 **optional** auch *cash flow hedge*).
- Absicherung eines **schwebenden Rohstoffkaufs** gegen das Preisrisiko mit einem Terminverkaufsgeschäft oder einer Verkaufsoption auf den Rohstoff oder einen Rohstoffindex ***(= fair value hedge)***.

- Absicherung **erwarteter Transaktionen:** Die Absicherung erwarteter Transaktionen stellt **stets** einen *cash flow hedge* dar, z. B.:
  - Absicherung eines erwarteten Kaufs von Rohstoffen oder Anlagen in Fremdwährung gegen das Wechselkursrisiko mit einem Devisenterminkauf oder einer Devisenkaufoption.
  - Absicherung eines erwarteten Verkaufs von Produkten in Fremdwährung gegen das Wechselkursrisiko mit einem Devisenterminverkauf oder einer Devisenverkaufsoption.
  - Absicherung eines erwarteten Kaufs von Rohstoffen (z. B. Öl) in Berichtswährung gegen das Preisrisiko mit einem Terminverkaufsgeschäft oder einer Verkaufsoption auf das Öl.
  - Absicherung einer erwarteten Emission einer Anleihe gegen einen Zinsanstieg mit einem *forward*-Zinsswap.

6.4.5 Bilanzierungs- und Buchungstechnik bei *hedges*

254 Aufgabe des *hedge accounting* ist es, eine **Synchronisierung der Wirkungen aus dem Grundgeschäft und dem Sicherungsderivat** in der GuV herzustellen, wo die allgemeinen Bewertungsregeln eine solche Synchronisierung nicht gewährleisten (IAS 39.85). In Abhängigkeit von der Art der Sicherungsbeziehung wird diese Synchronisierung bewirkt

- entweder durch Unterwerfung des gesicherten Geschäftes abweichend von den normalen Regeln unter eine erfolgswirksame *fair-value*-Bewertung
- oder durch zunächst nicht erfolgswirksame Erfassung des *fair value* des (derivativen) Sicherungsgeschäftes (abweichend von den normalen Regeln).

Im Einzelnen gilt Folgendes:

- Beim *fair value hedge* werden – zusätzlich zu den Änderungen des *fair value* des Sicherungsderivats – auch die Änderungen des ***fair value* des gesicherten Grundgeschäfts** (soweit sie aus dem gesicherten Risiko resultieren) in der **GuV** erfasst. Damit kompensieren sich die Effekte aus dem Grund- und dem Sicherungsgeschäft in der GuV. Soweit sich in der GuV kein vollständiger Ausgleich ergibt, ist dies Ausdruck einer nicht perfekten Effektivität des *hedge* (obwohl der *hedge* sich noch innerhalb der geforderten Effektivitätsgrenze von 80 % – 125 % befindet; vgl. hierzu Rz 260). Die Synchronisation wird im Übrigen **technisch** wie folgt bewirkt:

- **Forderungen oder Verbindlichkeiten**: Die (fortgeführten) Anschaffungskosten (Rz 99ff.) werden um die aus dem gesicherten Risiko resultierenden *fair-value*-Änderungen angepasst **(Buchwertanpassung).** Die Anpassung ist erfolgswirksam.
- Wertpapiere *(available for sale):* Da *available-for-sale assets* bereits nach den allgemeinen Bewertungsregeln zum *fair value* bilanziert werden (Rz 150ff.), ist keine Buchwertanpassung erforderlich. Jedoch ist die aus dem gesicherten Risiko resultierende *fair-value*-Änderung nicht im Eigenkapital, sondern in der **GuV** zu erfassen. Die *fair-value*-Änderungen sind somit aufzuspalten in den aus dem gesicherten Risiko resultierenden Teil (der synchron zum Derivat in der GuV erfasst wird) und den sonstigen Teil (der im Eigenkapital erfasst wird).

• Beim *cash flow hedge* werden hingegen die *fair-value*-**Änderungen des Sicherungsderivats** – abweichend von den allgemeinen Bewertungsvorschriften für Derivate – im Eigen**kapital** erfasst und dort „geparkt". Sofern der *cash flow hedge* keine 100 % Effektivität aufweist (sich gleichwohl noch innerhalb der geforderten Effektivitätsgrenze von 80 % – 125 % befindet; vgl. hierzu Rz 260), wird der ineffektive Teile des *fair value* des Sicherungsderivats nicht in Eigenkapital, sondern unmittelbar in der GuV berücksichtigt. Die Aufteilung der *fair-value*-Änderungen des Sicherungsgeschäfts in den im Eigenkapital bzw. in der GuV zu erfassenden Teil wird nach folgender Regel vorgenommen (IAS 39.96):

• Im Eigenkapital wird der kleinere der beiden folgenden Beträge erfasst:
  - kumulierte *fair-value*-Änderung des Sicherungsgeschäfts
  - kumulierte *fair-value*-Änderung der gesicherten *cash flows.*

• Soweit die kumulierte *fair-value*-Änderung des Sicherungsgeschäfts größer als die kumulierte *fair-value*-Änderung der gesicherten *cash flows* ist *(overhedge)*, ist die Differenz in der GuV zu erfassen.

• Soweit die kumulierte *fair-value*-Änderung des Sicherungsgeschäfts hingegen kleiner ist als die kumulierte *fair-value*-Änderung der gesicherten *cash flows (underhedge)*, ergibt sich keine Auswirkung auf die GuV.

• Hinsichtlich des **effektiven** Teils wird mit den zunächst im Eigenkapital **geparkten** Wertänderungen bei Durchführung des gesicherten Grundgeschäfts wie folgt verfahren:
  - Führt die gesicherte Transaktion unmittelbar zu einem Aufwand oder Ertrag (z.B. weil variable Zinsrisiken gesichert wurden), ist der im Eigenkapital erfasste Betrag zum gleichen Zeitpunkt auszubuchen und in der GuV zu erfassen.
  - Resultiert die gesicherte Transaktion in die Erfassung eines **Vermögenswertes** (z.B. weil ein erwarteter Rohstoffkauf in Fremdwährung gegen Wechselkursrisiken gesichert wurde) oder einer Verbindlichkeit, so ist wie folgt zu differenzieren:
    a) Handelt es sich um einen **finanziellen Vermögenswert** oder eine **finanzielle Verbindlichkeit**, so wird der im Eigenkapital erfasste Betrag erst dann ausgebucht, wenn der gesicherte *cashflow* (etwa durch einen Swap abgesicherte Zinszahlungen) sich in der GuV niederschlägt (IAS 39.97).

b) Handelt es sich hingegen um einen **nichtfinanziellen Vermögenswert,** so besteht ein Wahlrecht. Der im Eigenkapital erfasste Betrag kann im Zeitpunkt des Zugangs des gesicherten Gegenstands ausgebucht und als Anpassung der Anschaffungskosten erfasst (IAS 39.98b; sog. *basis adjustment*) oder er kann zunächst fortgeführt und erst dann erfolgswirksam dem Eigenkapital entnommen werden, wenn das gesicherte Grundgeschäft selbst erfolgswirksam wird (IAS 39.98a). Im Falle der Absicherung eines erwarteten Kaufs einer Maschine würde die erste Alternative zu einer Anpassung der Anschaffungskosten (und damit der Abschreibungsbemessungsgrundlage) führen, die zweite zu einer Auflösung der Eigenkapitalposition parallel zu den Abschreibungen.

Zusammenfassend gilt: Während das *fair value hedge accounting* eine Abweichung von den allgemeinen Bewertungsregeln auf Seiten des gesicherten Grundgeschäfts vorsieht, erfolgt die Abweichung beim *cash flow hedge accounting* auf Seiten des Sicherungsderivats.

255 Das nachfolgende Beispiel zeigt die buchmäßige Behandlung des *fair value hedge* im Falle der Absicherung eines schwebenden Kaufvertrags für Rohstoffe in Fremdwährung.

Beispiel[66]

Unternehmen A hat am 30.9.03 Rohstoffe in den USA für 50 Mio. USD bestellt. Die Lieferung und Bezahlung erfolgen am 31.1.04.

Zur Absicherung gegen das Risiko einer Aufwertung des USD und einer damit verbundenen Erhöhung des Kaufpreises in Euro kauft A zum Zeitpunkt des Vertragsabschlusses 50 Mio. USD auf Termin per 31.1.04 zum Kurs von 1,16 USD/EUR (= 43,1 Mio. EUR). Der Kaufpreis ist damit bei 43,1 Mio. EUR festgeschrieben.

Der Wechselkurs beträgt am 31.12.03 1,26 USD/EUR und am 31.1.04 1,24 USD/EUR.

Am 31.1.04 werden die Rohstoffe geliefert und bezahlt. Aufgrund der Aufwertung des Euro ist der Kaufspreis der Rohstoffe in Euro gesunken (= 40,3 Mio. EUR) und die Differenz muss in das Termingeschäft gezahlt werden (= 43,1 ./. 40,3 = 2,8 Mio. EUR).

Das Unternehmen bucht wie folgt:[67]

Datum	Konto	Soll	Haben
30.9.03:	–		
31.12.03:	Aufwand	3,4 Mio.	
	Derivat		3,4 Mio.
	Vermögenswert	3,4 Mio.	
	Ertrag		3,4 Mio.
31.1.04:	Derivat	0,6 Mio.	
	Ertrag		0,6 Mio.

66 In dem Beispiel wird (vereinfachend) von einer Identität des Termin- und Kassakurses ausgegangen.

67 Unter der Annahme, dass das Unternehmen das Wahlrecht des IAS 39.87, die Absicherung von schwebenden Geschäften gegen Wechselkursrisiken als cash flow hedges zu behandeln, nicht ausübt.

Datum	Konto	Soll	Haben
	Derivat	2,8 Mio.	
	Geld		2,8 Mio.
	Aufwand	0,6 Mio.	
	Vermögenswert		0,6 Mio.
	Rohstoffe	40,3 Mio.	
	Geld		40,3 Mio.
	Rohstoffe	2,8 Mio.	
	Vermögenswert		2,8 Mio.

Erläuterung

Zum 30.9.03 wird das Devisentermingeschäft (DTG) buchungstechnisch erfasst, weist aber einen *fair value* von null aus. Das schwebende Kaufgeschäft bleibt bilanziell unberücksichtigt.

Zum 31.12.03 wird der (durch die Abwertung des USD verursachte) negative *fair value* des DTG aufwandswirksam bilanziert. Der aus der Abwertung des USD resultierende positive Bewertungseffekt auf das schwebende Kaufgeschäft wird als sonstiger Vermögenswert ertragswirksam aktiviert. Aufgrund des perfekten *hedge* gleichen sich die GuV-Effekte vollständig aus.

Bis zum 31.1.04 hat sich der Wert des USD wieder leicht erholt. Der negative *fair value* des DTG reduziert sich um 0,6 Mio. EUR zu Gunsten der GuV auf –2,8 Mio. EUR, die dann von A an die Bank zu zahlen sind.

Die korrespondierende Abnahme des *fair value* des schwebenden Geschäfts wird aufwandswirksam bilanziert.

Die Rohstoffe werden zu 50 Mio. USD gekauft und mit dem aktuellen Kurs zu 40,3 Mio. EUR aktiviert. Der negative *fair value* des schwebenden Geschäfts von –2,8 Mio. EUR wird zur Anpassung der Anschaffungskosten der Rohstoffe ausgebucht *(basis adjustment)*. Die Rohstoffe werden somit zu dem am 30.9.03 gesicherten Kurs von 43,1 Mio. EUR eingebucht.

Das nachfolgende Beispiel ist eine Abwandlung des vorstehenden Falls und zeigt die buchmäßige Behandlung des *cash flow hedge* im Falle der Absicherung eines erwarteten Kaufs (anstelle einer festen Bestellung) von Rohstoffen in Fremdwährung. 256

Beispiel[68]

Am 30.9.03 geht Unternehmen A mit einer hohen Wahrscheinlichkeit von einem Kauf von Rohstoffen in den USA für 50 Mio. USD am 31.1.04 aus. Ein Kaufvertrag wurde noch nicht abgeschlossen (erwartete Transaktion).

Zur Absicherung des Währungsrisikos aus dem erwarteten Rohstofferwerb kauft A am 30.9.03 50 Mio. USD auf Termin per 31.1.04 zum Kurs von 1,16 USD/EUR (= 43,1 Mio. EUR). Der erwartete Kaufpreis für die Rohstoffe ist damit bei 43,1 Mio. EUR festgeschrieben.

Der Wechselkurs beträgt am 31.12.03 1,26 USD/EUR und am 31.1.04 1,24 USD/EUR.

---

68 In dem Beispiel wird (vereinfachend) davon ausgegangen, dass der Terminkurs stets dem Kassakurs entspricht.

Am 31.1.04 werden die Rohstoffe wie erwartet gekauft, geliefert und bezahlt. Aufgrund der Aufwertung des Euro ist der Kaufpreis der Rohstoffe in Euro gesunken (= 40,3 Mio. EUR), und die Differenz muss in das Termingeschäft gezahlt werden (= 43,1 ./. 40,3 = 2,8 Mio. EUR).
Das Unternehmen bucht wie folgt:

Datum	Konto	Soll	Haben
30.9.03:	–		
31.12.03:	EK	3,4 Mio.	
	Derivat		3,4 Mio.
31.1.04:	Derivat	0,6 Mio.	
	EK		0,6 Mio.
	Derivat	2,8 Mio.	
	Geld		2,8 Mio.
	Rohstoffe	40,3 Mio.	
	Geld		40,3 Mio.
	Rohstoffe	2,8 Mio.	
	EK		2,8 Mio.

Erläuterung
Zum 30.9.03 wird das Devisentermingeschäft (DTG) buchungstechnisch erfasst, weist aber einen *fair value* von null aus. Die erwartete Transaktion bleibt bilanziell unberücksichtigt.
Zum 31.12.03 wird der (durch die Abwertung des USD verursachte) negative *fair value* des DTG zu Lasten des Eigenkapitals bilanziert (es wird ein perfekter *hedge* und daher keine in der GuV zu erfassende Ineffektivität unterstellt). Die erwartete Transaktion bleibt weiterhin unberücksichtigt.
Bis zum 31.1.04 hat sich der Wert des USD wieder leicht erholt. Der negative *fair value* des DTG reduziert sich um 0,6 Mio. EUR zugunsten des Eigenkapitals auf –2,8 Mio. EUR, die dann von A an die Bank zu zahlen sind.
Die Rohstoffe werden zu 50 Mio. USD gekauft und mit dem aktuellen Kurs zu 40,3 Mio. EUR aktiviert. Der im Eigenkapital „geparkte" Betrag von –2,8 Mio. EUR wird zur Anpassung der Anschaffungskosten der Rohstoffe ausgebucht *(basis adjustment)*. Die Rohstoffe werden somit insgesamt zu dem am 30.9.03 gesicherten Kurs von 43,1 Mio. EUR eingebucht.

Alternative Behandlung
Das Unternehmen kann auf die Anpassung der Anschaffungskosten *(basis adjustment)* verzichten, die Eigenkapitalposition zunächst fortführen und erst dann erfolgswirksam auflösen, wenn das Grundgeschäft erfolgswirksam wird, es also zum Verbrauch der Rohstoffe kommt (IAS 39.98a).

Aus bilanzpraktischer Sicht stellt das *basis adjustment* die einfachere Alternative dar. Jedenfalls bei der wiederholten Anschaffung von langlebigen Anlagegütern in Fremdwährung ist sie eindeutig zu bevorzugen, da andernfalls viele Eigenkapitalpositionen über Jahre (nämlich die jeweilige Nutzungsdauer) nachgehalten werden müssen.

Eine zusammenfassende Darstellung der Behandlung der Derivate bzw. des *hedge accounting* gibt die nachfolgende Abbildung:

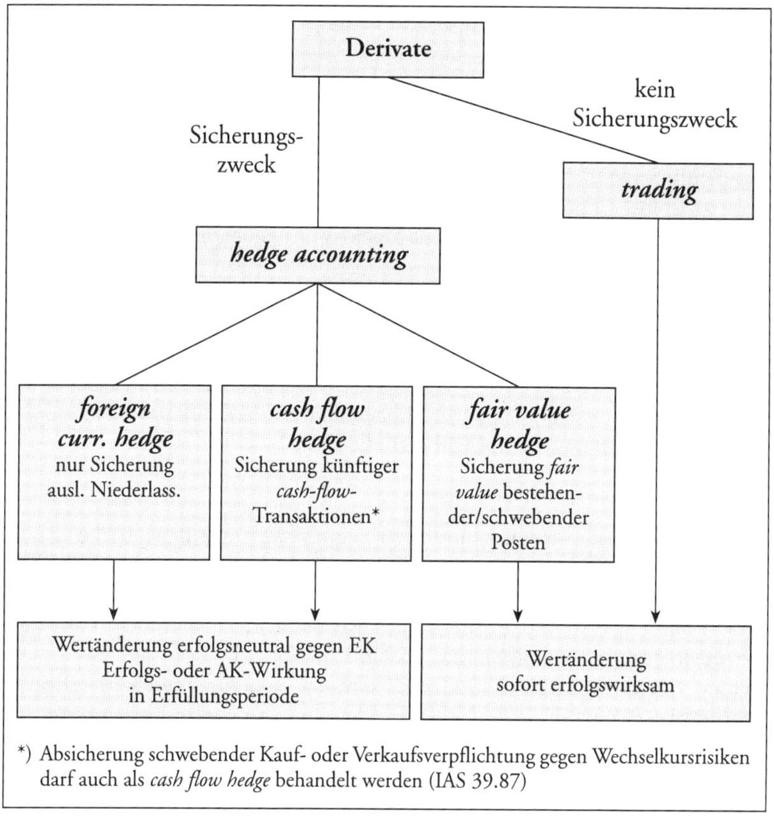

Abb. 8: Derivate und *hedge accounting*[69]

6.4.6 Voraussetzungen des *hedge accounting*: Effektivität, Dokumentation, Transaktionswahrscheinlichkeit

6.4.6.1 Überblick

Ob ein Unternehmen die vorgenannten Regelungen des *hedge accounting* anwenden darf, kann angesichts der Bedeutung des *hedge accounting* für die Volatilität der Unternehmensergebnisse nicht ins Belieben des Bilanzierenden gestellt werden. **Objektive** Anwendungsvoraussetzungen sind für die Vornahme des *hedge accounting* erforderlich. Nach IAS 39.98 müssen folgende Voraussetzungen sämtlich erfüllt sein: 257

- Formale **Dokumentation** des Sicherungszusammenhangs sowie der damit verfolgten Zielsetzung zu Beginn der Sicherung (IAS 39.88a).

---

69 LÜDENBACH, IAS/IFRS, 4. Aufl. 2005, Kap D.

- Hohe **Effektivität** des Sicherungszusammenhangs und verlässliche Messung der Effektivität (IAS 39.88b und d).
- Im Falle der Absicherung von künftig erwarteten Transaktionen (als *cash flow hedges)* muss eine **hohe Wahrscheinlichkeit** für den tatsächlichen Eintritt dieser Transaktionen bestehen (IAS 39.88c).

Diese Voraussetzungen müssen bei Begründung der Sicherungsbeziehung kumulativ vorliegen, sonst darf das *hedge accounting* nicht begonnen werden. Wird eine der Voraussetzungen während des Bestehens der Sicherungsbeziehung nicht mehr erfüllt, so ist die Anwendung des *hedge accounting* zu beenden.

Letzteres ist insbesondere der Fall, wenn

- sich die Sicherungsbeziehung **retrospektiv** als nicht hinreichend effizient erwiesen hat;
- für die Sicherungsbeziehung **zukünftig** nicht mehr von einer hohen Effizienz ausgegangen werden kann;
- eine abgesicherte Transaktion nicht mehr oder nicht mehr mit hoher Wahrscheinlichkeit **erwartet** wird (z.B. weil Umsatzerwartungen deutlich reduziert werden müssen oder die Wahrscheinlichkeit für die Berücksichtigung in einer Ausschreibung im Ausland gesunken ist).

6.4.6.2 Dokumentationserfordernisse

258 Die **Dokumentation** ist ausnahmslos zu Beginn der Sicherungsbeziehung vorzunehmen und kann nicht nachgeholt werden (z.B. im Zuge der Erstellung des Abschlusses, in dem für die Sicherungsbeziehung erstmals *hedge accouting* angewandt werden soll oder infolge der Feststellung des Abschlussprüfers). Sie muss die folgenden Bestandteile aufweisen:

- eindeutige Designierung des Grund- und des Sicherungsgeschäfts (also der Sicherungsbeziehung),
- mit der Absicherung verfolgte Ziele und Strategien,
- Art des abgesicherten Risikos und
- Methoden zur Messung der Effektivität der Sicherungsbeziehung.

Die Identifizierung des **Grundgeschäfts** bezieht sich auf den abgesicherten bilanzierten Vermögenswert bzw. die (Finanz-)Verbindlichkeit, das schwebende Geschäft oder die erwartete künftige Transaktion (Rz 242). Im Falle eines Vermögenswerts, einer Verbindlichkeit oder eines schwebenden Geschäfts kann die Identifizierung vergleichsweise einfach (z.B. über eine Geschäftsnummer) erfolgen, weil hierzu ein vertraglich festgelegtes Geschäft vorliegt. Die Dokumentation sollte darüber hinaus eine inhaltliche Kennzeichnung des Grundgeschäfts vornehmen. Im Falle der Absicherung einer künftig erwarteten Transaktion ist der Umfang der erforderlichen Dokumentationsarbeiten regelmäßig größer. Die Dokumentation bezieht sich dabei insbesondere auf:

- Art und Gegenstand der erwarteten Transaktion, erwartete Menge bzw. Währungsbetrag sowie den Zeitpunkt bzw. -raum des Eintritts der erwarteten Transaktion und
- Eintrittswahrscheinlichkeit der erwarteten Transaktion mit entsprechenden Nachweisen (Rz 265).

Auch die **Identifizierung** des **Sicherungsgeschäfts** kann vergleichsweise einfach (z.B. über eine Geschäftsnummer) erfolgen und sollte um eine Kennzeichnung des Geschäfts ergänzt werden.
Die Aufnahme eines nur (prozentualen) **Anteils** eines Grund- und/oder Sicherungsgeschäfts in die Sicherungsbeziehung (Rz 241 f.) ist entsprechend zu dokumentieren. Gleiches gilt für die Sicherung nur eines Teils der Restlaufzeit eines Grundgeschäfts (Rz 242) oder wenn mehrere Grundgeschäfte Bestandteil einer Sicherungsbeziehung sind (Rz 246).
Aufbauend auf der dokumentierten Sicherungsbeziehung ist die **Art** des gesicherten Risikos zu beschreiben. Hierzu ist darzulegen, welches aus dem Grundgeschäft resultierende Risiko Gegenstand der Absicherung ist. Hierzu gehört:

- ob es sich um ein Zins-, Wechselkurs-, Aktien-, Kredit- oder ein nichtfinanzielles Preisrisiko (z.B. Ölpreis) handelt. Damit wird für Grundgeschäfte mit mehreren Risiken geklärt, welches der Risiken Gegenstand der Absicherung ist. So kann z.B. ein erwarteter Kauf von Öl in Fremdwährung allein gegen das Preisrisiko für Öl abgesichert werden oder sich die Absicherung eines Wertpapiers in Fremdwährung allein auf das Wechselkursrisiko beziehen;
- ob es sich um ein *fair-value*-Risiko (also das Risiko einer Änderung des Werts des Grundgeschäfts) oder ein *cash-flow*-Risiko (also das Risiko der Änderung künftiger *cash flows)* handelt. So stellt z.B. das Ölpreisrisiko aus dem erwarteten Kauf von Öl in Fremdwährung ein *cash-fow*-Risiko dar, umgekehrt das Wechselkursrisiko aus einem Wertpapier in Fremdwährung ein *fair-value*-Risiko.

Auf dieser Grundlage ist die mit der Absicherung verfolgte **Strategie** des **Risikomanagements** zu beschreiben. Dabei ist zu erläutern, in welcher Weise das in der Sicherungsbeziehung gekennzeichnete Sicherungsgeschäft das vorab darzustellende Risiko aus dem Grundgeschäft absichert. Dabei wird auch dargelegt, um welche Form des *hedge accounting* es sich bei der Absicherungsstrategie handelt: *fair value hedge, cash flow hedge* oder *hedge of a net investment.* Weiterhin ist hier festzulegen, ob der gesamte Wert des Sicherungsderivats zur Absicherung designiert oder ein Teil (insbesondere der Zeitwert einer Option oder die Zinskomponente eines Termingeschäfts) ausgeklammert wird (Rz 241).
Schließlich ist darzulegen, mit welcher **Methode** das Unternehmen die **Effektivität** messen möchte (Rz 260). Die Messmethode muss bereits zu Beginn des Sicherungszusammenhangs festgelegt und dokumentiert werden. So kann z.B. die Frage, ob die Messung auf der Basis der *fair-value*-Änderungen der Periode oder der kumulierten seit Sicherungsbeginn erfolgt (Rz 262), nicht erst im Zeitpunkt der Messung beantwortet werden.
Die genaue Ausgestaltung der Dokumentation ist dem Unternehmen überlassen. IAS 39 macht hierzu keine Vorgaben. Letztlich wird die Ausgestaltung von dem Umfang und der Art der Sicherungsbeziehungen abhängen. Mit zunehmender Anzahl an gleichartigen *hedges* lässt sich die Dokumentation dabei vermehrt standardisieren und in der EDV unterlegen. Bei nur vereinzelten Abschlüssen von Sicherungsgeschäften wird die Dokumentation stark individuell auf den einzelnen *hedge* zugeschnitten sein. Ein Beispiel für eine Dokumentation zur Absicherung erwarteter Warenlieferungen gegen das Währungsrisiko findet sich unter Rz 49.

259 Folgendes Beispiel zur Absicherung einer variabel verzinslichen Darlehensverbindlichkeit gegen das Zinsrisiko:

Beispiel
U nimmt am 1.7.01 ein variabel verzinsliches Darlehen über 10 Mio. EUR mit Fälligkeit zum 30.6.03 auf, für das es den 6-Monats-EURIBOR zahlt. Da U mit einer Erhöhung der EUR-Zinsen und dadurch mit einem Anstieg der Zinskosten aus dem Darlehen rechnet, schließt es mit seiner Bank gleichzeitig einen marktgerechten *payer*-Zinsswap über nominal 10 Mio. EUR mit Laufzeit ebenfalls bis zum 30.6.03 ab, aus dem es einen Festzinssatz von 3 % zahlt und den 6-Monats-EURIBOR erhält. Bei Abschluss der Geschäfte beträgt der 6-Monats-EURIBOR 3 %; die nächste Zinsanpassung erfolgt am 1.1.02.
Die Dokumentation könnte wie folgt aussehen:
„*Hedge* Nr. x/01, Datum 1. Juli 01
a) **Grundgeschäft:** Künftige variable Zins-*cash-flows* des variabel zum 6-Monats-EURIBOR (anfänglich 3 %) verzinslichen Darlehens über 10 Mio. EUR für die gesamte Laufzeit vom 1.7.01 bis 30.6.03. Das gesicherte Risiko ist der 6-Monats-EURIBOR-Zins.
b) **Sicherungsinstrument:** *Payer*-Zinsswap (Referenznummer 0277–01) über 10 Mio. EUR mit einer Laufzeit vom 1.7.01 bis 30.6.03, aus dem U den festen Zins von 3 % zahlt und den 6-Monats-EURIBOR (anfänglich 3 %) erhält.
c) **Risikomanagementstrategie:** Absicherung gegen das Risiko einer Veränderung der variablen künftigen Zinszahlungen aus dem Darlehen. Nach Absicherung durch den Zinsswap ergibt sich aus dem Darlehen (synthetisch) ein fester Zinssatz von 3 %.
d) **Prospektive Effektivität:** Beurteilung auf qualitativer Basis *(critical term match)* zum Vertragsschluss und zum Bilanzstichtag, da die wesentlichen Ausstattungsmerkmale (Nominale, Laufzeit, Referenzzins, Zinsanpassungstermine) des Darlehens und des Zinsswaps identisch sind.
e) **Retrospektive Effektivität:** Messung nach der *dollar-offset*-Methode, in der Form der *hypothetical-derivative*-Methode. Dabei wird zum Bilanzstichtag getestet, ob die kumulierte Änderung des fair value des Zinsswaps im Verhältnis zu der kumulierten Änderung des *fair value* eines hypothetischen Derivats (das stellvertretend für das gesicherte Grundgeschäft verwendet wird und alle wesentlichen Ausstattungsmerkmale des Grundgeschäfts aufweist) in einer Bandbreite von 80 % bis 125 % liegt (vgl. zur retrospektiven Effektivitätsmessung mit der *hypothetical-derivative*-Methode Rz 262).
Erstellt von: XX, geprüft von: NN“

6.4.6.3 Prospektive und retrospektive Effektivität

260 Effektivität bezeichnet allgemein die **Güte** der Sicherungsbeziehung und ist in Abhängigkeit von der Art der Sicherungsbeziehung wie folgt definiert (IAS 39.9):

- *Fair value hedge:* Grad, zu dem die *fair-value*-Änderungen des gesicherten Grundgeschäfts, soweit sie aus dem gesicherten Risiko resultieren, durch *fair-value*-Änderungen des Sicherungsinstruments ausgeglichen werden.

- *Cash flow hedge:* Grad, zu dem die *cash-flow*-Änderungen der gesicherten Transaktion, soweit sie aus dem gesicherten Risiko resultieren, durch *cash-flow*-Änderungen aus dem Sicherungsinstrument ausgeglichen werden.

Der **Nachweis** der Effektivität ist die zentrale Voraussetzung für die Anwendung des *hedge accounting* und muss in zweierlei Weise erbracht werden:

- **Prospektive** Effektivität: Auf die Zukunft gerichtet muss für die gesamte (verbleibende) Laufzeit der Sicherungsbeziehung eine hohe Effektivität erwartet werden (IAS 39.88b, AG 105a).
- **Retrospektive** Effektivität: Auf die Vergangenheit gerichtet muss sich die Sicherungsbeziehung als hocheffektiv erwiesen haben (IAS 39.88e, AG 105b).

Deshalb muss im Zeitpunkt der Begründung der Sicherungsbeziehung der erste (prospektive) Effektivitätstest durchgeführt werden. Nur bei Bestehen dieses Tests darf das *hedge accounting* begonnen werden. Während der Laufzeit der Sicherungsbeziehung sind jeweils ein prospektiver und ein retrospektiver Effektivitätstest durchzuführen. Wenn einer der beiden Tests nicht bestanden wird, ist das *hedge accounting* zu beenden.

Eine Sicherungsbeziehung gilt als hocheffektiv *(highly effective)*, wenn die Effektivität innerhalb der Spanne von **80 %–125 %** liegt. Danach wäre z. B. ein *fair value hedge* mit einer *fair-value*-Änderung für das Grundgeschäft von –50 und für das Sicherungsgeschäft von +55 effektiv, da die Effektivität bei 110 % (= 55/50) bzw. 91 % (= 50/55) liegt. Bei einer *fair-value*-Änderung des Sicherungsgeschäfts von +62 wäre die Sicherungsbeziehung mit einer Effektivität von 126 % (= 63/50) bzw. 79 % (= 50/63) hingegen nicht hinreichend effektiv. Obwohl die vorgenannte Effektivitätsspanne in IAS 39 ausdrücklich nur für die retrospektive Effektivitätsmessung geregelt ist (IAS 39.AG 105), wird allgemein von der Gültigkeit auch für den prospektiven Test ausgegangen.

Eine bestimmte Methode zur Effektivitätsmessung wird in IAS 39 nicht vorgeschrieben. Allerdings richtet sich die gewählte Methode nach der dokumentierten Risikomanagementstrategie (Rz 258) für die Sicherungsbeziehung. So wird die Effektivitätsmessung z. B. für den Fall, dass **einzelne** Komponenten des Sicherungsderivats nicht designiert wurden (Rz 241), allein auf der Grundlage der **verbleibenden** Bestandteile des Derivats vorgenommen. Daher wird die Effektivität bei

- einer Option, für die die Zeitwertkomponente aus der Designation ausgeklammert wurde, auf Grundlage des inneren Werts, bzw. bei
- einem Termingeschäft, für das die Zinskomponente ausgeklammert wurde, auf Grundlage der Kassakomponente vorgenommen.

Durch die Ausklammerung der Zeitwertkomponente bzw. Zinskomponente lässt sich regelmäßig die Effektivität der Sicherungsbeziehung verbessern. Die ausgeklammerte Komponente ist unmittelbar in der GuV zu erfassen.

Eine einmal gewählte Methode zur Effektivitätsmessung ist (von begründeten Ausnahmen abgesehen) über die Laufzeit beizubehalten und konsistent für vergleichbare Geschäfte anzuwenden (IAS 39.AG 107, IG F.4.4).

Für die **prospektive** Effektivitätsmessung sieht IAS 39 eine aus praktischer Sicht **261**
wesentliche Erleichterung in Form des sog. *critical term match* vor. Danach kann auf eine quantitative Berechnung der prospektiven Effektivität verzichtet werden, wenn die wesentlichen Ausgestaltungsmerkmale des Grund- und des Sicherungsgeschäfts (also insbesondere Betrag, Laufzeit, Zinstermine usw.) identisch

sind. Im Falle solcher perfekter Sicherungsbeziehungen kann eine hohe Effektivität unterstellt werden (IAS 39.AG108). Dies gilt unabhängig davon, welche Form des *hedge accounting* vorliegt (*fair value hedge, cash flow hedge* oder *hedge of a net investment)*. Hierzu die folgenden Beispiele:

- Absicherung des **Zins**risikos einer variabel verzinslichen Verbindlichkeit mit einem marktgerecht abgeschlossenen Zinsswap (= *cash flow hedge)*, wenn die Nominalbeträge, Laufzeiten, Zinsanpassungstermine, Termine für Zins- und Tilgungszahlungen sowie der Referenzzins für die Bemessung der Zinszahlungen (z. B. EURIBOR) für die Verbindlichkeit und den Zinsswap identisch sind.
- Absicherung des **Wechsel**kursrisikos aus erwarteten Verkaufserlösen in Fremdwährung mit einem marktgerecht abgeschlossenen Devisentermingeschäft (= *cash flow hedge)*, sofern die Währung, das Volumen und die Laufzeit der Geschäfte identisch sind.
- Absicherung eines **festverzinslichen** Wertpapiers mit einem marktgerecht abgeschlossenen Termingeschäft auf das gleiche Wertpapier (= *fair value hedge)*, falls die Nominalbeträge, Laufzeiten und Währungen des Wertpapiers und des Termingeschäfts identisch sind.

Ein *critical term match* muss, solange sich die Ausstattungsmerkmale der Geschäfte nicht verändern, nur zu Beginn der Sicherungsbeziehung durchgeführt werden.

Liegen die Bedingungen für die Anwendung des *critical term match* hingegen nicht vor, ist die prospektive Effektivität rechnerisch zu ermitteln. Hierzu nennt IAS 39.AG105a beispielhaft zwei Methoden:

- **Historische *dollar-offset*-Methode:** Dabei werden *fair-value-* bzw. *cash-flow*-Änderungen des Grund- und Sicherungsgeschäfts aus der Vergangenheit verglichen und die Einhaltung der Effektivitätsspanne von 80 %-125 % geprüft. Methodisch entspricht dies der auch im Rahmen der retrospektiven Effektivitätsmessung verwendeten *dollar-offset*-Methode (Rz 262), mit dem Unterschied, dass beim prospektiven Test auf Wertänderungen zurückgegriffen wird, die vor Bestehen der Sicherungsbeziehung entstanden sind.
- **Statistische Verfahren:** Dabei werden ebenfalls historische *fair-value-* bzw. *cash-flow*-Änderungen des Grund- und Sicherungsgeschäfts in der Vergangenheit herangezogen. Dazu bedarf es allerdings der Heranziehung umfangreichen historischen Datenmaterials, um daraus die Effektivität z. B. mit Hilfe einer Regressionsanalyse nachzuweisen (Rz 262).
- Daneben kann die prospektive Effektivität auch mittels **Sensitivitätsanalysen** nachgewiesen werden. Anders als bei den vorgenannten – auf historischen Daten basierenden – Methoden wird bei der Sensitivitätsmethode eine fiktive Änderung eines Risikofaktors unterstellt und ermittelt, welche *fair-value-* bzw. *cash-flow*-Änderungen sich für das Grund- und Sicherungsgeschäft ergeben. So wird bspw. im Falle der Absicherung von Zinsrisiken eine Änderung der Zinskurve (z.B. um 100 Basispunkte) und im Falle der Absicherung von Wechselkursrisiken eine fiktive Änderung der Wechselkurse (z. B. um 20 %) unterstellt.[70]

---

70 Zu den Vor- und Nachteilen der Methoden sowie zu Methodenvarianten Cortez/Schön, IRZ 2010, S. 171 ff.

Für die **retrospektive** Effektivitätsmessung sieht IAS 39 – anders als für den prospektiven Effektivitätstest – kein *critical term match* für perfekte Sicherungsbeziehungen vor (IAS 39.BC 134). Hier besteht ein Unterschied zu den Regelungen der US-GAAP, die mit der sog. *short-cut*-Methode den Verzicht auf einen rechnerischen Test auch für den retrospektiven Effektivitätsnachweis zulassen. Begründet wird die Unzulässigkeit der *short-cut*-Methode insbesondere mit den potenziellen Auswirkungen einer Verschlechterung des Ausfallrisikos des Vertragspartners des Sicherungsderivats und den damit einhergehenden negativen Auswirkungen auf die Effektivität der Sicherungsbeziehung (IAS 39.AG 109, F.4.7, F.5.2.). Daraus kann u. E. die Zulässigkeit des *critical term match* gefolgert werden, wenn seit Begründung der Sicherungsbeziehung das Ausfallrisiko des Derivatevertragspartners nicht signifikant angestiegen ist und sich an den *critical terms* nichts geändert hat. Andernfalls liefe die Effektivitätsmessung auf einen inhaltsleeren Formalismus hinaus.[71] 262

Unabhängig davon ist eine rechnerische Messung der Effektivität stets dann erforderlich, wenn die Voraussetzungen des *critical term match* nicht erfüllt sind. Als Messmethode kommen dabei in der Praxis insbesondere die sog. *dollar-offset*-Methode und die Regressionsmethode zur Anwendung.

Die *dollar-offset*-Methode leitet sich unmittelbar aus der Definition der Effektivität nach IAS 39.9 ab und ist die einfachste rechnerische Methode zur Effektivitätsmessung. Danach wird die Effektivität wie folgt bestimmt:

- Bei *fair-value-hedges* als das Verhältnis der *fair-value*-Änderungen des Grundgeschäfts zu den *fair-value*-Änderungen des Sicherungsgeschäfts.
- Bei *cash-flow-hedges* als das Verhältnis der *fair-value*-Änderungen der künftig erwarteten *cash flows* der gesicherten Transaktion zu den *fair-value*-Änderungen des Sicherungsgeschäfts.

Der Effektivitätstest kann dabei auf **kumulierter Basis** vorgenommen werden, indem alle *fair-value*-Änderungen seit Beginn des Sicherungszusammenhangs in der Messung berücksichtigt werden. Auch eine **periodenbezogene** Durchführung kommt in Betracht, indem nur *fair-value*-Änderungen in der abgelaufenen Periode berücksichtigt werden (IAS 39.IG.F.4.2.). Regelmäßig führt die kumulierte Messung allerdings zu besseren Ergebnissen. So ist die Fortführung des *hedge accounting* auch dann möglich, wenn der *hedge* für die abgelaufene Periode aufgrund eines Ausreißers ineffektiv war, bei kumulierter Betrachtung allerdings weiterhin als effektiv gilt.

Beispiel

A begründet am 1.1. eines Jahres eine Sicherungsbeziehung, die am 31.12. des Jahres endet. Die Effektivität wird zu jedem Quartalsende gemessen. Dabei ergeben sich für das Grund- und das Sicherungsgeschäft die folgenden periodenbezogenen bzw. kumulierten *fair-value*-Änderungen, die zur Effektivitätsmessung mittels der *dollar-offset*-Methode verwendet werden.

[71] Gl. A. Schneider, PiR 2006, S. 173.

	31.03.	30.06.	30.09.
Periodenbezogen	31.03.	30.06.	30.09.
– Grundgeschäft	100	50	–70
– Sicherungsgeschäft	–90	–65	70
– Effektivität *dollar-offset*	111 %	77 %	100 %
Kumuliert	31.03.	30.06.	30.09.
– Grundgeschäft	100	150	80
– Sicherungsgeschäft	–90	–155	–85
– Effektivität *dollar-offset*	111 %	96 %	94 %

Bei einer periodenbezogenen Betrachtung muss das *hedge accounting* am 30.6. beendet werden (77 % Effektivität). Bei kumulierter Betrachtung kann das *hedge accounting* hingegen weitergeführt werden (96 % Effektivität).

Die *dollar-offset*-Methode ist für *fair value hedges* uneingeschränkt anwendbar. Schwierigkeiten können sich hingegen im Falle bestimmter *cash flow hedges* ergeben. So wird sich im Falle der Absicherung der variablen Zinsrisiken eines Darlehens mittels eines Zinsswaps (in dem die variablen Zinsen aus dem Grundgeschäft gegen feste Zinsen getauscht werden) u. U. auch bei perfekten Sicherungsbeziehungen eine nicht hinreichende retrospektive Effektivität ergeben. Die Ursache hierfür liegt in der Logik der *dollar-offset*-Methode: Sie sieht den Vergleich der *fair-value*-Änderungen aus dem Grund- und dem Sicherungsgeschäft vor, obwohl das Ziel eines *cash flow hedge* nicht in der Absicherung von *fair-value*-Änderungen, sondern von *cash-flow*-Änderungen besteht.

Bei genauerer Betrachtung des Effektivitätstests nach der *dollar-offset*-Methode ergibt sich folgendes Bild:

- Das Grundgeschäft weist lediglich **eine** Zahlungsstruktur auf: die künftig **variablen** Zins-*cash-flows*. Für diese ist der *fair value* zu berechnen. Die (kumulierten) Änderungen dieser *fair values* fließen in den Effektivitätstest ein.
- Der Zinsswap weist hingegen **zwei** Zahlungsstrukturen auf:
  - die künftigen **variablen** Zins-*cash-flows* (der sog. *floating leg)* des Zinsswaps, der die variablen Zins-*cash-flows* des Grundgeschäfts kompensiert und
  - die **fixen** Zins-*cash-flows* (der sog. *fixed leg)* des Zinsswaps.
  - Für **beide** Zahlungsstrukturen ist der *fair value* zu berechnen. Die (kumulierten) Änderungen dieser beiden *fair values* fließen in den Effektivitätstest ein.

Bei perfekter Absicherung werden sich die *fair-value*-Effekte aus dem variablen *leg* des Zinsswaps und aus dem Grundgeschäft entsprechen. Bei ausschließlicher Einbeziehung dieser beiden Effekte in die Effektivitätsmessung ergäbe sich eine Effektivität von 100 %. Probleme ergeben sich nun daraus, dass auf Seiten des Zinsswaps zusätzlich die *fair-value*-Änderung des *fixed leg* hinzukommt. Hieraus kann sich bei Anwendung der *dollar-offset*-Methode für den (ökonomisch perfekten) *cash flow hedge* zweierlei ergeben:

- Die Effektivität liegt infolge des Störeffekts des *fixed leg* außerhalb des zulässigen Bandes 80 %–125 %. In diesem Fall darf das *cash flow hedge accounting* nicht genutzt werden; der Zinsswap ist vollständig als Handelswert erfolgswirksam zum *fair value* zu verbuchen.

- Die Effektivität liegt trotz des Störeffekts des *fixed leg* innerhalb des zulässigen Bandes 80 %–125 %. Im Zuge der Anwendung der Bilanzierungsregeln des *cash flow hedge accounting* kann sich aber eine in der GuV zu erfassende Ineffektivität dann ergeben, wenn die kumulierten *fair-value*-Änderungen des Zinsswaps betragsmäßig größer als die kumulierten *fair-value*-Änderungen der gesicherten *cash flows* aus dem Grundgeschäft sind.

Zur Vermeidung derartiger Effekte erlaubt IAS 39 die Durchführung der *dollar-offset*-Methode in anderer Form. Statt der oben beschriebenen sog. *change-in-fair-value*-Methode kann die ***hypothetical-derivative*-Methode** verwendet werden (vgl. IAS 39.IG.F.5.5). Dabei wird die Berechnung der in den Effektivitätstest eingehenden *fair-value*-Änderung der gesicherten *cash flows* mit Hilfe eines hypothetischen Derivats ermittelt, das als Stellvertreter für die gesicherten *cash flows* fungiert. Da dieses Derivat ebenfalls einen *fixed leg* aufweist (wie das Sicherungsderivat), wird der oben beschriebene Störeffekt aus dem *fixed leg* des Zinsswaps ausgeglichen. Für die Effektivitätsmessung wird der *clean fair value* des hypothetischen Derivats (also der *fair value* ohne die Zinsabgrenzung) verwendet.

Das **hypothetische Derivat** ist dabei so auszugestalten, dass es alle relevanten Parameter des gesicherten Grundgeschäfts (Nominale, Laufzeit, Referenzzins, Zinsanpassungstermine usw.) aufweist. Der Festzinssatz ist so zu wählen, dass das hypothetische Derivat bei Beginn einen *fair value* von null aufweist.

Die Anwendung der *hypothetical-derivative*-Methode ist dabei nicht auf **Zinsswaps** beschränkt, sondern kommt auch für **andere Termingeschäfte** (Devisen-, Aktientermingeschäfte usw.) infrage (vgl. IAS 39.IG.F.5.6.)

Bei der **Regressionsanalyse** wird die Effektivitätsmessung am Stichtag nicht nur anhand eines Datenpaares (*fair-value*-Änderungen aus Grund- und Sicherungsgeschäft am Stichtag) durchgeführt, sondern es werden die bisherigen gemessenen Datenpaare der Sicherungsbeziehung ebenfalls berücksichtigt, indem (vereinfacht ausgedrückt) eine durchschnittliche Effektivität über alle bisherigen Messungen ermittelt wird. Dies geschieht mathematisch dadurch, dass alle Datenpunkte in eine Graphik abgetragen (x-Achse: *fair-value*-Änderungen aus Grundgeschäft, y-Achse *fair-value*-Änderungen aus Sicherungsgeschaft) werden und dann mit Hilfe statistischer Verfahren eine Gerade ermittelt wird, die die vorhandenen Datenpunkte am besten repräsentiert. Entscheidend für die Effektivitätsmessung ist die Steigung dieser Geraden, die innerhalb der vorgeschriebenen Bandbreite von 80 %–125 % liegen muss, damit die Sicherungsbeziehung als effektiv gilt. Dabei dürfen die Datenpunkte insgesamt nicht zu stark um diese Gerade streuen und die Gerade muss die Achsen im Nullpunkt schneiden (was nichts anderes bedeutet, als dass im Falle einer *fair-value*-Änderung des Grundgeschäfts von null auch von einer *fair-value*-Änderung aus dem Sicherungsgeschäft von null auszugehen ist). Im Vergleich zur *dollar-offset*-Methode führt die Regressionsmethode häufig zu besseren Ergebnissen bei der Effektivitätsmessung, weil sich einzelne Ausreißer weniger auswirken. Sie kann allerdings erst angewandt werden, wenn eine hinreichende Anzahl an Messwerten vorliegt; so wird häufig eine Mindestzahl von 25 Werten verlangt. Daher wird am Beginn einer Sicherungsbeziehung häufig zunächst die *dollar-offset*-Methode angewandt, um beim Erreichen der Mindestanzahl von Datenpunkten auf die Regressionsmethode umzustellen. Die Regressionsmethode ist komplexer und daher

nur bei einer höheren Anzahl (komplexer) *hedges* sinnvoll anwendbar. Sofern lediglich eine überschaubare Anzahl perfekter oder annähernd perfekter Sicherungsbeziehungen abgeschlossen wird, dürfte die *dollar-offset*-Methode vollkommen ausreichend sein.
Für ein Beispiel zur *dollar-offset*-Methode bei Währungssicherung wird auf Rz 49 verwiesen.

263 Nachfolgendes Beispiel zur Anwendung der *dollar-offset*-Methode in der Untervariante der hypothetischen Derivate-Methode für das obige Beispiel aus Rz 259 zur Absicherung eines aufgenommenen variabel verzinslichen Darlehens mittels eines *payer*-Zinsswaps:

Beispiel
Das für die Messung der retrospektiven Effektivität erforderliche *hypothetical derivative* weist die folgenden Merkmale auf: *receiver swap* über 10 Mio. EUR mit einer Laufzeit vom 1.7.01 bis 30.6.03, aus dem (hypothetisch) ein fester Zins von 3 % empfangen und der 6-Monats-EURIBOR gezahlt wird.
Im Weiteren werden die folgenden Zinsentwicklungen (bei flacher Zinskurve) unterstellt:

1.7.01	31.12.01	30.6.02	31.12.02	30.6.03
3 %	3,5 %	4 %	4,5 %	5 %

Zahlungen für das Darlehen (ungesichert) in EUR:

1.7.01	31.12.01	30.6.02	31.12.02	30.6.03
–	-150.000	–175.000	–200.000	–225.000

Zahlungen aus dem *payer*-Zinsswap in EUR:

1.7.01	31.12.01	30.6.02	31.12.02	30.6.03
–	0	+25.000	+50.000	+75.000

Zahlungen für das synthetische (gesicherte) Darlehen in EUR:

1.7.01	31.12.01	30.6.02	31.12.02	30.6.03
–	-150.000	–150.000	–150.000	–150.000

Fair value payer-Zinsswap – *clean price,* d.h. ohne Zinsabgrenzung (vereinfacht) in EUR:

1.7.01	31.12.01	30.6.02	31.12.02	30.6.03
–	75.000	100.000	75.000	0

Fair value hypothetisches Derivat für den Effektivitätstest – *clean price* (vereinfacht) in EUR:

1.7.01	31.12.01	30.6.02	31.12.02	30.6.03
–	-75.000	-100.000	-75.000	0

Buchungen zum 1.7.01:
Das Darlehen wird eingebucht, der *payer*-Zinsswap (*fair value* = 0) wird in einem Nebenbuch erfasst:

Konto	Soll	Haben
Geld	10 Mio. EUR	
Derivat	0 Mio. EUR	
Verbindlichkeit		10 Mio. EUR

Buchungen zum 31.12.01:
Prospektiver Effektivitätstest gem. *critical term match*
Retrospektiver Effektivitätstest gem. *hypothetical-derivative*-Methode:
Effektivität = absolute kumulierte *fair-value*-Änderungen *payer swap* / absolute kumulierte *fair-value*-Änderungen *hypothetical receiver swap* = 75.000 EUR / 75.000 EUR = 100 %. Der *hedge* ist somit voll effektiv.
Buchung der Zinsabgrenzungen (die am Periodenende gezahlt werden) für *payer swap* und Darlehen:

Konto	Soll	Haben
Zinsaufwand aus Darlehen	0,15 Mio. EUR	
Geld		0,15 Mio. EUR
Geld	0,0 Mio. EUR	
Zinsertrag aus Derivat		0,0 Mio. EUR

Zinsaufwand gesamt = 0,15 Mio. EUR. Dies entspricht dem gesicherten Zinsniveau von 3 %.
Buchung Änderung *clean price payer swap* vollständig im Eigenkapital, da der *hedge* voll effektiv ist:

Konto	Soll	Haben
Derivat	0,75 Mio. EUR	
Eigenkapital		0,75 Mio. EUR

Buchungen zum 30.6.02:
Retrospektive Effektivität = 100.000 EUR / 100.000 EUR = 100 %. Der *hedge* ist somit voll effektiv.
Buchung der Zinsabgrenzungen (die am Periodenende gezahlt werden) für *payer swap* und Darlehen:

Konto	Soll	Haben
Zinsaufwand aus Darlehen	0,175 Mio. EUR	
Geld		0,175 Mio. EUR
Geld	0,25 Mio. EUR	
Zinsertrag aus Derivat		0,25 Mio. EUR

Zinsaufwand gesamt = 0,15 Mio. EUR. Dies entspricht dem gesicherten Zinsniveau von 3 %.

Buchung Änderung *clean price payer swap* vollständig im Eigenkapital, da der *hedge* voll effektiv ist:

Konto	Soll	Haben
Derivat	0,25 Mio. EUR	
Eigenkapital		0,25 Mio. EUR

Buchungen zum 31.12.02:
Retrospektive Effektivität = 75.000 EUR / 75.000 EUR = 100 %. Der *hedge* ist somit voll effektiv.
Buchung der Zinsabgrenzungen (die am Periodenende gezahlt werden) für *payer swap* und Darlehen:

Konto	Soll	Haben
Zinsaufwand aus Darlehen	0,2 Mio. EUR	
Geld		0,2 Mio. EUR
Geld	0,05 Mio. EUR	
Zinsertrag aus Derivat		0,05 Mio. EUR

Zinsaufwand gesamt = 0,15 Mio. EUR. Dies entspricht dem gesicherten Zinsniveau von 3 %.
Buchung Änderung *clean price payer swap* vollständig im Eigenkapital, da der *hedge* voll effektiv ist:

Konto	Soll	Haben
Eigenkapital	0,25 Mio. EUR	
Derivat		0,25 Mio. EUR

Buchungen zum 30.6.02 (Fälligkeit Darlehen und Derivat):
Retrospektive Effektivität = 0 EUR / 0 EUR = 100 %. Der *hedge* ist somit voll effektiv.
Buchung der Zinsabgrenzungen (die am Periodenende gezahlt werden) für *payer swap* und Darlehen:

Konto	Soll	Haben
Zinsaufwand aus Darlehen	0,225 Mio. EUR	
Geld		0,225 Mio. EUR
Geld	0,075 Mio. EUR	
Zinsertrag aus Derivat		0,075 Mio. EUR

Zinsaufwand gesamt = 0,15 Mio. EUR. Dies entspricht dem gesicherten Zinsniveau von 3 %.
Buchung Änderung *clean price payer swap* vollständig im Eigenkapital, da der *hedge* voll effektiv ist:

Konto	Soll	Haben
Eigenkapital	0,75 Mio. EUR	
Derivat		0,75 Mio. EUR

Bei den Effektivitätsmessungen sind auch die infolge der Finanzmarktkrise möglicherweise gestiegenen Ausfallrisiken der Gegenpartei zu berücksichtigen (IAS 39.IG.F.4.3). Hiernach gilt: 264

- Ein *cashflow hedge* wird ineffektiv, wenn der Ausfall der anderen Vertragspartei des Sicherungsinstruments wahrscheinlich (*probable*) wird.
- Beim *fair value hedge* beeinflusst jede Änderung der Bonität der anderen Partei den *fair value* des Sicherungsinstruments und damit das Ergebnis der Effektivitätsmessung.

6.4.6.4 Transaktionswahrscheinlichkeit

Handelt es sich bei dem gesicherten Geschäft nicht um eine vertraglich fixierte, sondern eine von dem Unternehmen **erwartete Transaktion** ***(forecasted transaction)***, kann diese nur dann als zulässiges Grundgeschäft im Rahmen des *hedge accounting* (als *cash flow hedge)* verwendet werden, wenn eine **hohe Wahrscheinlichkeit** für den tatsächlichen Eintritt dieser Transaktion nachgewiesen wird. Dieser Nachweis ist nicht nur bei Beginn, sondern über die gesamte Laufzeit des Sicherungszusammenhangs zu erbringen. Dabei stellt IAS 39.IG.F.3.7 deutlich klar, dass eine Wahrscheinlichkeit von mehr als 50 % *(more likely than not)* nicht ausreichend ist, die Transaktion muss vielmehr als quasi sicher gelten. Allgemein wird daher eine Eintrittswahrscheinlichkeit von mehr als 90 % gefordert. 265

Für den Nachweis der hohen Wahrscheinlichkeit sind bloße Absichtserklärungen des Unternehmens allerdings nicht ausreichend. Vielmehr sind diese durch nachprüfbare Fakten und die Rahmenbedingungen des Unternehmens im Einzelnen zu unterlegen (IAS 39.IG.F.3.7). Ein solcher Nachweis kann unter anderem dadurch erbracht werden, dass

- in der Vergangenheit vergleichbare Transaktionen stattgefunden haben,
- der Eintritt der Transaktion durch aktuelle Business-Pläne des Unternehmens untermauert wird,
- die Güte vergleichbarer früherer Pläne mittels vergangenheitsbezogener Plan-Ist-Analysen belegt wird,
- das wirtschaftliche Umfeld des Unternehmens (gesamtwirtschaftliche Rahmenbedingungen, Konkurrenzsituation usw.) angemessen berücksichtigt wurde,
- das Unternehmen aufgrund seiner finanziellen und operativen Kapazitäten in der Lage sein wird, die Transaktion umzusetzen,
- die Nichtdurchführung der Transaktionen erhebliche negative Auswirkungen auf das Unternehmen haben wird.

Grundsätzlich wird der Nachweis einer hohen Wahrscheinlichkeit umso besser zu erbringen sein, je kürzer der Prognosezeitraum ist. Auch wird sich die hohe Wahrscheinlichkeit besser nachweisen lassen für eine Vielzahl gleichartiger künftiger Transaktionen (z.B. erwartete Fremdwährungserlöse aus Verkäufen im Ausland) als für eine einzelne Transaktion (z.B. wenn das Unternehmen an einem Bieterwettbewerb für einen Großauftrag im Ausland teilnimmt).

Dabei lässt sich die Wahrscheinlichkeit dadurch erhöhen, dass lediglich ein **Prozentsatz** der künftig erwarteten Transaktionen als Grundgeschäft in einer Sicherungsbeziehung designiert wird. Geht ein Unternehmen bspw. – gestützt

durch entsprechende Planungen und Erfahrungen aus der Vergangenheit – von einem Verkaufsvolumen von 100.000 Stück aus, so lässt sich die geforderte hohe Eintrittswahrscheinlichkeit dadurch erreichen, dass lediglich 80.000 Stück davon als Grundgeschäft im Rahmen der Sicherungsbeziehung designiert werden. In diesem Zusammenhang ist es ratsam, keine aggressive Auslegung des Wahrscheinlichkeitskriteriums vorzunehmen, da das wiederholte Ausbleiben erwarteter Transaktionen die Möglichkeit zur Nutzung des *cash flow hedge accounting* in der Zukunft einschränken wird. Zudem ist zu bedenken, dass gem. IFRS 7.23b hierüber im Anhang zu berichten ist (Rz 309).
Letztlich kommt es aber auf die Gesamtheit der Umstände im Einzelfall an, ob die für das *cash flow hedge accounting* erforderliche hohe Wahrscheinlichkeit der erwarteten Transaktion gegeben ist.

6.4.7 Nachträglicher Wegfall, nachträgliches Entstehen einer Sicherungsbeziehung

266 Hinsichtlich des **Zeitpunkts**, zu dem eine Sicherungsbeziehung begründet werden kann, sieht IAS 39 keine wesentlichen Begrenzungen vor. Danach sind die folgenden Konstellationen möglich:

- **Grund- und Sicherungsgeschäft** werden **gleichzeitig** begründet und von Beginn an als Sicherungsbeziehung dokumentiert (Beispiel: Eine variabel verzinsliche Verbindlichkeit wird in t_0 begründet und durch den gleichzeitigen Abschluss eines Zinsswaps gegen das *cash-flow*-Risiko abgesichert).
- Ein Grundgeschäft wird begründet, aber **erst später** durch Abschluss eines *hedge*-Geschäfts abgesichert (Beispiel: Eine Aktie wird in t_0 erworben und erst in t_1 mit einem Aktientermingeschäft gegen Verluste gesichert).
- Ein Derivat wird begründet, aber erst zu einem späteren Zeitpunkt als Sicherungsgeschäft für ein **neu begründetes Grundgeschäft** designiert (Beispiel: In t_0 wird ein Devisentermingeschäft abgeschlossen, aber erst in t_1 als Sicherungsgeschäft für eine zu diesem Zeitpunkt abgeschlossene Bestellung von Rohstoffen in USD designiert).
- Ein Unternehmen verfügt in t_0 über ein Grund- und ein Sicherungsgeschäft, die **Sicherungsbeziehung** – zwecks Anwendung der Regelungen des *hedge accounting* – wird erst **später**, d. h. in t_1, begründet (retroaktive Widmung).

In allen Fällen werden die Regeln des *hedge accounting* erst ab Beginn der Dokumentation des Sicherungszusammenhangs angewandt. In dem dritten und vierten o. g. Fall wird ein zur Absicherung eingesetztes Derivat bis zu diesem Zeitpunkt als Handelswert und erst danach als Sicherungsderivat klassifiziert. Dies stellt jedoch keine unzulässige Umklassifizierung i. S. v. IAS 39.50 dar (vgl. die Klarstellung in IAS 39.50A, die mit dem im Mai 2008 verabschiedeten *Annual Improvements Project* 2008 neu eingefügt wurde). Bis zu diesem Zeitpunkt eingetretene Wertänderungen sind nach den allgemeinen Regelungen zu behandeln. **Unzulässig** ist daher eine **retrospektive Designation** eines Sicherungszusammenhangs (IAS 39.IG.F.3.8), indem bspw. ein am Beginn eines Quartals abgeschlossenes Grund- und Sicherungsgeschäft erst zum Ende des Quartals rückwirkend für die abgelaufene Periode als Sicherungszusammenhang dokumentiert werden.

Die Anwendung der Regeln des hedge accounting ist unter den folgenden Bedingungen zu **beenden**: 267

- das **Grundgeschäft fällt weg** (Veräußerung, Abschreibung etc.) oder läuft aus;
- das **Sicherungsgeschäft fällt weg** (Veräußerung, Glattstellung etc.) oder läuft aus;
- die Sicherungsbeziehung erfüllt die **Voraussetzungen** für die Anwendung des *hedge accounting* nicht mehr (insbesondere aufgrund mangelnder Effektivität oder weil im Falle des *cash flow hedge* die Erwartung einer künftigen Transaktion nicht mehr hinreichend sicher ist);
- das **Unternehmen beendet die Designation** des Sicherungsgeschäfts und damit die Sicherungsbeziehung, obwohl das Grund- und das Sicherungsgeschäft noch bestehen („Dedesignation").

Keine Beendigung des *cash flow hedge* ist u.E. geboten, wenn die Sicherungsbeziehung ein Tochterunternehmen betrifft, auf Ebene des Tochterunternehmens der Eintritt der gesicherten Transaktion nach wie vor hochwahrscheinlich oder sicher ist, das Tochterunternehmen aber voraussichtlich veräußert wird und daher nach IFRS 5 (→ § 29) zu qualifizieren ist.

Beispiel

Tochterunternehmen TU hat die Risiken aus einem langfristigen, variabel verzinslichen Darlehen durch einen Zinsswap abgesichert. Zum Bilanzstichtag wird mit hoher Wahrscheinlichkeit mit einer Veräußerung des TU in den nächsten 12 Monaten gerechnet. Große Teile des abgesicherten cash flow werden daher nicht mehr während der Dauer der Konzernzugehörigkeit anfallen.

Beurteilung

U. E. ist die Frage der Wahrscheinlichkeit des Eintritts des gesicherten Geschäfts auf Ebene des Tochterunternehmens zu beurteilen und daher auch für Zwecke des Konzernabschlusses unverändert gegeben.

Für die **buchmäßige** Behandlung bei einer **Beendigung** der Sicherungsbeziehung ist zwischen *fair value hedges* und *cash flow hedges* (Rz 251) zu differenzieren. 268

Wenn im Falle eines *fair value hedge*

- das Sicherungsgeschäft wegfällt oder
- die Sicherungsbeziehung die Voraussetzung für das *hedge accounting* nicht mehr erfüllt oder
- die Sicherungsbeziehung „dedesigniert" wird,

werden für das Grundgeschäft keine weiteren Buchwertanpassungen mehr vorgenommen. Der bis zu diesem Zeitpunkt aufgelaufene Anpassungsbetrag wird vielmehr wie folgt behandelt:

- Im Falle eines zinstragenden Grundgeschäfts wird der Anpassungsbetrag bis zu dessen Fälligkeit amortisiert (unter Verwendung der Effektivzinsmethode, wobei der Effektivzins zum Zeitpunkt der Beendigung des *hedge accounting* neu berechnet wird). Anwendungsbereiche sind Darlehen und Verbindlichkeiten, aber auch zinstragende *available-for-sale*-Wertpapiere.

- Bei allen anderen Geschäften wird der Anpassungsbetrag nicht amortisiert, sondern verbleibt bis zur Veräußerung oder Abschreibung in der Bilanz.

Zur Amortisation folgendes Beispiel:

Beispiel
Unternehmen A hat ein in der Bewertungskategorie LaR erfasstes festverzinsliches Finanzinstrument im Rahmen eines *fair value hedge* gegen Zinsänderungsrisiken abgesichert. Der ursprüngliche Effektivzins beträgt 7 %.
Nach 2 Jahren wird der Sicherungszusammenhang aufgelöst. Für das Grundgeschäft wird die Buchwertanpassung gestoppt und es wird der Normalbewertung *at amortised cost* zugeführt. Unter Berücksichtigung der aktuellen Buchwertanpassung ist ein neuer Effektivzinssatz zu bestimmen (IAS 39.AG8).

Fällt hingegen das **Grundgeschäft weg**, ist dessen Buchwert (einschließlich des Anpassungsbetrags aus dem *fair value hedge accounting)* auszubuchen.
Wenn im Falle eines ***cash flow hedge***

- das Sicherungsderivat wegfällt,
- die Sicherungsbeziehung nicht mehr effektiv ist,
- der Eintritt des Grundgeschäfts nicht mehr zu erwarten ist oder
- die Designation der Beziehung entfällt,

werden keine weiteren Anpassungen im Eigenkapital mehr vorgenommen. Der bis zu diesem Zeitpunkt im Eigenkapital aufgelaufene Betrag wird – den allgemeinen Regeln des *cash flow hedge accounting* folgend (Rz 254) – ausgebucht, wenn die gesicherte Transaktion eintritt oder mit deren Eintritt nicht mehr zu rechnen ist (IAS 39.101).
Ab dem Zeitpunkt der Beendigung der *hedge*-Beziehung wird das Sicherungsinstrument nach den allgemeinen Regeln behandelt; im Falle eines Derivats folgt daraus eine Behandlung als Handelsgeschäft *(trading)* mit einer Erfassung der *fair-value*-Änderung in der GuV (Rz 145). Zur Absicherung eingesetzte Derivate sind (sofern sie nicht weggefallen sind) ab dem Zeitpunkt der Beendigung des *hedge accounting* nicht mehr als Sicherungsderivat, sondern als Handelswert zu klassifizieren. Dies stellt jedoch keine unzulässige Umklassifizierung i.S.v. IAS 39.50 dar, wie der mit dem im Mai 2008 verabschiedeten *Annual Improvements Project* 2008 neu eingefügte IAS 39.50A klarstellt.

269 Die nachfolgende Übersicht[72] fasst die Konsequenzen der Beendigung von *hedge*-Beziehungen zusammen.

[72] Entnommen FREIBERG, PiR 2009, S. 264ff.

<table>
<tr><th>Grund der Beendigung</th><th>fair value hedge</th><th>cash flow hedge</th></tr>
<tr><td>Das hedging-Instrument ist ausgelaufen, wurde verkauft, beendet oder ausgeübt</td><td rowspan="3">Aussetzen der erfolgswirksamen fair-value-Bewertung des Grundgeschäfts. Buchwertanpassungen des hedged items unterliegen den allgemeinen Vorgaben zur Folgebewertung.</td><td rowspan="4">Bislang erfolgsneutrale Ergebnisse verbleiben bis zum Anfall der erwarteten Transaktion im Eigenkapital</td></tr>
<tr><td>Effektivitätsnachweis misslingt</td></tr>
<tr><td>Freiwillige Beendigung (Dedesignation)</td></tr>
<tr><td>Der Eintritt des Grundgeschäfts ist nicht mehr hochwahrscheinlich, wird aber noch erwartet</td><td>Nicht anwendbar</td></tr>
<tr><td>Der Eintritt des Grundgeschäfts wird nicht mehr erwartet</td><td>Nicht anwendbar</td><td>Realisation der bislang erfolgsneutral erfassten fair-value-Änderungen (recycling)</td></tr>
</table>

Tab. 13: Beendigung des *hedge accounting*

6.4.8 *Fair value option* als Alternative zum *hedge accounting*

Zur Anwendung der Regeln des *hedge accounting* müssen Unternehmen eine 270
Reihe von **Voraussetzungen** erfüllen (Rz 257):

- Designation und **Dokumentation** der Sicherungsbeziehung,
- prospektive und retrospektive **Messung der Effektivität** der Sicherungsbeziehung,
- Durchführung von *hedge-accounting*-**spezifischen** Bewertungen und
- Anwendung der **Buchungsregeln** des *hedge accounting*.

Gerade für Unternehmen, die nur im geringen Umfang Finanzinstrumente einsetzen, bedeutet dies einen nicht unerheblichen Aufwand, u.U. sogar die Unmöglichkeit der Nutzung des *hedge accounting* überhaupt. Als praktische Alternative zu den Regelungen des *hedge accounting* bietet sich in solchen Fällen u.U. die *fair value option* (IAS 39.9) an. Diese erlaubt die Designation eines Finanzinstruments im Zugangszeitpunkt als gewillkürten Handelsbestand (Rz 32 und Rz 142) und damit eine erfolgswirksame Bewertung zum *fair value*, wenn dadurch Bilanzierungs- bzw. Bewertungsdifferenzen (sog. *accounting mismatch)* vermieden werden können und sich insofern die Aussagekraft des Abschlusses erhöht (IAS 39.9b).

Diese Voraussetzungen werden typischerweise bei den Anwendungsfällen des *fair value hedge accounting* erfüllt: Ein originäres Finanzinstrument (*loan and receivable, held-to-maturity investment, available-for-sale financial asset* oder finanzielle Verbindlichkeit) wird mit einem Derivat gegen Änderung seines *fair value* abgesichert (Rz 251 ff.):

- Bewertungs**differenzen** resultieren in solchen Fällen aus dem *mixed model*, da das Sicherungsderivat erfolgs**wirksam** zum *fair value* bewertet wird, wohingegen das gesicherte originäre Finanzinstrument entweder erfolgs**neutral** zum *fair value (available-for-sale financial asset)* oder zu fortgeführten Anschaffungskosten (*loan and receivable, held-to-maturity investment* oder finanzielle Verbindlichkeit) bewertet wird. Durch Anwendung der *fair value option* auf das originäre Finanzinstrument wird die Bewertungsdifferenz ohne Anwendung des *fair value hedge accounting* beseitigt.
- Die Aussagekraft des Abschlusses wird dadurch erhöht, dass der Risikozusammenhang zwischen dem Grund- und dem Sicherungsgeschäft adäquat in der Bilanz und der GuV abgebildet und nicht durch unterschiedliche Bewertungskonzepte verzerrt wird.

271 Die *fair value option* kann aber nicht nur als Alternative zum *fair value hedge accounting* genutzt werden, sondern auch für die Bilanzierung solcher Sicherungsbeziehungen, für die IAS 39 die Anwendung des *fair value hedge accounting* nicht erlaubt. Dies gilt insb. für solche Fälle, in denen das Sicherungsgeschäft kein Derivat, sondern ein originäres Finanzinstrument ist (Rz 237). Ein typischer Anwendungsfall ist eine als *available-for-sale financial asset* klassifizierte festverzinsliche Anleihe, die mit einer laufzeitkongruenten festverzinslichen Verbindlichkeit gegen Zinsrisiken abgesichert wird. Da das *fair value hedge accounting* in diesem Fall nicht angewendet werden darf (IAS 39.72), kommt es infolge der einseitigen Bewertung der Anleihe zum *fair value* zu einer Bewertungsdifferenz im Eigenkapital. Mit der Anwendung der *fair value option* für beide Geschäfte lässt sich diese Bewertungsdifferenz beseitigen, weil beide Geschäfte erfolgswirksam zum *fair value* bewertet werden.

Als Alternative zum *cash flow hedge accounting* scheidet die *fair value option* hingegen **aus**.

7 Latente Steuern auf Finanzinstrumente

7.1 Anteile an Kapitalgesellschaften: § 8b KStG

272 Soweit eine Kapitalgesellschaft Anteile an einer anderen Kapitalgesellschaft hält, sind Veräußerungsgewinne, Veräußerungsverluste und Abschreibungen auf diesen Anteil i. d. R. durch § 8b Abs. 3 KStG zu 95 % von der Körperschaftsteuer freigestellt. Bei einer bilanzierenden Kapitalgesellschaft führen deshalb Abweichungen zwischen dem Anteilswert laut IFRS-Bilanz (z. B. *fair value* über Anschaffungskosten) und dem Anteilswert laut Steuerbilanz *(tax base)* nicht zu latenten Steuern, da die Differenz nicht zu versteuern bzw. steuerlich nicht abzugsfähig ist (IAS 12.5 ff.; → § 26 Rz 17).

273 Handelt es sich bei dem Berichtsunternehmen dagegen um eine **Personengesellschaft**, so führen Abweichungen zwischen dem steuerlichen und dem IFRS-Anteilswert (wie andere Abweichungen) i. H. d. **Gewerbesteuersatzes** zu einer Steuerlatenz (→ § 26 Rz 94).

Zur Behandlung von Anteilen an Personengesellschaften wird auf → § 26 Rz 84 verwiesen.

7.2 Fremdkapitalinstrumente: Wertsteigerung über AK sowie vorübergehende Wertminderung

Werden Fremdkapitalinstrumente, insbesondere Anleihen, aufgrund des *fair-value*-Ansatzes über Anschaffungskosten angesetzt (Rz 192), so steht dies im Widerspruch zu § 6 EStG; auf die Differenz ist eine passive latente Steuer zu bilden. Im Falle von erfolgsneutral bewerteten *available-for-sale*-Papieren erfolgt die Bildung des steuerlichen Abgrenzungspostens im Eigenkapital (Rz 152 sowie → § 26 Rz 129). 274

Liegt der nach IFRS anzusetzende *fair value* unter den Anschaffungskosten, so ist nach § 6 Abs. 1 EStG zu prüfen, ob die Wertminderung voraussichtlich von Dauer ist. Soweit dies verneint wird, sind aktive latente Steuern zu bilden.[73]

7.3 Pauschalwertberichtigungen

Pauschalwertberichtigungen werden von der Finanzverwaltung anerkannt, wenn sie den Betrag von 1 % nicht überschreiten (Nichtbeanstandungsgrenze). Ein höherer Ansatz muss durch die Historie der Forderungsausfälle (Statistik) begründet werden.[74] In diesem Fall bestehen keine besonderen Unterschiede zur IFRS-Bilanz, die für portfolioorientierte Wertberichtigungen (Pauschalwertberichtigungen im weiteren Sinne) ebenfalls die Orientierung an Erfahrungssätzen vorsieht (Rz 127). 275

7.4 Forderungen und Verbindlichkeiten in Fremdwährung

Nach IAS 21 sind Vermögenswerte und Schulden in fremder Währung i.d.R. zum Stichtagskurs umzurechnen (→ § 27 Rz 13). Eine Begrenzung nach oben auf die Anschaffungskosten (Vermögenswerte; Rz 123) bzw. nach unten durch den Rückzahlungsbetrag (Verbindlichkeiten; Rz 205) besteht nicht. Führt die Umrechnung einer Forderung demnach zu einem über den Anschaffungskosten liegenden Wert, so entstehen passive latente Steuern. Der währungsbedingte Ansatz von Verbindlichkeiten unter dem Rückzahlungsbetrag führt ebenfalls zu einer passiven Steuerlatenz. 276

7.5 Derivate – *hedge accounting*

Droht aus Derivaten ein Verlust, so ist dieser Verlust im Regelfall gem. § 5 Abs. 4a EStG steuerbilanziell nicht zu berücksichtigen. In Höhe des negativen *fair value* der IFRS-Bilanz liegt eine temporäre Differenz vor, die zu aktiven latenten Steuern führt. Passive latente Steuern ergeben sich, wenn in der IFRS-Bilanz ein positiver *fair value (asset)* anzusetzen ist, hingegen in der Steuerbilanz nach den Grundsätzen schwebender Geschäfte ein Ansatz unterbleibt. 277

Mit der ab 2006 geltenden Einfügung des § 5 Abs. 1a EStG kann es in bestimmten Ausnahmefällen zur Angleichung von Steuer- und IFRS-Bilanz kommen. Nach § 5 Abs. 1a EStG sind die Ergebnisse der in der Handelsbilanz gebildeten Bewertungseinheiten auch für die Steuerbilanz maßgeblich. Das steuerbilanzielle Passivierungsverbot für Drohverluste gilt insoweit nicht (§ 5 Abs. 4a Satz 2

---

73 Vgl. LÜDENBACH/HOFFMANN, DB 2004, S. 85.

74 Vgl. BFH, Urteil v. 27.8.1992, IV R 89/90, BStBl II 1982, S. 766.

EStG). Soweit daher ein Sicherungsderivat einen negativen *fair value* hat und dieser Verlustsaldo wegen der handelsrechtlichen Bildung einer Bewertungseinheit auch in der Steuerbilanz zu berücksichtigen ist, entstehen hier keine temporären Differenzen mehr. Zu beachten bleibt aber: Die handelsrechtliche Bildung von Bewertungseinheiten erfolgt lediglich kompensatorisch, d.h., übersteigt die positive Wertänderung des Sicherungsgeschäftes die negative des Grundgeschäftes, ist der verbleibende positive Saldo als unrealisierter Gewinn nicht ansatzfähig. Hier bleibt es bei der Differenz zur IFRS-Bilanz.[75]

8 Ausweis

8.1 Bilanz und Gesamteinkommensrechnung

278 Das Finanzvermögen bereitet auf der Ebene der Bilanz selbst keine besonderen **Ausweisprobleme**.

- **Finanzanlagen:** Die Position Finanzanlagen wird in der (deutschen) IFRS-Praxis entweder gar nicht – oder wie von IAS 1.68d und e verlangt (→ § 2 Rz 40) – lediglich in *equity*-Beteiligungen einerseits und übrige Finanzanlagen andererseits unterteilt.
- **Kurzfristiges Vermögen:** Im Umlaufvermögen sieht IAS 1.68 i.V.m. IAS 1.51 eine Mindestuntergliederung in Forderungen *(trade and other receivables)*, Zahlungsmittel *(cash and cash equivalents)* und sonstige kurzfristige finanzielle Vermögenswerte vor (→ § 2 Rz 41). Die Forderungen *(receivables)* sind wahlweise in der Bilanz oder im Anhang weiter zu untergliedern in Forderungen aus Lieferung und Leistung, Forderungen gegen nahestehende Personen, Vorauszahlungen und sonstige Forderungen (IAS 1.75b).

279 Die relevanten Erläuterungen und Untergliederungen des Finanzvermögens finden sich demgemäß nicht auf der Ebene der Bilanz, sondern in den *notes*. Insoweit wird auf Rz 286ff. und → § 5 verwiesen.

280 Für Verbindlichkeiten sieht IAS 1.68 mindestens den gesonderten Ausweis folgender Posten in der Bilanz selbst vor (→ § 2 Rz 41):

- **Verbindlichkeiten aus Lieferung und Leistung und sonstige Verbindlichkeiten,**
- **Finanzschulden.**

Soweit in diesen Kategorien jeweils sowohl kurzfristige als auch langfristige Teile enthalten sind, müssen diese jeweils separiert werden (IAS 1.51).

281 Zusätzliche Posten sind auszuweisen, wenn sie notwendig sind, um die Vermögens- und Finanzlage des Unternehmens den tatsächlichen Verhältnissen entsprechend darzustellen (IAS 1.69; → § 2 Rz 49). Diese Formulierung lässt viele **Spielräume** offen und führt zu einer **uneinheitlichen** Bilanzierungspraxis: Teils werden nur die Posten Verbindlichkeiten und latente Steuern in der Bilanz selbst ausgewiesen und alle anderen Angaben in den Anhang verlagert. Teils wird die Passivseite in langfristiges und kurzfristiges Fremdkapital untergliedert, wobei im langfristigen Fremdkapital langfristige Finanzschulden und übrige langfristige Verbindlichkeiten ausgewiesen werden, im kurzfristigen Fremdkapi-

[75] Vgl. zum Ganzen BISCHOFF, PiR 2007, S. 68ff.

tal kurzfristige Finanzschulden, Verbindlichkeiten aus Lieferungen und Leistungen und übrige kurzfristige Verbindlichkeiten. Die erste Lösung führt nicht wirklich zu einem geringeren Aufstellungsaufwand, da ohnehin für den Anhang eine Aufgliederung nach Fristigkeiten gefordert ist.

Besonderer Berücksichtigung entweder in der **Eigenkapitalveränderungsrechnung** (bis 2008 wahlweise) oder einer Gesamteinkommensrechnung (ab 2009 Pflicht) bedürfen erfolgsunwirksame *fair-value*-Änderungen, wie sie bei *cash flow hedges* und *available-for-sale*-Werten entstehen. Wegen Einzelheiten wird auf → § 2 Rz 79 verwiesen. 282

8.2 GuV und Kapitalflussrechnung

Das Mindestschema der **GuV** aus IAS 1.81 sieht **zwei** Angaben für die Ergebnisse aus Finanzinstrumenten vor: 283

- das *equity*-Ergebnis aus assoziierten und Gemeinschaftsunternehmen sowie
- das Zinsergebnis *(financial cost).*

In der Praxis wird häufig wie folgt verfahren (→ § 2 Rz 70):

- Gewinne und Verluste aus dem Abgang von Finanzinstrumenten werden in den Posten **sonstige betriebliche Erträge** oder **sonstige betriebliche Aufwendungen** erfasst. Das Gleiche gilt für Abschreibungen und Zuschreibungen auf Forderungen sowie Währungsgewinne und Währungsverluste.
- In der Position **übriges Finanzergebnis** (nach den Posten Beteiligungsergebnis und Zinsergebnis) werden Abschreibungen und Zuschreibungen auf Finanzanlagen sowie Ergebnisse aus der Marktbewertung von Derivaten und anderen *trading assets* (Rz 142) erfasst. Hierbei dürfen im Allgemeinen Gewinne und Verluste aus zu Handelszwecken gehaltenen Finanzinstrumenten saldiert werden, d.h., auch im Anhang ist nicht zwischen Gewinn- und Verlustfällen zu differenzieren (IAS 1.37).

In der **Kapitalflussrechnung** sind neben den allgemeinen Regelungen (z.B. Darlehensaufnahme und Darlehensrückzahlung im Finanzierungsbereich) folgende besonderen Bestimmungen zu beachten: 284

- Wertpapiere und Anleihen, die zu **Handelszwecken** gehalten werden, sollen gem. IAS 7.15 den zur Weiterveräußerung bestimmten Vorräten ähneln. *Cash flows* aus dem Erwerb und Verkauf derartiger Wertpapiere sind deshalb im operativen Bereich der *cash-flow*-Rechnung zu berücksichtigen. Entsprechendes gilt für Derivate, die zu Handelszwecken gehalten werden (→ § 3 Rz 51).
- Bei Auszahlungen für **Derivate**, die als *hedges* verwendet werden, ist zu differenzieren: Beziehen sie sich auf ein bestimmtes Sicherungsgeschäft (z.B. Kundenforderungen in Fremdwährung), so ist der *cash flow* des Derivates so zu behandeln wie der des Grundgeschäftes (im Beispiel operativ). Fehlt es an einem solchen besonderen Bezug, so können nicht als *trading* zu qualifizierende Derivate je nach den Umständen der Investitions- oder Finanzierungstätigkeit zugerechnet werden (IAS 7.16g; → § 3 Rz 51).
- Auszahlungen für *available-for-sale*-**Werte** sind im Allgemeinen im Investitionsbereich zu berücksichtigen.
- Bei großer **Umschlaghäufigkeit**, d.h. vorrangig in der Kategorie *trading*, können Ein- und Auszahlungen auch **saldiert** dargestellt werden (IAS 7.22b).

9 Angaben

9.1 Überblick

285 Die Angabepflichten des IFRS 7 lassen sich in zwei Blöcke aufteilen:

- **Bedeutung** von Finanzinstrumenten für das Unternehmen (IFRS 7.7–30) und
- Art und Umfang der aus den eingesetzten Finanzinstrumenten resultierenden **Risiken** (IFRS 7.31–44).

286 Bei den die **Bedeutung** der eingesetzten Finanzinstrumente betreffenden Angaben verlangt IFRS 7 von Finanzinstrumenten teils eine Aufschlüsselung nach *„classes“*, teils nach *„categories“*. In der amtlichen deutschen Fassung von IFRS 7 werden beide Begriffe mit „Kategorie“ übersetzt. Die nachfolgende Kommentierung schließt sich dem nicht an, sondern trifft i. S. d. englischen Originaltextes folgende Unterscheidung:

- **Kategorien** sind die in IAS 39.9 und IFRS 7.8 unterschiedenen Bewertungskategorien, also erfolgswirksam zum beizulegenden Zeitwert bewertete finanzielle Vermögenswerte *(trading assets, fair value option)*, Endfälligkeitsinvestments *(held-to-maturity assets)*, Kredite und Forderungen *(loans and receivables)*, veräußerbare finanzielle Vermögenswerte *(available-for-sale assets)* sowie die erfolgswirksam zum beizulegenden Zeitwert bewerteten finanziellen Verbindlichkeiten *(trading liabilities, fair value option)* und finanzielle Verbindlichkeiten, die zu fortgeführten Anschaffungskosten bewertet werden.
- Eine **Klasse** ist eine Zusammenfassung von Finanzinstrumenten zu einer Gruppe, die in Abhängigkeit von der Art der nach IFRS 7 geforderten Angaben sowie der Merkmale der im Unternehmen eingesetzten Finanzinstrumente vorgenommen wird. Daher sind die Klassen durch das Unternehmen individuell festzulegen. Dabei muss die Klassenbildung mindestens zwischen zu fortgeführten Anschaffungskosten und zum *fair value* bilanzierten Finanzinstrumenten unterscheiden (IFRS 7.B2). Im einfachsten Fall (bei fehlender unternehmensspezifischer Untergliederung) ergäben sich also zwei Klassen, zum einen zu fortgeführten Anschaffungskosten bilanzierte Finanzinstrumente (Kredite und Forderungen, bis zur Endfälligkeit gehaltene Finanzinvestitionen, sonstige finanzielle Verbindlichkeiten), zum andern zum *fair value* bilanzierte *(available-for-sale assets, financial assets/liabilities at fair value through profit or loss)*.

Die Erläuterung der Finanzinstrumente nach **Klassen** steht **im Vordergrund** von IFRS 7. Die Bewertungskategorien des IAS 39 haben keine so hohe Bedeutung. Wichtigste Ausnahmen sind IFRS 7.8 mit der Überleitung von Bewertungskategorien auf Bilanzposten (Rz 299) sowie IFRS 7.20a mit einer Aufgliederung von Nettogewinnen oder -verlusten aus Finanzinstrumenten nach Bewertungskategorien (Rz 302).

287 Im Einzelnen sind zur Bedeutung von Finanzinstrumenten Angaben zu folgenden Punkten gefordert:

- **Bilanzierungs- und Bewertungsmethoden** (Rz 292),
- **Überleitung** der Bewertungskategorien des IAS 39 auf die Bilanz und GuV-Positionen, Umgliederungen zwischen den Kategorien (Rz 299),

- Aufschlüsselung der **Nettogewinne und -verluste** nach Bewertungskategorien des IAS 39 (Rz 294), Angabe des Wertminderungsaufwands je Klasse (Rz 304),
- **Zinserträge und -aufwendungen** für nicht erfolgswirksam zum *fair value* erfasste Finanzinstrumente (Rz 303) sowie der Zinsertrag aus wertgeminderten finanziellen Vermögenswerten (sog. *unwinding*, Rz 304)
- Höhe von **Zeitwerten (*fair values*)** nach Klassen, soweit der Zeitwert nicht bereits aus der Bilanz ersichtlich ist, Ermittlung der Zeitwerte, Nutzung der *fair value option* (Rz 305),
- *hedge accounting* (Rz 308),
- **sonstige** Angaben zur Bedeutung von Finanzinstrumenten (Rz 309).

Zur Kennzeichnung der **Risiken** aus den eingesetzten Finanzinstrumenten sind Angaben zu **288**

- Ausfallrisiken (→ Rz 314),
- Liquiditätsrisiken (→ Rz 315) und
- Markt(preis)risiken (→ Rz 316)

erforderlich (Rz 313). Diese können aber statt im Anhang in einem **Lagebericht** gemacht werden, der mit den *financial statements* offengelegt wird (IFRS 7.B6). Hierdurch lassen sich Redundanzen vermindern.

9.2 *Materiality*-Überlegungen

Betrachtet man den Anhang von Großunternehmen wie Lufthansa, RWE oder Metro, fällt der wesentlich größere **Umfang** der Erläuterungen der Finanzinstrumente im Verhältnis zum Sach- und immateriellen Anlagevermögen und zu den Vorräten (insgesamt) auf. Ein unvoreingenommener Betrachter könnte angesichts dieser Schwerpunktsetzung den Eindruck gewinnen, dass die genannten Unternehmen nicht vor allem Passagiere befördern, Energie produzieren bzw. Warenhandel betreiben, sondern sich eher auf finanzielle als auf operative Tätigkeiten konzentrieren würden. Wer als mittelständischer Anwender einen solchen Eindruck nicht vermitteln will bzw. auch den mit manchen Angaben verbundenen Aufwand scheut, muss den *materiality*-**Grundsatz** (→ § 1 Rz 61 ff.) extensiv auslegen. **289**

Wie alle IFRS-Regelungen unterliegen auch die Bestimmungen von IFRS 7 dem Vorbehalt der Nichtanwendung auf **unwesentliche** Sachverhalte (→ § 1 Rz 62). Daneben finden sich aber noch spezielle Hinweise: **290**

- „Ein Unternehmen entscheidet, unter Berücksichtigung der Umstände, welche Details es zur Erfüllung der Anforderungen des IFRS 7 angibt, wie es die einzelnen Anforderungen gewichtet und wie es Informationen zu einem Gesamtbild aggregiert" (IFRS 7.B3).
- „Der Umfang der Angabepflichten hängt vom Umfang des Einsatzes von Finanzinstrumenten und der betreffenden Risikoexposition ab" (IFRS 7.IN4).
- „Zur Erfüllung der Anforderungen muss ein Unternehmen nicht alle in der *Implementation Guidance* empfohlenen Informationen angeben." (IFRS 7.IG5).

Im Vergleich zu anderen Standards ist der wiederholte Hinweis auf den *materiality*-Grundsatz auffällig. Erklärend ist offenbar ein gewisses Unbehagen damit, den bankspezifischen Standard IAS 30 abgeschafft und seine Inhalte in IFRS 7 integriert zu haben. Als Folge dieser Entscheidung unterliegt die Elektro Müller **291**

GmbH vor Berücksichtigung des *materiality*-Gedankens den gleichen Offenlegungsvorschriften für Finanzinstrumente wie die Deutsche Bank AG. Da dies im Ergebnis nicht richtig sein kann, muss der *materiality*-Grundsatz bei IFRS besonders betont werden. Von praktischer Bedeutung ist dann die Interpretation des Grundsatzes. Würde er rein quantitativ, etwa als Anteil der Finanzinstrumente an der Bilanzsumme verstanden, wäre dem **mittelständischen** Unternehmen nur halb (u.a. kaum auf der Passivseite) geholfen. Bei qualitativer Betrachtung sind aber Informationen nur dann als wesentlich anzusehen, wenn sie für die Beurteilung der Lage des Unternehmens wichtig sind. Für ein überwiegend im Euroraum tätiges und überwiegend festverzinslich finanziertes mittelständisches Unternehmen werden Währungs- und Zinsentwicklungen etwa qualitativ unwesentlich, Sensitivitätsanalysen zu diesen Größen daher entbehrlich sein. Bei konsequenter Anwendung des *materiality*-Grundsatzes kann der Mittelständler mit verhältnismäßig wenigen, zumeist aus dem Handelsrecht bekannten Angaben (Laufzeiten usw.) auskommen und so – im Interesse des *true and fair view* – seine Berichterstattung vom **finanziellen Kopf** auf die **operativen Füße** stellen.

9.3 Angaben zu Bilanzierungs- und Bewertungsmethoden

292 Bezüglich der Angabepflichten zu den Bilanzierungs- und Bewertungsmethoden verweist IFRS 7.21 lediglich auf die diesbezüglich allgemeine Angabepflicht in IAS 1.108. Für Finanzinstrumente dürfte danach im Wesentlichen eine

- Angabe der Bewertungsmethoden,
- der Kriterien für die Ein- und Ausbuchung sowie
- für die Realisation der Erträge und Aufwendungen.

relevant sein.

Zum ersten Punkt wird z.B. bei **Forderungen**, Ausleihungen (Rz 115ff.), **Finanzverbindlichkeiten** (Rz 189ff.) sowie bei *held-to-maturity assets* (Rz 133ff.) i.d.R. ein Hinweis auf die Bewertung zu fortgeführten Anschaffungskosten ausreichen, bei veräußerbaren Werten (Rz 147ff.), Handelswerten (Rz 142ff.) und Derivaten der Hinweis auf den *fair value*.

293 Zum **Einbuchungszeitpunkt** ist anzugeben, ob Finanzinstrumente am Erfüllungs- oder Handelstag erfasst werden (Rz 54).

Für die nicht oder nicht zur vollständigen **Ausbuchung** führende (zivilrechtliche) Übertragung von finanziellen Vermögenswerten (Rz 61, zu Einzelfällen Rz 70) sieht IFRS 7.13 folgende nach Klassen (Rz 286) gegliederte Erläuterung vor:

- Art der (teilweise) fortgeführten Vermögenswerte (hier wird z.B. angegeben, dass es sich um eine veräußerte Forderung aus Lieferung und Leistung, einen vergebenen Kredit, ein Wertpapier oder eine Aktie handelt),
- deren Buchwert sowie der Buchwert verbundener (Garantie-)Verbindlichkeiten, im Falle teilweiser Ausbuchung auch der Buchwert des Vermögenswerts vor Übertragung,
- qualitative Beschreibung des die Fortführung erklärenden Risikos (z.B. Ausfallrisiko oder Zinsrisiko).

294 Ein im Oktober 2010 veröffentlichtes *Amendment* zu IFRS 7 schreibt mit Wirkung für Berichtsperioden, die ab dem 1. Juli 2011 beginnen, zusätzliche Angaben für Finanzinstrumente vor, die trotz Übertragung *(transfer)* **nicht**

ausgebucht wurden oder bei denen nach Übertragung ein ***continuing involvement*** besteht (IFRS 7.42A).

Ein *continuing involvement* im Sinne dieser Anhangsvorschriften ist gem. IFRS 7.42C gegeben, wenn auf den übertragenen Vermögenswert bezogene Rechte oder Pflichten zurückbehalten oder neu begründet wurden. Kein *continuing involvement* liegt jedoch vor bei Verbleib des Veritätsrisikos, bedingten oder unbedingten Termingeschäften, die eine Rücknahme des übertragenen Vermögenswertes zum *fair value* vorsehen, sowie Durchleitungsverpflichtungen i.S.v. IAS 39.19.

Für finanzielle Vermögenswerte, die bei Übertragung **nicht vollständig ausgebucht** worden sind, müssen im Einzelnen folgende Angaben geleistet werden (IFRS 7.42D):

- Art der übertragenen Vermögenswerte,
- Art der beim Unternehmen verbleibenden Chancen und Risiken,
- Art der Beziehung zwischen dem übertragenen Vermögenswert und damit verbundenen Verbindlichkeiten (*associated liabilities*), etwa Beschreibung der Restriktionen, die sich aufgrund der Übertragung für die Verwertung des Vermögenswerts beim Unternehmen ergeben,
- falls die Gegenpartei wegen eventueller Ansprüche nur Rückgriff auf die übertragenen Vermögenswerte nehmen kann, Angaben zum *fair value* von Vermögenswerten, verbundenen Verbindlichkeiten und der Differenz von beidem.

Für finanzielle Vermögenswerte, die nach Übertragung **vollständig weiter bilanziert** werden, sind Angabe zum Buchwert von Vermögenswert und verbundenen Verbindlichkeiten gefordert.

Falls das Unternehmen den Vermögenswert nach Übertragung gem. IAS 39.20c(IIs) im Maße des ***continuing involvement*** weiter bilanziert, müssen Angaben zum Buchwert der Vermögenswerte vor und nach Übertragung sowie der verbundenen Verbindlichkeiten geleistet werden.

Für alle Vermögenswerte, die bei Übertragung **vollständig ausgebucht** wurden, bei denen aber ein *continuing involvement* im o.g. Sinne vorliegt, bestehen folgende, nach IFRS 7.42F ggf. aggregiert erfüllbare, Angabepflichten (IFRS 7.42E und G):

- Buchwert und *fair value* der für das *continuing involvement* relevanten Vermögenswerte und/oder Verbindlichkeiten,
- maximales Risiko aus dem *continuing involvement*,
- undiskontierter *cash flow*, der für den Rückkauf des übertragenen Vermögenswerts benötigt würde, sowie eine an den Restlaufzeiten des *continuing involvement* orientierte Fälligkeitsanalyse dieser *cash flows,*
- Angabe der Erträge oder Aufwendungen die a) bei Übertragung, b) in der Berichtsperiode, c) seit Übertragung erzielt wurden,
- besondere Angaben wenn Ergebnisse aus der Übertragung von Vermögenswerten nicht relativ gleichmäßig über die Berichtsperiode, sondern konzentriert, insbesondere zeitnah zum Bilanzstichtag, angefallen sind.

Die Erläuterung der Ertrags- und Aufwandsrealisierung kann beispielhaft wie **295**
folgt aussehen:

Beispiel
Erträge und Aufwendungen aus Finanzinstrumenten
Dividendenerträge werden erfasst, wenn der Rechtsanspruch auf Zahlung entstanden ist.
Zinserträge werden mittels des maßgeblichen Effektivzinssatzes zeitlich abgegrenzt. Davon ausgenommen sind Finanzinstrumente, die erfolgswirksam zum Zeitwert erfasst werden, der rechtlich noch nicht verselbstständigte Zinsanspruch ist hier Teil der Zeitbewertung.
Zinsaufwendungen aus Verbindlichkeiten werden ebenfalls auf Basis des Effektivzinssatzes abgegrenzt. Im Zinsergebnis ist außerdem der Zinsanteil in den Zuführungen zu Rückstellungen berücksichtigt.
Wertminderungen auf finanziellen Vermögenswerten, die nicht erfolgswirksam zum beizulegenden Zeitwert erfasst sind, werden aufwandswirksam erfasst.
Gewinn und Verluste aus der **Veräußerung** von Finanzinstrumenten werden in voller Höhe erfasst, wenn alle wesentlichen Risiken und Chancen übertragen sind. Bei teilweiser Übertragung der Chancen und Risiken ist danach zu differenzieren, ob die Kontrolle beim Unternehmen verbleibt oder übertragen wird.

296 Über diese allgemeinen Angaben hinaus sieht IFRS 7.B5 eine Reihe von **spezifischen Angaben** vor. Von besonderer Bedeutung ist dabei die in IFRS 7.B5f geforderte Angabe der Kriterien, anhand derer über die Notwendigkeit einer **Wertminderung** (*impairment*) entschieden wird. Unternehmen werden sich bez. dieser Angabepflicht nicht mit einer Wiedergabe der Indikatoren aus IAS 39.59 begnügen können. Vielmehr sind hierzu weitere unternehmensindividuelle Konkretisierungen erforderlich (z.B. durch Bezugnahme auf Mahnstufen). In dem Zusammenhang ist auch anzugeben, inwieweit Wertberichtigungen direkt von Forderungen abgesetzt werden oder ob ein separates Wertberichtigungskonto verwendet wird und – in letzterem Fall – nach welchen Kriterien das Konto ausgebucht und die Forderung direkt abgeschrieben wird (IFRS 7.B5d). Diese Angabepflicht bestand bisher nach IAS 32 nicht.

297 Bei Nutzung der *fair value option* ist darzulegen, welche Finanzinstrumente davon betroffen sind (IFRS 7.B5a) und welches der drei zulässigen Kriterien für die Nutzung der *fair value option* verwendet wurde (Rz 32):

- Vermeidung eines *accounting mismatch* gem. IAS 39.9b(i),
- Steuerung eines Portfolios von Finanzinstrumenten gem. IAS 39.9b(ii) auf *fair-value*-Basis oder
- Finanzinstrument enthält ein abtrennungspflichtiges Derivat gem. IAS 39.11A.

Darüber hinaus ist anzugeben, wie die Anwendungsvoraussetzungen für die Nutzung der *fair value option* im Einzelnen erfüllt wurden.

298 Für die Finanzinstrumente der Kategorie *availabe for sale* sind die Kriterien für die Zuordnung zu dieser Kategorie zu erläutern (IFRS 7.B5b). Hierzu gehört auch die Angabe, ob von der Möglichkeit einer entsprechenden Willkürung als zur Veräußerung verfügbarer finanzieller Vermögenswert Gebrauch gemacht wurde (Rz 149).

9.4 Überleitung von Bewertungskategorien auf Bilanzposten

IFRS 7.8 sieht eine **Aufgliederung der bilanziellen Buchwerte nach den Bewertungskategorien** des IAS 39 vor, sofern sich diese nicht ausnahmsweise bereits aus der Bilanz ergeben. 299

Für die **Aktivseite** verlangt dies eine Aufgliederung der Bilanzposten nach in ihnen enthaltenen

- Darlehen und Forderungen,
- Fälligkeitswerten,
- veräußerbaren Werten,
- zu Handelszwecken gehaltenen Werten und
- in die *fair value option* designierten finanziellen Vermögenswerten.

In analoger Weise erfolgt die Aufgliederung der **Passivposten** in:

- zu fortgeführten Anschaffungskosten bilanzierte Finanzverbindlichkeiten,
- zu Handelszwecken gehaltene finanzielle Verbindlichkeiten und
- in die *fair value option* designierte finanzielle Verbindlichkeiten.

Beispiel

Die X weist in ihrer Bilanz aktive Finanzinstrumente unter folgenden Bezeichnungen aus:

– Als „Finanzanlagen" unter der Position „Langfristige Vermögenswerte"

– als „Forderungen L+L" und „sonstige finanzielle Vermögenswerte" unter der Position „Kurzfristige Vermögenswerte".

Die für Bewertungszwecke erstellten Arbeitspapiere nehmen hingegen eine ganz andere Aufgliederung nach den Bewertungskategorien von IAS 39 vor. Bewertung und Ausweis stehen in keinem dem Bilanzadressaten erkennbaren Zusammenhang. Die nachfolgende Überleitung stellt diesen Zusammenhang her:

BILANZ		
AKTIVA		PASSIVA
Langfr. Vermögenswerte		
....		
Finanzanlagen	100	
....		
Kurzfr. Vermögenswerte		
....		
Forderungen L+L	500	
So. fin. Vermögenswerte	200	
....		

ARBEITSPAPIERE	
held-to-maturity assets	50
loans and receivables	600
available-for-sale assets	120
trading assets	30

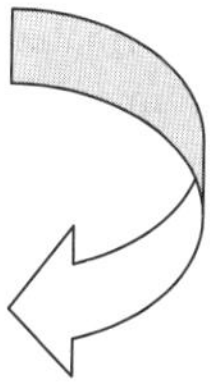

ÜBERLEITUNG	Finanzanl.	Ford.L+L	so.fin.Verm.	Summe
held-to-maturity assets	50			50
loans and receivables	50	500	50	600
available-for-sale assets			120	120
trading assets			30	30
	100	500	200	800

In der Kategorie *available-for-sale assets* können unterschiedliche Bewertungsmaßstäbe zur Anwendung gelangen, neben dem *fair value* als Regelmaßstab bei nicht börsennotierten Anteilen die Anschaffungskosten (Rz 150). Eine Untergliederung der zweiten Stufe nach dieser Unterscheidung wird durch IFRS 7.8 jedoch nicht verlangt.

9.5 Angaben zur Umklassifizierung von Finanzinstrumenten

300 Im Zusammenhang mit den in der Bilanz verwendeten Bewertungskategorien sind Angaben dann erforderlich, wenn ein finanzieller Vermögenswert **umklassifiziert** wurde. Dabei unterscheiden die von IFRS 7 geforderten Angaben danach, ob es sich um eine Umklassifizierung handelt (Rz 181), die

- erst durch die im Oktober 2008 erweiterten Umklassifizierungswahlrechte neu geschaffen wurde (Angaben gem. IFRS 7.12A) oder
- bereits vor Oktober 2008 zulässig bzw. verpflichtend war (Angaben gem. IFRS 7.12).

Für vor Oktober 2008 zulässige bzw. verpflichtende Umklassifizierungen sind Angaben erforderlich, wenn die Bewertung statt zu (fortgeführten) Anschaffungskosten nun zum *fair value* oder umgekehrt erfolgt (IFRS 7.12). Aufgrund der restriktiven Vorschriften zur Umklassifizierung betraf dies nur den Wechsel von einem

- Fälligkeitswert (HTM) in einen Veräußerungswert (AfS) (im Falle des *tainting* bzw. einer geänderten Halteabsicht) oder
- Veräußerungswert in einen Fälligkeitswert (wenn das Unternehmen nach Ablauf der zweijährigen *tainting*-Frist eine freiwillige Rückkategorisierung vornimmt).

Unklarheit besteht über eine Angabepflicht, wenn für ein bisher zu Anschaffungskosten bewertetes Eigenkapitalinstrument nunmehr ein verlässlicher *fair value* verfügbar ist. Zwar ändert sich der Bewertungsmaßstab (*fair value* statt *cost)*, jedoch findet kein Wechsel der Bewertungskategorie statt (weiterhin AfS). Im Zweifel sollte eine Angabe vorgenommen werden.

301 Mit den im Oktober 2008 geschaffenen erweiterten Möglichkeiten zur Umklassifizierung von Finanzinstrumenten (Rz 181) sind umfangreichere **Anhangsangabepflichten** verbunden. Im Einzelnen müssen gem. IFRS 7.12A im Falle einer Umgliederung gem. IAS 39.50B, D und E angegeben werden:[76]

- der in der Berichtsperiode umgegliederte Betrag je Kategorie;
- für jede Berichtsperiode bis zur Ausbuchung die Buchwerte und die *fair values* aller finanziellen Vermögenswerte, die in der aktuellen und in früheren Perioden umgegliedert worden sind;
- im Falle einer Umgliederung gem. IAS 39.50B die außergewöhnliche Situation sowie die Fakten und Umstände, aus denen die Gründe für die Außergewöhnlichkeit der Situation hervorgehen;
- für jeden umgegliederten finanziellen Vermögenswert die im Ergebnis bzw. ergebnisneutral erfassten *fair-value*-Änderungen in der Umgliederungsperiode sowie der vorhergehenden Berichtsperiode;
- für die Umgliederungsperiode und alle nachfolgenden Berichtsperioden bis zur Ausbuchung die *fair-value*-Änderungen, die im Ergebnis oder im *other comprehensive income* hätten verrechnet werden müssen, wenn keine Umglie-

[76] Vgl. im Einzelnen, Bieker, PiR 2008, S. 394ff.

derung erfolgt wäre, und die tatsächlich in der Umgliederungsperiode in der GuV erfassten Beträge sowie

- der Effektivzinssatz und die geschätzten *cash flows*, die das Unternehmen im Umgliederungszeitpunkt aus dem betreffenden Vermögenswert zu erzielen hofft.
- Analoge Angabepflichten sind in Bezug auf Umklassifizierungen nach IFRS 9 in IFRS 7.12B-D vorgesehen.

9.6 Angaben zur GuV

Wie für die Bilanz wird auch für die **GuV** eine **Aufgliederung der Nettogewinne und -verluste** nach **Kategorien** (Rz 286) gefordert (IFRS 7.20a). Dabei sind im Anwendungsbereich von IAS 39 die folgenden Kategorien zu unterscheiden: 302

- Darlehen und Forderungen,
- Fälligkeitswerte,
- veräußerbare Werte,
- zu fortgeführten Anschaffungskosten bilanzierte Finanzverbindlichkeiten,
- zu Handelszwecken gehaltene finanzielle Vermögenswerte bzw. Verbindlichkeiten sowie
- in die *fair value option* designierte finanzielle Vermögenswerte bzw. Verbindlichkeiten.

Unter **Nettogewinnen und -verlusten** (*gains and losses*) sind alle in der GuV der Periode erfassten Bewertungs- und Abgangserfolge zu verstehen. Hierunter fallen für Finanzinstrumente, die **zu (fortgeführten) Anschaffungskosten** oder **erfolgsneutral zum fair value** bewertet werden, nicht die laufenden Zinsen oder Dividenden, hingegen:

- **Wertberichtigungen, Zuschreibungen** sowie Eingänge aus abgeschriebenen Forderungen,
- Gewinne bzw. Verluste aus der **Veräußerung** von Vermögenswerten und
- Gewinne bzw. Verluste aus dem **Rückkauf** von Verbindlichkeiten.

Im Falle von veräußerbaren Werten *(available-for-sale assets)* ist in diesem Zusammenhang auch anzugeben, welcher Betrag unmittelbar in der **Zeitbewertungsrücklage** erfasst wurde und welcher Betrag (aufgrund von Bewertungs- und Veräußerungseffekten) aus der Zeitbewertungsrücklage in die GuV gebucht wurde (IFRS 7.20a(i)).

Für **erfolgswirksam zum *fair value*** bewertete Finanzinstrumente sind alle Effekte aus der laufenden Bewertung einzubeziehen. Darüber hinaus werden hier auch Gewinne bzw. Verluste aus der Veräußerung bzw. dem Rückkauf ausgewiesen (Unterschiedsbetrag zwischen der letzten Bewertung zum *fair value* und dem Transaktionspreis).

Die gesamten Nettogewinne und -verluste können für jede Kategorie **in einer Zahl** angegeben werden; weitergehende Aufgliederungen sind nicht erforderlich.

Beispiel

	aus Folgebewertung			aus Abgang	Nettogewinn/-verlust	
	zum *fair value*	Währungsumrechnung	Wertberichtigung/-aufholung		2011	2010
Loans and receivables		500	–300		200	–300
held-to-maturity investments					0	0
*available-for-sale assets**			–20	80	60	–19
financial instruments held for trading	60			10	70	30
liabilities at amortised cost					0	0
	60	500	–320	90	330	–289
* In Zeitwertrücklage erfasste Folgebewertung					100	–20
Entnahme aus Rücklage wegen Veräußerung/Wertberichtigung					–50	10
Other comprehensive income					50	–10

303 Im Anwendungsbereich von IFRS 9 bestehen analoge Vorschriften nach der an IFRS 9 angepassten Version von IFRS 7.20, wobei hier aktivisch nur zwischen zwei Kategorien zu unterscheiden ist (Rz 338).
Gem. IFRS 7.B5e dürfen in das Nettoergebnis aus Handelsbeständen auch Zinsen und Dividenden einbezogen werden. Für Nicht-Handelsbestände ist dies unzulässig. IFRS 7.20b verlangt vielmehr eine separate Angabe der Gesamtzinserträge und der Gesamtzinsaufwendungen für Finanzinstrumente, die zu (fortgeführten) Anschaffungskosten oder erfolgsneutral zum *fair value* bewertet werden. Eine Aufgliederung nach Kategorien (oder Klassen) ist – anders als bei den Nettogewinnen/-verlusten – nicht notwendig.

9.7 Angaben zur Wertberichtigung

304 Im Zusammenhang mit **Wertberichtigungen** bzw. **Abschreibungen** werden Angaben sowohl zur Bilanz wie zur GuV verlangt.
Regelmäßig werden **portfolio**orientierte Wertberichtigungen, teilweise aber auch **Einzel**wertberichtigungen über eigene Konten geführt. In diesem Fall verlangt IFRS 7.16 eine nach Klassen (Rz 286) gegliederte Entwicklung der Wertberichtigungen („Wertberichtigungsspiegel"). Bei Nichtbanken sind meist nur die Forderungen aus Lieferungen und Leistungen betroffen. Der Wertberichtigungsspiegel kann dann wie folgt ausfallen:

Beispiel

Wertberichtigungen Forderung aus L+L	**2008**	**2007**
Stand 1.1.	1.250	1.200
Währungsdifferenzen	–50	0
Zuführungen	400	600
Inanspruchnahmen	–500	–450
Auflösung nicht in Anspruch genommener	–100	–100
Stand 31.12.	1.000	1.250

Anzugeben sind außerdem

- der Betrag der in der Periode in der GuV erfassten **Wertminderungen**. Die Angabe ist für jede Klasse finanzieller Vermögenswerte erforderlich, die nicht erfolgswirksam zum *fair value* bewertet wird, also für Darlehen und Forderungen sowie Fälligkeitswerte (für die jeweils die gem. IAS 39.63 ermittelten *impairments* (Rz 124, 138) anzugeben sind) und für zur Veräußerung verfügbare Werte (für die die gem. IAS 39.66, 67 ermittelten Abschreibungen (Rz 159) anzugeben sind).
- der Betrag des im Rahmen der Ermittlung von Wertberichtigungen (für die Kategorien Darlehen und Forderungen sowie Fälligkeitswerte) ermittelten *unwinding* (IFRS 7.20d; Rz 125, 138). Die Angabe kann in einer Zahl erfolgen.

9.8 Angaben zu Zeitwerten (*fair values*) und zur Nutzung der *fair value option*

Nach IFRS 7.25 ist für **jede Klasse** von finanziellen Vermögenswerten und finanziellen Schulden der beizulegende **Zeitwert** *(fair value)* anzugeben und mit dem korrespondierenden Buchwert in der Bilanz zu vergleichen. Die sich daraus ergebende Differenz stellt den Betrag der stillen Reserven (oder Lasten) in den Finanzinstrumenten dar, der z.B. im Zuge eines Verkaufs realisiert werden könnte (oder müsste). Um einen Vergleich mit den Buchwerten zu gewährleisten, dürfen bei der Angabe der *fair values* Finanzinstrumente nur insoweit verrechnet werden, als diese auch in der Bilanz verrechnet wurden (IFRS 7.26). 305

Beispiel

Ein Unternehmen hat ein Wertpapier im Bestand, das mit den fortgeführten Anschaffungskosten von 100 bilanziert wird. Der Marktpreis *(fair value)* des Wertpapiers hat sich seit Erwerb auf 108 erhöht. In Höhe der Differenz von 8 verfügt das Unternehmen daher über eine stille Reserve, die es durch Verkauf des Wertpapiers erfolgswirksam realisieren kann.

Die Angabe von *fair values* ist nur für Finanzinstrumente erforderlich, die nicht bereits zum *fair value* bilanziert werden. Daher scheidet die Angabe von vornherein aus für:

- zu Handelszwecken gehaltene finanzielle Vermögenswerte und Verbindlichkeiten,

- in die *fair value option* designierte finanzielle Vermögenswerte und Verbindlichkeiten,
- Veräußerungswerte und
- alle Derivate (unabhängig davon, ob sie als Sicherungsinstrumente oder Handelsderivate behandelt bilanziert werden).

Positiv ausgedrückt ist also eine *fair-value*-Angabe nur erforderlich für

- Darlehen und Forderungen,
- Fälligkeitswerte und
- zu fortgeführten Anschaffungskosten bilanzierte Finanzverbindlichkeiten.

Zu einem vom Buchwert abweichenden *fair value* kann es dabei vor allem bei festverzinslichen Finanzinstrumenten im Falle einer wesentlichen Zinsänderung kommen. Hat bspw. ein Unternehmen ein Darlehen zu marktüblichen 8 % fest aufgenommen und sinkt in der Folgezeit der Marktzins auf 6 %, so liegt nun der Marktwert (zukünftige Zahlungen diskontiert mit dem Marktzinssatz) über dem Buchwert der Verbindlichkeit.

Dabei ist die Auswirkung einer Marktzinsänderung umso größer, je länger die Restlaufzeit des Geschäfts ist. Die Ermittlung und Angabe des *fair value* ist daher für Finanzinstrumente mit einer nur kurzen Laufzeit nicht erforderlich. Es genügt bei kurzen Restlaufzeiten (oder kleinen Marktzinsänderungen) regelmäßig die Angabe, dass die Buchwerte im Wesentlichen den Marktwerten entsprechen (IFRS 7.29a). Eine entsprechende „**Negativangabe**" reicht auch für alle variabel verzinslichen Forderungen, Wertpapiere und Schulden.

Auf die *fair-value*-Angabe kann auch bei **Eigenkapitalinstrumenten** (Anteilen) verzichtet werden, für die es keine notierten Preise auf einem aktiven Markt gibt und die daher bereits in der Bilanz zu Anschaffungskosten erfasst werden, wie z. B. GmbH-Anteile (IFRS 7.29b). In diesem Fall sind allerdings gem. IFRS 7.30 zusätzliche qualitative Angaben erforderlich, die dem Bilanzleser eine eigene Einschätzung eventueller stiller Reserven ermöglichen sollen.

306 Abgesehen von den vorgenannten Ausnahmen muss für alle Finanzinstrumente der *fair value* ermittelt werden, sei es für Bilanz oder für die Angabe im Anhang. Hierzu sieht IFRS 7.27 ff. umfangreiche Angaben zu den **Ermittlungsmethoden** der *fair values* vor. Insbesondere ist für jede Klasse von Finanzinstrumenten zu erläutern,

- mit welcher Methode der *fair value* bestimmt,
- welche Annahmen bei der Verwendung von Bewertungstechniken verwendet,
- ob und warum die Bewertungstechnik geändert

wurde.

Für **bilanziell berücksichtigte *fair values*** ist außerdem für jede Klasse von Finanzinstrumenten anzugeben, in welchem Maße der *fair value* als notierter Preis in aktiven Märkten (Stufe 1), Bewertung anhand am Markt beobachtbarer Inputparameter (Stufe 2) oder aus Bewertungen resultiert, die in signifikantem Maße auf nicht am Markt beobachtbare Inputs zurückgreifen (Stufe 3) (IFRS 7.27A und B) sowie zu welchen Bewegungen es zwischen den **Stufen** gekommen ist.

Für die besonders ermessensbehafteten Bewertungen der **Stufe 3** ist ergänzend Folgendes gefordert (IFRS 7.27(c): Entwicklung vom Anfangs- zum Endbestand mit Unterscheidung nach

- in der GuV bzw. als sonstiges Ergebnis (OCI) erfassten Erfolgen,
- Zu- und Abgängen aus Käufen/Verkäufen,
- Zu- und Abgängen aus dem Wechsel von oder in andere Bewertungsstufen.

Schließlich sind nach IFRS 7.27d und IFRS 7.27e noch Angaben gefordert zu

- dem GuV-Erfolg aus am Bilanzstichtag noch nicht abgegangenen, in Stufe 3 bewerteten Finanzinstrumenten,
- den Auswirkungen einer vernünftigerweise möglichen Änderung der Inputparameter.

Weiterhin sind Angaben zu sog. *day-one profits/losses* vorzunehmen (IFRS 7.28). 307
Solche *day-one profits/losses* ergeben sich im Zugangszeitpunkt eines Finanzinstruments, wenn der Transaktionspreis von dem *fair value* des Finanzinstruments abweicht. Solche Unterschiedsbeträge dürfen nur unter eng definierten Bedingungen unmittelbar in der GuV erfasst werden (Rz 104). Andernfalls ist der Betrag abzugrenzen und in künftigen Perioden in der GuV zu erfassen; eine Verteilungsmethodik hierzu sieht IAS 39 jedoch nicht vor (IFRS 7.BC39).
IFRS 7.28 verlangt daher für den Fall einer Abgrenzung der *day-one profits/losses* (für jede Klasse von Finanzinstrumenten):

- Angaben zur Methodik der künftigen Erfassung der *day-one profits/losses* in der GuV und
- eine Überleitungsrechnung des Bestands an *day-one profits/losses* vom Beginn bis zum Ende der Berichtsperiode, in der z.B. Änderungen aufgrund neuer Transaktionen, Verrechnungen in der GuV und sonstigen Änderungen unterschieden werden (IFRS 7.IG14).

Hat ein Unternehmen die *fair value option* (Rz 32) genutzt, sind – zusätzlich zu den 308
Ausführungen über die Bilanzierungs- und Bewertungsmethoden (Rz 296) sowie zu den diesbezüglichen Buchwerten (Rz 299) und GuV-Auswirkungen (Rz 302) – weitere quantitative Angaben für den Fall vorzunehmen, dass die *fair value option* für Darlehen und Forderungen oder Finanzverbindlichkeiten gezogen wurde:

- Bei Anwendung der *fair value option* auf **Darlehen** und **Forderungen** ist deren maximales Ausfallrisiko anzugeben. Hinsichtlich der in der GuV erfassten Bewertungsgewinne bzw. -verluste ist der Teil anzugeben, der aus einer Änderung des Ausfallrisikos des Schuldners (und nicht aus Zinseffekten) resultiert. Wurden zur Absicherung der Forderung Kreditsicherungsinstrumente (z.B. Garantien oder Kreditderivate) eingesetzt, ist anzugeben, inwieweit diese das Ausfallrisiko der Darlehen und Forderungen reduzieren und welche GuV-Wirkung sich daraus ergeben hat (IFRS 7.9).
- Bei Anwendung der *fair value option* auf **Finanzverbindlichkeiten** ist der Teil der in der GuV erfassten Bewertungsgewinne bzw. -verluste anzugeben, der aus einer Änderung des Ausfallrisikos des Emittenten (und nicht aus Zinseffekten) resultiert. Da es sich bei dem Emittenten um das bilanzierende Unternehmen handelt, sind die GuV-Effekte anzugeben, die sich aus der eigenen Bonitätsänderung ergeben. In dem Zusammenhang ergibt sich das nicht intuitive Ergebnis, dass eine Verschlechterung der eigenen Bonität einen Gewinnausweis bewirkt und umgekehrt. Weiterhin ist der Unterschieds-

betrag zwischen dem Buchwert (= *fair value)* und dem vertraglichen Rückzahlungsbetrag der Verbindlichkeit im Anhang anzugeben (IFRS 7.10).

9.9 Angaben zum *hedge accounting*

309 Wenn ein Unternehmen über Sicherungsbeziehungen (insbesondere unter Verwendung von Derivaten) verfügt und es dafür die Regeln des *hedge accounting* (Rz 233 ff.) anwendet, sind eine Reihe von Angaben im Anhang erforderlich (IFRS 7.22 ff.).

Zunächst ist getrennt nach den vom Unternehmen im Einzelnen genutzten Formen des *hedge accounting (fair value hedge, cash flow hedge* und *hedge of a net investment in a foreign operation)* anzugeben (IFRS 7.22):

- eine Beschreibung jeder **Art von Sicherungsbeziehungen**;
- eine Kennzeichnung der **Art der gesicherten Risiken** und
- eine Beschreibung der dabei als **Sicherungsinstrumente** eingesetzten und designierten Finanzinstrumente, einschließlich ihrer *fair values*.

Dabei ist nicht jede einzelne Sicherungsbeziehung anzugeben. Vielmehr kann die Angabe zu gleichartigen Sicherungszusammenhängen zusammengefasst werden. Dies gilt z. B., wenn ein Unternehmen erwartete Umsatzerlöse in Fremdwährung über verschiedene Zeiträume mit einer Vielzahl von Devisentermingeschäften absichert.

310 Verwendet das Unternehmen *cash flow hedge accounting*, sind zusätzlich Angaben erforderlich (IFRS 7.23):

- zu den Perioden, in denen die gesicherten *cash flows* erwartet werden und in denen sie sich voraussichtlich auf die GuV auswirken,
- eine Beschreibung jeder erwarteten Transaktion, für die bisher *cash flow hedge accounting* angewandt wurde, das aber aufgrund der Tatsache, dass mit dem Eintritt der Transaktion nicht mehr gerechnet wird, gem. IAS 39.101c beendet werden musste,
- zum Betrag, der in der Periode in das Eigenkapital eingestellt wurde,
- zum Betrag der Entnahmen aus dem Eigenkapital, hinsichtlich der Gegenbuchung unterschieden nach Berücksichtigung in der GuV oder als bilanzielle Anpassung in der Zugangsbewertung abgesicherter Vermögenswerte oder Schulden.

311 Zur Erläuterung des in der **GuV** berücksichtigten Erfolgs aus der Anwendung des *hedge accounting* sind die folgenden Angaben nötig (IFRS 7.24):

- Gewinne/Verluste aus *fair value hedges*, getrennt nach dem Erfolg beim Sicherungsinstrument und beim Grundgeschäft,
- Gewinne/Verluste aus der Ineffektivität von *cash flow hedges*,
- Gewinne/Verluste aus der Ineffektivität von *net investment hedges*.

9.10 Sonstige Angaben

312 IFRS 7 verlangt Angaben zu **Sicherheiten**, und zwar sowohl für die Sicherungsgestellung (als Sicherungs**geber)** als auch für die Hereinnahme von Sicherheiten (als Sicherungs**nehmer**).

Als **Sicherungsgeber** hat das Unternehmen gem. IFRS 7.14a den Buchwert aller als Sicherheit gestellten finanziellen Vermögenswerte anzugeben. Hierzu zählen auch solche Sicherheiten, die das Unternehmen in seiner Bilanz getrennt ausweist, weil der Sicherungsnehmer diese weiterveräußern oder verpfänden darf

(IAS 39.37a). Bei Gestellung von Sicherheiten durch nichtfinanzielle Vermögenswerte (z.B. Grundpfandrechte) ist eine Angabe nicht erforderlich. Barmittel (z.B. gezahlte Kautionen) stellen finanzielle Sicherheiten dar und begründen daher eine Angabepflicht.

Weiterhin sind Angaben zu den **Konditionen** der Sicherheitenstellung zu machen (IFRS 7.14b), wie z.B. Ausführungen zur Laufzeit oder der Frage, ob die Sicherheiten vom Sicherungsnehmer veräußert werden dürfen.

Ist das Unternehmen in der Position des **Sicherungsnehmers**, beziehen sich die Angabepflichten des IFRS 7.15 – abweichend von IFRS 7.14 -

- weitergehend auf finanzielle und auf nichtfinanzielle Sicherheiten (wie z.B. Grundschulden),
- einschränkender nur auf solche Sicherheiten, die unabhängig vom Ausfall des Schuldners (= Sicherungsgeber) durch das bilanzierende Unternehmen (= Sicherungsnehmer) verwertet werden dürfen. Dies wird im Regelfall nur auf finanzielle Sicherheiten (wie z.B. im Rahmen einer Wertpapieranleihe gestellte Wertpapiersicherheiten oder erhaltene Kautionen) zutreffen, nicht aber auf nichtfinanzielle Sicherheiten (wie eine Grundschuld).

Der Sicherungsnehmer hat hierzu den *fair value* der erhaltenen Sicherheiten, den *fair value* der weiterveräußerten bzw. verpfändeten Sicherheiten und die Konditionen der Sicherheitenstellung anzugeben.

9.11 Angaben zu Risiken und Risikomanagement

IFRS 7.31 ff. unterscheidet drei **berichtspflichtige Arten von Risiken**, die sich 313
aus Finanzinstrumenten ergeben können:

- **Marktrisiken:** Der Wert (*fair value* oder die künftigen Zahlungen *cash flows)* eines Finanzinstruments ändern sich infolge der Änderung von Wechselkursen, Zinsen oder anderen Marktpreisen (z.B. Aktienkursen).
- **Kreditrisiken**: Vertragspartner kommen ihren Verpflichtungen aus Finanzinstrumenten nicht nach, z.B. bei Kundenforderungen (Wertberichtigungen) oder Wertpapieren.
- **Liquiditätsrisiken**: Ein Unternehmen kann seine aus Finanzinstrumenten resultierenden Zahlungsverpflichtungen nicht termingerecht erfüllen.

Ein Unternehmen hat für jede Risikoart **qualitative** Angaben zum Ausmaß und den Ursachen der Risiken sowie zu den Zielen und zum Prozess des Risikomanagements, einschließlich der Methoden zur Risikomessung, zu machen (IFRS 7.33).

Für die **quantitativen** Angabepflichten nach IAS 7.34a ist jedoch (anders als noch nach IAS 32) ausdrücklich vorgeschrieben, dass sie auf dem internen Managementinformationssystem (management approach) basieren sollen. Insofern sieht IFRS 7 eine stärkere Ausrichtung des Berichtsumfangs an der tatsächlichen Bedeutung von Finanzinstrumenten für ein Unternehmen vor. Allerdings wird dieser Grundsatz durch sog. Mindestanforderungen an die Berichterstattung über Kredit-, Liquiditäts- und Marktrisiken durchbrochen (IFRS 7.34b).

Im Rahmen des *Annual Improvements Project* 2010 ist durch Einfügung von IFRS 7.32A klargestellt worden, dass qualitative und quantitative Informationen, da sie in der Ableitung eines Gesamtbildes durch die Bilanzadressaten interagieren, auch vom Bilanzersteller entsprechend, also etwa mit gegenseitiger Bezugnahme oder durch Behandlung an gleicher Stelle, präsentiert werden sollen.

314 Bezüglich der **Kreditrisiken** ist für jede Klasse von finanziellen Vermögenswerten die Angabe des maximalen Ausfallrisikos (ohne Berücksichtigung von Sicherheiten) erforderlich. Da dieses typischerweise am besten durch den Buchwert (nach Abzug ggf. erforderlicher Wertberichtigungen) repräsentiert wird, genügt in der bis 2010 anwendbaren Fassung im Regelfall ein entsprechender globaler Hinweis (IFRS 7.36a und IFRS 7.B9). Aufgrund der Änderung durch das *Annual Improvements Project* 2010 entfällt bei Vermögenswerten, deren maximales Ausfallrisiko dem Buchwert entspricht, ab 2011 die Angabepflicht überhaupt. Zur Beurteilung der Kreditrisiken sind auch Angaben zu erhaltenen Sicherheiten zu machen (IFRS 7.36b). Mit IFRS 7 neu eingeführt wurden die Verpflichtungen, für finanzielle Vermögenswerte,

- die weder Zahlungsstörungen aufweisen noch wertberichtigt sind, Angaben zur **Kreditqualität** zu machen. Dabei ist der Inhalt der Angaben bewusst in das Ermessen des Unternehmens gestellt; infrage kommt z.B. die Angabe zur Art der Vertragspartner, historischen Ausfallraten oder internen oder externen Ratings (IFRS 7.36c, IG23);
- deren Zahlungsbedingungen mit dem Schuldner **neu verhandelt** wurden, weil sie ansonsten in Zahlungsverzug geraten wären, die Buchwerte anzugeben (IFRS 7.36d);
- die **Zahlungsstörungen** ohne Wertberichtigungen aufweisen (Verzug), eine Analyse der Dauer des Zahlungsverzugs vorzunehmen (IFRS 7.37a). Dabei hängt die Anzahl der für die Analyse verwendeten Laufzeitenbänder von den individuellen Verhältnissen des Unternehmens ab. IFRS 7.IG28 empfiehlt vier Laufzeitenbänder (bis drei Monate, drei bis sechs Monate, sechs Monate bis ein Jahr und über ein Jahr);
- die **bereits wertberichtigt** sind, weitere Angaben zu machen (z.B. Angabe des Buchwerts vor Wertberichtigung und der Betrag der Wertberichtigung).
- Für die beiden letztgenannten Fälle sind darüber hinaus bis 2010 (Änderung durch das *Annual Improvements Project* 2010) eine Beschreibung vorhandener **Sicherheiten** sowie eine **Schätzung** von deren *fair value* (sofern mit vertretbarem Aufwand möglich) vorzunehmen (IFRS 7.37c).

Nicht geregelt ist in IFRS 7 die Frage, wann von einem Zahlungsverzug auszugehen ist. Ein sehr kurzer Zahlungsverzug (wenige Tage) kann jedenfalls der Intention der Offenlegungspflichten unter *materiality*-Gesichtspunkten nicht gerecht werden. Bei Banken könnte die im Kontext von Basel II verwendete 90-Tage-Frist einen Anhaltspunkt darstellen. Letztlich kommt es aber auf die individuellen Verhältnisse des Unternehmens an.

Hat ein Unternehmen während der Berichtsperiode im Rahmen der Sicherheitenverwertung Vermögenswerte übernommen, die die Ansatzvoraussetzungen in der Bilanz erfüllen, so ist hierüber zu berichten. Dies gilt unabhängig davon, ob es sich um einen finanziellen oder nichtfinanziellen Vermögenswert handelt. Anzugeben sind (IFRS 7.38):

- Art und Buchwert der übernommenen Vermögenswerte und
- für nicht marktgängige Vermögenswerte *(assets not readily convertible to cash)* die vorgesehene Form der Verwertung bzw. Nutzung im Unternehmen.

315 Die Angabepflichten zu **Liquiditätsrisiken** (IFRS 7.39) erfordern

- eine Restlaufzeitengliederung für nicht derivative finanzielle Verbindlichkeiten einschließlich Finanzgarantien (IFRS 7.39a),

- eine Fälligkeitsanalyse für derivative finanzielle Verbindlichkeiten, die allerdings nur in bestimmten Fällen (etwa nach IFRS 7.B11B bei Zinsswaps und Kreditzusagen) auf die vertraglichen Laufzeiten, im Übrigen auf die verwendeten Risikomanagementmethoden abstellt (IFRS 7.39b), und
- eine Beschreibung der Steuerung des sich aus der Restlaufzeitengliederung ergebenden Liquiditätsrisikos (IFRS 7.39b).

In die Restlaufzeitengliederung sind die künftigen **vertraglichen Zahlungs**verpflichtungen aufzunehmen (IFRS 7.B14). Einzubeziehen sind

a) nicht (nur) die Buchwerte der Passivseite, sondern weitergehend alle mit den Verbindlichkeiten verbundenen **künftigen** Zahlungen und
b) vertraglich vereinbarte Zahlungstermine und nicht (ggf. später) **erwartete** Zahlungstermine.

Aus a) ergibt sich Folgendes:

- Für „**klassische**" Verbindlichkeiten (aufgenommene Bankdarlehen, emittierte Anleihen, Verbindlichkeiten aus Lieferung und Leistung usw.) sind die vertraglichen **Rückzahlungsbeträge** sowie die **Zinsen** zu berücksichtigen. Dabei ist – im Unterschied zur Bilanz – von undiskontierten künftigen Zahlungsflüssen auszugehen.
- Für **Derivate** kommt es nicht auf die Aufgliederung des in der Bilanz ausgewiesenen *fair value*, sondern auf die aus dem Derivat resultierenden **Zahlungsverpflichtungen** an (z. B. den in einem Termingeschäft über Finanzinstrumente festgelegten Kaufpreis). Sofern Derivate (z. B. Zinsswap) eine Nettozahlung vorsehen, ist bei der Beurteilung der Angabepflicht darauf abzustellen (IFRS 7.B11D).
- Für **Kreditzusagen** ist – obwohl sie im Regelfall nicht bilanziell erfasst werden (vgl. Rz 214) – der zugesagte Kreditbetrag anzugeben.

Hinsichtlich der unter b) angesprochenen Zahlungstermine

- ist – im Sinne einer *worst-case*-Betrachtung – auf den (vertraglich festgelegten) **frühestmöglichen** Rückzahlungstermin abzustellen. Hierin wird die Zielsetzung der Angabe im Anhang deutlich: Liquiditätsrisiko = Risiko, dass ein Unternehmen Schwierigkeiten bei der Erfüllung seiner aus finanziellen Verbindlichkeiten resultierenden Verpflichtungen hat (IFRS 7.B12, BC57).
- darf nicht auf das erwartete **Gläubigerverhalten** abgestellt werden. So müssen Banken etwa für Sicht- und Spareinlagen der Kunden auf das vertragliche Kündigungsrecht (z. B. täglich oder in drei Monaten) abstellen, obwohl fundierte Erfahrungen über das tatsächliche Kundenverhalten vorliegen, wonach Kundengelder regelmäßig länger zur Verfügung stehen (sog. Bodensatztheorien; → § 38 Rz 29). In gleicher Weise müssen Unternehmen im Falle einer Kontokorrent-Verbindlichkeit bei einer Bank auf die (regelmäßig kurzfristigen) vertraglichen Möglichkeiten der Bank, eine Rückzahlung einzufordern, abstellen (IFRS 7.12). Das mit dieser Angabe gezeichnete *worst-case*-Szenario müsste dann ggf. im Zuge der (gem. IFRS 7.39b verpflichtenden) Angaben zum Management der Liquiditätsrisiken wieder ins rechte Licht gerückt werden.

Die Struktur der Laufzeitbänder (Anzahl und Länge) ist dem Unternehmen überlassen. Zweckmäßig ist ein **Verbindlichkeitenspiegel**, der etwa wie folgt aufgebaut sein könnte:

Restlaufzeit	bis zu 1 J			1 bis 2 J			3 bis 5 J			über 5 J			Summe		
	Zins		Tilgung	Zins		Tilgung	Zins		Tilgung	Zins		Tilgung	Zins		Tilgung
	fix	var.		fix	var.		fix	var.		fix	var.		fix	var.	
Langfr. Verbindlichkeiten															
Darlehen Kreditinstitute	16	15		15	15	100	36	32	300	12	9	100	79	71	500
Anleihen	18			18			54			72		300	162		300
Finanzierungsleasing	14			15		50	50		170				79		220
übrige	6			6		100							12		100
Kurzfr. Verbindlichkeiten															
Kontokorrente Kreditinst.*			200												200
Darlehen Kreditinstitute		3	50											3	50
Finanzierungsleasing	3		50										3		50
Lieferanten			600												600
übrige			200												200
Summe	57	18	1100	54	15	250	140	32	470	84	9	400	335	74	2220

Weiterhin sind Angaben darüber vorzunehmen, wie das aus dem Verbindlichkeitenspiegel ersichtliche Liquiditätsrisiko **gesteuert** wird (IFRS 7.39b). Hierzu bieten sich Angaben darüber an, inwieweit das Unternehmen

- Vermögenswerte vorhält, die der Absicherung dieses Liquiditätsrisikos dienen (**Liquiditätsreserve**). Dabei wird es sich in erster Linie um Wertpapiere handeln; da die Papiere ihre Funktion als Liquiditätsreserve nur erfüllen können, wenn sie auf einem aktiven Markt gehandelt und daher jederzeit kurzfristig veräußerbar sein müssen, kann ein entsprechender Vermerk über die Verwertbarkeit vorgenommen werden;
- über **weitere Finanzierungsmöglichkeiten** verfügt; dies können z.B. ungenutzte Kreditlinien oder andere Kreditfaszilitäten oder nicht ausgenutzte Emissionsprogramme sein, die eine kurzfristige Begebung von Anleihen ermöglichen.
- mit einer von den vertraglichen Bedingungen (wie im Verbindlichkeitenspiegel dargestellt) abweichenden **späteren Rückzahlung** rechnet. In diesem Zusammenhang verweist IFRS 7.IG30 auf die Möglichkeit der Aufstellung einer auf erwarteten Rückzahlungsterminen basierenden Laufzeitengliederung zusätzlich zum dem o.g. Verbindlichkeitenspiegel. Dabei sollten die Unterschiede zwischen den beiden Tabellen erläutert werden.

Im Zusammenhang mit der Berichterstattung über Liquiditätsrisiken bietet es sich auch an, auf die von IFRS 7.18 geforderten Angaben zu **Zahlungsstörungen** und **Vertragsverletzungen** einzugehen. Danach besteht eine Angabepflicht immer dann, wenn das Unternehmen in der abgelaufenen Periode seinen Zahlungsverpflichtungen aus Darlehensverbindlichkeiten *(loans payable)* nicht nachkommen konnte. Dabei kann es sich um Zins- oder Tilgungsverpflichtungen handeln. Nicht betroffen von der Angabepflicht sind Zahlungsstörungen, die sich bei Verbindlichkeiten aus Lieferung und Leistung mit marktüblichen Laufzeiten ergeben. Ausdrücklich ausgenommen von der Angabepflicht sind auch Zahlungsstörungen aus Verbindlichkeiten, die am Bilanzstichtag nicht mehr bilanziert werden (weil das Unternehmen sie in der Zwischenzeit getilgt hat oder sie von dem Gläubiger erlassen wurden).

Liegen die vorgenannten Bedingungen zur Angabepflicht vor, so muss das Unternehmen angeben:

- Einzelheiten zu den Zahlungsstörungen,
- Buchwert der Verbindlichkeit und
- ob die Zahlungsstörung bis zum Zeitpunkt der Freigabe des Abschlusses zur Veröffentlichung beseitigt wurde.

IFRS 7.19 verlangt analoge Angaben, wenn andere Vertragsbestandteile einer Verbindlichkeit verletzt wurden. Hierbei kann es sich z.B. um sog. *covenants* handeln, die als Voraussetzung für den Fortbestand des Darlehens Bedingungen vorsehen (z.B. ein bestimmtes Rating des Unternehmens).

Bezüglich der **Marktrisiken** gehen die Angabepflichten des IFRS 7 wesentlich über IAS 32 hinaus. Gefordert wird für jede für das Unternehmen relevante Form des Marktrisikos (Währungs-, Zins- und sonstige Preisrisiken (Kursrisiken etc.)) eine **Sensitivitätsanalyse.** Diese soll die Auswirkungen einer hypothetischen Änderung der Marktrisikofaktoren (Wechselkurse, Zinssätze, Kurse usw.) auf **316**

- die Gewinn- und Verlustrechnung und
- das Eigenkapital

angeben.

Angaben zum Marktrisiko (= Angaben zum Risiko einer Änderung des Wertes *(fair value)* oder der künftigen Zahlungsströme *(cash flows)* eines Finanzinstruments sind daher nur insoweit erforderlich, als diese sich **bilanziell** niederschlagen. Insofern ist der Umfang der Angabe nicht nur abhängig vom **Umfang** der im **Unternehmen** eingesetzten – ein Marktrisiko begründenden – Finanzinstrumente; vielmehr kommt es auch auf die für die Finanzinstrumente angewendeten **Bilanzierungsregeln** (also deren Kategorie gem. IAS 39) an. Darüber hinaus sind in die Sensitivitätsanalyse nur am Bilanzstichtag im **Bestand** befindliche Finanzinstrumente einzubeziehen. Hypothetische Änderungen der GuV bzw. des Eigenkapitals aus in der Berichtsperiode abgegangenen bzw. ausgelaufenen Finanzinstrumenten bleiben somit unberücksichtigt (IFRS 7.40.B18a).

Für die **Sensitivitätsanalyse** sollen sinnvolle *(reasonable)* Änderungen der Risikofaktoren verwendet werden, wobei das ökonomische Umfeld des berichtenden Unternehmens bis zum nächsten Berichtstermin zugrunde zu legen ist. Ausdrücklich nicht gefordert sind *worst-case*-Analysen oder *stress tests* (IFRS 7.40a.B19).

Angaben zur Sensitivität sind für jede (relevante) **Marktrisikoart** getrennt vorzunehmen. Dabei ist nach den Auswirkungen auf die **GuV** und das **Eigenkapital** zu unterscheiden.

317 Daraus ergibt sich für das **Zinsrisiko** Folgendes: Aus einer Änderung des Zinsniveaus resultiert bei einem **festverzinslichen** Finanzinstrument eine Änderung seines *fair value*. Eine Berichtspflicht hierüber besteht aber nur, sofern Geschäfte zum *fair value* bilanziert werden (Aktivseite: *trading assets, available for sale, fair value option*; Passivseite: *trading liability* und *fair value option)*, da *fair-value*-Änderungen andernfalls weder das Eigenkapital noch das GuV-Ergebnis berühren. Anzugeben ist die aus der hypothetischen Zinsänderung resultierende *fair-value*-Änderung des Finanzinstruments, bei **variabel verzinslichem** Finanzinstrument eine Änderung seiner *cash flows*.

Nach herrschender Meinung sollen die Auswirkungen einer hypothetischen Zinsänderung auf die GuV (Zinsergebnis) offenlegungspflichtig sein (IFRS 7.B18a). Die konkreten Anforderungen an die **quantitative** Analyse sind in IFRS 7 allerdings unklar formuliert. Eine mögliche Auslegung wäre wie folgt: Zum Bilanzstichtag erfolgt ein Abgleich des effektiven Ergebnisses aus variabel verzinslichen Finanzinstrumenten mit einem in absoluter Höhe geänderten Zinssatz. Die Auswirkungen einer solchen Zinsänderung entsprechen dann dem Produkt aus hypothetischer Zinsänderung und dem Nennbetrag der variabel verzinslichen Finanzinstrumente. Allerdings sind auch andere Auslegungen vertretbar.

Diese wohl herrschende Auslegung verträgt sich schwer mit dem **Stichtagsprinzip**. Die Sensitivitätsanalyse soll zeigen, wie Eigenkapital und Ergebnis ausgefallen wären, wenn die Risikovariable einen anderen Wert angenommen hätte. Diese Betrachtung ist gem. IFRS 7.40 zum Bilanzstichtag vorzunehmen. Für Positionen, die sich unterjährig erledigt haben (etwa eine am 1. November getätigte Lieferung in die USA, aus der die USD-Forderung am 1. Dezember eingegangen ist) sind daher keine Angaben gefordert. Für variabel verzinsliche Finanzinstrumente wäre nach dem auf Auswirkungen der Änderung von Stichtagsparametern abstellenden Wortlaut von IFRS 7.40 daher eine hypothetische Änderung der während der abgelaufenen Periode geltenden Zinsen irrelevant.

Die herrschende Meinung interpretiert IFRS aber im Sinne einer solchen Angabepflicht. Das Ergebnis ist inkonsequent: Für am Stichtag noch vorhandene variabel verzinsliche Positionen ist danach eine hypothetische Zinsänderung über die gesamte Periode anzunehmen, für kurz vor dem Stichtag erledigte Positionen aber unter Berufung auf das Stichtagsprinzip von jeder Sensitivitätsanalyse abzusehen. Nach der hier vertretenen Minderheitsauffassung ist in beiden Fällen keine Angabe notwendig.[77]

Für Zins**derivate** (insb. Zinsswaps, *-caps* und *-floors)* ist eine Änderung des *fair value* darzustellen. Derivate werden unabhängig davon, ob sie als *held for trading* kategorisiert sind oder im *(fair value* oder *cash flow) hedge accounting* verwendet werden, zum *fair value* bilanziert. Sie sind daher mit der aus der hypothetischen Zinsänderung resultierenden *fair-value*-Änderung in die Sensitivitätsanalyse einzubeziehen.

Angaben zum **Währungsrisiko** sind nur erforderlich für monetäre Finanzinstrumente, die nicht in der funktionalen Währung des Unternehmens denominiert sind (IFRS 7.B23; zum Begriff monetärer Posten → § 27 Rz 13). Daher müssen bspw. Eigenkapitalpapiere in fremder Währung nicht in die Angabe einbezogen werden. Hingegen muss ein Unternehmen, das in erheblichem Umfang über angabepflichtige Finanzinstrumente in verschiedenen Währungen verfügt, hierzu separate Sensitivitätsangaben machen (IFRS 7.B24). **318**

Als Regel sieht IFRS 7 eine **separate** Sensitivitätsanalyse für jede Risikoart vor. Für Unternehmen, die zum Risikomanagement eine Sensitivitätsanalyse verwenden, die die **wechselseitigen Abhängigkeiten** der Risikoparameter berücksichtigt (z. B. eine *value-at-risk*-Analyse), besteht allerdings die Möglichkeit, die Angaben zum Marktrisiko auf dieser Grundlage vorzunehmen (IFRS 7.41). Dies gilt selbst für den (Regel-)Fall, dass sich aus einer solchen Analyse keine Angaben über die potenziellen Auswirkungen auf GuV bzw. Eigenkapital ergeben. **319**

Unabhängig davon, wie die Angabe zum Marktrisiko ermittelt wurde, sind erläuternde Angaben zu der **Berechnungsmethodik** und den dabei **verwendeten Annahmen** und **Parametern** vorzunehmen. Wenn nach Ansicht des Unternehmens die Angaben das Marktrisiko nicht angemessen widerspiegeln, ist dies unter Angabe der Gründe darzulegen. Das ist möglicherweise dann der Fall, wenn das anzugebende Zinsrisiko für ein Zinsderivat faktisch nicht besteht, weil es zur Absicherung einer Verbindlichkeit dient, jedoch die komplexen Regelungen des *hedge accounting* nicht angewandt wurden.

Insgesamt stellen die von IFRS 7 geforderten Angaben zu den Marktrisiken für viele Unternehmen eine erhebliche Herausforderung dar, da sie regelmäßig nicht über die dafür erforderlichen **Analyseinstrumente** verfügen. Es ist daher im Rahmen des *materiality*-Grundsatzes (Rz 289 ff.) zu entscheiden, ob und in welchem Umfang im Einzelfall diesbezügliche Angaben erforderlich sind.

Für ein Muster der Sensitivitätsanalyse wird auf das allgemeine Formulierungsbeispiel (Rz 321) verwiesen. **320**

77 Zum Ganzen FREIBERG, PiR 2007, S. 290.

9.12 Formulierungsbeispiel

321 Für ein **mittelständisches** Unternehmen, dessen Finanzvermögen im Wesentlichen aus ausgereichten Forderungen, aufgenommenen Darlehen und operativ begründeten Verbindlichkeiten besteht, das daneben ggf. noch Kurssicherung betreibt, könnten bei extensiver Auslegung des *materiality*-Grundsatzes folgende Angaben zu **Finanzinstrumenten** im Anhang enthalten sein (wegen der systematischen Vorbehalte gegen den Inhalt solcher Anhangsangaben und wegen ergänzender Formulierungen vgl. → § 5 Rz 29ff.):

Beispiel

A. Erläuterungen zur Bilanz

1. Finanzanlagen

Die Finanzanlagen bestehen aus ausgereichten Darlehen, die mit fortgeführten Anschaffungskosten bilanziert werden, sowie Rentenpapieren, die als veräußerbare Werte *(available-for-sale assets)* erfolgsneutral zum *fair value* erfasst werden. Die Rentenpapiere sind börsennotiert, ihr *fair value* entspricht dem Kurswert. Wertminderungen werden in beiden Fällen durch Abschreibungen berücksichtigt. Die Buchwerte der Darlehen entsprechen im Wesentlichen dem *fair value*.

2. Forderungen aus Lieferung und Leistung

Forderungen aus Lieferung und Leistung werden mit den fortgeführten Anschaffungskosten angesetzt, die i.d.R. vor Wertberichtigung dem Nennwert entsprechen. Neben den erforderlichen Einzelwertberichtigungen wird den erkennbaren Risiken aus dem allgemeinen Kreditrisiko durch Bildung von pauschalierten Wertberichtigungen Rechnung getragen. Zum Bilanzstichtag wurden Wertberichtigungen i.H.v. insgesamt ... gebildet.

3. Übrige Forderungen und sonstige finanzielle Vermögenswerte

Die übrigen Forderungen und sonstigen Fremdkapitalinstrumente sind mit den fortgeführten Anschaffungskosten bilanziert. Erkennbare Risiken wurden durch angemessene Wertberichtigungen berücksichtigt. Von den Forderungen haben insgesamt ... eine Restlaufzeit von mehr als einem Jahr.
Die Buchwerte der übrigen Forderungen und sonstigen finanziellen Vermögenswerte entsprechen im Wesentlichen dem *fair value*.

4. Finanzschulden

Finanzschulden sind zu ihren fortgeführten Anschaffungskosten unter Anwendung der Effektivzinsmethode angesetzt. Wegen der Laufzeiten wird auf ... verwiesen (Rz 315)
Angesichts geringer Laufzeiten bzw. eines seit der Aufnahme der Schulden nicht wesentlich veränderten Marktzinsniveaus ergeben sich keine wesentlichen Abweichungen des fair value von den Buchwerten.

5. Verbindlichkeiten aus Lieferungen und Leistungen und übrige finanzielle Verbindlichkeiten

Die Verbindlichkeiten aus Lieferungen und Leistungen sind zu fortgeführten Anschaffungskosten angesetzt, die im Wesentlichen den Zeitwerten entsprechen. Sie sind ganz überwiegend innerhalb eines Jahres fällig. Die übrigen finanziellen Verbindlichkeiten sind zum Rückzahlungsbetrag angesetzt. Sie umfassen eine Vielzahl von Einzelposten. Wesentliche Abweichungen zwischen den Bilanzwerten und den Zeitwerten ergeben sich nicht. Wegen der Laufzeiten wird auf ... verwiesen.

B. Erläuterungen zur GuV
1. Sonstige betriebliche Aufwendungen
Die sonstigen betrieblichen Aufwendungen enthalten Verluste aus dem Abgang von Finanzanlagen i. H. v. ...

2. Zinsergebnis
Das Zinsergebnis ergibt sich aus Zinserträgen von ..., Zinsaufwendungen von ... und aus dem Zinsanteil in den Zuführungen zu Rückstellungen von ...

3. Übriges Finanzergebnis
Bei den übrigen finanziellen Erträgen und Aufwendungen handelt es sich im Wesentlichen um Kursgewinne und Verluste aus Sicherungsgeschäften, Wertpapiergeschäften und Fremdwährungsgeschäften zur Sicherung der Finanzierung der Geschäftstätigkeit. Ergebniseinflüsse aus der Klasse der *available for sale* bestehen nicht.

C. Art und Management finanzieller Risiken
1. Risikomanagement
Der XY-Konzern hat einen zentralen Ansatz des finanziellen Risikomanagements (Portfolio-Ansatz) zur Identifizierung, Messung und Steuerung von Risiken. Die Risikopositionen ergeben sich aus den konzernweit vorgenommenen und geplanten zahlungswirksamen Ein- und Ausgängen als Marktrisiken, als Zinssatz-, Preis- und Wechselkursänderungen. Zins- und Preisänderungsrisiken werden durch die Mischung von Laufzeiten sowie von fest- und variabel verzinslichen Positionen gesteuert. Währungsrisiken aus antizipierten Fremdwährungseinnahmen werden über Devisentermingeschäfte i. H. v. maximal ½ der erwarteten Einnahmen bzw. Ausgaben des folgenden Halbjahres begrenzt. Der Erfolg der Risikosteuerung wird regelmäßig geeigneten *benchmarks* gegenübergestellt. In konzerninternen Richtlinien sind die Ziele, Grundsätze und Aufgaben und Kompetenzen für den Finanzbereich verbindlich und unter Beachtung des Grundsatzes der Funktionstrennung festgelegt.

2. Derivative Finanzinstrumente, *hedge accounting*
Am Bilanzstichtag waren folgende Devisentermingeschäfte zur Kurssicherung von während des folgenden Geschäftsjahrs erwarteten USD-Einnahmen eingesetzt (jetzt Tabelle mit Nominalvolumen, Art, Währung, Laufzeit und beizulegendem Zeitwert).
Derivative Finanzinstrumente werden ausschließlich zur Risikoreduzierung eingesetzt. Der Einsatz erfolgt im Rahmen der entsprechenden Konzernrichtlinien. Die Devisentermingeschäfte sind als *cash flow hedges* designiert.
Im Geschäftsjahr wurden ein Bewertungserfolg von ... aus noch laufenden *cash flow hedges* erfolgsneutral in das Eigenkapital eingestellt, ein Betrag von ...

aus ausgelaufenen Geschäften in der GuV berücksichtigt. Wesentliche Gewinne/Verluste aus Ineffektivitäten von *cash flow hedges* ergaben sich nicht.

3. Kreditrisiken

Die Kreditrisiken sind insgesamt gering, da nur Rentenpapiere von Emittenten erstklassiger Bonität erworben wurden, das Forderungsportfolio breit gestreut ist (keine Risikokonzentration) und Geschäfte nur mit bonitätsmäßig einwandfreien Kontrahenten durchgeführt werden. Außerdem führt eine Kreditliniensystematik zu einer Begrenzung des Risikos.

Das maximale Ausfallrisiko ergibt sich in allen Fällen aus den Buchwerten. Wertberichtigungen sind nur bei Kundenforderungen erfolgt. Auf einen Forderungsbestand von ... vor Wertberichtigung wurden Einzelwertberichtigungen von ... und portfolioorientierte Wertberichtigungen von ... vorgenommen. Im Portfolio der nicht einzelwertberichtigten Forderungen sind keine Forderungen, die wesentliche **Zahlungsstörungen** aufweisen, enthalten.

4. Marktrisiken

Währungsrisiken

Wesentliche Fremdwährungsrisiken ergeben sich im Unternehmen nur aus in USD fakturierten Umsätzen. Zur Absicherung im Rahmen von *cash flow hedges* dienen USD-Terminverkäufe. Wenn der **Euro** gegenüber dem US-Dollar zum 31. Dezember um **10 % stärker (schwächer) gewesen wäre**, wäre der *fair value* der Sicherungsgeschäfte um 3 Mio. EUR niedriger (höher) gewesen.

Zinsrisiken

Bei den verzinslichen Forderungen und Schulden des Unternehmens sind überwiegend Festzinsen vereinbart. Marktzinssatzänderungen würden sich hier nur dann auswirken, wenn diese Finanzinstrumente zum *fair value* bilanziert wären. Da dies nicht der Fall ist, unterliegen die Finanzinstrumente mit fester Verzinsung keinen Zinsänderungsrisiken i. S. v. IFRS 7.

Sensitivitätsanalysen nach IFRS 7 wurden für Finanzderivate *(Swaps)* und variabel verzinsliche Finanzverbindlichkeiten mit folgendem Ergebnis durchgeführt. Wenn das **Marktzinsniveau** zum 31. Dezember um **100 Basispunkte höher (niedriger) gewesen wäre**, wäre das Ergebnis um 1,6 Mio. EUR geringer (höher) gewesen. Die hypothetische Ergebnisauswirkung von –1,6 Mio. EUR ergibt sich aus den potenziellen Effekten aus Zinsderivaten (–1,3 Mio. EUR) und variabel verzinslichen Finanzschulden von (–0,3 Mio. EUR).

Sonstige Preisrisiken

IFRS 7 verlangt im Rahmen der Darstellung zu Marktrisiken auch Angaben, wie sich hypothetische Änderungen von Risikovariablen auf Preise von Finanzinstrumenten auswirken. Als Risikovariable kommen insbesondere Börsenkurse infrage. Zum 31. Dezember hatte das Unternehmen jedoch keine wesentlichen Anteile an anderen börsennotierten Unternehmen.

9.13 Verhältnis zum Lagebericht

Spezifische Informationen zu den Finanzinstrumenten werden nach HGB (und damit auch für alle gem. § 315a HGB nach IFRS bilanzierenden Konzerne) im **Lagebericht** bzw. **Konzernlagebericht** verlangt. In Bezug auf die Verwendung von Finanzinstrumenten durch die Gesellschaft bzw. den Konzern sind, sofern dies für die Beurteilung der Lage und Entwicklung von Belang ist, u. a. anzugeben: 322

- die **Risikomanagementziele und -methoden** der Gesellschaft bzw. des Konzerns einschließlich der Methoden zur Absicherung (§§ 289 Abs. 1 Nr. 2a und 315 Abs. 2 Nr. 2a HGB) sowie
- die **Preisänderungs-, Ausfall-, Liquiditäts- und Zahlungsstromschwankungsrisiken**, denen die Gesellschaft bzw. der Konzern ausgesetzt ist (§§ 289 Abs. 1 Nr. 2b und 315 Abs. 2 Nr. 2b HGB; Rz 313).[78]

Überlappungen von IFRS-Anhang und nach § 315a HGB gefordertem **Konzernlagebericht** können sich insbesondere bei Risiko- und Risikomanagementangaben zu Finanzinstrumente ergeben. 323

- Die drohende Redundanz kann nicht durch einen Verweis des Konzernlageberichts auf den Anhang vermieden werden, da nach DRS 15.10 der Konzernlagebericht ohne Rückgriff auf den Konzernabschluss verständlich sein muss.
- Durch IFRS 7.BG ist jedoch umgekehrt ein Verweis vom Anhang auf den Lagebericht erlaubt.

10 Anwendungszeitpunkt, Rechtsentwicklung

Kein anderer Standard des IASB hat eine derartige Vielzahl von Änderungen erfahren wie IAS 39 (und damit im Zusammenhang stehend IAS 32 bzw. IFRS 7). Wegen der Rechtsentwicklung von IAS 39 (rev. 2000) zu IAS 39 (rev. 2003) wird auf die Vorauflagen verwiesen. 324

Die im Juni 2005 verabschiedete Neuregelung zur *fair value option* ist für Geschäftsjahre anzuwenden, die am 1.1.2006 oder später beginnen; eine frühere Anwendung ist zulässig (IAS 39.105A). 325

Im November 2005 ist die Neufassung der *fair value option* von der EU *endorsed* worden. Damit verbleibt als einziger noch nicht von der EU anerkannter Teil des IAS 39, das sog. *macro hedging* (Rz 250).

Neben der Überarbeitung der *fair value option* bestehen die folgenden *amendments* des IAS 39, die spätestens für ab dem 1.1.2006 beginnende Geschäftsjahre umzusetzen sind: 326

- „*Financial Guarantee Contracts*" aus August 2005 (Rz 13) und
- „*Cash flow Hedge Accounting of Forecast Intragroup Transactions*" aus April 2005 (Rz 242).

Daneben ist spätestens für ab dem 1.1.2006 beginnende Geschäftsjahre der IFRS 7 umzusetzen.

In 2006 wurden mit Wirkung ab kalendergleichem Geschäftsjahr 2007 verabschiedet: 327

---

[78] Vgl. zum Ganzen: HOFFMANN/LÜDENBACH; GmbHR 2004, S. 145 ff., sowie PFITZER/OSER/ORTH, DB 2004, S. 2593 ff.

- IFRIC 9: „*Reassessment of Embedded Derivatives*“: Die Beurteilung, ob ein abspaltungspflichtiges eingebettetes Derivat vorliegt, ist aus Sicht des Vertragsbeginns zu treffen. Eine spätere Neubeurteilung *(reassessment)* ist nur zulässig (und auch dann geboten), wenn die Vertragsbedingungen und dadurch die *cash flows* signifikant geändert wurden (Rz 168).
- IFRIC 10: „*Interim Financial Reporting and Impairment* (→ § 37 Rz 35)“: Bei einer unterjährig vorgenommenen Abschreibung eines Eigenkapitalinstruments ist danach im Falle einer Werterholung im gleichen Jahr eine erfolgswirksame Zuschreibung erfolgsneutral vorzunehmen (Rz 165).

328 In 2008 wurde das *Annual Improvements Project* 2008 verabschiedet, das verschiedene Klarstellungen zu IAS 39 u.a. bez. der Definition der Kategorie Handelswerte (Rz 142) und der Umklassifizierung aus bzw. in die Kategorie Handelswerte (Rz 143, 266ff.) enthält. Die Ergänzungen sind für ab dem 1. Januar 2009 beginnende Geschäftsjahre anzuwenden.

In 2009 hat der IASB das *Annual Improvements Project* 2009 verabschiedet, in dem Klarstellungen zu folgenden Punkten enthalten sind:

- Der in IAS 39.2g geregelte Ausschluss aus dem Anwendungsbereich des IAS 39 für Kaufverträge im Rahmen eines Unternehmenszusammenschlusses, die den Kauf bzw. Verkauf eines Unternehmens zu einem künftigen Zeitpunkt vorsehen (Rz 11), wird dahin gehend präzisiert, dass er nur für Terminkontrakte gilt. Damit fallen Optionen nicht unter die Ausnahmeregel.
- Zum Zeitpunkt der Erfassung des beim *cash flow hedge accounting* für die Absicherung einer erwarteten Transaktion zunächst im Eigenkapital verrechneten Betrags in der GuV gem. IAS 39.97 (Rz 248) wird Folgendes klargestellt: Führt der Eintritt der erwarteten Transaktion zur Erfassung eines finanziellen Vermögenswerts bzw. einer finanziellen Verbindlichkeit, erfolgt die Verrechnung in der GuV, wenn der gesicherte *cash flow* (und nicht etwa der gesamte finanzielle Vermögenswert bzw. einer finanziellen Verbindlichkeit) in der GuV erfasst wird.
- Vorzeitige Kündigungsmöglichkeiten gegen angemessene Vorfälligkeitsentschädigung begründen kein trennungspflichtiges Derivat (IAS 39.AG 30).

Die Regelungen sind für ab dem 1. Januar 2010 beginnende Geschäftsjahre anzuwenden.

329 Im Juli 2008 hat der IASB in einem *Amendment* zu IAS 39„*Eligible Hedged Items*“ geklärt, welche Risiken und welche Anteile eines Grundgeschäfts im Rahmen des *hedge accounting* designiert werden können (Rz 246). Die überwiegend klarstellenden Regelungen sind verpflichtend für ab dem 1. Juni 2009 beginnende Geschäftsjahre anzuwenden.

330 Ein im Oktober 2008 verabschiedetes *Amendment* zu IAS 39 und IFRS 7 gewährt Erleichterungen hinsichtlich der Umklassifizierung von Finanzinstrumenten (Rz 186 und Rz 301).

331 Mit einem in 2009 verabschiedeten weiteren *Amendment* zu IFRS 7 sollen u.a. der Umfang der Angaben zur *fair-value*-Bewertung an US-GAAP angepasst sowie Unklarheiten und Anwendungsschwierigkeiten bei Angaben zum Liquiditätsrisiko von Finanzinstrumenten beseitigt werden. U. a. ist für jede Gruppe von Finanzinstrumenten die Erstellung einer (tabellarischen) Übersicht mit folgenden Pflichtelementen vorgesehen:

- Angabe der Ebene der *fair-value*-Hierarchie, der die Positionen der jeweiligen Gruppe zuzuordnen sind;
- Überleitungsrechnung zwischen dem aktuellen Buchwert und dem Vorjahreswert bei zum *fair value* bewerteten Instrumenten, die nicht vollumfänglich auf der Basis beobachtbarer Marktparameter bewertet worden sind.

Wegen Einzelheiten wird auf Rz 306 verwiesen.

Das *Amendment* hat außerdem die Angaben zum **Liquiditätsrisiko** (Rz 315) insbesondere für Derivate präzisiert. Hierzu wird auf Rz 315 verwiesen.

Im Rahmen des *Annual Improvements Project* 2010 sind mit Anwendung ab 2011 **332**
einige Klarstellungen zu IFRS 7 vorgenommen worden (Rz 313f.)

Ein im Oktober 2010 veröffentlichtes *Amendment* zu IFRS 7 schreibt mit **333**
Wirkung für Berichtsperioden, die ab dem 1. Juli 2011 beginnen, zusätzliche Angaben für Finanzinstrumente vor, die trotz Übertragung *(transfer)* nicht vollständig ausgebucht wurden oder bei denen nach Übertragung ein *continuing involvement* besteht (Rz 294).

Im November 2009 hat der IASB den ED 2009/12 zur Wertminderung finanziel- **334**
ler Vermögenswerte veröffentlicht:

- Im bestehenden Modell der eingetretenen Verluste (*incurred losses*) wird von einer Rückzahlung aller Kredite ausgegangen, solange es keinen Beleg für das Gegenteil in Form eines bestimmten Ereignisses gibt.
- Im neu vorgeschlagenen Modell der erwarteten Verluste (*expected losses*) sollen (statistisch) erwartete Verluste über die Laufzeit des Kredits erteilt werden, und nicht erst dann, wenn ein Verlustereignis identifiziert worden ist. Entsprechend würde eine Risikovorsorge für Kreditverluste über die Laufzeit des finanziellen Vermögenswerts auf Grundlage der erwarteten Kapitalströme aus dem Instrument aufgebaut werden.

11 IRFS 9[79]

11.1 Überblick

Im Zuge der Finanzkrise hat sich der IASB zu einer beschleunigten Reform der **335**
Finanzinstrumente betreffenden Regelungen verpflichtet. Im September 2009 wurde hierzu IFRS 9 in einer ersten, auf die Klassifizierung und Bewertung finanzieller Vermögenswerte beschränkten Fassung vorgelegt. Im Oktober 2010 erfolgte eine Erweiterung des Anwendungsbereichs auf finanzielle Verbindlichkeiten sowie – ohne inhaltliche Änderung – eine Einbeziehung der Regeln zu Ein- und Ausbuchung (Bilanzansatz) in IFSR 9. Die ursprüngliche Absicht zur Überarbeitung der Ausbuchungsregeln wurde 2010 zugunsten geänderter Offenlegungsvorschriften aufgegeben. Noch offen sind Neuregelungen zu Wertminderungen und zum *hedge accounting*.

11.2 Anwendungsbereich

IFRS 9 gilt für bestimmte finanzielle **Vermögenswerte** und **Verbindlichkeiten** **336**
(inkl. derivativer finanzieller Verbindlichkeiten).

---

[79] Die nachfolgenden Ausführungen sind im Wesentlichen entnommen aus CHRISTIAN, PiR 2009, S. 364ff.

Hinsichtlich der Frage, welche Vermögenswerte und Verbindlichkeiten im Einzelnen dem Standard unterliegen, verzichtet IFRS 9 auf eigene Regelungen und verweist stattdessen global auf IAS 39.2ff. (IFRS 9.2.1).

11.3 Bilanzansatz

337 Der Zeitpunkt des erstmaligen Ansatzes eines finanziellen Vermögenswerts hat sich durch IFRS 9 nicht materiell verändert. IFRS 9.3.1.1f. übernehmen vielmehr die diesbezüglichen Regeln von IAS 39 (Rz 98ff.).
Entsprechendes gilt für die Ausbuchung (IFRS 9.3.3). Hier bleibt es etwa hinsichtlich finanzieller Vermögenswerte bei den Regelungen von IAS 39 zu *pass through arrangements* (Rz 75), *continuing involvements* (Rz 67) usw., hinsichtlich der Verbindlichkeiten etwa für Umschuldungsfragen bei den Unterscheidungen von IAS 39 zwischen substanzieller Veränderung und substanzieller Fortführung der bestehenden Konditionen (Rz 86).

11.4 Klassifizierung und Bewertung finanzieller Vermögenswerte

11.4.1 Klassifizierung

338 Finanzielle Vermögenswerte müssen im Zeitpunkt des **erstmaligen** Ansatzes in die für die Folgebewertung maßgeblichen Kategorien „fortgeführte Anschaffungskosten" bzw. „beizulegender Zeitwert" (*fair value*) klassifiziert werden (IFRS 9.4.1.1 und IFRS 9.5.1ff.).
Die Klassifizierung in die Kategorie „**fortgeführte Anschaffungskosten**" erfolgt, wenn **beide** der folgenden Kriterien erfüllt werden (IFRS 9.4.1.2):

- **Subjektive** Bedingung: Das Ziel des Geschäftsmodells für die Gruppe der Vermögenswerte, zu welcher der betreffende Vermögenswert gehört, besteht im Halten der Vermögenswerte zur Realisierung der vertraglichen Geldflüsse (Rz 334f).
- **Objektive** Bedingung: Die vertraglichen Bestimmungen für den finanziellen Vermögenswert führen zu Geldflüssen an festgelegten Zeitpunkten, welche ausschließlich Zins und Tilgung auf die ausstehende Kapitalsumme darstellen (Rz 341).

Sofern ein finanzieller Vermögenswert keines oder nur eines dieser Kriterien erfüllt, ist er zum **beizulegenden Zeitwert** zu bilanzieren (IFRS 9.4.4).

339 Ungeachtet der Abgrenzungskriterien zwischen den Bewertungskategorien für die Folgebewertung kann ein finanzieller Vermögenswert beim Zugang **wahlweise** in die Kategorie *„fair value through profit or loss"* designiert werden (*fair value option*). Voraussetzung dafür ist, dass dadurch eine Bewertungs- oder Ansatzinkonsistenz beseitigt oder signifikant reduziert wird. Die in IAS 39 außerdem enthaltene Zeitwertoption für ein nach Zeitwert gemanagtes Portfolio sowie ein strukturiertes Instrument mit eingebetteten Derivaten (Rz 32) werden aufgrund der Systematik von IFRS 9 nicht mehr benötigt:

- Im Fall des nach Zeitwert gemanagten Portfolios erschöpft sich die Investitionsabsicht gerade nicht in der Vereinnahmung vertraglicher Zuflüsse, weshalb schon pflichtweise zum *fair value* zu bilanzieren ist (subjektive Bedingung);

- im Falle strukturierter Finanzinstrumente gilt Entsprechendes wegen Nichtwahrung der objektiven Bedingung (Rz 338), da i. d. R. nicht sämtliche Zahlungen in Tilgung oder Zins bestehen.

Das aus **subjektiver** Sicht klassifizierungsrelevante **Geschäftsmodell** wird vom **Management** in Schlüsselpositionen i. S. v. IAS 24 festgelegt (IFRS 9.B4.1.1). Dabei sind nicht die Absichten in Bezug auf einen **einzelnen** finanziellen Vermögenswert ausschlaggebend. Es ist vielmehr auf höhere Aggregationsebenen **(Gruppen)** abzustellen (IFRS 9.B4.1.2). 340

Wenn Vermögenswerte einer zum Halten bestimmten Gruppe **vor Fälligkeit verkauft** werden, widerlegt dies das Geschäftsmodell nicht, sofern der Verkauf Folge bestimmter Anforderungen an die Gruppe (etwa Mindestbonität) ist. Erfolgen solche Verkäufe allerdings mit einer bestimmten Häufigkeit (*„more than infrequent“*), ergeben sich **Zweifel** am behaupteten Geschäftsmodell (IFRS 9.B4.3 f.).

Der Bezug auf Gruppen von Vermögenswerten impliziert auch, dass innerhalb eines Konzerns verschiedene Geschäftsmodelle betrieben werden können. Die **beabsichtigte Veräußerung eines Geschäftsbereichs**, der auf Halten von Vermögenswerten angelegt ist, führt daher auch aus Konzernsicht nicht zur Umqualifizierung der Vermögenswerte dieses Bereichs.

Beispiel

Zum Finanzkonzern F gehört als Tochtergesellschaft das Verbraucherkreditunternehmen V. F beabsichtigt die Trennung von dieser Sparte und beginnt mit der aktiven Suche nach einem Käufer. Das Tochterunternehmen bzw. die ihm zuzurechnenden Vermögenswerte und Schulden sind daher für den Ausweis im Konzernabschluss nach IFRS 5 umzuklassifizieren. Die Bewertung der Finanzinstrumente unterliegt jedoch weiterhin den Regeln von IFRS 9 (IFRS 5.5c). Hierbei gilt: Zwar werden je nach Verhältnis von Fälligkeit der Verbraucherkredite und Zeitpunkt der Veräußerung der V einzelne Verbraucherkredite aus Konzernsicht nicht mehr durch Einzug, sondern durch Veräußerung (Einzelveräußerungsfiktion) erledigt. Veräußerungsobjekt sind jedoch nicht die betroffenen Forderungen, sondern das gesamte Geschäft der V. Diese wird wiederum unter anderer Herrschaft ihr Geschäftsmodell voraussichtlich unverändert fortführen. Durch die beabsichtigte Veräußerung ist jedenfalls noch keine Änderung des maßgeblichen Geschäftsmodells gegeben.

Die Klassifizierung eines finanziellen Vermögenswerts in die Kategorie „fortgeführte Anschaffungskosten“ setzt aus **objektiver** Sicht auch voraus, dass die vertraglichen Bestimmungen für den finanziellen Vermögenswert zu Geldflüssen an festgelegten Zeitpunkten führen, welche **ausschließlich Zins** und **Tilgung** auf die ausstehende Kapitalsumme darstellen. 341

Zinsen i. S. v. IFRS 9 sind ein Entgelt für die Bereitstellung von Geld über einen bestimmten Zeitraum unter Berücksichtigung des Kreditrisikos (IFRS 9.4.1.3 und 9.B4.1.7) und eines eventuellen Liquiditätsrisikos (IFRS 9.BC29). Ein **Hebeleffekt** (*leverage*) stellt keinen Zins mehr dar (IFRS 9.B4.1.9). Eine variable Verzinsung ist – auch in Kombination mit Zinsober- und -untergrenzen – unschädlich, wenn die Variabilität ausschließlich den Zeitwert des Geldes darstellt (IFRS 9.B4.1.12). Die Zeitwertbedingung kann auch bei Vereinbarung einer Inflationsindexierung gewahrt sein. Wenn hier kein Hebeleffekt besteht, dient die Indexierung nur der Überleitung von einem vereinbarten Real- auf einen Nominalzins.

Beispiel
Es wird eine Klausel vereinbart, welche die Anpassung der Zins- (und ggf. Tilgungs-)zahlungen an die Inflationsrate vorsieht. Die Inflationsanpassung bezieht sich auf die Währung, in der das Instrument emittiert wurde, und sie ist nicht mit einem Hebeleffekt verbunden. In diesem Fall liegen ausschließlich Zins- und Tilgungszahlungen auf die ausstehende Kapitalsumme i. S. v. IFRS 9.B4.1.13 vor.

Variante
Die Zahlungen sind an die Entwicklung des Goldpreises gebunden.
Sie stellen nicht mehr ausschließlich Zins (und Tilgung) dar.

342 Fraglich ist, ob eine inflationsindexierte und oder an einen Referenzzinssatz gebundene Anleihe oder Forderung dann noch zu amortisierten Kosten bewertet werden darf, wenn zeitliche Divergenzen zwischen Zinszahlung und zugrunde liegendem Index/Referenzzins bestehen. IFRS 9.B4.1.13 Example B enthält hier für den Referenzzins folgende Einschränkung: Die Laufzeit des Referenzzinses darf die Restlaufzeit der Forderung nicht überschreiten.

Beispiel
A erwirbt eine Anleihe mit einer Laufzeit von 5 Jahren und jährlichen Zinszahlungen. Vereinbart ist ein variabler Zins, der jährlich neu nach einem Referenzzinssatz bestimmt wird, jedoch stets auf Basis eines Referenzzinssatzes für eine 5-jährige Laufzeit.
Außer bei der Zeichnung der Anleihe besteht eine Divergenz zwischen Restlaufzeit der Anleihe (weniger als 5 Jahre) und Laufzeit des Referenzzinses. Die Anleihe ist daher zum *fair value* zu bewerten.

Bei Inflationsindexierung können sich zeitliche Verwerfungen in anderer Hinsicht ergeben. Von Relevanz ist insbesondere der **Zeitversatz** zwischen Veröffentlichung von Inflationsdaten und dem Zeitraum, auf den sich diese beziehen. U. E. liegen hier (bei Erfüllung der übrigen Voraussetzungen) noch Finanzinstrumente mit ausschließlich Zins und Tilgungen vor, wenn der Zeitversatz über die praktischen Notwendigkeiten nicht hinausgeht und auch bei der Bestimmung des Basisindexwertes berücksichtigt wird.

Beispiel
A erwirbt am 1.1.02 eine Anleihe mit Indexierung von Zins und Tilgung. Zinsen sind jährlich zum 31.12. fällig. Als Basiszeitpunkt für die vereinbarte Indexierung wird der 31.Oktober 01 zugrunde gelegt, als Maßstab für die aktuelle Inflation der Indexwert für den 31. Oktober des jeweiligen Jahres. Die Indexwirkung auf die Zinsen für das erste Jahr (02) ergibt sich z. B. durch

> Veränderung der Inflationsrate vom 31.10 01 bis zum 31.10.02, also genau für 12 Monate (entsprechend dem Zinszeitraum). Der Zeitversatz von zwei Monaten zwischen Indexwert und Zinszahlung entspricht praktischen Notwendigkeiten. Die Anleihe kann daher bei Erfüllung der übrigen Voraussetzungen zu amortisierten Kosten bilanziert werden.

Keine bestimmbaren Zinsen und Tilgungen ergeben sich aus **Geldmarktfondsanteilen.** Diese sind daher erfolgswirksam zum *fair value* zu bewerten. 343

Gewährte Kredite bzw. gehaltene Schuldinstrumente können auch **vorzeitige Rückzahlungsrechte** vorsehen. Solche Rückzahlungsrechte sind für die Klassifizierung zu fortgeführten Anschaffungskosten unschädlich, wenn sie die folgenden Kriterien kumulativ erfüllen (IFRS 9.B4.10): 344

- Sie dienen dem Schutz des Gläubigers gegen eine Bonitätsverschlechterung des Emittenten (z.B. Kündigungsoptionen bei Verletzung von Kreditvereinbarungen) oder einer Änderung der Beherrschung des Emittenten oder dem Schutz einer Partei gegen Änderungen des anzuwendenden (Steuer-)Rechts.
- Der Betrag, zu dem die vorzeitige Zahlung erfolgt, muss im Wesentlichen ungezahlte Beträge an Zinsen und Tilgung auf das ausstehende Kapital darstellen. Eine angemessene zusätzliche Entschädigung für die vorzeitige Vertragsbeendigung ist unschädlich.

Für **Verlängerungsoptionen** gelten ähnliche bzw. teils identische Kriterien (IFRS 9.B4.1.11).

Bei **strukturierten Produkten** (Rz 166) ist nach dem nicht-derivativen Grundelement wie folgt zu differenzieren: 345

- Das Grundelement ist ein finanzieller Vermögenswert im Anwendungsbereich von IFRS 9. Die Vorschriften von IFRS 9 sind auf den gesamten hybriden Vertrag anzuwenden (IFRS 9.4.3.2), mit der Folge, dass i.d.R. wegen nicht feststehender Zins und Tilgungen eine erfolgswirksame Bilanzierung zum *fair value* erfolgt (z.B. Wandelschuldverschreibungen).
- Das Grundelement ist eine finanzielle Verbindlichkeit, die dem Anwendungsbereich von IAS 39 unterliegt. In diesem Fall sind wie bisher die Vorschriften von IAS 39 für die Beurteilung heranzuziehen, ob das Derivat trennungspflichtig ist (IFRS 9.4.8). Falls dies bejaht wird, ist die Basis nach IAS 39 zu bilanzieren. Hinsichtlich des Derivats muss differenziert werden, ob es einen Vermögenswert darstellt (dann Klassifizierung nach IFRS 9) oder eine Verbindlichkeit (dann Klassifizierung nach IAS 39.9), wobei die Rechtsfolge in beiden Fällen die erfolgswirksame Zeitbewertung ist.
- Das Grundelement unterliegt dem Anwendungsbereich eines anderen Standards. Ein Beispiel ist ein Leasingvertrag, bei dem die Leasingzahlungen inflationsabhängig sind (→ § 15 Rz 49). Die Basis ist nach den für sie relevanten Standards (z.B. IAS 17) zu bilanzieren, bei dem Derivat ist wiederum zu differenzieren, ob es einen Vermögenswert oder eine Verbindlichkeit begründet.

11.4.2 Umklassifizierung

Ändert das Unternehmen sein **Geschäftsmodell** für das Management finanzieller Vermögenswerte, so ist eine Umklassifizierung der betroffenen finanziellen 346

Vermögenswerte geboten (IFRS 9.4.4.1). Die Neuklassifizierung erfolgt nach den allgemeinen Klassifizierungsvorschriften, d.h. gem. IFRS 9.4.1.1 – IFRS 9.4.1.4 (Rz 338).
Der Umklassifizierungstag ist der **erste Tag der ersten Berichtsperiode** im Anschluss an die Änderung des Geschäftsmodells, welche zur Umklassifizierung finanzieller Vermögenswerte geführt hat (IFRS 9 Anhang A). Werden finanzielle Vermögenswerte (gem. IFRS 9.4.9) umklassifiziert, so erfolgt dies **prospektiv** ab dem Umklassifizierungstag. Somit sind bis dahin erfasste Gewinne, Verluste bzw. Zinsen nicht anzupassen (IFRS 9.5.6.1). Nach IFRS 9 sind **zwei Arten** von Umklassifizierungen denkbar (IFRS 9.5.6.2f.):

- Bei Umklassifizierung von der Kategorie „fortgeführte Anschaffungskosten" in die Kategorie „beizulegender Zeitwert" muss der beizulegende Zeitwert des finanziellen Vermögenswerts zum Umklassifizierungstag festgestellt werden. Die Differenz zum bisherigen Buchwert ist erfolgswirksam zu erfassen.
- Bei Umklassifizierung in umgekehrter Richtung verwandelt sich der beizulegende Zeitwert am Umklassifizierungstag zum neuen Buchwert des finanziellen Vermögenswerts.

11.4.3 Zugangs- und Folgebewertung

347 Die **Zugangsbewertung** finanzieller Vermögenswerte erfolgt zum **beizulegenden Zeitwert,** der wiederum i.d.R. dem **Transaktionspreis** entspricht (Rz 99). Wird der betreffende finanzielle Vermögenswert nicht erfolgswirksam zum Zeitwert bilanziert, so werden direkt der Anschaffung zurechenbare Transaktionskosten aktiviert, andernfalls als Aufwand erfasst (IFRS 9.5.1.1). Die erstmalige Bewertung finanzieller Vermögenswerte ändert sich somit durch IFRS 9 mit einer Ausnahme (Rz 348) nicht.

348 In Abhängigkeit von der Klassifizierung gem. IFRS 9.4.1 – IFRS 9.4.4 (Rz 338) erfolgt die Folgebewertung eines finanziellen Vermögenswerts zu **fortgeführten Anschaffungskosten** bzw. zum **beizulegenden Zeitwert.**
Nicht notierte Eigenkapitalinstrumente (etwa GmbH-Anteile) sowie Verträge auf diese Instrumente, die durch Lieferung der nicht notierten Eigenkapitalinstrumente beglichen werden müssen (etwa Optionen auf solche Anteile) (IFRS 9.B5.4.14ff.), sind zum beizulegenden Zeitwert zu bewerten. Allerdings können die Anschaffungskosten in begrenzten Umständen eine geeignete Schätzung des beizulegenden Zeitwerts darstellen. Dies ist möglicherweise der Fall, wenn unzureichende aktuelle Informationen zur Ermittlung des Zeitwerts verfügbar sind, oder wenn eine weite Bandbreite möglicher Zeitwerte existiert und die Anschaffungskosten die beste Schätzung des Zeitwerts in dieser Bandbreite darstellen. Die Ausnahmeregeln sind nicht für Anteile anwendbar, die von bestimmten Unternehmen wie Finanzinstitutionen und Investmentfonds gehalten werden (IFRS 9.BC80).

11.4.4 Gewinne und Verluste

349 Ein Gewinn oder Verlust eines finanziellen Vermögenswerts, der zum **beizulegenden Zeitwert** bewertet wird und nicht Bestandteil einer **Sicherungsbeziehung** ist (Rz 233ff.), muss **GuV**-wirksam und nicht als Teil des sonstigen Ergebnisses (*other comprehensive income*) erfasst werden (IFRS 9.5.7.1).

Ein beim erstmaligen Ansatz auszuübendes Wahlrecht besteht jedoch für **Eigenkapitalinstrumente** (z.B. einer Aktie), die nicht Teil des Handelsbestands (*held for trading*) i.S.v. IAS 39.9 sind. Der Erfolg aus solchen Anteilen kann auch wahlweise im sonstigen Ergebnis erfasst werden. Bei Ausübung dieses Wahlrechts sind Dividenden aus solchen Anteilen aber weiterhin **erfolgswirksam** gem. IAS 18 zu erfassen, es sei denn, die Dividende stellt eindeutig eine Rückerlangung eines Teils der Anschaffungskosten des Instruments dar (IFRS 9.5.7.6 und IFRS 9.B5.7.1). Beträge, die danach im sonstigen Gesamtergebnis enthalten sind, dürfen i.d.F. nicht in die GuV umgebucht werden – anders als nach IAS 39 (Rz 158) auch nicht im Zeitpunkt der Ausbuchung des Instruments (IFRS 9.B5.7.1 und IFRS 9.BC86(b)).

Die gesonderte Behandlung von Dividenden, die der Rückerlangung eines Teils der Anschaffungskosten dienen, entspricht IAS 21.49 und IAS 18.32 vor Folgeänderung durch IAS 27 rev. 2008. Die Änderung wurde damals u.a. mit der Schwierigkeit begründet, willkürfrei festzustellen, ob eine Dividende aus **vor- oder nacherwerblich erwirtschafteten Gewinnen** ausgeschüttet wird. Diese Schwierigkeit besteht weiterhin. Nach IFRS 9 ist deshalb nur bei eindeutiger Zuordnung eine erfolgsneutrale Behandlung geboten. Ein solcher eindeutiger Fall liegt vor allem bei Ausschüttungen unmittelbar nach Erwerb vor, bei späteren Ausschüttungen nur insoweit, als die Höhe der Ausschüttung das kumulierte Ergebnis seit Erwerb übersteigt. 350

Bei **hybriden Instrumenten** mit Eigenkapitalkomponente (etwa Wandelschuldverschreibungen) ist die Option zur GuV-neutralen Erfassung nicht gegeben. IFRS 9.4.3.2 verbietet (anders als beim Emittenten) eine Aufteilung des Finanzinstrumentes. Dies ist vielmehr als Ganzes zu qualifizieren, stellt als Ganzes aber kein Eigenkapitalinstrument dar. Da es sich andererseits wegen der Eigenkapitalkomponenten aber auch nicht in Zins- und Tilgungsströmen erschöpft, ist es erfolgswirksam zum *fair value* zu erfassen (Rz 339). 351

Wenig konsistent ist die Behandlung von **Transaktionskosten** bei GuV-neutral behandelten Eigenkapitalinstrumenten. Beim Erwerb entstehende Transaktionskosten sind gem. IFRS 9.5.1.1 erfolgsneutral zu behandeln, eine entsprechende Möglichkeit ist für bei Veräußerung anfallende Transaktionskosten jedoch nicht vorgesehen. 352

Beispiel

Am 30.12.01 erwirbt U (ohne Handelsabsicht) Aktien für 100 + Transaktionskosten von 3. Der Börsenkurs am 31.12.01 beträgt ebenfalls 100. Am 1.7.02 werden die Aktien entgegen der ursprünglichen Absicht veräußert und zwar für 110, wobei Transaktionskosten von 2 anfallen.

Buchungen

Datum	Konto	Soll	Haben
30.12.02:	Aktien	100	
	Geld		100
	Aktien	3	
	Geld		3
31.12.01	EK	3	
	Aktien		3

Datum	Konto	Soll	Haben
1.7.02:	Geld	110	
	Aktien		100
	EK		10
	Aufwand	2	
	Geld		2

353 Ein Gewinn oder Verlust eines finanziellen Vermögenswerts, der zu **fortgeführten Anschaffungskosten** bewertet wird und nicht Bestandteil einer **Sicherungsbeziehung** (vgl. IAS 39.89 – IAS 39.102) ist, muss dann **erfolgswirksam** erfasst werden, wenn der finanzielle Vermögenswert ausgebucht, außerplanmäßig abgeschrieben oder gem. IFRS 9.5.7.2 in die Zeitwertkategorie umklassifiziert wird. Eine Auswirkung auf den Periodenerfolg ergibt sich auch durch die **effektivzinsmäßige** Fortschreibung des Buchwerts (IFRS 9.4.1.2). IFRS 9 benötigt nur noch **eine einzige** Wertminderungsmethode, und zwar für die finanziellen Vermögenswerte der Kategorie „fortgeführte AK" (IFRS 9.BC9). Deren genaue Ausgestaltung ist Gegenstand des Teilprojekts des IASB zu Wertminderungen finanzieller Vermögenswerte (Rz 335).

11.5 Klassifizierung und Bewertung finanzieller Verbindlichkeiten

11.5.1 Klassifizierung

354 Verbindlichkeiten sind nach IFRS 9.4.2.1 entweder in die **Kategorie**

- fortgeführte Anschaffungskosten (*amortised cost*) oder
- erfolgswirksame *fair-value*-Bewertung (*fair value through profit or loss*)

einzustufen.

Besondere, gegenüber IAS 39 unveränderte Regelungen bestehen für Verbindlichkeiten, die

- auf einer nicht zur (vollständigen) Ausbuchung führenden Übertragung von finanziellen Vermögenswerten (Rz 67),
- Finanzgarantien (Rz 206) oder
- Kreditzusagen (Rz 214)

beruhen.

Normalfall ist die Bewertung zu fortgeführten Anschaffungskosten. Die *fair-value*-Kategorisierung kommt pflichtweise (wegen der *fair-value*-Option vgl. Rz 356) wie bisher nur bei derivativen Verbindlichkeiten und Verbindlichkeiten des Handelsbestands (etwa aus spekulativen Leerverkäufen) zum Tragen. Abweichend von IAS 39 gilt dabei: Derivative Verbindlichkeiten, die an nicht börsennotierte Eigenkapitalinstrumente gebunden und durch diese zu erfüllen sind, dürfen nicht mehr unter Berufung auf mangelnde verlässliche Bewertbarkeit zu Anschaffungskosten bewertet werden (IFRS 9.BC5.20).

Bei **zusammengesetzten Finanzinstrumenten** mit Charakteristika von Eigen- und Fremdkapital (z.B. Wandelschuldverschreibungen) ist wie bisher eine Aufteilung des Emissionserlöses geboten *(split accounting)*. Das durch IFRS 9 eingeführte Trennungsverbot für entsprechende finanzielle Vermögenswerte (Rz 345) wird nicht auf die Verbindlichkeiten übertragen.

11.5.2 Zugangs- und Folgebewertung

Gegenüber IAS 39 unverändert erfolgt die **Zugangsbewertung** finanzieller Verbindlichkeiten gem. IFRS 9.5.1.1. zum **beizulegenden Zeitwert (*fair value*)**, der wiederum i.d.R. dem Transaktionspreis entspricht (Rz 99). Wird die betreffende finanzielle Verbindlichkeit nicht erfolgswirksam zum *fair value* bilanziert, so werden direkt zurechenbare **Transaktionskosten** in die Effektivverzinsung einbezogen, andernfalls als Aufwand erfasst (IFRS 9.5.1.1). 355

Bei der **Folgebewertung** ergeben sich – mit Ausnahmen bei der *fair-value*-Option (Rz 356) – ebenfalls keine Änderungen. Sie ist gem. IFRS 9.5.3.1. entweder unter Anwendung der Effektivzinsmethode vorzunehmen (bei Kategorisierung zu fortgeführten Anschaffungskosten) oder durch erfolgswirksame Berücksichtigung der Änderungen des *fair value* (bei Kategorisierung *at fair value through profit or loss*).

11.6 *Fair-value*-Option

Eine nur bei Erstverbuchung ausübbare Option zur erfolgswirksamen *fair-value*-Bewertung ist in IFRS 9.4.2.2. wie nach IAS 39 an die **Bedingung** geknüpft, dass entweder ein *accounting mismatch* vermieden oder eine Gruppe von Verbindlichkeiten auf *fair-value*-Basis gemanagt wird (Rz 32). 356

Für die **Folgebewertung** bestehen bei Ausübung der Option folgende von IAS 39 abweichende Regelungen:

- Die Änderung des *fair value* ist in einen auf die Änderung des Kreditrisikos zurückzuführenden Teil und einen danach rechnerisch verbleibenden Rest aufzuteilen.
- Nur der restliche Teil ist immer in der GuV zu erfassen, der kreditrisikobedingte Teil hingegen gem. IFRS 9.5.77. und IFRS 9.B5.7.134ff. i.d.R. als sonstiges Ergebnis (*other comprehensive income*) (Rz 357). Davon besteht allerdings eine Ausnahme (Rz 353f.): Entsteht durch diese Vorgehensweise eine Inkonsistenz *(accounting mismatch)* im Periodenerfolg (d.h. in der GuV) oder wird eine solche vergrößert, so sind alle Zeitwertänderungen der Verbindlichkeit (inkl. der kreditrisikobedingten) erfolgswirksam zu erfassen (IFRS 9.5.7.1(c), 9.5.7.7 und 9.B5.7.8).

Bei der *fair-value*-Option für **Kreditzusagen** oder **Finanzgarantien** ist eine Aufteilung nicht vorzunehmen, vielmehr der gesamte Bewertungserfolg in der GuV zu erfassen (IFRS 9.5.7.9).

Die i.d.R. als sonstiges Ergebnis (*other comprehensive income*) zu erfassende kreditrisikobedingte Wertänderung betrifft die Veränderung des Risikos, dass wegen Nichterfüllung der Vertragspflichten beim Vertragspartner ein finanzieller Verlust entsteht (IFRS 7.Anhang A). Der Ausdruck Kreditrisiko bezieht sich dabei auf genau jene Verbindlichkeit, für die die Zeitwertoption ausgeübt wurde, und nicht notwendigerweise auf die Bonität des Emittenten (IFRS 9.B5.7.13). 357

Beispiel

Die X-AG emittiert sowohl eine dinglich besicherte *(collaterised)* Verbindlichkeit als auch eine nicht dinglich besicherte Verbindlichkeit. Beide Verbindlichkeiten sind ansonsten identisch. In diesem Fall wird dennoch das Kreditrisiko der besicherten Verbindlichkeiten anders, nämlich geringer, sein als jenes der nicht besicherten. Das Kreditrisiko einer dinglich besicherten Verbindlichkeit kann in der Nähe von null liegen. Dessen ungeachtet ist die Bonität der X-AG natürlich in beiden Fällen stets dieselbe.

Das Kreditrisiko ist vom vermögenswertspezifischen Abschneidensrisiko (*asset-specific performance risk*) zu unterscheiden. Bei Letzterem geht es nicht um das Risiko, dass ein Unternehmen einer bestimmten Verpflichtung nicht nachkommen wird. Vielmehr geht es um das Risiko, dass ein Vermögenswert oder eine Gruppe von Vermögenswerten schlecht abschneidet (d. h. einen nicht zufrieden stellenden oder gar keinen Nutzen erwirtschaftet) (IFRS 9.B5.7.14–9.B5.7.15).

358 Die **Ermittlung kreditrisikobedingter Zeitwertänderungen** kann sich als schwierig erweisen (IFRS 9.BC4.49e). Die im sonstigen Gesamtergebnis auszuweisende kreditrisikobedingte Zeitwertänderung ist nach einer der folgenden Methoden zu ermitteln (IFRS 9.B5.7.16 ff.):

- Als Betrag der Zeitwertänderung, die nicht auf Änderungen der Marktbedingungen zurückzuführen ist, welche zu Marktrisiken führen **(Restwertmethode).** Änderungen der Marktbedingungen, die zu Marktrisiken führen, umfassen u. a. Änderungen eines Referenzzinssatzes und eines Wechselkurses.
- Nach einer **alternativen Methode**, die nach Ansicht des Unternehmens zu einer getreueren Ermittlung der kreditrisikobedingten Zeitwertänderung führt.

Der Standard erläutert die Berechnung für den einfachen Fall, dass Zeitwertänderungen, welche aus anderen Faktoren resultieren, als Änderungen des Kreditrisikos des Instruments oder Änderungen eines beobachteten (Referenz-)Zinssatzes nicht signifikant sind. Diese Methode stellt in der Praxis in vielen Fällen eine hinreichend gute Annäherung dar (IFRS 9.B5.7.18f., 9.BC5.58f. und BC5.62)- Sind jedoch Zeitwertänderungen aus diesen anderen Faktoren signifikant, so ist die Anwendung einer alternativen Methode erforderlich. Enthält das Instrument etwa ein eingebettetes Derivat, so darf die Änderung des beizulegenden Zeitwerts von diesem Derivat nicht in den im sonstigen Gesamtergebnis zu erfassenden Betrag einbezogen werden (IFRS 9.B5.7.19).
Bei der Ermittlung der kreditrisikobedingten Wertänderung ist im Übrigen soweit wie möglich auf Marktparameter zurückzugreifen (IFRS 9.B5.7.20).

Beispiel
Die X-AG emittiert am 1.1.01 eine Schuldverschreibung zu den folgenden marktüblichen Konditionen:

Fixe Verzinsung:	8 % p. a. (zahlbar im Nachhinein)
Nennwert:	150.000 EUR
Laufzeit:	10 Jahre

Das Unternehmen verwendet den EURIBOR als beobachtbaren Referenzzinssatz, welcher im Emissionszeitpunkt 5 % beträgt.
Am 31.12.01 ist der EURIBOR auf 4,75 % gesunken. Der notierte Marktwert der Schuldverschreibung beträgt 154.000 EUR. Die Veränderung des EURIBOR ist die einzig relevante Veränderung der Marktkonditionen.

> Der interne Zinssatz der Verbindlichkeit beträgt am 1.1.01 8 %, d.h., der Nominalzins entspricht dem Effektivzins. Der EURIBOR zu Jahresbeginn beträgt 5 %. Auf dieser Grundlage kann die ursprüngliche Kreditmarge (*credit spread*) von 3 % ermittelt werden.
> Zum 31.12.01 ergibt sich auf Basis dieser usprünglichen Kreditmarge, aber des aktuellen EURIBOR, d.h. diskontiert mit 7,75 % ein Barwert von 152.367 EUR. Die Differenz dieses Barwerts zum Marktwert (1.633 EUR) ergibt den im sonstigen Ergebnis zu erfassenden Betrag.

In **seltenen Fällen** könnte der Ausweis der kreditrisikobedingten Zeitwertänderungen nach der Restwertmethode zur Entstehung bzw. Vergrößerung einer Inkonsistenz im Periodenerfolg (d.h. in der GuV) führen, mit der Folge, dass dann sämtliche Zeitwertänderungen in die GuV einfließen (IFRS 9.B5.7.5). Bei dieser Beurteilung kommt es darauf an, ob das Unternehmen erwartet, dass die Auswirkungen der Änderung des Kreditrisikos der Schuld im Periodenerfolg durch eine Änderung des beizulegenden Zeitwerts eines anderen Finanzinstruments ausgeglichen werden, das ebenfalls erfolgswirksam zum beizulegenden Zeitwert bilanziert wird. Eine solche Erwartung muss auf einer wirtschaftlichen Beziehung zwischen den Eigenschaften der Verbindlichkeit, für die die Zeitwertoption ausgeübt wird, und den Eigenschaften des anderen Finanzinstruments basieren (IFRS 9.B5.7.6, 9.B5.7.11, 9.BC5.37 und 9.BC5.40). Eine solche wirtschaftliche Beziehung wird in vielen Fällen auf einer vertraglichen Verbindung (*contractual linkage*) zwischen den betroffenen Finanzinstrumenten beruhen. Dies muss allerdings nicht immer der Fall sein (IFRS 9.B5.7.10–9.B5.7.11 und 9.BC5.41). 359

Ein Beispiel für die Inanspruchnahme der Ausnahmeregel ist der Fall, dass ein Unternehmen große Portfolien finanzieller Vermögenswerte erfolgswirksam zum beizulegenden Zeitwert bilanziert und eine (oben beschriebene) wirtschaftliche Beziehung zu den Verbindlichkeiten, für die die Zeitwertoption ausgeübt wird, besteht (IFRS 9.BC5.37). Für Zwecke dieser Beurteilung sind nur solche Inkonsistenzen anerkannt, welche auf der beschriebenen ausgleichenden wirtschaftlichen Beziehung basieren, und nicht solche, welche einzig und allein auf Messungenauigkeiten zurückzuführen sind (IFRS 9.B5.7.12).

11.7 Zeitpunkt des Inkrafttretens und etwaige freiwillige vorzeitige Anwendung

IFRS 9 ist für kalendergleiche Geschäftsjahre **ab 2013** anzuwenden. Eine frühere Anwendung ist jedoch zulässig, sofern diese Tatsache offengelegt wird und gleichzeitig die Folgeänderungen anderer Standards durch IFRS 9 (s. IFRS 9 Anhang C) angewandt werden (IFRS 9.7.1.1). 360

Das EFRAG hat allerdings die Übernahme von IFRS 9 in das EU-Recht bis zum Abschluss des gesamten Reformprojekts zu Finanzinstrumenten (Rz 335) verschoben. Somit **verfügen EU-Unternehmen** bisher nicht über die Option einer vorzeitigen Anwendung von IFRS 9.

12 Zusammenfassende Praxishinweise

361 IAS 39 regelt **Ansatz** und **Bewertung** von Finanzinstrumenten, IFRS 7 die **Angabepflichten**. In den Anwendungsbereich des Standards fallen jedoch **nicht alle** Vermögenswerte und Schulden. Ein komplexes Geflecht von Ausnahmen und Rückausnahmen ist zu beachten (Rz 11).

Für den Ansatz von derivativen Finanzinstrumenten gilt **kein Imparitätsprinzip**. Nicht nur bei drohendem Verlust, sondern ebenso bei einem erwarteten Gewinn ist ein Bilanzansatz geboten (Rz 50). Für schwebende oder bedingte Kontrakte über **nichtfinanzielle** Vermögenswerte gilt hingegen auch nach IFRS das Imparitätsprinzip. Aus der Geltung unterschiedlicher Regelungen für den finanziellen und nichtfinanziellen Bereich folgt die Notwendigkeit einer genauen Abgrenzung beider Bereiche. Grenzfälle ergeben sich bei Warentermingeschäften, die eine Option zum Barausgleich vorsehen (Rz 222).

Für den Ansatz bzw. den Einbuchungszeitpunkt **originärer** Finanzinstrumente besteht dann ein Wahlrecht, wenn sich Vertrags- und Erfüllungsdatum aufgrund objektiver Gegebenheiten (notwendige Abwicklungs- oder Genehmigungsschritte) unterscheiden. Die **Einbuchung** kann wahlweise bei Vertragsschluss oder bei -erfüllung erfolgen (Rz 54).

Die **Ausbuchung** von **finanziellen Verbindlichkeiten** erfolgt i. d. R. mit Erledigung. Als Erledigung gilt

- der Rückkauf von Anleihen (Rz 88),
- die Verjährung, sofern nicht faktische Zwänge an der Verjährungseinrede hindern (Rz 85),
- die Umschuldung (Novation), sofern sie zu einer wesentlichen Barwertänderung der zu leistenden Zahlungen führt (Rz 86).

Für die **Ausbuchung** von **Forderungen** kommt neben der Erledigung die Übertragung auf einen Dritten (Forderungsverkauf) infrage. Voraussetzungen sind:

- eine Übertragung vertraglicher Rechte (*transfer*; Rz 65) und
- eine mindestens teilweise Übertragung der Bonitätsrisiken (Rz 66).

Bei **Risikoteilung** entscheidet der Übertrag der **Kontrolle** darüber, ob die gesamte Forderung auszubuchen oder im Umfang des fortbestehenden Risikos *(continuing involvement)* fortzuführen ist (Rz 61 f.).

Bei **Pensionsgeschäften** über Wertpapiere oder andere finanzielle Vermögenswerte entscheiden die Art des **Rückübertragungsrechtes** (bedingt oder unbedingt), die Art des **Vermögenswertes** (jederzeit am Markt verfügbar) und der vereinbarte **Rücknahmepreis** (vorab vereinbart oder nach Zeitwert am Tag der Rücknahme) über die Ausbuchung bzw. Zurechnung (Rz 79).

Die **Zugangsbewertung** aktiver originärer Finanzinstrumente erfolgt nominell zum *fair value*, tatsächlich i. d. R. zu **Anschaffungskosten** (Rz 99). Bei Handelswerten *(trading)* sind Anschaffungsnebenkosten nicht einzubeziehen, sondern sofort als Aufwand zu erfassen (Rz 144).

Für die **Folgebewertung** gilt die Regel: „Erst klassifizieren, dann bewerten", da im *mixed model* des IAS 39 verschiedene Bewertungsmaßstäbe zum Tragen kommen (Rz 29).

Forderungen und Darlehen sowie Fälligkeitswerte *(held-to-maturity assets)* unterliegen der Folgebewertung zu fortgeführten **Anschaffungskosten** nach

Maßgabe der Effektivzinsmethode (Rz 105). Wertminderungen führen zu außerplanmäßigen Abschreibungen (Rz 124).

Handelswerte *(trading assets)* und veräußerbare Werte *(available-for-sale assets)* werden zum ***fair value*** bewertet (Rz 144, Rz 150). Sofern dieser nicht verlässlich bestimmbar ist, kommen **hilfsweise** die Anschaffungskosten zum Ansatz (Rz 111).

Bei der **Folgebewertung** bestehen folgende Besonderheiten:

- **Strukturierte** Anleihen, die nicht zum *fair value* bilanziert werden, sind ggf. in ein eingebettetes Derivat und das Basisprodukt **aufzusplitten** (Rz 166).
- Die **Wertänderung** von veräußerbaren Werten *(available-for-sale assets)* wird **erfolgsneutral** im Eigenkapital geparkt, bis eine Veräußerung erfolgt oder eine außerplanmäßige Abschreibung notwendig ist (Rz 161).

Aus verschiedenen Gründen kann es zur **Umklassifizierung** von Vermögenswerten kommen. Ein wichtiger Fall ist die durch den vorzeitigen Verkauf einzelner Fälligkeitswerte *(held-to-maturity assets)* verursachte Sperrung dieser Kategorie für verbleibende, mit Halteabsicht erworbene Fälligkeits-*investments* (Rz 135). Die Umqualifizierung führt zum Wechsel des Bewertungsmaßstabes (Rz 182).

Verbindlichkeiten werden bei der **Erstverbuchung** i.d.R. zum vereinnahmten Betrag erfasst (Rz 190), bei der **Folgebewertung** zu fortgeführten Anschaffungskosten nach Maßgabe der Effektivzinsmethode (Rz 191). Eine Widmung als Handelswert *(trading liability)* ist zulässig und zieht eine erfolgswirksame *fair-value*-Bewertung nach sich (Rz 193).

Nicht Sicherungszwecken dienende **Derivate** werden stets als Handelswerte *(trading assets)* qualifiziert. Nach der (faktisch) zu Anschaffungskosten erfolgenden Erstbewertung ist eine erfolgswirksame *fair-value*-Folgebewertung vorzunehmen.

Besonderen Regeln unterliegt der Ansatz von Derivaten zu **Sicherungszwecken** ***(hedge accounting)***. Die speziellen Regelungen sollen für eine synchrone Behandlung des Grund- und des Sicherungsgeschäftes sorgen (Rz 234).

Für das *hedge accounting* kommen regelmäßig nur **Derivate**, bei **Währungssicherung** ausnahmsweise auch originäre Finanzinstrumente in Betracht (Rz 237).

Ist die Sicherung auf das *fair-value*-Risiko eines **Bilanzpostens** oder eines **schwebenden Geschäfts** gerichtet *(fair value hedge)*, wird die Wertänderung des Derivats erfolgswirksam erfasst. Soll das Risiko zukünftiger Zahlungsströme abgesichert werden *(cash flow hedge)*, sind die Wertänderungen so lange im **Eigenkapital** zu **parken**, bis das Grundgeschäft bilanzwirksam wird (Rz 252).

Die Anwendung des *hedge accounting* ist an verschiedene **Voraussetzungen** gebunden. Aus Sicht des **Sicherungsinstrumentes** kommt es insbesondere auf die Effizienz und die Dokumentation des Sicherungszwecks an (Rz 257). Aus Sicht des **Grundgeschäftes** sind nur Einzelrisiken unproblematisch. Die Absicherung von **Portfolio-Risiken** ***(portfolio hedge)*** ist nur eingeschränkt (Rz 233), die von Netto-Positionen noch gar nicht zulässig.

IAS 32 enthält sehr umfangreiche **Angabepflichten** (Rz 292ff.). Angesichts der Vielzahl denkbarer Angaben kommt dem ***materiality***-Grundsatz erhöhte Bedeutung zu (Rz 289).

13 ABC der Finanzprodukte

362

ABC DER FINANZPRODUKTE

ABC DER FINANZPRODUKTE

ABC DER FINANZPRODUKTE

ABC DER FINANZPRODUKTE

§ 29 ZU VERÄUSSERNDES LANGFRISTIGES VERMÖGEN UND AUFGEGEBENE GESCHÄFTSBEREICHE

Inhaltsübersicht **Rz**

Schrifttum: DOBLER/DOBLER, Zweifelsfälle der Bewertung von zur Veräußerung gehaltenen Abgangsgruppen nach IFRS 5, KoR 2010, S. 353 ff.; HOFFMANN/LÜDENBACH, IFRS 5, Bilanzierung bei beabsichtigter Veräußerung von Anlagen und Geschäftsfeldern, BB 2004, S. 2006 ff.; KÜTING/REUTER, Bilanz- und Ertragsausweis nach IFRS 5, Gefahr der Fehlinterpretation in der Bilanzanalyse, BB 2007, S. 1942 ff.; LÜDENBACH, Bewertung von Anteilen an assoziierten Unternehmen bei Veräußerungsabsicht, PiR 2006, S. 45 ff.; SCHILDBACH, Was leistet IFRS 5?, WPg 2005, S. 554 ff.; VÖLKNER, Zur Veräußerung bestimmtes Anlagevermögen und aufgegebene Bereiche, PiR 2005, S. 78 ff.; ZÜLCH/LIENAU, Bilanzierung zum Verkauf stehender langfristiger Vermögenswerte sowie aufgegebener Geschäftsbereiche nach IFRS 5, KoR 2004, S. 442 ff.

Vorbemerkung

Die Kommentierung beruht auf IFRS 5 in der aktuellen Fassung und berücksichtigt alle Änderungen, Ergänzungen und Interpretationen, die bis zum 1.1.2011 beschlossen wurden. Abweichungen zu früheren Regelungen sowie diskutierte oder schon als Änderungsentwurf vorgelegte zukünftige Regelungen sind unter Rz 64 dargestellt.

1 Zielsetzung, Regelungsinhalt, Begriffe

1.1 Prognoserelevante Abgrenzung fortzuführender gegenüber auslaufenden Aktivitäten

1 IFRS 5 enthält **besondere Bewertungs- und Ausweisvorschriften** für

- zur Aufgabe vorgesehene, nicht fortgeführte Bereiche ***(discontinued operations)*** und
- zur Veräußerung gehaltenes langfristiges Vermögen ***(non-current assets held for sale)***.

Die Sondervorschriften sollen den Bilanzadressaten ermöglichen, die finanzielle Wirkung von **Einstellungs**- und **Veräußerungsplänen** zu beurteilen (IFRS 5.30). Der Separierung aufgegebener von fortzuführenden Bereichen wird **Prognoserelevanz** zugesprochen (IFRS 5.BC62). Die Abschlussadressaten sollen zwischen auch zukünftig zu **erwartenden** und zukünftig **nicht mehr gegebenen** Aktivitäten unterscheiden können, um dies in ihren Prognosen, Extrapolationen usw. zu berücksichtigen.

1.2 Ersatz allgemeiner Ausweis- und Bewertungsvorschriften

Der Vorgängerstandard IAS 35 enthielt nur Regelungen zu **Ausweis und Anhang**. IFRS 5 erweitert den Bereich der Sondervorschriften auf die **Bewertung**. Nur der Ansatz, d. h. insbesondere der **Ausbuchungszeitpunkt** von Anlagevermögen, unterliegt den allgemeinen Vorschriften von IAS 16 (→ § 14 Rz 21) und IAS 38 (→ § 13 Rz 86; IFRS 5.24). Für Ausweis und Bewertung gelten hingegen im Kern folgende Regeln: 2

- **Bewertungsmaßstab:** Zur Veräußerung bestimmtes Anlagevermögen ist mit dem **Nettozeitwert (*fair value less costs to sell*)**, jedoch maximal mit dem bisherigen Buchwert *(carrying amount)* anzusetzen (Rz 30).
- **Bilanzausweis:** In der Bilanz ist das zur Veräußerung bestimmte langfristige Vermögen (Anlagen), bei Veräußerung einer Sachgesamtheit (Abgangsgruppe bzw. *disposal group)* auch das zugehörige kurzfristige Vermögen (Umlaufvermögen), separat auszuweisen, ggf. auch zugehörige Verbindlichkeiten (Rz 40).
- **GuV-Ausweis:** Soweit die zur Aufgabe bestimmte Sachgesamtheit *(disposal group)* ein bedeutendes sachliches oder geografisches Geschäftsfeld repräsentiert *(discontinued operation)*, ist überdies eine Separierung in der GuV (→ § 2 Rz 52) und in der Kapitalflussrechnung (→ § 3 Rz 140) geboten, und zwar abweichend vom Anwendungsbereich der vorstehenden Sonderregeln auch bei der Stilllegung *(abandonment;* Rz 43).

Auf Abb. 1 sowie die Übersicht in Rz 5 wird verwiesen.

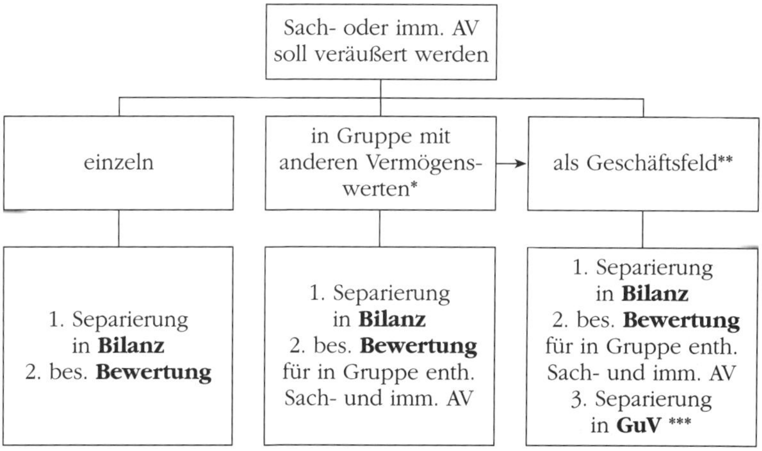

* *disposal group*

discontinued operation =
** *disposal group* mit Geschäftsfeldqualität (Veräußerungsfall) oder
*** durch Stilllegung aufgegebenes Geschäftsfeld (dann nur GuV-Separierung)

Abb. 1: Überblick über IFRS 5

1.3 Abgrenzung zwischen zur Veräußerung bestimmtem Anlagevermögen und aufgegebenen Bereichen

3 Zur **Veräußerung** vorgesehen und damit als *held for sale* kann zu qualifizieren sein:

- ein **einzelner Anlagegegenstand** (***non-current assets held for sale***),
- eine **Sachgesamtheit,** d. h. eine Abgangsgruppe, die neben Anlagegegenständen auch Umlaufvermögen und Verbindlichkeiten enthalten kann *(disposal group)*, oder
- ein bedeutender sachlicher oder geografischer **Geschäftsbereich** (***discontinued operation***).

Bei Beschränkung der Betrachtung auf **Veräußerungsfälle** würden sich die *discontinued operations* nur durch ihr größeres Gewicht und ihre Eigenständigkeit (Geschäftsfeldqualität) von der *disposal group* unterscheiden.

Der Begriff der *discontinued operations* berücksichtigt jedoch im Unterschied zu dem der *disposal group* auch Einstellungen eines Bereichs, die sich nicht durch Verkauf, sondern durch **Stilllegung** (***abandonment***) vollziehen. Auch in diesem Fall ist eine Separierung des Erfolgs in der GuV (Rz 43) und des *cash flow* im Anhang oder in der Kapitalflussrechnung (jedoch nicht des Vermögens in der Bilanz) geboten (Rz 2). Anders als bei der Veräußerung beginnt die Separierung jedoch nicht mit dem Einstellungs**beschluss**, sondern erst im Jahr des tatsächlichen **Vollzugs** der Einstellung (Rz 29). In dieser Hinsicht vermittelt die amtliche Übersetzung von IFRS 5.32 im Übrigen einen irreführenden Eindruck vom Anwendungsbereich des Standards: Die Rede ist nur von einem „veräußerten oder zur Veräußerung gehaltenen Geschäftsbereich“. Der englische Originaltext spricht jedoch von einem Geschäftsbereich *„that either has been disposed of, or is classified als held for sale“*, wobei der Begriff *„disposal“* auch die Einstellungen durch Stilllegung umfasst.

Zum Verhältnis der zentralen Kategorien von IFRS 5 und zu den an sie anknüpfenden Rechtsfolgen wird auf Tabelle 1 (Rz 5) verwiesen.

1.4 Finanzinstrumente und andere nur den Ausweis-, nicht den Bewertungsvorschriften von IFRS 5 unterliegende Fälle

4 Hinsichtlich des Anwendungsbereichs der in IFRS 5 enthaltenen Sondervorschriften ist wie folgt zu differenzieren:

- Die Regeln zum **separaten Bilanzausweis** gelten für alle als *non-current assets held for sale* klassifizierten Vermögenswerte bzw. bei *disposal groups* oder *discontinued operations* auch für in der Abgangsgruppe enthaltene sonstige Vermögenswerte und Schulden (IFRS 5.2).
- Die **besonderen Bewertungsvorschriften** gelten jedoch nur für das in einer *disposal group/discontinued operation* enthaltene Anlagevermögen *(non-current assets)*, wobei hier gem. IFRS 5.5 noch folgende langfristigen Vermögenswerte **ausgenommen** sind:
  - latente Steuern nach IAS 12 (→ § 26);
  - Vermögenswerte aus Versorgungsplänen *(plan assets)* i. S. von IAS 19 (→ § 23);
  - Finanzinstrumente i. S. von IAS 39 (→ § 28);
  - im *fair-value*-Modell bewertete *investment properties* gem. IAS 40 (→ § 16 Rz 52);
  - im *fair-value*-Modell bewertete Anlagen des Agrarbereichs nach IAS 41;
  - Vertragsrechte aus Versicherungsverträgen nach IFRS 4 (→ § 39).

- Die Bewertungs**ausnahmen** bestehen auch dann, wenn die genannten Vermögenswerte (oder Verbindlichkeiten) Teil einer *disposal group* (oder *discontinued operation*) sind. Kurz gefasst gelten die besonderen Bewertungsvorschriften somit nur für **Sachanlagen** und **immaterielle Anlagen**.

1.5 Überblick über die in IFRS 5 enthaltenen Qualifizierungen und deren Rechtsfolgen

Nachstehende Tabelle 1 gibt einen Überblick über die nach IFRS vorzunehmen- 5
den **Qualifizierungen** als

- zur Veräußerung gehaltenes langfristiges Vermögen *(non-current assets held for sale)* (Rz 6ff.),
- Abgangsgruppe *(disposal group)* (Rz 6ff.) und
- aufgegebener Geschäftsbereich *(discontinued operation)* (Rz 15)

sowie die damit verbunden **Rechtsfolgen** für

- Bewertung (Rz 30),
- Bilanzausweis (Rz 40) und
- GuV-Ausweis (Rz 43)

in Abhängigkeit von der **Art**

- des zur Veräußerung bestimmten Anlagegegenstandes bzw.
- Vermögenswerts (Rz 31).

	besond. Bewertung	sep. Bilanzausweis	sep. GuV-Ausweis	Beispiel
zur veräußerndes langfristiges Vermögen *(non-current assets held for sale)*, jedoch nicht Finanzinstrumente etc.	++	++	–	Veräußerung Lagerhalle
zur Veräußerung bestimmte Sachgesamtheit *(disposal group)* ohne Geschäftsfeldqualität	+/–**	++	–	Veräußerung Lagerhalle incl. Maschinen u. Rohstoffe
zur Veräußerung bestimmte Sachgesamtheit mit Geschäftsfeldqualität *(discontinued operations)*	+/–**	++	++	Veräußerung Produktionslinie Agrarchemie
zur Stilllegung bestimmtes Geschäftsfeld	–	–	++	Rückzug aus Südostasien

** besondere Bewertung nicht für in der *disposal group/discontinued operation* enthaltenes Umlaufvermögen, außerdem nicht für bestimmte Anlagen (Finanzanlagen, zum *fair value* erfasste *investment properties* etc.), vgl. Rz 4.

Tab. 1: Grundbegriffe und ihre Rechtsfolgen

2 Definition der zur Veräußerung bestimmten langfristigen Vermögenswerte und der Abgangsgruppe

2.1 Abgrenzung zum Umlaufvermögen

6 Soweit es um die Veräußerung eines einzelnen Vermögenswertes geht, findet IFRS 5 nur auf langfristiges Vermögen *(non-current assets)* Anwendung. In *disposal groups* bzw. *discontinued operations* kann hingegen auch kurzfristiges Vermögen enthalten sein, für das dann – jedenfalls auf Einzelbewertungsebene – nur die besonderen Blianzausweisvorschriften gelten (Rz 31).

In der **Abgrenzung** zwischen lang- und kurzfristigem Vermögen verfährt IFRS 5. App. A wie folgt:

- Der Begriff des *non-current asset* wird negativ und tautologisch definiert als ein Vermögenswert, der kein *current asset* ist.
- Der Begriff des *current asset* wird in Übereinstimmung mit IAS 1 (→ § 2 Rz 41) durch das Vorliegen von mindestens einem der folgenden Merkmale definiert: Umlaufvermögen *(current assets)* sind
  - zur Realisierung durch Verbrauch oder Veräußerung innerhalb des Geschäftszyklus *(operation cycle)* vorgesehene Vermögenswerte (z.B. Rohstoffe und Erzeugnisse),
  - zu Handelszwecken gehaltenes Vermögen (z.B. Waren sowie Wertpapiere des Handelsbestandes),
  - Zahlungsmittel sowie
  - zur Realisierung innerhalb von 12 Monaten (gerechnet vom Bilanzstichtag) vorgesehene Vermögenswerte.

Vor allem das letzte Kriterium gibt im Verhältnis zur Definition der *non-current assets held for sale* Rätsel auf, da diese in IFRS 5.6 als *non-current assets* definiert sind, deren Buchwert gerade nicht durch fortgesetzte Nutzung, sondern durch Verkauf binnen i.d.R. 12 Monaten (IFRS 5.8) realisiert werden soll.[1] **Zwei Lesarten** zum Verhältnis von langfristigem Vermögen und *non-current assets held for sale* bieten sich an:

- Eine eng am **Wortlaut** orientierte Interpretation sähe wie folgt aus:
  - Den Sondervorschriften von IFRS 5.6ff. unterliegen nur solche langfristigen Vermögenswerte, die innerhalb von i.d.R. 12 Monaten veräußert werden sollen.
  - Gem. IAS 1 und IFRS 5.App. A sind langfristige Vermögen nur solche Vermögenswerte, die nicht zur Veräußerung oder zum Verbrauch innerhalb von 12 Monaten bestimmt sind.
  - Die Vorschriften von IFRS 5.6ff. zu den *non-current assets held for sale* laufen demzufolge ins **Leere**. Sie gelten einerseits nicht für Vermögenswerte, die zur Veräußerung innerhalb von 12 Monaten bestimmt und daher *current assets* sind. Sie gelten andererseits nicht für *non-current assets*, die nicht zur Veräußerung innerhalb von 12 Monaten bestimmt und daher keine *held-for-sale assets* sind.

---

1 Ähnlich SCHILDBACH, WPg 2005, S. 554.

- Eine über die definitorischen Schwächen von IFRS 5 hinwegsehende, den Absichten des IASB entgegenkommende **geltungserhaltende** Interpretation sieht demgegenüber wie folgt aus:[2]
  - Den Sondervorschriften von IFRS 5.6ff. unterliegen nur solche langfristige Vermögenswerte, die **innerhalb von i.d.R. 12 Monaten veräußert** werden sollen.
  - Gegen den Wortlaut von IFRS 5.App. A sind als langfristig solche Vermögenswerte anzusehen, die entweder (a) **ursprünglich mit Dauerverwendungsabsicht**, d.h. ursprünglich ohne Absicht der Veräußerung oder des Verbrauchs innerhalb von 12 Monaten, beschafft oder hergestellt wurden oder die (b) beim Unternehmen **typischerweise Anlagevermögen** sind.
  - **Entfällt** bei Vermögenswerten des Typs a zu einem späteren Zeitpunkt die Weiterverwendungs- und tritt an ihre Stelle eine Veräußerungsabsicht, so sind sie ab diesem Zeitpunkt nicht mehr als normale *non-current assets,* sondern als *non-current assets held for sale* zu qualifizieren.

Die nachfolgenden Ausführungen folgen der zweiten, geltungserhaltenden Les- 7
art. Sie hat den Vorzug, die umfangreichen Ausführungen des IASB in IFRS 5 nicht ohne Anwendungsbereich stehen zu lassen. Als ein Nachteil mag die gewisse Unschärfe angesehen werden, die im Begriff des **„typischen langfristigen Vermögens“** enthalten ist. Diese Kategorie ist jedoch notwendig, um einen bereits mit Veräußerungsabsicht erworbenen Vermögenswert gem. IFRS 5.11 ebenfalls als *non-current asset held for sale* qualifizieren zu können.

Beispiel

Das Unternehmen U baut und veräußert Gebäude. Aus der Insolvenzmasse eines Wettbewerbers konnte U einige Baumaschinen erwerben. Für einen Teil der nur im Paket erwerbbaren Maschinen bestand von vornherein eine Veräußerungsabsicht.

Nach IAS 1 und IFRS 5.App. A wären die mit Veräußerungsabsicht erworbenen Maschinen Umlaufvermögen. Gem. IFRS 5.11 sowie IFRS 5.IG.E3 sind sie jedoch als *non-current assets held for sale* zu qualifizieren. Diese Zuordnung kann nur durch Verwendung eines **Typusbegriffs** gerechtfertigt werden. Da U kein Baumaschinenhändler, sondern Bauunternehmer ist und daher Baumaschinen bei ihm typischerweise Anlagevermögen sind, hat er die von vornherein zur Veräußerung bestimmten Maschinen als *non-current assets held for sale* zu klassifizieren und sie entsprechend auszuweisen und zu bewerten.

Fallvariante

U erwirbt aus der Insolvenzmasse Immobilien mit der Absicht der Weiterveräußerung. Da die Veräußerung von Immobilien typischer Geschäftszweck von U ist, kommt nur eine Qualifizierung als Vorratsvermögen infrage.

[2] Mit ähnlicher Kritik und etwas anderem Lösungsansatz (Berufung auf lex specialis) ZÜLCH/LIENAU, KoR 2004, S. 442ff.

Die Notwendigkeit einer Typusbetrachtung wird auch durch IAS 16.68A unterstrichen. Hiernach sind Sachanlagen, die nach Vermietung an Dritte routinemäßig im Rahmen des Geschäftsmodells veräußert werden (Beispiel: Autovermieter) mit Beendigung der Vermietung in das Vorratsvermögen umzugliedern. IFRS 5 wird hier nicht einschlägig (→ § 14 Rz 22).
Bei einer mit Veräußerungsabsicht erworbenen Abgangsgruppe *(disposal group)* (Rz 5), die typisches Anlagevermögen und Umlaufvermögen enthält, teilt u. E. das Umlaufvermögen das Schicksal des Anlagevermögens, wenn es in einem Akt mit diesem, d. h. i. d. R. an den gleichen Erwerber veräußert werden soll.
Im Übrigen ist der Begriff der Abgangsgruppe **unscharf.** IFRS 5.4 stellt im Wesentlichen nur auf die Intention ab, mehrere Vermögenswerte in einer Transaktion zu veräußern. Dabei könne es sich um eine Zahlungsmittel generierende Einheit (CGU) i. S. v. IAS 36 (→ § 11 Rz 83 ff.) handeln, aber auch höher aggregiert um Gruppen von CGUs oder weniger aggregiert um Teile von CGUs.[3]

2.2 Verfügbarkeit zur sofortigen Veräußerung im gegenwärtigen Zustand

8 Ein langfristiger Vermögenswert *(non-current asset)* qualifiziert sich gem. IFRS 5.7 nur dann als zur Veräußerung bestimmt *(held for sale)*, wenn er **zur sofortigen Veräußerung im gegenwärtigen Zustand verfügbar** ist *(available for immediate sale in its present condition).* In Anlehnung an die *Guidance on Implementing* IFRS 5 lässt sich dieses Merkmal an folgenden Beispielen erläutern (IFRS 5.IG1 und IG3):

Beispiel
U plant die Veräußerung der drei folgenden Gebäude:
1) ein nicht mehr genutztes Produktionsgebäude nach **Räumung und Reinigung**
2) ein leer stehendes Lagergebäude nach – zur Anhebung des Veräußerungspreises – **umfassender Renovierung**
3) ein altes Verwaltungsgebäude nach Herstellung eines neuen **Ersatzgebäudes.**

Beurteilung
1) Das Produktionsgebäude steht zur sofortigen Veräußerung im gegenwärtigen Zustand zur Verfügung. Räumungs- und Reinigungsarbeiten zur Übergabe im besenreinen Zustand sind bei der Veräußerung solcher Anlagen üblich und hindern die Klassifizierung als *non-currrent asset held for sale* nicht.
2) Das Lagergebäude soll nicht in seinem gegenwärtigen Zustand, sondern nach Renovierung, d. h. als ein Gut anderer Marktgängigkeit, veräußert werden. Erst mit Abschluss der Renovierungsarbeiten kommt eine Qualifizierung als *non-currrent asset held for sale* infrage.
3) Das Verwaltungsgebäude soll bis zur Fertigstellung des neuen Gebäudes weiter genutzt werden. Selbst wenn bereits vor Baubeginn des neuen Gebäu-

3 Kritisch hierzu VÖLKNER, PiR 2005, S. 78.

des ein Kaufvertrag über das alte Gebäude geschlossen wird, kommt eine sofortige Klassifizierung als *non-currrent asset held for sale* nicht in Frage. Hierzu muss erst das neue Gebäude fertig gestellt sein.

Die Voraussetzung der sofortigen Veräußerbarkeit im gegenwärtigen Zustand muss auch bei einer *disposal group* oder *discontinued operation* (Rz 5) erfüllt sein. Zur Erfüllung des Merkmals der **sofortigen Veräußerbarkeit bei Auftragsbeständen** enthält IFRS 5.IG2 folgendes Beispiel:

Beispiel
U will die Produktionsstätte C veräußern. Der Veräußerungsplan sieht die Veräußerung der entsprechenden Produktionslinie (d.h. mit Arbeitnehmern, Auftragsbeständen, Vorräten usw.) vor.
Unerledigte Bestellungen (Auftragsbestände) hindern die Qualifizierung als *non-currrent asset held for sale* nicht, da die Auftragsbestände mit veräußert werden sollen.

Fallvariante
Nur die Produktionsstätte soll veräußert werden. Dies setzt die Erfüllung aller noch unerledigten Aufträge voraus.
Eine Qualifizierung als *non-currrent asset held for sale* kommt erst mit Einstellung der Produktion in Frage. Hieran ändert auch ein bereits vorher geschlossener Kaufvertrag nichts.

2.3 Veräußerung

Mit begrenzten Ausnahmen für *discontinued operations* (Rz 3) gelangen die Regelungen von IFRS 5 nur bei (beabsichtigter) **Veräußerung** langfristigen Vermögens zur Anwendung. 9

Grundfall der Veräußerung ist die Übertragung durch **Kaufvertrag**, und zwar unabhängig davon, ob der Veräußerer ein Entgelt erzielt oder wegen der Übertragung höherer Lasten als Vermögenswerte umgekehrt selbst ein Entgelt zahlen muss **(negativer Kaufpreis). Weitere Fälle** sind wie folgt zu beurteilen:

- Ein beabsichtigter ***sale and finance lease back*** stellte keine Veräußerung dar (IFRS 5.IG Example 4; → § 15 Rz 163).
- Ein **Tausch** langfristiger Vermögenswerte gegen andere langfristige Vermögenswerte gilt nur dann als Veräußerung, wenn der Tauschvorgang wirtschaftliche Substanz hat, insbesondere die erwarteten *cash flows* verändert (IFRS 5.10 i.V.m. IAS 16.24f und IAS 38.45g; → § 14 Rz 13).
- Als Folgeänderung zur Verabschiedung von IFRIC 17 werden für Geschäftsjahre ab 1.6.2009 auch **Sachdividenden**, etwa in der Form von Abspaltungen nach § 123 Abs. 2 UmwG, Veräußerungen gleichgestellt (IFRS 5.5A). Die Nichtanwendung von IFRIC 17 auf Fälle, in denen der Gegenstand der Sachdividende vor und nach der Verteilung unter gleicher Kontrolle liegt, ist ohne Auswirkung auf IFRS 5. Auch in solchen Fällen sind die Ausweis-,

Anhangs- und Bewertungsvorschriften von IFRS 5 zu beachten.[4] Zum Ausweis einer Ausschüttungsverbindlichkeit aus der Sachdividende kommt es erst mit Beschlussfassung der Gesellschafter (→ § 4 Rz 38), der separate Ausweis des zur Ausschüttung vorgesehenen langfristigen Vermögens und dessen besondere Bewertung nach IFRS 5 erfolgen jedoch i.d.R. schon mit der Entscheidung des Vorstands, den Gesellschaftern die Sachdividende vorzuschlagen.[5] Wegen weiterer Einzelheiten der Sachdividende wird auf → § 31 Rz 189 verwiesen.

2.4 Hohe Wahrscheinlichkeit der Veräußerung

10 Gem. IFRS 5.7 muss eine Veräußerung als hoch wahrscheinlich *(highly probable)* anzusehen sein, um die *held-for-sale*-Qualifizierung zu bewirken.

Den Begriff der **hohen Wahrscheinlichkeit** definiert Appendix A zu IFRS 5 in zwei Schritten, aus denen sich ein dritter Schritt ableiten lässt:

- *Probable = more likely than not* (= 51 % Wahrscheinlichkeit).
- *Highly probable = significantly more likely than probable.*
- Somit: hohe Wahrscheinlichkeit = signifikant über 51 % liegende Wahrscheinlichkeit.

Die **Grenzen** einer solchen Quantifizierung singulärer Ereignisse haben wir an anderer Stelle dargelegt (→ § 21 Rz 37). Wichtiger als derartige Zahlenspiele sind daher die **Bedingungen**, die IFRS 5.8 zur Beurteilung der hohen Wahrscheinlichkeit formuliert. Danach soll eine Veräußerung hoch wahrscheinlich sein, wenn am Bilanzstichtag (IFRS 5.12) folgende Voraussetzungen kumulativ erfüllt sind:

- A) Die angemessene **Hierarchieebene** *(appropriate level of management)* hat sich auf einen Plan zur Veräußerung der Anlagen **verpflichtet**.
- B) Ein **aktives Programm** zur Suche eines Käufers und zur Umsetzung des Plans ist initiiert worden.
- C) Die Anlagen (oder die *disposal group* bzw. *discontinued operations)* werden **aktiv vermarktet** zu einem im Verhältnis zum gegenwärtigen *fair value vernünftigen Preis.*
- D) Der Vermögensabgang binnen **12 Monaten** wird erwartet; eine Ausdehnung dieses Zeitraums ist ggf. zulässig (Rz 12).
- E) Eine Stornierung oder **signifikante Veränderung** des Plans ist **unwahrscheinlich *(unlikely)*.**

Die Kriterien sind **unscharf** und dienen deshalb der Objektivierung der Rechnungslegung nicht. Interpretationsfähig ist z.B., was unter aktiver Käufersuche, aktiver Vermarktung und vernünftigem Preis zu verstehen ist. Auch die Kriterien der Verpflichtung des Managements bzw. der Unzulässigkeit von Planänderungen bleiben unbestimmt. Möglicherweise ist an ein Management gedacht, das – den Empfehlungen der präskriptiven Entscheidungslehre und seinen Sorgfaltspflichten entgegenlaufend – immer nur starre Pläne formuliert, flexible Planungsstrategien daher vermeidet und Verwertungsalternativen (Verpachtung etc.) von

---

4 Gl.A. KPMG, Insights into IFRS 2009/10, Tz 5.4.265.

5 Heintges/Kroner/Unbanczik, KoR 2009, S. 494ff.

vornherein ausblendet, in diesem Sinne also Veräußerungen immer nur ohne Wenn und Aber beschließt.

> **Beispiel**
> Die U verfügt an verschiedenen Standorten, u.a. im Grenzgebiet zu Tschechien, über ungenutzte Lager. Vor dem Bilanzstichtag wird ein Vorstandsbeschluss gefasst, überflüssige Immobilien optimal zu verwerten, d.h. bevorzugt zur veräußern, wo dies binnen 12 Monaten nicht zu einem fairen Wert möglich ist, bestmöglich zu vermieten. Mit der Umsetzung ist der Bereich „Immobilien" beauftragt. Er inseriert in einem örtlichen Anzeigenblatt für einen Preis von „100.000 EUR Verhandlungsbasis" in der Erwartung, diesen Preis im Verhandlungswege um bis zu 50 % nachzulassen.
>
> **Beurteilung der Kriterien**
> A) und E): Unklar ist, ob der Vorstand oder der Bereich „Immobilien" die **angemessene Hierarchieebene** ist. Im ersten Fall könnte eine Qualifizierung als *held for sale* schon an der bedingten Formulierung scheitern. In diesem Zusammenhang ist nicht deutlich, wem gegenüber der Vorstand eine **Verpflichtung** eingegangen sein muss. Nach IFRS 5.9 ist an eine Art **Selbstverpflichtung** gedacht, wie sie in einem unflexiblen Planungssystem ohne in die Planung eingebaute Änderungsoptionen zu finden ist. Bei einer flexiblen Planung, die von vornherein Optionen für den Fall formuliert, dass bestimmte Erwartungen nicht eintreten, wäre danach die erforderliche Selbstverpflichtung nicht gegeben. Für eine solche Interpretation spricht auch, dass signifikante Planänderungen sanktioniert werden. Da bei einer flexiblen Planung Änderungsoptionen Teil der Planung selbst sind, würde die Sanktionsvorschrift ansonsten ins Leere laufen.
> B) und C): Ob die Inserierung in einem örtlichen Anzeigenblatt eine **aktive Käufersuche** und eine **aktive Vermarktung** darstellt oder mehr getan, z.B. ein Makler beauftragt werden muss, ist ebenso zweifelhaft wie die Qualifizierung des Preisangebotes. Wenn die Immobilienabteilung von einem Zeitwert von 50.000 EUR ausgeht, angesichts regionaltypischer Verhandlungsverläufe aber mit 100.000 EUR inseriert, ist jedenfalls in formaler Betrachtung gerade keine Vermarktung mit einem im Verhältnis zum **Zeitwert vernünftigen Preis** dokumentiert.
> D): Der Veräußerungsplan sieht eine Veräußerung binnen 12 Monaten, genauer maximal über 12 Monate laufende Veräußerungsbemühungen vor. Ob diese **bedingte 12-Monats-Erwartung** – wenn Veräußerung, dann in 12 Monaten – den Anforderungen von IFRS 5.8 genügt, ist unklar.

2.5 Zwölf-Monats-Kriterium

Eine Veräußerung gilt nur dann als hoch wahrscheinlich (Rz 9), wenn ein Abgang des Vermögenswertes binnen 12 Monaten ab Klassifizierung als *held for sale* erwartet wird (IFRS 5.8). Ob unter **Beginn** der 12-Monats-Frist die Erfüllung der übrigen Voraussetzungen (Verabschiedung eines Veräußerungsplans, der Beginn der aktiven Vermarktung etc.) oder der erste Bilanzstichtag nach Erfül- 11 lung der Voraussetzungen zu verstehen ist, bleibt im Standard offen. Der ersten Interpretation ist u. E. der Vorzug zu geben (Rz 14).

> **Beispiel**
> Das Management von U verabschiedet im März 04 einen Plan zur Veräußerung diverser Verwaltungsgebäude und Produktionsgebäude. Es rechnet mit Vollzug des Plans in den nächsten 12 Monaten (Verwaltungsgebäude) bzw. 18 Monaten (Produktionsgebäude). Nach zunächst vergeblichen Bemühungen findet sich im März 05, unmittelbar vor Feststellung des Jahresabschlusses für 05, doch noch ein Käufer, der die Gebäude mit wirtschaftlichem Eigentumsübergang 1. Juli 05 erwirbt.
> Bezogen auf den Bilanzstichtag 31.12.04 ist eine Veräußerung innerhalb von 12 Monaten sicher. Eine Qualifizierung als *held for sale* käme für beide Gebäudearten in Frage. Konsequenz wäre nicht nur ein separater Bilanzausweis. Die Gebäude dürften außerdem in 05 nicht mehr planmäßig abgeschrieben werden (Rz 31).
> Wird demgegenüber der März 04 als maßgebliches Datum angesehen, unterbleibt schon in 04 die planmäßige Abschreibung für die Gebäude. Die tatsächlich eintretende Überschreitung der 12-Monats-Frist ist unter bestimmten Umständen unschädlich (Rz 12).

12 Eine **Ausdehnung** der 12-Monats-Frist ist gem. IFRS 5.9 i.V.m. Appendix B sowie IFRS 5.IG.E5 bis E7 zulässig, wenn vom Unternehmen nicht zu vertretende Verzögerungen auftreten, das Unternehmen aber gleichwohl seinem Veräußerungsplan verpflichtet bleibt. Drei **unschädliche** Verzögerungstatbestände sind zu unterscheiden:

- Die Veräußerung bedarf der **Genehmigung** durch eine außen stehende, insbesondere kartell- oder aufsichtsrechtliche Instanz. Diese Genehmigung kann erst nach Abschluss des binnen 12 Monaten zustande gekommenen Verkaufsvertrages beantragt werden.
- Der Erwerber verweigert die Eigentumsübertragung unter Hinweis auf nach dem Vertragsschluss entdeckte **Mängel**, z.B. Umweltschäden. Mit deren Beseitigung wird unverzüglich begonnen. Die Nachbesserungsarbeiten führen aber zu einem Überschreiten der 12-Monats-Frist.
- Externe Umstände, insbesondere **Marktpreise,** ändern sich überraschend während der ursprünglichen 12 Monate. Die Unternehmung reagiert darauf, passt insbesondere ihre Preisforderung an die geänderten Umstände an.

13 Keine Rechtfertigung für eine Ausdehnung der Zwölf-Monats-Frist ist eine mangelnde Marktliquidität.

> **Beispiel**
> Eine Reihe vor der Finanzkrise von der Bank B gegen Gewährung von Sicherheiten in Form von Mehrheitsanteilen an den jeweils darlehensnehmenden Gesellschaften vergebenen Darlehen wird notleidend. B bedient sich der Sicherheiten und wird dadurch selbst Mutterunternehmen von diversen branchenfremden Gesellschaften. Beabsichtigt ist eine schnellstmögliche Ver-

äußerung der Anteile. Angesichts wenig liquider Märkte ist jedoch eine Realisierung binnen zwölf Monaten nicht wahrscheinlich.

Beurteilung
Die unfreiwillig erworbenen Tochterunternehmen sind (vorbehaltlich Unwesentlichkeit) zu konsolidieren. Die für den Erwerb mit wahrscheinlicher Weiterveräußerung binnen zwölf Monaten bestehenden Erleichterungen (Rz 26) greifen nicht

2.6 Zeitpunkt der erstmaligen Klassifizierung

Zur Veräußerung bestimmte Anlagen und Sachgesamtheiten einschließlich zur 14
Veräußerung bestimmte *discontinued operations* sind ab dem Zeitpunkt gesondert zu bewerten (Rz 30) sowie bilanziell separat auszuweisen (Rz 40), ab dem die vorstehend genannten Voraussetzungen erfüllt sind, d.h. insbesondere ein Veräußerungsbeschluss gefasst und das Vermögen in veräußerungsbereitem Zustand ist. Abweichend von IAS 35.29 ist die erstmalige Erfüllung der Voraussetzungen **nach Ende des Geschäftsjahres** aber vor der formellen Freigabe bzw. Genehmigung des Abschlusses **nicht ausreichend**. Sie führt nicht zur Anwendung der Sondervorschriften (IFRS 5.15). Ein separater **Bilanzausweis** ist erst im Folgejahr zulässig.

Beispiel
Die Geschäftsführung beschließt im Februar 02 die Veräußerung bestimmter veräußerungsbereiter Anlagen. Der Jahresabschluss 01 wird im März festgestellt und veröffentlicht.
Das Vermögen aus dem einzustellenden Bereich ist im Abschluss 01 noch nicht zu separieren.
Eine Separierung ist jedoch in der Bilanz 02 vorzunehmen, soweit das Vermögen bis dahin noch nicht veräußert ist, aber weiterhin die Veräußerungsabsicht besteht und aktiv umgesetzt wird.
Soweit Quartalsberichte erstellt werden (→ § 37), ist im Beispiel schon ein Sonderausweis zum 31.3.02 geboten.

Während sich die Frage des Bilanzausweises ohnehin nur am Bilanzstichtag (oder Quartalsstichtag) stellt, ist hinsichtlich der **Bewertung** von Bedeutung, wie bei erstmals **unterjähriger** Erfüllung aller Voraussetzungen zur Qualifizierung als *held for sale* zu verfahren ist. Alle einschlägigen Vorschriften beziehen sich auf das Datum *(date)* der Qualifizierung (vgl. z.B. IFRS 5.IN6, IFRS 5.11, 13 und 27). Mithin ist bei unterjähriger Erfüllung der Voraussetzungen für Bewertungszwecke wie folgt zu verfahren:

- Abnutzbares Anlagevermögen ist bis zu diesem Zeitpunkt noch planmäßig abzuschreiben,
- ab diesem Zeitpunkt jedoch nicht mehr.
- Auf den unterjährigen Umklassifizierungszeitpunkt ist eine evtl. außerplanmäßige Abschreibung durchzuführen (Rz 31).

- Auch die 12-Monats-Frist für die Veräußerung (Rz 11) läuft u.E. ab dem unterjährigen Zeitpunkt.[6]

Für den gesonderten Ausweis in **GuV** und Kapitalflussrechnung bestehen abweichende Regeln (Rz 28).

3 Definition des aufgegebenen Bereichs

3.1 Stilllegung oder Veräußerung nach einheitlichem Plan

15 Einen **aufgegebenen, nicht fortgeführten Bereich** *(discontinued operation)* können nach IFRS 5.32a und b nur solche Bestandteile eines Unternehmens bilden, die

- im Rahmen eines einzelnen (einheitlichen) Plans *(single-coordinated plan)* als Gesamtheit oder stückweise **veräußert** oder
- ebenfalls im Rahmen eines einzelnen (einheitlichen) Plans durch **Stilllegung** eingestellt werden.

16 Unter die Kategorie der **Veräußerung** fallen nach Folgeänderung durch IFRIC 17 auch Sachdividenden, z.B. im Rahmen von Spaltungen. Auf Rz 9 und → § 31 Rz 189ff. wird verwiesen.

17 Beim **stückweisen Verkauf** erlangt das Kriterium des **einheitlichen Plans** besondere Bedeutung. Nur über die Klammer des einheitlichen Plans können einzelne Verkaufsfälle einer isolierten Betrachtung entzogen und einer Gesamtperspektive zugeführt werden. Die Problematik ähnelt insoweit der steuerlichen Rechtslage zur Betriebs- bzw. Teilbetriebsaufgabe (§ 16 Abs. 3 EStG). Steuerlich ist die durch Freibeträge und Steuersatzermäßigungen begünstigte (Teil-)Betriebsaufgabe von der nicht begünstigten allmählichen Liquidierung einzelner Vermögensteile zu unterscheiden. In IFRS 5 geht es darum, nicht mehr prognoserelevante und damit in der Berichterstattung zu separierende Auslaufbereiche von solchen Vermögensteilen zu **trennen**, deren außerplanmäßige Abschreibung oder deren Abgangserfolg Bestandteil des normalen Ergebnisses aus *continued operations* ist (Rz 1).

3.2 Abgrenzbarer geschäftlicher oder geografischer Bereich (CGU-Qualität)

18 Damit die besonderen Ausweis- bzw. Angabevorschriften für einzustellende Bereiche, also insbesondere die Separierung in GuV und Kapitalflussrechnung, greifen, muss der zu veräußernde oder aufzugebende Bereich identifizierbar und von den fortzuführenden Bereichen unterscheidbar sein. **Einzelne** Vermögenswerte oder Aktivitäten erfüllen diese Voraussetzung regelmäßig nicht. IFRS 5.32a und 31 verlangen vielmehr

- das Vorliegen eines **wesentlichen** Geschäftszweiges oder **geografischen** Bereiches *(major line of business or geographical area of operations)*,
- der operativ und für Zwecke der Rechnungslegung **abgrenzbar** ist, d.h. vor Einstellungsbeschluss regelmäßig eine (oder mehrere) Zahlungsmittel generierende Einheit (CGU) dargestellt hat (→ § 11 Rz 83).

---

6 Jetzt auch RS HFA 2, Tz 98.

Ein sachliches oder geografisches **Segment** i. S. v. IFRS 8 (→ § 36 Rz 15 ff.) erfüllt normalerweise die Kriterien. Eine zu enge Anlehnung an IFRS 8 erschien jedoch bisher nicht sinnvoll. Auch **Teile** eines Segments oder etwa eine größere Produktlinie eines überhaupt nicht segmentierten Unternehmens können als gesonderter wesentlicher Geschäftszweig oder geografischer Bereich und damit als aufgegebener Bereich gelten (IFRS 5.BC71) (zu vorgesehenen Änderungen Rz 25). 19

Das Kriterium der **betrieblichen und rechnungsmäßigen Abgrenzung** ist erfüllt, wenn einem Bereich *cash inflows* direkt zugerechnet werden können. Es muss **klar** sein, welche *cash inflows* entfallen werden (IFRS 5.BC70). Wo dies nicht klar ist, z. B. wenn im Rahmen eines plakativen Programms der „Kernkompetenzfokussierung und Kostensenkung" nur prozentuale Hoffnungen gehandelt werden, ohne konkret wegfallende Aufwendungen benennen zu können, fehlt ein Definitionskriterium des einzustellenden Bereichs. Da alle Kriterien kumulativ erfüllt sein müssen, greifen dann die Vorschriften von IFRS 5 nicht. 20

Zur Frage, ob alle relevanten *cash flows* entfallen, enthält der analoge amerikanische Standard u. a. folgende Beispiele:[7]

Beispiel

Fall 1

U stellt unter eigener Marke Sportfahrräder und andere Sportartikel her. Die Fahrradproduktion soll veräußert (outgesourct) werden, der Vertrieb von Rädern unter der eigenen Marke aber bestehen bleiben.

Beurteilung nach US-GAAP

Das Unternehmen gibt das Geschäftsfeld Fahrräder nicht auf. Es bleibt, wenngleich nicht als Hersteller, im *bicycle business*. Eine *discontinued operation* liegt nicht vor.

Fall 2

U ist Franchisegeber für Schnellrestaurants, betreibt in nicht unbedeutendem Umfang aber auch eigene Restaurants. Die eigenen Restaurants sollen nun an den wichtigsten Franchisenehmer veräußert werden.

Beurteilung nach US-GAAP

Durch das Franchising bleibt U mittelbar in das Management (Marketing, Einkauf usw.) der veräußerten Restaurants involviert. Eine *discontinued operation* liegt nicht vor.

Die amerikanischen Vorschriften bzw. ihre Konkretisierungen sind jedoch nur bedingt auf IFRS übertragbar. Nach IFRS 5.31 darf eine *discontinued operation* nicht kleiner als eine Zahlungsmittel generierende Einheit (CGU) sein:

- In einem vertikal integrierten Konzern (Fall 1 des obigen Beispiels) können die vorgelagerte Stufe (hier die Produktion der Fahrräder) und die nachgelagerte (hier: deren Vertrieb und Verkauf) durchaus eigene CGUs sein. Die Veräußerung nur einer der vertikalen Stufen schließt somit eine *discontinued operation* nicht aus.

[7] Topic 205-20-55-27 ff., früher SFAS 144 Appendix A, Beispiele 12–15.

- In einem horizontal integrierten Konzern (Fall 2 des obigen Beispiels) sprechen die Verwandtschaft und die Berührungspunkte der nebeneinander betriebenen Geschäfte (hier: eigene Restaurants und Franchising) nicht gegen selbstständige CGUs und selbstständige *operations*.

3.3 Negativabgrenzungen, Grenzfälle, Ermessensspielräume

21 Als Beispiel für Tätigkeiten, die „**nicht unbedingt**" die Kriterien des einzustellenden Bereichs erfüllen, nannte IAS 35.8 unter anderem:

- Auslaufenlassen einer Produktionslinie,
- Einstellung mehrerer Produkte eines weitergeführten Geschäftszweiges,
- Standortverlagerung einiger Produktionsaktivitäten,
- Stilllegung einer Produktionsstätte *(facility)* zur Erzielung von Einsparungen.

22 Im Gegensatz zu diesen (möglichen) Negativfällen sollte andererseits die Einstellung einer größeren Produktlinie bei einem nicht segmentierten Unternehmen die Kriterien des einzustellenden Bereichs erfüllen „**können**" (IAS 35.9). Die gesamte **Abgrenzungsproblematik** war in IAS 35 in einer **vorsichtigen** und **weichen** Terminologie behandelt worden. Es war nicht von Fällen die Rede, die außerhalb des Anwendungsbereichs liegen, sondern von Fällen, die *„nicht unbedingt"* im Anwendungsbereich liegen. Es war ebenso nicht die Rede von Fällen, die innerhalb des Anwendungsbereichs zu lokalisieren *sind*, sondern von Fällen, die so zu lokalisieren *„sein können"*. Einzig erkennbar war das Bemühen.

23 IFRS 5 setzt diese Linie fort. Auf die Angabe von **Beispielen**, die konkretisieren könnten, wann ein aufgegebener Bereich (nicht) vorliegt, wird von vornherein verzichtet. Die Ausführungen beschränken sich auf abstrakte Hinweise. Für den zentralen Begriff der *„major line of business or geographical area"* fehlt eine Definition. Aus IFRS 5.31 wird lediglich klar, dass der abgehende Geschäftsbereich nicht kleiner als eine Zahlungsmittel generierende Einheit (CGU) sein soll. Er kann aber mehrere CGUs umfassen.[8]

Deshalb besteht bei der Beantwortung der Frage, ob Aktivitäten als aufgegebener Bereich zu qualifizieren sind, ein **weiter Ermessensspielraum**, der vom Management „öffentlichkeitspolitisch" genutzt werden kann.

Beispiel

Ein Unternehmen produziert unter einheitlicher Marke

- Körpercremes,
- Haarpflege- und Haartönungsmittel,
- Deos,
- Parfüms und Duftwässer.

Die Deo-„Sparte" soll eingestellt werden.

Alternative A: Aus dem Verkauf wird ein **Gewinn** erwartet.

Der Deobereich wird weiter als fortzuführende Tätigkeit ausgewiesen mit dem Argument, dass es sich lediglich um eine dem fortzuführenden Parfum- und Duftwässerbereich ähnelnde Produktlinie handelt. In beiden Fällen dienen Duftstoffe als Rohmaterial. In beiden Fällen werden Spraybehälter

8 Im Einzelnen HEUSER/THEILE, IFRS-Handbuch, 4. Aufl., Tz 2711 ff.

als Primärverpackung benötigt. In beiden Fällen werden gleiche Vertriebswege genutzt.
Alternative B: Aus dem Verkauf wird ein **Verlust** erwartet.
Der Deobereich wird als aufgegebener Bereich behandelt mit dem Argument gegenüber dem Duft- und Parfumbereich unterschiedlicher Endkunden (Geschlecht, Alter, Einkommen), unterschiedlicher Konkurrenzlagen (Deos gegen Eigenmarken des Handels, Parfums gegen Marken von Modefabrikanten) und unterschiedlicher Duftträgerrohstoffe (Duftwässer und Parfums alkoholbasiert, eigene Deo-Serie alkoholfrei).

Eine sachgerechte Anwendung des Begriffs der *discontinued operation* hat u. E. die Größe und Vielfalt der Tätigkeit des Unternehmens zu berücksichtigen. Bei horizontal oder konglomeral diversifizierten **Großunternehmen** stellt die Aufnahme neuer und Einstellung alter Tätigkeiten einen normalen Aspekt der Geschäftsentwicklung dar. Nur bei **Wesentlichkeit**, festzumachen etwa daran, ob der betroffene Bereich ein berichtspflichtiges Segment i. S. v. IFRS 8 ist, liegt daher u. E. eine *discontinued operation* vor. 24

Beispiel
Der Energiegroßkonzern U hat einige Jahre Solarmodule produziert und hieraus, gemessen am Konzernumsatz, Umsatzanteile im niedrigen einstelligen Prozentbereich erzielt. In einem turbulent wachsenden, überdies durch Fördergesetze national sehr unterschiedlichen Markt war U im Vergleich zu flexibler und in flacheren Hierarchien agierenden mittelgroßen Unternehmen wenig erfolgreich. U beschließt daher die Veräußerung des Bereichs. Erwartet wird ein Abgangsverlust. Als vorzugswürdig gilt der Ausweis als *discontinued operation*.

Beurteilung
Für den Großkonzern war die „Sparte" nicht wesentlich. Ein Ausweis als *discontinued operation* wäre nicht sachgerecht.

Der Subjektivität der bisherigen Regelungen (Rz 23) und ihrem unklaren Bezug zum Wesentlichkeitskriterium (Rz 24) soll durch den im September 2008 vorgelegten **ED eines *Amendment* zu IFRS 5** begegnet werden: 25

- Eine *discontinued operation* soll nach ED IFRS 5.32 nicht mehr als wesentlicher Geschäftszweig oder geografischer Bereich *(major line of business or geographical area of operations)* definiert werden (Rz 18),
- sondern als **operatives Segment** bzw. berichtspflichtiges operatives Segment[9] i. S. v. IFRS 8 (Rz 23).

Damit soll nur noch im Rahmen einer **strategischen Neuorientierung** des Unternehmens *(strategic shift in its operations)* eine *discontinued operation* angenommen werden. Da die Abgrenzung operativer Segmente nach IFRS 8 darauf abstellt, wie das Unternehmen auf Führungsebene gesteuert wird, geht mit der Veräußerung eines (berichtspflichtigen) operativen Segments i. d. R. ein

9 IASB, Udate Juli 2009.

Strategiewechsel einher (ED IFRS 5.BC7). Ein Nachteil der vorgesehenen Neuregelung liegt darin, dass zukünftig auch nicht börsennotierte, nicht zur Segmentberichterstattung verpflichtete Unternehmen operative Segmente identifizieren, also Teile von IFRS 8 anwenden müssten.

3.4 Mit Veräußerungsabsicht erworbene Tochtergesellschaft

26 Eine ausschließlich mit Veräußerungsabsicht erworbene Tochtergesellschaft ist gem. IFRS 5.32a bei Erfüllung der übrigen Voraussetzungen (Veräußerung binnen zwölf Monaten usw.; Rz 10) als *discontinued operation* zu qualifizieren. Für den Erwerb einer Tochtergesellschaft in Veräußerungsabsicht bestehen folgende Erleichterungen gegenüber einer normalen *discontinued operation*:

- Die aktivisch und passivisch jeweils nur in einem Betrag auszuweisenden Vermögenswerte sind auch im Anhang nicht aufzuschlüsseln (IFRS 5.39).
- Die Aufschlüsselung des Ergebnisses aus der *discontinued operation* nach Erträgen, Aufwendungen und Steuern ist auch im Anhang nicht nötig (IFRS 5.33b).
- Entsprechendes gilt für die *cash flows* (IFRS 5.33c).

Im Einzelnen wird auf → § 32 Rz 95 verwiesen.

Soll ein ursprünglich ohne Veräußerungsabsicht erworbenes Tochterunternehmen später veräußert werden, ist nach den allgemeinen Kriterien zu beurteilen, ob es die Qualität eines Geschäftsfelds *(discontinued operation)* hat. Unabhängig davon sind die Vermögenswerte und Schulden daraufhin zu würdigen, ob sie als *non-current assets held for sale* oder *disposal group* zu qualifizieren sind.

27 Durch den im September 2008 vorgelegten Entwurf eines *Amendment* zu IFRS 5 soll von der rechtlichen Form des Erwerbsobjekts bzw. -vorgangs (*share deal*, d.h. Erwerb einer Tochtergesellschaft, vs. *asset deal*, d.h. Erwerb einer Sachgesamtheit) abstrahiert werden. Das Erwerbsobjekt muss zukünftig voraussichtlich „nur" noch die Qualität eines *business* haben (→ § 31 Rz 16).

3.5 Zeitpunkt der erstmaligen Klassifizierung

28 Für **Bilanzausweis und Bewertung zur Veräußerung bestimmter *discontinued operations*** gelten die unter Rz 14 dargestellten zeitlichen Regeln (IFRS 5.32). Insbesondere ist danach bei erstmaliger unterjähriger Erfüllung der Voraussetzungen zur Qualifizierung einer *discontinued operation as held for sale* bis zu diesem Zeitpunkt noch planmäßig abzuschreiben, ab diesem Zeitpunkt jedoch nicht mehr (Rz 31).

Eigenen Regeln unterliegt jedoch der separate Ausweis der *discontinued operations* in **GuV und Kapitalflussrechnung.** Bei unterjähriger Klassifizierung als *held for sale* ist wie folgt zu verfahren:

- Das gesamte Periodenergebnis, nicht nur der Zeitanteil nach Klassifizierung als *discontinued operation* ist separat in der **GuV** (→ § 2 Rz 52ff.) auszuweisen (IFRS 5.33).
- Entsprechend ist außerdem mit allen für **Vergleichszwecke** präsentierten Vorjahren zu verfahren (IFRS 5.34; → § 2 Rz 27ff.).
- Mit den wahlweise in der Kapitalflussrechnung selbst oder im Anhang (→ § 3 Rz 140) vorzunehmenden besonderen Angaben zu den *cash flows* aus der *discontinued operation* ist entsprechend zu verfahren (IFRS 5.33c und 34).

Beispiel
Im Juni 03 wird die Veräußerung der Produktionsstätte C beschlossen. Ab Juli 03 befindet sich die Produktionsstätte in einem veräußerungsbereiten Zustand. Die Veräußerung wird Mitte 04 vollzogen.
Das abnutzbare Anlagevermögen der Produktionsstätte ist bis einschließlich Juni 03 abzuschreiben.
Zum 1. Juli 03 erfolgt die Bewertung zum niedrigeren Wert aus Buchwert und Nettozeitwert, d.h., im Falle eines niedrigeren Nettozeitwertes ist eine außerplanmäßige Abschreibung geboten (Rz 31).
In der GuV 03 wird das gesamte Ergebnis der Produktionsstätte einschließlich der evtl. außerplanmäßigen Abschreibung als Ergebnis aus *discontinued operations* ausgewiesen.
Entsprechend wird mit den Vorjahresvergleichszahlen 02 (und, sofern zwei Vergleichsjahre präsentiert werden, auch mit 01) verfahren.
In der GuV 04 wird ebenfalls das gesamte Ergebnis der Produktionsstätte, einschließlich des Abgangserfolges, separat dargestellt.
In der Bilanz per 31.12.03 werden Vermögen und Schulden separiert. Eine Anpassung des Vorjahresausweises findet nicht statt.

Bei Einstellung eines Geschäftsfeldes durch **Stilllegung** (*abandonment*) ist die Qualifizierung als *discontinued operation* erst in der Periode zulässig, in der die Stilllegung vollzogen worden ist (IFRS 5.32). 29

Beispiel
In 05 wird der Stilllegungsbeschluss über eine größere Produktionslinie gefasst. In 06 wird die Produktionslinie tatsächlich eingestellt.
Der Ausweis in der GuV ist wie folgt:
- in 05 als *continued operation*,
- in 06 als *discontinued operation* (retrospektiv, d.h. unter Anpassung der Vorjahresvergleichszahlen).

4 Bewertung

4.1 Bewertung zum niedrigeren Nettozeitwert

IAS 35.17 bestimmte noch ausdrücklich, dass für den Ansatz und die Bewertung von Posten der Bilanz, der GuV und der Kapitalflussrechnung „die in anderen International Accounting Standards enthaltenen Ansatz- und Bewertungsgrundsätze anzuwenden" seien und demgemäß IAS 35 keinerlei Ansatz- und Bewertungsgrundsätze aufstelle (IAS 35.18). Tatsächlich wurde in IAS 35 teilweise gegen diese Vorgabe verstoßen. Hierzu wird auf Rz 41 und Rz 47 der 1. Auflage verwiesen. 30

IFRS 5 enthält hingegen besondere Bewertungsregeln. Zur **Einzel**veräußerung bestimmte Anlagen bzw. zur Veräußerung im Rahmen einer **Sachgesamtheit** ***(disposal group)*** bestimmte Anlagen sind gem. IFRS 5.15 im Umqualifizierungszeitpunkt mit dem **niedrigeren** der beiden folgenden Werte anzusetzen: 31

- **Buchwert** vor Klassifizierung des Anlagegutes oder der Sachgesamtheit als *held for sale*
- **Nettozeitwert,** d. h. *fair value* minus Veräußerungskosten

und sodann **nicht mehr planmäßig abzuschreiben.**

IFRS 5 schreibt also eine besondere Form **imparitätischer** Bilanzierung vor (→ § 1 Rz 20f.), bei der in die Bestimmung des Niederstwertes die **Veräußerungskosten *(cost to sell)*** eingehen. Diese umfassen nach IFRS 5. App. A alle inkrementalen, direkt der Veräußerung zurechenbaren Kosten mit Ausnahme von Steuern und Finanzierungskosten. Fraglich ist, ob hierzu auch Arbeitnehmerabfindungen (Rz 43 f.) und andere rückstellungspflichtige Vorgänge gehören, die anlässlich der Veräußerung entstehen. Angesprochen ist damit das Verhältnis der Vorschriften von IAS 37 bez. Restrukturierungsrückstellungen (→ § 21 Rz 89 ff.) zu den Regelungen von IFRS 5. Hierzu folgendes Beispiel:

Beispiel

U beschließt Ende 01 die Veräußerung von Geschäftsfeld A.

Der Buchwert des schuldenfreien Geschäftsfelds beträgt 100.

Aus der Veräußerung wird ein Erlös von 100 erwartet. Mit der Geschäftsfeldveräußerung sind Arbeitnehmerabfindungen in Höhe von 10 verbunden. Die Voraussetzungen einer Restrukturierungsrückstellung und die Anwendungsbedingungen von IFRS 5 sind erfüllt.

Bei isolierter Anwendung von IFRS 5 und IAS 37 würde die Abfindung zweimal bilanz- und GuV-wirksam, zum einen als Rückstellung/Rückstellungsdotierung, zum anderen in dem Nettozeitwert/der außerplanmäßigen Abschreibung.

Sachgerecht ist u. E. die erste Lösung (linke Spalte der nachfolgenden Tabelle).

	cost to sell ohne Abfindung	Abfindung als *cost to sell*
fair value - *cost to sell*	100 0	100 - 10
= Nettozeitwert - Buchwert	100 100	90 100
= Abschreibung	0	**10**
BILANZ 01 Aktiva - Rückstellung Abfindung	100 - 10	90 - 10
= „Nettovermögen“ IFRS 5/IAS 37 - Nettovermögen nach Veräußerung	90 90	80 90
= Differenz	0	**- 10**
GuV 01 - Abschreibung - Dotierung Rückstellung	0 - 10	- 10 - 10
= Ergebnis	**- 10**	**- 20**

Die Einbeziehung rückstellungspflichtiger Veräußerungskosten in die Nettozeitwertermittlung würde zur Doppelberücksichtigung von Aufwand führen. Sachgerecht ist es daher, den Begriff der Veräußerungskosten enger auszulegen. Nicht mehr Veräußerungs**kosten** sind dann solche erwarteten Zahlungen, die durch Rückstellungsbildung bereits unabhängig von IFRS 5 als Kosten verbucht sind. Dies entspricht auch der Forderung, notwendige Buchwertanpassungen (hier Einbuchung einer Rückstellung) der Anwendung von IFRS 5 vorzuschalten (Rz 32). Vermieden wird damit „nur" die Doppelberücksichtigung von Aufwand; hingegen werden keine Kompensationsmöglichkeiten eröffnet. Eine Restrukturierungsrückstellung wäre demnach auch dann zu bilden, wenn der erwartete Veräußerungserlös selbst nach Abzug dieser Rückstellungen den Buchwert noch überschreiben würde.

Falls ein Vermögenswert bereits mit Veräußerungsabsicht **erworben** wird und – nach Maßgabe der übrigen Voraussetzungen – schon im Erstverbuchungszeitpunkt als *held for sale* (Rz 3) zu klassifizieren ist, muss der Nettozeitwert mit dem fiktiven Buchwert, d.h. i.d.R. mit den Anschaffungskosten, verglichen werden. Durch die „Niederstwertregel" wird ein *„day-one profit"* jedoch nicht ein *„day-one loss"* verhindert.

Beispiel

Der ahnungslose Tiefbauunternehmer T erwirbt von seinem etwas liquiditätsschwachen Kunden P einen Oldtimer-Porsche mit Weiterveräußerungsabsicht. In dem Glauben, es handele sich um ein homologisiertes Sondermodell, das mindestens 80.000 EUR wert sei, bezahlt U (durch Aufrechnung) 50.000 EUR. Der Marktpreis beträgt jedoch nur 30.000 EUR.

Unter der Prämisse, dass ein Anwendungsfall von IFRS 5 vorliegt (Rz 7), vergleicht der Buchhalter von U den fiktiven Buchwert (Anschaffungskosten) mit dem Nettozeitwert. Anzusetzen als Zugangswert ist der niedrigere Betrag. B bucht daher:

Konto	Soll	Haben
zur Veräußerung bestimmtes AV	30.000	
außerplanmäßige Abschreibung	20.000	
Ford.		50.000

Variante

Es handelt sich tatsächlich um ein homologisiertes Raritätenmodell. Der Marktwert ist 80.000 EUR. B vergleicht diesen mit dem (fiktiven) Buchwert (Anschaffungskosten) und setzt den niedrigeren Betrag an. B bucht daher:

Konto	Soll	Haben
zur Veräußerung bestimmtes AV	50.000	
Ford.		50.000

Eine **planmäßige Abschreibung** (→ § 10) ist nach Klassifizierung als *held for sale* auch dann nicht mehr zulässig, wenn der abnutzbare Anlagegegenstand bis zum Vollzug der Veräußerung noch weiter genutzt wird (IFRS 5.25). Die planmäßige Abschreibung wird als Bewertungsmaßnahme ausgesetzt bzw. durch den Niederstwerttest ersetzt. Hierin liegt ein konzeptioneller Widerspruch zu

IAS 16.50, der die planmäßige Abschreibung nicht als Bewertungsverfahren, sondern in erster Linie als Allozierung der Investitionsausgaben auf die Nutzungsperioden versteht.[10]

Soweit der Nettozeitwert bei der Erstklassifizierung oder später unter dem Buchwert liegt, ist die Wertminderung als **außerplanmäßige Abschreibung** ***(impairment loss)*** erfolgswirksam zu buchen (IFRS 5.20). Eine **Zuschreibung** ist nur nach dem Maße der vorherigen außerplanmäßigen Abschreibung zulässig (→ § 11).

32 Bei Anwendung der vorstehenden Regeln auf eine disposal group ergibt sich ein komplexes **Zusammenspiel von Einzel- und Gruppenbewertung:**

- Einerseits ist nach IFRS 5.15 auch eine *disposal group* (insgesamt) mit dem niedrigeren Wert aus Buchwert und Nettozeitwert anzusetzen.
- Andererseits nimmt IFRS 5.4f in der *disposal group* enthaltenes Umlaufvermögen sowie bestimmte in ihr enthaltene Anlagen (insbesondere Finanzanlagen und zum *fair value* bewertet *investment properties*) von den besonderen Bewertungsvorschriften aus.

Der drohende **Widerspruch** zwischen beiden Vorgaben ist wie folgt zu lösen:

- Unmittelbar vor Klassifizierung einer Sachgesamtheit als *disposal group* sind die darin enthaltenen Vermögenswerte und Schulden nach Maßgabe der für sie geltenden allgemeinen Regeln zu bewerten (**Einzel**bewertung) (IFRS 5.18). Ein nach allgemeinen Vorschriften (z.B. IAS 36, IAS 2 oder IAS 39) regelmäßig nur auf den Bilanzstichtag vorzunehmener **Wertminderungstest** ist daher zum **unterjährigen** Umklassifizierungszeitpunkt zwingend durchzuführen.[11]
- Dem sich daraus ergebenden Buchwert der *disposal group* (Vermögen minus Schulden) ist deren Nettozeitwert gegenüberzustellen (**Gruppen**bewertung) (IFRS 5.4).
- Soweit dabei auf Gruppenebene ein außerplanmäßiger **Abschreibungs**bedarf festgestellt wird, ist er gem. IFRS 5.23 auf die Sach- und immateriellen Anlagen in der **Reihenfolge** von IAS 36 zu verteilen, d.h. vorrangig einem eventuell enthaltenen derivativen *goodwill* zu belasten, danach den Sach- und immateriellen Anlagen (→ § 11 Rz 148). In Ausnahmefällen kann der gesamte Gruppenabwertungsbedarf den Buchwert der langfristigen Vermögenswerte übersteigen. Offen ist dann aber, ob der Mehrbetrag von den kurzfristigen Vermögenswerten abzusetzen ist.[12]
- Bei späterer **Werterholung** ist die Zuschreibung auf den Buchwert vor Klassifizierung als *disposal group* beschränkt. Soweit die ursprüngliche außerplanmäßige Abschreibung zum Teil auf den *goodwill* entfiel, darf zwar diesem *goodwill* nicht zugeschrieben werden, der Gesamtbetrag der Zuschreibung wird nach Ansicht des IdW jedoch dadurch nicht gekürzt, andere langfristige Vermögenswerte können vielmehr über ihrem Buchwert vor Anwendung von IFRS 5 angesetzt werden.[13]

---

10 SCHILDBACH, WPg 2005, S. 554.

11 So auch IDW RS HFA 2, Tz 103; mit beachtlichen Argumenten a.A. DOBLER/DOBLER, KoR 2010, S. 353ff.

12 Non-IFRIC (IFRIC, Update November 2009).

13 IDW RS HFA 2, Tz 107. Die Zulässigkeit dagegen offenlassend die IFRIC Agenda-Rejection (IFRIC, Update Mai 2010).

- Da es bei der Ermittlung der Gruppenabschreibung nur auf den Vergleich von Gruppenzeitwert und Gruppenbuchwert ankommt, ist die Aufteilung des Zeitwertes auf bilanzierungs- und nichtbilanzierungsfähiges Vermögen irrelevant. Soweit man sie doch vornähme, würde z. B. ein implizit im Gruppenwert enthaltener originärer *goodwill* die Abschreibung der Sach- und immateriellen Anlagen vermindern oder verhindern.[14]

Beispiel
U beabsichtigt die Veräußerung des Geschäftsfeldes X ohne die zugehörigen Verbindlichkeiten, jedoch incl. der enthaltenen Forderungen. Die Forderungen haben auf Grund von Ereignissen nach dem letzten Bilanzstichtag ¾ ihres Wertes verloren.
Der Veräußerungspreis für das Geschäftsfeld soll dem *fair value* entsprechen. Dieser wird ertragswertorientiert mit Hilfe des DCF-Verfahrens ermittelt. Der errechnete Wert beträgt 375. Mit wesentlichen Veräußerungskosten wird nicht gerechnet.
In der nachfolgenden Tabelle sind die Buchwerte und Zeitwerte sowie die Abschreibungen auf Einzel- und Gesamtbewertungsbasis dargestellt. Auf Folgendes ist besonders hinzuweisen:
Unmittelbar vor Umklassifizierung ist der Buchwert der einzelnen Vermögenswerte festzustellen. Betroffen sind im Beispiel die Forderungen, für die zum letzten Abschlussstichtag noch keine Wertberichtigung notwendig war, auf den Umklassifizierungstag aber nach IAS 39 eine Abschreibung vorzunehmen ist.
Die wiederbeschaffungsorientiert ermittelten niedrigeren Zeitwerte des nichtmonetären Vermögens führen vor Anwendung von IFRS 5 nicht zu Abwertungen, da die Wiederbeschaffungswerte sowohl nach IAS 36 (Anlagen) als auch nach IAS 2 (Vorräte) nicht relevant sind.
Der nach IFRS in Gruppenbetrachtung zu ermittelnde Abschreibungsbetrag ergibt sich durch Gegenüberstellung der um Einzelabschreibungen korrigierten Buchwerte (betroffen im Beispiel nur die Forderungen) mit dem *fair value* der gesamten Gruppe. Die Abschreibung ist entsprechend IAS 36 nach dem Verhältnis der Buchwerte aufzuteilen (→ § 11 Rz 148), wobei u. E. Vermögenswerte, die nicht den Vorschriften von IAS 36 unterliegen (z. B. Vorräte), ebenso wenig in die Verteilung einzubeziehen sind wie diejenigen, die nicht den Bewertungsvorschriften von IFRS 5 unterliegen (Rz 4).
Der so insgesamt verbleibende Buchwert liegt über den Zeitwerten der einzelbilanzierungsfähigen Vermögenswerte. Im Beispiel kann dies auf den **Kompensationseffekt** des nicht bilanzierungsfähigen Vermögens (originäre Marken, Kunden, *goodwill*) zurückgeführt werden. Eine Ermittlung des Zeitwertes dieses Vermögens oder gar keine Aufteilung ist aber nicht nötig, da es sich dem Grunde nach nur um einen rechnerischen Ausgleichsposten zur Ableitung des *fair value* der Gruppe handelt. Aus dieser Gesamtgröße ergibt sich ein Ansatz der Sachanlagen mit 105 (statt mit 75), der Patente mit 70 (statt mit 50) und der Vorräte mit 150 (statt mit 100).

[14] A. A. möglicherweise ZÜLCH/LIENAU, KoR 2004. S. 432ff., mit dem Hinweis, dass ein originärer goodwill eine Abwertung einzelner Vermögenswerte nicht verhindern dürfe.

	Buchwert	Zeitwert	Einzelbewertung (vor IFRS 5)	Verteilung Gruppenabschreibung	Wert nach Umklass.
Sachanlagen	150	75 (Wiederbeschaffungskosten)	150	**45**	**105**
erworbene Patente	100	50	100	30	70
Rohstoffe	150	100 (Wiederbeschaffungskosten)	150		150
Forderungen	200	50 (Wertberichtigung)	**50**		50
goodwill	0	100	0		0
Summe	600	375	450		375
fair value group			375		
Gruppenabschreibung			75	**75**	

Beim Zugang von *non-current assets held for sale* im Rahmen eines **Unternehmenserwerbs** ist abweichend von den Normalregeln von IFRS 3 (→ § 31 Rz 39ff.) nicht der Zeitwert, sondern der Nettozeitwert anzusetzen (IFRS 5.16). Die eventuelle Differenz wird nicht als außerplanmäßige Abschreibung erfasst.

33 Der Übergang zur Niederstbewertung nach IFSR 5 stellt noch keinen veräußerungsgleichen Vorgang dar und führt daher nicht zum *recycling* von Währungsumrechnungsdifferenzen und anderen Formen des kumulierten sonstigen Ergebnisses *(other comprehensive income)*.[15]

4.2 Bewertung nach Aufgabe der Veräußerungsabsicht

34 Wird die Veräußerungsabsicht aufgegeben, ist gem. IFRS 5.27 zu diesem Zeitpunkt der niedrigere der beiden folgenden Werte anzusetzen:

- fortgeführter ursprünglicher Buchwert,
- erzielbarer Betrag i.S. von IAS 36.

Ein durch die Reklassifizierung entstehender **Bewertungsunterschied** ist **erfolgswirksam** zu verbuchen.

35 **Beispiel**

Eine Maschine wird am 30.6.04 als held *for sale* qualifiziert. Der Buchwert beträgt zu diesem Zeitpunkt 100, die Restnutzungsdauer 5 Jahre. Der Nettozeitwert zu allen Zeitpunkten ist 60. Mitte 05 steht fest, dass die Maschine weiter genutzt werden soll. Folgende Buchungen sind notwendig:

15 Dobler/Dobler, KoR 2010, S. 353ff.

Datum	Konto	Soll	Haben
30.6.04:	1. per *non-current assets held for sale*	100	
	Anlagevermögen		100
	2. per Aufwand	40	
	non-current assets held for sale		40
30.6.05:	3. per Anlagevermögen	60	
	non-current assets held for sale		60
	4. per Anlagevermögen	20	
	Ertrag		20

wobei Buchung Nr. 4 zu dem Wert führt, zu dem die Maschine per 30.6.05 anzusetzen gewesen wäre, wenn es keine Umqualifizierung gegeben hätte (100 per 30.6.04 minus 1/5 lineare Abschreibung = 80 per 30.6.05). Die Buchung ist nur dann zulässig, wenn per 30.6.04 mit Blick auf IAS 36 *(impairment)* kein Ansatz von 60 notwendig ist. Die Zugehörigkeit zu einer profitablen CGU kann z. B. den Wertansatz von 80 nach IAS 36 rechtfertigen.

Datum	Konto	Soll	Haben
31.12.05:	5. per planm. Abschreibung	10	
	Anlagevermögen		10

Bei Aufgabe der Veräußerungsabsicht kann es abweichend von den Regelung des IAS 36.124 auch zu einer **Zuschreibung** auf den *goodwill* kommen, limitiert aber auf den Betrag, der vor dem Zeitpunkt der Klassifizierung als zur Veräußerung gehaltenes langfristiges Vermögen gültig war.[16] 36

5 Ausweis und Angaben

5.1 Beschreibende Angaben

An verbalen Angaben verlangt IFRS 5.41: 37

- eine **Beschreibung** der zur Veräußerung bestimmten **Anlagen** und *disposal groups* bzw. einzustellenden **Bereiche**,
- die Nennung des oder der **Segmente,** zu denen der einzustellende Bereich gehört,
- die Angabe von Fakten und Umständen, die **Zeitablauf** und **Art** der Veräußerung betreffen.

Eine kurze Musterformulierung könnte wie folgt aussehen: 38

Beispiel

Am 15. November 01 hat die Geschäftsführung nach Genehmigung durch den Aufsichtsrat den Plan zur Veräußerung des Segments „Damenoberbekleidung" bekannt gegeben. Die geplante Veräußerung entspricht der **langfristigen Strategie** des Unternehmens, sich auf die Bereiche „Herrenoberbekleidung" und „Sportbekleidung" zu **konzentrieren** und sich von damit nicht in Zusammenhang stehenden Tätigkeiten zu trennen. Das Unternehmen

16 IDW RS HFA 2, Tz 108.

bemüht sich aktiv um einen Käufer für das Segment „Damenoberbekleidung" und hofft, den Verkauf bis Ende 02/Anfang 03 abschließen zu können.

39 Bei der gleichzeitigen Veräußerung **verschiedener** Bereiche sind die geforderten Angaben für jeden wesentlichen Bereich zu machen. Auf die **Checkliste „Abschlussangaben"** wird verwiesen (→ § 5 Rz 8).

5.2 Separierung Vermögen und Schulden in der Bilanz und im Anhang

40 Zu jedem Bilanzstichtag, zu dem das zur Veräußerung bestimmte Vermögen tatsächlich noch nicht veräußert ist, sind die Vermögenswerte und im Falle der *disposal group* (Rz 6)/*discontinued operation* (Rz 15) auch die damit verbundenen Schulden gesondert anzugeben. Gefordert ist damit **eine** Aktiv- und **eine** Passivangabe je einzustellenden Bereich:

- auf der Aktivseite als **„zur Veräußerung bestimmtes langfristiges Vermögen"** (***non-current assets qualified as held for sale***) und
- auf der Passivseite ein **Posten „Schulden aus zur Veräußerung bestimmtes langfristiges Vermögen"** (***liabilities associated directly with non-current assets qualified as held for sale***).

Die Darstellung der **Bilanz** ist dementsprechend wie folgt:

Langfristiges Vermögen	Eigenkapital
Kurzfristiges Vermögen	Langfristige Schulden
	Kurzfristige Schulden
Zur Veräußerung bestimmtes langfristiges Vermögen	**Schulden im Zusammenhang mit zur Veräußerung bestimmten Anlagen**

Alternativ kann, wie vom DRSC in RIC 1 empfohlen, die Summe der abgehenden Vermögenswerte bzw. Schulden als Unterposition der kurzfristigen Vermögenswerte bzw. Schulden dargestellt werden. Für die weitere Aufschlüsselung des Aktiv- und Passiv(unter)postens reicht in jedem Fall der **Anhang**.

Die bilanziellen Anforderungen gelten **nicht retrospektiv**. Vorjahrsvergleichszahlen sind daher nicht umzuklassifizieren (IFRS 5.IE12). In IFRS 5.4 sind u. a. **latente Steuern** und **Finanzinstrumente** vom Anwendungsbereich der **Bewertungs**vorschriften des IFRS 5 ausgenommen. Für den **Ausweis** bleibt IFRS 5 hingegen anwendbar. Zu den sich hieraus ergebenden Folgen am Beispiel der Steuerlatenz wird auf Rz 62 verwiesen.

Im Anhang oder in der Bilanz ist eine **Aufschlüsselung** des Aktiv- und Passivbetrags nach den wesentlichen Gruppen *(major classes of assets and liabilities)* vorzunehmen (IFRS 5.38). Eine Aufschlüsselung nach unterschiedlichen *disposal groups/discontinued operations* ist nicht unbedingt erforderlich, kann sich aber bei nicht zu vielen Fällen empfehlen. Danach könnte eine Aufschlüsselung wie folgt aussehen:

Beispiel			
	Diverse	Geschäftsfeld Südpazifik	Gesamt
Sachanlagen	5.000	10.000	15.000
Immaterielle Anlagen	1.000	2.000	3.000
available-for-sale-Finanzinstrumente	1.000	2.000	3.000*
kurzfristiges Vermögen		1.000	1.000
Summe Vermögenswerte	**7.000**	**15.000**	**22.000**
Finanzverbindlichkeiten		2.000	2.000
Sonstige Verbindlichkeiten		1.000	1.000
Schulden		**3.000**	**3.000**
* davon erfolgsneutraler im EK erfasster Erfolg: 500			

Tab. 2: Aufschlüsselung der Bilanzposten (Beispiel)

Ein in den zur Veräußerung bestimmten Vermögenswerten enthaltener, direkt im **Eigenkapital** erfasster **Bewertungserfolg** ist nach IFRS 5.38 zu vermerken.

Vermögenswerte und Schulden eines mit Veräußerungsabsicht erworbenen 41 **Tochterunternehmens**[17] (Rz 26) sind zwar in die besonderen Aktiv- und Passivposten einzubeziehen, jedoch weder im Anhang noch in der Bilanz nach den darin enthaltenen Klassen von Vermögen/Schulden aufzugliedern (IFRS 5.39).

Der Inhalt der Position **„Schulden aus zur Veräußerung bestimmtes lang-** 42 **fristiges Vermögen"** *(liabilities associated directly with non-current assets qualified as held for sale)* ist restriktiv auszulegen. Schulden sind etwa nur dann Teil einer Abgangsgruppe *(disposal group)* (Rz 6), wenn sie bei der Veräußerung der Vermögenswerte mit übertragen werden (IFRS 5.Anhang A.). Die Passivposition umfasst daher **nur die Schulden, die der Erwerber übernimmt**, regelmäßig also nicht die mit einem abgehenden Vermögenswert durch dingliche Sicherung verbundenen Schulden, ebenso wenig die passiven latenten Steuern (Rz 62).

Beispiel

U qualifiziert Bürogrundstücke als zur Veräußerung bestimmt. Die Grundstücke sind mit Grundschulddarlehen belastet. Die Bank wird nur gegen Tilgung der Darlehen die wirtschaftlich für eine Veräußerung erforderliche dingliche Freigabe erteilen.

Die Grundschuldarlehen sind keine „Schulden aus zur Veräußerung bestimmten langfristigen Vermögenswerten" i. S. v. IFRS 5, da sie nicht auf den Erwerber übergehen werden.

[17] Dazu: KÜTUNG/KESSLER/WIRTH, KoR 2003, S. 533ff.

Bedeutung erlangt die Passivposition in zwei Fällen: Bei der

- **Veräußerung von Tochterunternehmen im *share deal*,** wo sämtliche Schulden des Tochterunternehmens aus Konzernsicht auf den Erwerber übertragen werden,
- bei **Verkauf von Anlagen,** mit denen eine **Rückbauverpflichtung** verbunden ist, die der Erwerber regelmäßig übernimmt.

5.3 Separierung von Ergebnis und *cash flows* in GuV und Kapitalflussrechnung

43 Im Falle eines durch Veräußerung oder Stilllegung **aufgegebenen** (bzw. aufzugebenden) **Bereichs (*discontinued operation*)** ist in der GuV der **separate** Ausweis des Gesamterfolgs aus den Einstellungen *(post-tax profit or loss of dicontinued operations)* geboten (IFRS 5.33a). Das Vorjahr ist anzupassen (Rz 28 f.).
Wahlweise in der GuV oder im Anhang ist eine **Aufschlüsselung dieses Erfolges** vorzunehmen (IFRS 5.33b) nach

- Erträgen *(revenues)*,
- laufenden Aufwendungen,
- Ergebnis vor Steuern,
- Steuern,
- Anteil des Umbewertungs- und Abgangserfolges an dem Ergebnis vor Steuern und an den Steuern.

Nachfolgend ein Beispiel für eine Separierung innerhalb der GuV:

Beispiel

- Im Januar 02 genehmigt der Aufsichtsrat der Core Clothes AG den **Plan** des Vorstandes, das Segment Damenoberbekleidung (DOB) zu veräußern. Mit der aktiven Suche nach einem Käufer wird sofort begonnen. Der erzielbare Veräußerungspreis wird auf ca. 60 Mio. EUR geschätzt.
- Zum **Vertragsschluss** kommt es im **September 02.** Der Vertrag sieht für ein übergehendes Buchvermögen von (aktuell) 70 Mio. EUR einen Veräußerungspreis von 60 Mio. EUR vor.
- Der Vertrag wird Ende **Januar 03 vollzogen.**

Nicht übernommene Arbeitnehmer werden von der AG mit 30 Mio. EUR abgefunden. Der Gewinn nach Steuern aus den fortgeführten Geschäftsbereichen beträgt in allen Jahren 100 Mio. EUR. Der abgehende Geschäftsbereich hat vor Steuern und Einmalaufwendungen ein operatives Ergebnis von 5 Mio. EUR in 01 und jeweils -5 Mio. EUR in 02 und 03.
Die erwartete Arbeitnehmerabfindung ist direkt der Veräußerung zuzuordnen, gleichwohl nicht als *costs to sell* zu qualifizieren, da bereits als Rückstellung berücksichtigt (Rz 31). Somit ergibt sich ein erwarteter Nettozeitwert von 60 Mio. EUR minus 30 Mio. EUR = 30 Mio. EUR.
Ihm steht ein Buchvermögen von 70 Mio. EUR gegenüber, sodass es zu einer außerplanmäßigen Abschreibung von 10 Mio. EUR kommt.
Die GuV der drei Jahre (01 als Vergleichsjahr im Abschluss 02 rückwirkend angepasst) ergibt sich bei einem Steuersatz von 40 % wie folgt:

GuV-Untergliederung nach Fortführung/Einstellung (Staffelformat)			
	03	02	01 angepasst
FORTZUFÜHRENDE BEREICHE			
....	...	...	...
Gewinn	100	100	100
AUFGEGEBENER BEREICH			
Umsatz – betriebl. Aufwendungen	5 –10	30 –35	40 –35
= Zwischensumme	–5	–5	5
– Abfindungen	0	–30	0
– außerplanm. Abschr.	0	–10	0
= Ergebnis vor Steuern – Steuern (davon auf außerplanm. Abschr. 16 Mio.)	–5 2	–45 18	5 –2
= Verlust/Gewinn	–3	–27	3
UNTERNEHMENSGEWINN GESAMT	**97**	**73**	**103**

Für die Erläuterung des Ergebnisses aus aufgegebenen Bereichen in der GuV kommt statt der vorstehenden vertikalen Darstellung (Staffelformat) auch eine horizontale Aufteilung (Drei-Spalten- bzw. Matrix-Format) infrage. Sie ist wie folgt aufgebaut: **44**

GuV-Untergliederung nach Fortführung/Einstellung (Matrixformat)			
	fortgeführte Aktivitäten	**aufgegebene Aktivitäten**	**Konzern**
Umsatzerlöse	400	5	405
– Umsatzkosten	–200	–5	–205
= Bruttoergebnis vom Umsatz	200	0	200
– Vertriebskosten – Verwaltungskosten	–25 –25	0 –5	–25 –30
+ sonstige Erträge	+10	0	+10
– sonstige Aufwendungen	–10	0	–10
+ Finanzerträge	+20	0	+20

GuV-Untergliederung nach Fortführung/Einstellung (Matrixformat)			
	fortgeführte Aktivitäten	aufgegebene Aktivitäten	Konzern
– Finanzaufwendungen	–20	0	–20
= Ergebnis vor Steuern	150	–5	145
– Steuern	–50	2	–52
= Verlust/Gewinn	100	–3	97

Das Matrixformat ist in der Praxis nur wenig verbreitet.[18]

45 Als Folge der Neufassung von IAS 27 in 2008 ist auch IFRS 5 geändert worden. Mit Wirkung ab 2009/10 sieht IFRS. 5.33d vor, dass entweder

- im Anhang oder
- in der GuV (bzw. im GuV-Teil der Gesamtergebnisrechnung) selbst

der Anteil der Eigenkapitalgeber der Muttergesellschaft am Konzernergebnis aufzuschlüsseln ist nach

- dem Anteil an fortgeführten Bereichen und
- dem Anteil an aufgegebenen Bereichen.

46 Während ein anlässlich der Einstellung zu erwartender **Verlust** gegebenenfalls bereits im Wege der **außerplanmäßigen Abschreibung** zu berücksichtigen ist, kann ein aus der Einstellung zu erwartender **Gewinn** erst im **Realisierungszeitpunkt** ausgewiesen werden. Hierzu folgendes Beispiel:

Beispiel

Das Beispiel wird unter Rz 43 dahingehend variiert, dass der Veräußerungspreis nicht 60 Mio. EUR, sondern 120 Mio. EUR beträgt.

Eine außerplanmäßige Abschreibung in 02 ist nicht mehr erforderlich, da der Nettozeitwert (Veräußerungspreis minus Veräußerungskosten) über dem Buchwert liegt.

Fraglich ist, ob die Arbeitnehmerabfindung gesondert in 02 zurückzustellen ist. U. E. ist das der Fall. Rückstellungspflichtige „Veräußerungskosten" sind auch dann zu passivieren, wenn sie durch einen erwarteten Veräußerungsgewinn überkompensiert werden. Ökonomisch sinnvoll ist dieses Resultat nicht, der Wortlaut der Vorschriften lässt aber u. E. nicht zu, die Abfindung in einer derartigen Konstellation wie andere Veräußerungskosten erst im Abgangszeitpunkt anzusetzen.

Aus dem aufgegebenen Bereich wird auf der Grundlage unserer Auffassung im Vergleich zum Ursprungsbeispiel ausgewiesen:

- in 02 ein um 6 Mio. EUR besseres Ergebnis (außerplanmäßige Abschreibung von 10 Mio. EUR entfällt, Steuermehraufwand von 4 Mio. EUR entsteht);

18 Vgl. KÜTING/REUTER, BB 2007, S. 1942ff.

- in 03 ein um 30 Mio. EUR besseres Ergebnis (Ertrag aus Segmentveräußerung 120 Mio. EUR minus 70 Mio. EUR = 50 Mio. EUR, Steuermehraufwand 20 Mio. EUR).
- In der Summe beider Jahre ist das Ergebnis vor Steuern um 60 Mio. EUR höher als im Ausgangsbeispiel. Dies entspricht dem um 60 Mio. EUR höheren Veräußerungspreis.

Auch in den Jahren nach vollzogener Aufgabe eines Geschäftsbereichs kann diese noch **Erfolgswirkungen** zeigen. Als Beispiele führt IFRS 5.35 u. a. an: 47

- Auflösung von Unsicherheiten, die durch die Bedingungen des Veräußerungsgeschäfts entstehen (Kaufpreisanpassungen etc.);
- beim Verkäufer verbliebene Verpflichtungen aus Umwelt- und Produkthaftung.

Entsprechende Effekte sind nach IFRS 5.35 als Ergebnisse aus aufgegebenen Geschäftsbereichen anzugeben *(shall be disclosed)*. Hierzu reicht eine Anhangsangabe aus.[19]

Entsprechend der GuV ist auch für die **Kapitalflussrechnung** (→ § 3 Rz 140, 157) eine Separierung von fortlaufenden *cash flows* und dem aufgegebenen Bereich zuzuordnenden *cash flows* nach den vier Bereichen der Kapitalflussrechnung (operativ, investiv, finanziell, Finanzmittelfond) geboten (IFRS 5.33c). Wie für die GuV ist auch eine Anpassung der **Vorjahresbeträge** vorzunehmen (IFRS 5.34). 48

Für die Separierung der *cash flows* kommen drei Formate infrage:

- **Davon-Vermerke** zu den aufgegebenen Bereichen in den vier Teilen der Kapitalflussrechung,
- **Dreispaltendarstellung** mit einer Spalte für die fortgeführten *cash flows*, einer weiteren für die aus aufgegebenen Bereichen und einer Summenspalte,
- Aufschlüsselung der vier Teile der Kapitalflussrechnung nach fortgeführten Bereichen und aufgegebenen im **Anhang.**[20]

Der aufgegebene Geschäftsbereich kann bis zum Abgang weiterhin Investitions- und Finanzierungstätigkeiten ausüben (IFRS 5.33c).

5.4 Angabe von Umbewertungserfolgen

Soweit nicht ohnehin, wie bei aufgegebenen Bereichen, der Umbewertungserfolg in der GuV oder im Anhang separat auszuweisen ist, ergibt sich eine Anhangsangabepflicht aus IFRS 5.41c. 49

Auf die **Checkliste „Abschlussangaben“** wird verwiesen (→ § 5 Rz 8).

5.5 Verhältnis zu den Angabevorschriften nach IFRS 7 usw.

Fraglich ist, ob mit Umklassifizierung von Vermögenswerten und Schulden als zur Veräußerung bestimmt neben den **Angabevorschriften** von IFRS 5 auch die **anderer Standards** weiterhin gelten, etwa für die in einer Abgangsgruppe ent- 50

---

19 A. A. KEITZ, VON/HEYD, in: THIELE/KEITZ, VON/BRÜCKS (Hrsg.), Internationales Bilanzrecht 2008, IFRS 5, Tz 213.

20 IDW RS HFA 2, Tz 123.

haltenen Sachanlagen die Vorschriften von IAS 16.73 oder für Finanzinstrumente IFRS 7. In der Beantwortung dieser Frage ist wie folgt zu differenzieren:

- IAS 16.3a, IAS 38.3h und IAS 36.3 formulieren eine explizite **Nichtanwendung *(scope out)*** für IFRS 5 unterliegende Vermögenswerte. Die allgemein für Sachanlagen und immaterielle Vermögenswerte bzw. für außerplanmäßige Abschreibungen geforderten Angaben sind mithin bei Umklassifizierung „in zur Veräußerung bestimmt" nicht mehr anzuwenden.
- Andere Standards, etwa **IAS 2 (Vorräte)** oder **IFRS 7 (Finanzinstrumente)** schließen (als Teil einer Abgangsgruppe) nach IFRS 5 qualifizierte Vermögenswerte und Schulden **nicht** von ihrem Anwendungsbereich aus. Formal wären daher hier neben allen Angaben nach IFRS 5 **zusätzlich** diejenigen nach dem jeweiligen Standard geforderten zu leisten.

Dem **Sinn** und **Zweck** von IFRS 5 entspricht die Ergänzung um allgemeine Angaben aber **nicht**. Mit der Umqualifizierung nach IFRS 5 sollen Vermögenswerte und Schulden gerade nicht mehr den allgemeinen Ausweis- und Angabeprozeduren unterworfen, sondern im Interesse prognose- und entscheidungsnützlicher Information gesondert behandelt werden (Rz 1). Eine Fortführung der allgemeinen Angaben würde diesem Ziel widersprechen.

Angesichts dieses Widerspruchs ist im Rahmen des *Annual Improvements Project* 2009 eine Ergänzung von IFRS 5 erfolgt. Nach IFRS 5.5B gelten **Angabepflichten** anderer Standards nur noch in folgenden Fällen:

- Der andere Standard sieht ausdrücklich Angaben für zur Veräußerung bestimmtes langfristiges Vermögen, Abgangsgruppen oder aufgegebene Geschäftsbereiche vor (z.B. IAS 33.68 eine Angabe des auf aufgegebene Geschäftsbereiche entfallenden Ergebnisses pro Aktie; → § 35 Rz 54).
- Der andere Standard enthält Vorschriften zur Offenlegung der Bewertung (Methoden, Prämissen etc.) von Vermögenswerten und Schulden, wobei die betreffenden Vermögenswerte und Schulden in einer Abgangsgruppe enthalten sind, aber – z.B. als Finanzinstrumente oder Pensionsverpflichtungen – nicht den Bewertungsvorschriften von IFRS 5 unterliegen.
- Es sind Angaben notwendig, um eine tatsachengetreue Darstellung zu erzielen (IAS 1.15) oder wesentliche Schätzunsicherheiten offenzulegen (IAS 1.125).

Beispiel

MU beabsichtigt die Veräußerung der TU. TU stellt eine Abgangsgruppe dar. Die TU hat u.a. Finanzinstrumente und Pensionsverpflichtungen, die auf den Erwerber übergehen sollen.

Beurteilung

a) Finanzinstrumente

Angaben zur Bewertung der Finanzinstrumente sind erforderlich (etwa IFRS 7.27), hingegen keine Angaben zu Kredit-, Markt- und Liquiditätsrisiken (IFRS 7.34ff.).

b) Pensionsverpflichtungen

Angaben zu den versicherungsmathematischen Annahmen und zum *fair value* des Planvermögens sind in jedem Fall erforderlich (IAS 19.120A k und n). Hinsichtlich weiterer Angaben (etwa Aufteilung des Aufwands in der GuV – IAS 19.120A(g) – ist zu differenzieren:

- Stellt die Abgangsgruppe keinen aufgegebenen Bereich dar und fließt daher ihr „Pensionsergebnis" allgemein in die GuV ein, setzt eine verständliche und nachvollziehbare Erläuterung der Zusammensetzung des Aufwands die Einbeziehung auch der aus der Abgangsgruppe stammenden Teile voraus.
- Ist die Abgangsgruppe hingegen ein aufgegebener Bereich und daher eine Zweiteilung der GuV nach fortgeführter und aufgegebener Tätigkeit geboten, besteht keine Pflicht zur Erläuterung der auf die aufgegebene Tätigkeit entfallenden Komponenten des Pensionsaufwands.

Nicht eindeutig ist das Verhältnis von IFRS 5 zu IFRS 8. 51

Beispiel
Der Konzern K hat bisher nach den Segmenten A, B, C und Sonstige (unwesentliche) berichtet. C ist nunmehr zur Veräußerung bestimmt und stellt eine *discontinued operation* dar. C erfüllt weiterhin die nach IFRS 8 für die Identifizierung eines berichtspflichtigen Segments maßgeblichen quantitativen Kriterien (→ § 36 Rz 34ff.).
Alternative 1: Unter Berufung auf IFRS 5.5B werden die Angabepflichten nach IFRS 8 nicht mehr für einschlägig gehalten. Ergebnisse und Vermögen/Schulden des Bereichs C werden mit denen der sonstigen Segmente zusammengefasst (→ § 36 Rz 51).
Alternative 2: IFRS 5 wird nicht für einschlägig erachtet, da IFRS 8 keine spezifische Regelung für einzelne Angaben, sondern solche für einen gesamten Berichtsteil enthält. Es bleibt bei der bisherigen Segmentierung (→ § 36 Rz 67ff.).

5.6 Besonderheiten im Konzern

5.6.1 Transaktionen der zu veräußernden Einheit mit anderen Konzerneinheiten – IFRS 5 vs. IAS 27

Soweit das durch Veräußerung aufgegebene Vermögen eine *discontinued operation* darstellt, entsteht ein **potenzieller Konflikt** zwischen den Ausweis- und Bewertungsvorschriften von IFRS 5 und den Konsolidierungsvorschriften von IAS 27. 52

- **IAS 27** liegt die **Einheitstheorie** zu Grunde. Forderungen und Schulden, Aufwendungen und Erträge zwischen den (rechtlich selbstständigen) Teileinheiten des Konzerns sind zu saldieren.
- **IFRS 5** verlangt demgegenüber tendenziell eine *stand-alone*-Betrachtung. Der Abschlussadressat soll darüber informiert werden, mit welchen Ergebnis- und Vermögensbestandteilen er auch zukünftig rechnen kann (Erträge und Aufwendungen aus *continued operations*, nicht umqualifizierte Vermögenswerte und Schulden) und mit welchen nicht mehr zu rechnen ist (Erträge und Aufwendungen aus *discontinued operation*, zur Veräußerung bestimmtes Anlagevermögen und damit zusammenhängende Schulden).
- Hieraus ergeben sich **Konfliktpotenziale** bei der Behandlung von konzerninternen Erträgen und Aufwendungen bzw. Forderungen und Schulden. Wird

etwa in einer vertikalen Leistungskette, die oberste am Markt tätige Einheit veräußert, stellt sich die Frage, ob die bisher allein von ihr getätigten Außenumsätze im aufgegebenen Bereich auszuweisen sind mit der Folge, bei den fortgeführten Bereichen nur noch Aufwendungen und keine Umsätze zu zeigen.

Die Lösung solcher Fragen muss sich u. E. am alles **überragenden Regelungsziel** von IFRS 5 orientieren. Der Bilanzadressat soll informiert werden, mit welchen Erträgen, Aufwendungen, Vermögens- und Schuldpositionen er zukünftig weiterhin rechnen kann und mit welchen nicht. Würden Beträge nach Konsolidierung der Innenbeziehungen aufgeführt, wäre dieser Informationszweck verfehlt. Andererseits würde aber eine *stand-alone*-Betrachtung zu Doppelzählungen von Umsatz und Aufwendungen führen. Eine vermittelnde Lösung ist daher angezeigt. Sie weist dem *discontinued*-Bereich, die (Grenz-)Erlöse und (Grenz-)Aufwendungen zu, die durch die Aufgabe des Bereichs entfallen.

53 Zu dieser **Grenzbetrachtung** ***(incremental approach)*** im Vergleich zu den beiden anderen Möglichkeiten folgendes Beispiel:

Beispiel

Der Kapitalanlagen- und Bau-Konzern besteht u.a. aus einer Bau-AG sowie einer Vertriebs-GmbH. Die von der Bau-AG erstellten Eigentumswohnungen erwirbt die Vertriebs-GmbH zu fremdüblichen Preisen und veräußert sie mit einem Aufschlag von 20 % an Kapitalanleger.

- Die Bau-AG erwirtschaftet einen Umsatz von 1.000 gegenüber der Vertriebs-GmbH, der bei ausschließlich externen Kosten von 900 zu einem Ergebnis von 100 führt.
- Die Vertriebs-GmbH veräußert die Wohnungen für 1.200. Bei konzerninternen Kosten von 1.000 und externen Kosten von 100 erwirtschaftet auch sie ein Ergebnis von 100.

Die Vertriebs-GmbH soll im Management-*buy-out* veräußert werden. Der Erwerber wird voraussichtlich zu unveränderten Konditionen weiterhin für die Bau-AG tätig sein.

Nachfolgend die Konsolidierungstabelle sowie die drei Alternativen für die Darstellung von aufgegebenem und fortgeführtem Bereich:

Konsolidierungstabelle		*continued*	*discontinued*	**Summe**	**Konsolidierung**	**Konzern**
	Umsatz	1.000	1.200	2.200	–1.000	1.200
	Aufwand	–900	–1.100	–2.000	1.000	–1.000
	Ergebnis	100	100	200		200

Darstellungsalternativen	*stand alone*	*incremental*	**konsolidiert**
Continued			
Umsatz	1.000	1.000	0
Aufwand	–900	–900	–900
Ergebnis	100	100	–900
Discontinued			
Umsatz	1.200	200	1.200
Aufwand	–1.100	–100	–100
Ergebnis	100	100	1.100
Konzern-ergebnis	200	200	200

Die **Grenzbetrachtung** (***incremental approach***) ist u. E. **vorzuziehen**. Sie zeigt zutreffend, mit welchen Umsätzen und Aufwendungen nach Vollzug der Veräußerung weiterhin bzw. nicht mehr zu rechnen ist. Abzulehnen ist der konsolidierte Ansatz. Sein absurder Aussagegehalt wäre, dass zukünftig nur noch Aufwendungen und keine Umsätze zu erwarten sind. Nicht von vornherein abzulehnen ist der *stand-alone*-Ansatz, da er jeden Bereich für sich gesehen zutreffend darstellt. In der Summe vermittelt er aber ein falsches Bild, da Umsätze und Aufwendungen doppelt gezählt werden. 54

Wenn in Ausübung des entsprechenden Wahlrechts (Rz 43) der aufgegebene Bereich in der GuV nicht in seinen Einzelpositionen dargestellt wird, sondern in der **GuV nur** sein (dann im Anhang) zu erläuternder **Saldo** präsentiert wird, stellt sich das Problem der Doppelzählung der Umsätze nicht. **Inkrementaler und *stand-alone*-Ansatz entsprechen** sich auf Saldo- und somit GuV-Ebene. In diesem Fall ist eine Angabe der unkonsolidierten Umsätze und Aufwendungen des aufgegebenen Bereichs im Anhang und damit eine implizite „Doppelangabe" der Umsätze und Aufwendungen zulässig.[21]

Unabhängig von der Darstellungsalternative darf das Gesamtergebnis des Unternehmens nicht verändert werden. **Zwischenergebniseliminierungen** sind daher vorzunehmen, und zwar beim die Leistungen empfangenden Bereich.[22]

Die Frage nach dem Verhältnis von IAS 27 und IFRS 5 stellt sich nicht nur aus **GuV-Sicht**, sondern auch hinsichtlich der **Bilanz** bzw. der **Schulden**konsolidierung. 55

Beispiel

Der Kapitalanlagen- und Bau-Konzern besteht aus einer als Holding fungierenden GmbH, diversen Tochter-GmbHs für den Vertrieb von Kapitalanlagen sowie einer Bau-AG, deren Erzeugnisse von den Schwestergesellschaften gegen fremdübliche Strukturvertriebsprovisionen veräußert werden. Die Bau-AG erwirtschaftet gerade ein ausgeglichenes Ergebnis und soll daher veräußert werden. Da die AG ertraglos ist, orientiert sich der voraussichtliche

21 IDW RS HFA 2, Tz 113 ff.

22 IDW RS HFA 2, Tz. 118.

Veräußerungspreis am Substanzwert. Die Bilanz der Bau AG ist vereinfacht wie folgt:

Bilanz (im Staffelformat):	*stand alone* und *stand alone incremental*	konsolidiert
Anlagevermögen	100	100
– Diverse Schulden	– 30	– 30
– Verbindlichkeiten gegen Schwester-GmbHs	– 25	0
= Eigenkapital/Nettovermögen	45	70

Beurteilung
Der **außerplanmäßige Abschreibungsbedarf** ermittelt sich aus einer Gegenüberstellung von Nettozeitwert und Nettovermögen der abgehenden *disposal group*. Er beträgt 45 – 45 = 0 und nicht 45 – 70 = 25. Ein außerplanmäßiger Abschreibungsbedarf ist gerade nicht gegeben, da der voraussichtliche Veräußerungspreis dem Buchwert entspricht.
Das **zum Abgang bestimmte Vermögen** ist daher wie folgt darzustellen:

Zum Abgang bestimmte Anlagen	100
Damit zusammenhängende Schulden	– 55

Ein Ansatz der Schulden nur in Höhe von 30 wäre unzutreffend. Der Bilanzadressat müsste davon ausgehen, dass sich das Nettovermögen des Konzerns durch den bevorstehenden Abgang nur um 70 (= 100–30) und nicht um 45 (= 100–55) mindert.

Unsere Auffassung hat Konsequenzen auch für das nicht zur Veräußerung bestimmte Vermögen und die *discontinued operation.*
Wenn das als zum Abgang bestimmte Vermögen die Forderungen/Schulden der *discontinued operation* gegenüber dem fortgeführten Bereich enthält, müssen andererseits die Schulden/Forderungen des fortgeführten Bereichs gegenüber der *discontinued operation* unter geeigneter Bezeichnung ausgewiesen werden.

5.6.2 Beabsichtigte Teilveräußerung eines Tochterunternehmens oder assozierten Unternehmens (Abwärtskonsolidierung)

56 Sollen Anteile an einem Tochterunternehmen veräußert und dadurch die Kontrolle aufgegeben werden, stellen aus Konzernsicht die Vermögenswerte und Schulden des Tochterunternehmens das zum Abgang bestimmte Vermögen dar. Soweit im Vermögen Anlagengegenstände enthalten sind, die einer **planmäßigen Abschreibung** unterliegen, ist diese Abschreibung mit dem Zeitpunkt der Umqualifizierung in zur Veräußerung bestimmte Anlagen nicht mehr fortzuführen (Rz 31).
Stehen nicht sämtliche Anteile am Tochterunternehmen zur Veräußerung, sondern soll ein nicht die Kontrolle vermittelnder Anteil beibehalten werden, stellt sich die Frage, ob die Abschreibungen mit dem Zeitpunkt der Umqualifizierung

nach IFRS 5 **insgesamt** oder nur nach dem beabsichtigten **Veräußerungsanteil** zu stoppen sind.

Für die Zulässigkeit eines Splits in den Abschreibungen fand sich schon in IFRS 5 kein Hinweis. Eine endgültige Klarstellung ist im Rahmen des *Annual Improvements Project* 2008 durch Einfügung von IFRS 5.8A erfolgt. Danach müssen auch bei geplantem Rückbehalt eines Minderheitenanteils am bisherigen Tochterunternehmen dessen Vermögenswerte und Schulden mit Veräußerungsabsicht vollständig und nicht nur quotal als zur Veräußerung bestimmt qualifiziert werden Unerheblich ist, ob der verbleibende Anteil ein Finanzinstrument oder eine *equity*-Beteiligung darstellt.

Im Rahmen des *Annual Improvements Project* war ursprünglich eine entspre- **57**
chende Regelung zu Anteilen an assoziierten Unternehmen vorgesehen (Rz 60).

5.6.3 Übergang von *equity*-Methode zu IFRS 5

Solange keine Veräußerungsabsicht besteht, müssen Anteile an assoziierten **58**
Unternehmen (IAS 28) konzernbilanziell *at equity* konsolidiert werden. Bei Anteilen an Gemeinschaftsunternehmen (IAS 31) kann die Methode wahlweise (als Alternative zur quotalen Konsolidierung) angewendet werden. Sobald die Beteiligung zur Veräußerung bestimmt wird, ist jedoch von der *equity*-Methode zur Bewertung nach IFRS 5 zu wechseln (IAS 28.14 und IAS 31.42). Im Umwidmungszeitpunkt ist der bisherige *equity*-Wert oder der niedrigere Nettoveräußerungswert *(fair value less costs to sell)* anzusetzen (IFRS 5.15).

In dem Zwischenzeitraum zwischen Umwidmung und Veräußerung kommt nach den Regeln von IFRS 5 eine Zuschreibung nicht, eine Abschreibung nur dann in Frage, wenn eine Wertminderung *(impairment)* vorliegt (IFRS 5.20). Eine planmäßige Fortschreibung des Vermögenswertes ist nicht mehr zulässig (IFRS 5.25). Für Beteiligungen an Personenunternehmen kann sich hieraus ein Problem wegen solcher Entnahmen, Gewinne oder Verluste ergeben, die im Zwischenzeitraum anfallen:

- Bei (unzulässiger) Fortführung der *equity*-Methode hätten die Entnahmen und anteiligen Verluste den Buchwert gemindert, die Gewinne ihn erhöht.
- Mit Anwendung von IFRS 5 können Verluste und Entnahmen insoweit gegen den Buchwert erfasst werden, als sie eine Wertminderung in entsprechender Höhe begründen. Für Gewinne entfällt wegen des Verbots der Zuschreibung eine solche Möglichkeit von vornherein, für Verluste und Entnahmen, die keine Wertminderung begründen, ist sie zweifelhaft.

Beispiel[23]
U hält eine 20%ige Beteiligung an der X KG. Zum 30.9.01 liegen erstmals alle Voraussetzungen zur Qualifizierung des Anteils nach IFRS 5 vor. Zu diesem Zeitpunkt beträgt der *equity*-Wert 100. Der erwartete Nettoveräußerungserlös 130 oder 150, abhängig davon, ob der erwartete Gewinnanteil des Jahres 01 i. H. v. 20 schon dem Erwerber zustehen soll oder nicht. Der Gewinn der ersten drei Quartale beträgt 15, der erwartete Gewinn des vierten Quartals 5 (jeweils anteilig für U).

[23] Entnommen LÜDENBACH, PiR 2006, S. 45ff.

Ein Kaufvertrag wird erst Anfang 02 abgeschlossen und vollzogen. U hat noch im November 01 einen Betrag von 15 als „Vorschuss" auf den erwarteten Jahresgewinn entnommen. In 02, kurz vor der Veräußerung, entnimmt er den verbleibenden Teil.
Da der Nettoveräußerungswert höher als der *equity*-Buchwert ist, findet per 30.9. keine Umbewertung, sondern lediglich eine Umgliederung von „*equity*-Beteiligung (Finanzanlagen)" in „zur Veräußerung bestimmte langfristige Vermögenswerte" statt.
Probleme bereitet die Entwicklung im vierten Quartal. Hier ist zunächst ein Blick auf die fiktive Fortsetzung der *equity*-Methode instruktiv. Nach diesem (im vierten Quartal nicht mehr zulässigen) Verfahren hätte sich der Anteil (Abschreibungen auf stille Reserven vernachlässigt) bis zum Jahresende wie folgt entwickelt:

equity-Anteil 30.9.:	100
Entnahme November:	-15 (Buchung: per Geld an Anteil)
Gewinn IV. Quartal:	5 (Buchung: per Beteiligung an Ertrag)
equity-Anteil 31.12.:	90

Mit dem Fortfall der *equity*-Methode stellt sich vor allem die Frage nach der Verbuchung der im November getätigten Entnahme. Bei den gegebenen Zahlen wird eine Entnahme den voraussichtlichen Nettoveräußerungswert nicht unter 100 reduzieren. Diskussionswürdig sind daher zunächst folgende Varianten:

- Vorgezogene Realisierung eines Gewinnanteils aus der Aufgabe der Beteiligung:
  per Geld 15 an Ertrag 15
- Deutung der Entnahme als Teilabgang der Beteiligung:
  per Geld 15 an Beteiligung 15
- Deutung der Entnahme als Teilabgang der Beteiligung nur insoweit, als die Entnahme aus „Altgewinnen" entnommen und nicht durch „Neugewinne" gedeckt ist:
  per Geld 15 an Beteiligung 10
  an Ertrag 5

Zusätzlich ist in allen Alternativen noch der aus dem Ergebnis des vierten Quartals entstehende Gewinnanspruch zu berücksichtigen, einschlägig ist IAS 18.30c. Danach sind Dividenden erst dann als Ertrag zu vereinnahmen, wenn sie durch Beschluss oder Gesellschaftsvertrag entnahmefähig geworden, also vom Mitgliedschafts- zum Gläubigerrecht geworden sind. Sofern der Gesellschaftsvertrag einer KG nichts anderes vorsieht, ist diese Voraussetzung gem. § 167 Abs. 2 HGB mit dem Ablauf des jeweiligen Jahres erfüllt. Da unterjährig schon 15 entnommen wurden, bleibt insofern nur noch zu buchen: per Forderung 5 (20–15) an Ertrag 5.

Gegen die erste Alternative – Verbuchung der Entnahme als Ertrag – spricht die Totalgewinnbetrachtung. Der entnommene „Altgewinn" ist bereits während der *equity*-Konsolidierung als Ertrag behandelt worden, er darf nicht ein zweites Mal berücksichtigt werden.

Gegen die zweite Alternative – Deutung der Entnahme als Teilabgang – spricht, dass der Entnahme der Altgewinne ein Zugang entnahmefähigen Neugewinns gegenübersteht. Bestenfalls der Saldo könnte als Teilabgang interpretiert werden.

Diesem letzten Gedanken trägt die dritte Variante Rechnung. Sie leidet aber (wie die zweite) daran, dass der Beteiligungsbuchwert vermindert wird, obwohl weder eine Wertminderung *(impairment)* noch ein wirklicher Abgang vorliegt.

Die Lösung liegt u. E. daher in einer vierten Variante, die bereits zum Zeitpunkt der Umqualifizierung in einem zur Veräußerung bestimmten Vermögenswert ansetzt. Zu diesem Datum wird im Vorgriff auf die spätere Entnahmefähigkeit des aufgelaufenen, anteiligen Jahresgewinns der Buchwert gesplittet. In obigem Beispiel würden 15 als sonstiger Vermögenswert ausgewiesen, 85 als Anteil. Die spätere Entnahme ist dann einfach als Aktivtausch zu buchen (per Geld an Sonstiger Vermögenswert). Für den nach Umqualifizierung entstehenden Gewinn (im Beispiel 5) und den insoweit per 31.12. gegebenen zusätzlichen Entnahmespruch bleibt es bei der Buchung „per Forderung an Ertrag".

Soweit im vierten Quartal ein Verlust entstünde und der nach Ablauf der ersten drei Quartale bereits entnommene Betrag insoweit z. T. zurückzuzahlen wäre, ergäbe sich für den Verlust folgende Buchung: per Aufwand an Verbindlichkeit. Die Beteiligung würde noch nicht bzw. erst dann über eine Abschreibung angesprochen, wenn der Verlust so hoch wäre, dass zugleich der Nettoveräußerungswert unter den bisherigen Buchwert sinken würde.

Diese Lösung hat u. E. den Vorzug, die in IFRS 5 enthaltenen Bewertungsregeln ernst zu nehmen, die Beteiligung also nur dann zu mindern, wenn der Nettoveräußerungswert unter den Buchwert sinkt.

Der für den Anteil an einem assoziierten Unternehmen entscheidende maßgebliche Einfluss kann bereits mit Veräußerungsvertrag (obligatorisches Geschäft), aber vor Abgang der Anteile (dingliches Geschaft) verloren gehen. Die **Beteiligung mutiert in ein Finanzinstrument**, das nicht den Bewertungsregeln von IFRS 5 unterliegt. Wegen Einzelheiten wird auf → § 28 Rz 24 verwiesen. 59

Im Rahmen des ED 2009/11 *Improvements to IFRSs* war folgende Regelung zur Teilveräußerung von Anteilen an **assoziierten Unternehmen** vorgesehen (Rz 57): 60

- Führt die Teilveräußerung zu einem Verlust des maßgeblichen Einflusses, ist insgesamt von der *equity*-Bewertung auf IFRS 5 überzugehen.
- Wird der maßgebliche Einfluss auch nach Teilveräußerung bestehen bleiben, ist insgesamt weiterhin die *equity*-Methode anzuwenden.
- Eine prozentuale Aufteilung findet nicht statt.

In den im Mai 2010 verabschiedeten endgültigen Standard (*Improvements to IFRSs 2010*) ist dies jedoch nicht aufgenommen worden.

Entstehen beim assoziierten Unternehmen selbst Ergebnisse, die nach IFRS 5 als solche aus aufgegebenen Bereichen zu qualifizieren sind, hat der Investor seinen 61 *at equity* erfassten Ergebnisanteil entsprechend nach fortgeführten und aufgegebenen Bereichen aufzuschlüsseln.[24]

6 Latente Steuern sowie Steueraufwand

62 Zum Umklassifizierungszeitpunkt sind zur Veräußerung bestimmte langfristige Vermögenswerte sowie *disposal groups* mit dem Buchwert oder dem niedrigeren Nettozeitwert anzusetzen (Rz 30). Durch den Zeitwertansatz können sich **Differenzen** (→ § 26) zu den Steuerbuchwerten verändern oder erstmals ergeben. Latente Steuern sind dann mit geänderten Werten oder erstmalig anzusetzen.

Beispiel
Ein Gebäude soll veräußert werden. Steuerbuchwert 100, IFRS-Buchwert bisher 175, nach Umklassifizierung 150.
Die passive latente Steuer verringert sich von 30 (40 % von 75) auf 20 (40 % von 50).

Auch in anderen Fällen kann die beabsichtigte Veräußerung die Höhe der latenten Steuern beeinflussen. Dies gilt etwa, wenn bei nicht steuerbefreiter Beteiligung an einer Tochtergesellschaft wegen IAS 12.39 bisher keine latenten Steuern auf *outside-basis*-Differenzen angesetzt wurden, weil Ausschüttung und Veräußerung bisher nicht geplant und damit mit einer Umkehr der Differenzen nicht zu rechnen war. Mit Aufnahme der Veräußerungsabsicht ändert sich diese Einschätzung. Latente Steuern sind dann erstmals zu bilden.

Für den **Ausweis** der latenten Steuern in der Bilanz gelten die Vorschriften von IFRS 5, da IFRS 5.5 die latenten Steuern nur aus dem Anwendungsbereich der besonderen Bewertungsvorschriften von IFRS 5, nicht dagegen der Ausweisvorschriften ausnimmt (Rz 4). Fraglich ist deshalb, ob latente Steuern auch nach Klassifizierung der zugrunde liegenden Vermögenswerte als *held for sale* noch IAS 1.56 folgend in den langfristigen Vermögenswerten und Schulden (→ § 2 Rz 43) oder gem. IFRS 5.38 unter den zur Veräußerung bestimmten langfristigen Vermögenswerten (aktive latente Steuern) bzw. den mit der Veräußerung von langfristigen Vermögenswerten verbundenen Schulden (passive latente Steuern) auszuweisen sind (Rz 40).

U. E. bleibt es (mit einer Ausnahme) bei der Anwendung von IAS 1.56, d.h. dem **einheitlichen Ausweis aller** aktiven oder passiven latenten Steuern, unabhängig davon, ob sie im Zusammenhang mit zu veräußernden langfristigen Vermögenswerten oder Veräußerungsgruppen stehen oder nicht. Dies ergibt sich aus folgender Überlegung:

- Als *non-current assets held for sale* definiert IFRS 5.6ff. (zuvor) langfristige Vermögenswerte, die zur Veräußerung bestimmt sind. Diese Vermögenswerte müssen in einem veräußerungsfähigen Zustand sein (IFRS 5.7) und bestimmte weitere Voraussetzungen erfüllen. Auf die aktiven latenten Steuern treffen die Merkmale nicht zu. Zwar erledigen sie sich mit Vollzug der Veräußerung. Dies ist aber nur Reflex der Veräußerung und macht die latenten **Steuern**

24 Zu den dabei denkbaren Ausweisformaten: SCHMIDT, PiR 2010, S. 61ff.

nicht selbst zum **Veräußerungsgegenstand.** Demzufolge können die aktiven latenten Steuern auch keinen veräußerungsfähigen Zustand haben und verfehlen auch die sonstigen in IFRS 5.6ff. genannten Bedingungen.

- In Frage käme damit nur noch die Einbeziehung der aktiven latenten Steuern in eine Abgangsgruppe *(disposal group)* und die Berücksichtigung der passiven latenten Steuern als Schulden aus zur Veräußerung bestimmten Anlagen *(liabilities associated directly with non-current assets qualified as held for sale).* Als **Abgangsgruppe** definiert IFRS 5. Anhang A aber eine Gruppe von Vermögenswerten, die gemeinsam in einer einzigen Transaktion durch Verkauf oder auf andere Weise **veräußert** werden sollen. Gemeinsame Klammer ist auch hier der Abgang durch Veräußerung. Diese Klammer umfasst nicht die aktiven latenten Steuern, da diese nicht durch Veräußerung abgehen (übertragen werden), sondern sich lediglich anlässlich der Veräußerung erledigen. Entsprechendes gilt für die passiven latenten Steuern, da Schulden gem. IFRS 5.Anhang A nur dann als Teil einer Veräußerungsgruppe anzusehen sind, wenn sie bei der Veräußerung der Vermögenswerte **mit übertragen** werden. Die passiven Steuern werden aber nicht vom Erwerber übernommen. Er hat neue Anschaffungskosten, die zu neuen temporären Differenzen führen. Für den Veräußerer gilt lediglich, dass sich seine passiven latenten Steuern mit Vollzug der Veräußerung erledigen. Eine solche Erledigung stellt nicht die von IFRS 5 geforderte Übertragung auf einen neuen Schuldner dar.

Als Anwendungsbereich der in IFRS 5.5a vorgesehenen Geltung der Ausweisvorschriften für (aktive) latente Steuern bleibt damit nur die **Steuerlatenz aus Verlustvorträgen**. Soweit Mantelkaufvorschriften dem nicht entgegenstehen, wird bei der Veräußerung eines Tochterunternehmens die in den aktiven latenten Steuern verkörperte vermögenswerte Eigenschaft der Verlustvorträge auf den Erwerber übertragen, also veräußert. Nur für diese Steuerlatenzen kommt eine Einbeziehung in die Veräußerungsgruppe in Frage.

Bei Aufgabe eines Geschäftsbereichs ist das Ergebnis der *discontinued operation* 63
gem. IFRS 5.33 in der **GuV** nach Steuern darzustellen. Dies setzt eine **Aufteilung** der insgesamt anfallenden **Steueraufwendungen** auf den fortgeführten Bereich einerseits und den aufgegebenen andererseits voraus. Dem aufgegebenen Geschäftsbereich sind folgende Ertragsteuern zuzuordnen:

- Ertragsteuern, die das **bis** zum Vollzug der Veräußerung anfallende Ergebnis des aufgegebenen Geschäftsbereichs betreffen,
- Ertragsteuern, die **auf** den **Veräußerungsgewinn** anfallen, sei es bei dem eine eigene Gesellschaft bildenden Geschäftsbereich oder bei der Muttergesellschaft,
- neben den tatsächlichen Steuern sind auch die **latenten** Steuern (→ § 26 Rz 5ff.) zu berücksichtigen.

Beispiel

Der Konzern X hatte bisher aktive latente Steuern auf die Verluste des Tochterunternehmens T angesetzt. Nunmehr soll dieses veräußert werden. Mit einer Realisierung der Vorteile aus den Verlustvorträgen im Konzern wird nicht mehr gerechnet, mit einer Vergütung durch den Erwerber ange-

> sichts restriktiver Mantelkaufvorschriften ebenso wenig. Die latente Steuer wird daher auf null wertberichtigt.
> Der entstehende Aufwand ist dem aufgegebenen Bereich zuzuordnen.
>
> **Fallvariante**
> Der Verlustvortrag ist beim Mutterunternehmen entstanden. Seine Werthaltigkeit wurde bisher im Hinblick auf Steuerplanungsoptionen (Aufdeckung stiller Reserven in Sachanlagen durch Veräußerung an die Tochter) positiv beurteilt. Mit Veräußerungsabsicht für die Tochter entfallen diese Planungsoptionen.
> Der Aufwand aus der Wertberichtigung der aktiven latenten Steuern ist dem fortgeführten Bereich zuzuordnen.

Die Voraussetzungen für einen Nichtansatz latenter Steuern auf *outside basis differences* (→ § 26 Rz 73 f.) für Anteile an Tochterunternehmen (IAS 12.39 und 12.44) entfallen mit Veräußerungsabsicht. Der entstehende Ertrag oder Aufwand ist dem aufgegebenen Bereich zuzuordnen.

7 Anwendungszeitpunkt, Rechtsentwicklung

64 IFRS 5 ist für alle Berichtszeiträume ab dem 1. Januar 2005 prospektiv anzuwenden. Eine frühere Anwendung wird empfohlen. Eine frühere Anwendung auf vorhandene Positionen nach dem Definitionskatalog in Rz 5 ist möglich, wenn die erforderlichen Informationen über die Ansatzkriterien schon damals verfügbar waren. Bessere Erkenntnisse aus späterer Zeit sollen nicht gestalterisch genutzt werden können (IFRS 5.BC79).

Der Vorgängerstandard IAS 35 unterscheidet sich von IFRS 5 wie folgt: Er enthielt

- keine besonderen Bewertungsvorschriften und
- besondere Bilanzausweisvorschriften nur für *discontinued operations*.
- Die GuV-bezogenen Vorschriften waren nicht zwingend in der GuV zu erfüllen, Anhangsangaben reichten aus.
- Anwendungsbereich von IAS 35 waren nur *discontinued operations*, d. h. weder einzelne zur Veräußerung bestimmte Anlagen noch zur Veräußerung bestimmte Sachgesamtheiten ohne Geschäftsfeldqualität (Rz 15).

65 Im Rahmen des *Annual Improvements Project* 2008 ist klargestellt worden, wie bei Veräußerung der Mehrheit an einem Tochterunternehmen bei Rückbehalt eines Minderheitenanteils zu verfahren ist. Wegen Einzelheiten wird auf Rz 56 verwiesen.

Der bislang unbefriedigenden, weil hoch subjektiven Definition von *discontinued operations* will der im September 2008 vorgelegte ED eines *Amendment* zu IFRS 5 durch eine Anlehnung an IFRS 8 und den dort verwandten Begriff des operativen Segments begegnen. Hierzu wird auf Rz 25 verwiesen. Ein endgültiger Konsens über die Definition von *discontinued operations* steht jedoch noch aus. Ein begrenzter *re-exposure* des ED ist angekündigt.[25]

---

25 IASB, Udate Januar 2010.

Nach dem *Annual Improvements Project* 2009 gelten Angabepflichten anderer Standards nur noch in Ausnahmen für IFRS 5 unterliegende Fälle (Rz 50).

8 Zusammenfassende Praxishinweise

Aus **theoretischer** Sicht ist IFRS 5 weniger systematisch und überzeugend als die meisten anderen IFRS-Standards: **Widersprüche** bereits in den Grunddefinitionen (Rz 6), **Unbestimmtheiten** in den Anwendungsvoraussetzungen (Rz 9 und Rz 23). 66

Aus **praktischer** Sicht bietet IFRS 5 vor allem bei *discontinued operations* ein **reizvolles bilanzpolitisches Aktionsfeld.** Wo sich die Ertragslage dauerhaft verschlechtert hat und deshalb z.B. ein Programm der Besinnung auf die Kernkompetenzen verkündet wird, können die entsprechenden Aufgabe- und Veräußerungspläne alsbald genutzt werden, um aus „schlechten" (weil auch zukünftig zu erwartenden) Verlusten „unschädliche", weil zukünftig nicht mehr zu erwartende, Verluste zu machen (Rz 23). Die unklaren Formulierungen in IFRS 5 (Rz 22) sind kaum das geeignete Mittel, solchen bilanzpolitischen Akzentuierungen einen Riegel vorzuschieben. 67

Auch das **kommentierende** Schrifttum könnte dies nicht leisten. Es ist kein Standardersatz und hätte kein Recht, der bilanzierenden und prüfenden Praxis Türen zu versperren, die der IASB weit öffnet. Die relevante **Grenze** für eine derartige Bilanzpolitik bildet eher die Geduld der Bilanzadressaten. Die Langmut des Publikums mag überstrapaziert werden, wenn allzu häufig das Argument wiederholt wird, bestimmte Verluste hätten keinen nachhaltigen Charakter. Wie prominente amerikanische Beispiele zeigen, liegt diese Schwelle aber nicht ganz niedrig.[26] 68

Im Einzelnen enthält IFRS 5 folgende Regelungen: 69

- **Bilanzausweis:** Zur Veräußerung bestimmtes Anlagevermögen bzw. zur Veräußerung bestimmte Sachgesamtheiten *(disposal groups* einschl. *discontinued operations)* sind in der Bilanz separat auszuweisen (Rz 40).
- **Bewertung:** Soweit es sich um Sachanlagen oder immaterielle Anlagen handelt, ist das Niederstwertprinzip in einer **besonderen** Ausprägung anzuwenden: Anzusetzen ist der niedrigere Wert aus Buchwert vor Umklassifizierung und Nettozeitwert **im** Zeitpunkt der Umklassifizierung (Rz 31). Diese besondere Bewertung gilt jedoch nicht für das in einer Sachgesamtheit enthaltene Finanzanlage- oder Umlaufvermögen (Rz 5).
- **GuV und Kapitalflussrechnung:** Nur bei einer Sachgesamtheit mit Geschäftsfeldqualität (Rz 18), d.h. bei einer *discontinued operation*, ist ein **separater** Ausweis in GuV und Kapitalflussrechnung geboten. Zu einer Separierung der Ergebnisse kommt es auch dann, wenn das Geschäftsfeld durch Stilllegung eingestellt werden soll. Die besonderen Bilanzausweis- und Bewertungsregeln greifen jedoch im Stilllegungsfall nicht (Rz 3 und 31).

Zum Verhältnis der in IFRS 5 enthaltenen Qualifizierungen – *non-current assets held for sale, disposal group, discontinued operations* – und den unterschiedlichen Rechtsfolgen wird im Übrigen auf Abbildung 1 (Rz 2) und Tabelle 1 (Rz 5) verwiesen.

---

[26] Zu Kellogs, General Motors und diversen anderen Beispielen aus der „Vor-Enron-Zeit": LÜDENBACH/HOFFMANN, DB 2002, S. 1169ff.

§ 30 ANGABEN ÜBER BEZIEHUNGEN ZU NAHESTEHENDEN UNTERNEHMEN UND PERSONEN

Inhaltsübersicht **Rz**

Schrifttum: Bömelburg/Landgraf/Luce, Angaben zu nahestehenden Unternehmen und Personen vor dem Hintergrund der geplanten Änderung durch ED IAS 24, PiR 2007, S. 243; Küting/Gattung, Nahe stehende Unternehmen und Personen nach IAS 24, WPg 2005, S. 1065 und S. 1105; Küting/Seel, Die Berichterstattung über Beziehungen zu related parties, KoR 2008, S. 227; Niehus, IAS 24: Related Party Disclosures, WPg 2003, S. 521; Zülch/Gebhardt, Angaben über Beziehungen zu nahestehenden Unternehmen und Personen – Entwurf des IASB zur Änderung des IAS 24, PiR 2007, S. 139.

Vorbemerkung

Die Kommentierung bezieht sich auf IAS 24 in der im November 2009 verabschiedeten Fassung (Zitat: IAS 24) und berücksichtigt alle Ergänzungen, Änderungen und Interpretationen, die bis zum 1.1.2011 beschlossen wurden. Die Vorgängerversion (Rz 49) wird als IAS 24 (2003) zitiert.

1 Zielsetzung und Regelungsinhalt

1 Der Regelungsgehalt von IAS 24 *(related party disclosures)* beruht auf der allgemein gültigen Erkenntnis, dass Geschäftsbeziehungen zwischen verbundenen Unternehmen und anderen nahestehenden Personen **mangels wirtschaftlicher Interessengegensätze** durch außerunternehmerische Zielsetzungen beeinflusst werden können, sich also von vergleichbaren Geschäftsvorfällen zwischen **unabhängigen Parteien** unterscheiden (IAS 24.1). Der Abschlussadressat soll über **mögliche** Einflüsse informiert werden, die entstehen können durch

- das Bestehen einer *related-party*-Beziehung (Rz 6),
- Geschäftsvorfälle,
- offene Posten,
- Bürgschaften u. Ä.

mit einer solchen *„party"*. Dabei stellen nach IAS 24.5 Geschäftsbeziehungen mit nahestehenden Unternehmen und Personen ein übliches Geschäftsgebaren dar, insbesondere bei (gemeinsamer) Beherrschung und signifikantem Einfluss. Bei Abwicklung von derlei Geschäftsbeziehungen sind allerdings Vorgänge denkbar, die zwischen fremden Dritten nicht auftreten könnten.

Der Standard ist demgemäß anzuwenden (IAS 24.2)

- auf die Erfassung von **Beziehungen** und
- von **Geschäftsvorfällen** sowie
- zur Darlegung der **offenen Posten** und Eventualverbindlichkeiten aus dem Geschäftsverkehr mit nahestehenden Personen (natürliche Personen und Unternehmen, *related parties)*.

Außerdem muss das **Umfeld** (*circumstances*) der Geschäftsbeziehungen mit nahestehenden Personen bestimmt werden, um die erforderlichen Erläuterungen im Anhang zu geben.

Die Berichterstattung zu den nachstehenden Personen hat auf **europarechtlicher** Grundlage (Transparenzrichtlinie) an Gewicht gewonnen. Im **Zwischenbericht** börsengelisteter Unternehmen sind die Angabepflichten zu den *related parties* besonders hervorgehoben (→ § 37 Rz 43). Das BilMoG begibt sich bei dem neu gefassten § 285 Nr. 21 HGB zumindest bez. der Definition von „nahestehend" in das Fahrwasser von IAS 24.

2 Als Anwendungsbereich der Berichterstattung erwähnt IAS 24.3 den

- (Teil-)Konzernabschluss (ohne die Geschäfte mit bzw. zwischen vollkonsolidierten Gesellschaften, jedoch unter teilweisem Einbezug der quotal konsolidierten gem. IAS 24.4 (Rz 9),
- separaten Abschluss

eines Mutterunternehmens, eines „Investors" beim assoziierten Unternehmen (→ § 33 Rz 1) oder eines Beteiligten an einem Gemeinschaftsunternehmen (*„venturer"*; → § 34).

Im **separaten** Abschluss sind die Anteile an Tochter-, Gemeinschafts- oder assoziierten Unternehmen als **Beteiligung** zu bilanzieren (→ § 32 Rz 169). Zu *related-party*-Beziehungen im Rahmen von **Leasing**verhältnissen wird verwiesen auf → § 15 Rz 105.

Das „Nahestehen“ muss zur Begründung der Berichtspflicht nicht während des **gesamten** Berichtszeitraums (Wirtschaftsjahr oder Zwischenberichtsperiode; → § 37) bestanden haben. Daraus entsteht die Frage nach der Berücksichtigung eines **unterjährigen** Wechsels. Dazu muss zwischen **Dauersachverhalt** und **Einzelgeschäften** differenziert werden. 3

Beispiel
A wird, begleitet mit dem Dienstvertrag vom 15.1.01, ab 1.5.01 zum Vorstandsvorsitzenden der A AG bestellt. Zur Erleichterung des Umzugs in die neue Region verkauft ihm die A mit Vertrag vom 31.3.01 eine repräsentative Villa zur Eigennutzung zum gutachterlich ermittelten Kaufpreis von 1.000.
U. E. ist der Erwerb der Villa nach dem Sinngehalt von IAS 24.5 (Rz 1) angabepflichtig, auch wenn förmlich im Zeitpunkt der Transaktion (31.3.01) der Tatbestand des Nahestehens noch nicht erfüllt war.[1]

Beispiel[2]
Die M AG erwirbt am 25.2.01 die assoziierte aU (Rz 11) und verkauft sie am 20.11.01. Während des gesamten Geschäftsjahres 01 liefert aU wichtige Rohmaterialien an M.
Die Lieferungen zwischen dem 25.2.01 und dem 20.11.01 sind im Anhang für 01 angabepflichtig; Entsprechendes gilt für die Zwischenberichterstattung (→ § 37) aller vier betroffenen Quartale.

Beispiel
Der leitende Angestellte L erhält am 5.2.01 nach den internen Richtlinien der H GmbH ein Darlehen zur Finanzierung seines Einfamilienhauses. Am 1.4.02 wird L zum Geschäftsführer bestellt.
Die Berichtspflicht im Geschäftsjahr 02 könnte im Hinblick auf den Regelungszweck des Standards nach IAS 24.5 (Rz 1) zu verneinen sein, denn die Darlehensbeziehung entspringt dem Grunde nach nicht der *related-party*-Beziehung.
Folgt man diesem Gedanken nicht, ist der Darlehenssaldo zum 31.12.02 und der Zinsertrag für die Zeit vom 1.4.02 bis zum 31.12.02 im Jahresbericht der H für das Jahr 02 anzugeben.
Wenn L am 30.9.05 in Pension geht, erlischt die Angabepflicht ab diesem Zeitpunkt (Rz 32).

Nicht geklärt ist in allen Fällen des unterjährigen Wechsels das **Verhältnis** zwischen der Standard-Zielsetzung (Rz 1) und den Einzelnormen.[3] 4

Beispiel
Die (spätere) Muttergesellschaft M schließt mit der T-GmbH am 1.2.01 einen Mietvertrag. Am 1.7.01 wird die T-GmbH Tochtergesellschaft der M.

---

1 So vergleichbar BFH, Urteil v. 24.1.1989, VIII R 74/84, BStBl II 1989 S. 419.
2 PwC, IFRS Manual of Accounting 2008, Tz 29.87.
3 Vgl. hierzu auch DELOITTE, iGAAP, Tz 34.3.3.

- Bei **wortgetreuer** Auslegung (Rz 22) ist das Mietverhältnis ab 1.7.01 anzugeben.
- Nach der **„ratio legis“** entfällt die Angabepflicht, weil bei Vertragsabschluss noch kein Nahestehen vorlag und deshalb keine **Möglichkeit** zur Beeinflussung des Jahresabschlusses gegeben war (Rz 1).

Die gilt für die Einzelabschlüsse von Mutter und Tochter.

Beispiel
Zwischen der Muttergesellschaft M und der Tochtergesellschaft T-GmbH (Stand 1.1.01) besteht ein Dauerbelieferungsvertrag für Komponenten. Aus diesen resultieren am 31.12.01 offene Posten. Am 30.12.01 wird die T-GmbH verkauft, womit das Nahestehen der beiden Gesellschaften endet.

- Eindeutig ist die Angabepflicht für die **Stromgrößen** (Umsatz bzw. Warenbezug) im Zeitraum bis 30.12.01.
- Bei **wortgetreuer** Auslegung (Rz 23) ist hingegen der **Saldo** der offenen Posten zum 31.12.01 **nicht** offenzulegen.
- Nach der „ratio legis“ (Rz 1) muss der **Saldo** zum 31.12.01 angegeben werden, denn in diesem **können** Verbundbeziehungen enthalten sein.

Dies gilt für die Einzelabschlüsse von Mutter- und Tochtergesellschaft.

5 Unterschieden werden kann zwischen Geschäften, die

- dem **Grunde** nach oder
- der **Höhe** nach

mit **fremden** Personen nicht abgeschlossen worden wären. In vielen Fällen liegen **beide** Tatbestandsmerkmale beim konkreten Sachverhalt vor.

Beispiel[4]
Die in wirtschaftliche Schwierigkeiten geratene Hotelkette H AG hält die zum Hotelbetrieb erforderlichen Immobilien nicht in ihrem Eigentum. Vielmehr sind Eigentümer verschiedene Immobilienfonds, was als branchenüblich bezeichnet werden kann. Die mit 40 % am Aktienkapital der H AG beteiligte Familie E ist auch in großem Umfang an den von einer Firma E & Partner aufgelegten Fonds beteiligt. Die Fonds erzielten trotz der Krise im Bereich der Luxushotellerie gute Renditen, während die AG in die Verlustzone gerät. Die Interessenverflechtung führte nach erheblichem Rückgang des Aktienkurses zu einem Rückzug der Familie aus dem Aufsichtsratsvorsitz.

Weiteres Beispiel[5]
Wartungstätigkeiten werden von Großunternehmen auf Dienstleistungsunternehmen ausgelagert. Als Beispiel dienen bei Mineralölgesellschaften die Reinigung und das Instandhalten von Tankstellen. An der diese Wartungsarbeiten durchführenden GmbH ist die Ehefrau des Vorstandsvorsitzenden der Mineralölgesellschaft mehrheitlich beteiligt.

---

4 Nach ZIMMERMANN, StuB 2002, S. 889.
5 Nach NIEHUS, WPg 2003, S. 521.

IAS 24 geht dabei von einem recht **weiten** „Beeinflussungshorizont" aus. Dieser umfasst nicht nur die einbezogenen **Personen** (Rz 10), sondern auch die **Sachverhalte**. So unterliegen nicht nur **erfolgte** Transaktionen mit Nahestehenden – vgl. die beiden Beispiele in Rz 5 – dem Regelungsgehalt von IAS 24, sondern auch das **„reine" Nahestehen** als solches *(the mere existence of the relationship)*, Letzteres aber **nur** im Mutter-Tochter-Verhältnis (Rz 24). Dieses kann zur Aufnahme oder zur Unterlassung von Geschäftsvorfällen *(transactions)* führen, die ohne das Nahestehen nicht denkbar gewesen wären (IAS 24.7). 6

Beispiel
Eine Muttergesellschaft erwirbt eine (neue) Tochter, die in einem bestimmten Geschäftsbereich tätig ist. Die vorher schon vorhandene Tochtergesellschaft (Schwester der neu erworbenen) ist im selben Geschäftsbereich tätig. Aufgrund der Neuakquisition gibt die Alt-Tochtergesellschaft ihren entsprechenden Tätigkeitsbereich auf und beendet damit die Leistungen an die Mutter.

Weiteres Beispiel
Eine Muttergesellschaft weist ihre Tochter an, künftig nicht mehr im Bereich der Forschung und Entwicklung zu agieren, etwa weil diese Aktivität künftig allein von der Muttergesellschaft ausgeübt werden soll.

Auch gewinnorientierte Unternehmen unter staatlichem Einfluss (Rz 19) unterliegen dem Regelwerk von IAS 24, allerdings mit bestimmten Ausnahmen (Rz 35).

Der **Anwendungsbereich** von IAS 24 ist also entsprechend der vorstehenden Übersicht sehr **weit**. Andererseits ist er an einer entscheidenden Stelle **eingeschränkt**: Anzugeben (Rz 25ff.) sind lediglich die Verbundbeziehungen als solche und deren Folgen in Form von Transaktionen oder Unterlassungen; dagegen ist **keine wertende** Darlegung dahingehend erforderlich, wie der Jahresabschluss ausgesehen hätte, wenn die Geschäftsbeziehungen mit den nahestehenden Personen durchgehend mit fremden Dritten erfolgt wären *(at arm's length)*. Es wird also **keine Stellungnahme zur Angemessenheit** verlangt (weder vom Management noch vom Abschlussprüfer). Der in Geschäftsberichten deutscher IFRS-Anwender häufig zu findende Hinweis auf die allseits vorliegende *arm's-length*-Bedingung ist also aus Sicht der Regeln überflüssig,[6] kommunikationspolitisch aber erklärlich, da eine Unterlassung dieser Aussage bei Abschlussadressaten die Vermutung von Nicht-*arm's-length*-Bedingungen auslösen könnte (Rz 25).

IAS 24 hebt sich insofern spürbar von der Situation der internationalen **Besteuerungspraxis** bei nahestehenden Personen ab (Rz 25). Folgerichtig sind die Hinweise auf die verschiedenen Preisvergleichsmethoden, die z.B. im Anwendungsbereich des § 1 AStG Gültigkeit haben, in der Neufassung von IAS 24 (Rz 43) nicht erwähnt, anders als früher in der Standardversion von 1994.

---

6 Das IDW (WPg 2006, S. 741) wehrt sich dementsprechend auch vehement gegen entsprechende Prüfungsanforderungen in dem Standard-Entwurf 550 des IASB.

7 IAS 24 ist inhaltlich weitgehend **identisch** mit dem SFAS 57[7] (US-GAAP) und dem DRS 11[8].
Das deutsche Handels- und Gesellschaftsrecht hatte vor Verabschiedung des BilMoG das persönliche „Nahestehen" bei der Rechnungslegung nur in Sonderfällen berücksichtigt:
- Im **Abhängigkeitsbericht** gem. §§ 311–313 AktG zu Händen des Aufsichtsrates.
- Offenlegung von **Verbundbeziehungen** nach § 271 HGB in Bilanz und GuV-Rechnung.
- **Organbezüge** nach § 285 Nrn. 9 und 10 HGB.

8 Die durch das BilMoG in das HGB eingefügten Angabepflichten nach § 285 Nr. 21 HGB für den Einzelabschluss und nach § 314 Nr. 13 HGB für den Konzernabschluss entsprechen bez. des Inhalts von „Nahestehen" und den betroffenen Personen und Unternehmen der konzeptionellen Vorgabe des IAS 24. Allerdings ist eine Berichterstattung nach HGB nur **zwingend** bei Geschäften zu markt**un**üblichen Bedingungen und das auch nur bei **Wesentlichkeit**.[9]

9 **Systematisch** betrachtet regelt IAS 24 drei Fragen:
- Wer? – die betroffenen Personen bzw. Unternehmen (Rz 10ff.).
- Was? – die offenzulegenden Geschäftsvorfälle oder Beziehungen (Rz 22ff.).
- Wie? – das Berichtsformat (Rz 31ff.).

2 Nahestehende „Parteien" (*related parties*)

2.1 Die expliziten Definitionen

10 Die „Partei" (*party*) erscheint zu Beginn des Definitionskatalogs in IAS 24.9 als **Oberbegriff** für
- natürliche Personen (*person*) und
- Unternehmenseinheiten (*entities*).

Unter Letzteren kann man subsumieren
- ein Einzelunternehmen,
- einen Konzern,
- eine öffentliche Hand (*government*) (Rz 16).

Das „Nahestehen" („*related*") bezieht sich auf die **berichtspflichtige** Unternehmenseinheit (*reporting entity*). Dabei sind beide betroffenen Unternehmen **wechselseitig** („*by symmetry*") nahestehend (IAS 24.BC19e).
Die nachfolgenden Darstellungen (Rz 11–18) beziehen sich alle auf den Einzelabschluss der betreffenden Unternehmen. Im Konzernabschluss entfallen Angaben zu Beziehungen und Geschäften zwischen den **vollkonsolidierten** Unternehmen. Bei **gemeinsamer** Kontrolle und **quotaler Konsolidierung** (→ § 34 Rz 50ff.) sind die nicht konsolidierten Transaktionen und Posten angabepflichtig, bei *equity*-Konsolidierung von Gemeinschafts- oder assoziierten Unternehmen (→ § 33 Rz 7) sämtliche Posten (IAS 24.4).

---

7 Einzelheiten bei KÜTING/WEBER/GATTUNG, KoR 2003, S. 53, S. 59.
8 Einzelheiten bei ZIMMERMANN, StuB 2002, S. 889.
9 Vgl. hierzu HOFFMANN/LÜDENBACH, NWB Kommentar Bilanzierung, 2. Aufl., 2011, § 285, Tz 138.

Das „Nahestehen" einer „Partei" (*party*) kann in **gerader** Linie (Rz 11) oder in der „**Seiten**linie" (Rz 12) und in **Sonderfällen** (Rz 16) gegeben sein.

Die Beziehungen in **gerader** Linie umfassen nach IAS 24.9(a): 11

- **Beherrschung** (*control*) (→ § 32 Rz 7): Herr Müller oder die Müller AG halten 100 % oder 70 % der Aktien an der Tochter AG; diese wiederum 80 % der Anteile an der Enkel-GmbH. Nach IAS 24.9b(i) sind alle Konzernunternehmen untereinander nahestehend (*group*; → § 32 Rz 7). Steht an der Spitze nicht die Müller AG, sondern Herr Müller, ist dieser gem. IAS 24.9(a)(i) aus Sicht der Tochter AG nahestehend und gem. IAS 24.9(b)(vi) i.V.m. IAS 24.9(a) auch aus Sicht der Enkel-GmbH. Eine Beherrschung kann u.E. auch bei gesicherter Präsenzmehrheit bei der Tochter-AG vorliegen (→ § 32 Rz 24).[10]
- **Geteilte Beherrschung** (→ § 34 Rz 50ff.): Herr Müller oder die Müller AG halten jeweils 50 % der Kapitalanteile an der Venture OHG, ein Dritter die andern 50 %. Nach IAS 24.9(b)(ii) sind die Müller AG (sowie ihre Tochtergesellschaften) und die Venture OHG untereinander nahestehend. Tritt an die Stelle der Müller AG Herr Müller, ist dieser nach IAS 24.9(a)(i) nahestehend aus Sicht der Venture OHG.
- **Signifikanter Einfluss** (→ § 33 Rz 7): Herr Müller oder die Müller AG sind zu 25 % an der aU-GmbH beteiligt. Nach IAS 24.9(b)(ii) sind die Müller AG und die aU GmbH einander nahestehend. Tritt an die Stelle der Müller AG Herr Müller, ist dieser nach IAS 24.9(a)(ii) nahestehend zu aU-GmbH.
- Die Stellung als Mitglied des (Rz 27) zentralen **Managements** (*key management personnel*) der Berichtseinheit oder deren Muttergesellschaft (IAS 24.9(a)(iii)).

Die Beziehungen in der **Seitenlinie** setzen zunächst einen Bezug in **gerader** Linie 12
voraus, der durch eine **Seitwärts**beziehung ergänzt wird. Dazu folgende Beispiele nach den Definitionen in IAS 24.9(b):

- Die Müller AG hält 70 % (40 %, s.u.) der Anteile an der T AG. Gleichzeitig hält die Müller AG 50 % der Anteile an der Venture OHG und 25 % der Anteile an der assoziierten aU-GmbH. Auch die Venture OHG und die aU-GmbH sind **untereinander** nahestehend (IAS 24.9(b)(ii)). Tritt an die Stelle der Müller AG Herr Müller, ergibt sich das Nahestehen zwischen der Venture OHG und der aU-GmbH aus IAS 24.9(vi) oder (vii) i.V.m. IAS 24.9(a). Nach IAS 24.12 sind in beiden Konstellationen auch Tochtergesellschaften der Venture OHG bzw. der aU-GmbH in den Definitionsbereich von „nahestehend" einbezogen. Vorstehendes Ergebnis gilt auch, wenn die Müller AG nur 40 % der Anteile an der T AG hält, aber dort über eine gesicherte Präsenzmehrheit verfügt (Rz 11). Damit ist für die Venture OHG und die U GmbH die praktische Schwierigkeit verbunden, die Präsenzqualität der Müller AG zu beurteilen.
- Herr Müller oder die Müller AG sind zu je 50 % an der Venture GmbH und der Venture SA beteiligt: In gerader Linie sind Herr Müller oder die Müller AG im Verhältnis zur GmbH und der SA als „nahestehend" definiert (Rz 11).

---

[10] IASB, Update Oktober 2005; ähnlich KÜTING, DB 2009, S. 73; ERNST & YOUNG, International GAAP 2009, Tz 6: s2.1.3.; a.A. BAETGE/HAYN/STRÖKER, in: BAETGE et al. (Hrsg.), Internationale Rechnungslegung nach IFRS, IAS 27, Tz 88: „Wahlrecht". Zum Ganzen vgl. LÜDENBACH, PiR 2011, S. 28ff.

In der Seitenlinie sind die beiden Venture-Gesellschaften **untereinander** nahestehend, entweder nach IAS 24.9(b)(iii), wenn an der Spitze die Müller AG steht, oder nach IAS 14.9(b)(vi) i. V. m. IAS 24.9(a), wenn an der Spitze Herr Müller steht.

- Herr Müller oder die Müller AG sind zu je 50 % an der Venture GmbH und zu 25 % an der aU-GmbH beteiligt. Nach derselben Struktur wie im vorhergehenden Aufzählungspunkt sind die Venture GmbH und die aU als **untereinander** nahestehend definiert, und zwar gem. IAS 24.9(b)(iv), wenn an der Spitze die Müller AG steht, nach IAS 24.9(b)(vii) i. V. m. IAS 24.9(a), wenn an der Spitze Herr Müller steht.
- Herr Müller oder die Müller AG üben signifikanten Einfluss auf die aU1 und die aU2 aus. Die beiden aU stehen Herrn Müller oder der Müller AG nahe, **nicht** dagegen die beiden aU untereinander (IAS 24.BC19(d)).
- Herr Müller oder die Müller AG beherrscht allein oder gemeinsam mit einer dritten Einheit oder hat signifikanten Einfluss auf die M GmbH oder gehört ihrem zentralen Management an. Daneben kontrollieren Herr Müller oder die Müller AG allein (100 %) oder gemeinsam mit einem Partner (50 %) die Müller Rechtsanwalts-GmbH (IAS 24.9(b)(vi): Die Müller AG **steht** der Müller Rechtsanwalts-GmbH **nahe** und **umgekehrt** (IAS 24.BC19(c)).
- Herr Müller kontrolliert allein oder gemeinsam mit einer dritten Partei die Müller AG. Herr Müller ist signifikant (mit 25 %) an der Müller Rechtsanwalts-GmbH beteiligt. Die Müller AG **steht** gem. IAS 24.9(b)(vii) i. V. m. IAS 24.9(a)(i) der Müller GmbH **nahe**.
- Herr Müller ist Aufsichtsratsvorsitzender der Müller AG und/oder mit 30 % an der Müller AG beteiligt und ist außerdem signifikant (mit 25 %) an der Müller Rechtsanwalts-GmbH beteiligt oder ist deren Geschäftsführer. Die Müller AG steht gem. IAS 24.9(b)(vii) der Müller Rechtsanwalts-GmbH **nicht** nahe, da der Verweis in IAS 24.9(b)(vii) nicht auf IAS 24.9(a)(iii) gerichtet ist (anders als im vorstehenden Aufzählungspunkt).
- Herr Müller oder die Müller AG sind zu 25 % an der aU1 GmbH und zu 35 % an der aU2 SA beteiligt. In der geraden Linie sind Herr Müller oder die Müller AG den beiden aU nahestehend, **nicht** die beiden aU untereinander (IAS 24.BC25). Das gilt wiederum nicht, wenn Herr Müller (Rz 24) oder die Müller AG mit ihren 35 % Beteiligung eine gesicherte Präsenzmehrheit (Rz 11) an der aU2 SA halten: Dann sind die beiden aU untereinander nahestehend.

13 Die vorstehende Aufzählung ist zum besseren Verständnis in ihrer **Systematik** näher zu erläutern.

- Im Ausgangspunkt werden natürliche Personen (*person*) bzw. deren nahe Familienmitglieder (Rz 17) und Unternehmen bzw. (Teil-)Konzerne (*entities*) **unterschieden**.
- Bei Nahestehen in **gerader** Linie (Rz 10) ist die Unterscheidung nach natürlicher Person (IAS 24.9(a)) und Unternehmen etc. (IAS 24.9(b)) unerheblich.
- Bei Nahestehen in der **Seitenlinie** gilt der vorstehende Befund mit den Ausnahmen in den beiden letzten Aufzählungspunkten unter Rz 12.
- Das Nahestehen zweier Parteien besteht immer **wechselseitig** (IAS 24.BC19(e)) (Rz 10).

14 Förmlich nicht geregelt in IAS 24.9 ist die **Geschäftsführungsfunktion** eines **Unternehmens**, in Deutschland die typische Situation der GmbH & Co. KG, bei

der die Komplementär-GmbH regelmäßig zur Geschäftsführung bestellt ist. Unter Anwendung der Beherrschungs- und Beeinflussungskriterien sind u.a. folgende Sachverhaltskonstellationen – jeweils Geschäftsführungsbefugnis der GmbH für die KG unterstellt – zu würdigen und nach dem Standardwortlaut wie folgt zu würdigen.

- Vier natürliche Personen sind zu gleichen Teilen sowohl an der GmbH und der KG beteiligt. Geschäftsführer der GmbH ist Herr Schulze, mit den Gesellschaftern nicht verwandt und nicht verschwägert: Die beiden Gesellschaften sind einander nicht nahestehend (IAS 24.9(b)(vii)), wohl aber die vier Gesellschafter zu beiden Gesellschaften (IAS 24.9(a)(ii)).
- Wie im vorstehenden Aufzählungspunkt, allerdings sind die vier Personen auch Geschäftsführer der GmbH: Die vier Personen sind der KG und der GmbH nahestehend (IAS 24.9(a)(ii)), nicht aber die Gesellschaften untereinander (IAS 24.9(b)(vii)). Die Geschäftsführungsfunktion ändert daran nichts, denn der letztzitierte Standardparagraf verweist nicht auf IAS 24(a)(iii)).
- Die Meyer AG ist zu 100 % an der Meyer-Komplementär GmbH und der Meyer KG beteiligt: Die Meyer AG (IAS 24.9(b)(i)) ist der Meyer-Komplementär GmbH und der Meyer KG nahestehend, die beiden letztgenannten Gesellschaften untereinander ebenfalls (IAS 24.9(b)(i)).
- Frau Meyer ist zu 100 % an der Meyer-Komplementär GmbH und der Meyer KG beteiligt. Frau Meyer ist der Meyer GmbH und der Meyer KG nahestehend (IAS 24.9(a)(i)), die beiden Gesellschaften untereinander ebenfalls (IAS 24.9(b)(vi)).
- Die Meyer KG ist alleinige Gesellschafterin der Meyer-Komplementär GmbH (sog. Einheitsgesellschaft). An der Meyer KG sind vier natürliche Personen gleich beteiligt: Die vier Personen sind der KG nahestehend (IAS 24.9(a)(i)), ebenso der GmbH (IAS 24.9(b)(i)). Wer die Geschäftsführungsfunktion bei der GmbH ausübt, ist unerheblich.
- Die Bank AG ist an der Komplementär-GmbH, die Investor AG an der Immobilien KG mit jeweils 100 % beteiligt. Die Bank AG und die Komplementär GmbH sowie die Müller AG und die Immobilien KG sind einander nahestehend (IAS 24.9(b)(i)). Die Komplementär GmbH und die Immobilien KG sind einander nicht nahestehend, da IAS 24.9(a)(iii) nur auf natürliche Personen anzuwenden ist.

Bei der Beurteilung darf die gesellschaftsrechtliche **Besonderheit** der **GmbH & Co. KG** nicht unbeachtet bleiben, da sie im Standard förmlich nicht angesprochen wird. Beachtlich könnte hier der wirtschaftliche Gehalt (IAS 24.10) sein. Danach ist in den beiden ersten und im letzten Aufzählungspunkt unter Rz 14 das fehlende „Nahestehen" der GmbH und KG untereinander unbedeutend, wenn die GmbH – wie häufig – keinerlei aktive Geschäftstätigkeit ausübt. Anders könnte es sich verhalten, wenn die GmbH mit der KG durch intensiven Geschäftsverkehr verbunden ist. Dann muss u.U. gem. IAS 24.10 das Nahestehen beider Gesellschaften bejaht werden. **15**

Als **Sonderfall** wird in IAS 24.9(b)(v) ein **Pensionsfonds** genannt, der als nahestehend mit dem berichtenden Trägerunternehmen oder mit einem diesem wiederum nahestehenden Unternehmen gilt. Bei mehrfacher Trägerschaft des Pensionsfonds sind die Trägerunternehmen ebenfalls mit dem berichtenden Unternehmen verbunden. Außer Pensionsfonds sind nach deutschem Recht **16**

Pensionskassen (→ § 22 Rz 63), Unterstützungskassen (→ § 22 Rz 60) und *Contractual Trust Agreements* (→ § 22 Rz 60) betroffen.[11]

17 Die natürliche Person (*person*) in IAS 24.9(a) wird tatbestandlich identifiziert mit den **nahen Familienmitgliedern** (*close members of family*). In den vorherigen Aufzählungen der Definitionsnormen des IAS 24.9 kann deshalb immer Herr Müller durch den Herrn Schwiegersohn Schmitz oder die Mutter Herta Müller „ersetzt" werden. Diesen Familienmitgliedern wird die wirtschaftlich gleichgewichtete **Interessenlage** unterstellt und damit auch ein potenzieller **Einfluss** des Gesellschafters oder Organmitglieds auf die Geschäfte (*dealings*) mit dem berichtenden Unternehmen/Konzern. Es handelt sich allerdings nur um eine Vermutung *(may be expected to influence)*. Es fehlt aber andererseits an einer Erläuterung, wann diese Vermutung gilt bzw. wie sie zu widerlegen ist.

Als *related party* gelten nach der Aufzählung in IAS 24.9 neben den signifikant oder mehrheitlich beteiligten Gesellschaftern oder Organmitgliedern

- deren eigene Kinder,
- deren Ehe- oder sonstige Lebenspartner,
- sonstige abhängige Personen,
- die Kinder des „Lebenspartners" (also zusätzlich zu den eigenen Kindern),
- sonstige abhängige Personen, auch des Lebenspartners,

sofern eine Beeinflussung (aktiv oder passiv) vernünftigerweise **angenommen** werden kann.

Folgende **Differenzierung** scheint uns sinnvoll:

- Bei wirtschaftlicher Abhängigkeit (etwa minderjährige oder in Ausbildung befindliche Kinder) und/oder gemeinsamer Haushaltführung (Ehegatten) ist ein Nahestehen **fast immer** gegeben.
- Bei nicht haushaltszugehörigen, wirtschaftlich **selbstständigen** Angehörigen spricht der erste Anschein **gegen** ein Nahestehen.
- Der allgemein gültige Grundsatz *substance over form* (→ § 1 Rz 48) wird besonders betont (IAS 24.10). Eine **kleinliche** Standardinterpretation erscheint deshalb als unangebracht. Andererseits kommt auch eine inhaltliche **Ausweitung** von *„close"* in Betracht, wenn z.B. Geschwister und deren Abkömmlinge gemeinsam als Interessengruppe agieren („Familienclan").[12] Diese Sichtweise wird durch die Neufassung von IAS 24.9 (Rz 43) bestärkt: Es heißt nun statt *„may include"* (nur) noch *„include"*. Das *acting in concert* (Rz 21) liegt hier besonders nahe.

18 Explizit **ausgeschlossen** aus dem Definitionsgehalt von *„related"* sind nach IAS 24.11:

- Zwei Unternehmen mit Personalunion einer Direktorenstellung oder einer anderen Schlüsselposition bei zwei Unternehmen.
- Zwei Unternehmen *(two venturers)*, die ein Joint Venture betreiben, im Verhältnis zueinander nur aufgrund des Vorliegens eines solchen Joint Venture (also nicht aus anderen Gründen) stehen.
- Finanzdienstleister (Banken).

---

11 BÖMELBURG/LUCE, in: THIELE/VON KEITZ/BRÜCKS, Internationales Bilanzrecht, IAS 24, Tz 143.

12 ERNST & YOUNG, International GAAP 2008, S. 2616ff.; daraus auch die nachstehenden Beispiele. Ähnlich ANDREJEWSKI/BÖCKEM, KoR 2005, S. 170, die eine förmliche Stimmrechtsbindung durch Vertrag verlangen, um dem „Clan" die Eigenschaft als „party" zukommen zu lassen.

- Gewerkschaften.
- Öffentliche Versorgungsunternehmen.
- Verwaltungsinstanzen.
- Hauptlieferant oder -kunde o. Ä., mit dem ein erheblicher Teil des Geschäftsvolumens der betreffenden Unternehmung abgewickelt wird.

Der sicher häufig bestehende bedeutende Einfluss von **Hausbanken, Großlieferanten** und **Hauptabnehmern** auf ein Unternehmen ist also für den Normalfall – wohl aus Praktikabilitätsgründen – aus dem Anwendungsbereich von IAS 24 ausgenommen. Dieser Befund nach IAS 24.11 ist aber nicht zwingend *(not necessarily)*. Anders kann es sich verhalten, wenn in einer Liquiditätskrise ein Konzern alle wichtigen unternehmerischen Entscheidungen nur im Einvernehmen mit der Hausbank, die eine ungesicherte Kreditlinie zu verwalten hat, treffen kann.

Auch die **öffentlichen Hände** in den verschiedensten Ausprägungen gehören zu 19
den *„parties"*, die anderen Unternehmen nahestehen können (Rz 10). Der Standard spricht hier von *„government"* (IAS 24.9) und zieht den Begriffsinhalt ausgesprochen weit von lokalen Institutionen bis hin zu vergleichbaren internationalen Instanzen. Diese können (gemeinsam) Kontrolle oder signifikanten Einfluss auf ein Unternehmen/einen Konzern ausüben (Rz 10). Für die Berichterstattung dieser öffentlich beherrschten Unternehmen/Konzerne stellt der Standard Erleichterungen *(exemptions)* zur Verfügung (Rz 36).

2.2 Besondere Beachtung des wirtschaftlichen Gehaltes

2.2.1 Mittelbare Beziehungen

Die Grundregel der *substance over form* (→ § 1 Rz 48) gewinnt im Fall der 20
related-party-Beziehungen besonderes Gewicht. Dies wird durch die Hervorhebung in IAS 24.10 untermauert. Ein berichtspflichtiger Vorgang kann auch durch die Einschaltung einer **scheinbar** *unrelated party* nicht vermieden werden.

Beispiel[13]

Unternehmen A, in finanziellen Schwierigkeiten, verkauft ein wertvolles Patent weit unter Wert zu 50 an Unternehmen B. B verkauft zu 50 weiter an Unternehmen C. Bei A und C ist Herr X alleiniger Gesellschafter und Geschäftsführer. Bei B übt Herr Y die gleichen Funktionen aus. X und Y sind nicht verwandt und nicht verschwägert und auch sonst nicht nahestehend.

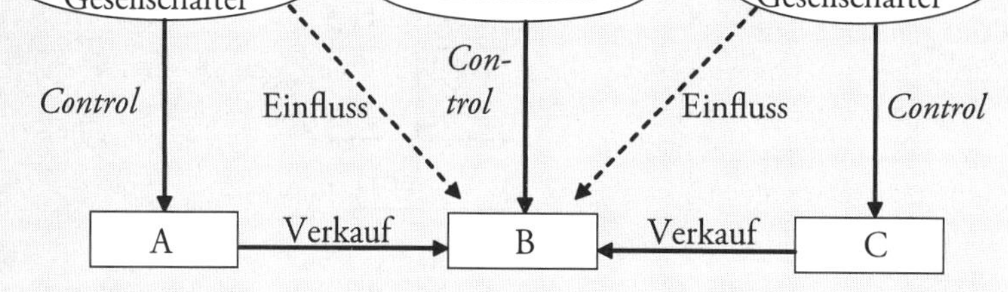

[13] In Anlehnung an PwC, IFRS Manual of Accounting 2008, Tz 29.39.

Der Verkauf unter Wert mag ein Notverkauf sein oder ein Substanzentzug zu Lasten der Gläubiger von A. B wirkt im Gesamtgeschehen als Agent für den Transfer, da er daraus weder Gewinn noch Verlust zieht. So könnten Herr Y und B als *related party* zu A und C anzusehen sein, weil sie zu dieser Transaktion durch Herrn X entscheidend veranlasst *(significantly influenced)* worden sind.
A und C müssten in ihren Abschlüssen über dieses Geschäft berichten, u.a. durch Hinweis auf die beidseits vorliegende Beherrschung durch Herrn X. Die Berichtspflicht stützt sich auf IAS 24.18: *„necessary for users to understand"*.

2.2.2 Konzertierter Einfluss

21 Ein anderes Problem bei der Beurteilung der wirtschaftlichen Substanz i.S.d. IAS 24.10 (Rz 20) einer Transaktion stellt sich, wenn im Beispiel unter Rz 20 neben X als weitere Person Z zu je 50 % an A und C beteiligt ist und sie dort **gemeinsam** als **Geschäftsführer** fungieren. Dann taucht das Thema des *acting in concert* auf, dem sich IAS 24 förmlich nicht widmet, allerdings nach der *substance-over-form*-Regel in IAS 24.10 berichtspflichtig sein kann. Der vergleichbare UK-Standard FRS 8 erwähnt *„concert parties"* als *related*. Als Beispiel für auch nach IAS 24 berichtspflichtige Verhältnisse dienen Stimmrechtsbindungsverträge zwischen Gesellschaftergruppen, die häufig durch generationenübergreifende Familienbande und Erbgänge entstanden sind und ihre Interessen am Unternehmen in speziellen Gesellschaften bündeln.[14] Solche *concert parties* sind nicht notwendig identisch mit den in IAS 24.9 genannten *close members of the family* (Rz 17).

Beispiel[15]

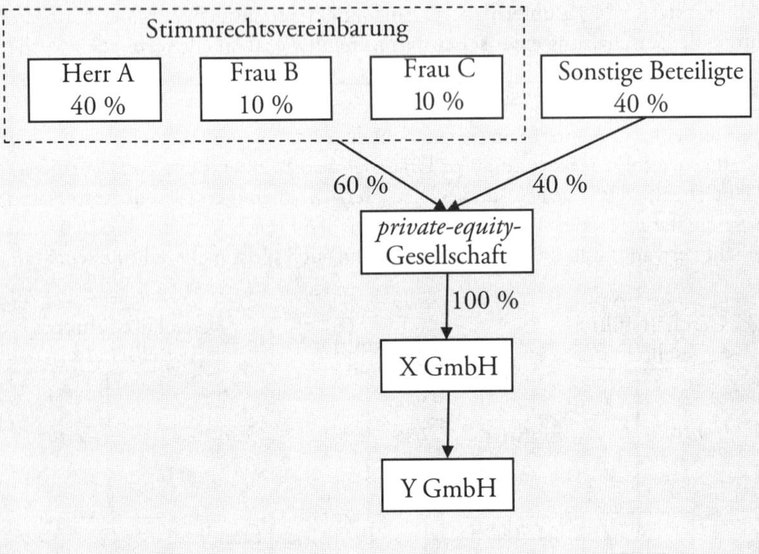

[14] Vgl. dazu den aktuellen Geschäftsbericht der Henkel KGaA.
[15] Nach PwC, IFRS Manual of Accounting 2008, Tz 29.119.3.

A, B und C sind durch die Stimmrechtsbindung „*concert parties*" und üben das *ultimate controlling interest* aus (IAS 24.13), was von der Y GmbH zu berichten ist, auch wenn keine Geschäftsbeziehungen bestehen (Rz 24). A, B und C verfügen über eine kollektive Kontrolle – vergleichbar der Regelung nach IFRS 3.B2 (→ § 31 Rz 180) – über die Stimmrechte der *private-equity*-Gesellschaft, die wiederum die X GmbH und Y GmbH beherrscht.
Ohne die Stimmrechtsvereinbarung wäre die *private-equity*-Gesellschaft als *ultimate controlling party* (Rz 24) zu qualifizieren (IAS 24.16) und Herr A als nahestehend wegen des ihm zukommenden signifikanten Einflusses.

3 Die offenzulegenden Geschäftsvorfälle

3.1 Beispielhafte Aufzählung

Zu den – auch unentgeltlichen – **Geschäftsvorfällen** *(transactions)* zwischen nahestehenden Unternehmen *(related party transactions)* werden außer der Definition in IAS 24.9 in IAS 24.21 eine ganze Reihe von **Positivbeispielen** aufgeführt: 22

- Kauf oder Verkauf von fertigen oder unfertigen Gütern
- Kauf oder Verkauf von Grundstücken und anderen Vermögenswerten
- Gewährung oder Erhalt von Dienstleistungen
- Leasingverträge
- Übertragung von Forschungs- und Entwicklungsergebnissen
- Vergütungen *(transfers)* aufgrund von Lizenzverträgen
- Vergütungen für Finanzierungsvereinbarungen (Darlehen, Bar- und Sacheinlagen in das Eigenkapital)
- Vergütungen für Avale und sonstige Garantien
- Tilgung von Verbindlichkeiten zugunsten des Unternehmens (durch nahestehende Personen) oder umgekehrt durch das Unternehmen von Verbindlichkeiten einer nahestehenden Person
- vom Eintritt bestimmter Bedingungen abhängige Tätigkeiten einschließlich schwebender Verträge (*executory contracts*; → § 21 Rz 55).

Das HGB verlangt demgegenüber nur die Angabe der **nicht** zu **marktüblichen** Bedingungen zustande gekommenen Geschäfte **wesentlichen** Gehalts, erlaubt aber („zumindest") weitere Angaben (Rz 8).

Bestehen Geschäftsbeziehungen zwischen nahestehenden Personen *(related parties)*, dann hat das Unternehmen/der Konzern in seinem Jahresabschluss gem. IAS 24.18 über die Geschäftsvorfälle (*transactions*) und die daraus resultierenden noch **offenen Posten** in der Bilanz *(outstanding balances)* zu berichten. Diese Angaben sind allerdings nur insoweit erforderlich, als aus ihnen mögliche **Auswirkungen** des Nahestehens *(relationship)* auf den **Inhalt** des Jahresabschlusses abgeleitet werden können *(necessary for an understanding of the potential effect of the relationship on the financial statements)*. Man kann in diesem Vorbehalt eine Betonung des *substance-over-form*-Grundsatzes erkennen (vgl. das Beispiel unter Rz 20). Wegen der Ausnahmen für staatlich beherrschte Unternehmen vgl. Rz 35ff. 23

Dieses ausgesprochen **weit** angelegte Volumen von potenziellen Angabepflichten wird in IAS 24.18 wie folgt **systematisiert**:

- **Art** der Beziehung
- **Strom**größen:
  - Alle in Währung (absoluten Zahlen) auszudrückenden Geschäftsvorfälle (*transactions*), die mindestens aufzuführen sind (Rz 25).
- **Bestands**größen:
  - die Beträge **offener Posten** (Forderungen oder Verbindlichkeiten) sowie **Haftungsverhältnisse** aus diesen Transaktionen in Ausweitung der Darstellungspflichten nach IAS 1 (→ § 2 Rz 45ff.; IAS 24.20),
  - deren **Vertragsbedingungen** einschließlich der gegebenen Sicherheiten und der vorgesehenen Tilgung,
  - entsprechende Angaben zu gegebenen oder erhaltenen **Garantien**,
  - **Abschreibungen** auf entsprechende Forderungen,
  - **Aufwendungen** (Verluste) aufgrund von Forderungen an nahestehende Personen.

Der unterschiedliche **Detaillierungsgrad** zwischen Strom- und Bestandsgrößen ist auffallend. U. E. ist daraus – trotz der „Mindestregel" *(at a minimum)* – ein **Verzicht** auf die zusätzliche Angabe von Bestandsgrößen herauszulesen (z.B. noch nicht verbrauchtes Rohmaterial aus Lieferungen einer nahestehenden Person).

Zur Darstellungstechnik, insbesondere des Ausmaßes der **Aggregierung**, vgl. Rz 33. Zur **personellen** Struktur der Angabepflichten nach IAS 24.19 vgl. Rz 31.

3.2 Das Nahestehen „an sich" (Beteiligungsspiegel)

24 Die Tatsache des „**Nahestehens**" *(related party relationship)* als solche ist unbedingt anzugeben (IAS 24.14), auch wenn **keinerlei Geschäftsvorfälle** *(transactions)* zwischen dem berichtenden und dem kontrollierten Unternehmen vorgekommen sind (Rz 5).

Dieser Angabepflicht kann bei **Mutterunternehmen** durch den üblichen „**Beteiligungsspiegel**", also ohne Inhalte der gegebenenfalls entstandenen Geschäftsvorfälle *(transactions)*, entsprochen werden (→ § 32 Rz 191; → § 33 Rz 122; → § 34 Rz 102). Wegen der Darstellungstechnik überhaupt vgl. Rz 47. Wenn es sich bei der „*ultimate controlling party*" um eine natürliche Person oder Gemeinschaft natürlicher Personen handelt, sind auch diese anzugeben.[16]

Dabei hat ein Unternehmen oder Teilkonzern *(entity)* den **Namen** der Mutterunternehmung bzw. der obersten kontrollierenden Einheit *(the ultimate controlling party)* anzugeben. Sofern diese beiden Instanzen keine Jahresabschlüsse offenlegen, ist das „oberste" Unternehmen zu nennen, das Jahresabschlüsse veröffentlicht (IAS 24.16). Diese Angaben ergänzen gem. IAS 24.15 die einschlägigen Pflichten nach IAS 27 (→ § 32 Rz 188), 28 (→ § 33 Rz 121) und 31 (→ § 34 Rz 102).

---

16 A. A. in der Vorauflage: Wie jetzt hier Bömbelburg/Luce, in: Thiele/von Keitz/Brücks, Internationales Bilanzrecht, IAS 24, Tz 163; ADS International, Abschn. 27, Tz 106: Auch natürliche Personen sind zu nennen.

3.3 Speziell die *arm's-length*-Bedingung

Mysteriös klingt die Angabepflicht über die Einhaltung der *arm's-length*-Konditionen für die Geschäftsbeziehungen. Solche Angaben sollen nach IAS 24.23 nur erfolgen, wenn sie **substanziiert** werden können *(can be substantiated)*. Eine – offenzulegende – „Substanziierung" im eigentlichen Sinn würde im Grunde eine Dokumentation wenigstens über die Preisfindung etwa nach Maßgabe des § 90 Abs. 3 AO erforderlich machen. Eine solche „Darstellungstiefe" kann indes für Zwecke der kaufmännischen Rechnungslegung und der *fair presentation* derselben nicht sinnvoll sein, schon deswegen nicht, weil dabei sehr schnell die Grenze der Offenlegung von **Geschäftsgeheimnissen** erreicht würde. Hinzu kommt die dem Inhalt von IAS 24 generell zugrunde liegende **Beschränkung** auf die **Offenlegung** der Geschäftsbeziehungen mit nahestehenden Personen, die gerade eine **Angemessenheitsbeurteilung** ausschließt (Rz 6). 25

Nach **einer** vertretbaren Auffassung kann deshalb im Anhang auf die eher floskelhafte Versicherung der Angemessenheit aller vereinbarten Transaktionen mit nahestehenden Unternehmen **verzichtet** werden. IAS 24 verlangt keine Angabe über die Preispolitik.

Aber auch eine **andere** Auslegung von IAS 24.23 erscheint zulässig: Der **Ort** der Dokumentation lässt sich nicht eindeutig interpretieren. Möglich erscheint auch ein **internes Arbeitspapier**, dann allerdings mit der Angabepflicht im Anhang: „Der Leistungsaustausch erfolgt zu fremdüblichen Bedingungen. Die Fremdüblichkeit wird laufend dokumentiert und überwacht; ggf. erforderliche Anpassungen werden zeitnah vorgenommen." Für die letztgenannte Interpretation von IAS 24.23 spricht auch folgende – praktische – Überlegung: Wer den Hinweis auf die Fremdüblichkeit unterlässt, kann im Vergleich zu Mitbewerbern den Eindruck erwecken, er habe gerade nicht zu *arm's-length*-Konditionen mit Nahestehenden gehandelt. Wird aber tatsächlich ganz überwiegend mit fremdüblichen Preisen agiert, ohne dass dies im Detail im Anhang dargelegt werden kann, spricht das Interesse an der Vermeidung eines gegenteiligen falschen Eindrucks auch aus Sicht der *true and fair presentation* (→ § 1 Rz 66ff.) für einen verkürzten Hinweis auf Fremdüblichkeit und deren externe Dokumentation und Kontrolle. **Empirisch** für Deutschland erfolgt ein ähnlicher Hinweis in 73 % der einbezogenen Untersuchungsmenge.[17]

3.4 Organbezüge

Für das Management in Schlüsselpositionen *(key management personnel)* (Rz 11) ist der **Gesamtbetrag** der geleisteten Vergütungen in einer **sachlichen** Aufgliederung folgenden Inhalts anzugeben (IAS 24.17): 26

- **laufende** Bezüge fester und variabler Art *(short-term employee benefits)*;
- Vorsorgen für (spätere) **Ruhestandsbezüge** (*post employment benefits*), z.B. **Einzahlungen** in einen Pensionsfonds- oder den **Dienstzeitaufwand** bei Direktzusagen nach deutschem Recht *(current service cost;* → § 22 Rz 42);
- sonstige Bezüge **längerfristig** ausgerichteter Art, z.B. *deferred compensation*, Jubiläumszahlungen, Arbeitsfreistellungen *(other long-term benefits)*;

---

17 KÜTING/SEEL, KoR 2008, S. 234.

- **Abfindungen** (*termination benefits*);
- **aktienkursorientierte** Vergütungen *(equity compensation benefits).*

Die vorstehende Aufzählung gibt den Inhalt des Definitionskatalogs von IAS 24.9 nur **verkürzt** wieder. Dessen Inhalt ist **umfassend**. Jede Art der Vergütung des betroffenen Personenkreises (Rz 27) ist anzugeben. Definitionsvariationen und Begriffsneubildungen sollen kein Entkommen aus der Angabepflicht erlauben. Der Wesentlichkeitsgesichtspunkt (Rz 41) muss hier mit großer Zurückhaltung angewandt werden. Dominierend ist dabei nicht so sehr die Perspektive des Unternehmens, sondern diejenige der betroffenen Person.[18]

Zusätzlich sind die sonstigen Transaktionen des Unternehmens mit den Mitgliedern des **Top-Managements** anzugeben, z.B. Warenbezüge, Wohnraumnutzung etc. Dies gilt nach IAS 24.18 auch für Sondervergütungen an Aufsichtsräte aufgrund von Beratungsverträgen.[19] Nicht angabepflichtig sind Vergütungen für z.B. Vorstandsmitglieder, die nach Abberufung noch als Berater fungieren. Bei Personalunion der Geschäftsführertätigkeit in mehreren Gesellschaften sind Vergütungen nur von einer Gesellschaft (regelmäßig Muttergesellschaft) zu nennen. Bei Weiterbelastung ist durch die belastete Gesellschaft die (anteilige) Vergütung offenzulegen.

Beispiel

Aus dem Geschäftsbericht der Unilever Group für 2006:[20]

Der Vorstandsvorsitzende N. N. und seine Ehefrau haben von einem Konzernunternehmen (Ltd.) ein Haus für 2.042.255 EUR gekauft. Die unabhängigen Direktoren der Ltd. einschließlich des Vorsitzenden des Audit Committee waren informiert. Der Preis ist in einem öffentlichen Bietungsverfahren zustande gekommen.

27 Schwieriger ist die Abgrenzung in **persönlicher** Hinsicht. Eindeutig ist jedenfalls das Nichterfordernis der **Aufgliederung** auf die jeweilige der Geschäftsleitung angehörende natürliche Person. Es genügt die Angabe eines **Gesamtbetrages**. Die entscheidende Frage ist dann aber, welcher Personenkreis unter die Definition des Managements in Schlüsselpositionen *(key management personnel)* fällt. IAS 24.9 nennt als Definitionskriterium die Berechtigung und Verantwortung für die Planung, Leitung und Kontrolle der Unternehmenstätigkeit, und zwar in direkter oder indirekter Form. Spezifisch aufgeführt wird dabei die aktive oder passive „Direktorenstellung" bei dem betreffenden Unternehmen.

Der letztgenannte Begriff gibt einen Anhaltspunkt zur sinnvollen Interpretation der Definitionsvorgaben in IAS 24.9 im **deutschen** Rechtskreis. Dieser ist durch das **duale** System der Unternehmensleitung – Vorstand und Aufsichtsrat – gekennzeichnet. Demgegenüber ist der Definitionskatalog in IAS 24.9 eher auf die **monistische** Struktur (Board-System) nach angelsächsischem Vorbild ausgerichtet, zählt dabei aber geschäftsführende „Direktoren"*(executives)* ebenso zum *„key management personel"* wie „Direktoren in Aufsichtsfunktion"*(„whether executive or not").* Daraus folgt die Notwendigkeit von Angaben sowohl zum Aufsichts-

18 „Gleichgewichtig" nach PwC, IFRS Manual of Accounting 2008, Tz 29.96.

19 So auch Bömelburg/Luce, in: Thiele/von Keitz/Brücks, Internationales Bilanzrecht, IAS 24, Tz 166.

20 Nach Ernst & Young, International GAAP 2008, S. 2614.

organ (Aufsichtsrat) als auch zum geschäftsführenden Organ. Insbesondere im dualen System wird man statt zusammengefasster Angaben dann **separate** Angaben für beide Gruppen verlangen müssen (vgl. hierzu § 285 Nr. 9 HGB). Jedenfalls empfiehlt sich eine voranstehende Erläuterung, wer in den Kreis des *key management* einbezogen ist.

Erstmals ist in Deutschland für Geschäftsjahre, die nach dem 31.12.2005 beginnen, die auf die Tätigkeitsvergütung bezogene Angabepflicht bedingt **personenindividuell** zu erfüllen, soweit es sich um börsennotierte Gesellschaften handelt.[21]

Die anschließende Frage ist dann, bis zu welcher **Ebene** der Unternehmens- 28
hierarchie das Definitionskriterium der Berechtigung und Verantwortlichkeit für die Unternehmensplanung etc. herunterzubrechen ist (Rz 27). Die Antwort muss auf der Grundlage der sonstigen Standardvorgaben gefunden werden. Entscheidend ist dabei die Angabepflicht für den **Gesamt**betrag der betreffenden Vergütungen, also **ohne Aufgliederung** auf Einzelpersonen (Rz 27). Je mehr Unternehmenshierarchien – nach dem Vorstand auch der Generalbevollmächtigte, der Generaldirektor, der Bereichsvorstand etc. – in die Angabepflicht einbezogen werden, desto geringer ist die **Aussagekraft** dieses Gesamtbetrages. Außerdem würde die **zwischenbetriebliche** Vergleichbarkeit durch die Auffächerung auf die jeweils individuell definierten Hierarchieebenen abhanden kommen.

Beispiel

Die Deutsche Post World Net differenziert in ihrem Geschäftsbericht 2008 zwischen Vorstand und Aufsichtsrat einerseits und der 2. Führungsebene andererseits. Für den letztgenannten Bereich werden Geschäftsbeziehungen unter Einschluss der jeweiligen Familienangehörigen aufgeführt.

Die Deutsche Bahn AG erläutert im Geschäftsbericht 2008 nur die Beziehungen zum Vorstand und Aufsichtsrat.

U. E. ist entsprechend der bisherigen nach HGB vorgegebenen Beschränkung der Angabepflicht auf die **förmliche Organstellung** – Vorstand bzw. Geschäftsführer – die sinnvolle Interpretation der personellen Vorgaben nach IAS 24.17 (abgesehen von der Trennung nach Vorstand und Aufsichtsrat; Rz 30). Allerdings umfasst diese Angabepflicht auch die sog. **faktische Geschäftsführung**, also Fälle, in denen eine Person zwar nicht förmlich im Handelsregister als Geschäftsführer (oder Vorstand) eingetragen ist, in Wirklichkeit aber das eigentliche Exekutivorgan darstellt. Wenn demgegenüber die Einbeziehung weiterer Zonen außerhalb des eigentlichen Vorstandes in die Angabepflicht für richtig erachtet wird, müssen u. E. diese Personen (neben dem Vorstand) **namentlich** im „offiziellen" Teil des Jahresabschlusses, also im Anhang, genannt werden.

Interpretationsbedürftig, wenigstens aus deutscher Sicht, ist auch der Inhalt der 29
post employment benefits (Rz 26), wo als Beispiele auch *„pensions"* genannt werden. U. E. handelt es sich dabei nicht um Angaben für **ehemalige** Organmitglieder und deren Hinterbliebene nach der Vorgabe in § 285 Nr. 9b) HGB. Diese Auffassung erschließt sich aus dem Definitionsgehalt des betroffenen Personenkreises *(key management personnel)*, der – in welcher Hierarchiestufe

21 Vgl. HOFFMANN/LÜDENBACH, NWB Kommentar Bilanzierung, 2. Aufl. 2011, § 285, Tz 71.

auch immer – mit der Unternehmens**leitung** betraut ist (Rz 27). Ruheständler und deren Witwen und Waisen üben keine geschäftsleitende Tätigkeit aus. Die Angabepflicht für „Ehemalige" gem. § 285 Nr. 9b) HGB besteht deshalb unter dem Regime des IFRS nicht. Stattdessen sind altersversorgungsbezogene Vergütungsbestandteile der **aktiven** „*key manager*" anzugeben (Rz 26).

3.5 Zwischenberichterstattung

30 Wegen der Besonderheit bei der Zwischenberichterstattung nach IAS 34 wird verwiesen auf → § 37 Rz 38. Bemerkenswert an dieser Stelle ist das **Gewicht**, das in IAS 34 der Berichterstattung über die Beziehungen zu Nahestehenden beigemessen wird.

4 Das Berichtsformat

4.1 Die Aufgliederung nach nahestehenden Parteien

31 Die Angaben nach IAS 24.18 (Rz 22) sind gem. IAS 24.19 nach folgenden Gruppen nahestehender **Personen aufzugliedern**:

- das **Mutterunternehmen** (aus Sicht der Tochter),
- aus Sicht eines beherrschten Unternehmens: die Unternehmen, die eine **gemeinsame Kontrolle** oder einen wesentlichen Einfluss ausüben,
- **Tochterunternehmen** (aus Sicht der Mutter),
- **assoziierte** Unternehmen,
- die **beherrschenden** Unternehmen *(venturers)* im Rahmen eines Joint Venture,
- **Managementmitglieder** in Schlüsselpositionen des Unternehmens oder der Mutterunternehmung (Rz 32),
- **sonstige** nahestehende Personen (Rz 17).

Soweit **assoziierte** Unternehmen nach der *equity*-Methode (→ § 33) oder **Gemeinschafts**unternehmen nach der Beteiligungsquote oder ebenfalls nach der *equity*-Methode (→ § 34) konsolidiert werden, bleiben anteilige Posten aus Geschäftsbeziehungen mit nahestehenden Personen im Abschluss enthalten. Diese Posten sind dann offenzulegen. Bei Vollkonsolidierung unterliegen sie im Übrigen dem Vorbehalt nach IAS 24.4 (Rz 9), also keine Angabepflicht, soweit diese Positionen durch **Konsolidierung** aus Bilanz und GuV-Rechnung eliminiert worden sind. Ebenso entfällt eine Berücksichtigung der Verbundbeziehungen von assoziierten Unternehmen untereinander im separaten und Konzernabschluss des Mutterunternehmens (Rz 11, 4. Aufzählungspunkt).

32 Die Berücksichtigung von **Managementmitgliedern** beschränkt sich nach dem Standard-Wortlaut von IAS 24.9 und IAS 24.19(f) auf das **berichtende** Unternehmen selbst und das **Mutterunternehmen**. Bei tiefer gegliederten Konzernstrukturen kann entgegen dem Wortlaut auch ein Management-Mitglied einer „höher" angesiedelten Einheit als nahestehend zu berücksichtigen sein.[22]

---

22 So auch ERNST & YOUNG, International GAAP, 2008, S. 2612: „or of another entity in the same groupe".

4.2 Aggregierung und *materiality*

Nach IAS 24.24 können **sachliche** Vorgänge (Rz 23) vergleichbarer Art *(items of a similar nature)* in **aggregierter** Form dargestellt werden, sofern nicht eine besondere Erläuterung im Interesse des besseren Verständnisses über die Einflüsse der betreffenden Geschäftsbeziehungen auf den Jahresabschluss erforderlich erscheint. Die Aggregationsmöglichkeit entspricht den Kommentarmeinungen zu § 312 AktG über das Erfordernis von Zusammenfassungen im Abhängigkeitsbericht.[23] 33

Wo die **Grenzlinie** einer sinnvollen **Aggregierung** der sachlichen Angabepflichten zu ziehen ist, kann allgemein nicht bestimmt werden. Bei laufenden Geschäftsbeziehungen zwischen zwei Unternehmen wäre es schlichtweg unsinnig, jede einzelne Transaktion im Anhang aufzulisten (Rz 39). Hier muss die Angabe des Gesamtvolumens, ausgedrückt in Währung, genügen. Anders ist die Situation bei der Übernahme einer Kreditgarantie, etwa der Holding, zugunsten eines oder mehrerer Tochterunternehmen. Hier wird in aller Regel eine Einzelangabe erforderlich sein. Allerdings muss an dieser Stelle nochmals auf den allgemein gültigen *materiality*-**Grundsatz** verwiesen werden (→ § 1 Rz 61 ff.), denn ohne sinnvolle Beschränkung der Angaben würde der Adressat des Jahresabschlusses in den gegebenen Informationen über die Beziehungen zu nahestehenden Personen geradezu ertrinken (typischer Anwendungsfall des *information overkill*). Die Offenlegung von **Geschäftsgeheimnissen** ist jedenfalls nicht die zwingende Folgerung aus den Auflagen in IAS 24. Das HGB enthält in § 285 Nr. 21 und § 314 Nr. 13 einen förmlichen Hinweis auf den Wesentlichkeitsgrundsatz (Rz 8). 34

4.3 Geschäftsbeziehungen zur öffentlichen Hand (*government related entities*)

4.3.1 Ausnahmen von Angabepflichten

Das *materiality*-Problem (Rz 34) stellt sich aber nicht nur bei der Frage, **wie**, d. h. in welchem Aggregierungsgrad, berichtet werden soll; vorgelagert geht es darum, ob **überhaupt** zu berichten ist. Die Frage nach dem „Überhaupt" ist besonders virulent bei **staatlich beherrschten** Unternehmen (Rz 19). In Fällen der Post-, Bahn- oder Telekom-Unternehmen kann die Zahl der nahestehenden Einheiten leicht eine fünf- oder sechstellige Größenordnung annehmen. Dann ist eine Entscheidung darüber zu treffen, ob im Bericht des Bahnunternehmens in die Posten „Umsätze mit nahestehenden Unternehmen" auch die Fahrkartenverkäufe an das Postunternehmen (aggregiert oder nicht) einzubeziehen sind und umgekehrt in den Posten „bezogene Leistungen" die Briefmarkenkäufe. 35

Die Neufassung von IAS 24 (2009) hat sich dieses Themas besonders angenommen (Rz 49). Auslöser waren die dem Board vorgebrachten Bedenken gegen den Umfang der Angabepflichten und der Möglichkeiten zur Datenerhebung in Staaten mit großem Einfluss der Regierungen auf das Wirtschaftsleben (IAS 24.BC34). 36

---

23 ADS, 6. Aufl., § 312 AktG, Tz 69.

37 IAS 24.25 entbindet ein berichterstattendes Unternehmen von den Angabepflichten nach IAS 24.18 (Rz 25) bei kumulativer Erfüllung folgender **Voraussetzungen**:

- Eine öffentliche Hand (*government*)
  - beherrscht (*control*; → § 32 Rz 7) oder
  - beherrscht gemeinsam mit einem anderen Unternehmen (→ § 34 Rz 50ff.) oder
  - übt signifikanten Einfluss (→ § 3 Rz 7)

  auf das berichtende Unternehmen aus (IAS 24.25(a)) und
- ein anderes Unternehmen/Konzern ist dem berichtenden deswegen nahestehend, weil die **gleiche** öffentliche Hand einen der drei vorstehend genannten Sachverhalte (Beherrschung, gemeinsame Beherrschung, Einfluss) auf beide Unternehmen/Konzerne ausübt (IAS 24.25(b)).

38 Nach IAS 24.25(b) sind Unternehmen **untereinander** nur dann nahestehend, wenn sie von der gleichen öffentlichen Hand (*same government*) beherrscht etc. werden.

> **Beispiel**
> Die Landesbank Baden-Württemberg steht der Bayerischen Landesbank nicht nahe, da die beiden Landesbanken von einer je verschiedenen Landesregierung beherrscht bzw. wesentlich beeinflusst werden.

4.3.2 Voraussetzungen für die Inanspruchnahme der Befreiung

39 Bei Inanspruchnahme der Befreiung nach IAS 24.25 (Rz 36) muss das berichtende Unternehmen gem. IAS 24.26 mit folgendem Inhalt **offenlegen**:

- Die Bezeichnung der öffentlichen Hand (IAS 24.26(a)),
- die Informationen mit dem Detaillierungsgrad, der dem Abschlussadressaten eine Beurteilung der Auswirkung der Transaktionen mit den nahestehenden Parteien (Rz 10) auf den Jahresabschluss erlaubt (IAS 24.26(b)).

Zur Erfüllung des letztgenannten Erfordernisses bedarf es folgender Angaben:

(1) Die Art und der Betrag bzw. das Volumen (*amount*) jedes **für sich gesehen** (*individually*) bedeutenden (*significant*) Geschäftsvorfalls (*transaction*).

(2) Für in **Summe** (*collectively*) bedeutende (*significant*) Geschäfte sind qualitative oder quantitative Anhaltspunkte (*indications*) offenzulegen; deren Art ist in IAS 24.21 (Rz 21) aufgeführt.

> **Beispiel zu (1)**
> Die Stadt F bringt die Müllentsorgungs-GmbH in die Wasser und Abwasser AG gegen Gewährung von Gesellschaftsrechten ein: Berichtspflicht der AG. An der Fußballarena AG ist die Stadt G mit 35 % beteiligt. Die AG erhält von der Energieversorgungs GmbH, die vollständig im Eigentum der Stadt G steht, ein Darlehen von X Mio. EUR: Berichtspflicht der AG und der GmbH.

> **(Positives) Beispiel zu (2)**
> Die Verkehrs-AG der Stadt F bezieht den Strom zum Betrieb der Straßenbahn von der Energieversorgungs-GmbH: Berichtspflicht der AG, zweifelhaft bei der GmbH.

> **(Negatives) Beispiel zu (2)**
> Die Verkehrs-AG der Stadt F bezieht laufend Wasser zur Reinigung der Busse und Wagen in der Waschhalle von der Wasser und Abwasser AG: Keine Berichtspflicht beider AGs.

Bei der **Ermessensausübung** (*judgement*) zur Bestimmung der Detaillierung der Angabe nach IAS 24.26(b) (Rz 38) soll das berichtende Unternehmen die „**Nähe** des Nahestehens" (*the closeness of the realted party relationship*) und Faktoren zur Beurteilung des **Signifikanzniveaus** des oder der Geschäftsvorfälle heranziehen, als da sind (IAS 24.27): 40

- Volumen;
- Durchführung nicht zu Marktpreisen;
- Transaktionen jenseits des täglichen Geschäfts, z.B. Unternehmenserwerbe und -verkäufe;
- Transaktionen, verursacht durch Regulierungs- oder Aufsichtsbehörden;
- Berichterstattung an höhere Management-Ebenen;
- Genehmigungsvorbehalt der Gesellschafter.

4.3.3 Besondere Ausprägung des Wesentlichkeitsgrundsatzes?

Die bedingte Befreiung der unter der Beherrschung oder dem signifikanten Einfluss einer öffentlichen Hand operierenden Unternehmen und Konzerne von einer detaillierten Berichterstattung nach Maßgabe der allgemeinen Regeln des IAS 24 stellt eine spezifische Ausprägung des **Wesentlichkeitsgrundsatzes** dar (Rz 35). Nochmals zur Erinnerung: Die Deutsche Bahn AG soll nicht das Volumen der Briefmarkeneinkäufe bei der Deutschen Post AG berichten. Ein vergleichbares Berichterstattungsproblem kann sich auch außerhalb des Einflusses der öffentlichen Hand ergeben. 41

> **Beispiel**
> Der Kraftsackpapierhersteller, die W GmbH, mit einem außerkonzernlichen Jahresumsatz von 500 Mio. EUR kauft bei einem assoziierten Unternehmen der Muttergesellschaft Briefpapier in Höhe von jährlich 900 EUR ein.

> **Beispiel**
> Herr Meier ist Vorstandsvorsitzender der X AG, die einen Weltkonzern beherrscht. Herr Meier wohnt in der Villa seiner Gattin. Zur Unterstellung seiner Dienstlimousine vergütet die X AG seiner Ehefrau einen Monatsbetrag von 50 EUR.

Auf diese Beispiele zu **privatwirtschaftlich** beherrschten Unternehmen/Konzernen folgt die Frage, ob die besondere *materiality*-Qualifikation für öffentlich beherrschte etc. Unternehmen nach IAS 24.25 (Rz 36) Einfluss auf die Auslegung im Rahmen des IAS 24 **allgemein** hat. Zwei Lesarten des Standards kommen in Betracht:

- Wenn es zur Auslegung des *materiality*-Konzeptes einer besonderen Ausnahmeregelung bedarf, gibt es in anderen Fällen (hier außerhalb der öffentlich beherrschten Unternehmen) **keinen Raum** für *materiality*-Überlegungen. Daraus würde folgen: Ihrer Art nach sind die *related-party*-Beziehungen immer materiell; im vorherstehenden Beispiel müssten beide genannten Gruppenunternehmen den Einkauf von Briefpapier über einen Jahresbetrag von 900 EUR im Anhang erwähnen bzw. der Großkonzern im Konzernabschluss die Garagenmiete von 600 EUR pro Jahr.
- Nach einer anderen Lesart des IAS 24 soll das allgemein gültige Wesentlichkeitskriterium nach dem Framework (→ § 1 Rz 61) durch die Ausnahmeregelungen in IAS 24.25 und IAS 24.26 **nicht ausgehebelt** werden. Es kann innerhalb der IFRS nur ein **einziger** Wesentlichkeitsbegriff Gültigkeit besitzen. Die genannten Sonderregeln in IAS 24 sollen die **Ermessensentscheidungen** des Managements über die Wesentlichkeit nach Möglichkeit **willkürfrei** gestalten, also mehr **Rechtssicherheit** gewähren. Einen Sonderstatus außerhalb des Regelungsbereichs des *Framework* kann IAS 24 bez. des *materiality*-Prinzips nicht gewähren. Wesentlich kann auch nach IAS 24 nur das sein, was einen potenziellen Anleger oder einen anderen Adressaten des Jahresabschlusses in seinen Entscheidungen beeinflussen könnte. In IAS 24.25 und IAS 24.26 ist auch durchgehend von *„significant"* und nicht von *„material"* (bei gleichem Inhalt) die Rede; dadurch könnte die standardübergreifende *materiality* sprachlich als von den Sondervorschriften unberührt dargestellt werden.

Nach der von uns für zutreffend erachteten zweiten Lesart des Standards **muss** ein Unternehmen (außerhalb der Beherrschung durch die öffentliche Hand) den Einkauf des Briefpapiers bzw. die Garagenmiete in den beiden vorstehenden Beispielen nicht angeben. U. E. **darf** sie das gar **nicht**, um nicht dem überall lauernden Problem des *information overload* Vorschub zu leisten (→ § 5 Rz 66).

42 Der vor die Klammer der Einzelvorschriften gezogene *materiality*-Vorbehalt in IAS 8.8 (→ § 1 Rz 62) ist aber offenbar in der Rechtspraxis nicht stark genug, um Prüfungs- und *„Enforcement"*-Stellen von einer **radikalen Beschränkung** der Angaben auf das Wesentliche zu überzeugen. In der Praxis der Jahresabschlüsse finden sich daher z.B. noch Angaben zu Darlehens- oder Dienstbeziehungen, deren Wert sich im Vergleich zu gleichartigen Kontrakten mit Fremden im Promillebereich bewegt. Möglicherweise wird durch IAS 24.25 und IAS 24.26 eine solche Praxis sogar weiter zementiert (Rz 41). Wenn die Ausnahmen für staatliche Unternehmen nichts als die bloße Konkretisierung **allgemeiner** Wesentlichkeitsüberlegungen interpretiert werden, sondern als ein **Sonderrecht**, wird man im Umkehrschluss privaten Unternehmen jede ähnliche Erleichterung verweigern.

Systematischer und prinzipientreuer wäre es, mit Wirkung für alle Unternehmen noch nachdrücklicher als bisher den *materiality*-Gedanken zu betonen (→ § 1 Rz 62),

- nicht nur als **Recht** des Unternehmens, zur Entlastung des Bilanzerstellungsprozesses bestimmte Angaben wegzulassen,

- sondern als **Pflicht**, im Interesse der Verständlichkeit für den Bilanzadressaten die Angaben auf das Wesentliche zu beschränken.[24]

Eine Beschränkung der Angaben auf solche Geschäfte, die möglichen Einfluss auf die Beurteilung der VFE-Lage haben und damit entscheidungserheblich und somit wesentlich i. S. v. IAS 8.8 (→ § 1 Rz 62) sind, würde nicht nur zu **quantitativen**, sondern auch zu **qualitativen** Unterscheidungen führen. Gerade im Falle von Anhangsangaben kann es für die Beurteilung der Wesentlichkeit nicht (allein) auf absolute oder relative Beträge ankommen. Zwar besteht ceteris paribus zwischen dem Betrag eines Geschäftes und der vorrangig qualitativen Frage nach der Entscheidungserheblichkeit der Information ein Zusammenhang, dies aber nur unter sonst **gleichen Bedingungen**. Auf diese Bedingungen kommt es jedoch in diesem Zusammenhang gerade an. Hier ist etwa zwischen umsatz- oder ertragswirksamen Geschäften einerseits („kollektiven", Rz 39) und Anschaffungsgeschäften andererseits („individuellen", Rz 39) zu unterscheiden. Stammt ein hoher Anteil der Umsätze oder Erträge aus Geschäften mit nahestehenden Personen, so berührt dies die prognostische Beurteilung darüber, wie sehr das Unternehmen aus sich selbst heraus (Drittgeschäft) lebensfähig und wie sehr es andererseits von der *related-party*-Beziehung abhängig ist. Wird umgekehrt von einer nahestehenden Person in einer einmaligen Transaktion ein Vermögenswert zu fremdüblichen Bedingungen erworben, so mag zwar die Tatsache des Zugangs des Vermögenswertes sowie der Kaufpreis prognose- und beurteilungsrelevant sein, die Identifizierung des Kontraktpartners als nahestehend und damit die Einbeziehung in den *related-party*-Bericht ist es aber häufig nicht. Für einen instruktiven Fall wird auf das Beispiel unter Rz 26 verwiesen. 43

4.4 Bisherige Rechnungslegungspraxis

Über den Aggregierungs- bzw. Detaillierungsgrad besteht in der deutschen Rechnungslegungspraxis **keine einheitliche Marschroute**, abgesehen vom Verzicht auf die unsinnige Auflistung jedes einzelnen Geschäftsvorfalles bei umfangreichen Geschäftsbeziehungen (Rz 34). Die uneinheitliche Rechnungslegungspraxis mag mit der Vielgestaltigkeit der konkret vorkommenden Geschäfte und auch in der jeweils unterschiedlichen Interpretation des *substance-over-form*-Gesichtspunktes nach IAS 24.10 (Rz 25) und des *materiality*-Prinzips (Rz 41) begründet sein. Hierzu folgende **Praxisbeispiele**: 44

Beispiel für eine eher kompakte Berichterstattung 45

Aus dem Geschäftsbericht 2006 der Salzgitter AG: Angaben über Beziehungen zu nahestehenden Unternehmen und Personen:

Neben den Geschäftsbeziehungen zu – in den Konzernabschluss einbezogenen voll- und quotenkonsolidierten Gesellschaften – existieren Beziehungen zu assoziierten Unternehmen und Beteiligungen, die als nahestehende Unternehmen nach IAS 24 zu qualifizieren sind.

Die Hannoversche Beteiligungsgesellschaft mbH, Hannover, hatte am 2. April 2002 mitgeteilt, dass ihr am 2. April 2002 25,5 % der Stimmrechte an der Salzgitter AG zustehen. Darüber hinaus hat das Land Niedersachsen, ver-

[24] KPMG, Insights into IFRS 2008/2009, Tz 5.5.130.20.

treten durch das Niedersächsische Finanzministerium, Hannover, mitgeteilt, dass ihm 25,5 % der Stimmrechte an der Salzgitter AG zustehen. Diese Stimmrechte sind dem Land Niedersachsen nach § 22 Abs. 1 S. 1 Nr. 1 WpHG zuzurechnen, da die Geschäftsanteile an der Hannoverschen Beteiligungsgesellschaft mbH in vollem Umfang beim Land Niedersachsen liegen.
Lieferungs- und Leistungsbeziehungen zwischen Gesellschaften des Konsolidierungskreises und nahestehenden Gesellschaften des Salzgitter-Konzerns:

in TEUR nahestehende Unternehmen	**Verkauf von Waren und Dienstleistungen**		**Kauf von Waren und Dienstleistungen**	
	GJ 2006	**GJ 2005**	**GJ 2006**	**GJ 2005**
ThyssenKrupp GfT Bautechnik GmbH, Essen	160.904	143.102	–	–
Hüttenwerke Krupp Mannesmann GmbH, Duisburg	26.387	27.834	416.339	379.157

Offene Posten aus Lieferungen und Leistungen aus dem Kauf bzw. Verkauf von Waren und Dienstleistungen zwischen Gesellschaften des Konsolidierungskreises und nahestehenden Gesellschaften des Salzgitter-Konzerns:

in TEUR nahestehende Unternehmen	**Forderungen aus Lieferungen und Leistungen**		**Verbindlichkeiten aus Lieferungen und Leistungen**	
	31.12.2006	**31.12.2005**	**31.12.2006**	**31.12.2005**
ThyssenKrupp GfT Bautechnik GmbH, Essen	17.503	17.061	–	–
Hüttenwerke Krupp Mannesmann GmbH, Duisburg	2.398	3.805	10.860	15.921

Alle Geschäfte mit nahestehenden Unternehmen sind zu Bedingungen ausgeführt worden, wie sie auch unter fremden Dritten üblich sind.
Die für nahestehende Unternehmen erbrachten Lieferungen und Leistungen betreffen vor allem die zur Weiterveräußerung an die ThyssenKrupp GfT Bautechnik GmbH gelieferten Spundwandprofile sowie zur Weiterverarbeitung gelieferte Rohstahlprodukte.
Die empfangenen Lieferungen und Leistungen umfassen im Wesentlichen Lieferungen von Vormaterial zur Großrohrproduktion sowie Lieferungen von Vormaterial zur Herstellung von Präzisrohren.
Es bestehen Haftungsverhältnisse gegenüber nicht konsolidierten verbundenen Gesellschaften in Höhe von 1,0 Mio. EUR (Vorjahr 0,8 Mio. EUR).

Vergütungen für Mitglieder des Managements in Schlüsselpositionen:

in TEUR	GJ 2006	GJ 2005
Gehälter und sonstige kurzfristige Leistungen	8.494	6.637
Leistungen nach Beendigung des Arbeitsverhältnisses	542	636
Leistungen aus Anlass der Beendigung des Arbeitsverhältnisses	–	1.034
Gesamt	**9.036**	**8.307**

Beispiel für eine eher ausführliche Berichterstattung
Aus dem Geschäftsbericht 2006 der Hannover Rückversicherung AG zu Beziehungen zu nahestehenden Personen:

1. Transaktionen mit nahestehenden Personen und Unternehmen
Nach IAS 24 werden nahestehende Unternehmen oder Personen u.a. als Mutter- und Tochterunternehmen und Tochtergesellschaften einer gemeinsamen Muttergesellschaft, assoziierte Unternehmen, juristische Personen unter Einfluss des Managements und das Management des Unternehmens definiert. Im Berichtsjahr bestanden die folgenden wesentlichen Geschäftsbeziehungen mit nahestehenden Unternehmen oder Personen:
Der HDI Haftpflichtverband der Deutschen Industrie V. a. G. (HDI) hält mittelbar über die Tochterunternehmen Talanx AG, HDI Verwaltungs-Service AG sowie über die zweite HDI Beteiligungsgesellschaft mbH, alle mit Sitz in Hannover, eine Mehrheitsbeteiligung an der Hannover Rück AG.
Die Hannover Rück-Gruppe bietet dem HDI-Konzern Rückversicherungsschutz. Insoweit besteht im versicherungstechnischen Geschäft eine Vielzahl von Geschäftsbeziehungen mit nicht von der Hannover Rück-Gruppe zu konsolidierenden nahestehenden Unternehmen im In- und Ausland. Dies beinhaltet sowohl übernommenes als auch abgegebenes Geschäft zu marktüblichen Konditionen.
Wesentliche Rückversicherungsbeziehungen mit nahestehenden Unternehmen im Berichtsjahr werden in der folgenden Tabelle dargestellt.
Übernommenes und abgegebenes Geschäft im In- und Ausland

in TEUR		**2006**
nahestehendes Unternehmen	**Prämie**	**versicherungstechnisches Ergebnis**
Übernommenes Geschäft		
ASPECTA Assurance International AG	21.296	2.028
ASPECTA Assurance International Luxembourg S. A.	29.434	1.237
ASPECTA Lebensversicherung AG	142.982	5.977
weitere 12 namentlich aufgeführte Gesellschaften	377.314	–172.016
übrige Gesellschaften	69.243	2.986
Gesamt	**640.269**	**–159.788**

in TEUR	2006	
nahestehendes Unternehmen	**Prämie**	**versicherungstechnisches Ergebnis**
Abgegebenes Geschäft		
HDI Industrie Versicherung AG	–1.250	5.421
Übrige Gesellschaften	–	7
Gesamt	**–1.250**	**5.428**

Das negative versicherungstechnische Ergebnis der HDI Industrie Versicherung AG resultiert aus einer zum Vorjahr geänderten Verarbeitung gemeldeter und geschätzter Reservestände.
Seit dem Geschäftsjahr 1997 wird bei allen Neuzeichnungen und Verlängerungen der deutsche Markt von der E+S Rück AG und der ausländische Markt von der Hannover Rück AG bearbeitet. Durch interne Retrozession bleibt die prozentuale Aufteilung des Geschäfts, die für die vorher bestehende Zeichnungsgemeinschaft galt, zwischen diesen Gesellschaften im Wesentlichen erhalten.
Den Anteil der Hannoversche Lebensversicherung AG, Hannover, an der GbR Hannover Rückversicherung AG/E+S Rückversicherung AG haben die Hannover Rück AG und die E+S Rück AG mit Wirkung zum 1. Januar 2006 jeweils zu gleichen Teilen übernommen. Die Hannoversche Lebensversicherung AG erhielt gem. Abfindungsvertrag vom 9. Dezember 2005 eine Abfindung in Höhe von 10,7 Mio. EUR, die von der Hannover Rück AG und der E+S Rück AG jeweils zu gleichen Teilen gezahlt wurde.
Gemäß Gesellschafterversammlung vom 5. Mai 2006 der Oval Office Grundstücks GmbH wurde eine Einlagenrückgewähr in Höhe von 3,8 Mio. EUR vereinbart. Die Rückzahlung der Einlagen war zum 31. Mai 2006 zu gleichen Teilen an die Gesellschafter vorzunehmen. Der Anteil der Hannover Rück AG an der Gesellschaft hat sich dadurch um 1,9 Mio. EUR reduziert.
Mit Grundstückskaufvertrag vom 28. Juni 2006 hat die Hannover Rück AG das Grundstück und das Gebäude Riethorst 4, Hannover, zu einem Kaufpreis in Höhe von 6,0 Mio. EUR an die HDI Industrie Versicherung AG verkauft.
Im Rahmen längerfristiger Mietverhältnisse haben Gesellschaften der Hannover Rück-Gruppe im Jahr 2006 der Ampega Investment AG, HDI Service AG, HDI Industrie Versicherung AG, HDI Privat Versicherung AG sowie der Protection Reinsurance Intermediaries AG, alle mit Sitz in Hannover, Geschäftsräume vermietet. Für Letztere sind darüber hinaus im Rahmen von drei Dienstleistungsverträgen EDV- und Verwaltungsleistungen erbracht worden.
Die AmpegaGerlin Asset Management GmbH erbringt im vertraglich vereinbarten Rahmen Dienstleistungen zur Vermögensanlage und Vermögensverwaltung für die Hannover Rück sowie einige ihrer Tochtergesellschaften. Vermögenswerte in Spezialfonds werden durch die AmpegaGerling Investment GmbH verwaltet, auf die die Ampega Investment AG im Berichtsjahr verschmolzen worden ist. Die AmpegaGerling Immobilien Management GmbH erbringt für die Hannover Rück Dienstleistungen im Rahmen eines Verwaltungsvertrages.

> Gesellschaften der Talanx-Gruppe gewährten dem Hannover Rück-Konzern Versicherungsschutz u.a. in den Bereichen Betriebshaftpflicht-, Feuer-, Gruppenunfall- und Dienstreisekaskoversicherung. Darüber hinaus erbrachten Abteilungen der Talanx AG für uns Dienstleistungen im Bereich allgemeiner Verwaltung.
> Alle Geschäfte erfolgten zu marktüblichen Konditionen. Wir haben hierüber für die Hannover Rück AG und die E+S Rück AG in deren Abhängigkeitsberichten gem. § 312 AktG Rechenschaft abgelegt.
>
> **2. Vergütung und Aktienbesitz der Organe der Obergesellschaft**
> Zu diesen Angaben verweisen wir insgesamt auf den Vergütungsbericht im Rahmen der *Corporate-Governance*-Berichterstattung.
>
> **3. Aktienkursorientierte Vergütung**
> (wird ausgeführt).

Versucht man, eine Tendenz hinsichtlich der **Aggregierung** von Angabepflichten nach der deutschen IFRS-Rechnungslegungspraxis auszumachen, können **Orientierungsmarken** festgehalten werden: 46

- Zusammenfassung nach den **sachlichen** Inhalten (Rz 23);
- **namentliche** Detaillierung nach den (nahestehenden) Personen und Unternehmen.

Der erstgenannte Angabebereich ist in der nachstehenden tabellarischen Darstellung (Rz 47) berücksichtigt. Fraglich erscheint allerdings das Erfordernis der Detaillierung bzw. der Möglichkeit der Aggregierung bez. der **Personen.**

In IAS 24.19 ist eine (positive) Regelung des Detaillierungsgrads (bzw. die mögliche Aggregierung) für die **personelle** Struktur der Angabepflichten vorgegeben. Die Aufgliederung der **sachlichen** Angaben bis auf die Ebene der **einzelnen Person** – vgl. die Beispiele in Rz 45 – ist also **nicht vorgeschrieben**, auf freiwilliger Basis natürlich möglich.

IAS 24.24 fordert ein **Aufbrechen** des (nicht definierten) Aggregationsgrades im Interesse eines besseren Verständnisses des Jahres- bzw. Konzernabschlusses. Dies wird indes nur für die **sachlichen** Angabepflichten *(items of similar nature)*, nicht aber für die **Personen**gruppen nach IAS 24.19 verlangt (Rz 31). *„Similar nature"* meint homogene Geschäftsvorfälle,[25] verbietet also bspw. die Zusammenfassung von Leasingleistungen mit Warenlieferungen.

4.5 Darstellungsmuster

Sinnvollerweise wird eine solche aggregierte Darstellung in **tabellarischer Form** („Spiegel") vorgenommen: 47

25 KÜTING/SEEL, KoR 2008, S. 233.

Beispiel
Zusammengefasste Geschäftsbeziehungen eines Mutterunternehmens mit nahestehenden Personen*

Personengruppe/ Geschäftsbeziehung	Tochtergesellschaften	Assoziierte Gesellschaften	Joint Ventures	Organmitglieder	Andere nahestehende Personen
Waren- und Dienstleistungsverkehr (TEUR)**	5.370	3.280	370	–	7.100
Ausstehende Forderungen (TEUR)	332	180	–	835	3.205
– Zinssatz p.a.	–	–	–	3	0–4
– Erhaltene Garantien (TEUR)	–	35	–	–	500
– Laufzeiten	Kurzfristig	Kurzfristig	–	1–8 Jahre	1–10 Jahre
Gegebene Garantien (TEUR)	2.000	30	80	2.500	–
Erhaltene Garantien für Kreditlinien	–	10	–	–	1. 825
Forderungsabschreibung	–	10	–	–	760

* Die Vorjahresvergleichszahlen (→ § 2) sind sinnvollerweise in einer formal identischen Tabelle gegenüberzustellen. Möglich ist auch eine Angabe mit „i. V." jeweils unter oder neben der Zahl für das aktuelle Jahr.
** Eine Trennung nach gegebenen und erhaltenen Leistungen wird nicht verlangt. Der Angabepflicht wird dann mit einer kumulierten Zahl Genüge getan.

48 Das (abstrakte) Beispiel zielt inhaltlich auf die **auffälligen** Ausweise, betreffend die „anderen nahestehenden Personen" ab. Hier schlägt sich das Ergebnis eines regen Geschäftsverkehrs nieder, der aber nach den Vorgaben von IAS 24 allenfalls der **Sache** nach (nicht hinsichtlich der **Personen)** weiter aufzugliedern ist (Rz 46).
In Weiterführung des Beispieles in Rz 47 könnte folgende Formulierung zu finden sein:

Beispiel
Die von uns gegebenen Garantien von 2.500 TEUR zugunsten von Organmitgliedern umfassen eine Position von 2.300 TEUR. Sie ist vom Aufsichtsrat in seiner früheren Zusammensetzung genehmigt worden. Wir stehen in Verhandlungen mit dem Ziel der Ablösung dieser Garantie.
Die ausstehenden Forderungen gegen andere nahestehende Personen betreffen mit 3.000 TEUR eine der Ehefrau eines Geschäftsführers einer Tochterunternehmung nahestehende GmbH, mit der wir umfangreiche Geschäftsbeziehun-

gen eingegangen waren. Die Werthaltigkeit dieser Forderung hat sich im Berichtsjahr als zweifelhaft erwiesen. Wir haben deshalb die Gesamtforderung teilweise i.H.d. in der obigen Tabelle enthaltenen Betrages abschreiben müssen.

Lösungshinweis
Eine namentliche Nennung z.B. der eben genannten Forderung an die Ehefrau etc. und die daraus resultierende Forderungsabschreibung ist nicht erforderlich. Der 2. Absatz im vorstehenden Beispiel braucht nicht geschrieben zu werden. Der Inhalt des 1. Absatzes genügt den Vorgaben.

5 Anwendungszeitpunkt, Rechtsentwicklung

Die im November 2009 verabschiedete Standardversion (Zitat IAS 24) hat diejenige der IAS 24 (2003) abgelöst und ist dieser Kommentierung zugrunde gelegt. Wegen der Kommentierung von IAS 24 (2003) wird auf die Vorauflage verwiesen. Die Änderungen in IAS 24 gegenüber IAS 24 (2003) beziehen sich im Wesentlichen auf 49

- Änderungen der Begriffsdefinition von *„related“* (Rz 10ff.);
- weitgehender Verzicht auf die Berichterstattung bei Unternehmen in öffentlicher Trägerschaft (staatsbeherrscht; Rz 35ff.).
- Angabepflicht für schwebende Geschäfte (Rz 22).

Die Neufassung von IAS 24 ist verpflichtend auf Jahresabschlüsse mit Geschäftsjahresbeginn nach dem 31.12.2010 anzuwenden. Unter Anhangsangabe ist eine frühere Anwendung des gesamten neuen Standards oder selektiv der neuen Paragrafen IAS 24.25, IAS 24.26 und IAS 24.27 zu den öffentlich beherrschten Unternehmen (Rz 35ff.) zulässig.
Standardänderungen sind derzeit nicht geplant.

6 Zusammenfassende Praxishinweise

Im **Anhang** (*notes*) sind umfassende Angaben über **Verbundbeziehungen** 50
(„Nahestehen“) erforderlich (Rz 5). Es geht dabei nicht nur um tatsächlich ausgeübte Geschäftsbeziehungen *(transactions)*, sondern auch um das Nahestehen „an sich“ (Rz 24). IAS 24 liefert einen umfangreichen **Katalog** der infrage kommenden **Personen** und **Unternehmen** (Rz 10ff.) und **Geschäftsvorfälle** (*transactions*; Rz 22ff.). Für **staatlich** beherrschte Unternehmen bestehen Sonderbedingungen (Rz 35ff.).
Dieser Gliederungsvorgabe – nach Geschäftsvorfällen und Personen – folgt auch die **Strukturierung der Angabepflichten** (Rz 31ff.). Dabei muss eine sinnvolle Abwägung von geforderter **Detaillierung** und notwendiger **Aggregierung** (Rz 33f.) erfolgen.
Beispiele der bisherigen deutschen Rechnungslegungspraxis sind in Rz 45 aufgeführt. IAS 24 verlangt allerdings nicht die vielfach anzutreffende Aufgliederung nach **einzelnen Personen** (Rz 46).
Eine zusammenfassende Darstellung in **tabellarischer** Form ist als Muster in Rz 47 wiedergegeben.

G Konzernabschluss

§ 31 UNTERNEHMENSZUSAMMENSCHLÜSSE

Inhaltsübersicht **Rz**

Vorbemerkung

Schrifttum: AICPA Practice Aid: „Assets Acquired in a Business Combination to Be Used in Research and Development Activities“, 2001; ANDREJEWSKY, Bilanzierung der Zusammenschlüsse von Unternehmen unter gemeinsamer Beherrschung als rein rechtliche Umgestaltung, BB 2005, S. 1436; BUSCHHÜTER, Bilanzierung von Unternehmenszusammenschlüssen – erstmalige Anwendung der neuen Regelungen IFRS 3 und IAS 27, IRZ, 2009, S. 297ff.; BRÜCKS/RICHTER, Business Combination (Phase II), KoR 2005, S. 407; CASTEDELLO/KLINGBEIL/SCHRÖDER, IDW RS HFA 16: Bewertungen bei der Abbildung von Unternehmenserwerben und bei Werthaltigkeitsprüfungen nach IFRS, WPg 2006, S. 1028ff.; DOBLER, Folgebewertung des Goodwill nach IFRS 3 und IAS 36, PiR 2005, S. 24ff.; EITZEN/DAHLKE/KROMER, Auswirkungen des IFRS 3 auf die Bilanzierung latenter Steuern aus Unternehmenszusammenschlüssen, DB 2005, S. 509ff.; FREIBERG, Anschaffungsnebenkosten beim Beteiligungserwerb im Konzern- und Einzelabschluss, PiR 2009, S. 311ff.; FREIBERG, Earn out-Klauseln beim Unternehmenserwerb, PiR 2008, S. 31ff.; FREIBERG, Was ist ein business i.S. von IFRS 3?, PiR 2010 S. 114ff.; FRÖHLICH, Nochmals: Die Kapitalkonsolidierung bei Erwerb eines Teilkonzerns, WPg 2004, S. 65ff.; GERPOTT/THOMAS, Bilanzierung von Marken nach HGB, DRS, IFRS und US-GAAP, DB 2004, S. 2485ff.; HAAKER, Das Wahlrecht zur Anwendung der full goodwill method nach IFRS 3 (2008), PiR 2008, S. 188ff.; HEINTGES/BOGGEL/URBANCZIK, Entkonsolidierung mit Rückbehalt von Anteilen nach IAS 27 (rev. 2008), PiR 2010, S. 221ff.; HOMMEL/BEKEL/WICH, IFRS 3 Business Combinations, neue Unwägbarkeiten im Jahresabschluss, BB 2004, S. 1267ff.; HUSMANN/HETTICH, Aufkauf von Minderheitenanteilen im IFRS-Konzernabschluss, PiR 2008, S. 150ff.; KASPERZAK/NESTLER, Zur Berücksichtigung des Tax Amortisation Benefit bei der Fair-Value-Ermittlung immaterieller Vermögenswerte, DB 2007, S. 473ff.; KESSLER/BECK/CAPPELL/MOHR, Identifizierung des Unterschiedsbetrags nach IFRS 3.51ff. beim Erwerb mehrerer businesses in einer einheitlichen Transaktion, PiR 2007, S. 125ff.; KÜTING/LEINEN, Die Kapitalkonsolidierung bei Erwerb eines Teilkonzerns, WPg 2002, S. 1201ff.; KÜTING/LEINEN, Die Kapitalkonsolidierung bei Erwerb eines Teilkonzerns, Anmerkungen zum Beitrag von FRÖHLICH, WPg 2004, S. 70ff.; KÜTING/WIRTH, Controlerlangung über Tochterunternehmen mittels sukzessiven Anteilserwerbs, KoR 2010, S. 362ff. und 455ff.; KÜTING/ZÜNDORF, Die konzerninterne Verschmelzung und ihre Abbildung im konsolidierten Abschluss, BB 1994, S. 1383ff.; LIECK, Bilanzierung von Umwandlungen nach IFRS, Wiesbaden 2011; LÜDENBACH, Die fair-value-Ermittlung von Marken unter Berücksichtigung von Markenerhaltungsaufwendungen, PiR 2006, S. 268ff.; LÜDENBACH, Die Vernichtung von Eigenkapital im (befreienden) Konzernabschluss der GmbH & Co. KG, GmbHR 2000, S. 841ff.; LÜDENBACH, Erlangung von Kontrolle ohne Erwerb (weiterer) Anteile, PiR 2008, S. 70ff.; LÜDENBACH, Erstmalige Einbeziehung eines bisher aus Wesentlichkeitsgründen nicht konsolidierten Unternehmens, PiR 2006, S. 121ff.; LÜDENBACH, Erwerb einer Grundstücksgesellschaft: Unternehmenserwerb oder Erwerb der Grundstücke, PiR 2005, S. 48ff.; LÜDENBACH, Erwerb eines Konkurrenten in Stilllegungsabsicht, PiR 2008, S. 411ff.; LÜDENBACH, Other comprehensive income und eliminierte Zwischengewinne bei Abwärtskonsolidierung eines Tochterunternehmens, PiR 2010, S. 28ff. LÜDENBACH/FREIBERG, Zweifelhafter Objektivierungsbeitrag des Fair Value Measurement-Projekts, KoR 2006, S. 437ff; LÜDENBACH/HOFFMANN, Beziehungen zum erworbenen Unternehmen (preexisting relationships) bei der Erstkonsolidierung nach IFRS 3, BB 2005, S. 651; LÜDENBACH/PRUSACZYK, Bilanzierung von In-Process research and Development beim Unternehmenserwerb nach IFRS und US-GAAP, KoR 2004,

S. 415; LÜDENBACH/PRUSACZYK, Bilanzierung von Kundenbeziehungen, KoR 2004, S. 204; LÜDENBACH/VÖLKNER, Abgrenzung des Kaufpreises von sonstigen Vergütungen bei der Erst- und Entkonsolidierung, BB 2006, S. 1435 ff.; PELLENS/BASCHE/SELLHORN, Full Goowill Method, KoR 2003, S. 1 ff.; RÖMGENS, Behandlung des auf die Minderheiten entfallenden Goodwills im mehrstufigen Konzern, BB-Special 19 (Beil. zu Heft 39), 2005, S. 21 ff.; SMITH/PAAR, Valuation of Intellectual Property and Intangible Assets, 3. Aufl., 2000; THEILE/PAWELZIK, Erfolgswirksamkeit des Anschaffungsvorgangs nach ED 3 beim Unternehmenserwerb im Konzern, WPg 2003, S. 316 ff.; THEILE/PAWELZIK, Fair-Value-Beteiligungsbuchwerte als Grundlage der Erstkonsolidierung nach IFRS?, KoR 2003, S. 94 ff.; VÖLKNER, Erwerbs- und Erstkonsolidierungsstichtag, PiR 2005, S. 30 ff.; WATRIN/HÖHNE/RIEGER, Übergangskonsolidierung nach IAS 27 (2008), IRZ 2009, S. 307 ff. und S. 359 ff.; WEISER, Earn-out-Unternehmenserwerbe im Konzernabschluss nach US-GAAP, IFRS und HGB/DRS, WPg 2005, S. 269 ff.; ZÜLCH/WÜNSCH, Indikative Kaufpreisallokation bei der Bilanzierung von Business Combinations nach IFRS 3, KoR 2008, S. 474 ff.

Vorbemerkung

Die Kommentierung berücksichtigt IFRS 3 sowie IAS 27 in der Fassung, die auf nach dem 30.6.2009 beginnende Geschäftsjahre anzuwenden ist. Einen Überblick über den zeitlichen Anwendungsbereich und die Rechtsentwicklung enthalten Rz 212 ff.

1 Zielsetzung, Regelungsinhalt und Begriffe

1.1 Formen von Unternehmenszusammenschlüssen: *share deal, asset deal, legal merger*

IFRS 3 gilt für **alle** rechtlichen Formen von Unternehmenszusammenschlüssen. 1
Im Wesentlichen sind gem. IFRS 3.B6 zu unterscheiden:

- **Anteilserwerbe** (*share deals*), die zu einer Mutter-Tochter-Beziehung führen. Die Vorschriften von IFRS 3 gelten in diesem Fall nur für den **Konzernabschluss** (Aufdeckung eines *goodwill* usw.). Die Bilanzierung erworbener Anteile an einem Tochterunternehmen im **Einzelabschluss** des Mutterunternehmens erfolgt hingegen nach IAS 27.37 wahlweise zu Anschaffungskosten oder zum beizulegenden Zeitwert (→ § 32).
- **Unternehmenskäufe** (*asset deals*), bei denen ein Unternehmen ein anderes Unternehmen (oder wesentliche Teile des anderen Unternehmens inklusive Firmenwert) erwirbt, ohne dass es zum Anteilserwerb und zu einer Mutter-Tochter-Beziehung kommt. In diesem Fall wendet der Erwerber IFRS 3 sowohl in seinem **Einzel-** als auch in einem evtl. **Konzernabschluss** an.
- Unternehmenszusammenschlüsse durch **Fusionen** (*legal mergers*) im Wege der Verschmelzung des einen auf das andere Unternehmen. Auch in diesem Fall ist IFRS 3 sowohl auf den **Einzel-** als auch auf einen evtl. **Konzernabschluss** anzuwenden. Erfolgt die Verschmelzung von zwei Unternehmen auf ein dadurch **neu gegründetes** Unternehmen, liegt keine *business combination* mit dem neu gegründeten Unternehmen, sondern nur eine der beiden verschmolzenen vor (Rz 2).

- Die Erlangung von Kontrolle ohne Erwerb von (zusätzlichen) Anteilen durch **Änderung vertraglicher Grundlagen**, also etwa durch den Abschluss eines Beherrschungsvertrags oder die Ersetzung qualifizierter durch einfache Mehrheitserfordernisse im Gesellschaftsvertrag (Rz 170).

1.2 Unternehmenserwerb, umgekehrter Erwerb, Transaktionen unter gemeinsamer Kontrolle

2 Unternehmenszusammenschlüsse sind **zwingend** nach der **Erwerbsmethode** *(acquisition method)* (IFRS 3.14), d.h. unter Aufdeckung von *goodwill* und stillen Reserven, zu bilanzieren.

In jedem Fall eines Unternehmenszusammenschlusses ist somit **eine Partei** als **Erwerber** zu identifizieren, d.h. als derjenige, der die Kontrolle über die zusammengeführten Einheiten oder Geschäfte *(entities or businesses)* erlangt (IFRS 3.6). Zum Begriff der **Kontrolle** verweist IFRS 3.7 auf IAS 27 (→ § 32 Rz 14ff.). Danach gilt:

- Die **Mehrheit der Stimmrechte** begründet eine widerlegbare Vermutung der Kontrolle (→ § 32 Rz 14 und Rz 25).
- **Ohne** Stimmrechtsmehrheit kann gleichwohl ein Kontrollverhältnis bestehen, aufgrund
  - vertraglicher Abreden mit anderen Anteilseignern (**Stimmrechtsbindungsverträge**; → § 32 Rz 15),
  - von **Beherrschungsverträgen** (→ § 32 Rz 38),
  - der Möglichkeit, die **Mehrheit** der Mitglieder des **Geschäftsführungs-** und/oder **Aufsichtsorgans** zu bestimmen (→ § 32 Rz 41).

Ist die Identifikation des Kontrollinhabers und damit des Erwerbers im Einzelfall schwierig, sollen nach IFRS 3.B14f. folgende **Indikatoren** auf eine Stellung als Erwerber hinweisen:

- ein **signifikanter Größenvorsprung** einer der zusammengeschlossenen Einheiten,
- die **Zahlung von Geld** durch eine der Einheiten, während die andere nur in Aktien zahlt,
- die Fähigkeit, die **Auswahl des Managements** der zusammengeschlossenen Einheit zu dominieren.

Die **relative Größe** der zusammengefassten Einheiten ist nach IFRS 3 B.16 „**zum Beispiel** in Vermögenswerten, Erlösen oder Gewinnen" zu messen. Ein einseitiges Abstellen auf solche auf den Jahresabschluss bezogene Größen ist u.E. jedenfalls dann nicht angemessen, wenn die Verhältnisse des Wertes beider Unternehmen sich gerade umgekehrt verhalten. Hierzu folgende Beispiele:

- Ein **ertragsschwächeres, anlageintensives** Unternehmen fusioniert mit einem **ertragsstärkeren Dienstleistungs**unternehmen. Ein Abstellen auf die relative Größe der bilanzierten Vermögenswerte wäre unangemessen.
- Ein aktuell noch ertragsstärkeres, aber **stagnierendes Unternehmen** fusioniert mit einem **Wachstumsunternehmen,** dessen Ertrag zwar aktuell noch leicht niedriger ist, angesichts der erwarteten Wachstumsrate aber schon bald den des ersten Unternehmens übertreffen wird. Ein Abstellen auf die relative Größe der Umsätze und Erträge wäre unangemessen.

U. E. sollte in derartigen Fällen eher auf den Unternehmenswert abgestellt werden.

Zur Anwendung auch der anderen Indikatoren folgendes Beispiel:

> **Beispiel**
> Die Unternehmen A und B werden zu einem neuen Unternehmen NewCo verschmolzen. Die Alt-Anteilseigner von A und B erhalten je 50 % der Anteile an NewCo, obwohl der Unternehmenswert von A als signifikant höher bewertet wurde als der von B. Als „Ausgleich" erhalten die Gesellschafter der A mehr Einfluss bei der Auswahl des Managements der NewCo. A ist als Erwerber zu identifizieren, da A den signifikant höheren Unternehmenswert und die Gesellschafter der A mehr Einfluss auf die Zusammensetzung des Managements der NewCo haben.

Werden im Rahmen einer **Umstrukturierung** bestehende Unternehmen in einer neu gegründeten Holding zusammengefasst – durch Sachgründung der Holding oder Verschmelzung im Wege der Neugründung (§ 2 Nr. 2 UmwG) –, ist nicht die Holding als Erwerber anzusehen, sondern

- bei Einbringung eines Unternehmens (oder Konzerns) das eingebrachte Unternehmen (Rz 3 und Rz 177ff.),
- bei Einbringung oder Verschmelzung mehrerer Unternehmen eines dieser Unternehmen (IFRS 3.B18).

Anders können Fälle zu würdigen sein, in denen die neu gegründete Holding die bestehenden Unternehmen gegen Geld erwirbt.[1]

Als Erwerb gilt auch ein **umgekehrter Unternehmenserwerb** (*reverse acquisition*), In diesem Fall ist das Unternehmen, das formell erworben wurde, in wirtschaftlicher Betrachtung tatsächlich der Erwerber. Hinsichtlich der Bestimmung des *goodwill* und der aufzulösenden stillen Reserven ist dem wirtschaftlichen Sachverhalt zu folgen (IFRS 3.B19). Zum umgekehrten Unternehmenserwerb folgendes Beispiel: 3

> **Beispiel**
> Die börsennotierte Online AG **O erwirbt** sämtliche Anteile der Verlags GmbH V. Die Transaktion wird als Kapitalerhöhung gegen Einlage in der Weise durchgeführt, dass die Gesellschafter der V neue Aktien der O erhalten. Nach der Kapitalerhöhung halten die **Gesellschafter der V** die **Mehrheit** an der O-AG.
> - O ist nur formell Erwerber.
> - In wirtschaftlicher Betrachtung erfolgt der Erwerb durch V.
> - Gemäß IFRS 3.B19 liegt daher ein umgekehrter Unternehmenserwerb vor, bei dem die V als Erwerber zu identifizieren ist.
>
> Beträgt bspw. (unter Vernachlässigung stiller Reserven) der Unternehmenswert der O 100, bei einem buchmäßigen Eigenkapital von 50, und der Unternehmenswert der V 200, bei einem buchmäßigen Eigenkapital von 120, so ist wie folgt zu verfahren:
> - Die Buchwerte der V und nicht der O sind fortzuführen.
> - Der als stille Reserven und *goodwill* aufzudeckende Unterschiedsbetrag beträgt nicht 80 (200 ./. 120; nach Maßgabe der Werte von V), sondern 50 (100 ./. 50; nach Maßgabe der Werte von O).

1 Vgl. IFRIC, Update März 2006.

Zu den **buchungs**- und **bewertungs**technischen Besonderheiten des umgekehrten Unternehmenserwerbs wird auf Rz 194 verwiesen.

4 IFRS 3 ist nicht auf *business combinations* anwendbar, die Unternehmen unter **gemeinsamer Kontrolle** betreffen (IFRS 3.2c). Derartige Transaktionen sind dadurch gekennzeichnet, dass die ultimative Kontrolle über die beteiligten Unternehmen vor und nach der Transaktion bei den gleichen Personen liegt (IFRS 3.B1). Sie kommen insbesondere bei Umstrukturierungen von Konzernen vor. Wegen Einzelheiten wird auf Rz 177 ff. verwiesen.

1.3 Regelungen, die gleichermaßen Einzel- und Konzernabschluss betreffen: *goodwill* usw.

5 IFRS 3 enthält u.a. Regelungen zu folgenden Bereichen eines Unternehmenserwerbes:

- Bestimmung und Verteilung der **Anschaffungskosten** eines Unternehmenserwerbs,
- Bestimmung des **beizulegenden Zeitwerts** des erworbenen Vermögens,
- Bestimmung des *goodwill*,
- **Fortschreibung** von stillen Reserven und *goodwill.*

6 Diese Regelungen gelten im Konzernabschluss in gleicher Weise für *asset deal* und *share deal*, im Einzelabschluss nur für den *asset deal* (Rz 1).

1.4 Regelungen, die nur den Konzernabschluss betreffen: Minderheitenanteil

7 In geringem Umfang enthält IFRS 3 Regelungen, die nur die Abbildung des Unternehmenserwerbs im Konzernabschluss betreffen. Dies gilt vor allem für nicht beherrschende Anteile (Minderheiten). Im Einzelnen wird hierzu auf Rz 121 und Rz 131 verwiesen.

1.5 Verhältnis von IFRS 3 zu IAS 27

8 Für den Konzernabschluss bzw. die Konsolidierung von Tochterunternehmen sind sowohl IFRS 3 als auch IAS 27 von Bedeutung. Hierbei behandelt

- **IAS 27** Fragen des **Konsolidierungskreises,** der **Einheitlichkeit der Bilanzierungsmethoden,** der **Zwischenergebniseliminierung** usw., während
- **IFRS 3** die **Kapitalkonsolidierung** (Unterschiedsbeträge, insbesondere *goodwill)* regelt.

9 Die nachfolgende Tabelle zeigt die Arbeitsteilung zwischen beiden Standards:

	IFRS 3	**IAS 27**
Konsolidierungskreis	X*	X
Konzernbilanzstichtag		X
Einheitlichkeit von Bilanzierung und Bewertung		X
Zwischenergebniseliminierung, Schulden- und Aufwandskonsolidierung		X

	IFRS 3	IAS 27
Kapitalkonsolidierung (Unterschiedsbeträge im Konzernabschluss)	X**	X*
Minderheitenanteile (nicht beherrschende Anteile)	X	X
Unterschiedsbeträge (*goodwill* usw.) im Einzelabschluss	X	
* = in geringerem Umfang ** = relevant auch für assoziierte und Gemeinschaftsunternehmen (IAS 28 und IAS 31)		

Tab. 1: Schwerpunkte von IFRS 3 und IAS 27

10 Undeutliche Zuständigkeiten ergeben sich insbesondere bei den komplexen Kapitalkonsolidierungsfragen im Rahmen der Übergangskonsolidierung. Von einer **Übergangskonsolidierung** wird dann gesprochen, wenn sich der Status einer Beteiligung ändert:

- im Rahmen einer **Aufwärtskonsolidierung**, wenn schon vor dem Hinzuerwerb Anteile gehalten wurden (z. B. einfache Beteiligung oder ein assoziiertes Unternehmen wird durch Hinzuerwerb Tochterunternehmen),
- im Rahmen einer **Abwärtskonsolidierung,** wenn die Anteilsquote durch eine Teilveräußerung unter 50 % sinkt (Tochterunternehmen wird assoziiertes Unternehmen oder einfache Beteiligung).

11 Die Behandlung dieser Fragen erfolgt mit unterschiedlichen Schwerpunkten und Perspektiven teils in IFRS 3 (Aufwärtskonsolidierung), teils in IAS 27 (Abwärtskonsolidierung), teils in IAS 28 und IAS 31. Schwerpunktmäßig werden in diesem Paragrafen des Kommentars behandelt:

- die **Aufwärtskonsolidierungzum Tochterunternehmen** in Rz 149;
- die **Abwärtskonsolidierungvon Tochterunternehmen** in Rz 164;
- die **Auf- und Abstockung** einer Mehrheitsbeteiligung (ohne Änderung des Kontrollstatus) in Rz 155 und Rz 166.

2 Erstkonsolidierung nach der Erwerbsmethode

2.1 Grundlagen der Erstkonsolidierungstechnik

12 Kernproblem eines Unternehmenserwerbs ist die sogenannte **Kaufpreisallokation** (*purchase price allocation*). Beim *asset deal* ist für Einzel- oder Konzernabschluss ohne weiteres klar, dass die Buchwerte des Veräußerers nicht fortgeführt werden dürfen. Über den Bilanzansatz beim Erwerber entscheiden vielmehr dessen Anschaffungskosten, die unter Aufdeckung stiller Reserven auf die einzelnen Vermögenswerte und Schulden zu verteilen sind, wobei ein eventuell verbleibender Unterschiedsbetrag zu positivem oder negativem *goodwill* führt.

13 Beim *share deal* in Form des Erwerbs einer Tochtergesellschaft ist im Konzernabschluss entsprechend zu verfahren, da im Konzernabschluss nicht ein Vermögenswert „Beteiligung an Tochterunternehmen“ ausgewiesen wird. Fingiert wird vielmehr der Erwerb der dahinter stehenden Vermögenswerte und Schulden sowie eines eventuellen *goodwill (Einzelerwerbsfiktion).*

14 Der Kaufpreisallokation vorgelagert ist die Frage nach dem Vorliegen eines Unternehmenserwerbs überhaupt sowie die Bestimmung von Erwerber, Erwerbszeitpunkt und Anschaffungskosten. In einfachen Fällen beantworten sich diese Punkte von selbst. In anderen Fällen kann unklar sein,

- ob überhaupt ein **Unternehmenserwerb** vorliegt und damit IFRS 3 zur Anwendung gelangt oder die erworbenen Anteile bzw. Gegenstände gar kein Unternehmen *(business)* repräsentieren (Rz 16),
- wer der **Erwerber** ist (umgekehrter Erwerb bzw. *reverse acquisition*; Rz 3),
- auf welches Datum der **Erwerbszeitpunkt** zu bestimmen ist (Rz 28ff.) oder
- wie nicht in Geld bestehende **Anschaffungskosten** (Tauschvorgänge) zu bewerten sind (Rz 39ff.).

15 In **zeitlich** und **logisch** gestaffelter Betrachtung stellen sich somit folgende **Aufgaben** bei der Erstkonsolidierung:

1. Vorab ist zu klären, ob erworbene Gesellschaft *(share deal)* bzw. erworbenene Gegenstände *(asset deal)* überhaupt ein **Unternehmen** ***(business)*** bilden (Rz 16). Nur wenn dies bejaht wird, gelangt IFRS 3 zur Anwendung und kann es zum Ansatz eines *goodwill* kommen.
2. Der **Erwerber** ist nicht nach rechtlichen, sondern **wirtschaftlichen** Gesichtspunkten, d.h. unter Beachtung der Regeln zum umgekehrten Erwerb, zu identifizieren (Rz 3 und Rz 194).
3. Der **Erwerbszeitpunkt (= Stichtag der Erstkonsolidierung)** ist zu bestimmen, um u.a. gekaufte Ergebnisse des erworbenen Unternehmens (bis zum Stichtag angefallen, daher Teil der Erstkonsolidierung) von nach dem Unternehmenszusammenschluss anfallenden Ergebnissen abzugrenzen (Rz 28).
4. Die **Anschaffungskosten** des Erwerbs sind zu berechnen unter Beachtung der Bewertungsregeln für nicht in Geld bestehende Kostenbestandteile (z.B. beim **Anteilstausch**; Rz 42ff.) und unter Beachtung ungewisser Anschaffungskosten (z.B. aus ergebnisabhängigen *earn-out*-Vereinbarungen; Rz 57ff.). Bei Kontrollerlangungen ohne Erwerb (zusätzlicher) Anteile, etwa durch Abschluss eines Beherrschungsvertrags (Rz 1), tritt an die Stelle pagatorisch fundierter Anschaffungskosten der *fair value* eventuell bisher schon gehaltener Anteile. Gibt es weder Alt- noch Neuanteile, ist der *goodwill* wahlweise mit null anzusetzen oder als Differenz von Unternehmenswert und *fair value* des erworbenen Nettovermögens (Rz 170).
5. Die **Aufteilung** der Anschaffungskosten ist vorzunehmen. Diese **Kaufpreisallokation** erfordert Folgendes:
   5a) Die beizulegenden **Zeitwerte** der Vermögenswerte und Schulden sind zu bestimmen, d.h., stille Reserven und stille Lasten sind aufzudecken. Auch bei nicht 100%iger Beteiligung sind zwingend 100 % der stillen Reserven und Lasten darzustellen (Rz 121).
   5b) Die **latenten Steuern** (→ § 26) sind zu ermitteln. Sie erfahren durch die Aufdeckung der stillen Reserven und stillen Lasten eine Änderung gegenüber dem Ansatz beim Veräußerer (Rz 111 und Rz 202).
   5c) Schließlich ist der *goodwill* als **Unterschiedsbetrag** von Anschaffungskosten einerseits und Zeitwert sowie latenten Steuern andererseits zu bestimmen. Der *goodwill* ist **Residualgröße**. Diese ist bei **positivem** Unterschiedsbetrag ohne weiteres als *goodwill* zu bilanzieren (Rz 126). Bei **negativem** Unterschiedsbetrag sind die zur Residualgröße führenden

Ausgangswerte (Kaufpreis, Zeitwert des Nettovermögens) erneut zu untersuchen *(reassessment)*. Ein nach dem *reassessment* verbleibender Negativbetrag ist sofort als Ertrag zu buchen (Rz 139). Für den *goodwill* besteht ein Wahlrecht, ihn nur nach Maßgabe des Mehrheitsanteils oder unter Einbeziehung der Minderheit (sog. *full-goodwill*-Methode) anzusetzen (Rz 131).

2.2 Erwerbsobjekt: Unternehmen oder Gruppe von Vermögenswerten?

Nach IFRS 3.3 gelangen die Regelungen zur *business combination* nur dann zur Anwendung, wenn das Erwerbsobjekt ein Geschäftsbetrieb bzw. **Unternehmen** (*business*) und nicht lediglich eine Gruppe von Vermögenswerten *(collection of assets)* ist. Für die Beurteilung ist weder auf die rechtliche Form des Erwerbsobjekts noch auf seine Verwendung beim Erwerber abzustellen.[2] 16

Beispiel

U benötigt zur Arrondierung seines Betriebsareals bestimmte brachliegende Grundstücke des Nachbarn A. Der Nachbar hält diese aus steuerlichen Gründen in einer A-GmbH, die keine Schulden und außer den Grundstücken keine Vermögenswerte hat. U erwirbt die GmbH-Anteile. Wegen des Arrondierungsinteresses zahlt U einen Preis von 10 Mio. EUR, obwohl der Zeitwert der Grundstücke (und damit der GmbH) nur 3 Mio. EUR beträgt. Der steuerliche Buchwert der Grundstücke beträgt 0,5 Mio. EUR, der relevante Steuersatz 40 %.

Würde der Vorgang als eine *business combination* gewertet, hätte U die Grundstücke mit 3 Mio. anzusetzen, eine latente Steuer von 1 Mio. (40 % von 2,5 Mio.) zu passivieren und i.H.d. Differenz zum Kaufpreis einen *goodwill* von 8 Mio. EUR (10 Mio. – 3 Mio. Grundstück + 1 Mio. latente Steuer) auszuweisen.

Das erworbene Vermögen (brachliegende Grundstücke) repräsentiert jedoch kein *business*. Als erworben gelten deshalb die Grundstücke. Sie sind bei U mit ihren Anschaffungskosten von 10 Mio. anzusetzen. Eine Steuerlatenz ist wegen der Sondervorschrift von IAS 12.22c (Buchwertdifferenz entsteht bei Zugangsbewertung) nicht zu bilden (→ § 26 Rz 45). Ob die Grundstücke zum Folgestichtag außerplanmäßig abzuschreiben sind, hängt von den Erträgen der Zahlungsmittel generierenden Einheit ab, der sie beim Erwerber zuzuordnen sind (§ 11 Rz 83ff.).

Gesellschaften, die sich im Wesentlichen auf das Halten von einzelnen Vermögenswerten (Grundstücke, Marken, Lizenzen) beschränken, fehlt auch dann i.d.R. die Unternehmensqualität, wenn sie durch dieses Halten Erträge (Mieten, Lizenzentgelte usw.) erzielen, da es an den für ein Unternehmen geforderten **Prozessen** (Rz 19) fehlt. Wird hingegen ein umfangreiches Portfolio von Vermögenswerten aktiv verwaltet bzw. vermarktet, ist die Unternehmensqualität regelmäßig zu bejahen. 17

2 Vgl. HOMMEL/BENKEL/WICH, BB 2004, S. 1267ff., sowie LÜDENBACH, PiR 2005, S. 48ff.

18 IFRS 3 gibt weder in **zeitlicher** (Verhältnisse bei Vertragsschluss oder bei dinglichem Vollzug?) noch in **inhaltlicher** Hinsicht (wodurch zeichnet sich ein *business* aus?) konkrete Vorgaben für die Bestimmung der Unternehmensqualität.
Zu den **zeitlichen** Kriterien folgende Abwandlung des vorstehenden Beispiels:

Beispiel
Auf den von U benötigten Grundstücken betrieb die A-GmbH unter Beschäftigung von Aushilfskräften einen Parkplatz. Im Anteilskaufvertrag mit A ist geregelt, dass die Anteile erst dann übergehen, wenn mit den Aushilfskräften und Dauerparkern Aufhebungsvereinbarungen getroffen und vollzogen worden sind.
Beim Vertragsabschluss betrieb die GmbH noch ein Unternehmen, nämlich den Betrieb eines Parkplatzes. An diesem Unternehmen hat der Erwerber aber gerade kein Interesse. Deshalb wird das Unternehmen bis zum dinglichen Vollzug der Anteilsübertragung „liquidiert". Fraglich ist nun, ob auf die Verhältnisse bei Vertragsabschluss (dann Unternehmenserwerb) oder die bei Vollzug (dann Erwerb von Grundstücken) abzustellen ist.

Nach IFRS 3.3 kommt es aber nicht auf die Verwendung des Erwerbsobjektes beim Erwerber (Fortsetzung des Unternehmens), sondern auf die **Qualität** des Erwerbsobjektes **vor** dem Erwerb an. Der Erwerber, der das Zielobjekt dinglich noch im Unternehmenszustand erwirbt, den bisherigen „Betrieb" aber sogleich danach einstellt, tätigt noch einen Unternehmenserwerb. U. E. gilt dies entsprechend, wenn die Einstellung der unternehmerischen Tätigkeit zwar schon zwischen Vertragsabschluss und dinglichem Vollzug geschieht, aber bereits durch das Verwendungsinteresse des Erwerbers bedingt ist.

19 **Inhaltliche** Kriterien für die Abgrenzung von *business* und Vermögen sind in IFRS 3.B7ff. enthalten. Danach besteht ein *business* im Allgemeinen aus

- **Inputfaktoren** (z.B. Anlagevermögen, *Know-how*, Angestellte),
- **Prozessen**, in denen diese Faktoren eingesetzt werden, um daraus
- Leistungen *(outputs)* zu produzieren, die zu **Erträgen** oder anderen ökonomischen Vorteilen (z.B. Kosteneinsparungen) bei den Eignern führen.

Irrelevant ist, wie der Erwerber mit erworbenen Vermögen und Prozessen umgehen wird (IFRS 3.B11).

- Kein *business* liegt daher vor, wenn das Zielobjekt noch **keine Erträge** erwirtschaftet und sich dies in absehbarer Zeit nicht ändern kann. Bei einer noch im Aufbau befindlichen development stage entity kommt es demzufolge vor allem darauf an, ob mit der Vorbereitung von Produktions- und Vermarktungsaktivitäten bereits begonnen wurde und deshalb in absehbarer Zeit mit Erlösen zu rechnen ist (IFRS 3.B10).[3]
- Umgekehrt ist es unschädlich, wenn der Erwerber das Zielobjekt stilllegt und **keine Erlöse mehr** hieraus generieren wird.

---

3 Vgl. KMPG, Insights into IFRS 2009/10, Tz 2.6.80.10.

Beispiel
Im Rahmen eines *re-* bzw. *insourcing*-Programms erwirbt U die Mehrheit an der vor einigen Jahren outgesourcten und an das Bereichsmanagement veräußerten IT-GmbH zurück. Einziger wesentlicher Kunde von IT ist U.
Entscheidend ist u. E. der abstrakte Zustand von IT vor Rückerwerb. Beliefert IT U zu im Wesentlichen marktüblichen Preisen, ist IT ein *business*. Ist umgekehrt IT nur deshalb überlebensfähig, weil U es durch überhöhte Preise subventioniert, fehlt es an einem eigenständigen Erlösstrom. IT ist kein *business*.[4]

Beispiel
U erwirbt 100 % der Anteile an der Z-GmbH. Das Zielobjekt Z ist in der fortgeschrittenen Phase der Entwicklung eines biotechnischen Patents. Umsätze werden noch nicht erzielt.
Für die Beurteilung kommt es darauf an, ob in absehbarer Zeit mit Erlösen zu rechnen ist.
Ist die Entwicklung des Patents im Wesentlichen abgeschlossen und mit der Vorbereitung der Vermarktung begonnen worden (Entwicklung eines Vertriebskonzepts, Einstellung des zukünftigen Produktionsleiters usw.), liegt ein *business* vor. Ein über den Wert der Patente (und des sonstigen Nettovermögens) hinausgehender Kaufpreis ist *goodwill*.
Ist die Erzielung von Erlösen noch ungewiss oder liegt sie in weiter Ferne, stellt das Zielobjekt kein *business* dar. Ein etwa aus Synergiegründen über dem Wert der Patente liegender Kaufpreis ist als dessen Anschaffungskosten zu aktivieren.

Beispiel
Um eine monopolähnliche Stellung zu erlangen, erwirbt U den einzigen Wettbewerber Z. Erwerbsmotiv ist die Einstellung des Unternehmens Z, Entlassung der Mitarbeiter und Liquidation der Vermögenswerte.
U erwirbt ein *business* und damit bei entsprechendem Kaufpreis einen *goodwill*. Je nach Zuordnung des *goodwill* geht dieser nicht mit der Veräußerung der Vermögenswerte ab, sondern bleibt bestehen.

Beispiel
U erwirbt eine Immobiliengesellschaft im Ausland im strategischen Interesse eines Eintritts in den dortigen Markt.
Die strategisch begründete Erwerbsabsicht ist – wie alle Absichten des Erwerbers – unerheblich.[5] Es kommt allein auf die Qualität des Erwerbsobjekts vor Erwerb an.

---

4 Vgl. im Übrigen zum Thema „Insourcing" Rz 115 ff.
5 A. A. LOITZ/VAN DELDEN, WPg 2009, S. 502 ff.

20 Der Kauf eines rechtlich selbstständigen Objekts kann nur dann als Erwerb eines *business* qualifiziert werden, wenn

- das Erwerbsobjekt als rechtlich selbstständige Einheit überhaupt über relevante **Produktionsfaktoren** verfügt,
- die Faktoren als **integriertes** *set* gemanagt werden, d.h. mehr als eine bloße Sammlung von Vermögenswerten darstellen,
- es mithin relevante **Prozesse** gibt, die einen integrierten Umgang mit den Vermögenswerten gewährleisten.

Auch **Nutzungsrechte** können **Inputfaktoren** begründen. Voraussetzung ist aber eine nachhaltige Möglichkeit zur Nutzung der vertraglich eingeräumten Rechte. Die Qualifizierung einer Gruppe von Vermögenswerten als *business* scheitert, wenn die einzelnen Teile nicht oder nur mit größeren Ergänzungen in der Lage sind, nachhaltig Erträge zu generieren. Entsprechend der – die gesamte Erstkonsolidierung beherrschenden – *fair-value*-Konzeption ist dabei die Verwertungsmöglichkeit aus Sicht eines Marktteilnehmers, nicht aus der des Veräußerers oder Erwerbers zu entscheiden. Kann ein fiktiver Dritterwerber durch den Erwerb selbst kein *set* von Inputfaktoren, sondern nur einen einzigen (möglicherweise) relevanten Vermögenswert erhalten und ein integriertes *set* lediglich durch den Abschluss von Nutzungsverträgen mit dem Erwerber oder Dritten herstellen, ist die *business*-Qualität widerlegt. Der Abschluss solcher Verträge ist nicht das automatische Ergebnis des Anteilserwerbs, sondern Folge zusätzlicher Handlungen.

Das Vorliegen eines *business* setzt das Zusammenwirken einer Gruppe von Vermögenswerten in dem Erwerbsobjekt voraus, die aufgrund implementierter **Prozesse** in Gesamtheit zur Erzielung eines Umsatzes oder zwecks Kosteneinsparungen genutzt werden können. Ein Beleg für das Vorliegen eines integrierten *set* von Vermögenswerten und Schulden ist die Beschäftigung von qualifizierten Mitarbeitern, welche die Vermögenswerte zur Erzielung von *outputs* nutzen und in deren Know-how sich die Prozesse verkörpern. Haben übernommene Mitarbeiter des Erwerbsobjekts lediglich Koordinationsaufgaben außerhalb des Kernbereichs übernommen, stellen diese gerade nicht eine Arbeitnehmerschaft dar, die die notwendigen Kenntnisse und Verfahrensregeln zur Bereitstellung der notwendigen Inputfaktoren und Prozesse beherrscht.

21 Soweit ein nach den vorstehenden Kriterien nicht als *business* zu qualifizierendes Zielobjekt zu 100 % erworben wird, ergeben sich für den Konzernabschluss des Erwerbers die in Rz 16 beschriebenen **Rechtsfolgen**:

- Das zugehende Vermögen ist mit den Anschaffungskosten, d.h. ggf. über *fair value* anzusetzen;
- ein *goodwill* und latente Steuern sind nicht auszuweisen.

Werden **mehrere Vermögenswerte**, daneben eventuell auch Schulden erworben, so sollen die Anschaffungskosten nach IFRS 3.2b entsprechend der **relativen fair values** auf die Erwerbsobjekte aufgeteilt werden. Diese Vorgabe macht u.a. dann keinen Sinn, wenn im erworbenen Nettovermögen auch nominale bzw. **monetäre Vermögenswerte** und Schulden enthalten sind. Diesen kann sinnvollerweise kein Anteil an einem Unterschiedsbetrag alloziert werden.

Beispiel
U erwirbt die Bio-startup-GmbH, deren Vermögen im Wesentlichen aus Know-how und Patenten (*fair value* 100) besteht. Mit dem Erwerb übernimmt U diverse, kurzfristig nicht kündbare Festgeldkonten (5) und eine Umsatzsteuer-Forderung gegenüber dem Finanzamt (15). Sonstige Vermögenswerte oder Schulden bestehen nicht. Der aus Synergieerwartungen getriebene Erwerbspreis beträgt 240.

Beurteilung
U zahlt das Doppelte des *fair value*. Eine Aufteilung des Unterschiedsbetrags von 240–120 = 120 auf alle Vermögenswerte nach dem Verhältnis ihrer *fair values* würde eine Aufwertung der Geldkonten von 5 auf 10 und der Umsatzsteuer-Forderung von 15 auf 30 implizieren. Dieses Ergebnis wäre sinnwidrig. Angemessener ist folgende Interpretation: „Eigentlicher" Erwerbsgegenstand war nur das immaterielle Vermögen. Der Erwerb der Festgeldkonten und der Umsatzsteuer-Forderung wurde lediglich in Kauf genommen und im Rahmen der Kaufverhandlungen adjustierend berücksichtigt. Die Anschaffungskosten des eigentlichen Erwerbsobjekts betragen damit 220 und sind den einzelnen Komponenten des immateriellen Vermögens nach dem Verhältnis von deren *fair values* zuzuordnen. Die darüber hinaus angefallenen Anschaffungskosten von 20 sind den Geldkonten mit 5 und der Umsatzsteuer-Forderung mit 15 zuzurechnen.

Nicht völlig eindeutig sind die Rechtsfolgen eines *share deal* über ein „Nicht-Unternehmen", bei dem **weniger als 100 %** der Anteile übergehen. Die in IFRS 3 enthaltenen Vorschriften über den **Minderheitenanteil** (Rz 121ff.) sind nicht anwendbar, da gerade keine *business combination* vorliegt. **Bruchteilseigentum** an den Vermögenswerten der Zielgesellschaft ist ebenfalls nicht gegeben. Anwendbar sind aber möglicherweise die Vorschriften von IAS 27, die im englischen Original die Vollkonsolidierung von Tochter-**Einheiten** (*enities*) mit Minderheitenausweis vorsehen, ohne explizit eine Unternehmensqualität der Tochter zu verlangen. Die amtliche deutsche Übersetzung spricht allerdings von Tochter-**Unternehmen** und definiert auch den nicht beherrschenden Anteil als Minderheitenanteil an einem Tochter-Unternehmen. U. E. sind daher neben einer **Netto**darstellung in Analogie zum Bruchteilseigentum (Ansatz des Vermögens nach der Quote) zwei **Brutto**darstellungen vertretbar: Ansatz von 100 % des Vermögens unter

- Bildung eines im Anhang zu erläuternden passiven Ausgleichspostens, der anders als ein Minderheitenanteil an einem Unternehmen aber nicht im Eigenkapital auszuweisen wäre,
- Ausweis eines Minderheitenpostens im Konzerneigenkapital.[6]

Unabhängig von der Erwerbsquote ergeben sich die Rechtsfolgen eines als *share deal* vollzogenen „Nicht-Unternehmens-Erwerbs" im **Einzelabschluss des Anteilseigners.** Da der Einzelabschluss die rechtliche Hülle nicht ignoriert, vielmehr auch die gesellschaftsrechtliche Beteiligung an einem *business* als Anteil

6 Für die zweite Lösung THEILE/PAWELZIK, in: HEUSER/THEILE, IFRS-Handbuch, 4. Aufl., 2009, Tz 3213, und KÖSTER/MISSLER, in: THIELE/VON KEITZ/BRÜCKS, Internationales Bilanzrecht, IFRS 3, Tz 130.

(und nicht als hinter diesem Anteil liegendes Nettovermögen zeigt), sollte u. E. entsprechend der gesellschaftsrechtlichen Beteiligung an einem „Nicht-*business*" verfahren werden. Auf → § 32 wird deshalb verwiesen.

22 Werden 100 % an dem kein *business* darstellenden Zielobjekt nicht in einem einzigen, sondern in **mehreren Erwerbsschritten** erworben, kommt u. E. eine analoge Anwendung der Regelungen zum sukzessiven Unternehmenserwerb (Rz 149) nicht infrage. Vielmehr ergeben sich die Anschaffungskosten aus der Summe der Erwerbsschritte unter Berücksichtigung eventueller zwischenzeitlicher Abschreibungen.

Beispiel

Ende 01 beteiligt sich M mit 20 % bzw. 2 Mio. an der Gründung einer nur eine einzige Immobile haltenden Gesellschaft I. Die Immobilie wird auf 20 Jahre abgeschrieben. I erzielt in 02 ein ausgeglichenes Ergebnis. Per 1.1.03 erwirbt M die verbleibenden 80 % nicht entsprechend der Hochrechnung der bisherigen Anschaffungskosten für 4 × 2 = 8 Mio., sondern für 12 Mio. Der höhere Kaufpreis erklärt sich aus einem Ende 02 neu abgeschlossenen Mietvertrag mit wesentlich besseren Konditionen.

Beurteilung

Per 31.12.02 weist U seinen Anteil an der Immobilie mit 1,9 Mio. (2 Mio. minus 1/20 Abschreibung) aus.

Per 1.1.03 erhöht sich der Buchwert der nun mit 100 % auszuweisenden Immobilie um 12 Mio. auf 13.9 Mio. Eine analoge Anwendung von IFRS 3 würde hingegen zu einem Ansatz von 15 Mio. und zu einem Veräußerungsgewinn von 1,1 Mio. bezogen auf die Altanteile führen. Die entsprechenden Regelungen in IFRS 3 stellen jedoch spezifisch auf die tauschähnliche Transformation eines nicht mehrheitsverschaffenden Anteils an einem Unternehmen in eine Mehrheit (Übergang zu Vollkonsolidierung) ab und sind auf andere Fälle u. E. nicht übertragbar.

23 Wird ein **mehr als 50%iger Anteil** in einem zweiten Schritt auf 100 % **aufgestockt,** so hängt die Behandlung u. E. von der Bilanzierung des ursprünglichen Anteiles (Rz 21) ab.

- Wurde zunächst Quasi-Bruchteilseigentum ausgewiesen **(Nettodarstellung),** sind nun zusätzliche Anschaffungskosten zu aktivieren.
- Bei ursprünglicher **Bruttodarstellung** ist der Kaufpreis für den zweiten Erwerbsschritt gegen den passiven Ausgleichsposten bzw. das Minderheitenkapital zu verrechnen und ein evtl. darüber hinausgehender Betrag u. E. analog der Vorgehensweise bei Aufstockungen (Rz 155) gegen Eigenkapital zu verrechnen.

24 Wird beim *asset deal* ein Unternehmen nicht komplett, sondern nur in Teilen erworben **(Teilerwerb)**, sind zwei Fälle zu unterscheiden:

- Die erworbenen Teile sind schon in ihrer Beschaffenheit bei Übergabe oder jedenfalls mit jederzeit am Markt leicht beschaffbaren Ergänzungen in der Lage, eigene Erträge zu generieren. Das Erwerbsobjekt ist daher ein *business.*
- Die erworbenen Teile sind nicht oder nur mit größeren, nicht sofort und leicht am Markt beschaffbaren Ergänzungen in der Lage, Erträge zu generieren. Das Erwerbsobjekt ist daher eine Gruppe von Vermögenswerten und kein *business.*

Entscheidend kommt es dabei darauf an, ob die für die Generierung von *outputs* im Einzelfall **funktional wesentlichen** Betriebsgrundlagen (*inputs* und Prozesse) übertragen werden. Nicht notwendig ist daher eine Übertragung sämtlicher Produktionsfaktoren und Prozesse. Umgekehrt ist es demgegenüber schädlich, wenn zentrale Elemente nicht übertragen werden. Es reicht also nicht aus, wenn irgendwelche Produktionsfaktoren (z.B. auch Nutzungsrechte oder Kundenlisten) und Prozesse (z.B. auch in Form von Mitarbeiter-Know-how) übertragen werden. Unter Beachtung der Definition des *business* als *integrated set of activities and assets* (IFRS 3.A) ist für das Verhältnis von Prozessen (*activities*) zu Inputfaktoren und Leistungen (*outputs*) Folgendes zu beachten:

- Die Prozesse müssen sich eindeutig auf die Faktoren beziehen, sonst liegt nur eine „*collection of assets*" vor.
- Es werden die wesentlichen Prozesse zur Erzielung/Produktion der Leistungen übertragen.

Notwendig ist immer eine Einzelfallbeurteilung. Hierzu folgendes Beispiel in Anlehnung an den amerikanischen EITF 98–13: **25**

Beispiel

U betreibt eine europäische Hotelkette, die in den großen Städten gut im Luxussegment, aber schwach im Economy-Segment vertreten ist. Deshalb erwirbt U 50 Economy-Hotels von Z. Übernommen werden die Mitarbeiter, die Verträge mit Zulieferern sowie aus wirtschaftlicher Sicht auch wesentliche Teile der Stammkundenbeziehungen, da sich diese z.T. aus den Standorten (Hotellagen) ergeben. Nicht übernommen werden die Marke, unter der Z die Economy-Hotels betrieb, sowie das Reservierungs-, Buchungs-, Rechnungs- und Mahnsystem.

Die Übernahme stellt einen Grenzfall dar. **Wesentlich** für ein Unternehmen sind neben den Input-Faktoren (Anlagen und Mitarbeiter) die Kundenbeziehungen und die Prozesse.

- Die Kundenbeziehungen sind teilweise, soweit sie standortinduziert sind, übergegangen, teilweise, soweit sie markeninduziert sind, jedoch nicht übertragen worden. Soweit man den Standortfaktor für deutlich wichtiger hält, ist die Nichtübertragung der Marke unwichtig.
- Die Abrechnungsprozesse sind nicht übertragen worden. Auf diese kommt es nach IFRS 3.B7b nicht an, da Systeme der Rechnungslegung, Fakturierung, Gehaltsabrechnung und andere allgemeine Verwaltungsprozesse i.d.R. nicht als notwendige Prozesse gelten.
- Hinsichtlich des Reservierungssystems ist zu differenzieren: Soweit man die Kosten und Schwierigkeiten der Implementierung solcher Prozesse als gering einstuft, ist die Nichtübertragung unerheblich. Hierbei kommt es nicht auf die spezielle Perspektive des Erwerbers an. Ob er bereits über entsprechende Prozesse verfügt, ist unerheblich. Wichtig ist, ob die genannten Prozesse auf dem Markt leicht und kostengünstig zu beschaffen wären, das übertragene Vermögen also auch ohne die spezielle Beziehung zum Erwerber ohne erheblichen Aufwand Erlöse generieren könnte.

26 Entscheidend ist danach, ob die **funktional wesentlichen Betriebsgrundlagen** und **Prozesse** übertragen wurden. Je nach Einzelfall können unterschiedliche Faktoren wesentlich sein.

- Bei einem **Beratungsunternehmen** ist etwa der Übergang der Arbeitsverträge mit den Beratern sowie der Kundenlisten und -beziehungen wesentlich, der Übergang von Sachanlagen (Schreibtische, Hardware) hingegen regelmäßig irrelevant.[7]
- Bei **Immobilien verwaltenden Gesellschaften** wird man als wesentliche Prozesse im Allgemeinen das Mietmanagement (Auswahl der Mieter, Aushandlung der Konditionen usw.) sowie im Portfoliofall Investment- und Desinvestmententscheidungen ansehen, bei bestimmten Immobilien (etwa Shopping-Centern) auch das Marketing und die Bewirtschaftung von Gemeinflächen. Bei sich im Zeitablauf wenig änderndem Mieterbestand ist eine Gesellschaft mit einer oder wenigen Wohnimmobilien dann regelmäßig kein Unternehmen.

27 Für den Umgang mit **Zweifelsfällen** gibt IFRS 3.B12 einen Hinweis. Danach begründet ein in einer Gruppe von Vermögenswerten enthaltener *goodwill* die Vermutung eines *business*. Diese schon in IFRS 3 rev. 2004 enthaltene Vorgabe ist in formaler Hinsicht wegen ihres zirkulären Charakters kritisiert worden.[8] Der IASB hat gleichwohl an dieser Vorgabe festgehalten, weil der/er die Kritik zwar wahrgenommen hat, sie aber u. E. zu Recht nicht teilt (IFRS 3.BC19). Hinsichtlich des Zirkularitätsproblems ist nämlich eine Unterscheidung der verschiedenen **Spielarten** des *goodwill* geboten:

- Der *goodwill* ist einerseits Residualgröße (Kaufpreis eines Unternehmens abzüglich erworbenes Vermögen). In dieser Hinsicht besteht das Zirkularitätsproblem: Der **residuale *goodwill*** kann nur beim Unternehmenserwerb entstehen, setzt also die Unternehmensqualität des Erwerbsobjekts bereits voraus und kann deshalb seinerseits kein Kriterium für diese Qualität sein.
- Der *goodwill* ist andererseits aber als *core goodwill* oder *going concern goodwill* auch der von Kauf und Kaufpreis unabhängige Mehrwert einer integrierten Gruppe von Vermögenswerten gegenüber der Summe von deren Zeitwerten (IFRS 3.BC313). In dieser Hinsicht geht es nicht um den subjektiven Wert, den ein Erwerber einer Gruppe von Vermögenswerten im Hinblick auf u. U. nur von ihm erzielbare sog. echte Synergien zurechnet, sondern um die Differenz zwischen objektiviertem Zeitwert des Ganzen (Ertragswert) und Summe der objektivierten Einzelwerte. Hinsichtlich dieser sog. unechten Synergien stellt sich das Zirkularitätsproblem nicht: Wenn der Ertragswert der erworbenen Sachgesamtheit deutlich höher ist als die Summe der Einzelwerte, deutet diese auf einen signifikanten *core* oder *going concern goodwill* und damit auf die Unternehmensqualität des Erwerbsobjekts hin.

Aus IFRS 3.B12 lässt sich so eine **pragmatische Regel** zur Behandlung von Zweifelsfällen (nicht von vornherein klar als *business* oder als Gruppe von Vermögenswerten zu qualifizierende Fälle) formulieren.

---

7 Ausführliches Beispiel bei LÜDENBACH, PiR 2008, S. 411.

8 So die Kritik von HOMMEL/BENKEL/WICH, BB 2004, S. 1267ff.

- Ein deutlich **über** dem Zeitwert des erworbenen Vermögens liegender Kaufpreis begründet die Vermutung eines *core* oder *going concern goodwill* und damit einer *business combination.*
- Diese Vermutung kann durch ein **spezielles** Interesse des Erwerbers am erworbenen Vermögen widerlegt werden, z.B. durch ein Grundstücksarrondierungsinteresse bei Erwerb der Anteile an einer inaktiven Grundstücksgesellschaft (Rz 16).
- **Fehlt** es an einem solchen speziellen Interesse, ist von einer *business combination* auszugehen.

2.3 Bestimmung des Erwerbs-/Erstkonsolidierungszeitpunktes

Die Bestimmung des **Erwerbszeitpunktes** (*acquisition date*)ist **von mehrfacher Bedeutung**:[9] 28

- Der Erwerbszeitpunkt grenzt die mitgekauften **alten Gewinne** von selbst erwirtschafteten **neuen Gewinnen** ab. Die alten Gewinne gehen in die Erstkonsolidierung ein. Die ab dem Tag des Unternehmenserwerbs entstehenden Gewinne sind Bestandteil der GuV des Erwerbers.
- Bei einem Erwerb in einem Schritt sind auf den Erwerbszeitpunkt die Werte der nicht in Geld bestehenden Bestandteile des **Kaufpreises** (insb. hingegebene Anteile) zu bestimmen (IFRS 3.43 und 3.32).
- Auf den Erwerbszeitpunkt werden die beizulegenden **Zeitwerte** bestimmt und dementsprechend die erworbenen Vermögenswerte und Schulden einschließlich stiller Reserven sowie der *goodwill* (IFRS 3.18).
- Der Erwerbszeitpunkt ist somit zugleich **Erstkonsolidierungszeitpunkt**.

Der **Erwerbszeitpunkt** (*acquisition date*) ist nach IFRS 3.8 der Tag, an dem die 29 **Beherrschung** des erworbenen Unternehmens auf den Erwerber übergeht, dieser also die Möglichkeit erlangt, die Finanz- und Geschäftspolitik des erworbenen Unternehmens zu bestimmen. Der dingliche Abschluss einer Transaktion ist nicht erforderlich. Der Standard nennt als Beispiel eine schriftliche Vereinbarung, die dem Erwerber schon vor dem *closing* (im Innenverhältnis) eine Kontrolle über das Erwerbsobjekt ermöglicht (IFRS 3.9).

Die Bestimmungen von IFRS 3 bleiben allerdings in dieser Hinsicht allgemein. 30 Eine praxisorientierte Konkretisierung hat u.E. folgende **Fallunterscheidungen** vorzunehmen:

- Vereinbarungen, nach denen dem Erwerber abweichend von der dispositiven gesetzlichen Ausgangslage (§ 101 BGB) das **Gewinnbezugsrecht** bereits ab einem Zeitpunkt vor Erwerb zusteht (Rz 31).
- **Vertragliche Rückwirkungen**, bei denen die Parteien bspw. in der notariellen Urkunde vom 10. Januar einen Eigentumsübergang am 1. Januar vereinbaren (Rz 32).
- **Genehmigungsvorbehalte**, insbesondere gesellschaftsrechtlicher (z.B. bei vinkulierten Namensaktien) oder kartellrechtlicher Art, als Voraussetzung für die Rechtswirksamkeit des Unternehmens- oder Anteilserwerbs (Rz 33).

Regelungen über die **Aufteilung des (unterjährigen) Gewinns** zwischen Er- 31 werber und Veräußerer beeinflussen i.d.R. den Erwerbszeitpunkt nicht. Nach § 101 BGB (Verteilung der Früchte nach der Besitzzeit) ist der Veräußerer bei

[9] Vgl. zum Nachfolgenden auch VÖLKNER, PiR 2005, S. 30ff.

unterjährigem Verkauf berechtigt, die bis dahin erwirtschafteten Gewinne zu beziehen. Diese Regelung wird in der Praxis häufig abbedungen. Bei Vertragsschluss am Ende eines Geschäftsjahrs wird etwa dem Erwerber das Gewinnbezugsrecht für das gesamte Geschäftsjahr gewährt. Eine solche Abrede beeinflusst nur die Höhe des erworbenen Vermögens.

Beispiel
Am 30.6. erwirbt MU jeweils 100 % der Anteile an der TU-1 und der TU-2. In den Kauf- und Abtretungsverträgen ist Folgendes bestimmt:

- Vertrag über TU-1: Der Kaufpreis beträgt 1.060, das Eigenkapital der TU (Buchwert = Zeitwert) 260 per 30.6. Darin enthalten ist ein Betrag von 60 aus dem Gewinn des ersten Halbjahres. Gewinne der TU-1 stehen MU bereits ab Jahresanfang zu.
- Vertrag über TU-2: Der Kaufpreis beträgt 1.000, das Eigenkapital der TU (Buchwert = Zeitwert) 260 per 30.6. Die Gewinne des ersten Halbjahres stehen noch dem Veräußerer zu, an den ein entsprechender Betrag nach Erwerb noch auszuschütten ist.

Die Konsequenzen sind wie folgt:

- Im Falle der TU-1 beträgt das erworbene Vermögen 260, der *goodwill* somit 800 (1.060 – 260).
- Im Falle der TU-2 erwirbt MU ein mit einer Ausschüttungsverpflichtung zugunsten des Altgesellschafters belastetes Vermögen. Unter Berücksichtigung dieser bereits bei der Erstkonsolidierung zu passivierenden Schuld beträgt das erworbene Nettovermögen nur 200, der *goodwill* wie in Fall 1 also 800 (1.000 – 260 – 60).

Eine Vereinbarung, wonach dem Erwerber auch die „Altgewinne" zustehen, führt somit nicht zu einer Vorverlagerung des Erwerbszeitpunktes. Die „Altgewinne" bleiben **vorkonzernliche** Gewinne, die nicht in die Konzern-GuV eingehen. Lediglich der Umfang des Erstkonsolidierungs**vermögens** sowie ggf. der **Kaufpreis** werden beeinflusst. Wird die Gewinnbezugsabrede zutreffend im Kaufpreis berücksichtigt, bleibt der *goodwill* unberührt. Ist der Kaufpreis ohne Rücksicht auf die Gewinnbezugsrechte zustande gekommen, variiert mit dem Erstkonsolidierungsvermögen die Höhe des *goodwill.*

32 Im Falle **vertraglicher Rückwirkungen** ist u. E. der frühere vereinbarte Eigentumsübergangszeitpunkt ohne weiteres dann heranzuziehen, wenn zu diesem Zeitpunkt tatsächlich **Besitz, Kontrolle, Fruchtziehungsrecht** usw. übergegangen sind. Hingegen wird man Fälle ohne tatsächlichen früheren Besitzübergang unter dem Gesichtspunkt früherer **faktischer Übertragungsverpflichtung** und faktischen Geschäftsgebarens im Zwischenzeitraum im Einzelfall würdigen müssen (Rz 35). Eine kurze Rückwirkung kann daneben unter *materiality*- und *cost-benefit*-Gesichtspunkten zulässig sein. So wird man bspw. bei einer Einigung am 10. Januar mit Rückwirkung auf den 1. Januar das frühere Datum schon deshalb als Erstkonsolidierungszeitpunkt wählen, weil sich dadurch die Aufstellung eines Zwischenabschlusses auf das spätere Datum erübrigt.

Im Falle **gesellschaftsrechtlicher Gremienvorbehalte** gilt Folgendes: 33

- Bedarf die Wirksamkeit der Anteilsübertragung einer Zustimmung durch Aufsichtsrat oder Gesellschafterversammlung des **Veräußerers,** ist bis zur Erteilung dieser Zustimmung aus Sicht des Erwerbers völlig unsicher, ob der Vertrag wirksam wird. Der beherrschende Einfluss geht noch nicht über.
- Besteht der Gremienvorbehalt hingegen nur noch zugunsten eines Organs des **Erwerbers,** liegt der Einfluss über das Erwerbsobjekt bereits in seiner Sphäre.

Bei **kartellrechtlichen Genehmigungsvorbehalten** ist zunächst auf die Wahrscheinlichkeit der Genehmigung abzustellen. Ist das Ermessen der Behörde eher gering und muss sie die Genehmigung mit hoher Wahrscheinlichkeit erteilen, kann ein Kontrollübergang bereits vor Genehmigung infrage kommen.

Ist der Veräußerer gehalten, im Schwebezeitraum **(quasi-)treuhänderisch** zu handeln, wesentliche Investitions-, Personalentscheidungen usw. nicht oder nur in Absprache mit dem Erwerber zu treffen, kann auch bei ermessensbehaftetem Genehmigungsverfahren ein Übergang bereits **vor** dem Genehmigungsdatum denkbar sein.

Verallgemeinert stellt sich hier die Frage, welches Datum als Erwerbszeitpunkt 34
infrage kommt, wenn zwischen Verhandlung über und dinglichem Vollzug des Erwerbs eine Reihe von Zwischenschritten liegt. Zur Veranschaulichung dieses Problems ist in Abb. 1 der **Erwerbsprozess als Zeitstrahl** wiedergegeben. Entscheidend sind die wirtschaftlichen Wirkungen der einzelnen Erwerbsschritte, die mit ihrer rechtlichen Qualität zwar tendenziell, aber nicht als Eins-zu-eins-Beziehung zusammenhängen.

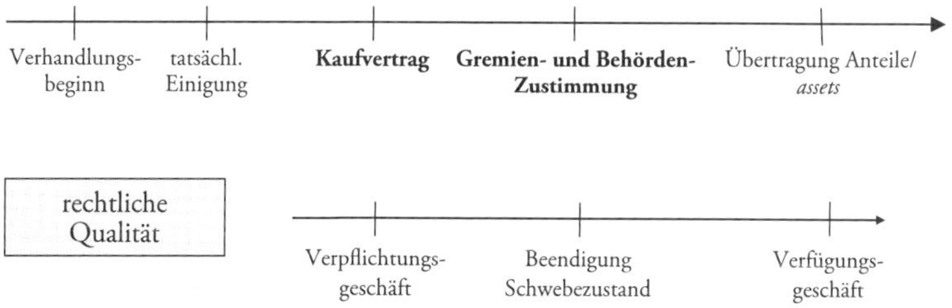

Abb. 1: Erwerbsprozess als Zeitstrahl

- **Frühester Erwerbszeitpunkt** ist i.d.R. die **Unterzeichnung** des Kaufvertrages, mit dem nicht oder nur noch eingeschränkt umkehrbare Erwerbsansprüche entstanden sind. Als noch früherer Erwerbszeitpunkt kommt ausnahmsweise die tatsächliche Einigung und/oder ein *Memo of Understanding* infrage, wenn dadurch faktische Erwerbszwänge (z.B. Rufschädigung durch Rücknahme einer den Kauf ankündigen Ad-hoc-Meldung) oder rechtliche Pflichten (Schadenersatzpflicht bei Abbruch der Verhandlung) entstehen.
- **Spätester Erwerbszeitpunkt** ist der **dingliche Vollzug** des Erwerbs durch Abtretung der Anteile *(share deal)* oder Übertragung des Eigentums am vertragsgegenständlichen Vermögen *(asset deal).* Eine evtl. noch spätere Zahlung des Kaufpreises ist unerheblich. Soweit die Abtretung/Eigentumsübertragung zwar sofort, aber zunächst schwebend unwirksam erfolgt und zur Erlangung der Wirksamkeit noch bestimmter Genehmigungen bedarf, ist als

spätester Erwerbszeitpunkt das Vorliegen aller Genehmigungen anzunehmen. Stellen Behördengenehmigungen nur eine Formalität dar, d. h., ist mit an Sicherheit grenzender Wahrscheinlichkeit eine auflagenfreie Genehmigung zu erwarten, erfolgt der Erwerb bereits mit Vereinbarung der Abtretung.

- Die Entscheidung zwischen Kaufvertragszeitpunkt (Verpflichtungsgeschäft) oder dem Zeitpunkt seines wirksamen Vollzugs (dingliches Geschäft) bereitet dann Probleme, wenn die **Rechte des Veräußerers im Zwischenzeitraum beschränkt** sind. Soweit der **Veräußerer** wesentliche Investitions-, Kredit-, Personalentscheidungen nur noch in Absprache mit dem Erwerber treffen darf, hat er i. d. R. die alleinige Kontrolle verloren, da er über die Geschäfts- und Finanzpolitik nicht mehr allein entscheiden kann. Andererseits kann auch der Erwerber in diesem Zwischenzeitraum noch keine neuen Strategien, riskanten Geschäftsmodelle etc. etablieren. Der **Erwerber** hat eher ein **Vetorecht** als Gestaltungsbefugnisse. Aus formaler, rechtlich orientierter Sicht würde daher der Zwischenzeitraum häufig als ein Zustand **gemeinsamer** Kontrolle zu kennzeichnen sein. Der Begriff der Kontrolle hat jedoch zwei Dimensionen. Die Beherrschung über ein Unternehmen übt nicht schon derjenige aus, der die Geschicke des Unternehmens rechtlich bestimmt, es kommt ebenso darauf an, in wessen Interesse bzw. zu wessen Nutzen sie bestimmt werden (→ § 32 Rz 7 ff.). Aus dieser Sicht ist der Zwischenzeitraum zwischen Vertrag und Vollzug einer **Einzelfallwürdigung** zu unterziehen. Soweit dabei schon die Interessen des Erwerbers im Vordergrund stehen, kann eine frühere Erlangung der Kontrolle möglich sein. Irrelevant ist hingegen unter *substance-over-form*-Gesichtspunkten die rechtliche Gestaltung des Schwebezustandes, also etwa die Frage, ob eine kartellrechtliche Genehmigung auflösende Bedingung eines rechtlich schon vollzogenen Erwerbs oder aufschiebende Bedingung für den Erwerb ist.[10]

35 Zum Ganzen folgendes Beispiel:

Beispiel

Sachverhalt

Die M AG erwirbt mit notarieller Urkunde vom 10. August 01 100 % der Anteile an der T GmbH von der A AG. Die Urkunde sieht Folgendes vor:

- Übergang von **Besitz, Nutzen und Lasten zum 1. August 01.** Alle Ergebnisse bis zum 31.7.01 stehen noch der A AG zu (Ende Juli 01 haben M und A abgestimmte Ad-hoc-Meldungen über den bevorstehenden Verkauf veröffentlicht).
- Rechtswirksamkeit der Anteilsübertragung mit **kartellrechtlicher Genehmigung** (diese erfolgt im November 01).
- Im **Zwischenzeitraum** bis zur kartellrechtlichen Genehmigung hat die A AG die Geschäfte der T GmbH mit der Sorgfalt eines ordentlichen Kaufmanns **im Interesse der M GmbH** so zu führen, dass das Anlagevermögen in einem ordentlichen und betriebsbereiten Zustand verbleibt. Größere Investitionen, Neueinstellungen, Entlassungen usw. sollen ebenso wie Änderungen von Produktionsverfahren, der Abschluss von Risikogeschäf-

10 Restriktiver Köster/Missler, in: Thiele/von Keitz/Brücks (Hrsg.), Internationales Bilanzrecht 2008, IFRS 3, Tz 207.

ten, die Umschuldung von Darlehen usw. unterbleiben oder nur nach vorheriger Zustimmung der M AG vorgenommen werden dürfen. Die M AG hat ein Initiativrecht für solche Geschäfte, d.h., sie darf die A AG innerhalb bestimmter Grenzen entsprechend anweisen, muss die A AG aber im Falle eines von ihr nicht verschuldeten Scheiterns der Anteilsübertragung so stellen, als ob dieses Geschäft nicht getätigt worden wäre. Als Sicherheit dient der A AG eine erhebliche Anzahlung auf den Kaufpreis.

Beurteilung

Die A AG verliert spätestens am 10. August 01 die Kontrolle über die T GmbH, da sie im Zeitraum bis zur kartellrechtlichen Genehmigung nur formell die Geschicke der T GmbH bestimmen kann, tatsächlich aber wie ein **uneigennütziger Treuhänder** die Geschäfte im Interesse der M AG führen muss. Schon vor der rechtlichen Wirksamkeit der Anteilsübertragung geht daher bei wirtschaftlicher Betrachtung die Kontrolle auf die M AG über. Möglicherweise ist der Kontrollübergang sogar bereits auf den 1. August 01 erfolgt. Zu diesem Zeitpunkt bestanden im Hinblick auf die öffentliche Bekanntmachung (Ad-hoc-Meldung) bereits **faktische Verpflichtungen.** In analoger Anwendung des Rechtsgedankens aus IAS 37.14a und IAS 37.72b sowie nach dem Grundsatz *substance over form* wird daher nicht auf die Rechtsverbindlichkeit der Anteilsübertragungsverpflichtung durch Beurkundung, sondern auf die frühere faktische Einigung abgestellt werden können. Unter dem Gesichtspunkt der *materiality* ist dies mindestens bei einem verhältnismäßig kurzen Zeitraum zwischen früher vereinbartem Übergang und Beurkundung vertretbar.

Variante

Das Kartellamt verweigert im November endgültig die Genehmigung. Zur Anteilsübertragung kommt es nicht.

Die A AG hat bei rückwirkender Betrachtung nicht wirklich in der Art einer uneigennützigen Treuhand gehandelt, da sie die Erfolge des Zwischenzeitraums anders als im Falle der Genehmigung nicht an die M AG abführen muss. Eine Erstkonsolidierung zum August und Entkonsolidierung im November würde bei nachträglicher Betrachtung den Gesamtvorgang nicht zutreffend wiedergeben (und wäre überdies aufwändig und wenig praxisgerecht). Falls Quartalsabschlüsse (→ § 37) erstellt wurden und deshalb tatsächlich schon eine Erstkonsolidierung erfolgt ist, scheint ein „fehlerkorrigierendes" *restatement* sachgerecht (→ § 24 Rz 16).

Die Auswirkungen, die eine unterschiedliche Bestimmung des Erwerbs- und Transaktionszeitpunktes für die Höhe der Anschaffungskosten haben kann, werden unter Rz 46 dargestellt. 36

Im (üblichen) Fall einer zeitlichen Divergenz von Vertragsschluss und Erlangung der Kontrolle bzw. der dinglichen Rechte an den kontrollvermittelnden Anteilen, stellt sich die weitere Frage, wie **Wertänderungen** im **Zwischenzeitraum** zu würdigen sind. Wie bei anderen Geschäften über Finanzinstrumente mit Divergenz von Vertrags- und Erfüllungsdatum (Termingeschäften) könnte ein erfolgswirksam zu erfassendes **Finanzderivat** vorliegen. IAS 39.2(g) schließt eine entsprechende Behandlung jedoch. aus, wenn der Zeitraum zwischen Vertragsschluss und Kontroll- 37 erlangung nicht länger ist, als vernünftiger Weise für die Abwicklung der Transaktion und die Erlangung von Genehmigungen benötigt wird (→ § 28 Rz 24).

> **Beispiel**
> Am 1.11.01 schließen K als Käufer und der nicht nahestehende B als Verkäufer einen Kaufvertrag über 100 % der Anteile an der TU. Der Kaufpreis wird mit 100 fixiert und entspricht nach Einschätzung der Parteien dem Unternehmens-/Anteilswert.
> Die Übertragung des Eigentums an den Anteilen findet planmäßig am 2.1.02 statt. Per 31.12.01/1.1.02 ist der Wert der Anteile durch nicht vorhersehbare Ereignisse auf 80 gesunken. Fraglich ist, ob K per 31.12.01 eine derivative Verbindlichkeit von 20 aufwandswirksam einzubuchen und V einen derivativen Vermögenswert gleichen Betrags ertragswirksam zu erfassen hat.
> **Beurteilung**
> Nach IAS 39.2g ist bei beiden Parteien kein Derivat zu erfassen.

Die Nichtanwendung von IAS 39.2(g) gilt, wie durch das *Annual Improvements Project* 2009 klargestellt, nur für **unbedingte Termingeschäfte** (über mehrheitsvermittelnde Anteile), hingegen nicht für bedingte Kontrakte **(Optionen).** Zu Optionen wird auf → § 32 Rz 160ff. verwiesen.

2.4 Bestimmung der Anschaffungskosten

2.4.1 Kaufpreisstundung

38 Der Kaufpreis für den Unternehmenserwerb ergibt sich in erster Linie aus dem *fair value* der hingegebenen Vermögenswerte IFRS 3.37. Erfolgt die Kaufpreiszahlung in Geld, ist der Geldbetrag aber erst deutlich nach dem Erwerbszeitpunkt zu entrichten, ist eine **Abzinsung** vorzunehmen. Als Abzinsungssatz können die Grenzfremdkapitalkosten des Erwerbers dienen.[11]

2.4.2 Anschaffungsneben- und Emissionskosten

39 In der Behandlung von Anschaffungsnebenkosten unterscheiden sich die die alte und die ab 2009/10 anwendbare Fassung von IFRS 3.

- Nach IFRS 3.29 rev. 2004 sind **direkt zurechenbare Kosten** des Unternehmenserwerbs in die Anschaffungskosten einzubeziehen. Beispielhaft werden **Honorare** für Wirtschaftsprüfer, Rechtsberater, Gutachter und andere im Zusammenhang mit dem Unternehmenserwerb tätige Berater genannt. Somit gehören z.B. auch Kosten einer *due diligence* zu den Anschaffungskosten ebenso Grunderwerbsteuern. Nicht einzubeziehen sind hingegen **Verwaltungsgemeinkosten**, die z.B. als Personalkosten in einer Abteilung *mergers and acquisitions* entstehen; sie sind **aufwandswirksam** zu verbuchen.
- Nach IFRS 3.53 sind anschaffungsbezogene Kosten *(acquisition related costs)* hingegen immer als **Aufwand** zu behandeln, unabhängig davon, ob sie direkt zurechenbar sind oder nicht.

11 Heuser/Theile, IFRS-Handbuch, 4. Aufl., 2009, Tz 3250.

Fraglich ist die Behandlung von direkt zurechenbaren **Transaktionskosten,** die noch **im** Geltungsbereich des **alten Rechts** (i. d. R. also bis 31.12.2009) angefallen sind, während der **Unternehmenszusammenschluss** selbst erst im Geltungszeitraum des **neuen Rechts** vollzogen wird.

> **Beispiel**
> U erwirbt für 1.000 sämtliche Anteile an der TU. Für *due diligence* etc. fallen noch in 2009 Kosten von 100 an. Der Unternehmenserwerb wird erst in 2010 vollzogen. Der Zeitwert des Vermögens zum Erwerbszeitpunkt beträgt 700. Fraglich ist u. a., ob der *goodwill* mit 1.000 - 700 = 300 oder mit 1.100 - 700 = 400 anzusetzen ist.

Auf eine entsprechende Anfrage lässt der IFRIC in Form einer *Agenda Rejection* (sog. Non-IFRIC) ein weitreichendes **Wahlrecht** gelten:

- Die noch im Geltungsbereich des alten Rechts (2009) angefallenen Anschaffungsnebenkosten können wahlweise im Jahr des Anfalls bereits aufwandswirksam verrechnet oder aktivisch abgegrenzt werden.
- Entscheidet sich das Unternehmen für eine aktive Abgrenzung, kann es in der Periode der Kontrollerlangung nach neuem Recht (2010) einen in der Vorperiode gebildeten Abgrenzungsposten wahlweise erfolgswirksam auflösen oder erfolgsneutral gegen das Eigenkapital verrechnen.[12]

Die Aufwandsverrechnung von Anschaffungsnebenkosten kann nicht dadurch umgangen werden, dass die Transaktionskosten dem **Veräußerer** auferlegt und im Rahmen des Kaufpreises vergütet werden (IFRS 3.52). Als tatsächlicher Kaufpreis gilt dann nur der nach Abzug dieser Kosten verbleibende Betrag. Ebenso ist u. E. eine Aufwandsverrechnung geboten, wenn sich der Veräußer die im Rahmen einer ***vendor due diligence*** entstandenen Kosten vom späteren Käufer ersetzen lässt. 40

Die unterschiedliche Behandlung anschaffungsbezogener direkter Kosten nach IFRS 3 – Aufwand – und nach Steuerrecht – Aktivierung als Nebenkosten des Beteiligungserwerbs – kann bereits zum Erstkonsolidierungszeitpunkt zu einer **Steuerlatenzierung** wegen *outside basis differences* führen (→ § 26 Rz 66).

Wegen der bei **Aufstockungen** anfallenden Anschaffungsnebenkosten wird auf Rz 156 verwiesen.

Kosten der Eigenkapitalausgabe **(Emissionskosten)** beim Erwerb durch Anteilstausch, Kapitalerhöhung usw. sind nicht als Aufwand zu behandeln (IFRS 3.53), sondern vielmehr vom **Eigenkapital abzuziehen.** 41

Die **Abgrenzung** von anschaffungsbezogenen und Emissionskosten kann im Einzelfall schwierig sein. Auch aus *materiality*-Gründen sind dann pragmatische Entscheidungen zu treffen.

> **Beispiel**
> Die TU GmbH wird gegen Kapitalerhöhung in die MU AG eingebracht. Im Rahmen der Einbringung entstehen u. a. Kosten für die aktienrechtliche Prüfung der Werthaltigkeit der eingebrachten Anteile, für die notarielle Beur-

12 Vgl. FREIBERG, PiR 2009, S. 311ff., und BUSCHHÜTER, IRZ 2009, S. 297ff.

kundung der Abtretung der GmbH-Anteile und deren Registeranmeldung, für die Ausgabe der neuen Aktien und für Grunderwerbsteuer.

Beurteilung

- **Grunderwerbsteuer**, Notar- und (die GmbH betreffende) Handelsregisterkosten wären auch dann entstanden, wenn der Erwerb der GmbH-Anteile gegen Geld und nicht durch Ausgabe junger Aktien erfolgt wäre. Sie sind daher als anschaffungsbezogene Kosten zu berücksichtigen.
- Die Kosten für die **Ausgabe** der neuen Aktien sind demgegenüber gegen den Kapitalerhöhungsbetrag zu verrechnen.
- Pragmatisch ist hinsichtlich der Kosten der **Werthaltigkeitsprüfung** zu entscheiden: Einerseits ist sie aktienrechtlich durch die Ausgabe der jungen Aktien veranlasst, andererseits sind Wertfeststellungen auch unabhängig von dieser Vorgabe notwendig *(due diligence)*. Tritt die Werthaltigkeitsprüfung neben eine *due diligence*, können die Kosten gegen Eigenkapital verrechnet werden. Trägt die Prüfung Züge einer ansonsten nicht stattfindenden *due diligence*, ist eine Behandlung als anschaffungsbezogene Kosten sachgerecht.

2.4.3 Anschaffung gegen Tausch von Anteilen oder anderen Vermögenswerten

42 Die Anschaffungskosten bestimmen sich im einfachsten Fall aus den hingegebenen Zahlungsmitteln oder Zahlungsmitteläquivalenten. Wird der Erwerb (teilweise) durch den **Tausch** von Anteilen oder anderen Vermögenswerten abgewickelt, ist deren beizulegender **Zeitwert** zum Erwerbszeitpunkt *(acquisition date)* maßgeblich.

43 **Ausgabe eigener börsengängiger Wertpapiere** ergeben sich die Anschaffungskosten aus dem Börsenkurs zum Transaktionszeitpunkt, es sei denn, der Börsenkurs sei ein unzuverlässiger Indikator, etwa wegen eines engen Marktes (*thinness of the market*; IFRS 3.33).

44 Gilt der Kursverlauf des Wertpapiers in der Vergangenheit trotz Marktenge als zuverlässiger Wertindikator, ist es in der Nähe des Transaktionszeitpunktes aber zu **außergewöhnlichen Kursschwankungen** gekommen, können die Preise während einer angemessenen Zeit vor oder nach der Veröffentlichung der Bedingungen des Unternehmenserwerbs heranzuziehen sein.

45 Gilt der Kursverlauf wegen der Marktenge generell als nicht hinreichend zuverlässig oder **fehlt** es überhaupt an einer **Börsennotierung,** ist der Zeitwert der ausgegebenen Anteile zu schätzen. Hierbei kommt auch eine **umgekehrte Wertermittlung** infrage. Ist der Wert der vom Erwerber hingegebenen Anteile nicht verlässlich bestimmbar, der der erworbenen Anteile hingegen doch, determiniert der letztgenannte Wert den Kaufpreis (IFRS 3.33). Dies gilt auch für den Erwerb von assoziierten Unternehmen (→ § 33 Rz 48).

Zum Ganzen Abb. 2 und das nachfolgende Beispiel:

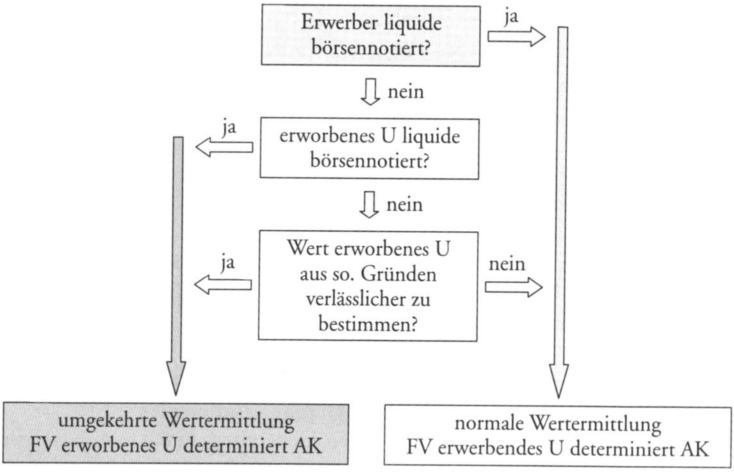

Abb. 2: Wertermittlung bei Anteilstausch

> **Beispiel**
> Die größere börsennotierte **A AG**, schon länger im Besitz von 46 % der Anteile der kleineren B AG, erwirbt gegen Anteilstausch (Kapitalerhöhung) weitere 5 % der Aktien der B AG von einer Investorengruppe. Beide Gesellschaften sind börsennotiert.
> Wegen eines geringen *free floats* sind die börsentäglichen Umsätze in der A-Aktie absolut etwa gleich groß wie die in der B-Aktie, relativ zur jeweiligen Gesamtkapitalisierung aber sehr viel kleiner.
> Der Kurs der A-Aktie ist vor allem an Tagen mit überdurchschnittlichen Umsätzen volatiler als der der B-Aktie.
> Die A AG muss mit Erwerb der Mehrheit eine Erstkonsolidierung durchführen.
> Für die alten Anteile (46 %) bestimmen sich die **Anschaffungskosten** nach den alten Erwerbszeitpunkten.
> Für die neuen Anteile sind die jetzigen Anschaffungskosten maßgeblich, und zwar vorbehaltlich einer abweichenden Gesamtwürdigung eher der **Kurs der B-Aktie**. Beträgt der Gesamtkurswert der neu erworbenen B-Aktien bspw. 1 Mio., der der neu geschaffenen A-Anteile hingegen 1,1 Mio., so sind 1,0 Mio. und nicht 1,1 Mio. Anschaffungskosten die Basis für die (anteilige) Aufdeckung stiller Reserven und für den (anteiligen) *goodwill* im Konzernabschluss. Entsprechendes gilt dann auch für den Beteiligungsansatz im Einzelabschluss, sofern dieser überhaupt zu Anschaffungskosten erfolgt.

Anschaffungskosten sind auf den Erwerbsstichtag (*acquisition date*; Rz 28) zu bestimmen. Auf diesen Stichtag ist auch die Bewertung hingegebener Anteile vorzunehmen, **es sei denn**, der **Stichtagswert** ist wegen Marktenge **kein zuver-** 46

lässiger Indikator. Dies kann insbesondere dann der Fall sein, wenn die vorhergehende Veröffentlichung der anstehenden Transaktionen den Kurswert der vom Erwerber hingegebenen Anteile stark beeinflusst. In diesem Fall ist es sachgerecht, die Kurse vor und nach der Veröffentlichung zu analysieren.

47 Zum Ganzen folgendes Beispiel in Fortsetzung zu Rz 35:

Beispiel

Die börsennotierte M AG erwirbt mit notarieller Urkunde vom 10. August 01 100 % der Anteile an der T GmbH von der A AG. Die Urkunde sieht Folgendes vor:

- Übergang von Besitz, Nutzen und Lasten zum 1. August 01. Alle Ergebnisse bis zum 31.7.01 stehen noch der A AG zu. Am 20. Juli 01 haben M und A abgestimmte Ad-hoc-Meldungen über den bevorstehenden Verkauf veröffentlicht.
- Rechtswirksamkeit der Anteilsübertragung mit kartellrechtlicher Genehmigung (diese erfolgt am 20. November 01).
- Im Zeitraum bis zur kartellrechtlichen Genehmigung hat die A AG die Geschäfte der T GmbH mit der Sorgfalt eines ordentlichen Kaufmanns im Interesse der M AG und bei allen wesentlichen Entscheidungen nur mit vorheriger Zustimmungen der M AG zu führen. Die M AG hat ein Initiativrecht für solche Geschäfte, d.h., sie darf die A AG innerhalb bestimmter Grenzen entsprechend anweisen, muss die A AG aber im Falle eines von ihr nicht verschuldeten Scheiterns der Anteilsübertragung so stellen, als ob dieses Geschäft nicht getätigt worden wäre.
- Der Kaufpreis wird durch Hingabe von 1 Mio. M-Aktien entrichtet. Die M-Aktie notiert wie folgt:
- am 17. Juli mit 47
- am 18. Juli mit 48
- am 19. Juli mit 50
- am 20. Juli (Ad-hoc-Meldung) mit 60 (u.a. weil nach Investoren- und Analystenmeinung der Erwerb der T GmbH die strategischen Aussichten der M AG entscheidend verbessert)
- am 1. August (Rückwirkungsdatum) mit 55 (der ersten Euphorie folgt erste Ernüchterung)
- am 10. August (Vertrag) mit 58 (erneute Euphorie)
- am 20. November (Rechtswirksamkeit) mit 40 (allgemeine Baisse).

Die Anschaffungskosten sind auf den Transaktionstag, d.h. den Tag des Übergangs der Kontrolle, zu bestimmen. Wegen des treuhandähnlichen Verhältnisses bis zur kartellrechtlichen Genehmigung ist dies u.E. spätestens der 10. August. Auch der 1. August ist u.E. vertretbar (Rz 35).

Wird als **Erwerbsstichtag** der 10. August bestimmt, stellt sich noch die Frage, ob als Anschaffungskosten und damit als Grundlage für die *goodwill*-Ermittlung usw. nach dem Kurs dieses Tages 58 Mio. anzusetzen sind oder ob der Kurs vom 19. Juli (**letzter Kurs vor Ad-hoc-Veröffentlichung)** ein besserer Indikator für die Bemessungsgrundlage der Anschaffungskosten ist.

Beide Lösungen sind **vertretbar, soweit** eine **Enge des Marktes** für die Aktie *(thinness of the market)* begründet werden kann:

> Für die 58 Mio. spricht die Kurstendenz nach oben schon vor der Ad-hoc-Mitteilung (Kursentwicklung 17. bis 19. Juli). Eine positive Entwicklung des gesamten Aktienmarktes (oder der Branche) in der Zeit zwischen Mitte Juli und 10. August würde diese Argumentation zusätzlich stützen.
> Für die 50 Mio. spricht, dass dies der letzte von dem Erwerb noch nicht beeinflusste Kurs war. In diesem Fall ist die Abweichung von 8 Mio. im Anhang anzugeben und zu begründen.
> Wird als Erwerbsstichtag der 1. August bestimmt, kann entsprechend zwischen 55 Mio. und 50 Mio. gewählt werden.

Wie das Beispiel zeigt, verlangt die Anschaffungskostenbestimmung bei der Hingabe von eigenen Anteilen eine Einzelfall- und Gesamtwürdigung und ist damit zum Teil eine Angelegenheit der Gewichtung von **Argumenten**. 48

2.4.4 Anschaffungskosten in (gesicherter oder ungesicherter) Fremdwährung

Insbesondere beim Erwerb ausländischer Unternehmen kann der **Kaufpreis** in **Fremdwährung** festgesetzt sein. **Ohne Absicherung** des den Zeitraum zwischen Vertragsschluss und Erlangung der Kontrolle betreffenden Kursänderungsrisikos gilt hier: Maßgeblich für die Höhe der Anschaffungskosten ist der Kurs zum Zeitpunkt der Erlangung der Kontrolle (IFRS 3.32a(i) i.V.m. IAS 21.21). 49

Nimmt der Erwerber eine **Absicherung** des Kursänderungsrisikos (z.B. durch Währungstermin- oder -optionsgeschäfte) vor und sind die Voraussetzungen des *hegde accounting* im Übrigen erfüllt, sind drei Vorgehensweisen diskussionswürdig: 50

- Die **Anschaffungskosten** ergeben sich aus dem Sicherungskurs. Das Sicherungsgeschäft beeinflusst daher die Höhe des *goodwill.*
- Das Sicherungsgeschäft beeinflusst die Zugangswerte aller (oder alternativ nur der non-monetären) **Vermögenswerte und Schulden**. Der „Erfolg“ aus dem Sicherungsgeschäft wird in Analogie zu IAS 39.AG98 als Anpassung der vorgenannten Zugangswerte verrechnet.
- Das Sicherungsgeschäft ist mit Vollzug des Unternehmenszusammenschlusses **erfolgswirksam** in der GuV zu berücksichtigen.

Die dritte Variante ist u.E. abzulehnen, da sie den tatsächlich gegebenen Sicherungszusammenhang ignoriert, den Unternehmenszusammenschluss vielmehr so bilanziert, also ob es keine Sicherung gegeben hätte. Die zweite Lösung fingiert umgekehrt Sicherungszusammenhänge auf einer Ebene, auf der sie tatsächlich gar nicht bestehen, da nicht der Kaufpreis einzelner Vermögenswerte oder Schulden, sondern der einer unternehmerischen Sachgesamtheit abgesichert wird. Die **erste Lösung** ist deshalb **vorzuziehen.** Sie entspricht dem auf den Gesamtkaufpreis, also die Anschaffungskosten, gerichteten ökonomischen Sicherungskalkül.

2.4.5 Abgrenzung eines *earn-out*-Kaufpreises von Vergütungen für sonstige Leistungen

51 Bei Unternehmenstransaktionen wird neben einer fixen Basiszahlung häufig eine **erfolgsabhängige** Zusatzzahlung vereinbart (***earn-out*-Klausel**). IFRS 3.39f. enthält Regelungen, wann und wie solche Zusatzzahlungen in die Erstkonsolidierung einzubeziehen sind (Rz 57).[13]
Logisch vorgeschaltet ist aber die Frage, ob die erfolgsabhängigen Zahlungen tatsächlich einen *earn-out* bzw. Kaufpreisbestandteil darstellen. Sie stellt sich insbesondere dann, wenn der Veräußerer zu fortgesetzten Leistungen verpflichtet wird, etwa für eine längere Übergangszeit als Geschäftsführer des veräußerten Unternehmens tätig ist.[14]

Beispiel
Die V-AG veräußert 100 % der Anteile an dem Beratungsunternehmen T-GmbH an die K-AG zu einem festen Kaufpreis von 1.000. Da das Geschäft der T-GmbH stark personenabhängig ist, vereinbaren die Parteien, dass der bisherige Geschäftsführer GF, der aus dem V-Konzern nicht ausscheiden soll und möchte, für zwei Jahre in der T-GmbH tätig bleibt. Die K-AG hat der V-AG für diese „Personalgestellung" die fixe Jahresvergütung des GF in Höhe von 200 zu erstatten. Darüber hinaus erhält die V-AG eine ergebnisabhängige Vergütung in Höhe von 300, falls über die 2 Jahre ein definiertes Ergebnisziel erreicht wird.
Unklar ist, ob die erfolgsabhängige Zahlung Kaufpreisbestandteil oder als Geschäftsführungsvergütung zu qualifizieren ist. Folgendes ist beurteilungserheblich:

- Die Vergütung des Geschäftsführers ist, wenn nur der fixe Teil betrachtet wird, im Fremdvergleich unangemessen niedrig.
- Eine DCF-Bewertung verschiedener Szenarien führt zu Unternehmenswerten zwischen 800 und 1.100.

Bilanzielle Folgen hat die Qualifikation der erfolgsabhängigen Zahlung sowohl beim Erwerber wie beim Veräußerer:

- **Erwerber:** Werden die variablen Zahlungen als Teil der Anschaffungskosten qualifiziert, erhöhen sie den anzusetzenden *goodwill;* erfolgt umgekehrt eine Beurteilung als Vergütung für Geschäftsführung, Personalgestellung usw., sind sie als Aufwand zu buchen.
- **Veräußerer:** Werden die variablen Zahlungen als Teil des Veräußerungserlöses angesehen, erhöhen sie den Entkonsolidierungsgewinn, bei Interpretation als Entgelt für Personalgestellung etc. sind sie hingegen sonstiger Ertrag.

52 Nach allgemeinen (u. a. in IAS 18.13 festgehaltenen) Grundsätzen, kann es unter *substance-over-form*-Gesichtspunkten erforderlich sein,

---

13 Die nachfolgenden Überlegungen sind überwiegend entnommen: LÜDENBACH/VÖLKNER, BB 2006, S. 1435 ff.

14 Vgl. auch WEISER, WPg 2005, S. 269.

- ein **formal** (zivilrechtlich) **einheitliches** Geschäft bilanzrechtlich als eine Mehrzahl von Transaktionen (*multi-element transaction* bzw. **Mehrkomponentengeschäft**) oder
- umgekehrt **formal getrennte** Geschäfte bilanzrechtlich als einen **einheitlichen** Geschäftsvorfall zu würdigen.

Diese Grundsätze werden in IFRS 3.51 und IFRS 3.B50ff. für den Unternehmenserwerb konkretisiert. Hiernach sind u. a. folgende Faktoren bei der Abgrenzung zwischen Kaufpreis und Vergütung für sonstige Leistungen zu beachten: 53

- **Angemessenheit** der nicht erfolgswirksamen Vergütung der **sonstige Leistungen,**
- Höhe der fixen Kaufpreiszahlung im Verhältnis zur **Bewertungsbandbreite** für das **erworbene Unternehmen.**

Im Beispiel unter Rz 51 kommt es danach darauf an, ob die Vergütung für die Geschäftsführungsleistung ohne Einbeziehung der variablen Komponente im Fremdvergleich zu niedrig ist und ob der fixe Kaufpreis schon am oberen Ende des Intervalls möglicher Unternehmenswerte liegt. Wird beides bejaht, ergibt sich ein eindeutiges Ergebnis: Die erfolgsabhängige Vergütung ist kein *earn out*, sondern Geschäftsführungsvergütung. In vielen Fällen ist die Würdigung unter Mehrkomponentengesichtspunkten jedoch nicht so eindeutig, sondern „a *matter of judgement that depends on the relevant facts and circumstances*".[15]

Auch **außerhalb** des Geschäftsführungsfalls können sich Abgrenzungsprobleme zum Kaufpreis ergeben. Dazu folgendes Beispiel: 54

Beispiel
Die V-AG ist hauptsächlich Kapitalanlagevermittler. In der Vergangenheit hat sie in geringem Umfang auch durch die eigene Tochtergesellschaft B-GmbH errichtete Immobilien vertrieben. Im Rahmen der Fokussierung auf die Kapitalanlagevermittlung veräußert die V-AG ihre Bausparte an das Bauunternehmen K-AG. Die Parteien vereinbaren im Kaufvertrag einen Gesamtkaufpreis, der in einem Teilbetrag unbedingt und sofort zahlbar ist, in einem weiteren davon abhängt, dass die V-AG für einen Zeitraum von 3 Jahren ab dem *closing date* weiterhin in einem bestimmten Mindestumfang (die Hälfte des bisherigen Vermittlungsvolumens) von der B-GmbH errichtete Immobilien an Kapitalanleger vermittelt. Unabhängig von der Erreichung dieses Gesamtziels erhält die V-AG auf Basis eines Maklerrahmenvertrags für jede einzelne Vermittlungsleistung den branchenüblichen Provisionssatz.

Die zivilrechtliche Bezeichnung und Behandlung der variablen Zahlung ist nach dem Grundsatz *substance over form* unerheblich. Eine wirtschaftliche Betrachtung ist notwendig. Sie steht vor folgendem **Abwägungsproblem:**

- Dass die V-AG für ihre Vermittlungstätigkeit bereits eine Einzelvergütung erhält, die für sich betrachtet ein marktübliches Niveau erreicht, spricht **gegen** die Qualifizierung der erfolgsabhängigen Vergütung als Vermittlungsentgelt und für einen Kaufpreisbestandteil *(earn-out).*

---

15 EITF 95–8, EITF Discussion.

- Dieser Qualifizierung steht allerdings entgegen, dass *earn-out*-Klauseln i. d. R. an Erfolgsgrößen des Veräußerungsobjekts wie z.B. den Umsatz oder das EBIT anknüpfen. Die bedingte Zahlung im Beispiel ist hingegen von der eigenen Vermittlungsleistung des Veräußerers abhängig und insbesondere nicht mit Gesamtgrößen saldierungsfähig. Bleibt etwa der Gesamtumsatz des Veräußerungsobjekts hinter den Erwartungen der Parteien zurück, vermittelt aber der Veräußerer die Hälfte des bisherigen Durchschnittsumsatzes, hat er Anspruch auf seine Zusatzvergütung: Übertrifft der Gesamtumsatz alle Erwartungen, hat aber der Veräußerer weniger beigetragen als vereinbart, verfällt sein Anspruch.

Da somit Gründe für wie gegen das Vorliegen eines *earn-out* sprechen, ist nach der **ökonomischen Zielsetzung** der Regelung, also danach zu fragen, warum die Parteien keine Abhängigkeit vom Gesamtumsatz vereinbart haben. Erklärend könnte sein, dass der Veräußerer Gesamtgrößen wie Umsatz oder EBIT nicht beeinflussen kann. Eine entsprechende Regelung würde daher den Zweck von *earn-out*-Klauseln, Informationsasymmetrien zwischen Veräußerer und Erwerber abzubauen sowie gleichzeitig dem Vertragsgeist nicht entsprechende Handlungen des Erwerbers zu vermeiden, nur unzureichend erfüllen. Dies könnte erklären, warum eine spezifischere *(earn-out-)*Klausel zur Anwendung gelangt. Allerdings ist zuzugestehen, dass die **Grenzen** zwischen als Kaufpreis zu wertenden *earn-out*-Klauseln und Vergütungen für sonstige Leistungen in vielen Fällen **nicht eindeutig** zu ziehen, Abgrenzungsentscheidungen also stark **einzelfall**- und **ermessens**abhängig sind.

55 Wegen der Qualifizierung beim Unternehmenserwerb gewährter Anteilsvergütungen an Arbeitnehmer **(Aktienoptionen)** wird auf →§ 23 Rz 142 verwiesen.

56 Auch ohne Erfolgsabhängigkeit kann ein scheinbarer Kaufpreisbestandteil als Personalaufwand zu qualifizieren sein. Nach IFRS 3.B55a kommt dies insbesondere für Kaufpreisanteile infrage, die mit einer **Zeitbedingung** verbunden sind, und verfallen, wenn der Veräußernde nicht eine festgelegte Mindestzeit nach Erwerb im Unternehmen verbleibt. Im Hinblick auf die einleitende Formulierung von IFRS 3.55 – *„indicators to be considered“* – führt eine Zeitbedingung aber u. E. **nicht zwingend** zu einer Qualifizierung als Personalaufwand.

Beispiel

Anteilseigener der ABCDE Beratungs-GmbH waren bisher mit je einem Fünftel die Gesellschaftergeschäftsführer A bis E. X erwirbt die GmbH gegen einen Kaufpreis von 20 Mio. (4 Mio. je Anteilsveräußerer), dem ein Nettovermögen von 8 Mio. gegenübersteht. Der Kaufvertrag sieht eine Fortsetzung der Geschäftsführungstätigkeit der Veräußerer für mindestens drei Jahre vor. Scheidet einer der Veräußerer vor Ablauf der 3 Jahre als Geschäftsführer aus, so verfällt sein Kaufpreisanspruch und erhöht sich gleichzeitig der der Verbleibenden. Scheiden alle aus, reduziert sich der Kaufpreis auf null. Ein solcher Fall gilt aber als extrem unwahrscheinlich, da der letzte Verbliebene mit seinem Ausscheiden auf eine ihm sonst allein zustehende Zahlung von 20 Mio. verzichten würde.

Beurteilung

1. Bei wörtlicher Anwendung von IFRS 3.B55a sind die 20 Mio. insgesamt als Personalaufwand zu qualifizieren. Beim Unternehmenserwerb entstünde

somit ein sofort ertragswirksamer negativer Unterschiedsbetrag von 8 Mio. (Kaufpreis 0 Mio. minus Nettovermögen von 8 Mio.).

2. Unter Berücksichtigung des Einleitungssatzes zu IFRS 3.B55 scheint es aber auch vertretbar, im Hinblick auf die extreme Unwahrscheinlichkeit eines Ausscheidens aller 5 Veräußerer einen fixen Kaufpreis von 20 Mio. anzunehmen, somit keinen Personalaufwand anzusetzen, und einen *goodwill* von 12 Mio. zu erfassen.

2.4.6 Bedingte Kaufpreisbestandteile: Erfolgs-, Kurs- und Bilanzgarantien

2.4.6.1 Anschaffungskosten nach tatsächlichen Zahlbeträgen oder nach *fair value* der Garantie?

Ein Vertrag über einen Anteils- oder Unternehmenserwerb kann eine Anpassung des Kaufpreises vorsehen, wenn 57

- das erworbene Unternehmen in einem bestimmten Zeitraum nach dem Erwerb bestimmte Erfolgsziele unter- oder überschreitet (*earn-out*-Modelle) (**Erfolgs-„Garantie"**) oder
- die als Kaufpreis(bestandteil) hingegebenen Anteile innerhalb einer bestimmten Frist bestimmte Kurswerte unterschreiten (**Kursgarantie des Erwerbers**).
- die Höhe des Eigenkapitals oder einzelner Bilanzposten einen garantierten Betrag nicht erreicht **(Bilanzgarantie des Veräußerers)**.

Bei *earn-out*-Regelung ist vorab zu klären, ob tatsächlich ein erfolgsabhängiger Kaufpreis vorliegt oder ein Mehrkomponentengeschäft (Rz 51), in dem der Veräußerer neben der Übertragung des Erwerbsobjekts auch **unterscheidbare** sonstige Leistungen **verspricht** und dafür ein **Entgelt erhält.**

Fraglich ist, ob bei der Einbeziehung bedingter Kaufpreisbestandteile in die Konsolidierung 58

- auf den nach Beseitigung der Unsicherheit tatsächlichen gezahlten/nicht gezahlten Wert abzustellen oder
- der *fair value* zum Erstkonsolidierungszeitpunkt maßgeblich ist und Abweichungen des tatsächlichen Verlaufs von diesem Wert die Konsolidierung nicht mehr betreffen.

Dem ersten Ansatz folgte IFRS 3 rev. 2004. Ungewisse Anschaffungskosten *(cost contingent on future events)* waren im Erwerbszeitpunkt nur insoweit zu berücksichtigen, als sie **verlässlich bestimmbar** und **wahrscheinlich** waren. Bei einer späteren Revision der ursprünglichen Annahmen waren die Anschaffungskosten anzupassen (IFRS 3.33f. rev. 2004).

- Im Falle einer ***earn-out*-Klausel** gegen die Residualgröße *goodwill.*
- Im Falle einer **Kursgarantie** für ausgegebene **Anteile** gegen Eigenkapital (regelmäßig in der Kapitalrücklage).
- Im Falle einer Kursgarantie für ausgegebene **Schuldinstrumente** (Anleihen) als Anpassung des Zinsaufwands über die Restlaufzeit.

IFRS 3 rev. 2008 folgt dem zweiten Ansatz: Gewährte Garantien sind im Rahmen der Erstkonsolidierung mit ihrem *fair value* anzusetzen (IFRS 3.39). Der so bestimmte Wert der Garantie ist Bestandteil der Anschaffungskosten. Die davon abweichende spätere tatsächliche Entwicklung führt hingegen

- bei *earn-out*-Klauseln zu Ertrag oder Aufwand (IFRS 3.58b),
- bei Kursgarantien immer dann zu Ertrag oder Aufwand, wenn die Garantie in bar geleistet und deshalb als finanzielle Verbindlichkeit zu qualifizieren ist; dann nicht immer zu Ertrag oder Aufwand, wenn die Garantie durch Ausgabe weiterer Aktien erfüllt und deshalb ggf. als Eigenkapitalinstrument gilt (IFRS 3.58a).

Eine Anpassung der Erstkonsolidierung findet nur für die binnen 12 Monaten nach dem Erwerbsstichtag erlangte bessere Erkenntnis statt (IFRS 3.45).

59 Die Abgrenzung zwischen einer finanziellen **Verbindlichkeit** und **Eigenkapital** ist dann nicht immer eindeutig, wenn **mehrere Derivate** in der Vereinbarung enthalten sind. Nach IAS 39.AG 29 ist dann eine getrennte Behandlung gefordert, wenn die Derivate sich auf leicht unterscheidbare und voneinander unabhängige Risiken beziehen.

Beispiel

MU erwirbt 100 % an TU. Der Kaufpreis wird in Aktien der MU entrichtet, ist aber zugleich von der Erreichung nicht kumulativer Jahreserfolge abhängig. Der Veräußerer erhält 1 Mio. Aktien, wenn TU im ersten Geschäftsjahr nach Erwerb einen Gewinn von mindestes 10 Mio. erzielt. Entsprechendes gilt für das zweite Geschäftsjahr. Eine kumulierte Betrachtung des Ergebnisses beider Geschäftsjahre findet nicht statt.

Lösung 1

Wegen der nicht kumulativen Gestaltung liegen zwei unabhängige Vereinbarungen vor, die bei MU jeweils als Eigenkapital zu qualifizieren sind.

Lösung 2

Das Risikoprofil der Vereinbarung hängt einerseits von der Erfolgsentwicklung der TU, andererseits von der Wertentwicklung der Aktien der MU ab. Beide Effekte sind nicht leicht zu separieren. Die Vereinbarung führt insgesamt zu einer finanziellen Verbindlichkeit.

60 Die Neuregelung in IFRS 3 bedingt eine Abstimmung mit IAS 39. Bisher unterlagen im Rahmen eines Unternehmenserwerbs vereinbarte *contingent considerations* aus Sicht des Erwerbers nicht den Regelungen für Finanzinstrumente (IAS 39.2f). Als Folgeänderung von IFRS 3 rev. 2008 ist diese Ausnahme vom Anwendungsbereich des IAS 39 gestrichen worden.

Allerdings sind die Anwendungsbestimmungen (*effective date*) des IFRS 3 rev. 2008 und des *Amendment* zu IAS 39 nicht aufeinander abgestimmt worden. Danach ergab sich etwa im Falle eines kalendergleichen Geschäftsjahrs und einer über mehrere Jahre laufenden Kaufpreisanpassungsklausel folgender **Konflikt:**

- Erwerb eines Unternehmens in 2009, also nach altem Recht.
- Demzufolge Anwendung der **Altregelungen von IFRS 3 rev. 2004** für den gesamten Anpassungszeitraum (IFRS 3.64 rev. 2008).
- Jedoch Anwendung der **Neuregelungen von IAS 39** schon ab 2010 (IAS 39.103D).

Das *Annual Improvements Project* 2010 sorgt durch eine Änderung von IAS 39.103D für eine Anpassung an IFRS 3. Im vorliegenden Fall würden danach über den gesamten Kaufpreisanpassungszeitraum noch die Altregeln gelten (Rz 218).

2.4.6.2 *Earn-out*-Klauseln

Nach IFRS 3.39ff. sind **bedingte Anschaffungskosten** (***contingent consideration***) wie folgt zu erfassen: 61

- Sie sind bei der Erstkonsolidierung mit ihrem *fair value* zu berücksichtigen (IFRS 3.39).
- Soweit die bedingten Anschaffungskosten zu einer bedingten finanziellen Verbindlichkeit führen – wovon bei *earn-out*-Klauseln regelmäßig auszugehen ist –, erfolgt auch die Folgebewertung zum *fair value*, wobei dessen Änderung erfolgswirksam zu buchen ist (IFRS 3.58(a)(i)).
- Eine Ausnahme besteht lediglich für Anpassungen binnen 12 Monaten nach Erwerb. Sie führen zu einer Anpassung der Anschaffungskosten und damit des *goodwill* (IFRS 3.45), sofern sie wertaufhellenden Charakter haben und nicht aus nacherwerblichen (wertändernden) Ereignissen (*post combination events*) resultieren.

Beispiel

Erwerber E verhandelt mit Veräußerer V über den Erwerb der zu 100 % von V gehaltenen C. Der Buchwert des Vermögens (= Zeitwert) entspricht 1.000 GE. Aufgrund einer vorsichtigen Einschätzung des künftigen Ertragspotenzials ist E bereit, 1.200 GE für die Anteile zu zahlen. V verlangt allerdings 1.500 GE.

Zur Beschleunigung des Verhandlungsprozesses und Vermeidung einer zu kosten- und zeitintensiven *due diligence* vereinbaren die Parteien neben einer festen Zahlung von 1.200 GE eine erfolgsabhängige Zahlung. Sie beträgt 150 GE, wenn das EBITDA der C in den 3 Jahren nach Erwerb kumuliert mindestens 400 GE beträgt, 300 GE, wenn kumuliert mindestens 450 erreicht werden.

A hat zum Erwerbszeitpunkt 31.12.00 folgende Erwartungen:

EBITDA	bedingter Kaufpreis K	Wahrscheinlichkeit p	K × p
< 400	0	20 %	0
< 400, aber < 450	150	30 %	45
>= 450	300	50 %	150
			fair value: 195

U bucht per 31.12.00:

Konto	Soll	Haben
Vermögen C	1.000 GE	
Geld		1.200 GE
goodwill	395 GE	
Kaufpreisverbindlichkeit		195 GE

Das erste Jahr nach Erwerb entwickelt sich nicht ganz so gut wie erwartet. Per 31.12.01 korrigiert U daher seine Wahrscheinlichkeitseinschätzungen und berechnet den *fair value* der bedingten Kaufpreisverbindlichkeit neu mit 100. Die Anpassung erfolgt binnen 12 Monaten und ist daher als Korrektur des *goodwill vorzunehmen, wenn* die revidierte Ergebniserwartung Folge besserer Erkenntnisse (Wertaufhellung) und nicht Folge geänderter Verhältnisse (Wertänderung) ist:

Konto	Soll	Haben
Kaufpreisverbindlichkeit	95 GE	
goodwill		95GE

Das zweite Jahr entwickelt sich sehr viel besser. Insgesamt entspricht die Entwicklung nunmehr wieder den ursprünglichen Erwartungen. U erhöht die Kaufpreisverbindlichkeit wieder auf 195, diesmal jedoch erfolgswirksam.

Konto	Soll	Haben
Aufwand	95 GE	
Kaufpreisverbindlichkeit		95GE

Im dritten Jahr gibt es einen Konjunktureinbruch. Das untere Erfolgsziel der 3 Jahre wird knapp verpasst. Per 31.12.03 bucht U daher:

Konto	Soll	Haben
Kaufpreisverbindlichkeit	195 GE	
Ertrag		195 GE

Aus der Folgebewertung von *contingent considerations* nach IFRS 3 ergeben sich **Fehlanreize** für die hoch subjektive *fair-value*-Bewertung im Erwerbszeitpunkt. Aus der Sicht des Erwerbers besteht ein Anreiz zur **Überschätzung** der künftigen Verpflichtung im Erwerbszeitpunkt. Diese führt

- im Erwerbszeitpunkt ceteris paribus zu einem **höheren Unterschiedsbetrag** und zeitigt daher keine Ergebniswirkung,
- in der Folgebewertung zu einem **Ertrag aus der Auflösung** der zu hoch angesetzten Verbindlichkeit.

Dabei befindet sich der Erwerber nur vordergründig in einer Zwickmühle. Während der Kaufverhandlungen wird er im taktischen Interesse eines niedrigen Kaufpreises tendenziell Pessimist, nach dem Erwerb im bilanzpolitischen Interesse eher Optimist sein. Diesen Optimismus kann ihm auch im Blick auf eine dokumentierte gegenteilige Haltung während der Verhandlungen niemand verwehren, da er immer behaupten kann, der vorherige Pessimismus sei nur Verhandlungstaktik gewesen.

2.4.6.3 Kursgarantien

62 Auch Kursgarantien sind im Erstkonsolidierungszeitpunkt mit dem *fair value* zu berücksichtigen (IFRS 3.39). Sofern die Garantie in bar zu erfüllen ist und deshalb keinen Eigenkapitalcharakter hat, sind spätere Wertänderungen erfolgswirksam zu buchen (IFRS 3.58 b(i)), es sei denn, binnen 12 Monaten nach dem Erwerb wird eine bessere Erkenntnis über den Wert erlangt (IFRS 3.45 ff.).

Beispiel

MU erwirbt Anfang 01 TU durch Hingabe von Aktien. Die Aktien haben per Erstkonsolidierung einen Wert von zusammen 175. MU garantiert diesen Wert für 2 Jahre. Soweit der Aktienwert am Ende der 2 Jahre unter 175 liegt, hat U den Differenzbetrag in bar zu zahlen.

In die Anschaffungskosten ist der *fair value* der dem Veräußerer eingeräumten Garantie einzubeziehen. Diese hat den Charakter einer Option, bei der MU Stillhalter ist. Zum Erwerbsstichtag sind Ausübungspreis und Aktienkurs identisch, der innere Wert der Stillhalterposition beträgt somit null. Der *fair value* hängt dann wesentlich von der Laufzeit der Option und der Volatilität des Aktienkurses ab. Angenommen sei ein Wert von zunächst 5. MU bucht daher (Abzinsungen vernachlässigt):

Konto	Soll	Haben
Vermögen TU	100	
Eigenkapital		175
goodwill	80	
Verbindlichkeit		5

b) In 01 reduziert sich der Wert der Aktien um 12,5 auf 162,5. Die Wahrscheinlichkeit für eine Kurserholung in 02 ist gering. Der Wert der Stillhalterverpflichtung steigt auf 16. Obwohl die Anpassung innerhalb von 12 Monaten vorgenommen wird, kann sie nicht gem. IFRS 3.45ff. gegen *goodwill* erfasst werden, da sie Folge von Marktwertentwicklungen **nach** dem Erwerbsstichtag (wertändernd) ist. MU bucht daher zum 31.12.01:

Konto	Soll	Haben
Aufwand	11	
Kaufpreisverbindlichkeit		11

c) Das Jahr 02 verläuft besser als erwartet. Die Aktien erreichen mit 170 beinahe wieder den ursprünglichen Kurs. Der Wert der Option sinkt auf 5. MU bucht daher zum 31.12.02:

Konto	Soll	Haben
Kaufpreisverbindlichkeit	11	
Ertrag		11

d) Anfang 03 kommt die verbleibende Kursdifferenz von 5 zur Regulierung. MU bucht:

Konto	Soll	Haben
Kaufpreisverbindlichkeit	5	
Geld		5

Eine Kursgarantie, die sich auf die Wertentwicklung zwischen Abschluss und Vollzug des Kaufvertrages richtet, führt aus Sicht des Erwerbsstichtags nicht zu bedingten Anschaffungskosten. 63

Beispiel
Die börsennotierte A erwirbt B gegen Hingabe von 10.000 neuen (eigenen) Anteilen an die Gesellschafter von B. Der Kaufvertrag wird am 1.4. bei einem Kurs der A-Aktien von 100 (= 1 Mio. in Summe) abgeschlossen. Dieser Kurs ist bis zum dinglichen Vollzug (Erwerbsstichtag) garantiert. Bei Unterschreiten ist ein entsprechender Ausgleich in bar zu leisten. Die neuen Anteile haben einen Nominalwert von je 10, d. h. von 0,1 Mio. in Summe.
Die Anschaffungskosten sind auf den Erwerbsstichtag zu bestimmen. Sie betragen von vornherein 1 Mio. (0,9 Mio. Aktien zum Wert 1.7. + 0,1 Mio. als Barausgleichsverpflichtung).
Ein Anwendungsfall von IFRS 3.56 liegt nicht vor.
Zum 1.7. ist zu buchen:

Konto	Soll	Haben
Vermögenswerte/Schulden/*goodwill*	1 Mio.	
gez. Kapital		0,1 Mio.
Kapitalrücklage		0,8 Mio.
Verbindlichkeit		0,1 Mio.

2.4.6.4 Eigenkapitalgarantien oder Garantien einzelner Posten

64 Nur rudimentär werden in IFRS 3 Fälle der Bilanz- bzw. **Eigenkapitalgarantie** des Verkäufers für das übertragene Unternehmen behandelt. Entsprechende Verträge sehen eine Kaufpreisreduzierung z. B. vor, wenn das Eigenkapital des erworbenen Unternehmens vom Erwerbsstichtag hinter einer garantierten Summe zurückbleibt. Bei der bilanzmäßigen Behandlung ist wie folgt zu differenzieren:

- **Nichteinhaltung** des garantierten Betrags zum **Erwerbszeitpunkt**: Das Unterschreiten des garantierten Betrages berührt zugleich den *fair-value*-Ansatz beim Erwerber. In diesem Fall ist die Kaufpreiserstattungsforderung als Korrektur dieses Ansatzes zu buchen.
- **Spätere Wertänderung**: Der garantierte Betrag wird zu einem späteren Zeitpunkt aufgrund nachträglicher Entwicklungen unterschritten. Der Erstansatz beim Erwerber wird nicht berührt. Die spätere Kaufpreisminderung hat Ähnlichkeit mit einer *earn-out*-Garantie. U. E. ist in analoger Anwendung von IFRS 3.27 und IFRS 3.57 i. d. R. eine Erfolgsbuchung geboten.

65 Wird statt des Eigenkapitals der Wert bestimmter Posten garantiert, etwa das Nichtüberschreiten einer bestimmten Belastung aus einem Passivprozess oder aus dem Ausfall von Forderungen, ist die Garantie als Vermögenswert für Entschädigungsleistungen (*indemnification assets*) zu bilanzieren (Rz 90) und dessen Ansatz, Zugangs- und Folgebewertung nach den für den garantierten Posten geltenden Regeln vorzunehmen (IFRS 3.27 und IFRS 3.57). Hierzu folgendes Beispiel:

Beispiel
Fall A
Der Veräußerer garantiert für einen übertragenen Forderungsbestand von nominell 100 einen Wert von 95 am Übertragungsstichtag.
In der Übergabebilanz werden eine Wertberichtigung von 5 und ein Forderungsbestand von 95 ausgewiesen.
Nach späterer Erkenntnis waren im Forderungsbestand einige verjährte und einige uneinbringliche Forderungen enthalten, sodass der Wert der Forderungen am Übergabestichtag tatsächlich nur 85 betrug. Der Verkäufer erkennt eine Ausgleichsverpflichtung von 10 an.
Diese 10 mindern einerseits die Anschaffungskosten des Erwerbers und andererseits seinen bisher unzutreffenden Erstansatz der erworbenen Forderungen. Die Differenz von Anschaffungskosten und Zeitwert des erworbenen Vermögens bleibt konstant. Somit ändert sich auch der *goodwill* nicht.
Anpassungsbuchung: „Ausgleichsforderung gegen Verkäufer an Debitoren" (eine evtl. erfolgswirksame Forderungsabschreibung wäre zu stornieren).

Fall B
In der Übergabebilanz ist auf den Forderungsbestand von nominell 100 eine zutreffende Wertberichtigung von 5 ausgewiesen. Der Verkäufer garantiert einen Forderungseingang von 80. Aus Sicht des Erwerbsstichtags ist die Wahrscheinlichkeit eines unter 80 liegenden Forderungseingangs vernachlässigbar gering. Wegen nach dem Stichtag liegender wertändernder Ereignisse (*non-adjusting events*; → § 4 Rz 17) gehen tatsächlich aber nur 70 ein.
Die Ausgleichsforderung beträgt 10 (80–70).
Die weiteren 15 Differenz (95–80) zwischen ursprünglichem Ausweis der Forderung und Forderungseingang gehen zulasten des Erwerbers.
Nach IFRS 3 ist die Garantie des Veräußerers zunächst mit null einzubuchen, weil bei dem garantierten Vermögenswert nur mit einer vernachlässigbaren Wahrscheinlichkeit von einer Wertberichtigung auf unter 80 ausgegangen, also das garantierte Risiko bei der Bewertung der Forderung gar nicht berücksichtigt wurde. Nach Änderung der Verhältnisse ist vom Erwerber zu buchen:

Konto	Soll	Haben
Aufwand aus Wertberichtigung	25	
Debitor		25
Entschädigungsforderung	10	
Ertrag		10

Zur nachträglichen besseren Erkenntnis hinsichtlich Ansatzfähigkeit und *fair value* bei nicht wertgarantierten Bilanzposten siehe Rz 122.

2.4.6.5 Ungewisse Kaufpreisbestandteile beim Veräußerer

An speziellen Vorgaben für die bilanzielle Erfassung von *contingent consideration* in der Bilanz des Veräußerers fehlt es. Eine zum Erwerber korrespondierende Behandlung setzt die Kategorisierung als **derivatives Finanzinstrument** gem. IAS 39.9 voraus. Aufgrund bestehender Unschärfen in der Derivate-Definition ist die Kategorisierung aber ermessensbehaftet. 66

Wird eine *contingent consideration* nicht als Finanzderivat behandelt, ist

- ein von der künftigen Entwicklung abhängiger Anspruch auf eine Kaufpreisnachzahlung nicht zu aktivieren,
- eine Verpflichtung zur eventuellen Erstattung eines bestimmten, bereits im Voraus vereinnahmten Kaufpreises hingegen (als erhaltene Vorauszahlung) zu passivieren.[16]

2.4.6.6 Aktienoptionen

67 Wegen der möglichen Einbeziehung beim Unternehmenserwerb ersatzweise gewährter Aktienoptionen als Anschaffungskosten wird auf → § 23 Rz 142ff. verwiesen.

2.5 Ansatz der erworbenen Vermögenswerte und Schulden

2.5.1 Grundlagen

68 Die Anschaffungskosten eines Unternehmenserwerbs (unter Einbeziehung des *fair value* von Altanteilen) sind **vorrangig** auf die **identifizierbaren Vermögenswerte, Schulden** und **Eventualschulden** (*contingent liabilities*) des erworbenen Unternehmens zu verteilen (IFRS 3.10ff.). Nur ein verbleibender Unterschiedsbetrag ist als *goodwill* anzusetzen oder als negativer Unterschiedsbetrag ertragswirksam zu vereinnahmen.

Für den Ansatz und die Bewertung kommt es nicht auf die Bilanzierungs- und Bewertungsmethoden beim Veräußerer an. Das erworbene Nettovermögen ist hinsichtlich seiner **Bilanzierungsfähigkeit und Bewertung neu zu beurteilen.**

- Hinsichtlich des **Bilanzansatzes** orientiert sich IFRS 3 im Wesentlichen an den im *Framework* und den anderen Standards formulierten Regeln (Rz 70). „**Erleichterungen**" gelten jedoch für
  - **bestimmte immaterielle Vermögenswerte** (Rz 72) und
  - **Eventualschulden** (Rz 92 und Rz 146),

  sodass es hier häufig zum Ansatz von Posten kommt, die beim Erworbenen nicht bilanzierungsfähig waren. Betroffen sind u.a. vom erworbenen Unternehmen selbst erstellte **Kundenlisten** und **Marken**, die dieser wegen IAS 38.63 nicht aktivieren durfte (→ § 13 Rz 32). Beim erwerbenden Unternehmen gilt das Aktivierungsverbot nicht mehr, da die Vermögenswerte aus seiner Sicht derivativen Charakter haben (Rz 103).
  - Auch das wirtschaftliche Eigentum bzw. die Bilanzierung von **Leasingobjekten** kann im Rahmen des Unternehmenserwerbs ggf. neu zu beurteilen sein.
- Regelmäßiger **Bewertungsmaßstab** ist der *fair value* im Zeitpunkt des Unternehmenserwerbs. Je nach Art des Vermögenswertes oder der Schuld und je nach Verfügbarkeit von Marktdaten konkretisiert er sich über unterschiedliche Techniken (Rz 99). Der *fair value* ist jedoch nicht einschlägig
  - bei zur Weiterveräußerung vorgesehenen *non-current assets held for sale*, die zum **Nettozeitwert** (*fair value less costs to sell*) anzusetzen sind (→ § 29 Rz 30), sowie
  - bei **latenten Steuern**, deren Wert nach den normalen Bestimmungen von **IAS 12** (→ § 26) ermittelt wird (Rz 111 und Rz 202).

---

16 Freiberg, PiR 2009, S. 113ff.

Die mit der *fair-value*-Bewertung einhergehende Aufdeckung stiller Reserven erstreckt sich auch auf einen evtl. nicht beherrschenden Anteil (**Minderheitenanteil**) (Rz 121). Der auf die Minderheit entfallende *goodwill* kann wahlweise aufgedeckt werden (Rz 131).

Besondere Ansatz- und Bewertungsprobleme entstehen, wenn bereits **vor** dem Unternehmenserwerb bestehende Vertragsbeziehungen *(preexisting relationships)* durch den Erwerb zu Konzerninnenverhältnissen werden (Rz 115ff.).

Spezielle Regeln bestehen für den Fall, dass **ursprüngliche Einschätzungen** zur Ansatzfähigkeit und zum Wert des erworbenen Vermögens später zu **revidieren** sind (Rz 122).

Wegen der möglichen Qualifizierung **anteilsbasierter Mitarbeitervergütungen**, die im Rahmen eines Unternehmenserwerbs fortgeführt oder ersetzt werden, als Schuld wird auf → § 23 Rz 142ff. verwiesen. 69

IFRS 3.10ff. sieht besondere Ansatzregeln im Rahmen der *business combination* explizit nur für 70

- Eventualschulden (Rz 92 und Rz 146) und
- Risikofreistellungsansprüche (*indemnification assets*; Rz 114)

vor. Im Übrigen bezieht sich IFRS 3.11 hinsichtlich der abstrakten Ansatzfähigkeit allgemein auf das *Framework*. Danach sind kumulativ gefordert

- verlässliche Messbarkeit des *fair value* (Rz 71),
- wahrscheinlicher Nutzenzufluss (Vermögenswert) bzw. wahrscheinlicher Ressourcenabfluss (Schuld) (Rz 72),
- Identifizierbarkeit der Vermögenswerte bzw. Schulden, d.h. insbesondere Abgrenzung von allgemeinen Gewinn- oder Verlusterwartungen (*goodwill* und „*badwill*") (Rz 73),
- bei Vermögenswerten außerdem Kontrolle (Rz 75).

An die Verlässlichkeit einer *fair-value*-Messung sind keine übertriebenen Anforderungen zu stellen. Eine begründete beste Schätzung reicht aus (→ § 1 Rz 89). 71

Im Wahrscheinlichkeitskriterium spiegeln sich die allgemein, d.h. außerhalb des Unternehmenserwerbs, geltenden Anforderungen nur modifiziert wider: 72

- Die **allgemeinen Wahrscheinlichkeitsanforderungen** des IFRS-Regelwerks sind **imparitätisch** formuliert.[17] Deshalb schreibt IAS 37 zwar den Ansatz von Schulden vor, die wahrscheinlich *(probable)* zu einem Ressourcenabfluss führen, verlangt hingegen für den Ansatz von Vermögenswerten, dass ein **Nutzenzufluss** so gut wie sicher *(virtually certain)* ist (→ § 21 Rz 146).
- Nach **IFRS 3** kann es hingegen ausreichen, wenn ein **Nutzenzufluss** wahrscheinlich *(probable)* ist. Die Unsicherheit kann im Bewertungskalkül berücksichtigt werden (IAS 38.33).

Danach wäre z.B. jede Forschungs- und Entwicklungstätigkeit, die zu Wissen *(know-how)* geführt hat, sei sie auch mit geringer Wahrscheinlichkeit eines Nutzens verbunden, bei der Kaufpreisallokation anzusetzen. Eine explizite Wahrscheinlichkeitsschwelle existiert nicht. *Materiality*-Erwägungen sind aber angezeigt, um eine Atomisierung der Kaufpreisallokation in unzählige „Eventualwerte" zu verhindern (Rz 80).

Das Kriterium der Identifizierbarkeit bzw. Unterscheidbarkeit ist grundlegend für jeden Bilanzansatz, unabhängig davon, ob ein Unternehmenserwerb vorliegt 73

---

[17] LÜDENBACH/HOFFMANN, KoR 2003, S. 5.

oder eine einzelbilanzielle Betrachtung vorgenommen wird. Mit dem Gesamtunternehmen verbundene Gewinnerwartungen verkörpern noch keinen (vom *goodwill* unterscheidbaren) Vermögenswert, entsprechende Verlusterwartungen noch keine Schuld. **Vermögenswerte** oder **Schulden** entstehen erst dann, wenn die **Gewinn-/Verlusterwartungen** sich in einzelnen rechtlichen oder faktischen Verhältnissen **konkretisieren** (Rz 74).

2.5.2 Immaterielles Anlagevermögen

2.5.2.1 Abgrenzung vom *goodwill*

74 Mit dem Gesamtunternehmen verbundene Gewinnerwartungen verkörpern noch keinen (vom *goodwill* unterscheidbaren) Vermögenswert, entsprechende Verlusterwartungen noch keine Schuld. Die Beurteilung, ob eine Abgrenzung möglich ist, bereitet insbesondere bei **immateriellen Vermögenswerten** Probleme. IFRS 3.B31 behandelt das Identifikationsproblem daher explizit nur für diesen Fall.

Zu den lediglich **geschäftswertbildenden Faktoren**, die wertbestimmend in den Kaufpreis und damit in den *goodwill* eingehen, aber nicht selbstständig aktivierungsfähig sind, gehören etwa

- **Lagevorteile** im Einzelhandel oder in der Gastronomie,
- der nicht schon in Markenrechten u. Ä. enthaltene gute **Ruf** eines Unternehmens,
- die eingeführte und optimierte **Organisation** sowie
- allgemein mit dem Gesamtunternehmen verbundene **Gewinnerwartungen**, die sich nicht in einzelnen rechtlichen oder faktischen Verhältnissen konkretisieren.

Abzugrenzen zum *goodwill* sind hingegen nach IFRS 3.B31 und IAS 38.12 Vorteile, die mindestens eine der beiden folgenden Bedingungen erfüllen (→ § 13 Rz 14 und Rz 23):

- Der Vorteil basiert auf vertraglichen oder sonstigen **Rechten** (*legal-contractual*-Kriterium).
- Der Vorteil ist **verkehrsfähig** (*separable*), d.h., er kann losgelöst vom Gesamtunternehmen veräußert, lizenziert, verpachtet usw. werden, entweder allein oder zusammen mit einem verbundenen Vermögenswert (*separability*-Kriterium).

Zur Wirkung der Kriterien folgendes Beispiel:

Beispiel

Im Rahmen eines Unternehmenserwerbs werden Auftragsbestände (Festbestellungen) und Kundenlisten erworben.

Mit den Auftragsbeständen sind vertragliche Rechte auf den Kaufpreis verbunden. Sie sind rechtlich fundiert und daher anzusetzen. Auf die Verkehrsfähigkeit kommt es nicht an.

Kundenlisten haben hingegen keine besondere rechtliche Qualität. Sie sind daher nur dann anzusetzen, wenn sie verkehrsfähig sind. Ist eine Verkehrsfähigkeit (z.B. aufgrund berufsrechtlicher Verschwiegenheitspflichten) nicht gegeben, unterbleibt ein Ansatz.

Die **Differenzierung** zwischen rechtlich verankerten und faktischen Vermögenswerten macht nicht nur im Hinblick auf das Identifikationsproblem Sinn. Mit der rechtlichen Verankerung geht auch eine andere Qualität der Kontrolle über den Nutzen des Vermögenswertes einher: Insbesondere können Nutzungsstörer oder -verletzer wegen Unterlassung, Schadenersatz etc. belangt werden. Allerdings wird das rechtliche Kriterium vom IASB teilweise überdehnt, indem auch Verhältnisse, die keinen besonderen aktuellen Rechtsbezug mehr haben, Stammkundenbeziehungen etwa, als rechtlich qualifiziert werden (vgl. dazu Rz 81). Motiviert ist diese **extensive** Auslegung durch das Ziel, möglichst große Teile des zu allozierenden Kaufpreises einzelnen Vermögenswerten und **nicht dem *goodwill*** zuzuordnen. 75

2.5.2.2 Nutzenwahrscheinlichkeit nur als Bewertungsparameter

Anders als bei der Herstellung eines immateriellen Vermögenswertes (→ § 13 Rz 23) hängt bei dem Erwerb (auch im Rahmen eines *business*) der Bilanzansatz nicht davon ab, dass der immaterielle Vermögensgegenstand mit überwiegender **Wahrscheinlichkeit** zu einem Nutzen führen wird. Misserfolgsszenarien können mit ihrer gewichteten Wahrscheinlichkeit bei der **Zeitwertbestimmung,** also auf der Bewertungsebene berücksichtigt werden. 76

Beispiel

K erwirbt das Pharmaunternehmen P, zu dessen Vermögen u.a. ein nicht bilanziertes, gerade anerkanntes Patent über ein Arzneimittel zur Steigerung der Lernfähigkeit gehört. Zur Verwertung des Patents bestehen zwei Szenarien:

Variante 1

Das Arzneimittel wird ein Erfolg. Es wird (diskontiert) einen Überschuss von 300 Mio. EUR erwirtschaften.

Variante 2

Das Arzneimittel wird kein Erfolg. Es wird zwei Jahre nach der Markteinführung eingestellt werden und bis dahin (diskontiert) einen Verlust von 20 Mio. EUR verursachen.

Die Wahrscheinlichkeit der ersten Variante wird mit 25 %, die der zweiten mit 75 % angenommen.

Beurteilung

In der Einzelbilanz von P ist das Patent nicht ansatzfähig, da ein Nutzen nicht wahrscheinlich ist.

Für die (Konzern-)Bilanz des Erwerbers gilt Folgendes:

Bei Ansatz der Wahrscheinlichkeiten als Gewichtungsfaktoren resultiert folgender Zeitwert:

$300 \times 0{,}25 - 20 \times 0{,}75 = 75 - 15 = 60$ Mio. EUR.

Die geringere Wahrscheinlichkeit eines Erfolgs ist bei der Wertbemessung zu berücksichtigen. Sie hindert den Bilanzansatz nicht.

Neben der unterschiedlichen rechtlichen Bedeutung der Wahrscheinlichkeit eines Nutzens als Ansatzkriterium bei Herstellung und Bewertungsparameter bei Anschaffung kann auch eine **faktische Neubeurteilung** der Wahrscheinlichkeit im Rahmen des Erwerbs zum erstmaligen Ansatz führen:

- Das Management des erworbenen Unternehmens kann sein Ermessen in der Einschätzung der Wahrscheinlichkeit anders und mutiger ausüben als das Management des veräußernden Unternehmens (**subjektive** Wahrscheinlichkeit).
- Die Kombination mit Produktionsfaktoren und Kapitalkraft des Erwerbers (Synergien) kann die Wahrscheinlichkeit eines Nutzens erhöhen (**objektive** bzw. intersubjektive Wahrscheinlichkeit).

2.5.2.3 Systematisierung des immateriellen Vermögens

77 Eigentlicher Prüfstein für den Ansatz von immateriellen Vermögenswerten ist die Frage der **Identifizierbarkeit**, d.h. der Abgrenzung vom *goodwill.* Wie unter Rz 74 dargestellt, ist dabei zu unterscheiden zwischen immateriellen Vermögenswerten, die

- auf einer **vertraglich-rechtlichen Grundlage** beruhen und deshalb ohne Weiteres als **identifizierbar** gelten, und
- **sonstigen** Werten, die nur angesetzt werden dürfen, wenn sie durch Verkauf, Übertragung, Lizenzierung, Verpachtung, Tausch usw. vom Unternehmen **separiert** werden können.

Zur Erläuterung dieser Kriterien führen die *Illustrative Examples* zu IFRS 3 eine Liste von immateriellen Vermögenswerten auf, bei der die vertraglich-rechtlichen Werte überwiegen. Die Liste ist in Tabelle 2 nach den 5 Hauptkategorien gegliedert zusammengefasst.[18]

A. ***marketing-related intangibles***
Warenzeichen
internet domain name
trade dress (Firmenlogos etc.)
newspaper mastheads (Zeitungsnamen)
vertragliche Wettbewerbsverbote
B. ***customer-related intangibles***
Kundenlisten *(customer lists)**
Auftragsbestand *(order or production backlog)*
(Dauer-)Kundenverträge *(customer contracts)*
nichtvertragliche Kundenbeziehungen*

18 Eine andere sinnvolle Einteilungsmöglichkeit immaterieller Vermögenswerte mit sieben statt fünf Hauptkategorien liefert der Arbeitskreis Immaterielle Werte im Rechnungswesen der Schmalenbach-Gesellschaft, DB 2001, S. 989ff.: Berücksichtigt sind innovation capital (Patente, Rezepturen usw.), human capital (Mitarbeiter-Know-how), customer capital (Marken, Kunden), supplier capital (Beschaffungsverträge), investor capital (günstige Finanzierungskonditionen), process capital (Organisation), location capital (Standortvorteile).

C. ***artistic-related intangibles***
Urheberrechte, Lizenzrechte usw. an Werken von Literatur, Oper, Musik, Film und Funk, bildender Kunst und Fotografie
D. ***contract-based intangibles***
Dienst-, Werk- und Leasing-, Einkaufsverträge in dem Maße, in dem sie gemessen am Markt vorteilhaft sind (bei „Einkaufskontrakten" Preis unter Marktpreis), bei „Verkaufskontrakten" Preis über Marktpreis *(beneficial* oder *favorable contracts)*
Mineralgewinnungsrechte, Ausbeutungsrechte
Fernseh-, Rundfunk-, Telefonlizenzen
Landerechte und ähnliche Luftfahrtlizenzen, Lizenzen zum Betrieb mautpflichtiger Verkehrswege
vorteilhafte Arbeitsverträge *(beneficial employment contracts)*
E. ***technology-based intangibles***
Patente
urheberrechtlich geschützte Software
rechtlich geschützte Datenbasen, Rezepte usw.
ungeschütztes Know-how, Rezepte, Datenbasen, Geschäftsgeheimnisse usw.*
* nicht vertraglich-rechtlich begründet

Tab. 2: Beispiele immaterieller Vermögenswerte

Angesichts der Vielfalt der infrage kommenden Werte besteht die Gefahr, den Beteiligungsbuchwert bzw. die Anschaffungskosten im Rahmen der Kaufpreisallokation zu **atomisieren**. Hier helfen *materiality*-Überlegungen, die darauf abstellen, welches im Einzelfall die wesentlichen Werttreiber sind. Dazu folgende Beispiele:

Branche	**typische Werttreiber**
Autovermieter	Marke
Beratungsunternehmen	Kundenbeziehungen
Bauunternehmen	Auftragsbestände
Filmproduzent	Urheberrechte und Lizenzen
Gebäudereiniger	Kundenbeziehungen
Kfz-Händler	Kundenbeziehungen
Markenartikelhersteller	Produktmarken
Mobilfunkbetreiber	Kundenbeziehungen, Mobilfunklizenzen
Spielbank	Spielbanklizenz
Softwarehersteller	Technologie, Kundenbeziehungen
Verlag	Abonnementverträge, Titelrechte

2.5.2.4 Kundenbeziehungen und Marken

78 **Vier Typen** von Kundenbeziehungen lassen sich in Anlehnung an IFRS 3 unterscheiden:

- **Auftragsbestände** (*order or production backlog*; Rz 73 f.),
- **(Dauer-)Vertragskunden** (*contractual customer relationships*; Rz 73 f.),
- **Kundenlisten** (*customer lists*; Rz 80),
- faktische **Stammkundenbeziehungen** ohne aktuelles Vertragsverhältnis (*non-contractual customer relationships*; Rz 81).

Die beiden letzten Fälle sind durch fehlende (aktuelle) vertragliche Beziehungen gekennzeichnet *(non-contractual intangibles)*, die beiden anderen beruhen auf (bestehenden) Vertragsverhältnissen *(contractual intangibles)*.

Für die wirtschaftliche und bilanzrechtliche Qualität kann das Vorhandensein oder Fehlen vertraglicher Beziehungen eine wichtige Rolle spielen. Den *contractual intangibles* liegen rechtlich durchsetzbare Nutzen- bzw. *cash-inflow*-Erwartungen zugrunde. Das für den Ansatz eines Vermögenswertes maßgebliche Kriterium der Verfügungsmacht/Kontrolle über einen (wahrscheinlichen) zukünftigen Nutzen (→ § 1 Rz 85) ist damit regelmäßig zu bejahen. IFRS 3.B31 lässt deshalb i. d. R. die rechtlich geschützte Qualität eines immateriellen Vermögenswerts als ansatzbegründend genügen (*contractual-legal*-Kriterium), wobei die rechtliche Qualität nicht nur als nachvollziehbare Argumentation für die Verfügungsmacht, sondern apodiktisch auch für die Identifizierbarkeit, insbesondere die Unterscheidbarkeit vom *goodwill*, dient (Rz 74).

Bei *non-contractual intangibles* muss die Frage, ob ein kontrollierbarer, vor allem aber von anderen immateriellen Vermögenswerten wie Markenrechten und *goodwill* unterscheidbarer Nutzen zu erwarten ist, kritischer untersucht werden. Ansatzvoraussetzung der nicht rechtlich-vertraglich begründeten Vermögenswerte ist dann nach IAS 38.12 und IFRS 3.B31 die **Separierbarkeit** des jeweiligen Vermögenswertes (→ § 13 Rz 14). Hierbei geht es um die durch eine abstrakte Möglichkeit eines Verkaufs, einer Verpachtung usw. gegebene **Verkehrsfähigkeit.**

79 Sowohl der **Auftragsbestand** als auch die auf **Dauerverträgen** (Zeitschriftenabonnements, Mobilfunkverträge usw.) beruhenden Kundenbeziehungen sind rechtlich begründete und gesicherte Formen immaterieller Vermögenswerte. Nicht mehr zu prüfen ist daher, ob der Vermögenswert separierbar, d. h. insbesondere weiterveräußerbar ist.

In einem vom *substance-over-form*-Gedanken geleiteten Regelsystem kann der **rechtlichen Fundierung** eines Verhältnisses allerdings nur dann eine bilanzielle Bedeutung zukommen, wenn mit ihr auch eine **wirtschaftlich-substanzielle Qualität** einhergeht.

- Eine derartige Qualität ist für (feste) **Auftragsbestände** und **ungekündigte Dauervertragsbeziehungen** ohne Weiteres zu bejahen, da mit ihnen identifizierbare und rechtlich durchsetzbare *cash inflows* verbunden sind. Bei Dauervertragsbeziehungen muss auch nicht hinderlich sein, dass eine Beendigung der Geschäftsbeziehung durch Kündigung möglich ist. Erwartete Kündigungsraten können im Bewertungskalkül Berücksichtigung finden.
- In Abgrenzung zu fest zugesagten Aufträgen fehlt hingegen bei Gewinnchancen aus **Rahmen- bzw. Konditionenverträgen**, die nur Preise und Lieferbedingungen, ggf. auch Lieferverpflichtungen, jedoch keine Abnahme-

pflichten festlegen, die durchsetzbare und damit selbstständig bewertbare Gewinnchance. Mit solchen Verträgen verbundene empirisch begründete Bestellerwartungen sollten daher u. E. nicht zur Anerkennung eines Rahmenvertrages als Vermögenswert führen. Die empirischen Erwartungen speisen sich nicht hauptsächlich aus der Existenz des Rahmenvertrags, sondern aus einer Vielzahl verbundener Faktoren (Qualität und Preis der Produkte, Markenruf), die insgesamt als geschäftswertbildend angesehen werden müssen.

Soweit es nach den vorstehenden Überlegungen zum Ansatz von Auftragsbeständen oder Dauervertragsbeziehungen kommt, bereitet die **Ermittlung des *fair value*** regelmäßig keine besonderen Probleme: Wegen eines Bewertungsbeispiels wird auf Rz 227 verwiesen

Der Begriff der **Kundenliste** (*customer list*) steht für ganz unterschiedliche 80
kundenbezogene Informationen. Neben Adress- und demografischen Daten (Alter, Geschlecht, Familienstand, Beruf etc.) können Kundenlisten auch Informationen über das Kaufverhalten enthalten.

Für die mit einem Unternehmenskauf erworbene Kundenliste ist i. d. R. das rechtlich-vertragliche Ansatzkriterium (Rz 74) nicht einschlägig. Deshalb ist die **Verkehrsfähigkeit,** d. h. die Separierbarkeit des wirtschaftlichen Vorteils durch die Möglichkeit des Verkaufs, der Verpachtung oder des Tauschs, zu prüfen. Hierbei kommt es nicht darauf an, ob die erworbene Kundenliste tatsächlich vom Erwerber weiterveräußert oder verpachtet werden soll. Die abstrakte Möglichkeit einer solchen Transaktion reicht aus. Sie wird in IFRS 3.B33 nur für den Fall verneint, dass eine Überlassung der Kundenliste an andere Unternehmen gesetzlich oder vertraglich ausgeschlossen sei. Ein solcher Ausschluss kann sich z. B. aus **beruflichen Verschwiegenheitspflichten** von Ärzten, Rechtsanwälten, Wirtschaftsprüfern usw. oder allgemein durch Datenschutzbestimmungen ergeben.

Kann die Separierbarkeit bejaht werden, ist gleichwohl noch zu prüfen, ob die Kundenliste einen kontrollierbaren, wahrscheinlichen Nutzen verkörpert. Zwischen **Kontrolle** und **Nutzen** besteht regelmäßig eine **Wechselwirkung**.

Beispiel

Die Dentalbedarf AG erwirbt ein Unternehmen, das Dentalinstrumente produziert. Mit dem Unternehmen wird auch eine Kundenliste erworben, die beinahe sämtliche deutschen Zahnärzte enthält.

Die Liste hat keinen besonderen Wert, da sich jedermann mit relativ unbedeutenden Suchkosten Listen von Zahnärzten über Branchen-CDs etc. beschaffen kann. Der niedrige Wert resultiert aus der fehlenden Kontrolle, Dritte von dem Informationsnutzen der Kundenliste auszuschließen.

Fallvariante

Die Liste enthält Angaben, welche Zahnärzte linkshändig sind und deshalb anders geformte und konstruierte Dentalinstrumentarien benötigen. Die Kundenliste bzw. die in ihr enthaltenen Informationen über die Linkshändigkeit sind unter zwei Prämissen werthaltig:

1. Der Erwerber – oder ein Dritter, an den die Liste weiterveräußert werden könnte – erwägt die Verwertung der Informationen durch die Produktion spezieller auf linkshändige Zahnärzte zugeschnittener Instrumente.

> 2. Die Information über die Linkshändigkeit von Zahnärzten ist nicht allgemein zugänglich und nur mit hohen Kosten beschaffbar.

81 Ein Ansatz der **Stammkundenbeziehungen** wird in IFRS 3.IE B3 bejaht, da sie das *contractual-legal*-Kriterium erfüllen würden. Diese Feststellung überrascht und offenbart eine Tendenz, das rechtliche Kriterium so weit auszulegen, dass es jeden Gehalts beraubt wird. Zur Begründung führt IFRS 3.IE28 Folgendes an: „*Customer relationships also meet the contractual-legal citerion ... when an entity has a practice of establishing contracts with its customers, regardless of whether a contract exists at the date of acquisition.*" Als nichtvertragliche Kundenbeziehungen *(non-contractual customer relationships)* würde dann nur noch das durch den Standort, den Ruf usw. erreichbare, bisher aber noch nicht mobilisierte Kundenpotenzial gelten.

In latenten Widerspruch zu IFRS 3.IE28 stellt IAS 38.16 allerdings die (nur bei nicht vertraglichen Vermögenswerten zu prüfende) Frage nach der **Separierbarkeit** von Stammkundenbeziehungen und macht sie daran fest, ob derartige Beziehungen auch außerhalb von Unternehmenszusammenschlüssen Gegenstand entgeltlicher Geschäfte sind. Nur durch derartige Transaktionen soll auch die Kontrolle (Verfügungsmacht) belegbar sein.

U. E. sind die Vorgaben in IAS 38 schlüssiger. Danach ist bei Stammkundenbeziehungen zunächst die Verkehrsfähigkeit (Separierbarkeit) zu prüfen: Unter normalen Verhältnissen kann ein Unternehmen seinen Kundenstamm kaum veräußern, verpachten oder in sonstiger Weise einem Dritten überlassen, ohne zugleich seine **operativen Tätigkeiten** im bisherigen Geschäftsfeld **aufzugeben** oder auf Dauer der Überlassung **einzustellen**. Regelmäßig ist daher keine separate Verwertungsmöglichkeit des Kundenstamms gegeben. Eine Aktivierung kommt i. d. R. schon deshalb nicht infrage.

Selbst wenn man die rechtliche Begründung der Stammkundenbeziehungen oder ihre Separierbarkeit bejaht, kann die Aktivierung noch am Fehlen eines adäquaten Modells zur verlässlichen Bewertung scheitern. Jedes **Berechnungsmodell** muss sich hier auf seine **ökonomische Adäquanz** befragen lassen. Bevor die Mathematik des Modells zur Anwendung gelangt, ist zu klären, ob die finanzmathematischen Prozeduren die ökonomischen Inhalte überhaupt angemessen abbilden. U. E. muss deshalb vor der modelltechnischen Berechnung der Kundenbeziehungen das ökonomische Verhältnis der Kundenbeziehungen zum *goodwill*, der Marke oder anderen immateriellen Vermögenswerten qualitativ untersucht werden.

> **Beispiel**
> Erworben wird der Autohandel A. Das erworbene Unternehmen hat zahlreiche Stammkunden. Nach Erfahrungswerten der Vergangenheit werden 60 % der Kunden, die ihren letzten Pkw bei A gekauft haben, dort auch ihren nächsten Pkw kaufen. Mit diesem Verhalten wird auch für die Zukunft gerechnet.

Der ökonomische Wert der Stammkundschaft liegt im erwarteten **Wiederholungsverhalten.** Dieses Wiederholungsverhalten erklärt sich aber aus einer

Vielzahl unterschiedlicher Faktoren: Markenstärke, Standort, persönliche Kontakte, Design und Technologie der Produkte spielen eine wichtige Rolle. Unter Rückgriff auf die zivile Rechtsprechung kann man in diesem Zusammenhang von sog. **Sogwirkungen anderer Faktoren** sprechen, die den Wiederholungskauf (mit-)erklären.[19] Der Einfluss der Sogwirkungen ist kaum quantifizierbar. Eine adäquate separate Bewertung der Stammkunden (bzw. der anderen interagierenden Vermögensgegenstände) ist dann nur noch in solchen Fällen möglich, in denen ein Aspekt überragt und daher die anderen als vernachlässigbar anzusehen sind. Solche Prioritätsverhältnisse sind nicht rechnerisch, sondern durch qualitative Vorüberlegungen unter Würdigung des Einzelfalls zu klären.

Sollte die Sogwirkung eines anderen immateriellen Vermögensgegenstandes, insbesondere der Marke, einen überragenden Charakter haben, liegt es nahe, dem Posten Stammkunden keinen selbstständigen Wert zuzurechnen. **Pauschale Urteile** sind bei solchen qualitativen Betrachtungen aber zu vermeiden. Beim Erwerb eines Markenartikelherstellers ist es bspw. nicht von vornherein gerechtfertigt, alles der Marke und nichts dem Kundenstamm oder dem *goodwill* zuzuordnen. Der Markenwert sollte ökonomisch fundiert anhand eines zufließenden Nutzens, z. B. in Form höherer Absatzpreise im Vergleich mit No-Name-Produkten oder Eigenmarken der Handelsketten, ermittelt und nicht vereinfachend durch die Gleichung „Unterschiedsbetrag Kaufpreisallokation = Markenwert" bestimmt werden. Eine solche Gleichung würde zudem übersehen, dass es im Rahmen der Kaufpreisallokation nur **einen** residualen Wert, nämlich den *goodwill* gibt. Seine Berechnung setzt also die vorgängige Bestimmung aller anderen Werte voraus.

Bei der Bestimmung dieser anderen Werte bedarf es fallbezogener **Differenzierungen**:

- Bei **technologisch getriebenen Marken** sind Wiederholungskäufe Folge eines technisch begründeten Qualitätsversprechens, damit einhergehender Innovationskraft, Qualität der Arbeiterschaft und des Marketings etc. und somit untrennbar mit dem Unternehmen und dem Geschäftswert verbunden. Marken- und Stammkundenwert können unter diesen Umständen nicht mehr mit einem ökonomisch adäquat begründeten Bewertungsmodell separiert werden. Sie gehen im *goodwill* auf.
- Marken von Gütern des täglichen Bedarfs enthalten hingegen häufig kein technologisches Qualitäts-, sondern ein **Lifestyle-** oder **Genussversprechen**. In derartigen Fällen kann von einer dominierenden Bedeutung der Marke (gegenüber Stammkundenbeziehung, Know-how etc.) ausgegangen und deren Wert nach dem o. g. ökonomischen Kalkül bestimmt werden.

Die Frage nach der Differenzierung und Trennbarkeit zwischen Kundenstamm und Marke sowie *goodwill* ist u. U. auch abhängig von der Vertriebsstruktur:

- Besteht die Stammkundschaft eines Markenartiklers aus **Handelskonzernen**, kann ein Erhalt der Kundenbeziehung nur insoweit erwartet werden, als die Endverbraucher der Marke treu bleiben. Die Stammkundenbeziehung zum Handelsunternehmen ist nur ein Reflex auf die Wahrnehmung der Marke durch die Endkunden. Das Kontrollkriterium bez. der Endkundenbeziehun-

[19] Vgl. KÜMMEL, Der Ausgleichsanspruch des Kfz-Vertragshändlers – Berechnung nach der „Münchner Formel", DB 1998, S. 2407 ff.

gen ist aus Sicht des Markenartiklers nicht erfüllt. Die Marke ist dominant und deshalb vorrangig anzusetzen.

- Demgegenüber sind Markenartikler mit **direkten Vertriebskanälen** und direktem Kontakt zu den Endkunden eher in der Lage, diese Beziehungen zu kontrollieren. Eine separate Bewertung der Stammkundenbeziehung kann infrage kommen.

Die vorgenannten Interdependenzen von immateriellen Vermögensgegenständen machen häufig nicht nur eine separate Verwertung, sondern bereits eine separate und adäquate Zeitwertermittlung unmöglich, sodass jedenfalls aus dieser Sicht ein Ansatz scheitern kann.

Im Rahmen einer *Agenda Rejection* (Non-IFRIC) gesteht der IFRIC im Übrigen ein, dass sich aus IFRS 3 nicht klar ergebe, unter welchen Umstände nichtvertragliche Kundenbeziehungen anzusetzen seien.[20]

82 Sofern Stammkundenbeziehungen nach dem Vorstehenden überhaupt zum Ansatz gelangen können, ist nach IAS 38.16 eine Beschränkung auf die Fälle geboten, in denen ein **Portfolio** von Kunden und damit eine ggf. statistisch fassbare Nutzenerwartung vorliegt. Hieran fehlt es etwa, wenn das erworbene Unternehmen nur einen oder zwei Kunden hat. In anderen Fällen kann eine Zweiteilung des Kundenstamms geboten sein.

Beispiel

Das erworbene Unternehmen hat zwei Großkunden A und B, die jeweils 25 % des Umsatzes ausmachen, daneben 100 Kleinkunden, die zwischen 0,1 und 1 %, im Mittel mit 0,5 %, zum Umsatz beitragen.

Die Kleinkunden begründen ein statistisch fassbares Portfolio; nur in Bezug auf sie ist der Ansatz eines Kundenstamms ggf. vertretbar.

2.5.2.5 *In process research and development*

83 IAS 38 lässt eine Aktivierung von **originären** Forschungsaufwendungen überhaupt nicht und eine Aktivierung von originärem Entwicklungsaufwand nur unter eingeschränkten Bedingungen zu (→ § 13 Rz 26). Würde man diesen Regeln auch beim Unternehmenserwerb folgen, wären beim Erwerb von forschungsintensiven *start-up*-Unternehmen alle noch im Prozess befindlichen Forschungen und Entwicklungen wertmäßig im *goodwill* zu erfassen.

Nach Maßgabe der Einzelerwerbsfiktion ist das Wissen des erworbenen Unternehmens jedoch ein **derivativer Vermögenswert** und daher bei regelmäßig zu bejahender Verkehrsfähigkeit in der Erstkonsolidierung anzusetzen (IFRS.BC149ff. und IFRS 3.IE44).

Beispiel

U erwirbt das *start-up*-Unternehmen sU. sU beschäftigt sich mit der Entwicklung eines Spracherkennungssystems. In den zwei Jahren seit Bargründung für 10 Mio. EUR sind 8 Mio. EUR für Forschung und 3 Mio. für Entwicklung aufgewendet worden, aus Umsätzen konnte bislang ein Deckungsbeitrag von

20 IFRIC, Update März 2009.

1 Mio. erwirtschaftet werden. Da die technische Durchführbarkeit (*technical feasibility*) noch nicht abschließend beurteilt werden kann, werden auch die Entwicklungsaufwendungen bei sU nicht aktiviert (→ § 13 Rz 27).
U hält die Entwicklung für aussichtsreich und zahlt für sU, deren Bilanz im Übrigen ausgeglichen ist und keine stillen Reserven enthält, einen Preis von 5 Mio. EUR.
Da die Wahrscheinlichkeit eines Nutzens beim Erwerb nur Bewertungsparameter, nicht aber Ansatzkriterium ist, kann U die im Prozess befindliche Forschung/Entwicklung mit 5 Mio. EUR als separaten immateriellen Vermögenswert ansetzen (IAS 38.42) und darf sie nicht als *goodwill* erfassen. Vorausgesetzt ist, dass sU schon ein *business* darstellt und damit die Regeln der *business combination* überhaupt zur Anwendung gelangen (Rz 16). Im Beispiel ist dies der Fall, da sU schon Umsätze erwirtschaftet. Ohne diese Voraussetzung wäre ein separater Erwerb von Know-how anzunehmen.

Wegen der Ermittlung des *fair value* von in *process research and development* wird auf Rz 232 verwiesen.

2.5.2.6 Vertragliches Wettbewerbsverbot

Nach IFRS 3.IE18 ist der durch Einmalzahlung „erworbene" Anspruch auf Unterlassung von Wettbewerb als immaterielles Anlagevermögen zu bilanzieren, sofern es selbstständige Bedeutung hat und nicht im Firmenwert aufgeht. Dies entspricht der herrschenden Auffassung im Handels- und Steuerecht.[21] Die **Vermögenswertqualität** eines vom Firmenwert unterscheidbaren Wettbewerbsverbots wird dabei vorausgesetzt. Irritierend ist, dass demgegenüber der Unterlassungspflichtige nach Rechtsprechung des BFH erhaltene Einmalzahlungen passiv abgrenzen muss bzw. bei laufenden Zahlungen nach den Grundsätzen der Nichtbilanzierung schwebender Verträge keine Schuld zu passivieren hat. Eine solche Ungleichbehandlung beim Berechtigten und Verpflichteten scheint nicht gerechtfertigt: 84

- Durch die Vereinbarung eines Wettbewerbsverbots verpflichtet sich eine Partei gegenüber einer anderen, in einem sachlich und räumlich bestimmten Geschäftsfeld nicht in Wettbewerb zu treten. Die aus dem Wettbewerbsverbot geschuldete Leistung besteht in einem Unterlassen von Handlungen über einen Zeitraum, der regelmäßig vertraglich, gesetzlich oder durch Richterrecht limitiert und nur ausnahmsweise unbefristet ist. Das Wettbewerbsverbot ist damit zivilrechtlich ein **Dauerschuldverhältnis**, da der Umfang der Leistung (hier des Unterlassens) von der Dauer der Rechtsbeziehung abhängt.
- (Dauerschuld-)Verträge stellen hinsichtlich ihres noch unerfüllten, d.h. **schwebenden Teils** nach IFRS F.91 (ebenso wie nach Handels- und Steuerrecht) bilanzrechtlich regelmäßig **keine Vermögenswerte** dar (→ § 1 Rz 93).
- Im Rahmen eines Unternehmenserwerbs gelten sie nur **ausnahmsweise** insoweit als Vermögenswert, als sich Rechte und Pflichten nicht ausgewogen gegenüberstehen, der ökonomische Saldo also nicht null, sondern „günstig" ist (IFRS 3.IE37) (Rz 85). Eine solche **Günstigkeit** kann bei Vereinbarung anlässlich eines Unternehmenskaufs nicht entstehen, da ein von den Parteien

21 Im Detail LÜDENBACH/VÖLKNER, BB 2008, S. 1662 ff.

zugrunde gelegter zu niedriger Preis für das Wettbewerbsverbot unbeachtlich, das Gesamtentgelt vielmehr nach objektiven Maßstäben (Zeitwert) aufzuteilen ist. Damit entspricht auch der auf das Wettbewerbsverbot entfallende Teil dem marktkonformen Wert. Es fehlt mithin an dem positiven Saldo, der einen immateriellen Vermögensgegenstand konstituieren würde.

Ohne dass es hierauf noch ankäme, scheitert der Ansatz eines immateriellen Vermögensgegenstandes Wettbewerbsverbot i.d.R. aber auch an der **fehlenden Kontrolle** (Herrschaft) über die aus dem Wettbewerbsverbot resultierenden Gewinnchancen. Mit der Vereinbarung eines Wettbewerbsverbots erhält das berechtigte Unternehmen zwar das Recht zur Einforderung des Unterlassens vom verpflichteten Unternehmen. Potenzielles Bilanzierungsobjekt ist jedoch nicht das Recht, sondern der damit verbundene wirtschaftliche Nutzen. Diesen kontrolliert der Anspruchsberechtigte i.d.R. (Ausnahme etwa beim Duopol) nicht.

Beispiel

Am Marktplatz werden drei etwa gleich große und gleich umsatzstarke Apotheken von A, B und C betrieben. A veräußert seine Apotheke an X und vereinbart mit diesem ein fünfjähriges Wettbewerbsverbot.

Die Unterlassungspflicht des A besteht im Beispiel zwar rechtlich nur gegenüber X, allerdings profitieren auch die beiden anderen Marktteilnehmer B und C in jeweils gleicher Weise von dieser Unterlassung durch Sicherung von Marktanteil und Umsatz. In ökonomischer Betrachtung begründet die Wettbewerbsabrede ein Kollektivgut. Verfügungsmacht ist nicht gegeben.

Eine anlässlich eines Unternehmenskaufs als Teil des Kaufpreises oder separat geleistete Einmalzahlung auf ein Wettbewerbsverbot ist daher, wenn ihr ein rechtlich oder wirtschaftlich befristeter Unterlassungsanspruch zukommt, als **Rechnungsabgrenzungsposten** zu aktivieren – **ohne Befristung** u.E. sofort **aufwandswirksam** zu verbuchen.

2.5.2.7 Schwebende Verträge mit Gewinn- oder Verlusterwartung

85 Schwebende Absatz- oder Beschaffungsverträge können dann einen zu aktivierenden Vermögenswert oder eine zu passivierende Schuld darstellen, wenn die Vertragskonditionen gemessen an Marktwerten

- besonders günstig (*beneficial* oder *favorable contract*) oder
- besonders ungünstig (*unfavorable contract*) sind.

Das günstige Vertragsverhältnis führt nach IFRS 3.B32a und IFRS 3.IE37 zu einem *contract-based intangible asset.*

Ohne an Marktwerten gemessene Günstigkeit der Vertragskonditionen kommt schwebenden Beschaffungsverträgen i.d.R. kein *fair value* zu. Bei schwebenden Absatzverträgen kann dies wegen der erwarteten (marktkonformen) Gewinnmarge anders sein; diese Verträge sind aber ohnehin schon als kundenbezogene Vermögenswerte (Auftragsbestand usw.) zu erfassen (Rz 73f.).

Beispiel

Das erworbene Unternehmen ist u.a. in folgenden schwebenden Verträgen engagiert:

- Dollarterminkauf mit positivem Marktwert.
- Rohstoffterminkauf mit positivem Marktwert (vereinbarter Preis unter aktuellem Spotpreis).
- Anmietungsvertrag über ein Gebäude mit einer Miete von 12 EUR pro qm bei einer aktuellen Marktmiete von 20 EUR pro qm bei einer Restlaufzeit von 5 Jahren.
- Vermietungsvertrag über ein Gebäude mit einer Vertragsmiete von 12 EUR pro qm bei einer Marktmiete von 20 EUR pro qm und einer Restlaufzeit von 5 Jahren.
- Haustarifvertrag mit Löhnen/Gehältern, die um 20 % unter dem Flächentarifvertrag liegen. Der Vertrag hat eine Restlaufzeit von 2 Jahren.

Beurteilung

- Das **Dollartermingeschäft** war schon beim Veräußerer als Finanzinstrument anzusetzen (→ § 28 Rz 26). Bei Erwerb ergibt sich keine andere Beurteilung.
- Das **Rohstofftermingeschäft** war beim Veräußerer nur dann anzusetzen, wenn es nicht auf physische Lieferung gerichtet ist (dann Finanzderivat; → § 28 Rz 219). Beim Erwerber erfolgt ein Ansatz auch bei physischem Lieferungsziel. Anzusetzen ist der Marktwert.
- Der **Anmietungsvertrag** ist mit dem Barwert der gegenüber den Marktkonditionen ersparten Miete anzusetzen.
- Beim **Vermietungsvertrag** ist kein immaterieller Vermögenswert anzusetzen. Eine zu hohe (niedrige) Miete ist vielmehr bei der Bemessung des *fair value* des Gebäudes zu berücksichtigen (IFRS 3.B42).
- Die **Arbeitsverhältnisse** sind anzusetzen, soweit die Haustarifvereinbarung tatsächlich günstig ist, d.h. der Flächentarif die tatsächlichen Marktverhältnisse widerspiegelt und der Haustarif nicht lediglich eine geringere Produktivität etc. kompensiert.

Arbeitsverhältnisse sind anzusetzen, wenn sie *beneficial* bzw. *favorable* sind (IFRS 3.IE37). Unabhängig davon, ob Arbeitsverträge gemessen an den Marktverhältnissen günstig sind, kann ihre Berücksichtigung bei der Bewertung **anderer** immaterieller Vermögenswerte notwendig sein. Bei Anwendung der Residualwertmethode *(multi period excess earnings approach)* sind *capital charges* auf die *fair values* der unterstützenden Vermögenswerte (unabhängig von deren Bilanzierungsfähigkeit) in Abzug zu bringen (Rz 107). Der *fair value* der Arbeitsverhältnisse kann dann opportunitätskostenorientiert (ersparte Einstellungs- und Einarbeitungskosten) bestimmt werden. In der Anwendung des Gedankens der vorteilhaften Verträge ist aber u.E. angesichts vieler Unbestimmtheiten gerade bei Arbeitsverträgen **Zurückhaltung** geboten. 86

Beispiel
E erwirbt das in der Region MV liegende Produktionsunternehmen Z, dessen Arbeitsverträge im Durchschnitt Vergütungen deutlich unter dem Tarifniveau vorsehen.
Bezüglich der Aktivierungsfähigkeit der unter Tarif liegenden Arbeitsverhältnisse sind u. a. folgende Überlegungen anzustellen: Sind die Arbeitsverhältnisse **tatsächlich** noch günstig *(beneficial)*, wenn
- in der Region MV zahlreiche Unternehmen unter Tarif bezahlen,
- das erworbene Unternehmen zwar unter Tarif zahlt, dafür aber auch die Produktivität der Arbeiter wegen unzureichender Sachkapitalausstattung unterdurchschnittlich ist,
- zwar der einzelne oder alle Arbeitnehmer des erworbenen Unternehmens unter Tarif bezahlt werden, aber das Unternehmen insgesamt einen Überbestand an Arbeitskräften hat?

Das Beispiel legt einige grundlegende Probleme offen, die sich bei Arbeitsverhältnissen besonders deutlich zeigen, jedoch auch in anderen Fällen bei der Identifizierung und Bewertung der günstigen Vertragsverhältnisse zu Unsicherheiten führen können:
- Im **ersten** Fall (auch andere Unternehmen zahlen unter Tarif) geht es um die Bestimmung der Nulllinie. Nur bei standardisiert und überregional gehandelten Vertragsobjekten ist diese Aufgabe einfach. In anderen Fällen kann ermessensabhängig sein, welcher der für den Vergleich relevante geografische und sachliche Markt ist.
- Im **zweiten** Fall (unterdurchschnittliche Bezahlung entspricht durch mangelnde Sachkapitalausstattung verursachter unterdurchschnittlicher Produktivität) geht es um den Saldierungsbereich für die Beurteilung der Günstigkeit, speziell um das Vertragssynallagma.[22] Unklar ist, ob ein Vertrag günstig ist, wenn zwar die Preise des Leistungsaustauschverhältnisses in isolierter Betrachtung angemessen sind, dem unterdurchschnittlichen Entgelt also eine unterdurchschnittliche Gegenleistung entspricht, die Ursache für die unterdurchschnittliche Gegenleistung aber nicht beim Vertragspartner liegt, sondern z. B. bei der eigenen Sachkapitalausstattung.
- Im **dritten** Fall (günstige Einzelverträge bei insgesamt gegebenem Überbestand an Arbeitskräften) geht es um die Frage der Einzel- oder Gesamtbewertung. Es erscheint kaum sachgerecht, in einzelvertraglicher Perspektive günstige Arbeitsverhältnisse zu aktivieren und gleichzeitig oder zeitversetzt aus der Gesamtperspektive Rückstellungen für notwendige Auflösungen von Arbeitsverhältnissen zu bilden.

Der Rechnungslegungspraxis werden mit der Kategorie der **günstigen** Verträge **schwer lösbare** Aufgaben gestellt. Für jedes Vertragsverhältnis müsste eine Bewertung zu Marktpreisen durchgeführt werden. Die Kaufpreisallokation würde zu atomisierten Werten führen. U. E. ist es daher sachgerecht, den Ansatz

22 Grundlegend hierzu auch HERZIG, ZfB 1988, S. 212, mit Differenzierung zwischen weiterem bilanzrechtlichen Saldierungsbereich und engerem zivilrechtlichen Saldierungsbereich (Vertragssynallagma).

von *beneficial* und *unfavorable contracts* auf die wenigen Fälle zu beschränken, in denen es um große Vertragsvolumina, erhebliche Restlaufzeiten sowie deutliche und klar zu belegende, überdies unkompensierte Abweichungen zwischen Markt- und Vertragskondition geht.

Das (gemessen am Markt) **ungünstige** Vertragsverhältnis *(unfavorable contract)* 87
führt nach allgemeinen Grundsätzen schon beim erworbenen Unternehmen zu einer Rückstellung, wenn er zugleich ein **belastender Vertrag** (*onerous contract*) ist, aus dem ein Verlust droht (→ § 21). Der Begriff des *unfavorable contract* stellt jedoch auf eine an Marktverhältnissen gemessene ökonomische Unvorteilhaftigkeit ab, mit der nicht notwendig auch ein Verlust i.S.d. Rechnungslegung einhergehen muss. Zwischen der an Marktverhältnissen und der an Unternehmensverhältnissen gemessenen Vorteilhaftigkeit ergibt sich keine zwangsläufige Parallelität. Vielmehr bestehen folgende Differenzierungsmöglichkeiten:

Marktvergleich **Vergleich Ertrag/Aufwand**	**ungünstig**	**neutral**	**günstig**
belastend	passivieren	passivieren	passivieren; fraglich, ob daneben Aktivum
nicht belastend	passivieren	kein Ansatz	als günstiger Vertrag zu aktivieren

In diesem Raster sind vor allem drei Konstellationen von systematischem Interesse:

- bereits beim erworbenen Unternehmen passivierte belastende Verträge, die gemessen am Markt neutral oder ungünstig sind;
- nicht belastende Verträge, die gemessen am Markt ungünstig sind;
- belastende Verträge, die gemessen am Markt günstig sind.

In der ersten Konstellation hat das erworbene Unternehmen bereits eine Rückstellung gebildet. Diese ist im Wesentlichen zu übernehmen.

Beispiel
Das erworbene Unternehmen TU handelt mit Rohstoffen, die es in großen Partien erwirbt und in kleinen Partien mit einem Aufschlag von 5 EUR je kg weiterveräußert. Zum Erwerbsstichtag existieren Verkaufsverträge mit A über einen Preis von 20 EUR je kg und mit B zu einem Preis von 22 EUR je kg. TU muss die Rohstoffe noch beschaffen. Nach den aktuellen Verhältnissen des Beschaffungsmarktes werden die Einstandskosten 22 EUR je kg betragen. Nach den aktuellen Verhältnissen des Absatzmarktes wären sie für 27 EUR je kg veräußerungsfähig.
Das erworbene Unternehmen hat das mit einem Verlustrisiko behaftete schwebende Geschäft aus belastenden Verträgen gem. IAS 37.66ff. (→ § 21 Rz 55) bereits im Einzelabschluss zu berücksichtigen. Drohverlustrückstel-

lungen sind im Rahmen der Erstkonsolidierung vom Erwerber mit dem Barwert des aus der Abwicklung drohenden Verpflichtungsüberschusses anzusetzen. Der Barwert des Verpflichtungsüberschusses wird durch die bestmögliche Schätzung der zur Erfüllung notwendigen Ausgaben bestimmt. Bei Ausblendung der Marktverhältnisse entspricht der Ansatz beim Erwerber zunächst dem des erworbenen Unternehmens:

- Im Fall A: Einstandskosten 22 EUR je kg, Veräußerungspreis 20 EUR je kg, wären 2 EUR je kg bereits beim erworbenen Unternehmen zurückzustellen und so vom Erwerber zu übernehmen.
- Im Fall B: Einstandskosten 22 EUR je kg, Veräußerungspreis 22 EUR je kg, entsteht kein Verpflichtungsüberschuss. Ein belastender Vertrag liegt nicht vor. Ein Ansatz unterbleibt beim erworbenen Unternehmen.

Die zweite Konstellation tritt etwa auf, wenn ein Unternehmen die Verpflichtung hat, Waren zu einem unter dem aktuellen Marktwert liegenden Preis zu verkaufen, der Preis aber andererseits gerade noch kostendeckend ist. Es liegt nur ein *unfavorable* und kein *onerous contract* vor. Das veräußerte Unternehmen bildet daher keine Rückstellung. Beim **Erwerber** ist unter *fair-value*-Gesichtspunkten eine andere Bewertung erforderlich und u. E. auch in Fällen ohne drohenden Verlust eine Passivierung geboten (IFRS 3.IE34).

Beispiel

Das erworbene Unternehmen TU ist Mieter aus zwei langfristigen Büromietverträgen über gleiche Flächen und gleiche Restlaufzeiten. Die aktuelle Marktmiete für den Abschluss eines Mietvertrages mit gleicher Restlaufzeit beträgt 25 EUR/qm. Die tatsächlichen über die Restlaufzeit festgeschriebenen Mieten sind

- 15 EUR/qm für den Vertrag A und
- 35 EUR/qm für den Vertrag B.

Vertrag A ist *favorable*. Ein immaterieller Vermögenswert ist anzusetzen und über die Laufzeit des Vertrages abzuschreiben. Unter Vernachlässigung der Verzinsung entspricht die in der Konzern-GuV anzusetzende Summe aus jährlicher Vertragsmiete und jährlicher Abschreibung der jährlichen Marktmiete.

Vertrag B ist aus der Perspektive der TU nicht (oder nur unter besonderen Bedingungen: z. B. Untervermietung für 25 EUR/qm) *onerous*. Aus Sicht von MU ist der Vertrag aber *unfavorable*. Bei sachgerechter Anwendung des *fair-value*-Prinzips auf schwebende Verträge muss daher analog zur Aktivierung von Vertrag A (positiver *fair value*) eine Passivierung von Vertrag B (negativer *fair value*) erfolgen. Dieser Passivposten ist im Zeitablauf aufwandsmindernd aufzulösen; nur so wird auch aus Vertrag B in der Konzern-GuV in Summe ein Aufwand i. H. d. Marktmiete angesetzt.

Der Ansatz einer Schuld aus ungünstigen Vertragsverhältnissen ist in IFRS 3.IE34 explizit vorgesehen.

Bei der Folgekonsolidierung darf dann allerdings nicht zu den Normalregeln von IAS 37 (Passivierung von Dauerschuldverhältnissen nur bei *onerous contracts)* gewechselt werden, da der Passivposten sonst sogleich in vollem Umfang ertragswirksam aufzulösen wäre; die Auflösung muss vielmehr laufzeitgerecht erfolgen. Ein potenzieller **Konflikt** zwischen der Aktivierungspflicht günstiger Verträge und der Passivierungspflicht belastender Verträge entsteht, wenn ein Vertragsverhältnis gemessen am Markt vorteilhaft, d. h. günstig, andererseits gemessen an den Erfüllungskosten aber unvorteilhaft, d. h. belastend ist. In vielen Fällen kann der Konflikt durch eine **zusammenfassende** Betrachtung zweier Vertragsverhältnisse (Beschaffungs- und Absatzvertrag) gelöst werden.

Beispiel

Das erworbene Unternehmen TU hat vor 15 Jahren in einer Hochmietphase ein Gebäude für 30 EUR/qm langfristig von A angemietet und für 35 EUR/qm weitervermietet. Der ursprüngliche Mieter ist vor 5 Jahren insolvent geworden. Eine Neuvermietung an B gelang nur für 25 EUR/qm. Nach den Verhältnissen des Erwerbsstichtags wären nur noch 20 EUR/qm zu erzielen (bei marktkonformen 15 EUR/qm für die Anmietung und entsprechend einem Gewinnaufschlag von 5 EUR/qm).

Der Mietvertrag mit B ist gemessen an heutigen Vertragsverhältnissen günstig und insoweit als immaterieller Vermögenswert zu aktivieren. Gleichzeitig scheint das Vertragsverhältnis aber belastend, da die Mieteinnahmen unter den Mietausgaben liegen. Insoweit würde ein günstiger, zugleich aber belastender Vertrag, also ein immaterieller Vermögenswert, zugleich aber auch eine Schuld vorliegen. Bei zweiter Betrachtung löst sich der potenzielle Konflikt auf. Der Vermietungsvertrag mit B ist günstig. Belastend ist er nur unter Ausdehnung der Betrachtung auf den Anmietungsvertrag. In zusammengefasster Betrachtung ergibt sich aus beiden Verträgen ein Verpflichtungsüberschuss. Die Ursache hierfür liegt aber nicht im Vermietungsvertrag, sondern im Anmietungsvertrag. Zwei Lösungen sind deshalb diskussionswürdig:

- Passivierung des ungünstigen Anmietungsvertrags auf Basis der negativen Mietdifferenz von – 35 EUR – (–15 EUR) = – 20 EUR, Aktivierung des Vermietungsvertrags auf Basis der positiven Mietdifferenz von +25 EUR – 20 EUR = +5 EUR, in der Gesamtschau des Nettovermögenseffekts beider Posten also Berücksichtigung einer negativen Differenz von –15 EUR.
- Passivierung auf Basis des negativen Saldos aus der Zusammenfassung beider Verträge, d. h. Ansatz eines Passivpostens auf Basis einer negativen Differenz von + 25 EUR – 35 EUR = –10 EUR.

Die erste Lösung führt in der Gesamtschau zu einem um 5 EUR schlechteren Ergebnis als die zweite Lösung. Ursächlich ist der durchschnittliche Gewinnaufschlag. Er wird in der zweiten Lösung still verrechnet. Die zweite Lösung kann sich darauf berufen, dass nur der Ansatz belastender Verträge, d. h. eines Verpflichtungsüberschusses aus Beschaffungs- und Absatzpreis, explizit vorgesehen ist. Für die erste Lösung spricht die systematische Gleichbehandlung zu günstigen Verträgen.

Fraglich ist, ob im Rahmen der Kaufpreisallokation neben schwebenden Ge- 88
schäften des erworbenen Unternehmens auch **sonstige Rechtsverhältnisse** (z. B. behördliche Genehmigungen, die so heute nicht mehr erteilt würden, aber wegen

Bestandsschutz fortgelten) auf ihre Günstigkeit zu beurteilen und ggf. anzusetzen sind.

Gegen die Berücksichtigung sonstiger Rechtsverhältnisse beim Unternehmenserwerb spricht der Zweck der Kaufpreisallokationsregeln von IFRS 3. Im *goodwill* werden die vom Erwerber mit einem Preis belegten zukünftigen Erträge erfasst, die nicht identifizierbar sind.[23] Hauptsächlich geht es um Synergien,[24] die entweder schon beim Zielobjekt vorhanden sind oder beim Erwerber erwartet werden (IFRS 3.BC130b). Die Möglichkeit der besseren Nutzung vorhandener Vermögenswerte aufgrund günstiger rechtlicher Bedingungen ist nicht Teil des *fair value* dieser einzelnen Vermögenswerte, sondern *going concern goodwill* i.S.v. IFRS 3.BC130a und deshalb nicht separat zu erfassen.

Diese Argumentation wird unterstützt durch Kosten-Nutzen-Überlegungen: Dem hohen Aufwand, der Identifizierung und der Bewertung schwebender Rechtsverhältnisse wird angesichts der vielen Ermessensprobleme häufig kein angemessener Informationswert gegenüberstehen.

2.5.2.8 Rückerworbene Rechte

89 Hinsichtlich rückerworbener Rechte (*reacquired rights*) wird auf Rz 117 verwiesen.

2.5.3 Risikofreistellungsansprüche (*indemnification assets*)

90 IFRS 3.27 schreibt die Aktivierung von sog. Vermögenswerten für Entschädigungsleistungen *(indemnification assets)* vor. Ein wichtigster Anwendungsfall sind Schuldfreistellungen, nach denen der Veräußerer beim Eintritt bestimmter Belastungen Entschädigungen verspricht. Der Rückgriffsanspruch ist bei voller Freistellung mit dem Wert zu aktivieren, mit dem das abgesicherte Risiko passiviert wird, bei partieller Freistellung mit einem entsprechenden Anteil. Auch die Fortschreibung erfolgt kongruent zur Fortschreibung des Passivpostens (IFRS 3.57). Wegen Beispielen wird auf Rz 65 und Rz 114 verwiesen.

2.5.4 Abgrenzungsposten für Erlöse und Investitionszuwendungen

91 Keine besonderen Bestimmungen enthält IFRS 3 zum Ansatz und zur Wertermittlung bei passiven **Abgrenzungsposten** (*deferred income*). Soweit es um **Erlösabgrenzungen** geht, wird man analog den amerikanischen Regelungen in EITF *Issue* 01–3 *„Accounting in a Purchase Business Combination for Deferred Revenue of an Acquiree“* unterscheiden müssen, ob der Posten nur **technischen** Charakter hat (Periodenabgrenzung) oder tatsächlich eine **Schuld** repräsentiert. Hierzu folgendes Beispiel (→ § 25 Rz 55):

Beispiel

Ein Mobilfunkunternehmen vereinnahmt bei Abschluss von Neuverträgen mit Post-paid-Kunden eine Aktivierungsgebühr. Diese ist im Falle der Vertragsbeendigung, z.B. durch Tod des Kunden, nicht rückzahlbar. Weiterhin

---

23 Vgl. zur differenzierten Darstellung der ökonomischen Bestandteile des Geschäfts- oder Firmenwertes SELLHORN, DB 2000, S. 885–892.

24 Vgl. HACHMEISTER/KUNATH, KoR 2005, S. 64f.

vertreibt das Unternehmen Prepaid-Karten, die den Kunden ein Gesprächsguthaben gewähren.
Die Erlöse werden nicht sofort realisiert, sondern über durchschnittliche Vertragsdauern abgegrenzt. Die *fair-value*-Beurteilung fällt wie folgt aus:

- Die Aktivierungsgebühren sind nicht rückzahlbar. Der diesbezügliche Abgrenzungsposten hat keinen Schuldcharakter. Der *fair value* ist null.
- Die Prepaid-Gebühren haben Schuldcharakter. Das Unternehmen schuldet ein bestimmtes Gesprächsguthaben. Die Kosten der Erfüllung dieser Schuld sowie – nach EITF Issue 01–3 – ein Gewinnaufschlag ergeben den *fair value* dieses Schuldpostens.

Hat der Veräußerer **Investitionszuschüsse oder -zulagen** für Anlagevermögen erhalten, waren diese wahlweise von den Anschaffungskosten des Anlagevermögens abzuziehen oder als passiver Abgrenzungsposten darzustellen und über die Laufzeit zu verteilen (IAS 20.24; → § 12 Rz 25). Für den Erwerber spielen die Anschaffungskosten und Buchwerte des Veräußerers und damit auch deren Minderung durch Investitionszuwendungen unabhängig davon keine Rolle, ob die Minderung beim Erwerber aktivisch oder passivisch ausgewiesen wurde.
Der Erwerber hat den **Zeitwert** der Anlagen zu aktivieren. Dieser kann durch Investitionszuwendungen **beeinflusst** sein, z.B. wenn der Erwerber und andere Unternehmen ebenfalls eine Investitionsförderung für gleichartiges Anlagevermögen erhalten würden (→ § 12 Rz 29).

Beispiel
U erwirbt am 2.1.02 die TU. TU hat am 31.12.01 ein Gebäude für 100 (brutto) hergestellt. Die Herstellung wird mit 30 bezuschusst. Die Nettoherstellungskosten betragen daher 70. Der Zuschuss ist bereits geflossen.

- Variante 1: Die Anschaffung gebrauchter Gebäude wird nicht bezuschusst.
- Variante 2: Auch für die Anschaffung gebrauchter Gebäude kann ein Zuschuss von 30 % beansprucht werden.

Beurteilung
In Variante 1 wird, rationales Handeln unterstellt, der Marktpreis gerade in Betrieb genommener, rechtlich aber als gebraucht geltender Gebäude um 30 % unter dem für rechtlich als neu geltenden liegen. Das Gebäude ist mit 70 anzusetzen.
In Variante 2 ist das Gebäude mit 100 anzusetzen.

Ein Zusammenhang des *fair value* mit dem passivierten, noch nicht aufgelösten Betrag des Veräußerers ist unsystematisch. Insoweit besteht kein Bedarf für die Fortführung entsprechender Posten.
Durch den Erwerb kann es jedoch zu Rückzahlungsverpflichtungen kommen (→ § 12 Rz 33), z.B. weil das Anlagegut in eine andere Betriebsstätte versetzt wird oder weil nunmehr Unternehmensgrößenkriterien überschritten werden. Soweit der Erwerber die Rückzahlungsverpflichtung übernimmt, ist deren Ansatz u.E. trotz der restriktiven Vorschriften von IFRS 3 zu den Restrukturierungsrückstellungen (Rz 93) geboten.

2.5.5 Eventualschulden

92 Nach IFRS 3.23 kommt es bei **Eventualschulden** (*contingent liabilities*) nicht auf die Wahrscheinlichkeit eines Ressourcenabflusses bzw. -zuflusses an. Die Wahrscheinlichkeit ist hier

- „nur" Bewertungsparameter,
- kein Ansatzkriterium.

Im Kern geht es darum, dass eine mögliche Belastung **unterhalb der Ansatzschwelle** für Rückstellungen (→ § 21 Rz 110) gleichwohl bei der Kaufpreisfindung Berücksichtigung finden kann und damit auch in die Kaufpreisallokation eingehen soll. Hierzu folgendes Beispiel:

Beispiel

K erwirbt das Unternehmen V. V ist Beklagter in einem Produkthaftungsprozess über 10 Mio. EUR. Eine Verurteilung ist möglich, aber nicht wahrscheinlich.

Bei der Kaufpreisverhandlung werden zwei Alternativen diskutiert:

- Die Veräußerer der V stellen K vom Risiko frei.
- Keine Freistellung, dafür ein Abschlag von 2 Mio. EUR auf den Kaufpreis.

Die zweite Variante wird schließlich vereinbart.

- In der Einzelbilanz des V ist keine Rückstellung anzusetzen, da eine Inanspruchnahme nicht *„more likely than not"* ist.
- In der (Konzern-)Bilanz des Erwerbers ist der *fair value* der Eventualschuld (2 Mio. EUR) anzusetzen. Die geringe Wahrscheinlichkeit hat in der Wertbemessung Berücksichtigung gefunden, indem statt der Klagesumme, d.h. des möglichen Erfüllungsbetrags, von 10 Mio. EUR nur der *fair value* von 2 Mio. EUR angesetzt wird.

Zur Fortschreibung der Eventualschuld wird auf Rz 146 verwiesen.

2.5.6 Restrukturierungsrückstellungen

93 Gem. IFRS 3.10ff. sind Schulden, die sich erst aus Absichten und Handlungen des Erwerbers ergeben, insbesondere Schulden (Rückstellungen) für zukünftige Verluste und Aufwendungen (→ § 21 Rz 89ff.), **nicht anzusetzen**.

Ein besonderer Anwendungsfall sind Restrukturierungsrückstellungen. Sie dürfen nur dann im Rahmen der Erstkonsolidierung angesetzt werden, wenn sie bereits beim **Veräußerer** gebildet werden konnten, d.h. bereits eine (faktische) Schuld vorlag (IFRS 3.11). Diese Schuld des Veräußerers wird nach allgemeinen Erstkonsolidierungsgrundsätzen übernommen, d.h. **erfolgsneutral** angesetzt. Fraglich ist, ob die Restrukturierungen über die **Umdeutung** in eine **Eventualschuld** im Einzelfall zum Bilanzansatz kommen können.

Beispiel

Am 2.4.03 erwirbt MU die TU. Die TU hat in den letzten 2 Jahren nur rote Zahlen geschrieben. Die Notwendigkeit einer Restrukturierung ist daher längst erkannt. Der bisherige Anteilseigner war kurzfristig nicht bereit, der TU die dafür erforderlichen finanziellen Mittel zur Verfügung zu stellen. Zur

Aufstellung und Bekanntgabe eines detaillierten Plans ist es daher bisher nicht gekommen. Alle Betroffenen (Betriebsrat usw.) wussten aber längst, dass eine Restrukturierung ohne Alternative und entweder vom alten oder von einem neuen Anteilseigner vorzunehmen ist.

Restrukturierungsmaßnahmen, deren Notwendigkeit schon vor dem Unternehmenserwerb gegeben war, die aber die Voraussetzungen für den Ansatz bei erworbenen Unternehmen nicht erfüllen, sind i.d.R. auch als Eventualschuld nicht ansetzbar. Als Eventualschuld definiert IFRS 3.40 Schulden unterhalb der für Rückstellungen verlangten Wahrscheinlichkeitsschwelle von 50 % (→ § 21 Rz 106). Die **Wahrscheinlichkeit** stellt aber in Fällen, in denen die Notwendigkeit einer Restrukturierung offensichtlich ist, **nicht das Problem** dar. Sie ist hoch genug für eine Rückstellung. Fraglich ist vielmehr der für Schulden und Eventualschulden konstitutive Außenverpflichtungscharakter. Er ist nach IAS 37 bei Restrukturierung nur über die Rechtsfigur der faktischen Verpflichtung (*constructive obligation;* → § 21 Rz 25) zu begründen. Eine solche **faktische Verpflichtung** darf nach IAS 37.72ff. aber so lange nicht angenommen werden, wie kein detaillierter Plan an die Betroffenen bekannt gegeben wurde (→ § 21 Rz 89). **Mit** Erfüllung dieser Voraussetzungen liegt eine Restrukturierungsrückstellung vor, **ohne** fehlt es überhaupt am Verpflichtungscharakter, sodass in bilanzrechtlicher Perspektive weder eine Schuld noch eine Eventualschuld infrage kommt.

2.5.7 Rückbau- und ähnliche Verpflichtungen aus erworbenen Vermögenswerten

Durch den Unternehmenserwerb erworbene Vermögenswerte können mit Verpflichtungen zu **Rückbau, Rekultivierung, Dekontaminierung** u. Ä. verbunden sein. Fraglich ist dann, ob eine **Bilanzierungseinheit** anzunehmen ist. 94

Beispiel
MU erwirbt TU. Ein wesentlicher Vermögenswert der TU ist ein Kiesabbaurecht. Es besteht eine Pflicht zur Rekultivierung nach Beendigung des Kiesabbaus. TU hat in seiner Einzelbilanz nach Maßgabe des Abbaufortschritts eine Rückstellung für die Rekultivierung angesammelt (→ § 21 Rz 80).

Hinsichtlich der Bilanzierung beim erwerbenden Unternehmen sind zwei Varianten diskussionswürdig:

- **Bruttomethode:** Der Vermögenswert (im Beispiel das Abbaurecht) wird mit dem Wert aktiviert, der sich ohne Reduktion um die aufgelaufene Rekultivierungsverpflichtung ergibt. Im Gegenzug wird die Verpflichtung mit ihrem Zeitwert passiviert.
- **Nettomethode:** Der Vermögenswert wird mit seinem Nettowert aktiviert. Ein Passivposten wird nicht angesetzt.

Für die Nettomethode spricht die Analogie zu IFRS 3.B42f. Danach gilt für den Ansatz im *operating lease* vermieteter Gegenstände bei der Erstkonsolidierung:

- Eine Belastung des Objekts in der Weise, dass über eine längere vertragliche Restdauer nur eine Miete unterhalb des Marktpreises zu erzielen ist, wird nicht separat als Rückstellung erfasst,
- sondern bei der Bewertung des Vermögenswertes, indem dieser für die Dauer der Vertragsbindung auf Basis der vertraglich erzielbaren Erträge und erst für den Anschlusszeitraum nach bester Vermietung (*highest and best use*) bewertet wird.

2.5.8 Umklassifizierung von Leasingverhältnissen

95 Das erworbene Unternehmen hat, soweit es selbst nach IFRS bilanziert, bestimmte Vertragsverhältnisse freiwillig oder pflichtweise bei seiner **Begründung** klassifiziert, etwa

- **Leasingverhältnisse** als *operating* oder *finance lease* (→ § 15 Rz 19),
- **Finanzderivate** als Sicherungsinstrumente *(hedge accounting)* oder Spekulationsobjekte (→ § 28 Rz 15).

Umklassifizierungen zu späteren Zeitpunkten sind z. T. nur unter sehr restriktiven Bedingungen möglich (etwa bei Leasing; → § 15 Rz 87ff.) oder in ihrer Rechtswirkung beschränkt (z. B. für Sicherungsbeziehungen; → § 28 Rz 182). Fraglich ist daher, ob der Erwerber an fehlerfreie Klassifizierungen des erworbenen Unternehmens gebunden ist. Für **Finanzinstrumente** und **Sicherungsbeziehungen** ist eine solche **Bindung** zu **verneinen**, da die einschlägigen Vorschriften von IAS 39 auf Verwendungsabsichten abstellen und dies nur die Absichten des Bilanzierungssubjekts, also des erwerbenden Konzerns, am Erwerbsstichtag sein können (IFRS 3.16a).[25]

96 Für die Klassifizierung von Leasingverhältnissen ist nach IFRS 3.26a auf den **Vertragsbeginn**, nicht auf den Erstkonsolidierungszeitpunkt abzustellen. Dies impliziert jedoch keine automatische Übernahme der Klassifizierungen des erworbenen Unternehmens. Soweit die Klassifizierungskriterien von IAS 17 **auslegungsbedürftig** sind, hat diese Auslegung nach IAS 27.28 **konzerneinheitlich** zu erfolgen. Im Gegensatz zu den Konzernbilanzierungsrichtlinien des erwerbenden Unternehmens stehende Auslegungen des erworbenen Unternehmens können daher nicht fortgeführt werden.

Beispiel

Das Leasingobjekt hatte bei Beginn des Leasingvertrags eine Nutzungsdauer von 20 Jahren, der Leasingvertrag eine Dauer von 17 Jahren.
Das erworbene Unternehmen hat das Vertragsdauerkriterium von IAS 17.10c *(major part of the lifetime)* als 75-%-Grenze interpretiert (→ § 15 Rz 35) und demzufolge bei 17/20 = 85 % einen *finance lease* angenommen.
Die Konzernrichtlinie des erwerbenden Konzerns interpretiert *major part* hingegen als 90 %, sodass aus dieser Sicht ein *operating lease* vorläge.

Beurteilung

Die in IAS 27.28 geforderte Einheitlichkeit der Bilanzierungsmethoden im Konzern betrifft auch die Auslegung unbestimmter Rechtsbegriffe. Im Konzernabschluss ist daher ein *operating lease* anzunehmen.

---

25 KPMG, Insights into IFRS, 2009/10, Tz 2.6.560.

Soweit zwischen Erwerber und erworbenem Unternehmen keine Divergenzen in der Auslegung der Kriterien von IAS 17 bestehen und die bisherige Klassifizierung nicht fehlerhaft war, bleibt es bei ihr. Eine Neuklassifizierung, die etwa beim Vertragsdauerkriterium auf Restvertragsdauer und Restnutzungsdauer ab Erstkonsolidierungszeitpunkt abstellen würde, widerspräche der Anforderung von IAS 17, Beurteilungen des wirtschaftlichen Eigentums auf den **Vertragsbeginn** vorzunehmen (→ § 15 Rz 19).

Unabhängig von der (Neu-)Klassifizierung stellt sich die Frage, mit welchem **Wert** das Leasingverhältnis zu erfassen ist. Bei **Leasingnehmer-Eigenschaft** des übernommenen Unternehmens ergibt sich Folgendes: 97

- *Operating leases* des erworbenen Unternehmens führen zur Aktivierung eines Vermögenswerts oder zur Passivierung einer Schuld i. H. d. *fair value,* wenn die Vertragskonditionen des Leasingverhältnisses gemessen an Marktwerten besonders günstig *(favorable)* oder ungünstig *(unfavorable)* sind. Außerdem kann eine Drohverlustrückstellung infrage kommen, wenn schon das erworbene Unternehmen das Objekt tatsächlich nicht mehr nutzte.
- Bei finance lease sind Leasingobjekt und -verbindlichkeit zum beizulegenden Zeitwert im Zeitpunkt der Kontrollerlangung (= Erstkonsolidierungsstichtag; Rz 28) zu bewerten. Bilanzansatz von Leasingobjekt und Leasingverbindlichkeit stimmen nur im Falle der Neuklassifizierung bei Kontrollerlangung überein.

Ist das erworbene Unternehmen **Leasinggeber** eines *operating lease*, erfolgt im Rahmen der Kaufpreisallokation eine Bewertung des Leasingobjekts zum beizulegenden Zeitwert. Bei Vorliegen eines *finance lease* ist die Leasingforderung zum *fair value* zu bewerten.

2.6 Bewertung der erworbenen Vermögenswerte und Schulden

2.6.1 *Fair value* und weitere Bewertungsmaßstäbe

Allgemeiner Bewertungsmaßstab der im Rahmen eines Unternehmenserwerbs zugehenden Vermögenswerte und Schulden ist der *fair value* (IFRS 3.18). **Besonderheiten** bestehen für 98

- latente Steuern (Rz 111),
- Risikofreistellungsansprüche (*indemnification assets;* Rz 90),
- Pensionsverpflichtungen, die nach IAS 19 anzusetzen und zu bewerten sind (IFRS 3.26),
- zur Veräußerung bestimmte langfristige Vermögegenswerte (*non-current assets held for sale*; → § 29).

2.6.2 Bewertungstechniken

Der *fair value* (beizulegende Zeitwert) eines Vermögenswertes oder einer Schuld ergibt sich bei Notierung an einer Börse oder einem anderen aktiven Markt aus dem **Marktpreis**. Hiervon betroffen sind aktivisch etwa Wertpapiere und bestimmte Rohstoffe, passivisch an der Börse emittierte Anleihen. 99

In den meisten anderen Fällen kann der *fair value* nur über **Bewertungstechniken** ermittelt werden. Tabelle 3 zeigt nach Bilanzposten gegliedert eine Übersicht über die gängigen Bewertungstechniken. Im Anhang dieser Kommentierung von IFRS 3 (Rz 203ff.) ist das konkrete Vorgehen an ausgewählten Beispielen erläutert. Die Beispiele sind IFRS 3.B16 rev. 2004 entnommen. In

IFRS 3 rev. 2008 sind keine konkreten Vorgaben zu Bewertungsmethoden enthalten. Teilweise sind die mit der Neufassung von IFRS 3 entfallenden Bewertungsvorgaben aber nachträglich im Rahmen des *Annual Improvements Project* 2009 in IAS 38 übernommen worden (IAS 38.40f.). Bis zu eventuellen Änderungen durch das *Fair Value Measurement Project* (Rz 216) kann u.E. den Vorgaben von IFRS 3 rev. 2004 gefolgt werden.

IMMATERIELLE VERMÖGENSWERTE, SACHANLAGEN, *INVESTMENT PROPERTIES*	
immaterielle Vermögenswerte (Rz 107)	a) Marktpreis, sofern aktiver Markt b) ansonsten auf Grundlage von – aktuellen Transaktionspreisen vergleichbarer Vermögenswerte oder – DCF-orientiert
(selbst genutzte) Grundstücke und Gebäude (Rz 100)	a) Marktwert oder b) DCF-Wert c) bei Spezialimmobilien nach allgemeinen Grundsätzen angezeigt: Rekonstruktions-/Wiederbeschaffungswert unter Berücksichtigung eines Abnutzungsabschlags)
sonstige Sachanlagen (Rz 100)	a) Marktwert b) falls kein Marktwert bestimmbar, – DFC-Wert oder – Rekonstruktions-/Wiederbeschaffungswert unter Berücksichtigung eines Abnutzungsabschlags
vermietete Grundstücke und Gebäude *(investment properties)*, vermietete Sachanlagen (Rz 106)	nach IFRS 3.B42. rev. 2008 bei DCF-Bewertung über die Dauer vertraglicher Bindung auf Basis Vertragsmiete, danach *highest and best use*
FINANZVERMÖGEN	
an aktivem Markt gehandelt (Rz 102)	aktueller Marktpreis (Börsenkurs)
sonstige Wertpapiere (sonstige Anteile) (Rz 102)	– Ableitung aus Marktpreis vergleichbarer Instrumente (z.B. Anwendung Kurs-Gewinn-Verhältnis von *comparable companies*) – oder DCF-Wert
Forderungen/Verbindlichkeiten (Rz 103)	DCF-Wert auf Basis aktueller Marktzinsen unter Berücksichtigung evtl. Uneinbringlichkeit; keine Abzinsung kurzfristiger Forderungen/Verbindlichkeiten, wenn Effekt nicht wesentlich

IMMATERIELLE VERMÖGENSWERTE, SACHANLAGEN, *INVESTMENT PROPERTIES*	
VORRÄTE	
Rohstoffe (Rz 101)	Wiederbeschaffungskosten
unfertige Erzeugnisse (Rz 105)	Verkaufspreise abzüglich Fertigstellungs-/Veräußerungskosten und Gewinnspanne (entspricht tendenziell steuerlichem Teilwert)
Waren und Fertigerzeugnisse (Rz 105)	Verkaufspreise abzüglich Veräußerungskosten und Gewinnspanne (entspricht tendenziell steuerlichem Teilwert)
DIV. SCHULDEN	
drohende Verluste/ungünstige Verträge (Rz 81)	DCF-Wert des wirtschaftlichen Verlusts
Sachschulden, Rückstellungen (Rz 104)	DCF-Wert der zur leistenden Ausgaben
Eventualschulden (Rz 146)	Preis, für den ein Dritter das Risiko übernähme (= i.d.R. diskontierte, mit Wahrscheinlichkeiten gewichtete Ausgabenschätzungen)
PENSIONSPLÄNE	durch IFRS 3.26 rev. 2008 wird klargestellt, dass damit der Wert nach IAS 19 (IFRS 3.26) gemeint ist
STEUERN (Rz 111)	tatsächliche Steueransprüche und Verpflichtungen in Höhe unabgezinster Zahlungen, latente Steuern nach allgemeinen Regeln von IAS 12; in beiden Fällen Berücksichtigung von Verlustausgleichsmöglichkeiten

Tab. 3: Techniken zur Bestimmung des *fair value* nach IFRS 3.B16f.

Konzeptionell lassen sich die drei in Abb. 3 dargestellten Gruppen von Bewertungstechniken unterscheiden:[26]

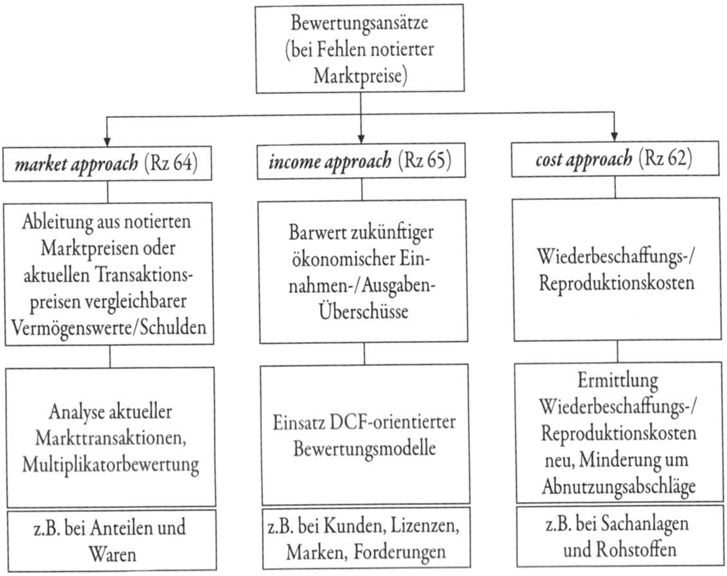

Abb. 3: Bewertungsansätze zur Ermittlung des *fair value*

Je nach Art des Vermögenswerts oder der Schuld, aber auch je nach Verfügbarkeit der Daten, kann dem einen oder anderen Ansatz der Vorzug zu geben sein. Fraglich ist, ob die Bestimmung des Bewertungsverfahrens einer **Verfahrenshierarchie** unterliegt, bei der marktpreisorientierte vor einkommensorientierten und diese vor kostenorientierten Verfahren anzuwenden sind.[27] U. E. ist dies mit einer Ausnahme nicht der Fall:

- Aus IFRS 3.B16 und B17 rev. 2004 ergibt sich nur der Vorrang **notierter Preise** an Börsen oder anderen aktiven Märkten. Nur in wenigen Fällen (etwa bei Wertpapieren) liegen solche Preise vor.
- Wo sie fehlen, sieht IFRS 3.B16 rev. 2004 in einigen Fällen (z.B. bei nicht börsenähnlich gehandelten Rohstoffen) den Vorrang des Kostenverfahrens vor, in anderen Fällen (z.B. bei Grundstücken) den Vorrang marktpreisorientierter Verfahren (Ableitung aus Preisen von ähnlichen Objekten), in wieder anderen Fällen (z.B. bei langfristigen Schulden) den Vorrang von einkommensorientierten Verfahren.
- Schon die nach Bewertungsobjekten **differenzierenden** Vorgaben von IFRS 3.B16 rev. 2004 sprechen gegen die vom IDW angenommene Verfahrenshierarchie. Noch deutlicher wird das Fehlen einer solchen Hierarchie in IFRS 3.B17 rev. 2004, wonach (notierte Preise in aktiven Märkten wiederum

26 Nach SMITH/PAAR, Valuation of Intellectual Property and Intangible Assets, 3. Aufl., New York u. a. 2000; ähnlich IDW RS HFA 16 und RS HFA 5.

27 So IDW HFA 16, Tz 15.

ausgeklammert) immer das einkommensorientierte DCF-Verfahren zugelassen ist, und zwar auch dort, wo marktpreisorientierte Verfahren (Ableitung des Wertes aus Preisen von ähnlichen Objekten) anwendbar wären.

Kostenorientierte Verfahren (*cost approach*) kommen insbesondere bei Roh- 100
stoffen und selbst genutzten **Sachanlagen** zum Einsatz, weil ein rationaler Investor für einen Vermögenswert nicht mehr als die **Wiederbeschaffungskosten** bezahlen würde. Soweit der Vermögenswert einer Abnutzung unterliegt, ist von den **Wiederbeschaffungskosten „neu"** ein Abzug für die physische **Abnutzung** infolge normalen Gebrauchs vorzunehmen. Ein Berechnungsbeispiel ist unter Rz 220 dargestellt.

Unabhängig davon, ob der Vermögenswert einer **Abnutzung** unterliegt, d.h. 101
z.B. auch für Rohstoffe, stellt sich die Frage nach einem Wertabschlag wegen

- physischer Beeinträchtigung (Alterung, Beschädigung),
- funktionaler Obsolenz (z.B. infolge technischen Wandels) oder
- ökonomischer Beeinträchtigung aufgrund von Änderungen der Nachfrage, einschränkenden neuen Gesetzesbestimmungen (z.B. Umweltschutz) etc.

Soweit diese Kriterien auch bei der „normalen" Bewertung für den Jahresabschluss zu berücksichtigen sind – als Abschreibung auf Sachanlagen, als *„lower of cost or market"* bei Vorräten, als Wertberichtigung bei Forderungen –, kann die **Bewertungspraxis** an die (beim Veräußerer) vorhandenen Buchwerte anknüpfen. Hier ist jedoch zu prüfen, ob bewertungsrelevante Ereignisse nach dem letzten Bewertungsstichtag vorliegen, die in den Buchwerten des Veräußerers noch nicht berücksichtigt sind.

Unmittelbare Marktpreise stehen nur bei **Wertpapieren**, bestimmten **universell** 102
einsetzbaren Sachanlagegütern (etwa Fahrzeugen) und **fungiblen Vorratsgütern** zur Verfügung. In anderen Fällen kann nur ein marktpreisorientiertes Verfahren *(market approach)* Anwendung finden, das aus Markt- oder Transaktionspreisen vergleichbarer *assets* (oder *liabilities)* den *fair value* ableitet. Derartige **Vergleichswertverfahren** (bzw. Analogiemethoden[28]) sind z.B. aus dem Bereich der Grundstücksbewertung bekannt (→ § 16 Rz 83). Aber auch die Bewertung von nichtbörsennotierten Anteilen durch Anwendung von **Umsatz- und Gewinnmultiplikatoren** börsennotierter Vergleichsunternehmen auf den Umsatz und Gewinn des zu bewertenden Beteiligungsunternehmens ist hier einzuordnen. Die Ableitung aus den bekannten Preisen ähnlicher Vermögenswerte muss der Tatsache Rechnung tragen, dass die bekannten Preise nicht gleiche, sondern lediglich **vergleichbare** Posten betreffen und daher Anpassungen notwendig sind. Damit diese Anpassungen nicht willkürlich erfolgen, müssen entsprechende **Daten** verfügbar sein. Sind bspw. Gebrauchtpreise nur für das ähnliche Vergleichsobjekt bekannt, hingegen nicht für das eigentliche Bewertungsobjekt, können Daten über die relativen Neupreise der beiden Objekte das Maß der Anpassung objektivieren.

Bei der Bewertung von nichtbörsennotierten Anteilen durch **Multiplikatoren** börsennotierter Vergleichsunternehmen kann eine Objektivierung nur dann gelingen, wenn die Multiplikatoren der Vergleichsunternehmen sich in einem relativ engen Intervall bewegen.

---

28 So die Terminologie in IDW RS HFA 16, Tz 18.

103 **Einkommens- bzw. kapitalwertorientierte Ansätze** (***income approach***) messen den Gegenwartswert zukünftiger ökonomischer Vorteile/Nachteile, die aus Einnahmen/Ausgaben resultieren. Für selbst genutzte Sachanlagen ist die Bedeutung der einkommensorientierten Ansätze eher gering. Ihr eigentliches Anwendungsfeld ist die Bewertung von

- Forderungen/Verbindlichkeiten (Rz 104),
- Erzeugnissen und Waren (Rz 105),
- vermieteten Sachanlagen (Rz 106) sowie
- immateriellen Vermögenswerten (Rz 107).

104 Bei **Forderungen und Verbindlichkeiten** sind die vertraglich vereinbarten Zahlungsströme markt- und bonitätsgerecht abzuzinsen. Eine Abzinsung kann aus *materiality*-Gründen (→ § 1 Rz 61 ff.) entbehrlich sein. Bei der Bewertung von kurzfristigen Forderungen und Schulden ist praktisch nur Sorge zu tragen, dass die bisherigen Ansätze nicht zu beanstanden sind, insbesondere Wertberichtigungen und Rückstellungen ausreichend dotiert wurden. Sofern diese Voraussetzung erfüllt ist, kann der Buchwert als Näherung des *fair value* verwendet werden. Bei langfristigen Forderungen und Verbindlichkeiten mit fester Verzinsung ist hingegen, abgesehen von Fällen mangelnder *materiality*, ein Vergleich zwischen vereinbarten und marktüblichen Zinsen vorzunehmen, der über die Abzinsung der Zinsen und Tilgungen mit dem Marktzins zu Abweichungen zwischen *fair value* und Buchwert führen kann.

Bei Sachschulden incl. nichtmonetärer Rückstellungen ist gem. IFRS 3.B16k der Barwert der für eine Erfüllung zu leistenden Ausgaben *(present value of amount to be disbursed in settling the obligation)* anzusetzen. Da besondere Folgebewertungsregeln anders als bei Eventualschulden fehlen (Rz 146), ist u. E. mit den zu leistenden Ausgaben der Vollkostenbetrag (incl. Gemeinkosten) gemeint, der auch außerhalb einer Kaufpreisallokation maßgeblich wäre (→ § 21 Rz 152).

105 Auch die Bewertung von **Erzeugnissen** und **Waren** erfolgt regelmäßig einkommensorientiert. Bewertungsmaßstab ist der voraussichtliche **Veräußerungspreis (cash inflow)** abzüglich

- der **Kosten** der Veräußerung und (bei unfertigen Erzeugnissen) der Fertigstellung *(cash outflow)* sowie
- einer vernünftigen **Gewinnspanne** (*reasonable profit allowance*) für die Verkaufs- und Fertigstellungsbemühung *(selling and completing efforts);* diese Spanne soll sich am Gewinn vergleichbarer Vorräte orientieren.

Beispiel

MU erwirbt den Markenartikelproduzenten TU. Aufgrund seiner Premiumstellung kann TU Produkte wie folgt kalkulieren:

Herstellungskosten	90
Aufschlag für Vertriebskosten	10
Gewinnaufschlag	100
Veräußerungspreis	200

- Bei der Erstkonsolidierung sind die Vorräte nicht mit 200–10 = 190, sondern mit 200–100–10 = 90 anzusetzen.
- Die Vorteile aus dem ungewöhnlich hohen Gewinnaufschlag werden vom Erwerber nicht bei den Vorräten, sondern als Marke aktiviert.
- Die Konzern-GuV wird bei Veräußerung der Erzeugnisse nicht durch einen Materialaufwand von 190, sondern von 90 belastet.
- Der Rohertrag in der Konzernbilanz des Erwerbers entspricht tendenziell dem der Einzelbilanz des erworbenen Unternehmens.

Eine Diskontierungsrechnung ist nur bei langen Realisationszeiträumen der Waren oder Erzeugnisse notwendig:

Beispiel
MU erwirbt die TU. TU fertigt und vertreibt Medizingeräte im Premiumsegment. Die Premiumstellung bedingt eine langfristige Versorgung mit Ersatzteilen. Diese werden bei Auslaufen einer Serie nach der voraussichtlichen Nachfrage der nächsten zehn Jahre auf Lager gefertigt.

Im *operating lease* vermietete Gegenstände, einschließlich *investment properties,* 106
sind durch Diskontierung der Nettomieterträge zu bewerten. Hierzu trifft IFRS 3.B42f. folgende Regelung:

- Eine über/unter dem Marktpreis liegende Miete ist nicht als günstiger/ungünstiger Vertrag zu aktivieren/passivieren (Rz 85). Die Vertragsmiete ist vielmehr bei der Bewertung des Gegenstandes zu berücksichtigen.
- Für den Zeitraum nach Ablauf der Vertragsbindung ist die marktgerechte Vermietung *(highest and best use)* anzunehmen.

In der einkommensorientierten Bewertung **immaterieller Vermögenswerte** 107
kommen zahlreiche DCF-Varianten zum Einsatz. Von Bedeutung sind u. a.:

- **Kundenstamm/Dauervertragskunden**: Der *multi-period-excess-earnings-*Ansatz (Residualwertmethode) bewertet die Einkommensströme aus dem vorhandenen Kundenstamm. Von den Einnahmen werden neben den operativen Kosten auch kalkulatorische Nutzungsentgelte *(capital charges)* auf den *fair value* der anderen *assets* in Abzug gebracht. Die einfache Anwendung der Methode setzt daher voraus, dass die *fair values* der anderen Vermögenswerte schon bekannt sind. Eine mehrfache Anwendung der Methode (z.B. neben Kunden auf Forschungsprojekte) ist z.B. unter Zuhilfenahme iterativer Betrachtungen möglich. Bei der Bewertung von Kundenbeziehungen mithilfe der Residualwertmethode ist die Reduktion der geplanten Einkommensströme im Zeitablauf nach Maßgabe der sog. *shrinking* oder *churn rate* (Schrumpfungsrate) der Kunden zu berücksichtigen Wegen eines Berechnungsbeispiels wird auf Rz 230 verwiesen
- **Auftragsbestände:** Die erwarteten Überschüsse aus dem erworbenen Auftragsbestand werden mit einem risikogerechten Zinssatz diskontiert. Ein Berechnungsbeispiel ist unter Rz 227 aufgeführt.
- **Marken/Lizenzen**: Die in IAS 38.41 ausdrücklich genannte *relief-from-royalty*-Methode (Methode der Lizenzpreisanalogie) schätzt die Kosteneinsparung, die daraus resultiert, dass das Zielunternehmen die Marke/Lizenz selbst

hält und keine Gebühren *(royalties)* an einen Marken-/Lizenzgeber zahlen muss. In der praktischen Anwendung werden durch Datenbankrecherchen branchenübliche *royalty*-Sätze ermittelt und auf die relevanten Bezugsgrößen (z.B. markenrelevante Umsatzerlöse der jeweiligen Periode) angewandt. Die resultierende Ersparnis ergibt nach Abzinsung den anzusetzenden Marken-/Lizenzwert Wegen eines Berechnungsbeispiels wird auf Rz 221 verwiesen.

- **Hyperlizenzen** (z.B. Mobilfunklizenz), mit denen das gesamte Geschäft steht und fällt: So genannte *greenfield approaches* unterstellen ein Unternehmen, das zunächst nichts besitzt als die zu bewertende Lizenz. Um aus ihr Ertrag zu generieren, muss ausgehend von der „grünen Wiese" möglichst schnell ein funktionierender Betrieb aufgebaut werden *(investive cash outflows)*, der auf der Basis der Lizenz Erträge *(operative netto cash inflows)* erwirtschaftet. Der Barwert des fiktiven Geschäftsplans dieses Unternehmens stellt den Wert der Lizenz dar. Ein die Bewertungsmethode erläuterndes Beispiel ist unter Rz 235 dargestellt.

108 Bei einkommensorientierten Bewertungen abschreibungsfähiger Vermögenswerte führt die Diskontierung der Einzahlungsüberschüsse/Auszahlungsersparnisse zunächst nur zu einem Nettowert, der den steuerlichen Vorteil aus der Abschreibungsfähigkeit noch nicht berücksichtigt. Dieser *tax amortization benefit* ist als zweite Wertkomponente zu berücksichtigen.[29] Wegen seiner Bestimmung wird auf Rz 237 verwiesen.

109 Da der *income approach* den *fair value* über die Diskontierung von geplanten *cash flows* ermittelt, kommt es entscheidend auf das Planungsmodell und den Diskontierungszinssatz an. Das *cash-flow*-**Planungsmodell** kann ein- oder mehrwertig sein:

- Bei **mehrwertiger** Planung (*expected cash flow approach*) werden verschiedene Szenarien mit ihren Wahrscheinlichkeiten gewichtet und so ein Erwartungswert ermittelt.
- Bei **einwertiger** Planung (*traditional cash flow approach*) werden die Zahlungsströme nur für eine, und zwar i.d.R. die mittlere Entwicklung (Mittelwert und Median) einer (gedachten) symmetrischen Verteilung geplant. Ausnahmsweise wird für eine günstigere Variante geplant, z.B. wenn sich (insbesondere bei nichtsymmetrischen Verteilungen) für die mittlere Entwicklung kein Zahlungsüberschuss ergibt.

Falls – wie in der Praxis üblich – das Risiko nicht im Zahlungsstrom (Sicherheitsäquivalenzmethode), sondern im Diskontierungszins berücksichtigt wird, besteht folgender Zusammenhang zwischen **Planungsmodell** und **Diskontierungszins**:

- Soweit die einwertige Planung für den Mittelwert **symmetrisch verteilter** Szenarien erfolgt, führen ein- und mehrwertige Planung zu den gleichen undiskontierten *cash flows*, auf die dann der gleiche Diskontierungszins angewendet werden kann. Der darin enthaltene Risikozuschlag berücksichtigt die Risikoaversion eines typischen Investors. Dieser wird z.B. für einen Zahlungsstrom, der mit je 33,3%iger Wahrscheinlichkeit zu einem Überschuss von 50, 100 und 150 führt (im Mittel also zu einem Wert von 100), einen niedrigeren Preis zahlen als für einen Zahlungsstrom, der sicher einen Überschuss von 100 bringt. Diese Risikoaversion wird durch einen Zuschlag auf den Zins sicherer Anlagen berücksichtigt.

---

29 AICPA Practice Aid: Kap. 5.3.102.; ähnlich IDW RS HFA 16, Tz 38.

- Soweit die einwertige Planung nicht für den Mittelwert, sondern für eine **günstigere** Entwicklung erfolgt (z.B. weil nur wenige, nicht symmetrisch verteilte Szenarien existieren), muss durch einen erhöhten Risikozuschlag berücksichtigt werden, dass der Planungsfall zu einem günstigeren Ergebnis führt als der Mittelwert. Die Höhe dieses Risikozuschlages ist i.d.R. nicht mehr objektiviert zu begründen.

Wegen eines Anwendungsbeispiels für beide Methoden wird auf Rz 232 verwiesen.

Der bei mehrwertiger Planung *(expected cash flow approach)* oder einer einwer- **110**
tigen Planung für den mittleren Wert einer (gedachten) symmetrischen Verteilung zu verwendende **Diskontierungssatz** ist eine vermögenswertspezifische Größe (*asset specific discount rate*). Er variiert mit dem Risiko des Vermögensgegenstandes. Für die Bestimmung der Diskontierungssätze nach Steuern können die in Tabelle 3 wiedergegebenen Leitlinien dienen.[30] Zu technischen Einzelheiten der Ableitung des Zinses im CAPM-Modell wird auch auf → § 11 Rz 61 verwiesen.[31]

Vermögen	Diskontierungssatz
working capital	marktübliche Zinssätze von Betriebsmittelkrediten (nach Abzug von Steuern)
Allgemein verwendbare Sachanlagen	marktübliche Fremdfinanzierungszinssätze (nach Abzug von Steuern)
Spezifische Sachanlagen mit geringer Zweitverwendungs-/-verwertungschance	Wert zwischen marktüblichen Fremdfinanzierungszinssätzen allgemein verwendbarer Sachanlagen (nach Abzug von Steuern) und Branchen-WACC
Kunden, eingeführte Marken u. Patente etc. sowie *work force*	tendenziell Branchen-WACC
Know-how im Entwicklungsstadium	WACC von *start-up*-Unternehmen

Tab. 4: Leitlinie für die Bestimmung der Diskontierungssätze nach Steuern

An Stelle des Branchen-WACC wird in der Praxis häufig der WACC des Zielunternehmens verwendet, obwohl dies dem *fair-value*-Gedanken – vom konkreten Unternehmen abstrahierte Wertermittlungen – theoretisch nicht entspricht.

Abbildung 4 enthält beispielhafte Werte, ausgehend von einem WACC von 12 %. In die Darstellung ist zusätzlich der *goodwill* aufgenommen, weil die Summe aller mit dem *fair value* der Vermögenswerte (incl. *goodwill)* gewichteten *asset specific discount rates* wiederum dem WACC entsprechen sollte. Die auf den *goodwill* anzusetzende Diskontierungsrate dient hier als Ausgleichsgröße. Sie ist so zu wählen, dass die Gleichung rechnerisch aufgeht. Hieraus lässt sich bei nicht

30 In Anlehnung an AICPA Practice Aid sowie IDW RS HFA 16.

31 Vgl. zu technischen Einzelheiten bei der Bestimmung des Zinses auch Freiberg/Lüdenbach, KoR 2005, S. 479ff.

zu kleinem *goodwill* ein Plausibilitätskriterium ableiten: Liegt der sich indirekt ergebende Diskontierungssatz für den *goodwill* weder unter dem WACC noch sehr weit darüber, plausibilisiert dies die übrigen Annahmen. Bei einem insgesamt niedrigen *goodwill* führt die Plausibilisierungsmethode z.B. zu folgendem Ergebnis:

- Soweit die Diskontierungsraten für Sachanlagen, *working capital* usw. deutlich unter und die Raten für Kunden, Marken nicht über dem WACC liegen, wäre nur über sehr hohe, nicht mehr plausible Diskontierungsannahmen für den *goodwill* aggregiert ein rechnerischer Ausgleich mit dem WACC möglich.
- Zu überlegen ist in einer solchen Konstellation deshalb, ob nicht z.B. die Kunden oder Marken mit einem Wert über WACC zu diskontieren sind und dadurch aggregiert für den Ausgleich sorgen, den der *goodwill* mit plausiblen Diskontierungsraten nicht erzielen kann.

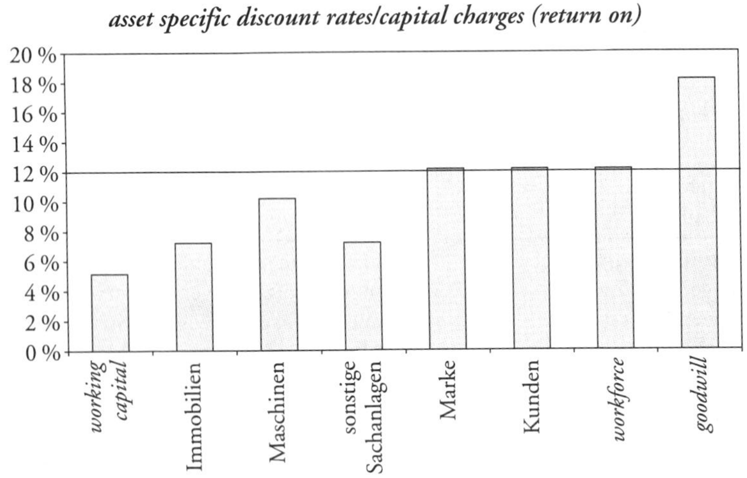

Abb. 4: Vermögenswertspezifische Diskontierungssätze und *capital charges*

Die vermögenswertspezifischen Diskontierungssätze können zugleich für die im Rahmen der **Residualwertmethode** vorausgesetzten *capital charges* verwendet werden. Die als hypothetisches Leasingentgelt deutbaren *capital charges* setzen sich allerdings bei abschreibbaren Vermögenswerten aus zwei Elementen zusammen,

- der Verzinsung auf die investierte Summe (*return on asset*),
- dem Werteverzehr (*return of asset*).

Die vermögenswertspezifischen Diskontierungssätze entsprechen dem *return on assets*. Nur wenn der Werteverzehr (*return of*) als eigener operativer Kostenbestandteil bei der Mehrgewinnmethode berücksichtigt wird und sich damit die *capital charges* auf den *return on assets* reduzieren, können gleiche Werte für Diskontierung und *capital charges* verwendet werden.[32]

Ein Beispiel zur Anwendung der **Residualwertmethode** ist in Rz 230 enthalten.

32 Vgl. IDW RS HFA 16 Tz 53.

2.6.3 Verlustvorträge, Bewertung und Ansatz latenter Steuern

Ein steuerlicher **Verlust des erworbenen Unternehmens** (→ § 26 Rz 68) kann erstmalig durch den Unternehmenserwerb zum Ansatz aktiver latenter Steuern führen, etwa wenn die Verluste des erworbenen Unternehmens mit den Gewinnen des Erwerbers verrechnet werden können und dadurch ein **Verlustausgleich** mit zukünftigen Gewinnen erstmals **wahrscheinlich** wird. Wegen der restriktiven, verlustvernichtenden Vorschriften zum **Mantelkauf** (§ 8c KStG) bzw. zur Verschmelzung (§ 12 Abs. 2 UmwStG) ist diese Bedingung im deutschen Steuerrecht allerdings häufig nicht erfüllt. 111

Hat umgekehrt das erwerbende Unternehmen einen Verlustvortrag, dessen Nutzung durch den Zukauf eines ertragsstarken Unternehmens (insbesondere im *asset deal)* erstmals wahrscheinlich wird, darf dieser Synergiegewinn nicht der Kaufpreisallokation zugerechnet werden. Die erstmalige Aktivierung des Verlustvortrags ist vielmehr ertragswirksam zu buchen.[33]

Der nachträgliche Ansatz bei der Erstkonsolidierung nicht als aktivierungsfähig beurteilter latenter Steuern kann nach Folgeänderung von IAS 12.68 durch IFRS 3 rev. 2008 nur noch binnen 12 Monaten seit dem Erwerb vorgenommenen werden. Spätere Neueinschätzungen sind i.d.R. erfolgswirksam (Rz 124). Zu Einzelheiten mit Beispielen wird verwiesen auf → § 26 Rz 69. 112

Im Übrigen unterliegen latente Steuern **nicht** der *fair-value*-Bewertung, sondern der Bewertung nach IAS 12 (IFRS 3.24). U. a. impliziert dies ein Verbot der Diskontierung (→ § 26 Rz 128). Der Grund für den Verzicht auf die *fair-value*-Bewertung lässt sich an folgendem Beispiel darstellen: 113

Beispiel

E erwirbt aus Interesse an bei ihm entstehenden Synergien das ausländische Unternehmen V. Wesentliche stille Reserven sind in dem erworbenen Vermögen nicht enthalten. V hat einen Verlustvortag von 500 TEUR, der durch den Erwerb nicht verfällt.

Aktive latente Steuern sind bisher nicht gebildet worden, da das Unternehmen eine „*history of recent losses*“ hat und daher Zweifel an der Werthaltigkeit bestehen (→ § 26 Rz 51). Diese Zweifel bestehen nach dem Erwerb fort, da die aus dem Unternehmenserwerb erwarteten Synergien hauptsächlich bei E anfallen. Gleichwohl ist die Verwertung der Verlustvorträge nicht unwahrscheinlich und daher im Kaufpreiskalkül moderat berücksichtigt worden.

Würde E in der Erstkonsolidierung latente Steuern nach Maßgabe der diskontierten mit der Wahrscheinlichkeit gewichteten zukünftigen Steuerentlastung ansetzen, entstünde zum nächsten Bilanzstichtag folgendes Problem: Die Bilanzierung müsste nun wieder den Regeln von IAS 12 folgen, d.h., angesichts der *history of losses* müsste ein Ansatz unterbleiben, sofern nicht überzeugende Belege *(convincing evidence)* für die Werthaltigkeit bestehen. Die bei der Kaufpreisallokation eingebuchten latenten Steuern wären also zum Folgestichtag trotz unveränderter Bedingungen wieder auszubuchen.

33 Vgl. Eitzen/Dahlke/Kromer, DB 2005, S. 509ff.

Derartige Inkonsistenzen werden vermieden, wenn latente Steuern nach den normalen Regeln von IAS 12, d.h. ohne Rücksicht auf ihren *fair value,* erstkonsolidiert werden. Eine entsprechende Ausnahme vom *fair-value*-Prinzip enthält IFRS 3.24 (Rz 188).

114 In der Vertragspraxis wird das **Steuerrisiko** häufig über Klauseln der folgenden Art geregelt:

> **Beispiel**
> Besitz, Nutzen und Lasten am Unternehmen gehen am 1.1.04 auf den Erwerber über.
> Von Steuernachforderungen (aus Betriebsprüfung usw.), die Zeiträume bis zum 31.12.03 betreffen, stellt der Veräußerer den Erwerber frei.

In diesem Zusammenhang stellt sich die Frage, ob

- das Steuerrisiko zu passivieren und
- der Rückgriffsanspruch zu aktivieren ist.

Zur Passivierung von Steuerrisiken enthält IAS 12 keine speziellen Vorschriften (→ § 26 Rz 28ff.). Außerhalb eines Unternehmenserwerbs gelangt IAS 37 zur Anwendung. Danach sind Steuerrisiken nur dann zu passivieren, wenn eine Inanspruchnahme überwiegend (> 50 %) wahrscheinlich ist (→ § 26 Rz 32). Nach IFRS 3.22 kommt eine Passivierung bereits unterhalb dieser Wahrscheinlichkeitsschwelle infrage. Anzusetzen ist eine Eventualschuld.

Allgemeine Regelungen zu Eventualforderungen enthält IFRS 3 demgegenüber nicht. Allerdings schreibt IFRS 3.27 die Aktivierung von Risikofreistellungsansprüchen *(indemnification assets)* vor (Rz 90). Danach sind Entschädigungsleistungen, die der Veräußerer beim Eintritt bestimmter Risiken verspricht, mit dem Wert zu aktivieren, mit dem das abgesicherte Risiko passiviert wird. Auch die Fortschreibung erfolgt kongruent zur Fortschreibung des Passivpostens (IFRS 3.57).

Hinsichtlich der Behandlung in der GuV bei tatsächlichem Eintritt des Steuerrisikos (Aufwand) und Erstattung durch den Veräußerer (Ertrag) ist u.E. in Analogie zu IAS 37.54 eine Saldierung zulässig (→ § 21 Rz 147).

2.6.4 Zeitbewertung von *preexisting relationships*[34]

115 Mit dem zum Erwerb anstehenden Unternehmen können vertragliche oder sonstige „**Beziehungen**" bestehen, die sich bereits in Bilanzpositionen niedergeschlagen haben oder aber im Zuge der Erstkonsolidierung bilanzwirksam werden.

> **Beispiele**
> - MU führt gegen TU einen Patentverletzungsprozess. TU hat dafür eine Rückstellung gebildet. Beim Erwerb von TU durch MU löst sich die Verbindlichkeit konzernbilanziell auf, ist auch wirtschaftlich wegen des nicht mehr weiterzuführenden Prozesses erloschen.

---

34 Die nachfolgenden Ausführungen sind z.T. entnommen aus LÜDENBACH/HOFFMANN, BB 2005, S. 651.

- Ein Computerhersteller MU hat einen langfristigen Liefervertrag mit dem Handelsunternehmen TU. Die Konditionen liegen hierfür günstiger als diejenigen, die MU anderen Händlern in Rechnung stellt. Beim Erwerb des Handelsunternehmens durch den Computerhersteller geht der bei TU vorhandene immaterielle Vermögenswert „günstiger Liefervertrag" unter.

Es stellt sich dann die Frage, wie diese Positionen im Rahmen der Erstkonsolidierung zu behandeln sind. Allgemeiner Wertmaßstab ist nach IFRS 3.18 der *fair value*, also der von der konkreten „Beziehung" losgelöste Marktwert. Diese „Beziehung" **löst** sich indes konzernbilanziell im Augenblick des Unternehmenserwerbs **auf**; sie ist wirtschaftlich nicht mehr vorhanden (analog der rechtlichen Konfusion) (Rz 119). Dem *fair value* des erworbenen Vermögenswertes bzw. der betreffenden Schuld kommt dann nach Vollzug des Erwerbs regelmäßig keine Bedeutung mehr zu. Es verbleibt ein **unternehmensspezifischer** Wert, der bei der Erstkonsolidierung aber gem. IFRS 3 gerade **keinen zulässigen Wertmaßstab** darstellt. **116**

Die Lösung des Problems ergibt sich nach IFRS 3.51 aus einer **Mehrkomponentenbetrachtung:** Eine *business combination* zwischen zwei Unternehmen, die bereits eine (vertragliche) Geschäftsbeziehung haben, kann danach ein **Mehrkomponentengeschäft** darstellen, bei dem **117**

- neben dem Unternehmenserwerb (Komponente 1)
- die Erledigung *(settlement)* der bisherigen Geschäftsbeziehung (Komponente 2)

bewirkt wird. Nur die erste Komponente ist bei der Anwendung der Erwerbsmethode zu berücksichtigen, die zweite nach dem auf sie isoliert anwendbaren Standard zu.

Bei der Erledigung der vorkonzernlichen Beziehung *(settlement of the pre-existing relationship)* kann ein sofort zu berücksichtigender Ertrag oder Aufwand *(settlement gain or loss)* entstehen. Hierbei ist wie folgt zu differenzieren:

- **Schwebende Verträge** mit aus Sicht des Erwerbers im Verhältnis zu Marktwerten günstigen bzw. ungünstigen Konditionen *(favorable or unfavorable contracts):* (a) Aufwand/Ertrag ist die diskontierte Differenz zwischen Vertrags- und Marktkonditionen. (b) Sofern der Vertrag einen Ausstieg gegen einen niedrigeren Betrag vorsieht, ist nur dieser Ausstiegsbetrag als Aufwand/Ertrag zu behandeln, die Differenz zu (a) hingegen als Teil des Unternehmenserwerbs zu erfassen (IFRS 3.B52b).
- **Rückerwerb** in Lizenz, Franchise etc. von an das erworbene Unternehmen **überlassenen Rechten**: Der Rückerwerb führt zum Ansatz eines immateriellen Vermögenswertes im Rahmen des Unternehmenserwerbs (IFRS 3.29). Die Bewertung erfolgt auf Basis der restlichen Vertragsdauer (IFRS 3.55). Eine darüber hinausgehende Nutzungsdauer, die sich etwa bei einer Marke aus der Möglichkeit der günstigen Verlängerung des Markenschutzes ergibt, ist nicht zu berücksichtigen (Rz 143). Der angesetzte Wert ist über die restliche Vertragsdauer abzuschreiben. (a) Soweit die Vertragskonditionen aus Sicht des Erwerbers gemessen am Markt günstig/ungünstig waren, entsteht auch bei Rückerwerb überlassener Rechte ein sofortiger Ertrag/Aufwand. (b) Sofern der Vertrag einen Ausstieg gegen einen niedrigeren Betrag vorsieht, ist nur dieser Ausstiegsbetrag als Ertrag/Aufwand zu behandeln, die Differenz zu (a) hingegen als Teil des Unternehmenserwerbs zu erfassen (IFRS 3.B53).

- **Erledigung schwebender Rechtsstreitigkeiten** zwischen Erwerber und erworbenem Unternehmen: Bei Passivprozessen des Erwerbers ist ein Aufwand zur Beilegung des Rechtsstreits, bei Aktivprozessen ein Ertrag anzusetzen, jeweils i.H.d. *fair value* (wahrscheinlichkeitsgewichtete Prozessausgänge) (IFRS 3.A61a).
- **Wertgeminderte Forderungen**: Soweit der Erwerber oder seltener das erworbene Unternehmen über eine im Erwerbszeitpunkt wertgeminderte Forderung gegen das andere Unternehmen verfügt, ist die Verbindlichkeit bzw. Forderung im Rahmen des Erwerbs mit dem beizulegenden Zeitwert anzusetzen.

118 Zum **Wertminderungsfall** folgendes Beispiel:

Beispiel

MU erwirbt am 1.1.01 in Sanierungsabsicht 100 % der Anteile an TU zu einem Kaufpreis von 140. MU hat eine als Anleihe verbriefte, börsennotierte Forderung von nominal 200 gegen TU. Dritte treten nur in vernachlässigbar geringem Umfang als Inhaber der Anleihe in Erscheinung.

Wegen Bonitätsschwierigkeit der TU ist die Anleihe zum Erwerbsstichtag nur noch mit dem *fair value* von 120 in der Einzelbilanz der MU ausgewiesen. In der Bilanz der TU ist die Verbindlichkeit hingegen mit 200 angesetzt. Am 1.1.03 wird die Anleihe in vollem Umfang, d.h. mit ihrem Nominalwert von 200, getilgt.

Das übrige Nettovermögen der TU (Buchwert = *fair value*) soll 260 betragen, ihr Eigenkapital lt. IFRS-Bilanz II somit 60 bei Nominalwertansatz der Schuld bzw. 140 (60 + 80) bei *fair-value*-Bewertung.

Beurteilung

Handelt MU wie angenommen in Sanierungsabsicht, kann der Erwerb als ein Mehrkomponentengeschäft interpretiert werden. Der Kaufpreis von 140 entfällt in dieser Perspektive nur mit einem Teilbetrag von 60 auf den Anteilserwerb. I. H. v. 80 enthält er einen Beitrag zur Wertsteigerung der als Finanzanlage gehaltenen Anleihe. Diese Wertsteigerung tritt unmittelbar mit Erwerb des Unternehmens, nicht erst danach ein. Mit ihr korrespondiert eine zeitgleiche Angleichung des beizulegenden Zeitwerts der Verbindlichkeit an dessen Nominalwert. Kaufpreisallokation und Buchungen sind wie folgt vorzunehmen:

Barzahlung **- davon für Wertsteigerung Anleihe**	140 – 80
= Kaufpreis für TU - Zeitwert übriges Vermögen **+ Verbindlichkeit gegen MU**	60 – 260 + 200
= *goodwill*	0

Einzelbilanz MU

Konto	Soll	Haben
Anleihenforderung	80	
Beteiligung	60	
Geld		140

Erstkonsolidierung		
Konto	**Soll**	**Haben**
EK TU	60	
Beteiligung		60
Anleihenverbindlichkeit	200	
Anleihenforderung		200
Nach dem Erwerb ergeben sich in dieser Variante keine Aufrechnungsdifferenzen aus dem konzerninternen Schuldverhältnis.		

U. E. muss sich eine entsprechende Lösung daran prüfen lassen, ob ihr auch einzelbilanziell gefolgt werden kann. Wo dies nicht der Fall ist, würde die Kapitalkonsolidierung nicht nur technisch versagen, da sich einzelbilanzieller Beteiligungsansatz und Nettovermögen (lt. IFRS-Bilanz II) nicht mehr entsprächen. Auch inhaltlich kann die wirtschaftliche Zerlegung eines zivilrechtlichen einheitlichen Geschäfts keine Sonderregelung für den Konzernabschluss sein, sondern nur unter Berufung auf allgemein und damit auch für den Einzelabschluss geltende Grundsätze erfolgen. Die einzelbilanziell zu erfassenden Anschaffungskosten der Beteiligung betragen somit in Anwendung dieses Gedankens im Beispiel nur 60 (140 – 80), während der Betrag von 80 als Anschaffungskosten auf die Anleihe gewertet werden kann.

Gehört zu den Vermögenswerten des erworbenen Unternehmens eine **wertberichtigte Forderung gegenüber dem Erwerber**, stellt sich auch hier die Frage nach der Reichweite des *fair-value*-Prinzips. 119

Beispiel

MU erwirbt in 01 TU zu einem Kaufpreis von 300.

TU hat eine Forderungen von 100 gegen MU. Nach Einzelwertberichtigung wird die Forderung im Einzelabschluss der TU mit 60 ausgewiesen. Dies soll zugleich der *fair value* sein.

In der Bilanz der MU ist die Verbindlichkeit mit 100 angesetzt.

Das übrige Vermögen der TU (Buchwert = *fair value*) beträgt 200, das Eigenkapital somit 260 bei Ansatz der Forderung mit dem *fair value*, 300 bei Ansatz mit dem Nominalwert.

Ende 01 wird die Forderung getilgt.

Kaufpreisallokation und Buchungen (Letztere nur für die *fair-value*-Lösung) sind wie folgt:

	Variante 1 *fair value*
= Kaufpreis für TU	300
– *fair value* übriges Vermögen	– 200
– Forderung gegen MU	**– 60**
= *goodwill*	**40**

Einzelbilanz MU		
Konto	**Soll**	**Haben**
Beteiligung	300	
Geld		300

Erstkonsolidierung		
Konto	**Soll**	**Haben**
EK TU	260	
Beteiligung		300
goodwill	40	
Verbindl. gg. TU	100	
Forderung gg. MU		60
Ertrag		40

Folgekonsolidierung 01		
Konto	**Soll**	**Haben**
Ertrag aus Ford. gg. MU	40	
Konzerngewinnrücklagen		40

Im Beispiel entsteht eine Aufrechnungsdifferenz zum Erstkonsolidierungszeitpunkt. Sie führt zu einem **sofortigen Ertrag** (*settlement gain*). Die entsprechende Buchung ist gewöhnungsbedürftig, da die Erstkonsolidierung mit Ausnahmen für den *lucky buy* bzw. *bargain purchase* (Rz 139) ansonsten ein erfolgsneutraler Vorgang ist.
Die Erfolgswirksamkeit lässt sich jedoch in einem **Vergleich zum Übernahmefolgegewinn des UmwStG** wie folgt begründen. Nach § 6 UmwStG ist ein in Verschmelzungsfällen aus der Vereinigung von Forderungen und Verbindlichkeiten entstehender Gewinn als laufender Gewinn bei der aufnehmenden Gesellschaft zu erfassen. Die Anpassung der unterschiedlichen Wertansätze im Anschaffungszeitpunkt wird also nicht erfolgsneutral, sondern erfolgswirksam durchgeführt. Dem entspricht die *fair-value*-Lösung in vorstehendem Beispiel. Ein Unterschied besteht nur darin, dass die steuerlichen Regeln auf die rechtliche Konfusion von Forderungen und Verbindlichkeiten zielen, während es konzernbilanziell um eine **wirtschaftliche Konfusion** geht. Ursächlich ist die konzeptionelle Abweichung zwischen Steuerrecht (Fokus auf dem einzelnen rechtlich definierten Steuersubjekt) und dem Konzernbilanzrecht (Fokus auf der wirtschaftlichen, aus mehreren Rechtssubjekten bestehenden Einheit).
Zu auch konzeptionell übereinstimmenden Lösungen kommt es dann, wenn der Erwerb eines Unternehmens sich als *asset deal* vollzieht. Hier gehen zwischen den Parteien bestehende Forderungen und Verbindlichkeiten auch einzelbilanziell durch rechtliche Konfusion unter.

120 Die laufende Bilanzierung schwebender operativer Verträge folgt nach IAS 37.29 und 33 dem **Imparitätsprinzip**. Drohende Verluste sind zu passivieren (→ § 21 Rz 55), erwartete Gewinne mit speziellen Ausnahmen (insb. bei langfristiger Fertigung) nicht zu aktivieren. Eine allgemeine Ausnahme besteht jedoch für den Unternehmenserwerb. Der erwartete Gewinn aus einem solchen noch nicht abgewickelten Kontrakt führt ggf. als für das erworbene Unternehmen **günstiger Vertrag** (*favorable* oder *beneficial contract)* oder Auftragsbestand zu einem immateriellen Vermögenswert.

Beispiel

MU erwirbt am 1.1.01 100 % der Anteile an TU zu einem Kaufpreis von 160. TU hat aus schon vorhandenen und kontrahierten, aber noch nicht ausgelieferten Waren einen Auftragsbestand von 1.000, aus dem bei Einstandskosten von 850 ein Gewinn von 150 erwartet wird. Auftraggeber ist MU. Die Ware wird einen Tag nach dem Unternehmenserwerb an MU geliefert.
Im Rahmen der Kaufpreisallokation ist auch die Gewinnerwartung aus schwebenden Verträgen als immaterieller Vermögenswert anzusetzen. Unter Vernachlässigung des übrigen Nettovermögens (Buchwert = Zeitwert = null) wäre die Kaufpreisallokation wie folgt vorzunehmen:

Kaufpreis für TU **– Auftragsbestand**	160 **– 150**
= *goodwill*	**10**

Der immaterielle Vermögenswert „günstiger Vertrag" wird im Zeitpunkt der (konzerninternen) Lieferung der Ware als Erhöhung von deren Anschaffungskosten aufgelöst. Dass damit vom Konzern für 850 angeschaffte Vorräte mit 1.000 aktiviert werden, erscheint bei einer leichten zeitlichen Variation nicht mehr unangemessen: Wäre der Unternehmenserwerb nämlich einen Tag später vollzogen worden, hätte TU die Ware noch vor Vollzug des Unternehmenserwerbs zu 1.000 an MU geliefert, und sie wäre mit diesem Betrag aktiviert worden. Innerhalb dieses einen Tages ist es aber weder zum Abschluss von Verträgen noch zur Änderung von Beschaffungskosten und *fair values* gekommen. Eine andersartige Behandlung im Falle der Lieferung kurz nach Erstkonsolidierungszeitpunkt scheint daher kaum sachgerecht.
Die Mehrkomponentenlösung überzeugt dann nicht, wenn es an einer tatsächlichen Vertragserledigung durch Abstandszahlung an TU fehlt und aus gesellschafts- und steuerrechtlichen Gründen Zahlungen an die Altgesellschafter nicht mit Zahlungen an die Zielgesellschaft vermengt werden können. Sie würde dann zu folgenden Problemen führen:

- Mit Ausführung des Auftrags wären von MU aufgrund des fortbestehenden, tatsächlich nicht aufgehobenen Vertrags 1.000 an TU zu zahlen.
- TU hätte daher aus dem Vertrag einzelbilanziell einen Erlös von 1.000, dem nur ein Wareneinsatz bzw. Konzernanschaffungskosten von 850 gegenüberstünden.
- Eine Zwischenergebniseliminierung (per Umlaufvermögen 150 an Materialaufwand 150) wäre nötig und würde den bereits als *settlement* loss berücksichtigten Betrag ein zweites Mal als Aufwand qualifizieren.
- Kann hingegen auch einzelbilanziell der Mehrkomponentenlösung gefolgt werden, weil eine tatsächliche Abstandszahlung an das TU erfolgt, beträgt der konzerninterne Umsatz nicht mehr 1.000, sondern 850. Die Zwischenergebniseliminierung entfällt und es bleibt zutreffend bei der Einmalerfassung des Aufwands.

Eine dritte Lösung ist geboten, wenn der Auftrag erst kurz vor Vollzug des Unternehmenserwerbs und nur im Hinblick auf diesen zu nicht marktgerechten Konditionen erteilt worden ist. Da es ohne den Unternehmenserwerb den entsprechenden *favorable contract* nicht gegeben hätte, der immaterielle Vermögenswert also erst durch den (bevorstehenden) Erwerb entstanden ist, darf er u. E. nicht angesetzt werden. Diese Lösung entspricht der in IFRS 3. 21 enthaltenen Regelung, wonach Schulden, die das Ergebnis des Unternehmenserwerbs sind, bei der Kaufpreisallokation nicht angesetzt werden dürfen. Dieser Rechtsgedanke ist u. E. analog auf Vermögenswerte anwendbar. Dann wäre abweichend von o. g. Darstellung ein *fair value* von null anzusetzen, weil der Auftragsbestand nicht *at arm's length* zustande gekommen ist.

Die ausführliche Diskussion des Beispiels zeigt die Notwendigkeit fallspezifischer Differenzierungen. Dies scheint dem Grunde nach auch in IFRS 3.52a anerkannt, wenn etwa der Ausweis eines *settlement gain* an die Voraussetzung einer tatsächlichen Vertragserledigung *(effective settlement)* geknüpft wird. Allerdings sind die Ausführungen des EITF und des IASB insoweit nicht sehr deutlich. Die offensichtlich auf die Erfolgsrechnung bezogene Vorgabe, jede *preexisting relationship* so zu behandeln, wie sie ohne einen Unternehmenserwerb zu behandeln wäre,[35] lässt sich zwar so deuten, dass eine Parallelität von einzel- und konzernbilanzieller (Mehrkomponenten-)Betrachtung angestrebt wird, explizit ist dies jedoch nicht gefordert.

Anders als bei operativen Geschäften entsteht bei **schwebenden Finanzverträgen** (Finanzderivaten) i. d. R. nicht das Problem eines „Übernahmefolgegewinns", da Ansatz und Bewertung nach IAS 39 **nicht imparitätisch** erfolgen (→ § 28 Rz 228).

2.6.5 Volle Aufdeckung von auf Minderheiten entfallenden stillen Reserven

121 Nach IFRS 3.33 ist eine nur beteiligungsproportionale, dem Mehrheitenanteil entsprechende Aufdeckung **stiller Reserven** (beteiligungsproportionale Neubewertung) unzulässig. Geboten ist die volle Aufdeckung (vollständige Neubewertung).

Der Minderheitenanteil (in IFRS 3 als nicht beherrschende Anteil bzw. *non-controlling interest* bezeichnet) fällt entsprechend höher aus als bei der beteiligungsproportionalen Neubewertung.

Ein Wahlrecht besteht hinsichtlich des *goodwill.* Werden die Anteile der Minderheiten in der Kaufpreisallokation

- mit ihrem *fair value* berücksichtigt, ist auch ein darin enthaltener Anteil der Minderheit am *goodwill* anzusetzen (sog. *full-goodwill*-Methode),
- mit ihrem Anteil am Zeitwert des Nettovermögens berücksichtigt, kommt es nur zur Aufdeckung stiller Reserven in den identifizierbaren Vermögenswerten, hingegen nicht zum Ansatz eines Minderheiten-*goodwill.*

Wegen Einzelheiten wird auf Rz 131 verwiesen.

---

[35] EITF 04–01, laut Official Minutes of the September 29–30 2004 Meeting, Tz 5.

2.6.6 Nachträgliche bessere Erkenntnis über Umfang und Wert des erworbenen Vermögens

Der zum Erstkonsolidierungszeitpunkt vorgenommene Bewertung und/oder der Ansatz von Vermögenswerten oder Schulden kann sich aufgrund nachträglicher besserer Erkenntnis über am Stichtag vorhandene Verhältnisse **(Wert- oder Ansatzaufhellung;** → § 4 Rz 17) als unzutreffend erweisen. In diesen Fällen sind **Anpassungen** erforderlich. Die Technik der Anpassung hängt vom Zeitpunkt der Korrektur ab. **122**

IFRS 3.45 lässt insbesondere, aber nicht nur für kurz vor dem Bilanzstichtag vollzogene Erwerbe, eine vorläufige Kaufpreisallokation zu,[36] die dann während einer *measurement period* von maximal 12 Monaten ab Erwerb „fertigzustellen" ist. Werden in diesem **12-Monats-Rahmen** Anpassungen vorgenommen, die nicht auf Wertänderungen infolge von *post-combination events* beruhen, sondern werterhellenden Charakter haben, sind diese zurückbezogen auf den Erwerbstag **erfolgsneutral gegen** den *goodwill* vorzunehmen. **Erfolgswirksam** ist lediglich die „Stornierung" zwischenzeitlich durchgeführter Abschreibungen etc. auf den falschen Wert. Erfolgt die Anpassung binnen 12 Monaten, aber nach Veröffentlichung der Bilanz für das Erwerbsjahr, sind im Folgeabschluss die Vergleichsinformationen (für das Erwerbsjahr) so anzupassen, als ob von Anfang an mit den richtigen Werten gerechnet worden wäre (IFRS 3.45 und 49). Regelmäßig führt dies zur Anpassung des *goodwill* (oder negativen Unterschiedsbetrags).

Erfolgt die **Anpassung nach Ablauf von 12 Monaten** (sog. „Anpassung nach Fertigstellung"), gelangen die Regeln von IAS 8 zur Anwendung. Nach IFRS 3.50 sind Anpassungen nach Fertigstellung nur anzusetzen, „um **Fehler** gem. IAS 8 … zu korrigieren (→ § 24 Rz 32)."

In der Behandlung **nachträglicher besserer** Erkenntnisse ist damit wie folgt zu differenzieren:

- IFRS 3.45 und 49 haben als Spezialvorschrift **Vorrang** vor IAS 8.[37] Bei Anpassungen innerhalb von 12 Monaten kommt es damit auf die in IAS 8 vorgenommene Unterscheidung von Fehlerkorrekturen (retrospektiv) und Schätzungsänderungen (prospektiv) nicht an. Unabhängig von der Ursache ist eine retrospektive Anpassung mit Gegenkorrektur des *goodwill* geboten.
- IFRS 3.50 **beruft** sich hinsichtlich Anpassungen nach 12 Monaten hingegen zweifach auf IAS 8,
  - zum einen hinsichtlich der **Fehlerkorrektur**, die als Anpassung i.e.S. auf den Erstkonsolidierungszeitpunkt zurückwirkt (**Retrospektion**),
  - zum anderen hinsichtlich der Schätzungsänderungen, die **prospektiv** vorzunehmen sind.

IFRS 3.50 schreibt somit gerade die Anwendung von IAS 8 vor und damit auch die Differenzierung zwischen Fehlerkorrekturen und Schätzungsänderungen. In der Literatur wird dies z.T. anders gesehen,[38] wobei nicht deutlich wird, ob materiell anders, indem Schätzungsänderungen nach Ablauf von 12 Monaten nicht mehr als

---

[36] Zur Vermeidung einer (zu) vorläufigen Kaufpreisllokation (PPA) durch sinnvolle Integration einer PPA in eine Due Diligence ZÜLCH/WÜNSCH, KoR 2008, S. 466ff.

[37] Gl. A. KÖSTER/MISSLER, in: THIELE/VON KEITZ/BRÜCKS (Hrsg.), Internationales Bilanzrecht 2008, IFRS 3, Tz 326.

[38] SENGER/BRUNE/DIERSCH, in: BECK'sches IFRS-Handbuch, 3. Aufl., 2009, § 34, Tz 251.

zulässig angesehen würden, oder nur terminologisch abweichend, indem Schätzungsänderungen nicht mehr als „Anpassung nach Fertigstellung" verstanden werden. Soweit die Differenz zum hier vertretenen Standpunkt nur eine terminologische sein sollte, halten wir sie nicht für relevant. Materiell bleibt es jedenfalls dabei, dass Schätzungsänderungen nach 12 Monaten bei Erfüllung der in IAS 8 enthaltenen Voraussetzungen prospektiv zulässig und erforderlich sind.

123 Hierzu folgendes Beispiel:

Beispiel

Bei Erstkonsolidierung Mitte 01 wird irrtümlich von der Werthaltigkeit eines Patentes ausgegangen. Es wird mit 100 angesetzt und auf 10 Jahre abgeschrieben.

Grundfall: Anpassung im Erstjahr oder binnen 12 Monaten

Im April 02 wird das Patent von dritter Seite bestritten. Den begonnenen Prozess wird man mit ganz hoher Wahrscheinlichkeit verlieren.

Die Anpassung ist auf den Erwerbszeitpunkt zurückzubeziehen. Zwischenzeitlich vorgenommene Abschreibungen sind erfolgsneutral zu korrigieren. Somit sind folgende Buchungen in 02 (vor Abschreibung 02) vorzunehmen:

Konto	Soll	Haben
goodwill	100	
Patent		100 (wegen Erstkonsolidierungswert)
Patent	5	
Gewinnrücklagen 1.1.02		5 (wg. Abschreibung 01)

Variante 1: Anpassung nach mehr als 12 Monaten

Der Klagegegner tritt erst Ende 02 auf.

Variante 1a

Bei Anwendung der erforderlichen Sorgfalt wäre schon zum Erstkonsolidierungszeitpunkt von einer fehlenden Werthaltigkeit des Patents auszugehen gewesen. Es liegt ein Fehler vor, der nach IAS 8 i. V. m. IFRS 3.50 retrospektiv wie im Grundfall zu korrigieren ist.

Variante 1b

Soweit bei der ursprünglichen Kaufpreisallokation auch unter Anwendung aller erforderlichen Sorgfalt Zweifel an der Werthaltigkeit des Patents nicht erkennbar waren, liegt zwar eine Unrichtigkeit wegen deren Unvermeidbarkeit, aber kein Fehler vor (→ § 24 Rz 39). Gleichwohl ist der Bilanzansatz in 02 anzupassen. Da eine Fehlerkorrektur ausscheidet, ist die Anpassung nach IAS 8 i. V. m. IFRS 3.50 erfolgswirksam als Schätzungsänderung vorzunehmen, indem das Patent außerplanmäßig abgeschrieben wird:

Konto	Soll	Haben
Außerplanmäßige Abschreibung	95	
Patent		95

Variante 2: Der Veräußerer hat die Werthaltigkeit des Patents garantiert und leistet eine Ausgleichszahlung
Unabhängig davon, ob die Anpassung binnen oder nach 12 Monaten erfolgt, ist die Buchung „per Ausgleichsforderung 100 an Patent 100“ sachgerecht. Sie berücksichtigt, dass in rückwirkender Betrachtung 100 weniger an Nettovermögen erworben und daher 100 weniger an Kaufpreis gezahlt wurde. Zwischenzeitlich bereits vorgenommene planmäßige Abschreibungen sind erfolgsneutral zu korrigieren („per Patent an Gewinnrücklage“).

Hinsichtlich des nachträglichen Ansatzes oder der nachträglichen Höherbewertung aktiver latenter Steuern infolge geänderter Beurteilung ihrer Werthaltigkeit enthält IAS 12.68 eine spezielle, im Wesentlichen aber mit IFRS 3.50 identische Regelung (→ § 26 Rz 69): **124**

- Anpassung binnen 12 Monaten, die auf wert- oder ansatzerhellende Umstände zurückzuführen sind, werden gegen *goodwill* verrechnet; soweit der Anpassungsbetrag den vorläufigen *goodwill* übersteigt, erfolgswirksam behandelt,
- spätere Anpassungen sind i.d.R. erfolgswirksam vorzunehmen, jedoch ausnahmsweise erfolgsneutral, wenn sie sich auf einen Sachverhalt nach IAS 12.61Aff., z.B. eine Fehlerkorrektur, beziehen.

Wegen nachträglicher besserer Erkenntnis hinsichtlich der **Anschaffungskosten**/des Kaufpreises wird auf Rz 57ff. verwiesen. **125**

2.7 *Goodwill* und negativer Unterschiedsbetrag

2.7.1 Überblick

Bei der Erstkonsolidierung entsteht i.d.R. eine positive oder eine negative Differenz von Anschaffungskosten und Zeitwert der erworbenen identifizierbaren Vermögenswerte und Schulden. **126**

- Eine positive Differenz ist als *goodwill* anzusetzen (IFRS 3.32),
- ein negativer Unterschiedsbetrag führt nach kritischer Überprüfung *(reassessment)* zu sofortigem Ertrag (IFRS 3.36).

Mit IFRS 3.19 wurde das **Wahlrecht** eingeführt, auch die Minderheiten zum *fair value* zu bewerten und somit auch den auf die Minderheiten entfallenden *goodwill* zu aktivieren (*full-goodwill*-Methode). Außerdem wird der *fair value* von bereits vor der Kontrollerlangung bestehenden Altanteilen in die Ermittlung der Anschaffungskosten einbezogen (Rz 150). Beides führt gegenüber dem vorherigen Recht zu Änderungen in der Höhe des *goodwill* (Rz 131). **127**

Goodwill und negativer Unterschiedsbetrag stellen eine Saldogröße dar. Da es nicht um die Differenz von Anschaffungskosten und Buchwerten geht, sondern um die Differenz von Anschaffungskosten und Zeitwerten, kann ein **negativer Unterschiedsbetrag** auch dann entstehen, **wenn** der **Kaufpreis über** dem **Buchwert** liegt. Hierzu folgendes Beispiel: **128**

Beispiel
E erwirbt ein schuldenfreies pyrotechnisches Einzel-Unternehmen.

- Der Buchwert der schwer liquidierbaren Aktiva beträgt 15 Mio. EUR.
- Ihr Zeitwert ist 20 Mio. EUR.

- Der Ertragswert des Unternehmens beträgt ebenfalls 20 Mio. EUR.
- Als Kaufpreis werden jedoch 15 Mio. EUR vereinbart.

Die Abweichung zwischen Kaufpreis und Zeit- und Ertragswert erklärt sich wie folgt:

Das Unternehmen hat mit ordentlichen Warnhinweisen Feuerwerk in die USA geliefert. Bei unsachgemäßer Umverpackung durch den in den USA für Feuerwerk lizenzierten Abnehmer kommen vier Arbeiter zu Tode. Das Unternehmen wird auf 40 Mio. US-Dollar verklagt. Sein Versicherungsschutz für derartige Fälle beträgt 5 Mio. EUR. Die Wahrscheinlichkeit, mit einem über 5 Mio. EUR hinausgehenden Betrag verurteilt zu werden, wird von den Rechtsanwälten als extrem niedrig eingeschätzt. Eine Rückstellung kann deshalb nicht passiviert werden. Die Warnhinweise waren ordentlich. Abnehmer waren keine Endverbraucher, sondern in den USA lizenzierte Fachleute. Wegen des Überraschungspotenzials amerikanischer Geschworenenverfahren bleibt jedoch ein Restrisiko. Die Parteien berücksichtigen dies durch einen Abschlag beim Kaufpreis. Überdies stand der Veräußerer aus Liquiditätsgründen unter Verkaufsdruck, sodass sich insgesamt ein Abschlag von 5 Mio. EUR auf den Ertragswert ergibt.

Der **HGB-Einzelabschluss** (von Veräußerer und Erwerber) ignoriert diese Aspekte. Dem Kaufpreis von 15 Mio. EUR steht ein Buchwert der Aktiva von 15 Mio. EUR gegenüber. Ein negativer Geschäftswert für den möglichen Verlust wird in der Erwerberbilanz nicht ausgewiesen. Der negative Geschäftswert wird auf diese Weise still mit den Reserven in den Aktiva saldiert. Soweit es sich bei den Aktiva um abschreibbares Anlagevermögen oder um Vorräte handelt, wird demzufolge auch die Ertragslage der Folgeperioden unzutreffend wiedergegeben. Abschreibungen und Materialaufwand der Folgejahre sind zu niedrig, der Gewinn ist überhöht.

IFRS 3 wählt einen anderen Ansatz:

Soweit ein *fair value* des Prozessrisikos feststellbar ist, wird bei der Erstkonsolidierung eine Eventualschuld passiviert. Bei einem unterstellten *fair value* von 5 Mio. EUR entsteht kein Unterschiedsbetrag.

Soweit der *fair value* nicht verlässlich feststellbar ist, werden die *assets* mit 20 Mio. EUR erfasst, der negative Unterschiedsbetrag von 5 Mio. EUR ist sofort ertragswirksam.

129 Da das Handelsrecht nur für den Konzernabschluss einen negativen *goodwill* (Unterschiedsbetrag) vorsieht (§ 309 Abs. 2 HGB), ergeben sich im handelsrechtlichen Einzelabschluss Verwerfungen, wenn der Kaufpreis sogar noch unterhalb des Buchwertes des Nettovermögens liegt. Der buchhalterische Ausgleich ist dann nur über eine Abstockung des Aktivvermögens zu erreichen, soweit überhaupt genügend Abstockungsvolumen zur Verfügung steht. Wegen Einzelheiten des handels- und steuerrechtlichen Vorgehens wird auf die Vorauflagen verwiesen.

2.7.2 Berechnung mit und ohne Minderheiten

Nach IFRS 3.51 und 56 rev. 2004 war *goodwill* bzw. negativer Unterschieds- 130
betrag wie folgt zu berechnen:

	Anschaffungskosten
–	anteiliger *fair value* des erworbenen Nettovermögens
=	*goodwill* (falls > 0) bzw. negativer UB (falls < 0).

Mit IFRS 3 rev. 2008 wird das bei jeder *business combination* neu ausübbare 131
Wahlrecht eingeführt, auch die **Minderheiten** (nicht beherrschende Anteile – *non-controlling interests*) zum *fair value* zu bewerten (IFRS 3.19) und somit auch den auf die Minderheiten entfallenden *goodwill* zu aktivieren (*full-goodwill*-Methode). Außerdem wird durch IFRS 3.32 der *fair value* von bereits vor der Kontrollerlangung bestehenden Altanteilen in die Ermittlung der Anschaffungskosten einbezogen (Rz 150). Beides führt zur Änderung in der Berechnung des *goodwill*/negativen Unterschiedsbetrags.
Diese ist nach IFRS 3.49 und 51 wie folgt vorzunehmen:

	Anschaffungskosten
+	nicht beherrschende Anteile (wahlweise zum *fair value* oder als Anteil am *fair value* des Nettovermögens)
+	*fair value* bereits vor der Kontrollerlangung bestehender Beteiligungen (Altanteile)
–	*fair value* des erworbenen Nettovermögens (unter Berücksichtigung latenter Steuern)
=	*goodwill* (falls > 0) bzw. negativer UB (falls < 0).

Soweit die nicht beherrschenden Anteile (Minderheiten) nur mit dem Anteil am *fair value* des Nettovermögens bestimmt werden und keine Altanteile existieren, ergeben sich keine Änderungen zu den bisherige Werten, wie folgendes Beispiel zeigt:

Beispiel

Mu erwirbt für 80 einen Anteil von 80 % an TU. Das Nettovermögen der TU zu Zeitwerten (also incl. stiller Reserven) beträgt 75.

1. *goodwill* nach IFRS 3 rev. 2004

	Anschaffungskosten Mehrheitsanteil	80
–	anteiliger *fair value* des erworbenen Nettovermögens (0,8 × 75)	– 60
=	*goodwill*	20

2. *goodwill* nach IFRS 3 rev. 2008 (ohne Aufdeckung Minderheiten-*goodwill*)

	Anschaffungskosten	80
+	Minderheitenanteil (0,2 × 75)	+ 15
–	*fair value* des erworbenen Nettovermögens	– 75
=	*goodwill*	20

Wird hingegen nach der *full-goodwill*-Methode verfahren, erhöht dies den *goodwill* und den Minderheitenanteil. Wenn im einfachsten Fall im Erwerb der Mehrheitsanteile keine Kontrollprämie gezahlt wurde bzw. in den Minderheitenanteilen kein Abschlag wegen fehlender Kontrolle zu berücksichtigen ist, lässt sich der *fair value* des Minderheitenanteils rechnerisch aus den Anschaffungskosten für den Mehrheitenanteil ableiten.

Beispiel (Fortsetzung)

Goodwill nach IFRS 3 rev. 2008 (mit Aufdeckung Minderheiten-*goodwill*)

	Anschaffungskosten Mehrheitsanteil	80
+	*fair value* Minderheitenanteil (80/0,8 × 0,2)	+ 20
–	*fair value* des erworbenen Nettovermögens	– 75
=	*goodwill*	25

132 Abweichend von dem vorstehenden Beispiel ist in der Praxis aber regelmäßig zu berücksichtigen, dass ein 50,01-%- Anteil einen wesentlich höheren Wert als ein 49,99-%-Anteil hat, der Kaufpreis für den Mehrheitenanteil also mindestens um eine in ihm enthaltene **Kontrollprämie** zu bereinigen ist, wenn aus ihm auf den *fair value* der Minderheitenanteile geschlossen werden soll. Je nach Land und Branche sind Kontrollprämienzuschläge um die 10 %-Punkte[39] belegt. Anstelle oder neben der Bereinigung kann auch eine ermessensbehaftete Anteils- bzw. Unternehmens**bewertung** im DCF-Verfahren notwendig werden (IFRS 3.B45).

133 Daneben kann auch ein **Paketabschlag** auf den Minderheitenanteil erforderlich sein.

Beispiel

MU erwirbt 60 % an der börsennotierten TU AG. 30 % werden vom Investor X gehalten, die weiteren 10 % sind breit gestreut.

Bei einem geringen *free float* von 10 % wird X kaum in der Lage sein, sein 30-%-Paket zum Börsenkurs zu veräußern. Bei der Bestimmung des *fair value* der von X gehaltenen Anteile ist daher trotz IFRS 3.B44 u. E. ein Paketabschlag angezeigt.

134 Mit Ersatz des Minderheitenbegriffs *(minority interests)* durch den Begriff der **nicht beherrschenden Anteile** (*non-controlling interests*) ist auch die **Definition** dieser Größe in IAS 27.4 geändert worden:

- Nach IAS 27 rev. 2004 war das *minority interest* der Anteil der nicht dem Mutterunternehmen zuzurechnenden Anteile an Ergebnis und Nettovermögenswerten (*net assets*) des Tochterunternehmens.
- Nach IAS 27 rev. 2008 ist das *non-controlling interest* das Eigenkapital, das nicht dem Mutterunternehmen zuzurechnen ist.

In der Negativdefinition der Neufassung stellen u. a. auch folgende besonderen Fälle *non-controlling interests* dar:

- Eigenkapital aus **Aktienoptionsprogrammen** (IFRS 2),
- Eigenkapitalanteil als **Wandelschuldverschreibungen** (IAS 32).

---

39 Vgl. DYCK/ZINGALES, Journal of Applied Corporate Finance, 2004, S. 51 ff., dort weitere Nachweise.

Fraglich war nun, ob auch für diese keinen Anteil an den Nettovermögenswerten verkörpernden Eigenkapitalbestandteile das Wahlrecht zwischen *fair-value*-Bewertung und Bewertung nach Zeitwert des Nettovermögens gelten soll. Mangels eines tatsächlichen Anteils an den Nettovermögenswerten hätte dies bei Option gegen die *full-goodwill*-Methode die Bewertung der besonderen Eigenkapitalanteile mit null impliziert und damit im Widerspruch zu anderen Standards (IFRS 2, IAS 32 usw.) gestanden.

Das *Annual Improvements Project 2010* beseitigt diesen Widerspruch, indem es durch Änderung von IFRS 3.19 das Wahlrecht auf solche *non-controlling interests* beschränkt, die **Eigentumsansprüche,** insbesondere einen Anteil am Liquidationsergebnis, verkörpern und eine Bewertung **sonstiger** *non-controlling interests* zum *fair value* bzw. nach den jeweils einschlägigen anderen Standards (IFRS 2, IAS 32 usw.) verlangt (→ Rz 218).

Ein **negativer Unterschiedsbetrag** kann jedenfalls dann nicht anteilig der Minderheit zugerechnet werden, wenn Ursache des negativen Unterschiedsbetrags ein *bargain purchase* ist (Rz 139), der Verkäufer also wegen Liquiditätsnöten oder aus ähnlichen Gründen seinen Mehrheitsanteil unter dem *fair value* veräußert hat. Auf diese Weise entsteht ein Transaktionsgewinn beim Erwerber, nicht aber bei der überhaupt nicht in einer Transaktion involvierten Minderheit. Gleichwohl beeinflusst der Wert des Minderheitenanteils bei Ausübung des *full-goodwill*-Wahlrechts die Höhe des negativen Unterschiedsbetrags (IFRS 3.A53). 135

Beispiel

MU erwirbt für 50 einen Anteil von 80 % an TU. Das Nettovermögen der TU zu Zeitwerten (also incl. stiller Reserven) beträgt 75. Eine Anteilsbewertung ermittelt einen *fair value* des Minderheitenanteils von 17.

1. negativer Unterschiedsbetrag ohne Aufdeckung Minderheiten-*goodwill*

	Anschaffungskosten	50
+	Minderheitenanteil am Nettovermögen (0,2 × 75)	+ 15
–	*fair value* des erworbenen Nettovermögens	– 75
=	negativer Unterschiedsbetrag (MU)	– 10

2. negativer Unterschiedsbetrag mit Aufdeckung Minderheiten-*goodwill*

	Anschaffungskosten	50
+	Minderheitenanteil (zum *fair value*)	+ 17
–	*fair value* des erworbenen Nettovermögens	–75
=	negativer Unterschiedsbetrag (MU)	– 8

Nicht klar geregelt ist der Fall, dass die Minderheit zeitgleich mit dem Mehrheitsgesellschafter in das Erwerbsobjekt einsteigt. U. E. bezieht sich die Vorgabe von IFRS 3.34, den negativen Unterschiedsbetrag nur beim Mehrheitsgesellschafter zu erfassen, nicht zwingend auf diesen Fall. Eine andere Vorgehensweise ist daher vertretbar. 136

Beispiel
MU erwirbt für 50 einen Anteil von 80 % an TU, zeitgleich X einen Anteil von 20 % an TU für 12,5. Das Nettovermögen der TU zu Zeitwerten (also incl. stiller Reserven) beträgt 75. Der Anteilspreis von 12,5 entspricht dem *fair value*.
1. negativer Unterschiedsbetrag nach IFRS 3 rev. 2008 (ohne Anteil Minderheit am negativen Unterschiedsbetrag)

	Anschaffungskosten für 80 %	50
+	Minderheitenanteil am Nettovermögen (0,2 × 75)	+ 15
–	*fair value* des erworbenen Nettovermögens	– 75
=	negativer Unterschiedsbetrag (MU)	– 10

2. negativer Unterschiedsbetrag nach IFRS 3 rev. 2008 (mit Anteil Minderheit an negativem Unterschiedsbetrag)

	Anschaffungskosten für 80 %	50
+	Minderheitenanteil (zum *fair value*)	+ 12,5
–	*fair value* des erworbenen Nettovermögens	– 75
=	negativer Unterschiedsbetrag	– 12,5
davon MU		– 10
davon X		– 2,5

137 Fraglich ist, ob beim Erwerb eines in mehreren Geschäftszweigen tätigen Unternehmens/Konzerns **gleichzeitig** ein *goodwill* und ein **negativer Unterschiedsbetrag** entstehen können.

Beispiel[40]
M erwirbt in *share deal* die Anteile an der Finanzholding F, deren einzige wesentliche Vermögenswerte 100%ige Beteiligungen an den beiden rechtlich selbstständigen Zielgesellschaften Z 1 und Z 2 sind. Bei Z 1 und Z 2 handelt es sich um produzierende Unternehmen, die mit unterschiedlicher Technologie unterschiedliche Produkte für unterschiedliche Märkte herstellen.
Z 1 hat ein neu bewertetes Nettovermögen von 1.000 und ist erfolgreich in einem stark expandierenden Umfeld tätig. Z 2 hat ein neu bewertetes Nettovermögen von 100 und ist seit mehreren Jahren defizitär.
Der *fair value* von Z 1 beträgt 1.500, der von Z 2 0. Nach der gemeinsamen Vorstellung der Parteien soll der Kaufpreis von 1.500 daher vollständig auf Z 1 entfallen.
Fraglich ist, ob M im Zuge der Erstkonsolidierung jeweils einen gesonderten Unterschiedsbetrag für die Gesellschaften Z 1 (*goodwill* 500) und Z 2 (negativer Unterschiedsbetrag 100) zu identifizieren hat oder ob für die Transaktion insgesamt nur ein Unterschiedsbetrag (*goodwill* 400) zu ermitteln ist.

40 Kessler/Beck/Cappell/Mohr, PiR 2007, S. 125 ff.

Die erste Lösung wäre jedenfalls dann geboten, wenn Z 1 und Z 2 nicht rechtlich über die Finanzholding verbunden wären und über jede der beiden Gesellschaften ein eigener Anteilskaufvertrag abgeschlossen würde.

Für eine getrennte Ermittlung der Unterschiedsbeträge auf Ebene der einzelnen *businesses* spricht der *substance-over-form*-Gedanke. Nur die getrennte Ermittlung bildet den Unternehmenszusammenschluss unabhängig von seiner rechtlichen Form ab. Zudem entspricht eine getrennte Ermittlung den Vorgaben von IAS 36 und IAS 21. Da nach diesen Standards ein *goodwill* für die Folgebewertung (Werthaltigkeitsprüfung) auf *business*- bzw. CGU-Ebene identifiziert werden muss (→ § 11 Rz 83), ist ein entsprechendes Vorgehen bei der erstmaligen Identifizierung eines Unterschiedsbetrags angemessen.[41]

2.7.3 *Reassessment* des negativen Unterschiedsbetrags

Nach IFRS 3.36 kommt es auf die **Ursachen** des negativen Unterschiedsbetrages **nur** insofern an, als 138

- einer **ersten** Feststellung eines negativen Unterschiedsbetrags
- die kritische **Überprüfung** (*reassessment*) der Wertermittlung von Anschaffungskosten und Nettovermögen folgen muss, und
- nur insoweit, als der negative Unterschiedsbetrag durch das *reassessment* bestätigt wird, ein sofortiger **Ertrag** zu buchen ist.

In Praxis und Literatur[42] wird das *reassessment* z.T. als rein formaler Akt kritisiert, da bei Anwendung der gleichen Prämissen auch bei der zweiten Berechnung nichts anderes herauskommen könne als bei erster Ermittlung. Ein **ernst genommenes** *reassessement* muss sich aber gerade **inhaltlich** mit den in IFRS 3 genannten Gründen für einen negativen Unterschiedsbetrag auseinandersetzen. Nach IFRS 3.BC371 ff. kommen nur drei Gründe infrage: 139

(1) Es liegt ein *bargain purchase* (günstiger Kauf) vor, d.h., das Unternehmen hat unter Wert den Eigentümer gewechselt.
(2) Das **Nettovermögen** ist wegen spezifischer, vom *fair-value*-Prinzip abweichender Vorschriften (insbesondere zu latenten Steuern) **regelkonform unter** ***fair value*** angesetzt *(measurement basis other than fair value).*
(3) **Nettovermögen und/oder Anschaffungskosten** des Unternehmenszusammenschlusses werden **nicht regelkonform**, sondern fehlerhaft angesetzt oder bewertet *(error).*

Ad 1: ***Bargain purchase***

Unter sachverständig, ohne Druck handelnden und voneinander unabhängigen Dritten scheidet ein *bargain purchase* regelmäßig aus.[43] Der *fair value* ist gerade als der Betrag definiert, „zu dem zwischen sachverständigen, vertragswilligen und voneinander unabhängigen Geschäftspartnern unter marktüblichen Bedingungen" (also frei von Druck) ein Vermögenswert getauscht werden könnte. In IFRS 3.BC148(c) muss der IASB daher für einen *bargain purchase* unterstellen,

---

41 Weitere Gründe für eine getrennte Ermittlung bei KESSLER/BECK/CAPPELL/MOHR, PiR 2007, S. 125ff.

42 Vgl. etwa DOBLER, PiR 2005, S. 24ff.

43 Die nachfolgenden Überlegungen sind überwiegend entnommen: LÜDENBACH/VÖLKNER, BB 2006, S. 1435ff.

dass der Veräußerer aus **„nichtökonomischen Gründen"** *(other than economic reasons)* mit einem Kaufpreis unter Wert einverstanden ist. Solche nichtökonomischen Gründe können selten belegt werden. Sind die Parteien unabhängig, ist der Veräußerer keine Non-Profit-Organisation und handelt er nicht in einer Notlage (z.B. Zwangsversteigerung), muss daher die Ausgeglichenheit von Leistung und Gegenleistung unterstellt und ein *bargain purchase regelmäßig ausgeschlossen* werden.

Ad 2: Regelkonformer Ansatz des Nettovermögens unter *fair value*

Den Hauptanwendungsfall für einen **regelkonformen Ansatz** des erworbenen Vermögens mit unter dem *fair value* liegenden Wert stellen die **passiven latenten Steuern** dar. Sie sind aufgrund von IAS 12.53 nicht abzuzinsen (→ § 26 Rz 128), die Schuld wird dadurch über, das Nettovermögen unter dem Zeitwert ausgewiesen. Dieser Effekt kann aber i.d.R. nur geringe Teile eines negativen Unterschiedsbetrages erklären.

Auch bei **Erwerb** von **Verlustunternehmen** liegt bei erster Betrachtung eine regelkonforme Überbewertung des Nettovermögens nahe. Muss der Erwerber noch für einige Zeit mit Verlusten rechnen, wird dies durch einen entsprechend niedrigeren Kaufpreis (ggf. sogar durch einen negativen Kaufpreis) berücksichtigt, während andererseits die Berücksichtigung im Nettovermögen durch **Ansatz einer Schuld für zukünftige Verluste oder Restrukturierungen** nach IFRS 3.11 **verboten** ist. Nach Ansicht des IASB können jedoch gerade diese Fälle nicht zur Entstehung eines negativen Unterschiedsbetrages führen. Die nicht passivierbaren erwarteten Verluste oder Restrukturierungskosten sollen sich bereits zutreffend im *fair value* des Nettovermögens niederschlagen. Auf welche Weise, bleibt allerdings unklar. Folgt man gleichwohl der Auffassung des IASB, können Ansatzverbote für tatsächlich bestehende Verlusterwartungen oder Restrukturierungsschulden einen negativen Unterschiedsbetrag nicht erklären und rechtfertigen.

Ad 3: Fehlerhafter Ansatz von Nettovermögen oder Anschaffungskosten

Für das *reassessment* bleibt dann nur noch die Möglichkeit des nicht regelkonformen, also **fehlerhaften** Ansatzes des Nettovermögens oder der Anschaffungskosten. Ein inhaltlich ernsthaftes *reassessment* muss also gerade die **Prämissen** der ersten Bewertung radikal infrage stellen, und zwar

- nicht nur den vorläufigen Ansatz des erworbenen **Nettovermögens**,
- sondern auch die vorläufig angenommenen **Anschaffungskosten**.

Wenn keiner der legitimierten Gründe für einen negativen Unterschiedsbetrag vorliegt, also ein *bargain purchase* nicht begründet werden kann, und auch ein regelkonformer Ansatz des Nettovermögens unter *fair value* auszuschließen ist, kann nach der Logik von IFRS 3.36 nur noch ein **Fehler** in der Berechnung vorliegen. Dieser Fehler kann die **Zeitbewertung** des Nettovermögens (Überbewertung) oder die Ermittlung der **Anschaffungskosten** (zu niedriger Ansatz bei positivem bzw. zu hoher bei negativem Kaufpreis) betreffen.

Für den ersten Fall ist insbesondere die Überprüfung der ermessensbehafteten Bewertung **immateriellen** Vermögens von Bedeutung (Rz 103), daneben die Frage, ob sämtliche Eventualschulden identifiziert und in angemessener Höhe angesetzt wurden (Rz 92).

Wenn auch ein (ausreichend großer) Fehler bei der Zeitbewertung des Nettovermögens auszuschließen ist, bleibt nur ein falscher Ansatz der **Anschaffungs-**

kosten. Diese Möglichkeit besteht nicht nur bei einem Unternehmenserwerb gegen Ausgabe eigener Anteile (Fehlbewertung der eigenen Anteile), sondern auch bei bar abgewickelten Transaktionen, hier insbesondere bei negativen Kaufpreisen (Rz 140).

2.7.4 Negativer Kaufpreis – Abgrenzung zu Vergütungen für Leistungen des Erwerbers

Negative Kaufpreise, d.h. **Zuzahlungen** des Veräußerers an den Erwerber sind beim Übergang verlustbehafteter Unternehmen nicht unüblich. 140

Beispiel
Die K-AG erwirbt von ihrem Wettbewerber, der V-AG, die S-GmbH, deren zu Zeitwerten (zugleich Buch- und Steuerbilanzwerte) bewertetes Vermögen 40 Mio. beträgt. Die Parteien vereinbaren in einem Anteilskaufvertrag einen Kaufpreis von 40 Mio. Der Kaufvertrag verpflichtet die V-AG außerdem mit rechtswirksamer Durchführung der Anteilsübertragung mit der S-GmbH zum Abschluss eines separaten Vertrages (Kostendeckungsvereinbarung) mit folgenden Komponenten:
Die S-GmbH erhält von der V-AG eine Zahlung in Höhe 15 Mio. Im Gegenzug verpflichtet sich die S-GmbH zur Weiterbeschäftigung von 100 Mitarbeitern für die Dauer von einem Jahr, obwohl es sich bei der genannten Anzahl von Mitarbeitern um einen strukturellen Beschäftigungsüberhang handelt. Die Zahlung deckt ferner den Aufwand im Zusammenhang mit der Kündigung der Beschäftigungsverhältnisse nach Ablauf der Beschäftigungsgarantie. Rechnerisch entfallen jeweils 7,5 Mio. auf die Weiterbeschäftigung sowie auf die Kosten der Beendigung der Beschäftigungsverhältnisse.
Die V-AG zahlt der S-GmbH außerdem einen Betrag von 25 Mio. Es handelt sich hierbei um eine unbedingte Zahlung. Nach dem Willen der Parteien soll die Zahlung dazu dienen, die Aufrechterhaltung des Geschäftsbetriebes zu fördern.

Je nach Deutung der Zahlungen des Veräußerers ergeben sich im Beispiel unterschiedliche Rechtsfolgen beim Erwerber:

- Sofern es sich um Entgelt für eine sonstige Leistung des Erwerbers handelt, beträgt der Kaufpreis 40 Mio. Da das zum *fair value* bewertete Nettovermögen im Rahmen der Erstkonsolidierung ebenfalls mit 40 Mio. anzusetzen wäre, ergäbe sich weder ein *goodwill* noch ein negativer Unterschiedsbetrag.
- Sofern die Zahlung als negativer Bestandteil des Kaufpreises zu qualifizieren wäre, würde dieser saldiert gerade null betragen. Nach der Gegenüberstellung mit dem *fair value* des erworbenen Nettovermögens von 40 Mio. ergäbe sich ein sofort ertragswirksamer negativer Unterschiedsbetrag gleicher Höhe.

In Fällen von Zuzahlungen des Veräußerers ist also zu klären, ob tatsächlich ein **negativer Kaufpreis** und damit in aller Regel ein negativer Unterschiedsbetrag vorliegt oder ob die Zuzahlung als Vergütung für eine bestimmte **Leistung des Erwerbers** zu würdigen ist. Die Beurteilung hängt davon ab, ob nur eine einzige Transaktion (Unternehmenskauf) oder eine Kombination von Transaktionen, analog den Regeln für **Mehrkomponentengeschäfte**, angenommen wird (IFRS 3.51).

Nach den Regeln für Mehrkomponentengeschäfte (→ § 25 Rz 68) können die Zuzahlungen des Veräußerers dann als Vergütung für eine von der Unternehmenstransaktion zu trennende Leistung angesehen werden, wenn die **Trennbarkeit** sowohl dem Grunde als auch der Höhe nach möglich ist.
Angewandt auf das Beispiel ergibt sich hier Folgendes: Die Leistung der S-GmbH (einzelbilanziell) bzw. der K-AG (konzernbilanzielle Betrachtung) besteht darin, im Interesse der V-AG eine **Weiterbeschäftigung** strukturell überflüssiger Mitarbeiter vorzunehmen. Diese Weiterbeschäftigung liegt nicht im eigenen unternehmerischen Interesse des Erwerbers. Der **Nutzen** liegt beim **Veräußerer** und besteht darin, dass sein öffentliches Image nicht durch eine unpopuläre Maßnahme negativ beeinträchtigt wird. Dieses Ergebnis könnte der Veräußerer tendenziell auch durch Gründung einer Beschäftigungsgesellschaft gewährleisten. Eine Trennbarkeit dem **Grunde** nach ist daher gegeben.
Die Trennbarkeit der **Höhe** nach erfordert, dass die *fair values* der Einzelkomponenten bestimmbar sind. Der *fair value* des erworbenen Geschäftsbereiches ist unter Anwendung eines DCF-Verfahrens bestimmbar. Der *fair value* der sonstigen Leistung „Weiterbeschäftigung der Mitarbeiter" entspricht bei erster Betrachtung dem Wert, der einer Beschäftigungsgesellschaft zu zahlen wäre, also den Lohnkosten für ein auch von ihr nicht relevant einsetzbares und schwer vermittelbares Personal und, soweit mit einer Vermittlung auf dem Arbeitsmarkt nicht zu rechnen ist, auch den Kosten für die Beendigung der Beschäftigungsverhältnisse. Danach wäre im Beispiel insgesamt ein Entgelt von 15 Mio. der sonstigen imagewahrenden Leistung zuzurechnen.
Diese Interpretation entspricht der vom IASB an anderer Stelle aufgestellten Wertung. Nach IFRIC 8 ist für Zwecke der scheinbar unentgeltlichen Gewährung von Aktien an karitative Organisationen zu unterstellen, dass **der Kaufmann nichts verschenkt**, also nicht unentgeltlich handelt, sondern für seine Leistung (Gewährung von Aktien) eine u. U. zwar nicht im Einzelnen identifizierbare und bewertbare, aber vorhandene Gegenleistung (unmittelbar Steigerung des Images, dadurch mittelbar höhere Loyalität von Kunden, Mitarbeiter usw.) erhält. Das gleiche ökonomische Kalkül kann im hier diskutierten Sachverhalt unterstellt werden.
Schwieriger ist in diesem Rahmen aber noch die Beurteilung nicht **weiter** spezifizierter, nicht an Lohnkosten und Abfindungen gebundener Zahlungen. Aus Sicht des Veräußerers ist im Hinblick auf derartige Zusatzzahlungen die Frage zu stellen, warum er nicht den preiswerten Weg über eine Beschäftigungsgesellschaft geht. Erklärend ist regelmäßig, dass die Überführung der Mitarbeiter in eine Beschäftigungsgesellschaft nicht geräuschlos genug ist, also nicht in gleichem Maße der Imagewahrung dient wie die Übernahme durch einen Wettbewerber, also ein aktives Unternehmen. Nur im zweiten Fall lassen sich die imageschädlichen Entlassungsentscheidungen nach außen eindeutig einem anderen Unternehmen zuordnen und werden auch mittelbar nicht mehr dem Veräußerer zugerechnet. Dieser Interpretation folgend, sind in zweiter Betrachtung im o. g. Beispiel auch die über die Kosten einer Beschäftigungsgesellschaft hinausgehenden Zahlungen als Vergütung für eine sonstige Leistung zu qualifizieren, die der Erwerber nach Maßgabe des *matching principle* (→ § 1 Rz 111) korrespondierend zum Aufwand zu erfassen hat.

141 Ein inhaltlich ernst genommenes *reassessment* und der **Mehrkomponentenansatz** befruchten sich insbesondere bei Zuzahlungen des Veräußerers („negativen Kaufpreisen") gegenseitig. Die Mehrkomponentenperspektive gibt dem scheinbar formalen *reassessment*-Akt substanziellen Gehalt, umgekehrt kann das *reassessment* andere für einen negativen Unterschiedsbetrag infrage kommende Gründe (*bargain purchase* usw.) ausschließen und dadurch die Mehrkomponentenhypothese bestätigen.

3 Folgekonsolidierung nach der Erwerbsmethode

3.1 Gegenstand und Technik der Folgekonsolidierung

Der **erfolgsneutralen Erstkonsolidierung**/-bewertung folgt die **erfolgswirksame Folgekonsolidierung**/-bewertung. Die aufgedeckten stillen Reserven und stillen Lasten sind plan- und außerplanmäßig, der *goodwill* planmäßig **fortzuschreiben**. Hierdurch entstehen 142

- Aufwendungen für Abschreibungen (stille Reserven im Anlagevermögen),
- Aufwendungen für Material (stille Reserven in Vorräten),
- Aufwendungen aus der außerplanmäßigen Abschreibung insbesondere des *goodwill* (Rz 144) und
- Erträge aus der Auflösung der anlässlich der Erstkonsolidierung bilanzierten stillen Lasten, insbesondere Eventualschulden (Rz 146).

Abschreibungen sind nach den allgemeinen Regeln vorzunehmen. Im Falle der Aufdeckung von stillen Reserven auf Sachanlagevermögen erfolgt deren Auflösung planmäßig über die Restnutzungsdauer (→ § 10 Rz 31) und außerplanmäßig im Falle des *impairment* (→ § 11). Die planmäßige Abschreibung rückerworbener Rechte (Rz 117) erfolgt über die Restdauer des Vertrages, nicht über die ggf. längere wirtschaftliche Nutzungsdauer (IFRS 3.55). 143

3.2 Keine planmäßige Abschreibung des *goodwill*

Nach IAS 36 ist der *goodwill* nur **außerplanmäßig** abschreibbar *(impairment-only approach)*. Der Wertminderungstest ist jährlich durchzuführen (→ § 11 Rz 10ff.). Da die Wertminderung des *goodwill* auf der Ebene der Zahlungsmittel erzeugenden Einheit zu bestimmen ist, können sich insbesondere im Falle von synergiebedingten Kaufpreis- bzw. *goodwill*-Komponenten Ermessensspielräume aus der Zuordnung des *goodwill* ergeben. Wird der *goodwill* einer ertragreicheren, Zahlungsmittel generierenden Einheit oder dem Gesamtunternehmen zugeordnet, verringert sich die Wahrscheinlichkeit eines außerplanmäßigen Abschreibungsbedarfs. Vgl. hierzu auch das Beispiel in → § 11 Rz 117. 144

Wegen Einzelheiten zur *impairment*-Abschreibung auf den *goodwill* wird insgesamt verwiesen auf → § 11 Rz 112ff.

Regelungen für die Fortschreibung eines **negativen Unterschiedsbetrags** sind entbehrlich geworden, da ein nach dem *reassessment* verbleibender Negativbetrag sofort bei der Erstkonsolidierung Ertrag wird (Rz 139). 145

3.3 Fortschreibung von Eventualschulden

Eventualschulden mit einem Eintrittsrisiko, das nicht „*more likely than not*" ist, sind im Rahmen der Erstkonsolidierung mit dem *fair value* anzusetzen (Rz 92). Eine Inkonsistenz würde sich ergeben, wenn zum Folgestichtag auf die normalen Ansatz- und Bewertungsregeln von IAS 37 (→ § 21 Rz 172) gewechselt würde. 146

Deshalb schreibt IFRS 3.56 in einer Art **Höchstwertprinzip** den Ansatz des ursprünglichen (ggf. um gem. IAS 18 fortgeschriebenen) Wertes oder des höheren Stichtagswertes nach IAS 37 vor.

Beispiel
K erwirbt das Unternehmen V. V ist Beklagter in einem Produkthaftungsprozess über 10 Mio. EUR. Eine Verurteilung ist möglich, aber nicht wahrscheinlich.
Bei der Kaufpreisverhandlung werden zwei Alternativen diskutiert:

- Die Veräußerer der V stellen K vom Risiko frei.
- Keine Freistellung, dafür ein Abschlag von 2 Mio. EUR (entsprechend dem *fair value* der Eventualschuld) auf den Kaufpreis.

Die zweite Variante wird schließlich vereinbart.

- Bei der Erstkonsolidierung ist der *fair value* der Eventualschuld (2 Mio. EUR) anzusetzen. Die geringe Wahrscheinlichkeit hat in der Wertbemessung Berücksichtigung gefunden, indem statt der Klagesumme, d.h. des möglichen Erfüllungsbetrages, von 10 Mio. EUR nur der *fair value* von 2 Mio. EUR angesetzt wurde.
- Haben sich bei der Folgekonsolidierung noch keine neuen Erkenntnisse ergeben, bleibt es beim Ansatz der 2 Mio. EUR, obwohl eine Rückstellung nach IAS 37 wegen zu geringer Wahrscheinlichkeit nicht gebildet werden dürfte.
- Ist nach den Erkenntnissen des Folgekonsolidierungsstichtags von einer Verurteilung mit einem wahrscheinlichen Betrag von 4 Mio. EUR auszugehen, ist eine Zupassivierung von 2 Mio. EUR geboten.

3.4 Fortschreibung von in *process research and development*

147 Der Ansatz von Forschungs-/Entwicklungskosten im Rahmen der Erstkonsolidierung (Rz 83) zieht die Folgefrage nach sich, wie mit nachträglichen Aufwendungen auf das Forschungs-/Entwicklungsprojekt zu verfahren ist. Hierzu enthält IAS 38.42f. folgende Regeln:

- Die nachträglichen Aufwendungen *(subsequent expenditures)* sind erfolgswirksam zu behandeln, wenn sie der Forschungsphase zuzuordnen sind oder zwar der Entwicklungsphase, aber die allgemeinen Kriterien der Aktivierung von Entwicklungskosten (→ § 13 Rz 29) noch nicht erfüllt sind.
- Entwicklungsaufwendungen, die die allgemeinen Ansatzkriterien erfüllen, sind zu aktivieren.

4 Hinzuerwerb und Veräußerung von Anteilen

4.1 Überblick

148 Abbildung 5 gibt einen **Überblick** über die Behandlung des Zuerwerbs und der Veräußerung von Anteilen nach altem und nach dem ab 2009/10 anzuwendenden Recht.

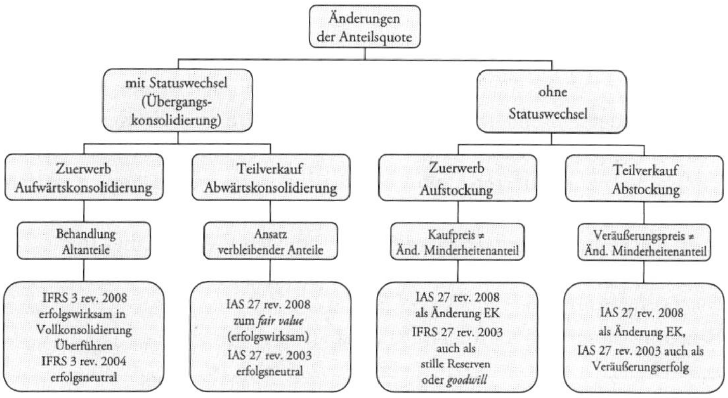

Abb. 5: Behandlung Zuerwerb/Veräußerung von Anteilen nach geltendem und nach ab 2009/10 anzuwendendem Recht

Die Themen werden an folgenden Stellen behandelt:
- Aufwärtskonsolidierung (sukzessiver Anteilserwerb) in Rz 149ff.
- Abwärtskonsolidierung in Rz 164
- Aufstockung in Rz 155ff.
- Abstockung in Rz 166

4.2 Kontrollerlangung durch sukzessiven Anteilserwerb (Aufwärtskonsolidierung)

Insbesondere bei der Erlangung des Mehrheitsbesitzes an börsennotierte Unternehmen kann sich der Erwerb über einen **längeren Zeitraum** und in **mehreren Tranchen** vollziehen. Für die buchmäßige Behandlung eines derartigen **sukzessiven Anteilserwerbs**, bei dem die Kontrolle erst nach mehreren Erwerbsschritten erlangt wird, sind u.a. folgende Varianten diskussionswürdig: **149**

- **Stufenweise Kaufpreisallokation**, d.h. Vergleich der Anschaffungskosten des einzelnen Erwerbsvorgangs mit dem (quotalen) Zeitwert des Nettovermögens zum **jeweiligen Erwerbszeitpunkt**. Nachteil dieser – durch IAS 22 (1998) noch zugelassenen – Variante ist die Führung des Nettovermögens des Tochterunternehmens mit gespaltenen Konzernbuchwerten: für die Anteilsquote der alten Erwerbsschritte nach Maßgabe der alten (auf die Gegenwart plan- oder außerplanmäßigen fortgeschriebenen) Zeitwerte, für den letzten Erwerbsschritt nach Maßgabe des aktuellen Zeitwerts.
- **Vollständige Neubewertung,** d.h. Ansatz des *goodwill* nach Maßgabe der ursprünglichen Werte (ursprüngliche Anschaffungskosten minus ursprüngliche quotale Zeitwerte), Ansatz des Nettovermögens jedoch mit den aktuellen Zeitwerten. Nachteil dieser nach IFRS 3.59 rev. 2004 allein zulässigen Variante ist, dass die Summe aus *goodwill* (ursprüngliche Wertverhältnisse) und quotalem Zeitwert (aktuelle Wertverhältnisse) nicht mehr den tatsächlichen Anschaffungskosten der früheren Erwerbsschritte entspricht. Wegen Einzelheiten der Methode und Anwendungsbeispielen wird auf die 7. Aufl. verwiesen.

- **Quasi-Tausch:** Fingiert wird eine Erlangung der Kontrollmehrheit gegen Barzahlung (für die Neuanteile) und Tausch (der Altanteile zum *fair value*) (Rz 150). Nur diese Methode ist nach IFRS 3 rev. 2008 zugelassen.

150 Durch IFRS 3.42 und 3.32a ändert sich die Behandlung vor der Kontrollerlangung bestehender Anteile grundlegend. Fingiert wird eine Erlangung der Kontrollmehrheit gegen Barzahlung (für die Neuanteile) und Tausch (der Altanteile zum *fair value*). Die Differenz zwischen Buchwert und *fair value* der Altanteile führt somit zu einem Erfolg. Soweit die Altanteile als Finanzinstrumente schon bisher erfolgsneutral zum *fair value* geführt wurden, ist die bisher in die Zeitbewertungsrücklage eingestellte Wertentwicklung mit der Erstkonsolidierung GuV-wirksam zu realisieren (→ § 28 Rz 160).

151 Zur Wirkung dieser Regeln folgendes Beispiel:

Beispiel

- MU hat Ende 04 20 % der Anteile an TU für einen Preis von 1.400 erworben.
- Am 31.12. 13 erwirbt U weitere 80 % der Anteile an TU für einen Preis von 8.000.
- Unter Vernachlässigung darin evtl. enthaltener Kontrollprämien ergibt sich für die Altanteile ein *fair value* von 2.000.
- Die Altanteile sind *at cost* bilanziert worden.

Das Nettovermögen in 13 beträgt (unter Vernachlässigung latenter Steuern) 6.000 und setzt sich wie folgt zusammen:

	13
EK zu BW	4.000
stille Reserven	2.000
EK zu Zeitwert	6.000

nach latenter Steuer

Nach dem Schema unter Rz 131 ist der *goodwill* wie folgt zu berechnen:

	Barzahlung für 80 %		8.000
+	*fair value* Altanteile	+	2.000
–	in Konzernbilanz anzusetzendes Nettovermögen TU	–	6.000
=	*goodwill*	=	4.000

Ist die TU im Einzelabschluss der MU zu Anschaffungskosten angesetzt, ergeben sich folgende Buchungen per 31.12.13:

31.12.13				**Konsolidierung**				
	MU	**TU**	**Summe**	**S**		**H**		**Konzern**
AKTIVA								
goodwill				4.000	1)			4.000
Beteiligung	9.400		9.400	600	2)	10.000	1)	0
Diverses	500	4.000	4.500	2.000				6.500
Summe Aktiva	9.900	4.000	13.900					10.500
PASSIVA								
gez. Kap	9.900	3.500	13.900	3.500	1)			9.900
GewinnRL/JÜ		500		500	1)	600	2)	600
Summe Passiva	9.900	4.000	13.900					10.500
				10.600		10.600		

1) = Kapitalkonsolidierung
2) = Ertrag aus Altanteilen (2.000 – 1.400 = 600). Alternativ könnte der Ertrag bereits in der IFRS-II-Bilanz berücksichtigt werden.

152

Beispiel
Abweichende Buchungen ergeben sich, wenn die Altanteile bisher *at equity* bilanziert worden und sich der *equity*-Ansatz von 04 bis zum 31.12.13 wie folgt entwickelt hat:

	04	13
gez. Kapital	700	700
Gewinnthesaurierung		100
stille Reserven	200	200
Abschreibung darauf		– 80
goodwill	500	500
equity-Ansatz	1.400	1.420
nachrichtlich:		
Ergebnis aus aU 13		5

Der Abgangserfolg der Altanteile (*equity*-Anteile) reduziert sich im Vergleich zum Fall des Finanzinstrumentes (Bilanzierung zu Anschaffungskosten) um 20 auf 580. Aus dem Jahr 13 ist außerdem noch das Ergebnis aus *equity*-Beteiligung (i. H. v. 5) zu berücksichtigen. Es ergeben sich die nachfolgenden Buchungen:

31.12.2013				Konsolidierung				
	MU	TU	Summe	S		H		Konzern
AKTIVA								
goodwill				4.000	1)			4.000
Beteiligung	9.400		9.400	600	2)	10.000	1)	0
				15	3)	20	2)	
				5	4)			
Diverses	500	4.000	4.500	2.000	1)			6.500
Summe Aktiva	9.900	4.000	13.900					10.500
PASSIVA								
gez. Kap	9.900	3.500	13.900	3.500	1)			9.900
GewinnRL/JÜ		500		500	1)	580	2)	600
						15	3)	
						5	4)	
Summe Passiva	9.900	4.000	13.900					10.500
				10.620		10.620		

1) = Kapitalkonsolidierung
2) = Ertrag aus Altanteilen (2.000 – 1.420 = 580). Alternativ könnte der Ertrag bereits in der IFRS-II-Bilanz berücksichtigt werden.
3) = EöB-Buchung *equity*-Beteiligung
4) = Ergebnis aus aU für 13

153 Sind beim assoziierten Unternehmen **GuV-neutrale Einkommensbestandteile** aufgelaufen (kumuliertes *other comprehensive income*), gilt für die Aufwärtskonsolidierung: Die aufgelaufene Rücklage ist so zu realisieren, als ob die betreffenden Vermögenswerte oder Schulden abgehen würden (IAS 28.19A i.V.m. IAS 3.42). Ein GuV-Erfolg ergibt sich hieraus etwa bei Währungsdifferenzen des assoziierten Unternehmens in Bezug auf dessen eigene Tochterunternehmen oder bei veräußerbaren Finanzinstrumenten (*available-for-sale assets*) (→ § 28 Rz 147ff.).[44]

154 Als Folgeänderung von IFRS 9 wird mit Wirkung ab 2013 die Behandlung bislang erfolgsneutral zum *fair value* bilanzierter Altanteile im Rahmen einer Aufwärtskonsolidierung geändert. Die im sonstigen Gesamtergebnis (*other comprehensive income*) erfassten Zeitwertänderungen bis zum Zeitpunkt des Unternehmenszusammenschlusses sind nicht in die GuV umzubuchen (IFRS 3.42).

4.3 Mehrheitswahrende Aufstockung

155 Die Aufstockung einer bereits bestehenden Mehrheitsbeteiligung, also etwa die Erhöhung der Anteilsquote von 51 % auf 80 % oder von 80 % auf 100 %, war in IFRS 3 rev. 2004 ungeregelt. Verschiedene Methoden galten im Schrifttum als zulässig; hierzu wird auf die 7. Auflage verwiesen. Eine dieser Methoden deutet die Aufstockung als **Transaktion zwischen Eigentümern:** Auf der Grundlage des sog. *entity*-Konzepts (Einheitsgrundsatz) berührt der Zuerwerb danach nur die Verteilung der Residualansprüche der Eigentümer. Bilanzansätze der Vermögenswerte und Schulden bleiben unverändert. Innerhalb des Eigenkapitals findet eine Wertverschiebung zwischen Mehrheitsgesellschaftern und Minderheit statt.

44 Küting/Wirth, KoR 2010, S. 362ff.

Nach IAS 27.30A rev. 2008 ist ab 2009/10 nur noch diese Methode zulässig. Konzeptionell überzeugt dies nur zum Teil. Zwar werden die Mehrheits- und Minderheitsgesellschafter durch Streichung des bisherigen IFRS 27.35 in der Behandlung von Verlusten bzw. negativen Eigenkapitalanteilen gleichgestellt, weiterhin bleibt aber ein Unterschied in der Behandlung des *goodwill*, der für Minderheiten nicht pflichtweise aufzudecken ist (Rz 131)

Beispiel

MU beteiligt sich in 01 als Gründungsgesellschafter mit 80 % an der Gründung der TU. In 01 bis 05 entwickelt TU eigene Marken mit einem *fair value* von 900, die jedoch nach IAS 38.63 nicht aktivierungsfähig sind. Das übrige Vermögen der TU (Buchwert = *fair value*) beträgt Ende 05 100. Ende 05 stockt MU seine Beteiligung gegen einen Kaufpreis von 15 von 80 % auf 81 % auf.

Einzige Wirkung des Zuerwerbs ist eine Verringerung des Minderheitenanteils um 15.

Beispiel

In Abwandlung des Beispiels aus Rz 151 hat MU im zweiten Schritt (31.12.13) nicht 80 % für 6.000, sondern nur 60 % für 6.000 erworben und damit seine Anteilsquote zunächst nur von 20 % auf 80 % erhöht. Die verbleibenden 20 % werden in einem dritten Schritt (1.1.14) für 2.000 erworben. Die keinen maßgeblich vermittelnden Altanteile von 20 % wurden in 04 für 1.400 angeschafft und haben zum 31.12.13 einen Zeitwert von 2.000.

Das Nettovermögen von TU entwickelt sich von 04 nach 13/14 wie folgt:

	04	13/14
EK zu BW	3.500	4.000
stille Reserven	1.000	2.000

Bei der Vollkonsolidierung zum 31.12.13 sind abweichend vom bisherigen Recht die Altanteile erfolgswirksam in die Vollkonsolidierung zu überführen. Bei Anschaffungskosten von 1.400 für die erste Tranche und einem angenommenen *fair value* von 2.000 ergibt sich ein Erfolg von 600.

Wird von der *full-goodwill*-Methode (Rz 127) kein Gebrauch gemacht, ergibt sich der *goodwill* wie folgt:

	Barzahlung für 60 %		6.000
+	*fair value* Altanteile	+	2.000
+	Minderheitenanteil (20 % von 6.000)	+	1.200
=	Zwischensumme (AK i. w. S.)	=	9.200
–	*fair value* erworbenes Vermögen (100 %)	–	6.000
=	*goodwill*	=	3.200

Bezogen auf die 3. Tranche ergeben sich folgende Buchungen:
auf **Basis einer Summenbilanz** (für den 20%igen Zuerwerb):

Konto	Soll	Haben
Minderheit	1.200	
EK	800	
Beteiligung		2.000

auf **Basis einer Konzernbuchhaltung:**

Konto	Soll	Haben
Minderheit	1.200	
EK	800	
Geld		2.000

31.12.13				**Konsolidierung**				
	MU	TU	Summe	S		H		Konzern
AKTIVA								
goodwill				3.200	1)			3.200
Beteiligung	7.400		7.400	600	2)	8.000	1)	0
Diverses	2.500	4.000	6.500	1.600 400	1) 3)			8.500
Summe	**9.900**	**4.000**	**13.900**					**11.700**
PASSIVA								
gez. Kap	9.900	3.500	13.400	2.800 700	1) 3)			9.900
GewinnRL/JÜ		500	500	400 100	1) 3)	600	2)	600
Minderheit						1.200	3)	1.200
Summe	**9.900**	**4.000**	**13.900**	9.800		9.800		**11.700**

1) = Konsolidierung Mehrheitsgesellschafter
2) = Ertrag aus Altanteilen (2.000 – 1.400)
3) = Konsolidierung Minderheit

1.1.14				**Konsolidierung**				
	MU	TU	Summe	S		H		Konzern
AKTIVA								
goodwill				3.200	1)			3.200
Beteiligung	9.400		9.400	600	1)	8.000 2.000	1) 2)	0
Diverses	500	4.000	4.500	2.000	1)			6.500
Summe	**9.900**	**4.000**	**13.900**					**9.700**
PASSIVA								
gez. Kap	9.900	3.500	13.400	3.500	1)			9.900
GewinnRL		500	500	500 800	1) 2)	600	1)	–200
Minderheit				1.200	2)	1.200	1)	00
Summe	**9.900**	**4.000**	**13.900**	11.800		11.800		**9.700**

1) bis 2) = Konsolidierung jeweilige Tranche

Bei einer Aufstockung können **Transaktionskosten** (Beratungskosten, Notarkosten, Verkehrssteuern etc.) anfallen. Die Behandlung von Transaktionskosten wird in IAS 27 nicht angesprochen. Klar ist nur: Nach dem der Aufstockung zugrunde liegenden einheitstheoretischen Konzept (Rz 155) kommt **keine Aktivierung** (als *goodwill* oder in sonstiger Weise) in Betracht. 156
Fraglich ist aber, ob die Kosten

- aufwandswirksam oder
- ohne Berührung der GuV als Minderung des Eigenkapitals der Mehrheitsgesellschafter

zu verbuchen sind.
Mangels expliziter Regelungen ist gem. IAS 8.11a zur Beantwortung dieser Frage vorrangig nach Analogregeln in anderen Standards zu suchen. Zunächst kommt die **Analogie zu IFRS 3** in Betracht. Nach IFRS 3 sind auf den Unternehmenserwerb bezogene Kosten (*acquisition related costs*) sofort als **Aufwand** zu verbuchen, und zwar unabhängig davon, ob sie direkt zurechenbar sind oder (wie die meisten internen Kosten) Gemeinkostencharakter haben (Rz 39). Für die Frage der Analogiefähigkeit dieser Vorschrift ist ihre konzeptionelle Begründung von Bedeutung. Sie ist in IFRS 3.BC 365ff. niedergelegt und lässt sich wie folgt zusammenfassen:

- Die Transaktionskosten sind kein Teil des Leistungsaustauschs zwischen Erwerber und Veräußerer.
- Der mit den Transaktionskosten verbundene Nutzen wird in dem Augenblick verbraucht, in dem die Beratungs-, Beurkundungsleistung usw. in Anspruch genommen wird.

Beide Argumente gelten gleichermaßen für den Zuerwerb eines Anteils im Wege der Aufstockung. Eine analoge Anwendung von IFRS 3 erscheint daher zunächst nicht unbegründet.
Als weitere und u. E. bessere Analogiegrundlage kommt IAS 32 in Betracht. Zur Behandlung des **Erwerbs eigener Anteile** (im Einzelabschluss) hält IAS 32 Folgendes fest (→ § 20 Rz 72ff.):

- Der hingegebene Betrag (die „Anschaffungskosten“ der eigenen Anteile) ist gegen das Eigenkapital zu kürzen (IAS 32.33).
- Entsprechend sind direkt zurechenbare Transaktionskosten des Erwerbs **erfolgsneutral** vom Eigenkapital abzuziehen (IAS 32.37),[45] während nicht direkt zurechenbare Kosten als Aufwand zu verbuchen sind.

Die in IAS 27 vorgegebene Behandlung der Aufstockung als Transaktion zwischen Eigenkapitalgebern weist **Parallelen** zum Erwerb eigener Anteile auf. In beiden Fällen gibt das Mutterunternehmen Geld hin, um vorher anderen gehörende Anteile zu erwerben. Eine Analogie zu IAS 32.37 ist daher u. E. gegeben. Die mit dieser Analogie verbundene unterschiedliche Behandlung von Einzelkosten (Verrechnung gegen Eigenkapital) und Gemeinkosten (Aufwand) erscheint nur vor dem Hintergrund von IFRS 3 inkonsistent. Andere Standards – z.B. IAS 2.11. für Vorräte (→ § 17 Rz 17), IAS 16.16 für Sachanlagen (→ § 14 Rz 11) und IAS 38.27 für immaterielles Vermögen (→ § 13 Rz 66) – betonen gerade den Unterschied direkt zurechenbarer Kosten zu Gemeinkosten und rechtfertigen hieraus deren unterschiedliche Behandlung.

---

45 So auch eine Agenda Rejection (Non-IFRIC), IFRIC, Update Juli 2009.

157 Der im Rahmen einer mehrheitswahrenden Aufstockung vereinbarte **Kaufpreis** kann ganz oder in Teilen an **ungewisse Bedingungen** geknüpft sein *(contingent consideration)*, etwa das Erreichen bestimmter Erfolgsziele *(earn out)* oder eine Mindestdauer, über die der Veräußerer in einer Geschäftsführungsfunktion tätig bleiben muss. Die solche Konstellationen betreffenden Regelungen für den Unternehmenserwerb (Rz 51 und Rz 58ff.) sind u. E. analog anzuwenden.

4.4 Veräußerung sämtlicher Anteile (Entkonsolidierung)

4.4.1 Grundfall ohne Minderheiten

158 Aus Konzernsicht stellt die Veräußerung sämtlicher Anteile keinen Beteiligungsverkauf *(share deal)*, sondern die entgeltliche Übertragung einzelner Vermögenswerte und Schulden inklusive *goodwill* dar *(asset deal)*. Es ist daher nach IAS 27.34 eine **Einzelveräußerung** zu fingieren, bei der auch der *goodwill* abgeht (→ § 31).

Nach Maßgabe der **Einzelveräußerungsfiktion** ergibt sich der Abgangserfolg aus der Differenz von Veräußerungserlös und den Konzernbuchwerten des abgehenden Vermögens einschließlich der stillen Reserven und des *goodwill* (direkte Methode). Alternativ kann der Abgangserfolg **indirekt** ermittelt werden. Dabei wird der Erfolg der Einzelbilanz in der Vergangenheit um nur im Konzernabschluss aufwands- oder ertragswirksam gewordene Positionen (Abschreibungen auf stille Reserven usw.) korrigiert. Beide Methoden führen nur dann zu gleichen Ergebnissen, wenn das Tochterunternehmen bei und nach dem Erwerb konzernbilanziell als eine eigene *goodwill*-tragende *cash generating unit* geführt wurde (→ § 11 Rz 115). Ist dies nicht der Fall, wird der Entkonsolidierungserfolg in der direkten Methode nicht mehr mit dem historischen, im Kaufpreis vergüteten *goodwill*, sondern mit einem Anteil am *goodwill* der CGU belastet (vgl. Rz 161), während einzelbilanziell im abgehenden Beteiligungsbuchwert gerade der früher erworbene *goodwill* enthalten ist. Die indirekte Methode kann dann nicht oder nur unter Einfügung eines entsprechenden Korrekturpostens zur Ermittlung des Entkonsolidierungserfolgs genutzt werden.

159 Die nachfolgende Tabelle zeigt mit dem vorstehenden Vorbehalt beide Alternativen:

Direkte Methode	**Indirekte Methode**
Buchwert Nettovermögen (Aktiva – Passiva)	
+/– stille Reserven Aktiva/Passiva (soweit beim Erwerb aufgedeckt und noch nicht abgeschrieben/aufgelöst)	Veräußerungspreis
+/– auf TU entfallende Rücklagen für Währungsumrechnungsdifferenz, *available-for-sale assets* und *cash flow hedges*	– Beteiligungsbuchwert
+ *goodwill*	= Erfolg Einzelbilanz

Direkte Methode		Indirekte Methode	
=	Summe Abgang (–)	+	in Vergangenheit aufwandswirksame stille Reserven
+	Veräußerungspreis	+	in Vergangenheit aufwandswirksame *goodwill*-Abschreibung
		–	in Vergangenheit ertragswirksamer Gewinn aus T
=	Abgangsgewinn	=	Abgangsgewinn

Tab. 5: Ermittlung Entkonsolidierungserfolg

Zur Anwendung der Methoden und zur Buchungstechnik folgendes Beispiel:

Beispiel
M erwirbt 100 % von T am 1.1.01 für 1.000. Das Eigenkapital von T beträgt zu diesem Zeitpunkt 600. Der Unterschiedsbetrag von 400 entfällt je zu ½ auf stille Reserven im Anlagevermögen (Abschreibung über 10 Jahre) und auf Firmenwert (Abschreibung über 20 Jahre). T erwirtschaftet in 01 einen Gewinn von 100, M von 500. Am 2.1.02 wird T überraschend für 900 verkauft, woraus in der Einzelbilanz von M nach Abzug des Beteiligungsbuchwertes von 1.000 ein Verlust von 100 resultiert.
Nachfolgend zunächst die Konsolidierungsbuchungen auf Erst- und Folgekonsolidierungszeitpunkt, dann die Abgangsbuchungen.

				Konsolidierung				
	M	**T**	**Summe**	**S**		**H**		**Konzern**
goodwill				200	*1)*		*1)*	200
Beteiligung	1.000		1.000			1.000	*1)*	
Diverses	4.000	600	4.600	200	*1)*			4.800
Summe	**5.000**	**600**	**5.600**					**5.000**
EK	5.000	600	5.600	600	*1)*			5.000
JÜ								
Summe	**5.000**	**600**	**5.600**	1.000		1.000		**5.000**
1) Erstkonsolidierungsbuchung: zur Verrechnung EK + *goodwill* + stille Reserven mit Beteiligung								

Tab. 6: Erstkonsolidierung 1.1.01

				Konsolidierung				
	M	T	Summe	S		H		Konzern
goodwill				200	*1)*	10	*2)*	190
Beteiligung	1.000		1.000			1.000	*1)*	
Diverses	4.500	700	5.200	200	*1)*	20	*2)*	5.380
Summe	**5.500**	700	**6.200**					**5.570**
EK	5.000	600	5.600	600	*1)*			5.000
JÜ	500	100	600	30	*2)*			570
Summe	**5.500**	700	**6.200**	1.030		1.030		**5.570**

1) Wiederholung Erstkonsolidierungsbuchung
2) Abschreibung *goodwill* und stille Reserven

Tab. 7: Folgekonsolidierung 31.12.01

				Konsolidierung				
	M	T	Summe	S		H		Konzern
goodwill				190	*1)*	190	*2a)*	0
Beteiligung	0		0	1.000	*2)*	1.000	*1)*	0
Diverses	5.400	700	6.100	180	*1)*	180	*2b)*	5.400
						700	*2c)*	
Summe	**5.400**	700	**6.100**					**5.400**
EK	5.500*	700*	6.200	630	*1)*			5.570
JÜ	–100	0	–100	100		30	*2d)*	–170
Summe	**5.400**	700	**6.100**	**2.100**		**2.100**		**5.400**

* inkl. Gewinnvortrag aus 01
1) Eröffnungsbilanzbuchung 02 zur Darstellung *goodwill* und stille Reserven vor Abgang
2) Entkonsolidierungsbuchung zur Darstellung Einzelveräußerungsfiktion: Abgang *goodwill* (2a), Abgang Diverse incl. stille Reserven (2b + c), kein Abgang Beteiligung aus Konzernperspektive (2)

Tab. 8: Entkonsolidierung 31.12.02

Beispiel (Fortsetzung)
Der buchungstechnisch ermittelte Entkonsolidierungserfolg lässt sich nach den unter Rz 181 erläuterten Methoden auch so bestimmen:

Direkte Methode		**Indirekte Methode**	
Buchwert Aktiva	700	Veräußerungspreis	900
+ stille Reserven Aktiva	180	– Beteiligungsbuchwert	– 1.000
+ *goodwill*	190	= Erfolg Einzelbilanz	– 100
= Summe Abgang	= –1.070	+ schon aufwandswirksame stille Reserven	+ 20
+ Veräußerungspreis	900	+ schon aufwandswirksamer *goodwill*	+ 10
		– schon ertragswirksamer Gewinn aus T	– 100
= Abgangserfolg	**= – 170**	**= Abgangserfolg**	**= – 170**

Direkte Methode		Indirekte Methode	
+ Erfolg 01 (100 – 20 – 10)	+ 70	+ Erfolg 01 (100 – 20 – 10)	+ 70
= **Totalerfolg** (Anschaffung bis Abgang)	= – 100	= **Totalerfolg**	= – 100

Tab. 9: Entkonsolidierungserfolg

Nach IAS 27.34(e) und IAS 27.35 sind bilanziell im kumulierten sonstigen Gesamtergebnis (*other comprehensive income*) in Bezug auf das Tochterunternehmen ausgewiesene Beträge bei der Entkonsolidierung so zu behandeln, als ob die dazugehörigen Vermögenswerte direkt veräußert worden wären. **160**
Bei erfolgsneutral zum *fair value* bewerteten Finanzinstrumenten wird daher ein zuvor im O. C. I. erfasster Gewinn (oder Verlust) mit Verlust der Beherrschung über das Tochterunternehmen erfolgswirksam (→ § 28 Rz 160).[46]

4.4.2 *Goodwill* bei der Entkonsolidierung[47]

Für die Belastung des Entkonsolidierungserfolgs mit *goodwill* ist zunächst IAS 36.86 heranzuziehen (→ § 11 Rz 151). Danach gilt: **161**

- *Goodwills* sind bei ihrer Entstehung/Ersterfassung nicht rechtlichen Einheiten (etwa Tochterunternehmen), sondern wirtschaftlichen Einheiten, sog. *cash generating units (CGUs)*, zuzuordnen (→ § 11 Rz 117).
- Ist das zu veräußernde Tochterunternehmen Teil einer solchen CGU, muss der *goodwill* regelmäßig im Verhältnis der relativen Werte von abgehenden und verbleibenden Bereichen der CGU **aufgeteilt** werden. Von diesem Verfahren ist ausnahmsweise dann abzuweichen, wenn eine andere Methode nachweislich den abgehenden *goodwill* besser abbildet (z. B. Weiterveräußerung eines Tochterunternehmens kurz nach Erwerb).

Die Wirkungsweise dieser Vorschriften wird an einem Extremfall besonders deutlich, nämlich dort, wo unter Inanspruchnahme der Wahlrechte aus IFRS 1.C4(i) ein zu HGB-Zeiten mit den Rücklagen verrechneter *goodwill* unter Beibehaltung dieser Verrechnung nicht nach IFRS übernommen wurde (→ § 6 Rz 54).

Beispiel
Die Konzernmutter MU hat während der HGB-Zeit *goodwills* z. T. mit den Rücklagen verrechnet. Diese Verrechnungen wurden in der IFRS-Eröffnungsbilanz beibehalten.

- Nunmehr wird ein Tochterunternehmen TU-1 zu einem Preis von 1.000 veräußert. Das im IFRS-Konzernabschluss bilanzierte Nettovermögen der TU beträgt 600. Der vorläufige Entkonsolidierungserfolg wird demzufolge mit 400 ermittelt.

[46] Anwendungsbeispiele bei HEINTGES/BOGGEL/URBANCZIK, PiR 2010, S. 221 ff.
[47] Die nachfolgenden Ausführungen sind überwiegend entnommen aus: LÜDENBACH, PiR 2005, S. 62 ff.

> - Darin noch nicht berücksichtigt ist der bei Erwerb der TU-1 aufgedeckte und sofort mit den Rücklagen verrechnete *goodwill* von 500.
>
> Das veräußerte Tochterunternehmen bildete im Übrigen mit zwei weiteren Tochterunternehmen eine *cash generating unit* (CGU). Dieser **CGU** ist für Zwecke des *impairment*-Tests ein *goodwill* von 300 zugeordnet. Er stammt ausschließlich aus der Erstkonsolidierung von TU-3. Beim Erwerb von TU-2 entstand demgegenüber kein *goodwill*, da der Kaufpreis für TU-2 gerade dem erworbenen Nettovermögen entsprach.
>
> Der „Unternehmenswert“ der CGU beträgt nach Entkonsolidierung 2.000, wovon jeweils 1.000 auf TU-2 und TU-3 entfallen.

Nach Rücklagenverrechnung ist der *goodwill* im konzernbilanziell erfassten Nettovermögen des Tochterunternehmens nicht mehr enthalten. Es existiert insofern für den *goodwill* kein Buchwert mehr, dessen Abgang den Entkonsolidierungserfolg unmittelbar belasten könnte. Die wohl herrschende handelsrechtliche Meinung will es dabei aber nicht belassen. Im Interesse einer zutreffenden Erfolgsermittlung über alle Perioden **(Totalgewinn)** soll ein mit den Rücklagen verrechneter und damit zuvor nicht aufwandswirksam gewordener *goodwill* den Entkonsolidierungserfolg mindern.[48] Eine Minderheit hält ein entsprechendes Vorgehen nicht[49] oder nur als Wahlrecht[50] für zulässig.

Für die Übertragung der herrschenden handelsrechtlichen Auffassung in die IFRS-Bilanz könnte eine Art „**Verursacherprinzip**“ sprechen: Da die Verrechnung des *goodwill* mit den Rücklagen ein handelsrechtliches „Relikt“ ist, ihren Ursprung also im Handelsrecht hat, könnte auch die Erledigung dieser Verrechnung im Rahmen der Entkonsolidierung handelsrechtlichen Grundsätzen folgen. Diese Überlegung wird jedoch hinfällig durch eine **explizite Regelung in IFRS 1**: Gem. IFRS 1.C4(i)(i) ist ein mit den Rücklagen verrechneter *goodwill* bei der Entkonsolidierung nicht erfolgswirksam zu berücksichtigen.

Die Frage einer eventuellen Belastung des Entkonsolidierungserfolgs mit *goodwill* kann aus der isolierten Perspektive von IFRS 1 und IAS 27 jedoch nicht abschließend beantwortet werden. IAS 36.86 mit seinen Vorgaben zur anteiligen Belastung im CGU-Fall ist zu beachten. IFRS 1.C4(i) immunisiert Tochterunternehmen, deren *goodwill* mit Rücklagen verrechnet war, daher nicht gegen jede *goodwill*-Belastung beim Abgang. Lediglich eine **Gleichbehandlung** ist angestrebt:

- Ein Tochterunternehmen, dessen *goodwill* wegen Rücklagenverrechnung nicht bilanziert ist, soll beim Abgang nicht schlechter, aber auch nicht besser gestellt werden als
- ein Tochterunternehmen, das aus anderen Gründen (fehlender Unterschiedsbetrag beim Erwerb) keinen *goodwill* aufweist.

---

48 Z.B. ADS, 6. Aufl., § 301 HGB, Tz 262.

49 Z.B. Oser, WPg 1995, S. 296.

50 Z.B. Weber/Zündorf, in: HdKR, § 301 HGB, Tz 269.

Hierzu folgende Variation des Ausgangsfalls:

> **Beispiel (Variante)**
> Als Wert der CGU werden weiterhin 3.000 unterstellt, als Veräußerungserlös einer Teileinheit weiterhin 1.000. Diese Teileinheit soll aber nicht TU-1, sondern TU-2 sein, also das Tochterunternehmen, bei dessen Erwerb überhaupt kein Unterschiedsbetrag *(goodwill)* entstanden ist.
> Der Abgangserfolg von TU-2 ist gem. IAS 36.86 anteilig mit einem *goodwill* von 100 (1.000/3.000 × 300) zu belasten.

Beim Erwerb von TU-2 ist zwar kein *goodwill* aufgedeckt worden; dieser stammt ausschließlich aus dem Erwerb von TU-3. Darauf kommt es aber aus folgendem Grund nicht an:

- Die Regelungen von IAS 36 verlangen und erlauben **keine Beachtung der Erwerbsgeschichte**;
- sie berücksichtigen nicht die rechtliche, sondern die **wirtschaftliche Einheit** in Form der CGU.

Einer solchen CGU ist der *goodwill* bei Erstkonsolidierung zuzurechnen. Die jährlichen *impairment*-Tests erfolgen auf Ebene solcher CGUs und nicht für rechtliche Einheiten. Nur **zufällig** kann Identität von rechtlicher (Tochterunternehmen) und wirtschaftlicher Einheit (CGU) bestehen.
Aus der Betrachtung des Regelungszwecks und der Fallvariante ergeben sich folgende Konsequenzen für den Extremfall des rücklagenverrechneten *goodwill*:

- IFRS 1 verhindert eine Schlechterstellung der Veräußerung eines Tochterunternehmens, dessen *goodwill* mit Rücklagen verrechnet wurde, gegenüber dem Verkauf eines Tochterunternehmens, bei dessen Erwerb überhaupt kein *goodwill* entstand.
- Die Vorschrift gewährt andererseits aber auch keine Besserstellung gegenüber Fällen, in denen kein *goodwill* entstanden ist. Der Abgang ist daher nicht vor den sich aus IAS 36 ergebenden anteiligen *goodwill*-Belastungen geschützt.

In allen Fällen ist der *goodwill* nach Maßgabe der relativen Wertverhältnisse von abgehendem Bereich einerseits zu den in der CGU verbleibenden Bereichen andererseits **auszubuchen.**

4.4.3 Entkonsolidierung bei Minderheitenanteilen

Buchungstechnisch anspruchsvoller ist die **Entkonsolidierung bei** Vorhandensein 162
von **Minderheitenanteilen** (nicht beherrschenden Anteilen). Hierzu folgende Variation des Ausgangsbeispiels aus Rz 159 unter der Prämisse, dass von dem durch IFRS 3.19 geschaffenen Wahlrecht, dem Minderheitenanteil bei der Erstkonsolidierung einen *goodwill*-Anteil zuzurechnen, kein Gebrauch gemacht wird:

> **Beispiel**
> M erwirbt 80 % an TU am 1.1.01 für 800. Das Eigenkapital von T beträgt zu diesem Zeitpunkt 600, in Zeitwerten 800. Die anteiligen stillen Reserven sind also 80 % von 200 = 160 (Abschreibung über 10 Jahre). Der *goodwill* (Abschreibung über 20 Jahre) beträgt ebenfalls 160 (800 AK – 640 Zeitwertanteil). T erwirtschaftet in 01 einen Gewinn von 100, M von 500. Am 2.1.02 wird die 80-%-Be-

teiligung von T überraschend für 720 verkauft, woraus in der Einzelbilanz von M nach Abzug des Beteiligungsbuchwertes ein Verlust von 80 resultiert.
Nachfolgend zunächst die Entkonsolidierung und dann die rechnerische Ermittlung des Entkonsolidierungserfolgs:

				Konsolidierung				
	M	**T**	**Summe**	**S**		**H**		**Konzern**
goodwill				152	*1)*	**152**	*2a)*	
Beteiligung	0		0	**800**	*2)*	800	*1)*	
Diverses	5.420	700	6.120	180	*1)*	**144**	*2b)*	5.420
						560	*2c)*	
						36	*3a)*	
					1)	140	*3b)*	
Summe	**5.420**	700	**6.120**					**5.420**
EK	5.500	700	6.200	644	*1)*			5.556
JÜ	– 80		– 80	**56**	*2)*			**– 136**
Minderheit				176	*3)*	176	*1)*	
Summe	**5.420**	700	**6.120**	2.008		2.008	*1)*	**5.420**

1) Eröffnungsbilanz-Buchung 02 zur Darstellung *goodwill*
2) Entkonsolidierungsbuchung Mehrheitenanteil
3) Entkonsolidierung Minderheitenanteil

Direkte Methode		Indirekte Methode	
Buchwert EK (80 %)	560	Veräußerungspreis	720
+ Stille Reserven (80 %)	144	– Beteiligungsbuchwert	– 800
+ *goodwill*	152	= Erfolg Einzelabschluss	– 80
Summe Abgang	– 856	+ schon aufgelöste stille Reserven	16
+ Veräußerungspreis	720	+ schon abgeschriebener *goodwill*	8
		– thesaurierter Gewinn T	– 80
= Abgangserfolg 02	**– 136**	**= Abgangserfolg 02**	**– 136**
+ Erfolg 01 (80–8 – 16)	56	+ Erfolg 01 (80–8 – 16)	56
= Totalerfolg	– 80	= Totalerfolg	– 80

Tab. 10: Entkonsolidierungserfolg bei Minderheitenanteil

4.4.4 Entkonsolidierung ohne Veräußerung von Anteilen

163 Auch ohne Veräußerung von Anteilen kann es zum Verlust der Kontrolle kommen. Beispiele sind:

- der Abschluss eines **Entherrschungsvertrags,**
- die Heraufsetzung der im Gesellschaftsvertrag vorgesehenen **Stimmrechtsquoren** (z. B. von 51 % auf 75 %),
- die geänderte **Verteilung** von Chancen und Risiken an einer Zweckgesellschaft,
- der Verlust von **Kontrolle** durch Eröffnung des Insolvenzverfahrens.

Nach IAS 27.32 ist auch in diesen Fällen eine Entkonsolidierung vorzunehmen. Hierbei bestimmt sich der auf die Eigenkapitalgeber des Mutterunternehmens entfallende Anteil am Entkonsolidierungsgewinn gem. IAS 27.34 wie folgt:

fair value der verbleibenden Anteile
\+ Buchwert Minderheitenanteil
– Nettovermögen des Tochterunternehmens zu Konzernbuchwerten (100 %)
= Entkonsolidierungserfolg

Alternativ kann der Erfolg auch so ermittelt werden:

  fair value der verbleibenden Anteile
– Nettovermögen des Tochterunternehmens zu Konzernbuchwerten (anteilig)
= Entkonsolidierungserfolg

Beispiel

MU ist mit 80 % an TU beteiligt. Das Nettovermögen der TU beträgt 500, der Minderheitenanteil 100.
Der *fair value* des 80%igen Anteils an TU ist 800. Durch Vertrag verliert MU die Kontrolle. Es ergeben sich folgende Buchungen und Berechnungen:

Buchungen

Konto	Soll	Haben
Anteil	800	
Nettovermögen		500
Minderheit	100	
Ertrag		400

Berechnungsvariante 1

fair value verbl. Anteile	800
Buchwert Minderheitenanteil	100
	900
Nettoverm. 100 %	– 500
Ertrag	400

Berechnungsvariante 2

fair value verbl. Anteile	800
Nettoverm. 80 %	– 400
Ertrag	400

4.5 Veräußerung eines Teils der Anteile mit Verlust des Tochterstatus (Abwärtskonsolidierung)

Wird nur ein **Teil** der Anteile an einem Tochterunternehmen veräußert, so ist zwischen Fällen **mit** und **ohne Statuswechsel** zu differenzieren: 164

- **Bleibt die Mutter-Tochter-Beziehung erhalten** (Abstockung), so gehen die Vermögenswerte und Schulden des Tochterunternehmens nicht ab. Es findet nur eine Verschiebung zwischen Mehrheits- und Minderheiteneigenkapital statt (Rz 166).
- **Endet die Mutter-Tochter-Beziehung,** findet also ein Statuswechsel statt, sind die Vermögenswerte und Schulden des Tochterunternehmens nach der Einzelveräußerungsfiktion auszubuchen.

Geht mit der Veräußerung eines **Teils** der Anteile ein **Kontrollverlust** einher, ist eine erfolgswirksame Entkonsolidierung des Nettovermögens des Tochterunternehmens vorzunehmen (Rz 163). Fraglich ist aber die Behandlung der **verbleibenden** Anteile. 165

Nach der bis 2008/09 geltenden Fassung von IAS 27 werden sie erfolgsneutral behandelt. Wegen technischer Einzelheiten hierzu wird auf die 7. Auflage verwiesen. Mit IAS 27.34d werden die bei einem Statuswechsel **verbleibenden Anteile** in die Ermittlung des **Entkonsolidierungserfolgs** einbezogen. Neben dem realen Veräußerungspreis für die tatsächlich abgehenden Anteile tritt als fiktiver, tauschähnlicher Veräußerungspreis der *fair value* der verbleibenden Anteile. Soweit dieser vom prozentualen Anteil am zu Konzernbuchwerten erfassten Nettovermögen des Tochterunternehmens abweicht, ergibt sich ein Beitrag zum Entkonsolidierungserfolg.

Der Entkonsolidierungserfolg errechnet sich somit am Beispiel einer Veräußerung von 60 von 100 Anteilen wie folgt:

	Veräußerungspreis tatsächlich abgehender Anteile (z. B. 60 %)
+	*fair value* verbleibender Anteile (z. B. 40 %)
=	Veräußerungspreis i. w. S. (100 %)
–	Nettovermögen Tochterunternehmen zu Konzernbuchwerten (100 %)
=	Entkonsolidierungserfolg

166 Der *fair value* der **verbleibenden Anteile** stellt zugleich den Zugangswert für die nachfolgende Bilanzierung als Finanzinstrument gem. IAS 39 oder als *equity*-Anteil gem. IAS 28 oder IAS 31 dar (IAS 27.37).

Nach Übergang auf einen *equity*-Anteil gelten bestimmte Vorschriften der Vollkonsolidierung entsprechend. Betroffen sind insbesondere

- die **Zwischenergebniseliminierung** gem. IAS 38.22 (→ § 33 Rz 72) und
- die erfolgsneutrale Behandlung beim untergeordneten Unternehmen erzielter sonstiger Gesamtergebnisse (*other comprehensive income* = O. C. I.) im Rahmen der *equity*-Konsolidierung gem. IAS 28.11 (→ § 33 Rz 64).

In diesem Kontext ist die Frage aufgekommen, ob der Gewinn aus der Entkonsolidierung (Rz 158) im Maße der verbleibenden Anteilsquote um noch unerledigte Zwischengewinne und noch unerledigtes O. C. I. zu korrigieren ist.

In Bezug auf das *other comprehensive income* gilt Folgendes:

- Nach IAS 27.34(e) und IAS 27.35 sind bilanziell im kumulierten O. C. I. in Bezug auf das Tochterunternehmen ausgewiesene Beträge bei der Entkonsolidierung so zu behandeln, als ob die dazugehörigen Vermögenswerte direkt veräußert worden wären.
- Bei erfolgsneutral zum *fair value* bewerteten Finanzinstrumenten wird daher ein zuvor im O. C. I. erfasster Gewinn (oder Verlust) mit Verlust der Beherrschung über das Tochterunternehmen erfolgswirksam.
- Bei Rückbehalt der Anteile und „Übergang" zur *equity*-Konsolidierung soll nach einer sich auf IAS 28.11 berufenden Auffassung der Erfolg aus dem O. C. I. allerdings nur in **Höhe der Abgangsquote** zu berücksichtigen sein.[51] ist. Die Gegenauffassung hält das Verhältnis von veräußerten und zurückbehaltenen Anteilen, also die Quote, für *„not relevant"*.[52]

Der Gegenauffassung ist zuzustimmen. Sie kann sich zum einen auf den eindeutigen Wortlaut von IAS 27.BC56 berufen, wonach für ein erfolgsneutral zum *fair value* bewertetes Finanzinstrument *(available-for-sale financial asset)* Folgendes

51 Watrin/Höhne/Rieger, IRZ 2009. S. 307ff.

52 Ernst & Young, International GAAP 2009, Kap. 7, Tz. 3.3.1.

gilt: „... *on the loss of control of a subsidiary, the entire gain or loss attributed to the parent on that former subsidiary's availabe for sale financial assets previously recognised in other comprehensive income would be reclassified to profit or loss.*"
Zum anderen entspricht sie der **konzeptionellen Ausrichtung** von IAS 27, eine *equity*-Konsolidierung nach vorheriger Vollkonsolidierung nicht als Übergang (Übergangskonsolidierung) zu behandeln, sondern als einen **Neustart**, bei dem eine „*new investor-investee relationship*" (IAS 27.BC55) erstmalig konsolidiert wird und demzufolge erst ab diesem Zeitpunkt entstehendes O. C. I. im Rahmen der *equity*-Methode nach IAS 28.11 berücksichtigungsfähig ist.
In Bezug auf den **Zwischengewinn** ist – am Beispiel einer *down stream transaction* (→ § 33 Rz 72) Folgendes festzuhalten:

- Der von einem Teil des Schrifttums vorgenommene Verweis auf eine in IAS 28.22 „kodifizierte Pflicht zur **Fortführung** der Zwischenergebniseliminierung"[53] ist unzutreffend. In IAS 28.22 wird die Zwischenergebniseliminierung nur allgemein für die *equity*-Konsolidierung und ohne eine Bezugnahme auf eine vorherige Vollkonsolidierung behandelt. Das Fortführungsproblem wird in keiner Weise angesprochen.
- Eine Fortführungspflicht würde im Übrigen auch wiederum dem Konzept von IAS 27 widersprechen. Mit der Bewertung der verbleibenden Anteile zum *fair value* wird ein vollständiger Abgang der bisherigen Beteiligung und ein **Neustart** (*new investor-investee relationship*) fingiert, also gerade kein Übergang bzw. keine Übergangskonsolidierung angenommen.
- Im Übrigen bildet der *fair value* der Altanteile deren fiktive Anschaffungskosten und ist damit nicht nur Zugangsbewertungsmaßstab für die *equity*-Beteiligung, sondern auch Grundlage der in einer **Nebenrechnung,** für Zwecke der Folgekonsolidierung, vorzunehmenden Aufteilung des *equity*-Werts auf das anteilige Vermögen und einen evtl. *goodwill.* Das anteilige Vermögen ist nach IAS 28.23 mit dem *fair value* zu erfassen. Weder der einzelbilanzielle Buchwert des untergeordneten Unternehmens (ohne Eliminierung von Zwischengewinnen) noch der konzernbilanzielle Buchwert (mit Eliminierung von Zwischengewinnen) spielt dabei eine Rolle.

Zum Ganzen folgendes Beispiel:

Beispiel
MU ist mit 100 % an der schuldenfreien TU beteiligt. Das diverse Vermögen der TU beträgt per 31.12.01 560. Folgende Sachverhalte sind darin noch nicht berücksichtigt:

- TU hat erfolgsneutral zum *fair value* zu bewertende **Wertpapiere** Anfang 01 für 100 angeschafft. Der *fair value* zum Stichtag beträgt 140. Die Wertsteigerung von 40 ist im sonstigen Gesamtergebnis (*other comprehensive income* = **O. C. I.**) berücksichtigt worden.
- Ein unbebautes **Grundstück,** das MU für 100 angeschafft hat, ist in 01 für 150 an TU veräußert worden. Der **Zwischengewinn** von 50 ist durch die Buchung „per s. b. E. 50 an Grundstück 50" im Konzernabschluss eliminiert worden.

---

53 WATRIN/HÖHNE/RIEGER, IRZ 2009, S. 307ff.

Unter Einbeziehung der beiden vorgenannten Vorgänge (und Ausklammerung latenter Steuern) ergibt sich das im Konzernabschluss der MU per 31.12.01 berücksichtigte Nettovermögen der TU wie folgt:

Div. Vermögen	560	div. EK	760
Wertpapiere	140	kum. O. C. I.	40
Grundstück	100		
	800		800

Am 1.1.02 **veräußert** MU **80 %** der Anteile an der TU für 1.000 an X.
Der verbleibende Anteil von **20 %** gewährleistet einen **maßgeblichen Einfluss** i.S.v. IAS 28 und ist daher ab 1.1.02 *at equity* zu bilanzieren. Sein *fair value* per 1.1.02 beträgt 250.

Beurteilung

In den Erfolg aus der Entkonsolidierung geht auch der Ertrag aus der Auflösung des **O. C. I.** ein, und zwar **in vollem Umfang**, d.h. ohne Kürzung um die verbleibende Anteilsquote.
Ebenso ist **keine Korrektur** des Entkonsolidierungsergebnisses i.H.d. rechnerischen Anteils der verbleibenden Anteile an den zuvor eliminierten **Zwischenergebnissen** angezeigt.
Somit ergibt sich folgende Rechnung:

Veräußerungspreis	1000
+ *fair value* verbleibende Anteile	250
= Bruttoertrag	1250
– abgehendes Nettovermögen zu Konzernbuchwerten	– 800
+ Auflösung O. C. I.	40
= Erfolg aus Entkonsolidierung	490

4.6 Mehrheitswahrende Anteilsveräußerung (Abstockung)

167 Nach IAS 27.30 ist eine Anteilsveräußerung ohne Verlust der Kontrolle (sog. **Abstockung**) als erfolgsneutrale Transaktion zwischen Eigenkapitalgebern (Mutterunternehmen einerseits, Minderheitsgesellschafter anderseits) zu behandeln. Strittig war die Beurteilung nach IAS 27 rev. 2004 (wegen Einzelheiten hierzu wird auf die 7. Auflage verwiesen).

4.7 Verhinderung von Missbrauch bei Kontrollverlust in mehreren Schritten

168 Nach IAS 27 ist

- die **Ent- oder Abwärtskonsolidierung** ein **erfolgswirksamer** (Rz 191),
- die **Abstockung** hingegen ein **erfolgsneutraler** Vorgang (Rz 188).

Hieraus kann sich ein Anreiz zur Zerlegung einer einheitlich geplanten Transaktion in Teilgeschäfte ergeben, um dadurch den Entkonsolidierungserfolg zu verbessern. Hierzu folgendes Beispiel:

Beispiel

MU hält 90 % der Anteile an der TU. Deren Vermögen zu Zeit- und Buchwerten beträgt 1.000, der Minderheitenanteil, gehalten von B, 100.

MU möchte an der Beteiligung nicht festhalten und erhält die Gelegenheit, seinen Anteil für 750 an C zu veräußern. Zwei Wege werden diskutiert:

- Veräußerung in einem Akt für 750.
- Veräußerung von zunächst 39 % für 230 und später 51 % für 520.

Das Ergebnis beider Varianten ist wie folgt:

1. Die Veräußerung in einem Akt führt zu einem Entkonsolidierungsverlust von 100.

Buchungen in Konzernbuchhaltung:

Konto	Soll	Haben
Geld	750	
Minderheitenanteil	100	
Verlust	150	
Buchwertabgang Vermögen TU		1000

2. Die Veräußerung in zwei Akten wäre bei isolierter Betrachtung wie folgt zu behandeln:

2a) Der erste Teil der Veräußerung würde zu einer erfolgsneutralen Verschiebung zwischen Minderheitenanteil und Mehrheitsanteil führen:

Konto	Soll	Haben
Geld	230	
Mehrheitsanteil	160	
Minderheitenanteil		390

2b) Im zweiten Schritt würde ein Gewinn (!) von 10 entstehen:

Konto	Soll	Haben
Geld	520	
Buchwertabgang Vermögen TU		1.000
Minderheitenantei	490	
Ertrag		10

Derartigen bilanzpolitischen Strukturierungen soll IAS 27.33 entgegenwirken. 169
Danach gilt: Ist der Kontrollverlust Ergebnis von zwei oder mehr Transaktionen, sind diese Transaktionen **einheitlich** zu behandeln, wenn

- die Geschäfte zur gleichen Zeit unter gegenseitiger Berücksichtigung abgeschlossen werden oder
- sie eine Gesamtvereinbarung *(single transaction)* präsentieren, die auf einen wirtschaftlichen Gesamterfolg (z. B. Gesamtveräußerungspreis) zielt oder
- das Zustandekommen der einen Transaktionen abhängig vom Zustandekommen der anderen ist oder
- die Transaktionen nur insgesamt ökonomisch Sinn machen, etwa derart, dass der zu niedrige Preis einer Transaktion den zu hohen der anderen ausgleicht.

An der Sinnhaftigkeit einer zusammengefassten Betrachtung einer nur künstlich bzw. rechtlich zerlegten Transaktion ist nicht zu zweifeln. Die Regelungen von IAS 27.33 sind in ihrer Ausformulierung jedoch kaum gelungen. Mit Ausnahme der letzten Bestimmung sind die Anforderungen in hohem Maße abstrakt bzw. **tautologisch**. Sie besagen nur: Zusammengehörende Transaktionen gehören zusammen. Überdies widersprechen sie dem Ziel einer prinzipienbasierten Rechnungslegung. Das Gebot einer zusammenfassenden Betrachtung formal getrennter Vorgänge ergibt sich ohne Weiteres bereits aus dem im *Framework* niedergelegten Grundsatz *„substance over form“* (→ § 1 Rz 78). Soweit mit Bezug auf die Zusammenfassung von Transaktionen ein Bedarf für die Konkretisierung dieses Grundsatzes besteht, betrifft dies nicht nur Entkonsolidierungsvorgänge. Die in IAS 27.33d genannte Vereinbarung eines zu niedrigen Preises für eine Transaktion und eines zu hohen für eine andere kann etwa bei jeder Art von Umsatz mit dem gleichen Geschäftspartner bilanzpolitisch missbraucht werden. Indikatoren für einen Verbund von rechtlich getrennten Geschäften sollten daher Gegenstand einer allgemeinen Äußerung sein, die z. B. im *Framework* platziert wird oder einen eigenen IFRIC verdienen könnte.

5 Kapitalkonsolidierung in Sonderfällen

5.1 Kontrollerlangung/-verlust ohne Erwerb/Veräußerung von Anteilen

170 Die Erstkonsolidierung folgt der Einzelerwerbsfiktion. Als erworben gelten auch beim *share deal* nicht die Anteile, sondern die einzelnen Vermögenswerte (Rz 13). IFRS 3.14 rev. 2004 verlangt demzufolge die Erstkonsolidierung nach der *purchase method*. Auch IFRS 3 rev. 2008 folgt der Einzelerwerbsfiktion, verwendet aber den Begriff der *acquisition method* (IFRS 3.4) und betont damit stärker die Erlangung der Kontrolle *(acquisition of control)* als den Erwerb der Anteile bzw. des hinter ihnen liegenden Vermögens *(purchase of assets)*.

In den meisten Fällen bleibt diese begriffliche Neuerung ohne praktische Relevanz. Eine Ausnahme bildet die Erlangung von Kontrolle ohne Erwerb (weiterer) Anteile auf Grund

- Änderung vertraglicher Grundlagen (Abschluss Beherrschungsvertrag, Änderung Stimmrechtsregelungen im Gesellschaftsvertrag etc.) (*business combination by contract alone*) oder
- Änderungen an der Zahl im Umlauf befindlicher Aktien (Aktienrückkaufsprogramm etc.).

In IFRS 3 rev. 2008 wird dieser Fall erstmals explizit geregelt (IFRS 3.33). Er bereitet konzeptionell deshalb keine besonderen Probleme, weil die Aufwärtskonsolidierung einheitlich in der Weise durchgeführt wird, dass neben als Kaufpreis hingegebenen baren oder sonstigen Vermögenswerten auch der *fair value* der Altanteile in die Anschaffungskosten i. w. S. einbezogen wird.

Beispiel[54]

1. Pflicht zur Erstkonsolidierung

MU ist seit einigen Jahren mit 4,6 Mio. Aktien (= 46 %) an der börsennotierten TU AG beteiligt. Die Präsenzquote bei den Hautversammlungen ist hoch, sodass U über keine (sichere) Präsenzmehrheit verfügt. TU kauft in 05 10 %

[54] Weitergehendes Beispiel bei LÜDENBACH, PiR 2008, S. 70ff.

der Aktien zurück und zieht diese ein. Danach ist MU mit 4,6/9,0 Mio. = 51,1 % an TU beteiligt.
MU hat dadurch die Kontrolle über TU erlangt und muss nach IFRS 3.33 eine Erstkonsolidierung durchführen.

2. Technik der Erstkonsolidierung
MU hat seinen Anteil bisher *at equity* bilanziert. Die Anschaffungskosten betrugen 30 Mio., darin enthalten ein *goodwill* von 3 Mio. Der aktuelle Buchwert beträgt ebenfalls 30 Mio., da stille Reserven wesentlicher Größenordnung beim Erwerb nicht identifiziert und nach Erwerb alle Gewinne ausgeschüttet wurden. Der Kurs der Aktien beträgt 10 EUR. Das Vermögen der TU beläuft sich auf 48,9 Mio. zu Buchwerten und 68,7 Mio. zu Zeitwerten.
Nach dem Schema unter Rz 131 ergibt sich für IFRS 3.32 Folgendes:

a) Ertrag aus Erstkonsolidierungen

	fair value „Alt"-Anteile	46 Mio.
–	*equity*-Buchwert	30 Mio.
=	Ertrag	16 Mio.

b) *goodwill* (ohne Ausübung des Wahlrechts zu *full-goodwill*-Methode)

	Kaufpreis bar	0 Mio.
+	*fair value* Altanteile	46 Mio.
+	Buchwert Minderheitenanteile (48,9 % × 68,7)	33,6 Mio.
=	Zwischensumme (AK i. w. S.)	79,6 Mio.
–	Vermögen zu Zeitwerten	68,7 Mio.
=	*goodwill*	10,9 Mio.

Die Buchungssätze lauten wie folgt:

Konto	Soll	Haben
div. Vermögen	68,7 Mio.	
equity-Beteiligung		30,0 Mio.
goodwill	10,9 Mio.	
Minderheiten		33,6 Mio.
Ertrag		16,0 Mio.

In dem bis 2008/09 geltenden Recht wird der Fall der Mehrheitserlangung ohne Anteilserwerb zwar ebenfalls erwähnt (IFRS 3.8 rev. 2004), aber nicht explizit behandelt. U. E. kommt eine analoge Anwendung der Regelungen aus IFRS 3.59 rev. 2004 für den sukzessiven Anteilserwerb infrage.
Hiernach wäre etwa

- ein bisheriger *equity*-Buchwert erfolgsneutral in die Vollkonsolidierung zu überführen,
- als *goodwill* nur der bisher im *equity*-Ansatz enthaltene Wert anzusetzen,
- der Zuwachs an stillen Reserven in eine Neubewertungsrücklage einzustellen. Wegen Einzelheiten wird auf die 7. Auflage verwiesen.

So, wie ohne den Kauf weiterer Anteile Kontrolle erworben werden kann, ist umgekehrt auch ein **Kontrollverlust ohne Veräußerung von Anteilen** mög- 171

lich, etwa weil sich die Stimmrechtsregeln des Gesellschaftsvertrags geändert haben oder ein Insolvenzverwalter die Kontrolle über das Tochterunternehmen übernommen hat (IAS 27.32).
In diesem Umkehrfall ist die Vollkonsolidierung zu beenden und zur *equity*-Konsolidierung oder zur Bilanzierung als Finanzinstrument überzugehen. Bei der Berechnung des Entkonsolidierungserfolgs tritt nach IAS 27.34 der *fair value* der verbleibenden Anteile an die Stelle des Veräußerungspreises.

5.2 Mehrstufiger Konzern

5.2.1 Problemstellung, Fallunterscheidungen

172 Im **zweistufigen Konzern** (Mutterunternehmen und Tochterunternehmen) bereitet die Behandlung der **Minderheitenanteile** keine Probleme. Erwirbt das Mutterunternehmen die Mehrheit, aber nicht sämtliche Anteile eines Tochterunternehmens, ist wie folgt zu verfahren:

- Nach der Methode der vollständigen Neubewertung sind die **stillen Reserven** des Tochterunternehmens nicht lediglich i. H. d. Beteiligungsquote, sondern zu 100 % aufzudecken. Der Minderheitenanteil umfasst damit nicht nur den Anteil am Buchvermögen des Tochterunternehmens, sondern ebenso den Anteil an den stillen Reserven, mithin insgesamt den Anteil am *fair value* des Nettovermögens.
- Bei der *goodwill*-Berechnung kann jedoch wahlweise (Verzicht auf die *full-goodwill*-Methode) allein auf die Beteiligungsquote des Mutterunternehmens abgestellt werden. Von den Anschaffungskosten des Mutterunternehmens (für seinen Anteil am Tochterunternehmen) wird dann das zum *fair value* bewertete Nettovermögen i. H. d. Beteiligungsquote abgesetzt. Der fiktive Anteil der Minderheit am *full goodwill* bleibt sowohl aktivisch (*goodwill*-Ansatz) als auch passivisch (Minderheitenanteil) unberücksichtigt.

Größere Probleme bereiten **mehrstufige Konzerne**. Bei einer Beteiligung von Minderheiten am Tochterunternehmen (zweite Stufe) stellt sich die Frage, ob i. H. d. mittelbaren bzw. rechnerischen Anteils dieser Minderheit am Enkelunternehmen (dritte Stufe) konzernbilanziell stille Reserven und *goodwill* des Enkelunternehmens aufzudecken sind. Hierzu der in **Abb. 6** dargestellte Grundfall:

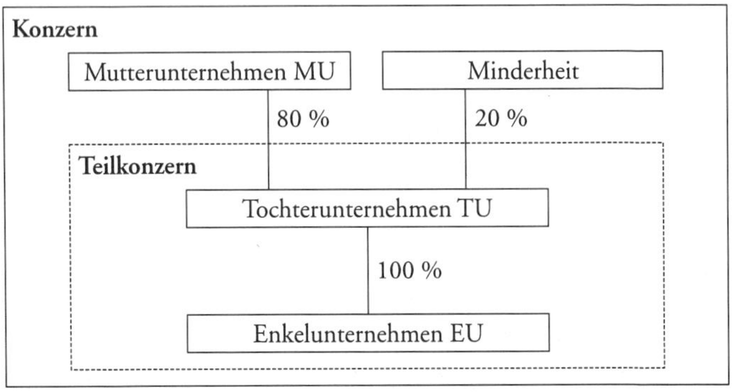

Abb. 6: Mittelbarer Minderheitenanteil

In dieser Konstellation eröffnen sich drei unterschiedliche **Perspektiven:**

- Aus der Sicht des **Teilkonzerns TU-EU** besteht keine Minderheitsproblematik. Beim Erwerb des „Enkel"-Unternehmens sind stille Reserven und ein *goodwill* zu 100 % aufzudecken.
- Aus der Sicht des **Konzernteils MU-TU** sind auf das Tochterunternehmen entfallende stille Reserven zu 100 % aufzudecken, Für einen auf den Erwerb des Tochterunternehmens entfallenden *goodwill* besteht jedoch das Wahlrecht, nur den Anteil des Mutterunternehmens aufzudecken.
- Unklar ist, wie aus Sicht des **Gesamtkonzerns MU-TU-EU** mit den *goodwills* zu verfahren ist, ob es hier bei dem pflichtweisen 100-%-Ansatz entsprechend der Teilkonzernperspektive bleibt oder ob bei dem *goodwill* der Enkelunternehmen nur die (durchgerechnete) Anteilsquote des Mutterunternehmens (hier: 80 % × 100 % = 80 %) maßgeblich ist.

Der Ansatz und die Bewertung von Minderheitenanteilen im mehrstufigen **173**
Konzern sind weder in IAS 27 noch in IFRS 3 explizit geregelt. Wie im HGB fehlt es an konkreten Vorgaben mit der geschilderten Folge, dass die Behandlung des (mittelbaren) Minderheitenanteils am Enkelunternehmen diskussionsbedürftig ist. Nach einer Auffassung besteht mangels abweichender expliziter Regelungen in IFRS 3 im mehrstufigen Konzern die Möglichkeit, den *goodwill* unterer Ebene nur quotal anzusetzen,[55] nach anderer sich auf die Einheitstheorie berufender Ansicht ist der *goodwill* unterer Ebene zwingend zu 100 % aufzudecken.[56] In dieser Diskussion wird z.T. nach der Entstehungsgeschichte des mehrstufigen Konzerns differenziert. Das mehrstufige Konzernverhältnis kann auf zwei Vorgängen beruhen:

- **Konzernerweiterung nach unten**: Ein zunächst einstufiger Konzern, bestehend aus einem Mutterunternehmen und einer oder mehreren Tochtergesellschaften, erwirbt über eine Tochtergesellschaft eine Beteiligung an einer weiteren Gesellschaft (Enkelunternehmen).
- **Konzernerweiterung nach oben**: Ein Unternehmen (Mutterunternehmen) erwirbt eine Beteiligung an einem Unternehmen, welches dadurch zum Tochterunternehmen wird. Das Tochterunternehmen ist zum Zeitpunkt des Erwerbs durch das Mutterunternehmen seinerseits schon an einem weiteren Unternehmen (Enkelunternehmen) beteiligt und bildet mit diesem einen (Teil-)Konzern.

5.2.2 Konzernerweiterung nach unten

Nach IFRS 3 gelten bei Kontrollerlangung in einem Schritt und Verzicht auf die **174**
full-goodwill-Methode folgende Regelungen:

Ein *goodwill* ist i.H.d. Differenz zwischen Anschaffungskosten der *business combination* und dem Anteil des Erwerbers am *fair value* des Nettovermögens anzusetzen (Rz 126ff.). Bei einer Konzernerweiterung nach unten ergibt sich hier folgende Unterscheidungsmöglichkeit:

- Aus der Perspektive des Teilkonzerns TU-EU ist das Tochterunternehmen der Erwerber und hätte im Grundfall (d.h. bei 100%iger Beteiligung von TU an EU) seinen Kaufpreis für 100 % der Anteile am Enkelunternehmen gegen

[55] Philippi, PiR 2009, S. 61ff.

[56] Haegler, PiR 2009, S. 191ff.

100 % des Nettovermögens zu setzen, d.h. den *goodwill* zwangsläufig vollständig aufzudecken.

- Aus der Perspektive des Gesamtkonzerns ist das Mutterunternehmen der Erwerber. Es ist Bilanzierungssubjekt und damit Normadressat von IFRS 3.32. Das Mutterunternehmen hat die Vorschriften deshalb aus seiner Perspektive anzuwenden. Es tätigt jedoch wirtschaftlich keinen 100%igen Erwerb des Enkelunternehmens, sondern lediglich einen Erwerb in Höhe seiner durchgerechneten Anteilsquote. Aus dieser Sicht wäre bei Verzicht auf die *full-goodwill*-Methode auch der *goodwill* des Enkelunternehmens nur aus der Differenz der anteilig dem Mutterunternehmen zuzurechnenden, vom Tochterunternehmen aufgewendeten Anschaffungskosten und dem anteilig dem Mutterunternehmen zuzurechnenden Nettovermögen des Enkelunternehmens zu ermitteln.

Zur Behandlung der stillen Reserven und zu den Alternativen hinsichtlich des *goodwill* das nachfolgende Beispiel:

Beispiel
TU wird am 31.12.01 mit einer Bareinlage von insgesamt 150 gegründet. Davon übernehmen MU 80 % (= 120) und ein Dritter 20 % (= 30). TU soll als Holding der Koordination der Entscheidungen von MU und dem Dritten im Hinblick auf diverse zu erwerbende operative Gesellschaften dienen.
Am 1.1.02 erwirbt die TU 100 % der Anteile an der operativ tätigen EU zum Kaufpreis von 150.
Das Buchvermögen der EU beträgt 60, die stillen Reserven 40, ihr zum *fair value* bewertetes Vermögen also 100.
Die Ansätze in der Konzernbilanz 1.1.02 (Erstkonsolidierung EU) sind (unter Vernachlässigung latenter Steuern) alternativ wie folgt:

	Alternative 1 Minderheit ohne *goodwill*		**Alternative 2 Minderheit mit *goodwill***	
	Berechnung	**Bilanzwert**	**Berechnung**	**Bilanzwert**
Kaufpreis EU Nettovermögen EU (anteilig)	120 80		150 100	
goodwill Erstkonsolidierung Nettovermögen Erstkonsolidierung	40	40 100	50	50 100
Aktivvermögen Erstkonsolidierung		140		150
Minderheitenanteil Nettovermögen Minderheitenanteil *goodwill*	20 0		20 10	
Minderheitenanteil	20	20	30	30

Für einen **Minderheitenausweis ohne *goodwill*** (Alternative 1) spricht der Vergleich mit einem unmittelbaren Erwerb bei Verzicht auf eine Zwischenschaltung einer Holding. 175

- Bei direktem Erwerb der EU durch MU zu 80 % und durch den Dritten zu 20 % wäre nach IFRS 3.32 i.V.m. IFRS 3.19 bei Verzicht auf die *full-goodwill*-Methode der *goodwill* nur auf der Basis des Kaufpreisanteils des Mutterunternehmens und dessen Anteil am Nettovermögen des Enkelunternehmens zu errechnen. Der *goodwill* betrüge 40 (wie in Alternative 1) und nicht 50 (wie in Alternative 2). Die Minderheit wäre nicht am *goodwill* beteiligt.
- U. E. sollte aber dem Rechtskleid, in dem eine Erweiterung des Konzerns erfolgt, möglichst keine Bedeutung zukommen. In wirtschaftlicher Betrachtung sind der unmittelbare und der mittelbare Erwerb gleichzustellen. Ein *goodwill* ist daher in beiden Fällen ohne Anteil der Minderheit auszuweisen.

Gegen einen Minderheitenausweis ohne *goodwill* wird eingewandt, dass Erwerber *(„acquirer")* der „Konzern" bzw. dessen Eigenkapitalgeber sind, wobei einheitstheoretisch keine Unterscheidung zwischen Eigenkapitalgebern des Mutterunternehmens oder nicht beherrschenden Gesellschaftern eines Tochterunternehmens zulässig sei. Diese seien insgesamt als Erwerber zu klassifizieren.[57]

5.2.3 Konzernerweiterung nach oben

Hinsichtlich des ***goodwill* der Minderheiten** kann nicht ohne weiteres von einer Übereinstimmung mit der Konzernerweiterung nach unten ausgegangen werden. 176

- Für eine Übereinstimmung und damit **gegen den Ansatz eines Minderheiten-*goodwill*** (Rz 175) spricht wiederum die Parallele zu einem direkten Erwerb. Jeder Ansatz eines Minderheiten-*goodwill* würde Bilanzansätze von der rechtlichen Form eines Erwerbs und nicht von der wirtschaftlichen Substanz abhängig machen.
- Für den pflichtweisen Ansatz eines **Minderheiten-*goodwill* nach Maßgabe der aktuellen Wertverhältnisse** spricht, dass aus Gesamtkonzernsicht erstmalig mit Erwerb von TU der Dritte zu einer konzernrechnungslegungsrelevanten Minderheit wird. Wie viel der Dritte bzw. anteilig für den Dritten vor Konzernzugehörigkeit auf den Anteil am Enkelunternehmen gezahlt wurde, ist aus Konzernsicht unwichtig. Der Minderheiten-*goodwill* wäre vielmehr durch Hochrechnung oder in sonstiger Kontrollprämienzuschläge berücksichtigender Weise (analog der *full-goodwill*-Methode; Rz 131) zu ermitteln.

Zum Ganzen folgendes Beispiel:

Beispiel

Der konzernunabhängige Dritte D ist mit 100 % an dem Internetunternehmen TU beteiligt, die wiederum 100 % an EU hält und über kein weiteres Vermögen verfügt. Das Vermögen der EU beträgt 60 zu Buchwerten und 100 zum *fair value*. D hatte die TU vor Platzen der *Dot-Com*-Spekulationsblase für 400 erworben. Der *fair value* des Nettovermögens hat sich seitdem nicht

57 HÄGLER, PiR 2009, S. 191 ff.

verändert. Als *goodwill* wurden demnach von dem Dritten seinerzeit 400–100 = 300 vergütet.
MU möchte nun 80 % an E erwerben. Zwei **Erwerbsalternativen** stehen zur Diskussion:

- MU erwirbt unmittelbar für einen Preis von 120 einen Anteil von 80 % an EU.
- MU erwirbt für den gleichen Preis einen Anteil von 80 % an TU.

Die nachfolgende Abbildung zeigt die Beteiligungsverhältnisse in beiden Varianten:

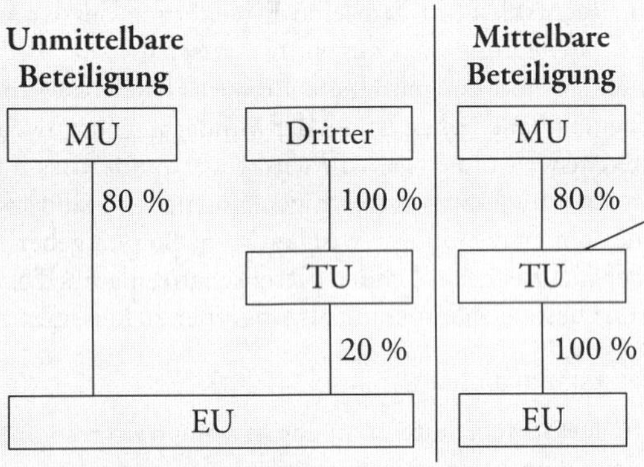

Bei unmittelbarer Beteiligung ist der Anteil der Minderheit (TU) an EU unter Berücksichtigung stiller Reserven, jedoch ohne den *goodwill* zu ermitteln. Der *goodwill* ergibt sich ausschließlich aus dem Kaufpreis (120) minus dem Zeitwert des Vermögens (80), somit also zu 40.
Bei mittelbarer Beteiligung sind die zwei Lösungen denkbar:

	ohne Minderheiten-*goodwill* (Gleichbehandlung mit direktem Erwerb)	**mit Minderheiten-*goodwill***
		auf hochgerechneter Basis
Kaufpreis EU Nettovermögen EU	120 80	120 80
goodwill Mehrheit Minderheiten-*goodwill*	40 0	40 (20/80 von 40 =) 10
***goodwill* gesamt**	40	50
Minderheitenanteil am Nettovermögen Minderheitenanteil am *goodwill*	20 0	20 10
Minderheitenanteil	20	30

5.3 Konzerninterne Umstrukturierungen, Transaktionen unter gemeinsamer Kontrolle, Sachdividenden

5.3.1 Motive und Formen

Unternehmenszusammenschlüsse können sich auch zwischen zuvor bereits verbundenen Unternehmen vollziehen. Im Wesentlichen sind folgende Fälle zu unterscheiden: 177

- **Gesamtrechtsnachfolge** i.S.d. **UmwG**, z.B. **Verschmelzung** des Tochterunternehmens auf das Mutterunternehmen *(upstream merger)*, des Mutterunternehmens auf das Tochterunternehmen *(downstream merger)*, des Tochterunternehmens A auf das Tochterunternehmen B *(sidestream merger)*.
- **Anwachsung,** z.B. bei Ausscheiden der fremden Gesellschafter aus der Tochter-OHG.
- **Einzelrechtsnachfolge,** z.B. bei Verkauf aller funktional wesentlichen Vermögenswerte eines verbundenen Unternehmens an ein anderes verbundenes Unternehmen.
- „**Umhängen von Beteiligungen**", z.B. durch Einbringung der Anteile am Tochterunternehmen B in das Tochterunternehmen A, wodurch B zum Enkelunternehmen wird.
- Zusammenfassung von Beteiligungen in einer **Holding.**
- **Ausgliederung** oder **Abspaltung** von Unternehmensteilen.[58]

Wichtige **Motive** für derartige konzerninterne Umstrukturierungen sind: 178

- **Transparenz:** Die bisherige Struktur kann intransparent sein, die neue eine bessere Identität von Geschäftsfeldern und rechtlichen Einheiten bringen.
- Schaffung **buchmäßigen Eigenkapitals** (*step up*): Das Tochterunternehmen verfügt über erhebliche stille Reserven und einen erheblichen *goodwill*, die sich im Beteiligungsansatz beim Mutterunternehmen nicht widerspiegeln. Durch einen *upstream merger* werden stille Reserven und *goodwill* aufgedeckt, wobei im Gegenzug zwar nicht das gezeichnete Kapital (§ 54 und § 68 UmwG), aber das sonstige Eigenkapital erhöht wird.
- **Steuern:** Durch Zusammenfassung einer Verlust bringenden mit einer ertragreichen Einheit entstehen zwar möglicherweise nicht für die Vergangenheit (vgl. § 8 Abs. 4 S. 2 KStG), aber für die Zukunft bessere Verlustausgleichsmöglichkeiten.
- **Vorbereitung von Veräußerungen**: Durch Verschmelzung, Spaltung oder Einzelrechtsnachfolge wird der Konzern so strukturiert, dass der zu veräußernde Teil von den anderen Teilen separiert wird.
- **Haftung:** Vermeidung von auf die Privatsphäre übergreifenden faktischen Konzernhaftungen durch Zwischenschaltung einer Holding.

5.3.2 Schaffung von Holding-Strukturen mit und ohne *common control*

Nach deutschem Recht können konzerninterne Umstrukturierungen gegebenenfalls den Vorschriften des **UmwG** und des **UmwStG** unterliegen. Beide Regelwerke bieten für bestimmte Fälle die Möglichkeit der **Buchwertfortführung** (§ 24 UmwG, §§ 12, 15, 20 UmwStG). Dann stellt sich die Frage, ob **auch** in 179

[58] Einen systematischen Überblick über konzerninterne Umwandlungen und ihre Behandlung nach IFRS gibt: LIECK, Bilanzierung von Umwandlungen nach IFRS, Wiesbaden 2011.

der Einzel- und Konzernbilanzierung nach **IFRS** zwischen Buchwertfortführung und Aufdeckung stiller Reserven **gewählt** werden kann.

180 Eine erste Antwort findet sich in folgender Formulierung von IFRS 3.2: „Dieser IFRS ist nicht anwendbar auf Unternehmenszusammenschlüsse, an denen Unternehmen oder Geschäftsbetriebe unter gemeinsamer Beherrschung beteiligt sind." Derartige Transaktionen sind dadurch gekennzeichnet, dass die **ultimative Kontrolle** über die beteiligten Unternehmen vor und nach der Transaktion bei den gleichen Personen liegt (IFRS 3.B1). Irrelevant ist, ob diese Personen konzernrechnungslegungspflichtig sind und die beteiligten Unternehmen zu einem Konsolidierungskreis gehören. Verfügt nicht eine einzelne Partei über die Mehrheit an den beteiligten Unternehmen, sondern eine **Gruppe** von Personen, liegt nur dann eine Transaktion unter gemeinsamer Kontrolle vor, wenn diese Personen vertraglich abgestimmt, etwa auf der Basis von Stimmrechtspoolungen, agieren (IFRS 3.B2).

181 Auswirkungen auf bestehende Gesamtkonzernabschlüsse ergeben sich in den meisten Fällen nicht bzw. sind auf das Eigenkapital oder Minderheitenanteile beschränkt. Wegen Auswirkungen auf **Teil**konzernabschlüsse wird auf Rz 184ff., wegen solcher auf Einzelabschlüsse auf → § 32 verwiesen.

182 Da IFRS 3 die Transaktionen unter gemeinsamer Kontrolle nicht regelt, sich aber auch in anderen IFRS-Standards keine Regelungen zu diesem Problemkreis finden, ist derzeit noch ein **bewusster Regelungsverzicht** zu konstatieren. Die Folge sind nicht beliebige, aber sehr unterschiedliche Lösungsmöglichkeiten. Infrage kommen auf der Basis von IAS 8.11 zunächst Analogien zu IFRS 3, ggf. auch Analogien zur Interessenzusammenführungsmethode.[59]

Beispiel

Die Gruppe G (oder der Gesellschafter G) hält vor Umstrukturierung die direkte, nach Einfügung einer NewCo Holding die indirekte Mehrheit an A.

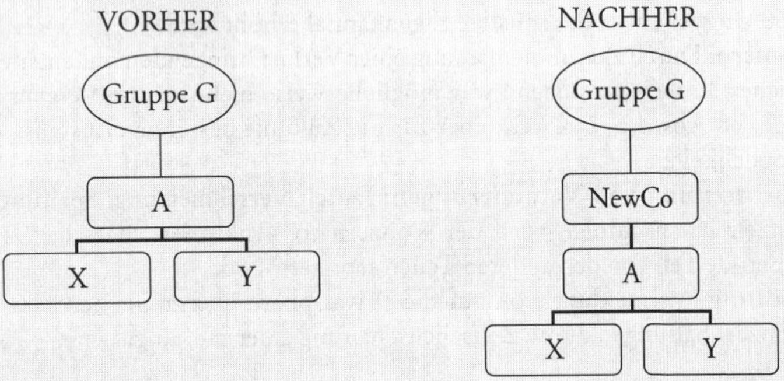

1. Analogie zu IFRS 3.13 rev. 2008

Es liegt ein **umgekehrter Unternehmenserwerb** vor, da eine durch Sacheinlage gegründete NewCo nicht als Erwerber des eingelegten Unternehmens

59 Gl. A. Ernst & Young, International GAAP 2009, Kap. 10, Tz 3.1, sowie KPMG, Insights into IFRS, 2009/10, Tz 2.6.700.

gelten kann. Die Konzernbuchwerte der A werden somit fortgeführt (Rz 194).

2. Analogie zur Interessenzusammenführungsmethode

Es liegt kein Erwerb (*acquisition*) bzw. mangels *business* der NewCo keine *business combination* vor, sondern eine Zusammenführung rechtlicher Einheiten. Daher kann die im früheren Recht verankerte **Interessenzusammenführungsmethode** mit der Folge der Buchwertfortführung angewandt werden.

Da die analoge Anwendung von IFRS 3 im Beispiel zum gleichen Ergebnis führt wie ein Rückgriff auf die Interessenzusammenführungsmethode, ist das Ergebnis im vorstehenden Beispiel auch unabhängig davon, ob der Vorgang als *common control transaction* zu würdigen ist. Bei fehlender gemeinsamer Beherrschung wäre IFRS 3 mit der gleichen Konsequenz unmittelbar anzuwenden. Im folgenden Beispiel kommt es hingegen darauf an, ob eine Transaktion unter gemeinsamer Kontrolle vorliegt.

Beispiel

Die vertraglich abgestimmt handelnde Gruppe G hat bislang die Mehrheit an den Schwesterkonzernen A und B, wobei der Wert von B deutlich höher ist. Die Obergesellschaften der beiden Konzerne werden gegen Sacheinlage in eine neu gegründete Holding eingebracht.

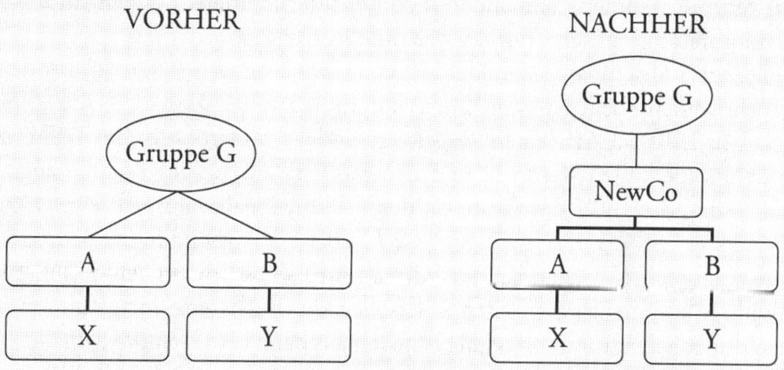

Nach IFRS 3 liegt eine *business combination* vor, da mit A und B zwei Unternehmen zusammengeführt werden, um eine neue Berichtseinheit *(reporting entity)* zu bilden.

Da es sich um eine *transaction under common control* handelt, ist IFRS 3 nicht unmittelbar anwendbar. Zwei Lösungen sind vertretbar:

1. Analogie zu IFRS 3

Da der Wert von B wesentlich höher als der von A ist, ist B als Erwerber zu identifizieren (Rz 2). Die Buchwerte von B sind fortzuführen. Der Erwerb führt zur Aufdeckung von stillen Reserven und *goodwill* bei A.

2. Analogie zur Interessenzusammenführungsmethode
Da die beherrschende Gruppe G in der Holding ihre bisher rechtlich verteilten Interessen zusammenführt, sind die Buchwerte beider Konzerne fortzuführen, ggf. nach Anpassung an konzerneinheitliche Bilanzierungsmethoden.
Läge hingegen keine Transaktion unter gemeinsamer Kontrolle vor, wäre nur die erste Lösung zulässig: Anwendung von IFRS 3, Aufdeckung von stillen Reserven und *goodwill* bei A.

183 Wegen besonderer Regeln für die Schaffung von Holdingstrukturen und Etablierung von NewCos im Einzelabschluss wird auf → § 32 Rz 173 verwiesen, wegen der Behandlung von Vorjahreszahlen bei Etablierung einer NewCo durch Einbringung von Tochterunternehmen auf → § 32 Rz 92.

5.3.3 Verschmelzungen: *side-*, *down-* und *upstream mergers*

184 Das IDW[60] stellt zum Fall der **Verschmelzung zweier Tochterunternehmen** Folgendes fest:

- **Konzernabschluss des Mutterunternehmens**: Aus Sicht des Mutterunternehmens findet gar keine *business combination* statt. Die Verschmelzung ist nach den in IAS 27 niedergelegten Regeln der **Zwischenergebniseliminierung** zu lösen. Danach kann es durch die konzerninterne Transaktion nicht zur Aufdeckung stiller Reserven kommen. Die Buchwerte sind fortzuführen. Das IDW bevorzugt unter Verweis auf IAS 27 die Anwendung dieses Grundsatzes auch bei der Verschmelzung eines nicht im 100%igen Anteilsbesitz des Mutterunternehmens stehenden Tochterunternehmens auf das anteilig den Minderheitengesellschaftern zustehende Vermögen.
- **Teilkonzernabschluss** des aufnehmenden Tochterunternehmens: Aus Sicht des aufnehmenden Tochterunternehmens kommt es zu einer *business combination*, für die aber IFRS 3.C6ff. einen Regelungsverzicht erklärt. Ob im Teilkonzernabschluss die stillen Reserven und der *goodwill* aufzudecken sind, hängt nach Auffassung des IDW davon ab, ob der Teilkonzernabschluss als eigenständiges Berichtsformat *(separate entity approach)* oder als Ausschnitt aus dem Gesamtkonzernabschluss verstanden wird. Im ersten Fall soll es zur Aufdeckung stiller Reserven kommen, im zweiten Fall sollen die Buchwerte fortgeführt werden. Nach einer Schrifttumsauffassung ist jedenfalls dann dem *separate entity approach* zu folgen, wenn die Verschmelzung auf einen börsennotierten Teilkonzern erfolgt.[61] Zur Begründung wird die 7. EU-Richtlinie bzw. ihre Umsetzung in § 291 Abs. 3 HGB angeführt. Danach ist der sonst mögliche Verzicht auf einen Teilkonzernabschluss bei Börsennotierung der Teilkonzernspitze nicht zulässig. Die hierin zum Ausruck kommende Wertung der eigenständigen Bedeutung des Teilkonzernabschlusses entspricht zudem auch IAS 27.10 Nach Auffassung des IDW sind jedoch beide Ansichten und beide Vorgehensweisen zulässig. Im Übrigen ist bei Anwendung des *separate entity approach* nach den Regeln des umgekehrten Unternehmenserwerbs noch zu klären, ob die rechtlich aufnehmende Gesellschaft auch wirtschaftlich der Erwerber ist, da andernfalls die stillen Reserven gerade beim rechtlich aufnehmenden Unternehmen aufzudecken wären.[62]

---

60 IDW RS HFA 2, Tz 32ff.
61 Lieck, Bilanzierung von Umwandlungen nach IFRS, Wiesbaden 2011, S. 207.
62 Vgl. Andrejewsky, BB 2005, S. 1436ff.

- **Einzelabschluss des aufnehmenden Tochterunternehmens**: Auch in diesem Fall liegt eine *business combination* mit Regelungsverzicht nach IFRS 3.C6ff. vor. Wie im vorstehenden Fall dürften beide Vorgehensweisen zulässig sein.
  - Für die Fortführung der Buchwerte des verschmolzenen Unternehmens spricht, dass die Werterhöhung nicht durch eine Transaktion mit unabhängigen Dritten belegt ist.
  - Andererseits ist aber nach allgemeinen Grundsätzen für den Einzelabschluss gerade keine Transaktion mit unabhängigen Dritten gefordert, da die Grundsätze der Zwischenergebniseliminierung für den Einzelabschluss nicht gelten.

Auch im Falle der **Verschmelzung einer Tochtergesellschaft auf eine Mutter-** 185
gesellschaft (*upstream merger*) scheinen verschiedene Lösungen vertretbar:

- **Konzernabschluss** der Muttergesellschaft (Rz 155ff.):
  - keine Buchwertaufstockung oder
  - Buchwertaufstockung nur i.H.d. zuvor am Tochterunternehmen beteiligten Minderheit.
- **Einzelabschluss** des Mutterunternehmens:
  - keine Buchwertaufstockung (Argument: keine Fremdtransaktion),
  - Buchwertaufstockung i.H.d. Leistungen an Minderheitengesellschafter des Tochterunternehmens oder
  - Buchwertaufstockung zusätzlich bis zur Höhe des bisherigen Beteiligungsansatzes (Argument: keine Änderung der Vermögenslage).

Alle vorstehenden Lösungen für den Konzernabschluss stehen unter dem Vorbehalt, dass eine *business combination* überhaupt vorliegt und wenn ja, nicht in Form des umgekehrten Erwerbs (Rz 194).

Zum *upstream merger* folgendes Beispiel: 186

Beispiel

Das Mutterunternehmen M weist die 80%ige Beteiligung am Tochterunternehmen T aus:

- in seiner Einzelbilanz als Beteiligung mit Anschaffungskosten von 160,
- in seiner Konzernbilanz per saldo mit 180 (60 *goodwill* + 160 Vermögenswerte – 40 Minderheitenanteil).

T hat ein buchmäßiges Vermögen von 100 (darin nicht berücksichtigt: stille Reserven 100, *goodwill* 50). T wird auf M verschmolzen. Das gezeichnete Kapital der M wird durch Ausgabe von Anteilen an die Minderheit um 10 erhöht.

Einzelbilanz

1. Alternative: Buchwertfortführung

Konto	Soll	Haben
Vermögenswerte	100	
Beteiligung		160
Rücklagen unter Berücksichtigung des Verschmelzungsverlustes	70	
gez. Kapital		10

2. Alternative: Buchwertaufstockung Minderheit (AK 50 – Buchwert 20 = 30, davon 20 % von 100 = 20 für stille Reserven und 20 % von 50 = 10 für *goodwill*)

Konto	Soll	Haben
Vermögenswerte	120	
Beteiligung		160
goodwill	10	
gez. Kapital		10
Rücklagen	40	

3. Alternative: Buchwertaufstockung auch auf eigene Beteiligung bis zur Höhe Beteiligungsbuchwert

Konto	Soll	Haben
Vermögenswerte	200	
Beteiligung		160
goodwill	10	
gez. Kapital		10
Rücklagen		40

Konzernbilanz

1. Alternative: Buchwertfortführung

Konto	Soll	Haben
Minderheitenanteil	40	
gez. Kapital		10
Rücklagen		30

2. Alternative: Buchwertaufstockung Minderheit

Konto	Soll	Haben
Minderheitenanteil	40	
gez. Kapital		10
Vermögenswerte	20	
Rücklagen		60
goodwill	10	

187 Im Konzernabschluss kommt i.H.d. Beteiligungsquote des Mutterunternehmens eine Buchwertaufstockung nach den Grundsätzen der Zwischenergebniseliminierung kaum infrage. Ansonsten unterliegt der Problemkreis der **konzerninternen Verschmelzungen** wenig Einschränkungen.

188 Man kann versuchen, dem durch Analogie zu US-GAAP oder durch spezielle Interpretationen des Prinzips *substance over form* entgegenzuwirken.[63] Wir halten ein derartiges Vorgehen jedoch nur dort für geboten, wo planwidrig **Regelungslücken** i.e.S. bestehen, wo der IASB also Dinge versehentlich nicht geregelt hat, die es aber bei Kenntnis geregelt hätte. Ein derartiger Fall einer Regelungslücke i.S.d. Lehre von der Gesetzesauslegung liegt jedoch nicht vor. Bei den konzerninternen Umstrukturierungen tut sich keine derartige Lücke auf.

63 Vgl. Hannapel/Kniesel, WPg 2001, S. 703ff., sowie Andrejewsky, BB 2005, S. 1436ff.

Der gesamte Fragenkomplex befindet sich vielmehr immer noch in der Diskussion. Die Transaktionen unter gemeinsamer Kontrolle sind daher nicht irrtümlich, sondern bewusst noch ungeregelt. Bis es zu einer verbindlichen Regelung kommt, kann man zwar Meinungen vertreten, darf aber der rechnungslegenden Praxis keine Vorschriften machen. Dies hieße, sich an die Stelle des Regelgebers zu setzen. Zum Reformprojekt vgl. Rz 213.

5.3.4 Spaltungen und Sachdividenden

IFRIC 17behandelt die Bilanzierung von **Sachdividenden** beim **ausschüttenden** 189 Unternehmen. Die Bilanzierung beim Empfänger der Sachdividende ist nach IFRIC 17.8 nicht Gegenstand der Interpretation. Vom Anwendungsbereich ausgeschlossen sind außerdem Sachdividenden, bei denen die ultimative Kontrolle über den Ausschüttungsgegenstand vor und nach der Ausschüttung bei der gleichen Partei liegt (IFRIC 17.5). In diesen Fällen ist IFRIC 17 weder im (Teil-)Konzernabschluss noch im Einzelabschluss des ausschüttenden Unternehmens anzuwenden. Nach IFRIC 17.BC13 ist der Begriff der ultimativen Kontrolle durch IFRS 3.B2 bestimmt. Auf Rz 180 wird deshalb verwiesen.

Sofern ein Anwendungsfall von IFRIC 17 vorliegt, gilt Folgendes: 190

- In dem Zeitpunkt, in dem ein gültiger Dividendenbeschluss (z. B. nach § 58 Abs. 5 AktG) vorliegt, ist eine **Verbindlichkeit** gegen Eigenkapital einzubuchen (IFRIC 17.10).
- Die Verbindlichkeit ist mit dem *fair value* des Ausschüttungsgegenstands zu bewerten (IFRIC 17.11). Eventuelle Änderungen des *fair value* zwischen Beschluss und Bilanzstichtag oder dem Tag des Vollzugs der Ausschüttung sind **gegen Eigenkapital** zu buchen (IFRIC 17.13).
- Die Differenz zwischen dem Buchwert des Ausschüttungsgegenstands und seinem *fair value* am Vollzugstag ist hingegen als **Erfolg** in der GuV zu berücksichtigen (IFRIC 17.14).
- In der GuV ist der Abgangserfolg gesondert auszuweisen (IFRIC 17.15).

In der gesellschaftsrechtlichen Praxis sind Sachdividende u. a. als **Auf- und** 191 **Abspaltungen** nach § 123 UmwG zu beobachten. Nur ausnahmsweise unterliegen diese aber den Regelungen von IFRIC 17. Hierzu folgende Beispiele:

Beispiel

Die M AG ist vor einigen Jahren durch Fusion entstanden, indem Familie A gegen Gewährung eines Anteils von 60 % den Geschäftsbereich A und Familie B gegen 40 % den Geschäftsbereich B eingebracht hat. Die erhofften Synergien sind nicht eingetreten. Im Wege der Aufspaltung nach § 123 Abs. 1 UmwG, d. h. unter Auflösung der M AG, wird das Vermögen des Geschäftsbereichs A auf die NewCo A übertragen, das Vermögen des Geschäftsbereichs B auf die NewCo B. Familie A erhält Anteile an der NewCo A, Familie B Anteile an der NewCo B.

Beurteilung

Gegenstand einer Sachdividende kann auch ein *business*, etwa ein Teilbetrieb, sein. Für die Anwendbarkeit von IFRIC 17 ist dann irrelevant, ob in dem jeweiligen Teilbetriebsvermögen auch Geld *(cash)* enthalten ist.

IFRIC 17 ist bei der M AG jedoch nur insoweit anzuwenden, als die ultimative Kontrolle über das (jeweilige) Vermögen nicht unverändert bleibt. Für den auf die Familie B übertragenen Teil ist die Voraussetzung in isolierter Betrachtung zu bejahren. Für den auf die Familie A übertragenen Teil ist zu prüfen, ob die Mitglieder der Familien vertraglich abgestimmt handeln und daher als eine Partei anzusehen sind (Rz 180). Ist dies der Fall, findet IFRIC 17 jedenfalls auf diesen Teil keine Anwendung. Nach IFRIC 17.IE2 würde dies möglicherweise auf den Teil B zurückstrahlen. Ist Betrachtungsobjekt das insgesamt ausgekehrte Vermögen, so hat (bei sachgerechter Verteilung des Vermögens) Familie A vorher und nachher die Mehrheit über das Gesamtvermögen. IFRIC 17 wäre insgesamt nicht anwendbar, wenn Familie A vertraglich abgestimmt handelt.

Beispiel
Die T GmbH betreibt zwei Geschäftsbereiche A und B. Diese sollen zukünftig rechtlich separiert betrieben werden. Geschäftsbereich B wird daher nach § 123 Abs. 2 UmwG abgespalten, in dem das zugehörige Vermögen auf eine NewCo B übertragen wird und die bisherigen Anteilseigner der T GmbH nunmehr im gleichen Verhältnis an der NewCo beteiligt sind.

Beurteilung
Ist die T GmbH mehrheitlich im Besitz der X AG und erhält die X AG daher im Rahmen der Abspaltung die Mehrheit an der NewCo B, ändert sich nichts an der ultimativen Kontrolle über den ausgekehrten Geschäftsbereich B. Ein Anwendungsfall von IFRIC 17 liegt nicht vor.
Ist die A GmbH hingegen im Besitz einer Vielzahl nicht abgestimmt handelnder Personen, ist das Kriterium der ultimativen Kontrolle nicht einschlägig. IFRIC 17 kommt zur Anwendung. Insbesondere hat die T GmbH daher den Abgang des Geschäftsbereichs B zum *fair value* zu bewerten, die regelmäßig gegebene Differenz zum Buchwert dabei GuV-wirksam zu behandeln.

192 Eine Sachdividende ist nicht nur bei umwandlungsrechtlichen Umstrukturierungen gegeben.

Beispiel
Die T GmbH ist zu 100 % an der E GmbH beteiligt. Die Beteiligung an der E GmbH wird an die Anteilseigner der T GmbH ausgeschüttet, indem diese (nach Maßgabe ihrer Anteilsquoten an der T GmbH) Anteile an der E GmbH erhalten. Aus einem Unterordnungsverhältnis zwischen T und E wird ein Gleichordnungsverhältnis.

Beurteilung
T hat IFRIC 17 anzuwenden und daher stille Reserven in der Beteiligung an der E GmbH zu realisieren, wenn die ultimative Kontrolle über E nicht vor und nach dem Umhängen der Beteiligung bei der gleichen Partei liegt. Ist T in der Ausgangssituation selbst Tochter der M und wird daher E durch die Umgestaltung von einem Enkelunternehmen der M zu deren Tochterunternehmen, ist IFRIC 17 nicht anzuwenden. Hält eine Vielzahl unverbundener Personen hingegen zunächst die Anteile an T und später die an T und E, sind stille Reserven zu realisieren.

5.4 Abfindung eines Gesellschafters aus Gesellschaftsvermögen

Beendet der Gesellschafter einer Personengesellschaft oder einer GmbH seine Mitgliedschaft durch Kündigung, muss das Ausscheiden nicht durch Übernahme der Anteile durch die übrigen Gesellschafter erfolgen. Auch eine **Abfindung aus Gesellschaftsvermögen** ist möglich, bei einer GmbH mit der Einschränkung, dass hierdurch das Stammkapital nicht oder nur nach den Regeln einer ordentlichen Kapitalherabsetzung verringert werden darf. 193

Erfolgt die Abfindung **über** dem Buchwert des Eigenkapitalanteils, stellt sich die Frage nach der Behandlung der Differenz. Die amerikanischen Regeln, niedergelegt in EITF 85–46 „*Partnership's Purchase of Withdrawing Partner's Equity*", halten (für den Fall der Personengesellschaft) drei Varianten für vertretbar:

- Behandlung des Ausscheidens als „Gründung" einer neuen Gesellschaft mit der Folge einer Aufdeckung von 100 % der stiller Reserven und eines evtl. *goodwill (complete revaluation)*.
- Erfassung der Differenz analog den Regeln einer *business combination*, d.h. mit anteiliger (der Beteiligungsquote des Ausscheidenden entsprechenden) Aufdeckung von stillen Reserven und *goodwill (pro rata revaluation)*.
- Buchung des gesamten Betrags gegen Eigenkapital, dadurch Verringerung des Eigenkapitals i.H.d. Differenz von Abfindung und Buchwertanteil des Ausscheidenden (*treasury-stock*-**Methode**).[64]

Nach IFRS sind die Methoden wie folgt zu würdigen:

- Bilanzierungssubjekt ist nach IFRS die *entity*, d.h. die Gesellschaft bzw. der Konzern und nicht die Gesellschafter. Eine Deutung des Ausscheidens eines Gesellschafters als Gründung einer neuen *entity* wäre daher nicht sachgerecht. Eine vollständige Neubewertung scheidet aus.
- Die Abfindung eines Gesellschafters ist keine *business combination*, da die Gesellschaft kein *business* erwirbt. Die Regeln von IFRS 3 sind daher nicht oder nur analog anwendbar. Vor einem entsprechenden Analogieschluss ist aber zu prüfen, ob für Abfindungssachverhalte nicht schon konkretere Bestimmungen im Regelwerk enthalten sind.
- Dies ist der Fall. Nach IAS 32.33 ist der Erwerb eigener Anteile i.H.d. dafür entrichteten Entgelts als **Kürzung des Eigenkapitals** zu buchen (→ § 20 Rz 72ff.). Dies entspricht der *treasury-stock*-Methode. Sie ist deshalb **anzuwenden**.

5.5 Umgekehrter Erwerb (*reverse acquisition*)

5.5.1 Überblick über die Besonderheiten

Beim umgekehrten Unternehmenserwerb (Rz 3) ist 194

- das rechtlich als Erwerber anzusehende Unternehmen *(legal acquirer)*
- wirtschaftlich als erworbenes Unternehmen *(economic acquiree)* zu qualifizieren.

Ein **typischer Anwendungsfall** ist die **Einbringung** eines großen nichtbörsennotierten Unternehmens in eine kleinere börsennotierte Gesellschaft gegen Gewährung von Anteilsrechten. Erlangen die Altgesellschafter des nichtbörsennotierten Unternehmens durch die Kapitalerhöhung die Mehrheit der Anteile an der börsennotierten Gesellschaft, so ist das nichtbörsennotierte Unternehmen

64 Zur handelsrechtlichen Diskussion CLEMM, BB 1992, S. 1959ff.

wirtschaftlicher Erwerber. Seine Buchwerte sind fortzuführen, während stille Reserven und *goodwill* des rechtlichen Erwerbers aufzudecken sind (Rz 3).

Der umgekehrte Unternehmenserwerb weist aus **technischer** Sicht einige Besonderheiten auf, die in IFRS 3.IE1 ff. dargestellt werden. Es handelt sich um folgende Punkte:

- Bestimmung der **Anschaffungskosten:** Maßgeblich ist nicht der Wert der von dem rechtlichen Erwerber ausgegeben Anteile, sondern der Wert, der sich ergeben hätte, wenn der wirtschaftliche Erwerber auch rechtlich Erwerber gewesen wäre und Anteile ausgegeben hätte (Rz 197).
- **Kaufpreisallokation:** Aufdeckung von stillen Reserven und *goodwill* beim rechtlichen Erwerber (Rz 198).
- Bewertung und Ausweis des **Konzerneigenkapitals:** Die Höhe des Kapitals ergibt sich als Summe von buchmäßigem Altkapital des wirtschaftlichen Erwerbers einerseits und Anschaffungskosten des wirtschaftlich erworbenen Unternehmens andererseits (Rz 199). Bei der in Bilanz oder Anhang vorzunehmenden Angabe der Art der ausgegebenen Anteile (z. B. Stückaktien) und ihrer Zahl ist jedoch auf den rechtlichen Erwerber abzustellen.
- **Minderheitenanteile/nicht beherrschende Anteile:** Für die Minderheitsgesellschafter des wirtschaftlichen Erwerbers ist im Konzernabschluss ein Minderheitenanteil auszuweisen. Er bemisst sich, da der wirtschaftliche Erwerber die Buchwerte fortführt, nach dem Anteil der Minderheit am Buchvermögen (Rz 200).

195 Ist der **rechtliche Erwerber** (= wirtschaftlich Erworbene) **kein Geschäftsbetrieb** (*business*) (Rz 16), sondern ein etwa auf die Verwaltung liquider Mittel reduzierter börsennotierter Mantel, liegt keine *business combination* und damit auch kein umgekehrter Unternehmenserwerb vor (IFRS 3.B19). Infrage kommen dann zwei Vorgehensweisen:

- **Begrenzte analoge** Anwendung der Regelungen zum umgekehrten Unternehmenserwerb: Hierbei werden die Anschaffungskosten so bestimmt, als ob ein umgekehrter Unternehmenserwerb vorläge. Der Konzernabschluss wird dadurch im Hinblick auf Vergleichszahlen etc. als Fortsetzung des Konzern-Abschlusses des rechtlich erworbenen Unternehmens interpretiert. Die Aufdeckung eines *goodwill* kommt jedoch nicht infrage. Über den Wert des Nettovermögens des rechtlichen Erwerbers hinausgehende Anschaffungskosten sind vielmehr Aufwand (z. B. für die Erlangung der Börsennotierung).
- Anwendung von IFRS 2: Annahme einer **Ausgabe** von **Eigenkapital** (des wirtschaftlich erworbenen Unternehmens) als Gegenleistung für Erwerb des Nettovermögens und Erlangung einer Börsenlistung.

U. E. spricht gegen die zweite Perspektive der formale Ansatz von IFRS 2. Abgestellt wird dort auf das Aktien ausgebende Unternehmen, also den rechtlichen Erwerber. Dieser erwirbt aber ein *business* und darf daher die Regeln von IFRS 2 nicht anwenden (IFRS 2.5).

196 Fraglich ist, ob die Regelungen zum umgekehrten Unternehmenserwerb im Falle eines *asset deal* auch im **Einzelabschluss** anzuwenden sind. Dafür spricht die fehlende Unterscheidung zwischen *asset deal* und *share deal* in IFRS 3.

Beispiel
R als rechtlicher Erwerber kauft gegen Ausgabe von Anteilen (Kapitalerhöhung) im *asset deal* den Geschäftsbetrieb der W. Durch die Kapitalerhöhung erlangen die bisherigen Anteilseigner der W die Mehrheit an R.
Im Konzernabschluss des R ist der Vorgang als umgekehrter Unternehmenserwerb darzustellen mit der Folge einer Aufdeckung von stillen Reserven und eines *goodwill* nur in Bezug auf R, während die Buchwerte der W fortzuführen sind. U. E. sollte dem angesichts der von der Transaktionsform unabhängigen Behandlung von *goodwill* und stillen Reserven nach IFRS 3 auch im Einzelabschluss der R gefolgt werden.

5.5.2 Bestimmung der Anschaffungskosten

Wenn nur der rechtliche Erwerber börsennotiert und deshalb zwar der Wert seiner Anteile verlässlich bestimmbar ist, aber nicht der Wert der Anteile des wirtschaftlichen Erwerbers, können wegen die Anschaffungskosten auf Basis der Kurswerte des rechtlichen Erwerbers bestimmt werden (IFRS 3.IE5). In allen anderen Fällen aber, d.h., wenn der Wert der Anteile des rechtlichen Erwerbers nicht verlässlicher bestimmbar ist, z.B. weil beide Unternehmen börsennotiert oder beide nicht börsennotiert sind, ist die reale (rechtliche) Anteilsgewährung in eine fiktive (wirtschaftliche) umzurechnen und hieraus der Anschaffungskostenbetrag abzuleiten (IFRS 3.IE4). Dazu folgendes Beispiel: 197

Beispiel
Die in Frankfurt notierte große Gesellschaft WE wird in die in New York notierte kleinere Gesellschaft RE eingebracht. Unmittelbar vor der Einbringung sind die Marktwerte der Gesellschaften wie folgt:
- RE: 10 Mio. Aktien zu 10 EUR = 100 Mio. EUR
- WE: 12 Mio. Aktien zu 20 EUR = 240 Mio. EUR.

Die Einbringung wird in der Weise vollzogen, dass jeder Gesellschafter der WE im Wege der Kapitalerhöhung für 1 WE-Aktie 2 Aktien der RE erhält. Insgesamt werden also 20 Mio. neue Aktien der RE ausgegeben werden, sodass die Altanteilseigner der WE nach der Einbringung mit 66,7 % an der RE beteiligt sind.
Die Anschaffungskosten des wirtschaftlichern Erwerbers ergeben sich jedoch nicht mit 20 Mio. Aktien × 10 EUR = 200 Mio. EUR, da diese Rechnung auf die (real) vom rechtlichen Erwerber ausgegebenen Anteile abstellen würde, während es tatsächlich auf die Leistung des wirtschaftlichen Erwerbers ankommt. Dessen Leistung könnte man ggf. darin sehen, den Altaktionären der RE 10 Mio. Aktien, also 100 Mio. EUR, zu belassen. Auch diese Betrachtung ist jedoch ungeeignet, da sie nicht auf das abstellt, was die WE hingegeben hat.
Der Wert der Leistung der WE ist stattdessen durch eine dem wirtschaftlichen Geschehen folgende Fiktivrechnung zu bestimmen:
- Die Einbringung hätte so strukturiert werden können, dass der wirtschaftliche Erwerber WE auch rechtlicher Erwerber gewesen wäre.

- WE hätte dann sein Kapital um 6 Mio. Aktien auf 18 Mio. erhöhen müssen, damit nach der Kapitalerhöhung das tatsächlich bewirkte Verhältnis von 66,7 % zu 33,3 % zwischen den Gesellschaftern beider Unternehmen bestanden hätte.
- Die fiktive Ausgabe von 6 Mio. Aktien an die Gesellschafter der RE führt zu Anschaffungskosten von 6 Mio. × 20 EUR = 120 Mio. EUR.

In der Differenz von 120 Mio. EUR Anschaffungskosten zum Marktwert der RE vor Einbringung von 100 Mio. spiegelt sich der von WE entrichtete Mehrpreis wider. Nach den Wertverhältnissen vor Einbringung (240 zu 100) hätte WE nicht 33,3 % der (fiktiven) eigenen Anteile an die Aktionäre der RE leisten müssen, sondern nur 100/340 = 29,4 %.

Abwandlung:

Ist die WE nicht börsennotiert und daher der Wert der von ihr fiktiv auszugebenden Aktien nicht verlässlich bestimmbar, sind die Anschaffungskosten wie folgt zu berechnen:

10 Mio. RE Aktien × 10 EUR = 100 Mio. EUR.

5.5.3 Kaufpreisallokation

198 Beim umgekehrten Unternehmenserwerb sind die Anschaffungskosten auf das zum Zeitwert erfasste Vermögen des rechtlichen Erwerbers aufzuteilen. Ein verbleibender Unterschiedsbetrag ist *goodwill* (IFRS 3.IE6). Die Buchwerte des wirtschaftlichen Erwerbers sind hingegen fortzuführen. Dazu die Fortsetzung des Beispiels aus Rz 197.

Beispiel

Nachfolgend die Bilanzen zu Buch- und Zeitwerten des wirtschaftlichen Erwerbers WE sowie des rechtlichen Erwerbers RE.

Das zu Zeitwerten bewertete Nettovermögen der RE beträgt 110 Mio. EUR. Hieraus ergibt sich nach den unter Rz 197 festgestellten Anschaffungskosten von 120 Mio. EUR ein *goodwill* von 120 – 110 = 10 Mio. EUR.

Die übrigen konsolidierten Werte ergeben sich wie folgt:

a) beim diversen Vermögen und den Verbindlichkeiten aus
   Buchwert WE + Zeitwert RE

b) beim Eigenkapital aus:
   Buchwert WE + Anschaffungskosten auf RE

	WE		RE		Konsolidiert
	BuchW	ZeitW	BuchW	ZeitW	
div. Vermögen	200	300	100	150	350
goodwill					10
Summe Aktiva	200	300	100	150	360
Eigenkapital					
– gez. Kap./KapRL	50	50	30	30	170*
– GewinnRL	70	150	30	80	70
Verbindlichkeit	80	100	40	40	120
Summe Passiva	200	300	100	150	360
* Erläuterung gez. Kapital. (KapRL: 50 WE (zu Buchwert) + 120 AK auf RE					

5.5.4 Konzerneigenkapital

Die **Höhe** des Konzerneigenkapitals unmittelbar nach dem umgekehrten Unternehmenserwerb errechnet sich wie folgt: 199

Buchwert Eigenkapital wirtschaftlicher Erwerber vor Erwerb
+ Anschaffungskosten des Unternehmenserwerbs
= konsolidiertes Eigenkapital

IFRS 3.IE8 bestimmt jedoch, dass der Ausweis in der Bilanz selbst oder im Anhang die rechtlichen Verhältnisse, d.h. Aktienzahl und Aktientyp des rechtlichen Erwerbers, darstellen muss. Dazu folgende Fortsetzung des Beispiels aus Rz 197 und Rz 198:

Beispiel

Der Unternehmenszusammenschluss ist dadurch zustande gekommen, dass U sein Aktienkapital (bestehend aus Stückaktien) von 10 auf 20 Mio. Aktien erhöht hat. Der Ausweis in Bilanz (oder Anhang) ist wie folgt:

1. Gewinnrücklagen:	70
2. ausgegebenes Kapital *(issued equity)*	
30 Mio. Stückaktien	170

Ad 1) Der Betrag der Gewinnrücklagen entspricht dem Buchwert der WE vor Zusammenschluss.

Ad 2) Der Betrag des ausgegebenen Kapitals ist

Buchwert WE vor Zusammenschluss	50
+ Anschaffungskosten Unternehmenserwerb	120
= ausgegebenes Kapital neu	170

Angegebene Aktienzahl und angegebener Aktientyp entsprechen hingegen den rechtlichen Verhältnissen.

Die rechtlichen Verhältnisse des rechtlichen Erwerbers sind im Übrigen auch maßgeblich für die Berechnung des Gewinns pro Aktie (IFRS 3.IE9; → § 35). Das konsolidierte Ergebnis von wirtschaftlichem und rechtlichem Erwerber ist mithin durch die Zahl der umlaufenden Aktien des rechtlichen Erwerbers zu dividieren. In der Periode des Erwerbs sind die Verhältnisse vor dem Erwerb (Aktienzahl vor Kapitalerhöhung) und nach dem Erwerb (Aktienzahl nach Kapitalerhöhung) zeitlich zu gewichten.

5.5.5 Nicht beherrschende Anteile

200 Beim normalen Unternehmenserwerb ist ein Minderheitenanteil nur für die fortbestehende Beteiligung Dritter am erworbenen Unternehmen auszuweisen. Beim umgekehrten Unternehmenserwerb ist der wirtschaftliche Erwerber rechtlich Tochtergesellschaft. Der rechtlichen Betrachtung folgend werden Anteile Dritter an dieser Tochtergesellschaft als nicht beherrschende Anteile ausgewiesen. Da die Tochtergesellschaft als wirtschaftlicher Erwerber jedoch die Buchwerte fortführt, kann auch der Anteil der nicht beherrschenden Gesellschafter nur auf Buchwertbasis berechnet werden (IFRS 3.IE13).

5.6 Erstmalige Konsolidierung einer bisher unwesentlichen Tochter

201 IFRS kennt weder Konsolidierungs**verbote** noch Konsolidierungs**wahlrechte** (IAS 27.12). Sämtliche in den IFRS-Vorschriften festgelegten Bilanzierungsmethoden (hier unter begrifflichem Einschluss von Bewertungs- und Konsolidierungsmethoden) stehen aber nach IAS 8.8 unter dem Vorbehalt der *materiality*. Nicht auf der Basis spezieller Regelungen in IAS 27, aber nach dem allgemeinen *materiality*-Grundsatz besteht daher ein (Nicht-)Einbeziehungswahlrecht für unwesentliche Tochterunternehmen. Das **Wesentlichkeitsurteil** kann sich **im Zeitablauf ändern**, etwa weil das Tochterunternehmen wächst. Zur Beurteilung der dann vorzunehmenden erstmaligen Einbeziehung des bisher aus Wesentlichkeitsgründen nicht konsolidierten Tochterunternehmens enthalten weder IFRS 3 noch IAS 27 einen Hinweis. Als Regelgrundlage kommen daher zunächst die allgemeinen Vorschriften des IAS 8 infrage. Sie unterscheiden u. a. zwischen:

- einer retrospektiv vorzunehmenden **Korrektur von Fehlern** (*correction of errors*) nach IAS 8.42 (→ § 24 Rz 34) und
- einer ebenfalls retrospektiven **Änderung der Bilanzierungsmethoden** (*change in accounting policy*) nach IAS 8.14 (→ § 24 Rz 17).

Die Fehlervariante scheidet aus. Wenn sich das Mutterunternehmen bis zum Zeitpunkt X zulässigerweise auf Unwesentlichkeit der TU beruft, ab Zeitpunkt X+1 aber eine Wesentlichkeit gegeben ist, bedeutet die erstmalige Konsolidierung in X+1 gerade **nicht** die Korrektur eines gleich bleibenden, bisher fehlerhaft behandelten Sachverhalts. Sie ist vielmehr regelkonforme Reaktion auf einen neuen bzw. geänderten Sachverhalt.

An der Anwendbarkeit der zweiten Variante bestehen aus ähnlichen Gründen Zweifel. Ein *change in accounting policy* liegt vor, wenn ein unveränderter Sachverhalt nunmehr anders behandelt werden soll. Ein bis zum Zeitpunkt X unwesentlicher, ab X+1 wesentlicher Sachverhalt ist aber nicht völlig unverändert.[65] Bejaht man gleichwohl einen Wechsel der Rechnungslegungsmethode, ist die Erstkonsolidierung retrospektiv vorzunehmen. Für ein solches Vorgehen sprechen sich (allerdings ohne nähere Begründung) Teile der Literatur aus.[66]
Verneint man eine Änderung der Bilanzierungsmethode, fehlt eine Rechtsgrundlage. Es entsteht eine **Regelungslücke,** die nach IAS 8.11 vor allem durch Analogie zu anderen Vorschriften zu schließen ist. Als **Analogvorschrift** kommen die Regeln von **IFRS 1** (→ § 6 Rz 54) für die erstmalige Konsolidierung einer bisher nicht konsolidierten Tochter in der IFRS-Eröffnungsbilanz infrage. Sie enthalten ein Wahlrecht zwischen

- **retrospektiver** Ermittlung der Erstkonsolidierungswerte (IFRS 1.10) und
- **vereinfachter** Ermittlung des *goodwill* als Differenz von Beteiligungsbuchwert bei der Muttergesellschaft und Buchvermögen der Tochtergesellschaft zum Einbeziehungszeitpunkt (IFRS 1.C4(j)).

Zu Gunsten der **vereinfachten** Ermittlung (beim Erstanwender) führt IFRS 1.BC32ff. zwei Argumente an. Die Ermittlung von Werten (z.B. stillen Reserven) auf weit zurückliegende Zeitpunkte ist

- **kosten**intensiv und
- aufgrund der tatsächlichen Beeinflussung der Wahrnehmung durch die konzeptionell irrelevanten Ereignisse der nachfolgenden Jahre **subjektiv**.

Beide Argumente gelten jedenfalls dann, wenn das bisher nicht konsolidierte Unternehmen nicht gegründet, sondern erworben wurde und der Erwerb einige Jahre zurückliegt. Unter diesen Umständen halten wir eine analoge Anwendung von IFRS 1.C4(j) für vertretbar.

Beispiel 202
Im handelsrechtlichen Konzernabschluss 06 war das am 1.1.01 für 650 erworbene Tochterunternehmern TU bisher aus Wesentlichkeitsgründen nicht konsolidiert. Zum Erwerbszeitpunkt ergaben sich für die schuldenfreie TU folgende Werte:

Diverses Vermögen zu Einzelbilanzwerten (IFRS = HGB)	100
Stille Reserven in Kundenstamm und Marke zusammen	300
Passive latente Steuer darauf	- 120
Zeitwert des erworbenen Vermögens	280

Wäre zu diesem Erwerbszeitpunkt eine Erstkonsolidierung vorgenommen worden, hätte der *goodwill* somit 650 – 280 = 370 betragen.
Die TU hat bei noch geringen, aber stetig wachsenden Umsätzen nur im Jahr 01 ein negatives Ergebnis von -80 erzielt, danach ausgeglichene Ergebnisse. Aufgrund der positiven Umsatzentwicklung gilt sie ab 06 als wesentlich.

---

65 Zu weiteren Gründen, die gegen einen *change in accounting policy* sprechen, LÜDENBACH, PiR 2006, S. 121.

66 So etwa SENGER/BRUNE, in: BECK'sches IFRS-Handbuch, 3. Aufl., 2009, § 32, Tz 10.

a) Analoge Anwendung von IFRS 1.10 bzw. Annahme eines Methodenwechsels
Nach IAS 8 (Methodenwechsel) bzw. IFRS 1.10 analog werden die Konsolidierungswerte in retrospektiver Anwendung von IFRS 3 so ermittelt, als ob TU in 01 erstkonsolidiert und diese Werte bis 06 fortgeschrieben worden wären. Nur der *goodwill* ist hier leicht zu bestimmen. Da er nach IFRS 3 und IAS 36 nicht planmäßig abzuschreiben ist, entspricht er dem oben für eine fiktive Erstkonsolidierung auf den Erwerbszeitpunkt errechneten Wert von 280. Das diverse Vermögen ist hingegen vom Erwerbszeitpunkt an nicht nur um die buchmäßige Veränderung (Verlust 00 in Höhe von 80) fortzuschreiben. Auch die stillen Reserven sind zu berücksichtigen und, soweit auf planmäßig abschreibbare Werte entfallend, fortzuschreiben. Insoweit ist der Erstkonsolidierungsbetrag von 300 detailliert auf Kundenstamm (abschreibbar) und Marke (i.d.R. nicht abschreibbar) aufzuteilen und der auf den Kundenstamm entfallende Teil in geeigneter Weise planmäßig bis zur erstmaligen Einbeziehung abzuschreiben. Im Übrigen ist dabei noch die Rückwirkung der Abschreibung des Kundenstammes auf die passive latente Steuer zu berücksichtigen.
b) Analoge Anwendung von IFRS 1.C4(j)
Für den Fall der Nichtkonsolidierung eines im Rahmen eines Unternehmenszusammenschlusses erworbenen Tochterunternehmens nach der vorherigen Rechnungslegung (hier HGB) gewährt IFRS 1.C4(j) folgende als Wahlrecht gestaltete Erleichterung: „Der erstmalige Anwender hat die Buchwerte der Vermögenswerte und Schulden des Tochterunternehmens so anzupassen, wie es die IFRS für die Einzelbilanz des Tochterunternehmens vorschreiben würden. Der angesetzte Wert des Geschäfts- oder Firmenwerts entspricht zum Zeitpunkt des Übergangs auf IFRS der Differenz zwischen (i) dem Anteil des Mutterunternehmens an diesen angepassten Buchwerten und (ii) den im Einzelabschluss des Mutterunternehmens bilanzierten Anschaffungskosten der in das Tochterunternehmen vorgenommenen Finanzinvestition."
Das diverse Vermögen der T ist danach auf der Basis einzelbilanzieller Buchwerte, mithin ohne Rücksicht auf die zum Erwerbszeitpunkt bestehenden stillen Reserven und deren Fortentwicklung anzusetzen. Für die Erstkonsolidierung ergibt sich somit folgende einfache und eindeutige Rechnung:

Beteiligungsbuchwert bei MU	650
einzelbilanzielles Vermögen TU (ohne Marke, Kundenstamm, sonstige stille Reserven)	20
goodwill 1.1.2005	630

Wegen IAS 12.15a sind keine latenten Steuern anzusetzen. Eine komplizierte Bestimmung der Werte von Marke, Kundenstamm usw. und eine Steuerlatenzrechnung sind nicht notwendig.

6 Latente Steuern

203 Latente Steuern spielen im Rahmen von Unternehmenszusammenschlüssen, insbesondere bei Unternehmenserwerben, eine **dreifache** Rolle:

- Infolge des Unternehmenszusammenschlusses kann es zu (veränderten) **temporären Differenzen** zwischen IFRS- und Steuer-Wertansätzen kommen, etwa dann, wenn steuerlich die Buchwerte nach UmwStG oder § 6 Abs. 3EStG fortgeführt werden, während es in der IFRS-Bilanz zur Aufdeckung stiller Reserven kommt. Vorrangig geht es um *inside basis differences* (→ § 26 Rz 64).
- Durch den Unternehmenszusammenschluss können für **Verlustvorträge** Verrechnungsmöglichkeiten entstehen oder (nach den deutschen Mantelkaufvorschriften usw. regelmäßig wahrscheinlicher) entfallen. Im Rahmen der Erstkonsolidierung ist dann ein Aktivposten für Steuerlatenz wegen Verlustvorträgen erstmalig anzusetzen oder (i. d. R.) zu eliminieren (→ § 26 Rz 96f.).
- Der Ansatz/Nichtansatz von latenten Steuern beeinflusst die Höhe des **Unterschiedsbetrags (*goodwill*)**.

Andererseits kann aber auch der *goodwill* selbst zu einem Bewertungsunterschied zwischen IFRS- und Steuerbilanz führen. Hierzu folgendes Beispiel (→ § 26 Rz 67): **204**

Beispiel

Erworben wird zu Anschaffungskosten von 230 ein Unternehmen mit einem Buchwert von 100 und einem Zeitwert von 150.

Im Rahmen der IFRS-Erstkonsolidierung werden stille Reserven von 50 im Anlagevermögen aufgedeckt, während steuerlich die Buchwerte fortgeführt werden. Bei einem Steuersatz von 40 % ergibt sich eine passive Steuerlatenz von 40 % von 50 = 20.

Der *goodwill* beträgt demnach nicht 230 – 150 = 80,
sondern 230 – (150 – 20) = 100.

Gelangt der *goodwill* steuerlich nicht zum Ansatz, wäre auch hierauf eine latente Steuer von 40 % = 40 zu bilden. Der *goodwill* würde sich dadurch auf 230 – (150 – 20 – 40) = 140 erhöhen.

Hiernach würde aber die latente Steuer auf den *goodwill* nicht mehr 40, sondern 40 % von 140 = 56 betragen. Der *goodwill* wäre entsprechend um weitere 16 auf 156 zu erhöhen usw.

Auch die 16 würden wieder latente Steuern auslösen usw. (Iteration).

Mathematisch läge eine geometrische Reihe vor, deren Summe 166,67 betrüge.

IAS 12 sieht eine solche Berechnung **nicht** vor, es bleibt beim *goodwill* von 100 (→ § 26 Rz 67).

IAS 12.15a und 21 verbieten also den Ansatz latenter Steuern auf den *goodwill*, **205**
weil es sich hierbei „um eine Residualgröße handelt und der Ansatz der latenten Steuerschuld wiederum eine Erhöhung des Buchwertes des Geschäfts- oder Firmenwertes zur Folge hätte“ (→ § 26 Rz 67). Dies gilt uneingeschränkt für alle Fälle, in denen in der Steuerbilanz kein (abzugsfähiger) *goodwill* entsteht, also insbesondere für alle Fälle des *share deal*. Für Fälle, in denen ein steuerlich abzugsfähiger *goodwill* aufgedeckt wird *(asset deal)*, ist nach IAS 12.21A und B wie folgt zu differenzieren:

- Beim **Erstansatz** sind keine latenten Steuern auf eventuelle Differenzen zu bilden.
- Soweit jedoch in der **Folgezeit** Differenzen entstehen oder sich verändern, sind diese zu latenzieren.

Beispiel
Die MU AG erwirbt am 1.1.01 im *asset deal* TU. Der *goodwill* nach IFRS- und Steuerbilanz beträgt 150.
- Er wird steuerlich mit 1/15 abgeschrieben.
- Nach IFRS 3 und IAS 36 erfährt der *goodwill* keine planmäßige Abschreibung.
- Am 31.12.01 beträgt daher die temporäre Differenz 150 – 140 = 10.
- Hierauf ist eine latente Steuer von 4 zu passivieren.

Komplex wird die Behandlung temporärer Differenzen aus der Folgebewertung, wenn andererseits auch in der Zugangsbewertung schon Differenzen bestehen. Eine **Aufteilung** des *goodwill* in Komponenten analog SFAS 109.262 kann dann infrage kommen:

Beispiel[67]
Ein Unternehmen wird Anfang 01 im *asset deal* erworben. Wegen steuerlich nicht zu berücksichtigender *contingent liabilities* beträgt der *goodwill* nach IFRS 2.000, der der Steuerbilanz nur 1.500. Der steuerbilanzielle *goodwill* wird jährlich mit 100 abgeschrieben. Am Ende des Jahres 02 wird in der IFRS-Bilanz eine außerplanmäßige *goodwill*-Abschreibung von 200 vorgenommen.

Beurteilung
1. Der IFRS-*goodwill* ist im Zeitpunkt des Zugangs in 2 Komponenten (500 und 1.500) zu **teilen.**
2. Die zweite Komponente ist zunächst auf das Entstehen von Bewertungsdifferenzen bei der Folgebewertung zu untersuchen. Am Ende des Jahres 01 beträgt die Differenz 1.500 IFRS minus 1.400 Steuerbilanz, woraus sich bei einem 40%igen Steuersatz eine passive latente Steuer von 40 ergibt.
3. Die außerplanmäßige Abschreibung von 200 Ende 02 führt zu einem IFRS-Buchwert von 1.800, dem ein Steuerbuchwert von 1.300 gegenübersteht. Werden beide ursprünglich gebildeten Komponenten des IFRS-*goodwill* anteilig mit der außerplanmäßigen Abschreibung belastet, setzt sich der IFRS-Wert per Ende 02 wie folgt zusammen:

450 entfallen auf die für die Latenzierung irrelevante Komponente 1,
1.350 auf die Komponente 2; deren Differenz zum Steuerbuchwert von 1.300 führt zu einer passiven Latenz von nur noch 40 % von 50 = 20.

Die im Beispiel vorgenommene historische Betrachtung stößt beim *impairment*-Test dann an Grenzen, wenn der erworbene *goodwill* auf mehrere *cash generating*

67 Nach Eitzen/Dahlke/Kromer, DB 2005, S. 509ff.

units (→ § 11 Rz 83) aufzuteilen ist und/oder mit *goodwills* aus anderen Erwerben für Zwecke des *impairment*-Tests zusammenzufassen ist.

Unter *fair-value*-Gesichtspunkten wäre im Falle einer langfristigen Nutzbarkeit der erworbenen steuerlichen **Verlustvorträge** die zu aktivierende latente Steuer mit dem undiskontierten Wert oder wie „andere" langfristige Ansprüche mit dem niedrigeren Barwert anzusetzen. IFRS 3.24 sieht jedoch eine Ausnahme vom *fair-value*-Prinzip vor. Latente Steuern sind schon bei der Erstkonsolidierung nach den Vorschriften von IAS 12 und damit **ohne Abzinsung** zu bewerten (→ § 26 Rz 128). Die undiskontierte Behandlung vermeidet Inkonsistenzen zwischen Erstkonsolidierung und Folgebewertung (Rz 111f.) 206

Zur Behandlung von Steuerklauseln in Unternehmenskaufverträgen wird auf Rz 114 verwiesen, zur **nachträglichen besseren** Erkenntnis über die Werthaltigkeit aktiver latenter Steuern auf Rz 124. 207

7 Ausweis

Im Falle eines Unternehmenszusammenschlusses sind in der **Bilanz und der GuV** folgende Ausweisvorschriften zu beachten: 208

- **Minderheitenanteile** (nicht beherrschende Anteile) sind in der Bilanz (IAS 1.54; → § 2 Rz 41) und in der Gesamtergebnisrechnung bzw. GuV (IAS 1.83; → § 2 Rz 79) **gesondert** zu zeigen.
- In der Bilanz ist der **Minderheitenanteil** im **Eigenkapital** auszuweisen (IAS 27.27).

Im Einzelnen wird auf → § 2 Rz 41 und → § 20 Rz 82 verwiesen.

In der **Kapitalflussrechnung** sind nach IAS 7.39 die *cash flows* aus dem Erwerb bzw. der Veräußerung von Tochterunternehmen oder sonstigen Geschäftseinheiten als Investitionstätigkeit zu qualifizieren und jeweils gesondert darzustellen (→ § 3 Rz 127ff.). Von dem gezahlten Kaufpreis sind die erworbenen Zahlungsmittel und Zahlungsmitteläquivalente der erworbenen Einheit abzuziehen, vom erhaltenen Verkaufspreis die mitveräußerten Zahlungsmittel und Zahlungsmitteläquivalente. Im Erwerbsfall ist demgemäß ein „Erwerb von Tochterunternehmen abzüglich erworbener Netto-Zahlungsmittel" auszuweisen, im Verkaufsfall z.B. ein „Erlös aus Verkauf von Tochterunternehmen abzüglich veräußerter Netto-Zahlungsmittel". Nach allgemeinen Regeln sind Investitionsvorgänge, die nicht zu einer Veränderung der Zahlungsmittel geführt haben, etwa der Erwerb eines Unternehmens gegen die Ausgabe von Anteilen, nicht Bestandteil der Kapitalflussrechnung, sondern in den Angaben zu erläutern (IAS 7.43). 209

8 Angaben

IFRS 3.B64ff. sieht eine Reihe von Angaben vor, die sich systematisch wie folgt gliedern lassen: 210

- **Tatsache und Quantifizierung des Unternehmenszusammenschlusses:** Für sämtliche (materiellen) Unternehmenszusammenschlüsse ist eine Beschreibung geboten, wer wann zusammengeschlossen wurde, welcher Prozentsatz der Stimmrechte erworben wurde, Höhe der Anschaffungskosten, Beschreibung unbarer Anschaffungskosten, Höhe der *fair values* des erworbenen Vermögens nach Bilanzgruppen (IFRS 3.B64).

- *Goodwill*: Entwicklung des Buchwertes und der Anschaffungskosten (Anlagespiegel und außerplanmäßige Abschreibung) (IFRS 3.B67d).
- **Negativer Unterschiedsbetrag:** Quantifizierung des Betrages, Nennung des GuV-Postens, in dem der korrespondierende Ertrag ausgewiesen ist, Beschreibung der Gründe für einen negativen Unterschiedsbetrag (IFRS 3.B64n).
- **Vergleichbarkeit:** Pro-forma-Angabe der Umsätze und des Gewinns, der sich ergeben hätte, wenn die unterjährig erworbenen und erstkonsolidierten Unternehmen bereits ab Periodenbeginn konsolidiert worden wären. Daneben sind die Umsätze und der Gewinn ab Erwerbsstichtag anzugeben (IFRS 3.82r).

Die erstgenannten Angaben zur Tatsache und zur Quantifizierung sind auch für alle Unternehmenszusammenschlüsse vorgeschrieben, die **nach dem Bilanzstichtag**, aber vor der Verabschiedung des Jahresabschlusses getätigt werden. Sofern dies nicht praktikabel oder wirtschaftlich vertretbar ist, soll diese Tatsache angegeben werden (IFRS 3.B64q). Auf die Checkliste „Abschlussangaben“ wird verwiesen (→ § 5 Rz 8).

211 Wegen des sachlichen Zusammenhangs mit IAS 27 ist ein zusammenfassendes **Formulierungsbeispiel** für den Anhang in → § 32 Rz 191 angegeben.

9 Anwendungszeitpunkt, Rechtsentwicklung

212 IFRS 3 rev. 2008 ist bei kalendergleichem Geschäftsjahr auf alle Unternehmenszusammenschlüsse mit Erwerbsstichtag nach dem 31.12.2009 anzuwenden, bei am 1. Juli 2009 oder später beginnendem abweichendem Geschäftsjahr 2009/10 für alle Unternehmenszusammenschlüsse des Geschäftsjahres.

- Zu den Besonderheiten bei erstmaliger Aufstellung einer IFRS-Bilanz *(first-time adoption)* wird auf → § 6 Rz 54 verwiesen.

213 Die Unternehmenszusammenschlüsse waren Gegenstand zweier **Reformprojekte**, die unter den Titeln *„Business Combinations Phase 1“* und *„Business Combinations Phase 2“* geführt wurden. Phase 1 hat seinen Niederschlag im IFRS 3 rev. 2004 gefunden.

214 IFRS 3 rev. 2004 enthält unter anderem folgende wesentlichen Änderungen gegenüber IAS 22 (1998):

- Abschaffung der Methode der **Interessenzusammenführung** (*pooling-of-interest*; Rz 2 und Rz 201).
- Abschaffung der Benchmark-Methode, nach der auf die **Minderheiten** entfallende stille Reserven nicht aufgedeckt werden. Stattdessen vollständiger *fair-value*-Ansatz, d. h. Aufdeckung der stillen Reserven zu 100 % (Rz 121).
- **Restrukturierungsrückstellungen**: Einbeziehung von Restrukturierungsrückstellungen in die Erstkonsolidierung nur noch, wenn sie bereits beim Veräußerer (und somit aufwandswirksam) gebildet hätten werden können.
- **Negativer Unterschiedsbetrag**: Unmittelbare Ertragsrealisierung einer negativen Differenz von Anschaffungskosten und *fair value* (Rz 126 und Rz 145).
- *Goodwill*-Abschreibung: Aufhebung der **planmäßigen** Abschreibung des *goodwill*. Übergang zu einem *impairment-only*-Ansatz, d. h. Abschreibung des *goodwill* nur noch im Falle außerplanmäßiger Wertminderungen.

Business Combination Phase 2 ist durch IFRS 3 rev. 2008 und IAS 27 rev. 2008 umgesetzt worden und sieht unter anderem folgende Neuregelungen vor:[68] 215

- Anwendung von IFRS 3 auch auf **Vertrags- bzw. Gleichordnungskonzerne** (***reporting entities by contract alone***).
- **Wahlrecht** zur Aufdeckung des auf die **Minderheiten** entfallenden *goodwill* (Rz 131).
- **Aufwands**wirksame Behandlung von durch den Unternehmenserwerb bedingten **Anschaffungsnebenkosten** (Rz 39).
- Berücksichtigung **bedingter**, z.B. erfolgsabhängiger, **Anschaffungskosten** nicht mit dem tatsächlich zustande kommenden Betrag, sondern mit dem *fair value* zum Erwerbszeitpunkt (Rz 58).

Die **Auf- und Abwärtskonsolidierung** sowie die **Auf-** oder **Abstockung** eines Mehrheitenanteils werden wie folgt neu geregelt:

- **Erfolgswirksamkeit** der Auf- und Abwärtskonsolidierung in folgender Weise:
  - Bei **Aufwärts**konsolidierung wird fingiert, dass die Kontrollmehrheit gegen Barzahlung (für die Neuanteile) und Tausch (der Altanteile zum *fair value*) erworben wird. Die Differenz zwischen Buchwert der Altanteile und *fair value* führt zu einem Erfolg. Soweit die Altanteile als *available-for-sale assets* schon bisher erfolgsneutral zum *fair value* geführt wurden, wird auch dieser Erfolg mit der Erstkonsolidierung realisiert (Rz 155). Zur hier durch IFRS 9 ausgelösten, ab 2013 anzuwendenden Folgeänderung wird auf Rz 154 verwiesen.
  - Bei der **Abwärts**konsolidierung wird fingiert, dass sich der Entkonsolidierungserlös aus dem Veräußerungspreis der abgehenden Anteile und dem *fair value* der verbleibenden Anteile ergibt. Der *fair value* der verbleibenden Anteile stellt den Ausgangswert für die weitere Bilanzierung nach der *equity*-Methode, zu Anschaffungskosten oder zum *fair value* dar (Rz 164)).
- Zwingende Behandlung der Auf- oder Abstockung einer vorhandenen Mehrheitsbeteiligung als **Transaktion zwischen Eigenkapitalgebern**. Die Differenz zwischen gezahltem oder erhaltenem Betrag und der buchmäßigen Änderung des Minderheitenanteils führt weder zur Aufdeckung von *goodwill* oder stillen Reserven (Aufstockung) noch zu einem Abgangserfolg (Abstockung; Rz 155).

Der IASB hat im Mai 2009 einen ED „*Fair Value Measurement*“ herausgegeben, der in Anlehnung an die amerikanischen Vorschriften eine von der Qualität bzw. Objektivierbarkeit der Inputparameter abhängige Verfahrenshierarchie für die *fair-value*-Ermittlung vorsieht. Konzernbilanziell ist insbesondere die Kaufpreisallokation betroffen (Rz 99ff.). In den meisten Fällen wird es durch die Umsetzung des Papiers nicht zu einer effektiven Einschränkung der Verfahrenswahlrechte bei der Bestimmung des *fair value* kommen. 216

---

68 Vgl. im Einzelnen PELLENS/SELLHORN/AMSHOFF, DB 2005, S. 1749ff., mit Schwerpunkt auf ED IFRS 3 und LÜDENBACH/HOFFMANN, DB 2005, S. 1805ff., mit Schwerpunkt auf ED IAS 27, außerdem BRÜCKS/RICHTER, KoR 2005, S. 407.

Beispiel[69]

Die A AG erwirbt alle Anteile an der ebenfalls in der Kosmetikbranche tätigen C GmbH. Im Rahmen der Kaufpreisallokation ist die renommierte Marke „BeautyFuel" der GmbH zum *fair value* zu bewerten. Es liegen weder ein beobachtbarer Marktpreis noch Vergleichstransaktionen vor.

Das Management zieht folgende Bewertungsmethoden in Betracht:

- Barwert des Mehrgewinns *(incremental cash flow)* gegenüber Produktion und Absatz einer No-Name-Kosmetik.
- Lizenzpreisanalogie *(relief from royalty)*: Auf eine unternehmensspezifische Bezugsgröße (Umsatzerwartung) wird eine marktbasierte Lizenzierungsrate angewandt und die sich so ergebenden Opportunitätszahlungsströme werden diskontiert.

Die Mehrgewinnbetrachtung muss in wesentlichen Elementen auf interne Annahmen aufbauen und ist daher der qualitativ niedrigsten Bewertungsstufe (Level 3) zuzurechnen.

Für die Lizenzrate stehen öffentliche Datenquellen zu Verfügung. Insoweit scheint die Methode im Hinblick auf die Objektivität der Inputparameter höher angesiedelt. Die Datenquellen weisen aber erhebliche Schwankungsbreiten (3,0–9,0 %) auf. Mit dem Zwang zu Auswahl aus einem breiten Intervall geht der Übergang auf die niedrigste Bewertungsstufe (Level 3) einher.

Wie bisher bleibt es bei der freien Verfahrenswahl.

217 Ein Projekt „Geschäftsvorfälle unter gemeinsamer Kontrolle" (*common control transactions*; Rz 177ff.) wurde in der Boardsitzung im Dezember 2007 auf die Agenda des IASB genommen. Ein Zeitplan ist noch nicht fixiert.

218 Im Rahmen des *Annual Improvememts Project* 2010 ist es durch Änderung von IFSR 3 zu folgenden Klarstellungen gekommen:

- Das Wahlrecht zur Bewertung von **Anteilen nicht beherrschender Gesellschafter** zum *fair value* (*full-goodwill*-Methode) gilt nur für solche Anteile, die ein *present ownership* verkörpern und insbesondere einen Anteil am Liquidationsergebnis gewähren. Andere nicht beherrschende Anteile, etwa aus gewährten Aktienoptionen, sind zwingend mit ihrem *fair value* oder einem nach dem für sie einschlägigen IFRS maßgeblichen sonstigen Bewertungsmaßstab anzusetzen (IFRS 3.19) (Rz 134).
- **Anteilsbasierte Vergütungen**, die im Rahmen einer *business combination* durch auf die Anteile des Erwerbers lautende Vergütungen ersetzt werden, weil die alten Vergütungsansprüche mit dem Unternehmenserwerb verfallen, führen zu „*post combination*-Personalaufwand", unabhängig davon, ob der Ersatz freiwillig oder pflichtweise erfolgt (IFRS 3.B56) (Rz 55, Rz 67 und Rz 69).

Im zeitlichen Anwendungsbereich von IFRS 3 rev. 2004 vereinbarte **bedingte Kaufpreisbestandteile** unterliegen auch dann nicht IFRS 3 rev. 2008, wenn die endgültige Höhe der Gegenleistung erst im zeitlichen Anwendungsbereich von IFRS 3 rev. 2008 feststeht (IFRS 3.65A) (Rz 54).

---

69 Aus LÜDENBACH/FREIBERG, KoR 2006, S. 437ff.

10 Zusammenfassende Praxishinweise

Gegenüber den **handelsrechtlichen** Regelungen zum Unternehmenszusammenschluss **unterscheidet** sich IFRS 3 vor allem in folgenden Punkten: 219

- Qualifizierung eines zivilrechtlichen Unternehmenskaufs als wirtschaftlicher Unternehmenserwerb nur dann, wenn das Zielobjekt bereits vor dem Erwerb am Markt vertreten ist; deshalb keine Aufdeckung eines *goodwill* bei Erwerb eines noch in der *start-up*-Phase befindlichen Unternehmens (Rz 16).
- Einheitliche Regelungen für den *goodwill* im Konzern- und Einzelabschluss, insoweit abweichend vom Handelsrecht auch explizite Regelungen zum negativen Unterschiedsbetrag im Einzelabschluss (Rz 128).
- Differenzierung zwischen rechtlichem und wirtschaftlichem Erwerber, Konsolidierung nach der wirtschaftlichen Erwerbsrichtung *(reverse acquisition*; Rz 194 und Rz 3).
- Ansatz von Eventualschulden des erworbenen Unternehmens bei der Erstkonsolidierung (Rz 146).
- Detaillierte Vorschriften für den Ansatz und die Bewertung immaterieller Einzelwerte (Rz 74), inkl. Kundenbeziehungen (Rz 78) und im Prozess befindlicher Forschungsprojekte (Rz 83), damit Vorkehrung gegen eine pauschale Qualifizierung des nach Aufdeckung der stillen Reserven im Sachvermögen verbleibenden Unterschiedsbetrages als *goodwill.*
- Wahlweise Aufdeckung des Anteils der Minderheiten am *goodwill* (Rz 131).

11 APPENDIX – Technik der Zeitwertbestimmung an ausgewählten Beispielen

11.1 Selbst genutzte Sachanlagen

Bei selbst genutzten Sachanlagen kommt vorrangig die **kostenorientierte Methode** (Rz 100) zum Zuge. Die Wiederbeschaffungskosten oder Wiederherstellungskosten werden dabei z.B. unter Zugrundelegung eines **Preisindex** i.d.R. zunächst für eine neue Anlage ermittelt, um hiervon einen **Abschlag wegen Alters** etc. vorzunehmen. 220

Beispiel

Mit dem Unternehmenserwerb am 31.12.10 geht ein Spezialgebäude zu, das am 1.1.01 für Kosten von 1.000 erstellt wurde. Die realistisch geschätzte ursprüngliche Nutzungsdauer betrug 30, die Restnutzungsdauer mithin noch 20 Jahre. Der Baukostenindex für Industriebauten hat sich von 01 bis 11 um 20 % erhöht:

Herstellungskosten 01	1.000
Baukostensteigerung 01 bis 10 (20 %)	200
Reproduktionskosten neu	1.200
Abschreibung 01 bis 10 (10/30)	– 400
Reproduktionskosten gebraucht	**800**

11.2 Marken

221 Der Markenwert ist **einkommensorientiert** (Rz 103) bestimmbar

- mit der opportunitätskostenorientierten **Methode der Lizenzpreisanalogie** (*relief-from-royalty*-Methode) als diskontierter Wert der aus dem Eigentum an der Marke resultierenden Ersparnis von Lizenzkostenzahlungen an Dritte oder
- mit der **Mehrgewinnmethode** (*incremental cashflow method*) als diskontierter Wert des im Vergleich zu einem No-Name-Produkt erzielbaren Mehrgewinns.

In der Praxis dominiert die *relief-from-royalty*-Methode. Sie hat den Vorteil, mit nur wenigen Parametern und Annahmen (Lizenzrate, Umsatz, Diskontierungszins) auszukommen. Die notwendigen detaillierteren Informationen für eine Bewertung anhand der Mehrgewinnmethode (neben dem Diskontierungszins u. a. Preis und Menge, Marketingaufwendungen, Verpackungskosten, Produktionskosten etc. jeweils nicht nur für das Markenprodukt, sondern zur Ermittlung des Mehrbetrags auch für ein fiktives No-Name-Produkt) stehen regelmäßig in der Bewertungspraxis nicht zur Verfügung. Aus diesem Grunde ist die *relief-from-royality*-Methode trotz häufig hoher Bandbreiten, für die Lizenzraten beobachtet werden, allgemein verbreitet.

222 Bei Annahme einer unbestimmten Nutzungsdauer der Marke ist in beiden Bewertungskalkülen eine **ewige Rente** anzusetzen. Diese Annahme setzt aber **Markenerhaltungsaufwendungen** voraus. Ohne fortlaufende Werbung und sonstige Marketingmaßnahmen würde sich der Wert der Marke schnell verflüchtigen, ein Mehrgewinn bzw. eine fiktive Lizenzrate nur für eine begrenzte Zeit erzielbar bzw. zu zahlen sein. Fraglich ist nun, ob diese Markenerhaltungsaufwendungen im Bewertungskalkül kürzend zu berücksichtigen sind. Bei der Antwort ist zu berücksichtigen, dass beide infrage kommenden Methoden auf unterschiedlichen Größen aufsetzen:

- Die Mehrgewinnmethode diskontiert den sich im Vergleich zu einem No-Name-Produkt ergebenden Gewinn, also eine Saldogröße. Im Vergleich zum No-Name-Produkt erzielbare höhere Preise und/oder Absatzmengen und ein daraus resultierender Mehrumsatz sind demzufolge noch um die damit verbundenen Mehraufwendungen zu kürzen. Zu diesen Mehraufwendungen gehören auch die beim No-Name-Produkt nicht anfallenden Markenerhaltungsaufwendungen.
- Die *relief-from-royalty*-Methode diskontiert mit der Lizenzkostenersparnis hingegen eine unsaldierte Bruttogröße. Die Lizenzkostenersparnis des Markeninhabers (oder spiegelbildlich die von ihm bei Lizenzierung an einen Dritten erzielbaren Lizenzeinnahmen) sind jedenfalls dann nicht mehr um die Markenerhaltungsaufwendungen zu kürzen, wenn – wie bei Volllizenzierung an einen einzigen Lizenznehmer üblich – die Markenerhaltungsaufwendungen vom fiktiven Lizenznehmer getragen werden.

223 Bei vollständiger Information und vollkommenen Marktverhältnissen lassen sich beide Methoden ineinander überführen und die unterschiedliche Behandlung der Markenerhaltungsaufwendungen erklären.

Beispiel

MU erwirbt 100 % an TU. TU produziert unter einer seit vielen Jahrzehnten bekannten Marke Kosmetika sowie Körperpflegeprodukte und erzielt hieraus bei einem Jahresumsatz von 1 Mrd., diversen Aufwendungen von 750 Mio. und Markenerhaltungsaufwendungen (Marketing) von 130 Mio. einen Gewinn von 120. Annahmegemäß bleiben diese Größen in der Zukunft inflationsbereinigt konstant. Im Rahmen der Erstkonsolidierung (Kaufpreisallokation) ist der Zeitwert dieser Marke zu bestimmen.

Eine Datenbankrecherche zu Lizenzvereinbarungen für *„cosmetic and consumer care“* ergibt Lizenzraten (*royalties*) von 2 % bis 8 %, im Mittel 5 %. MU möchte die Marke auf Basis dieser Daten opportunitätskostenorientiert bewerten. Besitz der Marke bedeutet danach Ersparnis von Lizenzzahlungen an einen Dritten (oder äquivalent die Möglichkeit, Lizenzeinnahmen durch Überlassung der Marke an einen Dritten zu erzielen). Der Wert der Marke ergibt sich demzufolge nach der sog. *relief-from-royalty*-Methode als Barwert dieser Lizenzkostenersparnis (bzw. der entgehenden Lizenzeinnahmen).

Der risikoangepasste inflationsbereinigte Diskontierungssatz sei 10 % Steuern. Der *tax amortization benefit* (Rz 237) wird aus Vereinfachungsgründen im Vergleich der beiden Methoden vernachlässigt:

		Marke	No-Name-Produkt	Mehrgewinn	Markenwert (ewige Rente, 10 %)
	Erlös	1.000	800		
–	div. Aufwendungen	– 750	– 730		
–	Markenerhaltung	– 130	0		
=	Gewinn Markeninhaber/No-Name-Hersteller	120	70	50	50/10 % = 500 Mehrgewinn
–	fiktive Lizenzgebühr (5 %)	– 50			50/10 % = 500 *relief from royalty*
=	Gewinn fiktiver Lizenznehmer	70			

Mehrgewinnmethode und *relief-from-royalty*-Methode führen dann zum gleichen Ergebnis, wenn der Mehrgewinn (also die um die **Markenerhaltungsaufwendungen** gekürzte Nettogröße) der ersparten Lizenzgebühr (also der nicht um die Markenerhaltungsaufwendungen gekürzten Bruttogröße) entspricht. Die Höhe der Markenerhaltungsaufwendungen bestimmt (neben anderen Faktoren, im Beispiel u. a. Mehrumsatz) die Höhe der bei vollkommenen Marktverhältnissen erzielbaren Lizenzrate. Für die bei Volllizenzierung an nur einen einzigen Lizenznehmer typische Tragung der Marketingkosten durch den Lizenznehmer gilt mithin: Die Markenerhaltungsaufwendungen sind bei perfekten Marktverhältnissen in der Lizenzrate bereits eingepreist, im Bewertungskalkül also implizit enthalten. Sie dürfen bei der Bewertung nach der *relief-from-royalty*-Methode dann nicht noch ein zweites Mal, nämlich explizit, berücksichtigt werden. 224

225 Kritisiert wird die *relief-from-royalty*-Methode vor allem wegen ihrer **Subjektivität**. Die in Datenbanken zugänglichen Lizenzraten zeigen häufig eine hohe Bandbreite, sodass die Auswahl innerhalb dieses Intervalls und entsprechend auch das Bewertungsergebnis ermessensbehaftet sind. Diese Zustandsbeschreibung ist richtig – fraglich aber die in der Kritik implizit enthaltene Annahme eines Nachteils gegenüber anderen Methoden. Die im Rahmen der Mehrgewinnmethode zu treffenden Annahmen über die fiktiv ohne Marke erzielbaren Absatzmengen und -preise sind regelmäßig nicht weniger ermessensbehaftet. Ein klarer Objektivitätsvorteil der Mehrgewinnmethode ist daher nicht erkennbar, lediglich ein deutlicher Komplexitätsvorteil zugunsten der *relief-from-royalty*-Methode. Er erklärt und rechtfertigt die hohe Verbreitung dieser Methode. In der Praxis sind einem breiten Intervall von Lizenzraten allerdings ergänzende **qualitative Überlegungen** angezeigt. Je nach „Markenstärke", also etwa dem Bekanntheitsgrad der Marke, der preislichen Positionierung der Produkte (z.B. Premium-Bereich), ihrem Lebenszyklus (rückläufige oder wachsende Umsätze) wird man, ausgehend vom Mittelwert, wenigstens die Richtung der Anpassung (Zu- oder Abschläge), tendenziell auch dessen Maß (groß oder klein) begründen können. Der unvermeidlich bei jeder Methode verbleibende subjektive Faktor wird dadurch erheblich gemildert.

11.3 Erzeugnisse und Waren

226 Dominierend ist eine **retrograde Bewertung**, die konzeptionell als **einkommensorientiert** (Rz 103) einzustufen ist: Vom voraussichtlichen **Veräußerungspreis** (*cash inflow*) sind abzuziehen

- die **Kosten** der Veräußerung und (bei unfertigen Erzeugnissen) der Fertigstellung (*cash outflow*) sowie
- eine vernünftige **Gewinnspanne**, die sich am Gewinn vergleichbarer Vorräte orientiert.

Beispiel

MU erwirbt den Markenartikelproduzenten TU. Aufgrund seiner Premiumstellung kann TU Produkte wie folgt kalkulieren:

Herstellungskosten	90
Aufschlag für Vertriebskosten	10
Gewinnaufschlag	100
Veräußerungspreis	200

Bei der Erstkonsolidierung sind die Vorräte nicht mit 200 – 10 = 190, sondern mit 200 – 100 – 10 = 90 anzusetzen.

Begründung

Die Vorteile aus dem ungewöhnlich hohen Gewinnaufschlag werden vom Erwerber nicht bei den Vorräten, sondern als Marke aktiviert.

Die Konsequenz davon ist: Die Konzern-GuV wird bei Veräußerung der Erzeugnisse nicht durch einen Materialaufwand von 190, sondern von 90 belastet. Der Rohertrag in der Konzernbilanz des Erwerbers entspricht tendenziell dem der Einzelbilanz des erworbenen Unternehmens.

11.4 Auftragsbestände

Auftragsbestände sind **einkommensorientiert** (Rz 103) mit der diskontierten Netto-*cash-flow*-Erwartung anzusetzen. Die konkreten Bewertungsprämissen sind von besonderer Bedeutung in den Branchen, die wegen der Langfristigkeit ihrer Fertigung regelmäßig über sehr hohe Auftragsvolumina verfügen. 227

Beispiel

Die börsennotierte Konglomerat AG möchte ein auf den Bau von Flugzeugen spezialisiertes Unternehmen erwerben. Das Zielobjekt verfügt u. a. über einen Auftragsbestand für die nächsten drei Jahre i. H. v. 9 Mrd. EUR, der gleichmäßig in t1, t2 und t3 abgewickelt werden wird. Die Vollkostenmarge (vor Zinsen) aus dem Auftragsbestand beträgt 15 %.

Würde von Erfüllungs- und Geschäftsrisiken abstrahiert und der Zeitwert/anteilige Kaufpreis des Auftragsbestands durch Diskontierung der Marge mit einem risikolosen Anlagezins von 5 % (bei Fehlen von Risiken zugleich spezifischer Fremdkapitalisierungszins) ermittelt, ergäbe sich folgende Berechnung für den Wert des Auftragsbestands:

	t_1	t_2	t_3
Umsatzerlöse	3.000,0	3.000,0	3.000,0
Marge	450,0	450,0	450,0
Rohmarge, diskontiert	428,6	408,2	388,7
Barwert-Zeitwert Auftrag	**1.225,5**		

Beim Erwerber würden sodann bei unterstellter Fremdfinanzierung (des Erwerbs der Aufträge sowie ihrer Anlaufverluste) und unter Berücksichtigung der Abschreibung auf den Auftragsbestand folgende Ergebnisse in der GuV der Folgeperioden anfallen:

	t_1	t_2	t_3	**Summe**
Marge vor Zins und Abschreibung auf Auftrag	450,0	450,0	450,0	1.350,0
FK-Zinsen auf Zeitwert Auftrag	61,3	41,8	21,4	124,5
Abschreibung auf Zeitwert Auftrag	408,5	408,5	408,5	1.225,5
Gewinn Erwerber	–19,8	–0,3	20,1	0,0

Der Erwerber würde mithin ein Ergebnis von null erwirtschaften. Dieses rechnerische Resultat ist Konsequenz der **Einzelerwerbsfiktion** und der Diskontierungsannahmen.

Wenn der Barwert des mit dem Auftragsbestand verbundenen *cash flow* dem Veräußerer vergütet (tatsächlicher Erwerb) bzw. eine solche Vergütung unterstellt wird (Einzelerwerbsfiktion bei Unternehmenskauf), kann bei Identität von Fremdfinanzierungs- und Diskontierungszins kein Gewinn mehr anfallen. Nicht berücksichtigt wurden bisher jedoch die mit der Auftragserfüllung verbundenen **Risiken**, die sich aus (nicht weiter belastbaren) Kostenüberschreitungen, Bonitätsrisiken sowie aus dem allgemeinen Geschäftsrisiko etc. ergeben können. Dazu folgende Fallvariante: 228

Beispiel

Operative und Bonitätsrisiken werden durch einen risikoadjustierten Zinssatz i. H. v. 7,5 % abgegolten, während der Fremdkapitalisierungszins weiter 5 % betragen soll. Der Risikozuschlag ist deshalb gering, weil Abnehmer der Leistungen der Staat ist, Bonitätsrisiken daher nicht bestehen und operative bzw. Kostenrisiken vom Abnehmer faktisch zu einem erheblichen Teil übernommen werden. Es ergibt sich ein niedrigerer Zeitwert/anteiliger Kaufpreis des Auftragsbestands (1. Übersicht) und damit ein Gewinn des Erwerbers (2. Übersicht):

	t_1	t_2	t_3
Umsatzerlöse	3.000,0	3.000,0	3.000,0
Marge	450,0	450,0	450,0
Rohmarge diskontiert	418,6	389,4	362,2
Barwert/*fair-value*-Auftrag	**1.170,2**		

	t_1	t_2	t_3	**Summe**
Marge vor Zins und Abschreibung auf Auftrag	450,0	450,0	450,0	1.350,0
FK-Zinsen auf *fair-value*-Auftrag	58,5	40,0	20,5	119,0
Abschreibung auf *fair-value*-Auftrag	390,1	390,1	390,1	1.170,2
Gewinn Erwerber	1,4	20,0	39,4	**60,8**

Die Akquisition der Auftragsbestände führt bei den vorliegenden Bewertungs- und Abschreibungsprämissen nun zu einem (geringen) Gewinn des Erwerbers. Bei geringerem Risiko – Auftragsbestand gegenüber dem Staat, geringes Bonitätsrisiko, (faktische) Weiterbelastbarkeit von Mehrkosten – fällt der Risikozuschlag wie im Beispiel gering aus. Unter den gegebenen Prämissen käme ein kapitalmarktorientiertes Unternehmen kaum noch als Käufer infrage, da es die aufgrund der Einzelerwerbsfiktion resultierende niedrige Umsatzrendite (im Beispiel: 60,8/9.000 = 0,7 %) den Aktionären und Analysten kaum zumuten könnte.

229 Jedenfalls aus Sicht eines börsennotierten Käufers wäre damit ein Zielunternehmen umso interessanter, je niedriger sein Auftragsbestand und je höher die darin liegenden Risiken ausfielen. Diese **Paradoxie** ist systematische Folge der Einzelerwerbsfiktion, die eine Aufteilung des Kaufpreises auf den Auftragsbestand nach Maßgabe des darin zu erwartenden Überschusses vorsieht und somit dem Erwerber bilanziell nur noch die Differenz zwischen risikoadjustiertem Diskontierungs- und Fremdkapitalzins belässt. Pragmatisch kann das Problem nur auf zwei Arten gelöst werden: Bei der Kaufpreisallokation wird entweder

- ein **Risikozinssatz** an der Obergrenze des Vertretbaren angesetzt und so für einen entsprechenden Gewinn-*spread* gesorgt oder
- wegen der Nähe der Auftragsbestände zu den unfertigen Erzeugnissen wie bei diesen ein **Abschlag für den Durchschnittsgewinn** (der Branche oder des Unternehmens) auf die *cash inflows* vorgenommen.

11.5 Dauervertragskunden

Die Bewertung von Kundenbeziehungen aus ungekündigten Dauervertragsverhältnissen erfolgt i.d.R. **einkommensorientiert** (Rz 103) im Rahmen der Residualwertmethode (*multi-period-excess-earnings*-Ansatz). 230
Zur Bestimmung des Zeitwerts werden, ausgehend von einem **mehrjährigen *Business*-Plan,** die **Einnahmen** der zum Bewertungsstichtag bestehenden Kundenbeziehungen ermittelt. Bei der Bestimmung der Einnahmen sind Kundenabgänge (Kündigung, Tod etc.) in Form einer natürlichen „Schrumpfungsrate" (*churn rate*) zu berücksichtigen. Diese wird entweder aus vergangenheitsbezogenem Datenmaterial oder prospektiv durch Szenariorechnungen abgeleitet. Von den Einnahmen abzuziehen sind anteilige **operative Ausgaben**, Steuern sowie **kalkulatorische Nutzungsentgelte** (*capital charges*; Rz 107). Die hypothetischen Nutzungsentgelte sind sowohl für materielle als auch für immaterielle Vermögenswerte, die für die Aufrechterhaltung der Kundenbeziehungen erforderlich sind, anzusetzen. Hierbei kommt es nicht darauf an, ob der Vermögenswert bilanzierungsfähig ist. Auch auf den Wert der nicht bilanzierten Arbeitnehmerschaft *(assembled work force)* sind *capital charges* zu rechnen.

Die so bereinigten **Einzahlungsüberschüsse** werden schließlich mit einem **risikoadjustierten Diskontierungssatz** abgezinst (Rz 110). Für die Ermittlung des Zeitwerts ist darüber hinaus der steuerliche Barwertvorteil aus Abschreibungen auf die Kundenbeziehungen (*tax amortization benefit*) als zweite Wertkomponente zu berücksichtigen, und zwar unabhängig davon, ob der Unternehmenserwerb als *asset deal* tatsächlich zu steuerlichen Mehrabschreibungen geführt hat oder beim *share deal* keine Mehrabschreibungen entstehen (zur Berechnung vgl. Rz 237). 231

Beispiel

Das erworbene Unternehmen TU hat Dauervertrags- bzw. Abonnementkunden. Die Verträge sind jedoch kurzfristig kündbar. Die *churn rate* beträgt 50 %. Die Planungen sehen ein Umsatzwachstum pro Kunde von 4 % pro Jahr sowie umsatzproportional verlaufende Kosten vor.

Die *capital charges* werden nur auf Verzinsungsbasis (*return on*) gerechnet, da der Werteverzehr explizit in den operativen Kosten berücksichtigt ist. Der Wert der Arbeitnehmerschaft (*assembled work force*) ist gering, weil das Unternehmen überwiegend mit gering qualifizierten Kräften arbeitet, weshalb aus Opportunitätskostensicht (ersparte Einstellungs- und Einarbeitungskosten) der Wert gering ist. Operative Kosten und kalkulatorische Nutzungsentgelte (*capital charges*) werden Kundenbestand und Neukunden im Verhältnis der Umsatzanteile belastet. Für operative Kosten und *capital charges* wird Umsatzproportionalität unterstellt. Hiervon ausgenommen sind nur die *capital charges* auf die Marke. Insoweit wird unterstellt, dass das Umsatzwachstum aus der gegebenen Marke generiert wird und Erhaltungsaufwendungen auf die Marke schon in den operativen Kosten enthalten sind.

Die Planung berücksichtigt nur einen Zeitraum von fünf Jahren. Dies ist vertretbar, da bei einer Schrumpfungsrate von 50 % p.a. der kumulierte Wertbeitrag aller weiteren Jahre im 1-%-Bereich liegt und damit vernachlässigbar ist. Die Berechnung lautet wie folgt:

		Wert	*return on*	01	02	03	04	05
	Umsatz aus Vertragskunden			100,00	52,00	27,04	14,06	7,31
	HK der Umsätze (ohne Abschreibung)			–60,00	–31,20	–16,22	–8,44	–4,39
(A)	= Rohertrag			40,00	20,80	10,82	5,62	2,92
	div. Aufwendungen			15,00	15,60	16,22	16,87	17,55
	Abschreibung Sachanlagen			1,00	1,04	1,08	1,12	1,17
	Abschreibung immaterielle Anlagen			1,50	1,56	1,62	1,69	1,75
	operative Kosten			17,50	18,20	18,93	19,69	20,47
	davon Vertragskunden			100,0 %	50,0 %	25,0 %	12,5 %	6,3 %
(B)	= anteilige operative Kosten			17,50	9,10	4,73	2,46	1,28
(C)	Einkommen (A-B)			22,50	11,70	6,08	3,16	1,65
	– Steuern 40 %			–9,00	–4,68	–2,43	–1,27	–0,66
(D)	= Nettoeinkommen			13,50	7,02	3,65	1,90	0,99
	Vermögenswert	Wert	*return on*					
	working capital (netto)	15	5 %	0,75	0,78	0,81	0,84	0,88
	Immobilien	10	7 %	0,70	0,73	0,76	0,79	0,82
	Maschinen	6	10 %	0,60	0,62	0,65	0,67	0,70
	sonstige Sachanlagen	2	7 %	0,14	0,15	0,15	0,16	0,16
	Marke	10	12 %	1,20	1,20	1,20	1,20	1,20
	assembled workforce	2	12 %	0,24	0,25	0,26	0,27	0,28
	asset charges			3,63	3,73	3,83	3,93	4,04
	davon Vertragskunden			100,0 %	50,0 %	25,0 %	12,5 %	6,3 %
	= Zwischensumme			3,63	1,86	0,96	0,49	0,25
	– ggf. Steuer (hier 0, da *return on* nach Steuer)							
(E)	= anteilige *asset charges*			3,63	1,86	0,96	0,49	0,25
(F)	*residuale cashflows* (D – E)			9,87	5,16	2,69	1,41	0,73
	× Diskontierungsfaktor	12 %		0,8929	0,7972	0,7118	0,6355	0,5674
	= Barwerte			8,81	4,11	1,92	0,89	0,42
	Kapitalwert (Summe Barwerte)			16,15				
	tax amortization benefit (bei 40 %; Rz 237)			6,55				
(G)	Zeitwert Kunden			22,70				

Prämissen:
- *churn rate* 50 % p. a.
- Wachstum Umsatz/Kunde 4 %
- p. a. operative Kosten und *asset charges*: umsatzproportional (mit Ausnahme Marke)

11.6 *In process research and development*

232 § 248 Abs. 2 HGB lässt eine Aktivierung von originären Forschungsaufwendungen überhaupt nicht und eine Aktivierung von originärem Entwicklungsaufwand nur unter eingeschränkten Bedingungen zu. Würde man diesen Regeln auch beim Unternehmenserwerb folgen, wären z. B. beim Erwerb von **forschungsintensiven Unternehmen** alle noch im Prozess befindlichen Forschungen und Entwicklungen wertmäßig im *goodwill* zu erfassen. Die Berücksichtigung der Wahrscheinlichkeit nicht als Ansatz-, sondern Bewertungskriterium (Rz 76) verhindert dies.

Beispiel

U erwirbt das *start-up*-Unternehmen S. S beschäftigt sich mit der Entwicklung eines Spracherkennungssystems. In den zwei Jahren seit Bargründung für 10 Mio. EUR sind 8 Mio. EUR für Forschung und 3 Mio. für Entwicklung aufgewendet worden, aus Umsätzen konnte bislang ein Deckungsbeitrag von 1 Mio. erwirtschaftet werden. Da die technische Durchführbarkeit noch nicht abschließend beurteilt werden kann, werden auch die Entwicklungsaufwendungen bei S nicht aktiviert.

U hält die Entwicklung für aussichtsreich und zahlt dem bisherigen Eigentümer der S, deren Bilanz im Übrigen ausgeglichen ist und keine stillen Reserven enthält, einen Preis von 5 Mio. EUR.
Da die Wahrscheinlichkeit eines Nutzens beim Erwerb nur Bewertungsparameter, nicht aber Ansatzkriterium ist, kann U die im Prozess befindliche Forschung/Entwicklung mit 5 Mio. EUR als separaten immateriellen Vermögenswert ansetzen und darf sie nicht als *goodwill* erfassen.

Nur bei einem Ein-Projekt-Unternehmen in der *start-up*-Phase kann eine einfache Ableitung aus dem Kaufpreis wie im vorstehenden Beispiel infrage kommen. In anderen Fällen, d.h. bei zwar forschungsintensiven, aber in vielen Produkten auch schon am Markt agierenden Unternehmen, ist eine **einkommensorientierte Bewertung** (Rz 103) notwendig. Hierbei stehen zwei Alternativen zur Verfügung (Rz 109): **233**

1. Erfolgs- und Verlustszenarien werden mit Wahrscheinlichkeiten gewichtet (*expected cash flow approach*). Der risikoadjustierte Diskontierungssatz beträgt je nach Fortschritt des erworbenen Projekts 50 % bis 70 % (analog Kapitalkosten forschungsintensiver *start-up*-Unternehmen) oder 20 % bis 30 % (analog Kapitalkosten forschungsintensiver *young companies*).
2. Berechnungen werden nur für ein Erfolgsszenario durchgeführt (*traditional cash flow approach*). Repräsentiert dieses Szenario nicht den Mittelwert einer gedachten Wahrscheinlichkeitsverteilung, sondern einen günstigeren Wert, ist ein zusätzlicher Risikoaufschlag geboten.

Die wahrscheinlichkeitsgewichtete Planung erweist sich wegen der tendenziell gegebenen Objektivierbarkeit des Diskontierungszinses als überlegen. Unabhängig davon ist er insbesondere bei flexibler Planungsmöglichkeit mit Ausstiegsoptionen in Stufen je nach Erfolg der Stufe n – 1 vorzuziehen: Mithilfe des sog. Zustandsbaumverfahrens kann dann dem sequenziellen Charakter der Projekte Rechnung getragen und berücksichtigt werden, dass sich in den einzelnen Phasen je nach bis dahin eingetretenen Entwicklungen Exit-Möglichkeiten ergeben. **234**

Beispiel

U erwirbt das Pharmaunternehmen P.

- P hat die Laborforschung (Phase 1) eines Medikaments gerade abgeschlossen.
- Als Phase 2 stehen die klinische Prüfung und – bei deren Erfolg – die Zulassung durch die Arzneimittelbehörden an. Die erwarteten Kosten für Phase 2 betragen 10 Mio. EUR.
- Im Falle einer Zulassung folgt ein Markteinführungsjahr mit einem weiteren Defizit von 10 Mio. EUR wegen Werbung etc. (Phase 3).
- Bei Erfolg der Markteinführung wird für die nächsten acht Jahre (Phase 4) mit einem Überschuss von 30 Mio. EUR p. a. gerechnet.

Die Wahrscheinlichkeit einer Nichtzulassung beträgt 60 %, die einer Zulassung 40 %. Nur bei Zulassung folgt ein Einführungsjahr, das dann mit 70 % Wahrscheinlichkeit einen Erfolg ergeben wird. Die kombinierte Wahrscheinlichkeit eines erst nach 2 Jahren erkannten Misserfolgs bzw. eines Abbruchs

des Projekts nach zwei Jahren beträgt daher 40 % × 30 % = 12 %. Die Wahrscheinlichkeit eines Gesamterfolgs ist 40 % × 70 % = 28 %.
Nachfolgend zunächst der *traditional-cash-flow*-Ansatz, der nur den Erfolgsfall rechnet, das Risiko des Misserfolgs jedoch mit einem Diskontierungszinssatz von 75 % (!) berücksichtigt.
Danach der *expected-cash-flow*-Ansatz mit drei möglichen Ausgängen:

1. Misserfolg der klinischen Prüfung, daher Abbruch nach Phase 2 (Wahrscheinlichkeit 60 %).
2. Erfolg der klinischen Prüfung, aber Misserfolg der Markteinführung, daher Abbruch nach Phase 3 (Wahrscheinlichkeit 12 %).
3. Erfolg der klinischen Prüfung und der Markteinführung, daher Erreichen der Phase 4 (Wahrscheinlichkeit 28 %).

Da die Misserfolgsrisiken in der Zahlungsreihe berücksichtigt sind, wird ein Diskontierungszins von „lediglich" 25 % verwendet.
Der *tax amortization benefit* (Rz 237) ist unter der Annahme eines steuerlichen Abschreibungszeitraums von zehn Jahren gerechnet.
Traditioneller *cash-flow*-Ansatz (Diskontierungszins 75 %)

Jahr	**Betrag**	**Diskontierungsfaktor**	**diskontierter Betrag**
1	–10	0,571	–5,7
2	–10	0,327	–3,3
3	30	0,187	5,6
4	30	0,107	3,2
5	30	0,061	1,8
6	30	0,035	1,0
7	30	0,020	0,6
8	30	0,011	0,3
9	30	0,006	0,2
10	30	0,004	0,1
Wert vor *tax amortization benefit*			**3,9**
tax amortization benefit (vgl. Rz 237)			**0,2**
Zeitwert			**4,1**

Expected-cash-flow-Ansatz (im Zustandsbaumverfahren; Diskontierungszins 25 %)

Jahr	Betrag	Diskontierungsfaktor	diskontierter Betrag	kombinierte Wahrscheinlichkeit	gewichteter Wert
1	–10	0,800	**–8,0**	60 %	–4,8
2	–10	0,640	–6,4		
			–14,4	12 %	–1,7
3	30		15,4		
4	30		12,3		
5	30		9,8		
6	30	0,374	7,9		
7	30	0,325	6,3		
8	30	0,283	5,0		
9	30	0,246	4,0		
10	30	0,214	3,2		
			35,1	28 %	9,8
Wert vor *tax amortization benefit*				100 %	3,3
tax amortization benefit (vgl. Rz 237)					0,6
Zeitwert					**3,9**

Im Beispiel wurde der Diskontierungssatz von 75 % so gewählt, dass sich in etwa der gleiche Zeitwert wie in der mehrwertigen Planung bei einem Diskontierungssatz von 25 % ergibt. Der zusätzliche Risikoaufschlag in der einwertigen Planung (75 % – 25 % = 50 %) ist aber ohne den Vergleich zur mehrwertigen Planung nicht objektivierbar; mit diesem Vergleich ist andererseits die einwertige Planung überflüssig.

11.7 Hyperlizenzen

Hyperlizenzen (z.B. Mobilfunklizenz, Spielbanklizenz, Lizenz zum Betrieb einer Autobahn), mit denen das gesamte Geschäft steht und fällt – sog. *greenfield approaches* – unterstellen ein Unternehmen, das zunächst nichts besitzt als die zu bewertende Lizenz. Um aus ihr Ertrag zu generieren, muss, ausgehend von der „grünen Wiese", möglichst schnell ein funktionierender Betrieb aufgebaut werden (*investive cash outflows*), der auf der Basis der Lizenz Erträge (*operative netto cash inflows*) erwirtschaftet. Der Barwert des fiktiven Geschäftsplans dieses Unternehmens stellt den Wert der Lizenz dar. **235**

Beispiel
Im Rahmen des Erwerbs eines Tochterunternehmens ist der Zeitwert der Mobilfunklizenz dieses Unternehmens zu bewerten. Zeitnahe Transaktions- oder Auktionspreise stehen nicht zur Verfügung. Die tatsächlich vor mehr als

einem Jahr gezahlten Preise sind angesichts drastisch verschlechterter Prognosen für den Mobilfunksektor nicht mehr relevant. Der marktorientierte Ansatz scheidet somit aus.
Der Einsatz eines einfachen Einkommens- bzw. *discounted-cash-flow*-Verfahrens scheitert daran, dass die Mobilfunklizenzen (im Gegensatz zu vielen anderen Lizenzen) keinen zusätzlichen, isolierbaren Nutzen in Form höherer Preise, niedrigerer Kosten etc. erbringen. Das gesamte Geschäft steht und fällt mit der Lizenz. Der (nach Abzug der übrigen Vermögenswerte bzw. einer kalkulatorischen Verzinsung für sie) verbleibende Gegenwartswert im Geschäftsplan stellt daher immer ein Mixtum aus *goodwill* sowie Lizenz dar und löst die Aufgabe der Bewertung der Lizenz gerade nicht.
Der Gutachter wendet deshalb das *discounted-cash-flow*-Verfahren in der sog. *build-out*-Variante des *greenfield approach* an. Dieses artifizielle, aber in amerikanischen Gerichtsverfahren und von der amerikanischen Börsenaufsicht anerkannte Modell arbeitet mit folgenden Fiktionen:

- Zum Bewertungsstichtag verfügt das Unternehmen nur über die Lizenz und kein weiteres Vermögen. Ein Unternehmen ist aus dem Nichts (*start from the scratch*) „um diese Lizenz herum" aufzubauen.
- Um die Lizenz zu nutzen und aus ihr Erträge zu erzielen, müssen ein technisches Netzwerk aufgebaut, Kunden und Mitarbeiter geworben werden etc.
- Die damit verbundenen Ausgaben führen zunächst zu negativen *cash flows* bei allerdings schnell steigenden Umsätzen.
- Beim Ausbau (*build out*) der Lizenz werden die Fehler der Vergangenheit nicht wiederholt (Lernkurveneffekt). Der *business*-Plan des *build-out*-Unternehmens erreicht daher schon nach etwa zehn Jahren den tatsächlichen *business*-Plan (Konvergenz).
- Der *discounted-cash-flow*-Wert des *build-out*-Plans (inkl. des *terminal value* für die Jahre 10ff.) stellt das mit der Lizenz fiktiv erzielbare abgezinste Einkommen, also den Zeitwert der Lizenz dar.

Zusätzliche Schwierigkeiten ergeben sich, wenn das Unternehmen zwei Lizenzen hält (z.B. GSM und UMTS). Soweit wegen der (geplanten) Komplementarität der Netzwerke (UMTS in den Ballungsräumen, GSM in der Fläche) *cash flows* nur im Verbund erzeugt werden, muss eine hypothetische Relativbetrachtung durchgeführt werden. Der im *build-out*-Modell ermittelte Gesamtwert der Lizenzen wird nach dem Verhältnis der erwarteten UMTS- und GSM-Einnahmen, bei begründbarer Allokation der Ausgaben nach den Netto-*cash flows*, gesplittet.

236 Im Schrifttum wird z.T. die Auffassung vertreten, *greenfield approaches* seien jedenfalls nach US-GAAP, ggf. auch nach IFRS unzulässig, da sie gegen das Verbot verstießen, andere Vermögenswerte als den *goodwill* mit der „Residualmethode" zu bewerten.[70] Dieser Auffassung stimmen wir nicht zu. Sie verwechselt u.E. das im *greenfield approach* angewandte residuale *cashflow*-Modell mit der nicht anzuerkennenden Gesamt-Residualmethode, den Wert eines Ver-

[70] Castedello/Klingbeil/Schröder, WPg 2006, S. 1028ff.

mögenswertes dadurch zu bestimmen, vom Kaufpreis den Wert sämtlicher anderer Vermögenswerte und Schulden abzuziehen. Diese Art der Gesamtbetrachtung ist naturgemäß dem *goodwill* vorbehalten. Der *greenfield approach* baut seine Berechnungen aber gerade nicht auf den Kaufpreis auf und ist auch nicht direkt von den Werten aller anderen Vermögenswerte und Schulden abhängig.

11.8 *Tax amortization benefit*

Bei **einkommensorientierten** Bewertungen (Rz 103) abschreibungsfähiger Vermögenswerte führt die Diskontierung der Einzahlungsüberschüsse/Auszahlungsersparnisse zunächst nur zu einem Nettowert, der den steuerlichen Vorteil aus der Abschreibungsfähigkeit noch nicht berücksichtigt. Dieser *tax amortization benefit* ist als zweite Wertkomponente zu berücksichtigen. Da der Zeitwert ein von den Besonderheiten des konkreten Erwerbs bzw. Erwerbers abstrahierter Wert ist, muss der *tax amortization benefit* unabhängig davon berücksichtigt werden, ob der Unternehmenserwerb als *asset deal* tatsächlich zu steuerlichen Mehrabschreibungen geführt hat oder beim *share deal* keine Mehrabschreibungen entstehen. Der Barwert des Steuervorteils kann iterativ oder nach folgender Formel berechnet werden: 237

tax amortization benefit = FVvor × (ND/(ND – RBF ND,i × t) – 1)		
Mit:	FVvor =	*fair value* vor Steuervorteil
	ND =	steuerliche Nutzungsdauer
	RBFND,i =	Rentenbarwertfaktor für die Laufzeit ND und den Zins i (entspricht Barwert einer Annuität von 1 EUR mit Laufzeit ND und Zins i)
	t =	Steuersatz

Beispiel

MU erwirbt 100 % der Anteile an TU. Der Wert eines Patents von TU wird vor Berücksichtigung seiner steuerlichen Abschreibungsfähigkeit mit 100 ermittelt. Das Patent hat eine Restlaufzeit von zwei Jahren.

Allgemein, wenn auch nicht im konkreten Fall (*share deal*), wäre das Patent über die Restnutzungsdauer von zwei Jahren abzuschreiben. Hieraus ergibt sich bei einem unterstellten Diskontierungssatz von 10 % und jährlich nachschüssiger Steuerzahlung abstrahiert vom konkreten Erwerber folgende iterative und direkte Ermittlung des Steuervorteils und damit des unter Berücksichtigung dieses Vorteils anzusetzenden Zeitwerts:

Iteration	Wert vor Steuer	Wert inkl. Steuervorteil	Abschreibung p.a.	Steuervorteil 01	Steuervorteil 02	Barwert Steuervorteil
1	100,00	100,00	50,00	20,00	20,00	34,71
2	100,00	134,71	67,36	26,94	26,94	46,76
3	100,00	146,76	73,38	29,35	29,35	50,94
4	100,00	150,94	75,47	30,19	30,19	52,39
5	100,00	152,39	76,20	30,48	30,48	52,90
6	100,00	152,90	76,45	30,58	30,58	53,07
7	100,00	153,07	76,54	30,61	30,61	53,13
8	100,00	153,13	76,57	30,63	30,63	53,15
9	100,00	153,15	76,58	30,63	30,63	53,16
10	100,00	153,16	76,58	30,63	30,63	53,16

Direkte Berechnung Steuervorteil: 100 × (2/(2 – 1,73554 × 0,4) – 1) = 53,16.
Dabei ist 1,73554 der Rentenbarwertfaktor für 10 % und zwei Jahre.
Anzusetzen ist somit der Wert von 153,16.

238 Im Schrifttum wird z.T. die Auffassung vertreten, die Berücksichtigung des *tax amortization benefit* sei eine **Ermessenssache**, da nach empirischen Studien Marktteilnehmer Steuervorteile nicht in vollem Umfang bei der Preisfindung berücksichtigen würden.[71] Die Berücksichtigung solcher nach Objekt und Markt, aber auch nach Validität der Untersuchungsergebnisse unterschiedlichen empirischen Befunde im *discounted-cash-flow*-Kalkül würde zu komplexen Differenzierungen führen mit der Maßgabe, den Steuervorteil in einigen Fällen voll, in anderen gar nicht, in wieder anderen zum Teil zu berücksichtigen. Der Vergleichbarkeit von Bewertungen wäre damit nicht gedient. U. E. ist das *discounted-cash-flow*-Kalkül darauf gerichtet, den Preis zu ermitteln, der sich bei rationalem Verhalten und vollkommenen Marktverhältnissen ergäbe. Sobald hiervon im Hinblick auf tatsächlich oder angeblich abweichendes Verhalten und tatsächliche oder angeblich abweichende Marktverhältnisse abgewichen würde, käme die kaum lösbare Frage nach der Quantifizierung der Abweichungen und der Güte der empirischen Befunde ins Spiel.

239 Die explizite Berücksichtigung des *tax amortization benefit* ist im Übrigen eine Besonderheit der einkommensorientierten Verfahren. Bei **marktorientierten Verfahren** wird demgegenüber die Einbeziehung eines eventuellen steuerlichen Abschreibungsvorteils in den Marktpreis unterstellt.

71 Kasperzak/Nestler, DB 2007, S. 473ff.

§ 32 TOCHTERUNTERNEHMEN IM KONZERN- UND EINZELABSCHLUSS

Inhaltsübersicht **Rz**

Vorbemerkung

Schrifttum: ALVAREZ/WOTSCHOFSKY/MIETHIG, Leasingverhältnisse nach IAS 17, Zurechnung, Bilanzierung, Konsolidierung, WPg 2001, S. 933ff.; BISCHOF/ROSS, Qualitative Mindestanforderungen an das Organ nach HGB und IFRS bei einem Mutter-Tochter-Verhältnis durch Organbestellungsrecht, BB 2005, S. 203ff.; BRÜCKS/RICHTER, Business Combination (Phase II), KoR 2005, S. 407ff.; ENGELMANN/ZÜLCH. Pflicht zur Aufstellung eines IFRS-Konzernabschlusses trotz nach HGB unwesentlicher Tochterunternehmen, DB 2006, S. 293ff.; FLADT, Die neuen Standards zu Unternehmenserwerben – was lange währt, wird endlich gut?, WPg 2008, S. 1; FREIBERG, Optionen auf Anteile im Spannungsverhältnis von IAS 27 und IAS 39, PiR 2010, S. 206ff.; FRÖHLICH, Non-Controlling Interest im IFRS-Abschluss, IRZ 2008, S. 417ff.; HACHMEISTER/HANSCHMANN, Optionen auf Minderheitenanteile in IFRS-Konzernabschlüssen, IRZ 2007, S. 163ff.; HANFT/BROSSIUS, Die Endkonsolidierung defizitärer Tochterunternehmen, KoR 2002, S. 33ff.; HANFT/KRETSCHMER/ESCHBORN, Negative Minderheitenanteile im Konzernabschluss nach HGB, US-GAAP und IAS, BB 2002, S. 2047ff.; HELMSCHROTT, Einbeziehung einer Leasingobjektgesellschaft in den Konzernabschluss des Leasingnehmers nach HGB, IAS und US-GAAP, DB 1999, S. 1865ff.; HENDLER/ZÜLCH, Unternehmenszusammenschlüsse und Änderung von Beteiligungsverhältnissen bei Tochterunternehmen – die neuen Regelungen des IFRS 3 und IAS 27, WPg 2008, S. 484ff.; KNORR/BUCHHEIM/SCHMIDT, Konzernrechnungslegungspflicht und Konsolidierungskreis – Wechselwirkungen und Folgen für die Verpflichtung zur Anwendung von IFRS, BB 2005, S. 2399ff.; KRIETENSTEIN, Rechtsstellung der Komplementär-GmbH als auslösendes Moment der Konzernrechnungslegungspflicht nach HGB und IFRS, KoR 2006, S. 267ff.; KÜTING, Nachhaltige Präsenzmehrheiten als hinreichendes Kriterium zur Begründung des Konzerntatbestands, DB 2009, S. 73ff.; KÜTUNG/GATTUNG, Zweckgesellschaften als Tochterunternehmen, KoR 2007, S. 397ff.; KÜTING/WIRTH, Implikationen von IAS 36 (rev. 2004) auf die Firmenwertberücksichtigung bei einer teilweisen Endkonsolidierung ohne Wechsel der Konsolidierungsmethode, KoR 2005, S. 415ff.; KUHN/SCHOBER, Transparenz bei Spezialfonds durch IAS 39, DB 2001, S. 2661ff.; KUSTNER, Special Purpose Entities. Wirtschaftliche Merkmale und Bilanzierung in der internationalen Rechnungslegung, KoR 2004, S. 308ff.; LIECK, Bilanzierung von Umwandlungen nach IFRS, Wiesbaden 2011; LÜDENBACH, IFRS 1 bei erstmaliger Begründung eines Konzerntatbestands, PiR 2010, S. 144ff.; LÜDENBACH, Mit Rücklagen verrechneter Goodwill bei der Entkonsolidierung, PiR 2005, S. 62ff.; LÜDENBACH/HOFFMANN, Enron und die Umkehrung der Kausalität bei der Rechnungslegung, DB 2002, S. 1169ff.; LÜDENBACH/HOFFMANN, Übergangskonsolidierung und Auf- oder Abstockung von Mehrheitsbeteiligungen nach ED IAS 27 und ED UFRS 3, DB 2005, S. 1805ff.; LÜDENBACH/VÖLKNER, Abgrenzung des Kaufpreises von sonstigen Vergütungen bei der Erst- und Entkonsolidierung, BB 2006, S. 1435ff.; MELCHER/PENTER, Konsolidierung von Objektgesellschaften und ähnlichen Strukturen nach US-GAAP, DB 2003, S. 513ff.; MÜLLER/OVERBECK/BÜHRER, Der Risks- and Rewards-Ansatz bei der Konsolidierung von Zweckgesellschaften nach IFRS. Die Cashflow-Analyse nach FIN 46 als mögliches Vorbild für eine praxisorientierte Auslegung von SIC 12?, BB 2005, Beil. 8 zu Heft 32, S. 26ff.; PELLENS/SELLHORN/AMSHOFF, Reform der Konzernbilanzierung, Neufassung von IFRS 3 Business Combinations, DB 2005, S. 1749; SCHMIDBAUER, Die Konsolidierung von „Special Purpose Entities" nach IAS und HGB, insbesondere unter Berücksichtigung von E-DRS 16, DStR 2002, S. 1013ff.; SCHRUFF/WIENAND/ROTHENBURGER, Zur Konsolidierung von Special Purpose Entities im Konzernabschluss nach US-GAAP, IAS und HGB, WPg 2002, S. 755ff.; WEBER/BÖTTCHER/GRIESEMANN, Spezialfonds und ihre Behandlung nach deutscher und internationaler Rechnungslegung, WPg 2002, S. 905ff.; WENK/JAGOSCH, Abbildung geschlossener Fonds im IFRS-Konzernabschluss, DStR 2009, S. 1326ff.

Vorbemerkung
Die folgende Kommentierung behandelt IAS 27 in der Fassung, die auf nach dem 1.1.2011 beginnende Geschäftsjahre anzuwenden ist. Einen Überblick über die Rechtsentwicklung geben Rz 193ff.

1 Zielsetzung, Regelungsinhalt und Begriffe

1.1 Konzernbilanzierung: Verhältnis von IAS 27 zu anderen Konzern-Standards

1 Vorschriften für den Konzernabschluss finden sich an verschiedenen Stellen des IFRS-Regelwerks. Vorrangig geht es um folgende Standards:

- **IAS 21** behandelt die **Währungsumrechnung** (→ § 27).
- **IFRS 3** behandelt die **Kapitalkonsolidierung** (→ § 31).
- **IAS 27** behandelt Fragen des **Konsolidierungskreises** (einzubeziehende Unternehmen), des **Konzernabschlussstichtages**, der **Schulden- und Aufwandskonsolidierung** sowie der **Zwischenergebniseliminierung.**
- **IAS 28 und IAS 31** behandeln **assoziierte Unternehmen** und **Gemeinschaftsunternehmen** (→ § 33 und → § 34).

Systematisiert stellt sich das Verhältnis der Vorschriften wie folgt dar: 2

- **IFRS 3 und IAS 27** sind die zentralen Standards zum **Konzernabschluss.** Sie befassen sich mit der Definition und konsolidierungstechnischen Behandlung von **Mutter-Tochter-Beziehungen**, ohne die es einen Konzernabschluss nicht gibt.
- Erst wenn eine Mutter-Tochter-Beziehung vorliegt und somit eine Konzernabschlusspflicht begründet ist, d.h. **nur sekundär,** werden **IAS 28** (→ § 33) und **IAS 31** (→ § 34) konzernabschlussrelevant. Hält das übergeordnete Unternehmen **nur** Beteiligungen an assoziierten Unternehmen (IAS 28) und/ oder Gemeinschaftsunternehmen (IAS 31), kommt es nicht zur Konzernabschlusspflicht. IAS 28 und IAS 31 sind in diesem Fall nur für die Bilanzierung von Beteiligungen im Einzelabschluss des übergeordneten Unternehmens von Bedeutung.
- **IAS 21** (→ § 27) behandelt anders als IFRS 3 und IAS 27 nicht allgemeine Fragen des Konsolidierungsverfahrens, sondern das **spezifische Problem der Währungsumrechnung**, das sich nur dann stellt, wenn Einheiten eines Konzerns in verschiedenen Währungen bilanzieren.

Zur konkreten „**Arbeitsteilung**“ zwischen IFRS 3 und IAS 27 wird auf die Tabelle in → § 31 Rz 9 verwiesen. 3

Verstreute Zuständigkeiten ergeben sich insbesondere im Rahmen der Aufwärts- und Abwärtskonsolidierung sowie bei mehrheitswahrenden Auf- und Abstockungen. Diese Fälle werden zusammengefasst unter → § 31 Rz 148ff. kommentiert. 4

1.2 Bilanzierung von Anteilen an Tochterunternehmen im Einzelabschluss, Verhältnis von IAS 27 zu IAS 39

Da die einzelbilanzielle **Bewertung von Tochterunternehmen** im Gegensatz zur Bilanzierung von „einfachen“ Anteilen **nicht** in den Anwendungsbereich von **IAS 39** fällt (IAS 39.2a; → § 28 Rz 11), bedarf es einer Regelung an anderer Stelle, nämlich in IAS 27. Wegen Einzelheiten wird auf Rz 168ff. verwiesen. 5

1.3 Beziehungen von IAS 27 zur IAS-Verordnung der EU und zu § 315a HGB

IAS 27 regelt u.a., 6

- **ob** ein Konzernabschluss aufzustellen (**Konzernabschlusspflicht**) und
- **wer** in einen ggf. aufzustellenden Konzernabschluss einzubeziehen ist **(Konsolidierungskreis)**.

Für börsennotierte Gesellschaften, die gem. Art. 4 der IAS-Verordnung der EU ab 2005 ihren Konzernabschluss pflichtweise nach IFRS erstellen, und für nicht börsennotierte Gesellschaften, denen das Bilanzrechtsreformgesetz in § 315a HGB ein Wahlrecht zu einem befreienden IFRS-Konzernabschluss gewährt (→ § 7), laufen die IFRS-Regeln zur Konzernabschlusspflicht jedoch ins Leere. Nach den Vorgaben der EU-Kommission[1] und des Bilanzrechtsreformgesetzes beurteilt sich die **Pflicht** zur Aufstellung, Veröffentlichung und Prüfung eines Konzernabschlusses allein nach der **7. EU-Richtlinie** und ihrer Umsetzung in

---

1 EU-Kommission, Kommentare zu bestimmten Artikeln der Verordnung (EG) Nr. 1606/ 2002, www.europa.eu.int/comm/internal_market/accounting/docs/ias/ias-200311-comments_de.pdf.

nationales Recht **(HGB)**. Nur wer nach Maßgabe dieser Bestimmungen einen Konzernabschluss zu erstellen hat und darauf IFRS anwenden muss (börsennotierte Gesellschaften) oder will, unterliegt auch den Vorschriften von IAS 27. Somit ergibt sich für deutsche Anwender folgende **Arbeitsteilung zwischen HGB und IFRS:**

- Beurteilung der **Konzernabschlusspflicht nach HGB,**
- Beurteilung des **Konsolidierungskreises nach IAS 27.**

Im Einzelnen wird auf Rz 88f. sowie → § 7 Rz 8 verwiesen.

2 Kontrollkonzept als Grundlage des Konzernbegriffs

2.1 Überblick

7 Konzernabschlusspflicht und Konsolidierungskreis sind nach IAS 27 durch das Vorliegen von **Mutter-Tochter-Beziehungen** bestimmt. IAS 27.4 definiert dementsprechend den Konzern *(group)* als „ein Mutterunternehmen sowie alle seine Tochterunternehmen". Damit stellt sich die Frage, wann eine Mutter-Tochter-Beziehung anzunehmen ist. Nach der allgemeinen Definition in IAS 27.4 setzt eine Mutter-Tochter-Beziehung **eine Beherrschung (*control*)** voraus, d.h.

- „die **Möglichkeit,** die Finanz- und Geschäftspolitik eines Unternehmens zu **bestimmen,**
- um aus dessen Tätigkeit **Nutzen** zu ziehen".

8 Das Merkmal der **Nutzenziehung** verhindert etwa die Zurechnung **treuhänderisch** gehaltener Anteile beim Treuhänder. Regelmäßig wird der Treuhänder aber aufgrund des Treuhandvertrags auch in seinen Entscheidungen an die Vorgaben des Treugebers gebunden sein, sodass ihm schon die Möglichkeit zur Bestimmung der Geschäftspolitik fehlt. Zwar betrifft die Bindung des Treuhänders nur das Innenverhältnis zum Treugeber, soweit man dies aber nicht für ausreichend hielte, läge weder beim Treugeber (zwar Nutzenziehung, aber im Außenverhältnis gegenüber der Gesellschaft nicht stimmberechtigt) noch beim Treuhänder (zwar im Außenverhältnis stimmberechtigt, aber zur Herausgabe des Nutzens verpflichtet) eine Kontrolle vor. Ein sachgerechtes Ergebnis stellt sich nur ein, wenn auf das **Innenverhältnis** abgestellt wird. Dann ist beim Treuhandverhältnis aber kein Widerspruch, sondern eine Identität der beiden Definitionsmerkmale gegeben. Zu einem Auseinanderfallen kann es hingegen bei sog. **Zweckgesellschaften** kommen (Rz 70).

9 Die allgemeine Definition der Beherrschung bzw. Kontrolle (nachfolgend synonym verwendet) wirft vor allem die Frage auf, unter welchen Umständen und Voraussetzungen die **Möglichkeit,** ein anderes Unternehmen zu bestimmen, zu bejahen bzw. zu verneinen ist. Die zentrale Frage, ob überhaupt eine Konzernabschlusspflicht (nach IAS 27) besteht und welche Unternehmen in den Konzernabschluss einzubeziehen sind, kann nicht beliebiger Interpretation des Begriffs der „Möglichkeit" überlassen werden. Interpretationsleitlinien, Regelvermutungen usw. sind notwendig und werden in IAS 27.13 wie folgt gegeben:

- **Widerlegbare Regelvermutung:** Eine Beherrschung wird angenommen, wenn ein Unternehmen, direkt oder indirekt, über **mehr als die Hälfte der Stimmrechte** an einem anderen Unternehmen verfügt (IAS 27.13 Satz 1). In außergewöhnlichen Fällen und bei eindeutigem Nachweis fehlender Beherrschung kann diese Vermutung widerlegt werden.

- **Zusatzvermutung:** Eine Beherrschung kann auch ohne Stimmrechtsmehrheit vorliegen, wenn **auf andere Weise**, z.B. durch mehrheitliche Vertretung im Geschäfts- und/oder Aufsichtsorgan die Möglichkeit gegeben ist, die Finanz- und Geschäftspolitik des Beteiligungsunternehmens zu bestimmen (IAS 27.13 Satz 2).

Je nach Konkretisierung des Beherrschungsbegriffs ist also zwischen Kontrolle 10
- **durch** Stimmrechtsmehrheit und Kontrolle
- **ohne** Stimmrechtsmehrheit

zu unterscheiden.

In die zweite Gruppe fallen auch die besonderen Regelungen von SIC 12 zu Zweckgesellschaften (*special purpose entities*), die z.B. für *off-balance-sheet*-Finanzierungen eingesetzt werden (Rz 63). 11

Der Konzernbegriff definiert sich 12
- über die **Möglichkeit,** die Geschäftspolitik eines Unternehmens zu bestimmen,
- auf die **tatsächliche** Einflussnahme, also die Ausübung der Möglichkeit, kommt es nicht an.

Andererseits lässt aber eine dauerhafte **tatsächliche** Einflussnahme regelmäßig 13 den Rückschluss auf eine **gesicherte Möglichkeit** der Beherrschung zu. Unter dieser Voraussetzung ist ein Mutter-Tochter-Verhältnis i.d.R. auch bei **faktischer** Kontrolle zu bejahen (vgl. Rz 44). Aus dieser Sicht ist der Kontrollbegriff der umfassendere Begriff: Die gesicherte Möglichkeit schließt die tatsächliche Einflussnahme regelmäßig ein.

2.2 Kontrolle durch Stimmrechtsmehrheit

2.2.1 Widerlegbare Vermutung, Beweislastregel

IAS 27.13 definiert die Beherrschung operational wie folgt: „Eine Beherrschung 14 wird dann angenommen, wenn das Mutterunternehmen, entweder direkt oder indirekt über Tochterunternehmen, über mehr als die Hälfte der **Stimmrechte** eines Unternehmens verfügt; dies gilt nicht, wenn sich in außergewöhnlichen Umständen *(exceptional circumstances)* eindeutig nachweisen *(clearly demonstrate)* lässt, dass ein derartiger Besitz keine Beherrschung begründet“ (Rz 25).

Die **Stimmrechtsmehrheit** kann auf drei Arten zustande kommen (Rz 32f.): 15
- Alle **Stimmrechteentsprechen den Kapitalanteilen**. Das Mutterunternehmen verfügt über die Kapitalmehrheit und damit auch über die Stimmrechtsmehrheit.
- Die Kapitalanteile sind mit **unterschiedlichen Stimmrechten** ausgestattet (stimmrechtslose Anteile, Mehrstimmrechtsanteile usw.). Das Mutterunternehmen verfügt unter Berücksichtigung dieser Sonderregelungen über die Mehrheit der Stimmrechte.
- Das Mutterunternehmen hat aufgrund seiner Kapitalanteile, auch unter Berücksichtigung der besonderen Ausstattung mit Mehrstimmrechten usw., keine Stimmrechtsmehrheit, es kann jedoch aufgrund von **(Stimmrechts-)Vereinbarungen** mit anderen Gesellschaftern über deren Stimmrechte verfügen und hat deshalb in zusammengefasster Betrachtung die Stimmrechtsmehrheit (IAS 27.13a).

Die Ermittlung der Stimmrechtsquote ergibt sich technisch als **Quotient aus** 16 **eigenen Stimmrechten und Gesamtzahl der Stimmrechte**. Anders als

§ 290 HGB sieht IAS 27 keine expliziten Vorschriften zur Ermittlung dieser beiden Größen vor. In Anwendung allgemeiner Grundsätze gilt aber Folgendes:

- Das Mutterunternehmen verfügt in wirtschaftlicher Betrachtung **nicht** über Anteile bzw. Stimmrechte, die es für **konzernexterne Dritte** (z.B. als Treuhänder oder Sicherungsnehmer) hält, wenn es diese Rechte nach Weisung oder wenigstens im Interesse des Dritten ausüben muss. Im Falle der Einzelweisung fehlt es schon an der Möglichkeit, die Politik des untergeordneten Unternehmens zu bestimmen, im Falle des Handelns im Interesse des Konzernfremden erfolgt die Einflussnahme jedenfalls nicht mit der Zweckrichtung, eigenen Nutzen zu ziehen (IAS 27.4).
- Umgekehrt sind den eigenen Stimmrechten Stimmrechte **hinzuzurechnen**, die Konzernfremde **für Rechnung** des Mutterunternehmens halten.
- Bei der **Gesamtzahl der Stimmrechte** ist ein **Abzug** für solche Stimmrechte vorzunehmen, die nicht ausgeübt werden können, z.B. weil sie auf **eigene Anteile** entfallen und das Gesetz die Ausübung von Rechten auf eigene Anteile nicht zulässt.

17 Zum letzten Punkt folgendes Beispiel:

Beispiel

Die T AG hat 5 Mio. Aktien ausgegeben. Sie hat davon zuletzt nach § 71 AktG 500.000 Aktien erworben.
Die M AG hält 2,2 Mio. Aktien der T AG.
Nach § 71b AktG stehen der T AG aus den eigenen Aktien keine Rechte zu.
Die Stimmrechtsquote der M bestimmt sich danach wie folgt:
2,2 Mio./4,5 Mio. = 49 %.
Es liegt kein Mutter-Tochter-Verhältnis vor.

Variante 1

Von den 4,5 Mio. im Umlauf befindlichen Aktien entfallen 1,5 Mio. auf die konzernfremde X AG. Die X AG hat einen großen Teil dieser Aktien erst vor kurzer Zeit erworben und ist dadurch in den Besitz von mehr als 25 % der Anteile gelangt. Der damit verbundenen Mitteilungspflicht gegenüber der Gesellschaft nach § 20 Abs. 1 AktG ist die X AG noch nicht nachgekommen. Für die Zwischenzeit stehen der X AG daher die Rechte aus den Aktien nicht zu (§ 20 Abs. 7 AktG).
Bei Ausklammerung der Aktien der X AG würde die M AG über 2,2 Mio. / 3 Mio., also über 73 % der Anteile verfügen.
Die X AG kann jedoch die unterlassene Mitteilung jederzeit nachholen und erlangt dann sofort volle Stimmrechte. Die M AG kann somit die T AG nur so lange beherrschen, wie die X AG dies duldet. Eine geduldete Beherrschung ist aber keine Beherrschung aus eigenem Recht. U. E. bleibt es deshalb bei der Stimmrechtsquote von 49 %.

Variante 2

Die T AG ist eine börsennotierte Gesellschaft i.S.d. § 2 Abs. 2 WpHG.
Die X AG unterliegt nach § 20 Abs. 8 AktG von vorneherein keinen Stimmrechtsbeschränkungen, sodass es der vorgenannten Abwägung und Überlegung nicht bedarf.

2.2.2 Indirekte Beteiligungen

Das Mutterunternehmen kann gem. IAS 27.13 nicht nur direkt, sondern auch **indirekt über andere Tochterunternehmen** über **Stimmrechte** am untergeordneten Unternehmen verfügen. Besteht die indirekte Beteiligung neben der direkten Beteiligung, sind beide Beteiligungen **zusammenzurechnen**. 18

Die indirekte Beteiligung ist i.d.R. voll und nicht lediglich quotal dem Mutterunternehmen zuzurechnen. Im Einzelfall kann aber auch eine andere Beurteilung in Betracht kommen, sofern die indirekte Kontrollmöglichkeit über das andere Tochterunternehmen eingeschränkt ist. 19

Hierzu folgendes Beispiel: 20

Beispiel

Die M AG ist

- zu 30 % an der T2 und
- zu 60 % an der T1 (an den Stimmrechten) beteiligt.
- T1 hält wiederum 30 % der Anteile an der T2.

Rechnerisch beträgt der Anteil der M AG an der T2
30 % (direkt)
+ 60 % × 30 % = 18 % (indirekt über T1)
= 48 % (gesamt).

Für die Beurteilung der Konsolidierungspflicht sind hingegen die der T1 zuzurechnenden Anteile voll anzusetzen, weil T1 bei jeder über 50 % hinausgehenden Beteiligung von M beherrscht wird, somit
30 % (direkt)
+ 30 % (indirekt über T1)
= 60 % (gesamt).

T2 ist Tochterunternehmen, weil M über 30 % der Stimmrechte direkt und über weitere 30 % indirekt, also insgesamt über 60 % der Stimmrechte verfügt.

Variante

Werden die anderen 40 % an der T1 jedoch von E gehalten und ist durch den Gesellschaftsvertrag von T1 oder in sonstiger Weise gesichert, dass abweichend von den sonstigen geschäftspolitischen Maßnahmen der T1 alle Entscheidungen der T1 in Bezug auf die Beteiligung an der T2 ein Einvernehmen von M und E voraussetzen, so greift die Kontrolle von M auf T1 nicht auf T2 durch. T1 ist zwar Tochterunternehmen von M, da für alle sonstigen geschäftspolitischen Maßnahmen der T1 normale Mehrheitsregeln gelten. M kann jedoch nur im Einvernehmen mit E die Stimmrechte der T1 in der Gesellschafterversammlung T2 ausüben.

M beherrscht somit nur die eigenen Anteile an der T2, während es die von T1 an T2 gehaltenen Anteile nicht beherrscht. T2 ist nicht Tochterunternehmen der M.

Auch für die indirekte Beteiligung kommt es auf die wirtschaftliche Zurechnung der Stimmrechte an; bei Treuhandvereinbarungen usw. sind also Zu- oder Abrechnungen vorzunehmen (Rz 16). 21

22 Keinen Eingang in die Gesamtbetrachtung der direkt und indirekt gehaltenen Anteile finden solche Anteile, die das Mutterunternehmen über assoziierte Unternehmen (→ § 33) oder *joint ventures* (→ § 34) hält. Sie sind nicht zu berücksichtigen.

2.2.3 Präsenzmehrheiten

23 Bei Publikumsgesellschaften mit breit gestreutem Anteilsbesitz kann ein mit weniger als 50 % beteiligter Großaktionär über eine **dauerhafte Mehrheit in der Hauptversammlung** verfügen, wenn viele Kleinaktionäre nicht, auch nicht im Wege der Stimmrechtsvollmacht, an der Hauptversammlung teilnehmen. Nach BilMoG ist in diesem Fall ein Mutter-Tochter-Verhältnis gegeben.[2] Für die IFRS-Bilanz wird z. T. eine andere Auslegung vertreten:

- **Für** die Berücksichtigung von Präsenzmehrheiten spricht die allgemeine Definition des Beherrschungsbegriffs in IAS 27.4. Eine dauerhafte Präsenzmehrheit verschafft die nachhaltige Möglichkeit zur Bestimmung der Geschäftspolitik eines anderen Unternehmens.
- **Gegen** die Berücksichtigung der Präsenzmehrheit spricht andererseits die Regelung in IAS 27.13a. Danach ist ein Unternehmen, dem weniger als die Hälfte der Stimmrechte zusteht, gleichwohl als Mutterunternehmen anzusehen, wenn es „kraft einer mit anderen Anteilseignern abgeschlossenen **Vereinbarung**" über mehr als die Hälfte der Stimmrechte verfügen kann. Ein solcher Fall der Vereinbarungen mit anderen Anteilseignern liegt im Falle der Präsenzmehrheit nicht vor. Im Umkehrschluss könnte daher IAS 27.13a die Nichtberücksichtigung von Präsenzmehrheiten rechtfertigen.

24 Eine formelle Entscheidung des IASB in dieser Frage steht noch aus. Auf informeller Ebene hat sich der IASB aber im Oktober 2005 wie folgt geäußert:[3]

- Ein Minderheitsgesellschafter könne ein Unternehmen **faktisch** beherrschen *(de facto control)*, wenn die restlichen Anteile breit gestreut seien. Eine rechtliche Stimmrechtsmehrheit sei nicht in jedem Fall erforderlich.
- Allerdings **fehle** es in der *Implementation Guidance* zu IAS 27 an Hinweisen, wann genau eine solche *de facto control* vorliege.

Derartige Hinweise sollen erst im Zuge der **Gesamtüberarbeitung** des Kontrollkonzepts gegeben werden. Bis dahin bestehe die Gefahr der unterschiedlichen Rechtsanwendung fort.

U. E. sind diese Bemerkungen des IASB wie folgt zu interpretieren:

- In **klaren** Fällen, etwa bei einem 49-%-Gesellschafter und ständig geringer Hauptversammlungspräsenz der anderen Gesellschafter, ist bereits jetzt zwingend eine Beherrschung anzunehmen,
- In **weniger klaren** Fällen besteht mangels Implementierungshinweisen des IASB ein Ermessensspielraum.[4]

---

2 Vgl. Hoffmann/Lüdenbach, NWB Kommentar Bilanzierung 2008, § 290, Tz 15ff.

3 IASB, Update Oktober 2005.

4 Ähnlich Küting, DB 2009, S. 73ff; Ernst & Young, International GAAP 2009, S. 400ff.; a. A. Baetge/Hayn/Ströher, in: Baetge u. a. (Hrsg.), Internationale Rechnungslegung nach IFRS, IAS 27, Tz 63a.

Beispiel

A hat einen 49,5%igen Anteil an T1, B einen 36%igen an T2. Die Präsenzquote in den Hauptversammlungen der letzten 5 Jahre lag nie über 60 %. Die dauerhafte Präsenzmehrheit beträgt daher in erster Betrachtung:

- für A 49,5 / 60 = 82,5 %,
- für B 33 / 60 = 55,0 %.

Allerdings ist in den Hauptversammlungen der letzten 5 Jahre nie über „außerordentliche" Themen wie etwa eine Kapitalherabsetzung, eine Änderung des Geschäftszwecks oder eine bedingte Kapitalerhöhung mit Bezugsrechtsausschluss verhandelt worden. Ein Ansteigen der Präsenzquote um 10 bis 20 Prozentpunkte bei einer entsprechenden Agenda ist eher wahrscheinlich. Unter dieser Annähme wäre die Stimmrechtsquote wie folgt:

- für A 49,5 / 80 bis 49,5 / 70 = 62 % bis 71 %,
- für B 33 / 80 bis 33 / 70 = 41 % bis 47 %.

Die Präsenzmehrheit des A ist robust gegenüber geänderten Präsenzquoten, die des B hingegen nicht. Unter diesen Umständen wird man bei A eine Kontrolle annehmen müssen, bei B hingegen mangels spezifischer Anwendungsbestimmungen ein faktisches Wahlrecht.

Der im Dezember 2008 vorgelegte ED 10 (Rz 195) sieht bei Präsenzmehrheiten eine widerlegbare Vermutung der Kontrolle (ED 10.28) vor.

2.2.4 Widerlegung der Kontrollvermutung durch Satzung, Entherrschungsvertrag usw.

2.2.4.1 Allgemeine Anforderungen

Nach IAS 27.13 ist bei Besitz von mehr als der Hälfte der Stimmrechte eines 25
Unternehmens dessen Beherrschung anzunehmen, „es sei denn, dass sich in außergewöhnlichen Umständen eindeutig nachweisen lässt, dass ein derartiger Besitz keine Beherrschung begründet". Die Mehrheit der Stimmrechte begründet danach eine **widerlegbare Vermutung** zugunsten der Beherrschung (Rz 14). Diese Vermutung kann

- **materiell** nur bei Vorliegen **außergewöhnlicher Umstände** (*exceptional circumstances*) und
- **formell** nur durch **eindeutigen** Gegenbeweis *(clear demonstration)* widerlegt werden.

Hierbei kommt dem **Kriterium der außergewöhnlichen Umstände** u.E. keine 26
so große Bedeutung zu. Es setzt als Vergleichsmaßstab gewöhnliche Umstände voraus. In der Vielfalt des Wirtschafts- und Vertragslebens fällt es aber schwer, das Gewöhnliche vom Außergewöhnlichen zu unterscheiden, sodass entweder alles als gewöhnlich gelten würde *(anything goes)* oder gar nichts. Jedenfalls fehlt es in IAS 27 an jeglicher Beschreibung dessen, was außergewöhnlich sein könnte, sodass das Kriterium für die Anwendung kaum taugt.

Das **Kriterium des eindeutigen Nachweises** ist weniger weich. Man kann hier 27
zunächst unterscheiden zwischen

- vertraglich oder gesetzlich, d.h. **rechtlich gesicherten Verhältnissen** und
- stetigem Wandel unterliegenden **faktischen Verhältnissen.**

28 Ein **vertraglich oder gesetzlich** feststehender **Verlust der Beherrschung** ist z. B. gegeben,

- in der **Insolvenz**, wenn dadurch alle wesentlichen Verfügungsrechte auf den Insolvenzverwalter übergehen (IAS 27.21 rev. 2004),
- im Falle eines **Entherrschungsvertrages** zwischen Mutter- und Tochterunternehmen (Umkehrschluss aus IAS 27.13a),
- in Fällen, in denen der Gesellschaftsvertrag alle wesentlichen Entscheidungen an ein über der bestehenden Stimmrechtsquote liegendes **Quorum** (z. B. 75 %) bindet,
- in Fällen, in denen nach ausländischem Recht Produktion, Preise, Zusammensetzung der Geschäftsführung usw. in erheblichem Maße durch **staatliche Behörden und Vorschriften** beschränkt sind.

In IAS 27 rev. 2008 ist Paragraf 21 gestrichen worden, der **Insolvenzfall** also nicht mehr explizit erwähnt. Die Streichung macht deutlich, dass mit der Anmeldung oder Eröffnung des Insolvenzverfahrens nicht zwangsläufig ein Kontrollverlust einhergehen muss, vielmehr auf den Einzelfall abzustellen ist.

29 Eine **faktische Widerlegung** der durch Stimmrechtsmehrheit begründeten Beherrschungsvermutung kann i. d. R. nicht gelingen. Wenn selbst langfristige und wesentliche **Beeinträchtigungen des Finanzmitteltransfers** nicht zum Verlust der Kontrolle führen (Rz 98), werden etwa auch Fälle, in denen ein Minderheitsgesellschafter das zentrale Know-how und zentrale Geschäftsbeziehungen der Gesellschaft jederzeit entziehen kann, nicht als eindeutige Widerlegung gelten können. Die Widerlegbarkeit der Kontrollvermutung ist damit im Wesentlichen auf **vertragliche** oder **gesetzliche** Fälle beschränkt.

2.2.4.2 Besondere Ausprägung der Minderheitsrechte (Stimmrechtsquoren)

30 Ein Gesellschaftsvertrag kann **Einstimmigkeit** in der Gesellschafterversammlung bez. aller **wesentlichen** Entscheidungen oder aber ein vom Mehrheitsgesellschafter nicht erreichbares **Quorum** vorsehen. In einem derartigen Fall liegt nur eine formelle, aber keine materielle Stimmrechtsmehrheit des Hauptgesellschafters vor. Da die Höhe der Stimmrechte überdies „nur" den Indikator darstellt, an dem die Möglichkeit zur Beherrschung regelmäßig festzumachen ist, gilt: Verkörpert eine **formelle** Stimmrechtsmehrheit ausnahmsweise ein für sämtliche wesentlichen Entscheidungen geltendes höheres Quorum substanziell keine Mehrheit, scheidet **materiell** eine Beherrschungsmöglichkeit von vornherein aus. Ein Mutter-Tochter-Verhältnis liegt nicht oder nur bei Erfüllung sonstiger Voraussetzungen (z. B. Mehrheit im Geschäftsführungsorgan) vor.

Der Gesellschaftsvertrag kann auch differenzierende Quoren festlegen: In bestimmten, nicht unbedeutenden Fällen ist die Zustimmung der **Minderheit** erforderlich, in anderen wesentlichen Tatbeständen genügt eine Mehrheitsentscheidung. Eine **Einzelfallwürdigung** ist dann geboten. Sie kann sich an folgenden Unterscheidungen und **Kriterien** orientieren:

- **Konstitutive vs. deklarative Minderheitsregelungen:** Gesellschaftsvertragliche Vereinbarungen, die über die gesetzlich garantierten Minderheitsrechte hinausgehen, sind zur Widerlegung der Kontrollvermutung geeignet. Die Erwähnung oder Nichterwähnung gesetzlich unabdingbarer Rechte im Gesellschaftsvertrag ist demgegenüber irrelevant. Derartige nicht dispositive Rechte können allerdings bei der jeweiligen Rechtsform (z. B. KG vs. GmbH) unterschiedlich ausgeprägt sein; unter sonst gleichen Bedingungen müssen im einen Fall zur Widerlegung der Kontrollvermutung weniger konstitutive Regeln hinzutreten als im andern Fall (vgl. zur KG Rz 39).

- **Mitwirkungs- vs. Schutzrechte** (*participating vs. protective rights*):[5] Die meisten gesetzlichen Regeln (z.B. das Erfordernis einer 75%igen Mehrheit bei Änderungen einer GmbH-Satzung) zielen eher auf den Schutz als auf die operative Mitwirkung der Minderheit. Die Minderheit soll vor einer Änderung der Grundlagen des Unternehmens (Kapitalausstattung, Geschäftszweck etc.) durch einfache Mehrheit geschützt werden. Bindet der Gesellschaftsvertrag hingegen auch Teile der laufenden Geschäfts- und Finanzpolitik (etwa die Verabschiedung von Jahresbudgets) an ein vom Mehrheitsgesellschafter allein nicht erreichbares Quorum, kann die qualifizierte Minderheit an der Geschäfts- und Finanzpolitik mitwirken. Je nach Intensität der Mitwirkungsrechte ist dadurch die Kontrollvermutung widerlegbar.
- **Abstand vom Quorum/Zahl der Minderheitsgesellschafter:** Nur in einer Konstellation mit zwei Gesellschaftern ist der Abstand des Mehrheitsgesellschafters von der qualifizierten Mehrheit unerheblich. Sieht etwa der Vertrag einer Gesellschaft mit zwei Gesellschaftern eine 75-%-Mehrheit für die wesentlichen Entscheidungen vor, kommt es nicht darauf an, ob der Mehrheitsgesellschafter über 50,1 % oder 74,9 % der Stimmrechte verfügt; in Anbetracht der Zweierkonstellation wäre in beiden Fällen faktisch Einstimmigkeit erforderlich. Bei hoher Intensität der Mitwirkungsrechte ist dann von einer gemeinsamen Kontrolle (Gemeinschaftsunternehmen) auszugehen (→ § 34). Stehen dem Mehrheitsgesellschafter hingegen einige kleinere Gesellschafter gegenüber, ist die Kontrollvermutung umso schwerer zu widerlegen, je höher der Stimmrechtsanteil des Hauptgesellschafters ist. Bei 10 jeweils in gleichem Umfang beteiligten Mitgesellschaftern reicht etwa im 74,9-%-Fall nur die einvernehmliche Geltendmachung der Mitwirkungsrechte durch alle Minderheitsgesellschafter aus, um einseitige Entscheidungen des Mehrheitsgesellschafters zu verhindern, während im 50,1-%-Fall nur 6 der 10 Minderheitsgesellschafter ihre Rechte geltend machen müssen.
- **Verteilung der Kompetenzen auf die Organe:** Bei allem ist die Verteilung der Kompetenzen auf die Organe zu berücksichtigen. Ausgeprägte Minderheitsrechte in der Gesellschafterversammlung sind umso eher zur Widerlegung der Kontrollvermutung geeignet, je größer die Kompetenzen der Gesellschafterversammlung sind. Umgekehrt ist bei geringen Kompetenzen der Gesellschafterversammlung eher die Mehrheit im Geschäftsführungs- (oder Aufsichts-)Organ wichtig, sofern über die Zusammensetzung dieser Organe nicht wiederum ohne Zustimmung der Minderheit entschieden werden kann (vgl. Rz 37).

---

5 Eine entsprechende Unterscheidung für US-GAAP wird getroffen in EITF Issue 04-5 „Investor's Accounting for an Investment in a Limited Partnership When the Investor Is the Sole General Partner and the Limited Partners Have Certain Rights“ und EITF Issue 96-16 „Investor's Accounting for an Investee When the Investor Has a Majority of the Voting Interest but the Minority Shareholder or Shareholders Have Certain Approval or Veto Rights“.

31 Zum Ganzen folgendes Beispiel:

Beispiel

Vom Stammkapital der X-GmbH haben M 70,0 % (alternativ 55 %) und A bis E je 6 % (alternativ: je 9 %) übernommen. Die Stimmrechte entsprechen den Kapitalanteilen. Der Gesellschaftsvertrag sieht im Übrigen Folgendes vor: Beschlüsse der Gesellschafterversammlung werden nur in zwei Fällen mit einfacher Mehrheit gefasst:

- Feststellung des Jahresabschlusses und
- Ergebnisverwendung.

Hingegen ist eine Dreiviertel-Mehrheit in folgenden Angelegenheiten erforderlich:

- Zustimmung zur Aufstellung und Änderung des Wirtschaftsplans,
- Bestellung, Anstellung, Entlastung und Kündigung von Geschäftsführern,
- Änderungen des Gesellschaftsvertrages,
- Zustimmung zu genehmigungspflichtigen Geschäftsführungsakten.

Als Geschäftsführer ist ein Fremder bestellt. Seine Kompetenzen sind beschränkt. Die vorherige Zustimmung der Gesellschafterversammlung ist erforderlich

- für den Abschluss von Geschäften, die im Wirtschaftsplan nicht enthalten sind und die im Einzelfall einen Geschäftswert von 250.000 EUR übersteigen,
- unabhängig vom Wert für alle nicht im Wirtschaftsplan enthaltenen Grundstücksgeschäfte und Kreditaufnahmen.

Beurteilung

Unerheblich ist die für Änderungen des Gesellschaftsvertrags erforderliche Dreiviertel-Mehrheit. Die Bestimmung ist lediglich deklaratorisch in den Gesellschaftsvertrag aufgenommen. Die zugrunde liegende gesetzliche Bestimmung verschafft Minderheitsgesellschaftern inhaltlich Schutz- und nicht Mitwirkungsrechte.

Da die Geschäftsführung im Innenverhältnis alle wesentlichen operativen, investiven und finanziellen Entscheidungen nur im Rahmen des von der Gesellschafterversammlung genehmigten Wirtschaftsplans oder nach vorheriger Zustimmung treffen kann, kommt es nur auf die Verhältnisse in der Gesellschafterversammlung an. Diese Verhältnisse sind wie folgt:

- M kann alleine – in den Grenzen des durch Richterrecht geschaffenen Minderheitenschutzes – über die **Feststellung** des Jahresabschlusses und die **Gewinnverwendung** beschließen.
- **Feststellungs- und Gewinnverwendungsbeschluss** haben jedoch insoweit **subsidiären** Charakter, als mit ihnen nur über das verfügt werden kann, was die Gesellschaft tatsächlich erwirtschaftet hat. Zwar kann das bilanziell ausgewiesene Ergebnis kurzfristig von dem tatsächlich erwirtschafteten abweichen, etwa wenn Abschreibungen über den wirtschaftlichen Werteverzehr hinaus vorgenommen werden. In mittlerer und langer Sicht determiniert hingegen der kumulierte wirtschaftliche Erfolg den kumulierten bilanziellen Gewinn.
- Das erwirtschaftete wirtschaftliche Ergebnis ist wiederum Resultat der Geschäfte, die operativ und finanziell eingegangen worden sind. Insoweit

kommt es also vor allem darauf an, wer die **Geschäfts- und Finanzpolitik** der Gesellschaft beeinflussen kann.

- Nach dem Gesellschaftsvertrag kann dies M nicht allein, da über **Wirtschaftsplan und zustimmungsbedürftige Einzelgeschäfte** nur mit Dreiviertel-Mehrheit entschieden werden kann.

Allerdings verfügt M (im **Grundfall**) über **70 %** der Stimmrechte und kann seine Entscheidung bereits dann durchsetzen, wenn einer der fünf Minderheitsgesellschafter nicht widerspricht. Soweit nicht von gleichklingenden, sondern eher von divergierenden Interessen der Minderheitsgesellschafter ausgegangen werden kann, ist die Kontrollvermutung daher nicht klar widerlegt. X ist ein Tochterunternehmen der M.

Im **Alternativfall** (55 % und 5 × 9 %) kann M seine Entscheidungen erst dann durchsetzen, wenn eine Mehrheit der anderen Gesellschafter auf Widerspruch verzichtet. Ohne Hinzutreten weiterer Umstände beherrscht M die X daher nicht.

2.3 Kontrolle ohne Stimmrechtsmehrheit

2.3.1 Fallvarianten, Notwendigkeit einer Gesamtwürdigung

IAS 27.13 listet Fälle auf, in denen auch ohne Stimmrechtsmehrheit eine Beherrschung vorliegt bzw. vorliegen kann. Der erste aufgelistete Fall, die Möglichkeit, über die Stimmrechtsmehrheit kraft **Stimmrechtsvereinbarung** zu verfügen, wurde unter Rz 15 behandelt, weil er sich systematisch vom Grundfall nicht durch das Fehlen der Stimmrechtsmehrheit, sondern lediglich durch den Modus der Stimmrechtsmehrheit (schuldrechtlicher Vertrag statt Anteilsrecht) unterscheidet. 32

Die drei anderen in IAS 27.13 genannten Fälle betreffen 33

- die Möglichkeit, die Finanz- und Geschäftspolitik eines Unternehmens gem. einer **Satzung** oder einer **Vereinbarung** zu bestimmen (IAS 27.13b),
- die Möglichkeit, die Mehrheit der **Mitglieder** des **Geschäftsführungs- und/oder Aufsichtsorgans** zu ernennen oder abzusetzen (IAS 27.13c),
- die Möglichkeit, die Mehrheit der Stimmen bei Sitzungen des **Geschäftsführungs- und/oder Aufsichtsorgans** zu bestimmen (IAS 27.13d).

Bei oberflächlicher Betrachtung von IAS 27.13 liegt eine Beherrschung vor, wenn eine der vorgenannten Bedingungen erfüllt ist. Zu den sich hieraus ergebenden **Widersprüchen** folgendes Beispiel: 34

Beispiel

A und B halten je 50 % der Anteile und Stimmrechte am Unternehmen T.

Die Satzung sieht ein dreiköpfiges Aufsichts- und ein dreiköpfiges Geschäftsführungsgremium vor.

A ist als Kapitalgeber von größerer Bedeutung (Stellung von Sicherheiten für Banken usw.). B bringt das größere operative Know-how ein. Der Gesellschaftsvertrag sieht demgemäß vor, dass

- B die Mehrheit der Geschäftsführer stellt,
- A jedoch die Mehrheit im Aufsichtsrat erhält.

Die entsprechenden Entsendungs- und Abberufungsrechte sind in der Satzung verankert.

Beurteilung
Bei oberflächlicher Auslegung von IAS 27.13 besteht eine Mutter-Tochter-Beziehung sowohl zwischen A und T (zweite Alternative von IAS 27.13c) als auch zwischen B und T (erste Alternative).
Bei zweiter Betrachtung wird man würdigen müssen, welche Rechte die Geschäftsführung hat und welche Rechte dem Aufsichtsrat, z.B. im Rahmen genehmigungsbedürftiger Geschäfte, zustehen, denn IAS 27.13c verfolgt die Mehrheit bei dem Organ, das seinerseits das Unternehmen beherrscht. Je nach Würdigung wird ein Tochterunternehmen von A **oder** von B oder ein Gemeinschaftsunternehmen i.S.v. IAS 31 (→ § 34 Rz 19ff.) vorliegen.

35 Widersprüche lassen sich vermeiden, wenn den in IAS 27.13 genannten Fällen nur eine **Indizienwirkung** zugesprochen wird, die nicht von der **Notwendigkeit einer Gesamtwürdigung** enthebt, bei der auch die Rechte der anderen Gesellschafter berücksichtigt werden. Eine solche Gesamtwürdigung entspräche auch den Regeln zur Konsolidierung von Zweckgesellschaften in SIC 12 (Rz 57). Nach SIC 12.9 erfordert die Anwendung des Kontrollkonzeptes „in jedem einzelnen Fall eine Beurteilung unter Berücksichtigung sämtlicher relevanter Faktoren".

36 Im Rahmen einer derart gebotenen Gesamtwürdigung wird es insbesondere auf die **Rechte der anderen Gesellschafter** ankommen. Steht einem mit 50 % oder weniger beteiligten Gesellschafter eines der in IAS 27.13b-d genannten Rechte zu, steht aber zugleich einem anderen Gesellschafter ein anderes dieser genannten Rechte zu, so ist eher ein **Gemeinschaftsunternehmen** (→ § 34) als ein Tochterunternehmen indiziert. Verfügen die anderen Gesellschafter hingegen nicht über entsprechende Rechte, so ist i.d.R. von einem Tochterunternehmen auszugehen.

37 Im Rahmen der Gesamtwürdigung ist auch der **wirtschaftliche Gehalt** der infrage stehenden Rechte zu würdigen. Er lässt sich an den Kompetenzen der Organe festmachen. IAS 27.13c und d verlangen insoweit nicht die Mehrheit hinsichtlich irgendeines Organs, sondern das Organ, das das Unternehmen beherrscht *(control is by that board or body)*.[6] Verfügt etwa Gesellschafter A über die Mehrheit im Geschäftsführungsorgan, bedürfen aber alle wesentlichen Entscheidungen der vorherigen Zustimmung des Aufsichtsorgans, so kommt es eher auf die Mehrheitsverhältnisse im Aufsichtsorgan an. Umgekehrt sind die Mehrheitsverhältnisse im Aufsichtsorgan von geringer Bedeutung, wenn das Aufsichtsorgan (z.B. bei einem fakultativen Aufsichtsrat) weitgehend einflusslos ist.[7]

2.3.2 Bestimmung der Geschäfts- oder Finanzpolitik durch Satzung, Vereinbarung oder Gesetz

38 Wie die Widerlegung der Kontrollvermutung trotz Stimmrechtsmehrheit durch Satzung oder Entherrschungsvertrag (vgl. Rz 28) möglich ist, kann sich auch umgekehrt bei Fehlen einer Stimmrechtsmehrheit eine Beherrschung aus Satzung oder Beherrschungsvertrag ergeben. Insbesondere **Beherrschungsverträge**

6 Stringent dargestellt bei Bischof/Ross, BB 2005, S. 203ff.
7 Gl.A. KPMG, Insights into IFRS, 4. Aufl., 2009/10, Tz 2.5.40.

i. S. v. § 291 Abs. 1 Satz 1 AktG können auch ohne Vorliegen einer Stimmrechtsmehrheit zu einem Mutter-Tochter-Verhältnis führen.

Bei **Kommanditgesellschaften** kann sich eine Beherrschung z. B. aus der alleinigen Komplementär-Stellung des übergeordneten Unternehmens ergeben, wenn den Kommanditisten ohne Rücksicht auf ihre Mehrheitsbeteiligung im Wesentlichen nur die gesetzlichen Rechte zustehen. Entsprechende Überlegungen sind für US-GAAP formuliert in EITF *Issue* 04–5: „*Investor's Accounting for an Investment in a Limited Partnership When the Investor Is the Sole General Partner and the Limited Partners Have Certain Rights.*" Die Ausführungen sind deshalb von Interesse, weil die zugrunde gelegten gesellschaftsrechtlichen Verhältnisse denen einer deutschen KG im Wesentlichen entsprechen. Insbesondere sieht der *Uniform Limited Partnership Act* (*revised* 2001) in Section 302 eine Beschränkung der Geschäftsführungs- und Vertretungsrechte des Kommanditisten analog §§ 164 und 170 HGB vor. 39

Der EITF formuliert die widerlegbare Vermutung einer Beherrschung der *Limited Partnership* durch den alleinigen Komplementär. Zur tatsächlichen Widerlegung der Vermutung ist ein zweistufiges Verfahren vorgesehen:

- Auf **Stufe 1** ist zu prüfen, ob eine Mehrheit der Kommanditisten eine Liquidation der Gesellschaft oder die Kündigung bzw. den Ausschluss des Komplementärs ohne Vorliegen besonderer Gründe beschließen kann *(kick-off rights)*. Soweit dies ausnahmsweise der Fall ist, gilt die Vermutung der Beherrschung durch den Komplementär schon auf Stufe 1 als widerlegt.
- Soweit keine entsprechenden *kick-off rights* bestehen, muss auf **Stufe 2** geprüft werden, ob die Kommanditisten abweichend vom gesetzlichen Regelstatut substanzielle Mitwirkungsrechte im laufenden Geschäft haben, insbesondere in Fragen der Auswahl und Vergütung der Geschäftsführung sowie bei operativen, investiven und finanziellen Geschäften im Rahmen des gewöhnlichen Geschäftsbetriebs. Derartige Rechte können durch Bindung der Geschäftsführung an einen Wirtschaftsplan, der seinerseits einer Zustimmung von Kommanditisten bedarf, bestehen.

Die Kriterien des EITF stimmen mit den in IAS 27 niedergelegten Prinzipien konzeptionell überein und können u. E. auf der Basis von IAS 8.12 auch für den IFRS-Abschluss herangezogen werden[8] (→ § 1 Rz 74 ff.). Insbesondere bei Vorliegen substanzieller Mitwirkungsrechte der Kommanditisten beherrscht daher die Komplementärin die KG nicht.[9]

Jeder Fall der Begründung oder Widerlegung einer Kontrollvermutung erfordert eine **Gesamtwürdigung**, die jeweils auf den konkreten Inhalt und die Rechtswirksamkeit der schuld- und gesellschaftsvertraglichen Regelungen abzustellen hat. Für die Bedeutung und Beurteilung von Minderheitsrechten im Rahmen einer solchen Gesamtwürdigung wird auf Rz 31 verwiesen. 40

2.3.3 Personen- oder Stimmrechtsmehrheit im Geschäftsführungs- oder Aufsichtsorgan

Während IAS 27.13c auf die Möglichkeit abstellt, die Mehrheit der Mitglieder des Geschäftsführungs- und/oder Aufsichtsorgans zu ernennen oder abzusetzen, geht 41

[8] Gl. A. KPMG, Insights into IFRS, 4. Aufl., 2009/10, Tz 2.5.90.

[9] Gl. A. Wenk/Jagosch, DStR 2009, S. 26 ff., und Krietenstein, KoR 2006, S. 267 ff.

es in IAS 27.13d um die Möglichkeit, die Mehrheit der Stimmen bei Sitzungen des betreffenden Organs zu bestimmen.

42 Eine Abweichung zwischen beiden Fällen kann sich z.B. aus **Mehrstimmrechten** ergeben, ein scheinbarer Widerspruch innerhalb der beiden Fälle z.B. daraus, dass ein Gesellschafter mehrheitlich im **Geschäftsführungsorgan** und der andere mehrheitlich im **Aufsichtsorgan** vertreten ist.

43 Eine Gesamtwürdigung ist in derartigen Fällen unbedingt erforderlich (vgl. Rz 35ff.).

2.3.4 Faktische Kontrolle

44 Ein nicht über die Stimmrechtsmehrheit verfügender Gesellschafter kann ein Unternehmen auch **faktisch** beherrschen, z.B. durch **Präsenzmehrheit** (Rz 24) oder durch Kontrolle der wesentlichen **Ressourcen** des Unternehmens. Zum zweiten Fall folgendes Beispiel:

> **Beispiel**
> A hält 50 % der Anteile an T. Die anderen 50 % sind breit gestreut. T ist hauptsächlich als Vertriebsgesellschaft für A auf nicht exklusiver Basis tätig. A kann den Vertrieb jederzeit auf andere verlagern und dadurch T die wirtschaftliche Substanz entziehen.
> Da A mit seinen 50 % jedenfalls nicht überstimmt werden und andererseits im Falle eines Patts durch Beendigung oder Androhung der Beendigung des Vertriebsvertrages der T die Ressourcen entziehen kann, liegt eine Beherrschung vor.

45 Aus den unter Rz 13 dargelegten Gründen ist bei der Anwendung des Kriteriums der faktischen Beherrschung Vorsicht geboten. Im Interesse der Eindeutigkeit können u.E. auch ausgeprägte faktische Abhängigkeiten nur dann zu einem Beherrschungsverhältnis führen, wenn weitere Umstände hinzutreten (SIC 12.Appendix).

2.3.5 Potenzielle Stimmrechte

2.3.5.1 Erweiterung der Konsolidierungspflicht durch Erwerb von Kaufoptionen auf Anteile (Optionsinhaberposition)

46 Bei der Beurteilung, ob **Kontrolle** (Tochterunternehmen) **oder maßgeblicher Einfluss** (assoziierte Unternehmen; → § 33) vorliegt, sind neben den bestehenden auch potenzielle in **Bezugsrechten** oder **erworbenen Kaufoptionen** (***call options***) verkörperte Stimmrechte einzubeziehen (IAS 27.14ff. sowie IAS 28.8ff.).[10]

> **Beispiel**
> M verfügt über 40 % der Anteile und Stimmrechte an X, B über 20 %. B hat M eine jederzeit ausübbare Kaufoption über den Erwerb der 20 % eingeräumt. Die Option ist zum Stichtag (im Übrigen auch bis zur Bilanzaufstellung) noch nicht ausgeübt worden.

---

10 Die nachfolgenden Ausführungen sind im Wesentlichen entnommen, LÜDENBACH/VÖLKNER, BB 2006, S. 1435ff.

Sofern der Ausübungspreis nicht sehr ungünstig ist (dazu Rz 50), gilt X als Tochterunternehmen von M, da eine zusammengefasste Betrachtung von bereits bestehenden Stimmechten (40 %) und potenziellen Stimmrechten (20 %) geboten ist.

Wenn die Kaufoption bis zum Bilanzstichtag nicht ausgeübt wurde, könnte sie aus 47
Sicht des **Stichtagsprinzips** vordergründig für irrelevant gehalten werden. Einer solchen Perspektive steht indes IAS 27.IG2 entgegen: Kontrolle gem. IAS 27 bzw. maßgeblicher Einfluss gem. IAS 28 setzen lediglich die **Möglichkeit** der Einwirkung auf die Finanz- und Geschäftspolitik eines Unternehmens voraus. Auf die **tatsächliche** Einwirkung zum Stichtag kommt es nicht an. Optionsrechte, bei deren Ausübung die Kontroll- bzw. Einflussschwelle von 50 % bzw. 20 % überschritten würde, sind (unter bestimmten Bedingungen) daher schon dann zu berücksichtigen, wenn sie am Stichtag hätten ausgeübt werden können.

Diese Voraussetzung ist gem. IAS 27.14 für **gegenwärtig ausübbare (*currently* 48
***excercisable*)** Optionen gegeben, nicht hingegen für Optionen, die erst zu einem zukünftigen Zeitpunkt (Frist) oder bei Eintritt eines zukünftigen Ereignisses (Bedingung) ausübbar sind (gleichlautend IAS 28.8 für assoziierte Unternehmen). Unklar ist, ob sich die Voraussetzung der gegenwärtigen Ausübbarkeit nur auf das **obligatorische** oder auch auf das **dingliche** Geschäft bezieht.

Beispiel

X hat M ein jederzeit annehmbares Angebot auf den Erwerb seiner Anteile an T eingeräumt. M hat das Angebot bisher nicht angenommen.

Hätte er es am Stichtag angenommen, wäre die Übertragung der Anteile (dingliches Geschäft) angesichts kartellrechtlicher Genehmigungsbedürftigkeit gleichwohl erst einige Monate später möglich gewesen.

Nach einer im Schrifttum vertretenen Auffassung kommt es in dieser Konstellation darauf an, ob die behördliche Genehmigung eine bloße Formalität darstellt oder ob ein nicht zu vernachlässigendes Risiko der Ablehnung besteht.[11] Diese Ansicht erscheint sachgerecht.

Nach IAS 27.15 und IAS 28.9 sind bei der Beurteilung, ob potenzielle Stimmrechte 49
Kontrolle bzw. maßgeblichen Einfluss vermitteln, die „Absicht des Managements und die finanziellen Möglichkeiten zur Ausübung" nicht zu berücksichtigen.

Die **Nichtberücksichtigung der Absichten** ist sachgerecht, da Kontrolle bzw. Einfluss als **Möglichkeit** der Einwirkung auf die Geschäftspolitik definiert sind, die **Absicht** aber nur etwas darüber aussagt, ob eine Möglichkeit ausgeübt werden soll, nicht darüber, ob überhaupt eine Möglichkeit besteht.[12]

Die Nichtberücksichtigung der **finanziellen Fähigkeit** zur Zahlung des Ausübungspreises ist kritischer zu würdigen. Danach muss sich ein Unternehmen potenzielle Stimmrechte selbst dann zurechnen lassen, wenn ihm die Ausübung oder Wandlung aufgrund bestehender vertraglicher oder ökonomischer Finanzie-

11 KMPG, Insights into IFRS, 3. Aufl., 2006, Tz 2.5.130.60.

12 In diesem Sinne auch ALFREDSON et al., Applying International Accounting Standards, 1. Aufl., 2004, S. 642.

rungsgrenzen am Bilanzstichtag unmöglich ist. Nur formalrechtlich sind die Optionss- und Wandlungsrechte damit „gegenwärtig ausübbar". Unter *substance-over-form*-Gesichtspunkten sind sie es gerade nicht. Dass sich dies morgen wieder ändern kann, ist eine andere Sache. Das Merkmal der gegenwärtigen Ausübbarkeit dient der Wahrung des **Stichtagsprinzips**. Diesem ist, da es um die Ausübbarkeit, nicht um die tatsächliche Ausübung geht, zwar Genüge getan, wenn die Options- oder Wandlungsrechte zum Stichtag hätten ausgeübt werden können. Bei fehlender finanzieller Fähigkeit entfällt aber schon die Möglichkeit. Im Verhältnis zum Kontroll- und Einflussbegriff als **Möglichkeit** der entsprechenden Einwirkung stellt daher die Nichtberücksichtigung finanzieller Restriktionen eine unsystematische, **kasuistische Ausnahme** dar. Derartige Ausnahmen widersprechen dem *principle-based accounting* (→ § 1 Rz 42). Die Anwender hätten daher zumindest ein Recht auf eine Begründung dieser Ausnahme. Tatsächlich bleibt der IASB diese in der *Basis of Conclusion* und der *Guidance on Implementing* zu IAS 27 schuldig.

50 IAS 27.15 verlangt nicht pauschal die Hinzurechnung potenzieller Stimmrechte zu den bereits gehaltenen, sondern eine „**Beurteilung**, ob potenzielle Stimmrechte zur Beherrschung beitragen." Bei dieser Beurteilung sind mit den dargestellten Ausnahmen der Absicht und der finanziellen Fähigkeit „**alle Tatsachen und Umstände** zu untersuchen (einschließlich der **Ausübungsbedingungen** potenzieller Stimmrechte und sonstiger vertraglicher Vereinbarungen, gleich ob in der Einzelfallbetrachtung oder im Zusammenhang), welche die potenziellen Stimmrechte beeinflussen." Eine entsprechende Formulierung enthält IAS 28.9 für assoziierte Unternehmen. Unter Berücksichtigung des *substance-over-form*-Grundsatzes führt dies zu folgendem Ergebnis:

Beispiel
M verfügt über 40 % der Anteile und Stimmrechte an T, X über 20 %. X hat M eine jederzeit ausübbare Kaufoption über den Erwerb der 20 % eingeräumt.
Der aktuelle Börsenwert des 20-%-Pakets beträgt 5 Mio.
Die Kaufoption sieht einen Ausübungspreis von 10 Mio. vor.

Der Ausübungspreis (sog. Basispreis) beträgt das 2-Fache des Börsenwerts. Selbst unter Berücksichtigung von Synergien, die A aus einem Mehrheitserwerb ziehen könnte, war daher die Ausübung der Option zum Stichtag von vornherein **unwahrscheinlich**. Aus Sicht des Bilanzstichtags besteht zwar formal ein Recht, aber wirtschaftlich keine Ausübungswahrscheinlichkeit. Nach Maßgabe der in IAS 27.15 explizit geforderten Beurteilung der Ausübungsbedingungen wären derartige Optionsrechte mit einem **weit aus dem Geld** (***far out the money***) liegenden Ausübungspreis nicht zu berücksichtigen.

Diese Aussage des Standardtextes wird durch die „*Guidance on Implementing* IAS 27" zunächst bestätigt, jedoch dann möglicherweise konterkariert. Nach IAS 27.IG2

- vermitteln potenzielle Stimmrechte dann nicht die Möglichkeit zur Ausübung von Kontrolle bzw. maßgeblichem Einfluss, wenn den zugrunde liegenden Finanzinstrumenten die **ökonomische Substanz fehlt,**
- hiervon sei **z.B.** (!) auszugehen, wenn der Ausübungspreis so hoch ist, dass eine Ausübung **in jedem denkbaren (*any feasible*) Szenario** ausgeschlossen erscheint.

Nach dem ersten Teil der Aussage würde man Optionen, die wie im Beispiel weit aus dem Geld liegen, ohne weiteres unberücksichtigt lassen können. Der zweite Teil ist hingegen interpretationsfähig. Nach wohl **herrschender Auffassung** muss die Ausübung nicht nur unwahrscheinlich, sondern nahezu unmöglich sein,[13] nach **Mindermeinung** reicht es hingegen aus, wenn die Ausübung unwahrscheinlich ist.[14] U. E. sprechen die besseren Gründe für die Mindermeinung:

- Zweck der Vorschriften zur Einbeziehung potenzieller Stimmrechte ist, unter Beachtung des **Stichtagsprinzips** Beherrschungsmöglichkeiten zu fassen, die sich in den aktuellen Stimmrechten noch nicht ausdrücken.
- Nach dem im *Framework* verankerten *substance-over-form*-Prinzip können dabei nur solche Stimmrechte Berücksichtigung finden, die nicht nur formal, sondern auch wirtschaftlich zum Bilanzstichtag hätten ausgeübt werden können. Entsprechend kommt es auch nach IAS 27.IG2 auf die **ökonomische Substanz der Optionsrechte** an.
- Bei **weit aus dem Geld liegenden Optionen** fehlt diese Möglichkeit ebenso wie bei mangelnder Finanzkraft. Für den Fall fehlender Finanzkraft trifft IAS 27 eine explizit kasuistische Ausnahme, für die weit aus dem Geld liegende Option hingegen nicht, woraus sich gerade im Kontrast ergibt, dass es hier bei der substanziellen Betrachtung bleiben muss.

Die interpretationsfähige Frage, wann es an der wirtschaftlichen Substanz fehlt, wird durch IAS 27.IG2 gerade nicht entschieden. Der Hinweis auf eine Option, deren Ausübung in jedem denkbaren Szenario ausscheide, ist dort in Parenthese gesetzt und als **Beispiel** („e. g.") gekennzeichnet. U. E. ist dieses Beispiel als ein Extremfall anzusehen, in dem das Optionsrecht auf keinen Fall Berücksichtigung findet. Eine implizite oder explizite Aussage, dass in weniger extremen Fällen die wirtschaftliche Substanz immer gegeben sein muss, enthält das Beispiel hingegen nicht. Die Nichtberücksichtigung einer weit aus dem Geld liegenden Option ist daher vertretbar. Diese Ansicht wird auch durch das folgende Beispiel aus der „*Guidance on Implementing* IAS 27" nicht widerlegt.

Beispiel

A hält 40 %, B 20 % und C 40 % an X.

A hat eine Option auf die Anteile von C. Der Ausübungspreis ergibt sich aus dem Marktpreis der Anteile zuzüglich einer Kontrollprämie (Paketzuschlag).

IAS 27.IG8 hält zu diesem Fall fest: „*Though the options are out of the money, they are currently exercisable and give entity A the power.*" Diesem Ergebnis können wir zustimmen. Solange der Ausübungspreis nur einen **Paketzuschlag** auf den Marktpreis enthält, ist die Option nicht weit genug aus dem Geld. Der Optionsinhaber kann bereit sein, zur Verwirklichung von Synergien eine Kontrollprämie zu zahlen. Eine hinreichende Ausübungswahrscheinlichkeit ist noch gegeben. Entfernt sich der Ausübungspreis jedoch weiter vom Marktpreis,

13 Vgl. Ernst & Young, International GAAP 2009, S. 399f.; Theile/Pawelzik, in: Heuser/Theile, IFRS-Handbuch, 4. Aufl., 2009, Tz 3019.

14 Senger/Brune, in: Beck'sches IFRS-Handbuch, 3. Aufl., 2009, § 30, Rz 15.

werden also nicht nur übliche Kontrollprämienaufschläge (je nach Land und Branche um die 10-%-Punkte, im Beispiel also 10 % / 40 % = 25 % relativ)[15] vereinbart, sondern ein Aufschlag von 50 oder mehr Prozentpunkten, ist u. E. eine andere Beurteilung eher angebracht. Der im Dezember 2008 vorgelegte ED 10 bestätigt im Übrigen implizit die Widersprüche im bisherigen Konzept. Zukünftig sollen Call-Optionen nur noch dann berücksichtigt werden, wenn der Ausübungspreis günstig ist (ED 10.BC85 ff.).

51 Auch Optionsrechte, die bei der Begründung der Kontrollvermutung berücksichtigt werden, beeinflussen die **Konsolidierungsbuchungen** nicht; diese erfolgen weiterhin auf Basis der tatsächlichen Kapitalanteile (IAS 27.IG5).

Beispiel
M hält 40 % der Anteile an T, A bis D je 15 %.
M hat ein jederzeit ausübbares Kaufoptionsrecht auf die Anteile von A. Die Option liegt nicht weit aus dem Geld.

Beurteilung
M hat die Kontrolle über T.
Die Konsolidierungsbuchungen erfolgen jedoch weiterhin auf der Basis der 40-%-Beteiligung: Vollkonsolidierung mit 55 % (!) Minderheitsausweis.

Zu den Folgen erworbener, aber auch geschriebener Kaufoptionen für den Ausweis und die Bewertung des Minderheitenanteils wird auf Rz 160 verwiesen.

52 In die Beurteilung von Kontrolle bzw. maßgeblichem Einfluss sind neben eigenen auch die von **anderen gehaltenen Optionen oder Bezugsrechte** einzubeziehen (IAS 27.IG4). Unterscheiden sich die Konditionen nicht wesentlich, ist typisierend eine gleichzeitige Ausübung der Rechte zu unterstellen.

Beispiel
Unternehmen A und B halten jeweils 30 %, C und D jeweils 20 % der stimmberechtigten Aktien der X-AG.
A hält eine jederzeit ausübbare Option auf die Anteile des C, B eine entsprechende Option auf die Anteile des D.
X ist kein Tochterunternehmen von A, da auch bei Ausübung der Option die 50-%-Grenze zwar erreicht, aber nicht überschritten würde.
Fraglich ist, ob es als **Gemeinschaftsunternehmen** von A und B einzustufen ist. Dagegen spricht, dass der für Joint Ventures geltende IAS 31 keine Regelungen zur Berücksichtigung potenzieller Stimmrechten enthält. Eine Analogie zu IAS 27 scheint sich zwar anzubieten, da die für ein Gemeinschaftsunternehmen maßgebliche gemeinschaftliche Beherrschung *(joint control)* eine Abwandlung der Beherrschung ist und wie diese auf die Möglichkeit der Einflussnahme, nicht auf die tatsächliche Ausübung abstellt (IAS 31.4; → § 34 Rz 11). Schwerer wiegt aber u. E., dass ein Joint Venture einen auf die gemeinschaftliche Ausübung der Kontrolle gerichteten Vertrag voraussetzt (IAS 31.9). Bei nebeneinander stehenden Optionen – wie im Beispiel – ist diese gemeinsame

15 Vgl. DYCK/ZINGALES, Journal of Applied Corporate Finance, Spring 2004, S. 51 ff., dort weitere Nachweise.

Zwecksetzung gerade nicht gegeben. Andere Konstellationen – etwa 60-%-Gesellschafter A räumt 40-%-Gesellschafter B eine Option auf den Erwerb von 10 % ein – können abweichend zu würdigen sein (IAS 27.IG 3).

2.3.5.2 Vermeidung der Konsolidierungspflicht durch Einräumung von Kaufoptionen an Dritte (Stillhalterposition)

Die Behandlung von Kaufoptionen beim **Stillhalter** (sog. **geschriebene Kaufoptionen**) wird in IAS 27 und IAS 28 nicht explizit angesprochen. Nach beiden Standards sind bei der Frage der Kontrolle bzw. des maßgeblichen Einflusses jedoch auch die gegenwärtig ausübbaren Stimmrechte anderer Unternehmen zu berücksichtigen (IAS 27.14 und IAS 28.8; Rz 52). Spiegelbildlich zur Beurteilung beim Optionsinhaber müssen daher u. E. unter bestimmten Bedingungen geschriebene Optionen als **potenzielle Stimmrechtsminderungen** Berücksichtigung finden. 53

Beispiel
Unternehmen A hält 55 %, B 45 % der stimmberechtigten Anteile der X-GmbH. A hat B eine jederzeit ausübbare Call-Option auf 40 % der Anteile der X-GmbH gewährt. Die Option ist am Geld, der Ausübungspreis entspricht dem *fair value*.
Unter Einbeziehung der durch die gegenwärtig ausübbaren Call-Optionen vermittelten potenziellen Stimmrechte von B verfügt A gegenwärtig weder über Kontrolle noch über maßgeblichen Einfluss. A hat die Beteiligung an der D-AG dementsprechend nach IAS 39 zu bilanzieren.

Fraglich ist auch hier, ob es auf die Wahrscheinlichkeit der Ausübung nicht ankommt. Folgt man der herrschenden Ansicht, Optionen seien beim Optionsinhaber praktisch ohne Rücksicht auf die Ausübungsbedingungen zu berücksichtigen (Rz 50), ergeben sich interessante bilanzpolitische Gestaltungsmöglichkeiten. 54

Beispiel
Das börsennotierte Unternehmen A hält 90 % an dem in Risikogeschäften engagierten Unternehmen X. Die anderen 10 % werden von dem mittelständischen Unternehmen B gehalten. A möchte X nicht länger konsolidieren. Er gewährt der B am 30.12.01 eine 367 Tage laufende Option auf den Erwerb sämtlicher Anteile. Als Optionsausübungspreis ist das 3-Fache des auf den Ausübungstag festzustellenden *fair value* bestimmt.

Soweit der mittelständische Minderheitsgesellschafter B sich überhaupt zur Konzernrechnungslegung nach IFRS entscheidet (§ 315a Abs. 3 HGB), wäre die Berücksichtigung der potenziellen Stimmrechte aus dem Optionsvertrag nach einer Auffassung notwendig, nach anderer vertretbar. B wäre daher als Inhaber der Kontrolle anzusehen und hätte daher die X per 31.12.01 und 31.12.02 zu konsolidieren.
Die Folge für den Stillhalter A ergibt sich aus IAS 27.IG4. In diesem gerade die Berücksichtigung von Optionsrechten Dritter behandelnden Paragrafen hält der IASB fest: *The definition of control … permits only one entity to have control of*

another entity.“ Aus der Konsolidierungspflicht (herrschende Auffassung) bzw. -möglichkeit (Mindermeinung) beim Inhaber der Kaufoption folgt insofern die Nichtkonsolidierungspflicht bzw. -möglichkeit beim Stillhalter.

55 Durch entsprechende Gestaltung des Sachverhalts wäre es somit im Einzelfall möglich, die Konsolidierung einer Beteiligung bzw. deren *equity*-Bilanzierung zu **vermeiden** oder zu beenden. Die sehr weit gefassten Vorgaben in der *Guidance on Implementing* von IAS 27 zur Berücksichtigung von potenziellen Stimmrechten, die eigentlich **zur Missbrauchsvermeidung** bestimmt sind, eröffnen somit gerade **Gestaltungsmöglichkeiten**. Über entsprechende Ausübungsbedingungen (Preise und Fristen) lässt sich erreichen, dass eine Ausübung der Optionsrechte durch Dritte hoch unwahrscheinlich ist, die Optionen aber dennoch bei der Beurteilung der Frage nach der Möglichkeit der Kontrolle oder maßgeblichen Einfluss berücksichtigungspflichtig bzw. -fähig sind. Die daraus beim Dritten potenziell resultierende Konsolidierungspflicht behindert diese Gestaltungen nicht, wenn der Dritte mangels Börsennotierung zur Rechnungslegung nach IFRS überhaupt nicht verpflichtet ist (§ 315a Abs. 3 HGB) oder die Schwellenwerte des § 293 HGB nicht überschreitet oder überhaupt kein Unternehmen, sondern eine natürliche Person ist. Wie diese bilanzpolitischen Überlegungen zeigen, befindet sich der IASB augenscheinlich in einem **Dilemma.** Durch die Schaffung von Regelungen, die missbräuchliche Gestaltungen im Hinblick auf potenzielle Stimmrechts**erhöhungen** vermeiden sollen, werden auf der anderen Seite im Hinblick auf potenzielle Stimmrechts**minderungen** diese Gestaltungsspielräume gerade geschaffen. Ansätze, diesen Widerspruch dadurch aufzulösen, dass für die Berücksichtigung der potenziellen Stimmrechte darauf abzustellen sei, welche Absicht damit verfolgt wird,[16] halten wir für nicht geeignet. Dieses Kriterium ist weder verifizierbar, da es sich bei Absichten um eine Frage der inneren Willensbildung handelt, noch entspricht es der Definition von Kontrolle und Einfluss als (von den Absichten unabhängige) Möglichkeit der Einwirkung.

Wichtiger wäre eine grundlegende Überarbeitung der Regelungen zu den potenziellen Stimmrechten. Sowohl für den Optionsinhaber wie für den Stillhalter sollte der Optionsvertrag nur im Rahmen einer Gesamtwürdigung berücksichtigungsfähig sein (Rz 50).

56 Zu den Folgen geschriebener, aber auch erworbener Kaufoptionen für den Ausweis und die Bewertung des Minderheitenanteils wird auf Rz 160 verwiesen.

2.4 Zweckgesellschaften (*special purpose entities*)

2.4.1 Anwendungsfälle: ABS-Transaktionen, Leasing-Objektgesellschaften, Spezialfonds

57 Zweckgesellschaft en (*special purspose entities*, SPE) zeichnen sich gem. SIC 12.1 dadurch aus, dass sie

- ein **eng definiertes Ziel**
- **zugunsten eines anderen** Unternehmens (= Sponsor)

verfolgen, wobei typischerweise der Sponsor Gründer der Zweckgesellschaft ist.[17]

---

16 Vgl. KMPG, Insights into IFRS, 3. Aufl., 2006, Tz 2.5.130.60 mit der Auffassung, eine Option sei bei bewusst (deliberately) weit aus dem Geld liegendem Ausübungspreis nicht zu berücksichtigen.

17 Zu SPEs: Schmidbauer, DStR 2002, S. 1013 ff., und Schruff/Wienand/Rothenburger, WPg 2002, S. 755 ff.

Ist der Sponsor mit mehr als 50 % beteiligt, ergibt sich die Konsolidierungspflicht für die Zweckgesellschaft bereits aus der **Regelvermutung** von IAS 27.13. Der Rückgriff auf SIC 12 ist dann nicht notwendig. 58

Häufig beträgt der Anteil an der Zweckgesellschaft aber gerade deshalb weniger als 50 %, um bestimmte Aktivitäten, Vermögenswerte oder Schulden nicht nur aus dem Einzelabschluss des Sponsors auszulagern, sondern auch den Konzernabschluss zu **„entlasten"**. Dies setzt die **Verneinung** der Tochterunternehmereigenschaft und damit der Konsolidierungspflicht der SPE voraus. 59

Ein beliebtes Anwendungsfeld von SPE sind **ABS-Transaktionen (*asset-backed securities*)** als eine besondere Form des **Factoring.** Die Forderungen werden vom Sponsor an die Zweckgesellschaft verkauft. Die Zweckgesellschaft finanziert sich durch die **Ausgabe von Wertpapieren** an externe, vor allem institutionelle Investoren oder durch Kreditaufnahme. Die Zahlungsverpflichtungen aus den Wertpapieren werden aus dem Zahlungsstrom (Zins- und Tilgungszahlungen) der Forderungen bedient. Üblicherweise verbleibt ein Teil des Forderungsausfallrisikos beim Veräußerer, sei es durch die direkte Abgabe von Garantien, sei es, indem die Zweckgesellschaft sich durch zwei Klassen von Wertpapieren finanziert. Im letztgenannten Fall halten die Externen die Senior-Papiere, die vorrangig, und der Forderungsverkäufer die Junior-Papiere, die nur nachrangig bedient werden. 60

Der Forderungsverkauf selbst unterliegt im Wesentlichen den Regeln von IAS 39. Nach ihnen ist zu entscheiden, ob die Forderungen aus der Einzelbilanz des Sponsors **abgehen** (→ § 28 Rz 61ff.). Ob sie, einen Abgang aus der Einzelbilanz unterstellt, im Konzernabschluss **verbleiben**, entscheidet sich nach SIC 12. Unter dort genannten Voraussetzungen führt der Forderungsverkauf zwar zum (Teil-)Abgang aus dem Einzelabschluss, jedoch nicht aus dem Konzernabschluss, sodass die intendierte Verbesserung von Finanzkennzahlen (z.B. Liquidität oder EK-Quote) im Konzernabschluss nicht gelingt.

Ein weiteres Anwendungsfeld von Zweckgesellschaften sind **Leasinggeschäfte** (→ § 15 Rz 177). Im typischen Fall wird für die Leasinggegenstände eine GmbH & Co KG gegründet (Leasingobjektgesellschaft). Komplementär der Leasingobjektgesellschaft ist z.B. ein eigens dafür gegründetes Tochterunternehmen des externen Leasinggebers. Die Kommanditistenstellung übernimmt der Sponsor, der durch Garantien, eine hohe Haftsumme usw. auch die wesentlichen Risiken behält. Überlässt die externe Leasinggesellschaft die Leasinggegenstände im *finance lease* der SPE, diese aber im *operate lease* dem Sponsor, so sind die Leasingobjekte und Leasingverbindlichkeiten im Einzelabschluss des Sponsors nicht und im Konzernabschluss nur unter den Voraussetzungen von SIC 12 zu zeigen.[18] 61

Eine spezielle Variante sind *sale-and-lease-back*-Gestaltungen (→ § 15 Rz 158). Der Sponsor veräußert z.B. Leasinggegenstände an die SPE und least sie von dieser zurück. Eine einzelbilanzielle Ausbuchung, insbesondere aber eine einzelbilanzielle Ertragsrealisierung bei Verkauf, kann u.U. schon an den Vorschriften von IAS 17 scheitern (→ § 15 Rz 158ff.). Wo dies nicht der Fall ist, muss bilanzpolitisch zusätzlich die Konzernhürde von SIC 12 genommen werden. Wie bei 62

18 Zu Leasingobjektgesellschaften: HELMSCHROTT, DB 1999, S. 1865ff., und ALVAREZ/WOTSCHOFSKY/MIETHIG, WPg 2001, S. 933.

ABS-Transaktionen ist auch bei Leasinggeschäften unter Einschaltung einer SPE also eine doppelte Würdigung nach den einzel- und nach den konzernbilanziellen Regelungen notwendig.

63 ABS-Transaktionen und *operating*-Leasinggeschäfte sind wichtige Formen der off-balance-sheet-Finanzierung. Derartige Finanzierungen sind im Gefolge des **Enron**-Skandals in Verruf geraten (US-GAAP!).[19] In **2007** hat die **Hypothekenkrise** zu einem neuerlichen Interesse an SPEs geführt. Wichtige deutsche und internationale Banken waren in Zweckgesellschaften involviert, die Forderungen aufkauften und den Ankauf durch Begebung kurzfristiger Wertpapiere refinanzierten. Mit dem Ausbruch der Krise ist die Refinanzierung ins Stocken geraten. Die bei den SPEs entstehende Liquiditätslücke konnte z.T. nur durch Rückgriffe auf unwiderrufliche Kredit- und Liquiditätszusagen der sponsernden Banken gestopft werden. Dieser Rückgriff hat wiederum einige Banken in die Schieflage gebracht. Die Überraschung bei Analysten und anderen Bilanzadressaten war umso größer, als die SPEs nicht konsolidiert und die Kreditzusagen nicht passiviert waren, der Umfang der eingegangenen Risiken bestenfalls aus dem Anhang erkennbar war.

64 *Off-balance-sheet*-Finanzierungen sind jedoch nicht der einzige Anwendungsbereich von Zweckgesellschaften. Vor allem bei großen Unternehmen ist es nicht unüblich, liquide Mittel in **sog. Spezialfonds** umzuschichten. Das Investmentgesetz (InvG) kennt neben Publikumsfonds mit breitem Anlegerkreis sogenannte Spezialfonds mit speziellem bzw. auf maximal 30 Personen (§ 91 Abs. 1 InvG) begrenztem Anlegerkreis. Aufgrund der Regelung von § 30 InvG hat der Anleger kein ideelles (Bruchteils-)Eigentum an den Wertpapieren, sondern lediglich einen Auszahlungsanspruch in Höhe seines Anteils am Sondervermögen des Fonds.

Die Anteilsscheine am Fonds sind Wertpapiere i.S.d. § 1 Abs. 11 Nr. 2 KWG. **Handelsrechtlich** wird hieraus gefolgert, dass **Bilanzierungsobjekt** in der Einzelbilanz die Anteilsscheine sind. § 290 Abs. 2 Nr. 4 Satz 2 HGB erlaubt die gleiche Behandlung im Konzernabschluss.

SIC 12 verlangt hingegen eine Konsolidierung.[20] Durch die Struktur eines Schirmfonds *(Umbrella Fund)* kann die Konsolidierungspflicht dann nicht umgangen werden, wenn eine Mehrheit an einem haftungsmäßig abgekapselten Subfonds besteht (Rz 85).

2.4.2 Grenzen des Anwendungsbereichs von SIC 12

2.4.2.1 Joint Ventures

65 Die „*Reference Section*" von SIC 12 erwähnt neben IAS 27 diverse andere Standards, jedoch nicht IAS 31. Hieraus ergibt sich ein erster **formaler** Hinweis, dass SIC 12 eine Auslegungshilfe zu IAS 27 ist, auf Gemeinschaftsunternehmen jedoch **nicht** angewendet werden kann.[21]

---

19 Vgl. dazu LÜDENBACH/HOFFMANN, DB 2002, S. 1169ff.

20 Ausführlich zu Spezialfonds KUHN/SCHOBER, DB 2001, S. 2661ff., sowie WEBER/BÖTTCHER/GRIESEMANN, WPg 2002, S. 905ff.

21 Vgl. a. PwC, SIC 12 and FIN 46R, The Substance of Control published 2004, S. 8. SOARES, PwC LLC (UK), Consolidation and Derecognition (www.meet-the-experts.org/presentations/DAY2/Chad_Soares_Peter_Jeffrey.pdf).

Eine **materielle** Überlegung stützt diese Annahme:

- Das Konsolidierungskonzept von IAS 27 ist nicht sehr konkret. Geliefert werden eine Reihe von **Indikatoren** und widerlegbaren **Vermutungen** für das Vorliegen von Kontrolle. Hierbei wird mehr auf formale Anforderungen (Organmehrheiten) als auf inhaltliche (Welche Kompetenzen haben die Organe? Werden die wesentlichen Entscheidungen möglicherweise außerhalb der Organe getroffen?) abgestellt. Eine inhaltliche **Anreicherung** bietet SIC 12, etwa mit den Ausführungen zur Autopilotfunktion (Rz 70).
- Das Kontrollkonzept von IAS 31 ist demgegenüber konkreter und inhaltsreicher. Nicht die formale Frage nach Organmehrheiten steht im Vordergrund, sondern die **inhaltliche** Frage, ob die wesentlichen Entscheidungen der strategischen und finanziellen Geschäftspolitik nur gemeinsam getroffen werden können. Wo, d. h. in welchem Organ, oder in welcher anderen Weise diese Entscheidungen getroffen werden, ist ebenso irrelevant wie die Frage, wer operative Entscheidungen beherrscht. Wenn unter den genannten substanziellen Gesichtspunkten eine Gesellschaft positiv als Gemeinschaftsunternehmen identifiziert wird, ist für weitere Untersuchungen nach SIC 12, im Übrigen auch für die analoge Anwendung von SIC 12, kein Raum mehr.[22]

2.4.2.2 Fehlen einer eng definierten Zwecksetzung

Die Anwendung von SIC 12 setzt eine eng definierte Zwecksetzung voraus. In 66
Fällen, in denen die Geschäftstätigkeit des Unternehmens **fortlaufend unternehmerischer Entscheidungen** bedarf, wie sie für ein am Markt tätiges Unternehmen typisch sind, erfordert die Beurteilung eines Beherrschungsverhältnisses i. d. R. keinen Rückgriff auf SIC 12, sondern kann ausschließlich nach IAS 27 erfolgen. Folgende **Indikatoren** sprechen **gegen** eine enge Zwecksetzung:[23]

- Die Geschäftstätigkeit umfasst die **Herstellung von** Produkten oder die Erbringung von **Dienstleistungen** (keine Leasing-, ABS- oder Kapitalanlage-Gesellschaft).
- Sie erfordert daher fortlaufende Entscheidungen über die **Kombination** der Produktionsfaktoren und
- eine **aktive Vermarktung** der Leistungen
- gegenüber einem im Zeitablauf **veränderlichen Abnehmerkreis** (keine Beschränkung auf den Sponsor).

Die Frage fortlaufender Produktions- und Absatzentscheidungen ist vor dem Hintergrund von SIC 12.2. deshalb von so großer Bedeutung, weil bei einem stetigen Wandel ein Geschäft nicht automatisch durch einen sog. Autopiloten gesteuert werden kann (Rz 70), sondern immer wieder von neuem strategische Entscheidungen zu treffen sind, die letztlich nur über entsprechende Organmehrheiten kontrolliert werden können.

In **Outsourcing-Fällen** kommt es nach dem Vorstehenden darauf an, ob der 67
Sponsor der einzige wesentliche Abnehmer der Leistung ist oder voraussichtlich bleiben wird. Da Zwecksetzungen per Definition zukunftsgerichtet sind, ist u. E.

---

22 So auch IDW, RS HFA 2 Tz 52; a. A. SENGER/BRUNE, BECK'sches IFRS-Handbuch, 3. Aufl., 2009, § 30, Tz 30, da es nicht sachgerecht sei, den Beherrschungsbegriff gem. IAS 31 anders auszulegen als den des IAS 27.

23 IDW, RS HFA 2, Tz 55.

auch die Frage des Abnehmerkreises zukunftsgerichtet und nicht nur nach den Ist-Werten zu beurteilen.

Beispiel
MU hat seine Abteilung IT zum 1.1.01 rechtlich outgesourct. Die Mehrheit der Anteile an IT halten das Management und Externe. Die IT wird auf Basis eines 5-Jahres-Vertrags weiterhin für die MU tätig sein, soll sich aber auch um externe Kunden bemühen, ihre Leistungen also aktiv vermarkten. Realistische Planungen gehen davon aus, dass der Anteil der MU am Gesamtumsatz der IT pro Jahr um etwa 10 Prozentpunkte sinken wird. Der Planung entsprechend betragen die Drittumsätze im Dezember 01 erstmals 10 % des Gesamtumsatzes mit steigender Tendenz.

Beurteilung
In zukunftsgerichteter Beurteilung hat die IT einen veränderlichen Abnehmerkreis, bedarf daher nicht nur fortlaufender Produktions-, sondern auch Absatzentscheidungen und ist deshalb keine SPE.

2.4.3 SPEs als Tochterunternehmen

2.4.3.1 Indikatorenkonzept

68 Nach SIC 12.8 ist eine SPE beim Sponsor zu konsolidieren, wenn sie der Sponsor nach **wirtschaftlicher** Betrachtung **beherrscht.** SIC 12.10 nennt vier Umstände, die auf ein Mutter-Tochter-Verhältnis auch dann hinweisen, wenn der Sponsor nicht mehr als die Hälfte der Stimmrechte besitzt und auch nicht die sonstigen Kriterien nach IAS 27.13 (Mehrheit im Aufsichtsrat usw.) erfüllt sind:

- **Geschäftstätigkeit:** Die Geschäftstätigkeit wird zugunsten des Sponsors entsprechend seinen besonderen Geschäftsbedürfnissen geführt (SIC 12.10a; Rz 69).
- **Entscheidungsmacht:** Der Sponsor verfügt über die Entscheidungsmacht, die Mehrheit des Nutzens aus der Geschäftstätigkeit der SPE zu ziehen (SIC 12.10b; Rz 70).
- **Nutzenziehung:** Der Sponsor verfügt wirtschaftlich über das Recht, die Mehrheit des Nutzens aus der SPE zu ziehen (SIC 12.10c; Rz 71).
- **Risikotragung:** Der Sponsor behält die Mehrheit der mit der SPE verbundenen Residual- oder Eigentümerrisiken (SIC 12.10d; Rz 72).

69 Zum Kriterium der **Geschäftstätigkeit** hält der Anhang von SIC 12 fest, dass wirtschaftliche Abhängigkeit eines Unternehmens von einem anderen Unternehmen, etwa das Verhältnis zwischen Lieferanten und wichtigen Kunden, allein noch nicht zur Beherrschung führt. Eine Konsolidierungspflicht kann jedoch dann bestehen, wenn die SPE die Versorgung mit Gütern oder Dienstleistungen für die bedeutenden zentralen laufenden Tätigkeiten des Sponsors übernimmt.

70 Das Kriterium der **Entscheidungsmacht** ist nach dem Anhang zu SIC 12 z.B. dann erfüllt, wenn der Sponsor die Satzung der SPE einseitig ändern oder alle Satzungsänderungen blockieren kann. Eine Blockademöglichkeit allein kann jedoch kaum ausreichen, da sie bei einem normalen gesetzlichen 75-%-Quorum jeden 25,1-%-Gesellschafter zu einem beherrschenden Unternehmen machen

könnte. Hinzutreten muss der in SIC 12.10b aufgeführte sogenannte **Autopilot**. Ein Autopilot bzw. eine Selbststeuerung liegt vor, wenn durch die Satzung (oder in sonstiger Weise) die Geschäftspolitik und die laufende Tätigkeit der SPE in der Weise **zugunsten des Sponsors** festgelegt ist, dass laufende Einflussnahme nicht mehr erforderlich ist. Hierzu folgendes Beispiel:

Beispiel
A ist zu 25,1 % an einer Leasingobjekt-Gesellschaft beteiligt. Sämtliche Anlagen der Leasingobjekt-Gesellschaft werden an A verleast.
Nach dem Gesellschaftsvertrag ist dies der ausschließliche Geschäftszweck der Leasinggesellschaft. Änderungen des Gesellschaftsvertrages können nur mit einer 75-%-Mehrheit beschlossen werden.
Die Leasingobjekt-Gesellschaft ist konsolidierungspflichtige SPE, wenn die Satzung das operative Geschäft **zugunsten von A** vorherbestimmt und jede Satzungsänderung von A blockiert werden kann.

Eine **Autopilot**-Struktur führt nicht pauschal zu einer Qualifizierung der SPE als Tochterunternehmen. Sie impliziert zunächst nur, dass das **Kontrollkriterium aus IAS 27 ins Leere läuft**: Wo alle Geschäfte vorherbestimmt sind, spielen Organentscheidungen und Organmehrheiten keine Rolle mehr. Es ist dann auf *benefits* bzw. *risks* abzustellen. In diesem Sinne hält der IASB anlässlich einer Diskussion zur Reform der Konsolidierungsvorschriften fest:[24]

> „*The Board discussed a proposed staff approach to developing disclosure principles with regard to the judgement exercised in determining whether one entity controls another entity. [...] A Board member noted that the critical issue was not management's assessment of the power criterion in the developing control model, but the benefit criterion. This issue was acute in a range of special purpose entities that run on „autopilot“ (that is, the power criterion is non-operative)* but which expose the sponsor to risks and benefits.“

Notwendig ist daher eine inhaltliche Würdigung, zu wessen **Gunsten** die Geschäftspolitik durch einen Autopiloten vorherbestimmt ist.[25] Eine solche Würdigung wird bei Leasingobjektgesellschaften häufig ergeben, dass

- die vertraglichen Regelungen das Ziel eines **Interessenausgleichs** zwischen Leasinggesellschaft, Leasingnehmer und finanzierender Bank verfolgen,
- daher die SPE **nicht** als eindeutig auf die **Bedürfnisse einer bestimmten Partei** abgestimmt ist,
- vielmehr die **faktischen Entscheidungsbefugnisse gemeinsam** wahrgenommen werden und
- also auch ein evtl. Autopilot dem **Interessenausgleich** dient.

Eine Konsolidierung kann sich dann nicht aus dem Autopilot, sondern nur noch aus der **absoluten** Mehrheit der typischerweise mit einer Eigentümerstellung verbundenen Vorteile **und** Risiken ergeben.

---

24 Notes from the IASB Meeting 16. November 2005.
25 IDW, RS HFA 2, Tz 65.

71 Das Kriterium der **Mehrheit der Nutzenziehung** kann auch ohne die Mehrheit der Stimmrechte vorliegen, wenn der Sponsor über Vorzugsdividenden-Rechte die Mehrheit der Überschüsse beanspruchen kann. Im Übrigen kommt es aber nicht nur auf den gesellschaftsrechtlichen Nutzen (Dividenden, Liquidationserlöse) an. Auch **schuldrechtlich** erwartete Vorteile aus **nachrangigen Darlehen,** Genussrechten usw. kommen infrage, ebenso z.B. **Wertsteigerungschancen** aus Leasingobjekten, die dem Sponsor auf Grund entsprechender Vertragsregelungen zustehen.

72 Das Kriterium der **Risikotragung** lässt sich ebenfalls nicht nur gesellschaftsrechtlich, sondern in verschiedener Weise verwirklichen. Bei ABS-Transaktionen kann z.B. den externen Investoren ein Rendite- oder Delkredere-Schutz garantiert sein, sodass diese stets vorrangig und unabhängig vom Forderungsausfall bedient werden und somit das Forderungsausfallrisiko beim Sponsor verbleibt. Bei der typischen **Leasingobjekt-Gesellschaft** kann sich die Risikotragung z.B. aus einer geringen Kapitalausstattung der Komplementär-GmbH (externe Gesellschafter) und einer hohen, im Handelsregister eingetragenen Haftsumme des Kommanditisten (Sponsor) ergeben, aber auch aus *first-loss*-Garantien im Rahmen des Leasingvertrags.

73 Alle genannten Kriterien haben nur **Indizwirkung**. SIC 12.8 verlangt eine wirtschaftliche Betrachtung des Verhältnisses zwischen Sponsor und SPE. Nach SIC 12.9 ist dabei „in jedem einzelnen Fall eine Beurteilung unter Berücksichtigung sämtlicher relevanter Faktoren“ notwendig.
Von besonderer Bedeutung sind dabei **Risiko und Chance**.
Rational Handelnde werden im Allgemeinen Risiko und Chancen so verteilen, dass die Partei, die die Mehrheit der Vorteile aus der Geschäftstätigkeit einer SPE innehat, auch in gleichem oder annähernd gleichem Umfang den entsprechenden Risiken ausgesetzt ist. Unter dieser Prämisse ist ein Überwiegen auf beiden Feldern erforderlich. Ergibt sich bei erster Betrachtung (z.B. aus **Garantien oder Bürgschaften**), dass eine Partei zwar eine Mehrheit der Risiken, jedoch keine Mehrheit der Chancen zu tragen scheint, ist daher zu prüfen, ob aufgrund weiterer Vereinbarungen zusätzliche Risiken anderer Parteien oder zusätzliche eigene Vorteile zu berücksichtigen sind.[26]

2.4.3.2 *Risks-and-rewards*-Konzept

74 Nach herrschender Auffassung sind die Kriterien der Geschäftstätigkeit und der Entscheidungsmacht i.d.R. zu unbestimmt, sodass über die Konsolidierungspflicht regelmäßig die **Risiken-** und/oder **Chancen-Verteilung** entscheidet.
Hierbei ist unter der Prämisse des rationalen Handelns zunächst von einer **symmetrischen** Verteilung von Chancen und Risiken auszugehen: Derjenige, der die Mehrheit der Chancen hält, trägt auch die Mehrheit der Risiken.
Eine quantitative Feststellung kann jedoch im Einzelfall bereits zum Zeitpunkt der Gründung der SPE zu **abweichenden Ergebnissen** führen, etwa weil jeder der Beteiligten bei der Begründung von Rechten und Pflichten die Risiko-Chancen-Entwicklung unterschiedlich prognostiziert hat oder weil direkten und leicht quantifizierbaren Risiken z.T. nur indirekte und schwer oder nicht quantifizierbare Chancen gegenüberstehen.[27]

---

26 IDW, RS HFA 2, Tz 68.
27 Ähnlich KÜTING/GATTUNG, KoR 2007, S. 397ff.

Überdies ist die Verteilung der Chancen und Risiken für **jeden Bilanzstichtag neu** aus Sicht der noch verbleibenden „Restzukunft" zu beurteilen (Rz 78). Aus der Perspektive nach dem Gründungszeitpunkt liegender Bilanzstichtage ist aber selbst bei vollständiger Transparenz und Quantifizierbarkeit der Verhältnisse, uneingeschränkter Rationalität des Handelns und einheitlicher Einschätzung der Zukunftsaussichten eine Symmetrie von Chance und Risiko nicht mehr systematisch begründbar. Ist etwa eine Partei bei Gründung der Gesellschaft für ein einmaliges, vorab anfallendes fremdübliches Entgelt stillhalterähnliche Verpflichtungen (Bürgschaften, geschriebene Put- oder Call-Optionen, Restwertgarantien usw.) gegenüber der anderen Partei oder der SPE eingegangen, so besteht im Gründungszeitpunkt die Vermutung der Ausgeglichenheit von Entgelt einerseits und den aus der Stillhalterverpflichtung resultierenden Risiken andererseits. Mit vollzogener Vereinnahmung des Entgelts bleibt dieses aber für die zum nächsten Bilanzstichtag vorzunehmende Prognose des Restzeitraums außer Betracht. Das vereinnahmte Entgelt stellt nun Vergangenheit dar. Die Zukunftschancen und -risiken beziehen sich nur auf noch nicht realisierte Ereignisse, somit in Bezug auf die **Stillhalteverpflichtung** nur noch auf das Recht des „Optionsinhabers" und die Pflicht des Stillhalters. Der jedem Optionsvertrag nach Zahlung der Optionsprämie innewohnenden Asymmetrie der Rechte und Pflichten entspricht dann die **Asymmetrie von Chance und Risiko**.

Soweit danach aus Sicht des Bilanzstichtags die deutliche Mehrheit der Risiken **75** bei einer Partei und die ebenso deutliche Mehrheit der Chancen bei der anderen Partei liegt, führt die Risiko- und Chancenbetrachtung nur dann zu einer eindeutigen Lösung, wenn einem der beiden Indikatoren der Vorrang gegeben wird. Das US-GAAP-Pendant zu SIC 12 gibt bei ungleicher Verteilung von Chance und Risiko dem **Risikoaspekt** den **Vorrang** (FIN 46r.14). Fraglich ist, ob dies auch für die IFRS gilt. Aus SIC 12 selbst ergibt sich keine Antwort. Das *„risks and rewards"*-Konzept wird jedoch in anderen IFRS-Kontexten ausführlicher als in SIC 12 behandelt. Zu untersuchen ist, ob sich hierbei eine einheitliche Wertung feststellen lässt:

- Nach IAS 18.14(a) sind **Umsätze** aus Warenverkäufen nur dann zu realisieren, wenn die Risiken und Chancen auf den Käufer übertragen werden (→ § 25 Rz 17). Zur Konkretisierung dieser Vorschrift führt IAS 18.16 vier Beispiele an, bei denen jeweils der Rückbehalt der Risiken ausreicht, um eine Übertragung des wirtschaftlichen Eigentums auf den Käufer zu verneinen.
- Nach dem Wortlaut von IAS 17.8 ist ein **Leasingobjekt** nur dann vom Leasingnehmer zu bilanzieren, wenn der Vertrag so gut wie alle Chancen und Risiken auf ihn überträgt. In der Konkretisierung des Konzepts bestimmt IAS 17.11(a) Folgendes (→ § 15 Rz 25): Trägt der Leasingnehmer bei Beendigung des Leasingvertrags das Restwertrisiko, so kann allein schon diese Risikozuweisung zur Bilanzierung bei ihm führen. Nach folgender herrschender Auffassung können daher Andienungsrechte des Leasinggebers bzw. Restwertgarantien des Leasingnehmers, die das Restwertrisiko fast vollständig auf den Leasingnehmer verlagern, während die Restwertchance fast vollständig beim Leasingeber bleibt, zur Zurechnung des Leasingobjekts beim Leasingnehmer führen.
- Nach IAS 39.29 ist ein veräußerter **finanzieller Vermögenswert** dann nicht beim Veräußerer auszubuchen, wenn dieser so gut wie alle Chancen und

Risiken aus dem Vermögenswert behält (→ § 28 Rz 67). In der Konkretisierung dieser Vorschrift bestimmt IAS 39.AG46, dass ein finanzieller Vermögenswert dann nicht auszubuchen ist, wenn bei seiner Übertragung eine Garantie für alle Verluste abgegeben wird.

In den genannten Regelungskontexten wird somit zwar auf Konzeptebene kumulativ von Risiko und Chance gesprochen, in der Konkretisierung des Konzepts aber jeweils die Übernahme allein des Risikos durch eine Partei für ausreichend gehalten, um ihr den Vermögenswert zuzurechnen. Aufgrund der Einheitlichkeit in der Konkretisierung ist dem auch für die Zwecke von SIC 12 zu folgen, sodass bei der Zurechnung einer Zweckgesellschaft dem **Risikoaspekt** im Zweifel Vorrang zu geben ist.

76 Im Einzelfall kann die in SIC 12.9 gebotene **Gesamtwürdigung** allerdings zu einem anderen Ergebnis führen. In einer Gesamtwürdigung ist es vertretbar, dem **deutlicheren** Faktor zu folgen, also etwa bei dem Nebeneinander einer deutlichen und unstrittigen Chancenmehrheit einer Partei und einer knappen und zweifelhaften Risikomehrheit der anderen Partei die Konsolidierung durch die erste Partei für geboten zu halten.[28] Ist umgekehrt die bei einer Partei liegende Risikomehrheit deutlich ausgeprägter als die bei der anderen liegende Chancenmehrheit, führen der im Zweifel anzunehmende Vorrang des Risikoaspekts und die Gesamtwürdigung ohnehin zum identischen Ergebnis der Konsolidierung beim Risikoträger.

77 Die Beurteilung der Konsolidierungspflicht von SPEs nach Risiko und Chance wird zum Teil als Konzeptioneller Widerspruch zu IAS 27 angesehen. Der im Dezember 2008 vorgelegte ED 10 (Rz 195) versucht hier mehr Konsistenz zu schaffen.

2.4.4 Verfahren zur Feststellung der Mehrheit der Chancen und Risiken

2.4.4.1 Beurteilungszeitpunkt, Beurteilungszeitraum

78 Wie die Beurteilung jedes anderen Konsolidierungsgrundes ist auch die der Risiko- und/oder Chancenmehrheit zu jedem Stichtag vorzunehmen **(Beurteilungszeitpunkt)**. Soweit sich an den Verhältnissen seit der letzten Beurteilung nichts Wesentliches geändert hat, kann an der zuvor vorgenommenen Beurteilung festgehalten werden.

79 Risiko und Chance sind **zukunftsgerichtete** Begriffe. Die Verteilung von Risiko und Chance ist daher für die Zukunft zu beurteilen. Der sich aus dieser Anforderung konkret ergebende **Beurteilungszeitraum** ist

- **begrenzt**, wenn die SPE oder auf die Verteilung von Chancen und Risiken gerichtete Abreden der Kapitalgeber eine begrenzte Laufzeit haben,
- **unbegrenzt**, wenn die SPE rechtlich und wirtschaftlich auf Dauer angelegt ist und auch die Verteilung der Chancen und Risiken unter den Kapitalgebern keine zeitliche Begrenzung aufweist.

Zur ersten Alternative folgendes Beispiel:

Beispiel
Die SPE hält ein Containerschiff, Nutzungsdauer 40 Jahre, und überlässt es im *operating lease* an Dritte. Kapitalgeber der SPE sind zu je 50 % diverse Kleinanleger (Eigenkapital) und eine Bank, der das Schiff als Sicherheit gestellt wird.

---

28 So KÜTING/GATTUNG, KoR 2007, S. 397ff.

> Das entgeltliche Management des Schiffs liegt bei U. U garantiert der SPE über 10 Jahre die Frachterlöse. Die Kleininvestoren können U nach Ablauf der 10 Jahre ihren Anteil zum Nominalwert plus einer bankähnlichen Verzinsung andienen.
> Beurteilungszeitraum für die Verteilung der Risiken und Chancen zwischen U und den Kleinanlegern ist der Zeitraum bis zum Ablauf des Andienungsrechts und nicht die längere Nutzungsdauer des Schiffs. Mit Ende der 10 Jahre und Ausübung/Nichtausübung eines Andienungsrechts ist die Risikoverteilung zwischen U und den Kleinanlegern endgültig abgeschlossen.
> Am Ablaufzeitpunkt haben die Kleinanleger das Recht auf Andienung ihrer Anteile. Durch das Andienungsrecht liegt das Wertentwicklungsrisiko des Schiffes bis zum Ablauf der 10 Jahre bei U; außerdem trägt U auch das Risiko aus der Garantie für die Frachterlöse. Ob die Kleinanleger, eine Nichtausübung der Option unterstellt, in den Jahren 11 bis 40 noch an den Anteilen festhalten werden, ob sie also das laufende und das Wertentwicklungsrisiko dieser Jahre übernehmen werden oder nach Anlauf der 10 Jahre ihren Anteil alsbald veräußern werden, ist Sache ihrer autonomen Entscheidung und berührt nicht mehr die vertragliche Risikoverteilung zwischen ihnen und U.

Wie nach ganz einheitlicher Auslegung des *risks-and-rewards*-Konzepts von IAS 17 bei Leasingverträgen ist daher auch für das *risks-and-rewards*-Konzept nach SIC 12 bei Zweckgesellschaften im Falle von Andienungsrechten, Restwertgarantien usw. der **Betrachtungszeitraum** für die Risikoverteilung auf den Zeitpunkt zu **begrenzen**, bis zu dem das Andienungsrecht wahrgenommen oder die sonstige Restwertgarantie in Anspruch genommen werden kann.

2.4.4.2 Vorrang der qualitativen Analyse

Die Bestimmung der Risiken- und/oder Chancenmehrheit bedarf nicht in jedem Fall einer **quantitativ-mathematischen Analyse**, sondern kann sich bereits aus **qualitativen** Überlegungen ergeben. Das amerikanische Pendant zu SIC 12 formuliert explizit den Vorrang der qualitativen Analyse (FIN 46r.9) und führt als Begründung Folgendes an: 80

> „*Although quantitative analysis may seem to provide a more precise and less subjective means of making a determination, that appearance is deceptive in some cases. The lack of objective evidence on which to base the estimates and assumptions used to make the computations results in imprecision and subjectivity. Consequently, a reasoned professional judgment … often is as good as, or even better than, mathematical computations …(FIN 46r. D.32)*"

Auch in der Anwendung von SIC 12 ist u. E. der **qualitativen Analyse Vorrang** 81 zu geben. Dies ergibt sich sowohl aus den (Nicht-)Gewichtungen im Regelungstext als auch aus der in SIC 12.9 letzter Satz formulierten Generalnorm:

- Zum ersten Punkt ist festzustellen, dass SIC 12 im gesamten Text, einschließlich des Appendix, auf jegliche Vorgaben für eine quantitative Analyse verzichtet. Stattdessen werden etwa zur Frage der Risikotragung vier Beispiele genannt, bei denen es jeweils nur um die qualitative Frage geht, ob die Eigenkapitalgeber in wirtschaftlicher Betrachtung als Fremdkapitalgeber anzusehen sind.

- In die gleiche Richtung weist die Generalnorm. Hiernach ist ein *„judgement in the context of all relevant factors"* geboten. Dies entspricht dem in FIN 46r.D32 formulierten Vorrang des *„reasoned professional judgement"* vor einer mathematischen Berechnung.

82 In folgenden beispielhaften **Fällen** kann regelmäßig bereits qualitativ eine Risikomehrheit des Sponsors belegt werden:

- Die SPE finanziert sich beinahe ausschließlich aus Fremdmitteln, die sie ohne Bürgschaften, Patronatserklärungen, Liquiditätsgarantien (Fazilitäten) etc. des Sponsors aber nicht hätte beschaffen können.
- Die Fremdmittel stammen vom Sponsor, der hierfür keine Sicherheiten erhält, mit denen ein Dritter sich zufrieden gegeben hätte.
- Die SPE verfügt zwar über wesentliches, von Dritten aufgebrachtes Eigenkapital, der Sponsor nimmt den Dritten aber das eigenkapitaltypische Verlustrisiko ab, indem er ihnen etwa über einen langen Zeitraum ein Recht auf Andienung der Anteile zum Nominalwert zuzüglich einer Verzinsung einräumt oder ihnen auf Dauer Mindestdividenden garantiert.
- Die SPE hat von vornherein eine begrenzte Zeitdauer. Für den Wert des am Ende dieses Zeitraums bestehenden Vermögens garantiert der Sponsor durch Einräumung von *first-loss*-Garantien, Andienungsrechten usw.

2.4.4.3 Aufbau einer quantitativen Analyse

83 Zur Struktur einer – nur bei **fehlender Eindeutigkeit** der qualitativen Analyse erforderlichen – quantitativen Analyse macht SIC 12 keine Vorgaben.

Naheliegend erscheint deshalb ein Rückgriff auf die analogen **amerikanischen** Vorschriften aus FIN 46r.[29] Sie fordern eine **wahrscheinlichkeitsgewichtete** Szenario-Analyse. Hierbei werden unterschiedliche Entwicklungen der SPE (z. B. *worst, bad, base, good* und *best case*) mit diskreten Wahrscheinlichkeiten gewichtet, um zu untersuchen, welche Partei in diskontierter Betrachtung die Mehrheit der positiven und negativen Ergebnis- bzw. *cash-flow*-Variabilität (Chance und Risiko) trägt. Die darin enthaltene Definition von Risiko und Chance als Ergebnisvariabilität entspricht der Definition von Chance und Risiko in IAS 39.21. Eine wahrscheinlichkeitsgewichtete Szenario-Analyse kann sich daher nicht nur über IAS 8.12 auf FIN 46r berufen, sondern ebenso über IAS 8.11(a) auf IAS 39 (→ § 1 Rz 74ff.).

In der wahrscheinlichkeitsorientierten Szenario-Betrachtung sind zunächst zwei Größen zu bestimmen:

Ergebnis des jeweiligen Szenarios	
×	Wahrscheinlichkeit des Szenarios
=	wahrscheinlichkeitsgewichteter Szenario-Wert (1)
Erwartungswert aller Szenarien	
×	Wahrscheinlichkeit des jeweiligen Szenarios
=	wahrscheinlichkeitsgewichteter Erwartungswert (2)

---

29 In diesem Sinne MÜLLER/OVERBECK/BÜHRER, BB 2005, Beil. 8 zu Heft 32, S. 26ff.

Die Summe der positiven Differenzen der beiden Größen gilt als Chance *(expected residual return)*, die Summe der negativen Abweichungen als Risiko *(expected loss)*.
Ist der Anteil des einzelnen Gesellschafters an den so über Variabilitäten definierten Risiken und Chancen größer 50 %, hat er die Gesellschaft zu konsolidieren.
In die Betrachtung fließen nicht nur die gesellschaftsrechtlichen Ergebnisanteile ein, sondern ebenso die Chancen und Verluste aus **Bürgschaften, nachrangigen Darlehen,** *first-loss*-Garantien für Leasingobjekte usw. Nachfolgend ein stark, weil u. a. auf eine Periode reduziertes Beispiel:[30]

Beispiel
Eine SPE wird mit einem minimalen, vernachlässigbaren Eigenkapital gegründet. A hält 20 %. Die Gesellschaft wird durch ein nachrangiges und erfolgsabhängiges Darlehen des A in Höhe von 100 finanziert.
Im *bad case* fällt das Darlehen aus, im *base case* erhält A seine Einzahlung nebst eines Zinses von 25 zurückgezahlt, im *best case* beträgt der Zins 50.
Die in der nachfolgenden Tabelle festgehaltenen Berechnungen führen bei A zu einer Ergebnisvariabilität (positiv wie negativ) von 22,8, bei den anderen Gesellschaftern von 16,8. A trägt daher die Mehrheit der Chancen und Risiken.

GESAMTBETRACHTUNG

Fall	*bad*	*base*	*best*	
Wahrscheinlichkeit p	20 %	60 %	20 %	
EBIT	–100	50	200	
– Zins G'ter-Darlehen A		–25	–50	
+ Ertrag aus Ausfall G'ter-Darlehen A	100			
= operativer *cash flow* (Gesellschaft)	0	25	150	
+ Zins G'ter-Darlehen A		25	50	
– Ausfall G'ter-Darlehen A	–100	0	0	
= angepasster *cash flow* (Ergebnis)	**-100**	**50**	**200**	
wahrscheinlichkeitsgewichtetes Ergebnis	–20	30	40	
Erwartungswert	**50**			
wahrscheinlichkeitsgewichtetes Ergebnis	–20	30	40	Summe
– Erwartungswert × p	10	30	10	
Negative Abweichung (Risiko)	–30			**–30**
Positive Abweichung (Chance)		0	30	**30**

[30] Weitere Einzelheiten bei MÜLLER/OVERBECK/BÜHRER, BB 2005, Beil. 8 zu Heft 32, S. 26ff., und MELCHER/PENTER, DB 2003, S. 513ff.

GESELLSCHAFTER A				
Fall	*bad*	*base*	*best*	
Wahrscheinlichkeit p	20 %	60 %	20 %	
Anteil am op. *cash flow* der Gesellschaft (20 %)	0	5	30	
+ Zinsen aus Darlehen	0	25	50	
– Ausfall Darlehen	–100	0	0	
= angepasster *cash flow* A	–100	30	80	
wahrscheinlichkeitsgewichteter *cash flow* A	–20	18	16	
Erwartungswert	14			
wahrscheinlichkeitsgewichteter *cash flow* A	–20	18	16	Summe
– Erwartungswert x p	2,8	8,4	2,8	
Negative Abweichung (Risiko)	–22,8			**–22,8**
Positive Abweichung (Chance)		9,6	13,2	**22,8**

ÜBRIGE GESELLSCHAFTER				
Fall	*bad*	*base*	*best*	
Wahrscheinlichkeit p	20 %	60 %	20 %	
Anteil am op. *cash flow* der Gesellschaft (80 %)	0	20	120	
= angepasster *cash flow*	0	20	120	
wahrscheinlichkeitsgewichteter *cash flow*	0	12	24	
Erwartungswert	36			
wahrscheinlichkeitsgewichteter *cash flow*	0	12	24	Summe
– Erwartungswert x p	7,2	21,6	7,2	
Negative Abweichung (Risiko)	–7,2	–9,6		**–16,8**
Positive Abweichung (Chance)			16,8	**16,8**

Gegen die Anwendung der amerikanischen Vorschriften könnte die Auffassung des IDW sprechen, der keine Grundlage für die analoge Anwendung von FIN 46r auf SIC 12 sieht.[31] Der Hinweis des IDW ist allerdings abstrakt ohne speziellen Bezug zum rechnerischen Verfahren der Ermittlung der Chancen und Risiken formuliert. Man tritt daher bei einer Anlehnung an US-GAAP in diesem Punkt nicht in Widerspruch zum IDW.

2.4.5 Zellulare Strukturen, *multi-seller*-SPEs

84 Eine SPE mit einer sogenannten zellularen Struktur liegt vor, wenn unter der **einheitlichen rechtlichen Hülle** der Zweckgesellschaft verschiedene **haftungsmäßig gegeneinander isolierte Geschäfte** betrieben werden. Durch eine solche Strukturierung kann die Anwendung von SIC 12 nicht umgangen werden. Wie in IAS 27 ist beim rechtlichen und wirtschaftlichen Auseinanderfallen des potenziellen Konsolidierungsobjekts die **wirtschaftliche** Betrachtung vorrangig.[32]

31 IDW, RS HFA 2, Tz 50.

32 IDW, RS HFA 2, Tz 59; vgl. auch KUSTNER, KoR 2004, S. 308 ff.

Beispiel
Sachverhalt
Die Leasinggesellschaft LG überlässt verschiedene Leasinggegenstände im *finance lease* an die Leasingobjektgesellschaft LOG, deren Komplementär sie zugleich ist. Kommanditisten mit einer geringen Einlage sind zu gleichen Teilen A, B, C, D und E, die Maschinen von LG im *operate lease* anmieten. Nach den Verträgen mit der LOG bürgt jeder Kommanditist für diejenigen Schulden der LOG, welche die von ihm angemieteten Leasinggegenstände betreffen, also sachlich ihm „zuzurechnen" sind. Andere Schulden relevanter Größenordnung hat die LOG nicht.

Beurteilung
Auch wenn keiner der Kommanditisten die Mehrheit der Risiken und Chancen an der LOG hat, können konsolidierungspflichtige SPEs vorliegen. Aus Sicht der relevanten Schulden, Eingangs- und Ausgangsgeschäfte ist die SPE nur eine formale Hülle über 5 wirtschaftlich selbstständige Einheiten.
Jede dieser Einheiten stellt eine SPE dar und ist nach SIC 12 auf die Konsolidierungspflicht beim jeweiligen Kommanditisten zu prüfen. Diese Prüfung wird regelmäßig zur Konsolidierung führen.

Auch Verbriefungsgeschäfte (**ABS-Transaktionen**; Rz 60) können so gestaltet werden, dass z. B.

- drei Unternehmen A, B, C ihre Forderungen an eine einzige Zweckgesellschaft verkaufen,
- die Zweckgesellschaft zur Finanzierung der Käufe Schuldpapiere A, B und C emittiert,
- wobei zur dinglichen Sicherung der Papiere A nur die von A gekauften Forderungen dienen usw.

Ein derartiges *multi-seller*-SPE repräsentiert nicht **ein** Nichtkonsolidierungsobjekt, sondern **drei (potenzielle) Konsolidierungsobjekte.**

Rechtlich einfach gestaltet sich die Etablierung zellularer Strukturen im Bereich 85
der **Spezialfonds**. § 24 Abs. 2 InvG eröffnet hier die Möglichkeit, mehrere Teilfonds mit unterschiedlichen Anlageschwerpunkten gemeinsam unter einem Schirm zu verwalten *(umbrella fund)*. Soweit keine *cross fund liabilities* bestehen, d. h. die Teilfonds haftungsrechtlich gegeneinander abgekapselt werden, sind potenzielles Konsolidierungsobjekt die Teilfonds.

Beispiel
Umbrella fund U besteht aus 10 gleich großen Subfonds S-1 bis S-10.
M hält 100 % an Subfonds S-1, somit nur 10 % an U.
Maßgeblich ist die wirtschaftliche Betrachtung *(substance over form)*. Gibt es keine *cross fund liabilities*, ist potenzielles Konsolidierungsobjekt nicht die Verwaltungshülle U, sondern der jeweilige Subfonds. M hat dann Subfonds S-1 nach SIC 12 wegen Risiko-/Chancenmehrheit zu konsolidieren.

2.5 Abgrenzung Tochterunternehmen von assoziierten und Gemeinschaftsunternehmen

86 In **typisierender** Betrachtung lassen sich vier Fälle der Beteiligung an einem anderen Unternehmen unterscheiden:

- Beteiligung von **weniger als 20 %:** kein maßgeblicher Einfluss, somit **einfache Beteiligung nach IAS 39** (→ § 28);
- Beteiligung von **mehr als 20 %, aber weniger als 50 %:** maßgeblicher Einfluss, **assoziiertes Unternehmen**, somit *equity*-Konsolidierung nach IAS 28 (→ § 33);
- Beteiligung von **50 %**: **Joint Venture,** Konsolidierung quotal oder *at equity* als Gemeinschaftsunternehmen nach IAS 31 (→ § 34);
- Beteiligung **über 50 %**: **Tochterunternehmen,** somit volle Konsolidierung (Rz 88).

87 Die typisierenden Annahmen können je nach Würdigung des Einzelfalls zu widerlegen sein; dazu wird verwiesen wegen

- eines **Tochter**status bei fehlender Mehrheitsbeteiligung auf Rz 32 und Rz 23;
- eines **Gemeinschafts**status bei 51%iger Beteiligung auf Rz 30;
- einer Beteiligung **unter 50 %** (z.B. drei Gleichbeteiligte) auf → § 34 Rz 23;
- eines möglichen **assoziierten** Status bei der Beteiligung unter 20 % auf → § 33 Rz 11ff.

3 Konzernabschlusspflicht, Konsolidierungskreis, Bilanzstichtag

3.1 Konzernabschlusspflicht

3.1.1 Vorrang von EU- und nationalem Recht bei der Bestimmung der Konzernabschlusspflicht

88 Nach IAS 27.9 hat ein **Mutterunternehmen** – größen-, rechtsform- und sitz**un**abhängig – einen Konzernabschluss vorzulegen. **Befreiungsmöglichkeiten** sind lediglich für den Teil-Konzernabschluss von bestimmten Mutterunternehmen vorgesehen, die selbst Tochterunternehmen eines anderen Mutterunternehmens sind (IAS 27.10).

89 Aus Sicht **deutscher** und **EU**-Anwender haben die IFRS-Vorschriften zur Konzernabschlusspflicht jedoch keine Relevanz (Rz 6). Die EU-Kommission hat im November 2003 „Kommentare zu bestimmten Artikeln der Verordnung (EG) Nr. 160“ (6/2002) veröffentlicht und dabei das Zusammenspiel von 7. EU-Richtlinie bzw. nationalem Recht (HGB) mit der IFRS wie folgt erläutert:

- „Da sich die IAS-Verordnung lediglich auf „konsolidierte Abschlüsse“ bezieht, wird sie nur dann wirksam, wenn diese konsolidierten Abschlüsse von anderer Seite gefordert werden. Die Klärung der Frage, ob eine Gesellschaft zur Erstellung eines konsolidierten Abschlusses verpflichtet ist oder nicht, wird nach wie vor durch Bezugnahme auf das einzelstaatliche Recht erfolgen, das infolge der Siebenten Richtlinie erlassen wurde ...“
- Daher „bestimmt das nationale aus den Rechnungslegungsrichtlinien abgeleitete Recht, ob konsolidierte Abschlüsse erforderlich sind oder nicht.

- Werden sie benötigt, so legen die in den übernommenen IAS festgelegten Anforderungen den Anwendungsbereich der Konsolidierung und folglich die Unternehmen fest, die in diese konsolidierten Abschlüsse einzubeziehen sind, und die Art und Weise, wie dies geschehen soll."[33]

Die Gesetzesbegründung zum Bilanzrechtsreformgesetz (→ § 7 Rz 8) schließt sich dieser Wertung an. § 315a Abs. 1 HGB formuliert demzufolge nur Vorschriften für „ein Mutterunternehmen, das nach den Vorschriften des ersten Titels [also nach §§ 290ff. HGB] einen Konzernabschluss aufzustellen hat." Somit ergibt sich die in Abb. 1 dargestellte Arbeitsteilung von IFRS und HGB für den deutschen Anwender:

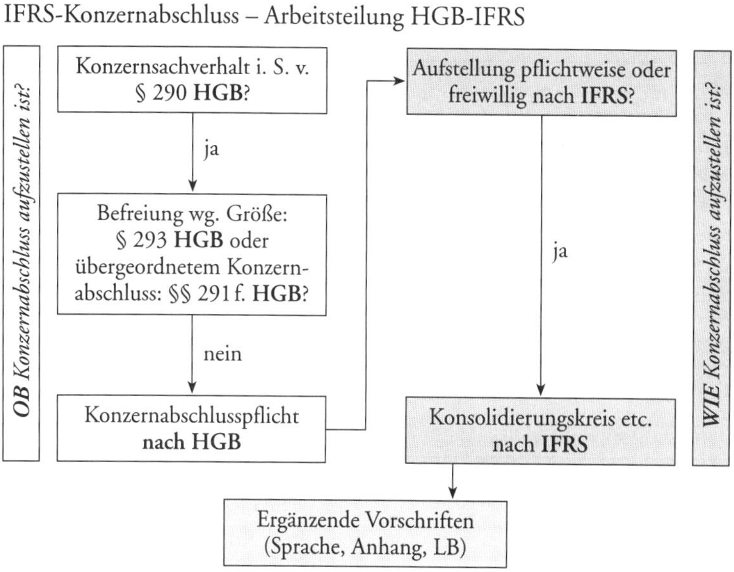

Abb. 1: IFRS-Konzernabschluss – Arbeitsteilung HGB und IFRS

Insoweit haben deutsche Anwender einen verpflichtenden (börsennotierte Gesellschaften) oder gem. § 315a HGB befreienden (sonstige Gesellschaften) IFRS-Konzernabschluss nur aufzustellen, wenn

- mindestens ein **Beherrschungsverhältnis** i.S.v. § 290 HGB vorliegt,
- das Mutterunternehmen nicht selbst Tochterunternehmen eines anderen Mutterunternehmens ist, das einen **den Teilkonzern befreienden Konzernabschluss** erstellt (§§ 291 f. HGB),
- die **Größenmerkmale von § 293 HGB** überschritten sind und
- das Mutterunternehmen eine **Kapitalgesellschaft** oder eine Personenhandelsgesellschaft ohne unbeschränkte Haftung mindestens einer natürlichen Person **(KapCo-Gesellschaft)** ist (§ 290 HGB i.V.m. §§ 264 und 264a HGB)

[33] EU-Kommission, Kommentare zu bestimmten Artikeln der Verordnung (EG) Nr. 1606/ 2002, www.europa.eu.int/comm/internal_market/accounting/docs/ias/ias-200311-comments_de.pdf.

oder sich wegen besonderer Größe eine Konzernabschlusspflicht nach dem **Publizitätsgesetz** ergibt (§ 11 PublG).

Zum Begriff der Börsennotierung (genauer: Kapitalmarktorientierung) wird auf → § 7 Rz 9 verwiesen.

Abstimmungsprobleme zwischen HGB a.F. und IFRS konnten sich dann ergeben, wenn sämtliche Tochtergesellschaften eines börsennotierten Unternehmens wegen Unwesentlichkeit, Veräußerungsabsicht oder Transferbeschränkungen nach § 296 HGB nicht zu konsolidieren sind. Nach einer Auffassung war hier ein IFRS-Konzernabschluss aufzustellen,[34] nach der Gegenmeinung bestand keine Konzernrechnungslegungspflicht.[35] Hier sorgt das BilMoG mit § 290 Abs. 5 HGB für eine Klarstellung: Eine Konzernabschlusspflicht entfällt nach HGB und damit auch für § 315a HGB.

Beispiel

Die börsennotierte Venture Capital AG hält eine Vielzahl von Beteiligungen. Alle Beteiligungserwerbe erfolgen mit einer Exit-Strategie (Börsengang, außerbörsliche Veräußerung).

Die Beteiligungen werden daher gem. § 296 Abs. 1 Nr. 3 HGB nicht konsolidiert.

Nach § 290 Abs. 5 HGB entfällt damit die Konsolidierungspflicht mit Folgewirkung für den IFRS-Abschluss nach EU-VO bzw. § 315a Abs. 1 HGB.

Die Bindung an § 315a HGB und damit an § 290ff. HGB hat auch Implikationen für die Frage, auf welchen Stichtag **erstmalig** oder **letztmalig** ein Konzernabschluss aufzustellen ist.

Beispiel

Die seit 01 börsennotierte MU hat bis zum 31.12.04 keine Tochterunternehmen. Am 1.1.05 gründet/erwirbt sie das Tochterunternehmen TU.

Beurteilung

1. Ein Konzernabschluss ist erstmals für 05 aufzustellen (§ 315a Abs. 1 HGB i.V.m. § 290 Abs. 1 HGB).
2. U. E. Entsteht damit auch das Berichtsobjekt „Konzern" neu, sodass im Abschluss 05 keine Vorjahresvergleichszahlen (des IFRS-Einzelabschlusses der MU) anzugeben sind und der Zeitpunkt der IFRS-Eröffnungsbilanz mit dem der Begründung des Konzerns zusammenfällt.[36]

Beispiel (Fortsetzung)

MU veräußert am 30.12.06 das einzige Tochterunternehmen.

Beurteilung

Ein Konzernabschluss ist für das Jahr 2006 nicht mehr aufzustellen (§ 315a Abs. 1 HGB i.V.m. § 290 Abs. 1 HGB).

---

34 Knorr/Buchheim/Schmidt, BB 2005, S. 2399.

35 Engelmann/Zülch, DB 2006, S. 293ff.

36 Nähere Begründung bei Lüdenbach, PiR 2010, S. 144ff.

3.1.2 Keine originäre Konzernabschlusspflicht nach IFRS

Wo **nationale Gesetze** nicht oder noch nicht bestehen, können die IFRS keine Konzernabschlusspflicht begründen, auch nicht mittelbar für Unternehmen, die aus welchen Gründen auch immer IFRS-konforme Einzelabschlüsse aufstellen. Nach IAS 1.14 darf ein Abschluss zwar nur dann als mit IFRS übereinstimmend bezeichnet werden, wenn er sämtliche Anforderungen der IFRS erfüllt. Die Vorschrift bezieht sich jedoch auf den **Abschluss**, nicht auf das **Unternehmen**. Der Einzelabschluss eines Unternehmens darf daher als IFRS-Abschluss bezeichnet werden, wenn er alle für den Einzelabschluss geltenden Vorschriften beachtet. Ob das Unternehmen daneben auch andere IFRS-Vorschriften, insbesondere die über den Konzernabschluss, beachtet, ist für die Konformität des Einzelabschlusses irrelevant. 90

Insoweit haben auch die Bestimmungen von IAS 27.10 für die **Befreiung** eines Mutterunternehmens, das zugleich im Verhältnis zu einem anderen Unternehmen Tochterunternehmen ist (Teilkonzern), eine praktisch vernachlässigbare Bedeutung. 91

3.1.3 Gleichordnungskonzerne – *combined statements*

Bei Beherrschung zweier Unternehmensgruppen durch die gleichen nichtunternehmerischen Personen (Gleichordnungskonzern) kommt IAS 27 nicht zur Anwendung, da kein Beherrschungsverhältnis zwischen den beiden Gruppen besteht. Ein konsolidierter Abschluss scheidet aus. Infrage kommt aber ein zusammenfassender Abschluss (sog. *combined statement*). Dieser Abschluss ist i.d.R. nicht IFRS-konform, auch wenn er sämtliche sonstigen Vorschriften beachtet. In seltenen Fällen, insbesondere bei gleichartigen Eigentümerstrukturen, Personalidentität der Organe und operativem Zusammenwirken der Gruppen kann unter Berufung auf den *fair prensentation override* von IAS 1.17 (→ § 1 Rz 16) ein IFRS-konformer und als solcher testierfähiger Abschluss erstellt werden.[37] 92

Bedeutung hat die Gleichordnung auch in Fällen einer **Umstrukturierung** unter *common contriol* (→ § 31 Rz 177). 93

> **Beispiel**
> Die natürliche Person A (oder die A AG) hält vor der Umstrukturierung jeweils 100 % an den Unternehmen TU1 bis TU5.
> A gründet am 1.7.02 eine Holding AG, die an der Börse gelistet werden soll, und bringt gegen Gewährung von Anteilen (Sacheinlage) TU 1 bis TU 5 in die Holding ein.
>
> **Beurteilung**
> Die Einbringung ist eine Transaktion unter gemeinsamer Kontrolle, da A vor und nach der Transaktion die TUs beherrscht.
> Im (Teil-)Konzernabschluss der Holding AG kann diese Transaktion unter Fortführung der Buchwerte abgebildet werden (*predecessor accounting*) (→ § 31 Rz 179).

[37] Gl. A. ERNST & YOUNG, International GAAP 2009, S. 416f.

> Die Holding kann wirtschaftlich als Fortsetzung der Tätigkeit der kombinierten Einheit TU1 bis TU5 angesehen werden, mit der Folge, dass ihr Konzernabschluss für den Zeitraum 1.1. bis 31.12.02 aufzustellen ist, so, als ob TU1 bis TU5 schon am 1.1. eingebracht worden wären.

Die Prinzipien des *predecessor accounting* gelten auch für den Zeitpunkt, ab dem die eingebrachten Unternehmen im Konzernabschluss der aufnehmenden Gesellschaft berücksichtigt werden können. Die Holding AG kann im vorstehenden Beispiel wirtschaftlich als Fortsetzung der Tätigkeit der kombinierten Einheit TU1 bis TU5 angesehen werden, mit der Folge, dass ihr Konzernabschluss für den Zeitraum 1.1. bis 31.12.02 so aufgestellt werden kann, als ob TU1 bis TU5 schon am 1.1. eingebracht worden wären. Betroffen ist überdies der **Vorjahresvergleich.** Bei Einbringung einer Gesellschaft in eine neu gegründete Holding gilt etwa:

> „*The consolidated statements can [...] incorporate the [...] results as if both entities [...] had always been combined. Consequently, the consolidated financial statements reflect both entities' full year's results, even though the business combination may have occurred part of the way through the year. In addition, the corresponding amounts for the previous year also reflect the combined results [...], even though the transaction did not occur until the current year.*[38]“

Die kombinierten Vorjahreszahlen haben demzufolge wirtschaftlich nicht die Qualität einer Fiktion **(Pro-forma-Zahlen)**. Sie stellen vielmehr sicher, dass die erst im laufenden Jahr rechtlich formierte, vorher über *common control* aber bereits wirtschaftlich bestehende Berichtseinheit für alle Perioden konsistent dargestellt wird. Die kombinierten Vorjahreszahlen sind danach **echte Vergleichszahlen** (*historical informations*). Zu gleichen Wertungen kommt die SEC für den Bereich der US-GAAP,[39] sowie das *Auditing Practices Board UK* (APB) (ohne Bezugnahme auf ein spezielles GAAP) im *Standard for Investment Reporting SIR 2000, Annexure 26*:

> „*Where the entities have been under common management and control but do not form a legal group, the historical financial information will normally be presented on a combined or aggregated basis.*“

Zwei Non-IFRIC-Entscheidungen vom Januar 2010 haben vorstehende Vorgehensweise jedenfalls nicht abgelehnt.[40]

3.2 Konsolidierungskreis

3.2.1 Weltabschlussprinzip

94 Für die IFRS-Konzernbilanz gilt gem. IAS 27.12 das **Weltabschlussprinzip**. „Ein Mutterunternehmen, das einen Konzernabschluss aufstellt, hat alle ausländischen

38 PwC, IFRS Manual of Accounting 2010, Tz 25.382.1.

39 Rede des Associate Chief Accountant der SEC anlässlich der AICPA National Conference on Current SEC and PCAOB Developments in 2006.

40 IFRIC, Update Januar 2010.

und inländischen Tochterunternehmen … zu konsolidieren." Es bestehen keine Konsolidierungsverbote und auch keine Konsolidierungswahlrechte. Auch grundlegend unterschiedliche Geschäftstätigkeiten (Beteiligung einer Bank an einem Industrieunternehmen oder Industrieunternehmen an einer Versicherung) führen gem. IAS 27.17 nicht zu Ausnahmen von der Konsolidierungspflicht.

3.2.2 Zur Veräußerung bestimmte Anteile an Tochterunternehmen

Auch ein bereits mit **Veräußerungsabsicht** erworbenes Tochterunternehmen, 95
bei dem die Veräußerung bis zum Bilanzstichtag noch nicht vollzogen wurde, ist zu konsolidieren. Eine Fußnote zu IAS 27.12 führt hierzu Folgendes aus: „Wenn der Erwerb einer Tochtergesellschaft die Kriterien für eine Klassifizierung als *held for sale* gem. IFRS 5 erfüllt, soll sie in Übereinstimmung mit diesem Standard bilanziert werden." Diese Formulierung gewinnt Klarheit erst durch IFRS 5.BC54 f. und IFRS 5.IG13 (→ § 29).

Danach ist ein zur **Weiterveräußerung bestimmtes Tochterunternehmen** wie folgt zu bilanzieren:

- Bilanziell **auszuweisen** sind **zwei Beträge**:
  - die Summe der **Vermögenswerte** als „zur Veräußerung bestimmtes Anlagevermögen" *(non-current assets held for sale)* und
  - die Summe der **Verbindlichkeiten** des Tochterunternehmens als „direkt mit zur Veräußerung bestimmtem Anlagevermögen verbundene Schulden" *(liabilities directly associated with non-current held for sale assets).*
- Die **Bewertung** dieser Posten wird vereinfacht wie folgt vorgenommen:
  fair value des Tochterunternehmens
  – voraussichtl. Kosten der Veräußerung
  = *fair value less costs to sell* des Tochterunternehmens
  + *fair value* der **Schulden**
  = *fair value less costs to sell* der *held-for-sale assets.*
- In der **GuV** ist nur ein Gewinn aus eingestellten Bereichen *(profit from discontinued operations)* auszuweisen, der sich nach IFRS 5.IG wie folgt ermittelt:
  Ergebnis des Tochterunternehmens
  +/– Änderung des *fair value less costs to sell* des Tochterunternehmens
  = Ergebnis aus eingestellten Bereichen.

Bereits mit Veräußerungsabsicht erworbene Tochterunternehmen gelten ohne Weiteres als *discontinued operation* (IFRS 5.32c). Die sonst notwendige Prüfung, ob der abgehende Bereich ein operatives Haupttätigkeitsfeld des Konzerns darstellt, entfällt.

Wenn die **Veräußerungsabsicht** nicht schon beim Erwerb, jedoch **erstmals zum** 96
Bilanzstichtag besteht, sind die bisher unter den jeweils einschlägigen Posten ausgewiesenen Vermögenswerte und Schulden des Tochterunternehmens in die vorgenannten Sammelpositionen auf der Aktiv- und Passivseite umzugliedern. Anzusetzen ist gem. IFRS 5.15 der (saldiert) **niedrigere Betrag aus**

- bisherigem **Buchwert** und
- **Netto-*fair-value*.**

Ein Ertrag aus Zuschreibung kann mithin nicht entstehen, bei unter dem Buchwert liegendem Netto-*fair-value* aber ein **Wertminderungsaufwand** (IFRS 5.20). Dieser ist als Ergebnis aus eingestellten Bereichen auszuweisen, sofern die zur Veräußerung vorgesehene Tochterunternehmung ein operatives Haupttätigkeitsfeld *(major line of business or geographical area)* repräsentiert (IFRS 5.32a). Zum Ganzen wird auf → § 29 Rz 26 verwiesen.

97 Als Weiterveräußerung kann aus Konzernsicht nur die Veräußerung an **konzernexterne** Unternehmen gelten. Ein Erwerb eines Enkelunternehmens durch Tochterunternehmen 1 mit der Absicht der Weiterveräußerung an Tochterunternehmen 2 oder an das Mutterunternehmen führt nicht zur Anwendung von IFRS 5. Das Fortbestehen der Weiterveräußerungsabsicht ist eine innere Tatsache, die sich an äußeren Indizien messen lassen muss. IFRS 5.8 verlangt daher die Veräußerung binnen 12 Monaten ab Erwerb. Eine Ausnahme ist nach IFRS 5.9 z. B. für solche Fälle vorgesehen, in denen ein innerhalb von 12 Monaten geschlossener Kaufvertrag noch der Genehmigung (z. B. durch Kartellbehörden) bedarf und mit dieser kurz nach Bilanzstichtag zu rechnen ist.

Beispiel
M erwirbt am 1.12.01 30 % der Anteile an T mit der Absicht der Weiterveräußerung binnen 12 Monaten. Die Anteile werden am 31.12.01 nach IFRS 5 bilanziert.

Variante 1: Noch kein Käufer gefunden
Am 31.12.02 ist noch kein Käufer in Sicht. Die Anteile sind nunmehr entsprechend den normalen Regeln zu konsolidieren.

Variante 2: Ausstehende Genehmigung des Kaufvertrags
Ein Kaufvertrag wird am 5. Januar 03 geschlossen. Der Übergang des wirtschaftlichen Eigentums erfolgt mit kartellrechtlicher Genehmigung. Diese steht zum Zeitpunkt der Bilanzaufstellung (Januar 03) noch aus.
Eine Umklassifizierung ist nicht erforderlich, obwohl der Kaufvertrag erst nach 12 Monaten geschlossen wurde. Zweck von IFRS 5.8 ist die Vermeidung von Manipulationen und die Objektivierung der Veräußerungsabsicht. Der Bilanzierende soll nicht durch die bloße Behauptung einer Veräußerungsabsicht der Regelkonsolidierung ausweichen können. Diesem Zweck wird auch dann Genüge getan, wenn die 12-Monats-Frist in solchen Fällen moderat ausgedehnt wird, in denen spätestens bis Bilanzaufstellung ein Kaufvertrag geschlossen wurde.

3.2.3 Dauernde Beschränkung des Finanzmitteltransfers

98 Nach der bis 2004 geltenden Fassung von IAS 27 bestand ein Konsolidierungsverbot aufgrund erheblicher und **langfristiger Beschränkungen** bez. der Fähigkeit zum **Finanzmitteltransfer** (Rz 29). Es betraf vor allem Fälle, in denen durch die Einführung von **Devisentransferbeschränkungen** oder anderer staatlicher Maßnahmen Dividenden nicht mehr ausgeschüttet werden dürfen. Dieses Verbot ist entfallen. Es ist nun zu würdigen, ob sich die staatlichen Maßnahmen nicht nur auf den Finanzmitteltransfer, sondern auf die Stimmrechtsausübung, die Geschäftsführerbestellung usw. richten, sodass die Mutter-Tochter-Beziehung wegfällt (Verlust des Tochter-Status, nicht Konsolidierungsverbot).

3.2.4 Nichteinbeziehung aus *materiality*- oder Kosten-Gründen

Wie alle IFRS-Regeln unterliegt auch das Weltabschlussprinzip von IAS 27.12 dem *materiality*-Vorbehalt (→ § 1 Rz 59ff.). Tochterunternehmen müssen nicht einbezogen werden, wenn sie für Vermögens-, Finanz- und Ertragslage des Konzerns von insgesamt untergeordneter Bedeutung sind. 99

Die Wesentlichkeit unterliegt einer **Gesamtbetrachtung**. Hierzu folgendes Beispiel: 100

Beispiel

Die X AG hat 40 Tochterunternehmen, die je etwa 0,5 %, zusammen 20 % zum Konzernumsatz beitragen.

Jedes Unternehmen ist für sich betrachtet von untergeordneter Bedeutung. In zusammengefasster Betrachtung sind die Tochterunternehmen jedoch wesentlich. Eine Einbeziehung ist deshalb geboten.

Wird eine kleine Zahl der Tochterunternehmen nicht einbezogen, ist dies nicht schon dann gerechtfertigt, wenn die nicht einbezogenen zusammen einen unwesentlichen Umsatzanteil haben. Bei annähernd gleicher Größe gegenüber anderen einbezogenen Unternehmen muss die Entscheidung systematisch begründbar sein, z. B. wegen besonderer Verzögerungen oder erhöhter Kosten, die sich gerade aus der Einbeziehung dieser Unternehmen ergeben würden.

Variante

Die 20 Tochterunternehmen, die zusammen 40 % zum Konzernumsatz beitragen, haben eine sehr unterschiedliche Größe. Auf 10 Tochterunternehmen entfallen 35 %, auf die anderen 10 Tochterunternehmen 5 % des Umsatzes.

Die Nichteinbeziehung der zweiten Gruppe ist systematisch gerechtfertigt, da sie insgesamt von untergeordneter Bedeutung ist.

Das Kriterium der Wesentlichkeit ist im IFRS-Regelwerk nicht quantifiziert, auch deshalb nicht, weil unter besonderen Umständen in qualitativer Würdigung ein prozentual sehr kleiner Effekt gleichwohl wesentlich sein kann (→ § 1 Rz 59ff.). Liegen keine besonderen Umstände vor, ist die Nichtkonsolidierung von Tochtergesellschaften, die zusammen nicht mehr als 10 % vom Umsatz und zugleich nicht mehr als 5 % der Bilanzsumme ausmachen, u. E. vertretbar. Für den handelsrechtlichen Einzelabschluss werden entsprechende Richtwerte vertreten, für den Konzernabschluss wegen fehlender Zahlungsbemessungsfunktion eine großzügigere Betrachtung als im Einzelabschluss befürwortet.[41] 101

Das *Framework* stellt die Berichterstattung unter die Nebenbedingungen der Zeitnähe und der Kosten-Nutzen-Abwägung (→ § 1 Rz 65). Informationen können durch unangemessene Verzögerungen ihre Relevanz verlieren (F.43). Die Abwägung von Nutzen und Kosten ist „ein vorherrschender Sachzwang. Der aus einer Information abzuleitende Nutzen muss höher sein als die Kosten für die Bereitstellung der Information“ (F.44). Zur Anwendung der Kriterien folgendes Beispiel: 102

[41] KÜTING/WEBER/KESSLER/METZ, DB Beilage 7, 2007, S. 10f. m. w. N.

Beispiel
Tochtergesellschaft der M AG ist unter anderem die Amazonia S. A., die ihre Geschäfte von einer Freihandelszone im Amazonasgebiet betreibt. Die Gewinnung von englischkundigem, qualifiziertem Personal ist objektiv schwierig. Die Amazonia erfüllt ihre unterjährigen Konzernreport-Pflichten stets mit großer Verzögerung. Denkbare Abhilfe, z.B. durch Entsendung von Mitarbeitern aus der Konzernzentrale, wäre mit Kosten verbunden, die in keinem Verhältnis zum von der Amazonia erwirtschafteten Ergebnis stünden. Die Nichtkonsolidierung der Amazonia ist dann gerechtfertigt, wenn der dadurch entfallene Informationsnutzen im Verhältnis zu den Kosten einer Abhilfe und im Verhältnis zu den sonst entstehenden Verzögerungen nicht bedeutsam ist. In der einzelfallbezogenen Abwägung wird es dabei unter anderem im Zusammenspiel mit *materiality*-Überlegungen auf die Größenordnung der Amazonia ankommen.
Die Verzögerungs- und Kostenprobleme könnten auch bei einem Ergebnis- und Umsatzbeitrag der Amazonia von 5 % oder mehr noch eine Nichtkonsolidierung rechtfertigen.

3.2.5 Konsolidierung von assoziierten und Gemeinschaftsunternehmen

103 IAS 27.9 schreibt nur die Konsolidierung von Tochterunternehmen vor. Die Konsolidierung von **assoziierten** Unternehmen ergibt sich aus IAS 28 (→ § 33), die von Gemeinschaftsunternehmen aus IAS 31 (→ § 34). Beide Standards regeln nicht nur die Konsolidierungsmethode, sondern auch die Frage, ob überhaupt eine Einbeziehung in den Konsolidierungskreis erfolgt. Soweit ein assoziiertes Unternehmen oder ein Gemeinschaftsunternehmen wegen Veräußerungsabsicht nicht *at equity* oder quotal zu konsolidieren ist, muss es gleichwohl im Einzel- und damit auch im Konzernabschluss des Mutterunternehmens bilanziert werden. Die Bilanzierung erfolgt jedoch dann nach den Regeln von IFRS 5 statt nach IAS 28.14 und IAS 31.42.

104 In Übereinstimmung mit den Regeln für Tochterunternehmen sind **bei Weiterveräußerungsabsicht** daher Anteile an **assoziierten Unternehmen** (→ § 33 Rz 28ff.) oder Gemeinschaftsunternehmen (→ § 34 Rz 96) mit dem *fair value less costs to sell* anzusetzen, sofern der bisherige Buchwert nicht niedriger ist (Rz 95).

- Bei bisheriger *equity*-Konsolidierung erfolgt eine Umgliederung auf der Aktivseite von „*at-equity*-Anteilen" in „zur Veräußerung bestimmtes Anlagevermögen" (*non-current assets held for sale*; → § 29 Rz 58).
- Ob bei bisheriger quotaler Konsolidierung wie in Fällen der Vollkonsolidierung der unsaldierte Ausweis des *fair value less costs to sell* geboten ist (mit anteiligem Ansatz von Vermögenswerten und Schulden), scheint zweifelhaft (→ § 34 Rz 96).

105 Der Konzernbegriff (und die Konzernabschlusspflicht) setzt gem. IAS 27 ein **Mutter-Tochter**-Verhältnis voraus: Ohne Tochterunternehmen kein Konzern (IAS 27.4), ohne Tochterunternehmen kein Konzernabschluss (IAS 27.9). Assoziierte Unternehmen und Gemeinschaftsunternehmen sind somit in einen ohne-

hin aufzustellenden Konzernabschluss einzubeziehen, begründen jedoch selbst keine Konzernabschlusspflicht.[42] Hierzu folgendes Beispiel:

> **Beispiel**
> MU ist am Tochterunternehmen TU, am assoziierten Unternehmen aU und am Gemeinschaftsunternehmen GU beteiligt.
> MU hat einen Konzernabschluss aufzustellen, in den neben TU auch aU und GU einzubeziehen sind.
>
> **Variante**
> MU ist nur an aU und GU beteiligt.
> MU bildet keinen Konzern und muss keinen Konzernabschluss aufstellen.
> aU und GU können im Einzelabschluss von MU wahlweise zu Anschaffungskosten oder zum *fair value* bilanziert werden.

3.3 Konzernbilanzstichtag, abweichende Stichtage von Tochterunternehmen

Nach IAS 27.22 ist Abschlussstichtag des Konzerns der Stichtag des **Mutterunternehmens**. Tochterunternehmen dürfen auf der Basis ihres **abweichenden** Einzelbilanzstichtages einbezogen werden, wenn der **Abweichungszeitraum** nicht größer als **3 Monate** und die Erstellung eines Zwischenabschlusses **unpraktikabel** ist. 106

Im Beispiel einer Konzernbilanzierung auf den 31.12.01 dürfen also die Tochterunternehmen mit Abschlussdatum 30.9.01 und 31.3.02 gerade noch auf der Basis dieser Stichtage einbezogen werden, wobei der zweiten Alternative bei üblichen Aufstellungsfristen für den Konzernabschluss kaum Praxisrelevanz zukommt. 107

Für **bedeutende Geschäftsvorfälle** zwischen dem Konzern-Bilanzstichtag und den abweichenden Einzelbilanzstichtagen sind gem. IAS 27.23 **Anpassungen** vorzunehmen. Hierzu folgendes Beispiel: 108

> **Beispiel**
> Die Tochterunternehmen T 1 und T 2 bilanzieren auf den 30.9. Konzernbilanzstichtag ist der 31.12.
> T 1 produziert Silvesterfeuerwerk und tätigt seine Umsätze fast vollständig im vierten Quartal.
> T 2 hat kein saisonales Geschäft. Im November ist ein Teil des Lagers von T 2 abgebrannt. Der Versicherungsschutz ist unzureichend.
> T 1 kann trotz des saisonalen Verlaufs auf Basis der Zahlen per 30.9. einbezogen werden. Eine Anpassung um die Zahlen des vierten Quartals 01 wäre sinnwidrig, da dann umgekehrt die Zahlen des vierten Quartals 00 eliminiert werden müssten, um nicht zwei Jahresumsätze zu berücksichtigen. Die Zahlen des vierten Quartals 00 können aber nicht eliminiert werden, da sie bisher noch überhaupt nicht im Konzernabschluss berücksichtigt wurden (Konzernabschluss 31.12.00 auf Basis T-1-Zahlen 30.9.00).

42 Ebenso SENGER/BRUNE, in: BECK'sches IFRS-Handbuch, 3. Aufl., 2009, § 31, Tz 19.

T 2 kann, sofern es sich bei dem Brand um ein bedeutsames Ereignis handelt, nur auf Basis angepasster Zahlen einbezogen werden. Der Verlust ist schon im Konzernabschluss 01 (da in 01 entstanden) zu berücksichtigen. Im Folgejahr ist eine umgekehrte Anpassung notwendig, um eine Doppelerfassung zu vermeiden.

109 Hinsichtlich der Länge des Zeitabstands zwischen den Stichtagen ist nach IAS 27.26f. (IAS 27.22f. rev. 2008) wie folgt zu differenzieren:

- Nur bei **bis zu 3-monatigem** Zeitabstand kann die Konsolidierung **aus Praktikabilitätsgründen** auf der Basis von um besondere Vorfälle und Ereignisse angepassten Einzelabschlüssen erfolgen.
- Bei **mehr als 3-monatiger** Abweichung sind zwingend **Zwischenabschlüsse** aufzustellen.

110 Wurde das Tochterunternehmen bisher auf Basis seines (nicht mehr als 3 Monate) abweichenden Stichtags konsolidiert und werden nun die Geschäftsjahre angeglichen, ist im Interesse eines zutreffenden Totalerfolgs (Kongruenzprinzip) darauf zu achten, dass schon bisher berücksichtigte Zeiträume des Tochterunternehmens nicht erneut im nächsten Konzernabschluss enthalten sein dürfen (*double counting*) bzw. bisher unberücksichtigte Zeiträume nicht endgültig unberücksichtigt bleiben. Im ersten Konzernabschluss auf den gemeinsamen Stichtag ist das Tochterunternehmen dann je nach Sachlage – Abschlussstichtag der Tochter vor Angleichung vor oder nach demjenigen der Mutter, Anpassung der Mutter an die Tochter oder umgekehrt – hinsichtlich der Stromgrößen (GuV, Gesamteinkommensrechnung, Kapitalflussrechnung) mit weniger als 12, mehr als 12 oder mit 0 Monaten zu berücksichtigen.

Beispiel
Fall 1: Abschlussstichtag des Tochterunternehmens war bisher der 31.3., der des Mutterunternehmens der 31.12.
Variante 1.1
Das Tochterunternehmen gleicht sich dem Mutterunternehmen an, indem es für den Zeitraum 1.4. bis 31.12.02 ein Rumpfgeschäftsjahr einlegt.
Im Konzernabschluss 31.12.02 ist das Tochterunternehmen nur mit 9 Monaten zu berücksichtigen, da der Zeitraum 1.1. bis 31.3.02 bereits im Konzernabschluss 31.12.01 berücksichtigt wurde.
Variante 1.2
Das Mutterunternehmen gleicht sich dem Tochterunternehmen an, indem es für den Zeitraum 1.1. bis 31.3.02 ein Rumpfgeschäftsjahr einlegt.
Für das Rumpfgeschäftsjahr ist nach § 315a HGB i.V.m. § 240 Abs. 2 Satz 2 HGB und § 299 Abs. 1 HGB ein Konzernabschluss vorzulegen (→ § 2 Rz 12). In diesem Konzernabschluss für den Zeitraum 1.1. bis 31.3.02 ist das Tochterunternehmen mit 0 Monaten zu berücksichtigen, da das Tochterunternehmen mit dem Zeitraum 1.1. bis 31.3.02 bereits im Konzernabschluss zum 31.12.01 berücksichtigt wurde.
Fall 2: Abschlussstichtag des Tochterunternehmens war bisher der 31.12., der des Mutterunternehmens der 31.3.

Variante 2.1
Das Tochterunternehmen gleicht sich dem Mutterunternehmen an, indem es für den Zeitraum 1.1. bis 31.3.02 ein Rumpfgeschäftsjahr einlegt.
Im Konzernabschluss 31.3.02 ist das Tochterunternehmen mit 15 Monaten (1.1.01 bis 31.3.02) zu berücksichtigen, da es mit dem Zeitraum 1.1. bis 31.3.01 im Konzernabschluss zum 31.3.01 nicht berücksichtigt wurde.
Variante 2.2
Das Mutterunternehmen gleicht sich dem Tochterunternehmen an, indem es für den Zeitraum 1.4. bis 31.12.02 ein Rumpfgeschäftsjahr einlegt.
Im Konzernabschluss für das 9-monatige Rumpfgeschäftsjahr 1.4. bis 31.12.02 ist das Tochterunternehmen mit 12 Monaten zu berücksichtigen, da es mit dem Zeitraum 1.1. bis 31.3.02 im Konzernabschluss zum 31.3.02 noch nicht berücksichtigt wurde.

Für die Behandlung ungleicher Bilanzstichtage bei assoziierten Unternehmen 111
wird auf → § 33 Rz 79 verwiesen.

4 Konsolidierungsverfahren

4.1 Überblick über die Konsolidierungsschritte

Nach HGB wie nach IFRS vollzieht sich die Aufstellung eines Konzernabschlusses in folgenden sechs (oder sieben) Schritten: 112

1. **Vereinheitlichung** der Bilanzierungs- und Bewertungs**methoden** (von der IFRS-Bilanz I zur **IFRS-Bilanz II**; Rz 113),
2. **Entweder** schon im Zuge dieser Arbeiten **Neubewertung** des Vermögens nach Maßgabe der durch die Kaufpreisallokation (Erstkonsolidierung) aufgedeckten und auf den Konzernbilanzstichtag fortgeschriebenen stillen Reserven und Lasten (→ § 31 Rz 12 ff.) (IFRS-Bilanz III) **oder** Berücksichtigung der Neuwerte im Rahmen der **Kapitalkonsolidierung**,
3. Aufsummierung Bilanzen und GuV **(Summenbilanz),**
4. **Kapitalkonsolidierung** (dabei, sofern nicht separat als Schritt 2 vollzogen, Aufdeckung der fortgeschriebenen stillen Reserven und Lasten; → § 31 Rz 12 ff.),
5. **übrige Konsolidierung,** d. h. Aufwand/Ertrag (Rz 134) und Forderungen/Verbindlichkeiten (Rz 117 ff.),
6. **Zwischenergebniseliminierung** (Rz 136 ff.),
7. Berücksichtigung **Minderheitenanteil** in Bilanz und GuV (Rz 151 ff.).

Wegen der Ergänzung des Schrittes 1 bei ausländischen Töchtern durch eine **Währungsumrechnung** wird auf → § 27 verwiesen.

4.2 Vereinheitlichung in Ansatz und Bewertung

Nach IAS 27.24 sind für ähnliche Geschäftsvorfälle unter vergleichbaren Umständen einheitliche Bilanzierungs- und Bewertungsmethoden anzuwenden. Gefordert ist keine vollständige Vereinheitlichung, sondern eine nach den Umständen **angemessene Anpassung** (*appropriate adjustments*). 113

114 Das Erfordernis der Einheitlichkeit bezieht sich nicht nur auf echte bzw. ausdrückliche Wahlrechte, sondern auch auf sogenannte **unechte** Wahlrechte, die sich aus Regelungslücken, der Auslegung unbestimmter Rechtsbegriffe, der Vornahme von Schätzungen oder sonstigen Ermessensentscheidungen ergeben. Bei **unechten Wahlrechten relativiert sich die Einheitlichkeitsforderung** jedoch häufig, weil sie nur für ähnliche Ereignisse unter vergleichbaren Umständen gilt. Hierzu folgendes Beispiel:

Beispiel
M hat eine ausländische Tochtergesellschaft. EDV-Anlagen werden von M über 4, von T über 6 Jahre abgeschrieben.
Die EDV-Anlagen sind über die Nutzungsdauer abzuschreiben. Die Nutzungsdauer ist eine Schätzgröße und damit innerhalb gewisser Grenzen ermessensabhängig (faktisches Wahlrecht). Auch faktische Wahlrechte sind einheitlich auszuüben. Möglicherweise bestehen aber sachliche Gründe für die unterschiedliche Abschreibungsdauer, etwa weil im Inland andere Reinvestitionszyklen geplant sind als im Ausland oder weil die inländischen Anlagen anders „gewartet" werden als die ausländischen oder weil aufgrund unterschiedlicher Neu- und Gebrauchtmarktpreisverhältnisse die wirtschaftliche Nutzungsdauer im Inland anders ist als im Ausland. Die Geschäftsvorfälle wären insofern nicht vergleichbar. Es läge keine unterschiedliche Ausübung faktischer Wahlrechte und damit auch kein Vereinheitlichungsbedarf vor.

115 Die Vereinheitlichung unterliegt dem allgemeinen ***materiality*-Vorbehalt** (→ § 1 Rz 59ff.). Die *materiality* ist aus der **Sicht des Konzerns** zu beurteilen. So mag die Aktivierung von Fremdkapitalzinsen für den Einzelabschluss eines Tochterunternehmens bedeutsam, im Verhältnis zu den größeren Summen des Konzernabschlusses aber unbedeutsam sein. Eine Anpassung an die Nichtaktivierung beim Mutterunternehmen könnte dann unterbleiben.

4.3 Kapitalkonsolidierung

116 Hinsichtlich der Kapitalkonsolidierung wird auf IFRS 3 verwiesen (→ § 31 Rz 12ff.).

4.4 Schuldenkonsolidierung

4.4.1 Zeitliche Buchungsunterschiede

117 Konzerninterne Salden sind gem. IAS 27.24 (IAS 27.20 rev. 2008) zu konsolidieren. Forderungen gegenüber einbezogenen Unternehmen sind daher mit den korrespondierenden Schulden zu „verrechnen".

118 Bei dieser Verrechnung können sich sog. **unechte Differenzen**, insbesondere aus **zeitlichen Buchungsunterschieden**, ergeben. Die Ausgleichsbuchung erfolgt mit dem Ziel, das aus Konzernsicht richtige Ergebnis bzw. den aus Konzernsicht richtigen Vermögensausweis zu bewirken. Hierzu folgendes Beispiel:

Beispiel
M gleicht eine Lieferantenverbindlichkeit von 10 gegenüber T mit Überweisung vom 29.12 aus.
Die Belastung auf dem Bankkonto von M erfolgt am 31.12.
Das Geld wird T jedoch erst am 3.1. gutgeschrieben.

- Per 31.12. weist M keine Verbindlichkeit aus,
- T jedoch eine Forderung von 10.

Aus Sicht des Konzerns ist das Geld im Transit von einem Konzern-Bankkonto zu einem anderen befindlich. Der Vorgang ist daher nicht anders zu behandeln als ein Geldtransit in der Einzelbilanz. Somit ist zu buchen:
per Geldtransit 10 an Debitor 10.
In der Konzernrechnungslegungspraxis wird dieses Problem durch organisatorische Maßnahmen „bekämpft", z.B. durch Anweisung der Konzernbilanzabteilung, derartige Zahlungen nach dem 15.12. nicht mehr vorzunehmen. Ein anderes Organisationsmittel – nur als Nebeneffekt – ist das Bestehen eines konzernweiten *cash pool*. Vgl. auch Rz 138.

4.4.2 Differenzen aufgrund unterschiedlicher Bilanzstichtage

Zeitlich bedingte Differenzen von Forderungen und Schulden können auch wegen eines (nicht mehr als 3 Monate) **abweichenden** Stichtags der Tochterunternehmung entstehen. Bei **wesentlichen** Differenzen sind ohnehin Anpassungen vorzunehmen (Rz 108). Wird bei **unbedeutenden** Differenzen auf eine Anpassung verzichtet, ist ein Ausweis der Differenz als Forderung oder Schuld gegenüber verbundenen Unternehmen sachgerecht. 119

Beispiel
M erstellt Einzel- und Konzernabschluss auf den 31.12. T wird auf der Basis seines Abschlusses zum 30.9. einbezogen.
Per 31.12. weist M einzelbilanziell eine Darlehensforderung gegenüber T aus. Das Darlehen ist erst im Dezember ausgereicht worden, um ein negatives Bankkonto der T auszugleichen.
Alternative 1
Eine Anpassung wird nicht vorgenommen. Das Darlehen wird als Forderung gegenüber verbundenen Unternehmen in der Konzernbilanz ausgewiesen. Das Bankkonto der T wird mit dem Wert per 30.9. angesetzt.
Alternative 2
Die Forderung wird gegen die Bankverbindlichkeiten der T verrechnet. Buchung:
per Bankverbindlichkeit T 100 an Forderung M gegen T 100.

4.4.3 Echte Aufrechnungsdifferenzen

Echte Aufrechnungsdifferenzen ergeben sich **aus zwingenden Ansatz- oder Bewertungsvorschriften**. Hierbei geht es nicht um die unterschiedliche Aus- 120 übung von Wahlrechten oder Ermessensspielräumen. Derartige Unterschiede sind schon bei der Aufstellung der IFRS-Bilanz II zu beseitigen. Die Vereinheitlichung von Ansatz und Bewertung beseitigt jedoch nicht solche Unterschiede, die sich aus zwingenden Regelunterschieden zwischen Aktiv- und Passivposten ergeben.

121 Auch für die IFRS-Bilanz gilt in bestimmtem Umfang der **Imparitätsgrundsatz:**

- Der Gläubiger hat auf notleidende Forderungen **Wertberichtigungen** vorzunehmen (→ § 28 Rz 124),
- der Schuldner bis zu einem eventuellen *troubled debt restructuring* weiterhin den vollen Betrag auszuweisen (→ § 28 Rz 190).

122 Ein anderes Beispiel sind wahrscheinliche Forderungen und Schulden, die beim Schuldner eher zu einem Ansatz als **Rückstellung** führen als beim Gläubiger zu einem Vermögensausweis.[43] Da der Konzern aus Sicht des Einheitsgrundsatzes keine Abschreibungen auf Forderungen und keine Rückstellungen gegen sich selbst bilden kann, ist die Aufrechnungsdifferenz im Entstehungsjahr durch Buchung gegen den Aufwandsposten zu neutralisieren. Im Folgejahr erfolgt die Neutralisierung bereits durch die Eröffnungsbilanzbuchung, d.h. erfolgsneutral gegen Gewinnrücklagen. In einem eventuellen späteren Umkehrungsjahr (z.B. ertragswirksame Auflösung einer Rückstellung) ist die ertragswirksame Buchung des Einzelabschlusses im Rahmen der Konsolidierung zu neutralisieren.

123 Zum Ganzen folgendes Beispiel:

Beispiel

M hat eine Forderung von 100 gegen die notleidende T.

- In 01 wird sie in vollem Umfang wertberichtigt.
- In 03 bessert sich die Lage von T überraschend und T kann die Forderung voll bezahlen.

Aufrechnungsdifferenz (AD) und Aufwand oder Ertrag der Einzel-GuV ergeben sich wie folgt:

- per 31.12.01: 100 AD; 100 Aufwand Einzel-GuV
- per 31.12.02: 100 AD; 0 Aufwand
- per 31.12.03: 0 AD; 100 Ertrag Einzel-GuV

Die Konsolidierungsbuchungen sind wie folgt:

01: Forderung 100 an Aufwand 100 (d.h. Konzernergebnis um 100 höher als Summenergebnis) sowie Verbindlichkeit 100 an Forderung 100.

02: Forderung 100 an Gewinnrücklagen 100 (Eröffnungsbilanzbuchung im Rahmen der Konsolidierung) sowie Verbindlichkeit 100 an Forderung 100.

03: Forderung 100 an Gewinnrücklagen 100 (Eröffnungsbilanzbuchung) sowie Ertrag 100 an Forderung 100 (d.h. Konzernergebnis um 100 niedriger als Summenergebnis).

Zur Behandlung **währungsbedingter Umrechnungsdifferenzen** wird auf → § 27 Rz 58ff. und → § 27 Rz 25ff. verwiesen.

---

43 Einzelheiten hierzu bei LÜDENBACH/HOFFMANN, KoR 2003, S. 5ff.

4.4.4 Wandelanleihen

Bei der Emission von Wandelanleihen ist der **Emissionserlös aufzuteilen,** d.h. teilweise in das Eigenkapital (Kapitalrücklage), teilweise in das Fremdkapital einzustellen. Der Zeichner der Anleihe teilt in entsprechender Weise seine Anschaffungskosten in den Forderungs- bzw. Anleiheteil (Fremdkapital- bzw. Gläubigerinstrument) und die Aktienoption (Eigenkapitalinstrument) auf (→ § 28 Rz 96). 124

Wird ein Teil der Anleihe von einem anderen Konzernunternehmen erworben, entstehen zwei Probleme: 125

- Die Erhöhung der Kapitalrücklage ist bezogen auf den konzernintern erworbenen Teil unzutreffend, da **keine Eigenkapitalzuführung** von außen, sondern ein rein interner Vorgang vorliegt.
- Ein bei der Folgebewertung der Aktienoption entstehender **Aufwand** oder **Ertrag** ist **nicht realisiert,** sondern ein rein konzerninterner Vorgang.

Das nachfolgende Beispiel zeigt die Behandlung beider Probleme: 126

Beispiel

M emittiert am 1.1.01 eine Wandelanleihe für 100 Mio. Der Emissionserlös wird im Verhältnis 8/2 auf Fremd- und Eigenkapital aufgeteilt.

Buchung M:

Konto	Soll	Haben
Geld	100	
Verbindl.		80
KapRL		20

T erwirbt 10 Mio. der Anleihe und bucht:

Konto	Soll	Haben
Anleihe	8	
Derivat	2	
Geld		10

Zum 31.12.01 sinkt der *fair value* des Derivats auf 1. T bucht:

Konto	Soll	Haben
Aufwand	1	
Derivat		1

Im Rahmen der Konsolidierung auf den 31.12.01 ist der Aufwand (bei T), aber auch die anteilige Rücklagenzuführung (bei M) rückgängig zu machen und ist deshalb wie folgt zu buchen:

Konto	Soll	Haben
KapRL	2	
Aufwand		1
Derivat		1

4.4.5 Ausstehende Einlagen beim Tochterunternehmen

Das Mutterunternehmen kann noch einen Teil der Einlage in das Tochterunternehmen schulden. In der Einzelbilanz des Tochterunternehmens ist die ausstehende Einlage nicht zu aktivieren, sondern nach allgemeinen Regeln vom Eigen- 127 kapital abzusetzen (→ § 20 Rz 60). Hat das Mutterunternehmen die Einlageverpflichtung noch nicht passiviert, entstehen keine besonderen Differenzen und Probleme.

128 Hat das Mutterunternehmen hingegen durch die Buchung „Beteiligung an Verbindlichkeit" die Einlageverpflichtung passiviert, stehen sich Forderungen und Verbindlichkeiten nicht mehr in gleicher Höhe gegenüber. Der Ausgleich kann im Rahmen der Konsolidierung durch Stornierung der Verbindlichkeiten-Buchung (per Verbindlichkeit an Beteiligung) erfolgen. Anschließend wird nach normalen Kapitalkonsolidierungsregeln vorgegangen.

4.4.6 Drittschuldverhältnisse

129 Führt ein Unternehmen verschiedene **Kontokorrentkonten** bei einer Bank, die zum Stichtag teils im Soll, teils im Haben stehen, und können beide Seiten jederzeit aufrechnen bzw. verrechnen, so verstößt ein saldierter Ausweis in der Einzelbilanz nicht gegen die Vorschriften von IAS 1.32ff. Fraglich ist, ob in der Konzernbilanz entsprechend verfahren werden kann, wenn das Sollkonto auf das Konzernunternehmen A und das Habenkonto auf das Konzernunternehmen B lautet.[44]

130 U. E. handelt es sich um einen **Grenzfall.** Das Drittschuldverhältnis kann z.B. auch gegenüber einer Steuerbehörde bestehen, indem Konzernunternehmen A Steuererstattungsansprüche und Konzernunternehmen B Steuerschulden hat. Nach IAS 12.71 ist eine Saldierung dann nur unter der engen Voraussetzung möglich, dass die Positionen einklagbar gegeneinander aufgerechnet werden können und (kumulativ) ein zeitlicher Ausgleich bzw. ein Ausgleich auf Nettobasis beabsichtigt und möglich ist (→ § 26 Rz 130). Mangelt es an der Absicht oder der Möglichkeit zum zeitgleichen Ausgleich bzw. zum Ausgleich auf Nettobasis, ist eine Saldierung unzulässig. Bei **Steuer-Drittschuldverhältnissen** scheitert die Saldierung deshalb regelmäßig schon an den unterschiedlichen Zahlungsfristen.

131 Bei **Bank-Drittschuldverhältnissen** ist ein zeitgleicher Ausgleich zwar ggf. möglich, regelmäßig aber nicht beabsichtigt. In Anwendung des Rechtsgedankens von IAS 12.71 auf andere Drittschuldverhältnisse wäre daher eine Saldierung ggf. abzulehnen.

132 Im Übrigen ist die Konsolidierung (Saldierung) von Drittschuldverhältnissen bei einem international tätigen Unternehmen unter Umständen auch **nicht praxisgerecht**, da sie umfangreiche zusätzliche Informationen erfordern kann. Bevor entschieden werden kann, ob das Sollkonto bei der Deutschen Bank Frankfurt mit dem Habenkonto der Tochtergesellschaft bei der Deutschen Bank Hongkong gegeneinander saldiert werden kann, wäre zu klären, in welchem Verhältnis die Deutsche Bank Hongkong zur Deutschen Bank Frankfurt steht (Niederlassung, Tochter usw.). Außerdem müsste geprüft werden, ob die Konten identischen Kündigungs- und Aufrechnungsregeln unterliegen. Ein solcher Informationsaufwand wird sich nur dann rechtfertigen, wenn ihm ein erheblicher Informationsnutzen, z.B. in der Form erheblicher Bilanzsummenreduzierung und damit erheblicher Verbesserung der Eigenkapitalquote, gegenübersteht.

---

44 So BAETGE/SCHULZE, IAS 27, Tz 129f., mit der Annahme eines Konsolidierungswahlrechtes.

Bestehen Forderung und Verbindlichkeit gegenüber zwei zwar einem gleichen Konzern zugehörigen, aber rechtlich selbstständigen Vertragspartnern, scheidet u. E. eine Verrechnung von Forderung und Verbindlichkeit von vornherein aus. 133

4.5 Aufwands- und Ertragskonsolidierung

In der GuV des Konzerns sind die Aufwendungen und Erträge aus der Sicht der wirtschaftlichen Einheit Konzern darzustellen. Nach IAS 27.24 (IAS 27.20 rev. 2008) sind daher konzerninterne Aufwendungen gegen die korrespondierenden Erträge zu saldieren. Hat der Ertrag des einen Unternehmens beim anderen noch nicht zu korrespondierendem Aufwand geführt, z. B. weil konzernintern gelieferte Erzeugnisse (Umsatz) vom Empfänger noch nicht weiterveräußert wurden (Bestand, hingegen nicht Aufwand), so erfolgt ggf. eine Buchung „Ertrag (Umsatz) an Ertrag (Bestandserhöhung Erzeugnisse)". 134

Hierzu folgendes Beispiel: 135

Beispiel
T liefert für 100 hergestellte Erzeugnisse ohne Gewinnaufschlag an M. Zum Bilanzstichtag ist noch keine Weiterveräußerung vorgenommen.
Der konzerninterne Umsatz wird nicht gegen Aufwand, sondern gegen das Ertragskonto „Bestandserhöhung Erzeugnisse" konsolidiert. Somit folgende Buchung:

Konto	Soll	Haben
Umsatz	100	
Bestandserhöhung Erzeugnisse		100

4.6 Zwischenergebniseliminierung

4.6.1 Zweck und Inhalt der Zwischenergebniseliminierung

Kernproblem der internen Leistungsbeziehung ist nicht die Aufwands-Ertragskonsolidierung (Rz 134), sondern die **Eliminierung einzelbilanziell realisierter Ergebnisse**. In Fällen, in denen Konzernunternehmen A Erzeugnisse mit Gewinnaufschlag an Konzernunternehmen B veräußert, es bei B aber noch nicht zur Weiterveräußerung an Dritte gekommen ist, fehlt es an einem Außenumsatz und damit auch an einer Gewinnrealisierung des Konzerns. Nach IAS 27.25 (IAS 27.21 rev. 2008) ist der im Einzel- und Summenabschluss ausgewiesene **Gewinn** zu **eliminieren**. Innerkonzernliche Transportkosten auf Sachanlagen oder Vorräte sind dann aktivierungsfähig, wenn sie der Herstellung der Betriebsbereitschaft dienen. 136

Beispiel
Zur Erzielung entsprechender Losgrößen werden Verbrauchsmaterialien im Konzern zentral durch das Mutterunternehmen beschafft und dann an die Tochterunternehmen weiterveräußert. Die dabei entstehenden Transportkosten dienen der Herstellung der Betriebsbereitschaft und sind daher zu aktivieren.

137 Konzernintern „realisierte“ **Verluste** können demgegenüber ein Indiz für einen eigentlich gegebenen Abwertungsbedarf sein. Für diesen Fall ist gem. IAS 27.25 (IAS 27.21 rev. 2008) die Zwischenergebniseliminierung nicht zulässig.

> **Beispiel**
> Luftfahrtunternehmen M veräußert einige Flugzeuge unter Buchwert (Veräußerungsverlust) an die Tochtergesellschaft T. Die Flugzeuge hatten zuletzt wegen der Krise auf dem Flugreisemarkt nur noch schlechte Auslastungen.
> Der bei M einzelbilanziell realisierte Verlust aus der Veräußerung ist in dem Maße nicht zu eliminieren, als ohne die Veräußerung eine außerplanmäßige Abschreibung geboten wäre.
> Konsolidierungsbuchung insoweit ergebnisneutral:
> per außerplanmäßige Abschreibung an Veräußerungsverlust

4.6.2 Rechnerische Ermittlung, *materiality*-Überlegungen

138 Die Zwischenergebniseliminierung kann insbesondere im **Vorratsvermögen** eine außerordentlich aufwändige Veranstaltung sein. Beste Therapie ist die **Vorsorge** (Rz 118). Wird im Dezember Zurückhaltung bei konzerninternen Lieferungen geübt, reduziert dies den Bestand der konzernintern bezogenen Vorräte zum Stichtag. Eine Rückrechnung von den einzelbilanziellen Stichtagswerten zu den konzerninternen Herstellungskosten kann dann je nach verbleibender Größenordnung aus *materiality*-Gründen (→ § 1 Rz 59ff.) ganz **entbehrlich** sein oder jedenfalls mit gröberem Recheninstrumentarium durchgeführt werden. Eine Zwischenergebniseliminierung kann außerdem dann entbehrlich sein, wenn die konzernintern berechneten **Gewinnaufschläge** sehr gering ausfallen.

139 Bei der kalkulatorischen und buchungstechnischen Abwicklung des Zwischenergebnisproblems ist stets der **Zweck** der Zwischenergebniseliminierung im Auge zu behalten. Am Beispiel der Vorräte bewirkt die Zwischenergebniseliminierung zweierlei:

- Die Vorräte werden in der Konzern**bilanz** nur mit den konzerninternen Herstellungs- oder Anschaffungskosten, d.h. ohne Gewinnaufschlag, ausgewiesen. Der Konzernbilanzansatz reduziert sich in Höhe dieses Aufschlages gegenüber dem Einzelbilanzansatz.
- Der Gewinnaufschlag stellt nicht realisierten Gewinn dar. Das Konzern**ergebnis** reduziert oder erhöht sich, je nachdem, ob die zum Stichtag zu eliminierenden Zwischengewinne in der Gesamtbetrachtung niedriger oder höher ausfallen als die zum vorigen Stichtag zu eliminierenden.

140 Bei ungefährer **Konstanz des konzerninternen** Volumens ist deshalb unter Umständen die Wirkung einer Zwischenergebniseliminierung auf die Ertragslage gering. Entsprechen die dem Grunde nach gebotenen Eliminierungen in den Schlussbilanz- in etwa den Eröffnungsbilanzwerten, hat die Eliminierung keine relevante Auswirkung auf das **Periodenergebnis**. Die weitere Analyse der *materiality* kann sich dann auf die **Bilanzwirkung** konzentrieren. Hierzu folgendes Beispiel:

Beispiel

Solarmodule entstehen durch Rahmen und Laminieren von Solarzellen. Die Tochtergesellschaft T produziert Zellen, die größtenteils fremdveräußert werden, zum geringeren Teil an die Mutter M gehen, die hieraus Module fertigt. Der Gewinnaufschlag auf die eigenen Herstellungskosten beträgt 5 %. Zum Bilanzstichtag hat M Zellen mit einem einzelbilanziellen EK-Preis von 105 noch nicht endgültig weiterverarbeitet. Zum vorigen Stichtag betrug der entsprechende Wert 94,5.

Mit Zwischenergebniseliminierung wären die Bestände zu beiden Stichtagen zu 100 (= 105/1,05) bzw. 90 (= 94,5/1,05) auszuweisen. Ohne Eliminierung sind die Werte um 5 (105 - 100) bzw. 4,5 (94,5 - 90) zu hoch.

Das Ergebnis 02 würde ohne Eliminierung um 0,5 (5–4,5) zu hoch ausfallen.

Unter *materiality*-Aspekten ist der bilanzielle Unterschied von 5 in Bezug zum gesamten Vorratsvermögen, zum gesamten Eigenkapital und zur gesamten Bilanzsumme zu sehen. Ist er gemessen daran unwesentlich, ist die Zwischenergebniseliminierung aus bilanzieller Sicht entbehrlich.

Daneben ist die Auswirkung auf die Ertragslage zu beurteilen. Hierbei ist nicht der Bilanzunterschied von 5, sondern der GuV-Unterschied von nur 0,5 die Größe, die in Bezug zum Gesamtergebnis zu setzen ist.

Im **Handelsrecht** ist der Verzicht auf die Zwischenergebniseliminierung wegen Unwesentlichkeit ausdrücklich geregelt (§ 304 Abs. 2 HGB). Die handelsrechtliche Regelung ist insofern überflüssig, als für die Handelsbilanz ebenso wie für die IFRS-Bilanz sämtliche Bewertungs- und Ansatzregeln unter dem allgemeinen Vorbehalt der Wesentlichkeit stehen. Die explizite Nennung einiger Fälle im HGB mag etwas mit der Unterschiedlichkeit von Nationalcharakteren zu tun haben, der beeinflusst, ob man auch bei einem Nachtspaziergang wartet, bis die Fußgänger-Ampel auf Grün wechselt oder die Grün-Rot-Regel angesichts menschenleerer Straßen als unwesentlich interpretiert. 141

Wie eine Ampelstellung auf Rot mag daher die durch das TransPuG vorgenommene Streichung des § 304 Abs. 2 HGB a.F. wirken. Danach war bei einer Lieferung zu Marktbedingungen eine Zwischenergebniseliminierung entbehrlich, wenn die Wertermittlung mit einem unverhältnismäßig hohen Aufwand verbunden gewesen wäre. In IFRS findet sich demgegenüber der allgemein gültige *cost-benefit*-Grundsatz in F.44 (→ § 1 Rz 65), der eine sinnvolle Grundeinstellung der Ampel herbeiführt. 142

Im Zusammenspiel von Kosten-Nutzen-Überlegungen und *materiality*-Überlegungen einerseits und einer gewissen Zurückhaltung interner Lieferungen in zeitlicher Nähe zum Bilanzstichtag andererseits lässt sich in der Praxis das Problem der Zwischenergebniseliminierung entscheidend **entschärfen**. 143

4.6.3 Buchungstechnik (Beispiele)

Die nachfolgende Tabelle zeigt die Buchungstechnik der Zwischenergebniseliminierung bei typischen Fällen: 144

Vorgang	Eliminierungsbuchung			
A veräußert Anlagen (BW = 0) an B (AfA 1/10)	s. b. E Anlagen	100 10	an Anlagen an Abschreibung	100 10
A aktiviert von B berechneten Zins (AfA 1/10)	Zinsertrag Eigenleist. Anlagen	100 100 10	an Zinsaufwand an Anlagen an Abschreibung	100 100 10
A veräußert Erzeugnisse (HK = 90) an B (noch nicht weiterveräußert)	Umsatz	100	an Best. Änd. Erz. an Vorräte	90 10
A veräußert Erzeugnisse (HK = 90), die B zu Anlagen verarbeitet (AfA 1/10)	Umsatz Eigenleist. Anlagen	100 10 1	an Materialaufwand an Anlagen an Abschreibung	100 10 1

Tab. 2: Buchungstechnik Zwischenergebniseliminierung

4.6.4 Zwischenergebniseliminierung bei Minderheitenanteilen

145 Sind am Tochterunternehmen noch andere Gesellschafter beteiligt und erzielt das Tochterunternehmen aus Lieferung oder Leistung an das Mutterunternehmen (*upstream*-Lieferungen) einen Gewinn, stellt sich die Frage nach der Berücksichtigung der Minderheitsbeteiligung bei der Zwischenergebniseliminierung.

146 Drei Alternativen sind diskussionswürdig:

- Zwischenergebniseliminierung nur **i.H.d. Anteils der Mehrheit**.
- Zwar Zwischenergebniseliminierung in voller Höhe, jedoch **Belastung der Minderheit bei der „Verteilung" des Periodenergebnisses**, d.h. bei der Überleitung von Periodenergebnis zum den Mehrheitsgesellschaftern zuzurechnenden Periodengewinn.
- Zwischenergebniseliminierung in voller Höhe, jedoch **ohne Belastung des Minderheitenanteils bei der „Verteilung" des Periodenergebnisses**,

147 Die erste Alternative ist unzulässig, da IAS 27.25 (IAS 27.21 rev. 2008) ausdrücklich die Zwischenergebniseliminierung in voller Höhe *(„in full")* vorschreibt. Vorzugswürdig ist die zweite. Die Praxis folgt häufig der dritten Alternative, da sie weniger aufwendig ist.

4.6.5 Sonderfälle

4.6.5.1 Dreiecksgeschäfte, unechte Lohnveredelung[45]

148 IAS 27.21 zielt auf die Zwischenergebniseliminierung sowie die Aufwands- und Ertragskonsolidierung bei Lieferungen oder Leistungen zwischen in den Konzernabschluss einbezogenen Unternehmen. In den Leistungsverkehr kann aber ein Dritter eingeschaltet sein.

---

45 Nachfolgende Überlegungen überwiegend entnommen aus HOFFMANN/LÜDENBACH, NWB Kommentar Bilanzierung 2009, § 304 HGB, Rz 21 ff.

Beispiel

Der Solar-Konzern ist vertikal integriert.

- Die Ingot-AG fertigt aus solarem Silizium Kristallsäume (*Ingots*).
- Diese werden von der Wafer-AG in nanometerdicke Scheiben (*Wafer*) geschnitten,
- aus denen die Zell-AG Solarzellen herstellt,
- die dann von der Modul-AG gerahmt und gruppiert zu Solarmodulen verarbeitet werden,
- um schließlich von der Vertriebs-AG veräußert zu werden.

Auf allen Produktionsstufen werden auch Lieferungen an Dritte getätigt. Abhängig von der Nachfrage Dritter entstehen auf den einzelnen Produktionsstufen im vertikalen Verbund Engpässe, die durch Auftragsvergabe an Außenstehende gelöst werden. In der Periode 1 kommt es u. a. zu folgenden Auftragsvergaben:

- Ein Teil der Ingots wird von der Ingot-AG an die konzernfremde X-GmbH geliefert, die daraus ohne Verwendung wesentlicher selbst beschaffter Stoffe Wafer fertigt und an die Zell-AG weiterliefert.
- Ein Teil der Zellen wird an die konzernfremde Y-GmbH geliefert, die daraus unter Verwendung wesentlicher selbst beschaffter Stoffe (Hauptstoffe, insbesondere Rahmen) Module fertigt und an die Vertriebs-AG weiterliefert.

Zivilrechtlich sind die Lieferungen an die X- und Y-GmbH (ebenso wie die Rücklieferungen der weiterverarbeiteten Sache) als Kaufverträge gestaltet. Die durch Versicherungen abgedeckte Gefahr des zufälligen Untergangs geht mit der Lieferung jeweils auf den Konzernexternen über. Liefer- und Rücklieferverträge sind aufeinander abgestimmt. Bei Lieferung an den Außenstehenden sind die am ursprünglichen Liefervolumen abgeleitet Menge und der Preis der von diesem „zurückzuliefernden weiterverarbeiteten Sache“ bereits fixiert.

Im vorstehenden Beispiel stellen sich zwei Fragen:

- Muss ein bei Lieferung an den externen Verarbeiter einzelbilanziell realisierter Gewinn eliminiert werden, wenn das Objekt nach Verarbeitung durch den Dritten an den Konzern zurückgeliefert wird?
- Kann in einer vertikal integrierten Produktions- und Absatzkette aus dem gleichen Gegenstand mehrfach Umsatz generiert werden, indem neben dem Endkundenumsatz auch die Lieferungen an externe Verarbeiter (X und Y) als Umsatz erfasst werden, oder muss im Verhältnis zum zwischengeschalteten Dritten der einzelbilanzielle Umsatz konsolidiert werden?

U. E. ist aufgrund der wirtschaftlichen Verbindung von Lieferung und Rücklieferung (*linked transaction*) eine Eliminierung/Konsolidierung notwendig.[46] Entscheidend ist die wirtschaftliche Qualität der Drittleistung für den Konzern. Nach Maßgabe des Einheitsgrundsatzes ist diese so zu beurteilen, als ob die einbezogenen Unternehmen wirtschaftlich ein einheitliches Unternehmen darstellen würden. Unerheblich ist damit zunächst, ob der Dritte nach Weiterver-

46 PwC, IFRS Manual of Accounting, 2009, Tz 9.200.

arbeitung an das ursprünglich liefernde Konzernunternehmen oder ein anderes Konzernunternehmen zurückliefert.

Ist diese Rücklieferung von Anfang an vereinbart, im Preis fixiert und der Menge nach auf die ursprüngliche Lieferung abgestimmt, bewirkt der Dritte für den Konzern keine eigenständige, von der ursprünglichen Lieferung unabhängige Lieferung, sondern eine Verarbeitung. Soweit er bei dieser Verarbeitung keine eigenen Hauptstoffe verwendet (im Beispiel das Zersägen der Ingots in die Wafer), liegt eine Lohnveredelung vor, auch wenn wegen der rechtlichen Selbstständigkeit von Lieferer und Empfänger der Rücklieferung Kaufvertragsrecht vereinbart ist. Diese ist bei Periodenversatz zwischen beiden Lieferungen im Beispiel wie folgt darzustellen:

- Mit der ersten Lieferung entsteht kein Umsatz. Das Preis- und Absatzrisiko bleiben wegen der Rücklieferung zum fixierten Preis und in fixierter Menge beim Konzern, der damit auch wirtschaftlicher Eigentümer bleibt. Eine gleichwohl empfangene Zahlung ist zu passivieren. Aufbauend auf der Summenbilanz ergeben sich bei unterstellten Herstellungskosten von 80, einem Lieferpreis von 100 und einem Rücknahmepreis von 110 folgende in Summe zu einer Zwischenergebniseliminierung von 20 führenden Buchungen:

Konto	Soll	Haben
Umsatz	100	
Erzeugnisse	80	
Verbindlichkeit/Forderung gegen Lohnveredler		100
Bestandserhöhung Erzeugnisse		80

- Mit der Rücklieferung hat das einzelbilanzielle, als Rohstoff erfasste konzernbilanzielle (nach wie vor unfertige) Erzeugnis einen Fertigungsfortschritt erzielt, der bestanderhöhend zu berücksichtigen ist. Aufbauend auf der Summenbilanz (die Rohstoffe in Höhe von 110 ausweist) ergeben sich bei gleichen Daten und sofortiger Zahlung folgende Buchungen:

Konto	Soll	Haben
Erzeugnisse	80	
Gewinnrücklage	20	
Verbindlichkeit gegen Lohnveredler	100	
Materialaufwand	10	
Erzeugnisse	10	
Verbindl. gegen Lohnveredler		100 (EöB-Buchung)
Rohstoffe		110
Bestandserhöhung Erzeugnisse		10

Die zweite im Beispiel dargestellte Liefer- und Rücklieferbeziehung (Wafer und Module) ist durch die Hinzufügung selbst beschaffter Hauptstoffe durch den Dritten gekennzeichnet. In inhaltlicher Betrachtung erbringt der Dritte also keine reine Werkleistung, sondern eine Werklieferung (unechte Lohnveredelung). Umsatzsteuerlich, etwa bei der Befreiung von Ausfuhrleistungen, kann dies einen gravierenden Unterschied ausmachen. Für die konzernbilanzielle Behandlung ist der Unterschied zur echten Lohnveredelung u. E. irrelevant. Das **Marktrisiko** und damit das **wirtschaftliche Eigentum** am gelieferten Gegenstand bleiben beim Konzern, unabhängig davon, ob die durch den Dritten bewirkte Qualitätsänderung allein auf Arbeiten (Werkleistungen) oder auch auf Stoffe zurückzuführen ist, bleiben Hin- und Rücklieferung ein einheitlicher Vorgang (*linked transaction*), der als solcher darzustellen ist.

Übernimmt der Dritte **Produktionsrisiken**, so ist eine andere Betrachtung dann nicht geboten, wenn die Risiken bei typischem Verlauf im Verhältnis zu den beim Konzern verbleibenden Marktrisiken gering sind. 149

Beispiel

Bei der Verarbeitung von Zellen zu Modulen variiert die Bruchrate i.d.R. zwischen 2 % bei – in Schulnoten ausgedrückt – „gut" abgestimmter und 4 % bei „ausreichend" abgestimmter Produktion. Die Parteien im Beispiel unter Rz 148 legen vertraglich eine Bruchrate von 3 % als Norm fest. Wird diese Rate unterschritten, darf der Dritte (die Y-GmbH) die überschüssigen Zellen/Module selbst verwerten, wird die Rate überschritten, muss der Dritte Ersatzzellen auf eigene Rechnung besorgen oder einen äquivalenten Schadensersatz leisten. Ist ein Überschreiten der 4 %, ebenso wie ein Unterschreiten der 2 %, nur wenig wahrscheinlich, führt das (realistische) Produktionsrisiko nicht zum Übergang der Mehrheit der Chancen und Risiken und damit des wirtschaftlichen Eigentums auf den Dritten.

4.6.5.2 Rechtlich begründete Transaktionskosten[47]

Aufgrund der rechtlichen Selbstständigkeit der Konzernunternehmen können bei konzerninternen Anschaffungsgeschäften rechtlich begründete Transaktionskosten anfallen. Beispiele sind Beurkundungsgebühren, Grunderwerbsteuern, Kosten der Grundbucheintragung, nicht abziehbare Vorsteuern, Zölle etc. Im handelsrechtlichen Schrifttum ist umstritten, ob derartige einzelbilanziell als Anschaffungsnebenkosten zu aktivierende Aufwendungen auch konzernbilanziell aktiviert werden können oder müssen. 150

Beispiel

In 01 erwirbt Konzernunternehmen T1 ein bebautes Lagergrundstück zu 1.000. Für Grunderwerbsteuer, Notar und Grundbuch fallen Kosten von 50 an, die als Anschaffungsnebenkosten aktiviert werden.

In 05 benötigt T1 das Lager nicht mehr und veräußert das Grundstück daher an das Konzernunternehmen T2, das das Grundstück fortan nutzen wird. Erneut fallen einzelbilanziell Anschaffungsnebenkosten von 50 an. Fraglich ist, ob sie auch konzernbilanziell zu aktivieren oder als Aufwand zu verbuchen sind.

Entscheidend ist die Definition der Anschaffungskosten, hier in IAS 16.16 (→ § 8 Rz 11). Nach dem dortigen **finalen** Anschaffungskostenbegriff gelten als Anschaffungskosten alle Aufwendungen, die dazu dienen, den Erwerb oder die (erstmalige) Herstellung der Betriebsbereitschaft zu bewirken. Die Erfüllung dieses Zwecks ist aus der **Perspektive** des Bilanzierungssubjektes bzw. der bilanzierenden Einheit zu beurteilen und diese ist für den Konzernabschluss der **Konzern**.

---

47 In Anlehnung an HOFFMANN/LÜDENBACH, NWB Kommentar Bilanzierung 2011, § 304 HGB, Tz 8ff.

- Bei der **Anschaffung** von **konzernfremden** anfallende Transaktionskosten sind daher zu aktivieren,
- nicht hingegen Transaktionskosten, die bei der **innerkonzernlichen Weiterveräußerung** anfallen; diese dienen nicht mehr dem Erwerb durch den Konzern, stellen also **keine Konzernanschaffungsnebenkosten** dar.

Lediglich unter dem Gesichtspunkt der Herstellung der Betriebsbereitschaft können derartige Transaktionskosten ausnahmsweise zu Konzernanschaffungskosten führen. Im Beispiel ist das nicht der Fall. Zwar mag die Weiterlieferung des Grundstücks von T1, die keine Verwendung mehr hat, an T2 i. w. S. der **Erhaltung** der Betriebsbereitschaft im Konzern dienen, keinesfalls aber der Herstellung der Betriebsbereitschaft. Die Betriebsbereitschaft für den Konzern war schon bei T1 gegeben. Die Weiterlieferung wahrt ggf. die Betriebsbereitschaft im Konzern, stellt sie aber nicht her. Eine andere Wertung ist jedoch unter speziellen Umständen möglich.

Beispiel
Zum Konzern K gehören die Bank B und das Produktionsunternehmen P. B erwirbt im Wege der Zwangsvollstreckung ein Lagergrundstück und veräußert es an P weiter, das es anschließend nutzt. Aus rechtlichen und tatsächlichen Gründen kam ein unmittelbarer Erwerb durch P nicht infrage.
Bei weiterer Interpretation kann der Weiterveräußerungsvorgang als der Herstellung der Betriebsbereitschaft im Konzern dienend angesehen werden. Eine Aktivierung der mit der Weiterveräußerung verbundenen Transaktionskosten ist deshalb in Betracht zu ziehen.

4.7 Nicht beherrschende Anteile (Minderheiten)

4.7.1 Erstkonsolidierung und Folgekonsolidierung

151 Der nicht beherrschende Anteil *(non-controllimg interest)* ermittelt sich zum Erstkonsolidierungszeitpunkt nach IFRS 3.19 wahlweise als **Anteil** am Reinvermögen zu diesem Zeitpunkt oder als Anteil am Unternehmenswert, d. h. unter Einbeziehung eines *goodwill* (*full-goodwill*-Methode). Wegen Einzelheiten wird auf → § 31 Rz 130ff. verwiesen, wegen **latenter Steuern** aus nicht beherrschenden Anteilen auf Rz 177.

152 Zu den **Folgekonsolidierungszeitpunkten** entwickelt sich der nicht beherrschende Anteil (ohne *goodwill*) wie folgt:

- anteiliges Reinvermögen zum Erstkonsolidierungszeitpunkt,
- zuzüglich Anteil der nicht Beherrschenden an den nachfolgenden Eigenkapitaländerungen,
- einschließlich anteiliger Auflösung stiller Reserven.

Bei Option zur *full-goodwill*-Methode ist folgende Entwicklung gegeben:

- anteiliges Reinvermögen zum Erstkonsolidierungszeitpunkt,
- Minderheiten-*goodwill* zum Erstkonsolidierungszeitpunkt,
- zuzüglich Anteil der nicht Beherrschenden an den nachfolgenden Eigenkapitaländerungen,
- einschließlich anteiliger Auflösung stiller Reserven,
- abzüglich anteilige Wertminderung des *goodwill.*

153 Fortschreibungen können sich aus Gewinnthesaurierungen und -ausschüttungen, aber auch aus effektiven Kapitalzuführungen oder -herabsetzungen ergeben.

Nachfolgend ein Beispiel, das verschiedene Eigenkapitaländerungen für den Fall kombiniert, dass von der *full-goodwill*-Methode kein Gebrauch gemacht wird: **154**

Beispiel

Am 1.1.01 erwirbt M 80 % der Anteile an T für einen Kaufpreis von 800. Das buchmäßige Eigenkapital von T beträgt zu diesem Zeitpunkt 600, anteilig also 480. Die stillen Reserven betragen 200. Davon entfallen 160 = 80 % auf M und 40 = 20 % auf den Minderheitsgesellschafter MG. Die stillen Reserven werden über eine Nutzungsdauer von 10 Jahren aufgelöst.

In 01 bis 02 erwirtschaftet T je einen Gewinn von 100. Davon entfallen je 20 auf MG.

Der Gewinnanteil von MG im Konzern ist jedoch jeweils um 1/10 der auf ihn entfallenden stillen Reserven zu vermindern und beträgt dann jeweils 20–4 = 16.

In 02 schüttet T ½ des Gewinns 01, somit 50 aus. Auf MG entfallen davon 10.

In 02 wird außerdem eine Kapitalerhöhung gegen Bareinlage von 150 geleistet, wovon 30 auf MG entfallen.

Nachfolgend die beiden Methoden zur Bestimmung des nicht beherrschenden Anteils 31.12.02 sowie die Konsolidierungstabelle (vereinfacht nur für den 31.12.01).

Fortschreibung nicht beherrschender Anteil auf Basis Einzelbilanz

EK der T per 1.1.01	600
+ Gewinn 01	+ 100
+ Gewinn 02	+ 100
– Ausschüttung für 01	– 50
+ Kapitalerhöhung 02	+ 150
= EK der T per 31.12.02	= 900
+ Stille Reserven 1.1.01	+ 200
– Auflösung stille Reserven 01	– 20
– Auflösung stille Reserven 02	– 20
= EK II der T per 31.12.02	= 1.060
= davon 20 % für nicht Beherrschende	212

Fortschreibung nicht beherrschender Anteil auf Basis Konzernbilanz

Minderheitenanteil	01	02	02 **kumuliert**
anteiliges Reinvermögen im Erstkonsolidierungszeitpunkt (inkl. stille Reserven)	160	160	160
+ Gewinnanteil (nach Auflösung anteiliger stiller Reserven)	16	16	32
– Ausschüttungen (kumuliert)		–10	-10
+/– Änderungen wegen effektiver Kapitalerhöhungen und Herabsetzungen		30	30
Nicht beherrschender Anteil (Minderheit)	**176**		**212**

31.12.01				Konsolidierung				
	M	T	Summe	S		H		Konzern
AKTIVA								
goodwill				160	*1)*			160
Beteiligung	800		800			800	*1)*	
Diverses	4.700	700	5.400	160 40	*1)* *1)*	16 4	*2a)* *2b)*	5.580
Summe	**5.500**	700	**6.200**					**5.740**
PASSIVA								
Kapital	5.000	600	5.600	480 120	*1)* *1)*			5.000
Gewinn Mehrheitsges.	500	100	600	40	*5)*	4	*6)*	564
Minderheit				4	*4)*	120 40 20	*1)* *1)* *3)*	176
Summe	**5.500**	700	**6.200**				*1)*	**5.740**
GuV								
Erträge	1.200	460	1.660					1.660
Abschreibung		60	60	20	*2)*			80
übr. Aufwendung	700	300	1.000					1.000
Gewinn	**500**	**100**	**600**					**580**
Anteil Minderheit				20	*3)*	4	*4)*	16
Gewinn Mehrheitsges.	**500**	**100**	**600**	4	*6)*	40	*5)*	**564**
				1.056		1.056		
1) = Erstkonsolidierungsbuchung								
2) = Abschreibung stille Reserven (2a für M, 2b für Minderheit)								
3) = Gewinnanteil Minderheit lt. Einzelbilanz T								
4) = Reduzierung Gewinnanteil Minderheit durch Abschreibung stille Reserven								
5) u. *6)* = Folgekonsolidierungserfolg								

Tab. 3: Konsolidierungstabelle Minderheiten

155 Der Ausweis des nicht beherrschenden Anteils erfolgt gem. IAS 27.27 bilanziell innerhalb des Eigenkapitals, in der Gesamteinkommensrechnung und GuV in der Überleitung vom Gesamtergebnis zum „den Eigenkapitalgebern des Mutterunternehmens zuzurechnenden Anteil am Ergebnis“ (→ § 2 Rz 41 ff. und

Rz 52ff.). Auch in der Eigenkapitaländerungsrechnung ist der nicht beherrschende Anteil separat zu erfassen und um die ihn betreffenden erfolgsneutralen und erfolgswirksamen Vorgänge fortzuschreiben (→ § 20 Rz 55).

Die Bezeichnung des Minderheitenanteils hat sich durch IAS 27 rev. 2008 geändert. Aus *minority interests* werden *non-controlling interests*. Hierdurch soll besser als bisher zum Ausdruck kommen, dass entscheidend die Frage der Kontrolle ist und es bei besonderer Gestaltung des Gesellschaftsvertrags oder in Fällen einer Zweckgesellschaft trotz Stimmrechtsmehrheit an Kontrolle fehlen kann (Rz 74ff.). Wegen inhaltlicher Auswirkungen der neuen Terminologie wird auf → § 31 verwiesen. **156**

4.7.2 Negative Anteile der nicht Beherrschenden

Nach IAS 27.35 rev. 2004 durften Minderheitenanteile in der Bilanz regelmäßig nicht mit einem negativen Wert ausgewiesen werden. **157**

In IAS 27 rev. 2008 sind die Regelungen zum **Verlustfall aufgehoben** worden. Dem einheitstheoretischen Konzept des Konzerns als einer durch verschiedene Eigenkapitalgebergruppen finanzierten Einheit folgend, wird die Sonderstellung der Minderheit abgeschafft. Verluste sind ihr in gleichem Umfang wie Gewinne zuzurechnen. **158**

Die Neuregelungen sind **nicht retrospektiv** anzuwenden (IAS 27.45a). Hieraus folgt auch: Abweichend vom alten Recht sind Gewinne dem Mehrheitsgesellschafter nicht mehr vorrangig zuzurechnen, auch wenn ihm in Vorperioden nach altem Recht Verluste allein zugerechnet wurden. **159**

Beispiel

Der nicht beherrschende Anteil beträgt bereits zum 31.12.2008 null. In 2009 entsteht ein negatives Ergebnis von 100, das rechnerisch zu 20 % auf den nicht beherrschenden Anteil entfällt. In 2010 kehrt sich die Ergebnisentwicklung um, es wird ein positives Ergebnis von 100 erwirtschaftet.

Beurteilung

In 2009 (altes Recht) ist der Mehrheitsgesellschafter allein mit dem Verlust von 100 belastet.

In 2010 (neues Recht) entfällt auf ihn ein Gewinnanteil von 80.

Eine Erhöhung um 20 als Spiegelbild der alleinigen Verlustbelastung in 2009 hätte nur bei Fortgeltung des alten Rechts stattgefunden. Nach neuem Recht ist diese Historie unbeachtlich.

4.7.3 Auswirkung von Call- und Put-Optionen auf den Ausweis von nicht beherrschenden Anteilen

Zwischen dem Berichtsunternehmen und anderen (potenziellen) Anteilseignern des Tochterunternehmens können Call- oder Put-Optionen vereinbart sein, wobei das Berichtsunternehmen Inhaber oder Stillhalter der Option sein kann. Zu unterscheiden sind somit vier Fälle. **160**

	Optionsinhaber	Stillhalter	Ausübung der Option würde Anteil über/unter 50 % bringen	Ausübung Option würde Minderheitenanteil verringern/erhöhen
1. erworbene Call-Option	Berichtsunternehmen	andere Anteilseigner	Konsolidierung trotz Anteil unter 50 % (Rz 46), ohne *present ownership* (Rz 162) Vermögenswert aus Finanzderivat, wenn Ausübungspreis < *fair value* der Anteile; bei *present ownership* kein Ausweis nicht beherrschender Anteile	ohne *present ownership* (Rz 162) Vermögenswert aus Finanzderivat, wenn Ausübungspreis < *fair value* der Anteile; bei *present ownership* kein Ausweis nicht beherrschender Anteile
2. geschriebene Call-Option	andere Anteilseigner	Berichtsunternehmen	Nichtkonsolidierung trotz Anteil über 50 % (Rz 53); ggf. Verbindl. aus Finanzderivat, wenn Ausübungspreis < *fair value* der Anteile	ggf. Verbindl. aus Finanzderivat, wenn Ausübungspreis < *fair value* der Anteile
3. erworbene Put-Option	Berichtsunternehmen	andere Anteilseigner	keine Folgen für Konsolidierungskreis; ggf. Vermögenswert aus Finanzderivat, wenn Ausübungspreis > *fair value* der Anteile	ggf. Vermögenswert aus Finanzderivat, wenn Ausübungspreis > *fair value* der Anteile
4. geschriebene Put-Option	andere Anteilseigner	Berichtsunternehmen	MindA wird zu FK	MindA wird zu FK, in Abhängigkeit von *present ownership* (Rz 162) erfolgswirksame oder erfolgsneutrale Fortschreibung der Put-Verbindlichkeit

Hinsichtlich der rechtlichen Folgen ist zu unterscheiden, ob mit Ausübung der Option der Anteil des Berichtsunternehmens

- über/unter 50 % steigen/sinken würde **(Änderung der Kontrollverhältnisse)**;
- er mit und ohne Ausübung der Option über 50 % bleibt **(Änderung der nicht beherrschenden Anteile).**

161 Für erworbene Call-Optionen (Fall 1) sieht IAS 27 explizite Regelungen vor. Danach kann auch eine Anteilsquote unter 50 % zur Vollkonsolidierung verpflichten, wenn die zu unterstellende Ausübung einer jederzeit ausübbaren Call-Option die Anteilsquote über 50 % brächte.

Analoge Überlegungen können bei geschriebenen Call-Optionen (Fall 2) zu einer Nichtkonsolidierung trotz eines Anteils von mehr als 50 % führen. Wegen Einzelheiten wird auf Rz 46 und Rz 53 verwiesen.

Für eventuelle Auswirkungen von Put-Optionen (Fälle 3 und 4) auf den Konsolidierungskreis bestehen keine expliziten Regelungen. Gegen die analoge Anwendungen der Regelungen zu (erworbenen) Call-Optionen sprechen systematische Gründe: Die ein Mutter-Tochter-Verhältnis begründende Kontrolle ist definiert als **Möglichkeit,** die Geschäftspolitik zu bestimmen. Diese Möglichkeit kann auch in am Stichtag ausübbaren erworbenen Call-Optionen verkörpert sein. Eine Put-Option ändert hingegen, solange sie nicht ausgeübt wurde, an der Möglichkeit der Beherrschung nichts.

Geschriebene Put-Optionen (Fall 4) sind aber unabhängig von der Frage, ob ihre Ausübung eine Veränderung der Kontrollverhältnisse mit sich brächte, nach IAS 32.AG 29 zu würdigen: Danach führen Andienungsrechte von Minderheiten zu einer **Umqualifizierung** der nicht beherrschenden Anteile vom **Eigen-** in das **Fremd**kapital, wobei Änderungen der Verbindlichkeit i. d. R. erfolgswirksam zu behandeln sind. Dies gilt jedenfalls dann, wenn Risiken und Chancen aus den optionsgegenständlichen Anteilen und damit die ***present ownership*** wirtschaftlich bereits dem Berichtsunternehmen (Stillhalter) zuzurechnen sind, etwa weil 162

- der Ausübungspreis der Option fixiert ist,
- mit den optionsgegenständlichen Anteilen keine (relevanten) Einflussmöglichkeiten mehr verbunden sind,
- mit Dividenden während des Optionszeitraums nicht zu rechnen ist oder die Dividenden schuldrechtlich bereits dem Berichtsunternehmen zustehen.

Liegen die Risiken und Chancen hingegen noch beim Optionsinhaber, wird im Schrifttum ein Wahlrecht angenommen. Das Berichtsunternehmen hat zu entscheiden, ob es IAS 32 Vorrang gibt (dann Lösung wie zuvor) oder IAS 27 als vorrangig ansieht. Im zweiten Fall wird es u. a. für zulässig gehalten, Änderungen in der Höhe der Put-Verbindlichkeit ohne Berührung der GuV unmittelbar gegen Eigenkapital zu erfassen.[48]

Bei den drei anderen Optionsformen (Fälle 1 bis 3) stellt sich die Frage, ob die Option bei entsprechendem Verhältnis des Ausübungspreises als Finanzderivat zu einem finanziellen Vermögenswert (erworbene Option) oder zu einer finanziellen Verbindlichkeit (geschriebene Option) führen kann. 163

Für Optionen, mit deren Ausübung lediglich eine Änderung des Minderheitenanteils, keine Änderung der Kontrollverhältnisse einhergeht, ist dies u. U. zu bejahen, da IAS 39.2a zwar Anteile *(interests)* an Tochterunternehmen von seinem Anwendungsbereich ausschließt, ausdrücklich aber nicht Derivate über diese Anteile (IAS 32.AG17; → § 28 Rz 24).

Entsprechendes gilt für Optionen, deren Ausübung zu einer Änderung der Kontrollverhältnisse führen würde, da IAS 39.2g in der Fassung des *Annual Improvements Project* 2009 nur unbedingte Termingeschäfte (*forwards*) über einen zukünftigen Unternehmenszusammenschluss von seinem Anwendungsbereich ausschließt.

Bei erworbenen Call-Optionen (Fall 1) ist im Einzelnen aber nach *present ownership* (Rz 162) wie folgt zu differenzieren:[49] 164

- Gehen die **eigentümertypischen Chancen** bereits bei Abschluss des Optionsvertrags auf das Berichtsunternehmen über, insbesondere weil der Ausübungspreis fixiert ist, hat das Berichtsunternehmen als Optionsinhaber die Option bereits als ausgeübt zu unterstellen (antizipierter Erwerb). Für die (bedingte) Verpflichtung ist eine **Kaufpreisverbindlichkei**t zu erfassen, die zu fortgeführten Anschaffungskosten bilanziert wird. Der Ausweis von nicht beherrschenden Anteilen scheidet im Umfang der Option aus.

48 Ernst & Young, International GAAP 2010, Tz 7 s5.2.1.

49 Vgl. Freiberg, PiR 2010, S. 206ff.

Wird die Option in der Folge tatsächlich nicht ausgeübt und verfällt sie, ist die bei Vertragsschluss erfasste Verbindlichkeit zu stornieren. Dabei ist wie folgt zu unterscheiden: Besteht weiterhin die Möglichkeit zur Ausübung eines beherrschenden Einflusses auf die Finanz- und Geschäftsaktivität, erfolgt eine Gegenbuchung gegen *non-controlling interest*; geht mit Verfall der Option der Einfluss verloren, ist hingegen eine Entkonsolidierung geboten.

- Hat das Berichtsunternehmen (Optionsinhaber) hingegen noch **kein *present ownership***, insbesondere weil der Ausübungspreis der Option dem *fair value* zum Ausübungszeitpunkt entspricht oder (etwa durch Bindung an die EBIT-Entwicklung) in wesentlichem Maße von der zukünftigen Entwicklung des Unternehmensertragswerts abhängt, kommen IAS 27 und IAS 39 gleichzeitig zur Anwendung: Für die Abgrenzung des Konsolidierungskreises ist eine bestehende, jederzeit ausübbare Option als potenzielles Stimmrecht zu qualifizieren (IAS 27), zusätzlich aber auch eine Erfassung als finanzieller Vermögenswert (Finanzderivat) erforderlich (IAS 39). Eine Bewertung des Finanzderivats erfolgt mit der Summe aus innerem Wert und Zeitwert der Option, also unter Rückgriff auf ein Optionsbewertungsmodell (IAS 39.48a). Entspricht der Ausübungspreis dem *fair value* oder einem Surrogat (etwa EBIT-Multiplikator), ist der Optionswert jedoch regelmäßig gering oder vernachlässigbar.

  Wird die Option in späteren Perioden ausgeübt, ist der *fair value* im Ausübungszeitpunkt als Teil der Gegenleistung für den Erwerb von *non-controlling interests* zu erfassen. Verfällt die Option ungenutzt, ist hingegen eine erfolgswirksame Ausbuchung geboten.

4.7.4 Termingeschäfte und kombinierte Call-/Put-Optionen über nicht beherrschende Anteile

165 Im Rahmen eines Kaufs der Mehrheit der Anteile können zugleich Vereinbarungen über den zukünftigen Erwerb der verbleibenden Anteile getroffen werden. Infrage kommt

- ein unbedingtes Termingeschäft über die verbleibenden Anteile oder
- eine Kombination von Call-Option des Erwerbers und Put-Option des Veräußerers.

Fraglich ist, ob dann überhaupt noch ein Minderheitenanteil (und daneben ggf. ein Finanzderivat) auszuweisen ist oder in wirtschaftlicher Betrachtung nicht ein 100-%-Erwerb mit Ausweis einer Kaufpreisverbindlichkeit vorliegt.

166 In der Termingeschäftsvariante ist nach herrschender Auffassung ein 100-%-Erwerb zu bilanzieren.[50]

Beispiel
MU erwirbt am 31.12.01 51 % der Anteile an der TU von X. Gleichzeitig wird die Übertragung der verbleibenden 49 % am 2.1.03 zu einem bereits jetzt fixierten Preis vereinbart.

---

[50] Vgl. KPMG, Insights into IFRS 2008/09, Tz 2.5.460; PwC, IFRS Manual of Accounting 2008, Tz. 24.136ff., S. 24047f.; Ernst & Young, International GAAP 2008, S. 555ff.

Beurteilung
Die wesentlichen Chancen und Risiken der 49-%-Anteile gehen im Erstkonsolidierungszeitpunkt bereits auf MU über. Je nach vertraglicher Regelung ist nur noch der evtl. in 02 erzielte Gewinn X zuzurechnen. Im Verhältnis zu den Chancen und Risiken aus der Wertänderung der Anteile ist die auf den laufenden Gewinn gerichtete Chance i. d. R. von untergeordneter Bedeutung. MU erlangt daher bereits am 31.12.01 das wirtschaftliche Eigentum an allen Anteilen. Ein Minderheitenanteil ist nicht mehr auszuweisen. Die Verpflichtung aus dem Termingeschäft ist als Kaufpreisverbindlichkeit zu erfassen.

Die gleiche Wirkung wie ein Termingeschäft erzeugt eine Kombination von Call-Option des Erwerbers und Put-Option des Veräußerers, sofern die Ausübungsbedingungen beider Optionen im Wesentlichen gleich sind. Eine entsprechende Kombination von Optionen führt daher i. d. R. ebenfalls zum sofortigen Übergang des wirtschaftlichen Eigentums an den optionsgegenständlichen Anteilen.[51]

Beispiel
MU erwirbt am 31.12.01 51 % der Anteile an der TU von X. Gleichzeitig erhält MU eine Kaufoption über die verbleibenden Anteile von 49 % zu einem Ausübungspreis von 100. Mit entsprechendem Ausübungspreis wird X eine Verkaufsoption eingeräumt. Beide Optionen sind am 2.1.03 ausübbar.

Beurteilung
Die wesentlichen Chancen und Risiken der 49-%-Anteile gehen im Erstkonsolidierungszeitpunkt bereits auf MU über. Rationales Verhalten unterstellt, wird eine der Parteien die Option ausüben, entweder MU bei einem Anteilswert von mehr als 100 seine Kaufoption oder X bei einem Anteilswert von weniger als 100 seine Verkaufsoption. Wie bei einem unbedingten Termingeschäft ist daher kein Minderheitenanteil, sondern eine Kaufpreisverbindlichkeit auszuweisen.

4.7.5 Nicht beherrschende Anteile im mehrstufigen Konzern

Zur Problematik des mehrstufigen Konzerns wird auf die Erläuterung zu IFRS 3 **167**
verwiesen (→ § 31).

5 Anteile an Tochtergesellschaften im Einzelabschluss der Mutterunternehmung

Fragen des Konzernabschlusses stehen im Mittelpunkt von IAS 27. Daneben **168**
enthält der Standard jedoch auch die Regeln zur Bilanzierung von Anteilen an Tochterunternehmen, Gemeinschaftsunternehmen und assoziierten Unternehmen in Einzelabschlüssen („*separate statements*") des Mutterunternehmens. Für

[51] Vgl. PwC, IFRS Manual of Accounting 2008, Tz 24.139; Ernst & Young, International GAAP 2008, S. 569; BFH, Urteil vom 11.7.2006, VIII R 32/04, BStBl II 2007 S. 296ff.

den Anwendungsbereich dieser Vorschriften gilt Folgendes:

- IFRS 27.4 definiert „separate Abschlüsse" als die von einem Mutterunternehmen, einem Anteilseigner eines assoziierten Unternehmens oder einem Partnerunternehmen eines gemeinsam geführten Unternehmens aufgestellten Abschlüsse, in denen die Anteile auf der Grundlage der unmittelbaren Kapitalbeteiligung anstatt auf Grundlage der vom Beteiligungsunternehmen berichteten Ergebnisse und seines Reinvermögens bilanziert werden.
- Abschlüsse eines Unternehmens, das weder an Tochterunternehmen noch an assoziierten Unternehmen noch an Gemeinschaftsunternehmen beteiligt ist, sind nach IAS 27.7 keine separaten Abschlüsse.
- Positiv ausgedrückt stellen separate Abschlüsse damit unkonsolidierte Abschlüsse dar, wobei IAS 27.43 voraussetzt, dass sie nach und neben konsolidierten Abschlüssen veröffentlicht werden, es sei denn, nach IAS 27.10 bestehe keine Pflicht zur Aufstellung und Veröffentlichung eines konsolidierten Abschlusses.

Die amtliche deutsche Fassung von IAS 27 rev. 2004 übersetzte *„separate statements"* teils als „separate Abschlüsse" (IAS 27.4 rev. 2004), teils als „separate Einzelabschlüsse" (IAS 27.37ff. rev. 2004) und macht dadurch unfreiwillig auf die potenziellen Konflikte zwischen deutschem Sprachgebrauch und demjenigen der IFRS aufmerksam. Inhaltlich stecken dahinter folgende Konfliktmöglichkeiten:

- Die Konzernrechnungslegungspflicht und die Befreiung von ihr ergeben sich allein aus dem HGB. Soweit die Befreiung nach HGB, nicht aber nach IFRS 27.10 gegeben ist, käme ein separater Abschluss nach IAS 27 nicht infrage. Bei enger, von der EU für Europa nicht geteilter Auslegung[52] würde aber auch ein IFRS-Einzelabschluss ausscheiden. Die allgemeinen Regelungen von *Framework*, IAS 1 usw. würden nicht greifen, da dort mit der rechnungslegenden *entity* bei einem Konzernsachverhalt der Konzern gemeint ist, die Ausnahmeregelungen für separate Abschlüsse wären aus den o.g. Gründen aber ebenso wenig einschlägig.
- § 325 Abs. 2a HGB erlaubt für Zwecke der Bekanntmachung im elektronischen Bundesanzeiger uneingeschränkt die Veröffentlichung eines IFRS-Einzelabschlusses. Hat das betreffende Unternehmen keine Anteile an mindestens einem Tochterunternehmen, assoziierten Unternehmen oder Gemeinschaftsunternehmen, liegt gerade kein separater Abschluss i.S.v. IAS 27 vor. Ein hier z.T. angenommener Konflikt zu den IFRS besteht u.E. aber nicht. Wenn kein Konzernsachverhalt vorliegt, ist die rechnungslegende *entity* das Unternehmen in seiner rechtlichen Einheit. IAS 27, IAS 28 und IAS 31 sind von vornherein nicht einschlägig, können daher auch keine restriktiven Wirkungen entfalten. Bei Beachtung aller anderen IFRS-Vorschriften ist der Einzelabschluss IFRS-konform.

Die nachfolgende Darstellung erfolgt unter den o.g. Vorbehalten. Sie benutzt im Übrigen mit Rücksicht auf den Sprachgebrauch der deutschen Praxis und des HGB Begriffe wie „einzelbilanziell" usw. statt sperrigerer Begriffe wie „separatbilanziell".

52 Vgl. Accounting Regulatory Committee Documents ARC/08/2007 und ARC 19/2006.

Im Einzelabschluss eines Mutterunternehmens sind die Anteile an Tochterunternehmen, Gemeinschaftsunternehmen und assoziierten Unternehmen nach IAS 27.38 **wahlweise** wie folgt zu bilanzieren: 169

- zu **Anschaffungskosten** (*at cost*),
- gem. IAS 39, d.h. bevorzugt mit dem **beizulegenden Zeitwert** (*fair value*), hilfsweise zu **Anschaffungskosten**.

Bei der Zugangsbewertung sind direkt zurechenbare Anschaffungsnebenkosten i.d.R. zu aktivieren, Für die Bilanzierung nach IAS 39 ergibt sich dies aus IAS 39.43, für die Bilanzierung „*at cost*" aus der allgemeinen Bedeutung des Anschaffungskostenbegriffs. Die direkt zurechenbaren Kosten sind nur dann sofort als Aufwand zu behandeln, wenn die Anteile ausnahmsweise erfolgswirksam zum *fair value* bilanziert werden (IAS 39.43).

Wird neben dem vollzogenen Mehrheitserwerb zugleich eine **Put-Option** über die verbleibenden Anteile vereinbart, ist bei einer Bewertung des Tochterunternehmens zu Anschaffungskosten u.E. der *fair value* der gewährten Option bereits in die Anschaffungskosten einzubeziehen (per Anteile an derivative Verbindlichkeit). Ein faktisches Wahlrecht besteht jedoch hinsichtlich der weiteren Entwicklung der derivativen Verbindlichkeit; sie kann erfolgswirksam oder als Anpassung der Anschaffungskosten behandelt werden (→ § 8 Rz 61). 170

Offen ist auch die Behandlung **ungewisser Kaufpreisbestandteile**, also etwa einer *earn-out*-Vereinbarung, die den endgültigen Kaufpreis vom Erreichen von Erfolgszielen abhängig macht. Im Konzernabschluss sind diese ungewissen Bestandteile als Teil der Anschaffungskosten mit ihrem *fair value* im Zeitpunkt der Erstkonsolidierung zu berücksichtigen und spätere Änderungen der bedingten Verpflichtungen erfolgswirksam zu behandeln. Im Einzelabschluss kommt u.E. bei Erfassung der Anteile zu Anschaffungskosten auch eine erfolgsneutrale Fortschreibung der ungewissen Verbindlichkeit infrage (→ § 8 Rz 62). 171

In der **einzelbilanziellen** Darstellung von Anteilen an Tochterunternehmen ist im Übrigen zwischen 4 Fällen zu unterscheiden: 172

- Die Anteile werden aus *materiality*-Gründen konzernbilanziell nicht konsolidiert. Sie werden konzern- und einzelbilanziell zu **Anschaffungskosten** oder zum *fair value* bewertet (IAS 27.38). Bei *fair-value*-Bewertung sind sie im zeitlichen Anwendungsbereich von IAS 39 regelmäßig als **veräußerbare Vermögenswerte** (*available-for-sale assets*) zu qualifizieren mit Erfolgsneutralität der Wertänderungen. Im zeitlichen Anwendungsbereich von IFRS 9 sind sie als *equity instruments* einzustufen, mit einem Wahlrecht zwischen erfolgsneutraler und erfolgswirksamer Behandlung der Wertänderungen (→ § 28 Rz 348).
- Die Anteile sind im **Konzernabschluss konsolidiert. Einzelbilanziell** werden sie wahlweise zu **Anschaffungskosten** oder zum *fair value* bewertet. Im zweiten Fall sind sie nach IAS 39 regelmäßig als **veräußerbare Vermögenswerte** (*available-for-sale assets*), nach IFRS 9 als *equity instruments* zu qualifizieren .
- Es wird (zulässigerweise) **kein Konzernabschluss** aufgestellt. **Einzelbilanziell** werden die Anteile zu **Anschaffungskosten** oder zum *fair value* bewertet. Im zweiten Fall sind sie nach IAS 39 regelmäßig als **veräußerbare Vermögenswerte** (*available-for-sale assets*), nach IFRS 9 als *equity instruments* zu qualifizieren.

- Die Anteile werden ausschließlich zum Zwecke der **Veräußerung** gehalten. Konzernbilanziell ist das zur **Veräußerung bestimmte** Aktivvermögen *(non-current assets held for sale)* separat von den damit verbundenen Schulden darzustellen (Rz 95). In der Einzelbilanz sind die Anteile als *non-current assets held for sale* auszuweisen. Soweit sie bisher zu Anschaffungskosten bilanziert wurden, ist zum Umklassifizierungszeitpunkt auf einen evtl. niedrigeren Zeitwert (abzüglich Veräußerungskosten) abzuschreiben. Soweit sie bisher nach IAS 39 behandelt wurden, bleibt es dabei (IAS 27.38). Vgl. hierzu → § 29 Rz 31.

173 Besondere Probleme bereitet die Bestimmung der Anschaffungskosten bei **konzerninternen** Umstrukturierungen (Reorganisationen). Ein Sonderfall solcher Umstrukturierungen ist in IAS 27.38B und IAS 27.38C geregelt. Betroffen sind Fälle,

- bei denen eine NewCo etabliert wird, die durch Ausgabe von Anteilen (Sacheinlagen) Kontrolle über das ursprüngliche Mutterunternehmen erlangt,
- wobei sich im Zeitpunkt der Reorganisation die Zusammensetzung des Vermögens nicht ändert und die Gesellschafter des bisherigen Mutterunternehmens im gleichen Maße am neuen beteiligt werden.
- Die NewCo hat in diesem Fall als Anschaffungskosten des eigenen Investments das IFRS-Eigenkapital (Nettovermögen zu Buchwerten) vor Reorganisation des Unternehmens auszuweisen, dessen Mutter es wird.

Beispiel

Vor der Reorganisation ist MU mit 100 % an TU beteiligt und weist den Anteil zu Anschaffungskosten von 100 aus. Der Zeitwert der MU beträgt 300, ihr Buchvermögen 225. Die Anteile an der MU werden gegen Ausgabe neuer Anteile in eine NewCo eingebracht.
Behandlung bei der NewCo:
per Anteil an MU 225 an Eigenkapital 225.

Ungeregelt ist die einzelbilanzielle Behandlung von Restrukturierungen, die nicht die Voraussetzungen von IFRS 27.38B oder IAS 27.38C erfüllen, weil z.B. Geld fließt oder sich die Anteils- bzw. Beteiligungsverhältnisse bei der Transaktion ändern. Werden Anteile zum Buchwert konzernintern veräußert, gilt (→ § 31 Rz 184):

- Bei Interpretation des Einzelabschlusses als Ausschnitt aus dem Konzernabschluss hat die eine Beteiligung veräußernde Gesellschaft die Anteile erfolgsneutral auszubuchen, die erwerbende Gesellschaft sie zum Buchwert der veräußernden Gesellschaft einzubuchen.
- Bei Deutung des Einzelabschlusses als selbstständiger Abschluss erzielt die veräußernde Gesellschaft i. H. d. Differenz von Zeitwert und Buchwert einen Abgangserfolg, während die erwerbende Gesellschaft die Anteile zum Zeitwert einbucht und die Differenz zum gezahlten Buchwert als verdeckte Einlage (oder bei umgekehrtem Vorzeichen verdeckte Ausschüttung) im Eigenkapital erfasst.[53]

53 PwC, IFRS Manual of Accounting 2009, Tz 24.257.9.

Beispiel
MU ist bisher an T und E mit jeweils 100 % direkt beteiligt. E wird mit Anschaffungskosten von 100 bilanziert und zu diesem Preis an T veräußert, sodass aus der bisher zweistöckigen Struktur eine dreistöckige (MU-T-E) wird. Der Zeitwert der E beträgt 300.
Behandlung bei MU:
1. Erfolgsneutral

Konto	Soll	Haben
Geld	100	
Anteil an E		100

2. Erfolgswirksam

Konto	Soll	Haben
Geld	100	
Anteil an T	200	
Anteil an E		100
s. B. E.		200

Behandlung bei T:
1. Buchwertfortführung

Konto	Soll	Haben
Anteil an E	100	
Geld		100

2. Einbuchung zum Zeitwert

Konto	Soll	Haben
Anteil an E	300	
Geld		100
Eigenkapital		200

Wegen allgemeiner Fälle von Umstrukturierungen wird auf → § 32 Rz 169 verwiesen.[54]

6 Latente Steuern

Wie im Einzelabschluss sind auch im Konzernabschluss latente Steuern zu aktivieren oder zu passivieren, wenn sich Steuerbilanz- und IFRS-Konzernbilanz-Werte unterscheiden und dieser Unterschied nicht permanenter, sondern vorübergehender Natur ist (→ § 26 Rz 5 ff.). Insoweit fließen die aktiven und passiven latenten Steuern der IFRS-Einzelbilanzen auch in die Konzernbilanz ein. 174

In der **Konzernbilanz** ergeben sich jedoch zwei **Erweiterungen**: 175

- Durch **Anpassung an konzerneinheitliche Ansatz- und Bewertungsmethoden** (Rz 113 ff.) können sich die Unterschiede zu dem Steuerbilanzwert gegenüber der IFRS-Einzelbilanz erhöhen (zusätzliche latente Steuern) oder vermindern (Reduzierung der latenten Steuern).

54 Vgl. außerdem, LIECK, Bilanzierung von Umwandlungen nach IFRS, Wiesbaden 2011.

- Durch die weiteren **Konsolidierungsmaßnahmen**, insbesondere die **Zwischenergebniseliminierung** (Rz 136ff.), können sich die Differenzen zwischen IFRS- und Steuerwerten weiter erhöhen (zusätzliche latente Steuern) oder weiter verringern (Reduzierung der latenten Steuern).

176 Unterschiede der **ersten Art** – Anpassung an **konzerneinheitliche** Methoden – sind aus verfahrensökonomischen Gründen bereits in der IFRS-Bilanz II zu berücksichtigen, Unterschiede der zweiten Art – konzerninterne **Konsolidierung** – werden praxisgerecht unmittelbar im Zusammenhang mit der entsprechenden Konsolidierungsbuchung, d.h. durch Ergänzung dieser Buchung um eine Steuerbuchung, berücksichtigt.

In bestimmten Fällen führen nicht erfolgswirksame Konsolidierungsbuchungen **scheinbar** zu einer Eliminierung ursprünglich vorhandener temporärer Differenzen.

Beispiel

Die inländische Software GmbH lizenziert Ende 01 Software im Mehrjahresvertrag an ihre amerikanische Tochter. Die Tochter zahlt die Lizenzgebühr von 100 sofort für den vollen Zeitraum. Das amerikanische Steuerrecht erkennt den vollen Betrag in 01 als Betriebsausgabe an, während in der IFRS-II-Bilanz der Tochter ein aktiver Abgrenzungsposten von 100 gebildet und wegen der Differenz von IFRS- und Steuerbuchwert (100–0 = 100) eine latente Steuer passiviert wird.

Die Mutter passiviert den erhaltenen Betrag sowohl in der Steuerbilanz als auch in ihrer IFRS-II-Bilanz.

Im Rahmen der Konzernbilanz wird das konzerninterne Schuldverhältnis durch die Buchung „per passive Abgrenzung 100 an aktive Abgrenzung 100" wegkonsolidiert. Damit verschwindet auch der Aktivposten der Tochter, aus dem die passive latente Steuer entstand.

Eine weitere Konsolidierungsbuchung zur Eliminierung der passiven latenten Steuer ist gleichwohl nicht angezeigt. Dies ergibt sich aus folgender Überlegung: Die Lizenzgebühren führen in konsolidierter Betrachtung zu einem IFRS-Buchwert von null, in summierter Betrachtung der Steuerbilanzen hingegen zu einem Steuerbilanzbuchwert von -100. Aus konsolidierter bzw. Summenbetrachtung besteht damit eine Differenz von 0 – (-100) = 100, also genau die schon in der IFRS-II-Bilanz der Tochter (dort als 100 – 0) ermittelte Differenz.

177 Dem einleitenden Schema der Konsolidierungsschritte folgend (vgl. Rz 112ff.), ergeben sich im Wesentlichen folgende latente Steuereffekte:

- **Vereinheitlichung** der Bilanzierungs- und Bewertungsmethoden: Wo echte und unechte IFRS-Wahlrechte in den IFRS-Einzelbilanzen noch nicht einheitlich ausgeübt wurden, sind Anpassungen notwendig. In der resultierenden IFRS-Bilanz II werden auch die mit diesen Anpassungen verbundenen latenten Steuern berücksichtigt.
- **Summenbilanz:** Hier ergeben sich keine zusätzlichen Steuerlatenzen.
- **Kapitalkonsolidierung:** Bei der Erst- und Folgekonsolidierung können sich Abweichungen zum Steuerbilanzwert ergeben (oder verringern). Entsprechende Erläuterungen erfolgen in → § 26 Rz 9.

- **Sonstige Konsolidierung** Aufwand/Ertrag und Forderungen/Verbindlichkeiten: Insbesondere die Konsolidierung konzerninterner Rückstellungen sowie von Abschreibungen auf konzerninterne Forderungen, daneben auch die Umrechnung konzerninterner Fremdwährungsposten können dazu führen, dass Bewertungsunterschiede zur Steuerbilanz erhöht oder vermindert werden. Die Steuerbuchungen sind zweckmäßigerweise parallel zur Grundbuchung vorzunehmen.
- **Zwischenergebniseliminierung:** Veräußert ein Konzernunternehmen Erzeugnisse mit Gewinnaufschlag an ein anderes Konzernunternehmen und befinden sich die Vorräte zum Stichtag noch im Bestand, so ist der Gewinn aus Konzernsicht nicht realisiert. Der Ansatz der Vorräte im Konzern ist daher zu reduzieren. Hierdurch kann der Konzernwert hinter den einzelbilanziell orientierten Steuerbilanzwert zurückfallen, sodass es erstmalig zu einer Steuerlatenz kommt.
- **Minderheitenanteil:** Der Minderheitenanteil hat mittelbare Relevanz für die latenten Steuern. Da zwingend auch die stillen Reserven in den Minderheitenanteilen aufzudecken sind (Rz 151), fällt die Differenz vom IFRS- zum Steuerbilanzwert und damit auch die Höhe der latenten Steuern entsprechend größer aus. Gutschrift oder Belastung erfolgen sachgerecht im Minderheitenanteil durch Berücksichtigung bei der Erstkonsolidierung bzw. über den Gewinnanteil bei der Folgekonsolidierung. Vereinfachungen aus *materiality*-Gründen sind zulässig.

Die Berechnung latenter Steuern ist nach IAS 12.47 mit den Steuersätzen durch- 178
zuführen, die zum Bilanzstichtag für die Realisierung der Differenz gelten würden (→ § 26 Rz 115ff.). Hiernach sind Differenzen zwischen dem IFRS-Bilanzwert des inländischen Mutterunternehmens nach dem inländischen Ertragsteuersatz und Differenzen ausländischer Tochterunternehmen nach den dort geltenden **ausländischen Steuersätzen** zu berücksichtigen. Da die entsprechenden Posten für latente Steuern ohnehin bereits in der IFRS-Bilanz II berücksichtigt werden, spricht auch aus Praxissicht nichts gegen dieses Vorgehen. Bei einem Personengesellschaftskonzern sind die Steuerlatenzen des Mutterunternehmens (Personengesellschaft) auf der Basis von deren Gewerbesteuersatz zu berechnen, die Latenzen von Tochterkapitalgesellschaften hingegen unter zusätzlicher Einbeziehung von definitiver (nicht anrechenbarer) Körperschaftsteuer.

Ein **Steuersatzproblem** ergibt sich hingegen bei der **Zwischenergebniseliminie- 179
rung** und den anderen nachfolgenden Konsolidierungsschritten. Hier ist zu entscheiden, ob der Steuersatz des Mutterunternehmens oder je nach *upstream*- oder *downstream*-Lieferbeziehungen der Steuersatz des Tochterunternehmens oder insgesamt ein Mischsatz angewendet wird. U. E. ist der Steuersatz des Empfängerunternehmens maßgeblich.

Latente Steuern sind auch auf steuerlich **vortragsfähige Verluste** zu aktivieren, 180
sofern deren zukünftige Nutzung wahrscheinlich ist (IAS 12.34; → § 26 Rz 51). Nach IAS 12.67 kann es im Rahmen eines Unternehmenszusammenschlusses erstmalig zum Ansatz eines solchen Postens kommen, weil der Erwerber in der Lage ist, den Vorteil der noch nicht genutzten steuerlichen Verluste gegen das zukünftige zu versteuernde Einkommen zu verwenden. Nach Maßgabe des deutschen Steuerrechtes, dessen Steuersubjekt die einzelne natürliche oder ju-

ristische Person ist und das über die Mantelkaufvorschriften (§ 8 Abs. 4) sowie umwandlungsrechtliche Vorschriften (§ 12 Abs. 2 UmwStG) Vorkehrungen gegen die Übertragung von Verlusten auf andere Subjekte getroffen hat, kommt diesem Fall keine große praktische Bedeutung zu (→ § 26).

181 Aus Sicht des deutschen Steuerrechts haben auch diverse Bestimmungen in IAS 12 zu latenten Steuern aus der Bewertung von Tochteranteilen im Einzelabschluss des Mutterunternehmens nur noch eine geringe Bedeutung. Nach den Vorschriften von § 8 KStG und § 9 GewStG sind in der Konstellation Kapitalgesellschaft - Kapitalgesellschaft Dividenden, Veräußerungsgewinne, Veräußerungsverluste und Teilwertabschreibungen steuerlich i. d. R. größtenteils unbeachtlich. Unter diesen Umständen haben die Differenzen im IFRS-Ansatz der Beteiligung und dem Steuerbilanzansatz permanenten Charakter und sind daher unbeachtlich, da latente Steuern nur auf temporäre, sich zukünftig steuerwirksam auflösende Differenzen entstehen. Für andere Konstellationen unter Einbeziehung von Personengesellschaften wird auf → § 26 Rz 93 verwiesen.

7 Ausweis-Besonderheiten im Konzern

182 Der Konzernabschluss zeigt die gleichen Bilanz- und GuV-Posten wie der Einzelabschluss. Dies gilt auch für den *goodwill,* der in IFRS 3 in gleicher Weise für den Einzelabschluss *(asset deal)* wie für den Konzernabschluss *(asset oder share deal)* geregelt ist. Der Ausweis erfolgt unter den immateriellen Vermögenswerten. Als tatsächlicher Unterschied zum Einzelabschluss bleiben demnach nur die Posten, welche nicht beherrschende Anteile (Minderheitenanteile) an vollkonsolidierten Tochterunternehmen betreffen und nur im Konzernabschluss, hingegen nicht im Einzelabschluss vorkommen können.

183 In der Bilanz ist der nicht beherrschende Anteil *(non-controlling interests)* gem. IAS 27.27 separat innerhalb des Eigenkapitals auszuweisen.

184 In der GuV und Gesamteinkommensrechnung sind die nicht beherrschenden Anteile am Konzernergebnis gesondert anzugeben (Rz 157 und → § 2).

185 Für die **Kapitalflussrechnung** des Konzerns gelten die Regelungen zur **Konsolidierung und Eliminierung** konzerninterner Salden und Transaktionen (IAS 27.22). Danach stellt sich etwa die Eigenkapitalzuführung vom Mutterunternehmen an das Tochterunternehmen im Einzelabschluss des Mutterunternehmens als negativer *cash flow* aus Investitionstätigkeit und im Einzelabschluss des Tochterunternehmens als positiver *cash flow* aus der Ausgabe von Kapital dar. In der Konzernkapitalflussrechnung findet sich jedoch wieder keine der beiden Positionen, da aus Konzernsicht weder ein Mittelzufluss noch ein Mittelabfluss vorliegt (→ § 3).

186 Besondere Regelungen im Rahmen der Kapitalflussrechnung bestehen für den Erwerb oder die Veräußerung von Tochterunternehmen, d. h. das Erst- oder Entkonsolidierungsjahr. Laut IAS 7.39f. sind Angaben zum Kaufpreis und zu seiner Barkomponente zu machen, zudem Angaben zu den durch die Ersteinbeziehung des Tochterunternehmens zugehenden bzw. durch die Nicht-mehr-Einbeziehung abgehenden Zahlungsmitteln des Tochterunternehmens, schließlich Angaben zu den sonstigen nach Hauptgruppen gegliederten Vermögenswerten und Schulden, die zu- bzw. abgehen.

Zur **Kapitalflussrechnung** folgendes Beispiel: 187

> **Beispiel**
> M erwirbt in 01 100 % der Anteile am Tochterunternehmen T. Der Kaufpreis beträgt 100 und wird zu 30 durch Ausgabe eigener Anteile dargestellt. Das Tochterunternehmen verfügt im Erstkonsolidierungszeitpunkt über Zahlungsmittel von 10.
> In der Investitionszeile der *cash-flow*-Rechnung wird als Auszahlung für den Erwerb von Tochterunternehmen T abzüglich erworbener Netto-Zahlungsmittel von 10 ein Betrag von -60 ausgewiesen.
> Im Anhang wird aufgeführt, dass ein Kaufpreisanteil von 30 unbar durch die Ausgabe neuer Anteile geleistet wurde. Außerdem erfolgt eine Aufgliederung des zugehenden Vermögens des Tochterunternehmens nach Vorräten, sonstigem Umlaufvermögen, Anlagevermögen usw.

8 Angaben

Konzernspezifische Angabepflichten ergeben sich vor allem in den folgenden vier Punkten: 188

- **Konsolidierungskreis** und Änderungen des Konsolidierungskreises,
- **Kapitalkonsolidierungsmethode**,
- **sonstige Konsolidierungsmethoden** (Bewertungsvereinheitlichung, Zwischenergebniseliminierung, Konsolidierung von Aufwand, Ertrag, Schulden, Forderungen),
- **Währungsumrechnung.**

Zu den Angaben zur Kapitalkonsolidierung und zur Währungsumrechnung wird auf die diesbezüglichen Kommentierungen verwiesen (→ § 31 Rz 210ff.; → § 27 Rz 82ff.). Die **Angaben zum Konsolidierungskreis** ergeben sich aus der nachfolgenden Tabelle: 189

A) Konsolidierungskreis	
I: nicht konsolidiert, obwohl Tochter: Gründe für Nichtkonsolidierung, zusammengefasste finanzielle Informationen (insbes. Bilanzsumme, Verbindlichkeiten, Erlöse, Ergebnis) evtl. aggregiert (z.B. für alle inländischen, alle anderen europäischen usw.)	IAS 27.41a und b
II: Tochter, obwohl keine Stimmrechtsmehrheit: Gründe für Tochterstatus	IAS 27.41a
III: keine Tochter, obwohl Stimmrechtsmehrheit: Gründe für Negierung	IAS 27.41b
B) Kontrollwahrende Änderung der Anteilsquote (Auf- und Abstockungen)	
Einfluss auf die Höhe des Eigenkapitals	IAS 27.41e

C) Entkonsolidierung	
Offenlegung des Erfolgs, Angabe des auf verbleibende Anteile entfallenden Teils des Erfolgs	IAS 27.41f
D) Abweichender Bilanzstichtag	
falls Vereinheitlichung nicht durchführbar, Angabe der Gründe	IAS 27.41c

Tab. 10: Konzernspezifische Angaben

190 Die übrigen Angaben i. S. d. Zwischenergebniseliminierung usw. enthalten keine spezifischen oder quantifizierenden Aussagen, sondern stellen lediglich klar, dass nach den allgemein für die Konzernbilanzierung geltenden Vorschriften vorgegangen oder im Einzelfall davon aus bestimmten Gründen davon abgewichen wurde.

191 Das nachfolgende Formulierungsbeispiel fasst die wesentlichen Angaben zusammen:

Beispiel

1. Konsolidierungskreis, Konsolidierungsgrundsätze

Alle **Tochterunternehmen**, die von der X AG gem. IAS 27 direkt oder indirekt beherrscht werden, sind in den Konzernabschluss einbezogen. Die Ergebnisse der im Laufe des Jahres erworbenen bzw. veräußerten Tochterunternehmen werden ab Erwerbszeitpunkt bzw. bis Abgangszeitpunkt in der Konzern-GuV erfasst.

Unternehmen unter gemeinschaftlicher Führung i. S. d. **IAS 31 (Gemeinschaftsunternehmen)** werden quotal konsolidiert.

Wesentliche **assoziierte Unternehmen** werden gem. **IAS 28** nach der *equity*-Methode bilanziert, wenn ein maßgeblicher Einfluss ausgeübt werden kann.

2. Vereinheitlichung

Die zu konsolidierenden Abschlüsse der X AG als Muttergesellschaft und der einbezogenen Tochtergesellschaften werden nach **einheitlichen Bilanzierungs- und Bewertungsmethoden** aufgestellt.

3. Kapitalkonsolidierung

Die Kapitalkonsolidierung erfolgt nach der *acquisition*-Methode. Zum Zeitpunkt des Erwerbs werden die Anschaffungskosten der Beteiligung, der *fair value*, bereits vor Kontrollerlangung bestehender Anteile und der Anteil der *non-controlling interests* an dem *fair value* des Nettovermögens des Tochterunternehmens mit dessen neu bewertetem Eigenkapital verrechnet. Vermögenswerte und Schulden des Tochterunternehmens werden im Rahmen der Neubewertung mit dem *fair value* bewertet. Auf stille Reserven und Lasten, die im Rahmen der Erstkonsolidierung aufgedeckt werden, werden latente Steuern angesetzt, sofern diese Aufdeckung nicht auch steuerlich nachvollzogen wird. Ein verbleibender aktiver Unterschiedsbetrag zwischen Anschaffungskosten und dem anteilig zu Zeitwerten bewerteten Reinvermögen wird als Firmenwert aktiviert. Aufgedeckte stille Reserven und Lasten werden

in den Folgeperioden entsprechend der Behandlung der korrespondierenden Vermögenswerte und Schulden fortgeführt, abgeschrieben bzw. aufgelöst.
Die Kapitalkonsolidierung quotal konsolidierter Unternehmen erfolgt nach den gleichen Grundsätzen.
Die nach der *equity*-Methode bewerteten Beteiligungen werden mit dem anteiligen Eigenkapital der jeweiligen Beteiligung angesetzt. Ein Unterschiedsbetrag zu den Anschaffungskosten der Beteiligung erhöht als Firmenwert den *equity*-Ansatz. Das anteilige Ergebnis dieser Gesellschaften wird nach Steuern ausgewiesen.

4. Konzerninterne Salden
Alle konzerninternen Gewinne und Verluste, Umsatzerlöse, Aufwendungen und Erträge sowie Forderungen und Verbindlichkeiten bzw. Rückstellungen innerhalb des Konsolidierungskreises werden eliminiert. Auf ergebniswirksame Konsolidierungsvorgänge werden latente Steuern gem. IAS 12 abgegrenzt. Die quotale Konsolidierung erfolgt anteilsmäßig nach den gleichen Grundsätzen.

5. Änderungen des Konsolidierungskreises
Der Konsolidierungskreis einschließlich der X AG umfasst 30 voll konsolidierte Unternehmen gegenüber 28 Unternehmen im Vorjahr. In den Konzernabschluss werden alle in- und ausländischen verbundenen Unternehmen einbezogen mit Ausnahme von 5 Gesellschaften (Vorjahr ebenfalls 54), die wegen ihrer insgesamt untergeordneten Bedeutung für die Vermögens-, Finanz- und Ertragslage nicht konsolidiert werden.
Es wurden Tochtergesellschaften mit Anschaffungskosten in Höhe von ca. EUR 30 Mio., davon EUR 20 Mio. zahlungswirksam, akquiriert. Bei den Akquisitionen handelt es sich im Wesentlichen um die folgenden Unternehmenserwerbe:
Im Zuge einer Kapitalerhöhung durch Sacheinlage um EUR 10 Mio. wurden am 1. März 01 80 % der Y AG in die X AG eingebracht. Die Sacheinlage ist mit dem Zeitwert der Anteile der X AG bewertet, da die hingegebenen Anteile zuverlässiger zu bewerten sind. Aufgrund der Übernahme ergibt sich ein Firmenwert von EUR 4 Mio.
Die Buchwerte und *fair values* der durch den Unternehmenserwerb zugegangen Vermögenswerte und Schulden sowie die latenten Steuern ergeben sich nach den Hautpositionen der Bilanz gegliedert wie folgt:
...
Zum 1. Juli 01 hat die X AG die restlichen 50 % der Anteile an dem bisherigen Gemeinschaftsunternehmen Z AG zu einem Kaufpreis von EUR 15 Mio. übernommen. Aufgrund des Erwerbs der zusätzlichen Anteile ist ein Firmenwert in Höhe von EUR 6 Mio. entstanden.
Die Buchwerte und *fair values* der durch den Unternehmenserwerb zugegangen Vermögenswerte und Schulden sowie die latenten Steuern ergeben sich nach den Hautpositionen der Bilanz gegliedert wie folgt:
...
Zum Konzernjahresüberschuss haben die Y AG mit .... EUR und die Z AG mit .... EUR beigetragen. Wären die Unternehmenszusammenschlüsse

> zum 1. Januar erfolgt, hätte der Konzernumsatz .... EUR und der Konzernjahresüberschuss .... EUR betragen..
> Die Akquisitionen und Desinvestitionen von Tochtergesellschaften wirkten sich zum Zeitpunkt der Erstkonsolidierung bzw. Entkonsolidierung auf Anlagevermögen, Umlaufvermögen und Schulden im Konzern wie folgt aus:
> ...
> Drei Gemeinschaftsunternehmen werden quotal in den Konzernabschluss einbezogen (Vorjahr drei). Die X AG hat zum 1. Juli 01 ihre 100-%-Beteiligung an der A AG als Sacheinlage in das mit der B-AG betriebene Gemeinschaftsunternehmen C-AG eingebracht. Da die X AG an diesem Joint-Venture-Unternehmen nur 50 % der Anteile hält, sind 50 % der bisherigen Anteile an der A AG als Verkauf anzusehen und somit zu entkonsolidieren. Insgesamt wird im Konzernabschluss ein Gewinn aus dem Abgang konsolidierter Unternehmen in Höhe von ... ausgewiesen.
> Von den 12 (Vorjahr 10) assoziierten Unternehmen werden 9 (Vorjahr 7) nach der *equity*-Methode bilanziert, die übrigen werden wegen ihrer untergeordneten Bedeutung für den Konzernabschluss zu Anschaffungskosten angesetzt. Die Liste des Anteilsbesitzes des X-Konzerns ist als Anlage y beigefügt.

Auf die **Checkliste „Abschlussangaben“** wird ergänzend verwiesen (→ § 5 Rz 8).

9 Anwendungszeitpunkt, Rechtsentwicklung

192 IAS 27 rev. 2008 ist für alle Abschlüsse anzuwenden, deren Berichtszeitraum ab dem 1.7.2009 beginnt.

193 Die wesentlichen Unterschiede zu IAS 27 rev. 2003 bestehen in folgenden Punkten:

- Belastung auch des **negativen Minderheitenanteils mit Verlusten** (Rz 157).
- **Erfolgswirksamkeit der Auf- und Abwärtskonsolidierung** in folgender Weise:
  - Bei **Aufwärts**konsolidierung wird fingiert, dass die Kontrollmehrheit gegen Barzahlung (für die Neuanteile) und Tausch (der Altanteile zum *fair value*) erworben wird. Die Differenz zwischen Buchwert der Altanteile und *fair value* führt zu einem Erfolg. Soweit die Altanteile als *available-for-sale assets* schon bisher erfolgsneutral zum *fair value* geführt wurden, wird auch dieser Erfolg mit der Erstkonsolidierung realisiert (→ § 31).
  - Bei der **Abwärts**konsolidierung wird fingiert, dass sich der Entkonsolidierungserlös aus dem Veräußerungspreis der abgehenden Anteile und dem *fair value* der verbleibenden Anteile ergibt. Der *fair value* der verbleibenden Anteile stellt den Ausgangswert für die weitere Bilanzierung nach der *equity*-Methode, zu Anschaffungskosten oder zum *fair value* dar.
- Behandlung der **Auf- oder Abstockung einer vorhandenen Mehrheitsbeteiligung als Transaktion zwischen Eigenkapitalgebern**. Die Differenz zwischen gezahltem oder erhaltenem Betrag und der buchmäßigen Änderung des Minderheitenanteils führt weder zur Aufdeckung von *goodwill* oder stillen Reserven (Aufstockung) noch zu einem Abgangserfolg (Abstockung; → § 31 Rz 155).

Nach einem in 2008 verabschiedeten, ab 2009 anzuwendenden *Amendment* zu IAS 27 ist bei der Bilanzierung der vom Tochterunternehmen erhaltenen Dividenden im Einzelabschluss des Mutterunternehmens nicht mehr zwischen Ausschüttungen aus Alt- und Neurücklagen zu unterscheiden. In beiden Fällen ist ein Beteiligungsertrag zu buchen (Rz 173). 194

Der IASB hat im Dezember 2008 ED 10 „*Consoldiated Financial Statements*" vorgelegt, der grundlegende Änderungen am Kontrollkonzept vorsieht. U. a. wird für die Frage, wann Kaufoptionen zu berücksichtigen sind (Rz 50), eine Gesamtwürdigung verlangt, die etwa auch zu beachten hat, ob die Option „im Geld" ist. Für Präsenzmehrheiten formuliert ED 10.28 eine widerlegbare Kontrollvermutung (Rz 24). Begrifflich und inhaltlich neu gefasst wird das Problem der SPEs (zukünftig *structured entities*). Die Chancen-Risiko-Verteilung soll nur noch ein Aspekt im Rahmen der Gesamtwürdigung sein, in die auch Zweck und Struktur des SPE sowie die Rechte und Interessen von *Related Parties* einfließen (ED 10.30ff.). Drei Board-Mitglieder befürchten, dass entgegen den Absichten des IASB zukünftig die Konsolidierung von SPEs noch leichter zu vermeiden sein wird (ED 10.AV8ff.). 195

10 Zusammenfassende Praxishinweise

Die Konzernabschlusspflicht und der Konsolidierungskreis hängen vom Vorliegen einer Mutter-Tochter-Beziehung ab. Deren Bestimmung richtet sich nach dem sog. **Kontrollkonzept** (Rz 7ff.). 196

Besondere Bedeutung haben jüngst in der internationalen Konzernrechnungslegungspraxis die **Zweckgesellschaften** (*special purpose entities*) erlangt (Rz 57ff.).

Die IFRS-Regeln zur **Konzernabschlusspflicht** haben für deutsche und EU-Anwender keine praktische Relevanz. Hier geht das nationale bzw. das EU-Recht vor (Rz 88).

Für den **Konsolidierungskreis** gilt das Weltabschlussprinzip, allerdings mit Einschränkungen bei Veräußerungsabsicht oder unter *materiality*-Gesichtspunkten (Rz 94ff.).

Konsolidierungen sind regelmäßig auf Basis des einheitlichen **Konzernbilanzstichtags** vorzunehmen. Eine nicht mehr als 3 Monate abweichende Einzelbilanz kann ggf. aus Praktikabilitätsgründen verwendet werden (Rz 106ff.).

Für die einzelnen **Konsolidierungsschritte** gilt:

- Eine Vereinheitlichung von Ansatz und Bewertung ist unter *materiality*-Vorbehalt notwendig (Rz 113ff.).
- Bei der Schuldenkonsolidierung entstehende echte Aufrechnungsdifferenzen bzw. die mit ihnen verbundenen Erträge/Aufwendungen sind im Entstehungs- und Auflösungsjahr zu neutralisieren. Drittschuldverhältnisse begründen ggf. ein Saldierungsrecht (Rz 117ff.).
- Aufwand und Ertrag sind zu konsolidieren (Rz 134f.),
- Zwischenergebnisse zu eliminieren, und zwar auch dann in voller Höhe, wenn ein Minderheitenanteil existiert (Rz 136ff.)

Besondere Konsolidierungsprobleme, die sich im Übrigen durch nicht beherrschende Anteile an Tochtergesellschaften ergeben, sind unter Rz 151ff. dargestellt.

Die **Erst**- und **Ent**konsolidierung beim Hinzuerwerb und der Veräußerung von Anteilen unterliegt spezifischen Regeln.
Im **Einzel**abschluss des Mutterunternehmens sind die Anteile an Tochtergesellschaften wahlweise zu Anschaffungskosten oder zum *fair value* auszuweisen
Zur **Steuerlatenz**rechnung im Rahmen der Konsolidierungsbuchungen wird auf Rz 174 ff. verwiesen.
Konzernspezifische Vorschriften für den **Ausweis** in Bilanz und GuV bestehen für den Minderheitenanteil (Rz 182 ff.).
Konzernspezifische **Anhangsangaben** ergeben sich für den Konsolidierungskreis, die Konsolidierungsmethode und die Währungsumrechnung (Rz 188 ff.).

§ 33 ANTEILE AN ASSOZIIERTEN UNTERNEHMEN

Inhaltsübersicht Rz

Vorbemerkung

Schrifttum: FREIBERG, Nichtkonsolidierung von assoziierten Unternehmen mangels Informationen, PiR 2007, S. 260 ff.; FREIBERG, Aktuelle Anwendungsfragen der equity-Bewertung, PiR 2010, S. 253 ff.; GEISEL/SCHMIDT, Anwendung der equity-Methode bei assoziierten Unternehmen mit kündbaren Anteilen, KoR 2010, S. 81 ff.; LÜDENBACH, Transaktionskosten und earn-out-Klauseln bei Anteilen an assoziierten Unternehmen, PiR 2010, S. 361 ff.; LÜDENBACH, Zwischenergebniseliminierung bei Anwendung der equity-Methode, PiR 2006, S. 207 ff.; LÜDENBACH/FROWEIN, Bilanzierung von Equity-Beteiligungen bei Verlusten, ein Vergleich zwischen HGB, IFRS und US-GAAP, BB 2003, S. 2449 ff.; LÜDENBACH/VÖLKNER, Rechtliche und bilanzpolitische Bedeutung von Options- und Terminkontrakten für die Konsolidierung nach IFRS, BB 2006, S. 2738 ff.; MILLA/BUTOLLO, Sonderfälle der Übergangskonsolidierung nach IFRS und die Wechselwirkung zu IFRS 5, IRZ 2007, S. 173 ff.; NIEHUES, Die

Equity-Bewertung, HdJ, Abt. V/3; SCHMIDT, Die equity-Methode – Interessentheoretische One-Line-Consolidation oder Bilanzierung eines Vermögenswerts?, PiR 2010, S. 61 ff.

Vorbemerkung
Die Kommentierung bezieht sich auf IAS 28 in der aktuellen Fassung und berücksichtigt Änderungen, Ergänzungen und Interpretationen, die bis zum 1.1.2011 beschlossen wurden. Einen Überblick über ältere Fassungen von IAS 28 sowie über diskutierte oder schon als Änderungsentwurf vorgelegte künftige Regelungen enthalten Rz 124 ff.

1 Zielsetzung, Regelungsinhalt und Begriffe

1.1 Bilanzierung im Konzernabschluss des Investors

Assoziierte Unternehmen sind Unternehmen 1
- oberhalb der Schwelle einer „einfachen" Beteiligung und
- unterhalb der Schwelle eines Tochter- oder Gemeinschaftsunternehmens.

Es scheint somit sachgerecht, sie einerseits zu **konsolidieren**, d.h. im Konzernabschluss nicht einfach die Anschaffungskosten der Beteiligung auszuweisen, sie andererseits aber nicht **voll** (oder proportional) **einzubeziehen**. IAS 28.13 schreibt daher als Regel vor, assoziierte Unternehmen auf der Basis der *equity-Methode* (Rz 36 ff.) in den Konzernabschluss miteinzubeziehen. 2

Der konzernbilanzielle Anwendungsbereich von IAS 28 geht über assoziierte Unternehmen hinaus. Die *equity*-Methode ist nach IAS 31 auch (als Wahlrecht) für die Konsolidierung von **Gemeinschaftsunternehmen** zugelassen (→ § 34 Rz 89). Eine Methodenbeschreibung findet sich jedoch nur in IAS 28. Sie gilt durch Verweis in IAS 31.40 auch für Gemeinschaftsunternehmen. 3

1.2 Bilanzierung im Einzelabschluss des Investors

Für die **einzelbilanzielle Bewertung** von Beteiligungen an assoziierte Unternehmen, Tochterunternehmen und Gemeinschaftsunternehmen eröffnet IAS 27.38 ein **Wahlrecht**: Die Bilanzierung kann zu Anschaffungskosten *(at cost)* oder zum *fair value* erfolgen (Rz 32). 4

Eine *at-equity*-Bewertung ist hingegen **einzelbilanziell** nicht zulässig. 5

1.3 Keine Pflichtanwendung von IAS 28 auf Beteiligungen von *venture-capital*-Gesellschaften und Fonds

Nach IAS 28.1 haben *venture-capital*-Gesellschaften, Fonds *(mutual funds), unit trusts*, fondsgebundene (Lebens-)Versicherungen und ähnliche Unternehmen bei Beteiligungen an assoziierten Unternehmen ein im Zeitpunkt des Zugangs der Anteile auszuübendes konzernbilanzielles **Wahlrecht** zwischen: 6
- *equity*-Konsolidierung gem. IAS 28 oder
- erfolgswirksamer *fair-value*-Bilanzierung gem. IAS 39 (→ § 28 Rz 142 f.).

Wegen Einzelheiten des Wahlrechts wird auf (→ § 34 Rz 9) verwiesen.

Der ED 2009/11 des *Annual Improvements Project* sah die Möglichkeit einer gesplitteten Behandlung vor, wenn etwa im Konzern Teile an einem assoziierten Unternehmen von einer *venture-capital*-Tochter mit *exit*-Strategie gehalten werden (*fair value*), andere Teile hingegen von einer anderen Tochter mit Halteabsicht (ED IAS 28.1A). In die im Mai 2010 verabschiedete endgültige Fassung des *Annual Improvements Project* ist dieser Vorschlag aber nicht aufgenommen worden.

2 Kriterien der Assoziierung

2.1 Widerlegbare 20-%-Vermutung

7 Als assoziiert definiert IAS 28.2 ein Unternehmen,

- auf welches der Anteilseigner **maßgeblichen Einfluss** ausüben kann **(Positivmerkmal),**
- das jedoch **weder** ein **Tochterunternehmen noch** ein *joint venture* des Anteilseigners darstellt **(Negativmerkmal).**

8 Eine **20-%-Beteiligung** begründet die **widerlegbare Vermutung** der Assoziierung. Hält der Anteilseigner direkt oder indirekt (durch Tochterunternehmen) 20 % oder mehr der Stimmrechte an einem anderen Unternehmen, wird ein maßgeblicher Einfluss vermutet, es sei denn, dass dieser eindeutig widerlegt werden kann (IAS 28.6). Entsprechend begründet ein Stimmrechtsanteil von weniger als 20 % eine widerlegbare Vermutung der Nichtassoziierung, es sei denn, ein maßgeblicher Einfluss könnte eindeutig belegt werden (IAS 28.6).

9 Der **Mehrheitsbesitz eines anderen Anteilseigners** schließt einen eigenen maßgeblichen Einfluss nicht notwendigerweise aus (IAS 28.6). Er kann jedoch in Zusammenhang mit anderen Faktoren ein Indiz für fehlenden maßgeblichen Einfluss sein. Derartige andere Faktoren können z. B. ernste **Rechtstreitigkeiten** mit dem assoziierten Unternehmen oder mit dem anderen Anteilseigner sein. Ebenso dürfte eine **Historie strittiger Gesellschafterentscheidungen**, bei denen die eigene Auffassung jeweils von den Mehrheitseignern überstimmt wurde, einen maßgeblichen Einfluss i. d. R. ausschließen. Im Einzelnen kann es hierbei auch auf die gesetzlichen oder gesellschaftsvertraglichen **Quoren (Sperrminorität)** ankommen. Beträgt etwa der eigene Anteil 20 % der Stimmrechte, können aber alle wesentlichen Entscheidungen mit einer (Präsenz-)Mehrheit von 67 % getroffen werden und verfügt ein anderer Anteilseigner über diese (Präsenz-)Mehrheit, so kann ohne Vorliegen besonderer Indikatoren (z. B. eigene Vertretung im Geschäftsführungsorgan) regelmäßig kaum von einem maßgeblichen Einfluss (des Minderheitsgesellschafters) ausgegangen werden.

10 Entscheidend ist jeweils die **Möglichkeit,** maßgeblichen Einfluss auszuüben („ausüben kann"). Indizien für eine **tatsächliche** Ausübung von maßgeblichem Einfluss sind jedenfalls ab der Schwelle von 20 % der Stimmrechte nicht bzw. nur zur Widerlegung von Gegenindizien notwendig.

11 Bei einer eigenen Beteiligungsquote von weniger als 20 % der Stimmrechte (direkt oder indirekt) spricht die Vermutungsregel gegen die Möglichkeit der Ausübung eines maßgeblichen Einflusses; ein (eindeutiger) Gegenbeweis *(can be clearly demonstrated)* ist zulässig (IAS 28.6). Eine Widerlegung der Assoziierungsvermutung wird insbesondere gelingen, wenn sämtliche der unter Rz 13 genannten Indizien negiert werden können.

12 Unklar ist, ob die Assoziierungsvermutung auch dann greift, wenn bei einer Beteiligung von 20 % oder mehr die restlichen Anteile nicht von einem oder

mehreren unverbundenen, sondern vom Mutter- oder Schwesterunternehmen des Investors gehalten werden. Hier stellt sich für den Teilkonzern- oder Einzelabschluss des Investors die Frage, ob er mit seinem Minderheitenanteil noch irgendetwas bewirken kann oder wegen der zu vermutenden einheitlichen Ausübung der Stimmrechte durch den Konzern kein maßgeblicher Einfluss mehr besteht.

Beispiel
TU hält 30 % an aU. 70 % an aU werden von SU gehalten. TU und SU sind ihrerseits jeweils 100%ige Tochterunternehmen der MU. TU stellte einen eigenen (Teil-)Konzernabschluss auf.

Beurteilung
Jedenfalls dann, wenn die Entscheidungen bei der aU jeweils einvernehmlich und nach Weisung bzw. im Interesse der MU getroffen werden, belegen die 30 % keinen maßgeblichen Einfluss.

2.2 Assoziierungsindizien

Auf das Vorhandensein von maßgeblichem Einfluss (gemeint: Einflussmöglichkeit) kann nach IAS 28.7 i.d.R. dann geschlossen werden, wenn eines oder mehrere der folgenden **Indizien** vorliegen: 13

- **Organvertretung** im Geschäftsführungs- und/oder Aufsichtsorgan,
- (maßgebliche) Mitwirkung an der **Geschäftspolitik**, einschließlich Dividendenpolitik des assoziierten Unternehmens,
- **Austausch von Führungspersonal** zwischen eigenem und assoziiertem Unternehmen,
- **wesentliche Geschäftsvorfälle** (bzw. wesentlicher Umfang der Geschäftsbeziehung) zwischen dem eigenen und dem assoziierten Unternehmen,
- Bereitstellung von **bedeutenden technischen Informationen** an das assoziierte Unternehmen.

Die ersten drei Indizien stehen für eine **personelle Verflechtung** zwischen eigenem und assoziiertem Unternehmen, die beiden letztgenannten Indizien für eine **sachliche Verflechtung**. Derartige Verflechtungen können unterschiedliche Intensität und Bedeutung haben. Die Vertretung mit einem Sitz in einem neunköpfigen Aufsichtsrat hat eine andere Bedeutung als eine solche mit zwei Sitzen in einem sechsköpfigen. Der gelegentlichen Mitwirkung an der Geschäftspolitik des assoziierten Unternehmens (etwa Beratung bei der Aufstellung eines Jahreswirtschaftsplans) kommt eine andere Bedeutung zu als einer dauerhaften Einflussnahme. Im Übrigen ist auch unklar, wie zentrale Begriffe des Kriterienkatalogs gemeint sind. Die Gelegenheit der Mitwirkung *(participation)* an Entscheidungen über Dividenden hat jeder stimmberechtigte Gesellschafter. Möglicherweise ist nur an eine **maßgebliche** Mitwirkung/Einflussnahme gedacht. Der der Operationalisierung des Begriffs des maßgeblichen Einflusses dienende Kriterienkatalog würde dann aber selbst den zu operationalisierenden Begriff schon voraussetzen und deshalb zu einem Zirkelschluss führen. 14

Insgesamt gibt der Kriterienkatalog auch unter Berücksichtigung seiner weichen Eingangsformulierung („eines oder mehrere Kriterien“, „i. d. R.“) **eher Dimen-** 15

sionen für die Bemessung von Einfluss als **wirkliche Kriterien** für die Schwelle maßgeblichen Einflusses vor. Die Würdigung der Assoziierungsvermutung, insbesondere die Abweichung von den widerlegbaren Regelvermutungen, bleibt eine Frage der **sachgerechten Ermessensausübung im Einzelfall.**[1] Die dabei zu beachtenden Fragestellungen entsprechen denen für die Prüfung eines Beherrschungsverhältnisses. Zu Einzelheiten wird deshalb auf → § 32 Rz 30 verwiesen.

2.3 Potenzielle Stimmrechte

16 Verfügt der Investor zwar über keine effektiven, dafür aber über **potenzielle** Stimmrechte, z.B. aus **Aktienoptionen, Bezugsrechten, Wandelanleihen,** so sind diese gem. IAS 28.8 in die gebotene Gesamtwürdigung des Einflusses einzubeziehen, wenn sie gegenwärtig *(currently) ausübbar* sind (→ § 32 Rz 46f.). Nicht „gegenwärtig" ausübbar sind Optionsrechte, wenn die Ausübung erst zu oder ab einem späteren Datum oder bei Eintritt zukünftiger Ereignisse möglich ist.

Die Regelungen zur Berücksichtigung potenzieller Stimmrechte in IAS 28.8f. entsprechen denen für Tochterunternehmen in IAS 27.14f. Wegen Einzelheiten wird daher auf (→ § 32 Rz 46ff.) verwiesen.

17 Soweit erst unter Berücksichtigung der Optionsrechte ein maßgeblicher Einfluss bejaht wird, erfolgt eine dann gebotene *equity*-Konsolidierung technisch gleichwohl nur auf Basis der tatsächlichen Anteilsquoten (→ § 32 Rz 51).

2.4 Finanzmitteltransferbeschränkungen

18 Die Beteiligung des Investors kann strengen und langfristigen **Beschränkungen** des Finanzmitteltransfers unterliegen. Infrage kommen insbesondere Fälle, in denen aufgrund staatlicher Eingriffe (**Devisen-Transferbeschränkungen**) keine oder nur sehr eingeschränkte Ausschüttungsmöglichkeiten bestehen. Derartige Beschränkungen sind nur insoweit bedeutsam, als sie ein Indiz für ein Fehlen des maßgeblichen Einflusses sein können. Die Situation ist dann vergleichbar mit Fällen, in denen etwa ein **Mehrheitsgesellschafter** dauerhaft Thesaurierungsbeschlüsse trifft und den Ausschüttungsinteressen der Minderheitsgesellschafter entgegenhandelt.

Beispiel

I ist mit 30 % an AU beteiligt. AU erwirtschaftet Gewinne, die jedoch angesichts einer abweichenden Interessenlage der anderen Gesellschafter nicht ausgeschüttet, sondern thesauriert werden.

Beurteilung

Da I mit mehr als 20 % beteiligt ist, besteht eine widerlegbare Assoziierungsvermutung. Sie kann nur durch eindeutige Darlegung *(clearly demonstrated)* des fehlenden maßgeblichen Einflusses widerlegt werden (Rz 11).

---

1 Z. T. a. A. für IAS 28 (2000) BAETGE/BRUNS/KLAHOLZ, in: BAETGE u.a., Rechnungslegung nach IAS, IAS 28, Tz 22: „Wenn auch nur ein Indikator greift, besitzt der Anteilseigner i.d.R. einen maßgeblichen Einfluss."

Die fehlende Mitwirkungsmöglichkeit an der Dividendenpolitik kann gem. IAS 28.7b als ein Indikator für fehlende Einflussmöglichkeit gelten. Erforderlich ist jedoch eine Gesamtwürdigung. Dabei ist u. a. zu berücksichtigen:

- wie deutlich und stabil die Mehrheit der thesaurierungswilligen Gesellschafter ist,
- welche rechtlichen Möglichkeiten (Minderheitsschutz) I hat, Ausschüttungen gegen Mehrheitsbeschlüsse durchzusetzen usw.

2.5 Abgrenzung von Tochter- und Gemeinschaftsunternehmen

Die Definition des assoziierten Unternehmens in IAS 28.2 enthält neben dem 19
Positivkriterium der maßgeblichen Einflussmöglichkeit das **Negativkriterium,** dass es sich weder um ein Tochterunternehmen noch um ein *joint venture* des Anteilseigners handeln darf. Beide Kriterien ergänzen sich wie folgt:

- Während das Kriterium des maßgeblichen Einflusses das assoziierte Unternehmen nach **unten** gegenüber **einfachen Anteilen** abgrenzt,
- grenzt das Kriterium der fehlenden **Beherrschung** bzw. **Kontrollmöglichkeit** das assoziierte Unternehmen nach **oben** gegenüber **Gemeinschaftsunternehmen oder Tochterunternehmen** ab.

Hat das anteilbesitzende Unternehmen die Möglichkeit, die Finanz- und Ge- 20
schäftspolitik des Beteiligungsunternehmens im eigenen Interesse allein zu bestimmen oder im gemeinschaftlichen Interesse mit anderen gemeinsam zu bestimmen, so liegt nicht mehr nur maßgeblicher Einfluss vor, sondern **alleinige oder gemeinschaftliche Kontrolle.** Es greifen dann die Regelungen von IAS 27 (Tochterunternehmen; → § 32) bzw. IAS 31 (Gemeinschaftsunternehmen; → § 34).

3 Konsolidierungs-/Bewertungsmethode

3.1 Konzernabschluss

3.1.1 Regelkonsolidierung *at equity*

Anteile an einem assoziierten Unternehmen sind in einem Konzernabschluss 21
i. d. R. nach der *equity*-**Methode** zu bilanzieren (IAS 28.13).

Zum **Anschaffungszeitpunkt** bestehen keine Unterschiede zur Anschaffungs- 22
kostenmethode. Bei Anwendung der *equity*-Methode werden allerdings für Zwecke der zukünftigen Fortschreibung bereits zu diesem Zeitpunkt in einer außerbilanziellen **Nebenrechnung** festgehalten:

- die Differenz zwischen dem Anteil am buchmäßigen Eigenkapital des assoziierten Unternehmens und dem Anteil an dem zum beizulegenden Zeitwert bewerteten Reinvermögen des assoziierten Unternehmens **(anteilige stille Reserven und Lasten),**
- der Unterschiedsbetrag zwischen den Anschaffungskosten der Anteile und dem Anteil an dem zu beizulegendem Zeitwert bewerteten Reinvermögen *(goodwill).*

Zu den Folgestichtagen erfolgt die **Fortschreibung** des *equity*-Wertes um vier 23
Elemente:

- Minderung um die planmäßige **Abschreibung der stillen Reserven,**

- Erhöhung (Minderung) um den **Anteil am Jahresüberschuss** (-fehlbetrag), ggf. auch um den Anteil an (noch) nicht über die GuV realisierten Erfolgen *(other comprehensive income)*
- Minderung um **vereinnahmte Dividenden,**
- Erhöhung/Minderung um Anteil an effektiver **Kapitalerhöhung/Kapitalherabsetzung.**

24 **Beispiel**

Die Venture AG erwirbt von B zum 1.1.01 einen 20%igen Anteil an der Start-UP KG zu folgenden Bedingungen:

- Anschaffungskosten: 450 TEUR
- Buchwert Eigenkapital der KG (100 %): 500 TEUR
- Kapitalanteil B (vorher)/Venture AG (nachher): 100 TEUR (= 500 × 20 %)
- Stille Reserven im immateriellen Anlagevermögen der KG (100 %): 750 TEUR, auf Venture AG entfallender Anteil 150, bei Restnutzungsdauer (ND) von 5 Jahren
- Jahresüberschuss 01 der KG (100 %): 600 TEUR
- Vorabausschüttung in 01 (100 %): 100 TEUR
- Aufgedeckter *goodwill* 200 TEUR

Steuerlich würde der Mehrbetrag von 450 – 100 = 350 TEUR (im Personengesellschaftsfall) in einer Ergänzungsbilanz aufgedeckt, den stillen Reserven und dem Firmenwert zugeordnet und in den Folgezeit abgeschrieben. Nach der *equity*-Methode wird (rechtsformunabhängig) analog verfahren, wie folgende Berechnung zeigt:

Jahr	Beschreibung	Betrag
	Zugangsbewertung:	
1.1.01	zu Anschaffungskosten	450
	Fortschreibung um Dividenden und Gewinnanteil:	
	– (Vorab-)Ausschüttung in 01 (anteilig)	– 20
	+ Gewinnanteil 01	120
	= Zwischensumme	550
	Fortschreibung Unterschiedsbetrag:	
	– Abschreibung stille Reserven (1/ND)	– 30
31.12.01	**= *at-equity*-Bilanzansatz**	520
Erläuterung i. S. d. Unterschiedsbetrag:		
Anschaffungskosten		450
– anteilig erworbenes EK (Buchwert)		– 100
= Unterschiedsbetrag		350
– anteilige stille Reserven (ND = 5 Jahre)		– 150
= anteiliger Firmenwert		200

Bei der *equity*-Methode werden die Differenz- bzw. Unterschiedsbeträge nicht in separaten Positionen festgehalten. Die Bilanz bzw. Konzernbilanz weist nur einen Wert aus. Die wertmäßige Fortentwicklung der Komponenten erfolgt in einer **Nebenrechnung**. Technisch wird daher auch von einer *one-line consolidation* gesprochen. 25

Das dargestellte Grundschema der Bewertung ist um latente Steuern auf *inside basis differences* zu ergänzen (Rz 118) sowie gegebenenfalls, sofern materiell bedeutsam, um **Zwischenergebniseliminierungen** zu erweitern (vgl. Rz 72ff.). Außerdem sind bestimmte Sonderfälle wie etwa dauerhafte Verlustsituationen besonders zu behandeln (vgl. Rz 88ff.). 26

Viele der im Rahmen der *equity*-Methode anzuwendenden Verfahren – etwa Aufdeckung und Fortschreibung stiller Reserven (Rz 68) oder Zwischenergebniseliminierung (Rz 72) – entsprechen dem Konsolidierungsverfahren bei Tochterunternehmen. Nach der „*Consolidation Theory*" handelt es sich bei der *equity*-Methode daher um eine Sonderform der Konsolidierung,[2] bei der die anteiligen Vermögenswerte und Schulden sowie Ergebnisse des untergeordneten Unternehmens abweichend zur Vollkonsolidierung zusammengefasst, d. h. netto in einer Zeile der Bilanz bzw. in zwei Zeilen der Gesamtergebnisrechnung im Konzernabschluss des Investors dargestellt werden (*one-line consolidation*). 27
Andererseits unterscheidet sich die Bilanzierung von Anteilen an assoziierten Unternehmen als Aktiva in einem Posten (IAS 28.11) nicht von der Bilanzierung einfacher, IAS 39 unterliegender Anteile. Wie die einfachen Anteile darf der *equity*-Anteil überdies i. d. R. nicht negativ werden (Rz 88) und unterliegt IAS 39 beim *impairment*-Test (Rz 94). Die *equity*-Beteiligung kann daher nach der „*Asset Theory*" konzeptionell zugleich auch als finanzieller Vermögenswert begriffen werden.
Aus diesem **Dualismus** ergeben sich Folgerungen für den Ausweis GuV-neutraler oder aufgegebener Geschäftsbereiche betreffender Ergebnisbestandteile des assoziierten Unternehmens (Rz 66 und Rz 120).

3.1.2 Ausnahmebewertung nach IFRS 5 bei Veräußerungsabsicht

Anteile an einem assoziierten Unternehmen sind nach IAS 28.13a in einem Konzernabschluss ausnahmsweise gem. IFRS 5, d. h. zum *fair value less costs to sell* (→ § 29 Rz 30), zu bilanzieren, wenn die Anteile 28

- als *non-current assets held for sale* zu qualifizieren sind, weil
- Veräußerungsabsicht am Bilanzstichtag besteht (→ § 29 Rz 9).

Die Anteile sind mit Klassifizierung als *non-current assets held for sale* gem. IFRS 5 **imparitätisch**, d. h. zum bisherigen *equity*-Ansatz oder zum niedrigeren Nettozeitwert (*fair value less costs to sell*), zu bewerten (IAS 28.14; → § 29 Rz 30). Besteht die Veräußerungsabsicht nicht mehr (→ § 29 Rz 34), muss die *equity*-Methode unter Korrektur des Vorjahresabschlusses (*restatement*) rückwirkend angewendet werden (IAS 28.15). Eine Veräußerungsabsicht kann durch Zeitablauf widerlegt sein. Sind seit der Anschaffung mehr als 12 Monate vergangen, kann nur in begründeten Ausnahmefällen an einer Klassifizierung als *held-for-sale asset* festgehalten werden (IFRS 5.9; → § 29 Rz 12). 29

2 Vgl. SCHMIDT, PiR 2010, S. 61ff.

Beispiel

I erwirbt am 1.12.01 30 % der Anteile an U mit der Absicht der Weiterveräußerung binnen 12 Monaten. Die Anteile werden am 31.12.01 nach IFRS 5 zum *fair value less costs to sell* bilanziert.

Variante 1: Noch kein Käufer gefunden

Am 31.12.02 ist noch kein Käufer gefunden. Die Verkaufsbemühungen werden auch nicht mehr aktiv, insbesondere nicht durch Anpassung der Preisvorstellungen, verfolgt. Die Anteile sind nunmehr *at equity* zu bilanzieren, und zwar rückwirkend ab 1.12.01. Die im Abschluss 02 zum Vorjahresvergleich angeführten Zahlen für die Bilanz und GuV 01 sind daher zu berichtigen und als berichtigt kenntlich zu machen.

Variante 2: Ausstehende Genehmigung des Kaufvertrags

Ein Kaufvertrag wird am 5. Dezember 02 geschlossen. Der Übergang des wirtschaftlichen Eigentums bedarf der kartellrechtlichen Genehmigung. Diese steht zum Zeitpunkt der Bilanzaufstellung (Januar 03) noch aus.
Eine rückwirkende Umstellung auf die *equity*-Methode wäre nicht sachgerecht. Zweck von IFRS 5.8 ist die Vermeidung von Manipulationen und die Objektivierung der Veräußerungsabsicht. Der Bilanzierende soll nicht durch die bloße Behauptung einer Veräußerungsabsicht der Regelbewertung *at equity* ausweichen können. Diesem Zweck wird auch dann Genüge getan, wenn die 12-Monats-Frist in solchen Fällen moderat ausgedehnt wird, in denen spätestens bis Bilanzaufstellung ein Kaufvertrag geschlossen wurde.

30 Die Anwendung der Regeln von IFRS 5 i.V.m. IAS 28.13a setzt nicht voraus, dass die Veräußerungsabsicht schon beim Erwerb bestanden hat. Soll eine ursprünglich **nicht mit Weiterveräußerungsabsicht** erworbene Beteiligung später veräußert werden, weil sie strategisch nicht mehr ins Portfolio passt, so liegt **ebenfalls** ein Anwendungsfall von IFRS 5 vor. Bis zum Vollzug der Veräußerung wird die Beteiligung als *held-for-sale asset* geführt. Bei Wegfall der Veräußerungsabsicht erfolgt eine Reklassifizierung so, als ob die *equity*-Methode nie ausgesetzt worden wäre (IFRS 5.15).
Zu den buchungstechnischen Problemen bei Übergang von IAS 28 auf IFRS 5 wird auf → § 29 Rz 58 verwiesen.

31 Wenn Kaufvertrag (obligatorisches Geschäft) und Anteilsübertragung (dingliches Geschäft) zeitlich divergieren, kann auch zwischen **Aufgabe des maßgeblichen Einflusses** und **Beteiligungsabgang** eine **zeitliche Divergenz** bestehen. Zwei Abgangszenarien sind bei zeitlich nachgelagertem dinglichen Geschäft zu unterscheiden:

- Szenario 1: Der **maßgebliche Einfluss** erledigt sich erst mit Übertragung des **dinglichen** Eigentums an den Anteilen.
  - Im Zwischenzeitraum sind die Anteile nach **IFRS 5** zu bilanzieren (IAS 28.13a).
  - Daneben ist der **Terminkontrakt als Derivat** anzusetzen (IAS 39.2a und IAS 32.AG 16ff.).

- Szenario 2: Der maßgebliche Einfluss geht auf Grund Vereinbarung, das Stimmrecht nur noch nach Anweisung des Erwerbers auszuüben, bereits mit dem Kaufvertrag verloren.
  - Die Beteiligung **mutiert** gem. IAS 28.18 vom Anteil an einem assoziierten Unternehmen zu einem **Finanzinstrument** gem. IAS 39, das gem. IAS 39.18 erst mit rechtlicher Übertragung aller Ansprüche (dinglicher Vollzug) auszubuchen ist.
  - Daneben ist wiederum der **Terminkontrakt als Derivat** gem. IAS 39 zu würdigen.

Beispiel
A hält eine bisher *at equity* bilanzierte Beteiligung (*equity*-Buchwert von 200 per 30.September 01) an der X.
Ende September wendet sich A an B, der schon vor längerer Zeit ein Interesse an dem Aktienpaket signalisiert hat. Die Parteien werden sich rasch einig und schließen am 30. September 01 einen Kaufvertrag. Als Kaufpreis werden 500 vereinbart.
Aus ausschüttungspolitischen Gründen möchte A einen Veräußerungserfolg in der handelsrechtlichen Einzelbilanz erst 02 ausweisen. Die Parteien vereinbaren daher als Zeitpunkt des dinglichen Übergangs der Anteile den 2. Januar 02.
Bis zum Bilanzstichtag steigt der Wert der Anteile auf 550.
Szenario 1: Hinsichtlich des Stimmrechts werden keine besonderen Vereinbarungen getroffen.
Szenario 2: Ab Kaufvertragsdatum übt A die Stimmrechte nur noch nach Anweisung von B aus.[3]

a) Szenario 1: Einflussverlust und Beteiligungsabgang zum gleichen Zeitpunkt

Im Bereich von IAS 27 und IAS 28 fehlt es an klaren Regelungen zur Bestimmung des Entkonsolidierungszeitpunktes bei Terminverkäufen oder Verkäufen unter aufschiebenden Bedingungen. Nach herrschender Meinung und Praxis ist ohne Hinzutreten weiterer Umstände nicht der Abschluss des Kaufvertrags, sondern der dingliche Vollzug als Erstkonsolidierungszeitpunkt anzusehen. Die bilanziellen Konsequenzen wären wie folgt:

- Da IFRS 5.5(c) nur die in den Anwendungsbereich von IAS 39 fallenden Finanzinstrumente (→ § 29 Rz 4), nicht hingegen Anteile an assoziierten Unternehmen von den besonderen Bewertungsvorschriften für *non-current assets held for sale* ausschließt, erfolgt der Ansatz der Anteile gem. IFRS 5.15 zum Datum des Vertragsschlusses mit dem bisherigen *(equity-)*Buchwert oder dem niedrigeren *fair value less costs to sell* (→ § 29 Rz 31), im Beispiel also mit 200.
- Daneben ist der Terminkontrakt als Finanzderivat anzusetzen, da IAS 39.2(a) S. 3 Terminkontrakte über Anteile an assoziierten Unternehmen explizit in den Anwendungsbereich von IAS 39 einbezieht (→ § 28 Rz 24). Das Derivat

---

[3] Beispiele und die nachfolgenden Überlegungen sind entnommen: LÜDENBACH/VÖLKNER, BB 2006, S. 2738 ff.

ist mit dem *fair value* zu bewerten. Bei zu vermutender Ausgeglichenheit von Leistung und Gegenleistung erfolgt der Ansatz zunächst mit null.

- Kommt es wie im Beispiel bis zum Jahresende zu einer Wertsteigerung der Anteile, wird der Wert des Derivats insoweit negativ. Eine Verbindlichkeit ist anzusetzen (im Beispiel mit 50). In der GuV ist ein entsprechender Aufwand zu buchen.
- Ggf. ist der Aufwand durch ein *fair value hedge accounting* neutralisierbar.

b) Szenario 2: Aufgabe des effektiven Stimmrechts vor dinglichem Vollzug

In diesem Szenario verliert der Veräußerer bereits zum Zeitpunkt des Vertragsabschlusses, d. h. in 01 auf Grund entsprechender Stimmrechtsübertragung, maßgeblichen Einfluss. Die *at-equity*-Beteiligung mutiert zum Finanzinstrument, auf das die Bewertungsvorschriften von IFRS 5 nicht anzuwenden sind (IAS 28.18, IFRS 5.5(c)). Nach IAS 32.AG16ff. führt der Terminkontrakt nicht zur Vorverlagerung des Ausbuchungszeitpunkts (→ § 28 Rz 24). Vielmehr stellen die über Optionen oder Termingeschäfte eingeräumten Rechte und Verpflichtungen eigene „finanzielle Vermögenswerte und finanzielle Verbindlichkeiten dar, die von den Geschäften zugrunde liegenden Finanzinstrumenten zu trennen und wohl zu unterscheiden sind" (IAS 39.AG18).

Für die demnach vorzunehmende Beurteilung des Abgangszeitpunktes der Anteile gilt Folgendes: Gemäß IAS 39.18 ist ein Abgang mit der Ausnahme einer hier nicht einschlägigen Durchleitungsvereinbarung *(pass-through arrangements)* so lange nicht anzunehmen, wie die Ansprüche aus den Anteilen gegenüber der Gesellschaft rechtlich nicht übertragen sind (→ § 28 Rz 62). Zu dieser rechtlichen Übertragung ist der dingliche Vollzug erforderlich. Bis dahin sind daher die Anteile nicht auszubuchen. Auf die Würdigung der Risiken und Chancen nach IAS 39.20 kommt es dann nicht mehr an. Sie werden zum Inhalt des Derivats und gehen in dessen Bilanzierung ein.

Insgesamt gilt dann auf Basis der als Folgeänderung von IAS 27 rev. 2008 ergänzten Fassung (Rz 125) von IAS 28.18:

- Ansatz der Anteile zunächst mit dem durch den Kaufvertrag dokumentierten *fair value*. Eine Zuschreibung gegenüber dem *equity*-Buchwert ist damit bereits erfolgswirksam. Bei annahmegemäß zeitgleich zum Vertragsschluss stattfindender Wandlung in ein Finanzinstrument stellt dieser *fair value* die fiktiven Anschaffungskosten des *available-for-sale asset* dar. Weitere Werterhöhungen bis zum Bilanzstichtag sind erfolgsneutral zu erfassen (IAS 39.55(c)).
- Ansatz eines Derivats zum *fair value*, d. h. bei Ausgeglichenheit von Leistung und Gegenleistung zunächst mit null.
- Kommt es wie im Beispiel bis zum Jahresende zu einer Wertsteigerung der Anteile, wird der Wert des Derivats insoweit negativ. Eine Verbindlichkeit ist anzusetzen (im Beispiel mit 50).
- Ein negativer Effekt auf die GuV lässt sich aber vermeiden, indem der Terminkontrakt am 30. September als Sicherungsgeschäft für die Anteile bestimmt wird. Im Rahmen des *fair value hedge accounting* (IAS 39.89ff.; → § 28 Rz 270) ist dann die der Sicherungsbeziehung entsprechende Werterhöhung der Anteile bis zum Jahresende (+50) ertragswirksam zu buchen,

obwohl ein *available-for-sale asset* vorliegt. Aufwand aus Derivat und Ertrag aus Anteilen gleichen sich aus.

Die Lösung nach der bis 2008/09 anwendbaren Fassung unterscheidet sich nur im ersten Punkt: Die mit dem Wechsel vom *equity*-Investment zum *available-for-sale asset* einhergehende Zuschreibung auf den durch den Kaufvertrag dokumentierten *fair value* ist erfolgsneutral zu erfassen (IAS 39.55(c)).

3.2 Wahlrechte im Einzelabschluss

Im Einzelabschluss bzw. im *separate statement* eines Unternehmens sind Anteile an einem assoziierten Unternehmen gem. IAS 28.35 i.V.m. IAS 27.37 **wahlweise** zu erfassen mit: 32

- den **Anschaffungskosten (at cost),**
- dem Wert gem. IAS 39, d.h. regelmäßig mit dem **beizulegenden Zeitwert,** bei mangelnder verlässlicher Bestimmbarkeit des *fair value* hilfsweise mit den **Anschaffungskosten.**

Wegen der Begriffe „Einzelabschluss" und „*separate statement*" wird auf → § 32 Rz 168 verwiesen.

Bei der Zugangsbewertung sind direkt zurechenbare Anschaffungsnebenkosten i.d.R. zu aktivieren. Für die Bilanzierung nach IAS 39 ergibt sich dies aus IAS 39.43 (→ § 28 Rz 99), für die Bilanzierung „*at cost*" aus der allgemeinen Bedeutung des Anschaffungskostenbegriffs (→ § 8 Rz 11). Die direkt zurechenbaren Kosten sind nur dann sofort als Aufwand zu behandeln, wenn die Anteile ausnahmsweise erfolgswirksam zum *fair value* bilanziert werden (IAS 39.43).

In der einzelbilanziellen Darstellung von Anteilen an assoziierten Unternehmen ist zwischen **4 Fällen** zu unterscheiden: 33

- Die Anteile werden ausschließlich zum **Zwecke der Veräußerung** gehalten. Schon konzernbilanziell (Rz 29) sind sie als *non-current assets held for sale* mit **Erfolgswirksamkeit** der Wertänderungen zu behandeln (IAS 28.13a und 15; Rz 29). Diese Qualifizierung ist in die Einzelbilanz zu übernehmen (IAS 27.39). Allerdings können sich Bewertungsunterschiede zur Konzernbilanz ergeben. Anzusetzen ist jeweils der niedrigere Betrag aus bisheriger Bewertung (im Konzernabschluss: *at equity*, im Einzelabschluss: Anschaffungskosten oder *fair value*) und dem Nettozeitwert (*fair value less cost to sell*). Liegt der Nettozeitwert z.B. unter dem konzernbilanziellen *equity*-Wert, aber über dem einzelbilanziellen Anschaffungskostenwert, ist nur konzernbilanziell zum Nettozeitwert zu wechseln.
- Die Anteile werden aus *materiality*-Gründen konzernbilanziell nicht *at equity* erfasst. Sie werden konzern- und einzelbilanziell zu **Anschaffungskosten** oder zum *fair value* bewertet. Bei *fair-value*-Bewertung sind sie im zeitlichen Anwendungsbereich von IAS 39 regelmäßig als **veräußerbare Werte** (*available-for-sale assets*) zu qualifizieren mit Erfolgsneutralität der Wertänderungen (→ § 28 Rz 147ff.). Im zeitlichen Anwendungsbereich von IFRS 9 sind sie als *equity instruments* einzustufen mit einem Wahlrecht zwischen erfolgsneutraler und erfolgswirksamer Behandlung der Wertänderungen (→ § 28 Rz 349).
- Die Anteile sind im **Konzernabschluss** *at equity* ausgewiesen. **Einzelbilanziell** werden sie wahlweise zu **Anschaffungskosten** oder zum *fair value*

bewertet. Im zweiten Fall sind sie nach IAS 39 regelmäßig als **veräußerbare Werte** (*available-for-sale assets*) zu qualifizieren, nach IFRS 9 als *equity instruments*.

- Es wird zulässigerweise **kein Konzernabschluss** aufgestellt. **Einzelbilanziell** werden die Anteile zu **Anschaffungskosten** oder zum *fair value* bewertet. Im zweiten Fall sind sie nach IAS 39 regelmäßig als **veräußerbare Werte** (*available-forsale assets*) mit Erfolgsneutralität der Wertänderungen zu qualifizieren nach IFRS 9 als *equity instruments*.

Eine **einheitliche** Ausübung des Wahlrechtes ist jedenfalls dann nicht zwingend, wenn sachliche Gründe, z.B. unterschiedliche Informationslagen hinsichtlich stiller Reserven des einen und des anderen assoziierten Unternehmens, für eine unterschiedliche Wahlrechtsausübung sprechen.

Für einen **Anschaffungskostenansatz** spricht einerseits **die leichtere Handhabung** der Methode, die keine Nebenrechnungen, Kaufpreisallokationen usw. verlangt, zum anderen in Fällen, in denen das Beteiligungsunternehmen die Gewinne nicht thesauriert, der insgesamt bessere Ergebnisausweis durch Verzicht auf Abschreibungen von anteiligen stillen Reserven (→ § 31 Rz 142). **Nachteilig** ist demgegenüber die verzögerte Berücksichtigung von **Ergebnissen** des assoziierten Unternehmens erst bei **Ausschüttung**.

34 Der einzelbilanzielle **Anschaffungskostenbegriff** von IAS 27, IAS 28 und IAS 31 deckte sich in der Vergangenheit nicht mit dem des Handelsrechts. Die Ausschüttung von vor dem Erwerb entstandenen Gewinnen (Altrücklagen) führte zur Minderung des Ansatzes (Buchung: „per Dividendenforderung an Beteiligung"; IAS 27.4). Durch das im Mai 2008 vorgelegte *Amendment to IFRS 1 and IAS 27* ist IAS 27.4 ersatzlos entfallen und in IAS 27.38A festgehalten, dass empfangene Dividenden in jedem Fall, auch bei Ausschüttung von Altrücklagen, als Ertrag auszuweisen sind. Im Einzelnen wird auf → § 32 Rz 173 verwiesen.

35 Verfügt ein Unternehmen über keine Anteile an Tochterunternehmen (oder Gemeinschaftsunternehmen), sondern **nur über Anteile an assoziierten Unternehmen**, so braucht es keinen Konzernabschluss aufzustellen (IAS 27.4 und 9 mit u. E. unzutreffender Beschränkung auf Tochterunternehmen).

4 Erstbewertung *at equity*

4.1 Zeitpunkt der Erstbewertung, unterjähriger und sukzessiver Erwerb

36 Die *equity*-Methode **muss** als **Konsolidierungs- bzw. Bewertungs**methode (Konzernabschluss) von dem Zeitpunkt an angewendet werden, ab dem die Definition eines assoziierten Unternehmens (Rz 13ff.) erfüllt ist (IAS 28.23).

37 Bei **sukzessivem Anteilserwerb** mit einer zunächst sehr geringen und einer später höheren Beteiligungsquote gelangt die *equity*-Methode erst zu einem der späteren Erwerbszeitpunkte zur Anwendung. Erst zu diesem späteren Zeitpunkt ist im Einzelabschluss wahl- und im Konzernabschluss pflichtweise von der Bewertung nach IAS 39 (beizulegender Zeitwert, hilfsweise Anschaffungskosten) zur Bewertung nach IAS 28 zu wechseln.

Da die *equity*-Methode ab diesem Zeitpunkt nicht nur auf die später erworbenen Anteile, sondern insgesamt auf den Anteil am assoziierten Unternehmen anzuwenden ist, stellt sich die Frage, ob die *equity-Bewertung der älteren Anteile* 38

- **retrospektiv** auf der Basis der früheren Anschaffungskosten, Zeitwerte und Unterschiedsbeträge *(goodwill)* oder
- **nicht retrospektiv** auf der Basis des aktuellen Beteiligungswertes sowie der aktuellen Zeitwerte und Unterschiedsbeträge erfolgen soll

und wie in der ersten Alternative der Unterschied zwischen dem *equity*- und dem Beteiligungsbuchwert zu behandeln ist.

Das folgende Beispiel erläutert den Unterschied zwischen einer **retrospektiven** und einer **nicht retrospektiven** Vorgehensweise: 39

Beispiel

Ein Unternehmen hat zunächst zum 31.12.01, dann zum 1.1.03 jeweils 10 % der Anteile am börsennotierten Unternehmen aU erworben. Erst mit dem zweiten Erwerb wird aU zu einem assoziierten Unternehmen.

aU verfügt zu keinem der Zeitpunkte über einen *goodwill*. Sämtliche Unterschiedsbeträge zwischen den Kaufpreisen und dem anteiligen Eigenkapital stellen stille Reserven dar. Die Kaufpreise sollen dem jeweiligen Börsenkurs der Anteile entsprechen (keine Kontrollprämie). Folgende Daten seien (jeweils für 10 % der Anteile) unterstellt:

- 31.12.01: Börsenkurs und Beteiligungsbuchwert 100, anteiliges Eigenkapital aU zu Buchwerten 60, stille Reserven 40.
- 31.12.02/1.1.03: Börsenkurs und Beteiligungsbuchwert der Altanteile 150, dem entsprechendes anteiliges Eigenkapital aU zu Buchwerten 80, anteilige stille Reserven 70.

Die Wertsteigerung von 50 in 02 reflektiert mit 20 (= 80 – 60) Änderungen im buchmäßigen Eigenkapital der aU, also Thesaurierungen, mit 30 eine Zunahme stiller Reserven.

Nach IAS 39 hätte sich der Beteiligungsbuchwert der alten Anteile entsprechend um 50 erhöht, wobei die Erhöhung im Falle von *trading assets* (→ § 28 Rz 145) erfolgswirksam und im Falle von *available-for-sale assets* (→ § 28 Rz 150) erfolgsneutral zu buchen gewesen wäre.

Als Nutzungsdauer der stillen Reserven werden 20 Jahre unterstellt.

Wird ab dem 1.1.03 die *equity*-Methode angewendet, so ist bei einer **retrospektiven Anwendung** für die alten Anteile wie folgt zu rechnen:

Anschaffungskosten 31.12.01		100
Abschr. stille Reserven 1/20 × 40	–	2
thesaurierter Gewinn 02	+	20
= fiktiv fortgeschr. *equity*-Wert 1.1.03		118
tatsächlicher Buchwert 31.12.02		150
= Anpassungsbetrag		32

Die Anpassungsbuchung wäre erfolgsneutral und würde wie folgt lauten:

Konto	Soll	Haben
equity-Beteiligung	118	
Gewinnrücklagen	32	
Wertpapiere		150

Bei einer **nicht retrospektiven Behandlung** wäre der Beteiligungsbuchwert von 150 per 1.1.03 mit dem anteiligen Eigenkapital von 80 per 1.1.03 zu vergleichen. Die Differenz von 70 würde annahmegemäß stille Reserven darstellen. Zu einer Korrektur der früheren Erfolge käme es nicht. Soweit die Anteile bisher als veräußerbare Werte *(available-for-sale assets)* behandelt und die Wertänderung bisher erfolgsneutral verbucht worden wären, müsste per 1.1.02 eine erfolgswirksame Umbuchung von den Rücklagen in Ertrag vorgenommen werden.
Buchung:

Konto	Soll	Haben
equity-Beteiligung	150	
Wertpapiere		150

sowie bei *available-for-sale assets* zusätzlich

Konto	Soll	Haben
Gewinnrücklagen	50	
Ertrag		50

40 Der **Nachteil der retrospektiven Anpassung** besteht in der **Durchbrechung des Bilanzzusammenhangs** und damit i. d. R. in einem unzutreffenden Totalgewinnausweis (über alle Perioden). Derartige Durchbrechungen sind aber auch in anderen Zusammenhängen, etwa bei der nicht durch Sachverhaltsänderungen induzierten Änderung der Bewertungspolitik gem. IAS 8, gängig (→ § 24 Rz 26). Insoweit ist die Durchbrechung des Bilanzenzusammenhangs kein Argument gegen eine retrospektive Anpassung.

41 Andererseits ergibt sich aber u. E. aus IAS 28.23 auch **nicht zwingend** das Erfordernis einer nicht retrospektiven Anpassung. Die Ausführungen in IAS 28.23 sind allgemein gefasst und zielen u. E. nicht spezifisch auf das Problem eines sukzessiven Anteilserwerbs.

42 Im Übrigen ist es im Falle einer retrospektiven Anpassung konsequent, analog zur erfolgsneutralen Buchung der rückwirkenden Anwendung der *equity*-Methode (Thesaurierung usw.) auch bisherige Bewertungserfolge der einfachen Anteile (gem. IAS 39) **erfolgsneutral umzukehren**.

43 Insgesamt ist die ganze Problematik u. E. in IAS 28 **unzureichend** geregelt. Eine Lückenfüllung durch analoge Anwendung der Regeln von IFRS 3 zum sukzessiven Kontrollerwerb scheint u. E. nicht möglich. Die in IFRS 3 enthaltenen Fiktionen (Hingabe der Altanteile zum *fair value*) werden mit dem Wesensunterschied zwischen Vollkonsolidierung und *one-line*-Bilanzierung bzw. Konsolidierung (Rz 25) als Finanzinstrument oder *equity*-Instrument begründet. Ein solcher Fundamentalunterschied besteht zwischen *equity*-Konsolidierung und Bilanzierung von Finanzinstrumenten nicht.

Die Vorgehensweise liegt daher u. E. im **Ermessen** des Bilanzierenden, der hierzu im Anhang Erläuterungen geben sollte. Wir halten unter *materiality*-Gesichtspunkten (→ § 1 Rz 59ff.) mindestens bei Verteilung der Käufe auf eine Periode eine **Durchschnittsbetrachtung** der Anschaffungskosten und des Anteils am Reinvermögen für zulässig.

Auch für den Fall der erst Jahre nach Erwerb erfolgenden *equity*-Einbeziehung einer zunächst wegen Unwesentlichkeit als Finanzinstrument bilanzierten Beteiligung wird im Schrifttum z.T. ein Wahlrecht zwischen retrospektiver Erstkonsolidierung (auf Basis der Werte zum Anschaffungszeitpunkt und ihrer Fortschreibung) und nicht retrospektiver Einbeziehung (auf Basis aktueller Werte) angenommen.[4] 44

Materiality-Gesichtspunkte sind bei einem einmaligen **unterjährigen Erwerb** gefragt. Nach IAS 28.23 sind die Differenzen zwischen anteiligem Buch- und Zeitwert des Reinvermögens einerseits und zwischen anteiligem Zeitwert des Reinvermögens und Anschaffungskosten andererseits auf den **Erwerbszeitpunkt** zu ermitteln. Dies würde die **Aufstellung einer Zwischenbilanz** des assoziierten Unternehmens zu Buchwerten und zu Zeitwerten voraussetzen. 45

Ist diese Voraussetzung nicht durchzusetzen oder aus Kostengründen (→ § 1 Rz 65) nicht zu vertreten, so sind unter Abwägung der Wesentlichkeit **Vereinfachungen** zulässig. Je nach zeitlicher Nähe zum vorhergehenden oder nachfolgenden Bilanzstichtag des assoziierten Unternehmens können die Wertverhältnisse dieses Stichtags herangezogen werden. Bei weiter entfernt liegenden Stichtagen sind statistische Anpassungen, etwa durch Zwölfteilung des Jahresergebnisses bei Saisonbetrieben unter Berücksichtigung der Saisonbereinigung, zulässig. 46

An die Exaktheit der Methode dürfen insgesamt **keine übertriebenen Anforderungen** gestellt werden. Dies ergibt sich durch Analogie aus den Grundsätzen der Folgebewertung. Hat das assoziierte Unternehmen einen vom Bilanzstichtag des Beteiligungsunternehmens abweichenden Bilanzstichtag, so muss im Rahmen der Folgebewertung gem. IAS 28.24 jedenfalls dann kein Zwischenabschluss des assoziierten Unternehmens auf den Bilanzstichtag des Beteiligungsunternehmens aufgestellt werden, wenn die zeitliche Differenz nicht mehr als 3 Monate beträgt (Rz 79f.). Statistische Berichtigungen und die Auswirkungen bedeutender Ereignisse der Geschäftsvorfälle zwischen beiden Stichtagen reichen aus. Es ist kein Grund ersichtlich, warum derartige **Vereinfachungen** nicht auch für die **Erstkonsolidierung** analog gelten sollten. 47

4.2 Bestimmung der Anschaffungskosten

Bei Anteilserwerb durch **Hingabe eigener Anteile** oder durch sonstige **Sacheinlage** werden die Anschaffungskosten durch den beizulegenden Zeitwert der Einlage definiert (F.100a). Ist der beizulegende Zeitwert der Einlage schwieriger zu bestimmen als der beizulegende Zeitwert der erworbenen Anteile, determiniert der beizulegende Zeitwert der erworbenen Anteile die Anschaffungskosten (IFRS 3 analog; → § 31 Rz 45). 48

Der Transaktion direkt zurechenbarer **Anschaffungsnebenkosten** (Beurkundungs-, Register- oder Beratungskosten usw.) erhöhen den Zugangswert der *equity*-Bilanzierung. Für den Rechtsstand bis 2009 ergibt sich dies u.a. aus Analogie zu IAS 3.42b rev. 2004. Die Frage, ob ab 2010 wegen der geänderten, ausnahmslos aufwandswirksamen Behandlung von Transaktionskosten bei Erwerb eines Tochterunternehmens (IFRS 3.53; → § 31 Rz 39) auch bei *equity*- 49

[4] HAYN, in: BECK'sches IFRS-Handbuch, 3. Aufl., 2009, § 36, Tz 16.

Beteiligungen anders zu verfahren sei, hat der IFRIC in einer *Agenda Rejection (Non-IFRIC)* vom Juli 2009 verneint, da der Kostenbegriff des IAS 28.11 auch einer Anschaffung direkt zurechenbare Nebenkosten umfasst.[5]

50 Die endgültige Höhe der Anschaffungskosten kann von ungewissen Bedingungen abhängen *(contingent consideration)*. Denkbar ist etwa eine *earn-out*-Vereinbarung, derzufolge neben einem fixen Kaufpreis eine variable Komponente vereinbart ist, die nur dann zu zahlen ist, wenn in einem festgelegten Zeitraum nach dem Erwerb bestimmte Erfolgsziele erreicht werden. IAS 28 enthält zu solchen Fällen keine eigenen Regelungen. Eine analoge Anwendung der Vorschriften von IFRS 3 zum Erwerb von Tochterunternehmen ist daher zu erwägen. Danach würde Folgendes gelten (→ § 31 Rz 61):

- Der ungewisse/bedingte Kaufpreisbestandteil *(contingent consideration)* ist bei der Erstkonsolidierung nicht mit dem nach Beseitigung der Unsicherheit tatsächlich gezahlten Wert zu berücksichtigen. Abzustellen ist vielmehr auf den *fair value* des bedingten Teils zum Erstkonsolidierungszeitpunkt (IFRS 3.39).
- Abweichungen der späteren tatsächlichen Entwicklung von diesem Wert betreffen die Konsolidierung nicht mehr, sondern führen als Änderung des Buchwerts einer finanziellen Verbindlichkeit zu **Ertrag** oder **Aufwand** (IFRS 3.58b).

Eine analoge Anwendung von IFRS 3 scheint aber andererseits nicht zwingend. Gegen einen solchen Zwang spricht Folgendes: Wie die unter Rz 49 erläuterte unterschiedliche Behandlung von Transaktionskosten beim Erwerb von Tochterunternehmen (Aufwand) und von assoziierten Unternehmen (Aktivierung im Beteiligungsansatz) beispielhaft zeigt, besteht **keine konzeptionelle Übereinstimmung** zwischen den Begriffen „Anschaffungskosten" (IAS 28) und „übertragene Gegenleistung" (IFRS 3). Ein Verzicht auf die analoge Anwendung von IFRS 3 ist danach jedenfalls vertretbar und führt zu folgendem Vorgehen:

- Die ungewisse Kaufpreisschuld ist im Erwerbszeitpunkt nur insoweit anzusetzen und in den Anschaffungskosten zu berücksichtigen, als sie verlässlich bestimmbar und ihr Eintritt **wahrscheinlich** ist.
- Bei einer späteren Revision der ursprünglichen Annahmen sind die Schuld und die Anschaffungskosten **erfolgsneutral anzupassen.**[6]

4.3 Anteilige Aufdeckung stiller Reserven und Lasten

51 Bei der Anwendung der *equity*-Methode sind die **anteiligen stillen Reserven und Lasten** identifizierbarer Vermögenswerte und Schulden aufzudecken und fortzuführen. Sie ergeben sich als Differenz zwischen dem Anteil am Buchwert des Reinvermögens des assoziierten Unternehmens und dem Anteil an dem beizulegenden Zeitwert des identifizierbaren Reinvermögens (IAS 28.23).

52 Für die Identifizierbarkeit und die Zeitwertbestimmung gelten die **Regelungen von IFRS 3**. Danach sind für die Aktiva Marktwerte oder Ersatzwerte anzusetzen, während bei Forderungen und Verbindlichkeiten im Wesentlichen der Barwert zum Tragen kommt (→ § 31 Rz 68ff.).

53 Auch bei der Ermittlung der stillen Reserven und Lasten sind **Wesentlichkeits- und Kosten-Nutzen-Überlegungen** von Bedeutung (→ § 1 Rz 59). Eine Iden-

[5] Gl. A. Hayn, in: Beck'sches IFRS-Handbuch, 3. Aufl., 2009, § 36, Tz 31.

[6] Ausführliches Beispiel bei Lüdenbach, PiR 2010, S. 361ff.

tifizierung der stillen Reserven auf der Ebene einzelner Vermögenswerte wird nur ausnahmsweise möglich und notwendig sein. Durchschnittsbetrachtungen für einzelne Bilanzposten sind i.d.R. ausreichend. Zur Frage der Durchsetzbarkeit der zur Bestimmung der stillen Reserven notwendigen Informationsansprüche wird auf Rz 82 verwiesen.

4.4 *Goodwill* oder negativer Unterschiedsbetrag

Der Unterschiedsbetrag zwischen den Anschaffungskosten der Anteile und dem Anteil des Erwerbers an den beizulegenden Zeitwerten des identifizierbaren Reinvermögens ist als *goodwill* bzw. negativer Unterschiedsbetrag zu behandeln (IAS 28.23). 54

Der im *equity*-Ansatz enthaltene *goodwill* ist nicht planmäßig abzuschreiben (IAS 28.23). Dies entspricht zunächst dem *impairment-only approach* von IFRS 3 und IAS 36 (→ § 11 Rz 112). Im Unterschied zum voll konsolidierten Unternehmen unterliegt der im *equity*-Ansatz enthaltene *goodwill* jedoch keinem eigenen Werthaltigkeitstest. Vielmehr ist die *equity*-Beteiligung als Bewertungseinheit zu sehen und bei Vorliegen von Wertminderungsindikatoren insgesamt dem *impairment*-Test zu unterziehen (IFRS 28.33). 55

Der *goodwill* findet im Rahmen der *one-line consolidation* (Rz 25) keinen gesonderten Ausweis (zu eventuellen Ausnahmen vgl. Rz 56). Die Aufteilung der über das Buchvermögen hinausgehenden Anschaffungskosten auf *goodwill* einerseits und stille Reserven hat jedoch Bedeutung für die Fortschreibung des *equity*-Wertes, insofern

- stille Reserven ggf. planmäßig zu mindern sind, der *goodwill* jedoch nicht (Rz 68),
- sich bei außerplanmäßiger Abschreibung die Frage stellt, ob der *goodwill* vor den stillen Reserven zu belasten ist (Rz 95), und
- eine Wertaufholung durch die zuvor vorgenommene *goodwill*-Minderung limitiert wird (Rz 97).

Nach im Schrifttum vertretener Auffassung soll es trotz *one-line-consolidation* vielfach zum gesonderten Ausweis eines auch mit den *equity*-Anteilen verbundenen *goodwill* kommen, etwa wenn bei Erwerb eines Teilkonzerns insgesamt nur ein *goodwill* pro *cash generating unit* aufgedeckt werden dürfe (→ § 11 Rz 115), der dann auch den *goodwill* aus den mit erworbenen *equity*-Beteiligungen umfasse.[7] Dieser Auffassung ist nur eingeschränkt zuzustimmen. Bei Erwerb eines Teilkonzerns sind zunächst alle Vermögenswerte, einschließlich der *equity*-Beteiligungen, mit ihrem *fair value* anzusetzen. In diesen *fair value* gehen bereits alle nicht als separater Vermögenswert identifizierbaren Ertragserwartungen des miterworbenen assoziierten Unternehmens ein. Insoweit ermittelt sich zunächst ein *goodwill I*, der Teil des *equity*-Wertes, also der *one-line consolidation* ist: 56

fair value des assoziierten Unternehmens

./. *fair value* des identifizierbaren Nettovermögens des assoziierten Unternehmens

= *goodwill I*

---

[7] HAYN, in: BECK'SCHES IFRS-Handbuch, 3. Aufl., 2009, § 36, Tz 36.

In Einzelfällen kann die *equity*-Beteiligung darüber hinaus rechnerischen Anteil an einem „*goodwill II*“ haben, wenn etwa für den Teilkonzernerwerb bedeutende Synergie- oder Kontrollprämien gezahlt werden und die *equity*-Beteiligung keine eigene *cash generating unit* darstellt.

57 Liegen die Anschaffungskosten der *equity*-Beteiligung unter dem auf den Erwerbszeitpunkt anteilig zum *fair value* bewerteten Nettovermögen des assoziierten Unternehmens, ergibt sich ein **negativer Unterschiedsbetrag**. Dieser ist gem. IAS 28.23 erfolgswirksam zu vereinnahmen (→ § 31 Rz 126). Nach der entsprechenden Buchung (per *equity*-Beteiligung an Ertrag aus Erstkonsolidierung) wird die Beteiligung über die Anschaffungskosten ausgewiesen.

> **Beispiel**
> 20 % der Anteile eines Unternehmens mit einem buchmäßigen Eigenkapital von 100 werden für 20 erworben. Das Vermögen des erworbenen Unternehmens zu Zeitwerten beträgt 150.
> Der Anteil am zum beizulegenden Zeitwert bewerteten Reinvermögen ist somit 20 % von 150 = 30.
> Bei einem Kaufpreis von 20 und einem Anteil am zum Zeitwert bewerteten Reinvermögen von 30 entsteht ein negativer Unterschiedsbetrag von 10, der sofort als Ertrag aus *equity*-Beteiligung auszuweisen ist.

Im Einzelnen wird auf → § 31 verwiesen.

5 Folgebewertung/-konsolidierung *at equity*

5.1 Ergebnis- und Dividendenanteil

58 Im Rahmen der Folgebewertung/Folgekonsolidierung erhöht oder verringert sich der Ansatz des assoziierten Unternehmens in der Bilanz des Investors

- entsprechend dessen **Anteil am** positiven oder negativen **Periodenergebnis**, wobei
- empfangene **Ausschüttungen** umgekehrt den Ansatz vermindern, und zwar in der Periode, in der sie vereinnahmt werden (IAS 28.11).

59 **Negative Ergebnisanteile** werden nach Erreichen eines Buchwertes von null nur noch in bestimmten Fällen berücksichtigt (Rz 88 und Rz 125).

60 Bei einer **Überkreuz**- bzw. **Rückbeteiligung** zwischen zwei assoziierten Unternehmen ist der Gewinnanteil unter Beachtung der effektiv im Umlauf befindlichen Anteile zu ermitteln. Hierzu nachfolgendes Beispiel:

> **Beispiel**
> aU1 ist mit 40 % an aU2, dieses umgekehrt mit 25 % an aU1 beteiligt. Die effektiv im Umlauf befindlichen Anteile betragen 100 % – (40 % x 25 %) = 90 %, der effektive Anteil am anderen aU somit 40 %/90 % = 44,4 % bzw. 30 %/90 % = 27,8 %.
> Erzielen beide Unternehmen vor Ertrag aus dem anderen aU ein Ergebnis von 1.000, ergibt sich folgende Berechnung:

	aU1	aU2
Anteil am anderen aU	40,0 %	25,0 %
Rückbeteiligung	10,0 %	10,0 %
Effektiv im Umlauf befindliche Anteile	90,0 %	90,0 %
Effektiver Anteil am anderen aU	44,4 %	27,8 %
Gewinn vor Ertrag aus anderem aU	1.000,0	1.000,0
+ Ertrag aus anderem aU vor Rückbeteiligung	400,0	250,0
= Gewinn vor Rückbeteiligung	1.400,0	1.250,0
Effektiver Ertrag aus anderem aU	555,6	388,9
+ Gewinn vor Ertrag aus anderem aU	1.000,0	1.000,0
= Gewinn nach Rückbeteiligung	1.555,6	1.388,9
Probe		
Gewinn anderes aU nach Rückbeteiligung	1.388,9	1.555,6
x nomineller Anteil	0,4	0,3
= Effektiver Ertrag aus anderem aU	555,6	388,9

5.2 Sonderfälle

5.2.1 Kündbare Anteile an Personengesellschaften

Probleme bereitet die Fortschreibung des *equity*-Anteils, wenn das assoziierte Unternehmen eine Personenhandelsgesellschaft mit vertraglich spezifiziertem oder gesetzlichem Kündigungs- und Abfindungsrecht (§ 723 BGB) der Gesellschafter ist. Aus **Sicht des assoziierten Unternehmen** gilt dann: 61

- Sofern nicht eine Reihe besonderer Bedingungen (→ § 20 Rz 29) ausnahmslos erfüllt wird,
- stellt das gesellschaftsrechtliche Eigenkapital nach IFRS erfolgswirksam fortzuschreibendes **Fremdkapital** dar

Beispiel

Am 1.1.01 beteiligt sich M mit 20 % (= 200 TEUR) an der Bargründung der aU OHG. Der (insoweit wirksame) Gesellschaftsvertrag sieht bei Kündigung eines Gesellschafters eine Abfindung zum IFRS-Buchwert vor. Im Geschäftsjahr 01 erwirtschaftet die schuldenfreie aU handelsrechtlich ein Ergebnis von 100 TEUR, das nach Beschluss der Gesellschafter thesauriert wird. Das HGB- entspricht mit einer Ausnahme auch dem IFRS-Ergebnis. Nach IFRS ist die Fortschreibung der Summe der latenten Abfindungsansprüche von ursprünglich 1.000 TEUR auf 1.100 TEUR als Aufwand zu behandeln. Im IFRS-Abschluss zum 31.12.01 der aU ergeben sich daher folgende GuV- und Bilanzwerte:

GuV:	
Jahresergebnis vor Fortschreibung Abfindungsansprüche	100 TEUR
Aufwand aus Fortschreibung Abfindungsansprüche	– 100 TEUR
Jahresergebnis	0 TEUR
Bilanz	
Div. Vermögen	1.100 TEUR
latente Abfindungsschulden	1.100 TEUR
Eigenkapital	0 TEUR

Würde die Obergesellschaft dem Grundgedanken der *equity*-Methode entsprechend im vorstehenden Beispiel spiegelbildlich zur Untergesellschaft bilanzieren, ergäbe sich eine Fortschreibung des *equity*-Ansatzes um null. Ein solches spiegelbildliches Vorgehen ist jedoch im Falle kündbarer Anteile aus folgenden Gründen **nicht** angezeigt:[8]

- Die Regelungen von IAS 32 zur Fremdkapitalqualifizierung kündbarer Anteile betreffen nur die Anteile der emittierenden Gesellschaft.
- Aus Sicht der die Anteile zeichnenden Gesellschaft liegt ein finanzieller Vermögenswert i.S.v. IAS 39 bzw. IAS 28 vor, und zwar wegen der gesellschaftsrechtlichen Beteiligung am Nettovermögen in der Form eines Eigenkapitalinstruments.
- Qualifikation und Bewertung (Fortschreibung) des Anteils bei der zeichnenden Gesellschaft erfolgen daher unabhängig vom Vorgehen bei der Untergesellschaft.

Als praktische Folgerung ergibt sich: Die bei der Untergesellschaft vorgenommene Qualifikation der Abfindungsansprüche als Fremdkapital und die Erhöhung dieser Ansprüche sind bei der Anwendung der *equity*-Methode durch die Obergesellschaft **rückgängig** zu machen. Im o.g. Beispiel ergibt sich daher ein Ergebnis aus assoziierten Unternehmen i.H.v. 20 % von 100 = 20 und ein *equity*-Anteil von 20 % von 1.100 = 220.[9]

5.2.2 Eigenkapitalneutrale Gewährung von Aktienoptionen beim assozierten Unternehmen

62 Gewährt das **assoziierte Unternehmen** seinen Mitarbeitern reale Aktienoptionen, so führt dies bei ihm (sofort oder kumuliert über den eventuellen Erdienenszeitraum) zur Buchung **„per Personalaufwand an Kapitalrücklage“**. Das Eigenkapital des assoziierten Unternehmens ändert sich auf diese Weise nicht, es kommt nur zu einer Verschiebung zwischen Gewinn- und Kapitalrücklagen.

Für die Behandlung einer solchen Transaktion im Rahmen der *equity*-Konsolidierung beim **übergeordneten Unternehmen** kommen **drei Alternativen** infrage:

- Unter Berufung auf die Definition der *equity*-Methode in IAS 28.2 als Fortschreibung des ursprünglichen Ansatzes *„for the post-acquisition changes in the investor's share of net assets of the investee“* unterbleiben Buchungen beim

8 Vgl. auch die Agenda Rejection (Non-IFRIC) im IFRIC-Update Januar 2007.

9 Weitere Beispiele und Anwendungsdetails bei Geiser/Schmidt, KoR 2010, S. 81 ff.

übergeordneten Unternehmen, da keine Veränderung des Eigenkapitals *(net assets)* vorliegt.

- Unter Bezugnahmen auf die Konkretisierung der *equity*-Methode in IAS 28.11 wird der *equity*-Buchwert fortgeschrieben, um den Anteil am Ergebnis des untergeordneten Unternehmens (Personalaufwand) zu erfassen („per Ergebnis aus assoziiertem Unternehmen an Anteil an assoziiertem Unternehmen").
- Korrespondierend zur Behandlung beim untergeordneten Unternehmen wird beim übergeordneten eine Buchung „per Ergebnis aus assoziiertem Unternehmen an Eigenkapital" vorgenommen.

Eine Präferenz im Standard ist nicht erkennbar, u. E. daher jede der drei Lösungen vertretbar.[10]

Beispiel

M ist an aU mir 1/3 beteiligt. Das Nettovermögen der aU beträgt am 1.1. und 31.12.02 jeweils 300. Am 1.1.01 werden den Mitarbeitern erstmalig am 1.1.02 ausübbare Aktienoptionen mit einem Wert von 90 gewährt. Das Ergebnis 01 der aU beträgt vor Berücksichtigung dieses Vorgangs 0, nach dessen Berücksichtigung –90.

Es ergeben sich folgende Lösungsalternativen bei M auf den 31.12.01:

1. Keine Buchung. Ergebnis aus aU 0, *equity*-Ansatz 100,
2. Buchung „per Ergebnis aus aU 30 an *equity*-Beteiligung 30", somit *equity*-Ansatz von 70.
3. Buchung „per Ergebnis aus aU 30 an Gewinnrücklagen 30", somit *equity*-Ansatz von 100.

5.2.3 Transaktionen mit nicht beherrschenden Gesellschaftern beim assoziierten Unternehmen

Handelt es sich beim assoziierten Unternehmen selbst um die Muttergesellschaft 63
eines Konzerns, ist i. d. R. sein Konzern- und nicht der Einzelabschluss (Rz 77) Grundlage der *equity*-Bewertung beim übergeordneten Unternehmen.

In vielen Fällen sind an den vom assoziierten Unternehmen beherrschten Gesellschaften auch Dritte beteiligt **(nicht beherrschende Gesellschafter).** Komm es hier in der Form von Auf- und Abstockungen zu mehrheitswahrenden Transaktionen mit den Minderheitsgesellschaftern, so gilt gem. IAS 27 aus Sicht des **Konzernabschlusses des assoziierten Unternehmens** (→ § 31 Rz 155 und Rz 167): Derartige Transaktionen führen weder zur Aufdeckung von stillen Reserven und eines *goodwill* (Aufstockung) noch zu Abgangserfolgen (Abstockung). Eine Differenz zwischen Buchwert des zu- oder abgehenden nicht beherrschenden Anteils und dem dafür vereinbarten Entgelt ist vielmehr als **Anpassung** des **Eigenkapitals** zu verbuchen.

[10] A. A.: Freiberg, PiR 2010, S. 253 ff., der IAS 28.11. als vorrangig ansieht und daher nur Lösung 2 für zutreffend hält.

Fraglich ist, ob und wie ein solcher Vorgang in der *equity*-Bewertung durch das **übergeordnete Unternehmen** zu berücksichtigen ist. Drei Alternativen kommen infrage:

- Unter Bezugnahmen auf die Konkretisierung der *equity*-Methode in IAS 28.11 unterbleiben Buchungen beim übergeordneten Unternehmen, da kein ergebniswirksamer Vorgang beim untergeordneten vorliegt.
- Unter Berufung auf die Definition der *equity*-Methode in IAS 28.2 erfolgt beim übergeordneten Unternehmen eine ergebnisneutrale Fortschreibung des *equity*-Ansatzes um die (anteilige) Änderung des Eigenkapitals des untergeordneten Unternehmens („per Anteil an assoziiertem Unternehmen an Eigenkapital").
- In Qualifizierung der Regelungen von IAS 27 als spezialrechtlich wird die dort vorgesehene erfolgsneutrale Behandlung der Veränderung des Nettovermögens bei der *equity*-Bewertung nach IAS 28 nicht übernommen, die Fortschreibung des *equity*-Ansatzes vielmehr erfolgswirksam verbucht.

Eine Präferenz für eine der drei Lösungen ist im Standard nicht erkennbar. Das Vorgehen liegt daher im Ermessen des übergeordneten Unternehmens.[11]

5.3 Nicht GuV-wirksame Einkommen des assoziierten Unternehmens

64 Das Eigenkapital des assoziierten Unternehmens kann sich ohne Berührung von dessen GuV, d. h. erfolgsneutral, ändern (→ § 20 Rz 53) bei

- **Währungsumrechnungsdifferenzen** (→ § 27 Rz 24 ff.),
- **Neubewertung** des Anlagevermögens (→ § 8 Rz 70),
- Wertänderungen von **veräußerbaren** Werten (*available-for-sale assets;* → § 28),
- Wertänderungen von *cash flow hedges* (→ § 28 Rz 253).

65 Entsprechende Änderungen sind anteilig in den *equity*-Ansatz beim beteiligten Unternehmen zu übernehmen. Nach IAS 28.11 ist dabei wie folgt zu verfahren: Ändert sich das anteilige Eigenkapital des assoziierten Unternehmens *(the proportionate interest in the investee)* aufgrund von Neubewertungen etc., gilt: *„The investor's share of those changes is recognised directly in equity of the investor."*[12] Damit besteht beim beteiligten Unternehmen **keine Übereinstimmung** mehr zwischen dem Ergebnis aus assoziierten Unternehmen in der GuV und der Änderung des Beteiligungsansatzes in der Bilanz.

Dieses theoretisch gebotene Vorgehen bereitet einige **praktische Probleme**: Die Entwicklung der nicht GuV-wirksamen Einkommensbestandteile beim assoziierten Unternehmen, also

- nicht nur ihre Einstellung ins Eigenkapital,
- sondern auch ihre spätere (i. d. R. erfolgswirksame) Herausnahme, sog. *recycling*,

---

11 Gl. A. Freiberg, PiR 2010, S. 253 ff.

12 Die amtliche deutsche Übersetzung von IAS 27.11 ist an den hervorgehobenen Stellen irreführend: „Änderungen des Buchwerts können auch auf Grund von Änderungen der Beteiligungsquote des Anteilseigners (changes in the investor's proportionate interest in the investee) notwendig sein, welche sich auf Grund erfolgsneutraler Änderungen des Eigenkapitals des Beteiligungsunternehmens ergeben. Solche Änderungen entstehen unter anderem infolge einer Neubewertung von Sachanlagevermögen und aus der Umrechnung von Fremdwährungsabschlüssen. Der Anteil des Anteilseigners an diesen Änderungen wird unmittelbar im eingezahlten Kapital (in equity) des Anteilseigners erfasst."

ist über viele Perioden in aufwendiger Weise nachzuhalten, um etwa Doppelerfassungen (im Jahr der Einstellung und im Jahr der erfolgswirksamen Herausnahme aus dem Eigenkapital) zu vermeiden. Dieser Aufwand lässt sich nur vermeiden, wenn *materiality*-Erwägungen im Einzelfall die Beschränkung auf die GuV-wirksamen Ergebnisse des assoziierten Unternehmens gestatten.

Unklar ist im Übrigen noch der Ausweis GuV-neutraler Ergebnisse des assoziierten Unternehmens beim Investor. Nach der *Consolidation Theory* (Rz 27) sind die sonstigen Ergebnisbestandteile im Eigenkapitalspiegel des Investors auf die für die unterschiedlichen Ursachen vorgesehenen Eigenkapitalkomponenten aufzuteilen. Nach der *Asset Theory* (Rz 27) sind sie insgesamt in einer besonderen, assoziierte Unternehmen betreffenden Rücklage zu berücksichtigen. **66**

Der als Folgeänderung von IAS 27 rev. 2008 neu eingefügte IAS 28.19A (Geltung ab 2009/10) trifft erstmalig explizite Regelungen zur Behandlung erfolgsneutral gebildeter Rücklagen bei Veräußerung des Anteils am assoziierten Unternehmen oder Verlust des maßgeblichen Einflusses. Hiernach ist der beim beteiligten Unternehmen ins Eigenkapital eingestellte Anteil am kumulierten erfolgsneutralen Ergebnis des assoziierten Unternehmens bei Verlust des maßgeblichen Einflusses nach den Grundsätzen aufzulösen, die beim direkten Abgang des Vermögenswertes oder der Schuld anzuwenden wären, für die das Eigenkapital dotiert wurde. **67**

Beispiel

U ist seit 1.1.01 mit 20 % als Gründungsgesellschafter an aU beteiligt. Die Anschaffungskosten betrugen 200. In 01 erzielt aU aus *available-for-sale*-Aktien (→ § 28 Rz 147) einen nicht GuV-wirksamen Erfolg von 50, hiervon entfallen 20 %, also 10, auf U. Das Jahresergebnis der aU beträgt null. Am 2.1.02 veräußert U seinen Anteil für 210.

U bucht wie folgt:

Datum	Konto	Soll	Haben
1.1.01:	Anteil an aU		
	Geld		200
31.12.01:	Anteil an aU	10	
	ZeitbewertungsRL		10
2.1.02	Geld	210	
	Anteil an aU		210
	ZeitbewertungsRL	10	
	Ertrag		10

Bleibt bei einer nur teilweisen Veräußerung der Anteile ein maßgeblicher Einfluss und damit der Assoziationstatus bestehen, ist die Zeitbewertungsrücklage anteilig im Verhältnis des abgehenden Anteils zur vorherigen Anteilsquote aufzulösen (IAS 27.19A).

Für das bis 2008/09 geltende Recht ist hingegen wie folgt zu differenzieren:

- Wird der *equity*-Anteil vollständig veräußert, ist der im Eigenkapital eingestellte Betrag aufzulösen.
- Findet nur eine Teilveräußerung statt oder geht der maßgebliche Einfluss ohne Veräußerung verloren, werden die verbleibenden Anteile regelmäßig

als *available-for-sale assets* bilanziert. Der Zugangswert ergibt sich nach IAS 28.19 i.V.m. IAS 28.11 aus dem auf die verbleibenden Anteile entfallenden *equity*-Buchwert. Da im Buchwert auch die ins Eigenkapital eingestellten Beträge enthalten sind, werden diese so lange fortgeführt, bis die Beteiligung abgeht oder die Rücklage durch eine gegenläufige Wertentwicklung des *available-for-sale*-Finanzinstruments aufgezehrt ist.

5.4 Abschreibung von stillen Reserven, Auflösung von stillen Lasten

68 Im Rahmen der **Erstbewertung/Erstkonsolidierung** werden die Anschaffungskosten in einer **Nebenrechnung** verteilt auf:

- den Anteil am buchmäßigen **Eigenkapital**,
- den Anteil an den **stillen Reserven** und den **stillen Lasten**,
- einen eventuellen positiven **Unterschiedsbetrag (*goodwill*)**.

69 Ein **negativer** Unterschiedsbetrag ist sofort ertragswirksam (Rz 57).
Die **Fortschreibung** um Ergebnis- und Dividendenanteile berücksichtigt die Veränderung des buchmäßigen Eigenkapitals (Rz 58).

70 Fortzuschreiben sind aber auch die stillen Reserven und Lasten.

71 Bei der zeitlichen Verteilung der Abschreibungen und Auflösungen ist Folgendes zu beachten:

- **Stille Reserven** sind **nach der Restnutzungsdauer** der betreffenden Vermögenswerte aufzulösen (IAS 28.23). Unter *materiality*-, aber auch Kosten-Nutzen-Gesichtspunkten (→ § 1 Rz 59ff.) können umfangreiche Vereinfachungen notwendig und zulässig sein, etwa ein Abstellen auf mittlere Nutzungsdauern. Soweit stille Reserven in Vorräten ruhen, lösen sie sich mit dem Abgang der Vorräte auf.
- **Stille Lasten** sind aufzulösen, soweit der entsprechende Verlust bzw. Aufwand eintritt bzw. mit dessen Eintreten nicht mehr zu rechnen ist.
- Die Auflösung stiller Reserven und Lasten führt zur Veränderung der **latenten Steuern** auf *inside basis differences*. Diese Veränderung geht in das Ergebnis aus der *equity*-Beteiligung ein (Rz 118).

5.5 Zwischenergebniseliminierung

72 Nach IAS 28.20 gelten viele Konsolidierungsmethoden (→ § 32 Rz 112ff.) für Tochterunternehmen in ähnlicher Weise auch für assoziierte Unternehmen. Ein Beispiel ist die durch IAS 27.17 verlangte **Eliminierung von Zwischenergebnissen** aus konzerninternen Transaktionen (→ § 32 Rz 136ff.). Gewinne und Verluste aus Transaktionen zwischen dem Investor (oder einem seiner konsolidierten Tochterunternehmen) und dem assoziierten Unternehmen sind anteilig im Umfang der Beteiligung am assoziierten Unternehmen zu eliminieren (IAS 28.22). Dies gilt sowohl für *upstream*-Lieferungen des assoziierten Unternehmens an den Investor als auch für *downstream*-Transaktionen mit umgekehrter Lieferrichtung.[13]

---

13 Handelsrechtlich wurde hingegen bis zum Erlass von DRS 8.30 überwiegend nur eine upstream-Eliminierung gefordert; vgl. HAVERMANN, Die Equity-Bewertung von Beteiligungen, WPg 1987, S. 315ff.

Die Technik der Zwischenergebniseliminierung bei *equity*-Konsolidierung erklärt sich am besten im **Vergleich** zur **Vollkonsolidierung**:[14]

- Bei konzerninternen Lieferungen zwischen Unternehmen des **Vollkonsolidierungskreises**, denen sich bis zum Bilanzstichtag noch keine Konzernaußenumsätze angeschlossen haben, zielt die Zwischenergebniseliminierung auf die Begrenzung des konzernbilanziellen Wertansatzes des Liefergegenstandes. Der Gegenstand soll durch eine konzerninterne Transaktion nicht über den Konzernanschaffungs- bzw. -herstellungskosten angesetzt werden können. Der vom konzerninternen Veräußerer einzelbilanziell realisierte Gewinn (Differenz von einzelbilanziellem Veräußerungspreis zu den Anschaffungs-/Herstellungskosten) ist daher gegen den Liefergegenstand zu eliminieren. **Buchung** (abgekürzt): per (Netto-)Ertrag an Vermögenswert.
- Für **assoziierte Unternehmen** ergeben sich abgesehen von der rechnerischen Beschränkung der Eliminierung auf die Anteilsquote je nach Transaktionsrichtung folgende Modifikationserfordernisse:
  - Bei *downstream*-Lieferungen verlässt der Vermögenswert den Vollkonsolidierungskreis, steht also technisch für eine Wertkorrektur nicht mehr zur Verfügung. Die Wertkorrektur muss stattdessen gegen den *equity*-Ansatz erfolgen. **Buchung**: per Netto-Ertrag an Anteil an assoziiertem Unternehmen.
  - Bei *upstream*-Lieferungen gelangt der Vermögenswert in den Vollkonsolidierungskreis und steht insofern technisch für eine Wertkorrektur zur Verfügung. Als Gegenkonto kommt aber die ursprünglich in Einzel- und Summenbilanz angesprochene Ertragsposition nicht infrage, da im Rahmen der *one-line consolidation* (Rz 25) nicht die einzelnen GuV-Positionen des assoziierten Unternehmens, sondern dessen Ergebnis (Saldogröße) Berücksichtigung finden. **Buchung**: per Ergebnis aus assoziiertem Unternehmen an bezogener Vermögenswert. Z. T. wird für *upstream*-Lieferungen auch eine Eliminierung gegen die *equity*-Beteiligung für zulässig oder vorzugswürdig gehalten. **Buchung**: per Ergebnis aus assoziiertem Unternehmen an Anteil an assoziiertem Unternehmen.[15]

Jedenfalls bei Zugrundelegung der *Asset Theory* (Rz 27) ist neben der Zwischenergebniseliminierung keine Aufwands- oder Schuldenkonsolidierung erforderlich.[16] Auch bei *downstream*-Lieferungen bleiben dann der eigene Umsatz und Materialaufwand unberührt. Folgt man der *Consoldiation Theory*, ist eine Anpassung der entsprechenden Posten hingegen vertretbar.
Dazu folgende Beispiele:

Beispiel
A) *downstream*-Lieferung
M liefert Erzeugnisse (HK = 75) im Dezember 01 mit einem Gewinnaufschlag von 25, somit für 100 an aU, an der er mit 20 % beteiligt ist. In 02 veräußert aU die Erzeugnisse/Waren weiter. M verfährt nach der *Consolidation Theory* wie folgt:

---

14 Vgl. Lüdenbach, PiR 2006, S. 207ff.
15 Vgl. etwa KPMG, Insights into IFRS 2009/10, Tz 3.5.360.60.
16 Vgl. Schmidt, PiR 2010, S. 61ff.

Datum	Konto	Soll	Haben
in 01:	Umsatz (20 % von 100)	20	
	Materialaufwand (20 % von 75)		15
	equity-Beteiligung (20 % von 25)		5
in 02:	Gewinnrücklagen	5	
	Materialaufwand	15	
	Umsatz		20

B) *upstream*-Lieferung
aU liefert Erzeugnisse (HK = 75) im Dezember 01 für 100 an M, die mit 20 % beteiligt ist. In 02 veräußert M die Erzeugnisse/Waren weiter. M konsolidiert wie folgt:

Datum	Konto	Soll	Haben
in 01:	Ergebnis aus aU	5	
	Vorräte (oder Anteil an aU)		5
in 02:	Gewinnrücklagen	5	
	Ergebnis aus aU		5

73 Soweit der **Anteil bereits auf null abgewertet** ist und Forderungen sowie mangels Haftung auch Rückstellungen nicht zur Berücksichtigung weiterer Verluste infrage kommen (Rz 88), steht bei *downstream*-Lieferungen der Anteil technisch nicht mehr für die Eliminierungsbuchung „per Ertrag an Anteil" zur Verfügung. Im Schrifttum werden verschiedene Lösungsansätze für diesen Fall diskutiert:

- Unterlassen der Eliminierung[17]
- Eliminierung des Gewinns gegen Eigenkapital (per Ertrag an Eigenkapital) oder einen passiven Abgrenzungsposten (per Ertrag an *deferred income*) mit erfolgsneutraler Auflösung des Eigenkapital- oder Abgrenzungspostens gegen den Anteil, sobald wieder hinreichend Gewinne angefallen sind, aber spätestens bei Entkonsolidierung.[18]

Gegen die erste Lösung spricht der unzutreffende Ertragsausweis, gegen die zweite, dass die Nutzung von **Eigenkapital- oder Abgrenzungsposten** zur zeitlichen Gewinnverteilung nur **in Einzelfällen** im IFRS-Regelwerk vorgesehen ist (*available-for-sale assets* → § 28 Rz 147, Investitionszuwendungen → § 12 Rz 26) und **keine Ähnlichkeiten** zu diesen Fällen bestehen. Eine herrschende Meinung ist nicht erkennbar. Beide Lösungen halten wir daher für vertretbar.

74 Werden die Anteile am assoziierten Unternehmen ganz oder teilweise veräußert und endet dadurch oder durch Änderung der Stimmrechtsregelungen die *equity*-Konsolidierung, stellt sich die Frage nach Behandlung zuvor eliminierter Zwischengewinne aus *downstream*-Lieferungen. Hierbei ist wie folgt zu differenzieren:

a) Vollständige Veräußerung:
Hier wird die Wirkung der früheren Eliminierung quasi automatisch über den Entkonsolidierungserfolg rückgängig gemacht. Der eliminierte Gewinn hat zuvor den *equity*-Ansatz gemindert und erhöht bei gegebenem Veräußerungspreis damit jetzt den Entkonsolidierungserfolg.

17 KPMG, Insights into IFRS, 2009/10, Tz 3.5.760.30.
18 HAYN, in: BECK'sches IFRS-Handbuch, 3. Aufl., 2009, § 36, Tz 120.

b) Übergang auf Finanzinstrument:

- Hier ergibt sich eine äquivalente Selbstkorrektur, wenn nach der ab 2009/10 anwendbaren Neufassung die Beteiligung zum *fair value* in die Bilanzierung nach IAS 39 zu überführen ist (Rz 31).
- Nach bis 2008/09 geltender Fassung stellt der (auf die verbleibenden Anteile entfallende) *equity*-Buchwert hingegen die fiktiven Anschaffungskosten des Finanzinstruments dar. Sind Wertsteigerungen gegenüber dieser Ausgangsbasis erst mit Veräußerung des Finanzinstruments erfolgswirksam (wie bei *available-for-sale assets*), wird auch die frühere erfolgswirksame Eliminierung erst zu diesem Zeitpunkt erfolgswirksam umgekehrt.

c) Beide Fälle:

Über den *equity*-Ansatz hinausgehende Zwischenergebnisse, die passiviert wurden (Rz 73), sind hingegen ergebniswirksam aufzulösen, u. E. auch bei Beibehaltung von Anteilen bereits mit Beendigung der *equity*-Konsolidierung.

Als *up-/downstream*-Lieferung führt IAS 28.22 auch Beziehungen zwischen einem Tochterunternehmen des Investors und dem von ihm *at equity* konsolidierten Unternehmen an. Keine expliziten Regeln bestehen hingegen für ***sidestream*-Lieferungen** eines assoziierten, *at equity* konsolidierten Unternehmens an ein zweites Unternehmen mit gleichem Status. Fraglich ist, ob hier eine planwidrige Lücke vorliegt, die durch Analogie in der Weise zu schließen wäre, auch Gewinne aus *sidestream*-Transaktionen zu eliminieren. U. E. liegt eine solche Lücke nicht vor. Die Formulierung von IAS 28.22 fällt bereits ausführlicher als nötig aus, indem neben den Transaktionen des assoziierten Unternehmens mit dem Anteilseigner auch die mit dessen Tochterunternehmen, genauer dessen „vollkonsolidierten Tochterunternehmen", ausdrücklich erwähnt werden. Diese besondere Erwähnung wäre entbehrlich gewesen; nach den allgemeinen Grundsätzen der Konzernrechnungslegung sind Transaktionen mit dem Vollkonsolidierungskreis einheitlich zu behandeln – unerheblich ist dabei, mit welcher rechtlich-formalen Teileinheit des Vollkonsolidierungskreises das assoziierte Unternehmen in Lieferbeziehungen tritt. Wenn der IASB gleichwohl zur Klarstellung eine Erwähnung der vollkonsolidierten Tochterunternehmen für notwendig hielt, andererseits im Rahmen dieser Klarstellung aber keine Aussage zu *sidestream*-Transaktionen getroffen hat, ist eine planwidrige Regelungslücke auszuschließen. Die „Enthaltung" des IASB in der Frage der *sidestream*-Transaktionen ist entweder im Sinne eines bewussten Regelungsverzichts oder im Sinne einer Absage an die Eliminierung von *sidestream*-Gewinnen zu interpretieren. Eine zwingend durch Analogieschluss zu füllende Lücke liegt damit nicht vor. Demnach besteht keine Pflicht zur Eliminierung von Gewinnen aus *sidestream*-Transaktionen.[19] 75

Beim gesamten Problemkreis der Zwischenergebniseliminierung spielen der materiality-Aspekt sowie die Kosten-Nutzen-Frage (→ § 1 Rz 60) eine wichtige Rolle. Aus dieser Sicht ist **praktisch** wie folgt zu differenzieren (→ § 32 Rz 138): 76

- Bezieht eines der beiden Unternehmen **Vorräte** vom anderen Unternehmen und ist der jeweils zum Bilanzstichtag noch nicht verkaufte Bestand entweder gering oder unterscheidet er sich – bei relativer Konstanz der Gewinnaufschläge – im Vergleich der Stichtage nicht wesentlich, so kann i. d. R. von einer

[19] Gl. A.: KPMG, Insights into IFRS, 2009/10, Tz 3.5.410.

diesbezüglichen Zwischenergebniseliminierung abgesehen werden. Gleiches gilt, wenn die Gewinnaufschläge aus den internen Lieferungen gering ausfallen.

- Wird **Anlagevermögen** von einer Gesellschaft an die andere mit Verlust veräußert, so kann dies ein Indiz für ein bereits zuvor bestehendes Abwertungserfordernis darstellen. Der Verlust ist in diesem Falle nicht zu eliminieren.
- Erbringt das eine Unternehmen Leistungen, die das andere Unternehmen als **immaterielle Vermögenswerte** aktiviert, so ist bei erheblichem Umfang eine Zwischenergebniseliminierung vorzunehmen.

Aus praktischer Sicht scheitert die Zwischenergebniseliminierung jedenfalls bei *upstream*-Transaktionen (Lieferungen vom assoziierten Unternehmen an das beteiligte Unternehmen) ggf. an den fehlenden Informationen über die Höhe des Zwischenergebnisses. Zu diesem Problemkreis wird auf Rz 82 verwiesen.

5.6 Einheitliche Bilanzierungsmethoden

77 Nach IAS 28.26 (analog zu IAS 27.21) ist das *equity*-Ergebnis bzw. der *equity*-Ansatz auf der Basis **konzerneinheitlicher Bewertungs- und Ansatzmethoden** zu ermitteln (→ § 32 Rz 113ff.). In der Praxis wird dies anders als bei einem Tochterunternehmen (Beherrschung) häufig nicht in vollem Umfang durchsetzbar sein. Die erforderlichen Informationen über Abweichungen bzw. notwendige Anpassungen können fehlen.

78 IAS 28 (2000) berücksichtigte diesen Umstand noch explizit durch weiche Anforderungen: Für die Konzernbilanzierung sollten „sachgerechte Berichtigungen" abweichender Ansätze und Werte vorgenommen werden. Wo dies nicht durchführbar war, soll diese Tatsache „im Allgemeinen" im **Anhang** angegeben werden. In IAS 28 sind entsprechende Formulierungen nicht mehr enthalten. Unter Anwendung allgemeiner Gesichtspunkte der *materiality*- und der Kosten-Nutzen-Abwägung (→ § 1 Rz 59ff.) kann aber im Einzelfall von einer Anpassung an konzerneinheitliche Bilanzierungsmethoden abgesehen werden. Wegen Einzelheiten wird auf Rz 82 verwiesen.

5.7 Abweichende Bilanzstichtage

79 In der Behandlung **abweichender Bilanzstichtage** (→ § 32 Rz 106ff.) sind zwei Fälle zu unterscheiden:

- Das assoziierte Unternehmen bilanziert zwar zum **gleichen** Stichtag wie der Investor, stellt seinen Abschluss aber regelmäßig wesentlich **später** auf: Der Investor kann dann gem. IAS 28.24 die jeweils letzte vorliegende Bilanz des assoziierten Unternehmens *(most recent available financial statements)*, d.h. **die Bilanz des Vorjahres**, zugrunde legen, es sei denn, die Aufstellung einer „Arbeitsbilanz" auf den aktuellen Stichtag sei praktikabel.
- Das assoziierte Unternehmen bilanziert zu einem **abweichenden** Bilanzstichtag: Die Aufstellung einer „Arbeitsbilanz" des assoziierten Unternehmens auf den abweichenden Stichtag des Investors ist notwendig, wenn die **Zeitdifferenz mehr als 3 Monate** beträgt (28.25).

Das Verhältnis beider Vorschriften ist nicht deutlich. Die isolierte Anwendung würde zu widersinnigen Ergebnissen führen:

> **Beispiel**
> I ist an zwei assoziierten Unternehmen aU1 und aU2 beteiligt. Die Bilanzstichtage sind wie folgt:
> - I und aU1 31.12.
> - aU2: 31.8.
>
> I stellt seinen Abschluss für das Jahr 02 jeweils bereits Mitte Januar 03 fertig *(fast close)*. Die Bilanz von aU2 für das Jahr 01/02 liegt dann bereits vor. Die Bilanz von aU1 für das Jahr 02 wird jedoch erst im Mai 03 vorgelegt.
> Nach IAS 28.24 könnte I der *equity*-Bewertung von aU1 die Bilanz des Jahres 01 zugrunde legen, da dieser Abschluss der *„most recent available"* ist. Die Aufstellung einer Arbeitsbilanz auf den 31.12.02 ist nur dann verlangt, wenn dies nicht impraktikabel *(impracticable)* ist.
> Andererseits verbietet IAS 28.25 die Verwendung der Bilanz der aU2, da der Bilanzstichtag um mehr als 3 Monate von dem von I abweicht.
> I dürfte danach zwar einen 12 Monate alten Abschluss von aU1, jedoch nicht den 4 Monate alten Abschluss von aU2 zugrunde legen. aU2 müsste ohne Praktikabilitätsvorbehalt eine Arbeitsbilanz auf den 31.12.02 erstellen, die wahrscheinlich aber erst nach Mitte Januar 03 vorläge und damit wertlos wäre.

Das im Beispiel abgeleitete Ergebnis ist nicht sachgerecht und ist daher abzulehnen. **Zwei Lesarten** bieten sich an:
- Der in IAS 28.24 enthaltene Hinweis auf die Praktikabilität der Erstellung von Arbeitsbilanzen muss in gleicher Weise für IAS 28.25 gelten. Danach ist gegen die Verwendung mehr als 3 Monate alter Bilanzen dann nichts einzuwenden, wenn
  - die Erstellung einer Arbeitsbilanz unpraktikabel wäre und
  - diese Tatsache im Anhang offengelegt wird und
  - wesentliche Transaktionen der Zwischenzeit durch Anpassungsrechnungen berücksichtigt werden.
- Die in IAS 28.25 enthaltene 3-Monats-Regel gilt gleichermaßen für IAS 28.24. In jedem (wesentlichen) Fall *(in any case)* wäre danach die Verwendung einer mehr als 3 Monate alten Bilanz unzulässig. Nur *materiality*-Gründe könnten eine Abweichung rechtfertigen.

Die zweite Lesart scheint sachgerechter und entspricht der wohl herrschenden Meinung.[20] Angesichts der Unbestimmtheit des Begriffe „Praktikabilität" und *„materiality"* dürfte die **praktische Lösung** aber in vielen Fällen gleich sein: Bei *fast-close*-Abschlusserstellung des Investors werden nur die wichtigsten assoziierten Unternehmen auf der Basis einer (Arbeits-)Bilanz auf den gleichen Stichtag einbezogen.

Wegen der erforderlichen **Angaben** vgl. Rz 121. **80**

Bei Angleichung des bisher abweichendes Geschäftsjahres an das des Mutterunternehmens kann die *equity*-Konsolidierung im Übergangszeitraum u. U. mehr oder weniger als 12 Monate umfassen. **81**

---

[20] Vgl. u. a. THEILE/PAWELZIK, in: HEUSER/THEILE, IFRS-Handbuch, 4. Aufl., 2009, Tz 3661.

Beispiel
Der Konzern bilanziert auf den 31.12., das assoziierte Unternehmen bisher auf den 30.9. Im Konzernabschluss zum 31.12.02 ist das assoziierte Unternehmen mit den Zahlen für den Zeitraum 1.10.01 bis 30.9.02 enthalten. In 03 passt sich das assoziierte Unternehmen unter Einlegung eines Rumpfgeschäftsjahres (1.10.03 bis 31.12.03) dem Konzern an.

Beurteilung
Im Konzernabschluss 31.12.03 ist das assoziierte Unternehmen mit 15 Monaten (1.10.02 bis 31.12.03) zu berücksichtigen.

5.8 Konsequenzen eingeschränkter Informationsmöglichkeiten für die Fortschreibung des *equity*-Ansatzes

82 Die Folgebewertung des Anteils am assoziierten Unternehmen verlangt u. a.

- eine Fortschreibung stiller Reserven (Rz 51 und Rz 71),
- eine Eliminierung von Zwischenergebnissen (Rz 76),
- eine Ermittlung des Gewinnanteils nach konzerneinheitlichen Bilanzierungs- und Bewertungsmethoden (Rz 77).

83 Die Beschaffung der hierfür erforderlichen Informationen kann schwierig sein. Folgende typische Problemfälle lassen sich unterscheiden: Das assoziierte Unternehmen

- veröffentlicht wegen fehlender Publizitätsanforderungen keinen Abschluss und gewährt auch dem Gesellschafter keine entsprechenden Informationen.
- veröffentlicht oder überlässt zwar einen Abschluss, dies jedoch nach nationalem Recht und nicht nach IFRS, erst recht also nicht nach konzerneinheitlichen Bilanzierungs- und Bewertungsmethoden des übergeordneten Unternehmens mit maßgeblichem Einfluss.
- ist selber Mutterunternehmen eines Konzerns, veröffentlicht oder überlässt jedoch nur einen Einzelabschluss, hingegen keinen für einen Einbezug in den Konsolidierungskreis nach IAS 28.21 benötigten Konzernabschluss.

84 Zu klären ist zunächst, ob das Unternehmen das Erforderliche getan hat, um die Informationen zu erlangen. Mittelbar ergibt sich die Forderung nach besten Bemühungen des übergeordneten Unternehmens aus IAS 28.6. Hiernach gilt ein Unternehmen bei einer Stimmrechtsquote von 20 % oder mehr nur dann nicht als assoziiert, wenn die Vermutung des maßgeblichen Einflusses **eindeutig widerlegt** (*clearly demonstrated*) wird. Als eindeutige Widerlegung taugt u. E. aber nur der Nachweis, dass trotz bester Bemühungen (*best efforts*)

- weder die für die unmittelbare Anwendung der *at-equity*-Konsolidierung erforderlichen Jahresabschlussinformationen
- noch solche Information zu erlangen sind, die eine gut begründete Schätzung des Ergebnisanteils ermöglichen.

Ohne den Nachweis der besten Bemühungen ergäbe sich für die *at-equity*-Konsolidierung ein faktisches Wahlrecht: Wer sich um die erforderlichen Informationen kümmert, müsste konsolidieren, wer sich nicht anstrengt, könnte dem entgehen. Ein derartiges faktisches Wahlrecht würde den Anforderungen an die

Objektivität der Rechnungslegung widersprechen und ist daher abzulehnen. Die eigenen Bemühungen sind hierbei nicht erst im Rahmen der Folgekonsolidierung nachzuweisen (z.B. über eine Zusage, die für die Überleitung von HGB nach IFRS entstehenden Mehrkosten zu übernehmen), sondern schon im Anschaffungszeitpunkt (z.B. über entsprechende gesellschaftsvertragliche Vorkehrungen) sicherzustellen.

Können die an die Konsolidierung von assoziierten Unternehmen gestellten 85
Anforderungen trotz bester Bemühungen **nicht vollumfänglich** erfüllt werden, bleiben zwei Handlungsalternativen:

- eine vereinfachte, auf **Schätzungen** beruhende Ermittlung des Fortschreibungsbetrags oder
- **Verzicht** auf eine *at-equity*-Bilanzierung mit der Begründung, die fehlende Möglichkeit der Informationsbeschaffung beweise das Fehlen maßgeblichen Einflusses.

Die **zweite** Alternative liefe auf ein Alles-oder-nichts-Prinzip hinaus, welches nur die Wahl zwischen vollständiger Anwendung der *at-equity*-Methode oder vollständigem Verzicht darauf ließe, die erste auf einen pragmatischen Ansatz, der eine „halbe Anwendung" der Nichtanwendung vorzieht.

U. E. ist die **erste** Alternative aus folgendem Grund vorzuziehen: Die Vornahme von **Schätzungen** liegt im Wesen der Rechnungslegung. Bei der Kaufpreisallokation von Tochterunternehmen sind etwa *fair values* von immateriellen Vermögenswerten oder stillen Reserven in Sachanlagen regelmäßig mithilfe von ermessensbehafteten Bewertungsverfahren zu ermitteln. An die Verlässlichkeit der Wertermittlung sind nach dem *Framework* keine zu hohen Anforderungen zu stellen (F.31). Entsprechendes muss für die Ermittlung und Fortführung von Unterschiedsbeträgen im Rahmen der *at-equity*-Konsolidierung, aber auch für die Ermittlung des Ergebnisanteils vor Fortführung der Unterschiedsbeträge gelten.

Beispiel[21]

X ist seit dem 1.1.02 an aU mit 20 % beteiligt. aU veröffentlicht für 01 und 02 einen HGB-Jahresabschluss. Wesentliche Abweichungen zu IFRS sind in folgenden Positionen zu vermuten: Abschreibbare Sachanlagen werden degressiv abgeschrieben. Die Pensionsrückstellungen (1/4 der Bilanzsumme) werden ohne Berücksichtigung von Gehalts- und Rententrends und mit einem typisierten Zins von 6 % berechnet. Latente Steuern werden nicht berücksichtigt.

Die X hat zunächst die Bedeutung der Sachanlagen (z.B. über den Anteil an der Bilanzsumme) und der mutmaßlichen stillen Reserven (z.B. über die Struktur des Anlagevermögens) zu klären. Ist die Bedeutung niedrig, kann darauf verzichtet werden, für Zwecke der Nebenrechnung die stillen Reserven in den Sachanlagen per 1.1.01 zu ermitteln und sodann über eine durchschnittliche Restnutzungsdauer fortzuführen. Eine Anpassung der degressiven Abschreibung zu Gunsten einer linearen ist dann ebenfalls nicht nötig. Ist die Bedeutung der Sachanlagen hoch, hat die X zunächst bei der aU nach-

21 Nach Freiberg, PiR 2007, S. 260ff.

zufragen, ob für Zwecke der Kostenrechnung auch lineare Buchwerte ermittelt werden oder ob solche Werte (gegen Kostenübernahmezusage) ermittelt werden können. Ist dies der Fall, stellen die linearen Buchwerte i.d.R. eine ausreichende Approximation des Zeitwertes dar. Sind entsprechende Informationen trotz bester Bemühungen nicht zu beschaffen, spricht dies gegen maßgeblichen Einfluss und für den Verzicht auf eine *at-equity*-Konsolidierung.
Auch bei den Pensionsrückstellungen ist zunächst die Wesentlichkeit zu klären. Ist sie gegeben, hat die X zunächst bei der aU nachzufragen, ob gegen Kostenübernahmezusage auch die Werte nach IAS 19 ermittelt werden können. Sind entsprechende Informationen trotz bester Bemühungen nicht zu beschaffen, spricht dies gegen maßgeblichen Einfluss und für den Verzicht auf eine *at-equity*-Konsolidierung.
Liegen die vorgenannten Informationen vor, lässt sich unter der realistischen Prämisse, dass der HGB-Abschluss im Wesentlichen der Steuerbilanz entspricht, aus den stillen Reserven im Anlagevermögen und den Unterschiedsbeträgen bei der Pensionsrückstellung i.d.R. leicht die latente Steuer berechnen.

86 Zusammenfassend sind daher folgende **praktische** Unterscheidungen geboten:

- Für **unwesentliche** Beteiligungen kann auf Basis von Kosten-Nutzen-Überlegungen auf eine eigene Schätzung der Konzernwerte verzichtet werden. Allerdings ist für unwesentliche Beteiligungen bereits der Einbezug in den Konsolidierungskreis aus Kosten-Nutzen-Überlegungen fraglich.
- Bei **wesentlichen** Beteiligungen werden die jeweiligen nationalen Vorschriften zur Publizität oder zum Gesellschaftsrecht i.d.R. sicherstellen, dass ein Abschluss nach nationalem Recht zu erhalten ist. Sind wesentliche Abweichungen zu den IFRS nicht zu erwarten, kann eine *at-equity*-Konsolidierung auf Basis dieses Abschlusses angewandt werden. Sind größere Abweichungen in wesentlichen Positionen zu erwarten, müssen ergänzende Informationen zur eigenen Ermittlung eines angepassten Ergebnisses abgefragt werden. Hat diese Abfrage trotz bester Bemühungen (Zusage zur Kostenübernahme usw.) keinen Erfolg, kann i.d.R. unter Berufung auf fehlenden maßgeblichen Einfluss auf eine *at-equity*-Konsolidierung verzichtet werden. Die besten Bemühungen sollten allerdings bereits bei Begründung der Beteiligung (insbesondere durch Teilnahme als Gründungsgesellschafter) angewandt werden.
- Bildet das **wesentliche** Beteiligungsunternehmen selbst einen **Konzern**, erstellt aber nach nationalem Recht nur einen Einzelabschluss, stellt sich die Frage, ob die *at-equity*-Konsolidierung auf Basis dieses (angepassten) Einzelabschlusses erfolgen kann oder – wie in IAS 28.21 vorgesehen – ob die Erstellung eines Konzernabschlusses notwendig ist. U. E. hängt dies vom Einzelfall ab. Ist das Beteiligungsunternehmen selbst operativ tätig und im Verhältnis zu seinen Tochterunternehmen sehr groß, kann der Einzelabschluss ausreichen. Ist das Beteiligungsunternehmen eine reine Holding und resultiert das Konzernergebnis aus den Tätigkeiten seiner Tochterunternehmen, stellt der Einzelabschluss keine ausreichende Basis dar. In diesem Fall wäre wiederum nachzuweisen, dass trotz bester Bemühungen (Zusage zur Kostenübernahme etc.) kein Konzernabschluss zu erlangen ist.

Im Zeitablauf kann sich die Informationslage verbessern, etwa dann, wenn ein zunächst nur nach HGB bilanzierendes (und auf dieser Basis konsolidiertes) assoziiertes Unternehmen seine eigene Rechnungslegung auf IFRS umstellt. U. E. gilt für den sich durch diese Umstellung ergebenden Differenzbetrag: 87

- Der Übergang vom HGB- zum IFRS-basierten *equity*-Buchwert kann im Konzernabschluss (der Obergesellschaft) als Methodenänderung und damit retrospektiv dargestellt werden.
- Die Eröffnungsbilanzwerte des Vorjahres sind im Konzern anzupassen und in der Bilanz (3-Spalten-Format) dazustellen.
- In der Konzern-GuV des laufenden Jahres wird nur das periodengerechte Ergebnis aus dem assoziierten Unternehmen berücksichtigt.[22]

5.9 Bewertung von *equity*-Beteiligungen bei Verlusten

5.9.1 Ergebnisfortschreibung bis Buchwert null

Im Falle **dauernder Verluste** des assoziierten Unternehmens würde die Ergebnisfortschreibung des Beteiligungsansatzes ab einem bestimmen Zeitpunkt zu einem **negativen Wertansatz** führen. IAS 28.29f. bestimmt hierzu Folgendes: 88

- Soweit der Anteil eines Anteilseigners an den Verlusten des assoziierten Unternehmens zu einem negativen *equity*-Wert führen würde, ist die Einbeziehung von Verlusten bei der bilanziellen Wertermittlung regelmäßig einzustellen. Die Anteile werden mit einem **Buchwert von null** ausgewiesen.
- Die **überschießenden Verluste** werden **in einer Nebenrechnung** festgehalten. Die in der Folgezeit erzielten Gewinne werden zunächst in dieser Nebenrechnung zur Verlustverrechnung verwendet. Erst wenn sie den überschießenden Verlustanteil übersteigen, werden sie dem Beteiligungswert wieder zugeschrieben.[23]

Beispiel

I leistet bei der Gründung des Beteiligungsunternehmens aU eine Einlage von 80. Die anteilig auf I anfallenden Jahresergebnisse betragen in den ersten beiden Jahren jeweils -50 und im dritten Jahr +50.

- Ende 01 beträgt der *equity*-Ansatz 80–50 = 30.
- Der Verlust des zweiten Jahres ist daher nur bis zur Höhe von 30 zu berücksichtigen.
- Der überschießende, nicht berücksichtigte Betrag von 20 wird per 31.12.02 in einer Nebenrechnung festgehalten.
- Er wird im Geschäftsjahr 03 wirksam und mindert dort die Ergebniszuschreibung von 50 auf 30.

Wegen der erforderlichen **Angaben** vgl. Rz 121.

---

22 Ausführliches Beispiel bei LÜDENBACH, PiR 2009, S. 279ff.

23 Kritisch zum Aussetzen NIEHUES: HdJ Abt. V/3, Tz 202: „Zweifel erscheinen deshalb angebracht, ob ein Suspendieren der anteiligen Verlustverrechnung dem Grundgedanken eines Verfahrens gerecht wird, das darin besteht, zeitgleich die Ergebnisse des assoziierten Unternehmens zu vereinnahmen, jedoch dies nur so lange zu tun, wie Gewinne erzielt werden oder zumindest die Verluste den Bilanzansatz nicht übersteigen."

5.9.2 Berücksichtigung überschießender Verluste in Haftungsfällen

89 Die Berücksichtigung überschießender Verluste ist nach IAS 28.30 ausnahmsweise insoweit zulässig und geboten, als der Investor gesellschafts- oder schuldrechtlich **haftet** bzw. aufgrund einer entsprechenden Haftung schon **Zahlungen** geleistet hat. Im Haftungsfall wird der Verlust vorrangig gegen einen **Passivposten** (Verbindlichkeit bzw. Rückstellung) gebucht.[24] Bei schon geleisteter Zahlung kommt nur die **Abschreibung der Forderung auf den Aufwendungsersatzanspruch** gegen die Gesellschaft in Frage, u. U. auch unter Verstoß gegen das Einzelbewertungsprinzip.

Beispiel
I ist als persönlich haftender Gesellschafter an der aU OHG beteiligt. aU ist aufgrund eines vorübergehenden Liquiditätsengpasses nicht in der Lage, Kreditor K zu bedienen. K nimmt daher I in Anspruch. Die Zahlung von I begründet einen Aufwendungsersatzanspruch gegen aU gem. § 110 Abs. 1 HGB. Die Forderung auf den Aufwendungsersatz ist gem. IAS 28 mit dem überschießenden Verlustanteil zu belasten. Dies gilt auch dann, wenn der Aufwendungsersatzanspruch z. B. wegen Absicherung durch die Mitgesellschafter, dinglicher Sicherung oder positiver Zukunftsaussichten des Beteiligungsunternehmens voll werthaltig ist.

5.9.3 Berücksichtigung eigenkapitalsubstituierender Finanzierungen[25]

5.9.3.1 Ausdehnung des Verlustverrechnungsvolumens

90 Das mit Verlusten belastbare Interesse *(interest)* des Investors im assozierten Unternehmen umfasst nach IAS 28.29 „*any long-term interest that, in substance, forms part of the investor's net investment in the associate.*" Ein vom Investor gewährter **zusätzlicher Finanzierungsbeitrag** (Darlehen, stille Beteiligung usw.) soll diese Voraussetzungen „z. B."*(for example)* dann erfüllen, wenn eine Tilgung weder geplant noch in der absehbaren Zukunft *(forseeable future)* wahrscheinlich ist.

Neben diesem allgemeinen Hinweis enthält IAS 28 eine spezifische Beispielliste. **Teile des *net investment*** können sein:

- *preferred shares* (gemeint ist wohl der angelsächsische Typ rückzahlbarer Vorzugsaktien),
- **langfristige Forderungen (Darlehen),**

jedoch **nicht**

- **Forderungen aus Lieferungen und Leistungen** und
- Forderungen/Darlehen, die adäquat **dinglich gesichert** sind.

---

[24] Nach IAS 28 (2000) war nicht ganz eindeutig, ob statt eines Schuldpostens ein negativer Beteiligungsbuchwert anzusetzen ist. Für einen solchen Negativwert sprechen sich etwa aus: BAETGE/BRUNS/KLAHOLZ (Fn 1), IAS 28, Tz 146. IAS 28.30 sieht hingegen u. E. klarstellend die Berücksichtigung als Schuldposten vor.

[25] Vgl. zum Nachfolgenden, auch im ausführlichen Rechtsvergleich mit HGB und US-GAAP, LÜDENBACH/FROWEIN, DB 2003, S. 2449 ff.

Die beiden ausgeschlossenen Fälle sind in Verbindung mit der allgemeinen Formulierung u. E. so zu interpretieren: Einzubeziehen sind nur Darlehen und andere Forderungen, die **aus funktionaler (nicht notwendig aus rechtlicher) Sicht Eigenkapital substituieren,** d. h. der langfristigen Finanzierung des assoziierten Unternehmens dienen und durch Verzicht auf dingliche Sicherung externe Finanzierungsmöglichkeiten des assoziierten Unternehmens nicht einschränken. Der rechtliche Status ist nur insoweit wichtig, als es um die **Reihenfolge** der Verlustverrechnung geht. IAS 28.29 sieht eine Verlustverrechnung in Reihenfolge der Seniorität (d. h. umgekehrt zur Priorität im Liquidationsfall) vor.

5.9.3.2 Auswirkungen auf die Höhe des festzustellenden Verlustes

Die Ausdehnung des Verlustverrechnungsvolumens auf zum Eigenkapital komplementäre Vermögenswerte sagt noch nichts über die **Höhe** des insgesamt zu berücksichtigenden Verlustes aus. **Zwei Varianten** bieten sich an: 91

- Für die Höhe des Verlustes aus der *equity*-Beteiligung ist **allein** die Beteiligung des Investors am **Eigenkapital** maßgeblich. Die eigenkapitalsubstituierenden Finanzierungen dienen nur der Erweiterung der Verrechnungsmöglichkeit dieses Verlustes für den Fall, dass der Beteiligungsbuchwert bereits null beträgt.
- Der beim Investor zu berücksichtigende Verlustanteil ist nicht nur abhängig von seinem Anteil an der Eigenkapitalfinanzierung des assoziierten Unternehmens, sondern umso höher, je höher sich sein Anteil an der **gesamten** Eigenkapital- und eigenkapitalsubstituierenden **Finanzierung** darstellt.

Das nachfolgende Beispiel zeigt den Unterschied beider Ansätze:

Beispiel

I gründet mit anderen Investoren das Unternehmen aU gegen Bareinlage ohne Agio. Vom gezeichneten Kapital von 120 übernimmt A 40. aU erwirtschaftet im ersten Jahr einen Verlust von 400, der zu 120 aus den Einlagen, zu 280 aus einem von A gewährten nachrangigen Darlehen finanziert wird. Die anderen Gesellschafter gewähren keine Darlehen.

Erste Variante

Der bei I zu berücksichtigende Verlustanteil beträgt 1/3 von 400 = 133. Davon sind 40 gegen die Beteiligung und 93 gegen das Darlehen zu verrechnen.

Zweite Variante

Der bei I zu berücksichtigende Verlustanteil beträgt 40 aus dem Eigenkapital und 280 aus dem Darlehen, also insgesamt 320. Dies entspricht 80 % des Verlustes von aU und damit auch dem einschlägigen Finanzierungsanteil von I, der sich auf 320/400 = 80 % beläuft.

Aus IAS 28.12 ergibt sich ein Hinweis auf **Bevorzugung** der **ersten** Methode. Der Ergebnisanteil ist danach auf Basis des *ownership interest* (d. h. des Eigenkapitalanteils) zu bestimmen. Die vergleichbare amerikanische Vorschrift, EITF

Issue 98–10[26] hält demgegenüber in Tz 3 fest, „*that an investor should not recognise equity method losses based solely on the percentage of the investee common stock held by the investor*". Die amerikanische Auffassung ist u.E. konsequenter. Wenn im Rahmen einer wirtschaftlichen Betrachtungsweise die eigenkapitalsubstituierenden Finanzierungen als Teil des Gesamtinvestments interpretiert und der Beteiligung gleichgestellt werden, sollte sich die Funktion der eigenkapitalsubstituierenden Komponenten nicht in einer Art Auffangbecken für überschießende Verluste erschöpfen. Die Gleichstellung müsste vielmehr auch beim Umfang des insgesamt zuzurechnenden Verlustanteils die anderen Finanzierungskomponenten einbeziehen.

5.9.4 Komplikationen bei Erst-, Ent- und Übergangskonsolidierung

92 Die Ausdehnung der Verlustberücksichtigung über den Beteiligungsansatz hinaus führt zu Wertansätzen, die sich mit dem **Einzelbewertungsprinzip** nicht mehr vertragen. Dies gilt insbesondere dann, wenn die eigenkapitalsubstituierenden Finanzierungsformen (Darlehen, Genussrechte etc.; Rz 90) unabhängig von der Werthaltigkeit des Investments mit Verlusten belastet werden.

In SIC 20 als Ausführungsbestimmung zu IAS 28 (2000) wurde dieser Konflikt noch gesehen und deshalb die Verlustberücksichtigung auf solche Finanzierungsinstrumente begrenzt, die ein unbeschränktes Recht auf Beteiligung an den Ergebnissen des Unternehmens und ein residuales Eigenkapitalinteresse verkörpern (SIC 20.5) Neben dem Eigenkapitalanteil kamen hierfür nur echte Genussrechte, atypische Beteiligungen o.Ä., dem Eigenkapital weitgehend angenäherte Positionen, jedoch nicht Darlehen, infrage. Für Darlehen und andere finanzielle Interessen des Investors sollten hingegen die üblichen Bewertungsregelungen, insbesondere die zum *impairment* nach IAS 39, gelten (SIC 20.8).

In IAS 28 ist ein solcher Vorbehalt nicht mehr erkennbar. Dieses Vorgehen führt nicht unbedingt zu Wertungswidersprüchen. Das IFRS-*Framework* kennt keinen expliziten und durchgehenden Grundsatz der Einzelbewertung. Ein solcher lässt sich auch nicht implizit den vorrangig auf die Bewertung einzelner Positionen *(items)* konzentrierten Bewertungsmaßstäben nach F.100 entnehmen. Gegen eine solche implizite Annahme eines Einzelbewertungsprinzips würden z.B. Vorschriften zur außerplanmäßigen Abschreibung *(impairment)* sprechen. Denn diese beruhen gerade auf der Annahme der Wertminderung einer ganzen Gruppe von Vermögenswerten (*cash generating units*; → § 11 Rz 83ff.).

Der **Verzicht auf Einzelbewertung** hat Bedeutung für die **vollständige Entkonsolidierung** (→ § 32) einer Beteiligung an einem assoziierten Unternehmen:

- Mit der Beendigung der *equity*-Methode entfällt die spezielle Rechtsgrundlage für die Berücksichtigung von Verlusten bei Darlehen usw.
- Soweit diese werthaltig sind, müssen die Darlehensforderungen u.E. **nach allgemeinen Grundsätzen** nunmehr wieder mit dem vollen Betrag ausgewiesen werden.
- Die erforderliche **Zuschreibung auf die Forderung** ist u.E. nicht separat, sondern als Teil des Entkonsolidierungserfolgs auszuweisen.

---

[26] EITF Issue 98–10, Percentage Used to Determine the Amount of Equity Method Losses. Zu den dabei verwendeten Methoden LÜDENBACH/FROWEIN, BB 2003, S. 2449ff.

Beispiel

Sachverhalt

- V beteiligt sich in 01 als Gründungsgesellschafter mit 20 %, entsprechend 200 TEUR, an aU.
- In 01 bis 03 beträgt der Verlustanteil aus aU insgesamt 250 TEUR. Hiervon werden 50 TEUR gegen ein von V gewährtes Darlehen verrechnet, für das bei isolierter Betrachtung kein Wertberichtigungsbedarf gegeben wäre.
- Anfang 04 veräußert V seine Beteiligung für 10 TEUR an E.

Lösung

- Ohne Berücksichtigung des Darlehens ergibt sich ein Entkonsolidierungserfolg von 10 TEUR (Erlös 10 minus Buchwert 0).
- Die Entkonsolidierung bedingt aber eine Zuschreibung beim Darlehen.
- Sie ist u. E. nicht als Ertrag aus Auflösung einer Wertberichtigung zu berücksichtigen, sondern führt zu einer Erhöhung des Entkonsolidierungserfolgs auf 60 TEUR.

Ein entsprechendes Vorgehen ist bei **Teilveräußerung mit Statuswechsel** (Rz 104 ff.) geboten.

Die Behandlung der **Teilveräußerung ohne Statuswechsel** (z. B. 20 % einer bisherigen 40-%-Beteiligung werden veräußert) ist **unklar.** Einerseits bleibt die Rechtsgrundlage für die Wertberichtigung der eigenkapitalsubstituierenden Darlehen bestehen. Andererseits entfällt rechnerisch der Teil der „Wertberichtigung" auf den abgehenden Anteil. Der zweite Aspekt spricht u. E. dafür, eine Zuschreibung unter Anpassung des Abgangserfolgs nach Maßgabe des Verhältnisses des abgehenden Anteils vorzunehmen.

Zusammenfassend lässt sich festhalten:

- Die laufende Berücksichtigung überschießender Verluste bei eigenkapitalsubstituierenden Finanzierungsformen (Rz 90) führt bei der Entkonsolidierung zu Komplikationen.
- Für die Lösung des Problems finden sich in IAS 28 keine Hinweise.
- U. E. ist es bei vollständigen Veräußerungen und Veräußerungen mit Statuswechsel angezeigt, unter Anpassung des Entkonsolidierungserfolgs zur Einzelbewertung der Darlehen etc. zurückzukehren.
- Bei der Veräußerung ohne Statuswechsel sind unterschiedliche Lösungen vertretbar.

Werden nach Fortschreibung des *equity*-Wertes auf null und Festhalten über- 93
schießender Verluste in einer Nebenrechnung neue **Anteile hinzuerworben**, erhöhen deren Anschaffungskosten das Verlustausgleichsvolumen. Die Verluste der Nebenrechnung sind insoweit erfolgswirksam mit den Neuanteilen zu verrechnen.[27]

5.9.5 Außerplanmäßige Abschreibungen auf *equity*-Beteiligungen

Da ein Konzern nicht auf sich selbst abschreiben kann, sind außerplanmäßige 94
Abschreibungen auf *equity*-Beteiligungen dogmatisch nur dann zu begründen,

[27] HAYN, in: BECK'SCHES IFRS-Handbuch, 3. Aufl., 2009, § 36, Tz 103.

wenn die *equity-Methode* jedenfalls **nicht ausschließlich** als ein **Konsolidierungs**verfahren, sondern mindestens auch als ein Verfahren der Beteiligungs**bewertung** gilt. IAS 28 folgt diesem Gedanken und enthält daher Regelungen zur**außerplanmäßigen Abschreibung**.

Die Regeln sehen ein **zweistufiges Verfahren** vor, das durch folgende Besonderheit gekennzeichnet ist:

- Stufe 1: **Ob** ein außerplanmäßiger Abschreibungsbedarf gegeben sein könnte, beurteilt sich nach **IAS 39** (IAS 28.31; → § 28 Rz 161ff.).
- Stufe 2: Wenn eine entsprechende Indikation vorliegt, ist der Stichtagswert zu ermitteln. Diese Ermittlung des **Umfangs** des Abschreibungsbedarfs folgt jedoch gem. IAS 28.33 den Regeln von **IAS 36**, d.h., maßgeblich ist nicht der *fair value*, sondern der *recoverable amount* (→ § 11 Rz 26ff.), also der höhere Wert aus
  - Nettoveräußerungspreis *(fair value less costs to sell)* und
  - Nutzungswert *(value in use)*.

Diese Mischung der Regeln berücksichtigt die **Zwitterstellung** von Anteilen an assoziierten Unternehmen, Tochterunternehmen (soweit nicht voll konsolidiert) und *joint ventures* (soweit nicht quotal konsolidiert): Sie sind Finanzinstrumente, auf die jedoch IAS 39 nur dann anzuwenden ist, wenn die Bewertung ausnahmsweise zum *fair value* erfolgt (IAS 39.2a; → § 28 Rz 11). Die Bewertungsregeln von IAS 39 sind daher auf andere Finanzinstrumente, jedoch nicht auf *equity*-Investments anzuwenden (IAS 36.9ff.).

Für die nach IAS 39 maßgeblichen Kriterien der Stufe 1 wird auf → § 28 Rz 159ff. verwiesen.

Zur vorzunehmenden Nutzungswertbestimmung der Stufe 2 enthält (abgesehen von Veräußerungsfällen) IAS 28.33 konkretisierende Regeln. Der **Nutzungswert (*value in use*)** kann wahlweise bestimmt werden:

- aus dem Barwert der anteilig dem Investor zuzurechnenden zukünftigen *cash flows* des assoziierten Unternehmens oder
- aus dem Barwert der erwarteten **Ausschüttungen** des assoziierten Unternehmens,

jeweils ergänzt um den Barwert erwarteter Anteile am Liquidationserlös.

Nach IAS 28.33 liefern bei passenden Prämissen *(appropriate assumptions)* beide Methoden den gleichen Wert. Da die Gleichheit der Werte tatsächlich die Annahme einer Vollausschüttung voraussetzt, ist der Hinweis u.E. so zu verstehen: Auf die tatsächlichen Verhältnisse kommt es nicht an. Die Vollausschüttungsannahme kann daher auch dann angewendet werden, wenn sie den realen Erwartungen widerspricht.

95 Der Bedarf für eine außerplanmäßige Abschreibung ist im Allgemeinen auf der Basis einer **Einzelbewertung** zu ermitteln, es sei denn, die *cash flows* aus dem entsprechenden assoziierten Unternehmen sind nicht größtenteils unabhängig von den *cash flows* anderer Vermögenswerte (IAS 28.34). Im zweiten Fall ist die Wertminderung gegebenenfalls auf der Ebene der Zahlungsmittel erzeugenden Einheit *(cash generating unit)* zu beurteilen (→ § 11 Rz 98ff.).

Soweit ein Abschreibungsbedarf festgestellt ist, muss noch die Frage der **Verteilung** des Abschreibungsbetrages geklärt werden. Der *equity*-Ansatz repräsentiert den Anteil des Investors an dem Vermögen des Beteiligungsunternehmens einschließlich eines derivativen *goodwill* und erworbener stiller Reserven. Für den weiteren Wertverlauf nach außerplanmäßiger Abschreibung ist daher von Bedeutung, welche dieser Komponenten vorrangig belastet wird. Nach der Fassung von IAS 28.33 vor Folgeänderungen durch IFRS 3 war in der Nebenrechnung zum Beteiligungsansatz zunächst und **vorrangig** der *goodwill* abzuschreiben. Dies entsprach den allgemeinen Regeln von IAS 36. Auch wenn in der Folgeänderungsfassung vom 31. März 2004 IAS 28.33 nicht mehr auf die vorrangige *goodwill*-Abschreibung hinweist, scheint ein solches Vorgehen gleichwohl weiterhin sachgerecht.[28]

Im Rahmen des *Annual Improvements Project* 2008 ist IAS 28.33 jedoch um zwei Sätze ergänzt worden. Der zweite Satz betrifft Wertaufholungen (Rz 97), der erste außerplanmäßige Abschreibungen und lautet wie folgt:

„An impairment loss ... is not allocated to any asset, including goodwill, that forms part of the carrying amount of the investment in the associate."

Diese Neuregelung gibt der Praxis Steine statt Brot. Der Verzicht auf die Allozierung stellt in allen Fällen, in denen das *impairment* nicht zu einer Abschreibung führt, die mindestens der Summe aus stillen Reserven und *goodwill* entspricht, eine Scheinlösung dar. Es bleibt dann bei der Notwendigkeit, über die Fortschreibung der stillen Reserven zu entscheiden. Diese Entscheidung setzt Klarheit über den Bestand der stillen Reserven nach *impairment* und damit über die Allozierung des Wertminderungsbetrags voraus.

Beispiel

Am 1.1.01 erwirbt I einen Anteil von 20 % an aU für 100. Der Anteil am IFRS-Buchvermögen der aU beträgt 50, derjenige an den stillen Reserven 25, der *goodwill* somit ebenfalls 25. Die stillen Reserven sind über 5 Jahre aufzulösen. Das Ergebnis 01 und 02 der aU ist null, der planmäßig um die Auflösung der stillen Reserven fortgeführte *equity*-Ansatz auf den 31.12.01 beträgt somit 95. Der erzielbare Betrag *(recoverable amount)* ist zum gleichen Zeitpunkt nur noch 75.

Fraglich ist die planmäßige Fortentwicklung des *equity*-Ansatzes in 02.

Nach bisheriger Rechtslage wäre die außerplanmäßige Abschreibung des Jahres 01 voll gegen den *goodwill* verrechnet worden. Die stillen Reserven wären nicht betroffen gewesen und hätten in 02 planmäßig um 5 fortgeschrieben werden können.

Nach neuer Rechtslage wird die außerplanmäßige Abschreibung nicht auf *„any asset"* verteilt. Gleichwohl besteht die Notwendigkeit einer planmäßigen Fortschreibung des Ansatzes von 75 in 02. Hierzu müssen Annahmen getroffen werden, ob die stillen Reserven per 31.12.01 noch „unversehrt" waren (dann planmäßige Abschreibung der stillen Reserven in 02 in Höhe von 20/4 = 3), ob sie anteilig durch die außerplanmäßige Abschreibung 01 belastet waren (dann planmäßige Abschreibung 02 in Höhe von 10/4 = 2,5). Eine explizite Antwort gibt die Neufassung des Standards nicht. Wörtlich genommen impliziert sie, dass die außerplanmäßige Abschreibung weder die stillen Reserven noch den *goodwill* tangiert, sondern umverteilt, also als (nicht offen ausgewiesener) negativer Unterposten (Wertberichtigung) Teil des *equity-*

28 So auch THEILE/PAWELZIK, in: HEUSER/THEILE, IFRS-Handbuch, 4. Aufl., 2009, Tz 3676.

Ansatzes wird. Dieser wörtlichen Auslegung folgend wären die stillen Reserven also als unversehrt anzusehen. Eine solche Auslegung macht aber jedenfalls dann wenig Sinn, wenn die außerplanmäßige Abschreibung sowohl *goodwill* als auch stille Reserven abdecken würde, im Beispiel also 45 statt 20 betrüge.

Angesichts der im Beispiel dargelegten Probleme der Neufassung besteht u. E. ein faktisches Wahlrecht:

- Erfassung der Abschreibung als (nicht offen ausgewiesener) negativer Unterposten (Wertberichtigung) des *equity*-Ansatzes, Fortschreibung der stillen Reserven wie bisher,
- begründete und konsistent durchgehaltene Umlegung der außerplanmäßigen Abschreibung auf *goodwill* und stille Reserven mit Anpassung der Fortschreibung der stillen Reserven.

96 Strittig ist, ob ein außerplanmäßiger Abschreibungsbetrag in der GuV als Teil des *equity*-Ergebnisses oder separat auszuweisen ist. Für die erste Auffassung spricht die Platzierung der *impairment*-Regeln im Kapitel „Anwendung der *equity*-Methode“, für die zweite, dass IAS 39.31 von einer *impairment*-Prüfung „nach Anwendung der *equity*-Methode“ spricht.

97 Unklar war bisher nicht nur die Allozierung der außerplanmäßigen Abschreibung (Rz 95), sondern auch das Vorgehen bei **späterer Wertaufholung**. Nach einer Auffassung war die Zuschreibung in analoger Anwendung von IAS 36.124 dadurch limitiert, dass ein einmal abgeschriebener *goodwill* nicht zugeschrieben werden darf.[29] Die Gegenauffassung verneinte eine solche Limitierung. Da über ein *impairment* der Wert der gesamten *equity*-Beteiligung entscheide, könne umgekehrt auch für die Bestimmung eines Wertaufholungsbetrags keine Separierung in *goodwill* und andere Komponenten vorgenommen werden.[30] Klare Argumente für die Bevorzugung eines der beiden Standpunkte ergaben sich aus IAS 28 und IAS 36 nicht. Beide Auffassungen waren daher vertretbar.

Beispiel
Sachverhalt

Am 1.1.01 wird der Anteil an aU für 100 angeschafft. Hiervon werden 40 dem *goodwill* zugerechnet.

Das Ergebnis aus aU beträgt +20 in 01 und –20 in 02. Am 31.12.02 wird ein *impairment*-Test vorgenommen (→ § 11 Rz 10) und die Beteiligung auf 0 abgeschrieben.

In 03 gelingt die Stabilisierung des Unternehmens. Das Ergebnis aus aU beträgt 0. Für die Zukunft werden wieder Ergebnisse in der Größenordnung von + 25 erwartet. Der *value in use* der Beteiligung (→ § 11 Rz 36) wird daher per 31.12. 03 auf 120 geschätzt.

---

29 Heuser/Theile, IFRS-Handbuch, 3. Aufl., 2007, Tz 3533.

30 Ernst & Young, International GAAP 2008, S. 702.

> **1. Auffassung**
> Die Zuschreibung ist auf 60 limitiert, da für den im ursprünglichen Abschreibungsbetrag von 100 mit 40 enthaltenen *goodwill* ein Zuschreibungsverbot besteht.
>
> **2. Auffassung**
> Die Zuschreibung entspricht mit 100 dem ursprünglichen Abschreibungsbetrag

Im Rahmen des *Annual Improvements Project* 2008 (Rz 95) ist IAS 28.33 noch um einen zweiten Satz ergänzt worden: 98
„Accordingly, any reversal of that impairment loss is recognised in accordance with IAS 36 to the extent that the recoverable amount of the investment subsequently increases.“
Danach ist die Limitierung der Zuschreibung durch die vorherige außerplanmäßige Abschreibung des im *equity*-Ansatz enthaltenen *goodwill* entfallen. Im Beispiel unter Rz 97 ist also nur noch die Lösungsalternative 2 zugelassen.

5.10 Kapitalerhöhung und -herabsetzung

Ohne Wirkung auf den Beteiligungs- bzw. *equity*-Ansatz sind **Kapitalerhöhungen** des assoziierten Unternehmens **aus Gesellschaftsmitteln**, da insofern lediglich eine Umgliederung innerhalb des Eigenkapitals des assoziierten Unternehmens stattfindet. 99

Bei einer **Kapitalerhöhung gegen Einlage** ist wie folgt zu unterscheiden: 100

- Das beteiligte Unternehmen nimmt im Umfang seiner bisherigen (und zukünftigen) Quote, d.h. **beteiligungsproportional**, an der Kapitalerhöhung teil: Der *equity*-Ansatz erhöht sich, weitere Folgen hat die Kapitalerhöhung nicht.
- Das beteiligte Unternehmen nimmt **überproportional** (aber ohne Statusänderung; Rz 103) an der Kapitalerhöhung teil: Der *equity*-Ansatz erhöht sich. Die Erhöhung der Beteiligungsquote führt wie ein Kauf neuer Anteile zu einer neuen Erstkonsolidierung mit Ermittlung der anteiligen stillen Reserven und des *goodwill.*
- Das beteiligte Unternehmen nimmt **unterproportional** (aber ohne Statusänderung; Rz 103) an der Kapitalerhöhung teil: Hier ist zu untersuchen, wie sich die Zunahme des bilanziellen Eigenkapitals durch die Einlage und den Rückgang der Beteiligungsquote an diesem Eigenkapital wertmäßig zueinander verhalten.

Hierzu folgendes Beispiel: 101

> **Beispiel**
> Ein Investor ist mit 40 % an Kapital und Stimmrechten eines aU beteiligt, das weder über Rücklagen noch Gewinnvorträge verfügt.
> Das buchmäßige Eigenkapital des aU (zugleich gez. Kapital) beträgt 100, sein zu Zeitwerten bestimmtes Eigenkapital 150. Die Beteiligung des Investors beträgt somit bezogen auf das buchmäßige Eigenkapital 40, unter Berück-

sichtigung der stillen Reserven jedoch 60. Der *equity*-Wertansatz beim Investor beträgt 52 (davon 12 noch nicht aufgelöster *goodwill*).
Durch eine Kapitalerhöhung werden dem aU Mittel von 150 (davon 100 gez. Kapital und 50 Agio) zugeführt. Der Investor nimmt an der Kapitalerhöhung nicht teil. Seine Beteiligungsquote sinkt auf 20 % (= 40/200).
Nach Kapitalerhöhung ist er somit
- zu Buchwerten mit 20 % × 250 = 50 (plus 10),
- zu Zeitwerten mit 20 % × 300 = 60 (unverändert)

beteiligt.
Folgende Lösungen kommen infrage:
Betrachtung nur des höheren anteiligen buchmäßigen Eigenkapitals: Erfolgsbuchung „Beteiligung 10 an Ergebnis aus aU 10"
Betrachtung auch der Beteiligungsminderung durch Abgang von 20/40. Bei noch nicht abgeschriebenem, d.h. noch im Beteiligungsansatz enthaltenem *goodwill* und stillen Reserven daher zusätzliche Buchung in Höhe von 12 × 20/40 = 6 „Ergebnis aus aU 6 an Beteiligung 6", somit insgesamt Erhöhung des Beteiligungsansatzes um 4.
Beide Lösungen sind u.E. zulässig, da es an expliziten Vorschriften fehlt.

102 Bei **Kapitalherabsetzungen** ist ebenfalls zwischen einer Umgliederung und einer effektiven Variante zu unterscheiden.
- Bei der **vereinfachten** Kapitalherabsetzung zur Verlustdeckung kommt es nur zur Umgliederung innerhalb des Eigenkapitals. Auswirkungen auf den *equity*-Ansatz ergeben sich nicht.
- Bei der **effektiven** Kapitalherabsetzung kommt es i.H.d. Herabsetzungsbetrags zu einer erfolgsneutralen Minderung des Beteiligungsansatzes (Aktivtausch: per Geld an *equity*-Beteiligung).

6 Erwerb und Veräußerung von Anteilen

6.1 Erwerb weiterer Anteile

6.1.1 Erwerb ohne Statuswechsel

103 Beim Erwerb weiterer Anteile ohne Statuswechsel (das Unternehmen **war** und **ist** assoziiert) ist für den Hinzuerwerb konzernbilanziell eine neue Erstkonsolidierung durchzuführen (Rz 36ff.).

6.1.2 Einfache Beteiligung wird zu assoziiertem Unternehmen

104 Durch den Erwerb zusätzlicher Anteile kann aus einer einfachen Beteiligung eine Beteiligung an einem assoziierten Unternehmen werden. Ab dem Zeitpunkt, ab dem die Definition eines assoziierten Unternehmens erfüllt ist, ist konzernbilanziell die *equity*-Methode anzuwenden (IAS 28.23).

105 Fraglich ist, ob die Unterschiedsbeträge für die alten Anteile **retrospektiv** nach Maßgabe ihres Anschaffungszeitpunktes und unter fiktiver Fortschreibung für die Zwischenzeit zu berücksichtigen sind oder ob ihr aktueller Buchwert zum Zeitpunkt der erstmaligen Anwendung der *equity*-Methode mit dem aktuellen Anteil am Eigenkapital des assoziierten Unternehmens zu vergleichen ist.

Nach unserer Auffassung besteht ein Wahlrecht zwischen beiden Methoden. Im Einzelnen wird auf Rz 37ff. verwiesen. 106

6.1.3 Assoziiertes Unternehmen wird zu Gemeinschafts- oder Tochterunternehmen

Wird durch den Erwerb zusätzlicher Anteile aus einem assoziierten Unternehmen ein Tochter- oder Gemeinschaftsunternehmen, so kann im **Einzelabschluss** die **gewählte Bewertungs**methode (Rz 32f.) fortgesetzt werden. 107

Im **Konzernabschluss** ist hingegen ein Wechsel zur Vollkonsolidierung, bei Gemeinschaftsunternehmen je nach Ausübung des dort bestehenden Konsolidierungswahlrechts (→ § 34 Rz 89 und 61) zur proportionalen Konsolidierung geboten. 108

Nach IFRS 3.32 ist dabei der *fair value* der Altanteile als erweiterter Teil der Anschaffungskosten des Tochterunternehmens anzusehen. In Höhe der Differenz zum *equity*-Buchwert entsteht damit ein Erfolg aus den Altanteilen.
Im Einzelnen wird auf → § 31 verwiesen.

6.2 Veräußerung von Anteilen

6.2.1 Veräußerung sämtlicher Anteile (Entkonsolidierung)

Mit der Veräußerung sämtlicher Anteile geht die Beteiligung am assoziierten Unternehmen ab. In der **Differenz** von Veräußerungserlös und Buchwertabgang ergibt sich ein Ertrag oder Aufwand, der konzernbilanziell als sonstiger betrieblicher Ertrag oder Aufwand oder innerhalb des Finanzergebnisses als sonstiges Finanzergebnis ausgewiesen werden kann (Rz 119). Schon vor der Veräußerung kann es zu einer Umklassifizierung und Umbewertung kommen. Wegen Einzelheiten hierzu wird auf Rz 29ff., wegen der Behandlung kumulierter Gesamtergebnisse (*other comprehensive income*) auf Rz 67 verwiesen. 109

6.2.2 Veräußerung ohne Statuswechsel

Werden Teil-Anteile an einem assoziierten Unternehmen ohne Statuswechsel veräußert, können sich Probleme daraus ergeben, dass die veräußerten Anteile ihrerseits nicht sämtlich zu einem einzigen Stichtag, sondern sukzessiv erworben wurden. In diesem Fall stellt sich konzernbilanziell die Frage, ob hinsichtlich der abgehenden Anteile an den stillen Reserven und am *goodwill* eine **Durchschnittsbetrachtung** oder eine **verbrauchsfolgeähnliche Betrachtung** angezeigt ist. Hierzu folgendes Beispiel: 110

Beispiel
Ein Investor hat
- in 01 20 % der Anteile für 60 (bei einem buchmäßigen Eigenkapitalanteil von 50, Unterschiedsbetrag 10),
- in 06 weitere 20 % für 100 (bei einem buchmäßigen Eigenkapitalanteil von 80, Unterschiedsbetrag 20) erworben.

Anfang 11 notieren die Anteile nach Gewinnthesaurierungen aus 08 bis 10 insgesamt mit 200. Der Investor veräußert 20 %, die Hälfte seiner Anteile, für 120.

Sämtliche Unterschiedsbeträge sollen stillen Reserven sein und werden über 20 Jahre abgeschrieben.
Im Beteiligungswert Anfang 11 sind 20 an stillen Reserven enthalten:

- 5 aus 01 (ursprünglich 10, davon ½ abgeschrieben)
- 15 aus 06 (ursprünglich 20, davon ¼ abgeschrieben).

Für die Erfolgsermittlung bestehen folgende Alternativen:

1. Alternative: Durchschnittsbetrachtung
Ertrag = 120 Veräußerungspreis – 100 Abgang Beteiligung = 20.
Vom Buchwertabgang entfallen 10 auf die stillen Reserven. Die verbleibenden stillen Reserven von 10 werden über eine gemittelte Restnutzungsdauer von 12,5 Jahren (Durchschnitt aus 10 und 15) fortgeführt.

2. Alternative: Fifo-Betrachtung
Die alten Anteile gehen ab, d.h. von den stillen Reserven nur 5. Die verbleibenden stillen Reserven von 15 werden über 15 Jahre Restnutzungsdauer abgeschrieben.
Ertrag = 120 Veräußerungspreis – 95 Abgang Beteiligung = 25.

3. Alternative: Lifo-Betrachtung
Die neuen Anteile gehen ab, d.h. stille Reserven von 15. Die verbleibenden Reserven von 5 werden über 5 Jahre Restnutzungsdauer abgeschrieben.
Ertrag = 120 Veräußerungspreis – 105 Abgang Beteiligung = 15.

111 Nach unserer Auffassung[31] ist die **Durchschnittsmethode** im Allgemeinen vorzuziehen, wenn für die Verbrauchsfolgefiktion kein wirtschaftlicher Grund erkennbar ist. Abweichungen von der Durchschnittsmethode sind daher nur bei Identifizierbarkeit der Anteile angezeigt (z.B. beurkundete Aktien, die nicht in Sammelverwahrung sind).

112 Wegen der Behandlung kumulierter Gesamtergebnisse *(other comprehensive income)* gem. IAS 28.19A bei einer Teilveräußerung unter Wahrung des maßgeblichen Einflusses wird auf Rz 67 verwiesen.

6.2.3 Assoziiertes Unternehmen wird zur einfachen Beteiligung

113 Mit dem Verkauf eines Teil-Anteils an einem assoziierten Unternehmen kann ein Statuswechsel (Rz 104ff.) verbunden sein. Beispiel: Die Stimmrechtsquote sinkt von bisher 40 % auf 15 % (Rz 13ff.). Dadurch entsteht (u.U.) eine einfache Beteiligung. Dann ist die *equity*-Bewertung konzernbilanziell einzustellen und zur Bewertung nach IAS 39 überzugehen (IAS 28.18).

114 Ein Erfolg entsteht nach bis 2008/09 geltender Fassung von IAS 28 mit dem Wechsel der Methode nicht. Der Buchwert der Anteile zum Zeitpunkt des Übergangs gilt als **neue Anschaffungskostenbasis** (IAS 28.19).
Als Folgeänderung von IAS 27 rev. 2008 sind IAS 28.18 und 19 neu gefasst. Danach gilt ab 2009/10: Die verbleibenden Anteile sind mit ihrem *fair value* in die Bilanzierung nach IAS 39 zu übernehmen. Unterschiede zum (anteiligen) *equity*-Buchwert sind als Erfolg zu realisieren, kumulierte Gesamtergebnisse

31 So auch BAETGE/BRUNS/KLAHOLZ (Fn 1), IAS 28, Tz 123.

(other comprehensive income) sind gem. IAS 28.19A so aufzulösen, als habe das assoziierte Unternehmen die korrespondierenden Vermögenswerte (oder Schulden) veräußert (Rz 67).
Wegen weiterer Einzelheiten wird auf Rz 31 ff. verwiesen.

6.2.4 Veräußerung verlustreicher Beteiligungen

Zu den Besonderheiten bei der Veräußerung verlustreicher *equity*-Beteiligungen wird auf Rz 92 verwiesen. **115**

7 Latente Steuern

Im Rahmen der *equity*-Konsolidierungen können latente Steuern auf **drei Arten** von temporären Differenzen entstehen (→ § 26 Rz 75 ff.): **116**

- aus der Perspektive des assoziierten Unternehmens **als** *inside basis differences I* zwischen den IFRS- und Steuerbuchwerten der Bilanz dieses Unternehmens;
- aus der Sicht des vom Anteilseigner neu bewerteten assoziierten Unternehmens als *inside basis differences II* auf aufgedeckte stille Reserven (im Rahmen der *equity*-Konsolidierung);
- aus dem Blickwinkel des Anteilseigners als *outside basis differences* zwischen dem *equity*-Ansatz der Beteiligung in der Konzernbilanz des Anteilseigners und dem Buchwert der Beteiligung in der Steuerbilanz.

Zum systematischen Zusammenwirken der drei Differenzarten das folgende Beispiel: **117**

Beispiel

M erwirbt am 1.1.01 einen Anteil von 20 % an aU für einen Preis von 42. aU ist schuldenfrei. Die Aktiva haben einen Wert von 150 in der IFRS-Bilanz von aU (IFRS I) und von 100 in der Steuerbilanz. Ihr Zeitwert ist 200. Sie werden über eine durchschnittliche Restnutzungsdauer von 10 Jahren abgeschrieben. aU erzielt in 01 vor Steuern einen Gewinn von 50 in der IFRS-Bilanz (I). Darin bereits berücksichtigt ist die Abschreibung von 15 (= 150/10). Der Steuerbilanzgewinn beträgt 55, da nur mit Abschreibungen von 10 (100/10) belastet.
In der Steuerbilanz der M wird die Beteiligung an aU zu Anschaffungskosten ausgewiesen. Dividenden und Gewinn aus Anteilsveräußerungen sind steuerpflichtig.
Die Latenzen ermitteln sich wie folgt:

inside basis difference I

	1.1.01		31.12.01	
	100 %	20 %	100 %	20 %
Aktiva IFRS	150,0	30,0	135,0	27,0
Aktiva Steuerbilanz	100,0	20,0	90,0	18,0
inside basis difference I	50,0	10,0	45,0	9,0
	× 40 %	× 40 %	× 40 %	× 40 %
passive latente Steuer	20,0	4,0	18,0	3,6

Konsolidierungs/*inside basis difference II*

	1.1.01			1.1.01	
	100 %	20 %		100 %	20 %
Kaufpreis	210,0	42,0	Ergebnis vor Steuer	50,0	10,0
Aktiva lt. IFRS I	– 150,0	– 30,0	tatsächliche Steuer	– 22,0	– 4,4
passive latente Steuer darauf *(inside basis difference I)*	20,0	4,0	Steuerertrag aus Aufl. pass. Latenz I	2,0	0,4
stille Reserven in Aktiva	– 50,0	– 10,0	Ergebnis gem. IFRS I	30,0	6,0
passive latente Steuer darauf			Auflösung stiller Reserven	– 5,0	– 1,0
(inside basis difference II)	20,0	4,0	Steuerertrag daraus		
goodwill	50,0	10,0	(Aufl. p. Latenz II)	2,0	0,4
			Ergebnis aus *equity*-Beteiligung		5,4
			equity-Ansatz 1.1.		42,0
			equity-Ansatz 31.12		47,4

outside basis difference		
equity-Ansatz	42,0	47,4
Beteiligung in Steuerbilanz	42,0	42,0
outside basis difference	0,0	5,4
	× 40 %	× 40 %
latente Steuer III	0,0	2,2

118 Die Bestimmung der *inside basis differences* ist in der Praxis häufig schwierig, weil die notwendigen Informationen vom assoziierten Unternehmen nicht zur Verfügung gestellt werden. Auch grobe Vereinfachungen können insoweit notwendig sein (Rz 79).

Die Steuerlatenz auf *outside basis differences* hängt wesentlich von der **Rechtsform** des Investors und der des assoziierten Unternehmens ab. Im Einzelnen ist wie folgt zu differenzieren (→ § 26 Rz 75):

- **Beide Kapitalgesellschaften:** Die laufenden und einmaligen Ergebnisse aus dem assoziierten Unternehmen sind wegen § 8b KStG nicht steuerpflichtig (die 5-%-Zurechnung zum Einkommen nach § 8b Abs. 5 KStG vernachlässigt). Evtl. Differenzen zwischen dem steuerbilanziellen Beteiligungsansatz und dem IFRS-Ansatz haben **permanenten Charakter**. Steuerlatenzen entstehen nicht (→ § 26 Rz 16f.).
- **Investor Personengesellschaft, assoziiertes Unternehmen Kapitalgesellschaft:** Beim Investor kommt nur die **Gewerbesteuer** in Betracht (→ § 26 Rz 94). Eine Steuerbefreiung der Dividenden ist hier regelmäßig durch § 9 GewStG gegeben. Latente Steuern ergeben sich i.d.R. auch dann nicht, wenn sich die Steuerbefreiung nicht auf Veräußerungsgewinne erstreckt. Nach IAS 12.39ff. sind latente Steuern nicht anzusetzen, wenn der Investor den Zeitpunkt der Umkehr temporärer Differenzen kontrollieren kann und die Umkehr in der näheren Zukunft nicht wahrscheinlich ist (→ § 26 Rz 73). Aufgrund der Steuerbefreiung der Dividenden – insoweit permanente bzw. *non-taxable* Differenzen – kommt es auf die Kontrolle der Dividendenpolitik

nicht mehr an. Die Umkehrfrage stellt sich nur noch für den Veräußerungsgewinn und kann dort leicht beantwortet werden: Der Investor kontrolliert den Veräußerungs- und damit Umkehrzeitpunkt. Es entstehen dann insgesamt keine latenten Steuern.

- **Beide Personengesellschaft:** Die Ergebnisse des assoziierten Personenunternehmens sind nach Maßgabe von § 15 EStG im Rahmen der sog. Spiegelbildmethode beim Investor unabhängig von der Ausschüttung zu berücksichtigen und zudem eventuelle Abschreibungen auf Firmenwerte und stille Reserven (Ergänzungsbilanz) vorzunehmen. Wegen der Gewerbesteuerfreistellung nach § 9 GewStG ergibt sich trotz dieser Ähnlichkeit zur *equity*-Methode bei Investoren in der Rechtsform des Personenunternehmens eine permanente Differenz zur IFRS-Bilanz. Latente Steuern sind insoweit nicht zu bilden (→ § 26 Rz 93).
- **Investor Kapitalgesellschaft, assoziiertes Unternehmen Personengesellschaft:** Bei der Kapitalgesellschaft fällt Körperschaftsteuer auf das nach der Spiegelbildmethode unter Einbeziehung der Ergänzungsbilanzen ermittelte steuerliche Ergebnis an. Abweichungen zwischen Steuer- und IFRS-Bilanzwert können nicht nur einzelbilanziell bei Ansatz in der IFRS-Einzelbilanz zu Anschaffungskosten oder zum *fair value* entstehen. In dem Maße, in dem sich z.B. die Abschreibungsdauern des *goodwill* und der stillen Reserven nach IFRS einerseits und nach Steuerbilanz andererseits unterscheiden, kann es auch zu Abweichungen zwischen dem konzernbilanziellen *equity*-Wert und dem steuerlichen Spiegelbildwert kommen. Auf die Abweichungen sind latente Steuern zu bilden, es sei denn, der Gesellschaftsvertrag der Personengesellschaft sähe eine dauerhafte Gewinnthesaurierung vor (→ § 26 Rz 84).

8 Ausweis

Gem. IAS 1.68e und 81c sowie IAS 28.38 sind nach der *equity*-Methode bilanzierte Anteile und die daraus resultierenden Ergebnisse in der **Bilanz und GuV gesondert** auszuweisen. 119

- Der Bilanzausweis erfolgt unter Finanzanlagen,
- der GuV-Ausweis i.d.R. innerhalb des Finanzbereichs, vor oder nach dem Posten Beteiligungsergebnis und Zinsergebnis (→ § 2 Rz 70ff.).

Ein außerplanmäßiger Abschreibungsbetrag ist vorzugsweise als Teil des *equity*-Ergebnisses auszuweisen. Unter Berufung auf IAS 1.86 und IAS 28.31 wird z.T. ein separater Ausweis vorgenommen (Rz 95).

Der Anteil des Investors an direkt im Eigenkapital erfassten Ergebnissen des assoziierten Unternehmens (Rz 64) ist im Eigenkapitalspiegel (oder den Erläuterungen dazu) offenzulegen (→ § 20 Rz 2ff.). Wegen des faktischen Ausweiswahlrechts im Eigenkapitalspiegel wird auf Rz 66 verwiesen.

Der Anteil des Investors am Ergebnis aus **aufgegebenen Geschäftsbereichen** 120 *(discontinued operations)* i.S.v. IFRS 5 (→ § 29 Rz 15) unterliegt ebenfalls einem faktischen Ausweiswahlrecht. Nach Maßgabe der *Asset Theory* (Rz 27) ist er im Ergebnis aus assoziierten Unternehmen zu berücksichtigen, nach Maßgabe der *Consolidation Theory* im Konzernabschluss im Anschluss an das Ergebnis aus fortzuführenden Geschäftsbereichen als Ergebnisanteil aus aufgegebenen Geschäftsbereichen von assoziierten Unternehmen auszuweisen.[32]

9 Angaben

121 An Angaben zu Anteilen an assoziierten Unternehmen sieht IAS 28 i. V. m. mit IAS 1 Folgendes vor:

- Angaben zur **widerlegbaren Assoziierungsvermutung**
  - Nennung der Gründe, warum eine Beteiligung von weniger als 20 % doch als assoziiertes Unternehmen (IAS 28.37c) bzw.
  - eine Beteiligung von mehr als 20 % nicht als assoziiertes Unternehmen (IAS 28.37d)

  qualifiziert wurde (Rz 7 ff.).
- Angaben zu *at equity* bilanzierten Anteilen
  - Zusammengefasste *(summarised)* finanzielle Informationen über assoziierte Unternehmen, insbesondere Bilanzsumme, Höhe der Schulden und der Erlöse und Jahresergebnis (IAS 28.37b; Rz 122),
  - Angaben zum Anteil an *discontinued operations* des assoziierten Unternehmens (IAS 28.38),
  - Angabe des *fair value*, falls die Beteiligung börsennotiert ist (IAS 28.37a),
  - Angaben zur Höhe der nicht berücksichtigten überschießenden Verluste (kumuliert und für die Periode; IAS 28.37g; Rz 88 ff.).
  - Angaben zur Verwendung von abweichend datierten Abschlüssen assoziierter Unternehmen einschließlich Begründung (IAS 28.37e; Rz 77 ff.).
- Angaben zu wegen **Veräußerungsabsicht** oder aus **anderen Gründen** nicht *at equity* bilanzierten Anteilen
  - Angabe der Tatsache, dass **nicht** *at equity* bilanziert wurde (IAS 28.37h; Rz 28 ff.).
  - **Zusammengefasste** (*summarised*) finanzielle Informationen, insbesondere Bilanzsumme, Höhe der Schulden und Erlöse und Jahresergebnis (IAS 28.i). Eine Aggregierung zu Gruppen (z. B. nach Regionen oder Branche der assoziierten Unternehmen) ist zulässig. Sofern die Anteile wegen mangelnder Wesentlichkeit nicht *at equity* bilanziert wurden, ist u. E. auch eine **Globalangabe** ausreichend (Rz 123).
- **Sonstige Angaben**
  - Angaben zu Art und Höhe signifikanter Finanzmitteltransferbeschränkungen (IAS 28.37f.; Rz 18),
  - Angaben zu aus der Beteiligung resultierenden Eventualverpflichtungen gem. IAS 37 (IAS 28.40; Rz 89).

Darüber hinaus ist nach IAS 1.108 ff. eine Angabe der für die Anteile angewendeten **Bilanzierungsmethoden** erforderlich, d. h. im Einzelabschluss Angabe, ob assoziierte Unternehmen zu Anschaffungskosten oder zum *fair value* bewertet wurden (Rz 32 ff.).

Auf die **Checkliste „Abschlussangaben“** wird verwiesen (→ § 5 Rz 8).

122 Unter Berücksichtigung der nach § 315a HGB für deutsche IFRS-Anwender notwendigen Aufstellung des Beteiligungsbesitzes (§ 313 Abs. 2 und 4 HGB) ist

32 Vgl. SCHMIDT, PiR 2010, S. 61 ff.

sinnvolle Darstellungsform eine **tabellarische Auflistung** der *at equity* bilanzierten assoziierten Unternehmen mit Angabe von Name, Sitz, Anteils- und gegebenenfalls abweichender Stimmrechtsquote sowie Auflistung der verlangten Angaben i.S. von Bilanz und GuV des assoziierten Unternehmens.

Beispiel
Wesentlich assoziierte Unternehmen werden *at equity* bilanziert. Die Einbeziehung erfolgt auf der Grundlage des jeweils letzten vorliegenden Abschlusses. Soweit sich dabei Abweichungen vom Konzernbilanzstichtag ergeben, ist die Erstellung eines internen Abschlusses auf den Konzernbilanzstichtag aus Praktikabilitätsgründen unterblieben. Nachfolgend eine Aufstellung der *at equity* bilanzierten assoziierten Unternehmen.

Name, Sitz	Kapitalanteil (abw. Stimmrechtsanteil)	letzter Abschluss	Umsatz Ergebnis	Bilanzsumme Schulden
A Ltda Sao Paolo	20 %	31.12.01	100 10	50 40
B Inc. Atlanta	15 % (30 %)	31.12.00	80 4	30 20

Beispiel 123
Unwesentliche Beteiligungen werden nach IAS 39 hilfsweise mit den Anschaffungskosten erfasst. Es handelt sich hierbei um 20 Beteiligungen, die in zusammengefasster Betrachtung quotal mit weniger als 3 % zu Konzernergebnis, Konzernbilanzsumme und Konzerneigenkapital beitragen würden.

10 Anwendungszeitpunkt, Rechtsentwicklung

IAS 28 ist für alle Abschlüsse anzuwenden, deren Berichtsperioden nach dem 1. Januar 2005 beginnen. Eine frühere Anwendung wird empfohlen. 124

Gegenüber der Neufassung unterscheidet sich IAS 28 (2000) wie folgt: 125

- Nach IAS 28 (2000) umfasst das **Bewertungswahlrecht** für den **Einzelabschluss** (Rz 33) auch die *equity*-Methode (Rz 32).
- Die **Verrechnungsbasis**, bis zu der **Verluste** abgezogen bzw. ab der sie zu überschießenden Verlusten werden, umfasst nach IAS 28 (2000) nur solche **langfristigen Forderungen,** die dem Eigenkapital weitgehend angenähert sind (Rz 92).
- *Venture-capital*-Gesellschaften erfassen nach IAS 28 (2000) Anteile an assoziierten Unternehmen und Gemeinschaftsunternehmen konzernbilanziell *at equity*. Nach IAS 28.1 und IAS 31.1 ist ein *fair-value*-Ansatz geboten (Rz 6).

Als Folgeänderung von IAS 27 rev. 2008 sind mit Wirkung ab 2009/10 die Vorschriften zur Ent- und Abwärtskonsolidierung sowie zur Aufwärtskonsolidierung von *equity*-Beteiligungen geändert worden (Rz 108ff.). 126

Das *Annual Improvements Project* 2008 hat technische Fragen der außerplanmäßigen Abschreibung und Wertaufholung neu geregelt (Rz 95ff.). Diese Neuregelung ist ab 1.1.2009 anzuwenden.

11 Zusammenfassende Praxishinweise

127 Als assoziiert definiert IAS 28.2 ein Unternehmen, auf welches der Anteilseigner **maßgeblichen Einfluss** ausübt. Eine 20-%-Beteiligung an den Stimmrechten begründet die widerlegbare Vermutung einer Assoziierung (Rz 7).

128 In der **Einzelbilanz** besteht ein **Wahlrecht**. Die Beteiligung an einem assoziierten Unternehmen kann

- zum *fair value* (IAS 39) oder zu
- Anschaffungskosten

angesetzt werden (Rz 32).

129 **Konzernbilanziell** bestehen **keine Wahlmöglichkeiten**.

- Die in Veräußerungsabsicht erworbenen und gehaltenen Anteile an assoziierten Unternehmen sind zwingend zum *fair value* anzusetzen (Rz 28).
- Im Übrigen ist zwingend *at equity* zu bewerten, d.h. der Bilanzansatz um Ergebnisanteile und die Abschreibung stiller Reserven fortzuschreiben (Rz 58).

Besonderheiten der Fortschreibung des *equity*-Ansatzes ergeben sich bei

- nicht GuV-wirksamen Einkommen des assoziierten Unternehmens (Rz 64),
- Zwischenergebniseliminierung (Rz 72),
- verlustreichen *equity*-Beteiligungen (Rz 88).

130 Bei **Erwerb und Veräußerung** von Anteilen ist zu unterscheiden, ob ein Statuswechsel **stattfindet** (dann Änderung der Bewertungsmethode) oder das Unternehmen vor und nach der Transaktion assoziiert ist (dann teilweise Neu- oder Entkonsolidierung, Rz 103).

131 Nach der *equity*-Methode bilanzierte Anteile und die daraus resultierenden Ergebnisse sind in der Bilanz und GuV gesondert **auszuweisen** (Rz 119). Umfangreiche Offenlegungspflichten bestehen für den **Anhang** (Rz 121).

§ 34 ANTEILE AN JOINT VENTURES

Inhaltsübersicht **Rz**

Vorbemerkung

Schrifttum: DUSEMOND, Quotenkonsolidierung vs. Equity-Methode, Kritische Analyse der Vorteilhaftigkeit anhand praxisrelevanter Kennzahlen, DB 1997, S. 1781 ff.; FREIBERG, Widersprüche bei der Bilanzierung von Einlagen in Gemeinschaftsunternehmen, PiR 2011, S. 24 ff.; HARMS/KNISCHEWSKI, Quotenkonsolidierung vs. Equity-Methode im Konzernabschluss. Ein bilanzpolitisches Entscheidungsproblem, DB 1985, S. 1353 ff.; LÜDENBACH, Bilanzierung der Sacheinlage von Unternehmen oder einzelnen Vermögenswerten, PiR 2006, S. 93 ff.; LÜDENBACH, Joint venture trotz Stimmrechtsmehrheit, PiR 2005, S. 80 ff.; NIEHUS, Die Rechnungslegung der Gemeinschaftsunternehmen, in: WYSOCKI/SCHULZE-OSTERLOH, Handbuch des Jahresabschlusses in Einzeldarstellungen: Abt. VII/1; RUHNKE/KLUGE, Gemeinschaftsunternehmen im Konzernabschluss nach IAS und HGB, RIW 1996, S. 577 ff.; SCHMIDT/LABRENZ, Bilanzierung von Gemeinschaftsunternehmen nach IFRS, KoR 2006, S. 467 ff.

Vorbemerkung

Die Kommentierung bezieht sich auf IAS 31 in der aktuellen Fassung und berücksichtigt alle Änderungen, Ergänzungen und Interpretationen, die bis zum 1.1.2011 beschlossen wurden. Einen Überblick über ältere Fassungen sowie über diskutierte oder schon als Änderungsentwurf vorgelegte künftige Regelungen enthalten Rz 105 f.

1 Zielsetzung, Regelungsinhalt und Begriffe

1.1 Rechnungslegung bei gemeinschaftlichen wirtschaftlichen Aktivitäten

1 In der deutschen Überschrift von IAS 31 – „**Anteile** an Joint Ventures" – kommt der Inhalt des Standards nur unvollkommen zum Ausdruck. IAS 31 regelt **nicht nur** die Bilanzierung und Konsolidierung von **Anteilen an Gemeinschafts-**

unternehmen. Der Standard befasst sich vielmehr generell mit Fragen der Rechnungslegung bei **gemeinschaftlichen** wirtschaftlichen Aktivitäten.

Hierbei unterscheidet IAS 31: 2

- gemeinschaftlich geführte **Tätigkeiten** (*jointly controlled operations*; Rz 25ff.),
- gemeinschaftlich geführtes **Vermögen** (*jointly controlled assets*; Rz 37ff.) und
- Gemeinschafts**unternehmen** (*jointly controlled entities*; Rz 50ff.).

Nur im **letzten** Fall geht es um die **Bilanzierung** und **Konsolidierung** von **Anteilen** an einer Gesellschaft. In den beiden anderen Fällen fehlt es gerade am Bilanzierungs- oder Konsolidierungsobjekt „Anteile". Aber auch hier können sich spezifische Rechnungslegungsprobleme ergeben, etwa wenn im Falle gemeinschaftlicher Tätigkeiten zwar keine vom Partnerunternehmen getrennte Vermögenssphäre entsteht, die Partnerunternehmen aber insofern ein gemeinsames Geschäft führen, als sie Erlöse und Erfolge untereinander aufteilen. Für alle derartigen Fälle trifft IAS 31 Bilanzierungsregelungen mit teils klarstellendem, teils konstitutivem Charakter. 3

Voraussetzung für die Anwendung des Standards ist jeweils das Vorliegen eines **Joint Venture** i. S. d. **Definition** von IAS 31.3, d. h. 4

- eine **vertragliche Vereinbarung**,
- in der **zwei oder mehr Parteien**
- eine **wirtschaftliche** Tätigkeit
- unter **gemeinschaftlicher Führung** (*joint control*)

vollziehen.

Diese Definition ist **weit** gefasst. Sie umfasst in der **Praxis** sowohl 5

- Arbeitsgemeinschaften aus der **Bauindustrie,**
- Kredit- oder Emissionskonsortien aus dem **Finanzsektor,**
- Explorations-Konsortien aus der **Ölindustrie** als auch
- Arbeitsgemeinschaften oder Konsortien aus dem **Großanlagenbau**

und viele andere Fälle.

Nach der **Art** der vertraglichen Bindung kommen infrage: 6

- Innengesellschaften,
- BGB-Außengesellschaften,
- Kapitalgesellschaften,
- Personenhandelsgesellschaften.

1.2 Verhältnis zu IAS 27, IAS 28 und IFRS 3

Die Beteiligung an einem **Gemeinschaftsunternehmen** (*jointly controlled entity*) kann im **Konzernabschluss** wahlweise 7

- durch **Quotenkonsolidierung** (IAS 31.30) oder
- nach der *equity*-Methode (IAS 31.38)

erfasst werden.

Die dabei jeweils anzuwendenden Detailregelungen sind primär nicht in IAS 31, sondern in anderen Standards erläutert. Von besonderem Interesse sind IAS 27, IAS 28 und IFRS 3. Im Einzelnen ergeben sich folgende Bezüge: 8

- **IAS 27** ist für den Fall der **Quotenkonsolidierung** relevant, da dort für Vollkonsolidierungsfälle festgehaltene Konsolidierungsregelungen (Methodenvereinheitlichung, Zwischenergebniseliminierung usw.) gem. IAS 31.33 für die Quotenkonsolidierung **analog** gelten (§ 32 Rz 113ff.).

- **IAS 28** ist für den Fall der *equity*-Bewertung heranzuziehen. IAS 31.40 enthält sich einer Beschreibung der *equity*-Methode und verweist insofern auf IAS 28 (→ § 33 Rz 36ff.).
- **IFRS 3** mit seinen Regelungen zur Kapitalkonsolidierung usw. ist in beiden Fällen von Bedeutung, da damit zusammenhängende Fragen der *goodwill*-Ermittlung usw. sich sowohl bei der Quotenkonsolidierung (explizit) als auch bei der *equity*-Konsolidierung (implizit, d.h. in Nebenrechnung) stellen (→ § 31 Rz 12ff.).

1.3 Keine Pflichtanwendung von IAS 31 auf Beteiligungen von *venture-capital*-Gesellschaften und Fonds

9 Nach IAS 31.1 haben *venture-capital*-Gesellschaften, Investmentfonds *(mutual funds, unit trust)*, fondsgebundene (Lebens-)**Versicherungen** und **ähnliche** Unternehmen im Konzernabschluss hinsichtlich Beteiligungen an *joint ventures* ein im Zeitpunkt des Zugangs der Anteile auszuübendes **Wahlrecht** zwischen

- Konsolidierung gem. IAS 31 oder
- erfolgswirksamer *fair-value*-Bilanzierung gem. IAS 39 (→ § 28 Rz 142) bzw. IFRS 9 (→ § 28 Rz 348)

Nach der **Begründung** des IASB ist der *fair-value*-Ansatz vorzuziehen, weil die Bilanzen der Gesellschafter sonst durch häufige Methodenänderungen (durch Zuerwerb von Anteilen bzw. Aufwärtskonsolidierungen) und Entkonsolidierungen an Übersichtlichkeit verlören (IAS 31.BC7).

Voraussetzung für den Ansatz nach IAS 39 (bzw. IFRS 9) ist

- die Kategorisierung oder Designation des Anteils als *fair value through profit or loss* sowie
- die zuverlässige Bestimmbarkeit des *fair value*. Ist diese nicht gegeben und wäre daher nach den Grundsätzen von IAS 39 hilfsweise ein Anschaffungskostenansatz geboten, bleiben auch *venture-capital*-Gesellschaften und Fonds insoweit zur Anwendung von IAS 31 verpflichtet.

Fehlt es an der Absicht, den Anteil am Joint Venture kurzfristig wieder zu veräußern, und ist der Anteil auch nicht Teil eines unter dem Gesichtspunkt kurzfristiger Gewinnerzielung gemanagten Portfolios, z.B. weil sich die Gesellschaft auf die Erzielung strategischer Gewinne konzentriert, liegt also nach IAS 39 kein notwendiges *trading asset* vor, kommt nur die **Widmung** *(designation)* infrage. Diese Designation kann anders als bei einfachen Anteilen frei ohne die Anwendungsrestriktionen erfolgen, die sich aus *der fair value option* nach IAS 39 ergeben (→ § 28 Rz 32).

Beispiel

Eine *venture-capital*-Gesellschaft hält Anteile an Joint Ventures und assoziierten Unternehmen, daneben einfache Anteile ohne signifikanten Einfluss. Sie möchte sämtliche Anteile der erfolgswirksamen *fair-value*-Bewertung unterwerfen.

Nach IAS 31.1. bzw. IAS 28.1 ist die Gesellschaft frei, die Anteile an Joint Ventures und assoziierten Unternehmen der *fair-value*-Bewertung zu unterwerfen.

Für die einfachen Anteile ist ein solches Vorgehen jedoch nur zulässig, wenn sie gem. IAS 39.9(b)(ii) Teil eines einheitlich nach *fair-value*-Gesichtspunkten gesteuerten Portfolios sind. Hiervon wird bei *venture-capital*-Gesellschaften regelmäßig auszugehen sein. Gem. IAS 39.AG4I können die einfachen Anteile dann der gleichen erfolgswirksamen *fair-value*-Bewertung unterworfen werden wie die anderen Anteile.

IAS 31 (und IAS 28) enthalten keine Kriterien für die **Qualifizierung** eines Unternehmens **als *venture capitalist*.** Insoweit ist die Verkehrsanschauung bzw. der am Kapitalmarkt herrschende Sprachgebrauch zu Grunde zu legen. Danach ist eine Gesellschaft als *venture capitalist* anzusehen, wenn sie 10

- eine **Vielzahl** von Beteiligungen hält oder nach ihrem Gründungsstadium halten wird,
- neben den Investment-Aktivitäten und -Vermögenswerten (enthaltend auch die Vergabe von Fremdkapital an die Beteiligungsunternehmen) **keine signifikanten anderen Aktivitäten und Vermögenswerte** vorliegen und
- die Beteiligungserwerbe mit einer **Exit-Strategie** (Veräußerung, Börsengang etc.) erfolgen.

In einem **diversifiziert** tätigen Konzern wird die **zweite Bedingung** nur selten erfüllt sein. Einer im Schrifttum vertretenen Ansicht zufolge soll es hier ausreichen, wenn die Investment-Aktivitäten und -Vermögenswerte klar von anderen Aktivitäten und Vermögenswerten getrennt sind (eigenes Management; eigenes Reporting usw.).[1] Diese Ansicht ist für sehr große Konzerne u. E. nicht sachgerecht. Die Ratio Legis des Wahlrechts besteht darin, nicht durch zu viele Methodenänderungen (Zuerwerb von Anteilen bzw. Aufwärtskonsolidierungen) und Entkonsolidierungen an Übersichtlichkeit zu verlieren (IAS 31.BC7). Bei einem großen Konzern mit einer dreistelligen Zahl von Beteiligungen sind Aufwärtskonsolidierungen und Entkonsolidierungen aber ohnehin beinahe „Tagesgeschäft". Mittelfristig angelegte Investments der *venture-capital*-Abteilung unterscheiden sich in dieser Hinsicht nur noch graduell von dem übrigen Geschäft. Für eine **Sonderbehandlung** besteht dann **keine Rechfertigung** mehr. Möglicherweise wird es aber hier zu einer Rechtsänderung kommen. Der ED 2009/11 des *Annual Improvements Project* sah die Möglichkeit einer gesplitteten Behandlung vor, wenn etwa im Konzern Teile an einem assoziierten Unternehmen von einer *venture-capital*-Tochter mit *exit*-Strategie gehalten werden (*fair value*), andere Teile hingegen von einer anderen Tochter mit Halteabsicht (ED IAS 28.1A). In der endgültigen Fassung des *Annual Improvements Project 2010* ist diese Möglichkeit jedoch nicht mehr enthalten

1 KMPG, Insights into IFRS, 2009/10, Tz 3.5.200.

2 Überblick: Erscheinungsformen des Joint Venture und deren bilanzielle Behandlung

2.1 Erscheinungsformen: Gemeinschaftliche Führung von Tätigkeiten, Vermögen oder Unternehmen

11 In **idealtypischer** Betrachtung unterscheiden sich die verschiedenen durch IAS 31 geregelten Formen des Joint Venture wie folgt:

- **Gemeinschaftliche Tätigkeiten** (*jointly controlled operations*): Vertragliche Grundlage ist eine **Innengesellschaft**, gegebenenfalls auch ein schuldrechtlicher Vertrag. Es existiert **kein gemeinschaftliches Vermögen. Lediglich Erlöse bzw. Ergebnisse** aus den gemeinschaftlich betriebenen Geschäften werden **aufgeteilt** (Rz 25ff.).
- **Gemeinschaftliches Vermögen** (*jointly controlled assets*): Vertragliche Grundlage ist i.d.R. eine BGB-Außengesellschaft mit **Gesamthandsvermögen oder** eine **Bruchteilsgemeinschaft.**[2] Daneben kann eigenes Vermögen eingesetzt werden. Es liegt **keine umfassende gemeinschaftliche Unternehmertätigkeit** vor (Rz 37ff.).
- **Gemeinschaftsunternehmen** (*jointly controlled entities*): Vertragliche Grundlage ist der Gesellschaftsvertrag einer **Kapitalgesellschaft** oder einer **Personenhandelsgesellschaft.** Über diese Gesellschaft ist das Vermögen als Sondervermögen oder gesamthänderisch gebunden. Die Gesellschaft selbst ist umfassend unternehmerisch tätig (Rz 50ff.).

12 Die nachfolgende Tabelle fasst die typischen Merkmale zusammen und gibt jeweils ein Beispiel:

	typische Rechtsform	**gem. Vermögen**	**Beispiel**
gem. Tätigkeit	BGB-Innen- o. Außen-gesellschaft	kein (relevantes) gem. Vermögen	ARGE in Bauindustrie
gem. Vermögen	BGB-Außen-gesellschaft oder Bruchteils-gemeinschaft	Gesamthands- oder Bruchteils-eigentum	Ölgesellschaften besitzen gemeinsam eine Pipeline und teilen Aufwendungen.
gem. Unter-nehmen	Kapital- oder Personen-handels-gesellschaft	Gesamthands-vermögen	Deutscher Produzent gründet mit japanischer Handelskette Verkaufsgesellschaft in Japan.

Tab. 1: Erscheinungsformen des Joint Venture

13 Hierbei handelt es sich nur um **idealtypische Betrachtungen**. In der **Vertragspraxis** kommt eine Vielzahl von „gemischten“ Formen der Zusammenarbeit

2 Bruchteilsgemeinschaft eher als Ausnahmefall, da ein Joint Venture i.d.R. gemeinsame Zweckverfolgung voraussetzt, wodurch eine Gesellschaft entsteht.

vor, deren Abgrenzung und Zuordnung nicht immer einfach sind. Insbesondere stellen sich folgende Fragen:

- Reichen nur abrechnungs- und haftungstechnisch begründete **gemeinschaftliche Bank- und Finanzierungskonten** aus, um **gemeinschaftliches Vermögen** zu bejahen und gemeinschaftliche Tätigkeiten auszuschließen? U.E. ist dies nicht der Fall (Rz 39). Zwar setzt IAS 31.13 voraus, dass jeder Partner einer gemeinschaftlich geführten Tätigkeit seine eigene Finanzierung aufbringt. Aus der Sicht des *substance-over-form*-Prinzips kann es jedoch nicht darauf ankommen, ob eine Haftungsgemeinschaft formell durch einen gemeinsamen Finanzierungsvertrag (keine gemeinschaftliche Tätigkeit?) oder wirtschaftlich gleichwertig durch Einzelfinanzierungen mit gesamtschuldnerischer Haftung (gemeinschaftliche Tätigkeit?) umgesetzt wurde. Insoweit wird man gemeinschaftliches Vermögen i.d.R. nur bei relevanten, zum gemeinsamen Nutzen eingesetzten **sachlichen und immateriellen Vermögenswerten** annehmen können (IAS 31.18; Rz 26 u. Rz 37).
- Reicht eine als alleiniger Vertragspartner des Auftraggebers fungierende **Außengesellschaft** schon aus, um ein Joint Venture zu bejahen? U.E. ist dies nicht der Fall. Man wird hier u.a. die **Gewinnverteilungsabrede** würdigen müssen. Erhält jeder Partner einen Prozentanteil am Gesamtergebnis des Projektes, entsteht gemeinsame Kosten- und Ergebnisverantwortung, die sich i.d.R. in gemeinschaftlichem Handeln ausdrücken wird (Joint Venture). Erhält jeder Partner hingegen einen im Voraus bestimmten Erlösanteil, während Kosten voll auf eigenes Risiko gehen, hätte die Außengesellschaft lediglich abrechnungs- und haftunsgtechnische Funktion (kein Joint Venture; Rz 31).

Zum Ganzen folgendes Beispiel: 14

Beispiel

Tiefbauunternehmen T, Hochbauunternehmen H und Installateur I führen gemeinsam als ARGE in der Rechtsform der BGB-Außengesellschaft den Bau eines Hochhauses durch.

- Vertragspartner des Auftraggebers ist die ARGE.
- Die ARGE hat kein eigenes Personal und kein eigenes Anlage- oder Vorratsvermögen.
- Sie hat lediglich ein laufendes Bankkonto, über das die Erlöse vereinnahmt und unter Berücksichtigung der vertraglichen Vereinbarungen unmittelbar an die Gesellschafter (oder die bauzeitfinanzierende Bank) weitergeleitet werden. Vertragspartner der bauzeitfinanzierenden Bank ist die ARGE. Die Bank hatte alternativ auch Einzelfinanzierungsverträge bei gesamtschuldnerischer Haftung der ARGE-Partner angeboten.

Beurteilung

Gemeinschaftsunternehmen?

Dagegen spricht nicht die Rechtsform der ARGE (BGB-Gesellschaft). IAS 31.24 verlangt eine „Kapitalgesellschaft, Personenhandelsgesellschaft (*partnership*) **oder andere rechtliche Einheit**“. Die ARGE ist eine andere rechtliche Einheit. Jedoch verfügt die ARGE über keine (funktional) wesentlichen gesamthänderischen Vermögenswerte; außerdem ist ihr Zweck begrenzt auf ein Projekt. Die ARGE betätigt sich gerade nicht (umfassend) „wie jedes andere Unternehmen“ (IAS 31.24).

Gemeinschaftlich geführtes Vermögen?

Es existiert gemeinschaftliches Vermögen. Dieses beschränkt sich jedoch auf das lediglich durchgangs- bzw. abrechnungstechnisch geführte Bankkonto (bzw. vorher der Forderungen aus Lieferungen und Leistungen) sowie die Bauzeitfinanzierung, die wirtschaftlich ebenso über Einzelfinanzierungen mit gesamtschuldnerischer Haftung hätte dargestellt werden können. Sachliche Vermögenswerte, die gemeinschaftlich eingesetzt werden und gemeinschaftlichen Nutzen bringen (IAS 31.18), liegen nicht vor.

Gemeinschaftlich geführte Tätigkeit?

Dagegen spricht nicht der Charakter der ARGE als Außengesellschaft. Sie ist dies nur begrenzt bzw. in einem technischen Sinne, z.B. deshalb, weil der Auftraggeber nur einen einzigen Vertragspartner bei voller Haftung aller Partnerunternehmen haben will. Die Partner bündeln ihr Know-how und ihr Leistungsspektrum in der ARGE. Die ARGE könnte insoweit typische gemeinschaftlich geführte Tätigkeit i.S.v. IAS 31.14 sein. Dagegen spricht allerdings, dass nicht, wie in IAS 31.13 angenommen, jeder Partner seine eigene Finanzierung aufbringt. (Aus gemeinsamem Bankkonto und gemeinsamer Finanzierung können sich im Übrigen weitere Komplizierungen ergeben: Zu welchem Anteil soll das Partnerunternehmen die Positionen in seiner Bilanz erfassen? Der Gewinn- oder Erlös-Verteilungsschlüssel der ARGE kann unangemessen sein, wenn z.B. der Tiefbau zeitlich als Erstes die Finanzierung beansprucht und Geld und (Abschlags-)Erlöse herbeiführt.)

Kein Joint Venture?

Wenn die ARGE lediglich abrechnungs- und haftungstechnisch eingesetzt wird, fehlt es möglicherweise an der gemeinschaftlichen Führung wirtschaftlicher Tätigkeiten. Es kann hier u.a. auf die **Gewinnvereinbarung** ankommen.

- Erhält jeder Partner einen Prozentanteil am Gesamtergebnis des Projektes, entsteht gemeinsame Kosten- und Ergebnisverantwortung, die sich i.d.R. in gemeinschaftlichem Handeln ausdrücken wird. Ein Joint Venture läge vor, wobei trotz gemeinsamer Finanzierung am ehesten die gemeinschaftlich geführte Tätigkeit infrage käme.
- Erhält jeder Partner hingegen einen im Voraus bestimmten Erlösanteil (nach Abzug des entsprechenden Finanzierungskostenanteiles), während Kosten usw. voll auf eigenes Risiko gehen, hätte die ARGE lediglich abrechnungstechnische Funktion. Ein Joint Venture wäre kaum zu bejahen.
- Vgl. hierzu auch Rz 25ff. und Rz 51ff.

2.2 Bilanzielle Behandlung in Einzel- und Konzernabschluss des Partnerunternehmens

15 IAS 31 behandelt die Rechnungslegung im Abschluss des Partnerunternehmens. Für die Bilanzierung beim Joint Venture selbst, soweit dieses überhaupt bilanzierungspflichtig ist, wird keine Regelung getroffen. Insofern gelten die allgemei-

nen Grundsätze, wobei fraglich ist, ob ein nach Personengesellschaftsrecht verfasstes Joint Venture Eigenkapital i. S. v. IAS 32 haben kann.

Nachstehende Tabelle zeigt die Regeln **zur Bilanzierung beim Partnerunter- 16
nehmen** in Abhängigkeit von der Form des Joint Venture.

	Bilanzierung beim Partnerunternehmen PU	
	Konzernabschluss	**Einzelabschluss**
gem. Tätigkeit IAS 31.15	PU bilanziert eigenes Vermögen, eigene Schulden PU erfasst getätigte eigene Aufwendungen und anteilige Erträge (Berücksichtigung Ausgleichspflichten bzw. -rechte als Schuld/Aufwand bzw. Forderung/Ertrag)*	
gem. Vermögen IAS 31.21	PU bilanziert anteiliges Vermögen, anteilige Schulden (neben eigenem Vermögen und eigenen Schulden) PU erfasst eigene Aufwendungen und anteilige Aufwendungen und Erträge des Joint Venture sowie anteilige Aufwendungen in Bezug auf Joint Venture, z. B. aus Finanzierung (bei im eigenen Namen für Rechnung aller eingegangenen Schulden Bilanzierung einer Ausgleichsforderung, bei entsprechender Handhabung durch anderes Partnerunternehmen Bilanzierung einer Ausgleichsverpflichtung)*	
gem. Unternehmen	Wahlrecht (Rz 18): quotale (IAS 31.30) oder *equity*-Konsolidierung (IAS 31.38)	Wahlrecht (IAS 31.46 i. V. m. IAS 27.37): AK oder *fair value*

* = nicht ausdrücklich geregelt

Tab. 2: Bilanzierung beim Partnerunternehmen

Fraglich ist, ob die in IAS 31 enthaltenen Regelungen zur Bilanzierung bei 17
gemeinschaftlicher Tätigkeit und gemeinschaftlichem Vermögen konstitutiven Charakter haben, also Sonderrecht schaffen. Nach unserer Auffassung ist dies nicht der Fall. IAS 31 hält in Bezug auf **gemeinschaftliche Tätigkeiten und Vermögen** lediglich **deklaratorisch** fest, was sich ohnehin aus allgemeinen Bilanzierungsgrundsätzen ergibt:

- Bei gemeinschaftlicher **Tätigkeit** fehlt es an gemeinschaftlichem **Vermögen**. Jedes Unternehmen hat nach allgemeinen Bilanzierungsregeln sein **eigenes** Vermögen und seine **eigenen** Schulden auszuweisen. Jedes Partnerunternehmen hat die im Innenverhältnis zu tragenden Aufwendungsanteile sowie eigenen Aufwendungen zu berücksichtigen und die ihm anteilig zustehenden realisierten Erträge auszuweisen. Bei Mitvereinnahmung für die anderen ist dann die Ausgleichspflicht als Schuld und Ertragsminderung zu berücksichtigen, bei Mitvereinnahmung durch die anderen der Ausgleichsanspruch als Forderung und Ertragserhöhung einzubuchen. Ggf. liegt in derartigen Konstellationen allerdings überhaupt kein Joint Venture vor mit der Folge, dass

Gewinnausgleichsverpflichtungen und -ansprüche in der GuV nicht nach den Joint-Venture-Vorschriften, sondern analog § 277 Abs. 3 S. 2 HGB als Aufwendungen und Erträge aufgrund einer **Gewinngemeinschaft** erfasst werden (Rz 31 f.).

- Existiert nur **gemeinschaftliches Vermögen**, hingegen kein bilanzierungsfähiger Anteil, muss das Vermögen nach allgemeinen Grundsätzen anteilig bei den Partnerunternehmen erfasst werden. Da es an einem bilanzierungsfähigen Gesellschaftsanteil fehlt, können die Ergebnisse aus dem Joint Venture auch nicht als Beteiligungserträge, sondern nur anteilig in den entsprechenden Erlös- und Aufwandspositionen berücksichtigt werden.

18 Bei der Bilanzierung von **Gemeinschaftsunternehmen** schafft IAS 31 hingegen konstitutive Regelungen durch die Zulassung eines **Wahlrechtes** zwischen quotaler und *equity*-Konsolidierung im **Konzernabschluss** bzw. zwischen Anschaffungskosten- und *equity*-Ansatz im **Einzelabschluss** (Rz 59).

3 Allgemeine Merkmale eines Joint Venture

3.1 Vertragliche Vereinbarung

19 Ein Joint Venture setzt gem. IAS 31.7 voraus:

- eine **vertragliche Vereinbarung,**
- die eine **gemeinschaftliche Führung** begründet.

20 Zum **Kriterium der vertraglichen Vereinbarung** hält IAS 31.9 Folgendes fest: „Die Existenz einer vertraglichen Vereinbarung unterscheidet Anteile mit gemeinschaftlicher Führung von Anteilen an assoziierten Unternehmen.“ Der Sinn dieser Aussage bleibt dunkel.

- Wörtlich genommen ist die Behauptung unzutreffend, da auch bei Anteilen an assoziierten Unternehmen (gesellschafts-)vertragliche Vereinbarungen vorliegen.
- Andererseits kann die vorgenannte Behauptung aber auch nicht in der Weise interpretiert werden, dass ein Joint Venture notwendig mehr als gesellschaftsvertragliche Vereinbarungen voraussetzt. Dies würde im Widerspruch zu IAS 31.10 stehen, wonach die fragliche vertragliche Vereinbarung auch Bestandteil der Satzung des Joint Venture sein kann.
- Auch die als typisch in IAS 31.10 genannten Inhalte einer vertraglichen Vereinbarung (Tätigkeit und Dauer, Bestimmung von Organen und Stimmrechten, Bestimmung von Einlageverpflichtungen, Regeln zur Ergebnisverteilung) sind klassische Bestandteile eines einfachen Gesellschaftsvertrages.

21 Das **Kriterium der vertraglichen Vereinbarung** ist somit **untauglich** für die Abgrenzung zwischen Gemeinschafts- und assoziierten Unternehmen. Es grenzt Joint Ventures nur gegenüber allerdings schwer vorstellbaren vertragslosen Zuständen ab. Selbst soweit ein Gesellschaftsvertrag unwirksam ist, ist sie (im Anwendungsbereich des deutschen Rechts) nach der Lehre von der fehlerhaften Gesellschaft wie eine wirksame zu behandeln. Diesem Gedanken müsste auch die Bilanzierung folgen.

3.2 Gemeinschaftliche Führung

Tauglicheres Kriterium für die Definition eines Joint Venture ist die **gemeinschaftliche Führung**. Sie grenzt Gemeinschafts- von Tochterunternehmen ab. Hat ein **einzelnes** Unternehmen die **Beherrschung** über die durch den Vertragszweck gegebenen Aktivitäten, so liegt kein Joint Venture, sondern z. B. im Falle gesellschaftsvertraglicher Bindungen ein **Tochterunternehmen** dieses Gesellschafters vor. Die anderen gesellschaftsrechtlich Beteiligten sind dann entweder einfache Gesellschafter, die ihren Anteil nach IAS 39 (→ § 28) auszuweisen haben, oder Gesellschafter mit maßgeblichem Einfluss, die gem. IAS 28 (→ § 33) einen Anteil an einem assoziierten Unternehmen ausweisen. 22

Das Kriterium der gemeinschaftlichen Führung bezieht sich auf solche Entscheidungen, die für die Ziele des Joint Venture von grundlegender Bedeutung sind. Derartige Entscheidungen bedürfen der Zustimmung aller Partnerunternehmen oder einer festgelegten Mehrheit, die kein einzelner Gesellschafter erreicht (IAS 31.11). Das Kriterium der gemeinschaftlichen Führung verlangt hingegen **nicht gleiche Beteiligungsverhältnisse.** Hierzu folgendes Beispiel: 23

Beispiel

Am Joint Venture X sind beteiligt (jeweils Kapitalanteil = Stimmrecht):
A mit 60 %
B mit 30 %
C mit 10 %.

In der Geschäftsführung sind A und B vertreten. Jeder ist einzelvertretungs- und einzelgeschäftsführungsberechtigt. Die Geschäftsführung muss für den Jahresbudgetplan sowie alle grundlegenden Entscheidungen, sofern sie nicht durch den Jahresbudgetplan gedeckt sind, die vorherige Zustimmung der Gesellschaftsversammlung einholen. Die Gesellschafterversammlung entscheidet mit 75 %.

Beurteilung

A und B sind Partnerunternehmen, die das Joint Venture gemeinsam führen. Zwar ist B nur mit 30 % beteiligt. Ohne seine Zustimmung kann in der Gesellschafterversammlung jedoch nicht entschieden werden.
C ist einfacher Investor (Rz 98).

Auch bei einer aus zwei Parteien bestehenden Gesellschaft mit Stimmrechtsmehrheit eines Gesellschafters kann gleichwohl ein Gemeinschaftsunternehmen vorliegen; entscheidend ist immer, welche Mitwirkungsrechte Satzung oder sonstige Vereinbarungen dem Minderheitsgesellschafter gewähren. Hierzu wird auf → § 32 Rz 30 verwiesen.

Die **Zahl der Partnerunternehmen** kann auch bei Gleichberechtigung nicht beliebig vermehrt werden. Verfügt etwa eine Gesellschaft über 10 Gesellschafter, die zu je 10 % beteiligt sind, und ist für jede wesentliche Entscheidung Einstimmigkeit gefordert, so können zwar die Gesellschafter das Unternehmen nur gemeinsam beherrschen. Andererseits liegt aber jede Beteiligung noch unterhalb der Schwelle eines assoziierten Unternehmens (maßgeblicher Einfluss fehlt). Es 24 ist in diesem Fall sachgerecht – trotz Gemeinschaftlichkeit, Größengleichheit usw. –, „einfache“ Anteile i. S. v. IAS 39 (→ § 28) anzunehmen.

4 Gemeinschaftlich geführte Tätigkeiten

4.1 Merkmale, Anwendungsfälle

25 In IAS 31 findet sich **keine explizite Definition** der gemeinschaftlich geführten Tätigkeit. Aus IAS 31.13 lassen sich jedoch folgende idealtypischen Merkmale ableiten:

- Jedes Partnerunternehmen verwendet **eigenes Vermögen** und eigene Ressourcen.
- Jedes Partnerunternehmen verursacht seine **eigenen Aufwendungen und Schulden.**
- Jedes Partnerunternehmen bringt seine **eigene Finanzierung** auf.
- Die Teilung der Erlöse bzw. Erfolge wird **nicht** über **eine Kapitalgesellschaft, Personenhandelsgesellschaft** („***partnership***“) oder eine separate Vermögens- und Finanzstruktur erreicht, sondern in sonstiger vertraglicher Weise.

26 Die gemeinschaftlich geführte Tätigkeit ist ein **Typus-Begriff**. Die jeweils vorliegenden und nicht vorliegenden Merkmale sind **einer Gesamtwürdigung** in Abgrenzung gegenüber den anderen Formen des Joint Venture zu unterziehen (Rz 11 ff.).

- Gegenüber den Gemeinschaftsunternehmen grenzt sich die gemeinschaftlich geführte Tätigkeit am deutlichsten dadurch ab, dass keine Kapitalgesellschaft, keine Personenhandelsgesellschaft oder **kein** ähnliches **rechtlich selbstständiges Unternehmen** vorliegt.
- Gegenüber dem gemeinschaftlich geführten Vermögen besteht der Hauptunterschied darin, dass es **an gemeinsamem** Vermögen, insbesondere gemeinsamem **Sachvermögen und immateriellem Vermögen fehlt**. Das Vorhandensein gemeinsamer Bankkonten und gemeinsamer Bankfinanzierungen bei gleichzeitigem Fehlen sonstiger gemeinschaftlicher Vermögenswerte spricht u. E. hingegen dann nicht gegen eine gemeinschaftliche Tätigkeit, wenn die Gemeinschaftlichkeit der Bankkonten und Bankfinanzierungen lediglich abrechnungs- und haftungstechnische Gründe hat (*substance over form*; Rz 14).

27 **Praxisrelevante Beispiele** für gemeinschaftlich geführte Tätigkeiten sind demnach z. B.:

- **Arbeitsgemeinschaften** in der **Bauindustrie** ohne Bildung von Gesellschaftsvermögen,
- **Emissionskonsortien** im Bankensektor,
- **Explorationskonsortien** in der **Ölindustrie** (sofern jedes Partnerunternehmen seine eigenen Anlagen verwendet).

4.2 Bilanzierung beim Partnerunternehmen in Abhängigkeit von der Abrechnungsform

4.2.1 Eigene Ausgaben, eigene oder gemeinsame Erlöse

28 Gem. IAS 31.10 hat ein Partnerunternehmen einer gemeinschaftlich geführten Tätigkeit in seinem Einzel- und Konzernabschluss anzusetzen:

- die seiner **eigenen** Verfügungsmacht unterliegenden **Vermögenswerte** und die **selbst** eingegangenen **Schulden** und
- die getätigten **eigenen Aufwendungen** und die **anteiligen Erträge** aus den Leistungen des Joint Venture.

Soweit ausnahmsweise ein **Teil** des **Vermögens** noch **gemeinsam** gehalten wird, insbesondere Bankkonten und Finanzierungen, ist nach allgemeinen Regeln und unter analoger Anwendung von IAS 31.16 u.E. der Anteil an diesen gemeinsamen Werten auszuweisen. Erlöse können nach außen gemeinsam oder von jedem Einzelnen selbst abgerechnet werden. 29

Die sich hieraus ergebende Handhabung ist im nachfolgenden Beispiel dargestellt: 30

Beispiel

Turbinenbauer T und Betonbauer B errichten als Joint Venture einen Staudamm mit Turbine zur Elektrizitätsgewinnung. Gemeinsame Vermögenswerte bestehen nicht. Für den Joint-Venture-Vertrag in der Form einer BGB-Gesellschaft bestehen folgende Alternativen:

Alternative 1: BGB-Außengesellschaft

- Die Außengesellschaft rechnet mit dem Auftraggeber ab, der Erlös wird im Verhältnis 9 : 1 auf B und T aufgeteilt.

Alternative 2: Innengesellschaft

- Jedes Partnerunternehmen rechnet separat mit dem Auftraggeber ab. Die insgesamt vereinnahmten Erlöse werden im Verhältnis 9 : 1 aufgeteilt.

Vereinfacht sei eine Erlösrealisierung erst mit der Erbringung der Gesamtleistung unterstellt. Unter dieser Voraussetzung unterscheiden sich die beiden Alternativen nicht. Mit Gesamtfertigstellung weist jedes Partnerunternehmen seinen Anteil an den Erlösen aus. Es hat zuvor seine eigenen Herstellungskosten zu aktivieren bzw. nicht aktivierungsfähige Kosten (z.B. Vertrieb) aufwandswirksam zu behandeln. Fallen daneben gemeinsame, nicht aktivierungspflichtige Aufwendungen an (kein gemeinsames Vorratsvermögen), die ebenfalls im Verhältnis 9 : 1 aufgeteilt werden, so ist der entsprechende Anteil mit Entstehen des Aufwands erfolgswirksam beim Partnerunternehmen zu erfassen.
Rechnet in der Alternative 2 B seine Leistungen schon vor T ab, so muss er berücksichtigen, dass nur 90 % dieses Betrags eigener Erlös sind, 10 % hingegen T zustehen. Diese Ausgleichsverpflichtung muss er ertragsmindernd passivieren, gleichzeitig die Ausgleichsforderung auf 90 % des nach außen von T erzielten Erlöses aktivieren. Beide Positionen sind zu saldieren und gleichen sich im einfachsten Fall aus.

4.2.2 Ergebnis- statt Erlösteilung

Anders kann sich die Situation darstellen, wenn der Joint-Venture-Vertrag keine Erlös-, sondern eine **Ergebnisteilung** vorsieht. Hierzu folgendes Beispiel: 31

> **Beispiel**
> A und B verfügen über aneinander angrenzende Baufelder, die jeweils mit Eigentumswohnungen bebaut werden sollen. Aus ablauftechnischen Gründen, aber auch aus Gründen der Vermarktung ist es nicht günstig, wenn beide gleichzeitig bauen werden. A und B vereinbaren deshalb Folgendes:
> Zunächst bebaut A Baufeld A (60 % der gesamten Bebauungsfläche), danach B Baufeld B (40 %). Das Gesamtergebnis soll gepoolt und im Verhältnis 60 zu 40 verteilt werden. Erzielt A im Baufeld A bei Erlösen von 100 und Aufwendungen von 80 einen Gewinn von 20, so muss er (sofern es sich um ein Joint Venture handelt) nur 60 % von Erlös, Aufwand und Ertrag ausweisen; i.H.v. 8 (40 % von 20) weist er eine Ausgleichsverpflichtung aus. Erzielt B anschließend bei der Bebauung des Baufeldes B einen Gewinn von 10, so weist A nunmehr 40 % der diesbezüglichen Erlöse und Aufwendungen aus, jedoch erst dann, wenn sie entstehen.
> Fraglich ist allerdings, ob im vorliegenden Fall überhaupt ein Joint Venture vorliegt, da lediglich das Ergebnis gepoolt und nicht, wie IAS 31.14 beispielhaft vorsieht, ein gemeinsames Produkt hergestellt und vermarktet wird. Nach unserer Auffassung besteht in diesem Fall kein Bedarf zur Anwendung der Vorschriften über ein Joint Venture. Sachgerechter erscheint eine Lösung, bei der jedes Unternehmen einerseits seine eigenen Erträge und Aufwendungen und andererseits analog § 277 (3) Satz 2 HGB die Erträge und Aufwendungen aufgrund der Gewinngemeinschaft gesondert unter entsprechender Bezeichnung ausweist (Rz 17).

32 Wie das Beispiel zeigt, sind die Übergänge zwischen Joint Venture und „einfacher“ Gewinngemeinschaft ggf. **fließend**. In solchen Zweifelsfällen dient es u. E. besser dem zutreffenden Ausweis der Erlöse, Aufwendungen usw., wenn ein Joint Venture verneint und bei Vorliegen einer Gewinnpoolung die Grundsätze von § 277 (3) Satz 2 HGB analog angewendet werden.

4.3 Sonderprobleme

4.3.1 Auftragsfertigung

33 Das Partnerunternehmen hat im Falle der gemeinschaftlichen Geschäftstätigkeit seinen Anteil an den gemeinschaftlichen Erlösen und dem entsprechenden Gewinn dann auszuweisen, wenn diese realisiert sind. Für die **Gewinnrealisierung** gelten die Grundsätze der einschlägigen anderen Standards, d.h. im Allgemeinen IAS 18 (→ § 25), bei **Auftragsfertigung** jedoch IAS 11 (→ § 18).

34 Gerade in den klassischen Joint-Venture-Fällen des Hoch- und Tiefbaus sowie des Großanlagenbaus sind die Voraussetzungen für eine fortlaufende Ertragsrealisierung *(percentage of completion)* nach IAS 11 regelmäßig gegeben.

35 Die sich hieraus ergebenden Konsequenzen sind im folgenden Beispiel dargestellt:

> **Beispiel**
> S und W errichten als Joint Venture eine integrierte Schmiede- und Walzanlage. Die Schmiedetechnik wird von S, die Walztechnik von W geliefert.

- Der Auftrag zieht sich über mehr als einen Bilanzstichtag hin.
- Der Gesamterlös von 200 wird im Verhältnis 50 : 50 geteilt.
- Die Gesamtanlage weist zum Bilanzstichtag einen Fertigstellungsgrad von 75 % aus.

Bei einem Gesamterlös von 200 sind gem. POC-Methode daher 150 als Erlös zu realisieren. Ist der Fertigstellungsgrad des Schmiedeteils zum Bilanzstichtag etwas höher als der des Walzteils, sodass sich bspw. ohne Betrachtung des Joint Venture ein Umsatz von 80 bei S und von 70 bei W ergäbe, und wird unterjährig entsprechend gebucht, so sind m. E. zwei Lösungen vertretbar:

A) Der zeitlich unterschiedlichen Leistungserbringung wird Rechnung getragen, der Erlös bei S mit 80 in 01 und mit 20 in 02 erfasst.

B) Die Erlöse von 80 werden um 5 gemindert (Erlös an Forderung aus POC), gleichzeitig wird der Aufwand korrigiert (Ausgleichsforderung gegen W an Aufwand).

4.3.2 Drohende Verluste

Unabhängig davon, ob es sich um den Fall einer Auftragsfertigung oder um eine normale Fertigung handelt, müssen die Partnerunternehmen zum Bilanzstichtag prüfen, ob nach ihrem Erlös- oder Ergebnisanteil ein **Verlust** zu erwarten ist. 36

- Im Falle einer normalen Ertragsrealisierung ist der Verlust gegen Rückstellungen zu buchen.
- Bei langfristiger Auftragsfertigung mindert der Verlust den Aktivposten Forderungen aus POC oder erhöht den Passivposten Verbindlichkeiten aus POC bzw. Fertigungsaufträge mit passivem Saldo (→ § 18 Rz 75).

5 Gemeinschaftlich geführtes Vermögen

5.1 Merkmale, Anwendungsfälle

IAS 31.18 befasst sich mit der **gemeinschaftlichen** Führung von Vermögens- 37
werten folgenden Inhalts:

- gemeinsames **Eigentum** an einem oder mehreren Vermögenswerten,
- die für Zwecke des Joint Venture bzw. zum gemeinsamen Nutzen der Partnerunternehmen **eingesetzt** werden,
- wobei jedem Partnerunternehmen ein **Anteil an** den aus diesem Vermögen erbrachten **Leistungen und Aufwendungen** zuzurechnen ist.

Als **Anwendungsbeispiele** nennt IAS 31.20 den gemeinschaftlichen Betrieb einer 38
Ölpipeline durch eine Anzahl von Ölfördergesellschaften oder die gemeinschaftliche Führung von Gebäuden, wenn jedes Partnerunternehmen die vereinbarten Anteile der Mieterträge erhält und entsprechend die vereinbarten Anteile der Aufwendungen trägt.

Die Beispiele gehen von **Sachanlagen** aus. Denkbar sind aber auch Fälle der 39
gemeinsamen Investition in und Verwaltung von **Finanzanlagen** (Aktien usw.) sowie von **immateriellen Anlagen** (Lizenzierungen). Nicht ausreichend ist u. E. die gemeinsame Führung abrechnungstechnisch bedingter Bank- oder Darlehenskonten (Rz 13).

5.2 Bilanzierung beim Partnerunternehmen

40 Nach IAS 31.21 ist im Einzelabschluss und im Konzernabschluss des Partnerunternehmens Folgendes anzusetzen:

- Anteil am gemeinschaftlichen **Vermögen**, klassifiziert nach der Art des Vermögens, d.h. z.B. als Sachanlage, immaterielles Anlagevermögen usw. (nicht als Beteiligung),
- Anteil an gemeinschaftlich eingegangenen **Schulden**,
- Anteil an **Erträgen und Aufwendungen**,
- **im eigenen Namen**, z.B. zur Finanzierung der Teilhabe an den Vermögenswerten, eingegangene **Schulden**,
- **eigene Aufwendungen** in Bezug auf den Anteil am Joint Venture, bspw. aus der eigenen Finanzierungsverpflichtung.

5.3 Sonderprobleme

5.3.1 Eigene Schulden

41 Gem. IAS 31.21b hat das Partnerunternehmen unter anderem die **im eigenen Namen eingegangenen Schulden** anzusetzen. Nach der Erläuterung in IAS 31.22b sind damit eingegangene Verpflichtungen zur Finanzierung des Anteils an den Vermögenswerten gemeint.

42 Daneben ist aber auch der Fall denkbar, dass z.B. aus Gründen der besseren Bonität nur ein Partnerunternehmen nach außen als Schuldner fungiert, während im Innenverhältnis die **Schulden gemeinschaftlich** getragen werden. Hierzu folgendes Beispiel:

Beispiel

Partnerunternehmen A, B und C halten zu je einem Drittel ein vermietetes Gebäude.

- Wegen der besseren Bonität und Bankbeziehung wird die Finanzierung im Außenverhältnis allein von A getragen.
- Im Innenverhältnis übernehmen jedoch B und C ihren Anteil an den Tilgungen und Zinsen.

Unstrittig dürfte die anteilige Erfassung (1/3) der Zinsaufwendungen im Abschluss des A sein. Fraglich ist, wie mit den Schulden zu verfahren ist.

Nach HGB muss A die teilweise für Fremdrechnung eingegangene Verbindlichkeit voll passivieren und im Gegenzug einen Ausgleichsanspruch ausweisen.[3]

Nach dem Wortlaut von IAS 31.21b wäre in der IFRS-Bilanz entsprechend zu verfahren. Nach dem Grundsatz *substance over form* halten wir jedoch auch eine andere Vorgehensweise für gerechtfertigt, die zudem den Vorzug hat, zum anteiligen Ansatz der Vermögenswerte zu korrespondieren. Nach unserer Auffassung kann A auch nur ein Drittel der Verbindlichkeit passivieren und im Anhang die voll umfängliche Haftung offenlegen.

---

[3] Adler/Düring/Schmaltz, § 246, Tz 416.

Nach Maßgabe des vorgenannten Beispiels ist u. E. für den Fall einer **überproportionalen Finanzierung durch einen Partner** dann zu verfahren, wenn im Innenverhältnis die anderen Partner ihren Anteil an den Schulden und den Aufwendungen übernehmen. Es ist aber auch denkbar, dass eine solche Schulden- und Aufwandsteilung nicht stattfindet, z. B. weil ein anderer Partner sonstige Leistungen (Know-how usw.) erbringt. In diesem Fall bleibt es bei der vollständigen Erfassung von Schulden und Aufwendungen bei dem finanzierenden Partner. 43

Wird der eigene Finanzierungsbeitrag ausdrücklich dem Joint Venture weiter belastet, d. h., entstehen beim Partnerunternehmen im Verhältnis zum Joint Venture Zinserträge und im Joint Venture selbst Aufwendungen, so sind u. E. die Beträge zu saldieren. Der alternative Ausweis eines Zinsaufwandes gegenüber der Bank, eines gleich hohen Zinsertrages gegenüber dem Joint Venture und eines anteiligen Zinsaufwandes aus dem Joint Venture würde zu zu hohen Zinsaufwendungen und zu tatsächlich nicht entstandenen Zinserträgen führen. 44

5.3.2 Gewinnrealisierung bei Lieferungen an und Einlagen in das Joint Venture

Nach IAS 31.48 hat ein Partnerunternehmen bei **Einbringung** oder **Verkauf** von Vermögenswerten in das Joint Venture einen **Gewinn** nur i. H. d. Fremdbeteiligungsquote zu **realisieren** bzw. im Umfang der Eigenbeteiligung zu **eliminieren**. 45

Nach seiner Stellung innerhalb von IAS 31 gilt die vorgenannte Vorschrift nicht nur für Gemeinschaftsunternehmen. Der vorausgesetzte Verkauf oder die vorausgesetzte gesellschaftsrechtliche Einlage (vgl. auch SIC 13) kommt jedoch bei **Vereinbarungen einer Bruchteilsgemeinschaft** nicht zum Tragen. Insoweit könnte hier die Anwendung zweifelhaft sein. Hierzu folgendes Beispiel: 46

Beispiel

A besitzt ein unbebautes Innenstadtgrundstück. B ist Bauunternehmer. A und B vereinbaren eine Bruchteilsgemeinschaft am Grundstück, im Gegenzug erbringt B die Bebauung des Grundstückes. Erträge und Aufwendungen aus dem bebauten Grundstück stehen beiden zu je ½ zu.

Aus wirtschaftlicher Sicht spricht nichts dafür, die vereinbarte Bruchteilsgemeinschaft anders zu behandeln, als ob A und B eine BGB-Gesellschaft gegründet hätten, in die A das Grundstück und B die Bauleistung eingebracht hätte.

In beiden Fällen darf A nur ½ der stillen Reserven im Grundstück realisieren und B nur die Differenz zwischen ½ des Grundstückswertes (Erlös) und ½ der Kosten der Bauleistung als Gewinn erfassen.

Während im Regelfall bei der Aufgabe von Alleineigentum und der Begründung von Gemeinschafts- bzw. Gesamthandseigentum der Gewinn zwar nicht eigenanteilig, aber fremdanteilig realisiert wird, hat eine **Gewinnrealisierung vollständig zu unterbleiben**, wenn 47

- entweder die wesentlichen Risiken und Chancen beim Partnerunternehmen verbleiben und nicht auf das Joint Venture übergehen (IAS 31.48) oder

- der Gewinn oder Verlust aus dem Einlagevorgang nicht verlässlich bestimmt werden kann (SIC 13.5G) oder
- der Tauschvorgang (Einlage gegen gesellschaftsrechtlichen Anteil) keine wirtschaftliche Substanz i.S.v. IAS 16 und IAS 38 hat (SIC 13.5c). Im Einzelnen wird hierzu auf → § 13 Rz 24 verwiesen.

48 Ein Anwendungsfall der dritten Variante könnte etwa gegeben sein, wenn A und B ein Joint Venture gründen, in das beide unbebaute Grundstücke einbringen, die sie anschließend gemeinschaftlich bebauen. Eventuelle stille Reserven wären dann nicht aufzudecken. Hingegen ist ein mit der Einbringung eventuell entstehender **Verlust** in **voller** Höhe aufzudecken, wenn sich aus dem Kauf- bzw. Anrechnungs- bzw. Einlagebetrag substanzielle Hinweise auf eine Wertminderung ergeben (IAS 31.48).

49 Zum buchungstechnischen Vorgehen bei der „Einbringung" mit „wirtschaftlicher Substanz" folgendes Beispiel:

Beispiel
A und B gründen ein Joint Venture. A bringt ein innerstädtisches Grundstück mit einem Buchwert von 100 und einem Zeitwert von 1.000 durch Vereinbarung einer Bruchteilsgemeinschaft (50 : 50) ein. B bebaut das Grundstück, wobei seine Bauleistung einen Marktwert von 1.000 hat, die eigenen Kosten jedoch nur 800 (Gewinn 200) betragen.
A realisiert ½ der stillen Reserven, d.h. 450. B realisiert von seinem Gewinn von 200 ½, also 100. Beide buchen in ihren Einzelbilanzen wie folgt:
Buchungen bei A: bebautes Grundstück 550 an unbebautes Grundstück 100 und an Ertrag 450.
Buchungen bei B: bebautes Grundstück 900 an Umsatz (Gewinnrealisierung) 500 und an aktivierte Eigenleistung 400.
In der Summe der Bilanzen von A und B steht das Grundstück mit 1.450 zu Buche.
- Hiervon entfallen 550 auf A (½ von Grund und Boden = 50 sowie ½ der Bauleistung = 500) und
- 900 auf B (½ des Zeitwertes des Grund und Bodens = 500 sowie ½ der Baukosten = 400).

6 Gemeinschaftsunternehmen (*jointly controlled entities*)

6.1 Merkmale, Anwendungsfälle

50 Ein Gemeinschaftsunternehmen liegt nur vor, wenn die (geplante) Zusammenarbeit zur Gründung einer Kapital- bzw. Personenhandelsgesellschaft oder anderen unternehmerischen **rechtlichen Einheit** führt (IAS 31.24). Das Gemeinschaftsunternehmen selbst beherrscht die Vermögenswerte, geht die Schulden ein, tätigt die Aufwendungen und erzielt die Erträge (IAS 31.25).

51 Wesentliches Merkmal des Gemeinschaftsunternehmens ist also die **selbstständige unternehmerische** und **rechtliche Einheit**. Falls es sich um eine Kapitalge-

sellschaft oder eine Personenhandelsgesellschaft handelt, ist dies typisierend anzunehmen. Bei einer **BGB-Gesellschaft** kann die Unternehmereigenschaft hingegen zweifelhaft sein. Kein Gemeinschaftsunternehmen ist die BGB-Gesellschaft, wenn sie kein Gesamthandsvermögen hat und lediglich der Entscheidungskoordinierung usw. dient oder wenn sie nicht nachhaltig in kaufmännischer Art und regelmäßig unter eigenem Namen bzw. eigener Firma tätig ist (Rz 11 ff.).

Nicht jede Gesellschaft, an der mehrere Gesellschafter beteiligt sind, ist ein Joint 52
Venture. Ein Gesellschafter darf die Gesellschaft nicht dominieren. Für die wesentlichen Entscheidungen der Gesellschaft ist **Einstimmigkeit** aller Gesellschafter oder einer Gruppe von Gesellschaftern erforderlich (Rz 23).

Beispiel

An der GU sind A, B und C mit je 30 % beteiligt, D mit 10 %. Alle wesentlichen Entscheidungen bedürfen einer 75%igen Mehrheit, können also nur im Einvernehmen von A, B und C getroffen werden. GU ist daher ein Joint Venture. A, B und C sind die Venturer, D ist einfacher Investor (Rz 23).

Fallvariante

Alle wesentlichen Entscheidungen bedürfen einer 70%igen Mehrheit.
Die Entscheidungen können in wechselnden Konstellationen (z.B. A, B, C oder B, C, D oder A, C, D) getroffen werden. Eine gemeinschaftliche Führung i.S.v. IAS 31.3 liegt nicht vor, GU ist kein Joint Venture.

Die Qualifizierung eines Unternehmens als Gemeinschaftsunternehmen stellt 53
gem. IAS 31.3 auf die Einheitlichkeit der Kontrolle über die **strategischen** Entscheidungen der Finanz- und Geschäftspolitik (*strategic financial and operating decisions*) ab. Hat eine Gesellschaft mehrere Organe, z.B. Geschäftsführung, Aufsichtsrat, Gesellschafterversammlung, ist zunächst zu prüfen:

Bei **welchen Organen** liegen die Kompetenzen für die wesentlichen Entscheidungen? Zumeist ist dies die **Gesellschafterversammlung**, und zwar regelmäßig auch dann, wenn sie gewisse Entscheidungsbefugnisse an die anderen Organe delegiert hat, diese aber jederzeit zurückholen kann. Im Einzelfall liegt die Kompetenz aber auch bei den **anderen Organen**. Entsprechen die relative Besetzung und die Stimmrechte in den anderen Organen nicht denjenigen der Gesellschafterversammlung und kann die Gesellschafterversammlung Kompetenzen nur mit der Zustimmung der in den anderen Organen herrschenden Gruppen zurückholen, kommt es daher auf die Verhältnisse in den anderen Organen an. Die hierzu in → § 32 Rz 30 dargelegten Grundsätze gelten für Gemeinschaftsunternehmen analog.

Auf Joint Ventures finden die in SIC 12 enthaltenen Regelungen zu *special* 54
purpose entities (SPEs) keine Anwendungen (→ § 32 Rz 65 ff.). Kein Gemeinschaftsunternehmen, sondern ein sog. Pseudo-„Joint Venture" liegt vor, wenn unter der formalen Hülle eines Joint Venture verschiedene Tätigkeiten betrieben werden, die wirtschaftlich und rechtlich derart voneinander abgekapselt sind, dass etwa die Gläubiger des einen Teilbereichs keinen Zugriff auf die Vermögenswerte der anderen Teilbereiche haben. Das ggf. auch nach SIC 12 zu beurteilende

Bilanzierungs- oder Konsolidierungsobjekt ist dann der einzelne Teilbereich (→ § 32 Rz 85).

55 Als **Anwendungsbeispiel** für ein Gemeinschaftsunternehmen nennt IAS 31.26 den Fall, in dem **Auslandsaktivitäten** aufgenommen werden und zu diesem Zweck in Verbindung mit dem ausländischen Staat oder einer anderen Institution in diesem Land ein rechtlich selbstständiges Unternehmen unter gemeinsamer Führung gegründet wird. Statt des Staates kann auch ein anderes „Unternehmen" der Partner sein.

56 Eine Unzahl anderer Zwecke eines Joint Venture kommt infrage, etwa die Bündelung von Forschungsaktivitäten, das Zusammenführen von Vertriebsorganisationen usw.

57 Häufig handelt es sich dabei um Gesellschaften mit einer **engen Zwecksetzung**, die in den Anwendungsbereich von SIC 12 – „Zweckgesellschaften" bzw. *special purpose entities* (SPE) – fallen könnten (→ § 32 Rz 57ff.). SIC 12 stellt allerdings eine Interpretation von IAS 27 dar. Die *„Reference Section"* von SIC 12 führt demzufolge IAS 27 und einige andere Standards (z.B. wegen Aktienoptionsplänen IFRS 2) auf, jedoch nicht IAS 31. Das IDW zieht hieraus folgenden Schluss:

„SIC-12 nimmt nicht Stellung zu der Frage, ob bzw. unter welchen Voraussetzungen es sich bei einer SPE um ein Gemeinschaftsunternehmen i.S.v. IAS 31 oder ein assoziiertes Unternehmen i.S.v. IAS 28 handelt. Auch bestehen keine Anhaltspunkte, dass SIC-12 hier sinngemäß Anwendung finden soll."[4]

Dem ist zuzustimmen. Während IAS 27 die Qualifizierung als Tochtergesellschaft an widerlegbare Vermutungen und andere z.T. stark konkretisierungsbedürftige Kriterien bindet, setzt die Qualifikation eines Gemeinschaftsunternehmens nach IAS 31 die positive Feststellung voraus, dass diese wesentlichen Entscheidungen nur einvernehmlich getroffen werden können. Liegt ein so belegter Fall der gemeinschaftlichen Kontrolle vor, bleibt für ergänzende Würdigungen (Steuerung durch Autopilot etc. (→ § 32 Rz 70)) kein Bedarf und kein Raum mehr.

58 Fraglich könnte allenfalls sein, ob die im Begriff der gemeinsamen Beherrschung vorausgesetzte Entscheidung über die wesentlichen Dinge der Finanz- und Geschäftspolitik noch gegeben ist, wenn aufgrund eines **Autopiloten** auf Ebene des Gemeinschaftsunternehmens nur noch **wenige** Entscheidungen zu treffen sind. Im **Wortlaut** von IAS 31 finden sich allerdings keine Hinweise darauf, dass ein erheblicher Entscheidungsspielraum Voraussetzung für die Annahme einer gemeinschaftlichen Führung sei. Nach dem Wortlaut gilt daher: Wenn auf Ebene des Unternehmens überhaupt noch politische Entscheidungen zu treffen sind und für diese Einvernehmen erforderlich ist, liegt ein Gemeinschaftsunternehmen vor.

Dieses Ergebnis wird u.E. durch das **Beispiel** in IAS 31.27 bestätigt: Im dort angeführten Fall wird eine zuvor als gemeinschaftlich geführtes Vermögen mehrerer Ölfördergesellschaften betriebene Pipeline (IAS 31.20) aus steuerlichen Gründen in das Eigentum eines rechtlich verselbstständigten Unternehmens überführt. Der Standard nimmt in diesem Fall ein gemeinschaftlich geführtes Unternehmen an, obwohl die wesentlichen Investitionsentscheidungen (bereits

[4] IDW HFA 2, Tz 28.

bestehende Pipeline) schon getroffen sind, preispolitische Entscheidungen bei Selbstkostenersatz nicht zu treffen sind, eine Vermarktung der Leistung nicht stattfindet usw. Insgesamt ergibt sich daraus: Der wirtschaftliche Gehalt von gemeinschaftlich geführten Unternehmen muss sich nicht von demjenigen gemeinschaftlich geführter Vermögenswerte unterscheiden. Wenn aber bei einmal errichteten, gemeinschaftlich geführten Vermögenswerten, z.B. einer langfristig fremdvermieteten Immobilie (IAS 31. 20), keine wesentlichen politischen Entscheidungen mehr erforderlich sind, kann dies auch für gemeinschaftlich geführte Unternehmen nicht gefordert werden.

In gleicher Richtung weisen Beispiele im Schrifttum. Danach ist z.B. die für ein bestimmtes Projekt gegründete Bau-ARGE bei Erfüllung weiterer Voraussetzungen (Gesamthandsvermögen etc.) als gemeinschaftlich geführtes Unternehmen zu klassifizieren,[5] obwohl Abnehmer der Leistung, Absatzpreis usw. bei Gründung der ARGE regelmäßig feststehen. Entsprechend sollen etwa *„joint arrangements to share costs“* oder *„joint arrangements to carry out a single project“*, sofern sie durch eine rechtlich selbstständige Einheit ausgeführt werden, *„the definition of a jointly controlled entity“* erfüllen.[6] Dies gelte auch dann, wenn die rechtlich selbstständige Einheit lediglich als Agent handele und Erlöse und Kosten weiterleite. Die *principal-agent*-Beziehung sei lediglich in den separaten Abschlüssen in der Frage relevant, ob Erlöse beim Gemeinschaftsunternehmen brutto oder netto zu erfassen seien.

Insbesondere im Falle des **Einprojekt-Unternehmens** *(single project entity)*, also z.B. bei der Bau-ARGE, gilt dabei regelmäßig: Die Grundentscheidungen über das Projekt, seine Nutzung bzw. seinen Abnehmer usw., sind ebenso wie das Investitions- und Kostenbudget meist schon bei Gründung des Gemeinschaftsunternehmens gefallen. Würde für die Annahme eines Gemeinschaftsunternehmens ein erheblicher verbleibender Entscheidungsspielraum vorausgesetzt, müsste ein solches i.d.R. verneint werden. Die zitierten Schrifttumsauffassungen ziehen – ebenso wie IAS 31.27 – diesen Schluss aber gerade nicht. Ausschlaggebend hierfür ist u.E. die **Relativität** des Begriffs der Geschäfts- und Finanzpolitik. Bei einem in verschiedenen Regionen und unterschiedlichsten Produktlinien tätigen Konzern umfasst er etwa die Einschränkung, Erweiterung oder Neukonfigurierung des geografischen und sachlichen Tätigkeitsfeldes, bei einem nur lokal tätigen Ein-Produkt-Unternehmen stellen sich solche Fragen von vornherein nicht; die Geschäftspolitik beschränkt sich hier auf andere Bereiche, etwa die Personalpolitik, Entscheidungen über die Änderung oder Optimierung von Produktionsverfahren usw. Bei einem globalen Konzern können derartige Fragen u.U. schon nicht mehr als politisch zu qualifizieren sein, bei einem lokalen Kleinunternehmen sind sie es.

Zusammenfassend sind wir daher folgender Ansicht:

- Die Auffassung, ein Unternehmen müsse, um es als gemeinschaftlich geführt zu qualifizieren, über erhebliche finanz- und geschäftspolitische Entscheidungsspielräume verfügen, findet im **Wortlaut** des Standards keine Stütze. Die Anwendung dieser Auffassung würde überdies an der **Relativität** des Begriffs der Geschäfts- und Finanzpolitik scheitern.

---

5 BAETGE, Rechnungslegung nach IFRS, IAS 31, Tz 56.

6 BAETGE, Rechnungslegung nach IFRS, IAS 31, Tz 56.

- Die im Standard und im Schrifttum für ein gemeinschaftlich geführtes Unternehmen angeführten **Musterbeispiele**, einerseits zum Übergang von gemeinschaftlich geführten Vermögen zum gemeinschaftlich geführten Unternehmen, andererseits zum Einprojekt-Unternehmen, belegen im Gegenteil: Auf das Vorhandensein absolut erheblicher strategischer Entscheidungsspielräume kommt es nicht an. Es reicht aus, wenn die verbleibenden Spielräume dem Einstimmigkeitserfordernis unterliegen.

6.2 Bilanzierung im Einzelabschluss des Partnerunternehmens

59 Das Partnerunternehmen kann den Anteil am Gemeinschaftsunternehmen gem. IAS 31.46 i.V.m. IAS 27.38 **einzelbilanziell** wahlweise erfassen:

- zu **Anschaffungskosten** (*at cost*) oder
- zum *fair value* nach IAS 39 bzw. IFRS 9, d.h. regelmäßig mit dem **beizulegenden Zeitwert**; bei mangelnder verlässlicher Bestimmbarkeit des *fair value* nach IAS 39 hilfsweise mit den **Anschaffungskosten.**

Bei der Zugangsbewertung sind direkt zurechenbare Anschaffungsnebenkosten i.d.R. zu aktivieren. Für die Bilanzierung nach IAS 39 ergibt sich dies aus IAS 39.43 (→ § 28 Rz 99), für die Bilanzierung „*at cost*" aus der allgemeinen Bedeutung des Anschaffungskostenbegriffs (→ § 8 Rz 11). Die direkt zurechenbaren Kosten sind nur dann sofort als Aufwand zu behandeln, wenn die Anteile ausnahmsweise erfolgswirksam zum *fair value* bilanziert werden (IAS 39.43).

Besondere Regelungen bestehen aber für Anteile an Gemeinschaftsunternehmen, die lediglich zum Zweck der **Weiterveräußerung** erworben und gehalten werden. Unter Berücksichtigung dieser Sonderregeln ist in der einzelbilanziellen Darstellung von Anteilen an Gemeinschaftsunternehmen zwischen 4 Fällen zu unterscheiden:

- Die Anteile werden ausschließlich zum **Zweck der Veräußerung** gehalten (Rz 96). Schon konzernbilanziell sind sie als *held-for-sale assets* i.S.v. IFRS 5 mit Erfolgswirksamkeit der Wertänderungen zu behandeln (IAS 31.42; → § 29 Rz 26). Diese Qualifizierung ist in die Einzelbilanz zu übernehmen (IAS 27.38).
- Die Anteile werden aus *materiality*-Gründen konzernbilanziell weder quotal noch *at equity* erfasst. Sie werden konzern- und einzelbilanziell zu **Anschaffungskosten** oder zum *fair value* bewertet. Bei *fair-value*-Bewertung sind sie im zeitlichen Anwendungsbereich von IAS 39 regelmäßig als **veräußerbare Werte** (*available-for-sale assets*) mit Erfolgsneutralität der Wertänderungen zu qualifizieren (→ § 28 Rz 147ff.). Im zeitlichen Anwendungsbereich von FRS 9 sind sie als *equity-instruments* einzustufen mit einem Wahlrecht zwischen erfolgsneutraler und erfolgswirksamer Behandlung der Wertänderungen (→ § 28 Rz 348).
- Die Anteile werden im **Konzernabschluss quotal** oder ***at equity*** konsolidiert. **Einzelbilanziell** werden sie wahlweise zu **Anschaffungskosten** oder zum *fair value* bewertet. Im zweiten Fall sind sie nach IAS 39 regelmäßig als **veräußerbare Werte** (*available-for-sale assets*) nach IFRS 9 als *equity instruments* zu qualifizieren
- Es wird zulässigerweise **kein Konzernabschluss** aufgestellt. **Einzelbilanziell** werden die Anteile zu **Anschaffungskosten** oder zum *fair value* bewertet. Im

zweiten Fall sind sie nach IAS 39 regelmäßig als **veräußerbare Werte** (*available-for-sale assets*), nach IFRS 9 als *equity instruments* zu qualifizieren.

Der einzelbilanzielle **Anschaffungskostenbegriff** von IAS 27, IAS 28 und IAS 31 deckte sich in der Vergangenheit nicht durchgehend mit dem des Handelsrechts. Die Ausschüttung von vor dem Erwerb entstandenen Gewinnen (Altrücklagen) führte zur Minderung des Ansatzes (Buchung: per Dividendenforderung an Beteiligung; IAS 27.4). Durch das im Mai 2008 vorgelegte *Amendment to IFRS 1 and IAS 27* ist IAS 27.4 ersatzlos entfallen und in IAS 27.38A festgehalten, dass empfangene Dividenden in jedem Fall, auch bei Ausschüttung von Altrücklagen, als Ertrag auszuweisen sind. Im Einzelnen wird auf → § 32 Rz 173 verwiesen.

In IAS 31.48 (und SIC 13) sind besondere Regelungen für die (anteilige) Reali- 60
sierung von Gewinnen aus Lieferungen des Partnerunternehmens an das Gemeinschaftsunternehmen enthalten. Entsprechend der Positionierung der Vorschrift im Standard – nach Behandlung von Konzern- und Einzelabschluss des Partnerunternehmens – gelten die Regelungen nicht nur für den Konzern (überwiegend deklaratorisch), sondern auch für den Einzelabschluss (konstitutiv). Wegen Einzelheiten wird auf Rz 69 verwiesen.

6.3 Quotale Konsolidierung im Konzernabschluss

6.3.1 Überblick

Eine der beiden zulässigen **Methoden** für die Bilanzierung des Gemeinschafts- 61
unternehmens im Konzernabschluss ist gem. IAS 31.30 die **Quotenkonsolidierung**. Sie verlangt vom Partnerunternehmen eine **anteilige** (beteiligungsproportionale) Erfassung der gemeinschaftlich geführten Vermögenswerte und Schulden sowie der Erträge und Aufwendungen im Konzernabschluss.

Für den **Ausweis** sieht IAS 31.34 zwei **Berichtsformate** vor: 62

- **getrennte Posten** für einerseits die eigenen und andererseits die anteilig aus dem Joint Venture stammenden Sachanlagen, Vorräte, Umsatzerlöse, Materialaufwendungen usw. (*separate-line items*),
- **Zusammenfassung** der anteiligen Sachanlagen, Vorräte, Erlöse, Aufwendungen usw. mit den eigenen Sachanlagen usw. (*line-by-line reporting*).

Am Beispiel der GuV (hier verkürzt) lässt sich der Unterschied wie folgt darstellen:

line-by-line reporting		*separate-line items*		
Umsatz	xxx	Umsatz voll konsolidierter Unternehmen	xx	
		anteiliger Umsatz quotal konsolidierter Unternehmen	yy	xxx
Materialaufwand	-xxx	Materialaufwand voll konsolidierter Unternehmen	-xx	
		anteiliger Materialaufwand quotal konsolidierter Unternehmen	-yy	-xxx

line-by-line reporting		*separate-line items*		
sonstiger Aufwand	-xxx	sonstiger Aufwand voll konsolidierter Unternehmen	-xx	
		sonstiger Aufwand quotal konsolidierter Unternehmen	-yy	-xxx
operatives Ergebnis	zzz	operatives Ergebnis		zzz

Tab. 3: Berichtsformate quotale Konsolidierung

6.3.2 Anwendung von IAS 27 und IFRS 3

63 Für die Quotenkonsolidierung gelten die **Grundsätze der Konsolidierung von Tochtergesellschaftsanteilen sinngemäß** (IAS 31.33). Folgende Regelungen aus IAS 27 und IFRS 3 sind damit einschlägig:

- Bei Abweichung des Bilanzstichtags des Gemeinschaftsunternehmens vom Konzernbilanzstichtag muss ggf. ein **Zwischenabschluss** erstellt werden (IAS 27.22 .; → § 32 Rz 106ff.).
- Bilanzansatz und Bewertung müssen **vereinheitlicht** werden (IAS 27.24; → § 32 Rz 113ff.). Soweit dies nicht durchführbar oder durchsetzbar ist oder Bilanzierungs- oder Bewertungsunterschiede nicht von materieller Bedeutung sind, ist der Verzicht auf die Vereinheitlichung im Anhang anzugeben.
- Im Rahmen der **Kapitalkonsolidierung** sind stille Reserven und ein *goodwill* aufzudecken (Erstkonsolidierung), die stillen Reserven planmäßig, der *goodwill* nur außerplanmäßig fortzuschreiben (Folgekonsolidierung; IFRS 3.38 und 54; → § 31 Rz 68ff. und Rz 142ff.).
- Ein negativer Unterschiedsbetrag ist unmittelbar erfolgswirksam zu verbuchen (→ § 31 Rz 139).
- Konzerninterne **Schulden und Erfolge** sind zu **konsolidieren** (IAS 27.20; → § 32 Rz 134).
- **Zwischenergebnisse** sind zu eliminieren (IAS 27.21 und IAS 31.48; → § 32 Rz 136ff.).

Die Konsolidierungen erfolgen im Umfang der **Beteiligungsquote** (Rz 68). Zu Ausnahmen vgl. Rz 96ff.

64 Nicht einschlägig sind aus IAS 27 und IFRS 3 die Vorschriften, die **nicht beherrschende Anteile** (Minderheiten) betreffen. Während bei der Vollkonsolidierung eines nicht im 100%igen Besitz stehenden Tochterunternehmens Vermögenswerte und Schulden (ggf. auch ein *goodwill*) ebenso wie Erträge und Aufwendungen gleichwohl zu 100 % erfasst werden und damit ein Ausgleichsposten für den Anteil der Dritten erforderlich ist, bildet die quotale Konsolidierung von vornherein nur den eigenen Anteil ab. Ein Ausgleichsposten ist damit weder erforderlich noch zulässig.

65 Ein nicht beherrschender Anteil kann aber **mittelbare Bedeutung** haben, wenn das **Gemeinschaftsunternehmen seinerseits Tochterunternehmen** hat, an denen es zu weniger als 100 % beteiligt ist.

Beispiel
Das Berichtsunternehmen MU ist zu 50 % am Gemeinschaftsunternehmen GU beteiligt, das wiederum eine 80%ige Beteiligung an EU hält. Im Konzernabschluss der GU wird ein nicht beherrschender Anteil für die 20 % Fremdanteile ausgewiesen.

Nach einer im **Schrifttum** vertretenen Auffassung soll in derartigen Konstellationen im Konzernabschluss des Partnerunternehmens ein Wahlrecht bestehen:

- Erfassung der Vermögenswerte, Schulden, Erträge und Aufwendungen der Tochter des Gemeinschaftsunternehmens mit der **durchgerechneten Quote** (im vorstehenden Beispiel 50 % von 80 % = 40 %).
- Erfassung nach der **Quote am Gemeinschaftsunternehmen** (im Beispiel 50 %) und quotale Übernahme des im Konzernabschluss des Gemeinschaftsunternehmens enthaltenen Postens für nicht beherrschende Gesellschafter in den Konzernabschluss des Partnerunternehmens.[7]

U.E. besteht ein solches Wahlrecht aus folgendem Grund nicht. IAS 31.32, 33 und 34 charakterisieren die quotale Konsolidierung wiederholt und einheitlich dadurch, dass der Anteil an den einzelnen Vermögenswerten, Schulden usw. (*share of each of the assets, liabilities* etc.) ausgewiesen wird. Der nicht beherrschende Anteil stellt aber weder einen Vermögenswert noch eine Schuld dar und kann demzufolge auch nicht auf Ebene des Partnerunternehmens zum Ansatz gelangen.

6.3.3 Kapitalkonsolidierung

Insbesondere wenn ein Partnerunternehmen nicht Gründungsgesellschafter ist, 66
sondern erst zu einem späteren Zeitpunkt beitritt, kann es zur Differenz zwischen Anschaffungskosten und Buchwert kommen. In diesem Fall sind nach den Regeln von IFRS 3 und IAS 27 **stille Reserven** und ein eventueller *goodwill* aufzudecken und in der Folgezeit fortzuschreiben. Der *goodwill* unterliegt nur der außerplanmäßigen Fortschreibung (→ § 31 Rz 142ff. und Rz 212).

Hierzu folgendes Beispiel: 67

Beispiel
Aus dem Joint Venture ABC scheidet C aus. Seinen Anteil übernimmt am 1. 1. 2004 D. D zahlt C 150 und erhält hierfür eine Beteiligung von 1/3 an einem buchmäßigen Eigenkapital von 360. Der Zeitwert des Vermögens der Gesellschaft beträgt 390.
Der Unterschiedsbetrag zwischen Kaufpreis und anteiligem Buchwert ist 30 (150 ./. 120). Hiervon fallen 10 auf stille Reserven und 20 auf einen *goodwill*. Der *goodwill* und der um die stillen Reserven erhöhte anteilige Wert des Vermögens sind in der Konzernbilanz des D auszuweisen. Die stillen Reserven sind planmäßig fortzuschreiben.

[7] KMPG, Insights into IFRS 2009/10, Tz 3.5.780.

6.3.4 Konsolidierung von Forderungen und Verbindlichkeiten

68 Forderungen und Verbindlichkeiten gegenüber dem Gemeinschaftsunternehmen sind u. E. i. H. d. **eigenen Anteils** zu **eliminieren**. Hierzu folgendes Beispiel:

> **Beispiel**
> A ist mit 50 % an einem Joint Venture beteiligt. Die Forderungen von A gegenüber dem Joint Venture betragen 100.
> In die Summenbilanz gehen aus dem Joint Venture 50 (50 % von 100) an Schulden ein.
> Diese 50 sind mit der Forderung gegenüber dem Joint Venture zu konsolidieren. Es verbleibt im Konzernabschluss des A eine Forderung von 100 – 50 = 50, entsprechend dem Anteil Dritter am Joint Venture

Irritierend ist allerdings der Hinweis in IAS 31.35, wonach eine Saldierung *(offsetting)* von Vermögen und Schulden, Erträgen und Aufwendungen eine Aufrechnungsmöglichkeit **und** -absicht voraussetzt. Z.T. wird diese Vorschrift so verstanden, dass auch eine Konsolidierung von Forderungen und Verbindlichkeiten nur bei Möglichkeit und Absicht der Aufrechnung gegeben ist. U.E. besteht diese Beschränkung nicht.[8] IAS 31.35 begrenzt die Saldierung *(offsetting)*, nicht die Konsolidierung *(elimination)* i. S. v. IAS 31.33 i. V. m. IAS 27.24.

6.3.5 Zwischenergebniseliminierung, Einlagen, Sachgründungen

69 Für Sacheinlagen in und Veräußerungen an das Joint Venture (*downstream*-Lieferungen) bestimmt IAS 31.48 i. V. m. SIC 13 Folgendes:

- **keine Gewinnrealisierung,** wenn
  - die signifikanten Risiken und Chancen nicht übertragen wurden oder
  - es der Einlage an „wirtschaftlicher Substanz“ mangelt, z. B. weil Wert und Art der von verschiedenen Partnern eingebrachten Vermögenswerte ähnlich sind (SIC 13.5c und 13.11; vgl. Rz 49),
- **anteilige Gewinnrealisierung** (i. H. d. Fremdanteils), wenn die vorgenannten Negativbedingungen nicht vorliegen und auch allgemeine Grundsätze nicht gegen die Erfolgsrealisierung sprechen (→ § 14 Rz 13 ff.),
- **volle Realisierung eines eventuellen Verlustes**, wenn sich aus der Einlage oder dem Verkauf substanzielle Hinweise auf eine Wertminderung ergeben (IAS 31.48), ansonsten anteilig wie im Gewinnfall.

70 Das Vorgehen in der Variante 2 entspricht den allgemeinen Grundsätzen der Zwischenergebniseliminierung bei Tochterunternehmen unter Berücksichtigung der quotalen Konsolidierung (Rz 63 sowie → § 32 Rz 136). Nachfolgend ein Beispiel zur **Sachgründung:**

> **Beispiel**
> A und B gründen im Verhältnis 50 zu 50 das Joint Venture „Dental- und Medizintechnik“. A bringt seinen Geschäftsbereich Dental ein. Der *fair value* der Einzelwerte *(net assets)* beträgt 60, der *fair value* des originären *goodwill* 40. Die entsprechenden Buchwerte sind 50 und 0.

8 Gl. A. KPMG, Insights into IFRS, 2009/10, Tz 3.5.540.20.

B bringt den Geschäftsbereich Medizin ein. Der *fair value* beträgt 80, davon 10 originärer *goodwill* und 70 *net assets*.
Zum Wertausgleich leistet B noch eine Bareinlage von 20 in das Gemeinschaftsunternehmen.
Die Buchungen in der Konzernbilanz des A sind bei quotaler Konsolidierung wie folgt:

Konto	Soll	Haben
Geld 50 %	10	
100 % eingebrachter Buchwert *net assets*		50
50 % des *fair value* von B eingebrachter *net assets*	35	
50 % des Buchwerts selbst eingebrachter *net assets*	25	
50 % des *fair value* von B eingebrachten *goodwill*	5	
Ertrag		25

Der Ertrag ermittelt sich aus folgender Rechnung:

100 % Bareinlage B	20
+ 100 % *fair value* der Sacheinlage B	+ 80
= Veräußerungspreis/erhaltene Gegenleistung (100 %)	100
- Buchwert selbst eingebrachte *net assets* und *goodwill*	- 50
= Veräußerungsgewinn (100 %)	50
davon 50 %	25

Konsolidiert B die Beteiligung nicht proportional, sondern *at equity*, ergibt sich der gleiche Veräußerungsgewinn aus folgenden Buchungen:

Konto	Soll	Haben
at-equity-Beteiligung	75	
100 % der eingebrachten *net assets*		50
Ertrag		25

Der *equity*-Ansatz erklärt sich dann wie folgt:

	100 %	50 %
Geld	20	10
fair value von B eingebrachte *net assets*	70	35
fair value von B eingebrachter *goodwill*	10	5
Buchwert selbst eingebrachte *net assets*	50	25
		75

Ist der in das Gemeinschaftsunternehmen eingelegte Gegenstand ein Tochterunternehmen, entsteht ein Widerspruch zwischen der (bei kalendergleichem Geschäftsjahr) ab 2010 anzuwendenden Neufassung von IAS 27 und SIC 13. Während SIC 13 eine Gewinnrealisierung nur nach Maßgabe des Fremdanteils am Gemeinschaftsunternehmen vorsieht, ist nach IAS 27.34 beim Verlust der alleinigen Beherrschung eine Gewinnrealisierung in vollem Umfang geboten.[9] 71

[9] Vgl. im Detail, Freiberg, PiR 2011, S. 24ff.

U.E. ist hier unter dem Gesichtspunkt der lex specialis IAS 27 zu folgen, der die spezielle Frage des Kontrollverlusts abschließend behandelt, während SIC 13 in allgemeinerer Form die unterschiedlichsten Arten von Beiträgen zu einem Joint Venture anspricht.

72 IAS 31.48 und SIC 13 beschränken sich auf die Bilanzierung beim einlegenden bzw. veräußernden Partnerunternehmen. Die Bilanzierung im **Abschluss** des empfangenden **Gemeinschaftsunternehmens** wird nicht behandelt. Infrage kommt ein voller *fair-value*-Ansatz oder eine Kombination von Buchwertverknüpfung (hinsichtlich der Beteiligungsquote des Einbringenden) und *fair value* (hinsichtlich der Beteiligungsquote der anderen Investoren). U.E. ist der ***fair-value*-Ansatz vorzuziehen.**[10] Er entspricht bei Sacheinlage einzelner Güter den Regelungen von IFRS 2.10, bei Sacheinlage von Unternehmen den Regelungen von IFRS 3. Die Einlage wird dabei als Tauschvorgang und damit als Sonderform der Veräußerung behandelt. Für die einfache Veräußerung kann daher nichts anderes gelten. Voraussetzung ist in allen Fällen die Erlangung wirtschaftlichen Eigentums an den gekauften oder per Einlage erworbenen Gütern, regelmäßig durch die Übernahme der wesentlichen Chancen und Risiken.

73 Lieferungen in umgekehrter Richtung, vom Gemeinschaftsunternehmen an das Partnerunternehmen (*upstream*-Lieferungen) sind in IAS 31.41 geregelt. Dabei werden die allgemeinen Regelungen der Zwischenergebniseliminierung wie folgt konkretisiert:

- **Gewinnrealisierung:** Das empfangende Partnerunternehmen darf seinen Gewinnanteil erst bei Weiterveräußerung an einen unabhängigen Dritten erfassen.
- **Verlustrealisierung:** Sofortige Erfassung des Verlustanteils, soweit dieser einer Wertminderung entspricht, ansonsten anteilig wie im Gewinnfall.

74 Zur **Gewinn**variante folgendes Beispiel:[11]

Beispiel

Am Gemeinschaftsunternehmen GU ist M mit 50 % beteiligt. GU veräußert im Dezember 01 für 80 eingekaufte Waren bar zu 100 an M. Im Januar 02 veräußert M die Waren für 120 weiter an X und realisiert dabei einzelbilanziell einen Erfolg von 20.

In die Summen-GUV 01 von M gehen zunächst aus der Einzelbilanz GU (50 %) ein:
Umsatz 50
Materialaufwand 40,
somit ein Nettoertrag von 10.
Diese Beträge sind in 01 wie folgt zu konsolidieren:

Konto	Soll	Haben
Umsatz	50	
Materialaufwand		40
Vorräte		10

10 Vgl. im Einzelnen LÜDENBACH, PiR 2006, S. 93ff., sowie mit gl. A. KMPG, Insights into IFRS, 2009/10, Tz 3.5.530.

11 Weitere Beispiele zu down- und upstream-Transaktionen bei KÜHNE, in: THIELE/VON KEITZ, BRÜCKS (Hrsg.), Internationales Bilanzrecht, 2008, IAS 31, Tz 171ff.

In 02 gehen in die Summen-GuV von M aus der eigenen Einzelbilanz ein:
Umsatz 120
Materialaufwand 100.
Der Materialaufwand ist wie folgt zu konsolidieren:

Konto	Soll	Haben
Gewinnrücklage	10	
Vorräte		10(EöB)*
Vorräte	10	
Materialaufwand		10

Insgesamt wird damit nur in 02 ein Außenumsatz ausgewiesen und nur in 02 ein Gewinn (von 20 + 10 = 30) realisiert.
(* Eröffnungsbilanz)

6.3.6 Währungsumrechnung

Gemeinschaftsunternehmen sind regelmäßig **selbstständige** Einheiten i.S.v. IAS 21. Insofern erfolgt die quotale Umrechnung von Fremdwährungs-Abschlüssen nach IAS 21.39 zu **Stichtags**werten. Währungsdifferenzen sind **erfolgsneutral** zu behandeln (→ § 27). 75

6.3.7 Sonderproblem abweichender Kapital- und Gewinnanteile

Ist ein Unternehmen am Kapital des Joint Venture mit bspw. einem Drittel beteiligt, am Gewinn aber mit 50 %, weil es besondere Beiträge bringt oder sonst von besonderer Bedeutung ist, ergeben sich **drei Möglichkeiten** der quotalen Konsolidierung: 76

- nach dem **Kapitalanteil,**
- nach dem **Gewinnanteil,**
- **Bilanzposten** nach dem **Kapitalanteil** und **GuV-Posten** nach dem **Gewinnanteil.**

Mangels ausdrücklicher Regelung in IAS 31 sind **alle Formen zulässig.** Die letztaufgeführte gemischte Variante entspricht am besten dem wirtschaftlichen Sachverhalt. Sie hat jedoch den Nachteil, dass Differenzen zwischen quotaler Bilanz und quotaler GuV entstehen, wenn z.B. der Bilanzansatz des Anlagevermögens quotal nach dem Kapitalanteil, der Abschreibungsaufwand hingegen quotal nach dem Gewinnanteil fortgeschrieben wird. Andererseits würde bei Abstellen auf den Kapitalanteil die Summe der anteiligen Erträge und Aufwendungen nicht dem tatsächlichen Anteil entsprechen, sodass hier ein Ausgleichsposten in die Ergebnisrechnung einginge. Umgekehrt müssten bei einer durchgängig am Gewinnanteil orientierten Quotelung Ausgleichsposten (Ansprüche oder Verpflichtungen) in die Bilanz einbezogen werden.[12] 77

Beste Methode zur Bewältigung dieser Komplexitäten ist ihre **Vermeidung,** d.h. der Verzicht auf abweichende Kapital- und Gewinnanteile. Wo dies aus sachli- 78

12 Mit Präferenz für Einbeziehung nach dem Kapitalanteil, HAYN, in: BECK'sches IFRS-Handbuch, 3. Aufl., 2009, § 35 Rz 12.

chen Gründen nicht geht, würden wir ein **gemischtes Vorgehen** vorziehen, da es unschöne Ausgleichsposten vermeidet.

6.3.8 Statuswechsel vom Finanzinstrument oder assoziierten Unternehmen zum Gemeinschaftsunternehmen

79 Das übergeordnete Unternehmen kann bereits vor Erlangung der (gemeinschaftlichen) Kontrolle beteiligt gewesen sein, entweder mit oder ohne maßgeblichen Einfluss. Kommt es mit Erwerb weiterer Anteile (oder Änderung des Gesellschaftsvertrags) zu einem Statuswechsel vom **Finanzinstrument (IAS 39)** bzw. einem **assoziierten Unternehmen (IAS 28)** zu einem Gemeinschaftsunternehmen, sind die Regelungen von IFRS 3 analog anzuwenden (→ § 31 Rz 150). Fingiert wird eine Erlangung der gemeinschaftlichen Kontrolle gegen Barzahlung (für die Neuanteile) und Tausch (der Altanteile zum *fair value*). Die Differenz zwischen Buchwert und *fair value* der Altanteile führt somit zu einem Erfolg. Soweit die Altanteile als *available-for-sale assets* schon bisher erfolgsneutral zum *fair value* geführt wurden, ist die bisher in die Zeitbewertungsrücklage eingestellte Wertentwicklung mit der Erstkonsolidierung GuV-wirksam zu realisieren.
Für die Behandlung der Aufwärtskonsolidierung bei analoger Anwendung von IFRS 3 rev. 2004 wird auf die Vorauflage verwiesen.

6.3.9 Beendigung der quotalen Konsolidierung durch (Teil-)Veräußerungen oder Hinzuerwerb

80 Die quotale Konsolidierung ist in folgenden Fällen einzustellen (IAS 31.36):

- Das Gemeinschaftsunternehmen wird durch **Hinzuerwerb** eines weiteren Anteils **Tochterunternehmen**.
- Das Gemeinschaftsunternehmen wird durch **Veräußerung** von Anteilen (oder durch Dominanz eines anderen Gesellschafters) zu einem **assoziierten Unternehmen** oder zur **einfachen Beteiligung**.
- **Sämtliche Anteile** des Gemeinschaftsunternehmens werden **veräußert**.

81 Im ersten Fall des **Hinzuerwerbs** ist zur **Vollkonsolidierung** überzugehen. Nach dem bis 2008/09 geltenden Recht ist hierbei wie folgt zu verfahren: Für die neu erworbenen Anteile sind neue Unterschiedsbeträge zu ermitteln. Für die alten Anteile bleibt es bei dem bisherigen *goodwill*-Ansatz, die stillen Reserven sind jedoch neu auf den Zeitpunkt der *business combination* (Erlangung der alleinigen Kontrolle) zu bestimmen, zwischenzeitliche Veränderungen der stillen Reserven durch eine Neubewertungsrücklage zu buchen (IFRS 3.58ff. rev. 2004).

82 Anders ist die Behandlung ab 2009/10. IFRS 3.32 sieht keine Unterscheidung zwischen stillen Reserven und *goodwill* vor. Beide sind nach den Verhältnissen des Zeitpunkts der Erlangung der alleinigen Kontrolle zu bestimmen. Auch die Passivierung einer Neubewertungsrücklage für Änderung der stillen Reserven ist in den Altanteilen nicht mehr vorgesehen. Stattdessen werden die Altanteile mit ihrem *fair value* in den Anschaffungskosten des Unternehmenserwerbs berücksichtigt werden. Hiernach kommt es – wie beim Übergang von Finanzinstrument oder der *equity*-Konsolidierung – zu einer erfolgswirksamen Behandlung der Altanteile (→ § 31 Rz 150).

Bei einer **Teilveräußerung** ist je nach Ausmaß des verbleibenden Einflusses zur *equity*-Bewertung nach IAS 28 oder zur Bewertung nach IAS 39 (bzw. IFRS 9) überzugehen. Beim Übergang auf die *equity*-Methode für die nicht veräußerten Anteile ist nach dem bis 2008 geltenden Recht zunächst das verbleibende anteilige buchmäßige Eigenkapital anzusetzen. Ein anteiliger Unterschiedsbetrag, d.h. ein *goodwill*, und anteilige stille Reserven sind insoweit zu berücksichtigen, als sie bezogen auf den früheren Anschaffungszeitpunkt entstanden und bis heute, d.h. während der Dauer der quotalen Konsolidierung, noch nicht vollständig aufgelöst worden sind (IAS 28.23). **83**

Durch die Neufassung von IAS 27.34 ist es zu einer Folgeänderung von IAS 31 gekommen. Hiernach gilt ab 2009/10: Mit Verlust der gemeinschaftlichen Kontrolle sind die verbleibenden Anteile zum *fair value* anzusetzen. Die Differenz zum Anteil am bisher zu Konzernbuchwerten erfassten quotalen Nettovermögen ist erfolgswirksam zu behandeln (IAS 31.45). **84**

Für den **Übergang** auf die Bilanzierung nach **IAS 39** bestehen in der bis 2008 geltenden Fassung von IAS 31 keine expliziten Regeln. **85**

U.E. ist der Ansatz des **anteiligen quotalen Werts** als Zugangswert der Anteile ohne Berührung von GuV und Eigenkapital geboten. Auf die Vorauflage wird verwiesen.

Ab 2009/10 ist auch in diesem Fall die Folgeänderung aus der Neufassung von IAS 27 einschlägig (Rz 84): Mit Verlust der gemeinschaftlichen Kontrolle sind die verbleibenden Anteile zum *fair value* anzusetzen. Die Differenz zum Anteil am bisher zu Konzernbuchwerten erfassten quotalen Nettovermögen ist erfolgswirksam zu behandeln (IAS 31.45). Entsprechendes gilt bei einem Übergang nach IFRS 9. **86**

Bei **vollständiger** Veräußerung entsteht ein Entkonsolidierungserfolg i.H.d. Differenz von Veräußerungserlös und den (quotalen) Buchwerten des abgehenden Nettovermögens. Eine erfolgsneutral gebildete **Währungsumrechnungsrücklage** (Rz 75) ist anlässlich der Veräußerung erfolgswirksam aufzulösen (→ § 27 Rz 54). **Entsprechend** ist mit erfolgsneutral gebildeten Rücklagen aus *available-for-sale assets* (→ § 28 Rz 147ff.), *cash flow hedges* (→ § 28 Rz 254) usw. zu verfahren. **87**

Bei **Teilveräußerung** entsteht ein Erfolg hinsichtlich der abgehenden Anteile. Ab 2009/10 gilt dies auch für die verbleibenden Anteile (Rz 84 und 86). Ein Abgangserfolg ist auch bei einer Verringerung der Anteilsquote (etwa durch unterproportionale Teilnahme an einer Kapitalerhöhung) denkbar. Die hierfür geltenden Grundsätze entsprechen denen bei Anwendung der *equity*-Methode. Auf → § 33 Rz 101 wird verwiesen. **88**

6.4 *Equity*-Konsolidierung im Konzernabschluss

Alternativ zur quotalen Konsolidierung kann gem. IAS 31.38 der Anteil am Partnerunternehmen im Konzernabschluss unter Verwendung der *equity*-Methode bilanziert werden. Die Wirkungsweise der Methode wird nicht in IAS 31, sondern in IAS 28 beschrieben. Die Methodik zeigt das nachfolgende Beispiel. Im Übrigen wird auf Rz 63 sowie auf → § 33 Rz 37ff. verwiesen. **89**

Beispiel zur *equity*-Methode

Die Venture AG erwirbt von B zum 1.1.01 einen 20%igen Anteil an der Start-UP KG bei folgenden Bedingungen:

- Anschaffungskosten: 450 TEUR
- Buchwert Eigenkapital der KG (100 %): 500 TEUR
- Kapitalanteil B (vorher)/Venture AG (nachher): 100 TEUR (= 500 × 20 %)
- Stille Reserven im immateriellen Anlagevermögen der KG (100 %): 750 TEUR, bei Restnutzungsdauer (ND) von 5 Jahren
- Jahresüberschuss 01 der KG (100 %): 600 TEUR
- Vorabausschüttung in 01 (100 %): 100 TEUR

Steuerlich würde der Mehrbetrag von 450 - 100 = 350 TEUR (im Personengesellschaftsfall) in einer Ergänzungsbilanz aufgedeckt, den stillen Reserven und dem *goodwill* zugeordnet und in der Folgezeit abgeschrieben. Nach der *equity*-Methode wird (rechtsformunabhängig) analog verfahren, wie folgende Tabelle zeigt:

Jahr	Beschreibung	Betrag
	Zugangsbewertung:	
1.1.01	zu Anschaffungskosten	450
	Fortschreibung um Dividenden und Gewinnanteil:	
	– (Vorab-)Ausschüttung in 01 (anteilig)	– 20
	+ Gewinnanteil 01	120
	= Zwischensumme	550
	Fortschreibung Unterschiedsbetrag:	
	– Abschreibung stille Reserven (1/ND)	– 30
31.12.01	***= at equity***	520

Erläuterung i. S. d. Unterschiedsbetrags:	
Anschaffungskosten	450
– Anteilig erworbenes EK (Buchwert)	– 100
= Unterschiedsbetrag	350
– anteilige stille Reserven (ND = 5 Jahre)	– 150
= anteiliger Firmenwert	200

90 Bei Veräußerung an oder Sacheinlage in das Joint Venture, insbesondere Sachgründungen, darf ein Gewinn maximal i. H. d. Anteilsquote der anderen Gesellschafter aufgedeckt werden. Auf Rz 69ff. wird verwiesen.

Im Falle einer Sacheinlage in Form eines *available-for-sale*-Finanzinstruments ist wie bei jeder anderen Einlage ein Abgangserfolg nur i. H. d. Fremdbeteiligung am Joint Venture zu realisieren. Besonderheiten ergeben sich aber, wenn bisherige Bewertungserfolge aus dem Finanzinstrument in einer Zeitbewertungsrücklage im Eigenkapital erfasst wurden.

Beispiel

U erwirbt einen 10-%-Anteil an X für 100 (AK = FV) und klassifiziert die X-Anteile als *available for sale*. Zum nächsten Bilanzstichtag ist der Zeitwert der Anteile 150, U erhöht den Bilanzansatz erfolgsneutral durch Dotierung der Zeitbewertungsrücklage auf 150. Die X-Anteile werden kurz nach dem Stichtag in das Gemeinschaftsunternehmen JV eingebracht. Bei einer Beteiligungshöhe von jeweils 50 % erbringt der zweite Venturer zeitgleich eine Bareinlage von 150.

Bei U ist eine Zwischenergebniseliminierung i. H. v. 50 % erforderlich. Explizite Regelungen zur Buchungstechnik fehlen. Folgende Buchungsmöglichkeiten bestehen:

1. Auflösung der Rücklage, Eliminierung von 50 % des Gewinns gegen *equity*-Anteil

Konto	Soll	Haben
equity-Anteil	150	
Finanzinstrument		150
ZeitbewertungsRL	50	
Ertrag		25
equity-Anteil		25

2. Auflösung der Rücklage nur zu 1/2

Konto	Soll	Haben
equity-Anteil	150	
Finanzinstrument		150
ZeitbewertungsRL	25	
Ertrag		25

3. Auflösung der Rücklage, Eliminierung von 50 % des Gewinns gegen passiven Abgrenzungsposten

Konto	Soll	Haben
equity-Anteil	150	
Finanzinstrument		150
ZeitbewertungsRL	50	
Ertrag		25
pRAP *(deferred gain)*		25

Unklar ist, welchen Bestimmungen eine evtl. **außerplanmäßige Abschreibung** 91
auf den *equity*-Ansatz unterliegt:

- IAS 31 enthält keine eigenen Regeln zur außerplanmäßigen Abschreibung.
- Zur Anwendung der *equity*-Methode wird auf IAS 28 verwiesen (IAS 31.40). Die in IAS 28.31 enthaltenen Regeln zur außerplanmäßigen Abschreibung sind begrifflich jedoch kein Teil der *equity*-Methode, sondern nachgeschaltet anzuwenden *(after application of the equity-method;* IAS 28.31). Insoweit deckt der Verweis auf IAS 28 die außerplanmäßige Abschreibung nicht ab.

Es wäre jedoch nicht sachgerecht, *at equity* konsolidierte Anteile an Gemeinschaftsunternehmen bei der laufenden Verlustfortschreibung und in jeder anderen Hinsicht mit *at equity* konsolidierten Anteilen an assoziierten Unternehmen gleichzustellen, bei der außerplanmäßigen Abschreibung jedoch anders zu verfahren. U.E. liegt daher ein redaktionelles Versehen vor. Offenbar hat man mit dem Verweis auf IAS 28 alle für die *equity*-Konsolidierung wichtigen Fragen für erledigt gehalten. Wir halten daher die Anwendung der Bestimmungen von IAS 28.31 ff. (mit ihren Erleichterungen gegenüber IAS 36) auch bei Gemeinschaftsunternehmen für zulässig (→ § 33 Rz 94 ff.).

92 Die *equity*-Konsolidierung ist in folgenden Fällen einzustellen (IAS 31.41):

- Das Gemeinschaftsunternehmen wird durch **Hinzuerwerb** eines weiteren Anteils **Tochterunternehmen.**
- Das Gemeinschaftsunternehmen wird durch **Veräußerung** von Anteilen (oder durch Dominanz eines anderen Gesellschafters) zu einer **einfachen Beteiligung.**
- **Sämtliche Anteile** des Gemeinschaftsunternehmens werden **veräußert.**

Im Fall des **Hinzuerwerbs** ist zur **Vollkonsolidierung** überzugehen. Nach IFRS 3.58 ff. rev. 2004 sind dabei die Altanteile erfolgsneutral in die Vollkonsolidierung zu überführen (→ § 31 Rz 150), nach ab 2009/10 geltendem IFRS 3.32 sind sie mit ihrem *fair value* anzusetzen, sodass es zu einer erfolgswirksamen Behandlung der Altanteile kommt (→ § 31).

Bei einer **Teilveräußerung** mit **Übergang** auf die Bilanzierung **nach IAS 39** wird bis 2008 der anteilige *equity*-Buchwert erfolgsneutral in die Anschaffungskosten des Finanzinstruments überführt (IAS 28.19). Ab 2009/10 ist die Folgeänderung aus IAS 27 rev. 2008 einschlägig (Rz 84). Mit Verlust der gemeinschaftlichen Kontrolle sind die verbleibenden Anteile zum *fair value* anzusetzen. Die Differenz zum bisherigen anteiligen *equity*-Buchwert ist erfolgswirksam zu behandeln (IAS 31.45).

Bei **vollständiger** Veräußerung entsteht ein Entkonsolidierungserfolg i. H. d. Differenz von Veräußerungserlös und dem *equity*-Buchwert. Eine erfolgsneutral gebildete **Währungsumrechnungsrücklage** (Rz 75) ist anlässlich der Veräußerung erfolgswirksam aufzulösen (→ § 27 Rz 54).

93 Fraglich ist die Behandlung der bei einer Teilveräußerung verbleibenden Anteile beim Übergang vom *equity*-konsolidierten Gemeinschafts- zum ebenfalls *equity*-konsolidierten assoziierten Unternehmen. Unter Berücksichtigung der Stetigkeit in der Bilanzierungsmethode und der beim Übergang zu Finanzinstrumenten geltenden Regelungen (Rz 92) ist bis 2008 eine Fortsetzung des anteiligen *equity*-Buchwerts geboten. Ab 2009/10 ist hingegen die Folgeänderung aus der Neufassung von IAS 27 einschlägig (Rz 84): Mit Verlust der gemeinschaftlichen Kontrolle sind die verbleibenden Anteile zum *fair value* anzusetzen. Die Differenz zum bisherigen anteiligen *equity*-Buchwert ist erfolgswirksam zu behandeln (IAS 31.45).

6.5 Konsistenz in der Anwendung des Bilanzierungswahlrechts?

94 IAS 31.38 und 31 statuieren das Wahlrecht, „**einen** Anteil an **einem** Gemeinschaftsunternehmen“ quotal oder *at equity* zu konsolidieren. Dies könnte als Erlaubnis verstanden werden, das Wahlrecht für einen Anteil an einem Gemeinschaftsunternehmen unabhängig von der Behandlung anderer Anteile bzw. Gemeinschaftsunternehmen auszuüben.

IAS 38.57 verlangt andererseits folgende Anhangsangabe: „Ein Partnerunternehmen hat **die** Bilanzierungsmethode für seine Anteile an gemeinschaftlich geführten Unternehmen anzugeben.“ Die Schlussfolgerung hieraus wäre, dass gerade **nicht** beide zulässigen Methoden **nebeneinander** Anwendung finden können.
Die zweite Interpretation ist u.E. sachgerecht. Die Entscheidung zwischen *equity*- und Quotenkonsolidierung ist der klassische Fall eines echtes Wahlrechts. Die Ausübung solcher Wahlrechte unterliegt nach IAS 8 dem Stetigkeitsgebot, und zwar regelmäßig mit Ausstrahlungswirkung auf Neuzugänge (→ § 24 Rz 13ff.).[13]

6.6 Bilanzpolitische und technische Beurteilung des Bilanzierungswahlrechts

Gegenüber einer *one-line consolidation* ergibt die quotale Konsolidierung höhere 95
Umsätze und damit niedrigere Umsatzrenditen, andere Umschlagskennziffern und andere sonstige finanzwirtschaftliche Relationen. Hierdurch kann es auch zu einer stärkeren Glättung der Umsätze und Umsatzkennziffern kommen, etwa wenn ein Baukonzern in einigen Perioden stärker im Eigengeschäft, in anderen Perioden stärker im ARGE-Geschäft tätig ist. **Bilanzpolitisch** ist deshalb die quotale Konsolidierung im Allgemeinen vorzuziehen.[14]
Technische Argumente können andererseits für die *equity*-Methode sprechen, da die Regeln der Schulden- und Erfolgskonsolidierung nicht anzuwenden sind und der Verzicht auf Zwischenergebniseliminierung mangels *materiality* jedenfalls faktisch leichter zu begründen ist (Rz 69).
Aus **theoretischer Sicht** wird gegen die *equity*-Methode angeführt, dass sie zum Ausweis einer undifferenzierten Saldogröße führe, während die quotale Konsolidierung den Umfang der wirtschaftlichen Aktivitäten besser erkennen lasse. Die quotale Methode vermischt dabei allerdings im *line-by-line-reporting*-Format (Rz 62) allein kontrolliertes Vermögen (Tochterunternehmen) mit Vermögen, über das nur gemeinsam mit anderen verfügt werden kann. Das *separate-line-items*-Format kann diesem Missstand nur bedingt abhelfen, da es tendenziell die Übersichtlichkeit des Abschlusses einschränkt.[15]

6.7 Konzernbilanzierung gem. IFRS 5 in Ausnahmefällen

Weder quotal noch *at equity*, sondern **ausnahmsweise** nach den Regeln von 96
IFRS 5.39 (→ § 29), d.h. erfolgswirksam zum Netto-*fair-value*, erfolgt die Konzernbilanzierung von Gemeinschaftsunternehmen, wenn Anteile **veräußert** werden sollen (IAS 31.42). Die Veräußerungsabsicht ist im Allgemeinen dann widerlegt, wenn der Anteil nicht nach 12 Monaten (gerechnet ab Erwerb) weiterveräußert wurde (IFRS 5.8) und auch keine aktiven Verkaufsbemühungen incl. Anpassung der Preisvorstellungen mehr unternommen werden (→ § 29 Rz 11). Das Gemeinschaftsunternehmen ist dann rückwirkend *at equity* oder

---

13 Gl.A. THEILE/PAWELZILK in: HEUSER/THEILE, IFRS-Handbuch, 4. Aufl., 2009, Tz 3600; KPMG, Insights into IFRS, 2009/10, Tz 3.5.560.

14 Detailliertere Überlegungen zur Bilanzpolitik bei HARMS/KNISCHEWSKI, Quotenkonsolidierung vs. Equity-Methode, DB 1985, S. 1353ff.

15 Vgl. im Einzelnen zur Theoriedebatte: RUHNKE/KLUGE, Gemeinschaftsunternehmen im Konzernabschluss, RIW 1996, S. 577ff.

quotal zu konsolidieren. Die 12-Monats-Frist kann bei ausstehenden Genehmigungen (Kartellamt etc.) ausnahmsweise verlängert werden (IFRS 5.9). Die Ausnahmeregeln von IFRS 5 gelangen auch bei erst später entstehender Veräußerungsabsicht zur Anwendung. Soweit Gemeinschaftsunternehmen vor Umqualifizierung nach IFRS 5 *at equity* bilanziert wurden, gelten mit Begründung der Veräußerungsabsicht die in → § 33 Rz 28ff. dargelegten Regeln. Werden Gemeinschaftsunternehmen hingegen quotal konsolidiert, stellt sich folgende **Sonderproblematik**:

- **Tochterunternehmen** werden im Konzernabschluss durch ihre Vermögenswerte und Schulden repräsentiert. Die nach IFRS 5 vorzunehmenden Umqualifizierungen und Umbewertungen beziehen sich auf diese Vermögenswerte und Schulden.
- **Assoziierte Unternehmen** erscheinen im Konzernabschluss als **ein** Bilanzierungsobjekt. Die Umqualifizierung und Umbewertung nach IFRS 5 betrifft dieses Objekt.
- Für *at equity* bilanzierte Anteile an **Gemeinschaftsunternehmen** gilt Entsprechendes.
- Bei **quotal konsolidierten Gemeinschaftsunternehmen** stellt sich hingegen die Frage, ob hier analog zu den Tochterunternehmen die anteiligen Vermögenswerte und Schulden umzuqualifizieren und umzubewerten sind. Nach dem Wortlaut von IAS 31.42 ist das nicht der Fall. Mit der Umqualifizierung **endet** vielmehr die quotale Konsolidierung. An die Stelle der anteiligen Vermögenswerte und Schulden tritt das **Bilanzierungsobjekt Beteiligung**.[16] Dieses Vorgehen ist sachgerecht, da das Partnerunternehmen weder rechtlich noch wirtschaftlich das hinter der Beteiligung liegende Vermögen, sondern nur die Beteiligung selbst veräußern kann.

97 Der nach IFRS 5 bestehende Vorrang des Bilanzierungsobjekts „Beteiligung" gilt auch, wenn bereits **bei Erwerb** eine IFRS 5 genügende **Veräußerungsabsicht** vorlag (→ § 29 Rz 26), insbesondere die Realisierung der Veräußerung binnen **12 Monaten** (IFRS 5.8) hoch wahrscheinlich war. Ein derartiger zur Weiterveräußerung binnen 12 Monaten bestimmter Anteil an einem Gemeinschaftsunternehmen ist von vornherein mit dem *fair value less costs to sell* (→ § 29 Rz 30) anzusetzen (IFRS 5.11, IAS 31.2a). Zur *equity*- oder quotalen Konsolidierung kommt es nur dann, wenn die Weiterveräußerung wider Erwarten nicht binnen 12 Monaten gelingt.

6.8 Bilanzierung im Abschluss eines einfachen Investors

98 Nicht jeder Anteilsinhaber eines Joint Venture muss ein Partnerunternehmen sein. An dem Joint Venture können etwa A und B mit je 45 % und C mit 10 % als **einfacher Investor** beteiligt sein (vgl. das Beispiel unter Rz 23). Ist C nicht an der gemeinschaftlichen Führung beteiligt, so hat er die Anteile in seinem Konzernabschluss gem. IAS 39 (→ § 28 Rz 142ff.) zu bewerten (IAS 31.51). Soweit er zwar nicht an der gemeinschaftlichen Führung beteiligt ist, aber maßgeblichen Einfluss hat, kommt es zur Bilanzierung nach IAS 28 (→ § 33).

---

16 Gl. A. HAYN, in: BECK'sches IFRS-Handbuch, 3. Aufl., 2009, § 37, Tz 21.

Im Einzelabschluss des einfachen Investors kann die Bilanzierung zu Anschaffungskosten oder zum *fair value* erfolgen (IAS 27.38).

7 Latente Steuern

Wird der Anteil an einem Gemeinschaftsunternehmen *at equity* konsolidiert, gelten die unter → § 33 Rz 116ff. dargestellten Regeln. 99

- *Inside basis differences* (→ § 26 Rz 64) zwischen den anteiligen Steuerbuchwerten des Gemeinschaftsunternehmens und deren anteilige und implizite Berücksichtigung im *equity*-Ansatz führen in jedem Fall zu Latenzen.
- Die Rechtsform entscheidet über die Frage, ob daneben latente Steuern auch auf *outside basis differences* entstehen (→ § 26 Rz 75).

Im Falle der quotalen Konsolidierung gelten die Ausführungen unter → § 33 und → § 31 Rz 202 sinngemäß.

Bei gemeinschaftlichen Tätigkeiten und gemeinschaftlichem Vermögen entstehen i.d.R. nur die **allgemeinen Steuerlatenzen**, die sich aus den unterschiedlichen Gewinnrealisierungszeitpunkten, unterschiedlichen Abschreibungen usw. ergeben (→ § 26 Rz 9ff.). **Spezifische** Steuerlatenzen fallen kaum an, da die (deklaratorischen) Regelungen von IAS 31 (anteiliger Vermögensausweis usw.) den steuerbilanziellen Vorschriften entsprechen. 100

8 Ausweis

Für den Ausweis des Joint Venture in Bilanz und GuV des Partnerunternehmens ist zwischen den verschiedenen Formen des Joint Venture zu differenzieren: 101

- **Gemeinschaftliche Tätigkeit:** I.d.R. existiert kein gemeinsames Vermögen, insoweit ist auch bilanziell nichts anzusetzen. In der GuV erfolgt bei Erlösteilung der Ausweis der eigenen Aufwendungen und der angefallenen anteiligen Erlöse unter den normalen Posten. Bei Gewinnpoolung, soweit überhaupt Joint Venture, erfolgt gegebenenfalls ein besonderer Ausweis der Gewinnabführung bzw. der Gewinnbeteiligung (Rz 31 ff.).
- **Gemeinschaftliches Vermögen:** Auszuweisen sind jeweils anteilig Vermögen, Schulden, Aufwendungen und Erträge, und zwar unter üblichen Posten. Gegebenenfalls sind in eigenem Namen für Rechnung aller Partner eingegangene Verbindlichkeiten nur anteilig zu bilanzieren (Rz 40ff.).
- **Gemeinschaftsunternehmen:** Bei quotaler Konsolidierung besteht ein Wahlrecht zwischen zusammengefasster oder von den eigenen Posten separierter Darstellung von Vermögen, Schulden, Aufwendungen und Erträgen (Rz 62). Bei der *equity*-Bilanzierung ist ein gesonderter Ausweis der *equity*-Beteiligung und des *equity*-Ergebnisses in Bilanz und GuV geboten (→ § 2 Rz 46).

9 Angaben

In den Anhang ist eine **Liste der maßgeblichen** (!) Joint Ventures aufzunehmen, in der unter anderem die Anteilsquote anzugeben ist und die Anteile, z.B. nach ihrem Zweck, zu beschreiben sind (IAS 31.56; Rz 11). Unter Berücksichtigung 102 von § 315a HGB ist für deutsche IFRS-Anwender eine Aufstellung des Beteiligungsbesitzes (§ 313 Abs. 2 und 4 HGB) notwendig (→ § 33 Rz 121).

103 Bei Beteiligung an einem Gemeinschaftsunternehmen ist die **Summe** des Betrages aller kurzfristigen Vermögenswerte, langfristigen Vermögenswerte, kurzfristigen Schulden, langfristigen Schulden, Erträge und Aufwendungen in Bezug auf den Anteil am Joint Venture anzugeben (IAS 31.56). Die Angaben sind entbehrlich, wenn in GuV und Bilanz das *separate-line-items*-Format verwendet wird (Rz 62).

104 Das Partnerunternehmen hat jeweils getrennt von den übrigen Eventualschulden bzw. -verpflichtungen anzugeben:

- **Eventualschulden** für gemeinschaftlich eingegangene Verpflichtungen, darin bestehender eigener Haftungsanteil sowie Eventualschulden aus der Haftung für Schulden anderer Partnerunternehmen (IAS 31.54),
- **Finanzielle Verpflichtungen** gegenüber dem Joint Venture (aus Investitions- oder Einzelverpflichtungen),
- **Anteil an gemeinschaftlichen** finanziellen **Verpflichtungen** (z.B. aus dem Bestellobligo des Joint Venture).

105 Die Praxis begnügt sich regelmäßig mit sehr kurzen Formulierungen im Zusammenhang der übrigen Erläuterungen zu Konzernunternehmen. Ein Formulierungsbeispiel findet sich in → § 32 Rz 191.
Auf die **Checkliste „Abschlussangaben“** wird verwiesen (→ § 5 Rz 8).

10 Anwendungszeitpunkt, Rechtsentwicklung

106 IAS 31 ist in vollem Umfang für alle Berichtsperioden anzuwenden, die ab dem 1. Januar 2005 beginnen. Eine frühere Anwendung wird empfohlen (IAS 31.58).

107 Aus der ab 2009/10 geltenden Revision von IFRS 3 und IAS 27 ergeben sich Folgeänderungen in der Behandlung der Abwärts- und Aufwärtskonsolidierungen. Wegen Einzelheiten hierzu wird auf Rz 82 und Rz 92 verwiesen.
Aufgrund des im Mai 2008 verabschiedeten *Amendment to IFRS 1 and IAS 27* sind bei der Bilanzierung eines Gemeinschaftsunternehmens im Einzelabschluss des Investors zu Anschaffungskosten ab 2009 empfangene, aus Altrücklagen dotierte Dividenden nicht mehr als Kürzung der Anschaffungskosten, sondern ertragswirksam zu verbuchen (Rz 59).

108 Im September 2007 hat der IASB den *Exposure Draft* ED IFRS 9 *Joint Arrangements* als Ersatz für IAS 31 vorgelegt. ED IFRS 9 ist Teil des kurzfristigen IFRS-US-GAAP-Konvergenzprojekts und sieht in Anpassung an die amerikanischen Vorschriften (APB 18) eine Streichung des Wahlrechts zur Quotenkonsolidierung von Gemeinschaftsunternehmen vor, um stattdessen nur noch die *equity*-Konsolidierung zuzulassen. Der ED weist u.a. folgende konzeptionellen Defizite auf:[17]

- ED IFRS 9 regelt (wie IAS 31) neben Gemeinschaftsunternehmen auch die Bilanzierung nicht in Form eines selbstständigen Unternehmens betriebener *joint operations* (etwa Arbeitsgemeinschaften) und *joint assets* (etwa einer gemeinsam betriebenen Pipeline). Die Regelungen zu *joint operations* und *joint assets* sind jedoch (wie schon die bisherigen Regeln in IAS 31) rein

---

17 Vgl. im Einzelnen LÜDENBACH/FREIBERG, BB 2007, S. 2798.

deklaratorisch. Es wird das wiederholt, was nach allgemeinen, in anderen Standards niedergelegten Grundsätzen ohnehin gilt. Als konstitutiver Inhalt von ED IFRS 9 bleibt allein die Vorschrift, Gemeinschaftsunternehmen *at equity* zu konsolidieren. Zur Technik der *equity*-Methode enthält der ED jedoch keine Hinweise, sondern begnügt sich hier mit dem Verweis auf den Standard für assoziierte Unternehmen (IAS 28). Ein solcher Verweis ist zweckmäßig, führt aber auch zu der Frage, welchen Sinn überhaupt noch ein eigener Standard für *joint arrangements* hat: Im *joint assets* und *joint operations* betreffenden Teil ist er deklaratorisch und damit überflüssig, im Gemeinschaftsunternehmen betreffenden Teil schafft er Gleichheit mit der Konsolidierung assoziierter Unternehmen, behandelt die Rechtsfolgen dieser Gleichheit aber nicht selbst, sondern nur durch Verweis. Einfacher und konsequenter wäre es dann, auf ED IFRS 9/IAS 31 völlig zu verzichten und in IAS 28 für alle Unternehmen, auf die maßgeblicher Einfluss, aber keine alleinige Kontrolle ausgeübt wird, die *equity*-Methode vorzuschreiben.

- Ein Gemeinschaftsunternehmen ist bislang in IAS 31 eindeutig darüber formuliert, dass die wesentlichen geschäfts- und finanzpolitischen Entscheidungen von den *venturers* nur einvernehmlich getroffen werden können. ED IFRS 9 Appendix A definiert ein *joint arrangement* wie folgt: „*A contractual arrangement whereby two or more parties undertake an economic activity together and share decision-making relating to that activity*". Diese Definition lässt, wie an zwei Fällen gezeigt werden kann, im Kontrast zu IAS 31 einiges unklar:

Beispiel 1

An der ABC GmbH sind seit Gründung A und B mit je 40 %, C mit 20 % beteiligt. Der Gesellschaftsvertrag sieht für sämtliche Entscheidungen ein Quorum von 75 % vor. Andere Verträge als den Gesellschaftsvertrag gibt es nicht. Die Beurteilung nach IAS 31 ist wie folgt: Die ABC GmbH ist ein Gemeinschaftsunternehmen der *venturer* A und B. C ist nicht *venturer*, sondern Investor (IAS 31.3).

Die Beurteilung nach ED IFRS 9 ist unklar. Der Begriff „Investor" fehlt. Es ist fraglich, ob ein Gemeinschaftsunternehmen vorliegt. Als *contractual arrangement* kommt nach der Sachverhaltsprämisse nur der Gesellschaftsvertrag infrage. Dieser ist jedoch von allen Gesellschaftern (also unter Einbeziehung auch von Personen, die gerade nicht am *decision making* beteiligt werden) abgeschlossen worden.

Beispiel 2

Die X GmbH ist von den in komplementären Geschäftsfeldern tätigen Industrieunternehmen A und B zu je 50 % gegründet worden, um neue Produkte zu entwickeln und ggf. zu vermarkten. Andere Verträge als den Gesellschaftsvertrag gibt es nicht. A bilanziert seine Beteiligung an der X als Anteil an einem Gemeinschaftsunternehmen. Nach einiger Zeit ist die Produktentwicklung abgeschlossen. Die neuen Produkte passen besser zum Geschäftsprogramm von A als von B. Vor Beginn der Vermarktungsphase veräußert B seinen Anteil daher an Finanzinvestor C.

- Beurteilung nach IAS 31: Auch nach Übertragung der Anteile auf C bleibt die X ein Gemeinschaftsunternehmen und kann von A weiter so bilanziert werden.
- Beurteilung nach ED IFRS 9: Es ist fraglich, ob nach Übertragung noch ein Joint-Venture-Gemeinschaftsunternehmen vorliegt. Als *contractual arrangement* über ein *common undertaking* kommt nach der Sachverhaltsprämisse nur der Gesellschaftsvertrag infrage. Dieser ist jedoch zwischen A und B und nicht zwischen A und C geschlossen worden und sah als wesentliches Element die Produktentwicklung vor. Mit dem Ausstieg von B hat sich jedenfalls dieser Teil des *common undertaking* von A und B erledigt.

Die Definitionen von ED IFRS 9 laden den Begriff des Gemeinschaftsunternehmens *(joint arrangement)* inhaltlich auf und bewegen sich dabei in Richtung von vor allem in Nordamerika vorzufindenden Auffassungen, die u.U. nur bei Beteiligung ab Gründung oder nur bei synergieorientierten komplementären Beiträgen der Beteiligten ein Gemeinschaftsunternehmen annehmen. Das bisherige klare Definitionskriterium der geteilten Entscheidungsmacht wird durch ein unnötiges und unklares Kriterium des gemeinsamen ökonomischen Vorhabens *(common economic undertaking)* ergänzt.

11 Zusammenfassende Praxishinweise

109 IAS 31 enthält

- **deklaratorische Regelungen** (Rz 11 ff.) für
  - gemeinschaftliche Tätigkeiten *(jointly controlled operations)*
  - gemeinschaftliches Vermögen *(jointly controlled assets)*

sowie

- **konstitutive Regelungen** für
- Gemeinschaftsunternehmen *(jointly controlled entities)* mit dem Bilanzierungswahlrecht
  - quotaler Konsolidierung
  - *equity*-Methode.

110 Dieses **Wahlrecht** entspricht der handelsrechtlichen Regelung in §§ 310ff. HGB. Die Diskussion bez. IAS 31 konzentriert sich i.d.R. auf die genannte bilanzielle Abbildung eines Gemeinschaftsunternehmens bei der Muttergesellschaft. In der Praxis ist die Bedeutung des Standards für

- gemeinschaftlich geführte Tätigkeiten *(jointly controlled operations;* Rz 25 ff.) und
- gemeinschaftlich geführtes Vermögen *(jointly controlled assets;* Rz 37 ff.)

ebenso bedeutend.

Zu den diesbezüglichen definitorischen Abgrenzungen vgl. Rz 11 ff.

Zur bilanziellen Abbildung eines Gemeinschaftsunternehmens im Einzelabschluss des Partnerunternehmens bestehen folgende Methodenwahlrechte:

- zu Anschaffungskosten *(at cost)*,
- zum *fair value* nach IAS 39.

Bei der quotalen Konsolidierung sind die Regeln von IFRS 3 und IAS 27 analog anzuwenden (Rz 61 ff.).
Im Konzernabschluss ist alternativ auch die *equity*-Methode als Konsolidierungsverfahren zulässig (Rz 89 ff.).
Zur Steuerlatenzrechnung vgl. Rz 99 ff.
Zum Ausweis und zu den Angaben vgl. Rz 101 bzw. Rz 102 ff.
Zu den geplanten Änderungen des Standards wird auf Rz 108 verwiesen.

Sondervorschriften für börsennotierte Unternehmen

§ 35 ERGEBNIS JE AKTIE *(EARNINGS PER SHARE)*

Inhaltsübersicht **Rz**

Schrifttum: BUSSE VON COLBE u. a. (Hrsg.), Ergebnis je Aktie nach DVFA/SG, 3. Aufl., 2000; FREIBERG, Berechnung des verwässerten Ergebnisses je Aktie, in: PiR 2006, S. 266; GEMEINSAME ARBEITSGRUPPE DER DVFA UND SCHMALENBACH-GESELLSCHAFT, Fortentwicklung des Ergebnisses nach DVFA/SG, DB 1998, S. 2537; LÖW/ROGGENBUCK, Ergebnis-je-Aktie-Kennziffern für Banken im Blickwinkel nationaler und internationaler Rechnungslegung, BB 2001, S. 1460; SCHÜTTE, ED IAS 33 – Alternativentest zur Beurteilung der Verwässerungswirkung, PiR 2010, S. 166.

Vorbemerkung

Die nachstehende Kommentierung bezieht sich auf IAS 33 in der ab 1.1.2005 geltenden Fassung. Alle bis zum 1.1.2011 ergangenen Rechtsänderungen und Interpretationen sind berücksichtigt. Einen Überblick über diskutierte oder schon als Änderungsentwurf vorgelegte zukünftige Regelungen enthalten Rz 58ff.

1 Zielsetzung, Regelungsinhalt und Begriffe

1 Am Kapitalmarkt gilt das Ergebnis je Aktie *(earnings per share*, EPS) als eine wichtige Kennzahl zur **Bewertung** von Unternehmen. In Deutschland wird die Kennzahl seit Langem von der Schmalenbach-Gesellschaft (SG) bzw. der Deutschen Vereinigung der Finanzanalysten (DVFA) propagiert.

Das Ergebnis je Aktie verhält sich mathematisch streng umgekehrt zum Kurs-Gewinn-Verhältnis (KGV). Das KGV wird im Vergleich zwischen Unternehmen oder Aktien oftmals als Basis für Kauf- und Verkaufsentscheidungen herangezogen. Ein niedriges KGV (= hohes EPS) soll z.B. einen günstigen Preis für die Aktie indizieren. Das Ergebnis je Aktie wird so zu einem Bindeglied zwischen Rechnungslegung und Unternehmensbewertung.

Vor diesem Hintergrund soll IAS 33 durch eine klare Definition der zu verwendenden Größen und Berechnungsmethoden eine weitgehende **Vergleichbarkeit** dieser Kennzahl sicherstellen. Der Standard IAS 33 ist in Abstimmung mit dem FASB zur Erreichung dieses Zieles entstanden und stellt ein Beispiel für eine weitgehende Angleichung von IFRS und US-GAAP dar. Die Veröffentlichung von IAS 33 und SFAS 128 *Earnings per Share* in 1997 war das Resultat des ersten gemeinsamen Projekts zwischen FASB und IASC, der Vorgängerorganisation des IASB. Als Resultat des kurzfristigen Konvergenzprojekts *(short-term convergence project)* zwischen IASB und FASB haben beide Normensetzer u.a. im August 2008 taggleich Entwürfe zur Änderung von IAS 33 und SFAS 128 (bzw. mittlerweile ASC Topic 260) veröffentlicht, wodurch eine weitergehende Angleichung der Vorschriften erfolgen soll (Rz 59).

2 Inwieweit die seitens der Boards (IASB und FASB) angestrebte Vergleichbarkeit der Kennzahl EPS in der Realität erreicht werden kann, ist fraglich. So sind sowohl die Ergebnisgröße (Zähler) als auch die Anzahl der Aktien (Nenner) anfällig für Sachverhaltsgestaltungen. Die Vergleichbarkeit leidet zusätzlich an der Möglichkeit zur Ausübung von Wahlrechten und Ermessensspielräumen. Auch dem neuen Standardentwurf zu IAS 33 ist keine Vereinheitlichung des Zählers zu entnehmen (Rz 59).[1]

3 Die Berechnung und Offenlegung eines Ergebnisses je Aktie wird nur von solchen Unternehmen gefordert, deren **Eigenkapitalinstrumente** bereits an einer Börse **öffentlich gehandelt** werden oder die sich gerade in einem erstmaligen öffentlichen Angebot befinden (IAS 33.2). Das gilt – klarstellend – nach IFRS 8.B7 (→ § 36) sowohl für den Einzel- als auch für den (Teil-)Konzernabschluss. In **Privatbesitz** stehende Unternehmen müssen somit kein Ergebnis je Aktie berechnen und angeben. Erfolgt eine entsprechende Angabe freiwillig, sind jedoch die Vorgaben von IAS 33 zu berücksichtigen (IAS 33.3). Werden Einzel- und Konzernabschluss offengelegt, hat die Angabe auf **konsolidierter Basis** zu erfolgen (IAS 33.4).

4 Nicht sinnvoll ist die Berechnung eines analogen „Ergebnisses je Anteil" für eine **GmbH**, da die Größe der vorhandenen Gesellschaftsanteile dort zwischen den einzelnen Gesellschaftern unterschiedlich sein kann. Für eine **KGaA** ist die Berechnung jedoch möglich und bei entsprechender Notierung an einer Börse auch erforderlich. Die Berechnung und Offenlegung des Ergebnisses je Aktie hat

---

1 Vgl. Jehle, PiR 2008, S. 326.

nicht nur im Jahresabschluss, sondern gem. IAS 34.11 auch in **Zwischenberichten** (→ § 37 Rz 10) zu erfolgen (IAS 34.11), soweit eine Pflichtanwendung nach IAS 33 besteht (Rz 3). Freiwillige Anwender von IAS 33 können daher auf eine entsprechende Angabe in Zwischenberichten verzichten.

Eine **Stammaktie (*ordinary share*)** – die maßgebliche Größe für die Bemessung der Anzahl Aktien – ist gem. IAS 33.5 ein Eigenkapitalinstrument, das im Verhältnis zu allen anderen Eigenkapitalinstrumenten nachgeordnet ist. Im Zusammenhang mit ausgegebenen **Vorzugsaktien** gem. §§ 12, 139 AktG ergibt sich hier für Deutschland ein Sonderproblem: Ein Eigenkapitalinstrument ist gem. IAS 33.8 i.V.m. IAS 32.11 stets an der **Verteilung des Residualvermögens** der Gesellschaft beteiligt (→ § 20 Rz 4). **Vorzugsaktien** gem. §§ 12, 139 AktG, die über einen solchen Anspruch verfügen, wären demnach den Stammaktien hinzuzurechnen. 5

Implizit auf ein anderes Kriterium der Zurechnung stellt hingegen IAS 33.6 ab, der Stammaktien ein Recht zur **Gewinnteilnahme** erst nach Abzug des auf *preference shares* entfallenden Gewinnanteils zubilligt. Danach wären Vorzugsaktien gem. § 12 AktG nicht zu den Stammaktien i.S.v. IAS 33 zu rechnen, sondern den *preference shares* zuzuschlagen. Ursächlich für diesen offensichtlichen Widerspruch ist die international unterschiedliche gesellschaftsrechtliche Ausgestaltung von *preference shares*, die einer abschließenden Definition durch die IFRS entgegensteht. Es ergibt sich somit zwangsläufig ein **Interpretationsspielraum**.

Nach bisher in Deutschland herrschender Auffassung galt das Kriterium der Partizipation am **Residualvermögen** als entscheidend, sodass **Vorzugsaktien** gem. §§ 12, 139 AktG für die Berechnung des Ergebnisses je Aktie den Stammaktien hinzuzurechnen waren.[2] Die internationale Kommentierung war schon bisher überwiegend anderer Ansicht und wollte bei der Ermittlung des Nenners in der Gleichung keine Vorzugsaktien berücksichtigen. Das IDW hat sich dieser Auffassung inzwischen angeschlossen und bezieht nunmehr die Nachrangigkeit i.S.v. IAS 33.5 ausschließlich auf die Dividendenrechte.[3] U.E. entspricht sie auch stärker den Grundgedanken der IFRS. Von der konzeptionellen Basis her stellt die Berechnung des Ergebnisses je Aktie nämlich keine primär auf den gesamten aktuellen Vermögensbestand, sondern eine auf den **periodischen Ergebnisfluss** gerichtete Größe dar. Die Bestimmung des Nenners der Gleichung sollte diesem Gedanken Rechnung tragen und Vorzugsaktien entsprechend ausschließen. 6

Darüber hinaus scheint das Kriterium der Teilhabe am Reinvermögen auf Basis des IAS 33 **systematisch** auch eher schwach fundiert: *Ordinary shares* sind laut IAS 33.5 immer ein *equity instrument.* Ein *equity instrument* als übergeordnete Gruppe zeichnet sich gem. IAS 33.8 i.V.m. IAS 32.11 durch seine Teilhabe am Residualvermögen aus. Die Schlussfolgerung, jedes auf eine Teilhabe am Reinvermögen berechtigende Papier sei gleichzeitig auch ein *ordinary share* i.S.v. IAS 33, kann hieraus jedoch nicht gezogen werden. Die Definition von *ordinary shares* in IAS 33.5 spricht dementsprechend auch nicht von einer Nachrangigkeit hinsichtlich der Verteilung des Residualvermögens, sondern lediglich von einer

---

2 Vgl. Pellens/Gassen, IAS 33 Ergebnis je Aktie, in: Baetge, u.a. (Hrsg.), IAS 33, Rz 9; Förschle, Earnings per Share, in: Festschrift Baetge.

3 Vgl. inzwischen: IDW RS HFA 2: Einzelfragen zur Anwendung von IFRS, WPg 2005, S. 1406.

generellen Nachrangigkeit (*„subordinate to all other classes of equity instruments“*). Worin diese Nachrangigkeit insbesondere bestehen kann, klärt der nachfolgende IAS 33.6, der sich explizit mit der Abgrenzung von *ordinary shares* und *preference shares* beschäftigt. Hier werden als Kriterium jedoch lediglich die Dividendenrechte herangezogen. Für die **Anteilsbewertung** als eigentliche Aufgabe des Ergebnisses je Aktie schließlich dürfte die Teilhabe am Gewinn einen größeren Unterschied ausmachen als der Anspruch auf ein eventuelles Residualvermögen. Die Frage der Einbeziehung oder Ausgrenzung von Vorzugsaktien und die damit verbundenen Effekte auf die absolute Höhe des Ergebnisses je Aktie sollten daher insbesondere diesem Unterschied Rechnung tragen und nicht speziell auf die Vermögensverwertung abheben.

7 Unabhängig von der Bezeichnung als Vorzugsaktie gem. § 12 AktG kann ein Unternehmen über mehrere **Klassen von Stammaktien** verfügen (IAS 33.6). Für jede Klasse an Stammaktien ist dann gem. IAS 33.66 ein **separates** Ergebnis je Aktie zu berichten (zur Berechnung Rz 26). Aktien, die über denselben Dividendenanspruch verfügen, sind dabei einer einheitlichen Klasse zuzuordnen.

Beispiel

Ein Unternehmen verfügt über die beiden Aktiengattungen A und B. Die Inhaber der Aktien der Gattung B sind dazu berechtigt, Dividenden i. H. v. 50 % jener Dividenden zu erhalten, welche für Aktien der Gattung B beschlossen wurden. Ansonsten sind jedoch die beiden Aktiengattungen identisch und gegenüber allen anderen Eigenkapitalinstrumenten des Unternehmens hinsichtlich der Gewinnteilhabe nachrangig.

Die Aktien der Gattungen A und B sind beide als Stammaktien i. S. v. IAS 33 zu betrachten. Die unterschiedliche Höhe des Dividendenanspruchs ändert nichts an diesem Ergebnis. Somit ist sowohl für die Aktiengattung A als auch für die Aktiengattung B das Ergebnis je Aktie offenzulegen (IAS 33.66).

Sofern Unterschiede im Dividendenanspruch zu fixen oder bevorzugten Dividenden berechtigen, scheidet eine Bildung separater Klassen jedoch aus. Vielmehr liegen dann regelmäßig **Vorzugsaktien** i. S. d. §§ 12, 139 AktG vor (Rz 6).

Beispiel
Variante

In Abwandlung des vorstehenden Beispiels haben die Zeichner der Aktien der Gattung B ein Recht auf eine Vorwegdividende. Bis zu einem Höchstbetrag werden verfügbare Gewinne zunächst ihnen zugesprochen, an zusätzlich beschlossenen Dividenden partizipieren sie nach Höhe ihres Anteils. Die Inhaber der Aktien der Gattung A partizipieren hingegen lediglich im selben Maße wie die Inhaber der Aktien der Gattung B an zusätzlich beschlossenen Dividenden. Es sind lediglich die Aktien der Gattung A als Stammaktien i. S. v. IAS 33 zu betrachten.

Unterschiedliche Klassen von Stammaktien dürften daher in der Praxis eher selten sein. Nur wenn die Satzung eine Vorzugsdividende an die Dividende der Stammaktien koppelt, also einen **Dividendenzuschlag** ohne vorrangige Bedienung gewährt (**Mehrdividende**), sind derartig ausgestaltete Vorzugsaktien als **separate** Kategorie von *ordinary shares* einzustufen, da insoweit der in § 139 AktG geregelte Dividendenvorzug de facto nicht besteht.[4] Wenn hiernach also Vorzugsaktien i. S. d. §§ 12, 139 AktG regelmäßig nicht eine separate Klasse von Stammaktien darstellen, ist es u. U. zulässig oder gar geboten, neben dem Ergebnis je Stammaktie auch das Ergebnis je Vorzugsaktie anzugeben (→ Rz 54).

Als **potenzielle Aktien** (*potential ordinary shares*) werden Finanzinstrumente 8
und sonstige Vereinbarungen angesehen, die deren Inhaber zum Bezug von Stammaktien berechtigen. Typische Beispiele hierfür sind **Wandelschuldverschreibungen** und **Optionen**.

Der **Verwässerungseffekt** (*dilution*) stellt eine fiktive Verminderung des Ergebnisses je Aktie oder eine fiktive Erhöhung des Verlusts je Aktie dar – beide Effekte beruhen auf einer unterstellten Aktienausgabe. Eine spiegelbildliche Erhöhung des Ergebnisses je Aktie oder eine Verminderung des Verlusts je Aktie wird im Gegensatz dazu als *antidilution* bezeichnet.

2 Das unverwässerte Ergebnis je Aktie

2.1 Die Berechnungsparameter

Das Berechnungsschema für das unverwässerte Ergebnis je Aktie *(basic earnings* 9
per share) ist einfach (IAS 33.10):

$$\frac{\text{Periodenergebnis (Rz 10 ff.) (Zähler)}}{\text{die durchschnittliche Anzahl während der Periode ausstehender Aktien (Rz 15 ff.) (Nenner)}}$$

= unverwässertes Ergebnis je Aktie (Quotient)

2.2 Ermittlung des Ergebnisses

Positives oder negatives Periodenergebnis ist das Ergebnis **nach** Gewinn- oder 10
Verlustanteilen von **Minderheitsgesellschaftern** (IAS 33.69). Es muss **alle Positionen** umfassen, die während der abgelaufenen Periode in der GuV berücksichtig worden sind; eine Bereinigung um Steuern, Zinsen, außerordentliche Sachverhalte, Bilanzierungs- und Bewertungsänderungen oder die auf Minderheitsgesellschafter entfallenden Ergebnisanteile ist nicht zulässig (IAS 33.13). Hintergrund dieser Anforderung dürfte der Versuch sein, das Ergebnis je Aktie von oftmals schwierigen **Abgrenzungsfragen** freizuhalten. Die zu verwendende Ergebniszahl entspricht somit dem Jahres-, Quartals- oder Halbjahresergebnis.

Beispiel

Das Betriebsergebnis des Konzerns für die laufende Periode beträgt 2.000 TEUR. Es wird geschmälert um Verluste aus Finanzanlagen von 400 TEUR, einen Steueraufwand von 600 TEUR, einen auf Minderheiten entfallenden Ergebnisanteil von 150 TEUR sowie einen in der laufenden

[4] Vgl. IDW, RS HFA 2. n. F., Tz 26.

Periode berücksichtigten Einmaleffekt aus der veränderten Bewertung des Vorratsvermögens von 80 TEUR.
Das Jahresergebnis nach Berücksichtigung all dieser Effekte beträgt 770 TEUR. Für die Berechnung des Ergebnisses je Aktie ist dieser Wert als Zähler zugrunde zu legen.

Falls einzelne Unternehmensbereiche den **nicht fortgeführten Tätigkeiten** *(discontinued operations)* zugeordnet werden (→ § 29 Rz 6), ist das Ergebnis je Aktie getrennt auf Basis des Ergebnisses aus fortgeführten Tätigkeiten sowie des Gesamtergebnisses zu ermitteln (IAS 33.12).

11 Die Berechnung des Ergebnisses je Aktie als Kennzahl der Ergebnisentwicklung hat unabhängig vom Ausschüttungsverhalten eines Unternehmens für alle Stammaktien zu erfolgen. **Dividendenzahlungen** aus dem laufenden Periodenergebnis schmälern das für die Berechnung anzusetzende Ergebnis daher nicht *(„net profit or loss for the period attributable to ordinary shareholders“)*. Dividendenzahlungen auf **Vorperioden** sind für die Ergebnisbemessung ebenfalls irrelevant. Das den Stammaktionären des Mutternunternehmens zuzurechnende Ergebnis ist um die Nachsteuerbeträge von Vorzugsdividenden, Differenzen bei der Tilgung von Vorzugsaktien und ähnlichen Auswirkungen von Vorzugsaktien, die als Eigenkapital klassifiziert wurden, zu bereinigen (IAS 33.12).

Ist die Zahlung von Dividenden auf **Vorzugsaktien** von einem Beschluss der Gesellschafter abhängig, sind diese erst bei Vorliegen eines entsprechenden Beschlusses für die betreffende Periode von einem positiven Ergebnis abzusetzen. Umgekehrt sind die betreffenden Beträge in jedem Fall **ergebnismindernd** zu berücksichtigen, sofern dieser Dividendenanspruch ohne einen solchen Beschluss entsteht. Kommt es in einem Folgejahr dann zu einem entsprechenden Beschluss oder zur Zahlung, sind diese dann nicht mehr vom Ergebnis abzusetzen, da sie ja bereits in der entsprechenden Vorperiode berücksichtigt wurden.

Vorzugsdividenden, die auch in Verlustjahren fällig werden, sind im Verlustjahr dem auf die übrigen Aktionäre entfallenden Verlust hinzuzurechnen.

Beispiel

Der Verlust im Jahr 01 beläuft sich auf -500.000 EUR. Der Ergebnisvortrag ist in selber Höhe negativ. Der Konzern hat 1.000.000 EUR Vorzugsaktien im Nennwert von 1 EUR/Aktie ausgegeben, auf die auch in Verlustjahren ein Gewinnanspruch von 10 % des Nennwerts entsteht. Der Anspruch kommt jedoch nur dann zur Auszahlung, wenn ausschüttungsfähige Ergebnisvorträge vorhanden sind.

Im Jahr 01 ist keine Ausschüttung möglich. Für die Berechnung des Verlustes je Aktie ist der Verlust des Konzerns jedoch um 100.000 EUR zu erhöhen und beträgt somit -600.000 EUR.

Im Folgejahr 02 entsteht ein Gewinn i. H. v. 800.000 EUR. Der Ergebnisvortrag erlaubt jetzt die Ausschüttung der Vorzugsdividende. Für die Berechnung des Ergebnisses je Aktie kommen lediglich die 100.000 EUR Vorzugs-

> dividende des Jahres 02 zum Abzug, die für 01 erfolgende Auszahlung von 100.000 EUR bleibt unberücksichtigt. Der Zähler beläuft sich im Jahr 02 somit auf 700.000 EUR.

Einen weiteren Sonderfall stellen sog. *increasing rate preference shares* dar (IAS 33.15), welche als Eigenkapital klassifiziert wurden. Diese existieren in zwei verschiedenen Formen: Es wurde eine 12

- niedrige ursprüngliche Dividende vereinbart, um das Unternehmen für den Verkauf der Vorzugsaktien mit einem Disagio zu entschädigen.
- hohe Dividende für bestimmte Folgeperioden vereinbart, um die Investoren für den Kauf der Vorzugsaktien mit einem Agio zu entschädigen.

Ein Agio bzw. Disagio im Rahmen der Emission ist nach der Effektivzinsmethode fortzuschreiben, wobei das den Stammaktionären zuzurechnende Ergebnis um die Zinsen korrigiert wird. Es erfolgt demnach im Rahmen der Berechnung des Ergebnisses je Aktie eine Behandlung als Vorzugsdividende (IAS 33.15).

Im Falle eines **Rückkaufs** von (als Eigenkapital klassifizierten) **Vorzugsaktien** ist der Zähler um den Überschuss des beizulegenden Zeitwertes der an die Vorzugsaktionäre entrichteten Gegenleistung über den Buchwert der Vorzugsaktien zu reduzieren (IAS 33.16). Diese Korrektur ist erforderlich, da der Rückkauf von Eigenkapital darstellenden Vorzugsaktien gem. IAS 32.33 erfolgsneutral zu erfassen ist. Anderes gilt bei Qualifizierung von Vorzugsaktien nach IAS 32 als Fremdkapital (→ § 20 Rz 14). Ein Rückkauf wäre als Tilgung einer finanziellen Verbindlichkeit zu behandeln mit der Folge einer Erfassung der Abweichung zwischen dem Tilgungsbetrag und dem Buchwert bereits in der GuV. 13

Eine Besonderheit ergibt sich, wenn ein Unternehmen über **mehrere Aktiengattungen** verfügt, für die das Ergebnis je Aktie jeweils **separat** (Rz 7) zu berechnen ist (IAS 33.66). Für die Ermittlung des Zählers ist auch hier das Ausschüttungsverhalten zu vernachlässigen. Sind jedoch für die jeweiligen Klassen **unterschiedliche** Ausschüttungen erfolgt, kann sich hieraus eine Beeinflussung des Ergebnisses je Aktie ergeben. Der Ausgleich für Zwecke der Bewertung erfolgt über den **Kurs** der Aktie. 14

> **Beispiel**
> Der Gewinn der Periode beträgt 1.000 EUR. Es sind je 100 Aktien der Gattungen A und B ausstehend (keine „*preference shares*“ i.S.v. IAS 33). Aktien der Gattung B haben den 1,5-fachen Dividendenanspruch von Aktien der Gattung A. Auf die Aktien der Gattung A ist für das Geschäftsjahr eine Ausschüttung von jeweils 1 EUR/Aktie erfolgt, auf die Aktien der Gattung B dementsprechend jeweils 1,5 EUR/Aktie. Das thesaurierte Ergebnis beläuft sich somit auf 750 EUR.
> Das Ergebnis je Aktie berechnet sich wie folgt:
> Gattung A: (750 EUR × 100/200 + 100 × 1,00 EUR/Aktie) / 100 = 4,75 EUR/Aktie
> Gattung B: (750 EUR × 100/200 + 100 × 1,50 EUR/Aktie) / 100 = 5,25 EUR/Aktie

> Der Anspruch der Aktionäre auf das Ergebnis des Unternehmens ist hier nicht mehr gleich verteilt, sondern durch die vorab erfolgte inkongruente Ausschüttung bereits zu einem Teil zugunsten der Aktien der Gattung B verschoben. In der Bewertung durch den Markt würde dies durch einen entsprechend höheren Kurs der Aktiengattung B und einen niedrigeren Kurs der Gattung A wieder ausgeglichen, sodass sich – abgesehen von Risikoüberlegungen – eine Dividendenrendite auf das eingesetzte Kapital i. H. d. Mittelwertes von 5 EUR/Aktie ergibt. Den Aktionären wird durch die unterschiedlichen Gattungen die Möglichkeit geboten, sich zwischen einer relativ höheren Ausschüttung und einer relativ höheren Chance auf Aktienwertsteigerung zu entscheiden.

2.3 Ermittlung der Anzahl Aktien

2.3.1 Gewichtete Berechnung ausstehender Anteile

15 Der für die Berechnung des Ergebnisses je Aktie maßgebliche Nenner (Rz 9) umfasst die **durchschnittliche Anzahl** der während der betreffenden Periode **ausstehenden Aktien**. Nicht als ausstehend gelten eigene Anteile (*treasury shares*) sowie die ihnen gleichgestellten Anteile von Tochterunternehmen an Mutterunternehmen (IAS 33.IE2).

Sind keine Veränderungen während der Periode erfolgt, ist die Ermittlung problemlos, da die anzusetzende Aktienanzahl dem Stand zum Abschlussstichtag entspricht. Hat sich die Anzahl der Aktien jedoch seit dem letzten Stichtag verändert, ist in den meisten Fällen eine zeitanteilige Gewichtung erforderlich. Dies gilt für die folgenden Veränderungen:

- Ausgabe von **jungen** Aktien im Wege der Kapitalerhöhung;
- **Erwerb** von **eigenen** Aktien durch Rückkauf am Kapitalmarkt;
- **Ausgabe** von **eigenen** Aktien durch Verkauf am Kapitalmarkt;
- **Kapitalherabsetzungen** gegen Auszahlung von Kapital, wobei sich die Einziehung von Aktien als solche nicht mehr auf die Anzahl der ausstehenden Aktien auswirkt, sofern diese bereits vorher am Kapitalmarkt zurückgekauft wurden und als Bestand eigener Aktien die Anzahl durchschnittlich ausstehender Aktien reduziert haben.

Darüber hinaus ergeben sich Besonderheiten für die Bestimmung ausstehender Anteile bei Überkreuz- bzw. Rückbeteiligungen (Rz 19).

16 Eine **taggenaue** Berechnung ist dann erforderlich, wenn sich über hohe Veränderungen der ausstehenden Anteile eine große Hebelwirkung auf das Ergebnis je Aktie ergeben kann. Insbesondere bei Unternehmen, die unterjährig eine Vielzahl von Käufen und Verkäufen in eigenen Anteilen tätigen, kann die taggenaue Berechnung erheblichen Aufwand verursachen. Gemäß IAS 33.20 sind daher auch **näherungsweise** Berechnungen möglich, sofern diese zu keinen wesentlichen Verzerrungen führen *(reasonable approximation)*. Angesichts der erheblichen Bedeutung auch kleiner Schwankungen im Ergebnis je Aktie für die Bewertung eines Unternehmens durch den Kapitalmarkt sollte diese Erleichterungsmöglichkeit jedoch nicht übermäßig strapaziert werden. Der Zielsetzung des Ergebnisses je Aktie, einen Zusammenhang zwischen dem eingesetzten Eigenkapital und den damit erzielten Erträgen herzustellen, kann nur durch die

Verwendung **korrespondierender zeitraumbezogener** Größen sowohl im Zähler als auch im Nenner Rechnung getragen werden.

Beispiel
Während des Jahres hat sich die Anzahl der ausstehenden Aktien wie folgt entwickelt:

Anfangsbestand 1. Januar:	2.000
Ausgabe neuer Anteile (Kapitalerhöhung) 30. April:	500
Erwerb eigener Anteile 15. August:	200
Endstand 31. Dezember:	2.300

Die durchschnittliche Anzahl ausstehender Aktien berechnet sich nach zeitanteiliger Gewichtung als:
$2.000 \times 4/12 + 2.500 \times 3{,}5/12 + 2.300 \times 4{,}5/12 = 2.258.$
Alternativ kann auch die folgende Formel zur Anwendung kommen, die unterschiedliche „Scheiben" von Aktienbeständen betrachtet:
$2.000 \times 12/12 + 300 \times 8/12 + 200 \times 3{,}5/12 = 2.258.$
Auch die folgende Berechnung ist möglich:
$2.000 \times 12/12 + 500 \times 8/12 - 200 \times 4{,}5/12 = 2.258$

Abhängig von der jeweils zugrunde liegenden Transaktion ist zu prüfen, ab welchem **Zeitpunkt** neu ausgegebene Aktien in die Berechnung mit aufzunehmen sind. Maßgeblich ist i.d.R. der Zeitpunkt, an dem die jeweilige Gegenleistung **fällig** wird, spätestens allerdings der Emissionszeitpunkt. IAS 33.21 ff. enthalten hierzu unter anderem den folgenden Katalog von Beispielen: 17

- **Bareinlage**: Gegen bar auszugebende Aktien ab dem Zeitpunkt, an dem die Bezahlung fällig wird. In dem Maße, wie noch keine Einzahlung erfolgt ist, die Aktie aber bereits an Dividenden des Unternehmens teilhaben kann, erfolgt eine zahlenmäßig anteilige Einbeziehung (IAS 33.A15).
- **Kapitalerhöhung im Schütt-aus-hol-zurück-Verfahren:** Aktien aus einer Umwandlung von Dividenden in Aktien ab dem Zeitpunkt, an dem die Dividende zur Zahlung fällig wird.
- **Sacheinlage von Forderungen:** Aktien aus einer Umwandlung von Fremd- in Eigenkapital mit der Beendigung der Verzinslichkeit des Fremdkapitals.
- Zur Beilegung einer Streitigkeit oder zum Ausgleich einer Rückstellung ausgegebene Aktien ab dem **Abschluss** einer entsprechenden **Vereinbarung**.
- **Sacheinlage eines Unternehmens:** Zum Erwerb eines Unternehmens ausgegebene Aktien ab dem Zeitpunkt der Erstkonsolidierung.
- **Sonstige Sacheinlage:** Im Tausch gegen einen Vermögenswert ausgegebene Anteile ab dem Zeitpunkt der erstmaligen Bilanzierung des betreffenden *asset*.
- **Anteilig einbezahlte** Aktien im Verhältnis ihrer Dividendenberechtigung im Vergleich mit voll einbezahlten Anteilen.
- **Aktien**, deren Ausgabe von der Erfüllung bestimmter **Bedingungen** abhängig ist *(contingently issuable shares)*, ab dem Zeitpunkt, an dem alle Bedingungen erfüllt sind. Derartige Aktien sind nicht mit sog. bedingtem Kapital zu verwechseln, sondern beziehen sich i.d.R. auf Sachverhalte wie die Errei-

chung bestimmter Ziele durch das erworbene Unternehmen nach einem Unternehmenskauf gegen Aktien und eine damit einhergehende nachträglich erhöhte Vergütung zugunsten der Veräußerer.

- **Anleihen**, die zu einem festgelegten zukünftigen Zeitpunkt verpflichtend in Aktien gewandelt werden müssen (**Zwangswandelanleihen**), sind ab dem Zeitpunkt der Begebung der Anleihe in die Berechnung mit einzubeziehen (IAS 33.23). Je nach Ausgestaltung der Anleihe und der Wandlungsbedingungen kann sich hieraus ein unmittelbarer Effekt auf die Unternehmensbewertung und damit auf den Börsenkurs ergeben, wie dies z.B. bei der Zwangsanleihe der Deutschen Telekom AG im Jahr 2003 der Fall war.

Abhängig von spezifischen Bedingungen der jeweiligen Transaktion können sich im Einzelfall auch **abweichende Zeitpunkte** ergeben. Eine gründliche Auseinandersetzung mit der wirtschaftlichen Substanz der getroffenen Vereinbarung ist unbedingt erforderlich (IAS 33.21).

18 Bei einer **unterjährigen Umwandlung** des Unternehmens von einer GmbH in eine AG (ohne Vorabausschüttung eines bis dahin aufgelaufenen Gewinns) hat die Berechnung des Ergebnisses je Aktie unter der Annahme zu erfolgen, das Unternehmen wäre das ganze Jahr über eine Aktiengesellschaft gewesen. Der Zähler besteht somit aus dem gesamten Jahresergebnis, der Nenner aus der seit der Umwandlung durchschnittlich ausstehenden Anzahl Aktien.[5] Dies gilt nicht, wenn nach der Umwandlung ein **Rumpfgeschäftsjahr** eingelegt wird. Für eine Rumpfperiode ist die Berechnung eines eigenständigen Ergebnisses je Aktie erforderlich, bei der wie bei der Berechnung für ein normales Geschäftsjahr die für Zähler und Nenner anzusetzenden Zeiträume identisch sind.

2.3.2 Überkreuz- und Rückbeteiligungen

19 In die Bestimmung des Ergebnisses gehen **alle Positionen** ein, die während der abgelaufenen Periode in der GuV berücksichtigt worden sind (Rz 10). Zur Vermeidung von Abgrenzungsfragen scheidet eine Bereinigung aus. Fraglich ist für den Fall von **Überkreuz- bzw. Rückbeteiligungen** aber, ob bei der Berechnung ausstehender Anteile Anpassungen/Bereinigungen notwendig bzw. zulässig sind. Für den Fall der Rückbeteiligung eines Tochterunternehmens am Mutterunternehmen ist eine solche Anpassung explizit vorgesehen (IAS 33.IE2). Für den praktisch relevanteren Fall der Überkreuzbeteiligung zweier nicht zum gleichen Vollkonsolidierungskreis gehörender Unternehmen fehlt es an expliziten Vorgaben:

Beispiel

Das assoziierte Unternehmen A (aU1) und Unternehmen B (aU2) haben jeweils 10.000 Anteile ausgegeben. aU1 ist mit 40 % an aU2, dieses umgekehrt mit 25 % an aU1 beteiligt. Beide Unternehmen erzielen ein Ergebnis von 1.000 EUR vor dem Ertrag aus dem jeweils anderen assoziierten Unternehmen. Das Ergebnis von Unternehmen A beträgt unter Berücksichtigung der Rückbeteiligung 1.555,6 EUR (zur Berechnung siehe → § 33 Rz 60).

---

[5] Bei anderen Berechnungsmethoden ist denkbar, dass sich der Umwandlungszeitpunkt auf die Höhe des Ergebnisses je Aktie auswirkt, was aus bewertungstheoretischer Sicht nicht akzeptabel ist.

In Bezug zu den ausstehenden Anteilen von A ergibt sich vor Bereinigung ein Ergebnis je Aktie von 0,16 EUR/Aktie (= 1.555,6 EUR / 10.000 Aktien). Die effektiv im Umlauf befindlichen Anteile betragen allerdings 9.000 (= 10.000 – 2.500 × 40 %) somit 90 %. Nach Bereinigung der ausstehenden Anteile ergibt sich ein Ergebnis je Aktie von 0,17 EUR/Aktie (= 1.555,6 EUR / 9.000 Aktien).

Analog zu der Anpassung des Ergebnisanteils erscheint es zunächst nahe liegend, auch die Anzahl der ausstehenden Anteile anzupassen, also auf den effektiven Teil abzustellen. Gegen eine solche Anpassung spricht allerdings die Vorgabe in IAS 33.19, nach der alle ausstehenden Stammaktien, d. h., alle Aktien, die weder eigene Anteile noch ihnen gleichgestellt sind, in die Berechnung des Ergebnisses je Aktie einzubeziehen sind. Eigenen Anteilen gleichgestellt sind nach der Definition der *treasury shares* in IAS 32.33 nur Anteile vollkonsolidierter Unternehmen am Mutterunternehmen. Die im Rahmen der hier interessierenden Überkreuzbeteiligung gehaltenen Anteile sind nicht als *treasury shares* zu berücksichtigen und bleiben daher unbeachtlich (zur Berücksichtigung siehe Rz 48). 20

Beispiel
Fortsetzung des Beispiels, Rz 19
Unternehmen A weist ein Ergebnis je Aktie von 0,16 EUR (= 1.555,6 EUR / 10.000) aus. Eine Bereinigung der ausstehenden Anteile scheidet mangels Erfüllung der Voraussetzung von *treasury shares* aus.

2.3.3 Rückwirkende Anpassung ausstehender Anteile

Neben der zeitanteiligen Gewichtung unterschiedlicher ausstehender Aktien ist in bestimmten Fällen auch eine **rückwirkende Anpassung der Aktienanzahl** erforderlich. Dies ist dann der Fall, wenn sich im Gegensatz zu den unter Rz 15 geschilderten Fällen aus einer Änderung der Anzahl ausstehender Aktien nicht auch gleichzeitig eine Veränderung der einem Unternehmen zur Verfügung stehenden Ressourcen ergibt. Die Veränderung der Anzahl an Aktien erfolgt also ohne adäquate Gegenleistung durch die zukünftigen Aktionäre an das Unternehmen oder ohne adäquate Gegenleistung durch das Unternehmen an die bisherigen Aktionäre. Dies ist in den **folgenden Fällen** denkbar: 21

- Ausgabe von Bonusaktien (**Kapitalerhöhung aus Gesellschaftsmitteln)** oder von Aktien unterhalb des Marktpreises,
- Durchführung eines **Aktiensplit**,
- Zusammenlegung von Aktien im Rahmen einer **vereinfachten Kapitalherabsetzung**.

In allen Fällen ändert sich die Anzahl der ausstehenden Aktien. Für die Berechnung des Ergebnisses je Aktie wird eine rückwirkende Anpassung der Anzahl ausstehender Aktien erforderlich. Diese ist fiktiv auf den **Beginn** der im Abschluss dargestellten **Perioden** durchzuführen; i. d. R. also auf den Anfang des vorhergehenden Wirtschaftsjahres. Das im **Vorjahr** errechnete Ergebnis je Aktie ist entsprechend **anzupassen** (IAS 33.64). Eine solche Anpassung ist auch dann erforderlich, wenn in Vorperioden liegende Fehler berichtigt werden.

> **Beispiel**
> Seit dem 1.1.07 sind unverändert 1.000.000 Aktien im Nennwert von 1 EUR/Aktie ausstehend. Im Sommer des Jahres 08 beschließt die Hauptversammlung die Durchführung eines Aktiensplits im Verhältnis 1:3. Jeder Aktionär erhält je bisherige Aktie somit zwei Aktien hinzu. Der Nennwert des Aktienkapitals wird durch eine Umwandlung von Rücklagen (Kapitalerhöhung aus Gesellschaftsmitteln) auf 3.000.000 EUR erhöht. Der Kurs der Aktie am Kapitalmarkt sinkt auf 1/3 des bisherigen Wertes, jedoch haben die Aktionäre als Ausgleich jeweils den dreifachen Aktienbestand im Portfolio.
> Für die Berechnung des Ergebnisses je Aktie im Jahresabschluss 08 ist rückwirkend ab dem 1.1.07 von 3.000.000 ausstehenden Aktien auszugehen. Das Ergebnis je Aktie, das im Vorjahr 1,20 EUR/Aktie betragen hatte, verringert sich auf 0,40 EUR/Aktie. Dieser Wert ist im Jahresabschluss 07 in der Vorjahresspalte entsprechend darzustellen. Auch die Anzahl der ausstehenden Aktien in den Anhangsangaben zum Ergebnis je Aktie ist entsprechend anzupassen.

22 Eine rückwirkende Anpassung ist auch dann erforderlich, wenn die Änderung der Anzahl Aktien zwar **nach Periodenende**, aber noch **vor der Veröffentlichung** des Abschlusses erfolgt (IAS 33.64).

> **Beispiel**
> Der im vorstehenden Beispiel dargestellte Aktiensplit findet nicht im Sommer 08, sondern erst auf einer außerordentlichen Hauptversammlung im Januar 09 statt. Der Abschluss nach IFRS für das Jahr 08 wird Ende März 09 vorgelegt. Die dargestellten Anpassungen für die Jahre 08 und 09 sind dennoch durchzuführen.

23 Die Ausgabe von **Bezugsrechten** kann wirtschaftlich eine Mischung aus einer Ausgabe von Aktien gegen bar und einer Erhöhung der Anzahl Aktien ohne Gegenleistung darstellen (IAS 33.A2). Dies ist dann der Fall, wenn die Bezugsrechte einen Ausgabekurs unterhalb des Marktwerts vorsehen. Um die Vergleichbarkeit des Ergebnisses je Aktie zwischen den Perioden herzustellen, ist daher auch in diesen Fällen eine rückwirkende Anpassung der Anzahl ausstehender Aktien erforderlich. Diese Anpassung wird erreicht, indem die bisherige Aktienanzahl mit dem Quotienten aus dem Marktwert der Aktie unmittelbar **vor und nach Ausübung** des Bezugsrechts multipliziert wird.
Bei **separatem** Handel von Aktien und Bezugsrechten bemessen sich die Wertverhältnisse nach den tatsächlichen Werten am Kapitalmarkt am Ende des Tages vor der Ausübung. Beide für die Berechnung erforderlichen Werte können dann unmittelbar aus Börsenkursen abgeleitet werden. **Ohne separaten** Handel ist eine theoretische Berechnung des Aktienwerts nach Ausübung des Bezugsrechts erforderlich. Eine Bezugnahme auf den Kurs unmittelbar nach Ausübung des Bezugsrechts scheidet aus, da dieser neben dem Bezugsrecht auch durch andere

Faktoren beeinflusst sein könnte. Entscheidend ist in jedem Fall der Zeitpunkt der Ausübung, nicht der bei Gewährung der Bezugsrechte.
Die Berechnung ist wie folgt:

gesamter Marktwert aller ausstehenden Aktien
unmittelbar vor Ausübung der Rechte
+ Emissionserlös aus Ausgabe junger Aktien
= neue „Marktkapitalisierung"

Der theoretische Wert der Aktie nach Ausübung des Bezugsrechts ergibt sich dann aus der Division dieser Summe durch die neue Anzahl ausstehender Aktien. Die Vorgehensweise entspricht im Kern der für die Berücksichtigung des Verwässerungseffekts aus **Optionen**, deren Ausübungspreis unter dem Marktpreis liegt, erforderlichen Methodik (Rz 43). Erfolgt die Ausgabe neuer Papiere allerdings zum Marktpreis, sind diese lediglich bei Ausübung zeitanteilig gewichtet als neue Aktien aus Kapitalerhöhung zu berücksichtigen. Der aus dem zufließenden Betrag erwirtschaftete Gewinn entspricht dann nämlich dem bisherigen Ergebnis je Aktie und eine Verzerrung im Vergleich mit der Vergangenheit tritt nicht ein. Das nachfolgende Beispiel verdeutlicht die Vorgehensweise:

Beispiel
Bislang sind 500.000 Aktien ausstehend. Für je fünf vorhandene Aktien wird das Recht ausgegeben, eine neue Aktie zum Kurs von 2,50 EUR/Aktie zu erwerben. Der Kurs unmittelbar vor Ablauf der Frist zur Ausübung der Bezugsrechte beträgt 5,50 EUR/Aktie. Ein separater Handel des Bezugsrechts erfolgt nicht.
Der theoretische Wert der Aktie nach Ausübung des Bezugsrechts berechnet sich wie folgt:
(5,50 EUR/Aktie × 500.000) + (2,50 EUR/Aktie × 100.000) / (500.000 + 100.000) = 5,00 EUR/Aktie
Der für die Anpassung der bisherigen Anzahl Aktien heranzuziehende Quotient beträgt somit 5,50 / 5,00 = 1,10. Für die Zeit vor der Ausgabe des Bezugsrechts ist für die Berechnung des Ergebnisses je Aktie daher von einer Aktienanzahl von 500.000 × 1,1 = 550.000 auszugehen.

Zu einer Änderung der Anzahl der ausstehenden Aktien ohne eine entsprechende 24
Änderung der Ressourcen kann es im Falle eines Rückkaufs von Aktien kommen, wenn ein hoher Aufschlag auf den aktuellen Anteilswert durch das bilanzierende Unternehmen zu entrichten ist, weil das Unternehmen entsprechende Verkaufs-Optionsscheine *(put warrants)* gezeichnet hat. In IAS 33 wird ein solcher Fall nicht explizit angesprochen. Wir halten eine analoge Vorgehensweise zur Behandlung von Bezugsrechten bei Ausgabe neuer Aktien unterhalb des Marktpreises (IAS 33.IE, Beispiel 4) für geboten. In beiden Fällen erfolgt eine Änderung der Aktienzahl ohne eine entsprechende Veränderung der Ressourcen. Daher werden derartige Verkaufs-Optionsscheine wie eine „umgekehrte" Ausgabe von Bezugsrechten behandelt.

25 Vorsicht ist geboten, wenn sowohl **rückwirkend anzupassende** Transaktionen als auch **zeitanteilig zu gewichtende** Veränderungen im Aktienbestand stattgefunden haben. Das nachfolgende Beispiel verdeutlicht, wie Überschneidungen und Doppelzählungen zu vermeiden sind:

> **Beispiel**
> Am 1. Juli 01 hat ein Aktiensplit im Verhältnis 1:3 stattgefunden. Die Anzahl ausstehender Aktien hat sich von 1.000.000 auf 3.000.000 erhöht. Am 1. April 01 ist bereits eine Kapitalerhöhung gegen bar erfolgt. Dabei wurden 200.000 neue Aktien ausgegeben. Am 1. Oktober 01 erfolgt eine weitere Kapitalerhöhung gegen bar um 500.000 Aktien. Das Geschäftsjahr entspricht dem Kalenderjahr.
> Die Berechnung der für das Jahr 01 ausstehenden Aktien muss berücksichtigen, dass der Aktiensplit rückwirkend zum 1. Januar eine Verdreifachung der damals ausstehenden 800.000 Aktien auf fiktiv 2.400.000 Papiere bewirkt. Im Zeitraum Januar bis März waren somit 2.400.000 Aktien ausstehend. Die vor dem Aktiensplit erfolgte Kapitalerhöhung ist von der Anzahl her ebenfalls zu verdreifachen (auf 600.000). Zwischen April und September beträgt die Anzahl der ausstehenden Aktien somit 3.000.000. Die zum 1. Oktober erfolgte Kapitalerhöhung ist hingegen nicht mit drei zu multiplizieren, da hier bereits Aktien nach Split ausgegeben wurden. Für die letzten drei Monate des Jahres sind also 3.500.000 Papiere zu berücksichtigen.
> Die durchschnittliche Anzahl ausstehender Aktien für das Gesamtjahr beläuft sich im Ergebnis auf:
> $(2.400.000 \times 3 + 3.000.000 \times 6 + 3.500.000 \times 3) / 12 = 2.975.000.$

2.4 Mehrere Klassen von Stammaktien i. S. v. IAS 33

26 Im Rahmen der **Berechnung** des unverwässerten Ergebnisses je Aktie erfolgt die Aufteilung des Ergebnisses auf die verschiedenen Klassen von Stammaktien i. S. v. IAS 33 und auf die partizipierenden Instrumente gem. den Dividendenansprüchen bzw. sonstigen Rechten auf Teilhabe am Ergebnis. Im Rahmen dieser Berechnung sind für die Aufteilung des Ergebnisses die folgenden Schritte erforderlich (IAS 33.A14):

- Das Ergebnis der Stammaktionäre des Mutterunternehmens wird um die in der Periode für jede Klasse von Aktien beschlossenen Dividenden angepasst sowie um den vertraglichen Betrag von Dividenden (oder Zinsen auf partizipierende Schuldverschreibungen), die für die Periode bezahlt werden müssen (z. B. nicht gezahlte kumulative Dividenden). Durch diese Anpassungen reduziert sich ein Gewinn der Stammaktionäre bzw. wird ein Verlust der Stammaktionäre erhöht.
- Nach den obigen Anpassungen verbleibt der nicht verteilte Restgewinn. Dieser wird den Stammaktien und partizipierenden Eigenkapitalinstrumenten unter der Annahme einer vollständigen Verteilung des Periodenergebnisses zugewiesen. Das gesamte Ergebnis, das jeder Klasse von Eigenkapitalinstrumenten zugewiesen wird, bestimmt sich durch die Addition der entsprechenden Beträge für Dividenden und Partizipationsrechte.

Beispiel

Der Gewinn der Stammaktionäre des MU beträgt 111.000 EUR bei 15.000 ausstehenden Stammaktien. Die nicht wandelbaren Vorzugsaktien (insgesamt 6.000) erhalten eine jährliche nicht kumulative Dividende von 5 EUR pro Aktie, welche gezahlt wird, bevor Dividenden an die Stammaktionäre geleistet werden. Danach erhalten die Stammaktionäre eine Dividende von 2 EUR pro Aktie. Sollte – nachdem auch diese Dividende geleistet wurde – eine weitere Dividende gezahlt werden, so partizipieren die Vorzugsaktionäre an dieser gemeinsam mit den Stammaktionären im Verhältnis von 30:90. Eine Vorzugsaktie erhält 1/3 des Betrages, der auf eine Stammaktie geleistet wird. Im laufenden Jahr wird eine Dividende von genau 2 EUR pro Stammaktie beschlossen.

Somit gilt:

Gewinn der Stammaktionäre des Mutterunternehmens		111.000 EUR
Gezahlte Dividenden auf Vorzugsaktien (6.000 Stk. × 5,0)	– 30.000 EUR	
Gezahlte Dividenden auf Stammaktien (15.000 Stk. × 2,0)	– 30.000 EUR	
Summe gezahlter Dividenden		– 60.000 EUR
Nicht verteilter Gewinn		51.000 EUR

In der Folge muss nun der nicht verteilte Gewinn von 51.000 EUR auf die Stammaktien und die nicht wandelbaren Vorzugsaktien aufgeteilt werden unter der Annahme, dass der gesamte Gewinn ausgeschüttet wird:

Anteil einer Stammaktie an einer theoretischen zusätzlichen Dividende	S
Anteil einer Vorzugsaktie an einer theoretischen zusätzlichen Dividende	V (wobei: V = 1/3 S)

Es ergibt sich die folgende Gleichung:

(S × 15.000) + (1/3 S × 6.000) = 51.000 EUR

S × 17.000 = 51.000 EUR; daher: S = 3 und V = 1/3 S = 1

Schließlich ergeben sich die Beträge für das unverwässerte Ergebnis je Aktie:

	Vorzugsaktien	**Stammaktien**
Verteilter Gewinn	5,0	2,0
Unverteilter Gewinn	1,0	3,0
Summe	6,0	5,0

Es erfolgt somit im obigen Beispiel gem. IAS 33 die Offenlegung des gesamten Ergebnisses je partizipierende nicht wandelbare Vorzugsaktie (partizipierendes Eigenkapitalinstrument i.S.v. IAS 33), obwohl die Vorzugsdividende nicht zu den nachrangigsten Ansprüchen auf Gewinnteilhabe des Unternehmens gehört.

2.5 Bedingte Aktienausgabe

27 Bedingt zu emittierende Stammaktien sind Stammaktien, welche für **keine** oder nur eine **geringe Gegenleistung** bei Erfüllung bestimmter Bedingungen (gem. einem Vertrag zur bedingten Aktienausgabe) emittiert werden (IAS 33.5). Derartige Vereinbarungen dürfen nicht mit dem sog. bedingten Kapital verwechselt werden, sondern beziehen sich i. d. R. auf Sachverhalte wie die Erreichung bestimmter Ziele durch das erworbene Unternehmen nach einem Unternehmenskauf gegen Aktien und eine damit einhergehende nachträglich erhöhte Vergütung zu Gunsten der Veräußerer. Sie umfassen auch nicht Stammaktien, die lediglich nach dem Ablauf einer bestimmten Zeitspanne ausgegeben werden, da der Ablauf von Zeit eine Sicherheit darstellt (IAS 33.24). Bedingt zu emittierende Stammaktien werden im Rahmen des unverwässerten Ergebnisses je Aktie ab dem Zeitpunkt, an dem alle **Bedingungen erfüllt** sind (d. h. die Ereignisse/Voraussetzungen eingetreten sind), in die Berechnung des Nenners einbezogen (IAS 33.24).

Beispiel

Die X-AG (Bilanzstichtag: 31.12.), die Quartalsabschlüsse erstellt, verfügte im Jahr 01 über 1.000.000 ausstehende Stammaktien. Der Vertrag über einen Unternehmenszusammenschluss sieht die Emission von zusätzlichen Stammaktien unter den folgenden Bedingungen vor:

- 3.000 zusätzliche Stammaktien für jedes neue Einzelhandelsgeschäft, welches im Laufe des Jahres 01 eröffnet wurde.
- 200 zusätzliche Stammaktien für alle 1.000 EUR an zusätzlichem konsolidiertem Gewinn (der den Stammaktionären des Mutterunternehmens zuzurechnen ist), der für das Geschäftsjahr 01 den Betrag von 2 Mio. EUR übersteigt.

Im Jahr 01 werden zwei neue Einzelhandelsgeschäfte eröffnet, eines davon am 1. Mai und das andere am 1. September. Hinsichtlich der konsolidierten Gewinne der Stammaktionäre des Mutterunternehmens vom 1.1. bis zu dem in der Folge genannten Stichtag liegen die folgenden Informationen vor:

- 1,1 Mio. EUR (31.3.01)
- 2,3 Mio. EUR (30.6.01)
- 1,9 Mio. EUR (30.9.01)
- 2,9 Mio. EUR (31.12.01)

Für die Berechnung gilt:

	1. Quartal	2. Quartal	3. Quartal	4. Quartal	Jahr 01
Ergebnis	1.100.000	1.200.000	– 400.000	1.000.000	2.900.000
Ausstehende Stammaktien	1.000.000	1.000.000	1.000.000	1.000.000	1.000.000
Erhöhung Nenner (Eröffnung neuer Geschäfte)	0	2.000 (a)	4.000 (b)	6.000	3.000 (c)
Summe der Aktien	1.000.000	1.002.000	1.004.000	1.006.000	1.003.000
Unverwässertes Ergebnis je Aktie	1,10	1,20	– 0,40	0,99	2,89

ad (a) 2.000 = 3.000 × 2/3 (Mai und Juni, daher 2/3)
ad (b) 4.000 = 3.000 + (3.000 × 1/3) (September, daher 1/3)
ad (c) 3.000 = (3.000 × 8/12) + (3.000 × 4/12)
In den obigen Berechnungen wurde die bedingte Ausgabe von Aktien in Abhängigkeit vom Erreichen eines Ergebnisses von mehr als 2 Mio. EUR für das Jahr 01 nicht berücksichtigt. Der Grund dafür besteht darin, dass im Jahr 01 erst am letzten Tag des Jahres (31.12.01) feststeht, welches Ergebnis erreicht wird, und somit, ob die Bedingung erfüllt wird. Somit ist der Effekt für das unverwässerte Ergebnis des 4. Quartals und des gesamten Jahres 01 vernachlässigbar.

Stammaktien, welche **bedingt rückgabepflichtig** sind, werden so lange nicht in den Nenner einbezogen, wie die bedingte Rückgabepflicht besteht (IAS 33.24).

3 Das verwässerte Ergebnis je Aktie

3.1 Berechnungsmethodik

3.1.1 Ausgangsgrößen

Neben dem unverwässerten Ergebnis je Aktie ist bei Vorliegen **potenzieller Aktien (*potential ordinary shares*)** auch ein verwässertes Ergebnis je Aktie anzugeben *(diluted earnings per share*, IAS 33.66). Als potenzielle Aktien werden zusammengesetzte Finanzinstrumente und sonstige Vereinbarungen angesehen, die deren Inhaber zum Bezug von Stammaktien **berechtigen** (Rz 8). Typische Beispiele hierfür sind **Wandelschuldverschreibungen** und **Optionen**. Die Berechnung hat dabei rein **fiktiven** Charakter, d. h., das Ergebnis je Aktie wird so ermittelt, als ob die **potenziellen** Aktien tatsächlich **ausgegeben** worden wären. Sind potenzielle Aktien vorhanden, so kann das verwässerte Ergebnis je Aktie als besserer Indikator des tatsächlichen Anteils einzelner Aktionäre am Unternehmenswert angesehen werden als das unverwässerte Ergebnis je Aktie. 28

Bei der Berechnung des **verwässerten** Ergebnisses je Aktie ist ähnlich dem Vorgehen beim **unverwässerten Ergebnis je Aktie** eine Ergebniszahl durch eine Anzahl Aktien zu **dividieren** (Rz 9). Die bei der unverwässerten Berechnung angesetzten **Zähler** und **Nenner** sind jedoch in Abhängigkeit der nach IAS 33 zugrunde zu legenden Berechnungsmethode zu **modifizieren**.

Es ergibt sich die folgende Formel:

$$\frac{\text{Periodenerfolg + Dividenden und Zinsen potenzieller Stammaktien (nach Steuern) (ZÄHLER)}}{\text{gewichtete durchschnittliche Anzahl während der Periode ausstehender Aktien + gewichteter Durchschnitt potenzieller Stammaktien (NENNER)}}$$

= verwässertes Ergebnis je Aktie

Das **Ziel** der Angabe von Informationen zum verwässerten Ergebnis je Aktie besteht – ähnlich wie beim unverwässerten Ergebnis je Aktie – darin, einen Maßstab für den Anteil einer jeden Stammaktie (inkl. potenzieller Stammaktien) des Mutterunternehmens am Ergebnis der Berichtsperiode bereitzustellen (IAS 33.32).

Die Berechnungsmethode zur Bestimmung des verwässerten Ergebnisses je Aktie soll künftig vereinheitlicht werden (Rz 59).

29 **Nicht voll einbezahlte Aktien**, die bereits an den Dividenden teilhaben, sind bei der Berechnung des unverwässerten Ergebnisses je Aktie zu berücksichtigen (IAS 33.A15). Zwar ausgegebene, aber noch nicht einbezahlte Aktien führen hingegen in dem Maße zu potenziellen Aktien, wie sie nicht an Dividenden teilhaben. In diesem Maße sind sie im Rahmen der Berechnung des verwässerten Ergebnisses je Aktie als Äquivalente von Optionen und Optionsscheinen zu behandeln. Der nicht eingezahlte Teil gilt als für den Kauf von Stammaktien verwendet. Die Anzahl der Aktien ist schließlich die Differenz zwischen der Anzahl der gezeichneten Aktien und der annahmegemäß gekauften Zahl an Aktien (IAS 33.A16).

30 Im Falle von mehreren Klassen von Stammaktien i. S. v. IAS 33 mit dem Recht auf **Wandlung** in (eine andere Klasse von) Stammaktien ist im Rahmen der Berechnung des verwässerten Ergebnisses je Aktie eine Wandlung zu unterstellen, sofern diese verwässernd wirkt (IAS 33.A14).

31 **Bedingt zu emittierende Aktien** werden im Rahmen der Ermittlung des verwässerten Ergebnisses je Aktie berücksichtigt, sofern die Bedingungen erfüllt sind, d. h. die Ereignisse eingetreten sind. Die Einbeziehung erfolgt ab dem Beginn des Berichtszeitraums bzw. ab dem Zeitpunkt des Vertrages zur bedingten Aktienausgabe, sofern Letzterer später ist. Bei Nichterfüllung der Bedingungen basiert die Anzahl an bedingt zu emittierenden Aktien, welche in die Ermittlung des verwässerten Ergebnisses je Aktie einzubeziehen sind, auf der Anzahl der Aktien, die zu emittieren wäre, wenn das Ende des Berichtszeitraums auch gleichzeitig das Ende der bedingten Periode darstellen würde. Tritt dann in einer Folgeperiode das Ende der bedingten Periode ein und werden die Bedingungen schließlich nicht erfüllt, so ist eine rückwirkende Anpassung unzulässig (IAS 33.52).

Die Identifizierung des Endes eines Berichtszeitraums mit dem Ende der bedingten Periode ist in der Literatur umstritten. So soll sinnvollerweise nicht auf die Verhältnisse am Bilanzstichtag abgestellt werden, sondern stattdessen eine Schätzung darüber erfolgen, ob die Bedingungen in der Zukunft erfüllt sein werden oder nicht.[6] Allerdings würde der Bilanzierende im letztgenannten Fall über erhebliche Ermessensspielräume verfügen.

32 IAS 33 regelt zunächst die Behandlung von Verträgen mit **Erfüllungswahlrecht des Emittenten**, d. h., ein Unternehmen hat ein Instrument emittiert, welches vom Emittenten wahlweise durch liquide Mittel oder Stammaktien des Emittenten beglichen werden kann. Eine Erfüllung durch Stammaktien ist zu unterstellen. Insoweit ein verwässernder Effekt vorliegt (IAS 33.58), erhöht sich der Nenner des verwässerten Ergebnisses je Aktie. Ergebnisänderungen aus der unterstellten Erfüllung durch Stammaktien sind ebenfalls zu berücksichtigen (IAS 33.59). Darüber hinaus können Verträge mit **Erfüllungswahlrecht des Inhabers** vorkommen, bei denen der Inhaber zwischen einer Begleichung in Stammaktien oder in liquiden Mitteln wählen kann. Dabei hat man im Rahmen der Ermittlung des verwässerten Ergebnisses je Aktie von jener Form der Erfüllung auszugehen, die zu einem größeren Verwässerungseffekt führt (IAS 33.60).

---

6 Vgl. Ernst & Young, International GAAP 2010, Tz 36: s6.4.

3.1.2 Betriebswirtschaftliche Logik

Nach betriebswirtschaftlicher Logik sind **zwei** Perspektiven des Verwässerungseffektes zu unterscheiden:[7] 33

- **Markt**wertperspektive: Die Vermögensposition der Altaktionäre kann durch eine Erwerbsmöglichkeit von Aktien unter dem Marktpreis (durch Optionsausübung; Rz 23) verschlechtert werden.
- **Ertrags**wertperspektive: Durch Ausübung des Wandlungsrechtes (bei Wandelschuldverschreibung) fällt der zugehörige Zinsaufwand weg, aber gleichwohl kann dieser Vorteil der Altaktionäre durch eine „überproportionale" Erhöhung des Aktienbestandes überkompensiert werden.

Zur Bestimmung des Verwässerungseffektes sind aus diesen beiden Perspektiven bislang **zwei Methoden** abzuleiten:

- Nach der *treasury-stock*-Methode – der **Marktwert**perspektive folgend – wird (z. B.) der bei Ausübung einer Option zu zahlende Geldbetrag mit dem Wert der dafür zu gewährenden Aktien verglichen (IAS 33.45). Eine Verwässerung ist dann festzustellen, wenn der Wert der zu gewährenden Aktien den Wert der Gegenleistung (Ausübungspreis der Option) übersteigt. Rechnerisch wird dazu die Ausgabe von Gratisaktien im Umfang dieser Differenz unterstellt (Rz 43). Die erhöhte Anzahl der Aktien im Nenner vermindert c.p. den Quotienten (Rz 9).
- Nach der *if-converted*-Methode – der **Ertrags**wertperspektive folgend – wirken Veränderungen des Zählers **und** des Nenners auf den Quotienten ein (IAS 33.33 und IAS 33.36). Der Nenner erhöht sich durch die zu treffende Annahme der Ausübung **aller** Wandlungs- bzw. Optionsrechte zum Bilanzstichtag. Der Zähler verändert sich durch den (z. B. die Wandlung) entfallenden Zinsaufwand einschließlich weiterer Ergebniseffekte (z. B. Tantiemen) und unter Berücksichtigung des daraus resultierenden Steuereffekts.

Zur *treasury-stock*-Methode im Falle von Aktienerwerbsoptionen mit dem Unternehmen als Stillhalter folgendes Beispiel: 34

Beispiel
Sachverhalt
Der (durchschnittliche) Aktienkurs der A-AG der Periode beträgt 8 EUR/Aktie. Aus dem laufenden Mitarbeiterprogramm der A stehen Mitarbeiteroptionen auf 2 Mio. Aktien zu einem Ausübungspreis von 3 EUR/Aktie und auf 3 Mio. Aktien zu einem Preis von 9 EUR/Aktie aus. Tatsächlich können die Optionen erst in 2 Jahren (nach Ablauf der Wartefrist) ausgeübt werden.

Lösung
Von den Optionen sind nur die mit einem Ausübungspreis unter 8 EUR/Aktie zu berücksichtigen, die Option zu 9 EUR/Aktie ist aus der Perspektive des Optionsinhabers (hier Mitarbeiter) ungünstig und daher aufgrund fehlender Ausübungswahrscheinlichkeit nicht zu berücksichtigen. Eine Ausübung der übrigen Optionen ist fiktiv zu unterstellen, auch wenn die tatsächliche Ausübung aufgrund der Wartefrist noch nicht möglich ist. Die fiktive Aus-

[7] Vgl. zum Folgenden einschließlich der Beispiele unter Rz 34 und Rz 35, FREIBERG, PiR 2006, S. 266.

übung berührt die Ergebnisgröße *(earnings)* der Berechnung des verwässerten EPS *(earnings per share)* nicht. Sie hat lediglich Auswirkungen auf die Anzahl der Aktien *(shares)*.

	Mitarbeiteroptionen
Δ Ergebnis in Mio. EUR	0
Bei Ausübung der Option neu entstehende Aktien	2 Mio. Aktien
Kurswert der neu entstehenden Aktien zum Stichtag	2 Mio. × 8 EUR/Aktien = 16 Mio.
Ausübungspreis der Option	2 Mio. × 3 EUR/Aktien = 6 Mio.
Differenz aus Kurswert und Ausübungspreis (Gratisaktie)	16 Mio. – 6 Mio. = 10 Mio.
Umrechnung der Differenz in fiktive Gratisaktien	10 Mio. / 8 EUR/Aktien = 1,25 Mio.
EPS	10 Mio. EUR /25 Mio. Aktien = 0,4 Euro/Aktie
Diluted EPS	10 Mio. EUR / 26,25 Mio. Aktien = 0,38 EUR/Aktie

Bei Anwendung der *treasury-stock*-Methode ergibt sich eine Differenz i. H. v. 1,25 Mio. Aktien zwischen der Aktienzahl aus den Options-/Wandlungsrechten und der Aktienzahl, die aus der Options-/Umtauschzahlung zum Marktwert erworben werden könnten. Das verwässerte EPS der A-AG beträgt somit 0,38 EUR/Aktie (= (10 Mio. EUR) / (25 Mio. Aktien + 1,25 Mio. Aktien)).

35 Zur *if-converted*-Methode folgendes Beispiel einer Wandelschuldverschreibung:

Beispiel
Sachverhalt
Die A-AG erzielte einen Gewinn nach Steuern (s = 40 %) i. H. v. 10 Mio. EUR, der den Aktionären (25 Mio. Aktien) zusteht. Das unverwässerte EPS ergibt sich i. H. v. 0,4 EUR/Aktie (= 10 Mio. EUR/25 Mio. Aktien). In den Vorjahren hat A eine Wandelschuldverschreibung (WSV) über insgesamt 100 Mio. EUR, verzinslich zu 9 %, p. a. ausgegeben. Ein Nominalbetrag der einzelnen WSV von 100 EUR berechtigt zum Erwerb von 10 Aktien.

Lösung
Ein möglicher Verwässerungseffekt ergibt sich unter der Fiktion einer Wandlung der Schuldverschreibung zum Jahresanfang. Zur Berechnung der Auswirkungen der Wandlung auf die EPS ist nach der *if-converted*-Methode sowohl eine Korrektur der Ergebnisgröße *(earnings)* als auch der Aktienanzahl *(shares)* notwendig.

	Wandelschuld
Δ Ergebnis in EUR (vor Steuern)	(9 % × 100 Mio.) = 9,0 Mio.
nach Steuern (bei Steuersatz von 40 %)	9,0 Mio. × 60 % = 5,4 Mio.
Δ Aktien in Stück	(100 Mio. / 100) × 10 = 10 Mio.
Δ EPS in EUR	(5,4 Mio. / 10 Mio) = 0,54
Vergleich	0,4 < 0,54 → *anti-dilutive*

Die Wandelschuldverschreibung ist nicht in die Berechnung des verwässerten EPS einzubeziehen, da sie isoliert betrachtet keine Verwässerung bewirkt. Die rechnerische Verzinsung der WSV (0,54 EUR/WSV) ist höher als das unverwässerte EPS (0,4 EUR/Aktie).

Nach IAS 33 besteht bislang **keine einheitliche** Methodik zur Berechnung des verwässerten Ergebnisses:

- Bei der *if-converted*-Methode werden **alle** aus der fingierten Wandlung entstehenden Aktien in die Berechnung des verwässerten Ergebnisses einbezogen,
- nach der *treasury-stock*-Methode nur die **tatsächlich** verwässernd wirkenden Aktien.

Der Board plant eine Anpassung von IAS 33 zur Behebung dieser Inkonsistenz (Rz 59).

36 Eine Abwandlung der *treasury-stock*-Methode stellt die *reverse-treasury-stock*-Methode dar. Auf diese ist für die Berechnung des verwässerten Ergebnisses je Aktie zurückzugreifen, wenn **geschriebene Verkaufsoptionen** existieren (IAS 33.63). Von einer Verwässerung ist auszugehen, wenn der Ausübungspreis (Verkaufspreis) der geschriebenen Option größer ist als der durchschnittliche Marktpreis der Stammaktien während der Periode.

Es ist zunächst der Nachteil des berichtenden Unternehmens aus der geschriebenen Verkaufsoption zu berechnen, welcher der Differenz zwischen dem Ausübungspreis und dem niedrigeren durchschnittlichen Marktpreis der Stammaktien, multipliziert mit der Anzahl ausstehender Optionen, entspricht. Dieser Nachteil wird schließlich durch den durchschnittlichen Marktpreis der Stammaktien während der Periode dividiert. In Höhe der daraus resultierenden Aktienzahl wird die Ausgabe von Gratisaktien des berichtenden Unternehmens unterstellt (IAS 33.63). Somit erhöht sich analog zur *treasury-stock*-Methode der Nenner, jedoch nicht der Zähler.

Beispiel

Der (durchschnittliche) Aktienkurs der A-AG der Periode beträgt 4 EUR/Aktie, das Ergebnis der Periode beträgt 100.000 EUR. Der gewichtete Durchschnitt der während der Periode ausstehenden Stammaktien beträgt 250.000 Aktien. Es existieren 120.000 ausstehende geschriebene Verkaufsoptionen auf Stammaktien der A-AG. Für die Ausübung jeder dieser Optionen (Ausübungspreis: 5 EUR) erhält der Inhaber eine Stammaktie der A-AG.

Das unverwässerte Ergebnis je Aktie von 0,4 EUR ergibt sich aus der Division des Ergebnisses von 100.000 EUR durch 250.000 Aktien. Die folgenden Ausführungen beziehen sich auf die Ermittlung des verwässerten Ergebnisses je Aktie:
Die fiktive Ausübung der Optionen berührt die Ergebnisgröße *(earnings)* der Berechnung des verwässerten EPS nicht. Sie hat lediglich Auswirkungen auf die Anzahl der Aktien.

	Mitarbeiteroptionen
Δ Ergebnis in Mio. EUR	0
Bei Ausübung der Option neu entstehende Aktien	120.000 Aktien
Durchschnittlicher Aktienkurs der Periode	4 EUR/Aktie
Ausübungspreis der Option	5 EUR/Aktie
Nachteil aus der Optionsausübung für die A-AG	1 EUR/Aktie × 120.000 Aktien = 120.000 EUR
Fiktion der Ausgabe von Gratisaktien i. H. d. Nachteils	120.000 / 4 EUR/Aktie = 30.000 Gratisaktien
Verwässertes Ergebnis je Aktie	100.000 EUR / (250.000 + 30.000 Aktien) = 0,36 EUR/Aktie

Geschriebene Verkaufsoptionen stellen einen Vertrag zum Rückkauf eigener Anteile dar (IAS 33.63). Während die A-AG im Falle der Optionsausübung 120.000 eigene Aktien zurückkaufen muss, hat die A-AG zu unterstellen, dass sie zu Beginn der Periode 150.000 Aktien emittiert, um die Verpflichtung aus der Option von 600.000 EUR (= 5 EUR/Aktie × 120.000 Aktien) zu begleichen. Die Zahl von 150.000 wird berechnet, indem die Verpflichtung aus der Option durch den durchschnittlichen Aktienkurs der Periode von 4 EUR/Aktie dividiert wird (IAS 33.63 und 33.A10). Somit hat die A-AG unter diesen Annahmen 30.000 Gratisaktien emittiert (= 150.000 Aktien – 120.000 Aktien).

37 Im Rahmen der *treasury-stock*-Methode und der *reverse-treasury-stock*-Methode fließt der **durchschnittliche Kurs der Stammaktien der Periode** in die Berechnungen mit ein. Streng betrachtet könnte jede Markttransaktion in Bezug auf die Stammaktien des Unternehmens in die Berechnung des Durchschnitts einbezogen werden. Allerdings reicht gewöhnlich die Berechnung eines einfachen Durchschnitts der wöchentlichen oder monatlichen Kurse aus (IAS 33.A4).
Im Allgemeinen ist es angemessen, im Rahmen der Ermittlung des durchschnittlichen Kurses der Stammaktien der Periode die Schlusskurse heranzuziehen. Bei stark schwankenden Kursen ist allerdings ein Durchschnitt der Höchst- und Tiefstkurse aussagekräftiger. Die Methode zur Berechnung des durchschnittlichen Kurses der Stammaktien der Periode ist stetig anzuwenden, es sei denn, sie ist aufgrund von geänderten Bedingungen nicht mehr geeignet. Ein Beispiel für letzteren Fall ist ein Unternehmen, das bislang Schlusskurse verwendet hat und

künftig auf den Durchschnitt aus Höchst- und Tiefstkursen wechselt, da die Kursschwankungen stärker werden und das Heranziehen von Schlusskursen daher nicht mehr eine verlässliche Berechnung gewährleisten kann (IAS 33.A5).

Auf der Grundlage dieser systematischen Ausgangsüberlegungen zum wirtschaftlichen Gehalt des Verwässerungseffekts sind die **Einzelheiten** zur Definition von Zähler und Nenner (Rz 9) darzustellen. 38

3.2 Ermittlung des Ergebnisses

Für die Bestimmung des Zählers (Rz 9) ist zunächst von **derselben Ergebnisgröße** auszugehen wie für die Berechnung des unverwässerten Ergebnisses je Aktie. Diese ist um all jene **Veränderungen in Aufwendungen und Erträgen** zu bereinigen, die sich aus einer Umwandlung der potenziellen Aktien in Stammaktien ergeben hätten. Zusätzlich zu korrigieren sind **Dividendenzahlungen auf Vorzugsaktien** (Rz 11), sofern sie bei der Ermittlung des unverwässerten Ergebnisses vom für Stammaktionäre zur Verfügung stehenden Ergebnis abgezogen worden sind. Vom Unternehmen zu tragende **Steuereffekte** sind zu berücksichtigen. 39

Beispiel

Seit Jahresanfang hat ein Unternehmen 10.000 Stück Wandelanleihen im nominalen Wert von je 100 ausgegeben, die zu 7 % verzinslich sind. Der Steuersatz liegt bei 30 %. Der Jahresgewinn nach Steuern beträgt 800.000 EUR.

Für die Berechnung des Zählers des verwässerten Ergebnisses je Aktie ist eine bereits zu Jahresanfang erfolgte Wandlung der Anleihen anzunehmen. Die hieraus resultierende Zinsersparnis beträgt 1.000.000 EUR × 7 % = 70.000 EUR. Der entstehende Mehrgewinn ist jedoch mit 30 % zu versteuern, sodass eine Ergebniserhöhung von 49.000 EUR verbleibt. Für die Berechnung des verwässerten Ergebnisses je Aktie ist daher von einem Zähler i. H. v. 849.000 EUR auszugehen. Wäre die Ausgabe der Wandelanleihen unterjährig erfolgt, so wäre lediglich der zeitanteilig angefallene Zinsaufwand zu bereinigen. Bei Ausgabe genau in der Jahresmitte würde sich der Zähler des verwässerten Ergebnisses je Aktie z. B. auf 824.500 EUR belaufen.

Nach IAS 33.35 sind auch **indirekte** Ergebnisänderungen aus der Umwandlung von potenziellen Aktien zu berücksichtigen.

Beispiel

Das Unternehmen im vorstehenden Beispiel verfügt zusätzlich über ein Gehaltsmodell, bei dem die Mitarbeiter mit 10 % am Ergebnis vor Steuern beteiligt sind. Aus der Umwandlung der Wandelanleihen und der eintretenden Zinsersparnis ergibt sich somit ein höherer Personalaufwand. Um den Steuereffekt bereinigt, ist somit für die Berechnung des verwässerten Ergebnisses je Aktie von einem Zähler von 800.000 EUR + 70.000 EUR × 0,9 × 0,7 = 844.100 EUR auszugehen.

Die Berücksichtigung indirekter Effekte ist häufig mit hohem **Aufwand** verbunden, dem nicht immer ein entsprechender Informationsnutzen gegenüber- 40 steht. Auch aus *cost-benefit*-Erwägungen (→ § 1 Rz 60) ist dann u.U. von der Ermittlung indirekter Effekte abzusehen.

3.3 Ermittlung der Anzahl Aktien

3.3.1 Ausgangsgrößen

41 Auch für die Bestimmung des Nenners (Rz 9) ist zunächst von **derselben Anzahl** Aktien auszugehen wie für die Berechnung des unverwässerten Ergebnisses je Aktie. Diese ist um all jene **Veränderungen** in der Anzahl ausstehender Aktien zu **bereinigen**, die sich aus einer Umwandlung der potenziellen Aktien in Stammaktien ergeben hätten. Waren die betreffenden potenziellen Aktien schon zum **Jahresanfang** ausstehend, ist für die zeitanteilige Gewichtung bei der Einbeziehung der sich hieraus errechnenden zusätzlichen Aktien das gesamte Jahr anzunehmen. Erfolgte die Ausgabe **unterjährig**, sind die sich aus der fiktiven Hinzurechnung ergebenden Anteile zeitanteilig zu gewichten. Auch aus Überkreuz- bzw. Rückbeteiligungen ergeben sich keine Besonderheiten für die Anzahl der Aktien, die für die Berechnung des verwässerten Ergebnisses je Aktie heranzuziehen sind (Rz 19f.).

Je nach Art der ausstehenden potenziellen Aktien und der ihnen zugrunde liegenden Vereinbarungen sind **unterschiedliche Methoden** zur Berechnung der sich hieraus ergebenden Anzahl Stammaktien heranzuziehen, wobei stets von dem für den Inhaber der potenziellen Aktien günstigsten Verhalten bzw. Kurs auszugehen ist (IAS 33.39).

3.3.2 Bedingte Aktienausgabe

42 Ist die **Ausgabe** der Aktien von der Erfüllung bestimmter **Bedingungen** abhängig *(contingent shares)*, sind diese dann in den Nenner mit einzubeziehen, wenn die betreffenden Bedingungen zum Abschlussstichtag erfüllt sind. Sind Fristen noch nicht erfüllt, z.B. weil der Bemessungsstichtag noch nicht erreicht ist, gilt der jeweilige Abschlussstichtag als Beurteilungs- und Bemessungsstichtag. Am **Abschlussstichtag** ist dann zu beurteilen, wie viele Aktien auszugeben wären, falls der Abschlussstichtag mit dem Ende der *contingency period* übereinstimmen würde (Rz 43). Falls die **Bedingungen** am **tatsächlichen** Bemessungsstichtag in einer späteren Periode dann doch **nicht erfüllt** sein sollten, findet **keine rückwirkende** Anpassung statt. Bei Abhängigkeit der Ausgabe lediglich vom Ablauf einer festgesetzten Frist liegen keine *contingent shares* vor, da der Zeitablauf als sicher zu betrachten ist. Bereits ausgegebene Aktien, die unter bestimmten Bedingungen **rückgabepflichtig** sind, werden wie bedingte Aktien behandelt.

Beispiel
Ein Unternehmen erwirbt eine neue Tochtergesellschaft gegen Ausgabe von 1.000.000 junger Aktien der Muttergesellschaft. Im Kaufvertrag ist vorgesehen, dass die Veräußerer weitere 200.000 Aktien erhalten, wenn mehr als 80 % der Kunden des erworbenen Unternehmens diesem noch mindestens zwei Jahre die Treue halten. Zum Ende des ersten Jahres sind noch 85 % der Altkunden verblieben. Eine sichere Aussage über den Zustand am Ende des zweiten Jahres ist nicht möglich.

> Für die Berechnung des verwässerten Ergebnisses je Aktie zum Ende des ersten Jahres sind die 200.000 potenziellen Aktien mit zu berücksichtigen, da zu diesem fiktiven Bemessungszeitpunkt die Bedingung zur Aktienausgabe als erfüllt angesehen werden kann.
> Zum Ende des zweiten Jahres stellt sich heraus, dass nur knapp die Hälfte aller Kunden dem erworbenen Unternehmen die Treue gehalten hat. Die Bedingung ist somit insgesamt nicht erfüllt, es kommt nicht zur Ausgabe zusätzlicher Aktien. Eine rückwirkende Anpassung des verwässerten Ergebnisses je Aktie für das erste Jahr ergibt sich hieraus jedoch nicht.

Kann die Ablösung ausgegebener potenzieller Aktien sowohl in bar wie auch in Aktien erfolgen, so wird eine Ablösung in Aktien vermutet und eine entsprechende Einbeziehung in die Berechnung des verwässerten Ergebnisses je Aktie erforderlich (IAS 33.58).

3.3.3 Ausstehende Erwerbsoptionen für Aktien

Bestehen die potenziellen Aktien aus **ausstehenden** und noch nicht ausgeübten 43
Optionen, so ist für die Berechnung des verwässerten Ergebnisses die Ausübung **aller** Optionen anzunehmen. Für bis zum Abschlussstichtag vereinbarte **Aktienoptionspläne** wird folglich das Ende der festgelegten Wartezeit *(vesting date)* am Bilanzstichtag unterstellt. Sofern der Optionsplan aber **Erfolgsziele** (vgl. § 193 Abs. 2 Nr. 4 AktG) enthält, sind die potenziellen Aktien bei der Ermittlung des verwässerten Ergebnisses nur zu berücksichtigen, wenn die vereinbarten Erfolgsziele zum Abschlussstichtag bereits vollständig erfüllt sind.[8] Zur Berechnung der im Nenner zusätzlich zu berücksichtigenden Anzahl der Aktien ist die *treasury-stock*-Methode (Rz 28) anzuwenden. Hiernach entspricht die zu berücksichtigende Anzahl der Aktien den durch die **erzielten Erlöse** (*assumed proceeds*) nicht gedeckten, aber gleichwohl für eine Bedienung der Optionen noch zusätzlich benötigten Aktien.

Methodisch ist zur Berechnung des Verwässerungseffekts nach IAS 33.45 wie folgt vorzugehen:

- Neben der Ausübung der Optionen bzw. Wandelrechte zum Periodenende wird auch der Empfang der bei fingierter Ausübung erzielbaren Erlöse angenommen.
- Verglichen wird die Anzahl der Aktien, die bei unterstellter Ausübung zum Ausübungspreis als Gegenleistung für die erzielten Erlöse an den Optionsinhaber ausgegeben werden, mit der Anzahl der Aktien, die man bei Zugrundelegung des durchschnittlichen Marktwerts der Aktie als Gegenleistung für die erzielten Erlöse ausgegeben hätte. Die Differenz entspricht dem durch die potenziellen Aktien eintretenden Verwässerungseffekt und ist gleichbedeutend mit der Anzahl der Aktien, die an den Optionsinhaber, im Vergleich zu einem anderen Marktteilnehmer ohne Leistung von Entgelt, ausgegeben wurde.

Die aus der künftigen Ausübung **erzielten Erlöse** umfassen neben dem Ausübungspreis auch den *fair value* für künftige Sach- und Dienstleistungen, die von dem Kontraktpartner als Gegenleistung für die gewährten Aktienoptionen oder für sonstige anteilsbasierte Vergütungsformen i. S. v. IFRS 2 (→ § 23) überlassen

---

8 Vgl. IDW, RS HFA 2 Tz 30.

werden (IAS 33.47A, *Illustrative Examples* 5 und 5A).[9] Als **Marktwert** ist der **durchschnittliche Aktienkurs** während der **Periode** anzusehen, wobei je nach Volatilität der Aktie andere Berechnungsmethoden eine geeignete Annäherung des Durchschnittkurses aller erfolgten Transaktionen darstellen können (IAS 33.A4). Optionen haben somit nur dann einen verwässernden Effekt, wenn deren innerer Wert während der Periode positiv war *(„in the money")*.[10] Das nachfolgende Beispiel verdeutlicht die erforderlichen Berechnungen:

Beispiel
Ein Unternehmen verfügt seit Jahresbeginn über 500.000 ausstehende Aktien zu einem Jahresdurchschnittskurs von 25 EUR/Aktie. Zusätzlich sind 80.000 Optionen auf den Erwerb je einer Aktie zum Kurs von 20 EUR/Aktie ausstehend. Die Anzahl der sich hieraus ergebenden verwässernden Aktien berechnet sich wie folgt: Die bei unterstellter Ausübung erzielten Erlöse betragen 80.000 × 20 EUR/Aktie = 1.600.000 EUR. Zu dem Ausübungskurs von 20 EUR/Aktie werden 80.000 Aktien ausgegeben. Bei Zugrundelegung des Jahresdurchschnittskurses von 25 EUR/Aktie würden hingegen 1.600.000 / 25 EUR/Aktie = 64.000 Aktien ausgegeben. Die Verwässerung beträgt 80.000 – 64.000 = 16.000. Im Nenner des verwässerten Ergebnisses je Aktie sind somit 500.000 + 16.000 = 516.000 Aktien zu berücksichtigen.

Entscheidend für den **Zeitpunkt** der Berücksichtigung ist das Zusagedatum. Ist die Ausübung z. B. bei Mitarbeiterbeteiligungsmodellen von weiteren Bedingungen abhängig, ist wie bei *contingent shares* eine Beurteilung des Erfüllungsgrads am Periodenende erforderlich. Sind keine weiteren Bedingungen erforderlich, hat die Einbeziehung auch dann zu erfolgen, wenn die ausstehenden Optionen noch nicht unverfallbar geworden sind (IAS 33.48).

3.3.4 Wandelbare Papiere

44 Resultieren die potenziellen Aktien aus **wandelbaren Papieren**, so ist entsprechend der in Rz 33 erläuterten *if-converted*-Methode von dem der Wandlung zugrunde liegenden **Umtauschverhältnis** auszugehen.

Beispiel
Seit Jahresanfang hat ein Unternehmen 10.000 Stück Wandelanleihen im Wert von je 100 EUR/Aktie ausgegeben. Jede Anleihe ist in 10 Aktien der Gesellschaft umtauschbar. Darüber hinaus waren 600.000 Aktien ausstehend.
Im Falle einer Wandlung würden aus den 10.000 Wandelanleihen 10.000 × 10 = 100.000 neue Aktien entstehen. Im Zähler des verwässerten Ergebnisses je Aktie sind somit 700.000 Aktien zu berücksichtigen.

Ist die Wandlung bestimmter Papiere zwingend vorgesehen (**Zwangswandelanleihe**), erfolgt die Einbeziehung der daraus resultierenden zusätzlichen Aktien

9 Vgl. auch IASB, Observer Notes, Board Meeting November 2005.

10 Vgl. Krolle, Die Berechnung von verwässerten Ergebnissen je Aktie bei ausstehenden Stock Options, in: Finanz Betrieb, 2002, S. 713.

bereits bei der Berechnung des **unverwässerten** Ergebnisses je Aktie (IAS 33.23).

45 In die Berechnung des verwässerten Ergebnisses je Aktie sind nur solche Papiere einzubeziehen, die zu einer Verwässerung des Ergebnisses aus gewöhnlicher, **fortgeführter** Geschäftstätigkeit führen. Nicht zu einer Verwässerung führen Papiere, bei deren Umwandlung sich ein unverwässerter Gewinn je Aktie erhöhen oder ein unverwässerter Verlust je Aktie verringern würde *(anti-dilutive)*. Die Frage, ob potenzielle Aktien verwässernde Wirkung haben oder nicht, ist für **jede Gattung** und **jede Tranche** ausgegebener potenzieller Aktien **einzeln** zu beurteilen. Vergleichsgröße zur Beurteilung des Verwässerungseffekts ist das unverwässerte Ergebnis je Aktie.

Beispiel
Seit Jahresanfang hat ein Unternehmen 10.000 Stück Wandelanleihen im Wert von je 100 EUR Aktie ausgegeben, die zu 15 % verzinslich sind. Jede Anleihe ist in 10 Aktien der Gesellschaft umtauschbar. Darüber hinaus waren 600.000 Aktien ausstehend. Der Jahresgewinn nach Steuern beträgt 400.000 EUR, der Steuersatz 30 %. Das unverwässerte Ergebnis je Aktie beträgt 400.000 EUR / 600.000 EUR = 0,67 EUR/Aktie.
Im Falle einer Wandlung würden aus den 10.000 Wandelanleihen 10.000 × 10 = 100.000 neue Aktien entstehen. Im Nenner des verwässerten Ergebnisses je Aktie sind somit 700.000 Aktien zu berücksichtigen. Durch die wegfallende Verzinsung könnten 150.000 EUR eingespart werden, die jedoch zu versteuern sind. Es verbleiben im Zähler somit 400.000 EUR + 150.000 EUR × 0,7 = 505.000 EUR. Das verwässerte Ergebnis je Aktie würde sich auf 505.000 EUR / 700.000 EUR = 0,72 EUR/Aktien belaufen. Durch die hohe Verzinsung tritt durch die Wandlung somit ein der Verwässerung gegenläufiger Effekt ein. Vgl. hierzu auch das Beispiel unter Rz 35.

46 Die Frage nach der verwässernden Wirkung potenzieller Aktien (Rz 28) ist nicht auf Basis eines um sämtliche Sondereffekte bereinigten Ergebnisses zu entscheiden *(net profit per share from continuing ordinary operations;* IAS 33.39), sondern anhand des Ergebnisses aus **fortgeführter** Tätigkeit *(earnings per share from continuing operations*; IAS 33.41). Hieraus können sich im Einzelfall Änderungen beim verwässerten Ergebnis je Aktie ergeben.

Sind **mehrere Arten** potenzieller Aktien vorhanden, kann die Reihenfolge der Einbeziehung in die Berechnung eine Auswirkung auf die Höhe des Verwässerungseffektes haben, sofern einzelne Papiere sich als der Verwässerung entgegenwirkend herausstellen sollten. Anzugeben ist jedoch immer der **maximal mögliche Verwässerungseffekt**. Dazu ist zunächst für jede Art potenzieller Aktien **einzeln** der Verwässerungseffekt zu ermitteln. Dieser ist umso größer, je geringer das auf die daraus resultierenden neuen Aktien entfallende Mehrergebnis ist. Angefangen von den am stärksten verwässernden Papieren sind dann alle potenziellen Aktien so lange Schritt für Schritt in die Berechnung des verwässerten Ergebnisses mit einzubeziehen, bis deren Einbeziehung zu einer Minderung der Verwässerung führt. Das nachfolgende Beispiel verdeutlicht dieses Vorgehen:

Beispiel

Seit Jahresanfang hat ein Unternehmen die folgenden potenziellen Aktien ausstehen:

- 10.000 Optionen zum Erwerb je einer Aktie zum Kurs von 5 EUR/Aktie. Der Durchschnittskurs während des Jahres lag bei 7 EUR/Aktie.
- 2.000 Stück Wandelanleihen im nominalen Wert von je 100 EUR/Anleihe. Jede Anleihe ist in eine Aktie der Gesellschaft umtauschbar. Die Verzinsung beträgt 12 % und ist nur in Gewinnjahren zahlbar.
- 5.000 Stück Wandelanleihen im nominalen Wert von je 100 EUR/Anleihe. Jede Anleihe ist in 10 Aktien der Gesellschaft umtauschbar. Die Verzinsung beträgt 6 % und ist unabhängig von der Ergebnissituation der Gesellschaft zahlbar.

Das Ergebnis nach Steuern beträgt 800.000 EUR, die Anzahl Aktien liegt bei 400.000 EUR. Das unverwässerte Ergebnis je Aktie beträgt somit 800.000 EUR / 400.000 Aktien = 2,00 EUR/Aktie. Der Steuersatz liegt bei 30 %.

Das aus einer Einbeziehung dieser potenziellen Aktien resultierende Mehrergebnis je neue Aktie errechnet sich wie folgt:

- Die Ausübung der Optionen führt lediglich zu 2.857 (= (10.000 – (5 EUR/Aktie×10.000 / 7 EUR/Aktie)) zusätzlichen Aktien, nicht zu einer Änderung des Ergebnisses. Das Mehrergebnis je neue Aktie ist somit null.
- Die Umwandlung der gewinnabhängigen 12-%-Anleihen führt zu einem Mehrergebnis nach Steuern von 200.000 EUR × 0,12 × 0,7 = 16.800 EUR. Es werden 2.000 zusätzliche Aktien ausgegeben. Das Mehrergebnis je neue Aktie beträgt 16.800 EUR / 2.000 Aktien = 8,40 EUR/Aktie.
- Die Umwandlung der nicht gewinnabhängigen 6-%-Anleihen führt zu einem Mehrergebnis nach Steuern von 500.000 EUR × 0,06 × 0,7 = 21.000 EUR. Es werden 50.000 zusätzliche Aktien ausgegeben. Das Mehrergebnis je neue Aktie beträgt 21.000 EUR / 50.000 Aktien = 0,42 EUR/Aktie.

Der Verwässerungseffekt ist somit bei den Optionen am stärksten, bei den 6-%-Anleihen am zweitstärksten und bei den 12-%-Anleihen am geringsten.

Ausgehend vom unverwässerten Ergebnis je Aktie ergeben sich die folgenden Verwässerungseffekte, wobei Schritt für Schritt die vorstehend ermittelte Reihenfolge zu berücksichtigen ist:

- Einbeziehung der Optionen: (800.000 EUR + 0) / (400.000 + 2.857) = 1,95 EUR/Aktie. Diese Zahl liegt unter dem unverwässerten Ergebnis je Aktie; die Optionen sind zu berücksichtigen.
- Einbeziehung der nicht gewinnabhängigen 6-%-Anleihen: (800.000 EUR + 21.000 EUR) / (402.857 + 50.000) = 1,81 EUR/Aktie. Diese Zahl liegt unter dem verwässerten Ergebnis je Aktie unter Einbeziehung der Optionen; die Wandelanleihen sind zu berücksichtigen.
- Einbeziehung der gewinnabhängigen 12-%-Anleihen: (821.000 EUR + 16.800 EUR)/ (452.857 + 2.000) = 1,84 EUR/Aktie. Diese Zahl liegt über dem verwässerten Ergebnis je Aktie unter Einbeziehung der Optionen und der 6-%-Anleihen. Der Effekt ist der Verwässerung entgegenwirkend. Die 12-%-Anleihen sind nicht zu berücksichtigen.

Das verwässerte Ergebnis je Aktie beträgt 1,81.

Nicht alle aktienrechtlich denkbaren Ermächtigungen zur Veränderung des Kapitals führen zwangsläufig zur Existenz verwässernder potenzieller Aktien. So ergeben sich i.d.R. bei einer genehmigten oder bedingten **Kapitalerhöhung** aus der bloßen Zustimmung der Hauptversammlung noch keine Rechte Dritter auf den Bezug der daraus resultierenden Papiere. Eine Anpassung des Nenners (Rz 9) kommt dann nicht in Betracht. Ebenfalls nicht zu potenziellen Aktien führt eine **Ermächtigung zum Rückkauf eigener Anteile**. Ist der Rückkauf erfolgt, verringert er lediglich die Anzahl ausstehender Aktien sowohl für das unverwässerte wie für das verwässerte Ergebnis je Aktie. Sind Aktien zwar ausgegeben, aber noch nicht einbezahlt, so führen diese in dem Maße zu potenziellen Aktien, wie sie nicht an Dividenden teilhaben (IAS 33.A16). Nicht voll einbezahlte Aktien, die bereits an den Dividenden teilhaben, sind bereits bei der Berechnung des unverwässerten Ergebnisses je Aktie zu berücksichtigen (IAS 33.A15). Für vom Unternehmen **ausgegebene Put-Optionen auf eigene Anteile,** die zu einem Rückkauf eigener Anteile verpflichten könnten, wird eine Einbeziehung in das verwässerte Ergebnis je Aktie durch das *Improvements Project* (Rz 58) seit 2005 erstmals geregelt (IAS 33.63). 47

Von einem **Tochterunternehmen, Gemeinschaftsunternehmen oder assoziierten Unternehmen** auf eigene Anteile oder Anteile des Mutterunternehmens ausgegebene **potenzielle Aktien** sind dann für die Berechnung des verwässerten Ergebnisses je Aktie relevant, wenn sich hieraus verwässernde Auswirkungen auf **konsolidierter** Ebene ergeben. Die konkreten Schritte zur Einbeziehung regelt IAS 33.A11: Sofern die potenziellen Aktien zu einer Ausgabe von Anteilen des Mutterunternehmens führen können, sind diese direkt bei der Berechnung des verwässerten Ergebnisses des Mutterunternehmens zu berücksichtigen. Bestehen die **potenziellen Anteile** an einem anderen **Konzernunternehmen,** wird für dieses Unternehmen ein verwässertes Ergebnis je Aktie berechnet, das dann anteilig entsprechend der Beteiligungsquote des berichtenden Mutterunternehmens in die Berechnung des verwässerten Ergebnisses je Aktie (Ergebnis, Aktienanzahl) für den Gesamtkonzern mit einfließt. Kann die Ablösung ausgegebener potenzieller Aktien **sowohl in bar wie auch in Aktien** erfolgen, so wird eine Ablösung in Aktien vermutet und eine entsprechende Einbeziehung in die Berechnung des verwässerten Ergebnisses je Aktie erforderlich (IAS 33.58). 48

Wurden potenziell verwässernde Papiere **unterjährig** ausgegeben, so sind diese für die betreffende Periode lediglich zeitanteilig gewichtet einzubeziehen. Kam es während das Jahres zu einer tatsächlichen **Ausübung bzw. Umwandlung,** z.B. durch die Fälligkeit von Optionen und eine entsprechende Ausgabe von Aktien, so sind die potenziellen Aktien bis zu diesem Zeitpunkt zeitanteilig gewichtet in die Berechnung des verwässerten Ergebnisses je Aktie aufzunehmen. Für die Zeit nach der Umwandlung sind die daraus resultierenden Stammaktien zeitanteilig in die Berechnung sowohl des unverwässerten als auch des verwässerten Ergebnisses mit einzubeziehen (IAS 33.38). 49

4 Freiwillige Angaben

4.1 Mögliche Ausweitung der Vorgaben

50 Die Aussagekraft des Ergebnisses je Aktie und die Vergleichbarkeit zwischen unterschiedlichen Unternehmen (Rz 2) kann u. E. durch eine Ausweitung der Vorgaben erhöht werden. Folgende Möglichkeiten zur Ausweitung bestehen:

- Nach IAS 1.81 (rev. 2007) wird eine Darstellung des sonstigen Gesamteinkommens in einer eigenen Rechnung *(two statement approach)* oder im Rahmen einer umfassenden Gesamteinkommensrechnung *(one statement approach)* verlangt (→ § 2 Rz 79 ff.). Bislang erfolgt nach IFRS dennoch keine Einbeziehung des sonstigen Gesamteinkommens in den Zähler der Kennzahl Ergebnis je Aktie. Es ist auch keine Offenlegung einer weiteren Kennzahl „Gesamteinkommen je Aktie“ erforderlich oder geplant.[11] Die Begründung für die Ablehnung „mangelnde Vereinbarkeit mit dem Anwendungsbereich des kurzfristigen Konvergenzprojekts“[12] überzeugt nicht.
- Ebenso verlangt IAS 33 auch keine Angabe der Kennzahl „Geldfluss *(cash flow)* je Aktie“, obwohl diese in der Finanzanalyse zunehmend an Bedeutung gewinnt.[13] Diese Kennzahl wäre gerade in Zeiten von Interesse, in denen manche Unternehmen trotz massiver Gewinnrückgänge ein Vielfaches von ihrem Ergebnis je Aktie an die Aktionäre ausschütten.[14]
- Ein Ergebnis je Aktie für Minderheitenanteile (bzw. Anteile nicht beherrschender Gesellschafter) ist weder in der derzeitigen Fassung von IAS 33 noch im Entwurf zu IAS 33 vorgesehen.

4.2 Vergleich mit dem Ergebnis je Aktie nach DVFA

51 Bereits lange vor der Internationalisierung der Rechnungslegung gab es in Deutschland Bemühungen um eine Vereinheitlichung des Ergebnisses je Aktie. So hat kurz nach der Verabschiedung des Aktiengesetzes 1965 die Deutsche Vereinigung für Finanzanalyse und Anlageberatung (**DVFA**) damit begonnen, Grundsätze für die Ableitung eines vergleichbaren Ergebnisses aus dem veröffentlichten Jahresabschluss zu entwickeln. Auch der Arbeitskreis „Externe Unternehmensrechnung“ der **Schmalenbach-Gesellschaft** veröffentlichte 1988 entsprechende eigene Vorschläge. Um ein dauerhaftes Nebeneinander zweier Ansätze zu vermeiden, sind seit 1990 beide Empfehlungen zum „**Ergebnis je Aktie nach DVFA/SG**“ zusammengeführt. Die Anwendung und Veröffentlichung ist freiwillig, hat jedoch eine erhebliche Bedeutung in der Praxis erlangt. Die größten Unterschiede liegen zwischen Ergebnis je Aktie nach IFRS und DVFA/SG nicht in der Berechnungsmethode als solcher, sondern aufgrund der nach IFRS **unterschiedlichen Ansatz- und Bewertungsvorschriften** in der zur Anwendung kommenden Ergebniszahl. Die DVFA hat jedoch insbesondere in der für nach dem 31.12.1998 endende Geschäftsjahre geltenden Neufassung des Berechnungsschemas den Versuch unternommen, das sich nach HGB ergebende

---

11 Dazu ausführlich: THEILE, PiR 2006, S. 97 ff.

12 IASB, Update Mai 2008.

13 Vgl. PELLENS/GASSEN, in: BAETGE u. a. (Hrsg.), IAS 33, Tz 35.

14 Vgl. etwa STOLTENBERG, Herbe Kritik, http://www.manager-magazin.de/geld/artikel/0,2828,191844,00.html – abgerufen am 16.11.2008.

Ergebnis durch einzelne **Überleitungsposten** einem nach internationalen Standards ermittelten Ergebnis anzunähern. Beispielhaft genannt seien hier fiktiv errechnete, nach HGB vor der Gültigkeit des DRS 10 nicht erforderliche aktive latente Steuern oder die Aktivierung und Abschreibung eines nach HGB möglicherweise mit dem Eigenkapital verrechneten *goodwill.*

Ähnlich wie IAS 33 sieht auch die DVFA die Berechnung eines **unverwässerten** sowie eines **verwässerten** Ergebnisses je Aktie vor. Im Ergebnis nach DVFA sind **Sondereinflüsse** wie z.B. Anlagenabgänge, Sanierungen, Entkonsolidierungen oder *sale-and-lease-back*-Transaktionen zu eliminieren, während die IFRS durch die Verwendung des Jahresüberschusses nach Zinsen, Steuern, Minderheitenanteilen und Sondereffekten gerade keine solche Bereinigung vorsehen. Im Nenner sind **Vorzugsaktien** der Anzahl ausstehender Aktien hinzuzurechnen; abweichend von der hier vertretenen Meinung wird ebenfalls auf das Kriterium der Teilhabe am Residualvermögen abgestellt (Rz 6). Die Berücksichtigung **unterjähriger Veränderungen** entspricht im Ergebnis praktisch vollständig dem Vorgehen nach IFRS. Gleiches gilt für die Methodik zur Einbeziehung von **Wandelschuldverschreibungen** und **Optionen** im verwässerten Ergebnis je Aktie. Auch **Aktiensplits** und die Ausgabe von **Bezugsrechten** sind wie nach IFRS rückwirkend für alle dargestellten Perioden anzupassen. 52

Die Unterschiede zwischen dem Ergebnis je Aktie nach DVFA und nach IFRS werden zunehmend geringer. Durch die von der DVFA vorgenommenen Anpassungen des Ergebnisses an internationale Gepflogenheiten, die schrittweise Internationalisierung der deutschen Konzernrechnungslegung durch das DRSC und die praktisch identische Berechnungsmethodik bestehen lediglich bei der Bereinigung von **Sondereinflüssen** noch nachhaltige Unterschiede. Durch die Neufassung des IAS 33 (Rz 59), die eine im Vergleich mit der alten Fassung differenziertere Darstellung einzelner Elemente des Ergebnisses je Aktie bietet, ist es zu einer **weiteren Annäherung** gekommen. Im Zuge der weiteren Verbreitung der IFRS gerade bei börsennotierten Unternehmen dürfte es daher zu einer schrittweisen **Substitution** des Ergebnisses je Aktie nach DVFA durch ein erweitertes Ergebnis je Aktie nach IFRS kommen. 53

5 Angaben

Der Ausweis für das verwässerte und das unverwässerte Ergebnis der Aktie ist wie folgt vorgesehen: 54

- Bei der Wahl des *two statement approach* wird das (un)verwässerte Ergebnis je Aktie dort – also in der GuV – dargestellt (IAS 33.4A).
- Bei Wahl des *one statement approach* ist das (un)verwässerte Ergebnis je Aktie dort in einer gesonderten Zeile anzugeben.

Falls **nicht fortgeführte Geschäftsbereiche** vorliegen (→ § 29 Rz 15ff.), ist das Ergebnis je Aktie hierfür **separat** entweder unterhalb der Gewinn- und Verlustrechnung oder im Anhang anzugeben (IAS 33.68). In der Praxis wird meist das Ergebnis je Aktie für fortgeführte und für nicht fortgeführte Geschäftsbereiche unterhalb der Gewinn- und Verlustrechnung angegeben. Sofern unverwässertes und verwässertes Ergebnis identisch sind, kann die Angabe mit einem entsprechenden Hinweis in zusammengefasster Form erfolgen (IAS 33.67). Wahlweise unter der Gesamtergebnisrechnung oder im Anhang sind **Zähler und Nenner** (Rz 9) des unverwässerten und verwässerten Ergebnisses je Aktie anzugeben (IAS 33.70).

55 Nach IAS 33.66 ist jeweils nur das Ergebnis je **Stammaktie** anzugeben. Vorzugsaktien sind je nach Auslegung (Rz 6) gem. §§ 12, 139 AktG zur Angabe des Ergebnisses je Aktien herauszurechnen. Darüber hinaus kann es nach IAS 1.83 bei Wesentlichkeit der Vorzugsaktien geboten sein, neben dem Ergebnis aus Stammaktien auch das Ergebnis aus Vorzugsaktien anzugeben.
Eine **Überleitung** dieser Positionen **vom unverwässerten auf das verwässerte Ergebnis** erfolgt zweckmäßigerweise im Anhang. Sofern hierzu die Erläuterung von Konditionen ausstehender Finanzinstrumente hilfreich ist, werden derartige Angaben befürwortet (IAS 33.72).

56 Zwingend erforderlich ist die Offenlegung von nach dem Abschlussstichtag erfolgten Veränderungen im Aktienbestand oder der Anzahl potenzieller Aktien, sofern diese nicht ohnehin rückwirkend zu berücksichtigen sind (Rz 22; IAS 33.70d). Neben diesen Zahlenangaben ist im Rahmen der Angaben zu den Bilanzierungs- und Bewertungsgrundsätzen eine allgemeine Darstellung der **Berechnungsmethode** erforderlich. Zusätzlich ist auf potenzielle Aktien hinzuweisen, die aufgrund ihres der Verwässerung entgegenwirkenden Effekts nicht in die Berechnung des verwässerten Ergebnisses je Aktie einbezogen worden sind. Je nach Sachverhalt könnten sich aus einer Einbeziehung in späteren Perioden nämlich Auswirkungen auf das Ergebnis je Aktie ergeben (IAS 33.70c).

57 Es ist freigestellt, neben das das gesamte Jahresergebnis umfassende Ergebnis je Aktie gem. IAS 33 auch **andere Ergebnisgrößen** in Bezug zur Anzahl durchschnittlich ausstehender Aktien zu stellen. In der Praxis trifft dies vor allem auf die Eliminierung von Sondereffekten sowie auf Steuern, Zinsen oder die Auswirkungen von Bilanzierungs- und Bewertungsänderungen zu. Zulässig ist eine derartige Angabe nur, wenn in jedem Fall für die Berechnung der Anzahl **Aktien** im **Nenner** die Vorgaben von IAS 33 berücksichtigt werden. Sofern die Darstellung für eine Ergebniszahl erfolgt, die nicht direkt als Zwischensumme in der GuV enthalten ist, muss eine **Überleitung** der verwendeten Ergebniszahl zu einer solchen Zwischensumme erfolgen.
Sämtliche Angaben sind stets nur auf die Ergebniszahlen **nach** Berücksichtigung von **Minderheitenanteilen** gerechnet; die Sicht der Anteilseigner des Mutterunternehmens steht also im Vordergrund (IAS 33.66).

6 Anwendungszeitpunkt, Rechtsentwicklung

58 IAS 33 ist erstmals auf ab dem **1. Januar 2005** beginnende Geschäftsjahre anzuwenden.

59 Als Resultat des kurzfristigen Konvergenzprojekts *(short-term convergence project)* zwischen IASB und FASB haben beide Normensetzer im August 2008 taggleich **Entwürfe zur Änderung von IAS 33 und SFAS 128** (mittlerweile ASC Topic 260) veröffentlicht, wodurch eine weitergehende Angleichung der Vorschriften erfolgen soll. Daneben soll auch die Berechnung der Kennzahl „Ergebnis je Aktie" vereinfacht werden. Die Kommentierungsfrist für den Entwurf zu IAS 33 endete am 5.12.2008. Der Zeitpunkt der Veröffentlichung eines

überarbeiteten IAS 33 wurde im April 2009 zunächst verschoben. Weitere Diskussionen und eine Fortsetzung des Projekts waren für 2010 geplant. Die Änderung von IAS 33 verzögert sich allerdings weiterhin in Anbetracht anderer Projekte des IASB, denen eine höhere Priorität eingeräumt wurde.

In Bezug auf das **unverwässerte Ergebnis je Aktie** wurden bislang künftig 60
folgende Änderungen diskutiert:

- Künftig sollen nur noch Stammaktien und Instrumente, die dem Inhaber ein Recht auf Beteiligung am Periodengewinn bzw. -verlust gewähren, in den Nenner des unverwässerten Ergebnisses je Aktie einfließen.
- **Wandlungspflichtige Instrumente** werden nur noch dann in den Nenner einbezogen, wenn sie partizipierend sind, d.h., sie gewähren einen Anspruch auf Beteiligung am Periodengewinn bzw. -verlust. Daher sollen auch die Anwendungsleitlinien zu partizipierenden Instrumenten (ED IAS 33.A23-A28) anzuwenden sein.
- Für **bedingt zu emittierende Aktien** (*contingently issuable shares*) erfolgt ein Einbezug nur noch dann, wenn sie gegen eine geringe oder gar keine Zahlung oder andere Gegenleistung ausgegeben oder umgewandelt werden können.
- Stammaktien, welche auf Verträgen zum **Rückkauf eigener Aktien** basieren, werden künftig im Nenner nicht mehr berücksichtigt, d.h., die Behandlung erfolgt so, als ob der Rückkauf bereits stattgefunden hätte. Rechtlich sind diese Aktien jedoch ausstehend, weshalb mit ihnen i.d.R. ein Dividendenanspruch verbunden ist. Daher gehören sie zu den partizipierenden Instrumenten, es sei denn, die Dividendenzahlungen müssen zurückgewährt werden. Folglich sollen auch hier die Anwendungsleitlinien zu partizipierenden Instrumenten (ED IAS 33.A23-A28) anzuwenden sein. **Rückgabepflichtige Stammaktien** sollen aufgrund ihrer Ähnlichkeit zu Verträgen zum Rückkauf eigener Aktien analog zu diesen behandelt werden.

Eine weitere, wohl eher redaktionelle Änderung betrifft den **Zeitpunkt des Einbezugs**, d.h. den Zeitpunkt, ab dem Stammaktien als ausstehend zu betrachten und daher in den Nenner einzubeziehen sind. Bislang war dies der Tag, an dem die Gegenleistung fällig ist, was i.d.R. dem Tag der Emission entspricht (IAS 33.21). Künftig soll dies der Tag sein, ab dem der Inhaber eines Instruments am Periodengewinn bzw. -verlust beteiligt ist.

Im Rahmen der Berechnung des **verwässerten Ergebnisses** je Aktie sind fol- 61
gende Änderungen geplant:

- **Erfolgswirksam zum beizulegenden Zeitwert bilanzierte Finanzinstrumente** sollen künftig bei der Ermittlung des verwässerten Ergebnisses je Aktie außer Acht gelassen werden. Dies ist gerechtfertigt, denn die Zeitwertänderungen sind ohnehin bereits in der Ergebnisgröße (Zähler) enthalten.
- Im Rahmen der **nicht erfolgswirksam zum beizulegenden Zeitwert bilanzierten Finanzinstrumente** sieht der Entwurf für **Optionen, Optionsscheine und ihre Äquivalente** die „erweiterte“ *treasury-stock*-Methode vor. Im Gegensatz zur bisherigen *treasury-stock*-Methode wird bei dieser der Rückkauf von Stammaktien zum Stichtagskurs zum Periodenende unterstellt und nicht zum durchschnittlichen Börsenkurs (Marktpreis) der Periode.

Beispiel
Die X-AG (Bilanzstichtag: 31.12.) erzielte im Geschäftsjahr 01 ein Ergebnis von 1 Mio. EUR. Die X-AG verfügt über 10.000 ausstehende Stammaktien. Darüber hinaus existieren 800 geschriebene Kaufoptionen der X-AG, für die mit einem Faktor von 4:1 Stammaktien erworben werden können, d. h., für 4 Optionen erhält der Inhaber im Falle der Ausübung eine Stammaktie der X-AG. Der Ausübungspreis beträgt 1.000 EUR, der durchschnittliche Börsenkurs des Geschäftsjahres 01 1.250 EUR und der Stichtagskurs zum 31.12.01 1.600 EUR.
Es wird der innere Wert von jeweils 4 Optionen (600 = 1.600–1.000) mit der Anzahl zusätzlicher Stammaktien (200 Stk.) multipliziert. Anschließend erfolgt eine Division durch den Börsenkurs am Stichtag. Dies ergibt 75 zusätzliche Stammaktien, die im Rahmen der Berechnung des verwässerten Ergebnisses je Aktie im Nenner zu berücksichtigen sind. Somit errechnet sich das verwässerte Ergebnis je Aktie aus der Division eines Ergebnisses von 1 Mio. EUR durch 10.075 Stammaktien. Dies ergibt einen Betrag von 99,26 EUR. Nachdem dieser Betrag kleiner ist als das unverwässerte Ergebnis je Aktie von 100 EUR (= 1 Mio. EUR / 10.000 Stammaktien), liegt ein Verwässerungseffekt vor.

- **Wandelbare Instrumente**, die nicht in Gänze erfolgswirksam zum beizulegenden Zeitwert bilanziert werden, sollen auch künftig nach der *if-converted*-Methode in das verwässerte Ergebnis je Aktie einbezogen werden.
- Nach dem Entwurf werden Verträge, die in **Stammaktien** oder **liquiden Mitteln** erfüllt werden können, sowie **geschriebene Verkaufsoptionen** entweder erfolgswirksam zum beizulegenden Zeitwert bewertet oder sie erfüllen die Definition eines partizipierenden Instruments. Im ersteren Fall wird kein verwässertes Ergebnis je Aktie ermittelt. Im letzteren Fall sind die Anwendungsleitlinien für partizipierende Instrumente (ED IAS 33.A23-A28) anzuwenden. Daher sind die bisherigen Vorschriften gem. IAS 33.58–61 und 33.63 im Standardentwurf nicht mehr enthalten.

Im Standardentwurf wurden die Vorschriften zu **partizipierenden Instrumenten** und zu aus **zwei Gattungen** bestehenden Stammaktien erweitert. Dabei ist ein Test vorgesehen, welcher bestimmen soll, ob ein wandelbares Instrument einen stärker verwässernden Effekt hat, wenn die Anwendungsleitlinien für partizipierende Instrumente angewandt werden oder wenn eine Wandlung unterstellt wird. Sofern ein Instrument nicht wandelbar ist oder der Test ergibt, dass die Annahme der Umwandlung nicht das verwässerte Ergebnis je Aktie maximiert, wird der Gewinn bzw. Verlust auf die verschiedenen Klassen von Stammaktien sowie auf die partizipierenden Instrumente, welche nicht erfolgswirksam zum beizulegenden Zeitwert bilanziert werden, verteilt. Diese Vorgehensweise wird als „2-Klassen-Methode“ *(„two class method“)* bezeichnet.

62 Nach dem *Exposure Draft* soll die Bestimmung des Ergebnisses je Aktie über einen „Alternativentest“ erfolgen, der auf die Verwässerungswirkung einzelner Instrumente abstellt.[15] Ob die beabsichtigte Vereinfachung in der Ermittlung des

15 Vgl. Schütte, PiR 2010, S. 166ff.

Ergebnisses je Aktie erreicht wird, bleibt fraglich. Die Komplexität der Berechnung steigt mit der Anzahl unterschiedlicher Instrumente mit potenzieller Verwässerungswirkung.

7 Zusammenfassende Praxishinweise

Die nur für mit Eigenkapitaltiteln an der Börse notierte Unternehmen (Rz 3) 63
erforderliche Berechnung des Ergebnisses je Aktie hat das Ziel, eine Größe zur vergleichenden Beurteilung der **Performance** von Unternehmen bereitzustellen. Zähler und Nenner der Berechnung (Rz 9) haben daher den Vorgaben des IAS 33 zu entsprechen. Das Ergebnis je Aktie ist zwingend **unterhalb der Gewinn- und Verlustrechnung** anzugeben (Rz 54).
Das zur Anwendung kommende Ergebnis entspricht generell dem **Jahresergebnis** (Rz 9ff.). Im Unterschied zum Ergebnis je Aktie nach DVFA/SG sind **Sondereffekte** somit nicht zu bereinigen. Einer freiwilligen Offenlegung einzelner Komponenten des Ergebnisses je Aktie steht jedoch nichts entgegen (Rz 57).
Bei der Bestimmung der Anzahl ausstehender Aktien sind unter Umständen einige Anpassungen erforderlich. **Kapitalerhöhungen, Kapitalherabsetzungen** und Erwerb oder Ausgabe **eigener Anteile** sind dabei zeitanteilig zu gewichten (Rz 15ff.). Ähnliches gilt bei der **Umwandlung** einer GmbH in eine AG (Rz 18). Erfolgt eine Änderung der Anzahl ausstehender Aktien, ohne dass sich die dem Unternehmen zur Verfügung stehenden Kapitalressourcen verändern *(stock split*, Zusammenlegung von Aktien, Ausgabe von Bonusaktien), ist eine rückwirkende Anpassung der Aktienanzahl erforderlich (Rz 21). Ähnliches gilt für die Ausgabe von **Bezugsrechten** (Rz 23).
Die Berechnung des Ergebnisses je Aktie in der Praxis beginnt i.d.R. mit dem unverwässerten Ergebnis je Aktie und führt dann über Modifikationen zum verwässerten Ergebnis je Aktie. Die betriebswirtschaftliche Logik der Verwässerungswirkung ist in Rz 28 mit Beispielen dargestellt. Für das verwässerte Ergebnis je Aktie sind auch sog. potenzielle Stammaktien zu berücksichtigen (**Wandelschuldverschreibungen, Optionen, bedingte Aktien**), aus denen erst in der Zukunft ausstehende Aktien entstehen. Deren Einbeziehung erfolgt auf Basis der Frage, wie sich Zähler und Nenner dargestellt hätten, wenn bereits eine Ausübung bzw. Umwandlung erfolgt wäre (Rz 42ff.). Nicht alle Veränderungen im Aktienkapital führen zwangsläufig zu potenziellen Aktien; eine genaue **Analyse des Einzelfalls** ist daher unumgänglich (Rz 47). Bei der Einbeziehung dürfen keine der Verwässerung **entgegenwirkenden** Effekte erzeugt werden (Rz 46).

§ 36 SEGMENTBERICHTERSTATTUNG *(OPERATING SEGMENTS)*

Inhaltsübersicht Rz

Vorbemerkung

Schrifttum: ALVAREZ, Segmentberichterstattung und Segmentanalyse, 2004; ALVAREZ/BÜTTNER, ED 8 Operating Segments, KoR 2006, S. 307; FINK/ULBRICH, IFRS 8: Paradigmenwechsel in der Segmentberichterstattung, DB 2007, S. 981; FINK/ULBRICH, Segmentberichterstattung nach ED 8, KoR 2006, S. 233; FINK/ULBRICH, Segmentberichterstattung nach IFRS 8, PiR 2007, S. 31; HEINTGES/URBANCZIK/WULBRAND, Regelungen, Fallstricke und Überraschungen der Segmentberichterstattung nach IFRS 8, DB 2008, S. 2773; ZÜLCH/BURGHARDT, IFRS 8 Operating Segments, PiR 2007, S. 21.

Vorbemerkung

Die Kommentierung bezieht sich auf IFRS 8 in der aktuellen Fassung und berücksichtigt alle Ergänzungen, Änderungen und Interpretationen, die bis zum 1.1.2011 beschlossen wurden.

Wegen des Vorgängerstandards IAS 14 verweisen wir auf die Kommentierung in der 5. Auflage.

1 Zielsetzung und Vorgehensweise

1 Nach F.12 und F.15 des IASC-Rahmenkonzepts besteht die Zielsetzung von Abschlüssen in der Vermittlung von **Informationen** über die Vermögens-, Finanz- und Ertragslage des berichtenden Unternehmens sowie deren Veränderungen. Bei Unternehmen, die unterschiedliche Produkte und Dienstleistungen anbieten und/oder in mehreren Ländern tätig sind, lassen sich die speziellen Rentabilitäten, Wachstumsaussichten und Risiken der verschiedenen Geschäftsfelder und Regionen aus den **hoch aggregierten Daten** des Jahres- bzw. Konzernabschlusses nicht ableiten. Gleichwohl sind sie für die Beurteilung der voraussichtlichen künftigen Entwicklung des Unternehmens von großer Bedeutung. Dieses Defizit der auf das Gesamtunternehmen bezogenen Abschlussdaten soll – teilweise durch Disaggregation – durch **zusätzliche Informationen** zu den unterschiedlichen Arten von Produkten und Dienstleistungen und regionalen Tätigkeitsgebieten des berichtenden Unternehmens ausgeglichen werden.

2 Die Segmentberichterstattung muss sich zwangsläufig am **internen Berichtswesen** des Unternehmens orientieren (*management approach*). Eine völlige Umstellung der internen Daten allein für die externe Rechnungslegung ist weder praktikabel noch im Interesse der an internen Steuerungsgrößen interessierten Abschlussadressaten. Die Frage der Intensität der Orientierung am internen Berichtswesen ist allerdings strittig. Hier geht IFRS 8 deutlich weiter als sein Vorgänger IAS 14 und verlangt eine Orientierung am internen Berichtswesen sowohl für die **Segmentabgrenzung** als auch für die Herleitung der quantitativen **Segmentdaten**. Die Unternehmensbereiche *(operating segments)* sind nach Maßgabe der Segmentierung für **unternehmensinterne** Entscheidungen dar-

zustellen. Die interne Steuerung des Unternehmens stellt damit die Grundlage für die Segmentberichterstattung dar, der externe Segmentbericht wird unmittelbar durch die Daten des internen Berichtsystems gespeist.

Diesem systematischen Ansatz werden **drei** wesentliche **Vorteile** zugeordnet:[1] 3

- Die Abschlussadressaten werden aus der Perspektive des **Managements** (*through the eyes of management*) informiert (Rz 60); dadurch sollen sie die Entscheidungen des Managements mit ihrer Auswirkung auf die künftigen *cash flows* vorwegnehmen können.
- Der **Mehraufwand** für das externe Berichtswesen kann durch die unmittelbare Übernahme der internen Steuerungsgrößen in **Grenzen** gehalten werden. Damit können auch in der Zwischenberichterstattung mehr Segmentangaben erfolgen.
- Die Segmentierung anhand der internen Struktur soll **weniger subjektiv** sein als nach den bisherigen Regelungen in IAS 14.

IAS 14 als Vorgänger von IFRS 8 legte noch größeren Wert auf die **Vergleichbarkeit** von Segmentberichterstattungen verschiedener Unternehmen und enthielt daher Anforderungen, zu deren Erfüllung Unternehmen ggf. von ihrem internen Berichtswesen abweichen müssen. 4

2 Anwendungsbereich

2.1 Betroffene Unternehmen

2.1.1 Berichterstattungspflicht

Nach IFRS 8.2–3 unterliegen nur solche Unternehmen der Segmentberichtspflicht, deren **Wertpapiere öffentlich gehandelt** werden oder die einen Börsenhandel ihrer Wertpapiere **vorbereiten**. Die Phase der Vorbereitung des Börsenhandels hat dabei nach IFRS 8.2–3 begonnen, wenn ein Unternehmen mit dem Ziel, Wertpapiere in den Börsenhandel einzuführen, Jahres- oder Konzernabschlüsse bei einer Börsenaufsichtsbehörde oder anderen Aufsichtsinstitution eingereicht hat oder sich im Prozess einer solchen Einreichung befindet. atzU.E. beginnt ein solcher Prozess der Einreichung, wenn mit der Erstellung eines Börsenprospekts begonnen wurde und gleichzeitig die zuständigen Unternehmensorgane den Börsengang beschlossen haben.[2] 5

Die Segmentberichtspflicht ist **rechtsformunabhängig** und entsteht gem. IFRS 8.2–3 sowohl bei Eigenkapital- als auch Gläubigerrechte verbriefenden Papieren. Alle in der **Definition** für Wertpapiere in § 2 Abs. 1 Satz 1 WpHG genannten Papiere sind zweifellos auch Wertpapiere i.S.d. IFRS 8.2–3. Auf die Ausstellung von Urkunden kommt es nicht an. 6

Als öffentlicher Markt gilt jede **in- oder ausländische Börse** sowie der **Freiverkehr**, inklusive **lokaler und regionaler Märkte** (*„a domestic or foreign stock exchange or an over-the-counter market, including local or regional markets“*; IFRS 8.2–3). Der Begriff ist weiter gehend als der Organisierte Markt i.S.d. § 2 Abs. 5 WpHG. In 7

---

[1] So ZÜLCH/BURGHARDT, PiR 2007; vgl. auch IFRS 8.BC9.

[2] Ähnlich, jedoch noch mit Bezug zu IAS 14 PELLENS/FÜLBIER/GASSEN, Internationale Rechnungslegung, 6. Aufl., 2006, S. 819, für die jedoch die Beschlussfassung ausreicht; a. A. ADS International, Abschn. 28, Tz 20, die erst den Antrag auf Zulassung zum Handel als Beginn der Vorbereitung ansehen.

Deutschland sind damit der **Amtliche Handel**, der **Geregelte Markt** und der **Freiverkehr** betroffen, nicht dagegen die Privatplatzierung.

8 Das IFRS *Interpretations Committee* diskutiert eine Anfrage in Bezug auf den Anwendungsbereich des IFRS 8. In dieser Anfrage wurde eine Klarstellung des Terminus des „öffentlichen Marktes" gefordert. Danach sei der Begriff nicht hinreichend spezifiziert und könne auf Unternehmen ausgeweitet werden, die Schuld- oder Eigenkapitaltitel herausgeben – unabhängig davon, ob auf einem öffentlichen Markt oder nicht. Das IFRS *Interpretations Committee* entschied, diesen Aspekt nicht in seine Vorschläge für *Annual Improvements* 2009–2011 aufzunehmen. Es wurde jedoch vorgeschlagen, den Anwendungsbereich des IFRS 8 im Zuge eines künftigen *post implementation review* des IFRS 8 zu überprüfen.

9 Die Pflicht zur Segmentberichterstattung ergibt sich nach IFRS 8 nur dann, wenn die betroffenen Wertpapiere vom **berichtenden Unternehmen selbst** herausgegeben werden. Wertpapiere eines **Tochterunternehmens** und dessen öffentlicher Handel lösen dagegen keine Segmentberichterstattung des Mutterunternehmens aus (vgl. IFRS 8.BC23). Ebenso resultiert allein aus dem Handel von Wertpapieren des Mutterunternehmens keine Berichtspflicht in den Einzel- oder Teilkonzernabschlüssen von Tochterunternehmen.

10 Eine dem § 286 Abs. 2 HGB vergleichbare **Befreiung** zum Schutz vor erheblichen **Nachteilen** kennt IFRS 8 nicht.

11 Ist ein Unternehmen, auf das die in IFRS 8.2–3 genannten Kriterien (Rz 5) zutreffen, lediglich in **einem Geschäfts**segment und **einem regionalen** Segment tätig (zur Segmentabgrenzung nach IFRS 8 siehe Rz 15ff.), ergibt sich eine weitgehende faktische **Befreiung** von der Segmentberichtspflicht. In der Praxis dürfte der Fall jedoch nur selten vorkommen. Nach IFRS 8.31 sind jedoch auch Ein-Segment-Konzerne zur Angabe bestimmter disaggregierter Finanzdaten verpflichtet (Rz 120ff.).

2.1.2 Freiwillige Berichterstattung

12 IFRS 8.3 eröffnet nicht berichterstattungspflichtigen Unternehmen ein **Wahlrecht** zur Segmentberichterstattung. Dabei verbietet IFRS 8 zwar keine Segmentberichterstattung, die nicht vollständig den Anforderungen von IFRS 8 entspricht. Allerdings darf eine solche Segmentberichterstattung gem. IFRS 8.3 nicht als Segmentberichterstattung *(segment information)* bezeichnet werden. Dieser Einschränkung kann jedoch entgangen werden, indem die freiwillige Segmentberichterstattung nicht im, sondern **außerhalb des Jahres- bzw. Konzernabschlusses** (z.B. im Lagebericht bzw. Konzernlagebericht oder in anderen Teilen des Geschäftsberichts) platziert wird. Eine Angabe zur mangelnden Konformität mit IFRS 8 ist dabei nicht erforderlich, da die Informationen in einem nicht durch IFRS regulierten Teil der Berichterstattung erfolgt.[3]

2.2 Betroffene Abschlüsse

13 Gem. IFRS 8.2 gilt IFRS 8 für alle **Einzel- und Konzernabschlüsse**. Eine der deutschen Regelung des § 297 Abs. 1 Satz 2 HGB entsprechende Beschränkung

[3] A. A., jedoch noch mit Bezug auf IAS 14, ADS International (Fn 2), Tz 25.

auf Konzernabschlüsse existiert nicht. Allerdings sieht IFRS 8.4 eine Erleichterung vor. Bei **zusammengefasster** Veröffentlichung eines Einzel- und Konzernabschlusses müssen die Segmentinformationen lediglich auf Basis des Konzernabschlusses vermittelt werden.

IFRS 8 äußert sich nicht zu Segmentinformationen in **Zwischenberichten**. Allerdings enthält IAS 34.16g Regelungen zu Segmentinformationen im Zwischenbericht, die weitgehend auf IFRS 8 verweisen (→ § 37 Rz 35). 14

3 Bestimmung der berichtspflichtigen Segmente

3.1 Ablauf der Segmentfestlegung

3.1.1 Überblick

IFRS 8 fordert Angaben zu operativen Segmenten, die in Analogie zur **internen Steuerungs- und Berichtsstruktur** des Unternehmens gebildet werden. Zudem werden ergänzend sog. unternehmensweite Angaben *(entity-wide disclosures*, Rz 120ff.) zu Produkten und Dienstleistungen bzw. geographischen Regionen gefordert. 15

Folgende **Vorgehensweise** empfiehlt sich zur Segmentfestlegung: 16

- 1. Schritt: Abgrenzung der Segmente (Rz 19ff.);
- 2. Schritt: Ggf. Zusammenfassung ähnlicher Segmente (Rz 34ff.);
- 3. Schritt: Bestimmung der Segmente mit Berichtspflicht (Rz 34ff.).

Bevor die Segmente jedoch regelkonform abgegrenzt werden können, ist zu überprüfen, welche Arten der Segmentierung in IFRS 8 als zulässig erachtet werden.

3.1.2 Zulässige Arten der Segmentierung

Die Art der Segmentierung der Daten richtet sich unter IFRS 8 nach dem sog. *management approach* und folgt damit der im Rahmen der **internen Steuerung und Berichterstattung** verwendeten Segmentierung. Somit existiert keine explizite Vorgabe zulässiger oder unzulässiger Segmentierungsarten. Vielmehr wird hier die Sinnhaftigkeit der zu internen Berichts- und Steuerungszwecken gewählten Art der Segmentierung **unterstellt**. Als mögliche Segmentierungsarten können dabei beispielhaft eine produktorientierte, geografische, kundenbezogene oder an juristischen Einheiten orientierte Segmentierung genannt werden.[4] 17

Im Gegensatz zu der nach IAS 14 vorgeschriebenen Segmentierung nach Geschäftsbereichen einerseits und geografischen Regionen andererseits, verpflichtet IFRS 8 demnach auch solche Unternehmen zur Segmentpublizität, die ihre interne Organisations- und Berichtsstruktur nach anderen Kriterien gliedern und bislang ggf. von einer derartigen Berichtspflicht ausgenommen waren.[5] Sogar Ein-Segment-Unternehmen sind nach IFRS 8 in gewissem Umfang zur Offenlegung segmentierter Daten verpflichtet (Rz 120ff.). 18

---

4 Vgl. HALLER, in: HALLER/RAFFOURNIER/WALTON, Unternehmenspublizität im internationalen Wettbewerb, 2000, S. 769f.

5 Vgl. FINK/ULBRICH, DB 2007, S. 985; ähnlich auch in Bezug auf SFAS 131 ALBRECHT/CHIPALKATTI, The CPA Journal 1998, S. 48.

3.1.3 Abgrenzung operativer Segmente

19 Maßgeblich für die nach IFRS 8 aus der **internen Steuerung und Berichterstattung** abzuleitende Segmentabgrenzung sind die obersten Ebenen dieses Berichtswesens mit segmentierten Daten, die den Leitungs- und Kontrollorganen zur Überwachung der Ertragskraft der Unternehmenseinheiten sowie als Grundlage für Entscheidungen über die Verteilung der Ressourcen auf diese Einheiten dienen. Zur Identifikation dieser Berichtsebenen sind die **Vorlagen** und **Protokolle von Sitzungen** der Unternehmensleitung bzw. des Aufsichtsrats oder eines ähnlichen Kontrollorgans heranzuziehen.

20 Ein **operatives Segment** ist gem. IFRS 8.5 für die externe Berichterstattung dann abzugrenzen, wenn:

- seine unternehmerischen Aktivitäten zu **Erträgen** und **Aufwendungen** (sowohl mit **externen** Dritten als auch **zwischen** den Segmenten) führen können,
- sein **operatives Ergebnis** in regelmäßigen Abständen zum Zwecke der Erfolgsbeurteilung und der Ressourcenallokation von den obersten Entscheidungsträgern *(chief operating decision maker) überwacht* wird, und
- eigenständige **finanzwirtschaftliche Daten** im internen Berichtswesen vorliegen.

Nach IFRS 8.5 können im **Aufbau** oder im **Vorbereitungsstadium** befindliche Bereiche bereits dann schon als operative Segmente abgegrenzt werden, bevor sie Erlöse erwirtschaften; allerdings werden diese aufgrund des Unterschreitens der Wesentlichkeitsgrenzen (Rz 39) nach IFRS 8.13 oftmals trotzdem als nicht berichtspflichtig eingestuft.

21 Die Definition des operativen Segments in IFRS 8.5 verlangt nicht, dass Erträge und Aufwendungen **tatsächlich** erwirtschaftet werden. Es genügt, dass sie erwirtschaftet werden können. Damit gilt jede Einheit, die theoretisch Umsätze erzielen könnte, auch als operatives Segment. Eine Einheit muss nach IFRS 8.5 zusätzlich unternehmerische Aktivitäten entfalten („... *engages in business activities* ...“), um als operatives Segment zu gelten. Nach IFRS 8.6 stellt folgerichtig nicht jeder Teil eines Unternehmens ein operatives Segment oder einen Teil eines operativen Segments dar. Als Beispiele hierfür nennt IFRS 8.6 die Konzern**zentrale** und **funktionelle** Einheiten. Fraglich ist, wie in diesem Zusammenhang Forschungs- und Entwicklungseinheiten eines Unternehmens zu behandeln sind. U.E. gilt eine Forschungs- und/oder Entwicklungseinheit nur dann als operatives Segment, wenn sie so organisiert ist, dass sie ohne wesentliche Umstrukturierung eigenständige unternehmerische Aktivität entfalten, am Markt selbstständig auftreten und Umsätze erzielen könnte.[6]

22 Ist ein Unternehmen oder Unternehmensbereich **allein** nach Funktionen organisiert (z.B. Einkauf, Produktion, Vertrieb, Verwaltung), so dürfte das Unternehmen bzw. der Unternehmensbereich regelmäßig nur ein Segment darstellen, d.h., die einzelnen funktional abgegrenzten Unternehmensbereiche stellen keine eigenständigen operativen Segmente dar.

23 Aufgrund der Ausrichtung der Segmentierung an der internen Steuerungs- und Berichtsstruktur kommt der Identifikation des *chief operating decision makers*

---

6 A. A., jedoch mit Bezug auf SFAS 131, KPMG, Guide To Disclosures About Segments of an Enterprise and Related Information – An Analysis of FASB Statement No. 131, 2. Aufl., o. O. 2002.

(CODM) im Rahmen des IFRS 8 eine besondere Bedeutung zu, da für das externe Segmentierungsformat die Segmentabgrenzung zugrunde gelegt wird, mit der in regelmäßigen Abständen an diesen berichtet wird. Die Institution des CODM ist nicht personen- oder titelbezogen zu verstehen, sondern **funktional**. Die Funktion wird dabei an dessen Aufgaben der Ressourcenallokation und der Beurteilung der Leistung der Segmente festgemacht. Es kann sich also durchaus auch um ein Gremium handeln, allerdings angesiedelt auf einer der obersten Entscheidungsebenen. Bei deutschen Aktiengesellschaften dürfte es zumeist der Vorstand oder der Vorstandsvorsitzende sein.

In der Anwendung des *management approach* muss die Segmentierung nicht zwingend **einheitlich** über alle Segmente ausgestaltet werden (bspw. ausschließlich kundenorientierte Segmentierung). Bei einer **gemischten** Segmentierung (z. B. teils nach Regionen, teils nach Produkten) im internen Berichtswesen ist demnach auch für die externe Berichterstattung diese Art der Segmentierung vorzunehmen. 24

Beispiel 1 25

Die A-AG produziert 4 verschiedene Produkte. Die Produkte „1" und „2" werden in „Region 1" hergestellt, die Produkte „3" und „4" in „Region 2". Der Vorstand überwacht die Geschäftsentwicklung und trifft seine Entscheidungen hinsichtlich der Ressourcenallokation für die „Region 1" auf Basis der verschiedenen dort produzierten Produkte. Die Entscheidungsfindung für „Region 2" hingegen findet für die Region als Ganzes statt.

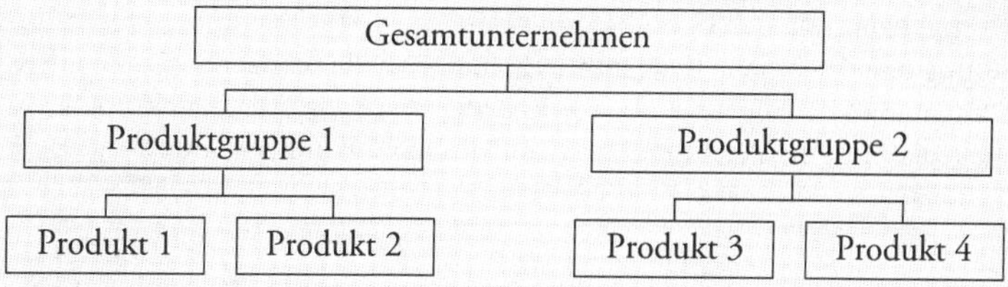

Die A-AG besitzt demnach drei operative Segmente, zwei davon produktorientiert abgegrenzt und ein regionales Segment, d. h. „Produkt 1", „Produkt 2" sowie „Region 2" (*mixed segmentation*).[7] Gem. dem *management approach* ist es hierbei nicht nötig, eine andere Segmentierung als die zu internen Steuerungs- und Berichtszwecken verwendete umzusetzen.

Beispiel 2 26

Die B-AG ist ein Ein-Produkt-Unternehmen, das lediglich das Produkt 1 produziert und vertreibt. Der Vorstand überwacht die Geschäftsentwicklung und trifft seine Allokationsentscheidungen jedoch anhand des nach den Kundengruppen „1" und „2" gegliederten internen Berichtswesens.

Da sich die Segmentabgrenzung gem. dem *management approach* nach dem internen Berichtswesen richtet, grenzt die B-AG auch für die externe Berichterstattung zwei Segmente, nämlich „Kundengruppe 1" und „Kundengruppe 2", ab.

7 So auch Haller (Fn 4), S. 773.

27 **Beispiel 3**
Die C-AG weist die im Folgenden abgebildete Organisationsstruktur auf. Der Vorstand der C-AG erhält Umsatzdaten auf Ebene der einzelnen Produkte. Auf der Ebene der Produktgruppen stehen dem Vorstand zusätzlich Daten zu segmentierten Aufwendungen zur Verfügung.

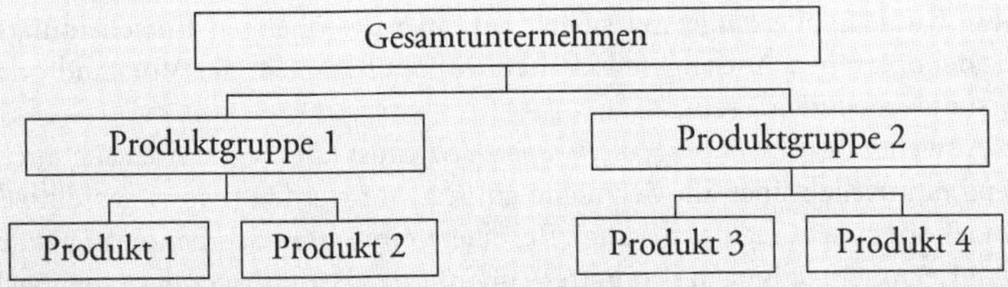

Eine Segmentabgrenzung auf Produktebene wäre dann angemessen, wenn die Umsatzdaten allein dem Vorstand zur Beurteilung der Segmente und Ressourcenallokation genügen, d.h., wenn dieser explizit den Umsatz als spezifische Ergebnisgröße für das Segment verwendet. Sollten jedoch für die Ressourcenallokation im Unternehmen Ergebnisgrößen verwendet werden, die auch Aufwendungen berücksichtigen, sind die Segmente auf Basis der Produktgruppen abzugrenzen.

28 **Beispiel 4**
Die Konzernzentrale der D-AG führt Funktionen wie Rechnungswesen, Finanzierung oder rechtliche Belange aus. Dabei wird die Konzernzentrale i. d. R. nicht als operatives Segment abgegrenzt, da sie regelmäßig keine operative Tätigkeit ausführt, die zur Erzielung von Erlösen im Konzern führt.

29 **Beispiel 5**
Das interne Berichtswesen der D-AG aus Beispiel 4, die in der Technologiebranche angesiedelt ist, stellt dem Vorstand regelmäßig steuerungsrelevante Daten für die Unternehmensbereiche 1–4 zur Verfügung. Bereich „1" stellt Computermonitore her, Bereich „2" produziert Netzteile, Bereich „3" fertigt Drucker und Bereich „4" betreibt Forschung & Entwicklung ausschließlich für unternehmensinterne Zwecke.
Da die D-AG als Technologieunternehmen auf den Bereich Forschung und Entwicklung angewiesen ist, kann eine Klassifizierung des Bereichs als operatives Segment erfolgen, wenn dem Vorstand eigenständige, steuerungsrelevante Informationen über den Bereich berichtet werden und der Bereich ohne wesentliche Umorganisation eigenständige geschäftliche Aktivitäten entfalten könnte. Erbringt die Forschungs- und Entwicklungsabteilung dagegen nur unterstützende Leistungen für andere Segmente, ist es gerechtfertigt, wenn hierfür keine Abgrenzung als operatives Segment vorgenommen wird und die in diesem Bereich anfallenden Kosten den nicht zuordenbaren Kosten zugerechnet werden.

Wenn im internen Berichtswesen **mehr** als ein Segmentierungskriterium verwendet wird, existiert i.d.R. die Möglichkeit, eines dieser Kriterien als **primär** bestimmend für die Zwecke der externen Segmentberichterstattung heranzuziehen. Dabei kann bspw. auf die Zuständigkeit des jeweiligen Segmentmanagers zurückgegriffen werden (IFRS 8.9).[8] Bei Verwendung einer **Matrixorganisation** hat die Unternehmensleitung durch Rückgriff auf das „Grundprinzip" („*core principle*") des IFRS 8 zu entscheiden, welche Segmentierung für die externe Berichterstattung gewählt wird (IFRS 8.BC27). 30

Beispiel 6 31
Die E-AG ist wie folgt als Matrix gegliedert:

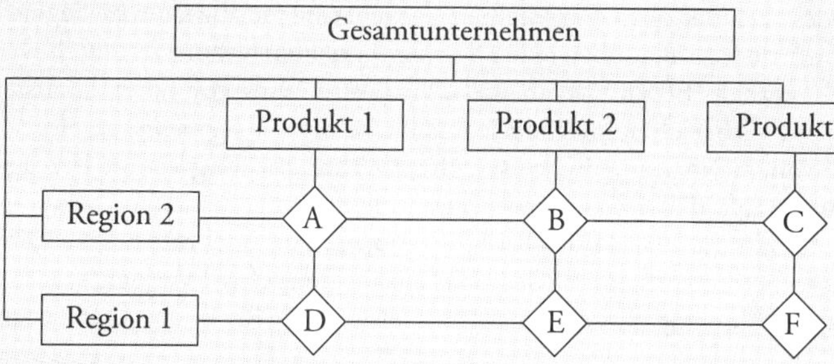

Da keine Dominanz einer Segmentierungsrichtung ausgemacht werden kann, hat der CODM danach über die Art der Segmentierung zu entscheiden, welche Segmentierung dem Hauptgrundsatz des IFRS 8 am ehesten entspricht, nämlich dem Adressaten Informationen zur Verfügung zu stellen, die diesen bei der Beurteilung der Unternehmenssituation und dessen ökonomischen Umfelds bestmöglich unterstützen.

In Bezug auf **vertikal integrierte** Segmente, d.h. solche Segmente, die mehr als 50 % ihrer Erträge mit anderen Segmenten des Unternehmens erzielen, trifft IFRS 8 keine explizite Aussage. Nach Maßgabe des *management approach* sind derartige Segmente dann abzugrenzen, wenn sie auch für Zwecke der **internen** Steuerung und Berichterstattung abgegrenzt werden. 32

Beispiel 7 33
Zum F-Konzern gehören u.a. die Geschäftsfelder „Flaschen", „Bier" und „Wein", die auch im internen Konzernberichtswesen als eigenständige Segmente dargestellt werden. Dabei liefert das Segment „Flaschen" sowohl an die Segmente „Bier" und „Wein" als auch an nicht zum Konzern gehörige Empfänger. Die Erlöse aus Lieferungen an die Segmente „Bier" und „Wein" belaufen sich in Summe auf EUR 2,1 Mio., die aus Lieferungen an externe Kunden auf EUR 0,9 Mio. Die Innenerlöse (EUR 2,1 Mio.) machen somit 70 % der Gesamterlöse des Segments „Flaschen" aus. Der Vorstand erhält zur Steuerung des Konzerns disaggregierte Daten für alle drei Geschäftsfelder.

8 Vgl. detailliert auch Heintges/Urbanczik/Wulbrand, DB 2008, S. 2774.

> Die Segmentabgrenzung findet hier auf Produktebene anhand der Produkte „Flaschen“, „Bier“ und „Wein“ statt, da das interne Berichtswesen nach diesen Segmenten unterscheidet und der Vorstand diese zur Beurteilung der Segmente und zur Ressourcenallokation heranzieht. Der Anteil der Innenerlöse des Segments „Flaschen“ an dessen Gesamterlösen ist für die Qualifizierung als operatives Segment nach IFRS 8 unerheblich.

3.1.4 Bestimmung der Segmente mit Berichtspflicht

3.1.4.1 Zusammenfassung ähnlicher Segmente

34 Nicht für jedes nach der oben dargestellten Vorgehensweise abgegrenzte Segment müssen gesonderte Informationen in der Segmentberichterstattung vermittelt werden. Vielmehr enthält IFRS 8 Vorgaben, die die Bestimmung gesondert darzustellender Segmente als **berichtspflichtige** Segmente *(reportable segments)* regeln.

35 Verschiedene operative Segmente weisen oftmals **ähnliche langfristige Ertragsentwicklungen** auf; daher kann eine Zusammenfassung derartiger Segmente durchaus sinnvoll sein. Nach IFRS 8.12 dürfen zwei oder mehrere Segmente zu einem einzigen berichtspflichtigen Segment **zusammengefasst** werden, wenn:

- die Zusammenfassung der allgemeinen Zielsetzung (Rz 1) des IFRS 8 entspricht,
- die Segmente ähnliche wirtschaftliche Charakteristika aufweisen, und
- Ähnlichkeit bez. **aller**(!) in IFRS 8.12 genannten Aggregationskriterien besteht.

36 IFRS 8 äußert sich nicht explizit dazu, was unter **ähnlichen wirtschaftlichen Charakteristika** zu verstehen ist. Grundsätzlich kann hier neben den beispielhaft im Standard aufgeführten *long-term average gross margins* auch auf Kriterien wie Umsatz-/Renditeverhältnisse, Umsatzentwicklungstrends, Eigenkapitalausstattung oder den operativen *cash flow* zurückgegriffen werden. Von einer Ähnlichkeit wird hierbei dann ausgegangen, wenn sich die genannten Indikatoren in einer engen Bandbreite bewegen, einem ähnlichen Trend folgen und auf externe Einflüsse gleichförmig reagieren.[9] Eine Beurteilung der Ähnlichkeit wirtschaftlicher Charakteristika hat dabei eher auf die zukünftige Entwicklung der Faktoren als auf vergangenheitsbezogene Maßgrößen abzustellen.

37 Außerdem erfordert die Zusammenfassung (der Segmente) nach IFRS 8.12 **Ähnlichkeit** in **allen** im Folgenden dargestellten **Aggregationskriterien**, die im Hinblick auf eine Zusammenfassung abzufragen sind:

- Ähnelt sich die **Art** der Produkte bzw. Dienstleistungen?
- Resultieren die Produkte aus gleichartigen **Produktionsprozessen**?
- Werden die Produkte bzw. Dienstleistungen von denselben **Kunden** bzw. Kundengruppen nachgefragt?
- Werden die Produkte nach denselben oder ähnlichen **Vertriebsmethoden** vermarktet?
- Fallen die Produkte bzw. Dienstleistungen in dasselbe **regulierende Umfeld** (nur, falls ein solches vorhanden ist, wie bspw. im Bank- und Versicherungswesen oder bei öffentlichen Versorgungsbetrieben)?

---

9 Vgl. KPMG (Hrsg.), US-GAAP, 4. Aufl., 2006, S. 183.

3.1.4.2 Wesentlichkeitskriterien zur Bestimmung berichtspflichtiger Segmente

Neben der eventuellen Zusammenfassung operativer Segmente anhand der vorgestellten Aggregationskriterien erlaubt IFRS 8 in Anwendung des *materiality*-Grundsatzes (→ § 1 Rz 61; IFRS 8.BC29) den Verzicht auf eine gesonderte Darstellung **unwesentlicher** Segmente. Hierbei regelt 38

- IFRS 8.13, wann ein Segment als unwesentlich gilt (Rz 39ff.);
- IFRS 8.14, wie mehrere unwesentliche Segmente zu einem berichtspflichtigen Segment zusammengefasst werden können (Rz 50);
- IFRS 8.15, wie zu verfahren ist, wenn mehrere unwesentliche Segmente zusammen einen wesentlichen Teil des Gesamtumsatzes ausmachen (Rz 52ff.);
- IFRS 8.16, wie mehrere unwesentliche Segmente in einem Sammelposten *„all other segments"* zusammengefasst werden können (Rz 54);
- IFRS 8.17, wie ein Segment darzustellen ist, das in einer Berichtsperiode abweichend von der bisherigen Klassifizierung als unwesentlich anzusehen ist (Rz 56f.);
- IFRS 8.18, wie ein Segment darzustellen ist, das abweichend von der bisherigen Klassifizierung nunmehr als wesentlich gilt (Rz 58f.).

Als unwesentlich gilt ein Segment nach IFRS 8.13 dann, wenn seine **Erlöse, sein Ergebnis und sein Vermögen jeweils weniger als 10 %** der entsprechenden Gesamtwerte aller Segmente ausmachen (Wesentlichkeitsschwellen, *quantitative thresholds)*. Dabei gilt Folgendes: 39

Es sind alle drei Wesentlichkeitsschwellen **einzeln** wirksam; bereits die Überschreitung eines Grenzwerts führt zur Qualifizierung als wesentlich und damit berichtspflichtig. 40

Bei der Bestimmung der als **Vergleichsbasis** dienenden Gesamtwerte aller Segmente sind auch als **unwesentlich** qualifizierte Segmente zu berücksichtigen. 41

Die Wesentlichkeitsbestimmung ist für **jede Berichtsperiode neu** auf Basis der Daten dieser Periode vorzunehmen. 42

Beispiel 8 43

Die G-AG hat die Geschäftssegmente P1, P2, P3 und P4, die in der Berichtsperiode folgende Segmentdaten aufweisen:

Segment	Erlöse	Ergebnis	Vermögen
P1	100	10	50
P2	146	14	73
P3	10	1	5
P4	28	2	14
Gesamt	**284**	**27**	**142**

Die Vergleichsbasis zur Bestimmung, ob Segment P4 unwesentlich ist, umfasst alle Segmente, also auch das vorher bereits als unwesentlich klassifizierte Segment P3 und das zur Debatte stehende Segment P4 selbst.

44 Als **Bezugsgrößen** für den Wesentlichkeitstest dienen die intern zu Steuerungs- und Berichtszwecken verwendeten Daten, d.h. die Größen, die auch an den CODM berichtet werden.

45 Die Wesentlichkeitsschwelle bei den Erlösen ist unter Einbeziehung aller **Außen- und Innenerlöse** zu bestimmen.

46 Zur Bestimmung der Wesentlichkeitsschwelle des **Segmentergebnisses** sind jeweils die positiven und die negativen Ergebnisse zu addieren. Diejenige dieser beiden Summen, deren absoluter Betrag größer ist, dient als Basis zur Berechnung der 10-%-Grenze.

47 **Beispiel 9**

Der H-Konzern hat die Geschäftssegmente P1 bis P6, die in der Berichtsperiode folgende Segmentergebnisse aufweisen:

Segment	Ergebnis
P1	+ 10
P2	– 2
P3	– 12
P4	+ 13
P5	– 1
P6	– 3

Die Summe aller positiven Ergebnisse ist + 23, die aller negativen – 18. Als größerer Absolutbetrag wird 23 zur Vergleichsbasis für die Wesentlichkeitsbestimmung.

48 Gilt ein Segment als unwesentlich, stehen dem berichtenden Unternehmen nach IFRS 8.13ff. verschiedene **Alternativen** offen:

49 • **Alternative 1:**
Das Segment kann trotz seiner Unwesentlichkeit als **berichtspflichtiges** Segment deklariert werden, wenn diese zusätzliche Information dem Adressaten nützliche Informationen an die Hand gibt (IFRS 8.13).

50 • **Alternative 2:**
Das Segment kann mit anderen Segmenten zu einem berichtspflichtigen Segment **zusammengefasst** werden. Eine derartige Zusammenfassung ist jedoch nur mit solchen Segmenten möglich, die ebenfalls als unwesentlich gelten, ähnliche ökonomische Charakteristika aufweisen und in der Mehrzahl der in IFRS 8.12 aufgeführten Aggregationskriterien übereinstimmen (Rz 35ff.). Eine Zusammenfassung mit wesentlichen und daher eigenständig berichtspflichtigen Segmenten ist dagegen nicht zulässig (IFRS 8.14).

51 • **Alternative 3:**
Das Segment kann als nicht zugeordneter Überleitungsposten unter der **Sammelposition** *„all other segments"* erfasst werden.

52 In diversifizierten Konzernen können die **unwesentlichen** Segmente in der Summe einen **wesentlichen** Teil des Unternehmens ausmachen. Durch deren Behandlung nach der in Rz 51 dargestellten Alternative 3 würde ein bedeutender

Teil der Unternehmensaktivitäten in den segmentierten Daten nicht abgebildet. Deshalb darf nach IFRS 8.15 die Summe der Außenerlöse aller als berichtspflichtig deklarierten Segmente nicht weniger als 75 % der konsolidierten Erlöse des Gesamtunternehmens bzw. Gesamtkonzerns ausmachen. Bei Nichterreichen dieser Schwelle müssen in erforderlichem Umfang unwesentliche Segmente als berichtspflichtige Segmente deklariert werden. Eine Anleitung zur Auswahl gibt IFRS 8 nicht. Sie liegt damit im **Ermessen** des Bilanzierenden.

Beispiel 10 53

Der I-Konzern hat die Geschäftssegmente „S1" bis „S6", die in der Berichtsperiode gem. folgender Tabelle externe Erlöse aufweisen. Hierbei sind die Segmente „S3" bis „S6" angesichts ihrer Gesamterlöse, ihrer Ergebnisse und ihres Vermögens unwesentlich. Der Konzernumsatz entspricht der Summe der externen Erlöse der Segmente.

Segment	**Außenerlöse**	**wesentlich**
S1	600	ja
S2	140	ja
S3	3	nein
S4	8	nein
S5	9	nein
S6	25	nein

Würde der I-Konzern alle unwesentlichen Segmente als nicht zugeordnete Überleitungsposten behandeln und dem Sammelsegment „*all other segments*" zuordnen, entspräche die Summe der Außenerlöse der berichtspflichtigen Segmente („S1" und „S2") 740 und damit weniger als 75 % der Konzernumsätze (1.000). Daher müssen unwesentliche Segmente mit einem Außenerlösvolumen von mindestens 10 als berichtspflichtige Segmente behandelt werden, um die 75-%-Schwelle zu überschreiten. Dies kann mit Segment „S6" allein, aber bspw. auch mit den Segmenten „S3" und „S4" erreicht werden.

Aus der Zusammenfassung mehrerer ähnlicher Segmente (Alternative 2 in Rz 50) 54
resultiert ein berichtspflichtiges Segment. Daher werden die externen Erlöse eines solchen **Sammelsegments** bei der Bestimmung der Erfüllung der 75-%-Grenze berücksichtigt. Die 75-%-Schwelle kann somit auch durch **Zusammenfassung unwesentlicher Segmente** zu einem derartigen **Sammelsegment** übersprungen werden.

Beispiel 11 55

Sind in Beispiel 10 (Rz 77) die Segmente „S3" und „S4" ähnlich i.S.d. IFRS 8.12, kann die 75-%-Schwelle auch durch Zusammenfassung der beiden Segmente erreicht werden.

56 Die Wesentlichkeitskriterien sind **in jeder Periode neu zu überprüfen**. Deshalb kann ein in der Vorperiode noch als wesentlich klassifiziertes und damit gesondert ausgewiesenes Segment in der aktuellen Berichtsperiode unwesentlich geworden sein.

Das nunmehr unwesentliche Segment muss bei einer solchen Neuklassifizierung in der Segmentberichterstattung **nicht mehr gesondert** dargestellt werden. Eine Ausnahme hiervon regelt IFRS 8.17 für ein Segment, das in der aktuellen Periode die in Rz 39 beschriebene 10-%-Grenze nicht mehr überschreitet, während es diese in der Vorperiode noch überschritten hat und daher als berichtspflichtiges Segment ausgewiesen worden war. Ein solches Segment muss trotz der Unterschreitung der 10-%-Grenze weiter als berichtspflichtiges Segment dargestellt werden, wenn es nach Ansicht der Unternehmensleitung von andauernder Bedeutung *(continuing significance)* ist. Dabei muss die Beurteilung der andauernden Bedeutung u. E. nur auf das Folgejahr abstellen.[10] Verfehlt das Segment nämlich im direkt folgenden Jahr zum zweiten Mal die 10-%-Grenze, muss aus dem Wortlaut des IFRS 8.17 der Ausweis als eigenständiges Segment auch bei einer langfristig erwarteten Erholung nicht fortgesetzt werden. IFRS 8.17 will damit offensichtlich nur eine **zweimalige** Änderung der Segmentstruktur verhindern, wenn ein Segment **einmalig** die 10-%-Grenze verfehlt.

Dazu folgendes Prüfschema:[11]

Stufe	Prüfung/Regelungsinhalt
1	(Rz 49) Freiwilliger Ausweis als **gesondertes** Berichtssegment (IFRS 8.13).
2	(Rz 50) **Zusammenfassung** mit anderen **unwesentlichen** Segmenten (IFRS 8.14): Nicht wesentliche Segmente dürfen zu einem Berichtssegment zusammengefasst werden, soweit sie ähnliche wirtschaftliche Eigenschaften aufweisen, sodass eine vergleichbare langfristige Entwicklung zu erwarten ist und sie bez. der Mehrheit der Homogenitätskriterien des IFRS 8.12 übereinstimmen.
3	(Rz 56) **Andauernde** Bedeutung (IFRS 8.17): Soweit im Vorjahr noch eine Wesentlichkeit gegeben war und vom Wiedererreichen einer der 10-%-Grenzen im Folgejahr ausgegangen wird, besteht eine Pflicht zum gesonderten Ausweis.
4	(Rz 52) Erfüllung der 75-%-Regel (IFRS 8.15): **Weitere** operative Segmente sind als gesondert anzugebende Teilbereiche zu bestimmen, bis mindestens 75 % der Segmenterträge mit Konzernfremden von den anzugebenden Segmenten erwirtschaftet werden. Eine Reihenfolgeregelung für die Auswahl besteht nicht.
5	(Rz 51, Rz 54) Ausweis im **Sammel**segment (IFRS 8.16).

10 So auch ADS International (Fn 2), Tz 91; Haller (Fn 4), Tz 80.

11 Fink/Ulbrich, PiR 2007, S. 31.

Beispiel 12 57
Die J-AG unterscheidet intern und extern die Segmente „Europa“, „Amerika“ und „Asien“. Dabei ist das Segment „Asien“ allein aufgrund seiner Erlöse wesentlich. Durch Absatzprobleme in Japan sinken die Außenerlöse 2005 von bisher ca. 15 % auf nur noch 8 % der Gesamtkonzernerlöse. Laut Unternehmensplanung sollen die Umsätze in Japan ab 2006 wieder anziehen und das Segment „Asien“ ab 2006 wieder mehr als 10 % der Gesamterlöse des Konzerns erwirtschaften.
Angesichts der Unternehmensplanung ist das Segment „Asien“ von andauernder Bedeutung und damit auch 2005 gesondert auszuweisen.

Wird ein in der Vorperiode noch unwesentliches und daher nicht gesondert 58 dargestelltes Segment in der aktuellen Periode als wesentlich und damit berichtspflichtig klassifiziert, verlangt IFRS 8.18 eine Anpassung der **Vorjahresvergleichszahlen**, es sei denn, diese Anpassung ist **unzweckmäßig** *(impracticable)*. Eine solche Unzweckmäßigkeit dürfte insbesondere dann geltend gemacht werden können, wenn die Vorjahreszahlen in der geänderten Berichtsstruktur im Unternehmen nicht vorliegen und ihre Beschaffung einen unverhältnismäßig großen Aufwand erfordert.

Zwar legt IFRS 8 keine explizite **Begrenzung** für die Anzahl der berichtspflichtigen 59 Segmente fest, allerdings wird als grober Maßstab für eine zu umfangreiche Segmentberichterstattung die Zahl von **zehn** *reportable segments* genannt (IFRS 8.19). Diese Zahl darf jedoch nicht dazu verwendet werden, die Anzahl der berichtspflichtigen Segmente zu vermindern oder unter die 75-%-Grenze (Rz 52) zu drücken.[12]

4 Die Segmentinformationen

4.1 Ermittlung der Segmentinformationen

4.1.1 Anzuwendende Bilanzierungs- und Bewertungsmethoden

Auch in Bezug auf die Ermittlung der Segmentdaten folgt IFRS 8 dem *management approach*. Durch diesen Datenausweis soll dem Abschlussadressaten ein 60 besserer Einblick in die Spezifika *(nature)* und die finanziellen Wirkungen *(financial effects)* der verschiedenen **Geschäftsfelder** des Unternehmens ermöglicht werden (IFRS 8.20). Der *management approach* kann dadurch die Sichtweise des Managements vermitteln und dem Adressaten entscheidungsnützliche Informationen an die Hand geben. Dabei wird der Blick auf das Unternehmen und seine Tätigkeit *„through management's eyes“* (Rz 3) als besonders wertvoll für den externen Betrachter erachtet, um dadurch die Handlungen der Unternehmensleitung einerseits verstehen und andererseits auch besser prognostizieren zu können.[13] Allerdings können dabei auch die den Segmentdaten zugrunde liegenden Bilanzierungs- und Bewertungsmethoden wesentlich von den im Rahmen des Jahres-/Konzernabschlusses verwendeten Grundsätzen abweichen. So finden genau die Daten Eingang in die Segmentberichterstattung, die im

12 Vgl. FINK/ULBRICH, DB 2007, S. 982.
13 Vgl. HUNT, CA Magazine 1996, S. 48.

internen Berichtswesen ermittelt werden, selbst wenn dort bspw. *cash accounting* praktiziert wird. Damit wird die Art der Ermittlung der zu veröffentlichenden Daten in keiner Weise durch Mindestanforderungen an die Segmentdaten begrenzt, da IFRS 8 hier keinerlei Anforderungen an die zugrunde liegenden Bilanzierungs- und Bewertungsmethoden definiert.

Beispiel 13
Das Berichtswesen des Automobilkonzerns K unterscheidet intern und extern die Segmente „PKW", „LKW" und „Motorräder". Obwohl im internen Berichtswesen des K-Konzerns verschiedene Werte abweichend von der externen Berichterstattung ermittelt werden (z.B. Verrechnung kalkulatorischer Abschreibungen, abweichende Verbrauchsfolgeverfahren), können die für die Segmentberichterstattung erforderlichen Daten unmittelbar dem internen Berichtswesen entnommen werden. Eine Neuermittlung der Daten in Analogie mit den Bilanzierungs- und Bewertungsmethoden des (Konzern-)Abschlusses speziell für die Segmentberichterstattung hat nicht zu erfolgen.

61 Werden im internen Steuerungs- und Berichtswesen **mehrere Bilanzierungs- und Bewertungsmethoden** verwendet, ist nach IFRS 8.26 diejenige für die externe Berichterstattung maßgebend, die nach Ansicht des Managements in Bezug auf die zugrunde liegenden Ermittlungsgrundsätze am ehesten den im (Konzern-)Abschluss verwendeten Grundsätzen entspricht.

Beispiel 14
Das Berichtswesen des Automobilkonzerns K aus Beispiel 13 (Rz 60) ermittelt seine Werte nun im internen Berichtswesen gleichberechtigt zum einen abweichend von der externen Berichterstattung (z.B. Verrechnung kalkulatorischer Abschreibungen, abweichende Verbrauchsfolgeverfahren), zum anderen existiert aber auch ein Format der Datenermittlung, das dem externen Berichtswesen stark ähnelt.
Auch hier ist eine Neuermittlung der Daten in Analogie mit den Bilanzierungs- und Bewertungsmethoden des (Konzern-)Abschlusses speziell für die Segmentberichterstattung nicht nötig, allerdings ist für die externe Berichterstattung das zweitgenannte Datenformat zu verwenden, das den Bilanzierungs- und Bewertungsmethoden des (Konzern-)Abschlusses eher entspricht.

62 IFRS 8.21 ordnet schließlich die Informationsvermittlung anhand folgender **dreigliedriger** Ausweiserfordernisse an:

- **Allgemeine** Informationen zu den Identifikationsmerkmalen des Segments, insbesondere Art der Produkte und Dienstleistungen (IFRS 8.22).
- **Spezielle** Informationen zur Vermögens- und Ertragslage des Segments (IFRS 8.23 bis 8.27).
- Eine **Überleitungsrechnung** (*reconciliation*) der Segmentberichterstattung auf die Daten des (Konzern-)Abschlusses (IFRS 8.28).

4.1.2 Zurechnung zu den Segmenten

IFRS 8 macht keine expliziten Vorgaben in Bezug auf die **Zurechnung** bestimmter **Daten** zu den einzelnen Segmenten. Auch hier führt die Anwendung des *management approach* zur Zuordnung der Daten zu den operativen Segmenten in Analogie mit dem internen Steuerungs- und Berichtswesen. So wird in IFRS 8 konsequent auch auf die Vorgabe eines Verteilungsschlüssels für die Allokation bestimmter Größen auf die Segmente verzichtet. Es wird hierbei lediglich eine Zuordnung verlangt, die auf einer **vernünftigen** Grundlage *(reasonable basis*; IFRS 8.25) basiert. Hinsichtlich der Zuordnung der Daten auf die Segmente können tatsächlich mehrere Allokationsmethoden vernünftig, d. h. *reasonable*, sein (IFRS 8.BC, Anhang A.88). 63

Beispiel 15
Die L-AG besitzt 3 regional abgegrenzte Segmente und rechnet diesen die Zuführungen zu den Pensionsrückstellungen relativ zur Mitarbeiterzahl des jeweiligen Segments zu. Die L-AG rechnet ihren Segmenten den korrespondierenden Aufwand hingegen anteilig im Verhältnis zu den relativen Umsatzkosten des Segments zu.
Obwohl beide Verrechnungsmethoden zu stark abweichenden Ergebnissen bei der Zurechnung zu den Segmenten führen können, können beide Vorgehensweisen als Grundlage einer vernünftigen Zurechnung nach IFRS 8.25 verstanden werden.

Dabei ist eine vernünftige Allokation regelmäßig dann anzunehmen, wenn zwischen dem Verteilungsschlüssel und der zu schlüsselnden Größe ein **Abhängigkeitsverhältnis** besteht und die Zuordnung angesichts dessen willkürfrei und für externe Dritte nachvollziehbar ist. Dies dürfte bspw. nicht der Fall sein bei Aufteilungen, die ein Unternehmen vornimmt, um bestimmte Größen trotz Fehlens eines geeigneten Schlüssels auf Unternehmensbereiche umzulegen. 64

Beispiel 16
Die M-AG grenzt intern wie auch extern 3 regionale Segmente ab. Für 2 dieser Segmente existiert eine betriebliche Altersversorgung, das dritte Segment besitzt keine derartige Einrichtung. Die intern verwendete Segmentergebnisgröße wird für alle 3 Segmente so ermittelt, dass der Aufwand für die betriebliche Altersversorgung allen Segmenten proportional zu den Segmenterträgen zugerechnet wird.
Eine derartige Zuordnung von Aufwendungen für Altersversorgung auf das Segment ohne Pensionsplan ist nicht als vernünftige Zuschlüsselung *(not reasonable)* anzusehen.

Bedingt durch die Verwendung interner Methoden bzw. Grundsätze zur Ermittlung der Segmentdaten ist eine **symmetrische** Zuordnung der einzelnen Größen **nicht** zwangsläufig gewährleistet, da keine weiteren Vorgaben für die Allokation sachlich zusammengehöriger Bestands- und Stromgrößen definiert werden. Als Standardbeispiel wird hier die Zuordnung bestimmter Abschreibungen zum Segmentergebnis genannt, während der dieser Abschreibung zugrunde liegende Vermögensgegenstand nicht im ggf. auszuweisenden Segmentvermögen enthalten ist 65

(IFRS 8.27 (f)). Eine derartige asymmetrische Zuordnung der Segmentgrößen kann insbesondere in Bezug auf die Kennzahlenrechnung zu Problemen führen, da hierbei die Konsistenz der eingesetzten Rechengrößen nicht mehr gewährleistet ist. Bei Verwendung eines effizienten internen Steuerungs- und Berichtssystems kann indes regelmäßig von einer symmetrischen Zuordnung sachlich zusammengehöriger Bestands- und Stromgrößen ausgegangen werden.[14]

Beispiel 17
Der Automobilkonzern N besitzt eine Halle, in der Automobilteile gelagert werden. Im internen und externen Berichtswesen grenzt der Konzern die Segmente Karosserie, Motor und Elektronik ab. Während die Vermögensallokation auf die Segmente anhand der durch die einzelnen Bereiche belegten Lagerfläche erfolgt, wird die Erfolgskomponente Abschreibungen den Segmenten umsatzbezogen zugerechnet.
Trotz der Durchbrechung des Symmetriegrundsatzes hat eine symmetrische Neuermittlung der Daten in Analogie mit den Bilanzierungs- und Bewertungsmethoden des (Konzern-)Abschlusses aufgrund der konsequenten Umsetzung des *management approach* hier nicht zu erfolgen.

66 Für den Bereich der **segmentübergreifenden** Angaben (Rz 120) ist aufgrund der Orientierung an den im (Konzern-)Abschluss verwendeten Bilanzierungs- und Bewertungsgrundsätzen auch vom Erfordernis einer symmetrischen Zuordnung einzelner Größen auszugehen.

4.2 Angaben zu den operativen Segmenten

4.2.1 Grundlegende Angabepflichten für operative Segmente

67 Die grundlegenden Angabepflichten des IFRS 8.22 sollen dem Adressaten die Segmentabgrenzung und die Datenermittlung verständlich machen und dadurch erklärende Angaben zum Verständnis des *management approach* liefern.

68 In diesem Zusammenhang sind die **Grundlagen** der **Segmentabgrenzung** darzustellen. Dies erfordert regelmäßig eine Darstellung der internen Organisationsstruktur, welche die interne Steuerung und Berichterstattung des Unternehmens hinsichtlich der relevanten Abgrenzungskriterien näher beleuchtet und somit einen Einblick in die dem *management approach* zugrunde liegende Basis gibt. Zudem sind hierbei aber auch Informationen über eine eventuelle **Zusammenfassung** operativer Segmente zu einem Berichtssegment zu publizieren (IFRS 8.22 (a)).

Beispiel 18
Die Siemens AG gibt in ihrem Konzernabschluss 2006 an: „Die Bereichsunterteilung basiert auf den angebotenen Produkten und Serviceleistungen." Des Weiteren wird beschrieben, wie sich die einzelnen Segmente zusammensetzen und welche Änderungen in Bezug auf die Zusammensetzung sich im vergangenen Jahr ergeben haben. Zudem wird die Zusammensetzung der Position „Sonstige operative Aktivitäten" dargestellt.

14 Vgl. Alvarez, Segmentberichterstattung und Segmentanalyse 2004, S. 108; Fink/Ulbrich, KoR 2006, S. 242; Haller (Fn. 4), S. 782; Heintges/Urbanczik/Wulbrand, DB 2008, S. 2781.

Des Weiteren sind Angaben zu den Produkten und Dienstleistungen offen- 69
zulegen, mit denen die jeweiligen berichtspflichtigen Segmente ihre Erträge erwirtschaften.

4.2.2 Pflichtangaben für operative Segmente

4.2.2.1 Überblick

Nach IFRS 8.23 muss in der Segmentberichterstattung für jedes berichtspflich- 70
tige Segment (Rz 34 ff.) eine **quantitative** Angabe zum Segmentergebnis (Rz 71 ff.) gemacht werden.

4.2.2.2 Segmentergebnis

Dem *management approach* konsequent folgend, definiert IFRS 8 keine **explizite** 71
Ergebnisgröße, sondern fordert nur den Ausweis des **intern** definierten Segmentergebnisses (*a measure of profit or loss*; IFRS 8.23), also der Ergebnisgröße, auf Basis derer der CODM seine Entscheidungen hinsichtlich der Segmente fällt (Rz 23). Der Board nimmt dabei eine Einschränkung der **zwischenbetrieblichen** Vergleichbarkeit in Kauf, weshalb auch zwei IASB-Mitglieder diesbezüglich ein *dissenting vote* abgegeben haben (IFRS 8.BC DO 1–5). Zudem ist es dem Unternehmen gem. IFRS 8.23 i. V. m. 8.25 möglich, für jedes Segment eine individuelle Ergebnisgröße zu definieren, sodass für verschiedene Segmente auch unterschiedliche Ergebnisgrößen existieren können. Dies ist bspw. häufig der Fall, falls ein Industrieunternehmen zusätzlich auch ein **finanzwirtschaftlich** tätiges operatives Segment ausweist. Auf diese Weise leidet nicht nur die zwischenbetriebliche, sondern ggf. auch die intersegmentäre Vergleichbarkeit, wenn im Unternehmen variierende Ergebnisgrößen zur Steuerung der einzelnen Segmente verwendet werden.

Aufgrund der offenen Ausgestaltung und der Koppelung des externen an das 72
interne Berichtswesen stehen dem Unternehmen **verschiedenste Möglichkeiten** zur Definition eines Segmentergebnisses zur Verfügung. So kann das Unternehmen bspw. den Umsatz, das Bruttoergebnis vom Umsatz, das Betriebsergebnis, EBIT, EBT oder das Ergebnis der fortlaufenden Geschäftstätigkeit, aber auch eher zahlungsstromorientierte Größen wie EBITA, EBITDA, Brutto-/Netto-*cash-flow* oder kalkulatorische Größen wie den Deckungsbeitrag als Segmentergebnis verwenden.[15] Gleiches gilt für unternehmensspezifisch angepasste Ergebnisgrößen.

Wenn im internen Steuerungs- und Berichtswesen **mehrere unterschiedliche** 73
Ergebnisgrößen Verwendung finden und an den CODM berichtet werden, ist nach IFRS 8.26 diejenige berichtspflichtig, die nach Ansicht des Managements in Bezug auf die zugrunde liegenden Ermittlungsgrundsätze am ehesten den jeweiligen Beträgen im (Konzern-)Abschluss entspricht.

Beispiel 19
Das Berichtswesen der O-AG grenzt intern wie extern drei produktorientierte Segmente ab. Die Steuerung des Unternehmens findet auf Basis zweier Ergebnisgrößen statt, zum einen dem adjustierten Geschäftswertbeitrag, zum anderen dem segmentierten Periodenergebnis.

15 Vgl. ALVAREZ (Fn 13), S. 148.

Im Rahmen der Segmentberichterstattung ist die zweitgenannte Ergebnisgröße zu verwenden, da sie den Bilanzierungs- und Bewertungsmethoden des (Konzern-)Abschlusses eher entspricht.

74 In Abhängigkeit von der verwendeten Ergebnisgröße kann auch eine bedingte Berichtspflicht für bestimmte Ergebniskomponenten bestehen, sofern diese in der ausgewiesenen Ergebnisgröße enthalten sind oder regelmäßig dem CODM vorgelegt werden (Rz 23).

4.2.3 Bedingte Angabepflichten für operative Segmente

4.2.3.1 Bedingte Angabepflichten zum Segmentergebnis

75 Neben der verpflichtend anzugebenden Ergebnisgröße (Rz 71) sind folgende Daten offenzulegen, sofern sie in dieser Ergebnisgröße **enthalten** sind oder anderweitig regelmäßig dem CODM (Rz 23) **vorgelegt** werden:

- Segmenterträge mit externen Dritten *(revenues from external customers*; Rz 79),
- Intersegmenterträge, d.h. Segmenterträge aus Transaktionen mit anderen Segmenten *(revenues from transactions with other operating segments of the same entitiy*; Rz 79),
- Zinserträge (Rz 81),
- Zinsaufwendungen (Rz 81),
- Abschreibungen und Wertminderungen (Rz 82),
- gem. IAS 1.97 wesentliche Ertrags- und Aufwandspositionen (Rz 86),
- Ergebnisbeiträge von *at equity* konsolidierten Beteiligungen (Rz 87),
- Aufwendungen und Erträge aus Ertragsteuern,
- wesentliche nicht zahlungswirksame Erträge und Aufwendungen, abgesehen von Abschreibungen und Wertminderungen (Rz 88).

76 Durch die Verknüpfung der Berichtspflicht mit den genannten Bedingungen (Rz 75) wird der **Umfang** der Berichtspflichten direkt an den Teil des internen Steuerungs- und Berichtssystems der Unternehmung gekoppelt, der den CODM regelmäßig mit Informationen versorgt. Der Umfang der externen Berichterstattung richtet sich damit nach der internen Informationsorganisation.

Das Kriterium der anderweitigen regelmäßigen Berichterstattung an den CODM ist u.E. nur dann erfüllt, wenn eine Information in segmentierter Form nicht nur zu bestimmten Anlässen, sondern anlassunabhängig mit vorgegebener Frequenz dem CODM übermittelt wird. Von einer solchen Übermittlung kann nicht bereits ausgegangen werden, wenn die Informationen im internen Berichtswesen verfügbar sind und der CODM Zugriffsrechte auf das interne Berichtswesen hat. Vielmehr muss der CODM die Informationen auch zur Kenntnis nehmen, indem er z.B. die entsprechenden Berichte im internen Berichtswesen aufruft.

Eine Berichterstattung von Informationen an den CODM in aggregierter Form (z.B. aggregiert für den Gesamtkonzern oder Gruppen von Segmenten) erfüllt das Kriterium der anderweitigen Berichterstattung nicht.

77 **Beispiel 20**

Die P-AG verwendet in ihrem internen Steuerungs- und Berichtssystem den EBIT als Ergebnisgröße zur Beurteilung der Segmente. Die segmentspezifischen Abschreibungen werden hingegen nicht regelmäßig an den CODM berichtet.

Die Abschreibungen sind für die Segmente der P-AG berichtspflichtig, da sie zur Ermittlung des Segmentergebnisses (EBIT) nötig und somit Bestandteil des Segmentergebnisses sind. Daraus resultiert aufgrund der Erfüllung der Bedingungen des IFRS 8.23 eine Berichtspflicht für die segmentierten Abschreibungen.

Beispiel 21

Die P-AG aus dem vorangegangenen Beispiel verwendet in ihrem internen Steuerungs- und Berichtssystem immer noch den EBIT als Ergebnisgröße zur Beurteilung der Segmente. Zudem wird der segmentspezifische Zinsaufwand in regelmäßigen Abständen an den CODM berichtet.

Der Zinsaufwand ist für die Segmente der P-AG berichtspflichtig, obwohl er nicht in die Segmentergebnisgröße (EBIT) eingeht. Allerdings resultiert gem. IFRS 8.23 die Berichtspflicht hier aus der regelmäßigen internen Berichterstattung der Größe an den CODM.

Beispiel 22

Der Q-Konzern verwendet in seinem internen Steuerungs- und Berichtssystem die Umsatzerlöse als Ergebnisgröße zur Beurteilung der Segmente. Es werden keine sonstigen segmentierten Größen an den CODM berichtet.

Trotz des sehr geringen Berichtsumfangs ist nach IFRS 8.23 keine Ergebniskomponente außer dem Umsatz, der hier gleichzeitig die Ergebnisgröße selbst darstellt, in der Segmentberichterstattung berichtspflichtig. Weder fließen die anderen Größen in die Ermittlung des Umsatzes ein, noch werden sie regelmäßig an den CODM berichtet.

IFRS 8 enthält keine Angaben zur Abgrenzung der berichtspflichtigen Größen. 78
Aufgrund der Berichtspflicht für die segmentspezifische Ergebnisgröße sind im Zuge des *management approach* auch die Ergebniskomponenten in ihrer ggf. im internen Berichtswesen des Unternehmens verwendeten Ausprägung auszuweisen. Deshalb wird mit dem hier verwendeten *revenue*-Begriff nicht zwingend der Definition in IAS 18 (→ § 25 Rz 1) entsprochen. Ebenso wenig kann der in den Kommentierungen zu SFAS 131 häufig dargestellten *revenue*-Definition als rein auf den Absatz des Unternehmens bezogene Größe hier Allgemeingültigkeit zugesprochen werden.

Die Segmenterträge können **interner** und **externer** Art sein. Dabei sind in den 79
Innenerlösen die Lieferungen und Leistungen zu berücksichtigen, deren Empfänger außerhalb des eigenen Segments, jedoch nicht außerhalb des Gesamtunternehmens angesiedelt ist. Je nach interner Abgrenzung der Größe können hierzu auch Transaktionen mit nicht berichtspflichtigen Segmenten sowie zentralen Unternehmensbereichen gehören. Werden mehrere unwesentliche Segmente zu einem berichtspflichtigen Segment zusammengefasst (Rz 38), sind die Erlöse aus Transaktionen zwischen diesen Segmenten zu eliminieren, da sie als intrasegmentär und damit nicht als Innenerlöse gelten. Werden im internen Berichtswesen keine intersegmentären Erträge ausgewiesen (z.B. weil diese direkt als Kostenminderung erfasst werden), entfällt die Pflicht zur Angabe der Intersegmenterträge.

Zur **Verrechnungspreis**problematik bei Innenerlösen vgl. Rz 114.

80 IFRS 8.23 verlangt einen **getrennten Ausweis der Außen- und Innenerlöse**, sofern diese in die Segmentergebnisgröße einfließen oder anderweitig regelmäßig an den CODM berichtet werden. Eine weitergehende Aufgliederung, so z.B. nach den Transaktionen gem. IAS 18 (→ § 25), ist nicht verpflichtend.

81 Zinserträge und -aufwendungen sind separat voneinander auszuweisen, d.h., es findet ein **Brutto**ausweis statt. Der **Netto**wert wird nur dann gezeigt, wenn die Zinserträge den Großteil der Segmenterträge darstellen und die Beurteilung und Ressourcenallokation der Segmente primär auf Basis des Nettowerts erfolgt.

Beispiel 23

Der Q-Konzern hat drei Geschäftssegmente „S1" bis „S3", wobei „S3" ein Segment mit überwiegend finanzieller Tätigkeit ist, für das sich folgende Finanzdaten ergeben:

Zinserträge	150	Zinsaufwendungen	90
andere Erlöse	70	andere Aufwendungen	50

Das Segment steuert nach dem Betriebsergebnis, Erträge und Aufwendungen entfallen komplett auf Transaktionen mit Unternehmensfremden. In Abhängigkeit davon, ob hier eine Saldierung der Zinserträge und -aufwendungen vorgenommen werden kann, ergibt sich für „S3" folgender Ausweis:

	keine Saldierung	Saldierung
Außenerlöse	220	130
Innenerlöse	0	0
Segmenterlöse	220	130
Segmentergebnis	80	80

82 Die **Segmentabschreibungen und -wertminderungen**, sofern berichtspflichtig, sind als Folge der konsequenten Umsetzung des *management approach* nicht zwingend an das selbe Mengengerüst anzupassen, das auch dem Segmentvermögen zugrunde liegt (Rz 92). Abschreibungen *(depreciation)* umfassen dabei die planmäßigen bei materiellen Vermögensgegenständen, während Wertminderungen *(amortisation)* planmäßige Wertverluste bei immateriellem Vermögen darstellen. Für außerplanmäßige Abschreibungen existieren zusätzlich gesonderte Angabepflichten (Rz 84).

83 Insbesondere bei Verwendung **zahlungsstromorientierter** Segmentergebnisgrößen ist meist mit einem Ausweis der Segmentabschreibungen zu rechnen, da diese regelmäßig Bestandteil der Ermittlung verschiedener *cash-flow*-Größen sind.[16]

84 Die **außerplanmäßigen** Abschreibungen *(impairment losses)* und Wertaufholungszuschreibungen nach IAS 36 (→ § 11 Rz 179) sind wie folgt anzugeben:

- der Gesamtbetrag je Berichtssegment (IAS 36.129),
- die Zugehörigkeit zum jeweiligen Segment des ab- oder zugeschriebenen Vermögenswertes einschließlich *goodwill*.

16 Vgl. so auch zur Entwurfsfassung des IFRS 8 Alvarez/Büttner, KoR 2006, S. 315.

Die Regelungen des IAS 36 zum *goodwill impairment* (→ § 11 Rz 112ff.) können aber auch selbstständige Berichtspflichten gem. IFRS 8 nach sich ziehen, 85

- da IAS 36.130 Angaben zu wesentlichen außerplanmäßigen Abschreibungen nach *cash generating units* und Art des betroffenen Vermögenswerts verlangt (→ § 11 Rz 181) und
- wesentliche *goodwill*-Abschreibungen auch unter die bedingte Pflicht zur Segmentierung wesentlicher Aufwands- und Ertragsgrößen nach IFRS 8.23(f) (Rz 86) fallen, sofern eine regelmäßige Berichterstattung an den CODM erfolgt.

Zu einer Zuordnung der *goodwill*-Abschreibungen zu den Segmenten speziell für den Zweck dieser externen Berichtspflicht kommt es jedoch nicht, da nach IAS 36.80 *goodwills* für *impairment*-Test-Zwecke auf die niedrigste Ebene von *cash-generating-unit*-Gruppen herunterzubrechen sind, auf der *goodwills* für interne Managementzwecke überwacht werden, gleichzeitig die Zuordnungsebene aber nicht größer als ein operatives Segment nach IFRS 8 sein darf (→ § 11 Rz 117). Dabei ist eine Überwachung für Managementzwecke einerseits und eine Berichterstattung an den CODM andererseits nicht zwingend identisch.

Einzubeziehen sind zudem **wesentliche Aufwands- und Ertragsgrößen**, die im Zusammenhang mit IAS 1.97 offenzulegen sind (→ § 2 Rz 67). Umstände, die i.S.d. IAS 1.97 zu einer gesonderten Angabe von Ertrags- und Aufwandsposten führen, können bspw. sein: 86

- außerplanmäßige Abschreibung der Vorräte auf den Nettoveräußerungswert oder der Sachanlagen auf den erzielbaren Betrag sowie die Wertaufholung außerplanmäßiger Abschreibungen;
- eine Restrukturierung der Tätigkeiten eines Unternehmens und die Auflösung von Rückstellungen für Restrukturierungsaufwand;
- Abgang von Posten der Sachanlagen;
- Veräußerung von Finanzanlagen;
- aufgegebene Geschäftsbereiche;
- Beendigung von Rechtsstreitigkeiten; und
- sonstige Auflösungen von Rückstellungen.

Die anteiligen Ergebnisse von *at equity* bewerteten Beteiligungen (→ § 33) müssen angegeben werden, sofern die Bedingungen für die Berichtspflicht (Rz 70f.) erfüllt sind. Selbiges gilt für Aufwendungen und Erträge aus Ertragsteuern. 87

Die Angabe wesentlicher **zahlungsunwirksamer Aufwendungen und Erträge** hat, im Falle des Ausweises, ohne Abschreibungen und Wertminderungen stattzufinden, da diese ggf. bereits als eigenständige Position in der Segmentberichterstattung ausweispflichtig sind. IFRS 8 macht keine Aussage darüber, ob der Ausweis hier brutto oder netto zu erfolgen hat, allerdings ist i.S.d. Entscheidungsnützlichkeit der Informationen von einem **unsaldierten** Ausweis der Größen auszugehen. Die bedeutsamste Komponente der nicht zahlungswirksamen Aufwendungen dürfte i.d.R. die Zuführung zu den **Rückstellungen** sein. 88

Zu berücksichtigen sind nur Aufwendungen der Berichtsperiode, die in **derselben Periode nicht zu Auszahlungen** geführt haben. Nicht einzubeziehen sind damit solche Aufwendungen, die zwar im Entstehungszeitraum keine Auszahlungen mit sich bringen, jedoch vor Ende der Berichtsperiode zu Auszahlungen führen. 89

Einzubeziehen sind allein die **wesentlichen** Aufwendungen und Erträge. Der Begriff der Wesentlichkeit *(materiality)* entspricht weitestgehend dem im Rah- 90 menkonzept verwendeten (→ § 1 Rz 61ff.). Dem *management approach* folgend, wird die letztendliche Entscheidung über die Wesentlichkeit und somit die Berichtspflicht dieser Größen jedoch dem Management überlassen. Es sind hier also die im Unternehmen auch sonst verwendeten Wesentlichkeitskriterien anzuwenden. Sollten die zahlungsunwirksamen Aufwendungen und Erträge im internen Berichtswesen nicht gesondert identifizierbar sein, kann davon ausgegangen werden, dass sie für das Management keine wesentliche Information darstellen und damit auch nicht wesentlich i. S. d. IFRS 8 sind.

91 Eine Angabepflicht für segmentierte *cash flows* besteht nach IFRS 8 nicht. Die Empfehlung des IAS 7.50 (d) (→ § 3 Rz 51) zum Ausweis von *cash flows* auf Segmentbasis wird dadurch jedoch nicht eingeschränkt. Eine Regel zur Befreiung von der Angabepflicht anderer segmentierter Angaben (z. B. Abschreibungen) im Falle der freiwilligen Angabe derartiger *cash-flow*-Größen existiert nach IFRS 8 nicht.[17]

4.2.3.2 Bedingte Angabepflicht des Segmentvermögens

92 IFRS 8.23f. regeln auch die bedingte Pflicht zur Angabe des Segment**vermögens.** Gem. dem *management approach* ist die Abgrenzung der zum Segmentvermögen zählenden Komponenten in Analogie mit der im internen Steuerungs- und Berichtswesen verwendeten Vermögensgröße zu wählen. SFAS 131 als US-Pendant zu IFRS 8 verlangt einen Ausweis des Segmentvermögens nach allgemeiner Auslegung nur dann, wenn die Berichterstattung darüber an den CODM regelmäßig erfolgt. Diese Vorgehensweise schien IFRS 8.BC35 in seiner ursprünglichen Fassung nicht zuzulassen. Dem widersprach allerdings der IASB bereits im Dezember 2007:[18] Eine Abweichung von SFAS 131 sei nicht geplant gewesen. Eine klarstellende Änderung des Regelungswortlauts von IFRS 8 sei deshalb eigentlich nicht erforderlich. Gleichwohl hat der IASB mit dem *Annual Improvements Project* 2009 die explizite Klarstellung dieses Sachverhalts sowohl im Standard selbst (IFRS 8.23) als auch in der *Basis for Conclusions* (IFRS 8.BC35) vorgenommen.[19] Angaben zum Segmentvermögen sind nach der Neuformulierung von IFRS 8.23 nur bei regelmäßiger Berichterstattung an den CODM verpflichtend. Ein Vorliegen von Informationen zum Segmentvermögen im Unternehmen (z.B. zum Zweck des Werthaltigkeitstests für den Geschäfts- oder Firmenwert) allein führt nicht zu einer Angabepflicht, wenn die Daten nicht oder nur unregelmäßig an den CODM berichtet werden (Rz 76).

93 Auf dieser Grundlage hat sich das IFRS *Interpretations Committee* mit der Auswirkung dieser Klarstellung auf die Segmentberichterstattung im **Zwischenbericht** befasst. Dabei ging es um die Interpretation von IAS 34.16 (g) (→ § 37 Rz 40). Dieser Hinweis in der Zwischenberichterstattung erfordert dem *Committee* zufolge keine Angabe für das Segmentvermögen im Zwischenbericht, wenn diese Größe nicht an den CODM berichtet wird. Der Zwischenbericht sehe zwar lediglich eine Berichterstattung zu wesentlichen Änderungen der Jahresabschlussinformationen vor. Da die Angabe des Segmentvermögens nach IFRS 8 lediglich eine bedingte Pflicht darstelle, wäre dieses in der Konsequenz nicht unbedingt im

17 Vgl. Fink/Ulbrich, DB 2007, S. 983.
18 Vgl. IASB, Update Dezember 2007, S. 2.
19 Vgl. Semjonow, KoR 2009, S. 483.

Zwischenbericht offenzulegen. Gleichwohl empfahl das *Committee* dem Board eine klarstellende Änderung des IAS 34 im Zuge des *Annual Improvements Project* 2009–2011.

Ähnlich den bedingten Angabepflichten zum Segmentergebnis spezifiziert IFRS 8 in Bezug auf das Segmentvermögen die ggf. auszuweisende Größe nicht weiter, sondern fordert nur den Ausweis des **intern definierten** Segmentvermögens (*a measure of total assets*; IFRS 8.23), falls dieses regelmäßig an den CODM berichtet wird. Dabei handelt es sich um die Vermögensgröße, auf Basis derer der CODM (Rz 23) seine Entscheidungen hinsichtlich der Segmente fällt. Will ein Unternehmen freiwillig eine Vermögensgröße berichten, obwohl diese im internen Berichtswesen nicht vorliegt, so kann das Unternehmen u.E. die extern ggf. zu berichtende Vermögensgröße nach eigenem Gutdünken ermitteln. Voraussetzung ist lediglich die Ermittlung auf einer vernünftigen Grundlage. Das Nichtvorliegen im internen Berichtswesen sollte in diesem Fall jedoch angegeben werden. **94**

Bezüglich der Definition des Segmentvermögens weicht IFRS 8 von SFAS 131 ab. Der FASB geht in seiner *Guidance on Applying Statement 131* von *long-lived assets* aus, die regelmäßig dem Sachanlagevermögen zuzuordnen sind. Demgegenüber gebraucht IFRS 8 hier den Begriff der *non-current assets*, der explizit auch **immaterielles** Vermögen umfasst. Im Rahmen des Segmentvermögens ist aus Risikogesichtspunkten also weithin von einer direkten oder anteiligen Zuordnung materieller und immaterieller Vermögenswerte auszugehen, da sich z. B. regionale Risiken aufgrund der oftmals starken Standortbindung auch in hohem Maß auf immaterielle Vermögenswerte auswirken.[20] Allerdings lässt der *management approach* auch die Verwendung auf die spezifischen Sachverhalte des Unternehmens angepasster Größen zu. **95**

Werden im internen Steuerungs- und Berichtswesen **mehrere unterschiedliche** Vermögensgrößen verwendet und an den CODM berichtet, ist nach IFRS 8.26 diejenige berichtspflichtig, die nach Ansicht des Managements in Bezug auf die zugrunde liegenden Ermittlungsgrundsätze am ehesten den jeweiligen Beträgen im (Konzern-)Abschluss entspricht. **96**

Der Ausweis des Segmentvermögens muss nur in **einer Summe** erfolgen. Aufgliederungen in materielles und immaterielles Vermögen sind nach IFRS 8.BC57 nicht erforderlich. Allerdings wird den Unternehmen die Bildung von Zwischensummen freigestellt, was international jedoch eher unüblich ist.[21] **97**

In Abhängigkeit von der verwendeten Vermögensgröße kann auch eine bedingte Berichtspflicht für bestimmte Vermögenskomponenten bestehen, sofern diese eine Bestimmungsgröße des Segmentvermögens darstellen oder regelmäßig dem CODM vorgelegt werden (Rz 99). **98**

Neben der bedingt anzugebenden Vermögensgröße (Rz 92) sind folgende Daten offenzulegen, sofern sie in der angegebenen Segmentvermögensgröße enthalten sind oder regelmäßig dem CODM (Rz 23) vorgelegt werden: **99**

- Buchwerte von *at equity* konsolidierten Beteiligungen,
- Investitionen in das langfristige Segmentvermögen.

---

20 Vgl. Fink/Ulbrich, KoR 2006, S. 238.

21 Vgl. jedoch mit Bezug auf IAS 14, Haller, in: Baetge u. a., Rechnungslegung nach IAS, 2. Tz 122.

4.2.3.3 Bedingte Angabepflicht der Segmentschulden

100 Ebenfalls angabepflichtig sind die Segmentschulden (IFRS 8.23), dies jedoch nur, soweit die Angabe regelmäßig dem CODM vorgelegt wird. In diesem Punkt unterscheidet sich IFRS 8 von seinem US-amerikanischen Pendant, dem SFAS 131, der für Segmentschulden auch keine bedingte Angabepflicht definiert.

101 Je nach im internen Steuerungs- und Berichtswesen gewählter Abgrenzung, können zu den Segmentschulden gleichermaßen **Verbindlichkeiten** wie **Rückstellungen** (→ § 21) gehören. Eine symmetrische Zurechnung von **Zinsaufwendungen und Verbindlichkeiten** zu den Segmenten hat nicht zwingend zu erfolgen. Sind daher im Segmentergebnis Zinsaufwendungen berücksichtigt (Rz 75), müssen die zugehörigen Verbindlichkeiten nicht unbedingt in den Segmentschulden desselben Segments enthalten sein. Allerdings ist auch hier der Grundsatz der vernünftigen Zuordnung (*reasonable basis*, Rz 63) zu unterstellen.

102 Die Segmentschulden müssen gem. IFRS 8.23 nur in einer **Summe** angegeben werden. Aufteilungen in Verbindlichkeiten und Rückstellungen oder in langfristige und kurzfristige Schulden sind nicht erforderlich.

4.2.4 Überleitungsrechnung

103 Gem. dem *management approach* sind alle anzugebenden Werte entsprechend der Vorgehensweise des internen Berichtswesens zu ermitteln, auch wenn dies zu nicht IFRS-konformen Wertmaßstäben oder asymmetrischen Zurechnungen führt. Das **interne** Berichtswesen wird nach IFRS 8.28 verlassen, wenn in Gestalt einer **Überleitungsrechnung** (*reconciliation*) die **Brücke** zum Bilanz- und GuV-Ausweis geschlagen wird.[22]

Aufgrund der Verwendung des internen Steuerungs- und Berichtswesens als Grundlage für die externe Berichterstattung und der daraus resultierenden **unterschiedlichen** Ermittlungsmöglichkeiten für die Segmentdaten entsprechen die Summen der segmentierten Daten (zumeist) nicht den im (Konzern-)Abschluss ausgewiesenen aggregierten Werten:

- Den Segmentdaten können vom (Konzern-)Abschluss **abweichende** Bilanzierungs- und Bewertungsmethoden zugrunde liegen, die im internen Steuerungs- und Berichtswesen Anwendung finden (Rz 60).
- Die Segmentdaten berücksichtigen **intersegmentäre** Transaktionen, die in den konsolidierten Abschlusswerten eliminiert sind.
- Die Segmentdaten enthalten nicht diejenigen Beträge, die den Segmenten **nicht zugerechnet** werden.
- Auf die Einbeziehung **unwesentlicher** Segmente in die Segmentberichterstattung kann verzichtet werden (Rz 38). Bei Wahl dieser Behandlungsalternative sind die Daten der betroffenen Segmente in die Überleitung einzubeziehen.

104 Um den fehlenden Zusammenhang zwischen den Segmentdaten und den aggregierten Daten des (Konzern-)Abschlusses herzustellen, verlangt IFRS 8.28 eine Überleitung der Summe der Segmentdaten auf die entsprechenden Konzernwerte. Derartige **Überleitungsrechnungen** (*reconciliation*) müssen jedoch nicht für alle Segmentinformationen ausgewiesen werden.

---

22 Vgl. Zülch/Burghardt, PiR 2007.

Überzuleiten ist
- von den kumulierten Erträgen der Segmente auf den Unternehmens**ertrag**,
- der Saldo aus Segmentgewinnen und Segmentverlusten vor Steuereinflüssen und anderen Sondereinflüssen auf das **Abschlussergebnis**,
- das **Vermögen** der Segmente auf das im Abschluss ausgewiesene Vermögen sowie
- von den **Schulden** der Segmente auf die im Abschluss ausgewiesenen Schulden.

Zudem sind weitere im Segmentbericht ausgewiesene **wesentliche Posten** (IFRS 8.28, IFRS 8.IG4) überzuleiten.

Die Überleitung des Segmentergebnisses **vor** Steuern und anderen Sondereinflüssen kann zugunsten einer Größe **nach** Steuern und/oder Sondereinflüssen abgelöst werden, falls als internes Segmentergebnis eine Größe nach Steuern und/oder Sondereinflüssen definiert ist. 105

Beispiel 24

Die E.On AG weist in ihrem Konzernabschluss 2007 das *adjusted EBIT*, ein um außergewöhnliche Effekte bereinigtes Ergebnis vor Zinsen und Steuern, als Segmentergebnisgröße aus. Neben verschiedenen verbalen Beschreibungen weist die E.On AG folgende quantitative Überleitung des *adjusted EBIT* auf den Konzernüberschuss aus:

in Mio. EUR	2007	2006
Adjusted EBIT	**9.208**	**8.356**
Wirtschaftliches Zinsergebnis	– 960	– 948
Netto-Buchgewinne	1.345	829
Aufwendungen für Restrukturierung	– 77	–
Sonstiges operatives Ergebnis	167	– 2.890
Ergebnis aus fortgeführten Aktivitäten vor Steuern	**9.683**	**5.347**
Steuern vom Einkommen und vom Ertrag	– 2.289	– 40
Ergebnis aus fortgeführten Aktivitäten	**7.394**	**5.307**
Ergebnis aus nicht fortgeführten Aktivitäten	330	775
Konzernüberschuss	**7.724**	**6.082**

Im Zuge der Überleitungsrechnung sind alle wesentlichen Überleitungsbestandteile **separat** zu identifizieren und überzuleiten. So sind bspw. alle Anpassungen, die nötig sind um das Segmentergebnis auf das Abschlussergebnis überzuleiten, einzeln zu identifizieren und überzuleiten. 106

Segmentierte Daten von Unternehmensteilbereichen oder Segmenten, die nicht der Berichtspflicht unterliegen, sind separat in der Kategorie „*all other*" (Rz 51) auszuweisen, d.h. getrennt von den anderen Überleitungsgrößen. Die Quellen der Erträge des „*all other*"-Sammelsegments sind zu beschreiben. 107

Eine im Rahmen der Kommentierungsfrist zu ED 8 teilweise angemahnte **zusätzliche** Überleitung der kumulierten, nach internen Bilanzierungs- und Bewertungsgrundsätzen ermittelten Segmentgrößen auf die analogen, jedoch nach den Bilan- 108 zierungs- und Bewertungsmethoden des (Konzern-)Abschlusses ermittelten Größen würde nach Ansicht des IASB zur Notwendigkeit einer Erstellung zweier separater Segmentberichte führen und wurde u.a. aus Kosten-Nutzen-Gesichtspunkten abgelehnt (IFRS 8.BC42).

4.2.5 Anpassung der Segmentdaten

109 Ändert sich die **interne** Organisationsstruktur eines Unternehmens auf eine Art und Weise, die Auswirkung auf das interne Berichtswesen und damit auf die Segmentzusammensetzung hat, muss die Segmentberichterstattung ebenfalls angepasst werden.

110 Dabei sind auch die **Vorjahreswerte** gem. der neuen Segmentabgrenzung offen zu legen (IFRS 8.29). Liegen dem Unternehmen entsprechende Informationen nicht vor und ist deren Beschaffung nur zu unverhältnismäßigen Kosten möglich, kann eine Offenlegung unterbleiben. Die Prüfung des Nichtvorliegens und der Unverhältnismäßigkeit der Kosten hat für jede auszuweisende Größe einzeln zu erfolgen.

111 Für den Fall einer nicht durchgeführten Anpassung der Vorjahreswerte ist dies im Anhang anzugeben. Außerdem hat das Unternehmen in diesem Fall für das Jahr der Umstellung die Segmentdaten sowohl in der neuen als auch in der alten Segmentstruktur anzugeben, sofern dies nicht ebenfalls unverhältnismäßig ist.

112 Sind die Auswirkungen einer Änderung der internen Organisationsstruktur auf das interne Berichtswesen unwesentlich, kann u.E. nach dem allgemeinen Wesentlichkeitsgrundsatz eine Anpassung der Vorjahreswerte bzw. eine parallele Darstellung in neuer und alter Segmentstruktur unterbleiben.

Beispiel 25
Die R-AG hat im Geschäftsjahr 20X1 eine interne Restrukturierung durchgeführt, die die interne Organisationsstruktur und somit die Segmentzusammensetzung zum 31.12.20X1 verändert. Eine Anpassung der Vorjahreswerte ist aufgrund der spezifischen Gegebenheiten der R-AG nicht möglich. Im (Konzern-)Abschluss 20X1 weist die R-AG demnach für das Jahr 20X0 Segmentdaten aus, die gem. der Segmentzusammensetzung von 20X0 ermittelt wurden, für 20X1 sind die Daten hingegen sowohl nach der für 20X0 als auch für der zum Bilanzstichtag 20X1 gültigen Segmentzusammensetzung darzustellen. Im (Konzern-)Abschluss des Folgejahres sind dann sowohl die Daten für 20X1 als auch für 20X2 nach beiden Zusammensetzungsmöglichkeiten abzubilden.

4.2.6 Erläuternde Angabepflichten zu den Segmentdaten

4.2.6.1 Der Erläuterungsbedarf

113 Aufgrund der Umsetzung des *management approach* bei der Ermittlung der Segmentdaten ist die Verständlichkeit der Segmentberichterstattung für den Adressaten eingeschränkt. Dies resultiert daraus, dass hierbei keine standardisierten Vorgaben zur Datenermittlung bestehen und durch den Rückgriff auf das interne Rechnungswesen teilweise auch nicht IFRS-konforme Daten Eingang in

die Berichterstattung finden. Aus diesem Grund verlangt IFRS 8.27 die Bereitstellung verschiedener Erläuterungen zur Segmentdatenermittlung. Das IASB ist der Ansicht, dass durch derartige Erläuterungen i.V.m. der Überleitung der Segmentdaten auf Abschlussgrößen ein angemessenes Verständnis der vorgenommenen Art der Datenermittlung gewährleistet ist und einer konsequenten Umsetzung des *management approach* nichts entgegenzusetzen ist (IFRS 8.BC25).

4.2.6.2 Angaben zu Verrechnungspreisen

Die Segmentberichterstattung hat nach IFRS 8.27 (a) die **Basis** der **Verrechnungspreisermittlung** darzustellen, auf deren Grundlage intersegmentäre Transaktionen durchgeführt wurden. Es genügt u.E. eine kurze Beschreibung ohne Quantifizierungen. 114

Als Grundlagen für Verrechnungspreise dienen in der Praxis meist (adjustierte) Marktpreise oder Kostendeckungspreise.[23]

> **Beispiel 26**
> Die Bayer AG gibt in ihrem Konzernabschluss 2006 an: „Die Verrechnungspreise für konzerninterne Umsatzerlöse werden marktorientiert festgelegt (*arm's-length*-Prinzip).“ Hingegen konstatiert die Lufthansa AG im Konzernabschluss 2006: „Verkäufe und Erlöse zwischen den Geschäftsfeldern werden grundsätzlich zu Preisen erbracht, wie sie auch mit Dritten vereinbart würden. Verwaltungsleistungen werden als Kostenumlagen berechnet.“

4.2.6.3 Angaben zur Segmentdatenermittlung

Zudem sind Abweichungen der Datenermittlung für Segmentdaten von der Datenermittlung im (Konzern-)**Abschluss** für das Segmentergebnis, Segmentvermögen und die Segmentschulden angabepflichtig (IFRS 8.27 (b)-(d)). Bezüglich des Ergebnisses ist Bezug zu nehmen auf das entsprechende Konzernergebnis vor Steuern und *discontinued operations*. Dies umfasst Abweichungen in Bezug auf Bilanzierungs- und Bewertungsmethoden sowie die Grundsatze zur Allokation von Sachverhalten, die mehr als nur ein Segment betreffen, wenn diese für das Verständnis der ausgewiesenen Segmentdaten erforderlich sind. 115

Auf diese Angaben kann **verzichtet** werden, wenn der jeweilige Sachverhalt bereits aus der Überleitung der Segmentgröße auf die korrespondierende Abschlussgröße ersichtlich wird. Der Bezug zur Überleitungsrechnung spricht dafür, dass hierbei neben deskriptiven Ausführungen auch quantifizierte Angaben erforderlich sind. 116

> **Beispiel 27** 117
> Die S-AG verwendet zur internen Steuerung eine angepasste EBIT-Größe, die um Buchgewinne/-verluste aus dem Verkauf von Vermögensgegenständen und Restrukturierungsaufwendungen bereinigt ist. Dadurch können Abweichungen der Daten zum IFRS-Konzernabschluss entstehen. Die Abweichungen zur Konzerngröße werden (sofern diese noch nicht in der Überleitungsrechnung übergeleitet wurden) wie folgt dargestellt:

---

23 Vgl. auch HALLER (Fn 4), S. 787.

in Mio.	2007
angepasste EBIT-Größe	100
Buchgewinne aus Anlagenabgängen	+ 20
Buchverluste aus Anlagenabgängen	– 5
Restrukturierungsaufwendungen	– 60
Zinsergebnis	+ 70
Ergebnis der gewöhnlichen Geschäftstätigkeit	125

118 Außerdem sind **Änderungen** in der Art der Ermittlung des **Segmentergebnisses** gegenüber dem Vorjahr und ggf. daraus resultierende Effekte auf die Ergebnisgröße zu erläutern.

119 Schließlich sind auch die Art und mögliche Effekte aus einer **asymmetrischen Allokation** bestimmter Größen auf die berichtspflichtigen Segmente zu erläutern.

4.3 Segmentübergreifende Angaben

4.3.1 Durchbrechung des *management approach*

120 Um ein Minimum an zwischenbetrieblicher Vergleichbarkeit zu gewährleisten, definieren IFRS 8.31ff. zusätzliche Angabepflichten, sog. segmentübergreifende Angaben *(entity-wide disclosures)* Dabei handelt es sich um Ausweiserfordernisse, die nach folgenden Kriterien segmentiert darzustellen sind:

- Produkte und Dienstleistungen (IFRS 8.32),
- geografische Teilbereiche (IFRS 8.33), und
- wesentliche Kunden (IFRS 8.34).

Die Angabepflicht besteht dabei unabhängig davon, ob die jeweiligen Daten dem CODM (Rz 23) für Steuerungszwecke zur Verfügung stehen bzw. regelmäßig berichtet werden oder nicht. An dieser Stelle **durchbricht** IFRS 8 die konsequente Umsetzung des *management approach*, da hieraus ggf. eine Berichtspflicht für Informationen resultiert, die nicht zwingend bereits für interne Steuerungs- und Berichtszwecke generiert wurden.

121 Auch bei den für die segmentübergreifende Angabe zugrunde gelegten **Bilanzierungs- und Bewertungsmethoden** wird die konsequente Umsetzung des *management approach* durchbrochen: Für die Datenermittlung sind die Bilanzierungs- und Bewertungsmethoden heranzuziehen, die auch zur Ermittlung der Daten im Rahmen des **(Konzern-)Abschlusses** verwendet werden. Eine **Einschränkung** der Berichtspflicht besteht hier, wenn die Beschaffung der Daten nicht oder nur zu **unverhältnismäßig** hohen Kosten möglich ist. In diesem Fall ist auf den Sachverhalt hinzuweisen.

122 Die unternehmensweiten Angabepflichten können **entfallen**, sofern sie bereits im eigentlichen Segmentbericht enthalten sind. Umgekehrt sind die Angaben auch bei **Ein**-Segment-Unternehmen zu machen oder wenn eine entsprechende **interne** Organisationsstruktur **nicht** vorliegt (IFRS 8.31), d.h. der Segmentabgrenzung andere als die genannten Abgrenzungskriterien zugrunde liegen.

Beispiel 28
Das Berichtswesen des T-Konzerns grenzt intern und extern die Segmente 1 bis 3 nach juristischen Einheiten ab. Im internen Berichtswesen werden verschiedene Werte ermittelt, die von den im Konzernabschluss angewendeten Bilanzierungs- und Bewertungsmethoden abweichen (z. B. Verrechnung kalkulatorischer Abschreibungen, abweichende Verbrauchsfolgeverfahren). Für die segmentübergreifenden Angaben hat eine Neuermittlung der Daten abgegrenzt nach Produkten/Dienstleistungen, Regionen und wesentlichen Kunden sowie in Analogie mit den Bilanzierungs- und Bewertungsmethoden des Konzernabschlusses zu erfolgen, da den segmentübergreifenden Angaben die Ermittlungsmethoden des Konzernabschlusses zugrunde zu legen sind.

4.3.2 Angaben zu Produkten/Dienstleistungen

Segment**umsätze** mit **externen** Kunden sind nach **Produktgruppen und Dienstleistungen** gegliedert darzustellen. Als Basis für deren Ermittlung dienen die Bilanzierungs- und Bewertungsmethoden des (Konzern-)Abschlusses. Die Berichtspflicht entfällt, falls diese Daten bereits im Rahmen der Berichterstattung zu den operativen Segmenten offengelegt wurden oder nicht bzw. nur mit unzumutbarem Aufwand erlangt werden können (IFRS 8.32). Ebenso kann von einem Wegfall der Berichtspflicht ausgegangen werden, wenn bereits die Gewinn- und Verlustrechnung eine entsprechende Aufgliederung der Umsatzerlöse enthält. **123**

4.3.3 Angaben zu geografischen Regionen

Auch zu **geografischen** Regionen sind segmentübergreifende Angabepflichten **124** definiert, sofern diese nicht bereits im Rahmen der Berichterstattung zu den operativen Segmenten offengelegt wurden oder nicht bzw. nur mit unzumutbarem Aufwand erlangt werden können (IFRS 8.33). Diese segmentübergreifenden Angabepflichten zu geografischen Regionen bestehen insbesondere im Interesse der Einsichtnahme der Adressaten in die zugrunde liegende **Risikokonzentration** (IFRS 8.BC52 i. V. m. SFAS 131.104).

So ist der **externe Umsatz** mindestens getrennt nach Land des Unternehmens- **125** sitzes sowie dem Rest der Welt aufzuführen. Dabei wird nicht vorgegeben, ob diese Segmentierung nach dem Sitz des Kunden oder nach dem Sitz der verkaufenden Einheit des berichtenden Unternehmens erfolgen muss.

Die **Grundlage** für die **Zuordnung** von Umsätzen zu den **einzelnen Ländern** **126** muss erläutert werden. Umsätze mit einzelnen Ländern außerhalb des Heimatlands sind zusätzlich gesondert anzugeben, sofern diese wesentlich sind. Dabei spricht IFRS 8.33 (a) explizit von der Zuordnung auf Ebene einzelner Länder *(countries)*, eine Zuordnung zu supranationalen Regionen (z. B. Benelux-Staaten) oder Staatenverbänden (z. B. Europäische Union) erfüllt die mit dem Kriterium der Wesentlichkeit verbundenen Ausweiserfordernisse demnach nicht. Dies ist gerade deshalb sinnvoll, weil einzelne Länder in diesen länderübergreifenden Regionen durchaus unterschiedliche Entwicklungen durchleben können. So weisen osteuropäische Staaten bspw. andere Wachstumserwartungen auf als Länder im westeuropäischen Raum, obwohl diese geografisch als Region „Europa“ zusammengefasst werden können. Allerdings ist die Verwendung von Zwischensummen zur Aggregation einzelner Länder zu supranationalen Regionen oder Staatenverbänden erlaubt.

127 IFRS 8 macht keine Aussagen dazu, wann die Umsätze mit einem **einzelnen** Land **wesentlich** sind. Dagegen verwendet die Angabepflicht zu Umsätzen mit wesentlichen **Kunden** in IFRS 8.34 (Rz 129) eine fixe 10-%-Hürde. U.E. kann daher auch bei der Abgrenzung wesentlicher Länder regelmäßig von einer Wesentlichkeitsschwelle von 10 % der Gesamtumsätze ausgegangen werden, es sei denn, im individuellen Fall liegen **qualitative** Faktoren vor, die ein Land trotz eines geringeren Umsatzanteils wesentlich für die Unternehmensleitung machen.

128 Des Weiteren verlangt IFRS 8.33 (b) den Ausweis des **langfristigen Segmentvermögens nach Regionen**. Dabei werden Finanzinstrumente, latente Steuern, Vermögenswerte aus Pensionierungsplänen und bilanzierte Ansprüche aus Versicherungsverträgen explizit ausgenommen. Ebenso wie bei den regional zu berichtenden Umsätzen ist die Vermögensgröße getrennt nach Sitzland und dem Rest der Welt aufzuführen, die Grundlagen der Zuordnung sind zu erläutern und Länder mit wesentlichem Segmentvermögen sind einzeln auszuweisen.

4.3.4 Angaben zu wesentlichen Kunden

129 IFRS 8.34 definiert die Angabepflichten zu **wesentlichen Kunden** *(major customers)*. Als solche sind diejenigen anzusehen, mit denen das Unternehmen mindestens 10 % seiner gesamten externen Umsatzerlöse generiert. Damit soll dem Adressaten eine Einschätzung der **Abhängigkeit** des Unternehmens von einzelnen Großkunden ermöglicht werden.

130 Beim Überschreiten der 10-%-Grenze besteht für das Unternehmen eine Offenlegungspflicht sowohl für den mit dem jeweiligen Kunden erzielten Betrag und das Segment/die Segmente, in denen dieser berichtet wird. Der Kunde selbst muss – anders als nach den Vorschriften der SEC – nicht genannt werden. Auch ist eine Aufgliederung dieses Umsatzes mit einem wesentlichen Kunden auf die berichtenden Segmente nicht erforderlich.

131 Verschiedene Unternehmen, die zu demselben **Konzern** gehören, gelten für die Belange des IFRS 8.34 als **ein Kunde**. Selbiges gilt für Regierungen bzw. Behörden und Unternehmen, die dieser jeweiligen Regierung bzw. Behörde unterstehen. Auch sie sind als ein Kunde zu behandeln. Damit wird für Unternehmen unter staatlicher Kontrolle dieselbe Behandlung wie für privatwirtschaftliche Unternehmen geregelt (IFRS 8.34 i.V.m. IFRS 8.BC58).

5 Formelle Anforderungen an die Berichterstattung

132 Die Segmentberichterstattung ist zwingender Bestandteil des (Konzern-)Abschlusses (F.2 und F.21). Sie ist innerhalb des **Anhangs** darzustellen.

133 Form- und Gliederungsvorschriften enthält IFRS 8 nicht. Allerdings ist sinnvollerweise von einer Darstellung in **tabellarischer** Form auszugehen.[24] Für die Darstellung gilt der Stetigkeitsgrundsatz gem. IAS 1.27.

---

24 Vgl. jedoch mit Bezug auf IAS 14 Coenenberg, Jahresabschluss und Jahresabschlussanalyse, 20. Aufl., 2005.

6 Anwendungszeitpunkt, Rechtsentwicklung

134 IFRS 8 hat mit zwingender Anwendung auf Geschäftsjahre, die nach dem 31.12.2008 beginnen, und möglicher früherer Anwendung seinen Vorgänger IAS 14 **abgelöst**. Am 21.11.2007 wurde IFRS 8 nach einem langwierigen *endorsement*-Verfahren mit der Verordnung (EG) Nr. 1358/2007 schließlich von der EU verabschiedet *(endorsed)* und veröffentlicht. Die Veröffentlichung erfolgte rechtzeitig, um EU-Unternehmen eine Anwendung im Abschluss zum 31.12.2007 zu ermöglichen.

135 Das IFRS *Interpretations Committee* hat sich im Jahr 2010 auch mit Agenda-Entscheidungen in Bezug auf IFRS 8 beschäftigt. Dabei wurde es u.a. mit der Frage konfrontiert, wie mit Wechselwirkungen zwischen den **Übergangsvorschriften** des IFRS 8 und den durch IFRS 8 bedingten Änderungen an IAS 36 umzugehen ist. Im Detail wurde dabei die Frage nach der Darstellungsweise einer inkrementellen Wertberichtigung auf den *goodwill* gestellt, die aus der rückwirkenden Anwendung des IFRS 8 resultiert. Eine solche wäre in früheren Perioden ggf. zu erfassen gewesen, wenn CGUs nicht nach IAS 14, sondern nach IFRS 8 abgegrenzt worden wären. Fraglich ist dabei, ob eine derartige Wertberichtigung auf den *goodwill* als Anpassung von Vorjahreszahlen oder als der laufenden Periode zuzurechnendes Ereignis dargestellt werden soll. In seiner Sitzung im März 2010 hat sich das IFRS *Interpretations Committee* zu einer Nichtaufnahme dieses Themas in die Agenda entschieden. Dies wurde damit begründet, dass IFRS 8 für Geschäftsjahre anzuwenden ist, die ab dem 1.1.2009 beginnen und damit – nicht zuletzt aufgrund der Anforderungen an den *due process* – entsprechende Leitlinien nicht zeitnah zur Verfügung gestellt werden können.

136 Schließlich wird auch im Rahmen des IASB-Projekts zur Darstellung des Abschlusses die Angabe bestimmter nach Funktion und Art gegliederter Angaben – sowohl für Einproduktunternehmen als auch für diversifizierte Gesellschaften mit Segmentberichterstattung – diskutiert. Für Unternehmen mit mehr als einem operativen Segment würde dies die weiterführende Untergliederung der Segmentdaten im Rahmen der geforderten Anhangsangaben bedeuten.

7 Zusammenfassende Praxishinweise

137
- Für Unternehmen/Konzerne, deren **Wertpapiere öffentlich gehandelt** werden oder die einen solchen Handel vorbereiten, ist die Segmentberichterstattung als Bestandteil des (Konzern-)Abschlusses zwingend vorgeschrieben (Rz 5ff.).
- **Operative Segmente** sind in Analogie mit der **internen Steuerung und Berichterstattung** ***(management approach)*** des Unternehmens abzugrenzen (Rz 19ff.).
- **Vertikal** integrierte Segmente können als eigenständiges Segment abgegrenzt werden (Rz 32ff.).
- **Unwesentliche** Segmente müssen nicht als eigenständiges Segment dargestellt werden (Rz 38).

- Die bei der Ermittlung der Segmentinformationen für die operativen Segmente angewendeten **Bilanzierungs- und Bewertungsmethoden** richten sich nach den im internen Berichtswesen angewendeten Methoden (Rz 60ff.).
- **Als einzige quantitative** Segmentinformation unbedingt angabepflichtig ist das Segmentergebnis (Rz 71 ff.).
- Einer **bedingten Angabepflicht** unterliegen folgende Segmentdaten:
  - Segmenterträge (Rz 78ff.),
  - Segmentabschreibungen (Rz 82f.),
  - Segmentzinserträge/-aufwendungen (Rz 81),
  - Segmentergebnisbeiträge aus *equity*-Beteiligungen (Rz 87),
  - wesentliche Segmenterträge/-aufwendungen (Rz 86),
  - wesentliche zahlungsunwirksame Posten (Rz 88),
  - Segmentvermögen (Rz 92ff.)
  - Segmentschulden (Rz 100f.),
  - Buchwerte von *equity*-Beteiligungen (Rz 99),
  - Segmentinvestition in langfristiges Segmentvermögen (Rz 99).
- Bestimmte Segmentdaten sind auf die (Konzern-)Abschlussdaten **überzuleiten** (Rz 103ff.).
- Aufgrund der am *management approach* ausgerichteten Konzeption des IFRS 8 bestehen umfangreiche **Erläuterungspflichten** zur Segmentabgrenzung und -datenermittlung (Rz 113ff.).
- Es sind zudem bestimmte **segmentübergreifende** Angaben zu Produkten/Dienstleistungen, Regionen und dominanten Kunden anzugeben, die in Übereinstimmung mit den Bilanzierungs- und Bewertungsmethoden des (Konzern-)Abschlusses zu ermitteln sind (Rz 120ff.).

§ 37 ZWISCHENBERICHTERSTATTUNG *(INTERIM FINANCIAL REPORTING)*

Inhaltsübersicht **Rz**

Schrifttum: ALVAREZ, Unterjährige Erfolgsermittlung nach IFRS, PiR 2006, S. 220; BECK, Anwendung der IFRS im Rahmen der Zwischenberichterstattung nach § 40 BörsG verpflichtend?, DB 2005, S. 1477; DAHLKE, Steuerpositionen im Zwischenabschluss nach IAS 34, BB 2007, S. 1831; FREIBERG, Auswirkungen der Unternehmenssteuerreform auf Halbjahres- und Quartalsberichte, PiR 2007, S. 200; KOPATZSCHEK, IFRIC 10-Zwischenberichterstattung und Impairment, WPg 2006, S. 1504; LOITZ, Quartalsberichterstattung für Ertragsteuern nach IFRS, DStR 2006, S. 388 u. S. 439; LÜDENBACH, Mengen- und Preiskomponente bei der Zwischenberichterstattung, PiR 2/2007, S. 56; LÜDENBACH, Steueraufwand im Zwischenbericht bei Verlustvorträgen und steuerfreien Einnahmen, PiR 2008, S. 33; MUJKANOVIC, Rechnungslegung und erstmalige Zwischenberichterstattung nach IFRS unter Berücksichtigung der Transparenzrichtlinie, KoR 4/2005, S. 146; Schneider, Zwischenberichte, PiR 2009, S. 351.

Vorbemerkung
Die nachstehende Kommentierung bezieht sich auf IAS 34 in der aktuell geltenden Fassung. Alle bis zum 1.1.2011 ergangenen Rechtsänderungen und Interpretationen sind berücksichtigt.

1 Zielsetzung, Regelungsinhalt und Begriffe

1.1 Rechtliche Rahmenbedingungen

1 Die Zwischenberichterstattung will den Adressatenkreis möglichst aktuell über die Unternehmensentwicklung informieren. Ausgangspunkt ist der letzte **reguläre** Jahresabschluss (Rz 35), der durch den Zwischenbericht auf den **aktuellen** Stand gebracht werden soll *(update)*.[1] Dazu bedarf es einer Abwägung bez. der Gewichtung der Rechnungslegungsprinzipien.
Gemäß dem Rahmenkonzept der IFRS hat die Berichterstattung von Unternehmen unter anderem dem Kriterium der **Relevanz** zu genügen (F.26ff.; → § 1 Rz 16). Ein wichtiges Element der Relevanz von Informationen ist deren **Aktualität** (F.43). Der daraus resultierende Verzicht auf Verlässlichkeit und Endgültigkeit wird deshalb akzeptiert (F.43 *balance between relevance and reliability*; → § 1 Rz 65). Darüber hinaus sollen den Bericht erstattenden Unternehmen auch nicht **unzumutbar** große laufende **Verpflichtungen** auferlegt werden (F.44 *balance between benefit and cost*; → § 1 Rz 65). Vor diesem Hintergrund liegt die Zielsetzung des IAS 34 zur Zwischenberichterstattung insbesondere darin, hinsichtlich des Umfangs der offenzulegenden Informationen sowie der hierbei anzuwendenden Grundsätze der Abgrenzung und Bewertung eine für die unterjährige Berichterstattung **ausgewogene** Lösung zu finden.

2 Alle nach IFRS bilanzierenden Unternehmen sind zur jährlichen Abschlusserstellung verpflichtet (IAS 1.49). Im Gegensatz dazu ergeben sich aus IAS 34 **keine unmittelbare Verpflichtung** zur Erstellung von Zwischenabschlüssen sowie keine Vorgabe hinsichtlich der Länge der einzelnen Zwischenperioden oder der zur Vorlage eines Zwischenabschlusses einzuhaltenden Fristen. Um den spezifischen Gegebenheiten einzelner Länder Rechnung zu tragen, wird in IAS 34.1 die Regelung dieser Fragen des Geltungs- und Anwendungsbereichs den **nationalen Standardsettern und Börsenplätzen** übertragen (Rz 42). Sofern von diesen jedoch die Erstellung von Zwischenabschlüssen nach IFRS gefordert wird oder falls ein Unternehmen freiwillig einen Zwischenabschluss nach IFRS erstellt, sind die Bestimmungen des IAS 34 zu beachten. Ohne solche nationalen Vorgaben befürworten *(encourage)* die IFRS bei börsennotierten Unternehmen die Vorlage zumindest eines Halbjahresberichts binnen einer Frist von 60 Tagen nach Ende der Zwischenperiode. Eine originäre Verpflichtung hierzu lässt sich aus IAS 34 aber nicht ableiten.

3 Die **Übereinstimmung** mit den IFRS ist für jeden Zwischenbericht sowie den Jahresabschluss einzeln zu beurteilen. Wurden unterjährig Zwischenberichte

1 KPMG, Insights into IFRS, 2008/2009, Tz 5.9.30.10.

nicht oder nicht nach IFRS vorgelegt, kann der Jahresabschluss dennoch nach IFRS erfolgen (IAS 34.2).

Beispiel
Ein Unternehmen plant die Umstellung der Berichterstattung auf IFRS zum 31.12.00. Da die Gesellschaft börsennotiert ist, sind unterjährig auch im Jahr 00 Quartalsberichte vorzulegen (→ § 6 Rz 17). Diese können noch nach HGB erstellt werden. Falls jedoch im Folgejahr 01 auch unterjährig nach IFRS berichtet werden soll, sind die Vergleichszahlen für das Vorjahr auch für die Quartale des Jahres 00 nach IFRS zu erstellen (Rz 12).

Ein Zwischenbericht steht nur dann mit den IFRS in Einklang, wenn **alle Bestimmungen** des **IAS 34** beachtet wurden (IAS 34.3). Darauf ist hinzuweisen (IAS 34.19).

Beispiel
Der nach IFRS erstellte Zwischenbericht enthält keine Kapitalflussrechnung (→ § 3). Er darf daher nicht ohne Einschränkung als „in Einklang mit den IFRS erstellt" bezeichnet werden. Gleiches gilt z.B. bei fehlender Eigenkapitalveränderungsrechnung (→ § 2 Rz 79).

Das *endorsement*-Problem im Zusammenhang mit der Übereinstimmungserklärung (→ § 7 Rz 8) stellt sich bei der Zwischenberichterstattung wegen des **Zeitdrucks** dem Grunde nach stärker dar als für den regulären Jahresabschluss. Generell gilt: Wenn das *endorsement* für eine geänderte Rechnungslegungsvorschrift zwar nach Ende des Berichterstattungszeitraums, aber noch vor Verabschiedung durch den Vorstand ergangen ist, kann der Zwischenbericht als *„in accordance with IFRSs as adopted by the EU"* bezeichnet werden.
Wenn das *endorsement* aber bis zum letztgenannten Stichtag noch nicht erfolgt ist, kann das Unternehmen zwar die Übereinstimmungserklärung nach IAS 34.19 abgeben, verstößt damit aber gegen die Vorgaben der Transparenzrichtlinie (Rz 42), derzufolge nur die von der EU übernommenen (endorsten) IFRS-Rechnungslegungsvorschriften angewandt werden dürfen. Dieser Zwiespalt ist pragmatisch zu lösen: Wenn mit einiger Wahrscheinlichkeit mit dem späteren *endorsement* zu rechnen ist, kann ein verabschiedeter Standard bzw. eine Interpretation angewandt werden. Eine solche Wahrscheinlichkeit ist insbesondere dann gegeben, wenn eine positive Empfehlung des EFRAG *(European Financial Reporting Advisory Group)* vorliegt. Außerdem sollte u.E. in diesen Fällen eine entsprechende Anhangsangabe im Zwischenabschluss erfolgen.[2]
Demgegenüber ist die Deutsche Bank AG im Zwischenabschluss zum 30.6.2007 „vorsichtiger" vorgegangen, indem sie für den Konzernabschluss die Segmentberichterstattung auf der Basis von IFRS 8 erstellt, gleichzeitig aber eine Überleitungsrechnung auf die bis dahin endorste frühere Standardregelung in IAS 14 beigefügt hat.

[2] Ähnlich RAHE, in: THIELE/VON KEITZ/BRÜCKS, Internationales Bilanzrecht, IAS 34, Tz 169.

4 IAS 34.4 enthält die folgenden **Begriffsdefinitionen**:

- Eine **Zwischenperiode (interim period)** ist jegliche Periode, die kürzer ist als ein ganzes Geschäftsjahr. Auf die absolute Länge von Geschäftsjahr und Zwischenperiode kommt es nicht an. Für den Zeitraum der präsentierten GuV- und Gesamtergebnisrechnung ist zwischen einer **isolierten** und einer **kumulierten** Periode zu unterscheiden (Rz 12).
- Ein **Zwischenbericht** (***interim financial report***) kann sowohl ein **vollständiger** IFRS-Abschluss in Übereinstimmung mit IAS 1 (IAS 34.9) oder ein ver**kürzter** Bericht i.S.v. IAS 34 sein (Rz 9). Für die letzte Zwischenperiode eines Geschäftsjahrs (i.d.R. zweites Halbjahr oder viertes Quartal) gibt es i.d.R. keinen Zwischenbericht. Dieser wird durch den Jahresabschluss ersetzt.

Beispiel

Der Konzern K mit Bilanzstichtag 31.12. erstellt zum 30.6. einen Halbjahres-Zwischenbericht auf der Basis des IAS 34. Zum 31.3. und 30.9. veröffentlicht er Informationen, die nach den Regeln der IFRS (allgemein) bez. Ansatz und Bewertung ermittelt worden sind. Diese Informationen werden **nicht** als konform mit IAS 34 bezeichnet.

Nur der Zwischenbericht zum 30.6. kann die Zwischenperiode bestimmen. Fraglich ist die Qualifikation der Informationen zum 31.3. und 30.9. Dies kann für die Frage einer Wertaufholung nach vorgängiger *impairment*-Abschreibung von Eigenkapitalinstrumenten von Bedeutung sein (Rz 35).

Von „Zwischenbericht" oder „Zwischenabschluss" wird untechnisch mitunter auch gesprochen, wenn für **Konsolidierungs**zwecke bei abweichenden Bilanzstichtagen im Konzern eine Konzerngesellschaft auf den Stichtag der Muttergesellschaft einen zusätzlichen Abschluss (*additional financial statement*) nach IAS 27.22 erstellen muss (→ § 32 Rz 106). Dieser „Zwischenabschluss" ist nicht mit demjenigen nach IAS 34.4 zu verwechseln.

1.2 *Materiality* im Zwischenabschluss

5 Sowohl für Ansatz und Bewertung als auch für den Ausweis und die erforderlichen Angaben im Anhang sind auch im Zwischenabschluss Überlegungen hinsichtlich der **Wesentlichkeit** (→ § 1 Rz 61) der betreffenden Informationen anzustellen. Sofern hierbei auf quantitative Bezugsgrößen zurückgegriffen wird (Ergebnis, Eigenkapital, Bilanzsumme etc.), sind für die Beurteilung der Wesentlichkeit die jeweiligen **Werte der Zwischenperiode** heranzuziehen.

6 Die entsprechenden Wertgrenzen dürften in einer Zwischen-GuV i.d.R. **niedriger** liegen als in einem Jahresabschluss. Paradoxerweise wären an die Detailtiefe, Genauigkeit usw. des Zwischenabschlusses höhere Anforderungen zu stellen als für den Jahresabschluss, obwohl andererseits unterjährig aufgrund eingeschränkter Maßnahmen zur Abschlusserstellung und der rascheren Vorlage der Zahlen zwangsläufig in höherem Maße als im Jahresabschluss auf Schätzungen zurückzugreifen ist (IAS 34.41).

7 Die Lösung kann nur darin liegen, an die Exaktheit und Endgültigkeit der Daten eines Zwischenabschlusses generell **geringere** Anforderungen zu stellen als beim Jahresabschluss. Klare quantitative Vorgaben zur Wesentlichkeit enthält IAS 34.23

nicht, sondern verlangt lediglich eine angemessene Beurteilung der Auswirkungen jedes einzelnen Sachverhalts *(judgement is always required in assessing materiality)* auf die **Wahrnehmung eines typischen Empfängers** des Zwischenabschlusses. Entscheidend ist somit die Frage, ob durch Kenntnis bzw. Unkenntnis des betreffenden Sachverhalts oder Werts die Beurteilung des Abschlusses beeinflusst werden kann oder nicht. Hierbei handelt es sich um ein **weiches** Kriterium, das der Praxis die notwendigen **Spielräume** lässt (→ § 1 Rz 62).

1.3 Strittiger Nutzen der Zwischenberichterstattung

Aus Sicht der Praxis liefert die Analyse des **Nutzens** von Zwischenberichten oftmals ein zwiespältiges Bild. Einerseits sind in einer immer rascheren Veränderungen unterliegenden Wirtschaft aktuelle Informationen aus Sicht der Investoren **wünschenswert**. Andererseits gelten Zwischenberichte den auf **kurzfristigen Gewinn** gerichteten Handlungen des Managements und **bilanziellen Manipulationen** als förderlich. 8

Der Nutzen der Zwischenberichterstattung für den Anleger dürfte daher von Fall zu Fall unterschiedlich zu bewerten sein. Zu klären bleibt, ob der völlige Verzicht auf unterjährige Abschlussinformationen tatsächlich das beste Mittel gegen kurzfristiges Gewinnstreben ist oder ob es andere Möglichkeiten gibt, den Nutzen von Zwischenabschlüssen ohne die damit verbundenen Risiken zu realisieren. Ansatzpunkte hierfür dürfen in einer **langfristigeren** Incentivierung des Managements, einer detaillierten Offenlegung **saisonaler** Effekte sowie dem gegenwärtig zu beobachtenden Trend zum *business reporting* als ergänzendem Informationsinstrument liegen.

2 Umfang der Zwischenberichterstattung

2.1 Bestandteile eines Zwischenabschlusses

IAS 34 legt lediglich den **Mindestumfang** der Zwischenberichterstattung fest. Nichts spricht dagegen, freiwillig mehr Informationen vorzulegen (IAS 34.7). Als Zwischenbericht kann auch ein **vollständiger** Abschluss nach den Vorgaben von IAS 1 (→ § 2) dienen (Rz 4). 9

Ein Zwischenbericht nach IFRS sollte zumindest die folgenden **Bestandteile enthalten** (IAS 34.8):

- zusammengefasste Bilanz (→ § 2 Rz 28ff.),
- zusammengefasste Gesamtergebnisrechnung entweder mit Integration der GuV oder neben einer zusammengefassten GuV (→ § 2 Rz 79), wobei das gewählte Format mit dem im Jahresabschluss verwendeten übereinstimmen muss (IAS 34.8A),
- zusammengefasste Eigenkapitalveränderungsrechnung (→ § 2 Rz 82),
- zusammengefasste Kapitalflussrechnung (→ § 3 Rz 3),
- ausgewählte Anhangsangaben (→ § 5).

Zum Begriffsinhalt „zusammengefasst“ *(condensed)* vgl. Rz 15. Wegen des zeitlichen Anwendungsbereichs wird auf Rz 46 verwiesen.

In IAS 34.8 wird – anders als in IAS 1.10 für den Jahresabschluss – keine zusammengefasste Eröffnungsbilanz zur jeweiligen Vorperiode (der Zwischenberichterstattung) verlangt, wenn retrospektive **Umgliederungen** und retrospektive **Korrekturen** erfolgen (→ § 2 Rz 10). Fraglich kann sein, ob dieser Verzicht auch dann gilt, wenn auf freiwilliger Basis ein vollständiger Abschluss nach den Vorgaben von IAS 1 als Zwischenabschluss präsentiert wird. Die spezifischen Anforderungen an die Zwischenberichterstattung (Rz 17) sprechen **dagegen. Dafür** sprechen der Wortlaut von IAS 34.9 und die in IAS 1.10 wiedergegebene Aufzählung des IAS 34.5. U. E. ist der letztgenannten Auffassung zu folgen mit der Begründung: Wer auf die Erleichterung der *condensed statements* verzichtet und freiwillig *complete statements* veröffentlicht, muss dies in der Konsequenz **vollständig** tun. Das entspricht auch dem Aussagegehalt von IAS 34.9.

10 Aktiengesellschaften müssen das **Ergebnis je Aktie** – unverwässert und verwässert – (→ § 35) auch für Zwischenperioden angeben, allerdings ohne Separierung des Ergebnisses aus **nicht fortgeführten Geschäftsbereichen** (→ § 35 Rz 54). Dies hat entweder in der gesondert dargestellten (→ § 2 Rz 81) Gewinn- und Verlustrechnung zu geschehen (IAS 34.11A) oder in der Gesamteinkommensrechnung (IAS 34.11).

11 War der letzte nach IFRS erstellte Jahresabschluss ein konsolidierter Jahresabschluss, so sind auch die Zwischenberichte des nachfolgenden Geschäftsjahrs auf **konsolidierter** Basis zu erstellen (IAS 34.14). Die separate Darstellung des **Einzel**abschlusses ist unschädlich, jedoch auch dann nicht erforderlich, wenn dies im vorhergehenden IFRS-Jahresabschluss so geschehen ist.

2.2 Vergleichszahlen (Vorperioden)

12 Der **Umfang** der darzustellenden **Perioden** und der **Vergleichswerte** aus Vorperioden ist in IAS 34.20ff. geregelt. Demzufolge ist die **Bilanz** zum Stichtag des Zwischenabschlusses zu erstellen, als Vergleich dient die Bilanz zum Ende des vorhergehenden Geschäftsjahres. Danach gilt folgendes Schema:

Stand 30.9.01	Stand 31.12.00

Weiter ausholend ist die Darstellung der **Gesamtergebnis-** und **Gewinn- und Verlustrechnung**.

Hierbei sind

- die soeben abgeschlossene Zwischenperiode,
- falls davon abweichend, zusätzlich die kumulierten Werte des laufenden Geschäftsjahrs seit dem Ende des vorhergehenden Geschäftsjahrs sowie
- die jeweiligen Vergleichsperioden des vorhergehenden Geschäftsjahrs

darzustellen, also nach folgendem Schema:

9 Monate 01	9 Monate 00	3. Quartal 01	3. Quartal 00

Die **Eigenkapitalentwicklung** (→ § 20 Rz 52ff.) muss die kumulierten Werte des laufenden Geschäftsjahrs seit dem Ende des vorhergehenden Geschäftsjahrs sowie die Zahlen des entsprechenden Vorjahreszeitraums enthalten. Gleiches gilt für die **Kapitalflussrechnung** (→ § 3 Rz 3).

> **Beispiel**
> Das Geschäftsjahr entspricht dem Kalenderjahr. Zwischenberichte werden quartalsweise erstellt. Der Zwischenbericht zum 30. Juni 02 muss die folgenden Angaben enthalten:
> - Bilanzen zum 30. Juni 02 und zum 31. Dezember 01,
> - Gesamtergebnisrechnung für die Zeiträume Januar bis Juni 02, Januar bis Juni 01, April bis Juni 02 sowie April bis Juni 01, entweder unter Integration der GuV oder neben einer GuV für die gleichen Perioden,
> - Kapitalflussrechnungen für die Zeiträume Januar bis Juni 02 sowie Januar bis Juni 01,
> - Eigenkapitalveränderungen für die Zeiträume Januar bis Juni 02 sowie Januar bis Juni 01.

Sofern das Geschäft eines Unternehmens starken **saisonalen Schwankungen** 13
unterworfen ist, kann es angeraten sein, in jeden Zwischenbericht Informationen über die jeweils zwölf vorhergehenden Monate aufzunehmen (IAS 34.21). Eine Pflicht hierzu besteht nicht.

Probleme können sich bei einer **Umstellung des Geschäftsjahres** ergeben. Bei 14
einem vorhergehenden Rumpfgeschäftsjahr stellt sich hier für die Zwischenberichte des Folgejahres die Frage nach den zutreffenden Vergleichsperioden des Vorjahres. Das nachfolgende Beispiel verdeutlicht die Problematik:

> **Beispiel**
> Das bislang zum 30. September endende Geschäftsjahr wurde im Oktober 00 auf ein zum 30. Juni endendes Geschäftsjahr umgestellt. Das zum 30. Juni 01 endende Geschäftsjahr 00/01 war daher ein neunmonatiges Rumpfgeschäftsjahr. Der nächste Abschluss für ein ganzes Geschäftsjahr wird zum 30. Juni 02 erstellt. Die Zwischenberichterstattung erfolgt quartalsweise. Der dritte Zwischenabschluss des Geschäftsjahres 01/02 zum 31. März enthält in jedem Fall die Zahlen vom 1. Juli 01 bis zum 31. März 02. Fraglich ist, ob für den Vorjahresvergleich quasi „über die Grenze" des Rumpfgeschäftsjahres 00/01 vom 1. Oktober 00 bis zum 30. Juni 01 hinweggegangen werden soll, um eine von der Länge und Saisonalität her vergleichbare Vorperiode darzustellen (1. Juli 00 bis 31. März 01) oder ob lediglich die innerhalb des vorhergehenden Rumpfgeschäftsjahres liegenden ersten beiden Quartale dargestellt werden sollen (1. Oktober 00 bis 31. März 01).

IAS 34.20 liefert hier mit der Forderung nach „*comparable interim periods ... of the immediately preceding financial year*" eine Vorgabe, die im vorstehenden Beispiel im strengen Wortsinne gar nicht zu erfüllen ist. Die vergleichende Darstellung von Zwischenberichtsperioden unterschiedlicher Länge erscheint jedoch insbesondere in einem Zwischenbericht wenig befriedigend. Nach der hier vertretenen Auffassung ist daher der Vorjahreszeitraum so zu wählen, dass eine von der zeitlichen Länge her **vergleichbare Vorperiode** dargestellt wird. Im obigen Beispiel ist dies der Zeitraum vom 1. Juli 00 bis zum 31. März 01.[3]

---

[3] Gl. A. für den Zwischenbericht nach HGB: STRIEDER, BB 2001, S. 2000.

2.3 Ausweis – zusammengefasste Darstellung

15 Unter dem Begriff der **zusammengefassten** Darstellung *(condensed financial statements)* in Bilanz, Gesamtergebnisrechnung, Kapitalflussrechnung und Eigenkapitalveränderung versteht IAS 34.10 zumindest die **Überschriften** und **Zwischensummen** des letzten in Einklang mit den IFRS erstellten **Jahresabschlusses.** Hinsichtlich der hierbei empfohlenen Gliederungsposten verweist IAS 34.12 auf IAS 1 sowie die im Anhang zu IAS 1 enthaltenen Beispiele. Da in der Praxis ohnehin auch im Jahresabschluss eine stark zusammengefasste Darstellung der **Bilanz** (z.B. keine weitere Unterteilung der Sachanlagen oder der Vorräte) gewählt wird, ergeben sich auf Bilanzebene keine relevanten Unterschiede zum Jahresabschluss (→ § 2). Hinsichtlich der Jahres-**GuV** bzw. des GuV-Teils der Jahres-Gesamtergebnisrechnung verlangt IAS 1.99 eine Aufteilung des operativen Bereichs nach Umsatz- oder Gesamtkostenverfahren (→ § 2 Rz 57). Diese kann innerhalb der GuV oder im Anhang erfolgen. Die Praxis nimmt die Unterteilungen nach Aufwandsarten (GKV) bzw. Funktionen (UKV) i.d.R. innerhalb der Jahres-GuV vor. In der Praxis der Zwischenabschlüsse großer Unternehmen wird überwiegend entsprechend verfahren. Hinsichtlich der **Kapitalflussrechnung** kann auf → § 3, hinsichtlich der Eigenkapitalentwicklung auf → § 20 verwiesen werden. Im Rahmen der Zwischenberichterstattung ist in jedem Fall die gleiche Darstellungsform zu wählen wie im vorhergehenden Jahresabschluss (IAS 34.13).

16 Für alle dargestellten Bestandteile sind zusätzliche **Aufgliederungen** vorzunehmen, sofern der Verzicht hierauf beim Abschlussleser zu einem unzutreffenden Urteil führen könnte. Im Vordergrund stehen dabei solche **Veränderungen**, die sich seit dem letzten vorgelegten vollständigen Jahresabschluss ergeben haben (IAS 34.6). Für die Anhangerläuterungen gilt Entsprechendes (Rz 35).

Beispiel

Zum letzten Jahresabschluss bestand das rund ein Drittel der Bilanzsumme ausmachende Vorratsvermögen zu 10 % aus Fertigerzeugnissen und zu 90 % aus Roh-, Hilfs- und Betriebsstoffen. In der Bilanz erfolgte eine entsprechende Aufgliederung. Die Geschäfte im ersten Quartal laufen unerwartet schleppend, das Unternehmen produziert auf Lager. Das zum Ende des ersten Quartals vorhandene Vorratsvermögen besteht daher zu 80 % aus fertigen Erzeugnissen und nur noch zu 20 % aus RHB.

Eine Zusammenfassung der beiden Unterpositionen des Vorratsvermögens im ersten Quartalsbericht ist hier unangemessen, da sich hieraus eine Verschleierung der tatsächlichen Vermögenslage ergibt. Aufschlussreiche Informationen, die ohne wesentlichen zusätzlichen Aufwand im Abschluss dargestellt werden können, sind offenzulegen.

3 Ansatz und Bewertung

3.1 Konzeptionelle Grundlagen

3.1.1 Eigenständiger vs. integrativer Ansatz

Nach IAS 34.28 S. 1 ist der Zwischenbericht nach den **gleichen** Bilanzierungs- und Bewertungsmethoden, die auch für den Jahresabschluss zu beachten sind, zu erstellen (IAS 34.29 S. 4). Eine entsprechende **Übereinstimmungs**erklärung *(statement of compliance)* ist abzugeben (IAS 34.19). Von diesen Bilanzierungs- und Bewertungsmethoden kann nach den sonst gültigen Regeln abgewichen werden (→ § 24 Rz 13ff.), z.B. bei einer Standardänderung oder Neueinführung eines Standards. 17

Beispiel[4]
Die Stora Enso Oyi hat nach Einführung des Standards IAS 41 ihre Waldbestände nach der *fair-value*-Methode bewertet (→ § 40 Rz 17) mit der Folge eines massiv höheren Ausweises von Anlagevermögen im 1. Quartal 2003 gegenüber der Schlussbilanz zum 31.12.2002.

Dabei gilt jede Berichtsperiode unabhängig von ihrer Länge als **eigenständig.** Die hauptsächliche Aufgabe eines Zwischenberichts besteht in der **retrospektiven** Darstellung einer **Teilperiode** des laufenden Geschäftsjahres (IAS 34.29). Dieser sog. *discrete view* ist durch folgende **Merkmale** gekennzeichnet:[5]

- Ausübung einer **Kontrollfunktion** für den Geschäftsverlauf,
- Abbildung **saisonaler** Schwankungen mit – im Vergleich zur Jahresberichterstattung – erhöhter Ergebnisvolatilität,
- Verzicht auf **Abgrenzungen** von nicht gleichmäßig verteilten Erfolgskomponenten im Jahresverlauf mit entsprechender Erschwerung der Ergebnisprognose,
- frühere Erkenntnis von **Wendepunkten** in der Ergebnisentwicklung.

Der **eigenständige** Charakter des Zwischenberichtes (*year to date*) wird durch die **beispielhafte** Darstellung von Ansatz- und Bewertungsfragen für Vermögenswerte und Schulden betont (IAS 34.30 und IAS 34.32):

- erforderliche Abschreibungen auf Vorratsvermögen (→ § 17 Rz 26),
- der Ansatz von Restrukturierungsrückstellungen (→ § 21 Rz 89),
- außerplanmäßige Abschreibungen wegen Wertminderungen (→ § 11 Rz 10).

Die bilanzielle Beurteilung eines Sachverhaltes hat nach dem eigenständigen Ansatz auf den **Stichtag** des Zwischenabschlusses und **nicht** in **Vorwegnahme** des Jahresabschlusses zu erfolgen (IAS 34.32).[6]

Die amerikanischen Vorschriften zur Zwischenberichterstattung, festgehalten u.a. in APB 28, folgen demgegenüber dem sogenannten **integrativen** Ansatz *(integral view)*. Danach soll der Zwischenabschluss im Interesse der **Prognosefunktion** geglättete Ergebnisse liefern, die eine Hochrechnung auf das Jahresergebnis ermöglichen. Nach APB 28.16a gilt: „*When a cost ... clearly* 18

[4] PwC, IFRS Manual of Accouting 2008, Tz 31.68.
[5] Vgl. hierzu ALVAREZ, PiR 2006, S. 220.
[6] Vgl. HEBESTREIT, in: BECK'sches IFRS-Handbuch, 3. Aufl., 2009, § 43, Tz 71.

benefits two or more interim periods (e. g., annual major repairs), each interim period should be charged for an appropriate portion of the annual cost by the use of accruals or deferrals."

19 **Idealtypisch** lässt sich der Unterschied der beiden Ansätze an folgendem Beispiel darstellen:

Beispiel
Die Produktionsmaschinen werden jeweils im auftragsschwachen 1. Quartal umfangreich gewartet und instand gesetzt. Die Kosten sind in Relation zum Jahresergebnis erheblich. Die Aufwendungen erfüllen nicht die Voraussetzungen einer Aktivierung als nachträgliche Anschaffungs- oder Herstellungskosten.

Diskreter Ansatz (IAS 34)
Nach Umkehrschluss aus IAS 34.B2 sind die Aufwendungen voll dem ersten Quartal zu belasten. Eine Abgrenzungsbuchung mit späterer Verteilung auf die anderen Quartale ist nicht zulässig. Das Ergebnis des ersten Quartals liefert daher keine gute Prognosebasis für das Ergebnis des Gesamtjahres.

Integrativer Ansatz (APB 28)
Zum Ende des ersten Quartals ist ein aktiver Abgrenzungsposten in Höhe von ¾ der Instandhaltungsaufwendungen zu bilden und in den Folgequartalen aufwandswirksam aufzulösen.

Tatsächlich sind auch die amerikanischen Vorschriften **nicht durchgängig** dem integrativen Ansatz verpflichtet. Saisonal unregelmäßig anfallende oder gelegentlich erhaltene Erträge sind etwa nicht zu verteilen, sondern in der Zwischenperiode zu erfassen, in der sie anfallen (APB 28.18). Zur Wahrung der Prognosefunktion gilt insofern ein Anhangshinweis auf den saisonalen Charakter als ausreichend,

20 Im Übrigen führen diskreter und integrativer Ansatz in **vielen Fällen** zum **gleichen Ergebnis**.

Beispiel
Die Arbeitnehmer erhalten jährlich Ende Dezember in Abhängigkeit von der Erreichung von Mindestumsatzzielen des Geschäftsjahres eine Erfolgsbeteiligung.
Nach dem Grundsatz der Periodenabgrenzung *(accrual basis of accounting)* kommt es auf den Zahlungszeitpunkt nicht an. Für den Abschluss des ersten Quartals bedeutet dies:
Soweit nach den besten Schätzungen zum 31.3. vom Überschreiten der Jahresumsatzgrenze auszugehen ist, wird das erste Quartal durch eine Buchung „per Aufwand an Rückstellung" anteilig mit der erwarteten Erfolgsbeteiligung belastet, unabhängig von diskretem oder integrativem Ansatz.

IAS 34 folgt vorrangig dem diskreten Ansatz.[7] Entsprechend den Ansatz- und Bewertungsvorgaben des *discrete view* (Rz 17) gestalten sich die Folgeeffekte auf die **GuV**. Nach IAS 34.37 sind **saisonale** und **zyklische Schwankungen** oder **Einmaleffekte (occasionally)** nicht „geglättet" durch **Abgrenzungen** in die Zwischenberichtsperiode einzubuchen. Deshalb dürfen auch Aufwendungen *(costs)* nicht in Vermögenswerte (Abgrenzungsposten) „umfunktioniert" werden, um solche Glättungseffekte zu erreichen (IAS 34.30b). Entsprechendes gilt für die Verbindlichkeiten, die nur bei Vorliegen einer Verpflichtung i.S.d. generell gültigen Ansatzdefinition (→ § 21 Rz 7) angesetzt werden dürfen. Dazu gibt IAS 34.B einige markante Beispiele: **21**

- Für das Jahresende geplante größere **Unterhaltungsaufwendungen** dürfen erst bei Anfall eingebucht werden, eine vorgängige ratierliche Einbuchung ist unzulässig (IAS 34.B2).
- **Urlaubsrückstellungen** dürfen nur stichtagsbezogen – wie im Jahresabschluss – berücksichtigt werden (IAS 34.B10).
- Generell dürfen **Rückstellungen** erst nach Vorliegen der entsprechenden Ansatzkriterien (→ § 21 Rz 13) eingebucht werden.
- Planmäßige **Abschreibungen** dürfen erst ab dem Zugangszeitpunkt des betreffenden Anlagegutes verrechnet werden (→ § 10 Rz 37).
- **Standardkostenabweichungen** zur Wertermittlung der Produkte dürfen nicht abgegrenzt werden (IAS 34.B28).

Zu den daraus folgenden **Ergebnisschwankungen** folgende Beispiele:

Beispiel – für die Nichtaktivierung von Aufwendungen

Regelmäßig im ersten Quartal eines Jahres nimmt ein Unternehmen an einer wichtigen Branchenmesse teil. Die dort geknüpften Kontakte führen in den kommenden Monaten zu zahlreichen Aufträgen.

Auch wenn die aus der Messe resultierenden Erträge erst in den kommenden Zwischenperioden zu erwarten sind, scheiden eine Aktivierung der jährlichen Aufwendungen für die Messeteilnahme und eine zeitanteilige Amortisation über den Rest des Jahres nach IFRS aus, da dies auch in einem Jahresabschluss nicht möglich wäre. Das erste Quartal bleibt somit voll mit den Kosten der Messe belastet.

Beispiel – für den Nichtansatz von Verbindlichkeiten

Für die zweite Jahreshälfte ist die Überholung einer großen Maschinenstraße geplant. Sofern es hierzu keine Verpflichtung gibt, die nach IAS 37 auch im Jahresabschluss als Rückstellung anzusetzen wäre, kann diese Maßnahme in den Zwischenabschlüssen vor Durchführung keine Berücksichtigung finden (vgl. IAS 34.B2).

In beiden vorstehenden Beispielen wäre eine entsprechende „Abgrenzung" auch im **Ganzjahresvergleich** nicht möglich. Dem steht generell das **Stichtagsprinzip**

[7] Gl. A.: Ernst & Young, International GAAP 2009, Tz 40: s2.4; PwC, IFRS Manual of Accounting 2008, Tz 31.60 und 31.68.

entgegen. Die Besonderheit in der Zwischenberichterstattung liegt im gegenüber der Jahresrechnung höheren **Ergebnis-„Ausschlag"**.
Dieser Effekt tritt auch bei **regelmäßig** – „alle Jahre wieder" – anfallenden Ereignissen auf.
Dazu folgende Beispiele:

Beispiel
Ein Unternehmen ist an einer Kapitalgesellschaft beteiligt und erhält einmal jährlich eine Dividende. Die entsprechenden Finanzerträge sind in derjenigen Zwischenperiode zu berücksichtigen, in welcher der Dividendenanspruch entstanden ist (→ § 4 Rz 39). Eine Verteilung über mehrere Zwischenperioden des gesamten Jahres kommt nicht in Betracht.

Beispiel
Ein Hersteller von Schneeräumfahrzeugen tätigt erfahrungsgemäß 30 % seiner Umsätze im ersten Halbjahr, die restlichen 70 % im zweiten Halbjahr. Im ersten Halbjahr 01 konnten Umsätze von 600 Mio. erzielt werden. Die Herstellung der Fahrzeuge erfolgt relativ konstant über das Jahr verteilt.
Eine Vorwegnahme eines Teils der im zweiten Halbjahr erwarteten 1.400 Mio. Umsatzerlöse im ersten Halbjahr scheidet aus, da diese noch nicht realisiert worden sind.

Der Saisonverkauf des „Geschäftes" kann auch **umgekehrt** erfolgen – erst Umsatz, dann Aufwand.

Beispiel[8]
Ein Hersteller und Verarbeiter (Konservierung) von Spargel produziert nur im ersten Halbjahr des Geschäftsjahres, überwiegend unter Inanspruchnahme von Saisonarbeitskräften. Im zweiten Halbjahr fallen im Produktionsbereich nur Unterhaltungsaufwendungen für Maschinen an.
Eine Ergebnisglättung der beiden Halbjahre scheidet aus. Das erste Halbjahr kann nicht mit den Unterhaltsaufwendungen im zweiten Halbjahr belastet werden. Die Fixkosten fallen im ersten Halbjahr unterproportional an. Allerdings dürfen die Produktionsmaschinen nicht linear abgeschrieben werden, sondern richtigerweise leistungsabhängig (*sum of the units method*; → § 10 Rz 25).

3.1.2 Unabhängigkeit des Jahresergebnisses von der Häufigkeit der Zwischenberichterstattung

22 Allerdings wird die Vorgabe des *discrete view* durch IAS 34.28 S. 2 relativiert. Danach darf die **Häufigkeit** der Berichterstattung (also z. B. vierteljährlich) **keine Auswirkung** auf die Höhe des Jahresergebnisses nehmen. Danach gilt:

8 Nach KPMG, Insights into IFRS, 2008/2009, Tz 5.9.130.30.

- Die Summe der Ergebnisse, *cash flows* usw. aus den Zwischenperioden soll **nicht nur** den entsprechenden Zahlen des **Geschäftsjahres** gleichkommen,
- **sondern auch** das Ergebnis des Geschäftsjahres unabhängig davon sein, ob und mit welcher **Häufigkeit** Zwischenberichte erstellt werden.

Im Hinblick auf den ersten Punkt sind bei der Ermittlung der auf die aktuelle Zwischenperiode entfallenden Größen in den **Bewegungsrechnungen** (Gewinn- und Verlustrechnung, Kapitalflussrechnung, Eigenkapitalveränderung) von den seit **Jahresanfang** bis zum **Stichtag** des Zwischenabschlusses angefallenen **Jahresverkehrszahlen** die bereits in **vorhergehenden** Zwischenabschlüssen enthaltenen Werte abzusetzen. Nur die verbleibende Differenz ist in die laufende Zwischenperiode mit aufzunehmen (*year-to-date*-Rechnung). Die Vorperiode als solche darf also nicht angepasst werden (IAS 34.35f., Rz 34).

Zum zweiten Punkt folgendes Beispiel:

Beispiel

Zum Ende des zweiten Quartals steht ein Produkthaftungsfall ins Haus. Das Unternehmen bildet eine angemessene Rückstellung für Prozesskosten und Schadenersatz in Höhe von 1.000.

Während des dritten Quartals zeichnet sich eine außergerichtliche Einigung mit deutlich niedrigerer Schadenssumme ab. Die zum Ende des dritten und vierten Quartals angemessene Rückstellung beträgt 600. Die Differenz zur bereits gebildeten Rückstellung in Höhe von 400 erhöht als Ertrag aus Rückstellungsauflösung das Ergebnis des dritten Quartals.

Per Saldo ist das Geschäftsjahr mit 600 belastet, also mit dem Betrag, der auch bei Verzicht auf eine Zwischenberichterstattung anzusetzen wäre.

Allerdings führt die Summe der Quartale unsaldiert zu 1.000 Aufwand und 400 Ertrag. Ohne Restriktionen aus dem allgemeinen Saldierungsverbot können hier unter Berufung auf IAS 34.28 Satz 2 Aufwand und Ertrag im Jahresabschluss saldiert werden.

Der Ansatz von IAS 34.28 S. 2 ist nur in einem sehr eingeschränkten Sinne als **integrativer** zu bezeichnen (Rz 18). Eine **Glättung** der im Jahresverlauf unregelmäßig anfallenden Erfolgsgrößen mit entsprechenden Abgrenzungsbuchungen wird weder verlangt noch zugelassen. Insoweit ergibt sich überwiegend (zu Ausnahmen Rz 35) auch **kein Gegensatz** zu IAS 34.28 Satz 1, sondern eine Arbeitsteilung (Rz 23).

3.1.3 Ergänzung des diskreten Ansatzes um integrative Elemente

Erträge und Aufwendungen haben regelmäßig eine **Mengen**- und **Preis**komponente:[9] **23**

- Der **diskrete Ansatz** verbietet, ungleichmäßige Erträge oder Aufwendungen, die dem **Grunde** bzw. der **Menge** nach erst in späteren Quartalen anfallen, anteilig vorzuziehen oder umgekehrt, die in den ersten Quartalen anfallenden anteilig den späteren zu belasten. Ausschlaggebend ist das **tatsächliche Men-**

[9] Vgl. LÜDENBACH, PiR 2007, S. 56.

gengerüst des Quartals. Insoweit besteht ein Vorrang vor dem integrativen Ansatz.
- Hinsichtlich der **Preiskomponente** ist jedoch nach den in IAS 34.B1ff. enthaltenen Beispielen ein nach herkömmlichem Verständnis eher als integrativ anzusehendes Gedankengut maßgeblich. Ist die Preiskomponente von dem Erreichen bestimmter **Jahresbemessungsgrößen** (Schwellenwertvereinbarungen, progressive Tarife etc.) abhängig, soll als Preis schon in den ersten Quartalen der Wert angesetzt werden, der sich nach der voraussichtlichen Jahresbemessungsgröße ergibt.

Hierzu folgende **Beispiele**:

Beispiel 1 (Mengenkomponente)
Ein saisonalen Schwankungen unterliegender Betrieb sendet seine Mitarbeiter jeweils im schwachen vierten Quartal zu kostenintensiven Fortbildungen. Eine Berücksichtigung der Kosten in den Vorquartalen ist nach IAS 34 nicht zulässig.

Beispiel 2 (Preiskomponente)
Der effektive Beitragssatz des Arbeitgeberanteils zur Sozialversicherung hängt von der Höhe des Jahresgehalts des Arbeitnehmers ab. In den laufenden Monaten liegt der Arbeitnehmer X deutlich unter der Beitragsbemessungsgrenze. Erst durch einen hohen im vierten Quartal zur Auszahlungen gelangenden Bonus überschreitet er die Beitragsbemessungsgrenze. Aus isolierter Sicht des ersten Quartals beträgt der Arbeitgeberanteil 20 % des Gehalts, aus Sicht des wahrscheinlichen Jahresgehalts nur noch 15 %.
Der Personalaufwand des ersten Quartals ist auf Basis eines wahrscheinlichen Arbeitgeberbeitragssatzes von 15 % zu berechnen (IAS 34.B1).
Hinsichtlich der Jahresprämie selbst besteht kein Gegensatz zwischen diskretem und integrativem Ansatz. Knüpft die Jahresprämie an die Jahresarbeitsleistung an, ist sie im ersten Quartal insoweit wirtschaftlich verursacht und damit durch eine Rückstellung zu berücksichtigen (diskreter Ansatz), wie die Quartalsarbeitsleistung im Verhältnis zur erwarteten Gesamtjahresarbeitsleistung steht (Rz 31). Dies entspricht der Lösung nach dem integrativen Ansatz.

3.1.4 Ertragsteueraufwand

24 Auch für die Bemessung des **Ertragsteueraufwandes** gilt:
- Als steuerliche **Bemessungs**grundlage („Mengenkomponente“ i.w.S., Rz 23) ist das steuerliche Quartalsergebnis heranzuziehen,
- der bei progressiven Steuern vom Jahresergebnis abhängige **Steuersatz** („Preiskomponente“ i.w.S., Rz 23) ist hingegen auf Basis der Jahreserwartungen zu bestimmen (die *estimated weighted average annual income tax rate*, IAS 34.30c).[10]

10 So die Deutsche Post World Net im Zwischenbericht zum 30.6.2007.

Diese Schätzung des mutmaßlichen Jahressteuersatzes ist weiterzuführen und ggf. aufgrund des Ergebnisses der folgenden Zwischenberichtperiode anzupassen (IAS 34.B13). Dabei können sich „Verwerfungen" insbesondere durch **indirekte** Progressionseffekte über **Verlust-** oder **Zinsvorträge** (→ § 26 Rz 51) ergeben.

Beispiel

Ein Unternehmen erwirtschaftete im Geschäftsjahr 01 einen vorzutragenden steuerlichen Verlust von 5 Mio. EUR, im ersten Halbjahr des Geschäftsjahres 02 einen Gewinn von 5 Mio. EUR. Für das saisonal starke zweite Halbjahr wird mit einem Gewinn von 15 Mio. EUR gerechnet. Der Steuersatz beträgt 25 %. Eine (deutsche) Mindestbesteuerung gilt nicht, eine Steuerlatenz aus Verlustvortrag zum 31.12.01 ist nicht aktiviert.

Da für das Gesamtjahr unter Einbeziehung des steuerlichen Verlustvortrags ein Ergebnis von 20–5 = 15 Mio. EUR erwartet wird, beträgt der mutmaßliche Steueraufwand des Jahres 3,75 Mio., der effektive Steuersatz also 3,75 Mio. / 20 Mio. = 18,75 %. Mit dieser Quote und nicht etwa mit einem Satz von 0 % ist das Ergebnis des ersten Halbjahrs zu belasten (= 937.500 EUR).

Das vorstehende Ergebnis lässt sich auch wie folgt ableiten:[11]

Der Verlustvortrag wird nicht insgesamt zugunsten des 1. Halbjahres verrechnet, sondern nach Maßgabe des erwarteten Anteils des Halbjahres- am Gesamtjahreseinkommen, und zwar

$$\frac{5}{20} \times 5 = 1{,}25 \text{ Mio. EUR}$$

Daraus ergibt sich eine Als-ob-Veranlagung für das 1. Halbjahr 01:

	Mio. EUR
Gewinn	5,00
– Verlustverrechnung	1,25
zu versteuern	3,75
× Steuersatz 25 % =	
Steueraufwand	937.500 EUR

Ein ähnliches Ergebnis lässt sich aufgrund des Tarifverlaufs nach Maßgabe der **Zinsschranke** gem. § 4h EStG feststellen.

Beispiel

Aufgrund der Zinsschranke rechnet das Unternehmen mit folgenden Ergebnis- und Tarifverläufen bei einem Tarif von 30 %.

Quartal	**Einkommen**	**Zinsschranke**	**zu versteuern**	**effektiver Steuersatz %**
1	1.000	300	1.300	39
2	0	200	200	–
3	2.000	400	2.400	36
4	4.000	500	4.500	34
Σ	7.000	1.400	8.400	36

11 Nach LÜDENBACH, PiR 2008, S. 33.

Durch die Zinsschranke verläuft der lineare Körperschaft-/Gewerbesteuertarif indirekt **regressiv.**[12] Im Zwischenabschluss zum 1. Quartal ist ein Steuertarif von 36 % = 3.600 anzusetzen.

25 Umgekehrt zu den Beispielen in Rz 24 liegt ein **linearer** Tarifverlauf im Körperschaft-/Gewerbesteuerbereich vor, wenn innerhalb des Veranlagungszeitraums = Wirtschaftsjahr die Ergebnisse *schwanken*. Die **feststehende** Preiskomponente (Rz 23) – hier der Steuersatz – ist dann auf das Mengengerüst (das Quartalsergebnis) anzuwenden.

Beispiel
Das Unternehmen erzielt im 1. Quartal einen Gewinn vor Steuern von 15.000 und rechnet mit jeweils 5.000 Verlusten in den folgenden 3 Quartalen; Jahresergebnis vor Steuern also null. Bei einem Steuersatz von 30 % beträgt der Steueraufwand für das 1. Quartal 4.500. In den folgenden 3 Quartalen ist c. p. jeweils ein Steuerertrag von 1.500 auszuweisen.[13]

26 Die Lösung des Beispielfalles unter Rz 25 scheint derjenigen zu den Beispielen unter Rz 24 zu **widersprechen**. Wenn dem so wäre, bestünde auch ein Widerspruch zwischen den Vorgaben in IAS 34.12c i.V.m. IAS 34.B12 einerseits und der Falllösung in IAS 34.B16 (Rz 25). Tatsächlich besteht **kein** Widerspruch, weil

- IAS 34.12c nur den **Tarif** – die Preiskomponente – bestimmt.
- IAS 34.B16 die gebotene Anwendung der **Mengen**komponente illustriert.

Dieses Ergebnis wird auch bestätigt durch das Beispiel in IAS 34.B15 mit einem progressiven Stufentarif, in dem allerdings nur auf den voraussichtlich (aus Sicht des 1. Quartals) anzuwendenden Gesamttarif abgehoben wird.

Ein Widerspruch zwischen IAS 34.12c und IAS 34.B16 besteht auch aus folgenden Gründen nicht:

- Die Verrechnung eines Verlustvortrages aus früheren Jahren (Rz 24) mit dem Ergebnis des laufenden Jahres hat nur einen **Tarifeffekt**; er entspringt nicht dem Ergebnis der laufenden (Jahres- oder Zwischen-)Periode.
- Der Verlustausweis im Beispiel unter Rz 25 zu IAS 34.B16 entspringt dem jeweils **ermittelten** Ergebnis vor Steuern. Wenn dieses Ergebnis „ungeglättet" um saisonale Schwankungen und Sondereffekte (Rz 21) auszuweisen ist, muss folgerichtig auch das darauf beruhende Steuerergebnis „ungeglättet" erfasst werden.

Die Charakteristik der deutschen Unternehmenssteuer als **„Jahresgröße"** führt zu keiner anderen Beurteilung.[14] Auch viele andere Rechtsgrundlagen für Aufwands- und Ertragsverrechnungen – Sozialversicherungsbeiträge (2. Beispiel in Rz 23) oder Umsatzboni (Rz 34) – werden nach dem Jahresvolumen (Mengenkomponente, Rz 23) erfasst. Für den Steueraufwand sieht IAS 34 keine Sonderbehandlung vor. Ohnehin ist eine „Ergebnisglättung" **kein Ziel** der IFRS-Rechnungslegung überhaupt, auch dann nicht, wenn die Gründe für die Schwankungen der Steuerquote Analysten, Banken, Vorständen und Aufsichts-

---

12 Hoffmann/Rüsch, DStR 2007, S. 2079.

13 So die Lösung in IAS 34.B16, befürwortet von Ernst & Young, International GAAP 2009, Tz 40: s2.55.

14 So aber Loitz, DStR 2006, S. 389.

räten schlecht zu vermitteln sind.[15] Im Zeitverlauf **schwankende** Ergebnisse sind dem Leben eines Unternehmens immanent. Sollten diese Schwankungen im „Financial Reporting" eliminiert werden, bedürfte es einer speziellen Anordnung. Eine solche fehlt generell und ist auch für die Zwischenerfolgsdarstellung in IAS 34 nicht vorgesehen – im Gegenteil: Die Grundnorm von IAS 34.28 – Anwendung der Rechnungslegungsgrundsätze des Jahresberichtes auch bei der Zwischenberichterstattung (Rz 17) – spricht gegen eine Eliminierung von „Schwankungskomponenten" aus den Zwischenergebnissen. Das muss dann erst recht für den steuerlichen **Folgeeffekt** dieser Schwankungen gelten, was dann wieder mit dem *matching principle* (→ § 1 Rz 111) im Einklang steht. Zum gleichen Ergebnis kommt man unter Heranziehung des **Stichtagsprinzips**, das für den Zwischen- genauso wie für den Jahresabschluss gilt.

27 Schwankungen in der Steuerquote (→ § 26 Rz 140) – also „ungeglättete" Steueraufwendungen in Bezug auf das ausgewiesene Ergebnis – entspringen auch steuerlichen **Sondereffekten** in nennenswerter Größenordnung aufgrund von **nichtabzugsfähigen** Aufwendungen oder **steuerfreien** Erträgen (vgl. die Aufzählung unter → § 26 Rz 140). Solche steuerlichen „Sonderposten" fallen häufig in unregelmäßigen Zeitabständen auch aus Jahressicht an und sind im Jahresabschluss nicht zu „glätten". Das ist im Grunde auch der Sinn und Zweck der **Überleitungsrechnung** vom erwarteten zum effektiven Steueraufwand gem. IAS 12.81c (→ § 26 Rz 140), weil die „reguläre" Steueraufwandsermittlung nach IAS 12 auch unter Berücksichtigung der Steuerlatenzrechnung in hohem Umfang erklärungsbedürftig bleibt.

Beispiel

Das Unternehmen weist bei einem linearen Ertragssteuersatz von 30 % folgende Daten aus:

Zeitraum	**Gewinn**	**davon steuerneutral**	**zu versteuern**	**Steuer Aufwand**	**Steuer % vom Gewinn**
1. Quartal	1.000	0	1.000	300	30,0
2. Quartal	5.000	– 3.000	2.000	600	12,0
3. Quartal	3.000	+ 4.000	7.000	2.100	70,0
4. Quartal	2.000	0	2.000	600	30,0
Jahr	**11.000**	**+ 1.000**	**12.000**	**3.600**	**32,7**

In diesem Fall liegt kein progressiver oder regressiver Tarif vor (anders die Beispiele in Rz 24). Die im Zeitverlauf schwankende Steuerquote resultiert aus der Aufwands- und Ertragsstruktur mit unterschiedlicher steuerlicher Behandlung. Diese schlägt sich in einer vom erwarteten zum effektiven Steueraufwand bzw. dem Steuersatz abweichenden Größe nieder, die durch die Überleitungsrechnung im Jahresabschluss zu erklären ist (→ § 26 Rz 140). Eine abweichende Regelung für die Zwischenberichterstattung hätte einer besonderen Regelung in IAS 34 bedurft.

[15] So LOITZ, DStR 2006, S. 388.

28 Dieses Auslegungsergebnis lässt sich auch aus IAS 34 B 14 Satz 2 ableiten.[16] Danach kann z.B. einer (unterstellt) steuerfreien Dividende ein Steuersatz von null zugeordnet werden (Grenzfall eines von der Norm abweichenden Steuersatzes).

Beispiel[17]

	Mio. EUR
Gewinn vor Steuern im 1. Halbjahr	5
Gewinn vor Steuern im 2. Halbjahr	15
Dividende (steuerfrei) im 2. Halbjahr	5
„Gesamtgewinn“	25

Der Steuersatz errechnet sich wie folgt:

$$\frac{\text{Steuern}}{\text{Ergebnis vor Steuern}} = 30\ \% \times \frac{20}{25} = \frac{6}{25} = 24\ \%$$

Darauf ergäbe sich ein Steueraufwand für das 1. Halbjahr von 5 Mio. EUR × 24 % = 1,2 Mio. EUR (vgl. aber Rz 23f.).

29 Mit IAS 34.30c kann diese Lösung nicht begründet werden, da die *„income tax rate“* nicht definiert ist. Wertet man dagegen den Steuersatz von null als Grenzwert i.S.d. IAS 34 B 14, dann ist auf die Dividende – und **nur** auf diese - der Tarif von 0 % anzuwenden.

Beispiel
In Fortführung des Beispiels unter Rz 28 beträgt dann der Steueraufwand im 1. Halbjahr 30 % von 5 Mio. EUR = 1,5 Mio. EUR.

Außerdem wird diese Standardauslegung durch eine Analogie zu IAS 34 B 19 gestützt. Danach sind Sondereinflüsse *(one time event)* durch Steuergutschriften in **der** Periode zu vereinnahmen, in der das Ergebnis eintritt.

30 Vorstehende konzeptionelle Überlegungen mögen für den Praktiker auf den ersten Blick zu vieles offenlassen, denn ihm geht es nicht um Konzepte, sondern um die **Lösung** seines Falles. Bei zweitem Hinsehen bieten sich **kasuistische** Antworten entsprechend den Einzelregelungen von IAS 34 mit den dort in den Anhängen aufgeführten Beispielen an. Dieser pragmatische Ansatz wird ergänzt durch die vom Standard ohnehin aus *cost-benefit*-Gesichtspunkten (Rz 1) gewährten **Vereinfachungen** (Rz 36) und das bei der Zwischenberichterstattung noch mehr ins Gewicht fallende **Schätzungs**erfordernis für sehr viele Bilanzposten (Rz 37).

16 Vgl. LÜDENBACH, PiR 2008.
17 Nach LÜDENBACH, PiR 2008.

3.2 Kasuistik häufiger Sachverhalte

3.2.1 Jahresendvergütungen an Mitarbeiter (Boni)

IAS 34.B5 liefert ein Beispiel zur unterjährigen Erfassung von kurzfristig fälligen, leistungs- oder gewinnabhängigen **Vergütungen** (Gratifikationen, Tantiemen) an Arbeitnehmer i.S.d. IAS 19.8 (→ § 22 Rz 76). Diese sind im Zwischenabschluss sowie im Jahresabschluss nach Maßgabe von IAS 37.14 (→ § 21 Rz 18) anzusetzen. Die Ansatzkriterien sind auch am Stichtag des Zwischenabschlusses erfüllt (Rz 17), da die vom Arbeitnehmer geschuldete Gegenleistung bis dahin zeitanteilig erbracht worden ist. Entsprechend nimmt IAS 34.B6 Bezug auf die Formulierung in IAS 34.39 und verlangt einen Rückstellungsansatz „retrograd" durch Vorwegnahme des Aufwandes („*anticipate*"). Allerdings bleibt das „Volumen" des Aufwandes undefiniert. 31

Beispiel[18]
Ein Mitarbeiter erhält vertraglich eine von bestimmten Kriterien abhängige Jahressonderzahlung. Zum 31.3. wird diese auf 16.000 EUR für das Gesamtjahr geschätzt, am 30.6. auf 20.000 EUR. Unabhängig von dem diskreten oder integrativen Ansatz ergibt sich folgende Aufwandsentwicklung.

	1. Quartal	2. Quartal	3. Quartal	4. Quartal	Jahr
Rückstellung	4.000	10.000	15.000	20.000	20.000
Aufwand	4.000	6.000	5.000	5.000	20.000

Im Sinne einer Sammelbewertung ist dabei die mutmaßliche Mitarbeiterfluktuation gem. IAS 19.18 zu berücksichtigen. Diese Betrachtungsweise wird für den unterjährigen Abschluss durch IAS 34 allerdings nicht förmlich bestätigt.[19] Eine zeitanteilige Aufwandsverrechnung ergibt sich in jedem Fall nach Maßgabe des integrativen Ansatzes, u.E. aber auch aus Sicht des *discrete view* (Rz 17).[20] Ein Ansatzkriterium für Verbindlichkeiten/Rückstellungen stellt das **Vergangenheits**ereignis dar (→ § 21 Rz 20). Dieses ist nicht (nur) durch Rechtsansprüche, sondern auch durch wirtschaftliche Leistungselemente definiert. Die Verbindlichkeit wächst bis zur Erfüllung durch die erbrachte Arbeitsleistung an.

Beispiel
Der Arbeitnehmer im vorstehenden Beispiel stellt seine Tätigkeit am 31.5. ein, um ein unbezahltes Sabbatjahr wahrzunehmen. Die Jahressonderzahlung wird dann nur anteilig ausbezahlt.

Abwandlung
Für einen schwierigen auf drei Jahre fest vereinbarten Auslandseinsatz mit Beginn am 1.1.01 erhält ein leitender Ingenieur eine Jahressonderzahlung von 50 TEUR, insgesamt also 150 TEUR, zahlbar nach dem Ende des Auslandseinsatzes. Im Jahresabschluss zum 31.12.01 sind 50 TEUR und nicht

18 Nach ALVAREZ, PiR 2006, S. 225.
19 Vgl. hierzu HEBESTREIT, in: BECK'sches IFRS-Handbuch, 3. Aufl., 2009, § 43, Tz 88.
20 A. A. ALVAREZ, PiR 2006, S. 325.

> 150 TEUR über Verbindlichkeit dem Aufwand zu belasten – konkret im 1. Quartal 01 12.500 EUR.
> Diese – zeitanteilige bzw. integrative – Lösung entspricht auch der Vorgehensweise bei der Aufwandsverrechnung für Aktienoptionen (→ § 23).

3.2.2 Bedingte Leasingzahlung

32 IAS 34.B7 stellt den Fall einer **bedingten** Leasingzahlung dar (→ § 15 Rz 56). Der Leasingvertrag kann eine bedingte Zahlungsverpflichtung des Leasingnehmers bei Erreichen eines bestimmten **Jahres**umsatzes vorsehen. In diesem Fall ist eine ansatzpflichtige Verbindlichkeit für den Zwischenabschluss schon dann anzunehmen, wenn (zum Zwischenabschlussstichtag) das Jahresziel zwar noch nicht erreicht ist, aber vom Erreichen bis zum Jahresende ausgegangen werden kann. Dies entspricht der Differenzierung zwischen Mengen- und Preiskomponente (Rz 23). Daraus ist u. E.[21] – mit der vorstehenden Begründung (Rz 31) zur Jahressonderzahlung an Mitarbeiter – eine unterjährige Aufwandsabgrenzung abzuleiten, andererseits wird auch die Einbuchung der mutmaßlichen vollen Jahresverpflichtung befürwortet, sobald die Zielerreichung in Aussicht steht,[22] oder eine erstmalige Berücksichtigung erst dann, wenn die Jahresbezugsgröße erreicht ist.[23]

3.2.3 Vergütete Nichtarbeitszeiten

33 Nach IAS 19.11 (→ § 22 Rz 2) sind zu unterscheiden:

- **ansammelbare** Ansprüche aus Urlaubsgewährung und Gleitzeitguthaben,
- **nicht ansammelbare** Ansprüche aus Krankheit, Erziehungsurlaub, sonstige Abwesenheitszeiten *(sabbaticals)*.

IAS 34.B10 differenziert entsprechend:
Rückstellungen sind **nur** für – am Stichtag bestehende – **ansammelbare** Ansprüche zu bilden, da dann eine entsprechende ansatzbegründende Verpflichtung besteht. Diese ist mit einer unterstellten Abgeltung für die bis zum Stichtag aufgelaufenen Ansprüche (Arbeitsfreistellung) zu bewerten. Das gilt auch für den Zwischenabschluss, selbst wenn bis zum Stichtag des Jahresabschlusses mit einer Kompensation zu rechnen ist.[24] U. E. entspricht diese Lösung sowohl dem eigenständigen (Rz 17) als auch dem integrativen (Rz 22) Ansatz.

3.2.4 Mengenrabatte und Ähnliches

34 Vertraglich fixierte Mengenrabatte und ähnliche Preisänderungen sind nach IAS 34.B23 sowohl vom Empfänger als auch vom leistenden Unternehmen periodengerecht abzugrenzen *(anticipate)*, sofern am Stichtag des Zwischenabschlusses eine **Wahrscheinlichkeit** des Eintretens besteht. Auch bei ihnen

---

21 So auch HEBESTREIT, in: BECK'sches IFRS-Handbuch, 3. Aufl., 2009, § 43, Tz 72.

22 So ALVAREZ, PiR 2006, S. 226, und BAETGE/BRUNS/ROLVERING, Rechnungslegung nach IAS, 2. Aufl., IAS 34, Tz 181.

23 PEEMÖLLER, in: WILEY, IAS/IFRS, 2005, Abschn. 19, Tz 11.

24 So auch HEBESTREIT, in: BECK'sches IFRS-Handbuch, 3. Aufl., 2009, § 43, Tz 87; ALVAREZ, PiR 2006, S. 226; a. A. BAETGE/BRUNS/ROLVERING, Rechnungslegung nach IAS, 2. Aufl., IAS 34, Tz 151.

stellt sich die Frage, ob nach dem eigenständigen Ansatz[25] der mutmaßliche **Gesamt**betrag des Jahres in den Zwischenabschluss einzustellen ist oder eine **zeitanteilige** Zuordnung nach dem integrativen Ansatz erfolgen muss.[26] U. E. ist wieder mit der Begründung unter Rz 31 die **zeitanteilige** Einbuchung **vorzugswürdig**. Das gilt gleichermaßen für **Rabatt**ansprüche und -verpflichtungen mit progressiv gestalteter Wertkomponente (Rz 23, 1. Beispiel), **nicht** aber für Sonderrabatte und ähnliche verkaufsfördernde Maßnahmen.

Beispiel
Sachverhalt
Unternehmer K erhält für Einkäufe von V auf Jahresbasis Rabatte nach folgender Maßgabe:

bis 1.000 Stück	1 % vom Einkaufspreis
bis 2.000 Stück	2 % vom Einkaufspreis
ab 2.000 Stück	3 % vom Einkaufspreis.

Üblicherweise werden die meisten Einkäufe im 4. Quartal getätigt. Im 1. Quartal sind 300 Stück eingekauft worden. K rechnet zum Ende des 1. Quartals mit einem Jahresbezug von 3.500.

Lösung
Entsprechend der „Arbeitsteilung" von integrativen und diskreten Elementen (Rz 23) wird im Abschluss für das 1. Quartal auf den Einkauf von 300 Stück ein Rabattsatz von 3 % angewandt.

Abwandlung des Sachverhaltes
K hat einen Bilanzstichtag 30.6., V den 31.12. Der Rabattsatz bestimmt sich nach dem Volumen des Bezuges im Kalenderjahr. Am (regulären) Bilanzstichtag 30.6.01 hat K 900 Stück eingekauft. Er rechnet mit einem Einkaufsvolumen bis zum 31.12.01 von 2.300 Stück. Zum 30.6.01 ist auf die **Menge** von 900 Stück der Rabattsatz von 3 % (Preiskomponente) anzuwenden. Das gleiche Ergebnis gilt für V im Zwischenabschluss zum 30.6.01 bei einer gleichen Einschätzung des Verkaufsvolumens.

Im „regulären" und im Zwischenabschluss stellt sich das **gleiche** Ergebnis heraus. Integrativer und diskreter Ansatz führen zur gleichen Lösung.

3.2.5 *Impairment*-Abschreibung und Wertaufholung

Nach IAS 34.B36 sind für den Zwischenbericht die gleichen Kriterien für den *impairment*-Test und die Wertaufholung anzulegen wie für den Jahresabschluss. Für folgende Vermögenswerte besteht nach den IFRS ein Wertaufholungs**verbot** nach vorheriger *impairment*-Abschreibung: 35

25 So ALVAREZ, PiR 2006, S. 226.

26 So AMMEDICK/STRIEDER, Zwischenberichterstattung börsennotierter Gesellschaften, 2002, Tz 428; HEBESTREIT, in: BECK'sches IFRS-Handbuch, 3. Aufl., 2009, § 43, Tz 86; PEEMÖLLER, in: WILEY, IAS/IFRS, 2005, Abschn. 19 Tz 51.

- *Goodwill* aus einem Unternehmenszusammenschluss nach IAS 36.124 (→ § 11 Rz 171).
- Hilfsweise zu Anschaffungskosten bewertete Eigenkapitalinstrumente (Anteile) nach IAS 39.66 (→ § 28 Rz 146)

Bei *available-for-sale*-Eigenkapitalinstrumenten ist nach IAS 39.69 die außerplanmäßige Abschreibung GUV-wirksam, die Wertaufholung hingegen erfolgsneutral (→ § 28 Rz 165).

Daraus stellt sich im Hinblick auf die Zwischenberichterstattung die Frage: Gilt das Wertaufholungsverbot bzw. die Erfolgsneutralität der Wertaufholung auch dann, wenn zum Stichtag eines Zwischenberichtsabschlusses die Wertminderung gegeben war, bis zum Ende des Jahresabschlusses oder eines vorhergehenden Zwischenabschluss der Wertminderungsgrund aber weggefallen ist? Die Antwort darauf differiert je nach Gültigkeit des **eigenständigen** (Rz 17) oder des (eng interpretierten) **integrativen** Ansatzes (Rz 22): Im erstgenannten Fall wird „streng" stichtagsbezogen betrachtet; eine einmal eingetretene Wertminderung verhindert eine spätere (erfolgswirksame) Wertaufholung. Im zweiten Fall wird der Wertminderungstatbestand am Stichtag des Zwischenabschlusses ignoriert, es wird ausschließlich auf die Wertverhältnisse am Jahresabschlussstichtag abgehoben, damit das Jahresergebnis von der Häufigkeit der Zwischenberichterstattung unberührt bleibt.

IFRIC 10.8 schreibt für die genannten Fälle den **eigenständigen** Ansatz vor und gibt damit bei Konfliktfällen IAS 34.28 S. 1 Vorrang vor IAS 34.28 S. 2. Ein solcher Konflikt liegt im Gegensatz zur „Versöhnung" zwischen integrativem und diskretem Ansatz nach den nachfolgenden Beispielen hier vor. Die *impairment*-Abschreibung lässt sich als Einmaleffekt nicht in Menge und Preis „zerlegen".

Dazu folgendes Beispiel:

Beispiel

Die Unternehmen A und B haben den Abschlussstichtag 31.12. Sie halten jeweils 100 Aktien der XYZ AG, die als *available for sale* (→ § 28 Rz 147) qualifiziert sind. A erstattet vierteljährlich Zwischenbericht, B veröffentlicht keine Zwischenberichte.

Zum 31.3. nimmt A eine erfolgswirksame *impairment*-Abschreibung von 30 auf die XYZ-Aktien vor. Bis zum 30.6. steigt der Kurs der XYZ-AG-Aktien unerwartet wieder auf das zuvor bestehende Kursniveau, der Grund für die Wertminderungsabschreibung zum 31.3. fällt weg.

- Im zweiten Vierteljahresabschluss der A wird die vorgenommene Wertminderung erfolgsneutral aufgeholt. Im Jahresabschluss entsteht ein Aufwand von 30.
- Die B bucht keinen Aufwand, da zum Bewertungsstichtag (31.12.) keine Wertminderung mehr vorliegt.

Im Ergebnis bestimmt die Häufigkeit der Zwischenberichterstattung die erfolgsmäßige Abbildung ein und desselben Sachverhaltes und beeinträchtigt entsprechend die zwischenbetriebliche Vergleichbarkeit von Zwischen- und Jahresabschlüssen.

Beispiel
Die Unternehmen A und B haben den Abschlussstichtag 31.12. Sie halten jeweils 50 % am *Joint Venture* X und konsolidieren den Anteil quotal (→ § 34 Rz 61), A erstattet vierteljährlich Zwischenberichte, B veröffentlicht keine Zwischenberichte.
Zum 31.3. nimmt A eine *goodwill*-Abschreibung von 30 auf das *Joint Venture* vor. Bis zum Jahresende ist der Grund für die Wertminderungsabschreibung entfallen.

- Im Jahresabschluss der A entsteht ein Aufwand von 30. Der *goodwill* ist wegen des Wertaufholungsverbotes um 30 niedriger als im Vorjahr.
- Die B bucht keinen Aufwand und keine Minderung des *goodwill*, da zum Bewertungsstichtag (31.12.) keine Wertminderung vorliegt.

Diese aus dem eigenständigen Ansatz abgeleitete Lösung des IFRIC soll nach IFRIC 10.9 **nicht** analog auf **andere** Sachverhalte angewandt werden. Diese Aussage lässt offen, ob in analogen Fällen gerade umgekehrt IAS 34.28 S. 2 Vorrang zu geben ist oder nach Belieben verfahren werden kann.
Weitere Unklarheiten können sich ergeben, wenn im Jahresverlauf sowohl Zwischenberichte nach IAS 34 als auch einfachere Finanzinformationen veröffentlicht werden.

Beispiel
Sachverhalt wie im Beispiel unter Rz 4 mit folgender Ergänzung:
Am 31.3. war eine *impairment*-Abschreibung auf ein zu Anschaffungskosten bewertetes Eigenkapitalinstrument, z. B. Aktien, erforderlich. Diese Abwertung ist in der Finanzinformation zu diesem Stichtag enthalten.

- Variante 1: Zum 30.6. ist in vollem Umfang eine Wertaufholung zu verzeichnen.
- Variante 2: Zum 30.6. ist der Wertverlust unverändert, zum 30.9. liegt eine vollständige Wertaufholung vor.

Die Lösung hängt von der **Qualifikation** der Finanzinformationen zum 31.3. und 30.9. ab.

Lösung 1

- Wenn nur der IAS 34-konforme Halbjahresbericht und damit IFRIC 10 beachtlich ist, kann die Wertaufholung zum 30.6. in der Variante 1 verbucht werden. In Variante 2 kommt eine Wertaufholung nicht in Betracht.

Lösung 2

- Wenn IFRIC 10 auch auf die Zwischeninformationen zum 31.3. und 30.9. anzuwenden ist, kommt in Variante 1 und 2 eine Verbuchung der Wertaufholung nicht in Betracht.

Wir favorisieren die Lösung 1 mit folgender Begründung: IFRIC 10 befasst sich „auftragsgemäß" mit dem Konflikt zwischen IAS 39.69 und IAS 34. Die Zwischenfinanzberichte unterliegen aber gerade nicht dem Reglement des IAS 34.

3.2.6 Vereinfachte Bewertungstechniken

36 In IAS 34.B und C sind auch eine Reihe von Beispielen enthalten, die i. S. d. *cost-benefit*-Betrachtung (Rz 1) **Vereinfachungen** illustrativ, also nicht abschließend, für typische Bilanzierungsfragen auflisten.

- **Rückstellungen** (Rz 30) für Pensionen, Garantien, Rechtsstreitigkeiten oder Rekultivierungsverpflichtungen können im Zwischenabschluss oftmals mittels pauschaler Fortschreibung der Vergangenheit oder aufgrund von Schätzungen ermittelt werden. Die Einbeziehung externer Experten zur Wertfindung ist nicht erforderlich.
- Im **Vorratsvermögen** (Rz 17) ist bei angemessener Bestandsführung keine **Inventur** notwendig und die Bewertung kann bei Vorliegen entsprechender Informationen anhand von **Stichproben** oder aufgrund geschätzter Gewinnmargen erfolgen. Bei Anwendung der **Standardkostenmethode** sind auslastungsbedingte Schwankungen auch unterjährig in der Bewertung zu berücksichtigen. Gleiches gilt für Verluste aufgrund **gesunkener Verwertungspreise**.
- **Erwartete Boni, Rabatte und Skonti** sind sowohl auf der Absatz- wie auf der Beschaffungsseite zu berücksichtigen, sofern deren Erstattung am Jahresende verbindlich geregelt ist. Erhoffte Nachlässe oder Nachlässe ohne Verpflichtung sind nicht anzusetzen (Rz 34).
- Erfolgt eine **Neubewertung** von Anlagevermögen gem. IAS 16 (→ § 8 Rz 68ff.) oder eine *fair-value*-Bewertung gem. IAS 40 (→ § 16 Rz 52), so kann diese möglicherweise ohne externe Gutachten erfolgen. Ein *impairment*-Test gem. IAS 36 (→ § 11 Rz 10ff.) ist nur dann im Detail vorzunehmen, wenn Hinweise auf Abwertungsbedarf vorliegen.
- In der **Abstimmung** innerkonzernlicher Positionen kann unterjährig weniger gründlich vorgegangen werden als am Jahresende (→ § 32 Rz 118).
- Gewinne oder Verluste aus **Fremdwährungsgeschäften** (→ § 27 Rz 23) sind auch unterjährig zu vereinnahmen, unabhängig davon, ob bis Jahresende eine entsprechende Umkehr erwartet wird oder nicht.

3.2.7 Änderungen von Schätzungen und Bewertungsmethode

37 Implizit geht der **Vereinfachungs**gedanke auch aus IAS 34.26 hervor. Dort sind abweichend zu den vergleichbaren anderen Standards, die sich mit Ansatz- und Bewertungsfragen befassen, die **Schätzungserfordernisse besonders** angesprochen. Eine mögliche Interpretation ist jedenfalls: Bei der Zwischenabschlusserstellung kann im Schätzungsprozess eher **großzügig** verfahren werden. Wenn sich dann bei der Erstellung des Jahresabschlusses ein wesentliches Änderungserfordernis im Schätzungsprozess herausstellt, ist dies im Anhang zum Jahresabschluss zu erläutern. Außerdem erlaubt IAS 34.41 eine großzügigere Anwendung von Schätzungen im Zwischenabschluss im Vergleich zur Jahresrechnung. Schätzungsanpassungen sind im laufenden Zwischenabschluss, also prospektiv, zu erfassen (IAS 34.35).

Neben der Änderung von Schätzungen können sich unterjährig auch **Änderungen** der angewandten **Bilanzierungs- und Bewertungsmethoden** ergeben (Rz 17). Gemäß IAS 8 sind die daraus resultierenden kumulierten Umstellungseffekte erfolgsneutral im Ergebnisvortrag zum Beginn der dargestellten Perioden aufzunehmen (→ § 24 Rz 26). Danach müssen sowohl die bisherigen für das laufende Jahr vorgelegten Zwischenabschlüsse als auch die entsprechenden Vergleichszahlen der Vorperiode rückwirkend **angepasst** werden. Eine **Befreiung** hiervon besteht lediglich dann, wenn die Anpassung nur mit einem unzumutbar hohen Aufwand durchführbar wäre (IAS 34.43f. i.V.m. IAS 8.23ff.). Vgl. hierzu → § 24 Rz 26ff.

4 Angaben

Neben den dargestellten zusammenfassenden Zahlenangaben muss ein Zwischenbericht gem. IAS 34.15ff. (a.F.) auch ausgewählte *(selected)* Anhangsangaben enthalten oder in der Neufassung durch das *Annual Improvements Project 2010* wesentliche Ereignisse und Transaktionen (*significant events and transactions*). Die Auswahl der offenzulegenden Informationen erfolgt unter Annahme, dass dem Leser des Zwischenberichts auch der **vorhergehende vollständige Jahresabschluss** nach IFRS bekannt ist. Da der Zwischenbericht eher der kurzfristigen Information dient, sind nur solche Anhangsangaben zwingend, die **wesentliche Veränderungen** zu den dem letzten Jahres- oder Konzernabschluss zugrunde liegenden wirtschaftlichen Verhältnissen aufzeigen, um so den Adressaten auf dem neuesten Stand der Unternehmensentwicklung zu halten (Rz 1). Dem Adressaten soll ein *update* der relevanten Informationen geliefert werden (IAS 34.15). Die Offenlegung weiter gehender Angaben wird teilweise sogar als kontraproduktiv angesehen, da sie von den eigentlich **wichtigen** Entwicklungen ablenken und diese in den Hintergrund drängen kann.[27] **38**

Zum Erfordernis einer Anhangerläuterung, die in der **strukturellen** Änderung von **wesentlichen** Unternehmensdaten gegenüber dem letzten Jahresabschluss begründet ist, folgendes Beispiel:

Beispiel

Sachverhalt

Unternehmen F hatte in den letzten Jahren eine stetige Umsatzentwicklung mit jeweils geringen Zuwachsraten ausgewiesen. Aufgrund von plötzlich eintretenden Änderungen im Nachfrageverhalten wichtiger Abnehmer ist im ersten Halbjahr 01 der Umsatz um 30 % eingebrochen. Dies hätte an sich eine sofortige Reduktion der Produktion unter Einführung von Kurzarbeit und nennenswerte Entlassungen von Mitarbeitern bedingt. Stattdessen hat das Management die sonst am Markt einstweilen nicht verkäufliche Produktion an verschiedene nahestehende Personen fakturiert und so einen stetigen Umsatz ausgewiesen.

Lösung

Im Anhang des betreffenden Zwischenabschlusses ist auf diesen Sachverhalt (→ § 30) speziell einzugehen, weil er im letzten Jahresabschluss nicht vorgelegen hat.

[27] Vgl. ALVAREZ/WOTSCHOFSKY, 2000, S. 56; vgl. dazu auch KPMG, Insights into IFRS, 2008/2009, Tz 5.9.60.50.

Unabhängig von der Berichterstattungspflicht für wesentliche **Änderungen** gegenüber den im letzten Jahres-Geschäftsbericht aufgeführten Fakten unterliegen die Beziehungen zu nahestehenden Personen einer **besonderen** Beobachtung: Nach § 37w Abs. 4 WpHG (und DRS 16.50) sind bei der Zwischenberichterstattung inländischer Aktienemittenten die wesentlichen Geschäfte mit **nahestehenden Personen** entweder im Lagebericht oder im Anhang anzugeben. Der Wesentlichkeitsvorbehalt entspricht den Vorgaben von IAS 34.23. Im Vergleich zu IFRS ergibt sich jedoch folgender Unterschied:

- Während IAS 24.7 Angaben zu Geschäften und ausstehenden Salden, hinsichtlich Letzterer auch die Angabe von Konditionen sowie von gewährten oder erhaltenen Garantien verlangt,
- beschränkt sich § 37w Abs. 4 WpHG auf Angaben zu Geschäften.

Jedenfalls nach WpHG ist damit eine Angabe von Salden entbehrlich. Nach IAS 34.15B (vorher IAS 34.17) i. V. m. IAS 34.15 kann sie ausnahmsweise erforderlich sein, wenn signifikante Änderungen seit dem letzten Jahresabschluss vorliegen, die für die Beurteilung der Lage des Unternehmens wesentlich sind. Weder das WpHG noch IAS 34 i. V. m. IAS 24 verlangen explizit eine Quantifizierung der Angaben. Jedenfalls bei im Wesentlichen gleich bleibenden Beziehungen kann diese Quantifizierung unterbleiben.

Beispiel

Halbjahresabschluss der **Salzgitter AG** per 30.6.2007 im Vergleich zum Jahresabschluss per 31.12.2006 (→ § 30).

Neben den Geschäftsbeziehungen zu in den Konzernabschluss einbezogenen voll- und quotenkonsolidierten Gesellschaften existieren Beziehungen zu assoziierten Unternehmen und Beteiligungen, die als nahestehende Unternehmen nach IAS 24 zu qualifizieren sind.

Alle Geschäfte mit nahestehenden Unternehmen sind zu Bedingungen ausgeführt worden, wie sie auch unter fremden Dritten üblich sind. Die für nahestehende Unternehmen erbrachten Lieferungen und Leistungen betreffen vor allem die zur Weiterveräußerung an die ThyssenKrupp GfT Bautechnik GmbH gelieferten Spundwandprofile sowie zur Weiterverarbeitung gelieferte Rohstahlprodukte.

Die empfangenen Lieferungen und Leistungen umfassen im Wesentlichen Lieferungen von Vormaterial zur Großrohrproduktion sowie Lieferungen von Vormaterial zur Herstellung von Präzisrohren.

Für weitere Angaben siehe die Ausführungen im Geschäftsbericht 2006 (S. 244 f.).

Es bestehen jedoch keine Bedenken, im Zwischenbericht die gleichen Angaben wie im Jahresabschluss vorzunehmen:

Beispiel

Die Hannover Rückversicherung AG verwendet in den Zwischenberichten 2007 das gleiche Format wie für den „regulären" Geschäftsbericht 2006 (→ § 30).

39 Der durch das *Annual Improvements Project* neu eingeführte IAS 34.15B enthält eine (keine abschließende) Aufzählung möglicher Ereignisse und Transaktionen, über die ggf. bei Wesentlichkeit zu berichten ist. Im Übrigen sind die damit verbundenen Umstellungen der Paragrafen nicht mit einschneidenden Änderungen verbunden. Im Wesentlichen gilt: Die in IAS 34.16 und 17 enthaltenen Aufzählungen sind nun in IAS 35.16A und IAS 35.15B enthalten. Wegen des Anwendungszeitpunkts vgl. Rz 46. In IAS 24.15B (bisher IAS 35.17) geht es um

- Abschreibungen und Zuschreibungen auf Vorratsvermögen (→ § 17 Rz 26ff.);
- Erfassung von *impairment*-Verlust auf Finanzvermögen (→ § 28), Sachanlagen und immaterielle Anlagewerte (→ § 11 Rz 11ff.) und sonstige Vermögenswerte sowie die entsprechenden Zuschreibungen;
- Kauf und Verkauf von Sachanlagen und Ausrüstung;
- Verpflichtungen zum Kauf von Sachanlagen und Ausrüstung;
- eingegangene Gerichtsverfahren;
- Korrektur von Bilanzierungsfehlern (*errors*) in früheren Perioden (→ § 24 Rz 39);
- Änderungen im Geschäftsmodell oder in den ökonomischen Umweltbedingungen, die sich auf die *fair values* von Vermögenswerten und Schulden beziehen, auch wenn die Verbuchung *at amortised cost* erfolgt ist (→ § 28 Rz 116);
- Verstöße gegen Darlehensbedingungen;
- Geschäftsvorfälle mit Nahestehenden (Rz 38);
- Wechsel in der Anwendung der *fair-value*-Hierarchie bei entsprechender Bewertung von Finanzinstrumenten (→ § 31 Rz 99);
- Änderung der Klassifizierung von Finanzinstrumenten wegen angepasstem Verwendungszweck;
- Änderungen bei nicht bilanzierten (*contingent* → § 21 Rz 106ff.) Vermögenswerten und Schulden.

Die drei letztgenannten Punkte waren in IAS 34.17aF noch nicht enthalten. Zu dem letztgenannten Aufzählungspunkt folgendes Beispiel:

Beispiel

Das Maschinenbauunternehmen M ist im Jahr 01 in einen Passivprozess wegen Patentverletzung eingetreten. Die Wahrscheinlichkeit einer Verurteilung wurde bei Bilanzerstellung für 01 als sehr geringfügig (*remote*) eingestuft (→ § 21 Rz 172). Im Zwischenberichtszeitraum ist eine Beweiserhebung vor Gericht erfolgt, wonach der Rechtsvertreter der M die Rechtslage nicht mehr ganz so positiv beurteilt, andererseits aber auch nicht mit einiger Wahrscheinlichkeit von einer Verurteilung ausgeht. Daraufhin wird in den Anhang des Zwischenberichtes ein entsprechender Hinweis aufgenommen.

40 Als **Mindestumfang** ist gem. IAS 34.16A (bisher IAS 34.16) der folgende **Katalog** von Anhangsangaben in einen Zwischenabschluss aufzunehmen, sofern diese sich nicht aus anderen Elementen des Abschlusses ergeben und für das Verständnis der vergangenen Zwischenberichtsperiode oder des gesamten Zeitraums seit dem letzten Jahresabschluss von Bedeutung sind:

- Hinweis auf **Veränderungen** bei den angewandten **Bilanzierungs- und Bewertungsmethoden** und die sich hieraus ergebenden Auswirkungen auf Ergebnis, Ergebnis je Aktie und das Eigenkapital sowie weitere wesentliche betroffene Positionen des Zwischenabschlusses. Sind keine Veränderungen erfolgt, so ist dies durch eine entsprechende ausdrückliche Aussage zu bestätigen.

Beispiel
Ein Unternehmen entscheidet sich zur Ausübung des Wahlrechtes der Neubewertungsmethode für das Sachanlagevermögen nach IAS 16.31 (→ § 8 Rz 68ff.).

- Erläuternde Angaben über eventuelle **saisonale** oder **zyklische Eigenheiten** des Geschäfts des Unternehmens.

Beispiel
Ein Sportwagenhersteller überlegt, erstmals Zwischenberichte nach IFRS zu veröffentlichen. Die Verkaufszahlen und damit die Umsatzerlöse und das Ergebnis schwanken unterjährig jedoch erheblich, wobei traditionell im Frühjahr ein wesentlich höheres Absatzvolumen erzielt wird als im Herbst.
Um bei der Analyse von Zwischenabschlüssen nachhaltige Umsatzveränderungen von rein saisonal bedingten Absatzschwankungen zu trennen, könnten – über das ohnehin darzustellenden Vorjahr – im Anhang entsprechende Erfahrungswerte aus den vergangenen Jahren aufgenommen werden. Die Sorge, Zwischenberichte würden bei saisonalen Geschäften zu unerwünschten kurzfristigen Reaktionen des Kapitalmarkts führen, scheint vor diesem Hintergrund unbegründet.

- Erläuterung von **Sachverhalten**, die sich auf Aktiva, Verbindlichkeiten, Eigenkapital, Ergebnis oder *cash flow* auswirken und aufgrund ihrer Höhe, ihrer Art oder des Rhythmus ihres Auftretens **ungewöhnlich** sind.

Beispiel
Durch eine Änderung im angebotenen Produktspektrum kann eine Fertigungsstraße nicht mehr wie geplant genutzt, sondern muss verschrottet werden. Es kommt zu einer *impairment*-Abwertung gem. IAS 36 (→ § 11 Rz 10ff.).

- **Änderungen** von in Vorperioden erfolgten **Schätzungen**.

Beispiel
Im letzten Jahresabschluss wurde eine hohe Rückstellung für Restrukturierungsmaßnahmen gebildet. Durch eine Sondervereinbarung mit dem Betriebsrat kann die Unternehmensleitung einen Teil der befürchteten Entlassungen durch ein neues Arbeitszeitmodell vermeiden. Die für den Sozialplan gebildete Rückstellung wird nicht benötigt und kann ergebniswirksam aufgelöst werden.

- Ausgabe, Erwerb oder Rückzahlung von **Eigen- oder Fremdkapitalpapieren.**
- **Ausgezahlte Dividenden** für jede ausstehende Aktiengattung, wobei die Angabe in Summe des gezahlten Betrages oder pro Aktie geschehen kann.
- Eine eingeschränkte **Segment**berichterstattung nach einer Auswahl von Angabepflichten nach IFRS 8 (→ § 36).
- **Nach dem Stichtag** des Zwischenabschlusses liegende Ereignisse, sofern diese noch nicht im Zwischenabschluss Berücksichtigung gefunden haben.

Beispiel
Das erste Quartal eines Pharmaunternehmens endet am 31. März. Am 5. April kommt es zu einer Verfügung der Gesundheitsbehörde, wonach eines der wichtigsten Medikamente wegen vermuteter schädigender Nebeneffekte vom Markt zu nehmen ist.

- Auswirkungen von **Veränderungen** in der **Zusammensetzung** der berichtenden Unternehmenseinheit, die während der Zwischenperiode aufgetreten sind. Dies umfasst Erst- und Entkonsolidierungen, den Erwerb und die Veräußerung von Beteiligungen und assoziierten Unternehmen, Restrukturierungen sowie nicht fortgeführte Geschäftsbereiche *(discontinued operations).*

Die Einführung des IFRS 8 betreffend die **Segmentberichterstattung** mit zwingender Anwendung ab 1.1.2009 (→ § 36 Rz 134) hat zu relativ umfangreichen Ergänzungen der einschlägigen Angabepflichten in der Zwischenberichterstattung geführt (IAS 34.16A(g); bisher IAS 34.16(g)). Danach sind anzugeben:

- Segmenterlöse mit externen Kunden und mit anderen Segmenten, sofern sie im ausgewiesenen Segmentergebnis enthalten sind,
- Segmentergebnis,
- wesentliche Veränderungen des Segmentvermögens,
- Darstellung wesentlicher Veränderungen der Segmentierung oder der Bewertung,
- Überleitungsrechnung von den Segmentergebnissen zum Unternehmensergebnis.

Die konkrete **Art und Weise**, in der die vorstehend dargestellten Offenlegungen 41
und Angaben zu erfolgen haben, ist in IAS 34 nicht explizit geregelt. IAS 34.15B (bisher IAS 34.17) verweist hierzu auf diejenigen Stellen der IFRS, in denen die betreffenden Offenlegungen für Zwecke des Jahresabschlusses festgelegt sind. In der Regel sind dies die Hinweise zum *disclosure* bei den jeweiligen Einzelstandards, soweit sie die entsprechenden Bilanzpositionen betreffen, oder explizite Regelungen zu Anhangsangaben (z.B. IAS 37 zu *contingent liabilities).* Sofern sich somit dem **Grunde** nach zwingende Anhangsangaben in einem Zwischenbericht ergeben, sind für diese Bereiche in **inhaltlicher** Hinsicht die für einen vollständigen Jahresabschluss üblichen Angaben vorzunehmen.[28] In **zeitlicher** Hinsicht müssen die Angaben für den gesamten Zeitraum seit dem vorhergehen-

[28] So auch ALEXANDER/ARCHER, 2005, S. 22.05.

den Jahresabschluss erfolgen, nicht nur – sofern vom kumulierten Zeitraum abweichend – für die unmittelbar zu Ende gehende Zwischenperiode.[29]
Auf die **Checkliste „Abschlussangaben"** wird verwiesen (→ § 5 Rz 8).

5 Zwischenberichterstattung nach Börsenrecht und TUG

42 Eine **gesetzliche Pflicht** zur Zwischenberichterstattung ergibt sich in Deutschland aus § 40 **BörsG**. Demnach haben börsennotierte Unternehmen innerhalb des Geschäftsjahres regelmäßig mindestens einen Zwischenbericht (also **Halbjahres**berichterstattung) zu veröffentlichen. Nähere Details insbesondere hinsichtlich des Umfangs der erforderlichen Angaben wurden zunächst in §§ 53–62 der **Börsenzulassungsverordnung** geregelt.[30] Darüber hinaus haben Unternehmen, die im *Prime Standard* der Deutschen Börse AG (DAX, MDAX, TecDAX) notiert sind, einen **Quartalsbericht** – entsprechend dem Konzernabschluss – nach IFRS oder US-GAAP – zu erstellen und zu veröffentlichen.[31] Bei einer Quartalsberichterstattung nach IFRS ist IAS 34 einschlägig (Rz 2). Im Freiverkehr wird regelmäßig auch von den betreffenden Börsen keine Zwischenberichterstattung verlangt.[32]
Des Weiteren haben der Ministerrat und das EU-Parlament am 15. Dezember 2004 die **Transparenz-Richtlinie** (Richtlinie 2004/109/EG) verabschiedet. Gegenstand der Richtlinie sind neben der Festlegung von Veröffentlichungsfristen und -arten sowie der Harmonisierung der Meldepflichten zum Aktienbesitz insbesondere die intensiv diskutierten Regelungen zur Zwischenberichterstattung.
Artikel 5 der Richtlinie sieht verpflichtend die **Halbjahres**finanzberichterstattung für Eigen- und Fremdkapitalemittenten vor. Im Gefolge der EU-Richtlinie ist das **Transparenzrichtlinie-Umsetzungsgesetz (TUG)** mit Wirkung ab 20.1.2007 ergangen.

43 Nach dem TUG sind Inlandsemittenten für Aktien oder Schuldtitel i.S.d. § 2 Abs. 1 Satz 1 WpHG zur Erstellung eines **Halbjahres**finanzberichtes für die ersten sechs Monate eines Geschäftsjahres verpflichtet mit spätester Veröffentlichung zwei Monate nach Ablauf dieses Zeitraums (§ 37w WpHG). Auf **freiwilliger** Basis kann die Berichterstattung auch **viertel**jährlich erfolgen. Die der IAS-Verordnung (→ § 7 Rz 8) unterliegenden Konzerne müssen bei ihrer Halbjahresberichterstattung – im *Prime Standard* notierte Konzerne beim Vierteljahresbericht (Rz 42) – IAS 34 beachten. Zur Halbjahresberichterstattung der Unternehmen außerhalb des Anwendungsbereichs der IAS-Verordnung hat der Deutsche Standardisierungsrat in DRS 16 zur Ablösung des bisher gültigen DRS 6 detaillierte Vorgaben

---

29 Vgl. ebenda S. 24.06.

30 Vgl. Beck, DB 2005, S. 1478f.

31 Vgl. Deutsche Börse AG, Ihr Weg an die Börse, Entry Standard – General Standard – Prime Standard, Dezember 2005, S. 82ff.

32 So sind z.B. im Prime Standard der Deutschen Börse AG (DAX, MDAX, TecDAX) Quartalsberichte Pflicht. Im Freiverkehr wird regelmäßig auch von den betreffenden Börsen keine Zwischenberichterstattung verlangt. In der Literatur wurde DRS 6 zum Anlass genommen, im Zuge der Anforderungen unter „Basel II" auch für nichtbörsennotierte Unternehmen eine Zwischenberichterstattung in Anlehnung an DRS 6 vorzuschlagen, vgl. Knief/Nöthen, DB 2002, S. 105.

gemacht, die weitestgehend an den Inhalt von IAS 34 angelehnt sind. Zusätzlich werden ein Zwischen**lagebericht** und besondere Angaben zu Geschäftsbeziehungen mit **nahestehenden** Personen (Rz 38) verlangt.

Zwischenabschlüsse bedürfen nach dem TUG keiner regulären **Abschlussprüfung** und auch nicht einer **prüferischen Durchsicht**. Der mögliche Verzicht auf diese Prüfungen ist im Anhang des Zwischenabschlusses offenzulegen.

Neben einem Halbjahresfinanzbericht hat der Inlandsemittent (Rz 43) zum 44
Schluss des ersten und dritten Quartals eines jeden Geschäftsjahrs jeweils eine **Zwischenmitteilung** zu erstellen und spätestens sechs Wochen nach Ablauf des Mitteilungszeitraums der Öffentlichkeit zur Verfügung zu stellen (§ 37y WpHG). Die Zwischenmitteilung soll nach Abs. 2 einen Überblick über die Geschäftstätigkeit des Unternehmens in dem drei Monate umfassenden Mitteilungszeitraum geben. **Ausgenommen** von der Erstellung einer Zwischenmitteilung sind jene Unternehmen, die einen Quartalsfinanzbericht erstellen und veröffentlichen.

Die genannten Berichte und Mitteilungen beziehen sich formal vorrangig auf den 45
Einzelabschluss. Bei Erstellung eines Konzernabschlusses – in der Praxis die Regel – ist die Berichterstattung tatsächlich aber auf **Konzern**ebene vorzunehmen. Auch die Mutterunternehmung braucht dann keinen Einzelabschluss zu präsentieren.

In einer Transparenzlinie-Durchführungsverordnung (**TranspRLDV**) sind Regeln über den Inhalt des Halbjahresfinanzberichts enthalten. Diese Regeln werden wiederum ergänzt durch die Vorgaben des DRS 16. Daraus lässt sich folgendes Schema ableiten:[33]

Zwischenberichtsarten nach WpHG und DRS 16

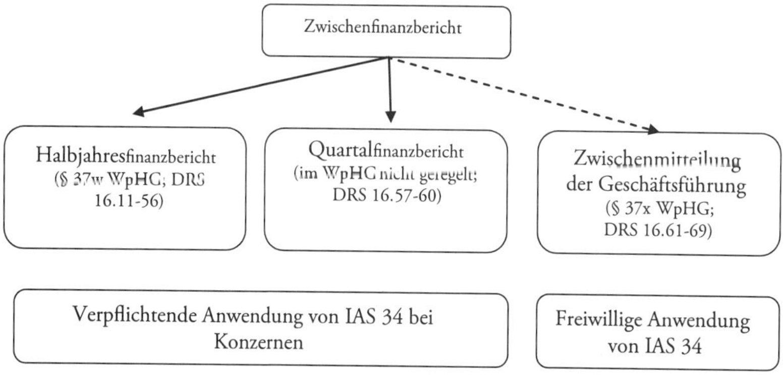

6 Anwendungszeitpunkt, Rechtsentwicklung

IAS 34 ist erstmals auf ein ab dem **1. Januar 1999** beginnendes Geschäftsjahr 46
anzuwenden.

[33] Nach SCHNEIDER, PiR 2009, S. 351.

IFRIC 10 (Rz 35) ist auf Geschäftsjahre anzuwenden, die nach dem 31.10.2006 beginnen.
Aus der Änderung anderer Standards ergeben sich Folgeänderungen in IAS 34, die zwingend ab 1.1.2009 anzuwenden sind und freiwillig mit Anhangsangabe zuvor angewendet werden können.
Fehlanzeige
Die in Rz 38 und Rz 39 dargestellten Standardänderungen durch das *Annual Improvements Project* 2010 sind für nach dem 31.10.2010 beginnende Geschäftsjahre anzuwenden. Eine frühere Anwendung ist unter Anhangsangabe erlaubt.
Die Besonderheiten der Zwischenberichterstattung bei IFRS-**Erstanwendung** sind in → § 6 Rz 17 kommentiert.
Wegen des Transparenzrichtlinieumsetzungsgesetzes (**TUG**) wird auf Rz 43 verwiesen.

7 Zusammenfassende Praxishinweise

47
- Die IFRS können keine Vorgabe zur Erstellung von Zwischenabschlüssen dem Grunde nach machen, dies bleibt den **nationalen** Instanzen vorbehalten (Rz 2). Wenn allerdings die Rechnungslegung nach IFRS erfolgt, sind die Inhalte von IAS 34 zu beachten (Rz 2). Entsprechend muss auch ein Zwischenbericht die *compliance*-**Erklärung** enthalten (Rz 3).
- Im Interesse des Ausgleichs von *cost* und *benefit* (Rz 1) kommt dem *materiality*-**Gedanken** besondere Bedeutung zu (Rz 5).
- Der Zwischenbericht muss im Wesentlichen die **üblichen Bestandteile** eines Jahresabschlusses enthalten, allerdings in zusammengefasster Form (Rz 9). Das gilt auch für Vorjahresvergleichszahlen (Rz 12).
- Wegen möglicher **Zusammenfassungen** der einzelnen Abschlussbestandteile vgl. Rz 15.
- Konzeptionell besteht das Hauptproblem des IAS 34 und damit der Zwischenberichterstattung überhaupt in der Unterscheidung zwischen **eigenständigem** und **integrativem** Ansatz (Rz 17). **Beiden** folgt das Ansatz- und Bewertungskonzept von IAS 34 (Rz 30) ohne eine explizit ausgesprochene Vorrangigkeit. Eines dieser Aspekte, bei dem die unterschiedlichen Auswirkungen der beiden Ansätze für die Abbildung eines Sachverhaltes im Abschluss zum Ausdruck kommen, hat sich IFRIC 10 angenommen: der Frage nach dem **Wertaufholungsverbot** nach vorhergehender *impairment*-Abschreibung (Rz 35).
- Die Pflicht zur **Anhangerläuterung** wird bei der Zwischenberichterstattung gegenüber dem Jahresabschluss stark reduziert. Der Adressat des Zwischenberichtes soll sich zunächst auf die gegenüber dem letzten Jahresabschluss unveränderte wirtschaftliche Situation verlassen können und darf deshalb wichtige Änderungen, die sich in der Zwischenberichtsperiode gegenüber dem gesamten Vorjahr ergeben haben, erwarten (Rz 38).
- Die Zwischenberichterstattungspflicht wird in Deutschland durch die Vorgaben der EU-**Transparenzrichtlinie** und das Transparenzrichtlinien-Umsetzungsgesetz ergänzt (Rz 42).

I

Branchenspezifische Vorschriften

§38 BANKEN

Inhaltsübersicht

Schrifttum: Basel Committee of Banking Supervision, Basel II – Internationale Konvergenz der Eigenkapitalmessung und der Eigenkapitalanforderungen, November 2005; Eckes/Weigel, Die Fair Value-Option – Auslegungsfragen und Anwendungsmöglichkeiten in der Kreditwirtschaft, KoR 6/2006, S. 415ff.; Fischer/Sittmann-Haury, Risikovorsorge im Kreditgeschäft nach IAS 39, IRZ 4/2006, S. 217ff.; Kuhn/Scharpf, Rechnungslegung von Financial Instruments nach IFRS, 3. Aufl., 2006; Löw, Ausweisfragen in Bilanz und Gewinn- und Verlustrechnung bei Financial Instruments, KoR 2006, Beilage 1; Löw, Kapitalflussrechnung, in: Rechnungslegung für Banken nach IFRS, 2. Aufl., 2005, S. 221ff.; Löw/Lorenz, Ansatz und Bewertung von Finanzinstrumenten, in: Rechnungslegung für Banken nach IFRS, 2. Aufl., 2005, S. 415ff.; PwC, IFRS für Banken, 4. Aufl., 2008; PwC, IFRS und Basel II – eine Schnittstellenanalyse, 2. Aufl., 2006; Wenk/Strasser, Neuregelung der Bilanzierung von Finanzinstrumenten (IFRS 9), PiR 4/2010, S. 102ff.

Vorbemerkung
Die Kommentierung stellt die branchenbedingten Besonderheiten der IFRS-Anwendung nach dem Rechtsstand zum 1.1.2011 dar. Eine Übersicht über ältere Fassungen enthalten Rz 1 ff., über die künftige Rechtsentwicklung Rz 66 f.

1 Zielsetzung, Regelungsinhalt, Begriffe

1 Für die IFRS-Bilanzierung von Banken gab es bis 2006 mit IAS 30 *„Disclosures in the Financial Statements of Banks and Similar Financial Institutions"* einen eigenen Standard. Die Notwendigkeit eines solchen **branchenspezifischen** Standards wurde mit der volkswirtschaftlichen Bedeutung von Banken sowie der von anderen Unternehmen abweichenden Geschäftstätigkeit von Banken begründet (IAS 30.3).

Gleichwohl sah IAS 30 **keine umfassende** Regelung der IFRS-Rechnungslegung für Banken vor, sondern beschränkte sich auf

- Gliederungsvorschriften für die Bilanz und die GuV sowie auf
- Angabepflichten (Restlaufzeitengliederung, Risikokonzentration, Wertberichtigungen usw.).

2 Ende der 90er Jahren wurde mit einer Überarbeitung des IAS 30 begonnen. Parallel hierzu wurde auch IAS 32, der die **Angabepflichten** zu **Finanzinstrumenten** branchenübergreifend regelt, überarbeitet. Da die Geschäftstätigkeit von Banken überwiegend auf Finanzinstrumente i.S.d. IAS 32 ausgerichtet ist (regelmäßig bestehen über 90 % der Bilanzsumme aus Finanzinstrumenten), ergaben sich Abgrenzungsfragen zwischen den beiden Standards bzw. deren Überarbeitungen. Der IASB hat sich 2005 entschlossen, die beiden Standards nicht nebeneinander bestehen zu lassen, sondern in dem für alle Wirtschaftszweige gültigen IFRS 7 *„Financial Instruments: Disclosures"* zusammenzuführen (→ § 28 Rz 285 ff.). Dabei wurde aus Sicht der Banken ein **branchen**bezogener Standard durch einen **produkt**bezogenen Standard ersetzt. IFRS 7 ist für alle ab dem 1.1.2007 beginnenden Geschäftsjahre anzuwenden. Als Grund für die **Aufgabe** des bankenspezifischen Standards führt der IASB zunächst an, dass klassische Finanzdienstleistungen (insb. das Einlagen-, Kredit- und Wertpapiergeschäft) in zunehmendem Maße auch von **Nichtbanken** angeboten werden.

3 In **Ermangelung** branchenspezifischer IFRS-Regelungen für Banken ist demnach auf das für **alle** Unternehmen gültige IFRS-Regelwerk zurückzugreifen. Danach besteht der IFRS-Abschluss von Banken gem. IAS 1.10 aus den **allgemein** geltenden Bestandteilen (→ § 2 Rz 4).

4 Aufgrund der **Geschäftstätigkeit** von Banken ergeben sich Besonderheiten für die **inhaltliche Ausgestaltung** von Bilanz (Rz 6 ff.), Gewinn- und Verlustrechnung (Rz 13 ff.), Kapitalflussrechnung (Rz 15 ff.) und Anhang (Rz 18 ff.). Dagegen sind für den **Eigenkapitalspiegel** und das *other comprehensive income* keine inhaltlichen Besonderheiten im Vergleich zu Unternehmen anderer Branchen zu berücksichtigen.

5 Des Weiteren werden zwei Bilanzierungsbereiche beleuchtet, die in der Bankenpraxis von besonderer Relevanz sind:

- Anwendung der Regelungen des *hedge accounting* für das auf *macro-hedging*-Strategien beruhende Zinsrisikomanagement von Banken (Rz 25 ff.)

- Anwendung der Vorschriften zur **Risikovorsorge** für das **Kreditgeschäft** von Banken (Rz 45ff.).

2 Die Abschlussbestandteile

2.1 Bilanz und GuV

Für die mit der Abschaffung des IAS 30 entfallenen bankenspezifischen Gliederungsvorschriften wurden keinerlei Ersatzregelungen getroffen. Es ist daher zu untersuchen, inwieweit sich aus den auf **Finanzinstrumente** ausgerichteten IFRS-Standards Hinweise auf die Gliederung der Bilanz bzw. GuV von Banken ergeben: 6

- IAS 39 bzw. IFRS 9 regeln den **Ansatz** und die **Bewertung** (sowie **Kategorisierung**, § 28 Rz 29ff.) von Finanzinstrumenten. Relevante Vorschriften zur Gliederung der Bilanz oder GuV ergeben sich daraus jedoch nicht.
- IAS 32 regelt (nach den mit der Einführung von IFRS 7 vorgenommenen Änderungen) den **Ausweis** von Finanzinstrumenten. Dabei geht es allerdings primär um Fragen der **Abgrenzung** von Eigen- und Fremdkapital sowie verschiedene Detailfragen (wie zusammengesetzte Finanzinstrumente, *treasury shares* und Saldierung). Auch aus IAS 32 lassen sich keine relevanten Regelungen zur Gliederung der Bilanz oder der GuV ableiten.
- IFRS 7 regelt auf Finanzinstrumente bezogene **Angabe**pflichten, die primär im **Anhang** erfüllt werden, zum Teil aber, insb. den Risikobericht betreffend (IFRS 7.B6), auch im **Lage**bericht erfüllt werden können. Ferner kann die in IFRS 7.8 geforderte Angabe der **Buchwerte** für die Bewertungskategorien nach IAS 39 bzw. IFRS 9 (→ § 28 Rz 299) wahlweise in der Bilanz oder dem Anhang vorgenommen werden. Gleiches gilt für die nach IFRS 7.20(a) geforderte Aufgliederung der **Nettogewinne** aus Finanzinstrumenten nach diesen Bewertungskategorien (→ § 28 Rz 302); auch diese ist nicht zwingend in der GuV vorzunehmen, sondern kann im Anhang erfolgen. Damit lassen sich auch aus IFRS 7 keine verbindlichen Regeln für die Gliederung der Bilanz und GuV ableiten.

Grundlage für die Gliederung der Bilanz und GuV von Banken sind somit in erster Linie die Regelungen des IAS 1 (→ § 2). Für die **Bilanz aller** Unternehmen sieht IAS 1.54 bestimmte Mindestangaben vor (→ § 2 Rz 40ff.). IAS 1.82f. enthalten ebenfalls nur relativ allgemeine Mindestangaben für die **GuV** (→ § 2 Rz 59ff.). 7

Die oben dargestellten branchenübergreifenden Gliederungsvorgaben für die Bilanz und GuV sind **unzureichend**, um das banktypische Geschäft (insb. bezogen auf Finanzinstrumente) abzubilden. Vor diesem Hintergrund stellt sich die Frage, welche weiteren Regelungen des IAS 1 zur sachgerechten Gliederung beitragen. Hierzu sind zunächst die Vorgaben des IAS 1.29 zu berücksichtigen (→ § 2 Rz 20). Danach sind ihrer **Art** oder **Funktion** nach unterschiedliche Gruppen von Geschäftsvorfällen im Abschluss grundsätzlich gesondert auszuweisen. Unwesentliche Posten dürfen dagegen, und das auch, wenn sie art- oder funktionsverschieden sind, zusammengefasst werden. 8

9 Des Weiteren finden sich in IAS 1 die folgenden speziell auf Banken bezogenen Regelungen:

- Hinsichtlich der **Gliederung** der Bank-**Bilanz** gelten folgende Vorgaben:
  - Abweichend von IAS 1.60 ist die Bank-Bilanz nach der **Liquiditäts**nähe und nicht nach der Fristigkeit vorzunehmen; gleichzeitig **entfällt** die Notwendigkeit der Aufgliederung in kurz- und langfristige Vermögenswerte bzw. **Verbindlichkeiten** (IAS 1.63).
  - **Zusätzliche Posten** sind aufzunehmen, wenn dies für das Verständnis des Abschlusses relevant ist; Gleiches gilt für **zusätzliche Überschriften oder Zwischensummen** (IAS 1.55). Die Entscheidung zur Aufnahme zusätzlicher Aktivposten hat unter Berücksichtigung der Art und Liquidität der Vermögenswerte und ihrer Funktion im Unternehmen zu erfolgen. Hinsichtlich zusätzlicher Passivposten ist dabei auf ihre Beträge, Art und Fälligkeit abzustellen (IAS 1.58).
  - Auch die **Reihenfolge** der in IAS 1.54 geregelten Mindestangaben ist nicht bindend (IAS 1.57).
  - Ferner ist erlaubt, die in IAS 1.54 vorgesehene Bilanzgliederung (Bezeichnungen und Zusammenfassung ähnlicher Posten) **anzupassen**. Dies kann gerade bei Banken erforderlich sein, um relevante Informationen über ihre Geschäftstätigkeit zur Verfügung stellen zu können (IAS 1.57b).
- Entsprechendes gilt für die **Gliederung** der Bank-**GuV:**
  - Zusätzliche Posten sind aufzunehmen, wenn dies für das Verständnis relevant ist; Gleiches gilt für **zusätzliche Überschriften oder Zwischensummen** (IAS 1.85).
  - Es ist erlaubt, die in IAS 1.82 vorgesehene GuV-Gliederung (Bezeichnungen und Reihenfolge) **anzupassen**. Dabei ist auf die Wesentlichkeit sowie die Art und Funktion der Aufwands- und Ertragskomponenten abzustellen. Eine solche Anpassung kann für Banken erforderlich sein, um relevante Informationen über ihre Geschäftstätigkeit zur Verfügung stellen können (IAS 1.86).

10 Auf der Grundlage der vorstehenden Regelungen in IAS 1 lässt sich eine an die **Besonderheiten** der Geschäftstätigkeit von Banken angepasste Gliederung der Bilanz und GuV vornehmen. Bei der Entscheidung über die Ausgestaltung der Gliederung sind jedoch zusätzlich die von IFRS 7.8 und IFRS 7.20(a) geforderten **kategoriebezogenen Angaben** zu berücksichtigen (→ § 28 Rz 299ff.):

- Die Buchwerte der Bewertungskategorien nach IAS 39 bzw. IFRS 9 sind entweder in der Bilanz oder im Anhang anzugeben (IFRS 7.8).
- Die Nettogewinne und -verluste der Bewertungskategorien nach IAS 39 bzw. IFRS 9 sind entweder in der GuV oder im Anhang anzugeben (IFRS 7.20(a)).

Diese Angabepflichten beziehen sich auf die folgenden **Bewertungskategorien** aus IAS 39 bzw. IFRS 9 (→ § 28 Rz 91ff., 338f.):

- *financial assets at fair value through profit and loss* mit den Unterkategorien
  - *mandatorily measured at fair value*
  - *fair value option*
- *financial liabilities at fair value through profit and loss* mit den Unterkategorien
  - *held for trading*
  - *fair value option*

- *financial assets measured at amortized cost*
- *financial liabilities measured at amortized cost*
- *financial assets measured at fair value through other comprehensive income.*

Anders als etwa für die meisten Industrie- oder Handelsunternehmen nehmen Finanzinstrumente für Banken eine zentrale Rolle in der Bilanz und GuV ein. Daher stellt das jeweils in IFRS 7.8 sowie IFRS 7.20(a) enthaltene Wahlrecht, nach dem die kategoriebezogenen Angaben entweder in der Bilanz/GuV oder im Anhang zu machen sind, faktisch Gliederungs**alternativen** für die Bilanz bzw. die GuV dar:[1] 11

- **Alternative 1:**
  Die Gliederung wird nach Maßgabe der IAS-39- bzw. IFRS-9-Bewertungs**kategorien** vorgenommen. In diesem Fall sind keine weiteren kategoriebezogenen Angaben im Anhang notwendig, da diese bereits in der Bilanz bzw. GuV enthalten sind.
- **Alternative 2**:
  Die Gliederung wird nach Maßgabe **betriebswirtschaftlicher** Kriterien vorgenommen. Dann müssen die von IFRS 7 geforderten Angaben im Anhang erfolgen.

Denkbar ist auch eine Mischform aus den vorgenannten Alternativen.

Für die **Bilanz** hat die betriebswirtschaftliche gegenüber der kategoriebezogenen Gliederung folgende **Nachteile**:

- **Zusätzliche** Angaben im Anhang sind erforderlich.
- Innerhalb der Bilanzpositionen kommen unterschiedliche **Bewertungsmaßstäbe** zur Anwendung. So können z. B. innerhalb einer Position `Finanzanlagen' alle Wertpapiere erfasst werden, unabhängig davon, ob sie als *measured at amortized cost* oder *at fair value through profit and loss* kategorisiert sind.

Demgegenüber hat die betriebswirtschaftliche Gliederung folgende **Vorteile**:

- Innerhalb einer Bilanzposition können gleichartige Geschäfte **zusammengefasst** werden (z. B. Wertpapiere). Dies macht die Bilanzgliederung für den Bilanzleser leichter nachvollziehbar.
- Außerdem ist die kategoriebezogene Gliederung erfahrungsgemäß weniger intuitiv und kann zu **Missverständnissen** führen. So können in der Bilanzposition *measured at amortized cost* (zu fortgeführten Anschaffungskosten bewertet) alle Wertpapiere ausgewiesen werden, die die einschlägigen Voraussetzungen gem. IAS 39.9 bzw. IFRS 9.4.1 ff. erfüllen. Ebenso kann bspw. in der Position *fair value option* grundsätzlich jede Art von Finanzinstrument erfasst werden. Umgekehrt würden jedoch bei der betriebswirtschaftlichen Gliederung die Geschäfte unabhängig von der Ausübung der *fair value option* ihrer Art entsprechend einer Bilanzposition zugeordnet.

In der Bilanzierungs**praxis** von Banken finden sich beide o. g. Gliederungsalternativen, die häufig eine Reihe von Strukturmerkmalen aus der HGB-Bilanzierung (gem. RechKredV) enthalten. Im Gegensatz zur HGB-Bilanz zeichnen sich die IFRS-Bilanzen aber durch eine **straffe Gliederung**, kombiniert mit umfangreichen Angaben im **Anhang**, aus. Die Kernelemente einer primär an betriebs- 12

---

[1] Vgl. Löw, Ausweisfragen, S. 14 ff.

wirtschaftlichen Kriterien ausgerichteten Bilanzgliederung sind (einschließlich der Posten, die keine Finanzinstrumente betreffen):

Aktivseite:

- Barreserve
- Forderungen an Kreditinstitute
- Forderungen an Kunden
- Risikovorsorge
- Handelsaktiva
- Finanzanlagen
- Anteile an *at equity* bewerteten Unternehmen
- Immaterielle Vermögenswerte
- Sachanlagen
- Ertragsteueransprüche
- Sonstige Aktiva

Passivseite:

- Verbindlichkeiten gegenüber Kreditinstituten
- Verbindlichkeiten gegenüber Kunden
- Verbriefte Verbindlichkeiten
- Handelspassiva
- Rückstellungen
- Ertragsteuerverpflichtungen
- Sonstige Passiva
- Nachrangkapital
- Eigenkapital
  - Gezeichnetes Kapital
  - Kapitalrücklage
  - Gewinnrücklagen
  - *Other comprehensive income*
  - Anteile im Fremdbesitz
  - Konzerngewinn

Im Einzelfall sind ggf. **weitere wesentliche** Posten aufzunehmen bzw. kann auf einen separaten Ausweis **unwesentlicher** Posten verzichtet werden.

13 Auch für die Gliederung der GuV bestehen die Alternativen einer Gliederung nach **betriebswirtschaftlichen** Kriterien oder nach den **Bewertungskategorien** des IAS 39 bzw. IFRS 9 (Rz 13). Die GuV-bezogenen Angabepflichten des IFRS 7 zu den Bewertungskategorien sind dabei **weniger umfassend** als für die Bilanz. Sie beziehen sich gem. IFRS 7.20(a) lediglich auf die Angabe der **Nettogewinne und -verluste** je Kategorie; **nicht** erforderlich ist dagegen die Angabe **aller Erträge/Aufwendungen** je Kategorie. Auch wenn sich aus IAS 1 keine entsprechenden Anforderungen zur gleichgerichteten Ausgestaltung von Bilanz und GuV ableiten lassen, sollte sich eine kategoriebezogene Gliederung der Bilanz auch in der GuV widerspiegeln.

Eine an den Bewertungskategorien ausgerichtete Gliederung der GuV fasst alle einer Bewertungskategorie zuzuordnenden Erträge und Aufwendungen **zusammen.** Demnach werden bspw. im Ergebnis aus *measured at amortized cost* die Zinserträge, Wertberichtigungen, Abschreibungen, Veräußerungserlöse usw. aller entsprechend kategorisierten Wertpapiere erfasst. Insgesamt führt eine solche Gliederung nicht nur zu gewöhnungsbedürftigen Postenbezeichnungen, sondern ist auch für den GuV-Leser wenig intuitiv. Denkbar ist daher eine partielle kategoriebezogene Gliederung, indem die von IFRS 7.20(a) geforderten Angaben zu den Nettogewinnen je Kategorie unmittelbar in die GuV-Gliederung aufgenommen werden.[2] Dies ist aber bisher keine gängige Bilanzierungspraxis.

In der Bilanzierungs**praxis** von Banken dominiert vielmehr eine primär an **betriebswirtschaftlichen** Kriterien ausgerichtete Gliederung der GuV, die sich an die Regelungen der RechKredV anlehnt. Die Kernelemente einer solchen GuV-Gliederung sind (einschließlich der GuV-Positionen, die sich nicht auf Finanzinstrumente beziehen): 14

- Zinserträge
- Zinsaufwendungen
- Zinsüberschuss
- Risikovorsorge im Kreditgeschäft
- Zinsüberschuss nach Risikovorsorge
- Provisionserträge
- Provisionsaufwendungen
- Provisionsüberschuss
- Handelsergebnis
- Ergebnis aus Finanzanlagen
- Verwaltungsaufwand
- Sonstiges Ergebnis
- Ergebnis vor Steuern
- Ertragsteuern
- Ergebnis nach Steuern, in der Konzern-GuV mit den Davon-Positionen
  - den Minderheiten zurechenbares Ergebnis
  - den Eigentümern zurechenbares Ergebnis

2.2 Kapitalflussrechnung

Mit der Kapitalflussrechnung gem. IAS 7 (→ § 3) sollen dem Abschlussadressaten Informationen zur Einschätzung der Fähigkeit eines Unternehmens, **Zahlungsmittel** und Zahlungsmitteläquivalente erwirtschaften zu können, zur Verfügung gestellt werden (IAS 7.3f.). Zu diesem Zweck ist der Zahlungsmittelbestand am Periodenanfang durch Angabe der in der Periode angefallenen Zahlungsströme auf den Zahlungsmittelbestand am Periodenende überzuleiten. Die Zahlungsströme der Periode sind dabei aufzugliedern in: 15

- Zahlungsströme aus operativer Geschäftstätigkeit (→ § 3 Rz 46ff.),
- Zahlungsströme aus Investitionstätigkeit (→ § 3 Rz 67ff.),
- Zahlungsströme aus Finanzierungstätigkeit (→ § 3 Rz 86ff.).

Diese Aufteilung gem. IAS 7 ist ausgerichtet an dem z.B. in einem **Industrie**unternehmen anzutreffenden **Transformationsprozess** (Geld-Güter-Geld), in dem Produktionsfaktoren mit Geld erworben, im Produktionsprozess verarbeitet und als Fertigprodukte veräußert werden. Dieser Transformationsprozess muss finanziert werden und es bedarf Investitionen, z.B. in entsprechende Produktionsanlagen. 16

[2] Vgl. ECKES/WEIGEL, Fair Value-Option, S. 420.

In Banken gibt es einen solchen Transformationsprozess nicht, da **Geld selbst** der wesentliche „Produktionsfaktor" ist. Diese **Geldnähe** des Bankgeschäfts drückt sich z.B. in Folgendem aus:

- **Verbindlichkeiten** dienen nicht primär der Finanzierung des eigentlichen operativen Geschäfts (wie etwa der Automobilherstellung), sondern sind vielmehr selbst (Kern-)Bestandteil des operativen Geschäfts. Dies zeigt sich z.B. bei Verbindlichkeiten aus Sicht- und Spareinlagen der Kunden.
- Die Herausgabe von **Darlehen** stellt ebenfalls einen (Kern-)Bestandteil der operativen Geschäftstätigkeit von Banken dar. Im Gegensatz hierzu sind etwa Ausleihungen in einem Industrieunternehmen eine das operative Geschäft allenfalls unterstützende Investitionstätigkeit.
- **Investitionen** in Produktionsanlagen als Teil des oben beschriebenen Transformationsprozesses sind nicht erforderlich.

Die Liquiditätslage einer Bank ist somit fast ausschließlich durch das operative Geschäft geprägt. Einer hiervon abgrenzbaren Finanzierungs- und Investitionstätigkeit kommt nur eine vergleichsweise geringe Bedeutung zu. Daher besitzt eine Kapitalflussrechnung gem. IAS 7 für Banken eine nur **geringe Aussagekraft.**[3] Gleichwohl unterstellt IAS 7.3 für alle Branchen ein Interesse der Abschlussadressaten an der Veröffentlichung einer Kapitalflussrechnung; dies gilt ausdrücklich auch für Banken, bei denen Zahlungsmittel als Produkt angesehen werden.

Wesentliche bankenspezifische Vorschriften finden sich in IAS 7 nicht. Die wenigen Ausnahmen betreffen z.B.:

- Das Kreditgeschäft in Banken, das i.d.R. der **operativen** Geschäftstätigkeit zugeordnet wird (IAS 7.15).
- Erhaltene und gezahlte Zinsen, die der **operativen** Geschäftstätigkeit zugeordnet werden (IAS 7.33).
- Bestimmte Ein- und Auszahlungen, die auf **saldierter** Basis ausgewiesen werden dürfen (IAS 7.24).

Auch bez. der Angabemethodik gelten für Banken die allgemeinen Regelungen des IAS 7 (→ § 3 Rz 54ff.). Danach sind die Zahlungsströme aus Investitionstätigkeit und aus Finanzierungstätigkeit nach der direkten Methode anzugeben (IAS 7.21). Die Zahlungsströme aus operativer Geschäftstätigkeit können hingegen wahlweise nach der direkten oder der indirekten Methode angegeben werden (IAS 7.18), wobei der Standard die **direkte** Methode empfiehlt (IAS 7.19).

Im Appendix zu IAS 7 findet sich ein Muster für eine Kapitalflussrechnung einer Bank (IAS 7, Appendix B, *Statement of cash flows for a financial institution)*, die nach der direkten Methode aufgestellt ist. Da der Appendix jedoch nicht zu dem verbindlich anzuwendenden Teil des Standards gehört, kann daraus keine Pflicht für Banken zur Nutzung der direkten Methode abgeleitet werden. Dies gilt auch für die in dem Beispiel verwendete Zuordnung von Sachverhalten zu den drei Bereichen der Kapitalflussrechnung sowie deren Gliederung.[4]

Allerdings ist die **direkte** Methode insb. für Banken **nicht praktikabel,** da die Buchführungssysteme für die Vielzahl an *cash-flow*-relevanten Transaktionen regel-

---

3 Löw, Kapitalflussrechnung, S. 223.

4 Vgl. Löw, Kapitalflussrechnung, S. 223.

mäßig keine separate Bestimmung der Ein- und Auszahlungen vorsehen. Insofern würde die direkte Methode die Einführung umfangreicher Nebenbuchführungen erfordern. In der Bankenpraxis wird daher nur die indirekte Methode genutzt.

17 Der Deutsche Standardisierungsrat hat mit dem DRS 2–10 „Kapitalflussrechnung von Kreditinstituten“ Vorgaben für eine an die Besonderheiten der Geschäftstätigkeit der Banken angepasste Kapitalflussrechnung nach der indirekten Methode erlassen, die mit den Regelungen des IAS 7 **kompatibel** sind. Der wesentliche Unterschied zu Nicht-Banken besteht dabei in der weiteren Fassung der *cash flows* aus der operativen Geschäftstätigkeit. Entsprechend fällt die Definition der *cash flows* aus Investitionstätigkeit und aus Finanzierungstätigkeit enger aus.

DRS 2–10 sieht für Banken das folgende Muster-Gliederungsschema einer Kapitalflussrechnung vor:

	20xx	20yy
Periodenergebnis		
Im Periodenergebnis enthaltene zahlungsunwirksame Posten und Überleitung auf den *cash flow* aus laufender Geschäftstätigkeit:		
+/– Abschreibungen, Wertberichtigungen und Zuschreibungen auf Forderungen, Sach- und Finanzanlagen		
+/– Veränderung der Rückstellungen		
+/– Andere zahlungsunwirksame Aufwendungen/Erträge		
-/+ Gewinn/Verlust aus der Veräußerung von Finanz- und Sachanlagen		
+/- Sonstige Anpassungen (Saldo)		
= Zwischensumme		
Veränderung des Vermögens und der Verbindlichkeiten aus laufender Geschäftstätigkeit:		
+/– Forderungen an Kreditinstitute		
+/– Forderungen an Kunden		
+/– Wertpapiere (soweit nicht Finanzanlagen)		
+/– Andere Aktiva aus laufender Geschäftstätigkeit		
+/– Verbindlichkeiten gegenüber Kreditinstituten		
+/– Verbindlichkeiten gegenüber Kunden		
+/– Verbriefte Verbindlichkeiten		
+/– Andere Passiva aus laufender Geschäftstätigkeit		
+ Erhaltene Zinsen und Dividenden		
– Gezahlte Zinsen		
+/– Ertragsteuerzahlungen		
= *Cash flow* aus laufender Geschäftstätigkeit		

	20xx	20yy
+ Einzahlungen aus Abgängen von Finanzanlagen		
+ Einzahlungen aus Abgängen von Sachanlagen		
– Auszahlungen aus Investitionen in Finanzanlagen		
– Auszahlungen aus Investitionen in Sachanlagen		
+ Einzahlungen aus dem Verkauf von konsolidierten Unternehmen und sonstigen Geschäftseinheiten		
– Auszahlungen aus dem Erwerb von konsolidierten Unternehmen und sonstigen Geschäftseinheiten		
+/– Mittelveränderungen aus sonstiger Investitionstätigkeit (Saldo)		
= *Cash flow* aus Investitionstätigkeit		
+ Einzahlungen aus Eigenkapitalzuführungen		
– Dividendenzahlungen		
– Sonstige Auszahlungen an Unternehmenseigner		
+/– Mittelveränderungen aus sonstigem Kapital		
= *Cash flow* aus Finanzierungstätigkeit		
Zahlungsmittelbestand am Anfang der Periode		
• *Cash flow* aus laufender Geschäftstätigkeit		
• *Cash flow* aus Investitionstätigkeit		
• *Cash flow* aus Finanzierungstätigkeit		
• Wechselkurs-, konsolidierungskreis- und bewertungsbedingte Änderungen des Finanzmittelfonds		
Zahlungsmittelbestand am Ende der Periode		

In der deutschen IFRS-Praxis erfolgt die Darstellung der Kapitalflussrechnung von Banken in starker Anlehnung an diese Muster-Gliederung des DRS 2–10.

2.3 Anhang und Lagebericht

18 Seit dem Wegfall des IAS 30 (Rz 1 f.) gibt es **keine bankenspezifischen** Anhangsangabepflichten mehr. Banken unterliegen vielmehr den gleichen Angabepflichten wie Unternehmen anderer Branchen nach Maßgabe der jeweils einschlägigen Standards. Dies gilt z.B. für Angaben zu Pensionsrückstellungen gem. IAS 19 (→ § 22), latenten Steuern gem. IAS 12 (→ § 26) oder Aktienoptionsplänen gem. IFRS 2 (→ § 23). Andere Standards haben hingegen eine nur **geringe** bzw. **keine Relevanz** für Banken. Entsprechendes gilt für die damit zusammenhängenden Angabepflichten. Hierzu zählen z.B. IAS 2 zu Vorräten (→ § 17) oder IAS 11 zur langfristigen Auftragsfertigung (→ § 18).

19 Aufgrund der **zentralen Bedeutung von Finanzinstrumenten** für die Geschäftstätigkeit von Banken kommt den hierauf bezogenen Angabepflichten des

IFRS 7 (→ § 28 Rz 285ff.) im Anhang hingegen eine besondere Bedeutung zu. IAS 32 und IAS 39, die sich ebenfalls mit Finanzinstrumenten auseinandersetzen, enthalten hingegen keine Angabepflichten. IFRS 7 steht daher im Mittelpunkt der nachfolgenden Überlegungen.

Das Ausmaß der erforderlichen Angaben hat gem. IFRS 7 dem **Umfang** der eingesetzten Finanzinstrumente und den damit verbundenen **Risiken** Rechnung zu tragen (IFRS 7.IN4; → § 28 Rz 290). Demzufolge werden Banken aufgrund der Bedeutung von Finanzinstrumenten für ihre Geschäftstätigkeit tendenziell **mehr Informationen** offenlegen als Unternehmen anderer Branchen. Gleichzeitig hat jedes Unternehmen unter Berücksichtigung seiner eigenen Umstände zu entscheiden, wie detailliert es die Anforderungen des IFRS 7 erfüllt, wie es die einzelnen Anforderungen gewichtet und wie es einzelne Informationen zu einem Gesamtbild aggregiert. Vermieden werden sollten gem. IFRS 7.B3

- einerseits eine zu starke **Zusammenfassung** von Sachverhalten, die es dem Abschlussleser nicht mehr erlaubt, Geschäftsvorfälle mit wesentlichen Unterschieden zu differenzieren,
- **andererseits eine überladene** Berichterstattung, in der der Abschlussleser die wesentlichen Sachverhalte in Anbetracht einer Informationsüberflutung nicht mehr zu erkennen vermag (→ § 5 Rz 66ff.).

Vor diesem Hintergrund ist die Umsetzung der folgenden Angabepflichten gem. IFRS 7 aus Bankensicht zu würdigen:

- Angaben zur **Bedeutung** von Finanzinstrumenten (IFRS 7.7–30) (Rz 20);
- Angaben zu **Art** und **Umfang** der aus den eingesetzten Finanzinstrumenten resultierenden Risiken (IFRS 7.31–42) (Rz 19).

Die i.d.R. **quantitativen** Angaben zur Bedeutung von Finanzinstrumenten sind 20
in IFRS 7.7–30 in Form einer abschließenden Aufzählung inhaltlich klar vorgegeben. Besonderheiten für Banken ergeben sich nur insoweit, als

- die eine solche Angabe hervorrufenden **Sachverhalte** bei Banken geschäftsartbedingt in größerem Umfang vorliegen werden als bei Nichtbanken. Beispiele hierfür sind die aus dem Wertpapierleih- bzw. Wertpapierpensionsgeschäft resultierenden Angaben zu erhaltenen oder gegebenen Sicherheiten nach IFRS 7.14f. oder die erfahrungsgemäß stärkere Nutzung der *fair value*-Option (bspw. im Bereich strukturierter Emissionen) mit der Notwendigkeit entsprechender Angaben gem. IFRS 7.10,
- eine weitergehende Aufgliederung der Finanzinstrumente nach **Klassen** infrage kommt.

Für die Mehrzahl der erforderlichen Angaben ergeben sich hingegen **keine Besonderheiten**, so z.B. für die Angabe der Buchwerte der Bewertungskategorien des IAS 39 bzw. IFRS 9 (IFRS 7.8).

Zu Art und Umfang der aus den eingesetzten Finanzinstrumenten resultierenden 21
Risiken wird in IFRS 7.31–42 eine in sich geschlossene und weitreichende **Risikoberichterstattung** zu Finanzinstrumenten für alle Unternehmen vorgeschrieben. Diese geht über die früher in IAS 32 und für Banken in IAS 30 geregelten Angabepflichten hinaus. Gegenstand dieser Risikoberichterstattung sind (→ § 28 Rz 313ff.):

- **Qualitative** Angaben zu Art und Ausmaß der Risiken, den Ursachen ihrer Entstehung sowie den Zielen und Methoden des Risikomanagements, insb.

zur Risikomessung, den Sicherungsstrategien sowie dem Prozess und der Organisation des Risikomanagements (IFRS 7.33, IFRS 7.IG15).

- **Quantitative** Angaben zum Umfang der Risiken, basierend auf den internen Managementinformationen (sog. *management approach)* nach IFRS 7.34(a). Ergänzt werden diese Angabepflichten um umfangreiche quantitative Mindestangaben zu Kredit-, Liquiditäts- und Marktrisiken gem. IFRS 7.36ff. sowie zu Risikokonzentrationen, soweit diese sich nicht bereits aus den vorgenannten Angaben ergeben (IFRS 7.34(b), (c)).

Damit sind – abgesehen von den quantitativen Mindestangaben des IFRS 7.34(b) – die Anforderungen an den **Risikobericht** für Finanzinstrumente allgemeiner gehalten, als dies für die vorgenannten Angaben zur Bedeutung der Finanzinstrumente der Fall ist. Die Ausgestaltung des Risikoberichts einer Bank unterscheidet sich daher i. d. R. erheblich von der eines Industrie- bzw. Handelsunternehmens.

Der IFRS-Abschluss muss in Ermangelung einer Verpflichtung zur Erstellung eines **Lageberichts** nach IFRS gem. § 315a HGB um einen Konzernlagebericht nach handelsrechtlichen Vorschriften ergänzt werden. Zu dem Lagebericht gehört nach § 315 Abs. 1 Satz 5 HGB auch ein **Risikobericht**, der auf die Chancen und Risiken der künftigen Entwicklung eingehen muss. Die Berichterstattung beschränkt sich dabei – anders als in IFRS 7 – nicht auf Risiken aus Finanzinstrumenten, sondern bezieht sich weitergehend auf **alle** Unternehmens**risiken**. Konkretisiert wurde die Risikoberichterstattung in dem für alle Unternehmen gültigen DRS 5 „Risikoberichterstattung".

Die hierin enthaltenen Anforderungen wurden mit dem DRS 5–10 in Hinblick auf die Geschäftstätigkeit von Banken interpretiert. DRS 5–10 regelt für Kredit- und Finanzdienstleistungsinstitute die Berichterstattung über die Risiken der voraussichtlichen Entwicklung des Konzerns im Konzernlagebericht gem. § 315 Abs. 1 Satz 5 HGB. Dieser Standard stellt somit seit 2000 die Grundlage des Risikoberichts im IFRS-Konzernabschluss einer deutschen Bank dar.

22 Ziel der Risikoberichterstattung nach DRS 5–10 ist es, den Adressaten über die **Risikolage**, das **Risikomanagement** und die **Risikomessmethoden** der Bank zu informieren und darzulegen, wie die diesbezüglichen **Steuerungssysteme** eingesetzt werden und die **Unabhängigkeit** des Überwachungssystems gewährleistet ist. Hierzu soll eine geschlossene Darstellung im Konzernlagebericht nach folgender Gliederung erfolgen:

- Hinsichtlich des Risikomanagements sind die risikopolitischen **Strategien** und das Risiko**managementsystem** in funktionaler (Systeme und Methoden zur Identifizierung, Bewertung, Begrenzung und Überwachung von Risiken und deren Berichterstattung sowie Verfahren der Risikokapitalallokation) und organisatorischer Hinsicht (risikosteuernde und risikoüberwachende Organisationseinheiten) zu beschreiben.
- Im Rahmen der Risikoberichterstattung des DRS 5–10 werden die folgenden **Risikoarten** unterschieden:
  - **Adressenausfall**risiko: Risiko eines Verlustes bzw. entgangenen Gewinns wegen des Ausfalls eines Geschäftspartners. Hierzu zählen das Kredit-, Kontrahenten-, Länder- und Anteilseignerrisiko.
  - **Liquiditäts**risiko: Liquiditätsrisiko i. e. S. (= Risiko, Zahlungsverpflichtungen nicht nachkommen zu können), Refinanzierungsrisiko (= Risiko, nicht ausreichend Liquidität zu den erwarteten Konditionen beschaffen zu

können) und Marktliquiditätsrisiko (= Risiko, Geschäfte nicht auflösen oder glattstellen zu können).
- **Markt**risiko: Risiko eines potenziellen Verlusts aufgrund nachteiliger Veränderungen von Marktpreisen. Hierzu zählen Zins-, Währungs-, Eigenkapital-, Rohwaren- und sonstige Preisrisiken.
- **Operationales** Risiko: Risiko in den betrieblichen Systemen und Prozessen.

- Für jede Risikokategorie ist eine Kennzeichnung der Risiko**art**, eine Beschreibung des Risiko**managements** in funktionaler und organisatorischer Hinsicht und, soweit möglich, eine **Quantifizierung** des Risikos vorzunehmen. Die dabei angewandten Verfahren und zugrunde gelegten Annahmen sind zu erläutern.
- Für alle ein **Ausfall**risiko tragenden Positionen ist getrennt nach den Teilrisiken anzugeben:
  - die Höhe der ausfallbedrohten Beträge, Ausfallwahrscheinlichkeiten und die im Falle eines Ausfalls realisierbaren Sicherheiten,
  - die zur Quantifizierung und Steuerung des Ausfallsrisikos angewandten Verfahren sowie
  - Ausfallrisikokonzentrationen und
  - die Methoden zur Bildung von Risikovorsorge.
- Zum **Liquiditäts**risiko sollen quantitative Angaben zu den o.g. Teilrisiken gemacht werden. Ferner ist auf die Auswirkungen unplanmäßiger Entwicklungen, z.B. vorzeitiger Kündigungen oder Zahlungsschwierigkeiten von Kontrahenten, sowie auf das Engagement der Bank an liquiditätsmäßig engen Märkten einzugehen.
- Zum **Markt**risiko sollen (getrennt nach Einzelrisiken) quantitative Angaben gem. den intern verwendeten Verfahren (z.B. Sensitivitätsanalysen oder *value-at-risk*-Verfahren) einschließlich der zugrunde liegenden Parameter sowie der Ergebnisse von Stress-Tests und *backtesting*-Verfahren gemacht werden.
- Weiterhin sind Angaben zu **operationalen** Risiken und zu sonstigen Risiken, sofern von wesentlicher Bedeutung, zu machen.
- Abschließend sind die einzelnen Risikodarstellungen zu einem **Gesamtbild** der Risikolage des Konzerns zusammenzuführen.

Ein Vergleich der Angabepflichten nach DRS 5–10 und IFRS 7 zeigt wesentliche 23
Übereinstimmungen in der Zielsetzung der Risikoberichterstattung und den qualitativen Angaben zum Risikomanagement. Hinsichtlich der zu berücksichtigenden Risikoarten geht der DRS 5–10 **über** die **Anforderungen** des IFRS 7 **hinaus**, indem z.B. auch operationale Risiken und sonstige Risiken einbezogen werden. Bezüglich der Angaben zu den einzelnen Risiken verlangt der DRS 5–10 z.T. weitergehende Untergliederungen als IFRS 7 (z.B. bei den Adressenausfallrisiken). Abgesehen davon fordert IFRS 7 durchgängig eine **Quantifizierung** der Risiken. DRS 5–10 stellt die Quantifizierung hingegen unter den Vorbehalt „soweit möglich“. Gleichwohl sind **teilweise** Quantifizierungen ohne deren Spezifizierung im Einzelnen vorgesehen. Hier sind die von IFRS 7 geforderten Mindestanforderungen zur Quantifizierung der Risiken spezifischer. Dies gilt bspw. für die Kreditrisiken und die auf der Grundlage einer *worst-case*-Betrachtung anzugebenden Liquiditätsrisiken. Eine Zusammenfassung aller Risiken zur Gesamtrisikolage wird hingegen nur vom DRS 5–10 gefordert.

24 Zur Vermeidung **redundanter** Darstellungen erlaubt IFRS 7.B6, Risikoangaben im **Anhang** fortzulassen und stattdessen auf den **Lagebericht** zu verweisen (→ § 28 Rz 323).

3 Bankenspezifische Besonderheiten

3.1 *Hedge accounting*

3.1.1 Anwendungsprobleme

25 Die Regelungen des IAS 39 zum *hedge accounting* werden in → § 28 Rz 233ff. erläutert. Sie bestehen in ihren Kernelementen bereits seit der Einführung des IAS 39 und beziehen sich primär auf weniger komplexe Sicherungsstrategien, wie sie typisch für die Mehrzahl der Unternehmen außerhalb der Bankenbranche sind. Solche Sicherungsbeziehungen sind dadurch gekennzeichnet, dass

- sie eine **Verknüpfung** von **einem** Grund- und **einem** Sicherungsgeschäft aufweisen *(micro fair value hedge)*,
- es sich im Fall der Absicherung mehrerer Grundgeschäfte um eine **Gruppe** gleichartiger Geschäfte handelt (entweder eine Gruppe von finanziellen Vermögenswerten oder eine Gruppe von finanziellen Verbindlichkeiten),
- es sich im Fall der Absicherung mittels mehrerer Sicherungsgeschäfte um **gleichläufige** Sicherungsgeschäfte handelt (indem z.B. ein Wertpapier mit mehreren Zinsswaps abgesichert wird),
- über die **Laufzeit** keine Anpassungen auf Seiten der Grund- bzw. der Sicherungsgeschäfte erfolgen, es sich also um eine statische Sicherungsbeziehung handelt,
- die Grundgeschäfte auf der Basis ihrer **vertraglichen** Zahlungstermine und nicht der erwarteten Zahlungstermine berücksichtigt werden und
- die Sicherungs**derivate** unmittelbar mit (konzern)externen Vertragspartnern abgeschlossen werden.

Derartige Sicherungsbeziehungen kommen auch in Banken vor, z.B. in Fällen, in denen ein einzelnes Wertpapier mittels eines Zinsswaps gegen Zinsrisiken abgesichert wird.

26 Praktisch bedeutender sind für Banken aber Sicherungsbeziehungen, die in ihrer Struktur deutlich **komplexer** sind. So lassen sich insb. die aus dem Kredit- und Einlagengeschäft resultierenden Zinsrisiken kaum mittels der oben dargestellten *micro hedges* absichern. Vielmehr werden sog. *macro hedges* verwendet, die die folgenden charakteristischen Merkmale aufweisen:

- Das Grundgeschäft ist eine **Nettozinsrisikoposition**, die sich aus dem Zusammenwirken der aus dem Kreditgeschäft resultierenden aktivischen Zinsrisiken und den aus dem Einlagengeschäft resultierenden passivischen Zinsrisiken ergibt (ggf. können noch weitere Geschäfte einbezogen werden). Soweit sich die gegenläufigen Risiken **kompensieren**, besteht keine Notwendigkeit für den Abschluss von Sicherungsgeschäften. Es liegt insoweit ein **ökonomischer** *hedge* vor. Eine Absicherung ist nur für die **überschießende** Zinsrisikoposition (= Nettoposition) notwendig und erfolgt insb. durch den Einsatz von Zinsswaps. Ziel eines solchen *hedge* ist die Absicherung der künftigen Zinsmarge der Bank, die dem Zinsänderungsrisiko unterliegt.

- Die Absicherung des Zinsrisikos für die (Sicht- und Spar-) Einlagen wird nicht auf der Grundlage der regelmäßig kurzfristigen **vertraglichen Kündigungsmöglichkeiten** der Kunden (häufig täglich bis drei Monate) vorgenommen. Vielmehr erfolgt die Absicherung auf Basis einer Bodensatztheorie, die auf historischen Erfahrungswerten zum tatsächlichen Kündigungsverhalten der Kunden basiert und somit das erwartete Kundenverhalten widerspiegelt.
- Soweit Kredite ein Recht auf Kündigung bzw. vorzeitige Rückzahlung aufweisen, wird das Zinsrisiko auf der Grundlage des **erwarteten Rückzahlungsverhaltens** abgesichert.
- Im Gegensatz zu statischen Sicherungsbeziehungen wird sich die Nettorisikoposition laufend **ändern**, sei es bspw. durch neues Kreditgeschäft, vorzeitige Rückzahlungen von Krediten oder Änderungen der Einlagenhöhe. Insofern müssen die zur Absicherung des Zinsrisikos eingesetzten Sicherungsinstrumente laufend an die geänderte Nettorisikoposition angepasst werden (dynamische Sicherungsbeziehung).
- Bei einer **Reduzierung** der Nettorisikoposition erfolgt die Anpassung der Sicherungsgeschäfte nicht immer durch Schließung bestehender Derivate, sondern häufig durch den Abschluss sog. **Gegengeschäfte**. Dadurch finden sich auf der Sicherungsseite regelmäßig viele und teilweise gegenläufige Sicherungsgeschäfte.
- Die Sicherungsgeschäfte werden häufig nicht unmittelbar mit (konzern)externen Vertragspartnern, sondern intern mit der **Handelseinheit** abgeschlossen. Diese steuert die Nettozinsrisikoposition gemeinsam mit den aus dem Handelsbuch resultierenden Zinsrisiken und schließt unter Berücksichtigung von Kompensationseffekten Geschäfte mit dem Markt ab.

Insgesamt handelt es sich beim *macro hedging* somit um **komplexe** und **dynamische** Sicherungsbeziehungen zwischen modellierten Grund- und internen Sicherungsgeschäften. Die klassische Form des *micro* bzw. Gruppen-*hedge-accounting* gem. IAS 39 ist für derartige Sicherungsstrategien im Zinsrisikomanagement von Banken aus den folgenden Gründen nur sehr eingeschränkt nutzbar:

- Die **Designation** einer Nettorisikoposition als Grundgeschäft im *hedge accounting* ist ausdrücklich **untersagt** (IAS 39.84).
- Um den formalen Anforderungen des *hedge accounting* gerecht zu werden, sind nach IAS 39 *macro hedges* als *micro hedges oder* Gruppen-*hedges* umzudeuten. Dies soll durch Herstellung einer Vielzahl „**künstlicher**" Sicherungsbeziehungen zwischen Sicherungsderivaten und einzelnen Vermögenswerten oder Verbindlichkeiten (die Bestandteil der Nettorisikoposition sind) geschehen (IAS 39.AG101). Für diese „künstlichen" Sicherungsbeziehungen sind dann jeweils die Anforderungen des *hedge accounting* (insb. Dokumentation, Effektivitätsmessung, Bewertung; → § 28 Rz 257ff.) zu erfüllen.
- Für den Fall der Designation einer **Gruppe** von Vermögenswerten oder Verbindlichkeiten sind zusätzlich die Bedingungen an die Gruppenbildung im Rahmen des *hedge accounting* (gem. IAS 39.83; → § 28 Rz 243) zu berücksichtigen.
- Änderungen der Nettorisikoposition und damit korrespondierende Anpassungen auf Seiten der Sicherungsderivate führen zu einer Dedesignation (Auflösung) und ggf. Redesignation von Sicherungsbeziehungen. Dabei müssen die für die Grundgeschäfte bis zum Zeitpunkt ihrer **Dedesignation**

aufgelaufenen Buchwertanpassungen aus der Anwendung des *fair value hedge accounting* über deren Restlaufzeit effektivzinskonstant amortisiert werden (→ § 28 Rz 268).

- Eine solche **Designation** „künstlicher" *micro hedges* oder Gruppen-*hedges* entspricht nicht der tatsächlichen, auf der Absicherung einer Nettorisikoposition basierenden Risikomanagementstrategie *(macro hedge)* der Bank und führt zu einem **unverhältnismäßig hohen** Dokumentations-, Berechnungs- und Buchungsaufwand (IAS 39.BC176(b), (c)).
- Darüber hinaus darf das **Einlagengeschäft** nicht auf der Grundlage der Bodensatztheorie als Grundgeschäft designiert werden (IAS 39.49).
- Werden mit Kündigungsrechten ausgestattete finanzielle Vermögenswerte (insb. Kredite) auf der Grundlage erwarteter Rückzahlungstermine in das *macro hedging* einbezogen und mittels Zinsswaps gesichert, scheitert ein *hedge accounting* häufig an den Anforderungen zur **Effektivitätsmessung**.
- **Interne** Sicherungsderivate stellen keine zulässigen Sicherungsinstrumente im Rahmen des *hedge accounting* dar (IAS 39.73).

Infolge dieser restriktiven Vorschriften war es Banken vielfach nicht möglich, für im Rahmen von *macro-hedge*-Strategien eingesetzte Sicherungsderivate *fair value hedge accounting* zu nutzen. Häufig musste daher auf die Anwendung von *hedge accounting* entweder gänzlich verzichtet werden (mit der Folge von Volatilität in der GuV) oder es konnte nur *cash flow hedge accounting* genutzt werden (mit der Folge von Volatilität im Eigenkapital) (IAS 39.BC173).

3.1.2 *Portfolio hedge* von Zinsrisiken

27 2004 hat der IASB auf die Kritik an den bestehenden Regelungen zum *hedge accounting* mit der Verabschiedung des *„fair value hedge accounting for a portfolio hedge of interest rate risk"* (nachfolgend als *portfolio hedge* von Zinsrisiken bezeichnet) reagiert. Dabei handelt es sich nicht um eine neue Form des *hedge accounting*; vielmehr werden die **bestehenden** Regelungen zum *fair value hedge accounting* um eine **Variante erweitert**, die den Besonderheiten der Absicherung von Zinsrisiken auf Nettorisikobasis *(macro hedging)* Rechnung tragen soll. Eine analoge Anwendung dieser Regelungen auf die Absicherung anderer Risiken ist daher nicht möglich (IAS 39.AG115).

Die für das *fair value hedge accounting* im Allgemeinen erforderlichen Prozessschritte (wie Dokumentation, prospektive und retrospektive Effektivitätsmessung usw.) wurden dabei um Besonderheiten des *portfolio hedge* von **Zinsrisiken** erweitert (IAS 39.AG114) und im Sinne einer Annäherung an die im Risikomanagement verwendeten Methoden teilweise erleichtert.

Ein *portfolio hedge* von Zinsrisiken setzt die Einhaltung der folgenden Schritte voraus (IAS 39.AG114):

Prozessschritt zum **Start** des *portfolio hedge* von Zinsrisiken:

- Schritt 1: Identifizierung des abzusichernden Portfolios (Rz 28)

Prozessschritte zu **Beginn jeder Sicherungsperiode**:

- Schritt 2: Zuordnung der Geschäfte im Portfolio zu Laufzeitbändern (Rz 29)

- Schritt 3: Ermittlung der Nettoposition und Bestimmung des abgesicherten Betrags (Grundgeschäft) (Rz 30)
- Schritt 4: Bestimmung des abgesicherten Zinsrisikos (bspw. Risiko der Veränderung eines Referenzzinssatzes wie LIBOR etc.) (Rz 31)
- Schritt 5: Designation der Sicherungsgeschäfte (Rz 32)
- Schritt 6: Prospektiver Effektivitätstest (Rz 33)

Prozessschritte am **Ende jeder Sicherungsperiode**:

- Schritt 7: Ermittlung der *fair-value*-Änderungen des abgesicherten Betrags (Grundgeschäft) (Rz 35)
- Schritt 8: Ermittlung der *fair-value*-Änderungen der Sicherungsgeschäfte (Rz 38)
- Schritt 9: Retrospektiver Effektivitätstest (Rz 39)
- Schritt 10: Bilanzielle Abbildung der Sicherungsbeziehung (Rz 40)

(1) Identifizierung des abzusichernden Portfolios 28

Am Anfang des Prozesses steht die Identifizierung des Portfolios der Geschäfte, die gegen Zinsrisiken abgesichert werden sollen (IAS 39.AG114(a), 116). Gem. IAS 39.AG114(a) soll diese Identifizierung im Rahmen des Risikomanagements vorgenommen werden, wobei das Portfolio ausdrücklich

- Vermögenswerte **und** Verbindlichkeiten,
- nur Vermögenswerte oder
- nur Verbindlichkeiten

enthalten kann. Deshalb darf eine Bank, die ihr Zinsrisiko auf *macro*-Basis steuert, im Rahmen des *hedge accounting* auch Portfolien bilden, die entweder **nur** Vermögenswerte oder nur Verbindlichkeiten umfassen.[5] Bei Bildung mehrerer Portfolien sind die o.g. Prozessschritte für jedes Portfolio separat durchzuführen.

Mit der Identifizierung des Portfolios ist noch keine Designation des Grundgeschäfts für das *hedge accounting* vorgenommen (IAS 39.AG116). Das Portfolio wird lediglich zur Bestimmung der Höhe der abzusichernden Vermögenswerte oder Verbindlichkeiten verwendet. Daher kommt es bei der Portfoliobildung auch nicht darauf an, ob die berücksichtigten Geschäfte die Voraussetzungen für zulässige Grundgeschäfte im *hedge accounting* gem. IAS 39.78ff. erfüllen. So ist bspw. die Einbeziehung von Sicht- und Spareinlagen uneingeschränkt möglich; zu bedenken sind jedoch die Einschränkungen, die sich im weiteren Prozessablauf bei der Designation der Sicht- und Spareinlagen als Grundgeschäft im Rahmen der Bestimmung des abzusichernden Betrags ergeben (vgl. hierzu im Einzelnen Prozessschritt 3 unten, Rz 30).

(2) Zuordnung der Geschäfte im Portfolio zu Laufzeitbändern 29

Anschließend werden für das Portfolio Laufzeitbänder gebildet, denen die im Portfolio befindlichen Geschäfte zuzuordnen sind (IAS 39.AG114(b), 117). Dabei sollen Geschäfte mit vergleichbarem Zinsrisiko (insb. einer ähnlichen Zinssensitivität) zusammengefasst werden, um im nächsten Schritt für **jedes** Laufzeitband die **Nettozins**risikoposition zu bestimmen.

---

[5] Vgl. IDW, RS HFA 9, Tz 366.

IAS 39.AG114(b) sieht eine Zuordnung der Geschäfte des Portfolios zu den Laufzeitbändern auf der Grundlage der **erwarteten** Zinsanpassungstermine vor. Der erwartete Zinsanpassungs**termin** entspricht dem **früheren** der beiden folgenden Termine:

- erwartete Fälligkeit bzw. Rückzahlung oder
- erwarteter Zeitpunkt der nächsten Zinsanpassung.

Ein Geschäft **ohne vertragliches** Kündigungsrecht unterliegt so lange einem Zinsrisiko, wie keine vertragliche Anpassung an das aktuelle Zinsniveau vorgenommen wird (also bis zum nächsten Zinsanpassungstermin). Bei festverzinslichen Geschäften gibt es keinen Zinsanpassungstermin während der Laufzeit, mithin besteht das Zinsrisiko bis zur Fälligkeit. Bei variabel verzinslichen Geschäften besteht das Zinsrisiko bis zum nächsten Zinsfixing. Für Geschäfte, die über einen bestimmten Zeitraum eine feste Verzinsung haben und dann an das aktuelle Zinsniveau angepasst werden, besteht das Zinsrisiko bis zu dieser Zinsanpassung.

Mit der Bezugnahme auf die **erwartete** Rückzahlung bzw. Zinsanpassung wird auf Geschäfte mit vertraglichen Kündigungsrechten abgestellt. Maßgeblich für die Zuordnung zu den Laufzeitbändern sind in diesem Fall die erwarteten Zeitpunkte und Volumina der vorzeitigen Rückzahlungen (sofern nicht evtl. frühere Zinsanpassungstermine zu berücksichtigen sind). Diesbezügliche **Einschätzungen** des erwarteten Rückzahlungsverhaltens sind nicht nur im Zeitpunkt des Beginns von *hedge accounting*, sondern während dessen gesamter Laufzeit vorzunehmen. Dabei sind sowohl entsprechende Erfahrungen aus der **Vergangenheit** als auch **aktuelle** Informationen (z. B. zum Kündigungsverhalten und dessen Abhängigkeit von der Zinsentwicklung) zu berücksichtigen. Sofern ein Unternehmen nicht über die notwendige Erfahrung verfügt, kann auf Daten für vergleichbare Geschäfte anderer Unternehmen zurückgegriffen werden. Die Zuordnung zu Laufzeitbändern hat aber nicht zwingend für **jedes** Geschäft einzeln zu erfolgen. Vielmehr ist es möglich, **Gruppen** gleichartiger Geschäfte zu bilden und die Zuordnung auf Gruppenbasis vorzunehmen. Beispielsweise kann bei einer Gruppe von vergleichbaren Posten die Zuordnung zu Laufzeitbändern durchgeführt werden, indem ein Prozentsatz der Gruppe und nicht einzelne Posten jedem Laufzeitband zugewiesen werden. Die Zuordnungsmethodik ist letztlich der Bank überlassen und nach Maßgabe der im Risikomanagement verwendeten Methodik durchzuführen (IAS 39.AG117).

Vorzeitige Rückzahlungen, die ohne vertragliches Kündigungsrecht erbracht werden (insb. vorzeitige Tilgungen von Krediten) müssen bei der Zuordnung zu den Laufzeitbändern nicht berücksichtigt werden, sofern hierfür eine Vorfälligkeitsentschädigung vereinbart wurde. Sofern die Vorfälligkeitsentschädigung das Zinsrisiko kompensiert, liegt hier keine zinsbedingte Rückzahlung vor (IAS 39.AG121).[6]

Täglich oder kurzfristig kündbare Sicht- und Spareinlagen können in diesem zweiten Prozessschritt nach Maßgabe einer im Risikomanagement verwendeten **Bodensatztheorie** in die Laufzeitbänder eingestellt werden. Zu bedenken sind jedoch die Einschränkungen, die sich im weiteren Prozessablauf bei der Designation der Sicht- und Spareinlagen als Grundgeschäft im Rahmen der Bestimmung des abzusichernden Betrags ergeben (vgl. hierzu im Einzelnen Prozessschritt 3 unten, Rz 30).

6 Vgl. IDW, RS HFA 9, Tz 377.

Hinsichtlich der betragsmäßigen **Verteilung** der Geschäfte auf die Laufzeitbänder bestehen verschiedene Alternativen. IAS 39.AG114(b) nennt (beispielhaft) eine Verteilung auf der Grundlage der

- *cash flows* der Geschäfte, indem diese in die Bänder ihrer erwarteten Fälligkeit eingestellt werden,
- Nominalbeträge der Geschäfte, indem diese in alle Laufzeitbänder bis zur erwarteten Zinsbindung eingestellt werden.

Dabei muss die gleiche Methodik wie bei der Verteilung der Sicherungsgeschäfte auf Laufzeitbänder (Schritt 5) verwendet werden.

Die **Breite** der Laufzeitbänder ist in IAS 39 nicht geregelt und liegt demnach im Ermessen des Anwenders. Zum Beispiel kann auf die im Zinsrisikomanagement verwendeten Laufzeitbänder abgestellt werden. Hier erscheinen monatliche Laufzeitbänder sinnvoll, sind aber nicht zwingend. Dabei lässt sich die Effektivität der Sicherungsbeziehung durch **Verkürzung** der verwendeten Laufzeitbänder verbessern (IAS 39.AG125(c)).

(3) Ermittlung der Nettoposition und Bestimmung des abgesicherten Betrags (Grundgeschäft) 30

Im dritten Schritt (IAS 39.AG 114(c), 118) wird für jedes der in Schritt 2 festgelegten Laufzeitbänder zunächst die **Nettorisikoposition** ermittelt. Entsprechend kann sich in einem Laufzeitband entweder

- ein **Aktivüberhang** (Aktivgeschäfte > Passivgeschäfte) oder
- ein **Passivüberhang** (Passivgeschäfte > Aktivgeschäfte) ergeben.

Auf der Grundlage dieser Nettorisikoposition wird der Betrag bestimmt, der als abzusicherndes Grundgeschäft designiert werden soll. Dabei darf auch beim *portfolio hedge* von Zinsrisiken nicht die Nettorisikoposition per se als Grundgeschäft designiert werden.[7]

Vielmehr wird das Grundgeschäft gem. IAS 39.81A vereinfacht als ein absoluter Betrag der Vermögenswerte oder der Verbindlichkeiten bestimmt. Entgegen dem Grundsatz in IAS 39.AG101 ist dabei eine Bezugnahme auf **spezifische Einzelgeschäfte** nicht erforderlich. Es gilt:

- im Falle eines **Aktiv**überhangs wird ein absoluter Betrag von Vermögenswerten designiert
- im Falle eines **Passiv**überhangs wird ein absoluter Betrag von Verbindlichkeiten designiert.

Bei der Bestimmung dieses abgesicherten Betrags dürfen nach IAS 39.AG118(a), (b) jedoch nur **solche** Geschäfte aus dem jeweiligen Laufzeitband berücksichtigt werden, die

- einem *fair-value*-Risiko im Hinblick auf das abgesicherte Risiko unterliegen und
- auch bei individueller Absicherung als Grundgeschäft im Rahmen eines *fair value hedge* designierbar wären, also den Anforderungen des IAS 39.78ff. gerecht würden.

Aufgrund der zweiten Bedingung sind insb. **Sicht**- und **Spar**einlagen demnach als zulässige Grundgeschäfte praktisch ausgeschlossen. Dies ergibt sich aus IAS 39.49, wonach der *fair value* von Sicht- und Spareinlagen nicht geringer

---

7 Das diesbezügliche Verbot des IAS 39.84, AG101 ist auch mit Einführung des *portfolio hedge* von Zinsrisiken nicht aufgehoben worden (IAS 39.81A).

sein darf als der Barwert des Rückzahlungsbetrags zum frühestmöglichen Rückzahlungszeitpunkt. Deshalb ist die Berücksichtigung von Sicht- und Spareinlagen im *fair value hedge accounting* für Zeiträume nach dem frühestmöglichen Kündigungstermin nicht zulässig (IAS 39.AG118(b)). Dies bedeutet faktisch die **Nichtanerkennung** der Bodensatztheorie im *hedge accounting*.
Damit ergibt sich die folgende Situation: **Sicht**- und **Spareinlagen** dürfen zwar bei der Bestimmung der Nettorisikoposition einbezogen werden; sofern aber aufgrund eines Passivüberhangs Verbindlichkeiten als abgesicherter Betrag designiert werden sollen, ist eine Einbeziehung in das Volumen der designierbaren Verbindlichkeiten unzulässig. Dies schränkt die Nutzung des *portfolio hedge* von Zinsrisiken insb. für Banken mit einem passivischen Zinsüberhang und einem hohen Anteil an Sicht- und Spareinlagen an der Passivseite massiv ein.
Die Designation des absoluten Betrags an Vermögenswerten bzw. Verbindlichkeiten als Grundgeschäft ist nicht auf die Höhe der Nettorisikoposition eines Laufzeitbandes begrenzt. Vielmehr kann jeder zwischen 0 % und 100 % liegende Anteil aller Vermögenswerte (im Falle eines Aktivüberhangs) bzw. Verbindlichkeiten (im Falles eines Passivüberhangs) bestimmt werden (IAS 39.AG118). Hierzu folgendes Beispiel:

Beispiel
Eine Bank verfügt in einem Laufzeitband über Aktivgeschäft von 50 und Passivgeschäft von 80. Das Passivgeschäft setzt sich aus 60 festverzinslichen Verbindlichkeiten und 20 Sichteinlagen zusammen. Da es sich um eine passivische Nettoposition handelt, ist als Grundgeschäft ein absoluter Betrag bzw. Prozentsatz der Passiva festzulegen. Da die Sichteinlagen von 20 hierfür nicht infrage kommen, kann die Bank jeden Betrag zwischen 0 und 60 Passiva als Grundgeschäft designieren. Möchte die Bank bspw. die Nettorisikoposition von 30 absichern, designiert sie 50 % aller festverzinslichen Verbindlichkeiten als Grundgeschäft.
Wenn sich die Passivseite des Laufzeitbands hingegen aus 20 festverzinslichen Verbindlichkeiten und 60 Sichteinlagen zusammensetzt, ergibt sich folgendes Bild: der maximal designierbare Betrag beträgt 20 Passiva. Möchte die Bank (wirtschaftlich) die gesamte Nettoposition von 30 absichern, kann sie nur für maximal 20 das *hedge accounting* nutzen, weil der verbleibende Betrag von 60 nicht als Grundgeschäft designierbar ist.

31 **(4) Bestimmung des abgesicherten Zinsrisikos**
Im vierten Schritt (IAS 39.AG114(d)) ist festzulegen, welche **Art** des Zinsrisikos aus den Grundgeschäften abgesichert werden soll. Wie für die anderen Formen des *hedge accounting* auch kann dabei entweder das **gesamte** Zinsrisiko oder nur ein **Teil** des Zinsrisikos designiert werden (IAS 39.81, AG99C, 99D). Im Regelfall wird dies der Benchmark-Zinssatz (wie EURIBOR oder LIBOR) sein, insb. wenn Zinsswaps als Sicherungsgeschäfte eingesetzt werden.

32 **(5) Designation der Sicherungsgeschäfte**
Im fünften Schritt (IAS 39.AG114(e), AG120) werden die zur Absicherung des Grundgeschäfts (= abgesicherter Betrag, Rz 30) eingesetzten **Derivate** den **Laufzeitbändern** zugeordnet und als Sicherungsinstrumente designiert. Dabei kom-

men nur solche Derivate infrage, die dem abgesicherten Zinsrisiko aus dem Grundgeschäft (Rz 31) unterliegen. Dies werden im Regelfall überwiegend Zinsswaps, ggf. auch Zinsoptionen sein. Bei der Auswahl der Derivate gelten ansonsten die allgemeinen Regelungen zur Zulässigkeit von Sicherungsgeschäften (→ § 28 Rz 237ff.), wonach insb. geschriebene Optionen und (konzern)interne Derivate als Sicherungsgeschäfte ausscheiden.

Einem Laufzeitband kann entweder ein einzelnes Derivat oder ein Portfolio von Derivaten zugeordnet werden. Dabei wurde mit dem *portfolio hedge* von Zinsrisiken die Möglichkeit eingeführt, auch **gegenläufige** Sicherungsderivate zu designieren. So ist z.B. die gleichzeitige Verwendung von *payer swaps* und *receiver swaps* in einem Laufzeitband zulässig.

Die Verteilung der Sicherungsinstrumente auf die Laufzeitbänder muss dabei der Verteilungsmethodik der gesicherten Grundgeschäfte (Rz 29) folgen. Ergibt sich daraus die Verteilung eines Sicherungsinstruments auf **mehrere** Laufzeitbänder, so muss diese Verteilung für die gesamte Laufzeit des Sicherungsinstruments erfolgen, da die Designation nur für einen Teil der (Rest-)Laufzeit nicht zulässig ist (IAS 39.75).

Mit Schritt 5 ist die Designation der Sicherungsbeziehung abgeschlossen.

(6) Prospektiver Effektivitätstest 33

Im sechsten Prozessschritt ist für die designierte Sicherungsbeziehung in **jedem Laufzeitband** ein prospektiver Effektivitätstest durchzuführen (IAS 39.AG114(f)). Dazu ist die Erwartung einer hohen Effektivität nachzuweisen. Der Effektivitätstest bezieht sich dabei auf den **Zeitraum**, für den die Designation der Sicherungsbeziehung vorgenommen wurde. Da dem *portfolio hedge* von Zinsrisiken regelmäßig eine dynamische Absicherungsstrategie (mit laufender Anpassung der Sicherungsinstrumente an Änderungen des Grundgeschäfts) zugrunde liegt, ist es nicht erforderlich, den Effektivitätstest auf die **gesamte** Länge eines Laufzeitbandes zu beziehen. Der Test kann vielmehr auf die Zeit bis zur **nächsten erwarteten Anpassung** der Sicherungsbeziehung (sei es durch Anpassung der Sicherungsderivate oder des abgesicherten Betrags) begrenzt werden (IAS 39.AG107). Spezifische Regelungen für den prospektiven Effektivitätstest beim *portfolio hedge* von Zinsrisiken bestehen nicht, sodass allein auf die diesbezüglichen allgemeinen Anforderungen abzustellen ist (IAS 39.88b, AG105(a); → § 28 Rz 261).

Eine Sicherungsbeziehung eines Laufzeitbandes gilt prospektiv als **hoch effektiv**, wenn das Verhältnis

- der aus dem gesicherten Zinsrisiko zu erwartenden *fair-value*-Änderung des Grundgeschäfts (also des im Laufzeitband abgesicherten Betrags gem. Rz 30) und
- der erwarteten *fair-value*-Änderung der designierten Sicherungsderivate (Rz 32)
- in der Bandbreite 80 % – 125 % liegt.

Methodisch kommen zur Messung der prospektiven Effektivität die aus dem *micro fair value hedge* bekannten Verfahren infrage; insb. ist in diesem Zusammenhang die **Sensitivitätsanalyse zu nennen.**

Nach Durchführung des letzten Schrittes zu **Beginn** der Sicherungsperiode muss 34
die gem. IAS 39.88(a) erforderliche **Dokumentation** vorgenommen werden (→ § 28 Rz 258). Dabei sind als Bestandteil der Dokumentation für den *portfolio*

hedge von Zinsrisiken die folgenden **spezifischen** Punkte aufzunehmen (IAS 39.AG119):

- **Kennzeichnung** der Vermögenswerte und Verbindlichkeiten, die in den *portfolio hedge* von Zinsrisiken einbezogen werden und auf welcher Grundlage sie aus dem Portfolio entfernt werden (Rz 28).
- Methoden zur Bestimmung der erwarteten **Zinsanpassungstermine;** hierzu zählt auch, wie das erwartete Kündigungsverhalten bestimmt wurde und welche Zinsannahmen dabei zu Grunde gelegt wurden. Werden diese Erwartungen später geändert, so sind die Ursachen hierzu darzulegen (Rz 29).
- Die **Anzahl** und **Breite** der Laufzeitbänder (Rz 29).
- **Häufigkeit** und **Methodik** zur Effektivitätsmessung (vgl. Schritt 9, Rz 39).
- Methodik zur Bestimmung der als **Grundgeschäft** designierten Vermögenswerte bzw. Verbindlichkeiten (Rz 30).
- Im Falle der Messung der Effektivität nach der in IAS 39.AG126(b) beschriebenen Methodik (vgl. Rz 39) ist anzugeben,
  - wie der **Prozentsatz** der gesicherten Vermögenswerte bzw. Verbindlichkeiten bestimmt und
  - ob der Effektivitätstest für die einzelnen Laufzeitbänder **separat**, für **alle** Laufzeitbänder zusammen oder als **Kombination** der beiden Varianten durchgeführt wird.

35 **(7) Ermittlung der *fair-value*-Änderungen des abgesicherten Betrags (Grundgeschäfts)**

Im Mittelpunkt der am Ende einer jeden Sicherungsperiode durchzuführenden Maßnahmen steht der **retrospektive Effektivitätstest** (IAS 39.AG114(g)). Da hierzu für den *portfolio hedge* von Zinsrisiken keine speziellen Regelungen existieren, gelten die allgemeinen Anforderungen (IAS 39.88(e), AG105(b)). Danach ist die Sicherungsbeziehung retrospektiv hoch effektiv, wenn das Verhältnis der (aus dem gesicherten Zinsrisiko) **tatsächlich eingetretenen** *fair-value*-Änderung des abgesicherten Betrags und der **eingetretenen** *fair-value*-Änderung der designierten Sicherungsderivate in der Bandbreite 80 % – 125 % liegt.

Damit sind für die Durchführung des retrospektiven Effektivitätstests die folgenden **drei Berechnungen** erforderlich:

- Ermittlung der aus dem gesicherten Zinsrisiko resultierenden *fair-value*-Änderung des abgesicherten Betrags in der abgelaufenen Sicherungsperiode (vgl. hierzu die weiteren Ausführungen zu Schritt 7),
- Ermittlung der *fair-value*-Änderung der designierten Sicherungsderivate in der abgelaufenen Sicherungsperiode (vgl. hierzu Schritt 8) und
- Ermittlung des Verhältnisses der beiden vorgenannten Beträge (eigentlicher retrospektiver Effektivitätstest in Schritt 9).

36 Für die Ermittlung der aus dem abgesicherten Zinsrisiko resultierenden *fair-value*-Änderung des abgesicherten Betrags (= Grundgeschäft) in einem Laufzeitband sieht der Standard **keine bestimmte Methodik** vor. Vielmehr lässt er ausdrücklich die Verwendung statistischer Methoden oder anderer Schätzmethoden zu. Es ist insb. nicht erforderlich, jede(n) einzelne(n) Vermögenswert bzw. Verbindlichkeit erst einzeln zu bewerten und anschließend mit dem Designationsprozentsatz zu gewichten und zu summieren. Vielmehr sind auch vereinfachte Verfahren zulässig, indem z.B. die in einem Laufzeitband befindlichen

Geschäfte mit einer durchschnittlichen Laufzeit **typisiert** und als **Ganzes** bewertet werden. Die Nutzung solcher Vereinfachungen wird allerdings unter den Vorbehalt eines annähernd gleichen Ergebnisses wie bei einer Einzelbewertung gestellt. Ausdrücklich **ausgeschlossen** ist hingegen die Anwendung einer *short cut method*, bei der schlicht eine Entsprechung der *fair-value*-Änderung des Grundgeschäfts der *fair-value*-Änderung des Sicherungsgeschäfts unterstellt wird (IAS 39.AG122).

Bei der Ermittlung der *fair-value*-Änderung des abgesicherten Betrags ist ein besonderes Augenmerk auf die Geschäfte mit **Kündigungsrechten** zu richten. Zinsänderungen in der abgelaufenen *hedge*-Periode wirken sich auf den *fair value* solcher Geschäfte in zweierlei Weise aus:

- Zum einem ändert sich der *fair value* des **Geschäfts** (unter Vernachlässigung des Kündigungsrechts) in Abhängigkeit vom Zinsniveau. So wird sich z. B. für einen Kredit der *fair value* im Falle eines Zinsrückgangs erhöhen und umgekehrt. Hier besteht kein Unterschied zu Geschäften ohne Kündigungsrecht.
- Zum anderen ändert sich der *fair value* des Kündigungsrechts in Abhängigkeit vom Zinsniveau. Sinkende Zinsen reduzieren den *fair value* eines (Kunden-)**Kündigungsrechts** (da die Wahrscheinlichkeit einer vorzeitigen Rückzahlung steigt) und umgekehrt.

Gem. IAS 39.AG121 sind beide Effekte bei der Bestimmung der *fair-value*-Änderungen zu berücksichtigen.

Die Berücksichtigung von Kündigungsrechten im *portfolio hedge* von Zinsrisiken 37
in Schritt 2 (Rz 29) erfolgt durch Einstellung der Geschäfte in die Laufzeitbänder nach Maßgabe der erwarteten Rückzahlungstermine. Die aus Zinsänderungen resultierenden Auswirkungen auf die erwarteten Rückzahlungstermine in einem Laufzeitband sind daher entsprechend zu berücksichtigen, indem bei

- Änderung der erwarteten Rückzahlungstermine bzw. -volumina eine **Umgliederung** zwischen den Laufzeitbändern vorgenommen wird,
- Abweichung zwischen der **erwarteten** Rückzahlung und der **tatsächlichen** Rückzahlung (weil ein Kunde infolge gesunkener Zinsen in der abgelaufenen Periode gekündigt hat, obwohl die Kündigung erst zu einem späteren Zeitpunkt erwartet worden war) der Betrag aus dem Laufzeitband **entnommen wird**, ohne in ein anderes Laufzeitband eingestellt zu werden.

Änderungen bez. der erwarteten Rückzahlungstermine oder Abweichungen zwischen der erwarteten Rückzahlung und einer tatsächlichen Rückzahlung in einem Laufzeitband sind jedoch bei der Bestimmung der *fair-value*-Änderungen des abgesicherten Betrags nur zu berücksichtigen, soweit sie **zinsbedingt** sind. Soweit sie

- eindeutig auf **anderen** Ursachen als der Änderung des gesicherten Zinsrisikos beruhen,
- diese anderen Ursachen nicht mit Änderungen des gesicherten Zinsrisikos **korrelieren** und
- diese Effekte verlässlich von den auf Änderungen des gesicherten Zinsrisikos beruhenden Änderungen der erwarteten Kündigungstermine **getrennt** werden können,

bleiben sie bei der Bestimmung der *fair-value*-Änderungen des abgesicherten Betrags eines Laufzeitbandes unberücksichtigt. Derartige Ursachen können z. B. steuerrechtliche oder demographische Änderungen sein. Bestehen Zweifel hinsichtlich der Ursachen für eine Änderung der erwarteten Rückzahlungstermine, so sind diese als **zinsinduziert** einzustufen und bei der Berechnung der *fair-value*-Änderungen des abgesicherten Betrags zu berücksichtigen (IAS 39.AG121).

Veränderungen im Bestand eines Laufzeitbandes ergeben sich darüber hinaus in den folgenden beiden Situationen:

- **Abgang** von Geschäften, die nicht über ein Kündigungsrecht verfügen. Sofern der Kunde eine Vorfälligkeitsentschädigung zu zahlen hat, können solche Abgänge regelmäßig als nicht zinsinduziert eingestuft werden und bei der Berechnung der *fair-value*-Änderungen des abgesicherten Betrags unberücksichtigt bleiben.
- **Zugang** von Neugeschäften in einem Laufzeitband während der abgelaufenen Sicherungsperiode; auch diese bleiben unberücksichtigt (IAS 39.AG127).

Ausgangspunkt für die Ermittlung der *fair-value*-Änderungen des abgesicherten Betrags eines Laufzeitbands ist nun der Gesamtbestand der designierbaren Geschäfte am **Periodenanfang**. Dieser ist anschließend um die zinsinduzierten Bestandsänderungen zu korrigieren; im Einzelnen:

Gesamtbetrag designierbarer Aktiv- bzw. Passivgeschäfte des Laufzeitbands am Periodenbeginn
./. Abgang (bedingt durch Zinsänderung)
./. Wechsel in ein anderes Laufzeitband (bedingt durch Zinsänderung)
+ Wechsel aus einem anderen Laufzeitband (bedingt durch Zinsänderung)
= Gesamtbetrag designierbarer Aktiv- bzw. Passivgeschäfte des Laufzeitbands am Periodenende

Unberücksichtigt bleiben die folgenden **Bestandsveränderungen** der Periode:

- Abgang (belegbar nicht bedingt durch Zinsänderungen)
- Zugang (wegen Neugeschäft)

Auf dieser Grundlage wird die **Berechnung** der *fair-value*-Änderung des abgesicherten Betrags wie folgt durchgeführt (IAS 39.AG126(b)):

- Zunächst ist für den Periodenanfang folgender **Prozentsatz** zu bestimmen: abgesicherter Betrag im Verhältnis zum Gesamtbetrag der designierbaren Vermögenswerte bzw. Verbindlichkeiten des betrachteten Laufzeitbands (vgl. hierzu Schritt 3, Rz 30).
- Anschließend wird dieser Prozentsatz auf den um Bestandsänderungen korrigierten Gesamtbetrag der designierbaren Vermögenswerte bzw. Verbindlichkeiten des betrachteten Laufzeitbands angewendet; hieraus ergibt sich der **korrigierte abgesicherte Betrag** am Periodenende.
- Für diesen korrigierten abgesicherten Betrag wird schließlich die aus den Zinsänderungen der Periode resultierende *fair-value*-**Änderung** ermittelt.

38 **(8) Ermittlung der *fair-value*-Änderungen der Sicherungsgeschäfte**

Vergleichsweise einfach gestaltet sich die Ermittlung der *fair-value*-Änderung der Sicherungsgeschäfte. Sie bestimmt sich als **Differenz** zwischen dem *fair value* der Sicherungsgeschäfte am Periodenende und am Periodenanfang. Die Berechnungen basieren hierbei auf den *clean fair values*, also den *fair values* ohne Berücksichtigung von Zinsabgrenzungen.

39 **(9) Retrospektiver Effektivitätstest**

Nach Berechnung der *fair-value*-Änderungen des abgesicherten Betrags und der Sicherungsderivate wird nun im letzten Schritt die **Effektivität** ermittelt. Metho-

disch kommen zur Messung der retrospektiven Effektivität die aus dem *micro fair value hedge* bekannten Verfahren infrage (→ § 28 Rz 262), insb. die *dollar-offset method*. Die Sicherungsbeziehung ist effektiv, wenn das Verhältnis der errechneten *fair values* innerhalb der Bandbreite von 80 % – 125 % liegt.
Die **bilanzielle Abbildung** der Sicherungsbeziehung (Rz 40) erfolgt in Abhängigkeit des Ergebnisses des Effektivitätstests: Bei Effektivität der Sicherungsbeziehung werden die Regeln des *fair value hedge accounting* für die abgelaufene Periode angewandt. Bei unzureichender Effektivität gelten die allgemeinen Bilanzierungsregeln ohne *hedge accounting*. Ursachen für eine **mangelnde** Effektivität können z.B. sein (IAS 39.AG124):

- Die **tatsächliche** Rückzahlung eines Geschäfts mit Kündigungsrecht weicht von dem erwarteten Rückzahlungstermin ab.
- Die erwarteten Rückzahlungstermine für Geschäfte mit Kündigungsrecht wurden (aufgrund von Änderungen im Zinsumfeld) **angepasst**, sodass es zu Verschiebungen zwischen den Laufzeitbändern kommt.
- Vermögenswerte aus dem gesicherten Portfolio werden **wertberichtigt** oder **ausgebucht**.
- **Zahlungstermine** von Grund- und Sicherungsgeschäft weichen voneinander ab.

Dabei bestehen verschiedene Möglichkeiten zur **Verbesserung** der Effektivität (IAS 39.AG125):

- Geschäfte mit dem Recht einer **vorzeitigen Rückzahlung** werden nach Möglichkeit so auf die Laufzeitbänder verteilt, dass das erwartete Rückzahlungsverhalten adäquat berücksichtigt und insofern die Wahrscheinlichkeit eines notwendigen späteren Wechsels zwischen den Laufzeitbändern minimiert wird.
- Je **höher** die Anzahl der Geschäfte in einem Portfolio, desto besser lässt sich das erwartete Rückzahlungsverhalten vorhersagen (Gesetz der großen Zahlen). In einem Portfolio mit wenigen Geschäften werden sich einzelne Ausreißer deutlich stärker auswirken.
- Je **enger** die Bänder gewählt werden, desto geringer sind die Unterschiede zwischen den Zinsanpassungsterminen des Grundgeschäfts und der Sicherungsderivate und die daraus resultierenden Ineffektivitäten.
- Je häufiger die **Sicherungsderivate** an Veränderungen im Grundgeschäft (z.B. infolge von Änderungen im erwarteten Rückzahlungsverhalten) angepasst werden, desto geringer sind die aus solchen Änderungen resultierenden Ineffektivitäten.

(10) Bilanzielle Abbildung der Sicherungsbeziehung 40

Im letzten Schritt wird die Bilanzierung für die Sicherungsbeziehung vorgenommen. Diese erfolgt in Abhängigkeit des retrospektiven **Effektivitätstests** (Rz 39). Hat die Sicherungsbeziehung den retrospektiven Effektivitätstest **bestanden**, sind die für diesen Test ermittelten *fair-value*-Änderungen des Grundgeschäfts und der Sicherungsinstrumente anlog zum *micro fair value hedge* jeweils in der **GuV** zu erfassen. Aus dem Saldo der beiden *fair-value*-Änderungen ergibt sich die Ineffektivität in der GuV (IAS 39.AG114(i)).
Die Erfassung der *fair-value*-Änderung der Sicherungsgeschäfte in der Bilanz weist dabei keine Besonderheiten im Vergleich zum *micro fair value hedge auf*. Im Gegensatz hierzu können sich bei der Erfassung der *fair-value*-Änderung des

Grundgeschäfts im Hinblick auf dessen *fair value adjustment* (Buchwertanpassung) Unterschiede zum *micro fair value hedge* ergeben. Da sich das erforderliche *fair value adjustment* nicht einzelnen Vermögenswerten oder Verbindlichkeiten zuordnen lässt (anders als für den Regelfall des *micro fair value hedge*; vgl. IAS 39.89(b)), wird das *fair value adjustment* in **einem separaten** Bilanzposten ausgewiesen (IAS 39.89A, AG114(g)). Dabei ist wie folgt vorzugehen (IAS 39.AG123):

- Handelt es sich bei dem Grundgeschäft um einen **Vermögenswert** (genauer: einen prozentualen Anteil aller designierbaren Vermögenswerte des Laufzeitbandes), so ist das diesbezügliche *fair value adjustment* gesondert auf der **Aktivseite** auszuweisen.
- Stellt das Grundgeschäft dagegen eine **Verbindlichkeit** dar (genauer: einen prozentualen Anteil aller designierbaren Verbindlichkeiten eines Laufzeitbands), so wird das *fair value adjustment* gesondert auf der **Passivseite** ausgewiesen.

Der Ausweis hängt somit von der **Art** des Grundgeschäfts und nicht von dem Vorzeichen des *fair value adjustment* ab. Insofern können *fair value adjustments* grundsätzlich entweder **positiv** oder **negativ** sein. Für ein Portfolio können sich damit separate *fair value adjustments* auf beiden Bilanzseiten ergeben, eine Saldierung kommt nicht infrage.

Für den *portfolio hedge* von Zinsrisiken sind darüber hinaus die Regeln des IAS 39.92 zur Amortisation der *fair value adjustments* zu beachten. Danach ist mit der Amortisation spätestens dann zu beginnen, wenn für das Grundgeschäft keine weiteren *fair value adjustments* mehr vorgenommen werden; zulässig ist aber auch eine laufende Amortisation der *fair value adjustments*. Im Falle des *portfolio hedge* von Zinsrisiken ist eine **Amortisation** somit erst dann zwingend erforderlich, wenn sich der abgesicherte Betrag eines Laufzeitbands **reduziert** hat (und daher für den reduzierten Teil keine weiteren *fair value adjustments* mehr berücksichtigt werden). Der auf die Reduzierung des abgesicherten Betrags entfallende Anteil des *fair value adjustment* ist dann über die **Restlaufzeit** zu amortisieren. Ist der abgesicherte Betrag hingegen konstant bzw. steigt er an, bedarf es (noch) keiner Amortisation. Da eine solche Vorgehensweise jedoch die Nachverfolgung verschiedener Teilamortisationsbeträge bedingt, bietet es sich aus praktischer Sicht an, alle zum Ende einer Sicherungsperiode aufgelaufenen *fair value adjustments* in die (laufende) Amortisation einzubeziehen. Die *fair value adjustments* sind analog zum Vorgehen bei *micro fair value hedges* über die Restlaufzeit zu **amortisieren.**

Als Besonderheit besteht für den *portfolio hedge* von Zinsrisiken die Möglichkeit einer **linearen Amortisation**, wenn die effektivzinskonstante Amortisation nicht praktikabel ist (IAS 39.92, BC212).

Hat die Sicherungsbeziehung eines Laufzeitbands den retrospektiven Effektivitätstest dagegen **nicht bestanden**, erfolgt die Bilanzierung des Grundgeschäfts und der Sicherungsderivate gem. den allgemeinen Bilanzierungsregeln ohne *hedge accounting*. Es bleibt der Bank unbenommen, für die Folgeperiode eine neue Sicherungsbeziehung zu designieren.

41 Wird ein in dem Portfolio enthaltenes Finanzinstrument, das Bestandteil des abgesicherten Betrags war, in der abgelaufenen Periode aus dem Portfolio **herausgenommen**, ist das für dieses Finanzinstrument insgesamt erfasste *fair value* *adjustment*, also die Summe der in der Vergangenheit vorgenommenen Buchwertanpassungen, **auszubuchen** und in der **GuV** zu erfassen (IAS 39.AG128, BC210f.). Dies kann insb. durch Verkauf, vorzeitige Rückzahlung und Wertberichtigung geschehen. Eine solche Ausbuchung setzt aber die Kenntnis des auszubuchenden Betrags voraus. Die Höhe dieses Betrags hängt davon ab,

- welchen **Laufzeitbändern** das Geschäft zugeordnet wurde (wobei sich die Zuordnung durch Änderung von Erwartungen in der Zeit geändert haben kann),
- mit welchen **Prozentsätzen** es in den verschiedenen Perioden im abgesicherten Betrag aufgenommen wurde und
- in welchem Umfang die für das Finanzinstrument gebildeten *fair value adjustments* in der Zwischenzeit **amortisiert** wurden.

Aufgrund des mit der Berechnung des auszubuchenden Betrags verbundenen technischen Aufwands sind stattdessen die folgenden **vereinfachten** Vorgehensweisen zulässig:

- Im Falle einer vorzeitigen Rückzahlung erfolgt die Ausbuchung aus dem gebildeten *fair value adjustment* des frühestverfügbaren Laufzeitbands. Der auszubuchende Betrag wird dabei anteilig (nach Maßgabe des Nominalbetrags) ermittelt (IAS 39.AG128, AG130).
- Im Falle eines **Verkaufs** oder einer **Wertminderung** erfolgt die Ausbuchung aus den gebildeten *fair value adjustments* der Laufzeitbänder, in denen das Finanzinstrument erfasst war. Der auszubuchende Betrag ist dabei in systematischer und sachgerechter Weise auf diese Laufzeitbänder zu verteilen (IAS 39.AG128). Dies kann ebenfalls anteilig nach Maßgabe des Nominalbetrags geschehen.

Wenn ein Laufzeitband **ausläuft**, sind die *fair value adjustments* dieses Laufzeitbands erfolgswirksam auszubuchen (IAS 39.AG129, 89A).

Durch Beendigung des Schritts 10 ist der Prozess des *portfolio hedge* von Zinsrisiken **abgeschlossen**. Mit Beginn der nachfolgenden Sicherungsperiode **wiederholt** sich der Prozess, beginnend mit Schritt 2. Dabei sind alle in der abgelaufenen Periode eingetretenen Bestandsänderungen bei den Vermögensgegenständen und Verbindlichkeiten zu berücksichtigen, selbst wenn diese im Zuge des retrospektiven Effektivitätstests unberücksichtigt blieben (z.B. neu abgeschlossene Kredite oder vorzeitige Rückzahlungen, die belegbar nicht zinsinduziert waren (IAS 39.AG127)). Dies gilt auch für Sicherungsbeziehungen, die in der abgelaufenen Periode den retrospektiven Effektivitätstest nicht bestanden haben. 42

3.1.3 Beurteilung

Mit dem *portfolio hedge* von Zinsrisiken wurden verschiedene Erleichterungen für die bilanzielle Abbildung von *macro hedges* eingeführt. Gleichwohl bleiben wesentliche **Kritikpunkte** unverändert bestehen: 43

- Mit dem *portfolio hedge* von Zinsrisiken wurde zwar die Möglichkeit geschaffen, einen absoluten Betrag eines Laufzeitbands zu designieren. Gleichwohl bleibt der **Bruch** zwischen **ökonomischer** Sicherungsstrategie und **bilanzieller** Abbildung bestehen, da das *macro hedging* weiterhin in eine „künstliche" Absicherung entweder von Vermögenswerten oder Verbindlichkeiten zu überführen ist. Hieraus resultieren u.a. erhebliche Anforderungen an die IT-Systeme.

- Die Notwendigkeit **laufender De-** und **Redesignationen** bleibt ebenfalls bestehen, weil es in Anbetracht der laufenden Änderung der Nettorisikoposition zu ständig neuen Zyklen von Sicherungsperioden mit veränderten Grundgeschäften kommt. **Erleichterungen** resultieren jedoch aus der Möglichkeit der linearen (statt effektivzinskonstanten) Amortisation der *fair value adjustments.*
- Das **Einlagengeschäft** ist weiterhin nicht als Grundgeschäft im *hedge accounting* designierbar. Damit wird einer der Eckpfeiler des *macro hedging* in Banken nicht anerkannt. Insbesondere Banken mit passivischen Zinsüberhängen und einem hohem Volumen an Einlagengeschäften haben somit faktisch keine oder nur kaum Möglichkeit zum *portfolio hedge* von Zinsrisiken.
- Die Vorschriften zu **internen Sicherungsderivaten** wurden von der Neuregelung zum *portfolio hedge* von Zinsrisiken nicht verändert.

44 Infolge der Kritik an verschiedenen Regelungen des *portfolio hedge* von Zinsrisiken hat die **Europäische Kommission** 2004 den IAS 39 in einer Fassung, in der verschiedene **Textpassagen** gestrichen wurden (sog. *carve out version*), in europäisches Recht übernommen. Die gestrichenen Textpassagen betreffen primär Regelungen bez. der oben angesprochenen Problembereiche zum Einlagengeschäft und zur Ineffektivität infolge von Bestandsveränderungen. Ergänzungen zum Text oder Änderungen des Textes des IAS 39 wurden hingegen nicht vorgenommen.

Damit ist der IAS 39 der einzige Standard, der in einer veränderten Fassung *endorsed* wurde.

3.2 Risikovorsorge im Kreditgeschäft

3.2.1 Überblick

45 Neben den Regelungen des IAS 39.71–102 und IAS 39.AG94–132 für das *hedge accounting* stellen insb. die Vorschriften des IAS 39.58–65 und IAS 39.AG84–93[8] zum **impairment** (= Wertminderung) eine zentrale Herausforderung der IFRS-Rechnungslegung für Banken dar. Bei der Umsetzung der allgemeinen Vorschriften ergeben sich auch bei den *impairments* **Besonderheiten** für Banken, die bei Industrie- und Handelsunternehmen i.d.R. nicht auftreten. Diese bankspezifischen Besonderheiten betreffen weniger das Wertpapiergeschäft als vielmehr das **Kreditgeschäft**, und hier vor allem das **Massengeschäft**. Die nachfolgenden Ausführungen beziehen sich daher allein auf die Ermittlung der Risikovorsorge im Kreditgeschäft (→ § 28 Rz 124ff.).

46 Für die Ermittlung des *impairment* für finanzielle Vermögenswerte sieht IAS 39.58 einen **zweistufigen** Prozess vor. Auf der **ersten Stufe** sind die finanziellen Vermögenswerte daraufhin zu untersuchen, ob objektive Hinweise für ein *impairment* vorliegen (Rz 48). Diese Untersuchung wird unabhängig von der **Bewertungskategorie** eines finanziellen Vermögenswerts nach IAS 39 bzw. IFRS 9 durchgeführt. Liegen objektive Hinweise für ein *impairment* nach IAS 39.63 vor, so ist auf der **zweiten Stufe** zu ermitteln, ob und ggf. in welcher Höhe eine Wertminderung in der GuV zu erfassen ist. Die Methodik zur Ermittlung

[8] Vgl. auch Verweis in IFRS 9.5.2.2.

eines solchen *impairment* unterscheidet sich in Abhängigkeit von der Bewertungskategorie eines Vermögenswerts (→ § 28 Rz 115ff.).

Das Kreditgeschäft einer Bank ist im Regelfall zu fortgeführten Anschaffungskosten zu bewerten (Bewertungskategorie *loans and receivables* nach IAS 39), sodass die Höhe des *impairment* auf der Grundlage der Regelungen des IAS 39.63 bestimmt wird (→ § 28 Rz 124). **Ausnahmen** ergeben sich für Kredite, 47

- die im **Handelsbuch** der Bank gehalten werden, weil eine Absicht zur kurzfristigen Gewinnerzielung besteht oder weil sie Teil eines Portfolios sind, für das es nachweislich kurzfristige Gewinnrealisierung in der jüngeren Vergangenheit gibt (vgl. IAS 39.9 bzw. IFRS 9.4.4 i.V.m. 4.2(a)). Die Grundlage für ein *impairment* entfällt bei solchen Kreditgeschäften, da diese bereits **erfolgswirksam** zum *fair value* bewertet werden müssen.
- für die die ***fair value option*** genutzt wurde und für die somit ebenfalls alle *fair-value*-Änderungen unmittelbar in der GuV erfasst werden.

Bei Anwendung des IAS 39 ergibt sich eine weitere Ausnahme für Kredite, die auf einem aktiven Markt notiert sind. Solche Kredite werden nach IAS 39 entweder als *available-for-sale financial asset* (→ § 28 Rz 159ff.) oder als *held-to-maturity investment* klassifiziert (→ § 28 Rz 140).

Im Mittelpunkt der folgenden Ausführungen steht die Ermittlung der Risikovorsorge für das zu fortgeführten Anschaffungskosten bewertete Kreditgeschäft. Dies entspricht den Kategorien *loans and receivables* bzw. *held to maturity* nach IAS 39.

3.2.2 Objektive Hinweise auf das Vorliegen eines *impairment*

Ausgangspunkt des *impairment*-Prozesses (Stufe 1) ist die zu jedem Bilanzstichtag durchzuführende Untersuchung auf das Vorliegen objektiver Hinweise *(objective evidence)* für ein *impairment* der Forderung. Diese Untersuchung kann für **einzelne** Forderungen oder für **Gruppen** von Forderungen vorgenommen werden (IAS 39.59). 48

In **zeitlicher Hinsicht** werden an das Vorliegen der objektiven Hinweise für eine Wertminderung die folgenden Anforderungen gestellt: 49

- Es muss sich um ein Ereignis (*loss event* bzw. *trigger event)* handeln, das **nach** Zugang der Forderung eingetreten ist; eine Wertminderung im Zeitpunkt des Zugangs kommt somit nicht infrage (IAS 39.59, IG.E.4.2).
- Die Ereignisse müssen **vor** Ablauf der Berichtsperiode eingetreten sein (*incurred loss model).*
- **Zukünftig** erwartete Ereignisse sind keine objektiven Hinweise für eine Wertminderung. So stellt bspw. die Erwartung, dass die Arbeitslosenquote im nächsten Jahr ansteigen und dies zu einer Erhöhung der Ausfallrate für Konsumentenkredite führen werde, kein zulässiges *loss event* dar (IAS 39.59, BC109f.).
- Ein bis zum Bilanzstichtag eingetretenes *loss event* muss dem Unternehmen am Bilanzstichtag noch nicht in seinen Einzelheiten **bekannt** sein, um eine Wertminderung zu rechtfertigen (vgl. IAS 39.AG90, der in diesem Zusammenhang von „*incurred but not reported*" spricht).

- Ereignisse, die erst nach dem Bilanzstichtag bekannt werden, aber bereits am Bilanzstichtag vorgelegen haben, sind als **Wertaufhellung** zu berücksichtigen (→ § 4 Rz 17f.).[9]

50 In **inhaltlicher Hinsicht** müssen die *loss* bzw. *trigger events* negative und verlässlich schätzbare Auswirkungen auf die künftigen *cash flows* der (Gruppe von) Forderung(en) haben. Hierzu nennt der Standard verschiedene, nicht abschließende **Beispiele** (IAS 39.59):

- Erhebliche **finanzielle Schwierigkeiten** des Schuldners. Dabei stellt eine Verschlechterung des Ratings eines Schuldners für sich genommen noch kein *trigger event* dar, kann aber zusammen mit anderen Indikatoren einen objektiven Hinweis auf eine Wertminderung begründen (IAS 39.60). Im Falle der Portfoliobetrachtung von Forderungen kommt der **Ratingverschlechterung** hingegen ein höherer Stellenwert zu, da (systembedingt) eine Zuordnung von *impairments* auf Einzelgeschäfte nicht vorgenommen werden kann.[10]
- Der Schuldner hält seine **vertraglichen Pflichten** nicht ein, insb. weil er fällige Zins- bzw. Tilgungszahlungen nicht oder nicht fristgerecht leistet.
- Die Bank macht besondere **Zugeständnisse** an den Schuldner, die allein durch seine finanziellen Schwierigkeiten bedingt sind.
- **Insolvenz** oder **Sanierungsmaßnahmen** des Schuldners sind wahrscheinlich.
- Für eine **Gruppe** von Forderungen gibt es nachweisbare Daten für einen messbaren Rückgang der erwarteten künftigen Zahlungsströme seit deren Zugang, ohne dass der Rückgang bisher einzelnen Forderungen der Gruppe zugeordnet werden kann. Damit wird die im Bankenbereich verbreitete Bestimmung der *loss events* auf **Portfoliobasis** ermöglicht. Mögliche *trigger events* können z.B. in einer Verschlechterung des Zahlungsverhaltens (wie eine Zunahme von Zahlungsverzögerungen) oder in einer Verschlechterung der ökonomischen Rahmenbedingungen, die mit der Ausfallrate von Forderungen korrelieren (wie eine Zunahme der Arbeitslosenquote oder ein Rückgang von Immobilienpreisen), liegen.

51 Die vorstehende Aufzählung ist nicht abschließend und muss im Einzelfall im Rahmen einer *impairment policy* an die bankenspezifischen Verhältnisse angepasst werden. Dabei sollte berücksichtigt werden, dass Banken für aufsichtsrechtliche Zwecke im Rahmen der Vorschriften zu Basel II zur Messung der – u.a. für das Kreditgeschäft – erforderlichen **Eigenkapitalunterlegung** ebenfalls Vorgaben zur Definition eines Kreditausfalls berücksichtigen müssen.[11] Danach ist das Vorliegen eines **Kreditausfalls** im Hinblick auf einen bestimmten Schuldner wie folgt definiert:

- Der Schuldner kann seinen Kreditverpflichtungen nicht in **voller** Höhe nachkommen.
- Es besteht ein Zahlungsverzug von mehr als **90 Tagen**.

Von einer drohenden **Zahlungsunfähigkeit** geht Basel II u.a. dann aus, wenn

- die Bank der **Restrukturierung** des Kredits zustimmt,
- die Bank einen Antrag auf **Insolvenz** des Schuldners stellt,
- der Schuldner einen **Insolvenzantrag** gestellt hat,

---

9 Vgl. PwC, IFRS für Banken, S. 364.
10 Vgl. LÖW/LORENZ, Ansatz und Bewertung, S. 528.
11 Vgl. BASEL COMMITTEE, Internationale Konvergenz, Tz. 452f.

- die Buchung einer Wertberichtigung bzw. Abschreibung wegen deutlicher Verschlechterung der **Kreditqualität** erfolgt ist.

Beide Kriterienkataloge zielen auf durch finanzielle Schwierigkeiten des Schuldners verursachte Verluste aus Zahlungsausfällen ab und sind somit weitgehend deckungsgleich.[12] Bei Festlegung der *trigger events* im Rahmen o.g. *impairment policy* bietet sich eine gegenseitige Abstimmung der beiden Kriterienkataloge an.

3.2.3 Ermittlung der Risikovorsorge

3.2.3.1 Vorgehensweise

Die Ermittlung der Wertberichtigung gem. IAS 39.64 ist von der **Signifikanz** der einzelnen Forderung abhängig. 52

Für **signifikante** Forderungen ist zwingend eine **Einzelfall**betrachtung vorzunehmen (Rz 55ff.). In Abhängigkeit vom Ergebnis der Einzelfallbetrachtung ist anschließend wie folgt **fortzufahren** (IAS 39.64):

- Liegen keine objektiven Hinweise für eine Wertminderung vor, so ist die Forderung in die Portfoliobetrachtung aufzunehmen (Rz 60). Im Rahmen der **Portfoliowertberichtigung** wird dann Vorsorge für solche Ausfallereignisse getroffen, die der Bank bisher nicht bekannt sind (*„incurred but not reported“*, vgl. Rz 49).
- Liegen hingegen objektive Hinweise für eine Wertminderung vor, ist im nächsten Schritt der Betrag der **Einzelwertberichtigung** zu ermitteln. Ergibt sich für die Forderung trotz des Vorliegens eines *trigger event* eine Einzelwertberichtigung von null (z.B. aufgrund einer guten Besicherung), ist die Forderung ebenfalls in die Portfoliobetrachtung aufzunehmen[13] (IAS 39.BC111–117). Errechnet sich hingegen eine Einzelwertberichtigung von größer null, so wird die Forderung anschließend nicht mehr in die Berechnung der Portfoliowertberichtigung einbezogen.

Für **nicht signifikante** Forderungen wird eine Portfoliobetrachtung vorgenommen. Zusätzlich besteht ein Wahlrecht, (zunächst) eine Einzelfallbetrachtung vorzunehmen (Rz 64ff.). Bei Ausübung des Wahlrechts gelten die obigen Ausführungen zur Einzelwertberichtigung von wesentlichen Forderungen entsprechend. 53

Für den (Regel-)Fall einer Untersuchung auf Portfoliobasis ist mittels einer **Portfoliowertberichtigung** Vorsorge für solche Ausfallereignisse zu treffen, die bereits eingetreten, der Bank aber bisher noch nicht bekannt sind (*„incurred but not reported“*). Liegen jedoch gleichwohl Hinweise für das Vorliegen eines *trigger event* für einzelne Forderungen innerhalb des Portfolios vor (z.B. weil der Zahlungsverzug eine vordefinierte Grenze überschritten hat), sind die betroffenen Forderungen bei strenger Auslegung der Standards (wieder) einzeln zu betrachten und es ist eine Einzelwertberichtigung wie oben beschrieben vorzunehmen (IAS 39.AG88, wonach die Portfoliobetrachtung lediglich eine Vorstufe zur Einzelwertberichtigung darstellt). Da eine solche Einzelfallbetrachtung im Massengeschäft aber **nicht praktikabel** ist, wird es als zulässig angesehen, die Forderung in der Portfoliobetrachtung zu belassen, aber in ein entsprechendes

---

12 Vgl. IDW, RS HFA 9, Tz. 287; PwC, IFRS und Basel II, S. 23.

13 Vgl. LÖW/LORENZ, Ansatz und Bewertung, S. 530; PwC, IFRS für Banken, S. 378.

Portfolio gleichartiger Geschäfte umzugliedern (pauschalierte Einzelwertberichtigung).[14]
Eine **Definition** des Begriffs **„signifikant“** findet sich im Standard nicht. Die Unterscheidung zwischen signifikanten und nicht signifikanten Forderungen wird in erster Linie am Forderungsbetrag festgemacht. In der Praxis erfolgt auf dieser Grundlage z.B. eine Unterscheidung in Retail- und Nicht-Retail-Geschäft. Dabei kann die Grenze in Anlehnung an die diesbezügliche Regelung für Basel II z.B. bei 1 Mio. EUR gezogen werden.

54 Unabhängig von der Methodik zur Bestimmung des *impairment* kann die Wertminderung entweder

- in Form einer **Wertberichtigung** (Risikovorsorge) berücksichtigt werden, indem diese in der Bilanz neben der in unveränderter Höhe ausgewiesenen Forderung negativ auf der Passivseite gezeigt wird (sog. Bruttomethode), oder
- in Form einer **Direktabschreibung** unmittelbar den Buchwert der Forderung kürzen.

In der Praxis dominiert die erste Variante; Direktabschreibungen werden danach erst dann vorgenommen, wenn nicht mit weiteren Zahlungseingängen gerechnet wird.

3.2.3.2 Einzelwertberichtigung

55 Stellt die **Einzel**betrachtung der signifikanten Forderungen (und der nicht signifikanten Forderungen, für die freiwillig eine Einzelbetrachtung vorgenommen wurde) auf Stufe 1 objektive Hinweise für eine Wertminderung gem. dem im Vorabschnitt dargestellten Katalog fest, ist der Betrag der Wertminderung als Differenz zwischen dem Buchwert und dem **Barwert** der künftig erwarteten *cash flows* aus der Forderung zu berechnen. Ein Verlustbetrag ist als Risikovorsorge bzw. Direktabschreibung **ergebniswirksam** zu erfassen (IAS 39.63).

56 Mit dem **Buchwert** sind die fortgeführten Anschaffungskosten der Forderung angesprochen. Wenn die Forderung im Rahmen eines *fair value hedge* abgesichert wurde, zählen hierzu auch die diesbezüglichen Buchwertanpassungen gem. IAS 39.89. Ist die Forderung im Rahmen eines *portfolio fair value hedge* von Zinsrisiken Bestandteil des abgesicherten Betrags (vgl. hierzu Abschnitt 3.1), so führt die Wertminderung der Forderung zu einer Ausbuchung aus dem gebildeten *fair value adjustment* (Buchwertanpassung) der Aktivseite gem. IAS 39.AG128 (Rz 41).

57 In die Ermittlung der künftigen ***cash flows*** sind einzubeziehen:

- Erwartete *cash flows* aus der **Kreditforderung** (IAS 39.AG84). Dabei muss nicht zwischen erwarteten Zins- und Tilgungszahlungen differenziert werden.
- Erwartete Erlöse aus **Sicherheiten** nach Abzug der Kosten der Verwertung. Zu den Sicherheiten zählen neben den in IAS 39.AG84 ausdrücklich erwähnten dinglichen Sicherheiten (wie Grundpfandrechte) auch personale Sicherheiten, wie Bürgschaften.[15]

---

14 Vgl. Löw/Lorenz, Ansatz und Bewertung, S. 531; Fischer/Sittmann-Haury, Risikovorsorge, S. 221.

15 Vgl. Kuhn/Scharpf, Financial Instruments, S. 316.

- **Länderrisiken** sind impliziter Bestandteil der Schätzung der *cash flows.*[16]

Diese *cash flows* sind nicht nur hinsichtlich ihrer Höhe, sondern auch hinsichtlich ihres Zeitpunkts zu schätzen. Dabei erscheint es aus Praktikabilitätsgründen zulässig, für den Prognosezeitraum jeweils nur einen Zahlungsstrom am Jahresende zu schätzen und die Schätzung auf einen Zeitraum von vier oder fünf Jahren zu beschränken, der durch die Erfahrungen der Sicherheitenverwertung in der Vergangenheit beeinflusst wird.[17] Lässt sich für die *cash flows* nur eine Bandbreite von Werten ermitteln, so ist der beste Schätzwert innerhalb dieser Bandbreite zu verwenden (IAS 39.AG86).

Die **Diskontierung** der *cash flows* ist mit dem ursprünglichen Effektivzins der Forderung vorzunehmen (IAS 39.63). Der **ursprüngliche Effektivzins** ergibt sich dabei wie folgt:

- Bei einer festverzinslichen Forderung ist der Effektivzins bei **Vertragsabschluss** zu verwenden.
- Bei einer variabel verzinslichen Forderung ist der sich aus der **letzten Zinsanpassung** ergebende Effektivzins zu verwenden (IAS 39.AG84).
- Bei einer Absicherung im Rahmen eines *micro fair value hedge* ist der sich aus der **letzten Buchwertanpassung** ergebende Effektivzins zu verwenden (IAS 39.IG.E 4.4).

In der Verwendung des ursprünglichen Effektivzinses kommt die Ausrichtung der *impairment*-Berechnung allein auf die **Adressen**ausfallrisiken unter Ausschluss der Marktpreisrisiken (insb. Zinsrisiken) zum Ausdruck. Bei Verwendung der aktuellen Effektivzinsen würde sich faktisch eine Bewertung zum *fair value* ergeben. Gleichwohl wird in IAS 39.AG84 aus Praktikabilitätsüberlegungen die Möglichkeit eingeräumt, die Wertminderung auf der Grundlage eines beobachtbaren Marktpreises für die Forderung zu bestimmen. Diese Möglichkeit existiert nur für an einem aktiven Markt notierte *held-to-maturity investments* nach IAS 39 und dürfte daher aus praktischer Sicht einen Ausnahmefall darstellen.

Ergibt sich aus der vorstehenden Berechnung am Bilanzstichtag, dass 58

- ein **Wertminderungsbedarf** besteht, weil der Barwert der *cash flows* kleiner als der Buchwert der Forderung ist, so wird der Unterschiedsbetrag in der GuV erfasst.
- **kein** individueller Wertberichtigungsbedarf besteht, so ist die Forderung in die Portfoliowertberichtigung einzubeziehen.

In den Folgeperioden ist für die wertgeminderte Forderung eine Verzinsung auf der Grundlage des für die Ermittlung der Wertberichtigung verwendeten **ursprünglichen Effektivzinses** zu vereinnahmen (IAS 39.AG93). Rechnerisch ermittelt sich der Zinsertrag durch die Zuschreibung des Barwerts im Zeitablauf (*unwinding*). Damit wird im IFRS-Abschluss für **wertgeminderte** Forderungen **stets** ein **Zinsertrag** ausgewiesen (→ § 28 Rz 125). Dies gilt unabhängig davon, ob und inwieweit der Schuldner seinen vertraglich vereinbarten Zinszahlungspflichten noch nachkommt. Es kann also weder zu einer Zinslosstellung noch zu einer Abgrenzung i. H. d. vertraglich vereinbarten Zinsen kommen.[18] Aus diesem 59

16 Vgl. IDW, RS HFA 9, Tz 244.

17 FISCHER/SITTMANN-HAURY, Risikovorsorge, S. 219.

18 Vgl. IDW, RS HFA 9, Tz 247.

Grund darf ab dem Zeitpunkt des *impairment* auch keine weitere Vereinnahmung eines evtl. ursprünglich vorhandenen Disagios der Forderung vorgenommen werden.
Bezüglich der **bilanziellen Erfassung** des **Zinsertrags** finden sich in IAS 39 keine Vorgaben. Es kann daher der **Zinsertrag** entweder als Kürzung der bilanziellen (separat und mit negativem Vorzeichen ausgewiesenen) Risikovorsorge oder als Zuschreibung der Bruttoforderung erfasst werden. Allgemein wird jedoch in der Bilanzierungspraxis die Kürzung der Risikovorsorge bevorzugt, da andernfalls u. U. ein Bruttobuchwert ausgewiesen würde, der den ursprünglich vereinbarten Darlehensbetrag übersteigt.[19] Unabhängig von der gewählten Vorgehensweise erhöhen die aus dem *unwinding* resultierenden Zinserträge aber den Nettobuchwert (= Bruttobuchwert ./. Risikovorsorge). Daher stellt sich die diskutierte Frage im Falle eines Ausweises des Nettobuchwerts bei der Direktabschreibung (anstelle des separaten Ausweises von Bruttoforderung und negativer Risikovorsorge) nicht.
Unabhängig davon reduzieren die von dem Schuldner tatsächlich geleisteten **Zahlungen** den Buchwert der Forderung (dies gilt im Falle der Brutto- wie der Nettodarstellung). Eine Unterscheidung zwischen geleisteten Zins- und Tilgungszahlungen ist in Anbetracht der Zinsvereinnahmung über das *unwinding* nicht erforderlich.
Gehen hingegen **unerwartete Zahlungen** ein, so führt dies – zusätzlich zur Reduzierung der Forderung aus der Zahlung – zu einer Reduzierung der bilanziellen Risikovorsorge zu Gunsten der GuV. Im Falle einer Nettobilanzierung erfolgt hingegen keine Reduzierung der Forderung, sondern der unerwartete Zahlungseingang wird unmittelbar zugunsten der GuV (Ertrag aus Wertberichtigung) erfasst.[20]
Ergeben sich im weiteren Verlauf **Änderungen** bez. der Höhe bzw. des Zeitpunkts der erwarteten *cash flows*, führt dies zu einer **Neuberechnung** des erzielbaren Betrags bzw. der Wertberichtigung. Entfallen die Gründe für die Wertberichtigung, so ist eine vollständige oder teilweise erfolgswirksame Wertaufholung vorzunehmen. Obergrenze sind dabei die fortgeführten Anschaffungskosten der Forderung, wie sie sich ohne die Wertberichtigung ergeben hätten (IAS 39.65).

3.2.3.3 Portfoliowertberichtigung für signifikante Forderungen

60 Hat die Einzeluntersuchung der signifikanten Forderungen (und der freiwillig in die Einzelbetrachtung einbezogenen nicht signifikanten Forderungen) auf Stufe 1 das **Fehlen** eines **Ausfallereignisses** ergeben, sind die Forderungen einer Portfoliobetrachtung zu unterziehen (IAS 39.64, BC116: *„assets assessed individually and found not to be impaired“*). **Darüber hinaus** sind auch Forderungen in die Portfoliobetrachtung aufzunehmen, für die die Einzelbetrachtung auf Stufe 1 zwar zu einem objektiven Hinweis für eine Wertminderung geführt, die Ermittlung auf Stufe 2 aber keinen Bedarf für eine Einzelwertberichtigung ergeben hat.[21] **Nicht** in die Portfoliobetrachtung aufzunehmen sind hingegen solche Forderungen, für die auf Stufe 1 ein Ausfallereignis festgestellt wurde und

19 Vgl. IDW, RS HFA 9, Tz 248.
20 Vgl. IDW, RS HFA 9, Tz 250.
21 Vgl. IDW, RS HFA 9, Tz 255.

sich auf Stufe 2 eine Einzelwertberichtigung von größer null ergeben hat (IAS 39.64, BC121: *„assets assessed individually and found to be impaired"*). Zweck der Portfoliobetrachtung ist die Berücksichtigung von bereits eingetretenen Verlusten, die der Bank bisher aber noch **nicht bekannt** sind (IAS 39.AG90: *„incurred but not reported"*). Die Portfoliowertberichtigung stellt mithin auf den Zeitraum zwischen dem Eintritt des Ausfallereignisses und dessen Erkennen durch die Bank ab und ist insofern als **Vorstufe** für eine **Einzelwertberichtigung** anzusehen. Sobald objektive Hinweise für eine einzeln zuordenbare Wertminderung vorliegen, ist die Forderung daher aus dem Portfolio herauszunehmen und einer Einzelbetrachtung zuzuführen, um ggf. eine Einzelwertberichtigung zu bilden (IAS 39.AG88).

Für die Ermittlung der Portfoliowertberichtigung sind die Forderungen in 61
homogene Portfolien mit vergleichbaren (Kredit-)Risikomerkmalen aufzuteilen. Die Portfolien können dabei insb. nach den folgenden Kriterien gebildet werden, die als Indikator für das erwartete Rückzahlungsverhalten dienen (IAS 39.AG87, BC122):

- geschätzte Ausfallwahrscheinlichkeit,
- Kreditrisikostufen,
- Produktart (z.B. Hypothekenkredit, Konsumentenkredit),
- geographische Merkmale,
- Art der Besicherung,
- Kreditnehmermerkmale (z.B. Privat-, Firmenkunde),
- Überziehungsstatus oder
- Laufzeit des Kredits.

Gegebenenfalls werden die Portfolien auch durch eine Kombination der vorstehenden Kriterien gebildet.

Um die in der Bank vorzuhaltenden Daten möglichst gering zu halten, bietet es sich an, die Portfolien in Übereinstimmung mit den für Basel II zu bildenden **Forderungsklassen** festzulegen.[22] Die von Basel II im Rahmen der IRB-Ansätze (IRB = *internal rating based*, also auf internen Ratings basierende Modelle zur Eigenkapitalunterlegung) unterschiedenen Forderungsklassen sind Unternehmen, Staaten, Kreditinstitute und Retail-Geschäft.[23] Eventuell bedarf es hierauf aufbauend weiterer Untergliederungen, indem z.B. die Forderungsklasse Unternehmen weiter nach Branchen unterteilt wird. In weitergehender Anlehnung an Basel II kann die Portfoliobildung aber auch auf Basis der IRB-Ratingklassen, ergänzt um eine Unterteilung nach Sicherheitenkategorien, vorgenommen werden.[24]

Anschließend sind für die verschiedenen Portfolien die künftig erwarteten *cash* 62
flows zu schätzen. Grundlage hierfür sind Daten über Ausfallraten in der **Vergangenheit** für vergleichbare Geschäfte. Verfügt eine Bank nicht über solche Daten, kann auch auf Daten von *peer groups* für vergleichbare Vermögenswerte zurückgegriffen werden. Unabhängig von der Quelle der historischen Ausfallraten sind diese ggf. anzupassen, um aktuellen Entwicklungen Rechnung zu tragen (IAS 39.AG89).

---

22 Vgl. IDW, RS HFA 9, Tz 255.

23 Vgl. Basel Committee, Internationale Konvergenz, Tz 215.

24 Vgl. PwC, IFRS und Basel II, S. 32.

Die für ein Portfolio ermittelten *cash flows* sind anschließend auf den Bilanzstichtag zu **diskontieren**. Hierzu wird ein durchschnittlicher (ursprünglicher) Effektivzinssatz für die im Portfolio berücksichtigten Forderungen zugrunde gelegt. Veränderungen im Portfolio (z.B. durch Zu- oder Abgänge) sind dabei durch eine Anpassung des durchschnittlichen Effektivzinses zu berücksichtigen.

63 Alternativ können statt der oben dargelegten Methodik auch **statistische** Methoden oder formelbasierte Verfahren verwendet werden, sofern sie die vorab beschriebenen Anforderungen erfüllen (IAS 39.AG92). In Betracht kommt dabei insb. eine Bestimmung der Portfoliowertberichtigung in Anlehnung an den für Basel II zu ermittelnden ***expected loss***.

Der *expected loss* (EL) bestimmt sich, indem die Summe der Inanspruchnahmen der Forderungen eines Portfolios (*exposure at default*, EAD) mit der durchschnittlichen Ausfallwahrscheinlichkeit (*probability of default*, PD) für das Portfolio und der durchschnittlichen Verlusthöhe im Falle des Ausfalls einer Forderung (*loss given default*, LGD) multipliziert wird:

EL = EAD * PD * LGD

Voraussetzung für die Nutzung eines derartigen formelbasierten Ansatzes ist die Beachtung der Anforderungen an die Berechnung der Portfoliowertberichtigung. Hierzu muss auf die Zeitspanne zwischen dem **Eintritt** des Ausfallereignisses und der **Kenntnisnahme** durch die Bank abgestellt werden. Diese Zeitspanne wird auch als *loss identification period* (LIP) bezeichnet. Die Länge der LIP hängt wesentlich davon ab, ob es sich bei dem Kreditnehmer um ein berichtspflichtiges Unternehmen handelt und in welcher Häufigkeit z.B. Jahresabschlüsse erstellt werden, die über die wirtschaftliche Lage des Unternehmens informieren. So wird die LIP bei großen börsennotierten Unternehmen regelmäßig kürzer sein als etwa bei kleinen Unternehmen oder Privatkunden. In Anbetracht einer regelmäßig erforderlichen jährlichen Risikobeurteilung der Kreditengagements „dürfte die LIP in der Praxis zwischen sechs und zwölf Monaten liegen."[25]

Da der *expected loss* nach Basel II auf eine einjährige Ausfallwahrscheinlichkeit abstellt, bedarf es insoweit einer **Anpassung** des *expected loss* für den Fall einer hiervon abweichenden LIP. Die Anpassung kann dadurch vorgenommen werden, dass die LIP multiplikativ in die obige Formel für den *expected loss* einbezogen wird. Die Formel zur Berechnung der Portfoliowertberichtigung lautet damit:[26]

$$PWB = EAD \times PD \times LGD \times LIP$$

Wird bspw. eine Zeitspanne von sechs Monaten zwischen Eintritt und Bekanntwerden des Ausfallereignisses unterstellt, ergibt sich eine in der Formel zu berücksichtigende LIP von 6/12 = 0,5. Die entsprechende Portfoliowertberichtigung beläuft sich danach auf die Hälfte des erwarteten Verlustes (EL) des Portfolios.

Daneben sind bei der Verwendung des *expected loss* die von IAS 39.AG92 geforderten **Verbarwertungseffekte** bei der Bestimmung der LGD zu berücksichtigen. Zumindest im Falle der Berechnung des *expected loss* unter Verwendung bankinterner Schätzungen für den LGD (dem sog. fortgeschrittenen IRB-

[25] Fischer/Sittmann-Haury, Risikovorsorge, S. 221.

[26] Vgl. Fischer/Sittmann-Haury, Risikovorsorge, S. 221.

Ansatz) anstelle einer standardisierten LGD (bei dem sog. IRB-Basisansatz) ist dies gewährleistet. Anders als IAS 39 enthält Basel II jedoch keine Vorgaben über den bei der Diskontierung zu verwendenden Zinssatz. Insoweit bedarf es hierzu eines Abgleichs der Parameter im Einzelfall.
Schließlich darf bei der Verwendung des *expected loss* für Forderungen im Zeitpunkt ihres Zugangs **keine (Portfolio-)**Wertberichtigung gebildet werden (IAS 39.AG92). Außerdem muss eine Vereinnahmung der Zinsen auf der Grundlage des durchschnittlichen ursprünglichen Effektivzinssatzes erfolgen (IAS 39.AG93), es sei denn unter Wesentlichkeitsgesichtspunkten kann die Vereinnahmung der vertraglichen Zinsen fortgesetzt werden.
Unabhängig von der im Einzelnen gewählten Methodik und den dabei zugrunde gelegten Annahmen ist eine regelmäßige Verifizierung mit den tatsächlich eingetretenen Verlusten *(backtesting)* vorzunehmen (IAS 39.89). Dies gilt in gleicher Weise für Basel II.

3.2.3.4 Portfoliowertberichtigung für nicht signifikante Forderungen

Für nicht signifikante Forderungen (also das **Massenkreditgeschäft)** erfolgt die Ermittlung der Wertberichtigung (sofern sie nicht freiwillig einer Einzelbetrachtung unterzogen werden) in Form einer Portfoliowertberichtigung. Methodisch ergeben sich keine Unterschiede zu der im Vorabschnitt dargestellten Vorgehensweise. Insbesondere kommt auch hier eine Bestimmung des *impairment* auf der Grundlage **64**

- einer **Barwertberechnung** durch Diskontierung der künftig erwarteten *cash flows* mit dem durchschnittlichen Effektivzins für jedes Portfolio oder
- des ***expected loss*** nach Basel II

infrage.

Unterschiede zur Berechnung der Portfoliowertberichtigung für signifikante Forderungen ergeben sich bez. der zu verwendenden **Parameter**. Dies betrifft insb. die Ausfallwahrscheinlichkeiten (IAS 39.AG87). Begründet wird dies mit den **unterschiedlichen Grundgesamtheiten**: Während die signifikanten Forderungen individuell auf Vorliegen eines Einzelwertberichtigungsbedarfs untersucht wurden (eine Einzelwertberichtigung aber nicht erfolgt ist, weil entweder kein *trigger event* vorlag oder trotz des Vorliegens eines *trigger event* kein Bedarf für eine Wertberichtigung bestand), ist dies bei den nicht signifikanten Forderungen nicht der Fall. Dies ist durch eine entsprechende Portfoliobildung bzw. Festlegung der Parameter zu berücksichtigen. **65**
Eine Besonderheit besteht zusätzlich, wenn für nicht signifikante Forderungen Hinweise auf Verlustereignisse vorliegen, z. B. weil ein Zahlungsverzug von über 90 Tagen besteht (= Ausfallkriterium nach Basel II) oder weil bestimmte Mahnstufen erreicht wurden. Solche Forderungen sind bei strenger Lesart des IAS 39.AG88 aus dem Portfolio herauszunehmen und einer Einzelbetrachtung zu unterziehen. Aus praktischen Erwägungen heraus wird es allgemein aber als zulässig erachtet, auf eine solche Einzelbetrachtung zu verzichten, wenn die betroffenen Forderungen unter Berücksichtigung adäquater Ausfallparameter in ein separates Portfolio übernommen werden, um die Wertberichtigung zu ermitteln. Dieses Vorgehen wird auch als **pauschalierte Einzelwertberichti-**

gung bezeichnet. Dabei sind folgende Besonderheiten im Vergleich zur Portfoliowertberichtigung zu berücksichtigen:

- Da Verlustereignisse bereits vorliegen, ist die Ausfallwahrscheinlichkeit (PD) mit 100 %, also 1, anzusetzen.
- Gleichzeitig bedarf es keiner Berücksichtigung der LIP, da der Verlust bereits eingetreten ist.

Damit ergibt sich als Formel zur Ermittlung der pauschalierten Einzelwertberichtigung (pEWB):

$$pEWB = EAD \times PD \times LGD = EAD \times 1 \times LGD = EAD \times LGD$$

4 Anwendungszeitpunkt, Rechtsentwicklung

66 Im Rahmen des Konvergenzprojekts mit dem FASB hat der IASB im Oktober 2008 das *Discussion Paper (DP) „Preliminary Views on Financial Statement Presentation"* veröffentlicht. Das *Discussion Paper* sieht einen grundlegenden Wandel in der **Darstellung der Abschlussbestandeile** Bilanz (*statement of financial position)*, Gesamterfolgsrechnung *(statement of comprehensive income)* und Kapitalflussrechnung *(statement of cash flows)* sowie der damit in Zusammenhang stehenden Anhangsangaben vor. Wegen Einzelheiten wird auf → § 2 Rz 89 verwiesen.

Die Kommentierungsfrist für das DP endete im April 2009. Im Juni 2010 haben sich der IASB und der FASB dazu entschlossen, vor der Finalisierung und Veröffentlichung eines *Exposure Draft* zu „financial statement presentation" weitere Maßnahmen zur Einbindung der Öffentlichkeit zu ergreifen. Im Juli 2010 veröffentlichten der IASB und der FASB daher im Internet einen Entwurf ihres *Exposure Draft*, der den Stand der gemeinsamen vorläufigen Arbeitsergebnisse reflektiert. Mit diesem Schritt sollen insbesondere Erkenntnisse zu Kosten und Nutzen des Entwurfs sowie dessen Auswirkungen auf die Finanzberichterstattung von Finanzdienstleistern gewonnen werden. Kommentierungen dieses Entwurfs durch die interessierte Öffentlichkeit sind möglich; es wird jedoch nicht explizit dazu aufgerufen.

Der eigentliche *Exposure Draft* zu IAS 1 ist für Anfang 2011 vorgesehen. Mit dem überarbeiteten IAS 1 wird derzeit für Ende 2011 gerechnet. Auf → § 28 Rz 324 ff., 335 ff. wird verwiesen.

67 Im Zuge der Finanzkrise hat sich der IASB 2008 zu einer vollständigen **Neuregelung der Bilanzierung von Finanzinstrumenten** in einem neuen IFRS entschlossen. Die Ablösung des bestehenden IAS 39 wird in **drei Phasen** erfolgen.

Im Rahmen der ersten Phase hat der IASB im November 2009 den Standard „IFRS 9 – Finanzinstrumente" verabschiedet. Darin werden die Klassifizierung sowie Bewertung von finanziellen Vermögenswerten geregelt und eine Reduktion der im IAS 39 enthaltenen vier Kategorien von Finanzinstrumenten auf zwei vorgenommen.[27] Im Oktober 2010 wurde IFRS 9 durch „Vorschriften zur Bilanzierung finanzieller Verbindlichkeiten" ergänzt. Damit ist die erste Phase zur Klassifizierung und Bewertung von Finanzinstrumenten abgeschlossen.

[27] Vgl. WENK/STRASSER, Neuregelung, S. 102 ff.

IFRS 9 ist für Geschäftsjahre ab 2013 anzuwenden; eine frühere Anwendung ist zulässig (→ § 28 Rz 360).

Ebenfalls im November 2009 wurde im Rahmen von Phase 2 der *Exposure Draft* (ED/2009/12) „*Financial Instruments: Amortised Cost and Impairment*" veröffentlicht. Dieser regelt neben der Berechnung der fortgeführten Anschaffungskosten für finanzielle Vermögenswerte und Verbindlichkeiten insb. die Bilanzierung von Wertminderungen für zu fortgeführten Anschaffungskosten bewertete Vermögenswerte sowie die damit verbundenen Ausweisfragen. Die Kommentierungsfrist für den ED/2009/12 endete am 30. Juni 2010. Der Standard wird derzeit im zweiten Quartal 2011 erwartet.

Gegenstand der dritten und letzten Phase zur Ablösung des IAS 39 wird die Überarbeitung der Anforderungen an das *hedge accounting* sein. Die Veröffentlichung eines entsprechenden *Exposure Draft* erfolgte im vierten Quartal 2010; der Standard soll im zweiten Quartal 2011 verabschiedet sein. Generell sollen die Bestimmungen an das *hedge accounting* eine Vereinfachung erfahren.

Mit der vollständigen Einführung des IFRS 9 werden wesentliche Auswirkungen auf die Bilanzierung von Banken verbunden sein.

5 Zusammenfassende Praxishinweise

- Seit dem Wegfall des IAS 30 unterliegen Banken keinen branchenspezifischen IFRS-Vorschriften mehr, sondern ausschließlich dem für alle Unternehmen gültigen allgemeinen IFRS-Regelwerk. **68**
- Der IFRS-Abschluss von Banken besteht damit ebenfalls aus der Bilanz, der Gesamteinkommensrechnung, der GuV (wahlweise als selbstständiges Rechenwerk oder als integrierter Bestandteil der Gesamteinkommensrechnung), dem Eigenkapitalspiegel, der Kapitalflussrechnung und dem Anhang. Jedoch weist deren inhaltliche Ausgestaltung Besonderheiten auf, die durch die spezifische Geschäftstätigkeit von Banken bedingt sind.
- Die in IAS 1 für die **Bilanz** und **GuV** vorgesehenen Mindestgliederungen sind um branchenspezifische Aspekte zu ergänzen. Grundlage hierzu sind die in IAS 1 geregelten Möglichkeiten zur Anpassung der Mindestgliederung (Ergänzungen, Änderungen von Postenbezeichnungen usw.). Da Finanzinstrumente im Vordergrund der Geschäftstätigkeit von Banken stehen, sind in die Entscheidung über die Ausgestaltung der Bilanz- bzw. GuV-Gliederung auch die von IFRS 7 geforderten Angaben zu den Bewertungskategorien für Finanzinstrumente gem. IAS 39 bzw. IFRS 9 einzubeziehen. Dabei kommt eine Gliederung der Bilanz bzw. GuV nach den Bewertungskategorien von Finanzinstrumenten oder nach betriebswirtschaftlichen Kriterien (mit ergänzenden kategoriebezogenen Angaben im Anhang) infrage.
- Der **Eigenkapitalspiegel** weist keine wesentlichen branchenbedingten Besonderheiten auf.
- Gemäß IAS 7 ist eine **Kapitalflussrechnung** zu erstellen, obwohl diese für Banken eine nur eingeschränkte Aussagekraft besitzt. Regelungen zur Ausgestaltung der Kapitalflussrechnung bei Banken finden sich in IAS 7 nicht. In

Deutschland existiert mit dem DRS 2–10 hingegen eine mit IAS 7 kompatible Vorgabe. In der IFRS-Praxis wird die Kapitalflussrechnung daher in starker Anlehnung an die Regelungen des DRS 2–10 vorgenommen.

- Bezüglich der Angaben im **Anhang** stehen bei Banken die Angabepflichten des IFRS 7 zu Finanzinstrumenten im Vordergrund. Unterschiede im Berichtsumfang zu anderen Unternehmen ergeben sich dabei in erster Linie im Bereich der Risikoberichterstattung für Finanzinstrumente. Banken sind mit dem DRS 5–10 bereits seit 2000 einem Regelwerk zur Risikoberichterstattung unterworfen, das – in Anbetracht der auf Finanzinstrumente ausgerichteten Geschäftstätigkeit – faktisch ein Standard zur Risikoberichterstattung für Finanzinstrumente ist. Auch inhaltlich ergeben sich weitgehende Parallelen des DRS 5–10 zum IFRS 7.
- Es wurden **zwei** Bilanzierungsbereiche herausgestellt, in denen sich ausgeprägte **Besonderheiten** für Banken ergeben: die Regelungen des IAS 39 zum *hedge accounting* und zum *impairment.*
- Banken steuern ihre **Zinsrisiken** (insb. für das Einlagen- und Kreditgeschäft) auf der Grundlage sog. *macro-hedging*-Strategien. Die klassischen Formen des *hedge accounting* des IAS 39 (insb. der *micro-* bzw. Gruppen-*fair-value-hedge)* sind nicht in der Lage, solche dynamischen und komplexen Risikomanagementstrategien sachgerecht abzubilden. Die Gründe hierfür liegen u.a. darin, dass IAS 39 die Designation von Nettorisikopositionen und die Absicherung des Einlagengeschäfts auf der Grundlage von Bodensatztheorien nicht anerkennt. Der IASB hat daher 2004 mit dem *„fair value hedge accounting for a portfolio hedge of interest rate risk"* eine auf derartige Absicherungsstrategien ausgerichtete neue Form des *hedge accounting* in den IAS 39 aufgenommen. In der Praxis ist dieser *portfolio hedge* von Zinsrisiken jedoch auf Kritik gestoßen, da wesentliche Schwächen des bisherigen *hedge accounting* weiter bestehen bleiben (z.B. keine Designation des Einlagengeschäfts auf der Grundlage der Bodensatztheorie). Die Europäische Kommission hat den IAS 39 daher Ende 2004 in einer sogenannten *carve out version* in europäisches Recht übernommen, in der verschiedene, in der Kritik stehende Regelungen des IAS 39 nicht *endorsed* wurden *(partial endorsement).*
- Mit Blick auf das Kreditgeschäft der Banken haben die Vorschriften des IAS 39 zum ***impairment*** eine besondere Relevanz. Im Mittelpunkt steht dabei insb. die Ermittlung der Wertberichtigung auf Portfoliobasis für das Massenkreditgeschäft, die durch die wechselseitigen Abhängigkeiten mit den aufsichtsrechtlichen Anforderungen zur Eigenkapitalunterlegung des Kreditgeschäfts gem. Basel II geprägt ist. In der Praxis wird daher regelmäßig eine Verwendung gleicher Datenbestände zur Erfüllung der Anforderungen beider Regelwerke angestrebt. Im Vordergrund stehen hier die Definition von Ausfallereignissen *(trigger events)*, die Abgrenzung von Portfolien und die Bestimmung der Portfolio- bzw. pauschalierten Einzelwertberichtigung auf der Grundlage der Basel-II-Parameter zur Ermittlung des *expected loss.*

§ 39 BILANZIERUNG VON VERSICHERUNGSVERTRÄGEN

Inhaltsübersicht **Rz**

Vorbemerkung

Schrifttum: CFO-Forum, Elaborated Principles for an IFRS Phase II Insurance Accounting Model, 2006; Ellenbürger/Horbach/Kölschbach, Bewertung von versicherungstechnischen Rückstellungen nach Vorschlägen für einen International Financial Reporting Standard (IFRS), in: Geib (Hrsg.), Festschrift Richter, Düsseldorf 2001, S. 43ff.; Engeländer/Kölschbach, Das Diskussionspapier des IASB zur Phase II des Versicherungsprojekts: Eine Analyse des vorgeschlagenen Bewertungsmodells, KoR 2007, S. 386ff.; Geib, Internationalisierung der Rechnungslegung von Versicherungsunternehmen, in: Rechnungslegung und Prüfung der Versicherungsunternehmen, 4. Aufl., 2001, Kapitel G; Hommel, ED 5: Der neue Standardentwurf für Versicherungsverträge – ein Placebo mit Nebenwirkungen, BB 2003, S. 2114ff.; IAA, International Actuarial Standards of Practice (IASP) zu IFRS 4 „Versicherungsverträge"; Ludwig/Reiss/Werner, Rückstellung für latente Beitragsrückerstattung im Financial Statement der Versicherungskonzerne nach IFRS, WPg 2007, S. 607ff.; Ott/Rockel, Bilanzierung von Drohverlustrückstellungen bei Versicherungsunternehmen nach HGB, US-GAAP und IAS/IFRS, WPg 2004, S. 798ff.; Rockel, Fair Value-Bilanzierung versicherungstechnischer Verpflichtungen, Wiesbaden 2004; Rockel/Helten/Loy/Ott/Sauer, Versicherungsbilanzen, 2. Aufl., Stuttgart 2007; Rockel/Sauer, IASB Discussion Paper „Preliminary Views on Insurance Contracts", WPg 2007, S. 741ff.; Schweinberger/Horstkötter, Zur Bilanzierung von Versicherungsverträgen gem. den Vorschlägen des ED/2010/8, KoR 2010, S. 546ff.

Vorbemerkung

Die Kommentierung bezieht sich auf den IFRS 4 in der aktuellen Fassung und berücksichtigt alle Ergänzungen, Änderungen und Interpretationen, die bis zum 3.12.2010 beschlossen wurden.

Ein Überblick über den im Juli 2010 veröffentlichten *Exposure Draft* des IASB zur zukünftigen Bilanzierung von Versicherungskontrakten findet sich in Rz 49ff.

1 Zielsetzung, Regelungsinhalt, Begriffe

1.1 „Zwei-Phasen-Einführung" eines IFRS für Versicherungsverträge

1 Bereits seit 1997 betreibt der IASB ein Projekt zur Entwicklung eines Standards zur Bilanzierung von **versicherungsspezifischen** Sachverhalten. Wegen der Terminvorgabe für die IFRS-Anwendung bei den EU-Mitgliedstaaten ab 1.1.2005 (→ § 7) hat sich der IASB entschieden, die Entwicklung von Regelungen zur Bilanzierung und Bewertung von Versicherungsverträgen in **zwei Phasen** zu trennen. Phase I – dargelegt in IFRS 4 (Rz 2ff.) – erlaubt den Versicherungsunternehmen, in wesentlichen Kernbereichen, mit ihrer bisherigen Bilanzie-

rungs- und Bewertungspraxis **fortzufahren** (Rz 19). Dabei soll die zwischenbetriebliche Vergleichbarkeit der jeweiligen Jahres- oder Konzernanschlüsse durch **erweiterte Anhangsangaben** bewerkstelligt werden. Den betroffenen Unternehmen wird dabei ein zweimaliger Umstellungsaufwand innerhalb von kurzer Zeit erspart.

Die Phase II soll entsprechend der Erwartung des IASB bis ca. 2011 durch die Veröffentlichung eines endgültigen Standards abgeschlossen sein und ein Bilanzierungskonzept liefern, das sich im Wesentlichen an einem *asset-liability-measurement*-Modell orientiert. Mit dem im Juli 2010 veröffentlichten *Exposure Draft Insurance Contracts* zur Phase II führt der IASB den *current fulfillment value* als Bewertungskonzept ein, das zumindest einen näherungsweisen *fair value* definiert (Rz 50). Die Kommentierungsfrist betrug nur vier Monate bis Ende November 2010. Nach derzeitiger Planung erscheint eine verpflichtende Erstanwendung frühestens für Geschäftsjahre beginnend nach dem 31.12.2013 realistisch.

1.2 Geltungsbereich

IFRS 4 ist auf alle Versicherungs- und Rückversicherungs**verträge** anzuwenden, die ein Unternehmen als Versicherer abschließt. Darüber hinaus wird die passive Rückversicherung abgedeckt. Jedoch gilt der Standard nicht für Unternehmen, die als Versicherungsnehmer einen Erstversicherungsvertrag mit einem Versicherungsunternehmen abgeschlossen haben. Der Standard-Inhalt ist damit de facto **branchenspezifisch** ausgerichtet und durchbricht das Prinzip der spiegelbildlichen Bilanzierung. Die Bilanzierung von Versicherungsverträgen beim Versicherungsnehmer soll im Rahmen der Phase II des Projekts (Rz 1) geregelt werden. 2

Darüber hinaus unterliegen Finanzinstrumente mit einer ermessensabhängigen **Überschussbeteiligung** (*discretionary participation features*) dem Anwendungsbereich des IFRS 4 (Rz 28). Solche Verträge garantieren einem Versicherungsnehmer dem Grunde nach bestimmte Leistungen und stellen überdies signifikante Zahlungen in Aussicht, deren Höhe oder Zahlungszeitpunkt in das **Ermessen** des Versicherers gestellt sind (IFRS 4.App. A). Diese Zusatzleistungen können bspw. abhängig sein von dem 3

- Ergebnis bestimmter Vertragsgruppen oder -arten,
- realisierten und/oder unrealisierten Kapitalanlageergebnis bestimmter Anlagekategorien sowie
- Überschuss des Versicherungsunternehmens oder eines Fonds.

Unbeschadet des speziellen Regelungsgehaltes von IFRS 4 muss ein Versicherungsunternehmen alle **anderen** Sachverhalte nach den einschlägigen IFRS-Regelungen bilanzieren. So unterliegen z. B. alle Finanzinstrumente den Vorschriften des IAS 39 bzw. IFRS 9 (→ § 28). IFRS 4.45 bietet allerdings bei der **Anpassung** von Bilanzierungs- und Bewertungsmethoden für Versicherungsverpflichtungen Sonderregelungen zur Umqualifizierung von Kapitalanlagen. 4

Explizit ausgenommen vom Geltungsbereich des Standards sind insbesondere (IFRS 4.4):

- Produktgarantien, die von einem Hersteller, Groß- oder Einzelhändler gegeben werden,
- Vermögenswerte und Schulden im Zusammenhang mit Pensionsverpflichtungen (→ § 22) oder aktienkursbasierten Vergütungen (→ § 23),

- Finanzgarantien, die dem Regelungsbereich von IAS 39 unterliegen (→ § 28),
- Eventualansprüche und -verbindlichkeiten aus einem Unternehmenszusammenschluss,
- Erstversicherungsverträge, bei denen das Unternehmen als Versicherungsnehmer auftritt (gilt nicht für Rückversicherungsverträge).

1.3 Definition von Versicherungsverträgen

5 Als Versicherungsvertrag gilt gem. IFRS 4.App. A:
„*Ein Vertrag, nach dem die eine Partei (der Versicherer) ein signifikantes Versicherungsrisiko von einer anderen Partei (dem Versicherungsnehmer) übernimmt, indem sie vereinbart, dem Versicherungsnehmer eine Entschädigung zu leisten, wenn ein spezifiziertes ungewisses künftiges Ereignis (das versicherte Ereignis) den Versicherungsnehmer nachteilig betrifft.*“

6 Anhand dieser Definition ist die **Abgrenzung** zwischen einem Versicherungs- und einem Investmentvertrag vorzunehmen. Der letztgenannte Vertragstyp unterliegt dem Regelungsbereich von IAS 39 bzw. IFRS 9 (→ § 28). Lediglich ein Investmentvertrag mit ermessensabhängiger Überschussbeteiligung wird von IFRS 4 erfasst (Rz 3).

7 Bei der **Abgrenzung** zwischen Versicherungs- und Investmentvertrag kommt dem Transfer **signifikanten Versicherungsrisikos** entscheidende Bedeutung zu. Der IASB hat bewusst auf quantitative Vorgaben zur erforderlichen Höhe eines solchen Risikotransfers verzichtet, um eventuelle Arbitrage-Möglichkeiten zu verhindern. Jedoch werden einige Anhaltspunkte gegeben, wie die Signifikanz beurteilt werden soll. Es müssen Szenarien mit kommerzieller Substanz existieren, in welchen der Versicherer signifikante zusätzliche Leistungen erbringen muss (IFRS 4.B23).

Kommerzielle Substanz kann Szenarien bescheinigt werden, deren Eintrittswahrscheinlichkeit wirtschaftliche Entscheidungen beeinflussen. Weiterhin kann Signifikanz generell gekennzeichnet werden durch eine ausreichende Eintrittswahrscheinlichkeit und eine signifikante Verlusthöhe. Dazu empfiehlt sich eine Messung der zufallsbedingten Abweichungen des Barwertes aller Zahlungsströme aus einem Vertrag. Anhaltspunkte für eine Beurteilung des ausreichenden Risikotransfers kann zudem der im Rahmen der Finanzrückversicherungsverordnung eingeführte aufsichtsrechtliche Risikotransfertest für die Einordnung von Verträgen als Rückversicherungsverträge bieten. Dieser stellt auf das Produkt von Eintrittswahrscheinlichkeit und Verlusthöhe für ein Verlustszenario ab, welches mindestens 1 % der erwarteten Prämiensumme betragen muss, um einen hinreichenden Risikotransfer zu erreichen.

Zentral ist weiterhin die Abgrenzung von **Finanz**- zu **Versicherungsrisiken**. Jedes auf eine andere Partei übertragene Risiko, das kein Finanzrisiko ist, stellt nach IFRS 4 ein Versicherungsrisiko dar. Finanzrisiken wiederum bestehen in dem Risiko einer Änderung von Zinsen, Wertpapierkursen, Rohstoffpreisen, Wechselkursen, Preisindizes, Bonitätsratings oder weiterer nichtfinanzieller Variablen, die unspezifisch für einen Vertragspartner sind. Enthält ein Vertrag **gleichzeitig** Finanz- und Versicherungsrisiko, ist – unbeschadet möglicher Entbündelungsanforderungen (Rz 17) – der **gesamte** Vertrag als Versicherungsvertrag einzuordnen.

Eine Liste mit **Beispielen** wird in der *Implementation Guidance* (IG2) gegeben. 8
Nach den vom Board zur Verfügung gestellten Erläuterungen **erfüllen** folgende Verträge die Definition eines Versicherungsvertrages:

- Schaden-/Unfallversicherungsverträge i. S. d. VAG,
- Krankenversicherungsverträge i. S. d. VAG,
- Lebensversicherungsverträge i. S. d. VAG, die Sterblichkeitsrisiken abdecken,
- Rückversicherungsverträge, die nicht vorwiegend Finanzierungszwecken dienen.

Umgekehrt gelten folgende Anlageformen **nicht** als Versicherungs-, sondern als 9
Investmentvertrag, bzw. Finanzinstrument (Rz 6):

- **Rückversicherungs**verträge, die ausschließlich Finanzierungszwecken dienen,
- **fondsgebundene** Lebensversicherungen, deren Todesfallleistung dem Wert des Fonds entspricht,
- sogenannte **Parkdepots** mit garantierter Festverzinsung von Lebensversicherungskunden, die ihre Ablaufleistung für eine vorübergehende Zeit beim Lebensversicherungsunternehmen anlegen,
- bestimmte alternative Risikotransferinstrumente (**ART**), die mögliche Kompensationszahlungen nicht an das Vorliegen eines Schadens beim Zedenten knüpfen *(indemnity trigger)*, sondern bei denen Zahlungen von dem Stand eines Indexes abhängen (*non-indemnity trigger*, z. B. Erdbeben- oder Sturmindex). Zu einer Einordnung als Versicherungsvertrag fehlt diesen Instrumenten die zwingende Verknüpfung der Auszahlung an die Schädigung eines spezifischen Vertragspartners.

Die internationale Aktuarvereinigung (IAA) hat hierzu weitere technische Interpretationen erarbeitet *(International Actuarial Association:* IASP 3*: Classification of Contracts under International Financial Reporting Standards IFRS 2005).*

Die Entscheidung „für Versicherungs- oder Investmentvertrag" muss aus Ver- 10
einfachungsgründen **nicht** für **jeden** Vertrag einzeln erfolgen. Stattdessen ist eine Qualifikation auf der Grundlage von Produktklassen mit ähnlichen Merkmalsausprägungen möglich. Eines Nachweises des signifikanten Risikos über die **gesamte Laufzeit** des Vertrages bedarf es nicht. Die Klassifizierung muss bei **Vertragsbeginn** unter Betrachtung der mutmaßlichen Verhältnisse über die Gesamtvertragsdauer erfolgen. Eine in einem Vertrag enthaltene Vertragsänderungsoption des Versicherungsnehmers, welche dem Vertrag signifikantes Versicherungsrisiko hinzufügen könnte, führt nicht in jedem Fall zu einer Einordnung als Versicherungsvertrag. Nur wenn die Konditionen für die Ausübung dieser Option, z. B. die Verrentungssätze bei einer optionalen Verrentung der Ablaufleistung eines Sparvertrages, schon bei Vertragsabschluss festgeschrieben werden, gilt der Vertrag von Beginn an als Versicherungsvertrag (IFRS 4.App.B 29).

Ist ein Vertrag einmal als Versicherungsvertrag klassifiziert, **bleibt** diese **Einord-** 11
nung bestehen, bis alle Rechte und Pflichten aus dem Vertrag erloschen sind (IFRS 4.App.B 30). Wird ein Vertrag zunächst als Investmentvertrag eingestuft und ergibt sich entgegen den ursprünglichen Erwartungen später eine Situation, wo dem Vertrag signifikantes Versicherungsrisiko **hinzugefügt** wird, muss dieser ab diesem Zeitpunkt als Versicherungsvertrag behandelt werden (IFRS 4.IG1.7).

12 Zwischen diesen beiden (abzugrenzenden) Vertragsformen bewegen sich **„Graufälle“**:

- Lebensversicherungsverträge, deren Rückkaufleistung nahe der Todesfallleistung liegt;
- fondsgebundene Lebensversicherungsverträge, deren Rückkauf- oder Ablaufleistung nahe der Todesfallleistung liegt;
- Kapitalisierungsprodukte;
- bestimmte „Riester“-Produkte,
- Rückversicherungsverträge, die überwiegend Finanzierungszwecken dienen.

Eine konzerneinheitliche Abgrenzung ist sicherzustellen.

1.4 Eingebettete Derivate

13 IAS 39 verlangt für bestimmte in Versicherungsverträgen eingebettete Derivate deren **Abspaltung** vom Trägerkontrakt. Dies gilt auch für Derivate in überschussbeteiligten Investmentverträgen, soweit das Derivat selbst nicht dem Anwendungsbereich von IFRS 4 unterliegt. Nach IAS 39 sind eingebettete Derivate wie folgt definiert (→ § 28 Rz 96; → § 28 Rz 141)

- Die ökonomischen Charakteristika und Risiken (des eingebetteten Derivates) sind nicht eng mit dem zugrunde liegenden Vertrag verknüpft.
- Ein eigenständiges Finanzinstrument mit denselben Merkmalsausprägungen würde in die Definition eines Derivates fallen.
- Das kombinierte Finanzinstrument wird derzeit nicht ergebniswirksam zum *fair value* bewertet.

IFRS 4.7 ff. enthalten zusätzlich detaillierte Anweisungen, Ausnahmeregelungen und Anwendungsbeispiele, wann ein in einem Versicherungsvertrag eingebettetes Derivat von dem Träger-(Versicherungs-)Kontrakt zu separieren ist. Bei fehlender Zerlegungspflicht eröffnet IFRS 4 i.d.R. zudem die Möglichkeit einer freiwilligen Zerlegung, was insbesondere bei durch Derivate abgesicherte Garantieleistungen eine interessante Möglichkeit bietet, einen *accounting mismatch* zu vermeiden, da die freistehenden Absicherungsderivate nach IAS 39 auch zum *fair value* angesetzt werden.

14 In **„traditionelle“** Versicherungsverträge eingebettete Derivate sind nicht zu separieren. Als „traditionelle“ Versicherungsverträge werden solche klassifiziert, bei denen Zahlungen an den Versicherungsnehmer ausschließlich durch das versicherte Risiko ausgelöst werden bzw. die ein festes Preis-Leistungs-Verhältnis vorsehen (z.B. Todesfall des Versicherungsnehmers bei Lebensversicherungen, der Höhe nach fest vereinbarte Rückkaufswerte, Diebstahl, Feuerschaden etc.). Dagegen fallen hybride Verträge, die sowohl derivative als auch nichtderivative Komponenten enthalten, meist unter die Zerlegungspflicht. Beispiele für derartige hybride Verträge sind

- bestimmte indexgebundene Rentenversicherungen *(indexed annuities)*,
- bestimmte fondsgebundene Lebensversicherungen *(variable life insurance products)*,
- Schaden-/Unfallversicherungsverträge, die neben der traditionellen Risikoabsicherung Fremdwährungsoptionen enthalten.

15 Weiterhin kann eine getrennte Bilanzierung entfallen, wenn das eingebettete **Derivat selbst** die Definition eines Versicherungsvertrages erfüllt. Dies ist etwa

der Fall bei einer Option, die angesparte Versicherungssumme einer Kapital-Lebensversicherung bei Vertragsende zu verrenten. Hier besteht das Versicherungsrisiko des Derivats in der Langlebigkeit des Kunden. Analog begründet die Option des Versicherungsnehmers zur Erhöhung der Versicherungssumme ein Versicherungsrisiko, weil die Ausübung dieser Option vom Gesundheitszustand des Versicherungsnehmers abhängt.

Eine Vielzahl weiterer Beispiele für die Interpretation der Regelungen enthält IFRS 4.IG *Examples* 2. Ein vom Träger-Kontrakt abzuspaltendes, eingebettetes Derivat ist wie ein **freistehendes** zu behandeln und als **Handelsverbindlichkeit** zum *fair value* durch die GuV zu bilanzieren. Sofern eine Abspaltung nicht möglich ist, muss das gesamte kombinierte Instrument ergebniswirksam zum *fair value* bewertet werden (→ § 28 Rz 228). 16

1.5 Zerlegung von Versicherungs- und Investmentkomponenten

Insbesondere viele Lebensversicherungsverträge enthalten sowohl eine Versicherungs- als auch eine Sparkomponente. Der Standard verlangt allerdings nur in den Fällen eine **Zerlegung**, wenn 17

- der Versicherer die Investmentkomponente separat bewerten kann **und**
- die bislang angewandten Bilanzierungs- und Bewertungsvorschriften nicht alle Verpflichtungen und Rechte aus der Investmentkomponente berücksichtigen.

Letzteres dürfte wenigstens nach deutscher Rechtslage meistens **nicht** der Fall sein, sodass eine Zerlegungspflicht entfällt. Sofern der Versicherer die Investmentkomponente separat bewerten kann, ist eine Zerlegung zulässig. Damit können Unternehmen, die derzeit US-GAAP für Versicherungsverträge anwenden, das sog. „*deposit accounting*“ für anlageorientierte Lebensversicherungsprodukte sowie die definierten Zerlegungspflichten für Finanzierungsrückversicherungsverträge fortsetzen (vgl. *FASB Codification topic* 944, ehemals FAS 97 und 113). Eine Zerlegungspflicht wird sich nach Einschätzung des IASB vor allem für ausgewählte Finanzrückversicherungsverträge ergeben.

1.6 Entscheidungsbaum

Die nachstehende Skizze zeigt in Form eines Entscheidungsbaumes die zur Bestimmung des Anwendungsbereiches erforderlichen Prüfschritte. 18

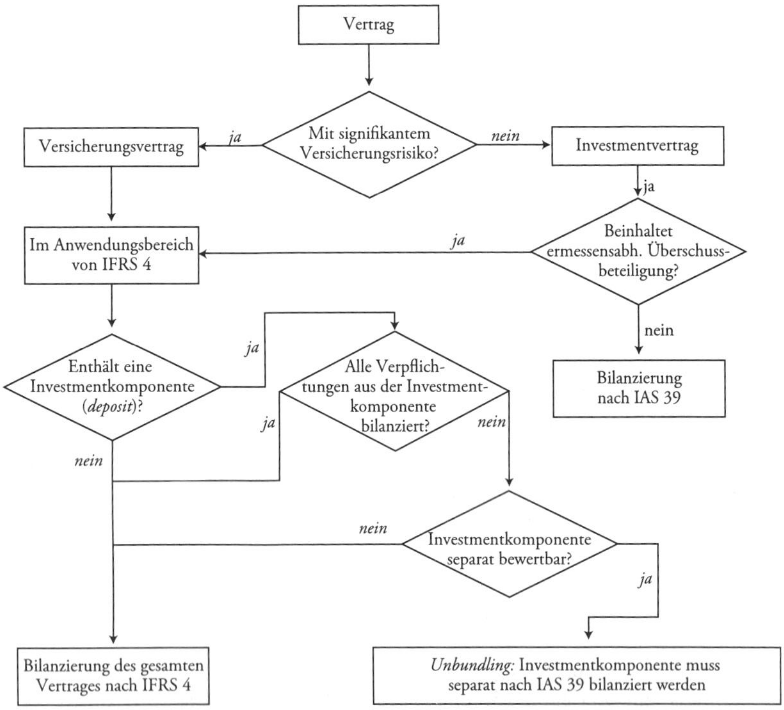

Abb. 1: Prüfschritte zur Bestimmung des Anwendungsbereiches

2 Ansatz und Bewertung

2.1 Regel: Weiterführung der bisherigen Bilanzierungsmethode

19 Phase I (Rz 1) erlaubt die **Fortführung** der bisher angewandten Bilanzierungs- und Bewertungsmethoden für Versicherungsverträge i. S. d. IFRS 4. Unter dieser Fortführung ist nicht nur die Anwendung der jeweiligen länderspezifischen Rechnungslegungsvorschriften zu subsumieren, sondern auch die im Rahmen des § 292a HGB in Deutschland etablierte Praxis, die bislang nach IFRS (vor 2005) nicht geregelte Bilanzierung von Versicherungskontrakten entsprechend den einschlägigen **US-GAAP**-Vorschriften abzubilden (vgl. ehemalige FAS 60, FAS 97, FAS 113, FAS 120, neu *FASB Codification topic* 944).

20 Folglich werden in IFRS 4 die Regeln von IAS 8.10–12 (→ § 1 Rz 75) bis zur Einführung der Phase II (Rz 1) **ausgesetzt.** Während der Übergangszeit (Gültigkeit der Phase I) sind demnach auch Ansatz- und Bewertungsmethoden für Versicherungskontrakte zulässig, die gegen die Vorschriften anderer IFRS oder gegen das *Framework* verstoßen, was bspw. für die in der Praxis übliche Abgrenzung von Abschlusskosten oder die Bilanzierung von Beitragsüberträgen zutreffend sein könnte.

2.2 Ausnahmen von der Weiterführung

Bezüglich der „Aussetzung" von IAS 8.10-12 gelten gem. IFRS 4.14 allerdings **Einschränkungen**. Für Rückstellungen, die ein zukünftiges Ereignis abdecken und 21

- Großrisiken oder
- Schwankungsreserven

betreffen, gilt ein Passivierungs**verbot**. Der Board diskutiert die Grundlage für diese Entscheidung ausführlich in den *Basis for Conclusions* (BC) 58–63.

Insbesondere die europäische Versicherungswirtschaft hat sich gegen das Ansatzverbot dieser Rückstellungskategorien ausgesprochen, da damit eine wesentliche Grundlage des Geschäftsmodells von Versicherungsunternehmen – der **Risikoausgleich** über die **Zeit** – in der bilanziellen Abbildung nicht ausreichend gewürdigt wird. Der Board sieht demgegenüber in diesen Fällen keine **gegenwärtige** Verbindlichkeit des Versicherungsunternehmens und damit keinen Raum für eine Passivierung. Zulässig ist allerdings dem Board zufolge ein separater Ausweis innerhalb des Eigenkapitals. Zuführungen zu bzw. Entnahmen aus diesen separat ausgewiesenen Posten sind dann allerdings als Ergebnisverwendung zu zeigen und innerhalb der Eigenkapitalentwicklung darzustellen (→ § 20 Rz 53). Sie fließen damit nicht in das Jahresergebnis ein. 22

Folgende weitere Einschränkungen zur „Aussetzung" von IAS 8.10–12 gelten: 23

- Es ist ein regelmäßiger *liability-adequacy*-Test durchzuführen (IFRS 4.15ff.). Dabei ist der **Barwert** der erwarteten Nettozahlungsströme aus einem Versicherungsvertrag mit dem jeweiligen **Bilanzwert** zu **vergleichen**. Eine ergebniswirksame Erhöhung der Rückstellung ist vorzunehmen, wenn der Barwert höher ist als der bilanzierte Nettowert des Vertrages einschließlich korrespondierender aktivierter Vermögenswerte (z.B. Abschlusskosten). Eine weitere Konkretisierung wie etwa hinsichtlich der Einbeziehung von Sicherheitszuschlägen, einer möglichen Diskontierung oder der adäquaten Bewertungseinheit (Kollektiv, Sparte oder Gesamtunternehmen) erfolgt nicht. Für in der Versicherungstechnik nach HGB bilanzierende Versicherungsunternehmen führen das Vorsichts- und Imparitätsprinzip sowie die Vorschriften zur möglichen Bildung einer Drohverlustrückstellung zu einer Reservierungshöhe, die einen separaten *liability-adequacy*-Test obsolet macht. Ähnlich kann für US-GAAP argumentiert werden (*premium-deficiency*-Test), sodass diese Regelung insgesamt für deutsche Anwender kaum zu materiellen Konsequenzen führen sollte.
- Eine Verbindlichkeit darf nur dann **ausgebucht** werden, wenn sie zurückbezahlt, gekündigt oder abgelaufen ist. Diese Vorschrift deckt sich ebenfalls mit den entsprechenden nationalen Vorschriften innerhalb Europas.
- Bzgl. des Ausweises von Rückversicherungsanteilen wird verwiesen auf Rz 27.

2.3 Änderung bzw. Beibehaltung bisher angewandter Bilanzierungsmethoden

Bereits während der Übergangszeit in Phase I soll es Versicherungsunternehmen durch IFRS 4.22 ermöglicht werden, von der bisherigen Bilanzierungs- und Bewertungspraxis **abzuweichen** und auf eine für den Bilanzleser **aussagekräftigere** Methode i.S.d. IAS 8 **überzugehen**. Allerdings wird im Rahmen einiger 24

Beispiele die Möglichkeit einer solchen Anpassung eingeschränkt. Gemäß IFRS 4.25 ist **nicht erlaubt** der Übergang von einer

- diskontierten versicherungstechnischen Rückstellung auf eine undiskontierte Rückstellung (IFRS 4.25a);
- Bewertung versicherungstechnischer Rückstellungen mit ausreichenden Sicherheitsmargen zu einer solchen mit zusätzlichen Vorsichtsparametern (IFRS 4.26);
- konzerneinheitlichen Bilanzierung und Bewertung versicherungstechnischer Rückstellungen auf eine nichtkonzerneinheitliche Bilanzierung (Rz 39).

Darüber hinaus ist der Übergang auf eine Bilanzierungs- und Bewertungsmethode nicht erlaubt, die **zukünftige Kapitalanlageerträge** bei der Bewertung von Verpflichtungen berücksichtigt, außer wenn diese zukünftigen Kapitalanlagemargen die vertraglichen Zahlungen beeinflussen. Nach einer widerlegbaren Vermutung erhöht der Übergang auf diese Bilanzierungs- und Bewertungsmethode die Aussagefähigkeit für den Investor nicht. Die Neuanwendung der in Großbritannien üblichen *embedded-value*-Bewertung ist damit tendenziell nicht möglich (IFRS 4.27).

25 Explizit **erlaubt** ist hingegen:

- der Übergang auf das sog. „*shadow accounting*" nach US-GAAP (Rz 32);
- die Abzinsung von ausgewählten versicherungstechnischen Rückstellungen mit dem aktuellen Marktzins (Rz 38); dabei müssen nicht alle gleichartigen Risiken auf einheitlicher Grundlage bewertet werden, sodass eine nur teilweise Diskontierung ermöglicht wird. Wenn allerdings einmal eine Abzinsung erfolgt ist, muss diese bis zur Abwicklung des versicherungstechnischen Risikos fortgesetzt werden (IFRS 4.24).

2.4 Rückversicherung

26 Spezielle Bewertungsvorschriften für die passive **Rückversicherung** enthält IFRS 4 nicht; zu den Angabevorschriften vgl. Rz 43. Ansprüche gegen Rückversicherer sind dann ergebniswirksam abzuschreiben, wenn aufgrund objektiver Kriterien mit einem Ausfall der Ansprüche gegen den Rückversicherer zu rechnen ist (IFRS 4.20).

27 Nach IFRS 4.14d dürfen **Rückversicherungs**anteile **nicht** gegen Rückstellungen der entsprechenden zugrunde liegenden Versicherungskontrakte **verrechnet** werden (Verbot der Nettodarstellung der Rückversicherung). Gleiches gilt auch für die Verrechnung von **Aufwendungen** und **Erträgen** aus Rückversicherungsverträgen mit den entsprechenden Aufwendungen und Erträgen aus dem zugrunde liegenden Versicherungsvertrag. Der saldierte Ausweis in der Gewinn- und Verlustrechnung ist somit nicht zulässig. In der Bilanz wird nach US-GAAP der Rückversicherungsanteil separat auf der Aktivseite ausgewiesen (Bruttoprinzip). In Deutschland war es bisher üblich, den Rückversicherungsanteil auf der Passivseite unmittelbar von der Bruttorückstellung abzusetzen (modifiziertes Nettoprinzip).

2.5 Verträge mit ermessensabhängiger Überschussbeteiligung

2.5.1 Versicherungsverträge

28 IFRS 4 schreibt für Versicherungsverträge (Rz 3) keine verbindliche Vorgehensweise für den Ansatz und die Bewertung der ermessensabhängigen Überschussbeteiligung vor. Es werden lediglich einige Angaben verlangt (IFRS 4.34):

Die bevorzugte Darstellung ist eine **Trennung** von ermessensabhängigem und -unabhängigem Teil der Überschussbeteiligung. Ist die Überschussbeteiligung dem Grunde und der Höhe nach entweder vertraglich oder gesetzlich **vorgeschrieben**, handelt es sich nicht um eine ermessensabhängige Überschussbeteiligung und ist entsprechend als **Verbindlichkeit** auszuweisen. Wenn die Überschussbeteiligung nur dem **Grunde**, nicht aber der Höhe nach gesetzlich oder vertraglich zugesichert ist, handelt es sich um eine ermessensabhängige Überschussbeteiligung. In diesem Fall verbleibt ein Wahlrecht zum Ausweis des ermessensabhängigen Teils als Verbindlichkeit oder im Eigenkapital. Der Ausweis im Eigenkapital ist im Anhang zu erwähnen. In Deutschland sind im traditionellen Lebensversicherungsbereich dem Versicherungsnehmer gesetzlich mindestens 90 % der Überschüsse aus den Kapitalanlagen zugesichert. In Höhe der 90 % handelt es sich damit nicht um eine Ermessensentscheidung seitens des Managements.

Die in dem HGB-Einzelabschluss gebuchte Rückstellung für **Beitragsrück-** 29
erstattung unterliegt nach § 56a VAG einer Verwendungssicherung zu Gunsten der Versicherungsnehmer. Deshalb stellt diese eine nach IFRS zu passivierende Verpflichtung dar.

Diskussionswürdig ist vor allem der sich aus Unterschieden im Ansatz und der Bewertung von Vermögenswerten und Schulden zwischen der nach lokalen Bilanzierungsvorschriften aufgestellten Einzelbilanz und der nach dem Regelwerk des IFRS aufgestellten konsolidierten Bilanz ergebende **Unterschiedsbetrag**. Dieser führt mitunter zu einer Bildung einer Rückstellung für latente Beitragsrückerstattung. Insbesondere die Bewertung der Finanzanlagen nach Maßgabe von IAS 39 (→ § 28), der umfangreiche **Marktwertbewertungen** vorsieht, kann zu erheblichen Bewertungsunterschieden führen.

Bezüglich der Auswirkungen bei überschussbeteiligten Verträgen kann hier im 30
Einklang mit der Vorgehensweise nach US-GAAP (EITF Topic D-41) das sog. *„shadow accounting“* (Rz 32) zur Anwendung kommen (IFRS 4.30). Dieses sieht eine fiktive Realisierung unrealisierter Bewertungsunterschiede vor: Sich bei Bewertung der Kapitalanlagen ergebende nicht realisierte Gewinne/Verluste werden mit dem Anteil in eine Rückstellung für latente Beitragsrückerstattung eingestellt, mit dem im Falle ihrer Realisierung der Versicherungsnehmer aufgrund gesetzlicher oder vertraglicher Regelung partizipieren wird.

Bewertungsunterschiede, die ihre Ursache in **ergebniswirksamen** Bewertungs- 31
ansätzen haben, sollten auch ergebniswirksam zwischen Versicherungsnehmer und Eigenkapitalgeber aufgeteilt werden. Als Aufteilungsmaßstab wäre entweder die vertraglich zugesicherte Mindestbeteiligung oder der aufgrund von faktischen Gegebenheiten ermittelte Aufteilungsmaßstab zugrunde zu legen. Wird z. B. eine börsennotierte Aktie nach § 341b HGB wie Anlagevermögen bewertet und eine dauerhafte Wertminderung zwar festgestellt, aber nicht auf den Marktwert, sondern auf den voraussichtlich dauerhaften Wert (ermittelt anhand von *discounted-cash-flow*-Methoden) abgeschrieben, entsteht ein ergebniswirksamer Unterschied zur Bewertung nach IAS 39. IAS 39 verlangt im Falle einer signifikanten oder nachhaltigen Wertminderung eine Abschreibung auf den Börsenkurs am Bewertungsstichtag. Eine Aufteilung des ergebniswirksamen Unterschieds zwischen HGB und IFRS in der Weise, dass mindestens 90 % des Bewertungsunterschieds dem Versicherungsnehmer in eine sogenannte latente

Rückstellung für Beitragsrückerstattung gutgeschrieben werden und nur die maximal verbleibenden 10 % das Jahresergebnis erhöhen, erscheint sachgerecht.

32 **Ergebnisneutral** zu behandelnde Bewertungsunterschiede sollten entsprechend **ergebnisneutral aufgeteilt** werden. Bei Qualifikation einer unter IAS 39 als *„available for sale"* (→ § 28 Rz 147) eingeordneten Aktie werden Marktwertänderungen erfolgsneutral im Eigenkapital abgebildet. Analog sollte in diesem Fall die Aufteilung zwischen dem Versicherungsnehmer und dem Eigenkapitalgeber ebenfalls erfolgsneutral erfolgen.

33 Folgt das Versicherungsunternehmen in der Versicherungstechnik den US-GAAP, ergeben sich weiterhin Auswirkungen auf die aktivierten **Abschlusskosten** (***DAC – Deferred Acquisition Costs***) und einen möglicherweise bilanzierten Wert eines **übernommenen Versicherungsbestandes** (PVFP – *Present value of future profits*). Diese Veränderungen werden analog einer Rückstellung für latente Beitragsrückerstattung als latente DAC oder latenter PVFP gebucht: Nach der Beteiligung der Versicherungsnehmer erhöht bzw. vermindert der verbleibende Gewinn bzw. Verlust die Ertragsmargen des erwarteten Bruttoüberschusses, aus denen der DAC bzw. der PVFP amortisiert und die Schlussüberschussreserve anfinanziert wird. Nach den Korrekturen wird der verbleibende Restbetrag fiktiv versteuert (latente Steuern). Nur der Restbetrag erhöht bzw. vermindert das Eigenkapital. Auch diese Vorgehensweise ist im Rahmen des *„shadow accounting"* nach IFRS 4.30 zulässig.

34 Der Abgrenzungsposten der ermessensabhängigen Überschussbeteiligung darf nicht als **Zwischenposten** zwischen Eigenkapital und Verbindlichkeiten ausgewiesen werden. Eine eindeutige und konsistente Zuordnung ist erforderlich. Soweit Teile des Rechts der Versicherungsnehmer auf Überschussbeteiligung (auch nach Maßgabe der künftigen Ermessensausübung) nicht als Verbindlichkeit ausgewiesen werden, sind sie als Teil des Eigenkapitals zu zeigen und im Anhang zu erläutern.

2.5.2 Finanzinstrumente mit ermessensabhängiger Überschussbeteiligung

35 Die Regelungen für Versicherungsverträge (Rz 28 ff.) gelten gem. IFRS 4.35 auch für Finanzinstrumente mit ermessensabhängiger Überschussbeteiligung (Rz 3). Der nach IAS 39 (→ § 28) bewertete nicht ermessensabhängige Teil des Vertrages stellt den **Mindestwert** für die gesamte Rückstellung dar, soweit das Unternehmen von dem Recht Gebrauch macht, nicht den gesamten (auch latenten) Anspruch der Versicherungsnehmer auf die Überschussbeteiligung als Rückstellung auszuweisen (IFRS 4.12 ff.)

2.6 Finanzgarantien/Kreditversicherungen

36 Sofern die Definition eines Versicherungsvertrages erfüllt ist (Rz 5), fallen Finanzgarantien und Kreditversicherungsverträge in den Anwendungsbereich des IFRS 4. Im August 2005 hat der IASB Ergänzungen zu den Regelungen des ursprünglichen IFRS 4 herausgegeben (*„Amendments to IAS 39 and IFRS 4: Financial Guarantee Contracts)"*. Nicht zuletzt aufgrund der erheblichen Kritik an der Vorgehensweise seitens der Praxis können die oben genannten Verträge entweder nach IFRS 4 entsprechend der bisherigen Vorgehensweise oder aber nach IAS 39 mit der Folgebewertung nach IAS 37 bilanziert werden.

2.7 Bilanzieller *asset liability mismatch*

Bei Fortführung der bisherigen Bilanzierungspraxis sind die versicherungstechnischen Rückstellungen in den Bereichen „Schaden/Unfall" i.d.R. **undiskontiert** mit dem voraussichtlichen **Rückzahlungsbetrag** zu passivieren. Im Bereich „Leben/Kranken" erfolgt die Abzinsung i.d.R. **nicht** mit **aktuellen Marktzinsen**. Alle Finanzanlagen eines Versicherers sind demgegenüber entsprechend IAS 39/IFRS 9 zu bilanzieren und zu bewerten. Ein Großteil wird in die sog. Kategorie *„available for sale"* fallen und ist damit mit dem **Marktwert** anzusetzen (→ § 28 Rz 129ff.). Festverzinsliche Wertpapiere reagieren auf jede Veränderung des aktuellen Marktzinses. Die Bewertungsunterschiede zwischen Anschaffungskosten und Marktwert sind ergebnisneutral ggf. nach Abzug von latenten Steuern und Rückstellungen für latente Beitragsrückerstattung, dem sog. *„shadow accounting"*, in das Eigenkapital einzustellen. Durch die unterschiedlichen Bewertungskonzepte auf der Aktiv- und der Passivseite unterliegt das Eigenkapital eines Versicherers damit sehr hoher **Volatilität**. 37

Um die Auswirkungen aus der Marktwertbewertung nach IAS 39 zumindest teilweise **abzufedern**, stehen dem Versicherer folgende Möglichkeiten offen: 38

- Diskontierung ausgewählter versicherungstechnischer Rückstellungen mit dem aktuellen Marktzins (Rz 25);
- Anwendung des sogenannten *„shadow accounting"* (Rz 32ff.);
- umfangreiche Nutzung der sog. *„held to maturity"*-Kategorie sowie der Kategorie *loans and receivables* nach IAS 39 (→ § 28 Rz 133ff.).

Von der Option zur Diskontierung der versicherungstechnischen Rückstellungen bereits unter IFRS 4 Phase I werden in der Praxis jedoch nur wenige Unternehmen Gebrauch machen. Jede Marktzinsänderung schlägt sich bei diskontierten Reserven erfolgswirksam in der Ergebnisrechnung nieder, was – um einen *accounting mismatch* in jener zu vermeiden – zeitgleich eine Umgliederung der Vermögenswerte in die IAS-39-Kategorie *fair value through profit and loss* notwendig machen würde. Damit würde sich fast die gesamte Volatilität des Geschäfts und ein möglicherweise bestehender ökonomischer *asset liability mismatch* in der Ergebnisrechnung widerspiegeln, was vielen Anwendern als zu riskant erscheinen wird. Die Problematik des bilanziellen *asset liability mismatch* zeigt sich vor allem in einem Marktumfeld nachhaltig steigender Zinsen.

3 Konzernabschlussspezifische Vorschriften

3.1 Konzerneinheitliche Bilanzierung und Bewertung

Analog § 308 Abs. 2 Satz 2 HGB wird von IFRS 4 **keine konzerneinheitliche** Bilanzierungs- und Bewertungsmethode für die versicherungsspezifischen Aktiva und Passiva verlangt. Dies lässt sich im Umkehrschluss aus IFRS 4.25(c) ableiten, denn dort ist nur der **Übergang** zu einer nichtkonzerneinheitlichen Bilanzierungs- und Bewertungsmethode untersagt. 39

3.2 Vorgehensweise im Rahmen von Unternehmensakquisitionen

Beim Erwerb eines Versicherungsunternehmens sind entsprechend IFRS 3 sämtliche Vermögenswerte und Schulden zum Akquisitionsstichtag **neu** zu **bewerten** 40

(→ § 31 Rz 12ff.). Dies gilt nach IFRS 4.31 auch für Vermögenswerte und Verbindlichkeiten aus Versicherungsverträgen. Dabei sind erlaubt:

- die unveränderte Fortführung des bisherigen Bewertungsverfahrens für **Verbindlichkeiten** aus Versicherungsverträgen;
- der Ansatz eines separaten immateriellen **Vermögenswertes**, der den Bestandswert der erworbenen Versicherungsverträge repräsentiert.

Der letztgenannte immaterielle Vermögenswert ist als **Differenzbetrag** zwischen

- dem *fair value* der erworbenen vertraglichen Rechte aus dem Versicherungsvertrag abzüglich der dafür eingegangenen Verpflichtungen und
- den bilanzierten Verbindlichkeiten aus den erworbenen Versicherungsverträgen

zu ermitteln.

Außerdem ist der Wert der **Kundenbeziehung** für den Abschluss zukünftiger Anschlusskontrakte als möglicher weiterer separater immaterieller Vermögenswert zu berücksichtigen (IFRS 3.IE *Example* 4).

41 Die **Folgebewertung** des Bestandswertes der erworbenen Versicherungsverträge ist im Einklang mit der Bewertung der Verbindlichkeiten aus den Versicherungsverträgen vorzunehmen. Dies gilt ebenfalls für die **Werthaltigkeitsanalyse** der immateriellen Vermögenswerte.

42 Diese Ausnahmeregel für den Bestandswert der erworbenen Versicherungsverträge gilt ausschließlich für Versicherungsverträge, die sich im **Akquisitionszeitpunkt** bereits in den Büchern des Versicherers befinden *(closed book)*. Der Wert des **danach** begründeten Neugeschäftes auf Basis der bestehenden Kundenbeziehungen richtet sich nach den allgemeinen Ansatz- und Bewertungsregeln in IAS 36 (→ § 11) und IAS 38 (→ § 13). Die nach US-GAAP vorgeschriebene Aktivierung des *„present value of acquired business“* steht damit im Einklang mit IFRS 4.31.

4 Angaben

43 IFRS 4 erlaubt den Unternehmen für die Übergangsphase (Rz 1) eine **Fortführung** der **bisher** angewandten Bilanzierungs- und Bewertungsmethoden bis zum Wirksamwerden der Phase II. Die gleichwohl angestrebte **Vergleichbarkeit** der Abschlüsse soll durch Anhangsangaben hergestellt werden. Dies geschieht auf der Grundlage folgender beider Leitlinien für die Anhangsangaben:

44 Der **Versicherer** muss Informationen über die im Abschluss ausgewiesenen Vermögenswerte, Schulden, Aufwendungen und Erträge offenlegen, die aus einem Versicherungsvertrag resultieren (IFRS 4.36f.). Darunter fallen:

- Bilanzierungs- und Bewertungsmethoden,
- Vermögenswerte, Schulden, Aufwendungen und Erträge, die sich aus einem Versicherungsvertrag ergeben (sofern sie nicht bereits separat im Jahresabschluss ausgewiesen sind),
- analoge Angabe der vorgenannten Posten in der nach der direkten Methode erstellten Kapitalflussrechnung (*cash flow statement;* → § 3),
- Beschreibung der Vorgehensweise zur Ermittlung der wesentlichen Rechnungsgrundlagen unter Vornahme quantitativer Angaben, soweit praktikabel,
- Offenlegung des Effektes aus einer Änderung wesentlicher Rechnungsgrundlagen,

- Bestandsentwicklung der Versicherungsverbindlichkeiten, der korrespondierenden Rückversicherungsanteile sowie gegebenenfalls der aktivierten Abschlusskosten.

Ein Zedent muss **zusätzlich** angeben:

- anfängliche Gewinne oder Verluste aus dem Rückversicherungsvertrag,
- den noch nicht amortisierten Betrag zu Beginn und zum Ende der Rechnungslegungsperiode sowie die verbleibende Laufzeit, sofern der Zedent die anfänglichen Gewinne oder Verluste über die Laufzeit des Vertrages verteilt.

Der Versicherer muss Informationen liefern, die den Adressaten seines Abschlusses ermöglichen, Art und Ausmaß der **Risiken** aus Versicherungsverträgen zu beurteilen. Dazu zählen: 45

- Beschreibung des Risikomanagements,
- Informationen über das Versicherungsrisiko jeweils vor und nach Rückversicherung unter Angabe von Sensitivitäten, Risikokonzentrationen, Abwicklungsergebnissen in Form von sogenannten Abwicklungsdreiecken,
- Informationen über Kredit-, Liquiditäts- und Marktrisiken analog IFRS 7, 31–42,
- Informationen über Zins- und Marktrisiken in eingebetteten Instrumenten, die nicht vom Trägerkontrakt abgespalten wurden (Rz 13).

Die *Implementation Guidances* zu IFRS 4 enthalten umfangreiche **Beispiele**, wie den Anhangsangabepflichten nachgekommen werden kann. Nach IG.12 handelt es sich bei den in IG.11–71 genannten Beispielen nicht um eine verpflichtende Aufzählung von Anforderungen, sondern nur um Beispiele, aus denen der Versicherer die für ihn relevanten auswählen sollte, um insgesamt den Grundanforderungen der IFRS 4.36f. gerecht zu werden. Das CFO-Forum, eine Gruppierung der größten europäischen Versicherungsunternehmen, hat eine Standardisierung zur Bestimmung des *embedded value* erarbeitet. Die Angabe dieses *embedded value* für das Lebensversicherungsgeschäft hat sich als sinnvolle Information in der Praxis etabliert. 46

IFRS 7.3(d) (→ § 28) **schließt** explizit Versicherungsverträge aus seinem Anwendungsbereich gem. IFRS 4 **aus**. 47

5 Anwendungszeitpunkt

IFRS 4 ist auf alle **konsolidierten** Abschlüsse von **kapitalmarktorientierten** Versicherern anzuwenden, die nach dem 31.12.2004 beginnen. 48

Bzgl. des Übergangscharakters von IFRS 4 wird verwiesen auf Rz 1, bez. der Angabepflichten nach IFRS 7 auf → § 28 Rz 324.

6 Rechtsentwicklung: Der *Exposure Draft* für Versicherungsverträge

6.1 Überblick

Seit 1997 arbeitet der IASB an dem Projekt zur Bilanzierung von Versicherungsverträgen. Nach einem *Issues Paper* 1999 folgte die Veröffentlichung eines *Draft Statement of Principles* (DSOP) 2001, danach die Publizierung des IFRS 4 im Jahr 2004 und des *Discussion Paper* im Jahr 2007. Seit 2008 arbeitet der IASB gemein- 49 sam mit dem FASB im Rahmen eines *joint project* an dieser Thematik. Den vorläufig letzten Entwicklungsschritt stellt der im Sommer 2010 herausgegebene *Exposure Draft* dar. Die folgende Abbildung zeigt die Entwicklungsgeschichte der Diskussion seit 2001 auf:

	DSOP 2001	**IFRS 4** 2004	***Discussion Paper*** 2007	***Exposure Draft*** 2010
Wertmaßstab	*fair value (exit value)* oder präferiert: bei Fehlen von marktorientierten Informationen *entity specific value*	*fair value (entry value)* oder: bei Fehlen von marktorientierten Informationen *entity specific value*	*fair value (current exit value)*	*fulfillment value*: zur Erfüllung der Verpflichtungen nötiger Betrag
Gewinnvereinnahmung	in Abhängigkeit von Managementerwartungen => i. d. R. kein Gewinn bei Vertragsabschluss	kein Gewinn bei Vertragsabschluss	bei Vertragsbeginn Ausweis zukünftiger Gewinne in der Erfolgsrechnung wahrscheinlich	kein Gewinn bei Vertragsabschluss, Verluste jedoch sofort erfolgswirksam; positive Residualmarge wird über Leistungsperiode vereinnahmt
Risikoadjustierung	sowohl diversifizierbare als auch nichtdiversifizierbare Risiken	*fair value* nicht kleiner als der Betrag, den das Unternehmen von den Versicherungsnehmern fordern würde, um einen entsprechenden Vertrag zu zeichnen	neutrale Schätzung einer Marge, die Marktteilnehmer für die Risikotragung fordern würden	Marge, die das Versicherungsunternehmen maximal zur Entledigung vom Risiko zahlen würde; Kalibrierung über *value at risk*, *conditional tail expectation* oder *cost of capital*
Bonitätsberücksichtigung	keine Berücksichtigung bei *entity specific value;* Berücksichtigung bei *fair value* aufgrund praktischer Probleme fraglich	Berücksichtigung	Offenlegung des Bonitätseinflusses zu Vertragsbeginn sowie in der Folgebewertung (Effekte werden als gering eingestuft)	keine Berücksichtigung

Tab. 1: Entwicklung der Bilanzierungsdiskussion zu Versicherungskontrakten

6.2 Anwendungsbereich

50 Die Abgrenzung des Anwendungsbereichs in Form der Definition eines Versicherungsvertrags wird weitgehend aus IFRS 4 Phase I übernommen (Rz 5). Zwei Anpassungen werden jedoch vorgeschlagen (ED.BC.193 ff.):

- Kreditversicherungsverträge bzw. Finanzgarantien fallen zwingend in den IFRS 4, soweit sie die Versicherungsvertragsdefinition erfüllen. Da das zukünftige Bewertungsmodell für Versicherungsverträge auch für diese Kontrakte als geeignet angesehen wird, entfällt das Designationswahlrecht zwischen Finanzinstrumenten und Versicherungsverträgen aus Phase 1 (Rz 36).
- Finanzinstrumente mit einer ermessensabhängigen Überschussbeteiligung sollen, wie bereits im IFRS 4 Phase I (Rz 3), weiterhin in den Anwendungsbereich des Standards fallen. Als neue zwingende Anforderung muss jedoch die Überschussbeteiligung der entsprechenden Verträge im Rahmen eines Kollektivs bestimmt werden, in dem auch Versicherungsverträge enthalten sind.

Nicht im *Exposure Draft* diskutiert, laut dem Board aber vermutlich im Anwendungsbereich des finalen IFRS enthalten, sind Regelungen zur Bilanzierung von Versicherungsverträgen beim Versicherungsnehmer, insofern dieser selbst kein Versicherungsunternehmen ist.

6.3 Ansatz

Zum Zeitpunkt des bindenden Abschlusses eines Versicherungsvertrages sind alle hieraus resultierenden *assets* und *liabilities* bilanziell zu erfassen. Als Abschlusszeitpunkt gilt der Moment der Risikoübernahme, in dem für den Versicherer keine Möglichkeit mehr besteht, sich der Verpflichtung zur Leistungserbringung (Gewährung von Versicherungsschutz) zu entziehen bzw. die hierfür geforderte Prämie neu zu bestimmen. Somit beschränkt sich die Bilanzierung von Versicherungsverträgen auf die im **Bestand** befindlichen Verträge (*closed-book*-Ansatz). Der Bilanzansatz erfolgt u. U. bereits vor Vertragsbeginn zum Abschlusszeitpunkt, was einer Berücksichtigung von quasi-schwebenden Geschäften entspricht und nicht die derzeitige Praxis in Phase 1 darstellt. 51

6.4 Bewertung

6.4.1 Grundlagen

Im Mittelpunkt des im Juli 2010 publizierten *Exposure Draft* steht eine Zeitwert 52
bilanzierung von Versicherungsverträgen zum unternehmensspezifischen Erfüllungsbetrag (*fulfillment value*), welcher eine Abbildung des Wertes der zur Erfüllung der Verpflichtungen erforderlichen Ressourcen fordert (ED.17). Die zentralen Komponenten einer Bewertung zum Erfüllungsbetrag sind

- die **Schätzung zukünftiger Zahlungsströme** auf Basis unternehmensspezifischer Informationen, wobei die möglichen Zahlungsströme mit ihren jeweiligen Eintrittswahrscheinlichkeiten gewichtet werden und damit den Erwartungswert aus den Zahlungsströmen abbilden (Rz 55);
- die Abbildung des **Zeitwertes** des **Geldes**, basierend auf am Markt beobachtbaren Zinssätzen von Finanztiteln, die den zu bewertenden Verpflichtungen in ihren Charakteristika hinsichtlich Laufzeit, Währung und Illiquidität möglichst ähnlich sind (Rz 58);
- die Berücksichtigung der **Risikopräferenz** von Marktteilnehmern, die Erwartungen über mögliche Schwankungen in der Zeit und/oder in der Höhe der Zahlungsströme treffen und eine Prämie für das Tragen risikobehafteter Zahlungsströme fordern (Rz 59).

Weiterhin diskutiert wird die Behandlung der verbleibenden Residualmarge, der Differenz zwischen Barwert der Beiträge und der Summe der obigen Komponenten. Über diese regelt sich die Gewinn-(Verlust-)vereinnahmung des Vertrages bei Erst- und Folgebewertung (Rz 63).

53 Für *short-duration contracts* wird ein vereinfachtes Bewertungsmodell angedacht. Dieses weist gewisse Ähnlichkeiten mit der derzeit gebräuchlichen Abgrenzung der Prämien über Beitragsüberträge auf (Rz 68).

54 Die Bewertung der Versicherungsverträge soll prospektiv mit einer regelmäßigen Überprüfung und Anpassung der Parameter erfolgen, das *lock-in*-Prinzip bleibt somit unbeachtet. Wertänderungen sind erfolgswirksam in der Ergebnisrechnung zu reflektieren.

6.4.2 Schätzung der Zahlungsströme

55 Den ersten Schritt in einer Zeitwertbilanzierung von Versicherungsverträgen stellt die **Schätzung** der mit den Verträgen verbundenen **Zahlungsströme** dar. Diese sind aus Unternehmensperspektive zu bestimmen, sodass unternehmens- und portefeuillespezifische Erwartungen in die Schätzung einfließen. Als relevante Zahlungsströme innerhalb eines Vertrages gelten vor allem Beiträge, Leistungen (u.a. Schäden, Überschussbeteiligung, Ablaufleistung), Verwaltungskosten sowie bestimmte Abschlusskosten (Rz 59). Dabei dürfen neben den reinen Rechten und Pflichten aus der Vertragsbeziehung (juristisch einklagbare Beträge) auch weitere erwartete Zahlungsströme berücksichtigt werden, welche das Versicherungsunternehmen nach eigener Einschätzung vor der Beendigung der Risikoperiode oder einer Neufestsetzung der Prämie wird leisten müssen (*contract boundary*).

56 Im Rahmen der Ermittlung der zu berücksichtigenden Zahlungsströme dürfen auch bestimmte Abschlusskosten angesetzt werden. Jedoch sollen nur inkrementelle auf Einzelvertragsebene anfallende variable Abschlusskosten Berücksichtigung finden. Gemeinkosten hingegen, auch wenn unmittelbar mit dem Vertragsabschluss in Verbindung stehend, werden erfolgswirksam verausgabt.

57 Versicherungstechnische Verpflichtungen sind mit einer Unsicherheit über die Anzahl und die Höhe von **Schäden** aus den Versicherungsverträgen sowie bez. der Höhe der Kostenbelastung verbunden. Um die volle **Bandbreite** möglicher Zahlungen abzubilden, lehnt sich der ED an den *expected cash flow approach* an, der die möglichen Zahlungsströme mit ihren jeweiligen Eintrittswahrscheinlichkeiten gewichtet und damit den Erwartungswert aus den Zahlungsströmen abbildet. Durch das *look-through*-Prinzip sollen auch die aus der Ausübung von Vertragsoptionen seitens des Kunden potenziell entstehenden Zahlungsströme berücksichtigt werden (z.B. Storno, Verlängerungsoptionen, Erhöhung der Versicherungssumme). Vorgeschlagen wird eine Modellierung des Verhaltens eines Versicherungsnehmers mit gewichteten Ausübungswahrscheinlichkeiten.

6.4.3 Zeitwert des Geldes

58 Im zweiten Schritt der Bewertung erfolgt die **Diskontierung** der **Zahlungsströme.** Bereits im Zuge von IFRS 4 hatte der IASB den Verzicht auf eine Diskontierung von versicherungstechnischen Verpflichtungen lediglich im Zuge der Beibehaltung bisheriger Bilanzierungsmethoden erlaubt (IFRS 4.25a), dies

aber nicht als relevant und zuverlässig eingeschätzt. Im ED wird entsprechend eine laufzeitgerechte Diskontierung mit Marktzinsen gefordert, die auch weitere Eigenschaften der Zahlungsströme wie Liquidität und Währung berücksichtigen sollen (ED.30–34). Lediglich für überschussbeteiligte Verträge, bei welchen eine Verbindung zwischen dem Überschuss und der Entwicklung eines die Verpflichtungen bedeckenden Kapitalanlageportefeuilles besteht, erscheint dem Board die Verwendung eines Replikationsportfolios von Kapitalanlagen zur Bestimmung des Diskontierungssatzes angemessen.

6.4.4 Risikomarge

Neben dem Erwartungswert der zukünftigen Zahlungsströme und deren Dis- 59
kontierung sieht der IASB im ED eine **Risikomarge** als weiteres Grundelement für die Bewertung von Versicherungsverträgen vor. Dabei soll das Risiko *explizit* bewertet werden. Die in vielen Rechnungslegungssystemen heute übliche Berücksichtigung durch eine nicht weiter spezifizierte **vorsichtige Einschätzung** der Zahlungsströme und die konservative Wahl des Diskontzinses bzw. ein Diskontierungsverbot werden **abgelehnt**. Die Risikoadjustierung soll dem Adressaten relevante Informationen über die Unsicherheit hinsichtlich der Höhe und des Zeitpunkts von Zahlungsströmen liefern.

Der ED präzisiert die Risikomarge als den Betrag, den das Versicherungsunter- 60
nehmen höchstens zu zahlen bereit wäre, um sich sämtlicher aus dem Vertrag resultierender Risiken zu entledigen (ED.35). Diese Risiken bestehen in der Möglichkeit einer Abweichung der erwarteten von den tatsächlichen vertraglichen Zahlungsströmen in Höhe und Zeitpunkt.

Während die **Bewertungseinheit** für die Bestimmung der Höhe der zukünftigen 61
Zahlungsströme an sich irrelevant ist, beeinflusst sie jedoch die Höhe der Risikomarge (Ausgleich im Kollektiv). Diese soll auf Basis eines Kollektivs von Verträgen bestimmt werden, welche einem weitgehend ähnlichen Risiko unterliegen (Homogenität) und vom Versicherungsunternehmen als einzelnes Portefeuille gesteuert werden. Kollektivübergreifende Diversifikationseffekte und bestehende negative Korrelationen zwischen Bewertungseinheiten dürfen dabei in der Risikomarge nicht berücksichtigt werden, was von zahlreichen Praxisvertretern als nicht adäquat eingeschätzt wird.

Ausführlich widmet sich der ED der Darstellung möglicher Methoden zur 62
Kalibrierung der Risikomargen (ED.BC73–90). Ohne eine Methode explizit vorzuschreiben, wird die Auswahl auf die drei folgenden Ansätze eingeschränkt:

- *confidence interval*: Dieses auch als *value at risk* bekannte verteilungsbasierte Risikomaß bestimmt einen Betrag, der mit einer vorher fixierten Wahrscheinlichkeit innerhalb eines definierten Zeitintervalls nicht überschritten wird. Die Differenz des ermittelten Ergebnisses zum Erwartungswert kann als Risikomarge angesehen werden.
- *conditional tail expectation (CTE)*: Als eine Weiterentwicklung des *value at risk* wird beim *CTE*-Ansatz der Erwartungswert aller Ergebnisse innerhalb eines vordefinierten Konfidenzintervalls bestimmt. Abermals ist die Risikomarge die Differenz des ermittelnden Betrags zum Erwartungswert.

- *cost of capital*: Hierbei wird die Risikomarge durch die Höhe der Kapitalkosten determiniert, die durch die Bereitstellung des zur Bedeckung der vertraglichen Risiken notwendigen Kapitals entstehen. Der Kapitalbedarf wiederum muss unter Annahme eines spezifizierten Sicherheitsniveaus bestimmt werden.

6.4.5 Residualmarge

63 I.d.R. wird sich zwischen dem mithilfe von oben skizziertem dreistufigem Schema ermittelten Erfüllungsbetrag und dem Zeitwert der Prämieneinnahmen zum Zugangszeitpunkt ein Unterschiedsbetrag ergeben. Zentral für die Gewinnvereinnahmung ist die Frage der Behandlung dieser Residualmarge im Rahmen der Zugangs- und Folgebewertung. Dabei lehnt sich der IASB an das Projekt *„Revenue Recognition“* (→ § 25 Rz 123) an.

64 Nach der Regel erfolgt der Erstansatz des Vertrages erfolgsneutral. Bei einer positiven Residualmarge ist der erwartete Überschuss über die Risikoperiode verteilt entsprechend der Leistungserbringung (Risikoverlauf) zu vereinnahmen. Dabei gilt für die Residualmarge das *lock-in*-Prinzip, d.h., sie erfüllt keine Pufferfunktion, um eventuelle Änderungen der Bewertungsparameter in der Folgebewertung aufzufangen, wie teilweise von Vertretern der Praxis gefordert. Eine Erhöhung der Verpflichtung aus einer Reduktion des Diskontierungzinses etwa könnte an einem Bewertungsstichtag zu einem negativen Ergebnisbeitrag führen, obwohl noch eine positive Residualmarge aus dem Vertrag vorhanden ist, welche in einer Folgeperiode wiederum einen Ertrag produziert.

65 Bei einer negativen Residualmarge ist der erwartete Verlust bereits bei Erstansatz erfolgswirksam auszuweisen.

66 Bedeutsam für die Berechnung der Residualmarge ist wie bei der Risikomarge die Frage der Bewertungseinheit. Nicht der Einzelvertrag soll betrachtet werden, sondern Teilportefeuilles, die sich hinsichtlich des versicherten Risikos ähneln (vgl. das Kriterium zur **Bewertungseinheit** für die Bestimmung der Risikomarge) und einen einheitlichen Vertragsbeginn aufweisen.

67 Der FASB lehnt eine Unterscheidung von Risiko- und Residualmarge, wie vom IASB vorgeschlagen, ab. Er präferiert den Ansatz einer beide Elemente umfassenden Gesamtmarge, die anschließend über die Erfüllungsperiode erfolgswirksam aufgelöst wird. Im Ergebnis erfolgt damit eine stabilere Ergebnisvereinnahmung, da beim IASB-Modell mit separater Risikomarge diese zu jedem Bilanzierungsstichtag neu bewertet wird. Die Gesamtmarge des FASB, und damit auch deren impliziter Risikoanteil, unterliegt dagegen dem *lock-in*-Prinzip.

6.4.6 Sonderfall *short-duration contracts*

68 Für Verträge mit einer Laufzeit bis zu einem Jahr, welche – nach eventueller Entflechtung – keine eingebetteten Optionen enthalten, kann eine Bewertung mit dem *premium-allocation*-Ansatz erfolgen. Dieser Ansatz ist aus dem derzeit gebräuchlichen Beitragsübertragsmodell abgeleitet. Der Erstansatz erfolgt zum Zeitwert aller Beiträge, abzüglich direkter Abschlusskosten (*pre-claim liability*). Der so ermittelte Betrag ist im Regelfall eines gleichmäßigen Risikoverlaufs *pro rata temporis* über die Laufzeit zu vereinnahmen. Bei Schadeneintritt ist eine Rückstellung zum erwarteten diskontierten Erfüllungsbetrag unter Berücksichtigung einer Risikomarge zu passivieren (*post-claim liability*).

Sollte diese Regelung ursprünglich eine vereinfachte Bilanzierung ähnlich dem Beitragsübertragsmodell erlauben, erscheint der derzeitige Vorschlag vielen Praxisvertretern als zu komplex, da die obligatorische Diskontierung bei Erstansatz und die geforderte Risikoadjustierung der *post-claim liability* dem regulären Komponentenansatz zum Erfüllungsbetrag recht nahekommt. In zahlreichen Kommentaren zum ED wird deshalb gefordert, das Bewertungsmodell zu überarbeiten und dessen Anwendung als vereinfachten Alternativansatz auch für Verträge mit Laufzeiten größer einem Jahr zu erlauben. 69

6.5 Sonstige Themen des *Exposure Draft*

6.5.1 Rückversicherung

Die Bewertung von aktiver Rückversicherung (Akzeptaktion von Risiken) unterscheidet sich nicht von derjenigen für ein Direktgeschäft (Rz 51 f.). Auch die Abbildung der passiven Rückversicherung (Zession/Abgabe von Risiken) folgt dem dreistufigen Bewertungsmodell mit der Schätzung der Zahlungsströme, nachfolgender Diskontierung und Risikoadjustierung (ED.43–46). Die sich hierbei regelmäßig ergebende Residualmarge wird einem der Erstversicherung folgenden Verständnis spiegelbildlich behandelt: Ein anfänglicher Gewinn ist sofort erfolgswirksam zu vereinnahmen; bei einem die Rückversicherungsforderung übersteigenden Rückversicherungsbeitrag wird jedoch die Restmarge über die Leistungsperiode aufwandswirksam verteilt. Das Ausfallrisiko des Rückversicherers ist implizit in der Schätzung der *best estimate* Zahlungsströme reflektiert. Der Ausweis des Rückversicherungsgeschäfts soll brutto erfolgen, d. h., die passive Rückversicherung wird separat ausgewiesen und nicht mit dem akzeptierten Geschäft verrechnet. 70

6.5.2 Zerlegung von Versicherungs- und Investmentkomponenten

Der ED greift die bereits in Phase 1 eingeschlagene Richtung, für bestimmte Vertragselemente eine Entflechtung (*unbundling*) zu fordern, wieder auf (ED.12). Die Abspaltung und separate Bilanzierung einer Nicht-Versicherungskomponente ist immer dann obligatorisch, wenn diese in keiner engen Verbindung zur Versicherungskomponente steht. Dabei sollen die Kriterien des IAS 39 für die Abspaltung eingebetteter Derivate angewandt werden. Im Falle einer Abspaltung erfolgt eine Bilanzierung nach den einschlägigen Vorschriften des IAS 39/IFRS 9. 71

6.5.3 Ergebnisdarstellung

Der ED schlägt für den Ausweis in der Gewinn- und Verlustrechnung den *summarized-margin*-Ansatz vor, eine Art *deposit accounting*. Entgegen der bisher üblichen Ergebnisrechnung mit Ausweis von Prämien, Leistungen und Kosten sollen die einzelnen Bewertungskomponenten bzw. ihre Veränderung einzeln ausgewiesen werden, um so die Ergebnistreiber sichtbar zu machen. Eine Ausnahme stellt die Darstellung von kurzfristigen Verträgen dar, für die weiterhin Prämien und Leistungen gezeigt werden sollen. 72

Beispiel
Gewinn- und Verlustrechnung nach dem Margenmodell (ED.72)
1. Zeichnungsmarge (*underwriting*-Marge)
   a. Fortschreibung Risikomarge
   b. Fortschreibung Residualmarge
2. Nichtinkrementelle Abschlusskosten (keine Berücksichtigung bei Ermittlung der Residualmarge)
3. Unterschied erwartete/eingetretene Zahlungsströme (*experience adjustments*)
4. Änderungen der Bewertungsparameter (*estimate adjustments* hinsichtlich zukünftiger Zahlungsströme, Diskontsatz, Risikomarge)
5. Zinsergebnis
   a. Abwicklung Diskonteffekt
   b. Kapitalerträge

6.5.4 Einbezug der eigenen Bonität

73 In Marktpreisen von Finanzinstrumenten spiegelt sich die Kreditwürdigkeit des jeweiligen Schuldners wider. Dies gilt sowohl für *assets* als auch für *liabilities*. Der Einbezug der **eigenen Bonität** führt bei Bewertung der Rückstellungen zu kuriosen Ergebnissen: Verschlechtert sich die **Bonität** des **Versicherungsunternehmens**, sinkt der Wert der Rückstellungen, obwohl sich die tatsächlich bestehenden Verpflichtungen nicht ändern. Gerade vor dem Hintergrund der Unternehmensfortführung erscheint eine Verbesserung der Entscheidungsrelevanz durch die Einbeziehung der eigenen Bonität zweifelhaft (→ § 28 Rz 193). Entgegen den Vorschlägen im Diskussionspapier sieht der ED nunmehr explizit keine Berücksichtigung des eigenen Ausfallrisikos (*risk of non-performance*) mehr vor (ED.38).

6.5.5 *Asset liability mismatch*

74 In Phase 1 kann es aufgrund inkongruenter Bewertungsvorschriften zu einem bilanziellen ***mismatch*** zwischen der Bewertung von Aktiv- und Passivseite kommen (Rz 37f.). Praxisvertreter bewerten jedoch auch die Vorschläge des ED diesbezüglich kritisch. Durch die Zinssensitivität der aufgezeigten Bewertung zum Erfüllungsbetrag sehen sich Versicherer zukünftig gezwungen, ihre Fremdkapitalanlagen in die *fair-value*-Kategorie des IAS 39/IFRS 9 zu designieren, um einen einseitigen *mismatch* in der Ergebnisrechnung zu vermeiden. Dabei werden *credit-spread*-Effekte und ein eventueller *duration mismatch* sichtbar. Insbesondere aufgrund der hohen Volatilität der Finanzmärkte in der jüngsten Vergangenheit wird in einigen Kommentaren des ED infrage gestellt, ob die kurzfristig schwankenden Marktparameter bei der Bewertung von Fremdkapitaltiteln einer ökonomisch ausgerichteten Darstellung des langfristigen Versicherungsgeschäfts gerecht werden. Deshalb präferieren einige Versicherungsunternehmen eine Lösung unter Einbeziehung eines erfolgsneutralen Ausgleichspostens im Eigenkapital (OCI).

6.5.6 Übergangsvorschriften

75 Im Rahmen einer Erstanwendung des neuen Standards soll keine rückwirkende Bewertung der bestehenden Verträge verlangt werden. Der Vertragsbestand wird

am ersten Bewertungsstichtag zum Erfüllungsbetrag angesetzt, wobei keine Residualmarge bestimmt wird. Die Differenz zum bisherigen Buchwert wird erfolgsneutral ins Eigenkapital gebucht. Insbesondere bei langfristigen Verträgen werden potenziell vorhandene Residualmargen des laufenden Bestands an der Ergebnisrechnung vorbei direkt ins Eigenkapital fließen. Somit wird die Ertragskraft in den Folgeperioden zu niedrig ausgewiesen, da nur die nach Erstanwendung abgeschlossenen Verträge Erträge aus der Amortisation von Residualmargen generieren würden. Insbesondere für Unternehmen mit langfristigen Verträgen und einem hohen Bestandswert erscheint dies problematisch und spricht für eine retrospektive Anwendung des Standards.

6.6 Reaktionen auf den *Exposure Draft*

Trotz der begrenzten Kommentierungsfrist von vier Monaten haben den IASB über 200 *comment letters* erreicht. Dabei unterstützt eine breite Mehrheit der Kommentatoren die Entwicklung eines eigenständigen und vollumfänglichen IFRS für Versicherungsverträge. Die Verwendung von unternehmensspezifischen Parametern bei der Bewertung und die Vermeidung einer Gewinnrealisierung zum Vertragsabschluss treffen meist auf Zustimmung. 76

Jedoch werden dem Entwurf zahlreiche Mängel bescheinigt, die in der vorangehenden Vorstellung des *Exposure Draft* teilweise bereits aufgegriffen wurden. Die Kritikpunkte des gemeinsamen *comment letter* vom *European Insurance CFO Forum* und *CEA (Comité Européen des Assurances)* repräsentieren eine breite Konsensmeinung der europäischen Versicherungswirtschaft. Sie können wie folgt zusammengefasst werden: 77

- Eine Verabschiedung des Standards bis Mitte 2011 scheint zu ambitiös, insbesondere da noch Feldtests in der Praxis für nötig gehalten werden, die der IASB bisher aber nicht eingeplant hat.
- Die Branche sieht sich gegenüber der Bankwirtschaft im Wettbewerb um günstiges Kapital benachteiligt: Die Zeitwertbilanzierung der Versicherungsverträge zwingt zur Nutzung der *fair-value*-Kategorien im IAS 39/IFRS 9 für Kapitalanlagen, was wiederum zu Ergebnisvolatilität führen kann, während Banken für Teile ihres Geschäfts eine *cost-to-cost*-Bewertung vornehmen können, die einen weitgehend stabilen Ergebnisausweis erlaubt. In diesem Zusammenhang wird auch über die Schaffung einer Möglichkeit zur Nutzung des Eigenkapitals (OCI) zum Auffangen von gewissen Bewertungsschwankungen nachgedacht.
- Die Forderungen hinsichtlich der Zerlegung von Verträgen werden als weitgehend unklar und deshalb nachbesserungsbedürftig angesehen.
- Nicht ausgereift erscheinen auch die Übergangsregelungen zur Erstanwendung, welche die erfolgsneutrale Umbuchung der Umbewertungsdifferenzen ins Eigenkapital vorsehen. Dies würde über Jahre eine negative Verzerrung der Ertragskraft der Unternehmen zur Folge haben. Eine retrospektive Anwendung wird zwar als aufwendig, aber dennoch notwendig angesehen.
- Letztlich erscheint vielen die Darstellung der Erfolgsrechnung im Rahmen des *summarized-margin*-Ansatzes als noch nicht ausreichend durchdacht, um den Eigenheiten des Versicherungsgeschäfts vollumfänglich gerecht zu werden.

7 Zusammenfassende Praxishinweise

78 Der **Geltungsbereich** von IFRS 4 beschränkt sich auf Versicherungsverträge (Rz 5ff.). Der Entscheidungsbaum unter Rz 18 stellt die notwendigen Schritte zur Prüfung der Anwendbarkeit von IFRS 4 dar. Fällt ein bisher unter HGB als Versicherungsvertrag bilanzierter Vertrag nicht in den Anwendungsbereich des IFRS 4, ist er i.d.R. als Finanzinstrument nach IAS 39 zu erfassen.

Die bisherigen Ansatz- und Bewertungsmethoden können mit bestimmten Ausnahmen weitergeführt werden (Rz 19ff.). Insbesondere **Schwankungs- und Großrisikenrückstellungen** dürfen nicht mehr bilanziert werden (Rz 21).

Unter eng definierten Voraussetzungen sind in Versicherungsverträge **eingebettete Derivate** nach IAS 39 separat zum *fair value* anzusetzen (Rz 13). Die Pflicht zur **Zerlegung** von Versicherungs- und Investmentkomponente bei Versicherungsverträgen trifft deutsche Versicherungsunternehmen nur im Ausnahmefall (Rz 17).

Eine **konzerneinheitliche Bewertungsmethode** wird nicht verlangt (Rz 39).

Im Rahmen von **Unternehmensakquisitionen** können die bisher ausgewiesenen Verbindlichkeiten buchmäßig weitergeführt werden. Der Ausgleich erfolgt auf der Aktivseite durch den Ansatz eines separaten immateriellen Vermögenswertes, der den Bestandswert der erworbenen Versicherungsverträge repräsentiert (Rz 40). Zudem ist zu untersuchen, ob weitere immaterielle Vermögenswerte aus dem Versicherungsgeschäft anzusetzen sind.

Umfangreiche **Angabevorschriften** sollen die zwischenbetriebliche Vergleichbarkeit garantieren (Rz 43ff.).

Im Juli 2010 hat der IASB im Rahmen eines ED Vorschläge zur Ausgestaltung eines **vollumfänglichen Standards** zur Bilanzierung von Versicherungsverträgen für Phase II des Projekts vorgelegt. Danach soll ein zeitwertorientiertes *fulfillment-value*-Konzept zur Anwendung kommen. Mit der Veröffentlichung eines Standards ist frühestens im Laufe der zweiten Jahreshälfte des Jahres **2011** zu rechnen und eine verpflichtende Erstanwendung wird frühestens zum 31.12.2013 erwartet (Rz 49ff.).

§ 40 LANDWIRTSCHAFT *(AGRICULTURE)*

Inhaltsübersicht **Rz**

Schrifttum: AMERICAN INSTITUTE OF CERTIFIED PUBLIC ACCOUNTANTS, Audit and Accounting Guide, Agricultural Producers and Agricultural Cooperatives, 2004; AUSTRALIAN ACCOUNTING STANDARDS BOARD, AASB 1037, Self Generating and Regenerating Assets, 2002; JANZE, IFRS im landwirtschaftlichen Rechnungswesen, HLBS Heft 175, 2006; KÖHNE, Landwirtschaftliche Taxationslehre, 4. Aufl., 2007.

Vorbemerkung

Die Kommentierung bezieht sich auf IAS 41 in der aktuellen Fassung und berücksichtigt alle Ergänzungen, Änderungen und Interpretationen, die bis zum 1.1.2011 beschlossen wurden.

Einen Überblick über ältere Fassungen sowie über diskutierte oder schon als Änderungsentwurf vorgelegte zukünftige Regelungen enthält Rz 70.

1 Zielsetzung, Regelungsinhalte, Begriffe

1 IAS 41 ist der letzte Standard, der vom IASC vor seiner Umstrukturierung im Jahr 2000 verabschiedet wurde. Der Board hat sich dem Thema Landwirtschaft gewidmet, da sie vor allem für **Entwicklungsländer** ein Wirtschaftszweig mit signifikanter Bedeutung ist. Weiterhin hat der IASB eine Regelungslücke mangels einschlägiger nationaler und anderer internationaler Vorgaben erkannt.[1]

2 IAS 41 stellt den bislang umfassendsten **Bruch** mit dem **Anschaffungskostenprinzip** dar. Der IASB hat sich im IAS 41 für eine fast ausnahmslose (Rz 17) Anwendung der *fair-value*-Bilanzierung entschieden. Der Board begründet dies mit der angeblichen Besonderheit der landwirtschaftlichen Produktion. Vor allem **langfristige** Produktionsprozesse der Landwirtschaft standen hier im Mittelpunkt der Überlegungen. So wird bspw. bei einer Bilanzierung eines Forstbestandes mit einer Aufwuchsphase von z.T. 20–30 Jahren der Wertzuwachs in den einzelnen Jahren bei einer Bilanzierung nach Anschaffungs-/Herstellungskosten nicht ausreichend abgebildet und ebenso wenig die Bedeutung der Aufwuchsphase für die Ertragsrealisation gebührend gewürdigt. Die Gewinnrealisation erfolgt nach Maßgabe des Anschaffungskostenprinzips im Jahr des Einschlags und der Verwertung des Bestandes.

3 IAS 41 ist zwingend von Unternehmen anzuwenden, die eine **landwirtschaftliche** Tätigkeit i.S. der Definition von IAS 41.5 ausführen (Rz 6). Es existieren keine größen-, branchen- oder rechtsformspezifischen Ausnahmen.

4 Führt das Unternehmen eine landwirtschaftliche Tätigkeit aus, regelt IAS 41 die Abbildung im Jahresabschluss von (IAS 41.1)

- biologischen Vermögenswerten,
- landwirtschaftlichen Erzeugnissen bis zum Zeitpunkt der Ernte (→ § 17 Rz 1),
- Zuwendungen der öffentlichen Hand (→ § 12 Rz 3) für biologische Vermögenswerte, die zum beizulegenden Zeitwert bewertet werden (Rz 17).

5 Der Standard ist **nicht** anzuwenden auf:

- **Grundstücke**, die im Zusammenhang mit der landwirtschaftlichen Tätigkeit stehen. Hier gelten IAS 16 (→ § 14) und IAS 40 (→ § 16; IAS 41.2a). Folglich ist Grund und Boden, der im Zusammenhang mit einer landwirtschaftlichen Tätigkeit steht, in der Bilanz stets als *non-current asset* auszuweisen (→ § 2 Rz 31 ff.).
- **Immaterielle Vermögenswerte**, die im Zusammenhang mit einer landwirtschaftlichen Tätigkeit stehen. Hier gilt IAS 38 (→ § 13). Dies gilt vor allem für den in der Landwirtschaft bedeutenden Teil der Produktionsquoten und Lieferrechte.
- **Zuwendungen** der öffentlichen Hand für biologische Vermögenswerte, die im Rahmen der *reliability exception* (Rz 21) zu Anschaffungs-/Herstellungskosten bilanziert werden.

---

1 Lediglich in Australien existiert mit dem AASB 1037, Self Generating and Regenerating Assets ein Standard, der entsprechende Sachverhalte regelt. Zusätzlich existiert ein AICPA Audit and Accounting Guide. Vgl. AICPA, Agricultural Producers and Agricultural Cooperatives, Audit and Accounting Guide 2004.

- **Warentermingeschäfte**, die im Zusammenhang mit einer landwirtschaftlichen Tätigkeit stehen. In diesem Fall ist IAS 39 (→ § 28) und, sofern es sich um für das Unternehmen belastende Verträge handelt, IAS 37 (→ § 21) anzuwenden.
- **Versicherungsverträge**, die im Zusammenhang mit einer landwirtschaftlichen Tätigkeit stehen. In der landwirtschaftlichen Praxis sind solche spezifischen Versicherungen zwar weit verbreitet (bspw. Tierseuchenkasse oder Hagelversicherung). Sie werden jedoch in IAS 41 nicht behandelt. Hierfür ist u. U. IFRS 4 einschlägig (→ § 39).

Zentrale Voraussetzung für die Anwendung des IAS 41 ist die Ausübung einer 6
landwirtschaftlichen Tätigkeit durch das bilanzierende Unternehmen (Rz 4). Als landwirtschaftliche Tätigkeit wird das Management der absatzbestimmten **Transformation** biologischer Vermögenswerte in landwirtschaftliche Erzeugnisse oder in weitere biologische Vermögenswerte sowie die Ernte biologischer Vermögenswerte verstanden (IAS 41.5). Der bloße **Abbau** biologischer Vermögenswerte stellt keine landwirtschaftliche Tätigkeit dar.

Wesentlich wird die landwirtschaftliche Tätigkeit durch **drei Kriterien** gekennzeichnet (IAS 41.6):

- **Fähigkeit** zur biologischen **Transformation**: Nur lebende Tiere und Pflanzen sind zur biologischen Transformation fähig.
- **Management** der **Änderung**: Das Management fördert die biologische Transformation durch Verbesserung oder zumindest Stabilisierung der erforderlichen Bedingungen. Ein solches Management unterscheidet die landwirtschaftliche Tätigkeit von anderen Tätigkeiten. Die Aberntung und Ausbeutung von unbearbeiteten Ressourcen (wie Hochseefischen und Entwaldung) stellt keine landwirtschaftliche Tätigkeit dar.
- **Messung der Änderung**: Als routinemäßige Managementfunktion werden die Überwachung und Messung der quantitativen und qualitativen Veränderungen im Rahmen der biologischen Transformation betrachtet.

Ein biologischer Vermögenswert ist ein **lebendes Tier** oder eine **lebende Pflanze**. 7
Folgende **Unterscheidung** ist möglich:

- tragender Vermögenswert, z. B. Milchkuh oder Apfelbaum;
- konsumierbarer Vermögenswert, z. B. Mastschwein oder Weizenbestand.

Gleichartige biologische Vermögenswerte können vergleichbar (§ 240 8
Abs. 4 HGB) in einer Gruppe zusammengefasst werden (IAS 41.15).

Die Fähigkeit zur biologischen Transformation ist das **zentrale Merkmal** eines 9
biologischen Vermögenswertes. Sie umfasst den Prozess des Wachstums, des Rückgangs und der Vermehrung des biologischen Vermögenswertes mit der Folge einer quantitativen oder qualitativen Veränderung. Weiterhin wird die Fruchtbringung von landwirtschaftlichen Erzeugnissen durch den biologischen Vermögenswert als biologische Transformation bezeichnet (IAS 41.7).

In der Fähigkeit zur biologischen Transformation liegt auch der entscheidende 10
Unterschied zwischen einem **biologischen Vermögenswert** und einem **landwirtschaftlichen Erzeugnis**. Ein landwirtschaftliches Erzeugnis ist nicht zu einer biologischen Transformation fähig.

11 Die **Weiterverarbeitung** eines landwirtschaftlichen Erzeugnisses ist nicht Bestandteil des IAS 41.

Beispiel

Tragender Vermögenswert		Kuh	Schwein
↓	IAS 41	↓	↓
Produkt		Milch	Fleisch
↓	IAS 2	↓	↓
Veredeltes Produkt		Käse	Wurst

12 IAS 41 ist nur bis zum Zeitpunkt der **Ernte** anzuwenden. Als Ernte wird der Vorgang der Abtrennung des landwirtschaftlichen Erzeugnisses vom biologischen Vermögenswert oder das Ende des Lebensprozesses eines biologischen Vermögenswertes bezeichnet (IAS 41.5). Danach sind landwirtschaftliche Erzeugnisse gem. IAS 2 zu bilanzieren (→ § 17 Rz 1). Die Ausnahmeregelung nach IAS 2.3 für die Bewertung ist zu beachten.

13 Hinsichtlich der zeitlichen Abgrenzung von biologischen Vermögenswerten und landwirtschaftlichen Erzeugnissen gegenüber den Vorräten auf den Zeitpunkt bis zur Ernte besteht Übereinstimmung zwischen dem HGB/EStG und IAS 41.

14 In IAS 41.8 sind einige weitere Definitionen enthalten, die jedoch aus anderen Standards bekannt sind:

- Aktiver Markt (→ § 8 Rz 72)
- Beizulegender Zeitwert (*fair value;* → § 8 Rz 69)
- Buchwert (→ § 11 Rz 5)
- Zuwendung der öffentlichen Hand (→ § 12 Rz 1 ff.)

2 Bilanzansatz

15 Biologische Vermögenswerte und landwirtschaftliche Erzeugnisse sind in Übereinstimmung mit dem *Framework* (→ § 1 Rz 85) anzusetzen, wenn

- das Unternehmen den Vermögenswert aufgrund vergangener Ereignisse **kontrolliert**;
- ein mit dem Vermögenswert verbundener **Nutzenzufluss** wahrscheinlich ist;
- der beizulegende Zeitwert oder die Anschaffungs-/Herstellungskosten des Vermögenswertes verlässlich **ermittelbar** sind (IAS 41.10).

16 Die zwingende Aktivierung biologischer Vermögenswerte bei Erfüllung der Ansatzkriterien führt zu z. T. erheblichen Differenzen im Gegensatz zur Bilanzierung nach HGB/EStG. Dort gelten für einige biologische Vermögenswerte Aktivierungswahlrechte, z. B. für stehendes Holz und das Feldinventar.

3 Bewertung

3.1 Überblick

Die fast ausnahmslose Bilanzierung zum *fair value* nach IAS 41 (Rz 2) macht eine Unterscheidung zwischen **Erst-** und **Folge**bewertung überflüssig. Biologische Vermögenswerte **bis zum Zeitpunkt der Ernte** sind im Zeitverlauf durchgehend zum beizulegenden Zeitwert abzüglich der geschätzten Verkaufskosten zu bewerten (IAS 41.12f.). Dieser beizulegende Zeitwert bildet auch die Bewertungsgrundlage (fiktive Anschaffungs-/Herstellungskosten) für den Zeitpunkt nach der Ernte gem. IAS 2 (Rz 12). 17

Der beizulegende Zeitwert *(fair value)* eines biologischen Vermögenswertes ist der Betrag zu dem der Vermögenswert zwischen sachkundigen und transaktionswilligen Parteien fremdüblich *(at arm's length)* gehandelt werden könnte (IAS 41.8). Der Wert entspricht dem (fiktiven oder realen) **Marktpreis.** Bilanziell anzusetzen ist nach IAS 41.12 und 13 der beizulegende Zeitwert abzüglich Veräußerungskosten. Veräußerungskosten sind in IAS 41.5. als inkrementale Kosten definiert, die direkt der Veräußerung des Vermögenswertes zuzuordnen sind. Hierzu gehören bspw. Kosten für den Transport, Provisionen an Makler und Händler sowie andere Kosten, die entstehen, um den Vermögenswert auf einem Markt anbieten zu können (IAS 41.BC3). Kosten der Finanzierung und Ertragsteuern sind keine Veräußerungskosten. 18

Der beizulegende Zeitwert aus IAS 41.8 entspricht u. E. nicht dem *net realisable value* nach IAS 2.6 (→ § 17 Rz 3). Das IASC hat sich in der damaligen Diskussion sogar bewusst gegen diesen Wertansatz entschieden (Rz 69). 19

Der beizulegende Zeitwert von biologischen Vermögenswerten und landwirtschaftlichen Erzeugnissen soll nahezu in allen Fällen verlässlich ermittelbar sein. Eine Ausnahme in seltenen Fällen wird für **biologische** Vermögenswerte zugestanden. In diesem Fall erlaubt die *reliability exception* eine Bilanzierung zu Anschaffungs-/Herstellungskosten (IAS 41.30). 20

Die *reliabilty exception* ist lediglich auf die **Erstbewertung** des biologischen Vermögenswertes beschränkt (IAS 41.31). Sobald in den Folgeperioden der beizulegende Zeitwert verlässlich ermittelt werden kann, ist dieser zu verwenden. Wurde der beizulegende Zeitwert bereits einmal verlässlich ermittelt, ist eine Bewertung zu Anschaffungs-/Herstellungskosten in einer späteren Berichtsperiode nicht mehr möglich. 21

Wird ein biologischer Vermögenswert zu Anschaffungs-/Herstellungskosten bilanziert, sind für die Ermittlung des Wertansatzes, der Abschreibungen und möglicher außerplanmäßiger Abschreibungen die dafür gültigen Standards (IAS 2 → § 17, IAS 16 → § 14 und IAS 36 → § 11) heranzuziehen (IAS 41.33). Obwohl in IAS 41.33 nicht explizit erwähnt, sind u. E. auch nachträgliche Anschaffungs-/Herstellungskosten entsprechend dieser Standards zu behandeln. 22

Die *reliability exception* gilt nicht für die Bewertung von **landwirtschaftlichen** Erzeugnissen (IAS 41.32). 23

3.2 Bewertungsmethoden

24 IAS 41 enthält im Gegensatz zu anderen IAS/IFRS detaillierte **Vorgaben**, wie der beizulegende Zeitwert für biologische Vermögenswerte und landwirtschaftliche Erzeugnisse zu ermitteln ist. Dazu folgender Entscheidungsbaum:

25

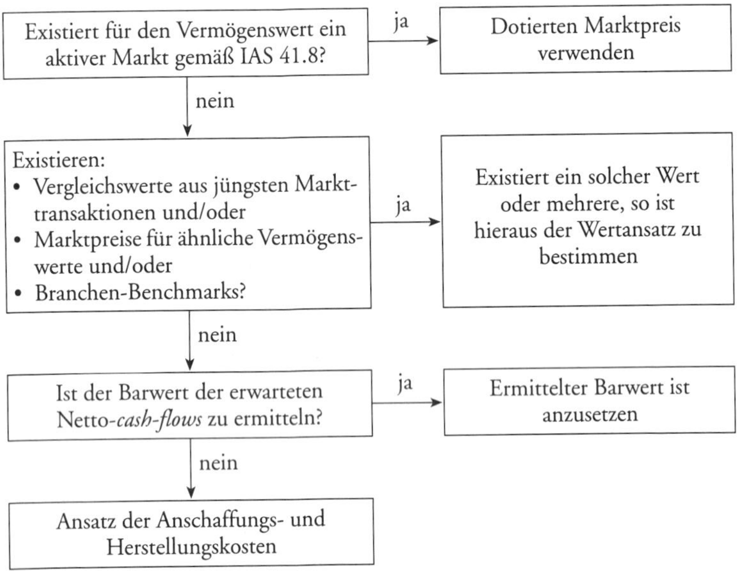

Abb. 1: Vorgehensweise bei der Ermittlung des Wertansatzes für biologische Vermögenswerte und landwirtschaftliche Erzeugnisse

Die hier verwendete *fair-value*-Hierarchie entspricht im Wesentlichen derjenigen aus IAS 39.AG74f.

26 Der beizulegende Zeitwert soll nach den Ausgangsüberlegungen des Board für die überwiegende Masse der **biologischen** Vermögenswerte und landwirtschaftlichen Erzeugnisse anhand von Preisen, die an **aktiven Märkten** in der Definition von IAS 41.8 ermittelt werden, bestimmbar sein (Rz 14).

27 Für landwirtschaftliche Erzeugnisse zum Zeitpunkt der Ernte trifft dies zu (Beispiel aktuelle Preise zum Zeitpunkt der Ernte).

28 Für nahezu fertige **biologische** Vermögenswerte mag diese Annahme z. T. ebenfalls zutreffen, nicht jedoch für einen überwiegenden Teil der biologischen Vermögenswerte.[2] So wird bspw. Feldinventar und unfertiges stehendes Holz i. d. R. überhaupt nicht gehandelt. Das gilt auch für große Teile tierischer biologischer Vermögenswerte.

29 Den **alternativen** Bewertungsmethoden kommt folglich eine wesentlich größere Bedeutung zu, als der IASB diesen in IAS 41 beimisst.

30 Ist der beizulegende Zeitwert nicht an einem aktiven Markt ermittelbar (IAS 41.17), sind **Vergleichswerte** aus jüngsten Markttransaktionen zu verwen-

2 Dies gilt zumindest in weiten Teilen für Deutschland. In anderen Ländern mag die verfügbare Datenlage differenzierter sein.

den (IAS 41.18a). Zwischenzeitlich eingetretene wesentliche Änderungen der wirtschaftlichen Rahmenbedingungen sind zu beachten. Für viele biologische Vermögenswerte werden auch diese Daten nicht zur Verfügung stehen.

Weiterhin können Marktpreise für ähnliche Vermögenswerte mit einer entsprechenden **Anpassung** verwendet werden (IAS 41.18b). Auch diese vergleichswertorientierten Wertansätze sind für zahlreiche biologische Vermögenswerte, die in unfertigem Zustand nicht oder nur selten gehandelt werden, nur schwer ermittelbar. **31**

Zusätzlich können **Branchen-Benchmarks** zur Bestimmung des beizulegenden Zeitwerts herangezogen werden (IAS 41.18c). Diese sind beispielhaft definiert als *value of an orchard expressed per export tray, bushel, or hectare, and the value of cattle expressed per kilogram of meat.* **32**

Die Verwendung dieser Branchen-Benchmarks ist in dieser Definition u.E. jedoch zur Bestimmung des beizulegenden Zeitwertes von biologischen Vermögenswerten **ungeeignet** und in der praktischen Anwendung wenig hilfreich.

Sofern unter Anwendung von IAS 41.18 kein beizulegender Zeitwert ermittelt werden kann, ist der **Barwert** der erwarteten Netto-*cash-flows* eines Vermögenswertes auf der Basis eines aktuellen marktbestimmten **Zinssatzes** anzusetzen (IAS 41.20). Hierzu sind der gegenwärtige Ort und Zustand des biologischen Vermögenswertes zwingende Grundlage (IAS 41.21; Rz 51). Es sind diejenigen *cash flows* bei der Ermittlung zu berücksichtigen, die auf dem relevantesten Markt erzielt werden können. Der gegenwärtige Ort und Zustand des biologischen Vermögenswertes sind durch Verwendung eines Wachstumsabschlags auf die Zahlungsreihe oder eines Zuschlags auf den Diskontierungszins zu berücksichtigen. **33**

Weiterhin sind *cash flows* für die **Finanzierung** des biologischen Vermögenswertes sowie für Steuern und eine mögliche **Wiederherstellung** des biologischen Vermögenswertes (bspw. Kosten für erneute Aufforstung) bei der Ermittlung des beizulegenden Zeitwertes außer Acht zu lassen (IAS 41.22).

Bestehende **Unsicherheiten** im Zusammenhang mit der Schätzung der künftigen *cash flows* sind entweder im Zinssatz, in den *cash flows* oder in einer Kombination aus beiden zu berücksichtigen (IAS 41.23). Im letzteren Fall ist die Gefahr der Doppelberücksichtigung der Unsicherheit zu beachten. In der Praxis der landwirtschaftlichen Wertermittlung werden die bestehenden Unsicherheiten bisher meist bei der Schätzung der *cash flows* berücksichtigt. **34**

In einigen Fällen kann der beizulegende Zeitwert **nahe** bei den **Anschaffungs-/Herstellungskosten** liegen (IAS 41.24), z.B. wenn seit der erstmaligen Kostenverursachung nur eine geringe biologische Transformation stattgefunden hat oder der Einfluss der Transformation auf den späteren Erlös unbedeutend ist. Letzteres ist bei Forstbeständen mit langer Aufwuchsphase in der Anfangszeit der Fall. Dann können die vom Bundesministerium für Verbraucherschutz, Ernährung und Landwirtschaft (BMVEL) publizierten Richtwerte für verschiedene Kategorien biologischer Vermögenswerte als Orientierungsgrundlage verwendet werden. Diese werden auch in den HGB/EStG-Bilanzen verwendet. **35**

Biologische Vermögenswerte werden häufig mit Grundstücken übertragen (IAS 41.25). Der beizulegende Zeitwert des biologischen Vermögenswertes **36** kann dann durch eine Differenzrechnung zwischen vergleichbaren Flächen mit und ohne entsprechende Aufwüchse ermittelt werden (Residualmethode; Proportionalmethode).[3] Allerdings ist auch hier auf die i.d.R. mangelnde Datenverfügbarkeit zu verweisen.

37 **Warentermingeschäfte**, die zur Absicherung künftiger Ernten geschlossen werden, dürfen nicht als Richtwerte zur Ermittlung des beizulegenden Zeitwertes verwendet werden (IAS 41.16). Liegen die im Rahmen der Warentermingeschäfte vereinbarten Preise unterhalb der bilanzierten Marktwerte, ist die mögliche Existenz von ungünstigen Verträgen gem. IAS 37 zu beachten (→ § 21). Dies gilt u.E. auch, wenn die in den Warentermingeschäften vereinbarten Preise über den Anschaffungs-/Herstellungskosten, jedoch unterhalb der Marktwerte liegen.

38 Die Preisabsicherung von zukünftigen Ernteverkäufen durch *Hedging*-Geschäfte spielt auch in den vermehrt volatiler werdenden Agrarmärkten eine immer bedeutendere Rolle. Das *Hedging* zur Preisabsicherung an Warenterminmärkten ist i.d.R. im Rahmen des *hedge accounting* unter IAS 39 (→ § 28 Rz 219) bilanziell zu erfassen, sofern die entsprechenden Kriterien als erfüllt angesehen werden können. Anders sieht es bei dem in der landwirtschaftlichen Praxis durchaus üblichen **Kontraktabschluss** für zukünftig erwartete Ernten aus. Diese Kontrakte führen i.d.R. zu späterer physischer Lieferung der Ware. Ein Barausgleich des Kontraktes findet i.d.R. nicht statt. In diesen Fällen dürften u.E. die Kriterien für ein derivatives Finanzinstrument und für *hedge accounting* gem. IAS 39 nicht vorliegen (IAS 39.5, AG 10; → § 28 Rz 222).

39 Bedingt durch das durchgängige Konzept der *fair-value*-Bewertung enthält IAS 41 keine gesonderten Vorgaben bez. **außerplanmäßiger** Wertminderungen von Vermögenswerten (Rz 22).

3.3 Gewinne und Verluste aus der Bewertung zum beizulegenden Zeitwert

40 Gewinne und Verluste aus der Erst- und Folgebewertung von biologischen Vermögenswerten und landwirtschaftlichen Erzeugnissen, die zum beizulegenden Zeitwert abzüglich geschätzter Verkaufskosten bewertet werden, sind in der Periode erfolgswirksam im *income statement* zu erfassen, in der sie entstanden sind (IAS 41.26). Eine erfolgsneutrale Erfassung im Eigenkapital ist nicht zulässig. Mit der Erfassung unrealisierter Gewinne im Rahmen langfristiger Produktionsprozesse hat sich der IASB stark an IAS 11 (→ § 18) orientiert.

41 IAS 41 regelt nicht, wie die im Zusammenhang mit einem biologischen Vermögenswert entstehenden Kosten zu erfassen sind. Der *fair-value*-Konzeption folgend, sind die Kosten u.E. in der Periode als Aufwand erfolgswirksam zu erfassen, in der sie entstanden sind. Die *fair-value*-Bewertung schließt die Vornahme planmäßiger und außerplanmäßiger Abschreibungen aus (→ § 16 Rz 55).

42 Eine Doppelerfassung von Erträgen ist zu vermeiden.

Beispiel
Eine kurz vor der Kalbung stehende Hochleistungskuh wird am Stichtag 01 zum beizulegenden Zeitwert abzüglich Verkaufskosten bewertet.

[3] Vgl. dazu KÖHNE, Landwirtschaftliche Taxationslehre, 2007, S. 1024f.

Zum Stichtag 02 ist neben der jetzt in der Laktation stehenden Kuh auch das inzwischen geborene Kalb zum Zeitwert abzüglich Verkaufskosten zu bewerten. Neben dem Wertzuwachs durch das Kalb ist die Wertminderung bei der Kuh zu berücksichtigen.

IAS 41 enthält keine Vorgaben bez. der **Ausbuchung** von biologischen Vermögenswerten und landwirtschaftlichen Erzeugnissen. Es werden in diesem Zusammenhang auch keine Angaben darüber gemacht, wie eigentliche Verkaufsgeschäfte gegenüber Dritten i. S. v. IAS 18 (→ § 25) mit einer Ausbuchung von biologischen Vermögenswerten hinsichtlich der Erfolgswirksamkeit abzubilden sind. Auch die Beispiele im Anhang zu IAS 41 liefern hierüber keine zufrieden stellenden Informationen bzw. berücksichtigen die Veräußerungsgeschäfte gegenüber Dritten nicht. 43

Beispiel 44
Ein Landwirt bewertet ein selbst gezogenes Fohlen am 31.12.01 erstmalig mit einem beizulegenden Zeitwert abzüglich geschätzter Verkaufskosten von 5.000 EUR. Diese 5.000 EUR werden erfolgswirksam als Ertrag erfasst (IAS 41.26). Am 31.12.02 wird ein beizulegender Zeitwert von 10.000 EUR ermittelt. Entsprechend wird erneut ein Ertrag von 5.000 EUR erfolgswirksam erfasst. Einen Tag später, am 1.1.03, verkauft das Unternehmen das Pferd für 10.000 EUR an ein anderes Unternehmen. Die Veräußerung wird nicht mehr vom Anwendungsbereich des IAS 41 erfasst. Es hat in diesem Fall auch keine Ernte i. S. v. IAS 41.5 stattgefunden, sodass im Rahmen der Klassifizierung als landwirtschaftliches Erzeugnis IAS 2 Anwendung finden könnte. Wird die Veräußerung gem. IAS 18 bilanziert, kann es zu einer Doppelerfassung des Gesamtertrages von 10.000 EUR und somit zu einer falschen Darstellung des Totalerfolges der Produktionsperiode kommen. U. E. ist die eigentliche Veräußerung (bzw. die Ausbuchung) eines biologischen Vermögenswertes in Anlehnung an IAS 16.71 zu bilanzieren (→ § 14 Rz 22). Als kurzfristig klassifizierte biologische Vermögenswerte können auch gem. IAS 2.34 ausgebucht werden.

3.4 Problembereiche und Anwendungsempfehlungen

3.4.1 *Cash-flow*- vs. branchenübliche Bewertungsverfahren

Die besondere Problematik in der praktischen Anwendung des IAS 41 besteht in der nicht sachgerechten Annahme, dass der beizulegende Zeitwert für biologische Vermögenswerte anhand **aktiver Märkte** ständig verlässlich ermittelbar sei. Für den überwiegenden Teil der (unfertigen) biologischen Vermögenswerte in Deutschland ist dies nicht der Fall. Da auch die in IAS 41.18 dargelegten Bewertungsverfahren für viele biologische Vermögenswerte nicht anwendbar sind, bleibt schlussendlich nur die Ermittlung des Barwertes der erwarteten *cash flows* (IAS 41.20). 45

Die Verwendung dieses ertragswertbasierten Wertansatzes auf Basis einer DCF-Kalkulation bietet indes nicht für alle biologischen Vermögenswerte die sachgerechte Lösung. Wir präferieren die Ermittlung des beizulegenden Zeitwerts anhand branchenüblicher Bewertungsverfahren. Dadurch können die Zielvorgaben von IAS 41 besser erfüllt werden. 46

47 Im Folgenden werden für einige biologische Vermögenswerte Möglichkeiten zur Ermittlung des **beizulegenden Zeitwertes** vorgestellt.[4]

3.4.2 Dauerkulturen

48 Bei Ertrag bringenden **Dauerkulturen** führt die Anwendung der Vorgaben des IAS 41 zu einer nicht sachgerechten Darstellung der Ertragslage. Der IASB ist in der Konzeption des IAS 41 von im **Zeitablauf steigenden** Ertragswerten für biologische Vermögenswerte ausgegangen (wie bspw. beim stehenden Holz; Rz 54). Bei Dauerkulturen **sinken** die Ertragswerte i. d. R. jedoch im Zeitablauf. Die Anwendung der Vorgaben des IAS 41 führt daher tendenziell zu einem **vorgezogenen Ertragsausweis** in der Periode der erstmaligen Nutzung der Dauerkultur. In den folgenden Perioden kompensiert die erfolgswirksam zu vereinnahmende Wertminderung der Dauerkulturanlage die Erträge aus dem Verkauf der landwirtschaftlichen Erzeugnisse dieser Anlage. Die Ertragslage des Unternehmens wird somit nicht sachgerecht dargestellt.

49 **Beispiel**[5]
Im Folgenden wird eine Dauerkulturanlage, in diesem Fall eine Anlage mit Stachelbeeren, nach dem Ertragswertverfahren bewertet, um einen *fair value* gem. den Vorgaben des IAS 41 zu ermitteln. In der folgenden Tabelle 2 werden die zu Grunde gelegten Beispieldaten aufgeführt.

Standjahr	Ertrag in dt	Preis in EUR	Leistung im Standjahr in EUR	Kosten im Standjahr in EUR	Differenz Spalte 4–5
Spalte 1	**2**	**3**	**4**	**5**	**6**
0	0	175,00	0	14.300,00	–14.300,00
1	30,00	175,00	5.250,00	2.713,00	2.537,00
2	70,00	175,00	12.250,00	6.457,00	5.793,00
3	90,00	175,00	15.750,00	7.405,00	8.345,00
4	100,00	175,00	17.500,00	7.879,00	9.621,00
5	100,00	175,00	17.500,00	7.879,00	9.621,00
6	100,00	175,00	17.500,00	7.879,00	9.621,00
7	90,00	175,00	15.750,00	7.405,00	8.345,00
8	90,00	175,00	15.750,00	7.405,00	8.345,00
9	90,00	175,00	15.750,00	7.616,00	8.134,00

Tab. 1: Beispieldaten einer Anlage mit Stachelbeeren (1 ha)

4 Generell zur Wertermittlung für biologische Vermögenswerte anlässlich verschiedener Bewertungsanlässe vgl. Köhne, Landwirtschaftliche Taxationslehre, 2007.

5 Zu diesem Bsp. vgl. Janze, IFRS im landwirtschaftlichen Rechnungswesen, 2006, S. 311 ff.

Die verwendeten Daten können sämtlich öffentlichen Datensammlungen entnommen werden.[6] Der Teleologie der IFRS folgend sind diese standardisierten Daten auch zu bevorzugen, um subjektive Ermessensspielräume soweit möglich zu reduzieren.
In der folgenden **Tabelle 3** wird eine Übersicht über die Entwicklung des Ertragswertes der Anlage bei einem Zinssatz von 5 % im Zeitablauf gegeben.

Standjahr **Spalte 1**	**Ertragswert in EUR** ***(fair value)*** **Spalte 2**	**Differenz zum Vorjahr in EUR Spalte 3**
Bezugspunkt 30.6.X0	54.334,31	54.334,31
Bezugspunkt 30.6.X1	54.514,03	179,72
Bezugspunkt 30.6.X2	51.446,73	–3.067,30
Bezugspunkt 30.6.X3	45.674,06	–5.772,67
Bezugspunkt 30.6.X4	38.366,77	–7.307,29
Bezugspunkt 30.6.X5	30.632,60	–7.734,17
Bezugspunkt 30.6.X6	22.543,24	–8.089,36
Bezugspunkt 30.6.X7	15.325,40	–7.217,84
Bezugspunkt 30.6.X8	7.746,67	–7.578,73
Bezugspunkt 30.6.X9	0,00	–7.746,67

Tab. 2: Entwicklung des Ertragswertes in den Standjahren

Der Ertragswert der Stachelbeeranlage vom 30.6.X0 bis zum 30.6.X1 nimmt, bedingt durch Diskontierungseffekte und die niedrige ökonomische Verwertung der Anlage, im zweiten Jahr leicht zu. In den darauffolgenden Jahren sinkt er, da u.a. die Anzahl der Produktionsperioden abnimmt. Die Spalte 2 der Tabelle 3 stellt somit die Buchwerte dar, die gem. den Vorgaben des IAS 41 am Abschlussstichtag der jeweiligen Periode zu bilanzieren wären, sofern der reine Ertragswert der Anlage bilanziert würde. Von besonderer Bedeutung sind die in der Spalte 3 dargestellten Differenzen der Ertragswerte zum Vorjahr. Wie bereits erläutert, sind die Wertänderungen der Anlage als Erträge/Aufwendungen in der GuV des Unternehmens auszuweisen. Dies gilt auch für Erträge/Verluste, die aus dem erstmaligen Ansatz des biologischen Vermögenswertes resultieren (Rz 40).
In der **Tabelle 4** werden die Erträge/Aufwendungen dargestellt und erläutert, die bei isolierter Betrachtung dieser Anlage in der GuV des Unternehmens gem. den Vorgaben der IFRS auszuweisen wären.

6 Bspw. Datensammlungen des KTBL.

Standjahr Spalte 1	Erträge i.S.v. IAS 18 Spalte 2	Aufwendungen der Periode Spalte 3	*Fair-value-*Änderungen Spalte 4	Totalerfolg der Anlage i.Wj. Spalte 5
	Alle Beträge in EUR			
0	0,00	14.300,00	54.334,31	40.034,31
1	5.250,00	2.713,00	179,72	2.716,72
2	12.250,00	6.457,00	– 3.067,30	2.725,70
3	15.750,00	7.405,00	– 5.772,67	2.572,33
4	17.500,00	7.879,00	– 7.307,29	2.313,71
5	17.500,00	7.879,00	– 7.734,17	1.886,83
6	17.500,00	7.879,00	– 8.089,36	1.531,64
7	15.750,00	7.405,00	– 7.217,84	1.127,16
8	15.750,00	7.405,00	– 7.578,73	766,27
9	15.750,00	7.616,00	– 7.746,67	387,33
Summe	**133.000,00**	**76.938,00**	0,00	**56.062,00**

Tab. 3: Zu berücksichtigende Erträge und Aufwendungen in einer GuV gem. IFRS

In der folgenden **Tabelle 5** werden die Erträge und Aufwendungen dargestellt, die gem. den Vorgaben von HGB/EStG zu berücksichtigen sind.

Standjahr Spalte 1	Erträge gem. HGB/EStG 2	Aufwendungen der Periode 3	Aufwendungen durch AfA 4	Totalerfolg der Anlage i.Wj. 5
	Alle Beträge in EUR			
0	–		–	–
1	5.250,00	2.713,00	1.588,89	948,11
2	12.250,00	6.457,00	1.588,89	4.204,11
3	15.750,00	7.405,00	1.588,89	6.756,11
4	17.500,00	7.879,00	1.588,89	8.032,11
5	17.500,00	7.879,00	1.588,89	8.032,11
6	17.500,00	7.879,00	1.588,89	8.032,11
7	15.750,00	7.405,00	1.588,89	6.756,11
8	15.750,00	7.405,00	1.588,89	6.756,11
9	15.750,00	7.616,00	1.588,89	6.545,11
Summe	**133.000,00**	**62.638,00**	**14.300,00**	**56.062,00**

Tab. 4: Erträge und Aufwendungen gem. HGB/EStG

In der Tabelle 5 wurde für HGB/EStG eine lineare Abschreibung der Anpflanzungs- und Pflegekosten ab dem Wirtschaftsjahr nach der Anpflanzung entsprechend den **steuerrechtlichen** Vorgaben unterstellt. Die anfallenden jährlichen Pflegekosten werden in dem Jahr ihrer Entstehung als Aufwand und die Einnahmen aus dem Verkauf der Stachelbeeren im Jahr ihrer Realisation als Ertrag erfasst. Ansonsten werden die produktionstechnischen Annahmen der Tabelle 2 unterstellt. Der **Totalerfolg** wird nach beiden Bilanzierungsmethoden identisch dargestellt. Allerdings führt die Bilanzierung entsprechend der Vorgaben aus IAS 41 zu einem u.E. nicht sachgerechten Erfolgsausweis in den einzelnen Berichtsperioden. Ein großer Teil des erwarteten Totalerfolgs aus der Bewirtschaftung der Anlage wird bedingt durch die erfolgswirksame Bilanzierung des Ertragswertes gem. IAS 41.26 bereits im Jahr der Anpflanzung ausgewiesen.

Anhand dieses Beispiels der Bilanzierung einer Dauerkulturanlage wird die 50
Unvereinbarkeit eines korrekten – gleichzeitigen – Vermögens- und Erfolgsausweises innerhalb eines Rechnungslegungssystems transparent. Wird gem. der Vorgabe aus IAS 41.20 der Ertragswert der Anlage im Jahr der Anpflanzung bilanziert, erfolgt eine korrekte Darstellung des Vermögensausweises i.S.v. IAS 41.8. Durch den erfolgswirksamen erstmaligen Ansatz der Anlage mit Antizipation zukünftiger Erträge wird dagegen der **Erfolgsausweis** verzerrt. In den Folgeperioden verringert sich der Ertragswert der Anlage. Dies ist folgerichtig, da die Anzahl der Ernteperioden abnimmt. Ein potenzieller Käufer wäre also von Jahr zu Jahr nur zu geringeren Kaufpreisen bereit. Zusammen mit den laufenden Pflege- und Erntekosten, die als Aufwand zu erfassen sind, kompensiert die erfolgswirksame Verringerung des Ertragswertes die in diesen Perioden anfallenden Erträge i.S. von IAS 18 in einem erheblichem Maß mit der Folge eines Ertragsausweises, der u.E. nicht der Generalnorm eines *true and fair view* entspricht. Mit Hilfe des obigen Beispiels werden die systemimmanenten Friktionen bei der Anwendung des IAS 41 auf die Bewertung von Dauerkulturen herausgearbeitet. In der praktischen Bewertung von Dauerkulturanlagen dürfte sich der Wertansatz im Jahr der Anpflanzung und bis zur Erreichung der vollen Ertragsfähigkeit der Anlage eher am Kostenwert orientieren und erst zu späteren Zeitpunkten am Ertragswert. Insofern ist dieses Beispiel aus Sicht der Bewertungspraxis nicht ganz zutreffend. Dennoch bleiben die methodischen Inkonsistenzen des IAS 41 in Bezug auf die Bewertung von Dauerkulturen bestehen und können anhand des Beispiels sehr gut herausgearbeitet werden.

In der Praxis wird die Inanspruchnahme der *reliabilty exception* gem. IAS 41.30 51
nicht einheitlich gehandhabt. Die reine Unsicherheit der Ermittlung zukünftiger Zahlungsströme zur Ermittlung des *fair value* ist u.E. nicht ausreichend für die Inanspruchnahme der *reliability exception*. Dennoch kann u.E. bspw. durch extreme Marktverwerfungen eine *fair-value*-Ermittlung nicht verlässlich durchführbar sein.

Eine andere in der Praxis zu beobachtende Vorgehensweise berücksichtigt nur die Erträge der nächsten Ernte bei der *fair-value*-Ermittlung und bewertet die Dauerkulturanlage zu Anschaffungs-/Herstellungskosten. Diese Lösung ist abzulehnen. Bewertungsobjekt ist die Dauerkultur als Ganzes, Bewertungsziel die Ermittlung des fiktiven Marktpreises *(fair value)*. Für eine noch viele Jahre

nutzbare Dauerkultur gilt aber ein anderer (fiktiver) Marktpreis als bei kurzer Restnutzungsdauer, eben weil noch mehr Ernten möglich sind.
In der Praxis wird weiterhin die Berücksichtigung von Verzinsungsbeträgen für den Grund und Boden bzw. (kalkulatorische) Pachtzahlungen diskutiert. Dies ist u. E. nur zulässig, wenn der *fair value* der biologischen Vermögenswerte (in wahrscheinlich äußerst seltenen Fällen) mittels einer marktüblichen vergleichbaren Pachtzahlung für ähnliche biologische Vermögenswerte ermittelt wird (bspw. Pacht einer Obstplantage), da in dieser Pachtzahlung auch ein Pachtanteil für den dazugehörigen Grund und Boden enthalten ist. Dieser Anteil ist zur *fair-value*-Ermittlung der biologischen Vermögenswerte wieder zu eliminieren. Wird der *fair value* jedoch auf der Basis der *cash flows* ermittelt, die direkt von den biologischen Vermögenswerten ausgehen, sind u. E. sowohl Pachtzahlungen für den gemieteten Grund und Boden als auch kalkulatorische Verzinsungsansprüche für den eigenen Grund und Boden unberücksichtigt zu lassen. Nichtaufwandsgleiche kalkulatorische Kosten unterliegen gem. IAS 2 ohnehin einem Aktivierungsverbot.

52 Zudem ist eine **separate** Bewertung der an den Dauerkulturanlagen heranwachsenden zukünftigen landwirtschaftlichen **Erzeugnisse** vor dem Zeitpunkt der Ernte nicht durch den Anwendungsbereich des IAS 41 oder des IAS 2 (→ § 17) gedeckt (Rz 12). Bis zum Zeitpunkt der Ernte sind diese im Rahmen der Wertermittlung der Dauerkulturanlage zu erfassen.

53 In IAS 41 sind keine Angaben bez. **gepachteter** Dauerkulturanlagen zu finden. Berücksichtigt man die *asset*-Definition des *Framework* (→ § 1 Rz 81 ff.) und die Kriterien für die bilanzielle Behandlung von Leasinggeschäften (→ § 15), so sind u. E. unter bestimmten Umständen auch gepachtete Dauerkulturanlagen beim Leasingnehmer zu bilanzieren.

3.4.3 Stehendes Holz

54 Für **stehendes Holz** mit einer ausstehenden Produktionszeit von z. T. noch 20 oder 25 Jahren ist die Verlässlichkeit einer Ertragswertermittlung (in diesen Fällen wird der sog. Bestandserwartungswert ermittelt) u. E. äußerst fraglich, da die erzielbaren Preise entweder vorausgeschätzt werden müssen oder aber konsequent nur die aktuellen Preise verwendet werden können. Ersteres ist nahezu unmöglich, Letzteres hinsichtlich der Relevanz der gelieferten Informationen zumindest fragwürdig. Zudem ist es mit großem Aufwand für das bilanzierende Unternehmen verbunden, den jährlichen Produktionsfortschritt im Rahmen der biologischen Transformation zu ermitteln.[7] Sofern dies jedoch möglich ist, empfiehlt sich die Bewertung des stehenden Holzes mit den zum Bilanzstichtag gültigen Abtriebswerten (auch wenn diese z. T. erheblich unter den Ertragswerten liegen). Gerade am Anfang einer Produktionsdauer kann der Kostenwert bei stehendem Holz noch erheblich über dem Abtriebswert liegen. Solange dies der Fall ist, ist u. E. der Kostenwert zu bilanzieren. Die folgende Abbildung verdeutlicht die Vorgehensweise.

---

7 Das Unternehmen Precious Woods bewertet seine Forstbestände in Südamerika nach den Regeln des IAS 41 und publiziert hierzu hilfreiche Erläuterungen in seinen Geschäftsberichten. Vgl. PRECIOUS WOOD, Geschäftsbericht verschiedene Jahre.

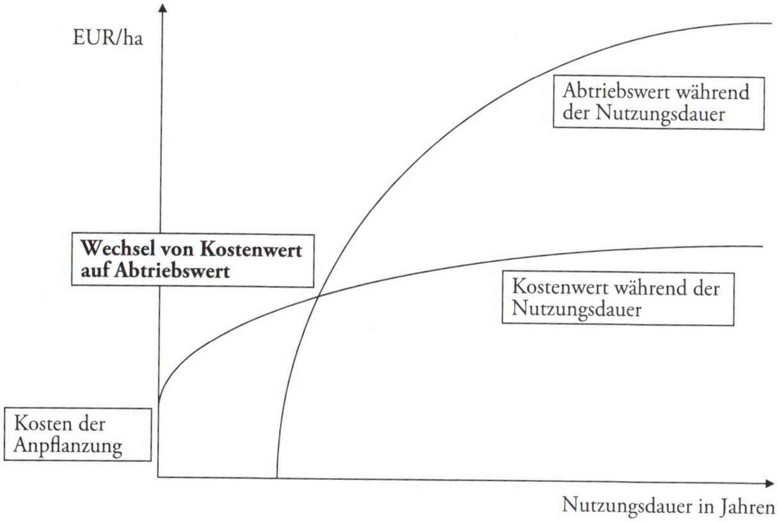

Abb. 2: Bilanzierung von stehendem Holz nach Kosten- und Abtriebswert

Abtriebswerte sind absatzmarktbestimmte **Liquidationswerte** und erfüllen daher die theoretischen Anforderungen der IFRS. Im freien Grundstücksverkehr werden allerdings für stehende Holzbestände i.d.R. Beträge oberhalb der Abtriebswerte bezahlt. Insofern erfüllen Abtriebswerte streng genommen nicht in allen Fällen aus Sicht der Praxis zwangsläufig die Definitionskriterien des *fair value* gem. IAS 41.8.

Die Verwendung des höheren Wertes aus Kosten- und Abtriebswert weist erhebliche **Vorteile** gegenüber der Verwendung von Ertrags- bzw. Bestandserwartungswerten auf. Zu Beginn der Produktionsperiode ist der Kostenwert des unfertigen Holzes der wesentlich verlässlichere und somit auch relevantere Wert. Während dieses Zeitraumes sind Ertrags- und Bestandserwartungswert sehr spekulativ. Nach IAS 41.24 kann der beizulegende Zeitwert dem Kostenwert durchaus entsprechen. Weiterhin ist der Kostenwert im Rahmen der *reliability exception* (Rz 20) auch zulässig, wenn der *fair value* nicht verlässlich ermittelt werden kann. 55

Bei Bilanzierung von **Kostenwert** müssen die Herstellungskosten den definitorischen Vorgaben des IAS 2 respektive IAS 16 genügen (→ § 8 Rz 18). Die Bilanzierung des Kostenwertes gem. IAS 41.30 ist jedoch nicht zu verwechseln mit der Bilanzierung des Kostenwerts als näherungsweisen Ersatzwert für den *fair value* gem. IAS 41.25. Im ersten Fall sind planmäßige Abschreibungen etc. vorzunehmen. Auf den *fair value* wird in diesem Fall nur übergegangen, wenn dieser wider Erwarten doch ermittelbar wird. Im letzten Fall sind keine laufenden Abschreibungen vorzunehmen, da zu einem späteren Zeitpunkt planmäßig auf den *fair value* übergegangen wird (in dem Beispiel unter Rz 54, wenn die Abtriebswerte die Kostenwerte übersteigen).

Der bedeutende **Vorteil** der **Abtriebswerte** gegenüber ertragswertorientierten 56
Wertansätzen liegt jedoch im Verzicht auf die Antizipation z.T. weit in der

Zukunft liegender Zahlungsströme. Selbst wenn gegen Ende der Produktionsdauer die Zahlungsströme leichter zu antizipieren sind, kann der Abtriebswert als Wertansatz beibehalten werden, da dann die Differenz zwischen Bestandserwartungswert und Abtriebswert zunehmend geringer wird. Mit der Bilanzierung von zum Bilanzstichtag aktuellen Abtriebswerten ist ebenfalls der Vorteil einer jährlichen Erfassung des Bestandszuwachses verbunden. Weiterhin verursacht die Veräußerung von geschlagenem Holz im Rahmen von Durchforstungsmaßnahmen keine Friktion hinsichtlich der Ertragserfassung. Der Hierarchie zur Ermittlung des *fair value* folgend (Rz 25), ist der Abtriebswert auch vor möglichen Ertragswerten zu verwenden. Darüber hinaus entspricht die Bilanzierung von Abtriebswerten der Forderung von IAS 41.21, bei der Wertermittlung auf den gegenwärtigen Zustand des Vermögenswertes abzustellen. Bei der Bilanzierung eines Ertragswertes hingegen wird bereits die Fertigstellung des Vermögenswertes unterstellt, sofern der Ertragswert in voller Höhe bilanziert und eine prognostizierte Leistungsklasse für das Holz antizipiert wird. In den Folgeperioden ändert sich der Ertragswert in diesem Fall lediglich um die jährliche Diskontierungsrate, sofern konstant bleibende Holzqualitäten unterstellt werden. Dies verstößt jedoch gegen die Vorgabe aus IAS 41.21.

57 Die Bilanzierung von Abtriebswerten führt nur dann zu verlässlichen Wertansätzen für die externe Rechnungslegung, wenn sie auf der Grundlage einer **detaillierten Inventur** der stehenden Holzvorräte durchgeführt wird. Im Rahmen einer solchen Inventur sind bspw. die Leistungsklasse des Bestandes, der Bestockungsgrad sowie der Brusthöhendurchmesser (BHD) zu bestimmen. Dies stellt die bilanzierenden Unternehmen sowohl vor organisatorische als auch finanzielle Herausforderungen. Hier ist eine praxistaugliche Lösung zu finden, die in einer in größeren Zeitabständen durchzuführenden Inventur und einer zwischenzeitlichen Interpolation des Bestandeszuwachses liegen kann.

3.4.4 Feldinventar

58 Für **Feldinventar**, also ein- und mehrjährige Kulturen (ausgenommen stehendes Holz), die am Ende der Produktionsdauer einen einmaligen Ertrag liefern, kann der wirtschaftliche Gebrauchswert, der in der landwirtschaftlichen Wertermittlung in Übertragungsfällen zur Anwendung kommt, eine geeignete Grundlage zur Ermittlung des beizulegenden Zeitwertes sein.[8] Der wirtschaftliche Gebrauchswert wird i.d.R. als Zwischenwert zwischen dem Kostenwert (Aufwandstaxe) und dem Ertragswert (Halmtaxe) ermittelt. Der Vorteil dieses Bewertungsverfahrens liegt in der relativ einfachen Anwendbarkeit. Der wirtschaftliche Gebrauchswert entspricht u.E. den definitorischen Vorgaben eines beizulegenden Zeitwertes. Die Daten zur Ermittlung des wirtschaftlichen Gebrauchswertes sind leicht erhältlich und z.T. regionsspezifisch vorhanden.[9]

8 Vgl. Köhne, Landwirtschaftliche Taxationslehre, 2007, S. 719ff.

9 Hilfreiche Datenquellen sind die Richtwertdeckungsbeiträge der Landwirtschaftskammern sowie die Datensammlungen des Kuratoriums für Technik und Bauwesen in der Landwirtschaft (KTBL). Es können auch betriebsindividuelle Daten verwendet werden, sofern ein hinreichend großer Durchschnittszeitraum gebildet wird.

Hierzu folgendes Rechenschema: 59

	Angenommene Marktleistung ohne Prämie
–	Direkte Kosten
–	Kosten der Arbeitserledigung
=	Deckungsbeitrag
	Zeitanteilige Aufteilung des Deckungsbeitrages
+	(Standardisierte) Herstellungskosten zum Bilanzstichtag
=	Beizulegender Zeitwert

Tab. 5: Beispiel zur Ermittlung des beizulegenden Zeitwerts von Feldinventar

3.4.5 Tiervermögen

Für **marktgängige** und nahezu fertige Tiere ist der beizulegende Zeitwert mithilfe von Vergleichswerten relativ gut ermittelbar. Anders für **ungängiges** Tiermaterial: In diesen Fällen kann ebenfalls der wirtschaftliche Gebrauchswert aus der landwirtschaftlichen Wertermittlung eine sachgerechte Orientierung darstellen.[10] 60

Für unfertiges Mastvieh, dem ein nahezu linearer Mastverlauf unterstellt werden kann (bspw. Mastschweine), stellt die **lineare Interpolation** zwischen zwei Eckwerten eine geeignete und praxisfreundliche Lösung dar. 61

Beispiel[11]
Es ist der beizulegende Zeitwert eines Mastschweinbestandes von 1.000 Tieren am Bilanzstichtag 30.6.01 zu ermitteln. Am 30.6.01 befinden sich die Tiere am 60. Masttag (Gesamtmastdauer 130 Tage). I. d. R. gehen die Tiere mit einem Lebendgewicht von ca. 110 kg (90 kg Schlachtgewicht) zum Schlachthof. Es wird ein erzielbarer Preis von 1,40 EUR/kg Schlachtgewicht unterstellt. Die Ferkelkosten werden mit 40 EUR (bei 28 kg Ferkelgewicht) veranschlagt. Am Bewertungsstichtag haben die Tiere ein Gewicht von 69 kg. Für einen solch unfertigen Mastbestand existieren i. d. R. keine verwendbaren Marktwerte. Mit Hilfe der folgenden Formel ist der beizulegende Zeitwert dennoch näherungsweise zu ermitteln.

$$\frac{\text{Verkaufserlös} - \text{Ferkelkosten}}{\text{Endgewicht} - \text{Ferkelgewicht}} \times (\text{ermitteltes Gewicht} - \text{Ferkelgewicht})$$

\+ Ferkelkosten

= Beizulegender Zeitwert

Setzt man die obigen Werte in die Formel ein, erhält man einen beizulegenden Zeitwert eines Mastschweins zum 30.6.01 von ca. 83 EUR. Der gesamte Mastschweinebestand ist folglich mit ca. 83.000 EUR zu bewerten.

---

[10] Zu dessen Ermittlung vgl. KÖHNE, Landwirtschaftliche Taxationslehre, 2007, S. 649ff.
[11] Nach KÖHNE, Landwirtschaftliche Taxationslehre, 2007, S. 661.

62 Die in dem Beispiel dargestellte Vorgehensweise zur Ermittlung des beizulegenden Zeitwertes ist jedoch nur auf **Mastvieh** anwendbar, bei dem ein nahezu linearer Produktionsverlauf unterstellt werden kann. Bei **mehrjährig** Ertrag bringenden Tieren (bspw. Milchkühe oder Sauen) ist die Ermittlung des beizulegenden Zeitwertes schwieriger. Hier sind **mehrstufige** ertragswertorientierte Bewertungsansätze zu verwenden.[12] Der Abschnitt der Produktionsperiode des zu bewertenden Tiervermögens am Bilanzstichtag ist dabei eine entscheidende Größe. Der Wert einer Milchkuh steigt bspw. im Verlauf eines Produktionszyklus während der Trächtigkeit bis zum Abkalben an und fällt nach dem Abkalben stark ab. Am Beginn des nächsten Produktionszyklus beginnt der Wert der Milchkuh dann mit der erneuten Trächtigkeit (jedoch meist ausgehend von einem niedrigeren Ausgangsniveau) wieder anzusteigen. Dies verdeutlicht die Komplexität einer ertragswertorientierten Wertermittlung. Alternativ ist u.U. der beizulegende Zeitwert von mehrjährigen Ertrag bringenden Tieren anhand von verfügbaren Orientierungspreisen[13] unter Berücksichtigung von Zu- und Abschlägen zu ermitteln. Vereinfachend kann u.E. jedoch auch bei mehrjährig Ertrag bringenden Tieren zwischen zwei Eckwerten interpoliert werden. Der beizulegende Zeitwert einer Milchkuh kann bspw. durch Interpolation zwischen dem Zukaufswert und dem Schlachtwert einer Altkuh ermittelt werden. In der folgenden Tabelle werden Bewertungsempfehlungen für einzelne Gruppen des Tiervermögens zum Zweck der Wertermittlung gem. IAS 41 zusammenfassend dargestellt.

Tierkategorie	Empfehlung zur Bewertung gem. IAS 41
Am Markt gehandelte Tiere	Verwendung von Verkaufs- und Zukaufspreisen Stärkere Berücksichtigung von Verkaufspreisen
Unfertige, verkaufsbestimmte Tiere	Ertragswert minus DB-Abschlag oder Kostenwert plus DB-Zuschlag. Falls sachgerecht, wird die lineare Interpolation zwischen zwei Eckwerten empfohlen
Mehrjährig Ertrag bringende Tiere	Standardisierte (Gruppen-)Bewertung. Grundlage ist die Interpolation zwischen zwei Eckwerten
Männliche Zuchttiere	Neuwert minus Entwertungsabschlag

Tab. 6: Bewertungsempfehlungen für verschiedene Tierkategorien im Rahmen der Bewertung gem. IAS 41[14]

4 Zuwendungen der öffentlichen Hand

63 Zuwendungen der öffentlichen Hand, die mit einem biologischen Vermögenswert in Verbindung stehen, der zum beizulegenden **Zeitwert** abzüglich geschätzter Verkaufskosten bewertet wird, sind dann als Ertrag zu erfassen,

12 Vgl. dazu KÖHNE, Landwirtschaftliche Taxationslehre, 2007, S. 672ff.
13 Bspw. publiziert von der Zentralen Markt- und Preisberichtstelle (ZMP).
14 In Anlehnung an KÖHNE, Landwirtschaftliche Taxationslehre, 2007, S. 710.

wenn die Zuwendung einforderbar wird (IAS 41.34) oder eine damit verbundene Bedingung erfüllt ist (IAS 41.35). Der Board führt hier als Beispiel (IAS 41.36) eine Zuwendung der öffentlichen Hand für die Bewirtschaftung einer Fläche über einen bestimmten Zeitraum an. Muss die gesamte Zuwendung bei Nichterfüllung zurückgezahlt werden, ist sie erst nach Ablauf des Zeitraums als Ertrag zu erfassen. IAS 20 (→ § 12) ist demgegenüber gem. IAS 41.37 anzuwenden, wenn die Zuwendung der öffentlichen Hand i. V. m. einem biologischen Vermögenswert steht, der zu **Anschaffungs-/Herstellungskosten** bewertet wird (Rz 20).

Die Regeln in IAS 41 bez. der Behandlung von Zuwendungen der öffentlichen Hand, die in Zusammenhang mit biologischen Vermögenswerten stehen, sollen nach Meinung des IASB als Beispiel für die künftige Bilanzierung von öffentlichen Zuwendungen generell dienen. Der entscheidende Unterschied zu IAS 20 (→ § 12 Rz 18) liegt in der erfolgswirksamen Erfassung der Zuwendung, sobald sie rechtlich **einforderbar** wird.

Speziell aus landwirtschaftlicher Sicht führt die Formulierung in IAS 41.34 und IAS 41.35 jedoch zu Problemen. Zuwendungen der öffentlichen Hand sind nur gem. IAS 41 zu behandeln, wenn sie in **direktem Zusammenhang** mit einem **biologischen Vermögenswert** stehen. Im Rahmen der letzten Reform der gemeinsamen Agrarpolitik in Europa wurden zahlreiche Zuwendungen der öffentlichen Hand von der landwirtschaftlichen Produktion entkoppelt. Sie stehen daher nicht (mehr) in einem direkten Zusammenhang mit biologischen Vermögenswerten. Folgende Beispiele verdeutlichen die Problematik: **64**

Art der Zuwendung	Bilanzierung gem. IFRS	Relevante Standards
Zuschüsse zum Bau landwirtschaftlicher Wirtschaftsgebäude	Absetzen der Zuwendung der öffentlichen Hand von den A/H-Kosten oder Bildung eines passiven RAP. Letzteres wird empfohlen.	IAS 16, IAS 20
Zuschüsse zum Kauf von landwirtschaftlichen Maschinen und Geräten (generell mobile Vermögenswerte)	Absetzen der Zuwendung der öffentlichen Hand von den A/H-Kosten oder Bildung eines passiven RAP. Letzteres wird empfohlen.	IAS 16, IAS 20
Öffentliche Zuwendung als Gegenleistung für einen landw. Produktionsverzicht (bspw. Aufgabe der Milchproduktion für einen Mindestzeitraum)	Bildung eines passiven RAP. Ratierliche Auflösung	IAS 20

Art der Zuwendung	Bilanzierung gem. IFRS	Relevante Standards
Zuwendungen der öffentlichen Hand im Rahmen von Zahlungen aus der 2. Säule: hier bspw. generelle Ausbringung von flüssigem Wirtschaftsdünger mit umweltfreundlicher Technik (Schleppschlauchverfahren)	Keine Verbindung zu einem speziellen biologischen Vermögenswert. IAS 41 deshalb nicht anwendbar. Planmäßige ergebniswirksame Vereinnahmung der Zuwendung in der Periode, in der der zusätzliche Aufwand entsteht.	IAS 20
Zuwendungen der öffentlichen Hand im Rahmen von Zahlungen aus der 2. Säule: hier Sommerweidehaltung von Rindern	Bedingte Zuwendung gem. IAS 41.35. Erfassung als Ertrag, sobald die Bedingungen erfüllt sind.	IAS 41
Zuwendungen der öffentlichen Hand im Rahmen von Zahlungen aus der 2. Säule: hier Zuwendungen für Mulch- oder Direktsaatverfahren bei speziellen Kulturen (bspw. Zuckerrüben)	Bedingte Zuwendung gem. IAS 41.35. Erfassung als Ertrag, sobald die Bedingungen erfüllt sind.	IAS 41
Auch nach der Agrarreform gekoppelte Direktzahlungen an die Landwirtschaft. Beispiel: gekoppelte Direktzahlungen bei Stärkekartoffeln	Bedingte Zuwendung gem. IAS 41.35. Erfassung als Ertrag, sobald die Bedingungen erfüllt sind.	IAS 41

Tab. 7: Beispiele für Zuwendungen der öffentlichen Hand an die Landwirtschaft und deren bilanzielle Erfassung

5 Ausweis und Angaben

5.1 Ausweis in der Bilanz

65 IAS 41 selbst enthält keinen Hinweis zum Bilanzausweis. Dagegen sind in IAS 1.68 (→ § 2 Rz 41) (nur) die biologischen Vermögenswerte erwähnt, nicht dagegen die landwirtschaftlichen Erzeugnisse. Die vorgegebene Bilanzgliederung nach Fristigkeit (IAS 1.57) legt für biologische Vermögenswerte folgende Gliederung nahe:

- **Langfristige** Vermögenswerte
  - stehendes Holz
  - Dauerkulturen
  - Tiervermögen, das andere landwirtschaftliche Erzeugnisse oder biologische Vermögenswerte hervorbringen soll.
- **Kurzfristige** Vermögenswerte
  - Feldinventar
  - Tiervermögen, das selbst konsumierbar ist (z.B. Schlacht- und Mastvieh).

Der im Schrifttum mitunter vorgeschlagene Gesamtausweis der biologischen Vermögenswerte im langfristigen Bereich ist u. E. nicht zutreffend. Die von uns vorgeschlagene Gliederung entspricht weitgehend derjenigen, die nach HGB/EStG üblich ist.

IFRS 5 findet auch bei **langfristigen** biologischen Vermögenswerten Anwendung. Sofern bspw. ein Unternehmen langfristig klassifizierte stehende Holzbestände innerhalb der nächsten 12 Monate verkaufen will, ist hinsichtlich des Ausweises und der Bewertung IFRS 5 zu beachten (→ § 29). **66**

5.2 Ausweis in der GuV

IAS 41 enthält ebenfalls keine Vorgaben, wie Gewinne und Verluste aus der *fair-value*-Bewertung von biologischen Vermögenswerten im *income statement* zu erfassen sind. Solche Erträge sind entweder der biologischen Transformation geschuldet, was für eine Erfassung unter den **Umsatzerlösen** spricht, oder Preisänderungen mit der Folge eines Ausweises unter den sonstigen betrieblichen **Erträgen**. Meistens handelt es sich um eine Kombination aus beiden Einflussgrößen. Wir empfehlen einen **separaten** Ausweis unter den Umsatzerlösen. Denkbar ist aber auch die Erfassung in der GuV unter einem separaten Gliederungsposten „Wert- und Bestandsveränderung an biologischen Vermögenswerten". Entsprechend sind u. E. die Gewinne und Verluste aus der Bewertung von biologischen Vermögenswerten im Rahmen der Gesamtergebnisrechnung auch innerhalb der gesonderten Gewinn- und Verlustrechnung auszuweisen, sofern das Wahlrecht (→ § 2 Rz 51) in Anspruch genommen wird, eine separate Gewinn- und Verlustrechnung und Gesamtergebnisrechnung gem. IAS 1.81 zu erstellen. **67**

5.3 Angaben

Anzugeben ist der **Gesamtbetrag** des Gewinnes oder Verlustes, der aus der Erst- und Folgebewertung von biologischen Vermögenswerten und landwirtschaftlichen Erzeugnissen in der entsprechenden Berichtsperiode entstanden ist (IAS 41.40). **68**

Weiterhin ist eine **Beschreibung** jeder Gruppe biologischer Vermögenswerte vorzunehmen (IAS 41.41), und zwar

- wertmäßig oder verbal (IAS 41.42);
- durch Kategorisierung bspw. in fertige und unfertige oder verbrauchbare und produzierende biologische Vermögenswerte (IAS 41.43 ff.).

Dazu hat ein Unternehmen die **Art** seiner Tätigkeit anzugeben, die mit dem biologischen Vermögenswert in Zusammenhang steht (IAS 41.46a).

Für biologische Vermögenswerte und landwirtschaftliche Erzeugnisse sind zudem anzugeben:

- die Bewertungsmethoden und wesentlichen Annahmen, die zur Ermittlung des beizulegenden Zeitwertes verwendet wurden (IAS 41.47),
- nichtfinanzielle Maßgrößen und körperliche Mengen (IAS 41.46b).

Weiterhin sind folgende **spezifische** Angaben zu den biologischen Vermögenswerten zu machen:

- über beschränkte Eigentumsrechte,
- über eine Verwendung als Sicherheit für Verbindlichkeiten,
- der Betrag, der für die Entwicklung und den Erwerb von biologischen Vermögenswerten aufgewendet wurde (IAS 41.49a, b).

Es ist weiterhin anzugeben, ob das Unternehmen **Finanzrisikomanagementstrategien** verfolgt, die im Zusammenhang mit der landwirtschaftlichen Tätigkeit zu sehen sind (IAS 41.49c), z. B. Warentermingeschäfte zur Preisabsicherung der landwirtschaftlichen Produktion.

Zusätzlich ist eine **Überleitungsrechnung** der Änderungen des Buchwerts der biologischen Vermögenswerte zwischen dem Beginn und dem Ende der Berichtsperiode mit folgenden Angaben zu erstellen (IAS 41.50):

- der Gewinn oder Verlust durch Änderung des beizulegenden Zeitwerts abzüglich geschätzter Verkaufskosten;
- Verringerungen infolge von Verkäufen;
- Erhöhungen infolge von Zukäufen;
- Verringerungen infolge der Ernte;
- die Erhöhungen aus Unternehmenszusammenschlüssen;
- Nettowährungsdifferenzen aus der Umrechnung von Abschlüssen in eine andere Darstellungswährung und aus der Umrechnung eines ausländischen Geschäftsbetriebs in die Darstellungswährung des berichtenden Unternehmens (→ § 27);
- andere Änderungen.

Zudem wird **empfohlen**, die Änderung des beizulegenden Zeitwerts der biologischen Vermögenswerte innerhalb der Berichtsperiode nach biologischer Transformation und nach Preisänderungen zu **differenzieren** (IAS 41.51).

IAS 41.53 verlangt darüber hinaus die Darstellung von klimatischen, krankheitsbedingten sowie anderen natürlichen **Risiken**, sofern diese in der aktuellen Berichtsperiode die landwirtschaftliche Tätigkeit beeinflussen könnten.

Zusätzliche Angaben sind gem. IAS 41.54f. für biologische Vermögenswerte zu machen, die zu **Anschaffungs-/Herstellungskosten** bilanziert werden (Rz 20ff.), und zwar

- eine Beschreibung der biologischen Vermögenswerte;
- eine Erklärung, warum der beizulegende Zeitwert nicht verlässlich ermittelbar ist;
- – sofern möglich – eine Schätzungsbandbreite, innerhalb derer der beizulegende Zeitwert höchstwahrscheinlich liegt;
- die verwendete Abschreibungsmethode;
- die verwendeten Nutzungsdauern oder Abschreibungssätze sowie
- der Bruttobuchwert und die kumulierten Abschreibungen zu Beginn und zum Ende der Periode;
- die Gewinne und Verluste, die mit dem Ausscheiden der biologischen Vermögenswerte entstehen (gesonderte Darstellung in der Überleitungsrechnung), sowie
- Wertminderungsaufwendungen, Wertaufholungen aufgrund früherer Wertminderungsaufwendungen und Abschreibung (gesonderte Darstellung in der Überleitungsrechnung).

Wird der beizulegende Zeitwert eines biologischen Vermögenswertes, der in der Vergangenheit zu Anschaffungs-/Herstellungskosten bewertet wurde, **ermittelbar**, sind die Begründung dafür sowie die Auswirkung der Änderung anzugeben (IAS 41.56).

Weiterhin hat ein Unternehmen Angaben über die erhaltenen **Zuwendungen** der öffentlichen Hand zu machen. Dies sind Angaben über

- Art und Ausmaß der ausgewiesenen Zuwendungen;
- bestehende Unsicherheiten im Zusammenhang mit den Zuwendungen der öffentlichen Hand;
- zu erwartende künftige Mindererträge aus diesem Bereich (IAS 41.57).

6 Anwendungszeitpunkt, Rechtsentwicklung

IAS 41 ist zwingend für Wirtschaftsjahre beginnend ab dem 1.1.2003 anzuwenden (IAS 41.58). Besondere Übergangsvorschriften gelten nicht. Die erstmalige Anwendung des Standards ist in Übereinstimmung mit IAS 8, Periodenergebnis, grundlegende Fehler und Änderungen der Bewertungsmethoden, durchzuführen. 69

IAS 41 enthält u. E. einige gravierende Mängel und Regelungslücken. Eine Überarbeitung des Standards ist zzt. jedoch nicht geplant. Der IFRIC diskutiert den IAS 41 seit dem Jahr 2004. Der IFRIC hat im Wesentlichen die Sachverhalte der *fair-value*-Ermittlung sowie die mögliche Bilanzierung einer *obligation to replant* erörtert.[15] Nach der Sitzung im Mai 2004 soll eine solche Verpflichtung bei der Zeitwertermittlung eines biologischen Vermögenswertes unberücksichtigt bleiben. Im Januar 2007 hat der IFRIC diese Auffassung bestätigt. Der IASB wiederum hat dieses Thema im Juni und Juli 2007 ergebnislos behandelt. Im Rahmen des AIP 2008 wurden vom IASB einige dieser Diskussionspunkte aufgenommen und der IAS 41 entsprechend geändert. Das *IFRS Interpretation Committee* hat im November 2010[16] den Inhalt des *Illustrative Example* Nr. 1 zu IAS 41 behandelt. Es stellte einen fehlenden Hinweis auf den Ausweis der Bewertungsergebnisse biologischer Vermögenswerte in der Gesamtergebnisverrechnung nach IAS 1.81 (→ § 2 Rz 51) fest. Das *Committee* hat sich einer Stellungnahme enthalten und auch dem Board die Aufnahme in das *Annual Improvements Project* nicht empfohlen (Rz 67). 70

7 Zusammenfassende Praxishinweise

Im Gegensatz zu den Vorgaben des HGB/EStG sind **alle** biologischen Vermögenswerte nach IFRS zwingend anzusetzen, sofern die Aktivierungskriterien erfüllt sind (Rz 16). 71

Die Erst- und Folgebewertung von biologischen Vermögenswerten zum beizulegenden **Zeitwert** abzüglich zu schätzender Verkaufskosten stellt einen signifikanten Bruch zur Bewertung nach HGB/EStG dar. Die im Steuerrecht häufig verwendeten Richtwerte können im Fall einer Anwendung der IFRS nicht länger verwendet werden. IAS 41 enthält hingegen detaillierte Vorschriften zur **Ermittlung** des beizulegenden Zeitwertes (Rz 24 ff.), die z. T. zu erheblichen Problemen in der praktischen Anwendung führen (Rz 45 ff.)

15 Vgl. IFRIC, Update Mai 2004.

16 Vgl. IFRIC, Update November 2010.

Die **erfolgswirksame** Erfassung von Erträgen und Aufwendungen aus der Erst- und Folgebewertung von biologischen Vermögenswerten bedeutet zudem einen signifikanten Unterschied zur Bilanzierung nach HGB/EStG (Rz 40ff.).
IAS 41 enthält keine detaillierten Vorgaben bez. des **Ausweises** von biologischen Vermögenswerten in der Bilanz (Rz 65ff.) sowie der Erträge aus der Bewertung zum beizulegenden Zeitwert in der GuV (Rz 67).
IAS 41 fordert zudem die **Angabe** sehr umfangreicher Informationen im Anhang (Rz 68).

§ 41 PENSIONSKASSEN UND PENSIONSFONDS ALS TRÄGER VON ALTERSVERSORGUNGS-VERPFLICHTUNGEN

Inhaltsübersicht Rz

1 Definition

1 Pensionskassen und Pensionsfonds sind (nach § 118a VAG bzw. § 112 VAG) Institutionen, deren wesentlicher Zweck die Durchführung der **betrieblichen Altersversorgung** i. S. d. Betriebsrentengesetzes eines oder mehrerer Unternehmen (Arbeitgeber) im Wege des Kapitaldeckungsverfahrens ist. Sie können in der Rechtsform eines Versicherungs- bzw. Pensionsfondsvereins auf Gegenseitigkeit oder einer Aktiengesellschaft tätig sein. Pensionskassen gelten auch rechtlich als selbstständige Lebensversicherungsunternehmen. Pensionskassen und Pensionsfonds in der Rechtsform der Aktiengesellschaft ist es (nach VAG) nicht untersagt, mit ihrer Geschäftstätigkeit auch zugunsten ihrer Aktionäre Gewinne zu erwirtschaften; d. h. also, wie Lebensversicherungsunternehmen gewerbsmäßig tätig zu sein.

Pensionskassen und Pensionsfonds haben auf jeden Fall einen **Jahresabschluss** nach deutschem Recht (HGB, VAG) aufzustellen und der **Aufsichtsbehörde** (BaFin) vorzulegen.

Als Aktiengesellschaft können sie einem **Konzern** angehören, sodass sie ggf. in einen Konzernabschluss nach HGB oder IFRS einzubeziehen sind.

Von einem *long-term employment benefit fund* gem. IAS 19.7 wird verlangt, dass er einzig und allein zum Zwecke der Sicherung oder Finanzierung von Leistungen an Arbeitnehmer *(employee benefits)*, wie z. B. betriebliche Altersversorgung, existiert. Eine spezielle Rechtsform wird nicht vorgegeben und auch nicht untersagt, da die IFRS universell weltweit gelten sollen. Daher kann ein *long-term employment benefit fund* auch in der Rechtsform einer Aktiengesellschaft bestehen.

Wenn eine Pensionskassen AG bzw. Pensionsfonds AG von einem Dienstleister (z. B. einem Lebensversicherungsunternehmen oder einer Bank) gegründet wurde, um auch (bzw. in erster Linie) Pensionsverpflichtungen fremder Arbeitgeber **gewerbsmäßig** zum Nutzen der eigenen Anteilseigner zu finanzieren, handelt es sich bei solchen Pensionskassen und Pensionsfonds nicht um *long-term employment benefit funds* gem. IAS 19.7, sondern um gewerbsmäßig tätige Unternehmen (wie Lebensversicherungsunternehmen).

2 Zielsetzung und Regelungsinhalt des Standards IAS 26

2 Der Standard IAS 19 (*employee benefits*; → § 22) betrifft insbesondere die Bilanzierung von Altersversorgungsverpflichtungen beim **arbeitgebenden** Unternehmen, **nicht** aber die Bilanzierung der Pensionskasse oder des Pensionsfonds **selbst**.

Der Standard IAS 26*(accounting and reporting by retirement benefit plans)* gilt demgegenüber für die Berichterstattung einer **Versorgungseinrichtung** (Pensionsfonds, Pensionskasse, Unterstützungs- bzw. Versorgungskasse) selbst (**IAS 19.2**), aber nur, wenn diese in ihrer Eigenschaft als *retirement benefit plan* einen eigenständigen „Jahresabschluss" oder „Bericht" nach IFRS an die Adresse der Versorgungsberechtigten (*„accounting and reporting by the plan to all participants as a group"* gem. **IAS 26.3**) erstellen sollte; ob ein solcher zu erstellen ist, bleibt ungeregelt.
Eine solche Veranlassung ist in **Deutschland** nicht ersichtlich, sodass der **praktische Anwendungsbereich** von IAS 26 aus nationaler Sicht **gegen null** tendiert. Die Informationspflichten eines *retirement benefit plan* gegenüber den Versorgungsberechtigten ergeben sich nämlich i. d. R. aus Vorschriften der nationalen Aufsichtsbehörden, des nationalen Betriebsrentenrechts oder auch aus freiwilligen Regelungen (z. B. in einer Satzung) der Versorgungseinrichtung.
Freiwillige Informationen nach IAS 26 würden den Versorgungsberechtigten wegen der damit verbundenen Verständnisprobleme auch i. d. R. nichts nützen.

3 Wegen seiner **praktischen Bedeutungslosigkeit** ist IAS 26 seit 1994 nicht mehr überarbeitet worden. Das grundlegende Diskussionspapier des englischen ASB und der europäischen EFRAG zum *„Financial Reporting of Pensions"* als Bestandteil der *„Pro-active Accounting Activities in Europe"* (PAAinE) vom 31.1.2008 macht zwar Vorschläge zur Aktualisierung von IAS 26, gibt aber auch keine überzeugenden Gründe, warum und wozu IAS 26 dienen könnte. Eine Darstellung der einzelnen Regelungsinhalte von IAS 26 erübrigt sich somit. Sie betreffen im Wesentlichen die Bewertung der erdienten Altersversorgungsansprüche und der zu deren Deckung angesammelten Vermögenswerte.

3 Zur Einbeziehung einer Pensionskassen AG oder Pensionsfonds AG in einen Konzernabschluss nach IFRS

4 Wird eine Pensionskasse oder ein Pensionsfonds in der (seit 2002 zugelassenen) Rechtsform der AG in einen Konzernabschluss nach IFRS **einbezogen**, ist IAS 19 (→ § 22) anzuwenden, sofern die Pensionskasse oder der Pensionsfonds (nicht gewerbsmäßig) nur Mitarbeiter des Konzerns versorgt.
Versichert bzw. versorgt die Pensionskassen AG oder die Pensionsfonds AG auch (gewerbsmäßig) Mitarbeiter **fremder** Arbeitgeber, dann ist sie nicht als *long-term employee benefit fund* oder *retirement benefit plan* tätig, sodass für den Konzernabschluss nach IFRS weder IAS 19 noch IAS 26 einschlägig sind, sondern die entsprechenden IFRS für Lebensversicherungsunternehmen (→ § 39). Für eine Pensionskassen AG gilt dies zwingend, da sie auch rechtlich ein (kleineres) Lebensversicherungsunternehmen ist. Für eine Pensionsfonds AG ist ein Analogieschluss geboten.
Insoweit eine solche gewerbsmäßig tätige Pensionskassen AG bzw. Pensionsfonds AG auch Mitarbeiter des eigenen Konzerns versorgt, betreibt der Konzern ein Geschäft mit sich selbst bzw. mit nahestehenden Personen (*related party*; → § 30).

Ähnliches kann auch bei Lebensversicherungsunternehmen (hinsichtlich Direktversicherungen und Rückdeckungsversicherungen) vorkommen. Die Vermögenswerte (Deckungskapitalien), die auf die versorgten Arbeitnehmer des eigenen Konzerns entfallen, gelten dann nicht als *plan assets* nach IAS 19.7.
Aus Praktikabilitäts- und oftmals auch aus Wesentlichkeitsgründen könnte (sollte aber nicht) auf eine Auseinanderrechnung **verzichtet** werden. D.h., die Pensionskassen AG bzw. die Pensionsfonds AG wird voll konsolidiert, die Pensionsverpflichtungen gegenüber den eigenen Konzernmitarbeitern bleiben in den Deckungsrückstellungen und werden (insoweit) nicht als Pensionsrückstellung ausgewiesen. Als Pensionsrückstellung bzw. Pensionsaktivwert erscheint dann nur ein ggf. bestehender Unterschiedsbetrag (DBO minus Deckungsrückstellung; → § 22 Rz 20). Eine Angabe des betroffenen Volumens wäre aber jedenfalls wünschenswert.
Bislang sind die „neuen gewerbsmäßigen“ Pensionsfonds und Pensionskassen in der Rechtsform der AG größenmäßig noch so **unbedeutend**, dass in der deutschen Bilanzierungspraxis meist auf eine Konsolidierung verzichtet wird.
Natürlich könnten (insbesondere im Wettbewerb befindliche überbetriebliche) Pensionskassen oder Pensionsfonds (nicht nur solche in der Rechtsform der AG) **freiwillig** zusätzlich einen Jahresabschluss nach IFRS aufstellen, und zwar nach den IFRS-Vorschriften für Lebensversicherungsunternehmen, um sich mit diesen zu „vergleichen“. An eine Berichterstattung nach IAS 26 wird auch dann niemand denken.

§ 42 ERKUNDUNG UND EVALUIERUNG VON MINERALISCHEN VORKOMMEN

Inhaltsübersicht Rz

Schrifttum: SCHREIBER, BB-IFRIC-Report 2009/2010, BB 2010, S. 2291; ZÜLCH/WILLMS, Exploration und Bewertung von mineralischen Ressourcen, KoR 2005, S. 116; ZÜLCH/WILLMS, Möglichkeiten der Bilanzierung von Explorations- und Evaluierungsausgaben auf der Grundlage von IFRS 6, WPg 2006, S. 1201.

Vorbemerkung

Die Kommentierung bezieht sich auf IFRS 6 und berücksichtigt alle Ergänzungen, Änderungen und Interpretationen, die bis zum 1.1.2011 beschlossen wurden.

Einen Überblick über mögliche zukünftige Regelungen enthalten Rz 30f.

1 Zielsetzung, Regelungsinhalt, Begriffe

1.1 Die Absichten des Board

Der Board sieht ein Erfordernis zur Einbeziehung der mineralienausbeutenden 1
Industrie (*entities engaged in extractive activities*, IFRS 6 IN 2) in das Regelwerk der IFRS. Da ihm dazu aus Zeit- und Arbeitsbelastungsgründen der große Wurf eines kompletten Standards *(comprehensive review)* einstweilen nicht möglich ist, entschied er sich zum Erlass eines Standards mit **beschränktem** (sachlichem) Anwendungsbereich (Rz 5). Die potenziellen IFRS-Erstanwender sollen nicht durch fehlende oder ungünstige Regelungen von einem (möglichst frühzeitigen) Wechsel zu IFRS abgehalten werden (IFRS 6.IN4). Dabei zielt der Board insbesondere auf folgende Aspekte (IFRS 6.IN4):

- Beschränkte **Verbesserungen** der Rechnungslegungspraxis für Ausgaben im Zusammenhang mit der Erkundung und Wertbestimmung von mineralischen Vorkommen *(exploration for and evaluation of mineral resources)*;
- Darlegung von Anhaltspunkten einer **Wertminderung** der zugehörigen Vermögenswerte;
- Wiedergabe von **Informationen** über diese Vermögenswerte, deren Zuordnung zu einem **Wertminderungs**-(*impairment*-)Test analog IAS 36 (→ § 11 Rz 10ff.) und gegebenenfalls entsprechende Wertminderungs**abschreibungen**.

Später will der Board eine „Komplettierung" für diesen Industriezweig nachliefern *(comprehensive review of accounting for extractive activities)*. Bis dahin bietet der IFRS 6 weitgehend „eine Hülle ohne nennenswerten regulatorischen Inhalt".[1]

1.2 Geltungsbereich

2 Der Standard richtet sich einerseits an **alle** Unternehmen, die mit der Gewinnung von Bodenschätzen (Mineralien) befasst sind. Die entsprechenden Industrien werden üblicherweise unterschieden nach „Öl und Gas" einerseits und „Bergwerke" *(mining)* anderseits. Allerdings ist der Standard auf einen **Teilbereich** (Rz 5) des Geschäftsmodells der einschlägigen Industrien beschränkt. Zur Förderung von Erdöl, Gas, Kohle etc. sind umfangreiche und u.U. langwierige Vorbereitungsszenarien zu beobachten. Dabei werden in der **zeitlichen** Abfolge folgende Phasen unterschieden:

- **Erkundung**: Aufspüren von vermuteten, aber noch nicht nachgewiesenen *(unproved)* Fundstellen, geologische und geophysikalische Untersuchungen, Unterhaltung dieser Fundstellen, Probebohrungen.
- **Entwicklung**: Planung und Bau von Bohrlöchern sowie Bergwerken usw., Entfernung der Erdschicht, Sprengungen etc.
- **Laufende Förderung** von Öl, Kohle etc. (eigentliche Produktion).

3 Die vorstehenden **Abgrenzungsmerkmale** sind in der Realität wenig trennscharf. Sie sind abgeleitet aus US-amerikanischen Rechnungslegungssystemen (Rz 14). Deren Darstellung an dieser Stelle dient der Illustration des **eingeschränkten** Anwendungsbereiches von IFRS 6. Die Grenzen zieht IFRS 6.5, indem er folgende Aktivitäten aus dem Anwendungsbereich des Standards **ausschließt**:

- die in der Prospektionsphase **vor** der Erkundung und Wertbestimmung, definiert im Allgemeinen als Zeitraum vor Erteilung der (behördlichen oder privatrechtlichen) **Genehmigung** zur Vornahme von spezifischen Erkundungsmaßnahmen (Probebohrungen etc.);
- die **nach** Feststellung der technischen **Machbarkeit** und wirtschaftlichen **Verwertbarkeit** (*technical feasibility and commercial viability*)

anfallen.

IFRS 6 übernimmt also nicht die in Rz 2 dargestellten Begrifflichkeiten der US-amerikanischen Praxis, sondern liefert stringentere Abgrenzungskriterien.

---

1 ZÜLCH/WILLMS, WPg 2006, S. 1209.

Mit der Trennung in vor- und nachgelagerte Aktivitätsphasen bis zum Beginn der eigentlichen Produktion definiert IFRS 6 implizit **drei** Stadien *(stages)*, die nicht immer eindeutig unterscheidbar sind:[2] 4

Zeit →	Vorerkundung	Erkundung und Evaluierung	Entwicklung
	(pre-exploration)	*(exploration and evaluation)*	*(development)*

Erst nach Abschluss der Entwicklung beginnt die eigentliche Produktionsphase, nämlich die Gewinnung der Mineralie.

Nur auf den **mittleren** Bereich (im Raster) ist IFRS 6 anzuwenden. Für die **Vorerkundungsphase** (bis zur Erteilung der Genehmigung zu Probebohrungen etc. Rz 3) wird der IFRS-Anwender auf das *Framework* (→ § 1) verwiesen (IFRS 6.BC19). Entsprechend verzichtet der Board auf eine Definition der Ausgaben, die **vor** der Erkundungs- und Evaluierungsphase anfallen (IFRS 6.BC11). Er liefert dann aber sofort eine Auslegungshilfe (IFRS 6.BC12): Die in der Vorerkundungsphase anfallenden Kosten können als **Anschaffungsnebenkosten** für die behördliche **Genehmigung** zur Erkundung angesehen werden und sind dann nach IFRS 38.27a (→ § 8 Rz 11) als Bestandteil eines **immateriellen** Vermögenswertes aktivierbar. Soweit in dieser Phase ausnahmsweise bereits Infrastrukturmaßnahmen anfallen (z.B. der Bau von Zugangsstraßen), führen sie zu aktivierbaren **Sach**anlagen (→ § 14 Rz 7; IFRS 6.BC13). 5

Auch für die Phase **nach** der Erkundung und Wertbestimmung (ebenfalls nicht in IFRS 6 geregelt; Rz 4) gibt der Board eine Auslegungshilfe (IFRS 6.BC27): Die anschließenden Aktivitäten stellen **Entwicklungskosten** eines Mineralvorkommens dar, die dem Regelungsbereich von IAS 38.57 (→ § 13 Rz 29) unterliegen (IFRS 6.BC27). Außerdem wird der Anwender in IFRS 6.10 wiederum (Rz 5) auf das *Framework* (→ § 1) verwiesen. 6

Beispiel

Die Oil AG hat ein neues Ölfeld erforscht, Reserven nachgewiesen und die technische und wirtschaftliche „Machbarkeit" der Ausbeutung festgestellt. Erdoberfläche und Teile des Untergrunds sind durch ungewöhnliche Horizontalbewegungen gekennzeichnet. Die Förderanlagen bedürfen deshalb neuer Verfahren zur Fundamentierung.

Die dazu erforderlichen Aufwendungen stellen Entwicklungskosten i.S.v. IAS 38.57 dar (→ § 13 Rz 26). Bei den im Anschluss daran zu bauenden Förderanlagen handelt es sich um Sachanlagevermögen i.S.v. IAS 16 (→ § 14).

Der Verweis auf die Entwicklungskosten in IFRS 6.10 ordnet die dieser Phase vorgelagerten Aufwendungen im Anwendungsbereich von IFRS 6 systematisch den **Forschungskosten** zu (→ § 13 Rz 26). Eine Trennung von wissenschaftli- 7

[2] LEIPPE/FALKENHAHN, in: THIELE/VON KEITZ/BRÜCKS, Internationales Bilanzrecht, IFRS 6, Tz 109.

cher Forschung einerseits und Erkundung und Wertbestimmung andererseits schien dem Board nicht möglich (IFRS 6.BC20).

8 Keine weitere Erläuterung oder Definition liefert IFRS 6 zum Begriffsinhalt der **Genehmigung** (Rz 3). Dies erklärt sich auch aus der international höchst unterschiedlichen Rechtslage.

9 Die **Ausklammerung** vor- nach nachgelagerter Aktivitäten aus dem Standardanwendungsbereich wird unter folgenden Aspekten verständlich:

- Die **vor** der Genehmigung zu Erkundungsbohrungen etc. anfallenden Aufwendungen sind im Verhältnis zu den übrigen, die bis zum Nachweis der Reserven und zur eigentlichen Förderung anfallen, geringfügig.
- Die **nach** Feststellung der technischen Machbarkeit und ökonomischen Verwertbarkeit anfallenden Aufwendungen unterliegen dem Regelungsbereich für das Sachanlagevermögen nach IAS 36 (→ § 14) und den immateriellen Anlagewerten einschließlich der Entwicklungskosten gem. IAS 38 (→ § 13).

Beispiel
Die German Oil Extract AG vermutet aufgrund geologischer Voruntersuchungen in der Lüneburger Heide eine neue Ölquelle. Die geologischen Voruntersuchungen sind mit geringen Kosten verbunden. Die eigentlichen Probebohrungen oder Sprengungen können erst nach Erteilung einer entsprechenden behördlichen Genehmigung vorgenommen werden.
Ab diesem Zeitpunkt unterliegen die dann anfallenden höheren Aufwendungen dem Regelungsbereich von IFRS 6.

Die vom Explorationsunternehmen kontrollierten **Rohstoffvorkommen** selbst sind nicht als Vermögenswert aktivierbar.

2 Ansatz und Zugangsbewertung

2.1 Weiterführung der bisher angewandten Methoden

10 Die **zentrale Aussage** von IFRS 6 lautet: Die bisher (im *previous GAAP)* angewandten Regeln zum Ansatz und zur Zugangsbewertung *(accounting polices for the recognition and measurement)* können **beibehalten** werden (IFRS 6.7). Da die IFRS bislang keine Regeln zur Erkundung und Wertbestimmung von Mineralvorkommen enthalten, **müsste** eigentlich nach der Auslegungshierarchie von IAS 8.10–12 vorgegangen werden (→ § 1 Rz 74). Insbesondere wäre danach die Bilanzierung nach fremden Regeln (z.B. US-GAAP) oder Branchenübung nur dann zulässig, wenn eine auch durch Analogie zu anderen IFRS-Bestimmungen nicht zu schließende Lücke im IFRS-Regelwerk bestünde und überdies dargetan werden könnte, dass die fremden oder branchenüblichen Regeln IFRS-verträglich sind, also den Wertungen des *Framework* oder anderer IFRS-Standards nicht widersprechen.

Der IASB **befreit** die einschlägige Industrie von diesen Überlegungen. Auch eine mangelnde IFRS-Verträglichkeit der bisherigen Bilanzierungsmethoden soll nach dem Wunsch des Board kein Hinderungsgrund für die Aufnahme eines interessierten Unternehmens in die IFRS-Rechnungslegungswelt darstellen. IFRS 6 bestätigt „kraft Amtes“ die Übereinstimmung der bisherigen Bilanzierungsmethoden mit den IFRS, auch wenn eine solche gerade nicht vorliegt. Vier Mitglieder des Board haben dieser Grundsatzentscheidung ihre Zustimmung verwehrt (IFRS 6.DO1).

Diese „Technik" – Außerkraftsetzung von allgemein gültigen Regeln im Interesse eines einflussreichen Wirtschaftszweiges – entspricht derjenigen für die Bilanzierung von **Versicherungsverträgen** durch Versicherungsunternehmen nach IFRS 4 (→ § 39 Rz 20) mit der Ausnahme von IAS 8.10. Die Mineralölindustrie muss im Rahmen der IFRS-Anwendung also IAS 8.10 beachten, die Versicherungswirtschaft nicht. Wegen des **hohen Abstraktionsgehaltes** der dortigen Vorgaben zur Gestaltung der Rechnungslegung (→ § 1 Rz 75) kommt diesem Unterscheidungsmerkmal zwischen den beiden Standards IFRS 6 und IFRS 4 **keine praktische Bedeutung** zu. Nicht sehr überzeugend wirkt deshalb auch die Begründung des Board für die Ausklammerung von IAS 8.10 aus dem Anwendungsbereich von IFRS 4 gegenüber der Einbeziehung in IFRS 6 (IFRS 6.BC18). 11

Inhaltlich erlaubt diese Regelung z. B. eine ungeprüfte Übernahme der in den **USA** angewandten Bilanzierungsverfahren innerhalb der Öl- und Gasindustrie. Danach kann zwischen folgenden Methoden gewählt werden:[3] 12

- Die *full cost method* aktiviert **sämtliche** Kosten der Erkundungs- und Entwicklungstätigkeiten in einem bestimmten Land. Wegen des hohen Risikos einer unergiebigen Erkundung werden auch alle **vergeblichen** Kosten, die zur Entdeckung von Erdöl- oder Gasvorkommen unvermeidlich sind, aktiviert. Der Erkundungs**erfolg** entscheidet **nicht** über die Aktivierbarkeit. Alle einschlägigen Aufwendungen werden aktiviert und auf einer länderspezifischen Basis planmäßig und außerplanmäßig (Rz 24) abgeschrieben.
- Die *successful efforts method* aktiviert **nur** die mit **erfolgreichen** Projekten verbundenen Kosten, interimistisch aktivierte Aufwendungen werden erfolgswirksam verbucht, sobald mit einem Erfolg nicht mehr zu rechnen ist.
- Verschiedene „**Mischverfahren**" aus den beiden genannten sind ebenfalls festzustellen.

Die Zuordnung der Aufwendungen zur Erkundung *(exploration)* und Wertbestimmung *(evaluation)* ist in **zeitlich konsistenter** Form vorzunehmen. Diese Vorgabe bezieht sich insbesondere auf den **Anteil** (*degree*), mit dem bestimmte Aufwendungen einem spezifischen Mineralvorkommen zugeordnet werden. 13

Als (nicht erschöpfende) **Beispiele** für **aktivierbare** Aufwendungen stellt IFRS 6.9 dar:

- Erwerb des Erkundungsrechts
- Topographische, geologische und geophysikalische Studien
- Probebohrungen
- Grabungen
- Entnahmen von Proben
- Feststellung der technischen Machbarkeit und der wirtschaftlichen Verwertbarkeit der Mineralquelle.

Die Beibehaltungsmöglichkeit für die bisherigen Bewertungsverfahren wird in einer Hinsicht **durchbrochen**: Entfernungs- und Wiederherstellungskosten sind

---

3 Vgl. unter www.sec.gov, Rule 4–10(c) of Regulation S-X sowie SFAS 19, Financial Reporting by Oil and Gas Producing Companies; Einzelheiten hierzu bei Zülch/Willms, WPg 2006, S. 1201.

gem. IAS 37 als Rückstellung anzusetzen und den Anschaffungs- oder Herstellungskosten zuzurechnen (→ § 21 Rz 80).

2.2 Die Bilanzierung von Aufwand

14 Die **bisher angewandten** (IFRS 6.9) und (erlaubt) **fortgeführten** (IFRS 6.IN5) Bilanzierungsregeln entscheiden somit über den Ansatz in der IFRS-Bilanz. Das „*asset*-Kriterium“ (→ § 1 Rz 85) wird zur Prüfung der Aktivierbarkeit nicht benötigt. Es wird durch das Kriterium der „**Vorherigkeit**“ ersetzt.

Die *full cost method* (Rz 12) hat möglicherweise bislang nicht zwischen (eigentlichen) *assets* und anderen Aufwendungen unterschieden, da **beiden** ein Bilanzansatz erlaubt ist. Im Anwendungsbereich von IFRS 6 gelten in der Konsequenz alle bislang aktivierten Beträge als *Vermögenswerte.* Man kann dann zwei Typen von *assets* unterscheiden:

- „eigentliche“ nach IAS 16 z.B. Bagger (→ § 14) oder nach IAS 38 z.B. Schürfrecht (→ § 13),
- aktivierter Aufwand.

Hinsichtlich der übrigen *assets* – keine eigentlichen Vermögenswerte bei Anwendung der *full cost method* (Rz 12) – braucht nicht nach irgendwelchen Aufwands**arten** differenziert zu werden (IFRS 6.BC25). Erlaubt ist auch die Einbeziehung von **Verwaltungs-** und anderen **Gemeinkosten** nach Maßgabe der bisherigen Handhabung in die Anschaffungs- oder Herstellungskosten.

Die *successful efforts method* konkretisiert nachgewiesene Rohstoffreserven, die zu einem wahrscheinlichen Nutzenzufluss zum Unternehmen führen. Deshalb werden nach dieser Methode zuverlässig bewertbare Vermögenswerte bilanziert (→ § 1 Rz 85ff.).[4]

Die Möglichkeit zur Beibehaltung der bisherigen Bilanzierungsmethode bezieht sich nicht nur auf den Bilanzansatz. Auch **Bewertungsverfahren** können beibehalten werden. Beispielsweise ist der „*components approach*“ gem. IAS 16.43 (→ § 10 Rz 7) nur beachtlich, wenn er auch unter der bisherigen Bilanzierungsmethode angewandt wurde.

15 Die **Zugangsbewertung** hat gem. IFRS 6.8 zu den Anschaffungs- oder Herstellungskosten zu erfolgen. Diesbezüglich gewährt IFRS 6 keine Ausnahme – wohl deshalb, weil eine andere Zugangsbewertung international kaum praktiziert werden dürfte.

Beispiel
Nach Nigerian-GAAP sind (unterstellt) die Erkundungs- und Wertbestimmungsaufwendungen zum *fair value* zu bewerten. Diese Bewertungsmethode kann – theoretisch – weder beim Zugang noch bei der Folgebewertung beibehalten werden. Im Zugangszeitpunkt entsprechen sich allerdings die beiden Bewertungsmethoden im Ergebnis (→ § 28 Rz 99).

Entfernungs- und Wiederherstellungskosten sind nach IAS 37 als Rückstellung den Anschaffungs- und Herstellungskosten zuzurechnen (→ § 21 Rz 80) – **einzige Ausnahme** bez. der Weiterführung der bisherigen Bilanzierungsmethoden (Rz 13).

4 Zülch/Willms, WPg 2006, S. 1204.

2.3 Übergang auf die IFRS-Rechnungslegung

Die schon sehr **großzügig** ausgestalteten Regeln (Rz 10) in IFRS 6 für die betroffene Industrie werden vom Board im Hinblick auf das Übergangsverfahren nach IFRS 1 **nicht** als **ausreichend** angesehen. In einem Änderungsstandard zu IFRS 1 (→ § 6 Rz 124) vom Juli 2009 sind weitere Erleichterungen für den Übergang vorgesehen (IFRS D8A): 16

- Bei bisheriger Anwendung der *full cost method* (Rz 12) im Bereich „Öl und Gas" (Rz 2) kann der **Buchwert** im Status *„exploration and evaluation"* (Rz 4f.) nach dem bislang angewandten Rechnungslegungssystem (*„previous GAAP"*) **weitergeführt** werden.
- In der zeitlich nachfolgenden Entwicklungsphase befindliche Posten *(amounts)* dürfen insgesamt wertmäßig unverändert auf die gem. IFRS definierten Vermögenswerte (→ § 1 Rz 85ff.) nach Maßgabe einer **Verhältnisrechnung** unter Berücksichtigung der Reserven an Öl und Gas **aufgeteilt** werden. Eine Anhangerläuterung ist nach IFRS 1.31A erforderlich.
- In beiden Fällen muss anlässlich des Übergangsverfahrens ein ***impairment*-Test** nach IAS 36 (→ § 11) erfolgen (Rz 21).

Bei Anwendung der vorgenannten Erleichterung sind die Kosten für die **Entfernungs-** und **Rückbauverpflichtungen** im Übergangszeitpunkt (→ § 6 Rz 16) statt nach IFRIC 1 (→ § 21 Rz 158ff.) und nach IFRS 1.D21 nach den allgemeinen Regeln von IAS 37 (→ § 21 Rz 113ff.) zu bewerten; der Unterschiedsbetrag zu dem bisherigen Buchwert nach früheren Rechnungslegungsregeln *(previous GAAP)* ist direkt in die Gewinnrücklage einzustellen.

3 Folgebewertung

3.1 Anschaffungskosten- oder Neubewertungsmethode

Nach IFRS 6.12 steht für die **Folgebewertung** das Verfahren der **fortgeführten** Anschaffungs- oder Herstellungskosten *(cost model)* oder das **Neubewertungsverfahren** (*revaluation model*) zur Verfügung (→ § 8 Rz 11ff. und 68ff.). Die planmäßigen Abschreibungen sind nach der linearen Methode oder verbrauchsabhängig zu verrechnen (→ § 10 Rz 25).[5] 17

In diesem Zusammenhang sind dem Board die unterschiedlichen Voraussetzungen zur Anwendung des Neubewertungsmodells unangenehm aufgestoßen (*„the board was troubled by this inconsistency"*, IFRS 6.BC29). Diese **Widersprüchlichkeit** zwischen IFRS 16 und IAS 38 beruht auf den **Anwendungsvoraussetzungen** des Neubewertungsverfahrens:

- Für **sächliches** Anlagevermögen genügt ein aus Marktpreisen abgeleiteter Wert (*market-based evidence*; → § 8 Rz 76),
- für **immaterielle** Vermögenswerte bedarf es dagegen eines „aktiven Marktes" (→ § 8 Rz 72).

Die letztgenannte Voraussetzung ist nur in seltenen Fällen erfüllt, sodass für *intangibles* das Neubewertungsverfahren in Deutschland gar nicht (→ § 21 Rz 163) und international selten angewandt wird. Der Board will gleichwohl für

[5] ZÜLCH/WILLMS, WPg 2006, S. 1204.

den Anwendungsbereich von IFRS 6 das Neubewertungsverfahren offenhalten, ohne an der genannten Widersprüchlichkeit derzeit zu rütteln.

18 Wenn sich ein Anwender für das **Neubewertungsmodell** entscheiden will, muss er die aktivierten Vermögenswerte entweder als **Sachanlage** oder **immaterielles** Anlagevermögen qualifizieren (IFRS 6.15). Dazu macht der Board eine eher nichts sagende Vorgabe: Das Unternehmen soll die betreffenden Vermögenswerte ihrer „Natur entsprechend" bestimmen und diese Qualifikation im Zeitverlauf beibehalten. Als Beispiel für die „Natur" der betreffenden Vermögenswerte wird in IFRS 6.16 dargelegt: Ein Bohrrecht ist ein immaterieller Vermögenswert, umgekehrt sind Fahrzeuge und Bohrinseln Sachanlagen. Die letztgenannten sächlichen Vermögenswerte können zur Erstellung eines immateriellen Vermögenswertes verwendet werden, der Nutzenverbrauch (reflektiert in der planmäßigen Abschreibung) kann dann in die Herstellungskosten des immateriellen Vermögenswertes einfließen, ohne dass dadurch ein sachlicher Vermögenswert in einen immateriellen umgewandelt wird.

19 In der Praxis wird vermutlich das *cost model* (Rz 17) dominieren. Dann braucht das betreffende Unternehmen in Weiterführung seiner bisherigen Bilanzierungsmethode keine Gedanken auf die Abgrenzung von sächlichem und immateriellem Vermögen zu verschwenden. Diesem Aspekt kommt insofern Bedeutung zu, als nach US-GAAP[6] ein Mineralgewinnungs**recht** als sächliches Vermögen *(tangible)* gilt.

20 IFRS 6.13 erlaubt eine **Änderung** der Bilanzierungs- und Bewertungsmethoden im Zeitverlauf, sofern die neue Methode für den Nutzer insgesamt von Vorteil ist. Zur Bestimmung des Vorteils wird dabei auf die Kriterien der Relevanz und der Verlässlichkeit in IAS 8 (→ § 1 Rz 16) verwiesen (IFRS 6.13). Eine volle Übereinstimmung mit den einschlägigen Beurteilungsmaßstäben nach IAS 8 wird dabei nicht verlangt (IAS 6.14). Diese „Erlaubnis" lässt sich als **Widerspruch** zur Aussage in IFRS 6.7 interpretieren, denn dort ist die Vorgabe von IAS 8.10 (Verlässlichkeit und Relevanz) gerade nicht aus dem Anwendungsbereich von IFRS 6 ausgenommen (Rz 11).

3.2 Außerplanmäßige Abschreibung (*impairment*)

21 Die als Vermögenswerte geltenden Posten der Erkundung und Evaluierung von Mineralvorkommen sind einem *impairment*-Test zur Prüfung des Erfordernisses einer außerplanmäßigen Abschreibung zu unterziehen (→ § 11). Dabei ist für ein dem Anwendungsbereich von IFRS unterliegendes Forschungsprojekt (Rz 7) eine wesentliche **Vereinfachung** gegenüber den Vorgaben in IAS 36 vorgesehen. Lediglich bei Vorliegen entsprechender **„tatsächlicher Verhältnisse"** *(facts and circumstances)* ist eine *impairment*-Abschreibung vorzunehmen (IFRS 6.18). Ohne diese Sonderregelung würden die Privilegien, die in Form der Aktivierungsmöglichkeit fast aller Kosten (*successful efforts method*; Rz 12) gewährt wurden, häufig nur bis zum nächsten Bewertungsstichtag halten, da sich dann die Frage nach dem erzielbaren Betrag stellen und dieser häufig negativ ausfallen würde.

---

6 EITF Abstracts 04-2.

Zur Vermeidung dieser Rechtsfolge wird der *impairment*-Test nach IAS 36.8–17 (→ § 11 Rz 10ff.) (beispielhaft) durch folgende Wertminderungs**indizien ersetzt** (IFRS 6.19f.):

- Die **Berechtigung** zur Erforschung ist bereits **abgelaufen** oder wird demnächst ablaufen und steht nicht zur Verlängerung an (externe Beendigung des Projekts).
- Die **Geschäftspläne** des Unternehmens sehen keine wesentlichen Ausgaben zur **weiteren** Erforschung und Auswertung in dem betreffenden Gebiet vor (interne Beendigung des Projekts).
- Die festgestellten Vorkommen gewähren **keine wirtschaftlich rentable** Verwertung und die entsprechenden Aktivitäten in dem betreffenden Gebiet werden eingestellt (interne Beendigung des Projekts).
- Eine mögliche Weiterentwicklung eines Projekts bis zur Förderreife verspricht keine **Kostendeckung.**

Nur bei endgültigem Scheitern des Projekts erfordern diese „tatsächlichen Verhältnisse“ die Vornahme eines *impairment*-Tests.[7]

Eine nach diesen (nicht erschöpfenden) Anhaltspunkten gebotene außerplanmäßige Abschreibung für die zugehörigen Vermögenswerte ist nach **Maßgabe von IAS 36** (→ § 11 Rz 10ff.) vorzunehmen. Kein Hinweis ergeht diesbezüglich, in welcher Form oder nach welcher Bewertungsmethode der Abschreibungsbedarf zu ermitteln ist. Das eigentliche Bewertungsverfahren nach IAS 36, das durch sehr detaillierte Vorgaben bez. der Ermittlung künftiger *cash flows* gekennzeichnet ist, kann hier keine Verwendung finden, weil die **Nichtermittelbarkeit** solcher *cash flows* typisierend unterstellt wird (IFRS 6.BC36). 22

Unklar bleibt in diesem Zusammenhang das **Verhältnis zu IFRS 5** (→ § 29). Die Abwertungsindizien (Rz 21) sind identisch mit denjenigen, die zur Annahme von einzustellenden Bereichen *(discontinued operations)* führen. In diesen Fällen wird indes die Möglichkeit der *cash-flow*-orientierten *fair-value*-Bewertung als vorhanden unterstellt. Der Konflikt ist u.E. nach dem lex-specialis-Gedanken zugunsten des Vorranges von IFRS 6 zu lösen. 23

Die nach Maßgabe von IFRS 6 aktivierten Vermögenswerte sind für Zwecke des *impairment*-Tests nach Maßgabe vernünftiger kaufmännischer Beurteilung *(an entity shall determine an accounting policy)* einer **Zahlungsmittel generierenden Einheit** (CGU; → § 11 Rz 83) zuzuordnen. Dazu gilt nach IFRS 6.21: 24

- Die Zuordnung kann auf eine **einzelne** CGU oder auf eine **Gruppe** von CGUs erfolgen.
- Die einzelne CGU oder die Gruppe darf nicht größer sein als ein **Segment** nach Maßgabe des ersten oder zweiten Berichtsformats in IAS 14 (→ § 36).

Die letztgenannte Vorgabe entspricht der generell gültigen **Aggregierungsgrenze** in IAS 36.80b (→ § 11 Rz 85). Umgekehrt ist die Zuordnung zu **Gruppen** von CGUs nach IAS 36 unzulässig. Der Bilanzierungspraxis wird dadurch ein ausgesprochen umfangreiches **„Saldierungskissen“** (→ § 11 Rz 117) zur Verfügung gestellt. Die mineralgewinnende Industrie wird das ihr gewährte Sonderrecht zur **hoch aggregierten** Betrachtung bei Anwendung der *full-cost*-Methode (Rz 12) nutzen, um durch eine Saldierung mit schon erfolgreichen Feldern der

---

[7] Zustimmend Leippe/Falkenhahn, in: Thiele/Keitz, von/Brücks, Internationales Bilanzrecht, IFRS 6, Tz 158.

gleichen Region (sog. *country-by-country basis)* außerplanmäßige Abschreibungen zu vermeiden.

Beispiel
Die Oil AG ist u. a. in der Nordsee, im Golf von Mexiko und im Chinesischen Meer tätig. Dies sind zugleich ihre Segmente. Für alle Regionen gilt: Bestimmte Ölfelder werden schon ausgebeutet, andere sind noch in der Erkundungsphase.
Nach den normalen Kriterien von IAS 36 würde jedes Ölfeld eine eigene CGU darstellen und wäre daher einem eigenen *impairment*-Test zu unterziehen.
Für ein noch in der Explorationsphase befindliches Ölfeld wäre dann folgende Betrachtung anzustellen:

+ Voraussichtliche Einnahmen aus dem Ölfeld (wegen der Unsicherheit, ob überhaupt Einnahmen erzielt werden, zu bestimmen durch wahrscheinlichkeitsgewichtete Szenarien)
– Ausgaben bis zum Abschluss der Exploration
– Ausgaben bei Erfolg der Exploration (wahrscheinlichkeitsgewichtete Szenarien)
= Netto-*cash-flow*
darauf Diskontierung
= *value in use* (→ § 11 Rz 36)

Das Resultat einer solchen Berechnung wäre in vielen Fällen, insbesondere gegen Ende einer sich als erfolglos abzeichnenden Erkundungsphase, ein *value in use* unter Buchwert und damit eine außerplanmäßige Abschreibung. Bei einer Zusammenfassung der Erkundungsfelder mit den bereits produzierenden Feldern *(country-by-country basis)* werden hingegen die negativen oder geringen Ertragsaussichten der Erkundungsfelder durch die positiven Aussichten der produzierenden Felder überkompensiert. Eine außerplanmäßige Abschreibung ist regelmäßig nicht erforderlich.

4 Ausweis

25 **Gliederungstechnisch** sind die nach IFRS 6 zu aktivierenden Vermögenswerte entsprechend ihrer Qualifikation (Rz 18) als Sachanlage- oder immaterielles Vermögen auszuweisen (→ § 2 Rz 40).

26 Sobald die technische und wirtschaftliche Verwertbarkeit (Rz 3) festgestellt ist, **endet** der Anwendungsbereich von IFRS 6 (Rz 4); deshalb sind die bis dahin nach IFRS 6 aktivierten Vermögenswerte nicht mehr als solche zu behandeln (IFRS 6.17). Fraglich ist dann bspw., ob bislang als

- Sachanlagewerte behandelte Mineralgewinnungsrechte (Rz 19) nunmehr als immaterielle gelten,
- aktivierter Aufwand (noch nicht) abgeschriebene Beträge (Rz 14) erfolgswirksam als Abgang ausgebucht werden müssen.

Nur die erste Frage ist zu bejahen. Die Regelung von IFRS 6.17 ist im Kapitel „Ausweis“ *(presentation)* enthalten. Folgerungen für Ansatz und Bewertung sind aus ihr daher nicht abzuleiten.

Vorjahresvergleichszahlen (→ § 2) brauchen weder vom IFRS-Erstanwender 27 (→ § 6) noch bei erstmaliger Anwendung von IFRS 6 präsentiert zu werden (IFRS 6.BC65 sowie *Amendment* zu IFRS 6.36 B).

5 Angaben

Entgegen der sonst üblichen Praxis **verzichtet** der Board auf eine **detaillierte** und 28 **umfangreiche** Vorgabe für die Anhangerläuterungen. Die Begründung findet er in den der Standardfassung unterliegenden **Prinzipien** (IFRS 6.BC52). Diese umschreibt der Board wie folgt:

- Den Unternehmen soll das Verständnis für den **Sinn und Zweck** des Standards besser erschlossen werden.
- Besondere Erläuterungen werden nicht zur Darstellung der individuellen Verhältnisse des Unternehmens benötigt und führen in der Folge zu einer **Überfütterung** der Adressaten *(information overload)*, wodurch wichtige Informationen in einer Vielzahl von Angaben verschleiert werden.
- Den Unternehmen soll genug **Flexibilität** bei der Entscheidung über ein passendes Aggregationsniveau der Angaben eingeräumt werden.
- Die Unternehmen sollen die den IFRS 6 unterliegenden Aufwendungen und deren bilanzielle Behandlung nicht unbedingt je Segment auf **Jahresbasis** darlegen, sondern es soll auch eine Gesamtdarstellung der seit **Beginn** der Tätigkeit aufgelaufenen Zahlen genügen.

Dieser „Philosophie“ des Board kann man mit der **Gegenfrage** antworten: Warum werden anderen Branchen – z.B. der Landwirtschaft (→ § 40) oder der Versicherungswirtschaft (→ § 39 Rz 43ff.) – nicht vergleichbare Zugeständnisse gemacht? Die Überfütterung mit Angaben ist ein nachhaltig latentes Problem des IFRS-Regelwerkes insgesamt (→ § 1 Rz 64). Zur künftigen Entwicklung vgl. Rz 31.

Vor diesem Hintergrund gibt IFRS 6.24 folgende Spezifizierungen hinsichtlich 29 der Angabepflichten:

- Die Bilanzierungs- und Bewertungs**methoden** sind darzustellen, also z.B. die *full cost method* oder die *successful efforts method* (Rz 14).
- Die **Beträge** der im Anwendungsbereich von IFRS 6 bestehenden Vermögenswerte, Schulden, Einnahmen, Ausgaben und die zugehörigen investiven und operativen *cash flows* sind offenzulegen.
- Bei den Anhangsangaben sind die dem Standard unterliegenden Vermögenswerte als eine **eigenständige** Gruppierung zu behandeln und in der Folge die nach IAS 16 (→ § 14 Rz 24) oder IAS 38 (→ § 13 Rz 91) geforderten Erläuterungen zu geben.
- Ein Vorjahresvergleich ist nicht erforderlich.

Der befürchtete *information overload* besteht also nicht bei den „normalen“ Anhangerläuterungen zum sächlichen und immateriellen Anlagevermögen.

6 Anwendungszeitpunkt, Rechtsentwicklung

30 IFRS 6 ist auf alle Geschäftsjahre anzuwenden, die nach dem 31.12.2005 beginnen. Eine frühere Anwendung unter entsprechender Anhangerläuterung wird empfohlen (IFRS 6.26).

31 Eine Erleichterung im Übergangsverfahren bezieht sich auf den Vorjahresvergleich bez. einer *impairment*-Abschreibung (Rz 21). Sofern die Ermittlung der erforderlichen Daten nicht durchführbar *(impracticable)* ist (→ § 8 Rz 47), genügt ein entsprechender Hinweis.

Wann die vom Board angesprochene Gesamtlösung für den Industriezweig (*comprehensive review;* Rz 1) in Angriff genommen wird, ist derzeit nicht abzusehen. Der Board hat am 6.4.2010 ein Diskussionspapier bez. der Rohstoffindustrie veröffentlicht. Ob und wann daraus ein Standardentwurf entsteht, lässt sich derzeit nicht absehen.

Für das Übergangsverfahren auf die IFRS-Rechnungslegung nach IFRS 1 (→ § 6) gewährt ein Änderungsstandard vom Juli 2009 bestimmte Erleichterungen, die unter Rz 16 dargestellt sind. Deren Anwendung ist nach IFRS 6.39A in den nach dem 31.12.2009 beginnenden Geschäftsjahren verpflichtend; unter Anhangangabe ist eine frühere Anwendung zulässig.

32 Im August 2010 wurde der Draft IFRIC Interpretation DI/2010/1 (*Stripping Costs in the Production Phase of a Surface Mine*) veröffentlicht. Sachlich angesprochen ist dabei die Ausbeutung von Eisenerz oder Kohle im **Tagebau**. Der Zugang zur Mine bedarf zunächst der Entfernung des darüberliegenden Erdreichs und Gesteins (= *stripping*). Diese Tätigkeit ist erstmals bei der Entwicklung (*development*) der Mine erforderlich und unterliegt deshalb nicht dem Regelungsgehalt von IFRS 6 (Rz 4). Entsprechend ist dieser Abschnitt der gesamten Vorgänge rund um den Bergbau nicht Gegenstand des IFRIC DI/2010/1. Vielmehr behandelt das Committee Abraumkosten während der **Produktionsphase** der Mine, wenn also schon die Bodenschätze abgebaut werden. Das Committee konnte hier in der Praxis eine unterschiedliche Bilanzierungsweise feststellen, d. h., die entsprechenden Aufwendungen werden entweder im Aufwand verrechnet oder aktiviert.

Der Entwurf des Committee unterscheidet für die Produktionsphase folgende beiden „*strippings*“:

- den während des Abbaus **laufend erforderliche** Aushubabraum von Gestein, Geröll etc. (*routine costs*) und
- eine systematische Vorgehensweise zur **Erschließung** eines bestimmten weiteren **Teilbereichs** der erz- oder kohleführenden Schicht, genannt *stripping campaign*.

Der Entwurf befasst sich mit dem **letztgenannten** Vorgang und stellt fest:

- Die damit verbundenen Aufwendungen erfüllen die Definitionsmerkmale eines *asset* (→ § 1 Rz 85).
- Dieses *asset* ist als **Erweiterung** oder **Verbesserung** eines bestehenden Vermögenswerts (nach der bisherigen Rechnungslegung des Unternehmens) zu behandeln.

- Dabei kann es sich um **sächliches** (→ § 14) oder **immaterielles** (→ § 13) Anlagevermögen handeln.
- Der **Ansatz** ist mit Beginn der entsprechenden Abraumaktivitäten vorzunehmen.
- Die Aktivierung **endet** dann, wenn der erforderliche Abraum im Interesse des freien Zugangs zur erzfördernden Schicht erfolgt ist.
- Die **Zugangsbewertung** muss alle **direkt** zurechenbaren **Kosten** dieser Abraumaktion umfassen.
- In der **Folgebewertung** sind laufende Abschreibungen und ggf. *impairment*-Abschreibungen zu verrechnen.
- **Planmäßige** Abschreibungen sind über die Nutzungsdauer, also die Ausbeutung der erzführenden Schicht, zu verrechnen; dabei wird die **verbrauchs**- oder **leistungs**abhängige Periode (*sum of the units method*) favorisiert, ohne die anderen Methoden generell auszuschließen (→ § 10 Rz 25).

Stellungnahmen zum Entwurf konnten bis zum 30.11.2010 eingereicht werden. Der Verabschiedungszeitpunkt der Interpretation ist derzeit nicht absehbar.

7 Zusammenfassende Praxishinweise

Der Standard ist in hohem Umfang **politisch** motiviert: Die international einflussreiche Mineralgewinnungsindustrie soll in die IFRS-Rechnungslegungswelt Einlass finden. Dazu macht der Standard in der Summe bislang nicht bekannte Zugeständnisse bez. der Bilanzierungs- und Bewertungsmethoden und der Anhangsangaben. Kaum vereinfacht besagt der Standard: *Anything goes*, sofern es sich um die bisherigen Bilanzierungs- und Bewertungsmethoden handelt (Rz 10). Auch bez. der Anhangerläuterungen befleißigt sich der Board bislang unbekannter Zurückhaltung (Rz 28). 33

Der Standard behandelt nur einen **Teilbereich** aus den gesamten Aktivitäten der angesprochenen Industrie (Rz 4). Ein Blick auf die US-amerikanischen Verhältnisse zeigt die Praktizierung verschiedener Bilanzierungsverfahren (Rz 12). Von einer Vergleichbarkeit **innerhalb** der Industrie kann keine Rede sein. Erst recht ist kein Vergleich mit **anderen** Industriezweigen möglich.

I

Querschnittsthemen

§ 50 *SME-IFRSs* für kleine und mittelgroße Unternehmen

Inhaltsübersicht **Rz**

Schrifttum: Beiersdorf/Eierle/Haller, IFRS for SME, DB 2009, S. 1549; Winkeljohann/Morich, IFRS für den Mittelstand, BB 2009, S. 1630.

1 Überblick

Nach mehr als sechs Jahren Bearbeitungszeit hat der IASB am 9. Juli 2009 den Bilanzierungsstandard *IFRS for Small and Medium-sized Entities* (kurz: SME) veröffentlicht. 1

Der Standard enthält vor allem

- zahlreiche **Erleichterungen** (durch die Streichung von Wahlrechten aber auch Einschränkungen) In Bilanzierung, Bewertung, Ausweis und Konsolidierung (Rz 7)
- eine (noch allgemeinem Urteil nicht weit genug reichende) **Reduktion** der **Anhangsangaben.**

Entgegen der nach den *full IFRSs* praktizierten kontinuierlichen Standardentwicklung soll der SME-Standard nur in größeren Zeitabständen von 2 bis 3 Jahren revidiert werden (SME.P16 und P17).

Die praktische Bedeutung der *SME-IFRSs* in **Deutschland** ist gering: Sie können nur freiwillig, ohne befreiende Wirkung von gesetzlichen Rechnungslegungspflichten zur Anwendung gelangen. Ein Anreiz zur freiwilligen Anwendung der *SME-IFRSs* besteht kaum, weil 2

- sie weder eine Grundlage der **Steuerbilanzierung** liefern noch der Feststellung des gesellschaftsrechtlich ausschüttungsfähigen Gewinns (fehlende Zahlungsbemessungsfunktion) dienen,
- ihnen im Hinblick auf die verbleibende Informationsfunktion im Verhältnis zu den *full IFRS* der Makel der „**B-Klasse**" anhaftet.

Angesichts dieser geringen praktischen Relevanz aus deutscher Sicht fällt auch unsere Kommentierung **kurz** aus. Andererseits hat die EU-Kommission im November 2009 eine Umfrage in den Mitgliedstaaten durchgeführt, die eine überwiegende Zustimmung ergeben hat. Überwiegend ablehnend äußerten sich neben deutschen Umfrageteilnehmern solche aus Österreich, Belgien, Frankreich, Italien und der Slowakei.

2 Persönlicher Anwendungsbereich der SME-IFRSs

Die (freiwillige) Anwendung der *SME-IFRSs* soll nur kleinen bis mittelgroßen Unternehmen erlaubt sein. Als solche gelten gem. SME 1.2 Unternehmen, die 3

keiner öffentlichen Rechenschaftspflicht (*public accountability*) unterliegen. Von der Anwendung ausgeschlossen sind daher nach SME 1.3

- kapitalmarktorientierte Unternehmen,
- Banken, Versicherungen, Brokerunternehmen, bestimmte Fonds usw., die treuhänderische Einlagen Dritter verwalten.

In allen anderen Fällen ist die Zulassung der *SME-IFRSs* zur Erfüllung gesetzlicher Rechnungslegungspflichten Sache des **nationalen** Rechts (SME P 13). In Deutschland ist eine solche Zulassung derzeit nicht vorgesehen. Lediglich einer freiwilligen Anwendung der *SME-IFRSs* zu **Informationszwecken** steht nichts im Wege (Rz 2). Dabei würde es sich allerdings nicht um einen IFRS-Einzelabschluss i.S.d. § 325 Abs. 2a HGB handeln (→ § 7 Rz 11).

3 Verhältnis zu den *full IFRSs* (faktischer *fallback*)

4 Enthalten die *SME-IFRSs keine expliziten* Regelungen für einen bilanziell abzubildenden Sachverhalt, soll gem. SME 10.6 die Bilanzierungsmethode gewählt werden, die zu relevanten (entscheidungsnützlichen), verlässlichen (tatsachengetreuen, neutralen, vorsichtigen und vollständigen) Informationen führt.

In der Beurteilung, ob dieser Fall vorliegt, ist in **drei** Hierarchiestufen vorzugehen:

- Zunächst ist auf die Analogregeln zu **verwandten** Bilanzierungsproblemen abzustellen,
- sodann auf die **konzeptionellen** Grundlagen der *SME-IFRSs* zurückzugreifen (SME 10.5).
- Selten werden diese abstrakten Vorgaben eine zwingende Lösung bringen, sehr häufig nicht einmal eine vertretbare. Ergänzend **darf** (*may*) dann nach SME 10.6 auf die *full IFRSs* zurückgegriffen werden.

5 Die Frage ist, ob dieses „Darf" sich in der praktischen Anwendung regelmäßig in ein „**Muss**" verwandelt, also in den im Entstehungsstadium des Standards so heiß diskutierten und kritisierten *mandatory fallback*. Dies mag dann nicht der Fall sein, wenn tatsächlich Analogieschlüsse zulässig, wenn nicht sogar zwingend sind:

> **Beispiel**
> Der SME-Stand definiert Anschaffungs- und Herstellungskosten nur für Vorräte. Die entsprechenden Begriffsmerkmale sind auch für Anlagegüter maßgeblich.

Anders als im Beispiel wird der Anwender allerdings mit Analogieschlüssen aus dem SME-Standard häufig selbst nicht weiterkommen. Die dann zur Problemlösung heranzuziehenden **konzeptionellen Grundlagen** der *SME-IFRSs* (Rz 4) können sich von denjenigen der *full IFRSs* kaum oder gar nicht unterscheiden. Der hierzu einschlägige Abschnitt 2 des SME-Standards enthält zunächst die aus dem Framework bekannten **Grundsätze** der Rechnungslegung wie Vollständigkeit, Verständlichkeit, Kosten-Nutzen-Verhältnis etc. (→ § 1 Rz 15ff.). Es folgen sodann als Aufzählung sog. *pervasive principles*, die sich bei näherem Ansehen als Definitionsnormen erweisen, z.B. *asset* und *liability* (→ § 1

Rz 81 ff.), *recognition*, *income*, *fair value*, etc., die quer durch die Standards der *full IFRSs* verwendet werden und in diesem Kommentar an diesen Stellen besprochen sind.
Mehr als eine – durchaus verdienstvolle – Zusammenfassung von Begriffsinhalten der *full IFRSs* liefert der SME-Standard unter Abschnitt 2 nicht.
Wenn sich deshalb der Anwender der SME-Standards zur Lückenfüllung in diese *concepts and pervasive principles* (SME 10.5) hineinbegibt, landet er **zwingend** ohne Ausweg in den *full IFRSs*.

Es bedarf dann auch nicht mehr des Hinabsteigens in die dritte Hierarchieebene 6
(Rz 4), nämlich der „**Erlaubnis**" (*may*), zusätzlich die *full IFRSs* zurate zu ziehen. Ein und derselbe Sachverhalt kann unter Bezugnahme auf **gehaltvolle** Prinzipien (*concepts* und *pervasive principles*) der IFRS-Rechnungslegung nicht unterschiedliche Ergebnisse zeitigen.
In **logischen** Kategorien formuliert, bestehen somit **drei** Möglichkeiten:[1]

- Die Prinzipien der *SME-IFRSs* und der *full IFRSs* sind **gehaltlos**: Sie erlauben bei nicht im Zentrum eines Standards stehenden Fallkonstellationen (nur bei diesen tut sich das Problem der Regelungslücke auf) **konträre** Lösungen. Bei einem in den *SME-IFRSs* nicht geregelten Fall muss daher nicht auf die zufällig hierfür in den *full IFRSs* abgeleitete „Lösung" zurückgegriffen werden, das SME kann vielmehr auch eine konträre „Lösung" finden.
- Die Prinzipien der *full* und der *SME-IFRSs* sind **gehaltvoll**, **unterscheiden** sich aber voneinander. Die Prinzipien der *SME-IFRSs* sind – pointiert gesprochen – nicht relevant, nicht verlässlich etc.; dann erledigt sich das Problem des faktischen *fallback*.
- Die *SME-IFRSs* und die *full IFRSs* folgen **gleichen** und **gehaltvollen** Prinzipien: Die im detaillierten Regelwerk der *full IFRSs* gefundene beste bilanzielle Lösung für eine Sachverhaltskonstellation muss dann auch für die SME-IFRSs als beste Lösung gelten. Es besteht ein faktischer *fallback* vom weniger detaillierten Regelungswerk auf das umfassendere.

Wenn man also nicht dem **Absurden**, also den beiden ersten Möglichkeiten, freien Lauf lassen will, bleibt nur eine Feststellung: Der Rückgriff auf die *full IFRSs* ist nach den Vorgaben der *SME-IFRSs* **zwingend.** Oder plakativer ausgedrückt: Der Mittelständler wird von der Berücksichtigung der *full IFRSs* bei seinem Abschlusserstellungsprozess nicht verschont.

Beispiel[2]
Die SME-GmbH bezieht Industriegase. Der Hersteller der Gase hat auf seine Kosten Speicher- und Verteilungsanlagen auf dem Betriebsgelände der SME errichtet. Zwischen den SME und dem Hersteller besteht als entgeltliches Austauschverhältnis nur ein Gasliefervertrag.
Die Frage ist dann, ob und unter welchen Voraussetzungen in dem Gasliefervertrag ein **Leasingvertrag** über die Anlagen enthalten ist (*embedded lease*); wenn ja, i. d. R. mit der Folge eines Bilanzansatzes dieser Anlagen bei den SME (z. B. aufgrund Spezialleasings).

---

1 Vgl. Hoffmann/Lüdenbach, DStR 2006, S. 1906.
2 Weitere Beispiele in der 6. Aufl., § 50, Tz 53.

Der SME-Standard erwähnt nur diese in IFRIC 4 der *full IFRSs* im Detail abgehandelte Möglichkeit (SME.20.3), übernimmt den Inhalt des einschlägigen IFRIC 4 aber nicht. Die Frage, ob im konkreten Fall ein *embedded lease* vorliegt, bleibt also offen. Sie kann sinnvoll nur in Anwendung der Kriterien von IFRIC 4.9 beantwortet werden, also unter Prüfung, ob die SME-GmbH (allein) den physischen Zugang zu den Anlagen kontrolliert oder zur Mindestabnahme von Gas verpflichtet ist, usw. (→ § 15 Rz 4).
Die Antwort auf Regelungslücken kann also kaum lauten: „Schau in den Chinese-GAAP oder den German-GAAP nach, ob dort was zu diesem Sachverhalt zu finden ist.“ Ebenso wenig bestünde die Lösung darin, dem Anwender freien Lauf in seinem Verständnis von *fair presentation*, Entscheidungsnützlichkeit etc. zu lassen. Vielmehr ist der Blick auf die *concepts* und *pervasive principles* der *full IFRSs* geboten (zweite Hierarchiestufe, Rz 4), die dann in der konkreten Ausprägung die Lösung auf der Grundlage von IFRIC 4 bieten (→ § 15 Rz 4). Denn schließlich beruht diese Interpretation auf den konzeptionellen Vorgaben der *full IFRSs*, die auch dem SME-Standard zugrunde liegen. Der erlaubte („*may*“) Blick nach der dritten Hierarchiestufe (Rz 4) entpuppt sich als notwendige Folge einer Anwendung der zweiten Stufe.
Der interessierte Mittelständler wird nach diesem Auslegungsergebnis der SME-Standards nicht in der zweiten Liga spielen wollen, wenn ihm ohnehin die Einhaltung der in der ersten Spielklasse gültigen Regeln auferlegt ist.

4 Wesentliche Abweichungen von den *full IFRSs* bei Ansatz, Bewertung und Ausweis

7 Die *SME-IFRSs* enthalten in 35 – anders als die *full IFRSs* gegliederten – Abschnitten (*sections*) die Bilanzierungsregeln für SME. Die wesentlichen, über die Reduktion von Anhangsangaben hinausgehenden, inhaltlichen Abweichungen sind in Tabelle 1 dargestellt. Wie die Übersicht 1 verdeutlicht, vereint der IFRS for SMEs inhaltlich fast alle *full IFRSs*. Lediglich besondere Branchenvorschriften für öffentlich rechenschaftspflichtige Unternehmen wie IFRS 4 für Versicherungsunternehmen oder IFRS 8 für Segmentberichte fehlen.

SME Section	Wesentliche Abweichungen von *full IFRSs*	korresp. *full IFRSs*	Verweis auf Kommentierung
1	Anwendungsbereich		
	Unternehmen ohne öffentliche Rechenschaftspflicht (*public accountability*) (SME 1.2). Negativ ausgedrückt (SME 1.3): • keine mit Eigen- oder Fremdkapitalinstrumenten börsennotierten Unternehmen • keine Banken, Versicherungen, Broker, Fonds	*Framework*	
2	Konzepte und grundlegende Prinzipien	*Framework*	§ 1 Rz 5ff.

SME Section	Wesentliche Abweichungen von *full IFRSs*	korresp. *full IFRSs*	Verweis auf Kommentierung
3	Darstellung des Abschlusses (Prinzipien, Abschlussbestandteile)	IAS 1	§ 2 Rz 4ff.
	Verzicht auf Eigenkapitaländerungsrechnung und Gesamtergebnisrechnung möglich, wenn Eigenkapital nur durch GuV-wirksamen Erfolg, Dividendenzahlungen, Fehlerberichtigungen und Methodenwechsel verändert. Bei Verzicht stattdessen Darstellung des Erfolgs und der Rücklagenveränderungen in einem „*statement of income and retained earnings*“ (SME 3.18)		§ 20 Rz 52ff.
4	Bilanz (Gliederung)	IAS 1	§ 2 Rz 28ff.
	Kein Sonderausweis zur Veräußerung bestimmter Anlagen (SME 4.14)	IFRS 5	§ 29 Rz 2
5	Gesamtergebnisrechnung, GuV	IAS 1	§ 2 Rz 51ff.
6	Eigenkapitalveränderungsrechnung	IAS 1	§ 20 Rz 52ff.
7	Kapitalflussrechnung	IAS 7	§ 3
8	Anhang (Allgemeine Grundsätze/Angaben)	IAS 1	§ 5
9	Konzernabschluss	IAS 27	§ 32
	Erfolgsneutrale Behandlung verbleibender Anteile bei Abwärtskonsolidierungen (SME 9.19)		§ 32
	Behandlung von Tochterunternehmen, Gemeinschaftsunternehmen und assoziierten Unternehmen im Einzelabschluss: Wird nicht *at cost*, sondern zum *fair value* bilanziert, sind die *fair-value*-Änderungen zwingend erfolgswirksam (SME 9.26)		§ 32 Rz 168ff.
	Explizite Regelungen zu *combined statements* (Gleichordnungskonzern) (SME 9.28)		§ 32 Rz 92
10	Rechnungslegungsmethoden, Änderungen von Schätzungen und Fehlern	IAS 8	§ 24
11, 12	Bilanzierung finanzieller Vermögenswerte und Schulden	IAS 39 und IAS 32	§ 28
	Finanzinstrumente sind zu (fortgeführten) Anschaffungskosten oder aber erfolgswirksam zum beizulegenden Zeitwert zu bewerten. Anders als nach IAS 39 (aber ähnlich wie nach IFRS 9) zwei- statt viergliedrige Klassifikation von aktiven Finanzinstrumenten (SME 11.14)		§ 28 Rz 30ff.
	Vereinfachte Regelungen zur Ausbuchung finanzieller Vermögenswerte und Schulden, eine Würdigung von qualifizierenden Durchleitungsvereinbarungen und des Kriteriums des anhaltenden Engagements (SME 11.33ff.)		§ 28 Rz 61ff.
	Geringere Anforderungen und im Wesentlichen auf Zins- und Währungssicherung eingeschränkter Anwendungsbereich bei Bilanzierung von Sicherungsbeziehungen (*hedge accounting*) (SME 12.15ff.)		§ 28 Rz 233ff.

SME Section	Wesentliche Abweichungen von *full IFRSs*	korresp. *full IFRSs*	Verweis auf Kommentierung
13	Vorräte	IAS 2	§ 17
	Keine Sonderregeln zum *impairment* von Vorräten, sondern Verweis auf die allgemeinen Regeln (SME 13.19)		§ 17 Rz 26 ff.
14	Anteile an assoziierten Unternehmen	IAS 28	§ 33
	Kein Zwang zur *equity*-Konsolidierung, wahlweise auch Bilanzierung nach Anschaffungskosten oder erfolgswirksam zum *fair value*. Einheitliche Ausübung des Wahlrechts (SME 14.4) Bei börsennotierten Anteilen zwingend *fair value* (SME 14.7)		§ 33 Rz 21
15	Anteile an Joint Ventures	IAS 31	§ 34
	Keine Quotenkonsolidierung. Wahlweise *equity*-Konsolidierung, wahlweise Bilanzierung nach Anschaffungskosten oder erfolgswirksam zum *fair value*. Einheitliche Ausübung des Wahlrechts (SME 15.9) Bei börsennotierten Anteilen zwingend *fair value* (SME 15.12)		§ 34 Rz 61 ff.
16	Als Finanzinvestition gehaltene Immobilien	IAS 40	§ 16
	Zwingend erfolgswirksame *fair-value*-Bilanzierung, wenn der *fair value* verlässlich und ohne größeren Aufwand feststellbar (SME 16.7)		§ 16 Rz 43 ff.
17	Sachanlagen	IAS 16	§ 14
	Unzulässigkeit der Neubewertungsmethode (SME 17.15)		§ 14 Rz 18 ff.
18	Immaterielle Vermögenswerte mit Ausnahme des Geschäfts- oder Firmenwerts	IAS 38	§ 13
	Unzulässigkeit der Neubewertungsmethode (SME 18.18)		§ 13
	Aktivierungsverbot für selbst erstellte immaterielle Anlagen (SME 18.14)		§ 13 Rz 26 ff.
	Planmäßige Abschreibung aller immateriellen Anlagen, keine *indefinite life intangibles*. Bei Unmöglichkeit einer verlässlichen Schätzung der Nutzungsdauer Abschreibung über 10 Jahre (SME 18.20)		§ 13 Rz 83 ff.
19	Bilanzierung von Unternehmenszusammenschlüssen und des Geschäfts- oder Firmenwerts	IFRS 3 (rev. 2008)	§ 31
	Erfolgsneutrale Behandlung bedingter Anschaffungskosten (Anpassung des *goodwill*) (SME 19.13)		§ 31 Rz 57 ff.
	Planmäßige Abschreibung des *goodwill*. Bei Unmöglichkeit einer verlässlichen Schätzung der Nutzungsdauer Abschreibung über 10 Jahre (SME 19.23)		§ 31 Rz 144
	Kein Wahlrecht zur *full-goodwill*-Methode (SME 19.22)		§ 31 Rz 131

SME Section	Wesentliche Abweichungen von *full IFRSs*	korresp. *full IFRSs*	Verweis auf Kommentierung
20	Leasing	IAS 17	§ 15
21	Rückstellungen und Eventualposten	IAS 37	§ 21
22	Schulden und Eigenkapital	IAS 1, IAS 32	§ 20
	Explizite Regeln zu ausstehenden Einlagen und erhaltenen Zahlungen auf noch vollzogene Kapitalerhöhungen (SME 22.7)		§ 20 Rz 59ff.
	Explizite Regelungen zu Kapitalerhöhungen aus Gesellschaftsmitteln und Aktiensplits (SME 22.12)		§ 20 Rz 76
23	Ertragsrealisation	IAS 18, IAS 11	§ 25, § 18
24	Zuwendungen der öffentlichen Hand	IAS 20	§ 12
	Allgemein Ertragsrealisierung, wenn *performance conditions* erfüllt sind. Keine Differenzierung zwischen Investitions- und Aufwands-/Ertragszuwendungen (SME 24.4)		§ 12 Rz 20ff.
25	Fremdkapitalkosten	IAS 23	§ 9
	Keine Aktivierung von Fremdkapitalkosten (SME 25.2)		§ 9
26	Anteilsbasierte Vergütungen	IFRS 2	§ 23
27	Wertminderung nicht finanzieller Vermögenswerte	IAS 2, IAS 36	§ 17, § 11
	Integration der Wertminderung von Vorräten einerseits und Anlagevermögen (mit Ausnahme bestimmter finanzieller Vermögenswerte), andererseits in einen Standard bei Beibehaltung unterschiedlicher Methoden zur Bestimmung des niedrigeren Stichtagswerts		
28	Leistungen an Arbeitnehmer	IAS 19	§ 22
	Vereinfachte Bewertung unter Vernachlässigung von Gehaltssteigerungen, zukünftiger Dienstzeiten und Sterblichkeit vor Erreichung der Altersgrenze möglich (SME 28.19)		§ 22 Rz 27ff.
	Sofortige Erfassung versicherungsmathematischer Verluste in der Bilanz, wahlweise Gegenbuchung in GuV oder *other comprehensive income* (SME 28.24)		§ 22 Rz 49ff.
29	Ertragsteuern	IAS 12	§ 26
	Nichtlatenzierung von *outside basis differences* auf Tochterunternehmen nur bei ausländischen Töchtern (SME 29.16)		§ 26 Rz 73
	Unsicherheit bei aktiven latenten Steuern nicht als integraler Teil der Ansatzvorschriften, sondern Abbildung als Wertberichtigung (SME 29.21)		§ 26 Rz 48ff.

SME Section	Wesentliche Abweichungen von *full IFRSs*	korresp. *full IFRSs*	Verweis auf Kommentierung
30	Währungsumrechnung	IAS 21	§ 27
	Kein *recycling* der Währungsumrechnungsdifferenz aus selbstständigen ausländischen Tochterunternehmen bei Entkonsolidierung (SME BC.34(ee))		§ 27 Rz 54
31	Rechnungslegung in Hochinflationsländern	IAS 29	§ 27
32	Ereignisse nach dem Abschlussstichtag	IAS 10	§ 4
33	Angaben zu verbundenen Unternehmen und nahestehenden Personen	IAS 24	§ 30
34	Branchenspezifische Bilanzierungs- und Bewertungsmethoden	IAS 41, IFRS 6, IFRIC 12	§ 40, § 42, § 25
	Biologische Vermögenswerte: Bewertung zu Anschaffungs-/Herstellungskosten, wenn *fair value* nicht leicht bestimmbar (SME 34.2)		§ 40 Rz 17ff.
	Explorationskosten: Bilanzierung nach allgemeinen Regeln, kein Sonderrecht (SME 34.11)		§ 42 Rz 10ff.
35	Übergangsvorschriften für die erstmalige Anwendung des IFRS for SMEs	IFRS 1	§ 6

Tab. 1: Wesentliche Abweichungen zwischen *SME*- und *full IFRSs*

5 Weitere Entwicklung

8 Im Gegensatz zur in Deutschland vorherrschenden Skepsis gegenüber den *SME-IFRSs* (Rz 2) geht der IASB offensichtlich von einem spürbaren **Interesse** im **weltweiten Rahmen** aus. Organisatorisch hat sich diese Einstellung im Jahr 2010 in der Einrichtung einer *SME-Implementation Group* niedergeschlagen (wozu 22 Mitglieder aus aller Welt ernannt worden sind), davon fünf aus Europa, keines aus Deutschland, Australien und Neuseeland.

9 Die *European Financial Reporting Advisory Group* (EFRAG) hat in einer Empfehlung an die EU-Kommission folgende Abweichungen der *SME-Standards* gegenüber den EU-Rechnungslegungsregeln festgestellt:[3]

- Unzulässigkeit des Ausweises von außerordentlichen Aufwendungen und Erträgen.
- *Fair-value*-Bewertung bestimmter Finanzinstrumente.
- Zehnjährige Regel-Nutzungsdauer des *goodwill.*
- Sofortige Verrechnung des negativen *goodwill* in der GuV-Rechnung.
- Verbot einer Wertaufholung des *goodwill* nach einer *impairment*-Abschreibung.

Australien und **Neuseeland** wollen gegenüber den *SME-IFRSs* einen eigenständigen Weg gehen. Der *Australien Accounting Standard Board* (AASB) hat eine Ergänzung zu den inhaltlich mit den *full IFRSs* übereinstimmenden *Australien*

3 Schreiben der EFRAG an die Kommission v. 28.5.2010.

Accounting Standards (AAS) verabschiedet. Dem wird sich Neuseeland voraussichtlich anschließen. Bei dieser Ergänzung wird ein zweiter Rechnungslegungsbereich („*Tier 2*") in Form von „*Reduced Disclosure Requirements*" (RDR) eingeführt. Dadurch soll die Implementierung der *IFRSs for SME* verhindert werden. Der RDR richtet sich an gewinnorientierte Unternehmen ohne Kapitalmarktbezug. Auch nicht gewinnorientierte Unternehmen und bestimmte Unternehmen des öffentlichen Sektors können diesen RDR anwenden.

Der RDR enthält folgende zwei wesentliche Strukturelemente:

- Volle Übereinstimmung mit den Ansatz- und Bewertungskriterien der AAS, die wiederum gleichwertig zu den *full IFRSs* sind.
- Verzicht auf viele Anhangsangaben nach diesen beiden Standards (AAS und IFRS).

Bei Anwendung der RDR kann keine ausdrückliche und bedingungslose **Übereinstimmung** mit den (*full*) IFRS bescheinigt werden (→ § 2 Rz 7).

Der AASB begründet seine Entscheidung wie folgt:

- Die *SME-IFRSs* seien keine vernünftige Lösung für die in „*Tier 2*" angesprochenen Unternehmen. Gleichwohl will der AASB sich weiter in die Entwicklung eines SME-Standards der IFRS einbringen und ggf. in einem späteren Entwicklungsstand diesen in das australische Rechnungslegungssystem übernehmen.
- Die Standardentwicklung für den „*Tier 2*" soll unverändert in kontinuierlicher Form erfolgen, also sich nicht dem Zwei- bis Dreijahresrhythmus der *SME-IFRSs* (Rz 1) anschließen.

Die Entscheidung des AASB mit der vermutlich erfolgenden Bestätigung durch den neuseeländischen Board stellt eine gewichtige Hürde gegen die Übernahme des SME-Standards auf weltweiter Basis dar.

ABKÜRZUNGSVERZEICHNIS

ABO	Accumulated Benefit Obligation
ABS	Asset Backed Securities
ADS	ADLER/DÜRING/SCHMALTZ
AfA	Absetzung für Abnutzung
AG	Aktiengesellschaft; Die Aktiengesellschaft (Zeitschrift)
AGB	Allgemeine Geschäftsbedingungen
AO	Abgabenordnung
ARB	Accounting Research Bulletin
ASB	Accounting Standards Board (UK)
ASC	Accounting Standards Committee (UK)
ASSC	Accounting Standards Steerings Committee (UK)
aU	assoziiertes Unternehmen
BewG	Bewertungsgesetz
BFH	Bundesfinanzhof
BGH	Bundesgerichtshof
CGU	Cash Generating Unit
DBO	Defined Benefit Obligation
DRS	Deutscher Rechnungslegungsstandard
DRSC	Deutsches Rechnungslegungs Standards Committee e.V.
DVFA	Deutsche Vereinigung für Finanzanalyse und Anlageberatung e.V.
EBIT	Earnings Before Interest and Taxes
EBITDA	Earnings Before Interest, Taxes, Depreciation and Amortisation
EBT	Earnings Before Taxes
ED	Exposure Draft
EFRAG	European Financial Reporting Advisory Group
EITF	Emerging Issues Task Force
EPS	Earnings per Share
EStG	Einkommensteuergesetz
EStR	Einkommensteuer-Richtlinien
EuGH	Europäischer Gerichtshof
F	Framework
FASB	Financial Accounting Standards Board
Fifo	First in first out
FOB	Free on Board
GewStG	Gewerbesteuergesetz
GmbH	Gesellschaft mit beschränkter Haftung
GmbHG	Gesetz betreffend die Gesellschaft mit beschränkter Haftung
GrS	Großer Senat
GuV	Gewinn- und Verlustrechnung

HFA	Hauptfachausschuss des Instituts der Wirtschaftsprüfer in Deutschland e.V.
HGB	Handelsgesetzbuch
Hrsg.	Herausgeber
IAS	International Accounting Standards
IASB	International Accounting Standards Board
IASC	International Accounting Standards Committee
IASCF	International Accounting Standards Committee Foundation
IDW	Institut der Wirtschaftsprüfer in Deutschland e.V.
IFAC	International Federation of Accountants
IFRIC	International Financial Reporting Interpretations
IFRS	International Financial Reporting Standards
IOSCO	International Organization of Securities Commissions
KapCoRiLiG	Kapitalgesellschaften-und-Co-Richtliniengesetz
KoR	Zeitschrift für kapitalmarktorientierte Rechnungslegung
KStG	Körperschaftsteuergesetz
KStR	Körperschaftsteuer-Richtlinien
Lifo	Last in – first out
ND	Nutzungsdauer
PBO	Projected Benefit Obligation
POC	Percentage of Completion
rev.	Revised
ROI	Return on Investment
Rz	Randziffer
SAC	Standards Advisory Council
SEC	Securities and Exchange Commission
SFAC	Statement of Financial Accounting Concepts
SFAS	Statement of Financial Accounting Standards
SG	Schmalenbach-Gesellschaft für Betriebswirtschaft e.V.
SIC	Standing Interpretations Committee
SOP	Statement of Principles
SPE	Special Purpose Entity
TransPuG	Transparenz- und Publizitätsgesetz
US-GAAP	United States Generally Accepted Accounting Principles
USt	Umsatzsteuer
UStG	Umsatzsteuergesetz
UStR	Umsatzsteuer-Richtlinien
WpHG	Wertpapierhandelsgesetz

STICHWORTVERZEICHNIS

Fett gesetzte Ziffern verweisen auf Paragrafen, magere auf die zugehörigen Randziffern.

I

J

Q

W

Z